BIOLOGIA
de CAMPBELL

Tradução:

Aline Barcellos Prates dos Santos (Capítulos 32-34 e 40-51)
Bióloga do Museu de Ciências Naturais, Secretaria do Meio Ambiente e Infraestrutura do Rio Grande do Sul.
Mestre e Doutora em Ciências Biológicas: Entomologia pela Universidade Federal do Paraná (UFPR).

Ana Paula D'Alincourt Carvalho Assef (Capítulos 26-28 e 31)
Pesquisadora titular e Chefe do Laboratório de Pesquisa em Infecção Hospitalar (LAPIH) do Instituto Oswaldo Cruz (Fiocruz).
Mestre em Microbiologia pela Universidade do Estado do Rio de Janeiro (UERJ) e
Doutora em Ciências: Microbiologia pela Universidade Federal do Rio de Janeiro (UFRJ).

Bruno Lopes Abbadi (Capítulos 1, 4, 5, 8, 9, 16, 17, 19 e 21)
Biólogo. Pesquisador do Departamento de Bioquímica e Biologia Molecular da Rutgers University, NJ, Estados Unidos.
Mestre e Doutor em Biologia Celular e Molecular pela Pontifícia Universidade Católica do Rio Grande do Sul (PUCRS).

Gaby Renard (Capítulos 2, 3, 6, 7, 10-15, 18 e 20)
Pesquisadora da Quatro G Pesquisa & Desenvolvimento Ltda. Mestre e Doutora em Ciências Biológicas:
Bioquímica pela Universidade Federal do Rio Grande do Sul (UFRGS).

Nelsa Cardoso (Capítulos 52-56)
Botânica. Mestre em Manejo e Diversidade de Vida Silvestre pela Universidade do Vale do Rio dos Sinos (Unisinos).
Doutora em Ciências: Paleobotânica pela UFRGS. Doutorado sanduíche pela
Eberhardt-Karl-Universität Tübingen e Senkenberg Institut, Frankfurt, Alemanha.

Paulo Luiz de Oliveira (Capítulos 22-25, 29, 30, 35-39)
Professor titular aposentado do Departamento de Ecologia do Instituto de Biociências da UFRGS.
Mestre em Botânica pela UFRGS. Doutor em Ciências Agrárias pela Universität Hohenheim,
Stuttgart, Alemanha.

Tiele Patricia Machado (Índice)

B615	Biologia de Campbell / Lisa A. Urry ... [et al.]; tradução e revisão técnica: Aline Barcellos Prates dos Santos... [et al.]. – 12. ed. – Porto Alegre: Artmed, 2022. xl, 1446 p. il. color.; 28 cm. ISBN 978-65-5882-067-3 1. Biologia. I. Urry, Lisa A. CDU 573

Catalogação na publicação: Karin Lorien Menoncin – CRB 10/2147

Lisa A. Urry
MILLS COLLEGE, OAKLAND, CALIFORNIA

Michael L. Cain
NEW MEXICO STATE UNIVERSITY

Steven A. Wasserman
UNIVERSITY OF CALIFORNIA, SAN DIEGO

Peter V. Minorsky
MERCY COLLEGE, DOBBS FERRY, NEW YORK

Rebecca B. Orr
COLLIN COLLEGE, PLANO, TEXAS

BIOLOGIA
de CAMPBELL

12ª EDIÇÃO

Revisão técnica:

Aline Barcellos Prates dos Santos (Capítulos 31-34 e 40-51)
Bióloga do Museu de Ciências Naturais, Secretaria do Meio Ambiente e Infraestrutura do Rio Grande do Sul.
Mestre e Doutora em Ciências Biológicas: Entomologia pela Universidade Federal do Paraná (UFPR).

Ana Paula D'Alincourt Carvalho Assef (Capítulos 26-28)
Pesquisadora titular e Chefe do Laboratório de Pesquisa em Infecção Hospitalar (LAPIH) do Instituto Oswaldo Cruz (Fiocruz).
Mestre em Microbiologia pela Universidade do Estado do Rio de Janeiro (UERJ) e Doutora em
Ciências: Microbiologia pela Universidade Federal do Rio de Janeiro (UFRJ).

Gaby Renard (Capítulos 1-21)
Pesquisadora da Quatro G Pesquisa & Desenvolvimento Ltda. Mestre e Doutora em Ciências Biológicas:
Bioquímica pela Universidade Federal do Rio Grande do Sul (UFRGS).

Paulo Luiz de Oliveira (Capítulos 22-25, 29, 30, 35-39, 52-56)
Professor titular aposentado do Departamento de Ecologia do Instituto de Biociências da UFRGS. Mestre em Botânica pela UFRGS.
Doutor em Ciências Agrárias pela Universität Hohenheim, Stuttgart, Alemanha.

Porto Alegre
2022

Obra originalmente publicada sob o título *Campbell Biology*, 12th Edition
ISBN 9780135188743

Authorized translation from the English language edition, entitled CAMPBELL BIOLOGY, 12th Edition by LISA URRY; MICHAEL CAIN; STEVEN WASSEERMAN; PETER MINORSKY; REBECCA ORR, published by Pearson Education,Inc., publishing as Pearson, Copyright © 2021. All rights reserved. No part of this book may be reproduced or transmitted in any form or by any means, electronic or mechanical, including photocopying, recording or by any information storage retrieval system, without permission from Pearson Education,Inc.

Portuguese language edition published by Grupo A Educação S.A., Copyright © 2022

Tradução autorizada a partir do original em língua inglesa da obra intitulada CAMPBELL BIOLOGY, 12ª Edição, autoria de LISA URRY; MICHAEL CAIN; STEVEN WASSEERMAN; PETER MINORSKY; REBECCA ORR, publicado por Pearson Education, Inc., sob o selo Pearson, Copyright © 2021. Todos os direitos reservados. Este livro não poderá ser reproduzido nem em parte nem na íntegra, nem ter partes ou sua íntegra armazenado em qualquer meio, seja mecânico ou eletrônico, inclusive fotorreprogravação, sem permissão da Pearson Education,Inc.

A edição em língua portuguesa desta obra é publicada por Grupo A Educação S.A., Copyright © 2022

Gerente editorial: *Letícia Bispo de Lima*

Colaboraram nesta edição:

Coordenador editorial: *Alberto Schwanke*

Preparação de originais: *Caroline Castilhos Melo, Luísa Féres de Aguiar Rabaldo, Mirela Favaretto e Tiele Patricia Machado*

Leitura final: *Luísa Féres de Aguiar Rabaldo, Pedro Surreaux e Tiele Patricia Machado*

Arte sobre capa original: *Kaéle Finalizando Ideias*

Editoração: *Clic Editoração Eletrônica Ltda.*

> As ciências biológicas estão em constante evolução. À medida que novas pesquisas e a própria experiência ampliam o nosso conhecimento, novas descobertas são realizadas. Os autores desta obra consultaram as fontes consideradas confiáveis, num esforço para oferecer informações completas e, geralmente, de acordo com os padrões aceitos à época da sua publicação.

Reservados todos os direitos de publicação ao GRUPO A EDUCAÇÃO S.A.
(Artmed é um selo editorial do GRUPO A EDUCAÇÃO S.A.)
Rua Ernesto Alves, 150 – Bairro Floresta
90220-190 – Porto Alegre – RS
Fone: (51) 3027-7000

SAC 0800 703 3444 – www.grupoa.com.br

É proibida a duplicação ou reprodução deste volume, no todo ou em parte, sob quaisquer formas ou por quaisquer meios (eletrônico, mecânico, gravação, fotocópia, distribuição na Web e outros), sem permissão expressa da Editora.

IMPRESSO NO BRASIL
PRINTED IN BRAZIL

Sobre os autores

As contribuições da equipe de autores refletem sua *expertise* biológica como pesquisadores e sua capacidade de ensinar adquirida como professores em diversas instituições. A equipe também possui experiência na autoria de outros livros acadêmicos além de *Biologia de Campbell*.

Lisa A. Urry (Capítulo 1 e Unidades 1-3) é professora de Biologia no Mills College. Após a graduação na Tufts University, Lisa completou seu Ph.D. no Massachusetts Institute of Technology (MIT). Conduziu pesquisas sobre expressão gênica durante o desenvolvimento embrionário e larval nos ouriços-do-mar. Profundamente comprometida em promover oportunidades na ciência para mulheres e minorias sub-representadas, Lisa lecionou disciplinas que variam desde introdução à biologia e biologia do desenvolvimento até um curso imersivo na fronteira entre os Estados Unidos e o México.

Michael L. Cain (Unidades 4, 5 e 8) é ecólogo e biólogo evolutivo, hoje em dia totalmente dedicado à redação de livros acadêmicos. Obteve dupla formação em biologia e matemática no Bowdoin College, um M.Sc. pela Brown University e um Ph.D. pela Cornell University. Como membro do corpo docente da New Mexico State University, lecionou introdução à biologia, ecologia, evolução, botânica e biologia da conservação. Michael é autor de vários artigos científicos sobre comportamento de forrageio em insetos e plantas, dispersão de sementes em longa distância e especiação em grilos. Michael também é autor principal do livro-texto *Ecologia*, publicado no Brasil pela Artmed.

Steven A. Wasserman (Unidade 7) é professor de Biologia da University of California, San Diego (UCSD). Obteve seu A.B. pela Harvard University e seu Ph.D. pelo MIT. Trabalhando com a mosca-da-fruta *Drosophila*, Steve pesquisou sobre biologia do desenvolvimento, reprodução e imunidade. Tendo lecionado genética, desenvolvimento e fisiologia para alunos de graduação, pós-graduação e estudantes de medicina, ele atualmente se concentra em lecionar introdução à biologia, trabalho pelo qual recebeu o UCSD's Distinguished Teaching Award.

Peter V. Minorsky (Unidade 6) é professor de Biologia do Mercy College em Nova York, onde leciona introdução à biologia, ecologia e botânica. Recebeu seu A.B. no Vassar College e seu Ph.D. na Cornell University. Peter lecionou no Kenyon College, Union College, Western Connecticut State University e Vassar College; ele também é escritor de ciências para a revista *Plant Physiology*. Seu interesse de pesquisa concentra-se em como as plantas percebem as mudanças ambientais. Peter foi premiado com o Award for Teaching Excellence do Mercy College, em 2008.

Rebecca B. Orr (Recursos de aprendizagem) é professora de Biologia no Collin College em Plano, Texas, onde leciona introdução à biologia. Ela recebeu seu B.S. da Texas A&M University e seu Ph.D. da University of Texas Southwestern Medical Center em Dallas. Rebecca tem uma paixão pela pesquisa de estratégias que resultam em aprendizado mais eficaz, e possui a certificação de Consultora e Instrutora Colaborativa em Aprendizagem Baseada em Equipes. Ela gosta de se concentrar na criação de oportunidades de aprendizado que engajam e desafiam os estudantes.

Neil A. Campbell (1946-2004) obteve seu M.A. pela University of California, Los Angeles, e seu Ph.D. na University of California, Riverside. Sua pesquisa se concentrou em plantas costeiras e do deserto. Seus 30 anos de docência incluíram disciplinas de introdução à biologia na Cornell University, Pomona College e San Bernardino Valley College, onde foi o primeiro a receber o prêmio Outstanding Professor Award, em 1986. Por muitos anos, foi acadêmico visitante na University of California, Riverside. Neil foi o autor fundador do *Biologia de Campbell*.

Para Jane, nossa coautora, mentora e amiga. Aproveite a sua aposentadoria! LAU, MLC, SAW e PVM.

Prefácio

Temos o prazer de apresentar a 12ª edição da obra *Biologia de Campbell*, o principal livro-texto em ciências biológicas dos últimos 30 anos. Esta obra foi traduzida para 19 idiomas e forneceu a milhões de estudantes uma base sólida sobre a biologia em nível de graduação. Tamanho sucesso corrobora não só a visão original de Neil Campbell, mas também a dedicação de centenas de revisores (listados nas páginas a seguir), que, junto com os organizadores, ilustradores e colaboradores, deram forma e inspiração a esta obra.

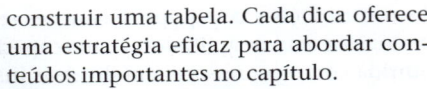

Nossos objetivos para a 12ª edição incluem:

- **Apoiar os estudantes** com novas apresentações visuais do conteúdo e novas ferramentas de estudo
- **Apoiar os professores** ao oferecer novos módulos de ensino com ferramentas e materiais para introduzir, ensinar e avaliar assuntos importantes e por vezes desafiadores
- **Integrar texto e imagens** para engajar, orientar e informar os estudantes em um processo ativo de pesquisa e aprendizado

Nosso ponto de partida, como sempre, é o compromisso de elaborar textos e imagens precisas e atuais, que reflitam nossa paixão por lecionar biologia.

Novidades da 12ª edição

Aqui você encontrará uma visão geral das novidades que desenvolvemos para esta edição; convidamos você a explorar, nas páginas seguintes, mais informações e exemplos.

- **Aberturas de capítulos reinventadas.** Motivados pelo *feedback* de estudantes e professores, informados por análises de dados e pensando sobre os resultados de pesquisas sobre o ensino de ciências, redesenhamos as aberturas de cada capítulo do livro. O resultado é mais visual, mais interativo e mais atrativo. No lugar de uma narrativa de abertura, a primeira página de cada capítulo agora está organizada em torno de elementos que oferecem as ferramentas e abordagens específicas de que o estudante precisa para atingir os objetivos de aprendizado do capítulo:
  - **Panorama visual.** Centrado em uma pergunta biológica relacionada à fotografia e à legenda de abertura, o *Panorama visual* ilustra uma ideia principal do capítulo, com texto e imagens elucidativos. Os estudantes identificam com facilidade o assunto do capítulo e que tipo de raciocínio estará por trás de sua discussão.
  - **Dica de estudo.** Assim como o *Panorama visual* apresenta o conteúdo que o estudante aprenderá, a *Dica de estudo* oferece orientação sobre como fazê-lo. A dica estimula o estudante a aprender ativamente por meio de estratégias comprovadas como desenhar um fluxograma, identificar um diagrama ou construir uma tabela. Cada dica oferece uma estratégia eficaz para abordar conteúdos importantes no capítulo.
  - **Conteúdo atualizado.** Assim como todas as novas edições do *Biologia de Campbell*, esta 12ª edição incorpora novos conteúdos, resumidos nas páginas a seguir. As atualizações de conteúdo refletem as mudanças rápidas e contínuas no conhecimento sobre mudanças climáticas, genômica, tecnologia de edição de genes (CRISPR), biologia evolutiva, terapias baseadas no microbioma, e muito mais. Além disso, a Unidade 7 inclui uma nova seção sobre "Sexo biológico, identidade de gênero e orientação sexual na sexualidade humana", que oferece a professores e estudantes uma introdução contemporânea, clara e ponderada a assuntos de imensa relevância para a biologia, para a vida dos estudantes e para os eventos e discursos públicos atuais.

Nossas marcas registradas

Professores de biologia geral se deparam com um desafio assustador: ajudar os alunos a adquirir uma estrutura conceitual para organizar uma quantidade de informações cada vez maior. As marcas registradas do *Biologia de Campbell* oferecem tal estrutura e promovem uma compreensão profunda da biologia e do processo da ciência. Sendo assim, elas estão bem alinhadas com as competências centrais delineadas pelas convenções nacionais de **Visão e Mudança**. Além disso, os conceitos centrais definidos pelo movimento Visão e Mudança apresentam paralelos muito próximos com os temas unificadores introduzidos no Capítulo 1 e integrados ao longo de todo o livro.

Um dos temas principais, tanto para o Visão e Mudança quanto para o *Biologia de Campbell*, é a **evolução**. Todo capítulo deste livro inclui pelo menos uma seção sobre Evolução que enfatiza os aspectos evolutivos do assunto do capítulo. Além disso, cada capítulo termina com uma questão de "Conexão evolutiva" e uma questão de "Escreva sobre um tema".

Para ajudar os alunos a distinguir os tópicos principais, cada capítulo é organizado com uma estrutura de três a sete **Conceitos-chave** escolhidos cuidadosamente. O texto, as questões de Revisão do conceito e o Resumo dos conceitos-chave reforçam esses fatos essenciais e ideias principais.

Como o texto e as ilustrações são igualmente importantes para aprender biologia, a **integração do texto com as figuras** tem sido marca registrada do *Biologia de Campbell* desde a 1ª edição. Os novos *Panoramas visuais*, juntamente com nossas populares figuras "Explorando" e "Faça conexões", resumem essa abordagem.

Para incentivar a **leitura ativa** do texto, *Biologia de Campbell* inclui diversas oportunidades para que os alunos parem e pensem sobre o que estão lendo, muitas vezes com a ajuda de lápis e papel para fazer um esquema, desenhar uma figura ou um gráfico. Responder a essas perguntas requer que os estudantes escrevam e desenhem, mas também pensem e, portanto, desenvolvam a competência central de comunicar a ciência.

Por fim, *Biologia de Campbell* sempre apresentou atividades de **pesquisa científica**, as quais oferecem aos estudantes oportunidades de praticar e aplicar o processo da ciência utilizando raciocínio quantitativo, abordando, assim, competências centrais do Visão e Mudança.

Nossa parceria com professores e alunos

O verdadeiro teste de todo livro-texto é o quão bem ele auxilia professores a ensinar e alunos a aprender. Comentários tanto de alunos quanto de professores são bem-vindos.

Lisa Urry (Capítulo 1 e Unidades 1-3): lurry@mills.edu
Michael Cain (Unidades 4, 5, e 8): mlcain@nmsu.edu
Peter Minorsky (Unidade 6): pminorsky@mercy.edu
Steven Wasserman (Unidade 7): stevenw@ucsd.edu
Rebecca Orr (Recursos de aprendizagem): rorr@collin.edu

Destaques do conteúdo novo

Além das atualizações de conteúdo observadas a seguir, cada capítulo apresenta um *Panorama visual* em sua página de abertura.

Unidade 1 — A QUÍMICA DA VIDA

Na Unidade 1, o novo conteúdo engaja os estudantes no aprendizado dos fundamentos da química. O Capítulo 2 inclui uma nova micrografia dos pequenos cílios no pé de uma lagartixa que a permitem subir uma parede caminhando. A foto de abertura do Capítulo 3 apresenta uma foca-anelada, espécie ameaçada pelo derretimento do gelo do mar Ártico devido às mudanças climáticas. O Capítulo 3 também inclui conteúdo sobre a nova descoberta de um grande reservatório de água líquida logo abaixo da superfície de Marte e o primeiro estudo de aumento de CO_2 sobre um recife de corais natural não confinado (ambos relatados em 2018). O Capítulo 4 agora inclui a descoberta de compostos baseados em carbono em Marte, relatada pela NASA em 2018. No Capítulo 5, a técnica de criomicroscopia eletrônica é apresentada, devido à sua crescente importância na determinação de estruturas moleculares.

Unidade 2 — A CÉLULA

Nosso principal objetivo nesta unidade foi tornar o conteúdo mais acessível, convidativo e estimulante aos estudantes. O Capítulo 6 inclui uma nova descrição textual da criomicroscopia eletrônica (crio-ME) e uma nova imagem de crio-ME na Figura 6.3. Imagens foram adicionadas à Figura 6.17 para ilustrar a natureza dinâmica das redes mitocondriais. O Capítulo 7 inicia com uma nova imagem de abertura que mostra a liberação de neurotransmissores durante a exocitose. A **Figura 8.1** inclui uma nova foto de larvas brilhantes do besouro-farol ao redor de um monte de cupins e um novo *Panorama visual* que ilustra como as leis da termodinâmica se aplicam a reações metabólicas como a bioluminescência.

O Capítulo 9 inclui novas informações sobre o uso do tecido adiposo marrom em humanos, o papel da fermentação durante a produção de chocolate e pesquisas recentes sobre o papel do lactato no metabolismo dos mamíferos. O Capítulo 10 inicia com um novo conceito que posiciona a fotossíntese em um contexto ecológico mais amplo. O Capítulo 10 também inclui uma discussão sobre a descoberta, em 2018, de uma nova forma de clorofila encontrada em cianobactérias que pode realizar a fotossíntese utilizando luz vermelha extrema. No Capítulo 11, a relevância da sinalização sináptica é ressaltada pela menção de que ela é um alvo no tratamento de depressão, ansiedade e transtorno de estresse pós-traumático (TEPT). No Capítulo 12, a figura sobre o ciclo celular (Figura 12.6) agora inclui imagens e dísticos que descrevem os eventos de cada fase.

▲ Figura 8.1

Unidade 3 — GENÉTICA

Os Capítulos 13-17 incorporam mudanças que auxiliam o estudante a compreender conceitos mais abstratos da genética e seus fundamentos moleculares e cromossômicos. Por exemplo, uma nova pergunta na Revisão do conceito 13.2 questiona os estudantes sobre a analogia entre sapatos e cromossomos. No Capítulo 14, a ideia clássica de que um único gene determina a cor dos olhos ou do cabelo, ou mesmo da fixação do lóbulo da orelha, é questionada por ser simplificada demais. A seção sobre exames de diagnóstico fetal foi atualizada para refletir as práticas atuais em obstetrícia. O Capítulo 15 agora inclui novas informações sobre bebês com "três progenitores". No Conceito 16.3, o texto e a Figura 16.23 foram extensamente revisados para refletir modelos recentes da estrutura e organização da cromatina na interfase, assim como a forma em que os cromossomos se condensam durante a preparação para a mitose. O Capítulo 17 agora descreve a mutação responsável pelo fenótipo albino dos burros Asinara que aparecem na fotografia de abertura do capítulo. Para facilitar a abordagem de CRISPR, uma nova seção foi adicionada ao Conceito 17.5 descrevendo o sistema CRISPR-Cas9, incluindo a Figura 17.28, "Edição gênica usando o sistema CRISPR-Cas9" (anteriormente Figura 20.14).

Os Capítulos 18-21 foram extensamente revisados, com base em novas descobertas estimulantes baseadas em tecnologias de edição gênica e sequenciamento de DNA. No Capítulo 18, a abordagem da herança epigenética foi enriquecida e atualizada, incluindo a nova **Figura 18.8**. Também no Capítulo 18, uma descrição de domínios topologicamente associados foi adicionada. No Capítulo 19, o tema doenças virais emergentes foi reorganizado e atualizado extensivamente, permitindo diferenciar os vírus influenza que estão surgindo daqueles que causam a gripe sazonal. Outras atualizações no Capítulo 19 incluem informações sobre programas de vacinação, com menção a um grande surto de sarampo em 2019 correlacionado a taxas de vacinação menores naquela região. Informações sobre a melhoria dos esquemas de tratamento para o HIV

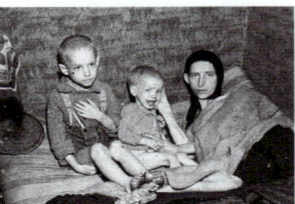

(a) Efeitos da dieta materna em camundongos geneticamente idênticos.

(b) Inverno da fome holandesa.

▲ **Figura 18.8** Exemplos da herança epigenética.

DESTAQUES DO CONTEÚDO NOVO   ix

também foram incluídas. O Capítulo 20 foi extensamente atualizado, incluindo as duas novas subseções "Análise genômica pessoal" e "Medicina personalizada", com novas informações sobre análises genômicas direto ao consumidor. Outras atualizações incluem a primeira clonagem de um primata, tratamento com célula-tronco da degeneração macular relacionada à idade, correção por CRISPR do alelo da doença da anemia falciforme em camundongos, e um relatório sobre edição de genes de óvulos humanos fecundados que resultaram em nascidos vivos. Atualizações do Capítulo 21 incluem resultados do projeto Cancer Genome Atlas, uma função recém-descoberta da transcrição de retrotranspósons, e novas informações sobre o gene *FOXP2*.

Unidade 4   MECANISMOS DA EVOLUÇÃO

A revisão da Unidade 4 utiliza uma abordagem baseada em evidências para reforçar o modo como auxiliamos os estudantes na compreensão de conceitos evolutivos importantes. Por exemplo, o novo texto no Conceito 24.3 descreve como os híbridos podem se tornar reprodutivamente isolados de ambas as espécies progenitoras, levando à formação de uma nova espécie. Evidência de apoio a este novo conteúdo vem de um estudo de 2018 sobre os descendentes de híbridos entre duas espécies de tentilhões de Galápagos e oferece um exemplo de como os cientistas podem observar a formação de uma nova espécie na natureza. No Conceito 25.2, a discussão sobre os fósseis como forma de evidência científica é apoiada por uma nova figura (Figura 25.5), que destaca cinco tipos diferentes de fósseis e como eles são formados. A Unidade também apresenta conteúdo novo que conecta conceitos evolutivos e assuntos da sociedade. Por exemplo, no Capítulo 23, um novo texto e uma nova figura **(Figura 23.19)** descrevem como algumas populações de lebres-americanas não se adaptaram à mudança climática contínua, fazendo com que o processo de camuflagem não ocorra dentro do padrão conhecido, provocando aumento na mortalidade por predadores. Outras mudanças incluem uma nova seção de texto no Capítulo 22 que descreve evidências biogeográficas da evolução em um grupo de peixes de água doce que não consegue sobreviver em água salgada, e mesmo assim habita regiões separadas por largas faixas de oceano. No Capítulo 25, uma nova figura (Figura 25.11) oferece evidência fóssil de uma enorme mudança na história evolutiva da vida: o primeiro surgimento de grandes eucariotos multicelulares.

▲ **Figura 23.19** A inexistência de variabilidade em uma população pode limitar a adaptação.

Unidade 5   HISTÓRIA EVOLUTIVA DA DIVERSIDADE BIOLÓGICA

Ao preservar nosso objetivo de desenvolver as habilidades dos estudantes na interpretação de representações visuais em biologia, adicionamos uma nova figura Visualizando, a Figura 32.8, "Visualizando a simetria e os eixos do corpo animal". Novas questões de "Habilidades visuais" possibilitam a prática de assuntos como a interpretação de árvores filogenéticas e o uso de gráficos para inferir a rapidez com que a resistência a antibióticos evolui nas bactérias. O Capítulo 31 foi amplamente revisado para incluir novas descobertas fósseis e atualizações sobre a árvore filogenética dos fungos (Figura 31.10). O Capítulo 34 foi atualizado com dados genômicos recentes e descobertas fósseis indicando que neandertais e denisovanos são mais estreitamente relacionados um ao outro do que aos humanos, e que eles intercruzaram entre si (e com humanos), incluindo duas novas figuras (Figuras 34.51 e 34.52b). No Capítulo 29, um *Panorama visual* elaborado com a nova Figura 29.1 mostra as principais etapas da colonização do ambiente terrestre por plantas, e revisões do texto no Conceito 29.1 reforçam nossa descrição de características derivadas de plantas que facilitaram a vida na terra. O Capítulo 27 inclui uma nova seção de texto que descreve o aumento da resistência a antibióticos e a múltiplos fármacos, e discute novas abordagens na busca por novos antibióticos. Este novo conteúdo é apoiado por duas novas figuras, **Figura 27.22** e Figura 27.23. Outras atualizações incluem a revisão de muitas filogenias para refletir dados filogenômicos recentes, uma nova figura Pesquisa (Figura 28.26) sobre a raiz da árvore eucariótica, e novo texto descrevendo a descoberta em 2017 de fósseis com 315 mil anos de idade de um hominíneo que tinha características faciais semelhantes a humanos, porém a parte posterior do crânio era alongada como em espécies anteriores.

▶ **Figura 27.22** O aumento da resistência aos antibióticos.

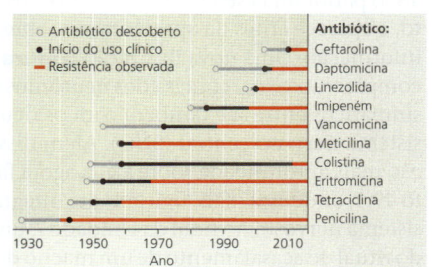

Unidade 6   FORMA E FUNÇÃO DAS PLANTAS

No Capítulo 35, um novo *Panorama visual* enfatiza a forma como a estrutura se encaixa à função das plantas vasculares. No Capítulo 36, uma nova questão de "Habilidades visuais" oferece um exercício quantitativo sobre estimativa de densidade estomática. O Capítulo 37 inicia com uma ênfase na importância da fertilização de lavouras para a alimentação da população mundial. Para aumentar o engajamento dos estudantes, uma ênfase renovada é atribuída à ligação entre a nutrição de plantas e a nutrição dos organismos, incluindo humanos, que se alimentam de plantas. A Tabela 37.1 sobre os elementos essenciais para as plantas foi expandida para incluir micronutrientes, além de macronutrientes.

No Conceito 37.2, uma nova subseção intitulada "Mudança climática global e qualidade alimentar" discute novas evidências de que a mudança climática global pode estar impactando negativamente o conteúdo de nutrientes minerais das lavouras. No Capítulo 38, a discussão sobre engenharia genética e agricultura foi enriquecida por uma discussão sobre biofortificação e por atualizações relativas ao "arroz dourado". O Capítulo 39 inclui novas atualizações sobre a localização do receptor do ácido indolacético (AIA) em células vegetais e o papel do ácido abscísico na dormência de gemas. A introdução ao Conceito 39.2 foi revisada para enfatizar que as plantas usam muitas classes de substâncias químicas para comunicar informação, além dos hormônios clássicos.

Unidade 7   FORMA E FUNÇÃO DOS ANIMAIS

A revisão de conteúdo da Unidade 7 contemplou, também, aspectos pedagógicos inovadores. Uma nova imagem submarina impressionante dos pinguins-imperadores (Figura 40.1) introduz a Unidade e destaca as contribuições de forma, função e comportamento para a homeostase de um modo geral, assim como para o assunto específico da termorregulação. As ilustrações usadas para introduzir e explorar a homeostase em toda a Unidade (Figuras 40.8, 40.17, 41.23, 42.28, 44.19, 44.21 e 45.18) foram aprimoradas para oferecer uma apresentação clara e consistente do papel da perturbação no desencadeamento de uma resposta. No Capítulo 43, a introdução à resposta imune adaptativa foi reposicionada mais adiante no capítulo, permitindo que os estudantes elaborem sobre as características da imunidade inata antes de abordarem o assunto mais desafiador da resposta adaptativa. No Capítulo 46, uma nova seção de texto no Conceito 46.4 oferece uma introdução clara e atual ao "Sexo biológico, identidade de gênero e orientação sexual na sexualidade humana". No Capítulo 48, o panorama estrutural dos neurônios está agora completo, e aparece antes da apresentação sobre processamento de informação. Uma nova ilustração **(Figura 49.8)** oferece uma comparação visual concisa dos neurônios simpáticos e parassimpáticos entre si e também com os neurônios motores do sistema nervoso central (SNC). Além disso, uma consideração mais aprofundada sobre a glia agora faz parte do Conceito 49.1, onde está mais logicamente integrada à visão geral do sistema nervoso. Ao final da Unidade 7, uma ótima fotografia do ritual de acasalamento de um macho de fragata-magnífica (Figura 51.1) introduz o assunto de comportamento animal. Entre as atualizações de conteúdo que aumentam o grau de contemporaneidade e o engajamento dos estudantes em toda a Unidade 7 estão as discussões sobre terapia com fagos e transplante fecal (tratamentos avançados que dependem de dados do microbioma), a encefalopatia traumática crônica (ETC), assim como as mais recentes descobertas sobre a locomoção de dinossauros (Conceito 40.1), a entrega de um Prêmio Nobel em 2017 na área de ritmos circadianos (Conceito 40.2), e referências à crise contínua de saúde pública relativa à adição a opiáceos no contexto de considerar o sistema de recompensas do cérebro (Conceito 49.5).

Unidade 8   ECOLOGIA

Os objetivos complementares da revisão da Unidade 8 são os de fortalecer a abrangência de conceitos centrais e ao mesmo tempo aumentar a abordagem sobre como as ações humanas afetam as comunidades ecológicas. Revisões incluem uma nova seção de texto e uma nova figura (Figura 52.7) sobre como as plantas (e o desmatamento) podem afetar o clima regional ou local, uma nova seção de texto no Conceito 55.1 que resume como os ecossistemas funcionam, novo texto e uma nova figura (Figura 52.25) que ilustram como a evolução rápida pode causar rápidas mudanças ecológicas, novo conteúdo no Conceito 55.2 sobre a eutrofização e como ela pode causar a formação de grandes "zonas mortas" em ecossistemas aquáticos, e novo texto e uma nova figura (Figura 54.22) sobre como a abundância de organismos em cada nível trófico pode ser controlada por modelos de baixo para cima e de cima para baixo. Uma nova figura **(Figura 56.23)** demonstra a extensão recorde de uma zona morta em 2017 no Golfo do México e a bacia hidrográfica que contribui para sua carga de nutrientes. Além disso, o Conceito 56.1 inclui uma nova seção que descreve tentativas de clonagem para a ressuscitação de espécies extintas, enquanto o Conceito 56.4 inclui uma nova seção de texto e duas figuras (Figura 56.27 e 56.28) sobre resíduos plásticos, um grande problema ambiental em expansão. Ao manter o objetivo do livro de expandir o assunto da mudança climática, o Capítulo 56 apresenta um novo Exercício de habilidades científicas no qual os estudantes interpretam mudanças na concentração de CO_2 atmosférico. O Capítulo 55 descreve como o aquecimento climático está fazendo com que grandes áreas de tundra no Alasca liberem mais CO_2 do que absorvem (e assim contribuindo com ainda mais aquecimento climático), uma nova figura (Figura 56.32) descreve fatores naturais e humanos que contribuem com o aumento das temperaturas globais, e uma nova seção de texto no Conceito 56.4 descreve como são desenvolvidos os modelos de mudança climática global e porque eles são importantes.

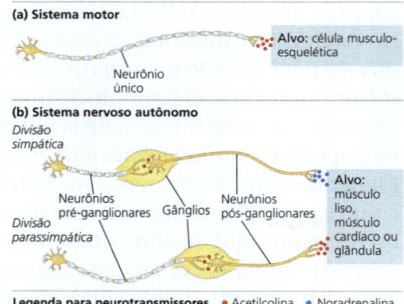

▶ **Figura 49.8** Comparação de rotas nos sistemas nervosos motor e autônomo.

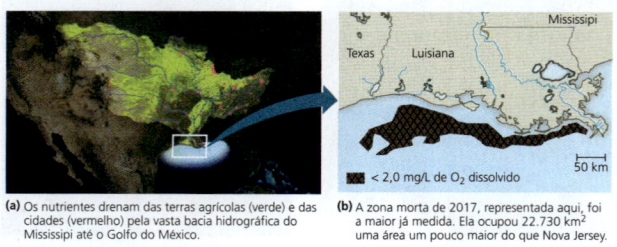

▲ **Figura 56.23** Uma zona morta decorrente da poluição por nitrogênio na bacia do Mississipi.

Uma nova experiência visual em cada capítulo

Aberturas de capítulos apresentam uma pergunta desafiadora, respondida com auxílio de uma imagem que ajuda a fixar os conceitos apresentados no capítulo. As aberturas trazem também uma *Dica de estudo* e um *Panorama visual*, além dos já tradicionais *Conceitos-chave*, que dão sustentação à abordagem pedagógica.

17 Expressão gênica: do gene à proteína

CONCEITOS-CHAVE

- **17.1** Os genes especificam proteínas por meio da transcrição e da tradução *p. 336*
- **17.2** *Em mais detalhes:* a transcrição é a síntese de RNA controlada pelo DNA *p. 342*
- **17.3** As células eucarióticas modificam o RNA após a transcrição *p. 345*
- **17.4** *Em mais detalhes:* a tradução é a síntese de polipeptídeos controlada pelo RNA *p. 347*
- **17.5** Mutações de um ou alguns nucleotídeos podem afetar a estrutura e a função das proteínas *p. 357*

Dica de estudo

Faça um guia de estudo visual: Faça um esboço do processo mostrado a seguir e acrescente legendas e detalhes à medida que lê o capítulo. (Neste exercício, suponha que todos os processos ocorram em uma célula eucariótica.)

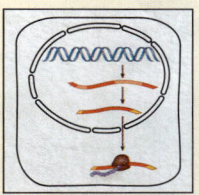

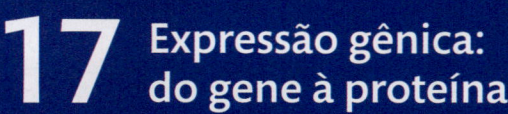

Figura 17.1 Uma população de burros albinos pasta na vegetação das encostas de Asinara, uma ilha da Itália. Vários séculos atrás, uma mutação recessiva que desativa a síntese de pigmentos surgiu no DNA de um burro e foi sendo transmitida de geração para geração. O endocruzamento resultou em um grande número de burros albinos homozigóticos que vivem hoje na ilha.

Como uma alteração no DNA pode resultar em uma alteração profunda na aparência?

As proteínas são a ligação entre o genótipo e o fenótipo. A expressão gênica é o processo pelo qual o DNA direciona a síntese proteica:

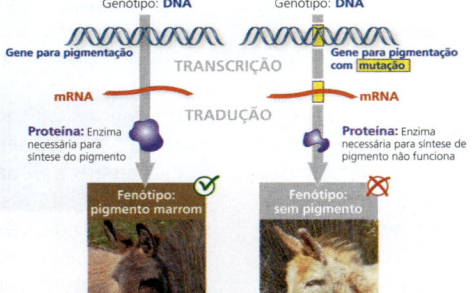

Panoramas visuais, centrados em uma pergunta biológica relacionada à fotografia e à legenda de abertura, ilustram uma ideia principal do capítulo, com texto e imagens elucidativos.

39 Respostas vegetais a sinais internos e externos

CONCEITOS-CHAVE

39.1 As rotas de transdução de sinais ligam a recepção de sinais à resposta p. 843

39.2 As plantas utilizam substâncias químicas para se comunicar p. 845

39.3 As respostas à luz são cruciais para o sucesso das plantas p. 855

39.4 As plantas respondem a uma ampla diversidade de estímulos além da luz p. 861

39.5 As plantas respondem a ataques por patógenos e herbívoros p. 866

Dica de estudo

Faça uma tabela: À medida que ler o capítulo, adicione exemplos específicos para uma das categorias gerais de respostas mostradas no diagrama.

Fator	Exemplo de resposta vegetal
Luz	Germinação da semente em resposta à luz vermelha

Figura 39.1 Diariamente, os girassóis acompanham o movimento do sol de leste para oeste. Após o pôr do sol, eles invertem o sentido, virando na direção do próximo nascer do sol. Ao se exporem ao calor do sol durante o dia, os capítulos (inflorescências) tornam-se mais quentes e liberam quantidades maiores de substâncias químicas que atraem polinizadores. A luz é apenas um dos muitos fatores aos quais uma planta responde.

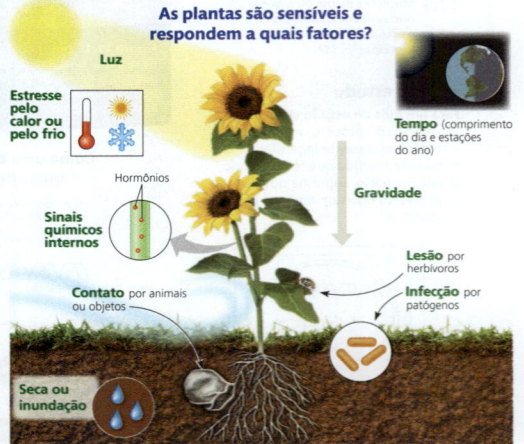

As plantas são sensíveis e respondem a quais fatores?

Dicas de estudo estimulam o estudante a aprender ativamente por meio de estratégias comprovadas como desenhar um fluxograma, identificar um diagrama ou construir uma tabela.

Faça conexões entre múltiplos conceitos

Figuras **Faça conexões** demonstram relações entre conteúdos apresentados em capítulos diferentes, permitindo uma compreensão mais global dos temas.

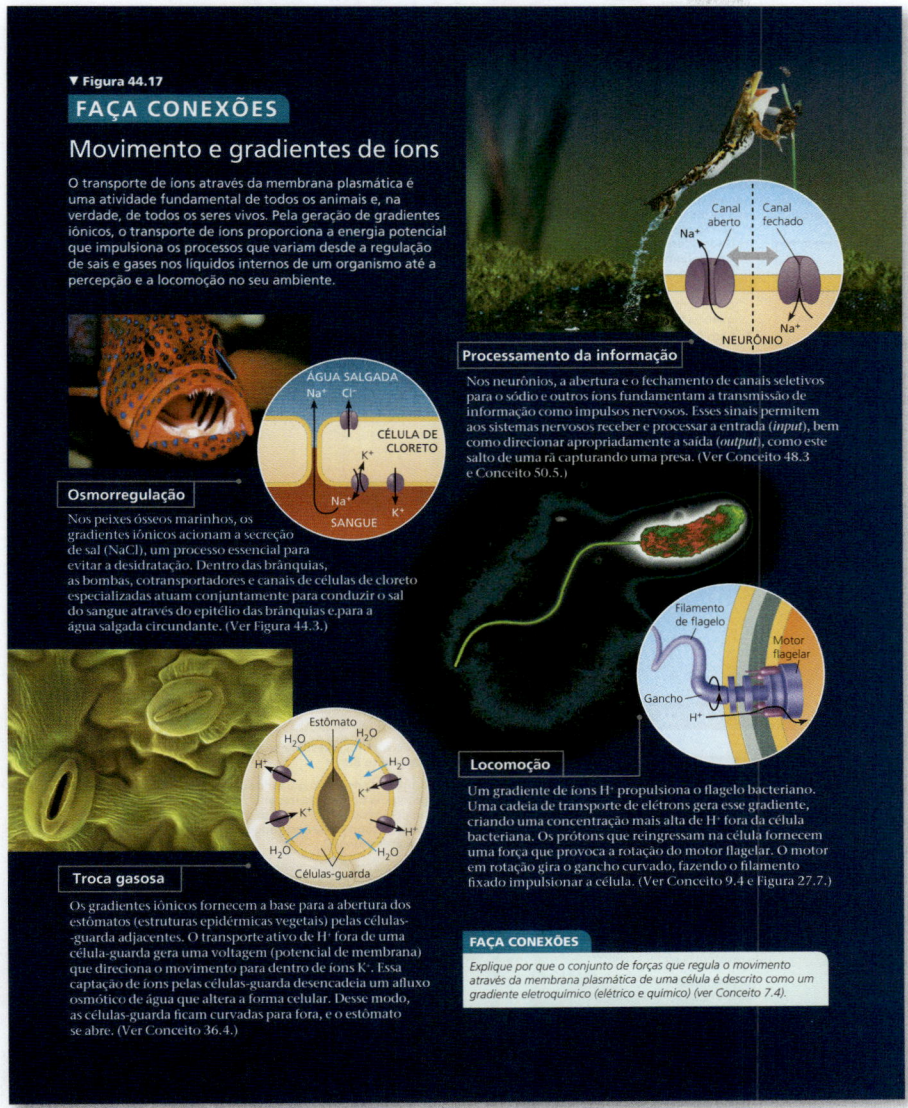

Questões **Faça conexões** em todos os capítulos estimulam os alunos a relacionarem o conteúdo do capítulo com o que já foi apresentado.

REVISÃO DO CONCEITO 24.2

1. Resuma as diferenças essenciais entre especiação alopátrica e simpátrica. Qual tipo de especiação é mais comum? Por quê?
2. Descreva dois mecanismos que podem reduzir o fluxo gênico em populações simpátricas, tornando, assim, mais provável a ocorrência de especiação simpátrica.
3. **E SE?** A especiação alopátrica tem mais probabilidade de ocorrer em ilhas próximas a um continente ou em ilhas mais isoladas, com o mesmo tamanho? Explique sua predição.
4. **FAÇA CONEXÕES** Revise o processo de meiose na Figura 13.8. Descreva como um erro durante a meiose pode levar à poliploidia.

Ver as respostas sugeridas no Apêndice A.

Pratique habilidades científicas

Exercício de habilidades científicas

Análise de dados de sequências de polipeptídeos

▶ Humano ▶ Macaco-rhesus ▶ Gibão

Entre macacos-rhesus e gibões, quais são mais próximos evolutivamente aos seres humanos? Neste exercício, você analisará os dados da sequência de aminoácidos para a cadeia β de polipeptídeos da hemoglobina, frequentemente chamada de β-globina. Você irá interpretar os dados para inferir se o macaco-rhesus ou o gibão é mais próximo evolutivamente dos seres humanos.

Como esses experimentos são feitos Os pesquisadores podem isolar o polipeptídeo de interesse de um organismo e depois determinar a sequência de aminoácidos. Com mais frequência, o DNA do gene de interesse é sequenciado, e a sequência de aminoácidos é deduzida a partir da sequência de DNA do gene.

Dados dos experimentos Nos dados abaixo, as letras dão a sequência dos 146 aminoácidos da β-globina de humanos, macacos-rhesus e gibões. Como uma sequência completa não caberia em uma linha aqui, as sequências foram divididas em três segmentos: aminoácidos 1-50, 51-100 e 101-146. As sequências das três espécies distintas estão alinhadas, de modo que podem ser facilmente comparadas. Por exemplo, você pode observar que, para as três espécies, o primeiro aminoácido é uma V (valina), e o 146º aminoácido é uma H (histidina).

INTERPRETE OS DADOS

1. Observe as sequências do macaco e do gibão, letra a letra, circulando aminoácidos diferentes do aminoácido presente na sequência humana. **(a)** Quantos aminoácidos diferem entre o macaco e as sequências de humanos? **(b)** E entre a sequência do gibão e dos humanos?
2. Para cada espécie não humana, qual porcentagem de aminoácidos é idêntica à sequência humana da β-globina?
3. Com base apenas nestes dados, estabeleça uma hipótese para qual dessas duas espécies está mais diretamente relacionada com os seres humanos. Qual é o seu raciocínio?
4. Que outras evidências podem corroborar a sua hipótese?

Espécie		Alinhamento da sequência de aminoácidos da β-globina				
Ser humano	1	VHLTPEEKSA	VTALWGKVNV	DEVGGEALGR	LLVVYPWTQR	FFESFGDLST
Macaco	1	VHLTPEEKNA	VTTLWGKVNV	DEVGGEALGR	LLLVYPWTQR	FFESFGDLSS
Gibão	1	VHLTPEEKSA	VTALWGKVNV	DEVGGEALGR	LLVVYPWTQR	FFESFGDLST
Ser humano	51	PDAVMGNPKV	KAHGKKVLGA	FSDGLAHLDN	LKGTFATLSE	LHCDKLHVDP
Macaco	51	PDAVMGNPKV	KAHGKKVLGA	FSDGLNHLDN	LKGTFAQLSE	LHCDKLHVDP
Gibão	51	PDAVMGNPKV	KAHGKKVLGA	FSDGLAHLDN	LKGTFAQLSE	LHCDKLHVDP
Ser humano	101	ENFRLLGNVL	VCVLAHHFGK	EFTPPVQAAY	QKVVAGVANA	LAHKYH
Macaco	101	ENFRLLGNVL	VCVLAHHFGK	EFTPPVQAAY	QKVVAGVANA	LAHKYH
Gibão	101	ENFRLLGNVL	VCVLAHHFGK	EFTPPVQAAY	QKVVAGVANA	LAHKYH

Dados de Humanos: http://www.ncbi.nlm.nih.gov/protein/AAA21113.1; macacos-rhesus: http://www.ncbi.nlm.nih.gov/protein/122634; gibões: http://www.ncbi.nlm.nih.gov/protein/122616

Exercícios de habilidades científicas em cada capítulo utilizam dados reais para desenvolver capacidades necessárias na biologia, incluindo interpretação de dados, desenho de gráficos, projeto de experimentos e exercícios matemáticos.

Exercícios de resolução de problemas orientam os estudantes na aplicação de habilidades científicas e na interpretação de dados para que possam solucionar problemas do mundo real.

EXERCÍCIO DE RESOLUÇÃO DE PROBLEMAS

Populações de anfíbios em declínio podem ser salvas por uma vacina?

Populações de anfíbios estão em rápido declínio em todo o mundo. O fungo *Batrachochytrium dendrobatidis* (*Bd*) contribuiu para esse declínio: esse patógeno provoca sérias infecções na pele de muitas espécies de anfíbios, levando a mortalidade massiva. Esforços para salvar anfíbios do *Bd* tiveram sucesso limitado, e há pouca evidência de que rãs e outros anfíbios tenham adquirido resistência ao *Bd* sozinhos.

Rãs-de-patas-amarelas (*Rana muscosa*) na Califórnia mortas por infecção de *Bd*

Neste exercício, você irá investigar se anfíbios podem adquirir resistência ao fungo patogênico *Bd*.

Sua abordagem O princípio guiando sua investigação é que a exposição prévia ao patógeno pode capacitar anfíbios a adquirir resistência imunológica a esse patógeno. Para ver se isso ocorre após exposição ao *Bd*, você irá analisar dados sobre resistência adquirida em rãs arborícolas de Cuba (*Osteopilus septentrionalis*).

Seus dados Para criar variação no número de exposições prévias ao *Bd*, rãs arborícolas cubanas foram expostas ao *Bd* e livradas da infecção (usando tratamentos com calor) de zero a três vezes; rãs sem exposição prévia são referidas como "novatos". Os pesquisadores, então, expuseram as rãs ao *Bd* e mediram a abundância média de *Bd* sobre a pele da rã, a sobrevivência das rãs e a abundância de linfócitos (um tipo de leucócito envolvido na resposta imune de vertebrados).

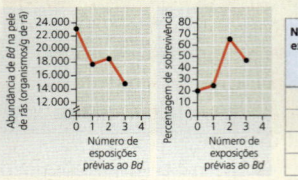

Número de exposições prévias ao *Bd*	Milhares de linfócitos por g de rã
0	134
1	240
2	244
3	227

Sua análise
1. Descreva e interprete os resultados mostrados na figura.
2. **(a)** Faça um gráfico com os dados da tabela. **(b)** Com base nesses dados, elabore uma hipótese que explique os resultados discutidos na questão 1.
3. Populações reprodutoras de espécies de anfíbios ameaçadas por *Bd* foram estabelecidas em cativeiro. Além disso, evidências sugerem que rãs arborícolas cubanas podem adquirir resistência após exposição a *Bd* mortos. Com base nessa informação e nas suas respostas às questões 1 e 2, sugira uma estratégia para repovoar regiões dizimadas por *Bd*.

Exercícios de habilidades

Exercícios de habilidades científicas

1. Interpretando gráficos de barra 23
2. Calibrando uma curva de decaimento do isótopo radioativo padrão e interpretando dados 33
3. Interpretação de um gráfico de dispersão com uma linha de regressão 54
4. Trabalhando com mols e razões molares 58
5. Análise de dados de sequências de polipeptídeos 89
6. Usando uma barra de escala para calcular o volume e a área da superfície de uma célula 99
7. Interpretação de um gráfico de dispersão com duas séries de dados 136
8. Elaboração de um gráfico de linha e cálculo de uma inclinação 157
9. Elaboração de um gráfico de barras e avaliação de uma hipótese 179
10. Elaboração de gráficos com linhas de regressão 205
12. Interpretação de histogramas 250
13. Desenho de um gráfico de linhas e conversão entre unidades de dados 264
14. Elaboração de um histograma e análise do padrão de distribuição 283
15. Utilização do teste do qui-quadrado (χ^2) 304
16. Trabalhando com dados em uma tabela 318
17. Interpretação de um gráfico de logotipos de sequências 351
18. Análise de experimentos de deleção no DNA 376
19. Análise de uma árvore filogenética baseada em sequências para entender a evolução viral 411
21. Leitura de uma tabela de identidade de sequências de aminoácidos 458
22. Elaboração e testagem de predições 484
23. Uso da equação de Hardy-Weinberg para interpretar dados e fazer predições 493
24. Identificação de variáveis dependentes e independentes, representação em um gráfico de dispersão e interpretação dos dados 513
25. Estimativa de dados quantitativos a partir de um gráfico e formulação de hipóteses 538
26. Uso de dados de sequência de proteínas para testar uma hipótese evolutiva 570
27. Cálculo e interpretação de médias e desvio-padrão 590
28. Interpretação de comparações de sequências gênicas 595
29. Elaboração de gráficos de barra e interpretação dos dados 628
30. Uso de logaritmos naturais para interpretar dados 639
31. Interpretação de dados genômicos e formulação de hipóteses 657
32. Cálculo e interpretação de coeficientes de correlação 678
33. Interpretação de dados em um delineamento experimental 700
34. Determinando a equação de uma regressão linear 751
35. Uso de gráficos de barras para interpretar dados 762
36. Cálculo e interpretação de coeficientes de temperatura 790
37. Formulação de observações 812
38. Uso de correlações positivas e negativas para interpretar dados 834
39. Interpretação de resultados experimentais em um gráfico de barras 864
40. Interpretando gráficos de pizza 892
41. Interpretação de dados de um experimento com mutantes genéticos 918
42. Elaboração e interpretação de histogramas 938
43. Comparação de duas variáveis em um eixo x comum 972
44. Descrição e interpretação de dados quantitativos 981
45. Delineamento de um experimento controlado 1014
46. Formulação de inferências e delineamento de um experimento 1030
47. Interpretação de uma mudança na inclinação 1049
48. Interpretação de dados expressos em notação científica 1082
49. Delineamento de experimento com mutantes genéticos 1095
50. Interpretação de um gráfico com escalas logarítmicas 1136
51. Testagem de hipótese com um modelo quantitativo 1150
52. Construção de um gráfico de barra e um gráfico de linhas para interpretar dados 1186
53. Uso da equação logística no modelo de crescimento populacional 1200
54. Elaboração de um gráfico de barras e um gráfico de dispersão 1217
55. Interpretação de dados quantitativos 1247
56. Avaliação de evidências em gráficos de dados 1279

Exercícios de resolução de problemas

5. Você é uma vítima de fraude com peixes? 89
11. Uma lesão de pele pode tornar-se mortal? 214
17. As mutações da insulina são a causa do diabetes neonatal de três bebês? 359
24. A hibridação está promovendo resistência a inseticidas em mosquitos transmissores da malária? 518
34. Populações de anfíbios em declínio podem ser salvas por uma vacina? 733
39. Como a mudança climática afeta a produtividade agrícola? 863
45. A regulação da tireoide é normal neste paciente? 1010
55. Um surto de insetos pode ameaçar a capacidade de absorção atmosférica de uma floresta? 1245

Figuras em destaque

Visualizando

- **5.16** Visualizando proteínas 79
- **6.32** Visualizando a escala da maquinaria molecular em uma célula 122
- **16.7** Visualizando o DNA 319
- **25.8** Visualizando a escala do tempo geológico 532
- **26.5** Visualizando relações filogenéticas 556
- **32.8** Visualizando a simetria e os eixos do corpo animal 680
- **35.11** Visualizando os crescimentos primário e secundário 767
- **47.8** Visualizando a gastrulação 1050
- **55.13** Visualizando ciclos biogeoquímicos 1249

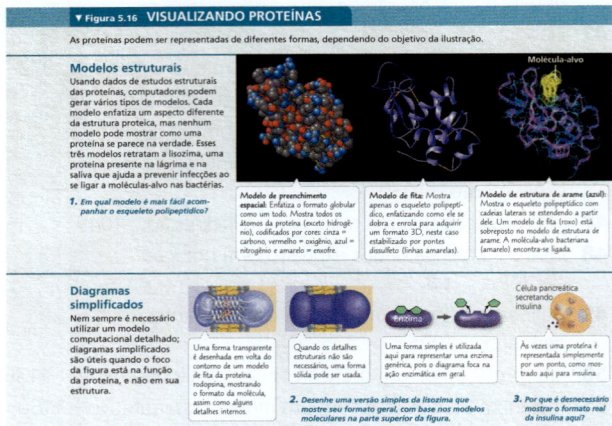

Faça conexões

- **5.26** Contribuições da genômica e da proteômica para a biologia 88
- **10.22** O funcionamento da célula 208
- **18.27** Gênomica, sinalização celular e câncer 392
- **23.18** O alelo da célula falciforme 502
- **33.8** Maximizando a área de superfície 695
- **37.9** Mutualismo entre os reinos e domínios 813
- **39.27** Níveis de defesas vegetais contra herbívoros 868
- **40.23** Desafios e soluções da vida em plantas e animais 894
- **44.17** Movimento e gradientes de íons 993
- **55.19** Ecossistema em funcionamento 1256
- **56.31** A mudança climática tem efeitos em todos os níveis de organização biológica 1280

Explorando

- **1.3** Explorando níveis de organização biológica 4
- **5.18** Explorando os níveis da estrutura proteica 80
- **6.3** Explorando a microscopia 95
- **6.8** Explorando células eucarióticas 100
- **6.30** Explorando junções celulares nos tecidos animais 120
- **7.21** Explorando a endocitose nas células animais 140
- **11.8** Explorando os receptores transmembrana da superfície celular 218
- **12.7** Explorando a mitose em uma célula animal 238
- **13.8** Explorando a meiose em uma célula animal 260
- **16.23** Explorando o empacotamento da cromatina em um cromossomo eucariótico 330
- **24.3** Explorando barreiras reprodutivas 508
- **25.7** Explorando a origem dos mamíferos 531
- **27.17** Explorando a diversidade bacteriana 584
- **28.5** Explorando a diversidade protista 598
- **29.5** Explorando a alternância de gerações 620
- **29.13** Explorando a diversidade das briófitas 626
- **29.19** Explorando a diversidade das plantas vasculares sem sementes 632
- **30.7** Explorando a diversidade das gimnospermas 642
- **30.17** Explorando a diversidade das angiospermas 650
- **33.2** Explorando a diversidade dos invertebrados 687
- **33.42** Explorando a diversidade dos insetos 712
- **34.42** Explorando a diversidade dos mamíferos 745
- **35.10** Explorando exemplos de células vegetais diferenciadas 764
- **37.15** Explorando adaptações nutricionais incomuns nas plantas 819
- **38.4** Explorando a polinização das flores 824
- **38.12** Explorando a dispersão de frutos e sementes 832
- **40.5** Explorando a estrutura e a função dos tecidos animais 877
- **41.5** Explorando os quatro principais mecanismos de alimentação dos animais 904
- **44.12** Explorando o sistema excretor dos mamíferos 986
- **46.11** Explorando a gametogênese humana 1028
- **49.11** Explorando a organização do encéfalo humano 1092
- **50.10** Explorando a estrutura da orelha humana 1113
- **50.17** Explorando a estrutura do olho humano 1118
- **52.2** Explorando o escopo da pesquisa ecológica 1165
- **52.3** Explorando os padrões climáticos globais 1166
- **52.13** Explorando biomas terrestres 1173
- **52.16** Explorando biomas aquáticos 1179
- **53.17** Explorando mecanismos de regulação dependente da densidade 1204
- **55.14** Explorando os ciclos da água e dos nutrientes 1250
- **55.17** Explorando a ecologia da restauração no mundo inteiro 1254

Pesquisa

- **1.25** A camuflagem afeta as taxas de predação em duas populações de camundongos? 21
- **4.2** Moléculas orgânicas podem ser formadas sob condições que supostamente simulam as condições iniciais da Terra? 57
- **7.4** As proteínas da membrana se movem? 128
- **10.9** Quais comprimentos de onda da luz são mais eficazes na promoção da fotossíntese? 194
- **12.9** Em que extremidade os microtúbulos do cinetocoro encurtam durante a anáfase? 241
- **12.14** Os sinais moleculares no citoplasma regulam o ciclo celular? 245
- **14.3** Quando plantas de ervilhas F_1 híbridas se autopolinizam ou sofrem polinização cruzada, quais características aparecem na geração F_2? 271
- **14.8** Os alelos para um caractere segregam para os gametas de forma dependente ou independente dos alelos para um caractere diferente? 276

FIGURAS EM DESTAQUE

15.3 Em um cruzamento entre uma mosca-da-fruta fêmea do tipo selvagem e um mutante macho de olhos brancos, qual cor de olhos terão as descendências F_1 e F_2? 296
15.9 Como a ligação entre dois genes afeta a herança dos caracteres? 301
16.2 Uma característica genética pode ser transferida entre diferentes cepas de bactérias? 315
16.4 O material genético do fago T2 é proteína ou DNA? 316
16.12 A replicação do DNA segue o modelo conservativo, semiconservativo ou dispersivo? 322
17.3 Genes individuais especificam as enzimas que atuam em vias bioquímicas? 338
18.22 Bicoid poderia ser um morfógeno que determina a extremidade anterior da mosca-da-fruta? 387
19.2 O que causa a doença do mosaico do tabaco? 399
20.16 O núcleo de uma célula animal diferenciada pode direcionar o desenvolvimento de um organismo? 429
20.21 Uma célula humana totalmente diferenciada pode ser "desprogramada" para se tornar uma célula-tronco? 432
21.18 Qual é a função de um gene (*FOXP2*) que pode estar envolvido na aquisição da linguagem? 462
22.13 Uma mudança na fonte alimentar de uma população pode resultar na evolução por seleção natural? 477
23.16 As fêmeas selecionam machos com base em traços indicativos de "genes bons"? 500
24.7 A divergência de populações alopátricas pode levar ao isolamento reprodutivo? 512
24.12 A seleção sexual em ciclídeos resulta em isolamento reprodutivo? 515
24.19 Como a hibridação levou à especiação nos girassóis? 521
25.27 O que causa a perda de espinhos nos peixes esgana-gato que vivem em lagos? 546
26.6 Qual é a identidade das espécies do alimento sendo vendido como carne de baleia? 557
27.10 Os procariotos podem evoluir rapidamente em resposta à alteração ambiental? 578
28.26 Qual é a raiz da árvore eucariótica? 612
29.14 As briófitas podem reduzir a taxa com que nutrientes essenciais são perdidos dos solos? 627
31.22 Endófitos fúngicos beneficiam uma planta lenhosa? 667
33.29 O plano corporal dos artrópodes resultou de novos genes *Hox*? 706
36.18 A seiva do floema contém mais açúcar perto das fontes ou perto dos drenos? 801
37.10 Quão variáveis são as composições de comunidades bacterianas dentro e fora das raízes? 814
39.5 Qual parte de um coleóptilo de gramínea tem sensibilidade à luz e como o sinal é transmitido? 847
39.6 O que causa o movimento polar de auxina do ápice para a base da parte aérea? 848
39.16 Como a ordem da iluminação vermelha e vermelho--distante afeta a germinação da semente? 857
40.16 Como uma píton-birmanesa gera calor enquanto está incubando os ovos? 888
40.22 O que acontece com o relógio circadiano durante a hibernação? 893
41.4 A dieta pode influenciar a frequência de defeitos do tubo neural? 902
42.25 O que causa a síndrome da angústia respiratória? 944
44.20 Mutações na aquaporina podem causar diabetes? 995
46.8 Por que há um viés na utilização dos espermatozoides quando a fêmea da mosca-da-fruta acasala duas vezes? 1024
47.3 A distribuição de Ca^{2+} no ovo está correlacionada com a formação do envelope de fertilização? 1045
47.23 Como a distribuição do crescente cinza afeta o potencial de desenvolvimento das duas primeiras células-filhas? 1061
47.24 O lábio dorsal do blastóporo é capaz de induzir as células de outra parte do embrião de anfíbio a mudarem seu destino celular? 1062
47.26 Que papel a zona de atividade polarizadora (ZAP) desempenha na formação de padrões dos membros de vertebrados? 1063
50.23 Como os mamíferos detectam diferentes sabores? 1123
51.8 A vespa-escavadora usa marcos de referência para encontrar seu ninho? 1145
51.24 As diferenças na orientação migratória dentro de uma mesma espécie são geneticamente determinadas? 1157
53.13 Como o cuidado da prole afeta a sobrevivência parental em falcões? 1201
54.3 O nicho de uma espécie pode ser influenciado pela competição? 1216
54.20 *Pisaster ochraceus* é uma espécie-chave? 1226
55.6 Qual nutriente limita a produção de fitoplâncton ao longo da costa de Long Island? 1243
55.12 Como a temperatura afeta a decomposição da serrapilheira em um ecossistema? 1248
56.12 O que causou o declínio drástico da população do tetraz-das-pradarias do estado de Illinois? 1267

Método de pesquisa

5.21 Cristalografia de raios X 83
6.4 Fracionamento celular 96
10.8 Determinando um espectro de absorção 193
13.3 Preparando um cariótipo 256
14.2 Cruzamento de plantas de ervilhas 270
14.7 Cruzamento-teste 275
15.11 Construindo um mapa de ligação 305
20.3 Sequenciamento por síntese: sequenciamento de nova geração 417
20.7 Reação em cadeia da polimerase (PCR) 421
20.11 Análise da expressão de genes individuais por RT-PCR 425
26.15 Aplicando a parcimônia em um problema de sistemática molecular 563
35.21 Usando a dendrocronologia para estudar o clima 773
37.7 Cultura hidropônica 810
48.9 Registro intracelular 1072
53.2 Determinação do tamanho populacional usando o método de marcação e recaptura 1191
54.14 Determinação da diversidade microbiana empregando ferramentas moleculares 1223

Entrevistas

Unidade 1 A QUÍMICA DA VIDA — 27

Kenneth Olden
National Center for Environmental Assessment

Unidade 2 A CÉLULA — 92

Diana M. Bautista
University of California, Berkeley

Unidade 3 GENÉTICA — 253

Francisco Mojica
Universidad de Alicante, Espanha

Unidade 4 MECANISMOS DA EVOLUÇÃO — 467

Cassandra Extavour
Harvard University

Unidade 5 HISTÓRIA EVOLUTIVA DA DIVERSIDADE BIOLÓGICA — 552

Penny Chisholm
Massachusetts Institute of Technology

Unidade 6 FORMA E FUNÇÃO DAS PLANTAS — 757

Dennis Gonsalves
Agricultural Research Center, Hilo, Hawaii

Unidade 7 FORMA E FUNÇÃO DOS ANIMAIS — 872

Steffanie Strathdee
University of California, San Diego

Unidade 8 ECOLOGIA — 1163

Chelsea Rochman
University of Toronto

Agradecimentos

Manifestamos nossa gratidão a toda a comunidade global de professores, pesquisadores, alunos e editores que contribuíram para a 12ª edição de *Biologia de Campbell*.

Como autores deste livro, estamos conscientes do desafio de manter atualizadas todas as áreas em rápida expansão. Somos gratos a muitos cientistas que ajudaram a dar forma a este livro, discutindo seu campo de pesquisa conosco, respondendo questões específicas da sua área de *expertise* e compartilhando suas ideias sobre educação em biologia. Somos especialmente gratos aos seguintes profissionais: Graham Alexander, Elizabeth Atkinson, Kristian Axelsen, Ron Bassar, Christopher Benz, David Booth, George Brooks, Abby Dernberg, Jean DeSaix, Alex Engel, Rachel Kramer Green, Fred Holtzclaw, Theresa Holtzclaw, Tim James, Kathy Jones, Azarias Karamanlidis, Gary Karpen, Joe Montoya, Laurie Nemzer, Kevin Peterson, T. K. Reddy, David Reznick, Thomas Schneider, Alastair Simpson, Martin Smith, Steven Swoap e John Taylor. Além disso, os biólogos listados nas páginas seguintes forneceram uma revisão detalhada, ajudando-nos a assegurar uma acurácia científica ao texto e melhorar sua eficácia pedagógica. Agradecemos a Mary Camuso e Ann Sinclair pela contribuição de uma Dica de estudo criativa para seus colegas estudantes.

Agradecemos também a outros professores e alunos mundo afora, que fizeram contato com os autores diretamente para sugestões úteis. Arcamos com a responsabilidade de qualquer erro que ainda exista, mas a dedicação de nossos consultores, revisores e outros correspondentes nos deixa confiantes quanto à precisão e à efetividade deste livro.

Entrevistas com cientistas proeminentes são uma marca registrada desta obra desde o seu início, e a condução dessas entrevistas foi, novamente, um dos grandes prazeres na revisão do livro. Estamos orgulhosos em incluir, na abertura das oito unidades desta edição, entrevistas com Kenneth Olden, Diana Bautista, Francisco Mojica, Cassandra Extavour, Penny Chisholm, Dennis Gonsalves, Steffanie Strathdee e Chelsea Rochman.

Biologia de Campbell resulta de uma forte sinergia entre um time de cientistas e um time de editores profissionais. Nosso time editorial da Pearson Education novamente demonstrou talento, comprometimento e percepção pedagógica inigualáveis. Nosso gerente acadêmico global de conteúdo estratégico em biociências, Josh Frost, trouxe entendimento de publicação, inteligência e um nível bastante apreciado de liderança para dirigir todo o time. A clareza e a eficácia de cada página devem-se, em grande parte, aos nossos extraordinários coordenadores editoriais Beth Winickoff e Pat Burner, que trabalharam com um time de primeira classe de editores de desenvolvimento: John Burner, Mary Ann Murray, Hilair Chism, Andrew Recher e Mary Hill. Nossas incomparáveis diretora de desenvolvimento de conteúdo Ginnie Simione Jutson e diretora de gestão de portfólio educacional Beth Wilbur foram indispensáveis para mover o projeto na direção correta.

Também gostaríamos de agradecer Robin Heyden por organizar as conferências anuais de liderança em biologia e nos manter em contato com o mundo do AP Biology. Também agradecemos a Ashley Fallon, assistente editorial, Chelsea Noack, analista de conteúdo associada, e Rebecca Berardy Schwartz, gerente de produto.

Este lindo livro não existiria se não fosse pelo trabalho do time de produção: diretora de produção de conteúdo e estúdio digital Erin Gregg; gerente de produção Michael Early; produtora de conteúdo sênior Lori Newman; editora de fotografia Maureen Spuhler; revisora Joanna Dinsmore; revisor Pete Shanks; gerente de direitos e autorizações Ben Ferrini; gerente de projeto para direitos e autorizações Matt Perry; gerente de projetos sênior Margaret McConnell e demais membros da Integra Software Services, Inc.; gerente de produção artística Rebecca Marshall, Artist Kitty Auble, e demais membros da Lachina Creative; gerente de design Mark Ong; designer das páginas internas e da capa Jeff Puda; e produtora gráfica Stacey Weinberger.

Por seu papel importante na comercialização do livro, agradecemos a Alysun Estes, Kelly Galli, Jane Campbell, Brad Parkins e Stacey Abraham. Pelo seu entusiasmo, encorajamento e suporte, agradecemos a Jeanne Zalesky, diretora acadêmica global de conteúdo estratégico em ciências e saúde, Michael Gillespie, diretor acadêmico de produto em biociências, Adam Jaworski, vice-presidente acadêmico de produto em ciências, e Paul Corey, vice-presidente global de estratégia de conteúdo acadêmico.

O time de vendas da Pearson, que representa *Biologia de Campbell* no *campus*, é uma ligação essencial com os usuários do livro. Ele nos traz comentários de leitores, comunica as características do livro e fornece um serviço imediato. Agradecemos por seu trabalho árduo e profissionalismo. Por representar nosso livro perante nossa audiência internacional, agradecemos nossos parceiros de vendas e marketing pelo mundo. Todos são aliados fortes na educação da biologia.

Finalmente, agradecemos às nossas famílias e amigos pelo seu encorajamento e paciência ao longo deste longo projeto. Nosso agradecimento especial a Lily e Alex (L.A.U.); Debra e Hannah (M.L.C.); Aaron, Sophie, Noah e Gabriele (S.A.W.); Natalie (P.V.M.); e Jim, Abby, Dan e Emily (R.B.O). Agradecemos a Jane Reece, agora aposentada, por sua generosidade e atenção em todos esses anos como autora do *Campbell*. E como sempre, nossos agradecimentos a Rochelle, Allison, Jason, McKay e Gus.

Lisa A. Urry, Michael L. Cain, Steven A. Wasserman, Peter V. Minorsky e Rebecca B. Orr

Revisão

Revisão da 12ª edição

Sheena Abernathy, *College of the Mainland*; James Arnone, *William Paterson University*; Josh Auld, *West Chester University*; Gemma Bartha, *Springfield College*; Louise Beard, *University of Essex*; Marin Beaupre, *Massasoit Community College*; Kevin Bennett, *University of Hawai'i*; Kelsie Bernot, *North Carolina A&T State University*; Christine Bezotte, *Elmira College*; Chris Bloch, *Bridgewater State University*; Aiwei Borengasser, *University of Arkansas – Pulaski Tech*; Robert Borgon, *University of Central Florida*; Nicole Bournias-Vardiabasis, *California State University, San Bernardino*; George Brooks, *University of California, Berkeley*; Michael Buoni, *Delaware Technical Community College*; Kelcey Burris, *Union High School*; Elena Cainas, *Broward College*; Mickael Cariveau, *Mount Olive College*; Billy Carver, *Lees-McRae College*; Anne Casper, *Eastern Michigan University*; Bruce Chase, *University of Nebraska, Omaha*; Amanda Chau, *Blinn College*; Katie Clark, *University of California, Riverside*; Catharina Coenen, *Allegheny College*; Curt Coffman, *Vincennes University*; Juliet Collins, *University of Wisconsin, Madison*; Bob Cooper, *Pennsbury High School*; Robin Cotter, *Phoenix College*; Marilyn Cruz-Alvarez, *Florida Gulf Coast University*; Noelle Cutter, *Molloy College*; Deborah Dardis, *Southeastern Louisiana University*; Farahad Dastoor, *University of Maine, Orono*; Andrew David, *Clarkson University*; Jeremiah Davie, *D'Youville College*; Brian Deis, *University of Hawai'i* Jean DeSaix, *University of North Carolina at Chapel Hill* Kelly Dubois, *Calvin College*; Cynthia Eayre, *Fresno City College*; Arri Eisen, *Emory University*; Lisa Elfring, *University of Arizona*; Kurt Elliott, *Northwest Vista College*; Ana Esther Escandon, *Los Angeles Harbor College*; Linda Fergusson-Kolmes, *Portland Community College*; April Fong, *Portland Community College*; Robert Fowler, *San Jose State University*; Brittany Gasper, *Florida Southern College*; Carri Gerber, *The Ohio State University*; Marina Gerson, *California State University, Stanislaus*; Brian Gibbens, *University of Minnesota*; Sara Gremillion, *Georgia Southern University*; Ron Gross, *Community College of Allegheny County*; Melissa Gutierrez, *University of Southern Mississippi*; Gokhan Hacisalihoglu, *Florida A&M University*; Monica Hall-Woods, *St. Charles Community College*; Catherine Hartkorn, *New Mexico State University*; Valerie Haywood, *Case Western Reserve University*; Maryann Herman, *St. John Fisher College*; Alexander Heyl, *Adelphi University*; Laura Hill, *University of Vermont*; Anne-Marie Hoskinson, *South Dakota State University*; Katriina Ilves, *Pace University*; James Jacob, *Tompkins Cortland Community College*; Darrel James, *Fred C. Beyer High School*; Jerry Johnson, *Corban University*; Greg Jones, *Santa Fe College*; Kathryn Jones, *Howard Community College*; Seth Jones, *University of Kentucky*; Steven Karafit, *University of Central Arkansas*; Lori Kayes, *Oregon State University*; Ben Kolber, *Duquesne University*; Catherine Konopka, *John Carroll University*; Bill Kroll, *Loyola University, Chicago*; MaryLynne LaMantia, *Golden West College*; Neil Lamb, *HudsonAlpha Institute for Biotechnology*; Michelle LaPorte, *St. Louis Community College*; Neil Lax, *Duquesne University*; John Lepri, *Carrboro High School*; Jani Lewis, *State University of New York at Geneseo*; Eddie Lunsford, *Southwestern Community College*; Alyssa MacDonald, *Leeward Community College*; Charles Mallery, *University of Miami*; Marlee Marsh, *Columbia College*; Nicole McDaniels, *Herkimer College*; Mike Meighan, *University of California, Berkeley*; Jennifer Metzler, *Ball State University*; Grace Ju Miller, *Indiana Wesleyan University*; Terry Miller, *Central Carolina Community College*; Shamone Mizenmayer, *Central High School*; Cam Muir, *University of Hawai'i at Hilo*; Heather Murdock, *San Francisco State University*; Madhavan Narayanan, *Mercy College*; Jennifer Nauen, *University of Delaware*; Karen Neal, *J. Sargeant Reynolds Community College, Richmond*; Leonore Neary, *Joliet Junior College*; Shanna Nifoussi, *University of Superior*; Jennifer Ortiz, *North Hills School District*; Fernanda Oyarzun, *Universidad Católica de la Santísima Concepción, Chile*; Stephanie Pandolfi, *Wayne State University*; John Plunket, *Horry-Georgetown Technical College*; Elena Pravosudova, *University of Nevada, Reno*; Pushpa Ramakrishna, *Chandler-Gilbert Community College*; Sami Raut, *University of Alabama, Birmingham*; Robert Reavis, *Glendale Community College*; Linda Rehfuss, *Bucks County Community College*; Deborah Rhoden, *Snead State Community College*; Linda Richardson, *Blinn College*; Brian Ring, *Valdosta State University*; Rob Ruliffson, *Minneapolis Community and Technical College*; Judy Schoonmaker, *Colorado School of Mines*; David Schultz, *University of Louisville*; David Schwartz, *Houston Community College*; Duane Sears, *University of California, Santa Barbara*; J. Michael Sellers, *University of Southern Mississippi*; Pramila Sen, *Houston Community College*; Jyotsna Sharma, *University of Texas San Antonio*; Joan Sharp, *Simon Fraser University*; Marcia Shofner, *University of Maryland, College Park*; Linda Sigismondi, *University of Rio Grande*; Davida Smyth, *Mercy College*; Helen Snodgrass, *YES Prep North Forest*; Ayodotun Sodipe, *Texas Southern University*; Kathy Sparace, *Tri-County Technical College*; Patricia Steinke, *San Jacinto College Central*; Elizabeth Sudduth, *Georgia Gwinnett College*; Aaron Sullivan, *Houghton College*; Yvonne Sun, *University of Dayton*; Andrea Swei, *San Francisco State University*; Greg Thurmon, *Central Methodist University*; Stephanie Toering-Peters, *Wartburg College*; Monica Togna, *Drexel University*; Gail Tompkins, *Wake Technical Community College*; Tara Turley-Stoulig, *Southeastern Louisiana University*; Bishnu Twanabasu, *Weatherford College*; Erin Ventresca, *Albright College*; Wei Wan, *Texas A&M University*; Alan Wasmoen, *Metropolitan Community College, Nebraska*; Fred Wasserman, *Boston University*; Vicki Watson, *University of Montana*; Bill Wesley, *Mars Area High School*; Clay White, *Lone Star College*; Lisa Whitenack, *Allegheny College*; Larry Wimmers, *Towson University*; Heather Woodson, *Gaston College*; Shelly Wu, *Texas Christian University*; Mary Wuerth, *Tamalpais High School*; John Yoder, *University of Alabama*; Alyson Zeamer, *University of Texas San Antonio*.

Revisão das edições anteriores

Steve Abedon, *Ohio State University*; Kenneth Able, *State University of New York, Albany*; Thomas Adams, *Michigan State University*; Martin Adamson, *University of British Columbia*; Dominique Adriaens, *Ghent University*; Ann Aguanno, *Marymount Manhattan College*; Shylaja Akkaraju, *Bronx Community College of CUNY*; Marc Albrecht, *University of Nebraska*; John Alcock, *Arizona State University*; Eric Alcorn, *Acadia University*; George R. Aliaga, *Tarrant County College*; Philip Allman, *Florida Gulf Coast College*; Rodney Allrich, *Purdue University*; Richard Almon, *State University of New York, Buffalo*; Bonnie Amos, *Angelo State University*; Katherine Anderson, *University of California, Berkeley*; Richard J. Andren, *Montgomery County Community College*; Estry Ang, *University of Pittsburgh, Greensburg*; Jeff Appling, *Clemson University*; J. David Archibald, *San Diego State University*; David Armstrong, *University of Colorado, Boulder*; Howard J. Arnott, *University of Texas, Arlington*; Mary Ashley, *University of Illinois, Chicago*; Angela S. Aspbury, *Texas State University*; Robert Atherton, *University of Wyoming*; Karl Aufderheide, *Texas A&M University*; Leigh Auleb, *San Francisco State University*; Terry Austin, *Temple College*; P. Stephen Baenziger, *University of Nebraska*; Brian Bagatto, *University of Akron*; Ellen Baker, *Santa Monica College*; Katherine Baker, *Millersville University*; Virginia Baker, *Chipola College*; Teri Balser, *University of Wisconsin, Madison*; William Barklow, *Framingham State College*; Susan Barman, *Michigan State University*; Steven Barnhart, *Santa Rosa Junior College*; Jim Barron, *Montana State University Billings*; Andrew Barton, *University of Maine Farmington*; Rebecca A. Bartow, *Western Kentucky University*; Ron Basmajian, *Merced College*; David Bass, *University of Central Oklahoma*; Stephen Bauer, *Belmont Abbey College;* Bonnie Baxter, *Westminster College*; Tim Beagley, *Salt Lake Community College*; Margaret E. Beard, *College of the Holy Cross*; Tom Beatty, *University of British Columbia*; Chris Beck, *Emory University*; Wayne Becker, *University of Wisconsin, Madison*; Patricia Bedinger, *Colorado State University*; Jane Beiswenger, *University of Wyoming*; Anne Bekoff, *University of Colorado, Boulder*; Marc Bekoff, *University of Colorado, Boulder*; Tania Beliz, *College of San Mateo*; Adrianne Bendich, *Hoffman-La Roche, Inc.*; Marilee Benore, *University of Michigan, Dearborn*; Barbara Bentley, *State University of New York, Stony Brook*; Darwin Berg, *University of California, San Diego*; Werner Bergen, *Michigan State University*; Gerald Bergstrom, *University of Wisconsin, Milwaukee*; Anna W. Berkovitz, *Purdue University*; Aimee Bernard, *University of Colorado Denver*; Dorothy Berner, *Temple University*; Annalisa Berta, *San Diego State University*; Paulette Bierzychudek, *Pomona College*; Charles Biggers, *Memphis State University*; Teresa Bilinski, *St. Edward's University*; Kenneth Birnbaum, *New York University*; Sarah Bissonnette, *University of California, Berkeley*; Catherine Black, *Idaho State University*; Michael W. Black, *California Polytechnic State University, San Luis Obispo*; William Blaker, *Furman University*; Robert Blanchard, *University of New Hampshire*; Andrew R. Blaustein, *Oregon State University*; Judy Bluemer, *Morton College*; Edward Blumenthal, *Marquette University*; Robert Blystone, *Trinity University*; Robert Boley, *University of Texas, Arlington*; Jason E. Bond, *East Carolina University*; Eric Bonde, *University of Colorado, Boulder*; Cornelius Bondzi, *Hampton University*; Richard Boohar, *University of Nebraska, Omaha*; Carey L. Booth, *Reed College*; Allan Bornstein, *Southeast Missouri State University*; David Bos, *Purdue University*; Oliver Bossdorf, *State University of New York, Stony Book*; James L. Botsford, *New Mexico State University*; Lisa Boucher, *University of Nebraska, Omaha*; Jeffery Bowen, *Bridgewater State University*; J. Michael Bowes, *Humboldt State University*; Richard Bowker, *Alma College*; Robert Bowker, *Glendale Community College, Arizona*; Scott Bowling, *Auburn University*; Barbara Bowman, *Mills College*; Barry Bowman, *University of California, Santa Cruz*; Deric Bownds, *University of Wisconsin, Madison*; Robert Boyd, *Auburn University*; Sunny Boyd, *University of Notre Dame*; Jerry Brand, *University of Texas, Austin*; Edward Braun, *Iowa State University*; Theodore A. Bremner, *Howard University*; James Brenneman, *University of Evansville*; Charles H. Brenner, *Berkeley, California*; Lawrence Brewer, *University of Kentucky*; Donald P. Briskin, *University of Illinois, Urbana*; Paul Broady, *University of Canterbury*; Chad Brommer, *Emory University*; Judith L. Bronstein, *University of Arizona*; David Broussard, *Lycoming College*; Danny Brower, *University of Arizona*; Carole Browne, *Wake Forest University*; Beverly Brown, *Nazareth College*; Mark Browning, *Purdue University*; David Bruck, *San Jose State University*; Robb T. Brumfield, *Louisiana State University*; Herbert Bruneau, *Oklahoma State University*; Gary Brusca, *Humboldt State University*; Richard C. Brusca, *University of Arizona, Arizona-Sonora Desert Museum*; Alan H. Brush, *University of Connecticut, Storrs*; Howard Buhse, *University of Illinois, Chicago*; Arthur Buikema, *Virginia Tech*; Beth Burch, *Huntington University*; Tessa Burch, *University of Tennessee*; Al Burchsted, *College of Staten Island*; Warren Burggren, *University of North Texas*; Meg Burke, *University of North Dakota*; Edwin Burling, *De Anza College*; Dale Burnside, *Lenoir-Rhyne University*; William Busa, *Johns Hopkins University*; Jorge Busciglio, *University of California, Irvine*; John Bushnell, *University of Colorado*; Linda Butler, *University of Texas, Austin*; David Byres, *Florida Community College, Jacksonville*; Patrick Cafferty, *Emory University*; Guy A. Caldwell, *University of Alabama*; Jane Caldwell, *West Virginia University*; Kim A. Caldwell, *University of Alabama*; Ragan Callaway, *The University of Montana*; Kenneth M. Cameron, *University of Wisconsin, Madison*; R. Andrew Cameron, *California Institute of Technology*; Alison Campbell, *University of Waikato*; Iain Campbell, *University of Pittsburgh*; Michael Campbell, *Penn State University*; Patrick Canary, *Northland Pioneer College*; W. Zacheus Cande, *University of California, Berkeley*; Deborah Canington, *University of California, Davis*; Robert E. Cannon, *University of North Carolina, Greensboro*; Frank Cantelmo, *St. John's University*; John Capeheart, *University of Houston, Downtown*; Gregory Capelli, *College of William and Mary*; Cheryl Keller Capone, *Pennsylvania State University*; Richard Cardullo, *University of California, Riverside*; Nina Caris, *Texas A&M University*; Mickael Cariveau, *Mount Olive College*; Jeffrey Carmichael, *University of North Dakota*; Robert Carroll, *East Carolina University*; Laura L. Carruth, *Georgia State University*; J. Aaron Cassill, *University of Texas, San Antonio*; Karen I. Champ, *Central Florida Community College*; David Champlin, *University of Southern Maine*; Brad Chandler, *Palo Alto College*; Wei-Jen Chang, *Hamilton College*; Bruce Chase, *University of Nebraska, Omaha*; P. Bryant Chase, *Florida State University*; Doug Cheeseman, *De Anza College*; Shepley Chen, *University of Illinois,*

Chicago; Giovina Chinchar, *Tougaloo College*; Joseph P. Chinnici, *Virginia Commonwealth University*; Jung H. Choi, *Georgia Institute of Technology*; Steve Christensen, *Brigham Young University, Idaho*; Geoffrey Church, *Fairfield University*; Henry Claman, *University of Colorado Health Science Center*; Anne Clark, *Binghamton University*; Greg Clark, *University of Texas*; Patricia J. Clark, *Indiana University-Purdue University, Indianapolis*; Ross C. Clark, *Eastern Kentucky University*; Lynwood Clemens, *Michigan State University*; Janice J. Clymer, *San Diego Mesa College*; Reggie Cobb, *Nashville Community College*; William P. Coffman, *University of Pittsburgh*; Austin Randy Cohen, *California State University, Northridge*; Bill Cohen, *University of Kentucky*; J. John Cohen, *University of Colorado Health Science Center*; James T. Colbert, *Iowa State University*; Sean Coleman, *University of the Ozarks*; Jan Colpaert, *Hasselt University*; Robert Colvin, *Ohio University*; Jay Comeaux, *McNeese State University*; David Cone, *Saint Mary's University*; Erin Connolly, *University of South Carolina*; Elizabeth Connor, *University of Massachusetts*; Joanne Conover, *University of Connecticut*; Ron Cooper, *University of California, Los Angeles*; Gregory Copenhaver, *University of North Carolina, Chapel Hill*; John Corliss, *University of Maryland*; James T. Costa, *Western Carolina University*; Stuart J. Coward, *University of Georgia*; Charles Creutz, *University of Toledo*; Bruce Criley, *Illinois Wesleyan University*; Norma Criley, *Illinois Wesleyan University*; Joe W. Crim, *University of Georgia*; Greg Crowther, *University of Washington*; Karen Curto, *University of Pittsburgh*; William Cushwa, *Clark College*; Anne Cusic, *University of Alabama, Birmingham*; Richard Cyr, *Pennsylvania State University*; Curtis Daehler, *University of Hawaii at Manoa*; Marymegan Daly, *The Ohio State University*; W. Marshall Darley, *University of Georgia*; Douglas Darnowski, *Indiana University Southeast*; Cynthia Dassler, *The Ohio State University*; Shannon Datwyler, *California State University, Sacramento*; Marianne Dauwalder, *University of Texas, Austin*; Larry Davenport, *Samford University*; Bonnie J. Davis, *San Francisco State University*; Jerry Davis, *University of Wisconsin, La Crosse*; Michael A. Davis, *Central Connecticut State University*; Thomas Davis, *University of New Hampshire*; Melissa Deadmond, *Truckee Meadows Community College*; John Dearn, *University of Canberra*; Maria E. de Bellard, *California State University, Northridge*; Teresa DeGolier, *Bethel College*; James Dekloe, *University of California, Santa Cruz*; Eugene Delay, *University of Vermont*; Patricia A. DeLeon, *University of Delaware*; Veronique Delesalle, *Gettysburg College*; T. Delevoryas, *University of Texas, Austin*; Roger Del Moral, *University of Washington*; Charles F. Delwiche, *University of Maryland*; Diane C. DeNagel, *Northwestern University*; William L. Dentler, *University of Kansas*; Jennifer Derkits, *J. Sergeant Reynolds Community College*; Daniel DerVartanian, *University of Georgia*; Jean DeSaix, *University of North Carolina, Chapel Hill*; Janet De Souza-Hart, *Massachusetts College of Pharmacy & Health Sciences*; Biao Ding, *Ohio State University*; Michael Dini, *Texas Tech University*; Kevin Dixon, *Florida State University*; Andrew Dobson, *Princeton University*; Stanley Dodson, *University of Wisconsin, Madison*; Jason Douglas, *Angelina College*; Mark Drapeau, *University of California, Irvine*; John Drees, *Temple University School of Medicine*; Charles Drewes, *Iowa State University*; Marvin Druger, *Syracuse University*; Gary Dudley, *University of Georgia*; David Dunbar, *Cabrini College*; Susan Dunford, *University of Cincinnati*; Kathryn A. Durham, *Lorain Community College*; Betsey Dyer, *Wheaton College*; Robert Eaton, *University of Colorado*; Robert S. Edgar, *University of California, Santa Cruz*; Anna Edlund, *Lafayette College*; Douglas J. Eernisse, *California State University, Fullerton*; Betty J. Eidemiller, *Lamar University*; Brad Elder, *Doane College*; Curt Elderkin, *College of New Jersey*; William D. Eldred, *Boston University*; Michelle Elekonich, *University of Nevada, Las Vegas*; George Ellmore, *Tufts University*; Mary Ellard-Ivey, *Pacific Lutheran University*; Kurt Elliott, *North West Vista College*; Norman Ellstrand, *University of California, Riverside*; Johnny El-Rady, *University of South Florida*; Bert Ely, *University of South Carolina*; Dennis Emery, *Iowa State University*; John Endler, *University of California, Santa Barbara*; Rob Erdman, *Florida Gulf Coast College*; Dale Erskine, *Lebanon Valley College*; Margaret T. Erskine, *Lansing Community College*; Susan Erster, *Stony Brook University*; Gerald Esch, *Wake Forest University*; Frederick B. Essig, *University of South Florida*; Mary Eubanks, *Duke University*; David Evans, *University of Florida*; Robert C. Evans, *Rutgers University, Camden*; Sharon Eversman, *Montana State University*; Olukemi Fadayomi, *Ferris State University*; Lincoln Fairchild, *Ohio State University*; Peter Fajer, *Florida State University*; Bruce Fall, *University of Minnesota*; Sam Fan, *Bradley University*; Lynn Fancher, *College of DuPage*; Ellen H. Fanning, *Vanderbilt University*; Paul Farnsworth, *University of New Mexico*; Larry Farrell, *Idaho State University*; Jerry F. Feldman, *University of California, Santa Cruz*; Lewis Feldman, *University of California, Berkeley*; Myriam Alhadeff Feldman, *Cascadia Community College*; Eugene Fenster, *Longview Community College*; Linda Fergusson-Kolmes, *Portland Community College, Sylvania Campus*; Russell Fernald, *University of Oregon*; Danilo Fernando, *SUNY College of Environmental Science and Forestry, Syracuse*; Rebecca Ferrell, *Metropolitan State College of Denver*; Christina Fieber, *Horry-Georgetown Technical College*; Melissa Fierke, *SUNY College of Environmental Science and Forestry*; Kim Finer, *Kent State University*; Milton Fingerman, *Tulane University*; Barbara Finney, *Regis College*; Teresa Fischer, *Indian River Community College*; Frank Fish, *West Chester University*; David Fisher, *University of Hawaii, Manoa*; Jonathan S. Fisher, *St. Louis University*; Steven Fisher, *University of California, Santa Barbara*; David Fitch, *New York University*; Kirk Fitzhugh, *Natural History Museum of Los Angeles County*; Lloyd Fitzpatrick, *University of North Texas*; William Fixsen, *Harvard University*; T. Fleming, *Bradley University*; Abraham Flexer, *Manuscript Consultant, Boulder, Colorado*; Mark Flood, *Fairmont State University*; Margaret Folsom, *Methodist College*; Kerry Foresman, *University of Montana*; Norma Fowler, *University of Texas, Austin*; Robert G. Fowler, *San Jose State University*; David Fox, *University of Tennessee, Knoxville*; Carl Frankel, *Pennsylvania State University, Hazleton*; Stewart Frankel, *University of Hartford*; Robert Franklin, *College of Charleston*; James Franzen, *University of Pittsburgh*; Art Fredeen, *University of Northern British Columbia*; Kim Fredericks, *Viterbo University*; Bill Freedman, *Dalhousie University*; Matt Friedman, *University of Chicago*; Otto Friesen, *University of Virginia*; Frank Frisch, *Chapman University*; Virginia Fry, *Monterey Peninsula College*; Bernard Frye, *University of Texas, Arlington*; Jed Fuhrman, *University of Southern California*; Alice Fulton, *University of Iowa*; Chandler Fulton, *Brandeis University*; Sara Fultz, *Stanford University*; Berdell Funke, *North Dakota State University*; Anne Funkhouser, *University of the Pacific*; Zofia E. Gagnon, *Marist College*; Michael Gaines, *University of Miami*; Cynthia M. Galloway, *Texas A&M University, Kingsville*; Arthur W. Galston, *Yale University*; Stephen Gammie, *University of Wisconsin, Madison*; Carl Gans, *University of Michigan*; John Gapter, *University of Northern Colorado*; Andrea Gargas, *University of Wisconsin, Madison*; Lauren Garner, *California Polytechnic State University, San Luis Obispo*; Reginald Garrett, *University of Virginia*; Craig Gatto, *Illinois State University*; Kristen Genet, *Anoka Ramsey Community College*; Patricia Gensel, *University of North Carolina*; Chris George, *California Polytechnic State University, San Luis Obispo*; Robert George, *University of Wyoming*; J. Whitfield Gibbons, *University of Georgia*; J. Phil Gibson, *University of Oklahoma*; Frank Gilliam, *Marshall University*; Eric Gillock, *Fort Hayes State University*; Simon Gilroy, *University of Wisconsin, Madison*; Edwin Ginés-Candelaria, *Miami Dade College*; Alan D. Gishlick, *Gustavus Adolphus College*; Todd Gleeson, *University of Colorado*; Jessica Gleffe, *University of California, Irvine*; John Glendinning, *Barnard College*; David Glenn-Lewin, *Wichita State University*; William Glider, *University of Nebraska*; Tricia Glidewell, *Marist School*; Elizabeth A. Godrick, *Boston University*; Jim Goetze, *Laredo Community College*; Lynda Goff, *University of California, Santa Cruz*; Elliott Goldstein, *Arizona State University*; Paul Goldstein, *University of Texas, El Paso*; Sandra Gollnick, *State University of New York, Buffalo*; Roy Golsteyn, *University of Lethbridge*; Anne Good, *University of California, Berkeley*; Judith Goodenough, *University of Massachusetts, Amherst*; Wayne Goodey, *University of British Columbia*; Barbara E. Goodman, *University of South Dakota*; Robert Goodman, *University of Wisconsin, Madison*; Ester Goudsmit, *Oakland University*; Linda Graham, *University of Wisconsin, Madison*; Robert Grammer, *Belmont University*; Joseph Graves, *Arizona State University*; Eileen Gregory, *Rollins College*; Phyllis Griffard, *University of Houston, Downtown*; A. J. F. Griffiths, *University of British Columbia*; Bradley Griggs, *Piedmont Technical College*; William Grimes, *University of Arizona*; David Grise, *Texas A&M University, Corpus Christi*; Mark Gromko, *Bowling Green State University*; Serine Gropper, *Auburn University*; Katherine L. Gross, *Ohio State University*; Gary Gussin, *University of Iowa*; Edward Gruberg, *Temple University*; Carla Guthridge, *Cameron University*; Mark Guyer, *National Human Genome Research Institute*; Ruth Levy Guyer, *Bethesda, Maryland*; Carla Haas, *Pennsylvania State University*; R. Wayne Habermehl, *Montgomery County Community College*; Pryce Pete Haddix, *Auburn University*; Mac Hadley, *University of Arizona*; Joel Hagen, *Radford University*; Jack P. Hailman, *University of Wisconsin*; Leah Haimo, *University of California, Riverside*; Ken Halanych, *Auburn University*; Jody Hall, *Brown University*; Heather Hallen-Adams, *University of Nebraska, Lincoln*; Douglas Hallett, *Northern Arizona University*; Rebecca Halyard, *Clayton State College*; Devney Hamilton, *Stanford University (student)*; E. William Hamilton, *Washington and Lee University*; Matthew B. Hamilton, *Georgetown University*; Sam Hammer, *Boston University*; Penny Hanchey-Bauer, *Colorado State University*; William F. Hanna, *Massasoit Community College*; Dennis Haney, *Furman University*; Laszlo Hanzely, *Northern Illinois University*; Jeff Hardin, *University of Wisconsin, Madison*; Jean Hardwick, *Ithaca College*; Luke Harmon, *University of Idaho*; Lisa Harper, *University of California, Berkeley*; Deborah Harris, *Case Western Reserve University*; Jeanne M. Harris, *University of Vermont*; Richard Harrison, *Cornell University*; Stephanie Harvey, *Georgia Southwestern State University*; Carla Hass, *Pennsylvania State University*; Chris Haufler, *University of Kansas*; Bernard A. Hauser, *University of Florida*; Chris Haynes, *Shelton State Community College*; Evan B. Hazard, *Bemidji State University (emeritus)*; H. D. Heath, *California State University, East Bay*; George Hechtel, *State University of New York, Stony Brook*; S. Blair Hedges, *Pennsylvania State University*; Brian Hedlund, *University of Nevada, Las Vegas*; David Heins, *Tulane University*; Jean Heitz, *University of Wisconsin, Madison*; Andreas Hejnol, *Sars International Centre for Marine Molecular Biology*; John D. Helmann, *Cornell University*; Colin Henderson, *University of Montana*; Susan Hengeveld, *Indiana University*; Michelle Henricks, *University of California, Los Angeles*; Caroll Henry, *Chicago State University*; Frank Heppner, *University of Rhode Island*; Albert Herrera, *University of Southern California*; Scott Herrick, *Missouri Western State College*; Ira Herskowitz, *University of California, San Francisco*; Paul E. Hertz, *Barnard College*; Chris Hess, *Butler University*; David Hibbett, *Clark University*; R. James Hickey, *Miami University*; Karen Hicks, *Kenyon College*; Kendra Hill, *San Diego State University*; William Hillenius, *College of Charleston*; Kenneth Hillers, *California Polytechnic State University, San Luis Obispo*; Ralph Hinegardner, *University of California, Santa Cruz*; William Hines, *Foothill College*; Robert Hinrichsen, *Indiana University of Pennsylvania*; Helmut Hirsch, *State University of New York, Albany*; Tuan-hua David Ho, *Washington University*; Carl Hoagstrom, *Ohio Northern University*; Elizabeth Hobson, *New Mexico State University*; Jason Hodin, *Stanford University*; James Hoffman, *University of Vermont*; A. Scott Holaday, *Texas Tech University*; Mark Holbrook, *University of Iowa*; N. Michele Holbrook, *Harvard University*; James Holland, *Indiana State University, Bloomington*; Charles Holliday, *Lafayette College*; Lubbock Karl Holte, *Idaho State University*; Alan R. Holyoak, *Brigham Young University, Idaho*; Laura Hoopes, *Occidental College*; Nancy Hopkins, *Massachusetts Institute of Technology*; Sandra Horikami, *Daytona Beach Community College*; Kathy Hornberger, *Widener University*; Pius F. Horner, *San Bernardino Valley College*; Becky Houck, *University of Portland*; Margaret Houk, *Ripon College*; Laura Houston, *Northeast Lakeview College*; Daniel J. Howard, *New Mexico State University*; Ronald R. Hoy, *Cornell University*; Sandra Hsu, *Skyline College*; Sara Huang, *Los Angeles Valley College*; Cristin Hulslander, *University of Oregon*; Donald Humphrey, *Emory University School of Medicine*; Catherine Hurlbut, *Florida State College, Jacksonville*; Diane Husic, *Moravian College*; Robert J. Huskey, *University of Virginia*; Steven Hutcheson, *University of Maryland, College Park*; Linda L. Hyde, *Gordon College*; Bradley Hyman, *University of California, Riverside; Jeffrey Ihara, *Mira Costa College*; Mark Iked, *San Bernardino Valley College*; Cheryl Ingram-Smith, *Clemson University*; Erin Irish, *University of Iowa*; Sally Irwin, *University of Hawaii, Maui College*; Harry Itagaki, *Kenyon College*; Alice Jacklet, *State University of New York, Albany*; John Jackson, *North Hennepin Community College*; Thomas Jacobs, *University of Illinois*; Kathy Jacobson, *Grinnell College*; Mark Jaffe, *Nova Southeastern University*; John C. Jahoda, *Bridgewater State College*; Douglas Jensen, *Converse College*; Jamie Jensen, *Brigham Young University*; Dan Johnson, *East Tennessee State University*; Lance Johnson, *Midland Lutheran College*; Lee Johnson, *The Ohio State University*; Randall Johnson, *University of California, San Diego*; Roishene Johnson, *Bossier Parish Community College*; Stephen Johnson, *William Penn University*; Wayne Johnson, *Ohio State University*; Kenneth C. Jones, *California State University, Northridge*; Russell Jones, *University of California, Berkeley*; Cheryl Jorcyk, *Boise State University*; Chad Jordan, *North Carolina State University*; Ann Jorgensen, *University of Hawaii*; Alan Journet, *Southeast Missouri State University*; Walter Judd, *University of Florida*; Ari Jumpponen, *Kansas State University*; Thomas W. Jurik, *Iowa State University*; Caroline M. Kane, *University of California, Berkeley*; Doug Kane, *Defiance College*; Thomas C. Kane, *University of Cincinnati*; The-Hui Kao, *Pennsylvania State University*; Tamos Kapros, *University of Missouri*; Kasey Karen, *Georgia College & State University*; E. L. Karlstrom, *University of Puget Sound*; David Kass, *Eastern Michigan University*; Jennifer Katcher, *Pima Community College*; Laura A. Katz, *Smith College*; Judy Kaufman, *Monroe Community College*; Maureen Kearney, *Field Museum of Natural History*; Eric G. Keeling, *Cary Institute of Ecosystem Studies*; Patrick Keeling, *University of British Columbia*; Thomas Keller, *Florida State University*; Elizabeth A. Kellogg, *University of Missouri, St. Louis*; Paul Kenrick, *Natural History Museum, London*; Norm Kenkel, *University of Manitoba*; Chris Kennedy, *Simon Fraser University*; George Khoury, *National Cancer Institute*; Stephen T. Kilpatrick, *University of Pittsburgh at Johnstown*; Rebecca T. Kimball, *University of Florida*; Shannon King, *North Dakota State University*; Mark Kirk, *University of Missouri, Columbia*; Robert Kitchin, *University of Wyoming*; Hillar Klandorf, *West Virginia University*; Attila O. Klein, *Brandeis University*; Karen M. Klein, *Northampton Community College*; Daniel Klionsky, *University of Michigan*; Mark Knauss, *Georgia Highlands College*; Janice Knepper, *Villanova University*; Charles Knight, *California Polytechnic State University*; Jennifer Knight, *University of Colorado*; Ned Knight, *Linfield College*; Roger Koeppe, *University of Arkansas*; David Kohl, *University of California, Santa Barbara*; Greg Kopf, *University of Pennsylvania School of Medicine*; Thomas Koppenheffer, *Trinity University*; Peter Kourtev, *Central Michigan University*; Margareta Krabbe, *Uppsala University*; Jacob Krans, *Western New England University*; Anselm Kratochwil, *Universität Osnabrück*; Eliot Krause, *Seton Hall University*; Deborah M. Kristan, *California State University, San Marcos*; Steven Kristoff, *Ivy Tech Community College*; Dubear Kroening, *University of Wisconsin*; William Kroll, *Loyola University, Chicago*; Janis Kuby, *San Francisco State University*; Barbara Kuemerle, *Case Western Reserve University*; Justin P. Kumar, *Indiana University*; Rukmani Kuppuswami, *Laredo Community College*; David Kurijaka, *Ohio University*; Lee Kurtz, *Georgia Gwinnett College*; Michael P. Labare, *United States Military Academy, West Point*; Marc-André Lachance, *University of Western Ontario*; J. A. Lackey, *State University of New York, Oswego*; Elaine Lai, *Brandeis University*; Mohamed Lakrim, *Kingsborough Community College*; Ellen Lamb, *University of North Carolina, Greensboro*; William Lamberts, *College of St Benedict and St John's University*; William L'Amoreaux, *College of Staten Island*; Lynn Lamoreux, *Texas A&M University*; Carmine A. Lanciani, *University of Florida*; Kenneth Lang, *Humboldt State University*; Jim Langeland, *Kalamazoo College*; Dominic Lannutti, *El Paso Community College*; Allan Larson, *Washington University*; Grace Lasker, *Lake Washington Institute of Technology*; John Latto, *University of California, Santa Barbara*; Diane K. Lavett, *State University of New York, Cortland, and Emory University*; Charles Leavell, *Fullerton College*; C. S. Lee, *University of Texas*; Daewoo Lee, *Ohio University*; Tali D. Lee, *University of Wisconsin, Eau Claire*; Hugh Lefcort, *Gonzaga University*; Robert Leonard, *University of California, Riverside*; Michael R. Leonardo, *Coe College*; John Lepri, *University of North Carolina, Greensboro*; Donald Levin, *University of Texas, Austin*; Joseph Levine, *Boston College*; Mike Levine, *University of California, Berkeley*; Alcinda Lewis, *University of Colorado, Boulder*; Bill Lewis, *Shoreline Community College*; Jani Lewis, *State University of New York*; John Lewis, *Loma Linda University*; Lorraine Lica, *California State University, East Bay*; Harvey Liftin, *Broward Community College*; Harvey Lillywhite, *University of Florida, Gainesville*; Graeme Lindbeck, *Valencia Community College*; Clark Lindgren, *Grinnell College*; Eric W. Linton, *Central Michigan University*; Diana Lipscomb, *George Washington University*; Christopher Little, *The University of Texas, Pan American*; Kevin D. Livingstone, *Trinity University*; Andrea Lloyd, *Middlebury College*; Tatyana Lobova, *Old Dominion University*; Sam Loker, *University of New Mexico*; David Longstreth, *Louisiana State University*; Christopher A. Loretz, *State University of New York, Buffalo*; Donald Lovett, *College of New Jersey*; Jane Lubchenco, *Oregon State University*; Douglas B. Luckie, *Michigan State University*; Hannah Lui, *University of California, Irvine*; Margaret A. Lynch, *Tufts University*; Steven Lynch, *Louisiana State University, Shreveport*; Lisa Lyons, *Florida State University*; Richard Machemer Jr., *St. John Fisher College*; Elizabeth Machunis-Masuoka, *University of Virginia*; James MacMahon, *Utah State University*; Nancy Magill, *Indiana University*; Christine R. Maher, *University of Southern Maine*; Linda Maier, *University of Alabama, Huntsville*; Jose Maldonado, *El Paso Community College*; Richard Malkin, *University of California, Berkeley*; Charles Mallery, *University of Miami*; Keith Malmos, *Valencia Community College, East Campus*; Cindy Malone, *California State University, Northridge*; Mark Maloney, *University of South Mississippi*; Carol Mapes, *Kutztown University of Pennsylvania*; William Margolin, *University of Texas Medical School*; Lynn Margulis, *Boston University*; Julia Marrs, *Barnard College* (student); Kathleen A. Marrs, *Indiana University-Purdue University, Indianapolis*; Edith Marsh, *Angelo State University*; Diane L. Marshall, *University of New Mexico*; Mary Martin, *Northern Michigan University*; Karl Mattox, *Miami University of Ohio*; Joyce Maxwell, *California State University, Northridge*; Jeffrey D. May, *Marshall University*; Mike Mayfield, *Ball State University*; Kamau Mbuthia, *Bowling Green State University*; Lee McClenaghan, *San Diego State University*; Richard McCracken, *Purdue University*; Andrew McCubbin, *Washington State University*; Kerry McDonald, *University of Missouri, Columbia*; Tanya McGhee, *Craven Community College*; Jacqueline McLaughlin, *Pennsylvania State University, Lehigh Valley*; Neal McReynolds, *Texas A&M International*; Darcy Medica, *Pennsylvania State University*; Lisa Marie Meffert, *Rice University*; Susan Meiers, *Western Illinois University*; Michael Meighan, *University of California, Berkeley*; Scott Meissner, *Cornell University*; Paul Melchior, *North Hennepin Community College*; Phillip Meneely, *Haverford College*; John Merrill, *Michigan State University*; Brian Metscher, *University of California, Irvine*; Jenny Metzler, *Ball State University*; Ralph Meyer, *University of Cincinnati*; James Mickle, *North Carolina State University*; Jan Mikesell, *Gettysburg College*; Roger Milkman, *University of Iowa*; Grace Miller, *Indiana Wesleyan University*; Helen Miller, *Oklahoma State University*; John Miller, *University of California, Berkeley*; Jonathan Miller, *Edmonds Community College*; Kenneth R. Miller, *Brown University*; Mill Miller, *Wright State University*; Alex Mills, *University of Windsor*; Sarah Milton, *Florida Atlantic University*; Eli Minkoff, *Bates College*; John E. Minnich, *University of Wisconsin, Milwaukee*; Subhash Minocha, *University of New Hampshire*; Michael J. Misamore, *Texas Christian University*; Kenneth Mitchell, *Tulane University School of Medicine*; Ivona Mladenovic, *Simon Fraser University*; Alan Molumby, *University of Illinois, Chicago*; Nicholas Money, *Miami University*; Russell Monson, *University of Colorado, Boulder*; Joseph P. Montoya, *Georgia Institute of Technology*; Frank Moore, *Oregon State University*; Janice Moore, *Colorado State University*; Linda Moore, *Georgia Military College*; Randy Moore, *Wright State University*; William Moore, *Wayne State University*; Carl Moos, *Veterans Administration Hospital, Albany, New York*; Linda Martin Morris, *University of Washington*; Michael Mote, *Temple University*; Alex Motten, *Duke University*; Jeanette Mowery, *Madison Area Technical College*; Deborah Mowshowitz, *Columbia University*; Rita Moyes, *Texas A&M, College Station*; Darrel L. Murray, *University of Illinois, Chicago*; Courtney Murren, *College of Charleston*; John Mutchmor, *Iowa State University*; Elliot Myerowitz, *California Institute of Technology*; Barbara Nash, *Mercy College*; Gavin Naylor, *Iowa State University*; John Neess, *University of Wisconsin, Madison*; Ross Nehm, *Ohio State University*; Tom Neils, *Grand Rapids Community College*; Kimberlyn Nelson, *Pennsylvania State University*; Raymond Neubauer, *University of Texas, Austin*; Todd Newbury, *University of California, Santa Cruz*; James Newcomb, *New England College*; Jacalyn Newman, *University of Pittsburgh*; Harvey Nichols, *University of Colorado, Boulder*; Deborah Nickerson, *University of South Florida*; Bette Nicotri, *University of Washington*; Caroline Niederman, *Tomball College*; Eric Nielsen, *University of Michigan*; Maria Nieto, *California State University, East Bay*; Anders Nilsson, *University of Umeå*; Greg Nishiyama, *College of the Canyons*; Charles R. Noback, *College of Physicians and Surgeons, Columbia University*; Jane Noble-Harvey, *Delaware University*; Mary C. Nolan, *Irvine Valley College*; Kathleen Nolta, *University of Michigan*; Peter Nonacs, *University of California, Los Angeles*; Mohamed A. F. Noor, *Duke University*; Shawn Nordell, *St. Louis University*; Richard S. Norman, *University of Michigan, Dearborn* (emeritus); David O. Norris, *University of Colorado, Boulder*; Steven Norris, *California State University, Channel Islands*; Gretchen North, *Occidental College*; Cynthia Norton, *University of Maine, Augusta*; Steve Norton, *East Carolina University*; Steve Nowicki, *Duke University*; Bette H. Nybakken, *Hartnell College*; Brian O'Conner, *University of Massachusetts, Amherst*; Gerard O'Donovan, *University of North Texas*; Eugene Odum, *University of Georgia*; Mark P. Oemke, *Alma College*; Linda Ogren, *University of California, Santa Cruz*; Patricia O'Hern, *Emory University*; Olabisi Ojo, *Southern University at New Orleans*; Nathan O. Okia, *Auburn University, Montgomery*; Jeanette Oliver, *St. Louis Community College, Florissant Valley*; Gary P. Olivetti, *University of Vermont*; Margaret Olney, *St. Martin's College*; John Olsen, *Rhodes College*; Laura J. Olsen, *University of Michigan*; Sharman O'Neill, *University of California, Davis*; Wan Ooi, *Houston Community College*; Aharon Oren, *The Hebrew University*; John Oross, *University of California, Riverside*; Rebecca Orr, *Collin College*; Catherine Ortega, *Fort Lewis College*; Charissa Osborne, *Butler University*; Gay Ostarello, *Diablo Valley College*; Henry R. Owen, *Eastern Illinois University*; Thomas G. Owens, *Cornell University*; Penny Padgett, *University of North Carolina, Chapel Hill*; Kevin Padian, *University of California, Berkeley*; Dianna Padilla, *State University of New York, Stony Brook*; Anthony T. Paganini, *Michigan State University*; Fatimata Pale, *Thiel College*; Barry Palevitz, *University of Georgia*; Michael A. Palladino, *Monmouth University*; Matt Palmtag, *Florida Gulf Coast University*; Stephanie Pandolfi, *Michigan State University*; Daniel Papaj, *University of Arizona*; Peter Pappas, *County College of Morris*; Nathalie Pardigon, *Institut Pasteur*; Bulah Parker, *North Carolina State University*; Stanton Parmeter, *Chemeketa Community College*; Susan Parrish, *McDaniel College*; Cindy Paszkowski, *University of Alberta*; Robert Patterson, *San Francisco State University*; Ronald Patterson, *Michigan State University*; Crellin Pauling, *San Francisco State University*; Kay Pauling, *Foothill Community College*; Daniel Pavuk, *Bowling Green State University*; Debra Pearce, *Northern Kentucky University*; Patricia Pearson, *Western Kentucky University*; Andrew Pease, *Stevenson University*; Nancy Pelaez, *Purdue University*; Shelley Penrod, *North Harris College*; Imara Y. Perera, *North Carolina State University*; Beverly Perry, *Houston Community College*; Irene Perry, *University of Texas of the Permian Basin*; Roger Persell, *Hunter College*; Eric Peters, *Chicago State University*; Larry Peterson, *University of Guelph*; David Pfennig, *University of North Carolina, Chapel Hill*; Mark Pilgrim, *College of Coastal Georgia*; David S. Pilliod, *California Polytechnic State University, San Luis Obispo*; Vera M. Piper, *Shenandoah University*; Deb Pires, *University of California, Los Angeles*; J. Chris Pires, *University of Missouri, Columbia*; Jarmila Pittermann, *University of California, Santa Cruz*; Bob Pittman, *Michigan State University*; James Platt, *University of Denver*; Martin Poenie, *University of Texas, Austin*; Scott Poethig, *University of Pennsylvania*; Crima Pogge, *San Francisco Community College*; Michael Pollock, *Mount Royal University*; Roberta Pollock, *Occidental College*; Jeffrey

Pommerville, *Texas A&M University*; Therese M. Poole, *Georgia State University*; Angela R. Porta, *Kean University*; Jason Porter, *University of the Sciences, Philadelphia*; Warren Porter, *University of Wisconsin*; Daniel Potter, *University of California, Davis*; Donald Potts, *University of California, Santa Cruz*; Robert Powell, *Avila University*; Andy Pratt, *University of Canterbury*; David Pratt, *University of California, Davis*; Halina Presley, *University of Illinois, Chicago*; Eileen Preston, *Tarrant Community College Northwest*; Mary V. Price, *University of California, Riverside*; Mitch Price, *Pennsylvania State University*; Steven Price, *Virginia Commonwealth University*; Terrell Pritts, *University of Arkansas, Little Rock*; Rong Sun Pu, *Kean University*; Rebecca Pyles, *East Tennessee State University*; Scott Quackenbush, *Florida International University*; Ralph Quatrano, *Oregon State University*; Peter Quinby, *University of Pittsburgh*; Val Raghavan, *Ohio State University*; Deanna Raineri, *University of Illinois, Champaign-Urbana*; David Randall, *City University Hong Kong*; Talitha Rajah, *Indiana University Southeast*; Charles Ralph, *Colorado State University*; Pushpa Ramakrishna, *Chandler-Gilbert Community College*; Thomas Rand, *Saint Mary's University*; Monica Ranes-Goldberg, *University of California, Berkeley*; Samiksha Raut, *University of Alabama at Birmingham*; Robert S. Rawding, *Gannon University*; Robert H. Reavis, *Glendale Community College*; Kurt Redborg, *Coe College*; Ahnya Redman, *Pennsylvania State University*; Brian Reeder, *Morehead State University*; Bruce Reid, *Kean University*; David Reid, *Blackburn College*; C. Gary Reiness, *Lewis & Clark College*; Charles Remington, *Yale University*; Erin Rempala, *San Diego Mesa College*; David Reznick, *University of California, Riverside*; Fred Rhoades, *Western Washington State University*; Douglas Rhoads, *University of Arkansas*; Eric Ribbens, *Western Illinois University*; Christina Richards, *New York University*; Sarah Richart, *Azusa Pacific University*; Wayne Rickoll, *University of Puget Sound*; Christopher Riegle, *Irvine Valley College*; Loren Rieseberg, *University of British Columbia*; Bruce B. Riley, *Texas A&M University*; Todd Rimkus, *Marymount University*; John Rinehart, *Eastern Oregon University*; Donna Ritch, *Pennsylvania State University*; Carol Rivin, *Oregon State University East*; Laurel Roberts, *University of Pittsburgh*; Diane Robins, *University of Michigan*; Kenneth Robinson, *Purdue University*; Thomas Rodella, *Merced College*; Luis Rodriguez, *San Antonio College*; Deb Roess, *Colorado State University*; Heather Roffey, *Marianopolis College*; Rodney Rogers, *Drake University*; Suzanne Rogers, *Seton Hill University*; William Roosenburg, *Ohio University*; Kara Rosch, *Blinn College*; Mike Rosenzweig, *Virginia Polytechnic Institute and State University*; Wayne Rosing, *Middle Tennessee State University*; Thomas Rost, *University of California, Davis*; Stephen I. Rothstein, *University of California, Santa Barbara*; John Ruben, *Oregon State University*; Albert Ruesink, *Indiana University*; Patricia Rugaber, *College of Coastal Georgia*; Scott Russell, *University of Oklahoma*; Jodi Rymer, *College of the Holy Cross*; Neil Sabine, *Indiana University*; Tyson Sacco, *Cornell University*; Glenn-Peter Saetre, *University of Oslo*; Rowan F. Sage, *University of Toronto*; Tammy Lynn Sage, *University of Toronto*; Sanga Saha, *Harold Washington College*; Don Sakaguchi, *Iowa State University*; Walter Sakai, *Santa Monica College*; Per Salvesen, *University of Bergen*; Mark F. Sanders, *University of California, Davis*; Kathleen Sandman, *Ohio State University*; Davison Sangweme, *University of North Georgia*; Louis Santiago, *University of California, Riverside*; Ted Sargent, *University of Massachusetts, Amherst*; K. Sathasivan, *University of Texas, Austin*; Gary Saunders, *University of New Brunswick*; Thomas R. Sawicki, *Spartanburg Community College*; Inder Saxena, *University of Texas, Austin*; Karin Scarpinato, *Georgia Southern University*; Carl Schaefer, *University of Connecticut*; Andrew Schaffner, *Cal Poly San Luis Obispo*; Maynard H. Schaus, *Virginia Wesleyan College*; Renate Scheibe, *University of Osnabrück*; Cara Schillington, *Eastern Michigan University*; David Schimpf, *University of Minnesota, Duluth*; William H. Schlesinger, *Duke University*; Mark Schlissel, *University of California, Berkeley*; Christopher J. Schneider, *Boston University*; Thomas W. Schoener, *University of California, Davis*; Robert Schorr, *Colorado State University*; Patricia M. Schulte, *University of British Columbia*; Karen S. Schumaker, *University of Arizona*; Brenda Schumpert, *Valencia Community College*; David J. Schwartz, *Houston Community College*; Carrie Schwarz, *Western Washington University*; Christa Schwintzer, *University of Maine*; Erik P. Scully, *Towson State University*; Robert W. Seagull, *Hofstra University*; Edna Seaman, *Northeastern University*; Duane Sears, *University of California, Santa Barbara*; Brent Selinger, *University of Lethbridge*; Orono Shukdeb Sen, *Bethune-Cookman College*; Wendy Sera, *Seton Hill University*; Alison M. Shakarian, *Salve Regina University*; Timothy E. Shannon, *Francis Marion University*; Victoria C. Sharpe, *Blinn College*; Elaine Shea, *Loyola College, Maryland*; Stephen Sheckler, *Virginia Polytechnic Institute and State University*; Robin L. Sherman, *Nova Southeastern University*; Richard Sherwin, *University of Pittsburgh*; Alison Sherwood, *University of Hawaii at Manoa*; Lisa Shimeld, *Crafton Hills College*; James Shinkle, *Trinity University*; Barbara Shipes, *Hampton University*; Brian Shmaefsky, *Lone Star College*; Richard M. Showman, *University of South Carolina*; Eric Shows, *Jones County Junior College*; Peter Shugarman, *University of Southern California*; Alice Shuttey, *DeKalb Community College*; James Sidie, *Ursinus College*; Daniel Simberloff, *Florida State University*; Rebecca Simmons, *University of North Dakota*; Anne Simon, *University of Maryland, College Park*; Robert Simons, *University of California, Los Angeles*; Alastair Simpson, *Dalhousie University*; Susan Singer, *Carleton College*; Sedonia Sipes, *Southern Illinois University, Carbondale*; John Skillman, *California State University, San Bernardino*; Roger Sloboda, *Dartmouth University*; John Smarrelli, *Le Moyne College*; Andrew T. Smith, *Arizona State University*; Kelly Smith, *University of North Florida*; Nancy Smith-Huerta, *Miami Ohio University*; John Smol, *Queen's University*; Andrew J. Snope, *Essex Community College*; Mitchell Sogin, *Woods Hole Marine Biological Laboratory*; Doug Soltis, *University of Florida, Gainesville*; Julio G. Soto, *San Jose State University*; Susan Sovonick-Dunford, *University of Cincinnati*; Rebecca Sperry, *Salt Lake Community College*; Frederick W. Spiegel, *University of Arkansas*; Clint Springer, *Saint Joseph's University*; John Stachowicz, *University of California, Davis*; Joel Stafstrom, *Northern Illinois University*; Alam Stam, *Capital University*; Amanda Starnes, *Emory University*; Karen Steudel, *University of Wisconsin*; Barbara Stewart, *Swarthmore College*; Gail A. Stewart, *Camden County College*; Cecil Still, *Rutgers University, New Brunswick*; Margery Stinson, *Southwestern College*; James Stockand, *University of Texas Health Science Center, San Antonio*; John Stolz, *California Institute of Technology*; Judy Stone, *Colby College*; Richard D. Storey, *Colorado College*; Stephen Strand, *University of California, Los Angeles*; Eric Strauss, *University of Massachusetts, Boston*; Antony Stretton, *University of Wisconsin, Madison*; Russell Stullken, *Augusta College*; Mark Sturtevant, *Oakland University, Flint*; John Sullivan, *Southern Oregon State University*; Gerald Summers, *University of Missouri*; Judith Sumner, *Assumption College*; Marshall D. Sundberg, *Emporia State University*; Cynthia Surmacz, *Bloomsburg University*; Lucinda Swatzell, *Southeast Missouri State University*; Daryl Sweeney, *University of Illinois, Champaign-Urbana*; Diane Sweeney, *Punahou School*; Samuel S. Sweet, *University of California, Santa Barbara*; Janice Swenson, *University of North Florida*; Michael A. Sypes, *Pennsylvania State University*; Lincoln Taiz, *University of California, Santa Cruz*; David Tam, *University of North Texas*; Yves Tan, *Cabrillo College*; Samuel Tarsitano, *Southwest Texas State University*; David Tauck, *Santa Clara University*; Emily Taylor, *California Polytechnic State University, San Luis Obispo*; James Taylor, *University of New Hampshire*; John W. Taylor, *University of California, Berkeley*; Kristen Taylor, *Salt Lake Community College*; Martha R. Taylor, *Cornell University*; Franklyn Tan Te, *Miami Dade College*; Thomas Terry, *University of Connecticut*; Roger Thibault, *Bowling Green State University*; Kent Thomas, *Wichita State University*; Rebecca Thomas, *College of St. Joseph*; William Thomas, *Colby-Sawyer College*; Cyril Thong, *Simon Fraser University*; John Thornton, *Oklahoma State University*; Robert Thornton, *University of California, Davis*; William Thwaites, *Tillamook Bay Community College*; Stephen Timme, *Pittsburg State University*; Mike Toliver, *Eureka College*; Eric Toolson, *University of New Mexico*; Leslie Towill, *Arizona State University*; James Traniello, *Boston University*; Paul Q. Trombley, *Florida State University*; Nancy J. Trun, *Duquesne University*; Constantine Tsoukas, *San Diego State University*; Marsha Turell, *Houston Community College*; Victoria Turgeon, *Furman University*; Robert Tuveson, *University of Illinois, Urbana*; Maura G. Tyrrell, *Stonehill College*; Catherine Uekert, *Northern Arizona University*; Claudia Uhde-Stone, *California State University, East Bay*; Gordon Uno, *University of Oklahoma*; Lisa A. Urry, *Mills College*; Saba Valadkhan, *Center for RNA Molecular Biology*; James W. Valentine, *University of California, Santa Barbara*; Joseph Vanable, *Purdue University*; Theodore Van Bruggen, *University of South Dakota*; Kathryn VandenBosch, *Texas A&M University*; Gerald Van Dyke, *North Carolina State University*; Brandi Van Roo, *Framingham State College*; Moira Van Staaden, *Bowling Green State University*; Martin Vaughan, *Indiana University-Purdue University Indianapolis*; Sarah VanVickle-Chavez, *Washington University, St. Louis*; William Velhagen, *New York University*; Steven D. Verhey, *Central Washington University*; Kathleen Verville, *Washington College*; Sara Via, *University of Maryland*; Meena Vijayaraghavan, *Tulane University*; Frank Visco, *Orange Coast College*; Laurie Vitt, *University of California, Los Angeles*; Neal Voelz, *St. Cloud State University*; Thomas J. Volk, *University of Wisconsin, La Crosse*; Leif Asbjørn Vøllestad, *University of Oslo*; Amy Volmer, *Swarthmore College*; Janice Voltzow, *University of Scranton*; Margaret Voss, *Penn State Erie*; Susan D. Waaland, *University of Washington*; Charles Wade, *C.S. Mott Community College*; William Wade, *Dartmouth Medical College*; John Waggoner, *Loyola Marymount University*; Jyoti Wagle, *Houston Community College*; Edward Wagner, *University of California, Irvine*; D. Alexander Wait, *Southwest Missouri State University*; Claire Walczak, *Indiana University*; Jerry Waldvogel, *Clemson University*; Dan Walker, *San Jose State University*; Robert Lee Wallace, *Ripon College*; Jeffrey Walters, *North Carolina State University*; Linda Walters, *University of Central Florida*; James Wandersee, *Louisiana State University*; James T. Warren Jr., *Pennsylvania State University*; Nickolas M. Waser, *University of California, Riverside*; Fred Wasserman, *Boston University*; Margaret Waterman, *University of Pittsburgh*; Charles Webber, *Loyola University of Chicago*; Peter Webster, *University of Massachusetts, Amherst*; Terry Webster, *University of Connecticut, Storrs*; Beth Wee, *Tulane University*; James Wee, *Loyola University, New Orleans*; Andrea Weeks, *George Mason University*; John Weishampel, *University of Central Florida*; Peter Wejksnora, *University of Wisconsin, Milwaukee*; Charles Wellman, *Sheffield University*; Kentwood Wells, *University of Connecticut*; David J. Westenberg, *University of Missouri, Rolla*; Richard Wetts, *University of California, Irvine*; Christopher Whipps, *State University of New York College of Environmental Science and Forestry*; Jessica White-Phillip, *Our Lady of the Lake University*; Matt White, *Ohio University*; Philip White, *James Hutton Institute*; Susan Whittemore, *Keene State College*; Murray Wiegand, *University of Winnipeg*; Ernest H. Williams, *Hamilton College*; Kathy Williams, *San Diego State University*; Kimberly Williams, *Kansas State University*; Stephen Williams, *Glendale Community College*; Elizabeth Willott, *University of Arizona*; Christopher Wills, *University of California, San Diego*; Paul Wilson, *California State University, Northridge*; Fred Wilt, *University of California, Berkeley*; Peter Wimberger, *University of Puget Sound*; Robert Winning, *Eastern Michigan University*; E. William Wischusen, *Louisiana State University*; Clarence Wolfe, *Northern Virginia Community College*; Vickie L. Wolfe, *Marshall University*; Janet Wolkenstein, *Hudson Valley Community College*; Robert T. Woodland, *University of Massachusetts Medical School*; Joseph Woodring, *Louisiana State University*; Denise Woodward, *Pennsylvania State University*; Patrick Woolley, *East Central College*; Sarah E. Wyatt, *Ohio University*; Grace Wyngaard, *James Madison University*; Shuhai Xiao, *Virginia Polytechnic Institute*; Ramin Yadegari, *University of Arizona*; Paul Yancey, *Whitman College*; Philip Yant, *University of Michigan*; Linda Yasui, *Northern Illinois University*; Anne D. Yoder, *Duke University*; Hideo Yonenaka, *San Francisco State University*; Robert Yost, *Indiana University-Purdue University Indianapolis*; Tia Young, *Pennsylvania State University*; Gina M. Zainelli, *Loyola University, Chicago*; Edward Zalisko, *Blackburn College*; Nina Zanetti, *Siena College*; Sam Zeveloff, *Weber State University*; Zai Ming Zhao, *University of Texas, Austin*; John Zimmerman, *Kansas State University*; Miriam Zolan, *Indiana University*; Theresa Zucchero, *Methodist University*; Uko Zylstra, *Calvin College*.

Sumário resumido

1 Evolução, temas da biologia e pesquisa científica   2

Unidade 1   A química da vida   27

2 Contexto químico da vida   28
3 Água e vida   44
4 Carbono e a diversidade molecular da vida   56
5 Estrutura e função de grandes moléculas biológicas   66

Unidade 2   A célula   92

6 Uma viagem pela célula   93
7 Estrutura e função da membrana   126
8 Introdução ao metabolismo   143
9 Respiração celular e fermentação   164
10 Fotossíntese   187
11 Comunicação celular   212
12 Ciclo celular   234

Unidade 3   Genética   253

13 Meiose e ciclos de vida sexuada   254
14 Mendel e a ideia de gene   269
15 Base cromossômica da herança   294
16 Base molecular da hereditariedade   314
17 Expressão gênica: do gene à proteína   335
18 Regulação da expressão gênica   365
19 Vírus   398
20 Biotecnologia e ferramentas do DNA   415
21 Genomas e sua evolução   442

Unidade 4   Mecanismos da evolução   467

22 Descendência com modificação: uma visão darwiniana da vida   468
23 Evolução das populações   486
24 Origem das espécies   506
25 História da vida na Terra   525

Unidade 5   História evolutiva da diversidade biológica   552

26 Filogenia e a árvore da vida   553
27 Bacteria e Archaea   573
28 Protistas   593
29 Diversidade vegetal I: como as plantas colonizaram o ambiente terrestre   618
30 Diversidade vegetal II: evolução das plantas com sementes   636
31 Fungos   654
32 Panorama da diversidade animal   673
33 Introdução aos invertebrados   686
34 Origem e evolução dos vertebrados   718

Unidade 6   Forma e função das plantas   757

35 Estrutura, crescimento e desenvolvimento das plantas vasculares   758
36 Obtenção e transporte de recursos em plantas vasculares   784
37 Solo e nutrição vegetal   805
38 Reprodução das angiospermas e biotecnologia   822
39 Respostas vegetais a sinais internos e externos   842

Unidade 7   Forma e função dos animais   872

40 Princípios básicos da forma e função dos animais   873
41 Nutrição nos animais   898
42 Circulação e trocas gasosas   921
43 Sistema imune   952
44 Osmorregulação e excreção   977
45 Hormônios e o sistema endócrino   999
46 Reprodução animal   1019
47 Desenvolvimento animal   1043
48 Neurônios, sinapses e sinalização   1067
49 Sistemas nervosos   1085
50 Mecanismos sensoriais e motores   1107
51 Comportamento animal   1139

Unidade 8   Ecologia   1163

52 Introdução à ecologia e à biosfera   1164
53 Ecologia de populações   1190
54 Ecologia de comunidades   1214
55 Ecossistemas e ecologia da restauração   1238
56 Biologia da conservação e mudança global   1260

Apêndice A   Respostas   1288
Apêndice B   Classificação da vida   1343
Apêndice C   Comparação entre microscópio óptico e microscópio eletrônico   1345
Apêndice D   Revisão de habilidades científicas   1346

Créditos   1350
Glossário   1360
Índice   1395

Sumário

1 Evolução, temas da biologia e pesquisa científica 2

CONCEITO 1.1 O estudo da vida revela temas unificadores 3
- Tema: novas propriedades emergem em níveis sucessivos de organização biológica 4
- Tema: os processos da vida envolvem a expressão e transmissão de informação genética 6
- Tema: a vida requer a transferência e a transformação de energia e matéria 9
- Tema: de moléculas a ecossistemas, as interações são importantes em sistemas biológicos 9

CONCEITO 1.2 O tema central: a evolução é responsável pela uniformidade e diversidade da vida 11
- Classificando a diversidade da vida 12
- Charles Darwin e a teoria da seleção natural 14
- A árvore da vida 15

CONCEITO 1.3 Ao estudar a natureza, os cientistas formulam e testam hipóteses 16
- Exploração e observação 17
- Coleta e análise de dados 17
- Formulação e testagem de hipóteses 17
- Flexibilidade do processo científico 18
- *Um estudo de caso em pesquisa científica:* a coloração da pelagem em populações de camundongos 20
- Variáveis e controles em experimentos 20
- Teorias na ciência 21

CONCEITO 1.4 A ciência se beneficia de uma abordagem cooperativa e de diversos pontos de vista 22
- Aprimorando o trabalho de outros 22
- Ciência, tecnologia e sociedade 23
- O valor de pontos de vista diversificados na ciência 24

Unidade 1 A química da vida 27

Entrevista: Kenneth Olden 27

2 Contexto químico da vida 28

CONCEITO 2.1 A matéria consiste em elementos químicos na forma simples e em combinações denominadas compostos 29
- Elementos e compostos 29
- Os elementos da vida 29
- *Estudo de caso:* evolução da tolerância a elementos tóxicos 30

CONCEITO 2.2 As propriedades de um elemento dependem da estrutura dos seus átomos 30
- Partículas subatômicas 30
- Número atômico e massa atômica 31
- Isótopos 31
- Os níveis de energia dos elétrons 32
- Distribuição eletrônica e propriedades químicas 34
- Orbitais eletrônicos 35

CONCEITO 2.3 A formação e a função das moléculas e compostos iônicos dependem das ligações químicas entre os átomos 36
- Ligações covalentes 36
- Ligações iônicas 37
- Interações químicas fracas 38
- Forma e função moleculares 39

CONCEITO 2.4 As reações químicas formam e rompem ligações químicas 40

3 Água e vida 44

CONCEITO 3.1 As ligações covalentes polares nas moléculas de água promovem ligações de hidrogênio 45

CONCEITO 3.2 Quatro propriedades emergentes da água contribuem para a adequabilidade da Terra à vida 45
- Coesão das moléculas de água 45
- Moderação da temperatura pela água 46
- Flutuação do gelo sobre a água líquida 48
- Água: o solvente da vida 49
- Possível evolução da vida em outros planetas 50

CONCEITO 3.3 Condições ácidas e básicas afetam os organismos vivos 51
- Ácidos e bases 51
- A escala do pH 51
- Tampões 52
- Acidificação: uma ameaça aos nossos oceanos 53

4 Carbono e a diversidade molecular da vida 56

CONCEITO 4.1 A química orgânica é a chave para a origem da vida 57

CONCEITO 4.2 Os átomos de carbono podem formar diversas moléculas ligando-se a outros quatro átomos 58
- A formação de ligações com o carbono 58
- A diversidade molecular se origina da variação dos esqueletos de carbono 60

CONCEITO 4.3 Alguns grupos químicos são essenciais para a função molecular 62
- Os grupos químicos mais importantes nos processos da vida 62
- ATP: uma importante fonte de energia para os processos celulares 64
- *Revisando:* os elementos químicos da vida 64

5 Estrutura e função de grandes moléculas biológicas 66

CONCEITO 5.1 Macromoléculas são polímeros compostos por monômeros 67
- Síntese e quebra dos polímeros 67
- A diversidade dos polímeros 67

CONCEITO 5.2 Carboidratos servem como combustível e material de construção 68
- Açúcares 68
- Polissacarídeos 70

CONCEITO 5.3 Os lipídeos são um grupo diversificado de moléculas hidrofóbicas 72
- Gorduras 72
- Fosfolipídeos 74
- Esteroides 75

CONCEITO 5.4 As proteínas apresentam grande variedade de estruturas, o que resulta em uma variedade de funções 75
- Aminoácidos (monômeros) 75
- Polipeptídeos (polímeros de aminoácidos) 78
- Estrutura e função das proteínas 78

CONCEITO 5.5 Os ácidos nucleicos armazenam, transmitem e ajudam a expressar a informação hereditária 84
- Funções dos ácidos nucleicos 84
- Componentes dos ácidos nucleicos 84
- Polímeros de nucleotídeos 85
- Estruturas das moléculas de DNA e RNA 86

CONCEITO 5.6 A genômica e a proteômica transformaram a pesquisa biológica e suas aplicações 86
- DNA e proteínas: fitas métricas da evolução 87

Unidade 2 A célula 92

Entrevista: Diana M. Bautista 92

6 Uma viagem pela célula 93

CONCEITO 6.1 Para estudar as células, os biólogos utilizam microscópios e bioquímica 94
- Microscopia 94
- Fracionamento celular 96

CONCEITO 6.2 Células eucarióticas possuem membranas internas que compartimentalizam suas funções 97
- Comparação entre células procarióticas e eucarióticas 97
- Uma visão panorâmica da célula eucariótica 99

CONCEITO 6.3 As instruções genéticas das células eucarióticas são armazenadas no núcleo e executadas pelos ribossomos 102
- Núcleo: central de informações 102
- Ribossomos: fábricas de proteínas 102

CONCEITO 6.4 O sistema de endomembranas regula o tráfego de proteínas e realiza as funções metabólicas 104
- Retículo endoplasmático: fábrica biossintética 104
- Complexo de Golgi: centro de remessa e recepção 105
- Lisossomos: compartimentos digestórios 107
- Vacúolos: diversos compartimentos de manutenção 108
- *Revisando*: o sistema de endomembranas 108

CONCEITO 6.5 As mitocôndrias e os cloroplastos mudam a energia de uma forma para outra 109
- As origens evolutivas de mitocôndrias e cloroplastos 109
- Mitocôndrias: conversão de energia química 110
- Cloroplastos: captura de energia luminosa 110
- Peroxissomos: oxidação 112

CONCEITO 6.6 O citoesqueleto é uma rede de fibras que organiza estruturas e atividades na célula 112
- Funções do citoesqueleto: suporte e motilidade 112
- Componentes do citoesqueleto 113

CONCEITO 6.7 Os componentes extracelulares e as conexões entre as células ajudam a coordenar as atividades celulares 118
- Paredes celulares de plantas 118
- A matriz extracelular de células animais 118
- Junções celulares 119

CONCEITO 6.8 Uma célula é maior do que a soma de suas partes 121

7 Estrutura e função da membrana 126

CONCEITO 7.1 As membranas celulares são mosaicos fluidos de lipídeos e proteínas 127
- A fluidez das membranas 128
- Evolução das diferenças na composição lipídica das membranas 129
- Proteínas de membrana e suas funções 129
- O papel dos carboidratos da membrana no reconhecimento célula-célula 130
- Síntese e lateralidade das membranas 131

CONCEITO 7.2 A estrutura da membrana resulta em permeabilidade seletiva 131
- Permeabilidade da bicamada lipídica 132
- Proteínas de transporte 132

CONCEITO 7.3 O transporte passivo é a difusão de uma substância através da membrana sem gasto de energia 132
- Efeitos da osmose no balanço hídrico 133
- Difusão facilitada: transporte passivo auxiliado por proteínas 135

CONCEITO 7.4 O transporte ativo usa energia para mover os solutos contra seus gradientes 136
- A necessidade de energia no transporte ativo 136
- Como as bombas de íons mantêm o potencial da membrana 137
- Cotransporte: transporte acoplado a uma proteína de membrana 138

CONCEITO 7.5 O transporte em massa através da membrana plasmática ocorre por exocitose e endocitose 139
- Exocitose 139
- Endocitose 139

8 Introdução ao metabolismo 143

CONCEITO 8.1 O metabolismo de um organismo transforma matéria e energia 144
- Vias metabólicas 144
- Formas de energia 144
- Leis da transformação de energia 145

CONCEITO 8.2 A variação de energia livre nos diz se a reação ocorre ou não espontaneamente 147
- Variação de energia livre, ΔG 147
- Energia livre, estabilidade e equilíbrio 147
- Energia livre e metabolismo 148

CONCEITO 8.3 O ATP fornece energia para o trabalho celular acoplando reações exergônicas a reações endergônicas 150
- Estrutura e hidrólise do ATP 150
- Como o ATP fornece energia que realiza trabalho 151
- Regeneração do ATP 152

CONCEITO 8.4 As enzimas aceleram as reações do metabolismo diminuindo as barreiras de energia 153
- Barreira de energia de ativação 153
- Como as enzimas aceleram reações 154
- Especificidade de substrato das enzimas 155
- Catálise no sítio ativo da enzima 156
- Efeitos das condições locais sobre a atividade enzimática 156
- A evolução das enzimas 159

CONCEITO 8.5 A regulação da atividade enzimática ajuda a controlar o metabolismo 159
- Regulação alostérica das enzimas 159
- Localização das enzimas no interior da célula 161

9 Respiração celular e fermentação 164

CONCEITO 9.1 Vias catabólicas produzem energia oxidando combustíveis orgânicos 165
- Vias catabólicas e produção de ATP 165
- Reações redox: oxidação e redução 165
- *Introduzindo:* as fases da respiração celular 168

CONCEITO 9.2 A glicólise obtém energia química oxidando glicose a piruvato 170

CONCEITO 9.3 Após a oxidação do piruvato, o ciclo do ácido cítrico completa a oxidação que produz energia a partir de moléculas orgânicas 171
- Oxidação do piruvato a acetil-CoA 171
- O ciclo do ácido cítrico 172

CONCEITO 9.4 Durante a fosforilação oxidativa, a quimiosmose acopla o transporte de elétrons à síntese de ATP 174
- A via do transporte de elétrons 174
- Quimiosmose: o mecanismo de acoplamento de energia 175
- Um balanço da produção de ATP pela respiração celular 177

CONCEITO 9.5 A fermentação e a respiração anaeróbica possibilitam que as células produzam ATP sem o uso de oxigênio 179
- Tipos de fermentação 180
- Comparação entre fermentação e respiração aeróbica e anaeróbica 181
- A importância evolutiva da glicólise 182

CONCEITO 9.6 A glicólise e o ciclo do ácido cítrico conectam-se a diversas outras vias metabólicas 182
- A versatilidade do catabolismo 182
- Biossíntese (vias anabólicas) 183
- Regulação da respiração celular via mecanismos de retroalimentação 183

10 Fotossíntese 187

CONCEITO 10.1 A fotossíntese alimenta a biosfera 188

CONCEITO 10.2 A fotossíntese converte a energia luminosa na energia química dos alimentos 189
- Cloroplastos: os locais da fotossíntese nos vegetais 189
- Rastreando átomos ao longo da fotossíntese 189
- *A ruptura da água:* pesquisa científica 190
- *Visão geral:* as duas fases da fotossíntese 191

CONCEITO 10.3 As reações luminosas convertem a energia solar na energia química do ATP e do NADPH 192
- Natureza da luz solar 192
- Pigmentos fotossintéticos: os receptores de luz 192
- Excitação da clorofila pela luz 195
- Um fotossistema: um complexo do centro de reação associado aos complexos dos coletores de luz 195
- Fluxo linear de elétrons 197
- Fluxo cíclico de elétrons 198
- Comparação da quimiosmose nos cloroplastos e nas mitocôndrias 199

CONCEITO 10.4 O ciclo de Calvin utiliza a energia química do ATP e do NADPH para reduzir CO_2 em açúcar 201

CONCEITO 10.5 Mecanismos alternativos de fixação do carbono evoluíram em climas áridos e quentes 202
- Fotorrespiração: um relicto evolutivo? 203
- Plantas C_4 203
- Plantas MAC 205

CONCEITO 10.6 *Revisando:* a fotossíntese é essencial para a vida na Terra 206

11 Comunicação celular 212

CONCEITO 11.1 Sinais externos são convertidos em respostas dentro da célula 213
- Evolução da sinalização celular 213
- Sinalização local e de longa distância 215
- *Visão geral:* os três estágios da sinalização celular 216

CONCEITO 11.2 Recepção de sinal: uma molécula sinalizadora liga-se a um receptor, causando mudança na sua forma 217
- Receptores na membrana plasmática 217
- Receptores intracelulares 220

CONCEITO 11.3 Transdução de sinal: cascatas de interações moleculares transmitem sinais a partir dos receptores para moléculas de transmissão na célula 221
- Vias de transdução de sinal 221
- Fosforilação e desfosforilação proteica 222
- Pequenas moléculas e íons como segundos mensageiros 223

CONCEITO 11.4 Resposta celular: a sinalização celular induz regulação da transcrição ou de atividades citoplasmáticas 226
- Respostas nucleares e citoplasmáticas 226
- Regulação da resposta 226

CONCEITO 11.5 A apoptose requer a integração de múltiplas vias de sinalização celular 229
- Apoptose no verme de solo *Caenorhabditis elegans* 230
- Vias apoptóticas e os sinais que as desencadeiam 230

12 Ciclo celular 234

CONCEITO 12.1 A maioria das divisões celulares resulta em células-filhas geneticamente idênticas 235
- Papéis principais da divisão celular 235
- Organização celular do material genético 235
- Distribuição dos cromossomos durante a divisão da célula eucariótica 236

CONCEITO 12.2 A fase mitótica alterna-se com a interfase no ciclo celular 237
- Fases do ciclo celular 237
- *Em mais detalhes:* o fuso mitótico 240
- *Em mais detalhes:* a citocinese 241
- Fissão binária nas bactérias 242
- Evolução da mitose 243

CONCEITO 12.3 O ciclo celular eucariótico é regulado por um sistema de controle molecular 244
- Sistema de controle do ciclo celular 244
- Perda dos controles do ciclo celular nas células cancerosas 248

Unidade 3 Genética 253

Entrevista: Francisco Mojica 253

13 Meiose e ciclos de vida sexuada 254

CONCEITO 13.1 A prole adquire os genes dos pais por herança cromossômica 255
- Herança de genes 255
- Comparação entre reprodução assexuada e reprodução sexuada 255

CONCEITO 13.2 A fertilização e a meiose se alternam durante os ciclos de vida sexuada 256
- Conjuntos de cromossomos em células humanas 256
- Comportamento dos conjuntos de cromossomos no ciclo de vida humano 257
- A variedade dos ciclos de vida sexuada 258

CONCEITO 13.3 A meiose reduz o número de conjuntos de cromossomos de diploide para haploide 259
- Os estágios da meiose 259
- *Crossing over* e sinapse durante a prófase I 262
- Comparação entre mitose e meiose 262

CONCEITO 13.4 A variação genética produzida nos ciclos de vida sexuada contribui para a evolução 265
- Origens da variação genética da prole 265
- A importância evolutiva da variação genética entre populações 266

14 Mendel e a ideia de gene 269

CONCEITO 14.1 Mendel utilizou a abordagem científica para identificar duas leis de hereditariedade 270
- A abordagem experimental quantitativa de Mendel 270
- Lei da segregação 271
- Lei da segregação independente 274

CONCEITO 14.2 As leis da probabilidade regem a herança mendeliana 276
- Regras da multiplicação e da adição aplicadas a cruzamentos monoíbridos 277
- Resolvendo problemas genéticos complexos com as regras da probabilidade 277

CONCEITO 14.3 Padrões de hereditariedade muitas vezes são mais complexos do que os previstos pela genética mendeliana simples 278
- Estendendo a genética mendeliana para um único gene 278
- Estendendo a genética mendeliana para dois ou mais genes 280
- Natureza e ambiente: o impacto do meio ambiente sobre o fenótipo 282
- Visão mendeliana sobre hereditariedade e variação 282

CONCEITO 14.4 Muitas características humanas seguem os padrões mendelianos de hereditariedade 284
- Análise da genealogia (*pedigree*) 284
- Distúrbios herdados de forma recessiva 285
- Distúrbios herdados de forma dominante 287
- Doenças multifatoriais 287
- Testes genéticos e aconselhamento genético 287

15 Base cromossômica da herança 294

CONCEITO 15.1 A herança mendeliana tem sua base física no comportamento dos cromossomos 295
  O organismo experimental escolhido por Morgan 295
  Pesquisa científica: correlacionando o comportamento dos alelos de um gene com o comportamento de um par de cromossomos 295

CONCEITO 15.2 Genes ligados ao sexo exibem padrões únicos de herança 298
  Base cromossômica do sexo 298
  Herança de genes ligados ao X 299
  Inativação do X em fêmeas de mamíferos 300

CONCEITO 15.3 Genes ligados tendem a ser herdados juntos, pois estão localizados próximos uns aos outros no mesmo cromossomo 301
  Como a ligação afeta a herança 301
  Recombinação gênica e ligação 302
  Pesquisa científica: mapeamento da distância entre os genes usando dados de recombinação 305

CONCEITO 15.4 Alterações no número ou na estrutura dos cromossomos causam alguns distúrbios genéticos 306
  Número cromossômico anormal 307
  Alterações na estrutura dos cromossomos 307
  Condições humanas devido a alterações cromossômicas 308

CONCEITO 15.5 Alguns padrões de herança são exceções à herança mendeliana padrão 310
  Impressão genômica 310
  Herança de genes de organelas 311

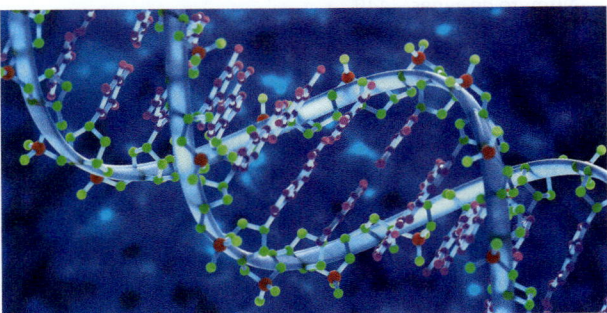

16 Base molecular da hereditariedade 314

CONCEITO 16.1 O DNA é o material genético 315
  Pesquisa científica: a busca pelo material genético 315
  Construindo um modelo estrutural do DNA 317

CONCEITO 16.2 Diversas proteínas atuam juntas na replicação e no reparo do DNA 320
  Princípios básicos: pareamento de bases com uma fita-molde 321
  Em mais detalhes: replicação do DNA 322
  Revisão e reparo do DNA 327
  Importância evolutiva das alterações nos nucleotídeos do DNA 328
  Replicando as extremidades das moléculas de DNA 328

CONCEITO 16.3 Um cromossomo consiste em uma molécula de DNA empacotada junto com proteínas 330

17 Expressão gênica: do gene à proteína 335

CONCEITO 17.1 Os genes especificam proteínas por meio da transcrição e da tradução 336
  Evidências obtidas a partir do estudo de defeitos metabólicos 336
  Princípios básicos da transcrição e da tradução 337
  O código genético 340

CONCEITO 17.2 *Em mais detalhes:* a transcrição é a síntese de RNA controlada pelo DNA 342
  Componentes moleculares da transcrição 342
  Síntese de um transcrito de RNA 342

CONCEITO 17.3 As células eucarióticas modificam o RNA após a transcrição 345
  Alterações nas extremidades do mRNA 345
  Clivagem de genes e *splicing* do RNA 345

CONCEITO 17.4 *Em mais detalhes:* a tradução é a síntese de polipeptídeos controlada pelo RNA 347
  Componentes moleculares da tradução 348
  Construindo um polipeptídeo 350
  Finalização e direcionamento das proteínas funcionais 352
  Síntese de múltiplos polipeptídeos em bactérias e eucariotos 355

CONCEITO 17.5 Mutações de um ou alguns nucleotídeos podem afetar a estrutura e a função das proteínas 357
  Tipos de mutações de pequena escala 357
  Novas mutações e mutagênicos 360
  Usando CRISPR para editar genes e corrigir mutações que causam doenças 360
  Revisando: o que é um gene? 361

18 Regulação da expressão gênica 365

CONCEITO 18.1 As bactérias frequentemente respondem a alterações ambientais regulando a transcrição 366
  Óperons: conceitos básicos 366
  Óperons reprimíveis e induzíveis: dois tipos de regulação gênica negativa 368
  Regulação gênica positiva 369

CONCEITO 18.2 A expressão gênica eucariótica é regulada em muitos estágios 370
  Expressão gênica diferencial 370
  Regulação da estrutura da cromatina 371
  Regulação do início da transcrição 373
  Mecanismos de regulação pós-transcricional 377

CONCEITO 18.3 Os RNAs não codificantes exercem múltiplos papéis no controle da expressão gênica 379
  Efeitos dos micro-RNAs e pequenos RNAs de interferência nos mRNAs 380
  Remodelação da cromatina e os efeitos na transcrição por ncRNAs 380

CONCEITO 18.4 Um programa de expressão gênica diferencial leva aos diferentes tipos celulares nos organismos multicelulares 381
  Um programa genético para o desenvolvimento embrionário 381
  Determinantes citoplasmáticos e sinais induzíveis 382
  Regulação sequencial da expressão gênica durante a diferenciação celular 383
  Formação de padrão: determinação do plano corporal 384

CONCEITO 18.5 O câncer decorre de alterações genéticas que afetam o controle do ciclo celular 388
- Tipos de genes associados ao câncer 388
- Interferência em vias normais de sinalização celular 389
- O modelo de múltiplas etapas do desenvolvimento do câncer 391
- Predisposição hereditária e fatores ambientais que contribuem para o câncer 394
- O papel dos vírus no câncer 394

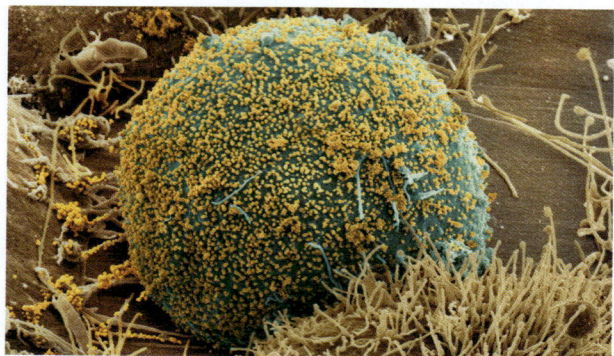

19 Vírus 398

CONCEITO 19.1 Um vírus consiste em um ácido nucleico circundado por uma capa proteica 399
- *Pesquisa científica:* a descoberta dos vírus 399
- Estrutura dos vírus 399

CONCEITO 19.2 Os vírus se replicam somente nas células hospedeiras 401
- Características gerais dos ciclos replicativos virais 401
- Ciclos replicativos dos fagos 402
- Ciclos replicativos dos vírus de animais 404
- Evolução dos vírus 406

CONCEITO 19.3 Vírus e príons são excelentes patógenos de animais e plantas 408
- Doenças virais em animais 408
- Doenças virais emergentes 409
- Doenças virais em plantas 412
- Príons: proteínas como agentes infecciosos 412

20 Biotecnologia e ferramentas do DNA 415

CONCEITO 20.1 O sequenciamento do DNA e a clonagem do DNA são ferramentas valiosas para a engenharia genética e as pesquisas biológicas 416
- Sequenciamento de DNA 416
- Produzindo múltiplas cópias de um gene ou outro segmento de DNA 418
- Uso de enzimas de restrição para produzir plasmídeo de DNA recombinante 419
- Amplificação de DNA: reação em cadeia da polimerase (PCR) e seu uso na clonagem do DNA 420
- Expressão de genes eucarióticos clonados 422

CONCEITO 20.2 Os biólogos utilizam a tecnologia do DNA para estudar a expressão e a função de um gene 423
- Análise da expressão gênica 423
- Determinando a função gênica 426

CONCEITO 20.3 Organismos clonados e células-tronco são úteis para pesquisa básica e outras aplicações 428
- Clonagem de plantas: culturas unicelulares 428
- Clonagem de animais: transplante nuclear 428
- Células-tronco de animais 430

CONCEITO 20.4 As aplicações práticas da biotecnologia com base em DNA afetam nossas vidas de várias formas 433
- Aplicações médicas 433
- Evidência forense e perfis genéticos 436
- Limpeza do meio ambiente 437
- Aplicações na agricultura 437
- Questões de ética e segurança suscitadas pela tecnologia do DNA 438

21 Genomas e sua evolução 442

CONCEITO 21.1 O Projeto Genoma Humano promoveu o desenvolvimento de técnicas de sequenciamento mais rápidas e acessíveis 443

CONCEITO 21.2 Os cientistas utilizam a bioinformática para analisar genomas e suas funções 444
- Centralização de recursos para a análise de sequências genômicas 444
- Identificação de genes que codificam proteínas e estudo das suas funções 445
- Compreendendo os genes e a expressão gênica no nível de sistema 446

CONCEITO 21.3 Os genomas variam em tamanho, número de genes e densidade gênica 448
- Tamanho dos genomas 448
- Número de genes 449
- Densidade gênica e DNA não codificante 449

CONCEITO 21.4 Eucariotos multicelulares têm grande quantidade de DNA não codificante e diversas famílias multigênicas 450
- Elementos transponíveis e sequências relacionadas 451
- Outros DNAs repetitivos, incluindo DNAs de sequência simples 452
- Genes e famílias multigênicas 452

CONCEITO 21.5 Duplicação, rearranjo e mutação do DNA contribuem para a evolução dos genomas 454
- Duplicação de conjuntos cromossômicos inteiros 454
- Alterações na estrutura dos cromossomos 454
- Duplicação e divergência das regiões do DNA que contêm os genes 455
- Rearranjo de segmentos dos genes: duplicação e embaralhamento de éxons 456
- Como os elementos transponíveis contribuem para a evolução do genoma 459

CONCEITO 21.6 A comparação de sequências de genomas fornece evidências sobre a evolução e o desenvolvimento 459
- Comparação de genomas 459
- Conservação generalizada dos genes do desenvolvimento entre os animais 463

Unidade 4 Mecanismos da evolução 467

Entrevista: Cassandra Extavour 467

22 Descendência com modificação: uma visão darwiniana da vida 468

CONCEITO 22.1 A revolução darwiniana contestou visões tradicionais de uma Terra jovem habitada por espécies imutáveis 469
- Infinitas formas do mais belo e maravilhoso 469
- Escala da natureza e classificação das espécies 470
- Ideias sobre mudança ao longo do tempo 470
- A hipótese evolutiva de Lamarck 471

CONCEITO 22.2 A descendência com modificação por seleção natural explica as adaptações dos organismos, bem como a uniformidade e a diversidade da vida 471
- A pesquisa de Darwin 471
- Ideias da obra *A Origem das Espécies* 473
- Características fundamentais da seleção natural 476

CONCEITO 22.3 Há uma quantidade expressiva de evidências científicas que sustentam a evolução 476
- Observações diretas de mudança evolutiva 477
- Homologia 479
- Registro fóssil 481
- Biogeografia 482
- O que é teórico na visão de Darwin sobre a vida? 483

23 Evolução das populações 486

CONCEITO 23.1 A variabilidade genética torna a evolução possível 487
- Variabilidade genética 487
- Fontes de variabilidade genética 488

CONCEITO 23.2 A equação de Hardy-Weinberg pode ser usada para testar se uma população está evoluindo 490
- *Pools* gênicos e frequências de alelos 490
- Equação de Hardy-Weinberg 490

CONCEITO 23.3 Seleção natural, deriva genética e fluxo gênico podem alterar as frequências alélicas em uma população 493
- Seleção natural 494
- Deriva genética 494
- Fluxo gênico 496

CONCEITO 23.4 A seleção natural é o único mecanismo que promove evolução adaptativa de modo consistente 497
- *Em mais detalhes:* seleção natural 497
- O papel fundamental da seleção natural na evolução adaptativa 498
- Seleção sexual 499
- Seleção balanceadora 500
- Por que a seleção natural não consegue modelar organismos perfeitos? 501

24 Origem das espécies 506

CONCEITO 24.1 O conceito biológico de espécie enfatiza o isolamento reprodutivo 507
- Conceito biológico de espécie 507
- Outras definições de espécie 510

CONCEITO 24.2 A especiação pode ocorrer com ou sem separação geográfica 511
- Especiação alopátrica ("outro país") 511
- Especiação simpátrica ("mesmo país") 513
- *Revisando:* especiação alopátrica e simpátrica 516

CONCEITO 24.3 As zonas de hibridação revelam fatores que causam isolamento reprodutivo 516
- Padrões dentro das zonas de hibridação 516
- Zonas de hibridação e mudança ambiental 517
- Zonas de hibridação ao longo do tempo 518

CONCEITO 24.4 A especiação pode ocorrer rápida ou lentamente e pode resultar de mudanças em poucos ou em muitos genes 520
- A evolução temporal da especiação 520
- Estudando a genética da especiação 522
- Da especiação à macroevolução 523

25 História da vida na Terra 525

CONCEITO 25.1 As condições da Terra primitiva tornaram possível a origem da vida 526
- Síntese de compostos orgânicos na Terra primitiva 526
- Síntese abiótica de macromoléculas 527
- Protobiontes 527
- Autorreplicação do RNA 528

CONCEITO 25.2 O registro fóssil documenta a história da vida 528
- Registro fóssil 529
- Como as rochas e os fósseis são datados 529
- Origem de novos grupos de organismos 530

CONCEITO 25.3 Eventos-chave na história da vida incluem a origem dos organismos unicelulares e multicelulares, além da colonização de ambientes terrestres 532
- Os primeiros organismos unicelulares 533
- A origem da multicelularidade 535
- A colonização do ambiente terrestre 536

CONCEITO 25.4 A ascensão e a queda de grupos de organismos refletem as diferenças nas taxas de especiação e extinção 537
- Placas tectônicas 538
- Extinções em massa 540
- Irradiações adaptativas 542

CONCEITO 25.5 Alterações importantes na forma corporal podem resultar de mudanças nas sequências e na regulação de genes do desenvolvimento 544
- Efeitos dos genes do desenvolvimento 544
- Evolução do desenvolvimento 545

CONCEITO 25.6 A evolução não tem objetivos definidos 547
- Novidades evolutivas 547
- Tendências evolutivas 548

Unidade 5 História evolutiva da diversidade biológica 552

Entrevista: Penny Chisholm 552

26 Filogenia e a árvore da vida 553

CONCEITO 26.1 As filogenias mostram relações evolutivas 554
- Nomenclatura binomial 554
- Classificação hierárquica 554
- Unindo classificação e filogenia 555
- O que podemos e o que não podemos aprender a partir de árvores filogenéticas 555
- Aplicando filogenias 557

CONCEITO 26.2 As filogenias são inferidas a partir de dados morfológicos e moleculares 558
- Homologias morfológicas e moleculares 558
- Separando homologia de analogia 558
- Avaliando homologias moleculares 559

CONCEITO 26.3 Caracteres compartilhados são utilizados para construir árvores filogenéticas 559
- Cladística 559
- Árvores filogenéticas com comprimentos de ramos proporcionais 561
- Parcimônia máxima e verossimilhança máxima 562
- Árvores filogenéticas como hipóteses 564

CONCEITO 26.4 A história evolutiva de um organismo está documentada em seu genoma 565
- Duplicações gênicas e famílias de genes 565
- Evolução do genoma 566

CONCEITO 26.5 Relógios moleculares ajudam a decifrar o tempo evolutivo 566
- Relógios moleculares 566
- Aplicando um relógio molecular: datando a origem do HIV 567

CONCEITO 26.6 Nossa compreensão sobre a árvore da vida continua a mudar com base em novos dados 568
- De dois reinos para três domínios 568
- O importante papel da transferência gênica horizontal 568

27 Bacteria e Archaea 573

CONCEITO 27.1 Adaptações estruturais e funcionais contribuem para o sucesso dos procariotos 574
- Estruturas da superfície celular 574
- Motilidade 576
- Organização interna e DNA 577
- Reprodução 577

CONCEITO 27.2 Reprodução rápida, mutação e recombinação genética promovem a diversidade genética nos procariotos 578
- Reprodução rápida e mutação 578
- Recombinação genética 579

CONCEITO 27.3 Adaptações nutricionais e metabólicas diversas evoluíram em procariotos 581
- Papel do oxigênio no metabolismo 581
- Metabolismo do nitrogênio 582
- Cooperação metabólica 582

CONCEITO 27.4 Os procariotos se propagaram em um conjunto diverso de linhagens 583
- Panorama da diversidade procariótica 583
- Bacteria 583
- Archaea 585

CONCEITO 27.5 Os procariotos desempenham papéis fundamentais na biosfera 586
- Reciclagem química 586
- Interações ecológicas 587

CONCEITO 27.6 Os procariotos exercem impactos tanto benéficos quanto prejudiciais sobre os seres humanos 587
- Bactérias mutualísticas 587
- Bactérias patogênicas 588
- Resistência aos antibióticos 588
- Procariotos na pesquisa e na tecnologia 589

28 Protistas 593

CONCEITO 28.1 A maioria dos eucariotos são organismos unicelulares 594
- Diversidade estrutural e funcional em protistas 594
- Endossimbiose na evolução eucariótica 594
- Quatro supergrupos de eucariotos 597

CONCEITO 28.2 Excavata inclui protistas com mitocôndrias modificadas e protistas com flagelos únicos 597
- Diplomonadídeos e parabasalídeos 600
- Euglenozoários 600

CONCEITO 28.3 SAR é um grupo altamente diverso de protistas definido por semelhanças de DNA 601
- Estramenópilos 602
- Alveolados 604
- Rhizaria 606

CONCEITO 28.4 Algas vermelhas e verdes são os parentes mais próximos das plantas 609
- Algas vermelhas 609
- Algas verdes 610

CONCEITO 28.5 Unikonta inclui protistas que são estreitamente relacionados aos fungos e aos animais 611
- Amebozoários 612
- Opistocontes 613

CONCEITO 28.6 Protistas desempenham papéis essenciais em comunidades ecológicas 614
- Protistas simbióticos 614
- Protistas fotossintetizantes 614

29 Diversidade vegetal I: como as plantas colonizaram o ambiente terrestre 618

CONCEITO 29.1 As plantas evoluíram de algas verdes 619
- Evidência da ancestralidade algácea 619
- Adaptações que permitiram o deslocamento para a terra 619
- Características derivadas de plantas 621
- Origem e diversificação das plantas 621

CONCEITO 29.2 Musgos e outras plantas avasculares têm ciclos de vida dominados por gametófitos 623
- Gametófitos de briófitas 624
- Esporófitos de briófitas 625
- Importância ecológica e econômica dos musgos 627

CONCEITO 29.3 Samambaias e outras plantas vasculares sem sementes foram os primeiros vegetais a crescerem em altura 629
- Origens e características de plantas vasculares 629
- Classificação de plantas vasculares sem sementes 631
- A importância das plantas vasculares sem sementes 633

30 Diversidade vegetal II: evolução das plantas com sementes 636

CONCEITO 30.1 Sementes e grãos de pólen são adaptações fundamentais para a vida no ambiente terrestre 637
- Vantagens de gametófitos reduzidos 637
- Heterosporia: a regra entre as plantas com sementes 638
- Óvulos e produção de oosferas 638
- Pólen e produção de espermatozoide 638
- Vantagem evolutiva das sementes 639

CONCEITO 30.2 As gimnospermas têm sementes "nuas", geralmente em cones 640
- Ciclo de vida de um pinheiro 640
- As primeiras plantas com sementes e o surgimento das gimnospermas 641
- Diversidade das gimnospermas 641

CONCEITO 30.3 As adaptações reprodutivas das angiospermas incluem flores e frutos 644
- Características das angiospermas 644
- Evolução das angiospermas 647
- Diversidade das angiospermas 649

CONCEITO 30.4 O bem-estar humano depende das plantas com sementes 651
- Produtos de plantas com sementes 651
- Ameaças à diversidade vegetal 651

31 Fungos 654

CONCEITO 31.1 Fungos são heterótrofos que se alimentam por absorção 655
- Nutrição e ecologia 655
- Estrutura corporal 655
- Hifas especializadas e fungos micorrízicos 656

CONCEITO 31.2 Os fungos produzem esporos por meio de ciclos de vida sexuada e assexuada 657
- Reprodução sexuada 658
- Reprodução assexuada 658

CONCEITO 31.3 O ancestral dos fungos foi um protista unicelular aquático e flagelado 659
- Origem dos fungos 659
- Deslocamento para o ambiente terrestre 660

CONCEITO 31.4 Os fungos irradiaram-se adaptativamente em um conjunto diversificado de linhagens 660
- Criptomicetos e microsporidianos 661
- Zoopagomicetos 662
- Mucoromicetos 663
- Ascomicetos 663
- Basidiomicetos 665

CONCEITO 31.5 Os fungos desempenham papéis essenciais na ciclagem de nutrientes, nas interações ecológicas e no bem-estar humano 667
- Fungos como decompositores 667
- Fungos como mutualistas 667
- Usos práticos de fungos 670

32 Panorama da diversidade animal 673

CONCEITO 32.1 Animais são eucariotos multicelulares heterótrofos com tecidos que se desenvolvem a partir de folhetos embrionários 674
- Modo de nutrição 674
- Estrutura e especialização celulares 674
- Reprodução e desenvolvimento 674

CONCEITO 32.2 A história dos animais se estende por mais de meio bilhão de anos 675
- Etapas na origem dos animais multicelulares 675
- Era Neoproterozoica (1 bilhão-541 milhões de anos atrás) 676
- Era Paleozoica (541-252 milhões de anos atrás) 677
- Era Mesozoica (252-66 milhões de anos atrás) 679
- Era Cenozoica (66 milhões de anos atrás até o presente) 679

CONCEITO 32.3 Os animais podem ser caracterizados por planos corporais 679
- Simetria 679
- Tecidos 680
- Cavidades corporais 680
- Desenvolvimento protostômio e deuterostômio 681

CONCEITO 32.4 Concepções sobre a filogenia animal continuam a ser formadas a partir de novos dados moleculares e morfológicos 682
- Diversificação dos animais 682
- Perspectivas da sistemática animal 684

33 Introdução aos invertebrados 686

CONCEITO 33.1 Esponjas são animais basais que não possuem tecidos 690

CONCEITO 33.2 Os cnidários são um filo antigo de eumetazoários 691
- Medusozoários 692
- Antozoários 693

CONCEITO 33.3 Os lofotrocozoários, um clado identificado por dados moleculares, têm a gama mais ampla de formas corporais animais 694
- Platelmintos 694
- Rotíferos e acantocéfalos 697
- Ectoproctos e braquiópodos 698
- Moluscos 699
- Anelídeos 703

CONCEITO 33.4 Os ecdisozoários são o grupo animal mais rico em espécies 705
- Nematódeos 705
- Artrópodes 706

CONCEITO 33.5 Equinodermos e cordados são deuterostômios 713
- Equinodermos 713
- Cordados 715

34 Origem e evolução dos vertebrados 718

CONCEITO 34.1 Os cordados têm uma notocorda e um cordão nervoso dorsal oco 719
- Caracteres derivados dos cordados 719
- Anfioxos 720
- Tunicados 721
- Evolução inicial dos cordados 722

CONCEITO 34.2 Vertebrados são cordados com coluna vertebral 722
- Caracteres derivados de vertebrados 722
- Peixes-bruxa e lampreias 723
- Evolução inicial dos vertebrados 724

CONCEITO 34.3 Gnatostomados são vertebrados com mandíbulas 725
- Caracteres derivados dos gnatostomados 725
- Gnatostomados fósseis 726
- Condrictes (tubarões, arraias e seus parentes) 726
- Peixes com nadadeiras raiadas e nadadeiras lobadas 728

CONCEITO 34.4 Tetrápodes são gnatostomados com membros locomotores 730
- Caracteres derivados dos tetrápodes 730
- Origem dos tetrápodes 731
- Anfíbios 731

CONCEITO 34.5 Amniotas são tetrápodes que têm um ovo adaptado ao meio terrestre 734
- Caracteres derivados dos amniotas 734
- Amniotas primitivos 735
- Répteis 735

CONCEITO 34.6 Mamíferos são amniotas que possuem pelos e produzem leite 741
- Caracteres derivados de mamíferos 741
- Evolução inicial dos mamíferos 741
- Monotremados 742
- Marsupiais 743
- Eutérios (mamíferos placentários) 744

CONCEITO 34.7 Seres humanos são mamíferos com um cérebro grande e locomoção bípede 748
- Caracteres derivados dos seres humanos 748
- Primeiros hominíneos 748
- Australopitecíneos 749
- Bipedalismo 750
- Uso de ferramentas 750
- Primeiros *Homo* 750
- Neandertais 752
- *Homo sapiens* 753

Unidade 6 Forma e função das plantas 757

Entrevista: Dennis Gonsalves 757

35 Estrutura, crescimento e desenvolvimento das plantas vasculares 758

CONCEITO 35.1 As plantas têm uma organização hierárquica, que consiste em órgãos, tecidos e células 759
- Órgãos das plantas vasculares: raízes, caules e folhas 759
- Tecidos dérmicos, vasculares e fundamentais 762
- Tipos comuns de células vegetais 763

CONCEITO 35.2 Meristemas diferentes geram células novas para os crescimentos primário e secundário 766

CONCEITO 35.3 O crescimento primário alonga raízes e partes aéreas 768
- Crescimento primário das raízes 768
- Crescimento primário das partes aéreas 769

CONCEITO 35.4 O crescimento secundário aumenta o diâmetro de caules e raízes em plantas lenhosas 772
- Câmbio vascular e o sistema vascular secundário 773
- O felogênio e a produção de periderme 774
- Evolução do crescimento secundário 774

CONCEITO 35.5 O crescimento, a morfogênese e a diferenciação celular produzem o corpo da planta 775
- Organismos-modelo: revolucionando o estudo de plantas 776
- Crescimento: divisão e expansão celulares 776
- Morfogênese e formação de padrão 777
- Expressão gênica e o controle da diferenciação celular 778
- Alterações no desenvolvimento: mudanças de fases 779
- Controle genético do florescimento 779

36 Obtenção e transporte de recursos em plantas vasculares 784

CONCEITO 36.1 As adaptações para obtenção de recursos foram elementos-chave na evolução das plantas vasculares 785
- Arquitetura da parte aérea e captação de luz 785
- Arquitetura da raiz e obtenção de água e nutrientes minerais 787

CONCEITO 36.2 Mecanismos diferentes transportam substâncias por distâncias curtas ou longas 787
- Apoplasto e simplasto: contínuos de transporte 787
- Transporte de solutos por distância curta através de membranas plasmáticas 788
- Transporte de água por distância curta através de membranas plasmáticas 788
- Transporte por distância longa: o papel do fluxo de massa 791

CONCEITO 36.3 Através do xilema, a transpiração impulsiona o transporte de água e nutrientes minerais desde as raízes até as partes aéreas 792
- Absorção de água e nutrientes minerais pelas células das raízes 792
- Transporte de água e nutrientes minerais para o xilema 792
- Transporte por fluxo de massa via xilema 792
- *Revisando:* ascensão da seiva do xilema pelo fluxo de massa 796

CONCEITO 36.4 A taxa de transpiração é regulada pelos estômatos 796
- Estômatos: principais rotas de perda de água 796
- Mecanismos de abertura e fechamento estomáticos 797
- Estímulos para a abertura e o fechamento estomáticos 798
- Efeitos da transpiração sobre a murcha e a temperatura foliar 798
- Adaptações que reduzem a perda evaporativa de água 798

CONCEITO 36.5 Através do floema, os açúcares são transportados das fontes para os drenos 799
- Movimento de açúcares das fontes para os drenos 799
- Fluxo de massa por pressão positiva: mecanismo de translocação em angiospermas 800

CONCEITO 36.6 O simplasto é altamente dinâmico 801
- Mudanças no número e no tamanho dos poros dos plasmodesmos 802
- Floema: uma super-rodovia de informações 802
- Sinalização elétrica no floema 802

37 Solo e nutrição vegetal 805

CONCEITO 37.1 O solo contém um ecossistema vivo e complexo 806
- Textura do solo 806
- Composição da camada superficial do solo 806
- Conservação do solo e agricultura sustentável 807

CONCEITO 37.2 As raízes das plantas absorvem do solo muitos tipos de elementos essenciais 809
- Elementos essenciais 810
- Sintomas de deficiência mineral 810
- Mudança climática global e qualidade alimentar 812

CONCEITO 37.3 A nutrição vegetal muitas vezes envolve relações com outros organismos 812
- Bactérias e nutrição vegetal 814
- Fungos e nutrição vegetal 817
- Epífitas, plantas parasitas e plantas carnívoras 818

38 Reprodução das angiospermas e biotecnologia 822

CONCEITO 38.1 Flores, fecundação dupla e frutos são características fundamentais do ciclo de vida das angiospermas 823
- Estrutura e função da flor 823
- Métodos de polinização 824
- Ciclo de vida das angiospermas: visão geral 826
- Desenvolvimento dos gametófitos femininos (sacos embrionários) 826
- Desenvolvimento dos gametófitos masculinos em grãos de pólen 826
- Desenvolvimento e estrutura da semente 828
- Desenvolvimento de esporófito desde a semente até a planta madura 829
- Estrutura e função do fruto 830

CONCEITO 38.2 As angiospermas se reproduzem de foma sexuada, assexuada ou das duas maneiras 833
- Mecanismos de reprodução assexuada 833
- Vantagens e desvantagens das reproduções assexuada e sexuada 833
- Mecanismos que impedem a autofecundação 834
- Totipotência, reprodução vegetativa e cultura de tecidos 835

CONCEITO 38.3 As pessoas modificam as culturas mediante cruzamento e engenharia genética 836
- Melhoramento vegetal 836
- Biotecnologia vegetal e engenharia genética 837
- O debate sobre a biotecnologia vegetal 838

39 Respostas vegetais a sinais internos e externos 842

CONCEITO 39.1 As rotas de transdução de sinais ligam a recepção de sinais à resposta 843
- Recepção 844
- Transdução 844
- Resposta 845

CONCEITO 39.2 As plantas utilizam substâncias químicas para se comunicar 845
- Características gerais dos fitormônios 846
- Visão geral dos fitormônios 847

CONCEITO 39.3 As respostas à luz são cruciais para o sucesso das plantas 855
- Fotorreceptores de luz azul 855
- Fitocromos 856
- Relógios biológicos e ritmos circadianos 857
- Efeito da luz no relógio biológico 858
- Fotoperiodismo e respostas às estações 859

CONCEITO 39.4 As plantas respondem a uma ampla diversidade de estímulos além da luz 861
- Gravidade 861
- Estímulos mecânicos 861
- Estresses ambientais 862

CONCEITO 39.5 As plantas respondem a ataques por patógenos e herbívoros 866
- Defesas contra patógenos 866
- Defesas contra herbívoros 867

Unidade 7 Forma e função dos animais 872

Entrevista: Steffanie Strathdee 872

40 Princípios básicos da forma e função dos animais 873

CONCEITO 40.1 A forma e a função dos animais estão correlacionadas em todos os níveis de organização 874
- Evolução do tamanho e da forma dos animais 874
- Troca com o ambiente 874
- Organização hierárquica de planos corporais 876
- Coordenação e controle 880

CONCEITO 40.2 O controle por retroalimentação mantém o ambiente interno em muitos animais 881
- Regulação e conformação 881
- Homeostase 881

CONCEITO 40.3 Os processos homeostáticos para a termorregulação envolvem forma, função e comportamento 884
- Endotermia e ectotermia 884
- Variação na temperatura do corpo 884
- Equilibrando perda e ganho de calor 885
- Aclimatação na termorregulação 888
- Termostatos fisiológicos e febre 888

CONCEITO 40.4 As necessidades de energia estão relacionadas com o tamanho, a atividade e o ambiente do animal 889
- Alocação e uso de energia 889
- Quantificando o uso de energia 890
- Taxa metabólica mínima e termorregulação 890
- Influências na taxa metabólica 891
- Torpor e conservação de energia 892

41 Nutrição nos animais 898

CONCEITO 41.1 A dieta de um animal deve fornecer energia química, componentes estruturais orgânicos e nutrientes essenciais 899
- Nutrientes essenciais 899
- Variabilidade na dieta 901
- Deficiências alimentares 901
- Avaliando as necessidades nutricionais 902

CONCEITO 41.2 O processamento do alimento envolve ingestão, digestão, absorção e eliminação 903
- Compartimentos digestórios 903

CONCEITO 41.3 Órgãos especializados em estágios sucessivos do processamento de alimentos formam o sistema digestório dos mamíferos 905
- Cavidade oral, faringe e esôfago 906
- Digestão no estômago 907
- Digestão no intestino delgado 908
- Absorção no intestino delgado 909
- Processamento no intestino grosso 910

CONCEITO 41.4 As adaptações evolutivas dos sistemas digestórios dos vertebrados se correlacionam com a dieta 911
- Adaptações dos dentes 911
- Adaptações do estômago e do intestino 912
- Adaptações mutualísticas 912

CONCEITO 41.5 Circuitos de retroalimentação regulam a digestão, a reserva de energia e o apetite 915
- Regulação da digestão 915
- Regulação da reserva de energia 915
- Regulação do apetite e do consumo 917

42 Circulação e trocas gasosas 921

CONCEITO 42.1 Os sistemas circulatórios conectam as superfícies de troca com células em todo o corpo 922
- Cavidades gastrovasculares 922
- Sistemas circulatórios abertos e fechados 923
- Organização dos sistemas circulatórios dos vertebrados 924

CONCEITO 42.2 Ciclos coordenados de contração cardíaca controlam a circulação dupla nos mamíferos 926
- Circulação nos mamíferos 926
- *Em mais detalhes:* o coração dos mamíferos 926
- Manutenção do batimento rítmico do coração 928

CONCEITO 42.3 Os padrões de pressão e de fluxo arteriais refletem a estrutura e a organização dos vasos sanguíneos 929
- Estrutura e função dos vasos sanguíneos 929
- Velocidade do fluxo sanguíneo 930
- Pressão sanguínea 930
- Função dos capilares 932
- Retorno de líquido pelo sistema linfático 933

CONCEITO 42.4 Os componentes sanguíneos atuam nas trocas, no transporte e na defesa 934
- Função e composição do sangue 934
- Doenças cardiovasculares 937

CONCEITO 42.5 As trocas gasosas ocorrem através de superfícies respiratórias especializadas 939
- Gradientes de pressão parcial na troca gasosa 939
- Meios respiratórios 939
- Superfícies respiratórias 940
- Brânquias em animais aquáticos 940
- Sistemas traqueais em insetos 941
- Pulmões 942

CONCEITO 42.6 A respiração ventila os pulmões 944
- Como um anfíbio respira 944
- Como uma ave respira 944
- Como um mamífero respira 945
- Controle da respiração nos humanos 946

CONCEITO 42.7 As adaptações para as trocas gasosas incluem pigmentos que ligam e transportam gases 947
  Coordenação da circulação da troca gasosa 947
  Pigmentos respiratórios 947
  Adaptações respiratórias de mamíferos mergulhadores 949

43 Sistema imune 952

CONCEITO 43.1 Na imunidade inata, o reconhecimento e a resposta dependem de características comuns aos grupos de patógenos 953
  Imunidade inata de invertebrados 953
  Imunidade inata de vertebrados 954
  Fuga da imunidade inata pelos patógenos 957

CONCEITO 43.2 Na imunidade adaptativa, os receptores proporcionam reconhecimento específico dos patógenos 957
  Antígenos como os desencadeadores da imunidade adaptativa 957
  Reconhecimento de antígenos por células B e anticorpos 958
  Reconhecimento de antígenos por células T 959
  Desenvolvimento das células B e das células T 960

CONCEITO 43.3 A imunidade adaptativa protege contra infecções das células e dos líquidos corporais 963
  Células T auxiliares: ativando a imunidade adaptativa 963
  Células B e anticorpos: uma resposta a patógenos extracelulares 964
  Células T citotóxicas: uma resposta a células hospedeiras infectadas 966
  Resumo das respostas imunes humoral e mediada por células 967
  Imunização 967
  Imunidade ativa e passiva 968
  Anticorpos como ferramentas 968
  Rejeição imune 969

CONCEITO 43.4 Os distúrbios no funcionamento do sistema imune podem provocar ou exacerbar doenças 970
  Respostas imunes exageradas, autodirecionadas e diminuídas 970
  Adaptações evolutivas de patógenos subjacentes à fuga do sistema imune 971
  Câncer e imunidade 974

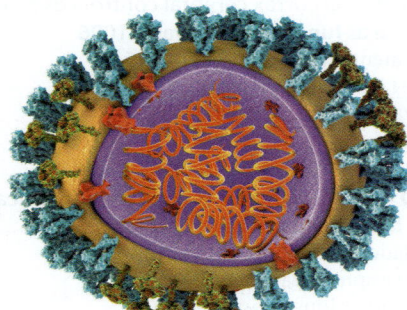

44 Osmorregulação e excreção 977

CONCEITO 44.1 A osmorregulação equilibra a absorção e a perda de água e de solutos 978
  Osmose e osmolaridade 978
  Desafios e mecanismos osmorreguladores 978
  Energética da osmorregulação 980
  Epitélios de transporte na osmorregulação 980

CONCEITO 44.2 Os resíduos nitrogenados de um animal refletem sua filogenia e seu hábitat 982
  Formas de resíduo nitrogenado 982
  Influência da evolução e do ambiente nos resíduos nitrogenados 983

CONCEITO 44.3 Os diversos sistemas excretores são variações de uma estrutura tubular 983
  Estudo dos sistemas excretores 984

CONCEITO 44.4 O néfron é organizado para o processamento gradual de sangue filtrado 987
  Em mais detalhes: do filtrado sanguíneo até a urina 987
  Gradientes de solutos e conservação de água 989
  Adaptações do rim dos vertebrados a ambientes diversos 991

CONCEITO 44.5 Os circuitos hormonais vinculam a função renal, o equilíbrio hídrico e a pressão sanguínea 994
  Regulação homeostática do rim 994

45 Hormônios e o sistema endócrino 999

CONCEITO 45.1 Hormônios e outras moléculas de sinalização se ligam a receptores-alvo, desencadeando vias de resposta específicas 1000
  Fluxo de informação intercelular 1000
  Classes químicas de hormônios 1001
  Vias de resposta hormonal e celular 1002
  Tecidos e órgãos endócrinos 1003

CONCEITO 45.2 A regulação por retroalimentação e a coordenação com o sistema nervoso são comuns em vias hormonais 1004
  Vias endócrinas simples 1004
  Vias neuroendócrinas simples 1005
  Regulação por retroalimentação 1005
  Coordenação dos sistemas endócrino e nervoso 1006
  Regulação da tireoide: uma via de cascata hormonal 1008
  Regulação hormonal do crescimento 1009

CONCEITO 45.3 Glândulas endócrinas respondem a diversos estímulos na regulação da homeostase, do desenvolvimento e do comportamento 1011
  Paratormônio e vitamina D: controle do cálcio no sangue 1011
  Hormônios adrenais: resposta ao estresse 1012
  Hormônios sexuais 1014
  Hormônios e ritmos biológicos 1015
  Evolução da função hormonal 1015

46 Reprodução animal 1019

CONCEITO 46.1 Tanto a reprodução sexuada quanto a assexuada ocorrem no reino animal 1020
  Mecanismos de reprodução assexuada 1020
  Variação nos padrões de reprodução sexuada 1020
  Ciclos reprodutivos 1021
  Reprodução sexuada: um enigma evolutivo 1021

CONCEITO 46.2 A fertilização depende de mecanismos que unem espermatozoides e óvulos da mesma espécie 1022
  Garantindo a sobrevivência da prole 1023
  Produção e liberação de gametas 1023

CONCEITO 46.3 Os órgãos reprodutores produzem e transportam os gametas   1025
- Anatomia do sistema reprodutor masculino   1025
- Anatomia do sistema reprodutor feminino   1026
- Gametogênese   1027

CONCEITO 46.4 A interação entre hormônios tróficos e hormônios sexuais regula a reprodução em mamíferos   1030
- Sexo biológico, identidade de gênero e orientação sexual na sexualidade humana   1031
- Controle hormonal do sistema reprodutor masculino   1031
- Controle hormonal dos ciclos reprodutivos femininos   1032
- Resposta sexual humana   1034

CONCEITO 46.5 Nos mamíferos placentários, um embrião desenvolve-se completamente dentro do útero da mãe   1034
- Concepção, desenvolvimento embrionário e nascimento   1034
- Tolerância imune materna ao embrião e ao feto   1037
- Contracepção e aborto   1037
- Tecnologias reprodutivas modernas   1039

47 Desenvolvimento animal   1043

CONCEITO 47.1 A fertilização e a clivagem iniciam o desenvolvimento embrionário   1044
- Fertilização   1044
- Clivagem   1046

CONCEITO 47.2 A morfogênese nos animais envolve mudanças específicas no formato, na posição e na sobrevivência celular   1049
- Gastrulação   1049
- Adaptações do desenvolvimento de amniotas   1053
- Organogênese   1054
- Citoesqueleto na morfogênese   1056

CONCEITO 47.3 Determinantes citoplasmáticos e sinais indutivos regulam o destino da célula   1057
- Mapeamento de destino   1058
- Formação dos eixos   1059
- Restringindo o potencial de desenvolvimento   1060
- Determinação do destino celular e formação de padrões por sinais indutivos   1061
- Cílios e destino celular   1064

48 Neurônios, sinapses e sinalização   1067

CONCEITO 48.1 A organização e a estrutura dos neurônios refletem sua função na transferência de informações   1068
- Estrutura e função do neurônio   1068
- Introdução ao processamento de informações   1068

CONCEITO 48.2 As bombas de íons e os canais iônicos estabelecem o potencial de repouso de um neurônio   1069
- Formação do potencial de repouso   1070
- Modelando o potencial de repouso   1071

CONCEITO 48.3 Os potenciais de ação são os sinais conduzidos por axônios   1072
- Hiperpolarização e despolarização   1072
- Potenciais graduados e potenciais de ação   1073
- *Em mais detalhes:* geração de potenciais de ação   1073
- Condução de potenciais de ação   1075

CONCEITO 48.4 Os neurônios comunicam-se com outras células por meio de sinapses   1077
- Geração de potenciais pós-sinápticos   1078
- Somação de potenciais pós-sinápticos   1079
- Terminação da sinalização do neurotransmissor   1079
- Sinalização sináptica modulada   1080
- Neurotransmissores   1080

49 Sistemas nervosos   1085

CONCEITO 49.1 O sistema nervoso consiste em circuitos de neurônios e células de apoio   1086
- Organização do sistema nervoso de vertebrados   1087
- Sistema nervoso periférico   1088
- Glia   1090

CONCEITO 49.2 O encéfalo dos vertebrados tem regiões especializadas   1091
- Vigília e sono   1094
- Regulação do relógio biológico   1094
- Emoções   1095
- Imagem funcional do encéfalo   1096

CONCEITO 49.3 O córtex cerebral controla os movimentos voluntários e as funções cognitivas   1096
- Processamento da informação   1097
- Língua e fala   1098
- Lateralização da função cortical   1098
- Função do lobo frontal   1098
- Evolução da cognição em vertebrados   1098

CONCEITO 49.4 Mudanças nas conexões sinápticas formam a base da memória e da aprendizagem   1099
- Plasticidade neuronal   1100
- Memória e aprendizagem   1100
- Potenciação de longa duração   1101

CONCEITO 49.5 Muitos distúrbios do sistema nervoso podem ser hoje explicados em termos moleculares   1102
- Esquizofrenia   1102
- Depressão   1102
- Sistema de recompensa do cérebro e a drogadição   1103
- Doença de Alzheimer   1103
- Doença de Parkinson   1104
- Perspectivas na pesquisa sobre o cérebro   1104

50 Mecanismos sensoriais e motores 1107

CONCEITO 50.1 Receptores sensoriais fazem a transdução da energia do estímulo e transmitem sinais para o sistema nervoso central 1108
- Recepção sensorial e transdução 1108
- Transmissão 1109
- Percepção 1109
- Amplificação e adaptação 1109
- Tipos de receptores sensoriais 1110

CONCEITO 50.2 Na audição e no equilíbrio, mecanorreceptores detectam líquido em movimento ou partículas de sedimentação 1112
- Percepção da gravidade e do som em invertebrados 1112
- Audição e equilíbrio em mamíferos 1112
- Audição e equilíbrio em outros vertebrados 1116

CONCEITO 50.3 Os diversos receptores visuais de animais dependem de pigmentos que absorvem a luz 1117
- Evolução da percepção visual 1117
- Sistema visual dos vertebrados 1119

CONCEITO 50.4 Os sentidos do paladar e do olfato dependem de um conjunto semelhante de receptores sensoriais 1123
- Paladar em mamíferos 1123
- Olfato em humanos 1124

CONCEITO 50.5 A interação física dos filamentos proteicos é necessária para a função muscular 1125
- Musculatura esquelética dos vertebrados 1126
- Outros tipos de músculo 1131

CONCEITO 50.6 Sistemas esqueléticos transformam a contração muscular em locomoção 1132
- Tipos de sistemas esqueléticos 1132
- Tipos de locomoção 1134

51 Comportamento animal 1139

CONCEITO 51.1 Diferentes estímulos sensoriais podem desencadear comportamentos simples e complexos 1140
- Padrões fixos de ação 1140
- Migração 1141
- Ritmos comportamentais 1141
- Sinais e comunicação animal 1141

CONCEITO 51.2 A aprendizagem estabelece ligações específicas entre experiência e comportamento 1143
- Experiência e comportamento 1143
- Aprendizagem 1144

CONCEITO 51.3 A seleção para a sobrevivência e para o sucesso reprodutivo dos indivíduos pode explicar diversos comportamentos 1148
- Evolução do comportamento de forrageio 1148
- Comportamento de acasalamento e escolha do parceiro 1149

CONCEITO 51.4 Análises genéticas e o conceito de valor adaptativo inclusivo fornecem a base para estudar a evolução do comportamento 1154
- Base genética do comportamento 1155
- Variação genética e evolução do comportamento 1155
- Altruísmo 1156
- Valor adaptativo inclusivo 1157
- Evolução e cultura humana 1159

Unidade 8 Ecologia 1163

Entrevista: Chelsea Rochman 1163

52 Introdução à ecologia e à biosfera 1164

CONCEITO 52.1 O clima da Terra varia com a latitude e a estação e está mudando rapidamente 1167
- Padrões climáticos globais 1167
- Efeitos regionais e locais no clima 1167
- Efeitos da vegetação no clima 1169
- Microclima 1169
- Mudança climática global 1170

CONCEITO 52.2 A distribuição dos biomas terrestres é controlada pelo clima e pelos distúrbios 1171
- Clima e biomas terrestres 1171
- Características gerais de biomas terrestres 1171
- Distúrbios e biomas terrestres 1172

CONCEITO 52.3 Os biomas aquáticos são sistemas diversos e dinâmicos que cobrem a maior parte da Terra 1177
- Zonação nos biomas aquáticos 1177

CONCEITO 52.4 As interações entre os organismos e o ambiente limitam a distribuição das espécies 1178
- Dispersão e distribuição 1183
- Fatores bióticos 1184
- Fatores abióticos 1184

CONCEITO 52.5 Mudança ecológica e evolução afetam uma à outra por períodos de tempo longos e curtos 1187

53 Ecologia de populações 1190

CONCEITO 53.1 Fatores bióticos e abióticos afetam a densidade, a dispersão e a demografia das populações 1191
- Densidade e dispersão 1191
- Demografia 1193

CONCEITO 53.2 O modelo exponencial descreve o crescimento populacional em um ambiente idealizado e ilimitado 1196
- Mudanças no tamanho populacional 1196
- Crescimento exponencial 1196

CONCEITO 53.3 O modelo logístico descreve como uma população cresce mais lentamente à medida que se aproxima da sua capacidade de suporte 1197
- Modelo de crescimento logístico 1198
- Modelo logístico e populações reais 1199

CONCEITO 53.4 As características da história de vida são produtos da seleção natural 1200
- Diversidade de histórias de vida 1200
- Compensações (*trade-offs*) e histórias de vida 1201

CONCEITO 53.5 Fatores dependentes da densidade regulam o crescimento populacional 1202
- Mudança populacional e densidade populacional 1202
- Mecanismos de regulação populacional dependente da densidade 1203
- Dinâmica populacional 1205

SUMÁRIO

CONCEITO 53.6 A população humana não está mais em crescimento exponencial, mas ainda está crescendo rapidamente   1207
    População humana global   1207
    Capacidade de suporte global   1209

54 Ecologia de comunidades   1214

CONCEITO 54.1 As interações das espécies podem ajudar, prejudicar ou não causar efeitos sobre os indivíduos envolvidos   1215
    Competição   1215
    Exploração   1217
    Interações positivas   1220

CONCEITO 54.2 A diversidade e a estrutura trófica caracterizam as comunidades biológicas   1222
    Diversidade de espécies   1222
    Diversidade e estabilidade da comunidade   1223
    Estrutura trófica   1223
    Espécies com grande impacto   1225
    Controles de baixo para cima e de cima para baixo   1226

CONCEITO 54.3 Os distúrbios influenciam a diversidade e a composição de espécies   1228
    Caracterização dos distúrbios   1228
    Sucessão ecológica   1229
    Distúrbio por ações humanas   1231

CONCEITO 54.4 Fatores biogeográficos afetam a diversidade das comunidades   1231
    Gradientes latitudinais   1232
    Efeitos de área   1232
    Modelo do equilíbrio de Ilha   1232

CONCEITO 54.5 Patógenos alteram local e globalmente a estrutura das comunidades   1234
    Efeitos na estrutura da comunidade   1234
    Ecologia de comunidades e zoonoses   1234

55 Ecossistemas e ecologia da restauração   1238

CONCEITO 55.1 As leis da física governam o fluxo de energia e a ciclagem química nos ecossistemas   1239
    Fluxo de energia e ciclagem química   1239
    Conservação de energia   1239
    Conservação da massa   1239
    Energia, massa e níveis tróficos   1240

CONCEITO 55.2 A energia e outros fatores limitantes controlam a produção primária nos ecossistemas   1241
    Orçamentos energéticos do ecossistema   1241
    Produção primária em ecossistemas aquáticos   1242
    Produção primária em ecossistemas terrestres   1243
    Efeitos da mudança climática na produção   1244

CONCEITO 55.3 A transferência de energia entre os níveis tróficos geralmente tem apenas 10% de eficiência   1246
    Eficiência de produção   1246
    Eficiência trófica e pirâmides ecológicas   1246

CONCEITO 55.4 Os processos biológicos e geoquímicos realizam ciclagem de nutrientes e de água nos ecossistemas   1248
    Taxas de decomposição e de ciclagem de nutrientes   1248
    Ciclos biogeoquímicos   1249
    Estudo de caso: ciclagem de nutrientes na Floresta Experimental Hubbard Brook   1252

CONCEITO 55.5 Os ecólogos da restauração devolvem os ecossistemas degradados a um estado mais natural   1253
    Biorremediação   1253
    Incremento biológico   1255
    Revisando: ecossistemas   1255

56 Biologia da conservação e mudança global   1260

CONCEITO 56.1 As atividades humanas ameaçam a biodiversidade da Terra   1261
    Três níveis de biodiversidade   1261
    Biodiversidade e bem-estar humano   1262
    Ameaças à biodiversidade   1263
    Espécies extintas podem ser ressuscitadas?   1266

CONCEITO 56.2 A conservação de populações se concentra no tamanho populacional, na diversidade genética e nos hábitats críticos   1266
    Riscos de extinção em populações pequenas   1266
    Estudo de caso: tetraz-das-pradarias e o vórtice de extinção   1267
    Hábitat crítico   1269
    Ponderando demandas conflitantes   1270

CONCEITO 56.3 A conservação regional e da paisagem ajuda a sustentar a biodiversidade   1270
    Estrutura e biodiversidade da paisagem   1270
    Estabelecendo áreas de proteção   1272
    Ecologia urbana   1273

CONCEITO 56.4 A Terra está mudando rapidamente como consequência de ações humanas   1274
    Enriquecimento de nutrientes   1274
    Toxinas no ambiente   1275
    Gases do efeito estufa e mudança climática   1278
    Depleção do ozônio atmosférico   1283

CONCEITO 56.5 O desenvolvimento sustentável pode melhorar vidas humanas enquanto conserva a biodiversidade   1284
    Desenvolvimento sustentável   1284
    Futuro da biosfera   1285

APÊNDICE A Respostas 1288
APÊNDICE B Classificação da vida 1343
APÊNDICE C Comparação entre microscópio óptico e microscópio eletrônico 1345
APÊNDICE D Revisão de habilidades científicas 1346
CRÉDITOS 1350
GLOSSÁRIO 1360
ÍNDICE 1395

BIOLOGIA
de CAMPBELL

1 Evolução, temas da biologia e pesquisa científica

CONCEITOS-CHAVE

- **1.1** O estudo da vida revela temas unificadores *p. 3*
- **1.2** O tema central: a evolução é responsável pela uniformidade e diversidade da vida *p. 11*
- **1.3** Ao estudar a natureza, os cientistas formulam e testam hipóteses *p. 16*
- **1.4** A ciência se beneficia de uma abordagem cooperativa e de diversos pontos de vista *p. 22*

Dica de estudo

Faça uma tabela: Liste os cinco temas unificadores da biologia na primeira linha. Insira pelo menos três exemplos de cada tema à medida que lê esse capítulo. Um exemplo está preenchido para você. Para ajudá-lo a se concentrar nesses conceitos maiores, siga adicionando exemplos ao longo do seu estudo da biologia.

Evolução	Organização			
A cor do pelo dos camundongos da praia combina com seu hábitat arenoso.				

Figura 1.1 A pelagem clara e salpicada deste camundongo da praia (*Peromyscus polionotus*) permite que ele se misture com o seu hábitat – dunas de areia branca e brilhantes pontilhadas com tufos esparsos de grama da praia ao longo da costa da Flórida. Os camundongos da mesma espécie que habitam áreas continentais próximas são muito mais escuros, misturando-se com o solo e a vegetação onde vivem.

Como esses camundongos ilustram os temas unificadores da biologia?

Camundongo de praia

Como resultado da **evolução** por meio da seleção natural durante longos períodos de tempo, as cores de pelagem dessas duas populações de camundongos se assemelham ao seu ambiente, proporcionando proteção contra predadores.

Camundongo do continente

A estrutura se encaixa na função em todos níveis de **organização** de um camundongo.

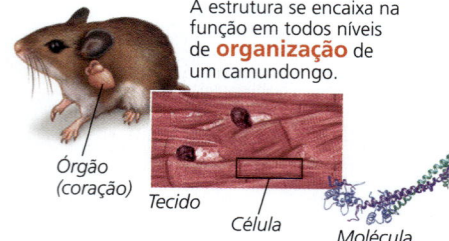
Órgão (coração) — Tecido — Célula — Molécula

A **informação** genética codificada no DNA determina a cor do pelo dos camundongo.

Gene para pelagem marrom

Gene para pelagem branca

A **energia** flui em uma direção, do sol para as plantas e para os camundongos; a **matéria** cicla entre um camundongo e seu meio ambiente.

Fluxo da energia / Ciclagem da matéria

Uma planta sendo comida por um camundongo e um camundongo sendo caçado por um falcão são **interações** dentro de um sistema.

CONCEITO 1.1

O estudo da vida revela temas unificadores

No nível mais fundamental, podemos indagar: o que é vida? Até mesmo uma criança sabe que cães e plantas são seres vivos, enquanto pedras e carros, não. Contudo, o fenômeno que chamamos de vida desafia uma definição simples. Reconhecemos a vida pelo que os seres vivos fazem. A **Figura 1.2** destaca algumas das propriedades e processos que associamos à vida.

A **biologia**, o estudo científico da vida, é um tema de enorme alcance, e descobertas biológicas novas e empolgantes estão sendo feitas todos os dias. Como organizar em uma estrutura compreensível toda a informação que você encontrará à medida que estuda biologia? Concentrar-se em alguns conceitos maiores pode ajudar. Aqui estão cinco temas unificadores – formas de pensar sobre a vida que continuarão sendo úteis décadas adiante.

- Organização
- Informação
- Energia e matéria
- Interações
- Evolução

Nesta seção e na próxima, vamos explorar brevemente cada tema.

▼ **Figura 1.2** Algumas propriedades da vida.

▼ **Ordem.** Esta foto em detalhe de um girassol ilustra a estrutura altamente ordenada que caracteriza a vida.

▲ **Adaptação evolutiva.** A aparência deste cavalo-marinho pigmeu camufla o animal no seu ambiente. Essa adaptação foi desenvolvida ao longo de muitas gerações pelo sucesso reprodutivo dos indivíduos com características herdáveis mais adequadas a seus ambientes.

▲ **Regulação.** A regulação do fluxo sanguíneo pelos vasos sanguíneos da orelha desta lebre ajuda a manter a temperatura corporal constante ao ajustar a troca de calor com o ar circundante.

▲ **Processamento de energia.** Esta borboleta obtém energia na forma de néctar das flores. A borboleta utiliza a energia química estocada na sua comida para executar voos e outras atividades.

▲ **Crescimento e desenvolvimento.** A informação herdada carregada por genes controla o padrão do crescimento e do desenvolvimento de organismos, como a germinação deste carvalho.

▲ **Resposta ao ambiente.** Esta vênus-papa-moscas à esquerda fechou-se rapidamente em resposta ao estímulo ambiental de uma libélula que pousou em sua armadilha aberta.

▼ **Reprodução.** Organismos (seres vivos) reproduzem a própria espécie.

Tema: novas propriedades emergem em níveis sucessivos de organização biológica

ORGANIZAÇÃO O estudo da vida na Terra se estende desde a escala microscópica das moléculas e células que constituem os organismos até a escala global de todo o planeta vivo. Como biólogos, podemos dividir essa enorme gama em diferentes níveis de organização biológica. Na **Figura 1.3**, temos uma visão ampliada a partir do espaço para olhar mais de perto a vida em um prado na montanha. Essa jornada, apresentada como uma série de etapas numeradas, destaca a hierarquia da organização biológica.

A ampliação em uma resolução cada vez mais precisa ilustra o princípio subjacente ao *reducionismo*, uma abordagem que reduz sistemas complexos a componentes mais simples que são mais fáceis de estudar. O reducionismo é uma estratégia poderosa na biologia. Por exemplo, ao estudar a estrutura molecular do DNA que havia sido extraído de células, James Watson e Francis Crick deduziram a base química da herança biológica. Apesar da sua importância, o reducionismo fornece uma visão incompleta da vida na Terra, como você verá a seguir.

Propriedades emergentes

Vamos reexaminar a Figura 1.3, desta vez começando do nível molecular e, então, diminuindo a ampliação. Essa abordagem nos permite ver novas propriedades emergindo, em cada nível, que estão ausentes no anterior. Essas

---

▼ Figura 1.3 Explorando níveis de organização biológica

◀ 1 Biosfera
Mesmo do espaço sideral, começamos a observar sinais de vida na Terra – no mosaico verde das florestas, por exemplo. Também podemos observar a escala de toda a **biosfera**, que consiste em toda a vida na Terra e em todos os lugares onde existe vida: a maior parte das regiões continentais, oceanos, atmosfera até uma altitude de vários quilômetros, e até mesmo sedimentos muito abaixo do fundo do oceano.

◀ 2 Ecossistemas
Nossa primeira mudança de escala nos leva a uma floresta estadunidense com muitas árvores decíduas (árvores que trocam suas folhas a cada ano). Uma floresta decídua é um exemplo de ecossistema, assim como pradarias, desertos e recifes de coral. Um **ecossistema** consiste em todos os seres vivos de uma área em particular, assim como todos os componentes abstratos do ambiente com os quais a vida interage, como solo, água, gases atmosféricos e luz.

▶ 3 Comunidades
O espectro de organismos que habitam um ecossistema particular é denominado **comunidade** biológica. A comunidade em nosso ecossistema de floresta inclui muitos tipos de árvores e outras plantas, diversos animais, cogumelos e outros fungos, e um número imenso de diferentes microrganismos, que são formas de vida pequenas demais para serem observadas sem o uso de microscópio, como bactérias. Cada uma dessas formas de vida é denominada espécie.

▶ 4 Populações
Uma **população** consiste em todos os indivíduos de uma espécie vivendo dentro dos limites de uma área especificada. Por exemplo, nossa floresta inclui uma população de plátanos (alguns dos quais estão mostrados aqui) e uma população de veados-de-cauda-branca. Uma comunidade é, portanto, o conjunto de populações que habitam uma área particular.

▲ 5 Organismos
Seres vivos individuais são chamados **organismos**. Cada planta na floresta é um organismo, assim como cada animal, fungo ou bactéria.

propriedades emergentes se devem ao arranjo e às interações dos componentes em razão do aumento da complexidade. Por exemplo, embora a fotossíntese ocorra em um cloroplasto intacto, ela não ocorrerá se a clorofila e outras moléculas do cloroplasto forem simplesmente misturadas em um tubo de ensaio. O processo coordenado de fotossíntese requer uma organização específica dessas moléculas no cloroplasto. Os componentes isolados dos sistemas vivos – os objetos de estudo em uma abordagem reducionista – carecem de uma série de propriedades importantes que surgem em níveis superiores de organização.

Propriedades emergentes não são exclusivas à vida. Uma caixa contendo partes de uma bicicleta não irá lhe transportar a lugar algum, mas, se forem organizadas de certa forma, você pode pedalar ao destino que desejar. Comparados com esses exemplos não vivos, no entanto, os sistemas biológicos são muito mais complexos, tornando as propriedades emergentes da vida especialmente desafiadoras para estudar.

Para explorar completamente as propriedades emergentes, os biólogos hoje complementam o reducionismo com a **biologia de sistemas**, a exploração de um sistema biológico por meio da análise das interações entre suas partes. Nesse contexto, uma única célula da folha pode ser considerada um sistema, assim como um sapo, uma colônia de formigas ou um ecossistema no deserto. A partir do exame e modelagem da dinâmica comportamental de uma rede integrada de componentes, a biologia de sistemas nos permite propor novos tipos de perguntas. Por exemplo, como

▼ 6 Órgãos

A hierarquia estrutural da vida continua a se desdobrar ao passo em que exploramos a arquitetura dos organismos mais complexos. Uma folha de plátano (composta de seis folíolos) é um exemplo de um **órgão**, uma parte corporal feita de muitos tecidos que desempenha uma função particular no corpo. Caules e raízes são os outros órgãos vitais das plantas. Em cada órgão, cada tecido específico tem arranjos distintos e contribui com propriedades particulares para a função do órgão.

▼ 7 Tecidos

Para observar os tecidos de uma folha é necessário o uso de um microscópio. Cada **tecido** é um grupo de células que juntas desempenham uma função especializada. A folha aqui apresentada foi cortada transversalmente. O tecido em forma de favo de mel no interior da folha (parte esquerda da foto) é o principal local onde ocorre a fotossíntese, processo que converte a energia luminosa em energia química do açúcar. O tecido semelhante a um quebra-cabeça é chamado epiderme, a "pele" na superfície da folha (parte direita da foto). Os poros da epiderme permitem a entrada de dióxido de carbono, um material bruto para a produção de açúcar.

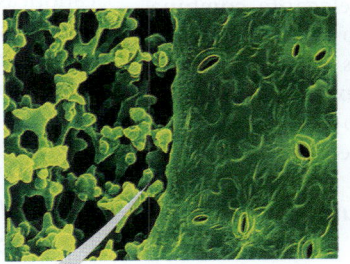
50 μm

▶ 8 Células

A **célula** é a unidade fundamental de estrutura e função da vida. Alguns organismos são unicelulares, enquanto outros são multicelulares. Em organismos unicelulares, uma única célula desempenha todas as funções da vida, enquanto um organismo multicelular tem uma divisão de trabalho entre células especializadas. Aqui, podemos visualizar em maior detalhe células em um tecido de folha. Uma célula tem o diâmetro aproximado de 40 micrômetros (μm), de forma que seriam necessárias aproximadamente 500 delas para cobrir o diâmetro de uma pequena moeda. Ainda que essas células sejam extremamente pequenas, pode-se perceber que cada uma contém numerosas estruturas verdes denominadas cloroplastos, que são responsáveis pela fotossíntese.

Célula 10 μm

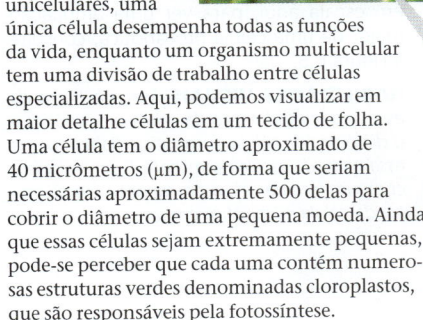

▼ 9 Organelas

Cloroplastos são exemplos de **organelas**, um dos vários componentes funcionais que compõem as células. Esta imagem obtida a partir de um poderoso microscópio possibilita uma excelente focalização de um único cloroplasto.

Cloroplasto 1 μm

▼ 10 Moléculas

Nossa última mudança de escala nos leva ao interior do cloroplasto para uma visualização da vida no nível molecular. Uma **molécula** é uma estrutura química que consiste em duas ou mais pequenas unidades denominadas átomos, que estão representados por bolas nesta imagem computadorizada de uma molécula de clorofila. A clorofila é a molécula de pigmento que torna uma folha de plátano verde e absorve a luz solar durante os primeiros passos da fotossíntese. Dentro de cada cloroplasto, milhões de moléculas de clorofila estão organizadas no aparato que converte a energia luminosa na energia química dos alimentos.

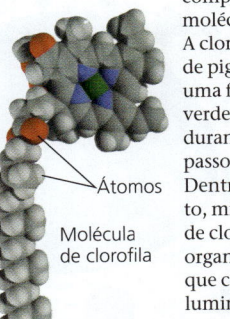
Átomos
Molécula de clorofila

as redes de interações moleculares em nossos corpos geram nosso ciclo de sono-vigília de 24 horas? Em uma escala maior, como um acréscimo gradual do dióxido de carbono na atmosfera altera ecossistemas e toda a biosfera? A biologia de sistemas pode ser utilizada para estudar a vida em todos os níveis.

Estrutura e função

Em cada nível da hierarquia biológica, encontramos uma correlação entre a estrutura e a função. Considere a folha na Figura 1.3: o seu formato amplo e achatado maximiza a captura de luz solar pelos cloroplastos. Como essas correlações de estrutura e função são comuns em todos os seres vivos, a análise de uma estrutura biológica nos dá pistas sobre o que ela faz e como funciona. Por exemplo, a anatomia do beija-flor permite que suas asas girem no ombro, de modo que os beija-flores têm a capacidade, única entre as aves, de voar para trás ou pairar no lugar. Ao pairarem no ar, essas aves podem estender seus longos e esguios bicos para dentro das flores e se alimentar do néctar. A elegante combinação de forma e função nas estruturas da vida é explicada pela seleção natural, que exploraremos brevemente.

Células: as unidades básicas estruturais e funcionais de um organismo

A célula é a menor unidade de organização que pode realizar todas as atividades necessárias para a vida. A chamada Teoria da Célula foi desenvolvida pela primeira vez nos anos 1800, com base nas observações de muitos cientistas. A teoria afirma que todos os organismos vivos são feitos de células, que são a unidade básica da vida. De fato, as ações dos organismos são todas baseadas nas atividades das células. Por exemplo, o movimento dos seus olhos ao ler esta frase resulta das atividades de células musculares e nervosas. Até mesmo um processo de ocorrência em escala global, como a reciclagem de átomos de carbono, é produto de funções celulares, incluindo a atividade fotossintética de cloroplastos nas células das folhas.

Todas as células compartilham certas características. Por exemplo, cada célula é envolta por uma membrana que regula a passagem de materiais entre a célula e seu ambiente circundante. No entanto, distinguimos duas formas principais de células: procarióticas e eucarióticas. As células procarióticas são encontradas em dois grupos de microrganismos unicelulares, bactérias e arqueias. Todas as outras formas de vida, incluindo plantas e animais, são compostas de células eucarióticas.

A **célula eucariótica** contém organelas envoltas por membrana **(Figura 1.4)**. Algumas organelas, como o núcleo contendo DNA, são encontradas nas células de todos os eucariotos; outras organelas são específicas para determinados tipos de células. Por exemplo, o cloroplasto na Figura 1.3 é uma organela encontrada apenas em células eucarióticas que realizam a fotossíntese. Em contraste com as células eucarióticas, uma **célula procariótica** carece de um núcleo ou outras organelas envoltas por membrana. Além disso, as células procarióticas são geralmente menores do que as células eucarióticas, como mostrado na Figura 1.4.

Tema: os processos da vida envolvem a expressão e transmissão de informação genética

INFORMAÇÃO Dentro das células, as estruturas denominadas cromossomos contêm material genético na forma de **DNA (ácido desoxirribonucleico)**. Em células que estão se preparando para divisão, é possível visualizar os cromossomos utilizando um corante que, quando ligado ao DNA, apresenta coloração azul **(Figura 1.5)**.

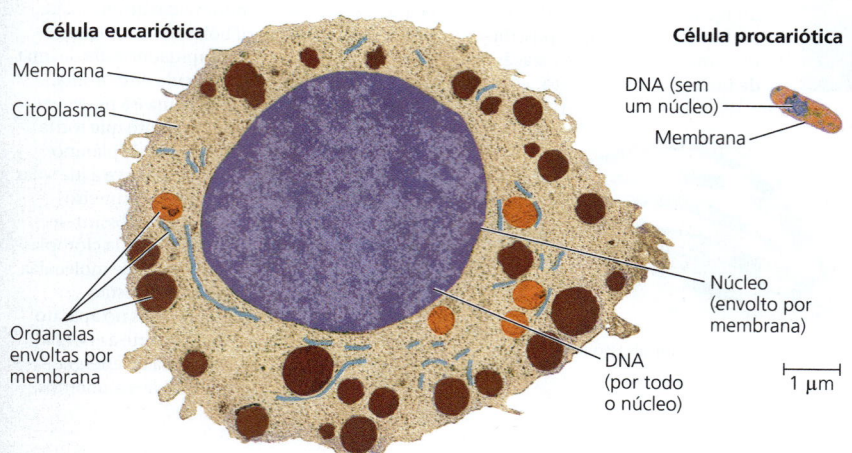

◀ **Figura 1.4 Comparando células eucarióticas e procarióticas em tamanho e complexidade.** As células são mostradas em escala aqui; para ver uma ampliação maior de uma célula procariótica, consulte a Figura 6.5.

HABILIDADES VISUAIS *Meça a barra de escala, o comprimento da célula procariótica e o diâmetro da célula eucariótica. Sabendo que essa barra de escala representa 1 μm, calcule o comprimento da célula procariótica e o diâmetro da célula eucariótica em μm.*

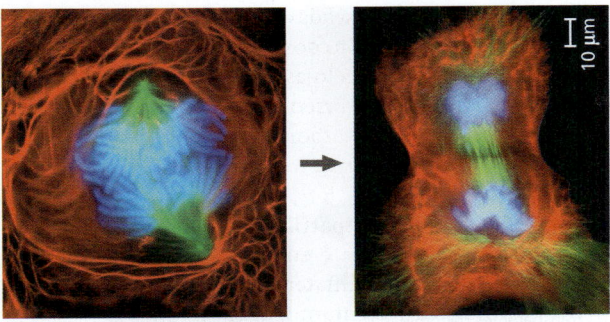

▲ Figura 1.5 Uma célula pulmonar de uma salamandra se divide em duas células menores que crescerão e se dividirão novamente.

DNA, o material genético

Cada cromossomo contém uma longa molécula de DNA com centenas ou milhares de **genes**, cada um representando uma parte do DNA do cromossomo. Os genes são a unidade de herança transferida dos pais para os filhos. Eles codificam a informação necessária para formar todas as moléculas sintetizadas dentro de uma célula e, assim, estabelecem a identidade e função celular. Você começou como uma única célula com DNA herdado de seus pais. A replicação desse DNA antes de cada divisão celular transmitiu cópias do DNA para o que, por fim, se tornou os trilhões de células do seu corpo. À medida que as células cresciam e se dividiam, a informação genética codificada pelo DNA direcionava o seu desenvolvimento **(Figura 1.6)**.

A estrutura molecular do DNA está relacionada à sua habilidade de armazenar informação. Uma molécula de DNA é constituída por duas longas cadeias, denominadas fitas, dispostas em uma dupla-hélice. Cada cadeia é formada por quatro tipos de componentes químicos denominados nucleotídeos, abreviados como A, T, C e G **(Figura 1.7)**. Sequências específicas desses quatro nucleotídeos codificam a informação presente nos genes. A maneira como o DNA codifica as informações é análoga à maneira como organizamos as letras do alfabeto em palavras e frases com significados específicos. A palavra *rato*, por exemplo, evoca um roedor; entretanto, palavras com as mesmas letras, mas combinadas de forma diferente, como *ator* e *rota*, remetem a coisas completamente distintas. Podemos pensar nos nucleotídeos como um alfabeto de quatro letras.

Para muitos genes, a sequência fornece o esquema para a produção de uma proteína. Por exemplo, um determinado gene bacteriano pode especificar uma determinada proteína (como uma enzima) necessária para quebrar uma determinada molécula de açúcar, enquanto um determinado gene humano pode denotar uma enzima, e outro gene, uma proteína diferente (um anticorpo, talvez) que ajuda a combater infecções. No geral, as proteínas são os principais atores na construção e manutenção da célula e na realização de suas atividades.

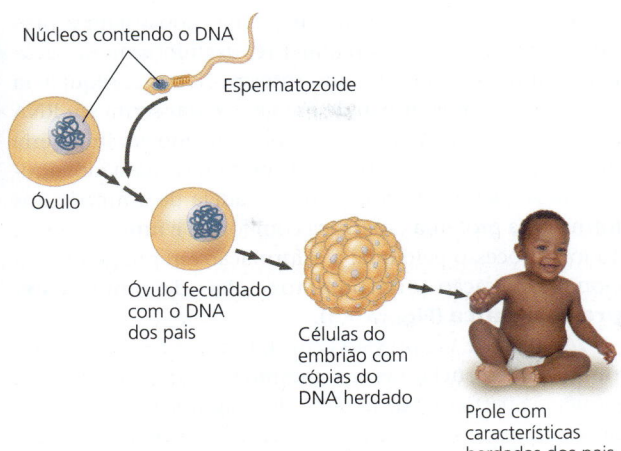

▲ Figura 1.6 O DNA herdado direciona o desenvolvimento de um organismo.

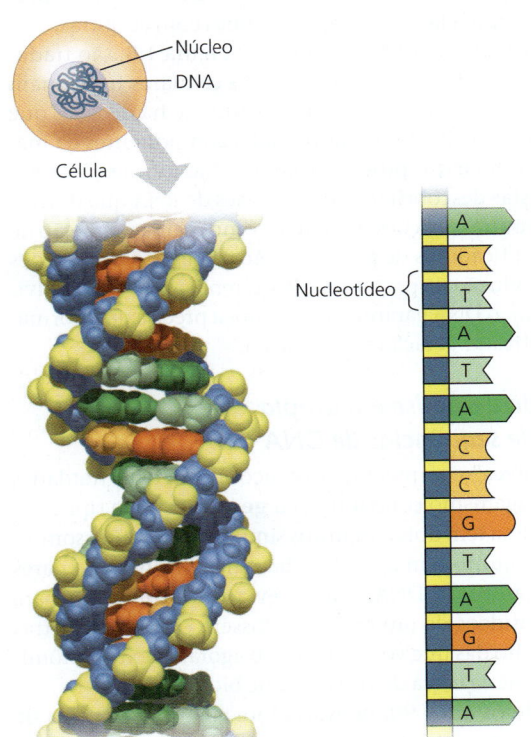

(a) DNA de dupla-hélice. Este modelo mostra os átomos em um segmento de DNA. Composto de duas longas cadeias (fitas) de polímeros denominados nucleotídeos, uma molécula de DNA toma a forma tridimensional de uma dupla-hélice.

(b) DNA de fita simples. Estas formas geométricas e letras são símbolos simplificados para os nucleotídeos em uma pequena secção de uma fita de uma molécula de DNA. A informação genética é codificada em sequências específicas dos quatro tipos de nucleotídeos. Seus nomes são abreviados A, T, C e G.

▲ Figura 1.7 DNA: o material genético.

Os genes que codificam proteínas controlam a produção de proteínas indiretamente, usando uma molécula relacionada (o RNA) como intermediário. A sequência de nucleotídeos ao longo de um gene é transcrita em RNA mensageiro (mRNA), que é, então, traduzido em uma série ligada de blocos de construção de proteínas chamados aminoácidos. Depois de concluída, a cadeia de aminoácidos forma uma proteína específica com forma e função únicas. Todo o processo pelo qual a informação em um gene direciona a fabricação de um produto celular é denominado **expressão gênica (Figura 1.8)**.

Ao realizar a expressão gênica, todas as formas de vida empregam essencialmente o mesmo código genético: uma sequência particular de nucleotídeos significa a mesma coisa em diferentes organismos. Distinções entre organismos refletem diferenças entre suas sequências nucleotídicas, mas não entre seus códigos genéticos. Essa universalidade do código genético é uma forte evidência de que todas as formas de vida estão relacionadas. Comparar as sequências em várias espécies de um gene que codifica uma proteína específica pode fornecer informações valiosas sobre a proteína e sobre a relação das espécies umas com as outras.

Moléculas de mRNA, como a da Figura 1.8, são traduzidas em proteínas, mas outros RNAs celulares funcionam de maneira diferente. Por exemplo, sabe-se há décadas que alguns tipos de RNA são, na verdade, componentes da maquinaria celular que produz proteínas. Nas últimas décadas, os cientistas descobriram novas classes de RNA que desempenham outras funções na célula, como regular a função de genes codificadores de proteínas. Ao carregar as instruções para a produção de proteínas e RNA, replicando a cada divisão celular, o DNA garante uma herança precisa da informação genética de geração para geração.

Genômica: análise em ampla escala de sequências de DNA

A "biblioteca" completa de instruções genéticas herdadas por um organismo constitui o seu **genoma**. Uma típica célula humana tem dois conjuntos similares de cromossomos, e cada conjunto tem aproximadamente 3 bilhões de pares de nucleotídeos de DNA. Se as abreviações de uma letra para os nucleotídeos de um conjunto fossem escritas em letras do tamanho das que você está lendo agora, o texto genômico preencheria cerca de 700 livros de biologia.

Desde os anos 90, pesquisadores têm necessitado de cada vez menos tempo para determinar a sequência de um genoma, dada a revolução tecnológica nesse campo. A sequência do genoma – toda a sequência de nucleotídeos de um membro representativo de uma espécie – de humanos e de muitos outros animais agora é conhecida, bem como de inúmeras plantas, fungos, bactérias e arqueias. No âmbito de gerar sentido à imensidão de dados resultantes de projetos de sequenciamento genômico e do crescente catálogo de funções gênicas conhecidas, cientistas estão aplicando uma abordagem de biologia de sistemas em níveis

(a) A lente do olho (atrás da pupila) é capaz de focar a luz porque as células da lente estão compactadas com proteínas transparentes denominadas cristalino. Como as células da lente criam proteínas do cristalino?

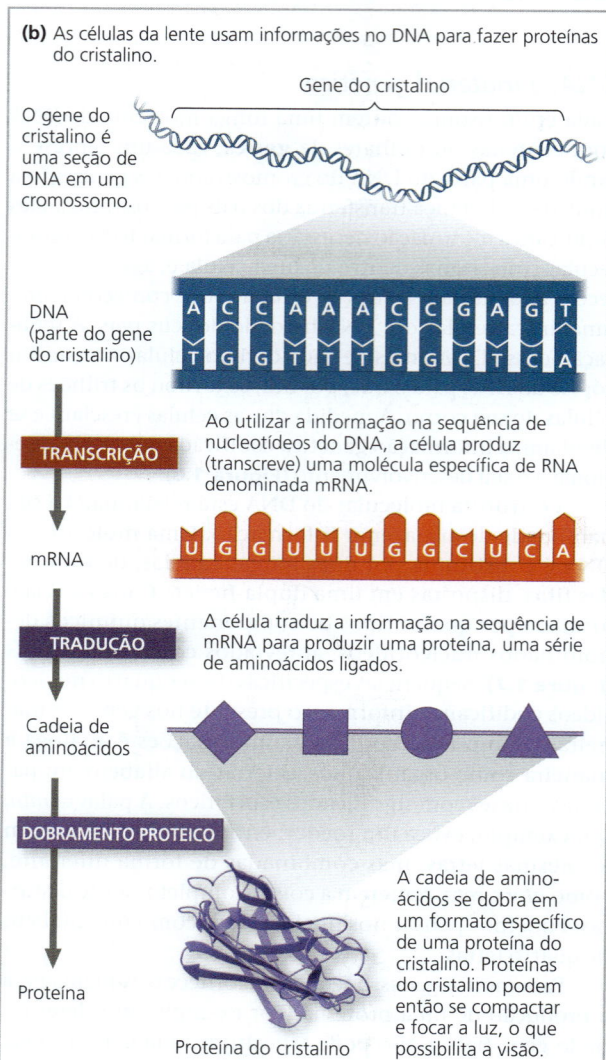

(b) As células da lente usam informações no DNA para fazer proteínas do cristalino.

▲ **Figura 1.8** Expressão gênica: as células usam a informação codificada em um gene para sintetizar uma proteína funcional.

celular e molecular. Em vez de investigar um gene de cada vez, os pesquisadores estudam um conjunto inteiro de genes (ou outro DNA) em uma ou mais espécies – uma abordagem denominada **genômica**. Da mesma forma, o termo **proteômica** se refere ao estudo de conjuntos de proteínas e suas propriedades (o conjunto completo de proteínas expressas por uma determinada célula, tecido ou organismo é denominado **proteoma**).

Três importantes desenvolvimentos científicos possibilitaram as abordagens genômica e proteômica. Um deles é a tecnologia "de alto rendimento", ferramenta capaz de analisar diversas amostras biológicas de forma muito rápida. O segundo desenvolvimento importante é a **bioinformática**, o uso de ferramentas computacionais para armazenar, organizar e analisar o grande volume de dados resultante dos métodos de alto rendimento. O terceiro desenvolvimento é a formação de times de pesquisa interdisciplinares – grupos de especialistas diversificados, que podem incluir cientistas computacionais, matemáticos, engenheiros, químicos, físicos e, obviamente, biólogos de diversos campos. Os pesquisadores dessas equipes têm como objetivo aprender como as atividades de todas as proteínas e RNAs codificados pelo DNA são coordenadas nas células e em organismos inteiros.

a energia da luz solar em energia química dos alimentos, como os açúcares. A energia química presente nas moléculas dos alimentos é, então, passada adiante das plantas e de outros organismos fotossintetizantes (**produtores**) para os consumidores. Um **consumidor** é um organismo que se alimenta de outro organismo ou de seus restos.

Quando um organismo faz uso de energia química para desempenhar suas funções, como a contração muscular ou a divisão celular, um pouco dessa energia é perdida na forma de calor para o ambiente circundante. Como resultado, a energia *flui através* de um ecossistema em uma direção, geralmente entrando como luz e saindo como calor. Em contrapartida, os produtos químicos *ciclam dentro* de um ecossistema, onde são usados e depois reciclados (ver Figura 1.9). Compostos químicos absorvidos por plantas a partir do ar ou do solo podem ser incorporados ao corpo da planta e, então, passados para um animal que se alimente dela. Por fim, esses produtos químicos serão devolvidos ao meio ambiente por decompositores, como bactérias e fungos, que decompõem produtos residuais, detritos de folhas e corpos de organismos mortos. Esses compostos químicos se tornam, então, disponíveis para serem novamente absorvidos pelas plantas, assim completando o ciclo.

Tema: a vida requer a transferência e a transformação de energia e matéria

ENERGIA E MATÉRIA Movimento, crescimento, reprodução e as diversas atividades celulares são trabalho, e trabalho requer energia. A entrada de energia, principalmente a partir do sol, e a transformação dessa energia de uma forma para outra tornam a vida possível **(Figura 1.9)**. Quando as folhas de uma planta absorvem a luz solar no processo de fotossíntese, as moléculas dentro das folhas convertem

Tema: de moléculas a ecossistemas, as interações são importantes em sistemas biológicos

INTERAÇÕES Em qualquer nível da hierarquia biológica, as interações entre os componentes do sistema garantem a integração harmoniosa de todas as partes, de modo que funcionem como um todo. Isso vale igualmente para as moléculas de uma célula e os componentes de um ecossistema; veremos ambos como exemplos.

▶ **Figura 1.9 O fluxo de energia e a ciclagem química.** Existe um fluxo unilateral de energia em um ecossistema: durante a fotossíntese, as plantas convertem a energia luminosa solar em energia química (estocada em moléculas de alimento, como açúcares), que é utilizada pelas plantas e outros organismos para realizar suas funções e, por fim, é eliminada do ecossistema na forma de calor. Já os compostos químicos ciclam entre os organismos e o ambiente físico.

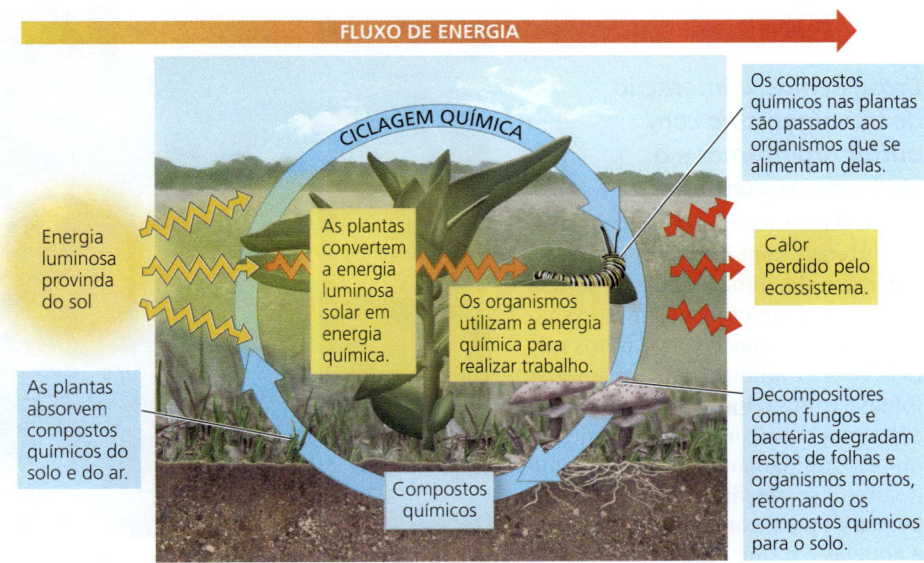

Moléculas: interações dentro dos organismos

Em níveis mais simples de organização, as interações entre as partes que compõem os seres vivos – órgãos, tecidos, células e moléculas – são cruciais para sua operacionalidade regular. Considere a regulação do nível de açúcar no sangue, por exemplo. As células do corpo devem adequar o suprimento de combustível (açúcar) à demanda, regulando os processos opostos de decomposição e armazenamento do açúcar. O segredo está na habilidade de muitos processos biológicos de se autorregularem a partir de um mecanismo denominado retroalimentação.

Na **regulação por retroalimentação**, o resultado ou o produto de um processo regula esse mesmo processo. A forma mais comum de regulação de sistemas vivos é a *retroalimentação negativa*, um ciclo no qual a resposta reduz o estímulo inicial. Como visto no exemplo da sinalização da insulina **(Figura 1.10)**, após uma refeição, o nível de glicose no sangue aumenta, o que estimula as células do pâncreas a secretar insulina. A insulina, por sua vez, faz com que as células do corpo absorvam glicose e as células do fígado a armazenem, diminuindo, assim, o nível de glicose no sangue. Isso elimina o estímulo para a secreção de insulina, fechando a via. Assim, o resultado do processo (insulina) regula negativamente esse processo.

Embora menos comuns que processos regulados por retroalimentação negativa, existem também muitos processos biológicos regulados por *retroalimentação positiva*, nos quais o produto final *acelera* sua própria produção. Um exemplo disso é a coagulação do sangue em resposta a uma lesão. Quando um vaso sanguíneo é danificado, estruturas no sangue denominadas plaquetas começam a se agregar no local. A retroalimentação positiva ocorre quando os compostos químicos liberados pelas plaquetas atraem *mais* plaquetas. O acúmulo de plaquetas inicia, então, um processo complexo que veda a ferida com um coágulo.

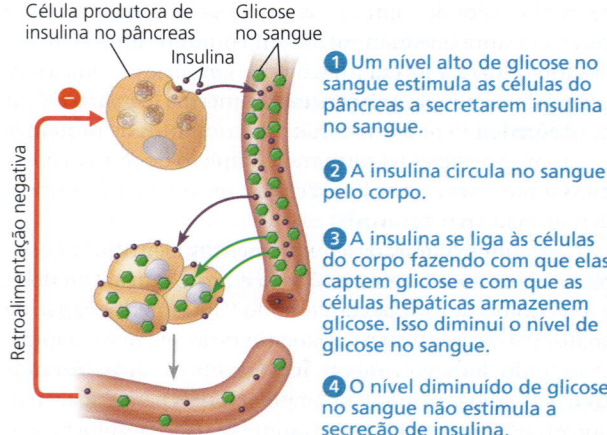

▲ **Figura 1.10** **Regulação por retroalimentação.** O corpo humano regula o uso e a reserva de glicose, o principal combustível celular. Esta figura mostra uma retroalimentação negativa: a resposta à insulina reduz o estímulo inicial.

HABILIDADES VISUAIS *Neste exemplo, qual é a resposta à insulina? Qual é o estímulo inicial que é reduzido pela resposta?*

Ecossistemas: a interação de um organismo com outros organismos e o ambiente circundante

No nível do ecossistema, todo organismo interage com outros organismos. Por exemplo, uma árvore de acácia interage com microrganismos do solo associados às suas raízes, insetos que nela vivem e animais que comem suas folhas e frutos **(Figura 1.11)**. As interações entre organismos incluem aquelas que são mutuamente benéficas (como quando "peixes limpadores" comem pequenos parasitos em uma tartaruga) e aquelas em que uma espécie se beneficia e a outra é prejudicada (como quando um leão mata e come uma zebra). Em algumas interações entre espécies, ambas são prejudicadas – por exemplo, quando duas plantas competem por um recurso do solo que está em falta. Interações entre organismos ajudam a regular o funcionamento do ecossistema como um todo.

Todo organismo também interage continuamente com fatores físicos em seu ambiente. As folhas de uma árvore, por exemplo, absorvem a luz do sol, absorvem dióxido de carbono do ar e liberam oxigênio no ar (ver Figura 1.11). O ambiente também é afetado pelos organismos. Por

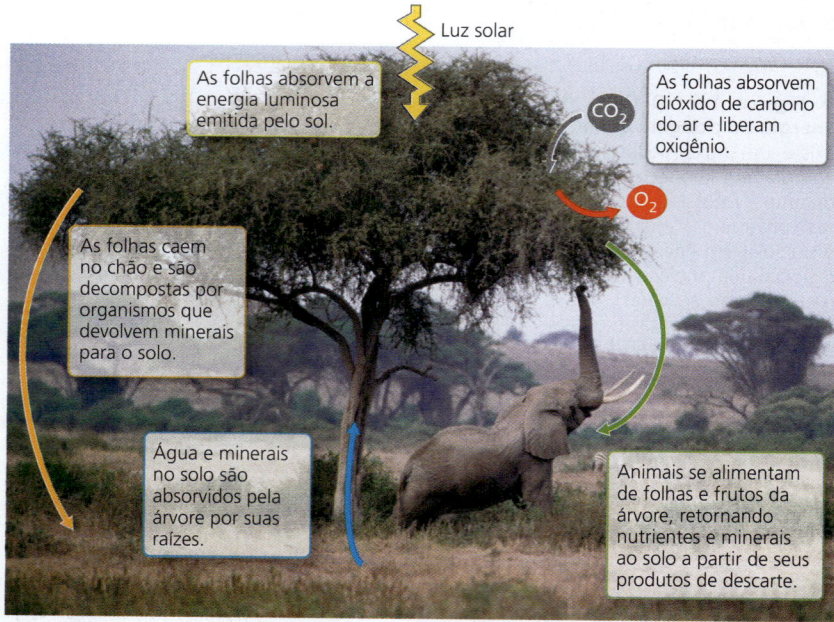

▲ **Figura 1.11** Interações de uma árvore de acácia africana com outros organismos e o ambiente físico.

exemplo, além de captar água e minerais do solo, as raízes de uma planta quebram rochas à medida que crescem, contribuindo para a formação do solo. Em uma escala global, plantas e outros organismos fotossintetizantes geram todo o oxigênio presente na atmosfera.

Como outros organismos, nós, humanos, interagimos com nosso meio ambiente. Nossas interações às vezes têm consequências terríveis: por exemplo, nos últimos 150 anos, os humanos aumentaram muito a queima de combustíveis fósseis (carvão, petróleo e gás). Essa prática libera grandes quantidades de dióxido de carbono (CO_2) e outros gases na atmosfera, fazendo com que o calor fique preso perto da superfície da Terra (ver Figura 56.29). Os cientistas calculam que o CO_2 adicionado à atmosfera pelas atividades humanas aumentou a temperatura média do planeta em cerca de 1°C desde 1900. Nas taxas atuais com que o CO_2 e outros gases estão sendo adicionados à atmosfera, os modelos globais preveem um aumento adicional de pelo menos 3°C antes do final deste século.

Esse aquecimento global contínuo é um aspecto importante da **mudança climática**, uma mudança direcional no clima global que dura três décadas ou mais (em oposição às mudanças de curta duração no clima). Mas o aquecimento global não é a única maneira pela qual o clima está mudando: os padrões de vento e precipitação também estão mudando, e eventos climáticos extremos, como tempestades e secas, estão ocorrendo com mais frequência. A mudança climática já afetou organismos e seus hábitats em todo o planeta. Por exemplo, os ursos polares perderam grande parte da plataforma de gelo em que caçam, levando à escassez de alimentos e aumentando as taxas de mortalidade. À medida que os hábitats se deterioram, centenas de espécies de plantas e animais estão mudando seus ambientes para locais mais adequados – mas, para alguns, não há hábitat adequado suficiente ou eles podem não ser capazes de migrar rápido o suficiente. Como resultado, as populações de muitas espécies estão diminuindo de tamanho ou até mesmo desaparecendo **(Figura 1.12)**. (Para obter mais exemplos de como a mudança climática está afetando a vida na Terra, consulte a Figura 56.30 em Faça Conexões).

A perda de populações devido às mudanças climáticas pode resultar em extinção, a perda permanente de uma espécie. Como exploraremos com mais detalhes no Conceito 56.4, as consequências dessas mudanças para os humanos e outros organismos podem ser profundas.

Tendo considerado quatro dos temas unificadores (organização, informação, energia e matéria e interações), vamos agora nos voltar para a evolução. Há um consenso entre os biólogos de que a evolução é o tema central da biologia, e ela é discutida em detalhes na próxima seção.

REVISÃO DO CONCEITO 1.1

1. Começando no nível molecular na Figura 1.3, escreva uma frase que inclua componentes do nível anterior (inferior) de organização biológica, por exemplo: "Uma molécula consiste em *átomos* ligados". Continue com organelas, subindo pela hierarquia biológica.
2. Identifique o tema ou temas exemplificados por (a) os afiados espinhos de um porco-espinho, (b) o desenvolvimento de um organismo multicelular a partir de um único óvulo fecundado e (c) um beija-flor utilizando açúcar para executar seu voo.
3. **E SE?** Para cada tema discutido nesta seção, dê um exemplo não mencionado neste texto.

Ver as respostas sugeridas no Apêndice A.

CONCEITO 1.2

O tema central: a evolução é responsável pela uniformidade e diversidade da vida

EVOLUÇÃO Entender a evolução nos ajuda a dar sentido a tudo o que sabemos sobre a vida na Terra. Como o registro fóssil mostra claramente, a vida vem evoluindo há bilhões de anos, resultando em uma vasta diversidade de organismos do passado e do presente. Mas, junto com a diversidade, há também unidade, na forma de características compartilhadas. Por exemplo, ainda que cavalos-marinhos, beija-flores e girafas tenham aparências completamente diferentes, seus esqueletos têm a mesma organização básica.

A explicação científica para a unidade e diversidade dos organismos é a **evolução**: um processo de mudança biológica no qual as espécies acumulam diferenças de seus ancestrais à medida que se adaptam a diferentes ambientes ao longo do tempo. Assim, podemos explicar as diferenças entre duas espécies (diversidade) com a ideia de que certas mudanças hereditárias ocorreram depois que as duas espécies divergiram de seu ancestral comum. No entanto, eles também compartilham certas características (unidade) simplesmente porque descendem de um ancestral comum. Uma abundância de evidências de diferentes tipos corrobora a ocorrência da evolução e os mecanismos que descrevem como ela ocorre, que exploraremos em detalhes nos Capítulos 22-25. Para citar um dos fundadores da teoria evolutiva moderna, Theodosius Dobzhansky: "Nada faz sentido em biologia, exceto sob a luz da evolução". Para entender essa afirmação, precisamos examinar como os biólogos pensam sobre a vasta diversidade da vida no planeta.

▶ **Figura 1.12 Ameaçado pelo aquecimento global.** Um ambiente mais quente faz com que os lagartos do gênero *Sceloporus* passem mais tempo em refúgios do calor, reduzindo o tempo de forrageamento. A ingestão de alimentos cai, diminuindo o sucesso reprodutivo. Pesquisas com 200 populações de *Sceloporus* no México mostram que 12% dessas populações desapareceram desde 1975.

Classificando a diversidade da vida

A diversidade é uma indicação da autenticidade da vida. Até agora, os biólogos identificaram e nomearam cerca de 1,8 milhão de espécies de organismos. Cada espécie recebe um nome composto de duas partes: a primeira parte é o nome do gênero ao qual a espécie pertence, e a segunda parte é única para as espécies dentro do gênero (p. ex., *Homo sapiens* é o nome da nossa espécie).

Até o momento, as espécies conhecidas incluem pelo menos 100.000 espécies de fungos, 290.000 espécies de plantas, 57.000 espécies de vertebrados (animais com coluna vertebral) e 1 milhão de espécies de insetos (mais da metade de todas as formas de vida conhecidas) – sem mencionar a abundância de tipos de organismos unicelulares. Pesquisadores identificam milhares de novas espécies a cada ano. As estimativas do número total de espécies abrangem em torno de 10 a 100 milhões. Independentemente da precisão desse número, a enorme variedade da vida confere à biologia um escopo vastíssimo. Biólogos enfrentam um grande desafio na tentativa de dar sentido a essa variedade.

Os três domínios da vida

Os humanos tendem a agrupar diversos itens de acordo com suas semelhanças e relações entre si. Consequentemente, os biólogos há muito fazem comparações cuidadosas de estrutura, função e outras características óbvias para classificar formas de vida em grupos. Nas últimas décadas, novos métodos de avaliação das relações entre as espécies, como comparações de sequências de DNA, levaram a uma reavaliação da classificação da vida. Embora essa reavaliação esteja em andamento, os biólogos atualmente colocam todos os organismos em três grupos chamados de domínios: Bacteria, Archaea e Eukarya **(Figura 1.13)**.

Dois dos três domínios – **Bacteria** e **Archaea** – consistem em organismos procarióticos unicelulares. Todos os eucariotos (organismos com células eucarióticas) estão no domínio **Eukarya**. Esse domínio inclui quatro subgrupos: reino Plantae, reino Fungi, reino Animalia e os protistas. Os três reinos são distinguidos em parte por seus modos de nutrição: as plantas produzem seus próprios açúcares e outras moléculas de alimentos por fotossíntese, os fungos absorvem

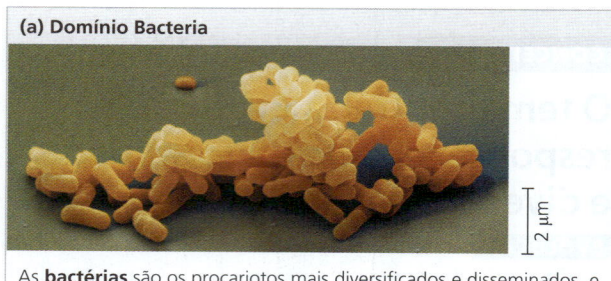

(a) Domínio Bacteria

As **bactérias** são os procariotos mais diversificados e disseminados, e atualmente se dividem em muitos reinos. Cada uma das estruturas em forma de bastão nesta foto constitui uma célula bacteriana.

(b) Domínio Archaea

Alguns dos procariotos conhecidos como **arqueias** habitam ambientes extremos da Terra, como lagos salgados e nascentes de água termal. Cada estrutura esférica na foto constitui uma célula de arqueia.

(c) Domínio Eukarya

▲ O **reino Plantae** consiste em eucariotos multicelulares (plantas de solo) que fazem fotossíntese, a conversão de energia luminosa em energia química no alimento.

▶ O **reino Fungi** é definido em parte pelo modo nutricional de seus membros (como este cogumelo), que absorvem nutrientes a partir do lado externo dos seus corpos.

◀ O **reino Animalia** consiste em eucariotos multicelulares que ingerem outros organismos.

▶ Em sua maioria, os **protistas** são eucariotos unicelulares e alguns simples organismos multicelulares relacionados. Esta figura apresenta um conjunto de protistas que habitam uma lagoa. Cientistas têm debatido sobre como classificar os protistas de uma forma que reflita precisamente suas relações evolutivas.

▲ **Figura 1.13** Os três domínios da vida.

nutrientes na forma dissolvida de seus arredores e os animais obtêm alimentos comendo e digerindo outros organismos. Animalia é, obviamente, o reino ao qual pertencemos.

Os eucariotos mais numerosos e diversos são os protistas, que são, em sua maioria, organismos unicelulares. Embora os protistas já tenham sido colocados em um único reino, eles agora são classificados em vários grupos. Uma das principais razões para essa mudança é a recente evidência de DNA mostrando que alguns protistas são menos relacionados a outros protistas do que a plantas, animais ou fungos.

Uniformidade na diversidade da vida

Por mais diversa que a vida seja, também existe uma unidade notável entre as formas de vida. Considere, por exemplo, os esqueletos semelhantes de diferentes animais e a linguagem genética universal do DNA (o código genético), ambos mencionados anteriormente. Na verdade, semelhanças entre organismos são evidentes em todos os níveis da hierarquia biológica. Por exemplo, a unidade é óbvia em muitas características da estrutura celular, mesmo entre organismos distantemente relacionados **(Figura 1.14)**.

Como podemos explicar a dupla natureza da uniformidade e da diversidade da vida? O processo da evolução, explicado a seguir, elucida tanto as semelhanças como as diferenças no mundo da vida. Também introduz outra dimensão importante da biologia: a passagem do tempo. A história da vida, conforme documentada por fósseis e outras evidências, é a saga de uma Terra em constante mudança com bilhões de anos de idade, habitada por um elenco em evolução de formas vivas **(Figura 1.15)**.

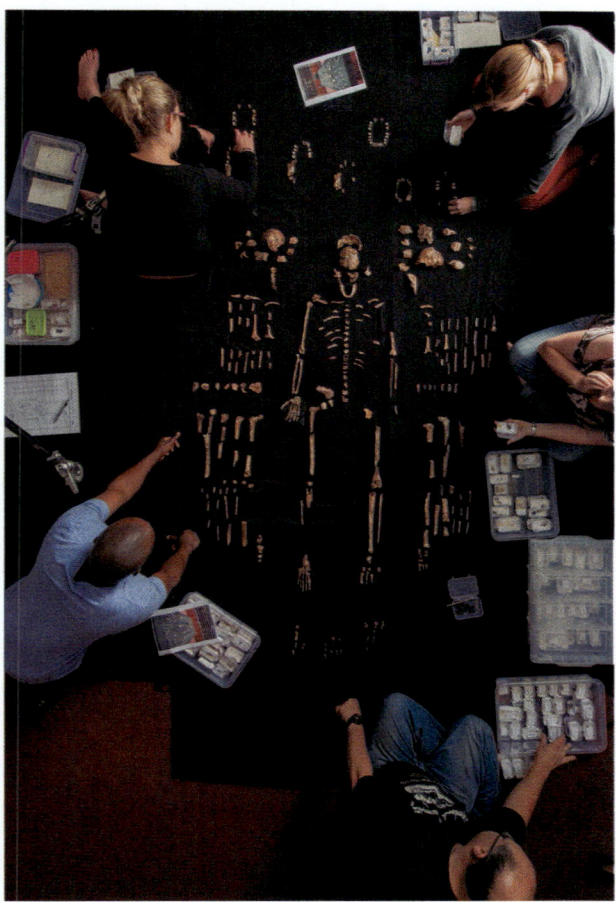

▲ **Figura 1.15 Estudando a história da vida.** Pesquisadores na África do Sul reconstroem esqueletos de *Homo naledi*, um parente extinto do *Homo sapiens*. Os fósseis foram descobertos em uma caverna subterrânea que pode ter sido uma câmara funerária.

▼ **Figura 1.14 Um exemplo de uniformidade subjacente à diversidade da vida: a arquitetura dos cílios em eucariotos.** Cílios são extensões de células que funcionam na locomoção. Eles estão presentes em eucariotos diversos, como no *Paramecium* (encontrados em lagoas) e nos seres humanos. Até mesmo organismos tão diferentes compartilham uma arquitetura comum de cílios, com um sistema elaborado de túbulos que se torna evidente em cortes transversais.

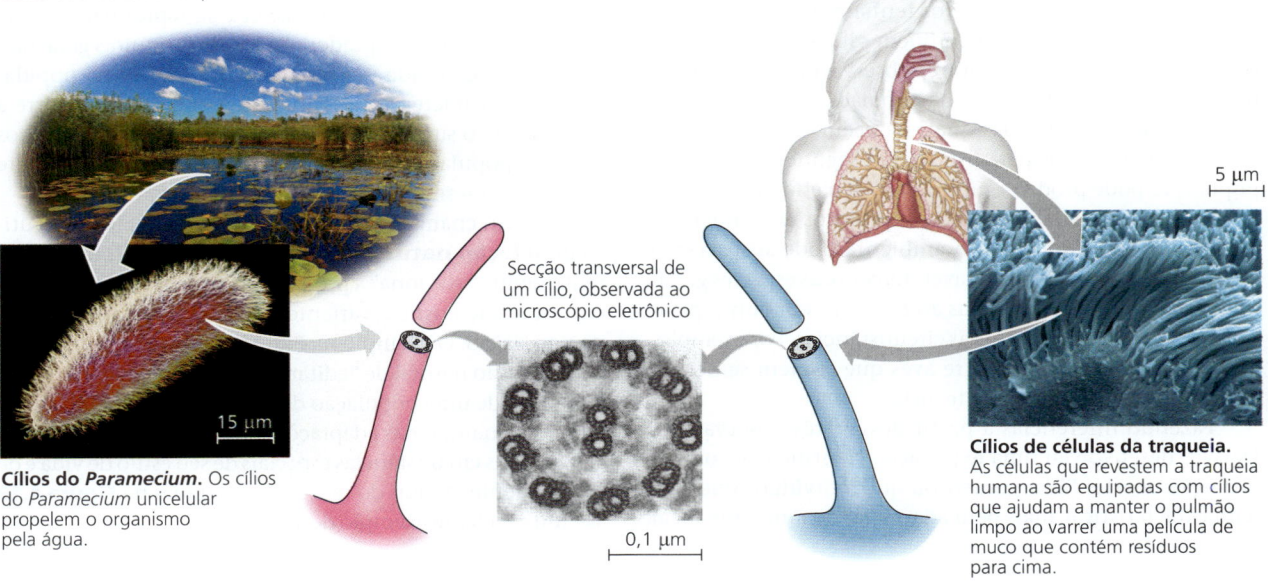

Cílios do *Paramecium*. Os cílios do *Paramecium* unicelular propelem o organismo pela água.

Secção transversal de um cílio, observada ao microscópio eletrônico

Cílios de células da traqueia. As células que revestem a traqueia humana são equipadas com cílios que ajudam a manter o pulmão limpo ao varrer uma película de muco que contém resíduos para cima.

 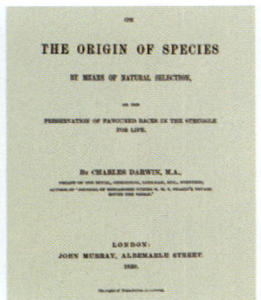

▲ **Figura 1.16 Charles Darwin.** O retrato mostra Darwin por volta de 1840, bem antes da publicação em 1859 de seu livro revolucionário, geralmente chamado de *A origem das espécies.*

Charles Darwin e a teoria da seleção natural

Uma visão evolutiva da vida entrou em foco em novembro de 1859, quando Charles Darwin publicou um dos livros mais importantes e influentes já escritos, *A origem das espécies por meio da seleção natural* **(Figura 1.16)**. *A origem das espécies* articulou dois argumentos principais. O primeiro era que, à medida que as espécies se adaptam a diferentes ambientes ao longo do tempo, elas acumulam diferenças de seus ancestrais. Darwin chamou esse processo de "descendência com modificação". Essa foi uma expressão significativa, pois resumia a dualidade da vida: uniformidade *versus* diversidade – uniformidade no parentesco das espécies que descenderam de ancestrais comuns; diversidade nas modificações que evoluíram quando as espécies se ramificaram a partir dos ancestrais comuns **(Figura 1.17)**. O segundo argumento principal de Darwin foi sua proposta de que a "seleção natural" é a principal causa da descendência com modificação.

Darwin desenvolveu sua teoria da seleção natural a partir de observações que não eram novas nem profundas. No entanto, embora outros tenham descrito as peças do quebra-cabeça, foi Darwin quem viu como elas se encaixavam. Ele começou com três observações da natureza: primeiro, os indivíduos em uma população variam em suas características, muitas das quais parecem ser hereditárias (transmitidas de pais para filhos). Em segundo lugar, uma população pode produzir muito mais descendentes do que pode sobreviver para produzir seus próprios descendentes. Com mais indivíduos que o ambiente pode sustentar, a competição passa a ser inevitável. Terceiro, as espécies geralmente são adequadas aos seus ambientes – em outras palavras, elas são adaptadas às suas circunstâncias. Por exemplo, uma adaptação comum entre aves que comem sementes duras é um bico especialmente forte.

Fazendo inferências a partir dessas três observações, Darwin desenvolveu uma explicação científica de como a evolução ocorre. Ele argumentou que indivíduos que herdam características mais bem adaptadas ao ambiente local

▲ **Figura 1.17 Uniformidade e diversidade entre as aves.** Essas quatro aves são variações de um plano corporal comum. Por exemplo, todas têm penas, bico e asas. No entanto, essas características comuns são altamente especializadas para os diversos estilos de vida das aves.

estão mais propensos a sobreviver e se reproduzir do que indivíduos menos adaptados. Ao longo de muitas gerações, uma proporção cada vez maior de indivíduos na população terá as características vantajosas. A evolução ocorre à medida que o sucesso reprodutivo desigual dos indivíduos adapta a população ao ambiente, contanto que o ambiente continue o mesmo.

Darwin chamou esse mecanismo de adaptação evolutiva de **seleção natural** porque o ambiente natural consistentemente "seleciona" a propagação de certas características entre as características variantes que ocorrem naturalmente na população. O exemplo na **Figura 1.18** ilustra a capacidade da seleção natural de "editar" as variações hereditárias na coloração de uma população de insetos. Vemos os produtos da seleção natural nas adaptações diferenciadas de vários organismos às circunstâncias especiais de seu estilo de vida e de seu ambiente. As asas do morcego mostradas na **Figura 1.19** são um excelente exemplo de adaptação.

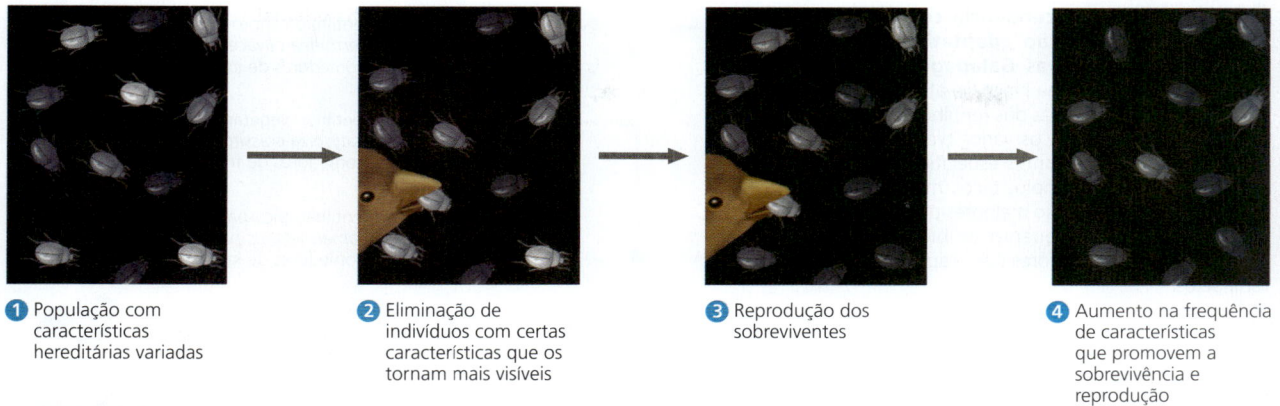

① População com características hereditárias variadas

② Eliminação de indivíduos com certas características que os tornam mais visíveis

③ Reprodução dos sobreviventes

④ Aumento na frequência de características que promovem a sobrevivência e reprodução

▲ **Figura 1.18 Seleção natural.** Esta população imaginária de besouros colonizou um local onde o solo foi escurecido por um incêndio recente. Inicialmente, há ampla variação na cor herdada nos indivíduos da população, desde cinza-claro até preto. Para aves famintas que caçam besouros, é mais fácil localizar os besouros mais claros.

DESENHE *Com o tempo, o solo ficará gradualmente mais claro. Desenhe outra etapa para mostrar como o solo, quando clareado para uma cor média, afetaria a seleção natural. Escreva uma legenda para essa nova etapa 5. Em seguida, explique como a população mudaria com o tempo à medida que o solo se tornasse mais claro.*

▲ **Figura 1.19 Adaptação evolutiva.** Morcegos, os únicos mamíferos capazes de alçar voo, têm asas com membranas entre "dedos" estendidos. Darwin propôs que essas adaptações são aprimoradas ao longo do tempo pela seleção natural.

A árvore da vida

Observe a arquitetura esquelética das asas do morcego na Figura 1.19. Essas asas não são como as das aves; o morcego é um mamífero. Os ossos, articulações, nervos e vasos sanguíneos nos membros anteriores do morcego, embora adaptados para o voo, são muito semelhantes aos do braço humano, da pata dianteira de um cavalo e da nadadeira de uma baleia. De fato, todos os membros anteriores dos mamíferos são variações anatômicas de uma arquitetura comum. De acordo com o conceito darwiniano de descendência com modificação, a anatomia compartilhada dos membros dos mamíferos reflete a herança da estrutura do membro de um ancestral comum – o mamífero "protótipo" do qual todos os outros mamíferos descendem. A diversidade dos membros anteriores dos mamíferos resulta da modificação pela seleção natural agindo durante milhões de gerações em diferentes contextos ambientais. Fósseis e outras evidências corroboram a uniformidade anatômica e sustentam essa visão de descendência dos mamíferos a partir de um ancestral comum.

Darwin propôs que, devido aos efeitos cumulativos da seleção natural atuando em vastos períodos de tempo, uma espécie ancestral poderia originar duas ou mais espécies descendentes. Isso poderia ocorrer, por exemplo, se uma população de organismos se fragmentasse em várias subpopulações isoladas em diferentes ambientes. Nessas arenas separadas de seleção natural, uma espécie poderia gradualmente irradiar-se em várias espécies à medida que as populações geograficamente isoladas se adaptassem, ao longo de muitas gerações, a diferentes condições ambientais.

Os tentilhões de Galápagos são um exemplo famoso do processo de irradiação de novas espécies a partir de um ancestral comum. Darwin coletou espécimes dessas aves durante sua visita em 1835 às remotas Ilhas Galápagos, no Oceano Pacífico, a 900 quilômetros (km) da costa da América do Sul. Essas ilhas vulcânicas relativamente jovens são o lar de muitas espécies de plantas e animais não encontrados em nenhum outro lugar do mundo, embora muitos organismos de Galápagos estejam claramente relacionados a espécies no continente sul-americano. Acredita-se que os tentilhões de Galápagos descenderam de uma espécie ancestral de tentilhões que chegou ao arquipélago vinda da América do Sul ou do Caribe. Com o tempo, os tentilhões de Galápagos se diversificaram de seus ancestrais à medida que as populações se adaptaram a diferentes fontes de alimento em suas ilhas específicas. Anos depois que Darwin coletou os tentilhões, os pesquisadores começaram a resolver suas relações evolutivas, primeiro a partir de dados anatômicos e geográficos e, mais recentemente, com a ajuda de comparações de sequências de DNA.

Os diagramas de relações evolutivas dos biólogos geralmente assumem formas semelhantes a árvores, embora essas árvores sejam frequentemente viradas de lado, como

▶ **Figura 1.20 Descendência com modificação: irradiação adaptativa de tentilhões nas Ilhas Galápagos.** Esta "árvore" ilustra uma hipótese atual para as relações evolutivas dos tentilhões em Galápagos. Observe os vários bicos, que são adaptados a fontes específicas de alimentos. Por exemplo, bicos mais mais largos e espessos são melhores para quebrar sementes, enquanto os bicos mais delgados são melhores para capturar insetos.

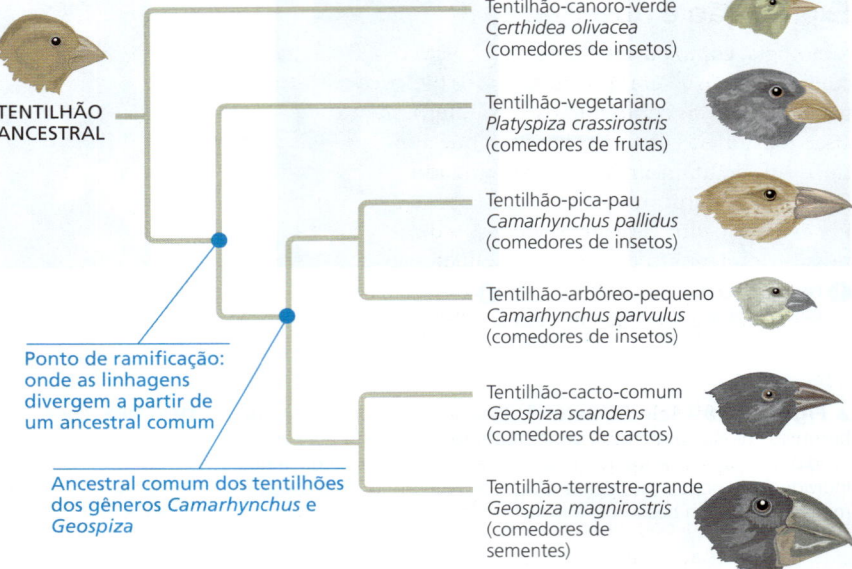

na **Figura 1.20**. Os diagramas de árvore fazem sentido: assim como um indivíduo tem uma genealogia que pode ser diagramada como uma árvore genealógica, cada espécie é um galho de uma árvore da vida ramificada que se estende no tempo por meio de espécies ancestrais cada vez mais remotas. Espécies que são muito semelhantes, como os tentilhões de Galápagos, compartilham um ancestral comum relativamente recente. Através de um ancestral que viveu muito mais distante no tempo, os tentilhões são aparentados com pardais, falcões, pinguins e todas as outras aves. Além disso, tentilhões e outras aves estão relacionados a nós por meio de um ancestral comum ainda mais antigo. Rastreie a vida até seus primórdios e sobrarão apenas fósseis dos procariotos primitivos, que habitaram a Terra há 3,5 bilhões de anos. Podemos reconhecer seus vestígios em nossas próprias células – no código genético universal, por exemplo. Todas as formas de vida estão conectadas em uma longa história evolutiva.

REVISÃO DO CONCEITO 1.2

1. Explique por que "editar" é uma metáfora de como a seleção natural atua sobre a variação hereditária de uma população.
2. Consultando a Figura 1.20, forneça uma possível explicação de como, ao longo de muito tempo, o tentilhão-canoro-verde verde passou a ter um bico delgado.
3. **DESENHE** Os três domínios que você aprendeu no Conceito 1.2 podem ser representados na árvore da vida como os três ramos principais, com três sub-ramos no ramo eucariótico sendo os reinos Plantae, Fungi e Animalia. E se fungos e animais têm parentesco mais próximo uns com os outros do que com o reino das plantas – como evidências recentes sugerem? Desenhe um modelo simples de ramificação que simbolize a relação proposta entre esses três reinos eucarióticos.

Ver as respostas sugeridas no Apêndice A.

CONCEITO 1.3

Ao estudar a natureza, os cientistas formulam e testam hipóteses

A **ciência** é uma forma de conhecimento – uma abordagem para compreender o mundo natural. Ela se desenvolveu a partir da nossa curiosidade sobre nós, outras formas de vida, nosso planeta e o universo. A palavra *ciência* deriva do verbo em latim que significa "conhecer". Tentar entender parece ser um dos nossos impulsos básicos.

No cerne da ciência está a **pesquisa**, a busca por informação e explicações dos fenômenos naturais. Não há fórmula para uma pesquisa científica bem-sucedida. Nenhum método científico em particular tem um manual que os pesquisadores devam seguir à risca. Como em todas as buscas, a ciência inclui elementos de desafio, aventura e sorte, junto com planejamento cuidadoso, sensatez, criatividade, paciência e persistência para superar as dificuldades. Esses elementos distintos da pesquisa tornam a ciência consideravelmente menos estruturada do que a maioria das pessoas imagina. É possível, contudo, destacar certas características que diferenciam a ciência de outras formas de descrever e explicar a natureza.

Cientistas utilizam um processo de pesquisa que inclui fazer observações, formular explicações lógicas (*hipóteses*) e que podem ser testadas e, então, testá-las. O processo é necessariamente repetitivo: ao se testar uma hipótese, uma maior quantidade de observações pode inspirar a reconsideração da hipótese original ou a formulação de uma nova hipótese, novamente a ser testada. Dessa forma, os cientistas conseguem se aproximar cada vez mais das leis que governam a natureza.

Exploração e observação

A biologia, como outras ciências, começa com observações cuidadosas. Ao coletar informações, os biólogos costumam usar ferramentas como microscópios, termômetros de precisão ou câmeras de alta velocidade que ampliam seus sentidos ou facilitam uma medição cuidadosa. Observações podem revelar informações valiosas sobre o mundo natural. Por exemplo, uma série de observações detalhadas moldou nossa compreensão da estrutura celular, e outro conjunto de observações está atualmente expandindo nossas bases de dados de sequências de genoma de diversas espécies e bases de dados de genes cuja expressão está alterada em várias doenças.

Ao explorar a natureza, os biólogos também dependem fortemente da literatura científica, as contribuições publicadas por outros cientistas. Ao ler e compreender estudos anteriores, os cientistas podem usar a base do conhecimento existente para concentrar suas pesquisas em observações que são originais e em hipóteses que são consistentes com descobertas anteriores. Identificar publicações relevantes para uma nova linha de pesquisa nunca foi tão fácil quanto é atualmente, graças às bases de dados eletrônicas indexadas e pesquisáveis.

▲ **Figura 1.21 Jane Goodall coletando dados qualitativos sobre o comportamento do chimpanzé.** Goodall registrou suas observações em cadernos de campo, muitas vezes com esboços do comportamento dos animais.

Coleta e análise de dados

As observações registradas são denominadas **dados**. Em outras palavras, dados são itens de informação em que se baseia a pesquisa científica. Para muitas pessoas, o termo *dados* se refere a números. Mas alguns dados são *qualitativos*, em geral na forma de relatos descritivos, em vez de medidas numéricas. Por exemplo, Jane Goodall passou décadas registrando observações sobre o comportamento de chimpanzés durante uma pesquisa de campo nas selvas da Tanzânia **(Figura 1.21)**. Em seus estudos, Goodall também contribuiu para o campo do comportamento animal com volumes de dados *quantitativos*, como a frequência e a duração de comportamentos específicos em diferentes membros de um grupo de chimpanzés em diversas situações. Dados quantitativos são geralmente expressos na forma de medidas numéricas e organizados em tabelas e gráficos. Cientistas analisam seus dados utilizando um tipo de matemática denominada *estatística* para determinar se são significativos ou meramente resultantes de flutuações randômicas. Todos os resultados apresentados neste texto mostraram ser estatisticamente significativos.

A coleta e a análise de observações podem levar a importantes conclusões com base em um tipo de lógica denominada **raciocínio indutivo**. Por meio da indução, fazemos generalizações a partir de um grande número de observações científicas. "O sol sempre nasce no leste" é um exemplo. Outro exemplo biológico é a generalização "Todos os organismos são feitos de células", que se baseou em dois séculos de observações microscópicas feitas por biólogos examinando células em diversos espécimes biológicos. A observação e análise de dados cuidadosas, junto com as generalizações obtidas por meio da indução, são fundamentais para a nossa compreensão da natureza.

Formulação e testagem de hipóteses

Nossa curiosidade inata geralmente nos estimula a elaborar questões sobre a base natural dos fenômenos que observamos no planeta. O que causou os diferentes comportamentos dos chimpanzés observados na natureza? O que explica a variação na cor da pelagem entre os camundongos de uma única espécie, mostrada na Figura 1.1? Responder a essas perguntas geralmente envolve formular e testar explicações lógicas – ou seja, hipóteses.

Na ciência, uma **hipótese** é uma explicação, baseada em observações e pressupostos, que leva a uma previsão testável. Em outras palavras, uma hipótese é uma explicação em julgamento. A hipótese geralmente é uma explicação racional para um conjunto de observações, baseada nos dados disponíveis e guiada pelo raciocínio indutivo. Uma hipótese científica leva a predições que podem ser testadas com observações adicionais ou a realização de experimentos. Um **experimento** constitui um teste científico, conduzido em condições controladas.

Todos nós fazemos observações e desenvolvemos perguntas e hipóteses para resolver problemas do dia a dia. Digamos, por exemplo, que a luminária de sua mesa esteja conectada à tomada e com o interruptor ligado, mas que a lâmpada não tenha acendido. Isso é uma observação. A pergunta é óbvia: por que a lâmpada não funciona? Duas hipóteses razoáveis baseadas em sua experiência são que (1) a lâmpada está queimada ou (2) a lâmpada não está rosqueada corretamente. Cada uma dessas hipóteses alternativas leva a previsões que você pode testar com experimentos. Por exemplo, a hipótese da lâmpada queimada prevê que a substituição da lâmpada resolverá o problema. A **Figura 1.22** mostra um diagrama dessa investigação informal. Descobrir as coisas dessa maneira, por tentativa e erro, é uma abordagem baseada em hipóteses.

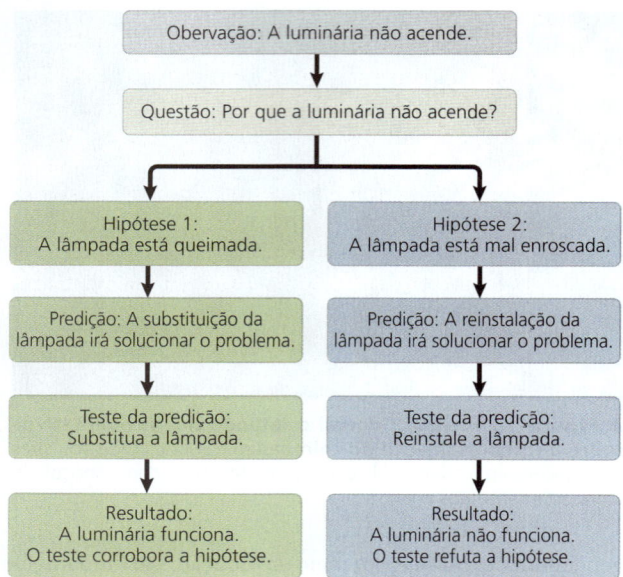

▲ **Figura 1.22** Uma visão simplificada do processo científico. O processo idealizado às vezes chamado de "método científico" é mostrado neste fluxograma, que ilustra o teste de hipótese para uma luminária de mesa que não acende.

Raciocínio dedutivo

Um tipo de lógica denominada também está associada ao uso de hipóteses na ciência. A indução é o raciocínio a partir de um conjunto de observações específicas para chegar a uma conclusão geral. Em contrapartida, no **raciocínio dedutivo**, a lógica flui na direção oposta, do geral para o específico. Partindo de premissas gerais, extrapolamos para os resultados específicos que deveríamos esperar se as premissas fossem verdadeiras. No processo científico, as deduções geralmente assumem a forma de predições de resultados que serão encontrados se uma determinada hipótese (premissa) estiver correta. Então, testamos essa hipótese com a realização de experimentos ou observações para revelar se os resultados são como o previsto. Esse teste dedutivo assume a forma lógica "Se... então". No caso do exemplo da luminária de mesa: *se* a hipótese da lâmpada queimada estiver correta, *então* a luminária deve funcionar se a lâmpada for substituída por uma nova.

Podemos usar o exemplo da luminária para ilustrar dois outros pontos-chave sobre o uso de hipóteses na ciência. Em primeiro lugar, sempre se pode conceber hipóteses adicionais para explicar um conjunto de observações. Por exemplo, outra hipótese para explicar a luminária que não funciona é que a tomada da parede está com defeito. Embora você possa projetar um experimento para testar essa hipótese, nunca poderia testar todas as hipóteses possíveis. Em segundo lugar, nunca podemos *provar* que uma hipótese é verdadeira. Suponha que a substituição da lâmpada conserte a luminária. A hipótese da lâmpada queimada seria a explicação mais provável, mas os testes apoiam essa hipótese *não* provando que esteja correta, mas ao falhar em provar que esteja incorreta. Por exemplo, mesmo que a substituição da lâmpada conserte a luminária, pode ser porque houve uma queda de energia temporária que acabou por acaso enquanto a lâmpada estava sendo trocada.

Embora uma hipótese nunca possa ser provada de forma irrefutável, testá-la de várias maneiras pode aumentar significativamente nossa confiança em sua validade. Frequentemente, rodadas de formulação de hipóteses e testes levam a um consenso científico – a conclusão compartilhada de muitos cientistas de que uma determinada hipótese explica bem os dados conhecidos e resiste a testes experimentais.

Questões que podem e não podem ser respondidas a partir da ciência

A pesquisa científica é uma forma poderosa de estudar a natureza, mas existem limitações aos tipos de questões que ela tem capacidade de responder. Uma hipótese científica deve ser *testável*; deve haver alguma observação ou experimento que possa revelar se essa ideia é potencialmente verdadeira ou falsa. A hipótese de que uma lâmpada queimada é a única razão pela qual a luminária não funciona não seria corroborada se a substituição da lâmpada por uma nova não consertasse a luminária.

Nem todas as hipóteses atendem aos critérios da ciência: você não seria capaz de testar a hipótese de que fantasmas invisíveis estão brincando com a luminária! Como a ciência trata apenas de explicações naturais testáveis para fenômenos naturais, ela não pode apoiar nem contradizer a hipótese do fantasma invisível, nem se espíritos ou elfos causam tempestades, arcos-íris ou doenças. Essas explicações sobrenaturais estão simplesmente fora dos limites da ciência, assim como as questões religiosas, que são questões de fé pessoal. Ciência e religião não são mutuamente exclusivas ou contraditórias; elas simplesmente estão preocupadas com questões diferentes.

Flexibilidade do processo científico

A maneira como os pesquisadores respondem a perguntas sobre o mundo natural e físico é muitas vezes idealizada como o *método científico*. No entanto, muito poucas pesquisas científicas aderem rigidamente à sequência de etapas que são normalmente usadas para descrever essa abordagem. Por exemplo, um cientista pode começar a projetar um experimento, mas então recuar ao ver que são necessárias mais observações. Em outros casos, as observações podem ser desafiadoras demais para que sejam formuladas questões definidas até que um estudo mais aprofundado forneça um novo contexto no qual se possa visualizar essas observações. Por exemplo, os cientistas não conseguiram desvendar os detalhes de como os genes codificam proteínas até *após* a descoberta da estrutura do DNA (um evento que ocorreu em 1953).

Um modelo mais realista desse processo científico está apresentado na **Figura 1.23**. O foco desse modelo, mostrado no círculo central da figura, é a formação e o teste de hipóteses. Esse conjunto básico de atividades é a razão pela qual a ciência se sai tão bem na explicação dos fenômenos do mundo natural. Essas atividades, no entanto, são moldadas pela exploração e descoberta (o círculo superior na Figura 1.23) e influenciadas por interações com outros cientistas e com a sociedade em geral (círculos inferiores). Por exemplo, a comunidade de cientistas influencia quais hipóteses são testadas, como os resultados dos testes são interpretados e qual o valor das descobertas. Da mesma forma, as necessidades sociais – como o impulso para curar o câncer ou compreender o processo da mudança climática – podem ajudar a definir quais projetos de pesquisa são financiados e com que extensão os resultados são discutidos.

Agora que já ressaltamos as principais características da pesquisa científica – realizar observações e formular e testar hipóteses –, você já deve ser capaz de reconhecer essas características em um estudo de caso de pesquisa científica real.

▼ **Figura 1.23 O processo da ciência: um modelo realista.** Na realidade, o processo da ciência não é linear: ele envolve retrocesso, repetições e compartilhamento de informações entre as diferentes partes do processo. A ilustração baseia-se em um modelo (Como a Ciência Funciona) do *site* Understanding Science (www.understandingscience.org).

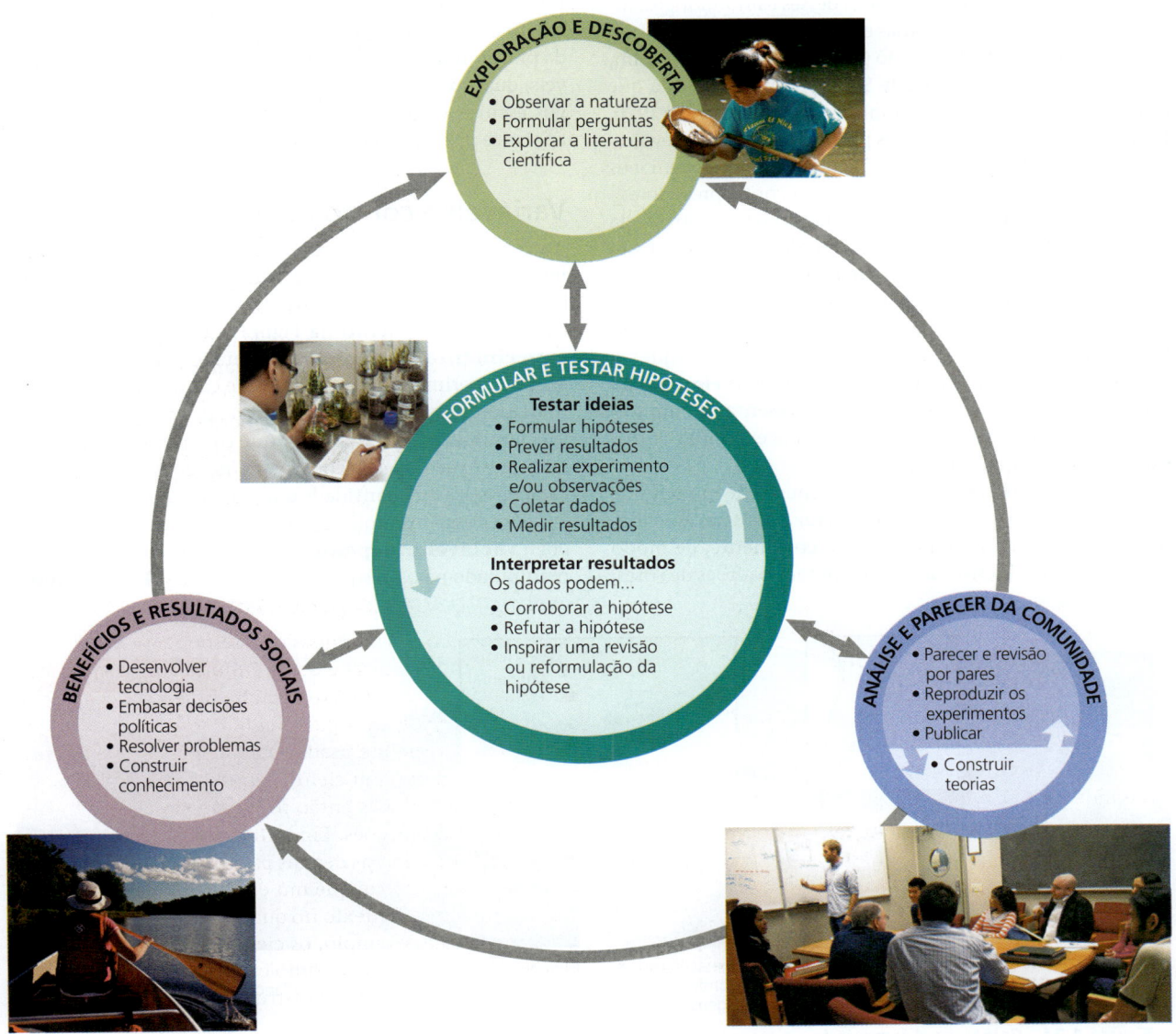

Um estudo de caso em pesquisa científica: a coloração da pelagem em populações de camundongos

Nosso estudo de caso começa com um conjunto de observações e generalizações indutivas. O padrão de coloração de animais varia significativamente na natureza, algumas vezes até mesmo entre membros da mesma espécie. A que se atribui essa variação? Como você deve se lembrar, os dois camundongos descritos no início deste capítulo são membros da mesma espécie (*Peromyscus polionotus*), mas têm padrões de cor de pelo (ou pelagem) diferentes e residem em ambientes diferentes. O camundongo da praia vive ao longo da costa da Flórida, um hábitat com dunas de areia branca com moitas esparsas. O camundongo do continente vive em solos mais férteis e escuros, mais afastados da costa **(Figura 1.24)**. Mesmo uma rápida observação das fotografias na Figura 1.24 revela uma similaridade impressionante entre a coloração do camundongo e a do seu hábitat. Os predadores naturais desses camundongos, incluindo falcões, corujas, raposas e coiotes, são todos caçadores visuais (usam o sentido da visão para procurar presas). Assim, foi lógico para Francis Bertody Sumner, um naturalista que estudou populações desses camundongos na década de 1920, formular a hipótese de que seus padrões de coloração evoluíram como adaptações para camuflar os camundongos em seus ambientes nativos, de forma a protegê-los contra predadores.

Ainda que a hipótese de camuflagem pareça óbvia, ela necessitava ser testada. Em 2010, a bióloga Hopi Hoekstra (Universidade de Harvard) e parte de seu grupo de estudantes se dirigiram à Florida para testar a predição de que camundongos com coloração que não se assemelha a seu hábitat sofreriam predação com maior frequência do que camundongos nativos e mais bem camuflados. A **Figura 1.25** resume esse experimento de campo, apresentando um formato que usaremos ao longo do livro para examinar outros exemplos de pesquisa biológica.

Os pesquisadores construíram centenas de modelos de camundongos e os pintaram com *spray* para se assemelharem a camundongos de praia ou do continente, de modo que os modelos diferissem apenas em seus padrões de cores.

Os pesquisadores distribuíram quantidades iguais desses modelos aleatoriamente nos dois ambientes e voltaram no dia seguinte. Os modelos de camundongos semelhantes aos camundongos nativos no hábitat foram o grupo de *controle* (por exemplo, modelos de camundongos de cor clara no hábitat de praia), enquanto os modelos de camundongos com a coloração não nativa foram o grupo *experimental* (por exemplo, modelos mais escuros no hábitat da praia). Na manhã seguinte, o grupo contabilizou e registrou sinais de eventos de predação que variavam desde marcas de mordida e arranhões em alguns modelos até o desaparecimento de outros. A julgar pelo formato das mordidas dos predadores e rastros ao redor do campo experimental, os predadores pareciam estar igualmente distribuídos entre mamíferos (como raposas e coiotes) e aves (como corujas, garças e águias).

Para cada ambiente, os pesquisadores calcularam, então, a porcentagem de eventos de predação direcionados aos modelos de camundongos camuflados. Os resultados foram claros: modelos camuflados mostraram taxas de predação muito mais baixas do que aqueles sem camuflagem tanto no hábitat da praia (onde os camundongos claros eram menos vulneráveis) quanto no hábitat do continente (onde os camundongos escuros eram menos vulneráveis). Portanto, os dados apoiam a principal previsão da hipótese de camuflagem.

Variáveis e controles em experimentos

Ao realizar um experimento, um pesquisador frequentemente manipula um fator em um sistema e observa os efeitos dessa mudança. O experimento de camuflagem de camundongos descrito na Figura 1.25 é um exemplo de **experimento controlado**, projetado para comparar um grupo experimental (os modelos de camundongos não camuflados, nesse caso) com um grupo de controle (os modelos camuflados). Tanto o fator que é manipulado quanto o fator que é medido subsequentemente são **variáveis** – uma característica ou quantidade que varia em um experimento.

Em nosso exemplo, a cor do modelo do camundongo era a **variável independente** – o fator que estava sendo manipulado pelos pesquisadores. A **variável dependente**

Camundongos de praia habitando dunas de areia de vegetação esparsa ao longo da costa têm pelagem clara com manchas no lombo, que lhes permite se misturar com o entorno, fornecendo camuflagem.

Membros da mesma espécie com hábitat a cerca de 30 km da costa têm pelagem escura no lombo, camuflando-os com o solo escuro de seu hábitat.

▲ **Figura 1.24** Coloração diferenciada em populações de *Peromyscus polionotus* da praia e do continente.

▼ Figura 1.25 Pesquisa

A camuflagem afeta as taxas de predação em duas populações de camundongos?

Experimento Hopi Hoekstra e colegas testaram a hipótese de que a coloração da pelagem fornece camuflagem que protege as populações de camundongos *Peromyscus polionotus* da praia e do continente da predação em seus hábitats. Os pesquisadores pintaram modelos de camundongos com padrões de cores claras ou escuras que combinavam com os camundongos da praia e do continente e colocaram modelos com cada um dos padrões em ambos os hábitats. Na manhã seguinte, eles contabilizaram modelos danificados ou desaparecidos.

Resultado Para cada hábitat, os pesquisadores calcularam a porcentagem de modelos atacados que tinham ou não camuflagem. Nos dois hábitats, os modelos cujo padrão não se assemelhava ao entorno sofreram "predação" muito mais pronunciada do que os modelos com camuflagem.

Conclusão Os resultados são consistentes com a previsão dos pesquisadores: que modelos de camundongos com coloração de camuflagem seriam atacados com menos frequência do que modelos de camundongos não camuflados. Portanto, o experimento sustenta a hipótese de camuflagem.

Dados de S. N. Vignieri, J. G. Larson e H. E. Hoekstra, The selective advantage of crypsis in mice, *Evolution* 64:2153–2158 (2010).

INTERPRETE OS DADOS As barras indicam a porcentagem dos modelos atacados que eram claros ou escuros. Suponha que 100 modelos de camundongo fossem atacados em cada hábitat. Para o hábitat da praia, quantos modelos eram claros? E da coloração escura? Responda às mesmas perguntas no caso do hábitat continental. Os resultados do experimento apoiam a hipótese de camuflagem? Explique.

é o fator que está sendo medido que se prevê ser afetado pela variável independente; nesse caso, os pesquisadores mediram a quantidade de predação em resposta à variação na cor do modelo do camundongo. Observe também que os grupos experimental e controle diferem em apenas uma variável independente: a cor.

Como resultado, os pesquisadores podem descartar outros fatores como causas dos ataques mais frequentes aos camundongos não camuflados – como números variados de predadores ou diferentes temperaturas nas diferentes áreas de teste. O delineamento experimental inteligente deixou a coloração como o único fator que poderia explicar a baixa taxa de predação nos modelos camuflados em relação ao ambiente circundante.

Um equívoco comum é considerar que o termo *experimento controlado* significa que os cientistas controlam todas as características do ambiente experimental. Mas isso é impossível na pesquisa de campo e pode ser muito difícil mesmo em ambientes de laboratório altamente controlados. Em geral, pesquisadores "controlam" variáveis indesejáveis ao *cancelar* seus efeitos utilizando grupos de controle, e não ao *eliminar* esses efeitos por meio da regulação do ambiente.

Teorias na ciência

"É apenas uma teoria!" Nossa utilização cotidiana do termo *teoria* geralmente implica uma especulação não testada; todavia, o termo *teoria* tem significado diferente em ciência. O que é uma teoria científica e o quanto ela difere de uma hipótese ou de mera especulação?

Em primeiro lugar, a **teoria** científica tem alcance muito mais abrangente do que uma hipótese. *Isto* é uma hipótese: "A coloração da pelagem que se assemelha ao seu hábitat é uma adaptação que protege camundongos de seus predadores". Mas *isto* é uma teoria: "Adaptações evolutivas surgem por seleção natural". Essa teoria propõe que a seleção natural constitui o mecanismo evolutivo responsável pela enorme variedade de adaptações, entre as quais a coloração da pelagem em camundongos é apenas um exemplo.

Em segundo lugar, uma teoria é geral o suficiente para gerar muitas hipóteses novas e testáveis. Por exemplo, a teoria da seleção natural motivou dois pesquisadores da Universidade de Princeton, Peter e Rosemary Grant, a testar a hipótese específica de que os bicos dos tentilhões de Galápagos evoluem em resposta às mudanças nos tipos de alimentos disponíveis (seus resultados apoiaram a hipótese; consulte a Figura 23.2).

E terceiro, em comparação com qualquer hipótese, uma teoria geralmente é apoiada por um corpo de evidências muito maior. A teoria da seleção natural foi corroborada por uma vasta quantidade de evidências, quantidade que está aumentando diariamente e nunca foi contrariada por qualquer dado científico. Essas teorias que se tornaram amplamente adotadas na ciência (como a teoria da seleção natural e a teoria da gravidade) explicam uma grande diversidade de observações e são apoiadas por um vasto acúmulo de evidências.

Finalmente, os cientistas às vezes modificarão ou até rejeitarão uma teoria anteriormente suportada se uma nova pesquisa produzir resultados que não se encaixem de forma consistente. Por exemplo, os biólogos uma vez agruparam bactérias e arqueias como um reino de procariotos. Quando novos métodos de comparação de células e moléculas puderam ser usados para testar essas relações, as evidências levaram os cientistas a rejeitar a teoria de que as bactérias e as arqueias são membros do mesmo reino. Se há "verdade" na ciência, ela é, na melhor das hipóteses, condicional, com base no peso das evidências disponíveis.

REVISÃO DO CONCEITO 1.3

1. Que observação qualitativa levou ao estudo quantitativo da Figura 1.25?
2. Compare raciocínio indutivo com raciocínio dedutivo.
3. Por que a seleção natural é considerada uma teoria?
4. **E SE?** Nos desertos do Novo México (Estados Unidos), os solos são em sua maioria arenosos, com regiões ocasionais de rocha preta derivada de fluxos de lava que ocorreram há cerca de 1.000 anos. Camundongos são encontrados tanto em regiões arenosas quanto em áreas pedregosas, e corujas são predadores conhecidos dessas regiões. O que você esperaria observar quanto à coloração da pelagem dessas duas populações de camundongo? Explique. Como você utilizaria esse ecossistema para testar a hipótese de camuflagem?

Ver as respostas sugeridas no Apêndice A.

CONCEITO 1.4

A ciência se beneficia de uma abordagem cooperativa e de diversos pontos de vista

Filmes e desenhos animados às vezes retratam cientistas como pessoas solitárias em jalecos brancos que trabalham em laboratórios isolados. Na realidade, a ciência é uma atividade intensamente social. A maioria dos cientistas trabalha em equipes, que geralmente incluem alunos de pós-graduação e de graduação. Ter um bom nível de comunicação auxilia muito quem quer ser bem-sucedido na ciência. Resultados científicos não têm qualquer importância até que sejam compartilhados entre a comunidade científica a partir de seminários, publicações e *sites* da internet. Na verdade, os artigos de pesquisa não são publicados até que sejam avaliados por colegas, no que é chamado de processo de "revisão por pares". Os exemplos de pesquisa científica descritos neste livro, por exemplo, foram todos publicados em periódicos revisados por pares.

Aprimorando o trabalho de outros

O grande cientista Isaac Newton disse uma vez que "Explicar toda a natureza é uma tarefa muito difícil para qualquer homem ou mesmo para qualquer época. É muito melhor produzir um pouco com grande nível de certeza e deixar o resto para os outros que virão depois de você." Qualquer pessoa que se torna cientista, movida pela curiosidade de como a natureza funciona, tem a garantia de se beneficiar consideravelmente pela riqueza das descobertas de outros que tenham pesquisado antes. De fato, o experimento de Hopi Hoekstra se baseou no trabalho de outro pesquisador, D. W. Kaufman, 40 anos antes. Você pode estudar o delineamento do experimento de Kaufman e interpretar os resultados no **Exercício de habilidades científicas**.

Os resultados científicos são continuamente examinados por meio da repetição de observações e experimentos. Cientistas que trabalham no mesmo campo de pesquisa geralmente verificam as afirmações uns dos outros ao confirmar ou repetir as observações. Se os colegas cientistas não puderem repetir os resultados experimentais, isso pode refletir alguma fraqueza subjacente à afirmação original, que, então, terá que ser revisada. Nesse sentido, a ciência se autopolicia. Integridade e adesão a altos padrões profissionais no relato de resultados são centrais para o esforço científico, uma vez que a validade dos dados experimentais é a chave para o delineamento de outras linhas de pesquisa.

Não é incomum ver diversos cientistas convergirem à mesma questão de pesquisa. Alguns cientistas apreciam o desafio de serem os primeiros em uma importante descoberta ou experimento, enquanto outros obtêm mais satisfação ao cooperar com os colegas que estão pesquisando o mesmo assunto.

A cooperação é sempre facilitada quando cientistas utilizam o mesmo organismo. Frequentemente, é um **organismo-modelo** amplamente utilizado – uma espécie que é fácil de cultivar em laboratório e se adapta particularmente bem às questões que estão sendo investigadas. Uma vez que todas as espécies são evolutivamente relacionadas, esse organismo pode ser visto como um modelo para entender a biologia de outras espécies e suas doenças. Os estudos genéticos da mosca-da-fruta *Drosophila melanogaster*, por exemplo, nos ensinaram muito sobre como os genes funcionam em outras espécies, até mesmo em humanos. Entre outros organismos-modelo populares estão a planta *Arabidopsis thaliana*, o verme *Caenorhabditis elegans,* o peixe-zebra *Danio rerio*, o camundongo *Mus musculus* e a bactéria *Escherichia coli*. No decorrer da leitura deste livro, preste atenção na grande quantidade de contribuições que esses e outros organismos-modelo têm feito pelo estudo da vida.

Biólogos podem abordar questões interessantes a partir de diferentes ângulos. Alguns biólogos se concentram em ecossistemas, enquanto outros estudam fenômenos naturais em nível de organismos ou células. Este texto está dividido em unidades que examinam a biologia em diferentes níveis e investigam problemas por meio de diferentes abordagens. Qualquer problema específico pode ser resolvido a partir de várias perspectivas, que podem na verdade complementar uma à outra. Por exemplo, Hoekstra não só realizou estudos de campo mostrando que a coloração da pelagem pode afetar as taxas de predação, mas também fez estudos de laboratório que descobriram pelo menos uma mutação genética que está subjacente às diferenças entre a coloração de camundongos de praia e do continente. Seu laboratório inclui biólogos especializados em diferentes níveis biológicos, permitindo que ligações sejam feitas entre as adaptações evolutivas nas quais ela se concentra e sua base molecular nas sequências de DNA.

Na condição de aluno de biologia, você pode tirar proveito da produção de conexões entre os diferentes níveis

Exercício de habilidades científicas

Interpretando gráficos de barra

Quanto a camuflagem afeta a predação de camundongos por corujas com e sem luar? D. W. Kaufman formulou a hipótese de que a extensão em que a cor da pelagem de um camundongo contrastava com a cor de seus arredores afetaria a taxa de predação noturna por corujas. Ele também formulou a hipótese de que o contraste seria afetado pela quantidade de luz da lua. Neste exercício, você analisará dados de seus estudos de predação de corujas em camundongos que testaram essas hipóteses.

Como o experimento foi realizado Pares de camundongos (*Peromyscus polionotus*) com pelagem de cores diferentes, um marrom-claro e outro marrom-escuro, foram soltos simultaneamente em um cercado que continha uma coruja faminta. O pesquisador tomou nota da coloração do primeiro camundongo a ser capturado pela coruja. No caso de a coruja não capturar nenhum dos dois tipos de camundongo dentro do período de 15 minutos, o teste levava um escore de zero. As liberações foram repetidas múltiplas vezes em cercados com superfície de solo de coloração escura ou clara. A presença ou ausência de luar durante cada ensaio foi registrada.

Dados do experimento

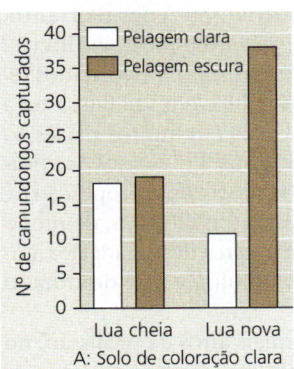
A: Solo de coloração clara

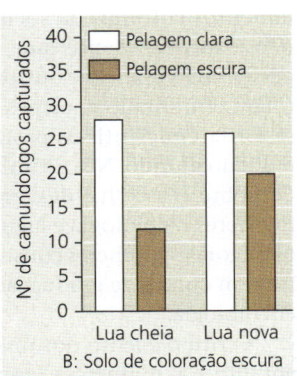
B: Solo de coloração escura

Dados de D. W. Kaufman, Adaptive coloration in *Peromyscus polionotus*: Experimental selection by owls, *Journal of Mammalogy* 55:271–283 (1974).

INTERPRETE OS DADOS

1. Primeiro, é preciso entender como os gráficos são organizados. O gráfico A apresenta dados do cercado com solo de coloração clara, e o gráfico B apresenta dados do cercado com solo de coloração escura, mas, em todos os outros quesitos, os gráficos são iguais. **(a)** Há mais de uma variável independente nesses gráficos. Quais são as variáveis independentes, as variáveis que foram testadas pelo pesquisador? Qual eixo dos gráficos tem as variáveis independentes? **(b)** Qual é a variável dependente, a resposta às variáveis sendo testadas? Qual eixo dos gráficos tem a variável dependente?
2. **(a)** Quantos camundongos de coloração marrom-escura foram capturados no cercado com solo de coloração clara em uma noite de lua cheia? **(b)** Quantos camundongos de coloração marrom-escura foram capturados no cercado com solo de coloração escura em uma noite de lua cheia? **(c)** Em noite de lua cheia, um camundongo com coloração marrom-escura estaria mais propenso a escapar de predação por corujas em solos de coloração escura ou clara? Explique sua resposta.
3. **(a)** Um camundongo marrom-escuro em um solo de coloração escura estaria mais propenso a escapar de predação em noite de lua cheia ou lua nova? **(b)** E um camundongo marrom-claro em um solo de cor clara? Explique.
4. **(a)** Sob que condições um camundongo marrom-escuro estaria mais propenso a escapar de predação noturna? **(b)** E um camundongo marrom-claro?
5. **(a)** Que combinação de variáveis independentes levou ao maior nível de predação em cercados com solo de coloração clara? **(b)** Que combinação de variáveis independentes levou ao maior nível de predação em cercados com solo de coloração escura?
6. Pensando em suas respostas à pergunta 5, forneça uma declaração simples descrevendo as condições que são especialmente mortais para ambas as cores de camundongos.
7. Combinando os dados de ambos os gráficos, estime o número de camundongos capturados ao luar em comparação com as condições sem luar. Qual condição é ideal para a predação pela coruja? Explique.

---

da biologia. Você pode desenvolver essa habilidade ao perceber quando alguns tópicos aparecem continuamente em diferentes unidades deste livro. Um desses tópicos é a anemia falciforme, uma condição genética que é prevalente entre habitantes nativos da África e outras regiões quentes e seus descendentes. A anemia falciforme aparecerá em várias unidades do texto, cada vez relacionada a um novo nível. Além disso, as figuras "Faça conexões" conectam o conteúdo em capítulos diferentes e suas questões pedem que você mesmo faça as conexões. Esperamos que esses acessórios lhe ajudem a integrar os assuntos que está aprendendo e a manter em mente um panorama global.

Ciência, tecnologia e sociedade

A comunidade científica é parte da sociedade como um todo, e a relação da ciência com a sociedade se torna cada vez mais clara quando adicionamos tecnologia ao panorama (ver Figura 1.23). Embora a ciência e a tecnologia algumas vezes empreguem padrões similares de pesquisa, seus objetivos básicos diferem. O objetivo da ciência é entender fenômenos naturais, enquanto a **tecnologia** geralmente *aplica* o conhecimento científico para certos propósitos específicos. Como os cientistas usam ativamente novas tecnologias em suas pesquisas, a ciência e a tecnologia são interdependentes.

A poderosa combinação entre ciência e tecnologia tem efeitos significativos na sociedade. Algumas vezes, as mais benéficas aplicações da pesquisa básica surgem do nada, oriundas de observações completamente inesperadas no curso da exploração científica. Por exemplo, a descoberta da estrutura do DNA por Watson e Crick em 1953 e as conquistas subsequentes na ciência do DNA levaram a tecnologias de manipulação do DNA que estão transformando campos aplicados, como medicina, agricultura e ciência forense

▲ **Figura 1.26 Tecnologia de DNA e ciência forense.** Desde 1992, o Projeto Inocência usou análises forenses de amostras de DNA de cenas de crime para absolver mais de 360 prisioneiros condenados por engano. A maioria havia cumprido muitos anos na prisão. Para ler sobre as quatro pessoas mostradas aqui que foram consideradas inocentes, acesse o *site* do Projeto Inocência.

(Figura 1.26). Talvez Watson e Crick tenham imaginado que sua descoberta resultaria um dia em importantes aplicações, mas é improvável que pudessem predizer com precisão quais seriam todas essas aplicações.

Os rumos que a tecnologia toma dependem menos da curiosidade que move a ciência básica do que das necessidades e dos desejos atuais das pessoas e do ambiente social do período. Quando se refere à tecnologia, pode ser mais importante debater se uma coisa *deve* ser feita do que se ela *pode* ser feita. Os avanços na tecnologia geram escolhas difíceis. Por exemplo, sob quais circunstâncias é aceitável utilizar a tecnologia do DNA para descobrir se determinadas pessoas têm genes para doenças hereditárias? Será que esses testes genéticos deveriam ser sempre voluntários ou existem circunstâncias em que deveriam ser obrigatórios? Será que planos de saúde e empregadores deveriam ter acesso às informações, assim como a muitos outros dados referentes à saúde pessoal? Essas questões estão se tornando muito mais urgentes à medida que o sequenciamento de genomas individuais se torna mais rápido e acessível.

Os desafios éticos levantados por essas questões têm a ver tanto com valores políticos, econômicos e culturais quanto com ciência e tecnologia. Todos os cidadãos – não apenas cientistas profissionais – têm a responsabilidade de serem informados sobre como a ciência funciona e sobre os potenciais benefícios e riscos da tecnologia. A relação entre ciência, tecnologia e sociedade aumenta a importância e o valor de qualquer curso de biologia.

O valor de pontos de vista diversificados na ciência

Muitas das inovações tecnológicas com o impacto mais profundo na sociedade humana foram originadas em povoados ao longo de rotas de troca, em que uma rica mistura de diferentes culturas favoreceu a formulação de novas ideias. Por exemplo, a prensa móvel, que ajudou a espalhar o conhecimento para todas as classes sociais, foi inventada pelo alemão Johannes Gutenberg por volta de 1440. Essa invenção dependeu de diversas inovações da China, incluindo papel e tinta. O papel foi transportado ao longo de rotas de troca da China até Bagdá, onde a tecnologia foi desenvolvida para sua produção em massa. Essa tecnologia migrou então para a Europa, assim como a tinta à base d'água da China, que foi modificada por Gutenberg para se tornar tinta à base de óleo. Temos de agradecer a contribuições de diversas culturas para a invenção da impressão, e o mesmo pode ser dito para outras importantes invenções.

Na mesma linha de raciocínio, a ciência se beneficia de uma diversidade de contextos e pontos de vista entre seus praticantes. Mas quão diversificada é uma população de cientistas em relação a gênero, raça, etnias e outros atributos?

A comunidade científica reflete os padrões e comportamentos culturais da sociedade ao seu redor. Portanto, não é surpreendente que, até recentemente, mulheres, pessoas não brancas e outros grupos sub-representados tenham enfrentado enormes obstáculos em sua busca para se tornarem cientistas profissionais em muitos países ao redor do mundo. Nos últimos 50 anos, a mudança de atitudes sobre as escolhas de carreira aumentou a proporção de mulheres na biologia e algumas outras ciências, de modo que agora as mulheres constituem cerca de metade dos alunos em cursos de graduação em biologia e de doutorado em biologia.

O ritmo é lento nos níveis mais altos da profissão, no entanto, e as mulheres e muitos grupos raciais e étnicos ainda estão significativamente sub-representados em muitos ramos da ciência e da tecnologia. Essa falta de diversidade dificulta o progresso da ciência. Quanto mais vozes forem ouvidas à mesa, mais robusto, valioso e produtivo será o intercâmbio científico. Os autores deste livro dão as boas-vindas a todos os estudantes à comunidade dos biólogos, desejando-lhe as alegrias e os contentamentos desse empolgante campo da ciência.

REVISÃO DO CONCEITO 1.4

1. Qual a diferença entre ciência e tecnologia?
2. **FAÇA CONEXÕES** O gene que causa a doença falciforme está presente em porcentagens mais altas em habitantes da África Subsaariana do que entre aqueles de descendência africana vivendo nos Estados Unidos. Embora esse gene cause a doença falciforme, ele também fornece alguma proteção contra a malária, uma doença grave que está disseminada na África Subsaariana, mas ausente nos Estados Unidos. Discuta um processo evolutivo que poderia ser responsável pelas diferentes porcentagens do gene da anemia falciforme entre os residentes das duas regiões (ver Conceito 1.2).

Ver as respostas sugeridas no Apêndice A.

1 Revisão do capítulo

RESUMO DOS CONCEITOS-CHAVE

CONCEITO 1.1

O estudo da vida revela temas unificadores *(p. 3-11)*

Tema organização: novas propriedades emergem em níveis sucessivos de organização biológica

- A hierarquia da vida ocorre na seguinte ordem: biosfera > ecossistema > comunidade > população > organismo > sistema de órgãos > órgão > tecido > célula > organela > molécula > átomo. A cada etapa desde os átomos até a biosfera, novas **propriedades emergentes** resultam das interações entre os componentes nos níveis mais baixos. Em uma abordagem denominada reducionismo, sistemas complexos são desmembrados em componentes mais simples e mais fáceis de estudar. Na **biologia de sistemas**, os cientistas investem esforços para modelar o comportamento dinâmico de sistemas biológicos completos ao estudar as interações entre as partes do sistema.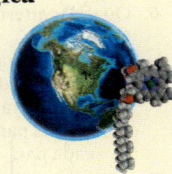
- Estrutura e função estão correlacionadas em todos os níveis de organização biológica. A célula, a unidade básica de estrutura e função de um organismo, é o nível mais baixo que pode realizar todas as atividades necessárias para a vida. As células podem ser procarióticas ou eucarióticas. As **células eucarióticas** têm um núcleo contendo DNA e outras organelas envoltas por membrana. As **células procarióticas** não possuem tais organelas.

Tema informação: os processos da vida envolvem a expressão e transmissão de informação genética

- A informação genética é codificada nas sequências nucleotídicas de **DNA**. É o DNA que transmite a informação hereditária dos pais para a prole. As sequências de DNA (chamadas de **genes**) programam a produção de proteínas de uma célula ao serem transcritas em mRNA e, em seguida, traduzidas em proteínas específicas, um processo denominado **expressão gênica**. A expressão gênica também produz RNAs que não são traduzidos em proteínas, mas desempenham outras funções importantes. A **genômica** constitui a análise em larga escala das sequências de DNA de uma espécie (seu **genoma**) assim como a comparação de genomas entre espécies. A **bioinformática** utiliza ferramentas computacionais para lidar com grandes volumes de dados de sequências.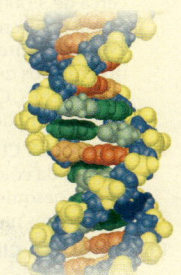

Tema energia e matéria: a vida requer a transferência e a transformação de energia e matéria

- A energia flui por um ecossistema. Todos os organismos devem desempenhar funções, o que requer energia. Os **produtores** convertem a energia da luz solar em energia química, parte da qual é usada por eles e pelos **consumidores** para realizar trabalho e, por fim, é perdida do ecossistema como calor. Compostos químicos são ciclados entre os organismos e o ambiente.

Tema interações: de moléculas a ecossistemas, as interações são importantes em sistemas biológicos

- Na **regulação por retroalimentação**, um processo é regulado pelo seu rendimento ou produto final. No caso da retroalimentação negativa, o acúmulo do produto final desacelera a sua produção. No caso da retroalimentação positiva, o produto final acelera a sua própria produção.
- Organismos interagem continuamente com fatores físicos. Plantas captam nutrientes do solo e compostos químicos do ar e utilizam a energia solar.

❓ *Considerando os músculos e nervos de sua mão, como a atividade de enviar mensagens de texto reflete os quatro temas unificadores da biologia descritos nesta seção?*

CONCEITO 1.2

O tema central: a evolução é responsável pela uniformidade e diversidade da vida *(p. 11-16)*

- A **evolução**, o processo de mudança que transforma a vida na Terra, é responsável pela uniformidade e diversidade da vida. Ela também explica as adaptações evolutivas – o ajuste de organismos aos seus ambientes.
- Biólogos classificam espécies segundo um sistema de grupos cada vez mais amplos. O domínio **Bacteria** e o domínio **Archaea** consistem em procariotos. O domínio **Eukarya**, os eucariotos, inclui vários grupos de protistas e os reinos Plantae, Fungi e Animalia. Por mais diversa que a vida seja, também há evidências de uma unidade notável, revelada nas semelhanças entre as diferentes espécies.
- Darwin propôs que a **seleção natural** é o mecanismo de adaptação evolutiva de populações aos seus ambientes. A seleção natural é o processo evolutivo que ocorre quando uma população é exposta a fatores ambientais que fazem indivíduos com certas características hereditárias terem maior sucesso reprodutivo do que indivíduos com outras características hereditárias.

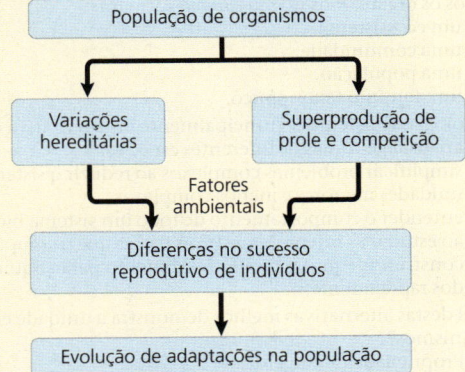

- Cada espécie é um galho de um ramo da árvore da vida que se estende até o passado por meio de espécies ancestrais cada vez mais remotas. Todos os seres vivos podem ser conectados a partir da sua longa história evolutiva.

❓ *Como a seleção natural pode levar à evolução de adaptações, como camuflar a cor da pelagem em camundongos de praia?*

CONCEITO 1.3

Ao estudar a natureza, os cientistas formulam e testam hipóteses (p. 16-22)

- Na **pesquisa** científica, os cientistas coletam **dados** e usam o **raciocínio indutivo** para chegar a uma conclusão geral, que pode ser desenvolvida em uma **hipótese** testável. O **raciocínio dedutivo** usa previsões para testar hipóteses. As hipóteses devem ser testáveis; a ciência não pode abarcar a possibilidade de fenômenos sobrenaturais ou as crenças religiosas. Hipóteses podem ser testadas por meio de **experimentos** ou, quando isso não for possível, por meio de observações. No processo da ciência, a atividade central consiste em testar ideias. Esse esforço é influenciado pela exploração e descoberta, análise e opinião da comunidade e resultados sociais.
- Os **experimentos controlados** são projetados para demonstrar o efeito de uma **variável** testando grupos de controle e grupos experimentais que diferem apenas nessa variável.
- Uma **teoria** científica é ampla em alcance, gera novas hipóteses e é sustentada por um grande volume de evidências.

? *Quais são as funções da coleta e interpretação de dados?*

CONCEITO 1.4

A ciência se beneficia de uma abordagem cooperativa e de diversos pontos de vista (p. 22-23)

- A ciência é uma atividade social. O trabalho de cada cientista se baseia no trabalho de outros que vieram antes. Os cientistas devem ser capazes de repetir os resultados uns dos outros, e a integridade é a chave. Biólogos abordam questões em diferentes níveis; suas abordagens se complementam.
- A **tecnologia** consiste em um método ou dispositivo que aplica o conhecimento científico para uma razão específica que afeta a sociedade. O impacto da pesquisa básica nem sempre é imediatamente óbvio.
- A diversidade entre os cientistas promove o progresso da ciência.

? *Explique por que as diferentes abordagens e experiências entre os cientistas são importantes.*

TESTE SEU CONHECIMENTO

Níveis 1-2: Relembre/Entenda

1. Todos os organismos no seu *campus* formam
   - (A) um ecossistema.
   - (B) uma comunidade.
   - (C) uma população.
   - (D) um domínio taxonômico.
2. A biologia de sistemas é principalmente uma tentativa de
   - (A) analisar genomas de diferentes espécies.
   - (B) simplificar problemas complexos ao reduzir o sistema a unidades menores e menos complexas.
   - (C) entender o comportamento de todo um sistema biológico ao estudar as interações entre as partes que o compõe.
   - (D) construir máquinas de alto rendimento para adquirir dados rapidamente.
3. Qual destas alternativas melhor demonstra a unidade entre os organismos?
   - (A) Propriedades emergentes
   - (B) Descendência com modificação
   - (C) A estrutura e função do DNA
   - (D) Seleção natural
4. Um experimento controlado é aquele que
   - (A) prossegue lentamente para que um cientista possa fazer registros cuidadosos.
   - (B) testa grupos experimentais e controle em paralelo.
   - (C) é repetido várias vezes para garantir que os resultados sejam precisos.
   - (D) mantém todas as variáveis constantes.
5. Na ciência, qual das seguintes afirmações distingue hipóteses de teorias?
   - (A) Teorias são hipóteses comprovadas.
   - (B) Hipóteses são palpites; teorias são respostas corretas.
   - (C) Hipóteses são, em geral, relativamente restritas em alcance; teorias têm amplo poder explicativo.
   - (D) As teorias são comprovadas como verdadeiras; as hipóteses são frequentemente desbancadas por resultados experimentais.

Níveis 3-4: Aplique/Analise

6. Qual das alternativas seguintes é um exemplo de dado qualitativo?
   - (A) O peixe nadou em movimentos de zigue-zague.
   - (B) O conteúdo do estômago é misturado a cada 20 segundos.
   - (C) A temperatura diminuiu de 20°C para 15°C.
   - (D) Os seis pares de pardais chocaram em média três filhotes cada par.
7. Qual frase descreve melhor a lógica da pesquisa científica?
   - (A) Se eu gerar uma hipótese testável, testes e observações irão sustentá-la.
   - (B) Se minha predição estiver correta, ela me levará a uma hipótese testável.
   - (C) Se minhas observações estiverem precisas, elas irão sustentar minha hipótese.
   - (D) Se minha previsão estiver correta, minha hipótese é confirmada.
8. **DESENHE** Desenhe uma hierarquia biológica semelhante à da Figura 1.3, mas usando um recife de coral como o ecossistema, um peixe como o organismo, seu estômago como o órgão e o DNA como a molécula. Inclua todos os níveis na hierarquia.

Níveis 5-6: Avalie/Crie

9. **CONEXÃO EVOLUTIVA** Uma célula procariótica típica tem cerca de 3.000 genes em seu DNA, enquanto uma célula humana tem cerca de 21.300 genes. Cerca de 1.000 desses genes estão presentes nos dois tipos de células. Explique como esses organismos diferentes podem ter o mesmo subconjunto de 1.000 genes. Que tipos de funções podem ter esses genes compartilhados?
10. **PESQUISA CIENTÍFICA** Com base nos resultados do estudo de caso da coloração de camundongos, sugira outra hipótese que os pesquisadores poderiam usar para estudar o papel dos predadores na seleção natural.
11. **PESQUISA CIENTÍFICA** Os cientistas pesquisam a literatura científica usando bancos de dados eletrônicos como o PubMed, um banco de dados *online* gratuito mantido pelo National Center for Biotechnology Information. Use o PubMed para encontrar o resumo de um artigo que Hopi Hoekstra tenha publicado em 2017 ou depois.
12. **ESCREVA SOBRE UM TEMA: EVOLUÇÃO** Em um pequeno ensaio (100-150 palavras), discuta a visão de Darwin de como a seleção natural resultou na uniformidade e diversidade da vida. Inclua na sua discussão um pouco das evidências de Darwin.
13. **SINTETIZE SEU CONHECIMENTO**

Você consegue identificar o lagarto rugoso com cauda em forma de folha agarrado ao troco da árvore nesta foto? Como a aparência do lagarto pode beneficiá-lo em termos de sobrevivência? Considerando o seu aprendizado sobre evolução, seleção natural e informação genética neste capítulo, descreva como a coloração do lagarto pode ter evoluído.

Ver respostas selecionadas no Apêndice A.

Unidade 1 A QUÍMICA DA VIDA

O Dr. Kenneth Olden aposentou-se recentemente após uma longa e prestigiada carreira em pesquisa médica e saúde pública, inclusive como Diretor do Instituto Nacional de Ciências da Saúde Ambiental de 1991 a 2005, como Decano fundador da Escola de Saúde Pública da Universidade da Cidade de Nova York de 2008 a 2012 e como Diretor do Centro Nacional de Avaliação Ambiental de 2012 a 2016. Ele publicou mais de 220 artigos de pesquisa e recebeu muitas honrarias e prêmios, entre eles os três prêmios mais distintos em saúde pública. O Dr. Olden cresceu em Parrottsville, Tennessee, nos Estados Unidos, filho de um arrendatário. Ele se lembra de subir uma longa colina até a escola todas as manhãs e sonhar acordado em ajudar as pessoas pobres – brancas e negras – nos bairros por onde caminhava, querendo fazer a diferença.

ENTREVISTA COM
Kenneth Olden

O que fez você ter interesse em biologia?

Sempre fui intelectual, eu sempre gostei de ler e pensar. Para mim, foi importante ter modelos a seguir. Naquela época, eu sabia de apenas duas profissões em que os negros estavam: medicina e ensino. Havia um médico negro na cidade – o que não era comum em uma cidade rural. Meu diretor do ensino médio – ele era negro – nos dizia: "Por Deus, você pode ser o que quiser!" Eu prestava atenção e ouvia. Ele me ajudou a me inscrever na Knoxville College, e eu decidi que seria um médico, então me formei em biologia e em química. Então, em meu último ano de faculdade, meu professor na Knoxville – ele estava interessado em diversidade – me levou a um programa de pesquisa na Universidade do Tennessee, que não estava integrada naquela época, ou seja, os negros não podiam frequentar. Mas fui autorizado a fazer pesquisas sobre tênias, irradiá-las e examinar seus cromossomos, e fui autorizado a participar dos seminários. Fiquei fascinado com a pesquisa, estava animado – finalmente, percebi que isso é o que eu realmente gostaria de fazer.

▼ O Dr. Olden estabeleceu Centros de Pesquisa em Saúde Ambiental Infantil e em Prevenção de Doenças.

Você pode me contar como entrou na pesquisa do câncer?

Após meu doutorado e minha pesquisa de pós-doutorado em Harvard, percebi que queria trabalhar com células animais, então me juntei ao grupo do Ira Pastan no Instituto Nacional do Câncer nos Institutos Nacionais de Saúde, onde acabei conseguindo meu próprio laboratório. Junto com Ken Yamada, eu estava trabalhando em uma proteína chamada fibronectina, que estava presente na superfície externa das células normais, mas não nas células cancerosas. A fibronectina é uma glicoproteína – ela tem carboidratos (açúcares) ligados a ela. Na época, havia uma hipótese de que os carboidratos eram necessários para que a fibronectina fosse exportada da célula, e decidimos testar essa hipótese usando um fármaco chamado tunicamicina, que impedia a ligação dos carboidratos. Mostramos que os carboidratos não eram necessários para a exportação, mas que eram importantes para estabilizar a estrutura da proteína. Esse acabou sendo um dos artigos mais citados em 1978; foi grandioso.

Em 1991, você se tornou Diretor do Instituto Nacional de Ciências da Saúde Ambiental. Quais eram seus objetivos e realizações lá?

Quando fui entrevistado para o cargo, falei à Diretora do NIH: "Minha primeira prioridade seria fazer com que o Instituto respondesse às necessidades do povo americano". Ela imediatamente me ofereceu o emprego, e isso mudou minha vida. Isso me deu a oportunidade de sonhar alto e abordar muitas questões que eu sentia que não estavam sendo tratadas, mais ou menos com o que eu vinha sonhando. A pesquisa sobre saúde ambiental naquela época se concentrava na carcinogênese química, e eu queria expandir esse foco também para questões sociais e comportamentais, bem como para a genética. Durante meu tempo lá, engajei comunidades na identificação de áreas de preocupação para nossa pesquisa, como a exposição desproporcional a produtos químicos em certos bairros. Fundei o Projeto Genoma Ambiental, que utilizou uma nova abordagem genômica para determinar a suscetibilidade a toxinas. Também expandi os Centros de Saúde Ambiental pelo país, desenvolvendo o Programa de Pesquisa sobre Câncer de Mama e Meio Ambiente e os Centros de Pesquisa sobre Saúde Ambiental Infantil e Prevenção de Doenças. As crianças são realmente importantes para mim – elas são especialmente suscetíveis a toxinas ambientais, e precisávamos lidar com isso.

"Um de nós que vivíamos na área rural precisava ter sucesso – e eu pensei: 'Por que não eu?'".

Qual é o seu conselho para um aluno considerando uma carreira em biologia?

A maioria das pessoas, eu acho, vai descobrir qual é a coisa certa a fazer, mas muitas vezes é preciso muita coragem para fazer a coisa certa. Quando aceitei o Prêmio Sackler, falei sobre caminhar para a escola e me dar conta de que o governo estava tomando muitas decisões que afetavam a porção rural do país sem nunca se dar ao trabalho de consultar os cidadãos que lá viviam. Para mudar isso, um de nós que vivíamos na área rural precisava ter sucesso – e eu pensei: "Por que não eu?". Ao receber o prêmio, por criar uma pesquisa participativa baseada na comunidade, parece que realmente consegui o que propus: fazer os tomadores de decisão em saúde pública prestarem atenção às necessidades dos pobres.

2 Contexto químico da vida

CONCEITOS-CHAVE

2.1 A matéria consiste em elementos químicos na forma simples e em combinações denominadas compostos *p. 29*

2.2 As propriedades de um elemento dependem da estrutura dos seus átomos *p. 30*

2.3 A formação e a função das moléculas e compostos iônicos dependem das ligações químicas entre os átomos *p. 36*

2.4 As reações químicas formam e rompem ligações químicas *p. 40*

Dica de estudo

Faça uma tabela: À medida que lê o capítulo, faça uma tabela de resumo como a seguinte. Adicione mais colunas conforme avançar.

	Elemento (átomo)			
Propriedade	C	H	O	N
Número atômico				
Nº elétrons				
Nº nêutrons				
Número de massa				
Diagrama de distribuição de elétrons				
Nº elétrons de valência				

Figura 2.1 Formigas-da-madeira (*Formica rufa*) utilizam química para afastar inimigos. Quando ameaçadas de cima, elas atiram ácido fórmico a partir de seus abdomes para o ar. Os jatos de ácido bombardeiam e causam danos nos possíveis predadores, como aves famintas.

O que determina as propriedades de um composto como o ácido fórmico?

Um composto consiste de átomos unidos por ligações. Ácido fórmico (CH_2O_2) consiste de carbono (C), hidrogênio (H) e oxigênio (O).

O número de prótons (⊕) determina a identidade de um átomo. O oxigênio possui 8 prótons.

A distribuição de elétrons (⊖) de um átomo determina sua capacidade de formar ligações. O oxigênio tem espaço para mais 2 elétrons, portanto pode formar 2 ligações.

As propriedades de um composto dependem de seus átomos e de como eles estão ligados.

No ácido fórmico, este O atrai o elétron do H, liberando H^+ e transformando esse composto em um ácido que pode causar lesões.

CONCEITO 2.1

A matéria consiste em elementos químicos na forma simples e em combinações denominadas compostos

Os organismos são compostos de **matéria**, que é algo que ocupa espaço e tem massa. A matéria existe em muitas formas. Rochas, metais, óleos, gases e organismos vivos são alguns exemplos do que parece ser uma diversidade infinita de matéria.

Elementos e compostos

A matéria é feita de elementos. Um **elemento** é uma substância que não pode ser decomposta em outras substâncias por reações químicas. Atualmente, os químicos reconhecem 92 elementos que ocorrem na natureza; ouro, cobre, carbono e oxigênio são exemplos. Cada elemento tem um símbolo, geralmente a primeira ou as duas primeiras letras do seu nome. Alguns símbolos são derivados do latim ou do alemão; por exemplo, o símbolo do sódio é Na, da palavra latina *natrium*.

Um **composto** é uma substância que consiste em dois ou mais elementos diferentes combinados em uma proporção definida. O sal de cozinha, por exemplo, é cloreto de sódio (NaCl), um composto constituído pelos elementos sódio (Na) e cloro (Cl) na proporção 1:1. O sódio puro é um metal, e o cloro puro é um gás venenoso. Quando combinados quimicamente, no entanto, eles formam um composto comestível. A água (H_2O), outro composto, consiste nos elementos hidrogênio (H) e oxigênio (O) na proporção 2:1. Esses são exemplos simples de como a matéria organizada tem propriedades emergentes: um composto tem características diferentes das características dos seus elementos **(Figura 2.2)**.

Os elementos da vida

Dos 92 elementos naturais, cerca de 20 a 25% são **elementos essenciais** que um organismo necessita para ter uma vida saudável e para se reproduzir. Os elementos essenciais são semelhantes entre os organismos, mas existem algumas variações – por exemplo, os seres humanos necessitam de 25 elementos, ao passo que as plantas, apenas de 17.

Somente quatro elementos – oxigênio (O), carbono (C), hidrogênio (H) e nitrogênio (N) – constituem 96% da matéria viva. Cálcio (Ca), fósforo (P), potássio (K), enxofre (S) e alguns outros elementos são responsáveis pela maior parte dos restantes 4% da massa de um organismo. Os **elementos-traço** são necessários a um organismo em quantidades apenas diminutas. Alguns elementos-traço, como o ferro (Fe), são necessários para todas as formas de vida; outros são necessários apenas para certas espécies. Por exemplo, em vertebrados (animais com coluna vertebral), o elemento iodo (I) é um ingrediente essencial de um hormônio produzido pela glândula tireoide. A ingestão diária de apenas 0,15 miligrama (mg) de iodo é adequada para a atividade normal da tireoide humana. Uma deficiência de iodo na dieta causa o aumento anormal da glândula tireoide, uma condição chamada de bócio. O consumo de alimentos marinhos ou sal iodado reduz a incidência de bócio. Quantidades relativas de todos os elementos do corpo humano estão listadas na **Tabela 2.1**.

Alguns elementos de ocorrência natural são tóxicos aos organismos. Nos seres humanos, por exemplo, o arsênico foi associado a inúmeras doenças e pode ser letal. Em algumas áreas do mundo, o arsênico ocorre naturalmente e pode atingir a água subterrânea. Em consequência do uso de água de poços perfurados no sul da Ásia, milhões de pessoas foram inadvertidamente expostas à água contaminada com arsênico. Esforços para reduzir os níveis de arsênico no abastecimento de água estão em andamento.

Tabela 2.1 Elementos no corpo humano

Elemento	Símbolo	Porcentagem da massa corporal (incluindo a água)	
Oxigênio	O	65,0%	
Carbono	C	18,5%	96,3%
Hidrogênio	H	9,5%	
Nitrogênio	N	3,3%	
Cálcio	Ca	1,5%	
Fósforo	P	1,0%	
Potássio	K	0,4%	
Enxofre	S	0,3%	3,7%
Sódio	Na	0,2%	
Cloro	Cl	0,2%	
Magnésio	Mg	0,1%	

Elementos-traço (menos do que 0,01% da massa): boro (B), cromo (Cr), cobalto (Co), cobre (Cu), flúor (F), iodo (I), ferro (Fe), manganês (Mn), molibdênio (Mo), selênio (Se), silício (Si), estanho (Sn), vanádio (V), zinco (Zn).

Na
Sódio
+
Cl
Cloro
→
NaCl
Cloreto de sódio

▲ **Figura 2.2 Propriedades emergentes de um composto.** O metal sódio combina-se com o gás venenoso cloro, formando o composto comestível cloreto de sódio, o sal de cozinha.

INTERPRETE OS DADOS *Considerando a composição do corpo humano, qual componente você acredita ser o responsável pela alta porcentagem de oxigênio?*

UNIDADE 1 A QUÍMICA DA VIDA

▲ **Figura 2.3 Comunidade vegetal em solo de serpentina.** Essas plantas estão crescendo em solo de serpentina, que contém elementos que são geralmente tóxicos às plantas. Os destaques chamam a atenção para uma rocha serpentinizada e para uma das plantas, uma espécie da família Liliaceae (*Calochortus tiburonensis*). Essa espécie particularmente adaptada é encontrada apenas nessa montanha em Tiburon, uma península que sobressai para a baia de San Francisco.

Estudo de caso: evolução da tolerância a elementos tóxicos

EVOLUÇÃO Algumas espécies se tornam adaptadas a ambientes que contêm elementos geralmente tóxicos; um exemplo é o das comunidades vegetais em solo de serpentina. A serpentina é um mineral que contém concentrações elevadas de elementos como cromo, níquel e cobalto. Embora a maioria das plantas não consiga sobreviver em solo formado a partir de rocha serpentinizada, um número pequeno de espécies vegetais exibe adaptações que permitem o seu crescimento nesse ambiente **(Figura 2.3)**. Supostamente, variantes ancestrais de espécies de ambientes não serpentinizados puderam sobreviver em solos de serpentina, e a posterior seleção natural resultou no conjunto distinto de espécies que hoje encontramos nessas áreas. As plantas adaptadas ao solo de serpentina são de grande interesse dos pesquisadores, pois o seu estudo pode nos ensinar muito sobre a seleção natural e as adaptações no desenvolvimento em uma escala local.

REVISÃO DO CONCEITO 2.1

1. **FAÇA CONEXÕES** Explique como o sal de cozinha tem propriedades emergentes. (Consulte o Conceito 1.1)
2. Um elemento-traço é essencial? Explique.
3. **E SE?** Nos seres humanos, o ferro é um elemento-traço necessário para o funcionamento correto da hemoglobina, a molécula que transporta oxigênio nas hemácias. Quais poderiam ser os efeitos da deficiência de ferro?
4. **FAÇA CONEXÕES** Explique como a seleção natural pode ter desempenhado um papel na evolução de espécies tolerantes aos solos de serpentina. (Revise o Conceito 1.2.)

Ver as respostas sugeridas no Apêndice A.

CONCEITO 2.2

As propriedades de um elemento dependem da estrutura dos seus átomos

Cada elemento consiste em certo tipo de átomo que é diferente dos átomos de qualquer outro elemento. Um **átomo** é a menor unidade da matéria que ainda retém as propriedades de um elemento. Os átomos são tão pequenos que seriam necessários aproximadamente 1 milhão deles para cobrir o ponto impresso no final desta frase. Simbolizamos os átomos com a mesma abreviatura para o elemento feito desses átomos. Por exemplo, o símbolo C representa tanto o elemento carbono quanto um único átomo de carbono.

Partículas subatômicas

Embora o átomo seja a menor unidade com as propriedades de um elemento, esses diminutos pedaços de matéria são compostos de partes ainda menores, denominadas *partículas subatômicas*. Utilizando colisões altamente energéticas, os físicos produziram mais de 100 tipos de partículas a partir do átomo, mas apenas três tipos são relevantes aqui: **nêutrons**, **prótons** e **elétrons**. Os prótons e os elétrons são eletricamente carregados. Cada próton tem 1 unidade de carga positiva, e cada elétron tem 1 unidade de carga negativa. Um nêutron, como seu nome sugere, é eletricamente neutro.

Os prótons e os nêutrons são empacotados firmemente em um núcleo denso, ou **núcleo atômico**, localizado no centro de um átomo; os prótons conferem carga positiva ao núcleo. Os elétrons, que se movem rapidamente, formam uma "nuvem" de carga negativa ao redor do núcleo, e é essa atração entre cargas opostas que mantém os elétrons nas proximidades do núcleo. A **Figura 2.4** mostra dois modelos da estrutura do átomo de hélio comumente usados como exemplo.

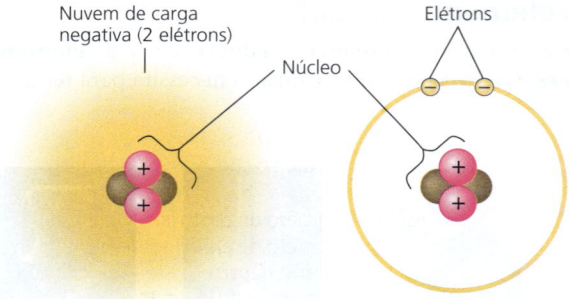

(a) Este modelo representa os dois elétrons como uma nuvem de carga negativa, como resultado do seu movimento ao redor do núcleo.

(b) Neste modelo mais simplificado, os elétrons são mostrados como duas pequenas esferas amarelas em um círculo ao redor do núcleo.

▲ **Figura 2.4 Modelos simplificados de um átomo de hélio (He).** O núcleo do hélio consiste em 2 nêutrons (marrom) e 2 prótons (cor-de-rosa). Dois elétrons (amarelo) localizam-se fora do núcleo. Estes modelos não estão em escala e superestimam o tamanho do núcleo em relação à nuvem de elétrons.

O nêutron e o próton são quase idênticos em massa, cada qual com cerca de $1,7 \times 10^{-24}$ gramas (g). Gramas e outras unidades convencionais não são muito úteis para descrever a massa de objetos tão minúsculos. Desse modo, para átomos e partículas subatômicas (e também para moléculas), utilizamos uma unidade de medida denominada **dálton**, em homenagem a John Dalton, cientista britânico que ajudou a desenvolver a teoria atômica por volta de 1800 (o dálton é o mesmo que *unidade de massa atômica*, ou *amu*, unidade que talvez você tenha encontrado em outro lugar). Nêutrons e prótons têm massas próximas a 1 dálton. Como a massa de um elétron é apenas aproximadamente 1/2.000 da massa de um nêutron ou próton, podemos ignorar os elétrons quando computamos a massa total de um átomo.

Número atômico e massa atômica

Os átomos dos diversos elementos diferem em seu número de partículas subatômicas. Todos os átomos de um elemento têm o mesmo número de prótons em seus núcleos. Esse número de prótons, que é exclusivo daquele elemento, é chamado de **número atômico** e escrito abaixo (subscrito) e à esquerda do símbolo do elemento. A abreviação $_2$He, por exemplo, significa que um átomo do elemento hélio tem dois prótons em seu núcleo. A não ser quando indicado, um átomo é neutro em carga elétrica, significando que seus prótons devem ser equilibrados por um número igual de elétrons. Portanto, o número atômico indica o número de prótons e também o número de elétrons em um átomo eletricamente neutro.

Podemos deduzir o número de nêutrons a partir de uma segunda quantidade, o **número de massa**, que é o número total de prótons e nêutrons no núcleo de um átomo. O número de massa é escrito acima (sobrescrito) e à esquerda do símbolo do elemento. Por exemplo, podemos abreviar um átomo de hélio como $_2^4$He. Uma vez que o número atômico indica quantos prótons existem, podemos determinar o número de nêutrons subtraindo o número atômico do número de massa. Em nosso exemplo, o átomo de hélio $_2^4$He possui dois nêutrons. Para o sódio (Na):

$_{11}^{23}$Na

Número de massa = número de prótons + nêutrons
= 23 para o sódio

Número atômico = número de prótons
= número de elétrons em um átomo neutro
= 11 para o sódio

Número de nêutrons = número de massa – número atômico
= 23 – 11 = 12 para o sódio

O átomo mais simples é o hidrogênio $_1^1$H, que não tem nêutrons; ele consiste em um próton único com um elétron único.

Como a contribuição dos elétrons para a massa é desprezível, quase toda a massa de um átomo está concentrada no núcleo. Nêutrons e prótons têm massa muito próxima a 1 dálton; assim, o número de massa é muito próximo, mas levemente diferente da massa total de um átomo, denominada **massa atômica**. Por exemplo, o número da massa do sódio ($_{11}^{23}$Na) é 23, mas sua massa atômica é de 22,9898 dáltons; a diferença está explicada abaixo.

Isótopos

Todos os átomos de um determinado elemento têm o mesmo número de prótons, mas alguns átomos têm mais nêutrons do que outros átomos do mesmo elemento e, por isso, têm massa maior. Essas formas atômicas diferentes são chamadas de **isótopos** do elemento. Na natureza, um elemento pode ocorrer como uma mistura dos seus isótopos. Como exemplo, o elemento carbono, que tem o número atômico 6, possui três isótopos que ocorrem naturalmente. O isótopo mais comum é o carbono-12, $_6^{12}$C, que corresponde a aproximadamente 99% do carbono na natureza. O isótopo $_6^{12}$C tem 6 nêutrons. A maior parte do 1% de carbono restante consiste em átomos do isótopo $_6^{13}$C, com 7 nêutrons. Um terceiro isótopo, ainda mais raro, $_6^{14}$C, tem 8 nêutrons. Observe que todos os três isótopos de carbono têm 6 prótons; do contrário, eles não seriam carbono. Embora os isótopos de um elemento tenham massas levemente diferentes, eles se comportam de modo idêntico em reações químicas (para um elemento com mais de um isótopo que ocorre naturalmente, a massa atômica é uma média desses isótopos, balanceada por sua abundância. Portanto, o carbono tem uma massa atômica de 12,01 dáltons).

Tanto ^{12}C quanto ^{13}C são isótopos estáveis, significando que seus núcleos não têm tendência a perder partículas subatômicas, processo denominado decaimento. O isótopo ^{14}C, no entanto, é instável ou radioativo. Um **isótopo radioativo** é aquele em que o núcleo decai espontaneamente, emitindo partículas e energia. Quando o decaimento radioativo leva a uma mudança no número de prótons, ele transforma o átomo em um átomo de um elemento diferente. Por exemplo, quando um átomo de carbono-14 (^{14}C) decai, um nêutron decai para um próton, transformando o átomo em um átomo de nitrogênio (^{13}N). Os isótopos radioativos têm muitas aplicações úteis na biologia.

Marcadores radioativos

Os isótopos radioativos são muitas vezes empregados como ferramentas de diagnóstico na medicina. As células podem usar átomos radioativos da mesma forma que usariam isótopos não radioativos do mesmo elemento. Os isótopos radioativos são incorporados às moléculas biologicamente ativas, que são, então, utilizadas como marcadores para monitorar átomos durante o metabolismo – processos químicos de um organismo. Por exemplo, certos distúrbios renais são diagnosticados pela injeção de pequenas doses de substâncias radioativamente marcadas no sangue, com posterior análise das moléculas do marcador excretadas na urina. Os marcadores radioativos também são empregados em combinação com sofisticados instrumentos de imagem,

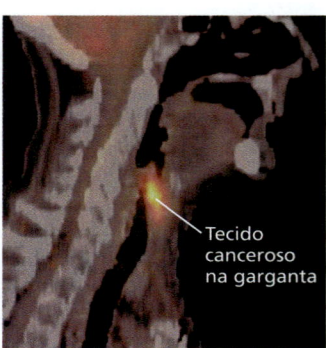

▶ **Figura 2.5 Um exame PET, um emprego médico de isótopos radioativos.** PET, um acrônimo para tomografia por emissão de pósitrons (*positron-emission tomography*), detecta locais de intensa atividade química no corpo. A mancha amarela brilhante identifica uma área com nível elevado de glicose radioativamente marcada, que, por sua vez, indica alta atividade metabólica, sinalizando a ocorrência de tecido canceroso.

Tecido canceroso na garganta

como a tomografia PET capaz de monitorar o crescimento e o metabolismo de cânceres no corpo **(Figura 2.5)**.

Embora os isótopos radioativos sejam muitos úteis na pesquisa biológica e na medicina, a radiação oriunda do decaimento de isótopos também constitui um perigo à vida, pois danifica as moléculas celulares. A gravidade desse dano depende do tipo e da quantidade de radiação que um organismo absorve. Uma das mais sérias ameaças ambientais é a chuva radioativa de acidentes nucleares. No entanto, as doses da maioria dos isótopos empregados no diagnóstico médico são relativamente seguras.

Datação radiométrica

EVOLUÇÃO Os cientistas medem o decaimento radioativo em fósseis para datar essas relíquias da vida passada. Os fósseis proporcionam um amplo conjunto de evidências da evolução, documentando diferenças entre organismos do passado e os que vivem no presente e fornecendo pistas sobre espécies que desapareceram ao longo do tempo. Embora a estratificação de sítios paleontológicos estabeleça que os fósseis mais profundos são mais antigos do que os mais superficiais, a idade real (em anos) dos fósseis em cada camada não pode ser determinada somente pela posição. Nessa situação, são usados isótopos radioativos.

O decaimento do isótopo "pai" resulta no seu isótopo "filho" em uma taxa fixa, expressa como a **meia-vida** do isótopo – o tempo decorrido para 50% do isótopo-pai decair. Cada isótopo radioativo tem meia-vida característica que não é afetada por temperatura, pressão ou qualquer outra variável ambiental. Usando um processo denominado **datação radiométrica**, os cientistas medem a proporção de diferentes isótopos e calculam quantas meias-vidas (em anos) se passaram desde a fossilização de um organismo ou a formação de uma rocha. Os valores de meia-vida variam de muito baixos para alguns isótopos, medidos em segundos ou dias, até extremamente altos – o urânio-238 tem meia-vida de 4,5 bilhões de anos! Cada isótopo pode "medir" melhor uma faixa particular de anos: o urânio-238 foi utilizado para determinar que as rochas lunares têm aproximadamente 4,5 bilhões de anos, semelhante à idade estimada da Terra. No **Exercício de habilidades científicas**, você pode trabalhar com dados de um experimento que empregou o carbono-14 para determinar a idade de um fóssil importante (a Figura 25.6 explica mais sobre a datação radiométrica dos fósseis).

Os níveis de energia dos elétrons

Os modelos simplificados do átomo na Figura 2.4 exageraram muito o tamanho do núcleo em relação ao do átomo inteiro. Se um átomo de hélio fosse do tamanho oficial de um estádio de futebol, o núcleo teria o tamanho de uma borracha de lápis no centro do campo. Além disso, os elétrons seriam como dois mosquitos minúsculos zunindo em volta do estádio. Os átomos são, na sua maior parte, espaço vazio. Quando dois átomos se aproximam durante uma reação química, seus núcleos não se aproximam o suficiente para interagir. Das três partículas subatômicas que discutimos, apenas os elétrons estão diretamente envolvidos em reações químicas.

Os elétrons de um átomo variam na quantidade de energia que possuem. A **energia** é definida como a capacidade de causar mudança – por exemplo, pela realização de trabalho. A **energia potencial** é a energia que a matéria tem devido à sua localização ou estrutura. Por exemplo, a água de um reservatório natural em um morro tem energia potencial por causa da sua altitude. Quando as comportas da barragem são abertas e a água corre encosta abaixo, a energia pode ser utilizada para realizar trabalho, como o movimento das lâminas de turbinas para gerar eletricidade. Uma vez que a energia foi consumida, a água tem menos energia no sopé do morro do que tinha no reservatório. A matéria tem uma tendência natural de se mover em direção ao estado mais baixo possível de energia potencial; no nosso exemplo, a água corre encosta abaixo. Para restabelecer a energia potencial de um reservatório, deve ser realizado trabalho para elevar a água contra a gravidade.

Os elétrons de um átomo têm energia potencial devido à sua distância em relação ao núcleo **(Figura 2.6)**. Os elétrons

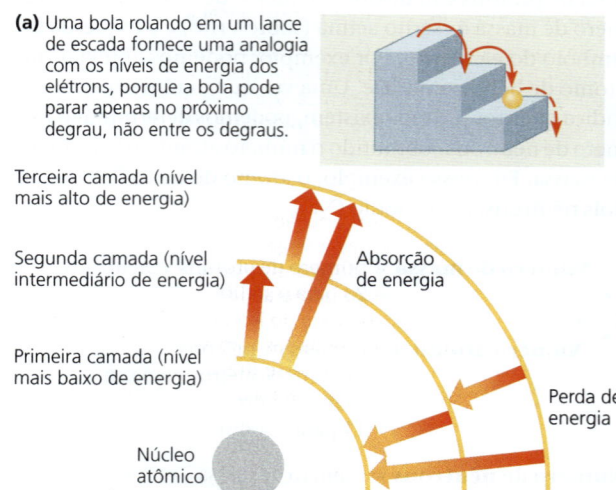

(a) Uma bola rolando em um lance de escada fornece uma analogia com os níveis de energia dos elétrons, porque a bola pode parar apenas no próximo degrau, não entre os degraus.

Terceira camada (nível mais alto de energia)

Segunda camada (nível intermediário de energia)

Absorção de energia

Primeira camada (nível mais baixo de energia)

Perda de energia

Núcleo atômico

(b) Um elétron pode mover-se de uma camada para outra apenas se a energia que ele ganha ou perde for exatamente igual à diferença de energia entre os níveis de energia de duas camadas. As setas indicam algumas possíveis mudanças gradativas na energia potencial.

▲ **Figura 2.6 Níveis de energia dos elétrons de um átomo.** Os elétrons existem apenas em níveis fixos de energia potencial chamados de camadas eletrônicas.

Exercício de habilidades científicas

Calibrando uma curva de decaimento do isótopo radioativo padrão e interpretando dados

Por quanto tempo os neandertais podem ter coexistido com os humanos modernos (*Homo sapiens*)? Os homens de Neandertal (*Homo neanderthalensis*) viveram na Europa há aproximadamente 350.000 anos e podem ter coexistido com o começo do *Homo sapiens* em partes da Eurásia por centenas ou milhares de anos antes de serem extintos. Pesquisadores procuraram determinar com mais exatidão a extensão da sua sobreposição identificando a última data que os homens de Neandertal ainda viviam na área. Eles usaram a datação com carbono-14 para determinar a idade de um fóssil do homem de Neandertal da camada arqueológica mais recente (mais alta) contendo ossos de neandertais. Neste exercício, você calibrará uma curva de decaimento do carbono-14 padrão e a usará para determinar a idade desse fóssil do homem de Neandertal. A idade lhe ajudará a estimar o último período em que as duas espécies podem ter coexistido no local onde o fóssil foi coletado.

Como o experimento foi realizado O carbono-14 (^{14}C) é um isótopo radioativo do carbono que decai para ^{14}N em uma taxa constante. O ^{14}C está presente na atmosfera em quantidades pequenas em uma razão constante com ^{13}C e ^{12}C, dois outros isótopos do carbono. Quando o carbono é captado da atmosfera por uma planta durante a fotossíntese, os isótopos ^{12}C, ^{13}C e ^{14}C são incorporados a esse organismo fotossintetizante nas mesmas proporções em que estavam presentes na atmosfera. Essas proporções permanecem as mesmas nos tecidos de um animal que consome a planta. Durante a vida de um organismo, o ^{14}C no seu corpo decai constantemente para ^{14}N, mas é constantemente reposto por novo carbono do ambiente. Uma vez morto o organismo, não há mais captação de novo ^{14}C, mas o ^{14}C presente nos tecidos continua a decair. Por outro lado, o ^{12}C nos tecidos permanece o mesmo, pois ele não é radioativo e não decai. Assim, medindo a razão de ^{14}C para ^{12}C e comparando-a com a razão de ^{14}C para ^{12}C presente originalmente na atmosfera, os cientistas conseguem calcular o tempo de decaimento do contingente (*pool*) de ^{14}C original em um fóssil. A fração de ^{14}C em um fóssil comparada com a fração original de ^{14}C pode ser convertida em anos, pois sabemos que a meia-vida do ^{14}C é de 5.730 anos – em outras palavras, metade do ^{14}C em um fóssil decai a cada 5.730 anos.

Dados do experimento Os pesquisadores constataram que o fóssil do homem de Neandertal tinha aproximadamente 0,0078 (ou, em notação científica, $7,8 \times 10^{-3}$) mais ^{14}C do que a atmosfera. As questões a seguir o orientarão a tradução dessa fração para a idade do fóssil.

INTERPRETE OS DADOS

1. O gráfico mostra a curva padrão de decaimento do isótopo radioativo. A linha mostra a fração do isótopo radioativo ao longo do tempo (antes do presente) em unidades de meias-vidas. Lembre-se de que a meia-vida é o tempo que leva para o decaimento da metade do isótopo radioativo. A identificação de cada ponto de dados com as frações correspondentes ajudará a orientá-lo nesse gráfico. Indique com uma seta o ponto de dados para meia-vida = 1 e escreva a fração de ^{14}C que permanecerá após a meia-vida. Calcule a fração de ^{14}C remanescente a cada meia-vida e escreva as frações no gráfico perto das setas voltadas para os pontos de dados. Converta cada fração em um número decimal e arredonde para um máximo de três dígitos significativos (zeros no começo do número não contam como dígitos significativos). Escreva também cada número decimal em notação científica.

2. Lembre-se de que o ^{14}C tem meia-vida de 5.730 anos. Para calibrar o eixo *x* de decaimento do ^{14}C, escreva o tempo antes do presente em anos abaixo de cada meia-vida.

3. Os pesquisadores constataram que o fóssil do homem de Neandertal tinha 0,0078 mais ^{14}C do que o encontrado originalmente na atmosfera. **(a)** Usando os números no seu gráfico, determine quantas meias-vidas se passaram desde a morte do homem de Neandertal. **(b)** Usando sua calibração do ^{14}C no eixo *x*, qual é a idade aproximada do fóssil em anos (arredonde a aproximação até o milhar)? **(c)** Aproximadamente quando os neandertais foram extintos, de acordo com esse estudo? **(d)** Os pesquisadores citam evidências que os seres humanos modernos (*H. sapiens*) estabeleceram-se na mesma região dos últimos homens de Neandertal há aproximadamente 39.000 a 42.000 anos. O que isso sugere a respeito da possível sobreposição dos neandertais e seres humanos modernos?

4. A datação com carbono-14 é útil para fósseis de até aproximadamente 75.000 anos de idade; fósseis mais antigos que isso contêm muito pouco ^{14}C para ser detectado. A maioria dos dinossauros foi extinta há 65,5 milhões de anos. **(a)** O ^{14}C pode ser usado para datar ossos de dinossauros? Explique. **(b)** O urânio-235 radioativo tem meia-vida de 704 milhões de anos. Se fosse incorporado aos ossos de dinossauros, ele poderia ser empregado para datar fósseis desses animais? Explique.

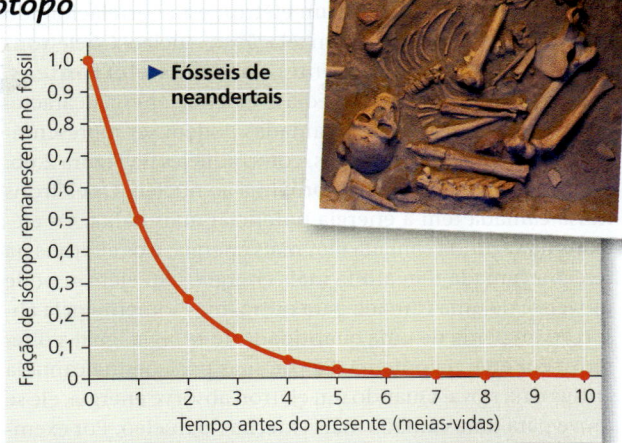

Dados de R. Pinhasi et al., Revised age of late Neanderthal occupation and the end of the Middle Paleolithic in the northern Caucasus, *Proceedings of the National Academy of Sciences USA* 147:8611-8616 (2011). doi 10.1073/pnas. 1018938108

---

carregados negativamente são atraídos para o núcleo carregado positivamente. É preciso trabalho para mover um determinado elétron para longe do núcleo. Assim, quanto mais distante um elétron estiver do núcleo, maior sua energia potencial. Diferentemente do fluxo contínuo da água encosta abaixo, mudanças na energia potencial dos elétrons podem ocorrer apenas em etapas com quantidades fixas. Um elétron com certa quantidade de energia é como uma bola caindo um lance de escada (ver Figura 2.6a). A bola pode ter quantidades diferentes de energia potencial, dependendo do degrau em que está, mas não pode ficar muito tempo entre os degraus. Do mesmo modo, a energia potencial do elétron é determinada pelo seu nível de energia. Um elétron pode existir somente em certos níveis de energia, não entre eles.

O nível de energia de um elétron está correlacionado com a sua distância média em relação ao núcleo. Os elétrons são encontrados em diferentes **camadas eletrônicas**, cada qual com distância média e nível de energia característicos. Em diagramas, as camadas podem ser representadas por círculos concêntricos, como aqueles na Figura 2.6b. A primeira camada é a mais próxima ao núcleo. Os elétrons nessa camada têm a energia potencial mais baixa. Os elétrons na segunda camada têm mais energia, e os elétrons na terceira camada têm ainda mais energia. Um elétron pode mover-se de uma camada para outra, mas somente pela absorção ou perda de uma quantidade de energia igual à diferença em energia potencial entre suas posições na camada antiga e na nova. Quando um elétron absorve energia, ele se move para uma camada mais externa do núcleo. Por exemplo, a energia da luz pode excitar um elétron para um nível energético mais alto (na verdade, esse é o primeiro passo dado pelas plantas ao aproveitarem a energia da luz solar na fotossíntese, o processo que produz alimento a partir do dióxido de carbono e da água). Quando um elétron perde energia, ele "recua" a uma camada mais próxima ao núcleo. A energia perdida é geralmente liberada para o ambiente como a luz visível ou a radiação ultravioleta.

Distribuição eletrônica e propriedades químicas

O comportamento químico de um átomo é determinado pela distribuição dos elétrons nas suas camadas eletrônicas. Começando com o hidrogênio, o átomo mais simples, podemos imaginar a construção de átomos dos outros elementos pela adição de 1 próton e 1 elétron por vez (junto com um número apropriado de nêutrons). A **Figura 2.7**, uma versão modificada da chamada *tabela periódica dos elementos*, mostra essa distribuição de elétrons para os primeiros 18 elementos, do hidrogênio ($_1$H) ao argônio ($_{18}$Ar). Os elementos são arranjados em três linhas, ou *períodos*, correspondendo ao número de camadas eletrônicas nos seus átomos. A sequência dos elementos da esquerda para direita em cada fileira corresponde à adição sequencial de elétrons e prótons (ver a tabela periódica completa no final do livro).

O único elétron do hidrogênio e os 2 elétrons do hélio estão localizados na primeira camada. Os elétrons, como toda a matéria, tendem a existir no mais baixo estado disponível de energia potencial. No átomo, isso acontece na primeira camada. Entretanto, a primeira camada não comporta mais que 2 elétrons; desse modo, o hidrogênio e o hélio

▼ **Figura 2.7 Diagramas de distribuição eletrônica para os primeiros 18 elementos da tabela periódica.** Na tabela periódica padrão (ver final do livro), as informações para cada elemento são apresentadas como no hélio em destaque. Nos diagramas desta tabela, os elétrons estão representados como pontos amarelos, e as camadas eletrônicas, como círculos concêntricos. Estes diagramas são recursos convenientes para retratar a distribuição dos elétrons entre as camadas eletrônicas, mas estes modelos simplificados não representam com exatidão a forma do átomo ou a localização dos seus elétrons. Os elementos estão dispostos em fileiras, cada um representando a composição de uma camada eletrônica. À medida que os elétrons são adicionados, eles ocupam a camada mais baixa disponível.

HABILIDADES VISUAIS *Qual é o número atômico do magnésio? Quantos prótons e elétrons ele tem? Quantas camadas eletrônicas? Quantos elétrons de valência?*

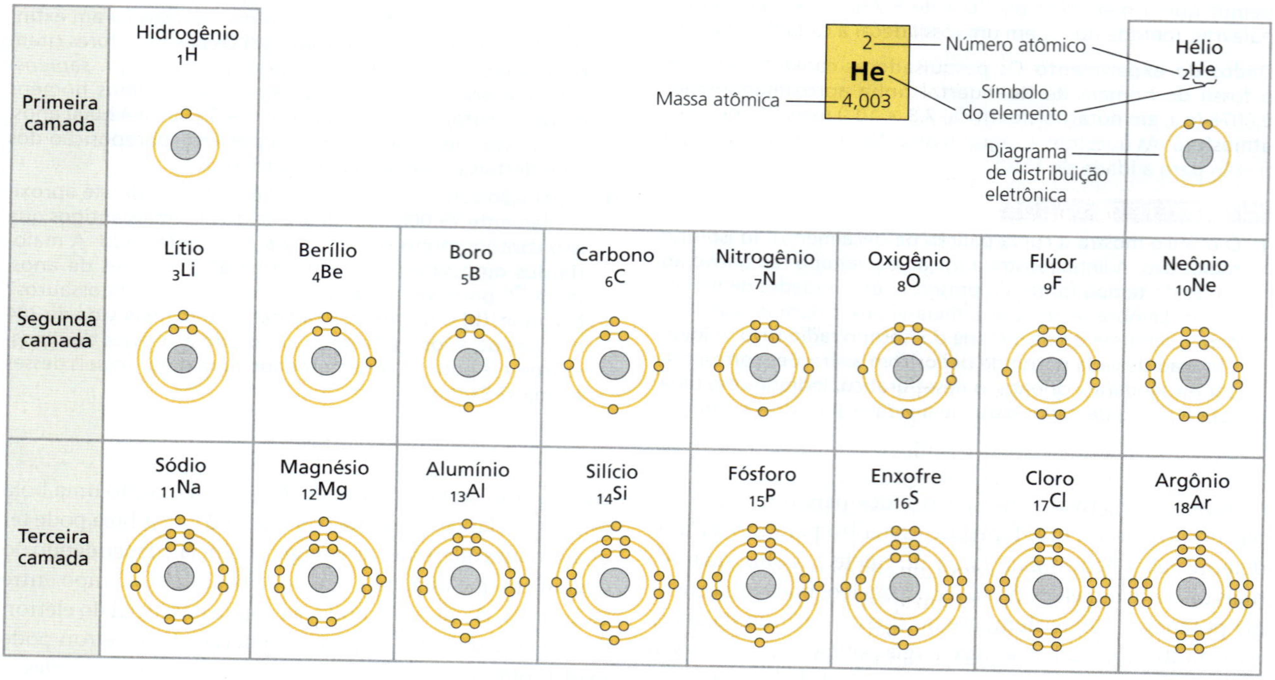

Primeira camada	Hidrogênio $_1$H							Hélio $_2$He
Segunda camada	Lítio $_3$Li	Berílio $_4$Be	Boro $_5$B	Carbono $_6$C	Nitrogênio $_7$N	Oxigênio $_8$O	Flúor $_9$F	Neônio $_{10}$Ne
Terceira camada	Sódio $_{11}$Na	Magnésio $_{12}$Mg	Alumínio $_{13}$Al	Silício $_{14}$Si	Fósforo $_{15}$P	Enxofre $_{16}$S	Cloro $_{17}$Cl	Argônio $_{18}$Ar

são os únicos elementos na primeira fileira da tabela. Em um átomo com mais de 2 elétrons, os elétrons adicionais devem ocupar camadas mais altas porque a primeira camada está completa. O próximo elemento, o lítio, tem 3 elétrons. Dois desses elétrons preenchem a primeira camada, enquanto o terceiro elétron ocupa a segunda camada. A segunda camada contém no máximo 8 elétrons. O neônio, no final da segunda fileira, tem 8 elétrons na segunda camada, possuindo um total de 10 elétrons.

O comportamento químico de um átomo depende principalmente do número de elétrons na sua camada *mais externa*. Esses elétrons externos são chamados de **elétrons de valência**, e a camada eletrônica mais externa, de **camada de valência**. No caso do lítio, há somente 1 elétron de valência, e a segunda camada é a camada de valência. Os átomos com o mesmo número de elétrons nas camadas de valência exibem comportamento químico semelhante. Por exemplo, tanto o flúor (F) quanto o cloro (Cl) têm 7 elétrons de valência, e ambos formam compostos quando combinados com o elemento sódio (Na). O fluoreto de sódio (NaF) é comumente adicionado ao creme dental para prevenir a queda dos dentes, e, como descrito anteriormente, NaCl é o sal de cozinha (ver Figura 2.2). Um átomo com camada de valência completa não é reativo, ou seja, não interage prontamente com outros átomos. Bem à direita da tabela periódica estão o hélio, o neônio e o argônio, os três únicos elementos mostrados na Figura 2.7 com camadas de valência completas. Esses elementos são considerados *inertes*, significando ausência de reatividade química. Todos os outros átomos da Figura 2.7 são quimicamente reativos porque têm camadas de valência incompletas.

Orbitais eletrônicos

No começo dos anos 1900, as camadas eletrônicas de um átomo eram visualizadas como trajetórias concêntricas de elétrons na órbita do núcleo, algo como planetas na órbita do sol. Ainda é conveniente utilizar os diagramas de círculos concêntricos bidimensionais, como na Figura 2.7, para simbolizar as camadas eletrônicas tridimensionais. Entretanto, é preciso lembrar que cada círculo concêntrico representa apenas a distância *média* entre o elétron naquela camada e o núcleo. Por conseguinte, os diagramas de círculo concêntrico não dão uma imagem real de um átomo. Na realidade, nunca podemos saber a localização exata de um elétron. O que podemos fazer, em vez disso, é descrever o espaço em que o elétron está na maior parte do tempo. O espaço tridimensional onde o elétron é encontrado 90% do tempo é chamado de **orbital**.

Cada camada eletrônica contém elétrons em um determinado nível de energia, distribuídos entre um número específico de orbitais com orientações e formatos característicos. A **Figura 2.8** mostra os orbitais do neônio como exemplo, com seu diagrama da distribuição eletrônica por referência. Pode-se imaginar o orbital como um componente da camada eletrônica. A primeira camada tem apenas um orbital *s* esférico (chamado 1*s*), mas a segunda camada tem quatro orbitais: um grande orbital *s* esférico (chamado 2*s*) e três orbitais *p* em

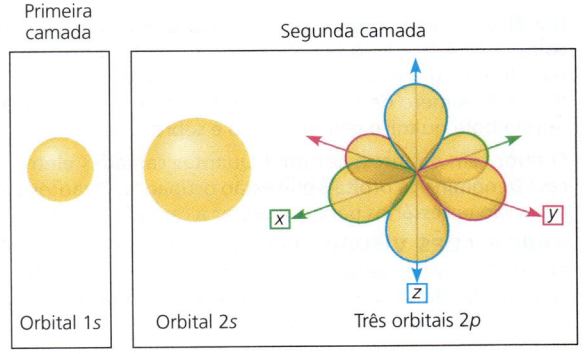

(a) Diagrama de distribuição eletrônica. É mostrado o diagrama de distribuição eletrônica do átomo de neônio, com um total de 10 elétrons. Cada círculo concêntrico representa uma camada eletrônica, que pode ser subdividida em orbitais eletrônicos.

(b) Orbitais eletrônicos separados. Os formatos tridimensionais representam orbitais eletrônicos – volumes de espaço onde é mais provável encontrar os elétrons de um átomo. Cada orbital suporta um máximo de 2 elétrons. A primeira camada eletrônica, à esquerda, tem um orbital (*s*) esférico, designado 1*s*. A segunda camada, à direita, tem um grande orbital *s* (designado 2*s* para a segunda camada) mais três orbitais em forma de haltere chamados orbitais *p* (2*p* para a segunda camada). Os três orbitais 2*p* estão dispostos em ângulos retos uns com os outros, ao longo dos eixos imaginários *x*, *y* e *z* do átomo. Cada orbital 2*p* é mostrado aqui em uma cor diferente.

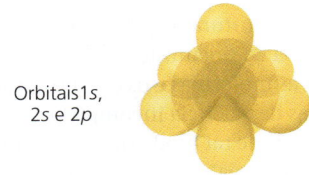

Orbitais 1*s*, 2*s* e 2*p*

(c) Orbitais eletrônicos sobrepostos. Para ilustração completa dos orbitais eletrônicos do neônio, fizemos a sobreposição do orbital 1*s* da primeira camada e do orbital 2*s* e três orbitais 2*p* da segunda camada.

▲ **Figura 2.8** Orbitais eletrônicos.

forma de haltere (chamados orbitais 2*p*) (a terceira camada e as outras camadas eletrônicas mais altas também têm orbitais *s* e *p*, bem como orbitais de formas mais complexas).

Não mais que 2 elétrons podem ocupar um único orbital. Portanto, a primeira camada de elétrons pode acomodar até 2 elétrons no seu orbital *s*. O elétron solitário do átomo de hidrogênio ocupa o orbital 1*s*, assim como os 2 elétrons do átomo de hélio. Os quatro orbitais da segunda camada eletrônica podem conter até 8 elétrons, 2 em cada orbital. Os elétrons em cada um dos quatro orbitais em uma segunda camada têm aproximadamente a mesma energia, mas se movem em diferentes volumes de espaço.

A reatividade de um átomo resulta da presença de elétrons não pareados em um ou mais orbitais da camada de valência do átomo. Como veremos na próxima seção, os átomos interagem de forma a completarem suas camadas de valência. Ao fazerem isso, estão envolvidos os elétrons *não pareados*.

REVISÃO DO CONCEITO 2.2

1. Um átomo de lítio tem 3 prótons e 4 nêutrons. Qual é seu número de massa?
2. Um átomo de nitrogênio tem 7 prótons, e o isótopo mais comum do nitrogênio tem 7 nêutrons. Um isótopo radioativo do nitrogênio tem 8 nêutrons. Escreva o número atômico e o número de massa desse nitrogênio radioativo em um símbolo químico com subscrito e sobrescrito.
3. O flúor tem quantos elétrons? Quantas camadas eletrônicas? Denomine os orbitais que estão ocupados. Quantos elétrons são necessários para completar a camada de valência?
4. **HABILIDADES VISUAIS** Na Figura 2.7, se dois ou mais elementos estivessem na mesma fileira, o que teriam em comum? Se dois ou mais elementos estivessem na mesma coluna, o que teriam em comum?

Ver as respostas sugeridas no Apêndice A.

CONCEITO 2.3

A formação e a função das moléculas e compostos iônicos dependem das ligações químicas entre os átomos

Agora que observamos a estrutura dos átomos, podemos seguir adiante na hierarquia da organização e ver como eles se combinam para formar as moléculas e os compostos iônicos. Os átomos com camadas de valência incompletas podem interagir com outros átomos, de tal modo que cada átomo parceiro completa sua camada de valência: os átomos ou compartilham ou transferem elétrons de valência. Essas interações geralmente resultam em átomos que permanecem muito próximos, mantidos por atrações chamadas de **ligações químicas**. Os tipos mais fortes de ligações químicas são as ligações covalentes nas moléculas e as ligações iônicas nos compostos iônicos secos (ligações iônicas em soluções aquosas, ou com base em água, são interações fracas, como veremos adiante).

Ligações covalentes

Uma **ligação covalente** é o compartilhamento, por dois átomos, de um par de elétrons de valência. Por exemplo, consideremos o que acontece quando dois átomos de hidrogênio se aproximam um do outro. Lembre-se de que o hidrogênio tem 1 elétron de valência na primeira camada, mas a capacidade da camada é de 2 elétrons. Quando dois átomos de hidrogênio se aproximam o suficiente para seus orbitais $1s$ se sobreporem, eles podem compartilhar seus elétrons **(Figura 2.9)**. Cada átomo de hidrogênio está agora associado a 2 elétrons, em quantidade que completa uma camada de valência. Dois ou mais átomos mantidos por ligações covalentes constituem uma **molécula**, que nesse caso é uma molécula de hidrogênio.

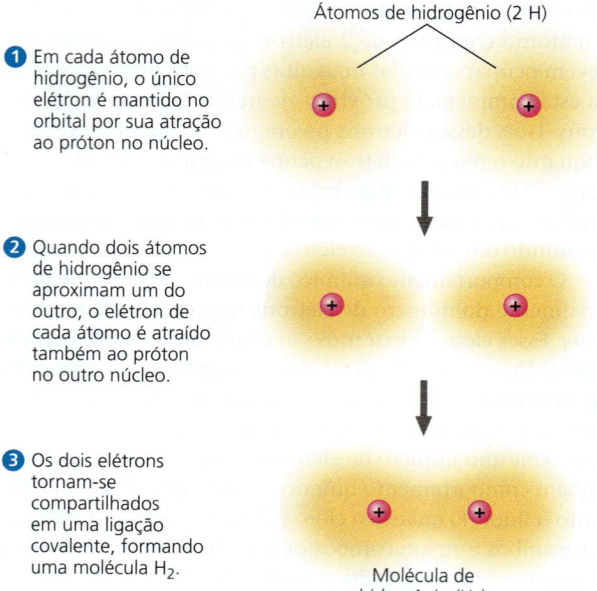

▲ **Figura 2.9** Formação de uma ligação covalente.

A **Figura 2.10a** mostra várias maneiras de representar uma molécula de hidrogênio. Sua *fórmula molecular*, H_2, indica simplesmente que a molécula consiste em dois átomos de hidrogênio. O compartilhamento de elétrons pode ser representado por um diagrama de distribuição eletrônica ou por uma *estrutura de pontos de Lewis*, na qual os símbolos dos elementos são rodeados por pontos que representam os elétrons de valência (H:H). Também podemos usar a *fórmula estrutural*, H—H, em que a linha representa uma **ligação simples**, um par de elétrons compartilhados. O *modelo de preenchimento espacial* é o que mais se aproxima da representação da forma real da molécula (você pode também estar familiarizado com os modelos de bola e bastão, mostrados na Figura 2.15).

O oxigênio tem 6 elétrons na segunda camada eletrônica e, portanto, precisa de mais 2 elétrons para completar a camada de valência. Dois átomos de oxigênio formam uma molécula pelo compartilhamento de dois pares de elétrons de valência **(Figura 2.10b)**. Assim, os átomos são unidos pelo que chamamos de **ligação dupla** (O=O).

Cada átomo que pode compartilhar os elétrons de valência tem capacidade de ligação correspondente ao número de ligações covalentes que pode formar. Quando as ligações se formam, elas dão ao átomo a totalidade de elétrons na camada de valência. A capacidade de ligação do oxigênio, por exemplo, é 2. Essa capacidade de ligação é chamada de **valência** do átomo; em geral, ela é igual ao número de elétrons necessários para completar a camada mais externa (valência) do átomo. Veja se você consegue determinar as valências do hidrogênio, do oxigênio, do nitrogênio e do carbono estudando os diagramas de distribuição eletrônica na Figura 2.7. Você pode ver que a valência do hidrogênio é 1; do oxigênio, 2; do nitrogênio, 3; e do carbono, 4. A situação é mais

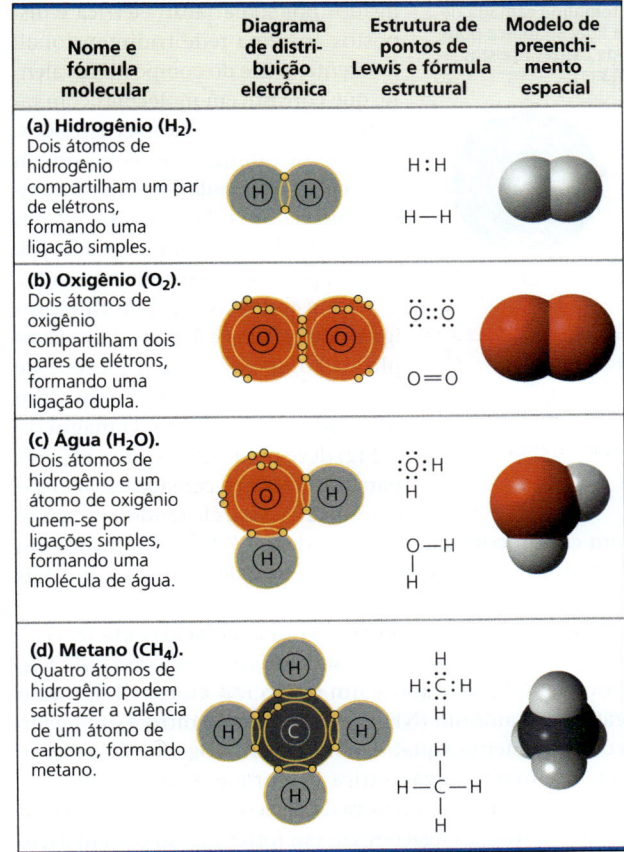

▲ **Figura 2.10 Ligação covalente em quatro moléculas.** O número de elétrons necessário para completar a camada de valência de um átomo geralmente determina quantas ligações covalentes o átomo forma. Esta figura mostra várias maneiras de indicar ligações covalentes.

complicada para o fósforo, na terceira fileira da tabela periódica, que pode ter uma valência de 3 ou 5 dependendo da combinação de ligações simples ou duplas que ele faz.

As moléculas de H_2 e O_2 são elementos simples, em vez de compostos, pois um composto é a combinação de dois ou mais elementos *diferentes*. A água, com fórmula molecular H_2O, é um composto. Dois átomos de hidrogênio são necessários para satisfazer a valência de um átomo de oxigênio. A **Figura 2.10c** mostra a estrutura de uma molécula de água. (A água é tão importante à vida que o Capítulo 3 é dedicado a sua estrutura e comportamento.)

O metano, principal componente do gás natural, é um composto com a fórmula molecular CH_4. Ele tem quatro átomos de hidrogênio, cada um com valência 1, para complementar a camada de valência de um átomo de carbono, com sua valência 4 **(Figura 2.10d)**. (Veremos outros compostos de carbono no Capítulo 4.)

Os átomos de uma molécula atraem elétrons de uma ligação compartilhada em graus variáveis, dependendo do elemento. A atração de um determinado átomo pelos elétrons de uma ligação covalente é chamada de **eletronegatividade**. Quanto mais eletronegativo for um átomo, mais fortemente

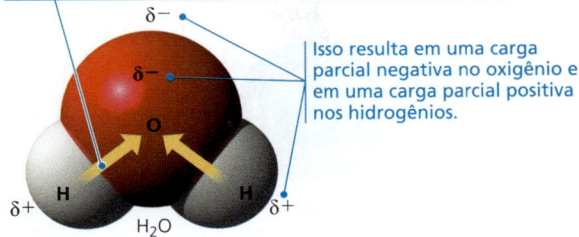

▲ **Figura 2.11** Ligações covalentes polares em uma molécula de água.

ele atrai para si elétrons compartilhados. Em uma ligação covalente entre dois átomos do mesmo elemento, os elétrons são compartilhados igualmente, pois os átomos têm a mesma eletronegatividade – o resultado do "cabo de guerra" está em equilíbrio. Uma ligação desse tipo é denominada **ligação covalente apolar**. Por exemplo, a ligação simples de H_2 é apolar, assim como a ligação dupla de O_2. Entretanto, em outros compostos onde o átomo é ligado a outro mais eletronegativo, os elétrons da ligação não são compartilhados igualmente. Esse tipo de ligação é chamado de **ligação covalente polar**. Essas ligações variam em polaridade, dependendo da eletronegatividade relativa dos dois átomos. Por exemplo, as ligações entre os átomos de oxigênio e de hidrogênio de uma molécula de água são totalmente polares **(Figura 2.11)**.

O oxigênio é um dos elementos mais eletronegativos, atraindo os elétrons compartilhados muito mais fortemente do que o hidrogênio. Em ligação covalente entre o oxigênio e o hidrogênio, os elétrons ficam mais tempo perto do núcleo do oxigênio do que do núcleo do hidrogênio. Como os elétrons têm carga negativa e são atraídos pelo oxigênio na molécula de água, o átomo de oxigênio tem carga parcial negativa (indicada pela letra grega δ com sinal de menos, δ−, ou "delta menos") e os átomos de hidrogênio têm carga parcial positiva (δ+, ou "delta mais"). Por outro lado, as ligações individuais do metano (CH_4) são muito menos polares, pois as eletronegatividades do carbono e do hidrogênio são bastante semelhantes.

Ligações iônicas

Em alguns casos, dois átomos são tão desiguais em sua atração por elétrons de valência que o átomo mais eletronegativo retira completamente o elétron do seu par. Os dois átomos (ou moléculas) com cargas opostas resultantes são chamados de **íons**. Um íon carregado positivamente é chamado de **cátion**, ao passo que um íon carregado negativamente é chamado de **ânion** (talvez o ajude lembrar do *t* em *cátion* como um sinal de mais, e do *ânion* como "um íon negativo"). Devido às suas cargas opostas, cátions e ânions se atraem; essa atração é chamada de **ligação iônica**. Observe que a transferência de um elétron não é, por si só, a formação de uma ligação; em vez disso, ela permite que a ligação se forme, pois resulta em dois íons de cargas opostas.

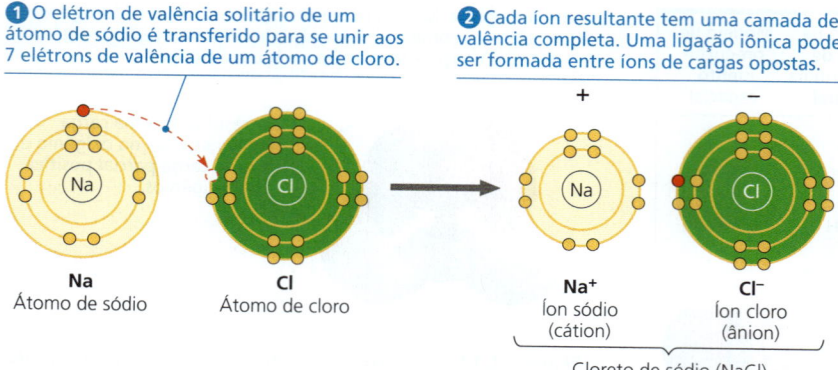

▲ **Figura 2.12 Transferência de elétrons e ligação iônica.** A atração entre átomos, ou íons, de cargas opostas é uma ligação iônica. Uma ligação iônica pode se formar entre quaisquer dois íons de cargas opostas, mesmo se não são formados pela transferência de um elétron de um para o outro.

Qualquer dos dois íons de cargas opostas pode formar uma ligação iônica. Os íons não necessitam ter adquirido suas cargas por uma transferência de elétrons entre si.

É isso que acontece quando um átomo de sódio ($_{11}$Na) encontra um átomo de cloro ($_{17}$Cl) **(Figura 2.12)**. O átomo de sódio tem, no total, 11 elétrons, com o único elétron de valência na terceira camada eletrônica. O átomo de cloro tem, no total, 17 elétrons, com 7 elétrons na camada de valência. Quando esses dois átomos se encontram, o único elétron de valência do sódio é transferido para o átomo de cloro, e os dois átomos completam suas camadas de valência (como o sódio deixou de ter um elétron na terceira camada, a segunda camada é, agora, a camada de valência). O transporte de elétrons entre os dois átomos move uma unidade de carga negativa do sódio para o cloro. O sódio, agora com 11 prótons, mas apenas 10 elétrons, tem carga elétrica líquida de 1+; o átomo de sódio tornou-se um cátion. Inversamente, o átomo de cloro, ao ganhar um elétron extra, tem, agora, 17 prótons e 18 elétrons, ficando com carga elétrica líquida de 1–; ele se tornou um íon de cloro – um ânion.

Os compostos formados por ligações iônicas são chamados de **compostos iônicos** ou **sais**. Conhecemos o composto iônico cloreto de sódio (NaCl) como o sal de cozinha **(Figura 2.13)**. Muitas vezes, os sais são encontrados na natureza como cristais de vários tamanhos e formas. Cada cristal de sal é um agregado de um vasto número de cátions e ânions ligados por sua atração elétrica e dispostos em uma rede tridimensional. Diferentemente do composto covalente, que consiste em moléculas com tamanho e número de átomos definidos, o composto iônico não consiste em moléculas. A fórmula para um composto iônico como o NaCl indica apenas a razão de elementos no cristal de sal. "NaCl", por si só, não é uma molécula.

Nem todos os sais têm números iguais de cátions e ânions. Por exemplo, o composto iônico cloreto de magnésio ($MgCl_2$) tem dois íons cloro para cada íon magnésio. O magnésio ($_{12}$Mg) deve perder 2 elétrons externos para o átomo ter a camada de valência completa. Assim, ele tende a tornar-se um cátion com carga líquida de 2+ (Mg^{2+}). Portanto, um cátion magnésio pode formar ligações iônicas com dois ânions cloro (Cl^-).

O termo *íon* também se aplica a moléculas inteiras eletricamente carregadas. No sal cloreto de amônio (NH_4Cl), por exemplo, o ânion é um único íon cloro (Cl^-), mas o cátion é o amônio (NH_4^+), um átomo de nitrogênio ligado covalentemente a quatro átomos de hidrogênio. O íon amônio inteiro tem carga elétrica 1+ porque ele cede 1 elétron.

O ambiente afeta a força das ligações iônicas. Em um cristal de sal seco, as ligações são tão fortes que só com martelo e formão é possível quebrá-las de modo a dividir o cristal em dois. Entretanto, se o mesmo cristal de sal for dissolvido na água, as ligações iônicas ficam muito mais fracas porque cada íon é parcialmente protegido por suas interações com as moléculas de água. Os medicamentos, na sua maioria, são produzidos na forma de sais porque são totalmente estáveis quando secos, mas podem dissociar-se facilmente em água (no Conceito 3.2, você aprenderá como a água dissolve os sais).

Interações químicas fracas

Nos organismos, as ligações químicas mais fortes são principalmente ligações covalentes, que unem os átomos para formar as moléculas da célula. Contudo, as interações fracas intra e intermoleculares também são indispensáveis, contribuindo consideravelmente para as propriedades emergentes da vida. Muitas moléculas biológicas grandes estão mantidas em suas formas funcionais por interações fracas. Além disso, quando duas moléculas fazem contato na célula, elas podem se aderir temporariamente por interações fracas. A reversibilidade das interações fracas pode ser uma vantagem: duas moléculas podem se unir, afetar uma à outra de alguma forma e depois se separar.

Vários tipos de interações químicas fracas são importantes em organismos. Um tipo é a ligação iônica existente entre íons dissociados na água, que discutimos há pouco. As ligações de hidrogênio e a força de van der Waals também são cruciais para a vida.

▲ **Figura 2.13 Um cristal de cloreto de sódio (NaCl).** Os íons sódio (Na^+) e os íons cloro (Cl^-) são mantidos unidos por ligações iônicas. A fórmula NaCl nos informa que a razão de Na^+ para Cl^- é 1:1.

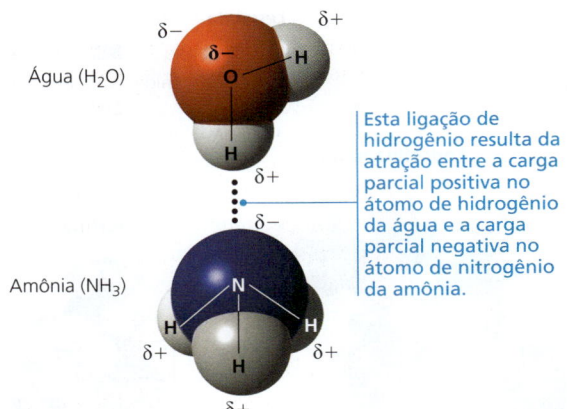

▲ **Figura 2.14** **Ligação de hidrogênio.**

DESENHE *Desenhe uma molécula de água com ligações de hidrogênio a quatro outras moléculas de água no seu entorno. Use contornos simples de modelos de preenchimento espacial. Desenhe as cargas parciais nas moléculas de água e use pontos para as ligações de hidrogênio.*

Ligações de hidrogênio

Entre as interações químicas fracas, as ligações de hidrogênio são tão importantes para a química da vida que merecem atenção especial. Quando um átomo de hidrogênio se liga covalentemente a um átomo eletronegativo, o átomo de hidrogênio tem uma carga parcial positiva que permite que ele seja atraído por um diferente átomo eletronegativo próximo com uma carga negativa parcial. Essa atração não covalente entre o hidrogênio e um átomo eletronegativo é denominada **ligação de hidrogênio**. Nas células vivas, os parceiros eletronegativos são geralmente os átomos de oxigênio ou de nitrogênio. A **Figura 2.14** mostra as ligações de hidrogênio entre as moléculas da água (H_2O) e amônia (NH_3).

Forças de van der Waals

Mesmo uma molécula com ligações covalentes apolares pode ter regiões carregadas positiva e negativamente. Nem sempre os elétrons estão igualmente distribuídos; a qualquer instante, podem acumular-se aleatoriamente em uma ou outra parte da molécula. Assim, resultam em regiões de carga positiva e negativa em constante mudança que permitem a todos os átomos e moléculas aderirem uns aos outros.

Essas **forças de van der Waals** são individualmente fracas e ocorrem apenas quando átomos e moléculas estão muito próximos. Entretanto, quando muitas dessas interações ocorrem simultaneamente, elas podem ser poderosas: as forças de van der Waals permitem que uma lagartixa, mostrada aqui, caminhe em uma parede vertical! A anatomia das patas das lagartixas, incluindo dedos com centenas de milhares de pelos finos, cada um com múltiplas projeções, maximiza a superfície de contato com a parede. As forças de van der Waals entre as moléculas da pata e as moléculas da superfície da parede são tão numerosas que, apesar da sua fraqueza individual, juntas conseguem sustentar o peso do corpo da lagartixa.

As forças de van der Waals, as ligações de hidrogênio, as ligações iônicas na água e outras interações fracas podem formar-se não apenas entre moléculas, mas também entre partes de uma molécula grande, como uma proteína ou um ácido nucleico. O efeito cumulativo das interações fracas reforça a forma tridimensional da molécula (você aprenderá mais a respeito dos importantes papéis biológicos das ligações fracas nas Figuras 5.18 e 5.24).

Forma e função moleculares

Uma molécula tem um tamanho e forma característicos, que são fundamentais para o seu funcionamento na célula viva. Uma molécula que consiste em dois átomos, como H_2 ou O_2, é sempre linear, mas a maioria das moléculas com mais de dois átomos tem formas mais complexas. Essas formas são determinadas pelas posições dos orbitais dos átomos **(Figura 2.15)**. Quando um átomo forma ligações covalentes, os orbitais na sua camada de valência passam por rearranjo. Para os átomos com elétrons de valência em ambos os orbitais *s* e *p* (rever Figura 2.8), o único orbital *s* e os três orbitais *p* formam quatro

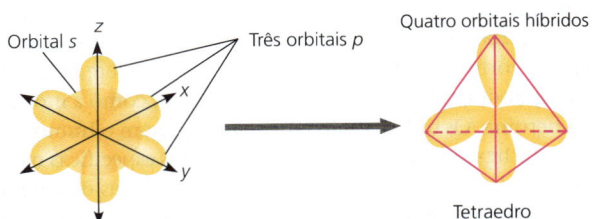

(a) Hibridização de orbitais. O único orbital *s* e os três orbitais *p* de uma camada de valência envolvida em ligações covalentes combinam para formar quatro orbitais híbridos em forma de lágrima. Esses orbitais estendem-se aos quatro cantos de um tetraedro imaginário (esboçado em cor-de-rosa).

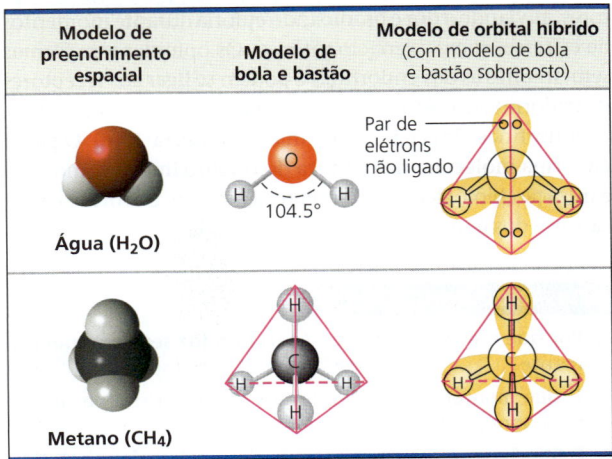

(b) Modelos de forma molecular. Três modelos representando a forma molecular são mostrados para a água e o metano. As posições dos orbitais híbridos determinam as formas das moléculas.

▲ **Figura 2.15** **Formas moleculares em função dos orbitais híbridos.**

novos orbitais híbridos com forma de lágrimas que se estendem a partir da região do núcleo atômico (Figura 2.15a). Se conectarmos com linhas as extremidades maiores das lágrimas, temos o esboço da forma geométrica chamada de tetraedro, uma pirâmide com base triangular.

Para a molécula da água (H_2O), dois dos orbitais híbridos na camada de valência do átomo de oxigênio estão compartilhados com átomos de hidrogênio. Os outros dois orbitais híbridos são ocupados por pares de elétrons solitários (não ligados) (ver Figura 2.15b). O resultado é uma molécula com formato aproximado de um V, com duas ligações covalentes formando um ângulo de 104,5°.

A molécula do metano (CH_4) tem a forma de um tetraedro completo, pois todos os orbitais híbridos do átomo de carbono são compartilhados com átomos de hidrogênio (ver Figura 2.15b). O núcleo do carbono está no centro, com quatro ligações covalentes irradiando para os núcleos do hidrogênio nos cantos do tetraedro. Moléculas maiores, com múltiplos átomos de carbono, incluindo muitas moléculas que constituem a matéria viva, em geral têm formas mais complexas. Entretanto, a forma tetraédrica de um átomo de carbono ligado a quatro outros átomos, com frequência, repete-se dentro dessas moléculas.

A forma molecular é crucial: ela determina como as moléculas biológicas se reconhecem entre si e respondem com especificidade. As moléculas biológicas muitas vezes se ligam temporariamente entre si por interações fracas, mas somente se suas formas forem complementares. Considere os efeitos dos opioides, substâncias derivadas do ópio, como a morfina e a heroína. Os opioides aliviam a dor e alteram o humor por meio de ligação fraca a moléculas receptoras específicas na superfície das células do cérebro. Por que as células do cérebro carregariam receptores de opioides, compostos que não são *endógenos*, produzidos por nosso corpo? Em 1975, essa questão foi respondida com a descoberta das endorfinas (ou "morfinas endógenas"). As endorfinas são moléculas sinalizadoras produzidas pela hipófise (glândula hipofisária) que se liga a receptores, aliviando a dor e produzindo euforia durante momentos de estresse, como exercício intenso. Os opioides têm formas semelhantes às das endorfinas e podem se ligar aos receptores de endorfina do cérebro. Essa é a razão pela qual os opioides e as endorfinas têm efeitos semelhantes **(Figura 2.16)**. O papel da forma molecular na química do cérebro ilustra como a organização biológica leva a uma relação entre estrutura e função, um dos temas unificadores da biologia.

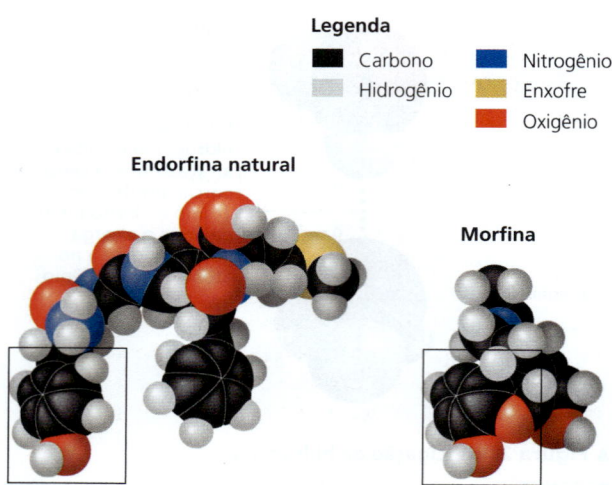

(a) Estruturas da endorfina e da morfina. A porção destacada da molécula de endorfina (à esquerda) liga-se às moléculas do receptor nas células-alvo do cérebro. A porção destacada da molécula de morfina (à direita) é muito parecida.

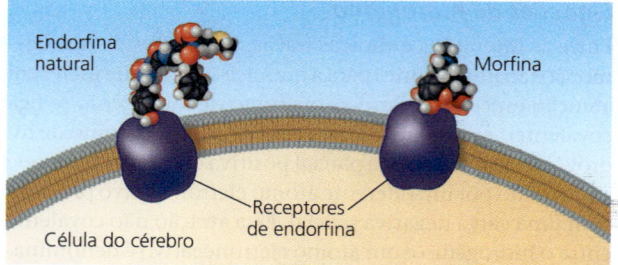

(b) Ligação a receptores de endorfina. Tanto a endorfina como a morfina podem ligar-se a receptores na superfície de células do cérebro.

▲ **Figura 2.16 Mimetismo molecular.** A morfina afeta a percepção de dor e o estado emocional, mimetizando as endorfinas naturais do cérebro.

REVISÃO DO CONCEITO 2.3

1. Por que a estrutura H—C≡C—H não faz sentido quimicamente?
2. O que mantém os átomos juntos em um cristal de cloreto de magnésio ($MgCl_2$)?
3. **E SE?** Se você fosse um pesquisador na área farmacêutica, por que motivo gostaria de conhecer as formas tridimensionais de moléculas sinalizadoras que ocorrem naturalmente?

Ver as respostas sugeridas no Apêndice A.

CONCEITO 2.4

As reações químicas formam e rompem ligações químicas

A formação e o rompimento das ligações químicas, levando a mudanças na composição da matéria, são chamadas de **reações químicas**. Um exemplo é a reação entre hidrogênio e oxigênio para formar a água:

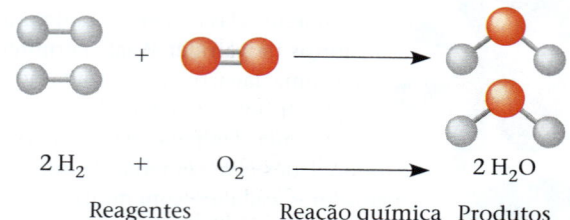

$2\,H_2$ + O_2 → $2\,H_2O$
Reagentes   Reação química   Produtos

Essa reação rompe as ligações covalentes de H_2 e O_2 e forma as novas ligações de H_2O. Quando escrevemos a equação para uma reação química, utilizamos uma seta para indicar a conversão dos materiais iniciais, chamados de **reagentes**, em materiais resultantes, os **produtos**. Os coeficientes indicam o número de moléculas envolvidas; por exemplo, o coeficiente 2 antes do H_2 significa que a reação inicia com duas moléculas de hidrogênio. Observe que todos os átomos dos reagentes devem ser levados em conta nos produtos. A matéria é conservada em uma reação química: as reações não podem criar ou destruir átomos, apenas rearranjar (redistribuir) os elétrons entre eles.

A fotossíntese, que acontece no interior das células dos tecidos de plantas verdes, é um exemplo biológico importante de como as reações químicas rearranjam a matéria. Os seres humanos e outros animais dependem da fotossíntese como fonte de alimento e de oxigênio, e esse processo está na base da vida de quase todos os ecossistemas.

O seguinte resume a fotossíntese:

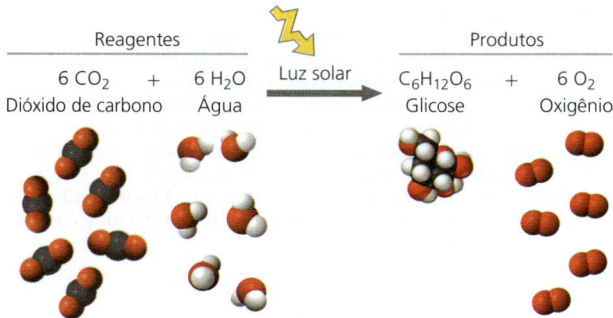

As matérias-primas da fotossíntese são dióxido de carbono (CO_2) e água (H_2O), que as plantas terrestres absorvem do ar e do solo, respectivamente. Dentro das células vegetais, a luz solar fornece energia para a conversão desses ingredientes em um açúcar chamado glicose ($C_6H_{12}O_6$) e moléculas de oxigênio (O_2), um subproduto que pode ser visto quando liberado por uma planta aquática **(Figura 2.17)**. Embora seja na verdade uma sequência de muitas reações químicas, a fotossíntese termina com o mesmo número e tipos de átomos do início. A matéria foi simplesmente rearranjada, com o aporte de energia fornecida pela luz solar.

Todas as reações químicas são teoricamente reversíveis, com os produtos da reação direta tornando-se os reagentes na reação inversa. Por exemplo, as moléculas de hidrogênio e nitrogênio podem combinar-se para formar amônia, mas a amônia também pode decompor-se para regenerar o hidrogênio e o nitrogênio:

$$3 H_2 + N_2 \rightleftharpoons 2 NH_3$$

As duas setas opostas indicam que a reação é reversível.

Um dos fatores que afeta a velocidade de uma reação é a concentração dos reagentes. Quanto maior a concentração de moléculas reagentes, maior a frequência de colisão umas com as outras e a oportunidade de reagir e formar os produtos. O mesmo ocorre com os produtos. À medida que os produtos se acumulam, as colisões que resultam na reação inversa tornam-se mais frequentes. Por fim, as reações direta e inversa ocorrem na mesma velocidade, e as concentrações relativas de produtos e reagentes param de mudar. O ponto em que as reações se equivalem exatamente é chamado de **equilíbrio químico**. Esse equilíbrio é dinâmico; as reações continuam em ambas as direções, mas sem efeito líquido nas concentrações de reagentes e produtos. Equilíbrio *não* significa que os reagentes e os produtos tenham concentrações iguais, mas apenas que suas concentrações estabilizaram em determinada razão. A reação que envolve a amônia alcança o equilíbrio quando ela se decompõe tão rapidamente quanto se forma. Em algumas reações químicas, o ponto de equilíbrio encontra-se tão à direita que elas são basicamente concluídas; isto é, praticamente todos os reagentes são convertidos em produtos.

Retornaremos ao assunto das reações químicas após um estudo mais detalhado dos vários tipos de moléculas que são importantes à vida. No próximo capítulo, nos debruçaremos sobre a água, a substância onde ocorrem todos os processos químicos dos organismos.

Figura 2.17 Fotossíntese: o rearranjo da matéria impulsionado pela energia solar. *Elodea*, uma planta de água doce, produz açúcar rearranjando átomos de dióxido de carbono e água no processo químico conhecido como fotossíntese, em que a energia é fornecida pela luz solar. A maior parte do açúcar é, então, convertida em outras moléculas de alimento. O gás oxigênio (O_2) é um subproduto da fotossíntese; observe as bolhas de oxigênio escapando das folhas submersas na água.

DESENHE *Adicione descrições e setas na fotografia mostrando os reagentes e produtos da fotossíntese que ocorrem em uma folha.*

REVISÃO DO CONCEITO 2.4

1. **FAÇA CONEXÕES** Considere a reação entre o hidrogênio e o oxigênio que forma a água, mostrada com o modelo de bola e bastão no início do Conceito 2.4. Após estudar a Figura 2.10, desenhe e denomine as estruturas de pontos de Lewis para representar essa reação.

2. Que tipo de reação química (se houver) ocorre mais rápido no equilíbrio: a formação dos produtos a partir dos reagentes ou aquela dos reagentes a partir dos produtos?

3. **E SE?** Escreva uma equação que utilize os produtos da fotossíntese como reagentes e os reagentes da fotossíntese como produtos. Adicione energia como outro produto. Essa nova equação descreve um processo que ocorre nas células humanas. Descreva essa equação em palavras. Como essa equação se relaciona com a respiração?

Ver as respostas sugeridas no Apêndice A.

2 Revisão do capítulo

RESUMO DOS CONCEITOS-CHAVE

CONCEITO 2.1

A matéria consiste em elementos químicos na forma simples e em combinações denominadas compostos (p. 29-30)

- Os **elementos** não podem ser decompostos quimicamente em outras substâncias. Um **composto** contém dois ou mais elementos diferentes em uma razão fixa. Oxigênio, carbono, hidrogênio e nitrogênio representam aproximadamente 96% da matéria viva.

? *Compare um elemento e um composto.*

CONCEITO 2.2

As propriedades de um elemento dependem da estrutura dos seus átomos (p. 30-36)

- Um **átomo**, a menor unidade de um elemento, tem os seguintes componentes:

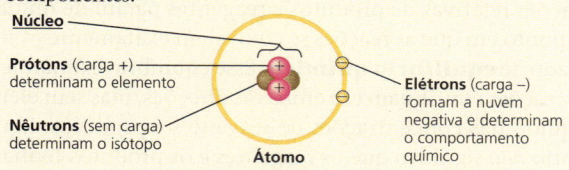

- Um átomo eletricamente neutro tem número igual de elétrons e de prótons; o número de prótons determina o **número atômico**. A **massa atômica**, medida em **dáltons**, é aproximadamente igual ao **número de massa**, a soma de prótons e nêutrons. Os **isótopos** de um elemento diferem entre si no número de nêutrons e, portanto, na massa. Os isótopos instáveis emitem partículas e energia como radioatividade.
- Em um átomo, os elétrons ocupam **camadas eletrônicas** específicas; os elétrons em uma camada têm um nível de energia característico. A distribuição eletrônica nas camadas determina o comportamento químico de um átomo. Um átomo que tem uma camada externa incompleta, a **camada de valência**, é reativo.
- Os elétrons existem em **orbitais**, espaços tridimensionais com formas específicas que são componentes das camadas eletrônicas.

DESENHE *Desenhe diagramas de distribuição eletrônica para o neônio ($_{10}$Ne) e o argônio ($_{18}$Ar). Use esses diagramas para explicar por que esses elementos são quimicamente não reativos.*

CONCEITO 2.3

A formação e a função das moléculas e compostos iônicos dependem das ligações químicas entre os átomos (p. 36-40)

- As **ligações químicas** se formam quando os átomos interagem e completam suas camadas de valência. As **ligações covalentes** se formam quando pares de elétrons são compartilhados.

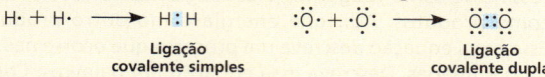

- As **moléculas** consistem em dois ou mais átomos ligados covalentemente. A atração de um átomo para os elétrons de uma ligação covalente é sua **eletronegatividade**. Se os átomos forem iguais, eles têm a mesma eletronegatividade e compartilham uma **ligação covalente apolar**. Os elétrons de uma **ligação covalente polar** são atraídos para perto do átomo mais eletronegativo, como o oxigênio na H_2O.
- Um **íon** se forma quando um átomo ou uma molécula ganha ou perde um elétron e torna-se carregado. Uma **ligação iônica** é a atração entre íons de cargas opostas:

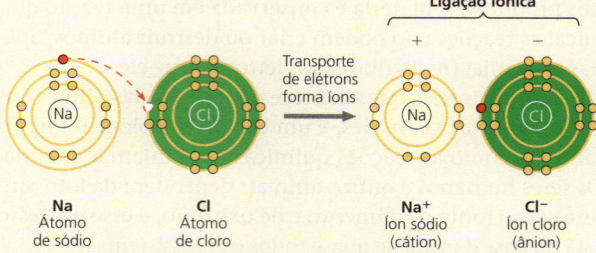

- As interações fracas reforçam as formas de moléculas grandes e ajudam as moléculas a aderirem umas às outras. Uma **ligação de hidrogênio** é uma atração entre um átomo de hidrogênio que carrega uma carga parcialmente positiva ($\delta+$) e um átomo eletronegativo que carrega uma carga parcialmente negativa ($\delta-$). As **forças de Van der Waals** ocorrem entre regiões transitoriamente positivas e negativas das moléculas.
- A forma de uma molécula é determinada pelas posições dos átomos nos orbitais de valência. As ligações covalentes resultam em orbitais híbridos, responsáveis pelas formas de H_2O, CH_4 e muitas moléculas biológicas mais complexas. A forma molecular é geralmente a base para o reconhecimento de uma molécula biológica por outra.

? *Em termos de compartilhamento de elétrons entre átomos, compare ligações covalentes apolares, ligações covalentes polares e a formação de íons.*

CONCEITO 2.4

As reações químicas formam e rompem ligações químicas (p. 40-41)

- As **reações químicas** transformam **reagentes** em **produtos** enquanto conservam a matéria. Todas as reações químicas são teoricamente reversíveis. O **equilíbrio químico** é alcançado quando as velocidades das reações direta e inversa são iguais.

? *O que aconteceria com a concentração dos produtos se mais reagentes fossem adicionados a uma reação que estava em equilíbrio químico? Como essa adição afetaria o equilíbrio?*

TESTE SEU CONHECIMENTO

Níveis 1-2: Relembre/Entenda

1. Comparado com ^{31}P, o isótopo radioativo ^{32}P tem
   (A) um número atômico diferente.
   (B) um próton a mais.
   (C) um elétron a mais.
   (D) um nêutron a mais.
2. No termo *elemento-traço*, o adjetivo *traço* significa que
   (A) o elemento é necessário em quantidades muito pequenas.
   (B) o elemento pode ser usado como marcador para acompanhar átomos através do metabolismo de um organismo.
   (C) o elemento é muito raro na Terra.
   (D) o elemento melhora a saúde, mas não é essencial para a sobrevivência do organismo em longo prazo.

3. A reatividade de um átomo surge da
   (A) distância média da camada eletrônica mais externa em relação ao núcleo.
   (B) existência de elétrons não pareados na camada de valência.
   (C) soma das energias potenciais de todas as camadas eletrônicas.
   (D) energia potencial da camada de valência.

4. Qual afirmativa é verdadeira para todos os átomos que são ânions?
   (A) O átomo tem mais elétrons do que prótons.
   (B) O átomo tem mais prótons do que elétrons.
   (C) O átomo tem menos prótons do que um átomo neutro do mesmo elemento.
   (D) O átomo tem mais nêutrons do que prótons.

5. Qual das seguintes afirmativas descreve corretamente qualquer reação química que tenha alcançado o equilíbrio?
   (A) As concentrações de produtos e reagentes são iguais.
   (B) A reação é agora irreversível.
   (C) As reações direta e reversa estão paradas.
   (D) As velocidades das reações direta e reversa são iguais.

Níveis 3-4: Aplique/Analise

6. Podemos representar os átomos pela listagem do número de prótons, nêutrons e elétrons – por exemplo, $2p^+$, $2n^0$, $2e^-$ para o hélio. Qual das seguintes listas representa o isótopo ^{18}O do oxigênio?
   (A) $7p^+$, $2n^0$, $9e^-$
   (B) $8p^+$, $10n^0$, $8e^-$
   (C) $9p^+$, $9n^0$, $9e^-$
   (D) $10p^+$, $8n^0$, $9e^-$

7. O número atômico do enxofre é 16. O enxofre combina com o hidrogênio por ligação covalente para formar o composto sulfeto de hidrogênio. Com base no número de elétrons de valência no átomo de enxofre, preveja a fórmula molecular do composto.
   (A) HS
   (B) HS_2
   (C) H_2S
   (D) H_4S

8. Com quais coeficientes devem-se preencher as seguintes lacunas para todos os átomos serem considerados nos produtos?

   $C_6H_{12}O_6 \rightarrow$ _____ $C_2H_6O +$ _____ CO_2

   (A) 2; 1
   (B) 3; 1
   (C) 1; 3
   (D) 2; 2

9. **DESENHE** Desenhe as estruturas de pontos de Lewis para cada molécula hipotética mostrada a seguir, usando o número correto de elétrons de valência para cada átomo. Determine qual molécula faz sentido, pois cada átomo tem uma camada de valência completa e cada ligação tem o número correto de elétrons. Explique o que torna a outra molécula sem sentido, considerando o número de ligações que cada tipo de átomo pode fazer.

Níveis 5-6: Avalie/Crie

10. **CONEXÃO EVOLUTIVA** As porcentagens de elementos que constituem o corpo humano e que ocorrem naturalmente (ver Tabela 2.1) são semelhantes às porcentagens desses elementos encontrados em outros organismos. Como você justificaria essa semelhança entre organismos?

11. **PESQUISA CIENTÍFICA** As mariposas-luna fêmeas (*Actias luna*) atraem os machos pela emissão de sinais químicos que se propagam no ar. Um macho a centenas de metros de distância consegue detectar essas moléculas e voar em direção à sua fonte. Os órgãos sensoriais responsáveis por esse comportamento são antenas em forma de pente, visíveis na fotografia mostrada aqui. Cada filamento de uma antena é equipado com milhares de células receptoras que detectam o atrativo sexual. Com base no que você aprendeu neste capítulo, proponha uma hipótese para explicar a capacidade da mariposa-luna macho de detectar uma molécula específica na presença de muitas outras moléculas no ar. Que predições sua hipótese faz? Planeje um experimento para testar uma dessas predições.

12. **ESCREVA SOBRE UM TEMA: ORGANIZAÇÃO** Enquanto esperava em um aeroporto, Neil Campbell ouviu por acaso esta alegação: "É paranoia e ignorância se preocupar com a contaminação do ambiente pelos resíduos químicos da indústria e da agricultura. Afinal de contas, esse material é constituído pelos mesmos átomos já presentes no nosso ambiente". Explorando seus conhecimentos sobre distribuição de elétrons, ligação química e propriedades emergentes (ver Conceito 1.1), escreva um ensaio sucinto (100-150 palavras) contrariando esse argumento.

13. **SINTETIZE SEU CONHECIMENTO**

Este besouro bombardeador está borrifando um líquido quente fervente, que contém substâncias químicas irritantes, usado como mecanismo de defesa contra seus inimigos. O besouro armazena dois conjuntos dessas substâncias separadamente em suas glândulas. Usando o que você aprendeu sobre química neste capítulo, proponha uma explicação possível de por que o besouro não é prejudicado pelas substâncias armazenadas e o que causa a descarga explosiva.

Ver respostas selecionadas no Apêndice A.

3 Água e vida

CONCEITOS-CHAVE

3.1 As ligações covalentes polares nas moléculas de água promovem ligações de hidrogênio *p. 45*

3.2 Quatro propriedades emergentes da água contribuem para a adequabilidade da Terra à vida *p. 45*

3.3 Condições ácidas e básicas afetam os organismos vivos *p. 51*

Dica de estudo

Faça um guia de estudo visual: Desenhe um diagrama e faça uma breve descrição que explique como a estrutura da água sustenta a vida por meio de cada uma das seguintes propriedades da água.

Propriedades da água	
Coesão das moléculas de água	Moderação da temperatura
Flutuação do gelo	O solvente da vida

Figura 3.1 Focas-aneladas (*Phoca hispida*) dependem do gelo do mar Ártico como plataforma para caçar peixes na água embaixo. Com o aumento das temperaturas devido à mudança climática, o derretimento do gelo do mar é uma ameaça para as espécies que vivem sobre, abaixo ou em volta de gelo flutuante.

Como a estrutura da água permite que sua forma sólida (gelo) flutue sobre a água líquida?

A água (H_2O) é uma molécula polar: Em uma extremidade, o O tem cargas parciais negativas ($\delta-$) pois o O puxa os elétrons para sua direção. Na outra extremidade, os átomos de H têm cargas parciais positivas ($\delta+$).

As atrações fracas entre regiões das moléculas de água com cargas opostas, chamadas ligações de hidrogênio, permitem que as moléculas de água se liguem umas às outras.

Na água líquida, as ligações de hidrogênio se rompem e se refazem constantemente. Como resultado, **as moléculas de água podem deslizar mais próximas umas das outras.**

No gelo, as ligações de hidrogênio são estáveis e **as moléculas de água estão mais distantes umas das outras.** Portanto, o gelo é menos denso do que a água líquida, assim ele flutua.

O gelo flutuante isola a água embaixo, permitindo a sobrevivência da vida aquática. A água também possui outras propriedades que sustentam a vida, como veremos.

CONCEITO 3.1

As ligações covalentes polares nas moléculas de água promovem ligações de hidrogênio

A água é tão familiar para nós que é comum que negligenciemos suas inúmeras qualidades extraordinárias. Seguindo o tema das propriedades emergentes, podemos rastrear o comportamento ímpar da água até a estrutura e as interações de suas moléculas.

Estudada isoladamente, a molécula da água é enganosamente simples. Tem o formato parecido com um grande V, com dois átomos de hidrogênio unidos ao átomo de oxigênio por ligações covalentes simples. Como o oxigênio é mais eletronegativo do que o hidrogênio, os elétrons das ligações covalentes ficam mais tempo próximos ao oxigênio do que ao hidrogênio; em outras palavras, são **ligações covalentes polares** (ver Figura 2.11). Essa distribuição desigual de elétrons e sua forma semelhante a um V tornam a água uma **molécula polar**, ou seja, sua carga total está distribuída de forma desigual. Na água, o oxigênio da molécula tem cargas parciais negativas (δ–), e os hidrogênios têm cargas parciais positivas (δ+).

As propriedades da água surgem das atrações entre os átomos com cargas opostas de diferentes moléculas de água: o hidrogênio parcialmente positivo de uma molécula é atraído pelo oxigênio parcialmente negativo da molécula próxima. As duas moléculas são, portanto, mantidas por uma ligação de hidrogênio **(Figura 3.2)**. Quando a água está em forma líquida, as ligações de hidrogênio são muito frágeis, com aproximadamente 1/20 da força de uma ligação covalente. A formação, a ruptura e a reconstituição das ligações de hidrogênio acontecem com grande frequência. Elas duram apenas poucos trilionésimos de segundo, mas as moléculas formam constantemente novas ligações de hidrogênio com uma série de parceiros. Portanto, a qualquer instante, a maioria das moléculas da água está ligada a seus vizinhos por ligações de hidrogênio. As qualidades extraordinárias da água emergem a partir dessas ligações de hidrogênio que ordenam as moléculas de água em um nível superior de organização estrutural.

REVISÃO DO CONCEITO 3.1

1. **FAÇA CONEXÕES** O que é eletronegatividade e como ela afeta as interações entre as moléculas da água? (Rever a Figura 2.11)
2. **HABILIDADES VISUAIS** Veja a Figura 3.2 e explique por que a molécula de água central pode formar ligações de hidrogênio com outras moléculas de água.
3. Por que é improvável que duas moléculas de água vizinhas sejam arranjadas deste modo?
4. **E SE?** Se o oxigênio e o hidrogênio tivessem a mesma eletronegatividade, qual seria o efeito nas propriedades da molécula da água?

Ver as respostas sugeridas no Apêndice A.

CONCEITO 3.2

Quatro propriedades emergentes da água contribuem para a adequabilidade da Terra à vida

Vamos examinar as quatro propriedades emergentes da água que contribuem para a Terra ser um ambiente adequado para a vida: o comportamento coesivo, a habilidade de moderar a temperatura, a expansão sob congelamento e a versatilidade como solvente.

Coesão das moléculas de água

As moléculas da água ficam próximas umas das outras devido às ligações de hidrogênio. Embora a disposição das moléculas em uma amostra de água líquida esteja sempre mudando, em qualquer momento específico muitas moléculas se encontram ligadas por múltiplas ligações de hidrogênio. Por conta dessas ligações, a água torna-se mais estruturada do que a maioria dos outros líquidos. Coletivamente, as ligações de hidrogênio mantêm a substância unida, fenômeno chamado de **coesão**.

Um dos resultados da coesão pelas ligações de hidrogênio é a **tensão superficial**, uma medida de o quanto é difícil esticar ou quebrar a superfície de um líquido. Na interface água-ar, há um arranjo ordenado de moléculas de água, unidas por ligações de hidrogênio entre elas e com a água embaixo, mas não com o ar em cima. Essa assimetria dá à água uma tensão superficial incomumente alta, fazendo-a se comportar como se estivesse revestida por uma película invisível. A aranha na **Figura 3.3** aproveita a tensão superficial da água para

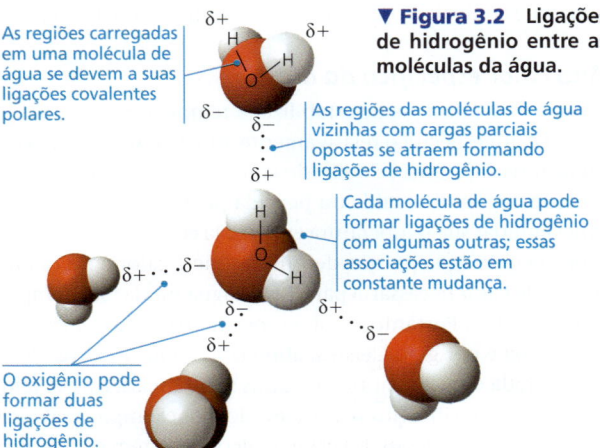

▼ **Figura 3.2** Ligações de hidrogênio entre as moléculas da água.

- As regiões carregadas em uma molécula de água se devem a suas ligações covalentes polares.
- As regiões das moléculas de água vizinhas com cargas parciais opostas se atraem formando ligações de hidrogênio.
- Cada molécula de água pode formar ligações de hidrogênio com algumas outras; essas associações estão em constante mudança.
- O oxigênio pode formar duas ligações de hidrogênio.

DESENHE Desenhe cargas parciais na molécula de água mais à esquerda e desenhe mais três moléculas de água ligadas a ela por ligações de hidrogênio.

▶ **Figura 3.3 Caminhando sobre a água.** A alta tensão superficial da água, resultante da força coletiva das ligações de hidrogênio, permite que esta aranha caminhe sobre a superfície de um açude.

atravessar um açude sem romper a superfície, e algumas plantas também podem flutuar sobre a água. Você pode observar a tensão superficial da água enchendo um copo até quase transbordar: a água permanece acima da borda.

Nas plantas, a coesão também contribui para o transporte de água e nutrientes diluídos contra a força da gravidade **(Figura 3.4)**. A água das raízes alcança as folhas por meio de uma rede de células condutoras de água. À medida que a água evapora das folhas, as ligações de hidrogênio das moléculas de água que deixam as nervuras puxam com força as moléculas abaixo, e essa força de tração para cima é transmitida pelas células condutoras de água por todo o caminho até as raízes. A **adesão**, a aderência entre duas substâncias, também exerce seu papel. A adesão da água às paredes da célula por ligações de hidrogênio ajuda a agir contra a força para baixo da gravidade (ver Figura 3.4).

Moderação da temperatura pela água

A água modera a temperatura ambiente absorvendo o calor do ar mais quente e liberando o calor armazenado para o ar mais frio. A água é eficaz em estocar calor, pois consegue absorver ou liberar uma quantidade relativamente grande de calor com apenas uma pequena mudança na própria temperatura. Para entender essa capacidade da água, devemos primeiro estudar brevemente o calor e a temperatura.

▲ **Figura 3.4 Transporte de água nas plantas.** A evaporação das folhas traciona a água para cima desde as raízes, por meio das células condutoras de água. Devido às propriedades de coesão e adesão, até as árvores muito altas conseguem transportar a água mais 100 m para cima – aproximadamente 25% da altura do Empire State Building, na cidade de Nova York.

Calor e temperatura

Tudo que se move tem **energia cinética**, a energia do movimento. Os átomos e as moléculas têm energia cinética porque estão sempre se movendo, embora não necessariamente em uma direção determinada. Quanto mais rápido a molécula se move, maior a sua energia cinética. Essa energia associada ao movimento randômico dos átomos ou moléculas é chamada de **energia térmica**. Embora sejam relacionadas, energia térmica e temperatura são coisas diferentes. A **temperatura** representa a energia cinética *média* das moléculas em um corpo de matéria, independentemente do volume, enquanto a energia térmica de um corpo de matéria reflete a energia cinética *total* e, portanto, depende do volume da matéria. Quando a água é aquecida em uma cafeteira, a velocidade média das moléculas aumenta, e o termômetro registra uma elevação na temperatura do líquido. A quantidade total de energia térmica também aumenta nesse caso. Observe, entretanto, que, embora a jarra de café tenha uma temperatura mais alta que a água de uma piscina, por exemplo, a piscina contém mais energia térmica devido ao volume maior.

Sempre que dois objetos de diferentes temperaturas se encostam, a energia térmica passa do objeto mais quente para o mais frio até que os dois estejam na mesma temperatura. As moléculas do objeto mais frio aceleram à custa da energia térmica do objeto mais quente. O cubo de gelo esfria a bebida absorvendo energia térmica do líquido à medida que o gelo derrete, e não adicionando frio ao líquido. A energia térmica na transferência de um corpo de matéria para outro é definida como **calor**.

Uma unidade de calor utilizada neste livro é a **caloria** (**cal**). Uma caloria é a quantidade de calor necessária para elevar em 1°C a temperatura de 1 g de água. Por outro lado, 1 caloria também é a quantidade de calor que 1 g de água libera quando é resfriada em 1°C. Uma **quilocaloria** (**kcal**), 1.000 cal, é a quantidade de calor necessária para elevar em 1°C a temperatura de 1 quilograma (kg) de água (as "calorias" nas embalagens de comida são, na verdade, quilocalorias). Outra unidade de energia utilizada neste livro é o **joule (J)**. Um joule equivale a 0,239 cal; 1 caloria equivale a 4,184 J.

Alto calor específico da água

A capacidade da água de estabilizar a temperatura origina-se do seu calor específico relativamente alto. O **calor específico** de uma substância é definido como a quantidade de calor que precisa ser absorvida ou perdida para 1 g daquela substância mudar sua temperatura em 1°C. Já conhecemos o calor específico da água porque definimos que 1 caloria é a quantidade de calor necessária para 1 g de água mudar sua temperatura em 1°C. Portanto, o calor específico da água é 1 caloria por grama e por grau Celsius, abreviado como 1 cal/(g · °C). Comparada com a maioria de outras substâncias, a água tem calor específico incomumente elevado. Por exemplo, o álcool etílico, o tipo de álcool das bebidas alcoólicas, tem calor específico de 0,6 cal/(g · °C); isto é, apenas 0,6 cal é necessária para aumentar a temperatura de 1 g do álcool etílico em 1°C.

Devido ao elevado calor específico da água em relação a outros materiais, a água muda menos a sua temperatura do que outros líquidos ao absorver ou perder uma determinada quantidade de calor. A razão pela qual você pode queimar os dedos tocando a lateral de uma panela de ferro no fogão quando a água da panela ainda está morna é que o calor específico da água é dez vezes maior do que o do ferro. Em outras palavras, a mesma quantidade de calor aumenta a temperatura de 1 g de ferro muito mais rápido do que a temperatura de 1 g de água. O calor específico pode ser considerado uma medida do quanto uma substância resiste a mudanças em sua temperatura ao absorver ou liberar calor. A água resiste a mudanças na sua temperatura; quando sua temperatura é alterada, a água absorve ou perde uma quantidade relativamente grande de calor para cada grau de mudança.

Podemos conectar o elevado calor específico da água, como muitas de suas outras propriedades, às ligações de hidrogênio. Há absorção de calor para quebrar as ligações de hidrogênio, e liberação de calor quando as ligações de hidrogênio se formam. Uma caloria de calor causa uma alteração relativamente pequena na temperatura da água, pois grande parte do calor é utilizada para romper ligações de hidrogênio antes que as moléculas da água comecem a mover-se rapidamente. E quando a temperatura da água diminui um pouco, muitas ligações de hidrogênio adicionais se formam, liberando uma considerável quantidade de energia em forma de calor.

Qual é a relevância do elevado calor específico da água para a vida na Terra? Uma grande quantidade de água pode absorver e armazenar imensas quantidades de calor do sol durante o dia e durante o verão, aquecendo apenas poucos graus. À noite e durante o inverno, o resfriamento gradual da água pode aquecer o ar. Essa capacidade da água serve para moderar as temperaturas do ar no litoral **(Figura 3.5)**. O elevado calor específico da água também tende a estabilizar a temperatura dos oceanos, criando um ambiente favorável para a vida marinha. Portanto, devido ao elevado calor específico, a água que cobre a maior parte da Terra mantém as flutuações da temperatura na terra e na água dentro dos limites que permitem a vida. Além disso, como os organismos são constituídos principalmente de água, são mais aptos a resistir às mudanças em sua própria temperatura do que se fossem constituídos de líquidos com menor calor específico.

Resfriamento evaporativo

As moléculas de qualquer líquido permanecem juntas porque se atraem umas pelas outras. As moléculas que se movem rápido o suficiente para superar essas atrações podem sair do líquido e entrar no ar como gás (vapor). Essa transformação de líquido para gás é chamada de vaporização ou evaporação. Lembre-se de que a velocidade do movimento molecular varia e que a temperatura é a *média* da energia cinética das moléculas. Até mesmo em temperaturas baixas, as moléculas mais velozes podem escapar para o ar. Um pouco de evaporação ocorre em qualquer temperatura; um copo de água em temperatura ambiente, por exemplo, acaba evaporando por completo. Se um líquido é aquecido, a energia cinética média das moléculas aumenta, e o líquido evapora mais rapidamente.

O **calor de vaporização** é a quantidade de calor que o líquido deve absorver para que 1 g seja convertido do estado líquido para o gasoso. Pela mesma razão que a água tem elevado calor específico, ela também tem elevado calor de vaporização em relação à maioria dos outros líquidos. Para evaporar 1 g de água a 25°C, são necessárias aproximadamente 580 cal de calor – quase o dobro da quantidade necessária para vaporizar 1 g de álcool ou de amônia. O elevado calor de vaporização da água é outra propriedade emergente explicada pelas ligações de hidrogênio, que devem ser quebradas antes de as moléculas saírem do líquido na forma de vapor de água.

O grande volume de energia necessário para vaporizar a água tem uma vasta gama de efeitos. Em escala global, por exemplo, ajuda a moderar o clima da Terra. Um volume considerável do calor solar absorvido pelo mar tropical é consumido durante a evaporação da água superficial. Então, à medida que o ar tropical úmido circula em direção aos polos, libera calor ao condensar e formar chuva. No nível dos organismos, o elevado calor de vaporização da água é responsável pela gravidade das queimaduras por vapor. Essas queimaduras são causadas pela energia calorífica liberada (durante a formação de ligações de hidrogênio) quando o vapor condensa em líquido sobre a pele.

À medida que um líquido evapora, a superfície do líquido restante esfria (sua temperatura diminui). Esse **resfriamento evaporativo** ocorre porque as moléculas "mais quentes", aquelas com a maior energia cinética, são as que mais provavelmente se tornam gás. É como se os 100 corredores mais rápidos de uma universidade fossem transferidos para outra: a velocidade média dos estudantes restantes diminuiria.

O resfriamento evaporativo da água contribui para a estabilidade da temperatura em lagos e açudes, além de suprir um mecanismo que previne os organismos terrestres do superaquecimento. Por exemplo, a evaporação da água das folhas de uma planta ajuda a prevenir o superaquecimento dos tecidos das folhas sob a luz do sol. A evaporação do suor da pele humana dissipa o calor do corpo e ajuda a prevenir o superaquecimento em dias quentes ou quando uma atividade árdua gera calor excessivo. A alta umidade em um dia quente aumenta o desconforto porque a alta concentração de vapor de água no ar inibe a evaporação do suor corporal. Os animais sem glândulas sudoríparas, como os elefantes, podem espalhar água sobre si mesmos para se resfriar **(Figura 3.6)**.

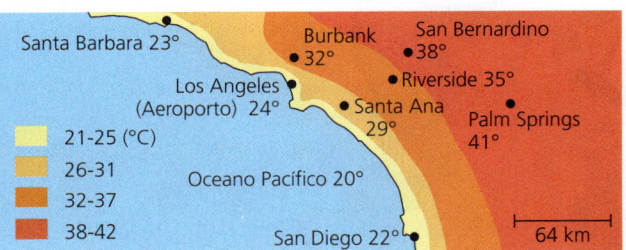

▲ **Figura 3.5** Temperaturas do Oceano Pacífico e do sul da Califórnia em um dia de agosto.

INTERPRETE OS DADOS *Explique o padrão de temperaturas mostrado neste diagrama.*

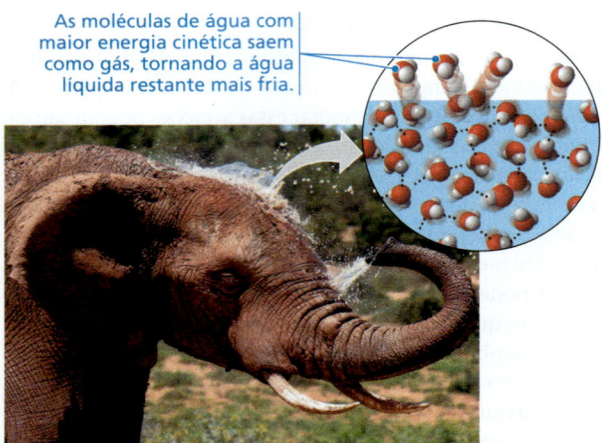

▲ **Figura 3.6 Resfriamento evaporativo.** Em clima quente, um elefante espalha a água da sua tromba sobre sua cabeça. A evaporação dessa água resfria o elefante.

Flutuação do gelo sobre a água líquida

A água é uma das poucas substâncias que são menos densas em forma sólida do que na forma líquida. Como resultado, o gelo flutua em água líquida. Enquanto outros materiais se contraem e se tornam mais densos quando solidificam, a água se expande. O motivo desse comportamento exótico é, novamente, a ligação de hidrogênio. Em temperaturas acima de 4°C, a água se comporta como os outros líquidos, expandindo ao aquecer e contraindo ao esfriar. À medida que a temperatura diminui de 4°C para 0°C, a água começa a congelar, pois uma quantidade cada vez maior de suas moléculas se move lentamente demais para quebrar as ligações de hidrogênio. A 0°C, as moléculas ficam presas em uma estrutura cristalina, com cada molécula de água unida por ligações de hidrogênio a quatro outras moléculas (ver Figura 3.1). As ligações de hidrogênio mantêm as moléculas próximas, mas a uma distância suficiente para tornar o gelo cerca de 10% menos denso (10% menos moléculas para igual volume) do que a água líquida a 4°C. Quando o gelo absorve calor suficiente para que sua temperatura suba acima de 0°C, as ligações de hidrogênio entre as moléculas são rompidas. À medida que o cristal se desfaz, o gelo derrete, e as moléculas têm menos ligações de hidrogênio, permitindo que se adensem. A água alcança sua maior densidade a 4°C e, então, começa a expandir à medida que as moléculas se movem mais rapidamente. Mesmo na água líquida, muitas moléculas estão conectadas por ligações de hidrogênio, embora apenas transitoriamente: as ligações de hidrogênio constantemente se rompem e se refazem.

A habilidade do gelo de flutuar devido à sua menor densidade é um fator importante na adequação do ambiente para vida. Se o gelo afundasse, então açudes, lagos e até oceanos poderiam acabar congelando; com isso, a vida como a conhecemos seria impossível na Terra. Durante o verão, apenas alguns centímetros da parte superior do oceano degelariam. Em vez disso, quando um corpo profundo de água resfria, o gelo flutua, isolando a água líquida abaixo. Isso evita que ela congele e permite que exista vida sob a superfície congelada, como mostrado na Figura 3.1. Além de isolar a água embaixo dele, o gelo também fornece um sólido hábitat para alguns animais, como ursos polares e focas.

Muitos cientistas estão preocupados que esses corpos de gelo estejam correndo o risco de desaparecer. O aquecimento global, causado pelos gases de dióxido de carbono e outros gases do efeito estufa na atmosfera (ver Figura 56.30), está causando um efeito profundo nos ambientes gelados ao redor do globo. No Ártico, a temperatura média do ar aumentou em 2,2°C desde 1961. Esse aumento de temperatura afetou o equilíbrio sazonal entre o gelo do mar Ártico e a água líquida; agora o gelo se forma mais tarde no ano, descongela antes e cobre uma área menor. A velocidade em que o gelo do mar Ártico e das geleiras está desaparecendo impõe um desafio extremo aos animais que dependem do gelo para sobreviver **(Figura 3.7)**.

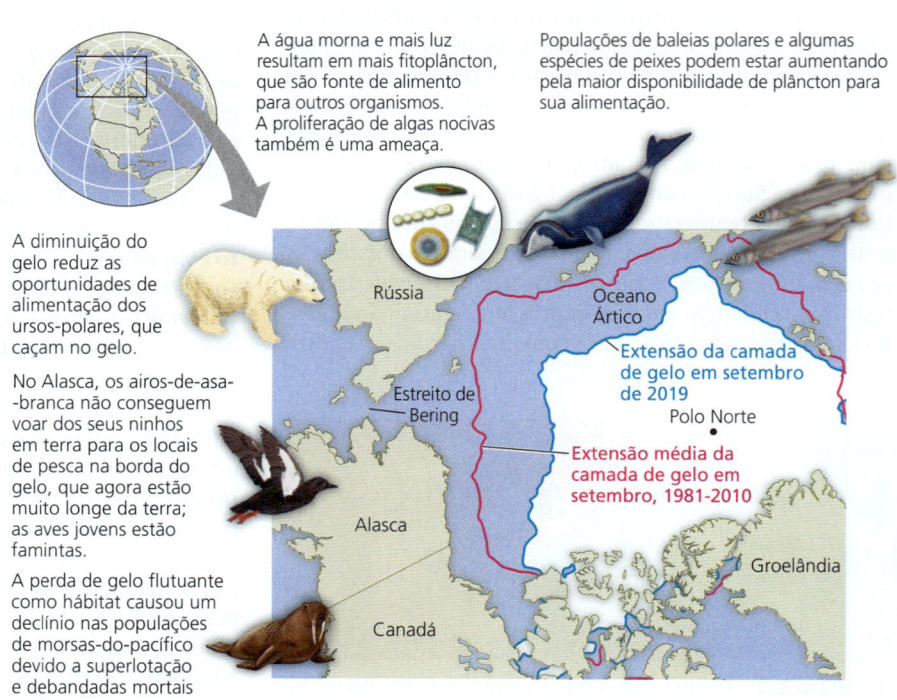

▲ **Figura 3.7 Efeitos das mudanças climáticas no Ártico.** Temperaturas mais quentes no Ártico fazem com que mais gelo do mar derreta no verão. A perda de gelo perturba o ecossistema, afetando várias espécies (os dados do mapa são do National Snow and Ice Data Center).

Água: o solvente da vida

Um cubo de açúcar colocado em um copo d'água se dissolverá. Com o tempo, o copo conterá uma mistura uniforme de açúcar e água; a concentração do açúcar dissolvido será igual em todas as partes da mistura. Um líquido que consiste em uma mistura completamente homogênea de duas ou mais substâncias é chamado de **solução**. O agente dissolvente de uma solução é o **solvente**, e a substância dissolvida é o **soluto**. Nesse caso, a água é o solvente e o açúcar é o soluto. Uma **solução aquosa** é aquela na qual o soluto está dissolvido na água; a água é o solvente.

A água é um solvente muito versátil, qualidade explicável pela polaridade da molécula da água. Suponhamos, por exemplo, que uma colher de sal de cozinha, o composto iônico cloreto de sódio (NaCl), seja colocada na água **(Figura 3.8)**. Na superfície de cada cristal (grão) de sal, os íons sódio ou cloro ficam expostos ao solvente. Esses íons e regiões das moléculas da água são atraídos uns pelos outros devido às cargas opostas. Os oxigênios das moléculas da água possuem regiões de carga negativa parcial que são atraídas pelos cátions de sódio. As regiões de hidrogênio são parcialmente carregadas positivamente e atraídas pelos ânions cloro. Como resultado, as moléculas da água envolvem os íons sódio e cloro individualmente, separando-os e protegendo-os uns dos outros. A esfera de moléculas de água em volta de cada íon dissolvido é chamada de **cápsula de hidratação**. Agindo desde a superfície até o interior de cada cristal de sal, a água termina dissolvendo todos os íons. O resultado é uma solução de dois solutos, cátions sódio e ânions cloro, homogeneamente misturados com a água, o solvente. Outros compostos iônicos também são dissolvidos na água. A água do mar, por exemplo, contém grande variedade de íons dissolvidos, assim como as células vivas.

Um composto não precisa ser iônico para dissolver-se na água; muitos compostos constituídos de moléculas polares não iônicas, como açúcares, são também solúveis em água.

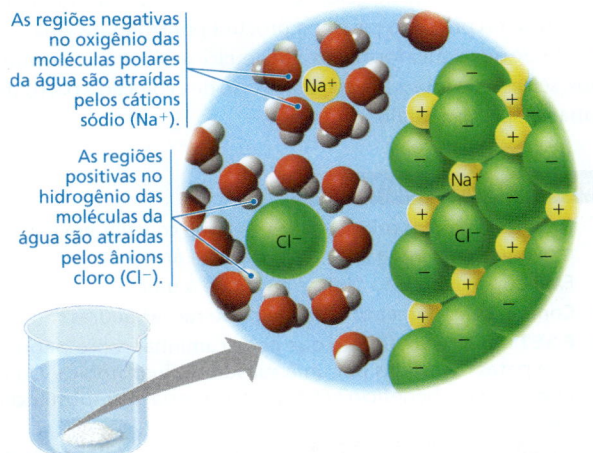

▲ **Figura 3.8 Sal de cozinha dissolvido em água.** Uma esfera de moléculas de água, chamada de cápsula de hidratação, envolve cada íon do soluto.

E SE? *O que aconteceria ao aquecermos essa solução por um longo tempo?*

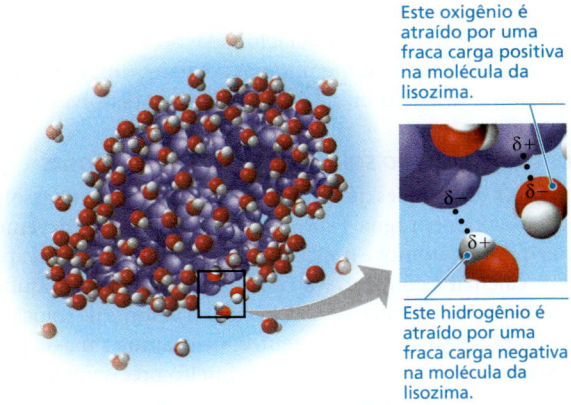

▲ **Figura 3.9 Proteína solúvel em água.** A lisozima humana é uma proteína encontrada nas lágrimas e na saliva com ação antibacteriana (ver Figura 5.16). Este modelo mostra a molécula de lisozima (roxo) em um meio aquoso. As regiões iônicas e polares na superfície da proteína atraem as regiões parcialmente carregadas nas moléculas de água.

Esses compostos dissolvem-se quando as moléculas da água envolvem cada molécula do soluto, formando ligações de hidrogênio com elas. Mesmo grandes moléculas como as proteínas podem ser dissolvidas na água se tiverem regiões iônicas e polares na sua superfície **(Figura 3.9)**. Muitos tipos diferentes de compostos polares são dissolvidos (junto com os íons) na água de fluidos biológicos como o sangue, a seiva de plantas e o líquido intracelular. A água é o solvente da vida.

Substâncias hidrofílicas e hidrofóbicas

Qualquer substância com afinidade pela água é considerada **hidrofílica** (do grego *hydro*, água, e *philos*, que gosta). Em certos casos, as substâncias podem ser hidrofílicas sem de fato dissolverem-se. Por exemplo, algumas moléculas nas células são tão grandes que não se dissolvem. Outro exemplo de uma substância hidrofílica que não se dissolve é o algodão, um produto vegetal. O algodão consiste em moléculas gigantes de celulose, composto com inúmeras regiões de cargas parciais positivas e negativas capazes de formar ligações de hidrogênio com a água. A água adere-se às fibras de celulose. Desse modo, uma toalha de algodão é excelente para enxugar o corpo, mas não se dissolve na máquina de lavar roupa. A celulose também ocorre nas paredes das células condutoras de água nos vegetais; foi mencionado anteriormente como a adesão da água a essas paredes hidrofílicas ajuda a água a se mover para cima na planta contra a força da gravidade.

Existem, é claro, substâncias sem afinidade pela água. As substâncias não iônicas e apolares (ou que por alguma outra razão não podem formar ligações de hidrogênio) na verdade parecem repelir a água; essas substâncias são chamadas de **hidrofóbicas** (do grego *phobos*, com medo). Um exemplo culinário é o óleo vegetal, que, como você sabe, não se mistura estavelmente com substâncias aquosas como o vinagre. O comportamento hidrofóbico das moléculas de óleo decorre de um grande número de ligações covalentes relativamente apolares, no caso, as ligações entre carbono e hidrogênio, com elétrons compartilhados quase igualmente. As moléculas hidrofóbicas relacionadas ao óleo são os principais ingredientes das membranas celulares (imagine o que aconteceria se a membrana de uma célula se dissolvesse!).

Concentração do soluto em soluções aquosas

A maioria das reações químicas nos organismos envolve solutos dissolvidos em água. Para entender essas reações, devemos saber quantos átomos e moléculas estão envolvidos e ser capazes de calcular a concentração dos solutos na solução aquosa (o número de moléculas de soluto em um volume de solução).

Ao executarmos experimentos, utilizamos a massa para calcular o número de moléculas. Primeiro precisamos calcular a **massa molecular**, que é a soma das massas de todos os átomos da molécula. Como exemplo, vamos calcular a massa molecular do açúcar de cozinha (sacarose), $C_{12}H_{22}O_{11}$, multiplicando o número de átomos pela massa atômica de cada elemento (ver a tabela periódica no final do livro). Em números arredondados de dáltons, a massa do átomo de carbono é 12, a massa do átomo de hidrogênio é 1, e a massa do átomo de oxigênio é 16. Assim, a sacarose tem massa molecular de $(12 \times 12) + (22 \times 1) + (11 \times 16) = 342$ dáltons. Como não podemos pesar números pequenos de moléculas, em geral medimos as substâncias em unidades chamadas de mols. Assim como uma dúzia sempre significa 12 objetos, um **mol** representa um número preciso de objetos: $6,02 \times 10^{23}$, ou número de Avogadro. Devido à maneira pela qual o número de Avogadro e a unidade *dálton* foram inicialmente definidos, há $6,02 \times 10^{23}$ dáltons em 1 g. Uma vez que determinamos a massa molecular de uma molécula como a sacarose, podemos utilizar o mesmo número (342), mas com a unidade *grama*, para representar a massa de $6,02 \times 10^{23}$ moléculas de sacarose, ou 1 mol de sacarose (isso às vezes é chamado de *massa molar*). Portanto, para obter 1 mol de sacarose no laboratório, pesamos 342 g.

A vantagem prática de medir uma quantidade de compostos químicos em mols é que 1 mol de uma substância tem exatamente o mesmo número de moléculas que 1 mol de qualquer outra substância. Se a massa molecular da substância A é 342 dáltons, e a da substância B é 10 dáltons, então 342 g de A terão o mesmo número de moléculas que 10 g de B. Um mol do álcool etílico (C_2H_6O) também contém $6,02 \times 10^{23}$ moléculas, mas sua massa é de apenas 46 g, porque a massa da molécula do álcool etílico é menor que a da molécula de sacarose. A medida em mols é conveniente para os cientistas que trabalham em laboratório, para combinar substâncias em proporções fixas de moléculas.

Como fazemos 1 litro (L) de solução de 1 mol de sacarose dissolvido em água? Medimos 342 g de sacarose e, então, gradualmente adicionamos água, sob agitação, até o açúcar ficar completamente dissolvido. Após, adicionamos água suficiente para levar o volume total da solução para 1 L. A essa altura, teríamos uma solução 1 molar ($1\ M$) de sacarose. A **molaridade** – o número de mols de soluto por litro da solução – é a unidade de concentração utilizada com mais frequência por biólogos para as soluções aquosas.

A capacidade da água como um solvente versátil complementa outras propriedades discutidas neste capítulo.

▲ **Figura 3.10 Evidência de água líquida em Marte.** Parece que a água ajudou a formar estas manchas escuras que correm morro abaixo em Marte durante o verão. Cientistas da NASA também encontraram evidências de sais hidratados, indicando a presença de água (esta fotografia tratada digitalmente foi obtida pelo Mars Reconnaissance Orbiter).

Uma vez que essas incríveis propriedades da água possibilitam a vida na Terra, os cientistas em busca de vida em qualquer lugar no universo procuram por água como um sinal de que o planeta possibilite a vida.

Possível evolução da vida em outros planetas

EVOLUÇÃO Os biólogos em busca de vida em qualquer lugar no universo (conhecidos como *astrobiólogos*) concentram sua procura em planetas que possam ter água. Mais de 800 planetas foram encontrados fora do nosso sistema solar, com evidências de presença de vapor de água em alguns. No nosso sistema solar, Marte tem sido foco de estudo. Assim como a Terra, Marte possui uma capa de gelo em ambos os polos. Imagens obtidas por naves espaciais enviadas a Marte mostraram que existe gelo logo abaixo da superfície de Marte e vapor de água suficiente na sua atmosfera para formar gelo. Em 2015, cientistas encontraram evidências de água corrente em Marte **(Figura 3.10)**, e, em 2018, um estudo utilizando um radar concluiu que existe um grande reservatório de água líquida 1,5 km abaixo da superfície de gelo. Perfurações abaixo da superfície podem ser o próximo passo na procura por sinais de vida em Marte. Se quaisquer formas de vida ou fósseis forem encontrados, seu estudo irá esclarecer o processo de evolução a partir de uma perspectiva totalmente nova.

REVISÃO DO CONCEITO 3.2

1. Descreva como as propriedades da água contribuem para o movimento da água para cima em uma árvore.
2. Explique a expressão "Não é o calor, é a umidade".
3. Como o congelamento da água pode rachar pedras?
4. **E SE?** Um alfaiate (inseto que pode caminhar sobre a água) tem patas revestidas por uma substância hidrofóbica. Qual poderia ser o benefício? O que aconteceria se a substância fosse hidrofílica?
5. **INTERPRETE OS DADOS** A concentração do hormônio regulador do apetite grelina é de aproximadamente $1,3 \times 10^{-10}\ M$ no sangue de uma pessoa em jejum. Quantas moléculas de grelina existem em 1 L de sangue?

Ver as respostas sugeridas no Apêndice A.

CONCEITO 3.3

Condições ácidas e básicas afetam os organismos vivos

Ocasionalmente, um átomo de hidrogênio participando de uma ligação de hidrogênio entre duas moléculas de água move-se de uma molécula para a outra. Quando isso acontece, o átomo de hidrogênio deixa o elétron para trás. O que realmente se transfere é um **íon hidrogênio** (H^+), um único próton com carga 1+. A molécula de água que perdeu um próton agora é um **íon hidróxido** (OH^-) que tem uma carga 1−. O próton liga-se a outra molécula de água, tornando a molécula um **íon hidrônio** (H_3O^+). Podemos representar a reação química desta forma:

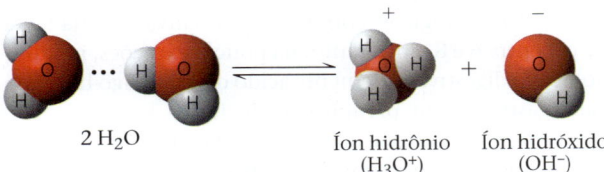

2 H_2O ⇌ Íon hidrônio (H_3O^+) + Íon hidróxido (OH^-)

Por convenção, H^+ (o íon hidrogênio) é utilizado para representar H_3O^+ (íon hidrônio), e seguimos esse uso aqui. Entretanto, lembre-se de que H^+ não existe por si só em soluções aquosas: está sempre associado a outra molécula de água em forma de H_3O^+.

Como indicado pela seta dupla, essa reação é reversível e alcança o estado de equilíbrio dinâmico quando as moléculas da água se dissociam no mesmo ritmo em que vão sendo refeitas a partir de H^+ e OH^-. Nesse ponto de equilíbrio, a concentração de moléculas de água excede muito a concentração de H^+ e OH^-. Na água pura, apenas 1 em cada 554 milhões de moléculas de água se encontra dissociada. A concentração de H^+ e OH^- na água pura é de 10^{-7} M (a 25°C). Isso significa que há apenas um décimo de milionésimo de mol de íons hidrogênio por litro de água pura e um número igual de íons hidróxido. (Mesmo assim, isso equivale a uma enorme quantidade – mais de 60.000 *trilhões* – de cada íon em 1 litro de água pura.)

A dissociação da água é reversível e estatisticamente rara, mas de extrema importância na química da vida. O H^+ e o OH^- são muito reativos. As mudanças em suas concentrações podem afetar drasticamente as proteínas da célula e outras moléculas complexas. Como vimos, as concentrações de H^+ e OH^- são iguais na água pura, mas adicionando certos tipos de solutos, chamados de ácidos e bases, o equilíbrio é rompido. Os biólogos utilizam a escala de pH para descrever o quão ácida ou básica (oposto de ácida) é a solução. No restante deste capítulo, vamos aprender sobre ácidos, bases e pH e como mudanças no pH podem afetar desfavoravelmente os organismos.

Ácidos e bases

Por que uma solução aquosa apresentaria desequilíbrio nas concentrações de H^+ e OH^-? Quando os ácidos se dissolvem na água, doam H^+ adicionais para a solução. Um **ácido** é uma substância que aumenta a concentração de íon hidrogênio de uma solução. Por exemplo, quando o ácido clorídrico (HCl) é adicionado na água, os íons hidrogênio dissociam-se dos íons cloro:

$$HCl \rightarrow H^+ + Cl^-$$

Essa fonte de H^+ (a dissociação da água é outra fonte) resulta em uma solução ácida – com mais H^+ do que OH^-.

Uma substância que reduz a concentração de íons hidrogênio de uma solução é chamada de **base**. Algumas bases reduzem a concentração de H^+ pela captação direta de íons hidrogênio. A amônia (NH_3), por exemplo, atua como base quando os dois elétrons não compartilhados na camada de valência do nitrogênio atraem um íon hidrogênio da solução, resultando no íon amônio (NH_4^+):

$$NH_3 + H^+ \rightleftharpoons NH_4^+$$

Outras bases reduzem a concentração de H^+ de modo indireto, dissociando-se para formar íons hidróxido que combinam com íons hidrogênio para formarem água. Uma base desse tipo é o hidróxido de sódio (NaOH) que, na água, dissocia-se nos seus íons:

$$NaOH \rightarrow Na^+ + OH^-$$

Nos dois casos, a base reduz a concentração de H^+. As soluções com maior concentração de OH^- do que H^+ são conhecidas como soluções básicas. Uma solução com igual concentração de H^+ e OH^- é dita neutra.

Observe que setas simples são utilizadas nas reações de HCl e NaOH. Esses compostos dissociam-se completamente quando misturados com água. Por isso, o ácido clorídrico é considerado um ácido forte, e o hidróxido de sódio, uma base forte. Por outro lado, a amônia é uma base relativamente fraca. As setas duplas na reação da amônia indicam que a ligação e liberação de íons hidrogênio são reações reversíveis, embora no equilíbrio haja uma proporção fixa de NH_4^+ para NH_3.

Há também ácidos fracos, que liberam e recebem de forma reversível íons hidrogênio. Um exemplo é o ácido carbônico:

$$\underset{\text{Ácido carbônico}}{H_2CO_3} \rightleftharpoons \underset{\text{Íon bicarbonato}}{HCO_3^-} + \underset{\text{Íon hidrogênio}}{H^+}$$

Aqui, o equilíbrio é tão favorável à reação para a esquerda que, quando o ácido carbônico é adicionado na água pura, apenas 1% das moléculas são dissociadas em um determinado tempo. Ainda assim, isso já é suficiente para mudar o equilíbrio de H^+ e OH^- da neutralidade.

A escala do pH

Em qualquer solução aquosa a 25°C, o produto das concentrações de H^+ e OH^- é uma constante, 10^{-14}. Isso pode ser escrito assim:

$$[H^+][OH^-] = 10^{-14}$$

(Os colchetes indicam concentração molar.) Como mencionado anteriormente, em uma solução neutra a 25°C, $[H^+] = 10^{-7}$ e $[OH^-] = 10^{-7}$. Portanto, o produto de $[H^+]$ e $[OH^-]$ em uma solução neutra a 25°C é 10^{-14}. Se for adicionado ácido suficiente a uma solução para aumentar $[H^+]$ para $10^{-5}\,M$, então $[OH^-]$ diminuirá para uma quantidade equivalente a $10^{-9}\,M$ (observe que $10^{-5} \times 10^{-9} = 10^{-14}$). Essa relação constante expressa o comportamento de ácidos e bases em solução aquosa. Um ácido não apenas adiciona íons hidrogênio a uma solução, mas também remove íons hidróxido devido à tendência do H^+ de combinar-se com a OH^-, formando água. Uma base tem o efeito oposto, aumentando a concentração de OH^-, mas também reduzindo a concentração de H^+ pela formação de água. Se quantidades suficientes de uma base forem adicionadas para elevar a concentração de OH^- para $10^{-4}\,M$, isso causará a diminuição da concentração de H^+ para $10^{-10}\,M$. Sempre que soubermos a concentração tanto de H^+ como de OH^- em uma solução aquosa, poderemos deduzir a concentração do outro íon.

A escala de pH **(Figura 3.11)** é um método numérico simples para expressar a faixa de concentrações de H^+. As concentrações de H^+ das soluções podem variar por um fator de 100 trilhões ou mais. Em vez de usar mols por litro, a escala de pH comprime a faixa de concentrações de H^+ por meio do emprego de logaritmos. O **pH** de uma solução é definido como o logaritmo negativo (base 10) da concentração de H^+:

$$pH = -\log [H^+]$$

Para uma solução aquosa neutra, $[H^+]$ é $10^{-7}\,M$, que resulta em

$$-\log 10^{-7} = -(-7) = 7$$

Observe que o pH *diminui* à medida que a concentração de H^+ *aumenta* (ver Figura 3.11). Observe também que, embora a escala do pH se baseie na concentração de H^+, ela também envolve a concentração de OH^-. Uma solução de pH 10 tem concentração de íon hidrogênio de $10^{-10}\,M$ e concentração de íon hidróxido de $10^{-4}\,M$.

O pH de uma solução aquosa neutra a 25°C é 7, o ponto médio da escala de pH. Um pH menor do que 7 indica solução ácida; quanto menor o número, mais ácida a solução. O pH de soluções básicas é maior do que 7. A maioria dos fluidos biológicos, como sangue e saliva, fica na faixa de pH entre 6 e 8. Entretanto, há poucas exceções, incluindo o suco digestivo fortemente ácido do estômago humano (suco gástrico), com pH aproximado de 2.

Lembre-se que cada unidade de pH representa uma diferença de dez vezes nas concentrações de H^+ e OH^-. É essa propriedade matemática que torna a escala de pH tão compacta. Soluções de pH 3 não são duas vezes mais ácidas quanto soluções de pH 6, e sim mil vezes ($10 \times 10 \times 10$) mais ácidas. Quando o pH de uma solução muda um pouco, as concentrações reais de H^+ e OH^- na solução mudam bastante.

Tampões

O pH interno da maioria das células vivas é próximo a 7. Mesmo uma pequena mudança no pH pode ser prejudicial, porque os processos químicos das células são muito sensíveis às concentrações de íons hidrogênio e hidróxido. O pH do sangue humano é muito próximo a 7,4, levemente básico. Uma pessoa não poderia sobreviver por mais de poucos minutos se o pH do sangue diminuísse para 7 ou aumentasse para 7,8. Existe um sistema químico no sangue que mantém o pH estável. Se você adicionar 0,01 mol de um ácido forte a 1 litro de água pura, o pH diminuirá de 7 para 2. Entretanto, se a mesma quantidade de ácido for adicionada a 1 litro de sangue, a redução do pH será apenas de 7,4 para 7,3. Por que a adição de ácido tem efeito bem menor no pH do sangue do que no pH da água?

A presença de substâncias chamadas de tampões permite um pH relativamente constante nos fluidos biológicos apesar da adição de ácidos ou bases. **Tampões** são substâncias que minimizam as mudanças nas concentrações de H^+ e OH^- em uma solução. Eles fazem isso captando íons hidrogênio em excesso na solução e doando íons hidrogênio quando eles estão esgotados. A maioria das soluções tampão contém um ácido fraco e sua base correspondente, que se combina reversivelmente com íons hidrogênio.

Diversos tampões contribuem para a estabilidade do pH no sangue humano e em muitas outras soluções biológicas. Um desses tampões é o ácido carbônico (H_2CO_3), formado quando o CO_2 reage com a água no plasma do sangue.

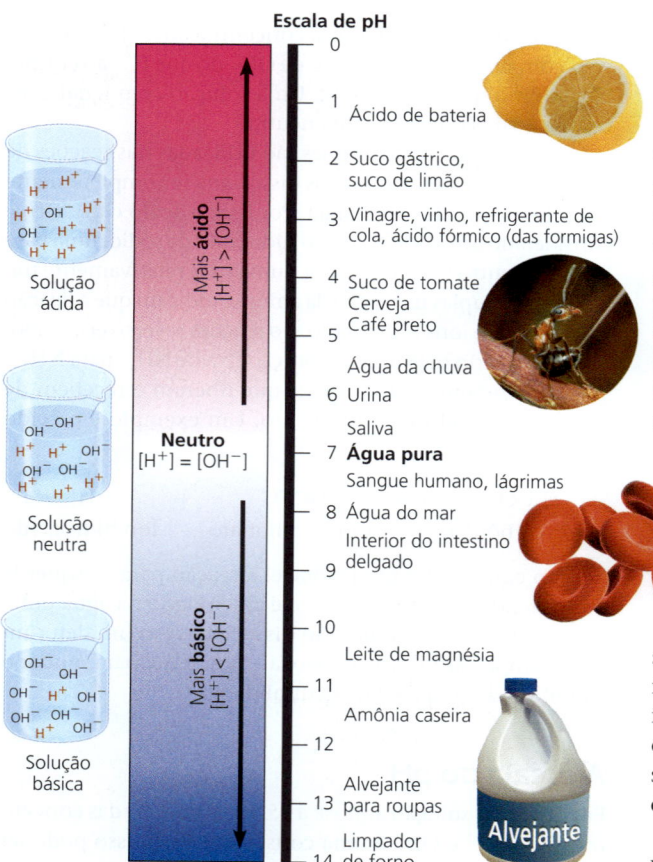

▲ **Figura 3.11** A escala do pH e os valores de pH de certas soluções aquosas.

Como mencionado, o ácido carbônico dissocia-se e produz um íon bicarbonato (HCO_3^-) e um íon hidrogênio (H^+):

$$\underset{\substack{\text{Doador de} \\ H^+ \text{ (ácido)}}}{H_2CO_3} \underset{\substack{\text{Resposta a uma} \\ \text{diminuição no pH}}}{\overset{\substack{\text{Resposta a um} \\ \text{aumento no pH}}}{\rightleftarrows}} \underset{\substack{\text{Aceptor de } H^+ \\ \text{(base)}}}{HCO_3^-} + \underset{\substack{\text{Íon} \\ \text{hidrogênio}}}{H^+}$$

O equilíbrio químico entre o ácido carbônico e o bicarbonato age como regulador de pH. A reação muda para a esquerda ou para a direita conforme os outros processos na solução adicionam ou removem íons hidrogênio. Se a concentração de H^+ no sangue começar a cair (i.e., se o pH aumentar), a reação tende para a direita e mais ácido carbônico dissocia-se, reabastecendo os íons hidrogênio. No entanto, quando a concentração de H^+ no sangue começa a aumentar (quando o pH diminui), a reação pende para a esquerda, com HCO_3^- (a base) removendo os íons hidrogênio da solução e formando H_2CO_3. Portanto, o sistema tampão ácido carbônico-bicarbonato consiste em um ácido e uma base em equilíbrio mútuo. A maioria dos outros tampões também são pares de ácido-base.

Acidificação: uma ameaça aos nossos oceanos

Entre as várias ameaças à qualidade da água causadas pelas atividades humanas, está a queima de combustível fóssil que libera CO_2 na atmosfera. O resultante aumento dos níveis de CO_2 atmosférico causou o aquecimento global e outros aspectos das mudanças climáticas (ver Conceito 56.4). Além disso, cerca de 25% do CO_2 gerado pelos humanos é absorvido pelos oceanos. Devido ao grande volume de água nos oceanos, os cientistas temem que a absorção de tanto CO_2 cause danos aos ecossistemas marinhos.

Dados recentes mostraram que essa preocupação tem fundamento. Quando o CO_2 se dissolve na água do mar, ele reage com a água para formar ácido carbônico, o que diminui o pH dos oceanos. Esse processo, conhecido como **acidificação dos oceanos**, altera o equilíbrio delicado das condições para vida nos oceanos **(Figura 3.12)**. Com base nas medidas dos níveis de CO_2 nas bolhas de ar presas no gelo durante milhares de anos, os cientistas calcularam que o pH dos oceanos está 0,1 unidade de pH mais baixo (mais ácido) agora do que nos últimos 420 mil anos. Estudos recentes predizem que o pH oceânico irá diminuir mais 0,3 a 0,5 unidade até o final deste século.

À medida que a água dos oceanos acidifica, os íons hidrogênio extras combinam-se com os íons carbonato (CO_3^{2-}) para formar íons bicarbonato (HCO_3^-), reduzindo, assim, a concentração de íons carbonato (ver Figura 3.12). Os cientistas predizem que, devido à acidificação oceânica, a concentração de íons carbonato diminuirá em torno de 40% até 2100. Isso é preocupante, pois os íons carbonato são necessários para calcificação, a produção de carbonato de cálcio ($CaCO_3$) por vários organismos marinhos, incluindo corais formadores de recifes e animais que produzem conchas. No **Exercício de habilidades científicas**, você pode trabalhar com dados de um experimento que estuda o efeito da concentração do íon

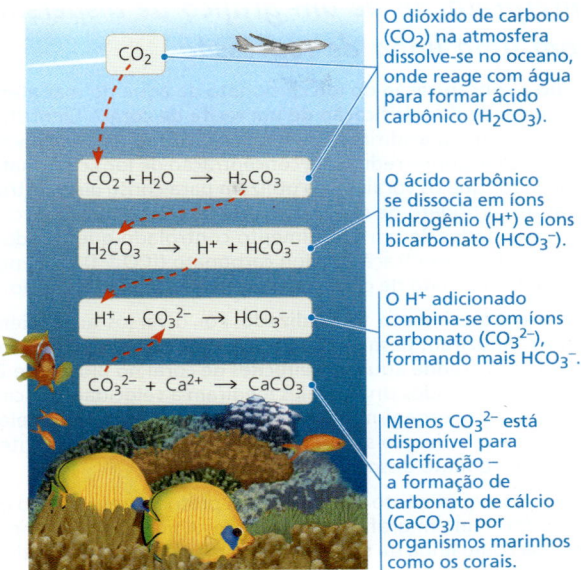

▲ **Figura 3.12** CO_2 atmosférico a partir de atividades humanas e seu destino no oceano.

HABILIDADES VISUAIS *Resuma o efeito da adição de CO_2 excessivo aos oceanos no processo de calcificação na equação final.*

carbonato nos recifes de corais, utilizando um sistema artificial. Em 2018, pesquisadores realizaram o primeiro estudo de aumento de CO_2 sobre um recife de corais natural não confinado, observando que a adição de CO_2 suprimia a calcificação e concluindo que a acidificação dos oceanos provavelmente cause "alterações profundas em todo o ecossistema nos recifes de corais". Os recifes de corais são ecossistemas sensíveis que atuam como refúgio para uma grande diversidade de vida marinha. O desaparecimento de ecossistemas de recifes de corais seria uma perda trágica para a diversidade biológica.

Se há alguma razão para otimismo sobre a futura qualidade das fontes de água do nosso planeta, é que avançamos no conhecimento sobre o delicado equilíbrio químico nos oceanos, lagos e rios. Só será possível um progresso contínuo a partir de ações de pessoas bem informadas, como vocês, que estejam preocupadas com a qualidade do ambiente. Isso requer a compreensão do papel crucial que a água exerce na adequabilidade do ambiente para a manutenção da vida na Terra.

REVISÃO DO CONCEITO 3.3

1. Comparado com uma solução básica de pH 9, o mesmo volume de uma solução ácida de pH 4 tem _____ vezes mais íons hidrogênio (H^+).
2. O HCl é um ácido forte que se dissocia na água: $HCl \rightarrow H^+ + Cl^-$. Qual o pH de 0,01 M de HCl?
3. O ácido acético (CH_3COOH) pode agir como tampão, de modo similar ao ácido carbônico. Escreva a reação de dissociação, identificando o ácido, a base, o aceptor de H^+ e o doador de H^+.
4. **E SE?** Considerando 1 litro de água pura e 1 litro de solução de ácido acético, o que aconteceria com o pH, em geral, ao adicionarmos 0,01 mol de um ácido forte a cada um? Utilize a reação da questão 3 para explicar o resultado.

Ver as respostas sugeridas no Apêndice A.

Exercício de habilidades científicas

Interpretação de um gráfico de dispersão com uma linha de regressão

Como a concentração do íon carbonato da água do mar afeta a velocidade de calcificação de um recife de coral? Cientistas predizem que a acidificação oceânica devido aos altos níveis de CO_2 atmosférico reduzirá a concentração de íons carbonato dissolvidos que os corais vivos utilizam para construir as estruturas de carbonato de cálcio dos recifes. Neste exercício, você analisará dados de um experimento controlado que estudou o efeito da concentração do íon carbonato ($[CO_3^{2-}]$) na deposição do carbonato de cálcio, processo chamado calcificação.

Como o experimento foi realizado Por diversos anos, cientistas conduziram pesquisas sobre a acidificação dos oceanos usando um grande aquário de recifes de coral no Biosphere 2, no Arizona, Estados Unidos. Eles mediram a velocidade de calcificação pelos organismos do recife e estudaram como a velocidade de calcificação se alterou com quantidades diferentes de íons carbonato dissolvidos na água do mar.

Dados do experimento Os pontos em preto representando os dados formam um gráfico de dispersão. A linha vermelha, conhecida como linha de regressão linear, é a melhor reta obtida para esses pontos.

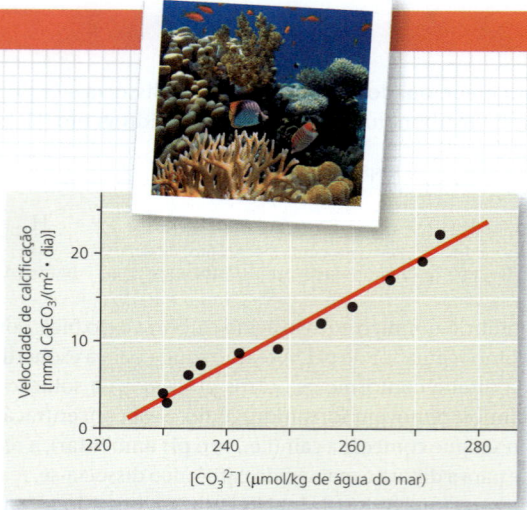

Dados de C. Langdon et al., Effect of calcium carbonate saturation state on the calcification rate of an experimental coral reef, *Global Biogeochemical Cycles* 14:639-654 (2000).

INTERPRETE OS DADOS

1. Quando os dados de um experimento são apresentados na forma de um gráfico, a primeira etapa da análise é determinar o que cada eixo representa. **(a)** Em palavras, o que está sendo mostrado no eixo *x*? (Inclua as unidades.) **(b)** O que está no eixo *y*? **(c)** Qual é a variável independente – a variável que foi *manipulada* pelos pesquisadores? **(d)** Qual é a variável dependente – a variável que respondeu ao tratamento ou dependeu dele – que foi *medida* pelos pesquisadores? (Ver informações adicionais sobre gráficos na Revisão de habilidades científicas no Apêndice D.)

2. Com base nos dados mostrados no gráfico, descreva a relação entre a concentração do íon carbonato e a velocidade de calcificação.

3. **(a)** Se a concentração de íons carbonato da água do mar for de 270 μmol/kg, estime a velocidade de calcificação e quantos dias seriam necessários para que 1 m² de recife acumulasse 30 mmol de carbonato de cálcio ($CaCO_3$)? **(b)** Se a concentração de íons carbonato da água do mar for de 250 μmol/kg, qual a velocidade de calcificação estimada e aproximadamente quantos dias seriam necessários para que 1 m² de recife acumulasse 30 mmol de carbonato de cálcio? **(c)** Se a concentração dos íons carbonato diminuir, como a velocidade de calcificação se altera e como isso afeta o tempo que leva para o coral crescer?

4. **(a)** Qual etapa do processo na Figura 3.12 é medida neste experimento? **(b)** Os resultados deste experimento são consistentes com a hipótese de que a $[CO_2]$ aumentada no ar atmosférico diminuirá o crescimento dos recifes de coral? Por quê?

3 Revisão do capítulo

RESUMO DOS CONCEITOS-CHAVE

DESENHE Indique uma ligação de hidrogênio e uma ligação covalente polar no diagrama das cinco moléculas de água. Uma ligação de hidrogênio é uma ligação covalente? Explique.

CONCEITO 3.1

As ligações covalentes polares nas moléculas de água promovem ligações de hidrogênio (p. 45)

- A água é uma **molécula polar**. Uma ligação de hidrogênio se forma quando uma região parcialmente carregada negativamente do oxigênio da molécula de água é atraída para o hidrogênio parcialmente carregado positivamente da molécula de água próxima. A ligação de hidrogênio entre moléculas de água é a base para as propriedades da água.

CONCEITO 3.2

Quatro propriedades emergentes da água contribuem para a adequabilidade da Terra à vida (p. 45-50)

- A ligação de hidrogênio mantém as moléculas de água próximas, causando a **coesão** da água. A ligação de hidrogênio também é responsável pela **tensão superficial** da água.
- A água tem **calor específico** elevado: o calor é absorvido quando as ligações de hidrogênio se rompem e é liberado quando as ligações de hidrogênio se formam. Isso ajuda a manter a **temperatura** relativamente estável, dentro dos limites favoráveis à vida. O **esfriamento evaporativo** baseia-se no elevado **calor de vaporização** da água. A perda por evaporação das moléculas mais energéticas da água resfria as superfícies.

- O gelo flutua porque é menos denso do que a água líquida. Isso possibilita que exista vida embaixo das superfícies congeladas de lagos e mares polares.
- A água é um **solvente** de rara versatilidade porque suas moléculas polares são atraídas por substâncias carregadas e polares, capazes de formar ligações de hidrogênio. As substâncias **hidrofílicas** têm afinidade pela água; as substâncias **hidrofóbicas**, não. A **molaridade**, o número de mols de **soluto** por litro de solução, é utilizada como medida de concentração de soluto em soluções. Um **mol** é um certo número de moléculas de uma substância. A massa de um mol da substância em gramas é igual à **massa molecular** em dáltons.
- As propriedades emergentes da água dão suporte à vida na Terra e podem contribuir para que o potencial para a vida tenha evoluído em outros planetas.

? *Descreva como diferentes tipos de solutos se dissolvem em água. Explique o que é uma solução.*

CONCEITO 3.3

Condições ácidas e básicas afetam os organismos vivos *(p. 51-54)*

- Uma molécula de água pode transferir um H^+ para outra molécula de água para formar H_3O^+ (representado simplesmente por H^+) e OH^-.
- A concentração de H^+ é expressa como **pH**; onde $pH = -\log[H^+]$. Um **tampão** consiste em um par ácido-base que se combina reversivelmente com íons hidrogênio, permitindo resistência a mudanças no pH.
- A queima de combustível fóssil aumenta a quantidade de CO_2 na atmosfera. Parte do CO_2 dissolve nos oceanos, causando a **acidificação oceânica**, que tem consequências graves para os organismos marinhos que dependem de calcificação.

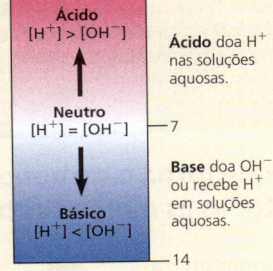

? *Explique o que ocorre com a concentração de íons hidrogênio em uma solução aquosa quando você adiciona uma base e faz a concentração de OH^- se elevar até 10^{-3}. Qual é o pH dessa solução?*

TESTE SEU CONHECIMENTO

Níveis 1-2: Relembre/Entenda

1. Qual dos seguintes materiais é hidrofóbico?
   (A) papel
   (B) sal de cozinha
   (C) cera
   (D) açúcar
2. Temos certeza de que 1 mol de açúcar e 1 mol de vitamina C são iguais em
   (A) massa.
   (B) volume.
   (C) número de átomos.
   (D) número de moléculas.
3. Medidas mostram que o pH de um determinado lago é 4,0. Qual a concentração de íon hidrogênio no lago?
   (A) $4\,M$
   (B) $10^{-10}\,M$
   (C) $10^{-4}\,M$
   (D) $10^4\,M$
4. Qual a concentração de íon *hidróxido* do lago da questão 3?
   (A) $10^{-10}\,M$
   (B) $10^{-4}\,M$
   (C) $10^{-7}\,M$
   (D) $10\,M$

Níveis 3-4: Aplique/Analise

5. Uma fatia de pizza tem 500 kcal. Se pudéssemos queimar a pizza e utilizar todo o calor para aquecer um recipiente de água fria de 50 L, qual seria o aumento aproximado na temperatura da água? (Nota: 1 litro de água fria pesa aproximadamente 1 kg.)
   (A) 50°C
   (B) 5°C
   (C) 100°C
   (D) 10°C
6. **DESENHE** Desenhe as cápsulas de hidratação que se formam em torno do íon potássio e do íon cloreto quando o cloreto de potássio (KCl) se dissolve. Indique as cargas positivas, negativas e parciais.

Níveis 5-6: Avalie/Crie

7. Quando há previsão de geada, os produtores pulverizam água na lavoura para proteger as plantas. Utilize as propriedades da água para explicar como esse método funciona. Mencione por que as ligações de hidrogênio são responsáveis por esse fenômeno.
8. **FAÇA CONEXÕES** O que as mudanças climáticas (ver Conceitos 1.1 e 3.2) e a acidificação oceânica têm em comum?
9. **CONEXÃO EVOLUTIVA** Este capítulo explica como as propriedades emergentes da água contribuem para a adaptabilidade do meio para vida. Até recentemente, cientistas assumiam que outras necessidades físicas para a vida incluíam uma variação moderada de temperatura, pH, pressão atmosférica e salinidade, assim como níveis baixos de compostos tóxicos. Essa visão mudou com a descoberta de organismos conhecidos como extremófilos, que florescem em fontes sulfúricas ácidas quentes, em torno de fendas hidrotermais profundas nos oceanos e em solos com altos níveis de metais tóxicos. Por que astrobiólogos estariam estudando os extremófilos? O que a existência de vida nesses ambientes extremos diria sobre a possibilidade de vida em outros planetas?
10. **PESQUISA CIENTÍFICA** Projete um experimento controlado para testar a hipótese de que a acidificação da água causada pela chuva ácida inibe o crescimento de *Elodea*, uma planta comum de água doce (ver Figura 2.17).
11. **ESCREVA SOBRE UM TEMA: ORGANIZAÇÃO** Algumas propriedades emergentes da água contribuem para a adequabilidade do ambiente para a vida. Em um texto sucinto (100-150 palavras), descreva como a habilidade da água em funcionar como um solvente versátil surge a partir da estrutura das moléculas de água.
12. **SINTETIZE SEU CONHECIMENTO**

Como os gatos bebem água? Cientistas, usando vídeos de alta velocidade, mostraram que os gatos usam uma técnica interessante para beber substâncias aquosas como água e leite. O gato toca a ponta da língua quatro vezes por segundo na água e forma uma coluna de água em direção da sua boca (como você pode ver na fotografia), que, então, fecha antes que a gravidade possa puxar a água de volta para baixo. Descreva como as propriedades da água permitem aos gatos beber água dessa forma, incluindo como a estrutura molecular da água contribui para o processo.

Ver respostas selecionadas no Apêndice A.

4 Carbono e a diversidade molecular da vida

CONCEITOS-CHAVE

4.1 A química orgânica é a chave para a origem da vida *p. 57*

4.2 Os átomos de carbono podem formar diversas moléculas ligando-se a outros quatro átomos *p. 58*

4.3 Alguns grupos químicos são essenciais para a função molecular *p. 62*

Dica de estudo

Identifique os grupos químicos: depois de ler a Figura 4.9, procure nos Capítulos 4 e 5 as moléculas que possuem os grupos químicos mostrados naquela figura. Circule e identifique os grupos químicos que encontrar, como no exemplo a seguir:

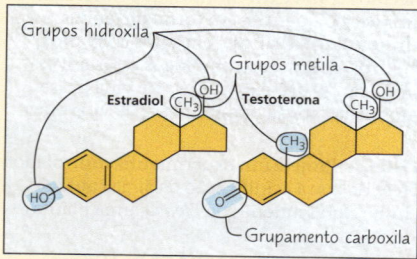

Figura 4.1 Os macacos-dourados-de-nariz-arrebitado-de-qinling e outros organismos vivos nesta floresta montanhosa no sudoeste da China são constituídos de compostos químicos baseados principalmente no elemento carbono. De todos os elementos químicos, o carbono é ímpar pela sua habilidade de formar moléculas grandes, complexas e diversas, tornando possível a diversidade de organismos que evoluíram na Terra.

O que torna o carbono a base para todas as moléculas biológicas?

O carbono pode formar quatro ligações, portanto pode se ligar com até quatro outros átomos ou grupos de átomos.

O carbono pode se ligar a outros carbonos, resultando em um esqueleto de carbono. O carbono também se liga normalmente a

 hidrogênio,

 oxigênio e

nitrogênio.

As propriedades de uma molécula que contém carbono dependem do arranjo do seu **esqueleto de carbono** e dos seus **grupos químicos**.

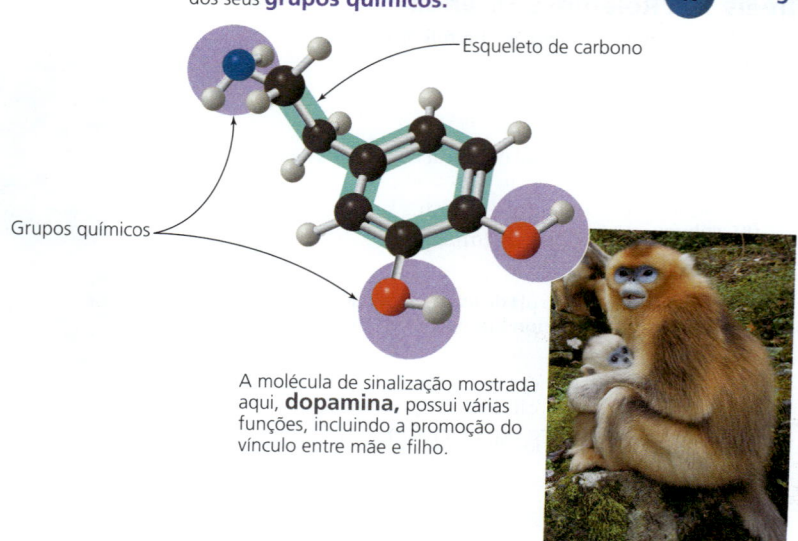

A molécula de sinalização mostrada aqui, **dopamina**, possui várias funções, incluindo a promoção do vínculo entre mãe e filho.

CONCEITO 4.1

A química orgânica é a chave para a origem da vida

Por razões históricas, os compostos com carbono são chamados de orgânicos, e o seu estudo é chamado de **química orgânica**. Compostos orgânicos variam de moléculas simples, como o metano (CH_4), até moléculas enormes, como as proteínas, com milhares de átomos.

EVOLUÇÃO Em 1953, Stanley Miller, um estudante de pós-graduação de Harold Urey na Universidade de Chicago, projetou um experimento sobre a síntese abiótica (sem vida) de compostos orgânicos para investigar a origem da vida. Estude a **Figura 4.2** para aprender mais sobre o seu experimento clássico. A partir de seus resultados, Miller concluiu que moléculas orgânicas complexas podiam surgir espontaneamente em condições que, naquela época, se pensava ter existido na Terra primitiva. Você pode trabalhar com os dados de um experimento relacionado no **Exercício de habilidades científicas**. Esses experimentos sustentam a ideia de que a síntese abiótica de compostos orgânicos, talvez perto de vulcões, pode ter sido um estágio inicial na origem da vida (ver a Figura 25.2).

No Conceito 3.2, você aprendeu sobre as evidências da presença de água em Marte. Um fato ainda mais empolgante é que, em 2018, a NASA relatou que a sonda *Curiosity* havia encontrado compostos à base de carbono em Marte, em uma cratera onde existiu um lago. Embora esses compostos possam ter sido trazidos para Marte em um meteorito ou formados por processos geológicos, uma possibilidade intrigante é que eles possam ter sido relíquias de formas de vida que existiram naquele planeta.

As porcentagens dos principais elementos da vida – C, H, O, N, S e P – são bastante uniformes de um organismo para outro, refletindo a origem evolutiva comum de todas as formas de vida. Devido à capacidade do carbono de formar quatro ligações, porém, essa variedade limitada de blocos de construção atômicos pode ser usada para construir uma variedade inesgotável de moléculas orgânicas. Diferentes espécies de organismos e diferentes indivíduos de uma mesma espécie são diferenciados por variações nos tipos de moléculas orgânicas que produzem. Em certo sentido, a grande diversidade de organismos vivos que vemos no planeta (e em restos fósseis) somente é possível pela versatilidade química única do átomo de carbono.

REVISÃO DO CONCEITO 4.1

1. **HABILIDADES VISUAIS** Ver a Figura 4.2. Miller realizou um experimento de controle sem lançar faíscas e não encontrou nenhum composto orgânico. O que poderia explicar esse resultado?

Ver as respostas sugeridas no Apêndice A.

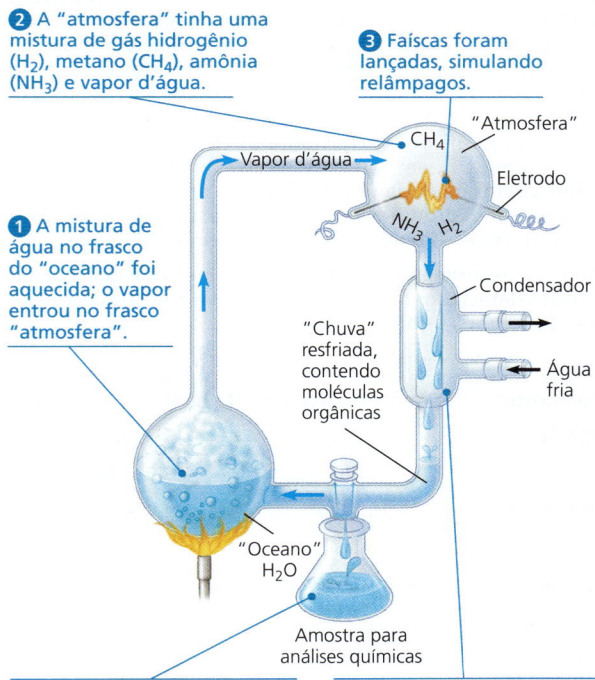

▼ **Figura 4.2 Pesquisa**

Moléculas orgânicas podem ser formadas sob condições que supostamente simulam as condições iniciais da Terra?

Experimento Em 1953, Stanley Miller criou um sistema fechado para simular as condições que, na época, se pensava ter existido na Terra primitiva. Um frasco contendo água simulou o oceano primitivo. A água foi aquecida até começar a evaporar e ser transferida para um segundo frasco, em posição mais alta, que continha a "atmosfera" – uma mistura de gases. Faíscas foram descarregadas na atmosfera sintética para simular relâmpagos.

Resultados Miller identificou uma variedade de moléculas orgânicas comuns nos organismos. Isso inclui compostos simples, como o formaldeído (CH_2O) e o cianeto de hidrogênio (HCN), e moléculas mais complexas, como os aminoácidos e as longas cadeias de carbono e hidrogênio, conhecidas como hidrocarbonetos.

Conclusão As moléculas orgânicas, uma etapa inicial na origem da vida, podem ter sido sintetizadas a partir da matéria abiótica na Terra primitiva. Embora evidências posteriores tenham indicado que a atmosfera da Terra primitiva era diferente da "atmosfera" usada por Miller neste experimento, experimentos recentes usando a lista revisada de compostos químicos também produziram moléculas orgânicas (vamos explorar essa hipótese em mais detalhes no Conceito 25.1).

Dados de S. L. Miller, A production of amino acids under possible primitive Earth conditions, *Science* 117:528-529 (1953).

E SE? Se Miller tivesse aumentado a concentração de NH_3 no seu experimento, de que modo as quantidades relativas dos produtos HCN e CH_2O teriam diferido?

Exercício de habilidades científicas

Trabalhando com mols e razões molares

As primeiras moléculas biológicas poderiam ter sido formadas perto de vulcões na Terra primitiva? Em 2007, Jeffrey Bada, um ex-aluno de pós-graduação de Stanley Miller, descobriu alguns frascos de amostras que nunca haviam sido analisadas em um experimento realizado por Miller em 1958. Nesse experimento, Miller usou o gás sulfeto de hidrogênio como um dos gases na mistura da reação. Uma vez que H_2S é liberado por vulcões, o experimento com H_2S foi planejado para reproduzir as condições nas imediações de vulcões na Terra primitiva. Em 2011, Bada e colaboradores publicaram os resultados das análises das amostras "perdidas". Neste exercício, você fará cálculos usando as razões molares de reagentes e produtos do experimento com H_2S.

Como o experimento foi realizado De acordo com as suas anotações de laboratório, Miller utilizou o mesmo aparato do seu experimento original (ver Figura 4.2), mas a mistura de reagentes gasosos incluía metano (CH_4), dióxido de carbono (CO_2), sulfeto de hidrogênio (H_2S) e amônia (NH_3). Após três dias de simulação de atividade vulcânica, ele coletou amostras do líquido, purificou parcialmente os compostos químicos e selou as amostras em frascos estéreis. Em 2011, o grupo de pesquisadores de Bada utilizou técnicas analíticas modernas para analisar os produtos contidos nos frascos para a presença de aminoácidos, as unidades que compõem as proteínas.

Dados do experimento A tabela abaixo mostra 4 dos 23 aminoácidos detectados na análise de 2011 das amostras do experimento com H_2S de 1958 de Miller.

▲ Algumas das notas de Stanley Miller de seu experimento com sulfeto de hidrogênio (H_2S) em 1958, juntamente com seus frascos originais.

Composto	Fórmula molecular	Razão molar (em relação à glicina)
Glicina	$C_2H_5NO_2$	1,0
Serina	$C_3H_7NO_3$	$3,0 \times 10^{-2}$
Metionina	$C_5H_{11}NO_2S$	$1,8 \times 10^{-3}$
Alanina	$C_3H_7NO_2$	1,1

Dados de E. T. Parker et al., Primordial synthesis of amines and amino acids in a 1958 Miller H_2S-rich spark discharge experiment, *Proceedings of the National Academy of Sciences USA* 108:5526-5531 (2011). www.pnas.org/cgi/doi/10.1073/pnas.1019191108.

INTERPRETE OS DADOS

1. Um *mol* corresponde ao número de partículas de uma substância com massa equivalente à sua massa molecular (ou atômica) em dáltons. Existem $6,02 \times 10^{23}$ moléculas (ou átomos) em 1 mol (número de Avogadro; ver Conceito 3.2). A tabela de dados mostra a "razão molar" de alguns dos produtos do experimento de Miller com H_2S. Em uma razão molar, cada valor sem unidade é expresso em relação ao padrão/controle do experimento. Neste caso, o controle é o número de mol do aminoácido glicina, considerado igual a 1. Por exemplo, a serina tem uma proporção molar igual a $3,0 \times 10^{-2}$, ou seja, para cada mol de glicina, há 3×10^{-2} mol de serina. **(a)** Indique a proporção molar de metionina em relação à glicina e explique o que isso significa. **(b)** Quantas moléculas de glicina estão presentes em 1 mol? **(c)** Para cada 1 mol de glicina na amostra, quantas moléculas de metionina estão presentes? (Lembre-se de que para multiplicar dois números com expoentes, você deve somar os expoentes; para dividi-los, você deve subtrair o expoente do denominador do expoente do numerador).

2. **(a)** Qual aminoácido está presente em quantidade maior que a glicina? **(b)** Quantas moléculas a mais desse aminoácido estão presentes em relação a 1 mol de glicina?

3. A síntese de produtos é limitada pela quantidade de reagentes. **(a)** Se um mol de CH_4, NH_3, H_2S e CO_2 for adicionado a 1 litro de água (55,5 mols de H_2O) em um frasco, quantos mols de hidrogênio, carbono, oxigênio, nitrogênio e enxofre estão presentes no frasco? **(b)** A partir da fórmula molecular da tabela, quantos mols extras de cada elemento seriam necessários para produzir 1 mol de glicina? **(c)** Qual é o número máximo de mols de glicina que podem ser gerados neste frasco, com os ingredientes especificados, se nenhuma outra molécula for formada? Explique. **(d)** Se a serina ou a metionina fossem produzidas individualmente, quais elementos seriam consumidos para cada aminoácido? Quanto de cada produto poderia ser gerado?

4. O experimento publicado anteriormente realizado por Miller não incluiu H_2S nos reagentes (ver Figura 4.2). Qual dos compostos mostrados na tabela de dados pode ser feito no experimento com H_2S, mas não no experimento anterior?

CONCEITO 4.2

Os átomos de carbono podem formar diversas moléculas ligando-se a outros quatro átomos

A chave para as características químicas de um átomo é a sua configuração eletrônica. Essa configuração determina o tipo e o número de ligações que o átomo pode formar com outros átomos. Lembre-se de que são os elétrons de valência, aqueles presentes na camada mais externa, que estão disponíveis para formar ligações com outros átomos.

A formação de ligações com o carbono

O carbono tem seis elétrons, dois na primeira camada eletrônica e quatro na segunda, apresentando, portanto, quatro elétrons de valência em uma camada que comporta até oito elétrons. O átomo de carbono geralmente completa a camada de valência compartilhando os quatro elétrons com outros átomos de modo que oito elétrons estejam presentes. Cada par de elétrons compartilhados constitui uma ligação covalente (ver Figura 2.10d). Em moléculas orgânicas, os átomos de carbono geralmente formam ligações covalentes simples ou duplas. Cada átomo de carbono atua como um ponto de intersecção a partir do qual uma molécula pode

Molécula e estrutura molecular	Fórmula molecular	Fórmula estrutural	Modelo de esfera e bastão (formato molecular em cor de rosa)	Modelo de preenchimento espacial
(a) Metano. Quando um átomo de carbono forma quatro ligações simples com outros átomos, a molécula é tetraédrica.	CH_4	H–C(H)(H)–H	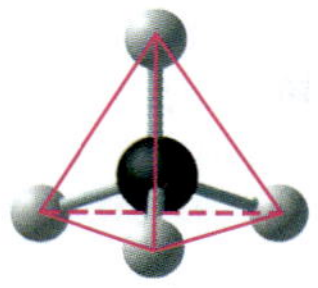	
(b) Etano. Uma molécula pode ter mais de um grupo tetraédrico de átomos com ligações simples. (O etano é constituído por dois desses grupos.)	C_2H_6	H–C(H)(H)–C(H)(H)–H	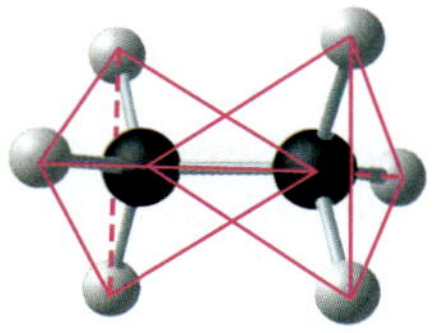	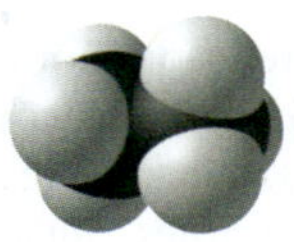
(c) Eteno (etileno). Quando dois átomos de carbono estão conectados por uma ligação dupla, todos os átomos ligados aos átomos de carbono estão no mesmo plano; e a molécula é achatada.	C_2H_4	H₂C=CH₂	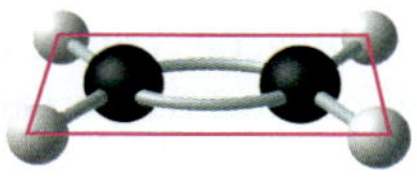	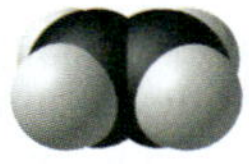

▲ **Figura 4.3** As formas de três moléculas orgânicas simples.

ramificar-se em até quatro direções. Isso permite que átomos de carbono formem moléculas grandes e complexas.

Quando o átomo de carbono forma quatro ligações covalentes simples, devido ao arranjo de seus quatro orbitais híbridos, as ligações formam ângulos na direção dos cantos de um tetraedro imaginário. Os ângulos de ligação do metano (CH_4) são de 109,5° **(Figura 4.3a)**, e eles são quase os mesmos em qualquer grupo de átomos onde o carbono tenha quatro ligações simples. O etano (C_2H_6), por exemplo, tem a forma de dois tetraedros sobrepostos **(Figura 4.3b)**. Em moléculas com mais átomos de carbono, cada grupo de carbono ligado a quatro outros átomos tem formato tetraédrico. No entanto, quando dois átomos de carbono estão ligados por ligação dupla, como no etileno (C_2H_4), as ligações de ambos os carbonos estão todas no mesmo plano; então, os átomos unidos a esses carbonos também estão no mesmo plano **(Figura 4.3c)**. É conveniente representar moléculas por meio de suas fórmulas estruturais, como se todas as moléculas fossem planas, mas não esqueça de que as moléculas são tridimensionais e de que o formato da molécula é essencial para a sua função.

O número de elétrons necessário para preencher a camada de valência de um átomo é geralmente igual à **valência** do átomo, o número de ligações covalentes que ele pode formar. A **Figura 4.4** mostra as valências do carbono e os compostos com os quais ele forma ligações com maior frequência – hidrogênio, oxigênio e nitrogênio. Esses são os quatro átomos principais nas moléculas orgânicas.

A configuração eletrônica do carbono torna-o covalentemente compatível com diversos elementos distintos. Vamos considerar como a valência e as regras de ligação covalente se aplicam aos átomos de carbono com parceiros diferentes do hidrogênio. Vejamos dois exemplos, as moléculas simples do dióxido de carbono e da ureia.

	Hidrogênio	Oxigênio	Nitrogênio	Carbono
Estrutura de ponto de Lewis mostrando os elétrons de valência existentes	H·	·Ö:	·N̈·	·C̈·
Diagrama de distribuição de elétrons onde os círculos em vermelho mostram os elétrons necessários para preencher a camada de valência	 (H)	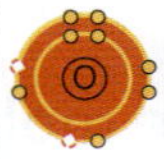 (O)	 (N)	 (C)
Número de elétrons necessários para preencher a camada de valência	1	2	3	4
Valência: número de ligações que o elemento pode formar	1	2	3	4

▲ **Figura 4.4 Valências dos principais elementos das moléculas orgânicas.** A valência, o número de ligações covalentes que um átomo pode formar, é geralmente igual ao número de elétrons necessários para preencher a camada de valência (sódio, fósforo e cloro são exceções).

FAÇA CONEXÕES *Desenhe as estruturas de pontos de Lewis do sódio, do fósforo, do enxofre e do cloro (consulte a Figura 2.7).*

Na molécula de dióxido de carbono (CO_2), um único átomo de carbono é unido a dois átomos de oxigênio por ligações covalentes duplas. A fórmula estrutural do CO_2 é a seguinte:

$$O=C=O$$

Cada linha na fórmula estrutural representa um par de elétrons compartilhados. Portanto, as duas ligações duplas do CO_2 têm o mesmo número de elétrons compartilhados em quatro ligações covalentes simples. Esse arranjo completa a camada de valência de todos os átomos da molécula:

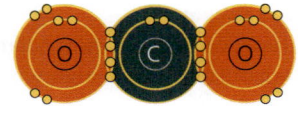

Como o CO_2 é uma molécula simples e não tem átomos de hidrogênio, com frequência é considerada uma molécula inorgânica, mesmo contendo carbono. Seja o CO_2 chamado de composto orgânico ou inorgânico, ele é claramente importante para o mundo vivo como fonte de carbono, por meio dos organismos fotossintéticos, para todas as moléculas orgânicas nos organismos (ver Conceito 2.4).

A ureia, $CO(NH_2)_2$, é um composto orgânico encontrado na urina. Novamente, cada átomo tem o número necessário de ligações covalentes. Nesse caso, o átomo de carbono forma ligações simples e ligações duplas.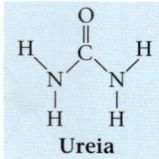

A ureia e o dióxido de carbono são moléculas com apenas um átomo de carbono. No entanto, um átomo de carbono também pode usar um ou mais elétrons de valência para formar ligações covalentes a outros átomos de carbono, ligando os átomos em cadeias, como mostrado aqui para o C_3H_8:

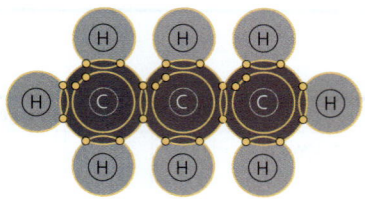

A diversidade molecular se origina da variação dos esqueletos de carbono

As cadeias de carbono formam a base da maioria das moléculas orgânicas. Os esqueletos de carbono variam em comprimento e podem ser retos, ramificados ou dispostos em anéis fechados **(Figura 4.5)**. Algumas cadeias de carbono têm ligações duplas, que variam em número e localização. Essa variação nas cadeias de carbono é uma fonte importante da complexidade e diversidade molecular que caracterizam a matéria viva. Além disso, os esqueletos de moléculas biológicas geralmente incluem átomos de outros elementos, como oxigênio e fósforo; tais átomos também podem ser ligados aos carbonos do esqueleto.

Hidrocarbonetos

Todas as moléculas mostradas nas Figuras 4.3 e 4.5 são **hidrocarbonetos** – moléculas orgânicas compostas apenas por carbono e hidrogênio. Átomos de hidrogênio estão ligados a átomos do esqueleto carbônico sempre que elétrons estiverem disponíveis para formar ligações covalentes. Hidrocarbonetos são os principais componentes do petróleo, chamado de combustível fóssil, pois consiste principalmente em restos parcialmente decompostos de organismos que viveram milhões de anos atrás.

Embora os hidrocarbonetos não sejam prevalentes na maioria dos organismos vivos, algumas das moléculas

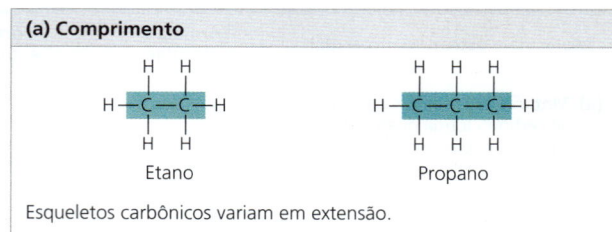

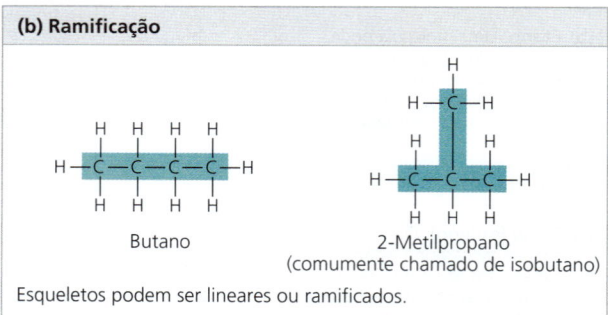

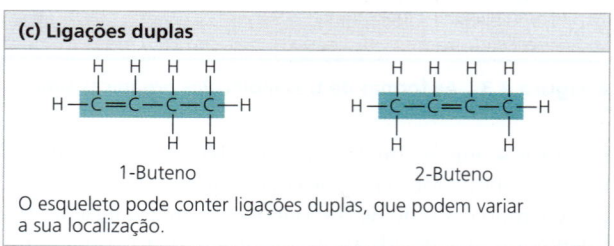

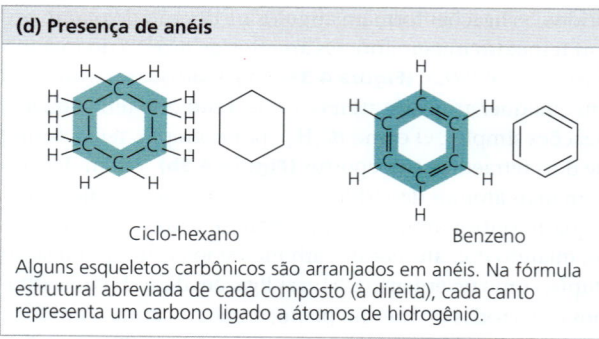

▲ **Figura 4.5** Quatro variações dos esqueletos de carbono.

orgânicas de uma célula têm regiões que consistem apenas em carbono e hidrogênio. Por exemplo, as moléculas conhecidas como ácidos graxos possuem longas caudas hidrocarbonadas ligadas à porção não hidrocarbonada **(Figura 4.6)**. Tanto o petróleo quanto os ácidos graxos são insolúveis em água; ambos são compostos hidrofóbicos, pois a grande maioria das suas ligações é relativamente apolar, entre carbono e hidrogênio. Outra característica é que os hidrocarbonetos podem sofrer reações que liberam quantidades relativamente grandes de energia. A gasolina que abastece os carros é composta por hidrocarbonetos, e as caudas hidrocarbonadas dos ácidos graxos atuam como combustível armazenado em embriões de plantas (sementes) e em animais.

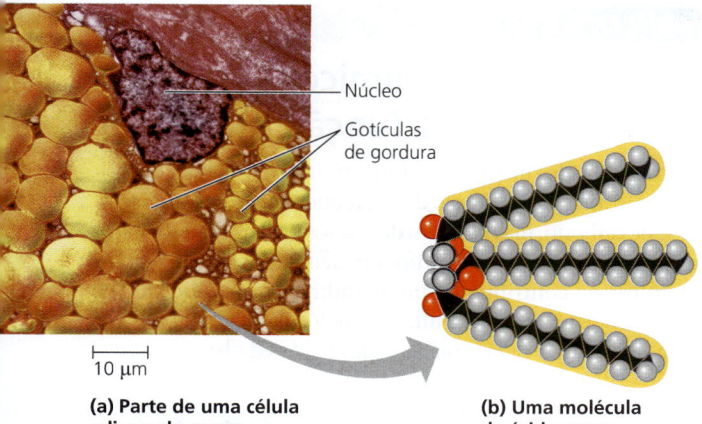

(a) Parte de uma célula adiposa humana
(b) Uma molécula de ácido graxo

▲ **Figura 4.6 O papel dos hidrocarbonetos nas gorduras.**
(a) As células adiposas de mamíferos armazenam moléculas de gordura como reserva de combustível. Esta micrografia mostra parte de uma célula adiposa humana contendo gotículas de gordura, cada qual com um grande número de moléculas de ácidos graxos.
(b) Uma molécula de ácido graxo é composta por uma pequena porção não hidrocarbonada ligada a três caudas hidrocarbonadas, que contribuem para o caráter hidrofóbico dos ácidos graxos. As caudas podem ser clivadas para gerar energia (preto = carbono; cinza = hidrogênio; vermelho = oxigênio).

FAÇA CONEXÕES *De que forma as caudas hidrocarbonadas são responsáveis pela natureza hidrofóbica dos ácidos graxos? (Ver Conceito 3.2)*

Isômeros

Variações na estrutura das moléculas orgânicas podem ser vistas nos **isômeros**, compostos com igual número de átomos dos mesmos elementos, mas diferentes estruturas e, por consequência, diferentes propriedades. Examinaremos três tipos diferentes de isômeros: isômeros estruturais, isômeros *cis-trans* e enantiômeros.

Isômeros estruturais diferem no arranjo covalente dos átomos. Compare, por exemplo, os dois compostos de cinco átomos de carbono na **Figura 4.7a**. Ambos têm a fórmula molecular C_5H_{12}, mas diferem no arranjo covalente de seus esqueletos de carbono. O esqueleto é linear em um dos compostos, mas ramificado no outro. O número de isômeros possíveis aumenta significativamente conforme o esqueleto carbônico aumenta de tamanho. Existem apenas três formas de C_5H_{12} (duas das quais são mostradas na Figura 4.7a), mas existem 18 variações de C_8H_{18} e 366.319 isômeros estruturais possíveis de $C_{20}H_{42}$. Os isômeros estruturais também podem diferir quanto à localização das ligações duplas.

Em **isômeros *cis-trans*** (também conhecidos como *isômeros geométricos*), os carbonos têm ligações covalentes aos mesmos átomos, mas esses átomos diferem em seus arranjos espaciais devido à inflexibilidade das ligações duplas. Ligações simples permitem que os átomos ligados tenham total liberdade de rotação ao longo do eixo da ligação, sem alterações no composto. No entanto, as ligações duplas não permitem essa rotação. Se uma ligação dupla une dois átomos de carbono e cada carbono possui dois átomos diferentes (ou grupos de átomos) ligados a ele, então dois isômeros *cis-trans* distintos são possíveis. Considere uma molécula

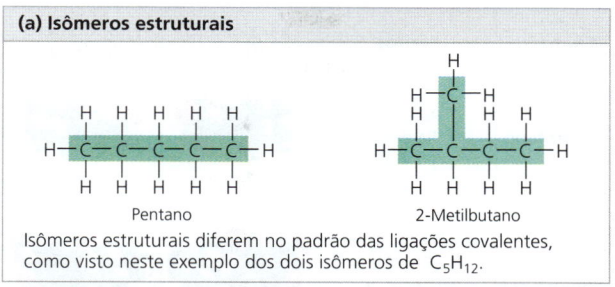

(a) Isômeros estruturais

Pentano | 2-Metilbutano

Isômeros estruturais diferem no padrão das ligações covalentes, como visto neste exemplo dos dois isômeros de C_5H_{12}.

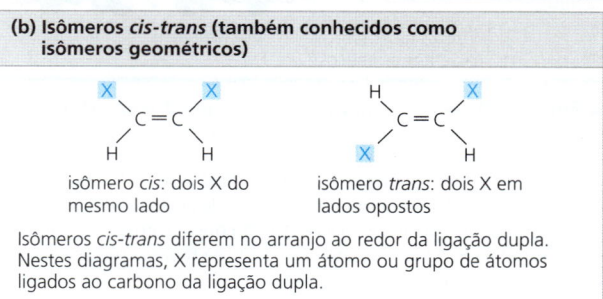

(b) Isômeros *cis-trans* (também conhecidos como isômeros geométricos)

isômero *cis*: dois X do mesmo lado | isômero *trans*: dois X em lados opostos

Isômeros *cis-trans* diferem no arranjo ao redor da ligação dupla. Nestes diagramas, X representa um átomo ou grupo de átomos ligados ao carbono da ligação dupla.

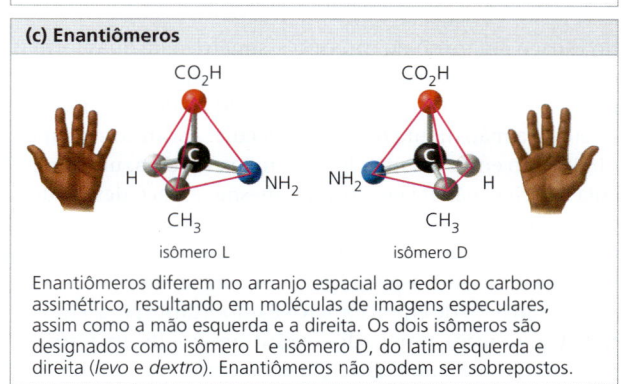

(c) Enantiômeros

isômero L | isômero D

Enantiômeros diferem no arranjo espacial ao redor do carbono assimétrico, resultando em moléculas de imagens especulares, assim como a mão esquerda e a direita. Os dois isômeros são designados como isômero L e isômero D, do latim esquerda e direita (*levo* e *dextro*). Enantiômeros não podem ser sobrepostos.

▲ **Figura 4.7 Três tipos de isômeros.** Isômeros são compostos que possuem a mesma fórmula molecular, mas estruturas diferentes.

DESENHE *Existem três isômeros estruturais de C_5H_{12}; desenhe aquele não mostrado em (a).*

simples com dois átomos de carbono unidos por uma ligação dupla, cada um deles com um átomo H e X ligados a eles **(Figura 4.7b)**. O arranjo com os dois X no mesmo lado da ligação dupla é chamado de *isômero cis*, e o arranjo com os dois X em lados opostos da ligação dupla é chamado *isômero trans*. A diferença sutil de formato entre esses isômeros pode ter um efeito profundo nas atividades biológicas das moléculas orgânicas. Por exemplo, a bioquímica da visão envolve uma alteração induzida pela luz no retinal, um composto químico do olho, do isômero *cis* para o isômero *trans* (ver Figura 50.17). Outro exemplo envolve as gorduras *trans*, gorduras prejudiciais formadas durante o processamento de alimentos, que são discutidas no Conceito 5.3.

Enantiômeros são isômeros que consistem em imagens especulares um do outro e que diferem em sua forma devido à presença de um átomo de *carbono assimétrico*, um átomo ligado a quatro diferentes átomos ou grupos de átomos (ver o carbono central nos modelos de esfera e bastão mostrados na **Figura 4.7c**). Os quatro grupos podem estar dispostos

Fármaco	Efeitos	Enantiômero eficaz	Enantiômero ineficaz
Ibuprofeno	Reduz a inflamação e a dor	S-Ibuprofeno	R-Ibuprofeno
Salbutamol	Relaxamento da musculatura dos brônquios (via aérea), melhorando o fluxo de ar em pacientes asmáticos	R-Salbutamol	S-Salbutamol

▲ **Figura 4.8 A importância farmacológica dos enantiômeros.** O ibuprofeno e o salbutamol são medicamentos cujos enantiômeros têm efeitos diferentes (S e R são usados aqui para distinguir entre enantiômeros, em vez de D e L como na Figura 4.7c). O ibuprofeno é comumente vendido como uma mistura dos dois enantiômeros; o enantiômero S é 100 vezes mais eficaz do que a forma R. O salbutamol é sintetizado e vendido apenas na forma R desse medicamento; a forma S neutraliza a forma R ativa.

no espaço em torno do carbono assimétrico de duas formas diferentes que são imagens especulares uma da outra. Enantiômeros são, de certa forma, versões equivalentes à mão esquerda e à mão direita de uma molécula. Assim como a mão direita não entra em uma luva da mão esquerda, uma molécula "direita" não irá encaixar no mesmo espaço destinado a uma molécula "esquerda". Em geral, apenas um único isômero é biologicamente ativo, pois apenas uma forma é capaz de se ligar a moléculas específicas em um organismo.

O conceito de enantiômeros é importante para a indústria farmacêutica, pois os dois enantiômeros de um fármaco podem não ser igualmente eficazes, como no caso do ibuprofeno e do medicamento para asma salbutamol **(Figura 4.8)**. A metanfetamina também tem dois isômeros com efeitos bastante diferentes. Um enantiômero é a droga estimulante altamente viciante conhecida como "*crank*" (*speed*), vendida ilegalmente nas ruas. O outro isômero tem efeito muito mais fraco e é o ingrediente ativo do vaporizador vendido sem receita médica para o tratamento de congestão nasal. Os diferentes efeitos dos enantiômeros no corpo demonstram que os organismos são sensíveis até mesmo às variações mais sutis na arquitetura molecular. Novamente, percebemos que as moléculas têm propriedades emergentes que dependem do arranjo específico dos seus átomos.

REVISÃO DO CONCEITO 4.2

1. **DESENHE** (a) Desenhe uma fórmula estrutural de C_2H_4. (b) Desenhe o isômero *trans* de $C_2H_2Cl_2$.
2. **HABILIDADES VISUAIS** Quais dois pares de moléculas na Figura 4.5 são isômeros? Para cada par, identifique o tipo de isômero.
3. Qual a semelhança química entre a gasolina e os ácidos graxos?
4. **HABILIDADES VISUAIS** Ver Figuras 4.5a e 4.7. O propano (C_3H_8) pode formar isômeros? Explique.

Ver as respostas sugeridas no Apêndice A.

CONCEITO 4.3

Alguns grupos químicos são essenciais para a função molecular

As propriedades distintas de uma molécula orgânica dependem não apenas do arranjo de seu esqueleto principalmente à base de carbono, mas também dos vários grupos químicos ligados a esse esqueleto. Esses grupos podem participar de reações químicas ou contribuir de modo indireto para a função por meio de seus efeitos na estrutura da molécula; eles também ajudam a conferir a cada molécula suas propriedades singulares.

Os grupos químicos mais importantes nos processos da vida

Considere as diferenças entre o estradiol (um tipo de estrogênio) e a testosterona. Esses compostos são os hormônios sexuais feminino e masculino, respectivamente, em seres humanos e em outros vertebrados. Ambos são esteroides, moléculas orgânicas com esqueleto carbônico comum, em forma de quatro anéis fusionados. Eles diferem apenas nos grupos químicos anexados aos anéis (mostrados aqui de forma abreviada, onde cada canto representa um carbono e seus hidrogênios anexados); as distinções na arquitetura molecular estão sombreadas em azul:

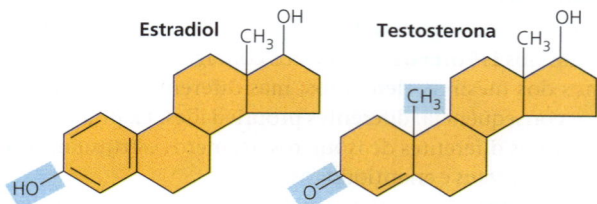

As diferentes ações dessas duas moléculas em muitos alvos por todo o corpo são a base das características sexuais, produzindo as características contrastantes dos vertebrados machos e fêmeas. Nesse caso, os grupos químicos são importantes, pois alteram a estrutura molecular, contribuindo para a função.

Em outros casos, os grupos químicos estão diretamente envolvidos em reações químicas; tais grupos são conhecidos como **grupos funcionais**. Cada um tem certas propriedades, tais como forma e carga, que o levam a participar de reações químicas de uma forma característica.

Os sete grupos químicos mais importantes para os processos biológicos são hidroxila, carbonila, carboxila, amino, sulfidrila, fosfato e metila. Os primeiros seis grupos podem ser quimicamente reativos; desses seis, todos exceto o grupo sulfidrila, também são hidrofílicos e, portanto, aumentam a solubilidade dos compostos orgânicos em água. O grupo metila é não reativo, mas atua como grupo de reconhecimento nas moléculas biológicas. Estude a **Figura 4.9** para se familiarizar com esses grupos químicos biologicamente importantes. Conforme mostrado à direita da figura, o grupo carboxila e o grupo amino estão ionizados em pH celular normal.

Grupo químico	Propriedades do grupo químico e nome do composto	Exemplos
Grupo hidroxila (—OH) —OH  (pode ser representado como HO—)	É polar em decorrência da eletronegatividade do átomo de oxigênio. Forma ligações de hidrogênio com moléculas de água, ajudando a dissolver compostos orgânicos como os açúcares. Nome do composto: **álcool** (nomes específicos geralmente com a terminação –ol)	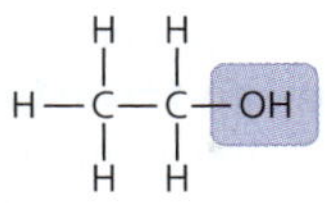 **Etanol**, o álcool presente nas bebidas alcoólicas
Grupo carbonila ($>$C=O) 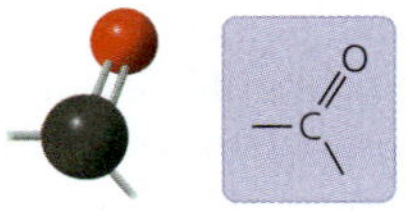	Açúcares com grupos cetona são chamados cetoses; aqueles com aldeídos são chamados aldoses. Nome do composto: **cetona** (grupo carbonila ligado ao esqueleto de carbono) ou **aldeído** (grupo carbonila ligado à extremidade do esqueleto de carbono)	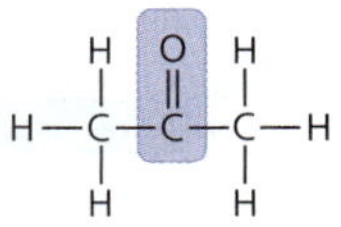 **Acetona**, a cetona mais simples 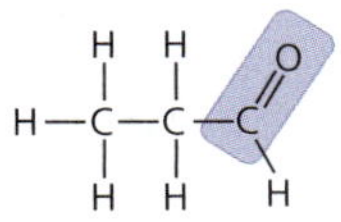 **Propanal**, um aldeído
Grupo carboxila (—COOH) 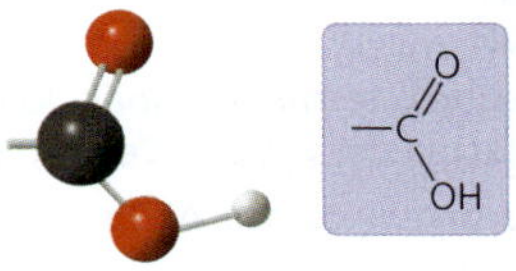	Atua como ácido (capaz de doar H^+) devido à polaridade da ligação covalente entre oxigênio e hidrogênio. Nome do composto: **ácido carboxílico** ou **ácido orgânico**	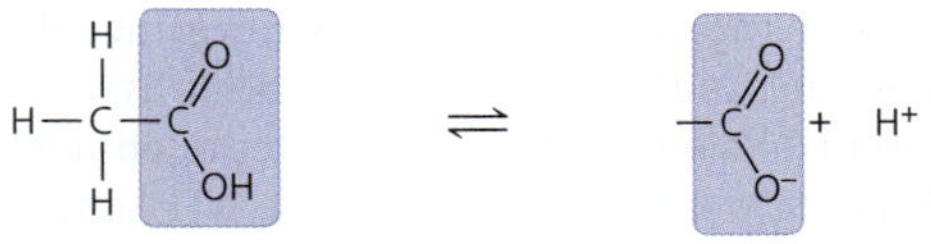 **Ácido acético**, molécula que confere o sabor ácido ao vinagre Forma ionizada de —COOH (íon carboxilato), encontrado em células
Grupo amino (—NH_2) 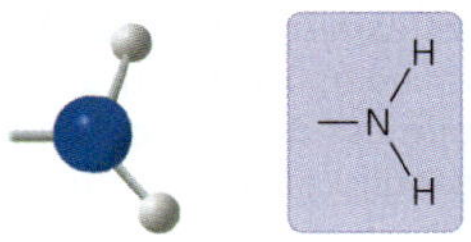	Atua como base; capaz de receber um H^+ da solução circundante (água, nos organismos vivos). Nome do composto: **amina**	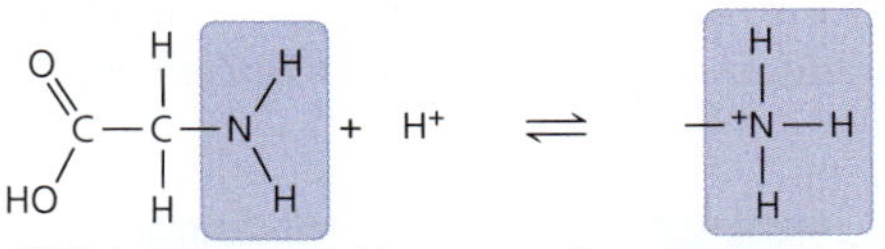 **Glicina**, um aminoácido (observe seu grupo carboxila) Forma ionizada de —NH_2, encontrada nas células
Grupo sulfidrila (—SH) 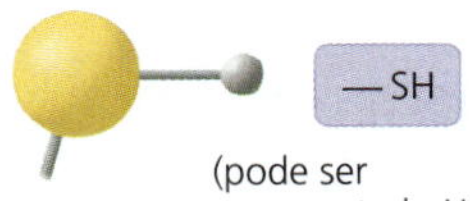 —SH (pode ser representado HS—)	Dois grupos —SH podem reagir, formando uma "ligação cruzada" que ajuda a estabilizar a estrutura de proteínas. As ligações cruzadas das proteínas do cabelo mantêm a resistência e curvatura do cabelo; em salões de beleza, tratamentos "permanentes" rompem as ligações cruzadas e depois as formam novamente enquanto o cabelo se encontra na forma desejada. Nome do composto: **tiol**	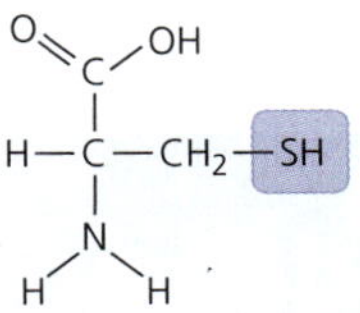 **Cisteína**, um aminoácido contendo enxofre
Grupo fosfato (—OPO_3^{2-}) 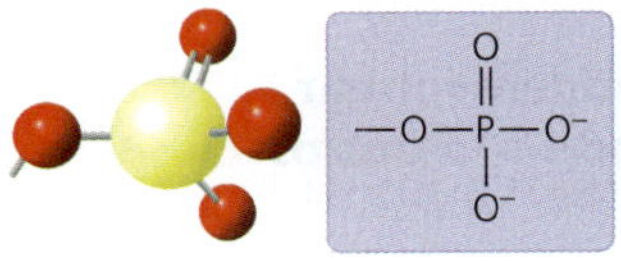	Contribui com cargas negativas (1 – quando localizado em uma cadeia fosfato; 2 – quando na extremidade da cadeia). Quando ligado, confere às moléculas a capacidade de reagir com água, liberando energia. Nome do composto: **fosfato orgânico**	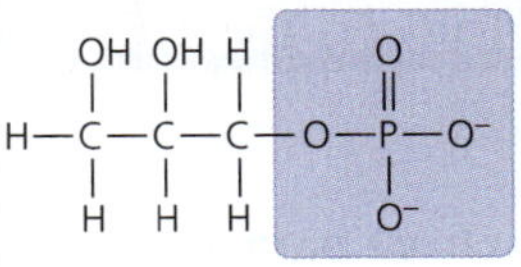 **Glicerol fosfato**, que participa de diversas reações químicas importantes nas células
Grupo metila (—CH_3) 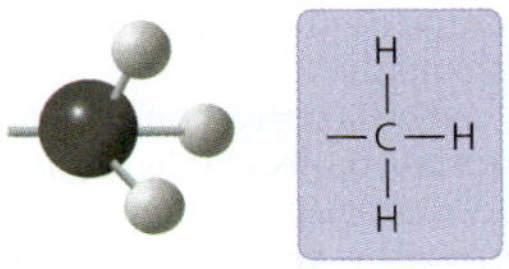	Afeta a expressão de genes quando presente no DNA ou em proteínas ligadas ao DNA. Afeta a forma e a função dos hormônios sexuais masculinos e femininos. Nome do composto: **composto metilado**	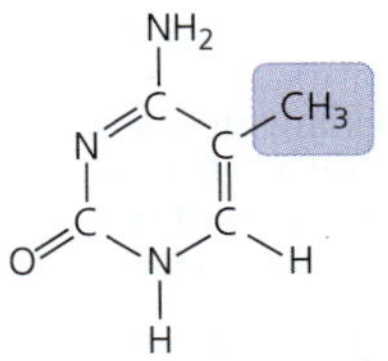 **5-Metilcitosina**, um componente do DNA que foi modificado pela adição de um grupo metila

▲ **Figura 4.9** Alguns grupos químicos biologicamente importantes.

ATP: uma importante fonte de energia para os processos celulares

A linha "Grupo fosfato" da Figura 4.9 mostra um exemplo simples de uma molécula de fosfato orgânico. Um fosfato orgânico mais complexo, a **adenosina-trifosfato**, ou **ATP**, deve ser mencionado, pois a sua função na célula é muito importante. O ATP consiste em uma molécula orgânica chamada de adenosina ligada a uma série de três grupos fosfato:

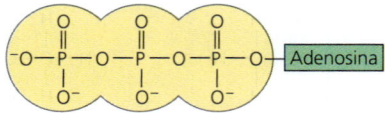

Quando três fosfatos estão presentes em série, como no ATP, um fosfato pode ser liberado como resultado de uma reação com a água. Esse íon fosfato inorgânico, $HOPO_3^{2-}$, é frequentemente abreviado como P_i neste livro, e um grupo fosfato em uma molécula orgânica é representado como P. Tendo perdido um de seus fosfatos, o ATP se torna adenosina-*di*fosfato, ou ADP. Embora às vezes se diga que o ATP armazena energia, é mais correto pensar que ele armazena o potencial de reação com a água ou outras moléculas. No geral, o processo libera energia que pode ser usada pela célula. Você aprenderá mais sobre isso no Conceito 8.3.

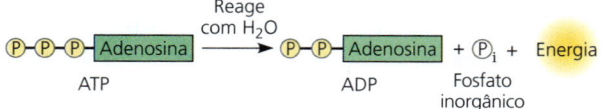

Revisando: os elementos químicos da vida

A matéria viva, como vimos, consiste principalmente em carbono, oxigênio, hidrogênio e nitrogênio, com quantidades menores de enxofre e fósforo. Todos esses elementos formam fortes ligações covalentes, característica essencial na arquitetura das moléculas orgânicas complexas. De todos esses elementos, o carbono é o especialista em ligações covalentes. A versatilidade do carbono torna possível a grande diversidade de moléculas orgânicas, cada uma com propriedades particulares que emergem do arranjo único de seu esqueleto constituído principalmente de carbono e dos grupos químicos ligados a esse esqueleto. Essa variação em nível molecular é a base para a riqueza de diversidade biológica observada em nosso planeta.

REVISÃO DO CONCEITO 4.3

1. **HABILIDADES VISUAIS** O que o termo *aminoácido* diz sobre a estrutura de uma molécula desse tipo? Ver Figura 4.9.
2. Que alterações químicas ocorrem com o ATP quando ele reage com a água e libera energia?
3. **DESENHE** Suponha que você tenha uma molécula orgânica como a cisteína (ver Figura 4.9, exemplo de grupo sulfidrila), e você removeu quimicamente o grupo —NH_2 e o substituiu por —COOH. Desenhe essa estrutura. Como isso mudaria as propriedades químicas da molécula? O átomo de carbono central é assimétrico antes da substituição? E depois?

Ver as respostas sugeridas no Apêndice A.

4 Revisão do capítulo

RESUMO DOS CONCEITOS-CHAVE

CONCEITO 4.1

A química orgânica é a chave para a origem da vida (p. 57-58)

- Os compostos **orgânicos**, inicialmente considerados oriundos apenas dos organismos vivos, puderam ser sintetizados em laboratório.
- A matéria viva é composta principalmente por carbono, oxigênio, hidrogênio e nitrogênio. A diversidade biológica resulta da habilidade do carbono em formar um grande número de moléculas com propriedades e estruturas particulares.

? *Como os experimentos de Stanley Miller sustentam a hipótese de que, mesmo na origem da vida, as leis da física e química governam os processos da vida?*

CONCEITO 4.2

Os átomos de carbono podem formar diversas moléculas ligando-se a outros quatro átomos (p. 58-62)

- O carbono, com valência igual a quatro, pode formar ligações com diversos outros átomos, incluindo O, H e N. O carbono também pode fazer ligações com outros átomos de carbono, formando o esqueleto carbônico dos compostos orgânicos. Esses esqueletos variam em comprimento e em forma e têm sítios de ligação para átomos de outros elementos.
- **Hidrocarbonetos** são formados apenas por carbono e hidrogênio.
- **Isômeros** são compostos de fórmula molecular igual, mas com diferentes estruturas e, portanto, diferentes propriedades. Existem três tipos de isômeros: **isômeros estruturais**, **isômeros *cis-trans*** e **enantiômeros**.

HABILIDADES VISUAIS *Consulte a Figura 4.9. Que tipo de isômeros são a acetona e o propanal? Quantos átomos de carbono assimétrico estão presentes na molécula de ácido acético, glicina e glicerol fosfato? Essas moléculas podem existir na forma de enantiômeros?*

CONCEITO 4.3

Alguns grupos químicos são essenciais para a função molecular *(p. 62-64)*

- Os grupos químicos ligados ao esqueleto carbônico das moléculas orgânicas participam de reações químicas (**grupos funcionais**) ou contribuem para a função, afetando a estrutura molecular (Figura 4.9).
- O **ATP** (**adenosina-trifosfato**) é formado por uma adenosina ligada a três grupos fosfato. O ATP pode reagir com água ou outras moléculas, formando ADP (adenosina-difosfato) e fosfato inorgânico. Essa reação libera energia que pode ser utilizada pela célula.

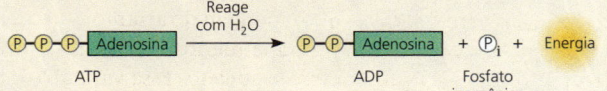

? *De que forma um grupo metila difere quimicamente dos outros seis grupos químicos importantes mostrados na Figura 4.9?*

TESTE SEU CONHECIMENTO

Níveis 1-2: Relembre/Entenda

1. A química orgânica é atualmente definida como
   (A) o estudo dos compostos oriundos apenas a partir de células vivas.
   (B) o estudo dos compostos de carbono.
   (C) o estudo dos compostos naturais (em oposição aos compostos sintéticos).
   (D) o estudo dos hidrocarbonetos.

2. **HABILIDADES VISUAIS** Qual grupo funcional está presente nesta molécula?
   (A) sulfidrila
   (B) carboxila
   (C) metila
   (D) fosfato

3. **FAÇA CONEXÕES** Qual grupo químico tem maior probabilidade de ser responsável por uma molécula orgânica se comportar como uma base (ver Conceito 3.3)?
   (A) hidroxila   (C) amino
   (B) carbonila   (D) fosfato

Níveis 3-4: Aplique/Analise

4. **HABILIDADES VISUAIS** Visualize a fórmula estrutural de cada um dos seguintes hidrocarbonetos. Qual hidrocarboneto tem uma ligação dupla em seu esqueleto de carbono?
   (A) C_3H_8 (C) C_2H_4
   (B) C_2H_6 (D) C_2H_2

5. **HABILIDADES VISUAIS** Escolha o termo que descreve corretamente a relação entre essas duas moléculas de açúcar.
   (A) isômeros estruturais
   (B) isômeros *cis-trans*
   (C) enantiômeros
   (D) isótopos

6. **HABILIDADES VISUAIS** Identifique o carbono assimétrico nesta molécula.

7. Que ação pode originar um grupo carbonila?
   (A) A troca de um —OH de um grupo carboxílico por um hidrogênio.
   (B) A adição de um tiol a uma hidroxila.
   (C) A adição de uma hidroxila a um fosfato.
   (D) A troca de um nitrogênio de uma amina por um oxigênio.

8. **HABILIDADES VISUAIS** Qual das moléculas mostradas na questão 5 tem um carbono assimétrico? Qual é o carbono assimétrico?

Níveis 5-6: Avalie/Crie

9. **CONEXÃO EVOLUTIVA • DESENHE** Alguns cientistas pensam que a vida em outras partes do universo pode ser baseada no elemento silício, em vez de carbono, como na Terra. Observe o diagrama de distribuição eletrônica do silício na Figura 2.7. Quais propriedades o silício compartilha com o carbono que tornam a vida baseada no silício mais provável que, por exemplo, a vida baseada no neônio ou no alumínio?

10. **PESQUISA CIENTÍFICA** Cinquenta anos atrás, mulheres grávidas que utilizaram talidomida para tratar enjoos matinais deram à luz crianças com defeitos de nascença. A talidomida é uma mistura de dois enantiômeros, um capaz de reduzir os enjoos matinais, e o outro causador de graves defeitos congênitos. Atualmente, esse medicamento está aprovado pela Food and Drug Administration (FDA) para o uso em indivíduos não gestantes com hanseníase ou mieloma múltiplo recém-diagnosticado, um tipo de câncer sanguíneo e de medula. O enantiômero benéfico pode ser sintetizado e administrado aos pacientes, mas, com o tempo, *tanto* o enantiômero benéfico *quanto* o prejudicial podem ser detectados no corpo. Proponha uma possível explicação para a presença do enantiômero prejudicial.

11. **ESCREVA SOBRE UM TEMA: ORGANIZAÇÃO** Em 1918, uma epidemia da doença do sono causou uma paralisia incomum em alguns sobreviventes, semelhante aos sintomas da doença de Parkinson avançada. Anos mais tarde, a L-dopa (abaixo, à esquerda), um composto químico utilizado no tratamento da doença de Parkinson, foi administrado em alguns desses pacientes. A L-dopa foi bastante eficaz na eliminação da paralisia, pelo menos temporariamente. No entanto, o seu enantiômero, a D-dopa (à direita), posteriormente não mostrou efeito algum, assim como no tratamento da doença de Parkinson. Em um ensaio sucinto (100-150 palavras), discuta como a eficácia de um enantiômero e a ausência de efeitos do outro pode ilustrar o tema da estrutura e função.

L-dopa   D-dopa

12. **SINTETIZE SEU CONHECIMENTO**

Explique como a estrutura química do átomo de carbono é responsável pelas diferenças entre leões machos e fêmeas, conforme observadas na imagem.

Ver respostas selecionadas no Apêndice A.

5 Estrutura e função de grandes moléculas biológicas

CONCEITOS-CHAVE

5.1 Macromoléculas são polímeros compostos por monômeros *p. 67*

5.2 Carboidratos servem como combustível e material de construção *p. 68*

5.3 Os lipídeos são um grupo diversificado de moléculas hidrofóbicas *p. 72*

5.4 As proteínas apresentam grande variedade de estruturas, o que resulta em uma variedade de funções *p. 75*

5.5 Os ácidos nucleicos armazenam, transmitem e ajudam a expressar a informação hereditária *p. 84*

5.6 A genômica e a proteômica transformaram a pesquisa biológica e suas aplicações *p. 86*

Dica de estudo

Faça um guia de estudo visual: Para cada classe de moléculas biológicas, desenhe dois exemplos e liste suas semelhanças estruturais e suas funções.

Moléculas biológicas importantes	
Carboidratos	Proteínas
Ácidos nucleicos	Lipídeos

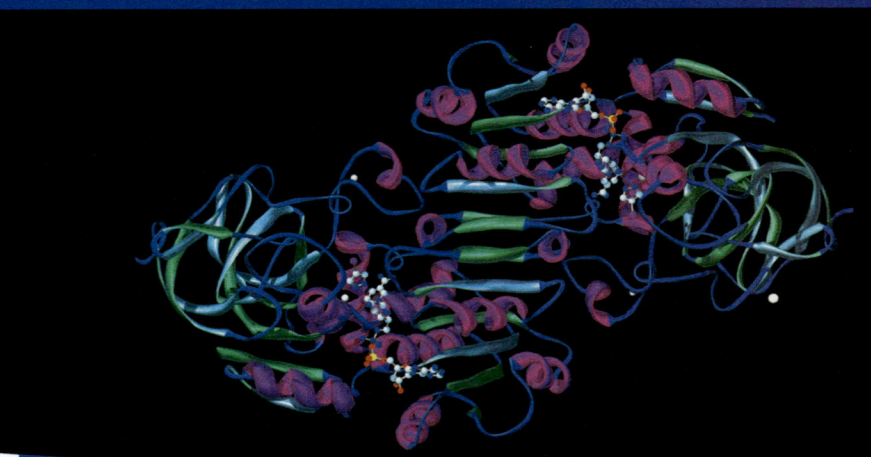

Figura 5.1 A álcool-desidrogenase, uma proteína que decompõe o álcool no corpo, é mostrada aqui como um modelo molecular. A forma desta proteína que um indivíduo possui afeta o quanto ele tolera o consumo de álcool. As proteínas são uma classe de moléculas grandes, ou macromoléculas.

Quais são as estruturas e funções das quatro classes importantes de moléculas biológicas?

Três classes são macromoléculas que são polímeros (longas cadeias de subunidades de monômeros).

Monômero / Polímero

Carboidratos são uma fonte de energia e fornecem um suporte estrutural.

Carboidrato (amido) / Glicose

Proteínas possuem uma ampla variedade de funções, como a catálise de reações e o transporte de substâncias para dentro e fora das células.

Proteína (álcool-desidrogenase) / Aminoácido

Ácidos nucleicos armazenam a informação genética e funcionam na expressão gênica.

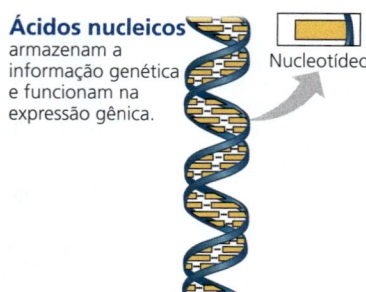

Ácido nucleico (DNA) / Nucleotídeo

A quarta classe, os lipídeos, não são polímeros ou macromoléculas.

Os **lipídeos** são um grupo de moléculas diversas que não se misturam bem com água. As funções principais incluem fornecimento de energia, composição das membranas celulares e atuação como hormônios.

Lipídeo (fosfolipídeo)

CONCEITO 5.1

Macromoléculas são polímeros compostos por monômeros

Grandes carboidratos, proteínas e ácidos nucleicos, também conhecidos como **macromoléculas** pelo seu enorme tamanho, são moléculas em cadeia chamadas polímeros (do grego *polys*, muitos, e *meros*, parte). Um **polímero** é uma molécula longa que consiste em muitos blocos de construção similares ou idênticos ligados por ligações covalentes, assim como um trem consiste em uma cadeia de vagões. As unidades repetidas que compõem as subunidades de um polímero são moléculas menores chamadas de **monômeros** (do grego *monos*, único). Além de formar polímeros, alguns monômeros têm suas próprias funções.

Síntese e quebra dos polímeros

Embora cada classe de polímero seja composta de um tipo diferente de monômero, os mecanismos químicos pelos quais as células fazem polímeros (polimerização) e os decompõem são semelhantes para todas as classes de grandes moléculas biológicas. Nas células, esses processos são facilitados por **enzimas**, macromoléculas especializadas (geralmente proteínas) que aceleram as reações químicas. A reação que liga um monômero a outro monômero ou a um polímero é uma *reação de condensação*, reação na qual duas moléculas são ligadas covalentemente uma à outra com a perda de uma pequena molécula. Se uma molécula de água é perdida, ela é conhecida como uma **reação de desidratação**. Por exemplo, os carboidratos e polímeros de proteínas são sintetizados por reações de desidratação. Cada reagente contribui com parte da molécula da água que é liberada durante a reação: um fornece um grupo hidroxila (—OH), enquanto o outro fornece um hidrogênio (—H) **(Figura 5.2a)**. Essa reação se repete à medida que os monômeros são adicionados à cadeia um a um, alongando o polímero.

Os polímeros são desmontados em monômeros pela **hidrólise**, um processo que é essencialmente o oposto da reação de desidratação **(Figura 5.2b)**. Hidrólise significa quebrar utilizando água (do grego *hydro*, água, e *lysis*, quebra). A ligação entre os monômeros é clivada pela adição de uma molécula de água, com o hidrogênio de uma molécula de água se ligando a um monômero e o grupo hidroxila se ligando ao outro monômero. Um exemplo de hidrólise que ocorre em nosso corpo é o processo de digestão. A maior parte da matéria orgânica em nossos alimentos está na forma de polímeros, que são muito grandes para entrar em nossas células. No interior do trato digestório, diversas enzimas agem sobre os polímeros, acelerando a hidrólise. Os monômeros liberados são, então, absorvidos pela corrente sanguínea e distribuídos por todas as células do corpo. Em seguida, as células utilizam reações de desidratação para agrupar os monômeros em novos e distintos polímeros, que podem desempenhar funções específicas, necessárias para a célula (reações de desidratação e hidrólise também podem estar envolvidas na formação e quebra de moléculas que não são polímeros, tais como alguns lipídeos).

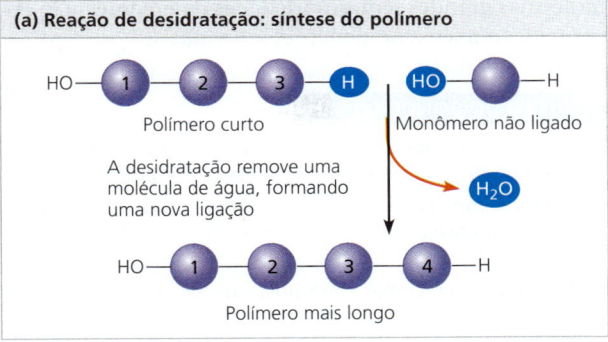

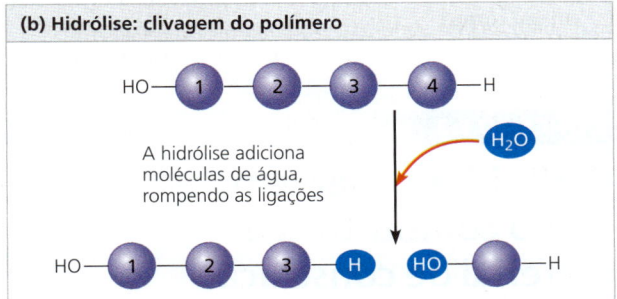

▲ **Figura 5.2** Síntese e quebra de carboidratos e polímeros de proteínas.

A diversidade dos polímeros

Cada célula tem milhares de tipos distintos de macromoléculas; esse conjunto varia de um tipo celular para outro. As diferenças herdadas entre parentes próximos, como os irmãos humanos, refletem pequenas variações nos polímeros, sobretudo no DNA e nas proteínas. As diferenças moleculares entre pessoas não aparentadas são mais extensas, e as diferenças entre espécies são ainda maiores. A diversidade das macromoléculas no mundo dos organismos vivos é enorme, e a possibilidade de variações é praticamente ilimitada.

Qual é a base de tanta diversidade nos polímeros da vida? Essas moléculas são compostas por apenas 40 a 50 monômeros comuns e por alguns outros de ocorrência rara. A formação de uma imensa variedade de polímeros a partir de um número limitado de monômeros se compara à formação de centenas de milhares de palavras a partir de 26 letras do alfabeto. A chave é a combinação – a sequência linear específica de cada unidade. No entanto, essa analogia fica muito aquém de uma descrição da grande diversidade de macromoléculas, pois a maioria dos polímeros biológicos tem muito mais monômeros do que o número de letras mesmo na palavra mais longa. As proteínas, por exemplo, são compostas por 20 tipos de aminoácidos arranjados em cadeias normalmente com centenas de aminoácidos de extensão. A lógica molecular da vida é simples, porém elegante: pequenas moléculas comuns a todos os organismos atuam como blocos de construção que são ordenados em macromoléculas singulares.

Apesar dessa imensa diversidade, as estruturas e as funções moleculares ainda podem ser agrupadas em classes. Vamos nos concentrar em cada uma das quatro principais classes de grandes moléculas biológicas. Para cada classe, as moléculas grandes têm propriedades emergentes não encontradas em seus componentes individuais.

> **REVISÃO DO CONCEITO 5.1**
>
> 1. Quais são as quatro principais classes de grandes moléculas biológicas? Qual classe não é formada por polímeros?
> 2. Quantas moléculas de água são necessárias para hidrolisar completamente um polímero com 10 monômeros de extensão?
> 3. **E SE?** Se você comer uma posta de peixe, quais reações devem ocorrer para que os monômeros de aminoácidos das proteínas do peixe sejam convertidos em novas proteínas em seu corpo?
>
> *Ver as respostas sugeridas no Apêndice A.*

CONCEITO 5.2

Carboidratos servem como combustível e material de construção

Carboidratos incluem açúcares e polímeros de açúcar. Os carboidratos mais simples são monossacarídeos, ou açúcares simples; eles são os monômeros a partir dos quais carboidratos mais complexos são formados. Dissacarídeos são açúcares duplos, compostos por dois monossacarídeos unidos por uma ligação covalente. As macromoléculas de carboidratos são polímeros chamados de polissacarídeos, compostos por várias unidades de açúcar.

Açúcares

Monossacarídeos (do grego *monos*, único, e *sacchar*, açúcar) geralmente têm fórmulas moleculares que são algum múltiplo da unidade CH_2O. A glicose ($C_6H_{12}O_6$), o monossacarídeo mais comum, é de importância central na química da vida. Na estrutura da glicose, podemos ver as marcas registradas de um monossacarídeo: a molécula tem um grupo carbonila, $>C=O$, e múltiplos grupos hidroxila, —OH **(Figura 5.3)**. Dependendo da localização do grupo carbonila, um monossacarídeo é uma aldose (açúcar aldeído) ou uma cetose (açúcar cetônico). A glicose, por exemplo, é uma aldose; a frutose, um isômero da glicose, é uma cetose (a maioria dos nomes dos açúcares possui a terminação *-ose*). Outro critério para classificar os monossacarídeos é o tamanho do esqueleto de carbono, que varia de três a sete carbonos de comprimento. A glicose, a frutose e outros açúcares com seis carbonos são chamados de hexoses. As trioses (açúcares de três carbonos) e as pentoses (açúcares de cinco carbonos) também são comuns.

Uma outra fonte de diversidade para os açúcares simples está na forma como suas partes estão dispostas espacialmente em torno dos carbonos assimétricos (não se esqueça de que o carbono assimétrico é o carbono ligado a quatro átomos ou grupos de átomos diferentes). A glicose e a galactose, por exemplo, diferem apenas na disposição das peças em torno de um carbono assimétrico (ver as caixas roxas na Figura 5.3).

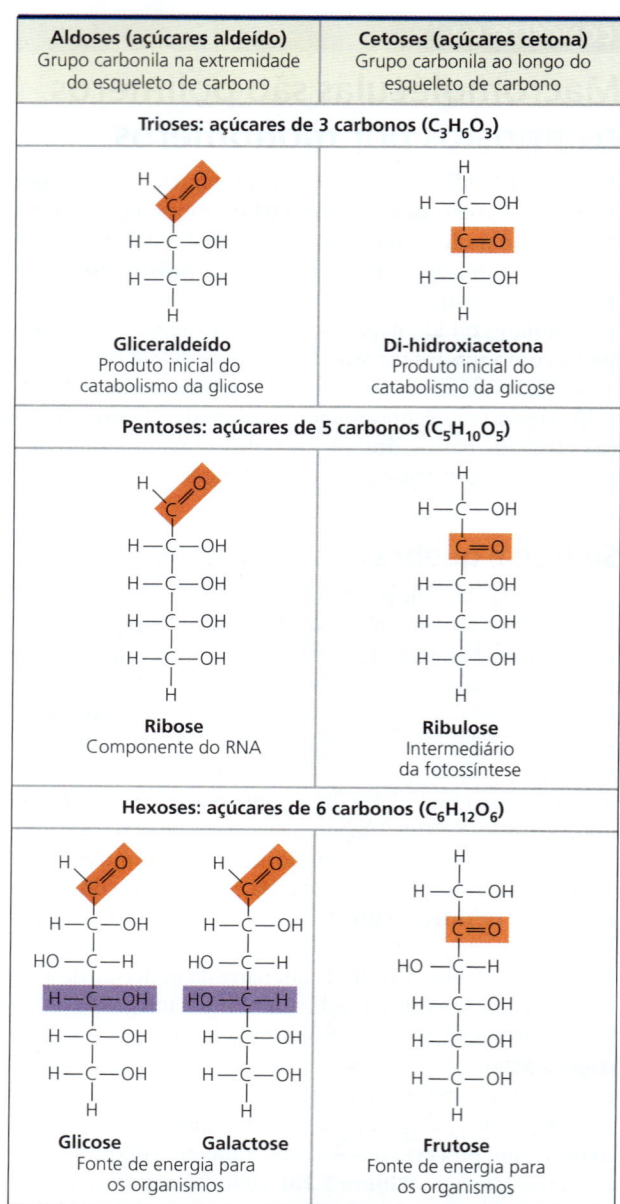

▲ **Figura 5.3 Estrutura e classificação de certos monossacarídeos.** Os açúcares variam na localização de seus grupos carbonila (laranja), o comprimento de seus esqueletos de carbono e a forma como suas partes estão dispostas espacialmente em torno de carbonos assimétricos (compare, por exemplo, as porções roxas de glicose e galactose).

FAÇA CONEXÕES *Na década de 1970, foi desenvolvido um processo que converte a glicose no xarope de milho em seu isômero de sabor mais adocicado, a frutose. O xarope de milho com alta concentração de frutose, um ingrediente comum em refrigerantes e alimentos processados, é uma mistura de glicose e frutose. Que tipos de isômeros são a glicose e a frutose? (Ver Figura 4.7.)*

O que parece uma pequena diferença é suficiente para conferir estruturas distintas a esses dois açúcares, bem como diferentes propriedades de ligação e, portanto, diferentes atividades.

Apesar de a representação da molécula de glicose como um esqueleto carbônico linear ser conveniente, ela não é

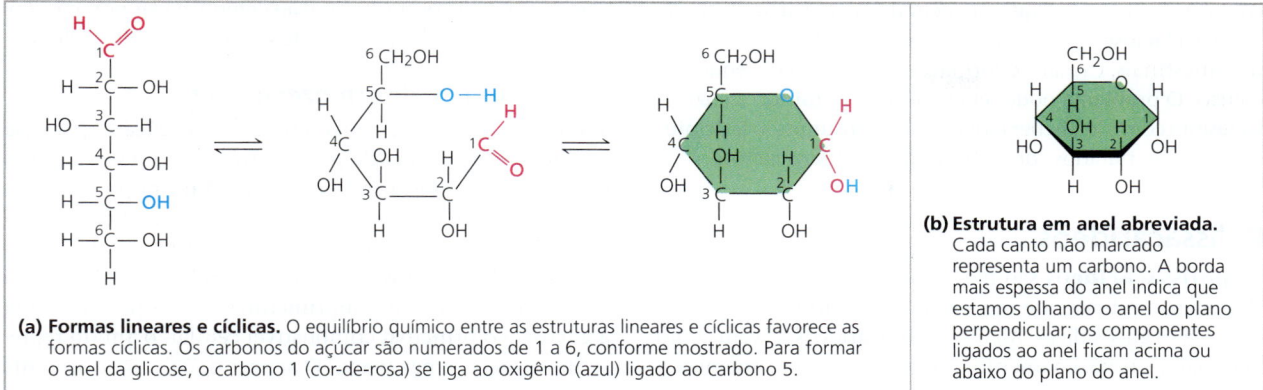

▲ **Figura 5.4** Formas lineares e cíclicas da glicose.

DESENHE Comece com a forma linear da frutose (ver Figura 5.3) e desenhe a formação do anel da frutose em duas etapas, como mostrado em (a). Primeiro, numere os átomos de carbono a partir da extremidade da estrutura linear. Em seguida, desenhe a molécula em uma orientação em forma de anel, fixando o carbono 5 através de seu oxigênio ao carbono 2. Compare o número de carbonos nas porções do anel da frutose e da glicose.

completamente correta. Em soluções aquosas, as moléculas de glicose, assim como a maioria dos outros açúcares de cinco e seis carbonos, formam anéis, pois são a forma mais estável desses açúcares sob condições fisiológicas **(Figura 5.4)**.

Os monossacarídeos, em particular a glicose, são os principais nutrientes para as células. No processo conhecido como respiração celular, as células extraem energia em uma série de reações que se iniciam com moléculas de glicose. Os monossacarídeos não são apenas um combustível importante para o trabalho celular, mas seus esqueletos de carbono também servem como matéria-prima para a síntese de outros tipos de pequenas moléculas orgânicas, tais como aminoácidos e ácidos graxos. Os monossacarídeos que não são imediatamente utilizados dessa forma são geralmente incorporados como monômeros em dissacarídeos ou polissacarídeos, que serão discutidos a seguir.

Um **dissacarídeo** consiste em dois monossacarídeos unidos por uma **ligação glicosídica**, uma ligação covalente formada entre dois monossacarídeos por uma reação de desidratação (*glico* refere-se a carboidrato). Por exemplo, a maltose é um dissacarídeo formado pela ligação de duas moléculas de glicose **(Figura 5.5a)**. Também conhecida como malte, a maltose é um ingrediente utilizado na fermentação da cerveja. O dissacarídeo mais prevalente é a sacarose, ou açúcar de mesa. Seus dois monômeros são a glicose e a frutose **(Figura 5.5b)**. As plantas geralmente transportam carboidratos das folhas para as raízes e outros órgãos não fotossintetizantes em forma de sacarose. A lactose, o açúcar do leite, é outro dissacarídeo; nesse caso, uma molécula de glicose está ligada a uma molécula de galactose. Os dissacarídeos devem ser quebrados em monossacarídeos para serem utilizados como energia pelos organismos. A intolerância à lactose é uma condição

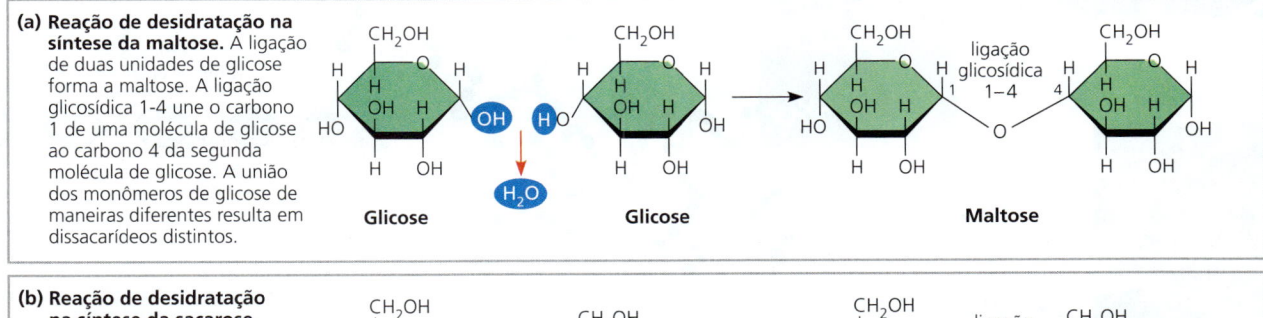

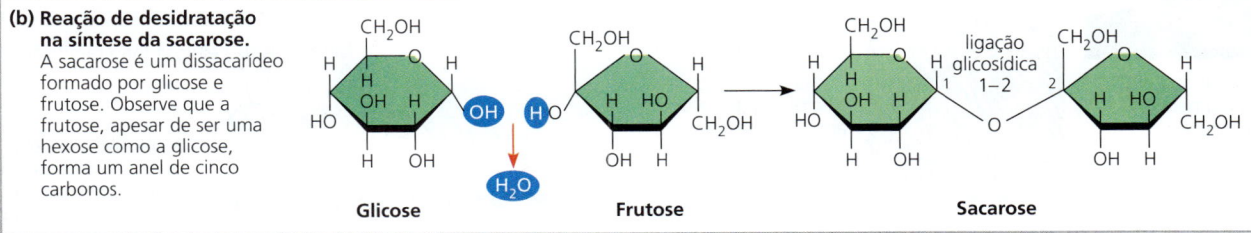

▲ **Figura 5.5** Exemplos de síntese de dissacarídeos.

DESENHE Referente às Figuras 5.3 e 5.4, numere os carbonos em cada açúcar nesta figura. Como o nome de cada ligação se relaciona com os números?

comum em humanos que carecem de lactase, a enzima que quebra a lactose. O açúcar, nesse caso, é quebrado por bactérias intestinais, causando formação de gases e consequentes cólicas. O problema pode ser evitado consumindo a enzima lactase ao comer ou beber laticínios ou consumindo laticínios que já foram tratados com lactase para quebrar a lactose.

Polissacarídeos

Os **polissacarídeos** são macromoléculas, polímeros com centenas a milhares de monossacarídeos unidos por meio de ligações glicosídicas. Alguns polissacarídeos servem como material de armazenamento, hidrolisados conforme necessário para fornecer monossacarídeos para as células. Outros polissacarídeos servem de suporte para estruturas que protegem a célula ou até mesmo todo o organismo. A arquitetura e a função de um polissacarídeo são determinadas por seus monossacarídeos e pelas posições de suas ligações glicosídicas.

Polissacarídeos de armazenamento

Tanto plantas como animais armazenam açúcares para uso posterior sob a forma de polissacarídeos de reserva **(Figura 5.6)**. As plantas armazenam **amido**, um polímero de monômeros de glicose, como grânulos dentro de estruturas celulares conhecidas como plastídios (os plastídios incluem os cloroplastos). A síntese de amido permite que as plantas armazenem um suprimento extra de glicose. Como a glicose é o principal combustível celular, o amido representa energia armazenada. O açúcar pode posteriormente ser retirado pela planta desse "banco" de carboidratos por hidrólise, que quebra as ligações entre os monômeros de glicose. A maioria dos animais, incluindo os seres humanos,

▼**Figura 5.6 Polissacarídeos de plantas e animais. (a)** O amido é armazenado nas células vegetais, **(b)** o glicogênio é armazenado nas células musculares, e **(c)** as fibras estruturais de celulose nas paredes das células vegetais são todas polissacarídeos compostos inteiramente de monômeros de glicose (hexágonos verdes). No amido e no glicogênio, as cadeias de polímeros tendem a formar hélices em regiões não ramificadas devido ao ângulo das ligações 1-4 entre as moléculas de glicose. Existem dois tipos de amido: amilose e amilopectina. A celulose, com um tipo diferente de ligação da glicose, nunca é ramificada.

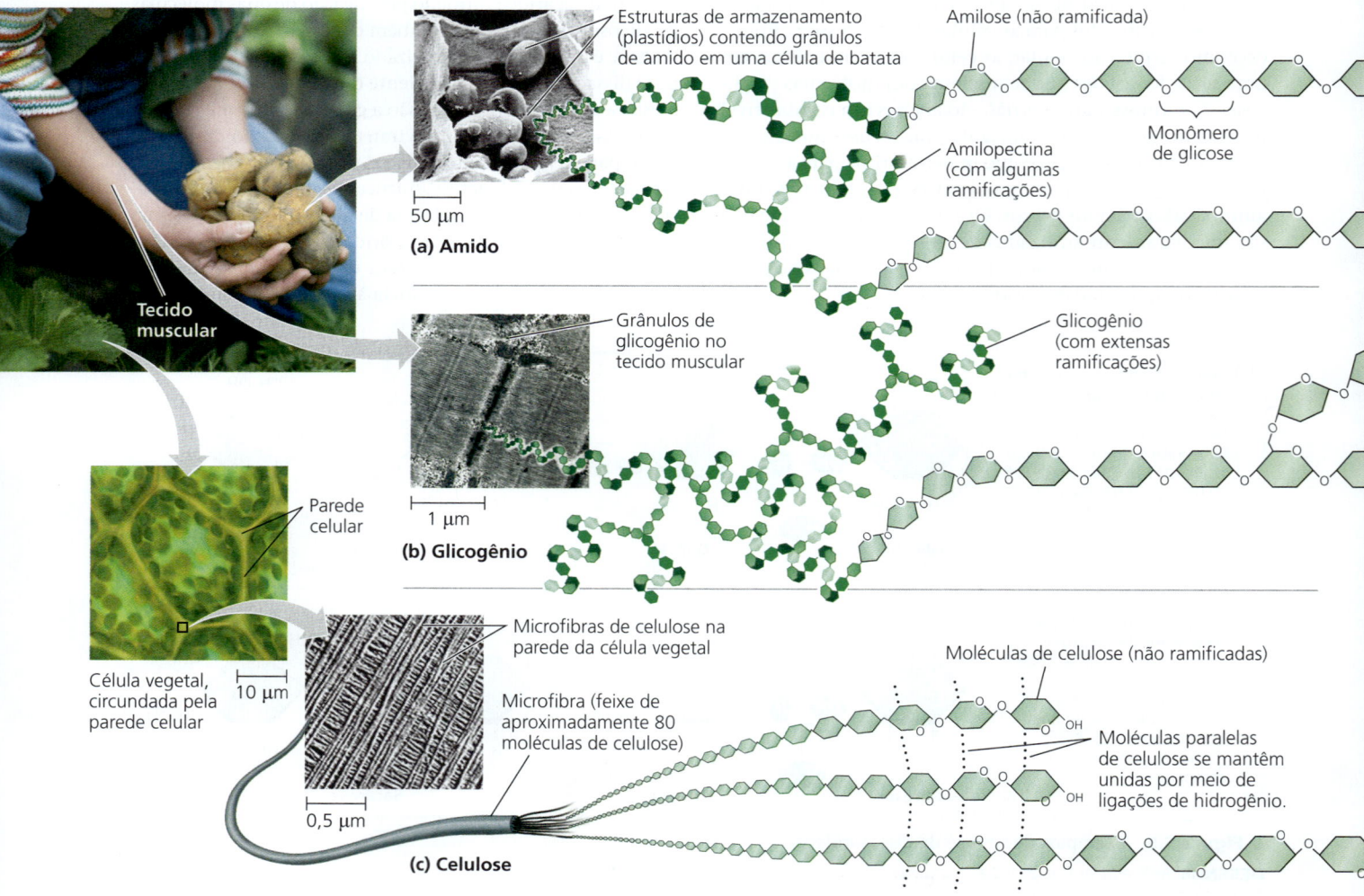

também possui enzimas capazes de hidrolisar o amido das plantas, tornando a glicose disponível para ser utilizada como combustível para as células. Os tubérculos de batata e os grãos – frutos de trigo, milho, arroz e outras gramíneas – são as principais fontes de amido na dieta humana.

A maioria dos monômeros de glicose no amido é unida por ligações 1-4 (carbono número 1 ao carbono número 4), como as unidades de glicose na maltose (ver Figura 5.5a). A forma mais simples de amido, a amilose, não é ramificada. A amilopectina, um amido mais complexo, é um polímero ramificado, com ligações 1-6 nos pontos de ramificação. Esses dois amidos são mostrados na **Figura 5.6a**.

Os animais armazenam um polissacarídeo chamado **glicogênio**, um polímero de glicose que é semelhante à amilopectina, mas ramificado de forma mais extensa **(Figura 5.6b)**. Os vertebrados armazenam glicogênio principalmente nas células do fígado e dos músculos. A quebra do glicogênio nessas células libera glicose quando a demanda por energia aumenta (a estrutura extensamente ramificada do glicogênio se enquadra em sua função: mais extremidades livres estão disponíveis para quebra). No entanto, esse combustível armazenado não pode sustentar um animal por muito tempo. Nos seres humanos, por exemplo, as reservas de glicogênio se esgotam em cerca de um dia, a menos que sejam reabastecidas pela alimentação. Esse é um ponto preocupante nas dietas com poucos carboidratos, que podem causar fadiga e fraqueza.

Polissacarídeos estruturais

Os organismos constroem materiais resistentes a partir de polissacarídeos estruturais. Por exemplo, o polissacarídeo chamado **celulose** é um componente importante das paredes resistentes que envolvem as células das plantas **(Figura 5.6c)**. Globalmente, as plantas produzem quase 10^{14} kg (100 bilhões de toneladas) de celulose por ano; é o composto orgânico mais abundante da Terra.

Como o amido, a celulose é um polímero de glicose com ligações glicosídicas 1-4, mas as ligações nesses dois polímeros são diferentes. A diferença se baseia no fato de que, na verdade, existem duas estruturas de anéis ligeiramente diferentes para a glicose **(Figura 5.7a)**. Quando a glicose forma o anel, o grupo hidroxila ligado ao carbono número 1 pode estar posicionado tanto acima como abaixo do plano do anel. Esses dois tipos de anéis formam a glicose chamada alfa (α) e beta (β), respectivamente (letras gregas são frequentemente utilizadas como sistema de "enumeração" para diferentes versões de estruturas biológicas, da mesma forma que utilizamos as letras a, b, c e demais para enumerar os itens de uma questão ou figuras). No amido, todos os monômeros de glicose estão na configuração α **(Figura 5.7b)**, o arranjo que vimos nas Figuras 5.4 e 5.5. Em contrapartida, os monômeros de glicose da celulose estão todos na configuração β, tornando cada monômero de glicose "de cabeça para baixo" em relação a seus vizinhos **(Figura 5.7c**; ver também Figura 5.6c).

As ligações glicosídicas distintas no amido e na celulose conferem a essas duas moléculas formas tridimensionais distintas. Certas moléculas de amido são em grande parte helicoidais, adequando-se à sua função de armazenar de forma eficiente unidades de glicose. Por outro lado, uma molécula de celulose é reta. A celulose nunca é ramificada, e alguns grupos hidroxila em seus monômeros de glicose estão livres para formar ligações de hidrogênio com os grupos hidroxila de outras moléculas de celulose paralelas. Nas paredes das células vegetais, as moléculas de celulose mantidas paralelamente unidas são agrupadas em unidades chamadas microfibrilas (ver Figura 5.6c). Essas microfibras em forma de cabos são apoios de alta resistência nas plantas e têm importância significativa para os humanos, pois a celulose é o principal componente do papel e o único componente do algodão. A estrutura não ramificada da celulose se encaixa assim em sua função: dar força a partes da planta.

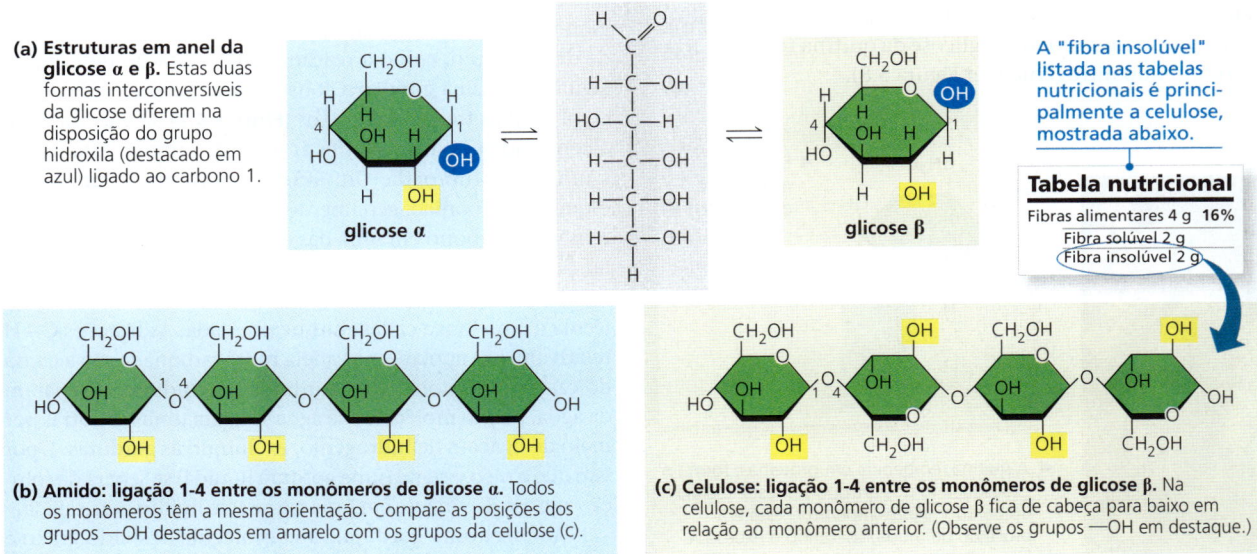

▲ **Figura 5.7** Estruturas do amido e da celulose.

As enzimas que digerem o amido pela hidrólise das ligações α são incapazes de hidrolisar as ligações β da celulose em função dos formatos distintos das duas moléculas. Na verdade, poucos organismos possuem enzimas capazes de digerir a celulose. Quase todos os animais, incluindo os seres humanos, não as possuem; a celulose presente nos alimentos passa por nosso trato digestório e é eliminada nas fezes. Ao longo do caminho, a celulose causa abrasões nas paredes do trato digestório, estimulando as células a secretarem muco, facilitando a passagem da comida pelo trato. Assim, embora a celulose não seja um nutriente para os seres humanos, ela é uma parte importante de uma dieta saudável. A maioria das frutas frescas, vegetais e grãos são ricos em celulose. Nas embalagens de alimentos, "fibra insolúvel" refere-se principalmente à celulose (ver Figura 5.7).

Alguns microrganismos conseguem digerir celulose, clivando-a em monômeros de glicose. Uma vaca tem procariotos e protistas capazes de digerir celulose no seu estômago. Esses micróbios hidrolisam a celulose presente no pasto e na grama e convertem a glicose em outros compostos que nutrem a vaca. De forma similar, o cupim, incapaz de digeriri a celulose sozinho, tem no intestino procariotos ou protistas que se alimentam de madeira. Alguns fungos também são capazes de digerir a celulose presente no solo e outros materiais, ajudando a reciclar elementos químicos no ecossistema da Terra.

Outro polissacarídeo estrutural importante é a **quitina**, o carboidrato utilizado pelos artrópodes (insetos, aranhas, crustáceos e animais relacionados) para construir seus exoesqueletos – carcaças duras que envolvem as partes moles de um animal **(Figura 5.8)**. Composto por quitina embebida em uma camada de proteínas, esse envoltório inicialmente tem textura de couro e é flexível, mas se torna mais rígido quando as proteínas se ligam quimicamente umas às outras (no caso dos insetos) ou é incrustado com carbonato de cálcio (como no caso dos caranguejos). A quitina também é encontrada em fungos, que utilizam esse polissacarídeo no lugar da celulose para formar as paredes celulares. A quitina é semelhante à celulose, com ligações β, exceto que o monômero de glicose da quitina tem uma ligação contendo nitrogênio (ver Figura 5.8).

REVISÃO DO CONCEITO 5.2

1. Escreva a fórmula de um monossacarídeo de três carbonos.
2. A reação de desidratação une duas moléculas de glicose para formar maltose. A fórmula da glicose é $C_6H_{12}O_6$. Qual é a fórmula da maltose?
3. **E SE?** Após uma vaca ser tratada com antibióticos para curar uma infecção, o veterinário dá ao animal uma bebida de "cultura estomacal" contendo vários procariotos. Por que isso é necessário?

Ver as respostas sugeridas no Apêndice A.

CONCEITO 5.3

Os lipídeos são um grupo diversificado de moléculas hidrofóbicas

Os lipídeos são a única classe de grandes moléculas biológicas que não incluem polímeros verdadeiros e, em geral, não são suficientemente grandes para serem consideradas macromoléculas. Os compostos denominados **lipídeos** são agrupados por compartilharem uma importante característica: eles são hidrofóbicos. Eles se misturam pouco, se é que se misturam, com água. Esse comportamento dos lipídeos está baseado na sua estrutura molecular. Embora possam ter algumas ligações polares associadas ao oxigênio, os lipídeos consistem principalmente de regiões de hidrocarbonetos com ligações C—H relativamente apolares. Os lipídeos apresentam uma variedade de formas e funções. Eles incluem ceras e certos pigmentos, mas vamos nos concentrar nos tipos de lipídeos que são mais importantes biologicamente: gorduras, fosfolipídeos e esteroides.

Gorduras

Embora as gorduras não sejam polímeros, elas são moléculas grandes montadas a partir de moléculas menores por reações de desidratação, como a reação de desidratação descrita na Figura 5.2a. Uma **gordura** consiste em uma molécula de glicerol unida a três ácidos graxos **(Figura 5.9)**. O glicerol é um álcool; cada um dos seus três átomos de carbono está ligado a um grupo hidroxila. Um **ácido graxo** possui um longo esqueleto carbônico, geralmente com 16 a 18 carbonos de extensão. O carbono em uma das extremidades do ácido graxo faz parte do grupo carboxila, o grupo funcional que confere a essas moléculas o nome de *ácido* graxo. O restante da molécula é uma longa cadeia hidrocarbonada. As ligações C—H relativamente apolares na cadeia hidrocarbonada são a causa do caráter hidrofóbico das gorduras. As gorduras se separam da água, pois as moléculas de água se ligam umas às outras por meio de ligações de hidrogênio, excluindo as gorduras. É por isso que o óleo vegetal (uma gordura líquida) se separa da solução aquosa de vinagre em uma garrafa de molho para salada.

Ao fazer uma gordura, cada molécula de ácido graxo é unida ao glicerol por uma reação de desidratação **(Figura 5.9a)**. Isso resulta em uma ligação éster, uma ligação entre

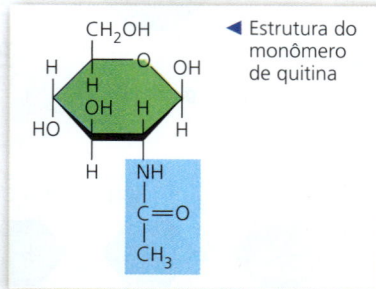

◀ Estrutura do monômero de quitina

◀ A quitina, embebida em proteínas, forma o exoesqueleto dos artrópodes. Esta libélula-imperador (*Anax imperator*) está em processo de muda, liberando o exoesqueleto velho e emergindo na forma adulta.

▲ **Figura 5.8** Quitina, um polissacarídeo estrutural.

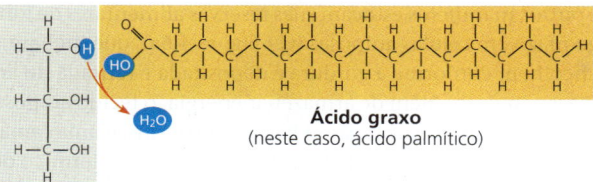

Glicerol

(a) Uma das três reações de desidratação na síntese de gordura.
Uma molécula de água é removida para cada ácido graxo que é adicionado ao glicerol.

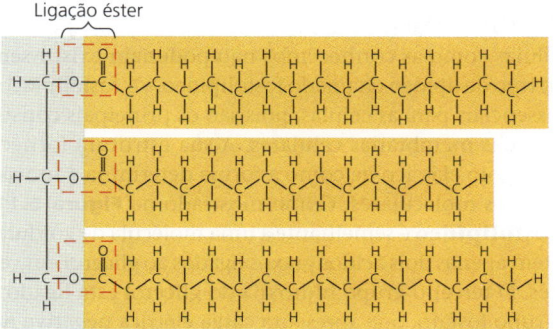

(b) Uma molécula de gordura (triacilglicerol) com três unidades de ácidos graxos. Neste exemplo, duas das unidades de ácidos graxos são idênticas.

▲ **Figura 5.9 Síntese e estrutura de uma gordura, ou triacilglicerol.** Os blocos de construção molecular de uma gordura são uma molécula de glicerol e três moléculas de ácidos graxos. Os carbonos dos ácidos graxos são dispostos em zigue-zague para indicar as orientações reais das quatro ligações únicas que se estendem de cada carbono (ver Figuras 4.3a e 4.6b).

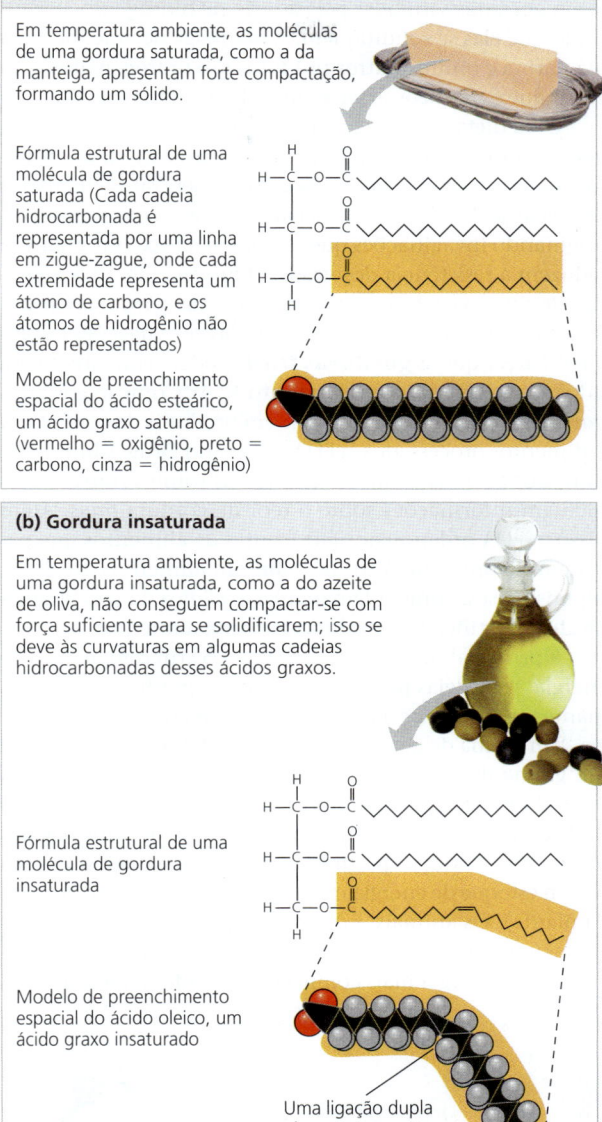

▲ **Figura 5.10 Gorduras e ácidos graxos saturados e insaturados.**

um grupo hidroxila e um grupo carboxila. A gordura completa consiste em três ácidos graxos ligados a uma molécula de glicerol (outros nomes para uma gordura são *triacilglicerol* e *triglicerídeo*; os níveis de triglicerídeos são relatados quando o sangue é testado para lipídeos). Os ácidos graxos em uma gordura podem ser todos iguais ou podem ser de dois ou três tipos diferentes, como na **Figura 5.9b**.

Os termos gorduras *saturadas* e gorduras *insaturadas* são comumente usados no contexto da nutrição **(Figura 5.10)**. Esses termos se referem à estrutura das cadeias hidrocarbonadas dos ácidos graxos. Se não houver ligações duplas entre os átomos de carbono da cadeia, então o maior número possível de átomos de hidrogênio liga-se ao esqueleto carbônico. Diz-se que tal estrutura é *saturada* com hidrogênio, e o ácido graxo resultante é, portanto, chamado de **ácido graxo saturado (Figura 5.10a)**. Um **ácido graxo insaturado** tem uma ou mais ligações duplas, com um átomo de hidrogênio a menos ligado a cada átomo de carbono da ligação dupla. Quase toda ligação dupla nos ácidos graxos naturais é uma ligação dupla *cis*, que cria uma dobra na cadeia de hidrocarbonetos onde quer que ela ocorra **(Figura 5.10b)** (ver Figura 4.7b para se lembrar das ligações duplas *cis* e *trans*).

A gordura formada por ácidos graxos saturados é chamada de gordura saturada. A maioria das gorduras animais é saturada: as cadeias de hidrocarbonetos de seus ácidos graxos – as "caudas" das moléculas de gordura – não possuem ligações duplas (ver Figura 5.10a), e sua flexibilidade permite que as moléculas de gordura se encaixem perfeitamente. As gorduras animais saturadas, tais como banha e manteiga, são sólidas à temperatura ambiente. Por outro lado, as gorduras de plantas e peixes são geralmente insaturadas, o que significa que são compostas de um ou mais tipos de ácidos graxos insaturados. Geralmente líquidas em temperatura ambiente, as gorduras de plantas e peixes são chamadas de óleos – azeite de oliva e óleo de fígado de bacalhau são exemplos. As dobras onde as ligações duplas *cis* estão localizadas (ver Figura 5.10b) evitam que as moléculas sejam compactadas juntas o suficiente para solidificar à temperatura ambiente. A expressão *óleos vegetais hidrogenados* nos rótulos dos alimentos significa que as gorduras insaturadas foram convertidas sinteticamente em gorduras saturadas pela adição de hidrogênio, permitindo que elas se solidifiquem. A manteiga de amendoim, a margarina e muitos outros produtos são hidrogenados para evitar que os lipídeos se separem na fase líquida (óleo).

Uma dieta rica em gorduras saturadas é um dos vários fatores que contribuem para a doença cardiovascular conhecida como aterosclerose. Nessa doença, depósitos chamados de placas se desenvolvem nas paredes dos vasos sanguíneos, originando invaginações que impedem o fluxo sanguíneo e reduzem a resistência dos vasos. O processo de hidrogenação de óleos vegetais produz não apenas gorduras saturadas, mas também gorduras insaturadas com ligações duplas *trans*. Parece que as **gorduras *trans*** podem contribuir para a doença coronariana (ver Conceito 42.4). Como as gorduras *trans* são especialmente comuns em produtos de confeitaria e alimentos processados, a FDA (Food and Drug Administration) dos Estados Unidos exige que os rótulos nutricionais incluam informações sobre o teor de gordura *trans*. Além disso, a FDA ordenou aos fabricantes de alimentos que parassem de produzir gorduras *trans* em alimentos até 2021. Alguns países, como a Dinamarca e a Suíça, já proibiram a produção artificial de gorduras *trans* nos alimentos.

A principal função das gorduras é o armazenamento de energia. As cadeias hidrocarbonadas das gorduras são semelhantes às moléculas da gasolina e igualmente ricas em energia. Um grama de gordura armazena o dobro de energia que um grama de um polissacarídeo, como o amido. Como as plantas são relativamente imóveis, conseguem manter grandes estoques de energia em forma de amido (os óleos vegetais são em geral obtidos a partir das sementes, nas quais se encontra um estoque de energia mais compacto em relação ao resto da planta). Os animais, no entanto, precisam carregar consigo seus estoques de energia, então é vantajoso possuir um estoque de energia mais compacto – a gordura. Os humanos e outros mamíferos estocam suas reservas alimentares de longo prazo em células adiposas (ver Figura 4.6a), que incham e encolhem conforme a gordura é depositada e retirada do armazenamento. Além de armazenar energia, o tecido adiposo também acondiciona órgãos vitais como os rins, e uma camada de gordura abaixo da pele realiza o isolamento térmico de nosso corpo. Essa camada subcutânea é especialmente espessa nas baleias, focas e na maioria dos outros mamíferos marinhos, isolando seus corpos na água fria do oceano.

Fosfolipídeos

As células como as conhecemos não poderiam existir sem outro tipo de lipídeo chamado fosfolipídeo. Os fosfolipídeos são essenciais para as células, pois são os principais constituintes das membranas celulares. A sua estrutura fornece um exemplo clássico de como a forma determina a função em termos moleculares. Como mostrado na **Figura 5.11**, um **fosfolipídeo** é semelhante a uma molécula de gordura, mas tem apenas dois ácidos graxos ligados ao glicerol em vez de três. O terceiro grupo hidroxila do glicerol está ligado a um grupo fosfato, que apresenta carga elétrica negativa no interior da célula. Em geral, moléculas adicionais menores com carga, ou polares, também estão ligadas ao grupo fosfato. A colina é uma dessas moléculas (ver Figura 5.11), mas há muitas outras também, permitindo a formação de uma variedade de fosfolipídeos que diferem uns dos outros.

As duas extremidades dos fosfolipídeos mostram comportamentos diferentes em relação à água. As caudas hidrocarbonadas são hidrofóbicas e se afastam da água. No entanto, o grupo fosfato e seus ligantes formam a porção hidrofílica com afinidade pela água. Quando os fosfolipídeos são adicionados à água, eles se agrupam em uma camada dupla chamada "bicamada" que protege suas caudas de ácido graxo hidrofóbico da água (Figura 5.11d).

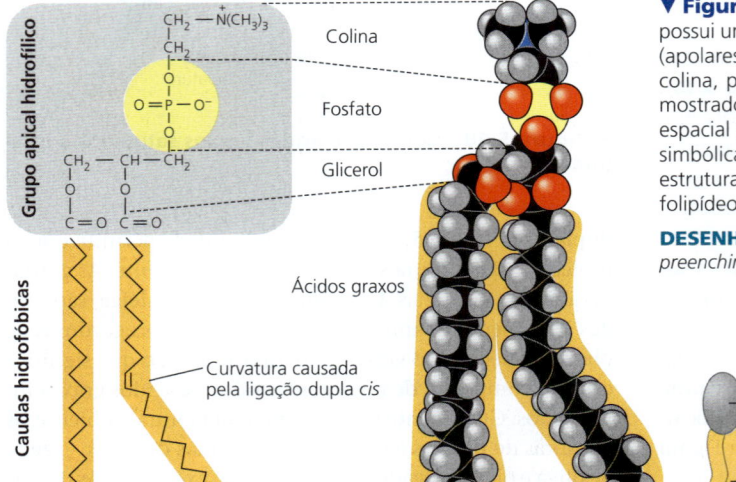

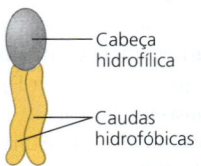

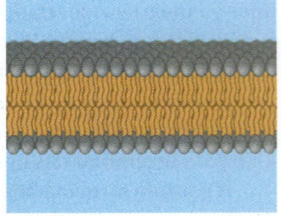

▼ **Figura 5.11 Estrutura de um fosfolipídeo.** Um fosfolipídeo possui um grupo apical hidrofílico (polar) e duas caudas hidrofóbicas (apolares). Este fosfolipídeo em particular, chamado de fosfatidilcolina, possui um grupo colina ligado ao grupo fosfato. Aqui são mostrados **(a)** a fórmula estrutural, **(b)** o modelo de preenchimento espacial (amarelo = fósforo, azul = nitrogênio), **(c)** a representação simbólica dos fosfolipídeos, utilizada ao longo deste livro, e **(d)** a estrutura de bicamada formada pela associação espontânea de fosfolipídeos em ambientes aquosos.

DESENHE *Faça um círculo ao redor da cabeça hidrofílica no modelo de preenchimento espacial.*

(a) Fórmula estrutural
(b) Modelo de preenchimento espacial
(c) Representação simbólica dos fosfolipídeos
(d) Bicamada fosfolipídica

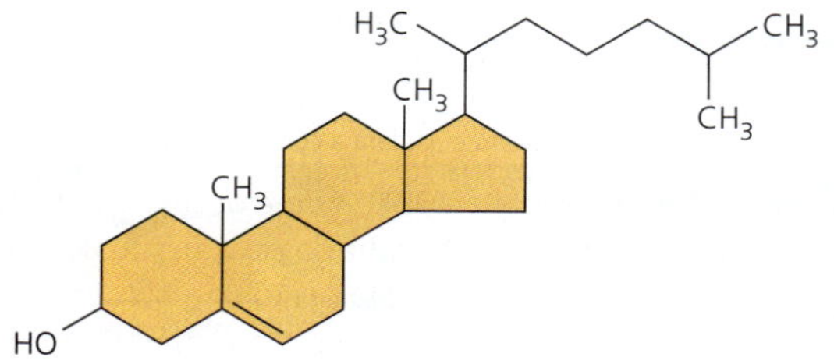

▲ **Figura 5.12 Colesterol, um esteroide.** O colesterol é a molécula a partir da qual outros esteroides, incluindo os hormônios sexuais, são sintetizados. Os esteroides variam quanto aos grupos químicos ligados aos quatro anéis interconectados (mostrados em amarelo).

FAÇA CONEXÕES Compare o colesterol com os hormônios sexuais mostrados na figura no início do Conceito 4.3. Circule os grupos químicos que o colesterol tem em comum com o estradiol; faça um quadrado ao redor dos grupos químicos que o colesterol tem em comum com a testosterona.

Na superfície celular, os fosfolipídeos estão arranjados em bicamadas semelhantes. As porções hidrofílicas das moléculas se encontram na face externa da bicamada, em contato com as soluções aquosas no interior e no exterior da célula. As caudas hidrofóbicas estão voltadas para o interior da bicamada, longe da água. A bicamada fosfolipídica forma uma barreira entre a célula e seu ambiente externo e estabelece compartimentos separados dentro das células eucarióticas; na verdade, a existência das células depende das propriedades dos fosfolipídeos.

Esteroides

Esteroides são lipídeos que se caracterizam por um esqueleto carbônico composto de quatro anéis fusionados. Os diferentes esteroides variam quanto aos grupos químicos ligados ao conjunto de anéis. O **colesterol**, um tipo de esteroide, é uma molécula fundamental nos animais **(Figura 5.12)**. O colesterol é um componente comum das membranas celulares dos animais e também o precursor a partir do qual outros esteroides, como os hormônios sexuais de vertebrados, são sintetizados. Nos vertebrados, o colesterol é sintetizado no fígado e também obtido a partir da dieta. Um alto nível de colesterol no sangue pode contribuir para a aterosclerose, embora alguns pesquisadores estejam questionando os papéis do colesterol e das gorduras saturadas no desenvolvimento dessa condição.

REVISÃO DO CONCEITO 5.3

1. Compare a estrutura de uma gordura (triglicerídeo) com a estrutura de um fosfolipídeo.
2. Por que os hormônios sexuais humanos são considerados lipídeos?
3. **E SE?** Imagine uma membrana revestindo uma gotícula de óleo, como ocorre nas células das sementes das plantas e em algumas células animais. Descreva e explique a forma que essa membrana pode ter.

Ver as respostas sugeridas no Apêndice A.

CONCEITO 5.4

As proteínas apresentam grande variedade de estruturas, o que resulta em uma variedade de funções

Quase todas as funções dinâmicas de um organismo vivo dependem das proteínas. De fato, a importância das proteínas está implícita no nome, que vem do grego *proteios*, "primeiro" ou "primário". As proteínas representam mais de 50% da massa seca da maioria das células e são fundamentais em quase tudo o que os organismos fazem. Algumas proteínas aceleram as reações químicas, enquanto outras desempenham um papel em defesa, armazenamento, transporte, comunicação celular, movimento ou suporte estrutural. A **Figura 5.13** mostra exemplos de proteínas com essas funções, sobre as quais você aprenderá mais em capítulos posteriores.

A vida não seria possível sem enzimas, em sua maioria proteínas. As proteínas enzimáticas regulam o metabolismo atuando como **catalisadores**, agentes químicos que aceleram seletivamente as reações químicas sem serem consumidos na reação. As enzimas são capazes de desempenhar suas funções repetidamente; por isso, essas moléculas podem ser consideradas "burros de carga" que mantêm as células funcionando e desempenhando as suas funções nos processos da vida.

Um ser humano tem dezenas de milhares de proteínas diferentes, cada qual com estrutura e função específicas; proteínas são, na verdade, as moléculas mais sofisticadas estruturalmente. De forma consistente com suas diferentes funções, elas variam bastante em estrutura, e cada tipo de proteína possui forma tridimensional única.

As proteínas são todas construídas a partir do mesmo conjunto de 20 aminoácidos, ligados em polímeros não ramificados. A ligação entre aminoácidos é chamada *ligação peptídica*, e um polímero de aminoácidos é chamado **polipeptídeo**. Uma **proteína** é uma molécula biologicamente funcional, formada por um ou mais polipeptídeos, cada um enovelado e organizado em uma estrutura tridimensional específica.

Aminoácidos (monômeros)

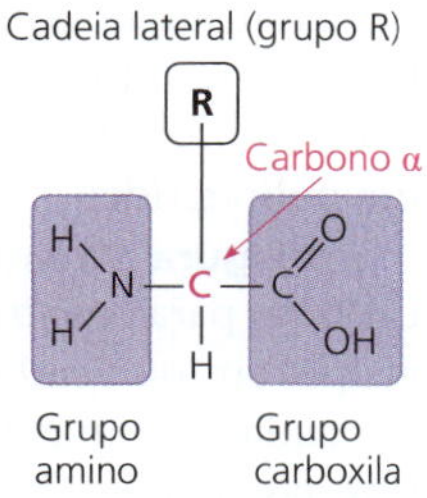

Todos os aminoácidos compartilham uma estrutura comum. Um **aminoácido** é uma molécula orgânica com um grupo amino e um grupo carboxila (ver Figura 4.9); a figura pequena mostra a fórmula geral para um aminoácido. No centro do aminoácido, existe um carbono assimétrico chamado de *carbono alfa* (α). Seus quatro ligantes distintos são o grupo amino, o grupo carboxila, um átomo de hidrogênio e um

Proteínas enzimáticas

Função: Aceleração seletiva de reações químicas
Exemplo: Enzimas digestivas catalisam a hidrólise das ligações presentes nos alimentos.

Proteínas de defesa

Função: Proteção contra doenças
Exemplo: Os anticorpos inativam e ajudam a combater vírus e bactérias.

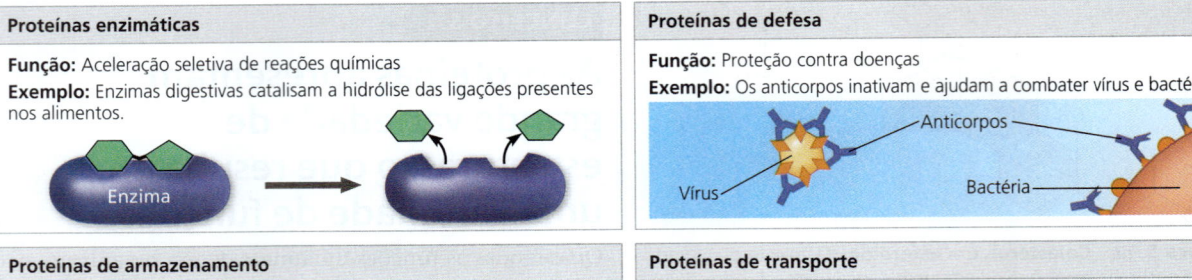

Proteínas de armazenamento

Função: Armazenamento de aminoácidos
Exemplos: A caseína, proteína do leite, é a principal fonte de aminoácidos para os filhotes dos mamíferos. As plantas possuem proteínas de armazenamento nas sementes. A ovoalbumina é a proteína da clara do ovo, utilizada como fonte de aminoácidos para o embrião em desenvolvimento.

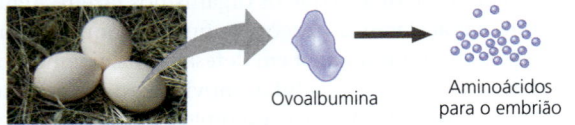

Proteínas de transporte

Função: Transporte de substâncias
Exemplos: A hemoglobina, proteína ferrosa do sangue dos vertebrados, transporta oxigênio dos pulmões para outras partes do corpo. Outras proteínas transportam moléculas através de membranas celulares.

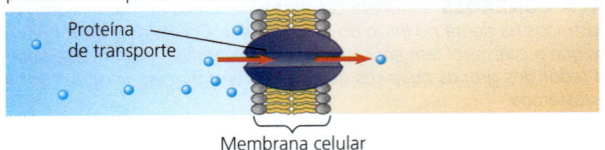

Proteínas hormonais

Função: Coordenação das atividades do organismo
Example: A insulina, hormônio secretado pelo pâncreas, induz a absorção de glicose pelos tecidos, regulando a concentração de açúcar no sangue dos vertebrados.

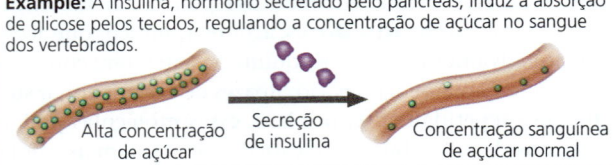

Proteínas receptoras

Função: Respostas das células a estímulos químicos
Example: Os receptores nas membranas das células nervosas detectam sinais químicos liberados por outras células nervosas.

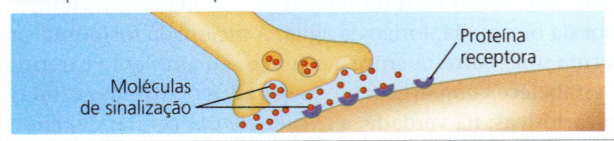

Proteínas motoras e contráteis

Função: Movimento
Exemplos: Proteínas motoras são responsáveis pela ondulação de cílios e flagelos. A actina e a miosina são responsáveis pela contração muscular.

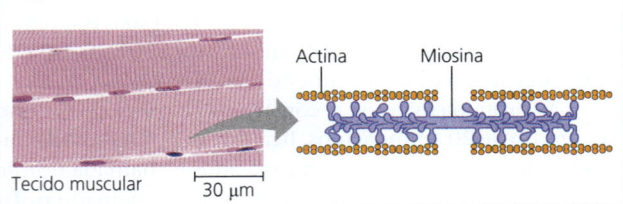

Proteínas estruturais

Função: Sustentação
Exemplos: A queratina é a proteína dos cabelos, chifres, penas e outros apêndices da pele. Insetos e aranhas utilizam as fibras da seda para produzir seus casulos e teias, respectivamente. O colágeno e a elastina fornecem a estrutura fibrosa aos tecidos conectivos dos animais.

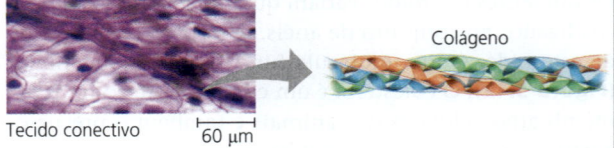

▲ **Figura 5.13** Uma visão geral das funções das proteínas.

grupo variável, simbolizado por R. O grupo R, também chamado de cadeia lateral, difere em cada aminoácido. O grupo R pode ser tão simples quanto um átomo de hidrogênio ou pode ser um esqueleto de carbono com vários grupos funcionais ligados. As propriedades físicas e químicas da cadeia lateral determinam as características únicas de um determinado aminoácido, afetando, assim, seu papel funcional em um polipeptídeo.

A **Figura 5.14** mostra os 20 aminoácidos que as células utilizam para construir suas milhares de proteínas. Aqui, os grupos amino e carboxila estão todos mostrados nas formas ionizadas, como geralmente se encontram no pH do interior das células. Os aminoácidos são agrupados de acordo com as propriedades de suas cadeias laterais. Um grupo é composto por aminoácidos com cadeias laterais apolares, que são hidrofóbicas. Outro grupo é composto por aminoácidos com cadeias laterais polares, que são hidrofílicas. Os aminoácidos ácidos possuem cadeias laterais geralmente com carga negativa devido à presença de um grupo carboxílico, que geralmente é dissociado (ionizado) no pH celular. Os aminoácidos básicos têm grupos amino nas cadeias laterais, em geral com carga positiva. (Os termos *ácidos* e *básicos* nesse contexto se referem apenas a grupos nas cadeias laterais porque *todos* os aminoácidos – como monômeros – têm grupos carboxila e grupos amino.) Por possuírem carga, as cadeias laterais ácidas e básicas também são hidrofílicas.

▼ **Figura 5.14 Os 20 aminoácidos das proteínas.**
Na parte superior direita, estão as formas não ionizadas e ionizadas de um aminoácido genérico. Os aminoácidos específicos são mostrados abaixo em suas formas ionizadas, predominantes no pH dentro de uma célula (pH 7,2). Os aminoácidos são agrupados pelas propriedades das suas cadeias laterais. As abreviações de três letras e de uma letra para os aminoácidos estão entre parênteses. Todos os aminoácidos utilizados nas proteínas são enantiômeros L (ver Figura 4.7c).

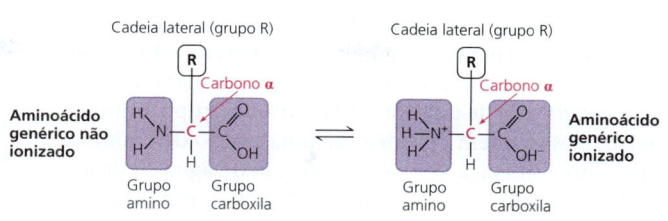

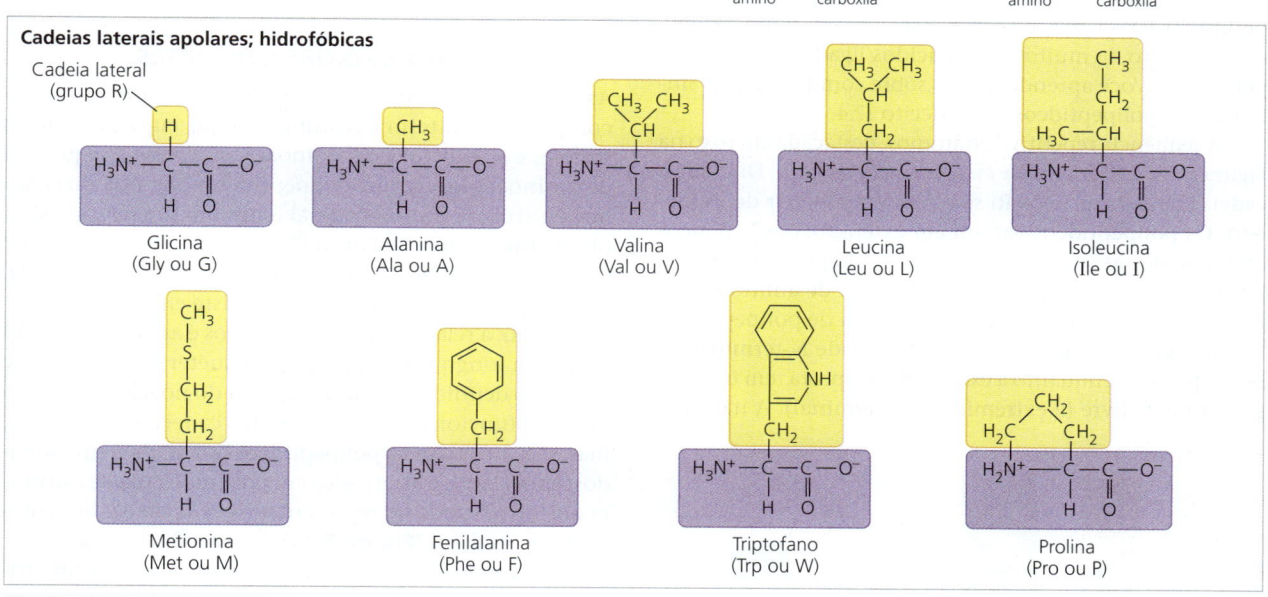

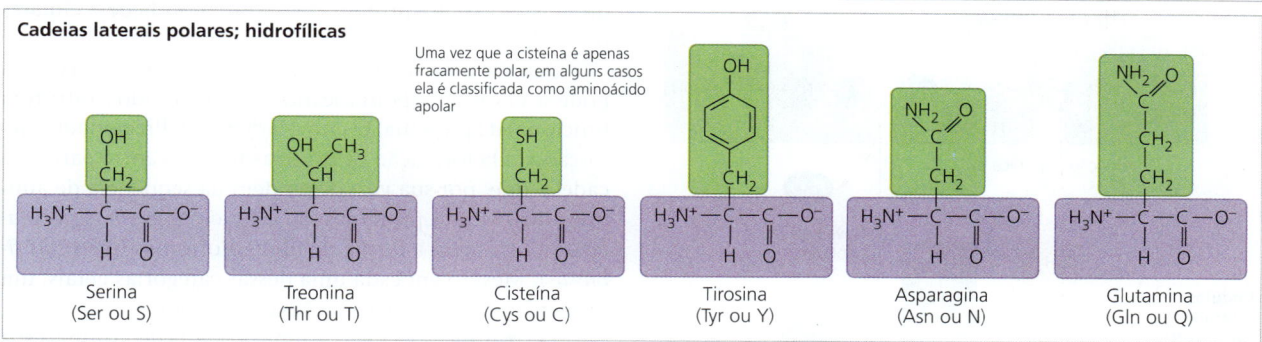

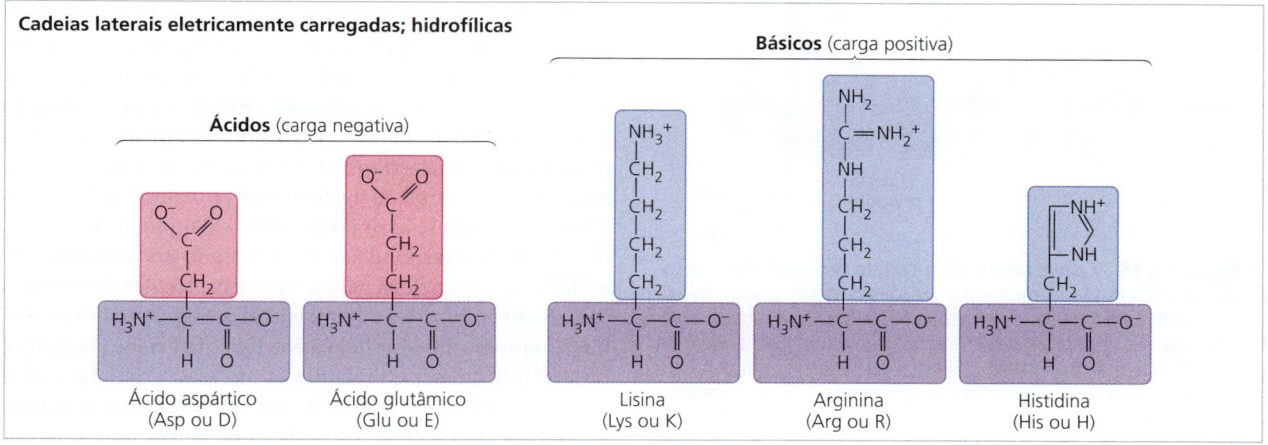

Polipeptídeos (polímeros de aminoácidos)

Agora que examinamos os aminoácidos, vamos ver como eles são ligados para formar polímeros **(Figura 5.15)**. Quando dois aminoácidos são posicionados de maneira que o grupo carboxila de um fique adjacente ao grupo amino do outro, eles se unem por meio de uma reação de desidratação, com a liberação de uma molécula de água. A ligação covalente resultante é chamada de **ligação peptídica**. Repetido diversas vezes, esse processo gera um polipeptídeo, um polímero de muitos aminoácidos ligados por ligações peptídicas. Você aprenderá mais sobre como as células sintetizam os polipeptídeos no Conceito 17.4.

A sequência repetitiva de átomos, destacada em roxo na Figura 5.15, é chamada de *esqueleto polipeptídico*. Diferentes cadeias laterais (grupos R) se estendem a partir do esqueleto. Os polipeptídeos variam em extensão, desde poucos aminoácidos até milhares ou mais. Cada polipeptídeo específico tem uma sequência linear única de aminoácidos. Observe que uma extremidade da cadeia de polipeptídeos tem um grupo amino livre (a extremidade N-terminal do polipeptídeo), enquanto a extremidade oposta tem um grupo carboxila livre (a extremidade C-terminal). A natureza química da molécula como um todo é determinada pelo tipo e sequência das cadeias laterais, que determinam como um polipeptídeo se dobra e, portanto, sua forma final e suas características químicas. A imensa variedade dos polipeptídeos na natureza ilustra um importante conceito previamente comentado: as células são capazes de construir diferentes polímeros pela união de um conjunto limitado de monômeros em sequências distintas.

Estrutura e função das proteínas

As atividades específicas das proteínas resultam de sua complexa arquitetura tridimensional, cujo nível mais simples é a sequência de aminoácidos. O que a sequência de aminoácidos de um polipeptídeo pode nos dizer sobre a estrutura tridimensional (comumente referida simplesmente como a "estrutura") da proteína e sua função? O termo *polipeptídeo* não é um sinônimo do termo *proteína*. Mesmo para uma proteína que consiste em um único polipeptídeo, a relação entre esses termos é análoga à relação entre um longo novelo de lã e um suéter com formato e tamanho definidos tricotado a partir do novelo de lã. Uma proteína funcional não é *apenas* uma cadeia polipeptídica, mas, sim, um ou mais polipeptídeos ordenadamente torcidos, enovelados e arranjados em uma molécula de estrutura única, que pode ser representada por meio de diferentes tipos de modelos **(Figura 5.16)**. É a sequência de aminoácidos de cada polipeptídeo que determina a estrutura tridimensional que a proteína terá sob as condições celulares normais.

Quando uma célula sintetiza um polipeptídeo, a cadeia pode se enovelar espontaneamente, assumindo a estrutura funcional da proteína. O enovelamento é direcionado e reforçado pela formação de diversas ligações entre partes da cadeia, que, por sua vez, dependem da sequência de aminoácidos. Muitas proteínas são esféricas (*proteínas globulares*), e outras têm a forma de fibras alongadas (*proteínas fibrosas*). Mesmo em cada uma dessas categorias gerais, um número incontável de variações é observado.

A estrutura específica de uma proteína determina a sua função. Em quase todos os casos, a função da proteína depende da habilidade de reconhecer e ligar-se a outra molécula. Em um exemplo especialmente marcante do casamento entre forma e função, a **Figura 5.17** mostra a combinação exata da forma entre um anticorpo (uma proteína no corpo) e a substância estranha específica de um vírus da gripe ao qual o anticorpo se liga e marca para destruição. Além disso, você pode se lembrar de outro exemplo de moléculas com formas correspondentes do Conceito 2.3: moléculas de endorfina (produzidas pelo corpo) e moléculas de morfina (um medicamento sintético), ambas encaixando em proteínas receptoras na superfície das células do cérebro humano, produzindo euforia e aliviando a dor. A morfina, a heroína e outros opioides são capazes de simular as endorfinas porque têm uma forma semelhante a elas e, portanto, podem se encaixar e se ligar aos receptores de endorfina no cérebro. Esse ajuste é muito específico, algo como um aperto de mão (ver

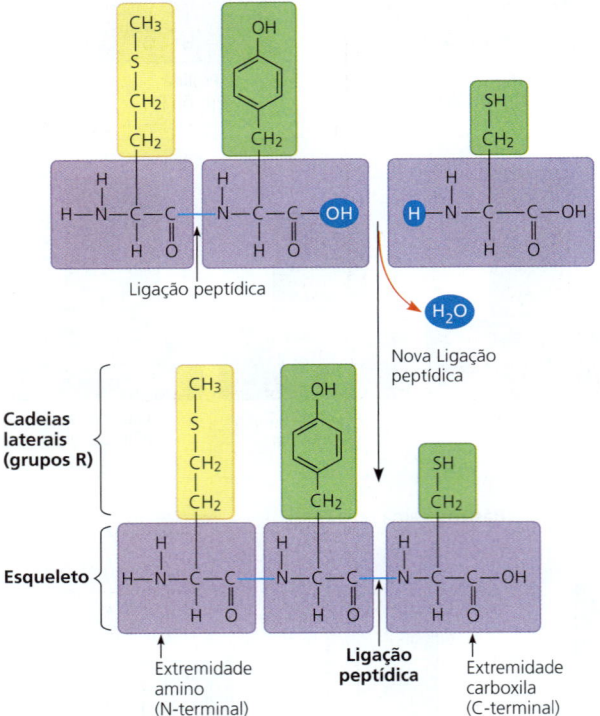

▲ **Figura 5.15 Construindo uma cadeia polipeptídica.** As ligações peptídicas são formadas por reações de desidratação, que ligam o grupo carboxila de um aminoácido ao grupo amino do próximo. As ligações peptídicas são formadas uma a uma, iniciando com o aminoácido na extremidade amino (N-terminal). O polipeptídeo tem um esqueleto repetitivo (roxo) ao qual estão ligadas as cadeias laterais dos aminoácidos (amarelo e verde).

DESENHE *Identifique os três aminoácidos na parte superior da figura usando códigos de três letras e de uma letra. Circule e identifique os grupos carboxila e amino que formam a nova ligação peptídica.*

▼ Figura 5.16 VISUALIZANDO PROTEÍNAS

As proteínas podem ser representadas de diferentes formas, dependendo do objetivo da ilustração.

Modelos estruturais

Usando dados de estudos estruturais das proteínas, computadores podem gerar vários tipos de modelos. Cada modelo enfatiza um aspecto diferente da estrutura proteica, mas nenhum modelo pode mostrar como uma proteína se parece na verdade. Esses três modelos retratam a lisozima, uma proteína presente na lágrima e na saliva que ajuda a prevenir infecções ao se ligar a moléculas-alvo nas bactérias.

1. **Em qual modelo é mais fácil acompanhar o esqueleto polipeptídico?**

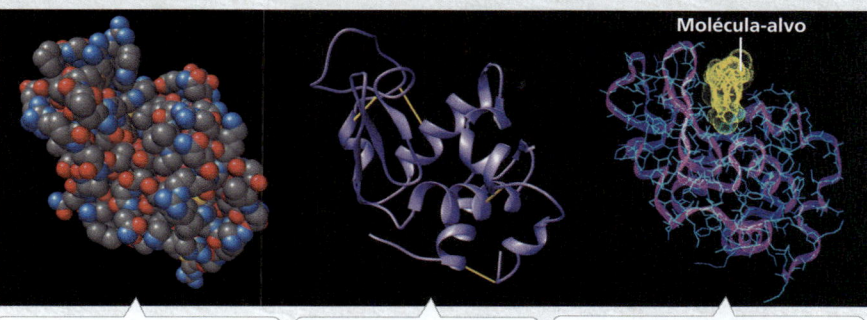

Modelo de preenchimento espacial: Enfatiza o formato globular como um todo. Mostra todos os átomos da proteína (exceto hidrogênio), codificados por cores: cinza = carbono, vermelho = oxigênio, azul = nitrogênio e amarelo = enxofre.

Modelo de fita: Mostra apenas o esqueleto polipeptídico, enfatizando como ele se dobra e enrola para adquirir um formato 3D, neste caso estabilizado por pontes dissulfeto (linhas amarelas).

Modelo de estrutura de arame (azul): Mostra o esqueleto polipeptídico com cadeias laterais se estendendo a partir dele. Um modelo de fita (roxo) está sobreposto no modelo de estrutura de arame. A molécula-alvo bacteriana (amarelo) encontra-se ligada.

Diagramas simplificados

Nem sempre é necessário utilizar um modelo computacional detalhado; diagramas simplificados são úteis quando o foco da figura está na função da proteína, e não em sua estrutura.

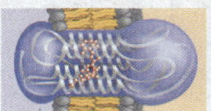 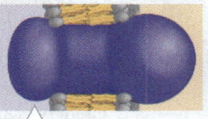 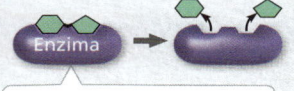 

Uma forma transparente é desenhada em volta do contorno de um modelo de fita da proteína rodopsina, mostrando o formato da molécula, assim como alguns detalhes internos.

Quando os detalhes estruturais não são necessários, uma forma sólida pode ser usada.

Uma forma simples é utilizada aqui para representar uma enzima genérica, pois o diagrama foca na ação enzimática em geral.

Às vezes uma proteína é representada simplesmente por um ponto, como mostrado aqui para insulina.

2. **Desenhe uma versão simples da lisozima que mostre seu formato geral, com base nos modelos moleculares na parte superior da figura.**

3. **Por que é desnecessário mostrar o formato real da insulina aqui?**

Figura 2.16). O receptor de endorfina, como outras moléculas receptoras, é uma proteína. A função de uma proteína – por exemplo, a capacidade de uma proteína receptora de se ligar a uma determinada molécula de sinalização que alivia a dor – é uma propriedade resultante de uma complexa organização molecular.

Os quatro níveis da estrutura proteica

Apesar de sua grande diversidade, as proteínas compartilham três níveis de estrutura sobrepostos, conhecidos como estrutura primária, secundária e terciária. Um quarto nível, a estrutura quaternária, é observado quando uma proteína é composta por duas ou mais cadeias polipeptídicas. A **Figura 5.18** descreve esses quatro níveis de estrutura das proteínas. Não deixe de estudar essa figura antes de avançar à próxima seção.

▶ **Figura 5.17 Complementariedade de forma entre a superfície de duas proteínas.** Uma técnica chamada cristalografia de raios X foi usada para gerar um modelo computacional de um anticorpo (azul e laranja, à esquerda) ligado a uma proteína do vírus da gripe (amarelo e verde, à direita). Este é um modelo de estrutura de arame modificado pela adição de um "mapa de densidade eletrônica" na região onde as duas proteínas se encontram. Um *software* de computador foi, então, utilizado para afastar ligeiramente as imagens uma da outra.

HABILIDADES VISUAIS *O que é possível visualizar neste modelo computacional das duas proteínas?*

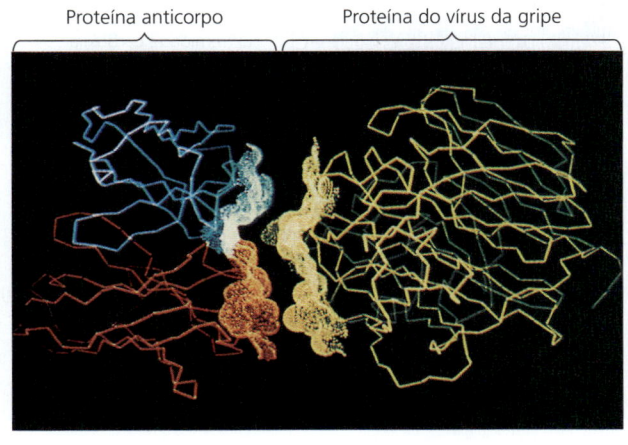

Figura 5.18 Explorando os níveis da estrutura proteica

Estrutura primária

Cadeia linear de aminoácidos

A **estrutura primária** de uma proteína é a sua sequência de aminoácidos. Como exemplo, considere a transitirretina, uma proteína globular do sangue, que transporta vitamina A e um dos hormônios da tireoide pelo corpo. A transitirretina é composta por quatro cadeias polipeptídicas idênticas, cada qual composta por 127 aminoácidos. Uma das cadeias está representada aqui na sua forma não enovelada, para representar sua estrutura primária. Cada uma das 127 posições ao longo da cadeia é ocupada por um dos 20 aminoácidos, indicados aqui pelo código de três letras.

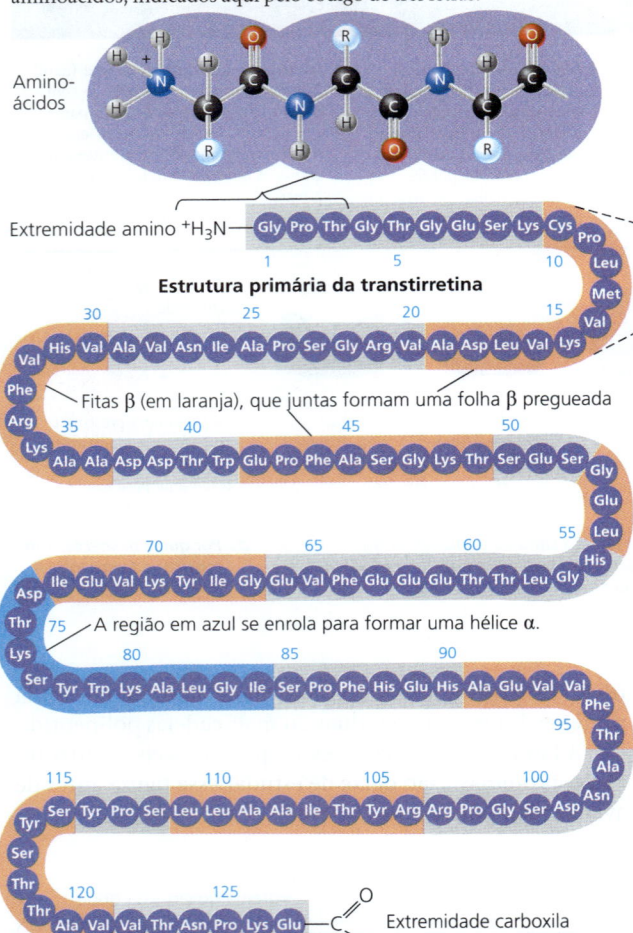

A estrutura primária é como a ordem de letras em uma palavra bastante longa. Se ordenadas ao acaso, haveria 20^{127} diferentes maneiras de sintetizar um polipeptídeo com 127 aminoácidos de extensão. No entanto, a estrutura primária precisa de uma proteína não é determinada pela ligação aleatória de aminoácidos, mas pela informação genética hereditária. A estrutura primária, por sua vez, determina as estruturas secundária e terciária, devido à natureza química do esqueleto e das cadeias laterais (grupos R) dos aminoácidos ao longo do polipeptídeo.

Estrutura secundária

Regiões estabilizadas por ligações de hidrogênio entre os átomos do esqueleto polipeptídico

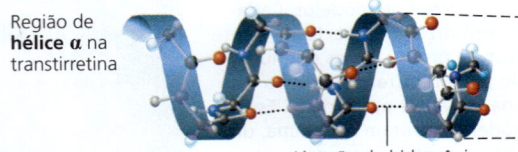

Região de **hélice α** na transitirretina

Ligação de hidrogênio

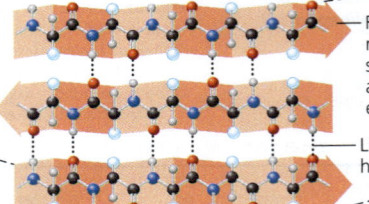

Região de **folha β pregueada** (composta de fitas β adjacentes) na transitirretina

Folha β, frequentemente representada como uma seta plana ou dobrada apontando para a extremidade carboxila

Ligação de hidrogênio

A maioria das proteínas apresenta segmentos de suas cadeias polipeptídicas repetidamente espiralados ou dobrados em padrões que contribuem para a forma global da proteína. Essas espirais e dobras, coletivamente chamadas de **estrutura secundária**, são o resultado de ligações de hidrogênio entre elementos repetitivos do esqueleto polipeptídico (e não entre as cadeias laterais de aminoácidos). No esqueleto, os átomos de oxigênio apresentam carga parcial negativa, e os átomos de hidrogênio ligados aos átomos de nitrogênio apresentam carga parcial positiva (ver Figura 2.14); assim, ligações de hidrogênio podem ser formadas entre esses átomos. Individualmente, essas ligações de hidrogênio são fracas, mas como estão presentes em grande quantidade ao longo de regiões relativamente longas da cadeia polipeptídica, elas são capazes de manter uma estrutura específica de partes da proteína.

Um exemplo de estrutura secundária é a **hélice α**, uma espiral cuja estrutura é mantida por ligações de hidrogênio entre cada quarto aminoácido, como mostrado na imagem acima. Embora cada polipeptídeo da transitirretina tenha apenas uma região de hélice α (ver as seções sobre as estruturas primária e terciária), outras proteínas globulares têm múltiplos segmentos de hélices α separados por regiões não helicoidais (ver hemoglobina na seção sobre a estrutura quaternária). Algumas proteínas fibrosas, como a queratina α, a proteína estrutural do cabelo, apresentam estrutura de hélice α ao longo de grande parte da sua extensão.

A outra estrutura secundária é a **fita β pregueada**. Conforme mostrado acima, dois ou mais segmentos da cadeia polipeptídica se encontram lado a lado (chamados de fitas β) e são conectados por ligações de hidrogênio entre partes dos dois segmentos paralelos. Fitas β pregueadas compõem a região central de diversas proteínas globulares, como no caso da transitirretina (ver estrutura terciária) e predominam em algumas proteínas fibrosas, incluindo a proteína da seda da teia de aranhas. O efeito coletivo do grande número de ligações de hidrogênio torna cada fibra da seda da aranha mais forte do que um fio de aço.

► As aranhas secretam fibras de seda compostas por uma proteína estrutural que apresenta folhas β pregueadas, o que permite elasticidade à teia.

Estrutura terciária
Forma tridimensional estabilizada por interações entre cadeias laterais

Estrutura quaternária
Associação de dois ou mais polipeptídeos (apenas para algumas proteínas)

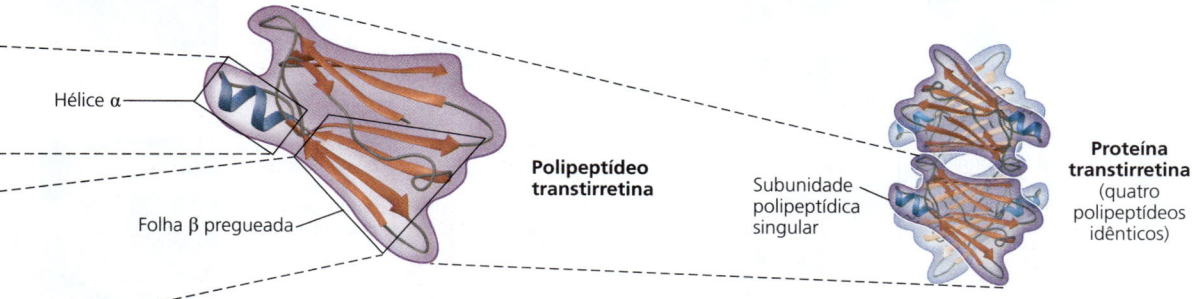

Sobreposta aos padrões da estrutura secundária está a estrutura terciária, mostrada acima no modelo de fitas para o polipeptídeo da transtirretina. Enquanto a estrutura secundária envolve interações entre constituintes do esqueleto, a **estrutura terciária** corresponde à forma global de um polipeptídeo resultante das interações entre as cadeias laterais (grupos R) de vários aminoácidos. Um tipo de interação que contribui para a estrutura terciária é chamado – de forma não muito apropriada – de **interação hidrofóbica**. Conforme um polipeptídeo se enovela em sua forma funcional, aminoácidos com cadeias laterais hidrofóbicas (apolares) geralmente se agrupam na parte central da proteína, sem contato com a água. Portanto, a "interação hidrofóbica" é, na verdade, resultado da exclusão de substâncias apolares pelas moléculas de água. Uma vez que as cadeias laterais dos aminoácidos apolares estão próximas, forças de van der Waals as mantêm unidas. Simultaneamente, ligações de hidrogênio entre cadeias laterais polares e ligações iônicas entre cadeias laterais de carga positiva e negativa também ajudam a estabilizar a estrutura terciária. Todas essas interações são fracas no ambiente celular aquoso, mas seu efeito cumulativo ajuda a manter a forma específica da proteína.

Ligações covalentes chamadas de **pontes dissulfeto** podem também reforçar a estrutura da proteína. Pontes dissulfeto se formam quando dois monômeros de cisteína, que têm grupos sulfidrila (—SH) nas suas cadeias laterais (ver Figura 4.9), estão localizados próximos um do outro devido ao enovelamento da proteína. O enxofre de uma das cisteínas se liga ao enxofre da segunda cisteína, e a ponte dissulfeto (—S—S—) reforça parte da estrutura da proteína (observe as linhas amarelas no modelo de fita da Figura 5.16). Todos esses diferentes tipos de interações podem contribuir para a estrutura terciária de uma proteína, conforme mostrado aqui em uma pequena região de uma proteína hipotética:

Algumas proteínas são compostas por duas ou mais cadeias polipeptídicas associadas em uma macromolécula funcional. A **estrutura quaternária** é a estrutura global da proteína, resultante da associação das subunidades de polipeptídeos. Por exemplo, acima é mostrada a proteína globular transtirretina completa, composta por quatro polipeptídeos.

Outro exemplo é o colágeno, uma proteína fibrosa que possui três polipeptídeos helicoidais idênticos associados em uma tripla-hélice, provendo grande resistência às longas fibras. Isso contribui para a função das fibras de colágeno enquanto componente estrutural do tecido conectivo de pele, ossos, tendões, ligamentos, e outras partes do corpo. (O colágeno corresponde a 40% do total de proteínas do corpo humano.)

A hemoglobina, a proteína transportadora de oxigênio nos glóbulos vermelhos, é outro exemplo de proteína globular com estrutura quaternária. Ela é formada por quatro subunidades polipeptídicas, duas do tipo α, e duas do tipo β. As subunidades α e β são compostas principalmente por elementos de estrutura secundária do tipo hélice α. Cada subunidade tem ainda um componente não polipeptídico, chamado heme, com um átomo de ferro que se liga ao oxigênio.

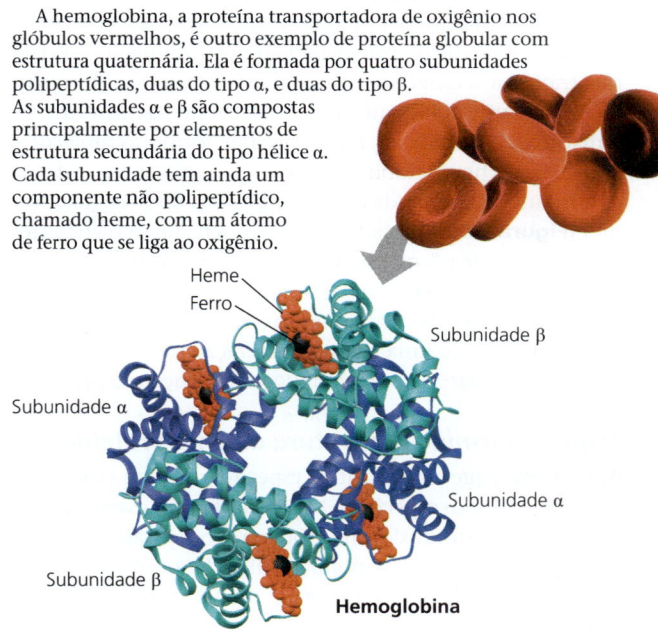

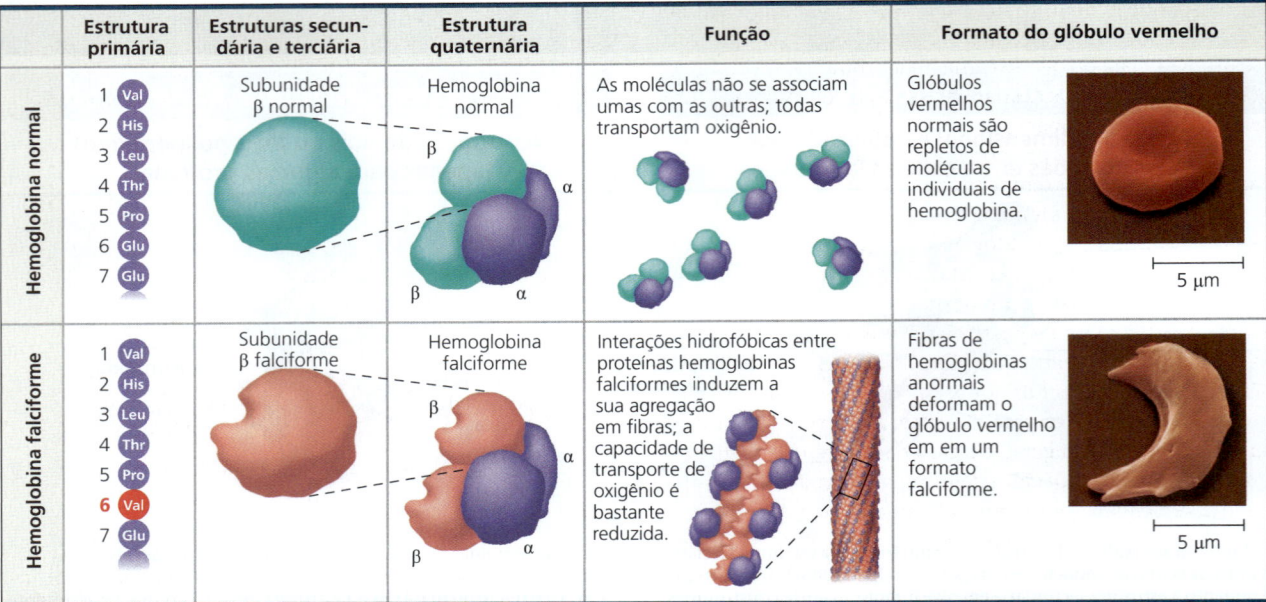

▲ **Figura 5.19** Uma única substituição de aminoácido em uma proteína causa doença falciforme.

FAÇA CONEXÕES Considerando as características químicas dos aminoácidos valina e ácido glutâmico (ver Figura 5.14), proponha uma explicação possível para o efeito profundo na função proteica que ocorre quando a valina é substituída pelo ácido glutâmico.

Doença falciforme: uma alteração na estrutura primária

Mesmo alterações sutis na estrutura primária podem afetar a estrutura e a função de uma proteína. Por exemplo, a **doença falciforme**, um distúrbio sanguíneo hereditário, é causada pela substituição de um aminoácido normal (ácido glutâmico) por outro (valina) na posição do sexto aminoácido na estrutura primária da hemoglobina, a proteína que transporta oxigênio nos glóbulos vermelhos (também chamados eritrócitos ou hemácias). As hemácias normais têm forma de disco, mas, na doença falciforme, as moléculas anormais de hemoglobina tendem a se agregar em cadeias, deformando algumas das células na forma de foice (falciforme) **(Figura 5.19)**. Portadores dessa doença têm constantes "crises falcêmicas", que ocorrem quando as células angulares obstruem pequenos vasos sanguíneos, interrompendo o fluxo sanguíneo. As consequências nesses pacientes são um exemplo de como uma pequena alteração na estrutura proteica pode causar efeitos devastadores na função da proteína.

O que determina a estrutura de uma proteína?

Aprendemos que uma estrutura específica confere a cada proteína uma função específica. Mas quais fatores essenciais determinam a estrutura de uma proteína? Você já sabe boa parte da resposta: uma cadeia polipeptídica de um determinado aminoácido pode ser arranjada em uma estrutura tridimensional determinada por interações responsáveis pelas estruturas secundária e terciária. Esse enovelamento normalmente ocorre à medida que a proteína é sintetizada no interior da célula, com o auxílio de outras proteínas. No entanto, a estrutura de uma proteína também depende das condições físicas e químicas no ambiente da proteína. Se o pH, a concentração de sal, a temperatura ou outros aspectos de seu ambiente forem alterados, as fracas ligações químicas e interações dentro de uma proteína podem ser destruídas, fazendo com que a proteína se desenrole e perca sua forma nativa, uma mudança chamada **desnaturação (Figura 5.20)**. Por ter um formato errado, a proteína desnaturada é biologicamente inativa.

A maioria das proteínas se torna desnaturada se for transferida do ambiente aquoso para um solvente apolar, como éter ou clorofórmio; a cadeia polipeptídica se dobra novamente de modo que as cadeias laterais hidrofóbicas fiquem expostas ao solvente. Outros agentes desnaturantes incluem compostos químicos que rompem as ligações de hidrogênio, as ligações iônicas e as pontes dissulfeto que mantêm a estrutura da proteína. A desnaturação também ocorre como resultado de calor

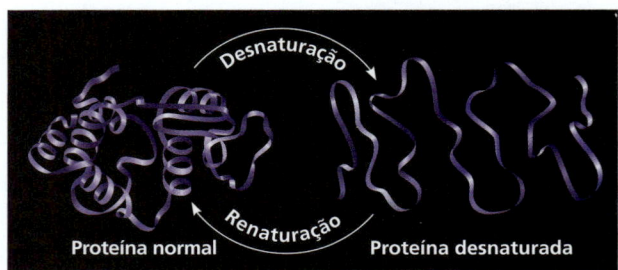

▲ **Figura 5.20 Desnaturação e renaturação de uma proteína.** Altas temperaturas ou diversos tratamentos com agentes químicos podem desnaturar proteínas, levando à perda de conformação e, por consequência, da habilidade de realizar suas funções. Se a proteína desnaturada permanecer dissolvida, ela pode voltar à conformação original (renaturar) quando os aspectos químicos e físicos de seu ambiente forem restaurados ao normal.

excessivo, que aumenta a agitação da cadeia polipeptídica o suficiente para romper as interações fracas que estabilizam a estrutura. A clara do ovo se torna opaca durante o cozimento porque suas proteínas desnaturadas são insolúveis e solidificam. Isso explica também por que febres excessivamente altas são fatais: as proteínas presentes no sangue podem desnaturar em condições de altas temperaturas corporais.

Quando uma proteína em uma solução de tubo de ensaio é desnaturada por calor ou por agentes químicos, ela pode, em alguns casos, retornar para a sua conformação funcional quando o agente desnaturante é removido (em alguns casos, isso não é possível: por exemplo, um ovo frito não voltará a ser líquido quando colocado de volta na geladeira!). Podemos concluir que as informações para construir um formato específico são intrínsecas à estrutura primária da proteína; esse, em geral, é o caso das proteínas pequenas. A sequência de aminoácidos determina a forma da proteína – onde uma hélice α pode se formar, onde podem existir folhas β pregueadas, onde existem pontes de dissulfeto, onde podem se formar ligações iônicas e assim por diante. Mas como o enovelamento de proteínas ocorre no interior das células?

Enovelamento das proteínas nas células

Hoje, os bioquímicos conhecem a sequência de aminoácidos de cerca de 160 milhões de proteínas, com cerca de 4,5 a 5 milhões adicionados a cada mês, e a forma tridimensional de cerca de 40 mil. Pesquisadores tentaram correlacionar a estrutura primária de muitas proteínas com as respectivas estruturas terciárias para descobrir as regras para o enovelamento de proteínas. Infelizmente, porém, o processo de enovelamento de proteínas não é tão simples. A maioria das proteínas provavelmente passa por várias estruturas intermediárias para alcançar uma forma estável, e observar a estrutura final não revela as etapas de enovelamento necessárias para alcançar essa forma. Entretanto, os bioquímicos desenvolveram métodos para rastrear uma proteína ao longo de tais etapas e aprender mais sobre esse processo importante.

O enovelamento inadequado de polipeptídeos dentro das células é um problema sério que tem sido cada vez mais examinado por pesquisadores da área médica. Muitas doenças, como fibrose cística, doença de Alzheimer, doença de Parkinson e a doença da "vaca louca", estão associadas ao acúmulo de proteínas enoveladas de maneira errada. Além disso, versões enoveladas incorretamente da proteína transtirretina apresentada na Figura 5.18 estão envolvidas em várias doenças, incluindo uma forma de demência senil.

Mesmo quando os cientistas têm em mãos uma proteína enovelada corretamente, a determinação de sua estrutura tridimensional exata não é simples, pois uma única proteína tem milhares de átomos. O método mais comumente usado para determinar a estrutura tridimensional de uma proteína é a **cristalografia de raios X**, que depende da difração de um feixe de raio X pelos átomos de uma molécula cristalizada. Usando essa técnica, os cientistas podem construir um modelo 3D que mostra a posição exata de cada átomo em uma molécula de proteína **(Figura 5.21)**. Espectroscopia

▼ Figura 5.21 Método de pesquisa
Cristalografia de raios X

Aplicação Os cientistas utilizam a cristalografia de raios X para determinar a estrutura tridimensional (3D) de macromoléculas, tais como ácidos nucleicos e proteínas.

Técnica Os pesquisadores apontam um feixe de raios X através de um ácido nucleico ou proteína cristalizada. Os átomos do cristal difratam (dobram) os raios X em uma matriz ordenada que um detector digital registra como um padrão de pontos chamado padrão de difração por raios X, um exemplo do qual é mostrado aqui.

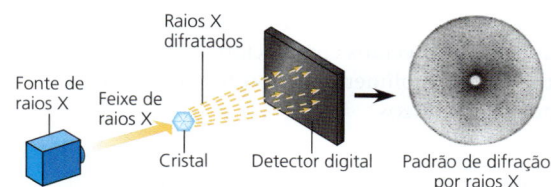

Resultados Usando dados de padrões de difração por raios X e a sequência de monômeros determinada por métodos químicos, os pesquisadores podem construir um modelo computacional 3D da macromolécula em estudo, como as quatro subunidades da proteína transtirretina (ver Figura 5.18) mostrada aqui.

de ressonância magnética nuclear (NMR), criomicroscopia eletrônica (crio-ME; ver Conceito 6.1) e bioinformática (ver Conceito 5.6) são abordagens complementares para compreender a estrutura e função das proteínas.

A estrutura de algumas proteínas é difícil de determinar por uma razão simples: um conjunto crescente de pesquisas bioquímicas revelou que um número significativo de proteínas, ou regiões de proteínas, não possuem uma estrutura 3D própria até que interajam com uma proteína-alvo ou outra molécula. Sua flexibilidade e estrutura indefinida são importantes para sua função, que pode exigir a ligação com alvos variados em momentos diferentes. Essas proteínas, que podem representar 20 a 30% das proteínas de mamíferos, são chamadas de *proteínas intrinsecamente desordenadas* e são o foco de pesquisas atuais.

REVISÃO DO CONCEITO 5.4

1. Que partes de um polipeptídeo participam das ligações que mantêm a estrutura secundária? Que partes participam da estrutura terciária?
2. Até agora no capítulo, as letras gregas α e β foram usadas para especificar pelo menos três pares diferentes de estruturas. Nomeie e faça uma breve descrição deles.
3. Cada aminoácido tem um grupo carboxila e um grupo amino. Esses grupos estão presentes em um polipeptídeo? Explique.
4. **E SE?** Onde você esperaria que uma região rica em aminoácidos valina, leucina e isoleucina esteja localizada em um polipeptídeo enovelado? Explique.

Ver as respostas sugeridas no Apêndice A.

CONCEITO 5.5

Os ácidos nucleicos armazenam, transmitem e ajudam a expressar a informação hereditária

Se a estrutura primária de um polipeptídeo determina a forma de uma proteína, o que determina a estrutura primária? A sequência de aminoácidos de um polipeptídeo é programada pela unidade de herança conhecida como **gene**. Os genes são compostos por DNA, que pertence à classe de compostos conhecidos como ácidos nucleicos. Os **ácidos nucleicos** são polímeros compostos por monômeros chamados nucleotídeos.

Funções dos ácidos nucleicos

Os dois tipos de ácidos nucleicos, **ácido desoxirribonucleico (DNA)** e **ácido ribonucleico (RNA)**, permitem que os organismos vivos reproduzam seus componentes complexos de uma geração para a outra. Único entre as moléculas, o DNA fornece instruções para sua própria replicação. O DNA também direciona a síntese do RNA e, através do RNA, controla a síntese de proteínas; todo esse processo é chamado de **expressão gênica (Figura 5.22)**.

O DNA é o material genético que os organismos herdam dos pais. Cada cromossomo contém uma longa molécula de DNA, que geralmente possui centenas de genes ou mais. Quando uma célula se reproduz por divisão, suas moléculas de DNA são copiadas e passadas de uma geração de células para a outra. As informações que programam todas as atividades da célula estão codificadas na estrutura do DNA. O DNA, no entanto, não está diretamente envolvido na execução das operações da célula, assim como o *software* de um computador por si só não pode ler o código de barras em uma caixa de cereais. Do mesmo modo que um *scanner* é necessário para ler um código de barras, são necessárias proteínas para implementar programas genéticos. O *hardware* molecular da célula – as ferramentas que realizam funções biológicas – consiste principalmente de proteínas. Por exemplo, o transportador de oxigênio nas hemácias é a hemoglobina proteica que você viu anteriormente (ver Figura 5.18), e não o DNA que especifica sua estrutura.

De que modo o RNA, o outro tipo de ácido nucleico, se encaixa no fluxo de informação genética do DNA até as proteínas? Um determinado gene ao longo de uma molécula de DNA pode direcionar a síntese de um tipo de RNA chamado *RNA mensageiro* (*mRNA*). A molécula de mRNA interage com a maquinaria de síntese de proteínas da célula, coordenando a produção de um polipeptídeo, que se enovela em uma proteína completa ou em parte de uma proteína. Podemos resumir o fluxo de informação genética como DNA → RNA → proteína (ver Figura 5.22). Os locais da síntese de proteínas são estruturas celulares chamadas de ribossomos. Em uma célula eucariótica, os ribossomos estão no citoplasma – a região entre o núcleo e a borda externa da célula, a membrana plasmática –, mas o DNA reside no núcleo. O mRNA conduz as instruções genéticas para a síntese de proteínas do núcleo para o citoplasma. As células procarióticas não apresentam núcleo, mas também utilizam RNA para passar as informações do DNA para os ribossomos e outras estruturas celulares que traduzem a informação codificada nas sequências de aminoácidos. Mais tarde, você lerá sobre outras funções de algumas moléculas de RNA recentemente descobertas; os segmentos de DNA que direcionam a síntese desses RNAs também são considerados genes (ver Conceito 18.3).

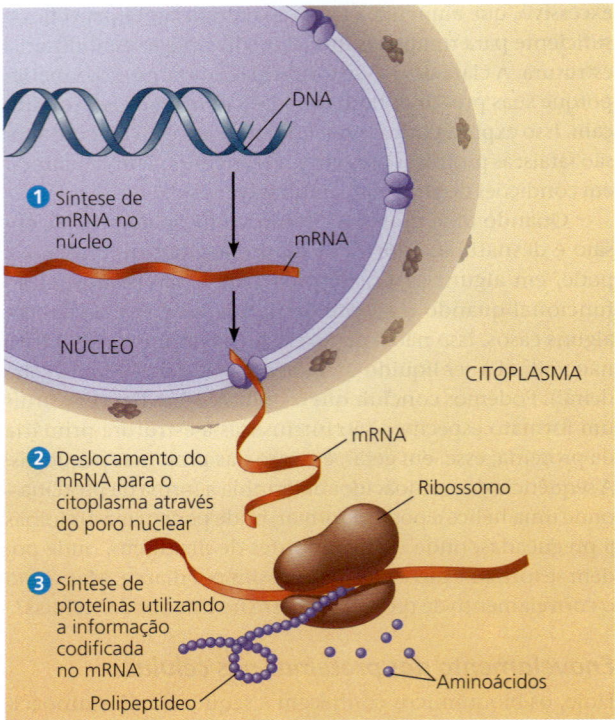

▲ **Figura 5.22 Expressão gênica: DNA → RNA → proteína.** Em uma célula eucariótica, o DNA no núcleo programa a produção de proteínas no citoplasma ao ditar a síntese do RNA mensageiro (mRNA).

Componentes dos ácidos nucleicos

Os ácidos nucleicos são macromoléculas que existem como polímeros chamados de **polinucleotídeos (Figura 5.23a)**. Como indicado pelo nome, cada polinucleotídeo consiste em monômeros chamados **nucleotídeos**. Um nucleotídeo, em geral, é composto de três partes: um açúcar de cinco carbonos (uma pentose), uma base contendo nitrogênio (nitrogenada) e de um a três grupos fosfato **(Figura 5.23b)**. O monômero inicial usado para construir um polinucleotídeo tem três grupos fosfato, mas dois são perdidos durante o processo de polimerização. A porção de um nucleotídeo sem o grupo fosfato é chamada de *nucleosídeo*.

Para entender a estrutura de um único nucleotídeo, vamos primeiro considerar as bases nitrogenadas **(Figura 5.23c)**. Cada base nitrogenada tem um ou dois anéis que incluem átomos de nitrogênio; elas são chamadas *bases* nitrogenadas porque os átomos de nitrogênio tendem a absorver H⁺ da solução, atuando, assim, como bases. Existem duas famílias de bases nitrogenadas: pirimidinas e purinas. Uma **pirimidina** tem um anel de seis átomos de carbono e nitrogênio. Os membros da família das pirimidinas são a citosina (C), a timina (T) e a uracila (U). As **purinas** são maiores, com um anel de seis átomos fusionado a um anel de cinco átomos. As purinas são: a adenina (A) e a guanina (G). As pirimidinas e purinas específicas diferem quanto aos grupos químicos ligados aos anéis. Adenina, guanina e citosina são encontradas tanto no DNA quanto no RNA; timina é encontrada somente no DNA, e uracila, somente no RNA.

Agora vamos adicionar o açúcar ao qual a base nitrogenada está ligada. No DNA, o açúcar é a **desoxirribose**; no RNA, é a **ribose** (ver Figura 5.23c). A única diferença entre esses dois açúcares é que a desoxirribose não possui um átomo de oxigênio no segundo carbono do anel, daí o nome *desoxi*rribose.

Até agora, montamos um nucleosídeo (base nitrogenada e açúcar). Para completar a construção de um nucleotídeo, ligamos de um a três grupos fosfatos ao carbono 5' do açúcar (os números de carbono no açúcar incluem ', o símbolo "linha"; ver Figura 5.23b). Com um fosfato, trata-se de um nucleosídeo monofosfato, mais frequentemente chamado de nucleotídeo.

Polímeros de nucleotídeos

A ligação dos nucleotídeos em um polinucleotídeo envolve uma reação de condensação (você aprenderá os detalhes no Conceito 16.2). No polinucleotídeo, os nucleotídeos adjacentes são unidos por uma ligação fosfodiéster, que consiste em um grupo fosfato que se liga covalentemente aos açúcares de dois nucleotídeos. Essa ligação resulta em um padrão repetitivo de unidades de fosfato e açúcar chamado *esqueleto açúcar-fosfato* (ver Figura 5.23a) (observe que as bases nitrogenadas não fazem parte do esqueleto). As duas extremidades livres do polímero são diferentes uma da outra. Uma extremidade tem um fosfato anexado a um carbono 5', e a outra extremidade tem um grupo hidroxila no carbono 3'; nos referimos a elas como a *extremidade 5'* e a *extremidade 3'*, respectivamente. Podemos dizer que um polinucleotídeo tem uma direcionalidade intrínseca ao longo de seu esqueleto açúcar-fosfato, de 5' para 3', mais ou menos como uma rua de sentido único. As bases estão ligadas ao longo de todo o esqueleto açúcar-fosfato.

A sequência de bases ao longo de um polímero de DNA (ou mRNA) é única para cada gene e fornece informações específicas para a célula. Como os genes possuem de centenas a milhares de nucleotídeos de extensão, o número de sequências de bases possíveis é praticamente ilimitado. As informações carregadas pelo gene são codificadas em sua sequência específica de quatro bases de DNA. Por exemplo, a sequência 5'-AGGTAACTT-3' significa uma coisa, enquanto a sequência 5'-CGCTTTAAC-3' tem um significado diferente. (Genes inteiros são, obviamente, muito mais longos.) A ordem linear das bases em um gene especifica a sequência de aminoácidos – a estrutura primária de uma proteína, que, por sua vez, especifica a estrutura tridimensional da proteína, permitindo, assim, sua função na célula.

▼ **Figura 5.23 Componentes dos ácidos nucleicos. (a)** Um polinucleotídeo tem um esqueleto de açúcar-fosfato com anexos variáveis, as bases nitrogenadas. **(b)** Em um polinucleotídeo, cada monômero de nucleotídeo inclui uma base nitrogenada, um açúcar e um grupo fosfato. Observe que os números do carbono no açúcar incluem as linhas ('). **(c)** Um nucleosídeo inclui uma base nitrogenada (purina ou pirimidina) e um açúcar de cinco carbonos (desoxirribose ou ribose).

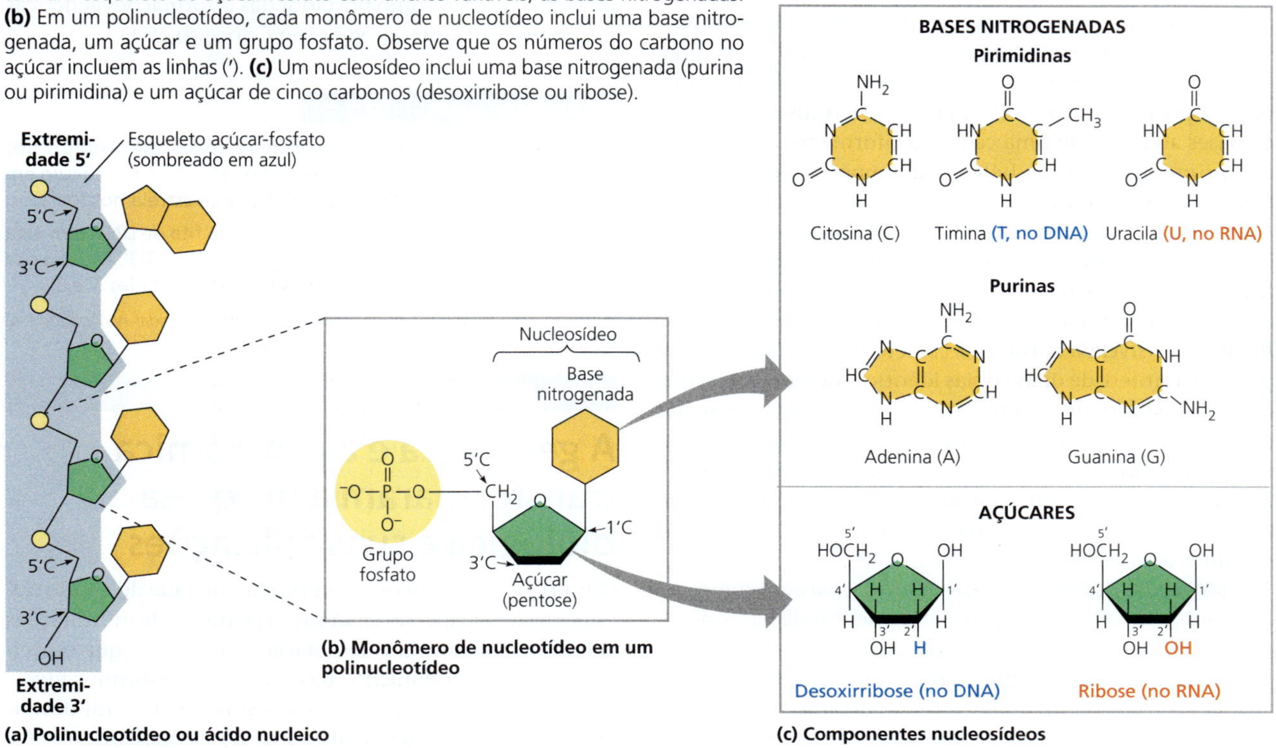

(a) Polinucleotídeo ou ácido nucleico

(b) Monômero de nucleotídeo em um polinucleotídeo

(c) Componentes nucleosídeos

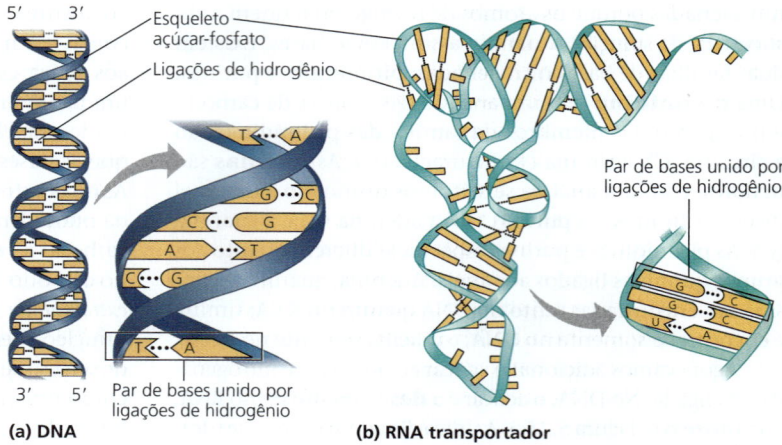

► **Figura 5.24 Estruturas das moléculas de DNA e tRNA. (a)** A molécula de DNA é geralmente uma dupla-hélice, com os esqueletos de açúcar-fosfato das fitas antiparalelas dos polinucleotídeos (simbolizados aqui por fitas azuis) na parte externa da hélice. As ligações de hidrogênio entre os pares de bases nitrogenadas mantêm as duas fitas juntas. Como ilustrado aqui com formas simbólicas para as bases, adenina (A) pode parear somente com timina (T), e guanina (G) pode parear somente com citosina (C). Cada fita de DNA nesta figura é o equivalente estrutural do polinucleotídeo esquematizado na Figura 5.23a. **(b)** Uma molécula de tRNA tem uma estrutura mais ou menos em forma de L devido ao pareamento de bases complementares de trechos antiparalelos de RNA. No RNA, A forma par com U.

Estruturas das moléculas de DNA e RNA

Uma molécula de DNA tem dois polinucleotídeos, ou "fitas", que giram em torno de um eixo imaginário, formando uma **dupla-hélice (Figura 5.24a)**. Os esqueletos de açúcar-fosfato correm em sentidos 5′ → 3′ opostos; esse arranjo é conhecido como **antiparalelo**, similar a uma uma rodovia de mão dupla. Os esqueletos açúcar-fosfato estão localizados na parte externa da hélice, e as bases nitrogenadas estão pareadas no interior da hélice. As duas fitas são mantidas juntas pelas ligações de hidrogênio entre as bases pareadas (ver Figura 5.24a). A maioria das moléculas de DNA é bastante longa, com milhares e até milhões de pares de bases. A longa dupla-hélice de DNA em um cromossomo eucariótico inclui muitos genes, cada um deles sendo um segmento específico da molécula dupla-fita.

No pareamento de bases, apenas certas bases na dupla-hélice são compatíveis com outras. A adenina (A) em uma cadeia pareia com a timina (T) na outra cadeia; e a guanina (G) sempre pareia com a citosina (C). Se lermos a sequência de bases ao longo de uma cadeia conforme percorremos o comprimento da dupla-hélice, saberemos a sequência de bases ao longo da outra cadeia. Se um trecho de uma fita tem a sequência de bases 5′-AGGTCCG-3′, então as regras de pareamento de bases nos dizem que o mesmo trecho da outra fita deve ter a sequência 3′-TCCAGGC-5′. As duas cadeias na dupla-hélice são *complementares*, ou seja, uma é o complemento previsível da outra. Essa característica do DNA torna possível a síntese de duas cópias idênticas de cada molécula de DNA quando uma célula está se preparando para se dividir. Quando a célula se divide, as cópias são distribuídas entre as células-filhas, tornando-as geneticamente idênticas à célula parental. Assim, a estrutura do DNA contribui para a sua função na transmissão da informação genética sempre que uma célula se reproduz.

Moléculas de RNA, em contrapartida, existem como cadeias simples. O pareamento complementar de bases pode ocorrer, entretanto, entre regiões de duas moléculas de RNA, ou mesmo entre dois segmentos de nucleotídeos em uma *mesma* molécula de RNA. De fato, o pareamento de bases em uma mesma molécula de RNA permite que ela adquira estruturas tridimensionais específicas necessárias para a sua função. Considere, por exemplo, o tipo de RNA chamado *RNA transportador* (*tRNA*), que transporta aminoácidos até os ribossomos durante a síntese de polipeptídeos. Uma molécula de tRNA possui aproximadamente 80 nucleotídeos de extensão. Sua forma funcional resulta do pareamento de bases entre os nucleotídeos onde trechos complementares da molécula podem correr de forma antiparalela um para o outro **(Figura 5.24b)**.

No RNA, observe que a adenina (A) forma par com a uracila (U); e a timina (T) não está presente no RNA. Outra diferença entre o RNA e o DNA é o fato de o DNA quase sempre existir como dupla-hélice, enquanto as moléculas de RNA têm formas mais variáveis. Os RNAs são moléculas versáteis, e muitos biólogos acreditam que o RNA pode ter precedido o DNA como portador das informações genéticas nas primeiras formas de vida (ver Conceito 25.1).

REVISÃO DO CONCEITO 5.5

1. **DESENHE** Na Figura 5.23a, numere todos os carbonos dos três nucleotídeos do topo (use as linhas ′), faça um círculo em torno das bases nitrogenadas e faça uma estrela nos fosfatos.
2. **DESENHE** Uma região ao longo de uma fita de DNA tem esta sequência de bases nitrogenadas: 5′-TAGGCCT-3′. Escreva sua fita complementar, identificando as extremidades 5′ e 3′.

Ver as respostas sugeridas no Apêndice A.

CONCEITO 5.6

A genômica e a proteômica transformaram a pesquisa biológica e suas aplicações

O trabalho experimental na primeira metade do século XX estabeleceu o papel do DNA como portador de informações genéticas, transmitidas de geração em geração, que especificavam o funcionamento das células e organismos vivos. Uma vez que a estrutura da molécula de DNA foi descrita em 1953 e a sequência linear de bases nucleotídicas foi compreendida de forma a especificar a sequência de aminoácidos das proteínas, os biólogos procuraram "decodificar" os genes aprendendo suas sequências nucleotídicas (muitas vezes chamadas de "sequências de bases").

As primeiras técnicas químicas para o *sequenciamento de DNA*, ou determinação da sequência de nucleotídeos ao longo da cadeia de DNA, um a um, foram desenvolvidas nos anos de 1970. Pesquisadores passaram a estudar a sequência de genes, gene a gene; quanto mais aprendiam, mais questões surgiam: como a expressão dos genes é regulada? Os genes e seus produtos proteicos claramente interagem, mas de que forma? Qual é a função, se é que ela existe, das sequências de DNA que não fazem parte dos genes? Para compreender o funcionamento genético de um organismo vivo, a sequência completa de todo o seu material genético, o *genoma* do organismo, seria uma informação essencial. Apesar da aparente inviabilidade dessa ideia, no final dos anos 1980, diversos proeminentes biólogos embarcaram em uma audaciosa proposta de iniciar um projeto para o sequenciamento do genoma humano completo – todas as suas 3 bilhões de bases! Esse projeto foi iniciado em 1990 e concluído com sucesso no início dos anos 2000.

Um benefício não antecipado, mas extremamente útil desse projeto – o Projeto Genoma Humano – foi o rápido desenvolvimento de métodos de sequenciamento mais velozes e menos onerosos. Essa tendência tem continuado: o custo para o sequenciamento de 1 milhão de bases em 2001, superior a 5.000 dólares, diminuiu para menos de 0,02 de dólares em 2017. E um genoma humano, o primeiro dos quais levou mais de 10 anos para ser sequenciado, poderia ser concluído, no ritmo de hoje, em um dia ou menos **(Figura 5.25)**. O número de genomas que foram totalmente sequenciados explodiu, gerando uma enxurrada de dados e estimulando o desenvolvimento da **bioinformática**, o uso de *softwares* de computador e outras ferramentas computacionais que podem manipular e analisar esses grandes conjuntos de dados.

As consequências desses avanços transformaram o estudo da biologia e áreas relacionadas. Biólogos frequentemente abordam problemas pela análise de grandes conjuntos de genes ou mesmo comparando genomas completos de espécies diferentes, metodologia denominada **genômica**. A análise similar de grandes conjuntos de proteínas, incluindo suas sequências, é denominada **proteômica** (sequências de proteínas podem ser determinadas tanto por meio de técnicas bioquímicas como da tradução das sequências de DNA que as codificam). Essas abordagens permeiam todos os campos da biologia, alguns exemplos dos quais são mostrados na **Figura 5.26**.

Talvez o impacto mais significativo da genômica e da proteômica na área da biologia como um todo tenha sido a sua contribuição para a compreensão da evolução. Além de confirmar as evidências evolutivas derivadas de estudos de fósseis e características das espécies atuais, a genômica auxilia a compreensão das relações entre diferentes grupos de organismos que não haviam sido estabelecidas por outros tipos de evidências, modificando a história evolutiva.

DNA e proteínas: fitas métricas da evolução

EVOLUÇÃO Estamos acostumados a pensar em características compartilhadas, como pelos e produção de leite nos mamíferos, como evidência de um ancestral comum. Como o DNA comporta a informação hereditária na forma de genes, as sequências de genes e seus produtos proteicos documentam o histórico hereditário de um organismo. As sequências lineares de nucleotídeos nas moléculas de DNA são passadas dos pais para a prole; essas sequências determinam as sequências de aminoácidos das proteínas. Assim, irmãos e irmãs são muito mais semelhantes nas sequências de DNA e proteínas do que indivíduos não aparentados da mesma espécie.

Considerando a visão evolutiva da vida, podemos estender esse conceito de "genealogia molecular" para as relações entre as espécies: podemos esperar que duas espécies que pareçam próximas com base em evidências anatômicas (e possivelmente no registro fóssil) também compartilhem grande parte das sequências de DNA e proteínas, mais do que espécies de relacionamento distante. E isso é, de fato, verdadeiro. Um exemplo é a comparação da cadeia β de polipeptídeos da hemoglobina humana com o polipeptídeo de hemoglobina correspondente em outros vertebrados. Nessa cadeia de 146 aminoácidos, seres humanos e gorilas diferem em apenas um aminoácido, ao passo que seres humanos e sapos, de relação mais distante, diferem em 67 aminoácidos. No **Exercício de habilidades científicas**, você poderá aplicar esse tipo de raciocínio a outras espécies. Essa mesma conclusão se mantém quando genomas inteiros são comparados: o genoma humano é 95 a 98% idêntico ao genoma dos chimpanzés, mas apenas 85% idêntico ao genoma de camundongos, um parente evolutivo mais distante. A biologia molecular adicionou uma nova "fita métrica" à "caixa de ferramentas" que os biólogos utilizam para determinar as relações evolutivas.

A comparação de sequências genômicas também tem aplicações práticas. No **Exercício de resolução de problemas**, você pode ver como esse tipo de análise genômica pode ajudar a detectar fraudes ao consumidor.

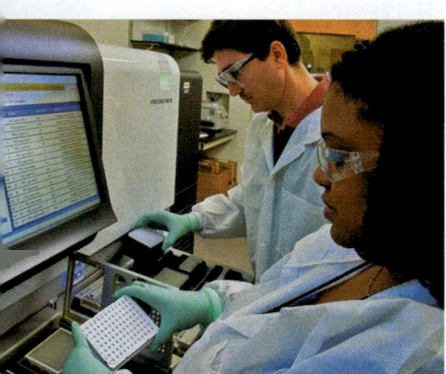

◀ **Figura 5.25** Máquinas automáticas de sequenciamento de DNA e poder computacional em abundância permitem o sequenciamento rápido de genes e genomas.

REVISÃO DO CONCEITO 5.6

1. Como o sequenciamento completo do genoma de um organismo ajuda os cientistas a entender como tal organismo funcionava?
2. Considerando a função do DNA, por que você esperaria que duas espécies com características bastante similares também tivessem genomas similares?

Ver as respostas sugeridas no Apêndice A.

▼ Figura 5.26

FAÇA CONEXÕES

Contribuições da genômica e da proteômica para a biologia

O sequenciamento de nucleotídeos e a análise de grandes conjuntos de genes e proteínas podem ser realizados rapidamente e a baixo custo devido aos avanços nas tecnologias de processamento de dados. Juntas, a genômica e proteômica aumentaram nosso conhecimento sobre biologia em diversas áreas.

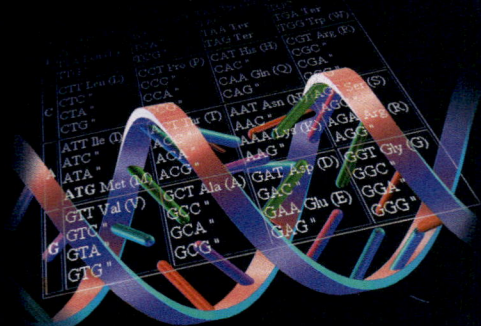

Paleontologia

Novas técnicas de sequenciamento de DNA permitiram a decodificação de pequenas quantidades de DNA encontradas em tecidos pré-históricos de nossos parentes já extintos, os neandertais (*Homo neanderthalensis*). O sequenciamento do genoma neandertal nos forneceu informações sobre sua aparência física e a sua relação com o homem moderno. (Ver Figuras 34.51 e 34.52.)

Ciências médicas

A identificação das bases genéticas para as doenças humanas, como o câncer, auxilia os pesquisadores a concentrarem seus esforços no desenvolvimento de futuros tratamentos. Atualmente, o sequenciamento de conjuntos de genes expressos no tumor de um paciente permite uma abordagem mais personalizada para o tratamento do câncer, chamada de "medicina personalizada". (Ver Figuras 12.20 e 18.27.)

Evolução

O principal objetivo da biologia evolutiva é compreender as relações entre as espécies, vivas e extintas. Por exemplo, a comparação de sequências de genomas permitiu a identificação do hipopótamo como o mamífero terrestre com o ancestral comum mais recente com as baleias. (Ver Figura 22.20.)

Hipopótamo

Baleia-piloto-de-aleta-curta

Interação de espécies

Mais de 90% de todas as espécies de plantas exibem mutualismo benéfico com fungos (à direita) e bactérias associados às suas raízes; essas interações melhoram o crescimento da planta. O sequenciamento do genoma e as análises da expressão gênica permitiram a caracterização de comunidades associadas a plantas. Esses estudos ajudam a avançar nosso entendimento dessas interações e podem ter implicações nas práticas de agricultura. (Ver Exercício de habilidades científicas no Capítulo 31 e Figura 37.10.)

Biologia da conservação

As ferramentas de genética molecular e genômica são cada vez mais utilizadas na ecologia para identificar espécies de animais e plantas abatidas de forma ilegal. Em um caso, sequências de DNA do genoma de presas de elefantes obtidas ilegalmente foram utilizadas para identificar o local onde a operação de tráfico estava ocorrendo. (Ver Figura 56.8.)

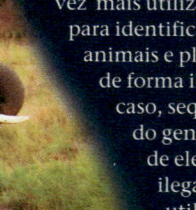

FAÇA CONEXÕES

Considerando os exemplos fornecidos aqui, descreva como as abordagens da genômica e proteômica nos ajudam a abordar uma variedade de questões biológicas.

Exercício de habilidades científicas

Análise de dados de sequências de polipeptídeos

▶ Humano  ▶ Macaco-rhesus  ▶ Gibão

Entre macacos-rhesus e gibões, quais são mais próximos evolutivamente aos seres humanos? Neste exercício, você analisará os dados da sequência de aminoácidos para a cadeia β de polipeptídeos da hemoglobina, frequentemente chamada de β-globina. Você irá interpretar os dados para inferir se o macaco-rhesus ou o gibão é mais próximo evolutivamente dos seres humanos.

Como esses experimentos são feitos Os pesquisadores podem isolar o polipeptídeo de interesse de um organismo e depois determinar a sequência de aminoácidos. Com mais frequência, o DNA do gene de interesse é sequenciado, e a sequência de aminoácidos é deduzida a partir da sequência de DNA do gene.

Dados dos experimentos Nos dados abaixo, as letras dão a sequência dos 146 aminoácidos da β-globina de humanos, macacos-rhesus e gibões. Como uma sequência completa não caberia em uma linha aqui, as sequências foram divididas em três segmentos: aminoácidos 1-50, 51-100 e 101-146. As sequências das três espécies distintas estão alinhadas, de modo que podem ser facilmente comparadas. Por exemplo, você pode observar que, para as três espécies, o primeiro aminoácido é uma V (valina), e o 146° aminoácido é uma H (histidina).

INTERPRETE OS DADOS

1. Observe as sequências do macaco e do gibão, letra a letra, circulando aminoácidos diferentes do aminoácido presente na sequência humana. **(a)** Quantos aminoácidos diferem entre o macaco e as sequências de humanos? **(b)** E entre a sequência do gibão e dos humanos?
2. Para cada espécie não humana, qual porcentagem de aminoácidos é idêntica à sequência humana da β-globina?
3. Com base apenas nestes dados, estabeleça uma hipótese para qual dessas duas espécies está mais diretamente relacionada com os seres humanos. Qual é o seu raciocínio?
4. Que outras evidências podem corroborar a sua hipótese?

Espécie		Alinhamento da sequência de aminoácidos da β-globina				
Ser humano	1	VHLTPEEKSA	VTALWGKVNV	DEVGGEALGR	LLVVYPWTQR	FFESFGDLST
Macaco	1	VHLTPEEKNA	VTTLWGKVNV	DEVGGEALGR	LLLVYPWTQR	FFESFGDLSS
Gibão	1	VHLTPEEKSA	VTALWGKVNV	DEVGGEALGR	LLVVYPWTQR	FFESFGDLST
Ser humano	51	PDAVMGNPKV	KAHGKKVLGA	FSDGLAHLDN	LKGTFATLSE	LHCDKLHVDP
Macaco	51	PDAVMGNPKV	KAHGKKVLGA	FSDGLNHLDN	LKGTFAQLSE	LHCDKLHVDP
Gibão	51	PDAVMGNPKV	KAHGKKVLGA	FSDGLAHLDN	LKGTFAQLSE	LHCDKLHVDP
Ser humano	101	ENFRLLGNVL	VCVLAHHFGK	EFTPPVQAAY	QKVVAGVANA	LAHKYH
Macaco	101	ENFRLLGNVL	VCVLAHHFGK	EFTPPVQAAY	QKVVAGVANA	LAHKYH
Gibão	101	ENFRLLGNVL	VCVLAHHFGK	EFTPPVQAAY	QKVVAGVANA	LAHKYH

Dados de Humanos: http://www.ncbi.nlm.nih.gov/protein/AAA21113.1; macacos-rhesus: http://www.ncbi.nlm.nih.gov/protein/122634; gibões: http://www.ncbi.nlm.nih.gov/protein/122616

EXERCÍCIO DE RESOLUÇÃO DE PROBLEMAS

Você é uma vítima de fraude com peixes?

Ao comprar salmão, talvez você prefira o salmão selvagem do Pacífico (espécie *Oncorhynchus*), mais caro do que o salmão de viveiro do Atlântico (*Salmo salar*). Mas estudos revelam que, em cerca de 40% das vezes, você não está recebendo o peixe pelo qual pagou!

Neste exercício, você investigará se um pedaço de salmão foi rotulado de forma fraudulenta.

Sua abordagem O princípio que orienta sua investigação é que as sequências de DNA de uma espécie ou de espécies diretamente relacionadas são mais semelhantes entre si do que sequências de espécies mais evolutivamente distantes.

Seus dados Um salmão rotulado como "salmão-coho" (*Oncorhynchus kisutch*) foi vendido a você. Para verificar se seu peixe foi rotulado corretamente, você irá comparar uma pequena sequência de DNA de sua amostra com sequências conhecidas do mesmo gene para três espécies de salmão. As sequências são as seguintes:

Amostra rotulada como *O. kisutch* (salmão-coho)	5'-CGGCACCGCCCTAAGTCTCT-3'
Sequências conhecidas {	*O. kisutch* (salmão-coho)	5'-AGGCACCGCCCTAAGTCTAC-3'
	O. keta (salmão-chum)	5'-AGGCACCGCCCTGAGCCTAC-3'
	Salmo salar (salmão-do-atlântico)	5'-CGGCACCGCCCTAAGTCTCT-3'

Dados de International Barcode of Life.

Sua análise

1. Circule quaisquer bases nas sequências conhecidas que não correspondam à sequência de sua amostra de peixe.
2. Quantas bases diferem entre **(a)** *O. kisutch* e sua amostra de peixe? **(b)** *O. keta* e a amostra? **(c)** *S. salar* e a amostra?
3. Para cada sequência conhecida, que porcentagem de suas bases é idêntica à sua amostra?
4. Com base apenas nestes dados, estabeleça uma hipótese para a identidade da espécie de sua amostra. Qual é o seu raciocínio?

5 Revisão do capítulo

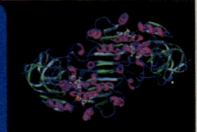

RESUMO DOS CONCEITOS-CHAVE

CONCEITO 5.1

Macromoléculas são polímeros compostos por monômeros (p. 67-68)

- Grandes carboidratos (polissacarídeos), proteínas e ácidos nucleicos são **polímeros**, cadeias de **monômeros**. Os componentes dos lipídeos variam. Muitos monômeros podem formar moléculas maiores através de **reações de desidratação**, nas quais as moléculas de água são liberadas. Polímeros podem ser rompidos pela reação inversa, **hidrólise**. Uma grande variedade de polímeros pode ser formada a partir de um pequeno conjunto de monômeros.

❓ *Qual é a característica fundamental para as diferenças entre grandes carboidratos, proteínas e ácidos nucleicos?*

Grandes moléculas biológicas	Componentes	Exemplos	Funções
CONCEITO 5.2 **Carboidratos servem como combustível e material de construção** (p. 68-72) ❓ *Compare o amido e a celulose. Que papel cada um desempenha no corpo humano?*	Monômero de monossacarídeo	**Monossacarídeos:** glicose, frutose **Dissacarídeos:** lactose, sacarose **Polissacarídeos:** • Celulose (plantas) • Amido (plantas) • Glicogênio (animais) • Quitina (animais e fungos)	Combustível; fontes de carbono que podem ser convertidas em outras moléculas ou combinadas em polímeros • A celulose fortalece as paredes celulares das plantas • O amido armazena glicose para energia nas plantas • O glicogênio armazena glicose para energia nos animais • A quitina reforça os exoesqueletos de animais e as paredes das células de fungos
CONCEITO 5.3 **Os lipídeos são um grupo diversificado de moléculas hidrofóbicas** (p. 72-75) ❓ *Por que os lipídeos não são considerados polímeros ou macromoléculas?*	Glicerol — 3 ácidos graxos	**Triacilgliceróis** (gorduras ou óleos): glicerol + três ácidos graxos	Importante fonte de energia
	Grupo apical com P — 2 ácidos graxos	**Fosfolipídeos:** glicerol + grupo fosfato + dois ácidos graxos	Bicamadas lipídicas das membranas (Grupos apicais hidrofílicos / Caudas hidrofóbicas)
	Esqueleto do esteroide	**Esteroides:** quatro anéis fusionados ligados a grupos químicos	• Componente da membrana celular (colesterol) • Sinalizadores que percorrem o corpo (hormônios)
CONCEITO 5.4 **As proteínas apresentam uma diversidade de estruturas, o que resulta em uma variedade de funções** (p. 75-83) ❓ *Explique o princípio para a grande diversidade de proteínas.*	Monômero de aminoácido (20 tipos)	• Enzimas • Proteínas de defesa • Proteínas de armazenamento • Proteínas de transporte • Hormônios • Proteínas receptoras • Proteínas motoras • Proteínas estruturais	• Catalisam reações químicas • Protegem contra doenças • Armazenam aminoácidos • Transportam substâncias • Coordenam respostas do organismo • Recebem sinais de fora da célula • Atuam no movimento celular • Fornecem suporte estrutural
CONCEITO 5.5 **Os ácidos nucleicos armazenam, transmitem e ajudam a expressar a informação hereditária** (p. 84-86) ❓ *Que papel o pareamento de bases complementares desempenha nos ácidos nucleicos?*	Base nitrogenada / Grupo fosfato / Açúcar — Nucleotídeo (monômero de um polinucleotídeo)	**DNA:** • Açúcar = desoxirribose • Bases nitrogenadas = C, G, A, T • Geralmente dupla-fita	Armazena a informação hereditária
		RNA: • Açúcar = ribose • Bases nitrogenadas = C, G, A, U • Geralmente fita simples	Várias funções na expressão gênica, incluindo transporte de instruções do DNA para os ribossomos

CONCEITO 5.6

A genômica e a proteômica transformaram a pesquisa biológica e suas aplicações *(p. 86-89)*

- Recentes avanços tecnológicos no sequenciamento de DNA deram origem à **genômica**, metodologia que analisa grandes conjuntos de genes ou genomas completos, e à **proteômica**, metodologia similar para grandes conjuntos de proteínas. A **bioinformática** é o uso de ferramentas computacionais e programas de computador para analisar grandes conjuntos de dados.
- Duas espécies evolutivamente relacionadas são mais próximas à medida que suas sequências de DNA são mais similares. Os dados de sequência de DNA confirmam modelos evolutivos baseados em fósseis e evidências anatômicas.

? *Dada a sequência de um gene específico de moscas-da-fruta, peixes, camundongos e seres humanos, infira a similaridade relativa da sequência do gene humano e cada uma das outras espécies.*

TESTE SEU CONHECIMENTO

Níveis 1-2: Relembre/Entenda

1. Qual das seguintes categorias inclui todas as outras na lista?
   (A) dissacarídeo
   (B) polissacarídeo
   (C) amido
   (D) carboidrato

2. A enzima amilase pode quebrar as ligações glicosídicas entre monômeros de glicose somente se os monômeros estiverem na forma α. Quais dos seguintes compostos podem ser clivados pela amilase?
   (A) glicogênio, amido e amilopectina
   (B) glicogênio e celulose
   (C) celulose e quitina
   (D) amido, quitina e celulose

3. Qual afirmação sobre as gorduras *insaturadas* é verdadeira?
   (A) Elas são mais comuns em animais do que em plantas.
   (B) Elas têm ligações duplas em suas cadeias de ácidos graxos.
   (C) Geralmente solidificam em temperatura ambiente.
   (D) Contêm mais átomos de hidrogênio que as gorduras saturadas com o mesmo número de átomos de carbono.

4. O nível estrutural de uma proteína *menos* afetado pela perda de ligações de hidrogênio é o
   (A) nível primário.
   (B) nível secundário.
   (C) nível terciário.
   (D) nível quaternário.

5. Enzimas clivam o DNA catalisando a hidrólise das ligações covalentes que unem nucleotídeos. O que aconteceria com moléculas de DNA tratadas com essas enzimas?
   (A) As duas cadeias da dupla-hélice seriam separadas.
   (B) As ligações fosfodiéster do esqueleto do polinucleotídeo seriam rompidas.
   (C) As pirimidinas seriam separadas das desoxirriboses.
   (D) Todas as bases seriam separadas das desoxirriboses.

Níveis 3-4: Aplique/Analise

6. A fórmula molecular da glicose é $C_6H_{12}O_6$. Qual seria a fórmula molecular de um polímero composto pela ligação de dez moléculas de glicose por meio de reações de desidratação?
   (A) $C_{60}H_{120}O_{60}$
   (B) $C_{60}H_{102}O_{51}$
   (C) $C_{60}H_{100}O_{50}$
   (D) $C_{60}H_{111}O_{51}$

7. Qual dos seguintes pares de sequências de base poderia formar um trecho curto de uma dupla-hélice normal de DNA?
   (A) 5'-AGCT-3' com 5'-TCGA-3'
   (B) 5'-GCGC-3' com 5'-TATA-3'
   (C) 5'-ATGC-3' com 5'-GCAT-3'
   (D) Todos os pares estão corretos.

8. Construa uma tabela que organize os seguintes termos e identifique as colunas e linhas.

Monossacarídeos	Polinucleotídeos
Ácidos Graxos	Polissacarídeos
Aminoácidos	Ligações fosfodiéster
Nucleotídeos	Ligações peptídicas
Polipeptídeos	Ligações glicosídicas
Triacilgliceróis	Ligações éster

9. **DESENHE** Copie a fita de polinucleotídeos na Figura 5.23a e identifique as bases G, T, C e T, começando da extremidade 5'. Assumindo que esse é um polinucleotídeo de DNA, desenhe a fita complementar da dupla-hélice, utilizando os mesmos símbolos para os grupos fosfato (círculos), açúcares (pentágonos) e bases. Identifique as bases. Desenhe setas mostrando a direção 5' → 3' de cada fita. Use as setas para garantir que a segunda fita seja antiparalela à primeira. Dica: depois de desenhar a primeira fita na vertical, vire o papel de cabeça para baixo; é mais fácil desenhar a segunda fita de 5' em direção a 3' à medida que você vai de cima para baixo.

Níveis 5-6: Avalie/Crie

10. **CONEXÃO EVOLUTIVA** Comparações de sequências de aminoácidos podem lançar luz sobre a divergência evolutiva de espécies relacionadas. Se você comparar duas espécies, seria de se esperar que todas as suas proteínas mostrassem o mesmo grau de divergência? Por quê? Justifique sua resposta.

11. **PESQUISA CIENTÍFICA** Suponha que você seja um assistente de pesquisa em um laboratório que estuda proteínas de ligação ao DNA. Você recebeu sequências de aminoácidos de todas as proteínas codificadas no genoma de uma determinada espécie e recebeu a tarefa de identificar proteínas candidatas capazes de se ligar ao DNA. Que tipos de aminoácidos você espera observar nas regiões de ligação ao DNA nessas proteínas? Explique seu raciocínio.

12. **ESCREVA SOBRE UM TEMA: ORGANIZAÇÃO** As proteínas, que têm diversas funções em uma célula, são todas polímeros dos mesmos tipos de monômeros – os aminoácidos. Escreva um ensaio sucinto (100-150 palavras) discutindo como a estrutura dos aminoácidos permite que um tipo de polímero desempenhe diversas funções.

13. **SINTETIZE SEU CONHECIMENTO**

Uma vez que a função da gema do ovo é a nutrição e a sustentação da ave em desenvolvimento, explique por que a gema é tão rica em gorduras, proteínas e colesterol.

Ver respostas selecionadas no Apêndice A.

Unidade 2 A CÉLULA

A **Dra. Diana Bautista** é professora associada de Biologia Molecular e Celular na Universidade da Califórnia, Berkeley, e acadêmica no Howard Hughes Medical Institute. Recebeu o prêmio Gill Transformative Investigator e o prêmio Young Investigator da Society for Neuroscience. Ela é bacharel em Biologia pela Universidade do Oregon e doutora em Neurociência pela Universidade Stanford. Dra. Bautista cresceu em Chicago e foi a primeira na sua família a cursar a faculdade e seguir uma carreira na área da ciência. Ela e os membros do seu laboratório investigam as vias de sinalização celular associadas com dor e coceira e como a desregulação dessas vias pode resultar em dor e coceira crônicas. Sua pesquisa é interdisciplinar: a Dra. Bautista colabora com biólogos da computação, imunologistas e fisiologistas. Ela acredita que a ciência tem mais a ganhar com um grupo diverso de colegas, cada um trazendo uma perspectiva diferente.

ENTREVISTA COM

Diana M. Bautista

O que fez você se interessar por biologia e, particularmente, neurociência?

Eu sempre gostei de ciências quando criança, mas não foi um grande objetivo na minha vida. Fui para a faculdade interessada em artes, então decidi parar por um tempo por ser uma artista terrível. Acabei trabalhando com um grupo ambientalista que ajudava comunidades de baixa renda a se opor a um incinerador de resíduos perigosos. Isso me deixou entusiasmada sobre ciências pela interface entre o meio ambiente e o empoderamento da comunidade; assim, decidi voltar para a faculdade e graduar-me em biologia. Quando retornei à faculdade, na Universidade do Oregon, descobri que poderia conseguir uma vaga de trabalho e estudo em um laboratório. Acabei trabalhando no laboratório de Peter O'Day, estudando a visão nas moscas-da-fruta pelo registro de sinais elétricos em resposta à luz. Para mim, incidir luz nos olhos de uma mosca e registrar um sinal elétrico a partir do seu sistema nervoso em tempo real era a coisa mais incrível que já tinha visto. O laboratório era um ambiente inclusivo e acolhedor, e Peter foi um mentor incrível – se não fosse por ele, eu não estaria na ciência. Fui para pós-graduação em Stanford em neurociências, onde trabalhei com Dr. Richard Lewis, em um projeto sobre um recém-descoberto canal de cálcio e como as vias de sinalização do cálcio orientam o comportamento celular.

Por que você focou sua pesquisa na dor?

Após meu doutorado, eu queria continuar trabalhando com sinalização celular, mas de um ponto de vista mais de organismo; então, realizei minha pesquisa de pós-doutorado com o Dr. David Julius na Universidade da Califórnia, em San Francisco. Seu laboratório recentemente identificou uma proteína celular (TRPV1) que é responsiva à capsaicina, a molécula responsável pelo sabor picante da pimenta *chili*, e mostrou que essa proteína também é ativada pelo calor doloroso. Foi bastante animador para mim, pois envolvia o estudo sobre proteínas envolvidas na sinalização celular, mas no contexto maior da dor. As proteínas semelhantes a TRPV1 cumprem importantes funções protetoras – por exemplo, impedem-nos de segurar uma frigideira quente, o que poderia causar uma queimadura. Um dos meus projetos foi identificar o receptor de *wasabi*, uma proteína na superfície das células nervosas que tem um papel-chave na hipersensibilidade à dor inflamatória. Uma vez que você ativa essa proteína receptora, com irritantes como o *wasabi*, o óleo de mostarda ou mediadores inflamatórios produzidos no corpo por lesões a tecidos como uma queimadura, ela se ativa e torna as células de dor mais sensíveis. O calor aciona sensações de ardência, e um toque leve aciona a dor. Normalmente, a hipersensibilidade à dor diminui após alguns anos, à medida que o tecido cura, mas, em alguns pacientes, ela se torna uma doença crônica debilitante.

Em que o seu laboratório trabalha agora?

Estamos interessados no sentido do tato. Neurônios sensíveis ao toque inervam a pele e fazem a mediação das sensações de toques gentis e preferência de texturas: você gosta de blusas de lã ou acha que elas dão coceira? Os neurônios sensíveis ao toque também inervam nossa musculatura, permitindo-nos detectar a posição dos membros e mediando movimentos coordenados, como nossa habilidade de digitar um texto ou caminhar em linha reta sem olhar para nossos pés. Em pessoas que sofrem de dor crônica, um toque gentil pode ser muito doloroso, enquanto uma pessoa com coceira crônica sente um toque suave como coceira e a dor como um prazer. Quando você se coça, você está arranhando o local com força – se você não tivesse a coceira, você sentiria dor, mas, se você tiver coceira, a sensação é boa. Não temos ideia de como nosso corpo processa o mesmo tipo de estímulo sob diferentes danos ou condições de doença, e é isso que realmente me animou quando eu iniciei meu próprio laboratório.

Qual é o seu conselho para um estudante de graduação que está considerando uma carreira na biologia?

Sou orientadora de estudantes de graduação, então converso muito com estudantes. Gosto de contar para eles sobre minha trajetória e explico que não interessa o que eles fizeram antes ou de onde eles vêm – qualquer um pode ser um cientista. Acho que às vezes o início na biologia pode ser difícil, porque no começo você aprende os fatos; mas, conforme você avança, a biologia trata de descobrir o desconhecido. E se você conseguir ter contato com um laboratório logo no início, então você realmente vê esse lado da ciência – que se trata de aprender o que sabemos e, em seguida, ir além disso, fazendo experimentos para identificar novos mecanismos.

> "Não interessa o que fizeram antes ou de onde eles vêm – qualquer um pode ser um cientista."

▼ Dra. Bautista estuda as respostas celulares a estímulos usando equipamentos que medem sinais elétricos.

6 Uma viagem pela célula

CONCEITOS-CHAVE

6.1 Para estudar as células, os biólogos utilizam microscópios e bioquímica *p. 94*

6.2 Células eucarióticas possuem membranas internas que compartimentalizam suas funções *p. 97*

6.3 As instruções genéticas das células eucarióticas são armazenadas no núcleo e executadas pelos ribossomos *p. 102*

6.4 O sistema de endomembranas regula o tráfego de proteínas e realiza as funções metabólicas *p. 104*

6.5 As mitocôndrias e os cloroplastos mudam a energia de uma forma para outra *p. 109*

6.6 O citoesqueleto é uma rede de fibras que organiza estruturas e atividades na célula *p. 112*

6.7 Os componentes extracelulares e as conexões entre as células ajudam a coordenar as atividades celulares *p. 118*

6.8 Uma célula é maior do que a soma de suas partes *p. 121*

Dica de estudo

Desenhe células animais e vegetais: desenhe um esboço de uma célula animal e adicione estruturas, identificações e funções. Desenhe uma célula vegetal, identificando as estruturas únicas das células vegetais.

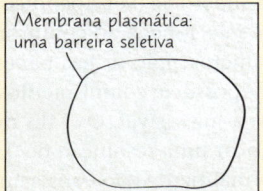
Membrana plasmática: uma barreira seletiva

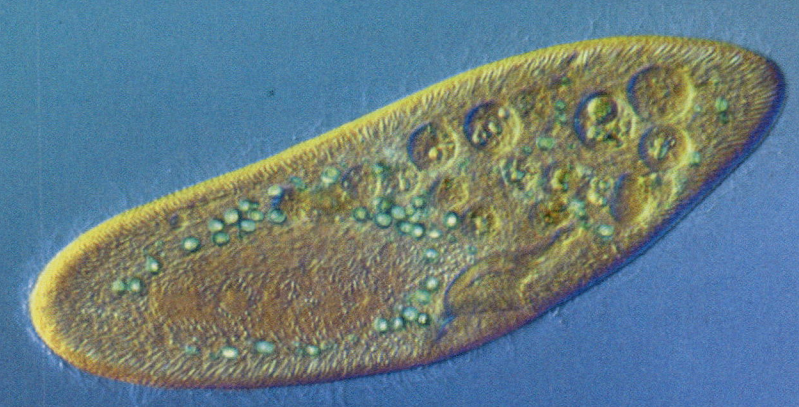

Figura 6.1 A célula é a unidade fundamental de estrutura e função de um organismo. Muitas formas de vida existem como organismos unicelulares, como o *Paramecium*, mostrado aqui. Organismos maiores e mais complexos, incluindo plantas e animais, são multicelulares. Neste capítulo, daremos enfoque principalmente às células eucarióticas – células com um núcleo.

Como a organização interna das células eucarióticas permite que elas realizem as funções da vida?

As membranas internas dividem as células, como esta célula vegetal, em compartimentos onde ocorrem reações químicas específicas.

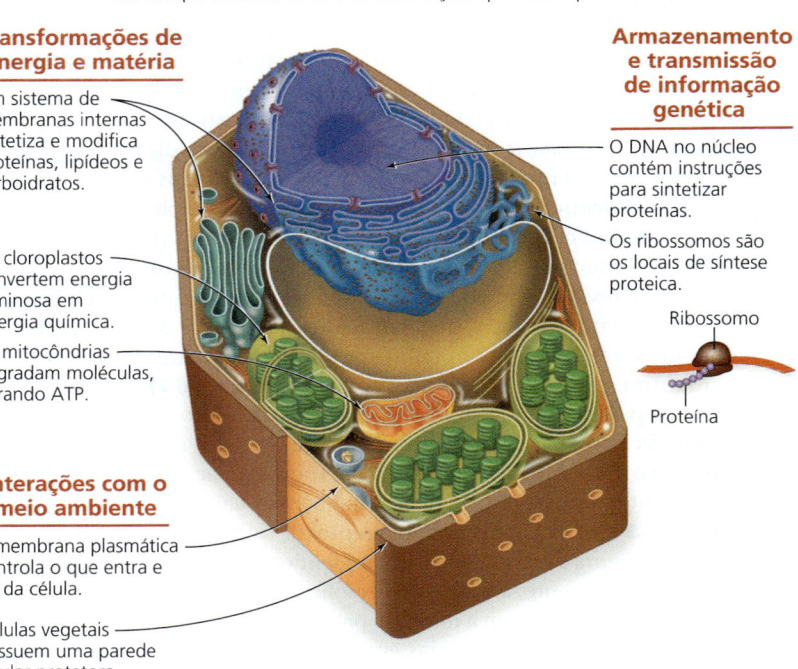

Transformações de energia e matéria
Um sistema de membranas internas sintetiza e modifica proteínas, lipídeos e carboidratos.

Os cloroplastos convertem energia luminosa em energia química.

As mitocôndrias degradam moléculas, gerando ATP.

Interações com o meio ambiente
A membrana plasmática controla o que entra e sai da célula.

Células vegetais possuem uma parede celular protetora.

Armazenamento e transmissão de informação genética
O DNA no núcleo contém instruções para sintetizar proteínas.

Os ribossomos são os locais de síntese proteica.

Ribossomo

Proteína

CONCEITO 6.1

Para estudar as células, os biólogos utilizam microscópios e bioquímica

Como os biólogos conseguem investigar o interior de uma célula, que normalmente é muito pequena para ser vista a olho nu? Antes de viajar pela célula, será útil aprender como as células são estudadas.

Microscopia

O desenvolvimento de instrumentos que ampliam as percepções humanas permitiu a descoberta e o estudo inicial das células. Os microscópios foram inventados em 1590 e aperfeiçoados durante os anos 1600. As paredes celulares foram visualizadas pela primeira vez em células mortas da cortiça de carvalho por Robert Hooke, em 1665, e em células vivas por Antoni van Leeuwenhoek, alguns anos depois.

Os primeiros microscópios utilizados por cientistas do Renascimento, assim como os que você provavelmente usa no laboratório, são todos microscópios ópticos. No **microscópio óptico** (**MO**), a luz visível é passada através do espécime e, então, através de lentes de vidro. As lentes refratam (dobram) a luz de modo que a imagem do espécime é aumentada à medida que é projetada para dentro do olho ou de uma câmera (ver Apêndice C).

Três parâmetros importantes na microscopia são a magnificação, a resolução e o contraste. A *magnificação* é a proporção entre o tamanho da imagem do objeto e o seu tamanho real. Os MOs podem magnificar com eficácia até cerca de mil vezes o tamanho real do espécime; em magnificações maiores, detalhes adicionais não podem ser visualizados com clareza. A *resolução* mede a nitidez da imagem; é a distância mínima na qual dois pontos podem ser separados e ainda serem distinguidos como dois pontos. Por exemplo, algo que, a olho nu, parece uma estrela no céu pode ter resolução de estrelas gêmeas com um telescópio, que tem capacidade de resolução maior do que o olho. Similarmente, utilizando técnicas-padrão, o MO não consegue definir detalhes menores do que 0,2 micrômetro (μm) ou 200 nanômetros (nm), desconsiderando a magnificação **(Figura 6.2)**. O terceiro parâmetro, o *contraste*, é a diferença de brilho entre as áreas claras e escuras de uma imagem. Métodos para aumentar o contraste incluem a coloração ou a marcação de componentes celulares para que se destaquem visualmente. A **Figura 6.3** mostra alguns tipos diferentes de microscopia; estude essa figura à medida que você for lendo esta seção.

Até recentemente, a barreira da resolução impediu que biólogos celulares usassem a microscopia óptica padrão para estudar as **organelas**, estruturas envoltas por membranas dentro das células eucarióticas. A observação dessas estruturas com qualquer detalhe exigiu o desenvolvimento de um novo instrumento. Nos anos 1950, a microscopia eletrônica foi introduzida à biologia. Em vez de usar luz, o **microscópio**

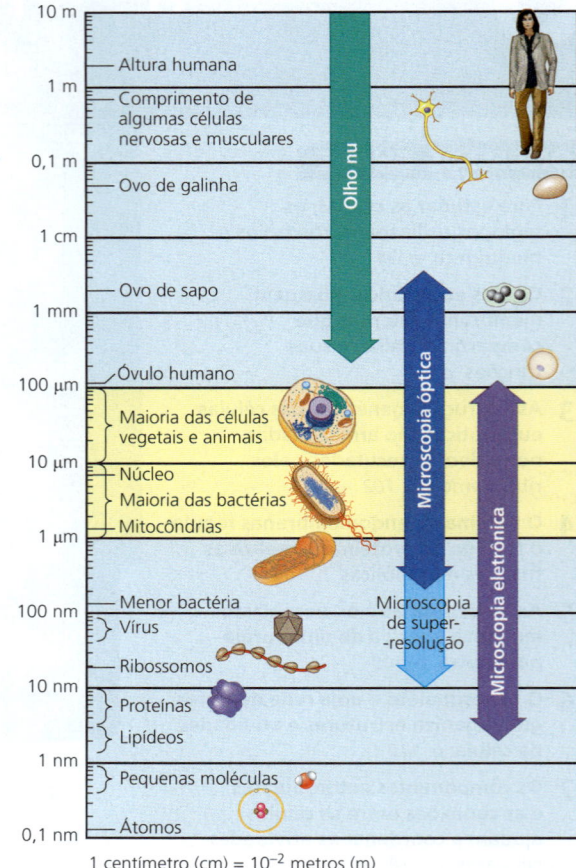

1 centímetro (cm) = 10^{-2} metros (m)
1 milímetro (mm) = 10^{-3} m
1 micrômetro (μm) = 10^{-3} mm = 10^{-6} m
1 nanômetro (nm) = 10^{-3} μm = 10^{-9} m

▲ **Figura 6.2 A variação de tamanho das células.** A maioria das células tem entre 1 e 100 μm de diâmetro (região amarela da figura), e seus componentes são ainda menores (ver Figura 6.32), como os vírus. Observe que a escala do lado esquerdo é logarítmica, para acomodar a variação dos tamanhos mostrados. Iniciando no topo da escala com 10 m e descendo na escala, cada medida de referência marca um fator de decréscimo de 10 vezes em diâmetro ou comprimento. Para uma tabela completa do sistema métrico, veja o final do livro.

eletrônico (**ME**) concentra um feixe de elétrons através de um espécime ou sobre sua superfície (ver Apêndice C). A resolução está inversamente relacionada ao comprimento de luz (ou elétrons) que um microscópio utiliza para formar a imagem, e feixes de elétrons possuem comprimentos de onda muito mais curtos do que a luz visível. Os MEs modernos podem teoricamente alcançar uma resolução de 0,002 nm, embora na prática eles normalmente não consigam resolver estruturas menores do que cerca de 2 nm. Ainda assim, isso representa uma melhoria de cem vezes em relação ao MO.

O **microscópio eletrônico de varredura** (**MEV**) é especialmente útil para o estudo detalhado da superfície de um espécime (ver Figura 6.3). O feixe de elétrons varre a superfície da amostra, normalmente coberta com uma fina camada de ouro. O feixe excita os elétrons na superfície, e esses elétrons secundários são detectados por um aparelho que traduz o padrão dos elétrons em sinal eletrônico

▼ Figura 6.3 Explorando a microscopia

Microscopia óptica (MO)

Campo claro. A luz passa diretamente pelo espécime. Descorada (à esquerda), a imagem tem pouco contraste. A coloração (à direita) aumenta o contraste. A maioria dos corantes requer que as células sejam preservadas, o que as mata.

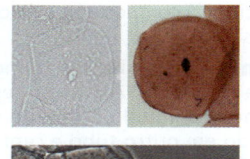

Contraste de fase. Variações na densidade dentro do espécime são ampliadas para aumentar o contraste nas células não coradas; especialmente útil para examinar células vivas não pigmentadas.

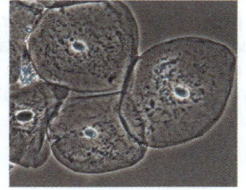

Células humanas das bochechas

Contraste de interferência diferencial (Nomarski). Semelhante à microscopia de contraste de fase, utiliza modificações ópticas para exagerar as diferenças na densidade; a imagem aparece quase em 3D.

50 μm

Fluorescência. Mostra os locais de moléculas específicas na célula pela marcação das moléculas com corantes fluorescentes ou anticorpos; algumas células têm moléculas que fluorescem por si só. As substâncias fluorescentes absorvem radiação ultravioleta e emitem luz visível. Nesta célula uterina marcada com fluorescência, o DNA é azul, as organelas chamadas mitocôndrias estão em laranja, e o esqueleto da célula (chamado *citoesqueleto*) é verde.

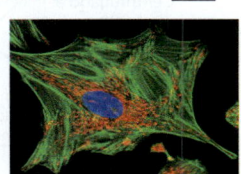

10 μm

Confocal. Esta imagem mostra dois tipos de micrografias de fluorescência: confocal (acima) e padrão (abaixo) (as células nervosas estão em verde, as células de suporte, em laranja, e áreas de sobreposição, em amarelo). Na micrografia confocal, um *laser* é utilizado para criar um plano único de fluorescência; a luz fora de foco de outros planos é eliminada. Pela captura de imagens nítidas em vários planos diferentes, uma reconstrução 3D pode ser criada. Uma micrografia de fluorescência padrão é borrada, pois a luz fora de foco não é excluída.

50 μm

Deconvolução. O topo da imagem dividida é uma compilação de micrografias de fluorescência padrão através de um glóbulo branco. Abaixo, está uma imagem da mesma célula reconstruída a partir de várias imagens borradas em diferentes planos, cada uma sendo processada usando um programa de deconvolução. Esse processo remove a luz fora de foco de forma digital, criando uma imagem 3D muito mais nítida.

10 μm

Super-resolução. Para produzir esta imagem de uma célula de aorta de uma vaca (acima) com super-resolução, moléculas fluorescentes individuais foram excitadas por luz UV, e a sua posição foi registrada (DNA em azul, mitocôndrias em vermelho e parte do citoesqueleto em verde). A combinação da informação a partir de várias moléculas em diferentes locais "quebra" o limite da resolução, resultando na imagem nítida no topo. O tamanho de cada ponto está bem abaixo de 200 nm de resolução de um microscópio óptico padrão, como visto na imagem confocal (abaixo) da mesma célula.

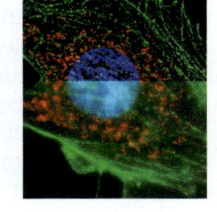

10 μm

Microscopia eletrônica (ME)

Microscopia eletrônica de varredura (MEV). Micrografias obtidas por MEV mostram uma imagem em 3D da superfície de um espécime. Essa MEV mostra a superfície de uma célula da traqueia coberta por cílios. Micrografias eletrônicas são em preto e branco, mas muitas vezes são coloridas artificialmente para destacar determinadas estruturas, como foi feito com todas as três micrografias mostradas aqui.

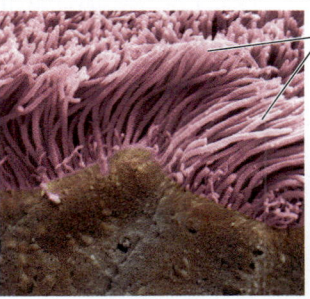

Cílios
Secção longitudinal de um cílio
Secção transversal de um cílio

MEV   2 μm

Criomicroscopia eletrônica (crio-ME). Espécimes de tecido ou soluções aquosas de proteínas são congeladas rapidamente a temperaturas menores do que −160°C, prendendo as moléculas em um estado rígido. Um feixe de elétrons é passado pela amostra para visualizar as moléculas por microscopia eletrônica, e um *software* é utilizado para mesclar uma série dessas micrografias, criando uma imagem 3D como a seguir.

Microscopia eletrônica de transmissão (MET). Um microscópio eletrônico de transmissão traça o perfil de uma fina secção de um espécime. Aqui vemos a secção através de uma célula da traqueia, revelando sua estrutura interna. Na preparação do espécime, alguns cílios foram cortados ao longo do seu comprimento, criando secções longitudinais, enquanto outros cílios foram cortados diretamente de lado a lado, criando secções transversais.

MET   2 μm

Abreviações usadas nas legendas das figuras neste livro:
MO = Micrografia óptica
MEV = Micrografia eletrônica de varredura
MET = Micrografia eletrônica de transmissão

HABILIDADES VISUAIS *Quando o tecido foi seccionado, qual era a orientação dos cílios na porção inferior do MET? E na porção superior? Explique como a orientação dos cílios determinou o tipo de secção que vimos.*

Imagem gerada por computador de uma enzima β-galactosidase bacteriana, que degrada a lactose. Esta imagem foi compilada a partir de mais de 90.000 imagens de crio-ME.

enviado para uma tela de vídeo. O resultado é uma imagem da superfície do espécime que parece tridimensional.

O **microscópio eletrônico de transmissão** (**MET**) é utilizado para estudar a estrutura interna das células (ver Figura 6.3). O MET dirige um feixe de elétrons através de uma secção muito fina do espécime, semelhante ao modo como o MO transmite luz através de uma amostra sobre uma lâmina. Para o MET, o espécime foi corado com átomos de metais pesados, que se ligam a certas estruturas celulares, acentuando mais a densidade de elétrons de algumas partes da célula do que de outras. Os elétrons que passam através do espécime se espalham mais nas regiões mais densas; assim, menos elétrons são transmitidos. A imagem mostra o padrão dos elétrons transmitidos. Em vez de usar lentes de vidro, tanto o MEV como o MET utilizam eletromagnetos como lentes para desviar os caminhos dos elétrons, terminando por focalizar a imagem em uma tela para visualização.

Os MEs revelaram muitas estruturas subcelulares impossíveis de serem percebidas no MO. Porém, o MO oferece vantagens, especialmente no estudo de células vivas. Uma desvantagem da microscopia eletrônica é que os métodos normalmente usados para preparar o espécime matam as células e podem introduzir artefatos, características estruturais vistas nas micrografias, que não existem na célula viva.

Nas últimas décadas, a microscopia óptica tem sido revitalizada por importantes avanços técnicos (ver Figura 6.3). A marcação de moléculas ou estruturas celulares individuais com marcadores fluorescentes tem possibilitado a observação dessas estruturas com mais detalhes. Além disso, tanto a microscopia confocal como a de desconvolução produziram imagens mais nítidas dos tecidos e das células tridimensionais. Por fim, um grupo de novas técnicas e moléculas marcadoras desenvolvidas nos últimos anos, chamado de *microscopia de super-resolução*, permitiu aos pesquisadores "romper" a barreira da resolução e distinguir estruturas subcelulares de apenas 10 a 20 nm.

Um novo tipo de MET recentemente desenvolvido chamado de criomicroscopia eletrônica (crio-ME) (ver Figura 6.3), permite que espécimes sejam preservados em temperaturas extremamente baixas. Isso evita o uso de conservantes, permitindo a visualização de estruturas no meio ambiente celular. Esse método vem sendo utilizado cada vez mais para complementar a cristalografia por raio X na revelação de complexos proteicos e estruturas subcelulares como ribossomos, descritos mais adiante. A crio-ME tem sido utilizada até mesmo para resolver algumas proteínas individuais. Em 2017, o Prêmio Nobel de Química foi dado aos desenvolvedores dessa técnica valiosa.

Os microscópios são as ferramentas mais importantes da *citologia*, o estudo da estrutura celular. Entretanto, o entendimento da função de cada estrutura necessitou da integração da citologia com a *bioquímica*, o estudo dos processos químicos (metabolismo) das células.

Fracionamento celular

Uma técnica útil para estudar a estrutura e a função das células é o **fracionamento celular (Figura 6.4)**, que isola

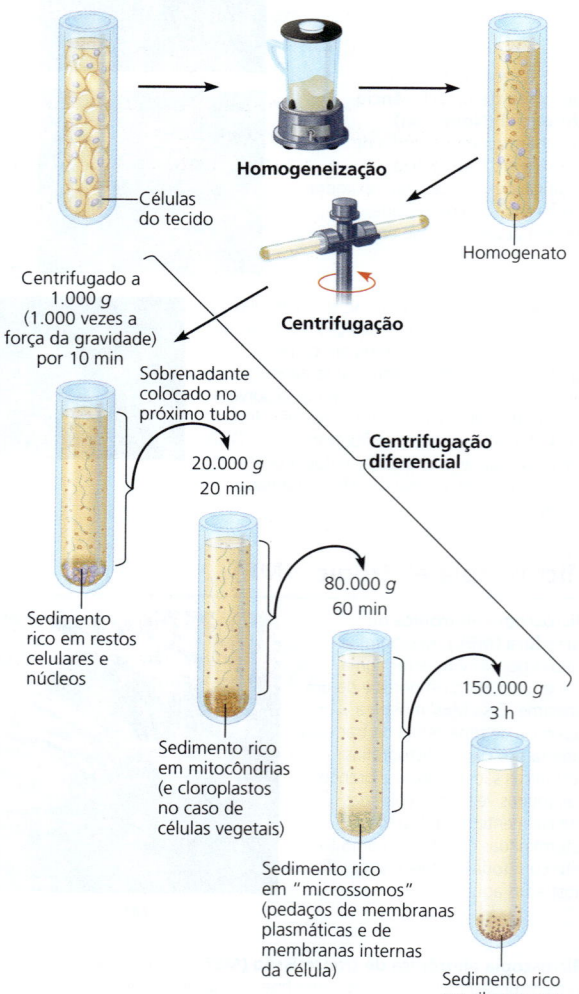

▼ **Figura 6.4 Método de pesquisa**
Fracionamento celular

Aplicação O fracionamento celular é usado para separar (fracionar) componentes da célula com base no tamanho e na densidade.

Técnica As células são homogeneizadas em um misturador para rompê-las. A mistura resultante (*homogenato*) é centrifugada. O líquido acima do sedimento (*sobrenadante*) é colocado em outro tubo e centrifugado a uma velocidade mais alta por um período mais longo. Esse processo é repetido várias vezes. Esse processo, chamado de *centrifugação diferencial*, resulta em uma série de sedimentos, cada qual contendo diferentes componentes celulares.

Resultados Nos primeiros experimentos, os pesquisadores utilizaram a microscopia para identificar as organelas em cada sedimento e métodos bioquímicos para determinar suas funções metabólicas. Essas identificações estabeleceram uma linha de base para o método, permitindo que os pesquisadores atuais conheçam qual fração celular eles devem coletar para isolar e estudar determinadas organelas.

FAÇA CONEXÕES *Se você quisesse estudar o processo de tradução de proteínas a partir de mRNA, qual parte de qual fração você usaria? (Ver Figura 5.22.)*

as células e separa as principais organelas e outras estruturas subcelulares umas das outras. O instrumento utilizado para essa tarefa é a centrífuga, que gira tubos de ensaio com misturas de células rompidas a uma série de velocidades cada vez maiores, processo chamado *centrifugação diferencial*. A cada velocidade, devido à força resultante, uma fração dos componentes celulares se acomoda no fundo do tubo, formando um sedimento. Em velocidades mais baixas, o sedimento consiste em componentes maiores, e velocidades maiores geram um sedimento com componentes menores.

O fracionamento celular permite aos pesquisadores preparar componentes celulares específicos em volume e identificar suas funções, tarefa que normalmente não é possível com células intactas. Por exemplo, testes bioquímicos mostraram a presença, em uma das frações celulares, de enzimas envolvidas na respiração celular, enquanto a microscopia eletrônica revelou grandes quantidades de organelas chamadas mitocôndrias. Juntos, esses dados ajudaram os biólogos a determinar que as mitocôndrias são os locais da respiração celular. A bioquímica e a citologia se complementam, correlacionando função com estrutura celular.

REVISÃO DO CONCEITO 6.1

1. Como se comparam os corantes usados para microscopia óptica e os usados para microscopia eletrônica?
2. **E SE?** Qual tipo de microscópio você usaria para estudar: (a) as alterações na forma de um glóbulo branco vivo e (b) os detalhes da textura da superfície de um fio de cabelo?

Ver as respostas sugeridas no Apêndice A.

CONCEITO 6.2

Células eucarióticas possuem membranas internas que compartimentalizam suas funções

As células – unidades básicas estruturais e funcionais de cada organismo – podem ser de dois tipos distintos: procarióticas e eucarióticas. Organismos dos domínios Bacteria e Archaea consistem em células procarióticas. Organismos do domínio Eukarya – protistas, fungos, animais e plantas – consistem em células eucarióticas. ("Protista" é um termo informal que se refere a um grupo diverso de eucariotos unicelulares, na sua maioria.)

Comparação entre células procarióticas e eucarióticas

Todas as células compartilham certas características básicas: são ligadas por uma barreira seletiva chamada de *membrana plasmática* (ou membrana celular). Dentro de todas as células existe um semifluido, substância semelhante à gelatina chamada de **citosol**, na qual os componentes subcelulares estão suspensos. Todas as células contêm *cromossomos*, que carregam os genes na forma de DNA. E todas as células contêm *ribossomos*, minúsculos complexos que sintetizam as proteínas de acordo com as instruções a partir dos genes.

A principal diferença entre células procarióticas e eucarióticas é a localização do seu DNA. Na **célula eucariótica**, a maioria do DNA está na organela chamada de *núcleo*, ligada por uma membrana dupla (ver Figura 6.8). Na **célula procariótica**, o DNA está concentrado em uma região não envolta por membrana, chamada de **nucleoide (Figura 6.5)**.

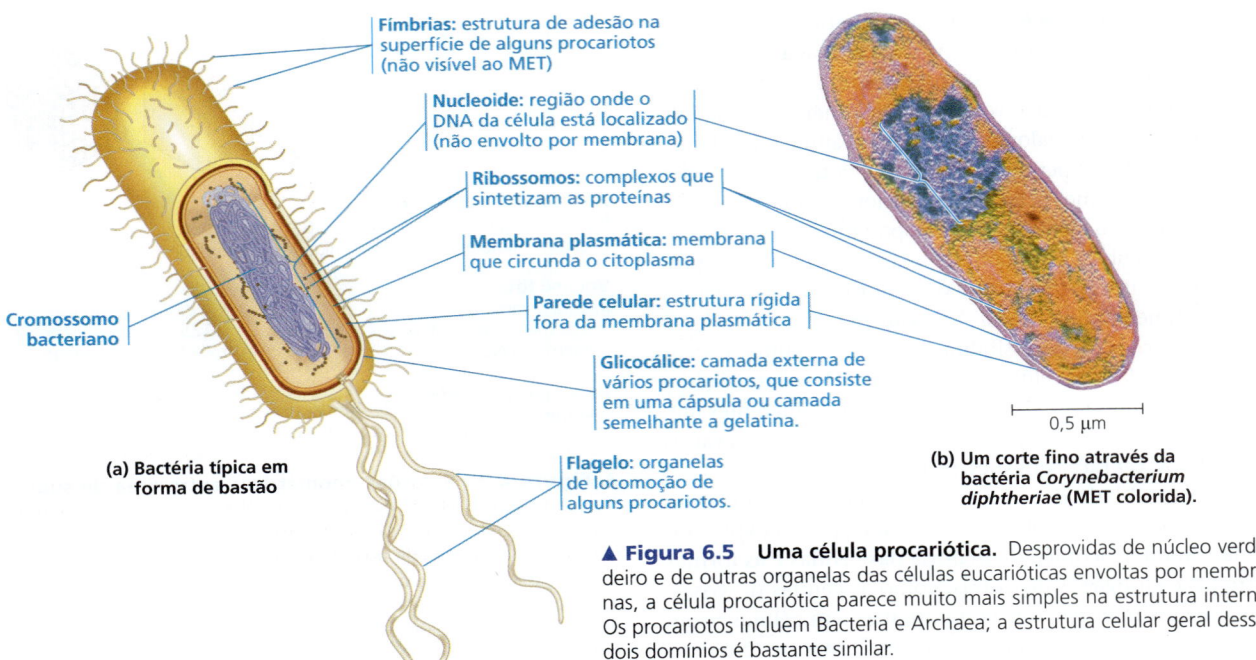

▲ **Figura 6.5 Uma célula procariótica.** Desprovidas de núcleo verdadeiro e de outras organelas das células eucarióticas envoltas por membranas, a célula procariótica parece muito mais simples na estrutura interna. Os procariotos incluem Bacteria e Archaea; a estrutura celular geral desses dois domínios é bastante similar.

Eucariótico significa "com núcleo verdadeiro" (do grego *eu*, verdadeiro, e *karyon*, cerne, referindo-se ao núcleo), enquanto *procariótico* significa "antes do núcleo" (do grego *pro*, antes), refletindo a evolução das células procarióticas.

O interior de cada tipo de célula é chamado de **citoplasma**; nas células eucarióticas, esse termo se refere apenas à região entre o núcleo e a membrana plasmática. Dentro do citoplasma de uma célula eucariótica, suspensas no citosol, estão diversas organelas de forma e função especializadas. Essas estruturas envoltas por membranas estão ausentes em quase todas as células procarióticas, outra distinção entre células procarióticas e eucarióticas. Entretanto, apesar da ausência de organelas, o citoplasma procariótico não é uma sopa sem forma. Por exemplo, alguns procariotos contêm regiões envolvidas por proteínas (não membranas), dentro das quais ocorrem reações específicas.

Em geral, as células eucarióticas são muito maiores do que as células procarióticas (ver Figura 6.2). O tamanho é um aspecto comum da estrutura celular relacionado com a função. A logística de exercer o metabolismo celular impõe limites no tamanho da célula. No limite inferior, as menores células conhecidas são as bactérias chamadas micoplasmas, com diâmetros entre 0,1 e 1,0 μm. Os micoplasmas são possivelmente os menores pacotes com DNA suficiente para programar o metabolismo e com quantidade suficiente de enzimas e outros aparatos celulares para realizar as atividades necessárias de autossustentação e reprodução da célula. Normalmente as bactérias têm entre 1 e 5 μm de diâmetro, dimensões cerca de dez vezes maiores que a dos micoplasmas. Células eucarióticas têm, mais comumente, entre 10 e 100 μm de diâmetro.

As necessidades metabólicas também impõem limites teóricos superiores no tamanho visível para uma célula única. Nos limites de cada célula, a **membrana plasmática** funciona como barreira seletiva que permite a passagem suficiente de oxigênio, nutrientes e resíduos, atendendo a célula como um todo **(Figura 6.6)**. Para cada micrômetro quadrado de membrana, apenas uma quantidade limitada de determinada substância pode atravessar por segundo; assim, a relação entre área de superfície e volume é fundamental. À medida que uma célula (ou qualquer outro objeto) aumenta de tamanho, a sua área de superfície cresce proporcionalmente menos do que o seu volume. (A área é proporcional a uma dimensão linear ao quadrado, e o volume é proporcional a uma dimensão linear ao cubo.) Assim, uma célula menor tem maior proporção entre área de superfície e volume. Compare os cálculos para as primeiras duas "células" na **Figura 6.7**. O **Exercício de habilidades científicas** possibilita calcular os volumes e áreas de superfície de duas células – uma célula de levedura madura e uma célula brotando desta. Para explorar as diferentes maneiras da área de superfície das células maximizada em vários organismos, ver Faça conexões, na Figura 33.8.

A necessidade de uma área de superfície suficientemente grande para acomodar o volume ajuda a explicar o tamanho microscópico da maioria das células e as formas estreitas e alongadas de outras, como as células nervosas. Organismos maiores normalmente não têm células *maiores* do que organismos menores – simplesmente têm *mais*

(a) MET colorida de uma membrana plasmática. A membrana plasmática aparece como um par de faixas escuras separadas por uma faixa dourada.

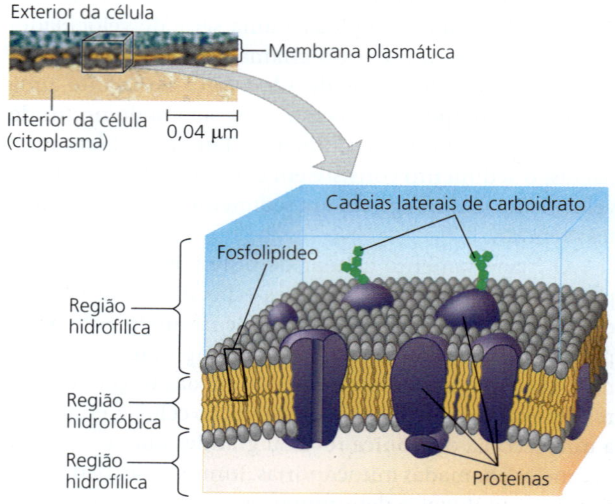

(b) Estrutura da membrana plasmática

▲ **Figura 6.6 A membrana plasmática.** A membrana plasmática e as membranas das organelas consistem em uma dupla camada (bicamada) de fosfolipídeos com várias proteínas ligadas ou incrustadas. As partes hidrofóbicas dos fosfolipídeos e proteínas de membrana são encontradas no interior da membrana, enquanto as partes hidrofílicas estão em contato com soluções aquosas em cada lado. Cadeias laterais de carboidratos podem estar ligadas às proteínas ou aos lipídeos na superfície externa da membrana plasmática.

HABILIDADES VISUAIS *Quais partes do diagrama da membrana em (b) correspondem às faixas escuras no MET em (a)? Quais partes correspondem às faixas douradas? (Rever Figura 5.11.)*

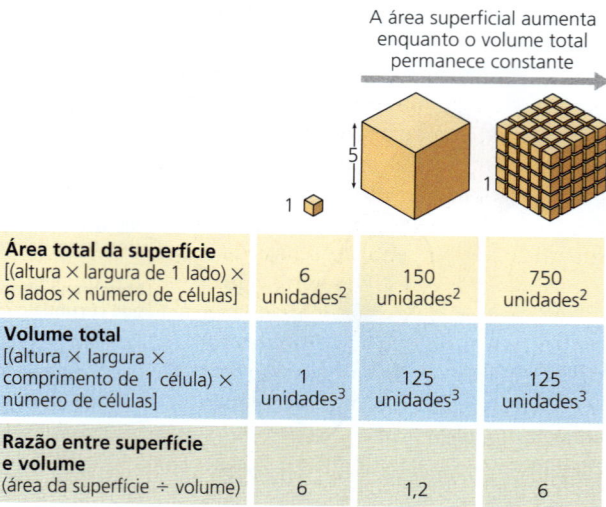

Área total da superfície [(altura × largura de 1 lado) × 6 lados × número de células]	6 unidades²	150 unidades²	750 unidades²
Volume total [(altura × largura × comprimento de 1 célula) × número de células]	1 unidades³	125 unidades³	125 unidades³
Razão entre superfície e volume (área da superfície ÷ volume)	6	1,2	6

▲ **Figura 6.7 Relações geométricas entre área de superfície e volume.** Neste diagrama, as células estão representadas como cubos. Utilizando unidades arbitrárias de comprimento, podemos calcular a área de superfície da célula (em unidades quadradas, ou unidades²), o volume (em unidades cúbicas, ou unidades³) e a proporção entre área de superfície e volume. Uma alta razão entre superfície e volume facilita a troca de materiais entre a célula e o meio.

Exercício de habilidades científicas

Usando uma barra de escala para calcular o volume e a área da superfície de uma célula

Qual quantidade de citoplasma novo e de membrana plasmática é produzida por uma célula de levedura em crescimento? A levedura unicelular *Saccharomyces cerevisiae* se divide pelo brotamento de uma pequena nova célula que, então, cresce até seu tamanho total (ver as células de levedura na parte inferior da Figura 6.8). Durante seu crescimento, a nova célula sintetiza citoplasma novo, que aumenta seu volume, e membrana plasmática nova, que aumenta sua área de superfície. Neste exercício, você usará uma barra de escala para determinar os tamanhos de uma célula parental madura de levedura e de uma célula que está brotando desta. Então, você calculará o volume e a área de superfície de cada célula. Você usará esses cálculos para determinar qual é a quantidade de citoplasma e de membrana plasmática que a nova célula precisa sintetizar para crescer até seu tamanho final.

Como o experimento foi realizado Células de levedura foram cultivadas sob condições que promovem a divisão celular por brotamento. Então, essas células foram observadas com um microscópio óptico de contraste por interferência diferencial e fotografadas.

Dados do experimento Esta micrografia óptica mostra uma célula de levedura em brotamento prestes a ser liberada da célula parental madura:

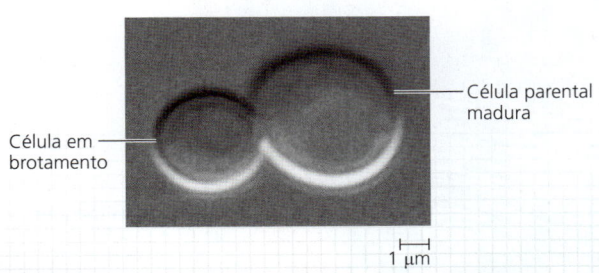

Micrografia de K. Tatchell, utilizando células de levedura cultivadas para experimentos descritos em L. Kozubowski et al., Role of the septin ring in the asymmetric localization of proteins at the mother-bud neck in *Saccharomyces cerevisiae*, *Molecular Biology of the Cell* 16:3455-3466 (2005).

INTERPRETE OS DADOS

1. Examine a micrografia das células de levedura. A barra de escala abaixo da fotografia está marcada com 1 μm. A barra de escala funciona como a escala de um mapa, em que, por exemplo, 1 cm refere-se a 1 km. Neste caso, a barra representa 1 milésimo de 1 milímetro. Utilizando a barra de escala como unidade básica, determine os diâmetros da célula parental madura e da nova célula. Inicie medindo a barra de escala e o diâmetro de cada célula. As unidades que você usa são irrelevantes, mas é conveniente trabalhar com milímetros. Divida cada diâmetro pelo comprimento da barra de escala e, então, multiplique pelo valor do comprimento da barra de escala para obter o diâmetro em micrômetros.

2. O formato da célula de levedura é o de uma esfera aproximada. **(a)** Calcule o volume de cada célula usando a fórmula para o volume da esfera:

$$V = \frac{4}{3}\pi r^3$$

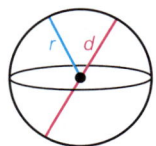

Observe que π (letra grega pi) é uma constante com um valor aproximado de 3,14, *d* é o diâmetro e *r* é o valor do raio, que é a metade do diâmetro. **(b)** Qual volume de novo citoplasma a nova célula precisará produzir enquanto amadurece? Para determinar isso, calcule a diferença entre o volume da célula com o tamanho final e o volume da nova célula.

3. À medida que a nova célula cresce, sua membrana plasmática precisa expandir para conter o volume aumentado da célula. **(a)** Calcule a área de superfície de cada célula usando a fórmula para área de superfície de uma esfera: $A = 4\pi r^2$. **(b)** Qual área de membrana plasmática a nova célula precisará sintetizar até amadurecer?

4. Quando a nova célula amadurecer, quantas vezes maior ela estará em volume e área de superfície, comparada ao seu tamanho atual?

---

células (ver extremidade direita da Figura 6.7). Uma proporção relativamente alta de área de superfície e volume é especialmente importante nas células que trocam bastante material com o meio, como células intestinais. Essas células podem ter várias projeções longas e finas a partir da superfície, chamadas de *microvilosidades*, que aumentam a área de superfície sem aumento apreciável de volume.

As relações evolutivas entre células procarióticas e eucarióticas serão discutidas mais adiante neste capítulo, e as células procarióticas serão descritas com detalhes no Capítulo 27. A maior parte da discussão sobre a estrutura celular deste capítulo aplica-se às células eucarióticas.

Uma visão panorâmica da célula eucariótica

Além da membrana plasmática na superfície externa, a célula eucariótica possui membranas internas arranjadas de forma elaborada, que dividem a célula em compartimentos – as organelas antes mencionadas. Os compartimentos celulares fornecem meios diferentes que facilitam as funções metabólicas específicas, de modo que processos incompatíveis possam ocorrer simultaneamente dentro de uma única célula. As membranas plasmáticas e de organelas também participam diretamente do metabolismo celular, pois várias enzimas são produzidas dentro das membranas.

A estrutura básica da maioria das membranas biológicas é a dupla camada de fosfolipídeos e outros lipídeos. Diversas proteínas estão embebidas ou ligadas na superfície dessa bicamada lipídica (ver Figura 6.6). Entretanto, cada tipo de membrana tem uma composição única de lipídeos e proteínas, apropriada para as funções específicas dessa membrana. Por exemplo, enzimas embebidas nas membranas das organelas chamadas mitocôndrias funcionam na respiração celular. Como as membranas são fundamentais para a organização da célula, o Capítulo 7 discutirá sobre elas em detalhes.

Antes de avançarmos neste capítulo, examine as células eucarióticas na **Figura 6.8**. Esses diagramas gerais de uma célula animal e de uma célula vegetal introduzem várias organelas e mostram as diferenças primordiais entre as células animais e vegetais. As micrografias na parte inferior da figura dão uma visão geral de células de diferentes tipos de organismos eucarióticos.

UNIDADE 2 A CÉLULA

▼ Figura 6.8 Explorando células eucarióticas

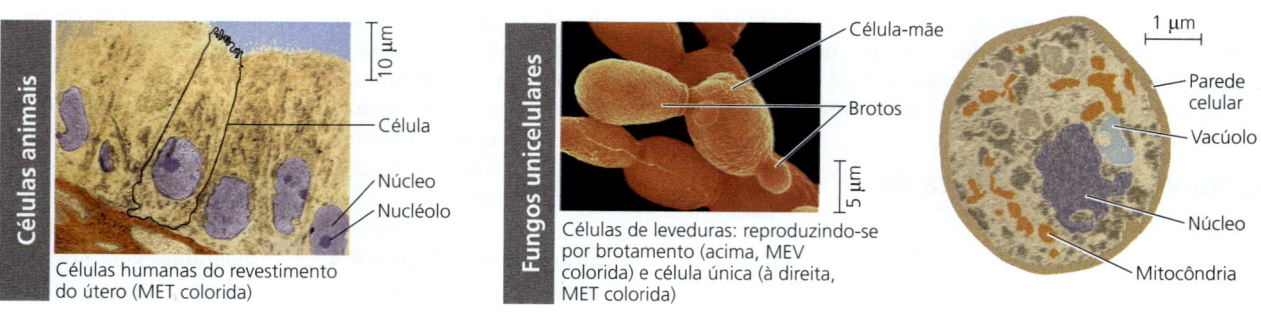

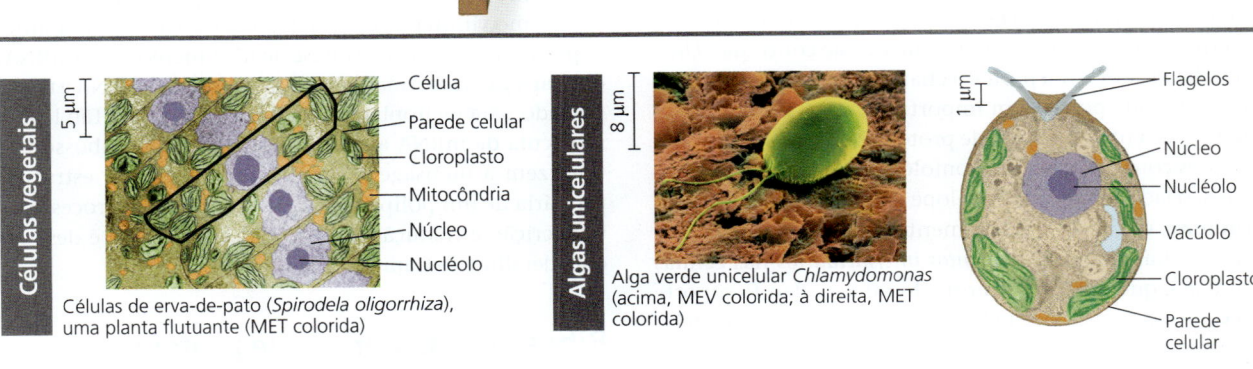

REVISÃO DO CONCEITO 6.2

1. Descreva brevemente a estrutura e a função do núcleo, da mitocôndria, do cloroplasto e do retículo endoplasmático.
2. **DESENHE** Desenhe uma célula alongada simplificada que meça 125 × 1 × 1 unidades arbitrárias. Uma célula nervosa teria aproximadamente esse formato. Estime onde sua razão superfície/volume ficaria na Figura 6.7. Então, calcule a razão e confira sua estimativa.

Ver as respostas sugeridas no Apêndice A.

CONCEITO 6.3

As instruções genéticas das células eucarióticas são armazenadas no núcleo e executadas pelos ribossomos

Na primeira parada da nossa viagem detalhada pela célula eucariótica, vamos observar dois componentes celulares envolvidos no controle genético da célula: o núcleo, que contém a maior parte do DNA da célula, e os ribossomos, que utilizam a informação do DNA para produzir proteínas.

Núcleo: central de informações

O **núcleo** contém a maioria dos genes na célula eucariótica. (Alguns genes estão localizados nas mitocôndrias e nos cloroplastos.) Ele geralmente é a organela mais evidente (ver estrutura azul na micrografia de fluorescência), medindo cerca de 5 μm de diâmetro. O **envelope nuclear** envolve o núcleo **(Figura 6.9)**, separando seu conteúdo do citoplasma.

O envelope nuclear é uma membrana *dupla*. Cada uma das duas membranas é uma bicamada lipídica com proteínas associadas, separadas por um espaço de 20 a 40 nm. O envelope é perfurado por estruturas de poros que medem cerca de 100 nm de diâmetro. Na borda de cada poro, as membranas internas e externas do envelope nuclear são contínuas. Uma complicada estrutura proteica chamada de *complexo do poro* circunda cada poro e tem importante papel celular na regulação de entrada e saída de proteínas e RNA, assim como grandes complexos de macromoléculas. Com exceção dos poros, o lado nuclear do envelope é revestido pela **lâmina nuclear**, um arranjo de filamentos proteicos semelhante à rede (chamados de *filamentos intermediários* nas células animais), que mantém a forma do núcleo, dando suporte mecânico do envelope nuclear. Também existem evidências de uma *matriz nuclear*, uma moldura de fibras proteicas que se estende através do núcleo. A lâmina e a matriz nuclear podem ajudar a organizar o material genético para que ele funcione de forma eficiente.

Dentro do núcleo, o DNA está organizado em unidades chamadas **cromossomos** – estruturas que carregam a informação genética. Cada cromossomo contém uma longa molécula de DNA associada a várias proteínas, incluindo pequenas proteínas básicas chamadas de histonas. Algumas proteínas ajudam a enrolar a molécula de DNA de cada cromossomo, reduzindo seu comprimento e permitindo que caiba no núcleo. O complexo de DNA e proteínas que compõem os cromossomos é chamado **cromatina**. Quando a célula não está se dividindo, a cromatina corada aparece como uma massa difusa nas micrografias, e os cromossomos não podem ser distinguidos um do outro, mesmo que cromossomos discretos estejam presentes. Entretanto, quando uma célula se prepara para dividir-se, os cromossomos se enrolam, condensando e tornando-se espessos o suficiente para serem distinguidos como estruturas separadas ao microscópio (ver Figura 16.23). Cada espécie eucariótica tem um número característico de cromossomos. Uma célula humana típica, por exemplo, tem 46 cromossomos no seu núcleo; as exceções são as células sexuais humanas (óvulos e espermatozoides), com apenas 23 cromossomos. A mosca-da-fruta tem 8 cromossomos na maioria das células e 4 nas células sexuais.

Uma estrutura proeminente dentro do núcleo não em divisão é o **nucléolo**, visualizado por microscopia eletrônica como uma massa de grânulos densamente corados e de fibras que unem parte da cromatina. Aqui, um tipo de RNA chamado de *RNA ribossômico* (rRNA) é sintetizado a partir dos genes no DNA. Também no nucléolo, as proteínas importadas a partir do citoplasma unem-se ao rRNA, formando as subunidades ribossômicas maior e menor. Então, essas subunidades saem do núcleo por meio dos poros nucleares até o citoplasma, onde uma subunidade maior e uma menor podem unir-se, formando um ribossomo. Às vezes, existem dois ou mais nucléolos; o número depende da espécie e do estágio no ciclo reprodutivo da célula. O nucléolo também pode ter um papel no controle da divisão celular e no tempo de vida da célula.

Como vimos na Figura 5.22, o núcleo direciona a síntese proteica por meio da síntese de RNA mensageiro (mRNA) que carrega as informações do DNA. Então, o mRNA é transportado para o citoplasma via poros nucleares. Tão logo a molécula de mRNA alcança o citoplasma, os ribossomos traduzem a mensagem genética do mRNA na estrutura primária de um polipeptídeo específico. (Esse processo de transcrição e tradução da informação genética é descrito com detalhes no Capítulo 17.)

Ribossomos: fábricas de proteínas

Os **ribossomos**, complexos formados por rRNA e proteína, são os componentes celulares que realizam a síntese de proteínas **(Figura 6.10)**. (Observe que os ribossomos não estão

CAPÍTULO 6 UMA VIAGEM PELA CÉLULA 103

▼ **Figura 6.9 O núcleo e seu envelope.** Dentro do núcleo estão os cromossomos, que aparecem como uma massa de cromatina (DNA e proteínas associadas) e um ou mais nucléolos, que funcionam na síntese do ribossomo. O envelope nuclear, que consiste em duas membranas separadas por um espaço estreito, é perfurado por poros e revestido pela lâmina nuclear.

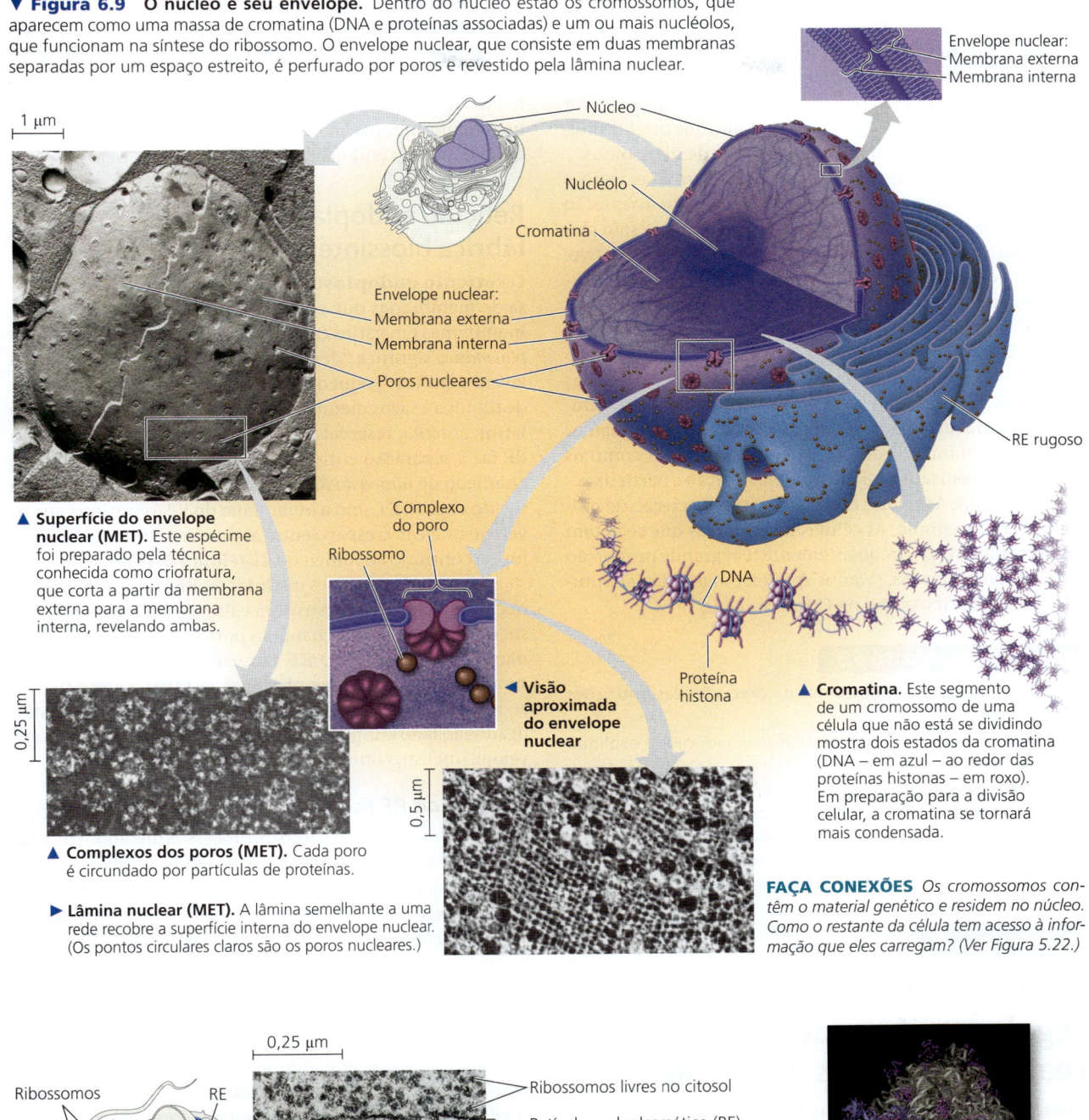

▲ **Superfície do envelope nuclear (MET).** Este espécime foi preparado pela técnica conhecida como criofratura, que corta a partir da membrana externa para a membrana interna, revelando ambas.

▲ **Complexos dos poros (MET).** Cada poro é circundado por partículas de proteínas.

▶ **Lâmina nuclear (MET).** A lâmina semelhante a uma rede recobre a superfície interna do envelope nuclear. (Os pontos circulares claros são os poros nucleares.)

◀ **Visão aproximada do envelope nuclear**

▲ **Cromatina.** Este segmento de um cromossomo de uma célula que não está se dividindo mostra dois estados da cromatina (DNA – em azul – ao redor das proteínas histonas – em roxo). Em preparação para a divisão celular, a cromatina se tornará mais condensada.

FAÇA CONEXÕES Os cromossomos contêm o material genético e residem no núcleo. Como o restante da célula tem acesso à informação que eles carregam? (Ver Figura 5.22.)

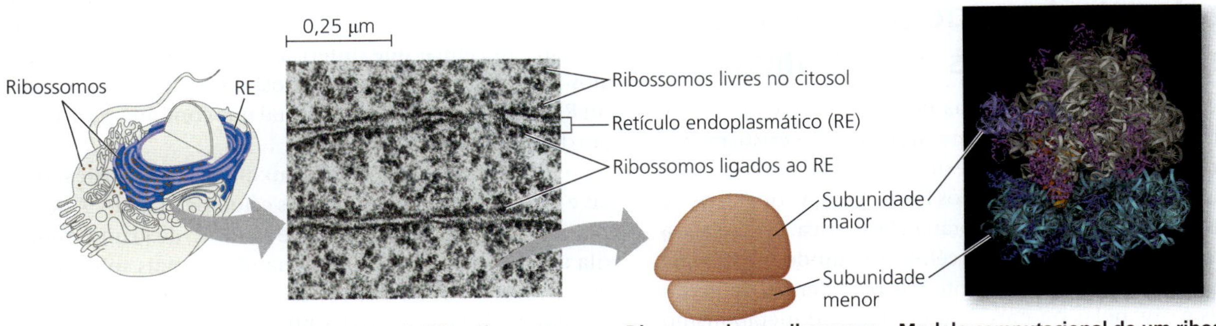

▲ **Figura 6.10 Ribossomos.** Esta micrografia eletrônica de parte de uma célula pancreática mostra ribossomos, tanto livres como ligados. O diagrama simplificado e o modelo computacional mostram as duas subunidades de um ribossomo.

DESENHE Depois de ter lido a seção sobre ribossomos, circule, na micrografia, um ribossomo que possa estar produzindo uma proteína que será secretada.

ligados a membranas e, portanto, não são considerados organelas.) Células que possuem altas taxas de síntese proteica possuem um número particularmente grande de ribossomos, assim como nucléolos proeminentes, o que faz sentido, dado o papel do nucléolo na montagem do ribossomo. Por exemplo, uma célula do pâncreas humano, que produz muitas enzimas digestivas, tem alguns milhões de ribossomos.

Os ribossomos constroem proteínas em duas regiões do citoplasma: a qualquer momento, *ribossomos livres* estão suspensos no citosol, enquanto *ribossomos ligados* estão presos ao lado externo do retículo endoplasmático ou do envelope nuclear (ver Figura 6.10). Os ribossomos ligados e os livres são estruturalmente idênticos e podem alternar os dois papéis em momentos diferentes. A maioria das proteínas produzidas nos ribossomos livres funciona dentro do citosol; exemplos são enzimas que catalisam as primeiras etapas da quebra do açúcar. Em geral, os ribossomos ligados produzem proteínas destinadas a serem inseridas nas membranas, para empacotamento dentro de certas organelas como os lisossomos (ver Figura 6.8) ou para exportação a partir da célula (secreção). As células especializadas na secreção de proteínas – por exemplo, as células do pâncreas que secretam enzimas digestivas – frequentemente têm grande proporção de ribossomos ligados. (Vamos aprender mais sobre estrutura e função do ribossomo no Conceito 17.4.)

REVISÃO DO CONCEITO 6.3

1. Qual é o papel dos ribossomos na execução das instruções genéticas?
2. Descreva a composição molecular dos nucléolos e explique sua função.
3. **E SE?** Quando uma célula inicia o processo de divisão, seus cromossomos se tornam mais curtos, mais espessos e visíveis individualmente em um microscópio óptico. Explique o que está acontecendo em nível molecular.

Ver as respostas sugeridas no Apêndice A.

CONCEITO 6.4

O sistema de endomembranas regula o tráfego de proteínas e realiza as funções metabólicas

Muitas das organelas envoltas por membranas da célula eucariótica fazem parte de um **sistema de endomembranas**, que inclui o envelope nuclear, o retículo endoplasmático, o complexo de Golgi, os lisossomos, vários tipos de vesículas e vacúolos e a membrana plasmática. Esse sistema realiza uma série de tarefas na célula, incluindo a síntese de proteínas, o transporte de proteínas para dentro de membranas e organelas ou para fora da célula, o metabolismo e movimento de lipídeos e a desintoxicação de toxinas. As membranas desse sistema estão relacionadas diretamente por continuidade física ou pela transferência de segmentos de membrana por minúsculas **vesículas** (sacos feitos de membranas). Apesar dessas relações, as várias membranas têm estrutura e função distintas. Além disso, a espessura, a composição molecular e os tipos de reações químicas realizados em uma dada membrana não são fixos, mas podem ser modificados várias vezes durante a vida da membrana. Já vimos o envelope nuclear; agora vamos nos concentrar no retículo endoplasmático e em outras endomembranas às quais o retículo endoplasmático dá origem.

Retículo endoplasmático: fábrica biossintética

O **retículo endoplasmático** (**RE**) é uma rede tão extensa de membranas que contém mais da metade do total de membranas em várias células eucarióticas. (A palavra *endoplasmático* significa "dentro do citoplasma", e *reticulum*, do latim, significa "pequena rede".) O RE consiste em uma rede de túbulos e sacos membranosos chamados de cisternas (do latim, *cisterna*, reservatório para líquido). A membrana do RE faz a separação entre o compartimento interno do RE, chamado de *lúmen do RE* (cavidade) ou espaço cisternal do RE, do citosol. E como a membrana do RE é contínua ao envelope nuclear, o espaço entre as duas membranas do envelope é contínuo ao lúmen do RE **(Figura 6.11)**.

Existem duas regiões distintas do RE, que, apesar de conectadas, diferem em estrutura e função: RE liso e RE rugoso. O **RE liso** é assim chamado pois sua superfície externa não tem ribossomos. O **RE rugoso** possui ribossomos na superfície externa da membrana e, por isso, parece rugoso ao ME. Como já mencionado, os ribossomos também estão ligados ao lado citoplasmático da membrana externa do envelope nuclear, contínuo ao RE rugoso.

Funções do RE liso

O RE liso funciona em diversos processos metabólicos, que variam com o tipo celular. Esses processos incluem a síntese de lipídeos, o metabolismo de carboidratos, a desintoxicação de drogas e venenos e o armazenamento de íons cálcio.

As enzimas do RE liso são importantes na síntese dos lipídeos, incluindo óleos, esteroides e fosfolipídeos de novas membranas. Entre os esteroides produzidos pelo RE liso nas células animais, estão os hormônios sexuais dos vertebrados e os vários hormônios esteroides secretados pelas glândulas adrenais. As células que sintetizam e secretam esses hormônios – nos testículos e nos ovários, por exemplo – são ricas em RE liso, característica estrutural que combina com a função dessas células.

Outras enzimas do RE liso auxiliam a desintoxicar drogas e venenos, especialmente nas células do fígado. A desintoxicação normalmente envolve a adição de grupos hidroxila a moléculas de drogas, tornando-as mais solúveis em água e mais fáceis de serem eliminadas pelo corpo. O sedativo fenobarbital e outros barbitúricos são exemplos de fármacos metabolizados dessa maneira pelo RE liso nas células do fígado. De fato, barbitúricos, álcool e várias outras substâncias induzem a proliferação do RE liso e suas enzimas associadas de desintoxicação, aumentando, assim, a taxa de desintoxicação. Isso, por sua vez, aumenta a tolerância às drogas, significando que doses mais altas são necessárias para alcançar determinado efeito, como a sedação. Além disso, como algumas das enzimas de desintoxicação têm ação relativamente ampla, a proliferação do RE liso em resposta a uma droga pode aumentar também a tolerância a outras drogas. O abuso de barbitúricos, por exemplo, pode diminuir a eficácia de certos antibióticos e outros medicamentos úteis.

O RE liso também armazena íons cálcio. Nas células musculares, por exemplo, uma membrana do RE liso bombeia íons cálcio do citosol para dentro do lúmen do RE. Quando uma célula do músculo é estimulada por impulso nervoso, íons cálcio voltam rapidamente por meio da membrana do RE para dentro do citosol e desencadeiam a contração da célula muscular. Em outros tipos celulares, a liberação de íons cálcio a partir do RE liso desencadeia diferentes respostas, como a secreção de vesículas que carregam as proteínas recém-sintetizadas.

Funções do RE rugoso

Várias células secretam proteínas produzidas pelos ribossomos ligados ao RE rugoso. Por exemplo, certas células pancreáticas sintetizam a proteína insulina no RE e secretam esse hormônio na corrente sanguínea. À medida que a cadeia polipeptídica cresce a partir de um ribossomo ligado, ela é passada para o lúmen do RE por meio de um poro formado por um complexo proteico na membrana do RE. À medida que a nova proteína entra no lúmen do RE, ela se dobra na sua forma funcional. A maioria das proteínas secretadas são **glicoproteínas**, proteínas com carboidratos ligados covalentemente a elas. Os carboidratos estão ligados às proteínas no lúmen do RE por enzimas que estão dentro da membrana do RE.

Após a formação das proteínas secretórias, a membrana do RE as mantém separadas das proteínas no citosol, que são produzidas pelos ribossomos livres. Proteínas secretórias deixam o RE envoltas em membranas de vesículas que brotam como bolhas a partir de uma região especializada, chamada de RE de transição (ver Figura 6.11). Vesículas em trânsito de uma parte da célula a outra são chamadas de **vesículas de transporte**; estudaremos em breve suas características.

Além de produzir proteínas secretórias, o RE rugoso é uma fábrica de membrana para a célula; cresce pela adição de proteínas de membrana e fosfolipídeos à própria membrana. À medida que os polipeptídeos destinados a serem proteínas de membrana crescem a partir dos ribossomos, são inseridos na própria membrana do RE e ancorados ali pelas suas porções hidrofóbicas. O RE rugoso também sintetiza seus próprios fosfolipídeos de membrana; enzimas dentro da membrana do RE montam os fosfolipídeos a partir de precursores no citosol. A membrana do RE se expande, e porções são transferidas na forma de uma vesícula de transporte para outros compartimentos do sistema de endomembranas.

Complexo de Golgi: centro de remessa e recepção

Depois de deixar o RE, muitas vesículas de transporte viajam para o **complexo de Golgi**. Podemos pensar no Golgi como um armazém para recebimento, classificação, remessa e até mesmo um pouco de produção. Aqui, os produtos do RE, como proteínas, são modificados, armazenados e, então, enviados a outros destinos. Como seria de se esperar, o complexo de Golgi é especialmente extenso nas células especializadas para secreção.

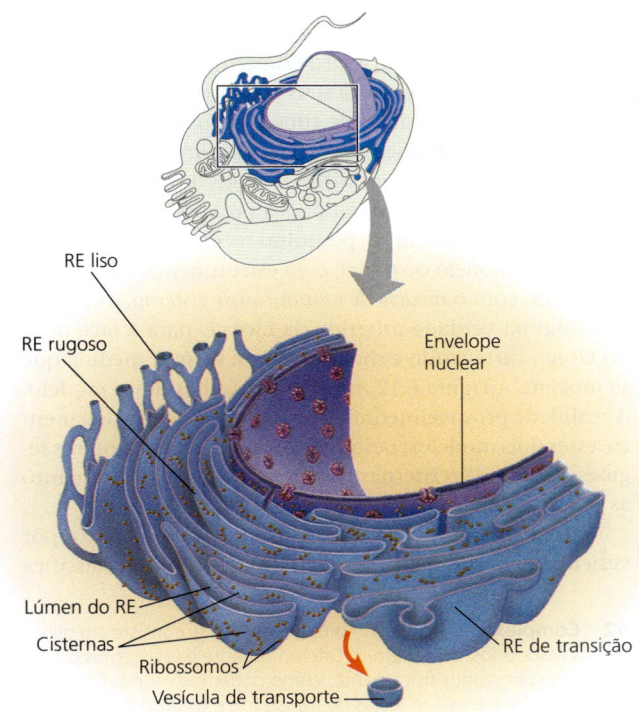

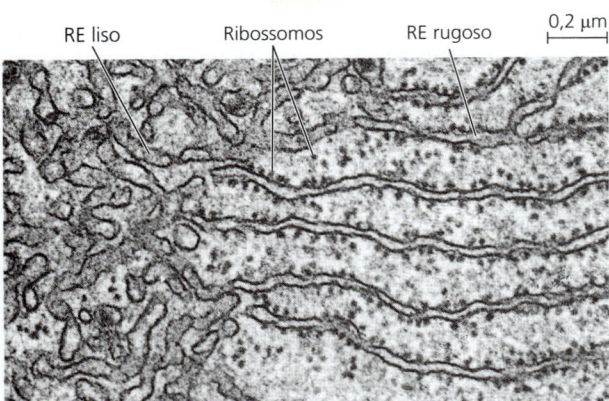

▲ **Figura 6.11 Retículo endoplasmático (RE).** Um sistema membranoso de túbulos interconectados e sacos achatados chamados de cisternas, o RE também é contínuo ao envelope nuclear, como mostrado no corte na parte superior. A membrana do RE envolve um compartimento contínuo chamado de lúmen do RE (ou espaço cisternal). O RE rugoso, crivado na sua superfície externa por ribossomos, pode ser distinguido do RE liso por micrografia eletrônica (MET). Vesículas de transporte brotam de uma região do RE rugoso, chamada de RE de transição, e se deslocam para o complexo de Golgi e outros destinos.

O complexo de Golgi consiste em um grupo de sacos membranosos achatados associados – cisternas – que se assemelham a uma pilha de pão árabe **(Figura 6.12)**. Uma célula pode ter várias, até mesmo centenas, dessas pilhas. A membrana de cada cisterna da pilha separa o seu espaço interno do citosol. As vesículas concentradas nas proximidades do complexo de Golgi estão engajadas na transferência de material entre partes do Golgi e outras estruturas.

Uma pilha de Golgi tem direção estrutural distinta, com as membranas da cisterna nos lados opostos da pilha se diferenciando em espessura e composição molecular. Os dois lados da pilha de Golgi são chamados de face *cis* e face *trans*; elas atuam, respectivamente, como os departamentos de recebimento e de remessa do complexo de Golgi. O termo *cis* significa "do mesmo lado", e a face *cis* está normalmente localizada próxima ao RE. As vesículas de transporte movimentam material a partir do RE para o complexo de Golgi. A vesícula que brota a partir do RE pode adicionar sua membrana e o conteúdo do seu lúmen à face *cis* por meio da fusão com a membrana do Golgi naquele lado. A face *trans* ("do lado oposto") origina vesículas que se soltam e viajam para outros locais.

Produtos do RE são normalmente modificados durante o trânsito a partir da região *cis* para a região *trans* do Golgi. Por exemplo, glicoproteínas formadas no RE têm seus carboidratos modificados, primeiro no próprio RE e, depois, à medida em que passam pelo Golgi. O Golgi remove alguns monômeros de açúcar e substitui outros, produzindo uma ampla variedade de carboidratos. Os fosfolipídeos de membrana também podem ser alterados no Golgi.

Além do trabalho de finalização, o complexo de Golgi também fabrica certas macromoléculas. Vários polissacarídeos secretados pelas células são produtos do Golgi. Por exemplo, pectinas e certos outros polissacarídeos não celulósicos são produzidos no Golgi de células vegetais e, então, incorporados junto com a celulose nas paredes celulares. Assim como as proteínas secretórias, os produtos não proteicos do Golgi são secretados a partir da face *trans* do Golgi dentro de vesículas de transporte que finalmente se fusionam com a membrana plasmática. Os conteúdos são liberados, e a membrana da vesícula é incorporada na membrana plasmática, adicionando área de superfície.

O Golgi produz e refina seus produtos em etapas, com diferentes cisternas contendo times únicos de enzimas. Até recentemente, os biólogos viam o Golgi como uma estrutura estática, com produtos em vários estágios de processamento transferidos de uma cisterna para a próxima por vesículas. Embora isso possa ocorrer, pesquisas recentes deram origem a um novo modelo do Golgi, com estrutura mais dinâmica. De acordo com o *modelo de maturação de cisterna*, a cisterna do Golgi na verdade progride da face *cis* para a face *trans* do Golgi, carregando e modificando a carga à medida que se movem. A Figura 6.12 mostra os detalhes desse modelo. A realidade provavelmente encontra-se em algum lugar entre esses dois modelos; pesquisas recentes sugerem que as regiões centrais das cisternas permanecem no lugar, enquanto as extremidades externas são mais dinâmicas.

Antes de a pilha de Golgi despachar seus produtos por vesículas em brotamento a partir da face *trans*, ela classifica

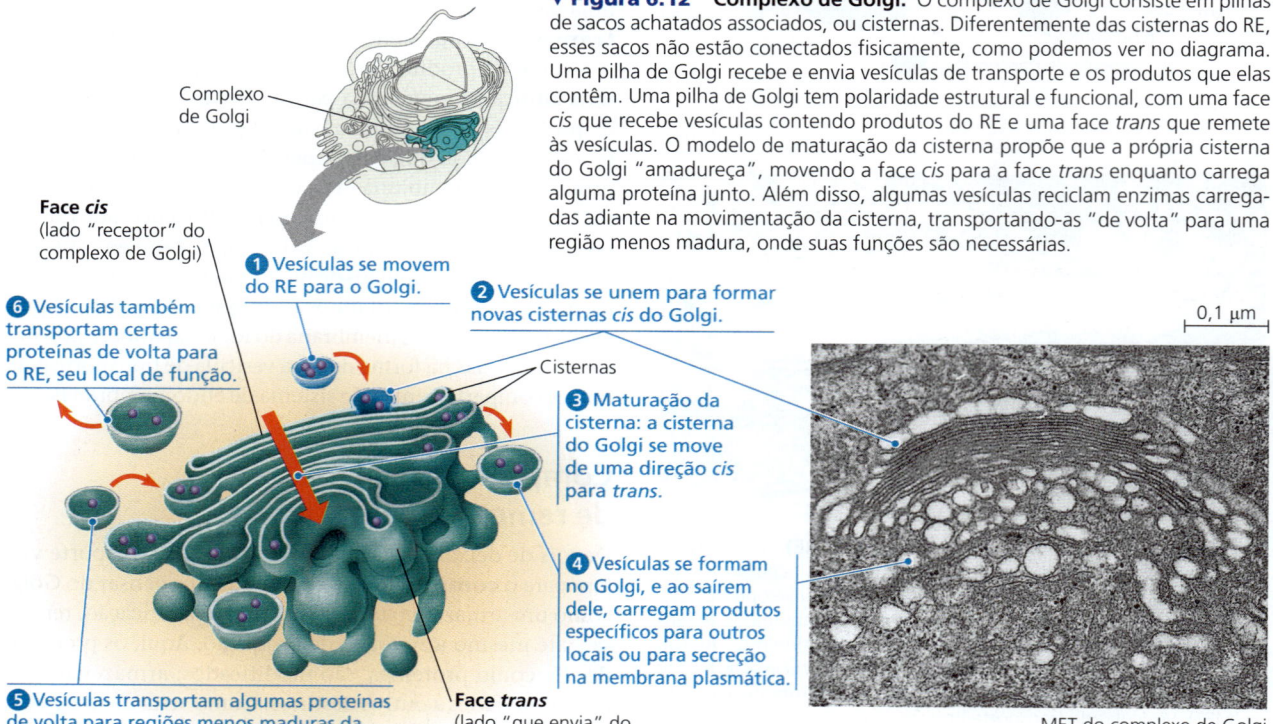

▼ **Figura 6.12 Complexo de Golgi.** O complexo de Golgi consiste em pilhas de sacos achatados associados, ou cisternas. Diferentemente das cisternas do RE, esses sacos não estão conectados fisicamente, como podemos ver no diagrama. Uma pilha de Golgi recebe e envia vesículas de transporte e os produtos que elas contêm. Uma pilha de Golgi tem polaridade estrutural e funcional, com uma face *cis* que recebe vesículas contendo produtos do RE e uma face *trans* que remete às vesículas. O modelo de maturação da cisterna propõe que a própria cisterna do Golgi "amadureça", movendo a face *cis* para a face *trans* enquanto carrega alguma proteína junto. Além disso, algumas vesículas reciclam enzimas carregadas adiante na movimentação da cisterna, transportando-as "de volta" para uma região menos madura, onde suas funções são necessárias.

esses produtos e os etiqueta para serem direcionados para várias partes da célula. Etiquetas de identificação molecular, como grupos fosfato adicionados aos produtos do Golgi, ajudam na classificação, atuando como códigos postais. Finalmente, as vesículas de transporte brotadas a partir do Golgi podem ter moléculas externas nas suas membranas que reconhecem "sítios de ancoramento" na superfície de organelas específicas ou na membrana plasmática, distribuindo as vesículas de forma apropriada.

Lisossomos: compartimentos digestórios

O **lisossomo** é um saco membranoso de enzimas hidrolíticas que várias células eucarióticas utilizam para digerir (hidrolisar) macromoléculas. Enzimas lisossômicas funcionam melhor no meio ácido encontrado nos lisossomos. Se o lisossomo se rompe, escoando seu conteúdo, as enzimas liberadas são pouco ativas, pois o citosol tem pH neutro. Entretanto, o escoamento excessivo de um grande número de lisossomos pode destruir uma célula por autodigestão.

Enzimas hidrolíticas e membranas lisossômicas são sintetizadas pelo RE rugoso e, então, transferidas para o complexo de Golgi para processamento futuro. Pelo menos alguns lisossomos provavelmente surgem por brotamento a partir da face *trans* do complexo de Golgi (ver Figura 6.12). Como as proteínas da superfície interna da membrana do lisossomo e as próprias enzimas digestivas são poupadas da destruição? Aparentemente, as formas tridimensionais dessas proteínas protegem ligações vulneráveis ao ataque enzimático.

Lisossomos realizam a digestão intracelular em diversas circunstâncias. Amebas e vários outros protistas unicelulares se alimentam por meio do engolfamento de organismos menores ou outras partículas de alimento, processo chamado de **fagocitose** (do grego *phagein*, comer, e *kytos*, receptáculo, referindo-se à célula). Então, o *vacúolo alimentar* assim formado se funde a um lisossomo, cujas enzimas digerem o alimento (**Figura 6.13a**, parte superior). Os produtos de digestão, incluindo açúcares simples, aminoácidos e outros monômeros, passam para dentro do citosol e tornam-se nutrientes celulares. Algumas células humanas também realizam a fagocitose. Entre elas estão os macrófagos, tipo de leucócito do sangue que ajuda na defesa do organismo por meio do engolfamento e da destruição de bactérias e outros invasores (ver Figura 6.13a, parte inferior, e Figura 6.31).

Os lisossomos também utilizam suas enzimas hidrolíticas para reciclar o próprio material orgânico da célula, processo chamado de *autofagia*. Durante a autofagia, uma organela danificada ou pequenas quantidades de citosol são

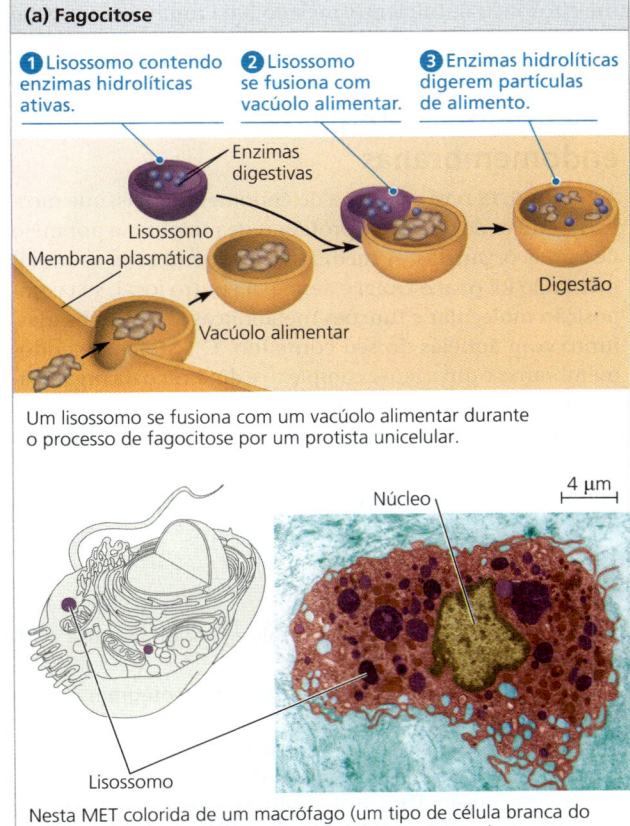

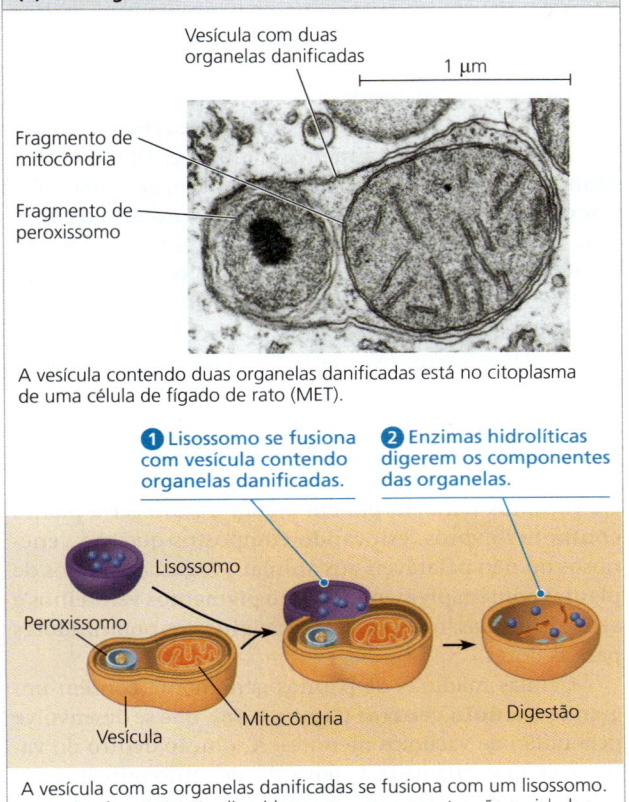

▲ **Figura 6.13** Lisossomos.

envoltas por uma membrana dupla (de origem desconhecida), e ocorre a fusão de um lisossomo com a membrana externa dessa vesícula **(Figura 6.13b)**. As enzimas lisossômicas decompõem a membrana interna e o material confinado, e os pequenos compostos orgânicos resultantes são liberados para o citosol para reutilização. Com o auxílio dos lisossomos, a célula se renova continuamente. Uma célula hepática humana, por exemplo, recicla metade das macromoléculas a cada semana.

As células de pessoas com doenças herdadas de armazenamento lisossômico, em geral, não possuem enzimas hidrolíticas funcionais nos lisossomos. Os lisossomos ficam entupidos de material não digerido, que começa a interferir em outras atividades celulares. Na doença de Tay-Sachs, por exemplo, uma enzima que digere lipídeos está ausente ou inativa, e o cérebro danifica-se pelo acúmulo de lipídeos nas células. Felizmente, as doenças de armazenamento lisossômico são raras na população em geral.

Vacúolos: diversos compartimentos de manutenção

Os **vacúolos** são grandes vesículas derivadas do RE e do complexo de Golgi. Assim, os vacúolos são uma parte integral do sistema de endomembranas da célula. Como todas as membranas celulares, a membrana do vacúolo é seletiva para o transporte de solutos; como resultado, a solução dentro do vacúolo difere, em sua composição, da solução do citosol.

Os vacúolos realizam diversas funções em diferentes tipos de células. Os **vacúolos alimentares**, formados por fagocitose, já foram mencionados (ver Figura 6.13a). Muitos protistas unicelulares que vivem em água doce têm **vacúolos contráteis** que bombeiam o excesso de água para fora da célula, mantendo uma concentração adequada de íons e moléculas dentro da célula (ver Figura 7.13). Em plantas e fungos, certos vacúolos realizam a hidrólise enzimática, uma função compartilhada por lisossomos nas células animais. (Na verdade, alguns biólogos consideram esses vacúolos hidrolíticos um tipo de lisossomo.) Em plantas, pequenos vacúolos podem manter reservas de compostos orgânicos importantes, como as proteínas estocadas nas células de armazenamento das sementes. Os vacúolos também podem ajudar a proteger a planta contra herbívoros, estocando compostos que são venenosos ou não palatáveis aos animais. Alguns vacúolos de plantas contêm pigmentos, como pigmentos vermelhos e azuis de pétalas, que ajudam a atrair insetos polinizadores para as flores.

Células maduras de plantas geralmente contêm um grande **vacúolo central (Figura 6.14)**, que se desenvolve pela união de vacúolos menores. A solução dentro do vacúolo central, chamada de seiva, é o depósito principal das células vegetais para íons orgânicos, incluindo potássio e cloreto. O vacúolo central tem um papel fundamental no crescimento de células vegetais, que aumentam à medida

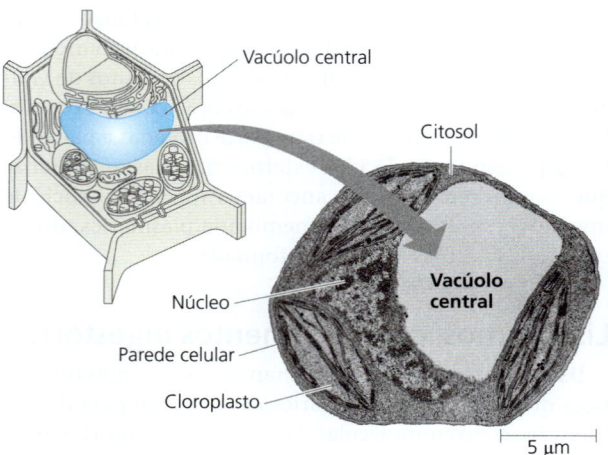

▲ **Figura 6.14 Vacúolo da célula vegetal.** O vacúolo central costuma ser o maior compartimento da célula vegetal; em geral, o resto do citoplasma está confinado a uma pequena zona entre a membrana do vacúolo e a membrana plasmática (MET).

que os vacúolos absorvem água, permitindo que a célula aumente com um investimento mínimo no novo citoplasma. Muitas vezes, o citosol ocupa apenas uma fina camada entre o vacúolo central e a membrana plasmática. Portanto, a relação entre superfície de membrana plasmática e volume citosólico é suficiente, mesmo para uma célula vegetal grande.

Revisando: o sistema de endomembranas

A **Figura 6.15** revê o sistema de endomembranas, que mostra um fluxo de lipídeos e proteínas de membrana por meio de várias organelas. À medida que a membrana se movimenta do RE para o Golgi e deste para outro local, sua composição molecular e funções metabólicas são modificadas, junto com aquelas do seu conteúdo. O sistema de endomembranas é um agente complexo e dinâmico na organização dos compartimentos da célula.

Continuaremos nosso estudo pela célula com algumas organelas não intimamente relacionadas ao sistema de endomembranas, mas com papéis cruciais nas transformações de energia realizadas pelas células.

REVISÃO DO CONCEITO 6.4

1. Descreva as diferenças estruturais e funcionais entre o RE rugoso e o RE liso.
2. Descreva como as vesículas de transporte integram o sistema de endomembranas.
3. **E SE?** Imagine uma proteína que funciona no RE, mas requer modificação no complexo de Golgi antes de alcançar essa função. Descreva a rota da proteína pela célula, começando com a molécula de mRNA que especifica a proteína.

Ver as respostas sugeridas no Apêndice A.

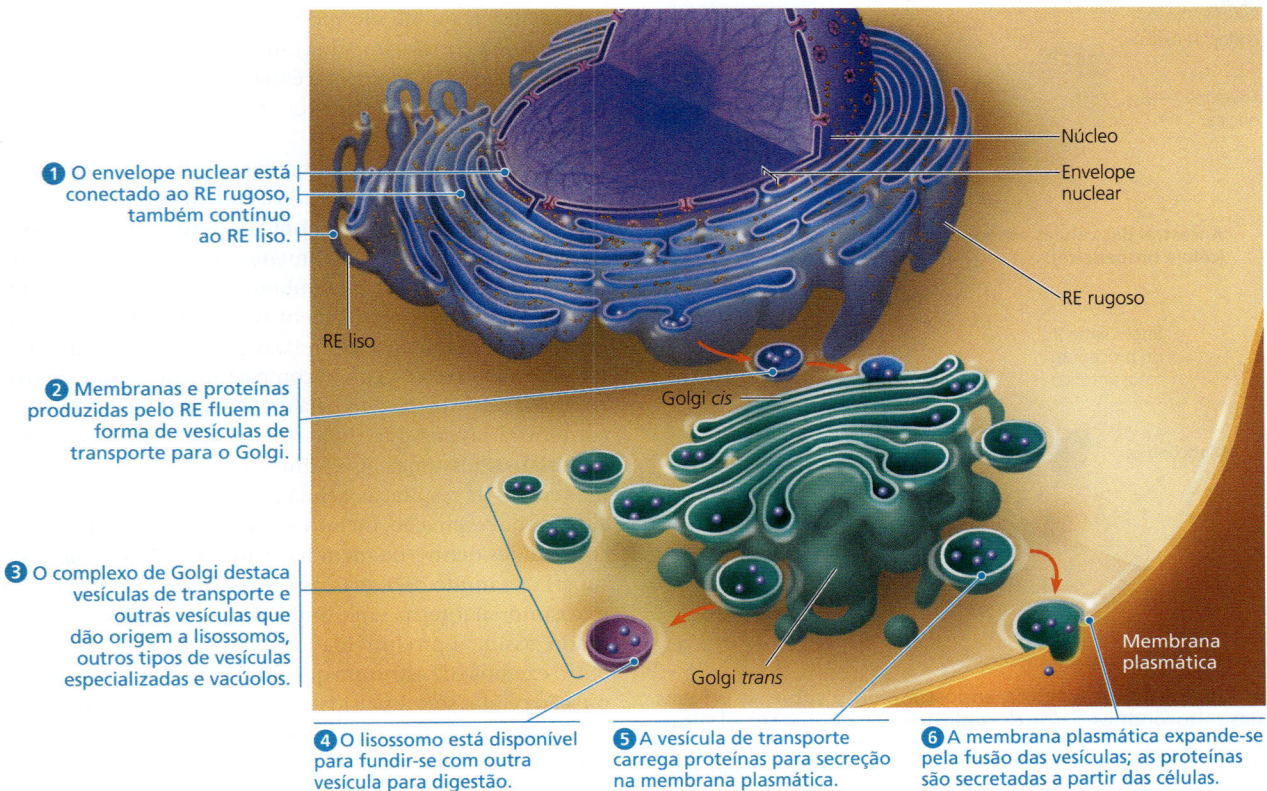

▲ **Figura 6.15 Revisão: relações entre as organelas do sistema de endomembranas.** As setas vermelhas mostram algumas rotas de migração para membranas e os materiais que elas circundam.

CONCEITO 6.5

As mitocôndrias e os cloroplastos mudam a energia de uma forma para outra

Organismos transformam a energia adquirida a partir do meio. Nas células eucarióticas, as mitocôndrias e os cloroplastos são as organelas que convertem energia em formas que as células conseguem usar para o trabalho. As **mitocôndrias** são sítios de respiração celular, processo metabólico que utiliza oxigênio para dirigir a geração de ATP pela extração de energia a partir de açúcares, gorduras e outros combustíveis. Os **cloroplastos**, encontrados em plantas e algas, são os locais da fotossíntese. Esse processo nos cloroplastos converte energia solar em energia química, absorvendo a luz solar e utilizando-a para realizar a síntese de compostos orgânicos, como açúcares, a partir de dióxido de carbono e água.

Além de terem funções relacionadas, as mitocôndrias e os cloroplastos compartilham origens evolutivas semelhantes, que veremos brevemente antes de examinar suas estruturas. Nesta seção, vamos estudar também o peroxissomo, uma organela oxidativa. A origem evolutiva do peroxissomo, assim como sua relação com outras organelas, ainda é assunto de debate.

As origens evolutivas de mitocôndrias e cloroplastos

EVOLUÇÃO As mitocôndrias e os cloroplastos apresentam semelhanças com bactérias que levam à **teoria endossimbionte**, ilustrada na **Figura 6.16**. Essa teoria estabelece que um ancestral das células eucarióticas (uma célula *hospedeira*) engolfou uma célula procariótica que utilizava oxigênio e não realizava fotossíntese. Por fim, a célula engolfada formou um relacionamento com a célula hospedeira, tornando-se uma *endossimbionte* (uma célula vivendo dentro de outra célula). Ainda, durante o curso da evolução, a célula hospedeira e sua endossimbionte fundiram-se em um único organismo, uma célula eucariótica com a endossimbionte que recebeu uma mitocôndria. Pelo menos uma dessas células pode ter captado um procarioto fotossintético, tornando-se o ancestral das células eucarióticas que contêm cloroplastos.

Essa teoria é amplamente aceita, e a examinaremos com mais detalhes no Conceito 25.3. Essa teoria é consistente com muitas características estruturais de mitocôndrias e cloroplastos. Primeiramente, em vez de estarem envoltos por uma membrana simples como as organelas do sistema de endomembranas, mitocôndrias e cloroplastos típicos têm duas membranas ao seu redor. (Os cloroplastos também têm um sistema interno de sacos membranosos.) Existem evidências de que o ancestral que englobou procariotos

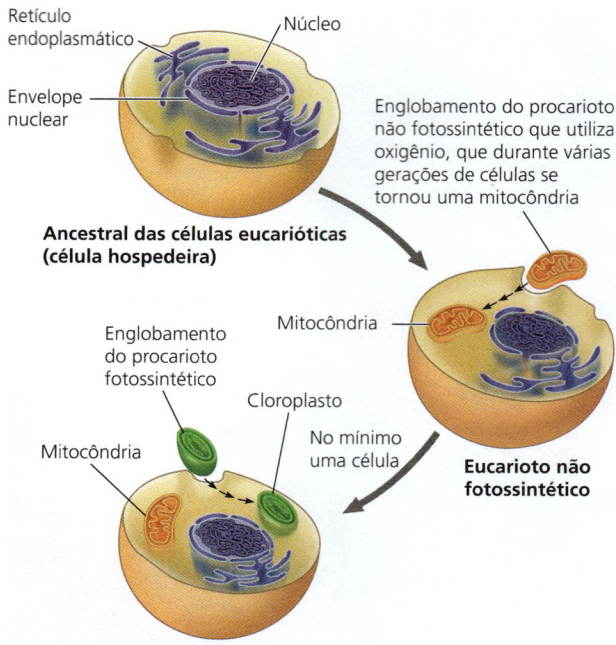

▲ **Figura 6.16 A teoria endossimbionte sobre as origens das mitocôndrias e dos cloroplastos nas células eucarióticas.** De acordo com essa teoria, os ancestrais propostos das mitocôndrias eram procariotos não fotossintéticos que utilizavam oxigênio e foram tomados pela célula hospedeira, enquanto os ancestrais propostos dos cloroplastos eram procariotos fotossintéticos. As setas grandes representam alterações durante a evolução; as setas pequenas dentro das células mostram o processo do endossimbionte se tornando uma organela, também durante longos períodos.

tinha duas membranas externas, que se tornaram as membranas duplas de mitocôndrias e cloroplastos. Em segundo lugar, assim como os procariotos, as mitocôndrias e os cloroplastos contêm ribossomos, além de moléculas de DNA circular, como cromossomos bacterianos, associadas com suas membranas internas. O DNA nessas organelas programa a síntese de algumas proteínas de organelas nos ribossomos, que também foram sintetizadas e montadas nele. Em terceiro lugar, também consistente com suas prováveis origens evolutivas, as mitocôndrias e os cloroplastos são organelas autônomas (um pouco independentes) que crescem e se reproduzem dentro da célula.

A seguir, daremos enfoque às estruturas das mitocôndrias e dos cloroplastos, enquanto fornecemos uma visão geral sobre suas estruturas e funções. (Nos Capítulos 9 e 10, examinaremos seus papéis como transformadores de energia.)

Mitocôndrias: conversão de energia química

As mitocôndrias são encontradas em quase todas as células eucarióticas, incluindo as células de plantas, animais, fungos e a maioria dos protistas. Algumas células têm uma única mitocôndria grande, mas frequentemente uma célula tem centenas ou até mesmo milhares de mitocôndrias; o número está correlacionado com o nível celular de atividade metabólica. Por exemplo, células móveis e contráteis têm proporcionalmente mais mitocôndrias por volume do que células menos ativas.

Cada uma das duas membranas que envolve a mitocôndria é uma bicamada fosfolipídica com uma rara coleção de proteínas embebidas. A membrana externa é lisa, mas a interna é convoluta, com dobramentos internos chamados de **cristas (Figura 6.17a)**. A membrana interna divide as mitocôndrias em dois compartimentos internos. O primeiro é o espaço intermembrana, a estreita região entre as membranas interna e externa. O segundo compartimento, a **matriz mitocondrial**, está envolto pela membrana interna. A matriz contém várias enzimas diferentes, assim como DNA mitocondrial e ribossomos. As enzimas na matriz catalisam algumas etapas da respiração celular. Outras proteínas que funcionam na respiração, incluindo a enzima que gera ATP, são construídas dentro da membrana interna. Na condição de superfícies muito dobradas, as cristas dão para a membrana mitocondrial interna uma ampla área de superfície, aumentando, assim, a produtividade da respiração celular. Esse é outro exemplo de estrutura que se encaixa na função. (A respiração celular será discutida em detalhes no Capítulo 9.)

Em geral, as mitocôndrias têm cerca de 1 a 10 μm de comprimento. Filmagens em *time-lapse* de células vivas revelam mitocôndrias em movimento, alterando as formas, entrando em fusão e dividindo-se em fragmentos separados, diferentemente das estruturas estáticas vistas na maioria dos diagramas e nas micrografias eletrônicas. Esses estudos ajudaram os cientistas a compreender que as mitocôndrias em uma célula viva formam uma rede tubular ramificada que está em um estado dinâmico de fluxo (ver **Figura 6.17b e c**). No músculo esquelético, essa rede tem sido referida pelos pesquisadores como uma "malha energética".

Cloroplastos: captura de energia luminosa

Os cloroplastos contêm o pigmento verde clorofila, junto com enzimas e outras moléculas que funcionam na produção fotossintética do açúcar. Essas organelas em forma de lentes, medindo 3 a 6 μm de comprimento, são encontradas em folhas e outros órgãos verdes de plantas e nas algas (**Figura 6.18**; ver também Figura 6.26c).

O conteúdo do cloroplasto está separado do citosol por um envelope que consiste em duas membranas separadas por um espaço intermembrana muito estreito. Dentro do cloroplasto, existe outro sistema membranoso na forma de sacos achatados e interconectados, chamados de **tilacoides**. Em algumas regiões, os tilacoides estão empilhados como "fichas de pôquer"; cada pilha é chamada de **grana**. O líquido fora dos tilacoides é o **estroma**, que contém o DNA do cloroplasto e os ribossomos, assim como várias enzimas. As membranas do cloroplasto dividem o espaço do cloroplasto em três compartimentos: o espaço intermembrana, o estroma e o espaço tilacoide. Essa organização em

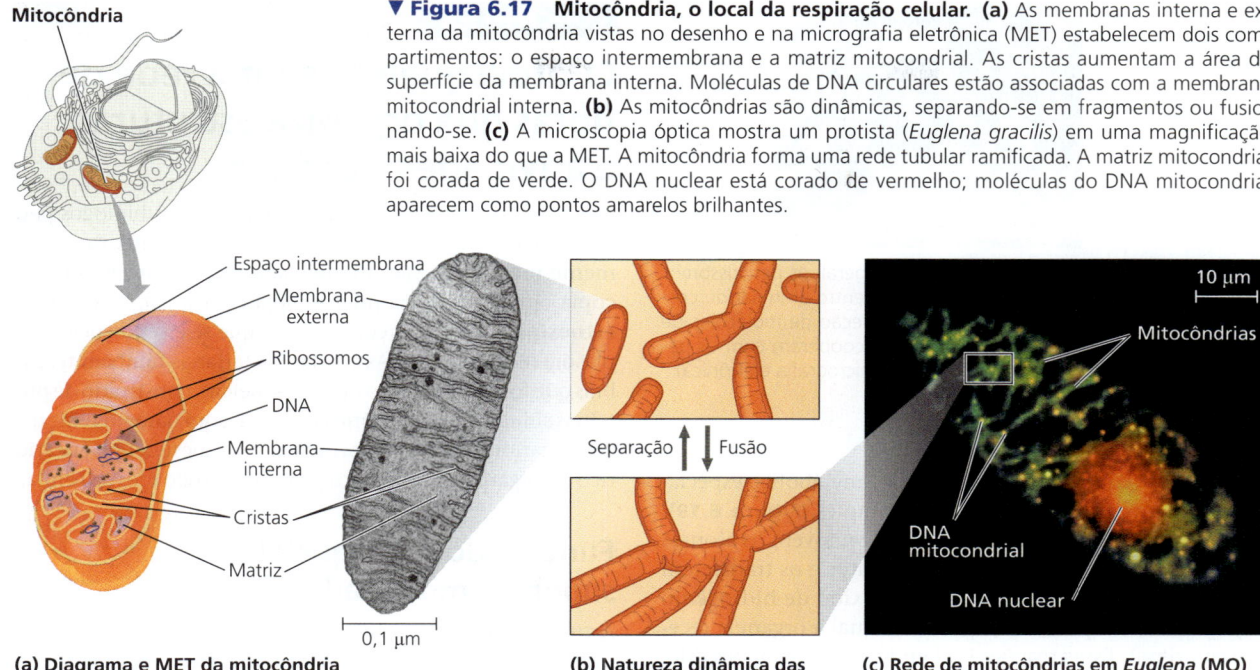

▼ **Figura 6.17 Mitocôndria, o local da respiração celular. (a)** As membranas interna e externa da mitocôndria vistas no desenho e na micrografia eletrônica (MET) estabelecem dois compartimentos: o espaço intermembrana e a matriz mitocondrial. As cristas aumentam a área de superfície da membrana interna. Moléculas de DNA circulares estão associadas com a membrana mitocondrial interna. **(b)** As mitocôndrias são dinâmicas, separando-se em fragmentos ou fusionando-se. **(c)** A microscopia óptica mostra um protista (*Euglena gracilis*) em uma magnificação mais baixa do que a MET. A mitocôndria forma uma rede tubular ramificada. A matriz mitocondrial foi corada de verde. O DNA nuclear está corado de vermelho; moléculas do DNA mitocondrial aparecem como pontos amarelos brilhantes.

compartimentos permite ao cloroplasto converter energia solar em energia química durante a fotossíntese. (Aprenderemos mais sobre a fotossíntese no Capítulo 10.)

Assim como nas mitocôndrias, a aparência estática e rígida dos cloroplastos nas micrografias ou nos diagramas esquemáticos não pode retratar com acuidade seu comportamento dinâmico na célula viva. Eles têm formas alteráveis, crescem e ocasionalmente se dividem em dois, reproduzindo-se. São móveis e, a exemplo das mitocôndrias e outras organelas, movem-se pela célula, no rastro do citoesqueleto, rede estrutural abordada no Conceito 6.6.

O cloroplasto é um membro especializado de uma família de organelas de plantas intimamente relacionadas chamadas de **plastídios**. Um tipo de plastídeo, o *amiloplasto*, é uma organela incolor que armazena amido (amilose), particularmente nas raízes e nos bulbos. Outro é o *cromoplasto*, que tem os pigmentos que dão as cores laranja e amarela a frutas e flores.

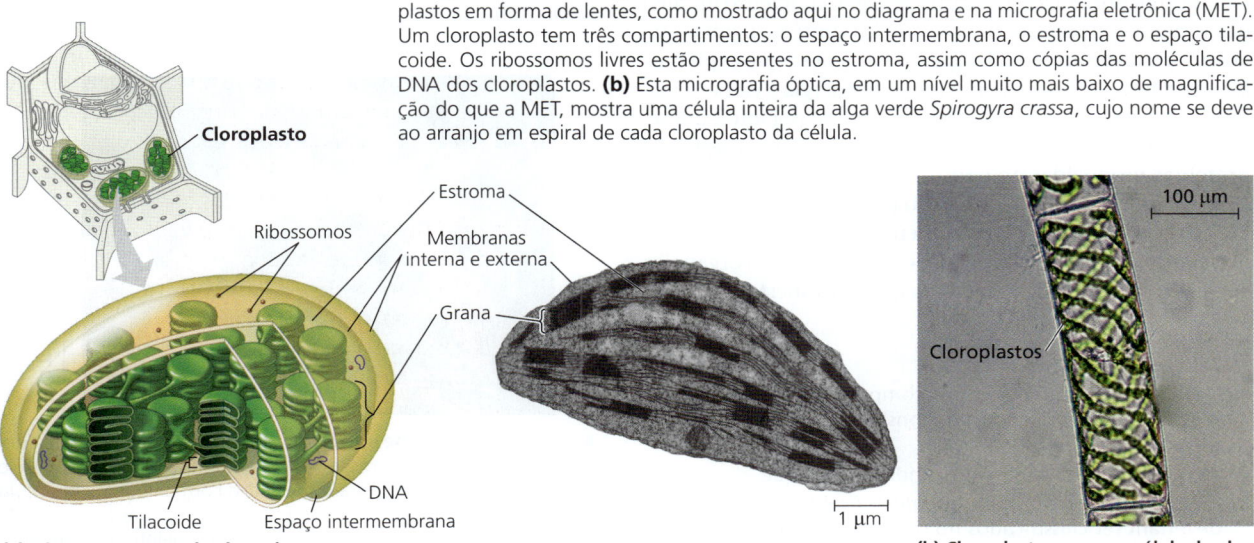

▼ **Figura 6.18 Cloroplasto, o local da fotossíntese. (a)** Muitas plantas possuem cloroplastos em forma de lentes, como mostrado aqui no diagrama e na micrografia eletrônica (MET). Um cloroplasto tem três compartimentos: o espaço intermembrana, o estroma e o espaço tilacoide. Os ribossomos livres estão presentes no estroma, assim como cópias das moléculas de DNA dos cloroplastos. **(b)** Esta micrografia óptica, em um nível muito mais baixo de magnificação do que a MET, mostra uma célula inteira da alga verde *Spirogyra crassa*, cujo nome se deve ao arranjo em espiral de cada cloroplasto da célula.

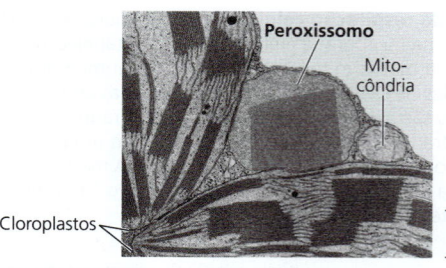

▲ **Figura 6.19 Peroxissomo.** De modo geral, os peroxissomos são esféricos e, muitas vezes, possuem um centro granular ou cristalino, o qual se acredita ser uma densa coleção de moléculas de enzimas. Os cloroplastos e as mitocôndrias cooperam com os peroxissomos em certas funções metabólicas (micrografia eletrônica).

Peroxissomos: oxidação

O **peroxissomo** é um compartimento metabólico especializado envolto por uma membrana simples (Figura 6.19). Os peroxissomos contêm enzimas que removem os átomos de hidrogênio a partir de vários substratos e os transferem para o oxigênio (O_2), produzindo peróxido de hidrogênio (H_2O_2) como subproduto (a partir do qual a organela recebe seu nome). Essas reações podem ter várias funções diferentes. Certos peroxissomos utilizam oxigênio para quebrar ácidos em moléculas menores que são transportadas para as mitocôndrias e utilizadas como combustível para respiração celular. No fígado, os peroxissomos desintoxicam-se do álcool e de outros componentes prejudiciais pela transferência de hidrogênio desses compostos venenosos para o oxigênio. O H_2O_2 formado pelos peroxissomos é tóxico por si só, mas a organela também contém uma enzima que converte H_2O_2 em água. Este é um excelente exemplo de como a estrutura compartimentalizada das células é crucial para suas funções: enzimas que produzem H_2O_2 e aquelas que se desembaraçam desse componente tóxico são sequestradas para longe de outros componentes celulares que poderiam ser danosos.

Os peroxissomos especializados, chamados de *glioxissomos*, são encontrados nos tecidos de armazenamento lipídico das sementes de plantas. Essas organelas contêm enzimas que ativam a conversão de ácidos graxos em açúcar, que as plântulas emergentes utilizam como fonte de energia e carbono até serem capazes de produzir seu próprio açúcar por fotossíntese.

Os peroxissomos aumentam pela incorporação de proteínas produzidas no citosol e no RE, assim como de lipídeos produzidos no RE e dentro do próprio peroxissomo. Mas como os peroxissomos aumentam em número e como eles surgiram na evolução, assim como com quais organelas eles estão relacionados, ainda são questões abertas.

REVISÃO DO CONCEITO 6.5

1. Descreva duas características compartilhadas pelos cloroplastos e pelas mitocôndrias. Considere tanto função como estrutura de membrana.
2. As células vegetais têm mitocôndrias? Explique.
3. **E SE?** Um colega propõe que mitocôndrias e cloroplastos deveriam ser classificados no sistema de endomembranas. Argumente contra essa proposta.

Ver as respostas sugeridas no Apêndice A.

CONCEITO 6.6

O citoesqueleto é uma rede de fibras que organiza estruturas e atividades na célula

Nos primórdios da microscopia eletrônica, os biólogos pensavam que as organelas da célula eucariótica flutuavam livremente no citosol. Mas aperfeiçoamentos, tanto na microscopia óptica como na microscopia eletrônica, revelaram o **citoesqueleto**, uma rede de fibras que se estende pelo citoplasma (Figura 6.20). As células bacterianas também têm fibras que formam um tipo de citoesqueleto, construído de proteínas similares às eucarióticas; porém, aqui daremos enfoque aos eucariotos. A função principal do citoesqueleto eucariótico é a organização das estruturas e das atividades da célula.

Funções do citoesqueleto: suporte e motilidade

A função mais óbvia do citoesqueleto é dar sustentação mecânica à célula e manter sua forma. Isso é especialmente importante para células animais, que não possuem paredes. As incríveis força e elasticidade do citoesqueleto como um todo são baseadas na sua arquitetura. Como uma abóbada, o citoesqueleto é estabilizado pelo equilíbrio entre as forças contrárias exercidas por seus elementos. Assim como o esqueleto de um animal ajuda a fixar as posições de outras partes do corpo, o citoesqueleto funciona como uma âncora para várias organelas e até mesmo moléculas de enzimas citosólicas. Entretanto, o citoesqueleto é mais dinâmico do que o esqueleto animal. Ele pode ser decomposto rapidamente em uma parte da célula e remontado em uma posição nova, mudando o formato da célula.

Alguns tipos de motilidade (movimento) celular também envolvem o citoesqueleto. O termo *motilidade celular* inclui tanto alterações na localização celular como

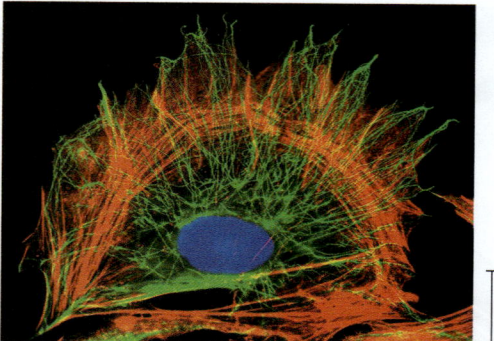

▲ **Figura 6.20 Citoesqueleto.** Como mostrado nesta micrografia de fluorescência, o citoesqueleto se estende pela célula. Os elementos citoesqueléticos foram marcados com diferentes moléculas fluorescentes: verde para microtúbulos e laranja para os microfilamentos. Um terceiro componente do citoesqueleto, os filamentos intermediários, não está evidente aqui. (A cor azul marca o DNA no núcleo.)

movimentos de partes da célula. A motilidade celular requer a interação do citoesqueleto com **proteínas motoras**. Seguem alguns exemplos disso. Elementos do citoesqueleto e proteínas motoras trabalham juntos com as moléculas da membrana plasmática para permitir que células inteiras se movam ao longo das fibras fora da célula. Dentro da célula, vesículas e outras organelas muitas vezes utilizam proteínas motoras para "andar" para seus destinos ao longo de trilhos fornecidos pelo citoesqueleto. Por exemplo, é assim que vesículas com moléculas neurotransmissoras migram para as extremidades dos axônios, as longas extensões das células nervosas que liberam essas moléculas em forma de sinais químicos para as células nervosas adjacentes **(Figura 6.21)**. O citoesqueleto também manipula a membrana plasmática, dobrando-a para dentro para formar vacúolos alimentares ou outras vesículas fagocíticas.

Componentes do citoesqueleto

Agora, vamos observar mais de perto os três principais tipos de fibras que compõem o citoesqueleto: os *microtúbulos* são os mais espessos dos três tipos; os *microfilamentos* (também chamados de filamentos de actina) são os mais finos; e os *filamentos intermediários* são fibras de diâmetro intermediário **(Tabela 6.1)**.

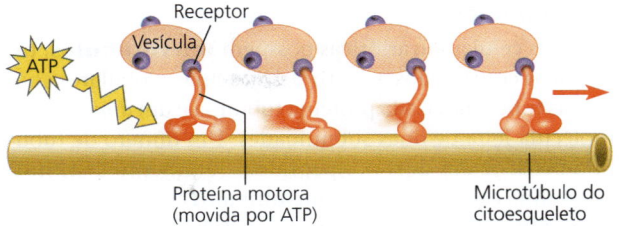

(a) Proteínas motoras que se ligam a receptores sobre as vesículas podem "mover" as vesículas ao longo dos microtúbulos ou, em alguns casos, dos microfilamentos.

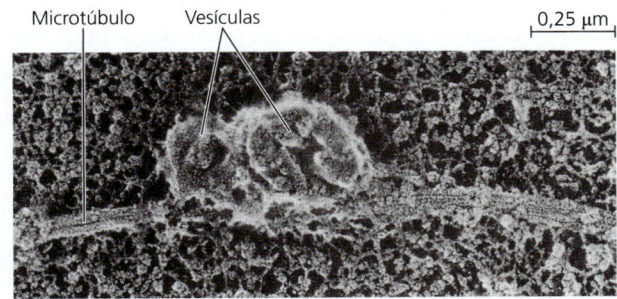

(b) Duas vesículas contendo neurotransmissores se movem ao longo de um microtúbulo em direção à ponta de uma extensão da célula nervosa chamada de axônio (MEV).

▲ **Figura 6.21** Proteínas motoras e o citoesqueleto.

Tabela 6.1	Estrutura e função do citoesqueleto		
Propriedade	**Microtúbulos (polímeros de tubulina)**	**Microfilamentos (filamentos de actina)**	**Filamentos intermediários**
Estrutura	Tubos ocos	Duas fitas intercruzadas de actina	Proteínas fibrosas enroladas em cabos
Diâmetro	25 nm com lúmen de 15 nm	7 nm	8-12 nm
Subunidades proteicas	Tubulina, um dímero consistindo em α-tubulina e β-tubulina	Actina	Uma das muitas proteínas diferentes (incluindo queratinas)
Funções principais	Manutenção da forma da célula; motilidade celular; movimentos de cromossomos na divisão celular; movimento de organelas	Manutenção da forma da célula; alterações na forma da célula; contração muscular; fluxo citoplasmático (células vegetais); motilidade celular; divisão celular (células animais)	Manutenção da forma da célula; ancoragem do núcleo e de outras organelas; formação da lâmina nuclear
Micrografias de fluorescência dos fibroblastos Células do tecido conectivo chamadas fibroblastos são um tipo celular preferencial em estudos da biologia celular, pois se espalham de forma achatada e suas estruturas internas são facilmente visíveis; em cada fibroblasto mostrado aqui, a estrutura de interesse foi marcada com moléculas fluorescentes; na terceira micrografia, o DNA no núcleo também foi marcado (em laranja).	Microtúbulo — Coluna de dímeros de tubulina — 25 nm — α β Dímero de tubulina	Microfilamento — Subunidade de actina — 7 nm	Filamento intermediário — Proteínas queratinas — Subunidade fibrosa (queratinas enroladas) — 8-12 nm

HABILIDADES VISUAIS *Quantos dímeros de tubulina existem na fileira marcada?*

Microtúbulos

Todas as células eucarióticas possuem **microtúbulos**, tubos ocos construídos a partir de proteínas globulares chamadas tubulinas. Cada proteína tubulina é um *dímero*, uma molécula feita de duas subunidades. Um dímero de tubulina consiste em dois polipeptídeos levemente distintos, α-tubulina e β-tubulina. Os microtúbulos crescem em comprimento pela adição de dímeros de tubulina; eles podem também ser desmontados e suas tubulinas serem reutilizadas para montar microtúbulos em qualquer lugar na célula. Devido à orientação dos dímeros de tubulina, as duas extremidades de um microtúbulo são um pouco diferentes. Uma extremidade pode acumular ou liberar dímeros de tubulina a uma velocidade bem mais alta do que a outra, crescendo e encolhendo significativamente durante as atividades celulares. (Esta é chamada de "extremidade mais" (+), não apenas por adicionar proteínas tubulinas, mas também porque é a extremidade com maiores taxas de adição e de remoção.)

Os microtúbulos modelam e sustentam a célula e também servem como caminhos, ao longo dos quais as organelas equipadas com proteínas motoras podem mover-se. Além do exemplo na Figura 6.21, os microtúbulos guiam vesículas a partir do RE para o complexo de Golgi e do Golgi para a membrana plasmática. Os microtúbulos também estão envolvidos na separação dos cromossomos durante a divisão celular, como mostra a Figura 12.7.

Centrossomos e centríolos Em células animais, os microtúbulos crescem a partir do **centrossomo**, região muitas vezes localizada próximo ao núcleo. Esses microtúbulos funcionam como vigas-mestre do citoesqueleto, resistentes à compressão. Dentro dos centrossomos, existe um par de **centríolos**, cada qual composto por nove conjuntos de microtúbulos triplos arranjados em anel **(Figura 6.22)**. Embora centrossomos com centríolos possam auxiliar na montagem dos microtúbulos nas células animais, várias outras células eucarióticas não têm centrossomos com centríolos e, portanto, organizam os microtúbulos por outros meios.

Cílios e flagelos Algumas células eucarióticas possuem **flagelos** e **cílios**, extensões celulares que contêm microtúbulos. Um arranjo especializado de microtúbulos é responsável pelo batimento dessas estruturas. (O flagelo bacteriano, mostrado na Figura 6.5, tem uma estrutura completamente diferente.) Vários protistas unicelulares são impulsionados na água por cílios ou flagelos que atuam como apêndices de locomoção. Por sua vez, espermatozoides de animais, algas e algumas plantas possuem flagelos. Quando cílios ou flagelos se estendem a partir de células mantidas firmemente unidas em uma lâmina que faz parte de uma camada de tecido, eles conseguem mover fluidos sobre a superfície do tecido. Por exemplo, o revestimento ciliado da traqueia arrasta o muco contendo resíduos captados para fora dos pulmões (ver as micrografias eletrônicas na Figura 6.3). No aparelho reprodutivo feminino, os cílios que revestem os ovidutos ajudam a mover o óvulo na direção do útero.

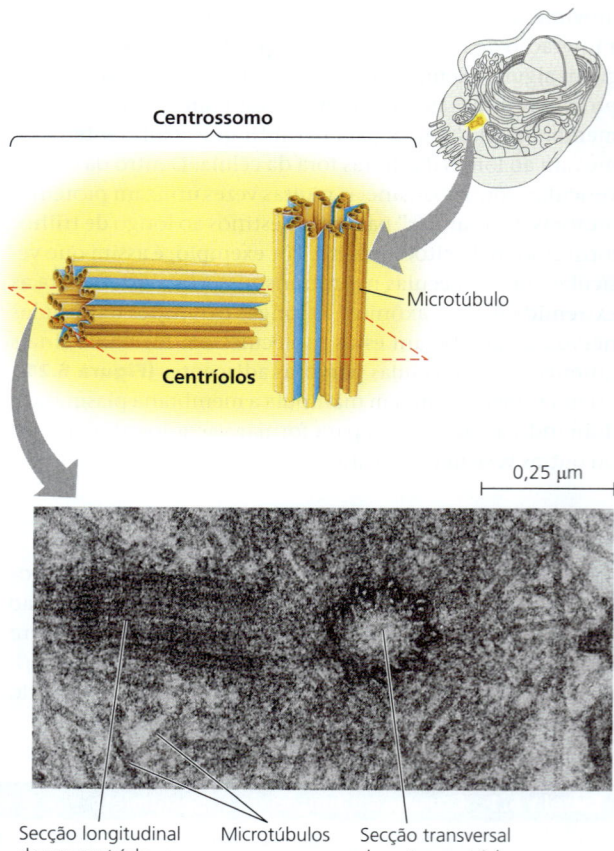

▲ **Figura 6.22 Centrossomo com par de centríolos.** A maioria das células animais tem um centrossomo, região próxima ao núcleo onde os microtúbulos das células são iniciados. Dentro do centrossomo, existe um par de centríolos, cada qual com cerca de 250 nm (0,25 μm) de diâmetro. Os dois centríolos estão em ângulo reto entre si, e cada um é composto por nove conjuntos de três microtúbulos. As porções azuis do desenho representam as proteínas não tubulinas que conectam as trincas de microtúbulos.

HABILIDADES VISUAIS *Quantos microtúbulos existem em um centrossomo? No desenho, circule e marque um microtúbulo e descreva sua estrutura. Circule e marque uma trinca.*

Cílios de motilidade normalmente ocorrem em grande quantidade na superfície da célula. Em geral, os flagelos são limitados a apenas um ou poucos por célula e são mais longos que os cílios. Os flagelos e os cílios diferem em termo dos padrões de batimentos. Um flagelo possui movimento de ondulação idêntico ao da cauda de um peixe. Os cílios, por sua vez, têm remadas de embalo e de recuperação alternadas, assim como os de uma equipe de remo em uma regata **(Figura 6.23)**.

Um cílio também atua como uma "antena" que recebe sinais para a célula. Os cílios que possuem essa função em geral não são móveis e se apresentam em número de um por célula. (Na verdade, nas células animais, quase todas as células parecem ter um cílio desse tipo, chamado de *cílio primário*.) Proteínas de membrana nesse tipo de cílio transmitem sinais moleculares do meio para o interior da célula, acionando vias

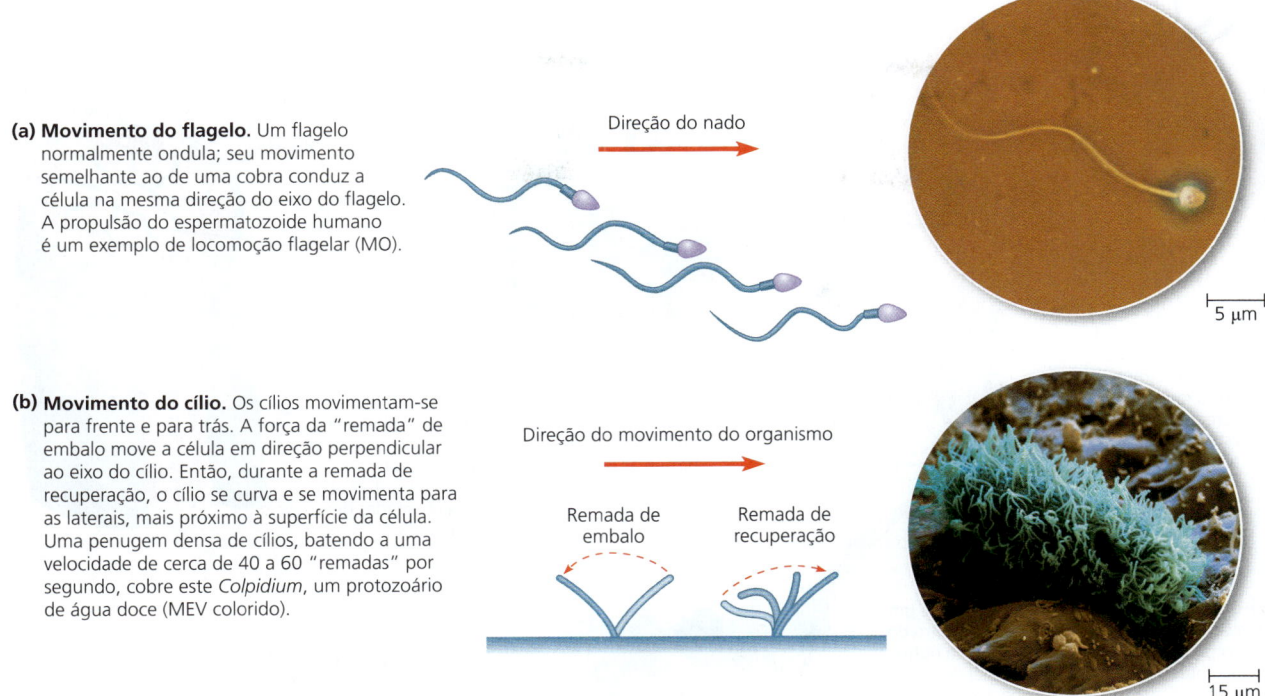

▲ **Figura 6.23** Comparação do batimento de flagelos e cílios de motilidade.

de sinalização que podem levar a alterações nas atividades da célula. A sinalização com base em cílios parece ser crucial para a função do cérebro e para o desenvolvimento embrionário.

Embora sejam diferentes em relação ao comprimento, ao número por célula e ao padrão de batimento, os cílios e os flagelos de movimento compartilham estruturas comuns. Ambos possuem um grupo de microtúbulos acomodado em uma extensão da membrana plasmática **(Figura 6.24a)**. Nove duplas de microtúbulos estão arranjadas em forma de anel, com dois microtúbulos isolados no centro **(Figura 6.24b)**. Esse arranjo, referido como padrão "9 + 2", é encontrado em quase todos os flagelos e cílios de movimento dos eucariotos. (Cílios primários sem motilidade possuem padrão "9 + 0", com ausência do par central de microtúbulos.) A montagem de um microtúbulo de um cílio ou flagelo está ancorada na célula por um **corpo basal**, que é muito similar estruturalmente a um centríolo, com trincas de microtúbulos em um padrão "9 + 0" **(Figura 6.24c)**. Na verdade, em muitos animais (incluindo humanos), o corpo basal do flagelo dos espermatozoides entra no óvulo e torna-se um centríolo.

Como a montagem dos microtúbulos produz os movimentos de batimento dos flagelos e dos cílios de movimento? O batimento envolve grandes proteínas motoras chamadas de **dineínas** (em vermelho no diagrama da Figura 6.24), que estão ligadas ao longo de cada par de microtúbulos externos. Uma típica proteína de dineína possui dois "pés" que "caminham" ao longo do microtúbulo do par adjacente, usando ATP para energia. Um pé mantém contato, enquanto o outro libera e se religa um passo à frente ao longo do microtúbulo (ver Figura 6.21). Os pares externos e os dois microtúbulos centrais são mantidos unidos por proteínas intercruzadas flexíveis (em azul no diagrama da Figura 6.24), e o movimento de caminhada é coordenado de modo a ocorrer em um lado do círculo por vez. Se os pares não fossem mantidos juntos no lugar, a ação de caminhada os faria passar um pelo outro. Em vez disso, os movimentos dos pés de dineína fazem os microtúbulos, e as organelas como um todo, se curvarem.

Microfilamentos (filamentos de actina)

Os **microfilamentos** são tubos finos sólidos. Também são chamados de filamentos de actina por serem construídos a partir de moléculas de **actina**, uma proteína globular. Um microfilamento é uma cadeia dupla de subunidades de actina enroladas (ver Tabela 6.1). Além de ocorrer como filamentos lineares, os microfilamentos podem formar redes estruturais quando certas proteínas se ligam ao longo da lateral de um desses filamentos e permitem que um novo filamento se estenda como uma ramificação. Assim como os microtúbulos, os microfilamentos parecem estar presentes em todas as células eucarióticas.

Ao contrário do papel de resistência à compressão dos microtúbulos, o papel estrutural dos microfilamentos no citoesqueleto é produzir tensão (forças de tração). Uma rede tridimensional formada por microfilamentos para dentro da membrana plasmática (*microfilamentos corticais*) ajuda a sustentar o formato das células (ver Figura 6.8). Essa rede

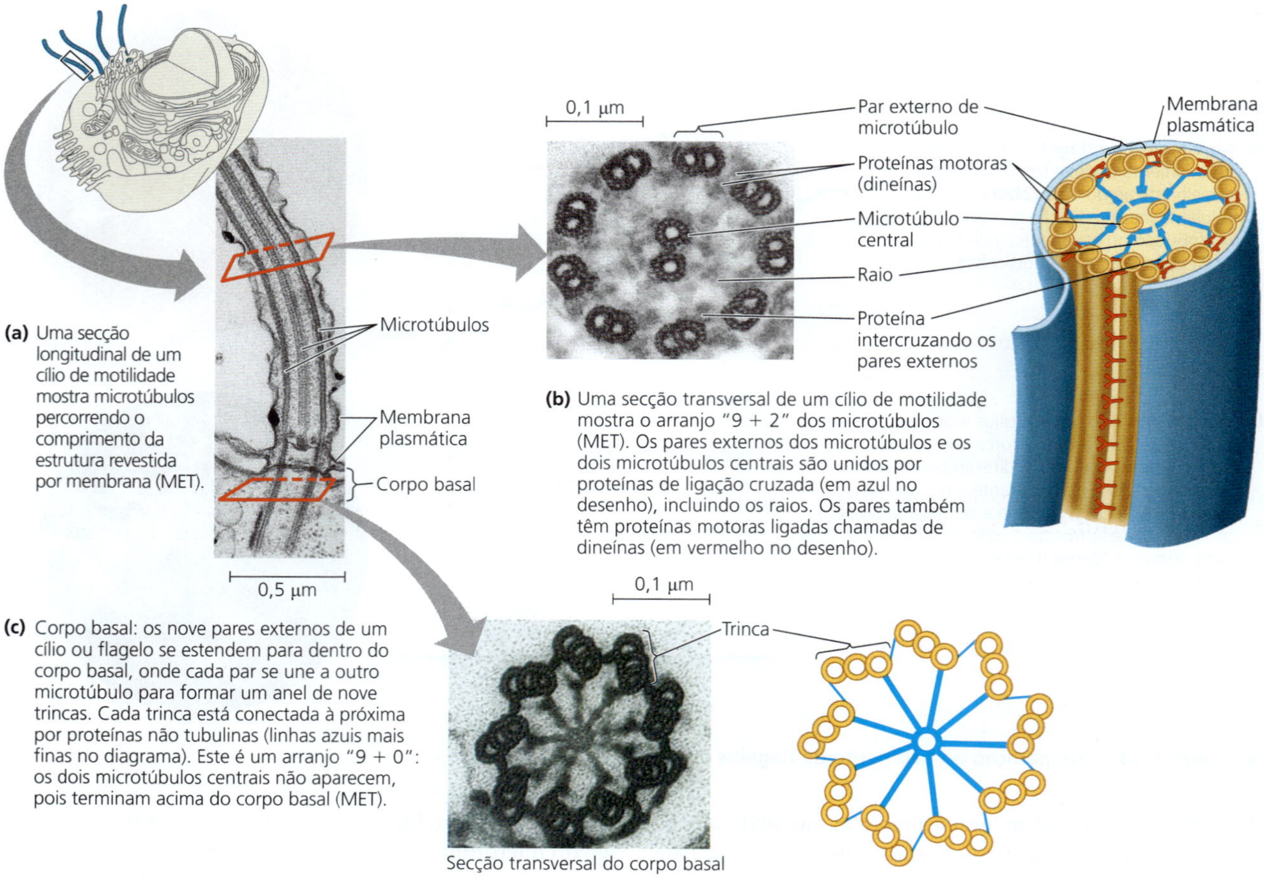

▲ **Figura 6.24** Estrutura de um flagelo ou cílio de motilidade.

(a) Uma secção longitudinal de um cílio de motilidade mostra microtúbulos percorrendo o comprimento da estrutura revestida por membrana (MET).

(b) Uma secção transversal de um cílio de motilidade mostra o arranjo "9 + 2" dos microtúbulos (MET). Os pares externos dos microtúbulos e os dois microtúbulos centrais são unidos por proteínas de ligação cruzada (em azul no desenho), incluindo os raios. Os pares também têm proteínas motoras ligadas chamadas de dineínas (em vermelho no desenho).

(c) Corpo basal: os nove pares externos de um cílio ou flagelo se estendem para dentro do corpo basal, onde cada par se une a outro microtúbulo para formar um anel de nove trincas. Cada trinca está conectada à próxima por proteínas não tubulinas (linhas azuis mais finas no diagrama). Este é um arranjo "9 + 0": os dois microtúbulos centrais não aparecem, pois terminam acima do corpo basal (MET).

DESENHE Em (a) e (b), circule e identifique o par central de microtúbulos. Em (a), mostre onde eles terminam e explique por que eles não são vistos na secção transversal do corpo basal em (c).

dá, para a camada citoplasmática externa de uma célula, chamada de **córtex**, a consistência semissólida de um gel, em contrapartida ao estado mais fluido do interior do citoplasma. Em alguns tipos de células animais, como células intestinais que absorvem nutrientes, feixes de microfilamentos compõem o centro das microvilosidades, delicadas projeções que aumentam a área de superfície da célula **(Figura 6.25)**.

Os microfilamentos são bem conhecidos por seu papel na motilidade celular. Milhares de filamentos de actina e filamentos mais espessos feitos de uma proteína chamada de **miosina** interagem para causar a contração das células

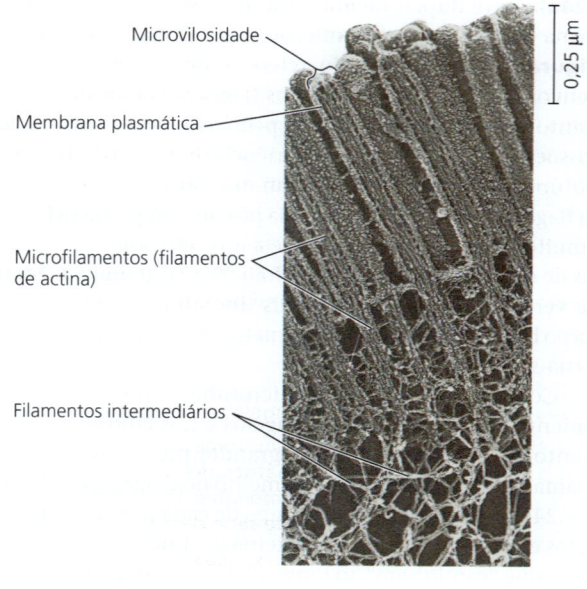

▶ **Figura 6.25 Papel estrutural dos microfilamentos.** A área de superfície desta célula intestinal para absorção de nutrientes é aumentada por suas várias microvilosidades, extensões celulares reforçadas por feixes de microfilamentos. Esses filamentos de actina estão ancorados a uma rede de filamentos intermediários (micrografia eletrônica).

musculares **(Figura 6.26a)**; a contração muscular está descrita em detalhes no Conceito 50.5. No protista unicelular *Amoeba* e em alguns dos nossos leucócitos, a contração localizada causada pela actina e pela miosina está envolvida no movimento ameboide (deslocamento) das células. A célula se desloca ao longo da superfície, estendendo extensões celulares chamadas de **pseudópodos** (do grego *pseudes*, falso, e *pod*, pés) e movendo-se na direção delas **(Figura 6.26b)**. Nas células vegetais, as interações actina-miosina contribuem para o **fluxo citoplasmático**, uma corrente circular do citoplasma dentro das células **(Figura 6.26c)**. Esse movimento, especialmente comum em grandes células vegetais, acelera o movimento de organelas e a distribuição de materiais dentro da célula.

Filamentos intermediários

Os **filamentos intermediários** recebem esse nome devido ao seu diâmetro, maior que o diâmetro dos microfilamentos, mas menor que o diâmetro dos microtúbulos (ver Tabela 6.1). Enquanto os microtúbulos e os microfilamentos são encontrados em todas as células eucarióticas, os filamentos intermediários são encontrados apenas nas células de alguns animais, incluindo os vertebrados. Especializados em suportar tensão (como os microfilamentos), os filamentos intermediários são uma classe diversa de elementos citoesqueléticos. Cada tipo é construído a partir de uma subunidade molecular distinta, pertencente a uma família de proteínas cujos membros incluem as queratinas. Os microtúbulos e os microfilamentos, ao contrário, são consistentes em diâmetro e composição em todas as células eucarióticas.

Os filamentos intermediários são elementos celulares mais permanentes do que os microfilamentos e os microtúbulos, os quais são frequentemente desmontados e remontados em várias partes da célula. Mesmo depois da morte das células, as redes de filamentos intermediários muitas vezes persistem; por exemplo, a camada externa da nossa pele consiste em células epiteliais mortas, repletas de filamentos de queratina. Os filamentos intermediários são especialmente importantes e têm um papel essencial no reforço da forma da célula e na fixação da posição de certas organelas. Por exemplo, o núcleo localiza-se dentro de uma "gaiola" feita de filamentos intermediários. Outros filamentos intermediários compõem a lâmina nuclear, que reveste o interior do envelope nuclear (ver Figura 6.9). Em geral, os vários tipos de filamentos intermediários parecem funcionar juntos como a moldura permanente da célula como um todo.

> **REVISÃO DO CONCEITO 6.6**
>
> 1. Descreva como os cílios e os flagelos se dobram.
> 2. **E SE?** Machos afetados pela síndrome de Kartagener são estéreis por causa dos espermatozoides sem motilidade e tendem a sofrer infecções pulmonares. Essa anomalia tem base genética. Sugira qual pode ser o defeito subjacente.
>
> *Ver as respostas sugeridas no Apêndice A.*

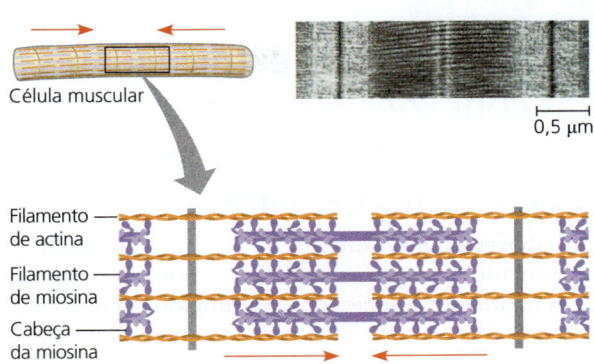

(a) Motores de miosina na contração da célula muscular. O "caminhar" das projeções de miosina (chamadas de cabeça) impulsiona os filamentos paralelos de miosina e de actina a passarem uns pelos outros, de modo que os filamentos de actina se aproximam uns dos outros no meio (setas vermelhas). Isso encurta a célula muscular. A contração muscular envolve o encurtamento de inúmeras células musculares ao mesmo tempo (MET).

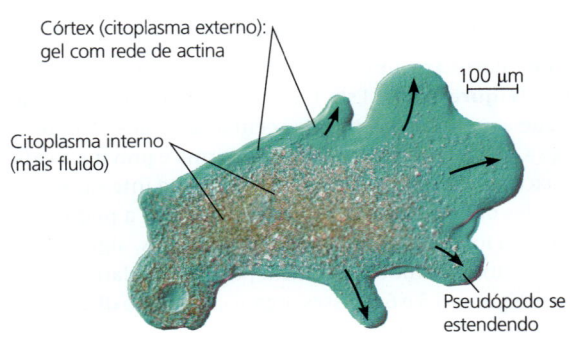

(b) Movimento ameboide. A interação dos filamentos de actina com a miosina causa a contração da célula, puxando a extremidade final da célula (à esquerda) para frente (para a direita) (MO).

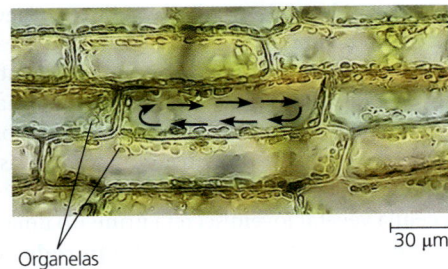

(c) Fluxo citoplasmático em células vegetais. Uma camada de ciclos citoplasmáticos em torno da célula, movendo-se sobre um "tapete" de filamentos de actina paralelos. Os motores de miosina ligados a organelas no citosol fluido podem acionar o fluxo pela interação com a actina (MO).

▲ **Figura 6.26 Microfilamentos e motilidade.** Nestes três exemplos, interações entre os filamentos de actina e as proteínas motoras levam ao movimento celular.

CONCEITO 6.7

Os componentes extracelulares e as conexões entre as células ajudam a coordenar as atividades celulares

Após atravessarmos o interior da célula para explorar os componentes internos, completamos nossa viagem pela célula retornando à superfície desse mundo microscópico, onde existem estruturas adicionais com funções importantes. A membrana plasmática é normalmente considerada o limite da célula viva, mas a maioria das células sintetiza e secreta materiais extracelularmente (para o exterior da célula). Embora esses materiais e as estruturas por eles formadas estejam fora da célula, o seu estudo é importante para a biologia celular, pois estão envolvidos em várias funções essenciais na célula.

Paredes celulares de plantas

A **parede celular** é uma estrutura extracelular das células vegetais **(Figura 6.27)**. Esta é uma das características que distingue as células vegetais das células animais. A parede protege a célula vegetal, mantém sua forma e previne a captação excessiva de água. Em termos de planta inteira, as fortes paredes das células especializadas mantêm a planta em pé, contra a força da gravidade. Os procariotos, alguns protistas e os fungos também possuem paredes celulares, como visto nas Figuras 6.5 e 6.8. Esses organismos serão discutidos nos Capítulos 27, 28 e 31.

As paredes celulares de plantas são mais espessas do que a membrana plasmática, variando de 0,1 μm até alguns micrômetros. A composição química exata da parede varia de espécie para espécie e até mesmo de um tipo celular para outro na mesma planta, mas o desenho da parede é basicamente igual. Microfibrilas feitas de celulose polissacarídica (ver Figura 5.6) são sintetizadas por uma enzima chamada de celulose-sintase e secretadas para o espaço extracelular, onde são embebidas em uma matriz de outros polissacarídeos e proteínas. Essa combinação de materiais e fibras fortes em uma "substância básica" (matriz) é o mesmo projeto arquitetônico básico encontrado no concreto armado e na fibra de vidro.

Uma célula vegetal jovem secreta primeiro uma parede relativamente fina e flexível chamada de **parede celular primária** (ver micrografia na Figura 6.27). Entre as paredes primárias das células adjacentes está a **lamela média**, uma fina camada rica em polissacarídeos pegajosos chamados de pectinas. A lamela média une as células adjacentes (a pectina é utilizada como agente espessante em geleias e alimentos). Quando a célula chega à maturidade e cessa o crescimento, ela fortifica a parede. Algumas células vegetais fazem isso simplesmente pela secreção de substâncias endurecedoras para dentro da parede primária. Outras células adicionam uma **parede celular secundária** entre a

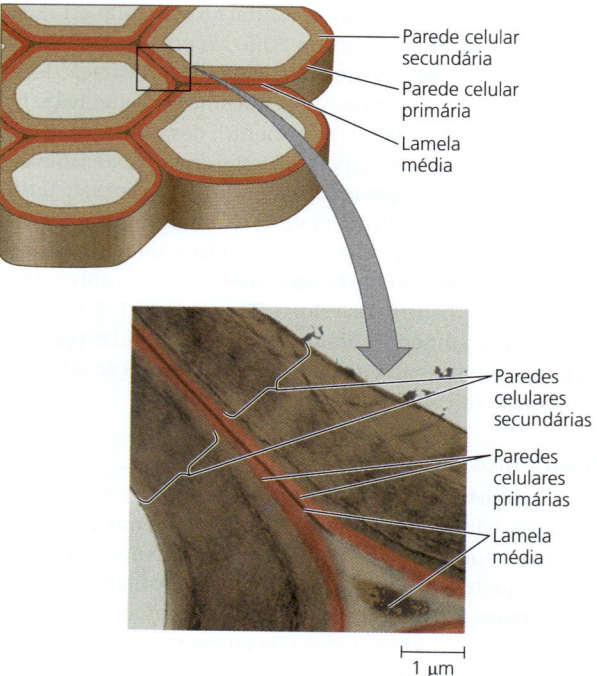

▲ **Figura 6.27 Paredes de células vegetais.** O desenho mostra a relação entre as paredes celulares primária e secundária em algumas células vegetais maduras. (As organelas não são mostradas, pois muitas células com paredes secundárias, como as células de condução de água, não possuem organelas.) A micrografia eletrônica (MET) mostra as paredes celulares onde duas células se unem. A repartição em múltiplas camadas entre células vegetais consiste em paredes acrescentadas individualmente secretadas pelas células. As células adjacentes são mantidas unidas por uma camada muito fina chamada de lamela média.

membrana plasmática e a parede primária. A parede celular secundária, frequentemente depositada em várias camadas de lâminas, possui uma matriz forte e durável que permite a proteção e a sustentação da célula. A madeira, por exemplo, consiste principalmente em paredes secundárias.

A matriz extracelular de células animais

Embora células animais não tenham paredes semelhantes às das células vegetais, elas apresentam uma elaborada **matriz extracelular** (**MEC**). Os principais ingredientes da MEC são glicoproteínas e outras moléculas contendo carboidratos, secretadas pelas células. (Relembre que as glicoproteínas são proteínas com carboidratos ligados covalentemente.) A glicoproteína mais abundante na MEC da maioria das células animais é o **colágeno**, que forma fibras fortes fora das células (ver Figura 5.18). De fato, o colágeno responde por cerca de 40% das proteínas totais no corpo humano. As fibras de colágeno estão embebidas em uma intricada rede de **proteoglicanos** secretados pelas células **(Figura 6.28)**. Uma molécula de proteoglicano consiste em uma pequena proteína central com várias cadeias de carboidratos ligadas covalentemente, de modo que ela pode conter até 95% de

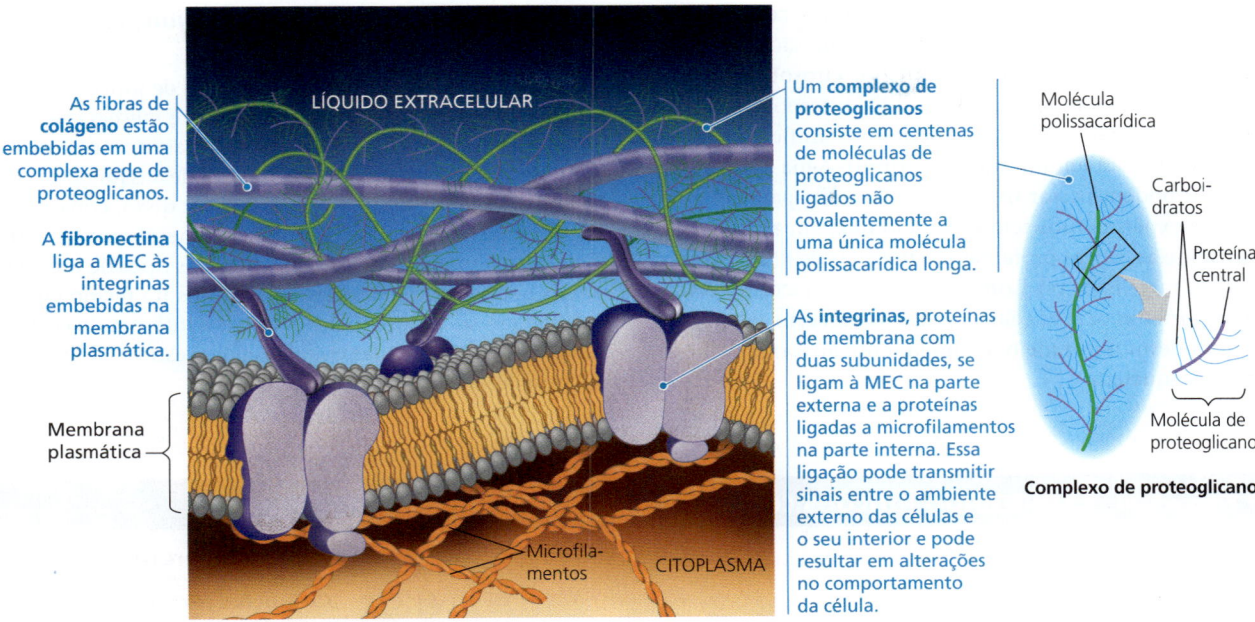

▲ **Figura 6.28 Matriz extracelular (MEC) de uma célula animal.** A composição molecular e a estrutura da MEC variam de um tipo de célula para outro. Neste exemplo, estão presentes três diferentes tipos de moléculas da MEC: colágeno, fibronectina e proteoglicanos.

carboidratos. Grandes complexos de proteoglicanos podem formar-se quando centenas de moléculas de proteoglicanos se ligam não covalentemente a uma única molécula longa de polissacarídeo, como mostrado na Figura 6.28. Algumas células estão ligadas à MEC por glicoproteínas da MEC, como a **fibronectina**. A fibronectina e outras proteínas da MEC se ligam às proteínas receptoras da superfície da célula chamadas de **integrinas**, que são construídas dentro da membrana plasmática. As integrinas atravessam a membrana e se ligam na face citoplasmática a proteínas associadas anexas aos microfilamentos do citoesqueleto. O nome *integrina* baseia-se na palavra *integrar*: as integrinas são capazes de transmitir sinais entre a MEC e o citoesqueleto e, assim, integrar as alterações que ocorrem fora e dentro da célula.

Pesquisas atuais sobre a fibronectina, outras moléculas da MEC e integrinas revelam o importante papel da MEC na vida das células. Comunicando-se com a célula, por meio das integrinas, a MEC regula o comportamento celular. Por exemplo, algumas células de um embrião em desenvolvimento migram por rotas específicas comparando a orientação dos seus microfilamentos com o "núcleo" de fibras na MEC. Pesquisadores também estão descobrindo que a MEC em torno da célula pode influenciar a atividade de genes no núcleo. A informação sobre a MEC provavelmente alcança o núcleo por uma combinação de vias de sinalização mecânica e química. A sinalização mecânica envolve fibronectina, integrinas e microfilamentos do citoesqueleto. Alterações no citoesqueleto podem, por sua vez, acionar vias de sinalização dentro da célula, levando a alterações no grupo de proteínas sintetizadas pela célula e, portanto, a alterações na função das células. Dessa forma, a MEC de um determinado tecido pode ajudar a coordenar o comportamento de todas as células desse tecido. Conexões diretas entre células também funcionam nessa coordenação, como exploraremos a seguir.

Junções celulares

As células em um animal ou em uma planta estão organizadas em tecidos, órgãos e sistemas de órgãos. As células vizinhas com frequência aderem, interagem e se comunicam por meio de sítios de contato físico direto.

Plasmodesmos em células vegetais

Pode parecer que as paredes celulares não vivas de plantas isolam as células vegetais umas das outras. Mas, na verdade, como mostrado na **Figura 6.29**, muitas paredes celulares de plantas são perfuradas por **plasmodesmos** (do grego *desma*, ligar), que são canais que conectam as células.

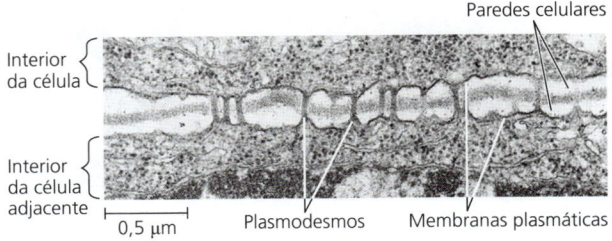

▲ **Figura 6.29 Plasmodesmos entre células vegetais.** O citoplasma de uma célula vegetal é contínuo com o citoplasma das células vizinhas via plasmodesmos, canais citoplasmáticos que atravessam as paredes celulares (micrografia eletrônica).

As membranas plasmáticas das células adjacentes revestem o canal de cada plasmodesmo e, assim, são contínuas. Como os canais são preenchidos por citosol, as células compartilham o mesmo meio químico interno. Pela união das células adjacentes, os plasmodesmos unificam a maior parte da planta em um meio contínuo. Água e pequenos solutos podem passar livremente de célula para célula, e alguns experimentos têm mostrado que, em algumas circunstâncias, certas proteínas e moléculas de RNA também podem fazer isso (ver Conceito 36.6). As macromoléculas transportadas para as células vizinhas parecem alcançar os plasmodesmos por meio do movimento ao longo de fibras do citoesqueleto.

Junções aderentes, desmossomos e junções comunicantes em células animais

Em animais, existem três tipos principais de junções intercelulares: *junções aderentes*, *desmossomos* e *junções comunicantes*. (As junções comunicantes são quase como os plasmodesmos das plantas, embora os poros dessas junções não sejam revestidos por membrana. Em vez disso, consistem em proteínas que se estendem de cada membrana celular, o que forma um poro de conexão.) Os três tipos de junções intercelulares são especialmente comuns no tecido epitelial, que reveste as superfícies externas e internas do corpo. A **Figura 6.30** usa células epiteliais do revestimento intestinal para ilustrar essas junções.

▼ **Figura 6.30** Explorando junções celulares nos tecidos animais

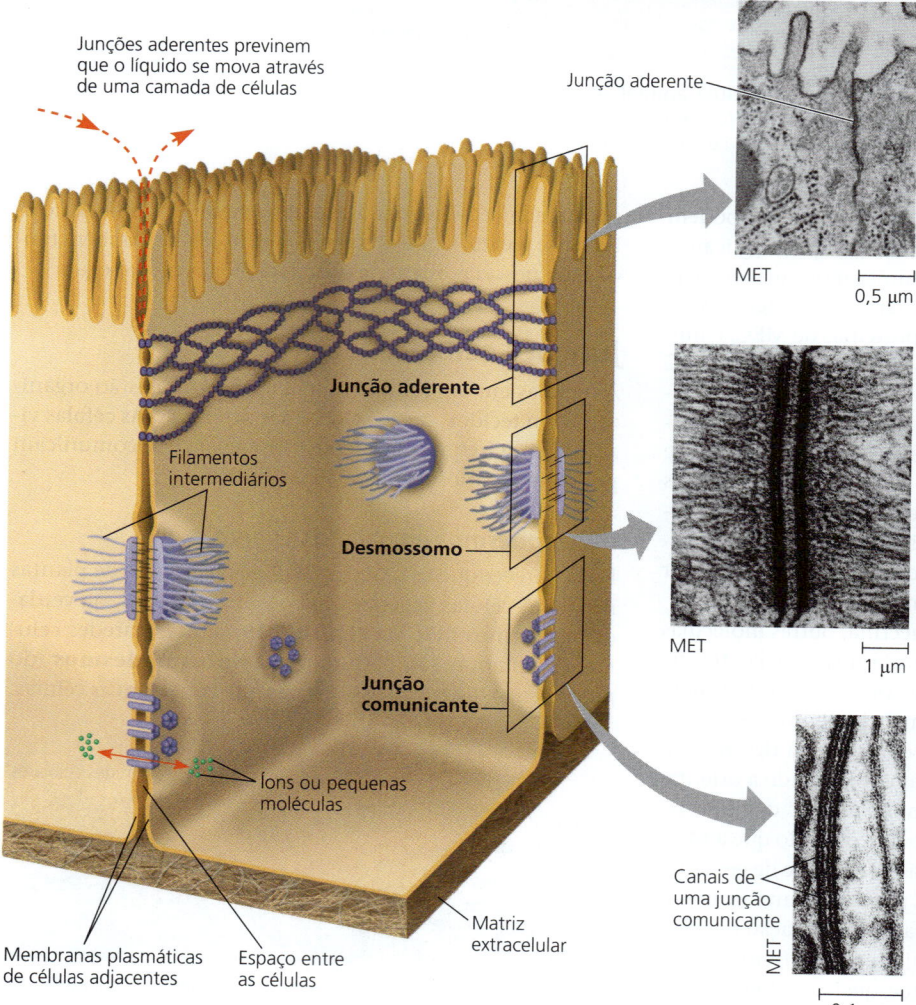

Junções aderentes

Nas **junções aderentes**, as membranas plasmáticas das células vizinhas estão firmemente pressionadas umas contra as outras, unidas por proteínas específicas. Formando barreiras contínuas ao redor das células, as junções aderentes estabelecem uma barreira que previne a perda do líquido extracelular através da camada de células epiteliais (ver setas vermelhas tracejadas). Por exemplo, as junções aderentes entre células da pele nos tornam impermeáveis à água.

Desmossomos

Os **desmossomos** (também chamados de *junções de ancoramento*) funcionam como rebites, unindo as células em camadas fortes. Filamentos intermediários feitos de robustas proteínas queratina ancoram os desmossomos ao citoplasma. Os desmossomos ligam as células musculares umas às outras no músculo. Algumas "distensões musculares" envolvem a ruptura dos desmossomos.

Junções comunicantes

As **junções comunicantes** (*gap junctions*) fornecem canais citoplasmáticos de uma célula para a célula adjacente. Desse modo, são muito similares em função aos plasmodesmos nas plantas. As junções comunicantes consistem em proteínas de membrana que envolvem um poro pelo qual íons, açúcares, aminoácidos e outras pequenas moléculas podem passar. As junções comunicantes são necessárias para a comunicação entre células em vários tipos de tecidos, incluindo músculo cardíaco, e em embriões animais.

REVISÃO DO CONCEITO 6.7

1. De que maneiras as células de plantas e animais são estruturalmente diferentes dos eucariotos unicelulares?
2. **E SE?** Se a parede celular da planta ou a matriz extracelular animal fossem impermeáveis, que efeito isso teria na função celular?
3. **FAÇA CONEXÕES** A cadeia polipeptídica que forma a junção aderente se move quatro vezes para frente e para trás através da membrana, com duas alças extracelulares e uma alça mais caudas C-terminais e N-terminais curtas no citoplasma. Observando a Figura 5.14, o que você prediz sobre a sequência de aminoácidos da proteína da junção aderente?

Ver as respostas sugeridas no Apêndice A.

CONCEITO 6.8

Uma célula é maior do que a soma de suas partes

A partir da nossa análise panorâmica sobre a organização dos compartimentos celulares até nosso minucioso estudo da arquitetura de cada organela, essa viagem pela célula mostrou a correlação da estrutura com a função. (Ver Figura 6.8 para revisar a estrutura celular.)

Lembre-se de que nenhum dos componentes celulares trabalha sozinho. Por exemplo, considere a cena microscópica na **Figura 6.31**. A célula grande é um macrófago (ver Figura 6.13a). Ela ajuda na defesa dos mamíferos contra infecções por meio da ingestão de bactérias (as células menores) pelas vesículas fagocíticas. O macrófago se desloca ao longo da superfície e alcança a bactéria com finos pseudópodos (especificamente, filopódios).

Os filamentos de actina interagem com outros elementos do citoesqueleto nesses movimentos. Depois que o macrófago engolfa as bactérias, elas são destruídas pelos lisossomos produzidos pelo elaborado sistema de endomembranas. As enzimas digestivas dos lisossomos e as proteínas do citoesqueleto são todas produzidas nos ribossomos. A síntese dessas proteínas é programada por mensagens genéticas enviadas a partir do DNA no núcleo. Todos esses processos necessitam de energia, que as mitocôndrias fornecem em forma de ATP.

As funções celulares surgem a partir da organização celular: a célula é uma unidade viva maior do que a soma de suas partes. A célula na Figura 6.31 é um bom exemplo de integração dos processos celulares, vistos de fora. Mas e quanto à organização interna da célula? À medida que avançamos nos nossos estudos de biologia, considerando os diferentes processos celulares, será útil tentar visualizar a arquitetura e os acessórios dentro de uma célula. A **Figura 6.32** foi projetada para apresentar algumas moléculas biológicas e moléculas importantes e ajudar a dar uma percepção sobre o tamanho relativo e a organização no contexto das estruturas e das organelas celulares. Quando você estiver estudando essa figura, tente se imaginar do tamanho de uma proteína e contemplar seu entorno.

REVISÃO DO CONCEITO 6.8

1. *Colpidium colpoda* é um protista unicelular que vive em água doce, alimenta-se de bactérias e move-se por meio de cílios (ver Figura 6.23b). Descreva como as partes dessa célula trabalham juntas no funcionamento de *C. colpoda*, incluindo o máximo de organelas e outras estruturas celulares que você conseguir.

Ver as respostas sugeridas no Apêndice A.

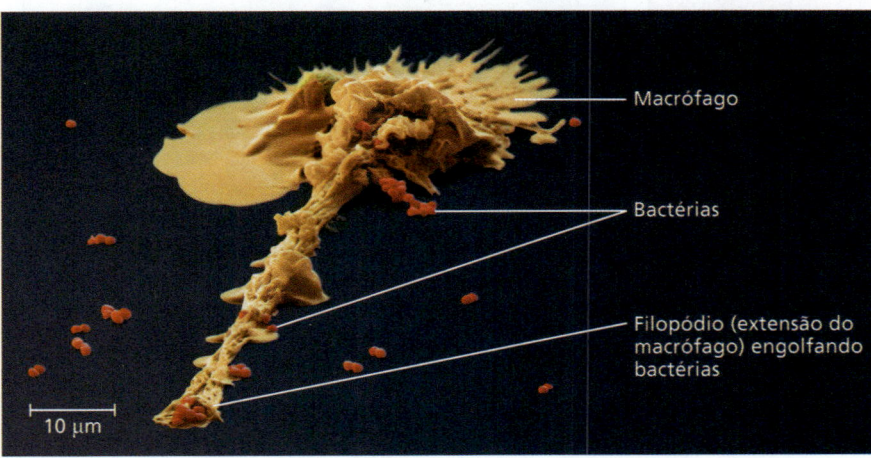

▲ **Figura 6.31 Coordenação das atividades em uma célula.** A capacidade deste macrófago de reconhecer, apreender e destruir a bactéria envolve coordenação entre componentes como o citoesqueleto, os lisossomos e a membrana plasmática (MEV colorida).

▼ Figura 6.32 VISUALIZANDO A ESCALA DA MAQUINARIA MOLECULAR EM UMA CÉLULA

Uma fatia do interior de uma célula vegetal está ilustrada no painel central, com todas as estruturas e moléculas desenhadas em escala. Moléculas e estruturas selecionadas estão mostradas acima e abaixo, todas aumentadas pelo mesmo fator para que seus tamanhos possam ser comparados. Todas as estruturas de proteínas e ácidos nucleicos têm como base dados do Banco de Dados de Proteínas; as regiões cujas estruturas ainda não foram determinadas estão mostradas em cinza.

Esta figura introduz um elenco de personagens sobre os quais você aprenderá mais à medida que estuda biologia. Consulte novamente esta figura quando encontrar essas moléculas em seus estudos.

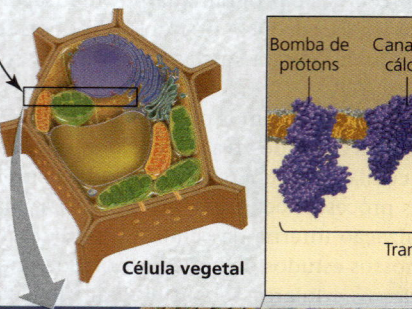
Célula vegetal

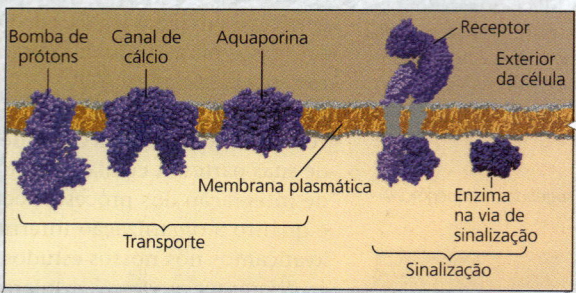

(a) Proteínas de membrana (Capítulo 7) Proteínas embebidas nas membranas celulares ajudam a transportar substâncias e conduzir sinais através das membranas. Elas também participam em outras funções celulares cruciais. Muitas proteínas são capazes de se mover dentro da membrana.

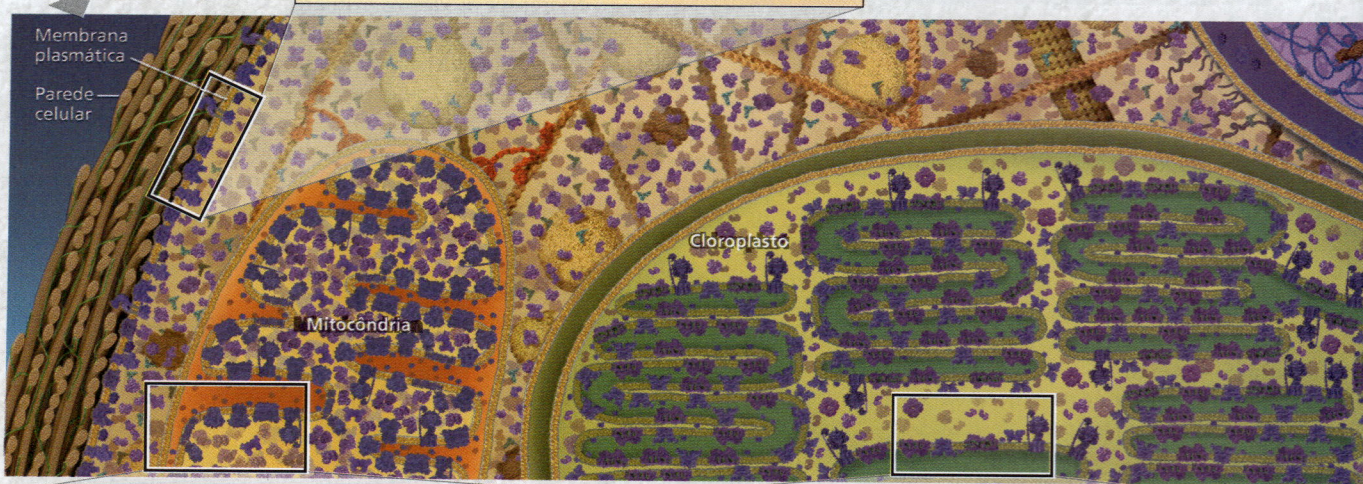

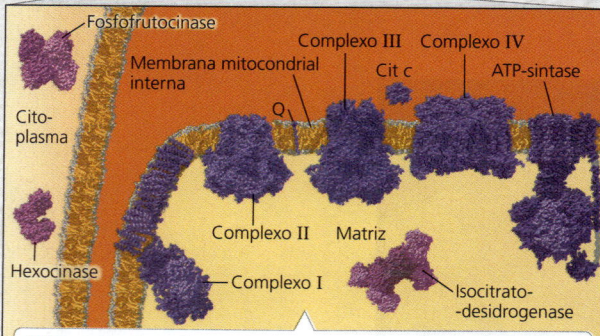

(b) Respiração celular (Capítulo 9) A respiração celular, um processo de múltiplas etapas, gera ATP a partir de moléculas de alimento. As primeiras duas etapas são realizadas por enzimas no citoplasma e na matriz mitocondrial; algumas dessas enzimas (em rosa-escuro) são mostradas. A etapa final é realizada por proteínas (em roxo) que formam uma "cadeia" na membrana mitocondrial interna.

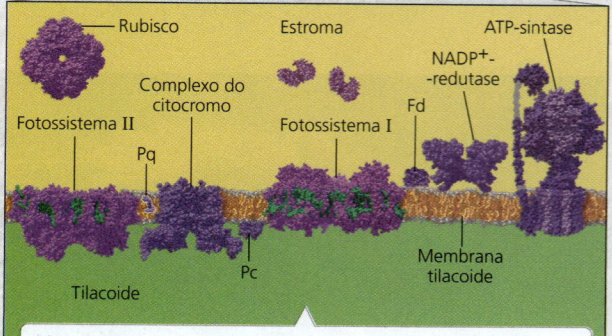

(c) Fotossíntese (Capítulo 10) A fotossíntese produz açúcares que fornecem alimento para toda a vida no planeta. O processo inicia com grandes complexos de proteínas e clorofila (em verde) embebidos nas membranas tilacoides. Esses complexos aprisionam energia luminosa em moléculas que são usadas pela rubisco e outras proteínas no estroma para produzir açúcares.

(d) Transcrição (Capítulo 17) No núcleo, a informação contida em uma sequência de DNA é transferida para o RNA mensageiro (mRNA) por uma enzima chamada RNA-polimerase. Após sua síntese, moléculas de mRNA deixam o núcleo pelos poros nucleares.

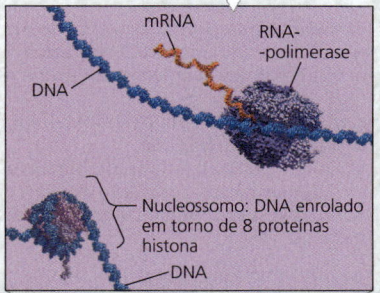

(e) Poro nuclear (Conceito 6.3) O complexo do poro nuclear regula o tráfego molecular para dentro e fora do núcleo, que está envolto por uma membrana dupla. Entre as maiores estruturas que passam pelo poro estão as subunidades ribossômicas, que são montadas no núcleo.

(f) Tradução (Capítulo 17) No citoplasma, a informação no mRNA é utilizada para montar um peptídeo com uma sequência específica de aminoácidos. As moléculas de RNA transportador (tRNA) e os ribossomos têm um papel. O ribossomo eucariótico, que inclui uma subunidade maior e uma menor, é um complexo colossal composto de quatro moléculas de RNA ribossômico (rRNA) grandes e mais de 80 proteínas. Por meio da transcrição e tradução, a sequência de nucleotídeos do DNA em um gene determina a sequência de aminoácidos de um polipeptídeo, via mRNA intermediário.

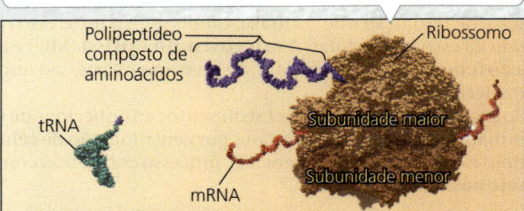

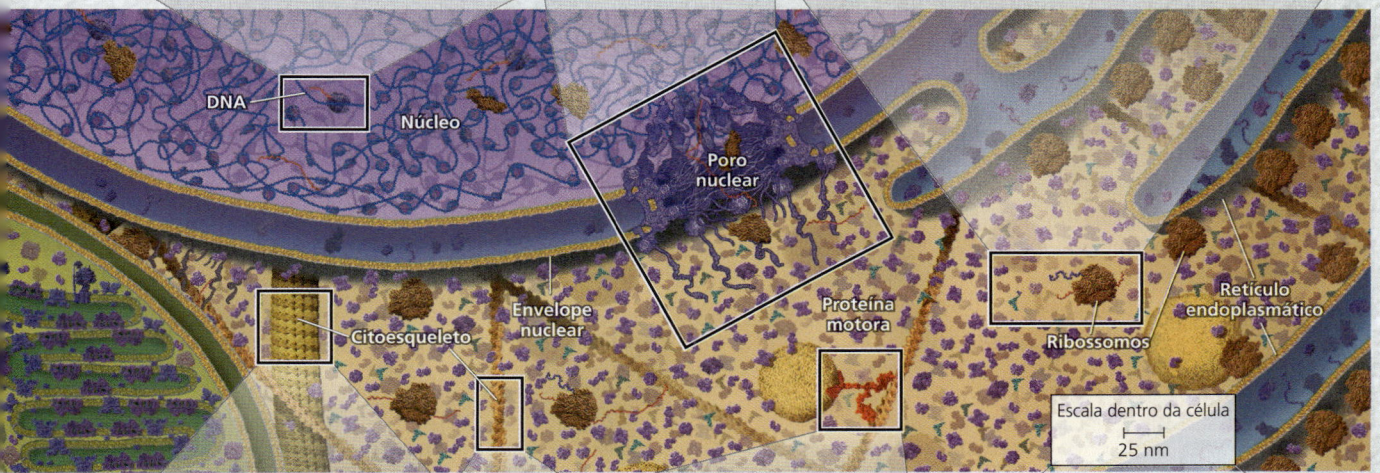

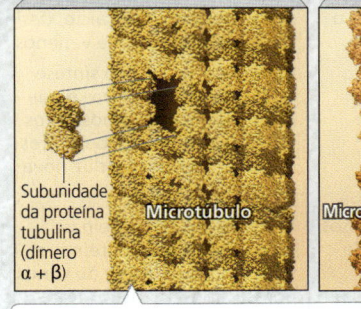

(g) Citoesqueleto (Conceito 6.6) As estruturas de citoesqueleto são polímeros de subunidades proteicas. Os microtúbulos são tubos estruturais ocos feitos de subunidades da proteína tubulina, enquanto os microfilamentos são cabos que possuem duas cadeias de proteínas actina enroladas uma na outra.

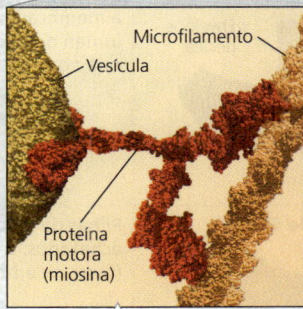

(h) Proteínas motoras (Conceito 6.6) As proteínas motoras, como a miosina, são responsáveis pelo transporte de vesículas e movimento de organelas dentro da célula.

1. Liste as seguintes estruturas, da maior para a menor: bomba de prótons, poro nuclear, cit c, ribossomo.

2. Considerando as estruturas de um nucleossomo e da RNA-polimerase, sugira o que deve ocorrer antes para que a RNA-polimerase possa transcrever o DNA que está enrolado em torno das proteínas histona de um nucleossomo.

3. Encontre outra proteína motora miosina caminhando sobre um microfilamento nesta figura. Qual organela está sendo movida por essa proteína miosina?

6 Revisão do capítulo

RESUMO DOS CONCEITOS-CHAVE

CONCEITO 6.1

Para estudar as células, os biólogos utilizam microscópios e bioquímica (p. 94-97)

- Avanços na microscopia que afetam os parâmetros de magnificação, de resolução e de contraste catalisaram o progresso no estudo da estrutura celular. A **microscopia óptica** (MO) e a **microscopia eletrônica** (ME), assim como outras, são importantes ferramentas.
- Biólogos celulares podem obter sedimentos enriquecidos de determinados componentes celulares por centrifugação de células rompidas a velocidades sequenciais, processo conhecido como **fracionamento celular**.

? *Como a microscopia e a bioquímica se complementam para revelar a estrutura e a função celulares?*

CONCEITO 6.2

Células eucarióticas possuem membranas internas que compartimentalizam suas funções (p. 97-102)

- Todas as células estão ligadas pela **membrana plasmática**.
- As **células procarióticas** não possuem núcleo e outras **organelas** envoltas por membrana, enquanto as **células eucarióticas** têm membranas internas que compartimentalizam as funções celulares.
- A proporção entre superfície e volume é um parâmetro importante que afeta o tamanho e a forma da célula.
- Células vegetais e animais têm praticamente as mesmas organelas: núcleo, retículo endoplasmático, complexo de Golgi e mitocôndrias. Os cloroplastos estão presentes apenas nas células de eucariotos fotossintéticos.

? *Explique como a organização em compartimentos de uma célula eucariótica contribui para o seu funcionamento bioquímico.*

	Componente celular	Estrutura	Função
CONCEITO 6.3 **As instruções genéticas das células eucarióticas são armazenadas no núcleo e executadas pelos ribossomos** (p. 102-104) **?** *Descreva a relação entre o núcleo e os ribossomos.*	Núcleo	Envolta por envelope nuclear (membrana dupla) perfurado por poros nucleares; o envelope nuclear é contínuo ao retículo endoplasmático (RE)	Abriga os cromossomos, que são compostos por cromatina (DNA e proteínas); contém nucléolos, onde são feitas as subunidades ribossômicas; os poros regulam a entrada e a saída de materiais
	Ribossomo	Duas subunidades feitas de RNAs ribossômicos e proteínas; podem estar livres no citosol ou ligadas ao RE	Síntese proteica
CONCEITO 6.4 **O sistema de endomembranas regula o tráfego de proteínas e realiza as funções metabólicas** (p. 104-108) **?** *Descreva o papel-chave das vesículas de transporte no sistema de endomembranas.*	Retículo endoplasmático (RE)	Extensas redes de túbulos e sacos ligados à membrana; a membrana do RE separa o lúmen do citosol e é contínua ao envelope nuclear	**RE liso:** síntese de lipídeos, metabolismo de carboidratos, armazenamento de íons cálcio, desintoxicação de drogas e venenos **RE rugoso:** auxilia na síntese de proteínas secretoras e outras proteínas nos ribossomos ligados; adiciona carboidratos a glicoproteínas; produz nova membrana
	Complexo de Golgi	Pilhas de sacos membranosos achatados; tem polaridade (faces *cis* e *trans*)	Modificação de proteínas, carboidratos nas proteínas e fosfolipídeos; síntese de vários polissacarídeos; distribuição dos produtos do Golgi, liberados em vesículas
	Lisossomo	Saco membranoso de enzimas hidrolíticas (em células animais)	Quebra de substâncias ingeridas, macromoléculas celulares e organelas danificadas para reciclagem
	Vacúolo	Grande vesícula ligada à membrana	Digestão, armazenamento, coleta de dejetos, equilíbrio de água, crescimento celular e proteção

	Componente celular	Estrutura	Função
CONCEITO 6.5 **As mitocôndrias e os cloroplastos mudam a energia de uma forma para outra** (p. 109-112) ❓ *O que a teoria endossimbionte propõe como origem das mitocôndrias e dos cloroplastos? Explique.*	Mitocôndria	Ligada por membrana dupla; membrana interna tem invaginações	Respiração celular
	Cloroplasto	Normalmente duas membranas em torno do estroma fluido, que contém tilacoides membranosos empilhados em grana	Fotossíntese (os cloroplastos estão presentes nas células de eucariotos fotossintéticos, incluindo as plantas)
	Peroxissomo	Compartimento metabólico especializado ligado por uma única membrana	Contém enzimas que transferem átomos de H dos substratos para o oxigênio, produzindo H_2O_2 (peróxido de hidrogênio), que é convertido em H_2O

CONCEITO 6.6

O citoesqueleto é uma rede de fibras que organiza estruturas e atividades na célula (p. 112-117)

- O **citoesqueleto** funciona no suporte estrutural para a célula e na mobilidade e transmissão de sinal.
- Os **microtúbulos** dão formato à célula, guiam o movimento das organelas e separam os cromossomos nas células em divisão. Os **cílios** e os **flagelos** são apêndices para o movimento e contêm microtúbulos. Os cílios primários também exercem papéis sensoriais e de sinalização. Os **microfilamentos** são bastões finos que funcionam na contração muscular, no movimento ameboide, no **fluxo citoplasmático** e no suporte dos microtúbulos. Os **filamentos intermediários** sustentam o formato da célula e fixam as organelas no local.

❓ *Descreva o papel das proteínas motoras dentro da célula eucariótica e no movimento celular como um todo.*

CONCEITO 6.7

Os componentes extracelulares e as conexões entre as células ajudam a coordenar as atividades celulares (p. 118-121)

- As **paredes celulares** de plantas são feitas de fibras de celulose embebidas em outros polissacarídeos e proteínas.
- As células animais secretam glicoproteínas e **proteoglicanos** que formam a **matriz extracelular** (**MEC**), a qual funciona no suporte, na adesão, no movimento e na regulação.
- As junções intercelulares conectam células vizinhas. As plantas têm **plasmodesmos** que passam através de paredes celulares. As células animais têm **junções aderentes**, **desmossomos** e **junções comunicantes**.

❓ *Compare a estrutura e as funções da parede de uma célula vegetal e a matriz extracelular de uma célula animal.*

CONCEITO 6.8

Uma célula é maior do que a soma de suas partes (p. 121-123)

- Muitos componentes trabalham juntos em uma célula em funcionamento.

❓ *Quando uma célula ingere uma bactéria, qual é o papel do núcleo?*

TESTE SEU CONHECIMENTO

Níveis 1-2: Relembre/Entenda

1. Qual estrutura faz parte do sistema de endomembranas?
   (A) Mitocôndria (C) Cloroplasto
   (B) Complexo de Golgi (D) Centrossomo

2. Qual estrutura é comum em células vegetais *e* células animais?
   (A) Cloroplasto (C) Mitocôndria
   (B) Vacúolo central (D) Centríolo

3. Qual das seguintes organelas está presente na célula procariótica?
   (A) Mitocôndria (C) Envelope nuclear
   (B) Ribossomo (D) Cloroplasto

Níveis 3-4: Aplique/Analise

4. O cianeto se liga a pelo menos uma molécula envolvida na produção de ATP. Em uma célula exposta ao cianeto, onde estaria a maior parte desse veneno?
   (A) Mitocôndrias (C) Peroxissomos
   (B) Ribossomos (D) Lisossomos

5. Qual é a melhor célula para estudar os lisossomos?
   (A) Célula muscular (C) Célula bacteriana
   (B) Célula nervosa (D) Leucócito fagocítico

6. **DESENHE** Desenhe duas células eucarióticas. Identifique as estruturas listadas aqui e mostre quaisquer conexões físicas entre as estruturas de cada célula: núcleo, RE rugoso, RE liso, mitocôndria, centrossomo, cloroplasto, vacúolo, lisossomo, microtúbulo, parede celular, MEC, microfilamento, complexo de Golgi, filamento intermediário, membrana plasmática, peroxissomo, ribossomo, nucléolo, poro nuclear, vesícula, flagelo, microvilosidades, plasmodesmo.

Níveis 5-6: Avalie/Crie

7. **CONEXÃO EVOLUTIVA** (a) Quais estruturas celulares melhor revelam a uniformidade evolutiva? (b) Dê um exemplo de diversidade relacionado as modificações celulares especializadas.

8. **PESQUISA CIENTÍFICA** Imagine a proteína X, destinada a atravessar a membrana plasmática. Assuma que o mRNA com mensagem genética para proteína X tenha sido traduzido por ribossomos em uma cultura de células. Se você fracionasse as células (ver Figura 6.4), em qual fração você esperaria encontrar a proteína X? Explique descrevendo o caminho pela célula.

9. **ESCREVA SOBRE UM TEMA: ORGANIZAÇÃO** Escreva um texto curto (100-150 palavras) sobre este tópico: "A vida é uma propriedade emergente que surge ao nível da célula". (Ver Conceito 1.1.)

10. **SINTETIZE SEU CONHECIMENTO**

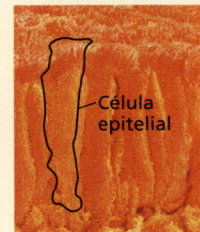
Célula epitelial

Esta MEV mostra células epiteliais do intestino delgado. Discuta como sua estrutura celular contribui para suas funções especializadas de absorção de nutrientes e também funciona como uma barreira entre o conteúdo intestinal e o suprimento de sangue no outro lado da camada de células epiteliais.

Ver respostas selecionadas no Apêndice A.

7 Estrutura e função da membrana

CONCEITOS-CHAVE

7.1 As membranas celulares são mosaicos fluidos de lipídeos e proteínas *p. 127*

7.2 A estrutura da membrana resulta em permeabilidade seletiva *p. 131*

7.3 O transporte passivo é a difusão de uma substância através da membrana sem gasto de energia *p. 132*

7.4 O transporte ativo usa energia para mover os solutos contra seus gradientes *p. 136*

7.5 O transporte em massa através da membrana plasmática ocorre por exocitose e endocitose *p. 139*

Dica de estudo

Faça um guia de estudo visual: desenhe uma membrana plasmática (duas linhas) em uma folha de papel (ou digitalmente). Identifique o citoplasma e o líquido extracelular. No topo, desenhe uma bicamada fosfolipídica em detalhes. À medida que ler o capítulo, desenhe e identifique as proteínas de membrana que você encontrar e faça um diagrama com as diferentes maneiras como materiais podem entrar ou sair da célula.

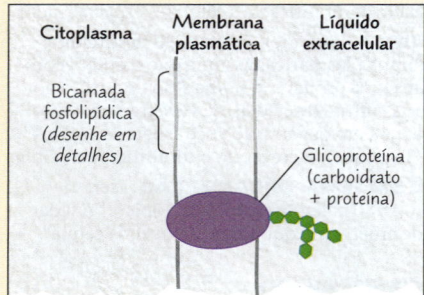

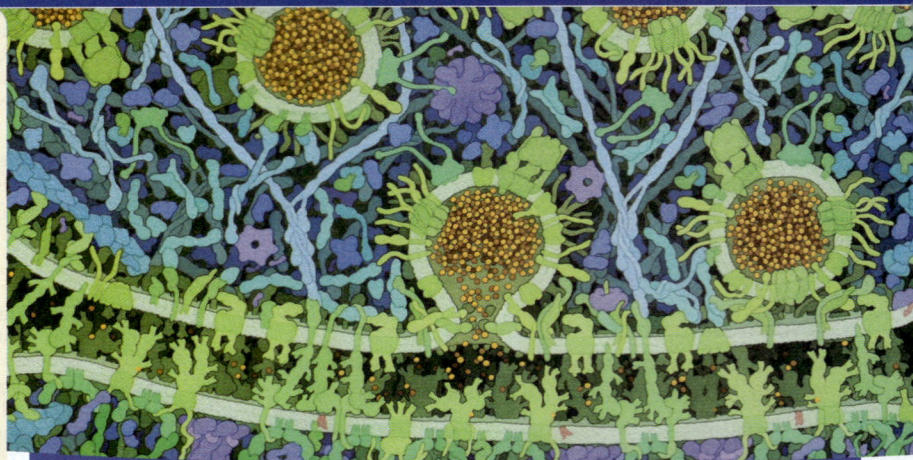

Figura 7.1 A aprendizagem depende da comunicação entre as células cerebrais. Aqui, as vesículas que estão se fusionando com a membrana plasmática na célula superior liberam moléculas (em amarelo) que se ligam a proteínas de membrana (em verde-claro) na superfície da célula inferior, provocando a mudança de formato das proteínas. A membrana plasmática que circunda cada célula regula suas trocas com o meio e as células ao redor.

Como a membrana plasmática regula o tráfego para dentro e para fora da célula?

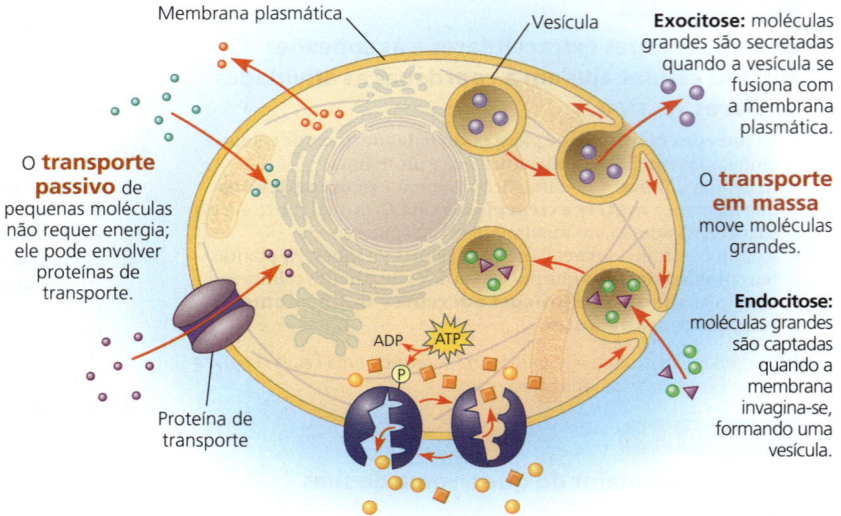

O **transporte passivo** de pequenas moléculas não requer energia; ele pode envolver proteínas de transporte.

Exocitose: moléculas grandes são secretadas quando a vesícula se fusiona com a membrana plasmática.

O **transporte em massa** move moléculas grandes.

Endocitose: moléculas grandes são captadas quando a membrana invagina-se, formando uma vesícula.

O **transporte ativo** de pequenas moléculas requer energia e uma proteína de transporte.

CONCEITO 7.1

As membranas celulares são mosaicos fluidos de lipídeos e proteínas

Os lipídeos e as proteínas são os ingredientes básicos das membranas, embora os carboidratos também sejam importantes. Os lipídeos mais abundantes na maioria das membranas são os fosfolipídeos. Sua capacidade de formar membranas é inerente à sua estrutura molecular. Um fosfolipídeo é uma molécula **anfipática**, isto é, possui uma região hidrofílica ("ama a água") e uma região hidrofóbica ("teme a água") (ver Figura 5.11). Uma bicamada fosfolipídica pode formar uma fronteira estável entre dois compartimentos aquosos devido ao arranjo molecular que protege a cauda hidrofílica dos fosfolipídeos da água, ao mesmo tempo em que expõe as cabeças hidrofílicas à água (**Figura 7.2**).

Assim como os lipídeos de membrana, a maioria das proteínas de membrana é anfipática. Essas proteínas podem residir na bicamada fosfolipídica com protrusão das suas regiões hidrofílicas. Essa orientação molecular maximiza o contato das regiões hidrofílicas de uma proteína com a água no citosol e com o líquido extracelular, ao mesmo tempo em que suas regiões hidrofóbicas fornecem um ambiente não aquoso. A **Figura 7.3** mostra o modelo atualmente aceito da organização das moléculas na membrana plasmática. Nesse **modelo de mosaico fluido**, a membrana é um mosaico de moléculas proteicas que oscilam em uma bicamada fluida de fosfolipídeos.

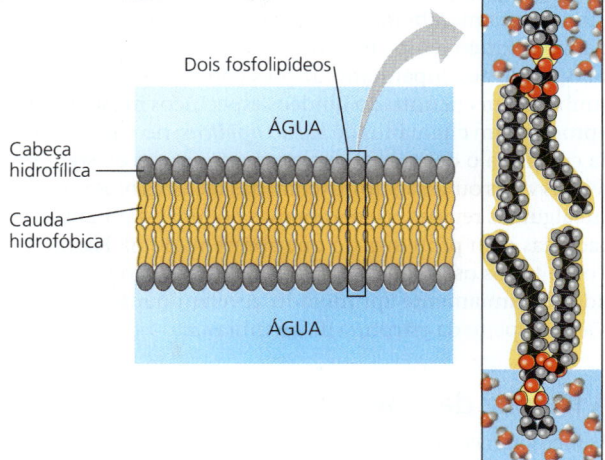

▲ **Figura 7.2** Bicamada fosfolipídica (corte transversal).

HABILIDADES VISUAIS Consultando a Figura 5.11, circule e marque as porções hidrofílicas e hidrofóbicas dos fosfolipídeos em detalhe à direita. Explique como ocorre o contato de cada porção quando os fosfolipídeos estão na membrana plasmática.

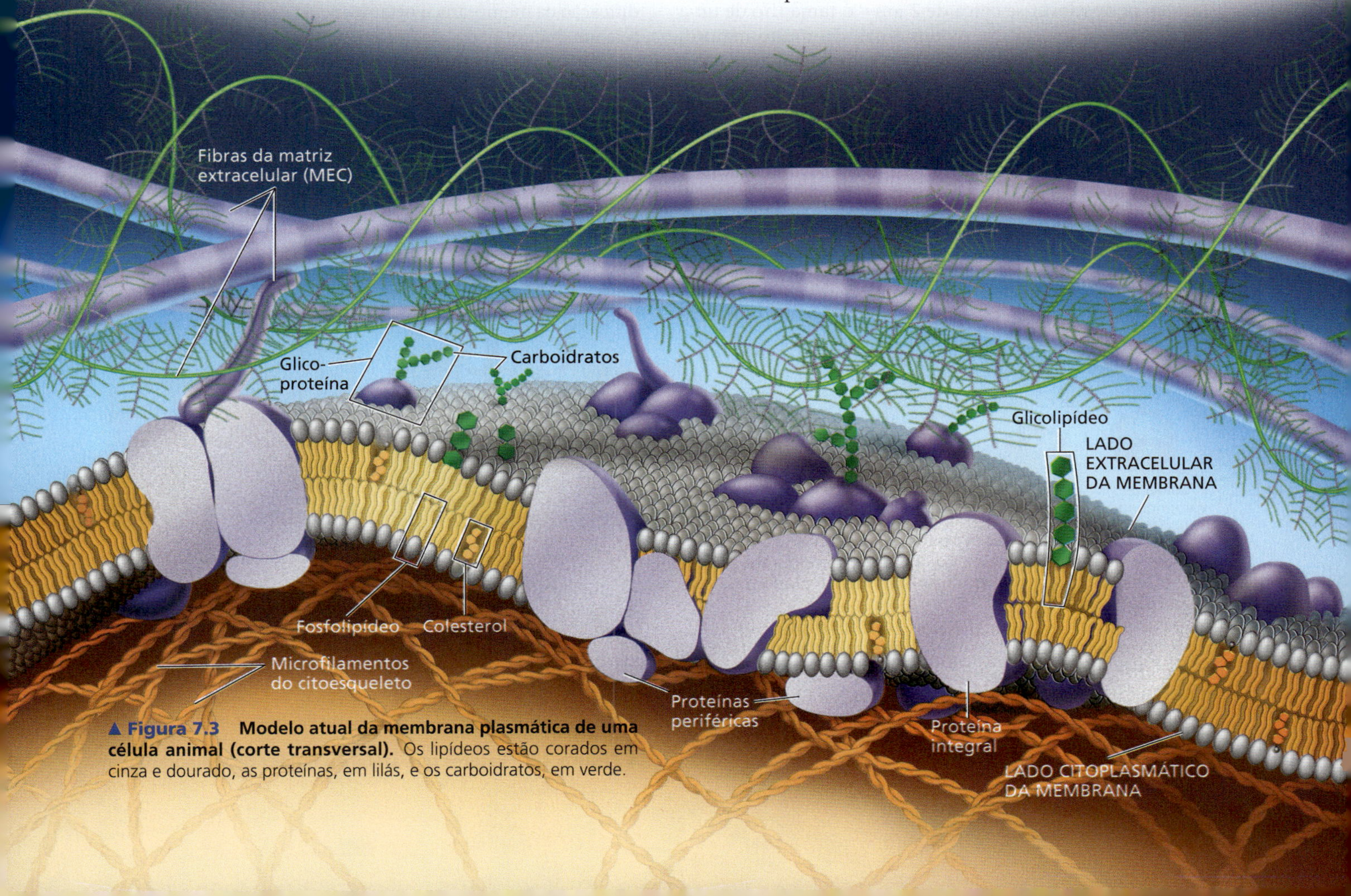

▲ **Figura 7.3 Modelo atual da membrana plasmática de uma célula animal (corte transversal).** Os lipídeos estão corados em cinza e dourado, as proteínas, em lilás, e os carboidratos, em verde.

Entretanto, as proteínas não estão aleatoriamente distribuídas na membrana. Muitas vezes, as proteínas se associam por longo tempo em grupos com especialidades similares, onde desempenham funções comuns. Pesquisadores também têm encontrado lipídeos específicos nesses grupos e propuseram chamá-los de *balsas lipídicas*; no entanto, ainda continua o debate sobre se essas estruturas existem nas células vivas ou se são um artefato das técnicas bioquímicas. Em algumas regiões, as membranas podem estar mais compactadas com proteínas do que apresentado na Figura 7.3. Como todos os modelos, o modelo de mosaico fluido tem sido continuamente aprimorado, revelando mais informações a respeito da estrutura da membrana.

A fluidez das membranas

As membranas não são camadas estáticas de moléculas presas rigidamente em um determinado local. A membrana é mantida principalmente por interações hidrofóbicas, mais fracas do que as ligações covalentes (ver Figura 5.18). A maioria dos lipídeos e algumas proteínas podem mover-se lateralmente, isto é, no plano da membrana, como dançarinos se acotovelando e procurando seu espaço em um salão cheio. Entretanto, é muito raro que uma molécula se mova transversalmente através da membrana, mudando de uma camada lipídica para outra.

O movimento lateral dos fosfolipídeos no interior da membrana é rápido. Fosfolipídeos adjacentes mudam de posição cerca de 10^7 vezes por segundo, ou seja, um fosfolipídeo pode mover-se cerca de 2 μm – o tamanho de uma bactéria – em 1 segundo. As proteínas são muito maiores do que os lipídeos e se movem mais lentamente, quando o fazem. Muitas proteínas da membrana parecem manter-se imóveis por sua ligação ao citoesqueleto ou à matriz extracelular (ver Figura 7.3). Algumas proteínas de membrana parecem mover-se de maneira direcionada, talvez ao longo das fibras do citoesqueleto por meio de proteínas motoras. E outras proteínas simplesmente flutuam na membrana, como mostrado no experimento clássico descrito na **Figura 7.4**.

A membrana permanece fluida com a redução da temperatura até que finalmente os fosfolipídeos se ajustem em um arranjo compactado e a membrana se solidifique, mais ou menos como a gordura do *bacon*, que forma a banha quando resfria. A temperatura na qual a membrana solidifica depende dos tipos de lipídeos que a constituem. À medida que a temperatura diminui, a membrana permanece fluida na baixa temperatura se for rica em fosfolipídeos com caudas de hidrocarbonos insaturados (ver Figuras 5.10 e 5.11). Devido às torções nas caudas em que essas ligações duplas estão localizadas, as caudas dos hidrocarbonos insaturados não podem agrupar-se tão próximas como as caudas dos hidrocarbonos saturados, tornando a membrana mais fluida **(Figura 7.5a)**.

O esteroide colesterol, o qual está preso entre as moléculas de fosfolipídeos na membrana plasmática das células animais, causa diferentes efeitos na fluidez da membrana em diferentes temperaturas **(Figura 7.5b)**. Em temperaturas relativamente altas – a 37 °C, a temperatura corporal humana, por exemplo –, o colesterol torna a membrana menos fluida, restringindo o movimento dos fosfolipídeos. Entretanto, devido ao fato de que o colesterol impede a agregação dos fosfolipídeos, ele também reduz a temperatura necessária para a solidificação da membrana. Portanto, acredita-se que o colesterol seja um "tamponador da fluidez" para a membrana, resistindo às mudanças da fluidez da membrana que pode ser causada por mudanças na temperatura. Comparadas aos animais, as plantas têm um nível muito baixo de colesterol; lipídeos esteroides similares tamponam a fluidez nas células vegetais.

As membranas devem ser fluidas para atuar adequadamente. A fluidez de uma membrana afeta tanto a permeabilidade quanto a capacidade de suas proteínas de mover-se

▼ Figura 7.4 Pesquisa

As proteínas da membrana se movem?

Experimento Larry Frye e Michael Edidin, da Universidade Johns Hopkins, marcaram as proteínas da membrana plasmática de uma célula de camundongo e de uma célula humana com dois marcadores diferentes e fusionaram essas células. Com o auxílio de um microscópio, eles observaram os marcadores na célula híbrida.

Resultados

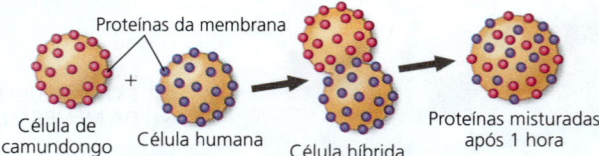

Conclusão A mistura das proteínas da membrana de camundongos e de humanos indica que pelo menos algumas proteínas da membrana se movem lateralmente no plano da membrana plasmática.

Dados de L.D. Frye e M. Edidin, The rapid intermixing of cell surface antigens after formation of mouse-human heterokaryons, *Journal of Cell Science* 7:319 (1970).

E SE? *Suponha que as proteínas não tivessem se misturado na célula híbrida, mesmo várias horas após a fusão. Você poderia concluir que as proteínas não se movem lateralmente na membrana? Qual seria a outra explicação?*

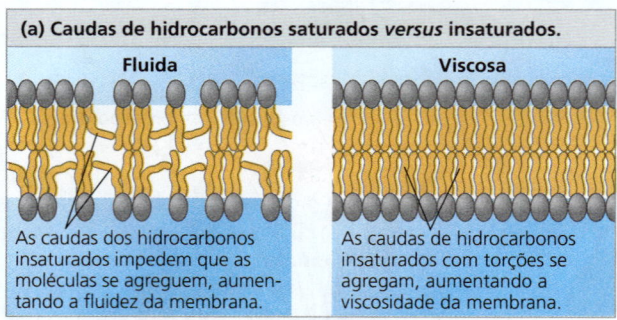

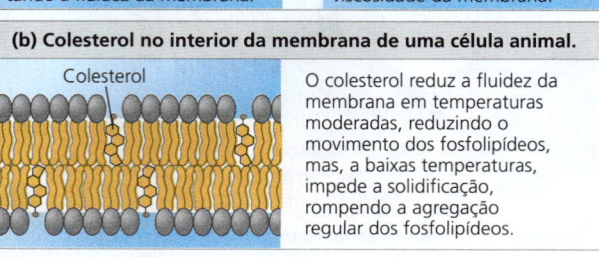

▲ **Figura 7.5** Fatores que afetam a fluidez da membrana.

para locais onde suas funções são necessárias. Normalmente, elas são tão fluidas quanto o azeite de oliva. Quando uma membrana se solidifica, sua permeabilidade altera, e as proteínas enzimáticas da membrana podem tornar-se inativas se sua atividade requerer movimentação dentro da membrana. Entretanto, membranas muito fluidas também não conseguem manter suas funções. Portanto, ambientes extremos (p. ex., aqueles com temperaturas extremas) são desafiadores à vida, provocando adaptações evolutivas que incluem diferenças na composição lipídica da membrana.

Evolução das diferenças na composição lipídica das membranas

EVOLUÇÃO Variações na composição lipídica da membrana celular de muitas espécies parecem ser adaptações evolutivas que mantêm a fluidez adequada da membrana sob condições ambientais específicas. Por exemplo, os peixes que vivem no frio extremo têm membranas com altas proporções de caudas de hidrocarbonos insaturados, permitindo que suas membranas permaneçam fluidas mesmo a baixas temperaturas (ver Figura 7.5a). No outro extremo, algumas bactérias e arqueias prosperam em temperaturas acima de 90 °C em águas termais e gêiseres. Suas membranas incluem lipídeos raros que podem prevenir a fluidez excessiva em altas temperaturas.

A capacidade de mudar a composição lipídica das membranas celulares em resposta a alterações de temperatura evoluiu com os organismos que vivem em locais onde as temperaturas variam. Em muitas plantas que toleram frio extremo, como o trigo-do-inverno, a porcentagem de fosfolipídeos insaturados aumenta no outono, um ajuste que impede a solidificação da membrana durante o inverno. Algumas bactérias e arqueobactérias exibem diferentes proporções de fosfolipídeos insaturados em suas membranas celulares, dependendo da temperatura em que se encontram. Em geral, a seleção natural, aparentemente, favoreceu os organismos cuja composição dos lipídeos de membrana assegurava um nível adequado de fluidez para seu ambiente.

Proteínas de membrana e suas funções

Agora chegamos ao aspecto *mosaico* do modelo do mosaico fluido. Semelhantemente a um mosaico de ladrilhos (mostrado aqui), a membrana é uma colagem de diferentes proteínas, frequentemente aglomeradas em grupos, embebidas na matriz fluida da bicamada lipídica (ver Figura 7.3). Mais de 50 tipos de proteínas têm sido encontradas na membrana plasmática das hemácias, por exemplo. Os fosfolipídeos formam o principal tecido da membrana, mas as proteínas determinam a maior parte das funções da membrana. Diferentes tipos de células possuem diferentes tipos de proteínas de membrana, e as várias membranas de uma célula têm um conjunto único de proteínas.

Observe, na Figura 7.3, que há duas populações principais de proteínas de membrana: as proteínas

◀ Mosaico de ladrilhos.

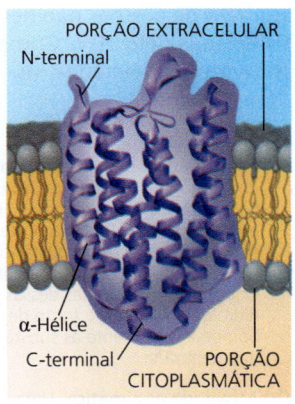

▶ **Figura 7.6 Estrutura de uma proteína transmembrana.** Esta proteína, a bacteriorrodopsina (uma proteína de transporte da bactéria), possui orientação distinta na membrana, com a porção N-terminal para fora da célula e a porção C-terminal para dentro da célula. Este modelo de fita salienta a estrutura secundária das porções hidrofóbicas, incluindo sete α-hélices transmembrana, que se localizam principalmente dentro do interior hidrofóbico da membrana. Os segmentos hidrofílicos não helicoidais estão em contato com a solução aquosa das porções extracelular e citoplasmática da membrana.

integrais e as proteínas periféricas. As **proteínas integrais** penetram na porção hidrofóbica da bicamada lipídica. Muitas são **proteínas transmembrana**, as quais atravessam a membrana; outras são proteínas integrais, que se estendem apenas em parte na porção hidrofóbica. As regiões hidrofóbicas de uma proteína integral consistem em um ou mais segmentos de aminoácidos apolares (ver Figura 5.14), em geral com 20 a 30 aminoácidos de comprimento, normalmente torcidos em α-hélices **(Figura 7.6)**. As porções hidrofílicas da molécula são expostas às soluções aquosas dos dois lados da membrana. Algumas proteínas também têm um ou mais canais hidrofílicos que permitem a passagem de substâncias hidrofílicas pela membrana (mesmo da própria água). As **proteínas periféricas** não estão embebidas na bicamada lipídica; elas estão frouxamente ligadas à superfície da membrana, frequentemente às porções expostas de proteínas integrais (ver Figura 7.3).

Na porção citoplasmática da membrana plasmática, algumas proteínas de membrana são mantidas no local por ligações ao citoesqueleto. Na porção extracelular, certas proteínas de membrana podem ligar-se a materiais fora da célula. Por exemplo, nas células animais, as proteínas de membrana podem estar ligadas às fibras da matriz extracelular (ver Figura 6.28; as *integrinas* são um dos tipos de proteínas transmembrana integrais). Essas ligações se combinam em uma determinada célula animal, proporcionando uma rede mais resistente do que a membrana plasmática poderia fornecer.

A **Figura 7.7** ilustra as seis principais funções desempenhadas pelas proteínas da membrana plasmática. Uma única célula pode ter diferentes proteínas de membrana que executam várias funções, e uma proteína por si só pode realizar múltiplas funções. Portanto, a membrana é tanto um mosaico funcional como estrutural.

As proteínas na superfície celular são importantes na área da medicina. Por exemplo, uma proteína denominada CD4, localizada na superfície das células do sistema imune, auxilia na infecção dessas células pelo vírus da imunodeficiência humana (HIV, do inglês *human immunodeficiency virus*), causando a síndrome da imunodeficiência adquirida (Aids, do inglês *acquired immunodeficiency syndrome*). Entretanto, apesar de múltiplas exposições ao HIV, um pequeno número de pessoas não desenvolve Aids e não tem células infectadas pelo HIV. Comparando seus genes com os de indivíduos infectados, os pesquisadores observaram que os indivíduos resistentes têm uma forma rara do gene que codifica uma proteína de superfície celular denominada CCR5. Estudos posteriores mostraram que, embora CD4 seja o principal receptor para o HIV, ela também deve ligar-se a CCR5 como "correceptor" para infectar a maioria das células **(Figura 7.8a)**. A ausência de CCR5 nas células dos indivíduos resistentes, devido à alteração gênica, impede que o vírus entre nas células **(Figura 7.8b)**.

Essa informação tem sido fundamental para desenvolver um tratamento para infecção pelo HIV. A interferência em CD4 causa efeitos colaterais perigosos, pois ela desempenha inúmeras funções importantes nas células. A descoberta do correceptor CCR5 fornece um alvo mais seguro para o desenvolvimento de fármacos que mascaram essa proteína e bloqueiam a entrada do HIV. Em 2007, um desses fármacos, o maraviroque, foi aprovado no tratamento de HIV; os testes em andamento para determinar sua capacidade de prevenir a infecção por HIV em pacientes não infectados em risco têm sido decepcionante.

(a) Transporte. *À esquerda:* Uma proteína que atravessa a membrana pode formar através da membrana um canal hidrofílico seletivo para determinado soluto (ver Figuras 6.32a e 7.15a). *À direita:* Outra proteína de transporte lança uma substância de um lado para o outro mudando sua forma (ver Figura 7.15b). Algumas dessas proteínas hidrolisam ATP como fonte de energia para bombear ativamente as substâncias através da membrana.

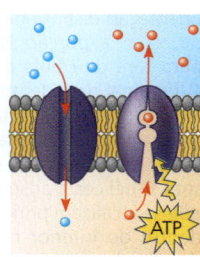

(b) Atividade enzimática. Uma proteína inserida na membrana pode ser uma enzima com seu sítio ativo exposto às substâncias na solução adjacente. Em alguns casos, várias enzimas estão organizadas na membrana como um grupo que desempenha funções sequenciais em uma via metabólica.

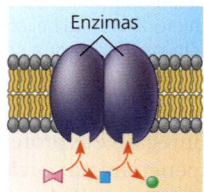

(c) Transdução de sinais. Uma proteína de membrana (receptora) pode ter um sítio de ligação com uma forma específica que se encaixa com a forma de mensageiros químicos, como hormônios. Um mensageiro externo (molécula de sinalização) pode causar uma mudança de formato na proteína que passa a mensagem para dentro da célula, normalmente se ligando a uma proteína citoplasmática (ver Figuras 6.32a e 11.6).

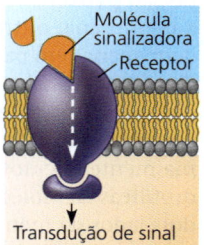

O papel dos carboidratos da membrana no reconhecimento célula-célula

O reconhecimento célula-célula – isto é, a capacidade de uma célula de distinguir um determinado tipo de célula vizinha de outro – é fundamental para o funcionamento do organismo. Por exemplo, nos embriões de animais, ele é importante na organização das células em tecidos e órgãos. Também é a base para a rejeição de células estranhas pelo sistema imune, uma importante linha de defesa dos animais vertebrados (ver Conceito 43.1). As células reconhecem outras células ligando-se às moléculas da superfície extracelular da membrana plasmática, normalmente contendo carboidratos (ver Figura 7.7d).

Em geral, os carboidratos da membrana são curtas cadeias laterais ramificadas com menos de 15 unidades de açúcar. Algumas são covalentemente ligadas aos lipídeos, formando moléculas denominadas **glicolipídeos**. (Lembre-se de que *glico* se refere a carboidrato.) Entretanto, a maioria é covalentemente ligada a proteínas, as quais, portanto, são **glicoproteínas** (ver Figura 7.3).

(d) Reconhecimento célula-célula. Algumas glicoproteínas atuam como marcações identificadoras reconhecidas especificamente por proteínas de membrana e outras células. Esse tipo de ligação célula-célula é de vida curta comparada com a apresentada em (e).

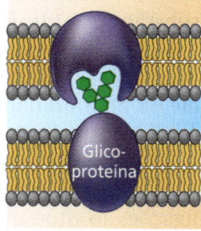

(e) Ligação intercelular. As proteínas da membrana de células adjacentes podem mantê-las unidas em vários tipos de junções, como as junções tipo fenda ou as junções aderentes (ver Figura 6.30). Esse tipo de ligação dura mais tempo do que aquela apresentada em (d).

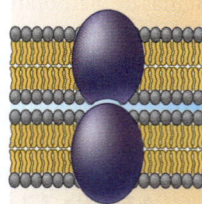

(f) Ligação do citoesqueleto à matriz extracelular (MEC). Microfilamentos ou outros elementos do citoesqueleto podem estar ligados às proteínas de membrana de modo não covalente, função que auxilia a manter a forma da célula e estabiliza a localização de determinadas proteínas de membrana. As proteínas que se ligam às moléculas da MEC podem coordenar as mudanças extracelulares e intracelulares (ver Figura 6.28).

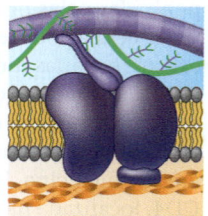

▲ **Figura 7.7 Algumas funções das proteínas de membrana.** Em muitos casos, uma única proteína desempenha várias funções.

HABILIDADES VISUAIS *Algumas proteínas transmembrana podem ligar-se a determinadas moléculas da MEC e, quando ligadas, transmitem um sinal para dentro da célula. Use as proteínas apresentadas em (c) e (f) para explicar como isso acontece.*

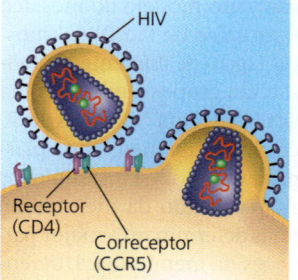

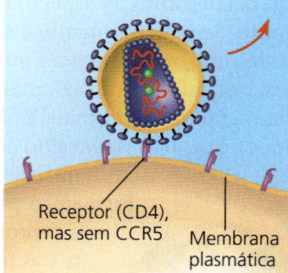

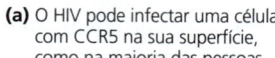

(a) O HIV pode infectar uma célula com CCR5 na sua superfície, como na maioria das pessoas.

(b) O HIV não pode infectar uma célula sem CCR5 na sua superfície, como nos indivíduos resistentes.

▲ **Figura 7.8 Base genética da resistência ao HIV.**

FAÇA CONEXÕES *Estude as Figuras 2.16 e 5.17; cada uma delas mostra pares de moléculas se ligando umas às outras. O que você esperaria do CCR5 que permitiria que o HIV se ligasse a ele? Como um fármaco poderia interferir nessa ligação?*

Os carboidratos da porção extracelular da membrana plasmática variam de espécie para espécie, entre os indivíduos da mesma espécie e até mesmo de um tipo celular para outro em um mesmo indivíduo. A diversidade das moléculas e sua localização na superfície celular permitem que os carboidratos da membrana atuem como marcadores que distinguem um tipo celular de outro. Por exemplo, os quatro tipos de grupos sanguíneos humanos designados A, B, AB e O refletem a variação nos carboidratos das glicoproteínas de superfície das hemácias.

Síntese e lateralidade das membranas

As membranas possuem faces internas e externas distintas. As duas camadas lipídicas podem diferir em sua composição lipídica específica, e cada proteína possui uma orientação direcionada na membrana (ver Figura 7.6). A **Figura 7.9** mostra como surge a lateralidade da membrana: o arranjo assimétrico de proteínas, lipídeos e seus carboidratos associados na membrana plasmática é determinado quando a membrana está sendo construída.

REVISÃO DO CONCEITO 7.1

1. **HABILIDADES VISUAIS** Os carboidratos estão ligados a proteínas da membrana plasmática no RE (ver Figura 7.9). Em que lado da membrana vesicular os carboidratos se encontram durante o transporte para a superfície celular?

2. **E SE?** Como a composição de lipídeos de membrana nas plantas que vivem em solo quente, ao redor de águas termais e gêiseres, pode ser diferenciada da composição de lipídeos na membrana de plantas que vivem em solos de ambientes frios? Explique.

Ver as respostas sugeridas no Apêndice A.

CONCEITO 7.2

A estrutura da membrana resulta em permeabilidade seletiva

A membrana biológica possui propriedades emergentes além daquelas das várias moléculas individuais que a compõem. O restante deste capítulo dá enfoque a uma dessas propriedades: a membrana plasmática possui **permeabilidade seletiva** – isto é, permite que algumas substâncias a atravessem mais facilmente do que outras. A habilidade em regular o transporte através dos limites da célula é essencial para a existência celular. Veremos novamente que a forma se ajusta à função: o modelo do mosaico fluido ajuda a explicar como as membranas regulam o tráfego molecular na célula.

O tráfego de pequenas moléculas e íons através da membrana plasmática em ambas as direções é constante. Considere as trocas químicas entre a célula muscular e o líquido extracelular que a banha. Açúcares, aminoácidos e outros nutrientes entram na célula, e os produtos dos resíduos

▼ **Figura 7.9 Síntese dos componentes da membrana e sua orientação na membrana.** A face citoplasmática (em laranja) da membrana plasmática difere da face extracelular (em verde-água). A face extracelular é derivada da porção interna do RE, Golgi e membrana das vesículas.

DESENHE *Desenhe uma proteína integral de membrana se estendendo parcialmente da membrana do RE até o lúmen do RE. Em seguida, desenhe onde se localizaria a proteína em uma série de etapas numeradas, finalizando na membrana plasmática. Essa proteína estaria em contato com o citoplasma ou com o líquido extracelular? Explique.*

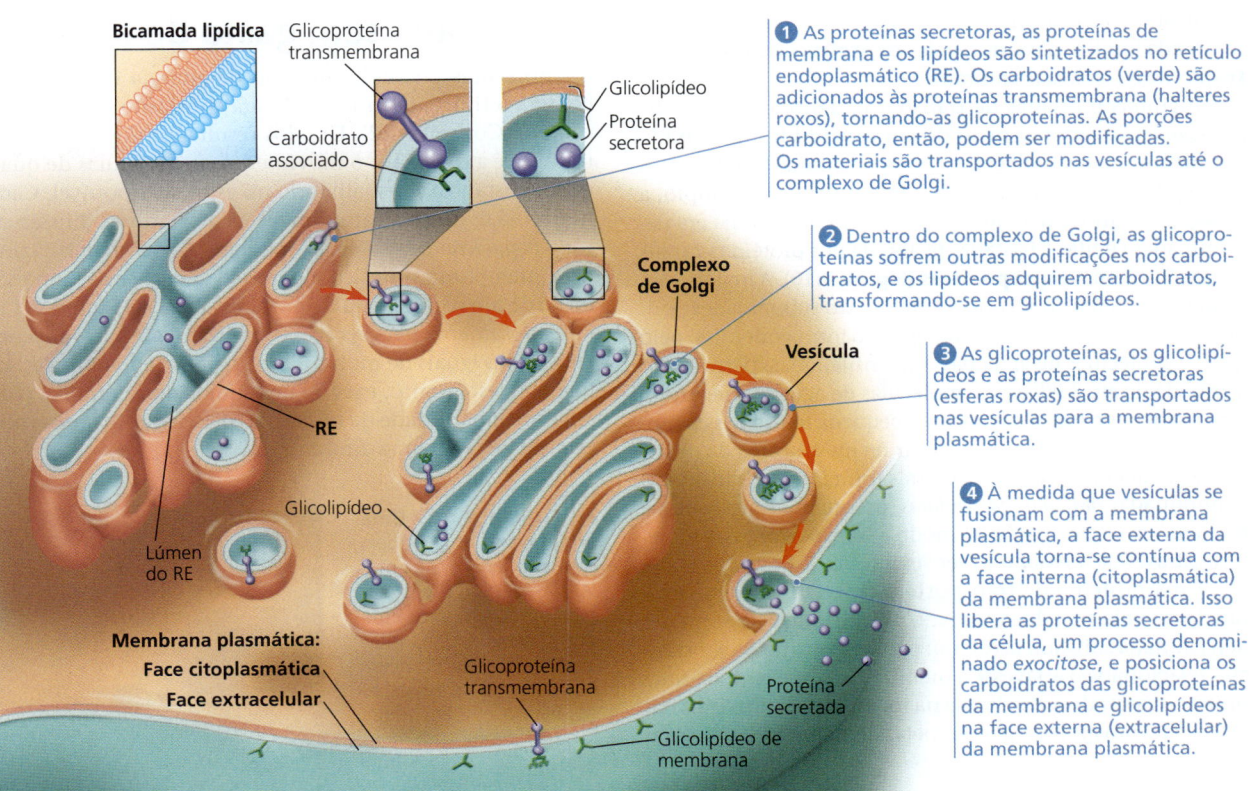

metabólicos saem da célula. As células absorvem o oxigênio (O_2) para o uso na respiração celular e liberam dióxido de carbono (CO_2). Igualmente, as células regulam suas concentrações de íons inorgânicos, como Na^+, K^+, Ca^{2+} e Cl^-, transportando para dentro e para fora através da membrana plasmática. Apesar do tráfego intenso através delas, as membranas celulares são seletivas na sua permeabilidade: as substâncias não atravessam a barreira de maneira indiscriminada. As células são capazes de capturar muitos tipos de pequenas moléculas e íons e excluir outros.

Permeabilidade da bicamada lipídica

Moléculas apolares, como hidrocarbonos, CO_2 e O_2, são hidrofóbicas, assim como os lipídeos. Portanto, todas podem se dissolver na bicamada lipídica da membrana e cruzá-la facilmente sem o auxílio das proteínas de membrana. Entretanto, o interior hidrofóbico da membrana impede a passagem direta de íons e moléculas polares e hidrofílicas pela membrana. Moléculas polares, como a glicose e outros açúcares, somente passam lentamente pela bicamada lipídica; mesmo a água, molécula polar extremamente pequena, não atravessa rapidamente em relação a moléculas apolares. Átomos ou moléculas carregados e sua camada de água (ver Figura 3.8) têm maior dificuldade de penetrar no interior hidrofóbico da membrana. Adicionalmente, a bicamada lipídica é apenas um dos componentes do sistema de barreira responsável pela permeabilidade seletiva da célula. Proteínas inseridas na membrana desempenham funções primordiais na regulação do transporte.

Proteínas de transporte

Íons específicos e várias moléculas polares não conseguem atravessar a membrana celular sem auxílio. Entretanto, essas substâncias hidrofílicas podem evitar o contato com a bicamada lipídica passando pelas **proteínas de transporte** que atravessam a membrana.

Algumas proteínas de transporte, denominadas *proteínas-canais*, atuam por meio de um canal hidrofílico usado por determinadas moléculas e íons como um túnel através da membrana (ver Figura 7.7a, à esquerda). Por exemplo, a passagem de moléculas de água através da membrana em determinadas células é bastante facilitada por proteínas-canais conhecidas como **aquaporinas (Figura 7.10)**. A maioria das proteínas aquaporinas consiste em quatro subunidades polipeptídicas idênticas. Cada polipeptídeo forma um canal pelo qual as moléculas de água passam, enfileiradas, permitindo a entrada de até 3 bilhões de moléculas de água por segundo. Sem as aquaporinas, somente uma pequena fração dessas moléculas de água poderia se difundir na mesma área da membrana celular em 1 segundo. Outras proteínas de transporte, denominadas *proteínas carreadoras*, prendem as moléculas e mudam sua conformação de modo a transportar essas moléculas através da membrana (ver Figura 7.7a, à direita).

Uma proteína de transporte é específica para a substância que ela transloca (move), permitindo que somente determinada substância (ou um pequeno grupo de substâncias relacionadas) atravesse a membrana. Por exemplo, uma proteína carreadora de glicose na membrana plasmática das hemácias transporta a glicose pela membrana 50 mil vezes mais rápido do que a capacidade de difusão da glicose por si só pela membrana. Esse "transportador de glicose" é tão seletivo que inclusive rejeita a frutose, um isômero estrutural da glicose (ver Figura 5.3). Assim, a permeabilidade seletiva de uma membrana depende tanto da barreira discriminatória da bicamada lipídica quanto das proteínas de transporte específicas inseridas nessa membrana.

O que estabelece a *direção* do tráfego através da membrana? Quais são os mecanismos que orientam as moléculas através das membranas? A seguir, discutiremos essas questões e exploraremos dois tipos de tráfego de membrana: o transporte passivo e o transporte ativo.

REVISÃO DO CONCEITO 7.2

1. Quais propriedades permitem que as moléculas de O_2 e CO_2 atravessem a bicamada lipídica sem o auxílio de proteínas de membrana?
2. **HABILIDADES VISUAIS** Examine a Figura 7.2. Por que as moléculas de água precisam de proteínas de transporte para se moverem mais rapidamente através da membrana?
3. **FAÇA CONEXÕES** As aquaporinas excluem a passagem de íons hidrônio (H_3O^+), mas algumas aquaporinas permitem a passagem de glicerol, um álcool de três carbonos (ver Figura 5.9), bem como a passagem de H_2O. Como o H_3O^+ é muito mais parecido em tamanho com a água do que com o glicerol, qual seria a justificativa para essa seletividade?

Ver as respostas sugeridas no Apêndice A.

CONCEITO 7.3

O transporte passivo é a difusão de uma substância através da membrana sem gasto de energia

As moléculas possuem um tipo de energia denominada energia térmica, decorrente de sua constante movimentação (ver Conceito 3.2). Um dos resultados do movimento térmico é a **difusão**, o movimento de partículas de qualquer substância se espalhando no espaço disponível. Cada molécula se move aleatoriamente; entretanto, a difusão de uma *população* de moléculas pode ser direcional. Imagine uma membrana sintética separando água pura de uma solução de um corante diluído em água. Estude a **Figura 7.11a** cuidadosamente para ver como a difusão resultaria em concentrações iguais de moléculas de corante em ambas as soluções. Neste ponto, existirá um equilíbrio dinâmico, com a mesma quantidade de moléculas de corante atravessando por segundo em uma direção e na outra.

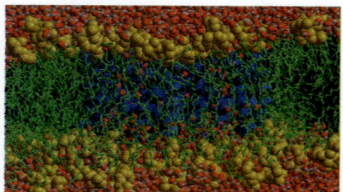

▶ **Figura 7.10 Uma aquaporina.** Este modelo computacional mostra moléculas de água (em vermelho e cinza) passando por uma aquaporina (fitas azuis), em uma bicamada lipídica (em amarelo, cabeças hidrofílicas; em verde, caudas hidrofóbicas).

Aqui está uma regra simples de difusão: na ausência de quaisquer outras forças, uma substância difunde-se da solução mais concentrada para a solução menos concentrada. Em outras palavras, uma substância difunde-se a favor de seu **gradiente de concentração**, a região pela qual a densidade de substância química aumenta ou diminui (neste caso, diminui). A difusão é um processo espontâneo: não necessita de entrada de energia. Cada substância difunde-se na direção do seu *próprio* gradiente de concentração, sem ser afetada pelos gradientes de concentração de outras substâncias **(Figura 7.11b)**.

Grande parte do tráfego através da membrana celular ocorre por difusão. Quando uma substância é mais concentrada em um lado da membrana do que no outro, há uma tendência de que a substância se difunda a favor do seu gradiente de concentração (assumindo que a membrana seja permeável a essa substância). Um exemplo importante é a captura do oxigênio por uma célula realizando a respiração celular. O oxigênio dissolvido se difunde para a célula através da membrana plasmática. À medida que a respiração celular consome o O_2 que entra, a difusão para dentro da célula continua, pois a concentração do gradiente favorece o movimento naquela direção.

A difusão de uma substância através de uma membrana biológica é chamada de **transporte passivo**, pois não requer energia. O próprio gradiente de concentração representa uma energia potencial (ver Conceito 2.2 e Figura 8.5b) e conduz a difusão. Porém, lembre-se de que as membranas são seletivamente permeáveis e, portanto, possuem diferentes efeitos nas velocidades de difusão de várias moléculas. A água pode difundir de forma muito rápida através das membranas das células com aquaporinas, se comparada com a difusão na ausência de aquaporinas. O movimento da água através da membrana plasmática tem importantes consequências para as células.

Efeitos da osmose no balanço hídrico

Para ver como duas soluções com diferentes concentrações de solutos interagem, imagine um tubo de vidro em forma de U com uma membrana artificial seletivamente permeável separando duas soluções de açúcar **(Figura 7.12)**. Os poros dessa membrana sintética são muito pequenos para as moléculas de açúcar passarem, mas grandes o suficiente para a passagem das moléculas de água. Entretanto, o forte agrupamento das moléculas de água ao redor das moléculas hidrofílicas do soluto torna algumas moléculas de água indisponíveis para cruzar a membrana. Como resultado, a solução com maior

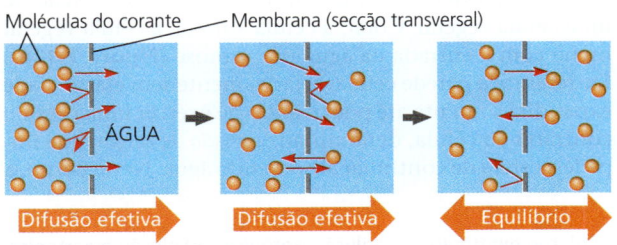

(a) Difusão de um soluto. A membrana possui poros grandes o suficiente para a passagem das moléculas do corante. Com o movimento aleatório das moléculas do corante, algumas passam pelos poros. Isso ocorre mais frequentemente no lado com maior número de moléculas. O corante se difunde do lado em que ele está mais concentrado para o lado menos concentrado (processo denominado difusão a favor do gradiente de concentração). Isso leva a um equilíbrio dinâmico: as moléculas do soluto continuam cruzando a membrana, mas em taxas iguais em ambas as direções.

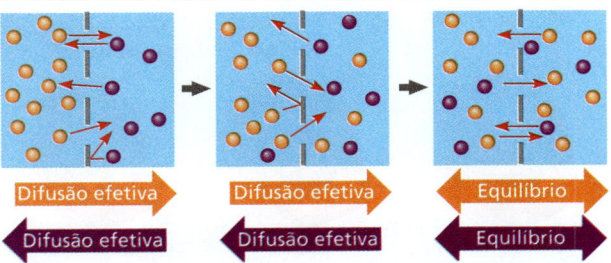

(b) Difusão de dois solutos. Soluções com dois corantes diferentes são separadas por uma membrana permeável a ambos. Cada corante se difunde para seu menor gradiente de concentração. Haverá uma difusão do corante roxo para a esquerda, mesmo que a concentração *total* do soluto tenha sido inicialmente maior no lado esquerdo.

▲ **Figura 7.11 Difusão dos solutos através de uma membrana sintética.** Cada seta grande mostra a difusão das moléculas de corante daquela cor.

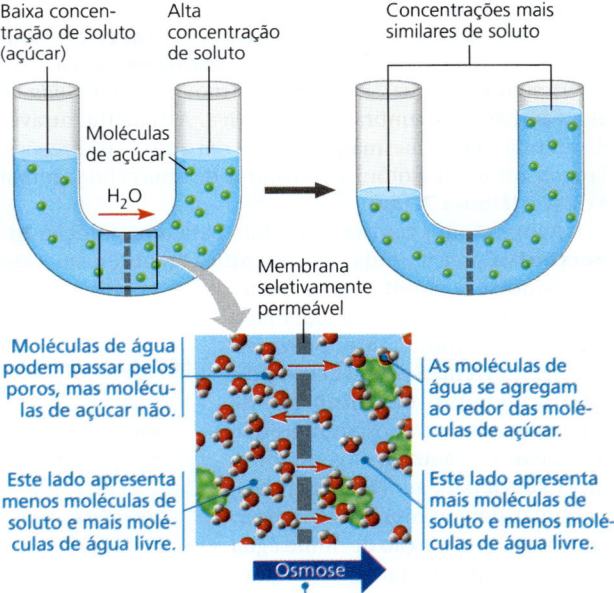

▲ **Figura 7.12 Osmose.** Duas soluções de açúcar de diferentes concentrações são separadas por uma membrana na qual o solvente (água) pode passar, mas o soluto (açúcar) não. As moléculas de água se movem aleatoriamente e podem atravessar em ambas as direções, mas no final a água difunde-se da solução com menor concentração de soluto para a solução com maior concentração de soluto. Esse transporte passivo de água, ou osmose, iguala de forma aproximada as concentrações de açúcar em ambos os lados.

HABILIDADES VISUAIS *Se um corante alaranjado capaz de passar pela membrana for adicionado no lado esquerdo do tubo mostrado acima, como ele ficaria distribuído no final do experimento? (Ver Figura 7.11.) Os níveis da solução final no tubo seriam afetados? Qual componente celular a membrana representa neste experimento?*

concentração de soluto tem menor concentração de água *livre*. A água se difunde através da membrana, da região de maior concentração de água livre (baixa concentração de soluto) para a região de menor concentração de água livre (alta concentração de soluto) até que as concentrações de soluto, em ambos os lados da membrana, praticamente se igualem. A difusão da água livre através de uma membrana seletivamente permeável, seja ela artificial ou celular, é denominada **osmose**. O movimento da água através das membranas celulares e o equilíbrio da água entre as células e seu ambiente são cruciais para o organismo. Agora vamos aplicar o que aprendemos a respeito da osmose nesse sistema nas células vivas.

Balanço hídrico das células sem parede celular

Para explicar o comportamento de uma célula em uma solução, tanto a concentração do soluto quanto a permeabilidade da membrana devem ser observadas. Os dois fatores são levados em consideração no conceito de **tonicidade** – a capacidade de uma solução de fazer uma célula ganhar ou perder água. A tonicidade de uma solução depende, em parte, de suas concentrações de soluto que não podem cruzar a membrana (solutos não penetrantes), com relação àquela do interior das células. Se houver alta concentração de solutos não penetrantes na solução circundante, a água tenderá a sair da célula, e vice-versa.

Se uma célula sem parede celular, como as células animais, ficar imersa em um ambiente **isotônico** para a célula (*iso* significa "igual"), não haverá movimento *líquido* de água através da membrana plasmática. A água flui através da membrana na mesma proporção em ambas as direções. Em um ambiente isotônico, o volume de uma célula animal é estável **(Figura 7.13a)**.

Agora, vamos transferir a célula para uma solução **hipertônica** para a célula (*hiper* significa "mais", neste caso referindo-se a solutos não penetrantes). A célula perderá água para o ambiente, murchará e, provavelmente, morrerá. Essa é a causa pela qual o aumento da salinidade de um lago pode matar os animais que ali vivem. Se a água do lago se torna hipertônica para as células animais, as células podem murchar e morrer. Entretanto, a absorção de muita água também pode ser tão danosa para a célula quanto a perda de água. Se colocarmos a célula em uma solução **hipotônica** para a célula (*hipo* significa "menos"), a água irá entrar mais rápido do que sair, e a célula inchará e lisará (explodirá) como um balão de água muito cheio.

Uma célula sem paredes rígidas não pode tolerar absorção ou perda excessiva de água. Esse problema de balanço hídrico é automaticamente resolvido se a célula estiver em ambiente isotônico. A água do mar é isotônica para muitos invertebrados marinhos. As células da maioria dos animais terrestres são banhadas por um líquido extracelular isotônico para as células. Organismos sem parede celular rígida, que vivem em um ambiente hipertônico ou hipotônico, devem ter adaptações especiais para **osmorregulação**, o controle das concentrações de soluto e o balanço hídrico. Por exemplo, o protista unicelular *Paramecium caudatum* vive em águas lacustres, hipotônicas para a célula. *Paramecium* tem uma membrana plasmática muito menos permeável à água do que à membrana da maioria das outras células, mas ela só desacelera a absorção da água que entra continuamente na célula. A razão pela qual a célula de *Paramecium* não explode é porque ela possui um vacúolo contrátil, organela que atua como bomba para forçar a água para fora da célula tão rápido quanto ela entra por osmose **(Figura 7.14)**. Em contrapartida, bactérias e arqueias que vivem em meios hipersalinos (com muito sal) (ver Figura 27.1) possuem mecanismos celulares que equilibram as concentrações interna e externa de solutos para assegurar que a água não se mova para fora da célula. Veremos outras adaptações evolutivas para a osmorregulação por animais no Conceito 44.1.

Balanço hídrico das células com paredes celulares

As células de vegetais, procariotos, fungos e alguns protistas possuem paredes celulares (ver Figura 6.27). Quando essas células são imersas em uma solução hipotônica – mergulhadas na água da chuva, por exemplo –, a parede celular auxilia a manter o balanço hídrico da célula. Considere uma célula vegetal. Como a célula animal, a célula vegetal incha com a entrada da água por osmose **(Figura 7.13b)**. Entretanto, a parede celular relativamente sem elasticidade expandirá somente até pouco antes de exercer uma pressão contrária na célula, denominada *pressão de turgor*, que impede a célula de continuar absorvendo água. Neste ponto, a

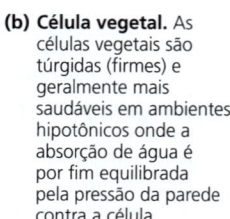

(a) Célula animal. Uma célula animal está mais confortável em um ambiente isotônico, a não ser que possua adaptações especiais que impeçam a absorção ou perda osmótica de água.

(b) Célula vegetal. As células vegetais são túrgidas (firmes) e geralmente mais saudáveis em ambientes hipotônicos onde a absorção de água é por fim equilibrada pela pressão da parede contra a célula.

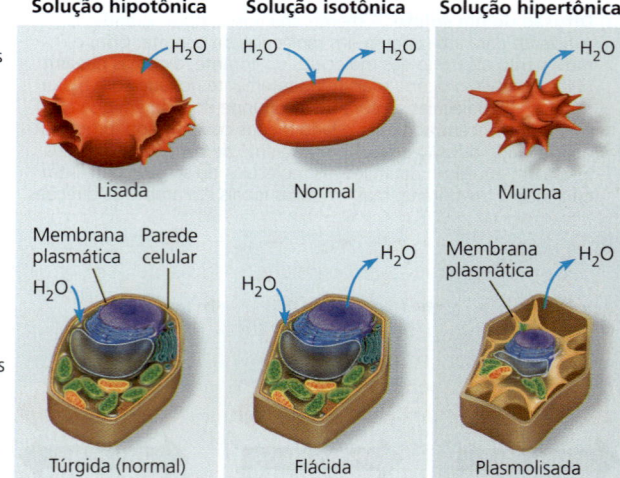

▲ **Figura 7.13 Balanço hídrico nas células vivas.** A reação das células vivas às mudanças na concentração de soluto de seu ambiente depende de se elas possuem ou não parede celular. **(a)** Uma célula animal, como esta hemácia, não possui parede celular. **(b)** Células vegetais têm paredes celulares. (As setas indicam o movimento da água após essas células serem colocadas nessas soluções.)

? *Por que os talos de aipo murchos ficam crocantes quando colocados em um copo d'água?*

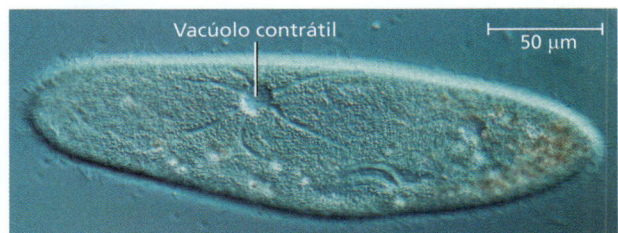

▲ **Figura 7.14 Vacúolo contrátil de *Paramecium*.** O vacúolo coleta fluidos de canais no citoplasma. Quando estão cheios, o vacúolo e os canais se contraem, expelindo os fluidos das células (MO).

célula está **túrgida** (muito firme) – o estado saudável para a maioria das células vegetais. As plantas não lenhosas, como a maioria das plantas caseiras, dependem de um suporte mecânico nas células para manter a turgidez com a solução hipotônica circundante. Se a célula vegetal e o entorno forem isotônicos, não há tendência de a água entrar e a célula se torna **flácida** (mole); a planta murcha.

Entretanto, não há vantagem em possuir uma parede se a célula estiver imersa em ambiente hipertônico. Neste caso, a célula vegetal, como a célula animal, perderá água para as "vizinhanças" e murchará. Com o encolhimento da célula vegetal, a membrana plasmática desgrudará da parede. Esse fenômeno, denominado **plasmólise**, causa o murchamento e a morte da planta. As células bacterianas e de fungos com parede também sofrem plasmólise em ambientes hipertônicos.

Difusão facilitada: transporte passivo auxiliado por proteínas

Vamos ver mais detalhadamente como a água e determinados solutos hidrofílicos atravessam a membrana. Como mencionado anteriormente, moléculas polares e íons bloqueados pela bicamada lipídica da membrana se difundem passivamente com o auxílio de moléculas transportadoras que atravessam a membrana. Esse fenômeno é chamado de **difusão facilitada**. Os biólogos celulares ainda estão tentando aprender exatamente como várias proteínas transportadoras facilitam a difusão. A maioria das proteínas transportadoras é muito específica. Elas transportam algumas substâncias, mas não outras.

Como descrito anteriormente, os dois tipos de proteínas transportadoras são proteínas-canais e proteínas carreadoras. As proteínas-canais simplesmente formam corredores que permitem que moléculas ou íons específicos atravessem a membrana **(Figura 7.15a)**. Os corredores hidrofílicos formados por essas proteínas permitem que as moléculas de água ou pequenos íons fluam rapidamente de um lado para outro da membrana. As aquaporinas, as proteínas-canais de água, facilitam os níveis massivos de difusão de água (osmose) que ocorrem nas células vegetais e animais como as hemácias (ver Figura 7.13). Algumas células renais também têm grande quantidade de aquaporinas, permitindo que elas reciclem a água da urina antes de ser excretada. Se as células renais não desempenhassem sua função, estima-se que uma pessoa excretaria cerca de 180 litros de urina por dia – e teria que beber esse mesmo volume de água!

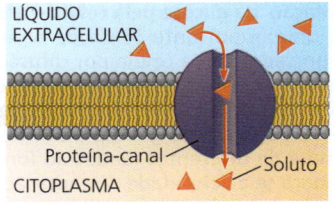

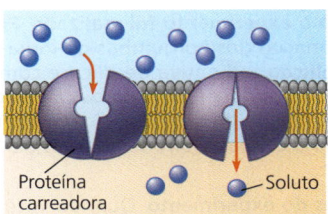

▲ **Figura 7.15 Dois tipos de proteínas de transporte que realizam a difusão facilitada.** Em ambos os casos, a proteína pode transportar o soluto em cada uma das direções, mas o movimento ocorre a favor do gradiente de concentração do soluto.

Proteínas-canais que transportam íons são chamadas de **canais iônicos**. Muitos canais iônicos atuam como **canais controlados**, abrindo ou fechando em resposta a um estímulo (ver Figura 11.8). O estímulo é elétrico em alguns canais controlados. Em uma célula nervosa, por exemplo, uma proteína-canal para íons potássio (ver modelo computacional) se abre em resposta a um estímulo elétrico, permitindo que um fluxo de íons potássio deixe a célula. Isso restaura a capacidade da célula de disparar novamente. Outros canais controlados possuem um estímulo químico: eles abrem ou fecham quando determinada substância (não aquela a ser transportada) se liga ao canal. Os canais iônicos são importantes no funcionamento do sistema nervoso, como veremos no Capítulo 48.

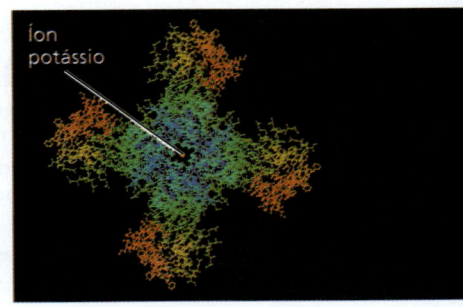

▲ **Proteína-canal de íons potássio.** (Ver também a vista lateral de uma proteína-canal de cálcio na Figura 6.32a.)

As proteínas carreadoras, como as transportadoras de glicose mencionadas anteriormente, ao que parece, sofrem leve alteração em sua forma, de modo a translocar os sítios de ligação do soluto através da membrana **(Figura 7.15b)**. Essas alterações na forma podem ser ativadas pela ligação e pela liberação da molécula transportada. Como os canais iônicos, as proteínas carreadoras envolvidas na difusão facilitada causam o movimento de substâncias na direção do gradiente de concentração. Portanto, não há gasto de energia: esse transporte é passivo. O **Exercício de habilidades científicas** permite que você trabalhe com dados de um experimento relacionado ao transporte da glicose.

Exercício de habilidades científicas

Interpretação de um gráfico de dispersão com duas séries de dados

A captação da glicose pela célula é afetada pela idade? A glicose, uma importante fonte de energia para os animais, é transportada para a célula por difusão facilitada usando proteínas transportadoras. Neste exercício, você interpretará um gráfico com duas séries de dados de um experimento que avalia a absorção de glicose pelas hemácias de porquinhos-da-índia de diferentes idades ao longo do tempo. Você determinará se a velocidade de captação de glicose pelas células depende da idade dos porquinhos-da-índia.

Como o experimento foi realizado Pesquisadores incubaram as hemácias dos porquinhos-da-índia em 300 mM (milimolar) de solução radioativa de glicose com pH 7,4 a 25°C. A cada 10 ou 15 minutos, uma amostra de células era removida e a concentração de glicose radioativa dentro das células era medida. As células eram de animais de 15 dias ou de 1 mês de idade.

Dados do experimento Quando você tem múltiplas séries de dados, pode ser útil colocá-los em um mesmo gráfico para que possam ser comparados. No gráfico aqui apresentado, cada grupo de pontos (da mesma cor) forma um gráfico de dispersão, no qual cada ponto representa dois valores numéricos, um de cada variável. Para cada grupo de dados, uma curva que melhor se ajusta a esses pontos foi desenhada para facilitar a observação da tendência. (Ver mais informações sobre gráficos na Revisão de habilidades científicas, Apêndice D.)

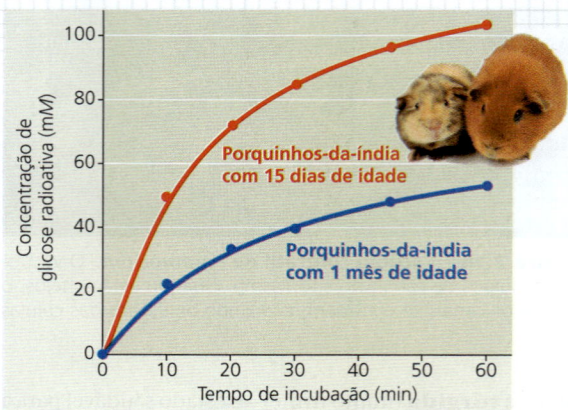

▲ Captação de glicose pelas hemácias dos porquinhos-da-índia ao longo do tempo.

Dados de T. Kondo e E. Beutler, Developmental changes in glucose transport of guinea pig erythrocytes, *Journal of Clinical Investigation* 65:1-4 (1980).

INTERPRETE OS DADOS

1. Primeiramente, assegure-se de que você entendeu os constituintes do gráfico. **(a)** Qual é a variável independente – isto é, a variável controlada pelo pesquisador? **(b)** Qual é a variável dependente – isto é, a variável que depende do tratamento e foi quantificada pelos pesquisadores? **(c)** O que representam os pontos vermelhos? **(d)** E os pontos azuis?

2. A partir dos pontos apresentados no gráfico, construa uma tabela de dados. Coloque o "Tempo de incubação (min)" na coluna à esquerda da tabela.

3. O que mostra o gráfico? Compare a absorção de glicose pelas hemácias dos porquinhos-da-índia de 15 dias e dos animais de 1 mês de idade.

4. Desenvolva uma hipótese para explicar a diferença na absorção de glicose pelas hemácias dos porquinhos-da-índia de 15 dias e nos animais de 1 mês de idade. (Pense em como a glicose entra nas células.)

5. Monte um experimento para testar sua hipótese.

REVISÃO DO CONCEITO 7.3

1. Especule sobre como uma célula que executa a respiração celular pode se livrar do CO_2 resultante.

2. **E SE?** Se um *Paramecium* nadar de um ambiente hipotônico para um isotônico, seu vacúolo contrátil ficará mais ou menos ativo? Por quê?

Ver as respostas sugeridas no Apêndice A.

CONCEITO 7.4

O transporte ativo usa energia para mover os solutos contra seus gradientes

Apesar de auxiliar no transporte de proteínas, a difusão facilitada é considerada um transporte passivo, porque o soluto se movimenta na direção do menor gradiente de concentração, um processo sem gasto de energia. A difusão facilitada acelera o transporte de solutos, permitindo a passagem eficiente através da membrana, mas não altera a direção do transporte. Entretanto, algumas proteínas de transporte podem utilizar energia para mover os solutos *contra* seu gradiente de concentração, através da membrana plasmática do lado em que os solutos se encontram em menor concentração (seja dentro ou fora) para o lado onde estão mais concentrados.

A necessidade de energia no transporte ativo

Para bombear um soluto contra seu gradiente através da membrana é necessário trabalho; a célula deve gastar energia. Portanto, esse tipo de tráfego de membrana é denominado **transporte ativo**. As proteínas de transporte que movem os solutos contra o seu gradiente de concentração são todas proteínas carreadoras, em vez de proteínas-canais. Isso faz sentido, pois, quando as proteínas-canais estão abertas, elas apenas permitem que as moléculas fluam para seu menor gradiente de concentração, em vez de transportá-las contra seu gradiente.

O transporte ativo permite à célula manter concentrações internas de pequenos solutos diferentes das concentrações do ambiente. Por exemplo, comparando com suas vizinhanças, uma célula animal possui concentração muito maior de íons potássio (K^+) e concentrações muito menores de íons sódio (Na^+). A membrana plasmática permite que ela mantenha esses gradientes bombeando Na^+ para fora da célula e K^+ para dentro da célula.

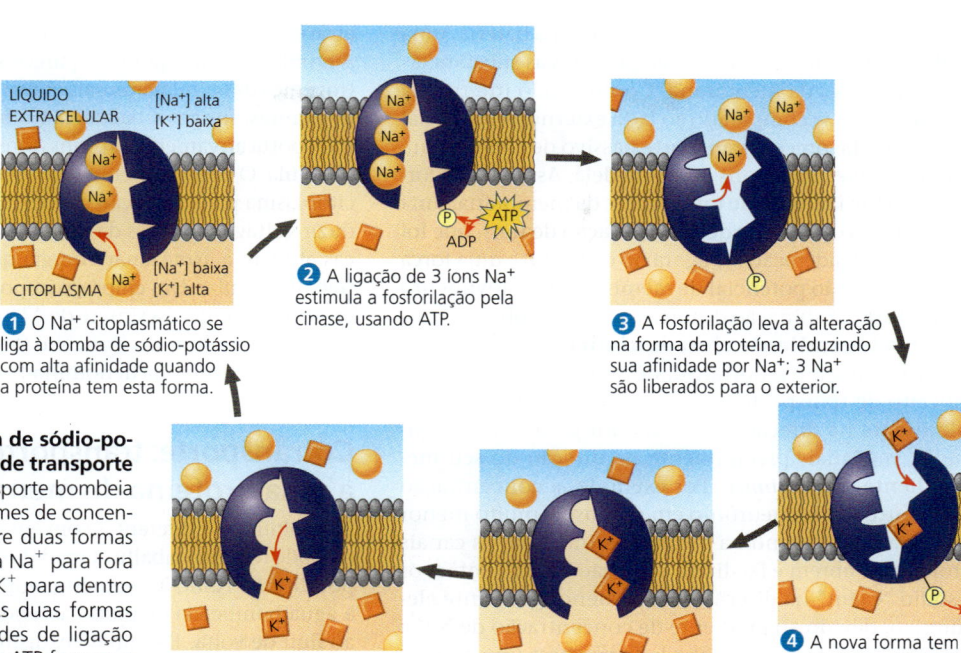

▶ **Figura 7.16** **A bomba de sódio-potássio: um caso específico de transporte ativo.** Esse sistema de transporte bombeia íons contra gradientes íngremes de concentração. A bomba oscila entre duas formas em um ciclo que movimenta Na^+ para fora da célula (etapas ❶-❸) e K^+ para dentro da célula (etapas ❹-❻). As duas formas possuem diferentes afinidades de ligação para Na^+ e K^+. A hidrólise de ATP fornece a energia para a mudança de forma, transferindo um grupo fosfato para a proteína de transporte (fosforilando a proteína).

HABILIDADES VISUAIS *Para cada íon (Na^+ e K^+), descreva sua concentração dentro da célula em relação ao exterior. Quantos Na^+ são movidos para fora da célula e quantos K^+ são movidos para dentro por ciclo?*

Como em outros tipos de trabalho celular, a hidrólise de ATP fornece a energia para a maioria dos transportes ativos. Uma maneira como o ATP pode produzir energia para o transporte ativo é quando seu grupo fosfato terminal é transferido diretamente para a proteína de transporte. Isso pode induzir a proteína a mudar sua forma de modo a translocar um soluto ligado à proteína através da membrana. Um sistema de transporte que atua dessa forma é a **bomba de sódio-potássio**, que troca o Na^+ pelo K^+ através da membrana plasmática das células animais **(Figura 7.16)**. A **Figura 7.17** apresenta uma revisão das diferenças entre o transporte passivo e o transporte ativo.

Como as bombas de íons mantêm o potencial da membrana

Todas as células têm voltagens através da sua membrana plasmática. A voltagem é a energia de potencial elétrico (ver Conceito 2.2) – uma separação das cargas opostas. O lado citoplasmático da membrana é negativo em carga em relação ao lado extracelular devido à distribuição desigual de ânions e cátions nos dois lados da membrana. A voltagem através da membrana, denominada **potencial de membrana**, varia entre –50 e –200 milivolts (mV). (O sinal negativo indica que o lado interno da célula é negativo em relação ao lado externo.)

Transporte passivo. Substâncias se difundem espontaneamente em direção ao gradiente de menor concentração, atravessando a membrana sem gasto de energia pela célula. A taxa de difusão pode ser grandemente aumentada pelas proteínas de transporte da membrana.

Transporte ativo. Algumas proteínas de transporte atuam como bombas, movendo as substâncias através da membrana contra seus gradientes de concentração (ou eletroquímico). A energia para esse trabalho é normalmente suprida pelo ATP.

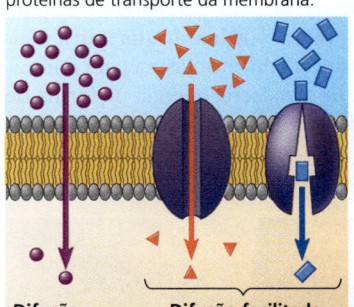

Difusão. Moléculas hidrofóbicas (em baixas taxas) e moléculas polares muito pequenas sem carga podem difundir-se pela bicamada lipídica.

Difusão facilitada. Muitas substâncias hidrofílicas se difundem através da membrana com o auxílio das proteínas de transporte, sem proteínas-canal (esquerda) ou carreadoras (direita).

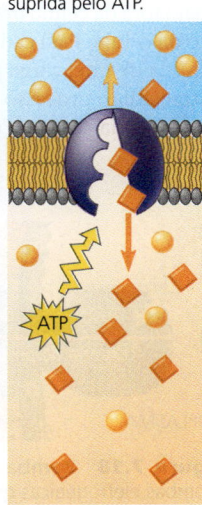

▲ **Figura 7.17** Revisão: transporte passivo e ativo.

HABILIDADES VISUAIS *Para cada soluto no painel da direita, descreva a direção do movimento e declare se está se movendo a favor ou contra seu gradiente de concentração.*

O potencial de membrana atua como uma bateria, uma fonte de energia que afeta o tráfego de todas as substâncias carregadas através da membrana. Como o lado interno da célula é negativo se comparado ao lado externo, o potencial de membrana favorece o transporte passivo de cátions para dentro da célula e de ânions para fora dela. Assim, *duas* forças coordenam a difusão de íons através da membrana: uma força química (o gradiente de concentração de íons, que foi nossa única consideração até agora no capítulo) e uma força elétrica (o efeito do potencial de membrana no movimento dos íons). Essa combinação de forças, atuando sobre os íons, é denominada **gradiente eletroquímico**.

No caso dos íons, portanto, devemos aprimorar nosso conceito de transporte passivo: um íon se difunde não simplesmente na direção do seu menor gradiente de *concentração*, mas mais precisamente na direção do seu menor gradiente *eletroquímico*. Por exemplo, a concentração de Na^+ dentro de um neurônio em repouso é muito menor do que fora dele. Quando a célula é estimulada, os canais controlados se abrem e facilitam a difusão de Na^+. Então, os íons sódio "caem" na direção do seu menor gradiente eletroquímico, devido ao gradiente de concentração de Na^+ e pela atração desses cátions para o lado negativo (interno) da membrana. Nesse exemplo, a contribuição elétrica e química para o gradiente eletroquímico atua na mesma direção através da membrana, mas nem sempre é assim. Nos casos em que as forças elétricas devido ao potencial da membrana se opõem à difusão simples de um íon na direção do seu menor gradiente de concentração, o transporte ativo pode ser necessário. Nos Conceitos 48.2 e 48.3, vamos aprender a importância dos gradientes eletroquímicos e dos potenciais de membrana na transmissão dos impulsos nervosos.

Algumas proteínas de membrana que transportam íons ativamente contribuem para o potencial de membrana. Estude a Figura 7.16 para ver se você consegue compreender por que a bomba sódio-potássio é um bom exemplo. Observe que a bomba não transloca Na^+ e K^+ um para um, mas sim bombeia para fora da célula *três* íons Na^+ para cada *dois* íons K^+ para dentro da célula. Para cada "pulsar" da bomba, há transferência líquida de uma carga positiva do citoplasma para o líquido extracelular, processo que armazena energia na forma de voltagem. Uma proteína de transporte que produz voltagem através da membrana é denominada **bomba eletrogênica**. A bomba de sódio-potássio parece ser a principal bomba eletrogênica das células animais. A principal bomba eletrogênica de plantas, fungos e bactérias é a **bomba de prótons**, que transporta ativamente prótons (íons hidrogênio, H^+) para fora da célula. O bombeamento de H^+ transfere cargas positivas do citoplasma para a solução extracelular **(Figura 7.18)**. Ao produzir voltagem através da membrana, as bombas eletrogênicas ajudam a armazenar energia que pode ser usada para o trabalho celular. Um emprego importante para o gradiente de prótons na célula é a síntese de ATP durante a respiração celular, como veremos no Conceito 9.4. Outro uso é um tipo de tráfego de membrana denominado cotransporte.

Cotransporte: transporte acoplado a uma proteína de membrana

Um soluto com diferentes concentrações através da membrana pode realizar trabalho à medida que atravessa a membrana por difusão rumo à sua menor concentração. Isso é análogo à água bombeada de modo ascendente que realiza trabalho ao fluir de volta. Em um mecanismo denominado **cotransporte**, uma proteína transportadora (uma cotransportadora) pode acoplar a difusão "descendente" do soluto ao transporte "ascendente" de uma segunda substância contra seu próprio gradiente de concentração. Por exemplo, uma célula vegetal usa o gradiente de H^+ produzido por sua própria bomba de prótons ativada por ATP para coordenar o transporte ativo de aminoácidos, açúcares e vários outros nutrientes para dentro da célula. No exemplo apresentado na **Figura 7.19**, uma cotransportadora acopla o retorno dos íons H^+ ao transporte da sacarose para o interior da célula. Essa proteína pode

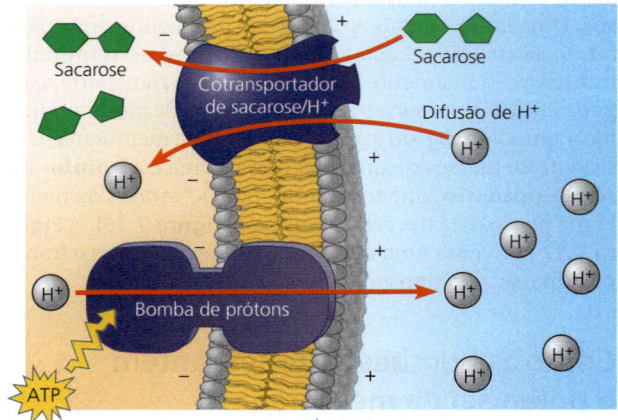

▲ **Figura 7.19** **Cotransporte: transporte ativo dirigido por um gradiente de concentração.** Uma proteína carreadora, como este cotransportador de sacarose/H^+ de uma célula vegetal (parte superior), é capaz de usar a difusão de H^+ a favor de seu gradiente eletroquímico ao interior da célula para realizar a absorção da sacarose. (A parede celular não está representada.) Embora tecnicamente não faça parte do processo de cotransporte, uma bomba de prótons dirigida por ATP está representada aqui (parte inferior), a qual concentra H^+ fora da célula. O gradiente de H^+ resultante representa a energia potencial que pode ser usada para o transporte ativo – nesse caso, da sacarose. Assim, a hidrólise de ATP fornece, de maneira indireta, a energia necessária para o cotransporte.

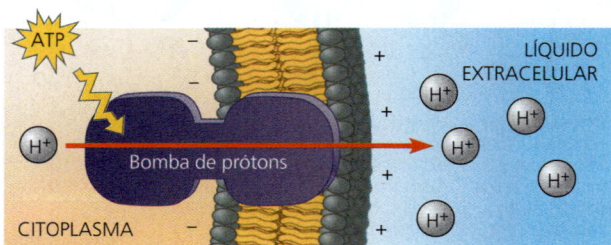

▲ **Figura 7.18** **Bomba de prótons.** As bombas de prótons são bombas eletrogênicas que armazenam energia produzindo voltagem (separação de cargas) através da membrana. A bomba de prótons transloca cargas positivas na forma de íons hidrogênio (H^+, ou prótons). O gradiente de voltagem e de concentração de H^+ representa uma dupla fonte de energia que pode impulsionar outros processos, como a absorção de nutrientes. A maioria das bombas de prótons é energizada pela hidrólise do ATP. (Ver Figura 6.32a.)

translocar a sacarose para a célula contra seu gradiente de concentração, mas somente se a molécula de sacarose mover-se na companhia de um íon H^+. Os íons H^+ usam a proteína de transporte como uma avenida para difundir-se a favor do seu próprio gradiente eletroquímico, mantido pela bomba de prótons. As plantas usam o cotransporte sacarose/H^+ para carregar a sacarose produzida pela fotossíntese para dentro das células nas nervuras das folhas. Então, o tecido vascular da planta pode distribuir o açúcar para as raízes e outros órgãos não fotossintéticos que não produzem seus próprios açúcares.

Um cotransportador similar nos animais transporta Na^+ para dentro das células intestinais junto com a glicose, que está se movendo a favor do seu gradiente de concentração para dentro da célula. (Então, o Na^+ é bombeado para fora da célula para dentro do sangue no outro lado pelas bombas Na^+/K^+; ver Figura 7.16.) O que sabemos a respeito dos cotransportadores Na^+/glicose nos auxiliou a encontrar tratamentos mais eficazes para diarreias, um problema grave em países em desenvolvimento. Normalmente, o sódio dos dejetos é reabsorvido no cólon, mantendo seus níveis corporais constantes; porém, como na diarreia os dejetos são expelidos mais rapidamente, a reabsorção não é possível, e os níveis de sódio caem vertiginosamente. Para tratar essa condição de risco, uma solução contendo altas concentrações de glicose e sais (NaCl) é administrada por via oral aos pacientes. Os solutos são captados pelos cotransportadores Na^+/glicose na superfície das células intestinais e passados pelas células para o sangue. Esse tratamento simples reduziu significativamente a mortalidade infantil no mundo.

REVISÃO DO CONCEITO 7.4

1. As bombas de Na^+/K^+ auxiliam as células nervosas a estabelecer uma voltagem através das suas membranas plasmáticas. Essas bombas utilizam ATP ou produzem ATP? Explique.
2. **HABILIDADES VISUAIS** Compare a bomba de Na^+/K^+ na Figura 7.16 com o cotransportador na Figura 7.19. Explique por que a bomba de Na^+/K^+ não é considerada um cotransportador.
3. **FAÇA CONEXÕES** Revise as características dos lisossomos no Conceito 6.4. Considerando o ambiente interno do lisossomo, qual proteína de transporte você espera encontrar em sua membrana?

Ver as respostas sugeridas no Apêndice A.

CONCEITO 7.5

O transporte em massa através da membrana plasmática ocorre por exocitose e endocitose

Moléculas grandes, como proteínas e polissacarídeos, em geral não atravessam a membrana por difusão ou proteínas de transporte. Em vez disso, elas normalmente entram e saem da célula em massa, empacotadas em vesículas.

Exocitose

A célula secreta determinadas moléculas pela fusão de vesículas com a membrana plasmática; esse processo é denominado

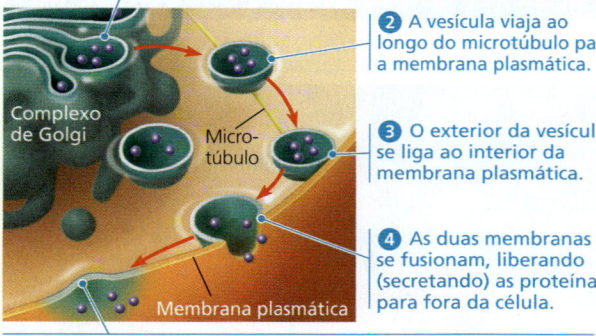

▲ **Figura 7.20** Exocitose.

exocitose (Figura 7.20). Uma vesícula de transporte que brotou a partir do complexo de Golgi se move ao longo dos microtúbulos do citoesqueleto para a membrana plasmática. Quando a membrana da vesícula e a membrana plasmática fazem contato, proteínas específicas em ambas as membranas rearranjam as moléculas lipídicas das duas bicamadas de modo a fusionar as duas membranas. Então, o conteúdo das vesículas é expulso para fora da célula, e a membrana da vesícula torna-se parte da membrana plasmática.

Muitas células secretoras usam a exocitose para exportar produtos. Por exemplo, células do pâncreas que produzem insulina e a secretam para o líquido extracelular por exocitose. Outro exemplo são as células nervosas, que usam a exocitose para liberar neurotransmissores que sinalizam para outros neurônios ou células musculares (ver Figura 7.1). Quando as células vegetais estão produzindo a parede celular, a exocitose libera algumas das proteínas e carboidratos necessários das vesículas do Golgi para fora da célula.

Endocitose

Na **endocitose**, as células absorvem moléculas e matéria particulada, formando novas vesículas a partir da membrana plasmática. Embora as proteínas envolvidas nesse processo sejam diferentes, os eventos da endocitose assemelham-se ao processo reverso da exocitose. Primeiramente, uma pequena área da membrana plasmática invagina-se, formando uma bolsa. Então, com o aprofundamento da bolsa, ela se desprende, formando uma vesícula contendo o material que estava no exterior da célula. Observe atentamente a **Figura 7.21** para compreender os três tipos de endocitose: fagocitose ("alimentação celular"), pinocitose ("o beber da célula") e endocitose mediada por receptor.

As células humanas usam endocitose mediada por receptor para captar colesterol para a síntese da membrana e síntese de outros esteroides. O colesterol circula na corrente sanguínea em partículas denominadas lipoproteínas de baixa densidade (LDLs, do inglês *low-density lipoproteins*), sendo cada uma delas um complexo de lipídeos e proteína. As LDLs se ligam a receptores de LDL nas membranas plasmáticas e, então, entram nas células por endocitose. Na doença hereditária hipercolesterolemia familiar, caracterizada por um nível muito alto de colesterol no sangue, as LDLs não podem

▼ Figura 7.21 Explorando a endocitose nas células animais

Fagocitose

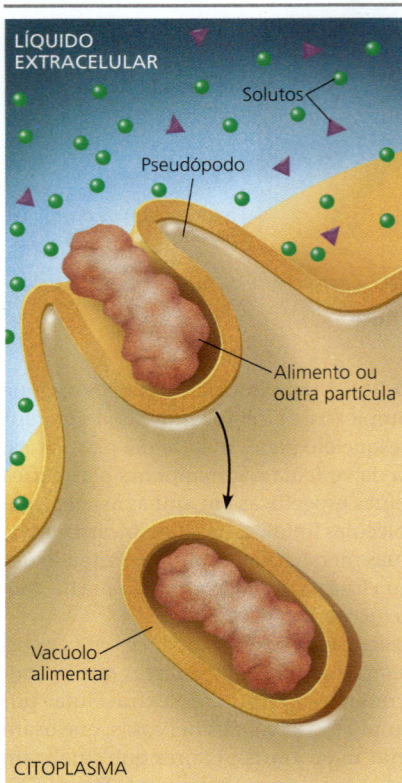

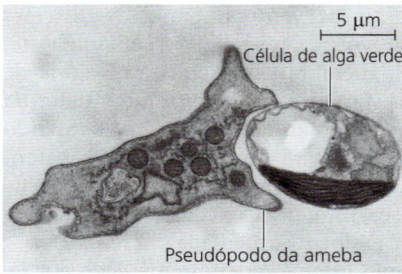

Ameba englobando uma célula de alga verde por fagocitose (MET).

Na **fagocitose**, uma célula engloba uma partícula circundando-a com seu pseudópodo e empacotando-a em um saco membranoso chamado vacúolo alimentar. A partícula é digerida após a fusão do vacúolo alimentar com um lisossomo contendo enzimas hidrolíticas (ver Figura 6.13a).

HABILIDADES VISUAIS *Utilize as barras de escala para estimar o diâmetro (a) do vacúolo alimentar que se formará em torno da célula de alga (micrografia à esquerda; meça o comprimento, e não a largura) e (b) da vesícula revestida (micrografia inferior, à direita). (c) Qual é maior, e por qual fator?*

Pinocitose

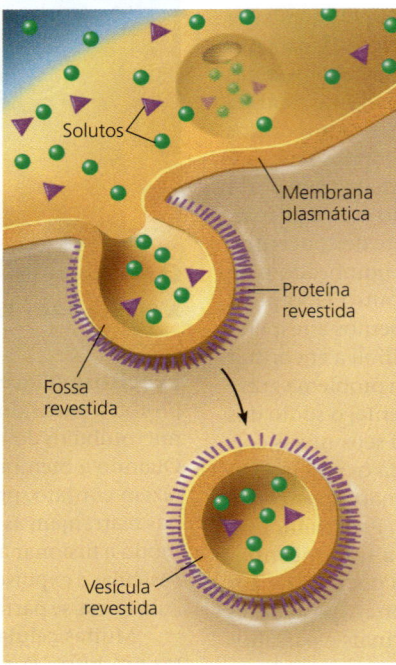

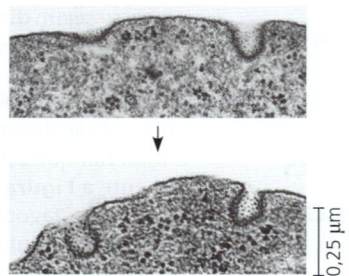

Formação de uma vesícula de pinocitose (MET).

Na **pinocitose**, a célula continuamente engloba gotículas de líquido extracelular em pequenas vesículas, formadas por invaginações da membrana plasmática. Dessa maneira, a célula obtém as moléculas dissolvidas nas gotículas. A pinocitose é um sistema de transporte de substâncias inespecífico porque todos e quaisquer solutos presentes no líquido são absorvidos pela célula. Em muitos casos, as porções da membrana que formam as vesículas estão alinhadas com sua porção citoplasmática por uma camada cheia de proteínas de revestimento. Assim, diz-se que essas "fossas" e vesículas resultantes são *fossas revestidas*.

Endocitose mediada por receptor

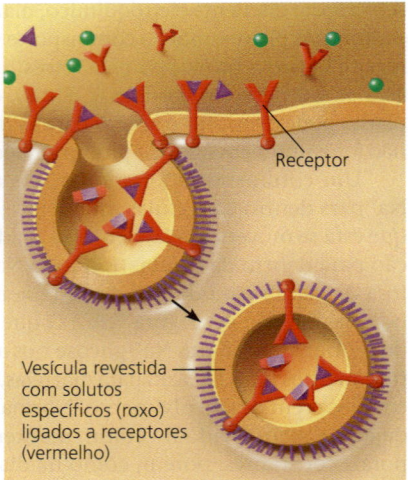

A **endocitose mediada por receptor** é um tipo especializado de pinocitose que permite que a célula adquira grandes quantidades de substâncias específicas, mesmo que essas substâncias não estejam muito concentradas no líquido extracelular. Proteínas com sítios receptores específicos expostos ao líquido extracelular estão embebidas na membrana. Solutos específicos se ligam a esses sítios. As proteínas receptoras se agrupam nas regiões das fossas revestidas, e cada fossa revestida forma uma vesícula contendo as moléculas ligadas. Observe que há relativamente mais moléculas ligadas (triângulos roxo) dentro das vesículas, mas outras moléculas do líquido extracelular também estão presentes. Depois que o material ingerido é liberado das vesículas, os receptores são reciclados para a membrana plasmática pela mesma vesícula (não mostrado).

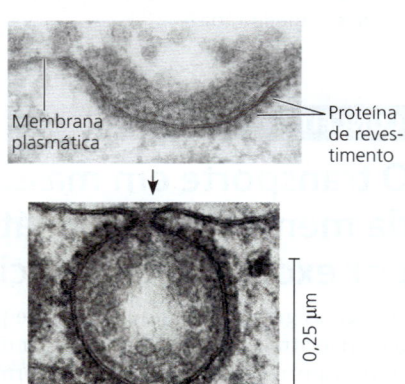

Acima: Fossa revestida. *Abaixo*: Vesícula revestida formada durante a endocitose mediada por receptor (MET).

entrar nas células, pois as proteínas receptoras de LDL estão defeituosas ou ausentes. Então, o colesterol se acumula no sangue, contribuindo para aterosclerose precoce, o depósito de lipídeos dentro das paredes dos vasos sanguíneos. Isso reduz o calibre dos vasos e impede o fluxo sanguíneo, o que pode causar dano cardíaco e acidente vascular cerebral.

A endocitose e a exocitose também fornecem mecanismos de rejuvenescimento ou remodelação da membrana plasmática. Esses processos ocorrem continuamente na maioria das células eucarióticas; no entanto, a quantidade de membrana plasmática em células que não estão em crescimento permanece relativamente constante. Aparentemente, a adição de membrana por um processo compensa a perda de membrana decorrente do outro.

REVISÃO DO CONCEITO 7.5

1. Quando a célula cresce, sua membrana plasmática se expande. Isso envolve endocitose ou exocitose? Explique.
2. **DESENHE** Volte à Figura 7.9 e faça um círculo no local da membrana plasmática que está sendo adquirido a partir de uma vesícula envolvida na exocitose.
3. **FAÇA CONEXÕES** No Conceito 6.7, aprendemos que as células animais produzem matriz extracelular (MEC). Descreva a via celular da síntese e deposição da glicoproteína da MEC.

Ver as respostas sugeridas no Apêndice A.

7 Revisão do capítulo

RESUMO DOS CONCEITOS-CHAVE

CONCEITO 7.1

As membranas celulares são mosaicos fluidos de lipídeos e proteínas (p. 127-131)

- No **modelo do mosaico fluido**, as proteínas **anfipáticas** estão imersas na bicamada fosfolipídica.
- Os fosfolipídeos e algumas proteínas se movem lateralmente na membrana. As caudas de hidrocarbonos insaturados de alguns fosfolipídeos mantêm a fluidez da membrana a baixas temperaturas, enquanto o colesterol auxilia a membrana a resistir às mudanças na fluidez causadas por alterações na temperatura.
- As proteínas de membrana funcionam no transporte, na atividade enzimática, na transdução de sinais, no reconhecimento célula-célula, na ligação intercelular e na ligação ao citoesqueleto e à matriz extracelular. Cadeias curtas de açúcares ligadas às proteínas (nas **glicoproteínas**) e aos lipídeos (nos **glicolipídeos**) na porção externa da membrana plasmática interagem com as moléculas de superfície de outras células.
- As proteínas e os lipídeos de membrana são sintetizados no RE e modificados no RE e no complexo de Golgi. As faces internas e externas da membrana diferem na composição molecular.

? *De que maneira as membranas são cruciais para a vida?*

CONCEITO 7.2

A estrutura da membrana resulta em permeabilidade seletiva (p. 131-132)

- A célula deve trocar moléculas e íons com o ambiente, processo controlado pela **permeabilidade seletiva** da membrana plasmática. As substâncias hidrofóbicas são solúveis em lipídeos e passam rapidamente através da membrana, enquanto as moléculas polares e íons geralmente necessitam de **proteínas de transporte** específicas.

? *Como as aquaporinas afetam a permeabilidade da membrana?*

CONCEITO 7.3

O transporte passivo é a difusão de uma substância através da membrana sem gasto de energia (p. 132-136)

- A **difusão** é um movimento espontâneo de uma substância a favor do seu **gradiente de concentração**. A água se difunde para fora da célula (**osmose**) se a solução exterior estiver mais concentrada de solutos não penetrantes (**hipertônica**); a água entra se a solução tiver menor concentração de soluto (**hipotônica**). Se as concentrações forem iguais (**isotônicas**), não ocorre osmose. A sobrevivência celular depende do equilíbrio entre captação e perda de água.
- Na **difusão facilitada**, uma proteína de transporte acelera o movimento da água ou soluto a favor do seu gradiente de concentração através da membrana. Os **canais iônicos** facilitam a difusão dos íons através da membrana. As proteínas carreadoras podem sofrer alterações na sua forma de modo a translocar os solutos a ela ligados através da membrana.

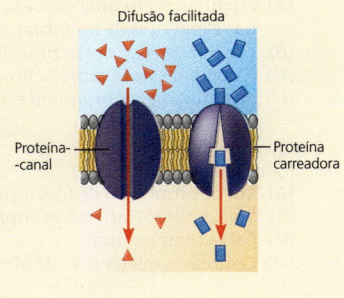

Difusão facilitada

Proteína-canal — Proteína carreadora

? *O que acontece com uma célula quando colocada em uma solução hipertônica? Descreva as concentrações de água dentro e fora.*

CONCEITO 7.4

O transporte ativo usa energia para mover os solutos contra seus gradientes (p. 136-139)

- Proteínas específicas de membrana usam energia, normalmente na forma de ATP, para realizar suas funções de **transporte ativo**.
- Os íons podem ter um gradiente de concentração (químico) e um gradiente elétrico (voltagem). Esses gradientes se combinam em um **gradiente eletroquímico**, que determina a direção final da difusão iônica.
- O **cotransporte** de dois solutos ocorre quando a proteína de membrana permite a difusão "morro abaixo" de um soluto para direcionar o transporte "morro acima" de outro.

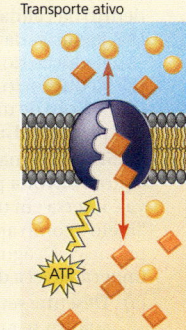

Transporte ativo

? *O ATP não está diretamente envolvido na função de um cotransportador. Então, por que o cotransporte é considerado um transporte ativo?*

CONCEITO 7.5

O transporte em massa através da membrana plasmática ocorre por exocitose e endocitose (p. 139-141)

- Na **exocitose**, as vesículas de transporte migram para a membrana plasmática, fusionam-se com ela e liberam seu conteúdo. Na **endocitose**, as moléculas entram nas células dentro de vesículas que se invaginam e se destacam da membrana plasmática. Os três tipos de endocitose são **fagocitose**, **pinocitose** e **endocitose mediada por receptor**.

? Qual tipo de endocitose envolve a ligação de substâncias específicas no líquido extracelular a proteínas de membrana? O que a célula pode fazer com esse tipo de transporte?

TESTE SEU CONHECIMENTO

Níveis 1-2: Relembre/Entenda

1. De que maneira as membranas das células eucarióticas variam?
   (A) Os fosfolipídeos são encontrados somente em determinadas membranas.
   (B) Determinadas proteínas são exclusivas para cada membrana.
   (C) Somente determinadas membranas celulares têm permeabilidade seletiva.
   (D) Somente determinadas membranas são constituídas de moléculas anfipáticas.

2. De acordo com o modelo do mosaico fluido da estrutura da membrana, as proteínas da membrana estão principalmente
   (A) espalhadas em uma camada contínua sobre as faces internas e externas da membrana.
   (B) confinadas no centro hidrofóbico da membrana.
   (C) embebidas na bicamada lipídica.
   (D) orientadas aleatoriamente na membrana, sem polaridade fixa.

3. Qual dos seguintes fatores tende a aumentar a fluidez da membrana?
   (A) Maior proporção de fosfolipídeos insaturados
   (B) Maior proporção de fosfolipídeos saturados
   (C) Baixa temperatura
   (D) Conteúdo relativamente alto de proteína na membrana

Níveis 3-4: Aplique/Analise

4. Qual dos seguintes processos inclui todos os outros?
   (A) Osmose
   (B) Difusão de um soluto através da membrana
   (C) Transporte passivo
   (D) Transporte de um íon na direção do seu menor gradiente eletroquímico

5. Com base na Figura 7.19, qual destes tratamentos experimentais aumentaria a velocidade do transporte da sacarose para dentro da célula vegetal?
   (A) Redução da concentração extracelular de sacarose
   (B) Redução do pH extracelular
   (C) Redução do pH citoplasmático
   (D) Adição de uma substância que torna a membrana mais permeável a íons hidrogênio

6. **DESENHE** Uma "célula" artificial contendo uma solução aquosa envolta por uma membrana de permeabilidade seletiva é imersa em um béquer contendo uma solução diferente, o "meio", como apresentado na figura a seguir. A membrana é permeável à água e a açúcares simples de glicose e frutose, mas impermeável a dissacarídeos de sacarose.
   (a) Desenhe setas contínuas para indicar o movimento dos solutos para dentro e/ou para fora da célula.
   (b) A solução do lado de fora da célula é isotônica, hipertônica ou hipotônica?
   (c) Desenhe uma seta pontilhada para mostrar o movimento osmótico da água, se houver algum.
   (d) A célula artificial se tornará mais flácida, mais túrgida ou não mudará?
   (e) No final, as duas soluções terão concentrações iguais ou diferentes de soluto?

"Célula" 0,03 M sacarose / 0,02 M glicose
"Meio" 0,01 M sacarose / 0,01 M glicose / 0,01 M frutose

Níveis 5-6: Avalie/Crie

7. **CONEXÃO EVOLUTIVA** *Paramecium* e outros protistas que vivem em ambiente hipotônico têm membranas celulares que limitam a passagem de água, ao passo que aqueles que vivem em ambiente isotônico têm membranas celulares mais permeáveis à água. Descreva quais adaptações de regulação da água podem ter evoluído nos protistas em hábitats hipertônicos como o Great Salt Lake, nos Estados Unidos, e em hábitats com alterações nas concentrações de sal.

8. **PESQUISA CIENTÍFICA** Um experimento é planejado para estudar o mecanismo de captação de sacarose pelas células vegetais. As células são imersas em uma solução de sacarose e o pH da solução é monitorado. Amostras de células são obtidas em diferentes intervalos de tempo e sua concentração de sacarose é medida. Observa-se que o pH diminui até alcançar estabilidade, em um nível levemente ácido, quando a captação da sacarose inicia. (a) Avalie esses resultados e proponha uma hipótese para explicá-los. (b) Na sua opinião, o que aconteceria se um inibidor da regeneração de ATP fosse adicionado à solução após a estabilização do pH? Explique.

9. **CIÊNCIA, TECNOLOGIA E SOCIEDADE** A irrigação intensiva em regiões áridas causa o acúmulo de sais no solo. (Quando a água evapora, os sais que estavam dissolvidos na água são deixados no solo.) Com base no que aprendemos sobre o balanço hídrico nas células vegetais, explique por que o aumento da salinidade do solo pode ser prejudicial às culturas.

10. **ESCREVA SOBRE UM TEMA: INTERAÇÕES** Uma célula pancreática humana obtém O_2 e outras moléculas necessárias, como glicose, aminoácidos e colesterol, do seu ambiente e libera o CO_2 como resíduo metabólico. Em resposta aos sinais hormonais, as células secretam enzimas digestivas. Elas também regulam a concentração de íons por meio de trocas com seu ambiente. Com base no que você aprendeu sobre a estrutura e a função da membrana celular, escreva um texto sucinto (100-150 palavras) para descrever como as células realizam essas interações com seu ambiente.

11. **SINTETIZE SEU CONHECIMENTO**

No supermercado, alface e outros vegetais são frequentemente borrifados com água. Explique por que isso dá aparência de frescor aos vegetais.

Ver respostas selecionadas no Apêndice A.

8 Introdução ao metabolismo

CONCEITOS-CHAVE

8.1 O metabolismo de um organismo transforma matéria e energia p. 144

8.2 A variação de energia livre nos diz se a reação ocorre ou não espontaneamente p. 147

8.3 O ATP fornece energia para o trabalho celular acoplando reações exergônicas a reações endergônicas p. 150

8.4 As enzimas aceleram as reações do metabolismo diminuindo as barreiras de energia p. 153

8.5 A regulação da atividade enzimática ajuda a controlar o metabolismo p. 159

Dica de estudo

Faça uma tabela: Preencha a tabela a seguir para cada processo sobre o qual você leu neste capítulo, como derramamento de água sobre uma barragem ou uma reação química.

Processo	Matérias iniciais; nível relativo de energia	Matérias finais; nível relativo de energia	Este processo ocorrerá de forma espontânea (sem uma fonte de energia)?
Derramamento de água sobre uma barragem	Água no topo da barragem; nível de energia mais alto	Água na parte inferior da barragem; nível de energia mais baixo	Sim
Hidrólise de ATP (Figura 8.9)			

Figura 8.1 Os pontos verdes brilhantes no exterior desta colônia de cupins brasileiros são larvas do besouro-farol, *Pyrophorus nyctophanus*. Essas larvas convertem a energia armazenada nas moléculas orgânicas em luz, um processo chamado bioluminescência, que atrai os cupins dos quais as larvas se alimentam. A bioluminescência e outras atividades metabólicas em uma célula são transformações de energia que estão sujeitas às leis da física.

Como as leis da termodinâmica estão relacionadas aos processos biológicos?

A primeira lei da termodinâmica:
A energia pode ser transferida ou transformada, mas não pode ser criada nem destruída.
Por exemplo:

Energia luminosa do sol

↓ *Transformada pelas plantas em*

Energia química nas moléculas orgânica nas plantas

↓ *Transformada pelos cupins em*

Energia química nas moléculas orgânicas dos cupins

↓ *Transformada pelas larvas do besouro-farol em*

Energia luminosa produzida por bioluminescência

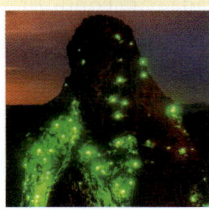

A segunda lei da termodinâmica:
Toda transferência ou transformação de energia aumenta a entropia (desordem) do universo. Por exemplo, durante toda transformação de energia, parte da energia é convertida em energia térmica e liberada como calor:

Calor

Planta usando luz para produzir moléculas orgânicas

Calor

Cupim digerindo uma planta e produzindo novas moléculas

Calor

Larva do besouro-farol digerindo cupim e emitindo luz

CONCEITO 8.1

O metabolismo de um organismo transforma matéria e energia

A totalidade de reações químicas de um organismo é chamada **metabolismo** (do grego *metabole*, mudança). O metabolismo é uma propriedade emergente da vida que surge das interações ordenadas entre as moléculas.

Vias metabólicas

Podemos imaginar o metabolismo de uma célula como um mapa elaborado de muitas reações químicas, dispostas como vias metabólicas que se cruzam. Em uma **via metabólica**, uma molécula específica é alterada em uma série de etapas definidas, resultando em um determinado produto. Cada etapa é catalisada por uma *enzima* específica, uma macromolécula que acelera uma reação química:

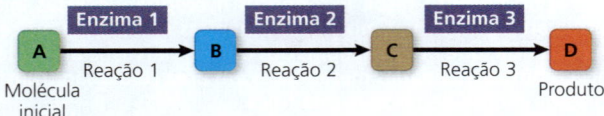

Os mecanismos que regulam essas enzimas equilibram a oferta e a demanda metabólica, assim como os semáforos controlam o fluxo do tráfego.

O metabolismo como um todo controla os recursos materiais e energéticos da célula. Algumas vias metabólicas liberam energia decompondo moléculas complexas em compostos simples. Esses processos de decomposição são denominados **vias catabólicas**, ou vias de decomposição. Uma das principais vias catabólicas é a respiração celular, que quebra a glicose e outros combustíveis orgânicos na presença de oxigênio (O_2) para formar dióxido de carbono (CO_2) e água (H_2O). (As vias metabólicas podem ter mais de uma molécula inicial e/ou produto.) A energia armazenada nas moléculas orgânicas torna-se disponível para fazer o trabalho nas células, como batimentos ciliares ou transporte de membranas. As **vias anabólicas**, por outro lado, consomem energia para fabricar moléculas complexas a partir de moléculas mais simples; algumas vezes, elas são denominadas vias biossintéticas. Exemplos de anabolismo são a síntese de um aminoácido a partir de moléculas mais simples e a síntese de uma proteína a partir de aminoácidos. As vias catabólicas e anabólicas constituem, respectivamente, as avenidas "descendentes" e "ascendentes" da paisagem metabólica. A energia liberada pelas reações das vias catabólicas pode ser armazenada e depois utilizada para conduzir reações das vias anabólicas.

Neste capítulo, vamos dar enfoque aos mecanismos comuns nas vias metabólicas. Como a energia é fundamental para todos os processos metabólicos, é necessário um conhecimento básico de energia para entender o funcionamento de uma célula. Apesar de analisarmos aqui alguns exemplos não vivos para considerar princípios energéticos, os conceitos demonstrados por esses exemplos também se aplicam à **bioenergética**, o estudo de como a energia flui através dos organismos vivos.

Formas de energia

Energia é a capacidade de provocar mudança. No dia a dia, a energia é fundamental, pois algumas formas de energia podem ser utilizadas para realizar trabalho, isto é, mover a matéria contra forças de oposição, como gravidade e fricção. Ou seja, a energia é a capacidade de reorganizar a matéria. Por exemplo, você gasta energia para virar as páginas deste livro, e suas células gastam energia transportando certas substâncias através de membranas. A energia existe em diferentes formas, e o trabalho da vida depende da capacidade das células de transformar energia de um tipo em outro.

Quando a energia está associada ao movimento relativo de objetos, é denominada **energia cinética**. Objetos móveis podem realizar trabalho mediante transmissão de movimento a outros objetos: um jogador de bilhar usa o movimento do taco de bilhar para empurrar a bola branca, a qual, por sua vez, move as outras bolas; a água que jorra através de uma barragem gira turbinas; e a contração dos músculos das pernas empurra os pedais da bicicleta. A **energia térmica** é a energia cinética associada ao movimento aleatório de átomos ou moléculas; a energia térmica que é transferida de um objeto para outro é chamada de **calor**. A luz também é um tipo de energia que pode ser utilizada para gerar trabalho, como servir de fonte de energia para a fotossíntese em plantas verdes.

Um objeto inerte ainda pode possuir energia. A energia não cinética é denominada **energia potencial**; é a energia que a matéria tem devido à sua localização ou à sua estrutura. A água atrás de uma barragem, por exemplo, possui energia associada à sua altitude em relação ao nível do mar. As moléculas têm energia devido à disposição dos elétrons nas ligações entre seus átomos. O termo **energia química** é utilizado pelos biólogos para se referir à energia potencial disponível para ser liberada em reações químicas. Lembre-se de que as vias catabólicas liberam energia por meio da decomposição de moléculas complexas. Os biólogos dizem que essas moléculas complexas, como a glicose, são altamente energéticas do ponto de vista químico. Durante uma reação catabólica, algumas ligações são quebradas e outras são formadas, liberando energia e resultando em produtos com menor energia. Essa transformação também ocorre no motor de um carro, por exemplo, quando os hidrocarbonetos da gasolina reagem com o O_2, causando uma explosão, liberando a energia que movimenta os pistões e produzindo gases de descarga. Apesar de menos explosivas, as moléculas dos alimentos reagem de forma semelhante ao O_2, fornecendo energia química aos sistemas biológicos e produzindo CO_2 e H_2O como produtos residuais. As estruturas e as vias bioquímicas das células as permitem liberar energia das moléculas de alimento, fornecendo energia aos processos da vida.

O mergulhador tem mais energia potencial na plataforma do que na água.

Mergulhar converte energia potencial em energia cinética.

Subir converte energia cinética do movimento muscular em energia potencial.

O mergulhador tem menos energia potencial na água do que na plataforma.

▲ **Figura 8.2** Transformações entre energia potencial e energia cinética.

Como a energia é convertida de uma forma em outra? Considere a **Figura 8.2**. A mulher que está subindo a escada até a plataforma de mergulho está liberando energia química da comida que comeu no almoço e usando um pouco dessa energia para realizar o trabalho de escalada. A energia cinética dos músculos em movimento é transformada em energia potencial devido ao aumento da altura acima do nível da água. O homem que está mergulhando está convertendo sua energia potencial em energia cinética, que é, então, transferida para a água quando ele entra nela, resultando em respingos, ruído e aumento do movimento das moléculas de água. Uma pequena quantidade de energia é perdida como calor devido à fricção.

Agora vamos considerar a fonte original das moléculas orgânicas dos alimentos que forneceram a energia química necessária para que esses mergulhadores subissem os degraus. Essa energia química derivou da energia da luz absorvida pelas plantas durante a fotossíntese. Os organismos são transformadores de energia.

Leis da transformação de energia

O estudo das transformações de energia que ocorrem em certa quantidade de matéria é chamado **termodinâmica**. Os cientistas utilizam a palavra *sistema* para denotar a matéria estudada e denominam o resto do universo – tudo o que não pertence ao sistema – de *ambiente*. Um *sistema isolado*, como um líquido em uma garrafa térmica, não troca energia nem matéria com o ambiente. Em um *sistema aberto*, existe transferência tanto de energia quanto de matéria entre sistema e ambiente. Os organismos são sistemas abertos. Eles absorvem energia – energia luminosa ou energia química na forma de moléculas orgânicas, por exemplo – e liberam calor e produtos do metabolismo, como CO_2, para o ambiente. Duas leis da termodinâmica regem as transformações de energia nos organismos e em todos os outros conjuntos de matéria.

Primeira lei da termodinâmica

De acordo com a **primeira lei da termodinâmica**, a energia do universo é constante: *a energia pode ser transformada ou transferida, mas não pode ser criada nem destruída*. A primeira lei também é conhecida como o *princípio da conservação de energia*. Uma companhia elétrica não cria energia, apenas a converte em uma forma conveniente para utilização. Pela conversão da luz solar em energia química, as plantas atuam como transformadoras de energia, e não como produtoras de energia.

O urso-pardo da **Figura 8.3a** converterá a energia química das moléculas orgânicas presentes em seus alimentos em energia cinética e outras formas de energia, à medida que realiza processos biológicos. O que acontece com essa energia depois de utilizada para gerar trabalho? A segunda lei da termodinâmica ajuda a responder a essa pergunta.

(a) **Primeira lei da termodinâmica:** A energia pode ser transferida ou transformada, mas não pode ser criada nem destruída. Por exemplo, as reações químicas neste urso-pardo converterão a energia química (potencial) do peixe em energia cinética do movimento.

(b) **Segunda lei da termodinâmica:** Toda transferência ou transformação de energia aumenta a desordem (entropia) do universo. Por exemplo, à medida que o urso-pardo corre, a desordem é aumentada ao redor dele pela liberação de calor e de pequenas moléculas subprodutos do metabolismo. Um urso-pardo pode atingir a velocidade de 56 km por hora – tão veloz quanto um cavalo de corrida.

▲ **Figura 8.3** As duas primeiras leis da termodinâmica.

Segunda lei da termodinâmica

Se a energia não pode ser destruída, por que os organismos não conseguem reciclar sua energia repetidamente? Acontece que, durante cada transferência ou transformação de energia, parte da energia é convertida em energia térmica e liberada como calor, tornando-se indisponível para fazer trabalho. Apenas uma pequena fração da energia química dos alimentos da Figura 8.3a é transformada no movimento do urso-pardo mostrado na **Figura 8.3b**; a maioria é perdida como calor, que se dissipa rapidamente no ambiente.

Um sistema pode colocar a energia térmica para funcionar somente quando há uma diferença de temperatura que resulta em energia térmica fluindo como calor de um local mais quente para um mais frio. Se a temperatura é uniforme, como ocorre nas células vivas, então a energia térmica gerada durante as reações químicas simplesmente aquecerá certa quantidade de matéria, como o organismo. (Isso pode tornar desconfortável uma sala repleta de pessoas em razão do calor, pois cada pessoa realiza uma grande quantidade de reações químicas!)

Uma consequência da perda de energia utilizável como calor para o ambiente é que cada transferência ou transformação de energia torna o universo mais desordenado. Todos nós conhecemos a palavra "desordem" no sentido de uma sala bagunçada ou um edifício abandonado. No entanto, a palavra "desordem", como usada pelos cientistas, tem uma definição molecular específica relacionada ao quão dispersa a energia está em um sistema e quantos níveis diferentes de energia estão presentes. Para simplificar, usamos "desordem" na discussão a seguir, porque nosso entendimento comum (a sala bagunçada) é uma boa analogia para a desordem molecular.

Os cientistas usam uma grandeza chamada **entropia** como medida de desordem molecular, ou aleatoriedade. Quanto mais aleatória for a disposição de uma quantidade de matéria, maior será sua entropia. A **segunda lei da termodinâmica** pode ser expressa da seguinte forma: *toda transferência ou transformação de energia aumenta a entropia do universo*. Embora a ordem possa aumentar localmente, há uma tendência incontrolável para a aleatoriedade do universo como um todo.

A desintegração física da estrutura organizada de um sistema é uma boa analogia para um aumento da entropia. Por exemplo, você pode observar a crescente entropia na decadência gradual de um edifício não conservado ao longo do tempo. Grande parte da crescente entropia do universo é mais abstrata, no entanto, porque ela assume a forma de quantidades crescentes de calor e formas menos ordenadas de matéria. À medida que o urso na Figura 8.3b converte energia química em energia cinética, ele também está aumentando a desordem de seu ambiente ao produzir calor e pequenas moléculas, como o CO_2 que exala, que são os produtos de decomposição dos alimentos.

O conceito de entropia nos ajuda a entender por que certos processos são energeticamente favoráveis e ocorrem por si só. Acontece que, se um determinado processo, por si próprio, leva a um aumento da entropia, ele pode prosseguir sem necessidade de aporte de energia. Esse é um **processo espontâneo**. Da forma que utilizamos aqui, a palavra *espontâneo* não implica que o processo ocorra rapidamente, mas sim que ele é energeticamente favorável. (De fato, pode ser útil para você pensar na expressão "energeticamente favorável" quando você ler o termo formal *espontâneo*, a palavra preferida pelos químicos.) Alguns processos espontâneos podem ser praticamente instantâneos, como uma explosão, ao passo que outros são muito mais lentos, como o aumento da ferrugem de um carro velho ao longo do tempo.

Um processo que, por si só, leva a uma diminuição da entropia é dito como não espontâneo: ele só acontecerá se for fornecida energia. A experiência nos ensina que alguns eventos ocorrem espontaneamente, e outros não. Por exemplo, sabemos que a água se move para baixo espontaneamente, mas só se move para cima mediante aporte de energia, como quando uma máquina bombeia a água contra a força da gravidade. Parte dessa energia é inevitavelmente perdida como calor, aumentando a entropia no ambiente, de forma que o uso da energia durante um processo não espontâneo também leva a um aumento da entropia do universo como um todo.

Ordem e desordem biológica

Os sistemas vivos aumentam a entropia do ambiente, como prevê a segunda lei da termodinâmica. Você pode se perguntar, então, como as células criam estruturas ordenadas a partir de materiais de partida menos organizados. Por exemplo, moléculas mais simples são organizadas na estrutura complexa de um aminoácido, e os aminoácidos são organizados em cadeias polipeptídicas. Em nível de organismo, estruturas complexas e bem-ordenadas resultam de processos biológicos que usam matérias-primas mais simples **(Figura 8.4)**. Como isso pode acontecer, se a entropia deve aumentar constantemente?

(a) Esponja-de-vidro   (b) Torres da Sagrada Família

▲ **Figura 8.4 A ordem como uma característica da vida.** A ordem é evidente nas estruturas detalhadas **(a)** da esponja-de-vidro da cesta-de-flores-de-vênus, que inspirou o arquiteto espanhol Antoni Gaudí em seu projeto **(b)** das torres da Sagrada Família em Barcelona, na Espanha.

Esse aumento na ordem é equilibrado pelo fato de um organismo tomar formas organizadas de matéria e energia do ambiente e substituí-las por formas menos ordenadas. Por exemplo, um animal obtém amido, proteínas e outras moléculas complexas dos alimentos que consome. Conforme as vias catabólicas quebram essas moléculas, o animal libera CO_2 e H_2O – pequenas moléculas que possuem menos energia química do que os alimentos (ver Figura 8.3b). O esgotamento da energia química é estimado pelo calor gerado durante o metabolismo. Em uma escala maior, a energia entra no ecossistema por meio da luz e sai na forma de calor (ver Figura 1.9).

Durante o surgimento da vida, organismos complexos evoluíram a partir de ancestrais mais simples. Por exemplo, podemos rastrear a origem do reino vegetal desde os organismos mais simples, denominados algas verdes, até os mais complexos, como as plantas floríferas. Contudo, esse aumento na organização ao longo do tempo não viola de maneira alguma a segunda lei. A entropia de um determinado sistema, como um organismo, pode, na verdade, diminuir desde que a entropia total do *universo* – o sistema e seu ambiente – aumente. Dessa forma, os organismos são "ilhas" de baixa entropia em um universo cada vez mais aleatório. A evolução da ordem biológica é perfeitamente coerente com as leis da termodinâmica.

REVISÃO DO CONCEITO 8.1

1. **FAÇA CONEXÕES** Como a segunda lei da termodinâmica ajuda a explicar a difusão de uma substância através de uma membrana? (Ver Figura 7.11.)
2. Descreva as formas de energia encontradas em uma maçã enquanto ela cresce em uma árvore, depois cai e, então, é digerida por alguém que a come.
3. **E SE?** Se você colocar uma colherada de açúcar no fundo de um copo d'água, o açúcar se dissolverá completamente com o tempo. Passado tempo suficiente, por fim, a água desaparecerá, e os cristais de açúcar reaparecerão. Explique essas observações em termos de entropia.

Ver as respostas sugeridas no Apêndice A.

CONCEITO 8.2

A variação de energia livre nos diz se a reação ocorre ou não espontaneamente

As leis da termodinâmica que acabamos de explorar se aplicam ao universo como um todo. Como biólogos, queremos entender as reações químicas da vida – por exemplo, quais reações ocorrem espontaneamente e quais precisam de um aporte externo de energia. Mas como podemos saber disso sem medir as variações de energia e de entropia no universo inteiro para cada reação separada?

Variação de energia livre, ΔG

Tenha em mente que o universo equivale ao "sistema" mais "o ambiente". Em 1878, J. Willard Gibbs, professor em Yale, definiu uma função muito útil chamada energia livre de Gibbs de um sistema (sem considerar seu ambiente), simbolizada pela letra G. Vamos nos referir à energia livre de Gibbs simplesmente como energia livre. **Energia livre** é a porção de energia de um sistema capaz de realizar trabalho quando a temperatura e a pressão são uniformes ao longo do sistema, como na célula viva. Vamos ver como se determina a variação de energia livre quando um sistema varia – como nas reações químicas, por exemplo.

A variação na energia livre, ΔG, pode ser calculada para uma reação química aplicando a seguinte equação:

$$\Delta G = \Delta H - T\Delta S$$

Essa equação utiliza somente as propriedades do próprio sistema (a reação): ΔH simboliza a variação de *entalpia* do sistema (em sistemas biológicos, equivale à energia total); ΔS é a variação de *entropia* do sistema; e T é a temperatura absoluta em unidades Kelvin (K) (K = °C + 273; ver páginas finais do livro).

Usando métodos químicos, podemos medir a ΔG para qualquer reação. (O valor dependerá de condições como pH, temperatura e concentrações de reagentes e produtos.) Uma vez conhecido o valor de ΔG para um processo, podemos usá-lo para prever se o processo será espontâneo (i.e., se é energeticamente favorável e ocorrerá sem um fornecimento de energia). Mais de um século de experimentos mostrou que somente os processos com ΔG negativa são espontâneos. Para que ΔG seja negativa, ΔH deve ser negativa (o sistema desiste da entalpia e H diminui) ou $T\Delta S$ deve ser positivo (o sistema desiste da ordem e S aumenta), ou ambos: quando ΔH e $T\Delta S$ são contados, ΔG tem valor negativo ($\Delta G < 0$) para todos os processos espontâneos. Em outras palavras, cada processo espontâneo diminui a energia livre do sistema, e processos que têm ΔG positiva ou zero nunca são espontâneos.

Essa informação é imensamente interessante para os biólogos, pois nos permite prever que tipos de mudanças podem acontecer sem um aporte de energia. Essas mudanças espontâneas podem ser exploradas pela célula para realizar trabalho. Esse princípio é extremamente importante no estudo do metabolismo, cujo principal objetivo é determinar quais reações podem fornecer energia para o trabalho celular.

Energia livre, estabilidade e equilíbrio

Conforme vimos na seção anterior, quando um processo ocorre espontaneamente em um sistema, podemos ter certeza de que ΔG é negativa. Outra maneira de pensar em ΔG é perceber que ela representa a diferença entre a energia livre do estado final e a energia livre do estado inicial:

$$\Delta G = G_{\text{estado final}} - G_{\text{estado inicial}}$$

Para que uma reação tenha ΔG negativa, o sistema deve perder energia livre durante a mudança do estado inicial para o estado final. Por ter menos energia livre em seu estado final, o sistema está menos propenso a variações e, portanto, é mais estável do que no estado inicial.

Podemos imaginar a energia livre como uma medida de instabilidade do sistema – sua tendência de mudar para um estado mais estável. Sistemas instáveis (G mais alta) tendem a variar de modo a ficar mais estáveis (G mais baixa). Por exemplo: o mergulhador no topo da plataforma é menos estável (mais propenso a cair) do que quando está flutuando na água; uma gota de tinta concentrada é menos estável (mais propensa a se dispersar) do que quando está dispersa aleatoriamente em um líquido; e uma molécula de glicose é menos estável (mais propensa a se decompor) do que as moléculas simples nas quais pode ser dividida **(Figura 8.5)**. A não ser que algo impeça, cada um desses sistemas se moverá na direção da maior estabilidade: o mergulhador cairá, a solução se tornará colorida de modo uniforme e a molécula de açúcar será decomposta.

Outro termo que descreve um estado de estabilidade máxima é o *equilíbrio*, que você aprendeu no Conceito 2.4 em relação às reações químicas. No equilíbrio, as reações diretas e inversas ocorrem no mesmo ritmo, e não há mais nenhuma mudança na concentração relativa de produtos e reagentes. Para um sistema em equilíbrio, G tem o menor valor possível naquele sistema. A energia livre aumenta quando a reação é, de alguma forma, empurrada para longe do equilíbrio, talvez pela remoção de algum dos produtos (mudando, assim, sua concentração relativa em relação aos reagentes). Podemos imaginar o estado de equilíbrio como um vale de energia livre. Qualquer mudança na posição do equilíbrio terá uma ΔG positiva e não será espontânea. Por essa razão, os sistemas nunca se afastam do equilíbrio espontaneamente. Como um sistema em equilíbrio não pode variar espontaneamente, também não pode realizar trabalho. *Um processo é espontâneo e pode realizar trabalho somente quando está se movendo na direção do equilíbrio.*

Energia livre e metabolismo

Agora podemos aplicar o conceito de energia livre especificamente à química dos processos da vida.

Reações endergônicas e exergônicas no metabolismo

Com base na sua variação de energia livre, as reações químicas podem ser classificadas como exergônicas ("energia para fora") ou endergônicas ("energia para dentro"). Uma **reação exergônica** ocorre com liberação de energia livre **(Figura 8.6a)**. Uma vez que a mistura química perde energia livre (G diminui), ΔG é negativa para uma reação exergônica. Usando ΔG como padrão de espontaneidade, as reações exergônicas são aquelas que ocorrem espontaneamente. (A palavra *espontânea* significa que a reação é energeticamente favorável, e não que ela ocorrerá com rapidez.) A magnitude da ΔG para uma reação exergônica representa a quantidade máxima de trabalho que a reação pode realizar.[1] Quanto maior a redução da energia livre, maior a quantidade de trabalho que pode ser feito.

---

[1] A palavra *máxima* qualifica essa afirmação porque parte da energia livre é liberada como calor e não pode gerar trabalho. Por isso, ΔG representa um limite superior teórico de energia disponível.

- Mais energia livre (maior G)
- Menos estável
- Maior capacidade de realizar trabalho

Em uma **variação espontânea**
- A energia livre do sistema diminui (ΔG < 0).
- O sistema se torna mais estável.
- A energia livre liberada pode ser aproveitada para realizar trabalho.

↓

- Menos energia livre (menor G)
- Mais estável
- Menor capacidade de realizar trabalho

(a) Movimento gravitacional. Os objetos se movem espontaneamente de altitude maior para altitude menor.

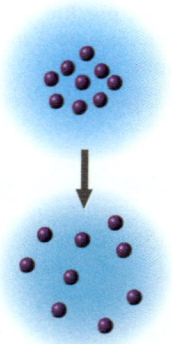

(b) Difusão. As moléculas de uma gota de tinta se difundem até estarem aleatoriamente dispersas.

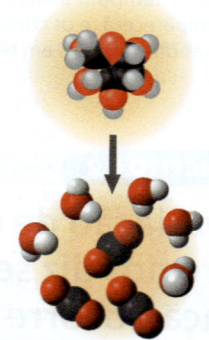

(c) Reação química. Em uma célula, as moléculas de glicose são decompostas em moléculas mais simples.

▲ **Figura 8.5 A relação da energia livre com a estabilidade, a capacidade de trabalho e a mudança espontânea.** Os sistemas instáveis (parte superior) são ricos em energia livre, G. Eles tendem a mudar espontaneamente para um estado mais estável (parte inferior). Essa mudança "descendente" pode ser aproveitada para realizar trabalho.

FAÇA CONEXÕES *Compare a redistribuição das moléculas mostradas em (b) para o transporte de íons hidrogênio (H^+) através de uma membrana por uma bomba de prótons, criando um gradiente de concentração (ver Figura 7.18). Que processo(s) resulta(m) em energia livre mais alta? Qual(is) sistema(s) pode(m) realizar trabalho?*

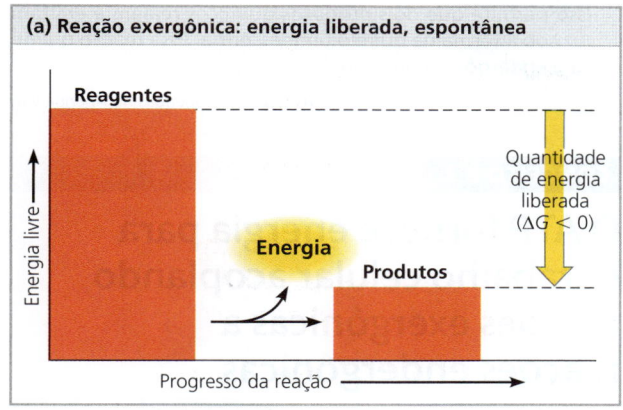

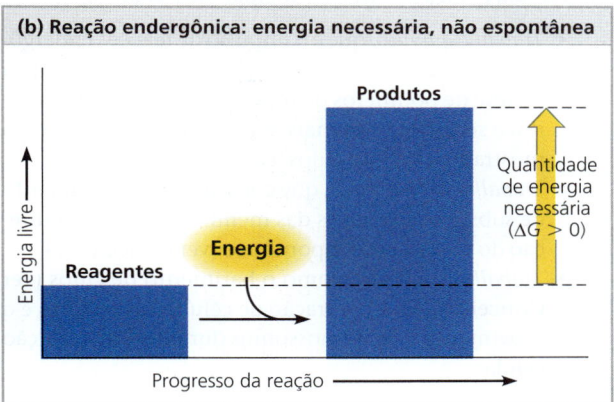

▲ **Figura 8.6 Variações de energia livre (ΔG) nas reações exergônicas e endergônicas.**

Podemos usar a reação geral para a respiração celular como exemplo:

$$C_6H_{12}O_6 + 6\,O_2 \rightarrow 6\,CO_2 + 6\,H_2O$$
$$\Delta G = -686 \text{ kcal/mol} (-2.870 \text{ kJ/mol})$$

Para cada mol (180 g) de glicose quebrado pela respiração sob o que são chamadas "condições-padrão" (1 M de cada reagente e produto, 25°C, pH 7), 686 kcal (2.870 kJ) de energia são disponibilizadas para realizar trabalho. Como a energia deve ser conservado, os *produtos* químicos resultantes da respiração armazenam 686 kcal a menos de energia livre por mol do que os *reagentes*. Os produtos são, nesse sentido, os rejeitos do processo que retira a energia livre armazenada nas ligações das moléculas de açúcar.

É importante perceber que a quebra de ligações não libera energia; pelo contrário, como você logo verá, ela requer energia. A expressão "energia armazenada nas ligações" é a abreviação da energia potencial que pode ser liberada quando novas ligações são formadas após a quebra das ligações originais, desde que os produtos sejam de menor energia livre do que os reagentes.

Uma **reação endergônica** é aquela que absorve energia livre do seu ambiente **(Figura 8.6b)**. Como esse tipo de reação *armazena* essencialmente energia livre em

moléculas (G aumenta), ΔG é positiva. Essas reações são não espontâneas, e o valor da ΔG é a quantidade de energia necessária para impulsionar a reação. Se um processo químico é exergônico (descendente), liberando energia em uma direção, então o processo inverso deve ser endergônico (ascendente), utilizando energia. Um processo reversível não pode decrescer em ambas as direções. Se $\Delta G = -686$ kcal/mol para a respiração, que converte glicose e O_2 em CO_2 e H_2O, então o processo inverso – a conversão de CO_2 e H_2O em glicose e O_2 – deve ser fortemente endergônico, com $\Delta G = +686$ kcal/mol. Uma reação como essa nunca ocorre por si só.

Então, como as plantas produzem açúcar? Elas recebem a energia necessária (686 kcal para fazer 1 mol de glicose) capturando a luz do sol e convertendo sua energia em energia química. Depois, em uma longa série de etapas exergônicas, elas gradativamente gastam essa energia química para construir as moléculas de glicose.

Equilíbrio e metabolismo

As reações em um sistema isolado por fim alcançam o equilíbrio e, então, não podem fazer nenhum trabalho, como ilustrado pelo sistema hidrelétrico isolado na **Figura 8.7**. As reações químicas do metabolismo são reversíveis e, se realizadas em um tubo de ensaio isolado, também alcançam o equilíbrio. Como os sistemas em equilíbrio possuem valor de G mínimo e não podem realizar trabalho, a célula que atinge equilíbrio metabólico estará morta! *O fato de o metabolismo como um todo nunca atingir o equilíbrio é uma das características definidoras da vida.*

Como a maioria dos sistemas, a célula viva não está em equilíbrio. As substâncias fluem para dentro e para fora, impedindo que as vias metabólicas alcancem o equilíbrio, e a célula continua realizando trabalho durante toda a sua vida. Esse princípio é ilustrado pelo sistema hidrelétrico aberto (e mais realista) na **Figura 8.8a**. Entretanto, ao contrário desse sistema simples de uma única etapa, uma via catabólica em uma célula libera energia livre em uma série de reações. Um exemplo é a respiração celular, ilustrada por analogia na **Figura 8.8b**. Algumas das reações reversíveis da respiração são constantemente "arrastadas" em uma direção – isto é, são afastadas do equilíbrio. A chave para manter a falta de equilíbrio é que o produto da reação não se acumula, mas,

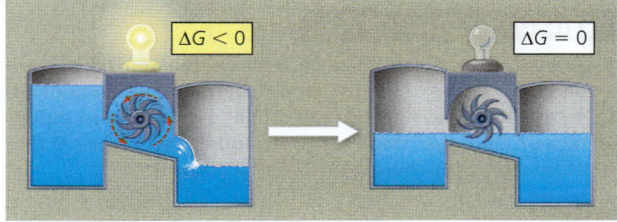

▲ **Figura 8.7 Equilíbrio e trabalho em um sistema hidrelétrico isolado.** A água com fluxo descendente gira uma turbina que aciona um gerador, fornecendo eletricidade para uma lâmpada, mas apenas até o sistema atingir o equilíbrio.

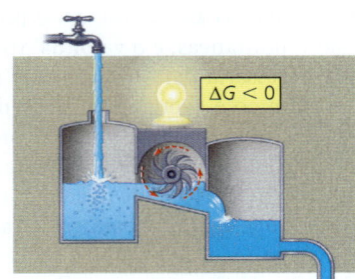
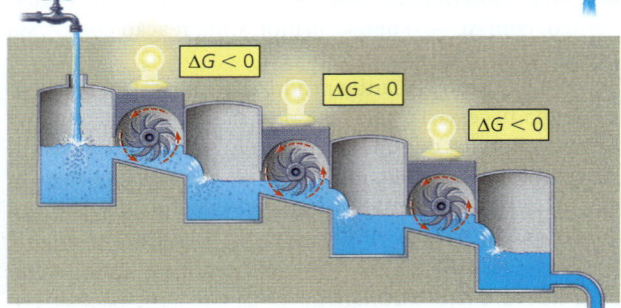

(a) **Sistema hidrelétrico aberto.** A água que flui por uma turbina mantém o gerador funcionando porque a entrada e a saída de água evitam que o sistema atinja o equilíbrio.

(b) **Sistema hidrelétrico aberto com múltiplas etapas.** A respiração celular é análoga a este sistema: a glicose é decomposta em uma série de reações exergônicas que fornecem energia para o trabalho da célula. O produto de cada reação é usado como reagente da próxima, de modo que nenhuma reação atinge o equilíbrio.

▲ **Figura 8.8** Equilíbrio e trabalho em sistemas abertos.

em vez disso, torna-se o reagente do passo seguinte. Ao final, os produtos residuais são expelidos pela célula. A sequência geral das reações é mantida pela enorme diferença de energia livre entre glicose e O_2 no topo da "colina" de energia, e CO_2 e H_2O no final da "colina". Desde que as nossas células tenham suprimento constante de glicose ou outros combustíveis e de O_2 e sejam capazes de expelir os produtos residuais para o ambiente, suas vias metabólicas nunca alcançam o equilíbrio e continuam realizando trabalho.

Os organismos são sistemas abertos. A luz solar fornece a fonte diária de energia para um ecossistema vegetal ou para outros organismos fotossintetizantes. Os animais e outros organismos não fotossintéticos de um ecossistema devem ter uma fonte de energia livre – os produtos orgânicos da fotossíntese. Agora estamos prontos para ver como uma célula realmente realiza o trabalho da vida.

REVISÃO DO CONCEITO 8.2

1. A respiração celular utiliza glicose e O_2, que têm altos níveis de energia livre, e libera CO_2 e H_2O, que têm baixos níveis de energia livre. A respiração celular é um processo espontâneo? É um processo exergônico ou endergônico? O que acontece com a energia liberada da glicose?
2. **HABILIDADES VISUAIS** Como os processos de catabolismo e anabolismo se relacionam com a Figura 8.5c?
3. **E SE?** Alguns frequentadores de festas usam colares que começam a brilhar quando são "ativados" ao estalar o colar. Isso permite que dois produtos químicos reajam e emitam luz sob a forma de quimioluminescência. Essa reação química é endergônica ou exergônica? Explique.

Ver as respostas sugeridas no Apêndice A.

CONCEITO 8.3

O ATP fornece energia para o trabalho celular acoplando reações exergônicas a reações endergônicas

Uma célula realiza três tipos principais de trabalho:

- *Trabalho químico*, que é o impulso de reações endergônicas que não ocorreriam espontaneamente, como a síntese de polímeros de monômeros (o trabalho químico será discutido mais adiante aqui; exemplos são mostrados nos Capítulos 9 e 10).
- *Trabalho de transporte*, que consiste no bombeamento de substâncias através das membranas contra a direção do movimento espontâneo (ver Conceito 7.4).
- *Trabalho mecânico*, como o batimento de cílios (ver Conceito 6.6), a contração de células musculares e o movimento dos cromossomos durante a reprodução celular.

Uma característica essencial na maneira como as células manejam suas fontes de energia para realizar trabalho é o **acoplamento de energia**: o uso de um processo exergônico para impulsionar um processo endergônico. A molécula de ATP é a responsável por intermediar a maior parte do acoplamento de energia na célula; na maioria dos casos, ela atua como a fonte direta de energia que impulsiona o trabalho celular.

Estrutura e hidrólise do ATP

O **ATP** (**adenosina-trifosfato**; ver Conceito 4.3) contém o açúcar ribose, com a base nitrogenada adenina e uma cadeia de três grupos fosfato (o grupo trifosfato) ligados a ela (**Figura 8.9a**). Além do seu papel no acoplamento de energia, o ATP é um dos nucleosídeos-trifosfato utilizados na composição do RNA (ver Figura 5.23).

As ligações entre os grupos fosfato do ATP podem ser rompidas por hidrólise. Quando a ligação terminal do fosfato é quebrada pela adição de uma molécula de água, uma molécula de fosfato inorgânico ($HOPO_3^{2-}$, abreviado como P_i ao longo deste livro) deixa o ATP, que se transforma em adenosina-difosfato, ou ADP (**Figura 8.9b**). Essa reação é exergônica e libera 7,3 kcal de energia por mol de ATP hidrolisado:

$$ATP + H_2O \rightarrow ADP + P_i$$
$$\Delta G = -7,3 \text{ kcal/mol} \, (-30,5 \text{ kJ/mol})$$

Essa é a variação de energia livre medida sob condições-padrão. Na célula, as condições não seguem um padrão, principalmente porque as concentrações de reagentes e produtos diferem de 1 M. Por exemplo, quando a hidrólise de ATP ocorre sob condições celulares típicas, a ΔG real é cerca de -13 kcal/mol, 78% maior do que a energia liberada pela hidrólise de ATP sob condições-padrão.

Como a sua hidrólise libera energia, as ligações de fosfato do ATP muitas vezes são chamadas de ligações de fosfato de alta energia; porém, esse termo é equivocado. As ligações de fosfato do ATP não são ligações excepcionalmente fortes, como sugere a expressão "alta energia"; ao contrário, os próprios reagentes (ATP e água) têm uma energia superior em relação à energia dos produtos (ADP e P_i). A liberação de energia durante a hidrólise do ATP é proveniente da mudança química para um estado de menor energia livre, e não das próprias ligações de fosfato.

O ATP é útil à célula porque a energia que ele libera quando perde um grupo fosfato é significativamente maior do que a energia que a maioria das outras moléculas consegue ceder. Mas por que a hidrólise libera tanta energia?

Se reexaminarmos a molécula de ATP na Figura 8.9a, veremos que os três grupos fosfato estão carregados negativamente. A repulsão mútua entre essas cargas unidas contribui para a instabilidade dessa região da molécula de ATP. A cauda de trifosfato do ATP é o equivalente químico de uma mola comprimida.

Como o ATP fornece energia que realiza trabalho

Quando o ATP é hidrolisado em um tubo de ensaio, a energia livre liberada meramente aquece a água. Nos organismos, essa mesma geração de calor em alguns momentos pode ser benéfica. Por exemplo, quando tremermos de frio, a hidrólise de ATP durante a contração muscular gera calor e aquece o corpo. Contudo, na maioria dos casos, a geração isolada de calor terá uso ineficiente (e potencialmente perigoso) de uma fonte valiosa de energia para a célula. Em vez disso, as proteínas celulares utilizam a energia liberada durante a hidrólise do ATP de diversas maneiras para realizar os três tipos de trabalhos celulares – químico, de transporte e mecânico.

Por exemplo, com a ajuda de enzimas específicas, a célula é capaz de usar a alta energia livre do ATP para impulsionar reações químicas que, por si só, são endergônicas. Se a ΔG de uma reação endergônica for menor que a quantidade de energia liberada pela hidrólise do ATP, então as duas reações podem ser acopladas de modo que, em geral, as reações acopladas sejam exergônicas. Isso geralmente envolve fosforilação, a transferência de um grupo fosfato do ATP para alguma outra molécula, como o reagente. Então, a molécula recipiente, com o grupo fosfato covalentemente ligado a ela, é chamada **intermediário fosforilado**. A chave para acoplar reações exergônicas e endergônicas é a formação desse intermediário fosforilado, que é mais reativo (menos estável, com mais energia livre) do que a molécula original não fosforilada (**Figura 8.10**).

O transporte e o trabalho mecânico na célula também são quase sempre supridos energeticamente pela hidrólise do ATP. Nesses casos, a hidrólise do ATP leva a mudanças na conformação de uma proteína e frequentemente na sua capacidade de se ligar a outra molécula. Algumas vezes, isso ocorre devido a um intermediário fosforilado, como mostrado no transporte de proteína na **Figura 8.11a**. Na maioria dos casos de trabalho mecânico envolvendo proteínas motoras "andando" ao longo dos elementos do citoesqueleto (**Figura 8.11b**), ocorre um ciclo em que primeiro o ATP se liga de maneira não covalente à proteína motora. Em seguida, o ATP é hidrolisado, liberando o ADP e o P_i. Então, outra molécula de ATP pode ligar-se. Em cada etapa, a proteína motora muda sua conformação e sua capacidade de se ligar ao citoesqueleto, resultando no movimento da proteína ao longo da trilha do citoesqueleto. A fosforilação e a desfosforilação também promovem mudanças cruciais nas formas de proteínas durante muitos outros processos celulares importantes.

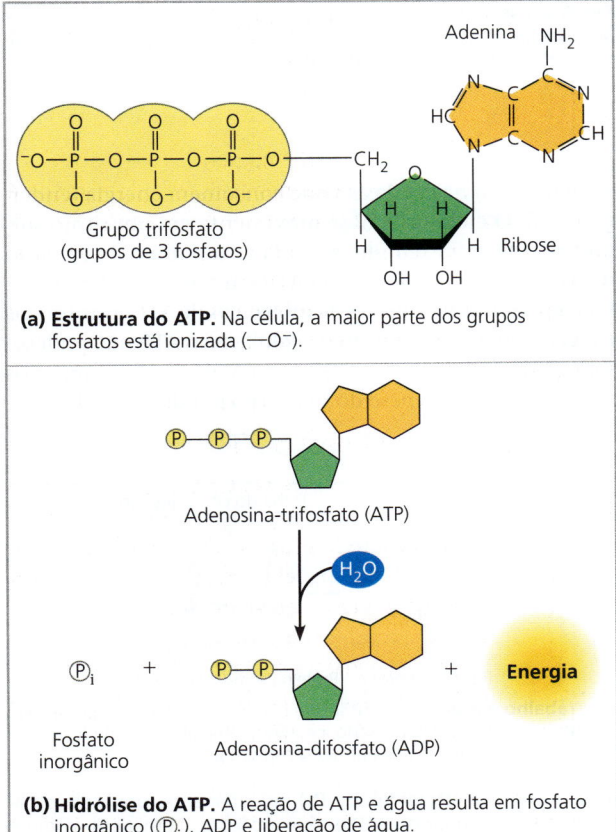

▲ **Figura 8.9** Estrutura e hidrólise de adenosina-trifosfato (ATP). Ao longo deste livro, a estrutura química do grupo trifosfato vista em (a) será representada por três círculos amarelos unidos, mostrados em (b).

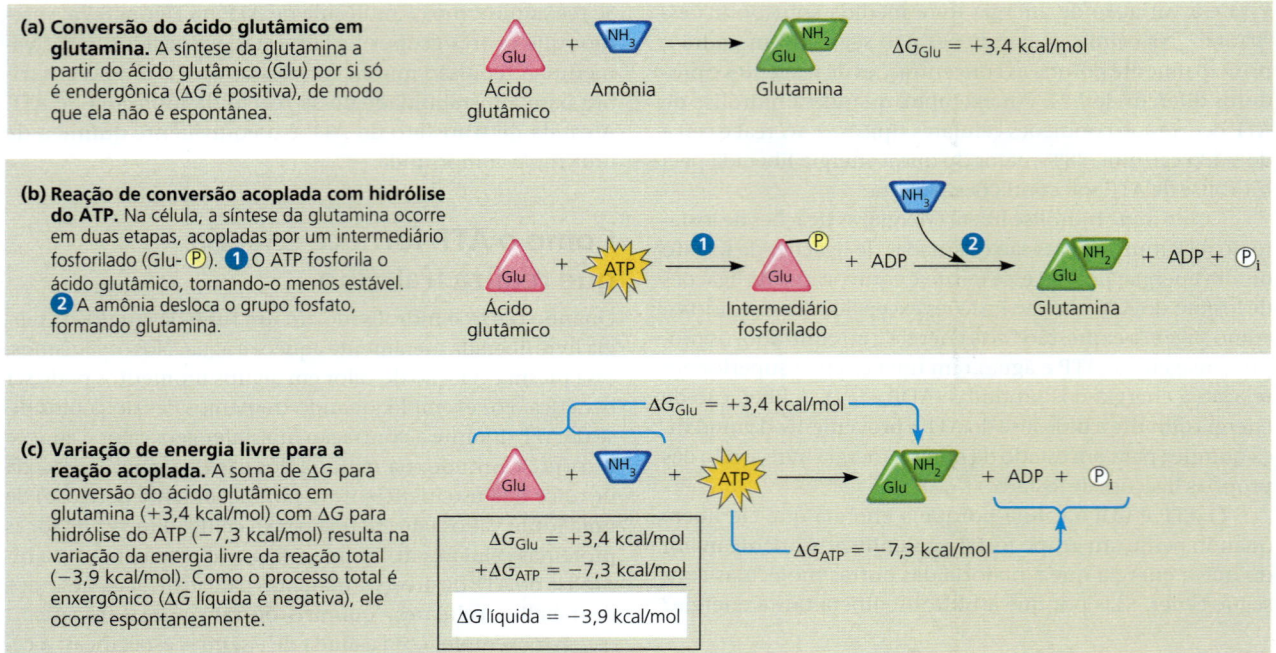

▲ **Figura 8.10 Como o ATP impulsiona o trabalho químico: acoplamento de energia usando a hidrólise do ATP.** Neste exemplo, o processo exergônico de hidrólise do ATP impulsiona um processo endergônico – a síntese do aminoácido glutamina.

FAÇA CONEXÕES Tendo como referência a Figura 5.14, explique por que a glutamina (Gln) está desenhada nesta figura como um ácido glutâmico (Glu) com um grupo amino ligado.

Regeneração do ATP

Um organismo realizando trabalho utiliza ATP continuamente. Contudo, o ATP é um recurso renovável que pode ser regenerado pela adição de um fosfato ao ADP **(Figura 8.12)**. A energia livre necessária para fosforilar o ADP vem das reações exergônicas de decomposição (catabolismo) da célula. Esse vaivém de fosfato inorgânico e energia é chamado ciclo do ATP e acopla os processos que geram energia (exergônicos) na célula aos que consomem energia (endergônicos). O ciclo do ATP se movimenta em um ritmo surpreendente. Por exemplo, a célula de um músculo em ação recicla seu estoque inteiro de ATP em menos de 1 minuto. Isso representa 10 milhões de moléculas de ATP consumidas e regeneradas por segundo na célula. Se o ATP não pudesse ser regenerado pela fosforilação do ADP, os seres humanos utilizariam quase o peso do seu corpo por dia em ATP.

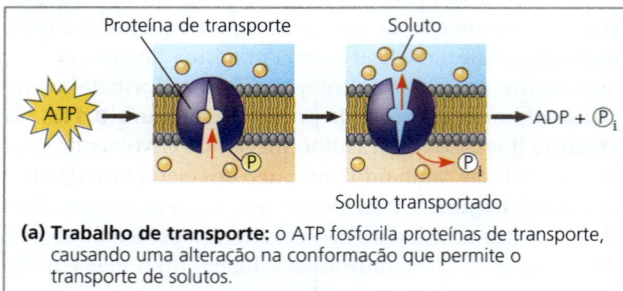

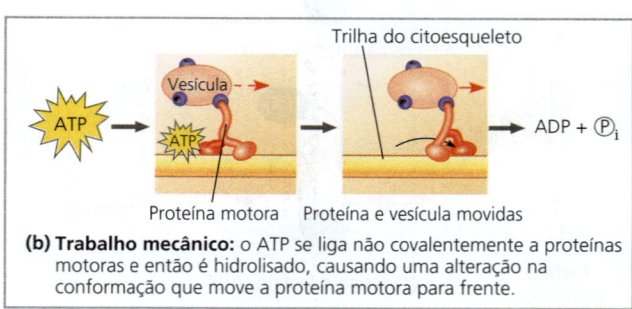

▲ **Figura 8.11 Como o ATP impulsiona o transporte e o trabalho mecânico.** A hidrólise do ATP provoca mudança na conformação e na afinidade de ligação das proteínas. Isso pode ocorrer **(a)** diretamente, por meio da fosforilação, como mostrado para uma proteína de membrana que realiza o transporte ativo de um soluto (ver também Figura 7.16 e a bomba de prótons na Figura 6.32, parte superior à esquerda), ou **(b)** indiretamente, por meio da ligação não covalente do ATP e seus produtos hidrolíticos, como é o caso das proteínas motoras que movimentam vesículas (e outras organelas) ao longo das "trilhas" citoesqueléticas na célula (ver também Figuras 6.21 e 6.32, parte inferior à direita).

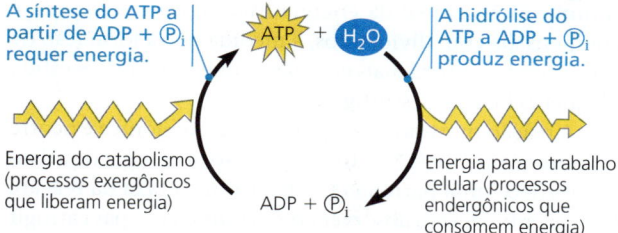

▲ **Figura 8.12 Ciclo do ATP.** A energia liberada por reações de decomposição (catabolismo) na célula é usada para fosforilar ADP, regenerando ATP. A energia potencial química armazenada no ATP aciona a maior parte do trabalho celular.

Como ambas as direções de um processo reversível não podem ser descendentes, a regeneração do ATP a partir do ADP e do P_i é necessariamente endergônica:

$$ADP + P_i \rightarrow ATP + H_2O$$
$\Delta G = +7,3$ kcal/mol ($+30,5$ kJ/mol) (condições-padrão)

Considerando que a formação do ATP a partir do ADP e do P_i não é espontânea, deve-se gastar energia livre para que ela ocorra. As vias catabólicas (exergônicas), especialmente a respiração celular, fornecem a energia necessária para o processo endergônico de produzir ATP. As plantas também utilizam a energia da luz para produzir ATP. Assim, o ciclo do ATP é um elemento-chave na bioenergética, funcionando como uma porta giratória pela qual a energia passa durante sua transferência de vias catabólicas para anabólicas.

REVISÃO DO CONCEITO 8.3

1. Como o ATP normalmente transfere energia de uma reação exergônica para uma reação endergônica na célula?
2. Qual combinação tem mais energia livre: ácido glutâmico + amônia + ATP ou glutamina + ADP + P_i? Explique.
3. **FAÇA CONEXÕES** A Figura 8.11a mostra um transporte passivo ou ativo? Explique. (Ver Conceitos 7.3 e 7.4.)

Ver as respostas sugeridas no Apêndice A.

CONCEITO 8.4

As enzimas aceleram as reações do metabolismo diminuindo as barreiras de energia

As leis da termodinâmica nos dizem o que vai ou não acontecer sob determinadas condições, mas não nos dizem nada sobre a velocidade desses processos. Uma reação química espontânea acontecerá sem a necessidade de aporte externo de energia, mas pode ocorrer tão devagar que se torne imperceptível. Por exemplo, ainda que a hidrólise da sacarose (açúcar de mesa) à glicose e à frutose seja exergônica, ocorrendo espontaneamente com liberação de energia livre ($\Delta G = -7$ kcal/mol), uma solução de sacarose dissolvida em água estéril ficará durante anos à temperatura ambiente sem uma hidrólise significativa. Contudo, se adicionarmos uma pequena quantidade da enzima sacarase à solução, toda a sacarose será hidrolisada em alguns segundos, conforme mostrado aqui:

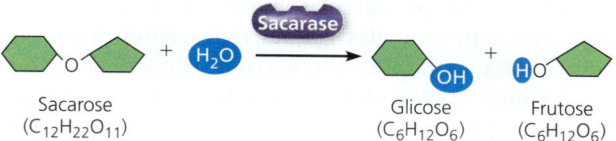

Sacarose ($C_{12}H_{22}O_{11}$)   Glicose ($C_6H_{12}O_6$)   Frutose ($C_6H_{12}O_6$)

Como a enzima faz isso? Uma **enzima** é uma macromolécula que atua como **catalisador**, agente químico que acelera a reação sem ser consumido por ela. Neste capítulo, vamos nos concentrar nas enzimas que são proteínas. (Algumas moléculas de RNA, chamadas de ribozimas, podem atuar como enzimas; elas serão discutidas nos Conceitos 17.3 e 25.1.) Sem a regulação pelas enzimas, o tráfego químico pelas vias do metabolismo se tornaria terrivelmente congestionado, pois algumas reações demorariam muito tempo. Nas duas próximas seções, veremos o que impede as reações espontâneas de ocorrerem rapidamente e como as enzimas mudam essa situação.

Barreira de energia de ativação

Toda reação química entre moléculas envolve tanto o rompimento quanto a formação de ligações. A hidrólise da sacarose, por exemplo, envolve o rompimento da ligação entre glicose e frutose e uma das ligações da molécula de água e, a seguir, a formação de duas novas ligações, como mostrado anteriormente. Transformar uma molécula em outra geralmente envolve mudar a conformação original da molécula inicial em outra altamente instável, antes que a reação possa prosseguir. Essa deformação pode ser comparada a abrir a argola de um molho de chaves para colocar uma nova chave. A argola de chaves é extremamente instável na forma aberta, mas retorna a uma forma estável tão logo a nova chave esteja dentro da argola. Para atingir a conformação em que as ligações podem mudar, as moléculas reagentes precisam absorver energia do ambiente. Quando se formam as novas ligações das moléculas de produto, a energia é liberada como calor, e as moléculas retornam às conformações estáveis com menor energia do que no estado deformado.

O investimento inicial de energia para iniciar uma reação – a energia necessária para contorcer as moléculas de reagentes para que as ligações possam se romper – é conhecido como *energia livre de ativação*, ou **energia de ativação**, abreviada como E_A neste livro. Podemos pensar na energia de ativação como a quantidade de energia necessária para empurrar os reagentes para o topo de uma barreira de energia, ou "morro acima", para que a parte "morro abaixo" da reação possa começar. Muitas vezes, a energia de ativação é suprida em forma de calor que as moléculas reagentes absorvem do ambiente. A absorção de energia térmica acelera a velocidade das moléculas reagentes, que colidem com mais frequência e mais vigor. Ela também agita os átomos dentro das moléculas, tornando as ligações mais suscetíveis ao rompimento. Quando as moléculas absorverem energia suficiente para o rompimento das ligações, os reagentes estarão em uma condição instável, conhecida como *estado de transição*.

A **Figura 8.13** mostra o gráfico de variação de energia de uma reação exergônica hipotética de dupla troca entre duas moléculas reagentes:

$$AB + CD \rightarrow AC + BD$$
Reagentes   Produtos

A ativação dos reagentes é representada pela parte ascendente da curva de energia, na qual a quantidade de energia livre das moléculas reagentes está aumentando. No pico, quando a energia equivalente à E_A foi absorvida, os reagentes estão no estado de transição: eles são ativados, e suas ligações, rompidas. À medida que se ajustam à sua nova e mais estável conformação, os átomos liberam energia para o ambiente. Isso corresponde à parte descendente da curva, que mostra a perda de energia livre pelas moléculas.

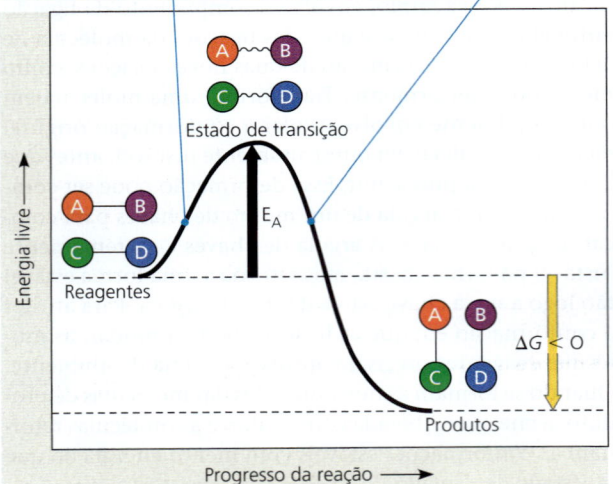

▲ **Figura 8.13 Perfil energético de uma reação exergônica.** As "moléculas" são hipotéticas, com A, B, C e D representando partes das moléculas. Termodinamicamente, esta é uma reação exergônica, com uma ΔG negativa, e a reação ocorre espontaneamente. Todavia, a energia de ativação (E_A) coloca uma barreira que determina a velocidade da reação.

DESENHE *Faça o gráfico do progresso de uma reação endergônica na qual EF e GH formam os produtos EG e FH, assumindo que os reagentes devem passar por um estado de transição.*

A diminuição global da energia livre significa que a E_A é compensada com dividendos, à medida que a formação de novas ligações libera mais energia do que a que foi investida na quebra de ligações antigas.

A reação mostrada na Figura 8.13 é exergônica e ocorre espontaneamente ($\Delta G < 0$). Entretanto, a energia de ativação fornece uma barreira que determina a taxa da reação. Os reagentes devem absorver energia suficiente para atingir o pico da barreira de energia de ativação antes que a reação possa ocorrer. Para algumas reações, a E_A é modesta o suficiente para que, mesmo à temperatura ambiente, haja energia térmica suficiente para que muitas das moléculas reagentes atinjam o estado de transição em um curto espaço de tempo. Em muitos casos, no entanto, a E_A é tão alta e o estado de transição é alcançado tão raramente que a reação dificilmente prosseguirá. Nesses casos, a reação só ocorre em uma velocidade perceptível se energia for fornecida, geralmente como calor. A reação entre gasolina e O_2, por exemplo, é exergônica e espontânea, mas precisa de energia para as moléculas atingirem o estado de transição e reagirem. Somente quando uma faísca coloca fogo no motor de um automóvel é que ocorre a liberação explosiva de energia que empurra os pistões. Sem uma faísca, uma mistura de hidrocarbonetos gasosos e O_2 não reagirá porque a barreira da E_A é muito alta.

Como as enzimas aceleram reações

Proteínas, DNA e outras moléculas complexas da célula são ricas em energia livre e têm potencial para se decompor espontaneamente; isto é, as leis da termodinâmica favorecem sua degradação. Essas moléculas só persistem porque poucas moléculas conseguem superar a barreira da energia de ativação nas temperaturas habituais para as células. Todavia, em alguns momentos, as barreiras de certas reações devem ser superadas para que as células realizem o trabalho necessário para a vida. O calor acelera as reações, permitindo que os reagentes alcancem o estado de transição com mais frequência, mas essa solução é inapropriada para os sistemas biológicos. Em primeiro lugar, altas temperaturas desnaturam proteínas e matam as células. Depois, o calor irá acelerar *todas* as reações, e não apenas as necessárias. Em vez do calor, os organismos realizam a **catálise**, o processo pelo qual um catalisador acelera seletivamente uma reação sem que ele próprio seja consumido. (Você aprendeu sobre catalisadores no início desta seção.)

Uma enzima catalisa uma reação baixando a barreira da E_A **(Figura 8.14)**, permitindo que as moléculas reagentes absorvam energia suficiente para alcançar o estado de transição mesmo a temperaturas moderadas, como veremos em breve. É crucial observar que *uma enzima não pode mudar a ΔG de uma reação; ela não pode fazer uma reação endergônica tornar-se exergônica*. As enzimas conseguem apenas acelerar reações que ocorreriam de qualquer modo, mas essa função possibilita à célula ter um metabolismo dinâmico, levemente direcionando os produtos químicos pelas vias

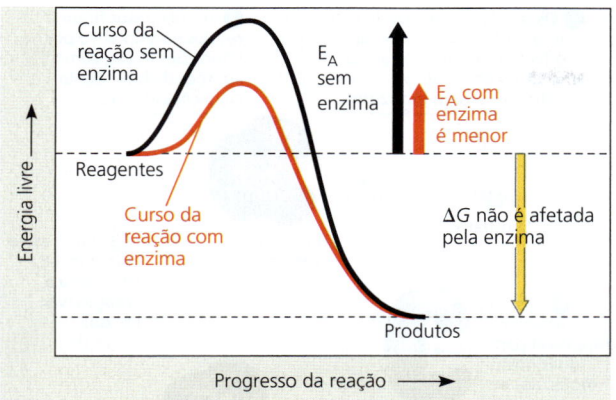

▲ **Figura 8.14** **O efeito de uma enzima sobre a energia de ativação.** Sem afetar a variação de energia livre (ΔG) de uma reação, a enzima acelera a reação pela redução da sua energia de ativação (E_A).

A maioria dos nomes de enzimas termina em *-ase*. (Veja se consegue encontrar três exemplos de enzimas na parte inferior esquerda da Figura 6.32.) Por exemplo, a enzima sacarase catalisa a hidrólise do dissacarídeo sacarose em seus dois monossacarídeos, glicose e frutose (ver o diagrama no início do Conceito 8.4):

$$\text{Sacarase} + \text{Sacarose} + H_2O \rightleftharpoons \text{Complexo sacarase-sacarose-}H_2O \rightleftharpoons \text{Sacarase} + \text{Glicose} + \text{Frutose}$$

A reação catalisada por cada enzima é bastante específica; uma enzima pode reconhecer seu substrato específico mesmo entre compostos muito parecidos. Por exemplo, a sacarase atuará apenas sobre a sacarose e não se ligará com outros dissacarídeos, como a maltose. O que explica esse reconhecimento molecular? Lembre-se de que a maioria das enzimas são proteínas e que as proteínas são macromoléculas com configurações tridimensionais únicas. A especificidade da enzima resulta de sua conformação, que é uma consequência da ordem de aminoácidos.

Apenas uma região restrita da molécula de enzima se liga ao substrato. Essa região, chamada de **sítio ativo**, é tipicamente uma cavidade ou ranhura na superfície da enzima onde ocorre a catálise (**Figura 8.15a**; ver também Figura 5.16). Em geral, o sítio ativo é formado por apenas alguns poucos aminoácidos da enzima, e o resto da molécula proteica funciona como suporte que determina a configuração do sítio ativo. A especificidade da enzima é atribuída à complementaridade entre a forma do sítio ativo e a forma do substrato.

Uma enzima não é uma estrutura rígida restrita a uma determinada forma. Na verdade, trabalhos recentes de bioquímicos mostraram que as enzimas (e outras proteínas) parecem "dançar" entre formas sutilmente diferentes em um equilíbrio dinâmico, com ligeiras diferenças de energia livre para cada "pose". A forma mais bem ajustada ao substrato não é necessariamente aquela com menos energia, pois, durante o tempo muito curto que a enzima assume sua forma, seu sítio ativo pode ligar-se ao substrato. O próprio sítio ativo também não é um receptor rígido para o substrato. Como mostrado na **Figura 8.15b**, quando o substrato entra no sítio ativo, a enzima muda ligeiramente de forma devido às interações entre os grupos químicos do substrato e os grupos químicos nas cadeias laterais dos aminoácidos que formam o sítio ativo. Essa mudança de forma faz o sítio ativo se ajustar ainda mais confortavelmente ao redor do substrato. O tensionamento da ligação após o contato inicial – chamado **ajuste induzido** – é como um aperto de

metabólicas. Como são altamente específicas para os reagentes que elas catalisam, as enzimas determinam quais processos químicos ocorrerão dentro da célula em determinado momento.

Especificidade de substrato das enzimas

O reagente sobre o qual uma enzima age é chamado de **substrato** da enzima. A enzima se liga a seu substrato (ou substratos, quando existem dois ou mais reagentes), formando um **complexo enzima-substrato**. Enquanto a enzima e o substrato estiverem ligados, a ação catalítica da enzima converte o substrato no produto (ou produtos) da reação. O processo geral pode ser resumido assim:

$$\text{Enzima} + \text{Substrato(s)} \rightleftharpoons \text{Complexo enzima-substrato} \rightleftharpoons \text{Enzima} + \text{Produto(s)}$$

▼ **Figura 8.15** **Ajuste induzido entre uma enzima e seu substrato.**

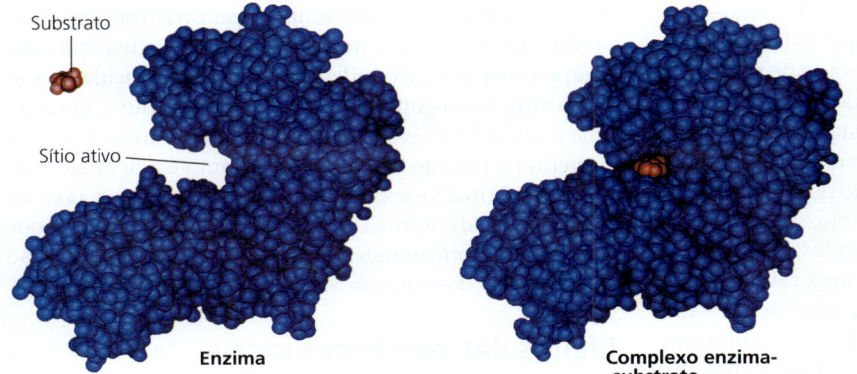

(a) Neste modelo de preenchimento espacial da enzima hexocinase (azul), o sítio ativo forma uma fenda na superfície. O substrato da enzima é a glicose (vermelho).

(b) Quando entra no sítio ativo, o substrato estabelece ligações fracas com a enzima, induzindo uma mudança na sua forma. Essa mudança permite a formação de mais ligações fracas; com isso, o sítio ativo envolve o substrato e o mantém no lugar.

mão que se fecha. O ajuste induzido traz grupos químicos do sítio ativo para posições que aumentam sua capacidade de catalisar a reação química.

Catálise no sítio ativo da enzima

Na maioria das reações enzimáticas, o substrato é retido no sítio ativo pelas interações fracas, como ligações de hidrogênio e ligações iônicas. Os grupos R de alguns dos aminoácidos que compõem o sítio ativo catalisam a conversão do substrato em produto, e o produto é liberado do sítio ativo. Então, a enzima está livre para pegar outra molécula de substrato no seu sítio ativo. O ciclo inteiro acontece tão rapidamente que uma única molécula de enzima normalmente atua sobre cerca de 1.000 moléculas de substrato por segundo, e algumas enzimas são ainda mais rápidas. As enzimas, como outros catalisadores, saem da reação em sua conformação original. Por isso, pequenas quantidades de enzimas podem ter um impacto gigantesco sobre o metabolismo, agindo repetidamente nos ciclos catalíticos. A **Figura 8.16** mostra um ciclo catalítico com dois substratos e dois produtos.

A maioria das reações metabólicas é reversível, e uma enzima pode catalisar tanto a reação direta quanto a inversa, dependendo de qual direção tem uma ΔG negativa. Isso, por sua vez, depende sobretudo das concentrações relativas de reagentes e produtos. O efeito líquido é sempre na direção do equilíbrio.

As enzimas utilizam uma variedade de mecanismos que reduzem a energia de ativação e aceleram uma reação (ver Figura 8.16, etapa ❸):

- Nas reações envolvendo dois ou mais reagentes, o sítio ativo fornece um molde sobre o qual os substratos podem se reunir na orientação adequada para que uma reação ocorra entre eles.
- Como o sítio ativo de uma enzima segura os substratos ligados, a enzima pode esticar as moléculas do substrato em direção à sua forma de estado de transição, tensionando e dobrando ligações químicas críticas a serem quebradas durante a reação. Como a E_A é proporcional à dificuldade de romper as ligações, torcer o substrato ajuda a atingir o estado de transição, diminuindo, assim, a quantidade de energia livre que deve ser absorvida para atingir o estado de transição.
- O sítio ativo também pode fornecer um microambiente mais propício a uma certa reação do que a solução em si seria sem a enzima. Por exemplo, se o sítio ativo tiver aminoácidos com grupos R ácidos, ele pode fornecer um bolsão de pH baixo em uma célula que de outra forma seria neutra. Aqui, um aminoácido ácido pode facilitar a transferência de H^+ para o substrato como uma etapa fundamental para catalisar a reação.
- Os aminoácidos no sítio ativo podem participar diretamente da reação química. Às vezes, esse processo envolve uma breve ligação covalente entre o substrato e a cadeia lateral de um aminoácido da enzima. As etapas subsequentes restauram as cadeias laterais

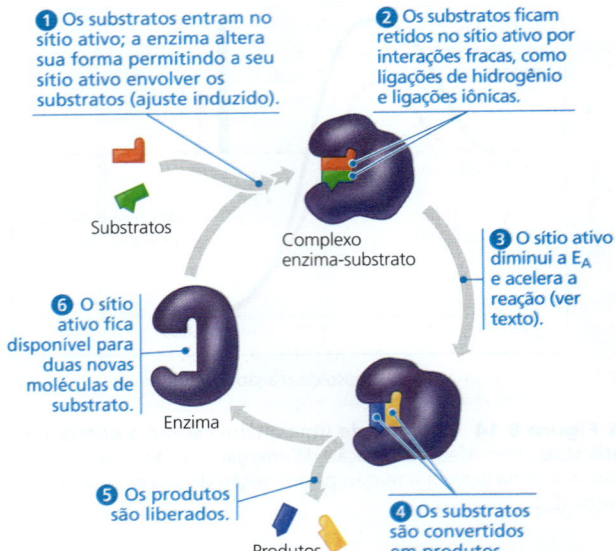

▲ **Figura 8.16** **O sítio ativo e o ciclo catalítico de uma enzima.** Uma enzima pode converter uma ou mais moléculas de reagentes em uma ou mais moléculas de produto. A enzima mostrada aqui converte duas moléculas de substrato em duas moléculas de produto.

HABILIDADES VISUAIS *O complexo enzima-substrato passa por um estado de transição (ver Figura 8.13). Identifique a parte do ciclo em que ocorre a transição.*

a seus estados originais para que o sítio ativo seja o mesmo após a reação como ela era antes.

A taxa em que certa quantidade de enzima converte substrato em produto é, em parte, função da concentração inicial de substrato: quanto mais moléculas de substrato estiverem disponíveis, mais frequentemente elas encontram os sítios ativos das moléculas de enzima. Contudo, há um limite para a velocidade que pode ser atingida à medida que se adiciona substrato a uma concentração fixa de enzima. Em algum momento, a concentração do substrato será alta o suficiente para que todas as moléculas da enzima tenham seus sítios ativos ocupados. À medida que os produtos saem dos sítios ativos, outras moléculas de substrato entram. Nessa concentração de substrato, diz-se que a enzima está *saturada*, e a taxa de reação é determinada pela velocidade com que o sítio ativo converte substrato em produto. Quando uma população de enzimas está saturada, a única forma de aumentar a taxa de formação de produto é adicionar mais enzima. Muitas vezes, as células aumentam sua taxa de reação produzindo mais moléculas de enzima. Você pode representar graficamente o progresso total de uma reação enzimática no **Exercício de habilidades científicas**.

Efeitos das condições locais sobre a atividade enzimática

A atividade de uma enzima – quão eficientemente a enzima funciona – é afetada por fatores ambientais gerais, como temperatura e pH. Também pode ser afetada por substâncias químicas que influenciam especificamente essa enzima.

Exercício de habilidades científicas

Elaboração de um gráfico de linha e cálculo de uma inclinação

A taxa de atividade da glicose-6-fosfatase muda ao longo do tempo em células hepáticas isoladas? A glicose-6-fosfatase, encontrada em células hepáticas de mamíferos, é uma enzima-chave no controle dos níveis de glicose no sangue. A enzima catalisa a quebra de glicose-6-fosfato em glicose e fosfato inorgânico (P_i). Esses produtos são transportados das células hepáticas para o sangue, aumentando os níveis de glicose sanguínea. Neste exercício, você fará um gráfico dos dados de um experimento cronometrado que mediu a concentração de P_i no tampão fora das células hepáticas isoladas, medindo indiretamente a atividade da glicose-6-fosfatase dentro das células.

Como o experimento foi realizado As células hepáticas isoladas de rato foram colocadas em uma placa com solução-tampão em condições fisiológicas (pH 7,4, 37°C). A glicose-6-fosfato (o substrato) foi adicionada para que pudesse ser absorvida pelas células e quebrada pela glicose-6-fosfatase. Uma amostra do tampão foi removida a cada 5 minutos, e a concentração de P_i que havia sido transportada para fora das células foi determinada.

Dados do experimento

Tempo (min)	Concentração de P_i (μmol/mL)
0	0
5	10
10	90
15	180
20	270
25	330
30	355
35	355
40	355

Dados de S.R. Commerford et al., Diets enriched in sucrose or fat increase gluconeogenesis and G-6-Pase but not basal glucose production in rats, *American Journal of Physiology-Endocrinology and Metabolism* 283:E545-E555 (2002).

INTERPRETE OS DADOS

1. Para perceber padrões nos dados de um experimento como este, é interessante organizá-los graficamente. Primeiramente, determine o conjunto de dados para cada eixo. **(a)** O que os pesquisadores intencionalmente variam no experimento? Essa é a variável independente, que fica no eixo *x*. **(b)** Quais são as unidades (abreviadas) para a variável independente? Explique com suas palavras o que significa a abreviação. **(c)** O que foi medido pelos pesquisadores? Essa é a variável dependente, que fica no eixo *y*. **(d)** O que significa a abreviação das unidades? Identifique cada eixo, incluindo as unidades.

2. Em seguida, marque os eixos apenas com marcas espaçadas de forma uniforme o suficiente para acomodar o conjunto completo de dados. Determine o intervalo entre os valores dos dados para cada eixo. **(a)** Qual é o maior valor para o eixo *x*? Qual é o espaçamento razoável para as marcas, e qual seria o mais alto? **(b)** Qual é o maior valor para o eixo *y*? Qual é o espaçamento razoável para as marcas, e qual seria o mais alto?

3. Marque os pontos dos dados no seu gráfico. Combine cada valor de *x* com o valor de *y* correspondente e coloque um ponto no gráfico nessa coordenada. Desenhe uma linha conectando os pontos. (Para mais informações sobre gráficos, consulte a Revisão de habilidades científicas, Apêndice D.)

4. Examine seu gráfico e procure padrões nos dados. **(a)** A concentração de P_i aumenta uniformemente ao longo do experimento? Para responder a essa pergunta, descreva o padrão que você observa no gráfico. **(b)** Qual parte do gráfico mostra a taxa mais alta da atividade enzimática? Considere que a taxa de atividade enzimática está relacionada à inclinação da linha, $\Delta y/\Delta x$ (a "subida" durante a "corrida"), em μmol/(mL · min), com a inclinação mais acentuada indicando a maior taxa de atividade enzimática. Calcule a taxa da atividade enzimática em que a inclinação no gráfico é mais íngreme. **(c)** Você consegue imaginar uma explicação biológica para o padrão observado?

5. Se o seu nível de glicose no sangue estiver baixo por não ter almoçado, qual reação (discutida neste exercício) ocorrerá em suas células hepáticas? Escreva a reação por extenso e coloque o nome da enzima sobre a seta da reação. Como essa reação afetará seu nível de glicose no sangue?

Na verdade, os pesquisadores aprenderam muito sobre o funcionamento das enzimas utilizando essas substâncias químicas.

Efeitos da temperatura e do pH

As estruturas tridimensionais das proteínas são sensíveis ao seu ambiente (ver Figura 5.20). Como consequência, cada enzima funciona melhor em algumas condições do que em outras, porque essas *condições ideais* favorecem a forma mais ativa para a enzima.

Temperatura e pH são fatores ambientais importantes para a atividade de uma enzima. Até certo ponto, a taxa de uma reação enzimática aumenta com o aumento da temperatura, em parte porque os substratos colidem com maior frequência com os sítios ativos quando as moléculas se movem com maior rapidez. Entretanto, acima dessa temperatura, a velocidade da reação enzimática cai consideravelmente.

A agitação térmica da molécula enzimática rompe as ligações de hidrogênio, as ligações iônicas e outras interações fracas que estabilizam a forma ativa da enzima, até a molécula de proteína finalmente desnaturar. Cada enzima tem uma temperatura ótima em que a taxa de reação é máxima. Essa temperatura permite o maior número de colisões moleculares e a conversão mais rápida de substratos em produtos, sem desnaturar a enzima. A maioria das enzimas humanas possui temperatura ótima em torno de 35 a 40 °C (próximo à temperatura do corpo humano). As bactérias termofílicas que vivem em fontes termais contêm enzimas com temperaturas ótimas de 70 °C ou mais **(Figura 8.17a)**.

Assim como cada enzima possui uma temperatura ótima, também existe um pH no qual ela é mais ativa. Os valores ótimos de pH para a maioria das enzimas estão na faixa de pH 6 a 8, mas há exceções. Por exemplo, a pepsina, uma enzima digestiva do estômago humano, funciona melhor

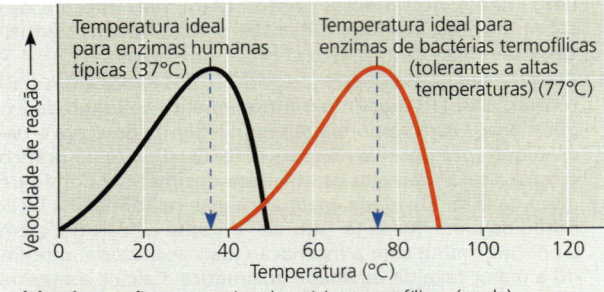

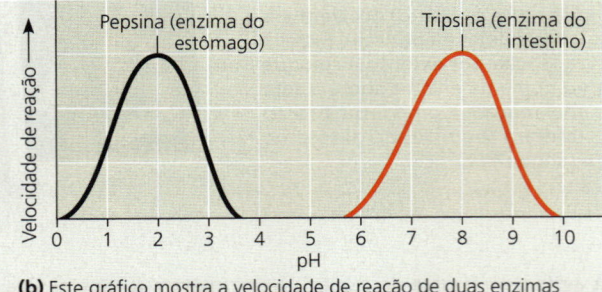

▲ **Figura 8.17 Fatores ambientais que afetam a atividade enzimática.** Toda enzima possui **(a)** temperatura e **(b)** pH ideais que favorecem a forma mais ativa da molécula proteica.

INTERPRETE OS DADOS *Analisando o gráfico em (b), qual é o pH ideal para a atividade da pepsina? Explique por que a seleção natural pode ter levado ao pH ideal da pepsina, uma enzima do estômago (ver Figura 3.11). Qual é o pH ideal para a tripsina?*

com um pH muito baixo. Esse ambiente ácido desnatura a maioria das enzimas, mas a pepsina está bem adaptada evolutivamente para manter sua estrutura tridimensional funcional no ambiente ácido do estômago. Por outro lado, a tripsina, uma enzima digestiva que reside no ambiente mais alcalino do intestino humano, seria desnaturada no estômago **(Figura 8.17b)**.

Cofatores

Muitas enzimas necessitam de auxiliares não proteicos para a atividade catalítica, muitas vezes para processos químicos como transferências de elétrons que não podem ser facilmente realizadas pelos aminoácidos nas proteínas. Esses adjuvantes, chamados **cofatores**, podem estar fortemente ligados à enzima de modo permanente ou podem se ligar de maneira fraca e reversível com o substrato. Os cofatores de algumas enzimas são inorgânicos, como os átomos metálicos zinco, ferro e cobre na forma iônica. Se o cofator for uma molécula orgânica, ele será mais especificamente chamado de **coenzima**. A maioria das vitaminas é importante nutricionalmente porque age como coenzimas ou como matéria-prima com a qual as coenzimas serão sintetizadas.

Inibidores enzimáticos

Alguns compostos químicos inibem seletivamente a ação de enzimas específicas. Algumas vezes, o inibidor se liga à enzima por ligações covalentes, caso em que a inibição é geralmente irreversível. Contudo, muitos inibidores enzimáticos se ligam às enzimas por interações fracas; nesses casos, a inibição é reversível. Alguns inibidores reversíveis se parecem com a molécula de substrato e competem pelo sítio ativo **(Figura 8.18a e b)**. Esses semelhantes, chamados de **inibidores competitivos**, diminuem a produtividade da enzima, impedindo que os substratos entrem nos sítios ativos. Esse tipo de inibição pode ser superado mediante aumento da concentração de substrato; assim, à medida que os sítios ativos vão ficando disponíveis, existem mais moléculas de substrato do que de inibidor para ganhar a entrada nos sítios.

Os **inibidores não competitivos**, em contrapartida, não competem diretamente com o substrato para se ligar no sítio ativo da enzima **(Figura 8.18c)**. Em vez disso, eles impedem as reações enzimáticas mediante ligação a uma outra parte da enzima. Essa interação faz a molécula de enzima mudar sua forma, de maneira que o sítio ativo se torna muito menos eficaz para catalisar a conversão do substrato em produto.

Com frequência, toxinas e venenos são inibidores enzimáticos irreversíveis. Um exemplo é o sarin, um gás neurotóxico. Em 2017, o sarin foi usado em um ataque químico na Síria, matando cerca de 100 pessoas e ferindo mais centenas. Essa pequena molécula se liga covalentemente ao grupo R do aminoácido serina, que faz parte do sítio ativo da acetilcolinesterase, importante enzima do sistema nervoso. Outros exemplos incluem os pesticidas DDT e paration, inibidores de importantes enzimas do sistema nervoso. Por fim, muitos antibióticos são inibidores de enzimas específicas nas bactérias. Por exemplo, a penicilina bloqueia o sítio ativo de uma enzima que muitas bactérias utilizam para fazer suas paredes celulares.

Citar inibidores enzimáticos que são venenos metabólicos pode dar a impressão de que a inibição enzimática é geralmente anormal e prejudicial. Na verdade, as moléculas naturalmente presentes na célula frequentemente regulam a atividade enzimática agindo como inibidores. Essa regulação – a inibição seletiva – é essencial para o controle do metabolismo celular, como você verá no Conceito 8.5.

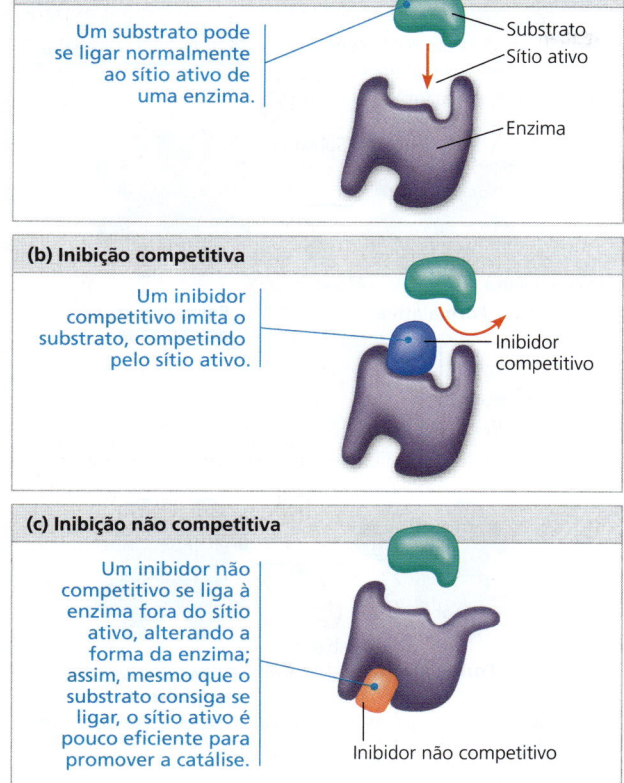

▲ **Figura 8.18** Inibição da atividade enzimática.

A evolução das enzimas

EVOLUÇÃO Até agora, os bioquímicos identificaram mais de 4 mil enzimas diferentes em várias espécies, muito provavelmente uma fração muito pequena de todas as enzimas. Como se origina essa impressionante profusão de enzimas? As enzimas, em sua maioria, são proteínas, as quais são codificadas por genes. Uma mudança permanente em um gene, conhecida como *mutação*, pode resultar em uma proteína com um ou mais aminoácidos modificados. No caso de uma enzima, se os aminoácidos modificados estiverem no sítio ativo ou em alguma outra região fundamental, a enzima alterada pode ter nova atividade ou pode ligar-se a um substrato diferente. Sob condições ambientais em que a nova função beneficia o organismo, a seleção natural tenderia a favorecer a forma mutada do gene, causando sua persistência na população. Esse modelo simplificado é geralmente aceito como a principal maneira como a multiplicidade de enzimas diferentes originou-se durante os últimos bilhões de anos de história da vida. Os dados que suportam esse modelo foram coletados por pesquisadores utilizando um procedimento de laboratório que mimetiza a evolução em populações naturais **(Figura 8.19)**.

REVISÃO DO CONCEITO 8.4

1. Inúmeras reações espontâneas ocorrem com muita lentidão. Por que todas as reações espontâneas não ocorrem instantaneamente?

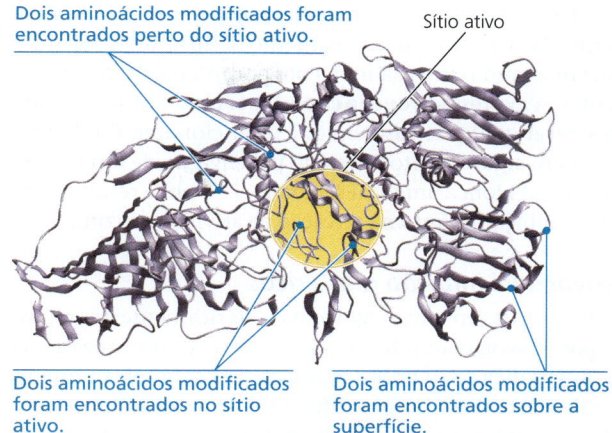

▲ **Figura 8.19 Simulando a evolução de uma enzima com uma nova função.** Pesquisadores testaram se a função de uma enzima chamada β-galactosidase, que quebra o açúcar lactose, poderia mudar com o tempo em populações da bactéria *Escherichia coli*. Após sete rodadas de mutação e seleção no laboratório, a β-galactosidase evoluiu para uma enzima especializada para quebrar um açúcar que não fosse a lactose. Este modelo de fitas mostra uma subunidade da enzima alterada; seis aminoácidos (pontos azuis) eram diferentes.

2. Digamos que você esteja usando um bico de Bunsen no laboratório. Por que a chama não volta para a mangueira de gás e incendeia o fornecimento de gás?
3. **E SE?** O malonato é um inibidor da enzima succinato-desidrogenase. O que você faria para determinar se o malonato é inibidor competitivo ou não competitivo?
4. **DESENHE** Um lisossomo maduro tem um pH interno de cerca de 4,5. Usando a Figura 8.17b como guia, desenhe um gráfico mostrando o que você poderia prever para a taxa de reação de uma enzima lisossômica. Identifique seu pH ideal, assumindo que esse pH ótimo combine com o ambiente dessa enzima.

Ver as respostas sugeridas no Apêndice A.

CONCEITO 8.5

A regulação da atividade enzimática ajuda a controlar o metabolismo

Se todas as vias metabólicas celulares ficassem operacionais simultaneamente, haveria um caos químico. A capacidade da célula de regular suas vias metabólicas, controlando quando e onde as várias enzimas estão ativas, é intrínseca ao processo da vida. Isso é feito ligando e desligando os genes que codificam enzimas específicas (que serão discutidos nos Conceitos 18.1 e 18.2) ou, como discutido aqui, ao regular a atividade das enzimas uma vez que elas sejam produzidas.

Regulação alostérica das enzimas

Em muitos casos, as moléculas que naturalmente regulam a atividade enzimática na célula têm comportamento um tanto parecido com inibidores não competitivos reversíveis (ver Figura 8.18c): essas moléculas reguladoras modificam a forma da enzima e o funcionamento do sítio ativo, ligando-se em algum ponto da molécula por interações não covalentes. A expressão **regulação alostérica** é utilizada para descrever qualquer caso em que o funcionamento da proteína em algum ponto é afetado pela ligação de uma molécula reguladora a um local separado. Isso pode resultar tanto na inibição quanto na ativação da atividade enzimática.

Ativação e inibição alostéricas

A maioria das enzimas reguladas alostericamente é composta por duas ou mais subunidades, cada qual com uma cadeia polipeptídica e seu próprio sítio ativo. O complexo inteiro oscila entre duas formas diferentes, uma cataliticamente ativa e outra inativa **(Figura 8.20a)**. No tipo mais simples de regulação alostérica, uma molécula reguladora ativadora ou inibidora se liga ao sítio regulador (algumas vezes denominado sítio alostérico), frequentemente localizado na ligação entre as subunidades. A ligação de um *ativador* ao sítio regulador estabiliza a forma que possui sítios ativos funcionais, enquanto a ligação de um *inibidor* estabiliza a forma inativa da enzima. As subunidades de uma enzima alostérica estão ajustadas entre si, de modo que uma variação na conformação de uma subunidade é transmitida a todas as outras. Com essa interação de subunidades, uma única molécula ativadora ou inibidora que se liga a um sítio regulador afetará todos os sítios ativos de todas as subunidades.

Flutuações na concentração de reguladores podem levar a um padrão sofisticado de resposta na atividade de enzimas celulares. Os produtos da hidrólise do ATP (ADP e P_i), por exemplo, desempenham um papel importante no balanceamento do fluxo entre as vias anabólicas e catabólicas por seus efeitos sobre enzimas-chave. O ATP se liga alostericamente a muitas enzimas catabólicas, diminuindo a afinidade destas com o substrato e inibindo, assim, a sua atividade. O ADP, contudo, funciona como ativador das mesmas enzimas. Isso é lógico, uma vez que o catabolismo funciona na regeneração do ATP. Se a produção de ATP ficar defasada em relação ao consumo, o ADP se acumula e ativa as enzimas que aceleram o catabolismo, produzindo mais ATP. Se o fornecimento de ATP exceder a demanda, o catabolismo retarda, à medida que as moléculas de ATP se acumulam e se ligam às mesmas enzimas, inibindo-as. (Você verá exemplos específicos desse tipo de regulação quando aprender sobre a respiração celular no próximo capítulo; veja, por exemplo, a Figura 9.19.) ATP, ADP e outras moléculas relacionadas também afetam enzimas-chave em vias anabólicas. Desse modo, as enzimas alostéricas controlam as velocidades de reações essenciais nos dois tipos de vias metabólicas.

Em outro tipo de ativação alostérica, uma molécula de *substrato* que se liga a um sítio ativo em uma enzima com múltiplas subunidades desencadeia uma mudança de forma em todas as subunidades, aumentando a atividade catalítica em outros sítios ativos **(Figura 8.20b)**. Esse mecanismo, denominado **cooperatividade**, amplifica a resposta das enzimas ao substrato: uma molécula de substrato prepara a

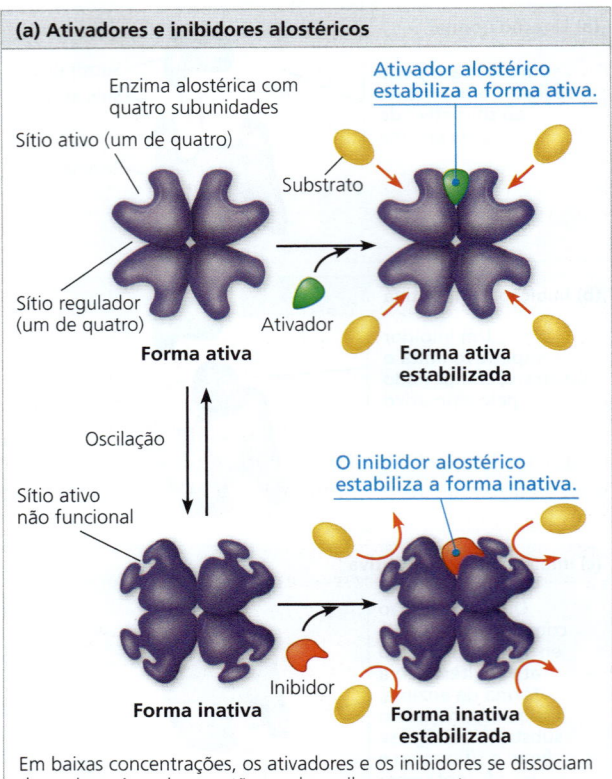

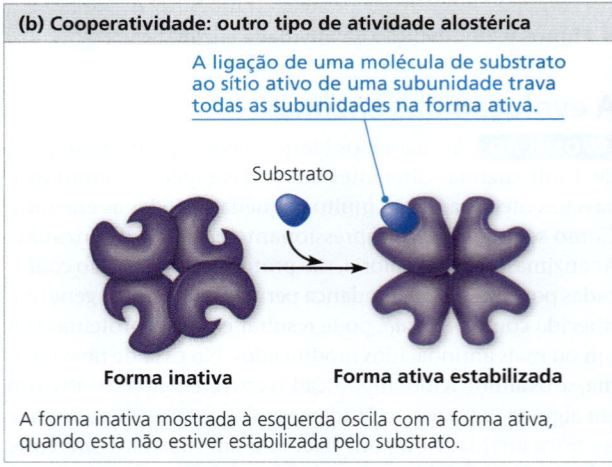

▲ **Figura 8.20** Regulação alostérica da atividade enzimática.

enzima para atuar sobre outras moléculas de substrato com mais facilidade. A cooperatividade é considerada uma regulação alostérica porque, embora o substrato esteja ligado a um sítio ativo, sua ligação afeta a catálise em outro sítio ativo.

Embora a hemoglobina não seja uma enzima (ela carrega O_2 em vez de catalisar uma reação), estudos clássicos sobre a hemoglobina elucidaram o princípio da cooperatividade. A hemoglobina é composta por quatro subunidades, cada uma com um sítio de ligação ao O_2 (ver Figura 5.18). A ligação de uma molécula de O_2 em cada sítio de ligação aumenta a afinidade pelo O_2 dos sítios de ligação remanescentes. Assim, onde o O_2 se encontra em um nível elevado, como nos pulmões ou nas brânquias, a afinidade da hemoglobina com o O_2 aumenta à medida que mais sítios de ligação são preenchidos. Nos tecidos privados de O_2, entretanto, a liberação de cada molécula de O_2 diminui a afinidade do O_2 dos demais locais de ligação, resultando na liberação do O_2 onde ele é mais necessário. A cooperatividade atua similarmente em enzimas com múltiplas subunidades que foram estudadas.

Inibição por retroalimentação

Anteriormente, analisamos a inibição alostérica de uma enzima em uma via de produção de ATP pelo próprio ATP. Este é um modo comum de controle metabólico, chamado **inibição por retroalimentação**, no qual uma via metabólica é interrompida pela ligação inibitória de seu produto final a uma enzima que atua no início da via. A **Figura 8.21** mostra um exemplo desse mecanismo de controle operando sobre uma via anabólica. Algumas células utilizam uma via de cinco etapas para sintetizar o aminoácido isoleucina a partir de treonina, outro aminoácido. À medida que se acumula, a isoleucina desacelera sua própria síntese, mediante inibição alostérica da enzima da primeira etapa da via. A inibição por retroalimentação impede a célula de produzir mais isoleucina que o necessário e, assim, de desperdiçar recursos químicos.

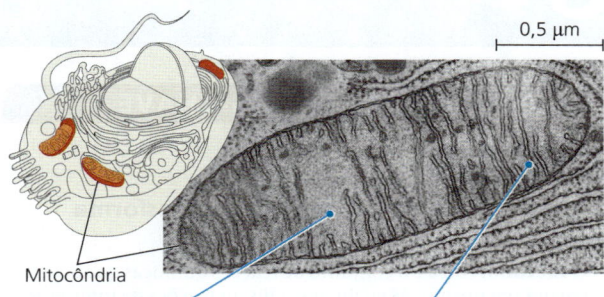

▲ **Figura 8.22 Organelas e organização estrutural no metabolismo.** Organelas como esta mitocôndria (MET) contêm enzimas que executam funções específicas – neste caso, o segundo e o terceiro estágios da respiração celular. (Ver também Figura 6.32b, canto inferior esquerdo.)

Localização das enzimas no interior da célula

A célula não é só um depósito de compostos químicos com milhares de enzimas e substratos misturados aleatoriamente. A célula é compartimentada, e as estruturas celulares auxiliam a organizar as vias metabólicas. Em alguns casos, um grupo de enzimas das várias etapas de uma via metabólica está reunido em um único complexo multienzimático. A disposição facilita a sequência de reações, com o produto da primeira enzima se tornando substrato para a enzima adjacente no complexo, e assim por diante, até que o produto final seja liberado. Algumas enzimas e complexos enzimáticos possuem lugar fixo dentro da célula e atuam como componentes estruturais de certas membranas. Outras estão em solução, envoltas por membranas de organelas eucarióticas, cada qual com seu próprio meio químico interno. Por exemplo, nas células eucarióticas, as enzimas do segundo e do terceiro estágios da respiração celular residem em locais específicos dentro das mitocôndrias (**Figura 8.22**; ver também Figura 6.32b).

Neste capítulo, você aprendeu sobre as leis da termodinâmica que regem o metabolismo, o conjunto interconectado de vias químicas características da vida. Exploramos a bioenergética da quebra e da formação de moléculas biológicas. Para continuar o tema do fluxo de energia e especificamente da bioenergética, examinaremos, a seguir, a respiração celular. Esta é a principal via catabólica que quebra as moléculas orgânicas e libera energia que pode ser usada para os processos cruciais da vida.

REVISÃO DO CONCEITO 8.5

1. Como um ativador e um inibidor têm efeitos diferentes sobre uma enzima regulada alostericamente?
2. **E SE?** A regulação da síntese de isoleucina é um exemplo de inibição por retroalimentação de uma via anabólica. Considerando isso, explique como o ATP pode estar envolvido na inibição por retroalimentação de uma via catabólica.

Ver as respostas sugeridas no Apêndice A.

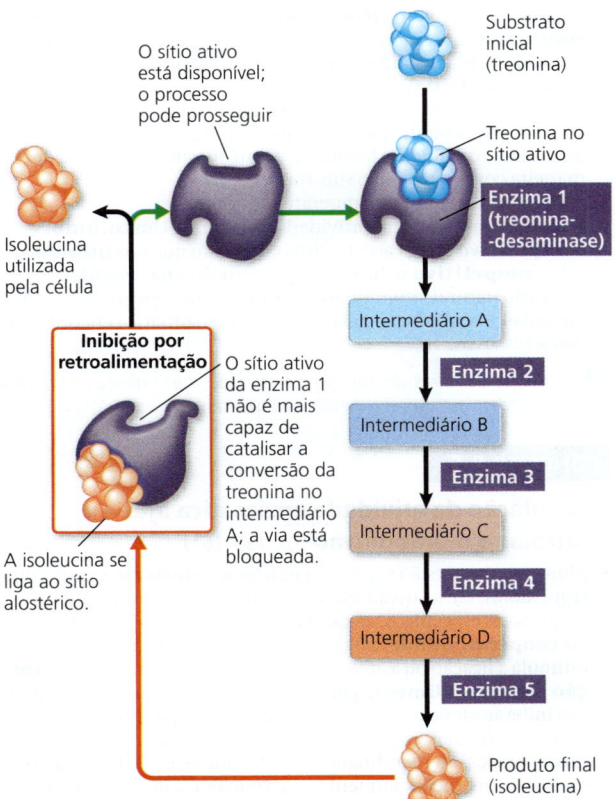

▲ **Figura 8.21** Inibição por retroalimentação na síntese de isoleucina.

8 Revisão do capítulo

RESUMO DOS CONCEITOS-CHAVE

CONCEITO 8.1

O metabolismo de um organismo transforma matéria e energia (p. 144-147)

- O **metabolismo** é o conjunto de reações químicas que ocorrem em um organismo. As enzimas catalisam reações na interseção das **vias metabólicas**, que podem ser **catabólicas** (degradação de moléculas, liberando energia) ou **anabólicas** (construção de moléculas, consumindo energia). A **bioenergética** é o estudo do fluxo de energia através de organismos vivos.
- **Energia** é a capacidade de provocar mudança; algumas formas de energia realizam trabalho movimentando matéria. A **energia cinética** está associada com o movimento e inclui a **energia térmica**, associada com o movimento aleatório de átomos ou moléculas. O **calor** é a energia térmica na transferência de um objeto para outro. A **energia potencial** está relacionada com a localização ou a estrutura da matéria e inclui a **energia química** retida pela molécula devido à sua estrutura.
- A **primeira lei da termodinâmica**, conservação de energia, estabelece que a energia não é criada nem destruída, apenas transferida ou transformada. A **segunda lei da termodinâmica** afirma que os **processos espontâneos**, aqueles que não requerem aporte externo de energia, aumentam a **entropia** (desordem molecular) do universo.

? *Explique como a estrutura altamente organizada de uma célula não entra em conflito com a segunda lei da termodinâmica.*

CONCEITO 8.2

A variação de energia livre nos diz se a reação ocorre ou não espontaneamente (p. 147-150)

- A **energia livre** de um sistema vivo é aquela que pode realizar trabalho nas condições celulares. A variação de energia livre (ΔG) durante os processos biológicos está diretamente relacionada com a variação de entalpia (ΔH) e com a variação de entropia (ΔS): $\Delta G = \Delta H - T\Delta S$. Os organismos vivem à custa de energia livre. Um processo espontâneo ocorre sem aporte de energia; durante uma mudança espontânea, a energia livre diminui e a estabilidade do sistema aumenta. Na estabilidade máxima, o sistema está em equilíbrio e não pode realizar trabalho.
- Em uma reação química **exergônica** (espontânea), os produtos têm menos energia livre que os reagentes ($-\Delta G$). Reações **endergônicas** (não espontâneas) necessitam de aporte de energia ($+\Delta G$). A adição de reagentes e a remoção dos produtos finais evitam que o metabolismo alcance o equilíbrio.

? *Explique o significado de cada componente na equação para a variação de energia livre de uma reação química espontânea. Por que as reações espontâneas são importantes no metabolismo de uma célula?*

CONCEITO 8.3

O ATP fornece energia para o trabalho celular acoplando reações exergônicas a reações endergônicas (p. 150-153)

- O **ATP** é a molécula que transporta energia na célula. A hidrólise do seu grupo fosfato terminal gera ADP e ℗$_i$, e libera energia livre.
- Por meio do **acoplamento energético**, o processo exergônico de hidrólise do ATP aciona reações endergônicas pela transferência de um grupo fosfato para reagentes específicos, formando um **intermediário fosforilado** que é mais reativo. A hidrólise do ATP (algumas vezes com fosforilação de proteínas) também provoca mudanças no formato e na afinidade de ligação das proteínas motoras e de transporte.
- As vias catabólicas levam à regeneração do ATP a partir de ADP + ℗$_i$.

? *Descreva o ciclo do ATP: como o ATP é usado e regenerado em uma célula?*

CONCEITO 8.4

As enzimas aceleram as reações do metabolismo diminuindo as barreiras de energia (p. 153-159)

- Em uma reação química, a energia necessária para romper as ligações dos reagentes é a **energia de ativação**, E_A.
- As **enzimas** diminuem a barreira da E_A:

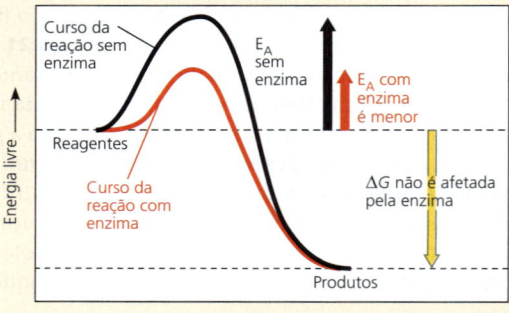

- Toda enzima tem um **sítio ativo** único que se liga a um ou mais **substratos**, os reagentes sobre os quais ela age. Em seguida, muda de forma, ligando o(s) substrato(s) de forma mais firme (**ajuste induzido**).
- O sítio ativo pode diminuir uma barreira da E_A orientando corretamente os substratos, tensionando suas ligações, proporcionando um microambiente favorável, ou até mesmo ligando-se de maneira covalente com o substrato.
- Cada enzima tem pH e temperatura ótimos.
- Os inibidores reduzem a atividade da enzima. Um **inibidor competitivo** se liga ao sítio ativo, ao passo que um **inibidor não competitivo** se liga a algum outro sítio na enzima.
- A seleção natural, atuando sobre organismos com enzimas modificadas, é responsável pela diversidade enzimática encontrada nos seres vivos.

? *Como as barreiras de energia de ativação e as enzimas ajudam a manter a ordem estrutural e metabólica da vida?*

CONCEITO 8.5

A regulação da atividade enzimática ajuda a controlar o metabolismo (p. 159-161)

- Muitas enzimas estão sujeitas à **regulação alostérica**: moléculas reguladoras, tanto ativadoras quanto repressoras, ligam-se a sítios reguladores específicos, afetando a forma e a função da enzima. Na **cooperatividade**, a ligação de uma molécula de substrato estimula a ligação ou a atividade em outros sítios ativos. Na **inibição por retroalimentação**, o produto final de uma via metabólica inibe alostericamente a enzima de uma etapa anterior da via.
- Algumas enzimas estão agrupadas em complexos, outras estão incorporadas em membranas e outras, ainda, estão localizadas dentro de organelas, aumentando a eficiência dos processos metabólicos.

? *Quais papéis a regulação alostérica e a inibição por retroalimentação desempenham no metabolismo de uma célula?*

TESTE SEU CONHECIMENTO

Níveis 1-2: Relembre/Entenda

1. Escolha o par de termos que completa corretamente a sentença: o catabolismo está para o anabolismo assim como _____ está para _____.
   - (A) exergônico; espontâneo
   - (B) exergônico; endergônico
   - (C) energia livre; entropia
   - (D) trabalho; energia

2. A maioria das células não pode utilizar calor para realizar trabalho porque
   - (A) o calor não envolve transferência de energia.
   - (B) as células não têm muita energia térmica; elas são relativamente frias.
   - (C) a temperatura normalmente é uniforme em toda a célula.
   - (D) o calor nunca pode ser utilizado para realizar trabalho.

3. Qual dos seguintes processos metabólicos pode ocorrer sem entrada de energia proveniente de algum outro processo?
   - (A) $ADP + ⓟ_i \rightarrow ATP + H_2O$
   - (B) $C_6H_{12}O_6 + 6 O_2 \rightarrow 6 CO_2 + 6 H_2O$
   - (C) $6 CO_2 + 6 H_2O \rightarrow C_6H_{12}O_6 + 6 O_2$
   - (D) Aminoácidos $\rightarrow$ Proteína

4. Se uma enzima em solução estiver saturada com substrato, a maneira mais eficiente de obter uma conversão mais rápida de produtos é
   - (A) adicionar mais enzima.
   - (B) aquecer a solução a 90°C.
   - (C) adicionar mais substrato.
   - (D) adicionar um inibidor não competitivo.

5. Algumas bactérias são ativas metabolicamente em fontes termais porque
   - (A) são capazes de manter sua temperatura interna mais fria.
   - (B) altas temperaturas tornam a catálise desnecessária.
   - (C) suas enzimas têm temperatura ótima alta.
   - (D) suas enzimas são completamente insensíveis à temperatura.

Níveis 3-4: Aplique/Analise

6. O que aconteceria se uma enzima fosse adicionada a uma solução em que substrato e produto estivessem em equilíbrio?
   - (A) Será formado substrato adicional.
   - (B) A reação mudará de endergônica para exergônica.
   - (C) A energia livre do sistema mudará.
   - (D) Nada; a reação continuará em equilíbrio.

Níveis 5-6: Avalie/Crie

7. **DESENHE** Utilizando uma série de setas, desenhe as reações da via metabólica descrita pelas seguintes afirmações, depois responda à pergunta ao final. Utilize setas vermelhas e sinais de subtração para indicar inibição.

   L pode formar M ou N.
   M pode formar O.
   O pode formar P ou R.
   P pode formar Q.
   R pode formar S.
   O inibe a reação de L para formar M.
   Q inibe a reação de O para formar P.
   S inibe a reação de O para formar R.

   Qual reação prevaleceria se Q e S estivessem presentes na célula em alta concentração?
   - (A) $L \rightarrow M$
   - (B) $M \rightarrow O$
   - (C) $L \rightarrow N$
   - (D) $O \rightarrow P$

8. **CONEXÃO EVOLUTIVA** Algumas pessoas argumentam que as vias bioquímicas são muito complexas para terem evoluído porque todas as etapas intermediárias em uma determinada via devem estar presentes para produzir o produto final. Critique esse argumento. Como você poderia utilizar a diversidade de vias metabólicas que geram produtos iguais ou similares para sustentar seu ponto de vista?

9. **PESQUISA CIENTÍFICA · DESENHE** Uma pesquisadora desenvolveu um ensaio para medir a atividade de uma importante enzima presente nas células hepáticas desenvolvidas em meio de cultura. Ela adiciona o substrato da enzima a um recipiente com células e, após, mede o aparecimento dos produtos da reação. Os resultados são plotados em um gráfico com a quantidade de produto no eixo y e o tempo no eixo x. A pesquisadora percebeu quatro regiões no gráfico. Por um pequeno período, não aparece produto (seção A). Logo a seguir (seção B), a velocidade da reação é alta (a inclinação da curva é grande). Após certo tempo, a reação diminui gradativamente (seção C). Por fim, a linha do gráfico torna-se horizontal (seção D). Desenhe e caracterize o gráfico e proponha um modelo para explicar os eventos moleculares que ocorrem em cada estágio desse perfil de reação.

10. **ESCREVA SOBRE UM TEMA: ENERGIA E MATÉRIA** A vida requer energia. Em um texto sucinto (100-150 palavras), descreva os princípios básicos da bioenergética em uma célula animal. Quão diferentes são o fluxo e a transformação de energia em uma célula fotossintetizante? Inclua em sua discussão os papéis do ATP e das enzimas.

11. **SINTETIZE SEU CONHECIMENTO**

Explique o que está acontecendo na fotografia, em termos de energia cinética e energia potencial. Inclua as conversões de energia que ocorrem quando os pinguins comem peixes e retornam para cima da geleira. Descreva os papéis do ATP e das enzimas nos processos moleculares subjacentes, incluindo o que acontece com a energia livre de algumas das moléculas envolvidas.

Ver respostas selecionadas no Apêndice A.

9 Respiração celular e fermentação

CONCEITOS-CHAVE

9.1 Vias catabólicas produzem energia oxidando combustíveis orgânicos *p. 165*

9.2 A glicólise obtém energia química oxidando glicose a piruvato *p. 170*

9.3 Após a oxidação do piruvato, o ciclo do ácido cítrico completa a oxidação que produz energia a partir de moléculas orgânicas *p. 171*

9.4 Durante a fosforilação oxidativa, a quimiosmose acopla o transporte de elétrons à síntese de ATP *p. 174*

9.5 A fermentação e a respiração anaeróbica possibilitam que as células produzam ATP sem o uso de oxigênio *p. 179*

9.6 A glicólise e o ciclo do ácido cítrico conectam-se a diversas outras vias metabólicas *p. 182*

Dica de estudo

Faça um guia de estudo visual:
Desenhe uma célula com uma mitocôndria grande, identificando as partes da mitocôndria. À medida que ler o capítulo, acrescente as reações-chave para cada etapa da respiração celular, conectando as etapas entre si. Identifique a(s) molécula(s) de carbono com a maior energia e a(s) molécula(s) de carbono com a menor energia. Sua célula pode ser um esboço simples, como mostrado aqui.

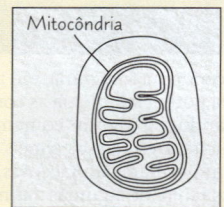

Figura 9.1 Esta marmota-grisalha (*Marmota caligata*) obtém energia para suas células alimentando-se de plantas. No processo de respiração celular, as mitocôndrias nas células de animais, plantas e outros organismos quebram moléculas orgânicas, gerando ATP e produtos residuais: dióxido de carbono, água e calor. Observe que a energia flui em uma direção, mas os produtos químicos são reciclados.

Como a energia química armazenada nos alimentos é usada para gerar ATP, a molécula que impulsiona a maior parte do trabalho celular?

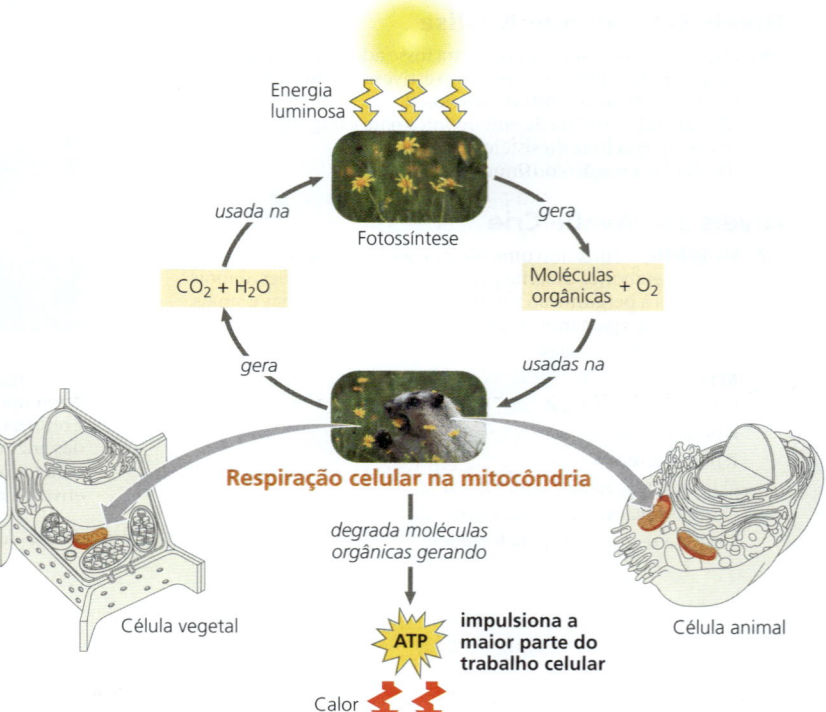

CONCEITO 9.1

Vias catabólicas produzem energia oxidando combustíveis orgânicos

As células vivas requerem aporte de energia a partir de fontes externas para realizarem suas diversas tarefas – por exemplo, síntese de polímeros, bombeamento de substâncias através de membranas, movimento e reprodução. A fonte externa de energia é o alimento, e a energia armazenada nas moléculas orgânicas dos alimentos vem essencialmente do sol. Como mostrado na **Figura 9.1**, a energia flui para um ecossistema como luz solar e sai como calor; por outro lado, os elementos químicos essenciais à vida são reciclados. A fotossíntese gera oxigênio (O_2), assim como moléculas orgânicas utilizadas pelas mitocôndrias dos eucariotos como combustível para a respiração celular. A respiração queima esse combustível, utilizando O_2 e gerando ATP. Os produtos que sobram desse tipo de respiração, dióxido de carbono (CO_2) e água (H_2O), são as matérias-primas para a fotossíntese.

Vamos considerar como as células captam a energia química armazenada nas moléculas orgânicas e a utilizam para gerar o ATP, a molécula que impulsiona a maior parte do trabalho celular. As vias metabólicas que liberam a energia armazenada pela quebra das moléculas complexas são chamadas de vias catabólicas (ver Conceito 8.1). A transferência de elétrons das moléculas de alimentos (como a glicose) para outras moléculas desempenha um papel importante nessas vias. Nesta seção, consideraremos esses processos, que são centrais para a respiração celular.

Vias catabólicas e produção de ATP

Os compostos orgânicos possuem energia potencial como resultado do arranjo de elétrons nas ligações entre seus átomos. Compostos que conseguem participar de reações exergônicas podem atuar como combustível. Por meio da atividade das enzimas (ver Conceito 8.4), uma célula degrada sistematicamente moléculas orgânicas complexas que são ricas em energia potencial para produtos residuais mais simples que têm menos energia. Parte da energia retirada do estoque químico pode ser usada para realizar trabalho; o resto é dissipado como calor.

Um processo catabólico, a **fermentação**, é uma degradação parcial de açúcares que ocorre sem o uso de oxigênio. Entretanto, a mais eficiente via catabólica é a **respiração aeróbica**, em que o oxigênio é consumido como reagente junto com combustível orgânico (*aeróbica* vem do grego *aer*, ar, e *bios*, vida). As células da maioria dos organismos eucarióticos e de muitos procariotos conseguem realizar respiração aeróbica. Alguns procariotos utilizam outro tipo de substância além do oxigênio como reagentes, em um processo similar obtido energia química sem utilizar o oxigênio; esse processo é chamado de *respiração anaeróbica* (o prefixo *an-* significa "sem"). Tecnicamente, o termo **respiração celular** inclui tanto o processo aeróbico como o anaeróbico. Entretanto, ele originou-se como sinônimo para respiração aeróbica por causa do relacionamento desse processo com a respiração do organismo, na qual um animal inspira oxigênio. Portanto, *respiração celular* é comumente utilizada para se referir ao processo aeróbico, prática que seguiremos na maior parte deste capítulo.

Embora seja muito diferente em relação ao mecanismo, a respiração aeróbica é, a princípio, similar à combustão da gasolina no motor de um automóvel, após a mistura do oxigênio com o combustível (hidrocarbonetos). O alimento fornece o combustível para respiração, e os subprodutos são CO_2 e água. O processo geral pode ser resumido assim:

$$\text{Compostos orgânicos} + \text{Oxigênio} \rightarrow \text{Dióxido de carbono} + \text{Água} + \text{Energia}$$

Carboidratos, gorduras e proteínas dos alimentos podem ser todos processados e consumidos como combustível. Na dieta dos animais, uma das principais fontes de carboidratos é o amido, um polissacarídeo de armazenamento que pode ser decomposto em subunidades de glicose ($C_6H_{12}O_6$). Aqui, vamos aprender as etapas da respiração celular seguindo a degradação do açúcar glicose:

$$C_6H_{12}O_6 + 6\,O_2 \rightarrow 6\,CO_2 + 6\,H_2O + \text{Energia (ATP + calor)}$$

Essa decomposição da glicose é exergônica, tendo uma mudança de energia livre de -686 kcal (-2.870 kJ) por mol de glicose decomposta ($\Delta G = -686$ kcal/mol). Lembre-se de que uma ΔG negativa indica que os produtos da reação química armazenam menos energia que os reagentes e que a reação pode ocorrer espontaneamente – em outras palavras, sem uma entrada de energia (ver Conceito 8.2).

As vias catabólicas não movem diretamente os flagelos nem bombeiam solutos através de membranas, polimerizam monômeros ou realizam outra tarefa celular diretamente. O catabolismo está ligado ao trabalho por um eixo de ativação química – o ATP (ver Conceito 8.3). Para continuar trabalhando, a célula deve regenerar seu estoque de ATP a partir de ADP e $\textcircled{P}_i$ (ver Figura 8.12). Para entender como a respiração celular alcança esse objetivo, vamos examinar os processos químicos fundamentais conhecidos como oxidação e redução.

Reações redox: oxidação e redução

Como as vias catabólicas que decompõem glicose e outros combustíveis orgânicos fornecem energia? A resposta baseia-se na transferência de elétrons durante as reações químicas. A realocação dos elétrons libera energia armazenada nas moléculas orgânicas; essa energia é fundamentalmente utilizada para sintetizar ATP.

O princípio redox

Em muitas reações químicas, existe a transferência de um ou mais elétrons (e^-) de um reagente para outro. Essas transferências de elétrons são chamadas de reações de oxidação-redução – ou **reações redox**, para abreviar. Em uma reação redox, a perda de elétrons de uma substância é chamada de **oxidação**, e a adição de elétrons para outra substância é conhecida como

redução. (Observe que a *adição* de elétrons é chamada de *redução*; elétrons negativamente carregados adicionados a um átomo *reduzem* a quantidade de cargas positivas desse átomo.)

Por meio de um exemplo simples, não biológico, considere a reação entre os elementos sódio (Na) e cloro (Cl), que formam o sal de cozinha:

$$\underbrace{Na + Cl}_{\text{torna-se reduzido (ganha elétrons)}} \longrightarrow \overbrace{Na^+ + Cl^-}^{\text{torna-se oxidado (perde elétrons)}}$$

Podemos generalizar uma reação redox desta maneira:

$$\underbrace{Xe^- + Y}_{\text{torna-se reduzido}} \longrightarrow \overbrace{X + Ye^-}^{\text{torna-se oxidado}}$$

Na reação genérica, a substância Xe^-, doadora de elétrons, é chamada de **agente redutor**; ela reduz Y, que aceita o elétron doado. A substância Y, o aceptor de elétrons, é o **agente oxidante**; ela oxida Xe^- removendo seu elétron. Visto que a transferência de elétrons necessita tanto de doador quanto de aceptor, a oxidação e a redução sempre ocorrem juntas.

Nem todas as reações redox envolvem a transferência completa de elétrons de uma substância para outra; algumas mudam o grau do compartilhamento de elétrons em ligações covalentes. A combustão do metano, mostrada na **Figura 9.2**, é um exemplo. Os elétrons covalentes no metano são compartilhados quase igualmente entre os átomos ligados, pois carbono e hidrogênio possuem quase a mesma afinidade pelos elétrons de valência; eles são quase igualmente eletronegativos (ver Conceito 2.3). Mas quando o metano reage com O_2, formando CO_2, os elétrons acabam compartilhando de forma menos equitativa entre o átomo de carbono e seus novos parceiros covalentes, os átomos de oxigênio, que são muito eletronegativos. Efetivamente, o átomo de carbono "perdeu" parcialmente seus elétrons compartilhados; assim, o metano foi oxidado.

Agora, vamos examinar o destino do reagente O_2. Os dois átomos da molécula de oxigênio (O_2) compartilham seus elétrons igualmente. Porém, após a reação com o metano, quando cada átomo de O está ligado a dois átomos de H em H_2O, os elétrons dessas ligações covalentes passam mais tempo próximos do oxigênio (ver Figura 9.2). Na prática, cada átomo de O "ganhou" elétrons parcialmente; então, a molécula de oxigênio (O_2) foi reduzida. Devido ao fato de o átomo O ser tão eletronegativo, o O_2 é um dos agentes oxidantes mais poderosos de todos.

Energia deve ser adicionada para puxar um elétron de um átomo para outro, assim como energia é necessária para empurrar uma bola morro acima. Quanto mais eletronegativo for o átomo (quanto mais força ele faz para arrastar elétrons), maior é a energia necessária para retirar o elétron dele. Um elétron perde energia potencial quando muda de um átomo menos eletronegativo para outro mais eletronegativo, assim como a bola perde energia potencial quando rola morro

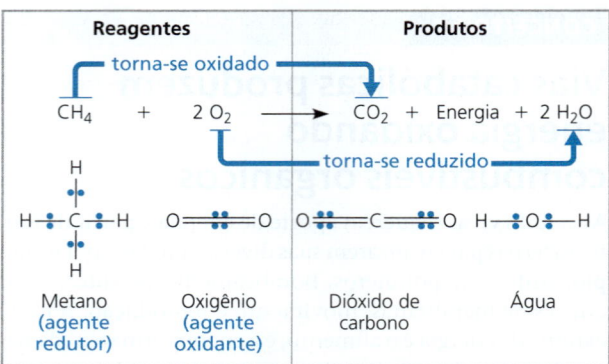

▲ **Figura 9.2 A combustão do metano como uma reação redox que produz energia.** A reação libera energia para o meio, porque os elétrons perdem energia potencial quando não são compartilhados igualmente, passando mais tempo perto de átomos eletronegativos, como o oxigênio.

HABILIDADES VISUAIS *O átomo de carbono é oxidado ou reduzido durante esta reação? Explique.*

abaixo. Uma reação redox que aproxima os elétrons de um átomo O, como a queima (oxidação) do metano, libera, portanto, energia química que pode ser colocada em funcionamento.

Oxidação de moléculas de combustível orgânico durante a respiração celular

A oxidação do metano pelo O_2 é a principal reação de combustão que ocorre no bico de um fogão a gás. A combustão da gasolina no motor de um automóvel também é uma reação redox; a energia liberada move os pistões. Entretanto, o processo redox fornecedor de energia de maior interesse dos biólogos é a respiração: a oxidação da glicose e de outras moléculas do alimento. Examine novamente a equação resumida da respiração celular, mas agora pense nela como um processo redox:

$$\underbrace{C_6H_{12}O_6 + 6\,O_2}_{\text{torna-se reduzido}} \longrightarrow \overbrace{6\,CO_2 + 6\,H_2O}^{\text{torna-se oxidado}} + \text{Energia}$$

Como na combustão de metano ou gasolina, o combustível (glicose) é oxidado e o O_2 é reduzido. Os elétrons perdem energia potencial ao longo do caminho, e energia é liberada.

Em geral, moléculas orgânicas que têm uma abundância de hidrogênio são excelentes combustíveis porque suas ligações são uma fonte de elétrons "para o topo da colina", cuja energia pode ser liberada à medida que esses elétrons "caem" em um gradiente de energia durante sua transferência para o oxigênio. A equação resumida da respiração indica que o hidrogênio é transferido da glicose para os átomos O no O_2. Porém, o fato importante, não visível na equação resumida, é que o estado energético dos elétrons muda quando o hidrogênio (com seu elétron) é transferido para o oxigênio. Na respiração, a oxidação da glicose transfere elétrons para um estado energético menor, liberando energia que se torna disponível para síntese de ATP. Assim, em geral, vemos combustíveis com múltiplas ligações C—H oxidadas em produtos com múltiplas ligações C—O.

Os principais alimentos que produzem energia – carboidratos e gorduras – são reservatórios de elétrons associados ao hidrogênio, muitas vezes sob a forma de ligações C—H. Somente a barreira da energia de ativação contém o fluxo de elétrons para um estado energético mais baixo (ver Figura 8.13). Sem essa barreira, uma substância alimentar como a glicose se combinaria quase instantaneamente com o O_2. Quando fornecemos a energia de ativação por meio do consumo de glicose, ela queima no ar, liberando 686 kcal (2.870 kJ) de calor por mol de glicose (cerca de 180 g). A temperatura corporal não é suficiente para iniciar essa queima, evidentemente. Em vez disso, se você ingerir certa quantidade de glicose, enzimas nas suas células irão baixar a barreira da energia de ativação, permitindo que o açúcar seja oxidado em uma série de etapas.

Coleta de energia gradual por meio do NAD^+ e da cadeia transportadora de elétrons

Se a energia fosse liberada de um combustível de uma vez só, ela não poderia ser aproveitada de maneira eficiente para o trabalho construtivo. Por exemplo, se um tanque de combustível explode, ela não pode levar o carro muito longe. A respiração celular também não oxida glicose em uma única etapa explosiva. Ao contrário, a glicose e outros combustíveis orgânicos são decompostos em uma série de etapas, cada uma catalisada por uma enzima. Nas etapas essenciais, elétrons são removidos da glicose. Como é comum na reação de oxidação, cada elétron viaja com um próton – ou seja, como um átomo de hidrogênio. Os átomos de hidrogênio não são transferidos diretamente para o O_2, mas, em vez disso, são geralmente passados primeiro para um carreador de elétrons, uma coenzima chamada de nicotinamida-adenina-dinucleotídeo, um derivado da vitamina niacina. Essa coenzima é bem adaptada como um carreador de elétrons porque pode circular facilmente entre sua forma oxidada, **NAD^+**, e sua forma reduzida, **NADH**. Como um aceptor de elétrons, o NAD^+ funciona como um agente oxidante durante a respiração.

Como o NAD^+ retém os elétrons da glicose e de outras moléculas orgânicas presentes nos alimentos? Enzimas chamadas de desidrogenases removem um par de átomos de hidrogênio (2 elétrons e 2 prótons) do substrato (glicose, no exemplo anterior), oxidando-o. A enzima entrega os 2 elétrons juntamente com 1 próton para sua coenzima, NAD^+, formando NADH **(Figura 9.3)**. O outro próton é liberado como um íon hidrogênio (H^+) na solução ao redor:

$$H-\underset{|}{\overset{|}{C}}-OH + NAD^+ \xrightarrow{\text{Desidrogenase}} \underset{|}{\overset{|}{C}}=O + NADH + H^+$$

Ao receber 2 elétrons com carga negativa, mas apenas 1 próton com carga positiva, a porção nicotinamida do NAD^+ tem sua carga neutralizada quando o NAD^+ é reduzido a NADH. O nome NADH mostra o hidrogênio que foi recebido na reação. NAD^+ é o receptor de elétrons mais versátil na respiração celular e funciona em várias das etapas redox durante a quebra da glicose.

Os elétrons perdem muito pouco de sua energia potencial quando são transferidos da glicose para o NAD^+. Cada molécula de NADH formada durante a respiração representa a energia armazenada que pode ser aproveitada para fazer ATP quando os elétrons completam sua "queda" por um gradiente de energia de NADH para O_2.

Como os elétrons extraídos da glicose e armazenados como energia potencial no NADH finalmente alcançam o oxigênio? Isso ajudará a comparar a química redox da respiração celular com uma reação bem mais simples: a reação entre o hidrogênio e o oxigênio para formar água **(Figura 9.4a)**. Misture H_2 e O_2, forneça uma faísca para a energia de ativação, e os gases combinam explosivamente. Na verdade, a combustão de H_2 líquido e O_2 é aproveitada para ajudar a alimentar os motores dos foguetes que impulsionam os satélites para a órbita e lançam as naves espaciais. A explosão representa uma liberação da energia conforme os elétrons do hidrogênio "caem" mais perto de átomos de oxigênio

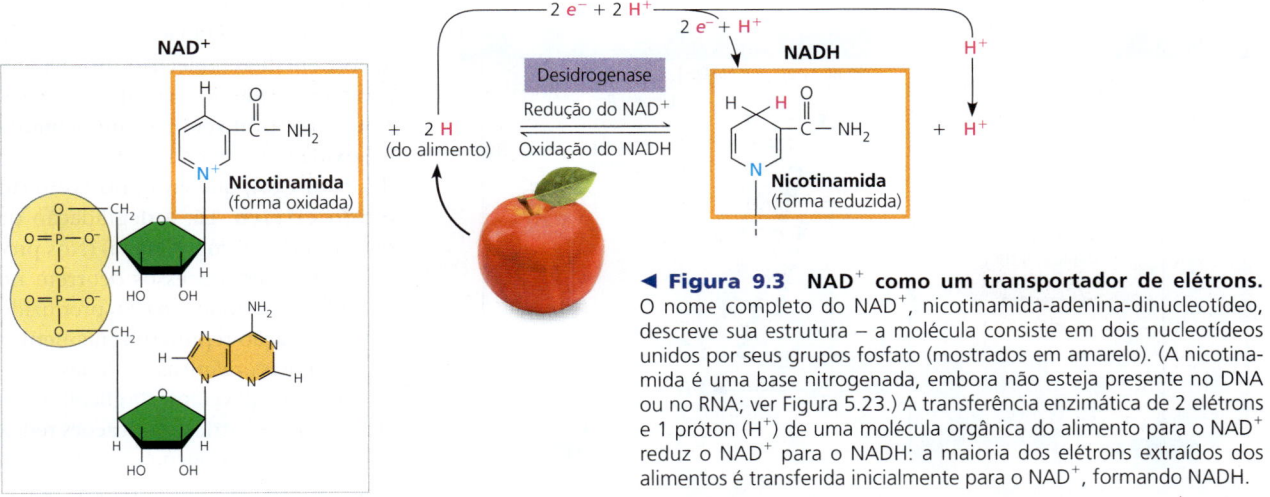

◄ **Figura 9.3 NAD^+ como um transportador de elétrons.** O nome completo do NAD^+, nicotinamida-adenina-dinucleotídeo, descreve sua estrutura – a molécula consiste em dois nucleotídeos unidos por seus grupos fosfato (mostrados em amarelo). (A nicotinamida é uma base nitrogenada, embora não esteja presente no DNA ou no RNA; ver Figura 5.23.) A transferência enzimática de 2 elétrons e 1 próton (H^+) de uma molécula orgânica do alimento para o NAD^+ reduz o NAD^+ para o NADH: a maioria dos elétrons extraídos dos alimentos é transferida inicialmente para o NAD^+, formando NADH.

HABILIDADES VISUAIS *Descreva as diferenças estruturais entre as formas oxidada e reduzida da nicotinamida.*

eletronegativos. A respiração celular também une hidrogênio e oxigênio para formar água, porém existem duas importantes diferenças. Em primeiro lugar, na respiração celular, o hidrogênio que reage com oxigênio deriva de moléculas orgânicas, e não do H_2. Segundo, em vez de ocorrer uma reação explosiva, a respiração utiliza uma cadeia de transporte de elétrons para frear a queda de elétrons ao oxigênio em diversas etapas liberadoras de energia **(Figura 9.4b)**. Uma **cadeia transportadora de elétrons** consiste em várias moléculas – a maioria proteínas – incrustadas na membrana mitocondrial interna de células eucarióticas (e da membrana plasmática de procariotos aeróbios). Elétrons removidos da glicose são transportados pelo NADH para o "topo", extremidade de energia máxima da cadeia. Na "parte inferior", a extremidade de menor energia, o O_2 captura esses elétrons juntamente com núcleos de hidrogênio (H^+), formando água. (Os procariotos que respiram de maneira anaeróbia têm um receptor de elétrons no final da cadeia que é diferente do O_2.)

A transferência dos elétrons a partir do NADH até o oxigênio é uma reação exergônica, com mudança de energia livre de -53 kcal/mol (-222 kJ/mol). Em vez de essa energia ser liberada e desperdiçada em uma única e explosiva etapa, os elétrons descem em cascata de uma molécula carreadora para a próxima em uma série de reações redox, perdendo uma pequena quantidade de energia em cada etapa, até finalmente alcançarem o oxigênio, o aceptor final de elétrons, que tem grande afinidade por elétrons. Cada carreador "descendente" tem uma maior afinidade com os elétrons do que seu vizinho "ascendente" e, portanto, é capaz de aceitar elétrons (oxidando), tendo o O_2 na parte inferior da cadeia. Assim, os elétrons transferidos da glicose para o NAD^+, reduzindo-o para o NADH, descem por um gradiente de energia na cadeia transportadora de elétrons para um local muito mais estável em um átomo de oxigênio eletronegativo de O_2. Dito de outra forma, o O_2 puxa os elétrons pela cadeia em uma queda de energia análoga à da gravidade puxando objetos para baixo.

Em resumo, durante a respiração celular, a maioria dos elétrons percorre a seguinte via "descendente": glicose → NADH → cadeia transportadora de elétrons → oxigênio. No fim deste capítulo, você aprenderá mais sobre como as células utilizam a energia liberada da queda exergônica dos elétrons para regenerar o estoque de ATP. Por enquanto, tendo visto os mecanismos redox básicos da respiração celular, vamos examinar o processo inteiro pelo qual a energia é gerada a partir de combustíveis orgânicos.

Introduzindo: as fases da respiração celular

A coleta de energia a partir da glicose por respiração celular é uma função cumulativa de três fases metabólicas. Elas são listadas aqui em um esquema de cores utilizado ao longo do capítulo para ajudá-lo a ter uma perspectiva panorâmica:

1. **GLICÓLISE (em cor azul ao longo do capítulo)**
2. **OXIDAÇÃO DO PIRUVATO (laranja-claro) e o CICLO DO ÁCIDO CÍTRICO (laranja-escuro)**
3. **FOSFORILAÇÃO OXIDATIVA: transporte de elétrons e quimiosmose (roxo)**

Em geral, os bioquímicos reservam o termo *respiração celular* para as fases 2 e 3 combinadas. Neste texto, porém, incluímos a glicólise porque a maioria das células que respiram, as quais obtêm energia a partir da glicose, utilizam esse processo para produzir a matéria-prima para o ciclo do ácido cítrico.

Como ilustrado na **Figura 9.5**, a glicólise e, depois, a oxidação do piruvato e o ciclo do ácido cítrico são as vias catabólicas que quebram a glicose e outros combustíveis orgânicos. A **glicólise**, que ocorre no citosol, começa o processo de degradação quebrando a glicose em duas moléculas de um composto chamado de piruvato. Em eucariotos, o piruvato entra na mitocôndria e é oxidado a um composto chamado de acetil-CoA, que entra no **ciclo do ácido cítrico**. Lá, a degradação da glicose a CO_2 é completada. (Nos procariotos, esses processos ocorrem no citosol.) Desse modo, o CO_2 produzido pela respiração representa fragmentos de moléculas orgânicas oxidadas.

Algumas das etapas da glicólise e do ciclo do ácido cítrico são reações redox em que as desidrogenases transferem elétrons dos substratos para o NAD^+ ou para o carreador FAD relacionado,

(a) Reação descontrolada. A reação exergônica de uma etapa do hidrogênio com oxigênio para formar água libera uma grande quantidade de energia na forma de calor e luz: uma explosão.

(b) Respiração celular. Na respiração celular, a mesma reação ocorre em estágios: uma cadeia transportadora de elétrons quebra a "queda" dos elétrons nesta reação em uma série de etapas menores e armazena parte da energia liberada em uma forma que pode ser usada para fazer ATP. (O restante da energia é liberada como calor.)

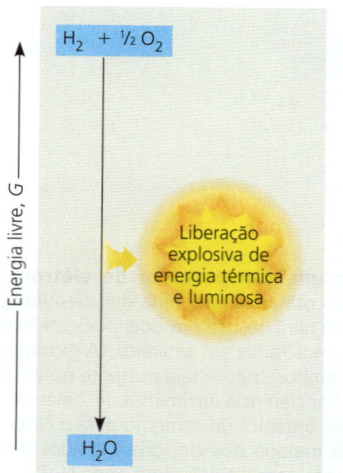
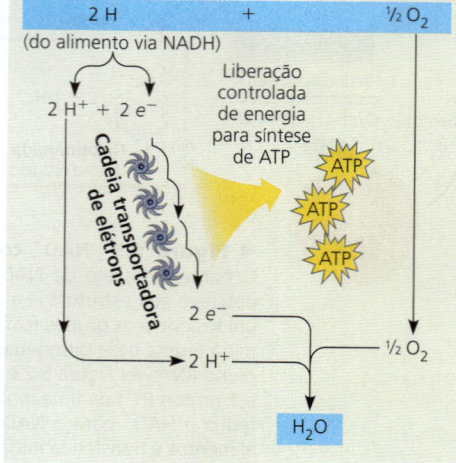

▲ **Figura 9.4** Introdução às cadeias transportadoras de elétrons.

► **Figura 9.5 Visão geral da respiração celular.** Durante a glicólise, cada molécula de glicose é decomposta em duas moléculas de piruvato. Nas células eucarióticas, como mostrado aqui, o piruvato entra na mitocôndria; ali, é oxidado a acetil-CoA, a qual será oxidada a CO_2 no ciclo do ácido cítrico. Os carreadores de elétrons NADH e $FADH_2$ transferem elétrons derivados da glicose para as cadeias transportadoras de elétrons. Durante a fosforilação oxidativa, a cadeia de transporte de elétrons converte a energia química em uma forma usada para síntese de ATP em um processo chamado quimiosmose. (Durante as primeiras etapas da respiração celular, algumas poucas moléculas de ATP são sintetizadas em um processo chamado fosforilação em nível de substrato.) Para visualizar esses processos em seu contexto celular, ver a Figura 6.32b.

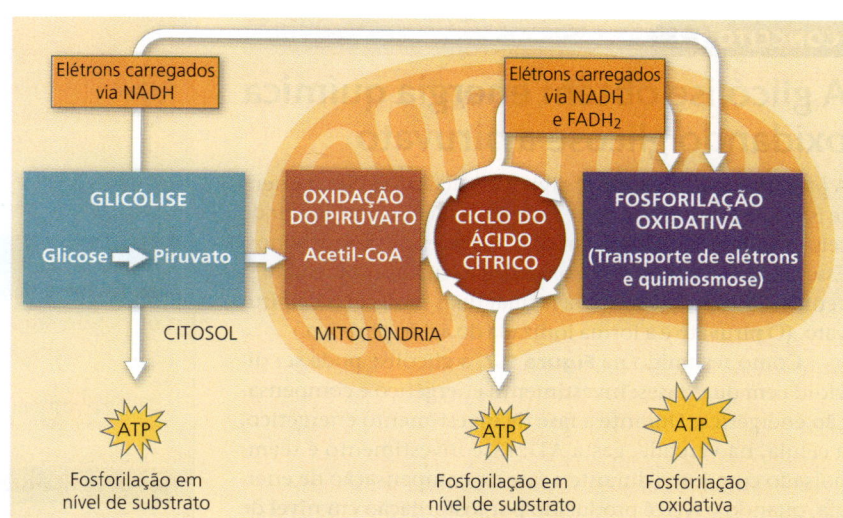

formando NADH ou $FADH_2$. (Você aprenderá mais sobre FAD e $FADH_2$ adiante.) No terceiro estágio da respiração, a cadeia transportadora de elétrons aceita elétrons de NADH ou $FADH_2$ gerados durante os dois primeiros estágios e passa esses elétrons pela cadeia. No fim da cadeia, os elétrons são combinados com oxigênio molecular (O_2) e íons hidrogênio (H^+), formando água (ver Figura 9.4b). A energia liberada em cada etapa da cadeia é armazenada em uma forma que a mitocôndria (ou a célula procariótica) pode usar para fazer ATP a partir do ADP. Esse modo de síntese de ATP é chamado de **fosforilação oxidativa**, por ser impulsionado pelas reações redox da cadeia transportadora de elétrons.

Nas células eucarióticas, a membrana interna da mitocôndria é o local do transporte de elétrons e de outro processo chamado *quimiosmose*, que juntos formam a fosforilação oxidativa. (Em procariotos, esses processos ocorrem na membrana plasmática.) A fosforilação oxidativa responde por aproximadamente 90% do ATP gerado pela respiração. Uma parcela menor de ATP é formada diretamente em poucas reações da glicólise e do ciclo do ácido cítrico por um mecanismo chamado **fosforilação em nível de substrato (Figura 9.6)**. Esse modo de síntese de ATP ocorre quando uma enzima transfere um grupo fosfato de uma molécula de substrato ao ADP, em vez de adicionar um fosfato inorgânico ao ADP como na fosforilação oxidativa. Aqui, "molécula de substrato" se refere a uma molécula orgânica gerada como intermediário durante o catabolismo da glicose. Adiante, neste capítulo, você verá exemplos de fosforilação em nível de substrato, tanto na glicólise quanto no ciclo do ácido cítrico.

Você pode pensar em todo o processo desta maneira: quando você retira uma soma de dinheiro relativamente grande de um caixa eletrônico, ela não é entregue a você em uma única nota de grande valor. Em vez disso, a máquina libera uma série de notas de menor valor que você pode gastar mais facilmente. Isso é análogo à produção de ATP durante a respiração celular. Para cada molécula de glicose decomposta em CO_2 e H_2O pela respiração, a célula forma cerca de 32 moléculas de ATP, cada uma com 7,3 kcal/mol de energia livre. A respiração se equilibra em uma grande quantidade de energia depositada em uma única molécula de glicose (686 kcal/mol em condições-padrão) para uma pequena mudança de muitas moléculas de ATP, o que é mais prático para que a célula gaste em seu trabalho.

Essa prévia apresentou como a glicólise, o ciclo do ácido cítrico e a fosforilação oxidativa se encaixam no processo da respiração celular, para que você possa manter o panorama geral em mente enquanto olha mais de perto para cada uma dessas três etapas da respiração. Ao ler sobre as reações químicas, lembre-se de que cada reação é catalisada por uma enzima específica, algumas das quais são mostradas na Figura 6.32b.

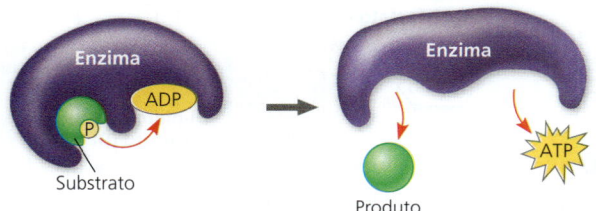

▲ **Figura 9.6 Fosforilação em nível de substrato.** Parte do ATP é produzida pela transferência direta de um grupo fosfato de um substrato orgânico para ADP por uma enzima. (Para exemplos na glicólise, ver Figura 9.8, etapas 7 e 10.)

FAÇA CONEXÕES *Revise a Figura 8.9. Na reação mostrada acima, a energia potencial é maior para os reagentes ou para os produtos? Explique.*

REVISÃO DO CONCEITO 9.1

1. Compare as respirações aeróbica e anaeróbica, incluindo os processos envolvidos.
2. **E SE?** Se ocorresse a seguinte reação redox, quais compostos seriam oxidados? Quais seriam reduzidos?

$$C_4H_6O_5 + NAD^+ \rightarrow C_4H_4O_5 + NADH + H^+$$

Ver as respostas sugeridas no Apêndice A.

CONCEITO 9.2

A glicólise obtém energia química oxidando glicose a piruvato

A palavra *glicólise* significa "divisão do açúcar", e é exatamente isso que acontece durante essa via. A glicose, um açúcar de seis carbonos, é dividida em dois açúcares de três carbonos. Esses açúcares menores são oxidados e seus átomos remanescentes são rearranjados para formar duas moléculas de piruvato. (O piruvato é a forma ionizada do ácido pirúvico.)

Como resumido na **Figura 9.7**, a glicólise pode ser dividida em duas fases: investimento energético e compensação energética. Durante a fase de investimento energético, a célula, na verdade, gasta ATP. Esse investimento é reembolsado com juros durante a fase de compensação de energia, quando o ATP é produzido por fosforilação em nível de substrato e o NAD^+ é reduzido a NADH pelos elétrons liberados pela oxidação da glicose. A energia líquida obtida a partir da glicólise, por molécula de glicose, é de 2 ATP mais 2 NADH. As dez etapas da via glicolítica estão descritas em mais detalhes na **Figura 9.8**.

Todo o carbono originalmente presente na glicose é contabilizado nas duas moléculas de piruvato; nenhum carbono é liberado como CO_2 durante a glicólise. A glicólise ocorre independentemente da presença de O_2. Entretanto, se O_2 *estiver* presente, a energia química armazenada no piruvato e no NADH pode ser extraída pela oxidação do piruvato, pelo ciclo do ácido cítrico e pela fosforilação oxidativa.

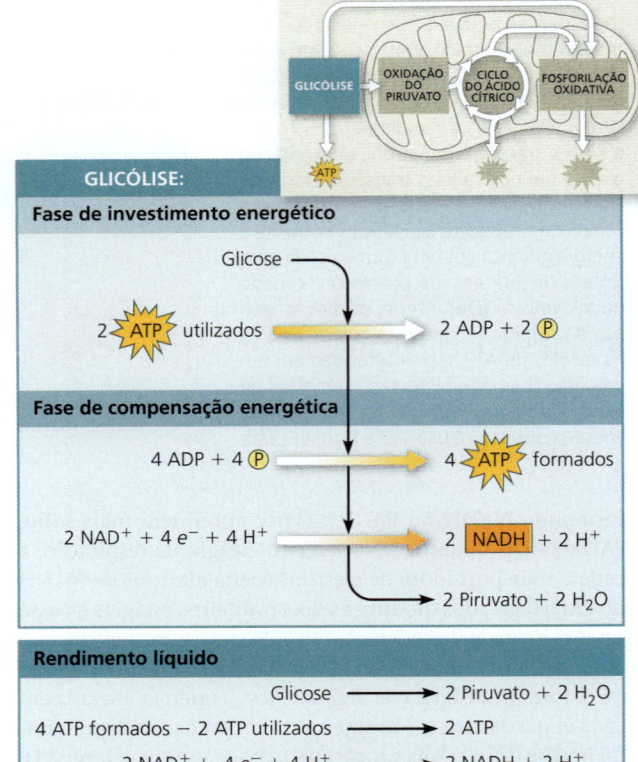

▲ **Figura 9.7** Entradas e saídas da glicólise.

▼ **Figura 9.8** **Etapas da glicólise.** A glicólise, uma fonte de ATP e NADH, ocorre no citosol. Duas das enzimas (nas etapas ❶ e ❸) são mostradas na Figura 6.32b.

GLICÓLISE: Fase de investimento energético

E SE? *O que aconteceria se você removesse o fosfato de di-hidroxiacetona gerado na etapa 4 tão rapidamente quanto foi produzido?*

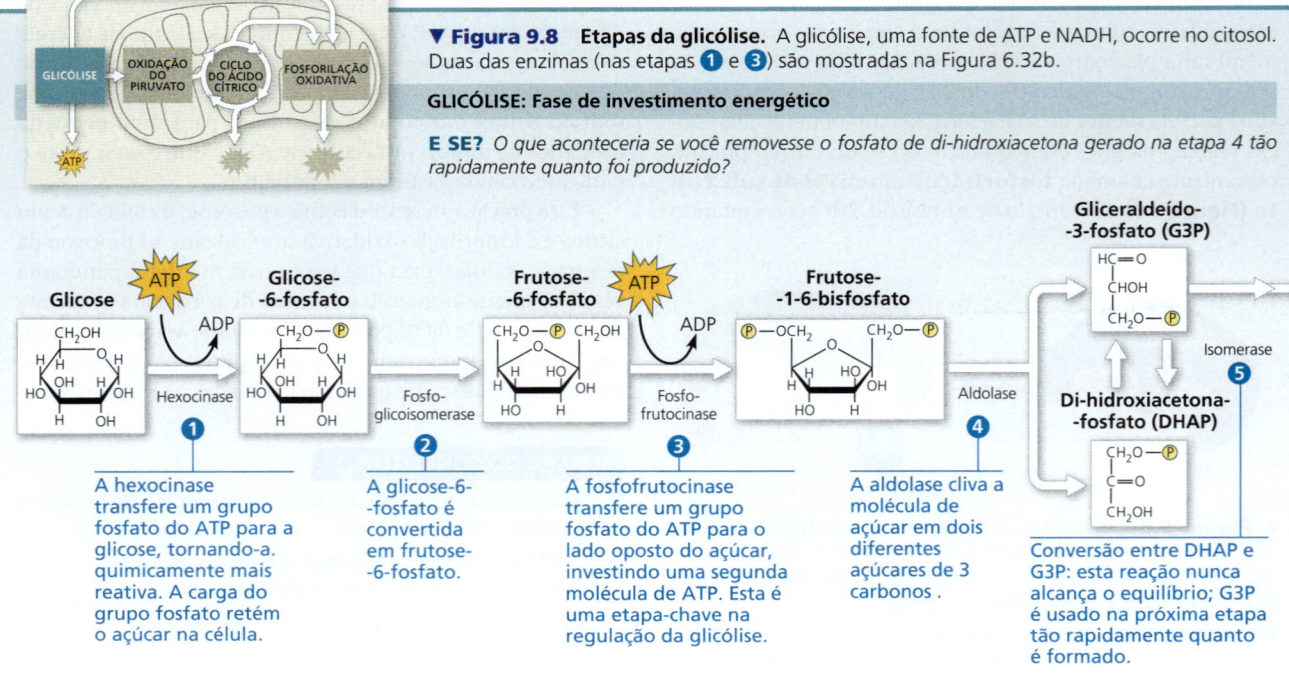

REVISÃO DO CONCEITO 9.2

1. **HABILIDADES VISUAIS** Durante a reação redox na glicólise (ver etapa 6 na Figura 9.8), qual das moléculas atua como agente oxidante? E qual atua como agente redutor?

Ver as respostas sugeridas no Apêndice A.

CONCEITO 9.3

Após a oxidação do piruvato, o ciclo do ácido cítrico completa a oxidação que produz energia a partir de moléculas orgânicas

A glicólise libera menos de um quarto da energia química armazenada na glicose que pode ser utilizada pela célula; a maior parte da energia permanece armazenada nas duas moléculas de piruvato. Quando O_2 está presente, o piruvato nas células eucarióticas entra em uma mitocôndria, onde a oxidação da glicose é concluída. Em células procarióticas anaeróbias, esse processo ocorre no citosol. (Mais adiante no capítulo, examinaremos outros destinos para o piruvato – por exemplo, quando O_2 estiver indisponível ou em um procarioto que não consiga usar O_2.)

Oxidação do piruvato a acetil-CoA

Ao entrar na mitocôndria via transporte ativo, o piruvato é primeiramente convertido em um composto chamado de acetilcoenzima A, ou **acetil-CoA (Figura 9.9)**. Esta etapa, a junção entre glicólise e ciclo do ácido cítrico, é realizada por um complexo multienzimático que catalisa três

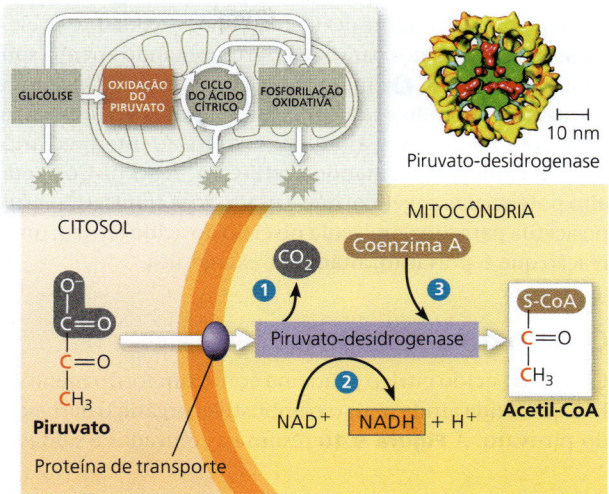

▲ **Figura 9.9 Oxidação do piruvato a acetil-CoA, a etapa anterior ao ciclo do ácido cítrico.** O piruvato entra na mitocôndria através de uma proteína de transporte e é processado por um complexo de várias enzimas conhecidas como piruvato-desidrogenase (mostrada na imagem gerada por computador baseada em crio-MEs). Esse complexo catalisa as três etapas numeradas, que estão descritas no texto. A molécula de CO_2 se difunde para fora da célula. O NADH é usado na fosforilação oxidativa. O grupo acetila da acetil-CoA entra no ciclo do ácido cítrico. (A coenzima A é abreviada como S-CoA quando está ligada a uma molécula, enfatizando seu átomo de enxofre, S.)

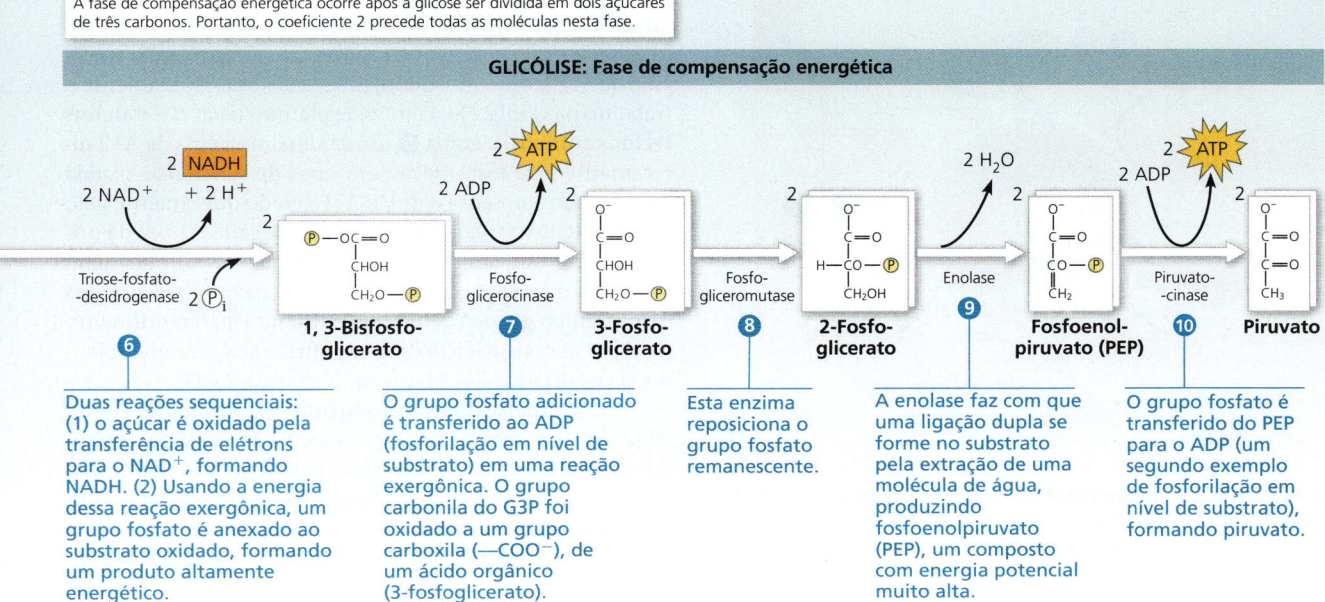

reações, descritas a seguir. ❶ O grupo carboxila do piruvato (—COO⁻), já um pouco oxidado e, portanto, carregando pouca energia química, está agora totalmente oxidado e liberado como uma molécula de CO_2. Esta é a primeira etapa na qual o CO_2 é liberado durante a respiração. ❷ Em seguida, o fragmento restante de dois carbonos é oxidado e os elétrons são transferidos para NAD^+, armazenando energia sob a forma de NADH. ❸ Finalmente, a coenzima A (CoA), um composto contendo enxofre derivado de uma vitamina B, é ligada por meio de seu átomo de enxofre ao intermediário de dois carbonos, formando acetil-CoA. A acetil-CoA tem alto potencial energético, que é usado para transferir o grupo acetila para uma molécula no ciclo do ácido cítrico, uma reação que é, portanto, altamente exergônica.

O ciclo do ácido cítrico

O ciclo do ácido cítrico funciona como um forno metabólico que oxida ainda mais o combustível orgânico derivado do piruvato. A **Figura 9.10** resume as entradas e saídas à medida que o piruvato é decomposto em três moléculas de CO_2, incluindo a molécula de CO_2 que é liberada durante a conversão do piruvato em acetil-CoA. O ciclo gera 1 ATP por rodada pela fosforilação em nível de substrato, mas a maior parte da energia química é transferida para NAD^+ e FAD durante as reações redox. As coenzimas reduzidas, NADH e $FADH_2$, transportam suas cargas de elétrons de alta energia para a cadeia transportadora de elétrons. O ciclo do ácido cítrico também é chamado de ciclo do ácido tricarboxílico ou ciclo de Krebs, este último em homenagem a Hans Krebs. Krebs foi o cientista germano-britânico responsável, em grande parte, pelos estudos da via na década de 1930.

Agora, vamos detalhar o ciclo do ácido cítrico. O ciclo tem oito etapas, cada uma catalisada por uma enzima específica. Na **Figura 9.11**, você pode ver que, para cada volta do ciclo do ácido cítrico, dois carbonos (em vermelho) entram na forma relativamente reduzida de um grupo acetila (etapa ❶), e dois carbonos diferentes (em azul) saem na forma completamente oxidada de moléculas de CO_2 (etapas ❸ e ❹). O grupo acetila da acetil-CoA se une ao ciclo por meio da combinação com o composto oxalacetato, formando o citrato (etapa ❶). Citrato é a forma ionizada do ácido cítrico, que dá o nome ao ciclo. As próximas sete etapas decompõem o citrato de volta a oxalacetato. Essa regeneração do oxalacetato torna o processo um *ciclo*.

Em relação à Figura 9.11, podemos totalizar as moléculas ricas em energia produzidas pelo ciclo do ácido cítrico. Para cada grupo acetila que entra no ciclo, 3 NAD^+ são reduzidos a NADH (etapas ❸, ❹ e ❽). Na etapa ❻, os elétrons são transferidos não para NAD^+, mas para FAD, que aceita 2 elétrons e 2 prótons para se tornar $FADH_2$. Em diversas células de tecidos animais, a reação na etapa ❺ produz uma molécula de guanosina-trifosfato (GTP, do inglês *guanosine triphosphate*) por fosforilação em nível de substrato. GTP é uma molécula similar ao ATP em estrutura e em função celular. Esse GTP pode ser utilizado para produzir uma molécula de ATP (como mostrado) ou impulsionar diretamente o trabalho na célula. Nas células de plantas, bactérias e alguns tecidos animais, a etapa ❺ forma uma molécula de ATP diretamente pela fosforilação em nível de substrato. A saída da etapa ❺ representa o único ATP gerado diretamente pelo ciclo do ácido cítrico. Lembre-se de que cada glicose dá origem a duas moléculas de acetil-CoA que entram no ciclo. Como os números observados anteriormente são obtidos de um único grupo acetila que entra na via, o rendimento total por glicose do ciclo do ácido cítrico acaba sendo dobrado, ou 6 NADH, 2 $FADH_2$ e o equivalente a 2 ATP.

A maior parte do ATP produzido pela respiração é gerada posteriormente, a partir da fosforilação oxidativa, quando o NADH e o $FADH_2$ produzidos pelo ciclo do ácido cítrico e pelas etapas anteriores repassam os elétrons extraídos dos alimentos para a cadeia transportadora de elétrons. Nesse processo, eles fornecem a energia necessária para a fosforilação do ADP a ATP. Exploraremos esse processo na próxima seção.

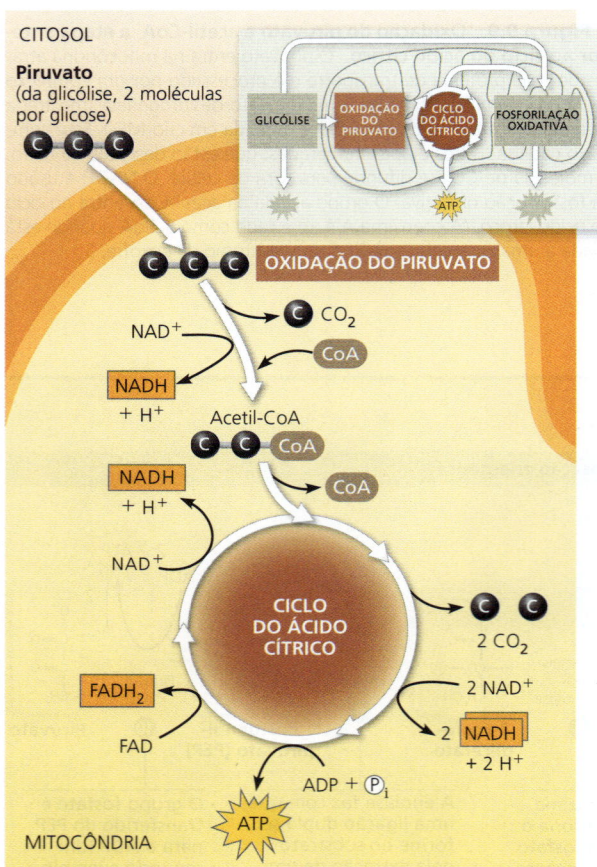

▲ **Figura 9.10** **Visão geral da oxidação do piruvato e do ciclo do ácido cítrico.** As entradas e saídas por molécula de piruvato são mostradas com foco nos átomos de carbono envolvidos. Para calcular com base na proporção por glicose, multiplique por 2, porque cada molécula de glicose é dividida durante a glicólise em duas moléculas de piruvato.

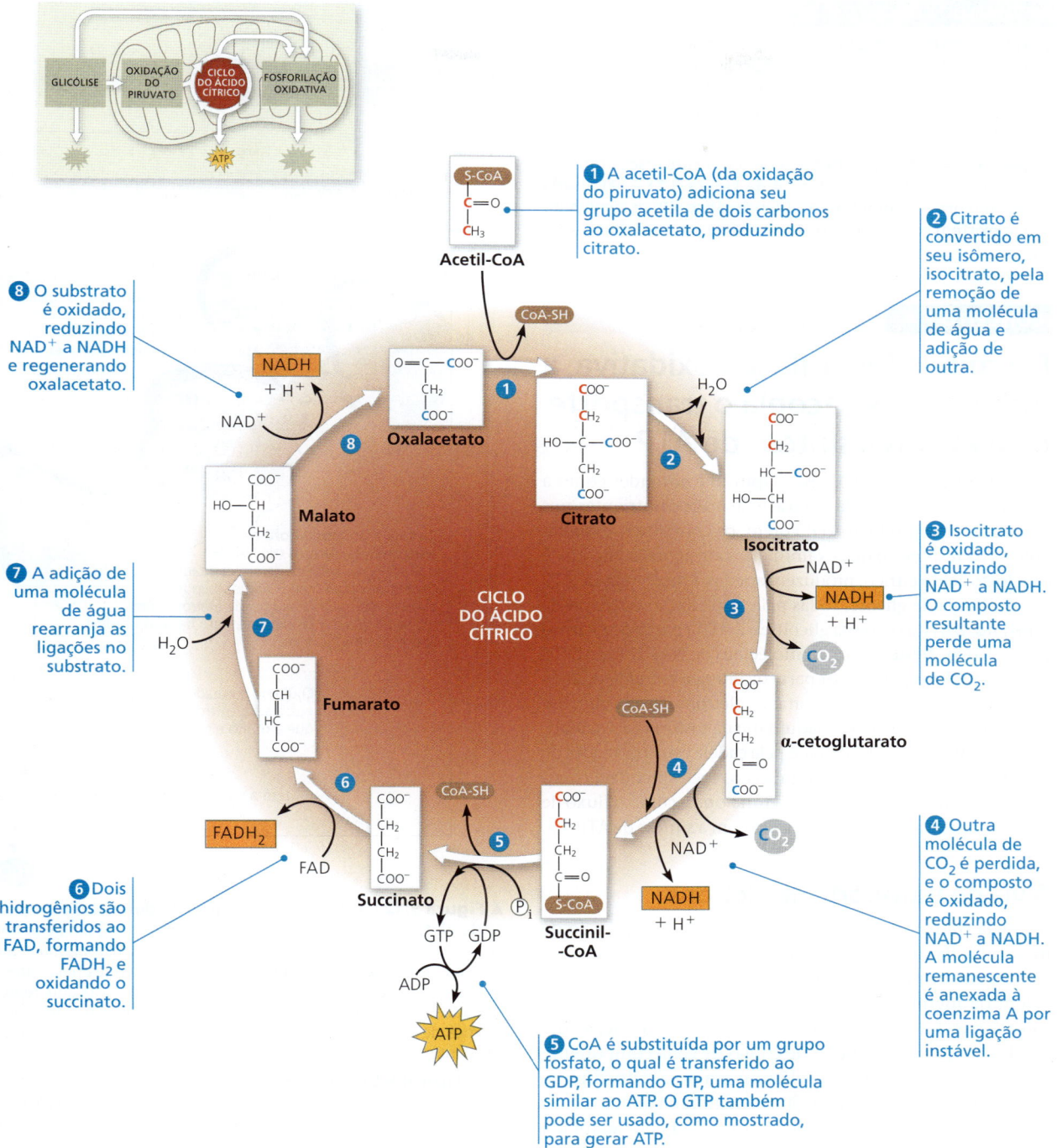

▲ **Figura 9.11 Um olhar mais aprofundado sobre o ciclo do ácido cítrico.** Nas estruturas químicas, o vermelho traça o destino dos dois átomos de carbono que entram no ciclo via acetil-CoA (etapa ❶), e o azul indica os dois carbonos que saem do ciclo como CO_2 nas etapas ❸ e ❹. (O vermelho vai somente até a etapa ❺ porque a molécula de succinato é simétrica; as duas extremidades não podem ser distinguidas uma da outra.) Observe que os átomos de carbono que entram no ciclo a partir da acetil-CoA não saem do ciclo na mesma volta. Eles permanecem no ciclo ocupando uma localização diferente nas moléculas na sua próxima volta, após outro grupo acetila ser adicionado. Portanto, o oxalacetato regenerado na etapa ❽ é composto por diferentes átomos de carbono a cada ciclo. Os ácidos carboxílicos estão representados em suas formas ionizadas, como —COO^-, porque as formas ionizadas prevalecem no pH dentro da mitocôndria. Nas células eucarióticas, todas as enzimas do ciclo do ácido cítrico estão localizadas na matriz mitocondrial, exceto a enzima que catalisa a etapa ❻, que reside na membrana mitocondrial interna. (A enzima que catalisa a etapa ❸, a isocitrato-desidrogenase, é mostrada na Figura 6.32b.)

REVISÃO DO CONCEITO 9.3

1. **HABILIDADES VISUAIS** No ciclo do ácido cítrico mostrado na Figura 9.11, quais moléculas captam energia a partir das reações redox? Como o ATP é produzido?
2. Quais processos em suas células produzem o CO_2 que você exala?
3. **HABILIDADES VISUAIS** Cada uma das conversões mostradas na Figura 9.9 e na etapa 4 da Figura 9.11 é catalisada por um grande complexo multienzimático. Quais semelhanças existem entre as reações que ocorrem nesses dois casos?

Ver as respostas sugeridas no Apêndice A.

CONCEITO 9.4

Durante a fosforilação oxidativa, a quimiosmose acopla o transporte de elétrons à síntese de ATP

Nosso principal objetivo neste capítulo é aprender como a célula coleta a energia da glicose e de outros nutrientes nos alimentos para produzir ATP. Porém, os componentes metabólicos da respiração que examinamos até agora, a glicólise e o ciclo do ácido cítrico, produzem apenas 4 moléculas de ATP por molécula de glicose, todas pela fosforilação em nível de substrato: 2 ATP a partir da glicólise e 2 ATP a partir do ciclo do ácido cítrico. Neste ponto, as moléculas de NADH (e $FADH_2$) são responsáveis pela maior parte da energia extraída de cada molécula de glicose. Essas escolhas de elétrons ligam a glicólise e o ciclo do ácido cítrico à maquinaria da fosforilação oxidativa, que utiliza a energia liberada pela cadeia transportadora de elétrons para impulsionar. Nesta seção, você aprenderá como a cadeia de transporte de elétrons funciona e como o fluxo de elétrons cadeia abaixo está acoplado com a síntese de ATP.

A via do transporte de elétrons

A cadeia transportadora de elétrons é uma compilação de moléculas fixadas na membrana mitocondrial interna nas células eucarióticas. (Nos procariotos, essas moléculas residem na membrana plasmática.) A dobra da membrana interna para formar as cristas aumenta sua superfície, fornecendo espaço para milhares de cópias de cada componente da cadeia transportadora de elétrons em uma mitocôndria. A estrutura se encaixa na função: a membrana dobrada com suas moléculas carreadoras de elétrons está bem adaptada à série de reações redox sequenciais que ocorrem ao longo da cadeia transportadora de elétrons. Os componentes da cadeia, na maioria, são proteínas, existentes em complexos multiproteicos numerados de I a IV. Ligados firmemente a essas proteínas, estão *grupos protéticos*, componentes não proteicos como cofatores e coenzimas que são essenciais para as funções catalíticas de certas enzimas.

A **Figura 9.12** mostra a sequência de carreadores de elétrons na cadeia transportadora de elétrons e a queda na energia livre à medida que os elétrons percorrem níveis mais baixos na cadeia. Durante esse transporte de elétrons, os

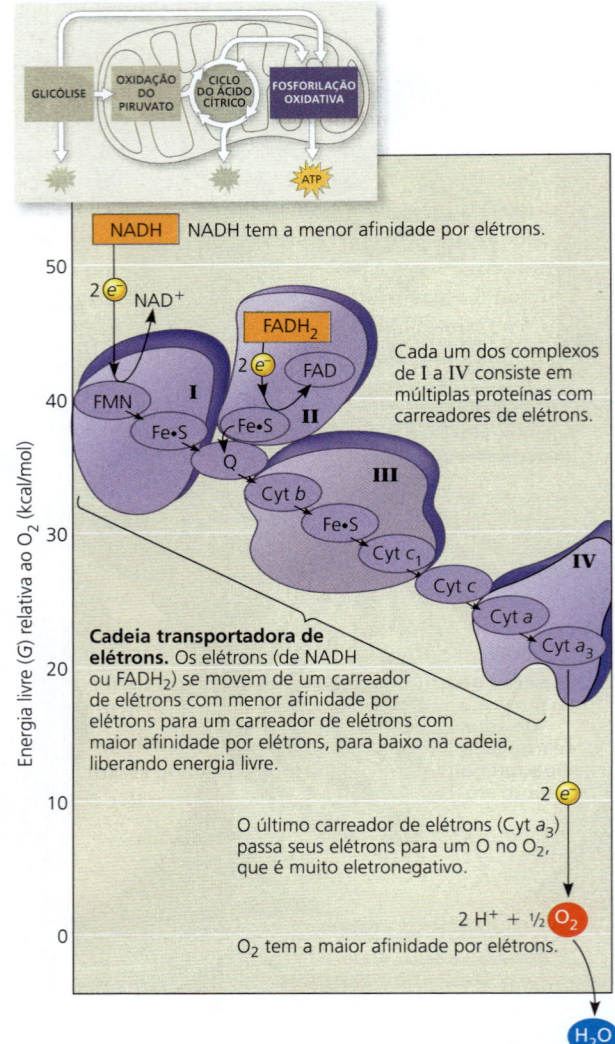

▲ **Figura 9.12** Variação de energia livre durante o transporte de elétrons. A diminuição global de energia (ΔG) para elétrons que viajam do NADH para o oxigênio é de 53 kcal/mol, mas essa "queda" é dividida em uma série de etapas menores pela cadeia transportadora de elétrons. (Um átomo de oxigênio está aqui representado como $½\ O_2$ para mostrar que o O_2 é reduzido, não sendo átomos de oxigênio individuais.) Para visualizar essas proteínas no seu contexto celular, ver a Figura 6.32b.

HABILIDADES VISUAIS *Compare a posição dos elétrons no NADH (ver Figura 9.3) no topo da cadeia com a posição em H_2O, na parte inferior. Descreva por que os elétrons em H_2O têm menos energia potencial, usando o termo eletronegatividade.*

carreadores de elétrons alternam entre estados reduzidos e oxidados à medida que eles aceitam e depois doam elétrons. Cada componente da cadeia se torna reduzido quando aceita elétrons de seu vizinho "ascendente", que tem menor afinidade pelos elétrons. Em seguida, ele retorna à sua forma oxidada ao passar os elétrons para o seu vizinho "descendente", que tem maior afinidade pelos elétrons.

Agora vamos olhar mais de perto os elétrons à medida que eles caem no nível de energia, passando através dos componentes da cadeia transportadora de elétrons na Figura 9.12. Primeiramente, veremos a passagem dos elétrons pelo complexo I com alguns detalhes, como uma ilustração dos princípios gerais envolvidos no transporte de elétrons. Os elétrons adquiridos da glicose pelo NAD^+ durante a glicólise e o ciclo do ácido cítrico são transferidos do NADH para a primeira molécula da cadeia transportadora de elétrons no complexo I. Essa molécula é uma flavoproteína, assim chamada porque possui um grupo protético chamado de mononucleotídeo de flavina (FMN, do inglês *flavin mononucleotide*). Na próxima reação redox, a flavoproteína volta à sua forma oxidada ao passar os elétrons para uma proteína com enxofre-ferro (Fe·S no complexo I), pertencente a uma família de proteínas com ferro e enxofre fortemente ligados. Então, a proteína com enxofre-ferro passa os elétrons para um composto chamado de ubiquinona (Q na Figura 9.12). Esse carreador de elétrons é uma molécula hidrofóbica pequena, o único membro não proteico da cadeia de transporte de elétrons. A ubiquinona é individualmente móvel dentro da membrana, em vez de residir em um complexo específico. (Outro nome para ubiquinona é coenzima Q, ou CoQ; você pode tê-la visto sendo vendida como suplemento nutricional.)

A maioria dos demais carreadores de elétrons entre a ubiquinona e o oxigênio são proteínas chamadas **citocromos**. Seus grupos protéticos, chamados grupo heme, possuem um átomo de ferro capaz de aceitar e doar elétrons. (O grupo heme em um citocromo é semelhante ao grupo heme na hemoglobina, a proteína das hemácias do sangue, exceto pelo fato de que o ferro na hemoglobina transporta oxigênio, e não elétrons.) A cadeia transportadora de elétrons tem vários tipos de citocromos, cada um chamado "cyt" com uma letra e número para distingui-los como uma proteína diferente com um grupo heme carreador de elétrons ligeiramente diferente. O último citocromo da cadeia, o cyt a_3, passa seus elétrons para o oxigênio (em O_2), que é *muito* eletronegativo. Cada O também capta um par de íons hidrogênio (prótons) da solução aquosa, neutralizando a carga −2 dos elétrons adicionados e formando água.

Outra fonte de elétrons para a cadeia transportadora de elétrons é o $FADH_2$, o outro produto reduzido do ciclo do ácido cítrico. Observe, na Figura 9.12, que o $FADH_2$ adiciona seus elétrons ao complexo II, em um nível energético inferior ao do NADH. Consequentemente, embora NADH e $FADH_2$ doem individualmente um número equivalente de elétrons (2) para a redução do oxigênio, a cadeia transportadora de elétrons fornece cerca de um terço a menos de energia para a síntese de ATP quando o doador de elétrons é $FADH_2$ e não NADH. Na próxima seção, veremos o porquê.

A cadeia transportadora de elétrons não produz ATP diretamente. Em vez disso, ela facilita a passagem de elétrons dos alimentos para o oxigênio, dividindo uma grande queda de energia livre em uma série de etapas menores que liberam energia em quantidades controláveis, passo a passo. Como a mitocôndria (ou a membrana plasmática nos procariotos) une esse transporte de elétrons e a liberação de energia à síntese de ATP? A resposta está no mecanismo chamado quimiosmose.

Quimiosmose: o mecanismo de acoplamento de energia

Diversas cópias de um complexo proteico chamado **ATP-sintase**, a enzima que produz ATP a partir de ADP e fosfato inorgânico **(Figura 9.13)**, habitam a membrana mitocondrial interna ou a membrana plasmática de procariotos. A ATP-sintase trabalha como uma bomba de íons funcionando ao contrário. Em geral, bombas de íons usam ATP como fonte de energia para o transporte de íons contra seus gradientes. As enzimas podem catalisar uma reação em qualquer direção, dependendo da ΔG para a reação, que é afetada pelas concentrações locais de reagentes e produtos (ver Conceitos 8.2 e 8.3). Na respiração celular, em vez de hidrolisar o ATP para bombear prótons contra seu gradiente de concentração, a ATP-sintase utiliza a energia de um gradiente de íons existente para alimentar a síntese de ATP. A fonte de energia para a ATP-sintase é uma diferença na concentração de H^+ (uma diferença de pH) em lados opostos da membrana mitocondrial interna. Esse processo, no qual a energia armazenada em forma de um gradiente de íons hidrogênio através da membrana é utilizada para acionar trabalhos celulares como síntese de ATP, é chamado **quimiosmose** (do grego

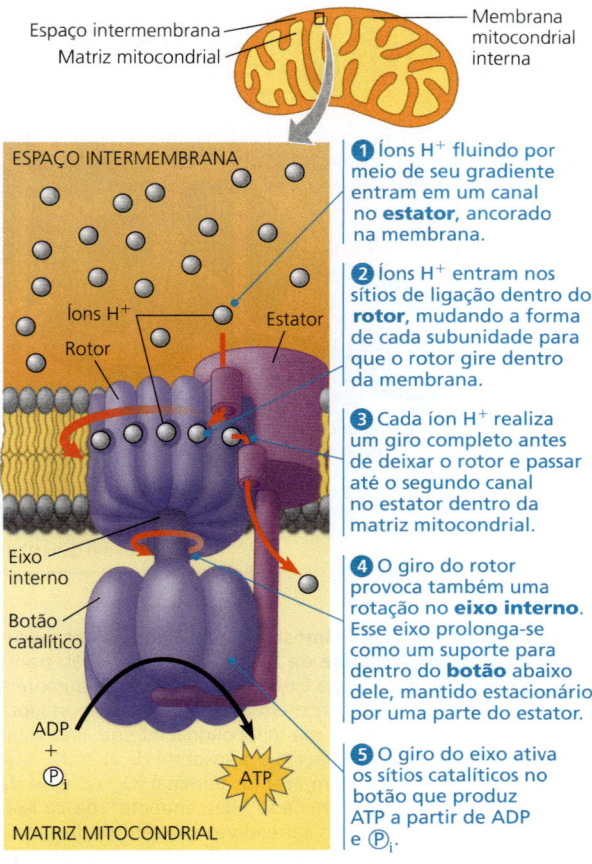

▲ **Figura 9.13 ATP-sintase, um moinho molecular.** Múltiplas ATP-sintases residem nas membranas de mitocôndrias e cloroplastos eucarióticas e nas membranas plasmáticas procarióticas. (Ver Figura 6.32b e c.)

osmos, empurrão). A palavra *osmose* foi usada anteriormente na discussão do transporte de água, mas aqui se refere ao fluxo de H⁺ através de uma membrana.

Ao estudar a estrutura da ATP-sintase, os cientistas aprenderam como o fluxo de H⁺ através dessa enzima alimenta a geração de ATP. A ATP-sintase é um complexo de múltiplas subunidades com quatro partes principais, cada uma composta por múltiplos polipeptídeos (ver Figura 9.13). Os prótons se movem um a um nos sítios de ligação no rotor, fazendo ele girar de forma a catalisar a produção de ATP a partir do ADP e do Pᵢ. Assim, o fluxo de prótons se comporta como um fluxo acelerado que gira uma roda d'água. A ATP-sintase é o menor motor de rotação conhecido na natureza.

Como a membrana mitocondrial interna (ou a membrana plasmática procariótica) gera e mantém o gradiente de H⁺ que impulsiona a síntese do ATP pelo complexo proteico da ATP-sintase? Estabelecer o gradiente de H⁺ é uma função fundamental da cadeia transportadora de elétrons, a qual pode ser vista em sua localização na mitocôndria na **Figura 9.14**. A cadeia é um conversor de energia que utiliza o fluxo exergônico de elétrons de NADH e FADH₂ para bombear H⁺ através da membrana, da matriz mitocondrial para o espaço intermembranas. H⁺ tende a se mover de volta através da membrana, difundindo-se pelo seu gradiente. E as ATP-sintases são os únicos locais que fornecem uma rota através da membrana para o H⁺. Como descrevemos anteriormente, a passagem do H⁺ pela ATP-sintase utiliza o fluxo exergônico do H⁺ para impulsionar a fosforilação do ADP. Assim, a energia armazenada em um gradiente de H⁺ através de uma membrana une as reações redox da cadeia transportadora de elétrons à síntese de ATP.

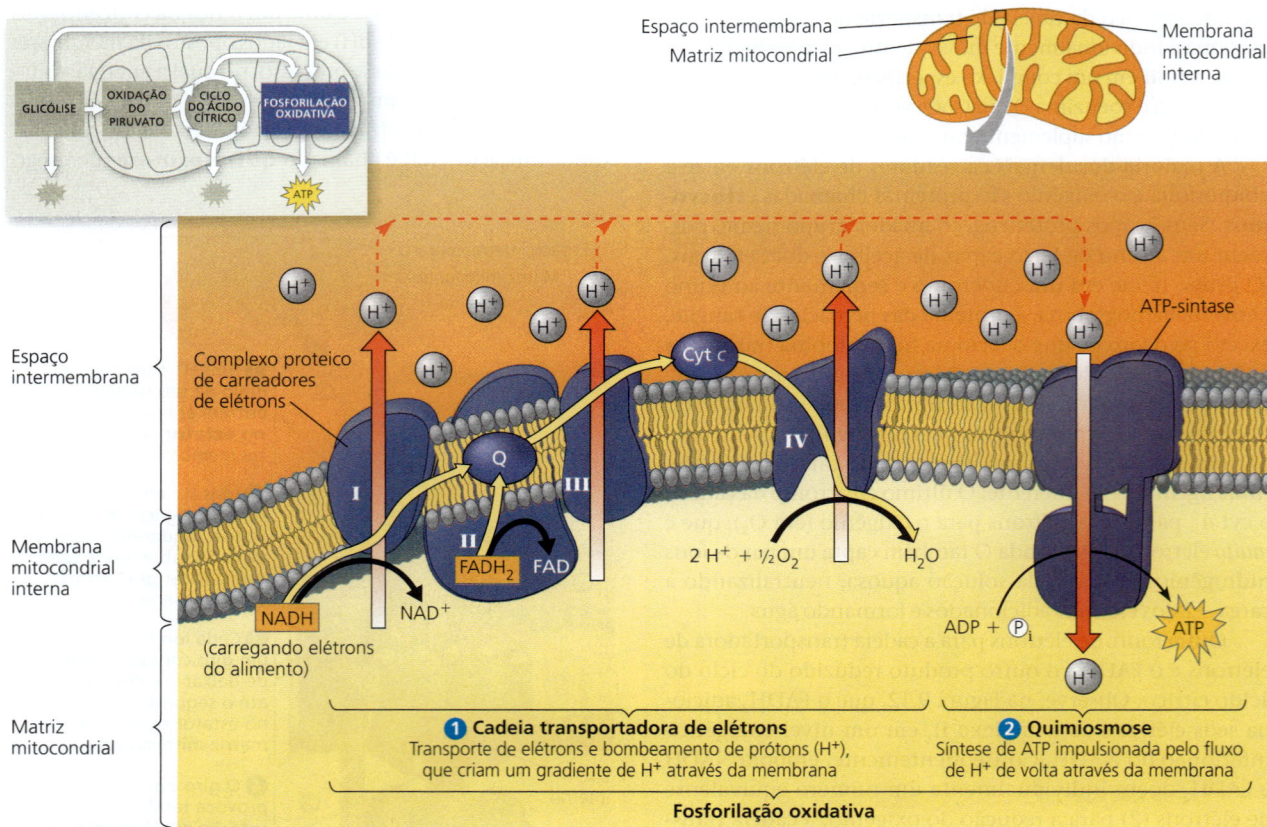

▲ **Figura 9.14** **A quimiosmose acopla a cadeia transportadora de elétrons à síntese de ATP.** ❶ NADH e FADH₂ transportam elétrons de alta energia extraídos dos alimentos durante a glicólise e o ciclo do ácido cítrico em uma cadeia transportadora de elétrons inserida na membrana mitocondrial interna. (Ver Figura 6.32b.) As setas amarelas traçam o transporte de elétrons, que são passados, por fim, para um aceptor terminal (O₂, no caso da respiração aeróbica) na extremidade "descendente" da cadeia, formando água. A maioria dos carreadores de elétrons da cadeia está agrupada em quatro complexos (I-IV). Dois carreadores móveis, ubiquinona (Q) e citocromo c (Cyt c), movimentam-se rapidamente, transportando elétrons entre os grandes complexos. À medida que os complexos doam elétrons, eles bombeiam prótons da matriz mitocondrial para dentro do espaço intermembrana. O FADH₂ deposita seus elétrons via complexo II, resultando em menos prótons sendo bombeados para o espaço intermembrana em comparação ao que ocorre com o NADH. A energia química originalmente extraída dos alimentos é transformada em uma força próton-motriz, um gradiente de H⁺ através da membrana. ❷ Durante a quimiosmose, os prótons retornam ao seu gradiente via ATP-sintase inserida na membrana adjacente. A ATP-sintase aproveita a força próton-motriz para fosforilar ADP, formando ATP. Juntos, o transporte de elétrons e a quimiosmose compõem a fosforilação oxidativa.

E SE? *Se o complexo IV não fosse funcional, a quimiosmose poderia produzir ATP? Em caso afirmativo, quão diferente seria a taxa de síntese?*

A esta altura, você pode estar se perguntando como a cadeia transportadora de elétrons bombeia íons hidrogênio para o espaço intermembranas. Os pesquisadores descobriram que certos membros da cadeia transportadora de elétrons aceitam e liberam prótons (H^+) junto com os elétrons. (As soluções aquosas dentro e ao redor da célula são uma fonte imediata de H^+.) Em certas etapas ao longo da cadeia, as transferências de elétrons fazem o H^+ ser absorvido e liberado na solução ao redor. Nas células eucarióticas, os carreadores de elétrons estão espacialmente dispostos na membrana mitocondrial interna, de forma que o H^+ é recebido da matriz mitocondrial e depositado no espaço intermembranas (ver Figura 9.14). O gradiente H^+ resultante é conhecido como uma **força próton-motriz**, enfatizando a capacidade do gradiente para realizar trabalho. A força impulsiona o H^+ de volta através da membrana pelos canais de H^+ fornecidos pelas ATP-sintases.

Em termos gerais, *a quimiosmose é um mecanismo de acoplamento de energia que utiliza a energia armazenada sob a forma de um gradiente de H^+ através de uma membrana para impulsionar o trabalho celular.* Nas mitocôndrias, a energia para a formação de gradientes vem de reações redox exergônicas ao longo da cadeia transportadora de elétrons, e a síntese de ATP é o trabalho realizado. Entretanto, a quimiosmose também ocorre em outros locais e em outras variações. Os cloroplastos utilizam a quimiosmose para gerar ATP durante a fotossíntese; nessas organelas, a luz (em vez da energia química) impulsiona tanto o fluxo de elétrons ao longo de uma cadeia transportadora de elétrons quanto a formação do gradiente H^+ resultante. Os procariotos, como já mencionado, geram gradientes de H^+ através de suas membranas plasmáticas. Então, eles utilizam a força próton-motriz não somente para produzir ATP dentro da célula, mas também para girar seus flagelos e para bombear nutrientes e subprodutos através da membrana. Por causa de sua importância central na conversão de energia em procariotos e eucariotos, a quimiosmose ajudou a unificar o estudo da bioenergética. Peter Mitchell recebeu o prêmio Nobel em 1978 por ser o primeiro a propor o modelo quimiosmótico.

Um balanço da produção de ATP pela respiração celular

Nas últimas seções, examinamos com bastante atenção os processos-chave da respiração celular. Agora, voltaremos uma etapa e lembraremos da sua função geral: coleta de energia da glicose para síntese de ATP.

Durante a respiração, a maioria da energia flui nesta sequência: glicose → NADH → cadeia transportadora de elétrons → força próton-motriz → ATP. Podemos calcular o "lucro" de ATP quando a respiração celular oxida uma molécula de glicose em seis moléculas de CO_2. As três principais áreas dessa iniciativa metabólica são a glicólise, a oxidação do piruvato e o ciclo do ácido cítrico, além da cadeia transportadora de elétrons que aciona a fosforilação oxidativa. A **Figura 9.15** dá uma descrição detalhada do rendimento de ATP gerado por molécula de glicose oxidada. A contagem adiciona os 4 ATPs produzidos diretamente por fosforilação em nível de substrato durante a glicólise e o ciclo do ácido

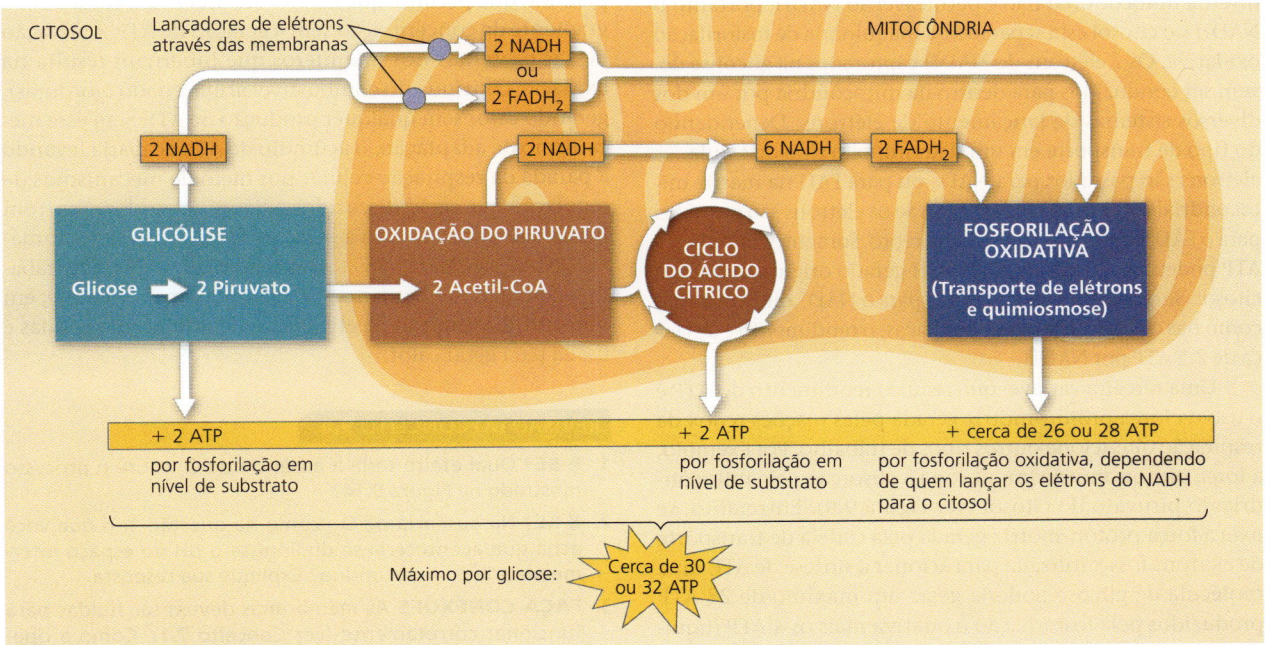

▲ **Figura 9.15** Rendimento de ATP por molécula de glicose em cada etapa da respiração celular.

HABILIDADES VISUAIS *Após ler a discussão no texto, explique exatamente como foi calculado o total de 26 ou 28 ATPs a partir da fosforilação oxidativa (ver a barra amarela).*

cítrico às diversas moléculas de ATP geradas pela fosforilação oxidativa. Cada NADH que transfere um par de elétrons da glicose para a cadeia transportadora de elétrons contribui suficientemente para a força próton-motriz gerar um máximo de cerca de 3 ATP.

Por que os números da Figura 9.15 são inexatos? Existem três razões para que não possamos estimar com exatidão o número de moléculas de ATP gerado pela decomposição de uma molécula de glicose. Primeiramente, a fosforilação oxidativa e as reações redox não estão diretamente associadas entre si; por isso, a razão do número de moléculas de NADH e do número de moléculas de ATP não é um número inteiro. Sabemos que 1 NADH resulta em 10 H^+ sendo transportados através da membrana mitocondrial interna, mas o número exato de H^+ que deve retornar pela matriz mitocondrial via ATP-sintase para gerar 1 ATP tem sido debatido há muito tempo. Com base em dados experimentais, entretanto, a maioria dos bioquímicos concorda agora que o número mais preciso é 4 H^+. Portanto, uma única molécula de NADH gera força próton-motriz suficiente para a síntese de 2,5 ATP. O ciclo do ácido cítrico também fornece elétrons para a cadeia transportadora de elétrons via $FADH_2$; porém, como seus elétrons entram mais tarde na cadeia, cada molécula desse carreador de elétrons é responsável pelo transporte de H^+ suficiente apenas para a síntese de 1,5 ATP. Esses números também levam em conta os pequenos custos energéticos de mover o ATP formado na mitocôndria para fora, na direção do citoplasma, onde será utilizado.

Em segundo lugar, o rendimento de ATP varia ligeiramente dependendo do tipo de lançador utilizado no transporte de elétrons do citosol para dentro da mitocôndria. A membrana interna mitocondrial não é permeável ao NADH, portanto o NADH no citosol está separado da maquinaria de fosforilação oxidativa. Os 2 elétrons do NADH capturados na glicólise devem ser conduzidos para dentro da mitocôndria por um dos diversos sistemas de lançamento de elétrons. Dependendo do tipo de transporte em um determinado tipo de célula, os elétrons são passados para NAD^+ ou para FAD na matriz mitocondrial (ver Figuras 9.14 e 9.15). Se os elétrons são passados para o FAD, como nas células do cérebro, somente cerca de 1,5 ATP podem resultar de cada NADH gerado originalmente no citosol. Se os elétrons são passados para o NAD^+ mitocondrial, como nas células hepáticas e cardíacas, o rendimento é de cerca de 2,5 ATP por NADH.

Uma terceira variável que reduz o rendimento do ATP é o uso da força próton-motriz gerada pelas reações redox da respiração que aciona outros tipos de trabalho. Por exemplo, a força próton-motriz impulsiona a absorção pela mitocôndria do piruvato do citosol (ver Figura 9.9). Entretanto, se *toda* a força próton-motriz gerada pela cadeia de transporte de elétrons fosse utilizada para acionar a síntese de ATP, uma molécula de glicose poderia gerar um máximo de 28 ATP produzidos pela fosforilação oxidativa mais os 4 ATP (líquidos) da fosforilação em nível de substrato, gerando um total de 32 ATP (ou cerca de somente 30 ATP se um sistema de lançamento menos eficiente estiver funcionando).

Agora podemos mais ou menos estimar a eficiência da respiração – ou seja, a porcentagem de energia química na glicose que foi transferida para o ATP. Lembre-se de que a oxidação completa de 1 mol de glicose libera 686 kcal de energia sob condições-padrão ($\Delta G = -686$ kcal/mol). A fosforilação de ADP para formar ATP armazena no mínimo 7,3 kcal por mol de ATP. Portanto, a eficiência da respiração é de 7,3 kcal por mol de ATP vezes 32 mols de ATP por mol de glicose dividido por 686 kcal por mol de glicose, o que equivale a 0,34. Assim, cerca de 34% da energia química potencial da glicose foi transferida para o ATP; a porcentagem real pode variar, pois a ΔG varia sob diferentes condições celulares. A respiração celular é consideravelmente eficiente na conversão de energia. Por comparação, mesmo o mais eficiente dos carros converte somente 25% da energia armazenada na gasolina em energia para movimentar o carro.

O resto da energia armazenada é perdida como calor. Nós, seres humanos, utilizamos parte desse calor para manter nossa temperatura corporal relativamente alta (37°C) e dissipamos o resto por meio do suor e de outros mecanismos de resfriamento.

Curiosamente, talvez seja benéfico, sob certas condições, reduzir a eficiência da respiração celular. Uma adaptação extraordinária é mostrada pelos mamíferos que hibernam, os quais entram em um estado de inatividade e metabolismo lento. Embora sua temperatura interna seja mais baixa que a normal, ela deve ser mantida significativamente acima da temperatura do ar externo. Um tipo de tecido, chamado tecido adiposo marrom, é feito de células com muitas mitocôndrias. A membrana mitocondrial interna contém um canal proteico chamado proteína desacopladora, que permite que os prótons fluam de volta ao seu gradiente de concentração sem a geração de ATP. A ativação dessas proteínas nos mamíferos que hibernam resulta na oxidação contínua do combustível armazenado (gorduras), gerando calor sem qualquer produção de ATP. Sem esse mecanismo de adaptação, o acúmulo de ATP acabaria levando à parada da respiração celular por meio de mecanismos de regulação que serão discutidos adiante. A gordura marrom também é utilizada para a geração de calor nos seres humanos. No **Exercício de habilidades científicas**, você pode trabalhar com dados em um caso relacionado, mas diferente, em que uma diminuição na eficiência metabólica nas células é usada para gerar calor.

REVISÃO DO CONCEITO 9.4

1. **E SE?** Qual efeito teria a ausência de O_2 sobre o processo mostrado na Figura 9.14?
2. **E SE?** Na ausência de O_2, como na questão 1, o que você acha que aconteceria se diminuísse o pH do espaço intermembrana da mitocôndria? Explique sua resposta.
3. **FAÇA CONEXÕES** As membranas devem ser fluidas para funcionar corretamente (ver Conceito 7.1). Como a operação da cadeia transportadora de elétrons sustenta essa afirmação?

Ver as respostas sugeridas no Apêndice A.

Exercício de habilidades científicas

Elaboração de um gráfico de barras e avaliação de uma hipótese

O nível de hormônio da tireoide afeta o consumo de O_2 nas células? Alguns animais, como mamíferos e aves, mantêm uma temperatura corporal relativamente constante, acima da temperatura de seu ambiente, utilizando o calor produzido como um subproduto do metabolismo. Quando a temperatura interna desses animais cai abaixo do controle interno, suas células são estimuladas a reduzir a eficiência da produção de ATP pela cadeia de transporte de elétrons na mitocôndria. Em uma eficiência mais baixa, combustível extra deve ser consumido para produzir o mesmo número de ATP gerando calor adicional. Essa resposta é mediada pelo sistema endócrino, e os pesquisadores supõem que ela poderia ser desencadeada pelo hormônio da tireoide. Neste exercício, você usará um gráfico de barras para visualizar os dados de um experimento que comparou as taxas metabólicas (medindo o consumo de O_2) nas mitocôndrias de células de animais com diferentes níveis de hormônio da tireoide.

Como o experimento foi realizado As células hepáticas foram isoladas de ratos irmãos que apresentavam níveis baixos, normais ou elevados de hormônio da tireoide. A taxa de consumo de oxigênio devido à atividade da cadeia transportadora de elétrons mitocondrial de cada tipo celular foi medida sob condições controladas.

Dados do experimento

Nível de hormônio da tireoide	Taxa de consumo de oxigênio (nmol O_2/[min · mg células])
Baixo	4,3
Normal	4,8
Elevado	8,7

Dados de M.E. Harper e M.D. Brand, The quantitative contributions of mitochondrial proton leak and ATP turnover reactions to the changed respiration rates of hepatocytes from rats of different thyroid status, *Journal of Biological Chemistry* 268:14850-14860 (1993).

INTERPRETE OS DADOS

1. Para visualizar quaisquer diferenças no consumo de O_2 entre os tipos de células, será útil fazer um gráfico dos dados na forma de um gráfico de barras. Primeiramente, estabeleça os eixos. **(a)** Qual é a variável independente (variada intencionalmente pelos pesquisadores) que vai no eixo *x*? Liste as categorias ao longo do eixo *x*; pelo fato de serem separadas (discretas) em vez de contínuas, você pode listá-las em qualquer ordem. **(b)** Qual é a variável dependente (medida pelos pesquisadores) que vai no eixo *y*? **(c)** Quais unidades (abreviadas) devem ir no eixo *y*? Denomine o eixo *y*, incluindo as unidades específicas na tabela dos dados. Determine o intervalo de valores dos dados que terão que ir no eixo *y*. Qual é o maior valor? Desenhe marcações em intervalos regulares e as identifique, começando com 0 na parte inferior.

2. Desenho o gráfico para cada amostra. Combine o valor de *x* com seu valor de *y* e coloque uma marcação no gráfico na coordenada; então, desenhe a barra a partir do eixo *x* até a altura correta de cada amostra. Por que o gráfico de barras é mais apropriado do que um gráfico de linhas ou dispersão? (Para informações adicionais sobre gráficos, consulte a Revisão de habilidades científicas no Apêndice D).

3. Examine seu gráfico e procure por um padrão nos dados. **(a)** Qual tipo de célula teve a maior taxa de consumo de O_2, e qual teve a menor? **(b)** Isso sustenta a hipótese dos pesquisadores? Explique. **(c)** Com base no que você aprendeu sobre a cadeia transportadora de elétrons mitocondrial e a produção de calor, preveja quais ratos têm a maior e quais ratos têm a menor temperatura corporal.

CONCEITO 9.5

A fermentação e a respiração anaeróbica possibilitam que as células produzam ATP sem o uso de oxigênio

Como a maior parte do ATP gerado pela respiração celular decorre do trabalho da fosforilação oxidativa, nossa estimativa do rendimento de ATP da respiração aeróbica depende de um suprimento adequado de O_2 para a célula. Sem os átomos de oxigênio eletronegativos no O_2 para puxar os elétrons pela cadeia transportadora, a fosforilação oxidativa deixa de funcionar. Entretanto, existem dois mecanismos gerais pelos quais certas células podem oxidar combustível orgânico e gerar ATP *sem* o uso de O_2: respiração anaeróbica e fermentação. A distinção entre esses dois mecanismos se baseia na presença da cadeia de transporte de elétrons na respiração anaeróbica e na ausência dela na fermentação.

(A cadeia transportadora de elétrons também é chamada de cadeia respiratória devido ao seu papel na respiração celular.)

Já mencionamos a respiração anaeróbica, que ocorre em certos organismos procarióticos que vivem em ambientes sem O_2. Esses organismos têm uma cadeia transportadora de elétrons, mas não usam O_2 como receptor final de elétrons no final da cadeia. O O_2 desempenha essa função muito bem porque consiste em dois átomos extremamente eletronegativos, mas outras substâncias também podem servir como receptores finais de elétrons. Algumas bactérias marinhas "redutoras de sulfato", por exemplo, utilizam o íon sulfato (SO_4^{2-}) no final de sua cadeia respiratória. A operação da cadeia cria uma força próton-motriz utilizada para produzir ATP, mas o H_2S (sulfeto de hidrogênio) é produzido como um subproduto em vez de água. O cheiro de ovo podre sentido ao caminhar por um pântano salgado ou um lamaçal sinaliza a presença de bactérias redutoras de sulfato.

A fermentação é uma forma de coletar energia química sem utilizar O_2 ou qualquer cadeia de transporte de elétrons – em outras palavras, sem respiração celular. Como o alimento pode ser oxidado sem respiração celular? Lembre-se: a oxidação se refere simplesmente à perda de elétrons para um receptor de elétrons, portanto não precisa envolver O_2. A glicólise oxida glicose em duas moléculas de piruvato. O agente oxidante da glicólise é NAD^+, e nem O_2 nem nenhuma cadeia transportadora de elétrons está envolvida. No geral, a glicólise é exergônica, e parte da energia disponível é utilizada para produzir 2 ATP (líquidos) por fosforilação em nível de substrato. Se O_2 *estiver* presente, então será feito ATP adicional pela fosforilação oxidativa quando NADH passar os elétrons removidos da glicose para a cadeia transportadora de elétrons. Mas a glicólise gera 2 ATP na presença ou na ausência de oxigênio, ou seja, sob condições aeróbicas ou anaeróbicas.

Como uma alternativa à oxidação respiratória de nutrientes orgânicos, a fermentação é uma expansão da glicólise que permite geração contínua de ATP por fosforilação em nível do substrato da glicólise. Para que isso ocorra, deve haver um suprimento suficiente de NAD^+ para aceitar elétrons durante a etapa de oxidação da glicólise. Sem algum mecanismo para reciclar NAD^+ a partir do NADH, a glicólise logo esgotaria o *pool* de NAD^+ da célula ao reduzir tudo a NADH e seria desativada por falta de um agente oxidante. Em condições aeróbicas, o NAD^+ é reciclado a partir do NADH por meio da transferência de elétrons para a cadeia transportadora de elétrons. Uma alternativa anaeróbica é transferir os elétrons do NADH para o piruvato, o produto final da glicólise.

Tipos de fermentação

A fermentação é constituída pela glicólise mais as reações que regeneram o NAD^+ por meio da transferência de elétrons do NADH para o piruvato ou derivados do piruvato. Então, o NAD^+ pode ser reutilizado para oxidar o açúcar por meio de glicólise, resultando em duas moléculas de ATP por meio da fosforilação em nível de substrato. Existem diversos tipos de fermentação, que diferem em relação aos produtos finais formados a partir do piruvato. Dois tipos são a fermentação alcoólica e a fermentação do ácido láctico, e ambos são aproveitados pelos seres humanos para a produção industrial e alimentícia.

Na **fermentação alcoólica (Figura 9.16a)**, o piruvato é convertido em etanol (álcool etílico) em duas etapas. A primeira etapa libera CO_2 do piruvato, que é convertido em acetaldeído composto por dois carbonos. Na segunda etapa, o acetaldeído é reduzido pelo NADH a etanol. Isso regenera o fornecimento de NAD^+ necessário para a continuação da glicólise. Diversas bactérias conduzem fermentação alcoólica sob condições anaeróbicas. A levedura (um fungo), além da respiração aeróbica, também realiza a fermentação alcoólica. Desde a antiguidade, os seres humanos utilizam leveduras na fabricação de cerveja, vinhos e pães. As bolhas de CO_2 geradas pela levedura de panificação durante a fermentação do álcool permitem que o pão cresça. Durante a **fermentação do ácido láctico (Figura 9.16b)**, o piruvato é reduzido diretamente pelo NADH para formar o lactato como um produto final, regenerando o NAD^+ sem liberação de CO_2. (Lactato é a forma ionizada do ácido

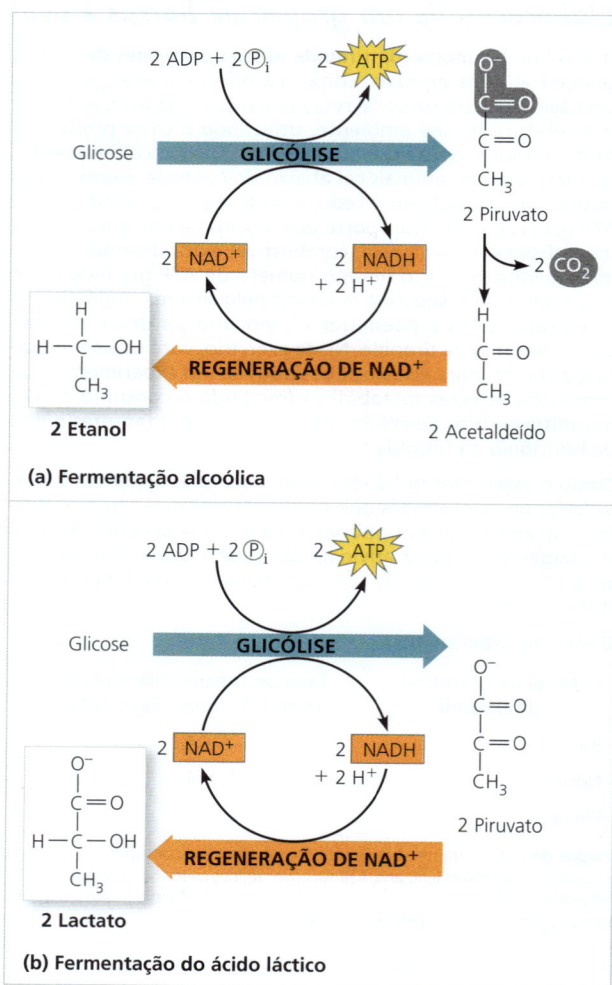

▲ **Figura 9.16 Fermentação.** Na ausência do oxigênio, diversas células utilizam fermentação para produzir ATP via fosforilação em nível de substrato. O NAD^+ é regenerado para uso na glicólise quando o piruvato, o produto final da glicólise, serve como receptor de elétrons para oxidar o NADH. Dois produtos finais comuns formados na fermentação são **(a)** etanol e **(b)** lactato, a forma ionizada do ácido láctico.

láctico.) A fermentação do ácido láctico por certos fungos e bactérias é utilizada pela indústria de laticínios para fazer queijo e iogurte. Uma série complexa de vias de fermentação e respiração aeróbica realizadas por leveduras e bactérias em grãos de cacau é responsável pela produção de chocolate.

E a produção de lactato nos seres humanos? Anteriormente, pensávamos que as células musculares humanas só produziam lactato quando o O_2 estava em falta, como durante o exercício intenso. No entanto, as pesquisas feitas nas últimas décadas indicam que a história do lactato é mais

▼ **Frutos e grãos do cacau**

complicada – pelo menos nos mamíferos. Existem dois tipos de fibras musculares esqueléticas. Um tipo (músculo vermelho) oxida preferencialmente a glicose a CO_2; o outro (músculo branco) produz quantidades significativas de lactato a partir do piruvato gerado durante a glicólise, mesmo sob condições aeróbicas, oferecendo uma produção rápida, mas energeticamente ineficiente de ATP. Então, o produto lactato é oxidado principalmente pelas células musculares vermelhas nas proximidades, sendo o restante exportado para células hepáticas ou renais para a formação de glicose. Como essa produção de lactato não é anaeróbica, mas o resultado da glicólise nessas células é, os fisiologistas do exercício preferem não usar o termo *fermentação*.

Durante exercícios intensos, quando o catabolismo dos carboidratos supera o suprimento de O_2 do sangue para o músculo, o lactato não pode ser oxidado para piruvato. Pensava-se que o lactato que se acumulava causava fadiga muscular durante exercícios intensos e dores mais ou menos 1 dia depois. Entretanto, pesquisas sugerem que, ao contrário da opinião popular, a produção de lactato realmente melhora o desempenho durante o exercício! Além disso, dentro de 1 hora, o excesso de lactato é transportado para outros tecidos para oxidação ou para o fígado e os rins para a produção de glicose ou sua molécula de armazenamento, o glicogênio. (A dor muscular do dia seguinte é mais provavelmente causada por traumas nas células de pequenas fibras musculares, o que leva à inflamação e à dor.)

Comparação entre fermentação e respiração aeróbica e anaeróbica

A fermentação, a respiração celular aeróbica e a respiração celular anaeróbica são as três vias celulares alternativas para a produção de ATP pela coleta de energia química do alimento. As três vias utilizam glicólise para oxidar glicose e outros combustíveis orgânicos a piruvato, com uma produção líquida de 2 ATP pela fosforilação em nível de substrato. Em todas as três vias, o NAD^+ é o agente oxidante que aceita elétrons dos alimentos durante a glicólise.

Uma diferença fundamental são os mecanismos contrastantes para oxidar o NADH de volta ao NAD^+, que é necessário para sustentar a glicólise. Na fermentação, o aceptor final de elétrons é uma molécula orgânica como o piruvato (fermentação do ácido láctico) ou o acetaldeído (fermentação alcoólica). Na respiração celular, pelo contrário, os elétrons transportados pelo NADH são transferidos para uma cadeia transportadora de elétrons, que regenera o NAD^+ necessário para a glicólise.

Outra diferença importante é a quantidade de ATP produzido. A fermentação produz duas moléculas de ATP, produzidas pela fosforilação em nível de substrato. Na ausência da cadeia de transporte de elétrons, a energia armazenada no piruvato está indisponível. Na respiração celular, entretanto, o piruvato é completamente oxidado na mitocôndria. A maior parte da energia química desse processo é transportada pelo NADH e pelo $FADH_2$ sob a forma de elétrons para a cadeia transportadora de elétrons. Lá, os elétrons se movem gradualmente ao longo de uma série de reações redox para um receptor final de elétrons. (Na respiração aeróbica, o receptor final de elétrons é o O_2; na respiração anaeróbica, o receptor final é outra molécula com alta afinidade pelos elétrons, embora menos do que o O_2.) O transporte gradual de elétrons aciona a fosforilação oxidativa, produzindo ATP. Portanto, a respiração celular coleta muito mais energia de cada molécula de açúcar do que a fermentação. Na realidade, a respiração aeróbica rende até 32 moléculas de ATP por molécula de glicose – até 16 vezes mais do que a fermentação.

Alguns organismos, chamados de **anaeróbios obrigatórios**, realizam somente fermentação ou respiração anaeróbica. Na verdade, esses organismos não sobrevivem na presença de oxigênio, sendo que algumas formas podem ser realmente tóxicas se sistemas de proteção não estiverem presentes na célula. Alguns tipos de células, como as células do cérebro de vertebrados, podem realizar apenas a oxidação aeróbica de piruvato e precisam de O_2 para sobreviver. Outros organismos, incluindo leveduras e diversas bactérias, podem produzir ATP suficiente para sobreviver utilizando tanto fermentação como respiração. Essas espécies são chamadas de **anaeróbios facultativos**. Nas células de levedura, por exemplo, o piruvato é uma bifurcação na estrada metabólica que leva a duas vias catabólicas alternativas **(Figura 9.17)**. Sob condições aeróbicas, o piruvato pode ser convertido a acetil-CoA, e a oxidação continua no ciclo do ácido cítrico por meio da respiração aeróbica. Sob condições anaeróbicas, ocorre a fermentação do ácido láctico. O piruvato é desviado do ciclo do ácido cítrico, servindo, em vez disso, como um receptor de elétrons para reciclar o

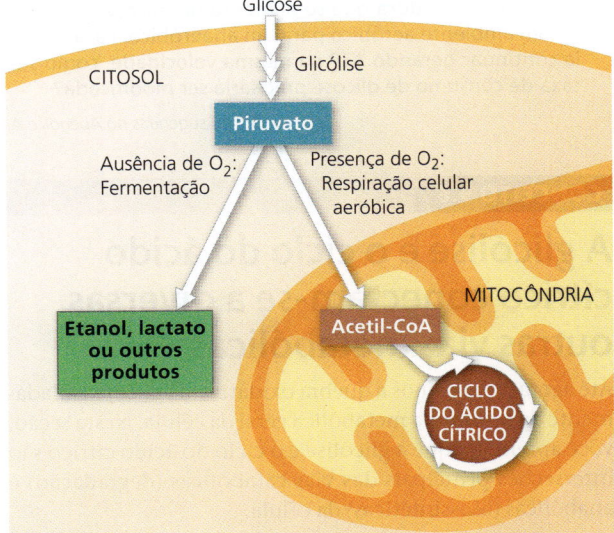

▲ **Figura 9.17 O piruvato como bifurcação no catabolismo.** A glicólise é comum à fermentação e à respiração celular. O produto final da glicólise, o piruvato, representa uma bifurcação nas vias catabólicas da oxidação da glicose. Em um anaeróbio facultativo, capaz de realizar tanto respiração celular aeróbica quanto fermentação, o piruvato se compromete com um desses dois caminhos, geralmente dependendo da presença ou ausência de oxigênio.

NAD⁺. Para produzir a mesma quantidade de ATP, um anaeróbio facultativo precisaria consumir açúcar em taxa muito maior durante a fermentação do que durante a respiração.

A importância evolutiva da glicólise

EVOLUÇÃO O papel da glicólise, tanto na fermentação quanto na respiração, tem uma base evolutiva. Procariotos primitivos provavelmente utilizavam glicólise para produzir ATP muito antes de o oxigênio estar presente na atmosfera da Terra. Os mais antigos fósseis conhecidos de bactérias datam de 3,5 bilhões de anos, porém quantidades consideráveis de oxigênio começaram a se acumular na atmosfera provavelmente apenas há cerca de 2,7 bilhões de anos. Cianobactérias produziram esse O_2 como um subproduto da fotossíntese. Portanto, os primeiros procariotos podem ter gerado ATP exclusivamente a partir da glicólise. O fato de que hoje a glicólise é a via metabólica mais difundida entre os organismos da Terra sugere que ela evoluiu muito cedo na história da vida. A localização citosólica da glicólise também implica a sua antiguidade; a via não requer nenhuma organela delimitada por membranas da célula eucariótica, que evoluiu aproximadamente 1 bilhão de anos depois das células procarióticas. A glicólise é uma herança metabólica das primeiras células que continuam a funcionar na fermentação e no primeiro estágio da decomposição de moléculas orgânicas pela respiração.

REVISÃO DO CONCEITO 9.5

1. Considere o NADH formado durante a glicólise. Qual é o aceptor final para seus elétrons durante a fermentação? E durante a respiração aeróbica? E durante a respiração anaeróbica?
2. **E SE?** Uma levedura que se alimenta de glicose é movida de um ambiente aeróbico para um anaeróbico. Para a célula continuar gerando ATP na mesma velocidade, como sua taxa de consumo de glicose precisaria ser modificada?

Ver as respostas sugeridas no Apêndice A.

CONCEITO 9.6

A glicólise e o ciclo do ácido cítrico conectam-se a diversas outras vias metabólicas

Até agora, analisamos a quebra oxidativa da glicose isoladamente da economia metabólica geral da célula. Nesta seção, você aprenderá que a glicólise e o ciclo do ácido cítrico são interseções principais das vias catabólicas (degradação) e anabólicas (biossintéticas) da célula.

A versatilidade do catabolismo

Ao longo deste capítulo, a glicose tem sido usada como exemplo de combustível para a respiração celular. Entretanto, moléculas de glicose livre são incomuns na dieta dos seres humanos e de outros animais. Obtemos a maioria de nossas calorias sob a forma de gorduras, proteínas e carboidratos como a sacarose e outros dissacarídeos e o amido, um polissacarídeo. Todas essas moléculas orgânicas do alimento podem ser utilizadas pela respiração celular para produzir ATP **(Figura 9.18)**.

A glicólise pode aceitar uma grande variedade de carboidratos para o catabolismo. No trato digestivo, o amido é hidrolisado à glicose, que é decomposta nas células pela glicólise e pelo ciclo do ácido cítrico. O glicogênio, o polissacarídeo que os humanos e muitos outros animais armazenam em seu fígado e em células musculares, pode ser hidrolisado à glicose entre as refeições como combustível para a respiração. A digestão dos dissacarídeos, incluindo a sacarose, fornece glicose e outros monossacarídeos como combustível para a respiração.

Proteínas também podem ser utilizadas como combustível, porém antes elas precisam ser digeridas até seus aminoácidos constituintes. Muitos dos aminoácidos são utilizados pelo organismo para formar novas proteínas. Aminoácidos presentes em excesso são convertidos por enzimas em intermediários da glicólise e do ciclo do ácido cítrico. Antes que os aminoácidos possam abastecer a glicólise ou o ciclo do ácido cítrico, seus grupos amino precisam ser removidos, processo chamado de *desaminação*. Os resíduos nitrogenados são excretados do animal sob a forma de amônia (NH_3), ureia ou outros produtos residuais.

O catabolismo também pode captar a energia armazenada em gorduras obtidas tanto de alimentos quanto

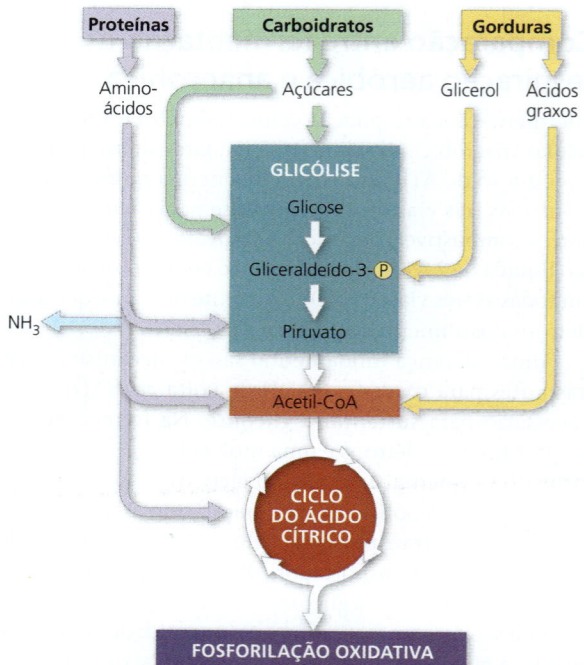

▲ **Figura 9.18 O catabolismo de várias moléculas da alimentação.** Carboidratos, gorduras e proteínas podem ser utilizados como combustível para respiração celular. Monômeros dessas moléculas entram na glicólise ou no ciclo do ácido cítrico em diversos momentos. A glicólise e o ciclo do ácido cítrico são funis catabólicos pelos quais os elétrons de todos os tipos de moléculas orgânicas fluem em suas quedas exergônicas até o oxigênio.

de células de gordura no corpo. Após as gorduras serem digeridas a glicerol e ácidos graxos, o glicerol é convertido a gliceraldeído-3-fosfato, um intermediário da glicólise. A maior parte da energia da gordura está armazenada nos ácidos graxos. Uma sequência metabólica chamada de **betaoxidação** decompõe os ácidos graxos em fragmentos de dois carbonos, que entram no ciclo do ácido cítrico como acetil-CoA. NADH e $FADH_2$ também são gerados durante a betaoxidação; eles podem entrar na cadeia transportadora de elétrons, levando a uma maior produção de ATP. As gorduras produzem excelentes combustíveis, em grande parte devido à sua estrutura química e ao alto nível de energia de seus elétrons (presentes em muitas ligações C—H, igualmente compartilhadas entre C e H) em comparação com os de carboidratos. Um grama de gordura oxidada pela respiração produz mais que o dobro de ATP do que 1 grama de carboidrato. Infelizmente, isso também significa que uma pessoa tentando perder peso deve trabalhar duro para esgotar a gordura armazenada no corpo, já que muitas calorias estão armazenadas em cada grama de gordura.

Biossíntese (vias anabólicas)

Células necessitam de substâncias, bem como de energia. Nem todas as moléculas orgânicas dos alimentos são destinadas à oxidação como combustível para produção de ATP. Além das calorias, o alimento deve também fornecer esqueletos de carbono de que as células necessitam para produzir suas próprias moléculas. Alguns monômeros orgânicos obtidos da digestão podem ser utilizados diretamente. Por exemplo, como mencionado, aminoácidos da hidrólise de proteínas nos alimentos podem ser incorporados nas proteínas do organismo. Geralmente, o corpo necessita de moléculas específicas que não estão presentes nos alimentos. Compostos intermediários da glicólise e do ciclo do ácido cítrico podem ser desviados para as vias anabólicas como precursores a partir dos quais as células conseguem sintetizar as moléculas de que necessitam. Por exemplo, seres humanos podem produzir cerca da metade dos 20 aminoácidos que compõem as proteínas, modificando compostos desviados do ciclo do ácido cítrico; o restante são "aminoácidos essenciais" que devem ser obtidos a partir da dieta. Igualmente, a glicose pode ser produzida a partir do piruvato, e ácidos graxos podem ser sintetizados a partir de acetil-CoA. Evidentemente, essas vias biossintéticas, ou anabólicas, não geram – e sim, consomem – ATP.

Além disso, a glicólise e o ciclo do ácido cítrico funcionam como trocas metabólicas que permitem que nossas células convertam alguns tipos de moléculas em outros tipos à medida que necessitamos delas. Por exemplo, um composto intermediário gerado durante a glicólise, di-hidroxiacetona-fosfato (ver Figura 9.8, etapa 5), pode ser transformado em um dos principais precursores das gorduras. Se comermos mais do que necessitamos, armazenaremos gordura mesmo que a nossa dieta seja sem gordura. O metabolismo é incrivelmente versátil e adaptável.

Regulação da respiração celular via mecanismos de retroalimentação

Princípios básicos da oferta e da procura regulam o panorama metabólico. A célula não desperdiça energia produzindo uma substância além do que ela necessita. Se houver um excedente de certo aminoácido, por exemplo, a via anabólica que sintetiza esse aminoácido a partir de um intermediário do ciclo do ácido cítrico é desativada. O mecanismo mais comum para esse controle é a inibição por retroalimentação: o produto final da via anabólica inibe a enzima que catalisa uma etapa anterior da via (ver Figura 8.21). Isso previne o desvio desnecessário de intermediários metabólicos essenciais, economizando-os para usos mais urgentes.

A célula também controla seu catabolismo. Se a célula está trabalhando muito e sua concentração de ATP começa a cair, a respiração celular se acelera. Quando existir ATP suficiente para suprir a demanda, a respiração diminui, poupando moléculas orgânicas valiosas para outras funções. Novamente, o controle baseia-se principalmente na regulação da atividade de enzimas em pontos estratégicos na via catabólica. Como mostrado na **Figura 9.19**, uma chave importante é

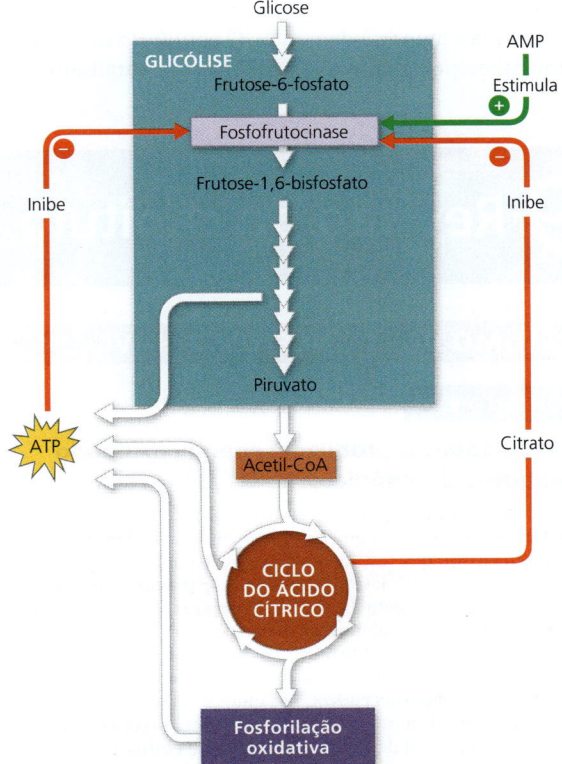

▲ **Figura 9.19 Controle da respiração celular.** Enzimas alostéricas em certos pontos da via respiratória respondem a inibidores e a ativadores que ajudam a controlar a velocidade da glicólise e do ciclo do ácido cítrico. A fosfofrutocinase, que catalisa uma etapa inicial da glicólise (ver Figura 9.8, etapa ❸, e Figura 6.32b), é uma dessas enzimas. Ela é estimulada pelo AMP (derivado do ADP), mas inibida pelo ATP e pelo citrato. Essa regulação por retroalimentação ajusta a taxa de respiração de acordo com as mudanças nas demandas anabólica e catabólica da célula.

a fosfofrutocinase, a enzima que catalisa a etapa 3 da glicólise (ver Figura 9.8). Essa é a primeira etapa que compromete irreversivelmente um substrato na via glicolítica. Controlando a taxa dessa etapa, a célula pode acelerar ou diminuir todo o processo catabólico. Assim, a fosfofrutocinase pode ser considerada o marca-passo da respiração celular.

A fosfofrutocinase é uma enzima alostérica com sítios de receptores para inibidores e ativadores específicos. Ela é inibida pelo ATP e estimulada por AMP (do inglês *adenosine monophosphate* [adenosina-monofosfato]), que a célula obtém do ADP. À medida que o ATP acumula, a inibição da enzima desacelera a glicólise. A enzima torna-se ativa novamente quando o trabalho celular converte ATP em ADP (e AMP) mais rápido do que o ATP está sendo regenerado. A fosfofrutocinase também é sensível ao citrato, o primeiro produto do ciclo do ácido cítrico. Se o citrato acumula-se na mitocôndria, parte dele passa ao citosol e inibe a fosfofrutocinase. Esse mecanismo ajuda a sincronizar as taxas de glicólise e do ciclo do ácido cítrico. À medida que o citrato se acumula, a glicólise desacelera e o fornecimento de piruvato – e, portanto, de grupos acetila ao ciclo do ácido cítrico – diminui. Se o consumo de citrato aumenta, seja pela demanda de mais ATP ou pelo esgotamento dos intermediários do ciclo do ácido cítrico das vias anabólicas, a glicólise é acelerada e atende à demanda. O equilíbrio metabólico é aumentado pelo controle de enzimas que catalisam outras etapas fundamentais da glicólise e do ciclo do ácido cítrico. As células são econômicas, convenientes e receptivas em seus metabolismos.

Revise a primeira página deste capítulo para colocar a respiração celular no contexto mais amplo do fluxo de energia e da ciclagem química nos ecossistemas. A energia que nos mantém vivos é *liberada*, e não *produzida*, pela respiração celular. Estamos explorando a energia que foi armazenada nos alimentos pela fotossíntese, que capta a luz e a converte em energia química, um processo que você conhecerá a seguir, no Capítulo 10.

REVISÃO DO CONCEITO 9.6

1. **FAÇA CONEXÕES** Compare as estruturas de um carboidrato e de uma gordura (ver Figuras 5.3 e 5.9). Quais características fazem da gordura um combustível muito melhor?
2. Sob quais circunstâncias seu corpo poderia sintetizar moléculas de gordura?
3. **HABILIDADES VISUAIS** O que acontecerá em uma célula muscular que esgotou seu suprimento de O_2 e ATP? (Ver Figuras 9.17 e 9.19.)
4. **HABILIDADES VISUAIS** Durante o exercício intenso, uma célula muscular pode usar gordura como uma fonte concentrada de energia química? Explique. (Revisar Figuras 9.17 e 9.18.)

Ver as respostas sugeridas no Apêndice A.

9 Revisão do capítulo

RESUMO DOS CONCEITOS-CHAVE

CONCEITO 9.1

Vias catabólicas produzem energia oxidando combustíveis orgânicos (p. 165-169)

- As células degradam glicose e outros combustíveis orgânicos para produzir energia química na forma de ATP. **Fermentação** é um processo que resulta na degradação parcial da glicose sem o uso do oxigênio (O_2). O processo de **respiração celular** é uma quebra mais completa da glicose. Na **respiração aeróbica**, o O_2 é usado como reagente; na *respiração anaeróbica*, outras substâncias são usadas no lugar do O_2.
- A célula utiliza a energia armazenada nas moléculas do alimento por meio de **reações redox**, nas quais uma substância transfere parcial ou totalmente seus elétrons a outra. A **oxidação** é a perda total ou parcial de elétrons, enquanto a **redução** é a adição total ou parcial de elétrons. Durante a respiração aeróbica, a glicose ($C_6H_{12}O_6$) é oxidada a CO_2, e o O_2 é reduzido a H_2O:

$$\underbrace{C_6H_{12}O_6}_{\text{torna-se oxidado}} + 6O_2 \rightarrow 6CO_2 + \underbrace{6H_2O}_{\text{torna-se reduzido}} + \text{Energia}$$

- Os elétrons perdem energia potencial durante sua transferência da glicose ou outros compostos orgânicos para o O_2. Os elétrons são geralmente passados primeiro para o **NAD⁺**, reduzindo-o para **NADH**, e depois são passados do NADH para uma **cadeia transportadora de elétrons**, que conduz os elétrons para o O_2 por meio de etapas de liberação de energia. A energia liberada é utilizada para produzir ATP.
- A respiração aeróbica ocorre em três fases: (1) **glicólise**, (2) oxidação do piruvato e **ciclo do ácido cítrico** e (3) **fosforilação oxidativa** (transporte de elétrons e quimiosmose).

? *Descreva a diferença entre os dois processos na respiração celular que produzem ATP: fosforilação oxidativa e fosforilação em nível de substrato.*

CONCEITO 9.2

A glicólise obtém energia química oxidando glicose a piruvato (p. 170-171)

- A glicólise ("divisão do açúcar") consiste em uma série de reações que decompõem a glicose em duas moléculas de piruvato, que podem entrar no ciclo do ácido cítrico, rendendo 2 ATP e 2 NADH por molécula de glicose.

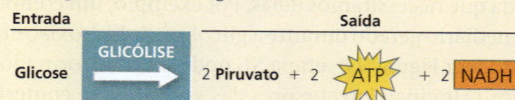

? *Quais reações na glicólise são fontes de energia para a formação de ATP e NADH?*

CAPÍTULO 9 RESPIRAÇÃO CELULAR E FERMENTAÇÃO

CONCEITO 9.3

Após a oxidação do piruvato, o ciclo do ácido cítrico completa a oxidação que produz energia a partir de moléculas orgânicas (p. 171-174)

- Nas células eucarióticas, o piruvato entra na mitocôndria e é oxidado a **acetil-CoA**, que, por sua vez, é oxidado mais uma vez no ciclo do ácido cítrico.

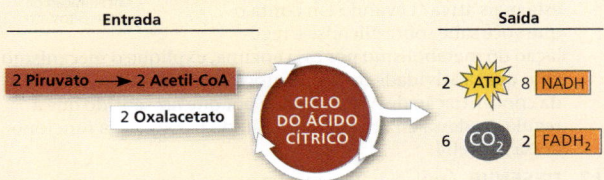

? *Quais produtos moleculares indicam a oxidação completa da glicose durante a respiração celular?*

CONCEITO 9.4

Durante a fosforilação oxidativa, a quimiosmose acopla o transporte de elétrons à síntese de ATP (p. 174-179)

- $NADH$ e $FADH_2$ transferem elétrons para a cadeia transportadora de elétrons. Elétrons movem-se ao longo da cadeia, perdendo energia em diversas etapas liberadoras de energia. Finalmente, os elétrons são passados para o O_2, reduzindo-o a H_2O.

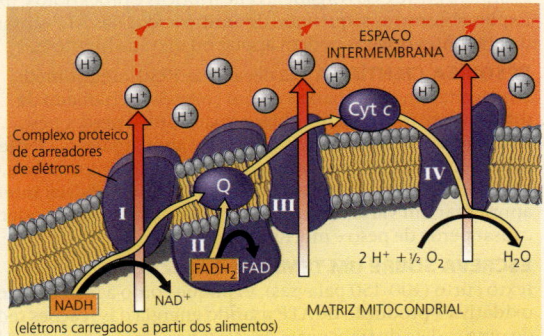

- Ao longo da cadeia transportadora de elétrons, a transferência de elétrons faz complexos proteicos movimentarem H^+ da matriz mitocondrial (nos eucariotos) para o espaço intermembranas, armazenando energia como uma **força próton-motriz** (gradiente de H^+). Como o H^+ se difunde de volta à matriz por meio da **ATP-sintase**, sua passagem impulsiona a fosforilação do ADP para formar ATP, chamada de **quimiosmose**.

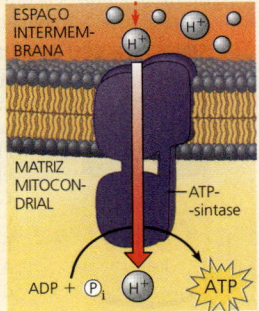

- Cerca de 34% da energia armazenada na molécula de glicose é transferida ao ATP durante a respiração celular, produzindo um máximo de 32 ATP.

? *Explique sucintamente o mecanismo pelo qual a ATP-sintase produz ATP. Liste três locais nos quais ATP-sintases são encontradas.*

CONCEITO 9.5

A fermentação e a respiração anaeróbica possibilitam que as células produzam ATP sem o uso de oxigênio (p. 179-182)

- A glicólise rende 2 ATP por fosforilação em nível de substrato, independentemente da presença de O_2. Sob condições anaeróbicas, a respiração anaeróbica ou a fermentação podem ser realizadas. Na respiração anaeróbica, uma cadeia transportadora de elétrons está presente com um aceptor final de elétrons diferente do oxigênio. Na fermentação, os elétrons do NADH são passados para o piruvato ou um derivado do piruvato, regenerando o NAD^+ necessário para oxidar mais glicose. Dois tipos comuns de fermentação são a **fermentação alcoólica** e a **fermentação do ácido láctico**.
- A fermentação, a respiração anaeróbica e a respiração aeróbica utilizam a glicólise para oxidar a glicose, mas diferem em seu receptor final de elétrons e se uma cadeia transportadora de elétrons é utilizada (respiração) ou não (fermentação). A respiração produz mais ATP; a respiração aeróbica, com O_2 como receptor final de elétrons, produz cerca de 16 vezes mais ATP do que a fermentação.
- A glicólise ocorre em quase todos os organismos, e acredita-se que tenha evoluído em procariotos antigos antes que houvesse O_2 na atmosfera.

? *Qual processo rende mais ATP: a fermentação ou a respiração anaeróbica? Explique.*

CONCEITO 9.6

A glicólise e o ciclo do ácido cítrico conectam-se a diversas outras vias metabólicas (p. 182-184)

- As vias catabólicas convergem elétrons de diversos tipos de moléculas até a respiração celular. Diversos carboidratos podem entrar na glicólise, a maioria muitas vezes após a conversão em glicose. Aminoácidos das proteínas devem ser desaminados antes de ser oxidados. Os ácidos graxos da gordura sofrem **betaoxidação** em fragmentos de dois carbonos e, então, entram no ciclo do ácido cítrico como acetil-CoA. As vias anabólicas podem usar pequenas moléculas dos alimentos diretamente ou utilizá-las para formar outras substâncias por meio da glicólise ou do ciclo do ácido cítrico.
- A respiração celular é controlada por enzimas alostéricas em pontos cruciais da glicólise e do ciclo do ácido cítrico.

? *Descreva como as vias catabólicas da glicólise e do ciclo do ácido cítrico se cruzam com as vias anabólicas no metabolismo da célula.*

TESTE SEU CONHECIMENTO

Níveis 1-2: Relembre/Entenda

1. A fonte *imediata* de energia que aciona a síntese de ATP pela ATP-sintase durante a fosforilação oxidativa é
   (A) a oxidação da glicose e outros compostos orgânicos.
   (B) o fluxo de elétrons pela cadeia de transporte de elétrons.
   (C) o gradiente de concentração de H^+ através da membrana que segura a ATP-sintase.
   (D) a transferência do fosfato ao ADP.
2. Qual via metabólica é comum tanto para a fermentação quanto para a respiração celular de uma molécula de glicose?
   (A) O ciclo do ácido cítrico
   (B) A cadeia de transporte de elétrons
   (C) A glicólise
   (D) A redução do piruvato a lactato

3. O aceptor final de elétrons na cadeia de transporte de elétrons que funciona na fosforilação oxidativa aeróbica é
   (A) O_2.
   (B) água.
   (C) NAD^+.
   (D) piruvato.
4. Nas mitocôndrias, reações redox exergônicas
   (A) são fontes de energia que impulsionam a síntese procariótica de ATP.
   (B) fornecem a energia que estabiliza o gradiente de prótons.
   (C) reduzem átomos de carbono a dióxido de carbono.
   (D) estão acopladas aos processos endergônicos por meio de intermediários fosforilados.

Níveis 3-4: Aplique/Analise

5. Qual é o agente oxidante na seguinte reação?

   $$\text{Piruvato} + NADH + H^+ \rightarrow \text{Lactato} + NAD^+$$

   (A) Oxigênio
   (B) NADH
   (C) Lactato
   (D) Piruvato
6. Quando os elétrons fluem ao longo da cadeia de transporte de elétrons da mitocôndria, ocorre qual das seguintes alterações?
   (A) O pH da matriz aumenta.
   (B) A ATP-sintase bombeia prótons por transporte ativo.
   (C) Os elétrons ganham energia livre.
   (D) O NAD^+ é oxidado.
7. A maior parte do CO_2 do catabolismo é liberada durante
   (A) a glicólise.
   (B) o ciclo do ácido cítrico.
   (C) a fermentação do ácido láctico.
   (D) o transporte de elétrons.
8. **FAÇA CONEXÕES** A etapa 3 da Figura 9.8 é um ponto importante da regulação da glicólise. A enzima fosfofrutocinase é regulada alostericamente pelo ATP e por moléculas relacionadas (ver Conceito 8.5). Considerando o resultado final da glicólise, você esperaria que o ATP inibisse ou estimulasse a atividade dessa enzima? Explique. (Dica: considere o papel do ATP como um regulador alostérico, não como um substrato da enzima.)
9. **FAÇA CONEXÕES** A bomba de prótons mostrada nas Figuras 7.18 e 7.19 é um tipo de ATP-sintase como o mostrado na Figura 9.13. Compare os processos mostrados nas três figuras e diga se eles estão envolvidos no transporte ativo ou passivo (ver também Conceitos 7.3 e 7.4).
10. **HABILIDADES VISUAIS** Este modelo computacional mostra as quatro partes da ATP-sintase, cada parte consistindo em um número de subunidades de polipeptídeos (a parte cinza sólida ainda é uma área de pesquisa ativa). Usando a Figura 9.13 como guia, identifique o rotor, o estator, a haste interna e o botão catalisador deste motor molecular.

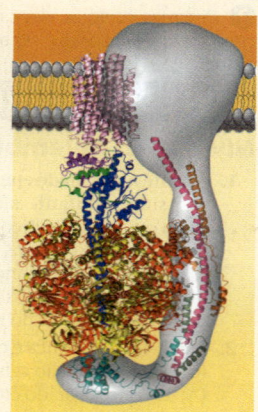

Níveis 5-6: Avalie/Crie

11. **INTERPRETE OS DADOS** A fosfofrutocinase é uma enzima que atua na frutose-6-fosfato em uma etapa inicial da degradação da glicose. A regulação dessa enzima controla se o açúcar continuará na via glicolítica. Considerando este gráfico, sob quais condições a fosfofrutocinase está mais ativa? Levando em conta o que você sabe sobre glicólise e regulação do metabolismo por essa enzima, explique o mecanismo pelo qual a atividade da fosfofrutocinase difere dependendo da concentração de ATP. Explique por que faz sentido que a regulação dessa enzima tenha evoluído para que ela funcione dessa maneira.

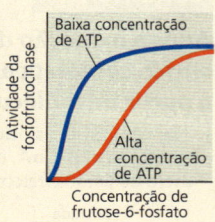

12. **DESENHE** Aqui, o gráfico mostra a diferença de pH através da membrana mitocondrial interna ao longo do tempo em uma célula respirando ativamente. No tempo indicado pela seta vertical, é adicionado um veneno metabólico que inibe especificamente e completamente toda a função mitocondrial da ATP-sintase. Desenhe o que você esperaria ver na continuação da linha traçada durante o próximo curto período de tempo. Explique.

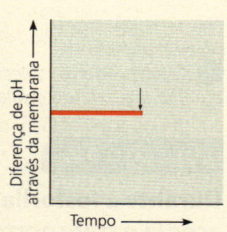

13. **CONEXÃO EVOLUTIVA** As ATP-sintases são encontradas na membrana plasmática procariótica e nas mitocôndrias e cloroplastos. (a) Proponha uma hipótese para explicar uma relação evolutiva entre essas organelas eucarióticas e procariotos. (b) Explique como as sequências de aminoácidos das ATP-sintases de diferentes origens podem apoiar ou não sua hipótese.

14. **PESQUISA CIENTÍFICA** Na década de 1930, alguns médicos receitaram doses baixas de um composto chamado de dinitrofenol (DNP) para ajudar os pacientes a perder peso. Esse método perigoso foi abandonado após alguns pacientes morrerem. O DNP desacopla a maquinaria quimiosmótica, fazendo a bicamada lipídica da membrana mitocondrial interna apresentar um vazamento de H^+. Explique como isso poderia causar perda de peso e morte.

15. **ESCREVA SOBRE UM TEMA: ORGANIZAÇÃO** Em um texto curto (100-150 palavras), explique como a fosforilação oxidativa – produção de ATP usando energia das reações redox de uma cadeia de transporte de elétrons organizada espacialmente seguida pela quimiosmose – é um exemplo de como as propriedades surgem em cada nível da hierarquia biológica.

16. **SINTETIZE SEU CONHECIMENTO**

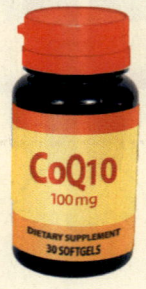

A coenzima Q (CoQ) é vendida como suplemento nutricional. Uma empresa usa este *slogan* de *marketing* para CoQ: "Dê ao seu coração o combustível que ele mais quer". Considerando o papel da CoQ, faça uma crítica a essa alegação. Como você acha que esse produto pode funcionar para beneficiar o coração? A CoQ é usada como "combustível" durante a respiração celular?

Ver respostas selecionadas no Apêndice A.

10 Fotossíntese

CONCEITOS-CHAVE

10.1 A fotossíntese alimenta a biosfera p. 188

10.2 A fotossíntese converte a energia luminosa na energia química dos alimentos p. 189

10.3 As reações luminosas convertem a energia solar na energia química do ATP e do NADPH p. 192

10.4 O ciclo de Calvin utiliza a energia química do ATP e do NADPH para reduzir CO_2 em açúcar p. 201

10.5 Mecanismos alternativos de fixação do carbono evoluíram em climas áridos e quentes p. 202

10.6 *Revisando:* a fotossíntese é essencial para a vida na Terra p. 206

Dica de estudo

Faça um guia de estudo visual: Desenhe uma célula com um grande cloroplasto, identificando as partes do cloroplasto. À medida que ler o capítulo, adicione reações-chave para cada estágio da fotossíntese, ligando os estágios. Identifique a(s) molécula(s) de carbono com a maior parte da energia e a(s) molécula(s) de carbono com a menor energia.

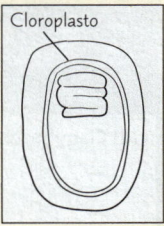

Figura 10.1 Cada folha desta árvore está capturando energia a partir da luz solar e usando-a para converter CO_2 e H_2O em energia química armazenada em açúcar e outras moléculas orgânicas. A árvore utiliza esses açúcares para energia e para construir seu próprio tronco, ramos e folhas. Surpreendentemente, sobra açúcar suficiente para alimentar outros organismos (como larvas de mariposas, mostradas abaixo) que não podem realizar essa transformação extraordinária.

Como as células fotossintetizantes utilizam a luz para gerar moléculas orgânicas e oxigênio a partir de dióxido de carbono e água?

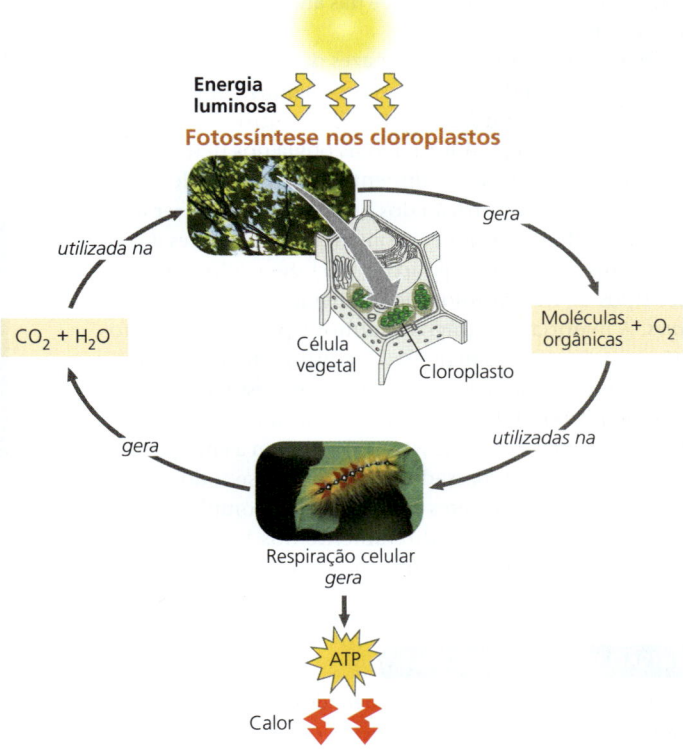

CONCEITO 10.1

A fotossíntese alimenta a biosfera

O processo de conversão que transforma a energia da luz solar em energia química armazenada em açúcares e outras moléculas orgânicas é chamado **fotossíntese**. Vamos começar situando a fotossíntese em seu contexto ecológico.

A fotossíntese alimenta direta ou indiretamente a maioria das formas de vida do mundo. Um organismo obtém compostos orgânicos e os utiliza para energia e como esqueleto de carbono por dois métodos principais: nutrição autotrófica ou nutrição heterotrófica. **Autótrofos** são autoalimentados (*auto-* significa "por si próprio", e *trofos* significa "alimentação"); eles sustentam a si próprios sem comer nada proveniente de outros seres vivos. Autótrofos produzem suas próprias moléculas orgânicas a partir do dióxido de carbono (CO_2) e de outros materiais inorgânicos obtidos do meio ambiente. Em última análise, eles são a fonte de compostos orgânicos para todos os organismos não autótrofos, e, por essa razão, os biólogos se referem aos autótrofos como os *produtores* da biosfera.

Quase todas as plantas são autótrofas; os únicos nutrientes de que elas necessitam são água (H_2O) e minerais, obtidos do solo, e CO_2, obtido do ar. Especificamente, as plantas são *foto*autótrofas, organismos que usam a luz como fonte de energia para sintetizar substâncias orgânicas **(Figura 10.1)**. A fotossíntese também ocorre nas algas, em certos protistas e em alguns procariotos **(Figura 10.2)**. Neste capítulo, mencionaremos esses outros grupos, mas nossa ênfase será dada às plantas. Variações na nutrição autotrófica que ocorrem nos procariotos e nas algas serão detalhadas no Conceito 27.3.

Os **heterótrofos** são incapazes de produzir o próprio alimento e vivem de compostos produzidos por outros organismos (*hetero-* significa "outro"). Heterótrofos são os *consumidores* da biosfera. A forma mais óbvia dos heterótrofos ocorre quando o animal se alimenta de plantas ou de outros organismos, mas a nutrição dos heterótrofos pode ser mais sutil. Alguns heterótrofos consomem remanescentes de outros organismos e lixo orgânico como fezes e folhas mortas; esses tipos de heterótrofos são conhecidos como *decompositores*. A maioria dos fungos e muitos tipos de procariotos obtêm alimento dessa maneira. O suprimento de combustíveis fósseis da Terra foi formado a partir de restos de organismos que morreram há centenas de milhões de anos. Nesse sentido, os combustíveis fósseis representam a energia solar armazenada em um passado distante. Quase todos os heterótrofos, incluindo seres humanos, são completamente dependentes direta ou indiretamente dos fotoautótrofos em relação ao alimento – e também em relação ao oxigênio, subproduto da fotossíntese.

REVISÃO DO CONCEITO 10.1

1. Por que os heterótrofos dependem dos autótrofos?
2. **E SE?** Os combustíveis fósseis estão sendo esgotados. Com isso, os pesquisadores estão desenvolvendo meios para produzir "biodiesel" a partir de produtos das algas fotossintéticas. Eles propuseram instalar tanques com essas algas, próximo a plantas industriais ou a ruas altamente congestionadas. Considerando o processo da fotossíntese, por que essa disposição dos tanques faz sentido?

Ver as respostas sugeridas no Apêndice A.

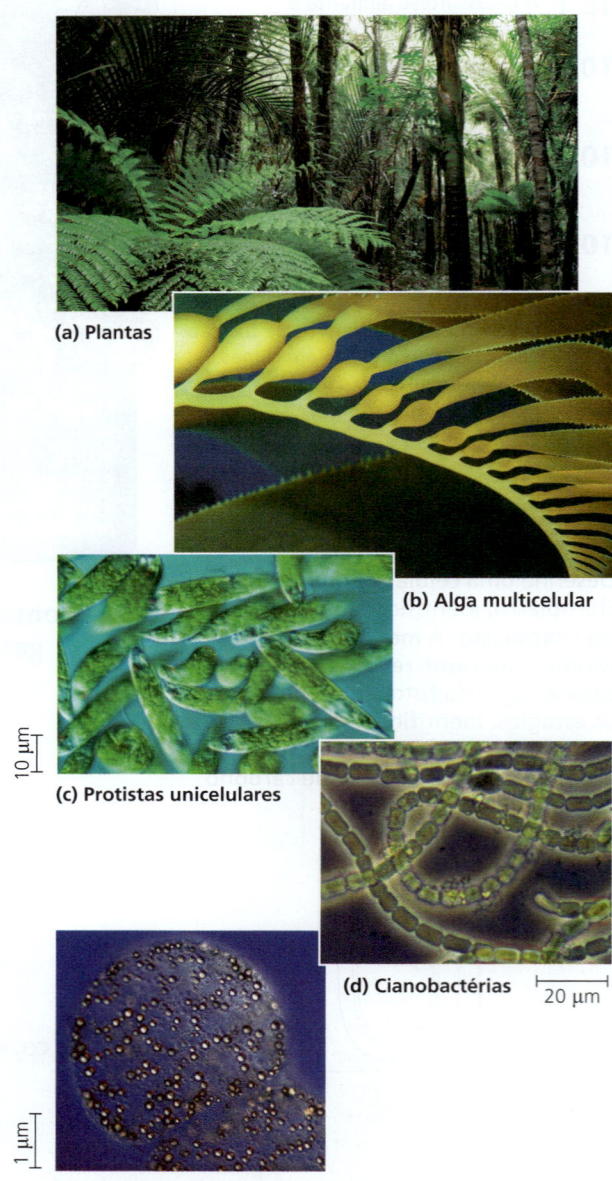

▲ **Figura 10.2 Fotoautótrofos.** Estes organismos usam a energia luminosa para promover a síntese de moléculas orgânicas a partir do dióxido de carbono e, na maioria dos casos, da água. Eles nutrem não somente a si próprios, mas também o mundo vivo inteiro. Sobre a terra, **(a)** as plantas são predominantemente produtoras de alimento. Em ambientes aquáticos, os autótrofos incluem **(b)** algas multicelulares, como esta alga microscópica; **(c)** alguns protistas unicelulares não algáceos, como *Euglena*; **(d)** os procariotos chamados de cianobactérias; e **(e)** outros procariotos fotossintetizantes, como bactérias sulfurosas púrpuras, produtoras de enxofre (glóbulos amarelos dentro das células) (c-e, MOs).

CONCEITO 10.2

A fotossíntese converte a energia luminosa na energia química dos alimentos

A capacidade notável de um organismo de captar a energia luminosa e utilizá-la para a síntese de compostos orgânicos surgiu de uma organização estrutural na célula: enzimas fotossintetizantes e outras moléculas são agrupadas como complexos moleculares especializados em uma membrana biológica, possibilitando a ocorrência, de forma eficiente, de uma série de reações químicas. É provável que o processo de fotossíntese tenha se originado em um grupo de bactérias que invaginaram regiões da membrana plasmática, contendo agrupamentos dessas moléculas. Em bactérias fotossintetizantes existentes, as membranas fotossintetizantes invaginadas funcionam de maneira similar às membranas internas do **cloroplasto**, a organela eucariótica que absorve energia da luz solar e a utiliza para dirigir a síntese de compostos orgânicos a partir de CO_2 e H_2O. De acordo com o que se conhece da *teoria da endossimbiose*, o cloroplasto originalmente era um procarioto fotossintetizante que vivia no interior de um ancestral das células eucarióticas. (Você aprendeu sobre essa teoria no Conceito 6.5, e ela será descrita em detalhes no Conceito 25.3.) Os cloroplastos estão presentes em uma diversidade de organismos fotossintetizantes (ver alguns exemplos na Figura 10.2); neste capítulo, daremos enfoque aos cloroplastos de plantas, enquanto mencionaremos os procariotos de vez em quando.

Cloroplastos: os locais da fotossíntese nos vegetais

Todas as partes verdes da planta, incluindo caules verdes e frutos verdes, possuem cloroplastos. Contudo, as folhas representam o principal local de fotossíntese na maioria dos vegetais **(Figura 10.3)**. Existe cerca de meio milhão de cloroplastos por milímetro quadrado de superfície foliar. Os cloroplastos são encontrados principalmente nas células do **mesofilo**, o tecido do interior da folha. O CO_2 entra na folha, e o O_2 sai através de aberturas microscópicas chamadas **estômatos** (do grego *stoma*, que significa "boca"). A água absorvida pelas raízes é levada até as folhas, onde é transportada pelas nervuras. As folhas também utilizam as nervuras para exportar açúcares para as raízes e para outras partes não fotossintetizantes da planta.

Uma célula típica de mesofilo tem cerca de 30 a 40 cloroplastos, com cada organela medindo cerca de 2 a 4 μm por 4 a 7 μm. O cloroplasto tem um envoltório de duas membranas envolvendo um fluido denso chamado **estroma**. Suspenso no interior do estroma existe um terceiro sistema de membranas, formando sacos, chamados **tilacoides**. Os tilacoides separam o estroma do *espaço do tilacoide*, o qual está localizado no interior desses sacos. Em alguns lugares, os tilacoides estão empilhados em colunas denominadas *grana*. A **clorofila**, pigmento verde que confere cor às folhas,

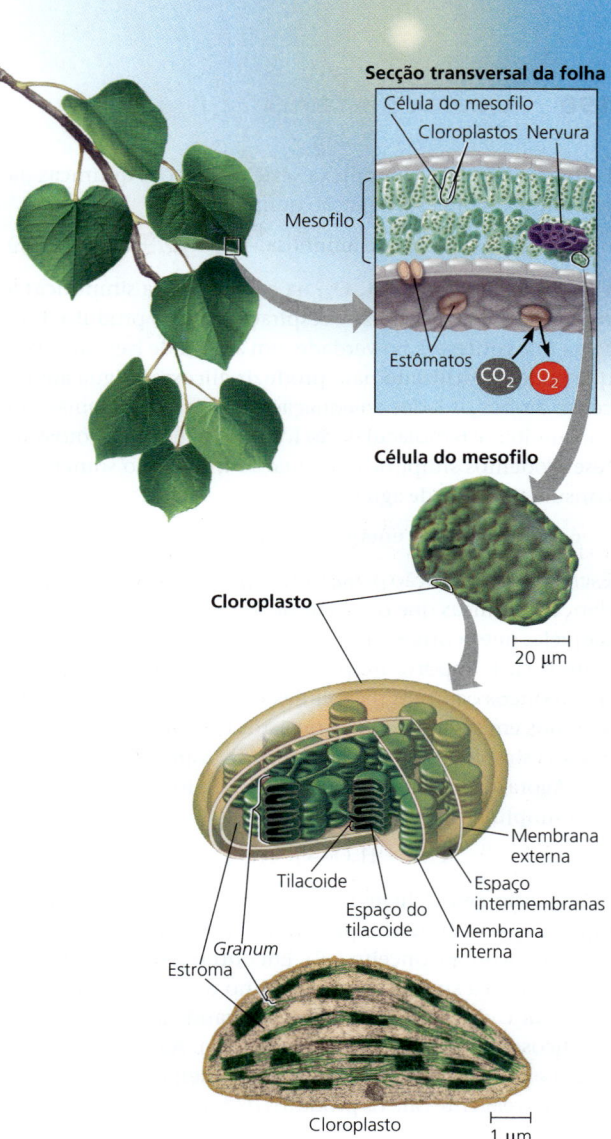

▲ **Figura 10.3 Ampliação do local de fotossíntese em um vegetal.** As folhas são os principais órgãos de fotossíntese nos vegetais. Esta figura conduz para dentro de uma folha, depois para o interior de uma célula e, por fim, para dentro de um cloroplasto, a organela onde a fotossíntese ocorre (imagem do meio, MO; imagem inferior, MET).

localiza-se nas membranas do tilacoide do cloroplasto. (As membranas fotossintetizantes internas de alguns procariotos também são denominadas membranas do tilacoide; ver Figura 27.8b.) Essas membranas absorvem a energia luminosa por intermédio da clorofila, que age promovendo a síntese de moléculas orgânicas nos cloroplastos. Após discutirmos os locais da fotossíntese nas plantas, estamos prontos para detalhar o processo em si.

Rastreando átomos ao longo da fotossíntese

Durante séculos, os cientistas tentaram juntar as partes do processo pelo qual as plantas produzem alimentos. Embora algumas etapas não tenham sido ainda completamente entendidas, a equação geral da fotossíntese é conhecida desde 1800: na presença da luz, partes verdes das plantas produzem compostos orgânicos e O_2 a partir de CO_2 e H_2O.

Podemos resumir a complexa série de reações químicas da fotossíntese com esta equação química:

$$6\,CO_2 + 12\,H_2O + \text{energia luminosa} \rightarrow C_6H_{12}O_6 + 6\,O_2 + 6\,H_2O$$

Utilizamos glicose ($C_6H_{12}O_6$) na equação para simplificar a relação entre fotossíntese e respiração, mas o produto direto da fotossíntese é, na verdade, um açúcar de três carbonos que pode ser utilizado para produzir glicose. A água aparece em ambos os lados da equação porque 12 moléculas são consumidas e 6 moléculas são formadas durante a fotossíntese. Podemos simplificar a equação indicando somente o consumo líquido de água:

$$6\,CO_2 + 6\,H_2O + \text{energia luminosa} \rightarrow C_6H_{12}O_6 + 6\,O_2$$

Escrevendo a equação dessa forma, podemos ver que as mudanças químicas que ocorrem na fotossíntese são o oposto daquelas que ocorrem durante a respiração celular (ver Conceito 9.1). É importante perceber que *ambos* os processos metabólicos ocorrem nas células vegetais. Contudo, como veremos em seguida, os cloroplastos não sintetizam açúcares pela simples reversão das etapas da respiração.

Agora, vamos dividir a equação da fotossíntese por 6 para simplificar a sua forma:

$$CO_2 + H_2O \rightarrow [CH_2O] + O_2$$

Na equação, os colchetes indicam que o CH_2O não é, na verdade, um açúcar, mas representa a fórmula geral para um carboidrato (ver Conceito 5.2). Em outras palavras, estamos imaginando a síntese de um carbono de uma molécula de açúcar de cada vez (teoricamente chegando a uma molécula de glicose com seis repetições: $C_6H_{12}O_6$). Agora, vamos ver como os pesquisadores rastrearam os elementos C, H e O, desde os reagentes até os produtos da fotossíntese.

A ruptura da água: pesquisa científica

Uma das primeiras indicações sobre o mecanismo da fotossíntese veio da descoberta de que o O_2 originado pelos vegetais vem do H_2O, e não do CO_2. Os cloroplastos rompem a água em átomos de hidrogênio e oxigênio. Antes dessa descoberta, a hipótese predominante era de que a fotossíntese rompia o dióxido de carbono ($CO_2 \rightarrow C + O_2$) e, então, acrescentava a água ao carbono ($C + H_2O \rightarrow [CH_2O]$). Essa hipótese previa que o O_2 liberado durante a fotossíntese vinha do CO_2, uma ideia desafiada na década de 1930 por C.B. van Niel, da Universidade Stanford. Van Neil estava investigando a fotossíntese em bactérias que produzem o seu próprio carboidrato a partir do CO_2, mas não liberam O_2. Ele concluiu que, pelo menos nessa bactéria, o CO_2 não era quebrado em carbono e oxigênio. Um grupo de bactérias utilizava o sulfito de hidrogênio (H_2S) em vez de água na fotossíntese, formando glóbulos amarelos de enxofre como resíduo (esses glóbulos são visíveis na **Figura 10.2e**). A equação química da fotossíntese nessas bactérias sulfurosas é:

$$CO_2 + 2\,H_2S \rightarrow [CH_2O] + H_2O + 2\,S$$

Van Niel considerou que as bactérias rompiam o H_2S e utilizavam átomos de hidrogênio para produzir açúcar. Então, ele generalizou essa ideia, propondo que todos os organismos fotossintetizantes necessitam de uma fonte de hidrogênio, mas que essa fonte varia:

Bactérias sulfurosas: $CO_2 + 2\,H_2S \rightarrow [CH_2O] + H_2O + 2\,S$
Plantas: $CO_2 + 2\,H_2O \rightarrow [CH_2O] + H_2O + O_2$
Geral: $CO_2 + 2\,H_2X \rightarrow [CH_2O] + H_2O + 2\,X$

Assim, van Neil hipotetizou que as plantas quebram H_2O como fonte de elétrons a partir de átomos de hidrogênio, liberando O_2 como subproduto.

Após aproximadamente 20 anos, os cientistas confirmaram a hipótese de van Neil por meio da utilização do oxigênio 18 (^{18}O), um isótopo pesado, como marcador para acompanhar o destino do átomo de oxigênio durante a fotossíntese. O experimento demonstrou que o O_2 produzido pelas plantas era marcado com ^{18}O *somente* se a água fosse a fonte do marcador (experimento 1). Se o ^{18}O fosse introduzido na planta sob a forma de CO_2, a marca não apareceria no O_2 liberado (experimento 2). No resumo que segue, a cor verde representa os átomos de oxigênio marcado (^{18}O):

Experimento 1: $CO_2 + 2\,H_2\mathbf{O} \rightarrow [CH_2O] + H_2O + \mathbf{O_2}$
Experimento 2: $\mathbf{CO_2} + 2\,H_2O \rightarrow [CH_2\mathbf{O}] + H_2\mathbf{O} + O_2$

Um importante resultado da mistura de átomos durante a fotossíntese é a retirada do hidrogênio da água e a sua incorporação ao açúcar. O produto residual da fotossíntese, o O_2, é liberado para a atmosfera. A **Figura 10.4** apresenta o destino de todos os átomos da fotossíntese.

A fotossíntese como um processo redox

Vamos comparar brevemente a fotossíntese com a respiração celular. Ambos os processos envolvem reações redox. Durante a respiração celular, a energia é liberada do açúcar quando os elétrons associados ao hidrogênio são transportados por carreadores até o oxigênio, formando água como subproduto (ver Conceito 9.1). Os elétrons perdem energia potencial à medida que "descem" na cadeia de transporte de elétrons em direção ao oxigênio eletronegativo, e a mitocôndria utiliza essa energia para sintetizar ATP (ver Figura 9.14). A fotossíntese reverte a direção do fluxo de elétrons. A água é rompida, e seus elétrons são transferidos junto com os íons hidrogênio (H^+) da água para o CO_2, reduzindo-se a açúcar.

$$\overbrace{\text{Energia} + 6\,CO_2 + 6\,H_2O}^{\text{torna-se reduzido}} \longrightarrow \underbrace{C_6H_{12}O_6 + 6\,O_2}_{\text{torna-se oxidado}}$$

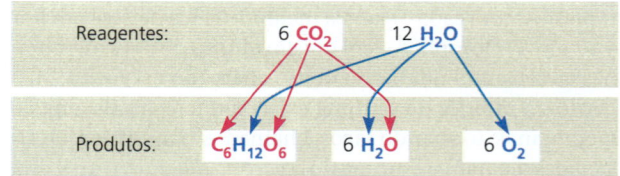

▲ **Figura 10.4** **Rastreando átomos ao longo da fotossíntese.** Os átomos do CO_2 são apresentados em magenta, e os átomos de H_2O são apresentados em azul.

Devido ao aumento de energia potencial dos elétrons à medida que se movem da água para o açúcar, esse processo necessita de energia – em outras palavras, é endergônico. Esse incremento de energia que ocorre durante a fotossíntese é promovido pela luz.

Visão geral: as duas fases da fotossíntese

A equação da fotossíntese é uma simplificação enganosa de um processo muito complexo. Na verdade, a fotossíntese não é um processo único, mas dois processos, cada um com múltiplas etapas. Essas duas fases da fotossíntese são conhecidas como **reações luminosas** (componente *foto* da fotossíntese) e **ciclo de Calvin** (componente *síntese* da fotossíntese) **(Figura 10.5)**.

As reações luminosas representam as etapas da fotossíntese que convertem energia solar em energia química. A água é decomposta, fornecendo elétrons e prótons (íons hidrogênio, H^+) e liberando O_2 como subproduto. A luz absorvida pela clorofila promove a transferência de elétrons e íons hidrogênio da água para um aceptor chamado de **$NADP^+$** (nicotinamida-adenina-dinucleotídeo-fosfato), onde são temporariamente armazenados. (O aceptor de elétrons $NADP^+$ é próximo do NAD^+, que funciona como carreador de elétrons na respiração celular; as duas moléculas diferem somente pela presença de um grupo fosfato extra na molécula de $NADP^+$.) As reações luminosas utilizam a energia solar para reduzir $NADP^+$ a **NADPH** pela adição de um par de elétrons junto com um H^+. As reações luminosas também geram ATP, usando a quimiosmose para energizar a adição de um grupo fosfato ao ADP, processo chamado **fotofosforilação**. Assim, a energia luminosa é inicialmente convertida em energia química na forma de dois compostos: NADPH e ATP. O NADPH, uma fonte de elétrons, atua como uma "força redutora" que pode ser transmitida a um aceptor de elétrons, reduzindo-o, enquanto o ATP é a versátil moeda energética das células. Observe que as reações luminosas não produzem açúcar; isso acontece na segunda fase da fotossíntese, o ciclo de Calvin.

O ciclo de Calvin é assim denominado em reconhecimento a Melvin Calvin, responsável por elucidar suas etapas, juntamente com seus colaboradores James Bassham e Andrew Benson, no final da década de 1940. O ciclo inicia com a incorporação do CO_2 atmosférico às moléculas orgânicas presentes no cloroplasto. Essa incorporação inicial do carbono em compostos orgânicos é denominada **fixação de carbono**. O ciclo de Calvin reduz o carbono fixado a carboidrato mediante adição de elétrons. O poder redutor é fornecido pelo NADPH, que adquiriu a sua carga de elétrons nas reações luminosas. Para converter CO_2 em carboidrato, o ciclo de Calvin também necessita da energia química em forma de ATP, igualmente gerada nas reações luminosas. Assim, o ciclo de Calvin consegue produzir açúcar somente com a ajuda do NADPH e do ATP produzidos nas reações luminosas. As etapas metabólicas do ciclo de Calvin são algumas vezes denominadas fase escura, ou reações independentes da luz, porque nenhuma etapa necessita *diretamente* da luz. Contudo, na maioria das plantas, o ciclo de Calvin ocorre durante o dia, quando as reações luminosas fornecem NADPH e ATP necessários ao ciclo. Essencialmente, o cloroplasto utiliza a energia luminosa para produzir açúcar, coordenando as duas fases da fotossíntese.

Como indicado na Figura 10.5, os tilacoides do cloroplasto são os locais das reações luminosas, ao passo que o ciclo de Calvin ocorre no estroma. No exterior dos tilacoides, durante as reações luminosas, as moléculas de $NADP^+$ e de ADP recebem elétrons e fosfato, respectivamente, e NADPH e ATP são liberados no estroma, onde desempenham papéis cruciais no ciclo de Calvin. As duas fases da fotossíntese são tratadas nessa figura como módulos metabólicos que

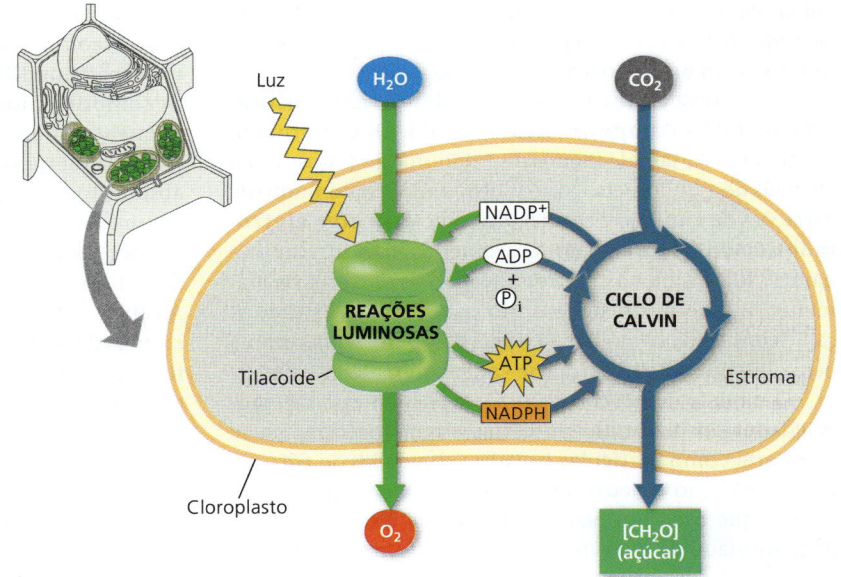

▶ **Figura 10.5 Visão geral da fotossíntese: cooperação das reações luminosas e o ciclo de Calvin.** Nos cloroplastos, as membranas dos tilacoides (em verde) são os sítios das reações luminosas, enquanto o ciclo de Calvin ocorre no estroma (em cinza). As reações luminosas utilizam a energia solar para produzir ATP e NADPH, que abastecem com energia química e com poder redutor, respectivamente, o ciclo de Calvin. O ciclo de Calvin incorpora o CO_2 em moléculas orgânicas, as quais são convertidas em açúcar. (Lembre-se de que a maioria dos açúcares simples possui fórmulas que são múltiplos de CH_2O.) Para visualizar esses processos no seu contexto celular, ver Figura 6.32.

recebem ingredientes e liberam produtos. Nas duas seções a seguir, examinaremos mais de perto como as duas fases funcionam, iniciando com as reações luminosas.

> **REVISÃO DO CONCEITO 10.2**
>
> 1. **FAÇA CONEXÕES** Como as moléculas utilizadas na fotossíntese chegam e entram nos cloroplastos dentro das células das folhas? (Ver Conceito 7.2.)
> 2. Explique como a utilização do isótopo de oxigênio auxiliou a esclarecer a química da fotossíntese.
> 3. **E SE?** O ciclo de Calvin necessita dos produtos das reações luminosas, o ATP e o NADPH. Suponha que um colega afirme que o inverso não seja verdadeiro – que as reações luminosas não dependem do ciclo de Calvin e, com luz contínua, poderiam manter a produção de ATP e NADPH. O que você responderia?
>
> *Ver as respostas sugeridas no Apêndice A.*

CONCEITO 10.3

As reações luminosas convertem a energia solar na energia química do ATP e do NADPH

Os cloroplastos são fábricas químicas abastecidas pelo Sol. Seus tilacoides transformam energia luminosa em energia química de ATP e NADPH. Para compreender a conversão da luz em energia química, necessitamos conhecer algumas importantes propriedades da luz.

Natureza da luz solar

A luz é a forma de energia conhecida como energia eletromagnética, também chamada radiação eletromagnética. A energia eletromagnética viaja em ondas rítmicas análogas àquelas criadas por uma pequena pedra jogada em um lago. Ondas eletromagnéticas, contudo, são mais propriamente perturbações de campos elétricos e magnéticos do que perturbações em um meio material como a água.

A distância entre as cristas de ondas eletromagnéticas é denominada **comprimento de onda**. Os comprimentos de onda variam de menos de 1 nanômetro (raios gama) até mais de 1 quilômetro (ondas de rádio). Esse conjunto de variações da radiação é conhecido como **espectro eletromagnético (Figura 10.6)**. O segmento mais importante para a vida é uma faixa estreita, variando de aproximadamente 380 até 740 nm de comprimento de onda. Essa radiação é conhecida como **luz visível**, pois pode ser detectada pelo olho humano na forma de várias cores.

O modelo de luz como ondas explica muitas das propriedades da luz, mas, em certas circunstâncias, ela se comporta como partículas isoladas, chamadas de **fótons**. Fótons não são objetos tangíveis, mas agem como objetos em que cada um possui quantidade fixa de energia. A quantidade de energia é inversamente relacionada ao comprimento de onda da luz: quanto mais curto o comprimento de onda, maior a energia de cada fóton de luz. Assim, o fóton de luz violeta tem aproximadamente duas vezes mais energia que o fóton de luz vermelha (ver Figura 10.6).

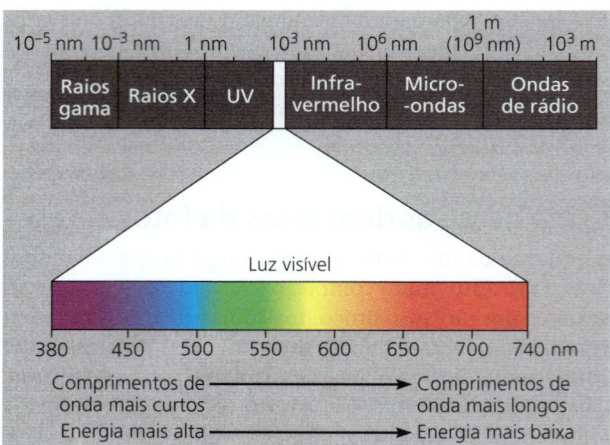

▲ **Figura 10.6 Espectro eletromagnético.** A luz branca é uma mistura de todos os comprimentos de onda de luz visível. Um prisma pode decompor a luz branca em seus componentes coloridos pelo desvio dos diferentes comprimentos de onda da luz em diferentes ângulos. (Gotículas de água na atmosfera podem agir como prismas, formando um arco-íris.) A luz visível promove a fotossíntese.

Embora o sol irradie o espectro completo de energia eletromagnética, a atmosfera age como uma janela seletiva, permitindo que a luz visível passe e excluindo uma fração substancial das outras radiações. Parte do espectro que podemos ver – luz visível – é também a radiação que promove a fotossíntese.

Pigmentos fotossintéticos: os receptores de luz

Quando a luz encontra a matéria, ela pode ser refletida, transmitida ou absorvida. Substâncias que absorvem a luz visível são conhecidas como *pigmentos*. Diferentes pigmentos absorvem diferentes comprimentos de onda da luz, e os comprimentos de onda absorvidos desaparecem. Se o pigmento é iluminado com luz branca, a cor visível é mais refletida ou transmitida pelo pigmento. (Se um pigmento absorve todos os comprimentos de onda, ele aparenta ter a cor preta.) Enxergamos o verde quando olhamos para a folha porque a clorofila absorve a luz azul-violeta e a vermelha enquanto reflete e transmite a luz verde **(Figura 10.7)**. A capacidade de um pigmento de absorver vários comprimentos de onda da luz pode ser medida por um instrumento denominado **espectrofotômetro**. Esse aparelho direciona feixes de luz com diferentes comprimentos de onda através de uma solução de pigmento e mede a fração da luz transmitida em cada comprimento de onda. A plotagem em um gráfico da absorção da luz pelo pigmento *versus* o comprimento de onda é denominada **espectro de absorção (Figura 10.8)**.

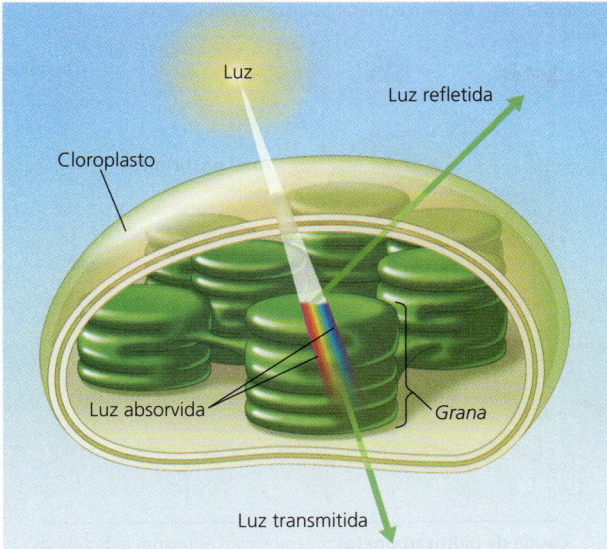

▲ **Figura 10.7 Por que as folhas são verdes: interações da luz com os cloroplastos.** As moléculas de clorofila do cloroplasto absorvem luz azul-violeta e vermelha (as cores mais eficientes na promoção da fotossíntese) e refletem ou transmitem a luz verde. Esse é o motivo da aparência verde das folhas.

O espectro de absorção dos pigmentos dos cloroplastos permite entender a eficácia relativa dos diferentes comprimentos de onda na fotossíntese, pois a luz consegue atuar nos cloroplastos somente se for absorvida. A **Figura 10.9a** apresenta o espectro de absorção de três tipos de pigmentos nos cloroplastos: a **clorofila a**, o pigmento-chave na captação da luz, que participa diretamente das reações luminosas; o pigmento acessório **clorofila b**; e um grupo separado de pigmentos acessórios denominados carotenoides. O espectro da clorofila a sugere que a luz azul-violeta e a luz vermelha são as melhores para a fotossíntese, pois elas são absorvidas, ao passo que a luz verde é a cor menos eficiente. Isso é confirmado pelo **espectro de ação** da fotossíntese **(Figura 10.9b)**, que demonstra a eficiência relativa de diferentes comprimentos de onda da radiação na condução do processo. Um espectro de ação é preparado pela iluminação dos cloroplastos com luz de diferentes cores e, então, pela plotagem do comprimento de onda em relação a algumas medidas da taxa de fotossíntese, como consumo de CO_2 ou liberação de O_2. O espectro de ação da fotossíntese foi primeiramente demonstrado pelo botânico alemão Theodor W. Engelmann, em 1883. Antes da invenção de equipamentos para a medição dos níveis de O_2, Engelmann realizou um experimento inteligente no qual utilizou bactérias para medir as taxas de fotossíntese em algas filamentosas **(Figura 10.9c)**. Seus resultados se equiparam de modo notável ao moderno espectro de ação apresentado na Figura 10.9b.

Comparando as Figuras 10.9a e 10.9b, observa-se que o espectro de ação da fotossíntese é muito mais amplo do que o espectro de absorção da clorofila a. O espectro de absorção

▼ **Figura 10.8 Método de pesquisa**

Determinando um espectro de absorção

Aplicação Um espectro de absorção é uma representação visual de como um pigmento específico absorve diferentes comprimentos de onda da luz visível. O espectro de absorção de vários pigmentos do cloroplasto auxilia os cientistas a decifrar o papel de cada pigmento em uma planta.

Técnica Um espectrofotômetro mede a quantidade relativa de luz de diferentes comprimentos de onda absorvidos e transmitidos por uma solução de pigmento.

① A luz branca é separada em cores (comprimento de onda) por um prisma.

② Uma por uma, as diferentes cores da luz são passadas pela amostra (a clorofila, neste exemplo). São apresentadas as luzes verde e azul.

③ A luz transmitida atinge um tubo fotoelétrico, que converte a energia luminosa em eletricidade.

④ A corrente elétrica é medida por um galvanômetro. A medida indica a fração de luz transmitida através da amostra; a partir disso, podemos determinar a quantidade de luz absorvida.

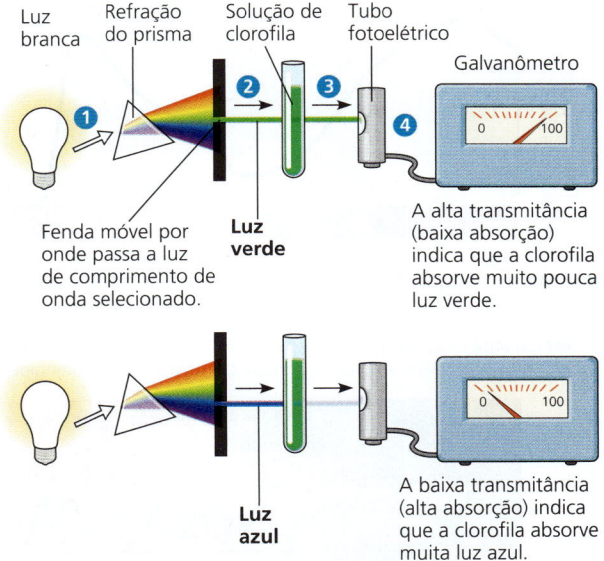

Resultados Ver Figura 10.9a para os espectros de absorção de três tipos de pigmentos dos cloroplastos.

da clorofila a sozinho subestima a eficiência de certos comprimentos de onda na promoção da fotossíntese. Em parte, isso acontece porque os pigmentos acessórios com diferentes espectros de absorção – incluindo a clorofila b e carotenoides – ampliam o espectro de cores que podem ser utilizadas pela fotossíntese. A **Figura 10.10** compara a estrutura da clorofila a com a da clorofila b. Uma pequena diferença estrutural entre elas é suficiente para que os dois pigmentos absorvam comprimentos de onda levemente diferentes, na região do vermelho e do azul do espectro (ver Figura 10.9a). Por isso, a clorofila a parece verde-azulada e a clorofila b parece verde-oliva, sob a luz visível.

▼ Figura 10.9 Pesquisa

Quais comprimentos de onda da luz são mais eficazes na promoção da fotossíntese?

Experimento Os espectros de absorção e de ação, juntamente com um experimento clássico de Theodor W. Engelmann, revelam quais comprimentos de onda são fotossinteticamente importantes.

Resultados

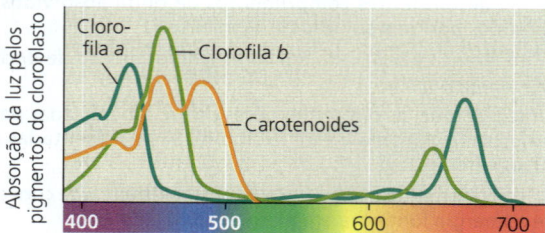

(a) Espectro de absorção. As três curvas apresentam os comprimentos de onda da luz mais bem absorvidos pelos três tipos de pigmentos do cloroplasto.

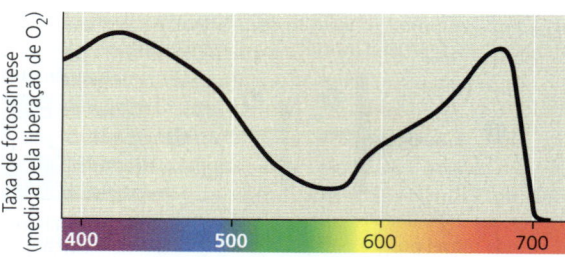

(b) Espectro de ação. Este gráfico apresenta a taxa de fotossíntese *versus* o comprimento de onda. O espectro de ação resultante é semelhante ao espectro de absorção da clorofila *a*, mas não é exatamente igual (ver parte a). Isso se deve em parte à absorção da luz pelos pigmentos acessórios, como a clorofila *b* e os carotenoides.

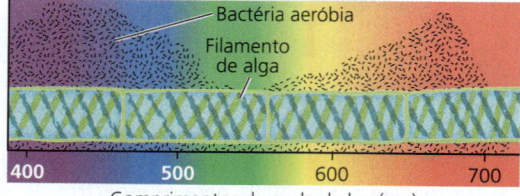

(c) Experimento de Engelmann. Em 1883, Theodor W. Engelmann iluminou um filamento de alga com uma luz que atravessou um prisma, expondo diferentes segmentos da alga a diferentes comprimentos de onda. Ele utilizou bactérias aeróbias que se concentram próximas a fontes de oxigênio, para determinar quais segmentos da alga produziam maiores quantidades de O_2 fotossintetizado. As bactérias concentraram-se em maior quantidade ao redor das partes da alga iluminadas com luz azul-violeta ou vermelha.

Conclusão O espectro de ação, confirmado pelo experimento de Engelmann, mostra quais porções do espectro são mais eficazes na promoção da fotossíntese.

Dados de T.W. Engelmann, *Bacterium photometricum*. Ein Betrag zur vergleichenden Physiologie des Licht-und Farbensinnes, *Archiv. für Physiologie* 30:95-124 (1883).

INTERPRETE OS DADOS De acordo com o gráfico, quais comprimentos de onda de luz promovem as mais altas taxas de fotossíntese?

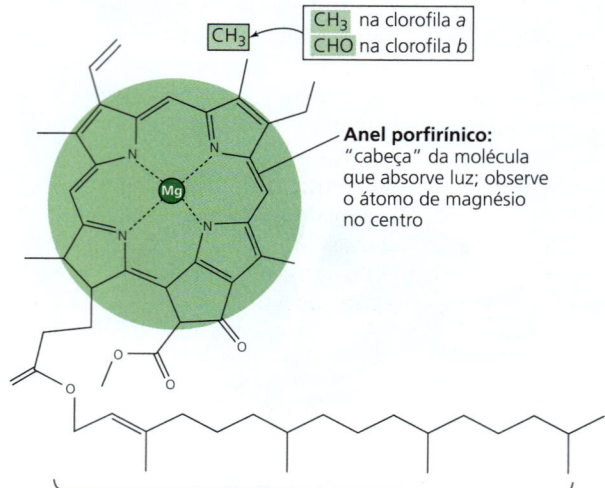

Clorofila *a* e *b* diferem em apenas um grupo funcional:
- CH_3 na clorofila *a*
- CHO na clorofila *b*

Anel porfirínico: "cabeça" da molécula que absorve luz; observe o átomo de magnésio no centro

Cauda de hidrocarbonetos: interage com as regiões hidrofóbicas das proteínas no interior da membrana do tilacoide do cloroplasto

▲ **Figura 10.10** Estrutura da clorofila *a* e *b*.

Na última década, os pesquisadores identificaram duas outras formas de clorofila – clorofila *d* e clorofila *f* – que absorvem comprimentos de luz mais altos. Em 2018, os pesquisadores cultivaram uma espécie de cianobactéria chamada *Chroococcidiopsis thermalis* somente sob luz vermelha com comprimento de onda de 750 nm. Eles concluíram que a clorofila *f* estava funcionando no lugar da clorofila *a*, permitindo que essa cianobactéria florescesse em condições muito sombreadas. Luz com comprimentos de onda mais alto possui menos energia; assim, essas observações estendem o limite inferior de energia (o "limite vermelho") necessário para que a fotossíntese ocorra.

Outros pigmentos acessórios incluem os **carotenoides**, hidrocarbonetos que possuem várias tonalidades de amarelo e laranja por absorverem as luzes violeta e azul-esverdeada (ver Figura 10.9a). Os carotenoides podem ampliar o espectro de cores que promovem a fotossíntese. Contudo, a função mais importante, pelo menos de alguns carotenoides, parece ser a *fotoproteção*: esses compostos absorvem e dissipam o excesso de energia luminosa que, caso contrário, danificaria a clorofila ou interagiria com o oxigênio,

▶ **Colônia da cianobactéria *Chroococcidiopsis thermalis*.** Nesta micrografia de células aclimatizando-se a comprimentos de onda da luz mais altos, as células que ainda não se aclimatizaram e ainda estão usando clorofila *a* para fotossíntese aparecem em rosa-púrpura, e as células que se aclimatizaram e estão usando clorofila *f* aparecem em amarelo.

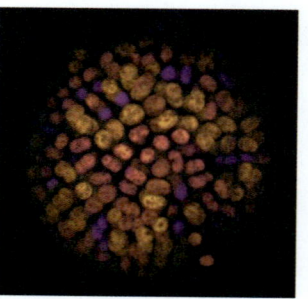

formando moléculas reativas oxidativas prejudiciais à célula. Interessantemente, carotenoides semelhantes aos que têm efeito de fotoproteção nos cloroplastos têm papel fotoprotetor em olhos humanos. (Cenouras, conhecidas por auxiliarem na visão, são ricas em carotenoides.) Essas e outras moléculas relacionadas são encontradas naturalmente em muitas hortaliças e frutas. Muitas vezes, esses alimentos são recomendados na alimentação saudável como "fitoquímicos" (do grego *phyton*, planta), pois alguns apresentam propriedades antioxidantes. As plantas podem sintetizar todos os antioxidantes de que necessitam. Contudo, seres humanos e outros animais precisam obter alguns deles de suas dietas.

Excitação da clorofila pela luz

O que acontece exatamente quando a clorofila e outros pigmentos absorvem luz? As cores correspondentes aos comprimentos de onda absorvidos desaparecem do espectro da luz transmitida e refletida, mas a energia não consegue desaparecer. Quando a molécula absorve o fóton de luz, um dos elétrons da molécula é elevado a um orbital com maior energia potencial (ver Figura 2.6b). Quando o elétron está em seu orbital normal, diz-se que a molécula de pigmento está em estado basal. A absorção de um fóton impulsiona um elétron a um orbital com maior energia, e, nesse caso, diz-se que a molécula de pigmento está em estado excitado. Somente são absorvidos os fótons em que a energia é exatamente igual à diferença de energia entre o estado basal e o estado excitado, e essa diferença de energia varia entre os tipos de moléculas. Assim, um determinado composto absorve somente fótons correspondendo a comprimentos de onda específicos, motivo pelo qual cada pigmento possui um único espectro de absorção.

Assim que a absorção de um fóton leva um elétron do estado basal para o estado excitado, o elétron não pode permanecer nesse estado por muito tempo **(Figura 10.11a)**. O estado excitado, como todos os estados de alta energia, é instável. Geralmente, quando moléculas de pigmento isoladas absorvem a luz, seus elétrons excitados retornam ao orbital do estado basal em bilionésimos de segundo, liberando o excesso de energia na forma de calor. É essa conversão da energia luminosa em calor que deixa tão quente a superfície de um automóvel em um dia ensolarado. (Carros brancos resfriam melhor porque a sua pintura reflete todos os comprimentos de onda da luz visível.) Isolados, alguns pigmentos, incluindo a clorofila, emitem luz e calor após a absorção de fótons. À medida que os elétrons excitados retornam ao estado basal, fótons são emitidos. Esse brilho remanescente é denominado fluorescência. Se uma solução de clorofila isolada de cloroplastos for iluminada, ela irá fluorescer na região vermelha do espectro e emitir calor **(Figura 10.11b)**. Isso é mais bem visto mediante uso de luz ultravioleta, que a clorofila também consegue absorver (ver Figuras 10.6 e 10.9a). Observada sob luz visível, a fluorescência seria mais difícil de ver contra o verde da solução.

Um fotossistema: um complexo do centro de reação associado aos complexos dos coletores de luz

Moléculas de clorofila excitadas pela absorção da energia luminosa em cloroplastos intactos apresentam resultados muito diferentes daqueles de pigmentos isolados (ver Figura 10.11). No ambiente nativo da membrana do tilacoide, as moléculas de clorofila estão organizadas junto com outras pequenas moléculas orgânicas e proteínas em complexos denominados fotossistemas.

Um **fotossistema** é formado por um complexo do centro de reação, cercado por vários complexos dos coletores de

▶ **Figura 10.11 Excitação pela luz de clorofilas isoladas. (a)** A absorção de um fóton provoca a transição da molécula de clorofila do estado basal para o estado excitado. O fóton impulsiona um elétron para um orbital de maior energia potencial. Se a molécula iluminada existir isoladamente, o seu elétron excitado imediatamente retorna ao orbital do estado basal, e seu excesso de energia é emitido como calor e fluorescência (luz). **(b)** Uma solução de clorofila excitada com luz ultravioleta fluoresce com um brilho vermelho-alaranjado.

E SE? *Se uma folha com concentração de clorofila igual à da solução fosse exposta à luz ultravioleta, nenhuma fluorescência seria observada. Explique essa diferença na emissão de fluorescência entre a solução e a folha.*

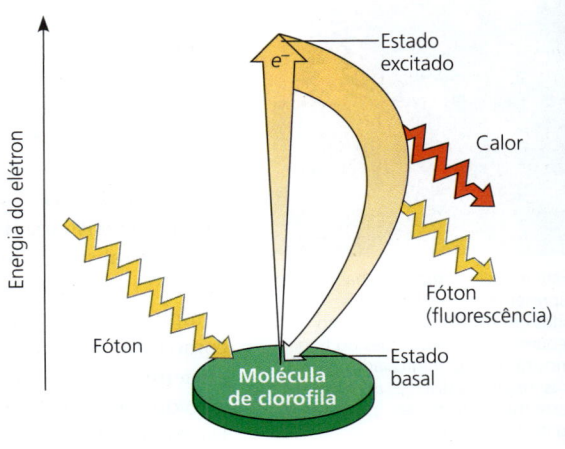

(a) Excitação da molécula de clorofila isolada

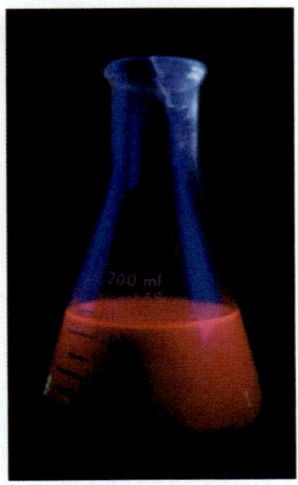

(b) Fluorescência

luz **(Figura 10.12)**. O **complexo do centro de reação** é uma associação organizada de proteínas que aprisionam um par especial de moléculas de clorofila *a* e um aceptor primário de elétrons. Cada **complexo do coletor de luz** consiste em várias moléculas de pigmento (que incluem clorofila *a*, clorofila *b* e múltiplos carotenoides) ligadas a proteínas. O número e a variedade de moléculas de pigmento permitem ao fotossistema coletar luz em uma área de superfície maior e em uma porção maior do espectro do que qualquer molécula isolada de pigmento poderia colher. Juntos, esses complexos dos coletores de luz agem como antena para o complexo do centro de reação. Quando uma molécula de pigmento absorve um fóton, a energia é transferida de molécula de pigmento a molécula de pigmento, dentro de um complexo do coletor de luz, algo como uma "onda" de pessoas em uma arena esportiva, até a sua transferência ao par de moléculas de clorofila *a* no complexo do centro de reação. Esse par de moléculas de clorofila *a* é especial devido ao seu ambiente molecular – a sua localização e associação com outras moléculas –, permitindo-lhes utilizar energia luminosa não somente para impulsionar um de seus elétrons em um nível energético maior, mas também para transferi-lo a uma molécula diferente – o **aceptor primário de elétrons**, que é uma molécula capaz de aceitar elétrons e tornar-se reduzida.

A transferência da energia solar de um elétron do par de clorofilas *a* do centro de reação para o aceptor primário de elétrons é a primeira etapa das reações luminosas. Tão logo o elétron da clorofila é excitado a um nível mais alto de energia, ele é capturado pelo aceptor primário de elétrons; essa é uma reação redox. No frasco apresentado na Figura 10.11b, a clorofila isolada fluoresce devido à ausência do aceptor de elétrons; os elétrons da clorofila fotoexcitada retornam ao estado basal. Contudo, no ambiente estruturado de um cloroplasto, um aceptor de elétrons é rapidamente disponibilizado, e a energia potencial, representada pelo elétron excitado, não é dissipada como luz e calor. Assim, cada fotossistema – complexo do centro de reação circundado pelos complexos dos coletores de luz – funciona no cloroplasto como uma unidade. Ele converte a energia luminosa em energia química, que no final será utilizada para a síntese de açúcar.

A membrana do tilacoide é povoada por dois tipos de fotossistemas que cooperam nas reações luminosas da fotossíntese: o **fotossistema II** (**PS II**) e o **fotossistema I** (**PS I**). (Eles foram denominados segundo a sua descoberta, mas o fotossistema II atua primeiro nas reações luminosas.) Cada um tem um complexo do centro de reação característico – um tipo particular de aceptor primário de elétrons próximo a um par especial de moléculas de clorofila *a* associadas a proteínas específicas. A clorofila *a* do centro de reação do fotossistema II é conhecida como P680, porque esse pigmento absorve a luz visível no comprimento de onda de 680 nm (na região vermelha do espectro). A clorofila *a* do complexo do centro de reação do fotossistema I é conhecida como P700, porque esse pigmento absorve, de maneira mais eficiente, a luz no comprimento de onda de 700 nm (na região do vermelho extremo do espectro). Esses dois pigmentos, P680 e P700, são aproximadamente idênticos em relação às moléculas de clorofila *a*. Contudo, suas associações com diferentes proteínas da membrana do tilacoide afetam

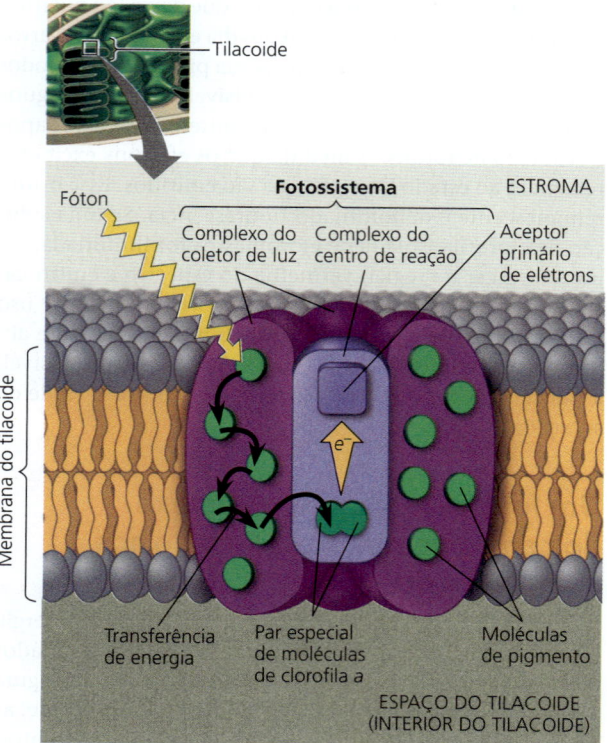

(a) Como um fotossistema coleta a luz. Quando um fóton atinge uma molécula de pigmento em um complexo do coletor de luz, a energia é transferida de molécula a molécula até chegar ao complexo do centro de reação. Aqui, um elétron excitado de um par especial de moléculas de clorofila *a* é transferido para o aceptor primário de elétrons.

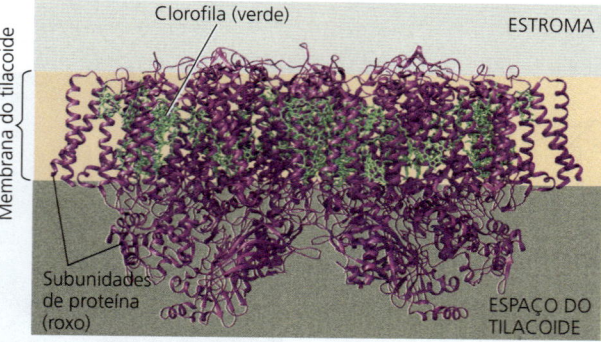

(b) Estrutura de um fotossistema. Este modelo computacional com base em cristalografia por raios X apresenta, lado a lado, dois complexos de fotossistema orientados em sentido oposto um ao outro. As moléculas de clorofila (pequenos modelos verdes do tipo bola e bastão; as caudas não são mostradas) são intercaladas por subunidades de proteínas (fitas roxas; repare as diversas α-hélices transmembrana). Para simplificar, este fotossistema será apresentado como um complexo único ao longo deste capítulo.

▲ **Figura 10.12** Estrutura e funcionamento de um fotossistema.

a distribuição de elétrons nesses dois pigmentos e explicam as pequenas diferenças em suas propriedades de absorção de luz. Agora, veremos como os dois tipos de fotossistemas trabalham juntos no uso da energia luminosa para gerar ATP e NADPH, os dois principais produtos das reações luminosas.

Fluxo linear de elétrons

A luz promove a síntese de ATP e NADPH por meio da energização dos dois tipos de fotossistemas embebidos nas membranas dos tilacoides dos cloroplastos. A chave para essa transformação energética é um fluxo de elétrons ao longo dos fotossistemas e de outros componentes moleculares presentes na membrana do tilacoide. Esse fluxo, denominado **fluxo linear de elétrons**, ocorre durante as reações luminosas da fotossíntese, como apresentado na **Figura 10.13**. Os números no texto correspondem à numeração das etapas na figura.

❶ Um fóton de luz atinge uma molécula de pigmento no complexo do coletor de luz do PS II, impulsionando um de seus elétrons para um nível mais alto de energia. À medida que esse elétron retorna ao seu estado basal, outro elétron em uma molécula de pigmento vizinha é simultaneamente impulsionado a um estado excitado. O processo continua com a energia sendo transferida para outras moléculas de pigmentos, até chegar às moléculas do par de clorofilas a P680 do complexo do centro de reação do PS II. Isso excita um elétron desse par de clorofilas a um estado mais alto de energia.

❷ Esse elétron é transferido do P680 excitado para o aceptor primário de elétrons. Podemos nos referir à forma resultante de P680, sem a carga negativa de um elétron, como P680$^+$.

❸ Uma enzima catalisa a decomposição da molécula de água em dois elétrons, dois íons hidrogênio (H$^+$) e um átomo de oxigênio. Os elétrons são fornecidos um a um para o par P680$^+$, cada elétron substituindo outro transferido para o aceptor primário de elétrons. (O P680$^+$ é o agente oxidante biológico mais forte que se conhece; seu "vazio" de elétrons deve ser preenchido. Isso facilita a transferência de elétrons a partir da molécula de água decomposta.) Os H$^+$ são liberados para dentro do espaço tilacoide (interior do tilacoide). O átomo de oxigênio se combina imediatamente com outro átomo de oxigênio gerado pela decomposição de outra molécula de água, formando O$_2$.

▼ **Figura 10.13 Como o fluxo linear de elétrons durante as reações luminosas gera ATP e NADPH.** As setas douradas indicam o fluxo de elétrons induzido pela luz a partir da água até o NADPH. As setas pretas indicam a transferência de energia entre moléculas de pigmento. Veja essas proteínas no seu contexto celular na Figura 6.32b.

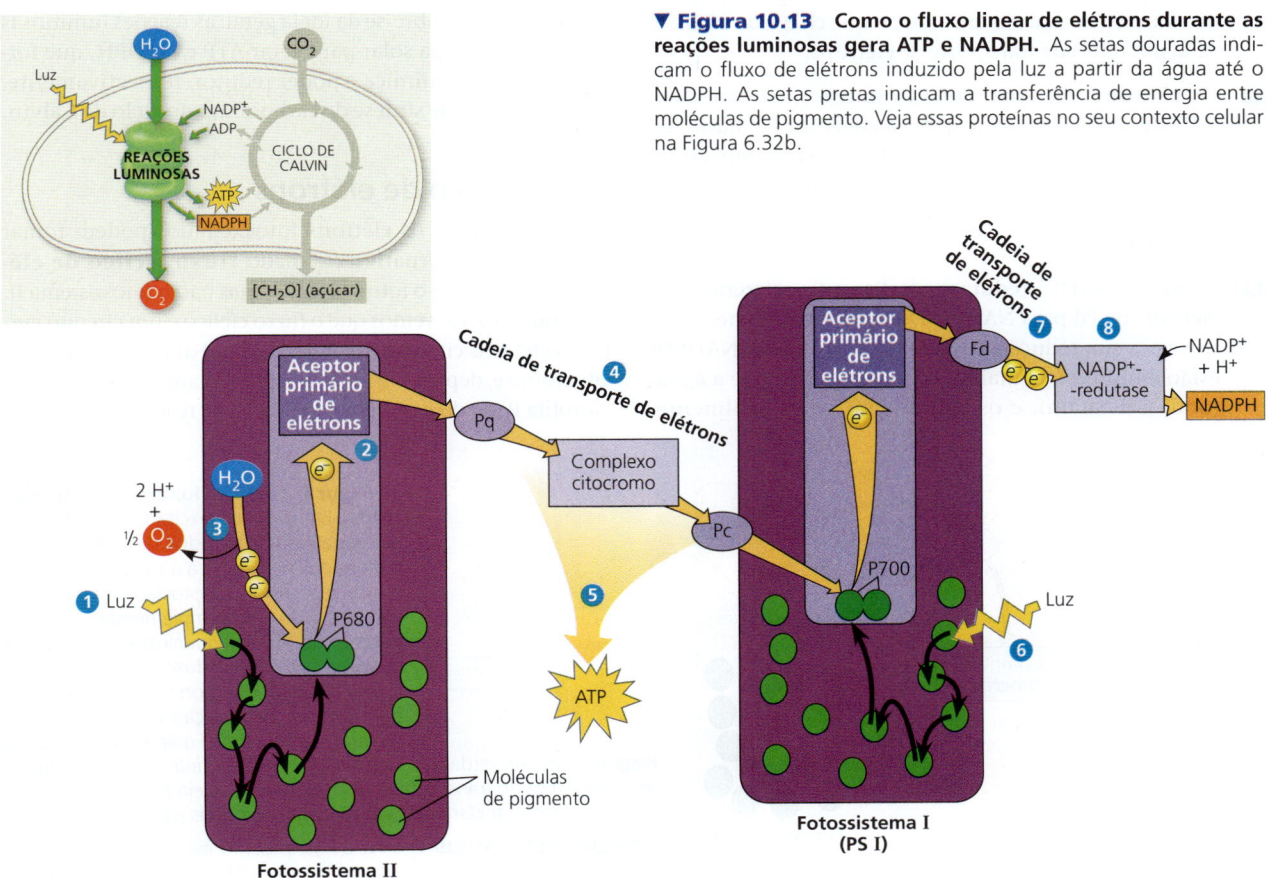

④ Cada elétron fotoexcitado passa do aceptor primário de elétrons do PS II para o PS I ao longo de uma cadeia de transporte de elétrons, possuindo componentes semelhantes àqueles da cadeia de transporte de elétrons que funcionam na respiração celular. A cadeia de transporte de elétrons entre o PS II e o PS I é constituída pela plastoquinona (Pq) carreadora de elétrons, um complexo citocromo e uma proteína chamada plastocianina (Pc). Cada componente realiza reações redox à medida que o fluxo de elétrons desce pela cadeia de transporte de elétrons, liberando energia livre que é usada para bombear prótons (H^+) para dentro do espaço tilacoide, contribuindo para um gradiente de prótons através da membrana tilacoide.

⑤ A energia potencial armazenada no gradiente de prótons é utilizada para produzir ATP em um processo chamado quimiosmose, a ser discutido brevemente.

⑥ Enquanto isso, a energia luminosa foi transferida pelos pigmentos complexos do coletor de luz para o complexo do centro de reação do PS I, excitando um elétron do par de moléculas de clorofila a P700 ali localizado. Então, o elétron fotoexcitado é transferido para o aceptor primário de elétrons do PS I, criando um "vazio" de elétrons no P700 – o qual podemos chamar de $P700^+$. Em outras palavras, agora o $P700^+$ pode agir como aceptor de elétrons, aceitando um elétron que chega do PS II ao final da cadeia de transporte de elétrons.

⑦ Os elétrons fotoexcitados são transferidos em uma série de reações redox a partir do aceptor primário de elétrons do PS I para uma segunda cadeia de transporte de elétrons por meio da proteína ferredoxina (Fd). (Essa cadeia não gera um gradiente de prótons e, assim, não produz ATP.)

⑧ A enzima $NADP^+$-redutase catalisa a transferência de elétrons de Fd para $NADP^+$. Dois elétrons são necessários para sua redução a NADPH. Elétrons em NADPH estão em um nível mais alto de energia do que a água (onde iniciaram), e os elétrons são mais facilmente disponibilizados para as reações do ciclo de Calvin. Esse processo também remove H^+ do estroma.

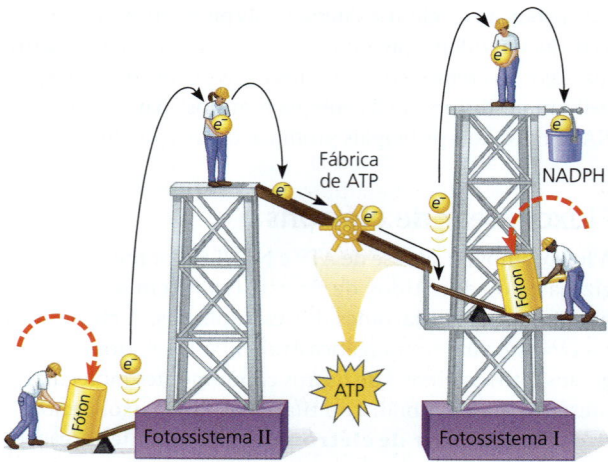

▲ **Figura 10.14** Analogia mecânica para o fluxo linear de elétrons durante as reações luminosas.

As mudanças de energia dos elétrons durante seu fluxo linear pelas reações luminosas são apresentadas na **Figura 10.14** em forma de analogia mecânica. Embora os esquemas apresentados nas Figuras 10.13 e 10.14 possam ser complicados, lembre-se da ideia geral: as reações luminosas utilizam a energia solar para gerar ATP e NADPH, que fornecem energia química e poder redutor, respectivamente, para as reações de síntese de carboidrato do ciclo de Calvin.

Fluxo cíclico de elétrons

Em certos casos, os elétrons fotoexcitados podem tomar um caminho alternativo chamado **fluxo cíclico de elétrons**, que utiliza o fotossistema I, mas não o fotossistema II. Na **Figura 10.15**, vemos que o fluxo cíclico é um circuito curto: os elétrons circulam da ferredoxina (Fd) para o complexo citocromo e, depois, via molécula plastocianina (Pc) para uma clorofila P700 do complexo do centro de reação do PS I. Não

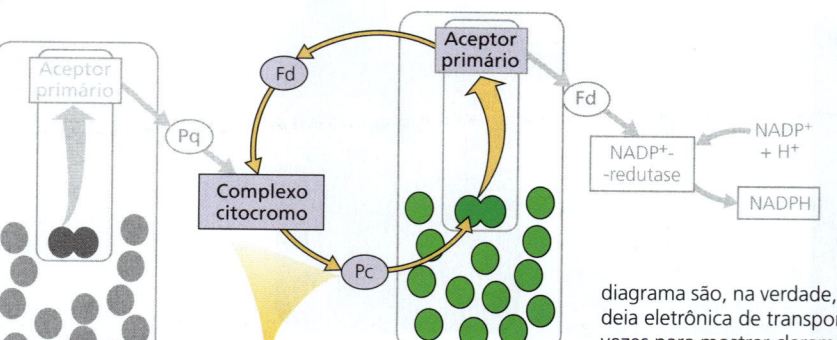

◀ **Figura 10.15 Fluxo cíclico de elétrons.** Elétrons fotoexcitados do PS I são ocasionalmente lançados de volta a partir da ferredoxina (Fd) para a clorofila, via complexo citocromo e plastocianina (Pc). Esses elétrons desviados complementam o fornecimento de ATP (via quimiosmose), mas não produzem NADPH. O fluxo linear de elétrons aparece como uma "sombra" no diagrama, para fins de comparação com a via cíclica. As duas moléculas de Fd apresentadas neste diagrama são, na verdade, a mesma – o carreador final de elétrons da cadeia eletrônica de transporte do PS I –, embora esteja representada duas vezes para mostrar claramente o seu papel nas duas partes do processo.

HABILIDADES VISUAIS Observe a Figura 10.14 e explique como você a alteraria para apresentar uma analogia mecânica para o fluxo cíclico de elétrons.

existe produção de NADPH nem liberação de oxigênio que resulte desse processo. Por outro lado, o fluxo cíclico gera ATP.

Em vez de ter PS II e PS I, sabe-se que alguns grupos de bactérias fotossintéticas existentes atualmente têm apenas um fotossistema relacionado a PS II ou PS I. Para essas espécies, que incluem a bactéria púrpura sulfurosa (ver Figura 10.2e) e a bactéria verde sulfurosa, o fluxo cíclico de elétrons é o único mecanismo de geração de ATP durante o processo de fotossíntese. Biólogos evolucionistas acreditam que esses grupos de bactérias sejam descendentes de bactérias ancestrais em que a fotossíntese se desenvolveu pela primeira vez, em um modelo semelhante ao fluxo cíclico de elétrons.

O fluxo cíclico de elétrons também pode ocorrer em espécies fotossintetizantes com ambos os fotossistemas, incluindo alguns procariotos, como as cianobactérias apresentadas na Figura 10.2d, bem como as espécies de eucariotos fotossintetizantes estudadas até agora. Embora o processo seja provavelmente um tipo de "resquício evolutivo", as pesquisas sugerem que ele exerce pelo menos um papel benéfico nesses organismos. Plantas com mutações que as tornam incapazes de realizar o fluxo cíclico de elétrons conseguem crescer bem com pouca luminosidade, mas não crescem bem em luz intensa. Isso é uma evidência de que o fluxo cíclico de elétrons pode ser fotoprotetor. Adiante, vamos aprender mais sobre o fluxo cíclico de elétrons em relação a uma adaptação especial da fotossíntese (plantas C_4; ver Conceito 10.5).

Independentemente da síntese do ATP ser promovida pelo fluxo linear ou pelo fluxo cíclico de elétrons, na prática o mecanismo é o mesmo. Antes de avançarmos para o ciclo de Calvin, vamos revisar a quimiosmose, processo que a membrana utiliza para acoplar as reações redox com a produção de ATP.

Comparação da quimiosmose nos cloroplastos e nas mitocôndrias

Cloroplastos e mitocôndrias geram ATP pelo mesmo mecanismo básico: quimiosmose (ver Figura 9.14). Uma cadeia de transporte de elétrons bombeia prótons (H^+) através da membrana à medida que elétrons passam por uma série de carreadores que progressivamente tem mais afinidade pelos elétrons. Dessa forma, a cadeia de transporte de elétrons transforma a energia redox em uma força próton-motriz, em que a energia potencial é armazenada em forma de gradiente de H^+ através da membrana. Na mesma membrana, existe um complexo ATP-sintase que acopla a difusão de íons hidrogênio a favor de seu gradiente para fosforilar o ADP, formando ATP.

Alguns dos carreadores de elétrons, incluindo as proteínas contendo ferro, chamadas citocromos, são muito semelhantes tanto nos cloroplastos quanto nas mitocôndrias (ver Figura 6.32b e c). Os complexos ATP-sintase das duas organelas também são muito parecidos. Contudo, existem notáveis diferenças entre a fotofosforilação nos cloroplastos e a fosforilação oxidativa nas mitocôndrias. Ambos funcionam por meio de quimiosmose, mas, nos cloroplastos, os elétrons de alta energia transportados pela cadeia de transporte provêm da água, enquanto na mitocôndria eles são extraídos de moléculas orgânicas (que são oxidadas). Os cloroplastos não necessitam de moléculas de alimento para produzir ATP; seus fotossistemas capturam a energia luminosa e a utilizam para impulsionar os elétrons da água ao topo da cadeia de transporte. Em outras palavras, as mitocôndrias utilizam a quimiosmose para transferir a energia química do alimento para a molécula de ATP, enquanto os cloroplastos a utilizam para transformar a energia luminosa em energia química no ATP.

Embora a organização espacial da quimiosmose apresente pequenas diferenças entre cloroplastos e mitocôndrias, é fácil observar semelhanças **(Figura 10.16)**. Proteínas

▶ **Figura 10.16 Comparação da quimiosmose nas mitocôndrias e nos cloroplastos.** Nos dois tipos de organelas, a cadeia de transporte de elétrons bombeia prótons (H^+) através de uma membrana, saindo de uma região de baixa concentração de H^+ (em cinza-claro neste diagrama) para uma região de alta concentração de H^+ (em cinza-escuro). Então, os prótons se difundem de volta através da membrana pela ATP-sintase, promovendo a síntese de ATP.

FAÇA CONEXÕES *Descreva como você alteraria o pH para artificialmente causar a síntese de ATP (a) fora de uma mitocôndria isolada (assuma que H^+ pode passar livremente através da membrana externa; ver Figura 9.14) e (b) no estroma de um cloroplasto. Explique.*

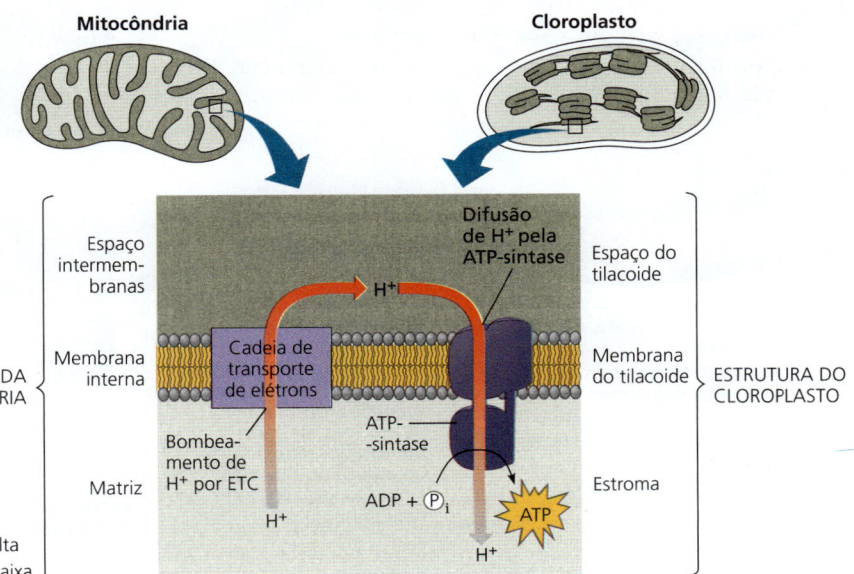

da cadeia de transporte de elétrons na membrana mitocondrial interna bombeiam prótons da matriz mitocondrial para o espaço intermembranas, que funciona como reservatório de íons hidrogênio. Similarmente, as proteínas da cadeia de transporte de elétrons na membrana tilacoide do cloroplasto bombeiam prótons do estroma para dentro do espaço tilacoide, que funciona como reservatório de H^+. Se você imaginar a crista da mitocôndria desprendendo-se da membrana interna, talvez consiga perceber como o espaço do tilacoide e o espaço intermembranas são espaços comparáveis nas duas organelas, enquanto a matriz mitocondrial e o estroma do cloroplasto são análogos.

Na mitocôndria, os prótons se difundem ao longo de um gradiente de concentração do espaço intermembranas por intermédio da ATP-sintase até a matriz, dirigindo a síntese de ATP. No cloroplasto, o ATP é sintetizado à medida que os íons hidrogênios se difundem do espaço do tilacoide de volta para o estroma, por meio dos complexos ATP-sintase **(Figura 10.17)**, nos quais as regiões catalíticas estão voltadas para o estroma. Assim, o ATP é formado no estroma, onde é utilizado pelo ciclo de Calvin durante a síntese de açúcar.

O gradiente de prótons (H^+), ou gradiente de pH, através da membrana do tilacoide é substancial. Quando os cloroplastos são experimentalmente iluminados, o pH do espaço do tilacoide cai para cerca de 5 (aumenta a concentração de H^+), e o pH do estroma é elevado para cerca de 8 (diminui a concentração de H^+). Esse gradiente de três unidades de pH corresponde a uma diferença de milhares de vezes na concentração de H^+. Se as luzes forem desligadas no laboratório, o gradiente de pH é anulado, mas pode ser rapidamente restaurado se as luzes voltarem a ser ligadas.

▶ **Figura 10.17** Reações luminosas: organização da membrana do tilacoide.

HABILIDADES VISUAIS *Quais das três etapas na figura contribuem para o gradiente [H^+] através da membrana tilacoide?*

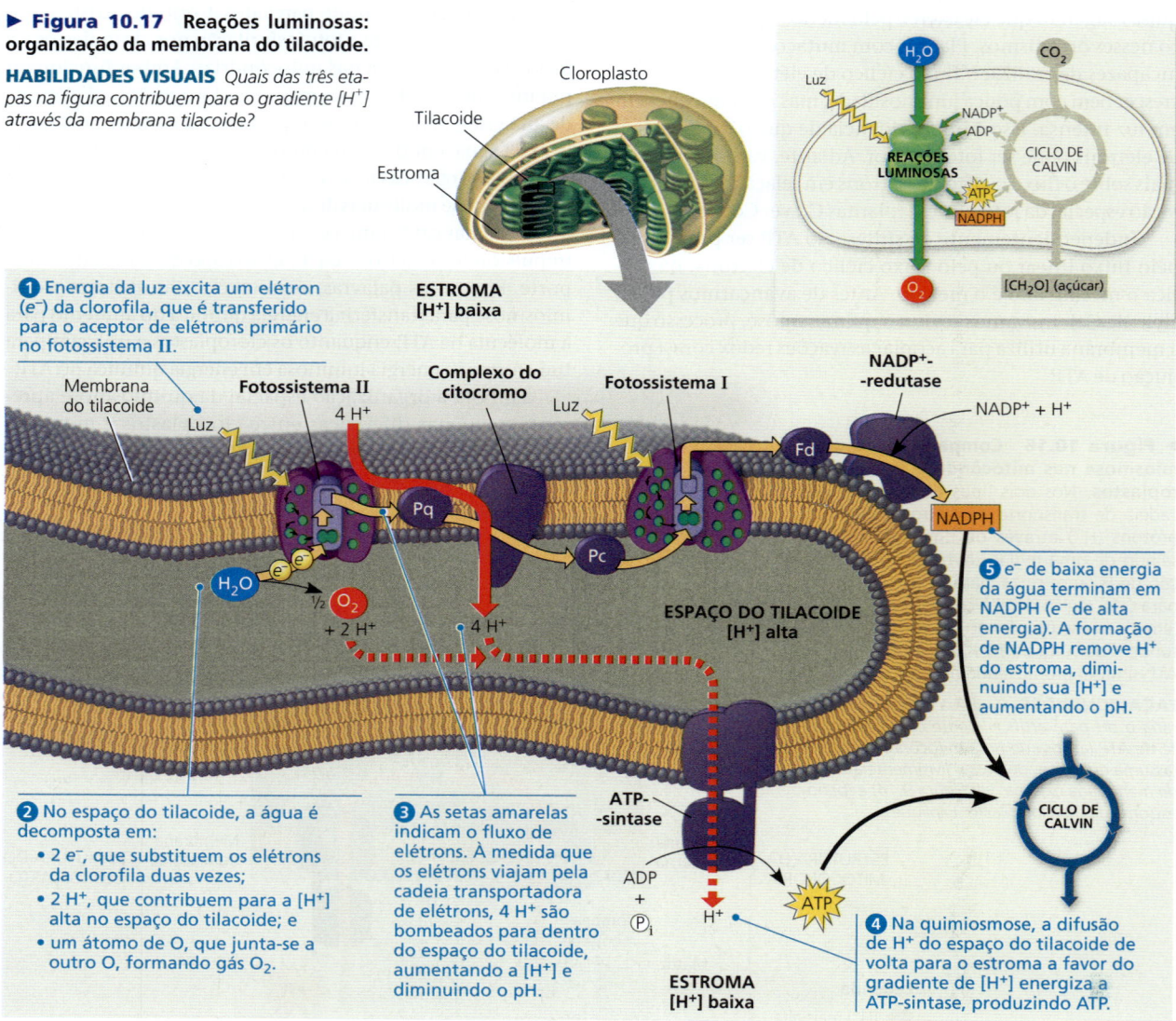

Experimentos como esse fornecem fortes evidências que suportam o modelo quimiosmótico.

Com base em vários trabalhos de pesquisa, foi proposto um modelo atual para a organização da "maquinaria" das reações luminosas no interior da membrana do tilacoide. Cada uma das moléculas e complexos moleculares na Figura 10.17 está presente em várias cópias em cada tilacoide. Observe que o NADPH, da mesma forma que o ATP, é produzido na face da membrana voltada para o estroma, onde as reações do ciclo de Calvin ocorrem.

Vamos dar um passo atrás e ver o quadro geral, resumindo as reações luminosas. O fluxo de elétrons empurra os elétrons da água, os quais estão em um estado de baixa energia potencial, até o NADPH, onde são armazenados em um estado de alta energia potencial. O fluxo de elétrons impulsionado pela luz também produz ATP. Assim, a maquinaria da membrana do tilacoide converte a energia luminosa em energia química armazenada em ATP e NADPH. O_2 é produzido como um subproduto. Agora, vamos ver como as enzimas do ciclo de Calvin utilizam os produtos das reações luminosas para sintetizar açúcar a partir do CO_2.

REVISÃO DO CONCEITO 10.3

1. Qual cor de luz é *menos* eficiente na ativação da fotossíntese? Explique.
2. Nas reações luminosas, qual é o doador inicial de elétrons? Onde os elétrons terminam?
3. **E SE?** Em um experimento, cloroplastos isolados colocados em solução iluminada com os componentes adequados podem realizar a síntese de ATP. O que aconteceria com a taxa de síntese se fosse adicionado à solução um componente que aumentasse a permeabilidade da membrana aos íons hidrogênio?

Ver as respostas sugeridas no Apêndice A.

CONCEITO 10.4

O ciclo de Calvin utiliza a energia química do ATP e do NADPH para reduzir CO_2 em açúcar

O ciclo de Calvin ocorre no estroma; ele é similar ao ciclo do ácido cítrico, em que um material de partida é regenerado depois que algumas moléculas entram e outras saem do ciclo. Entretanto, o ciclo do ácido cítrico é catabólico, oxidando acetil-CoA e usando a energia para sintetizar ATP (ver Figura 9.11), enquanto o ciclo de Calvin é anabólico, construindo carboidratos a partir de moléculas menores e consumindo energia. O carbono entra no ciclo de Calvin na forma de CO_2 e sai na forma de açúcar. O ciclo gasta ATP como fonte de energia e consome NADPH como agente redutor, utilizando elétrons de alta energia para a formação de açúcar.

Como mencionado no Conceito 10.2, o carboidrato produzido diretamente a partir do ciclo de Calvin não é a glicose. Na verdade, é um açúcar de três carbonos chamado **gliceraldeído-3-fosfato** (**G3P**). Para a síntese líquida de *uma* molécula de G3P, o ciclo deve ocorrer três vezes, fixando *três* moléculas de CO_2 – uma em cada volta do ciclo. (Lembre-se de que a *fixação de carbono* se refere à incorporação inicial do CO_2 em um material orgânico.) Enquanto rastreamos as etapas do ciclo de Calvin, tenha em mente que estamos acompanhando três moléculas de CO_2 ao longo das reações. A **Figura 10.18** divide o ciclo de Calvin em três estágios: fixação de carbono, redução e regeneração do aceptor de CO_2.

Estágio 1: Fixação de carbono. O ciclo de Calvin incorpora cada molécula de CO_2, uma de cada vez, ligando-a a um açúcar de cinco carbonos denominado ribulose-bisfosfato (abreviada como RuBP). A enzima que catalisa a primeira etapa é a RuBP-carboxilase-oxigenase, ou **rubisco** (ver Figura 6.32c). (Esta é a proteína mais abundante nos cloroplastos e também considerada a mais abundante na Terra.) O produto da reação é um intermediário de seis carbonos tão instável que imediatamente se divide ao meio, formando duas moléculas de 3-fosfoglicerato (para cada CO_2 fixado).

Estágio 2: Redução. Cada molécula de 3-fosfoglicerato recebe a adição de um grupo fosfato do ATP, tornando-se 1,3-bisfosfoglicerato. Em seguida, o NADPH doa um par de elétrons para reduzir o 1,3-bisfosfoglicerato, o qual também perde um grupo fosfato no processo, tornando-se gliceraldeído-3-fosfato (G3P). Especificamente, os elétrons do NADPH reduzem um grupo carboxila do 1,3-bisfosfoglicerato a um grupo aldeído do G3P, que armazena mais energia potencial. O G3P é um açúcar – o mesmo açúcar de três carbonos formado na glicólise pela decomposição da glicose (ver Figura 9.8). Observe, na Figura 10.18, que para todas as *três* moléculas de CO_2 que entram no ciclo, existem *seis* moléculas de G3P formadas. Contudo, somente uma molécula desse açúcar de três carbonos pode ser considerada como rendimento líquido de carboidrato, pois as demais são necessárias para completar o ciclo. O ciclo de Calvin inicia com um valor de 15 carbonos de carboidratos na forma de três moléculas do açúcar RuBP, com cinco carbonos cada. Agora, existe um valor de 18 carbonos de carboidrato, na forma de seis moléculas de G3P. Uma molécula deixa o ciclo para ser utilizada pela célula vegetal, mas as outras cinco moléculas de cinco carbonos devem ser recicladas para regenerar as três moléculas de RuBP.

Estágio 3: Regeneração do aceptor (RuBP) de CO_2. Em uma série de reações complexas, os esqueletos de carbono das cinco moléculas de G3P são rearranjados nas últimas etapas do ciclo de Calvin em três moléculas de RuBP. Para realizar isso, o ciclo gasta três moléculas de ATP. Agora, o RuBP está preparado para receber novamente o CO_2, e o ciclo continua.

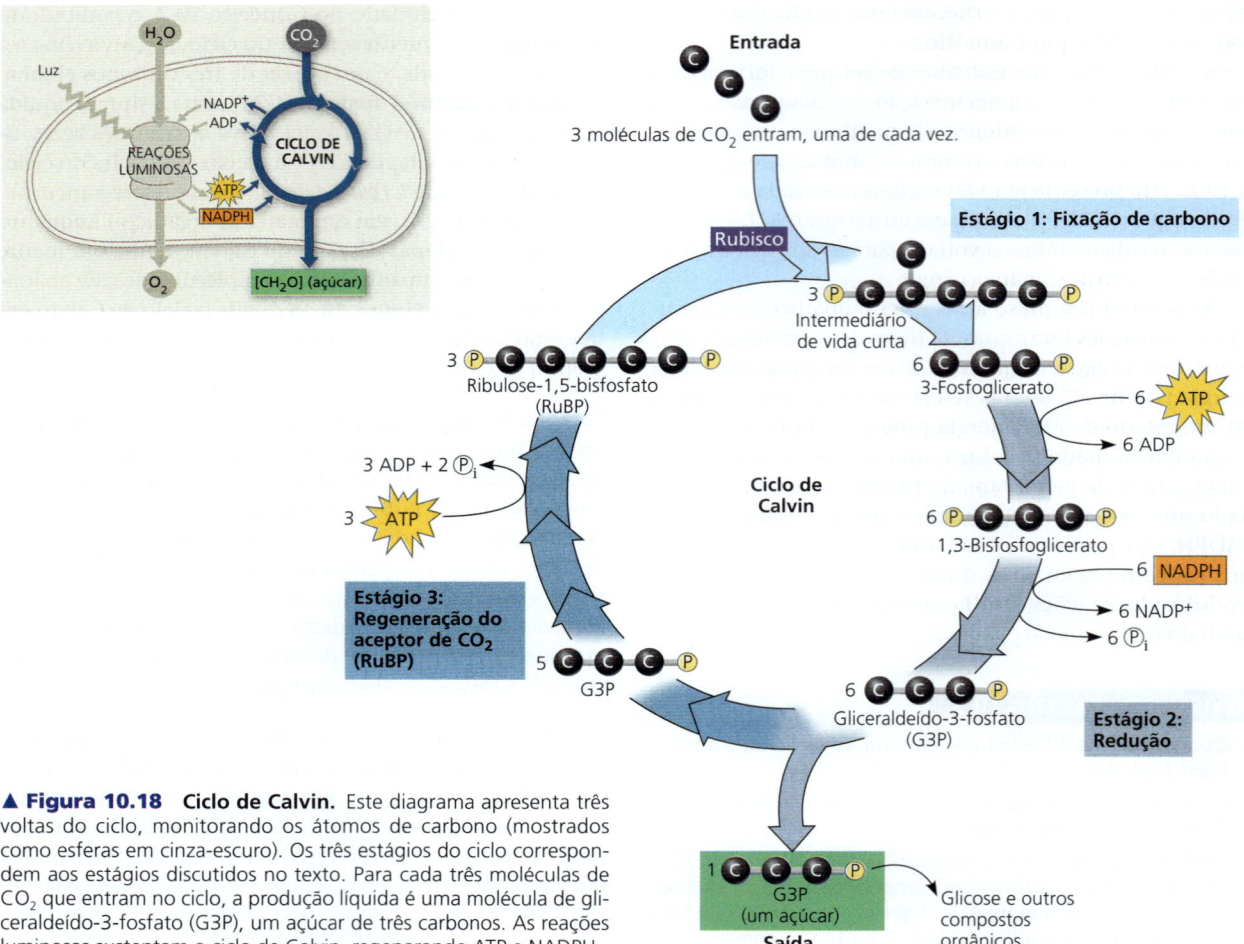

▲ **Figura 10.18 Ciclo de Calvin.** Este diagrama apresenta três voltas do ciclo, monitorando os átomos de carbono (mostrados como esferas em cinza-escuro). Os três estágios do ciclo correspondem aos estágios discutidos no texto. Para cada três moléculas de CO_2 que entram no ciclo, a produção líquida é uma molécula de gliceraldeído-3-fosfato (G3P), um açúcar de três carbonos. As reações luminosas sustentam o ciclo de Calvin, regenerando ATP e NADPH.

Para a síntese líquida de uma molécula de G3P, o ciclo de Calvin consome um total de nove moléculas de ATP e seis moléculas de NADPH. As reações luminosas regeneram o ATP e o NADPH. O G3P que sai do ciclo de Calvin é o material inicial de vias metabólicas que sintetizam outros compostos orgânicos, incluindo a glicose (a partir de duas moléculas de G3P), sacarose e outros carboidratos. Tanto as reações luminosas quanto o ciclo de Calvin não podem produzir sozinhos o açúcar a partir do CO_2. A fotossíntese é uma propriedade emergente do cloroplasto intacto, que integra as duas etapas da fotossíntese.

REVISÃO DO CONCEITO 10.4

1. Para sintetizar uma molécula de glicose, o ciclo de Calvin utiliza _____ moléculas de CO_2, _____ moléculas de ATP e _____ moléculas de NADPH.
2. Explique por que a grande quantidade de moléculas de ATP e NADPH utilizadas durante o ciclo de Calvin é compatível com o elevado valor da glicose como fonte de energia.
3. **E SE?** Considere um veneno que inibe uma enzima do ciclo de Calvin. Você acha que esse veneno também inibiria as reações luminosas? Explique.

4. **DESENHE** Desenhe uma versão simples do ciclo de Calvin que mostre apenas o número de átomos de carbono em cada etapa, usando numerais em vez de esferas cinza (p. ex., "3 × 1C = 3C" no início do ciclo). Explique como o número total de átomos de carbono permanece constante para cada três voltas do ciclo, observando as formas nas quais os átomos de carbono entram e saem do ciclo.
5. **FAÇA CONEXÕES** Revise as Figuras 9.8 e 10.18 e discuta as funções do intermediário e do produto realizadas pelo gliceraldeído-3-fosfato (G3P) nos dois processos mostrados nessas figuras.

Ver as respostas sugeridas no Apêndice A.

CONCEITO 10.5

Mecanismos alternativos de fixação do carbono evoluíram em climas áridos e quentes

EVOLUÇÃO Desde que ocuparam o ambiente terrestre, há cerca de 475 milhões de anos, as plantas se adaptaram aos problemas da vida terrestre, particularmente ao problema da desidratação. No Conceito 36.4, vamos considerar as adaptações anatômicas que auxiliaram as plantas a conservar a água, enquanto neste capítulo daremos enfoque às adaptações metabólicas. As soluções normalmente envolvem ajustes. Um importante exemplo é o equilíbrio entre a fotossíntese e a prevenção da perda excessiva de água pela planta. O CO_2 necessário à fotossíntese entra na folha (e o O_2 produzido sai) através dos estômatos, os poros na superfície foliar (ver Figura 10.3). Contudo, os estômatos são as principais rotas para a transpiração, a perda de água evaporativa das folhas. Em um dia quente e seco, muitas plantas fecham os estômatos, uma resposta que conserva água, mas também reduz os níveis de CO_2. Mesmo com os estômatos parcialmente fechados, as concentrações de CO_2 começam a diminuir nos espaços aeríferos no interior da folha, e a concentração de O_2 liberado pelas reações luminosas começa a aumentar. Essas condições no interior da folha favorecem um processo de aparente desperdício denominado fotorrespiração.

Fotorrespiração: um relicto evolutivo?

Na maioria das plantas, a fixação inicial de carbono ocorre via rubisco, a enzima do ciclo de Calvin que adiciona CO_2 à ribulose-bisfosfato. Essas plantas são denominadas **plantas C_3** porque o primeiro produto orgânico da fixação de carbono é um composto com três carbonos, o 3-fosfoglicerato (ver Figura 10.18). As plantas C_3 incluem importantes plantas da agricultura, como arroz, trigo e soja. Quando seus estômatos fecham em dias quentes e secos, as plantas C_3 produzem menos açúcar porque a diminuição do nível de CO_2 na folha priva o ciclo de Calvin. Além disso, a rubisco pode ligar O_2, em vez de CO_2. À medida que o CO_2 se torna escasso nos espaços dentro da folha, a rubisco adiciona O_2 ao ciclo de Calvin no lugar de CO_2. O produto é desfeito, e um composto de dois carbonos sai do cloroplasto. Peroxissomo e as mitocôndrias rearranjam dentro da célula e decompõem esse composto, liberando CO_2. O processo é chamado de **fotorrespiração**, pois ocorre na luz (*foto*) e consome O_2 enquanto produz CO_2 (*respiração*). Contudo, diferentemente da respiração celular normal, a fotorrespiração consome ATP em vez de produzi-lo. E diferentemente da fotossíntese, a fotorrespiração não produz açúcar. A fotorrespiração *diminui* o rendimento fotossintético por consumir materiais orgânicos do ciclo de Calvin e liberar CO_2 que, de outra forma, seria fixado. Por fim, esse CO_2 pode ser fixado se ainda estiver nas folhas, uma vez que a concentração esteja suficientemente elevada. Nesse meio-tempo, no entanto, esse processo é energeticamente dispendioso, semelhante a um *hamster* correndo em sua rodinha.

Como podemos explicar a existência de um processo metabólico que parece ser contraproducente para a planta? De acordo com uma hipótese, a fotorrespiração é uma bagagem evolutiva – um relicto metabólico de um tempo remoto quando a atmosfera tinha menos O_2 e mais CO_2 do que hoje. Antigamente, na atmosfera, quando a rubisco evoluiu, a capacidade do sítio ativo enzimático de ligar-se ao O_2 devia ter pouca importância. A hipótese sugere que a rubisco moderna manteve a afinidade pelo O_2, atualmente tão concentrado na atmosfera que certa quantidade de fotorrespiração é inevitável. Também existem algumas evidências de que a fotorrespiração pode fornecer proteção contra os produtos danosos das reações luminosas, que aumentam quando o ciclo de Calvin diminui devido ao CO_2 baixo.

Em muitos tipos de plantas – incluindo um número significativo de plantas cultivadas –, a fotorrespiração consome até 50% do carbono fixado pelo ciclo de Calvin. De fato, se a fotorrespiração pudesse ser reduzida em certas espécies de plantas, sem afetar de outra forma a eficiência fotossintetizante, a produtividade dos cultivos e a oferta de alimentos poderiam aumentar.

Em algumas espécies vegetais, ocorreu a evolução de modos alternativos de fixação de carbono que minimizam a fotorrespiração e aperfeiçoam o ciclo de Calvin – mesmo em climas áridos e quentes. As duas adaptações fotossintetizantes mais importantes são a fotossíntese C_4 e o metabolismo ácido das crassuláceas (MAC).

Plantas C_4

As **plantas C_4** são assim denominadas por apresentarem um modo alternativo de fixação de carbono que antecede o ciclo de Calvin, formando um composto de quatro carbonos como primeiro produto. Acredita-se que o metabolismo C_4 tenha evoluído de forma independente, pelo menos 45 diferentes vezes, e é utilizado por milhares de espécies em pelo menos 19 famílias de plantas. Entre as plantas C_4 mais importantes para a agricultura, estão a cana-de-açúcar e o milho, membros da família das gramíneas.

Quando o clima estiver quente e seco, a planta C_4 fecha seus estômatos parcialmente, conservando a água, mas reduzindo a concentração nas folhas. Entretanto, o açúcar ainda é produzido, pois as plantas C_4 utilizam um processo de múltiplas etapas que funciona mesmo sob condições baixas de CO_2. A fotossíntese inicia nas células do mesofilo, mas é completada nas **células da bainha do feixe**, as quais estão arranjadas em bainhas firmemente empacotadas ao redor das nervuras da folha **(Figura 10.19)**. Nas folhas C_4, as células do mesofilo arranjadas frouxamente estão localizadas entre as células da bainha do feixe e a superfície da folha, não mais de duas ou três células de distância das células da bainha do feixe. Nas células do mesofilo, o CO_2 é incorporado em compostos orgânicos que, então, se movem para dentro das células da bainha do feixe, onde ocorre o ciclo de Calvin. Confira as etapas numeradas na Figura 10.19, as quais também estão descritas aqui:

❶ A primeira etapa é realizada por uma enzima presente apenas nas células do mesofilo chamada de **PEP-carboxilase**, que possui uma afinidade muito maior por CO_2 do que a rubisco e nenhuma afinidade pelo O_2. Essa enzima adiciona o CO_2 ao fosfoenolpiruvato (PEP), formando o oxalacetato, um produto de quatro carbonos; a enzima faz isso mesmo sob condições de baixas concentrações de CO_2 e concentrações relativamente altas de O_2.

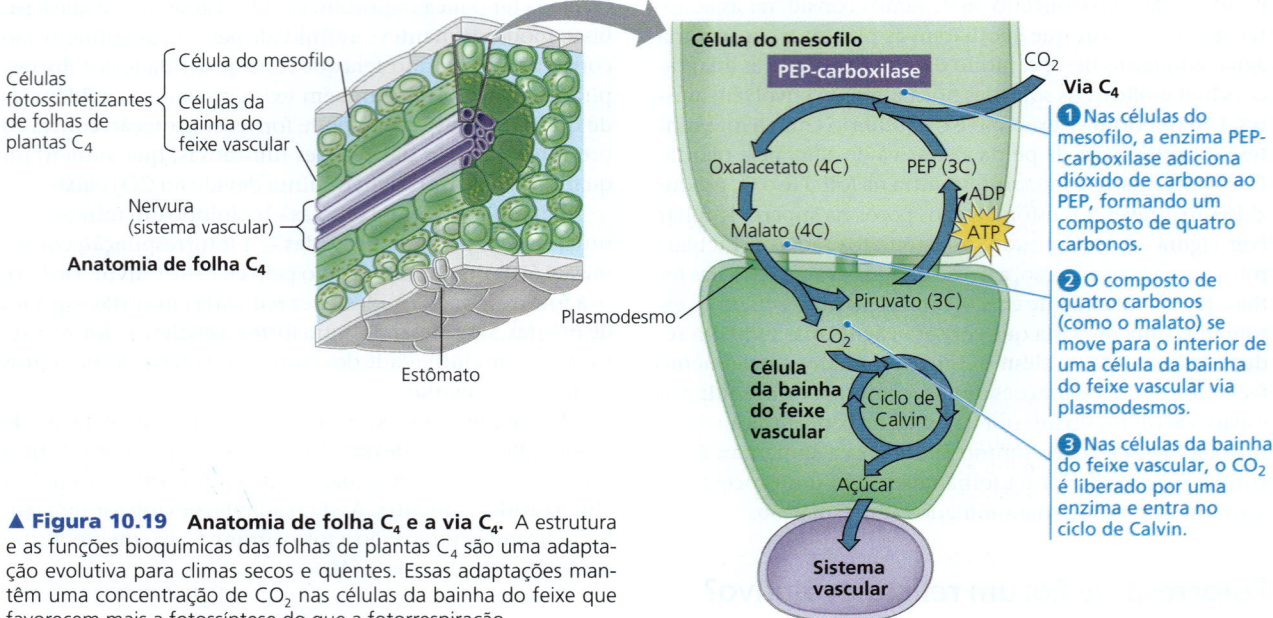

▲ **Figura 10.19 Anatomia de folha C_4 e a via C_4.** A estrutura e as funções bioquímicas das folhas de plantas C_4 são uma adaptação evolutiva para climas secos e quentes. Essas adaptações mantêm uma concentração de CO_2 nas células da bainha do feixe que favorecem mais a fotossíntese do que a fotorrespiração.

❷ Após a fixação do CO_2 nas células do mesofilo, os produtos de quatro carbonos (o malato, no exemplo apresentado na Figura 10.19) são exportados para as células da bainha do feixe pelos plasmodesmos (ver Figura 6.29).

❸ Nas células da bainha do feixe, uma enzima libera CO_2 dos compostos de quatro carbonos; o CO_2 é fixado novamente no material orgânico pela rubisco e pelo ciclo de Calvin. A mesma reação regenera o piruvato, que depois é transportado para as células do mesofilo. Nessas células, o ATP é utilizado para converter piruvato em PEP, que pode, então, aceitar a adição de outro CO_2, permitindo a continuidade do ciclo de reações. Esse ATP pode ser visto como o "preço" de concentrar o CO_2 nas células da bainha do feixe vascular. Para gerar esse ATP extra, as células da bainha do feixe realizam um fluxo cíclico de elétrons, processo descrito anteriormente neste capítulo (ver Figura 10.15). Na verdade, essas células possuem PS I, mas não possuem PS II, de forma que o fluxo cíclico de elétrons é a única maneira fotossintética de produzir ATP.

Na prática, as células do mesofilo de uma planta C_4 transportam o CO_2 para as células da bainha do feixe, mantendo a concentração de CO_2 nessas células suficientemente elevada para que a rubisco se ligue preferencialmente ao CO_2, e não ao O_2. A série cíclica de reações envolvendo a PEP-carboxilase e a regeneração de PEP pode ser vista como uma bomba movida por ATP, que concentra CO_2 onde ele pode ser fixado. Dessa forma, a fotossíntese C_4 gasta energia do ATP para minimizar a fotorrespiração e aumentar a produção de açúcar. Essa adaptação é especialmente vantajosa em regiões quentes com intensa luminosidade, e foi nesses ambientes que as plantas C_4 evoluíram e hoje prosperam.

A concentração do CO_2 atmosférico tem aumentado muito desde a Revolução Industrial, iniciada no século XIX, e até hoje continua a aumentar devido às atividades humanas, como a queima de combustíveis fósseis (ver Conceito 1.1). A alteração climática global, incluindo um aumento na temperatura média do planeta, pode ter amplos efeitos nas espécies vegetais. Os cientistas estão preocupados com o fato de que o aumento da concentração de CO_2 e da temperatura possa afetar diferentemente as plantas C_3 e C_4, alterando a abundância relativa dessas espécies em uma determinada comunidade vegetal.

Qual tipo de vegetal estaria na posição de ganhar mais pelo aumento dos níveis de CO_2? Lembre-se de que nas plantas C_3 a ligação do O_2 em vez de CO_2 pela rubisco leva à fotorrespiração, reduzindo a eficiência da fotossíntese. As plantas C_4 superam esse problema concentrando CO_2 nas células da bainha do feixe, à custa de ATP. O aumento nos níveis de CO_2 deve beneficiar as plantas C_3 pela diminuição da quantidade de fotorrespiração. Ao mesmo tempo, a elevação da temperatura tem o efeito oposto, aumentando a fotorrespiração. (Outros fatores, como a disponibilidade de água, também podem entrar em jogo.) Em contrapartida, muitas plantas C_4 não seriam afetadas pelo aumento do CO_2 ou da temperatura. Os pesquisadores vêm investigando esses fatores em vários estudos. Você pode trabalhar os dados gerados no experimento apresentado no **Exercício de habilidades científicas**. Em diferentes regiões, a determinada combinação de concentrações de CO_2 e temperatura pode alterar o balanço entre plantas C_3 e C_4 de diferentes formas. Os efeitos das amplas e variadas modificações na estrutura da comunidade são imprevisíveis e, assim, causam uma legítima preocupação.

Exercício de habilidades científicas

Elaboração de gráficos com linhas de regressão

A concentração atmosférica de CO_2 afeta a produtividade de culturas agrícolas? A concentração atmosférica de CO_2 tem aumentado globalmente, e os cientistas têm-se perguntado se isso afeta diferentemente as plantas C_3 e C_4. Neste exercício, faça um gráfico de dispersão de pontos para avaliar a relação entre a concentração de CO_2 e o crescimento de milho, uma planta C_4, e a planta C_3 invasora malvão (*Abutilon theophrasti*), encontrada em lavouras de milho.

Como o experimento foi realizado Por 45 dias, os pesquisadores cultivaram milho e malvão sob condições controladas, onde todas as plantas receberam as mesmas quantidades de água e luz. As plantas foram divididas em três grupos, sendo que cada grupo foi exposto a diferentes concentrações de CO_2 atmosférico: 350, 600 ou 1.000 ppm (partes por milhão).

Dados do experimento A tabela apresenta a matéria seca (em gramas) de plantas de milho e do malvão crescidas nas três concentrações de CO_2. Os valores de matéria seca são a média calculada a partir de folhas, caules e raízes de oito plantas.

▶ Uma planta de milho circundada pela planta invasiva malvão.

	350 ppm CO_2	600 ppm CO_2	1.000 ppm CO_2
Média da massa seca de uma planta de milho (g)	91	89	80
Média da massa seca de uma planta de malvão (g)	35	48	54

Dados de D.T. Patterson e E.P. Flint, Potential effects of global atmospheric CO_2 enrichment on the growth and competitiveness of C_3 and C_4 weed and crop plants, *Weed Science* 28(1):71-75 (1980).

INTERPRETE OS DADOS

1. Para explorar a relação entre as duas variáveis, é útil fazer um gráfico de dispersão de pontos com os resultados e, em seguida, desenhar uma linha de regressão. **(a)** Primeiramente, identifique as variáveis dependentes e independentes nos eixos adequados. Explique suas escolhas. **(b)** Plote os resultados para o milho e para a planta invasora, utilizando diferentes símbolos para cada conjunto de dados. Inclua uma legenda para os dois símbolos. (Ver mais informações sobre gráficos na Revisão de habilidades científicas, Apêndice D.)

2. Desenhe uma linha mais bem ajustada a cada conjunto de pontos. Essa linha não necessariamente passa em todos ou quase todos os pontos. Em vez disso, ela passa o mais próximo possível de todos os pontos de um conjunto. Desenhe uma linha que se ajuste melhor a cada conjunto de dados. Como esse ajuste da linha é uma questão de decisão, duas pessoas podem desenhar linhas com tênues diferenças para cada grupo de dados. A linha mais bem ajustada (a linha de regressão) pode ser identificada elevando-se ao quadrado as distâncias entre os pontos e a linha candidata. Então, escolha a linha que tiver o menor valor da soma dos quadrados. (Um exemplo de um gráfico com linha de regressão linear pode ser encontrado no Exercício de habilidades científicas do Capítulo 3.) O *software* Excel ou outro programa, incluindo aqueles de calculadoras gráficas, podem ser utilizados para plotar linhas de regressão, após os dados serem incluídos. Utilizando o Excel ou outro programa, inclua os dados para cada conjunto de resultados e desenhe duas linhas de regressão. Após, compare as linhas desenhadas.

3. Descreva as tendências mostradas pelas linhas de regressão na dispersão de pontos. **(a)** Compare a relação entre o aumento da concentração de CO_2 e a massa seca de milho e do malvão. **(b)** Considerando que o malvão é uma planta invasora de lavoura de milho, preveja como a concentração aumentada dos níveis de CO_2 pode afetar as interações entre essas duas espécies.

4. Com base nos resultados do gráfico de dispersão, estime a porcentagem de variação da matéria seca de milho e da invasora, se a concentração do CO_2 atmosférico aumentar dos atuais 390 para 800 ppm. **(a)** Quais são as estimativas de matéria seca para o milho e para o malvão a 390 ppm? E a 800 ppm? **(b)** Para calcular a porcentagem de variação na matéria seca para cada planta, subtraia a matéria obtida de 390 ppm da matéria de 800 ppm (alteração de matéria seca), divida o resultado pela matéria de 390 ppm (matéria seca inicial) e multiplique o resultado por 100. Qual é a porcentagem estimada de alteração da matéria seca para o milho? E para o malvão? **(c)** Esses resultados corroboram a conclusão do outro experimento em que plantas C_3 crescem melhor que plantas C_4 sob concentrações elevadas de CO_2? Por quê?

A fotossíntese de C_4 é considerada mais eficiente do que a fotossíntese de C_3 porque usa menos água e recursos. Atualmente, em nosso planeta, a população mundial e a demanda por alimento estão aumentando rapidamente. Ao mesmo tempo, a quantidade de terra adequada para o desenvolvimento de cultivares está diminuindo devido aos efeitos de mudanças climáticas globais, que incluem um aumento no nível do mar, assim como um clima mais quente e seco em várias regiões. Para abordar questões de abastecimento de alimentos, cientistas nas Filipinas têm trabalhado na modificação genética do arroz – um alimento básico importante que é uma cultura C_3 – para que, em vez disso, possa realizar a fotossíntese de C_4. Até agora, os resultados parecem ser promissores, e esses pesquisadores estimam que a produção do arroz C_4 possa ser 30 a 50% mais alta do que a do arroz C_3 com o mesmo fornecimento de água e recursos.

Plantas MAC

Uma segunda adaptação fotossintética para condições áridas desenvolveu-se em abacaxis, muitos cactos e outras plantas suculentas (que armazenam água), como babosa e jade. Essas plantas abrem seus estômatos durante a noite e os fecham durante o dia, exatamente ao contrário do comportamento de outras plantas. O fechamento dos estômatos durante o dia auxilia na conservação de água pelas plantas de deserto, mas também impede a entrada de CO_2 na folha. Durante a noite, com estômatos abertos, essas plantas absorvem o CO_2 e o incorporam em uma diversidade de ácidos orgânicos. Essa forma de fixação de carbono é denominada **metabolismo ácido das crassuláceas**, ou **MAC**, devido ao fato de o processo ter sido inicialmente descoberto nas plantas suculentas da família Crassulaceae. As células do mesofilo das **plantas MAC** armazenam os ácidos orgânicos produzidos durante a noite em seus vacúolos até o amanhecer, quando os estômatos fecham. Durante o dia, quando as reações luminosas fornecem ATP e NADPH para ciclo de Calvin, o CO_2 é liberado a partir dos ácidos orgânicos produzidos na noite anterior para serem incorporados em açúcares nos cloroplastos.

Observe, na **Figura 10.20**, que a via MAC é semelhante à via C_4 no sentido de que o CO_2 é inicialmente incorporado em intermediários orgânicos antes de entrar no ciclo de Calvin. A diferença é que, nas plantas C_4, as etapas iniciais de fixação de carbono estão separadas estruturalmente do ciclo de Calvin, ao passo que, nas plantas MAC, as duas etapas ocorrem na mesma célula. (Tenha em mente que todas as plantas MAC, C_4 e C_3 utilizam o ciclo de Calvin para produzir açúcar a partir do CO_2.)

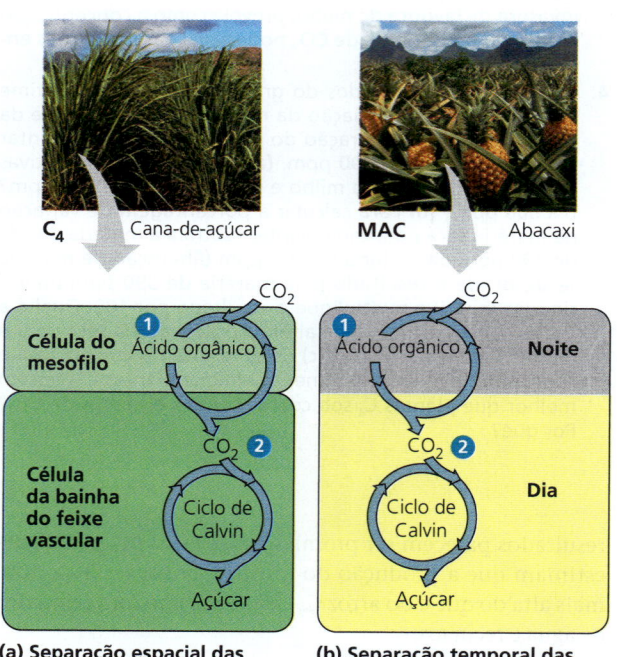

▲ **Figura 10.20 Comparação da fotossíntese C_4 e MAC.** As vias C_4 e MAC são soluções evolutivas para o problema de manter a fotossíntese com os estômatos parcial ou completamente fechados em dias secos e quentes. Ambas as adaptações são caracterizadas por: ❶ incorporação inicial do CO_2 em ácidos orgânicos, seguida por ❷ transferência do CO_2 para o ciclo de Calvin.

> **REVISÃO DO CONCEITO 10.5**
>
> 1. Descreva como a fotorrespiração diminui a produção fotossintética das plantas.
> 2. A presença de somente PS I, sem PS II, nas células da bainha do feixe vascular nas plantas C_4 afeta a concentração de O_2. Qual é esse efeito, e como isso pode beneficiar as plantas?
> 3. **FAÇA CONEXÕES** Reveja a discussão referente à acidificação dos oceanos no Conceito 3.3. A acidificação dos oceanos e as alterações na distribuição das plantas C_3 e C_4 podem ser dois grandes problemas diferentes, mas o que eles têm em comum? Explique.
> 4. **E SE?** Qual seria a alteração na abundância relativa de espécies C_3 *versus* C_4 e MAC em uma região geográfica onde o clima se torna mais quente e seco, sem alterações na concentração do CO_2?
>
> *Ver as respostas sugeridas no Apêndice A.*

CONCEITO 10.6

Revisando: a fotossíntese é essencial para a vida na Terra

Neste capítulo, acompanhamos a fotossíntese desde os fótons até os alimentos. As reações luminosas capturam a energia solar e a utilizam para produzir ATP e para transferir elétrons da H_2O ao $NADP^+$, formando NADPH. O ciclo de Calvin utiliza o ATP e o NADPH para produzir açúcar a partir do CO_2. A energia que entra no cloroplasto como luz é armazenada como energia química em compostos orgânicos. O processo completo é revisado na **Figura 10.21**, em que a fotossíntese está colocada em seu contexto natural.

Quanto ao destino dos produtos fotossintetizantes, as enzimas no cloroplasto e no citoplasma convertem o G3P produzido no ciclo de Calvin em muitos outros compostos orgânicos. Na verdade, o açúcar produzido nos cloroplastos supre toda a planta com energia química e esqueletos de carbono para a síntese de todas as principais moléculas orgânicas das células vegetais. Cerca de 50% do material orgânico produzido pela fotossíntese é consumido como combustível para a respiração celular na mitocôndria das células vegetais.

Tecnicamente, as células verdes são as únicas partes autótrofas da planta. O resto da planta depende de moléculas orgânicas exportadas das folhas pelas nervuras (ver a parte superior da Figura 10.21). Na maioria das plantas, o carboidrato é transportado para fora das folhas na forma de sacarose, um dissacarídeo. Após chegar às células não fotossintetizantes, a sacarose fornece matéria-prima para a respiração celular e para muitas outras vias anabólicas que sintetizam proteínas, lipídeos e outros produtos. Uma quantidade considerável de açúcar na forma de glicose é ligada para produzir o polissacarídeo celulose (ver Figura 5.6c), especialmente nas células vegetais em crescimento e maturação. A celulose, o principal componente das paredes celulares, é a molécula orgânica mais abundante na planta – e provavelmente na superfície do planeta.

A maioria das plantas e outros fotossintetizantes produz por dia mais material orgânico do que necessita para usar como combustível na respiração e como precursores na biossíntese. Por exemplo, as plantas com flores (angiospermas) armazenam o açúcar excedente na forma de amido, estocado parte nos cloroplastos e parte nas células das raízes, dos tubérculos, das sementes e dos frutos. Ao contabilizar o uso de moléculas produzidas pela fotossíntese, note que a maioria das plantas com flores perde folhas, raízes, ramos, frutos e, algumas vezes, todo o corpo para os heterótrofos, incluindo os seres humanos.

Em escala global, a fotossíntese é o processo responsável pela presença do O_2 na nossa atmosfera. Além disso, em termos de produção de alimentos, a produtividade coletiva de minúsculos cloroplastos é extraordinária: a fotossíntese produz aproximadamente 150 bilhões de toneladas métricas de carboidratos por ano (1 tonelada métrica representa 1.000 kg, cerca de 1,1 tonelada). Isso equivale à matéria orgânica contida em uma pilha de cerca de 60 trilhões de cópias deste livro-texto – a pilha alcançaria 17 vezes a distância da Terra ao Sol! Nenhum processo químico é mais importante do que a fotossíntese para o bem-estar da vida na Terra.

Nos Capítulos 5 a 10, você aprendeu sobre as muitas atividades das células. A **Figura 10.22** integra esses processos celulares no contexto de uma célula vegetal em funcionamento. Ao estudar a figura, reflita como cada processo se encaixa na visão geral: a célula, como unidade básica de um organismo vivo, realiza todas as funções características da vida.

REVISÃO DO CONCEITO 10.6

1. **FAÇA CONEXÕES** Como as plantas utilizam o açúcar que elas produzem durante a fotossíntese para fornecer energia diretamente ao trabalho celular? Forneça alguns exemplos do trabalho celular. (Ver Figuras 8.10, 8.11 e 9.5.)

Ver as respostas sugeridas no Apêndice A.

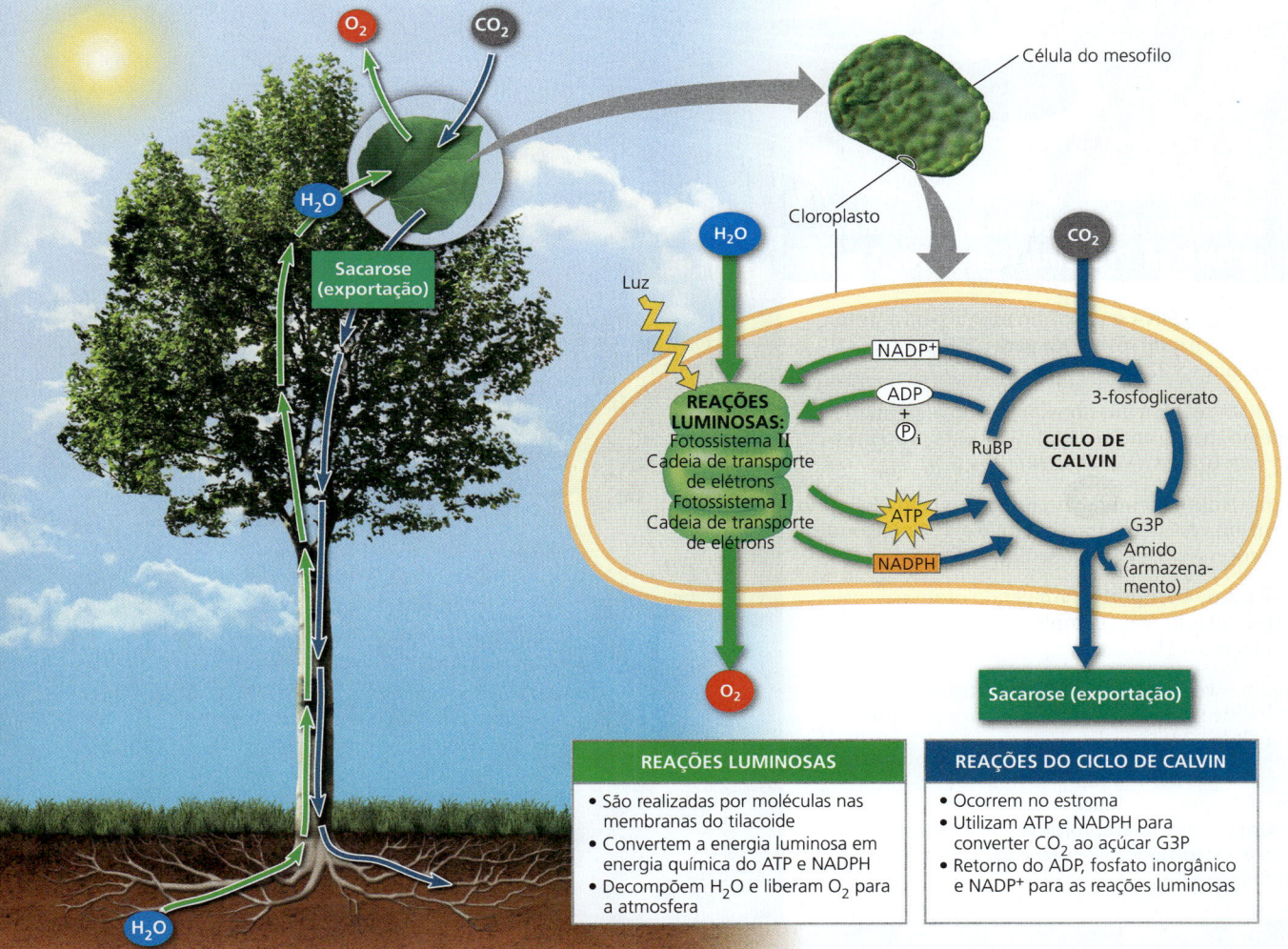

▼ **Figura 10.21 Revisão da fotossíntese.** Este diagrama apresenta os principais reagentes e produtos da fotossíntese, da maneira que eles ocorrem nos tecidos de uma árvore (à esquerda) e em um cloroplasto (à direita).

▼ Figura 10.22

FAÇA CONEXÕES

O funcionamento da célula

Esta figura ilustra o funcionamento geral de uma célula vegetal, integrando as atividades celulares que foram aprendidas nos Capítulos 5 a 10. Para observar algumas das enzimas envolvidas, ver a Figura 6.32.

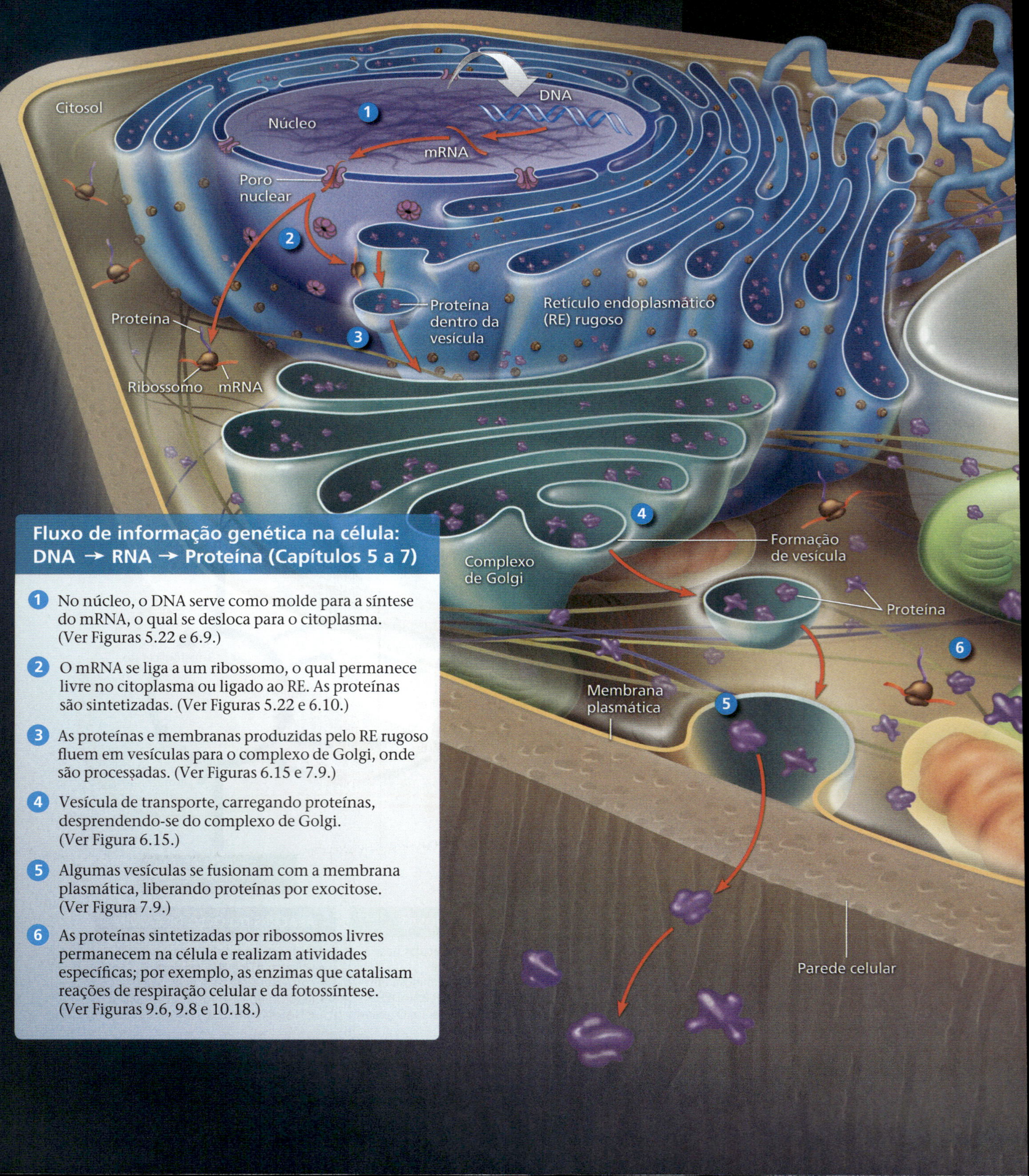

Citosol
Núcleo
DNA
①
mRNA
Poro nuclear
②
Proteína
③
Ribossomo   mRNA
Proteína dentro da vesícula
Retículo endoplasmático (RE) rugoso
④
Complexo de Golgi
Formação de vesícula
Proteína
Membrana plasmática
⑤
⑥
Parede celular

Fluxo de informação genética na célula: DNA → RNA → Proteína (Capítulos 5 a 7)

① No núcleo, o DNA serve como molde para a síntese do mRNA, o qual se desloca para o citoplasma. (Ver Figuras 5.22 e 6.9.)

② O mRNA se liga a um ribossomo, o qual permanece livre no citoplasma ou ligado ao RE. As proteínas são sintetizadas. (Ver Figuras 5.22 e 6.10.)

③ As proteínas e membranas produzidas pelo RE rugoso fluem em vesículas para o complexo de Golgi, onde são processadas. (Ver Figuras 6.15 e 7.9.)

④ Vesícula de transporte, carregando proteínas, desprendendo-se do complexo de Golgi. (Ver Figura 6.15.)

⑤ Algumas vesículas se fusionam com a membrana plasmática, liberando proteínas por exocitose. (Ver Figura 7.9.)

⑥ As proteínas sintetizadas por ribossomos livres permanecem na célula e realizam atividades específicas; por exemplo, as enzimas que catalisam reações de respiração celular e da fotossíntese. (Ver Figuras 9.6, 9.8 e 10.18.)

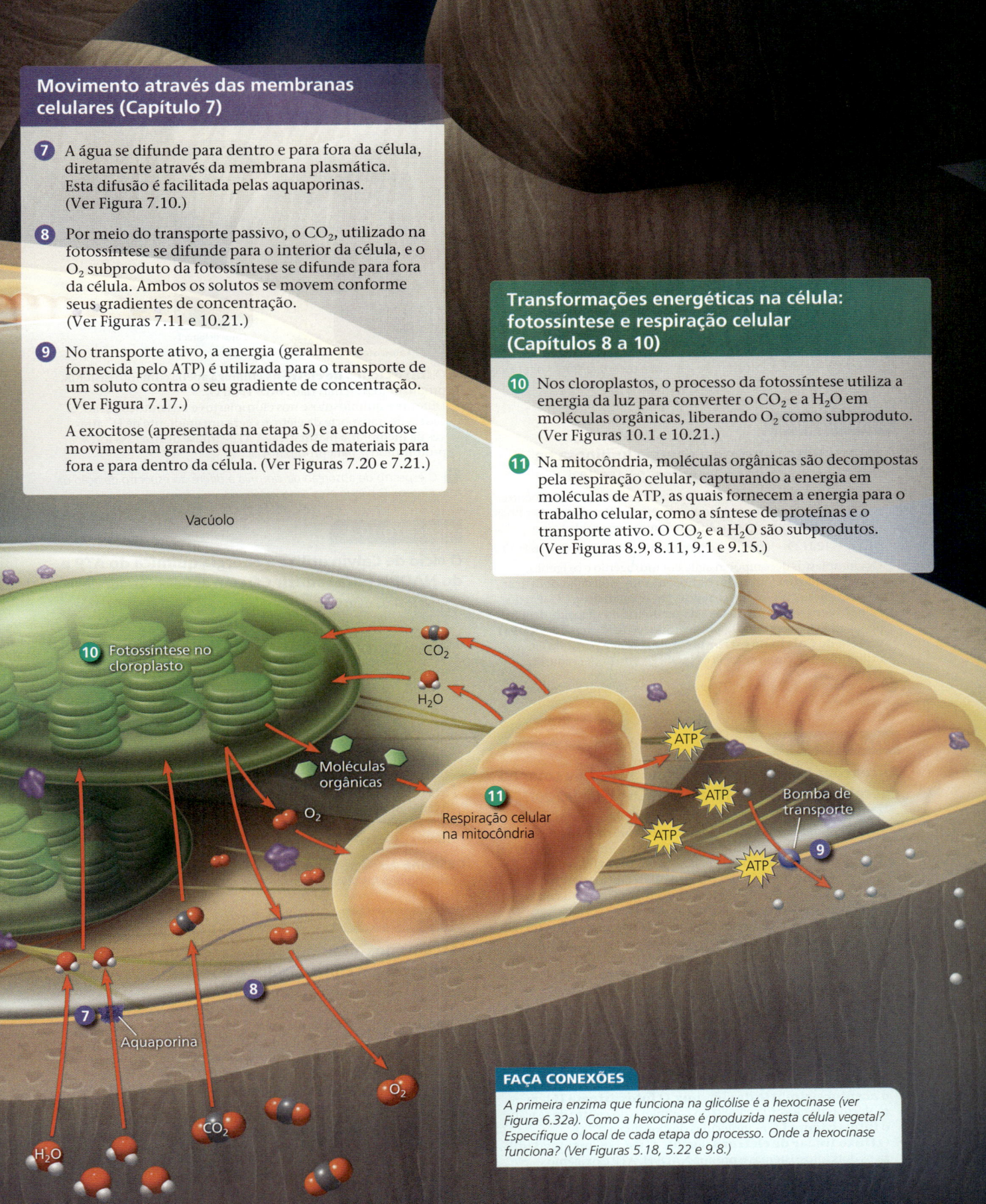

10 Revisão do capítulo

RESUMO DOS CONCEITOS-CHAVE

CONCEITO 10.1

A fotossíntese alimenta a biosfera (p. 188)

- A **fotossíntese** converte a energia luminosa em energia química armazenada em açúcares.
- Os **autótrofos** ("produtores") produzem suas moléculas orgânicas a partir de CO_2 e outros materiais inorgânicos; plantas são *fotoautótrofos* que utilizam a energia luminosa para fazer isso. Os **heterótrofos** (consumidores, incluindo decompositores) são incapazes de produzir seu próprio alimento e vivem de compostos produzidos por outros.

? *Utilizando os termos produtores, consumidores e decompositores, explique como a fotossíntese alimenta os organismos, direta ou indiretamente.*

CONCEITO 10.2

A fotossíntese converte a energia luminosa na energia química dos alimentos (p. 189-192)

- Nas plantas e outros autótrofos eucarióticos, a fotossíntese ocorre nos **cloroplastos**, organelas que contêm os **tilacoides**. As pilhas de tilacoides formam grana. A fotossíntese é resumida como

  $6\ CO_2 + 12\ H_2O +$ energia luminosa $\rightarrow C_6H_{12}O_6 + 6\ O_2 + 6\ H_2O$

  Os cloroplastos decompõem água em hidrogênio e oxigênio, incorporando os elétrons do hidrogênio em moléculas de açúcar. A fotossíntese é um processo redox: H_2O é oxidado, e CO_2 é reduzido. As **reações luminosas** na membrana do tilacoide decompõem a água, liberando O_2, produzindo ATP e formando **NADPH**. O **ciclo de Calvin** no **estroma** forma açúcar a partir do CO_2, utilizando ATP como energia e NADPH como poder redutor.

? *Compare os papéis do CO_2 e da H_2O na respiração celular e na fotossíntese.*

CONCEITO 10.3

As reações luminosas convertem a energia solar na energia química do ATP e do NADPH (p. 192-201)

- A luz é uma forma de energia eletromagnética. As cores que vemos como **luz visível** incluem os **comprimentos de onda** que promovem a fotossíntese. Um pigmento absorve a luz visível de comprimentos de onda específicos. A **clorofila *a*** é o principal pigmento fotossintético das plantas. Outros pigmentos acessórios absorvem diferentes comprimentos de onda da luz e transferem a energia para a clorofila *a*.
- Um pigmento muda de estado basal para estado excitado quando um **fóton** impulsiona um de seus elétrons para um orbital com nível energético mais alto. Esse estado excitado é instável. Elétrons de um pigmento isolado tendem a voltar para o estado basal, liberando calor e/ou luz.
- O **fotossistema** é formado por um **complexo do centro de reação** rodeado por **complexos coletores de luz** que direcionam a energia dos fótons para o complexo do centro de reação. Quando um par especial de moléculas de clorofila *a* do complexo do centro de reação absorve energia, um de seus elétrons é impulsionado para um nível mais alto de energia e transferido para o **aceptor primário de elétrons**. O **fotossistema II** tem moléculas de clorofila *a* P680 no complexo do centro de reação; o **fotossistema I** tem moléculas de clorofila *a* P700.
- O **fluxo linear de elétrons** durante as reações luminosas utiliza os dois fotossistemas e produz NADPH, ATP e oxigênio:

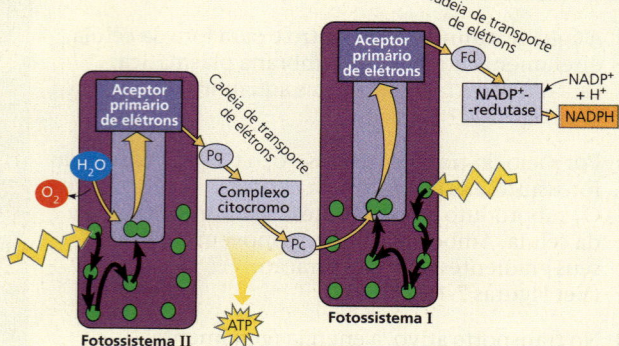

- O **fluxo cíclico de elétrons** emprega apenas um fotossistema, produzindo ATP, mas não NADPH ou O_2.
- Durante a quimiosmose nos cloroplastos e nas mitocôndrias, a cadeia de transporte de elétrons gera um gradiente de H^+ através da membrana plasmática. A ATP-sintase utiliza essa força próton-motriz para produzir ATP.

? *O espectro de absorção da clorofila a difere do espectro de ação da fotossíntese. Explique essa observação.*

CONCEITO 10.4

O ciclo de Calvin utiliza a energia química do ATP e do NADPH para reduzir CO_2 em açúcar (p. 201-202)

- O ciclo de Calvin ocorre no estroma e utiliza elétrons do NADPH e energia do ATP.
- Uma molécula de **G3P** sai do ciclo para cada três moléculas de CO_2 fixadas, sendo convertida em glicose e outras moléculas orgânicas.

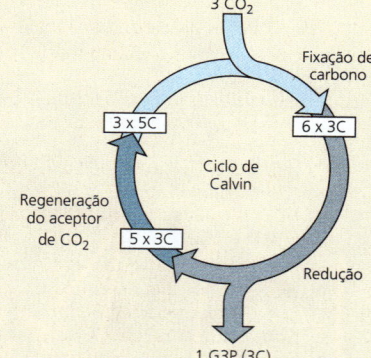

DESENHE *No diagrama acima, desenhe onde ATP e NADPH são usados e onde rubisco funciona. Descreva essas etapas.*

CONCEITO 10.5

Mecanismos alternativos de fixação do carbono evoluíram em climas áridos e quentes (p. 202-206)

- Em dias quentes e secos, as **plantas C_3** fecham seus estômatos, conservando água, mas mantendo CO_2 fora e O_2 dentro. Sob essas condições, a **fotorrespiração** pode ocorrer: **rubisco** liga O_2 em vez de CO_2, consumindo ATP e liberando CO_2 sem produzir ATP ou carboidrato. A fotorrespiração pode ser um relicto evolutivo e desempenhar um papel fotoprotetor.
- As plantas C_4 e MAC estão adaptadas a climas quentes e secos.
- As **plantas C_4** minimizam o custo da fotorrespiração pela incorporação de CO_2 em compostos de quatro carbonos nas células do mesofilo. Esses compostos são exportados para as **células da bainha do feixe**, onde liberam o CO_2 para ser utilizado pelo ciclo de Calvin.

- As **plantas MAC** abrem seus estômatos à noite, incorporando CO_2 em ácidos orgânicos, os quais são armazenados nas células do mesofilo. Durante o dia, os estômatos fecham, e o CO_2 é liberado a partir dos ácidos orgânicos e utilizado pelo ciclo de Calvin.
- Os compostos orgânicos produzidos pela fotossíntese fornecem a energia e o material constituinte para os ecossistemas da Terra.

? *Por que as fotossínteses de C_4 e MAC são energeticamente mais dispendiosas do que a fotossíntese de C_3? Qual condição climática favoreceria as plantas C_4 e MAC?*

CONCEITO 10.6

Revisando: a fotossíntese é essencial para a vida na Terra (p. 206-209)

- Os compostos orgânicos produzidos pela fotossíntese fornecem a energia e o material constituinte para os ecossistemas da Terra.

? *Como as plantas utilizam os produtos da fotossíntese?*

TESTE SEU CONHECIMENTO

Níveis 1-2: Relembre/Entenda

1. As reações luminosas da fotossíntese suprem o ciclo de Calvin com
   (A) energia luminosa.
   (B) CO_2 e ATP.
   (C) H_2O e NADPH.
   (D) ATP e NADPH.

2. Qual sequência representa corretamente o fluxo de elétrons durante a fotossíntese?
   (A) NADPH → O_2 → CO_2
   (B) H_2O → NADPH → ciclo de Calvin
   (C) H_2O → fotossistema I → fotossistema II
   (D) NADPH → cadeia de transporte de elétrons → O_2

3. Qual é a semelhança entre a fotossíntese nas plantas C_4 e nas plantas MAC?
   (A) Em ambas, somente o fotossistema I é utilizado.
   (B) Os dois tipos de plantas produzem açúcar sem o ciclo de Calvin.
   (C) Em ambos os casos, a rubisco não é utilizada para a fixação inicial do carbono.
   (D) Os dois tipos de plantas produzem a maior parte do açúcar no escuro.

4. Qual das seguintes afirmações é correta em relação à distinção entre autótrofos e heterótrofos?
   (A) Autótrofos, mas não heterótrofos, conseguem nutrir-se utilizando inicialmente CO_2 e outros nutrientes inorgânicos.
   (B) Somente os heterótrofos necessitam de compostos químicos do ambiente.
   (C) Somente os heterótrofos têm respiração celular.
   (D) Somente os heterótrofos têm mitocôndrias.

5. Qual das seguintes alternativas ocorre durante o ciclo de Calvin?
   (A) Fixação de carbono
   (B) Redução de $NADP^+$
   (C) Produção de oxigênio
   (D) Geração de CO_2

Níveis 3-4: Aplique/Analise

6. Quanto ao mecanismo, a fotofosforilação é mais similar à
   (A) fosforilação em nível de substrato na glicólise.
   (B) fosforilação oxidativa na respiração celular.
   (C) fixação de carbono.
   (D) redução de $NADP^+$.

7. Qual processo é mais diretamente impulsionado pela energia luminosa?
   (A) Formação de um gradiente de pH pelo bombeamento de prótons através da membrana do tilacoide
   (B) Redução de moléculas de $NADP^+$
   (C) Transferência de energia de uma molécula de pigmento para outra
   (D) Síntese de ATP

Níveis 5-6: Avalie/Crie

8. **CIÊNCIA, TECNOLOGIA E SOCIEDADE** Evidências científicas indicam que o CO_2 adicionado à atmosfera pela queima da madeira e de combustíveis fósseis está contribuindo para o aquecimento global, elevando a temperatura do planeta. Estima-se que as florestas pluviais tropicais sejam responsáveis por aproximadamente 20% da fotossíntese global. Contudo, considera-se que o consumo de grandes quantidades de CO_2 pelas árvores resulte em pouca ou nenhuma contribuição *líquida* para a redução do aquecimento global. Explique por que isso acontece. (*Dica*: quais processos produzem CO_2 nas árvores vivas e mortas?)

9. **CONEXÃO EVOLUTIVA** A fotorrespiração pode reduzir em cerca de 50% a produtividade fotossintética da soja. Você esperaria um valor maior ou menor nos parentes selvagens da soja? Por quê?

10. **PESQUISA CIENTÍFICA · DESENHE** O diagrama a seguir representa um experimento com tilacoides isolados. Os tilacoides foram inicialmente acidificados por imersão em solução de pH 4. Após o interior dos tilacoides atingirem o pH 4, eles foram transferidos para uma solução alcalina de pH 8. Então, os tilacoides produziram ATP no escuro. (Revise sobre o pH no Conceito 3.3.)

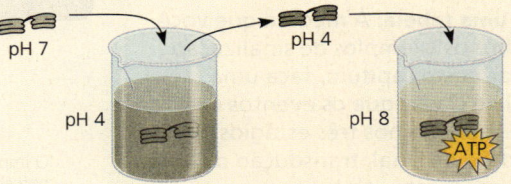

Desenhe uma parte ampliada da membrana do tilacoide do frasco com a solução de pH 8. Desenhe a ATP-sintase. Identifique as áreas onde a concentração de H^+ é maior e onde é menor. Mostre a direção do fluxo de prótons pela enzima e a reação em que o ATP é sintetizado. O ATP seria formado dentro do tilacoide ou fora dele? Explique por que os tilacoides no experimento foram capazes de produzir ATP no escuro.

11. **ESCREVE SOBRE UM TEMA: ENERGIA E MATÉRIA** Em um texto sucinto (100-150 palavras), descreva como a fotossíntese transforma a energia luminosa em energia química de moléculas de açúcar.

12. **SINTETIZE SEU CONHECIMENTO**

A "neve de melancia" na Antártica é causada por uma certa espécie de alga verde fotossintetizante que prospera a temperaturas abaixo de zero (*Chlamydomonas nivalis*). Essas algas também são encontradas o ano todo nos campos de gelo de alta altitude. Em ambos os locais, os níveis de UV tendem a ser elevados. Por que essas algas parecem ser rosadas?

Ver respostas selecionadas no Apêndice A.

11 Comunicação celular

CONCEITOS-CHAVE

11.1 Sinais externos são convertidos em respostas dentro da célula *p. 213*

11.2 Recepção de sinal: uma molécula sinalizadora liga-se a um receptor, causando mudança na sua forma *p. 217*

11.3 Transdução de sinal: cascatas de interações moleculares transmitem sinais a partir dos receptores para moléculas de transmissão na célula *p. 221*

11.4 Resposta celular: a sinalização celular induz regulação da transcrição ou de atividades citoplasmáticas *p. 226*

11.5 A apoptose requer a integração de múltiplas vias de sinalização celular *p. 229*

Dica de estudo

Faça uma tabela: À medida que você lê sobre os exemplos de sinalização celular neste capítulo, faça uma tabela e classifique os eventos de cada exemplo nos três estágios: recepção de sinal, transdução de sinal e resposta celular.

Exemplo de sinalização celular	Recepção de sinal	Transdução de sinal	Resposta celular
Adrenalina	Adrenalina se liga a receptor da superfície celular	Cada molécula transmissora ativa a próxima molécula.	Uma enzima é ativada e quebra o glicogênio em glicose para energia usada em "luta ou fuga".

Figura 11.1 Este impala está em fuga pela sua vida, correndo para escapar do predador chita em seus calcanhares. O impala está respirando rápido, seu coração está em disparada e suas pernas trabalham intensamente. Essas funções fisiológicas compõem a resposta de "luta ou fuga" do impala, controlada por hormônios liberados a partir das glândulas adrenais no momento de estresse – nesse caso, após perceber a chita.

Como a sinalização celular fornece combustível para a fuga desesperada de um impala?

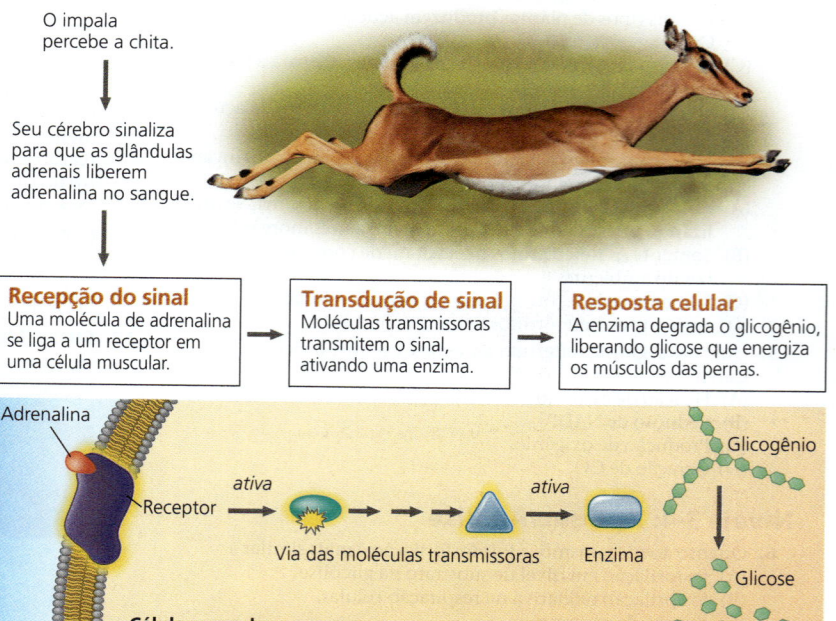

CONCEITO 11.1

Sinais externos são convertidos em respostas dentro da célula

Os cientistas acreditam que os primeiros mecanismos de sinalização se desenvolveram há centenas de milhões de anos nos procariotos ancestrais e eucariotos unicelulares e, depois, foram adotados para novos usos pelos seus descendentes multicelulares. Então, vamos começar considerando a sinalização em alguns exemplos de organismos unicelulares: bactérias e leveduras.

Evolução da sinalização celular

EVOLUÇÃO Pesquisas durante a década de 1970 sugeriram que as células bacterianas – algo surpreendente, uma vez que são organismos unicelulares – eram capazes de sinalizar umas às outras. Desde então, passamos a compreender que a sinalização celular é essencial entre os procariotos. As células bacterianas secretam moléculas que podem ser detectadas por outras células bacterianas **(Figura 11.2)**. A percepção da concentração dessas moléculas sinalizadoras permite que a bactéria monitore sua própria densidade celular local, fenômeno chamado *percepção de quórum* (em inglês, *quorum sensing*).

A percepção de quórum permite que as populações bacterianas coordenem o comportamento de todas as células em uma população em atividades que requerem uma determinada densidade de células agindo ao mesmo tempo. Um exemplo é a formação de um *biofilme*, uma agregação de células bacterianas ligadas a uma superfície por moléculas secretadas pelas células, mas somente depois que as células atingirem uma certa densidade. O biofilme protege as células nele, e elas geralmente obtêm suas necessidades nutricionais a partir da superfície onde elas estão. Acredita-se que os biofilmes estejam envolvidos em até 80% de todas as infecções bacterianas em humanos. É provável que você já tenha encontrado biofilmes muitas vezes, talvez sem perceber. A cobertura pegajosa sobre troncos ou folhas caídos em uma trilha na floresta, e até mesmo o filme sobre os seus dentes a cada manhã são exemplos de biofilmes bacterianos. (De fato, a escovação dos dentes e o uso de fio dental desfazem os biofilmes que, de outra forma, poderiam causar cáries e doenças gengivais.)

Outro exemplo de comportamento bacteriano coordenado pela percepção de quórum é a secreção de toxinas por bactérias infecciosas, o que tem implicações médicas graves. Algumas vezes, o tratamento com antibióticos não funciona com essas infecções por causa da resistência a antibióticos que se desenvolveu em uma determinada cepa bacteriana. Um tratamento alternativo promissor seria interromper a produção de toxinas por meio da interferência nas vias de sinalização usadas na percepção de quórum. No **Exercício de resolução de problemas**, você pode participar do processo de pensamento científico envolvido nessa abordagem inovadora.

Agora vamos ver um exemplo de sinalização celular em leveduras (fungos unicelulares). As células de leveduras *Saccharomyces cerevisiae* – utilizadas na produção de pão, vinho e cerveja – identificam seus parceiros sexuais por meio de sinalização química quando elas reproduzem sexualmente. Existem dois sexos, ou tipos de acasalamento, chamados **a** e **α (Figura 11.3)**. Cada tipo secreta fatores específicos que

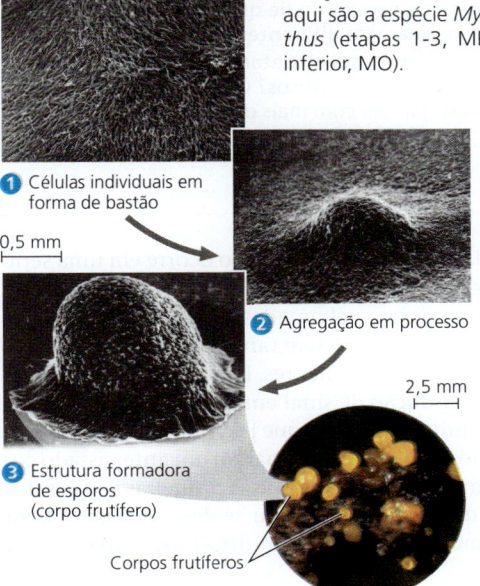

▼ **Figura 11.2 Comunicação entre as bactérias.** As bactérias residentes no solo chamadas mixobactérias ("bactérias deslizantes") utilizam sinais químicos para compartilhar informações em relação à disponibilidade de nutrientes. Quando a alimentação é escassa, a célula que necessita de alimento secreta uma molécula sinalizadora que estimula as células vizinhas a se agregarem. As células formam uma estrutura, chamada de corpo frutífero, que produz esporos, células de paredes grossas capazes de sobreviver até que o meio se restabeleça. As mixobactérias mostradas aqui são a espécie *Myxococcus xanthus* (etapas 1-3, MEV; fotografia inferior, MO).

① Células individuais em forma de bastão
0,5 mm
② Agregação em processo
2,5 mm
③ Estrutura formadora de esporos (corpo frutífero)
Corpos frutíferos

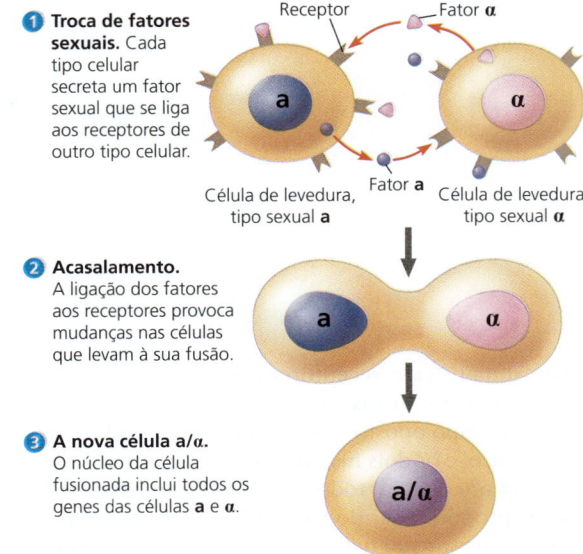

① **Troca de fatores sexuais.** Cada tipo celular secreta um fator sexual que se liga aos receptores de outro tipo celular.

② **Acasalamento.** A ligação dos fatores aos receptores provoca mudanças nas células que levam à sua fusão.

③ **A nova célula a/α.** O núcleo da célula fusionada inclui todos os genes das células **a** e **α**.

▲ **Figura 11.3 Comunicação entre células de levedura em acasalamento.** As células de *Saccharomyces cerevisiae* utilizam sinalização química para identificar células de tipo de acasalamento oposto e iniciar o processo de acasalamento. Os dois tipos de acasalamento e suas moléculas de sinalização química correspondentes, ou fatores de acasalamento, são chamados **a** e **α**.

EXERCÍCIO DE RESOLUÇÃO DE PROBLEMAS

Uma lesão de pele pode tornar-se mortal?

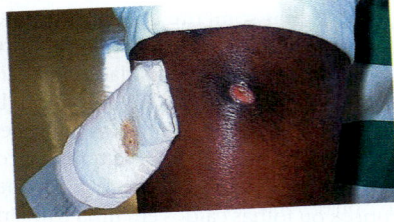

Staphylococcus aureus é uma espécie comum de bactéria encontrada na superfície da pele saudável que pode se tornar um perigoso patógeno se introduzida no tecido por um corte ou abrasão. Uma vez que as células de *S. aureus* entram no corpo e alcançam certa densidade, elas secretam uma toxina que mata as células do corpo e contribuem significativamente para inflamação e dano. Como cerca de 1 a cada 100 pessoas carrega uma cepa de *S. aureus* resistente a antibióticos comuns, uma mínima infecção pode tornar-se danosa ou até mesmo fatal.

As células percebem a densidade da sua própria população pela percepção de quórum, e, em certa densidade, elas começam a secretar toxinas. Neste exercício, você analisará se o bloqueio da percepção de quórum pode impedir *S. aureus* de produzir a toxina.

Sua abordagem Em *S. aureus*, a percepção de quórum envolve duas vias de transdução de sinal separadas. Foram propostos dois peptídeos sintéticos candidatos (proteínas curtas), chamados peptídeos 1 e 2, para interferir nas vias de percepção de quórum de *S. aureus*. Seu trabalho é testar cada inibidor da percepção de quórum em potencial para verificar se ele bloqueia uma das vias, ou ambas, que leva à produção da toxina.

Para o seu experimento, cultive quatro culturas de *S. aureus* até uma densidade alta padrão e meça a concentração da toxina na cultura. A cultura-controle não contém peptídeos. As outras culturas têm um ou ambos os candidatos de peptídeos inibidores misturados no meio de cultura antes do início dos cultivos.

Seus dados

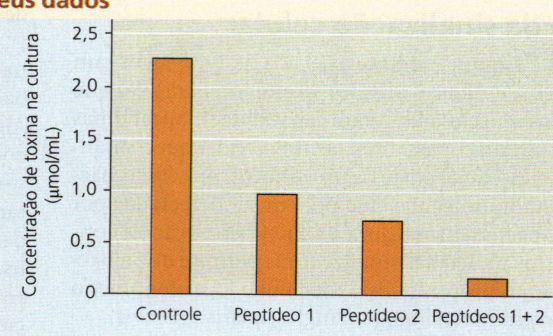

Dados de N. Balaban et al., Treatment of *Staphylococcus aureus* biofilm infection by the quorum-sensing inhibitor RIP, *Antimicrobial Agents and Chemotherapy* 51(6): 2226-2229 (2007).

Sua análise

1. Classifique as culturas de acordo com a produção de toxinas, de mais para menos.
2. Qual das culturas (se houver alguma) com peptídeo(s) resultou em uma concentração de toxina similar à cultura-controle? Qual é a evidência para isso?
3. Existiu um efeito aditivo na produção de toxina quando ambos os peptídeos, 1 e 2, estavam presentes no meio de cultura? Qual é a sua evidência para isso?
4. Com base nesses dados, você poderia supor que os peptídeos 1 e 2 atuam na mesma via de percepção de quórum que leva à produção de toxina ou em duas vias diferentes? Explique.
5. Esses dados sugerem um possível tratamento para as infecções por *S. aureus* resistente a antibióticos? O que mais você gostaria de saber para investigar isso com mais detalhes?

---

se ligam somente aos receptores do outro tipo de célula. Quando exposto a outros fatores de acasalamento, um par de células do tipo oposto altera seu formato, cresce em direção ao outro, e os dois fusionam-se (acasalamento). Uma nova célula **a**/α contém todos os genes de ambas as células originais, proporcionando vantagens para as células descendentes, que surgem nas divisões celulares seguintes.

A combinação única entre o fator de acasalamento e o receptor é fundamental para assegurar o acasalamento apenas entre células da mesma espécie de levedura. Como a ligação de um fator de acasalamento pelo receptor de superfície da célula de levedura inicia um sinal que provoca a resposta celular do acasalamento? Isso ocorre em uma série de três etapas principais – recepção de sinal, transdução de sinal e resposta celular –, chamadas de *via de transdução de sinal*. Muitas dessas vias existem tanto nos organismos unicelulares como nos multicelulares. De fato, os detalhes moleculares da transdução de sinal em leveduras e mamíferos são bastante similares, mesmo que já tenha passado mais de 1 bilhão de anos desde que partilharam um antepassado comum. Essa similaridade sugere que as primeiras versões dos mecanismos de sinalização celular se desenvolveram bem antes dos primeiros organismos multicelulares aparecerem na Terra.

Sinalização local e de longa distância

Semelhantemente às bactérias ou às células de levedura, as células nos organismos multicelulares se comunicam via moléculas de sinalização endereçadas para células imediatamente adjacentes ou não. Como vimos nos Conceitos 6.7 e 7.1, as células eucarióticas podem se comunicar pelo contato direto, que é um tipo de sinalização local. Muitas células animais e vegetais possuem junções celulares que conectam diretamente o citoplasma das células adjacentes **(Figura 11.4a)**. Nesses casos, as substâncias sinalizadoras dissolvidas no citosol podem passar entre as células vizinhas. Além disso, algumas células animais podem se comunicar pelo contato direto entre as moléculas da superfície celular, como mostrado na **Figura 11.4b**. Esse tipo de sinalização local é especialmente importante no desenvolvimento embrionário, na resposta imune e na manutenção da população de células-tronco adultas.

Em muitos outros casos de sinalização local, moléculas de sinalização são secretadas pela célula sinalizadora. Algumas moléculas viajam apenas distâncias curtas; esses reguladores locais influenciam as células da vizinhança. Esse tipo de sinalização local nos animais é chamado de *sinalização parácrina* **(Figura 11.5a)**. Uma classe de reguladores locais nos animais, os *fatores de crescimento*, consistem em compostos que estimulam as células-alvo vizinhas para o crescimento e a divisão. Diversas células podem simultaneamente receber e responder aos fatores de crescimento produzidos por uma única célula na sua vizinhança.

Outro tipo mais especializado de sinalização local, chamado de *sinalização sináptica*, ocorre no sistema nervoso animal **(Figura 11.5b**; ver Conceito 48.4). Um sinal elétrico ao longo de uma célula nervosa dispara a secreção de moléculas neurotransmissoras. Essas moléculas atuam como sinais químicos e se difundem por meio da sinapse – o espaço estreito entre uma célula nervosa e sua célula-alvo –, disparando

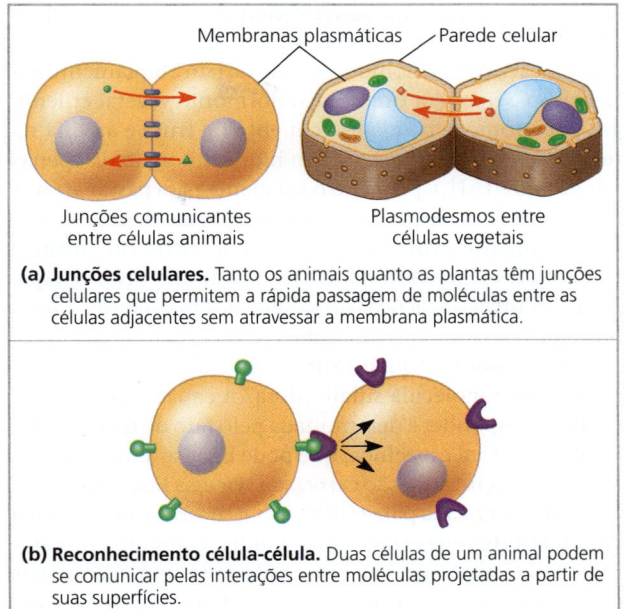

▲ **Figura 11.4 Comunicação que requer contato entre as células.**

uma resposta na célula-alvo. Fármacos para o tratamento da depressão, da ansiedade e do transtorno de estresse pós-traumático (TEPT) afetam esse processo de sinalização.

Tanto os animais quanto as plantas utilizam moléculas chamadas **hormônios** para a sinalização à distância. Na sinalização hormonal nos animais, também conhecida como *sinalização endócrina*, células especializadas liberam hormônio, que são levadas pelo sistema circulatório a outras partes do corpo, onde alcançam células-alvo que podem reconhecer e responder aos hormônios **(Figura 11.5c)**.

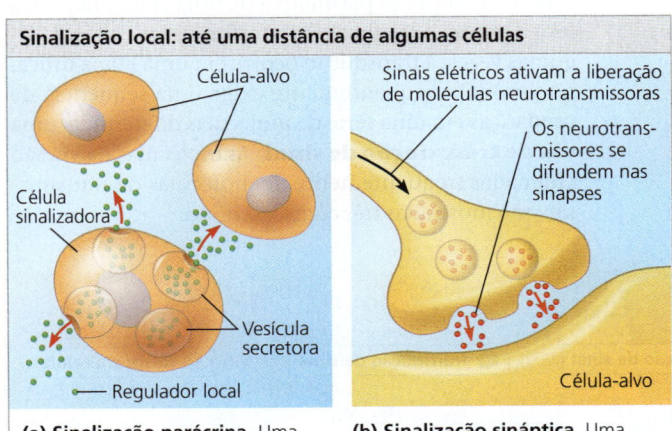

▲ **Figura 11.5 Sinalização celular local e de longa distância por moléculas secretadas em animais.** Em ambas as sinalizações, local e de longa distância, somente células-alvo específicas que podem reconhecer uma dada molécula sinalizadora responderão a elas.

Muitos hormônios vegetais alcançam alvos distantes viajando pelas células (ver Conceito 39.2). Assim como os reguladores locais, os hormônios vegetais variam amplamente em tamanho e tipo. Por exemplo, o hormônio vegetal etileno, gás que promove o amadurecimento da fruta e auxilia na regulação do crescimento, é um hidrocarboneto de apenas seis átomos (C_2H_4), pequeno o suficiente para passar através das paredes celulares. (Pequenas moléculas de sinalização provavelmente evoluíram muito cedo entre organismos unicelulares.) Em contrapartida, o hormônio insulina, que regula os níveis de açúcar no sangue dos mamíferos, é uma proteína com milhares de átomos.

O que acontece quando uma célula-alvo potencial é exposta a uma molécula sinalizadora? A capacidade de uma célula de responder é determinada pelo fato de ter uma molécula receptora específica, que pode ligar-se à molécula sinalizadora. A informação carregada por essa ligação, o sinal, deve ser modificada para outra forma – transduzida – dentro da célula antes que ela possa responder. O restante do capítulo discute esse processo, principalmente como ocorre nas células animais. (Duas proteínas da via de sinalização são mostradas no seu contexto celular na Figura 6.32a.)

Visão geral: os três estágios da sinalização celular

Nossos conhecimentos atuais de como as moléculas sinalizadoras atuam por meio das vias de transdução de sinal têm origem no trabalho pioneiro de Earl W. Sutherland, que, por sua pesquisa, recebeu o Prêmio Nobel em 1971. O grupo de pesquisadores de Sutherland, na Universidade de Vanderbilt, estava investigando como o hormônio animal adrenalina (também conhecido como epinefrina) dispara a resposta "luta ou fuga" em animais como o impala na Figura 11.1. Um efeito da adrenalina é a mobilizar reservas energéticas, que podem ser utilizadas pelo animal para se defender (luta) ou para tentar escapar (fuga). A adrenalina estimula a quebra do polissacarídeo de armazenamento, glicogênio, dentro das células hepáticas e das células do músculo esquelético. A quebra do glicogênio libera o açúcar glicose-1-fosfato, que a célula converte em glicose-6-fosfato. Então, a célula hepática ou muscular pode usar esse composto intermediário inicial na glicólise para a produção de energia (ver Figura 9.8). De forma alternativa, o composto pode ser separado do fosfato e liberado a partir da célula hepática para dentro de um vaso sanguíneo na forma de glicose, podendo abastecer células por todo o corpo.

Mas como, exatamente, a adrenalina mobiliza a glicose para uso? O grupo de pesquisadores de Sutherland descobriu que a adrenalina fora da célula estimula a quebra de glicogênio pela ativação, de algum modo, da enzima glicogênio-fosforilase dentro da célula. Entretanto, quando a adrenalina era adicionada a uma solução contendo a enzima e seu substrato, glicogênio, a quebra não ocorria. A glicogênio-fosforilase somente era ativada pela adrenalina quando o hormônio era adicionado às células intactas. Esse resultado mostrou a Sutherland duas coisas. Primeiro: a adrenalina não interage diretamente com a enzima responsável pela quebra do glicogênio; uma etapa intermediária ou uma série de etapas devem ocorrer devem ocorrer necessariamente na célula. Segundo: uma célula intacta envolta por membrana deve estar presente para que a transmissão do sinal ocorra.

Os trabalhos de Sutherland sugeriram que os processos para o recebimento final de uma comunicação celular podem ser separados em três estágios: recepção de sinal, transdução de sinal e resposta celular **(Figura 11.6)**:

① **Recepção de sinal.** A recepção é a detecção nas células-alvo de uma molécula sinalizadora que vem do lado de fora da célula. Um sinal químico é "detectado" quando a molécula sinalizadora se liga a uma proteína receptora localizada na superfície da célula (ou no interior da célula, conforme discutido posteriormente).

② **Transdução de sinal.** A ligação da molécula sinalizadora altera a proteína receptora de alguma maneira, iniciando o processo de transdução. O estágio de transdução converte o sinal para uma forma que pode ocasionar uma resposta celular específica. No sistema de Sutherland, a ligação da adrenalina à proteína receptora na membrana plasmática de uma célula hepática leva à ativação da glicogênio-fosforilase no citosol. Algumas vezes, a transdução ocorre em uma etapa única, porém mais frequentemente exige uma sequência de mudanças em uma série de moléculas diferentes – uma **via de transdução de sinal**. As moléculas na via são chamadas frequentemente de moléculas de transmissão; são mostradas três como exemplo.

▶ **Figura 11.6 Resumo da sinalização celular.** A partir da perspectiva da célula recebendo a mensagem, a sinalização celular pode ser dividida em três estágios: recepção de sinal, transdução de sinal e resposta celular. Quando a recepção ocorre na membrana plasmática, como mostrado aqui, o estágio de transdução é comumente uma via de várias etapas (três são mostradas como exemplo), com cada molécula de transmissão na via conduzindo a uma mudança na próxima molécula. A molécula final na via é que dispara a resposta celular.

HABILIDADES VISUAIS *Como a adrenalina no experimento de Sutherland se adapta neste diagrama de sinalização celular?*

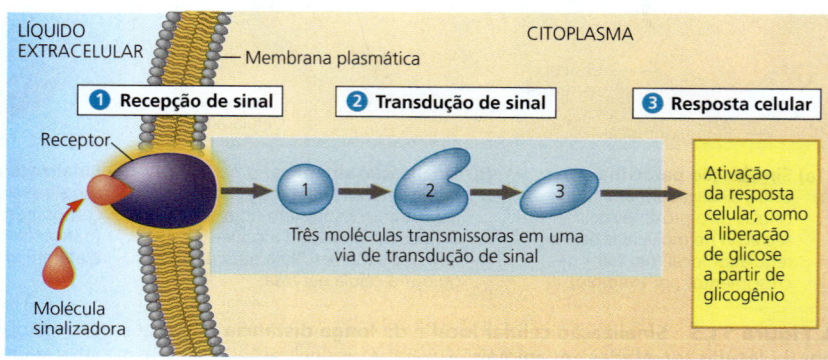

③ **Resposta celular.** O sinal transduzido finalmente dispara uma resposta celular específica. A resposta pode ser qualquer atividade celular imaginável – como catálise por uma enzima (p. ex., a glicogênio-fosforilase), rearranjo do citoesqueleto ou ativação de genes específicos no núcleo. O processo de sinalização celular ajuda a assegurar que atividades cruciais semelhantes a essas ocorram nas células corretas, no momento certo, devidamente coordenadas com outras células do organismo. Agora, exploraremos os mecanismos da sinalização celular em mais detalhes, incluindo uma discussão sobre a regulação e a terminação do processo.

REVISÃO DO CONCEITO 11.1

1. Explique como a sinalização garante a fusão das células de levedura apenas com células do tipo de acasalamento oposto.
2. Nas células hepáticas, a glicogênio-fosforilase atua em qual dos três estágios da via de sinalização associado a um sinal inicializado de adrenalina?
3. **E SE?** Se a adrenalina é misturada com a glicogênio-fosforilase e o glicogênio em uma mistura livre de células em um tubo de ensaio, forma-se glucose-1-fosfato? Por quê?

Ver as respostas sugeridas no Apêndice A.

CONCEITO 11.2

Recepção de sinal: uma molécula sinalizadora liga-se a um receptor, causando mudança na sua forma

Um roteador sem fio pode transmitir seu sinal de rede indiscriminadamente, mas somente computadores com a senha correta podem se conectar a ele: a recepção do sinal depende do receptor. De modo semelhante, os sinais emitidos por uma célula de levedura de tipo de acasalamento **a** são "escutados" apenas por possíveis parceiras, células α. No caso da adrenalina que circula pela corrente sanguínea do impala na Figura 11.1, o hormônio encontra vários tipos de células; porém, apenas algumas células-alvo detectam e respondem à molécula de adrenalina – aquelas com a proteína receptora correspondente. A molécula sinalizadora é complementar na forma a um sítio específico no receptor e se liga a esse sítio, como uma mão se encaixa em uma luva. A molécula sinalizadora comporta-se como **ligante**, o termo para uma molécula que se liga especificamente a outra molécula (frequentemente maior). As ligações do ligante induzem, em geral, mudanças conformacionais na proteína receptora. Para muitos receptores, essa mudança no formato ativa diretamente o receptor, possibilitando a interação com outras moléculas dentro ou sobre a célula. Para outros tipos de receptores, o efeito imediato da ligação ao ligante causa a agregação de duas ou mais proteínas receptoras, o que leva a futuros eventos moleculares dentro da célula. A maioria dos receptores de sinal são proteínas da membrana plasmática; entretanto, outros estão localizados dentro da célula. Discutiremos ambos a seguir.

Receptores na membrana plasmática

Os receptores transmembrana da superfície celular desempenham um papel crucial nos sistemas biológicos dos animais. A maior família de receptores da superfície celular em humanos é a dos receptores acoplados à proteína G (GPCRs, do inglês *G protein-coupled receptors*). Existem mais de 800 GPCRs; um exemplo está mostrado na **Figura 11.7**. Outro exemplo é o correceptor *hijacked* do vírus da imunodeficiência humana (HIV, do inglês *human immunodeficiency virus*) para entrar nas células imunes (ver Figura 7.8); este GPCR é o alvo do fármaco maraviroque, que tem mostrado algum sucesso no tratamento da síndrome da imunodeficiência adquirida (Aids, do inglês *acquired immunodeficiency syndrome*).

A maioria das moléculas hidrossolúveis se liga a sítios específicos nas proteínas receptoras transmembrana que transmitem informações a partir do meio extracelular para dentro da célula. Podemos ver como os receptores transmembrana trabalham, analisando os três tipos principais: GPCRs, receptores tirosina-cinase (RTKs, do inglês *receptor tyrosine kinases*) e receptores de canais iônicos. Esses receptores serão discutidos e ilustrados na **Figura 11.8**; estude essa figura antes de prosseguir.

Considerando as muitas funções importantes de receptores de superfície celular, não é de estranhar que os seus defeitos estejam associados a muitas doenças humanas, incluindo câncer, doenças do coração e asma. Para melhor compreender e tratar essas condições, um dos focos principais dos grupos de pesquisas em universidades e na indústria farmacêutica tem sido analisar a estrutura desses receptores.

Embora os receptores da superfície celular (metade dos quais são GPCRs) representem 30% de todas as proteínas humanas, determinar as suas estruturas por cristalografia de raios X (ver Figura 5.21) provou ser um desafio. Por um lado, os receptores de superfície celular tendem a ser flexíveis e

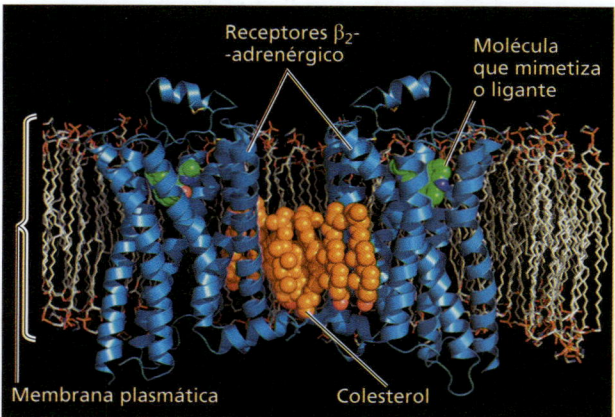

▲ **Figura 11.7 Estrutura de um receptor acoplado à proteína G (GPCR).** Este é o modelo do receptor humano β₂-adrenérgico, que se liga à epinefrina (adrenalina). O receptor foi cristalizado (discutido mais adiante nesta seção) na presença de uma molécula que mimetiza adrenalina (em verde no modelo) e colesterol na membrana (em laranja). Os dois receptores (em azul) são mostrados como modelos de fitas em uma visão lateral. A cafeína também pode se ligar a este receptor; ver questão 10 no final do capítulo.

▼ **Figura 11.8** **Explorando os receptores transmembrana da superfície celular**

Receptores acoplados à proteína G

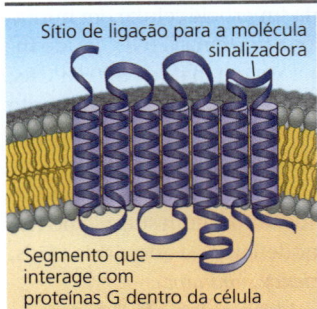

Receptor acoplado à proteína G

Um **receptor acoplado à proteína G** (GPCR) é um receptor de membrana plasmática que trabalha com a ajuda de uma **proteína G**, uma proteína que se liga a uma molécula de GTP rica em energia. Muitas moléculas sinalizadoras diferentes, incluindo o fator sexual em leveduras, a adrenalina e outros hormônios e neurotransmissores usam GPCR.

Esses receptores variam nos sítios de ligação tanto para moléculas sinalizadoras (também chamadas ligantes) como para diferentes proteínas G no interior da célula. Entretanto, proteínas GPCR são todas notavelmente similares em estrutura. Na verdade, elas formam uma grande família de receptores de proteínas eucarióticas com uma estrutura secundária na qual um único polipeptídeo, representado aqui em um modelo de fita, tem sete α-hélices atravessando a membrana, delineadas com cilindros e representadas em linha para maior compreensão. As voltas específicas entre as hélices (aqui, a alça à direita) formam sítios de ligação para a molécula sinalizadora (fora da célula) e proteínas G (no lado citoplasmático).

Sistemas sinalizadores acoplados à proteína G são extremamente difundidos e diversos em suas funções, incluindo funções no desenvolvimento embrionário e recepção sensorial. Em seres humanos, por exemplo, tanto a visão como o olfato dependem dessas proteínas (ver Conceito 50.4). Similaridades na estrutura entre proteínas G e GPCRs nos organismos modernos sugerem que as proteínas G e receptores associados se desenvolveram há muito tempo entre os eucariotos.

Defeitos na função das proteínas G estão envolvidos em muitas doenças humanas, incluindo infecções bacterianas. Bactérias que causam cólera, coqueluche e botulismo, entre outras, fazem as vítimas adoecerem pela produção de toxinas que interferem na função da proteína G. Até 60% de todos os medicamentos usados hoje exercem seus efeitos influenciando as vias da proteína G.

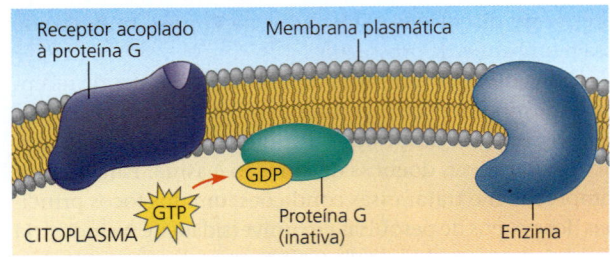

① Ligada de forma frouxa ao lado citoplasmático da membrana, a proteína G funciona como interruptor molecular ligado ou desligado, dependendo em qual dos dois nucleotídeos guanina está ligado, GDP ou GTP – por essa razão, o termo *proteína G* (GTP, ou guanosina-trifosfato, similar ao ATP). Quando o GDP está ligado à proteína G, como mostrado, a proteína G está inativa. O receptor e a proteína G trabalham juntos com outra proteína, comumente uma enzima.

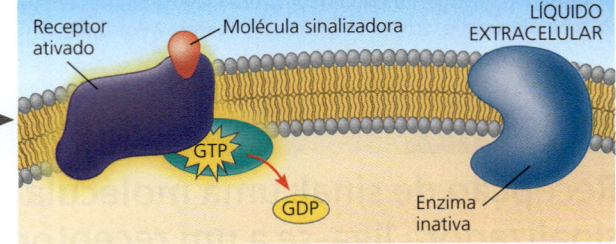

② Quando a molécula sinalizadora apropriada se liga na face extracelular do receptor, o receptor é ativado e muda de forma. Sua face citoplasmática se liga em seguida à proteína G inativa, com a GTP deslocando GDP e, desse modo, ativando a proteína G.

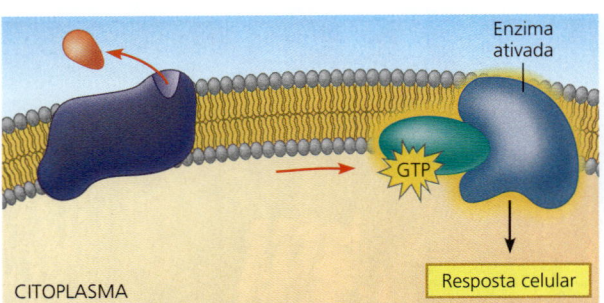

③ A proteína G ativada se dissocia do receptor, difunde-se ao longo da membrana e, então, se liga a uma enzima, alterando a atividade e a forma dela. Quando a enzima está ativada, ela pode disparar a próxima etapa em uma via levando a uma resposta celular. A ligação da molécula sinalizadora é reversível. Como os outros ligantes, elas se ligam e se dissociam várias vezes. A concentração do ligante fora da célula determina a frequência de ligação do ligante, levando à sinalização.

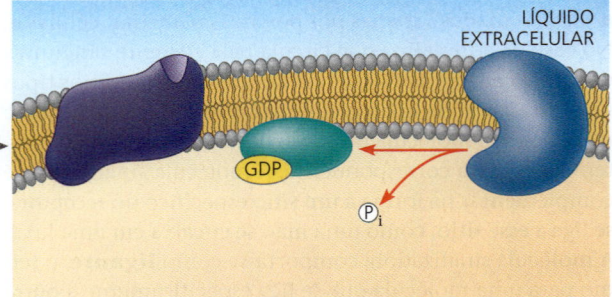

④ As mudanças na enzima e na proteína G são somente temporárias, pois a proteína G também funciona como enzima GTPase – em outras palavras, ela hidrolisa seu GTP ligado em GDP e P_i. Agora novamente inativa, a proteína G se separa da enzima, que retorna ao estado original. A proteína G agora está disponível para ser reutilizada. A função de GTPase da proteína G permite uma parada rápida na via quando a molécula sinalizadora não estiver mais presente.

Receptores tirosina-cinase

Os **receptores tirosina-cinases** (**RTKs**, *receptor tyrosine kinases*) pertencem à maior classe de receptores de membrana plasmática, caracterizada por apresentar atividade enzimática. Um RTK é uma *proteína-cinase* – uma enzima que catalisa a transferência de grupos fosfato do ATP para outra proteína. A parte do receptor proteico que se estende para o citoplasma funciona mais especificamente como uma tirosina-cinase, uma enzima que catalisa a transferência de um grupo fosfato do ATP para o aminoácido tirosina de um substrato proteico. Assim, os RTKs são receptores de membrana que ligam fosfatos a tirosinas.

Um RTK pode ativar dez ou mais vias de transdução e respostas celulares diferentes. Muitas vezes, mais do que uma via de transdução de sinal pode ser disparada de uma só vez, ajudando a célula a regular e a coordenar vários aspectos do crescimento celular e da reprodução celular. A capacidade de um único evento de ligação do ligante para desencadear diversas vias é a diferença fundamental entre RTKs e GPCRs, que geralmente ativam uma única via de transdução. Os RTKs anormais que funcionam mesmo na ausência de moléculas sinalizadoras estão associados com muitos tipos de câncer.

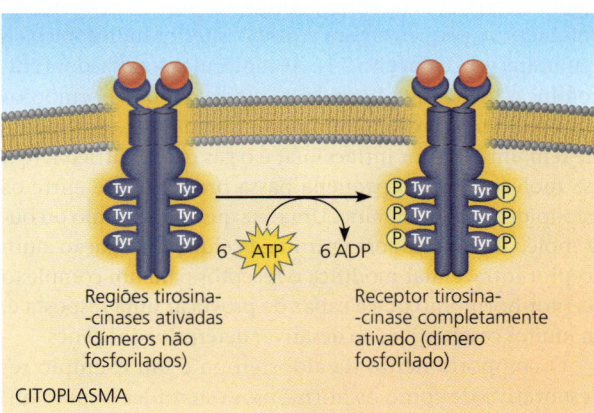

❶ Esta figura apresenta o desenho esquemático de muitos receptores tirosina-cinases. Antes da ligação da molécula de sinalização, os receptores saem como unidades individuais referidas como monômeros. Observe que cada um possui um sítio de ligação do ligante extracelular, uma α-hélice que atravessa a membrana e uma cauda intracelular contendo múltiplas tirosinas.

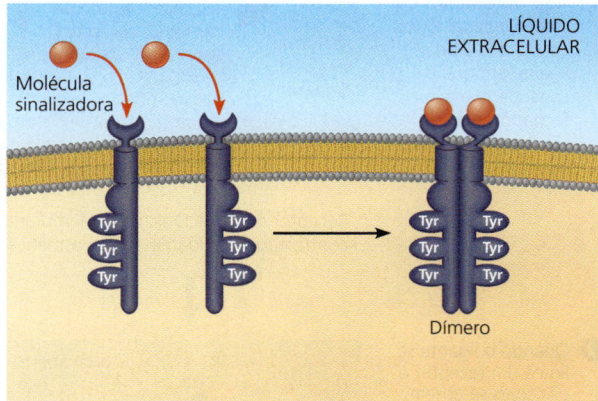

❷ A ligação de uma molécula de sinalização (p. ex., um fator de crescimento) causa a aproximação e a associação de dois monômeros, formando um complexo conhecido como dímero, em um processo denominado dimerização. (Em alguns casos, há formação de grandes complexos. Os detalhes da associação dos monômeros têm sido alvo de intensa pesquisa.)

❸ A dimerização ativa a região de tirosina-cinase de cada monômero. Cada tirosina-cinase adiciona um fosfato de uma molécula de ATP para uma tirosina da cauda do outro monômero.

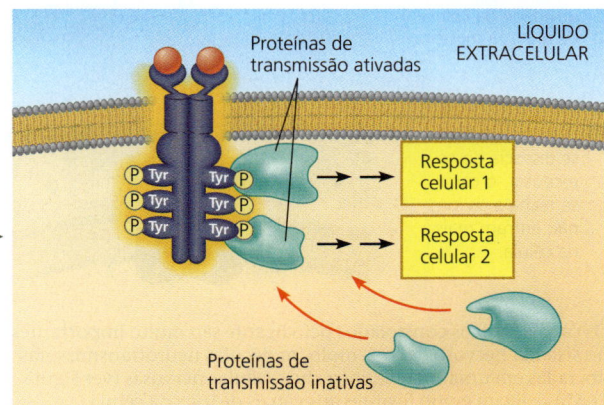

❹ Agora que o receptor está completamente ativado, ele é reconhecido por proteínas de transmissão específicas do interior da célula. Cada proteína se liga a uma tirosina fosforilada específica, sofrendo uma transformação estrutural que ativa a proteína ligada. Cada proteína ativada ativa uma via de transdução de sinais, levando à resposta celular.

Continua na próxima página

▼ Figura 11.8 (continuação)

Receptores canais iônicos

Um **canal iônico controlado por ligante** é um tipo de receptor de membrana contendo uma região que pode atuar como "portão" quando o receptor muda de conformação. Quando a molécula sinalizadora se liga como um ligante à proteína receptora, o portão se abre ou se fecha, permitindo ou bloqueando o fluxo de íons específicos, como Na^+ ou Ca^{2+}, no canal do receptor. Como outros receptores que discutimos, essas proteínas ligam o ligante a um sítio específico em suas faces extracelulares.

① Aqui, mostramos um receptor canal iônico controlado pelo ligante em que o canal permanece fechado até que um ligante se ligue ao receptor.

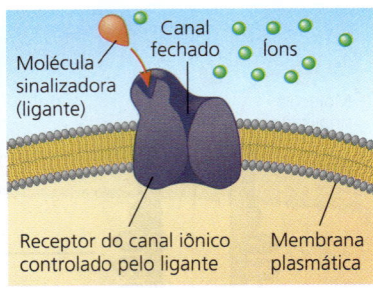

② Quando o ligante se liga a um receptor e os canais se abrem, íons específicos podem fluir pelo canal e mudar rapidamente a concentração desses íons particulares dentro da célula. Essa mudança pode afetar diretamente a atividade da célula de alguma maneira.

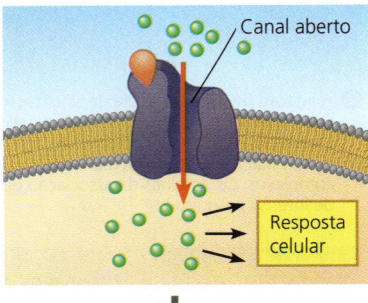

③ Quando o ligante se dissocia desse receptor, o canal se fecha e os íons não entram mais na célula.

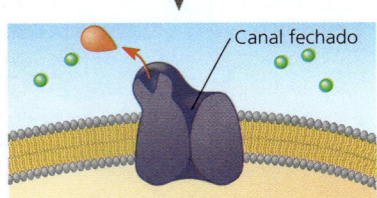

Os canais iônicos controlados pelo ligante são muito importantes no sistema nervoso. Por exemplo, moléculas neurotransmissoras liberadas em uma sinapse entre duas células nervosas (ver Figura 11.5b) se ligam como ligantes aos canais de íons na célula receptora, permitindo a abertura dos canais. Os íons entram (ou, em alguns casos, saem), disparando um sinal elétrico que se propaga ao longo da célula receptora. Alguns canais iônicos com portões são controlados por sinais elétricos, em vez de ligantes; esses canais iônicos controlados por voltagem também são cruciais para o funcionamento do sistema nervoso, como discutiremos no Capítulo 48. Alguns canais iônicos estão presentes na membrana das organelas, como no RE.

FAÇA CONEXÕES *O fluxo de íons pelos canais controlados por ligante é um exemplo de transporte ativo ou passivo? (Rever Conceitos 7.3 e 7.4.)*

inerentemente instáveis e, assim, difíceis de cristalizar. Foram necessários anos de esforços persistentes para os pesquisadores determinarem as primeiras estruturas, como a do GPCR mostrada na Figura 11.7. Nesse caso, o receptor β-adrenérgico foi estável suficientemente para ser cristalizado, apenas enquanto ele estava entre moléculas da membrana, em presença de uma molécula que mimetiza seu ligante. Técnicas mais novas que não requerem a cristalização, como a crio-ME (ver Figura 6.3), se mostraram promissoras na determinação da estrutura dos receptores da superfície celular.

O funcionamento anormal dos RTKs está associado a muitos tipos de câncer. Por exemplo, alguns pacientes com câncer de mama apresentam células tumorais com níveis excessivos de um RTK chamado de HER2 (ver Conceito 12.3 e Figura 18.27). Utilizando técnicas de biologia molecular, pesquisadores desenvolveram uma proteína chamada trastuzumabe, que se liga ao HER2 nas células e inibe a divisão celular, evitando a continuação do desenvolvimento do tumor. Em alguns estudos clínicos, o tratamento com trastuzumabe melhorou as taxas de sobrevida dos pacientes por mais de um terço. Um dos objetivos das pesquisas em curso nesses receptores de superfície celular e outras proteínas de sinalização celular é o desenvolvimento de tratamentos adicionais bem-sucedidos.

Receptores intracelulares

As proteínas receptoras intracelulares são encontradas no citoplasma ou no núcleo das células-alvo. Para alcançar esse receptor, uma molécula sinalizadora passa através da membrana plasmática da célula-alvo. Diversas moléculas sinalizadoras importantes podem fazer isso, porque são suficientemente hidrofóbicas ou pequenas para cruzar o interior hidrofóbico da membrana (ver Conceito 7.1). As moléculas sinalizadoras hidrofóbicas incluem os hormônios esteroides e os hormônios da tireoide dos animais. Outra molécula química sinalizadora que tem um receptor intracelular é o gás óxido nítrico (NO); essa molécula muito pequena passa prontamente entre os fosfolipídeos da membrana. Uma vez que o hormônio ou outra molécula sinalizadora entrou na célula, sua ligação a um receptor intracelular modifica o receptor para um complexo receptor-hormônio que é capaz de provocar uma resposta e, em muitos casos, ativar ou desativar determinados genes.

O comportamento da aldosterona é um exemplo representativo de como os hormônios esteroides trabalham. Esse hormônio é secretado por células da glândula adrenal (uma glândula que se localiza acima dos rins) e, então, viaja pelo sangue e entra em células por todo o corpo. Entretanto, a resposta ocorre apenas nas células renais, pois apenas elas contêm os receptores para aldosterona. Nessas células, o hormônio se liga à proteína receptora e a ativa. Com a aldosterona ligada, a forma ativa da proteína receptora entra no núcleo e ativa genes específicos que controlam o fluxo de água e sódio nas células dos rins, afetando, em última instância, o volume sanguíneo **(Figura 11.9)**.

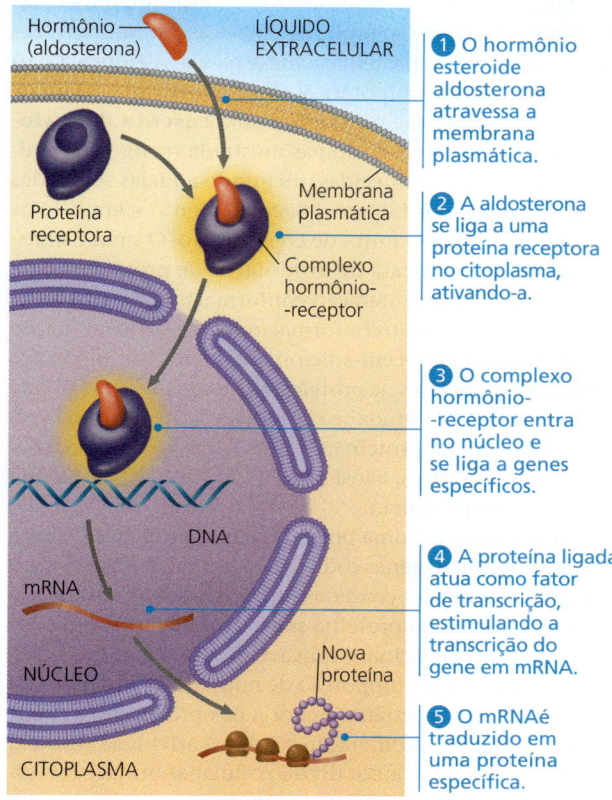

▲ **Figura 11.9** Hormônio esteroide interagindo com um receptor intracelular.

FAÇA CONEXÕES *Por que não é necessária uma proteína receptora de superfície celular para esse hormônio esteroide entrar na célula? (Ver Conceito 7.2.)*

Como o complexo do receptor de hormônio ativado ativa os genes? Lembre-se de que os genes no DNA de uma célula funcionam sendo transcritos e processados em RNA mensageiro (mRNA), que deixa o núcleo e é traduzido em proteínas específicas pelos ribossomos no citoplasma (ver Figura 5.22). Proteínas especiais chamadas de *fatores de transcrição* controlam quais genes serão ativados – isto é, quais genes serão transcritos em mRNA – em determinada célula, em dado momento. Quando o receptor de aldosterona é ativado, ele atua como um fator de transcrição que ativa genes específicos. (Você aprenderá mais sobre os fatores de transcrição nos Capítulos 17 e 18.)

Agindo como fator de transcrição, o próprio receptor de aldosterona realiza parte da via de sinalização, como receptor e transdutor. A maioria dos outros receptores intracelulares funciona da mesma maneira, embora muitos deles já estejam no núcleo antes que as moléculas sinalizadoras os alcancem (um exemplo é o receptor do hormônio da tireoide). Curiosamente, muitas dessas proteínas receptoras intracelulares são estruturalmente similares, sugerindo uma similaridade evolutiva.

REVISÃO DO CONCEITO 11.2

1. O fator de crescimento neuronal (NGF) é uma molécula sinalizadora hidrossolúvel. Você espera que o receptor para NGF seja intracelular ou da membrana plasmática? Explique.
2. **E SE?** Qual seria o efeito se uma célula produzisse receptores defectivos da proteína tirosina-cinase que fossem incapazes de dimerizar?
3. **FAÇA CONEXÕES** Qual é a similaridade entre a ligação do ligante e o processo de regulação alostérica de enzimas? (Ver Figura 8.20.)

Ver as respostas sugeridas no Apêndice A.

CONCEITO 11.3

Transdução de sinal: cascatas de interações moleculares transmitem sinais a partir dos receptores para moléculas de transmissão na célula

Quando receptores para moléculas sinalizadoras são proteínas da membrana plasmática, como a maioria daqueles que discutimos, o estágio da transdução da sinalização celular é normalmente uma via de várias etapas envolvendo muitas moléculas. As etapas frequentemente incluem a ativação de proteínas pela adição ou remoção de grupos fosfato ou a liberação de outras moléculas pequenas ou íons que atuam como moléculas sinalizadoras. Um dos benefícios de usar múltiplas etapas é que um sinal causado por um pequeno número de moléculas sinalizadoras pode ser bastante amplificado. Se cada molécula transmitir o sinal a diversas moléculas na próxima etapa da série, o resultado é um aumento geométrico no número de moléculas ativadas ao final da via (ver Figura 11.16). Um segundo benefício em usar vias de múltiplas etapas é que elas fornecem mais oportunidades para coordenação e controle do que sistemas mais simples. Isso permite uma regulação da resposta, como veremos adiante neste capítulo.

Vias de transdução de sinal

A ligação de uma molécula sinalizadora específica ao receptor na membrana plasmática desencadeia a primeira etapa na via de transdução de sinal – a cadeia de interações moleculares que leva a uma determinada resposta dentro da célula. Como um efeito dominó, o receptor ativado pelo sinal ativa outra molécula, que novamente ativa outra molécula, e assim por diante, até que a proteína que produz a resposta celular final seja ativada. As moléculas que transmitem um sinal a partir do receptor em direção à resposta, que neste livro chamamos de moléculas de transmissão, são muitas vezes proteínas. As interações entre proteínas são o principal tema da sinalização celular – na verdade, um tema unificador de todas as atividades celulares.

Tenha em mente que a molécula sinalizadora original não é fisicamente passada ao longo da via de sinalização; em muitos casos, ela nem mesmo entra na célula. Quando dizemos que o sinal é transmitido ao longo de uma rota, queremos dizer que certas informações são passadas adiante. Em cada etapa, o sinal é transduzido para uma forma diferente, comumente uma mudança conformacional na próxima proteína. Muito frequentemente, a mudança conformacional é ocasionada pela fosforilação.

Fosforilação e desfosforilação proteica

Nos capítulos anteriores, introduzimos o conceito de ativação de uma proteína pela adição de um ou mais grupos fosfato a ela (ver Figura 8.11a). Na Figura 11.8, vimos como a fosforilação está envolvida na ativação do RTK. De fato, a fosforilação das proteínas e seu reverso, a desfosforilação, são normalmente utilizadas nas células para regular a atividade proteica. O nome geral de uma enzima que transfere grupos fosfato de um ATP para uma proteína é **proteína-cinase**. Lembre-se de que um RTK é um tipo específico de proteína-cinase que fosforila tirosinas sobre o outro RTK em um dímero. Entretanto, a maioria das proteínas-cinase citoplasmáticas atua sobre proteínas diferentes delas mesmas. Outra distinção é que a maioria das proteínas-cinase citoplasmáticas fosforila um dos dois aminoácidos, serina ou treonina, em vez de uma tirosina. Essas serinas/treoninas-cinase estão amplamente envolvidas nas vias de sinalização em animais, plantas e fungos.

Muitas vias de transdução de sinal utilizam moléculas de transmissão que são proteína-cinase, e elas muitas vezes atuam sobre outras proteínas-cinase na via. A **Figura 11.10** descreve uma rota hipotética contendo duas proteínas-cinase diferentes que ocasionam uma **cascata de fosforilação**. A sequência de etapas mostrada na figura é similar a muitas rotas conhecidas, incluindo aquelas acionadas em leveduras pelos fatores de acasalamento e em células animais por muitos fatores de crescimento. O sinal é transmitido por uma cascata de fosforilação de proteínas, cada uma causando uma alteração conformacional na proteína fosforilada. A alteração conformacional resulta da interação dos grupos fosfato recém-adicionados com os aminoácidos carregados ou polares na proteína que está sendo fosforilada (ver Figura 5.14). A mudança conformacional, por sua vez, altera a função da proteína, muitas vezes ativando-a. (Porém, em alguns casos, a fosforilação, ao invés disso, *diminui* a atividade da proteína.)

Acredita-se que uma porcentagem significativa – cerca de 2% – dos nossos genes codifiquem proteínas-cinase. Uma única célula pode ter centenas de tipos diferentes, cada um específico para uma proteína substrato diferente. Em conjunto, as proteínas-cinase provavelmente regulam a atividade de uma grande proporção de milhares de proteínas na célula. Entre estas, estão a maioria das proteínas que, por sua vez, regulam a proliferação celular. A atividade anormal dessas cinases pode causar divisão celular anormal e contribuir para o desenvolvimento de câncer.

▶ **Figura 11.10 Cascata de fosforilação.** Em uma cascata de fosforilação, uma série de diferentes moléculas em uma via são fosforiladas em ordem, cada molécula adicionando um grupo fosfato na próxima, em linha. Neste exemplo, a fosforilação ativa cada molécula, e a desfosforilação a faz retornar à sua forma inativa. As formas ativas e inativas para cada proteína são representadas por formatos diferentes, para lembrar que essa ativação normalmente está associada com mudanças no formato molecular.

E SE? *O que aconteceria se uma mutação na proteína-cinase 2 a tornasse incapaz de ser fosforilada?*

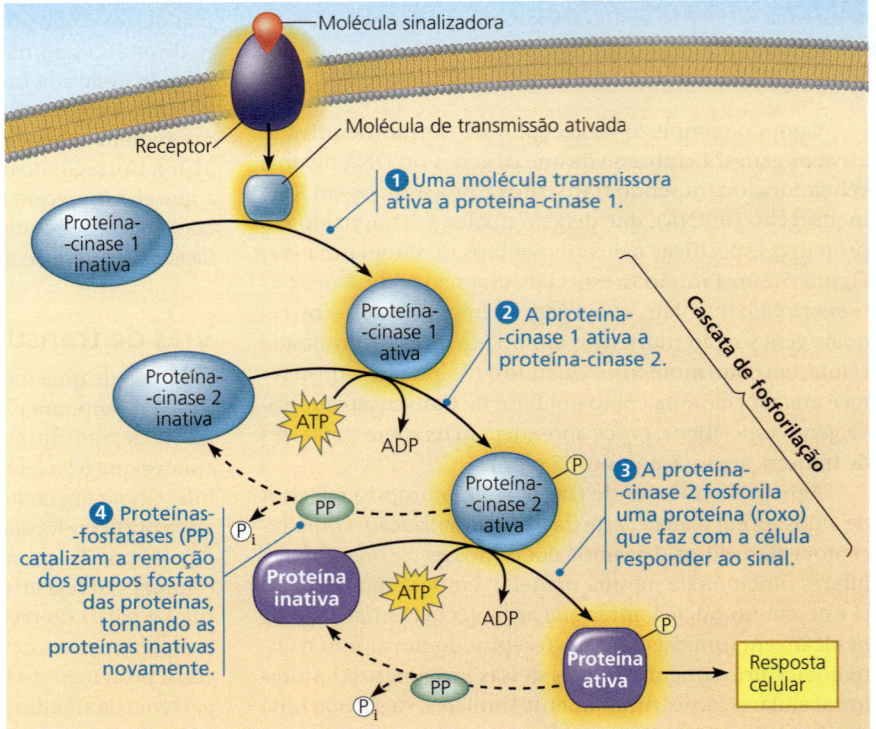

As **proteínas-fosfatases** são igualmente importantes na cascata de fosforilação – são enzimas que podem rapidamente remover grupos fosfato de proteínas, um processo chamado *desfosforilação*. Por meio da desfosforilação e consequente inativação das proteínas-cinase, as fosfatases proporcionam o mecanismo para desligar a via de transdução de sinal quando o sinal inicial não estiver mais presente. As fosfatases também tornam as proteínas-cinase disponíveis para a reutilização, possibilitando que a célula responda novamente a um sinal extracelular. O sistema de fosforilação/desfosforilação funciona como uma troca molecular na célula, ligando ou desligando atividades quando necessário. Em qualquer momento, a atividade de uma proteína regulada pela fosforilação depende do equilíbrio, na célula, entre moléculas-cinase ativas e moléculas-fosfatase ativas.

Pequenas moléculas e íons como segundos mensageiros

Nem todos os componentes das vias de transdução de sinais são proteínas. Muitas vias de sinalização envolvem também pequenas moléculas não proteicas, hidrossolúveis ou íons, chamados de **segundos mensageiros**. (O "primeiro mensageiro" da via é considerado uma molécula sinalizadora extracelular – o ligante – que se liga ao receptor da membrana.) Como eles são pequenos e hidrossolúveis, podem se espalhar prontamente por regiões da célula por difusão. Por exemplo, como veremos brevemente, um segundo mensageiro chamado de AMP cíclico carrega o sinal iniciado pela adrenalina na membrana plasmática da célula hepática ou muscular para o interior dessas células, onde o sinal finalmente promove a quebra do glicogênio. Os segundos mensageiros participam das rotas iniciadas pelos GPCRs e por RTKs. Os dois segundos mensageiros mais comuns são o AMP cíclico e os íons cálcio, Ca^{2+}. Uma ampla variedade de proteínas de transmissão responde a alterações na concentração citosólica de um ou outro desses segundos mensageiros.

AMP cíclico

Tendo descoberto que a adrenalina, de alguma forma, causa a quebra do glicogênio dentro das células, Earl Sutherland procurou por um segundo mensageiro que transmite o sinal da membrana plasmática para a maquinaria metabólica no citoplasma. Ele observou que a ligação da adrenalina ao GPCR na membrana plasmática resulta em um aumento na concentração citoplasmática de **AMP cíclico** (**AMPc**; monofosfato de adenosina cíclico), uma pequena molécula produzida a partir de ATP. Como mostrado na **Figura 11.11**, uma enzima embebida na membrana plasmática, **adenilil-ciclase** (também conhecida como adenilato-ciclase), converte o ATP em AMPc em resposta a um sinal extracelular – neste caso, fornecido pela adrenalina. Quando a adrenalina fora da célula se liga ao GPCR, ela inativa a proteína G, que, por sua vez, ativa a adenilato-ciclase. Então, a adenilato-ciclase pode catalisar a síntese de várias moléculas de AMPc. Desse modo, a concentração celular normal de AMPc pode ser aumentada em 20 vezes em poucos segundos. O AMPc transmite o sinal ao citoplasma. Esse processo não persiste por muito tempo na ausência do hormônio, porque uma enzima diferente, chamada fosfodiesterase, converte o AMPc em AMP. Outro pico de adrenalina é necessário para aumentar novamente a concentração citosólica de AMPc.

Pesquisas subsequentes revelaram que a adrenalina é somente um dentre os muitos hormônios e outras moléculas sinalizadoras que levam à ativação da adenilato-ciclase pelas proteínas G e à formação de AMPc **(Figura 11.12)**. O efeito imediato de uma elevação no nível de AMPc geralmente é a ativação de uma serina/treonina-cinase, chamada *proteína-cinase A*. A proteína-cinase A ativada em seguida fosforila várias outras proteínas, dependendo do tipo celular. (A via completa para a estimulação da adrenalina da quebra do glicogênio é mostrada adiante, na Figura 11.16.)

A regulação adicional do metabolismo celular é fornecida por outros sistemas de proteína G que *inibem* a adenilato-ciclase. Nesses sistemas, uma molécula sinalizadora

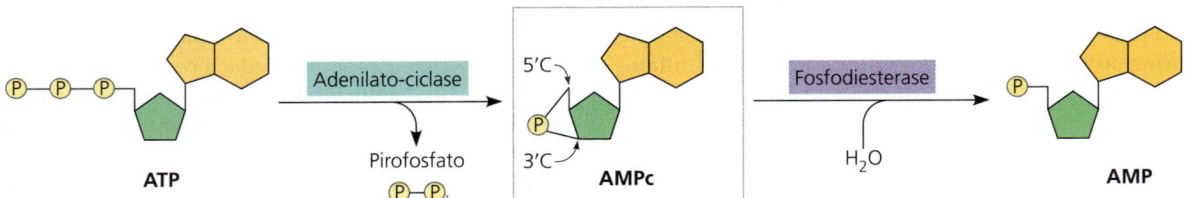

▲ **Figura 11.11 AMP cíclico.** O segundo mensageiro AMP cíclico (AMPc) é produzido a partir do ATP pela adenilato-ciclase, enzima embebida na membrana plasmática. O grupo fosfato no AMPc está ligado aos carbonos 5' e 3'; este arranjo cíclico do AMPc é a base para o nome da molécula. AMPc é inativado pela fosfodiesterase, uma enzima que o converte para AMP.

E SE? *O que aconteceria se uma molécula que inativou a fosfodiesterase fosse introduzida na célula?*

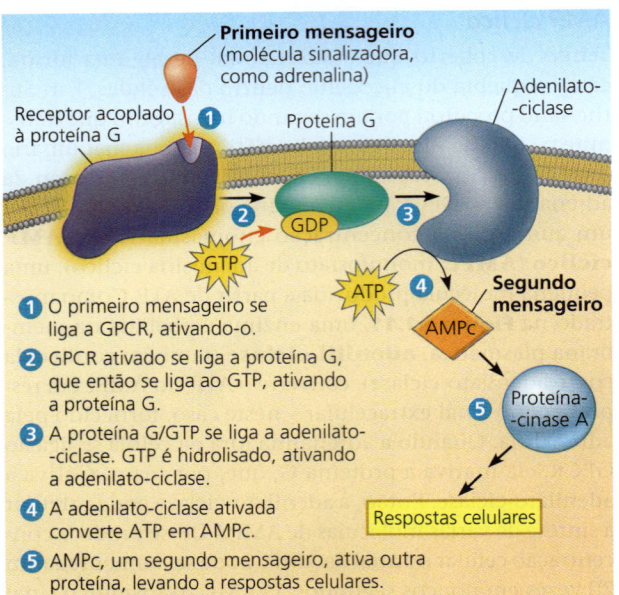

▲ **Figura 11.12** AMPc como segundo mensageiro em uma via de sinalização da proteína G.

DESENHE A bactéria que causa o cólera produz uma toxina que tranca a proteína G no seu estado ativado. Revise a Figura 11.8, então desenhe esta figura como ela seria se a toxina do cólera estivesse presente. (Você não precisa desenhar a molécula da toxina do cólera.)

diferente ativa um receptor diferente, que, por sua vez, ativa uma proteína G *inibidora* que bloqueia a ativação da adenilato-ciclase. As atividades celulares podem ser sintonizadas pelo equilíbrio entre esses sistemas.

Agora que conhecemos sobre o papel do AMPc nas vias de sinalização da proteína G, podemos explicar em detalhes moleculares como certos micróbios causam doenças. Considere o cólera, doença frequentemente epidêmica em locais onde o suprimento de água está contaminado com fezes humanas. Pessoas adquirem a bactéria do cólera, *Vibrio cholerae*, ao consumir água contaminada. A bactéria produz um biofilme no revestimento do intestino delgado e produz uma toxina. A toxina do cólera é uma enzima que modifica quimicamente uma proteína G envolvida na regulação da secreção de sal e água. Uma vez que a proteína G modificada não pode hidrolisar GTP a GDP, ela permanece sempre na forma ativa, estimulando continuamente a adenilato-ciclase a produzir AMPc (ver questão na Figura 11.12). Devido à alta concentração de AMPc resultante, as células do intestino secretam grandes quantidades de sais, com água seguindo por osmose, para dentro do intestino. Uma pessoa infectada desenvolve rapidamente diarreia abundante e, sem tratamento, pode morrer pela perda de água e sais.

Nosso entendimento das vias de sinalização envolvendo o AMP cíclico ou mensageiros relacionados permitiu o desenvolvimento de tratamentos para certas condições em seres humanos, como a disfunção erétil. Em uma via, o gás óxido nítrico (NO) é liberado por uma célula e entra na célula muscular vizinha, onde causa a produção de uma molécula similar ao AMPc chamada de *GMP cíclico* (*GMPc*). Então, o GMPc atua como segundo mensageiro que causa o relaxamento dos músculos, como aqueles nas paredes das artérias. Um composto que prolonga o sinal (inibindo a hidrólise de GMPc em GMP) foi originalmente prescrito para dores no peito, pois relaxava os vasos sanguíneos e aumentava o fluxo de sangue para os músculos cardíacos. Com o nome genérico de citrato de sildenafila, atualmente esse composto é bastante utilizado como tratamento para disfunção erétil em homens. Uma vez que o citrato de sildenafila leva à dilatação dos vasos sanguíneos, ele aumenta também o fluxo sanguíneo para o pênis, otimizando a condição fisiológica para a ereção.

Íons cálcio e inositol-trisfosfato (IP$_3$)

Muitas moléculas sinalizadoras que funcionam em animais – incluindo neurotransmissores, fatores de crescimento e alguns hormônios – induzem resposta nas suas células-alvo por meio da via de transdução de sinal que aumenta a concentração citosólica de íons cálcio (Ca^{2+}). O cálcio é até mais utilizado do que o AMPc como segundo mensageiro. O aumento local da concentração citosólica de Ca^{2+} causa muitas respostas nas células animais, incluindo contração da célula muscular, exocitose de moléculas (secreção) e divisão celular. Nas células vegetais, uma grande quantidade de estímulos hormonais e ambientais pode causar um breve aumento na concentração citosólica de Ca^{2+}, disparando várias vias de sinalização, como a via para a formação da cor verde em resposta à luz (ver Figura 39.4). As células utilizam o Ca^{2+} como segundo mensageiro tanto na rota disparada pelos GPCRs como pelos RTKs.

Embora as células sempre contenham certa quantidade de Ca^{2+}, esse íon pode funcionar como segundo mensageiro, porque sua concentração no citosol é normalmente muito menor que a concentração fora da célula **(Figura 11.13)**. De fato, o nível de Ca^{2+} no sangue e no líquido extracelular de um animal pode exceder o do citosol mais de 10 mil vezes. Íons cálcio são transportados ativamente para fora da célula e são ativamente importados a partir do citosol para dentro do retículo endoplasmático (RE) (e, sob certas condições, para dentro de mitocôndrias e cloroplastos) por várias bombas de proteínas. Como resultado, a concentração de cálcio no RE é normalmente muito maior do que no citosol. Os níveis citosólicos de cálcio são baixos; por isso, uma pequena mudança no número absoluto de íons representa uma mudança relativamente alta na concentração local de cálcio.

Em resposta a um sinal transmitido por uma via de transdução de sinal, o nível de cálcio citosólico pode subir, frequentemente por um mecanismo que libera Ca^{2+} a partir das células do RE. As vias que levam à liberação de cálcio envolvem, ainda, outros segundos mensageiros,

Legenda ■ Alta [Ca^{2+}] ■ Baixa [Ca^{2+}]

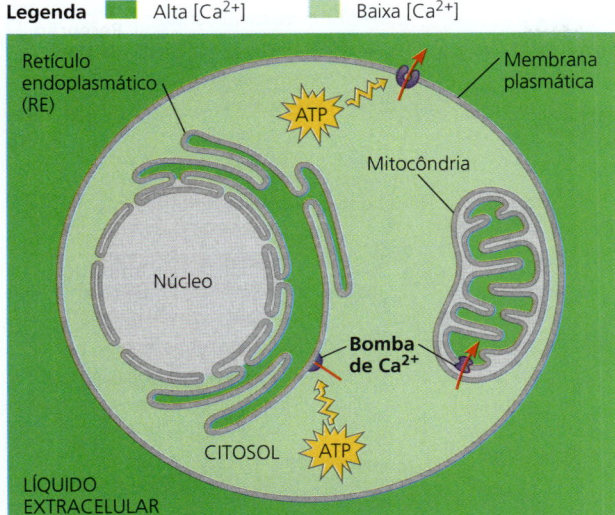

▲ **Figura 11.13 Manutenção da concentração do íon cálcio em uma célula animal.** A concentração de Ca^{2+} no citosol é comumente muito menor (em verde-claro) do que no líquido extracelular e no RE (em verde-escuro). Bombas de proteína na membrana plasmática e na membrana do RE, dirigidas por ATP, deslocam o Ca^{2+} a partir do citosol para dentro do líquido extracelular e para dentro do lúmen do RE. Bombas mitocondriais, dirigidas por quimiosmose (ver Conceito 9.4), deslocam o Ca^{2+} para dentro da mitocôndria quando o nível de cálcio no citosol aumenta significativamente.

inositol-trisfosfato (IP$_3$) e diacilglicerol (DAG). Esses dois mensageiros são produzidos pela clivagem de certo tipo de fosfolipídeo na membrana plasmática. A **Figura 11.14** mostra um panorama completo de como um sinal faz IP$_3$ estimular a liberação de cálcio a partir do RE. Como o IP$_3$ atua antes do cálcio nessa via, o cálcio pode ser considerado um "*terceiro* mensageiro". Entretanto, os pesquisadores utilizam o termo *segundo mensageiro* para todas as pequenas moléculas, componentes não proteicos, das vias de transdução de sinal.

REVISÃO DO CONCEITO 11.3

1. O que é uma proteína-cinase e qual é o seu papel em uma via de transdução de sinal?
2. Quando uma via de transdução de sinal envolve uma cascata de fosforilação, como a resposta da célula é desativada?
3. O que é o "sinal" real que está sendo transduzido em qualquer via de transdução de sinal, como as mostradas nas Figuras 11.6 e 11.10? De que maneira essas informações estão sendo passadas do exterior para o interior da célula?
4. **E SE?** Imagine que você expõe uma célula a um ligante que se liga a um receptor e ativa a fosfolipase C. Prediga o efeito que o canal de cálcio controlado por IP$_3$ teria na concentração de Ca^{2+} no citosol.

Ver as respostas sugeridas no Apêndice A.

▶ **Figura 11.14 Cálcio e IP$_3$ nas vias de sinalização.** Os íons cálcio (Ca^{2+}) e o inositol-trisfosfato (IP$_3$) funcionam como segundos mensageiros em muitas vias de transdução de sinal. Nesta figura, o processo é iniciado pela ligação de uma molécula sinalizadora a um receptor acoplado à proteína G. Um receptor de tirosina-cinase também pode iniciar esta via pela ativação da fosfolipase C.

FAÇA CONEXÕES Explique a diferença na função (em termos de transporte de íons) entre a bomba de Ca^{2+} na Figura 11.13 e o canal proteico de Ca^{2+} mostrado aqui. (Ver Figura 7.17.)

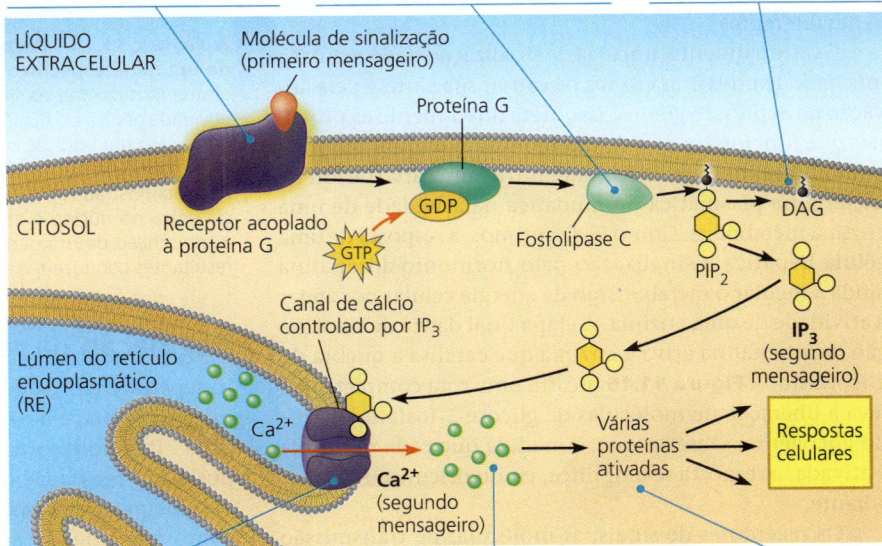

❶ Uma molécula sinalizadora se liga a um receptor levando à ativação da fosfolipase C.

❷ Fosfolipase C cliva um fosfolipídeo da membrana plasmática, chamado PIP$_2$, em DAG e IP$_3$.

❸ O DAG funciona como segundo mensageiro em outras vias.

❹ O IP$_3$ se difunde rapidamente no citosol e se liga a um canal de cálcio controlado por IP$_3$ na membrana do RE, causando a sua abertura.

❺ Íons cálcio fluem para fora do RE (em direção decrescente do gradiente de concentração), aumentando o nível de Ca^{2+} no citosol.

❻ Os íons cálcio ativam a próxima proteína em uma ou mais vias de sinalização.

CONCEITO 11.4

Resposta celular: a sinalização celular induz regulação da transcrição ou de atividades citoplasmáticas

Agora, vamos observar mais atentamente a resposta celular subsequente a um sinal extracelular – que alguns pesquisadores chamam de "resultado da resposta". Qual é a natureza da etapa final em uma via de sinalização?

Respostas nucleares e citoplasmáticas

Basicamente, uma via de transdução de sinal leva à regulação de uma ou mais atividades celulares. A resposta pode ocorrer no núcleo ou no citoplasma da célula.

Muitas vias de sinalização essencialmente regulam a síntese de proteínas, com frequência por "ligar" ou "desligar" genes específicos no núcleo. Semelhantemente a um receptor de esteroide ativado (ver Figura 11.9), a última molécula ativada em uma via de sinalização pode funcionar como fator de transcrição. A **Figura 11.15** mostra um exemplo em que uma via de sinalização ativa um fator de transcrição, que ativa um gene: a resposta para essa sinalização de um fator de crescimento é a transcrição, a síntese de um ou mais mRNAs específicos, que pode ser traduzido no citoplasma em proteínas específicas. Em outros casos, o fator de transcrição pode regular um gene pela sua desativação. Muitas vezes, um fator de transcrição regula diversos genes diferentes.

Ocasionalmente, uma via de sinalização pode regular a *atividade* de proteínas em vez de causar sua síntese pela ativação da expressão gênica. Isso afeta diretamente as proteínas que funcionam fora do núcleo. Por exemplo, um sinal pode causar abertura ou fechamento de um canal de íon na membrana plasmática ou mudança na atividade de uma enzima metabólica. Como já discutimos, a resposta de uma célula hepática à sinalização pelo hormônio adrenalina ajuda a regular o metabolismo de energia celular por afetar a atividade de uma enzima. A etapa final da via de sinalização da adrenalina ativa a enzima que catalisa a quebra do glicogênio. A **Figura 11.16** mostra uma rota completa que leva à liberação de moléculas de glicose-1-fosfato a partir do glicogênio. Observe que, à medida que cada molécula é ativada, a resposta se amplifica, como discutiremos mais adiante.

Os receptores de sinais, as moléculas de transmissão e os segundos mensageiros participam de diversas vias, conduzindo tanto a respostas nucleares como a respostas citoplasmáticas, incluindo a divisão celular. O mau funcionamento da via do fator de crescimento, semelhante ao encontrado na Figura 11.15, pode contribuir para a divisão celular anormal e o desenvolvimento de câncer, como veremos no Conceito 18.5.

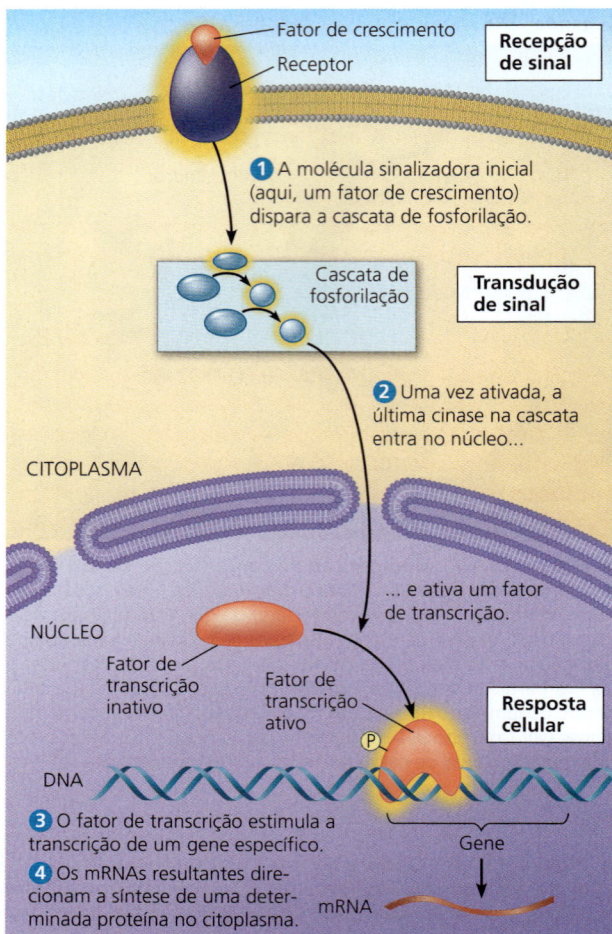

▲ **Figura 11.15 Respostas nucleares a um sinal: a ativação de um gene específico por um fator de crescimento.** Este diagrama mostra uma via de sinalização típica que leva à regulação da atividade gênica no núcleo da célula. A molécula sinalizadora inicial, neste caso um fator de crescimento, dispara uma cascata de fosforilação, como na Figura 11.10. (As moléculas de ATP e grupos fosfato não são mostrados.) Uma vez fosforilada, a última cinase na sequência entra no núcleo e ativa um fator de transcrição, que estimula a transcrição de um gene específico (ou genes). Então, os mRNAs resultantes conduzem à síntese de uma determinada proteína.

Regulação da resposta

Independentemente de a resposta ocorrer no núcleo ou no citoplasma, ela não é simplesmente "ligada" ou "desligada". Pelo contrário, a extensão e a especificidade da resposta são reguladas de múltiplas maneiras. Aqui, vamos considerar quatro aspectos dessa regulação. Primeiramente, como mencionado anteriormente, as vias de sinalização geralmente amplificam a resposta da célula a um único evento de sinalização. O grau de amplificação depende da função em moléculas específicas da rota. Em segundo lugar, as várias etapas em uma via de múltiplas etapas fornecem pontos de controle nos quais a resposta da célula pode ser controlada futuramente, contribuindo para a especificidade da resposta e permitindo a coordenação com outras vias de

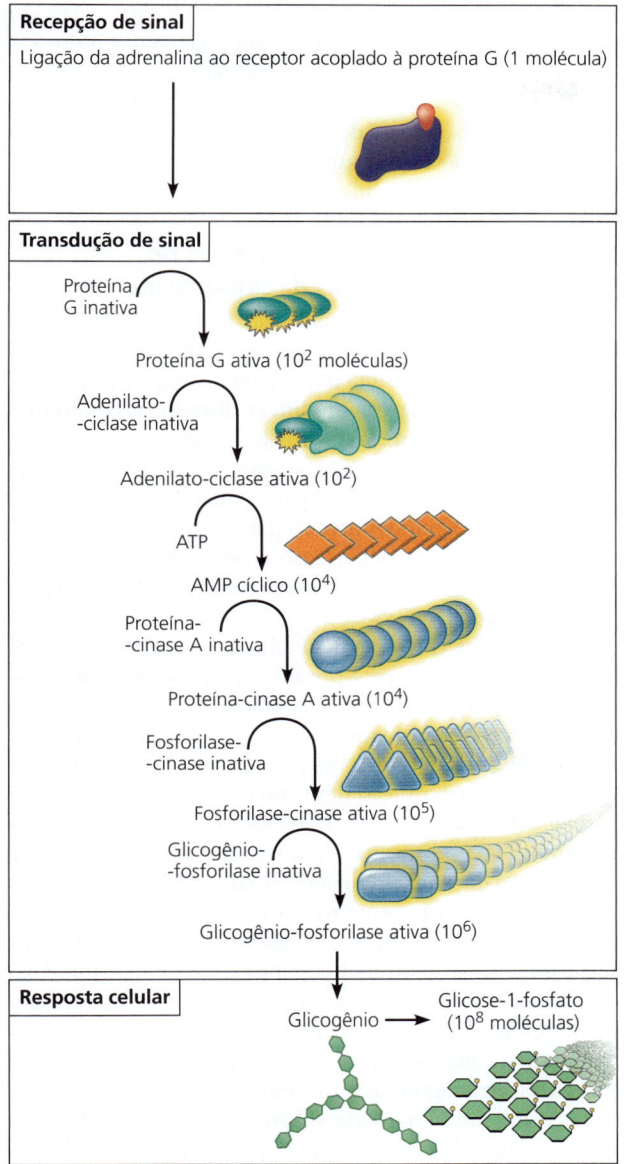

▲ **Figura 11.16** Resposta citoplasmática a um sinal: a estimulação da quebra do glicogênio pela epinefrina (adrenalina). Neste sistema de sinalização, o hormônio adrenalina atua por meio de um receptor acoplado à proteína G para ativar uma sucessão de moléculas de transmissão, incluindo AMPc e duas proteínas-cinase (ver também Figura 11.12). A última proteína ativada é a enzima glicogênio-fosforilase, que utiliza fosfato inorgânico para liberar monômeros de glicose a partir de glicogênio na forma de moléculas de glicose-1-fosfato. Essa via amplifica o sinal hormonal: uma proteína receptora ativa cerca de 100 moléculas de proteína G, e cada enzima na via, uma vez ativada, pode atuar em muitas moléculas do seu substrato, a próxima molécula na cascata. O número de moléculas ativadas fornecidas para cada etapa é aproximado.

HABILIDADES VISUAIS *Na figura, quantas moléculas de glicose-1-fosfato são liberadas em resposta a uma molécula sinalizadora? Calcule o fator pelo qual a resposta é amplificada a cada passagem de uma etapa a outra.*

sinalização. Em terceiro lugar, a eficiência geral da resposta é aumentada pela presença de proteínas conhecidas como proteínas de sustentação. Por fim, um ponto crucial na regulação da resposta é a terminação do sinal.

Amplificação do sinal

Cascatas enzimáticas elaboradas amplificam a resposta da célula a um sinal. Em cada etapa catalítica na cascata, o número de produtos ativados é muito maior do que na etapa precedente. Por exemplo, na via acionada pela adrenalina na Figura 11.16, cada molécula de adenilato-ciclase catalisa a formação de 100 ou mais moléculas de AMPc, cada molécula de proteína-cinase A fosforila cerca de 10 moléculas da próxima cinase na via, e assim por diante. O efeito da amplificação acontece porque essas proteínas persistem na sua forma ativada tempo suficiente para processar numerosas moléculas de substrato antes de se tornarem inativas novamente. Como resultado da amplificação do sinal, um pequeno número de moléculas de adrenalina, que se ligam a receptores na superfície da célula hepática ou da célula muscular, pode levar à liberação de milhares de moléculas de glicose a partir do glicogênio.

A *especificidade da sinalização celular e a coordenação da resposta*

Considere duas células diferentes em seu corpo – célula hepática e célula muscular cardíaca, por exemplo. Ambas estão em contato com a circulação sanguínea e, portanto, são expostas constantemente a muitas moléculas diferentes de hormônios, assim como a reguladores locais secretados pelas células vizinhas. No entanto, as células hepáticas respondem a alguns sinais, porém ignoram outros; e isso também é verdadeiro para a célula cardíaca. Alguns tipos de sinais disparam respostas em ambas as células – mas respostas diferentes. Por exemplo, a adrenalina estimula a célula hepática a quebrar glicogênio, mas a principal resposta da célula cardíaca à adrenalina é a contração, levando a um batimento cardíaco mais rápido. Como explicamos essa diferença?

A explicação para a especificidade exibida nas respostas celulares aos sinais é a mesma que a explicação básica para praticamente todas as diferenças entre as células: como diferentes tipos de células ativam diferentes conjuntos de genes, *diferentes tipos de células têm coleções diferentes de proteínas*. A resposta de uma célula a um sinal depende da sua coleção particular de proteínas receptoras de sinal, proteínas de transmissão e proteínas necessárias para executar a resposta. Uma célula hepática, por exemplo, está preparada para responder adequadamente à adrenalina tendo tanto as proteínas listadas na Figura 11.16 quanto aquelas necessárias para produzir glicogênio.

Desse modo, duas células que respondem de maneira diferente ao mesmo sinal diferem em uma ou mais proteínas que respondem ao sinal. Além disso, dentro de algumas células, existem vias mais complexas que se ramificam ou convergem, como mostrado na **Figura 11.17**. Observe, porém, que esses diferentes caminhos ainda têm algumas moléculas em comum. Por exemplo, as células A, B e C usam a mesma proteína receptora para a molécula de sinalização de cor vermelha; diferenças em outras proteínas são a razão para suas diferentes respostas. Na célula D, uma proteína receptora diferente é utilizada para a mesma molécula sinalizadora, levando a outra resposta diferente. Na célula B, a via disparada por um sinal diverge para produzir duas respostas; essas vias ramificadas frequentemente envolvem RTKs (que podem ativar múltiplas proteínas de transmissão) ou segundos mensageiros (que podem regular diversas proteínas). Na célula C, duas vias disparadas por sinais separados convergem para modular uma única resposta. A ramificação de vias e a "conversa cruzada" (interação) entre elas são importantes na regulação e na coordenação das respostas celulares provenientes de fontes diferentes do organismo. (Você aprenderá mais sobre essa coordenação no Conceito 11.5.) Além disso, o uso de algumas das mesmas proteínas em mais de uma via permite à célula economizar o número de diferentes proteínas que ela deve produzir.

Célula A. Via leva a uma única resposta.

Célula B. Via se ramifica, levando a duas respostas.

Célula C. Conversas cruzadas ocorrem entre as duas vias.

Célula D. Um receptor diferente leva a uma resposta diferente.

▲ **Figura 11.17 Especificidade da sinalização celular.** As proteínas particulares que uma célula possui determinam a quais moléculas sinalizadoras ela responde e a natureza da resposta. As quatro células neste diagrama respondem à mesma molécula sinalizadora (em vermelho) em diferentes vias, pois cada uma possui um grupo diferente de proteínas (em roxo e azul). Observe, entretanto, que os mesmos tipos de moléculas podem participar de mais de uma via.

HABILIDADES VISUAIS *Estude a via de sinalização apresentada na Figura 11.14 e explique como a situação apresentada para a célula B na Figura 11.17 pode ser aplicada à via.*

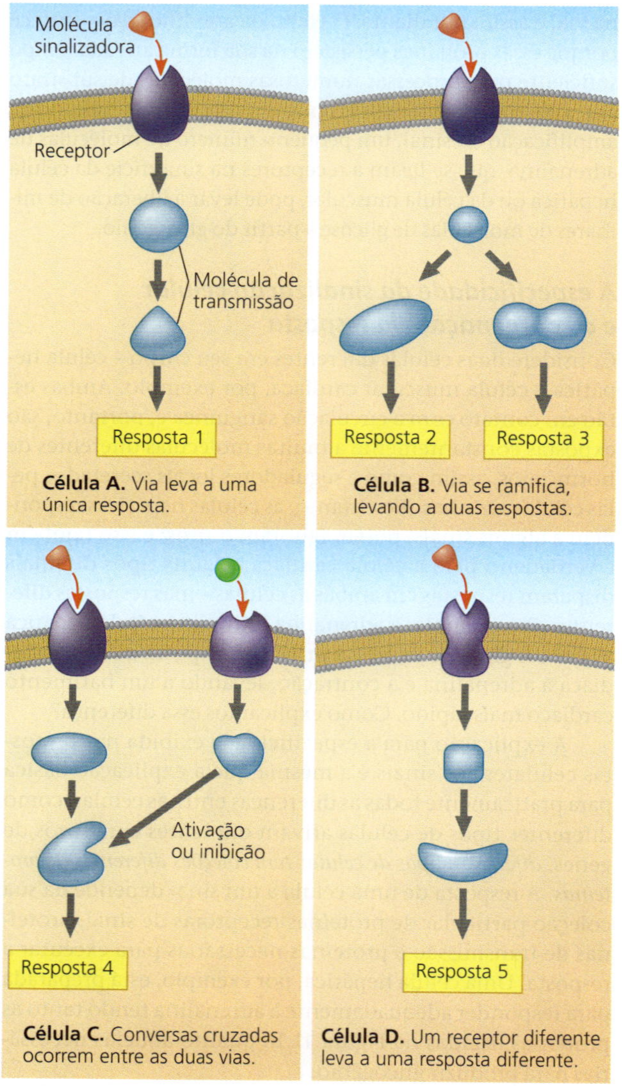

Eficiência na sinalização: proteínas de sustentação e complexos de sinalização

As ilustrações das vias de sinalização na Figura 11.17 (assim como os diagramas de outras vias neste capítulo) são muito simplificadas. O diagrama mostra apenas algumas moléculas de transmissão e, para simplificar, dispõe essas moléculas espalhadas no citosol. Se isso fosse verdadeiro na célula, as vias de sinalização operariam de maneira muito ineficiente, pois a maioria das moléculas de transmissão são proteínas, e as proteínas são grandes demais para se difundirem rapidamente através do citosol viscoso. Como uma determinada proteína-cinase faz, por exemplo, para encontrar a sua proteína substrato?

Em muitos casos, a eficiência da transdução de sinal pode ser aumentada pela presença de **proteínas de sustentação**, grandes proteínas de transmissão às quais diversas outras proteínas de transmissão estão simultaneamente ligadas **(Figura 11.18)**. Pesquisadores têm encontrado proteínas de sustentação nas células do cérebro que unem *permanentemente* redes de proteínas de vias de sinalização nas sinapses. Essa intensa conexão aumenta a velocidade e a precisão da transferência do sinal entre as células, pois a razão da interação proteína-proteína não é limitada pela difusão. Além disso, em alguns casos, as proteínas de sustentação podem ativar diretamente proteínas de transmissão.

A importância de proteínas de transmissão que servem como pontos de ramificação ou interseções na via de sinalização é destacada pelos problemas que surgem quando essas proteínas são defeituosas ou ausentes. Por exemplo, em uma doença herdada chamada síndrome de Wiskott-Aldrich (SWA), a ausência de uma única proteína de transmissão

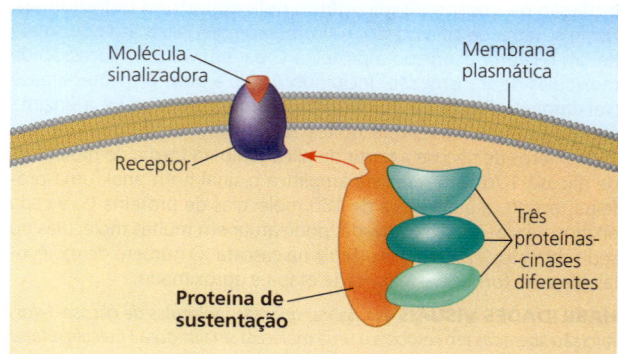

▲ **Figura 11.18 Proteína de sustentação.** A proteína de sustentação mostrada aqui (em laranja) liga-se simultaneamente a um receptor de membrana específico ativado e a três proteínas-cinase diferentes. Este arranjo físico facilita a transdução do sinal por estas moléculas.

leva a efeitos diversos como perda anormal de sangue, eczema e predisposição a infecções e leucemia. Acredita-se que esses sintomas surgiram fundamentalmente pela ausência da proteína nas células do sistema imune. Estudando células normais, os cientistas descobriram que a proteína SWA estava localizada logo abaixo da superfície celular. A proteína interage com microfilamentos do citoesqueleto e com diferentes componentes da via de sinalização que transmitem informações desde a superfície da célula, incluindo as vias de regulação da proliferação das células do sistema imune. Essa proteína de transmissão multifuncional é, assim, tanto ponto de ramificação como ponto de interseção importante em uma rede complexa de transdução de sinal que controla o comportamento das células do sistema imune. Quando a proteína SWA está ausente, o citoesqueleto não se organiza apropriadamente, e as vias de sinalização ficam interrompidas, levando aos sintomas de SWA.

Terminação do sinal

Com interesse em manter a Figura 11.17 simples, não indicamos os mecanismos de *inativação*, aspecto essencial em qualquer via de sinalização celular. Para a célula de um organismo multicelular permanecer capaz de responder ao sinal que recebe, cada mudança molecular na sua via de sinalização deve durar apenas um curto período. Como vimos no exemplo do cólera, se um componente da via de sinalização permanecer fixo em estado ativado ou inativado, as consequências para o organismo podem ser terríveis.

A habilidade de uma célula de receber novos sinais depende da reversibilidade das alterações produzidas pelos sinais anteriores. A ligação de moléculas sinalizadoras aos receptores é reversível. À medida que a concentração externa das moléculas sinalizadoras cai, menos receptores estão ligados em determinado momento, e, assim, os receptores não ligados retornam à sua forma inativa. A resposta celular ocorre somente quando a concentração de receptores com as moléculas sinalizadoras ligadas estiver abaixo de certo limiar. Quando o número de receptores ativos fica abaixo do limiar, a resposta celular cessa. Assim, por uma variedade de meios, as moléculas de transmissão retornam às suas formas inativas: a atividade da GTPase intrínseca à proteína G hidrolisa seu GTP ligado; a enzima fosfodiesterase converte o AMPc em AMP; proteínas-fosfatases inativam cinases fosforiladas e outras proteínas; e assim por diante. Como resultado, logo a célula está pronta para responder a um novo sinal.

Nesta seção, exploramos a complexidade da inicialização e da terminação da sinalização em uma rota isolada; vimos, também, o potencial das vias em interagir umas com as outras. Na próxima seção, consideraremos uma importante rede de rotas de interação na célula.

REVISÃO DO CONCEITO 11.4

1. Como a resposta de uma célula-alvo a uma única molécula de hormônio pode resultar em uma resposta que afeta milhares de outras moléculas?

2. **E SE?** Se duas células têm proteínas de sustentação diferentes, explique como elas podem se comportar de maneira diferente na resposta à mesma molécula sinalizadora.

3. **E SE?** Algumas doenças humanas estão associadas com o mau funcionamento de proteínas-fosfatase. Como essas proteínas afetam as vias de sinalização? (Revisar a discussão sobre proteínas-fosfatases no Conceito 11.3 e ver Figura 11.10.)

4. A adrenalina afeta as células do músculo cardíaco fazendo-as mobilizar glicose, contrair mais rápido e aumentar a frequência cardíaca. Por outro lado, as células musculares em torno dos pulmões e vias aéreas têm uma resposta contrária à adrenalina: elas relaxam, permitindo que mais ar seja inspirado. O que pode explicar por que as células musculares respiratórias (relacionadas à respiração) podem responder de forma tão diferente das células musculares cardíacas?

Ver as respostas sugeridas no Apêndice A.

CONCEITO 11.5

A apoptose requer a integração de múltiplas vias de sinalização celular

Logo que as vias de sinalização foram descobertas, elas eram consideradas vias lineares e independentes. Nosso conhecimento a respeito dos processos de comunicação celular foi beneficiado pela percepção de que os componentes das vias de sinalização interagem entre si de diversas formas. Para que uma célula realize uma resposta apropriada, as proteínas celulares muitas vezes devem integrar múltiplos sinais. Vamos considerar um processo celular importante – suicídio celular – como um exemplo.

As células infectadas, danificadas ou que tenham alcançado o fim do seu período de funcionalidade muitas vezes sofrem "morte celular programada" **(Figura 11.19)**. A maneira mais compreendida desse suicídio celular controlado é a **apoptose** (palavra derivada do grego que significa "declínio", citada em um clássico poema grego em referência às folhas caindo de uma árvore). Durante esse processo,

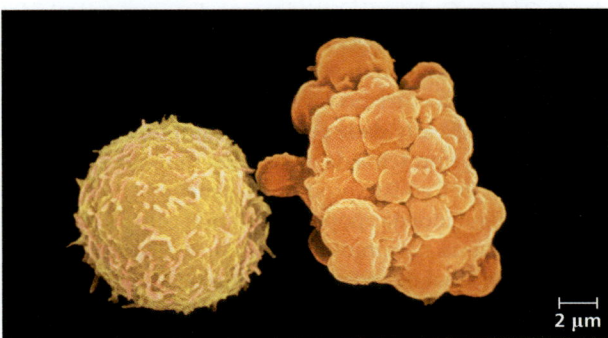

▲ **Figura 11.19 Apoptose de um leucócito humano.** Podemos comparar um leucócito normal (à esquerda) com um leucócito sofrendo apoptose (à direita). A célula apoptótica está encolhendo-se e formando lóbulos ("bolhas"), que acabam por se desprender como fragmentos celulares ligados à membrana (imagens em cores de MEV).

agentes celulares picotam o DNA e fragmentam as organelas e outros componentes citoplasmáticos. A célula encolhe e se torna lobulada (isso é chamado de "borbulhamento"), e partes da célula são empacotadas em vesículas englobadas e digeridas por células especializadas em limpeza, não deixando nenhum resíduo. A apoptose protege as células vizinhas de danos que de outra forma sofreriam se uma célula prestes a morrer meramente vazasse todo o seu conteúdo, incluindo suas várias enzimas digestivas.

O sinal que desencadeia todos os eventos complexos que ocorrem durante a apoptose pode vir de fora ou do interior da célula. Do lado de fora da célula, moléculas sinalizadoras liberadas a partir de outras células podem iniciar uma via de transdução de sinal que ativa genes e proteínas responsáveis pela realização da morte celular. Dentro da célula cujo DNA foi danificado irreparavelmente, uma série de interações entre proteínas pode passar adiante um sinal que desencadeia, de forma semelhante, a morte celular. Considerar alguns exemplos de apoptose pode nos ajudar a ver como as vias de sinalização estão integradas nas células.

Apoptose no verme de solo *Caenorhabditis elegans*

Os mecanismos moleculares da apoptose foram investigados por pesquisadores que estudam o desenvolvimento embrionário de um pequeno verme de solo, o nematódeo *Caenorhabditis elegans*. Como o verme adulto tem apenas cerca de 1.000 células, os pesquisadores foram capazes de investigar toda a ancestralidade de cada célula. A autodestruição oportuna das células ocorre exatamente 131 vezes durante o desenvolvimento normal de *C. elegans*, precisamente nos mesmos pontos na linhagem celular de cada verme. Nos vermes e em outras espécies, a apoptose é desencadeada por sinais que ativam uma cascata de proteínas "suicidas" nas células destinadas a morrer.

Pesquisas genéticas em *C. elegans* revelaram dois genes essenciais na apoptose, chamados de *ced-3* e *ced-4* (*ced* significa "morte celular" [do inglês, *cell death*]), que codificam proteínas cruciais para a apoptose. As proteínas são chamadas de Ced-3 e Ced-4, respectivamente. Essas e a maioria das outras proteínas envolvidas na apoptose estão sempre presentes nas células, porém na forma inativa; assim, a regulação, neste caso, ocorre no nível de atividade da proteína, e não por meio da atividade gênica e da síntese de proteínas. Em *C. elegans*, a proteína da membrana mitocondrial externa chamada de Ced-9 (o produto do gene *ced-9*) serve como principal regulador da apoptose, atuando como freio na ausência de um sinal promotor de apoptose **(Figura 11.20a)**. Quando um sinal de morte é recebido pela célula, a transdução de sinal envolve uma alteração em Ced-9 que anula o freio, e a via apoptótica ativa proteases e nucleases, enzimas que degradam as proteínas e o DNA da célula. As principais proteases da apoptose são chamadas de *caspases*; nos nematódeos, a caspase-chefe é a proteína Ced-3.

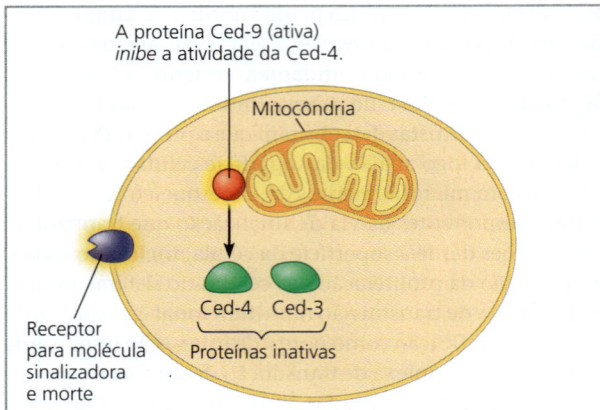

(a) Sem sinal de morte. Enquanto a Ced-9 localizada na membrana externa da mitocôndria estiver ativa, a apoptose é inibida, e a célula permanece viva.

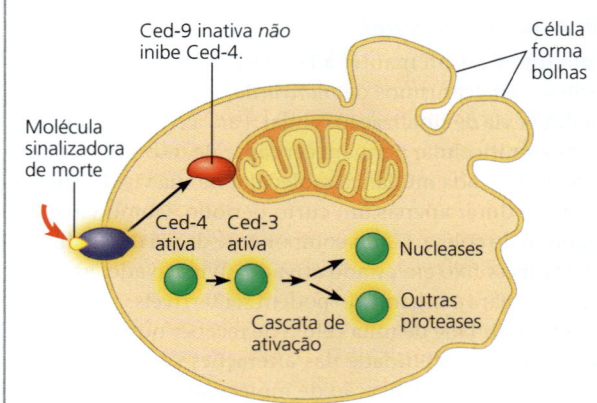

(b) Sinal de morte. Quando uma célula recebe um sinal de morte, a Ced-9 é inativada, aliviando a inibição da Ced-3 e Ced-4. A Ced-4 ativa a Ced-3, uma protease, o que dispara uma cascata de reações levando à ativação de nucleases e outras proteases. A ação dessas enzimas causa mudanças visíveis nas células apoptóticas e na morte celular final.

▲ **Figura 11.20 Base molecular da apoptose em *Caenorhabditis elegans*.** Três proteínas, Ced-3, Ced-4 e Ced-9, são cruciais na apoptose e em sua regulação em nematódeos. A apoptose é mais complexa em mamíferos, mas envolve proteínas similares às de *C. elegans*.

Vias apoptóticas e os sinais que as desencadeiam

Em seres humanos e outros mamíferos, algumas vias diferentes envolvendo cerca de 15 caspases diferentes podem executar a apoptose. A via a ser usada depende do tipo de célula e do sinal específico que aciona a apoptose. Uma via principal envolve certas proteínas mitocondriais que são desencadeadas para formar poros moleculares na membrana mitocondrial externa, causando o escape e a liberação de outras proteínas que promovem a apoptose. Surpreendentemente, essas proteínas incluem o citocromo *c*, que funciona no transporte de elétrons mitocondriais em células saudáveis (ver Figura 9.14), porém atua como fator de morte celular quando liberado a partir das mitocôndrias. O processo de apoptose mitocondrial em mamíferos utiliza proteínas similares às proteínas Ced-3, Ced-4 e Ced-9 de nematódeos. Estas podem ser consideradas proteínas de transmissão capazes de transduzir o sinal de apoptose.

Em pontos fundamentais no programa apoptótico, proteínas de transmissão integram sinais a partir de diferentes fontes e podem enviar uma célula por uma via apoptótica. Muitas vezes, o sinal origina-se fora da célula, como a molécula sinalizadora de morte descrita na **Figura 11.20b**, presumivelmente liberada por uma célula vizinha. Quando um ligante de sinalização de morte ocupa um receptor de superfície celular, essa ligação conduz à ativação das caspases e de outras enzimas que realizam a apoptose sem envolver a via mitocondrial. Esse processo de recepção do sinal, transdução e resposta é similar ao que discutimos ao longo deste capítulo. Em um desvio desse cenário clássico, dois outros tipos de sinal de alerta que podem conduzir a apoptose têm origem *no interior* da célula, em vez de a partir do receptor extracelular. Um tem origem no núcleo, gerado quando o DNA sofre danos irreparáveis, e o segundo tem origem a partir do RE, quando ocorrem excessivos erros no dobramento de proteínas. As células de mamíferos tomam "decisões" de vida ou morte pela integração, de alguma maneira, dos sinais de morte e de vida recebidos a partir de fontes externa e interna.

Um mecanismo incorporado de "suicídio" celular é essencial para o desenvolvimento e a manutenção em todos os animais. A semelhança entre os genes de apoptose em nematódeos e mamíferos, assim como a observação de que a apoptose ocorre em fungos multicelulares e igualmente em leveduras unicelulares, indica que os mecanismos básicos se desenvolveram cedo na evolução de eucariotos. Em vertebrados, a apoptose é essencial ao desenvolvimento normal do sistema nervoso, à operação normal do sistema imune e à morfogênese normal de mãos e pés nos seres humanos e de patas de outros mamíferos **(Figura 11.21)**. O nível reduzido de apoptose no desenvolvimento dos membros explica as patas com membranas natatórias de patos e de outras aves aquáticas, em contrapartida a galinhas e outras aves terrestres sem membranas natatórias nas patas. No caso dos seres humanos, a falha de apoptose apropriada pode resultar em dedos das mãos e dos pés com membranas semelhantes às encontradas nas aves.

Evidências significativas apontam o envolvimento da apoptose em certas doenças degenerativas do sistema nervoso, como a doença de Parkinson e a doença de Alzheimer. Na doença de Alzheimer, a acumulação de proteínas agregadas em células neurais ativa uma enzima que desencadeia a apoptose, resultando na perda da função cerebral que é vista nesses pacientes. Além disso, o câncer também pode ser resultado da falha do "suicídio" da célula; alguns casos de melanoma humano, por exemplo, têm sido ligados à forma defeituosa da versão humana da proteína Ced-4 de *C. elegans*. Portanto, não surpreende que as vias de sinalização que alimentam a apoptose sejam bastante elaboradas. Afinal, responder à questão sobre viver ou morrer é o dilema fundamental da célula.

Este capítulo introduziu os muitos mecanismos gerais da comunicação celular, como ligação do ligante, interação proteína-proteína e mudanças conformacionais, cascatas de interações e fosforilação de proteínas. À medida que avançarmos no livro, encontraremos inúmeros exemplos de sinalização celular.

REVISÃO DO CONCEITO 11.5

1. Dê um exemplo de apoptose durante o desenvolvimento embrionário e explique sua função no desenvolvimento do embrião.
2. **E SE?** Quais tipos de defeitos nas proteínas poderiam ser a causa de a apoptose ocorrer quando não deveria? Qual defeito poderia resultar na não ocorrência de apoptose em ocasiões propícias?

Ver as respostas sugeridas no Apêndice A.

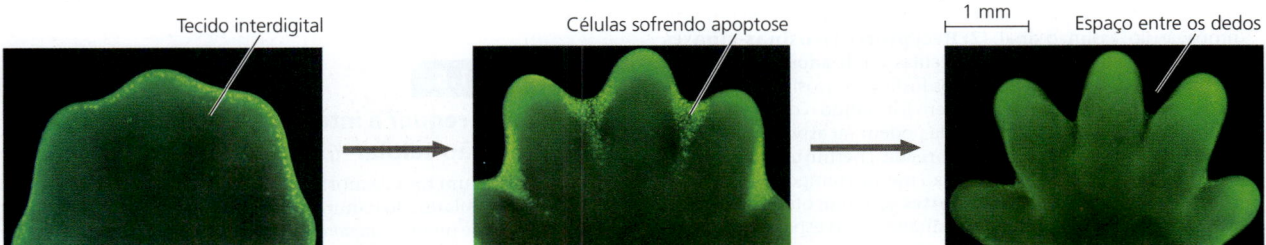

▲ **Figura 11.21 Efeito da apoptose durante o desenvolvimento das patas dos camundongos.** Em camundongos, seres humanos e outros mamíferos, assim como em aves terrestres, a região embrionária que se desenvolve nos pés e nas mãos inicialmente tem uma estrutura sólida semelhante a uma placa. A apoptose elimina as células nas regiões interdigitais, formando os dígitos. As patas dos embriões de camundongos mostradas nessas micrografias ópticas de fluorescência foram coradas de modo a mostrar as células sofrendo apoptose em verde-amarelado brilhante. A apoptose das células inicia nas bordas de cada região interdigital (à esquerda) e alcança seu pico à medida que o tecido nessas regiões é reduzido (no centro); por fim, não é mais visível quando o tecido interdigital foi eliminado (à direita).

11 Revisão do capítulo

RESUMO DOS CONCEITOS-CHAVE

CONCEITO 11.1

Sinais externos são convertidos em respostas dentro da célula (p. 213-217)

- **Vias de transdução de sinal** são cruciais para muitos processos. As células bacterianas podem detectar a densidade local das células bacterianas (percepção de quórum [*quorum sensing*]). A sinalização durante o acasalamento de células de leveduras apresenta muitas semelhanças com processos em organismos multicelulares, sugerindo uma origem evolutiva dos mecanismos de sinalização.
- A sinalização local por células animais envolve o contato direto ou a secreção de reguladores locais. Para sinalização de longa distância, tanto células animais como vegetais utilizam **hormônios**; os animais também transmitem sinais eletricamente.
- Como a adrenalina, outros hormônios que se ligam aos receptores de membrana desencadeiam uma via de sinalização celular de três estágios:

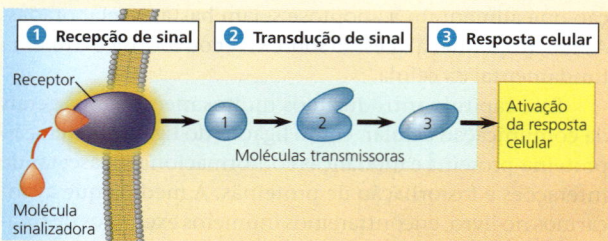

? *O que determina se uma célula responde a um hormônio como a adrenalina? O que determina como uma célula responde a esse hormônio?*

CONCEITO 11.2

Recepção de sinal: uma molécula sinalizadora liga-se a um receptor, causando mudança na sua forma (p. 217-221)

- A ligação entre a molécula sinalizadora (**ligante**) e o receptor é altamente específica. Uma mudança conformacional específica no receptor é frequentemente o início da transdução do sinal.
- Três dos principais tipos de receptores transmembrana da superfície celular são os descritos a seguir. (1) Os **receptores acoplados à proteína G** (**GPCRs**) trabalham com **proteínas G** citoplasmáticas. A ligação do ligante ativa o receptor, que, por sua vez, ativa uma proteína G específica que ativa outra proteína, propagando, assim, o sinal. (2) **Receptores tirosinas-cinases** (**RTKs**) reagem à ligação de moléculas sinalizadoras pela formação de dímeros e adição de grupos fosfato às tirosinas na parte citoplasmática do outro monômero formando o dímero. Então, proteínas de transmissão na célula podem ser ativadas pela sua ligação a diferentes tirosinas fosforiladas, permitindo a esse receptor a ativação de várias vias ao mesmo tempo. (3) **Canais iônicos controlados por ligantes** se abrem ou se fecham em resposta à ligação por moléculas sinalizadoras específicas, regulando o fluxo de íons específicos através da membrana.
- A atividade dos três tipos de receptores é crucial. GPCRs e RTKs anormais estão associados com muitas doenças humanas.
- Os receptores intracelulares são proteínas citoplasmáticas ou nucleares. Moléculas de sinalização que são hidrofóbicas ou pequenas o suficiente para atravessar a membrana plasmática se ligam a esses receptores no interior da célula.

? *Qual é a similaridade entre as estruturas de um GPCR e de um RTK? Como a inicialização da transdução de sinais difere para esses dois tipos de receptores?*

CONCEITO 11.3

Transdução de sinal: cascatas de interações moleculares transmitem sinais a partir dos receptores para moléculas de transmissão na célula (p. 221-225)

- Em cada etapa de uma via de transdução de sinal, o sinal é transduzido para uma forma diferente, o que normalmente envolve uma mudança conformacional em uma proteína. Muitas vias de transdução de sinal incluem **cascatas de fosforilação**, nas quais uma série de **proteínas-cinases** adicionam um grupo fosfato à próxima proteína, em linha, ativando-a. As enzimas chamadas de **proteínas-fosfatases** removem os grupos fosfato. O balanço entre fosforilação e desfosforilação regula a atividade das proteínas envolvidas nas etapas sequenciais de uma via de transdução de sinal.
- **Segundos mensageiros**, como a pequena molécula **AMP cíclico** (**AMPc**) e os íons Ca^{2+}, difundem-se facilmente no citosol e, dessa maneira, auxiliam na propagação do sinal rapidamente. Muitas proteínas G ativam a **adenilato-ciclase**, que forma o AMPc a partir de ATP. Células usam Ca^{2+} como segundos mensageiros nas vias GPCR e RTK. As vias da tirosina-cinase também podem envolver outros dois segundos mensageiros, o **diacilglicerol** (**DAG**) e o **inositol-trisfosfato** (IP_3). O IP_3 pode desencadear aumento subsequente nos níveis de Ca^{2+}.

? *Qual é a diferença entre uma proteína-cinase e um segundo mensageiro? Ambos podem operar em uma mesma via de transdução de sinal?*

CONCEITO 11.4

Resposta celular: a sinalização celular induz regulação da transcrição ou de atividades citoplasmáticas (p. 226-229)

- Certas vias levam a uma resposta nuclear: genes específicos são ligados ou desligados por fatores de transcrição ativados. Em outras, a resposta envolve a regulação citoplasmática.
- As respostas celulares não são simplesmente ligadas ou desligadas; elas são reguladas em diversas etapas. Cada proteína em uma via de sinalização amplifica o sinal, ativando múltiplas cópias do próximo componente; para percursos longos, a amplificação total pode ser superior a milhões de vezes. A combinação de proteínas em uma célula confere especificidade nos sinais detectados e nas respostas que realiza. As **proteínas de sustentação** aumentam a eficiência da sinalização. As vias ramificadas ainda ajudam a coordenar os sinais e as respostas na célula. A resposta por sinais pode ser interrompida rapidamente, pois a ligação do ligante é reversível.

? *Quais mecanismos na célula cessam a sua resposta a um sinal e mantém a sua capacidade de responder a novos sinais?*

CONCEITO 11.5

A apoptose requer a integração de múltiplas vias de sinalização celular (p. 229-231)

- **Apoptose** é um tipo de morte celular programada em que componentes celulares são eliminados de forma ordenada. Estudos sobre o verme de solo *Caenorhabditis elegans* esclareceram detalhes moleculares relevantes nas vias de sinalização. Um sinal de morte leva à ativação de caspases e nucleases, as principais enzimas envolvidas na apoptose.
- Diversas vias de sinalização apoptótica e com proteínas relacionadas existem nas células humanas e de outros mamíferos, podendo ser desencadeadas de diferentes formas. Sinais que provocam a apoptose podem originar-se a partir do exterior ou do interior da célula.

? *Qual é a explicação para as similaridades entre os genes que controlam a apoptose em leveduras, nematódeos e mamíferos?*

TESTE SEU CONHECIMENTO

Níveis 1-2: Relembre/Entenda

1. Em que tipo de receptor a ligação de uma molécula sinalizadora leva diretamente a mudanças na distribuição de substâncias em lados opostos da membrana?
   (A) Receptor intracelular
   (B) Receptor acoplado à proteína G
   (C) Receptor fosforilado do dímero de tirosina-cinase
   (D) Canal iônico controlado por ligante

2. A ativação do receptor de tirosina-cinase é caracterizada por
   (A) dimerização e fosforilação.
   (B) dimerização e ligação de IP_3.
   (C) cascata de fosforilação.
   (D) hidrólise de GTP.

3. Moléculas sinalizadoras lipossolúveis como a testosterona atravessam a membrana de todas as células, mas afetam somente células-alvo porque
   (A) somente células-alvo contêm o segmento apropriado de DNA.
   (B) receptores intracelulares estão presentes apenas em células-alvo.
   (C) apenas células-alvo têm enzimas que quebram a aldosterona.
   (D) somente em células-alvo a aldosterona é capaz de iniciar a cascata de fosforilação que ativa os genes.

4. Considere esta via: adrenalina → receptor acoplado à proteína G → proteína G → adenilato-ciclase → AMPc. Identifique o segundo mensageiro.
   (A) AMPc
   (B) Proteína G
   (C) GTP
   (D) Adenilato-ciclase

5. Qual das seguintes alternativas ocorre durante a apoptose?
   (A) Lise da célula
   (B) Contato direto entre células sinalizadoras
   (C) Fragmentação do DNA
   (D) Liberação de proteases para fora da célula

Níveis 3-4: Aplique/Analise

6. Qual observação sugeriu a Sutherland o envolvimento de um segundo mensageiro no efeito da adrenalina sobre as células hepáticas?
   (A) A atividade enzimática foi proporcional à quantidade de cálcio adicionada a um extrato livre de célula.
   (B) Estudos no receptor indicaram que a adrenalina era um ligante.
   (C) A quebra do glicogênio foi observada somente quando a adrenalina foi administrada a células intactas.
   (D) A quebra do glicogênio foi observada quando a adrenalina e a glicogênio-fosforilase foram misturadas.

7. A fosforilação da proteína está frequentemente envolvida com qual dos seguintes processos?
   (A) Ligação do ligante pelo receptor tirosina-cinase
   (B) Ativação de receptores acoplados à proteína G
   (C) Ativação de moléculas de proteína-cinase
   (D) Liberação de Ca^{2+} a partir do lúmen do RE

Níveis 5-6: Avalie/Crie

8. **DESENHE** Desenhe a seguinte via apoptótica, que opera em células do sistema imune humano. Um sinal de morte é recebido quando a molécula chamada Fas se liga ao receptor de superfície celular. A ligação de muitas moléculas Fas ao receptor causa a união de receptores. As regiões intracelulares de receptores, quando unidas, ligam proteínas chamadas proteínas adaptadoras. Estas, por sua vez, ligam-se a moléculas inativadas de caspase-8, que se tornam ativadas e, então, ativam a caspase-3. Uma vez ativada, a caspase-3 inicia a apoptose.

9. **CONEXÃO EVOLUTIVA** Identifique os mecanismos evolutivos que podem ser responsáveis pela origem e pela persistência dos sistemas de sinalização entre células em procariotos.

10. **PESQUISA CIENTÍFICA** A adrenalina inicia uma via de transdução de sinal que produz AMP cíclico (AMPc) e leva à quebra de glicogênio em glicose, a principal fonte de energia para as células. Todavia, a quebra de glicogênio é, na verdade, apenas parte da resposta de "luta ou fuga" que a adrenalina traz; o efeito total no corpo inclui aumento do ritmo cardíaco e vigília, assim como uma explosão de energia. Considerando que a cafeína bloqueia a atividade de AMPc-fosfodiesterase, proponha um mecanismo pelo qual a ingestão de cafeína leva a um estado elevado de vigília e insônia.

11. **CIÊNCIA, TECNOLOGIA E SOCIEDADE** Acredita-se que o processo de envelhecimento é iniciado em nível celular. Entre as mudanças que podem ocorrer após um certo número de divisões celulares, está a perda da habilidade celular de responder a fatores de crescimento e a outros sinais químicos. Muitas pesquisas sobre envelhecimento são necessárias para compreender essas perdas, com a finalidade de estender significativamente a vida humana. Contudo, nem todo mundo concorda que esse é um objetivo desejável. Se a expectativa de vida fosse bastante aumentada, quais seriam as consequências sociais e ecológicas?

12. **ESCREVA SOBRE UM TEMA: ORGANIZAÇÃO** As propriedades da vida surgem no nível biológico da célula. O processo altamente regulado da apoptose não é simplesmente a destruição de uma célula – é também uma propriedade emergente. Escreva um texto sucinto (cerca de 100-150 palavras) que explique brevemente o papel da apoptose no desenvolvimento e no bom funcionamento de um animal e descreva como essa forma de morte celular programada é um processo que resulta da integração ordenada das vias de sinalização.

13. **SINTETIZE SEU CONHECIMENTO**

Existem cinco paladares básicos – ácido, salgado, doce, amargo e "umami". O sal é detectado quando a concentração de sal fora de uma célula do botão gustatório é maior do que em seu interior, e os canais iônicos permitem o vazamento passivo de Na^+ para dentro da célula. A alteração resultante no potencial de membrana (ver Conceito 7.4) envia o sinal de "salgado" para o cérebro. O umami é um gosto salgado gerado pelo glutamato (ácido glutâmico, encontrado no glutamato monossódico, ou GMS), que é utilizado como intensificador de sabor em alimentos como salgadinhos com sabor de tacos mexicanos. O receptor de glutamato é um GCPR, que, ao ligar-se, inicia uma via de sinalização que termina com uma resposta celular percebida por você como "gosto". Se você comer uma batata frita normal e enxaguar a boca, você não vai mais sentir o gosto do sal. Mas se você comer um salgadinho com sabor de tacos mexicanos, o gosto persiste mesmo depois de você enxaguar a boca. (Experimente!) Proponha uma possível explicação para essa diferença.

Ver respostas selecionadas no Apêndice A.

12 Ciclo celular

CONCEITOS-CHAVE

12.1 A maioria das divisões celulares resulta em células-filhas geneticamente idênticas p. 235

12.2 A fase mitótica alterna-se com a interfase no ciclo celular p. 237

12.3 O ciclo celular eucariótico é regulado por um sistema de controle molecular p. 244

Dica de estudo

Faça um guia de estudo visual:
A Figura 12.1 apresenta os eventos do ciclo celular como um diagrama linear simplificado. À medida que você aprende mais sobre o ciclo celular, desenhe um diagrama linear detalhado dos estágios da interfase, mitose e citocinese. Inclua termos explicativos. Adicione a figura circular da Figura 12.6 e mostre como os dois diagramas estão relacionados.

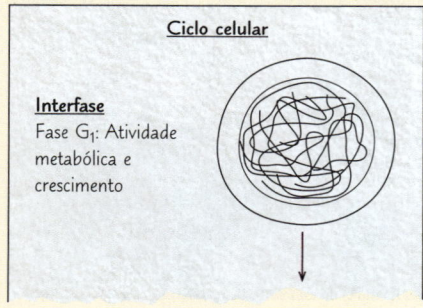

Ciclo celular

Interfase
Fase G₁: Atividade metabólica e crescimento

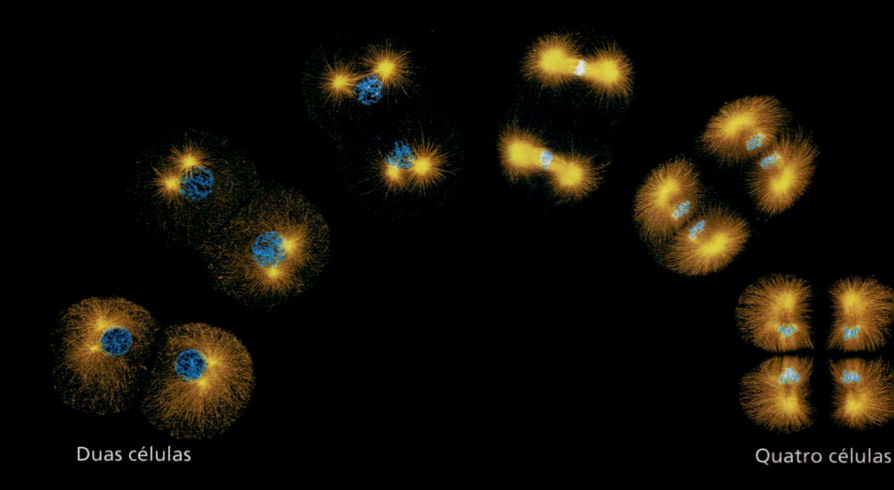

Duas células   Quatro células

Figura 12.1 Um organismo multicelular inicia como uma única célula que se divide em duas. Então, essas duas células se dividem em quatro, como mostrado nesta micrografia de fluorescência de um embrião de verme-marinho. A divisão celular continua durante a vida do organismo, para crescimento ou substituição de células desgastadas ou danificadas. Cada vez que uma célula se divide dessa forma, é crucial que as células-filhas sejam geneticamente iguais à célula parental.

Como uma célula parental dá origem a duas células-filhas geneticamente idênticas?

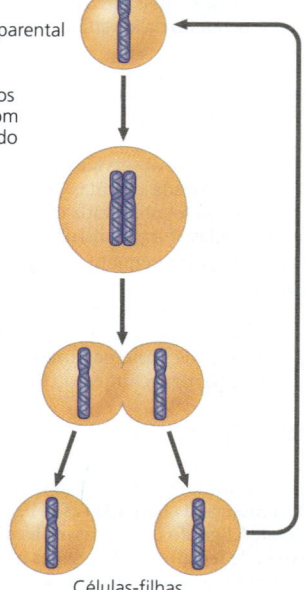

Célula parental

Interfase: A célula cresce; em preparação para divisão celular, os cromossomos são duplicados, com o material genético (DNA) copiado precisamente.

Mitose: As cópias dos cromossomos são separadas uma da outra e movidas para as extremidades opostas da célula.

Citocinese: A célula se divide em duas células-filhas, geneticamente idênticas uma à outra e à célula parental.

As células-filhas podem continuar a se dividir, repetindo o ciclo.

Células-filhas

CONCEITO 12.1

A maioria das divisões celulares resulta em células-filhas geneticamente idênticas

A habilidade dos organismos de reproduzir a própria espécie é a característica que melhor distingue os seres vivos da matéria não viva. Essa capacidade única de procriar, como todas as funções biológicas, tem base celular. A continuidade da vida se baseia na reprodução das células, ou **divisão celular**.

Papéis principais da divisão celular

A divisão celular desempenha diversos papéis importantes na vida. Quando uma célula procariótica se divide, na verdade ela está se reproduzindo, pois o processo dá origem a um novo organismo (outra célula). Isso também é verdadeiro para qualquer eucarioto unicelular, como a ameba apresentada na **Figura 12.2a**. Entretanto, para os eucariotos multicelulares, a divisão celular permite que cada um desses organismos se desenvolva a partir de uma única célula – o óvulo fertilizado. Um embrião de duas células, o primeiro estágio desse processo, é apresentado na **Figura 12.2b**. E a divisão celular segue atuando na renovação e no reparo dos eucariotos multicelulares completamente desenvolvidos, repondo as células que morrem por acidentes ou desgaste normal. Por exemplo, as células em divisão da medula óssea humana produzem continuamente novas células sanguíneas **(Figura 12.2c)**.

A reprodução de um conjunto tão complexo quanto uma célula não pode simplesmente ocorrer como uma mera divisão pela metade; uma célula não é uma bolha de sabão que simplesmente aumenta e se divide em duas. Tanto em procariotos quanto em eucariotos, a função crucial da maior parte das divisões celulares é a distribuição de material genético idêntico – DNA – para as duas células-filhas. (A exceção é a meiose, tipo especial de divisão celular de eucariotos que pode produzir espermatozoides e óvulos.) O mais notável sobre a divisão celular é a precisão com que o DNA passa de uma geração de células para a seguinte. A célula em divisão duplica o DNA, distribui as duas cópias para as extremidades opostas e, então, separa-se em células-filhas.

Organização celular do material genético

O DNA da célula, sua informação genética, é chamado de **genoma**. Embora o genoma procariótico seja frequentemente uma única molécula de DNA, genomas eucarióticos normalmente consistem em algumas moléculas de DNA. O comprimento total do DNA em uma célula eucariótica é enorme. Uma típica célula humana, por exemplo, tem cerca de 2 m de DNA – comprimento cerca de 250 mil vezes maior que o diâmetro da célula. Contudo, antes de a célula dividir-se para formar células-filhas geneticamente idênticas, todo esse DNA deve ser copiado, ou replicado; então, as duas cópias se separam para que cada célula-filha termine com um genoma completo.

A replicação e a distribuição de tanto DNA são gerenciáveis porque as moléculas de DNA estão empacotadas em estruturas chamadas de **cromossomos** (do grego *chroma*, cor, e *soma*, corpo), assim chamadas porque absorvem determinados corantes usados na microscopia **(Figura 12.3)**. Cada cromossomo eucariótico consiste em uma molécula de DNA muito longa e linear associada com muitas proteínas (ver Figura 6.9). A molécula de DNA tem diversas centenas a poucos milhares de genes, as unidades de informação que especificam as características herdáveis de um organismo. As proteínas associadas mantêm a estrutura dos cromossomos e auxiliam no controle da atividade dos genes. Juntos, todo o complexo de DNA e proteínas que forma os cromossomos é denominado **cromatina**. Como veremos, o grau de condensação da cromatina de um cromossomo varia durante o processo de divisão celular.

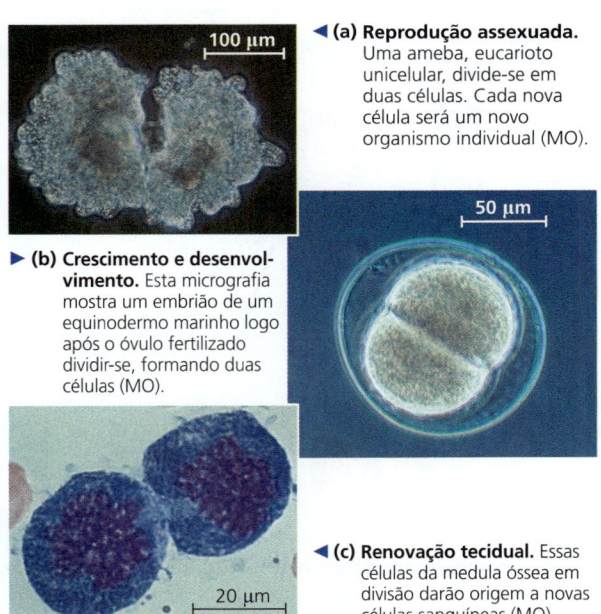

▲ **Figura 12.2** Funções da divisão celular.

(a) **Reprodução assexuada.** Uma ameba, eucarioto unicelular, divide-se em duas células. Cada nova célula será um novo organismo individual (MO).

▶ (b) **Crescimento e desenvolvimento.** Esta micrografia mostra um embrião de um equinodermo marinho logo após o óvulo fertilizado dividir-se, formando duas células (MO).

◀ (c) **Renovação tecidual.** Essas células da medula óssea em divisão darão origem a novas células sanguíneas (MO).

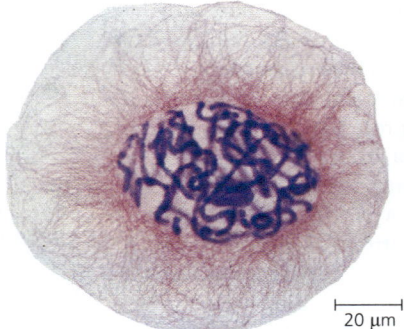

▲ **Figura 12.3 Cromossomos eucarióticos.** Os cromossomos (marcados em roxo) são visíveis dentro do núcleo desta célula de lírio-sangu-salmão (*Scadoxus multiflorus*). As finas linhas vermelhas ao redor do citoplasma são o citoesqueleto. A célula está se preparando para se dividir (MO).

Toda espécie eucariótica tem um número característico de cromossomos em cada núcleo celular. Por exemplo, cada núcleo das **células somáticas** humanas (todas as células do corpo, exceto as células reprodutivas) contém 46 cromossomos compostos por dois conjuntos de 23, cada conjunto herdado a partir de um progenitor. As células reprodutivas, ou **gametas** – como espermatozoides e óvulos –, têm a metade da quantidade de cromossomos das células somáticas; em nosso exemplo, gametas humanos têm um conjunto de 23 cromossomos. O número de cromossomos nas células somáticas varia muito entre as espécies: 18 nas plantas de repolho, 48 nos chimpanzés, 56 nos elefantes, 90 nos porcos-espinho e 148 em uma espécie de alga. Agora, vamos considerar como esses cromossomos se comportam durante a divisão celular.

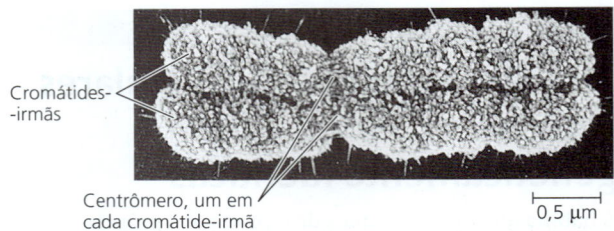

▲ **Figura 12.4** Cromossomo humano altamente condensado e duplicado (MEV).

DESENHE *Circule uma cromátide-irmã deste cromossomo.*

Distribuição dos cromossomos durante a divisão da célula eucariótica

Quando uma célula não está se dividindo e mesmo quando está duplicando seu DNA em preparação para a divisão celular, cada cromossomo fica na forma de uma longa e fina fibra de cromatina. Entretanto, após a replicação do DNA, os cromossomos se condensam: cada fibra de cromatina se torna densamente enrolada e dobrada, tornando os cromossomos bem mais curtos e tão espessos que podemos visualizá-los ao microscópio óptico.

Cada cromossomo duplicado consiste em duas **cromátides-irmãs**, as quais são cópias unidas do cromossomo original **(Figura 12.4)**. As duas cromátides, cada uma contendo uma molécula idêntica de DNA, são frequentemente ligadas ao longo do seu comprimento por complexos proteicos chamados *coesinas*; essa ligação é conhecida como *coesão das cromátides-irmãs*. Cada cromátide-irmã tem um **centrômero**, uma região composta por sequências repetitivas no DNA cromossômico em que a cromátide está o mais próximo possível da sua cromátide-irmã. Essa união é mediada por proteínas que reconhecem e se ligam ao DNA centromérico; outras proteínas ligadas condensam o DNA, formando um estreitamento (uma "cintura" fina) no cromossomo duplicado. A parte da cromátide de cada lado do centrômero é chamada de *braço* da cromátide. (Um cromossomo não duplicado tem um único centrômero, identificado pelas proteínas que nele se ligam, e dois braços.)

Mais tarde no processo de divisão celular, as duas cromátides-irmãs de cada cromossomo duplicado se separam e se movem em direção aos dois novos núcleos, formados em cada extremidade da célula. Assim que as cromátides-irmãs se separam, elas não são mais denominadas cromátides-irmãs, mas sim consideradas cromossomos individuais. Em essência, essa é a etapa que duplica o número de cromossomos durante a divisão celular. Então, cada novo núcleo recebe uma coleção de cromossomos idêntica à da célula parental **(Figura 12.5)**. A **mitose**, divisão do material genético no núcleo, é normalmente seguida imediatamente pela **citocinese**, a divisão do citoplasma. Onde havia uma célula, agora existem duas, cada uma delas geneticamente equivalente à célula parental.

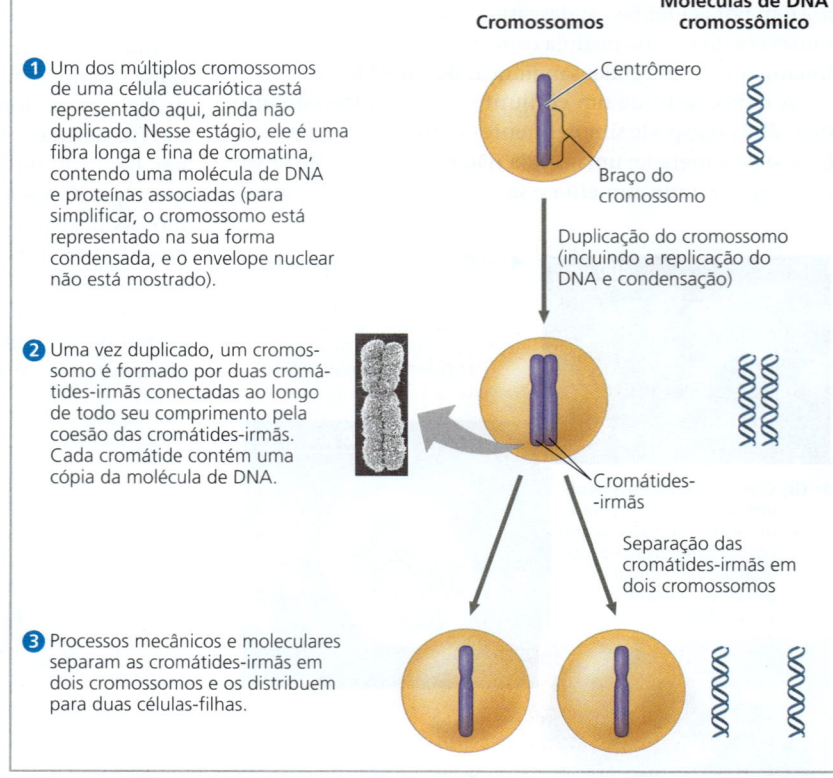

▲ **Figura 12.5** Duplicação dos cromossomos e distribuição durante a divisão celular.

❓ *Quantos braços de cromátides o cromossomo em* ❷ *possui? Identifique o ponto na figura onde um cromossomo se torna dois.*

A partir do óvulo fertilizado, a mitose e a citocinese produzem os 37 trilhões de células somáticas que constituem o nosso corpo, e o mesmo processo continua produzindo novas células para substituir as células mortas ou danificadas. Por outro lado, você produz gametas, óvulos ou espermatozoides, por uma divisão celular distinta denominada *meiose*, que dá origem a células-filhas com apenas um conjunto de cromossomos, metade dos cromossomos da célula parental. Na espécie humana, a meiose só ocorre em células especiais, nos ovários ou testículos (as gônadas). Na produção dos gametas, a meiose reduz o número cromossômico de 46 (dois conjuntos) para 23 (um conjunto). A fertilização fusiona os dois gametas e retorna o número de cromossomos a 46 (dois conjuntos). Então, a mitose conserva esse número em cada núcleo de célula somática do novo indivíduo. No Capítulo 13, examinaremos a função da meiose na reprodução e na hereditariedade em mais detalhes. No restante deste capítulo, daremos enfoque à mitose e ao restante do ciclo celular em eucariotos.

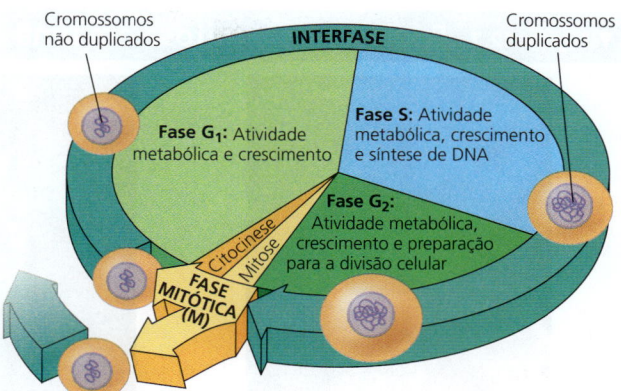

▲ **Figura 12.6 Ciclo celular.** Em uma célula em divisão, a fase mitótica (M) alterna-se com a interfase, o período de crescimento.

REVISÃO DO CONCEITO 12.1

1. Quantos cromossomos estão desenhados em cada parte da Figura 12.5? (Ignore a micrografia na etapa 2.)
2. **E SE?** Uma galinha tem 78 cromossomos em suas células somáticas. Quantos cromossomos a galinha herdou de cada um dos progenitores? Quantos cromossomos existem em cada gameta da galinha? Quantos cromossomos existirão em cada célula somática da prole da galinha?

Ver as respostas sugeridas no Apêndice A.

CONCEITO 12.2

A fase mitótica alterna-se com a interfase no ciclo celular

Em 1882, o anatomista alemão Walther Flemming desenvolveu corantes que lhe permitiram observar, pela primeira vez, o comportamento dos cromossomos durante a mitose e a citocinese. (De fato, Flemming cunhou os termos *mitose* e *cromatina*.) Durante o período entre uma divisão celular e a seguinte, Flemming observou que a célula simplesmente crescia em tamanho. Hoje, sabemos que muitos eventos importantes ocorrem nesse estágio da vida de uma célula.

Fases do ciclo celular

A mitose é apenas uma parte do **ciclo celular**, o tempo de vida de uma célula desde a formação durante a divisão de uma célula parental até a sua própria divisão em duas células-filhas **(Figura 12.6)**. (Os biólogos utilizam os termos *filhas* ou *irmãs* em relação às células, mas isso não significa gênero.) De fato, a **fase mitótica** (**M**), que inclui a mitose e a citocinese, é normalmente a parte mais curta do ciclo celular. A fase mitótica alterna-se com um estágio mais longo, chamado **interfase**, que frequentemente responde por cerca de 90% do ciclo. A interfase pode ser dividida em três fases: a **fase G_1** ("primeiro intervalo"), a **fase S** ("síntese")

e a **fase G_2** ("segundo intervalo"). As fases G foram erroneamente denominadas de "intervalo" (do inglês *gap*) porque inicialmente, quando foram observadas, aparentavam ser inativas, mas agora sabemos que as células se encontram em intensa atividade metabólica e crescimento durante toda a interfase. Durante todas as três fases da interfase, a célula cresce ao produzir proteínas e organelas citoplasmáticas como as mitocôndrias e o retículo endoplasmático. A duplicação dos cromossomos, crucial para a divisão celular, ocorre toda durante a fase S. (Exploraremos a síntese, ou replicação, do DNA no Conceito 16.2.) Assim, a célula cresce (G_1), continua crescendo enquanto copia seus cromossomos (S), cresce mais enquanto completa as preparações para a divisão celular (G_2) e se divide (M). Então, as células-filhas podem repetir o ciclo.

Uma determinada célula humana pode sofrer uma divisão em 24 horas. Desse tempo, a fase M ocuparia menos de 1 hora, e a fase S ocuparia cerca de 10 a 12 horas, ou cerca de metade do ciclo. O resto do tempo seria dividido proporcionalmente entre as fases G_1 e G_2. A fase G_2 leva normalmente cerca de 4 a 6 horas; em nosso exemplo, G_1 ocuparia cerca de 5 a 6 horas. G_1 é a fase com o período de duração mais variável em diferentes tipos de células. Algumas células em um organismo multicelular dividem-se raramente ou nunca se dividem. Essas células passam grande parte do tempo em G_1 (ou em uma fase relacionada denominada G_0, a ser discutida adiante no capítulo) realizando suas funções no organismo – por exemplo, uma célula pancreática que secreta enzimas digestivas.

A mitose é convencionalmente dividida em cinco estágios: **prófase**, **prometáfase**, **metáfase**, **anáfase** e **telófase**. Sobreposta aos últimos estágios da mitose, a citocinese completa a fase mitótica. A **Figura 12.7** descreve esses estágios em uma célula animal. Estude minuciosamente essa figura antes de avançar para as próximas duas seções, que examinam a mitose e a citocinese de maneira mais detalhada.

▼ Figura 12.7 Explorando a mitose em uma célula animal

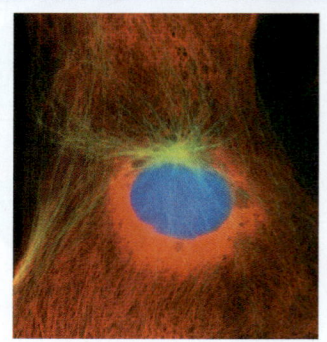
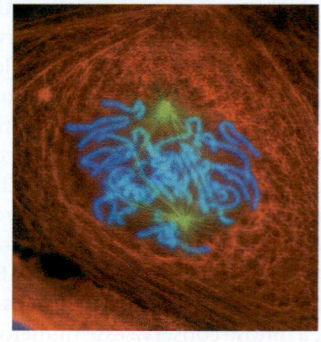

G₂ da interfase

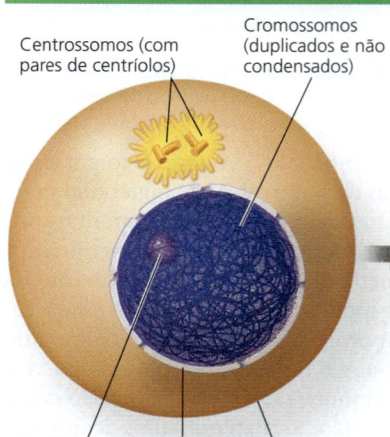

Rótulos: Centrossomos (com pares de centríolos); Cromossomos (duplicados e não condensados); Nucléolo; Envelope nuclear; Membrana plasmática.

- O envelope nuclear circunda o núcleo.
- O núcleo contém um ou mais nucléolos.
- Dois centrossomos são formados pela replicação de um único centrossomo. Os centrossomos nas células animais são regiões que organizam os microtúbulos do fuso. Cada centrossomo tem dois centríolos.
- Cromossomos, duplicados durante a fase S, não podem ser visualizados individualmente, pois ainda não estão condensados.

> As micrografias de fluorescência mostram células pulmonares de uma salamandra se dividindo. Esta espécie tem 22 cromossomos. Os cromossomos aparecem em azul, os microtúbulos, em verde, e os filamentos intermediários, em vermelho. Para simplificar, os desenhos mostram apenas seis cromossomos.

Prófase

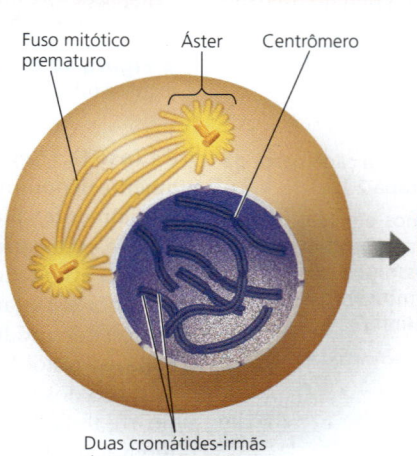

Rótulos: Fuso mitótico prematuro; Áster; Centrômero; Duas cromátides-irmãs de um cromossomo.

- As fibras de cromatina se tornam mais firmemente enroladas, condensando-se em cromossomos separados, visíveis ao microscópio óptico.
- Os nucléolos desaparecem.
- Cada cromossomo duplicado aparece como duas cromátides-irmãs idênticas unidas pelos seus centrômeros e ao longo de seus braços pelas coesinas, resultando na coesão das cromátides-irmãs.
- O fuso mitótico (assim denominado pelo seu formato) inicia sua formação. Ele é composto por centrossomos e microtúbulos que se estendem a partir deles. Os arranjos radiais dos microtúbulos mais curtos que se estendem dos centrossomos são chamados de ásteres ("estrelas").
- Os centrossomos se afastam uns dos outros, aparentemente impulsionados pelo aumento do comprimento dos microtúbulos entre eles.

Prometáfase

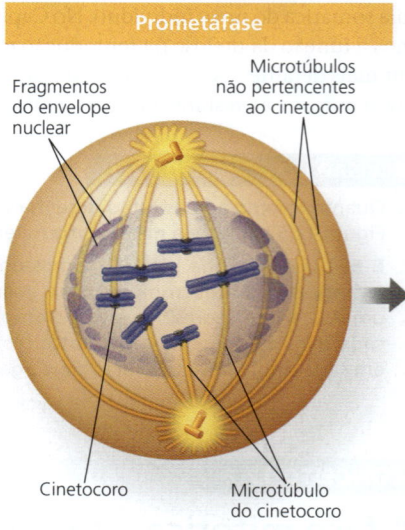

Rótulos: Fragmentos do envelope nuclear; Microtúbulos não pertencentes ao cinetocoro; Cinetocoro; Microtúbulo do cinetocoro.

- O envelope nuclear se fragmenta.
- Os microtúbulos que se estendem de cada centrossomo podem agora invadir a área nuclear.
- Os cromossomos se tornam ainda mais condensados.
- Ocorre a formação de uma estrutura proteica especializada, o cinetocoro, no centrômero de cada cromátide (portanto, dois por cromossomo).
- Alguns dos microtúbulos se ligam aos cinetocoros, tornando-se "microtúbulos do cinetocoro"; isso empurra os cromossomos para frente e para trás.
- Os microtúbulos não pertencentes aos cinetocoros interagem com aqueles do polo oposto do fuso, alongando a célula.

❓ Quantas moléculas de DNA estão no desenho da prometáfase? Quantas moléculas por cromossomo? Quantas dupla-hélices existem por cromossomo? E por cromátide?

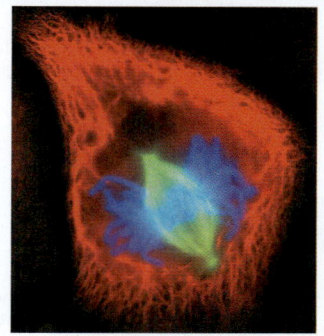
Metáfase

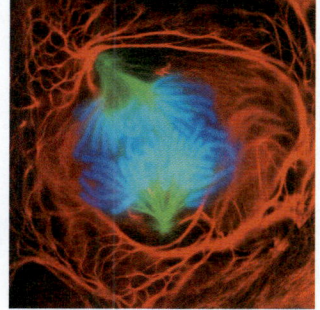
Anáfase

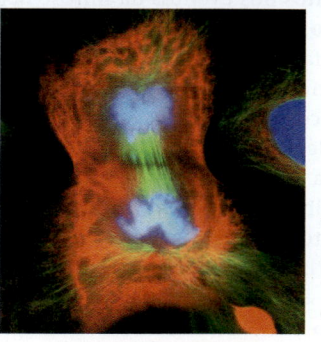
Telófase e citocinese

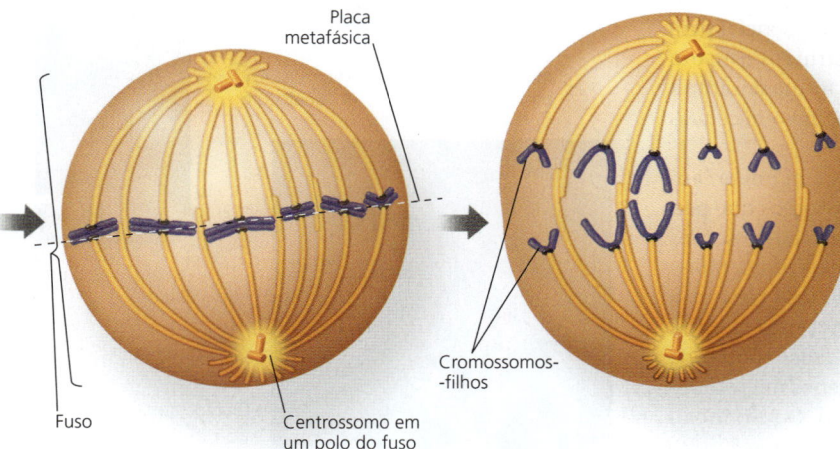

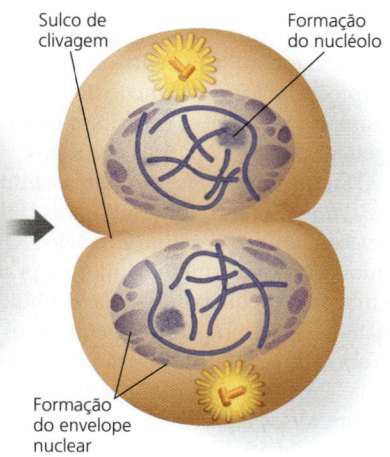

Metáfase

- Os centrossomos estão agora em polos opostos da célula.
- Os cromossomos se reúnem na *placa metafásica*, um plano equidistante entre os dois polos dos fusos. Os centrômeros dos cromossomos se alinham na placa metafásica.
- Para cada cromossomo, os cinetocoros das cromátides-irmãs são ligados aos microtúbulos do cinetocoro vindos de polos opostos.

Anáfase

- A anáfase é o estágio mais curto da mitose: frequentemente demora apenas poucos minutos.
- A anáfase inicia quando as proteínas coesinas são clivadas. Isso permite que as duas cromátides-irmãs de cada par se separem repentinamente. Cada cromátide então se torna um cromossomo independente.
- Os dois novos cromossomos-filhos começam a se mover em direção às extremidades opostas da célula à medida que os microtúbulos do cinetocoro encurtam. Como esses microtúbulos estão ligados à região do centrômero, os centrômeros são puxados para frente dos braços, movendo-se a uma velocidade aproximada de cerca de 1 μm/min.
- A célula se alonga à medida que os microtúbulos não pertencentes ao cinetocoro aumentam.
- No final da anáfase, as duas extremidades da célula possuem coleções equivalentes – e completas – de cromossomos.

Telófase

- Dois núcleos-filhos se formam na célula. Os envelopes nucleares surgem a partir de fragmentos do envelope nuclear da célula parental e de outras porções do sistema de endomembranas.
- O nucléolo reaparece.
- Os cromossomos se tornam menos condensados.
- Os microtúbulos remanescentes do fuso são despolimerizados.
- A mitose, a divisão de um núcleo em dois núcleos geneticamente idênticos, agora está completa.

Citocinese

- A divisão do citoplasma ocorre normalmente no final da telófase, de modo que as duas células-filhas apareçam logo após o final da mitose.
- Em células animais, a citocinese envolve a formação do sulco de clivagem, que divide a célula em duas.

Em mais detalhes: o fuso mitótico

Muitos dos eventos da mitose dependem do **fuso mitótico**, que inicia sua formação no citoplasma durante a prófase. Essa estrutura consiste em fibras compostas por microtúbulos e proteínas associadas. Enquanto o fuso mitótico é montado, os outros microtúbulos do citoesqueleto se desmontam parcialmente, fornecendo o material usado para construir o fuso. Os microtúbulos do fuso se alongam (polimerizam) pela incorporação de mais subunidades da proteína tubulina (ver Tabela 6.1) e se encurtam (despolimerizam) ao perder essas subunidades.

Em células animais, a montagem dos microtúbulos do fuso inicia no **centrossomo**, região subcelular cujo material funciona durante todo o ciclo celular para organizar microtúbulos celulares. (Ele também funciona como um *centro organizador de microtúbulos*.) Um par de centríolos está localizado no centro do centrossomo, mas não é essencial para a divisão celular: se os centríolos forem destruídos com um microfeixe de *laser*, mesmo assim o fuso se forma durante a mitose. Na verdade, os centríolos estão ausentes em células vegetais, que formam fusos mitóticos.

Durante a interfase em células animais, um único centrossomo se replica, formando dois centrossomos que permanecem unidos próximo ao núcleo. Os dois centrossomos se movem separadamente durante a prófase e a prometáfase da mitose, à medida que os microtúbulos do fuso crescem a partir deles. No final da prometáfase, os dois centrossomos, um em cada polo do fuso, estão em extremidades opostas da célula. Um *áster*, um arranjo radial de pequenos microtúbulos, estende-se a partir de cada centrossomo. O fuso inclui os centrossomos, os microtúbulos do fuso e os ásteres.

Cada uma das duas cromátides-irmãs de um cromossomo duplicado tem um **cinetocoro**, estrutura de proteínas associadas com porções específicas do DNA em cada centrômero. Os dois cinetocoros dos cromossomos se posicionam em direções opostas. Durante a prometáfase, alguns dos microtúbulos do fuso se ligam aos cinetocoros; estes são chamados de *microtúbulos do cinetocoro*. (O número de microtúbulos ligados ao cinetocoro varia entre as espécies, desde um microtúbulo em células de leveduras até 40 ou mais em algumas células de mamíferos.) Quando um dos cinetocoros do cromossomo é "capturado" pelos microtúbulos, o cromossomo inicia a movimentação em direção ao polo a partir do qual os microtúbulos se estendem. Entretanto, esse movimento cessa assim que os microtúbulos do polo oposto se ligam ao cinetocoro na outra cromátide. O que acontece a seguir é como um jogo de "cabo de guerra" que termina empatado. O cromossomo se move primeiro em uma direção e, então, em outra, para frente e para trás, finalmente se colocando no meio das duas extremidades da célula. Na metáfase, os centrômeros de todos os cromossomos duplicados estão em um plano médio entre os fusos dos dois polos. Esse plano imaginário é chamado de **placa metafásica** da célula **(Figura 12.8)**. Enquanto isso, os microtúbulos que não se ligaram aos cinetocoros são alongados e, na metáfase,

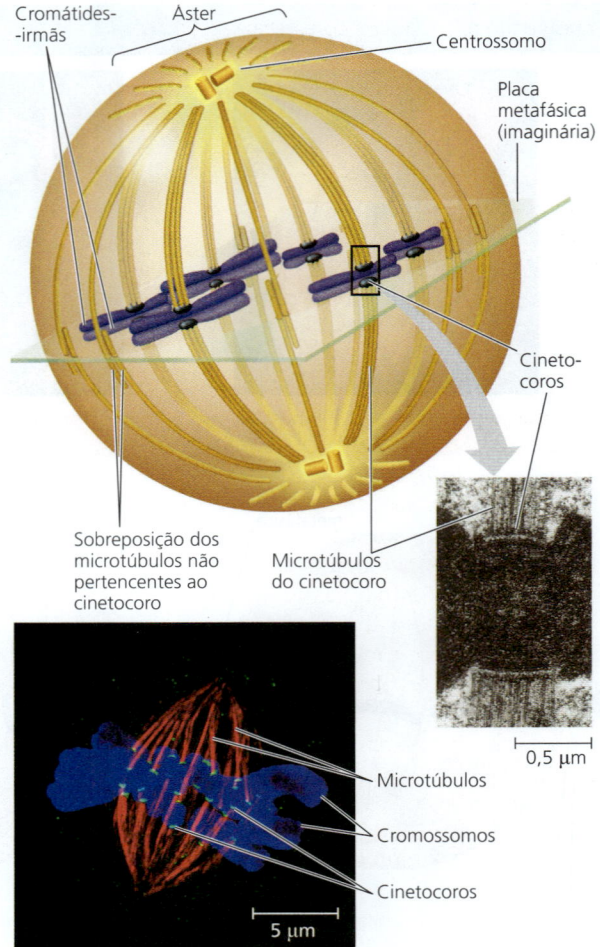

▲ **Figura 12.8 Fuso mitótico na metáfase.** Os cinetocoros de cada uma das duas cromátides-irmãs dos cromossomos se posicionam em direções opostas. Aqui, cada cinetocoro está ligado a um grupo de microtúbulos do cinetocoro (ver MET) que se estendem a partir do centrossomo mais próximo. Os microtúbulos não pertencentes ao cinetocoro se sobrepõem na placa metafásica. A micrografia de fluorescência é uma célula de canguru-rato na metáfase.

DESENHE *Na micrografia inferior, desenhe uma linha indicando a posição da placa metafásica. Desenhe setas mostrando as direções do movimento dos cromossomos quando a anáfase inicia.*

sobrepõem-se e interagem com outros *microtúbulos não ligados ao cinetocoro* a partir do polo oposto do fuso. Na metáfase, os microtúbulos dos ásteres também cresceram e estão em contato com a membrana plasmática. O fuso está completo agora.

A estrutura do fuso se correlaciona bem com a sua função durante a anáfase. A anáfase começa repentinamente quando as coesinas, que mantêm unidas as cromátides-irmãs de cada cromossomo, são clivadas por uma enzima denominada *separase*. Uma vez separadas, as cromátides se tornam cromossomos individuais que se movem para as extremidades opostas da célula.

Como os microtúbulos do cinetocoro funcionam nesse movimento dos cromossomos direcionado aos polos?

Aparentemente, dois mecanismos são utilizados, ambos envolvendo proteínas motoras. (Para revisar como as proteínas motoras movem objetos ao longo do microtúbulo, ver Figura 6.21.) Os resultados de um experimento muito bem desenhado sugeriram que as proteínas motoras nos cinetocoros "conduzem" os cromossomos ao longo dos microtúbulos, que despolimerizam nas suas extremidades dos cinetocoros após a proteína motora ter passado **(Figura 12.9)**. (Isso é chamado de mecanismo "come-come" ou "Pacman" devido à semelhança com o personagem do antigo jogo de *videogame* que se move comendo todos os pontos na sua rota.) Entretanto, outros pesquisadores, trabalhando com diferentes tipos de células ou com células de outras espécies, mostraram que os cromossomos são "enrolados" por proteínas motoras nos polos do fuso e que os microtúbulos despolimerizam após passarem por essas proteínas motoras nos polos. Hoje, o consenso é de que a contribuição desses dois mecanismos varia entre os tipos celulares.

Em uma célula animal em divisão, os microtúbulos dos não cinetocoros são responsáveis pelo alongamento de toda a célula durante a anáfase. Os microtúbulos não pertencentes ao cinetocoro de polos opostos se sobrepõem extensivamente durante a metáfase (ver Figura 12.8). Durante a anáfase, a região de sobreposição é reduzida à medida que as proteínas motoras ligadas aos microtúbulos caminham de um para outro, usando energia do ATP. Assim que os microtúbulos se separam uns dos outros, os fusos dos polos são separados, alongando a célula. Ao mesmo tempo, os microtúbulos se alongam um tanto pela adição de subunidades de tubulina às extremidades sobrepostas. Como resultado, os microtúbulos continuam a se sobrepor.

No final da anáfase, conjuntos duplicados de cromossomos chegam às extremidades opostas da célula parental alongada. O núcleo se forma novamente durante a telófase. A citocinese geralmente inicia durante a anáfase ou a telófase, e o fuso finalmente se desmonta pela despolimerização dos microtúbulos.

Em mais detalhes: a citocinese

Em células animais, a citocinese ocorre por um processo chamado **clivagem**. O primeiro sinal da clivagem é o aparecimento do **sulco de clivagem**, um sulco raso na superfície da célula próximo à antiga placa metafásica **(Figura 12.10a)**. No lado citoplasmático do sulco, existe um anel contrátil de microfilamentos de actina associado com moléculas da proteína miosina. Os microfilamentos de actina interagem com as moléculas de miosina fazendo a contração do anel. A contração dos microfilamentos do anel de uma célula em divisão é similar ao ato de fechar uma bolsa puxando um cordão. O sulco de clivagem se aprofunda até a célula parental dividir-se em duas, produzindo duas células completamente separadas, cada uma com seu próprio núcleo e parte do citosol, organelas e outras estruturas subcelulares.

Nas células vegetais, que possuem parede celular, a citocinese é bastante diferente. Não há sulco de clivagem. Ao contrário, durante a telófase, vesículas derivadas do

▼ **Figura 12.9** Pesquisa

Em que extremidade os microtúbulos do cinetocoro encurtam durante a anáfase?

Experimento Gary Borisy e colaboradores da Universidade de Wisconsin queriam determinar se os microtúbulos do cinetocoro despolimerizam na extremidade do cinetocoro ou na extremidade do polo à medida que os cromossomos se movem em direção aos polos durante a mitose. Primeiro, eles marcaram os microtúbulos de uma célula de rim de porco no início da anáfase com um corante fluorescente amarelo. (Os microtúbulos não pertencentes ao cinetocoro não são mostrados.)

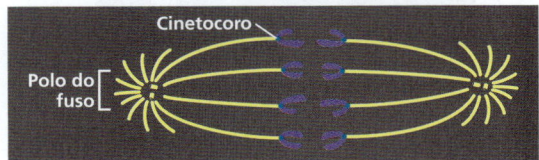

Então, eles marcaram a região dos microtúbulos do cinetocoro entre um polo do fuso e os cromossomos usando um *laser* para eliminar a fluorescência daquela região, deixando os microtúbulos intactos (ver abaixo). Com a continuidade da anáfase, eles monitoraram as mudanças no comprimento dos microtúbulos em cada lado da marcação não fluorescente.

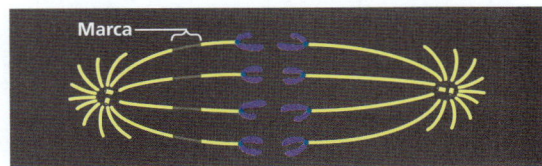

Resultados À medida que os cromossomos se moveram em direção aos polos, os segmentos de microtúbulos do lado do cinetocoro da marcação encurtaram, ao passo que aqueles do lado do polo do fuso permaneceram com o mesmo tamanho.

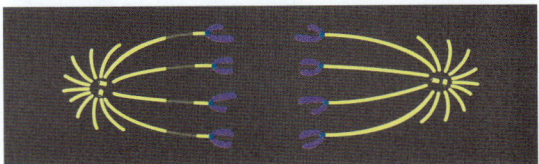

Conclusão Durante a anáfase nesse tipo de célula, o movimento do cromossomo correlaciona-se com o encurtamento dos microtúbulos do cinetocoro na extremidade cinetocórica, e não na extremidade do polo do fuso. Esse experimento sustenta a hipótese de que, durante a anáfase, o cromossomo caminha ao longo do microtúbulo à medida que este despolimeriza na sua extremidade do cinetocoro, liberando subunidades de tubulina.

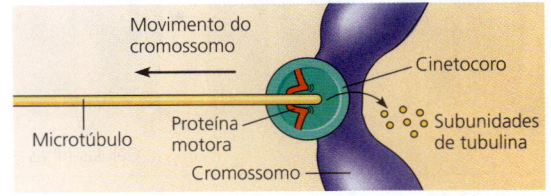

Dados de G.J. Gorbsky, P.J. Sammak e G.G. Borisy, Chromosomes move poleward in anaphase along stationary microtubules that coordinately disassemble from their kinetochore ends, *Journal of Cell Biology* 104:9-18 (1987).

E SE? *Se esse experimento fosse realizado em um tipo celular em que o "enrolamento" nos polos fosse a principal causa do movimento dos cromossomos, como a marcação se moveria em relação aos polos? Como as porções dos microtúbulos em cada lado da marca mudaram?*

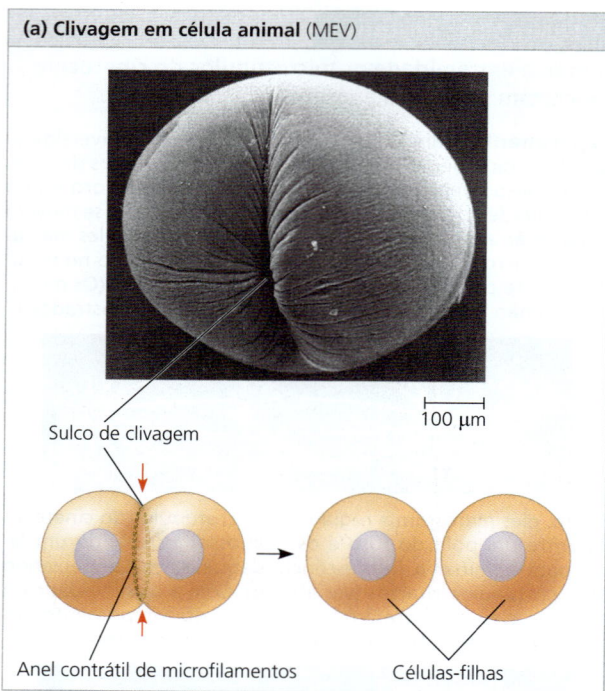

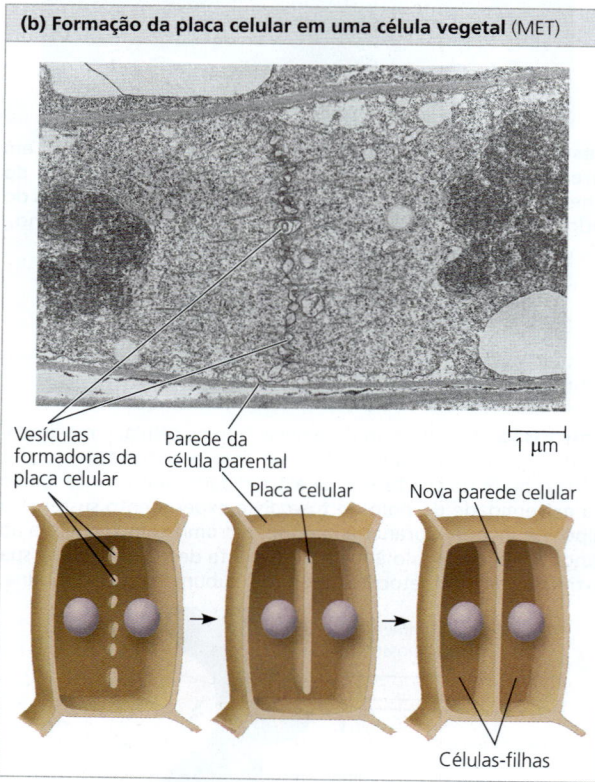

▲ **Figura 12.10** Citocinese em células animais e vegetais.

complexo de Golgi se movem pelos microtúbulos para o centro da célula, onde coalescem, produzindo a **placa celular**. Os materiais da parede celular carregados em vesículas coletam dentro da placa celular à medida que ela cresce

(Figura 12.10b). A placa celular aumenta até que a membrana circundante se fusiona com a membrana plasmática ao longo do perímetro da célula. O resultado é duas células-filhas, cada uma com sua própria membrana plasmática. Enquanto isso, uma nova parede celular decorrente dos conteúdos da placa celular é formada entre as células-filhas.

A **Figura 12.11** consiste em uma série de micrografias de uma célula vegetal em divisão. O estudo dessa figura serve de revisão dos processos da mitose e da citocinese.

Fissão binária nas bactérias

Procariotos (bactérias e arqueias) podem sofrer um tipo de reprodução no qual a célula cresce até quase o dobro do seu tamanho e, então, divide-se formando duas células. O termo **fissão binária**, que significa "divisão ao meio", refere-se a esse processo e à reprodução assexuada de eucariotos unicelulares, como a ameba na Figura 12.2a. Entretanto, o processo em eucariotos envolve a mitose, enquanto, nos procariotos, a mitose não ocorre.

Em bactérias, a maioria dos genes fica em um único cromossomo bacteriano que consiste em uma molécula de DNA circular e proteínas associadas. Apesar de as bactérias serem menores e mais simples que as células eucarióticas, o desafio de replicação dos seus genomas em um modelo ordenado e a distribuição igual das cópias em duas células-filhas não deixa de ser incrível. Por exemplo, quando os cromossomos da bactéria *Escherichia coli* estão totalmente estendidos, eles são 500 vezes mais longos do que a célula. Para um cromossomo tão longo caber dentro da célula, ele deve estar bem enrolado e dobrado.

Em algumas bactérias, o processo de divisão celular é iniciado quando o DNA do cromossomo bacteriano começa a se replicar em um local específico do cromossomo chamado **origem de replicação**, produzindo duas origens. À medida que o cromossomo continua a se replicar, uma origem se move rapidamente em direção à extremidade oposta da célula **(Figura 12.12)**. Enquanto o cromossomo está se replicando, a célula se alonga. Quando a replicação estiver completa e a bactéria alcançar cerca de duas vezes o tamanho inicial, proteínas fazem a membrana citoplasmática invaginar-se, dividindo a célula bacteriana parental em duas células-filhas. Assim, cada célula herda um genoma completo.

Usando técnicas da tecnologia moderna de DNA para marcar as origens de replicação com moléculas que brilham na cor verde ao microscópio de fluorescência (ver Figura 6.3), pesquisadores observaram diretamente o movimento dos cromossomos bacterianos. Esse movimento remete aos movimentos em direção aos polos das regiões centroméricas dos cromossomos eucarióticos durante a anáfase na mitose, porém as bactérias não têm fusos mitóticos visíveis, nem mesmo microtúbulos. Na maioria das espécies de bactérias estudadas, as duas origens de replicação terminam em extremidades opostas da célula ou em alguma outra localização muito específica, ali ancoradas, possivelmente, por uma ou mais proteínas. De que maneira os cromossomos das bactérias se movem e como a sua localização específica é estabelecida e mantida

▲ **Figura 12.11 Mitose em uma célula vegetal.** Estas micrografias ópticas mostram a mitose em células de raiz de cebola.

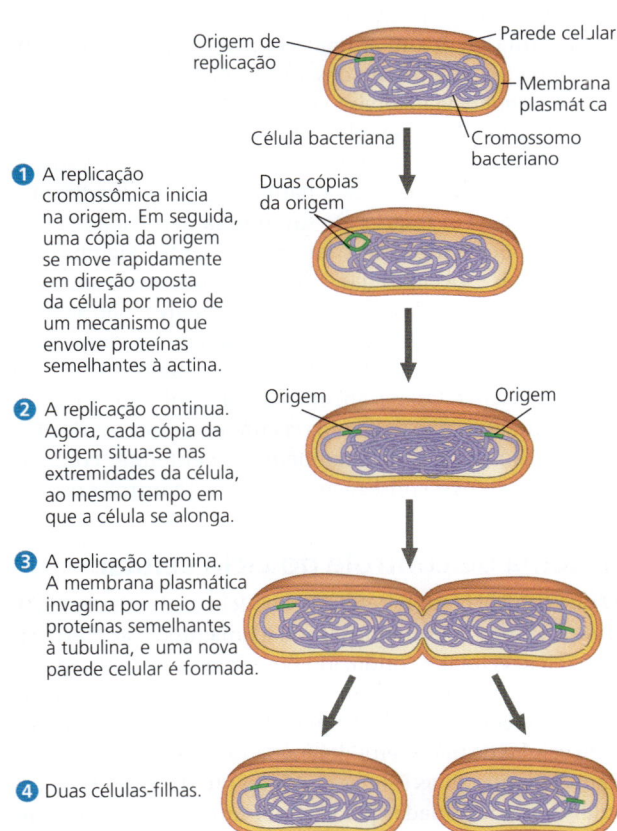

▲ **Figura 12.12 Divisão celular bacteriana por fissão binária.** Esta figura mostra a bactéria *Escherichia coli*, que tem um único cromossomo circular.

ainda não são fatos completamente entendidos. Foram identificadas algumas proteínas que têm funções importantes. A polimerização de uma proteína que se assemelha à actina eucariótica aparentemente atua no movimento do cromossomo bacteriano durante a divisão celular; outra proteína que está relacionada à tubulina ajuda na invaginação da membrana citoplasmática, separando as duas células-filhas bacterianas.

Evolução da mitose

EVOLUÇÃO Considerando que os procariotos precederam os eucariotos na Terra por mais de 1 bilhão de anos, podemos criar a hipótese de que a mitose tem suas origens nos mecanismos simples procarióticos de reprodução celular. O fato de algumas das proteínas envolvidas na fissão binária bacteriana se relacionarem com proteínas eucarióticas que funcionam na mitose corrobora essa hipótese.

À medida que os eucariotos, com envelope nuclear e grandes genomas, evoluíram, o processo ancestral de fissão binária (visto hoje em bactérias) de alguma forma originou a mitose. Existem variações na divisão celular em diferentes grupos de organismos. Esses processos variáveis podem ser similares aos mecanismos usados pelas espécies ancestrais e, portanto, podem assemelhar-se às etapas da evolução da mitose a partir de fissão binária que ocorreu provavelmente nas bactérias mais primitivas. Possíveis estágios intermediários são representados por dois tipos incomuns de divisão nuclear encontrados hoje em certos eucariotos unicelulares: os dinoflagelados, as diatomáceas e algumas leveduras **(Figura 12.13)**. Acredita-se que esses dois exemplos de divisão nuclear sejam casos em que mecanismos ancestrais permaneceram relativamente inalterados no processo evolutivo. Em ambos os tipos, o envelope nuclear permanece intacto, diferentemente do que ocorre na maioria das células eucarióticas. Entretanto, tenha em mente que não podemos observar a divisão celular em células de espécies extintas. Essa hipótese utiliza apenas as espécies atualmente existentes como alguns exemplos possíveis de mecanismos intermediários. Outros mecanismos podem ter existido em espécies que se extinguiram; porém, simplesmente não temos como saber.

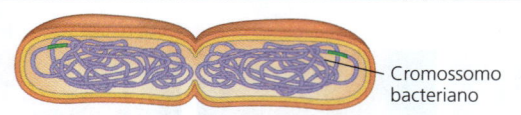

(a) **Bactérias.** Durante a fissão binária nas bactérias, as origens dos cromossomos-filhos se movem para as extremidades opostas da célula. O mecanismo envolve a polimerização de moléculas semelhantes à actina e possivelmente proteínas que podem ancorar os cromossomos-filhos em locais específicos da membrana plasmática.

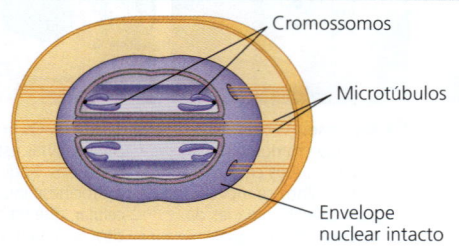

(b) **Dinoflagelados.** Nos eucariotos unicelulares denominados dinoflagelados, os cromossomos se unem ao envelope nuclear, que permanece intacto durante a divisão celular. Os microtúbulos passam pelo núcleo por dentro de túneis citoplasmáticos, reforçando a orientação espacial do núcleo, que então se divide em um processo semelhante à fissão binária bacteriana.

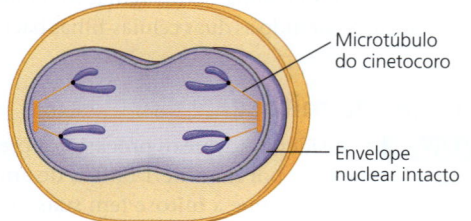

(c) **Diatomáceas e algumas leveduras.** Nesses dois grupos de eucariotos unicelulares, o envelope nuclear também permanece intacto durante a divisão celular. Nesses organismos, os microtúbulos formam um fuso *dentro* do núcleo. Os microtúbulos separam os cromossomos, e o núcleo se divide em dois núcleos-filhos.

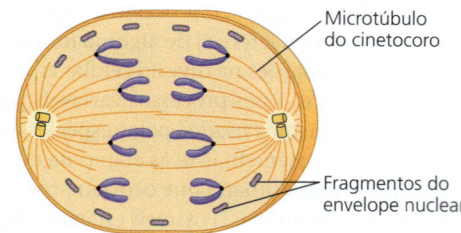

(d) **Maioria dos eucariotos.** Na maioria dos outros eucariotos, incluindo as plantas e animais, o fuso se forma fora do núcleo, e o envelope nuclear se desfaz durante a mitose. Os microtúbulos separam os cromossomos, e então os dois novos envelopes nucleares se formam.

▲ **Figura 12.13 Mecanismos de divisão celular em vários grupos de organismos.** Alguns eucariotos unicelulares hoje existentes possuem mecanismos de divisão celular que se assemelham às etapas intermediárias na evolução da mitose. Exceto em **(a)**, a parede celular não está representada.

REVISÃO DO CONCEITO 12.2

1. Quantos cromossomos são mostrados na Figura 12.8? Eles estão duplicados? Quantas cromátides estão representadas?
2. Compare a citocinese em células animais e em células vegetais.
3. Em que fases do ciclo celular o cromossomo é formado por duas cromátides idênticas?
4. Compare os papéis da tubulina e da actina durante a divisão celular eucariótica com os papéis das proteínas tipo tubulina e tipo actina durante a fissão binária bacteriana.
5. O cinetocoro pode ser comparado a um guincho que conecta um motor à carga que ele movimenta. Explique.
6. **FAÇA CONEXÕES** Quais são as outras funções da actina e da tubulina? Identifique as proteínas com as quais elas interagem. (Revise as Figuras 6.21a e 6.26a.)

Ver as respostas sugeridas no Apêndice A.

CONCEITO 12.3

O ciclo celular eucariótico é regulado por um sistema de controle molecular

O tempo e a taxa da divisão celular em diferentes partes de uma planta ou de um animal são cruciais para a normalidade do crescimento, do desenvolvimento e da manutenção. A frequência da divisão celular varia de acordo com o tipo de célula. Por exemplo, células epiteliais humanas frequentemente se dividem durante toda a vida, ao passo que células hepáticas mantêm a habilidade de se dividir, mas permanecem em reserva até surgir uma necessidade apropriada – por exemplo, reparar um ferimento. Algumas das células mais especializadas, como as células nervosas completamente formadas e as células musculares, não se dividem em hipótese alguma em um ser humano maduro. Essas diferenças no ciclo celular resultam de uma regulação em nível molecular. Os mecanismos dessa regulação são de intenso interesse, não apenas para entender os ciclos de vida de células normais, mas também para entender como as células cancerosas conseguem escapar dos controles usuais.

Sistema de controle do ciclo celular

O que controla o ciclo celular? No início da década de 1970, uma série de experimentos levou a uma hipótese alternativa: o ciclo celular é conduzido por moléculas sinalizadoras específicas presentes no citoplasma. Algumas das primeiras fortes evidências para essa hipótese vieram de experimentos com células de mamíferos desenvolvidas em cultura. Nesses experimentos, duas células em diferentes fases do ciclo celular foram fusionadas para formar uma única célula com dois núcleos **(Figura 12.14)**. Se uma das células originais estivesse na fase S e a outra estivesse na fase G_1, o núcleo G_1 imediatamente entraria na fase S, como se fosse estimulado por moléculas sinalizadoras presentes no citoplasma da primeira célula. Semelhantemente, se uma célula entrando em mitose (fase M) fosse fusionada com outra célula em qualquer estágio do ciclo celular, mesmo em G_1, o segundo núcleo imediatamente entraria em mitose, com o condensamento da cromatina e formação do fuso mitótico.

▼ **Figura 12.14** Pesquisa

Os sinais moleculares no citoplasma regulam o ciclo celular?

Experimento Pesquisadores da Universidade do Colorado queriam saber se a progressão da célula ao longo do ciclo celular era controlada por moléculas citoplasmáticas. Eles induziram células de mamíferos em cultura em diferentes fases do ciclo celular para se fusionarem. Dois experimentos são mostrados.

Resultados

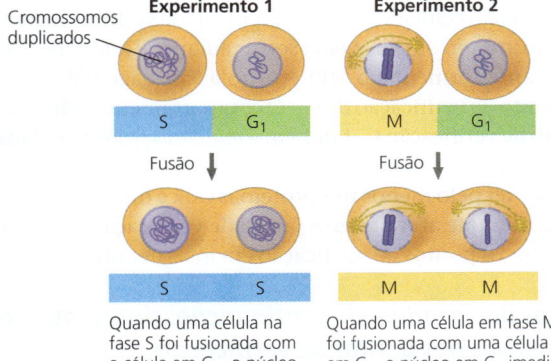

Quando uma célula na fase S foi fusionada com a célula em G_1, o núcleo em G_1 imediatamente entrou em fase S – o DNA foi sintetizado.

Quando uma célula em fase M foi fusionada com uma célula em G_1, o núcleo em G_1 imediatamente iniciou a mitose – o fuso se formou e a cromatina se condensou, apesar de o cromossomo não ter sido duplicado.

Conclusão Os resultados da fusão da célula em G_1 com a célula em fase S ou em fase M do ciclo celular sugerem que moléculas presentes no citoplasma durante a fase S ou M controlam a progressão para essas fases.

Dados de R.T. Johnson e P.N. Rao, Mammalian cell fusion: induction of premature chromosome condensation in interphase nuclei, *Nature* 226:717-722 (1970).

E SE? Se a progressão das fases não dependesse de moléculas citoplasmáticas e cada fase iniciasse quando a fase anterior estivesse completa, como isso teria influenciado os resultados?

O experimento mostrado na Figura 12.14 e outros experimentos em células de animais e de leveduras demonstraram que os eventos sequenciais no ciclo celular são direcionados por um distinto **sistema de controle do ciclo celular** – um conjunto operacional cíclico de moléculas na célula que desencadeia e coordena eventos fundamentais no ciclo celular **(Figura 12.15)**. O sistema de controle do ciclo celular foi comparado ao dispositivo de controle de uma máquina de lavar automática. Como o dispositivo de controle de tempo da máquina, o sistema de controle do ciclo celular procede por conta própria, de acordo com um relógio interno de crescimento. Entretanto, assim como o ciclo da máquina está sujeito a um controle interno (como o sensor que detecta quando o tubo está cheio de água) e a um ajuste externo (como a ativação do mecanismo de início), o ciclo celular é regulado em certos pontos de controle por sinais internos e externos. Um **ponto de verificação** no ciclo celular é um ponto de controle no qual os sinais de parada ou de continuidade podem regular o ciclo. Os três principais pontos de verificação são encontrados nas fases G_1, G_2 e M (os "portões" vermelhos da Figura 12.15), que serão discutidos brevemente.

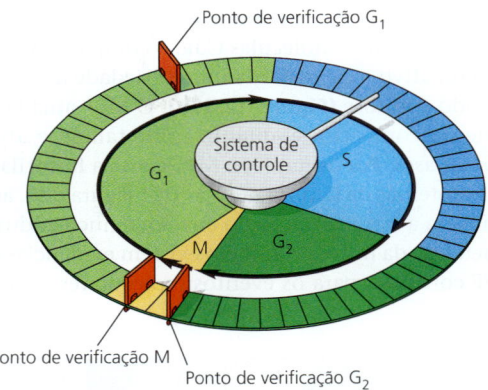

▲ **Figura 12.15 Mecanismo análogo ao sistema de controle do ciclo celular.** Neste diagrama, a "roleta" de casas planas ao redor do perímetro representa eventos sequenciais. Como o dispositivo de controle da máquina de lavar, o sistema de controle do ciclo celular progride por conta própria, guiado por seu relógio interno. Entretanto, o sistema está sujeito às regulações interna e externa em vários pontos de verificação, dos quais três são mostrados (em vermelho).

Para entender como os pontos de verificação do ciclo celular funcionam, primeiramente identificaremos algumas das moléculas que constituem o sistema de controle do ciclo celular (a base molecular do relógio do ciclo celular) e como a célula avança durante o ciclo. Então, consideraremos os sinais de verificação internos e externos que fazem o relógio pausar ou continuar.

O relógio do ciclo celular: ciclinas e cinases dependentes de ciclina

Flutuações rítmicas na abundância e na atividade de moléculas que controlam o ciclo celular marcam os eventos sequenciais do ciclo celular. Essas moléculas reguladoras são proteínas de dois tipos: proteínas-cinase e ciclinas. Como você aprendeu no Conceito 11.3, as proteínas-cinase são enzimas que ativam ou inativam outras proteínas, fosforilando-as.

Muitas das cinases que direcionam o ciclo celular estão, na verdade, presentes em uma concentração constante em uma célula em crescimento, mas na maior parte do tempo estão em forma inativa. Para se tornar ativa, uma cinase deve estar ligada a uma **ciclina**, proteína que tem esse nome devido à flutuação cíclica de sua concentração na célula. Por causa dessa necessidade, essas cinases são chamadas de **cinases dependentes de ciclina**, ou **Cdks**. A atividade de uma Cdk aumenta e diminui com a mudança na concentração da ciclina parceira. A **Figura 12.16a** mostra a atividade flutuante do **MPF**, primeiro complexo ciclina-Cdk a ser descoberto, mais especificamente em ovos de rã. Observe que os picos da atividade do MPF correspondem aos picos da concentração de ciclina. Os níveis de ciclina aumentam durante as fases S e G_2 e, então, diminuem abruptamente durante a fase M.

As iniciais MPF significam "fator promotor de maturação" (do inglês *maturation-promoting factor*), mas podemos pensar no MPF como um "promotor de fase M", pois ele aciona a passagem da célula do ponto de verificação G_2 para a fase M. Quando as ciclinas que se acumularam durante G_2 se associam com as moléculas Cdk, o complexo MPF resultante está ativo – ele fosforila uma variedade de proteínas, iniciando a mitose **(Figura 12.16b)**. O MPF atua tanto diretamente como cinase quanto indiretamente ativando outras cinases. Por exemplo, o MPF causa a fosforilação de várias proteínas da lâmina nuclear (ver Figura 6.9), as quais promovem a fragmentação do envelope nuclear durante a prometáfase da mitose. Também existem evidências de que o MPF contribui para os eventos moleculares necessários para a condensação dos cromossomos e a formação do fuso durante a prófase.

Durante a anáfase, o MPF auxilia o seu próprio desligamento ao iniciar um processo que leva à destruição da sua própria ciclina. A parte não ciclina do MPF, Cdk, persiste na célula em forma inativa até se tornar parte do MPF novamente pela associação com novas moléculas de ciclina sintetizadas durante as fases S e G_2 na próxima volta do ciclo.

As flutuações nas atividades dos diferentes complexos ciclinas-Cdk são importantes no controle de todos os estágios do ciclo celular e, em alguns pontos de verificação, também fornecem os sinais para seguir adiante. Como mencionado anteriormente, o MPF controla a passagem da célula do ponto de verificação de G_2. O comportamento celular no ponto de verificação G_1 também é regulado pelas atividades de complexos proteicos ciclina-Cdk. As células animais aparentam ter pelo menos três proteínas Cdk e diversas ciclinas diferentes que atuam nesse ponto de verificação. A seguir, veremos os pontos de verificação em mais detalhes.

Sinais de parada e de continuação: sinais internos e externos nos pontos de verificação

Em geral, as células animais têm sinais internos de parada que param o ciclo celular nos pontos de verificação até serem ultrapassados por sinais de continuidade. Muitos sinais registrados nos pontos de verificação provêm dos mecanismos de vigilância celular do interior da célula. Esses sinais informam se processos celulares cruciais que deveriam ter ocorrido naquele ponto foram completados corretamente e, portanto, se o ciclo celular deve avançar ou não. Os pontos de verificação também registram sinais do lado externo da célula. Os sinais são transmitidos dentro das células pelas vias de transdução de sinais (ver Figura 11.6). Os três principais pontos de verificação são encontrados nas fases G_1, G_2 e M (ver Figura 12.15).

Para muitas células, o ponto de verificação G_1 parece ser o mais importante. Se a célula receber um sinal de continuidade no ponto de verificação G_1, ela completará normalmente as fases G_1, S, G_2 e M e se dividirá. Se a célula não receber esse sinal de continuidade nesse ponto, ela poderá sair do ciclo, permanecendo em estado de não divisão, chamado **fase G_0 (Figura 12.17a)**. Muitas das células do corpo humano estão, na verdade, em fase G_0. Como mencionado anteriormente, células nervosas maduras e células musculares nunca se dividem. Outras células, como as células hepáticas, podem ser "chamadas de volta" da fase G_0 para o ciclo celular por sinais externos, como fatores de crescimento liberados durante uma lesão.

Pesquisadores estão trabalhando atualmente em vias que ligam os sinais originados dentro e fora das células com as respostas das cinases dependentes de ciclinas e outras proteínas. Um exemplo de um sinal interno ocorre no terceiro importante ponto de verificação na fase M **(Figura 12.17b)**. A anáfase, a separação das cromátides-irmãs, não inicia até que todos os cromossomos estejam adequadamente ligados ao fuso na placa metafásica. Os pesquisadores descobriram que, contanto que alguns cinetocoros não estejam ligados aos microtúbulos do fuso, as cromátides-irmãs permanecem

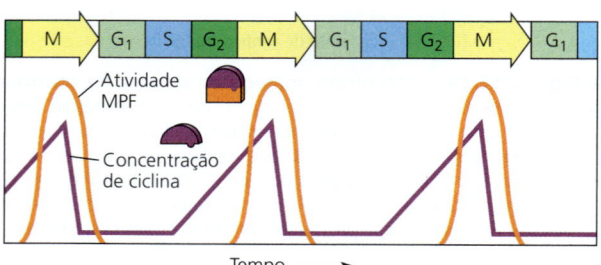

(a) Flutuação da atividade MPF e a concentração de ciclina durante o ciclo celular.

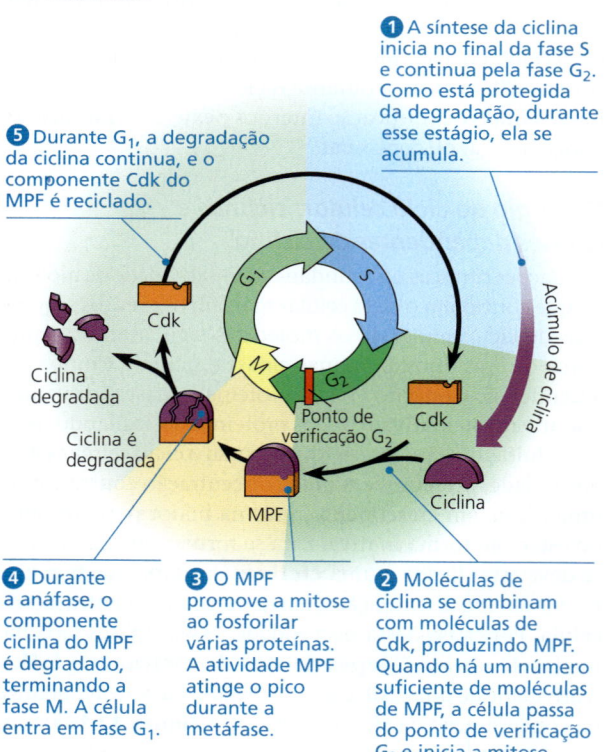

(b) Mecanismos moleculares que auxiliam a regulação do ciclo celular.

▲ **Figura 12.16 Controle molecular do ciclo celular no ponto de verificação G_2.** As etapas do ciclo celular são medidas por flutuações rítmicas na atividade de cinases dependentes de ciclina (Cdks). Aqui, destacamos um complexo ciclina-Cdk em células animais denominado MPF, que atua no ponto de verificação G_2 como sinal de continuidade, disparando os eventos da mitose.

HABILIDADES VISUAIS *Explique como os eventos do diagrama em (b) estão relacionados com o eixo "Tempo" do gráfico em (a), começando à esquerda.*

unidas, atrasando a anáfase. Somente quando os cinetocoros de todos os cromossomos estão ligados apropriadamente ao fuso, o complexo da proteína reguladora apropriado se torna ativo. (Nesse caso, a molécula reguladora não é um complexo ciclina-Cdk, mas sim um complexo diferente formado por várias proteínas.) Uma vez ativado, o complexo inicia uma cadeia de eventos moleculares que ativam a enzima separase, que cliva as coesinas, permitindo que as cromátides-irmãs se separem. Esse mecanismo garante que as células-filhas não terminem com falta ou excesso de cromossomos.

Existem mais pontos de verificação além daqueles em G_1, G_2 e M. Por exemplo, um ponto de verificação na fase S impede que as células com dano no DNA prossigam no ciclo celular. E, em 2014, pesquisadores apresentaram evidências para outro ponto de verificação entre a anáfase e a telófase que assegura que a anáfase seja completada e que os cromossomos estejam bem separados antes que a citocinese inicie, evitando danos cromossômicos.

E quanto aos próprios sinais de parada e prosseguimento – quais são as moléculas de sinalização? Estudos usando células animais em cultura levaram à identificação de muitos fatores externos, tanto químicos quanto físicos, que podem influenciar na divisão celular. Por exemplo, as células não conseguem se dividir se um nutriente essencial estiver ausente no meio de cultura (Isso é análogo à tentativa de uma máquina de lavar funcionar sem o suprimento de água conectado; um sensor interno não permitirá que a máquina continue após o ponto em que a água é necessária.) E mesmo se todas as outras condições forem favoráveis, a maioria dos tipos de células de mamíferos se divide em cultura apenas se o meio de crescimento incluir fatores de crescimento específicos. Como mencionado no Conceito 11.1, um **fator de crescimento** é uma proteína liberada por certas células que estimula outras células a se dividirem. Diferentes tipos celulares respondem especificamente a diferentes fatores de crescimento ou combinações de fatores de crescimento.

Considere, por exemplo, o *fator de crescimento derivado de plaquetas* (PDGF, do inglês *platelet-derived growth factor*), produzido pelos fragmentos de células sanguíneas chamados plaquetas. Quando ocorre um ferimento, as plaquetas liberam PDGF em torno da ferida. O experimento ilustrado na **Figura 12.18** demonstra que o PDGF é necessário para a divisão de fibroblastos em cultura, um tipo de célula de tecido conectivo. Os fibroblastos têm receptores para PDGF em suas membranas plasmáticas. A ligação das moléculas de PDGF a esses receptores (receptores tirosina-cinase; ver Figura 11.8) aciona uma via de transdução de sinal que permite que as células passem do ponto de verificação G_1 e se dividam. O PDGF estimula a divisão dos fibroblastos não apenas em condições artificiais de cultura celular, mas também no organismo animal. Assim, os ferimentos resultam na proliferação de fibroblastos que auxiliam a cicatrizar a lesão.

O efeito de um fator físico externo na divisão celular é claramente observado na **inibição dependente da densidade**, fenômeno em que células aglomeradas param de se dividir **(Figura 12.19a)**. Estudos realizados há muitos anos mostraram que células em cultura se dividem normalmente até formarem uma única camada de células na superfície interna de um recipiente da cultura, ponto em que as células param de dividir-se. Se algumas células forem removidas, aquelas que fazem fronteira com o espaço aberto começam a dividir-se novamente e continuam até que o espaço vazio seja preenchido. Estudos recentes revelaram que a ligação de uma proteína de superfície celular à sua equivalente em uma célula adjacente manda um sinal para ambas as células que inibe a divisão celular, prevenindo que elas prossigam no ciclo celular, mesmo na presença de fatores de crescimento.

A maioria das células animais também exibe **dependência de ancoragem** (ver Figura 12.19a). Para se dividirem, elas devem estar ligadas a alguma coisa, como o interior do frasco de cultura ou a matriz extracelular de um tecido. Experimentos sugerem que, como a densidade celular, a ancoragem é sinalizada para o sistema de controle do ciclo celular por vias envolvendo proteínas da membrana plasmática e elementos do citoesqueleto ligados a elas.

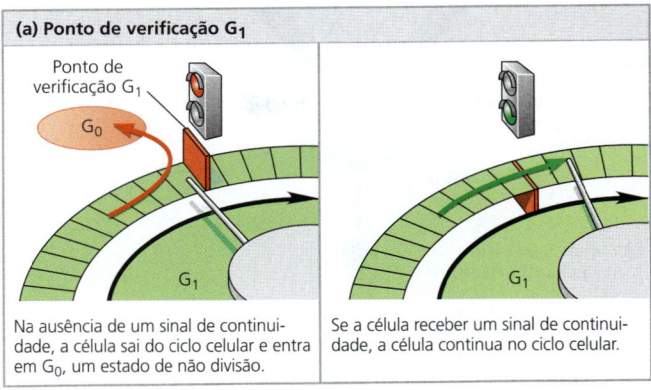

(a) Ponto de verificação G_1

Na ausência de um sinal de continuidade, a célula sai do ciclo celular e entra em G_0, um estado de não divisão.

Se a célula receber um sinal de continuidade, a célula continua no ciclo celular.

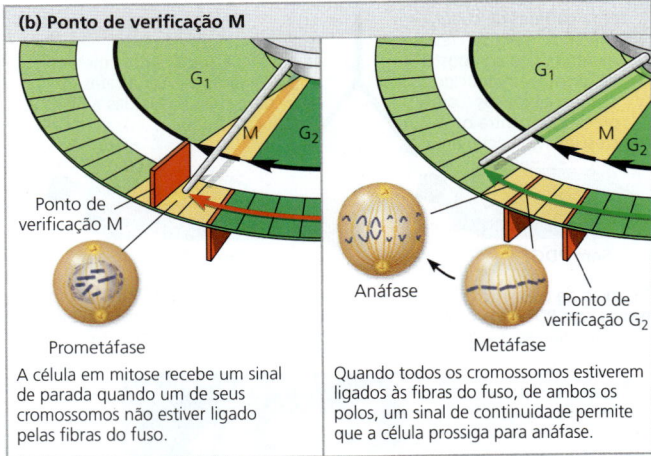

(b) Ponto de verificação M

Prometáfase
A célula em mitose recebe um sinal de parada quando um de seus cromossomos não estiver ligado pelas fibras do fuso.

Metáfase
Quando todos os cromossomos estiverem ligados às fibras do fuso, de ambos os polos, um sinal de continuidade permite que a célula prossiga para anáfase.

▲ **Figura 12.17 Dois pontos de verificação importantes.** Em determinados pontos de verificação do ciclo celular ("portões" em vermelho), as células realizam diferentes funções dependendo dos sinais que elas recebem. No diagrama, são apresentados os eventos dos pontos de verificação de **(a)** G_1 e **(b)** M. Em **(b)**, o ponto de verificação de G_2 já foi ultrapassado pela célula.

E SE? *Qual seria o resultado se a célula ignorasse o ponto de verificação e avançasse no ciclo celular?*

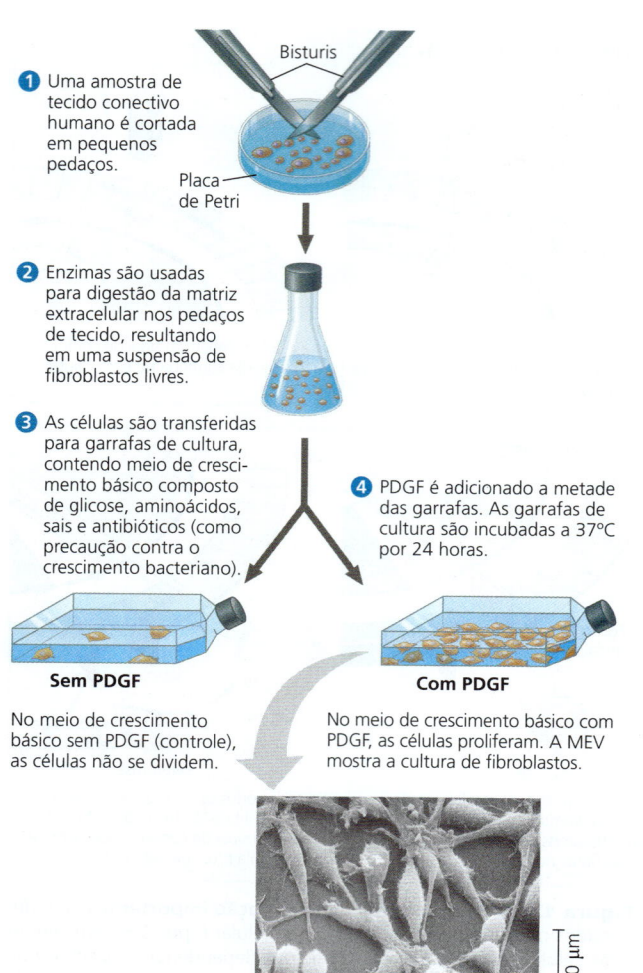

▲ **Figura 12.18 Efeito do fator de crescimento derivado de plaquetas (PDGF) na divisão celular.**

FAÇA CONEXÕES *O PDGF sinaliza para as células por meio da ligação ao seu receptor tirosina-cinase localizado na superfície celular. Se você adicionar um composto químico que bloqueia a fosforilação desse receptor, como serão os resultados? (Ver Figura 11.8.)*

A inibição dependente da densidade e a dependência de ancoragem parecem atuar nos tecidos corporais, assim como na cultura de células, controlando o crescimento das células a uma densidade e localização ótimas durante o desenvolvimento embrionário e por toda a vida do indivíduo. Células cancerosas, que examinaremos a seguir, não exibem inibição dependente da densidade nem dependência de ancoragem **(Figura 12.19b)**.

Perda dos controles do ciclo celular nas células cancerosas

As células cancerosas não atendem aos sinais normais que regulam o ciclo celular. Em cultura, elas não param de se dividir quando os fatores de crescimento estão ausentes. Uma hipótese lógica é que as células cancerosas não necessitam de fatores de crescimento no meio de cultura para crescer e

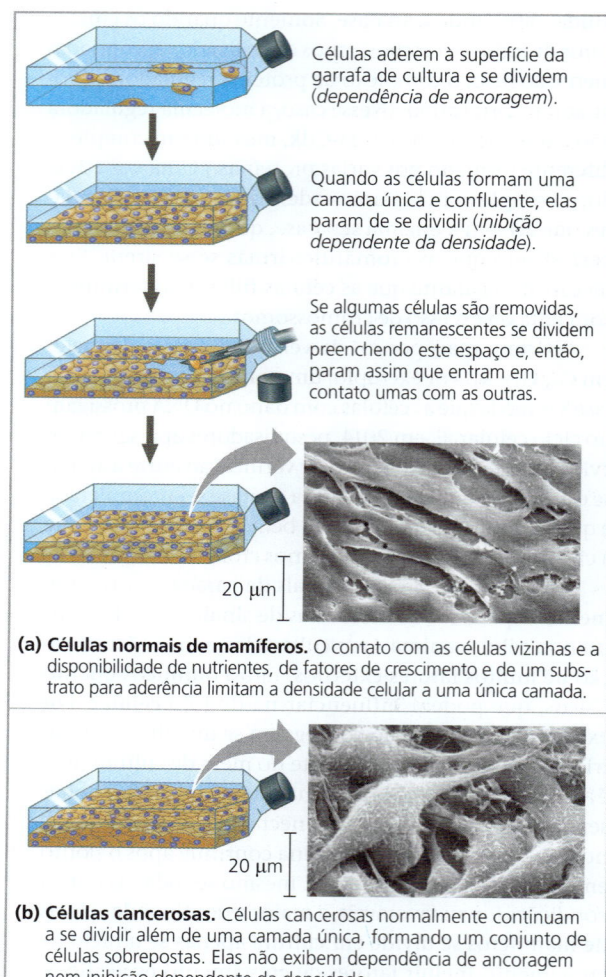

▲ **Figura 12.19 Inibição dependente da densidade e dependência de ancoragem da divisão celular.** Células individuais são mostradas desproporcionalmente maiores nos desenhos.

se dividir. Elas podem produzir seus próprios fatores de crescimento ou podem ter anormalidades nas vias de sinalização que traduzem o sinal do fator de crescimento para o sistema de controle do ciclo celular mesmo na ausência desse fator. Outra possibilidade é um controle anormal do sistema do ciclo celular. Nesses contextos, as causas da anormalidade quase sempre são alterações em um ou mais genes (p. ex., uma mutação) que alteram a função de seus produtos proteicos, resultando em um ciclo celular alterado. Exploraremos a base molecular para essas alterações no Conceito 18.5.

Existem outras diferenças importantes entre células normais e células cancerosas que refletem os distúrbios do ciclo celular. Quando (e se) as células cancerosas param de se dividir, isso acontece em pontos aleatórios do ciclo celular, em vez de nos pontos de controle normais. Além disso, as células cancerosas podem continuar se dividindo indefinidamente em cultura se tiverem um suprimento contínuo de nutrientes; em essência, elas são "imortais". Um exemplo impressionante é uma linhagem celular que tem sido reproduzida em cultura desde 1951. As células dessa linha são chamadas de células HeLa, porque sua fonte original foi um tumor removido de uma mulher chamada Henrietta Lacks. (Nem Henrietta nem sua família deram permissão ou mesmo sabiam sobre a propagação e uso de suas células, mas isso ajudou os biólogos a fazer inúmeras descobertas significativas ao longo dos anos.) Diz-se que as células que adquiriram a capacidade de se dividir indefinidamente em cultura sofreram um processo chamado **transformação**, que as permite se comportarem (ao menos na divisão celular) como células cancerosas. Em contrapartida, aproximadamente todas as células não transformadas de mamíferos crescendo em cultura se dividem apenas cerca de 20 a 50 vezes antes de parar de se dividir, envelhecer e morrer. Por fim, as células cancerosas escapam do controle normal que ativa uma célula a sofrer apoptose quando alguma coisa está errada – por exemplo, quando ocorreu um erro irreparável durante a replicação do DNA antes da mitose.

O comportamento anormal das células no corpo pode ser catastrófico. O problema inicia quando uma única célula em um tecido sofre as primeiras alterações das várias etapas do processo que converte uma célula normal em uma célula cancerosa. Muitas vezes, essas células têm proteínas alteradas na sua superfície, e o sistema imune do organismo normalmente reconhece a célula como estranha e a destrói. Entretanto, se a célula se esquiva da destruição, ela pode proliferar-se e formar um tumor, uma massa anormal de células dentro de outro tecido normal. As células anormais podem permanecer no local de origem se suas alterações genéticas e celulares não permitirem que elas se movam ou sobrevivam em outros locais. Nesse caso, o tumor é chamado de **tumor benigno**. Muitos tumores benignos não causam problemas graves (dependendo da sua localização) e podem ser removidos por cirurgia. Em contrapartida, o **tumor maligno** inclui células cujas alterações genéticas e celulares permitem sua migração para outros tecidos e prejudicam as funções de um ou mais órgãos; às vezes, essas células também são chamadas de células *transformadas* (embora o uso desse termo seja geralmente restrito a células em cultura). Diz-se que um indivíduo com um tumor maligno tem câncer **(Figura 12.20)**.

As mudanças que ocorreram nas células de tumores malignos aparecem de muitas maneiras, além da proliferação excessiva. Essas células podem ter um número incomum de cromossomos, mas continua em debate se isso é uma causa ou um efeito de mudanças relacionadas a tumores. O metabolismo celular pode ficar alterado, parando de funcionar de maneira construtiva. Mudanças anormais na superfície da célula induzem as células cancerosas a perder sua ligação com as células vizinhas e com a matriz extracelular, permitindo que elas se espalhem nos tecidos próximos. As células cancerosas também podem secretar moléculas de sinalização que induzem o crescimento de vasos sanguíneos em direção ao tumor. Algumas células cancerosas podem separar-se do tumor original, entrar em vasos sanguíneos e vasos linfáticos e ir para outras partes do corpo. Lá, elas podem proliferar e formar um novo tumor. Essa migração das células cancerosas para locais distantes da sua localização original é chamada **metástase** (ver Figura 12.20).

Um tumor que parece ser localizado pode ser tratado com radiação de alta energia, que danifica o DNA nas células cancerosas muito mais do que o DNA nas células normais, aparentemente porque a maioria das células cancerosas perdeu a habilidade de reparar esses danos. Para tratar tumores metastáticos conhecidos ou suspeitos, usa-se quimioterapia: fármacos tóxicos para as células em ativa divisão são administrados no sistema circulatório. Como seria de se esperar, os fármacos quimioterápicos interferem em etapas específicas no ciclo celular. Por exemplo, o fármaco paclitaxel congela o fuso mitótico ao impedir a despolimerização do microtúbulo, impedindo as células em divisão ativa de prosseguirem além da metáfase, levando à sua destruição. Os efeitos colaterais da quimioterapia se devem aos efeitos dos fármacos nas células normais que se dividem frequentemente devido à função desse tipo celular no organismo. Por exemplo, a náusea resulta dos efeitos da quimioterapia nas células intestinais, a perda de cabelo é causada pelos efeitos nas células do folículo capilar e a suscetibilidade a infecções é decorrente dos efeitos nas células do sistema imune. Você pode trabalhar com dados de um experimento envolvendo um agente potencialmente quimioterapêutico no **Exercício de habilidades científicas**.

Nas últimas décadas, os pesquisadores obtiveram uma infinidade de informações valiosas a respeito das vias de

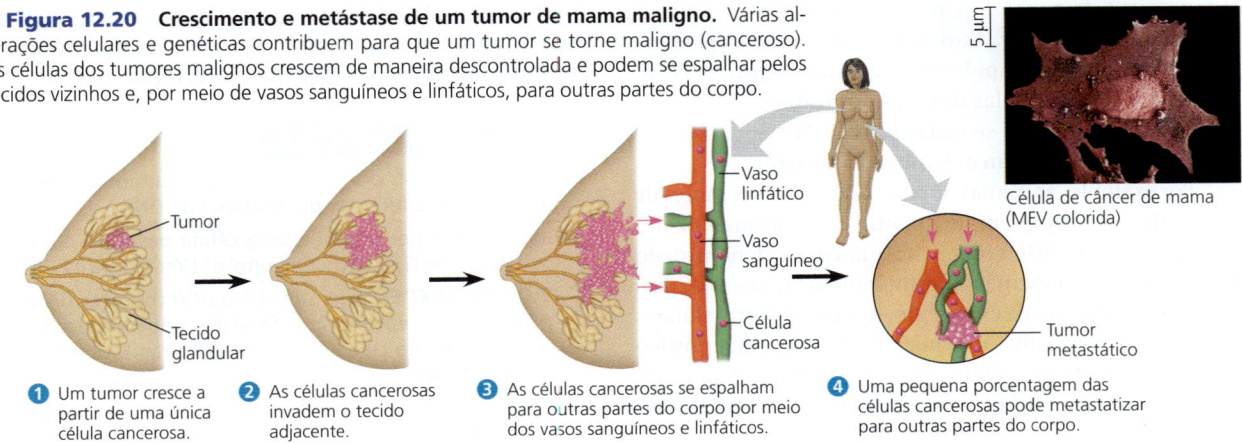

▼ **Figura 12.20 Crescimento e metástase de um tumor de mama maligno.** Várias alterações celulares e genéticas contribuem para que um tumor se torne maligno (canceroso). As células dos tumores malignos crescem de maneira descontrolada e podem se espalhar pelos tecidos vizinhos e, por meio de vasos sanguíneos e linfáticos, para outras partes do corpo.

❶ Um tumor cresce a partir de uma única célula cancerosa.
❷ As células cancerosas invadem o tecido adjacente.
❸ As células cancerosas se espalham para outras partes do corpo por meio dos vasos sanguíneos e linfáticos.
❹ Uma pequena porcentagem das células cancerosas pode metastatizar para outras partes do corpo.

Exercício de habilidades científicas

Interpretação de histogramas

▶ Células de câncer cerebral humano

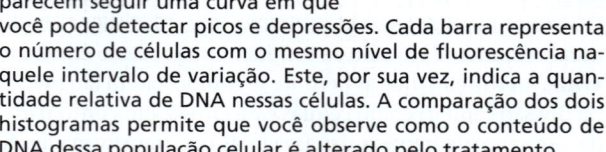

Em que fase o ciclo celular é interrompido por um inibidor?
Muitos tratamentos médicos têm como objetivo interromper a proliferação das células cancerosas, bloqueando o ciclo celular das células tumorais. Um tratamento potencial é um inibidor do ciclo celular derivado das células-tronco do cordão umbilical humano. Neste exercício, você vai comparar dois histogramas para determinar em qual fase do ciclo o inibidor bloqueia a divisão das células cancerosas.

Como o experimento foi realizado Na amostra tratada, células de glioblastoma humano (câncer do cérebro) foram cultivadas em cultura de tecidos na presença do inibidor, enquanto as células de glioblastoma da amostra-controle foram cultivadas sem a presença do inibidor. Após 72 horas de cultivo, as duas amostras celulares foram coletadas. Para obter um "instantâneo" da fase do ciclo celular em que cada célula se encontrava naquele momento, as amostras foram tratadas com um químico fluorescente que se liga ao DNA e, então, submetidas ao citômetro de fluxo, um equipamento que registra os níveis de fluorescência de cada célula. Então, o programa de computador registra em um gráfico o número de células em cada amostra com um determinado nível de fluorescência, como apresentado a seguir.

Dados do experimento

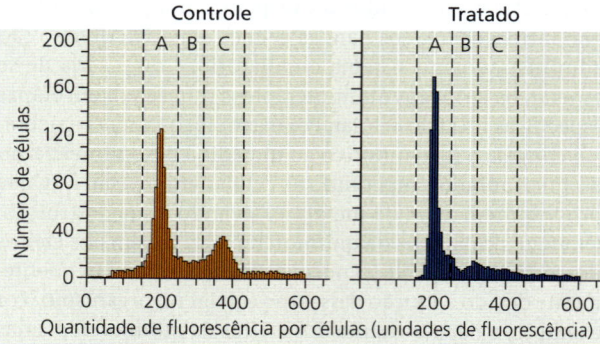

Os dados são apresentados em um tipo de gráfico denominado histograma (acima), que agrupa os valores para as variáveis numéricas no eixo *x* em intervalos. Um histograma permite que você observe como todos os sujeitos do experimento (neste caso, as células) estão distribuídos ao longo de uma variável contínua (quantidade de fluorescência). Nestes histogramas, as barras são tão estreitas que os dados parecem seguir uma curva em que você pode detectar picos e depressões. Cada barra representa o número de células com o mesmo nível de fluorescência naquele intervalo de variação. Este, por sua vez, indica a quantidade relativa de DNA nessas células. A comparação dos dois histogramas permite que você observe como o conteúdo de DNA dessa população celular é alterado pelo tratamento.

INTERPRETE OS DADOS

1. Estude os dados nos histogramas. **(a)** Qual é o eixo que apresenta indiretamente a quantidade relativa de DNA por célula? Explique sua resposta. **(b)** Na amostra-controle, compare o primeiro pico do histograma (na região A) com o segundo pico (na região C). Qual pico representa a população celular com maior conteúdo de DNA por célula? Explique. (Ver informações adicionais sobre histogramas na Revisão de habilidades científicas, no Apêndice D.)

2. **(a)** No histograma da amostra-controle, identifique a fase do ciclo celular (G_1, S ou G_2) da população de células de cada região delimitada pelas linhas verticais. Marque essas fases no histograma e explique sua resposta. **(b)** A população de células da fase S apresenta um pico distinto no histograma? Por quê?

3. O histograma representando a amostra tratada mostra o efeito do crescimento das células cancerosas, juntamente com as células-tronco do cordão umbilical humano que produzem o potencial inibidor. **(a)** Identifique as fases do ciclo celular no histograma. Qual fase do ciclo celular tem o maior número de células na amostra tratada? Explique. **(b)** Compare a distribuição das células nas fases G_1, S ou G_2 na amostra-controle e na amostra tratada. O que isso lhe diz a respeito das células da amostra tratada? **(c)** Com base no que você aprendeu no Conceito 12.3, proponha um mecanismo por meio do qual o inibidor derivado das células-tronco pode interromper o ciclo celular das células cancerosas naquele estágio. (É possível haver mais de uma resposta.)

Dados de K.K. Velpula et al., Regulation of glioblastoma progression by cord blood stem cells is mediated by downregulation of cyclin D1, *PLoS ONE* 6(3):e18017 (2001).

---

sinalização celular e como seu mau funcionamento contribui para o desenvolvimento do câncer devido aos seus efeitos no ciclo celular. Associados com as novas técnicas moleculares, como a rapidez no sequenciamento do DNA, em particular, das células tumorais, os tratamentos para o câncer estão tornando-se cada vez mais "personalizados" conforme o tumor de um determinado paciente.

Por exemplo, as células de cerca de 20% dos tumores de câncer de mama apresentam quantidades anormais de um receptor de superfície celular tirosina-cinase denominado HER2, e muitas apresentam um aumento no número de moléculas de receptores de estrogênio, receptores intracelulares que podem ativar a divisão celular. Conforme o diagnóstico laboratorial, o médico pode prescrever quimioterapia com moléculas que bloqueiam a função de proteínas específicas (o trastuzumabe para o HER2 e o tamoxifeno para os receptores de estrogênio). O tratamento usando esses agentes, quando adequados, aumentou a sobrevida e diminuiu a recorrência de câncer (ver Faça conexões, Figura 18.27).

REVISÃO DO CONCEITO 12.3

1. Na Figura 12.14, por que o núcleo resultante do experimento 2 tem diferentes quantidades de DNA?
2. Como o MPF permite que uma célula passe do ponto de verificação de G_2 e entre em mitose? (Ver Figura 12.16.)
3. **FAÇA CONEXÕES** Explique como os receptores tirosinas-cinase e os receptores intracelulares podem atuar na ativação da divisão celular. (Rever as Figuras 11.8 e 11.9 e o Conceito 11.2).

Ver as respostas sugeridas no Apêndice A.

12 Revisão do capítulo

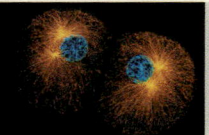

RESUMO DOS CONCEITOS-CHAVE

CONCEITO 12.1

A maioria das divisões celulares resulta em células-filhas geneticamente idênticas (p. 235-237)

- Organismos unicelulares se reproduzem por **divisão celular**; organismos multicelulares dependem da divisão celular para o desenvolvimento do óvulo fertilizado e para o crescimento e reparo.
- O material genético (DNA) de uma célula – seu **genoma** – é dividido entre os **cromossomos**. Cada cromossomo eucariótico é formado por uma molécula de DNA associada com muitas proteínas. Juntos, o complexo de DNA e as proteínas associadas são denominados **cromatina**. A cromatina de um cromossomo existe em diferentes estados de condensação em momentos distintos. Nos mamíferos, os **gametas** têm um conjunto de cromossomos e as **células somáticas** têm dois conjuntos.
- As células replicam seu material genético antes de se dividirem, garantindo que cada célula-filha receba uma cópia exata do DNA. Antes da divisão celular, os cromossomos são duplicados. Cada um deles é formado por duas **cromátides-irmãs** idênticas unidas ao longo de sua extensão pela coesão das cromátides, tendo uma região ainda mais justa em uma região de constrição nos **centrômeros**. Quando essa coesão é quebrada, as cromátides se separam durante a divisão celular, tornando-se os cromossomos das novas células-filhas. A divisão celular eucariótica consiste na **mitose** (divisão do núcleo) e na **citocinese** (divisão do citoplasma).

? *Diferencie os termos: cromossomo, cromatina e cromátide.*

CONCEITO 12.2

A fase mitótica alterna-se com a interfase no ciclo celular (p. 237-244)

- A divisão celular é parte do **ciclo celular**, uma sequência ordenada de eventos na vida de uma célula.
- Entre as divisões, as células estão na **interfase**: fases G_1, S e G_2. A célula cresce durante a interfase, mas o DNA é replicado durante a fase de síntese (S). A mitose e a citocinese constituem a **fase mitótica (M)** do ciclo celular.

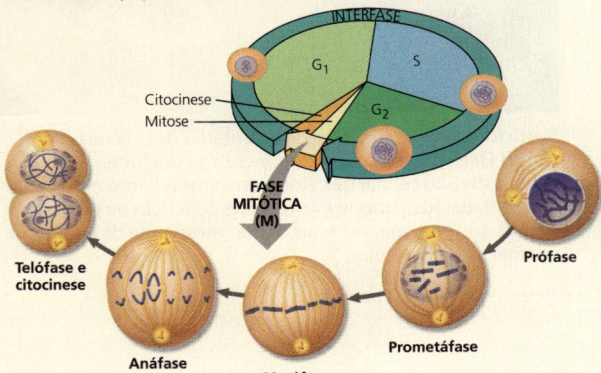

- O **fuso mitótico** é um aparato constituído por microtúbulos que controla o movimento dos cromossomos durante a mitose. Nas células animais, o fuso se origina dos **centrossomos** e inclui os microtúbulos do fuso e os ásteres. Alguns microtúbulos do fuso se ligam aos **cinetocoros** dos cromossomos e movem os cromossomos para a **placa metafásica**. Após a separação das cromátides-irmãs, as proteínas motoras movem-nas ao longo dos microtúbulos do cinetocoro para extremidades opostas da célula. As proteínas motoras empurram os microtúbulos não pertencentes ao cinetocoro de polos opostos distantes uns dos outros, alongando a célula.
- A mitose é normalmente seguida pela citocinese. As células animais realizam a citocinese pela **clivagem**, e as células vegetais formam a **placa celular**.
- Durante a **fissão binária** nas bactérias, o cromossomo replica e os cromossomos-filhos se distanciam ativamente. Algumas proteínas envolvidas na fissão binária das bactérias estão relacionadas com as proteínas eucarióticas actina e tubulina.
- Levando em conta que os procariotos precederam os eucariotos por mais de 1 bilhão de anos, é provável que a mitose tenha evoluído da divisão celular procariótica. Certos eucariotos unicelulares exibem mecanismos de divisão celular que aparentam ser similares aos dos ancestrais dos eucariotos existentes. Esses mecanismos podem representar etapas intermediárias na evolução da mitose.

? *Em qual das três fases da interfase e dos estágios da mitose os cromossomos existem na forma de moléculas de DNA individuais?*

CONCEITO 12.3

O ciclo celular eucariótico é regulado por um sistema de controle molecular (p. 244-250)

- Moléculas sinalizadoras presentes no citoplasma regulam o progresso ao longo do ciclo celular.
- No **sistema de controle do ciclo celular**, as mudanças cíclicas nas proteínas reguladoras – incluindo **ciclinas** e **cinases dependentes de ciclina (Cdks)** – funcionam como um relógio do ciclo celular. O ciclo celular para em **pontos de verificação** específicos até que um sinal para prosseguir seja recebido; pontos de verificação importantes ocorrem nas fases G_1, G_2 e M. Os sinais internos e externos controlam os pontos de verificação do ciclo celular por vias de transdução de sinal. A maioria das células exibe **inibição dependente da densidade** de divisão celular, assim como **dependência de ancoragem**.
- As células cancerosas enganam a regulação normal e se dividem fora de controle, formando tumores. **Tumores malignos** invadem os tecidos circundantes e podem provocar **metástases**, exportando células cancerosas para outras partes do corpo, onde elas podem formar tumores secundários.

? *Explique a função dos pontos de verificação em G_1, G_2 e M e os sinais para seguir adiante envolvidos no sistema de controle do ciclo celular.*

TESTE SEU CONHECIMENTO

Níveis 1-2: Relembre/Entenda

1. No microscópio, você pode ver uma placa celular começando a se desenvolver no meio de uma célula e núcleos se formando nos dois lados da placa celular. É provável que essa célula seja
   (A) uma célula animal no processo de citocinese.
   (B) uma célula vegetal no processo de citocinese.
   (C) uma célula bacteriana em divisão.
   (D) uma célula vegetal na metáfase.

2. A vimblastina é um fármaco quimioterápico padrão usado para o tratamento do câncer. Devido ao fato de ela interferir no alinhamento dos microtúbulos, sua eficácia deve estar relacionada com
   (A) distúrbios na formação do fuso mitótico.
   (B) supressão da produção de ciclinas.
   (C) desnaturação da miosina e inibição da formação do sulco de clivagem.
   (D) inibição da síntese de DNA.

3. Uma diferença entre células cancerosas e células normais é que as células cancerosas
   (A) são incapazes de sintetizar DNA.
   (B) são mantidas na fase S do ciclo celular.
   (C) continuam a se dividir mesmo quando estão firmemente unidas.
   (D) não conseguem funcionar direito, pois estão afetadas pela inibição dependente da densidade.

4. O declínio da atividade do MPF no final da mitose é devido a
   (A) destruição da proteína-cinase Cdk.
   (B) diminuição da síntese de Cdk.
   (C) degradação da ciclina.
   (D) acúmulo de ciclina.

5. Nas células de alguns organismos, a mitose ocorre sem a citocinese. Esse fato resulta em
   (A) células com mais de um núcleo.
   (B) células surpreendentemente pequenas.
   (C) células sem núcleo.
   (D) ciclos celulares sem a fase S.

6. Qual das seguintes alternativas ocorre durante a fase S?
   (A) Condensação dos cromossomos
   (B) Replicação do DNA
   (C) Separação das cromátides-irmãs
   (D) Formação do fuso

Níveis 3-4: Aplique/Analise

7. A célula A tem a metade de DNA que as células B, C e D em um tecido mitoticamente ativo. A célula A provavelmente está em
   (A) G_1.
   (B) G_2.
   (C) prófase.
   (D) metáfase.

8. O fármaco citocalasina B bloqueia a função da actina. Qual dos seguintes aspectos do ciclo celular de uma célula animal será o mais afetado pela citocalasina B?
   (A) Formação do fuso
   (B) Ligação do fuso aos cinetocoros
   (C) Alongamento celular durante a anáfase
   (D) Formação do sulco de clivagem e citocinese

9. **HABILIDADES VISUAIS** A microscopia óptica mostra células se dividindo próximo à ponta de uma cebola. Identifique uma célula em cada um destes estágios: prófase, prometáfase, metáfase, anáfase e telófase. Descreva os principais eventos que ocorrem em cada estágio.

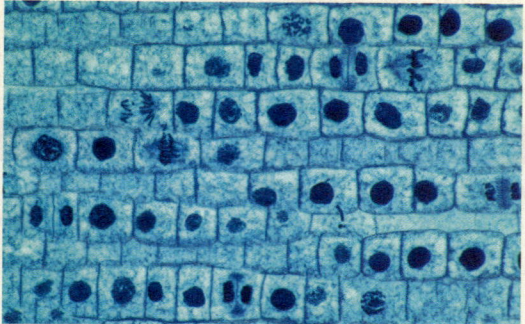

10. **DESENHE** Desenhe um cromossomo eucariótico como deveria parecer durante a interfase, durante cada um dos estágios da mitose e durante a citocinese. Também desenhe e marque o envelope nuclear e alguns microtúbulos ligados ao(s) cromossomo(s).

Níveis 5-6: Avalie/Crie

11. **CONEXÃO EVOLUTIVA** O resultado da mitose é que as células-filhas terminam com o mesmo número de cromossomos que a célula parental. Outra maneira de manter o número de cromossomos seria primeiro realizar a divisão celular e, então, duplicar os cromossomos em cada célula-filha. Avalie se esta seria uma forma igualmente boa de organizar o ciclo celular. Explique por que a evolução não conduziu a essa alternativa.

12. **PESQUISA CIENTÍFICA** Embora ambas as extremidades do microtúbulo possam ganhar ou perder subunidades, uma extremidade (chamada extremidade mais) polimeriza e despolimeriza em velocidade maior que a outra extremidade (a extremidade menos). Para os microtúbulos do fuso, as extremidades mais estão no centro do fuso e as extremidades menos estão nos polos. Proteínas motoras que movimentam os microtúbulos são especializadas em conduzir tanto na direção da extremidade mais como na direção da extremidade menos; os dois tipos são chamados proteínas motoras direcionadas para a extremidade mais e proteínas motoras direcionadas para a extremidade menos, respectivamente. Considerando o que você sabe sobre movimento de cromossomos e mudanças no fuso durante a anáfase, preveja qual tipo de proteína motora estaria presente em (a) microtúbulos do cinetocoro e (b) microtúbulos não pertencentes ao cinetocoro.

13. **ESCREVA SOBRE UM TEMA: INFORMAÇÃO** A continuidade da vida baseia-se na hereditariedade da informação na forma de DNA. Em um texto sucinto (100-150 palavras), explique como o processo da mitose divide igualmente as cópias exatas dessa informação hereditária na produção de células-filhas idênticas.

14. **SINTETIZE SEU CONHECIMENTO**

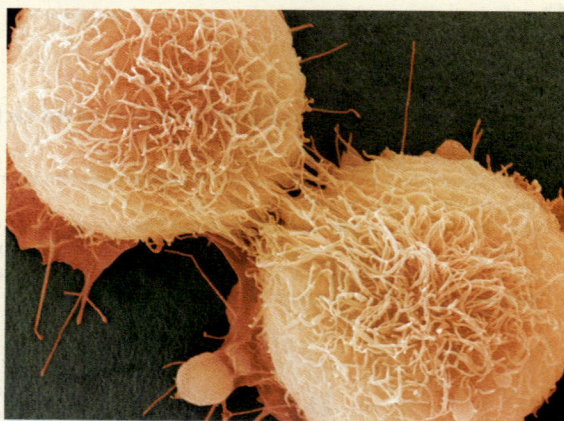

Nesta fotomicrografia, estão apresentadas duas células de câncer HeLa que acabaram de concluir a citocinese. Explique como a divisão celular de células cancerosas como estas é desregulada. Identifique as alterações genéticas ou outras mudanças que podem fazer essas células escaparem da regulação normal do ciclo celular.

Ver respostas selecionadas no Apêndice A.

Unidade 3 GENÉTICA

Dr. Francisco Mojica é Professor de Microbiologia na Universidade de Alicante na Espanha, onde estuda sequências CRISPR. Seus pais fomentaram nele o amor pela natureza, e, no colegial, ele percebeu que se interessava mais por biologia. Na faculdade, quando olhou pela primeira vez através da lente de um microscópio e viu pequenos "seres vivos" unicelulares se movendo, ficou fascinado e passou sua carreira estudando os procariotos. Enquanto estava na pós-graduação, nos anos 1990, ele encontrou repetições de DNA procariótico que mais tarde chamou de repetições CRISPR e passou a década seguinte estabelecendo seu papel como um sistema imunológico procariótico. O laboratório do Dr. Mojica atualmente estuda os mistérios que ainda envolvem as CRISPR, tentando entender cada aspecto de seu mecanismo de ação e regulação.

ENTREVISTA COM
Francisco Mojica

Quando você decidiu ser biólogo?
Quando eu estava no colegial, meus pais me perguntaram: "O que você está pensando em fazer da sua vida – tornar-se médico ou advogado?". Eu disse: "Nenhum dos dois. Eu gosto muito de biologia.". Apesar de sua preocupação com minha carreira futura, meu pai me disse que eu deveria estudar o que eu amava, para que eu pudesse ser feliz em minha vida. Eu realmente apreciei suas palavras! Assim, fui para a universidade e estudei biologia. Quando você gosta de biologia, inicialmente você se sente atraído por causa das coisas que vê – animais e plantas. Mas, quando você vê seres vivos microscópicos pela primeira vez, e eles estão se movendo, é realmente incrível! Por isso, decidi me concentrar na microbiologia.

O que você estudou na pós-graduação?
Estudei procariotos que vivem em lagoas de sal. Esses organismos estranhos podem tolerar concentrações muito altas de sal. Eu estava interessado em fazer biologia molecular, o que não havia sido feito naquela universidade antes – eu sabia que isso seria um desafio, e eu adoro desafios. Não havia muitas sequências genômicas disponíveis naquela época, no início dos anos 1990, mas tínhamos clonado algumas sequências e tínhamos provas indiretas que poderiam estar relacionadas à adaptação à salinidade. Uma das sequências de DNA tinha essas repetições regularmente espaçadas que eram parcialmente palíndromas (isto é, quando se tem a mesma sequência ao ler também da direita para a esquerda), de modo que podiam formar estruturas secundárias. Pensamos que talvez essas repetições fossem afetadas pela salinidade e, por sua vez, afetariam a expressão gênica, mas estávamos absolutamente errados! No final da minha tese de doutorado, tudo o que pude dizer foi: "Encontramos repetições espaçadas regularmente que são expressas pela célula, e elas podem ser muito importantes".

O que o levou a continuar estudando essas repetições?
Quando você encontra algo em sua tese, você acredita que isso lhe pertence – você tem que tentar responder a essa pergunta. Ninguém conseguiu descobrir o papel que essas repetições desempenhavam. No entanto, outros haviam encontrado repetições semelhantes em bactérias como *Escherichia coli* e outra espécie bacteriana muito distantemente relacionada. Essa foi uma descoberta importante que me levou a continuar trabalhando nas repetições, porque significava que as repetições deveriam estar fazendo algo importante para que permanecessem nos genomas de vários procariotos por um tempo evolutivo tão longo. A evolução é fundamental para a biologia, para a compreensão de tudo.

"Estudar biologia é basicamente dizer 'Uau!' o tempo todo."

Como você descobriu o que as repetições estavam fazendo?
Comecei a me perguntar sobre as sequências entre as repetições, os chamados "espaçadores". De onde elas vieram? Comparei as sequências dos espaçadores com as sequências do banco de dados do genoma. Em 2000 ou 2001, muitas outras sequências de genoma estavam disponíveis. Finalmente, em 2003, encontrei um espaçador em *E. coli* cuja sequência era idêntica à sequência de um vírus que infecta *E. coli*. Ainda mais interessante, a linhagem de *E. coli* com esse espaçador não podia ser infectada por esse vírus. Verifiquei cada vez mais sequências de espaçadores, e, quando uma sequência de espaçadores correspondia a uma sequência no banco de dados, a correspondência era sempre com a sequência de um vírus que não podia mais infectar aquela espécie. Então, percebi que essas bactérias mantêm uma "memória" dos vírus que as infectam e que as regiões repetidas faziam parte de um sistema imunológico – uma descoberta inesperada e muito surpreendente. Propus nomear as repetições de repetições palindrômicas curtas agrupadas e regularmente interespaçadas, ou CRISPR (do inglês *clustered regularly interspaced short palindromic repeats*), e, para minha surpresa, o nome foi aceito.

Qual é o seu conselho a um estudante que está considerando seguir uma carreira em biologia?
Estudar biologia é basicamente dizer "Uau!" o tempo todo. Na ciência, a verdade muda muito rapidamente. O mais importante é estar aberto. Esteja pronto para ouvir algo que destrói as suas convicções – porque a biologia é um campo em rápida movimentação, um campo que evolui muito. O conhecimento vai mudar.

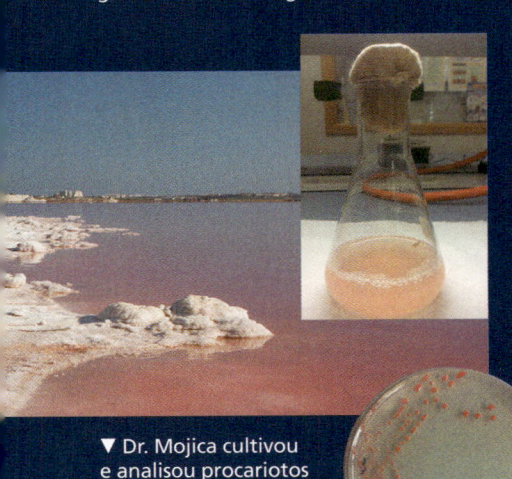

▼ Dr. Mojica cultivou e analisou procariotos deste lago de sal na Espanha, levando à sua descoberta das CRISPR.

13 Meiose e ciclos de vida sexuada

CONCEITOS-CHAVE

13.1 A prole adquire os genes dos pais por herança cromossômica p. 255

13.2 A fertilização e a meiose se alternam durante os ciclos de vida sexuada p. 256

13.3 A meiose reduz o número de conjuntos de cromossomos de diploide para haploide p. 259

13.4 A variação genética produzida nos ciclos de vida sexuada contribui para a evolução p. 265

Dica de estudo

Faça um guia de estudo visual:
A Figura 13.1 apresenta os eventos da meiose como um diagrama simplificado. À medida que você aprende mais sobre a meiose, desenhe um diagrama detalhado dos estágios da meiose, iniciando com o esquema a seguir. Inclua marcas com explicações. Compare seus guias de estudo visuais da mitose (do Capítulo 12) e da meiose, listando similaridades e diferenças.

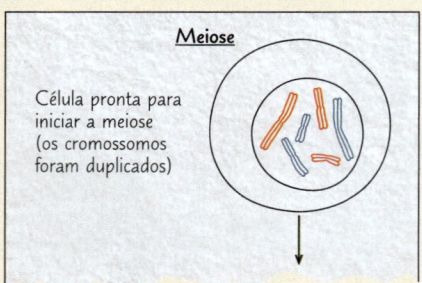

Figura 13.1 Os membros da família mostrada nesta fotografia têm algumas características em comum. Os descendentes se parecem com seus pais mais do que os indivíduos não relacionados.

Quais mecanismos biológicos explicam a semelhança entre os descendentes e seus pais?

A **meiose** é um tipo especial de divisão celular que produz células com a metade dos cromossomos da célula parental. Ela ocorre apenas em células especializadas, como as células dos testículos e ovários nos humanos.

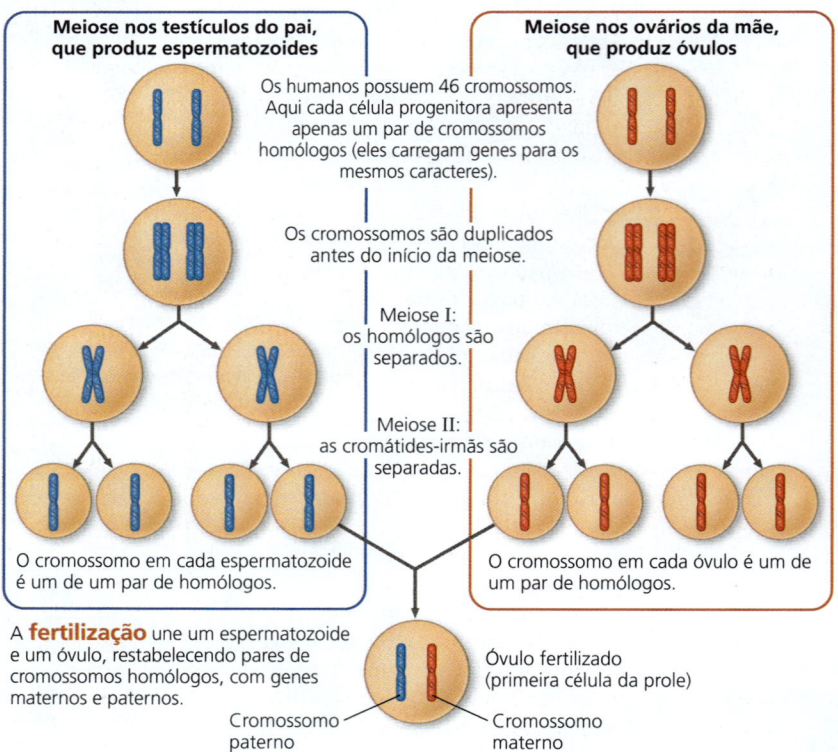

CONCEITO 13.1

A prole adquire os genes dos pais por herança cromossômica

Seus amigos podem dizer que você tem o nariz de sua mãe ou os olhos do seu pai – embora eles não considerem isso literalmente, é claro. A transmissão de traços de uma geração para a seguinte se chama herança, ou **hereditariedade** (do latim *heres*, herdeiro). Ao mesmo tempo, filhos e filhas não são cópias idênticas de pais ou de irmãos. Junto com a semelhança herdada, existe também **variação**. O estudo da hereditariedade e da variação herdada é chamado **genética**.

Herança de genes

Os pais doam aos seus descendentes as informações codificadas na forma de unidades hereditárias chamadas **genes**. Os genes que herdamos de nossa mãe e de nosso pai são a nossa ligação genética com eles, e eles são responsáveis pelas semelhanças na família, como a cor dos olhos ou as sardas. Nossos genes programam traços específicos que surgem à medida que nos desenvolvemos de um óvulo fertilizado até a idade adulta.

O programa genético está escrito na linguagem de DNA, o polímero de quatro diferentes nucleotídeos que aprendemos nos Conceitos 1.1 e 5.5. A informação herdada é passada em forma de sequência específica de nucleotídeos de DNA de cada gene, da mesma forma que a informação impressa é comunicada por meio de sequências significativas de letras. Em ambos os casos, a linguagem é simbólica. Assim como seu cérebro traduz a palavra *maçã* na imagem mental de uma fruta, as células traduzem os genes em sardas e outras características. A maioria dos genes programa as células para sintetizar enzimas específicas e outras proteínas, cuja ação cumulativa produz os traços herdados de um organismo. A programação dessas características na forma de DNA é um dos temas unificadores da biologia.

A transmissão dos traços hereditários tem sua base molecular na replicação do DNA, que produz cópias de genes que podem ser passadas de pais para filhos. Em animais e plantas, células reprodutoras chamadas **gametas** são os veículos que transmitem os genes de uma geração para a seguinte. Durante a fertilização, gametas masculinos e femininos (espermatozoides e óvulos) unem-se, passando os genes de ambos os pais para a sua prole.

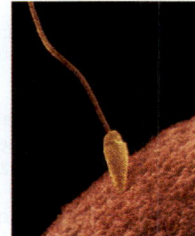

▲ Espermatozoide e óvulo.

Exceto para pequenas quantidades de DNA das mitocôndrias e dos cloroplastos, o DNA da célula eucariótica está empacotado em cromossomos dentro do núcleo. Toda espécie viva tem um número de cromossomos característico. Por exemplo, seres humanos possuem 46 cromossomos em suas **células somáticas** – isto é, todas as células do corpo exceto os gametas e seus precursores. Cada cromossomo consiste em uma única longa molécula de DNA enrolada de forma elaborada em associação com várias proteínas. Um cromossomo inclui de várias centenas a alguns milhares de genes, cada gene sendo uma sequência precisa de nucleotídeos ao longo da molécula de DNA. A localização específica de um gene ao longo do comprimento do cromossomo é chamada **locus** do gene (plural, *loci*; do latim, significando "lugar"). Nossa carga genética (nosso genoma) consiste nos genes e outros DNAs que constituem os cromossomos que herdamos de nossos pais.

Comparação entre reprodução assexuada e reprodução sexuada

Apenas os organismos que se reproduzem assexuadamente produzem proles que são cópias exatas de si mesmos. Na **reprodução assexuada**, apenas um indivíduo (como uma levedura ou ameba; ver Figura 12.2a) é o progenitor e passa as cópias de todos os seus genes para a sua prole sem a fusão dos gametas. Por exemplo, organismos unicelulares eucarióticos podem se reproduzir assexuadamente por divisão celular mitótica, na qual o DNA é copiado e distribuído igualmente para as duas células-filhas. Os genomas da prole são praticamente cópias exatas do genoma parental. Alguns organismos multicelulares também são capazes de se reproduzir assexuadamente **(Figura 13.2)**. Como células da prole surgem da mitose nas células parentais, a prole em geral é geneticamente idêntica ao progenitor. Um indivíduo que se reproduz assexuadamente dá origem a um **clone**, um indivíduo ou grupo de indivíduos geneticamente idênticos ao progenitor. As diferenças genéticas ocasionalmente surgem em organismos de reprodução assexuada, como resultado de mudanças no DNA chamadas mutações, a serem discutidas no Conceito 17.5.

Na **reprodução sexuada**, os pais dão origem a uma prole com combinações únicas de genes herdados dos dois pais. Em contrapartida a um clone, a prole de reprodução sexuada varia geneticamente em relação aos irmãos e a ambos os pais: são variações de um tema comum de semelhança familiar, não réplicas exatas. A variação genética como a

(a) Hidra (b) Sequoias

▲ **Figura 13.2 Reprodução assexuada em dois organismos multicelulares. (a)** Este animal relativamente simples, uma hidra, reproduz-se por brotamento. O broto, uma massa localizada de células se dividindo por mitose, gera uma pequena hidra, que se separa de seu progenitor (MO). **(b)** Cada árvore neste círculo de sequoias cresceu assexuadamente a partir de uma única árvore progenitora, cujo tronco se encontra no meio desse círculo.

mostrada na Figura 13.1 é uma consequência importante da reprodução sexuada. Quais mecanismos geram essa variação genética? A chave é o comportamento dos cromossomos durante o ciclo de vida sexuada.

> **REVISÃO DO CONCEITO 13.1**
>
> 1. **FAÇA CONEXÕES** Com base nos conhecimentos a respeito da expressão gênica em uma célula, explique como os traços parentais (como cor de cabelo) são transmitidos para a prole. (Ver Conceito 5.5.)
> 2. Descreva como os organismos eucarióticos de reprodução assexuada produzem proles geneticamente idênticas entre si e aos pais.
> 3. **E SE?** Uma horticultora que cultiva orquídeas está tentando obter uma planta com uma combinação única de traços desejáveis. Depois de muitos anos, ela finalmente teve sucesso e quer produzir mais dessas plantas. Discuta se ela deveria fazer um cruzamento com outra planta ou submetê-la a uma reprodução assexuada (formando um clone) e por quê.
>
> *Ver as respostas sugeridas no Apêndice A.*

CONCEITO 13.2

A fertilização e a meiose se alternam durante os ciclos de vida sexuada

Um **ciclo de vida** é uma sequência de estágios de geração a geração na história reprodutiva de um organismo, desde a concepção até a produção da própria prole. Nesta seção, usamos humanos como exemplo para rastrear o comportamento dos cromossomos pelo ciclo de vida sexual. Iniciamos considerando a contagem de cromossomos nas células humanas somáticas e gametas. Então, exploraremos como o comportamento dos cromossomos relaciona o ciclo de vida humano e outros tipos de ciclos de vida sexual.

Conjuntos de cromossomos em células humanas

Nos seres humanos, cada célula somática tem 46 cromossomos. Antes de a mitose iniciar, os cromossomos são duplicados. Durante a mitose, os cromossomos se tornam condensados o suficiente para serem visualizados em um microscópio óptico. Neste ponto, podemos distinguir um do outro pelo seu tamanho, pela posição de seus centrômeros e pelo padrão de bandas coloridas produzidas por certas colorações de ligação à cromatina.

Uma análise cuidadosa de uma micrografia dos 46 cromossomos humanos de uma única célula em mitose revela que existem dois cromossomos de cada um dos 23 tipos. Isso se torna claro quando as imagens dos cromossomos são arranjadas em pares, iniciando com os cromossomos mais longos. A ordem resultante mostrada é chamada de **cariótipo (Figura 13.3)**. Os dois cromossomos que compõem um par têm o mesmo tamanho, a mesma posição do centrômero e o mesmo padrão de coloração. Estes são chamados de **cromossomos homólogos** (ou apenas **homólogos**).

▼ **Figura 13.3   Método de pesquisa**

Preparando um cariótipo

Aplicação Um cariótipo é uma apresentação de cromossomos condensados arranjados em pares. A cariotipagem pode ser utilizada para rastreamento de números anormais de cromossomos ou cromossomos defeituosos associados a certos distúrbios congênitos, como a síndrome de Down.

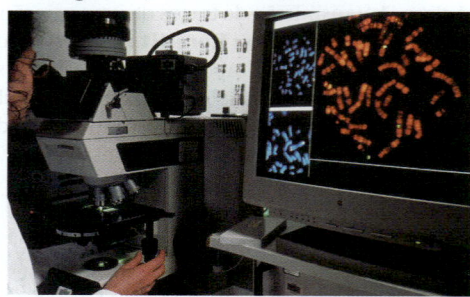

Técnica Os cariótipos são preparados de células somáticas isoladas, tratadas com um ativo para estimular mitose e, então, cultivadas por diversos dias. As células interrompidas na metáfase, quando os cromossomos estão mais condensados, são coradas e visualizadas com um microscópio equipado com câmera digital. Uma imagem dos cromossomos é mostrada no monitor do computador, e um programa digital é utilizado para arranjá-los em pares de acordo com sua aparência.

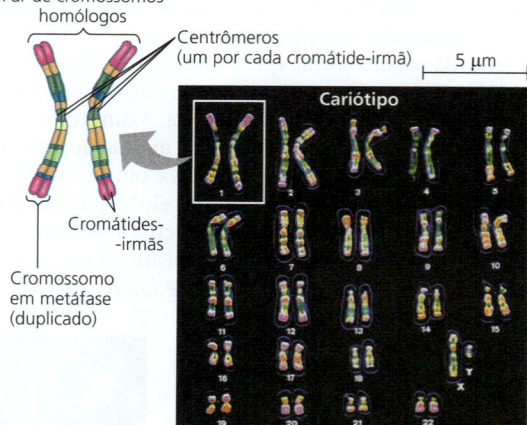

Resultados Este cariótipo mostra os cromossomos de um homem (como visto pela presença do par de cromossomos XY), corados para enfatizar o padrão de bandeamento dos cromossomos. O tamanho do cromossomo, a posição do centrômero e o padrão de coloração das bandas ajudam a identificar cromossomos específicos. Ainda que seja difícil diferenciar em um cariótipo, cada cromossomo em metáfase consiste em duas cromátides-irmãs fortemente ligadas (ver o diagrama do primeiro par de cromossomos homólogos duplicados).

FAÇA CONEXÕES *Explique por que cada cromossomo no cariótipo consiste em duas cromátides-irmãs. (Ver Figuras 12.6 e 12.7.)*

Ambos os cromossomos de cada par carregam genes que controlam as mesmas características herdadas. Por exemplo, se um gene para cor dos olhos está situado em um *locus* específico em certo cromossomo, então seu cromossomo homólogo também terá a versão do gene especificando a cor dos olhos no *locus* equivalente.

Os dois cromossomos designados como X e Y são uma importante exceção para o padrão geral de cromossomos homólogos nas células somáticas humanas. Em geral, humanos do sexo feminino têm um par homólogo de cromossomos X (XX), enquanto os do sexo masculino têm um cromossomo X e outro Y (XY; ver Figura 13.3). Apenas pequenas partes do X e do Y são homólogos. A maioria dos genes carregados no cromossomo X não tem homólogo no pequeno Y, e o cromossomo Y tem genes ausentes no X. Por terem seu papel na determinação do sexo, os cromossomos X e Y são chamados de **cromossomos sexuais**. Os outros cromossomos são chamados de **autossomos**.

A ocorrência de pares de cromossomos homólogos em cada célula somática humana é uma consequência das nossas origens sexuadas. Herdamos um cromossomo de cada par de cada um dos pais. Assim, os 46 cromossomos nas nossas células somáticas são, na verdade, dois conjuntos de 23 cromossomos – um conjunto materno (da nossa mãe) e um conjunto paterno (do nosso pai). O número de cromossomos em um único conjunto é representado por n. Qualquer célula com dois conjuntos de cromossomos, chamada **célula diploide**, tem um número diploide de cromossomos, abreviado como $2n$. Para seres humanos, o número diploide é 46 ($2n = 46$), o número de cromossomos nas nossas células somáticas. Em uma célula em que ocorreu síntese de DNA, todos os cromossomos estão duplicados; então, cada um consiste em duas cromátides-irmãs idênticas, associadas fortemente ao centrômero e ao longo dos braços (mesmo que os cromossomos estejam duplicados, ainda dizemos que a célula é diploide, ou $2n$; isso porque ela tem apenas dois conjuntos de informação independentemente do número de cromátides, que são meramente cópias da informação em um conjunto). A **Figura 13.4** ajuda a esclarecer os diversos termos que utilizamos na descrição dos cromossomos duplicados em uma célula diploide.

Ao contrário das células somáticas, os gametas contêm um único conjunto de cromossomos. Essas células são chamadas **células haploides**, e cada uma tem um número haploide (n) de cromossomos. Para os seres humanos, o número haploide é 23 ($n = 23$). O conjunto de 23 consiste em 22 autossomos mais um único cromossomo sexual. Um óvulo não fertilizado contém um cromossomo X; um espermatozoide contém um cromossomo X ou um cromossomo Y.

Cada espécie com reprodução sexuada tem um número diploide e um número haploide característico. Por exemplo, a mosca-da-fruta, *Drosophila melanogaster*, tem número diploide ($2n$) de 8 e número haploide (n) de 4; em cães, $2n$ é 78 e n é 39. O número de cromossomos geralmente não está correlacionado com o tamanho ou a complexidade do genoma da espécie; ele simplesmente reflete como muitos pedaços lineares de DNA compõem o genoma, que é uma função da história evolutiva daquelas espécies (ver Conceito 21.5). Agora, vamos considerar o comportamento dos cromossomos durante os ciclos de vida sexuada. Vamos usar o ciclo de vida humano como exemplo.

Comportamento dos conjuntos de cromossomos no ciclo de vida humano

O ciclo de vida humano inicia quando um espermatozoide haploide do pai se fusiona com o óvulo haploide da mãe **(Figura 13.5)**. Essa união de gametas, culminando com a

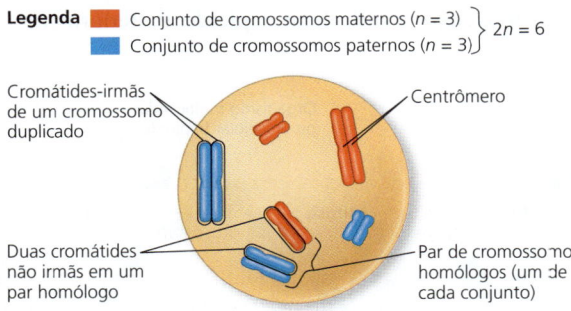

▲ **Figura 13.4 Descrevendo os cromossomos.** Uma célula de um organismo com número diploide de 6 ($2n = 6$) é ilustrada aqui após a duplicação e a condensação dos cromossomos. Cada um dos seis cromossomos duplicados consiste em duas cromátides-irmãs fortemente associadas ao longo de seu comprimento. Cada par homólogo é composto por um cromossomo do conjunto materno (em vermelho) e outro do conjunto paterno (em azul). Cada conjunto neste exemplo é constituído por três cromossomos (grandes, médios e curtos). Juntas, uma cromátide materna e uma cromátide paterna em um par de cromossomos homólogos são chamadas de cromátides não irmãs.

HABILIDADES VISUAIS *Quantos conjuntos cromossômicos estão presentes neste diagrama? Quanto pares de cromossomos homólogos estão presentes? Se a fase da mitose na Figura 12.7 fosse redesenhada usando o esquema de cores mostrado nesta figura, descreva como os seis cromossomos seriam pintados.*

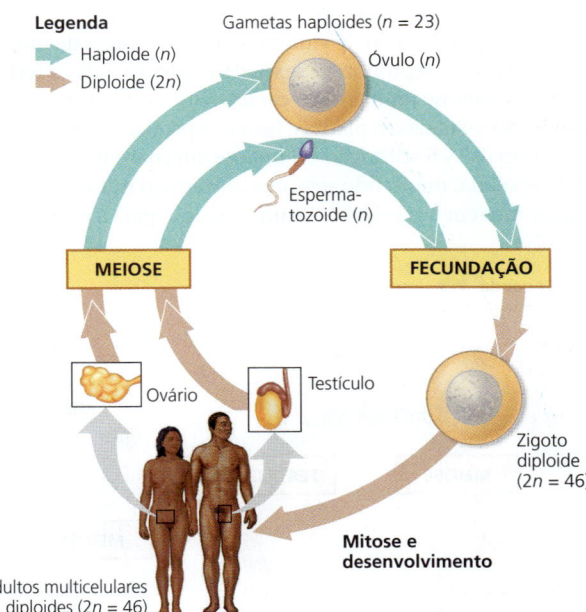

▲ **Figura 13.5 Ciclo de vida dos humanos.** Em cada geração, o número de conjuntos de cromossomos por célula é dividido durante a meiose, mas duplicado na fertilização. Para os seres humanos, o número de cromossomos em uma célula haploide é 23, correspondente a um conjunto ($n = 23$); o número de cromossomos em um zigoto diploide e em todas as células somáticas que se desenvolvem a partir dele é 46, correspondente a dois conjuntos ($2n = 46$).

Esta figura introduz o código colorido utilizado em outros ciclos de vida ao longo deste livro. As setas em verde-água destacam os estágios haploides do ciclo de vida, e as setas em cor bege destacam os estágios diploides.

fusão de seus núcleos, é chamada **fecundação**. O óvulo fertilizado resultante, ou **zigoto**, é diploide, pois tem dois conjuntos de cromossomos haploides cujos genes representam as linhagens materna e paterna. À medida que um ser humano se desenvolve e alcança maturação sexual, as mitoses do zigoto e das células descendentes geram todas as células somáticas do corpo. Ambos os conjuntos de cromossomos no zigoto e todos os genes que eles carregam são passados com precisão para as células somáticas.

As únicas células do corpo humano não produzidas por mitose são os gametas, que se desenvolvem a partir de células especializadas chamadas *células germinativas* nas gônadas – ovários nas mulheres e testículos nos homens (ver Figura 13.5). Imagine o que aconteceria se os gametas humanos fossem produzidos por mitose: eles seriam diploides como as células somáticas. Na etapa seguinte de fertilização, quando dois gametas se fusionam, o número normal de cromossomos de 46 dobraria para 92, e cada geração posterior duplicaria o número de cromossomos mais uma vez. Isso não acontece, entretanto, porque em organismos que se reproduzem sexuadamente a formação dos gametas envolve um tipo de divisão celular chamada **meiose**. Esse tipo de divisão celular reduz o número de conjuntos de cromossomos de dois nas células dos pais para um em cada gameta, contrabalançando a duplicação que ocorre na fertilização. Como resultado da meiose, cada espermatozoide e cada óvulo humano são haploides ($n = 23$). A fertilização repõe a condição de diploide combinando dois conjuntos de cromossomos, e o ciclo de vida humano é repetido, geração após geração (ver Figura 13.5).

As etapas do ciclo de vida humano são típicas de muitos animais que se reproduzem sexuadamente. De fato, a fertilização e a meiose também são características exclusivas da reprodução sexuada em plantas, fungos e protistas, assim como em animais. A fertilização e a meiose alternam nos ciclos de vida sexuada, mantendo sempre constante o número de cromossomos em uma espécie de uma geração para a próxima.

A variedade dos ciclos de vida sexuada

Embora a alternância entre a meiose e a fertilização seja comum a todos os organismos que se reproduzem sexuadamente, o momento desses dois eventos no ciclo de vida varia, dependendo da espécie. Essas variações podem ser agrupadas em três principais tipos de ciclos de vida. No tipo que ocorre em seres humanos e na maioria dos outros animais, os gametas são as únicas células haploides **(Figura 13.6a)**. A meiose ocorre nas células germinativas durante a formação dos gametas, que não sofrem mais divisão celular até a fertilização. Após a fertilização, o zigoto diploide se divide por mitose, produzindo um organismo multicelular diploide.

As plantas e algumas espécies de algas exibem um segundo tipo de ciclo de vida chamado **alternância de gerações (Figura 13.6b)**. Esse tipo inclui estágios multicelulares tanto diploides quanto haploides. O estágio diploide multicelular é chamado *esporófito*. A meiose no esporófito produz células haploides chamadas *esporos*. Diferentemente de um gameta, um esporo haploide não se fusiona com outra célula, mas se divide mitoticamente, gerando um estágio haploide multicelular chamado *gametófito*. As células do gametófito dão origem aos gametas por mitose. A fusão de dois gametas haploides na fertilização resulta em um zigoto diploide, que se desenvolve na geração de esporófito seguinte. No entanto, nesse tipo de ciclo de vida, a geração de esporófito produz um gametófito como prole, e a geração do gametófito produz um esporófito. O nome *alternância de gerações* combina bem para esse tipo de ciclo de vida.

Um terceiro tipo de ciclo de vida ocorre na maioria dos fungos e em alguns protistas, incluindo algumas algas **(Figura 13.6c)**. Depois de os gametas se fusionarem e formarem um zigoto diploide, a meiose ocorre sem o desenvolvimento de prole multicelular diploide. A meiose não produz gametas, mas sim células haploides que, então, dividem-se por mitose e dão origem tanto a descendentes unicelulares quanto a um organismo adulto multicelular haploide. Posteriormente, o

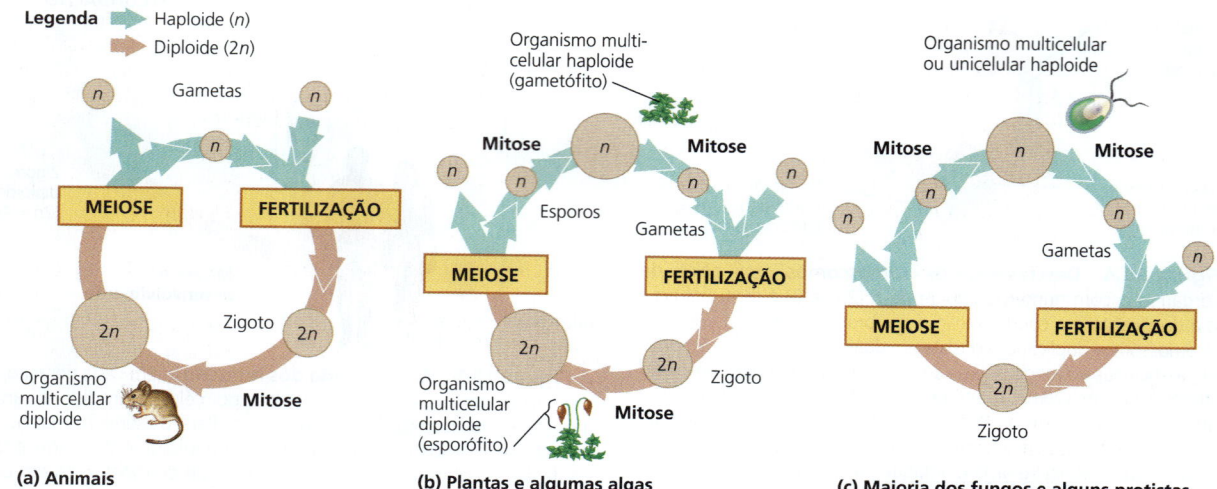

▲ **Figura 13.6** Três tipos de ciclos de vida sexuada. Uma característica comum nos três tipos é a alternância da meiose e da fertilização, eventos essenciais que contribuem para a variação genética da prole. Os ciclos diferem no tempo nesses dois eventos importantes (círculos pequenos são células; círculos grandes são organismos).

HABILIDADES VISUAIS Para cada tipo de ciclo de vida, indique se as células haploides sofrem mitose. Se sim, descreva as células que são formadas.

organismo haploide realiza mais mitoses, produzindo as células que se desenvolvem em gametas. O único estágio diploide encontrado nessas espécies é o zigoto unicelular.

Observe que *tanto* as células haploides *quanto* as diploides podem se dividir por mitose, dependendo do tipo de ciclo de vida. Entretanto, apenas as células diploides podem sofrer meiose: as células haploides não podem, pois elas já têm um único conjunto de cromossomos que não pode ser reduzido mais ainda. Apesar de os três tipos de ciclo de vida sexuada apresentarem diferenças quanto ao momento de meiose e fertilização, eles compartilham um resultado fundamental: variação genética entre a prole.

REVISÃO DO CONCEITO 13.2

1. **FAÇA CONEXÕES** Na Figura 13.4, quantas moléculas de DNA (dupla-hélice) estão presentes (ver Figura 12.5)? Qual é o número haploide dessa célula? O conjunto cromossômico é haploide ou diploide?
2. **HABILIDADES VISUAIS** Quantos pares de cromossomos estão presentes no cariótipo na Figura 13.3? Quantos conjuntos?
3. Utilizando sapatos como analogia para os cromossomos, como você descreveria a coleção de "sapatos" nas células humanas diploides e haploides?
4. **E SE?** Um determinado eucarioto vive como um organismo unicelular, mas, durante um estresse ambiental, ele produz gametas. Os gametas se fusionam e o zigoto resultante sofre meiose, gerando novas células únicas. Qual tipo de organismo poderia ser este?

Ver as respostas sugeridas no Apêndice A.

CONCEITO 13.3

A meiose reduz o número de conjuntos de cromossomos de diploide para haploide

Algumas etapas da meiose se assemelham às etapas correspondentes da mitose. A meiose, assim como a mitose, é precedida pela interfase, que inclui a fase S (duplicação dos cromossomos). Entretanto, esta é seguida não por uma, mas por duas divisões celulares consecutivas, chamadas **meiose I** e **meiose II**. Essas duas divisões resultam em quatro células-filhas (em vez de duas células-filhas como na mitose), cada uma apenas com a metade dos cromossomos da célula parental – um conjunto, em vez de dois.

Os estágios da meiose

Uma visão geral da meiose na **Figura 13.7** mostra que ambos os membros de um simples par de cromossomos homólogos em uma célula diploide são duplicados, e suas cópias são distribuídas em quatro células-filhas haploides. Tenha em mente que as cromátides-irmãs são duas cópias de *um* cromossomo, associadas ao longo de seu comprimento; essa associação é chamada *coesão das cromátides-irmãs*. Juntas, essas cromátides-irmãs formam um cromossomo duplicado

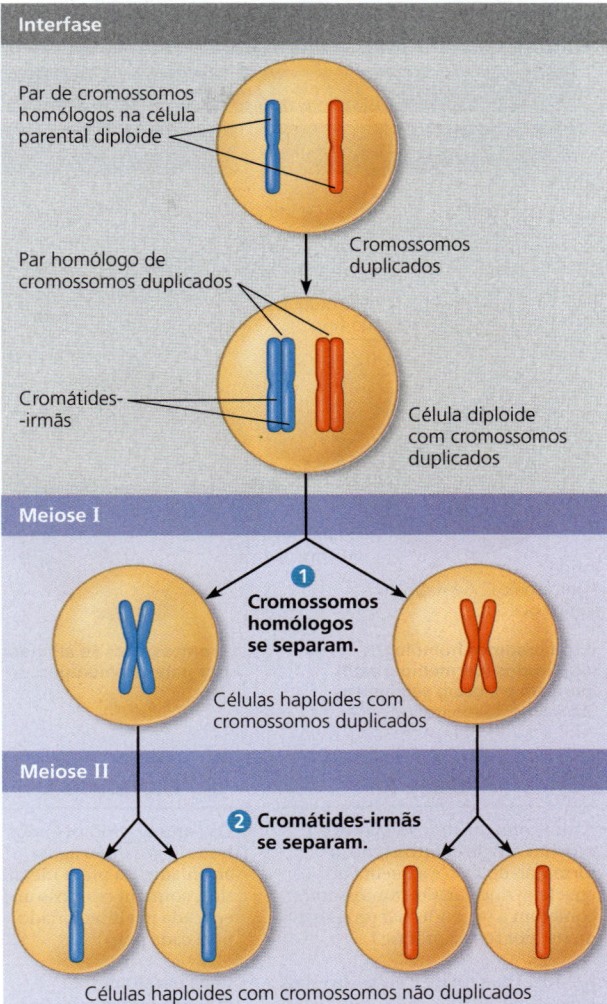

▲ **Figura 13.7 Visão geral da meiose: como a meiose reduz o número de cromossomos.** Depois de os cromossomos se duplicarem na interfase, as células diploides se dividem *duas vezes*, originando quatro células-filhas haploides. Esta visão geral ilustra apenas um par de cromossomos homólogos, que, para fins de simplicidade, estão desenhados em estado completamente condensado (em geral, eles não estariam condensados durante a interfase).

DESENHE *Redesenhe as células desta figura utilizando um DNA simples de dupla-hélice para representar cada molécula de DNA.*

(ver Figura 13.4). Em contrapartida, os dois cromossomos de um par homólogo são cromossomos individuais herdados de cada um dos progenitores. Homólogos parecem iguais sob o microscópio, mas podem ter diferentes versões de genes no *locus* correspondente; cada versão é chamada de *alelo* daquele gene (ver Figura 14.4). Por exemplo, um cromossomo pode ter um alelo para sardas, mas o cromossomo homólogo pode ter um alelo para a ausência de sardas no mesmo *locus*. Os homólogos não estão associados entre si, exceto durante a meiose.

A **Figura 13.8** descreve, em detalhes, os estágios das duas divisões da meiose para uma célula animal cujo número diploide é seis. Estude essa figura com atenção antes de seguir.

Figura 13.8 Explorando a meiose em uma célula animal

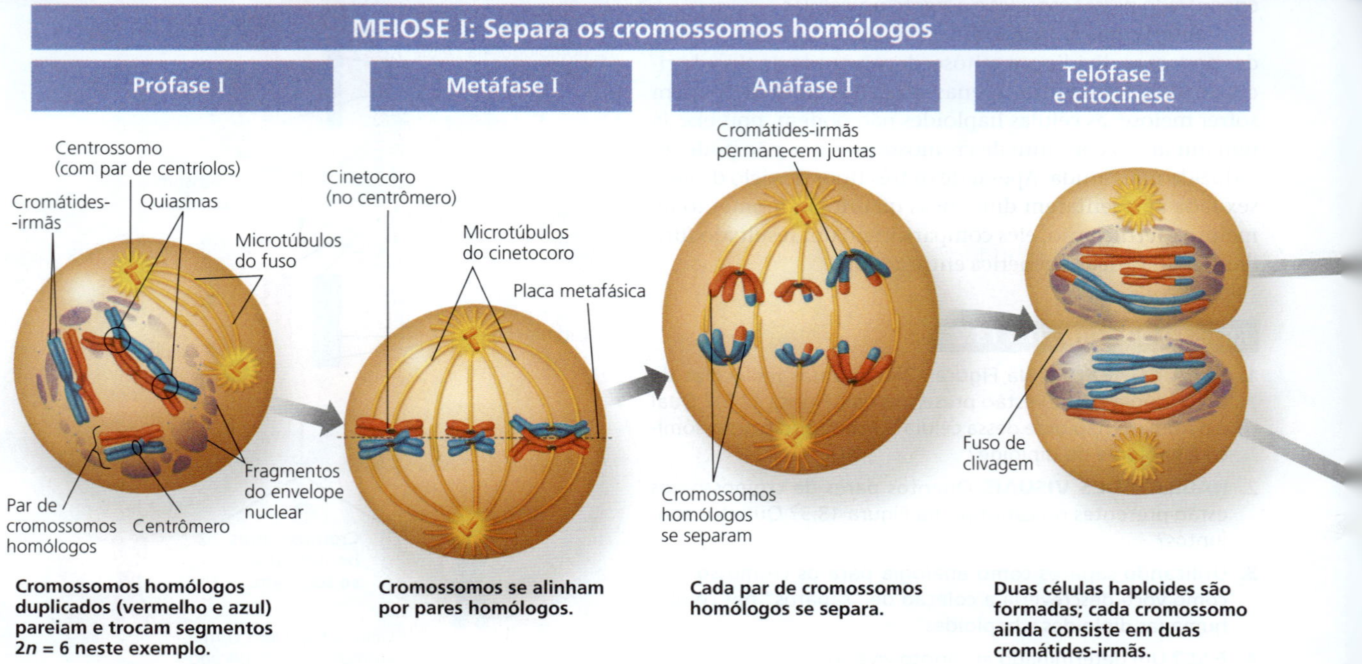

MEIOSE I: Separa os cromossomos homólogos

Prófase I | **Metáfase I** | **Anáfase I** | **Telófase I e citocinese**

Rótulos da Prófase I: Centrossomo (com par de centríolos); Cromátides-irmãs; Quiasmas; Microtúbulos do fuso; Par de cromossomos homólogos; Centrômero; Fragmentos do envelope nuclear.

Rótulos da Metáfase I: Cinetocoro (no centrômero); Microtúbulos do cinetocoro; Placa metafásica.

Rótulos da Anáfase I: Cromátides-irmãs permanecem juntas; Cromossomos homólogos se separam.

Rótulos da Telófase I e citocinese: Fuso de clivagem.

Cromossomos homólogos duplicados (vermelho e azul) pareiam e trocam segmentos 2*n* = 6 neste exemplo.

Cromossomos se alinham por pares homólogos.

Cada par de cromossomos homólogos se separa.

Duas células haploides são formadas; cada cromossomo ainda consiste em duas cromátides-irmãs.

Prófase I

- Assim como na mitose, ocorre o movimento do centrossomo, a formação do fuso e a quebra do envelope nuclear. Os cromossomos começam a se condensar progressivamente por toda a prófase I.

- No início da prófase I, antes do estágio apresentado acima, cada cromossomo pareia com seu homólogo, alinhando gene com gene, e ocorre o **crossing over** (entrecruzamento). As moléculas de DNA das cromátides não irmãs são quebradas (por proteínas) e reunidas umas com as outras.

- No estágio apresentado acima, cada par homólogo tem uma ou mais regiões em X denominadas **quiasmas**, pontos em que ocorre o *crossing over*.

- No final da prófase I (após o estágio mostrado), os microtúbulos de um polo ou do outro se ligam aos dois cinetocoros, um em cada centrômero de cada homólogo (os dois cinetocoros em uma cromátide-irmã de um homólogo são conectadas por proteínas e, atuam como um único cinetocoro). Os pares homólogos então se movem na direção do plano da placa metafásica.

Metáfase I

- Os pares de cromossomos homólogos estão agora arranjados na placa metafásica, com um cromossomo em cada par direcionado para cada polo.

- Cada par se alinhou independentemente dos outros pares (esse arranjo é chamado *segregação independente*, a ser estudado mais adiante).

- Ambas as cromátides de um homólogo são ligadas aos microtúbulos do cinetocoro de um polo; aquelas do outro homólogo são ligadas aos microtúbulos do polo oposto.

Anáfase I

- A quebra das proteínas responsáveis pela coesão das cromátides-irmãs ao longo dos braços da cromátide permite que os homólogos se separem.

- Os homólogos se movem em direção a polos opostos, guiados pela aparelhagem dos fusos.

- A coesão das cromátides-irmãs permanece no centrômero; com isso, as cromátides se movimentam como uma unidade em direção ao mesmo polo.

Telófase I e citocinese

- No início da telófase I, cada metade da célula tem um conjunto haploide completo de cromossomos duplicados. Cada cromossomo é composto de duas cromátides-irmãs; uma ou ambas as cromátides incluem regiões de DNA de cromátides não irmãs.

- A citocinese (divisão do citoplasma) geralmente ocorre simultaneamente com a telófase I, formando duas células-filhas haploides.

- Em células animais, um sulco de clivagem se forma (nas células vegetais, forma-se a placa celular).

- Em algumas espécies, os cromossomos descondensam, e o envelope nuclear se forma novamente.

- Nenhuma duplicação ocorre entre meiose I e meiose II.

CAPÍTULO 13 MEIOSE E CICLOS DE VIDA SEXUADA

MEIOSE II: Separa as cromátides-irmãs

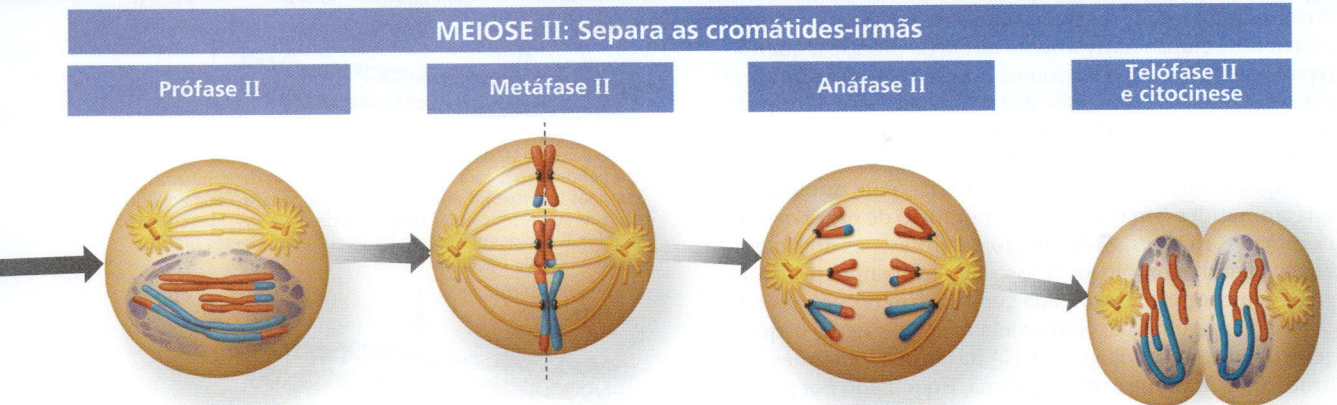

| Prófase II | Metáfase II | Anáfase II | Telófase II e citocinese |

Durante outro ciclo da divisão celular, as cromátides-irmãs finalmente se separam, resultando em quatro células-filhas haploides, contendo cromossomos não duplicados.

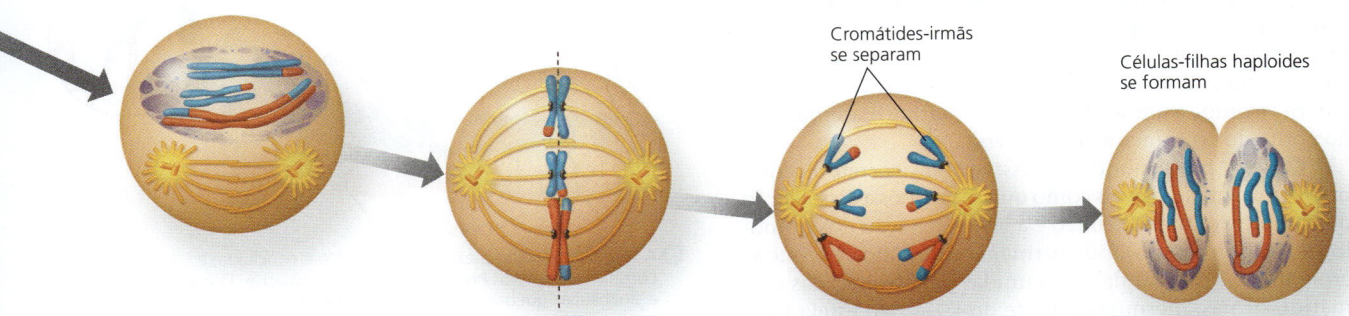

Cromátides-irmãs se separam

Células-filhas haploides se formam

Prófase II

- A aparelhagem do fuso se forma.
- No final da prófase II (não mostrado aqui), os cromossomos, cada um ainda composto de duas cromátides associadas ao centrômero, movimentam-se em direção à placa metafásica II.

Metáfase II

- Os cromossomos estão posicionados na placa metafásica, como na mitose.
- Devido ao *crossing over* na meiose I, as duas cromátides-irmãs de cada cromossomo não são geneticamente idênticas.
- Os cinetocoros das cromátides-irmãs estão ligados aos microtúbulos estendidos dos polos opostos.

Anáfase II

- A quebra das proteínas que mantêm as cromátides-irmãs juntas ao centrômero permite que as cromátides se separem. As cromátides se movem em direção aos polos opostos como cromossomos individuais.

Telófase II e citocinese

- O núcleo se forma, os cromossomos começam a se descondensar e a citocinese ocorre.
- A divisão meiótica de uma célula parental produz quatro células-filhas, cada uma com um conjunto haploide de cromossomos (não duplicados).
- Cada uma das quatro células-filhas é geneticamente distinta das outras e da célula parental.

FAÇA CONEXÕES *Veja a Figura 12.7 e imagine as duas células-filhas passando por outra rodada de mitose, gerando quatro células. Compare o número de cromossomos em cada uma dessas quatro células, após a mitose, com o número em cada célula da Figura 13.8, após a meiose. Explique como o processo da meiose resulta nessa diferença, mesmo que a meiose também inclua duas divisões celulares.*

Crossing over e sinapse durante a prófase I

A prófase I da meiose é um período de intensa atividade. A célula apresentada na Figura 13.8, em prófase I, encontra-se em uma etapa relativamente tardia da prófase I, quando o pareamento dos cromossomos homólogos, o *crossing over* e a condensação cromossômica já haviam ocorrido. A sequência de eventos que ocorrem até essa etapa está apresentada em detalhes na **Figura 13.9**.

Após a interfase, os cromossomos já foram duplicados, e as cromátides-irmãs são unidas por meio de proteínas denominadas *coesinas*. ❶ No início da prófase, os dois membros do par de homólogos se associam frouxamente ao longo de seu comprimento. Cada gene em um homólogo está precisamente alinhado com o alelo correspondente daquele gene no outro homólogo. O DNA das duas cromátides não irmãs, uma materna e outra paterna, é quebrado por proteínas específicas precisamente nos pontos correspondentes. ❷ A seguir, a formação de uma estrutura semelhante a um zíper, denominada **complexo sinaptonêmico**, mantém os homólogos fortemente unidos. ❸ Durante essa associação, denominada **sinapse**, as quebras de DNA se aproximam de modo que cada extremidade se liga ao segmento correspondente na cromátide *não irmã*. Assim, a cromátide paterna é unida a um segmento da cromátide materna além do ponto do cruzamento, e vice-versa.

❹ Esses pontos onde o *crossing over* ocorreu recentemente tornam-se visíveis como quiasmas após a dissociação do complexo sinaptonêmico e a leve separação dos homólogos. Os homólogos ainda permanecem ligados, porque as cromátides-irmãs ainda estão unidas pela coesão das cromátides-irmãs, mesmo que parte do DNA não esteja mais ligado ao seu DNA cromossômico original. Pelo menos um *crossing over* por cromossomo deve ocorrer para que o par de homólogos mantenha-se unido à medida que se move para a placa metafásica na metáfase I, por razões que serão brevemente explicadas.

Comparação entre mitose e meiose

A **Figura 13.10** resume as principais diferenças entre meiose e mitose em células diploides. A meiose produz quatro células e reduz o número de conjuntos de cromossomos de dois (diploide) para um (haploide), enquanto a mitose produz duas células e conserva o número de conjuntos de cromossomos. A meiose produz células que se diferenciam geneticamente das células parentais e entre si, ao passo que a mitose produz células-filhas geneticamente idênticas às parentais e entre si.

Três eventos exclusivos da meiose ocorrem durante a meiose I:

1. **Sinapse e *crossing over*.** Durante a prófase I, os homólogos duplicados pareiam e ocorre o *crossing over*, como descrito anteriormente e na Figura 13.9. A sinapse e o *crossing over* não ocorrem durante a prófase da mitose.
2. **Alinhamento dos pares homólogos na placa metafásica.** Na metáfase I da meiose, os pares de homólogos estão posicionados na placa metafásica,

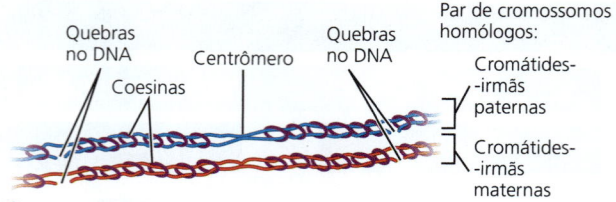

❶ Após a interfase, os cromossomos foram duplicados e as cromátides-irmãs foram unidas por proteínas denominadas coesinas (em roxo). Cada par de homólogo se associa ao longo de toda sua extensão. As moléculas de DNA das duas cromátides não irmãs são quebradas em locais correspondentes precisos. Início da condensação da cromatina.

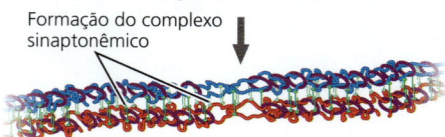

❷ Um complexo proteico em forma de zíper, o complexo sinaptonêmico (em verde), começa a se formar, ligando um homólogo ao outro. A condensação da cromatina continua.

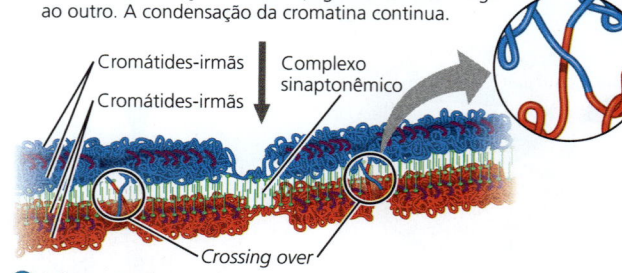

❸ A formação do complexo sinaptonêmico é concluída, e considera-se que os homólogos estão em sinapse. Durante a sinapse, as quebras de DNA são fechadas quando cada extremidade aberta se liga ao segmento correspondente da cromátide não irmã, produzindo *crossing over*.

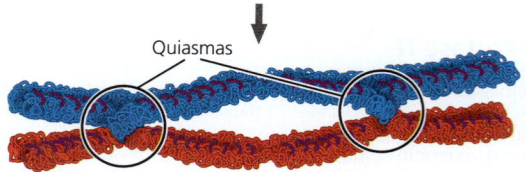

❹ Após a dissociação do complexo sinaptonêmico, os homólogos se distanciam levemente, mas permanece unidos um ao outro devido à coesão das cromátides-irmãs, mesmo que partes do DNA não estejam mais ligadas ao seu cromossomo original. Os locais dos cromossomos em que ocorreram os *crossing over* são apresentados como quiasmas. Os cromossomos continuam a condensação à medida que se movem para a placa metafásica.

▲ **Figura 13.9** *Crossing over* e sinapse na prófase I: um olhar mais detalhado.

HABILIDADES VISUAIS *Marque os quatro intervalos do DNA na etapa 2.*

em vez de cromossomos individuais, como na metáfase da mitose.
3. **Separação dos homólogos.** Na anáfase I da meiose, os cromossomos duplicados de cada par de homólogos se movem em direção a polos opostos, mas as cromátides-irmãs de cada cromossomo duplicado permanecem ligadas. Na anáfase da mitose, em contrapartida, as cromátides-irmãs se separam.

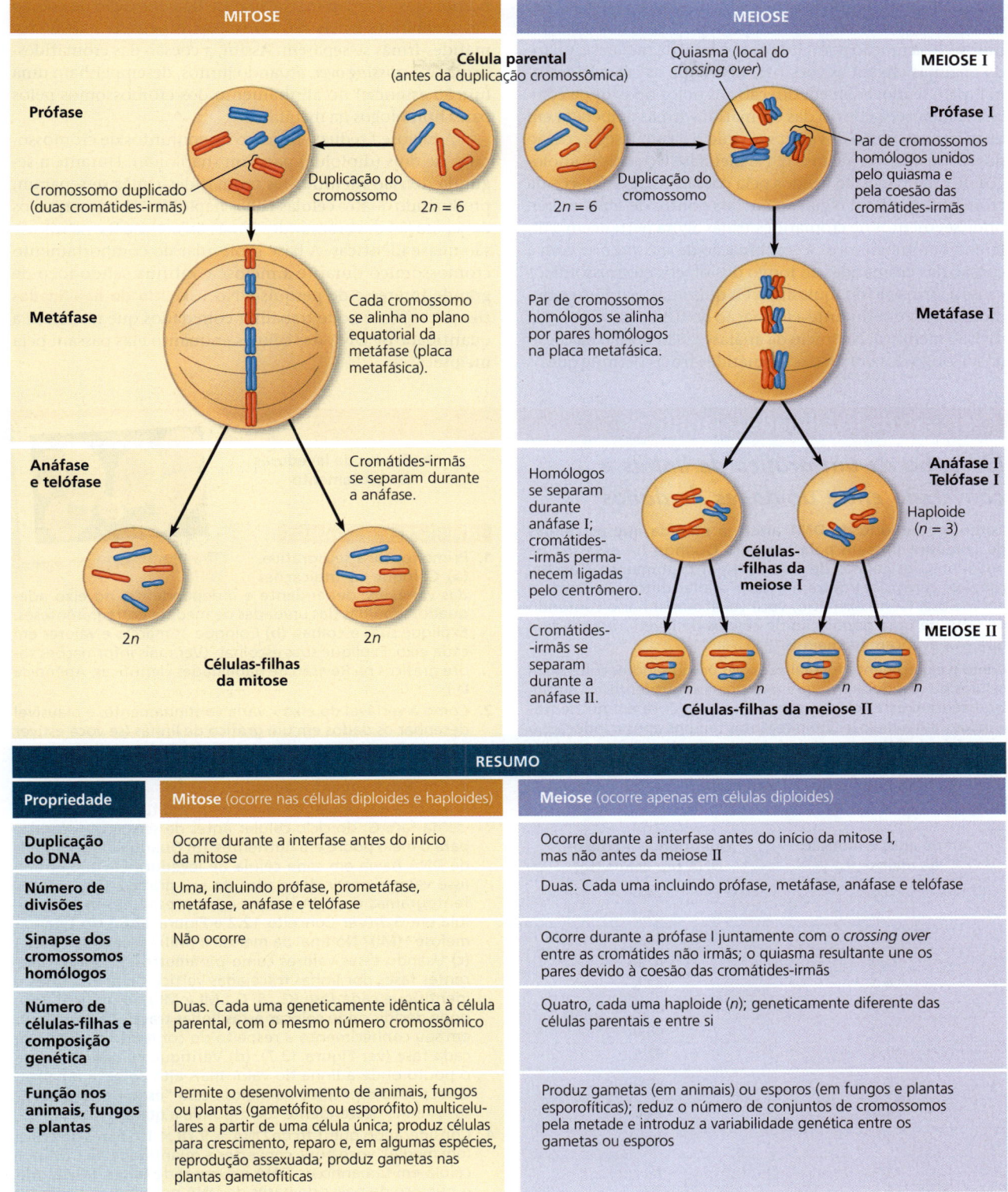

▲ Figura 13.10 Uma comparação entre mitose e meiose.

DESENHE As células específicas mostradas na telófase I poderiam produzir outra combinação de cromossomos durante a meiose II? Explique. (Dica: desenhe como as células se parecem na metáfase II.)

As cromátides-irmãs se mantêm unidas devido à coesão das cromátides-irmãs, mediada pelas proteínas coesinas. Na mitose, essa junção permanece até o final da metáfase, quando enzimas clivam as coesinas, liberando as cromátides-irmãs para se moverem em direção aos polos opostos da célula. Na meiose, a coesão das cromátides-irmãs é liberada em duas etapas: coesão dos *braços* no início da anáfase I e coesão dos *centrômeros* na anáfase II. Na metáfase I, os dois homólogos de cada par estão unidos pela coesão entre os braços da cromátide-irmã em regiões além dos pontos de *crossing over*, onde segmentos de cromátides-irmãs agora pertencem a diferentes cromossomos. A combinação de *crossing over* com a coesão das cromátides ao longo dos braços cromossômicos causa a formação dos quiasmas. Os quiasmas mantêm os homólogos unidos durante a formação do fuso para a primeira divisão meiótica. No início da anáfase I, a liberação da coesina ao longo dos braços das cromátides-irmãs permite que os homólogos se separem. Na anáfase II, a liberação da coesão das cromátides-irmãs nos centrômeros permite que as cromátides-irmãs se separem. Assim, a coesão das cromátides-irmãs e o *crossing over*, atuando juntos, desempenham uma função essencial no alinhamento dos cromossomos pelos pares homólogos na metáfase I.

A meiose I reduz o número de conjuntos de cromossomos: de dois (diploide) para um (haploide). Durante a segunda divisão meiótica, as cromátides-irmãs se separam, produzindo quatro células-filhas haploides. Os mecanismos de separação das cromátides-irmãs na meiose II e na mitose são quase idênticas. A base molecular do comportamento cromossômico durante a meiose continua sendo foco de grande interesse de pesquisa. No **Exercício de habilidades científicas**, você pode trabalhar com dados que rastreiam a quantidade de DNA nas células enquanto elas passam pela meiose.

Exercício de habilidades científicas

Desenho de um gráfico de linhas e conversão entre unidades de dados

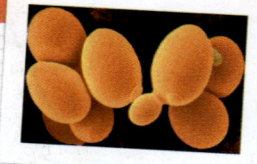

▶ Células de leveduras em brotamento

Como o conteúdo de DNA altera à medida que as células de levedura passam pela meiose? Quando há escassez de nutrientes, as células de levedura em brotamento (*Saccharomyces cerevisiae*) deixam o ciclo celular mitótico e entram em meiose. Neste exercício, você vai acompanhar o conteúdo de DNA de uma população de células de levedura à medida que elas avançam na meiose.

Como o experimento foi realizado Os pesquisadores cultivaram células de levedura em um meio rico em nutrientes e, então, transferiram essas células para um meio pobre em nutrientes e induziram a meiose. Em diferentes tempos após a indução, o conteúdo de DNA por célula foi quantificado em uma amostra de células, e a média do conteúdo de DNA por célula foi registrada em fentogramas (fg; 1 fentograma = 1×10^{-15} grama).

Dados do experimento

Tempo após a indução da meiose (h)	Quantidade média de DNA por célula (fg)
0,0	24,0
1,0	24,0
2,0	40,0
3,0	47,0
4,0	47,5
5,0	48,0
6,0	48,0
7,0	47,5
7,5	25,0
8,0	24,0
9,0	23,5
9,5	14,0
10,0	13,0
11,0	12,5
12,0	12,0
13,0	12,5
14,0	12,0

INTERPRETE OS DADOS

1. Primeiro, faça seu gráfico.
   (a) Coloque as indicações das variáveis, dependente e independente, no eixo adequado, seguidas das unidades de medida entre parênteses. Explique suas escolhas. **(b)** Coloque as marcas e valores em cada eixo. Explique suas escolhas. (Ver mais informações sobre gráficos na Revisão de habilidades científicas, Apêndice D.)

2. Como a variável do eixo *x* varia continuamente, é plausível desenhar os dados em um gráfico de linhas (se você estiver usando Excel, escolha "Scatter"). **(a)** Coloque cada ponto de dados da tabela no gráfico. **(b)** Conecte os pontos de dados com segmentos de linhas.

3. A maioria das células de levedura em cultura encontravam-se na fase G_1 do ciclo celular antes de serem transferidas para o meio pobre em nutrientes. **(a)** Quantos fentogramas de DNA havia em cada célula de levedura em G_1? Estime esse valor a partir dos dados do seu gráfico. **(b)** Quantos fentogramas de DNA devem estar presentes em cada célula em G_2? (Ver Conceito 12.2 e Figura 12.6.) No final da meiose I (MI)? No final da meiose II (MII)? (Ver Figura 13.7.) **(c)** Usando esses valores como parâmetro, separe as diferentes fases por linhas tracejadas verticais entre as fases e identifique cada fase (G_1, S, G_2, MI e MII) no gráfico. Você pode decidir onde colocar estas linhas tracejadas com base em seu conhecimento a respeito do conteúdo de DNA em cada fase (ver Figura 13.7). **(d)** Verifique cuidadosamente o ponto onde a linha do valor mais alto começa a baixar. Qual ponto específico da meiose essa "esquina" representa? A linha descendente corresponde a qual(is) estágio(s)?

4. Considerando que 1 fg de DNA = $9,78 \times 10^5$ pares de bases (em média), você pode converter a quantidade de DNA por célula em tamanho de DNA em pares de bases. **(a)** Calcule o número de pares de bases de DNA no genoma haploide da levedura. Expresse sua resposta em milhões de pares de bases (Mb), uma unidade-padrão para expressar tamanho de genoma. Mostre seu cálculo. **(b)** Quantos pares de bases por minuto foram sintetizados durante a fase S dessas células de levedura?

Leitura adicional G. Simchen, Commitment to meiosis: What determines the mode of division in budding yeast? *BioEssays* 31:169-177 (2009).

REVISÃO DO CONCEITO 13.3

1. **FAÇA CONEXÕES** Compare os cromossomos de uma célula na metáfase da mitose com aqueles em uma célula na metáfase II. (Ver Figuras 12.7 e 13.8.)
2. **E SE?** Depois que o complexo sinaptonêmico desaparece, como qualquer par de cromossomos homólogos estaria associado se o *crossing over* não ocorresse? Qual efeito isso poderia ter na formação do gameta?

Ver as respostas sugeridas no Apêndice A.

CONCEITO 13.4
A variação genética produzida nos ciclos de vida sexuada contribui para a evolução

Como se explica a variação genética nos membros da família na Figura 13.1? Como aprenderemos em detalhes nos capítulos seguintes, as mutações são a fonte original da diversidade genética. Essas alterações no DNA de um organismo criam as diferentes versões de genes, conhecidas como alelos. Uma vez que essas diferenças surgem, a reorganização dos alelos durante a reprodução sexuada produz a variação que possibilita que cada membro de uma população de reprodução sexuada tenha uma combinação única de características.

Origens da variação genética da prole

Em espécies que se reproduzem sexuadamente, o comportamento dos cromossomos durante a meiose e a fertilização é responsável pela maioria das variações que surgem em cada geração. Três mecanismos contribuem para a variação genética oriunda da reprodução sexuada: segregação independente de cromossomos, *crossing over* e fertilização aleatória.

Segregação independente de cromossomos

Um aspecto gerador de variação genética na reprodução sexuada é a orientação aleatória dos pares de cromossomos homólogos na metáfase da meiose I. Na metáfase I, os pares homólogos, cada um consistindo em um cromossomo materno e outro paterno, estão situados na placa metafásica (observe que os termos *materno* e *paterno* se referem, respectivamente, ao fato de o cromossomo em questão ter sido oferecido pela mãe ou pelo pai do indivíduo cujas células estão sofrendo meiose). Cada par pode se orientar tanto com o homólogo paterno ou materno mais próximo de um dado polo – sua orientação é tão aleatória quanto o jogo de cara ou coroa. Dessa forma, existem 50% de chance de uma determinada célula-filha da meiose I ganhar o cromossomo materno de um determinado par homólogo e 50% de chance de ganhar o cromossomo paterno.

Como cada par de cromossomos homólogos está posicionado independentemente dos outros pares durante a metáfase I, a primeira divisão meiótica resulta em cada par distribuindo os seus homólogos maternos e paternos para as células-filhas, independentemente de qualquer outro par. Isso é chamado de *segregação independente*. Cada célula-filha representa um resultado de todas as possíveis combinações dos cromossomos maternos e paternos. Como mostrado na **Figura 13.11**, o número de combinações possíveis para as células-filhas formadas pela meiose de uma célula diploide com dois pares de cromossomos homólogos ($n = 2$) é quatro: dois arranjos possíveis para o primeiro par multiplicado pelos dois arranjos possíveis para o segundo par. Observe que apenas duas das quatro combinações de células-filhas mostradas na figura resultariam da meiose de uma *única* célula diploide, pois uma única célula parental teria um ou outro arranjo cromossômico possível na metáfase I, mas não ambos. Entretanto, a população de células-filhas resultante da meiose de um grande número de células diploides contém os quatro tipos em proporções semelhantes. No caso de $n = 3$, oito combinações ($2 \times 2 \times 2 = 2^3$) de cromossomos são possíveis para as células-filhas. De forma geral, o número de possíveis combinações quando os cromossomos são distribuídos independentemente durante a meiose é 2^n, em que n é o número haploide da espécie.

No caso dos humanos ($n = 23$), o número de combinações possíveis dos cromossomos paternos e maternos nos gametas resultantes é 2^{23}, ou aproximadamente 8,4 milhões. Cada gameta que você produz durante a vida contém uma de cerca de 8,4 milhões de combinações possíveis de cromossomos. Esta é uma subestimativa, pois não leva em consideração o *crossing over*, que será considerado a seguir.

Crossing over

Como consequência da segregação independente de cromossomos durante a meiose, cada um de nós produz uma coleção de gametas muito diferentes em suas combinações dos cromossomos que herdamos de nossos pais. A Figura 13.11 sugere

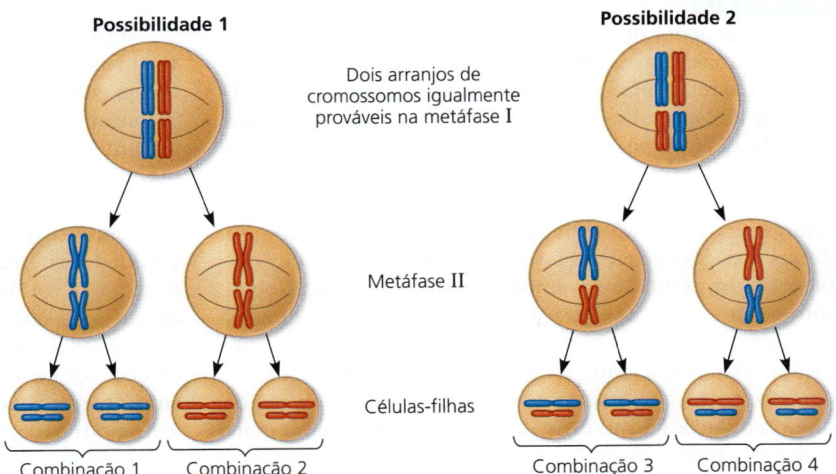

▲ **Figura 13.11** A segregação independente dos cromossomos homólogos na meiose.

que cada cromossomo em um gameta é de origem exclusivamente paterno ou materno. Na realidade, esse *não* é o caso, pois o *crossing over* produz **cromossomos recombinantes**, cromossomos individuais que carregam genes (DNA) derivados dos dois progenitores distintos **(Figura 13.12)**. Durante a meiose em humanos, uma média de um a três eventos de entrecruzamento ocorre por par de cromossomos, dependendo do tamanho dos cromossomos e da posição dos seus centrômeros.

Como vimos na Figura 13.9, o *crossing over* produz cromossomos com novas combinações de alelos maternos e paternos. Na metáfase II, cromossomos com uma ou mais cromátides recombinantes podem ser orientados em duas maneiras alternativas, não equivalentes a respeito de outros cromossomos, porque as suas cromátides-irmãs deixaram de ser idênticas (ver Figura 13.12). Os diferentes arranjos possíveis das cromátides-irmãs não idênticas durante a meiose II favorecem o aumento no número de tipos genéticos das células-filhas que podem resultar da meiose.

Vamos aprender mais sobre o *crossing over* no Conceito 15.3. Por enquanto, o ponto importante é que o *crossing over*, ao combinar o DNA herdado dos dois genitores em um único cromossomo, é uma importante fonte de variação genética nos ciclos de vida sexuada.

Fertilização aleatória

A natureza aleatória da fertilização se soma à variação genética oriunda da meiose. Em seres humanos, cada gameta masculino e feminino representa uma em aproximadamente 8,4 milhões (2^{23}) de combinações possíveis de cromossomos devido à segregação independente. A fusão de um gameta feminino com um gameta masculino durante a fertilização produz um zigoto com cerca de 70 trilhões ($2^{23} \times 2^{23}$) de combinações diploides. Se multiplicarmos pela variação trazida do *crossing over*, o número de possibilidades é verdadeiramente astronômico. Você realmente *é* único.

A importância evolutiva da variação genética entre populações

EVOLUÇÃO Agora que aprendemos como surgem as novas combinações de genes na prole de uma população de reprodução sexuada, como a variação genética em uma população se relaciona com a sua evolução? Darwin identificou que uma população se desenvolve por meio do sucesso reprodutivo diferenciado de seus membros variantes. Em média, aqueles indivíduos com melhor adaptação ao ambiente local deixam a maior prole, transmitindo, assim, os seus genes. Assim, essa seleção natural resulta no acúmulo dessas variações genéticas favorecidas em determinado ambiente. Com as mudanças ambientais, uma população pode sobreviver se, em cada geração, pelo menos alguns de seus membros souberem lidar de forma eficaz com as novas condições. As mutações são a fonte original de alelos diferentes, que são, então, misturados e combinados durante a meiose. Combinações novas e distintas de alelos podem ser mais úteis e produtivas do que aquelas existentes anteriormente.

Contudo, em um ambiente estável, parece que a reprodução sexuada seria menos vantajosa do que a reprodução

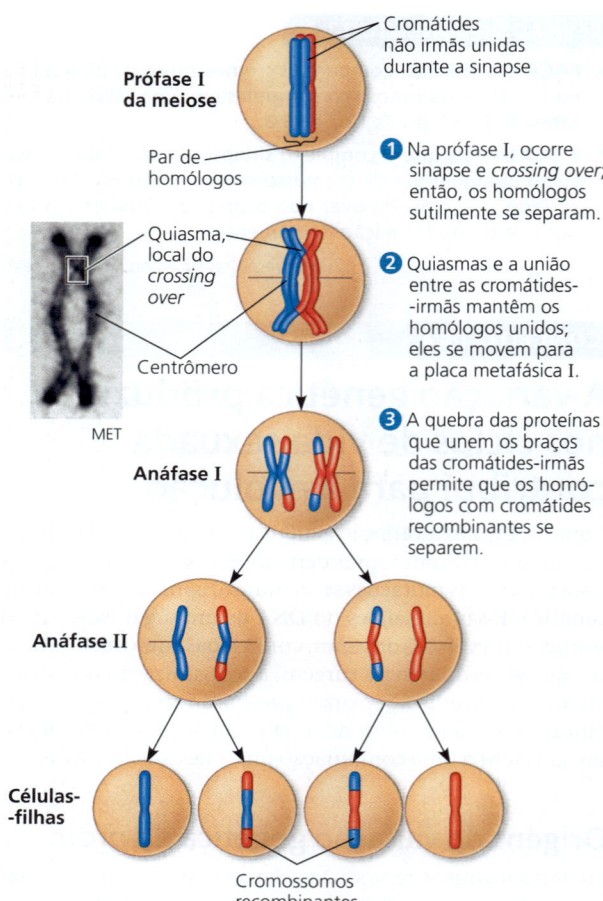

▲ **Figura 13.12** Os resultados do *crossing over* durante a meiose.

assexuada, a qual assegura a perpetuação dos alelos com combinações bem-sucedidas. Além disso, a reprodução sexuada requer mais gasto energético do que a reprodução assexuada. Apesar dessas aparentes desvantagens, a reprodução sexuada é quase universal entre os animais. Qual a razão para esse fato?

A capacidade da reprodução sexuada de produzir a diversidade genética é a explicação mais simples para a persistência evolutiva de processo. Entretanto, considere o caso incomum dos rotíferos bdelóideos **(Figura 13.13)**. Aparentemente, esse grupo não se reproduz de forma sexuada há mais de 50 milhões de anos da sua história evolutiva, um modelo que tem sido apoiado pela análise recente das sequências genéticas no seu genoma. Isso significa que a diversidade genética não é vantajosa para essa espécie? Acontece que os rotíferos bdelóideos são uma exceção à "regra" de que só o sexo gera diversidade genética: os bdelóideos têm mecanismos diferentes da reprodução sexual para gerar diversidade genética. Por exemplo, esses organismos vivem em ambientes que podem secar por longos períodos, durante os quais podem entrar em estado de animação suspensa. Nesse estado, suas membranas celulares podem quebrar em alguns locais, permitindo a entrada de DNA de outras espécies de rotíferos e mesmo de espécies relacionadas mais distantes. Evidências sugerem que esse DNA estranho pode se incorporar no genoma do bdelóideo, aumentando a diversidade genética. Na verdade, a análise genômica mostra que os rotíferos bdelóideos captam DNA não bdelóideo a uma taxa muito mais alta do que a maioria de outras espécies que captam DNA estranho. A conclusão de que os rotíferos bdelóideos desenvolveram outras maneiras de alcançar a diversidade genética dá suporte à ideia de que a diversidade genética seja vantajosa, mas aponta também que a reprodução sexuada não é a única maneira de gerar essa diversidade.

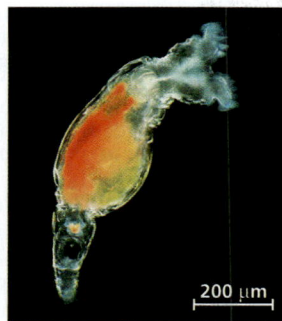

▲ **Figura 13.13** Um rotífero bdelóideo, animal que se reproduz apenas de forma assexuada.

Neste capítulo, vimos como a reprodução sexuada aumenta significativamente a variação genética presente em uma população. Embora Darwin tenha concluído que a variação herdada é o que torna a evolução possível, ele não conseguiu explicar por que a prole se assemelha – mas não é idêntica – aos seus pais. Ironicamente, Gregor Mendel, contemporâneo de Darwin, publicou a teoria da hereditariedade, que ajuda a explicar a variação genética, mas as suas descobertas não tiveram impacto nos biólogos até 1900, mais de 15 anos depois do falecimento de Darwin (1809-1882) e de Mendel (1822-1884). No próximo capítulo, vamos aprender como Mendel descobriu as regras básicas que controlam a hereditariedade de características específicas.

REVISÃO DO CONCEITO 13.4

1. Qual é a fonte original de variação entre os diferentes alelos de um gene?
2. O número diploide da mosca-da-fruta é 8, e o número diploide do gafanhoto é 46. A partir de um par de progenitores, se não ocorrer *crossing over*, a variação genética será maior entre a prole da mosca-da-fruta ou entre a prole do gafanhoto? Explique.
3. **E SE?** Se as cromátides maternas e paternas possuírem os mesmos alelos para cada gene, o *crossing over* vai proporcionar variação genética?

Ver as respostas sugeridas no Apêndice A.

13 Revisão do capítulo

RESUMO DOS CONCEITOS-CHAVE

CONCEITO 13.1

A prole adquire os genes dos pais por herança cromossômica (p. 255-256)

- Cada **gene** no DNA de um organismo existe em um ***locus*** específico em um determinado cromossomo.
- Na **reprodução assexuada**, um único progenitor produz uma prole geneticamente idêntica por mitose. A **reprodução sexuada** combina os genes dos dois progenitores, produzindo uma prole geneticamente diversificada.

? Explique por que, em seres humanos, os descendentes são semelhantes a eles, mas não idênticos.

CONCEITO 13.2

A fertilização e a meiose se alternam durante os ciclos de vida sexuada (p. 256-259)

- **Células somáticas** humanas normais são **diploides**. Elas têm 46 cromossomos formados por dois conjuntos de 23 cromossomos, cada um deles de um dos pais. As células diploides humanas têm 22 pares de **homólogos** que são **autossomos** e um par de **cromossomos sexuais**; este último determina se o indivíduo é do sexo feminino (XX) ou masculino (XY).
- Nos seres humanos, os ovários e os testículos produzem **gametas haploides** por **meiose**, cada gameta contendo um único conjunto de 23 cromossomos ($n = 23$). Durante a **fertilização**, um óvulo e um espermatozoide se unem, formando um **zigoto** unicelular diploide ($2n = 46$), que se desenvolve em um organismo multicelular por mitose.
- Ciclos de vida sexuada diferem no momento de meiose relativa à fertilização e ao(s) ponto(s) do ciclo em que o organismo multicelular é produzido por mitose.

? *Compare os ciclos de vida dos animais e das plantas.*

CONCEITO 13.3

A meiose reduz o número de conjuntos de cromossomos de diploide para haploide (p. 259-265)

- As duas divisões celulares da meiose, a **meiose I** e a **meiose II**, produzem quatro células-filhas haploides. O número de conjuntos de cromossomos é reduzido de dois (diploide) para um (haploide) durante a meiose I.
- A meiose se distingue da mitose por três eventos da meiose I:

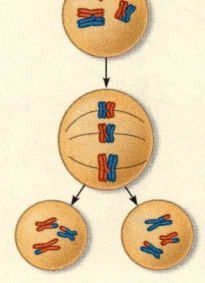

Prófase I: cada par de homólogo sofre **sinapse** e *crossing over* entre as cromátides não irmãs com o posterior surgimento dos **quiasmas**.

Metáfase I: os cromossomos se alinham como pares de homólogos na placa metafásica.

Anáfase I: os homólogos se separam, mas as cromátides-irmãs permanecem ligadas pelo centrômero.

- A meiose II separa as cromátides-irmãs.
- A coesão das cromátides-irmãs e o *crossing over* permitem que os quiasmas mantenham os homólogos unidos até a anáfase I. As coesinas são destruídas ao longo dos braços na anáfase I, permitindo que os homólogos se separem, e no centrômero na anáfase II, liberando as cromátides-irmãs umas das outras.

? Na prófase I, os cromossomos homólogos pareiam e sofrem sinapse e *crossing over*. Isso pode ocorrer durante a prófase II? Explique.

CONCEITO 13.4

A variação genética produzida nos ciclos de vida sexuada contribui para a evolução (p. 265-267)

- Três eventos na reprodução sexuada contribuem para a variação genética em uma população: segregação independente dos cromossomos durante a meiose I, *crossing over* durante a meiose I e fertilização aleatória de óvulos por espermatozoides. Durante o *crossing over*, o DNA das cromátides não irmãs em um determinado par de homólogos é quebrado e reunido.
- A variação genética é a matéria-prima para a evolução pela seleção natural. As mutações são as fontes originais dessa variação; a recombinação de variantes gênicas gera diversidade genética adicional.

? Explique como três processos únicos da reprodução sexuada geram grande parte da variação genética.

TESTE SEU CONHECIMENTO

Níveis 1-2: Relembre/Entenda

1. Uma célula humana com 22 autossomos e um cromossomo Y é
   (A) um espermatozoide.
   (B) um óvulo.
   (C) um zigoto.
   (D) uma célula somática masculina.
2. Os dois homólogos de um par se movem para polos opostos de uma célula em divisão durante a
   (A) mitose.   (C) meiose II.
   (B) meiose I.   (D) fertilização.

Níveis 3-4: Aplique/Analise

3. A meiose II é semelhante à mitose, pois
   (A) as cromátides-irmãs se separam durante a anáfase.
   (B) o DNA se replica antes da divisão.
   (C) as células-filhas são diploides.
   (D) os cromossomos homólogos fazem sinapse.
4. Se o conteúdo de DNA de uma célula diploide durante a fase G_1 do ciclo celular é x, então o conteúdo dessa mesma célula durante a metáfase da meiose I será
   (A) $0,25x$.   (B) $0,5x$.   (C) x.   (D) $2x$.
5. Se continuarmos a seguir a linhagem celular da Questão 4, o conteúdo de DNA de uma única célula durante a metáfase da meiose II será
   (A) $0,25x$.   (B) $0,5x$.   (C) x.   (D) $2x$.
6. **DESENHE** O diagrama mostra uma célula em meiose.
   (a) Marque as estruturas apropriadas com esses termos: cromossomo (marque como duplicado ou não duplicado), centrômero, cinetocoro, cromátides-irmãs, cromátides não irmãs,

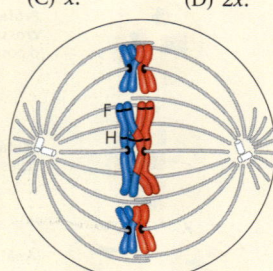

pares homólogos (utilize colchetes quando marcar), homólogo (marque cada um), quiasma, coesão de cromátides-irmãs e *locus* de genes. Circule e marque os alelos do gene F.
   (b) Descreva precisamente a composição de um conjunto haploide e de um conjunto diploide nessa célula.
   (c) Identifique o estágio de meiose mostrado.

Níveis 5-6: Avalie/Crie

7. Explique como você pode afirmar que a célula na Questão 6 está sofrendo meiose, e não mitose.
8. **CONEXÃO EVOLUTIVA** Muitas espécies podem reproduzir-se assexuada ou sexuadamente. Explique qual pode ser a importância evolutiva da troca de reprodução assexuada para sexuada que ocorre em algumas espécies quando o meio se torna desfavorável.
9. **PESQUISA CIENTÍFICA** O diagrama na Questão 6 representa apenas alguns cromossomos de uma célula meiótica em determinado indivíduo. Assuma que o gene para sardas está localizado no *locus* marcado com F e o gene para cor do cabelo está localizado no *locus* marcado com H, ambos no cromossomo longo. O indivíduo de quem essa célula foi retirada herdou alelos diferentes para cada gene ("sardas" e "cabelo preto" de um progenitor e "sem sardas" e "cabelo loiro" do outro). Prediga as combinações alélicas nos gametas resultantes desse evento meiótico (ajudará se você desenhar o restante da meiose e marcar os alelos por nome). Liste outras combinações possíveis desses alelos nos gametas desse indivíduo.
10. **ESCREVA SOBRE UM TEMA: INFORMAÇÃO** A continuidade da vida baseia-se na hereditariedade da informação na forma de DNA. Em um texto sucinto (100-150 palavras), explique como o comportamento cromossômico durante a reprodução sexuada em animais assegura a perpetuação das características parentais e, ao mesmo tempo, a variação genética para a descendência.
11. **SINTETIZE SEU CONHECIMENTO**

A banana Cavendish, fruta mais popular do mundo, está ameaçada de extinção devido a um fungo. Essa variedade de banana é "triploide" ($3n$, com três conjuntos cromossômicos) e pode se reproduzir apenas por meio da clonagem das cultivares. Considerando o que você sabe sobre meiose, explique como o número triploide da banana justifica sua incapacidade de formar gametas normais. Considerando a diversidade genética, discuta como a ausência de reprodução sexuada pode tornar essa espécie domesticada vulnerável a agentes infecciosos.

Ver respostas selecionadas no Apêndice A.

14 Mendel e a ideia de gene

CONCEITOS-CHAVE

14.1 Mendel utilizou a abordagem científica para identificar duas leis de hereditariedade *p. 270*

14.2 As leis da probabilidade regem a herança mendeliana *p. 276*

14.3 Padrões de hereditariedade muitas vezes são mais complexos do que os previstos pela genética mendeliana simples *p. 278*

14.4 Muitas características humanas seguem os padrões mendelianos de hereditariedade *p. 284*

Dica de estudo

Solucionando problemas genéticos: Na Figura 14.5, você aprenderá como prever os descendentes de um cruzamento genético com o quadro de Punnett, como o exemplo mostrado a seguir. Nos cruzamentos mostrados nas outras figuras, cubra o quadro de Punnett e desenhe o seu. Também consulte as "Dicas para problemas genéticos" no fim do capítulo.

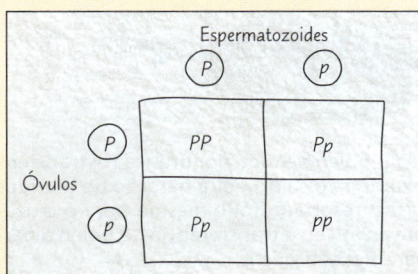

Figura 14.1 A cor das flores foi uma das muitas características de plantas de ervilhas estudadas por Gregor Mendel. Ao cruzar plantas de ervilhas por muitas gerações e contar cuidadosamente os tipos de descendentes, Mendel desenvolveu a teoria da hereditariedade, que é a base da genética moderna.

Como características, como a cor roxa ou branca das flores, são transmitidas dos pais para os descendentes?

Versões alternativas de um gene (alelos) explicam diferentes características.

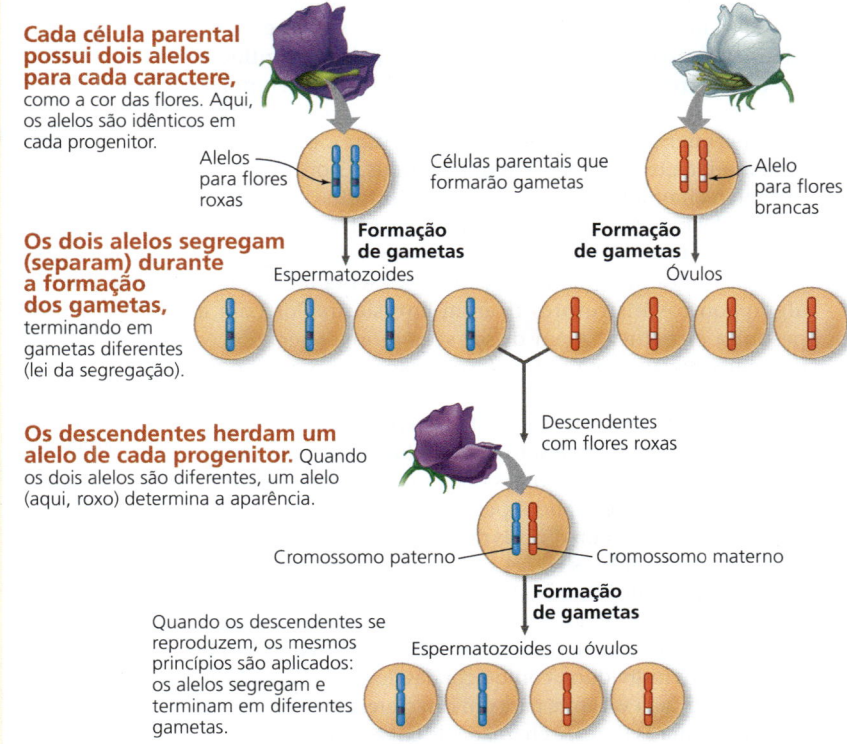

Cada célula parental possui dois alelos para cada caractere, como a cor das flores. Aqui, os alelos são idênticos em cada progenitor.

Os dois alelos segregam (separam) durante a formação dos gametas, terminando em gametas diferentes (lei da segregação).

Os descendentes herdam um alelo de cada progenitor. Quando os dois alelos são diferentes, um alelo (aqui, roxo) determina a aparência.

Quando os descendentes se reproduzem, os mesmos princípios são aplicados: os alelos segregam e terminam em diferentes gametas.

CONCEITO 14.1

Mendel utilizou a abordagem científica para identificar duas leis de hereditariedade

A genética moderna iniciou durante meados de 1800 com um monge chamado Gregor Mendel, que descobriu os princípios básicos da hereditariedade ao cruzar ervilhas de jardim em experimentos cuidadosamente planejados. À medida que revisarmos o trabalho de Mendel, você reconhecerá os elementos-chave do processo científico introduzidos no Conceito 1.3.

A abordagem experimental quantitativa de Mendel

Mendel cresceu na pequena fazenda de seus pais em uma região da Áustria, hoje parte da República Tcheca. Nessa área rural, Mendel recebeu treinamento agrícola na escola junto com a educação básica. Quando adolescente, Mendel passou por dificuldades financeiras e doenças, sobressaindo-se mais tarde na faculdade, no Instituto Filosófico de Olmutz.

Em 1843, aos 21 anos, Mendel ingressou no mosteiro dos augustinianos, uma escolha apropriada, naquela época, para alguém que dava valor a uma vida intelectual. Mendel considerou ser professor, mas falhou nas provas necessárias. Em 1851, Mendel deixou o mosteiro para seguir 2 anos de estudo em física e química na Universidade de Viena. Esses anos foram muito importantes para o desenvolvimento de Mendel como cientista, em grande parte pela forte influência de dois professores. Um foi o físico Christian Doppler, que encorajava seus estudantes a aprender ciência por meio da experimentação e treinou Mendel a usar a matemática para ajudar a explicar fenômenos naturais. O outro foi um botânico chamado Franz Unger, que estimulou o interesse de Mendel nas causas das variações em plantas.

Após cursar a universidade, Mendel retornou para o mosteiro e foi designado a ensinar na escola local, onde alguns outros instrutores ficaram entusiasmados com a pesquisa científica. Além disso, seus monges seguidores compartilhavam uma antiga fascinação com o cultivo de plantas. Em torno de 1857, Mendel começou a cruzar ervilhas de jardim na horta do mosteiro para estudar a hereditariedade. Embora a questão da hereditariedade há muito tempo fosse um foco de curiosidade no mosteiro, a abordagem revigorante de Mendel permitiu a ele deduzir princípios que permaneciam difíceis de entender para outros.

Uma das prováveis razões para Mendel ter escolhido ervilhas para trabalhar é que elas estão disponíveis em muitas variedades. Por exemplo, uma das variedades tem flores roxas, enquanto a outra tem flores brancas. Um traço hereditário que varia entre os indivíduos, como a cor das flores, é chamado de **caractere**. Cada variante para um caractere, como a cor roxa ou branca para as flores, é chamada de **característica**.

Outras vantagens de usar ervilhas são o seu curto tempo de geração e o grande número de descendentes a partir de cada cruzamento. Além disso, Mendel pôde controlar estritamente o cruzamento entre as plantas **(Figura 14.2)**. Cada flor de ervilha tem tanto órgãos produtores de pólen (estames) quanto órgãos que carregam o óvulo (carpelo). Na natureza, as plantas de ervilha normalmente fazem autofertilização: grãos de pólen a partir dos estames caem sobre o carpelo da mesma flor, e os espermatozoides liberados a partir dos grãos de pólen fertilizam os óvulos presentes no carpelo.[1]

▼ Figura 14.2 Método de pesquisa
Cruzamento de plantas de ervilhas

Aplicação Por meio do cruzamento, ou acasalamento, de duas variedades puras de um organismo, os cientistas podem estudar os padrões de hereditariedade. Neste exemplo, Mendel cruzou plantas de ervilhas que variavam na cor da flor.

Técnica

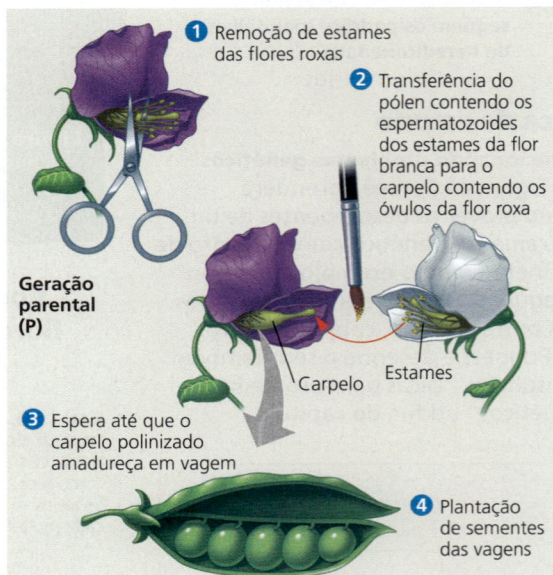

Resultados Quando o pólen de uma flor branca foi transferido para uma flor roxa, toda essa primeira geração de híbridos originou flores roxas. O resultado foi o mesmo para o cruzamento recíproco, que envolveu a transferência de pólen a partir de flores roxas para flores brancas.

---

[1]Como você aprendeu na Figura 13.6b, a meiose em plantas produz esporos, não gametas. Nas plantas com flores, como as ervilhas, cada esporo se desenvolve em um gametófito haploide microscópico que contém apenas algumas células e está localizado na planta parental. O gametófito produz espermatozoides em grãos de pólen e óvulos no carpelo. Para simplificar, não incluiremos o estágio de gametófito na nossa discussão sobre fertilização em plantas.

Para conseguir a polinização cruzada de duas plantas, Mendel extirpou os estames imaturos de uma planta antes de produzirem pólen e, então, espalhou o pólen de outra planta sobre as flores alteradas (ver Figura 14.2). Cada zigoto resultante gerou um embrião de planta dentro de uma semente (uma ervilha). Esse método permitiu que Mendel sempre tivesse certeza sobre a porcentagem de novas sementes.

Mendel resolveu rastrear somente os caracteres que ocorriam em duas formas alternativas distintas, como a cor roxa ou a cor branca da flor. Mendel também se certificou de iniciar seus experimentos com variedades que eram **puras** – isto é, durante muitas gerações de autopolinização, essas plantas produziram apenas a mesma variedade, igual à das plantas progenitoras. Por exemplo, uma planta com flores roxas é pura por cruza se todas as sementes produzidas pela autopolinização, em sucessivas gerações, derem origem a plantas que também possuem flores roxas.

Em um experimento típico de cruzamento, Mendel realizou polinização cruzada com duas variedades contrastantes de ervilhas, consideradas plantas puras – por exemplo, plantas com flores roxas e plantas com flores brancas (ver Figura 14.2). Esse acasalamento, ou *cruzamento*, de duas variedades consideradas puras é chamado de **hibridização**. Os progenitores puros por cruza são denominados **geração P** (geração parental), e sua descendência híbrida é a **geração F₁** (primeira geração filial). A autopolinização desses híbridos F₁ (ou polinização cruzada com outros híbridos F₁) produz a **geração F₂** (segunda geração filial). Mendel normalmente observava as características, no mínimo, das gerações P, F₁ e F₂. Caso Mendel tivesse parado seus experimentos com a geração F₁, os padrões básicos de hereditariedade teriam lhe escapado. As análises quantitativas de Mendel das plantas F₂ a partir de milhares de cruzamentos genéticos, como este, permitiram que ele deduzisse dois princípios fundamentais de hereditariedade, agora chamados de lei da segregação e lei da segregação independente.

Lei da segregação

A explicação de hereditariedade mais utilizada durante os anos 1800 era a hipótese da "mistura", a ideia de que o material genético doado pelos pais se mistura de maneira análoga, da mesma forma que as cores azul e amarelo são misturadas para obter verde. Essa hipótese prediz que, ao longo de várias gerações, uma população com cruzamento livre dará origem a uma população uniforme de indivíduos, algo que não observamos.

Se o modelo da mistura estivesse correto, os híbridos F₁ de um cruzamento de Mendel entre plantas de ervilhas com flores roxas e plantas de ervilhas com flores brancas teriam flores roxo-claras, uma característica intermediária entre aquelas da geração P. Observe, na Figura 14.2, que o experimento produziu um resultado bastante diferente: todos os descendentes tiveram flores da mesma cor que os pais – flores roxas. O que aconteceu com a contribuição genética das plantas produtoras de flores brancas aos híbridos? Se ela foi perdida, então as plantas F₁ poderiam produzir apenas descendentes com flores roxas na geração F₂. Mas, quando Mendel permitiu a autopolinização ou polinização cruzada das plantas F₁ e plantou suas sementes, a característica de flor branca reapareceu na geração F₂. A hipótese da mistura é algo inconsistente com o reaparecimento de características que foram omitidas em uma geração.

Mendel utilizou tamanhos de amostras bastante grandes e manteve um registro preciso dos resultados: 705 das plantas F₂ produziram flores roxas e 224 produziram flores brancas. Esses dados resultaram em uma proporção de aproximadamente três roxas para uma branca **(Figura 14.3)**. Mendel ponderou que o fator de hereditariedade para flores brancas não desapareceu nas plantas F₁, mas foi escondido, ou mascarado, de alguma forma quando o fator para flores roxas estava presente. Na terminologia de Mendel, a cor roxa das flores é uma característica *dominante*, e a cor branca

▼ **Figura 14.3** Pesquisa

Quando plantas de ervilhas F₁ híbridas se autopolinizam ou sofrem polinização cruzada, quais características aparecem na geração F₂?

Experimento Mendel cruzou plantas puras que geram flores roxas com plantas que geram flores brancas (cruzamentos são simbolizados por ×). Os híbridos F₁ resultantes autopolinizaram ou foram polinizados por cruzamento com outros híbridos F₁. Então, a geração F₂ de plantas foi observada pela cor de sua flor.

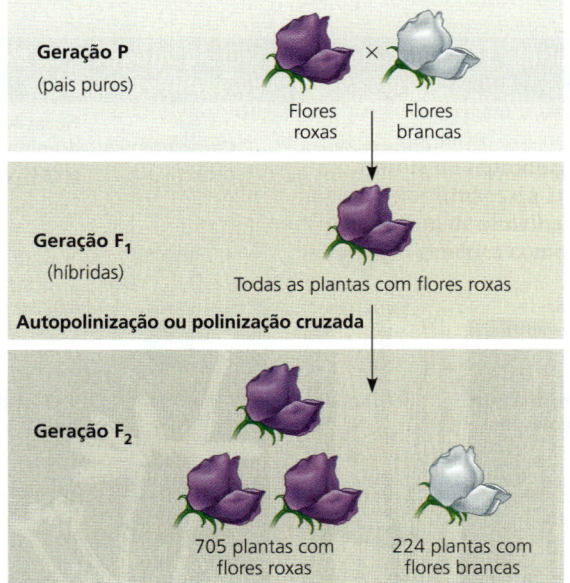

Resultados Tanto as plantas com flores roxas como as com flores brancas apareceram na geração F₂, em uma proporção de aproximadamente 3:1.

Conclusão O "fator de herança" para a característica recessiva (flores brancas) não foi destruído, deletado ou "misturado" na geração F₁, mas foi meramente mascarado pela presença do fator para flores roxas, que é a característica dominante.

Dados de G. Mendel, Experiments in plant hybridization, *Proceedings of the Natural History Society of Brünn* 4:3-47 (1866).

E SE? *Se fossem cruzadas duas plantas com flores roxas da geração P, qual proporção das características seria esperada na descendência? Explique. O que Mendel teria concluído se ele tivesse parado seu experimento após a geração F₁?*

é uma característica *recessiva*. O reaparecimento de flores de cor branca na geração F_2 evidenciou que o fator de hereditariedade que produzia as flores brancas não foi diluído ou destruído por coexistir com o fator para flor roxa nos híbridos F_1. Mendel observou o mesmo padrão de hereditariedade em seis outros caracteres, cada um representado por duas características distintamente diferentes **(Tabela 14.1)**. Por exemplo, quando Mendel cruzou uma variedade pura que produzia sementes de ervilhas lisas e redondas com uma variedade que produzia sementes rugosas, todos os híbridos F_1 produziram sementes redondas; esta é a característica dominante para o formato das sementes. Na geração F_2, 75% das sementes eram redondas e 25% eram rugosas – uma proporção de 3:1, como na Figura 14.3. Agora vamos ver como Mendel deduziu a lei da segregação a partir dos seus resultados experimentais. Na discussão a seguir, usaremos termos modernos, em vez de alguns termos utilizados por Mendel. (Por exemplo, usaremos "gene", em vez do "fator de herança" de Mendel.)

Modelo de Mendel

Mendel desenvolveu um modelo para explicar o padrão 3:1 de hereditariedade observado consistentemente entre a descendência F_2 nos experimentos com ervilhas. Exploraremos quatro conceitos relacionados que compõem esse modelo de Mendel; o quarto conceito é a lei da segregação.

Primeiro, *versões alternativas de genes explicam as variações nos caracteres herdados*. O gene para cor de flor nas plantas de ervilhas, por exemplo, existe em duas versões, uma para flores roxas e outra para flores brancas. Essas versões alternativas de um gene são chamadas de **alelos**. Hoje, podemos relacionar esse conceito aos cromossomos e ao DNA. Como mostrado na **Figura 14.4**, cada gene é uma sequência de nucleotídeos em um determinado local, ou *locus*, ao longo de um determinado cromossomo. Entretanto, o DNA naquele *locus* pode variar levemente na sua sequência nucleotídica. Essa variação no conteúdo da informação pode afetar a função da proteína codificada e, portanto, um caractere herdado do organismo. O alelo para flor roxa e o alelo para flor branca são duas variações possíveis de sequência de DNA no *locus* para cor das flores nos cromossomos de uma planta de ervilha. A sequência alélica da flor roxa permite a síntese de pigmento roxo, e a sequência alélica da flor branca não permite.

Segundo, *para cada caractere, um organismo herda duas versões (i.e., dois alelos) de um gene, um a partir da mãe e um a partir do pai*. Surpreendentemente, Mendel fez essa dedução sem saber sobre o papel, ou mesmo sobre a existência, dos cromossomos. Cada célula somática em um organismo diploide possui dois conjuntos de cromossomos, um conjunto herdado de cada um dos progenitores (ver Figura 13.4). Dessa forma, um *locus* genético está, na verdade, representado duas vezes em uma célula diploide, uma vez em cada homólogo de um par específico de cromossomos. Os dois alelos em determinado *locus* podem ser idênticos, como nas plantas puras da geração P de Mendel. Ou os alelos podem ser diferentes, como nos híbridos F_1 (ver Figura 14.4).

Terceiro, *se os dois alelos em um* locus *diferem, então um deles, o* **alelo dominante**, *determina a aparência do organismo; o outro, o* **alelo recessivo**, *não possui efeito detectável sobre a aparência do organismo*. Consequentemente, as plantas F_1 de Mendel possuíam flores roxas, pois o alelo para essa característica é dominante, e o alelo para as flores brancas é recessivo.

A quarta e última parte do modelo de Mendel, a **lei da segregação**, determina que *os dois alelos para um caractere herdável segregam (em outras palavras, se separam um do outro) durante a formação dos gametas e terminam em gametas diferentes*. Assim, um óvulo e um espermatozoide ganham apenas um dos dois alelos presentes nas células diploides do organismo que está produzindo o gameta. Em termos de cromossomos, essa segregação corresponde à distribuição de cópias dos dois membros de um par de cromossomos homólogos para gametas diferentes na meiose (ver Figura 13.7). Observe que, se um organismo tem alelos idênticos para um determinado caractere, então aquele alelo está presente em todos os gametas. Como ele é o único alelo que pode ser passado adiante para os descendentes quando a planta autopoliniza, os descendentes sempre

Tabela 14.1	Resultados dos cruzamentos de F_1 de Mendel para sete caracteres em plantas de ervilhas				
Caractere	Característica dominante	×	Característica recessiva	Geração F_2 dominante: recessiva	Proporção
Cor da flor	Roxa	×	Branca	705:224	3,15:1
Cor da semente	Amarela	×	Verde	6.022:2.001	3,01:1
Formato da semente	Redonda	×	Enrugada	5.474:1.850	2,96:1
Cor da vagem	Verde	×	Amarela	428:152	2,82:1
Formato da vagem	Inflada	×	Constrita	882:299	2,95:1
Posição da flor	Axial	×	Terminal	651:207	3,14:1
Comprimento do caule	Alto	×	Anão	787:277	2,84:1

▶ **Figura 14.4 Alelos, versões alternativas de um gene.** A figura mostra um par de cromossomos homólogos em uma planta de ervilha híbrida F_1, com a sequência de DNA atual do alelo para cor da flor de cada cromossomo. O cromossomo, herdado do pai (em azul), tem um alelo para flores roxas que codifica para uma proteína que controla indiretamente a síntese de pigmento roxo. O cromossomo, herdado da mãe (em vermelho), tem um alelo para flores brancas, que resulta na ausência de síntese de uma proteína funcional.

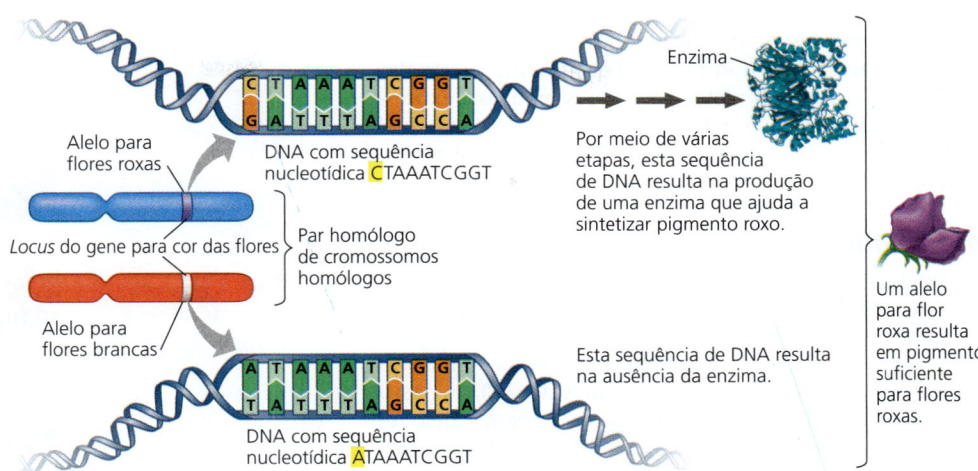

se parecem com seus pais em relação àquela característica; isso explica por que essas plantas são puras. Caso diferentes alelos estejam presentes, como nos híbridos F_1, então 50% dos gametas recebem o alelo dominante e 50% recebem o alelo recessivo.

O modelo de segregação de Mendel explica a proporção de 3:1 que ele observou na geração F_2 dos seus inúmeros cruzamentos? Para o caractere de cor de flor, o modelo prediz que os dois alelos diferentes presentes em um indivíduo F_1 segregarão para os gametas de forma que metade dos gametas terá o alelo para flores roxas e metade terá o alelo para flores brancas. Durante a autopolinização, os gametas de cada classe se unem de forma aleatória. Um óvulo com um alelo para flores roxas tem a mesma chance de ser fertilizado por um espermatozoide com o alelo para flor roxa ou por um espermatozoide com um alelo para flor branca. Uma vez que isso é verdadeiro para um óvulo com um alelo para flores brancas, existem quatro combinações prováveis de óvulo e espermatozoide. A **Figura 14.5** ilustra essas combinações utilizando o **quadro de Punnett**, um esquema desenhado manualmente para predizer a composição do alelo da descendência a partir de um cruzamento entre indivíduos de composição genética conhecida. Observe que utilizamos letras maiúsculas para simbolizar um alelo dominante e letras minúsculas para um alelo recessivo. No nosso exemplo, P é o alelo para flores roxas e p é o alelo para flores brancas; muitas vezes também se chama o próprio gene de gene P/p.

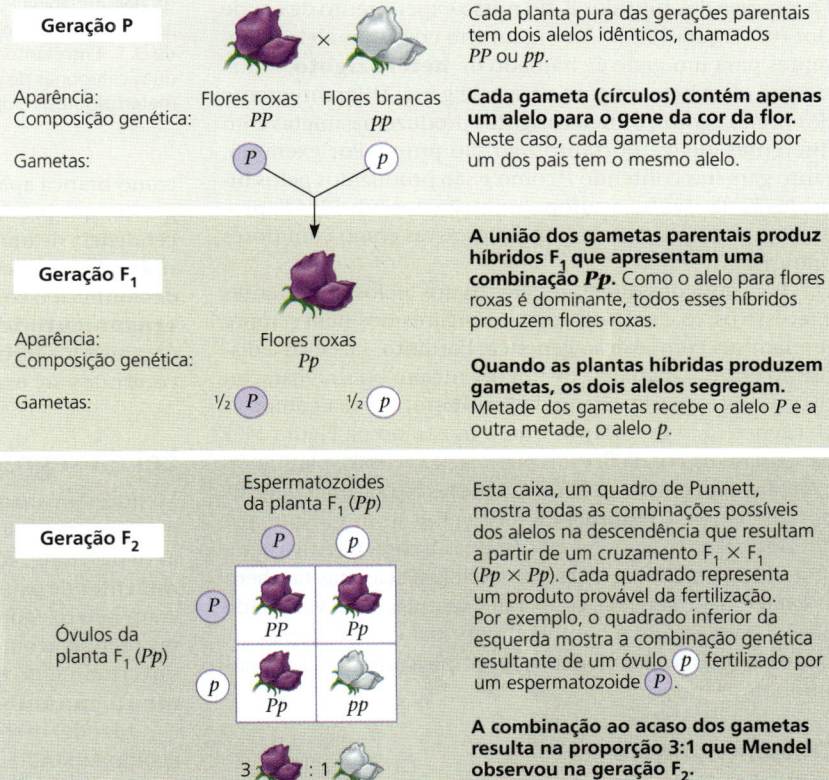

▲ **Figura 14.5 Lei da segregação de Mendel.** Este diagrama mostra a composição genética das gerações na Figura 14.3. A figura ilustra o modelo de Mendel de hereditariedade dos alelos de um único gene. Cada planta tem dois alelos para o gene que controla a cor das flores, um alelo herdado de cada progenitor da planta. Para construir um quadro de Punnett que prediga os descendentes da geração F_2, listamos todos os possíveis gametas a partir de um progenitor (neste caso, a fêmea F_1) ao longo do lado esquerdo do quadro e todos os possíveis gametas a partir do outro progenitor (neste caso, o macho F_1) ao longo do topo. Os quadrados representam os descendentes resultantes a partir de todas as uniões possíveis dos gametas dos machos e das fêmeas.

Qual será a cor das flores na descendência F_2? Um quarto das plantas herdou dois alelos para flores roxas; de forma evidente, essas plantas terão flores roxas. Metade da descendência F$_2$ herdou um alelo para flores roxas e um alelo para flores brancas; essas plantas também terão flores roxas, a característica dominante. Por fim, um quarto das plantas F$_2$ herdou dois alelos para flores brancas e expressarão a característica recessiva. Assim, o modelo de Mendel explica a proporção 3:1 das características que ele observou na geração F$_2$.

Vocabulário genético útil

Um organismo que tem um par de alelos idênticos para um gene que codifica um caractere é chamado de **homozigoto**, e diz-se que ele é homozigoto para aquele gene. Na geração parental na Figura 14.5, a planta de ervilha com flores roxas é homozigota para o alelo dominante (*PP*), ao passo que a planta de flores brancas é homozigota para o alelo recessivo (*pp*). Plantas homozigotas são "puras", pois todos os seus gametas têm o mesmo alelo – *P* ou *p* neste exemplo. Se cruzarmos homozigotos dominantes com homozigotos recessivos, cada descendente terá dois alelos diferentes – *Pp*, no caso dos híbridos F$_1$ do nosso experimento de cor de flor (ver Figura 14.5). Um organismo com dois alelos diferentes para um gene é chamado de **heterozigoto**, e diz-se que ele é heterozigoto para esse gene. Diferentemente dos homozigotos, os heterozigotos produzem gametas com diferentes alelos, portanto não são puros. Por exemplo, tanto gametas contendo *P* como *p* são produzidos pelos híbridos F$_1$. Portanto, a autopolinização dos híbridos F$_1$ produz tanto descendência com flores roxas como com flores brancas.

Por causa dos diferentes efeitos dos alelos dominantes e recessivos, as características dos organismos nem sempre revelam sua composição genética. Portanto, fazemos a distinção entre a aparência de um organismo ou suas características observáveis, chamada **fenótipo**, e a sua composição genética, o **genótipo**. Como mostrado na Figura 14.5 para o caso da cor da flor em plantas de ervilhas, plantas *PP* e *Pp* possuem o mesmo fenótipo (flores roxas), mas genótipos diferentes. A **Figura 14.6** revisa esses termos. Note que o termo *fenótipo* se refere não apenas a características que se relacionam diretamente à aparência física, mas também às características fisiológicas. Por exemplo, uma variedade de ervilha não tem a habilidade normal de se autopolinizar, o que é uma característica fenotípica (chamada de não autopolinizante).

Cruzamento-teste

Dada uma planta de ervilha com flores roxas, não podemos determinar se ela é homozigota (*PP*) ou heterozigota (*Pp*), pois ambos os genótipos resultam no mesmo fenótipo de flores roxas. Para determinar o genótipo, podemos cruzar essa planta com uma planta que produz flores brancas (*pp*), que produzirá apenas gametas com o alelo recessivo (*p*). Portanto, o alelo no gameta contribuído pela planta com flores roxas e genótipo desconhecido determinará a aparência da descendência **(Figura 14.7)**. Se toda a descendência do cruzamento possui flores roxas, então a planta misteriosa que produz flores roxas deve ser homozigota para o alelo dominante, pois um cruzamento *PP* × *pp* produz uma descendência toda *Pp*. Mas, se tanto os fenótipos de flor roxa

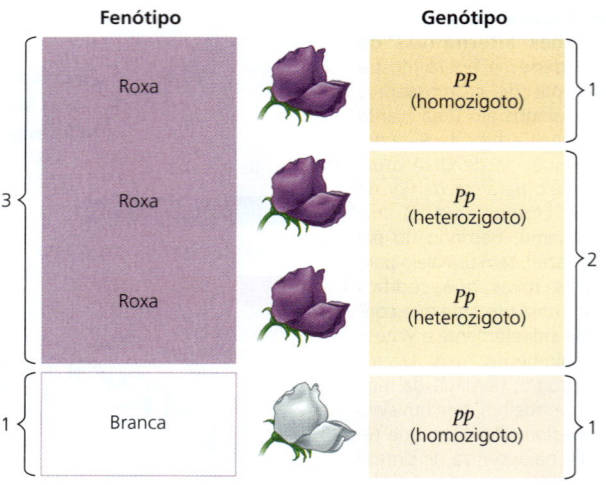

▲ **Figura 14.6 Fenótipo *versus* genótipo.** O agrupamento da descendência F$_2$ a partir de um cruzamento para cor de flor de acordo com o fenótipo resulta em uma proporção fenotípica típica de 3:1. Entretanto, em termos de genótipo, existem, na verdade, duas categorias de plantas com flores roxas – *PP* (homozigotas) e *Pp* (heterozigotas) –, originando uma proporção genotípica de 1:2:1.

como branca aparecem entre a descendência, então o progenitor que produz flores roxas deve ser heterozigoto. A descendência de um cruzamento *Pp* × *pp* terá proporção fenotípica de 1:1. O cruzamento de um organismo de genótipo desconhecido com um homozigoto recessivo é chamado de **cruzamento-teste**, pois pode revelar o genótipo daquele organismo. O cruzamento-teste foi inventado por Mendel e continua a ser usado por geneticistas.

Lei da segregação independente

Mendel derivou a lei da segregação a partir de experimentos nos quais ele acompanhou apenas um *único* caractere, como a cor das flores. Toda a progênie F$_1$ produzida pelos seus cruzamentos de pais puros era **monoíbrida**, significando que eram heterozigotos para um determinado caractere que estava sendo acompanhado no cruzamento. Referimo-nos a um cruzamento entre esses heterozigotos como um **cruzamento monoíbrido**.

Mendel descobriu sua segunda lei de hereditariedade acompanhando *dois* caracteres ao mesmo tempo, como a cor da semente e o formato da semente. As sementes (ervilhas) podem ser amarelas ou verdes. Elas também podem ser redondas (lisas) ou rugosas. A partir de cruzamentos de um único caractere, Mendel sabia que o alelo para sementes amarelas era dominante (*Y*) e o alelo para sementes verdes era recessivo (*y*). Para o caractere de formato de semente, o alelo para sementes redondas é dominante (*R*) e o alelo para sementes rugosas é recessivo (*r*).

Imagine o cruzamento de duas variedades puras de ervilhas que diferem em *ambos* os caracteres – um cruzamento entre uma planta com sementes amarelas redondas (*YYRR*) e uma planta com sementes verdes rugosas (*yyrr*). As plantas F$_1$ serão **di-híbridas**, indivíduos heterozigotos para os dois

▼ Figura 14.7 Método de pesquisa

Cruzamento-teste

Aplicação Um organismo que mostra uma característica dominante no seu fenótipo, como flores roxas em plantas de ervilhas, pode ser homozigoto para o alelo dominante ou heterozigoto. Para determinar o genótipo do organismo, geneticistas podem realizar o cruzamento-teste.

Técnica Em um cruzamento-teste, o indivíduo com o genótipo desconhecido é cruzado com um indivíduo homozigoto que expressa a característica recessiva (flores brancas, neste exemplo) e quadros de Punnett são utilizados para predizer os possíveis resultados.

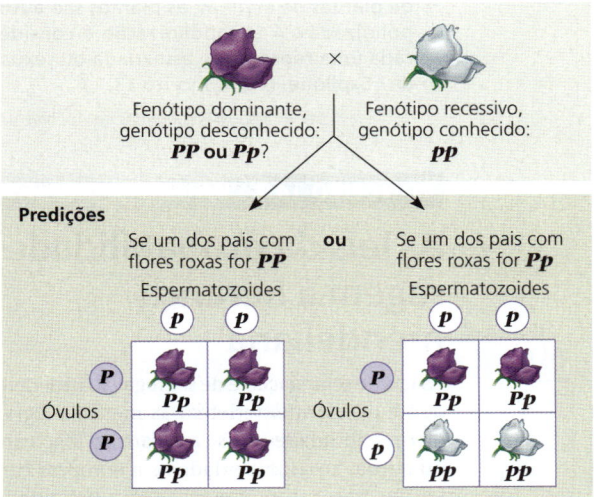

Resultados A combinação dos resultados com cada predição identifica o genótipo parental desconhecido (*PP* ou *Pp*, neste exemplo). Neste cruzamento-teste, transferimos o pólen de uma planta com flores brancas para os carpelos de uma planta com flores roxas; o cruzamento oposto (recíproco) teria levado aos mesmos resultados.

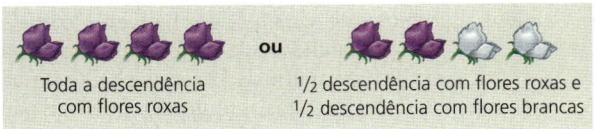

caracteres (*YyRr*) sendo acompanhados no cruzamento. Mas esses dois caracteres são transmitidos a partir dos pais para a descendência como um pacote? Isto é, os alelos *Y* e *R* sempre estão juntos, geração após geração? Ou a cor das sementes e o formato das sementes são herdados independentemente? A **Figura 14.8** ilustra como um **cruzamento di-híbrido**, um cruzamento entre di-híbridos F_1, pode determinar qual dessas duas hipóteses está correta.

As plantas F_1, de genótipo *YyRr*, exibem ambos os fenótipos dominantes, sementes amarelas com formato redondo, independentemente de qual hipótese esteja correta. A etapa-chave no experimento é observar o que acontece quando plantas F_1 autopolinizam e produzem a descendência F_2. Se os híbridos devem transmitir seus alelos nas mesmas combinações em que os alelos foram herdados a partir da geração P, então os híbridos F_1 produzirão apenas duas

classes de gametas: *YR* e *yr*. Como mostrado no lado esquerdo da Figura 14.8, essa hipótese da "segregação dependente" predita que a proporção fenotípica da geração F_2 será 3:1, assim como no cruzamento monoíbrido:

A hipótese alternativa é que os dois pares de alelos segregam independentemente um do outro. Em outras palavras, genes são empacotados em gametas em todas as combinações alélicas possíveis, desde que cada gameta possua um alelo para cada gene (ver Figura 13.11). No nosso exemplo, uma planta F_1 produzirá quatro classes de gametas em quantidades iguais: *YR*, *Yr*, *yR* e *yr*. Se os espermatozoides das quatro classes fertilizarem óvulos das quatro classes, existirão 16 (4×4) maneiras com igual probabilidade de os alelos se combinarem na geração F_2, como mostrado no lado direito da Figura 14.8. Essa combinação resulta em quatro categorias fenotípicas com uma proporção de 9:3:3:1 (9 sementes redondas amarelas para 3 verdes redondas para 3 amarelas rugosas para 1 verde rugosa):

Quando Mendel realizou o experimento e classificou a descendência F_2, seus resultados estavam próximos à proporção fenotípica predita de 9:3:3:1, dando suporte à hipótese de que os alelos para um gene – o gene para cor da semente, por exemplo – segregam para os gametas independentemente dos alelos de qualquer outro gene, como o gene para o formato da semente.

Mendel testou seus sete caracteres de ervilhas em várias combinações di-híbridas e sempre observou uma proporção fenotípica de 9:3:3:1 na geração F_2. Isso condiz com a proporção fenotípica de 3:1 observada para o cruzamento monoíbrido mostrado na Figura 14.5? Para responder a essa questão, conte o número de ervilhas amarelas e verdes, ignorando o formato, e calcule a proporção. Os resultados dos experimentos di-híbridos de Mendel são a base para o que agora chamamos de **lei da segregação independente**, que estabelece que *cada par de alelos segrega independentemente de cada outro par de alelos durante a formação dos gametas*.

Essa lei se aplica apenas para genes (pares de alelos) localizados em cromossomos diferentes – isto é, em cromossomos não homólogos ou, alternativamente, para genes que estão muito distantes um do outro em um mesmo cromossomo. (Isso será explicado no Conceito 15.3, junto com padrões de hereditariedade mais complexos de genes localizados próximos uns dos outros, alelos que tendem a ser herdados juntos.) Todos os caracteres das ervilhas que Mendel escolheu para analisar eram controlados por genes em diferentes cromossomos ou por genes que estavam bastante longe no mesmo cromossomo; essa situação simplificou muito a interpretação dos seus cruzamentos de multicaracteres nas ervilhas. Todos os exemplos considerados no restante deste capítulo envolvem genes localizados em cromossomos diferentes.

▼ Figura 14.8 Pesquisa

Os alelos para um caractere segregam para os gametas de forma dependente ou independente dos alelos para um caractere diferente?

Experimento Para acompanhar os caracteres de cor e formato das sementes na geração F_2, Mendel cruzou uma planta pura com sementes amarelas redondas com uma planta pura com sementes verdes rugosas, produzindo plantas F_1 di-híbridas. A autopolinização dos di-híbridos F_1 produziu a geração F_2. As duas hipóteses ("segregação" dependente e independente dos dois genes) predizem diferentes proporções fenotípicas.

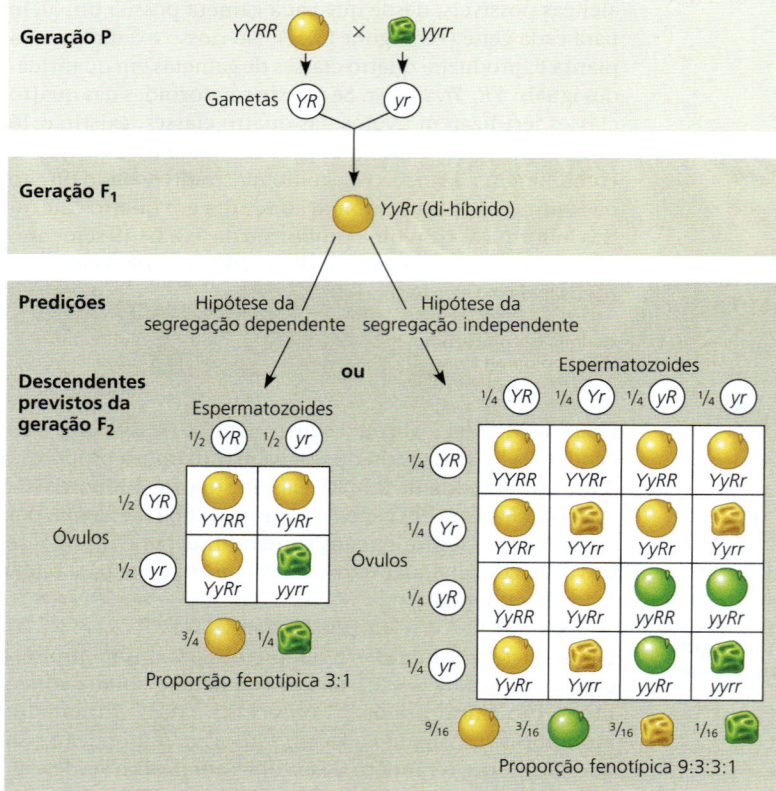

Resultados

315   108   101   32   Proporção fenotípica aproximada 9:3:3:1

Conclusão Os resultados dão suporte à hipótese da segregação independente, a única que prediz os dois novos fenótipos observados: sementes verdes redondas e sementes amarelas rugosas (ver o quadro de Punnett da direita). Os alelos para cada gene segregam independentemente uns dos outros.

Dados de G. Mendel, Experiments in plant hybridization, *Proceedings of the Natural History Society of Brünn* 4:3-47 (1866).

E SE? Suponha que Mendel tivesse transferido pólen de uma planta F_1 para o carpelo de uma planta homozigota recessiva para ambos os genes. Determine o cruzamento e desenhe quadros de Punnett que predigam a descendência para ambas as hipóteses. Esse cruzamento também daria suporte à hipótese da segregação independente?

REVISÃO DO CONCEITO 14.1

1. **DESENHE** Permite-se a autopolinização de plantas de ervilhas heterozigotas para a posição das flores e comprimento do caule (*AaTt*), e 400 das sementes resultantes são plantadas. Desenhe um quadro de Punnett para esse cruzamento. Faça uma previsão de quantos descendentes serão anões e terão flores terminais. (Ver Tabela 14.1.)

2. **E SE?** Liste todos os gametas que poderiam ser produzidos por uma planta de ervilha heterozigota para cor da semente, formato da semente e formato da vagem (*YyRrIi*; ver Tabela 14.1). Qual tamanho de um quadro de Punnett seria necessário para predizer a descendência de uma autopolinização desse "tri-híbrido"?

3. **FAÇA CONEXÕES** Em alguns cruzamentos de plantas de ervilhas, as plantas são autopolinizadas. A autopolinização é considerada uma reprodução assexuada ou sexuada? Explique. (Ver Conceito 13.1.)

Ver as respostas sugeridas no Apêndice A.

CONCEITO 14.2

As leis da probabilidade regem a herança mendeliana

As leis de segregação e de segregação independente de Mendel refletem as mesmas regras de probabilidade que se aplicam ao jogo cara ou coroa, ao jogo de dados e a comprar cartas de um baralho. A escala de probabilidade varia de 0 a 1. Um evento que certamente vai ocorrer tem probabilidade 1, e um evento que certamente *não* vai ocorrer tem probabilidade 0. Com uma moeda que tem "cara" nos dois lados, a probabilidade de cara é 1 e a probabilidade de coroa é 0. Com uma moeda normal, a chance de "cara" é ½ e a chance de "coroa" é ½. A probabilidade de comprar um ás de espadas de um baralho de 52 cartas é ¹⁄₅₂. As probabilidades de todos os resultados possíveis para um evento devem somar 1. Com um baralho de cartas, a chance de escolher uma carta diferente do ás de espadas é ⁵¹⁄₅₂.

Lançar uma moeda ilustra uma importante lição sobre a probabilidade. Para cada lançamento, a probabilidade para "cara" é de ½. O resultado de qualquer lançamento não é afetado pelo que ocorreu em um teste anterior. Referimo-nos a fenômenos como o lançamento de moedas como eventos independentes. Cada lançamento de uma moeda, seja feito de forma sequencial com uma moeda ou simultaneamente com várias, é independente de qualquer outro lançamento. Assim como em dois lançamentos de moedas separados, os alelos de um gene segregam para os gametas independentemente dos alelos de outro gene (a lei da segregação independente). Agora veremos as duas leis básicas de probabilidade que podem nos ajudar a predizer o resultado da fusão desses gametas em cruzamentos monoíbridos simples e cruzamentos mais complicados.

Regras da multiplicação e da adição aplicadas a cruzamentos monoíbridos

Como determinamos a probabilidade de dois ou mais eventos independentes ocorrerem juntos em alguma combinação específica? Por exemplo, qual é a chance de duas moedas lançadas simultaneamente caírem com o lado cara para cima? A **regra da multiplicação** estabelece que, para determinar essa probabilidade de um evento e outro ocorrerem, multiplicamos a probabilidade de um evento (uma moeda com a "cara" para cima) pela probabilidade do outro evento (a outra moeda com a "cara" para cima). Então, pela regra da multiplicação, a probabilidade de ambas as moedas caírem com a "cara" para cima é $½ \times ½ = ¼$.

Podemos aplicar o mesmo raciocínio para um cruzamento F_1 monoíbrido. Com o formato das sementes em plantas de ervilhas como caractere herdável, o genótipo das plantas F_1 é Rr. A segregação em uma planta heterozigota é como jogar uma moeda, em termos de cálculo de probabilidade de cada resultado: cada óvulo produzido possui uma chance de ½ carregar o alelo dominante (R) e uma chance de ½ carregar o alelo recessivo (r). As mesmas probabilidades são aplicadas para cada espermatozoide produzido. Para que uma determinada planta F_2 tenha sementes rugosas, a característica recessiva, tanto o óvulo como o espermatozoide que se unem devem carregar o alelo r. A probabilidade de o alelo r estar presente no óvulo e no espermatozoide na fertilização é calculada pela multiplicação de ½ (probabilidade de o óvulo ter um r) $\times$ ½ (probabilidade de o espermatozoide ter um r). Desse modo, a regra da multiplicação nos informa que a probabilidade de uma planta F_2 com sementes rugosas (rr) é de ¼ **(Figura 14.9)**. Da mesma maneira, a probabilidade de uma planta F_2 carregar ambos os alelos dominantes para o formato da semente (RR) é de ¼.

Para calcular a probabilidade de uma planta F_2, a partir de um cruzamento monoíbrido, ser heterozigota, em vez de homozigota, precisamos convocar uma segunda regra. Observe, na Figura 14.9, que o alelo dominante pode vir a partir de um óvulo e o alelo recessivo a partir de um espermatozoide, ou vice-versa. Isto é, gametas F_1 podem combinar para produzir a descendência Rr de duas maneiras *mutuamente exclusivas*: para qualquer planta F_2 heterozigota, o alelo dominante pode vir a partir de um óvulo *ou* de um espermatozoide, mas não de ambos. De acordo com a **regra da adição**, a probabilidade de qualquer um dos dois ou mais eventos reciprocamente exclusivos ocorrer (um evento *ou* o outro) é calculada pela adição de suas probabilidades individuais. Como acabamos de ver, a regra da multiplicação nos fornece as probabilidades individuais que uniremos agora. A probabilidade para uma das maneiras possíveis de obter um F_2 heterozigoto – o alelo dominante a partir de um óvulo e o alelo recessivo a partir de um espermatozoide – é de ¼. A probabilidade para a outra maneira possível – o alelo recessivo a partir de um óvulo e o alelo dominante a partir do espermatozoide – também é de ¼ (ver Figura 14.9). Então, utilizando a regra da adição, podemos calcular a probabilidade de um

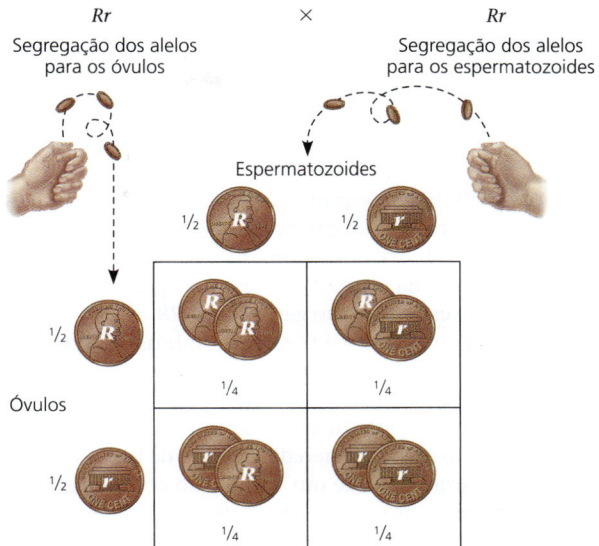

▲ **Figura 14.9 Segregação dos alelos e fertilização como eventos ao acaso.** Saber se um determinado gameta vai carregar R ou r quando um heterozigoto (Rr) forma gametas é semelhante ao lançamento de uma moeda. Podemos determinar a probabilidade de qualquer genótipo entre a descendência de dois heterozigotos pela multiplicação das probabilidades individuais de um óvulo e de um espermatozoide com um determinado alelo (R ou r, neste exemplo).

heterozigoto F_2 como $¼ + ¼ = ½$. (Note que o uso da palavra *e* na frase é uma pista de que você deve usar a regra de multiplicação, enquanto *ou* sugere o uso da regra de adição.)

Resolvendo problemas genéticos complexos com as regras da probabilidade

Também podemos aplicar as regras da probabilidade para predizer o resultado de cruzamentos envolvendo múltiplos caracteres. Relembre que cada par de alelos (gene) segrega independentemente durante a formação dos gametas (a lei da segregação independente). Assim, um cruzamento di-híbrido ou outro de múltiplos caracteres é equivalente a dois ou mais cruzamentos monoíbridos independentes ocorrendo simultaneamente. Aplicando o que aprendemos sobre os cruzamentos monoíbridos, podemos determinar a probabilidade da ocorrência de genótipos específicos na geração F_2 sem ter de construir quadros de Punnett trabalhosos.

Considere o cruzamento di-híbrido entre heterozigotos $YyRr$ mostrado na Figura 14.8. Primeiramente, daremos enfoque ao caractere de cor da semente. Para um cruzamento monoíbrido de plantas Yy, podemos utilizar um quadro de Punnett simples para determinar que as probabilidades dos genótipos da descendência são ¼ para YY, ½ para Yy e ¼ para yy. Podemos montar um segundo quadro de Punnett para determinar as mesmas probabilidades aplicadas para os genótipos da descendência para o formato da semente: ¼ para RR, ½ para para Rr e ¼ para rr. Conhecendo essas probabilidades, podemos simplesmente usar a regra da multiplicação para determinar a probabilidade de cada um dos genótipos na geração F_2. Para dar dois exemplos, os cálculos para encontrar as probabilidades de dois dos possíveis genótipos de F_2 (*YYRR* e *YyRR*) são mostrados a seguir:

Probabilidade de *YYRR* = ¼ (probabilidade de *YY*) × ¼ (*RR*) = 1/16

Probabilidade de *YyRR* = ½ (*Yy*) × ¼ (*RR*) = 1/8

O genótipo *YYRR* corresponde ao quadrado de cima à esquerda no quadro de Punnett maior na Figura 14.8 (um quadrado = 1/16). Se observarmos com mais cuidado o quadrado maior de Punnett na Figura 14.8, veremos que 2 dos 16 quadrados (1/8) correspondem ao genótipo *YyRR*.

Agora vejamos como é possível combinar as regras da multiplicação e da adição para resolver até mesmo os problemas mais complexos na genética mendeliana. Por exemplo, imagine um cruzamento de duas variedades de ervilhas nas quais queremos observar a hereditariedade de três caracteres. Suponha o cruzamento de um tri-híbrido com flores roxas e sementes amarelas e redondas (heterozigoto para os três genes) com uma planta com flores roxas e sementes verdes rugosas (heterozigoto para cor da flor, mas homozigoto recessivo para os outros dois caracteres). Utilizando símbolos mendelianos, nosso cruzamento seria *PpYyRr* × *Ppyyrr*. Qual fração da descendência, a partir desse cruzamento, exibiria os fenótipos recessivos para *pelo menos dois* dos três caracteres?

Para responder a essa questão, podemos começar listando todos os genótipos que cumprem essa condição: *ppyyRr*, *ppYyrr*, *Ppyyrr*, *PPyyrr* e *ppyyrr*. (Como a condição é *no mínimo duas* características recessivas, ela inclui o último genótipo, que produz as três características recessivas.) Depois, calculamos a probabilidade para cada um desses genótipos resultantes do cruzamento *PpYyRr* × *Ppyyrr* multiplicando as probabilidades individuais para os pares alelos, assim como fizemos no nosso exemplo di-híbrido. Observe que, em um cruzamento envolvendo pares de alelos heterozigotos e homozigotos (p. ex., *Yy* × *yy*), a probabilidade de descendência heterozigota (*Yy*) é ½ e a probabilidade de descendência homozigota (neste caso, *yy*) é ½. Por fim, utilizamos a regra da adição para adicionar as probabilidades para todos os genótipos diferentes que cumprem a condição de no mínimo duas características recessivas resultantes do nosso cruzamento *PpYyRr* × *Ppyyrr*, como mostrado a seguir:

ppyyRr	¼ (probabilidade de *pp*) × ½ (*yy*) × ½ (*Rr*) = 1/16
ppYyrr	¼ (*pp*) × ½ (*Yy*) × ½ (*rr*) = 1/16
Ppyyrr	½ (*Pp*) × ½ (*yy*) × ½ (*rr*) = 2/16
PPyyrr	¼ (*PP*) × ½ (*yy*) × ½ (*rr*) = 1/16
ppyyrr	¼ (*pp*) × ½ (*yy*) × ½ (*rr*) = 1/16
Chance de *ao menos duas* características recessivas = 6/16 = 3/8	

Com a prática, você será capaz de resolver problemas genéticos de forma mais rápida usando as regras de probabilidade do que preenchendo os quadros de Punnett.

Não podemos predizer com certeza os números exatos da progênie de diferentes genótipos resultantes de um cruzamento genético, mas as regras de probabilidade nos dão as *possibilidades* de vários resultados. Normalmente, quanto maior o tamanho da amostra, mais próximos serão os resultados das nossas predições. Mendel compreendeu essa característica estatística da hereditariedade e teve um senso aguçado das regras de probabilidade. Foi por essa razão que ele montou seus experimentos de forma a gerar, e então contar, grandes números de descendentes a partir de seus cruzamentos.

REVISÃO DO CONCEITO 14.2

1. Para qualquer gene com alelo dominante *A* e alelo recessivo *a*, quais são as proporções esperadas na descendência de um cruzamento *AA* × *Aa* para homozigotos dominantes, homozigotos recessivas e heterozigotos?
2. Dois organismos, com genótipos *BbDD* e *BBDd*, são cruzados. Assumindo a segregação independente dos genes *B/b* e *D/d*, escreva os genótipos de toda a descendência possível a partir desse cruzamento e utilize as regras da probabilidade para calcular a chance de ocorrência de cada genótipo.
3. **E SE?** Três caracteres (cor da flor, cor da semente e formato da vagem) são considerados em um cruzamento entre duas plantas de ervilhas: *PpYyIi* × *ppYyIi*. Utilizando as regras de probabilidade, determine a fração da descendência predita a ser homozigota recessiva para no mínimo dois dos três caracteres.

Ver as respostas sugeridas no Apêndice A.

CONCEITO 14.3

Padrões de hereditariedade muitas vezes são mais complexos do que os previstos pela genética mendeliana simples

Nos anos 1900, geneticistas estenderam os princípios de Mendel não apenas para diversos organismos, mas também para padrões de hereditariedade mais complexos do que os descritos por Mendel. Para o trabalho que originou as duas leis de hereditariedade, Mendel escolheu os caracteres da planta de ervilha que mostraram base genética relativamente simples: cada caractere é determinado por um gene, para o qual existem apenas dois alelos, um completamente dominante e outro completamente recessivo. (Existe uma exceção: o caractere de formato da vagem de Mendel é, na verdade, determinado por dois genes.) Nem todos os caracteres herdáveis são determinados de forma tão simples, e a relação entre genótipo e fenótipo raramente é tão direta. O próprio Mendel percebeu que não poderia explicar os padrões mais complicados que ele observou em cruzamentos envolvendo outros caracteres de ervilhas ou outras espécies de plantas. Entretanto, isso não diminui a utilidade da genética mendeliana, pois os princípios básicos da segregação e da segregação independente se aplicam até mesmo a padrões mais complexos de hereditariedade. Nesta seção, estenderemos a genética mendeliana aos padrões de hereditariedade que não foram relatados por Mendel.

Estendendo a genética mendeliana para um único gene

A herança de caracteres determinada por um único gene desvia dos padrões mendelianos simples quando os alelos não são completamente dominantes nem recessivos, quando um determinado gene tem mais de dois alelos ou quando um único gene produz múltiplos fenótipos. Descreveremos exemplos de cada uma dessas situações nesta seção.

Graus de dominância

Os alelos podem apresentar diferentes graus de dominância e recessividade em relação a cada um. Nos cruzamentos clássicos das ervilhas de Mendel, a descendência F_1 sempre se assemelhou a uma das duas variedades progenitoras, pois um alelo em um par mostrou **dominância completa** sobre o outro. Nessas situações, os fenótipos do heterozigoto e do homozigoto dominante são indistinguíveis (ver Figura 14.6).

Entretanto, para alguns genes, nenhum alelo é completamente dominante, e os híbridos F_1 têm um fenótipo intermediário entre as duas variedades parentais. Esse fenômeno, chamado **dominância incompleta**, é observado quando bocas-de-leão vermelhas são cruzadas com bocas-de-leão brancas: todos os híbridos F_1 têm flores cor-de-rosa **(Figura 14.10)**. Esse terceiro fenótipo intermediário resulta de flores dos heterozigotos com menos pigmento vermelho do que os homozigotos vermelhos. (Isso é diferente do caso das plantas de ervilhas de Mendel, em que os heterozigotos Pp produzem pigmento suficiente para que as flores sejam roxas, indistinguíveis daquelas plantas PP.)

Em um primeiro momento, a dominância incompleta de cada alelo parece fornecer evidência para a hipótese da herança por mistura, que deveria predizer que a característica vermelha ou branca nunca poderia ser recuperada dos híbridos cor-de-rosa. Na verdade, o intercruzamento dos híbridos F_1 produz descendência F_2 com proporção fenotípica de uma vermelha para duas cor-de-rosa para uma branca. (Como os heterozigotos possuem fenótipo separado para homozigotos, as proporções genotípica e fenotípica para a geração F_2 é a mesma – 1:2:1.) A segregação dos alelos para flor vermelha e para flor branca nos gametas produzidos pelas plantas com flores cor-de-rosa confirma que os alelos para a cor da flor são fatores herdáveis que mantêm sua identidade nos híbridos; isto é, os fatores são discretos em vez de "misturáveis".

Outra variação nas relações de dominância entre os alelos é chamada de **codominância**; nessa variação, os dois alelos afetam o fenótipo de maneiras separadas distinguíveis. Por exemplo, o grupo sanguíneo humano MN é determinado por alelos codominantes para duas moléculas específicas localizadas na superfície das hemácias, as moléculas M e N. Um único gene (L), para o qual duas variações alélicas são possíveis (L^M ou L^N), determina o fenótipo desse grupo sanguíneo. Indivíduos homozigotos para o alelo L^M ($L^M L^M$) têm hemácias com apenas moléculas M; indivíduos homozigotos para o alelo L^N ($L^N L^N$) têm hemácias apenas com moléculas N. Porém, *ambas* as moléculas, M e N, estão presentes nas hemácias de indivíduos heterozigotos para os alelos M e N ($L^M L^N$). Observe que o fenótipo MN *não* é intermediário entre os fenótipos M e N, que distinguem a codominância da dominância incompleta. Em vez disso, *ambos* os fenótipos, M e N, são exibidos pelos heterozigotos, já que as duas moléculas estão presentes.

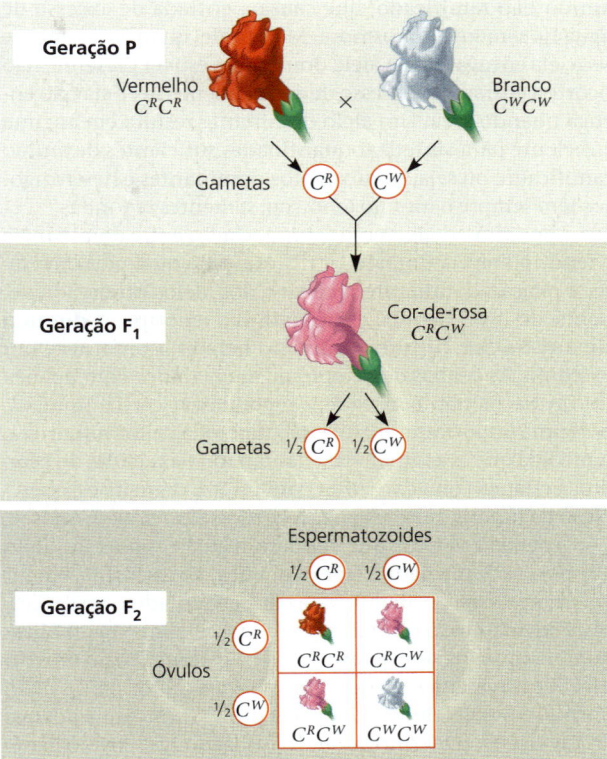

▲ **Figura 14.10 Dominância incompleta na cor da boca-de-leão.** Quando bocas-de-leão vermelhas são cruzadas com brancas, os híbridos F_1 apresentam flores cor-de-rosa. A segregação dos alelos para os gametas das plantas F_1 resulta em uma geração F_2 com proporção 1:2:1 tanto para genótipo como para fenótipo. Nenhum dos alelos é dominante; por isso, em vez de usarmos letras maiúsculas e minúsculas, usamos a letra C com sobrescrito para indicar um alelo para a cor da flor: C^R para vermelho e C^W para branco.

❓ *Suponha que um de seus colegas argumente que esta figura dá suporte à hipótese da herança por mistura. O que seu colega poderia dizer, e como você responderia?*

Relação entre dominância e fenótipo Vimos que os efeitos relativos de dois alelos variam desde a completa dominância de um alelo até a dominância incompleta de cada alelo, passando pela codominância de ambos os alelos. É importante compreender que um alelo é denominado *dominante* por ser observado no fenótipo, e não por dominar de alguma forma o alelo recessivo. Os alelos são variações simples na sequência nucleotídica de um gene (ver Figura 14.4). Quando um alelo dominante coexiste com um alelo recessivo em um heterozigoto, eles na verdade não interagem. É no caminho do genótipo para o fenótipo que a dominância e a recessividade atuam.

Para ilustrar a relação entre a dominância e o fenótipo, podemos utilizar um dos caracteres estudados por Mendel – formato da semente de ervilha redondo *versus* rugoso. O alelo dominante (redondo) codifica uma enzima que ajuda a converter uma forma não ramificada de amido a uma forma ramificada na semente. O alelo recessivo (rugoso) codifica uma forma defectiva dessa enzima, levando ao acúmulo de amido não ramificado, que causa a entrada de excesso de água na semente por osmose. Mais tarde, quando a semente seca, ela enruga. Se um alelo dominante estiver presente, não ocorre a entrada de excesso de água na semente, e ela não enruga quando seca. Um alelo dominante resulta em enzima suficiente para sintetizar quantidades suficientes de amido ramificado, ou seja, homozigotos dominantes e heterozigotos têm sempre o mesmo fenótipo: sementes redondas.

Uma visão mais atenta sobre a relação entre dominância e fenótipo revela um fato intrigante: para qualquer caractere, a relação dominante/recessivo dos alelos observada depende do nível no qual examinamos o fenótipo. A **doença de Tay-Sachs**, distúrbio humano hereditário, fornece um exemplo. As células do cérebro de uma criança com doença de Tay-Sachs não conseguem metabolizar certos lipídeos, pois uma importante enzima não funciona da forma correta. À medida que esses lipídeos se acumulam nas células do cérebro, a criança começa a sofrer convulsões, cegueira e degeneração da função motora e mental e morre em poucos anos.

Apenas crianças que herdaram duas cópias do alelo Tay-Sachs (homozigotos) têm a doença. Dessa forma, em nível de *organismo*, o alelo Tay-Sachs é estipulado como recessivo. Entretanto, o nível de atividade da enzima metabolizadora de lipídeos nos heterozigotos é intermediário entre o nível de atividade nos indivíduos homozigotos para o alelo normal e o nível de atividade nos indivíduos com a doença de Tay-Sachs. (O termo *normal* é utilizado no sentido genético para referir o alelo que codifica a enzima que funciona adequadamente.) O fenótipo intermediário observado em nível *bioquímico* é característico da dominância incompleta dos alelos. Felizmente, a condição heterozigota não leva a sintomas da doença, aparentemente porque metade da atividade normal da enzima é suficiente para prevenir o acúmulo de lipídeos no cérebro. Estendendo nossa análise para outro nível, observamos que indivíduos heterozigotos produzem números iguais de moléculas da enzima normal e da enzima sem função. Assim, em nível *molecular*, o alelo normal e o alelo Tay-Sachs são codominantes. Como você pode ver, se os alelos parecem ser completamente dominantes, incompletamente dominantes ou codominantes depende do nível no qual o fenótipo é analisado.

Frequência dos alelos dominantes Embora se esperasse que o alelo dominante para um determinado caractere fosse bem mais comum do que o alelo recessivo, esse não é sempre o caso. Para exemplo de um alelo dominante raro, cerca de 1 bebê a cada 400 nos Estados Unidos nasce com dedos a mais nas mãos ou nos pés, condição conhecida como polidactilia. Alguns casos são causados pela presença de um alelo dominante. A baixa frequência desses casos de polidactilia indica que o alelo recessivo, que resulta em cinco dígitos por apêndice, é muito mais prevalente do que o alelo dominante na população.

Alelos múltiplos

Existem apenas dois alelos para os caracteres de ervilha estudados por Mendel, mas a maioria dos genes tem mais de dois alelos. Os grupos sanguíneos ABO em humanos, por exemplo, são determinados por dois alelos que a pessoa possui

(a) Os três alelos para os grupos sanguíneos ABO e seus carboidratos. Cada alelo codifica uma enzima que pode adicionar um carboidrato específico (designado pela letra sobrescrita no alelo e mostrado como um triângulo ou círculo) à hemácia.

Alelo	I^A	I^B	i
Carboidrato	A △	B ○	nenhum

(b) Genótipos e fenótipos dos grupos sanguíneos. Seis genótipos possíveis resultam em quatro fenótipos diferentes.

Genótipo	$I^A I^A$ ou $I^A i$	$I^B I^B$ ou $I^B i$	$I^A I^B$	ii
Aparência da hemácia				
Fenótipo (grupo sanguíneo)	A	B	AB	O

▲ **Figura 14.11 Alelos múltiplos para os grupos sanguíneos ABO.** Os quatro grupos sanguíneos resultam de diferentes combinações dos três alelos.

HABILIDADES VISUAIS *Com base no fenótipo do carboidrato de superfície na parte (b), quais são as relações de dominância entre os alelos?*

do gene para grupo sanguíneo; os três alelos possíveis são I^A, I^B e i. O grupo sanguíneo de uma pessoa pode ser de um dos quatro tipos: A, B, AB ou O. Essas letras se referem a dois carboidratos – A e B – que podem ser encontrados na superfície das hemácias. As células sanguíneas de um indivíduo podem possuir o carboidrato A (sangue tipo A), o carboidrato B (sangue tipo B), ambos (tipo AB) ou nenhum (tipo O), como mostrado na **Figura 14.11**, junto com os genótipos relevantes. Grupos sanguíneos compatíveis são fundamentais para transfusões de sangue seguras (ver Conceito 43.3).

Pleiotropia

Até agora, tratamos a herança mendeliana como se cada gene afetasse apenas um caractere fenotípico. Entretanto, a maioria dos genes tem efeitos fenotípicos múltiplos, propriedade chamada **pleiotropia** (do grego *pleion*, mais). Em seres humanos, por exemplo, os alelos pleiotrópicos são responsáveis pelos sintomas múltiplos associados com certas doenças hereditárias, como fibrose cística e anemia falciforme, discutidas adiante neste capítulo. Nas ervilhas de jardim, o gene que determina a cor da flor também afeta a cor da cobertura externa da semente, que pode ser cinza ou branca. Considerando as complicadas interações celulares e moleculares responsáveis pelo desenvolvimento e pela fisiologia de um organismo, não é de surpreender que apenas um gene possa afetar várias características em um organismo.

Estendendo a genética mendeliana para dois ou mais genes

As relações de dominância, os alelos múltiplos e a pleiotropia têm a ver com os efeitos dos alelos de um único gene.

Agora, vamos considerar duas situações nas quais dois ou mais genes estão envolvidos na determinação de um determinado fenótipo. No primeiro caso, chamado epistasia, um gene afeta o fenótipo do outro pois os dois produtos gênicos interagem; no segundo caso, chamado herança poligênica, múltiplos genes afetam um única característica independentemente.

Epistasia

Na **epistasia**, a expressão fenotípica de um gene em um *locus* altera a expressão fenotípica de um gene em um segundo *locus*. Um exemplo ajudará a esclarecer esse conceito. Em cães labradores *retrievers*, a pelagem preta é dominante sobre a marrom. Vamos designar *B* e *b* como os dois alelos para esse caractere. Para que um labrador tenha pelagem marrom, seu genótipo deve ser *bb*; esses cães são chamados de labradores de cor chocolate. Mas essa história não termina aqui. Um segundo gene determina se o pigmento será ou não depositado no seu pelo. O alelo dominante, simbolizado por *E*, resulta no depósito de pigmento preto ou marrom, dependendo do genótipo no primeiro *locus*. Mas se o labrador for homozigoto recessivo para o segundo *locus* (*ee*), então a pelagem é amarela, independentemente do genótipo no *locus* para preto/marrom (labradores de cor dourada). Nesse caso, diz-se que o gene para depósito de pigmento (*E/e*) é *epistático para* o gene que codifica o pigmento preto ou marrom (*B/b*).

O que ocorre se cruzarmos labradores pretos heterozigotos para ambos os genes (*BbEe*)? Embora os dois genes afetem o mesmo caractere fenotípico (cor da pelagem), eles seguem a lei da segregação independente. Assim, nosso experimento de cruzamento representa um cruzamento di-híbrido F_1, como aqueles que produziam uma proporção de 9:3:3:1 nos experimentos de Mendel. Podemos usar um quadro de Punnett para representar os genótipos de uma descendência F_2 **(Figura 14.12)**. Como resultado de epistasia, a proporção fenotípica entre a descendência F_2 é de 9 labradores pretos para 3 de cor chocolate para 4 de cor dourada. Outros tipos de interações epistáticas produzem diferentes proporções, mas todas são versões modificadas de 9:3:3:1.

Herança poligênica

Mendel estudou caracteres que poderiam ser classificados com base em "um ou outro", como flor de cor roxa *versus* branca. Mas vários caracteres, como cor da pele e altura de seres humanos, não são um de dois caracteres discretos; em vez disso, eles variam na população continuamente em gradações. Estes são chamados de **caracteres quantitativos**. A variação quantitativa normalmente indica **herança poligênica**, um efeito aditivo de dois ou mais genes sobre um caractere fenotípico único. (De certa forma, é o contrário de pleiotropia, em que um único gene afeta vários caracteres fenotípicos.) A altura é um bom exemplo de herança poligênica: em 2014, um estudo genômico com mais de 250 mil pessoas encontrou quase 700 variações genéticas em mais de 180 genes que afetam a altura. Muitas variações estavam nos genes ou próximo dos genes envolvidos nas vias bioquímicas que afetam o crescimento do esqueleto, mas outras

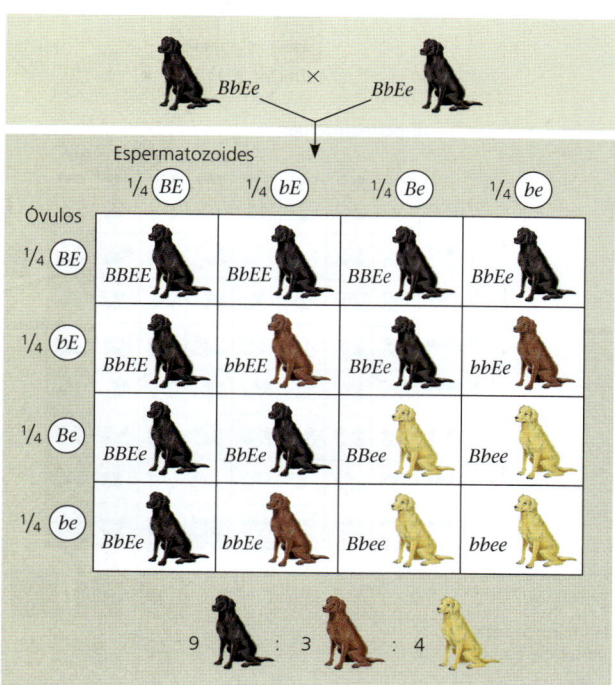

▲ **Figura 14.12** **Um exemplo de epistasia.** Este quadro de Punnett ilustra os genótipos e fenótipos preditos para a descendência de cruzamentos entre dois labradores pretos com genótipo *BbEe*. O gene *E/e*, epistático para o gene *B/b* que codifica para o pigmento do pelo, controla se o pigmento de qualquer cor vai ou não ser depositado no pelo.

HABILIDADES VISUAIS *Compare os quatro quadrados na parte de baixo à direita desse quadro de Punnet com aqueles na Figura 14.8. Explique a base genética para a diferença entre a proporção (9:3:4) dos fenótipos observados neste cruzamento e a proporção 9:3:3:1 vista na Figura 14.8.*

estavam associadas com genes não obviamente relacionados com o crescimento. Outro estudo em 2018, com 300 mil indivíduos, identificou 124 genes que afetam a cor do cabelo. Embora a simplificação possa às vezes ser valiosa na compreensão dos princípios genéticos, veremos, de forma breve, a ideia clássica de um único gene determinando a cor dos olhos ou a cor dos cabelos ou outras características em uma supersimplificação. (Foi mostrado, em 2017, que o lóbulo da orelha preso, um exemplo usado até uma década atrás neste livro, é afetado por quase 50 genes!)

A pigmentação da pele em humanos também é controlada por vários genes herdados separadamente – 378 na última contagem, muitos dos quais estão envolvidos na produção de pigmento melanina da pele. Aqui, simplificaremos a história para compreender o conceito de herança poligênica. Consideremos três genes, com um alelo para pele escura para cada gene (*A*, *B* ou *C*), contribuindo com uma "unidade" de escuridão (também uma simplificação) ao fenótipo e com dominância incompleta ao outro alelo para pele clara (*a*, *b* ou *c*). No nosso modelo, uma pessoa *AABBCC* teria a pele muito escura, enquanto um indivíduo *aabbcc* teria a pele muito clara. Uma pessoa *AaBbCc* teria pele de cor intermediária. Como os alelos possuem efeito acumulativo, os

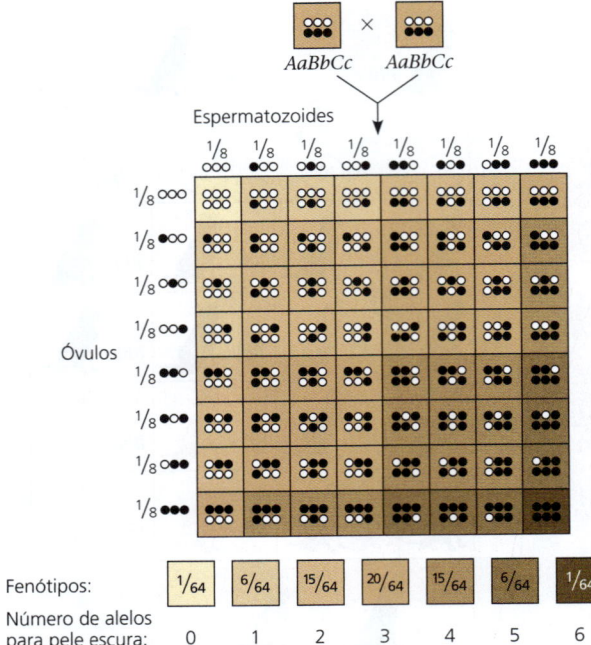

▲ **Figura 14.13 Modelo simplificado para herança poligênica da cor da pele.** De acordo com esse modelo, três genes herdados separadamente afetam a cor da pele. (O número relatado na verdade é 378 genes.) Cada um dos indivíduos heterozigotos (*AaBbCc*) representados pelos dois retângulos no topo desta figura carrega três alelos para pele escura (círculos pretos, que representam *A*, *B* ou *C*) e três alelos para pele clara (círculos brancos, que representam *a*, *b* ou *c*). O quadro de Punnett mostra todas as combinações genéticas possíveis nos gametas e na descendência de cruzamentos hipotéticos entre estes dois. Os resultados estão resumidos nas proporções fenotípicas (frações) abaixo do quadro de Punnett. (A proporção fenotípica é 1:6:15:20:15:6:1.)

genótipos *AaBbCc* e *AABbcc* fariam a mesma contribuição genética (três unidades) para a tonalidade da pele. Existem sete fenótipos para a cor da pele que poderiam resultar do cruzamento entre heterozigotos *AaBbCc*, como mostrado na **Figura 14.13**. Em um número grande desses cruzamentos, espera-se que a maioria dos descendentes tenha fenótipos intermediários (cor da pele em tons intermediários). Você pode fazer um gráfico das predições a partir do quadro de Punnett no **Exercício de habilidades científicas**. Fatores ambientais, como exposição ao sol, também afetam o fenótipo de cor da pele.

Natureza e ambiente: o impacto do meio ambiente sobre o fenótipo

Outro afastamento a partir da genética simples de Mendel surge quando o fenótipo para um caractere depende do meio ambiente, assim como do genótipo. Uma simples árvore, restrita ao seu genótipo herdado, possui folhas que variam de tamanho, formato e tom de verde, dependendo da sua exposição ao vento e ao sol. Para seres humanos, a nutrição influencia a altura, os exercícios alteram a constituição, o sol escurece a pele e a experiência melhora o desempenho

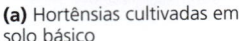

(a) Hortênsias cultivadas em solo básico

(b) Hortênsias da mesma variedade genética cultivadas em solo ácido com alumínio livre

▲ **Figura 14.14 Efeito do meio ambiente sobre o fenótipo.** O resultado de um genótipo depende das normas de reação de abrangência fenotípica que depende do meio ambiente no qual o genótipo é expresso. Por exemplo, a acidez e o conteúdo de alumínio livre no solo afeta a cor das flores das hortênsias, que variam de cor-de-rosa (solo básico) até azul-violeta (solo ácido). O alumínio livre é necessário para cores mais azuis.

em testes de inteligência. Até mesmo gêmeos idênticos, que são iguais geneticamente, acumulam diferenças fenotípicas como resultado de suas experiências únicas.

Aqui, não tentaremos resolver o debate sobre se os caracteres humanos são mais influenciados pelos genes ou pelo meio ambiente – em termos comuns, natureza *versus* ambiente. Entretanto, podemos dizer que, em geral, um genótipo não está associado a um fenótipo rigidamente definido, mas, em vez disso, a uma amplitude de possibilidades fenotípicas devido às influências do meio ambiente **(Figura 14.14)**. Para alguns caracteres, como o sistema do grupo sanguíneo ABO, a variação fenotípica é extremamente estreita; isto é, um dado genótipo determina um fenótipo muito específico. Outros caracteres, como a contagem de hemácias e leucócitos de uma pessoa, variam um pouco, dependendo de fatores como a altitude, o nível costumeiro de atividade física e a presença de agentes infecciosos.

Em geral, a variação fenotípica é mais ampla para caracteres poligênicos. O meio ambiente contribui para a natureza quantitativa desses caracteres, como vimos na variação contínua da cor da pele. Geneticistas se referem a esses caracteres como **multifatoriais**, significando que vários fatores, tanto genéticos como ambientais, influenciam o fenótipo de forma coletiva.

Visão mendeliana sobre hereditariedade e variação

Ampliamos nossa visão sobre a herança mendeliana por meio da exploração dos graus de dominância, assim como dos alelos múltiplos, pleiotropia, epistasia, herança poligênica e impacto fenotípico do meio ambiente. Como podemos integrar esses aprimoramentos na teoria geral da genética mendeliana? A chave é fazer a transição da ênfase reducionista sobre genes únicos e caracteres fenotípicos até as propriedades emergentes do organismo como um todo, um dos temas deste livro.

O termo *fenótipo* pode referir-se não apenas a caracteres específicos, como cor das flores ou grupo sanguíneo, mas também a um organismo em sua integridade – *todos* os

Exercício de habilidades científicas

Elaboração de um histograma e análise do padrão de distribuição

Qual é a distribuição dos fenótipos entre os descendentes de pais heterozigotos para três genes aditivos? A cor da pele humana é uma característica poligênica determinada pelos efeitos aditivos de vários genes diferentes. Neste exercício, você trabalhará com um modelo simplificado de genética da cor da pele no qual se assume que apenas três genes afetam o tom da cor da pele e no qual cada gene tenha dois alelos – escuro ou claro (ver Figura 14.13). Neste modelo, cada alelo para pele escura contribui igualmente para escurecer a cor da pele e cada par de alelos segrega independentemente do outro par. Usando um tipo de gráfico chamado histograma, você determinará a distribuição de fenótipos da descendência com números diferentes de alelos para pele escura. (Ver outras informações sobre gráficos na Revisão de habilidades científicas, Apêndice D.)

Como esse modelo é analisado Para predizer os fenótipos dos descendentes dos pais heterozigotos para os três genes no nosso modelo simplificado, podemos usar o quadro de Punnett na Figura 14.13. Cada um dos indivíduos heterozigotos (*AaBbCc*) representados pelos dois retângulos no topo desta figura carrega três alelos para pele escura (círculos pretos, que representam *A*, *B* ou *C*) e três alelos para pele clara (círculos brancos, que representam *a*, *b* ou *c*). O quadro de Punnett mostra todas as combinações genéticas possíveis nos gametas e na descendência de um grande número de cruzamentos hipotéticos entre esses heterozigotos.

Predições a partir de um quadro de Punnett Se assumirmos que cada quadrado no quadro de Punnett representa um descendente dos pais heterozigotos *AaBbCc*, então os quadrados a seguir mostram os possíveis fenótipos para cor da pele e suas frequências preditas. Abaixo dos quadrados, está o número de alelos para pele escura para cada fenótipo.

Fenótipos:	1/64	6/64	15/64	20/64	15/64	6/64	1/64
Número de alelos para pele escura:	0	1	2	3	4	5	6

INTERPRETE OS DADOS

1. Um histograma é um gráfico de barras que mostra a distribuição de dados numéricos (aqui, o número de alelos para pele escura). Para fazer um histograma da distribuição dos alelos, coloque a cor da pele (como número de alelos para pele escura) ao longo do eixo x e o número predito de descendentes (64) com cada fenótipo no eixo y. Não existem espaços vazios nesses dados de alelos; portanto, desenhe as barras próximas umas das outras, sem espaço entre elas.

2. Você pode observar que os fenótipos para cor da pele não são distribuídos de forma uniforme. **(a)** Qual fenótipo tem a frequência mais alta? Desenhe uma linha vertical pontilhada pela barra. **(b)** A distribuição de valores como esta tende a mostrar um de vários padrões comuns. Esboce uma curva que se aproxime dos valores e observe sua forma. Ela é distribuída de forma simétrica em torno de um pico central ("distribuição normal", às vezes chamada de curva em sino)? Ela se desloca para uma extremidade ou outra do eixo x ("distribuição assimétrica")? Ou ela mostra dois grupos aparentes de frequências ("distribuição bimodal")? Explique a razão para o formato das curvas. (Será útil ler a descrição do texto que embasa a Figura 14.13.)

Leitura adicional R.A. Sturm, A golden age of human pigmentation genetics, *Trends in Genetics* 22:464-468 (2006).

---

aspectos da sua aparência física, anatomia interna, fisiologia e comportamento. De forma similar, o termo *genótipo* pode referir-se a toda a composição genética de um organismo, não apenas aos seus alelos para um único *locus* genético. Na maioria dos casos, o impacto gênico sobre o fenótipo é afetado por outros genes e pelo meio ambiente. Nessa visão integrada de hereditariedade e variação, o fenótipo de um organismo reflete seu genótipo global e sua ímpar história ambiental.

Considerando tudo que pode ocorrer no caminho do genótipo para o fenótipo, ainda é impressionante que Mendel tenha descoberto os princípios fundamentais que controlam a transferência de genes individuais dos pais para a descendência. As leis de Mendel da segregação e da segregação independente explicam as variações herdáveis em termos de formas alternativas de genes ("partículas" de herança, agora conhecidas como alelos de genes) passadas adiante, geração após geração, de acordo com regras simples de probabilidade. Essa teoria de herança é igualmente válida para ervilhas, moscas, peixes, aves e seres humanos – de fato, para qualquer organismo com ciclo de vida sexual. Além disso, por meio da extensão dos princípios de segregação e segregação independente para ajudar a explicar padrões de hereditariedade como epistasia e caracteres quantitativos, começamos a observar quão ampla é a aplicação do mendelismo. A partir do jardim de Mendel em um mosteiro, veio a teoria da herança que ancora a genética moderna. Na última seção deste capítulo, aplicaremos a genética mendeliana à herança humana, com ênfase na transmissão de doenças hereditárias.

REVISÃO DO CONCEITO 14.3

1. *Dominância incompleta* e *epistasia* são termos que definem as relações genéticas. Qual é a distinção mais básica entre esses termos?
2. Se um homem com tipo sanguíneo AB casa com uma mulher com tipo sanguíneo O, qual tipo sanguíneo seria esperado nos filhos do casal? Qual fração você esperaria para cada tipo?
3. **E SE?** Um galo com penas de cor cinza é cruzado com uma galinha com o mesmo fenótipo e gera 15 pintos de cor cinza, 6 pretos e 8 brancos. Qual é a explicação mais simples para a herança dessas cores nos pintos? Quais fenótipos seriam esperados na descendência de um cruzamento entre um galo cinza e uma galinha preta?

Ver as respostas sugeridas no Apêndice A.

CONCEITO 14.4

Muitas características humanas seguem os padrões mendelianos de hereditariedade

O estudo da genética humana é abastecido pelo nosso desejo de compreender nossa própria herança e desenvolver tratamentos para doenças com base genética. As ervilhas são cobaias convenientes para a pesquisa genética, mas os seres humanos não são. O tempo para a geração humana é longo (cerca de 20 anos), os progenitores humanos produzem relativamente poucos descendentes comparados às ervilhas, e os experimentos de cruzamentos não seriam éticos.

Análise da genealogia (*pedigree*)

No lugar de experimentos de cruzamento, os geneticistas analisam os resultados de combinações humanas que já ocorreram. Eles coletam informações sobre a história da família para uma determinada característica e colocam essa informação em uma árvore de família descrevendo as características ao longo das gerações – a **árvore genealógica** da família (*pedigree*).

A **Figura 14.15a** mostra uma árvore genealógica de três gerações que rastreia a ocorrência de um contorno pontiagudo da linha do cabelo no meio da testa. Simplificamos a genética dessa característica, chamada bico de viúva, assumindo que ocorra devido a um alelo dominante, *W*. (Na verdade, provavelmente outros genes estão envolvidos.) No nosso modelo, como o alelo do bico de viúva é dominante, todos os indivíduos sem o bico de viúva devem ser homozigotos recessivos (*ww*). Os dois avós com bico de viúva devem ter o genótipo *Ww*, já que alguns dos seus descendentes são homozigotos recessivos. Os descendentes na segunda geração que realmente têm o bico de viúva também devem ser heterozigotos, pois são os produtos dos cruzamentos *Ww* × *ww*. A terceira geração nessa árvore genealógica consiste em duas irmãs. Aquela que possui bico de viúva poderia ser homozigota (*WW*) ou heterozigota (*Ww*), uma vez que sabemos sobre os genótipos dos seus pais (ambos *Ww*).

A **Figura 14.15b** é uma árvore genealógica da mesma família, mas dessa vez com enfoque em uma característica recessiva – a incapacidade de indivíduos sentirem o gosto de um composto chamado PTC (feniltiocarbamida). Compostos similares à PTC são encontrados no brócolis, na couve-de-bruxelas e em vegetais relacionados e causam o gosto amargo que algumas pessoas relatam quando comem esses alimentos. Usaremos *t* para o alelo recessivo e *T* para o alelo dominante, que resulta na capacidade de sentir o gosto da PTC. À medida que estudamos as árvores genealógicas, observe mais uma vez que é possível aplicar o que aprendemos sobre herança mendeliana para compreender os genótipos mostrados para os membros da família.

Uma aplicação importante de árvores genealógicas é ajudar a calcular a probabilidade de determinada criança possuir determinado genótipo e fenótipo. Suponha que o casal representado na segunda geração da Figura 14.15 decida ter mais um filho. Qual é a probabilidade de essa criança ter um

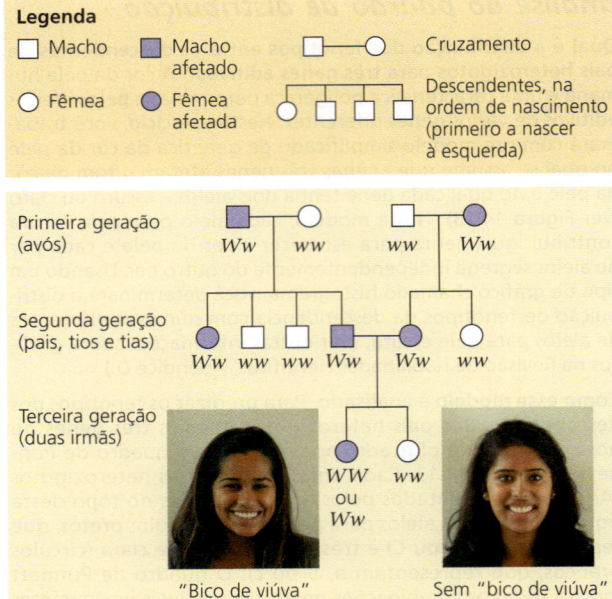

(a) O "bico de viúva" é uma característica dominante ou recessiva?
Dicas para análise da árvore genealógica: observe na terceira geração que a segunda irmã não possui "bico de viúva", embora o pai e a mãe tenham a característica. Esse padrão de hereditariedade corrobora a hipótese de que a característica se deve a um alelo dominante. Se a característica decorresse de um alelo recessivo e tanto o pai como a mãe tivessem o fenótipo recessivo, então *toda* sua descendência também teria um fenótipo recessivo.

(b) A incapacidade de sentir o gosto do composto chamado PTC é uma característica dominante ou recessiva?
Dicas para análise da árvore genealógica: note que a primeira filha nascida na terceira geração possui a característica (não pode sentir o gosto de PTC), embora nenhum dos pais tenha a característica (eles *podem* sentir o gosto de PTC). Esse padrão é explicado se o fenótipo de quem não sente o gosto se dever a um alelo recessivo. Se fosse devido a um *alelo dominante*, então no mínimo um dos pais também teria a característica.

▲ **Figura 14.15 Análise da genealogia (*pedigree*).** Cada árvore genealógica rastreia uma característica por três gerações da mesma família; as duas características possuem padrões de hereditariedade diferentes. Para a melhor compreensão dos princípios genéticos, cada característica é mostrada como sendo determinada por dois alelos de um único gene – uma simplificação, uma vez que outros genes provavelmente também afetem esses dois caracteres.

bico de viúva? Isso equivale a um cruzamento monoíbrido F₁ mendeliano (*Ww* × *Ww*); portanto, a probabilidade de a criança herdar um alelo dominante e ter um bico de viúva é ¾ (¼ *WW* + ½ *Ww*). Qual é a probabilidade de essa criança ser incapaz de sentir o gosto da PTC? Podemos tratar isso como um cruzamento monoíbrido (*Tt* × *Tt*), mas, dessa vez, queremos saber qual é a chance de a descendência ser homozigota recessiva (*tt*). Essa probabilidade é de ¼. Por fim, qual é a chance de a criança ter um bico de viúva *e* não ser capaz de sentir o gosto da PTC? Assumindo que os genes para esses dois caracteres estão em cromossomos diferentes, os dois pares de alelos segregarão independentemente nesse cruzamento di-híbrido (*WwTt* × *WwTt*). Portanto, podemos usar a regra da multiplicação: ¾ (chance de ter bico de viúva) × ¼ (chance de ser incapaz de sentir o gosto da PTC) = ³⁄₁₆ (chance de ter bico de viúva e incapacidade de sentir o gosto da PTC).

Árvores genealógicas são um assunto mais sério quando os alelos em questão causam doenças que provocam deficiências ou a morte, em vez de variações humanas inócuas como a linha do cabelo ou a incapacidade de sentir o gosto de um composto. Entretanto, para distúrbios herdados como simples características mendelianas, aplica-se a mesma técnica de análise da árvore genealógica.

Distúrbios herdados de forma recessiva

Sabe-se que milhares de distúrbios genéticos são herdados como características recessivas simples. Esses distúrbios variam em gravidade desde relativamente moderados, como o albinismo (ausência de pigmentação, que resulta na suscetibilidade ao câncer de pele e a problemas de visão), até os que causam risco à vida, como a fibrose cística.

Comportamento dos alelos recessivos

Como podemos estimar o comportamento dos alelos que causam distúrbios herdados de forma recessiva? Lembre-se daqueles genes que codificam proteínas com uma função específica. Um alelo que causa o distúrbio genético (vamos chamá-lo de alelo *a*) codifica uma proteína que não funciona ou nenhuma proteína. No caso dos distúrbios classificados como recessivos, os heterozigotos (*Aa*) normalmente têm o fenótipo normal, pois uma cópia do alelo normal (*A*) produz uma quantidade suficiente da proteína específica. Assim, o distúrbio herdado de forma recessiva aparece apenas nos indivíduos homozigotos (*aa*) que herdaram o alelo recessivo de cada um dos pais. Embora sejam fenotipicamente normais, exceto quanto ao distúrbio, os heterozigotos podem transmitir o alelo recessivo para seus descendentes e, por isso, são chamados de **portadores**. A **Figura 14.16** ilustra essas ideias usando o albinismo como exemplo.

A maioria das pessoas que têm distúrbios recessivos nasceu de pais portadores do distúrbio, mas com fenótipo normal, como é o caso mostrado no quadro de Punnett na Figura 14.16. Um cruzamento entre dois portadores corresponde a um cruzamento mendeliano monoíbrido F₁, então a proporção fenotípica predita da descendência é 1 *AA* : 2 *Aa* : 1 *aa*. Assim, cada criança tem chance de ¼ de herdar uma dose dupla do alelo recessivo; no caso do albinismo, essa criança terá albinismo. A partir da proporção genotípica, também

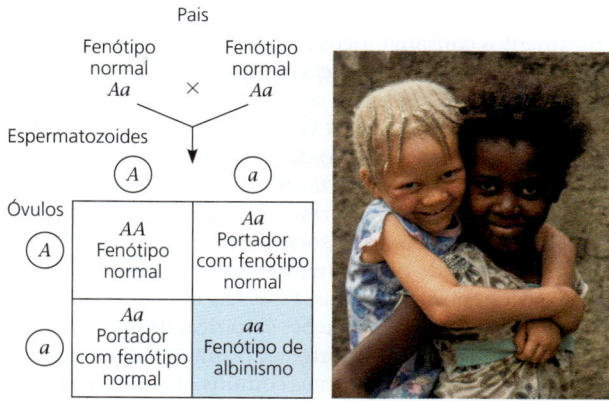

▲ **Figura 14.16 Albinismo: uma característica recessiva.** Uma das duas irmãs mostradas aqui não tem albinismo; a outra tem. A maioria dos homozigotos recessivos nasce de pais portadores do distúrbio, mas que possuem fenótipo normal, o caso mostrado no quadro de Punnett.

❓ *Qual é a probabilidade de a irmã sem albinismo ser portadora do alelo para albinismo?*

podemos observar que, dos três descendentes com fenótipo *normal* (um *AA* mais dois *Aa*), prevê-se que dois sejam portadores heterozigotos, uma chance de ⅔. Homozigotos recessivos também poderiam resultar de cruzamentos *Aa* × *aa* e *aa* × *aa*, mas, se o distúrbio for letal antes da idade reprodutiva ou resultar em esterilidade (nenhum desses é verdadeiro para o albinismo), nenhum indivíduo *aa* se reproduzirá. Mesmo se homozigotos recessivos forem capazes de se reproduzir, isso seria relativamente raro, pois esses indivíduos são muito menos comuns na população do que os heterozigotos portadores (por razões que estudaremos no Conceito 23.2).

Em geral, os distúrbios genéticos não são distribuídos igualmente entre todos os grupos de pessoas. Por exemplo, a incidência da doença de Tay-Sachs, já descrita neste capítulo, é desproporcionalmente alta entre os judeus asquenazes, pessoas judias cujos ancestrais viveram na Europa Central. Nessa população, a doença de Tay-Sachs ocorre em 1 a cada 3.600 nascimentos, incidência cerca de 100 vezes maior do que entre os não judeus ou os judeus do Mediterrâneo (sefarditas). Essa distribuição desigual resulta das diferentes histórias genéticas das pessoas do mundo durante os tempos menos tecnológicos, quando as populações eram mais isoladas geograficamente (e, portanto, geneticamente).

Quando um alelo recessivo causador de doença é raro, é relativamente improvável que dois portadores do mesmo alelo danoso se encontrem e acasalem. Entretanto, se a mulher e o homem forem parentes próximos (p. ex., irmãos ou primos), a probabilidade de passar adiante os traços recessivos aumenta muito. Isso ocorre porque pessoas com ancestrais comuns recentes têm maior probabilidade de carregar os mesmos alelos recessivos do que pessoas não aparentadas. Assim, é mais provável que esses cruzamentos consanguíneos ("mesmo sangue"), indicados nas árvores genealógicas por linhas duplas, gerem descendentes homozigotos para as características recessivas – incluindo as danosas. Esses efeitos podem ser observados em vários tipos de animais domesticados e de zoológico cruzados entre si.

Embora os geneticistas geralmente concordem que os cruzamentos consanguíneos causam um aumento nas condições recessivas autossômicas comparadas às que resultam dos cruzamentos entre pais sem relação de parentesco, eles debatem sobre o quanto, exatamente, a consanguinidade humana aumenta o risco de doenças herdáveis. Muitos alelos deletérios possuem tantos efeitos severos que um embrião homozigoto é abortado de forma espontânea antes de nascer. A maioria das sociedades e culturas possui leis ou tabus proibindo o casamento entre parentes, alguns por razões sociais ou econômicas. Essas leis também podem ter resultado a partir de observações empíricas de que, na maioria das populações, natimortos e anormalidades físicas ou bioquímicas ao nascer são mais comuns quando os pais são parentes próximos.

Fibrose cística

A doença genética letal mais comum nos Estados Unidos é a **fibrose cística**, que atinge 1 a cada 2.500 pessoas descendentes de europeus, apesar de ser uma doença muito mais rara em outros grupos. Entre as pessoas de descendência europeia, 1 a cada 25 (4%) é portadora do alelo da fibrose cística. O alelo normal para esse gene codifica uma proteína de membrana que funciona no transporte de íons cloreto entre certas células e o líquido extracelular. Esses canais de transporte de íons cloreto são defeituosos ou ausentes nas membranas plasmáticas de crianças que herdaram dois alelos recessivos para fibrose cística. O resultado é uma concentração alta anormal de cloreto intracelular, que causa a captação de água devido à osmose. Isso, por sua vez, faz o muco que cobre certas células se tornar mais espesso e pegajoso do que o normal e se acumular no pâncreas, nos pulmões, no trato digestório e em outros órgãos. Resultam múltiplos efeitos (pleiotrópicos), incluindo absorção pobre de nutrientes a partir do intestino, bronquite crônica e infecções bacterianas recorrentes.

Se não tratada, a fibrose cística causa morte em torno dos 5 anos de idade. Doses diárias de antibióticos para prevenir infecções, tapotagem para liberar o muco das vias aéreas obstruídas e outras terapias podem prolongar a vida. Nos Estados Unidos, mais da metade daqueles com fibrose cística agora sobrevive até quase 40 anos.

Anemia falciforme: distúrbio genético com implicações evolutivas

EVOLUÇÃO A doença herdada mais comum entre pessoas descendentes de africanos é a **anemia falciforme**, que afeta 1 a cada 400 afro-americanos. A anemia falciforme é causada pela substituição de um único aminoácido na proteína da hemoglobina das hemácias; nos indivíduos homozigotos, toda a hemoglobina é de células em formato de foice (anormais). Quando o conteúdo de oxigênio do sangue de um indivíduo afetado está baixo (p. ex., em altas altitudes ou sob estresse físico), as proteínas de hemoglobina da anemia falciforme se agregam em longas fibras que deformam as hemácias para um formato de foice (ver Figura 5.19). As células em formato de foice podem formar coágulos e obstruir pequenos vasos sanguíneos, muitas vezes levando a outros sintomas pelo corpo, incluindo enfraquecimento físico, dores, lesões em órgãos e até mesmo acidente vascular cerebral e paralisia. Transfusões regulares de sangue podem evitar os danos cerebrais em crianças com anemia falciforme, e novos medicamentos podem ajudar a prevenir ou tratar outros problemas. Atualmente, não existe cura disponível, mas a doença é alvo de pesquisas de terapia gênica em andamento.

Embora dois alelos para anemia falciforme sejam necessários para que um indivíduo tenha a doença da anemia falciforme e, portanto, a condição seja considerada recessiva, a presença de um alelo para a anemia falciforme pode afetar o fenótipo. Assim, em nível de organismo, o alelo normal é dominante de forma incompleta para o alelo da anemia falciforme **(Figura 14.17)**. Em nível molecular, os dois alelos são codominantes; tanto a hemoglobina normal quanto a anormal (da anemia falciforme) são produzidas nos heterozigotos (portadores); diz-se que eles têm *traço falciforme*. Os heterozigotos normalmente são saudáveis, mas podem sofrer alguns sintomas da doença durante períodos prolongados de oxigênio sanguíneo reduzido.

Cerca de 1 a cada 10 afro-americanos tem a característica da anemia falciforme, uma frequência alta incomum de heterozigotos para um alelo com efeitos prejudiciais graves em homozigotos. Por que os processos evolutivos não resultaram no desaparecimento desse alelo nessa população? Uma explicação para isso é que uma única cópia para o alelo da anemia falciforme reduz a frequência e a gravidade dos ataques de malária, especialmente entre crianças jovens. O parasito da malária permanece durante uma parte do seu ciclo de vida nas hemácias (ver Figura 28.18), e a presença de quantidades regulares heterozigotas de hemoglobina da

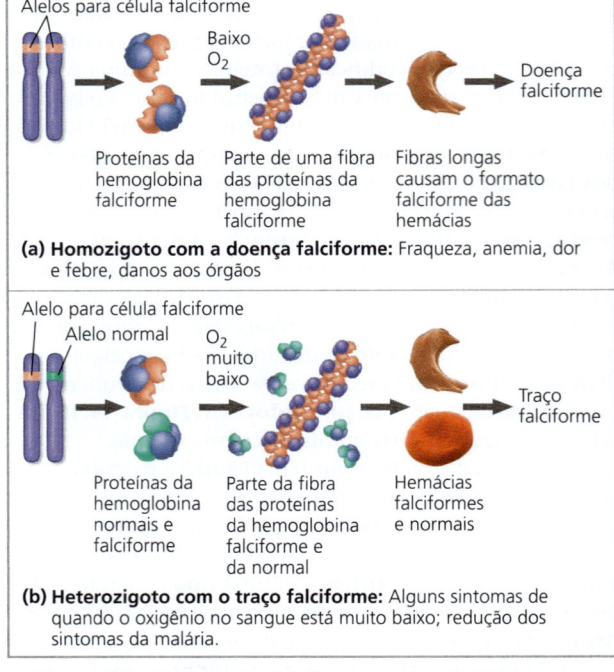

▲ **Figura 14.17** Anemia falciforme e traço falciforme.

anemia falciforme resulta em densidades menores do parasito e, portanto, em sintomas de malária reduzidos. Dessa forma, na África tropical, onde a infecção pelo parasito da malária é comum, o alelo para a anemia falciforme confere uma vantagem aos heterozigotos, mesmo sendo danosa no estado homozigoto. (O equilíbrio entre esses dois efeitos será discutido no Conceito 23.4; ver Faça conexões da Figura 23.18.) A frequência relativamente alta de afro-americanos com a característica da anemia falciforme é um vestígio das suas raízes africanas.

Distúrbios herdados de forma dominante

Embora vários alelos danosos sejam recessivos, alguns distúrbios humanos decorrem de alelos dominantes. Um exemplo é a *acondroplasia*, uma forma de nanismo que ocorre em 1 a cada 25 mil pessoas. Indivíduos heterozigotos apresentam o fenótipo anão **(Figura 14.18)**. Dessa forma, todas as pessoas não anãs acondroplásicas – 99,99% da população – são homozigotas recessivas. Assim como a presença de dedos extras nas mãos ou nos pés, mencionada anteriormente, a acondroplasia é uma característica na qual o alelo recessivo é muito mais prevalente do que o alelo dominante correspondente.

Diferentemente da acondroplasia, que é relativamente não danosa, alguns alelos dominantes causam doenças letais. Aqueles que causam doenças letais são muito menos comuns do que os alelos recessivos que apresentam efeitos letais. Um alelo recessivo letal é apenas letal quando for homozigoto; pode ser passado de uma geração para a próxima por portadores heterozigotos, pois os portadores têm fenótipos normais. Entretanto, um alelo dominante letal muitas vezes causa a morte de indivíduos afetados antes que eles possam amadurecer e reproduzir; nesse caso, o alelo não será passado adiante para as futuras gerações.

No entanto, um alelo dominante letal pode ser transmitido se os sintomas da doença letal aparecerem pela primeira vez após a idade reprodutiva. Nesse caso, o indivíduo já pode ter transmitido o alelo letal para seus filhos. Por exemplo, uma doença degenerativa do sistema nervoso, chamada **doença de Huntington**, é causada por um alelo dominante letal sem efeitos fenotípicos óbvios até que o indivíduo tenha cerca de 35 a 45 anos de idade. Uma vez que a deterioração do sistema nervoso tenha começado, a doença é irreversível e inevitavelmente fatal. Como para outras características dominantes, uma criança com um progenitor que tenha um alelo para a doença de Huntington tem chance de 50% de herdar o alelo e a doença (ver quadro de Punnett na Figura 14.18). Nos Estados Unidos, essa doença atinge cerca de 1 a cada 10 mil pessoas.

Até recentemente, os sintomas eram a única maneira de saber se a pessoa havia herdado o alelo de Huntington, mas este não é mais o caso. Pela análise das amostras de DNA de uma grande família com alta incidência da doença, os geneticistas rastrearam o alelo de Huntington até um *locus* próximo da extremidade do cromossomo 4, e o gene foi sequenciado em 1993. Essa informação levou ao desenvolvimento de um teste que pode detectar a presença do alelo de Huntington no genoma de um indivíduo. (Os métodos que tornam esses testes possíveis são discutidos nos Conceitos 20.1 e 20.4.) A disponibilidade desse teste colocou pessoas com história familiar de doença de Huntington diante de um angustiante dilema. Alguns indivíduos talvez queiram realizar o teste para a doença, enquanto outros podem considerar a descoberta muito estressante.

Doenças multifatoriais

As doenças hereditárias que discutimos até agora às vezes são descritas como distúrbios mendelianos simples, pois resultam da anormalidade de um ou ambos os alelos em um único *locus* gênico. Muito mais pessoas estão suscetíveis a doenças com base multifatorial – um componente genético adicionado a uma influência significativa do meio ambiente. Doenças do coração, diabetes, câncer, alcoolismo, certas doenças mentais, como esquizofrenia e transtornos bipolares, e várias outras doenças são multifatoriais. Nesses casos, o componente hereditário é poligênico. Por exemplo, vários genes afetam a saúde cardiovascular, tornando alguns de nós mais suscetíveis do que outros a ataques cardíacos e derrames. Entretanto, independentemente do seu genoma, seu estilo de vida possui um enorme efeito sobre o fenótipo para saúde cardiovascular e outros caracteres multifatoriais. Exercícios, dieta saudável, abstinência ao tabagismo e habilidade de lidar com situações estressantes reduzem seu risco para uma doença do coração e alguns tipos de câncer.

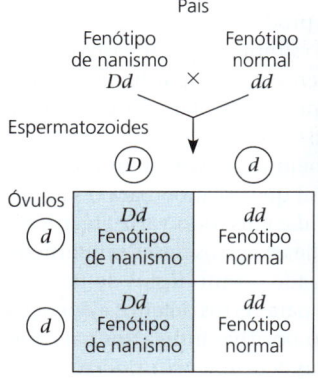
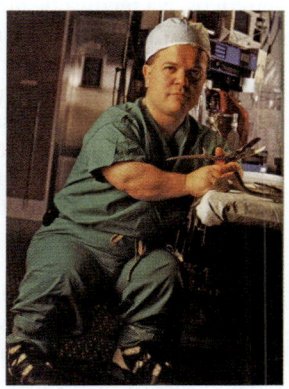

▲ **Figura 14.18** **Acondroplasia: uma característica dominante.** O Dr. Michael C. Ain sofre de acondroplasia, uma forma de nanismo causada por um alelo dominante. Isso inspirou o seu trabalho: ele é um especialista no reparo de defeitos ósseos causados pela acondroplasia e outros distúrbios. O alelo dominante (*D*) pode ter surgido como mutação no óvulo ou espermatozoide de um dos pais ou pode ter sido herdado de um dos pais afetados, como mostrado para um pai afetado no quadro de Punnett.

Testes genéticos e aconselhamento genético

Uma abordagem preventiva para distúrbios mendelianos simples é possível quando o risco de determinado distúrbio genético pode ser acessado antes de uma criança ser concebida ou durante as etapas iniciais da gestação. Vários hospitais têm consultores genéticos que podem dar informações aos pais sobre prospecções levando em consideração a história familiar para determinada doença. Os testes em fetos e recém-nascidos também podem revelar distúrbios genéticos.

Aconselhamento com base em genética mendeliana e leis de probabilidade

Considere o caso de um casal hipotético, Tyler e Lily. Ambos têm um irmão que morreu da mesma doença letal herdada de forma recessiva. Antes de conceber o seu primeiro filho, Tyler e Lily procuraram aconselhamento genético para determinar o risco de terem uma criança com a doença. A partir da informação sobre seus irmãos, sabemos que ambos os pais de Tyler e ambos os pais de Lily deveriam ser portadores do alelo recessivo. Assim, tanto Tyler como Lily são produtos de cruzamentos $Aa \times Aa$, em que a simboliza o alelo que causa essa doença em particular. Também sabemos que Tyler e Lily não são homozigotos recessivos (aa), pois não possuem a doença. Dessa forma, seus genótipos são AA ou Aa.

Dada uma proporção genotípica de 1 AA : 2 Aa : 1 aa para a descendência do cruzamento $Aa \times Aa$, tanto Tyler como Lily possuem uma chance de ⅔ de serem portadores (Aa). De acordo com a lei da multiplicação, a probabilidade final de o seu primeiro filho ter o distúrbio é ⅔ (a chance de Tyler ser portador) × ⅔ (a chance de Lily ser portadora) × ¼ (a chance de dois portadores terem uma criança com a doença), que é igual a ⅑. Suponha que Lily e Tyler decidam ter a criança – afinal, existe uma chance de ⁸⁄₉ de a criança não ter a doença. Caso, apesar dessas probabilidades, o filho deles nasça com a doença, então saberíamos que *ambos*, Tyler e Lily, são, na verdade, portadores (genótipo Aa). Se tanto Tyler como Lily forem portadores, existe uma chance de ¼ de qualquer criança subsequente desse casal ter a doença. A probabilidade é mais alta para as crianças subsequentes, pois o diagnóstico da doença na primeira criança estabeleceu que ambos os pais são portadores, mas não porque o genótipo da primeira criança venha a afetar de alguma forma o genótipo da futura criança.

Quando utilizamos as leis de Mendel para predizer os possíveis resultados de cruzamentos, é importante lembrar que cada criança representa um evento independente, uma vez que o seu genótipo não é afetado pelos genótipos de irmãos mais velhos. Suponha que Tyler e Lily tivessem mais três filhos e que *todos os três* tivessem a doença hereditária hipotética. Existe apenas 1 chance em 64 (¼ × ¼ × ¼) de esse resultado ocorrer. Apesar das circunstâncias, a chance de uma quarta criança desse casal ter a doença permanece em ¼.

Testes para identificar portadores

A maioria das crianças com distúrbios recessivos nasce de pais com fenótipos normais. Portanto, a forma de acessar o risco genético exato para determinada doença é determinar se os futuros pais são portadores heterozigotos do alelo recessivo. Testes que podem distinguir indivíduos com fenótipo normal que são homozigotos dominantes daqueles que são portadores heterozigotos estão disponíveis e utilizam sangue ou células da mucosa bucal para o teste. Centenas de alelos recessivos diferentes podem ser detectados, incluindo aqueles para a doença de Tay-Sachs, anemia falciforme e fibrose cística.

Esses testes para identificar portadores permitem que pessoas com histórias familiares de distúrbios genéticos tomem decisões sobre ter filhos, incluindo se devem realizar testes genéticos no feto, caso decidam tê-los. Os resultados podem fazer os portadores alertarem os membros da família e sugerir que também façam os testes. Os testes também levantam outras questões: poderiam ser negados seguros de saúde ou de vida a esses portadores, ou eles poderiam perder seus empregos, mesmo que sejam saudáveis? A Lei do Ato de Não Discriminação da Informação Genética, em vigor desde 2008 nos EUA, aborda essas questões, proibindo a discriminação em empregos ou na cobertura de seguros de saúde com base em resultados de testes genéticos. Este é um ato importante que protege os direitos do paciente, mas é desconhecido por muitos, incluindo médicos. Os conselheiros genéticos, treinados em programas profissionais cada vez mais numerosos, podem ajudar indivíduos a compreender os resultados dos seus testes genéticos. Uma vez que os resultados dos testes estejam bem compreendidos, aqueles com certos resultados podem enfrentar decisões mais difíceis. Avanços na biotecnologia oferecem possibilidades para reduzir o sofrimento humano, mas não antes de resolver essas questões éticas.

Testes em fetos

Dois tipos de testes podem ser feitos para investigar distúrbios genéticos no feto: testes de rastreamento e testes de diagnóstico. Os testes de rastreamento geralmente não são invasivos e podem ser seguidos pelos testes de diagnóstico caso os resultados de rastreamento sugiram que o distúrbio genético esteja presente ou se existem outros riscos, como quando ambos os pais são portadores.

Os testes de rastreamento incluem imagens e testes sanguíneos. Técnicas de imagem permitem que um médico examine o feto diretamente em busca de importantes anormalidades anatômicas que talvez não apareçam nos testes genéticos. Na técnica de *ultrassonografia*, por exemplo, ondas de som são utilizadas para produzir uma imagem do feto por meio de um procedimento simples e não invasivo. Uma ultrassonografia frequentemente é acompanhada por um teste sanguíneo que pesquisa proteínas fetais que podem ser um sinal de distúrbio genético.

Cientistas médicos também desenvolveram métodos para isolar e analisar DNA fetal que escapou para o sangue da mãe (*DNA fetal livre de células*), usando várias técnicas. Os testes de DNA livre de células e outros testes sanguíneos têm sido cada vez mais utilizados como testes de rastreamento pré-natal não invasivo para certos defeitos e doenças cromossômicas; um resultado positivo indica aos pais que testes de diagnóstico adicionais devem ser considerados.

Um teste de diagnóstico que pode determinar se o feto em desenvolvimento tem uma doença recessiva grave é a **amniocentese**, que pode ser realizada a partir da 15ª ou 16ª semana de gravidez **(Figura 14.19a)**. Nesse procedimento, o médico insere uma agulha no útero e extrai cerca de 10 mL de líquido amniótico, o líquido que envolve o feto. Alguns distúrbios genéticos podem ser detectados a partir da presença

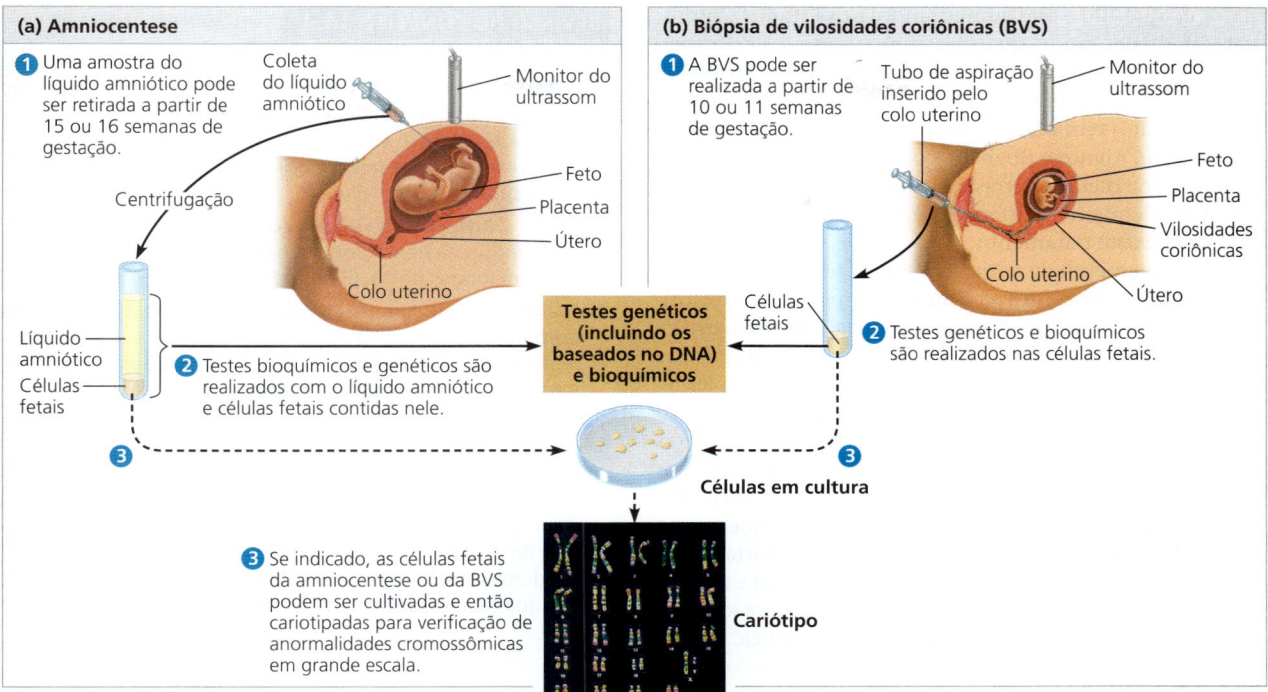

▲ **Figura 14.19 Testes de diagnóstico fetal para distúrbios genéticos.** Atualmente, a maioria dos testes para anormalidades genéticas é baseada no DNA. Em alguns casos, os testes bioquímicos são usados para detectar determinados distúrbios, e a cariotipagem pode ser feita para ver se os cromossomos do feto são normais em número e aparência.

de certas proteínas ou hormônios no próprio líquido amniótico. Testes para milhares de outros distúrbios (como fibrose cística) são realizados no DNA de células fetais descamadas para o líquido amniótico usando sequenciamento de DNA direcionado ou uma técnica chamada *microarranjo de DNA* (ver Figura 20.13), que testa vários alelos ao mesmo tempo. Um cariótipo dessas células cultivadas também pode confirmar certos defeitos cromossômicos que podem não ter sido sugeridos pelos testes de DNA fetal livre de células.

Em uma técnica alternativa de diagnóstico chamada **biópsia de vilosidades coriônicas** (**BVC**), o médico insere um tubo estreito pelo colo do útero para dentro do útero e coleta uma pequena amostra de tecido da placenta, o órgão que transporta nutrientes e resíduos do feto entre o feto e a mãe **(Figura 14.19b)**. As células das vilosidades coriônicas da placenta – a porção coletada – derivam do feto e têm o mesmo genótipo e sequências de DNA do novo indivíduo. O DNA dessas células pode ser analisado para a presença de muitos distúrbios genéticos. A principal vantagem da BVS é que ela pode ser realizada já na 10ª ou na 11ª semana de gestação.

A ultrassonografia e o isolamento de células fetais ou DNA a partir do sangue materno não têm risco conhecido para a mãe nem para o feto, ao passo que a amniocentese e a BVS podem causar complicações em uma pequena porcentagem de casos (entre 1 a cada 1.000 e 1 a cada 500 casos, para ambos). A amniocentese ou a BVS para testes de diagnóstico geralmente são oferecidas para mulheres acima de 35 anos de idade, devido ao risco aumentado de ter uma criança com síndrome de Down ou outros distúrbios cromossômicos, e podem também ser oferecidas a mulheres mais jovens caso existam fatores de risco ou condições sugeridas pela história familiar. Caso os testes fetais revelem um grave distúrbio, os pais encaram a difícil escolha de interromper a gestação ou se preparar para cuidar de uma criança com um distúrbio genético, que pode ser até fatal. Realizado desde 1980, o rastreamento dos pais e do feto de alelos Tay-Sachs reduziu em 90% o número de crianças nascidas com essa doença incurável.

Rastreamento neonatal

Algumas doenças e distúrbios genéticos podem ser detectados ao nascimento, por meio de testes bioquímicos simples que são realizados rotineiramente no sangue do calcanhar do bebê na maioria dos hospitais nos Estados Unidos. Um programa comum de rastreamento é utilizado para identificar fenilcetonúria (PKU), distúrbio recessivo hereditário que ocorre em cerca de 1 a cada 10 mil a 15 mil nascimentos nos Estados Unidos. Crianças com essa doença não conseguem metabolizar, de forma apropriada, o aminoácido fenilalanina. Esse composto e seu produto secundário, fenilpiruvato, podem se acumular em níveis tóxicos no sangue, causando incapacidade intelectual grave. Entretanto, se a PKU for detectada no recém-nascido, uma dieta especial com baixa fenilalanina em geral permite o desenvolvimento típico. (Entre outras substâncias, essa dieta exclui o adoçante artificial aspartame, que contém fenilalanina.)

O número de testes genéticos em recém-nascidos, muitos para distúrbios metabólicos ou deficiência de enzimas, é maior do que 100 e está aumentando; nos Estados Unidos, cada estado determina quais testes são usados. Se o rastreamento identificar um bebê com uma doença ou distúrbio para a qual o tratamento pode ser iniciado logo no início, esse indivíduo tem mais chances de ter uma qualidade de vida melhor. Algumas doenças, como PKU, são tratadas por mudanças na dieta, e outras, pela reposição de enzimas faltantes. Infelizmente, existem algumas doenças para as quais ainda não existe tratamento.

O rastreamento de recém-nascidos e fetos para doenças hereditárias graves, testes para identificar portadores e aconselhamento genético baseiam-se no modelo mendeliano de hereditariedade. Relacionamos a "ideia de gene" – o conceito de fatores herdados transmitidos de acordo com simples regras de probabilidade – aos elegantes experimentos quantitativos de Gregor Mendel. A importância dessas descobertas foi negligenciada pela maioria dos biólogos até o início dos anos 1900, várias décadas depois que suas descobertas foram relatadas. No próximo capítulo, vamos aprender como as leis de Mendel têm suas bases físicas no comportamento dos cromossomos durante os ciclos de vida sexual e como a síntese da genética de Mendel e da teoria do cromossomo de hereditariedade catalisaram o progresso na genética.

REVISÃO DO CONCEITO 14.4

1. Lucia e Jared têm, cada um, um irmão com fibrose cística, mas nem Lucia nem Jared, ou seus pais, têm a doença. Calcule a probabilidade, caso o casal tenha um filho, de a criança ter fibrose cística. Qual seria a probabilidade se o teste revelasse que Jared é portador e Lucia não? Explique sua resposta.

2. **FAÇA CONEXÕES** Explique como a troca de um simples aminoácido na hemoglobina leva à agregação de hemoglobina em longas fibras. (Revisar Figuras 5.14, 5.18 e 5.19.)

3. Juanita nasceu com seis dedos em cada pé, característica dominante chamada de polidactilia. Dois dos seus cinco irmãos e sua mãe também possuem dedos dos pés a mais, mas seu pai não. Qual é o genótipo de Juanita para o caractere de número de dedos do pé? Explique sua resposta. Use D e d para simbolizar os alelos para esse caractere.

4. **FAÇA CONEXÕES** Na Tabela 14.1, observe a proporção fenotípica da característica dominante e da recessiva na geração F_2 para o cruzamento monoíbrido envolvendo a cor da flor. Então, determine a proporção fenotípica para os descendentes do casal da segunda geração na Figura 14.15b. Por que há diferença nas duas proporções?

Ver as respostas sugeridas no Apêndice A.

14 Revisão do capítulo

RESUMO DOS CONCEITOS-CHAVE

CONCEITO 14.1

Mendel utilizou a abordagem científica para identificar duas leis de hereditariedade (p. 270-276)

- Gregor Mendel formulou uma teoria da hereditariedade com base em experimentos com ervilhas de jardim, propondo que os progenitores passam para seus descendentes genes separados que retêm sua identidade ao longo das gerações. Essa teoria inclui duas "leis".
- A **lei da segregação** estabelece que os genes possuem formas alternativas, ou **alelos**. Em um organismo diploide, dois alelos de um gene segregam (separam) durante a meiose e a formação dos gametas; cada espermatozoide ou óvulo carrega apenas um alelo de cada par. Essa lei explica a proporção 3:1 dos **fenótipos** F_2 observada quando **monoíbridos** cruzam ou autopolinizam. Cada organismo herda um alelo de cada gene a partir de cada progenitor. Nos **heterozigotos**, os dois alelos são diferentes: a expressão do **alelo dominante** mascara o efeito fenotípico do **alelo recessivo**. **Homozigotos** possuem alelos idênticos de um determinado gene e, portanto, são **puros**.
- A **lei da segregação independente** estabelece que o par de alelos para um determinado gene segrega para os gametas independentemente do par de alelos para qualquer outro gene. Em um cruzamento entre **di-híbridos** (indivíduos heterozigotos para dois genes), os descendentes possuem quatro fenótipos na proporção 9:3:3:1.

? Quando Mendel realizou cruzamentos de plantas de ervilhas puras para flores roxas e puras para flores brancas, a característica de flor branca desapareceu da geração F_1, mas reapareceu na geração F_2. Utilize termos genéticos para explicar por que isso acontece.

CONCEITO 14.2

As leis da probabilidade regem a herança mendeliana (p. 276-278)

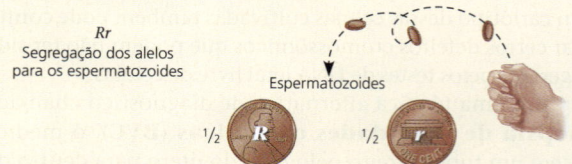

- A **regra da multiplicação** estabelece que a probabilidade de dois ou mais eventos ocorrerem juntos (uma frase utilizando *e*) é igual ao produto das probabilidades individuais dos eventos únicos independentes. A **regra de adição** estabelece que a probabilidade de um evento que pode ocorrer de duas ou mais maneiras independentes, exclusivas mutuamente (usando *ou*), é a soma das probabilidades individuais.
- As regras da probabilidade podem ser usadas para resolver problemas genéticos complexos. Um cruzamento di-híbrido ou de multicaracteres é equivalente a dois ou mais cruzamentos monoíbridos independentes e simultâneos. No cálculo das chances do genótipo de cada descendente a partir desses cruzamentos, cada caractere é primeiro considerado separadamente e, então, as probabilidades individuais são multiplicadas.

DESENHE Refaça um quadro de Punnett ao lado direito da Figura 14.8 como dois quadros de Punnett monoíbridos menores, um para cada gene. Abaixo de cada quadro, liste as frações de cada fenótipo produzido. Use a regra da multiplicação para calcular a fração geral de cada um dos fenótipos di-híbridos possíveis. Qual é a proporção fenotípica?

CONCEITO 14.3

Padrões de hereditariedade muitas vezes são mais complexos do que os previstos pela genética mendeliana simples (p. 278-283)

- Extensões da genética mendeliana para um único gene:

Relacionamento entre alelos de um único gene	Descrição	Exemplo
Dominância completa de um alelo	Fenótipo heterozigoto igual ao dominante homozigoto	PP Pp
Dominância incompleta de ambos os alelos	Fenótipo heterozigoto intermediário entre os dois fenótipos homozigotos	$C^R C^R$ $C^R C^W$ $C^W C^W$
Codominância	Ambos os fenótipos expressos em heterozigotos	$I^A I^B$
Alelos múltiplos	Em toda a população, alguns genes possuem mais do que dois alelos	Alelos do grupo sanguíneo ABO I^A, I^B, i
Pleiotropia	Um gene afeta múltiplos caracteres fenotípicos	Anemia falciforme

- Extensões da genética mendeliana para dois ou mais genes:

Relação entre dois ou mais os genes	Descrição	Exemplo
Epistasia	A expressão fenotípica de um gene afeta a expressão de outro gene	$BbEe \times BbEe$ 9 : 3 : 4
Herança poligênica	Um único caracter fenotípico é afetado por dois ou mais genes	$AaBbCc \times AaBbCc$

- A expressão de um genótipo pode ser afetada pelas influências do meio ambiente, resultando em uma variedade de fenótipos. Caracteres poligênicos que também são influenciados pelo ambiente são chamados de caracteres **multifatoriais**.
- O fenótipo geral de um organismo reflete seu genótipo geral e história ambiental única. Mesmo em padrões de hereditariedade mais complexos, as leis fundamentais de Mendel continuam a ser aplicadas.

? *Quais relações genéticas listadas na primeira coluna das duas tabelas apresentadas anteriormente são demonstradas pelo padrão de herança dos alelos do grupo sanguíneo ABO? Para cada relação genética, explique por que esse padrão de herança é ou não um exemplo.*

CONCEITO 14.4

Muitas características humanas seguem os padrões mendelianos de hereditariedade (p. 284-290)

- A análise da **árvore genealógica** (*pedigree*) da família pode ser usada para deduzir os possíveis genótipos de indivíduos e fazer predições sobre futuros descendentes. As predições normalmente são probabilidades estatísticas, em vez de certezas.

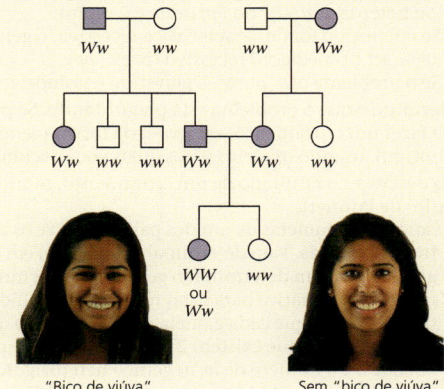

"Bico de viúva"   Sem "bico de viúva"

- Muitos distúrbios genéticos são herdados como características recessivas simples. A maioria dos indivíduos afetados (homozigotos recessivos) compreende crianças fenotipicamente normais, **portadores** heterozigotos.
- O alelo para anemia falciforme provavelmente persistiu por razões evolutivas: os homozigotos têm a **doença falciforme**, mas os heterozigotos têm uma vantagem, pois uma cópia do alelo para anemia falciforme reduz tanto a frequência como a gravidade dos episódios de malária.

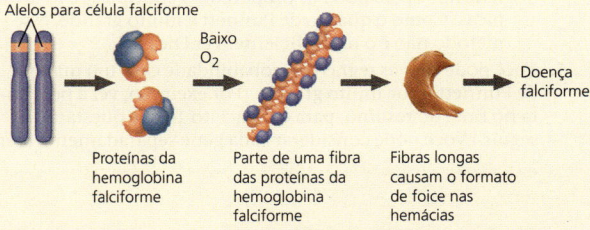

- Alelos dominantes letais são eliminados da população caso as pessoas afetadas morram antes de se reproduzir. Alelos dominantes não letais e letais que aparecem relativamente tarde na vida são herdados de maneira mendeliana.
- Várias doenças humanas são multifatoriais, ou seja, possuem tanto componentes genéticos como ambientais e não seguem os padrões simples de herança mendeliana.
- Utilizando histórias familiares, os conselheiros genéticos ajudam casais a determinar as probabilidades de seus filhos terem doenças genéticas. Testes genéticos para futuros pais podem revelar se eles são portadores de alelos recessivos associados com distúrbios específicos. A ultrassonografia e os testes de sangue podem rastrear certos distúrbios no feto. A **amniocentese** e a **biópsia de vilosidades coriônicas** podem diagnosticar se um determinado distúrbio genético está presente no feto. Outros testes genéticos podem ser realizados após o nascimento.

? *Os dois membros de um casal sabem que são portadores do alelo para fibrose cística. Nenhum dos seus três filhos tem fibrose cística, mas qualquer um deles pode ser portador. O casal gostaria de ter um quarto filho, mas está preocupado que a criança possa ter a doença, uma vez que os três primeiros não tiveram. O que você diria ao casal? A descoberta de que as três crianças são portadoras ou não removeria alguma incerteza sobre seu futuro?*

DICAS PARA PROBLEMAS GENÉTICOS

1. Estipule símbolos para os alelos. (Esses símbolos podem ser dados no problema.) Quando representado por uma letra, o alelo dominante é maiúsculo e o recessivo é minúsculo.
2. Escreva os genótipos possíveis, como determinado pelo fenótipo.
   a. Se o fenótipo for de característica dominante (p. ex., flores roxas), então o genótipo é homozigoto dominante ou heterozigoto (*PP* ou *Pp*, neste exemplo).
   b. Se o fenótipo for de característica recessiva, o genótipo deve ser homozigoto recessivo (p. ex., *pp*).
   c. Se o problema diz "puro", o genótipo é homozigoto.
3. Determine o que o problema está perguntando. Se pedir para fazer um cruzamento, escreva-o na forma [genótipo] × [genótipo], usando os alelos pelos quais você decidiu.
4. Para descrever o resultado de um cruzamento, monte um quadro de Punnett.
   a. Coloque os gametas de um dos pais no topo e os do outro na esquerda. Para determinar o(s) alelo(s) em cada gameta para um determinado genótipo, determine uma maneira sistemática para listar todas as possibilidades. (Lembre-se de que cada gameta possui um alelo de cada gene.) Observe que existem 2^n tipos possíveis de gametas, em que *n* é o número de *locus* gênico heterozigoto. Por exemplo, um indivíduo com genótipo *AaBbCc* produziria $2^3 = 8$ tipos de gametas. Escreva os genótipos dos gametas em círculos acima das colunas e à esquerda das linhas.
   b. Preencha o quadro de Punnett como se cada espermatozoide possível estivesse fertilizando cada óvulo possível, produzindo toda a descendência possível. Em um cruzamento de *AaBbCc* × *AaBbCc*, por exemplo, o quadro de Punnett teria 8 colunas e 8 linhas, assim existem 64 descendentes diferentes; você saberia o genótipo de cada um e, dessa forma, o fenótipo. Conte os genótipos e os fenótipos para obter as proporções genotípicas e fenotípicas. Como o quadro de Punnett é muito grande, esse método não é o mais eficiente. Ver Dica 5.
5. Você pode usar as regras de probabilidade caso um quadro de Punnett fique muito grande. (Por exemplo, ver a pergunta no final do resumo, para o Conceito 14.2, e questão 7, a seguir.) Você pode considerar cada gene separadamente (ver a seção "Resolvendo problemas genéticos complexos com as regras da probabilidade" no Conceito 14.2).
6. Caso o problema forneça as proporções fenotípicas da descendência, em vez dos genótipos dos pais em um dado cruzamento, os fenótipos podem ajudá-lo a deduzir os genótipos desconhecidos dos pais.
   a. Por exemplo, se ½ da descendência apresentar o fenótipo recessivo e ½ o dominante, você sabe que o cruzamento ocorreu entre um heterozigoto e um homozigoto recessivo.
   b. Se a proporção é 3:1, o cruzamento ocorreu entre dois heterozigotos.
   c. Se dois genes estão envolvidos e você observar uma proporção 9:3:3:1 na descendência, saberá que cada um dos pais é heterozigoto para ambos os genes. Cuidado: não assuma que os números mencionados serão exatamente iguais às proporções preditas. Por exemplo, se existem 13 descendentes com uma característica dominante e 11 com uma recessiva, assuma que a proporção é de 1 dominante para 1 recessivo.
7. Para problemas com árvores genealógicas, use as dicas na Figura 14.15 e a seguir para determinar qual tipo de característica está envolvida.
   a. Se os pais sem a característica possuírem descendentes com a característica, esta deve ser recessiva e ambos os pais portadores.
   b. Se a característica for observada em cada geração, ela provavelmente é dominante (de qualquer forma, veja a próxima possibilidade).
   c. Se ambos os pais apresentarem a característica, então, para que esta seja recessiva, todos os descendentes deverão apresentar a característica.
   d. Para determinar o genótipo provável de um determinado indivíduo em uma árvore genealógica, primeiro indique os genótipos de todos os membros da família possíveis. Mesmo que alguns dos genótipos estejam incompletos, indique o que você sabe. Por exemplo, se um indivíduo apresenta o fenótipo dominante, o genótipo deve ser *AA* ou *Aa*; você pode escrever *A*–. Tente diferentes possibilidades para ver qual delas combina com os resultados. Utilize as regras de probabilidade para calcular a probabilidade de cada genótipo possível ser o correto.

TESTE SEU CONHECIMENTO

Níveis 1-2: Relembre/Entenda

1. **DESENHE** Uma planta de ervilha heterozigota para vagens infladas (*Ii*) é cruzada com uma planta homozigota para vagens constritas (*ii*). Desenhe um quadro de Punnett para esse cruzamento para predizer as proporções genotípicas e fenotípicas. Assuma que o pólen venha da planta *ii*.
2. Um homem com tipo sanguíneo A casa com uma mulher com tipo sanguíneo B. O filho do casal tem tipo sanguíneo O. Quais são os genótipos desses três indivíduos? Quais outros genótipos, e em qual frequência, você esperaria na descendência desse casamento?
3. Um homem tem seis dedos em cada mão e seis dedos em cada pé. Sua esposa e sua filha têm o número típico de dedos. Dedos extras é uma característica dominante. Qual fração dos filhos desse casal se esperaria que tivesse dedos extras?
4. **DESENHE** Duas plantas de ervilha heterozigotas para o caractere cor da vagem e formato da vagem são cruzadas. (Ver Tabela 14.1.) Desenhe um quadro de Punnett para determinar as proporções fenotípicas da descendência.

Níveis 3-4: Aplique/Analise

5. Posição da flor, comprimento do caule e formato da semente foram três caracteres estudados por Mendel. Cada qual é controlado por um gene de segregação independente e apresenta expressão dominante e recessiva, como indicado na Tabela 14.1. Se uma planta heterozigota para os três caracteres se autofertiliza, qual é a proporção da descendência esperada para as seguintes condições? (Nota: Utilize as regras de probabilidade em vez de um grande quadro de Punnett.)
   (A) Homozigota para as três características dominantes
   (B) Homozigota para as três características recessivas
   (C) Heterozigota para os três caracteres
   (D) Homozigota para axial e alto, heterozigota para formato da semente
6. A hemocromatose é uma doença hereditária causada por um alelo recessivo. Se uma mulher e seu marido, ambos portadores, tiverem três filhos, qual é a probabilidade de cada um a seguir?
   (A) Todos os filhos serem de fenótipo normal.
   (B) Um ou mais filhos possuírem a doença.
   (C) Todos os filhos possuírem a doença.
   (D) Ao menos uma criança ser fenotipicamente normal.

(*Nota:* Lembre-se de que as probabilidades de todos os resultados possíveis sempre somam 1.)

7. O genótipo de indivíduos F_1 em um cruzamento tetraíbrido é *AaBbCcDd*. Assumindo a segregação independente desses quatro genes, quais são as probabilidades de a descendência F_2 ter os seguintes genótipos?
   (A) *aabbccdd*
   (B) *AaBbCcDd*
   (C) *AABBCCDD*
   (D) *AaBBccDd*
   (E) *AaBBCCdd*

8. Qual é a probabilidade de cada um dos seguintes pares de pais produzirem a descendência indicada? (Assuma a segregação independente para todos os pares de genes.)
   (A) $AABBCC \times aabbcc \rightarrow AaBbCc$
   (B) $AABbCc \times AaBbCc \rightarrow AAbbCC$
   (C) $AaBbCc \times AaBbCc \rightarrow AaBbCc$
   (D) $aaBbCC \times AABbcc \rightarrow AaBbCc$

9. Keisha e Jerome têm, cada um, um irmão com anemia falciforme. Nem Keisha, Jerome ou seus pais têm a doença e nenhum deles foi testado para ver se portam o alelo para anemia falciforme. Com base nessas informações incompletas, calcule a probabilidade de esse casal ter um filho com anemia falciforme.

10. Em 1981, um gato preto de rua com orelhas incomuns arredondadas enroladas para trás foi adotado por uma família na Califórnia. Milhares de descendentes desse gato nasceram até agora, e criadores transformaram esses gatos em uma raça desejada. Suponha que você seja o dono do primeiro gato e gostaria de desenvolver uma variedade pura. Como você determinaria se o alelo para orelhas enroladas é dominante ou recessivo? Como você obteria gatos puros de orelhas enroladas? Como poderia ter certeza de que eles seriam puros?

11. Em tigres, um alelo recessivo causa a ausência do pigmento do pelo (um tigre branco) e uma condição de estrabismo. Caso dois tigres fenotipicamente normais, heterozigotos neste *locus*, sejam cruzados, qual porcentagem dos seus descendentes será estrábica? Qual porcentagem de tigres estrábicos também será branca?

12. Em plantas de milho, um alelo dominante *I* inibe a cor da semente, e o alelo recessivo *i* permite a cor quando homozigoto. Em um *locus* diferente, o alelo dominante *P* leva à cor roxa da semente, enquanto o genótipo recessivo homozigoto *pp* leva à cor vermelha da semente. Caso plantas heterozigotas em ambos os *loci* sejam cruzadas, qual será a proporção fenotípica dos descendentes?

13. A árvore genealógica a seguir mostra a herança da alcaptonúria, um distúrbio bioquímico. Indivíduos afetados, aqui indicados por círculos e quadrados coloridos, são incapazes de produzir o ácido homogentísico oxidase, que colore a urina e cora tecidos do corpo. A alcaptonúria parece ser causada por um alelo dominante ou por um alelo recessivo? Preencha os genótipos dos indivíduos cujos genótipos podem ser deduzidos. Quais genótipos são possíveis para cada um dos outros indivíduos?

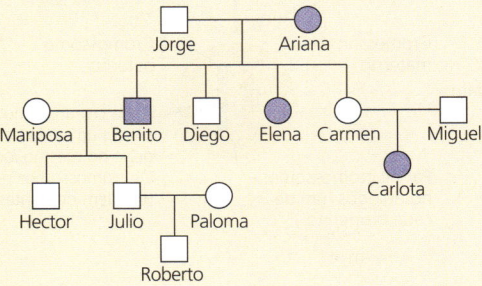

14. Imagine que você é um consultor genético, e um casal que planeja ter filhos procura você para ter mais informações. Charles já foi casado uma vez antes, e ele e sua primeira esposa tiveram uma criança com fibrose cística. O irmão da sua atual esposa Elaine faleceu de fibrose cística. Qual é a probabilidade de Charles e Elaine terem um bebê com fibrose cística? (Nem Charles, Elaine ou seus pais têm fibrose cística.)

Níveis 5-6: Avalie/Crie

15. **CONEXÃO EVOLUTIVA** Durante os últimos 50 anos, existiu uma tendência nos Estados Unidos e em outros países desenvolvidos de as pessoas casarem e iniciarem suas famílias mais tarde na vida do que seus pais e avós. Quais efeitos essa tendência pode ter sobre a incidência (frequência) de alelos letais dominantes de ação tardia na população?

16. **PESQUISA CIENTÍFICA** Você tem em mãos uma misteriosa planta de ervilha, com caules altos e flores axiais, e pedem que você determine seu genótipo o mais rápido possível. Você sabe que o alelo para caule alto (*T*) é dominante àquele para caules anões (*t*) e que o alelo para flores axiais (*A*) é dominante àquele para flores terminais (*a*).
   (a) Identifique todos os genótipos possíveis para essa planta misteriosa.
   (b) Descreva qual cruzamento você faria no seu jardim para determinar o genótipo exato da planta misteriosa.
   (c) Enquanto espera pelos resultados do seu cruzamento, prediga os resultados para cada genótipo possível listado na parte a. Explique como você faria isso e por que isso não é chamado de "realizar um cruzamento".
   (d) Explique como os resultados do seu cruzamento e suas predições ajudarão você a descobrir o genótipo da planta misteriosa.

17. **ESCREVA SOBRE UM TEMA: INFORMAÇÃO** A continuidade da vida baseia-se na hereditariedade da informação na forma de DNA. Em um texto sucinto (100-150 palavras), explique como a passagem dos genes dos pais para os descendentes, na forma de determinados alelos, assegura a perpetuação das características dos pais nos descendentes e, ao mesmo tempo, a variação genética entre os descendentes. Utilize termos genéticos na sua redação.

18. **SINTETIZE SEU CONHECIMENTO**

Apenas por diversão, imagine que as listras de uma camiseta são um caractere fenotípico causado por um único gene. Construa uma explicação genética para a aparência da família na fotografia acima, consistente com o "fenótipo das camisetas". Inclua na sua resposta as combinações alélicas presumidas para "listras da camiseta" em cada membro da família. Identifique o padrão de herança mostrado pela criança.

Ver respostas selecionadas no Apêndice A.

15 Base cromossômica da herança

CONCEITOS-CHAVE

15.1 A herança mendeliana tem sua base física no comportamento dos cromossomos *p. 295*

15.2 Genes ligados ao sexo exibem padrões únicos de herança *p. 298*

15.3 Genes ligados tendem a ser herdados juntos, pois estão localizados próximos uns aos outros no mesmo cromossomo *p. 301*

15.4 Alterações no número ou na estrutura dos cromossomos causam alguns distúrbios genéticos *p. 306*

15.5 Alguns padrões de herança são exceções à herança mendeliana padrão *p. 310*

Dica de estudo

Desenhe cromossomos: À medida que trabalha nas questões das legendas das figuras neste capítulo, desenhe os cromossomos para os cruzamentos descritos nas questões. A seguir, é apresentado um diagrama para a questão "E se?" da Figura 15.3. (Aqui, inclua cromossomos sexuais para poder rastrear os descendentes.)

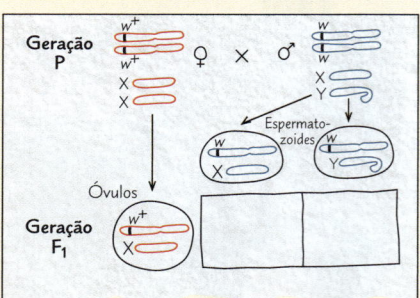

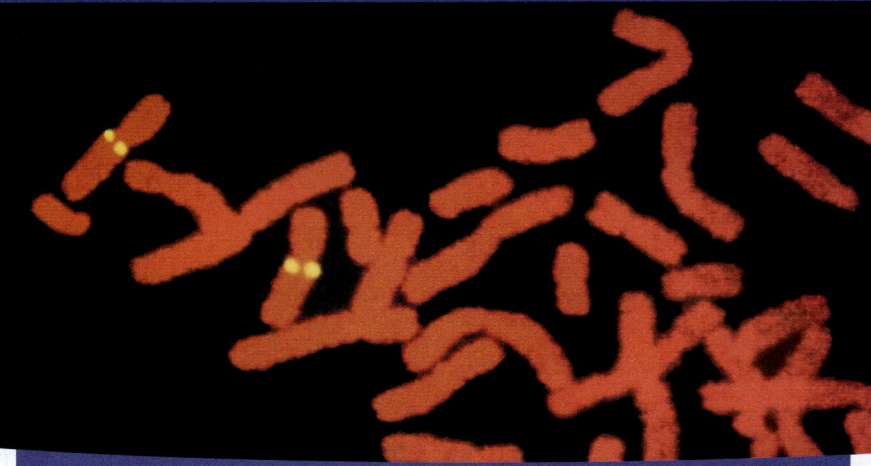

Figura 15.1 Os quatro pontos amarelos indicam as localizações de um gene específico, marcado com um corante fluorescente amarelo, em um par de cromossomos homólogos. Os cromossomos foram duplicados; assim, cada cromossomo tem duas cromátides-irmãs, cada uma com uma cópia do gene. Essa é uma demonstração visual de que os genes – "fatores" de Mendel – são segmentos de DNA localizados ao longo dos cromossomos.

Qual é a relação entre genes e cromossomos?

Os genes estão localizados nos cromossomos.
Nas células diploides, os cromossomos e genes estão presentes em pares.

Os cromossomos duplicam antes da divisão celular. Cada cromossomo duplicado possui duas cópias de cada alelo, uma em cada cromátide-irmã.

Durante a meiose I, os cromossomos homólogos se separam, e os alelos se agregam. Na meiose II, as cromátides-irmãs se separam.

Os genes são passados adiante como unidades distintas.
Cada cromossomo tem uma versão de um gene (um alelo).

Descendentes herdam um alelo de cada progenitor.

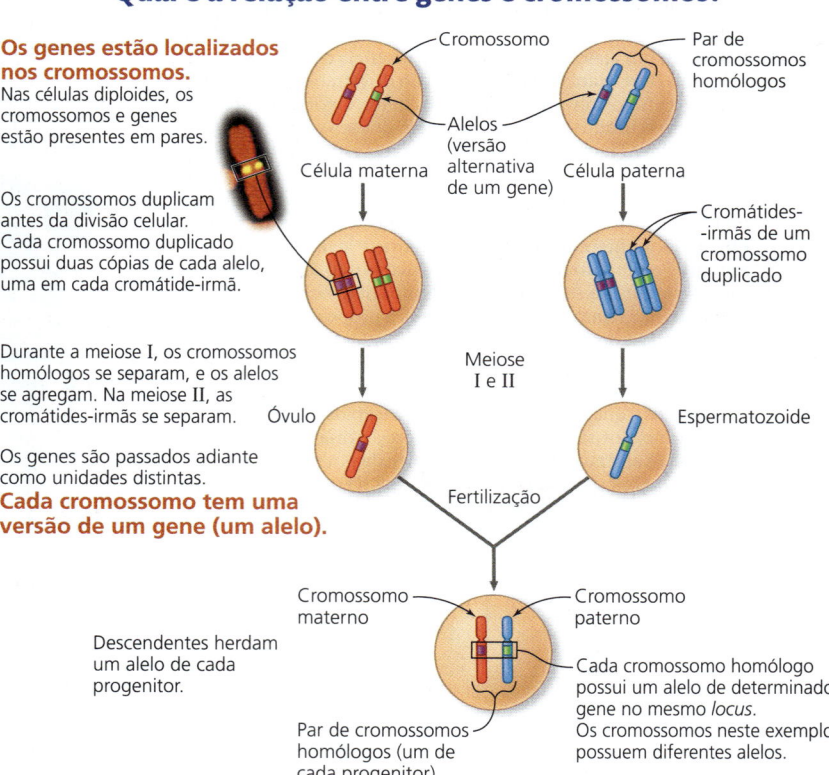

CONCEITO 15.1

A herança mendeliana tem sua base física no comportamento dos cromossomos

Quando Gregor Mendel propôs a existência dos "fatores de hereditariedade" em 1860, nenhuma estrutura celular que pudesse abrigar essas unidades imaginárias havia sido identificada, e a maioria dos biólogos era cética. Quando os processos da mitose e da meiose foram descobertos mais tarde naquele século, os biólogos viram paralelos entre o comportamento dos fatores (genes) propostos por Mendel durante os ciclos de vida sexual e o comportamento dos cromossomos: como mostrado na **Figura 15.1**, tanto cromossomos como genes estão presentes aos pares nas células diploides, e os cromossomos homólogos se separam e os alelos segregam durante o processo de meiose. Após a meiose, a fertilização restabelece a condição pareada tanto para os cromossomos quanto para os genes. Por volta de 1902, Walter S. Sutton, Theodor Boveri e outros observaram esses paralelos de forma independente, e a **teoria cromossômica da herança** começou a ser elaborada. De acordo com essa teoria, os genes mendelianos têm *loci* (sítios) específicos nos cromossomos, e são os cromossomos que sofrem a segregação e a segregação independente.

A primeira evidência sólida que associa um determinado gene a um determinado cromossomo apareceu no início dos anos 1900, a partir do trabalho de Thomas Hunt Morgan, embriologista experimental da Universidade de Colúmbia. Embora Morgan inicialmente tivesse dúvidas tanto sobre a genética de Mendel como sobre a teoria dos cromossomos, seus experimentos iniciais forneceram evidências convincentes de que os cromossomos realmente são o local dos fatores de herança de Mendel.

O organismo experimental escolhido por Morgan

Muitas vezes na história da biologia, descobertas importantes emanaram de escolhas criteriosas, ou de sorte suficiente, de um organismo experimental adequado para o problema científico em questão. Mendel escolheu a ervilha de jardim porque várias diversidades distintas estavam à disposição. Para seu trabalho, Morgan selecionou uma espécie de mosca-da-fruta, *Drosophila melanogaster*, inseto comum que se alimenta de fungos que crescem nas frutas. As moscas-da-fruta são reprodutoras prolíficas; um único cruzamento produz centenas de descendentes e uma nova geração pode ser produzida a cada 2 semanas. O laboratório de Morgan começou usando esse organismo conveniente para estudos genéticos em 1907, e logo ficou conhecido como a "sala das moscas".

Outra vantagem da mosca-da-fruta é que ela possui apenas quatro pares de cromossomos, facilmente distinguíveis com um microscópio óptico. Existem três pares de autossomos e um par de cromossomos sexuais. Moscas-da-fruta fêmeas têm um par de cromossomos X homólogos, e os machos, um cromossomo X e um cromossomo Y.

Enquanto Mendel podia obter prontamente diferentes variedades de ervilhas a partir de fornecedores de sementes,

Tipo selvagem (olhos vermelhos) **Mutante** (olhos brancos)

▲ **Figura 15.2 Primeiro mutante de Morgan.** Moscas *Drosophila* do tipo selvagem possuem olhos vermelhos (à esquerda). Entre suas moscas, Morgan descobriu um macho mutante com olhos brancos (à direita). Essa variação possibilitou a Morgan rastrear um gene para cor dos olhos em um determinado cromossomo.

Morgan provavelmente foi a primeira pessoa a querer diferentes variedades da mosca-da-fruta. Ele encarou a árdua tarefa de realizar vários cruzamentos e, então, inspecionar ao microscópio grandes quantidades de descendentes, à procura de indivíduos diferentes que ocorressem naturalmente. Após muitos meses nesse trabalho, ele lamentou: "Dois anos de trabalho perdidos. Fiquei todo esse tempo cruzando estas moscas e não consegui nada com isso". Entretanto, Morgan persistiu e finalmente foi recompensado com a descoberta de uma única mosca macho com olhos brancos, em vez dos olhos normais vermelhos. O fenótipo para uma característica mais comumente observada nas populações naturais, como olhos vermelhos em *Drosophila*, é chamado de **tipo selvagem** (**Figura 15.2**). Características alternativas ao tipo selvagem, como olhos brancos em *Drosophila*, são chamadas de *fenótipos mutantes*, pois se devem a alelos originalmente do tipo selvagem, que sofreram alterações, ou mutações.

Morgan e seus alunos inventaram uma notação para simbolizar os alelos de *Drosophila*, ainda amplamente utilizada para mosca-da-fruta. Para um dado caractere em moscas, o gene toma o símbolo a partir do primeiro mutante descoberto (tipo não selvagem). Assim, o alelo para olhos brancos em *Drosophila* é simbolizado por w (do inglês *wild*). Um + sobrescrito identifica o alelo para a característica tipo selvagem: w^+ para o alelo dos olhos vermelhos, por exemplo. Com o passar dos anos, uma variedade de sistemas de notação de genes foi desenvolvida para diferentes organismos. Por exemplo, genes humanos normalmente são escritos todos em letras maiúsculas, como *HTT* para o gene envolvido na doença de Huntington. (Mais de uma letra pode ser usada para um alelo, como em *HTT*.)

Pesquisa científica: correlacionando o comportamento dos alelos de um gene com o comportamento de um par de cromossomos

Morgan cruzou sua mosca macho de olhos brancos com uma fêmea de olhos vermelhos. Toda a descendência F_1 apresentou olhos vermelhos, sugerindo que o alelo do tipo selvagem é dominante. Quando Morgan cruzou as moscas F_1 entre elas, ele observou a proporção fenotípica clássica de 3:1 entre os descendentes F_2. Entretanto, ocorreu um resultado adicional surpreendente: a característica de olhos brancos apareceu apenas nos machos. Todas as fêmeas F_2 tinham olhos vermelhos, enquanto metade dos machos tinha olhos vermelhos, e a outra metade, olhos brancos. Assim, Morgan concluiu que de alguma forma a cor dos olhos das moscas estava correlacionada ao sexo. (Se o gene para cor dos olhos não estivesse relacionado ao sexo, seria esperado que metade das moscas de olhos brancos fossem fêmeas.)

Lembre-se de que moscas fêmeas têm dois cromossomos X (XX), e moscas machos têm um X e um Y (XY). A correlação entre a característica de cor de olhos brancos e o sexo masculino das moscas F_2 afetadas sugeriu a Morgan que o gene envolvido no seu mutante de olhos brancos estava localizado exclusivamente no cromossomo X, sem presença de nenhum alelo correspondente no cromossomo Y. Seu raciocínio pode ser acompanhado na **Figura 15.3**. Para um macho, uma única cópia do alelo mutante conferiria olhos brancos; uma vez que um macho possui apenas um cromossomo X, não pode haver um alelo do tipo selvagem (w^+) presente para equilibrar o alelo recessivo. Por outro lado, uma fêmea poderia ter olhos brancos se ambos os seus cromossomos X carregassem o alelo mutante recessivo (w). Isso seria impossível para as fêmeas F_2 no experimento de Morgan, pois todos os pais (machos) de F_1 tinham olhos vermelhos, e, assim, cada fêmea F_2 recebeu um alelo w^+ no cromossomo X herdado do pai.

A descoberta de Morgan sobre a correlação entre uma determinada característica e o sexo de um indivíduo forneceu suporte para a teoria de herança dos cromossomos: ou seja, que um gene específico está localizado em um cromossomo específico. Nesse caso, o gene para cor dos olhos está localizado no cromossomo X.

A **Figura 15.4** ilustra a relação entre a teoria de herança do cromossomo e as leis de Mendel. A separação dos homólogos durante a anáfase I pode explicar a segregação dos dois alelos de um gene para gametas separados, e o rearranjo randômico de pares de cromossomos na metáfase I pode explicar a segregação independente dos alelos para dois ou mais genes localizados em pares homólogos diferentes. Essa figura mostra o mesmo cruzamento de ervilhas di-híbridas observado na Figura 14.8. Estudando com cuidado a Figura 15.4, é possível perceber como o comportamento dos cromossomos, durante a meiose na geração F_1 e subsequente fertilização aleatória, dá origem à proporção fenotípica de F_2 observada por Mendel.

Além disso, para mostrar que um determinado gene está localizado em determinado cromossomo, o trabalho de Morgan indicou que os genes localizados em um cromossomo sexual exibem padrões de herança exclusivos, que discutiremos na próxima seção. Ao reconhecer a importância do trabalho inicial de Morgan, vários estudantes exemplares foram atraídos para sua sala das moscas.

REVISÃO DO CONCEITO 15.1

1. **E SE?** Proponha uma possível razão para explicar por que a primeira mosca-da-fruta mutante observada por Morgan, e ocorrida naturalmente, envolvia um gene em um cromossomo sexual e foi encontrada em um macho.
2. Qual das leis de Mendel descreve a herança de alelos para um único caractere? Qual lei se relaciona à herança de alelos para dois caracteres em um cruzamento di-híbrido?
3. **FAÇA CONEXÕES** Reveja a descrição de meiose (ver Figura 13.8) e as leis de Mendel de segregação e segregação independente (ver Conceito 14.1). Qual é a base física de cada uma das leis de Mendel?

Ver as respostas sugeridas no Apêndice A.

▼ **Figura 15.3** Pesquisa

Em um cruzamento entre uma mosca-da-fruta fêmea do tipo selvagem e um mutante macho de olhos brancos, qual cor de olhos terão as descendências F_1 e F_2?

Experimento Thomas Hunt Morgan queria analisar o comportamento de dois alelos de um gene para cor dos olhos da mosca-da-fruta. Em cruzamentos semelhantes aos realizados por Mendel com ervilhas, Morgan e colaboradores cruzaram uma fêmea do tipo selvagem (olhos vermelhos) com um macho mutante de olhos brancos.

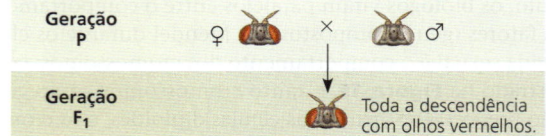

Então, Morgan cruzou uma fêmea F_1 de olhos vermelhos com um macho F_1 de olhos vermelhos para produzir a geração F_2.

Resultados A geração F_2 mostrou uma proporção mendeliana típica de 3 moscas de olhos vermelhos : 1 mosca de olhos brancos. Entretanto, todas as moscas de olhos brancos eram machos; nenhuma fêmea apresentou a característica de olhos brancos.

Conclusão Toda a descendência F_1 apresentou olhos vermelhos; por isso, a característica mutante de olhos brancos (w) deve ser recessiva em relação à característica de olhos vermelhos do tipo selvagem (w^+). Uma vez que a característica recessiva – olhos brancos – foi expressa apenas em machos na geração F_2, Morgan deduziu que esse gene para cor dos olhos está localizado no cromossomo X e que não existe *locus* correspondente no cromossomo Y.

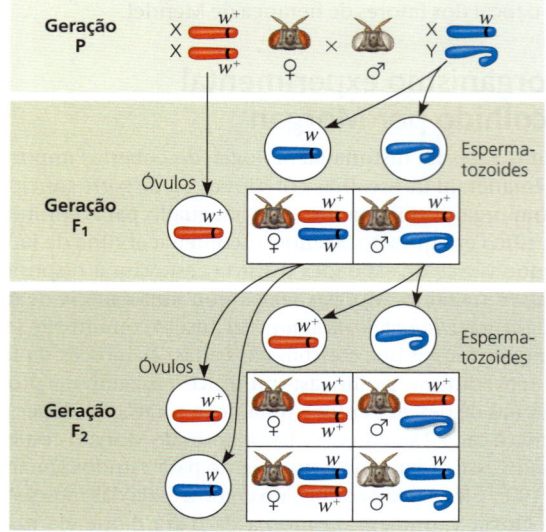

Dados de T.H. Morgan, Sex-limited inheritance in *Drosophila*, Science 32: 120-122 (1910).

E SE? *Suponha que esse gene para cor de olhos estivesse localizado em um autossomo, em vez de estar em um cromossomo sexual. Preveja os fenótipos (incluindo sexo) das moscas F_2 desse cruzamento hipotético. (Dica: desenhe quadros de Punnett, incluindo os cromossomos, para as gerações F_1 e F_2; ver "Dica de estudo".)*

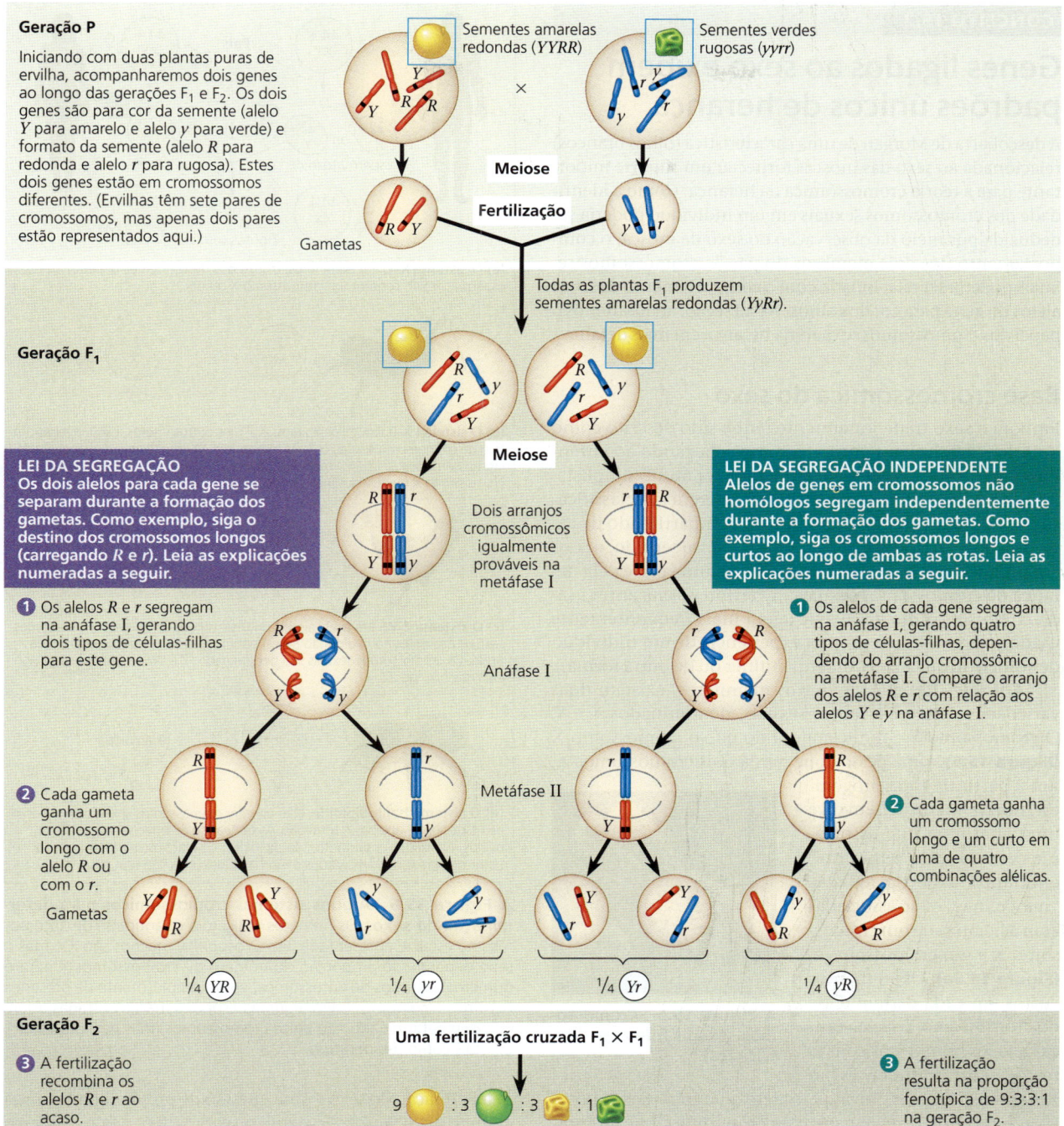

▲ **Figura 15.4 Base cromossômica das leis de Mendel.** Aqui, correlacionamos os resultados de um dos cruzamentos di-híbridos de Mendel (ver Figura 14.8) com o comportamento dos cromossomos durante a meiose (ver Figura 13.8). O arranjo dos cromossomos na metáfase I da meiose e seu movimento durante a anáfase I explicam, respectivamente, a segregação e a segregação independente dos alelos para cor da semente e formato da semente. Cada célula que sofre a meiose em uma planta F_1 produz dois tipos de gametas. Entretanto, se levarmos em consideração os resultados para todas as células, cada planta F_1 produz números iguais dos quatro tipos de gametas, pois os arranjos cromossômicos alternativos na metáfase I são igualmente prováveis.

❓ *Se você cruzou uma planta F_1 acima com uma planta homozigota recessiva para ambos os genes (yyrr), como seria a proporção fenotípica da descendência comparada com a proporção 9:3:3:1 observada aqui?*

CONCEITO 15.2

Genes ligados ao sexo exibem padrões únicos de herança

A descoberta de Morgan de uma característica (olhos brancos) relacionada ao sexo das moscas forneceu um suporte importante para a teoria cromossômica da herança. Como a identidade dos cromossomos sexuais em um indivíduo poderia ser deduzida por meio da observação do sexo da mosca, o comportamento dos dois membros do par de cromossomos sexuais poderia ser relacionado com o comportamento dos dois alelos do gene para cor dos olhos. Nesta seção, analisaremos o papel dos cromossomos sexuais na herança em mais detalhes.

Base cromossômica do sexo

Embora o sexo tradicionalmente tenha sido descrito como binário – macho ou fêmea –, estamos chegando ao entendimento de que essa classificação pode ser muito simplista. Aqui, usamos o termo sexo para fazer referência à classificação em um grupo com um conjunto compartilhado de características anatômicas e fisiológicas. Nesse sentido, o sexo em muitas espécies é determinado em grande parte pela herança de cromossomos sexuais. (O termo *gênero*, antes usado como sinônimo de sexo, é agora mais frequentemente usado para se referir à própria experiência de um indivíduo de se identificar como homem, mulher ou de outra forma.)

Em seres humanos e outros mamíferos, existem duas variedades de cromossomos sexuais, denominados X e Y. O cromossomo Y é muito menor do que o cromossomo X **(Figura 15.5)**. Uma pessoa que herda dois cromossomos X, um a partir de cada progenitor, normalmente desenvolve uma anatomia que associamos com o sexo "feminino", enquanto as propriedades "masculinas" estão associadas com a herança de um cromossomo X e um cromossomo Y **(Figura 15.6a)**. Os segmentos curtos em cada extremidade do cromossomo Y são as únicas regiões homólogas com as regiões correspondentes no X. Essas regiões homólogas permitem que os cromossomos X e Y nos machos formem pares e se comportem como cromossomos homólogos durante a meiose nos testículos.

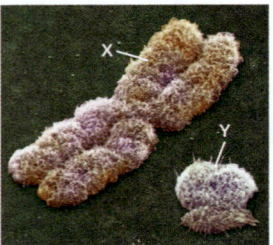

▲ **Figura 15.5** Cromossomos sexuais humanos (duplicados).

Tanto nos testículos como nos ovários, os dois cromossomos sexuais segregam durante a meiose. Cada óvulo recebe um cromossomo X. Em contrapartida, os espermatozoides se dividem em duas categorias: metade das células espermáticas que um homem produz recebe um cromossomo X, e a outra metade recebe um cromossomo Y. Podemos rastrear o sexo de cada descendente até os eventos da concepção: se uma célula espermática que carrega um cromossomo X fertilizar um óvulo, o zigoto é XX, uma fêmea; se uma célula espermática que contém um cromossomo Y fertilizar um óvulo, o zigoto é XY, um macho (ver Figura 15.6a). Dessa forma, em geral, a determinação do sexo é uma questão de probabilidade – uma chance de 50%. Observe que o sistema X-Y dos mamíferos não é o único sistema cromossômico para determinar o sexo. A **Figura 15.6b-d** ilustra três outros sistemas.

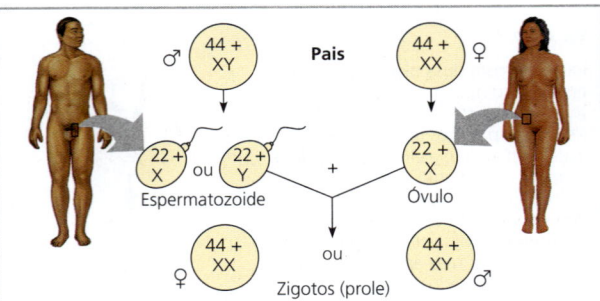

(a) O sistema X-Y. Em mamíferos, o sexo dos descendentes depende se o espermatozoide contém um cromossomo X ou um Y.

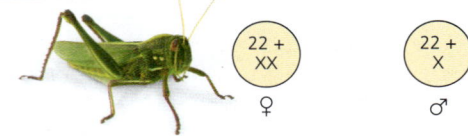

(b) O sistema X-0. Em grilos, baratas e alguns outros insetos, existe apenas um tipo de cromossomo sexual, o X. As fêmeas são XX; os machos têm apenas um cromossomo sexual (X0). O sexo da prole é determinado pela presença de um cromossomo X ou pela ausência de cromossomo sexual na célula espermática.

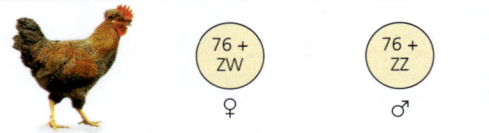

(c) O sistema Z-W. Em aves, alguns peixes e alguns insetos, os cromossomos sexuais presentes no óvulo (não no espermatozoide) determinam o sexo da prole. Os cromossomos sexuais são denominados Z e W. As fêmeas são ZW, e os machos são ZZ.

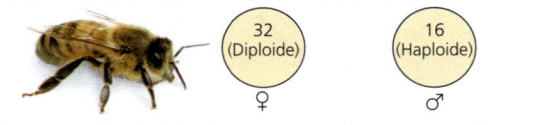

(d) O sistema haplodiploide. Não existem cromossomos sexuais na maioria das espécies de abelhas e formigas. As fêmeas se desenvolvem a partir de óvulos fertilizados e, portanto, são diploides. Os machos se desenvolvem a partir de óvulos não fertilizados e são haploides; eles não têm pai.

▲ **Figura 15.6** Alguns sistemas cromossômicos para determinação do sexo. Os números indicam a quantidade de autossomos na espécie apresentada. Em *Drosophila*, machos são XY, mas o sexo depende da proporção do número de cromossomos X para o número de grupos de autossomos, e não simplesmente da presença de um cromossomo Y. Em algumas espécies (não mostradas aqui), o sexo é determinado não pelos cromossomos, mas por fatores ambientais como temperatura.

Em seres humanos, as pistas anatômicas do sexo começam a surgir quando o embrião tem cerca de 2 meses de idade. Antes disso, os rudimentos das gônadas são genéricos – podem originar testículos ou ovários, dependendo da presença ou da ausência do cromossomo Y e de quais genes estão ativos. Um gene no cromossomo Y – chamado *SRY* (do inglês *sex-determining region of Y* [região do Y para determinação do sexo]) – é necessário para o desenvolvimento dos testículos. Na ausência de *SRY*, as gônadas se desenvolvem em ovários, mesmo em um embrião XY.

Um gene localizado em qualquer cromossomo sexual é chamado de **gene ligado ao sexo**. O cromossomo X humano contém aproximadamente 1.100 genes, que são chamados de **genes ligados ao X**, enquanto os genes localizados no cromossomo Y são chamados de *genes ligados ao Y*. No cromossomo Y humano, os pesquisadores identificaram 78 genes, que codificam cerca de 25 proteínas (alguns genes são duplicados). Cerca de metade desses genes é expressa apenas nos testículos, e alguns são necessários para o funcionamento normal dos testículos e para a produção de espermatozoides normais. O cromossomo Y é passado de um pai para todos os seus filhos, praticamente intacto. Como há poucos genes ligados ao Y, poucos distúrbios são transferidos de pai para filho no cromossomo Y.

O desenvolvimento de gônadas femininas nos humanos requer um gene chamado *WNT4* (no cromossomo 1, um autossomo), o qual codifica uma proteína que promove o desenvolvimento do ovário. Um embrião que é XY, mas tem cópias extras do gene *WNT4* pode desenvolver gônadas femininas rudimentares. Em geral, o sexo é determinado pelas interações de uma rede de produtos gênicos como esses.

As características bioquímicas, fisiológicas e anatômicas associadas com "machos" e "fêmeas" estão se tornando mais complicadas do que se pensava anteriormente, com muitos genes envolvidos em seu desenvolvimento. Por causa da complexidade desse processo, existem muitas variações: alguns indivíduos variam no número de cromossomos sexuais nas suas células (ver Conceito 15.4), e outros nascem com características sexuais intermediárias (*intersexo*) ou com características anatômicas que não correspondem ao senso do indivíduo de seu próprio sexo (indivíduos *transgêneros*). A determinação do sexo é uma área ativa da pesquisa que provavelmente gerará uma compreensão mais sofisticada nos próximos anos.

Herança de genes ligados ao X

O fato de machos e fêmeas herdarem um número diferente de cromossomos X conduz a um padrão de hereditariedade diferente daquele produzido por genes localizados nos autossomos. Enquanto existem alguns poucos genes ligados ao Y, muitos dos quais ajudam a determinar o sexo, os cromossomos X têm vários genes para caracteres não relacionados ao sexo. Em seres humanos, os genes ligados ao X seguem o mesmo padrão de herança que Morgan observou para o *locus* da cor dos olhos estudado em *Drosophila* (ver Figura 15.3). Os pais passam os alelos ligados ao X para todas as filhas, mas para nenhum dos filhos. Ao contrário, as mães podem passar os alelos ligados ao X tanto para filhos como para filhas, como mostrado na **Figura 15.7** para a herança de um distúrbio moderado ligado ao X, a cegueira para as cores vermelha e verde.

Se uma característica ligada ao X decorre de um alelo recessivo, uma fêmea apenas expressará o fenótipo se for homozigota para aquele alelo. Como os machos têm apenas um *locus*, os termos *homozigoto* e *heterozigoto* não têm sentido para descrever seus genes ligados ao X; o termo *hemizigoto* é utilizado nesses casos. Qualquer macho que receba o alelo recessivo a partir de sua mãe expressará a característica. Por essa razão, muito mais machos do que fêmeas têm distúrbios recessivos ligados ao X. Entretanto, mesmo que a chance de uma fêmea herdar uma dose dupla do alelo mutante seja muito menor do que a probabilidade de um macho herdar uma única dose, *existem* fêmeas com distúrbios ligados ao X. Por exemplo, o daltonismo quase sempre é herdado como característica ligada ao X. Uma filha daltônica pode nascer de pai daltônico cuja esposa seja portadora (ver Figura 15.7c). Como o alelo ligado ao X para daltonismo é relativamente raro, a probabilidade de um homem daltônico casar com uma mulher portadora é baixa.

Alguns distúrbios humanos ligados ao X são muito mais graves do que o daltonismo, como a **distrofia muscular de Duchenne**, que afeta cerca de 1 a cada 5 mil homens nascidos nos Estados Unidos. A doença é caracterizada por um enfraquecimento progressivo dos músculos e perda da coordenação. A expectativa de vida dos indivíduos afetados é de cerca de 20 anos. Pesquisadores ligaram o distúrbio à ausência de uma proteína muscular chamada distrofina e localizaram o gene para essa proteína em um *locus* específico no cromossomo X. Como o gene é conhecido, a terapia gênica está sendo explorada.

A **hemofilia** é um distúrbio recessivo ligado ao X, definida pela ausência de uma ou mais proteínas necessárias para a coagulação sanguínea. Quando uma pessoa com hemofilia

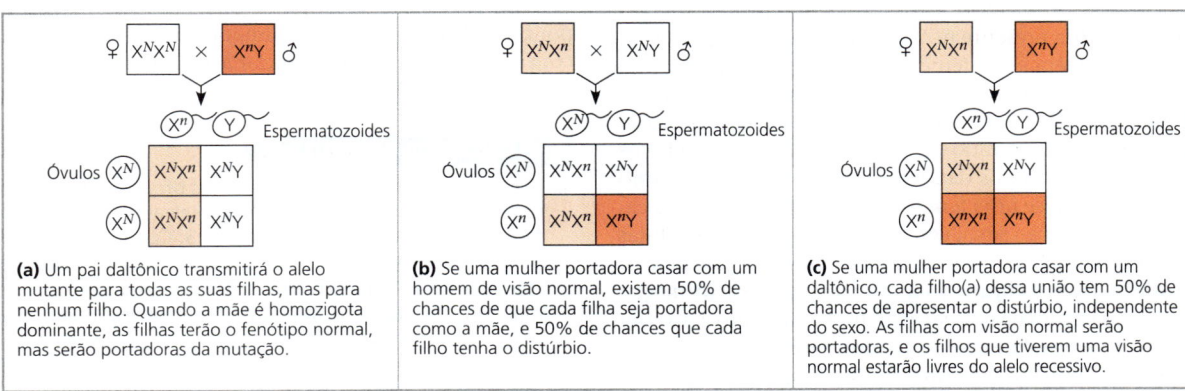

▲ **Figura 15.7 A transmissão de características recessivas ligadas ao X.** Neste diagrama, o daltonismo é utilizado como exemplo. O N sobrescrito representa o alelo dominante para visão normal carregado pelo cromossomo X, e o n sobrescrito representa o alelo recessivo, que possui uma mutação que causa o daltonismo. Os quadrados brancos indicam os indivíduos não afetados, os quadrados em cor laranja-clara indicam os portadores, e os quadrados em cor laranja-escura, os indivíduos daltônicos.

❓ *Se uma mulher daltônica se casasse com um homem de visão normal, quais seriam os prováveis fenótipos das crianças?*

se fere, o sangramento é prolongado, pois a formação de um coágulo firme é lenta. Pequenos cortes na pele normalmente não causam problema, mas sangramentos nos músculos ou nas articulações podem ser dolorosos e levar a danos graves. Nos anos 1800, a hemofilia estava disseminada entre as famílias reais da Europa. Sabe-se que a Rainha Vitória da Inglaterra passou o alelo para vários de seus descendentes. Os casamentos seguintes com membros da família real de outras nações, como Espanha e Rússia, disseminaram ainda mais essa característica ligada ao X, e a sua incidência está bem documentada na árvore genealógica real. Há alguns anos, novas técnicas genômicas permitiram o sequenciamento, a partir de quantidades muito pequenas, do DNA isolado dos restos mortais dos membros da família real. Atualmente, se conhece a base genética da mutação e como ela resulta em um fator de coagulação sanguínea não funcional. Hoje, pessoas com hemofilia são tratadas, quando necessário, com injeções intravenosas da proteína ausente.

Inativação do X em fêmeas de mamíferos

Uma vez que fêmeas de mamíferos, incluindo fêmeas humanas, herdam dois cromossomos X – o dobro do número herdado pelos machos –, você poderia se perguntar se as fêmeas produzem o dobro das proteínas codificadas pelos genes ligados ao X, comparado às quantidades nos machos. Na verdade, um cromossomo X em cada célula nas fêmeas torna-se quase completamente inativado durante o desenvolvimento embrionário. Como resultado, as células das fêmeas e dos machos têm a mesma dose efetiva (uma cópia ativa) da maioria dos genes ligados ao X. O X inativo em cada célula de fêmea condensa na forma de um objeto compacto chamado **corpúsculo de Barr** (descoberto pelo anatomista canadense Murray Barr), que se encontra dentro do envelope nuclear. A maioria dos genes do cromossomo X que forma o corpúsculo de Barr não é expressa. Entretanto, nos ovários, os cromossomos corpúsculos de Barr são reativados nas células que dão origem aos óvulos; como resultado, cada gameta feminino (óvulo) tem um X ativo após a meiose.

A geneticista britânica Mary Lyon demonstrou que a seleção de qual cromossomo X formará um corpúsculo de Barr ocorre de forma aleatória e independente em cada célula embrionária presente no momento da inativação do X. Como consequência, as fêmeas consistem em um *mosaico* de dois tipos de células: aquelas com o X ativo derivado do pai e aquelas com o X ativo derivado da mãe. Depois que um cromossomo X é inativado em determinada célula, todos os descendentes mitóticos daquela célula possuem o mesmo X inativo. Assim, se uma fêmea é heterozigota para uma característica ligada ao sexo, cerca de metade das suas células expressarão um alelo, ao passo que as outras expressarão o alelo alternativo. A **Figura 15.8** mostra como essa formação de mosaicos resulta na coloração manchada de um gato com pelagem tartaruga. Em seres humanos, a formação de mosaicos pode ser observada em uma mutação recessiva ligada ao X que previne o desenvolvimento das glândulas sudoríparas. Uma mulher heterozigota para essa característica tem áreas de pele normal e áreas de pele sem glândulas sudoríparas.

A inativação de um cromossomo X envolve a modificação do DNA e proteínas ligadas a ele, chamadas histonas,

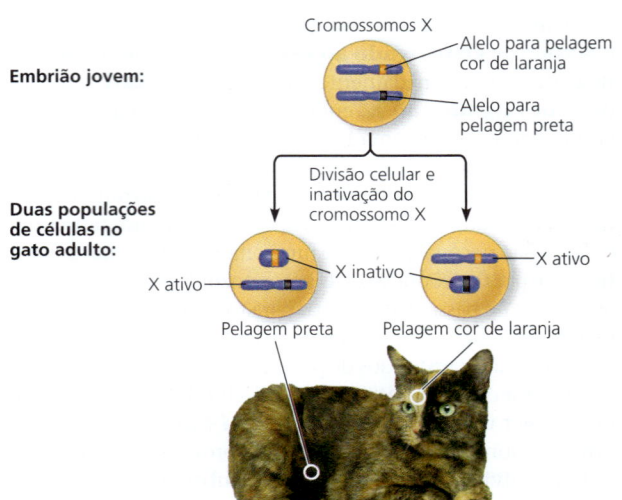

▲ **Figura 15.8** Inativação do X e o gato de pelagem "casco de tartaruga". O gene para pelagem "casco de tartaruga" está no cromossomo X, e o fenótipo dessa pelagem requer a presença de dois alelos diferentes, um para pelagem de cor laranja e um para pelagem preta. Normalmente, apenas as fêmeas podem ter ambos os alelos, pois só elas possuem dois cromossomos X. Se uma fêmea for heterozigota para o gene de pelagem "casco de tartaruga", ela terá pelagem "casco de tartaruga". Manchas de cor laranja são formadas por populações de células nas quais o cromossomo X com o alelo da cor laranja é ativo; manchas pretas têm células nas quais o cromossomo X com o alelo para cor preta está ativo. (Gatos tricolores ou cálicos também apresentam áreas brancas, determinadas por outro gene.)

incluindo a ligação de grupamentos metila (—CH_3) aos nucleotídeos do DNA. (O papel regulador da metilação do DNA será discutido no Conceito 18.2.) Certa região de cada cromossomo X contém alguns genes envolvidos na inativação do processo. As duas regiões, uma em cada cromossomo X, associam-se brevemente uma com a outra em cada célula em um estágio inicial do desenvolvimento embrionário. Então, um dos genes, chamado *XIST* (do inglês *X-inactive specific transcript* [transcrito específico do X inativo]), torna-se ativo *apenas* no cromossomo que se tornará corpúsculo de Barr (o X inativo). Aparentemente, múltiplas cópias do produto de RNA desse gene se ligam ao cromossomo X onde são produzidas, por fim cobrindo-o quase totalmente. A interação desse RNA com o cromossomo parece iniciar a inativação do X, e os produtos de RNA de genes próximos ajudam a regular o processo.

REVISÃO DO CONCEITO 15.2

1. Uma mosca-da-fruta fêmea de olhos brancos é cruzada com um macho de olhos vermelhos (tipo selvagem) – o cruzamento recíproco mostrado na Figura 15.3. Quais fenótipos e genótipos você prevê para a prole a partir desse cruzamento?
2. Nem Tim nem Shonda têm distrofia muscular de Duchenne, mas seu primogênito sim. Qual é a probabilidade de uma segunda criança desse casal ter a doença? Qual é a probabilidade se esse segundo filho for menino? E se for menina?
3. **FAÇA CONEXÕES** Considere o que você aprendeu sobre alelos dominantes e recessivos no Conceito 14.1. Se um distúrbio foi causado por um alelo dominante ligado ao X, qual seria a diferença do padrão de herança daquele observado para distúrbios recessivos ligados ao X?

Ver as respostas sugeridas no Apêndice A.

CONCEITO 15.3

Genes ligados tendem a ser herdados juntos, pois estão localizados próximos uns aos outros no mesmo cromossomo

O número de genes em uma célula é muito maior do que o número de cromossomos; na verdade, cada cromossomo (exceto o Y) tem centenas ou milhares de genes. Genes localizados no mesmo cromossomo próximos uns aos outros tendem a ser herdados juntos nos cruzamentos genéticos; diz-se que esses genes estão ligados geneticamente e, por isso, são chamados de **genes ligados**. Quando os geneticistas acompanharam os genes ligados em experimentos de cruzamento, os resultados desviaram daqueles esperados a partir da lei de Mendel sobre a segregação independente.

Como a ligação afeta a herança

Para ver como a ligação entre genes afeta a herança de dois caracteres diferentes, examinaremos outros experimentos de Morgan com *Drosophila*. Nesse caso, os caracteres são cor do corpo e tamanho das asas, cada um com dois fenótipos diferentes. Moscas do tipo selvagem têm corpo de cor cinza e asas do tamanho normal. Além dessas moscas, Morgan conseguiu, por cruzamento, obter moscas duplamente mutantes com corpos pretos e asas muito menores do que o normal, chamadas asas vestigiais. Os alelos mutantes são recessivos aos alelos do tipo selvagem, e nenhum dos genes está em um cromossomo sexual. Na sua investigação sobre esses dois genes, Morgan realizou os cruzamentos mostrados na **Figura 15.9**.

▼ Figura 15.9 Pesquisa

Como a ligação entre dois genes afeta a herança dos caracteres?

Experimento Morgan queria saber se os genes para cor do corpo e tamanho das asas estavam ligados geneticamente e, caso estivessem, como isso afetaria sua herança. Os alelos para cor do corpo são b^+ (cinza) e b (preto), e aqueles para tamanho das asas são vg^+ (normal) e vg (vestigial).

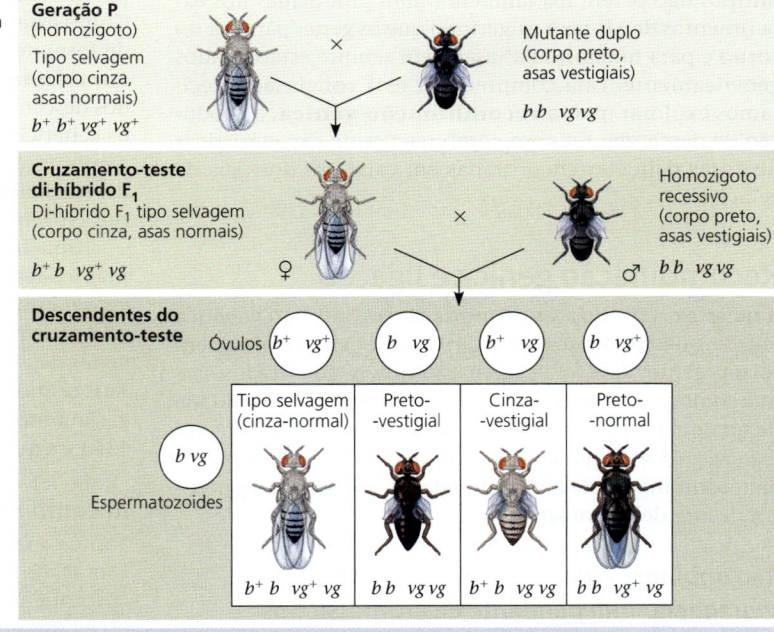

Morgan cruzou moscas da geração P (parentais) puras – moscas do tipo selvagem com moscas pretas com asas vestigiais – para produzir di-híbridos F₁ heterozigotos ($b^+ b$ $vg^+ vg$), todos com aparência de tipo selvagem.

Então, Morgan cruzou fêmeas di-híbridas F₁ do tipo selvagem com machos recessivos homozigotos. Esse cruzamento-teste revelará o genótipo dos óvulos produzidos pelas fêmeas di-híbridas.

Os espermatozoides dos machos do cruzamento-teste contribuem apenas com alelos recessivos; por isso, o fenótipo dos descendentes reflete o genótipo dos óvulos das fêmeas.

Nota: Embora apenas as fêmeas (com abdome pontiagudo) estejam mostradas, metade dos descendentes em cada classe seria macho (com abdome arredondado).

Proporções previstas dos descendentes do cruzamento-teste					
se os genes estivessem localizados em cromossomos diferentes:	1	1	1	1
se os genes estivessem localizados no mesmo cromossomo e os alelos parentais fossem sempre herdados juntos:	1	1	0	0
Dados dos experimentos de Morgan:	965	944	206	185

Resultados

Conclusão Uma vez que a maioria dos descendentes apresenta um fenótipo parental (geração P), Morgan concluiu que os genes para cor do corpo e tamanho das asas estão ligados geneticamente no mesmo cromossomo. Entretanto, a produção de um número relativamente pequeno de descendentes com fenótipos não parentais indicou que algum mecanismo ocasionalmente quebra a ligação entre os genes em um mesmo cromossomo.

Dados de T.H. Morgan e C.J. Lynch, The linkage of two factors in *Drosophila* that are not sex-linked, *Biological Bulletin* 23:174-182 (1912).

E SE? *Se as moscas parentais (geração P) tivessem sido cruzadas para corpo de cor cinza com asas vestigiais e corpo preto com asas normais, qual(is) classe(s) fenotípica(s) seria(m) maior(es) entre os descendentes do cruzamento-teste?*

O primeiro foi um cruzamento da geração P para gerar moscas di-híbridas F_1, e o segundo foi um cruzamento-teste.

As moscas resultantes apresentaram uma proporção muito mais alta das combinações de características observadas nas moscas da geração P (chamadas fenótipos parentais) do que seria esperado se os dois genes tivessem segregado independentemente. Assim, Morgan concluiu que a cor do corpo e o tamanho das asas são normalmente herdadas juntos em combinações específicas (as combinações parentais), pois os genes estão ligados; estão próximos um do outro no mesmo cromossomo:

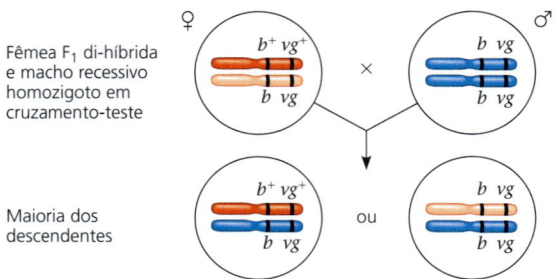

Como mostra a Figura 15.9, as duas combinações de características não observadas na geração P (chamadas fenótipos não parentais) também foram produzidas nos experimentos de Morgan, sugerindo que os genes para cor do corpo e para tamanho das asas nem sempre estão ligados geneticamente. Para compreender essa conclusão, precisamos explorar mais a **recombinação gênica**, a produção de descendentes com combinações de características distintas daquelas encontradas em cada um dos pais da geração P.[1]

Recombinação gênica e ligação

A meiose e a fertilização aleatória geram variação genética entre os descendentes de organismos que se reproduzem sexualmente, devido à segregação independente dos cromossomos, ao *crossing over* na meiose I e à possibilidade de qualquer espermatozoide fertilizar qualquer óvulo (ver Conceito 13.4). Aqui, vamos examinar a base cromossômica da recombinação de alelos em relação aos achados genéticos de Mendel e Morgan.

Recombinação de genes não ligados: segregação independente de cromossomos

A partir de cruzamentos em que foram acompanhados dois caracteres, Mendel aprendeu que alguns descendentes têm combinações de características que não combinam com aquelas de cada um dos pais. Por exemplo, podemos representar o cruzamento entre uma planta de ervilha com sementes amarelas redondas, heterozigota tanto para cor como para formato da semente (*YyRr*), e uma planta homozigota para ambos os alelos recessivos (com sementes verdes rugosas, *yyrr*). (Esse cruzamento funciona como um teste de cruzamento, pois os resultados revelarão o genótipo não apenas da planta *YyRr* di-híbrida, que conhecemos, mas dos gametas produzidos naquela planta.) Vamos representar o cruzamento pelo seguinte quadro de Punnett:

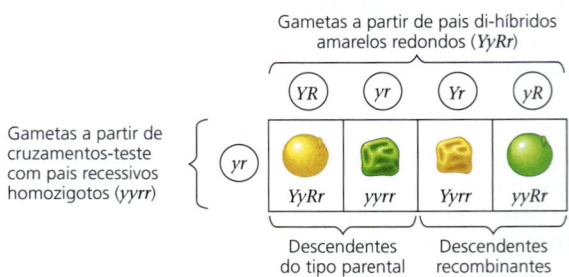

Observe, neste quadro de Punnett, que se espera que metade dos descendentes herde um fenótipo que combine com um dos fenótipos da geração P (parental), originalmente cruzada para produzir os di-híbridos F_1 (ver Figura 15.2). Esses descendentes são chamados de **tipos parentais** (abreviação para fenótipos). Mas dois fenótipos não parentais também são observados entre os descendentes. Como esses descendentes apresentam novas combinações de formato e cor de semente, são chamados de **tipos recombinantes**, ou apenas **recombinantes**. Quando 50% dos descendentes são recombinantes, como neste exemplo, os geneticistas dizem que há uma frequência de 50% de recombinação. As proporções fenotípicas previstas entre os descendentes são semelhantes às encontradas por Mendel nos cruzamentos *YyRr* × *yyrr*.

Uma frequência de recombinação de 50% nesses cruzamentos-teste é observada em quaisquer dois genes que estiverem localizados em cromossomos diferentes e, por isso, não podem ser ligados. A base física de recombinação entre genes não ligados é a orientação randômica dos cromossomos homólogos na metáfase I da meiose, que leva à segregação independente dos dois genes não ligados (ver Figura 13.11 e a questão na legenda da Figura 15.4).

Recombinação de genes ligados: crossing over

Vamos explicar os resultados do cruzamento-teste de *Drosophila* na Figura 15.9. Relembre que a maioria (83%) dos descendentes a partir do cruzamento-teste para cor do corpo e tamanho das asas apresenta fenótipos parentais. Isso sugere que os dois genes estavam no mesmo cromossomo, já que a ocorrência de tipos parentais com frequência maior do que 50% indica que os genes estão ligados. Entretanto, cerca de 17% dos descendentes eram recombinantes.

Perante esses resultados, Morgan propôs que algum processo deve quebrar ocasionalmente a conexão física entre os genes no mesmo cromossomo. Experimentos subsequentes demonstraram que esse processo, agora chamado ***crossing over*** (permutação), explica a recombinação de genes ligados. No *crossing over*, que ocorre enquanto cromossomos homólogos replicados são pareados durante a

---

[1] À medida que você avança, tenha em mente a diferença entre os termos *genes ligados* (dois ou mais genes no mesmo cromossomo que tendem a ser herdados juntos) e *gene ligado ao sexo* (um único gene em um cromossomo sexual).

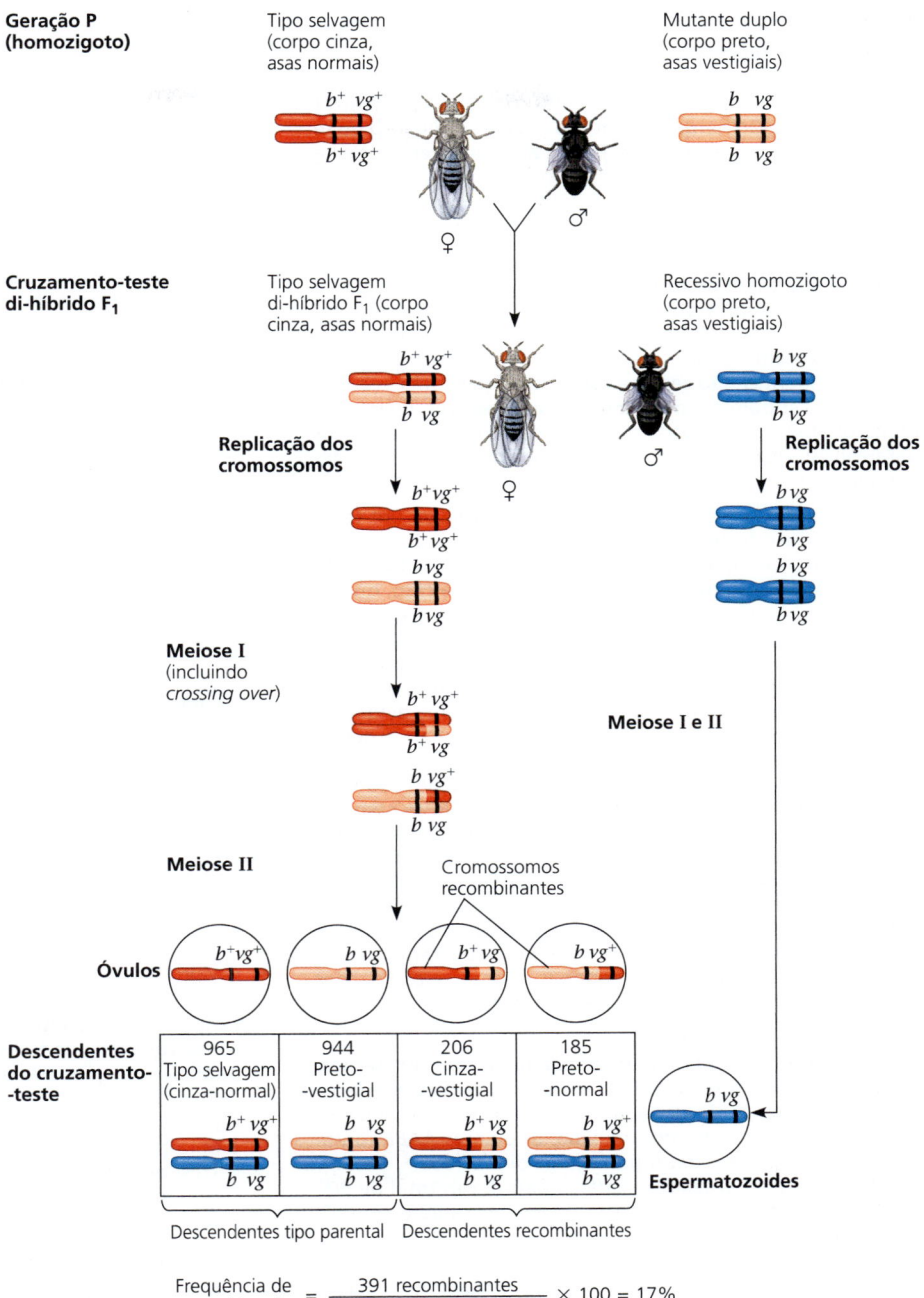

▶ **Figura 15.10 Base cromossômica para recombinação de genes ligados.** Nestes diagramas que recriam os cruzamentos-teste da Figura 15.9, acompanhamos tanto os cromossomos como os genes. Os cromossomos maternos (aqueles presentes no di-híbrido F_1 do tipo selvagem) são corados em vermelho e cor-de-rosa para distinguir um homólogo do outro antes que qualquer *crossing over* meiótico tenha acontecido. Como o *crossing over* entre os *loci* b^+/b e vg^+/vg ocorre em algumas células produtoras de óvulos, mas não na maioria, são produzidos mais óvulos com cromossomos do tipo parental do que com os recombinantes nas fêmeas do cruzamento. A fertilização dos óvulos pelos espermatozoides do genótipo *b vg* dá origem a alguns descendentes recombinantes. A frequência de recombinação é a porcentagem de moscas recombinantes no conjunto total de descendentes.

DESENHE Suponha, como na questão na parte inferior da Figura 15.9, que as moscas parentais (geração P) fossem puras para corpo de cor cinza com asas vestigiais e corpo preto com asas normais. Desenhe os cromossomos em cada um dos quatro tipos possíveis de óvulos a partir de uma fêmea F_1 e indique cada cromossomo como "parental" ou "recombinante".

prófase da meiose I, um grupo de proteínas quebra as moléculas de DNA de uma cromátide materna e de uma paterna e religa cada uma a outra (ver Figura 13.9). Em consequência, quando ocorre apenas uma permutação, as porções terminais de duas cromátides não irmãs trocam de lugar.

A **Figura 15.10** mostra como o *crossing over* em uma mosca fêmea di-híbrida resultou em óvulos recombinantes e, por último, em uma descendência recombinante no cruzamento-teste de Morgan. A maioria dos óvulos possuía um cromossomo com genótipo parental $b^+ vg^+$ ou *b vg*, mas alguns óvulos possuíam cromossomo recombinante (b^+ *vg* ou *b* vg^+). A fertilização de todas as classes de óvulos por espermatozoides homozigotos recessivos (*b vg*) produziu uma população descendente em que 17% exibiram um fenótipo não parental recombinante, refletindo combinações de alelos antes não observadas nos pais da geração P. No **Exercício de habilidades científicas**, você pode usar um teste estatístico para analisar os resultados do cruzamento-teste com di-híbridos F_1 e ver se os dois genes segregam independentemente ou estão ligados.

Exercício de habilidades científicas

Utilização do teste do qui-quadrado (χ^2)

Dois genes são ligados ou não? Genes que estão próximos no mesmo cromossomo resultarão em alelos ligados sendo herdados juntos com mais frequência. Mas como você pode dizer se certos alelos são herdados juntos devido à sua ligação ou se eles simplesmente segregaram juntos aleatoriamente? Neste exercício, você usará um teste estatístico simples, o teste do qui-quadrado (χ^2), para analisar fenótipos da progênie do cruzamento-teste F_1 para saber se dois genes são ligados ou não.

▶ Flores-do-cosmo

Como esses experimentos são realizados Se os genes não são ligados e segregam de forma independente, espera-se que a proporção fenotípica dos descendentes de um cruzamento-teste F_1 seja de 1:1:1:1 (ver Figura 15.9). Entretanto, se os dois genes estiverem ligados, a proporção fenotípica observada dos descendentes não seguirá essa proporção. Uma vez que flutuações randômicas dos dados podem ocorrer, quanto os números observados precisam divergir dos números esperados para concluirmos que os genes não segregam de forma independente, mas, em vez disso, estão ligados?

Para responder a essa questão, cientistas utilizam um teste estatístico. Esse teste, chamado qui-quadrado (χ^2), compara um conjunto de dados observados com um conjunto de dados esperados preditos por uma hipótese (nesse caso, que os genes não são ligados) e mede a discrepância entre os dois, determinando, assim, a "boa qualidade dos dados". Se a discrepância entre os conjuntos de dados observados e esperados é tão grande que é improvável que tenha ocorrido por flutuação randômica, dizemos que existe uma evidência estatística significativa contra a hipótese (ou, mais especificamente, evidência para os genes serem ligados). Caso a discrepância seja pequena, então nossas observações são bem explicadas pela variação randômica por si só. Nesse caso, dizemos que os dados observados são consistentes com nossa hipótese ou que a discrepância não é significativa estatisticamente. Entretanto, observe que a consistência com a nossa hipótese não a prova. Além disso, o tamanho do conjunto de dados experimentais é importante: com conjuntos pequenos de dados como esses, mesmo se os genes estiverem ligados, as discrepâncias podem ser pequenas apenas se as ligações forem fracas. Por simplicidade, aqui ignoramos o efeito do tamanho da amostra.

Dados a partir do experimento simulado Na flor-do-cosmos, o caule roxo (*A*) é dominante em relação ao caule verde (*a*), e as pétalas curtas (*B*) são dominantes em relação às pétalas longas (*b*). Em um cruzamento simulado, as plantas *AABB* foram cruzadas com plantas *aabb* para gerar di-híbridos F_1 (*AaBb*), que foram, então, cruzados (*AaBb* × *aabb*). Um total de 900 descendentes foram analisados para cor do caule e comprimento da pétala.

Descendentes do cruzamento-teste *AaBb* (F_1) × *aabb*	Caule roxo/ pétalas curtas (*A-B-*)*	Caule verde/ pétalas curtas (*aaB-*)	Caule roxo/ pétalas longas (*A-bb*)	Caule verde/ pétalas longas (*aabb*)
Proporção esperada se os genes não forem ligados	1	1	1	1
Número esperado de descendentes (de 900)				
Número observado de descendentes (de 900)	220	210	231	239

*Se o fenótipo é dominante, um traço é usado para o segundo alelo; esse alelo pode ser dominante ou recessivo.

INTERPRETE OS DADOS

1. Os resultados na tabela de dados são de um cruzamento-teste F_1 di-híbrido simulado. A hipótese de que dois genes não estejam ligados prediz que a proporção fenotípica dos descendentes será de 1:1:1:1. Usando essa proporção, calcule o número esperado de cada fenótipo a partir dos 900 descendentes e insira os valores na tabela de dados.

2. A boa qualidade dos dados é medida por χ^2. Essa estatística mede a diferença entre os valores observados e suas respectivas predições para indicar o quanto os dois conjuntos de valores combinam. A fórmula para calcular esse valor é

$$\chi^2 = \Sigma \frac{(o - e)^2}{e}$$

em que Σ = soma de, o = observado e e = esperado. Calcule o valor de χ^2 para os dados, usando a tabela a seguir. Preencha a tabela, realizando as operações indicadas na fileira superior. Então, insira os valores na última coluna para encontrar o valor de χ^2.

Cruzamento-teste de descendentes	Esperado (*e*)	Observado (*o*)	Desvio (*o* − *e*)	(*o* − *e*)²	(*o* − *e*)²/*e*
A-B-		220			
aaB-		210			
A-bb		231			
aabb		239			
				χ^2 =	soma

3. O valor de χ^2 não significa nada por si só — ele é usado para determinar a probabilidade de que, assumindo que a hipótese seja verdadeira, o conjunto de dados observados tenha resultado de flutuações randômicas. Uma baixa probabilidade sugere que os dados observados não são consistentes com a hipótese, e, portanto, a hipótese deveria ser rejeitada. Um ponto de corte padrão usado por biólogos é uma probabilidade de 0,05 (5%). Caso a probabilidade correspondente ao valor de χ^2 seja 0,05 ou menos, as diferenças entre os valores observados e os esperados são consideradas significativas estatisticamente, e a hipótese (de que os genes não são ligados) deveria ser rejeitada. Se a probabilidade for acima de 0,05, os resultados não são significativos estatisticamente; os dados observados são consistentes com a hipótese de que os genes não são ligados.

   Para encontrar a probabilidade, coloque seu valor de χ^2 na tabela de distribuição χ^2 no Apêndice D. Os "graus de liberdade" (df, do inglês *degrees of freedom*) do seu conjunto de dados é o número de categorias (aqui, 4 fenótipos) menos 1 – assim, df = 3. **(a)** Determine entre quais valores na linha de df = 3 da tabela seu valor calculado de χ^2 se encontra. **(b)** A coluna que inicia esses valores mostra a faixa de probabilidade para o seu número χ^2. Com base no fato de existirem diferenças não significativas ($p > 0,05$) ou significativas ($p \leq 0,05$) entre os valores observados e esperados, os dados são consistentes com a hipótese de que os dois genes não estão ligados e segregam independentemente ou não existem evidências suficientes para rejeitar essa hipótese?

Novas combinações de alelos: variação para seleção natural

EVOLUÇÃO O comportamento físico dos cromossomos durante a meiose contribui para a geração da variação dos descendentes (ver Conceito 13.4). Cada par de cromossomos homólogos se alinha independentemente dos outros pares durante a metáfase I, e o *crossing over* antes disso, durante a prófase I, pode misturar e combinar partes dos homólogos maternos e paternos. Os experimentos elegantes de Mendel mostram que o comportamento das entidades abstratas conhecidas como genes – ou, mais concretamente, alelos de genes – também leva à variação dos descendentes (ver Conceito 14.1). Reunindo essas ideias diferentes, você pode observar que os cromossomos recombinantes resultantes do *crossing over* podem unir os alelos em novas combinações, e os eventos seguintes da meiose distribuem os cromossomos recombinantes para os gametas em múltiplas combinações, como as novas variantes vistas nas Figuras 15.9 e 15.10. Então, a fertilização aleatória aumenta ainda mais o número de combinações de alelos variantes que podem ser criadas.

Essa abundância da variação genética fornece a matéria-prima para a seleção natural trabalhar. Se as características conferidas por determinadas combinações de alelos forem mais adequadas para um dado meio, espera-se que organismos contendo esses genótipos sobrevivam e deixem mais descendentes, assegurando a continuidade do seu complemento genético. Na próxima geração, é claro, os alelos serão misturados novamente. Por fim, o jogo entre ambiente e fenótipo (e, portanto, genótipo) determinará quais combinações genéticas persistirão com o tempo.

Pesquisa científica: mapeamento da distância entre os genes usando dados de recombinação

A descoberta dos genes ligados e da recombinação devida ao *crossing over* levou um dos estudantes de Morgan, Alfred H. Sturtevant, a descobrir um método para construir um **mapa genético**, uma lista ordenada de *loci* genéticos ao longo de um determinado cromossomo.

Sturtevant hipotetizou que a porcentagem de descendentes recombinantes, a *frequência de recombinação*, calculada a partir de experimentos como na Figura 15.9 e 15.10, depende das distâncias entre os genes em um cromossomo. Ele considerou que o *crossing over* é um evento aleatório, com chance de permutação aproximadamente igual em todos os pontos ao longo de um cromossomo. Com base nessas suposições, Sturtevant previu que *quanto mais distantes os genes estão um do outro, maior é a probabilidade de a permutação ocorrer entre eles e, assim, maior é a frequência de recombinação*. Seu raciocínio foi simples: quanto maior for a distância entre dois genes, mais pontos existirão nos quais o *crossing over* pode ocorrer entre eles. Usando os dados de recombinação a partir de vários cruzamentos de mosca-da-fruta, Sturtevant começou a determinar posições relativas a genes nos mesmos cromossomos – isto é, a *mapear* genes.

Um mapa genético com base nas frequências de recombinação é chamado de **mapa de ligação**. A **Figura 15.11** mostra o mapa de ligação de Sturtevant de três genes: os genes para cor do corpo (*b*) e para o tamanho da asa (*vg*), mostrados na Figura 15.10, e um terceiro gene, chamado cinnabar (*cn*). Cinnabar é um dos vários genes de *Drosophila* que afetam a cor dos olhos. Olhos de cor cinabre, um fenótipo mutante, são de um vermelho mais claro do que a cor do tipo selvagem. A frequência de recombinação entre *cn* e *b* é 9%; a frequência entre *cn* e *vg*, 9,5%; e a frequência entre *b* e *vg*, 17%. Em outras palavras, as permutações entre *cn* e *b* e entre *cn* e *vg* são cerca de metade das permutações entre *b* e *vg*. Apenas um mapa que localize *cn* na metade do caminho entre *b* e *vg* é consistente com esses dados, como você pode comprovar ao desenhar mapas alternativos. Sturtevant expressou as distâncias entre os genes em **unidades de mapa**, definindo uma unidade de mapa como equivalente a 1% de frequência de recombinação.

Na prática, a interpretação dos dados de recombinação é mais complicada do que esse exemplo sugere. Por exemplo, alguns genes no cromossomo se encontram tão

▼ **Figura 15.11** Método de pesquisa

Construindo um mapa de ligação

Aplicação Um mapa de ligação mostra as localizações relativas dos genes ao longo de um cromossomo.

Técnica Um mapa de ligação baseia-se na suposição de que a probabilidade de uma permutação entre dois *loci* genéticos é proporcional à distância que separa os *loci*. As frequências de recombinação usadas para construir um mapa de ligação para um determinado cromossomo são obtidas a partir de cruzamentos experimentais, como os cruzamentos mostrados nas Figuras 15.9 e 15.10. As distâncias entre os genes são expressas como unidades de mapa, com uma unidade de mapa equivalente a 1% de frequência de recombinação. Os genes são arranjados no cromossomo na ordem que melhor combina com os dados.

Resultados Neste exemplo, as frequências de recombinação observadas entre três pares de genes de *Drosophila* (*b* e *cn*, 9%; *cn* e *vg*, 9,5%; e *b* e *vg*, 17%) combinam melhor com uma ordem linear na qual *cn* está posicionado aproximadamente no meio dos dois outros genes:

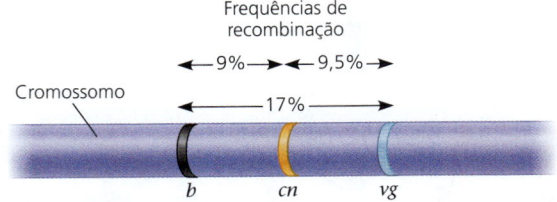

A frequência de recombinação *b-vg* (17%) é levemente menor do que a soma das frequências *b-cn* e *cn-vg* (9 + 9,5 = 18,5%) por causa das poucas vezes que uma permutação ocorre entre *b* e *cn* e uma permutação adicional ocorre entre *cn* e *vg*. A segunda permutação cancelaria a primeira, reduzindo a frequência de recombinação *b-vg* observada enquanto contribui para a frequência entre cada um dos pares de genes mais próximos. O valor de 18,5% (18,5 unidades de mapa) é mais próximo da distância real entre os genes. Na prática, um geneticista adicionaria as distâncias mais curtas ao construir o mapa.

distantes um do outro que uma permutação entre eles é praticamente certa. A frequência de recombinação observada nos cruzamentos envolvendo dois desses genes pode ter um valor máximo de 50%, resultado indistinguível daquele para genes em cromossomos diferentes. Nesse caso, a conexão física entre os genes no mesmo cromossomo não se reflete nos resultados dos cruzamentos genéticos. Apesar de estar no mesmo cromossomo e, portanto, estarem *conectados fisicamente*, os genes *não têm ligação genética*; alelos desses genes segregam independentemente, como se estivessem em cromossomos diferentes. Na verdade, no mínimo dois dos genes para os caracteres de ervilhas que Mendel estudou estão no mesmo cromossomo, mas a distância entre eles é tão grande que a ligação não é observada nos cruzamentos genéticos. Consequentemente, os dois genes se comportam como se estivessem em cromossomos diferentes nos experimentos de Mendel. Os genes afastados no cromossomo são mapeados pela adição das frequências de recombinação de permutações envolvendo um grupo de pares de genes mais próximos entre os dois genes distantes.

Utilizando dados de recombinação, Sturtevant e colaboradores foram capazes de mapear vários genes de *Drosophila* em arranjos lineares. Eles observaram que os genes se agruparam em quatro grupos de genes ligados (*grupos de ligação*). A microscopia óptica revelou quatro pares de cromossomos em *Drosophila*; assim, o mapa de ligação forneceu evidências adicionais de que os genes estão localizados nos cromossomos. Cada cromossomo tem um arranjo linear de genes específicos, cada um com seu próprio *locus* (**Figura 15.12**).

Como um mapa de ligação se baseia apenas nas frequências de recombinação, ele fornece apenas uma visão aproximada de um cromossomo. A frequência de *crossing over* na verdade não é uniforme ao longo do cromossomo, como Sturtevant assumiu, e, assim, as unidades de mapa não correspondem às distâncias físicas verdadeiras (p. ex., em nanômetros). Um mapa de ligação mostra a ordem dos genes ao longo do cromossomo, mas não representa com exatidão as localizações precisas desses genes. Outros métodos permitem aos geneticistas a construção de *mapas citogenéticos* dos cromossomos, que localizam os genes em relação às características cromossômicas, como bandas coradas, que podem ser vistas ao microscópio. Avanços técnicos nas últimas décadas aumentaram muito a taxa e a acessibilidade do sequenciamento do DNA. Hoje, a maioria dos pesquisadores sequencia genomas inteiros para mapear a localização dos genes de uma determinada espécie. A sequência nucleotídica inteira é o mapa físico de um cromossomo, revelando as distâncias físicas nos nucleotídeos do DNA entre os *loci* dos genes (ver Conceito 21.1). Ao comparar um mapa de ligação com esse mapa físico ou com um mapa citogenético do mesmo cromossomo, observamos que a ordem linear dos genes é idêntica em todos os mapas, mas o espaçamento entre eles não é.

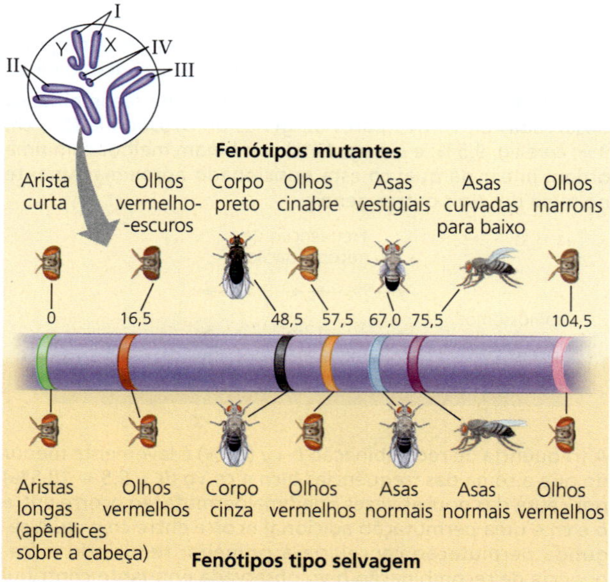

REVISÃO DO CONCEITO 15.3

1. Quando dois genes estão localizados no mesmo cromossomo, qual é a base física para a produção dos descendentes recombinantes em um cruzamento-teste entre pais di-híbridos e um progenitor mutante duplo (recessivo)?
2. **HABILIDADES VISUAIS** Para cada tipo de descendente do cruzamento-teste na Figura 15.9, explique a relação entre seu fenótipo e os alelos oriundos da progenitora. (Será útil desenhar os cromossomos de cada mosca e seguir os alelos pelos cruzamentos.)
3. **E SE?** Os genes *A*, *B* e *C* estão localizados no mesmo cromossomo. Cruzamentos-teste mostram que a frequência de recombinação entre *A* e *B* é 28%, e entre *A* e *C* é 12%. Você pode determinar a ordem linear desses genes? Explique.

Ver as respostas sugeridas no Apêndice A.

CONCEITO 15.4

Alterações no número ou na estrutura dos cromossomos causam alguns distúrbios genéticos

Como aprendemos até agora neste capítulo, o fenótipo de um organismo pode ser afetado por alterações em pequena escala envolvendo genes individuais. As mutações aleatórias são a fonte de todos os novos alelos, que podem levar a novas características fenotípicas.

Alterações cromossômicas em larga escala também podem afetar o fenótipo de um organismo. Distúrbios físicos e químicos, assim como erros durante a meiose, podem danificar os cromossomos ou alterar seu número em uma célula. Alterações cromossômicas em larga escala muitas vezes levam ao aborto espontâneo de um feto, e indivíduos nascidos com esses tipos de defeitos genéticos normalmente exibem vários distúrbios no desenvolvimento. As plantas parecem tolerar esses defeitos genéticos melhor do que os animais.

▲ **Figura 15.12 Um mapa gênico parcial (de ligação) de um cromossomo de *Drosophila*.** Este mapa parcial mostra sete genes mapeados no cromossomo II de *Drosophila*. (O sequenciamento de DNA revelou mais de 9 mil genes naquele cromossomo.) O número em cada *locus* gênico é o número de unidades de mapa do gene para o comprimento das antenas (à esquerda).

Número cromossômico anormal

Em condições ideais, o fuso meiótico distribui os cromossomos para as células-filhas sem erro. Mas existe um contratempo ocasional, chamado de **não disjunção**, em que os membros de um par de cromossomos homólogos não se separam apropriadamente durante a meiose I ou cromátides-irmãs falham em se separar durante a meiose II **(Figura 15.13)**. Na não disjunção, um gameta recebe dois cromossomos do mesmo tipo e o outro gameta não recebe nenhuma cópia. Os outros cromossomos normalmente são distribuídos de forma normal.

Se cada um dos gametas aberrantes se unir com um gameta normal no momento da fertilização, o zigoto também terá um número anormal de cromossomos, condição conhecida como **aneuploidia**. A fertilização envolvendo um gameta que não possui nenhuma cópia de um determinado cromossomo levará à ausência de um cromossomo no zigoto (de modo que a célula tenha $2n - 1$ cromossomos); diz-se que o zigoto aneuploide é **monossômico** para aquele cromossomo. Se um cromossomo estiver presente em triplicata no zigoto (de modo que a célula tenha $2n + 1$ cromossomos), a célula aneuploide é **trissômica** para aquele cromossomo. De forma subsequente, a mitose transmitirá a anomalia para todas as células embrionárias. Estima-se que a monossomia e a trissomia ocorram em 10 a 25% das concepções humanas, sendo as principais razões para o aborto. Se o organismo sobreviver, ele normalmente tem um grupo de características causadas pela dose anormal dos genes associados com o cromossomo extra ou ausente. A síndrome de Down, um exemplo de trissomia em seres humanos, será discutida mais adiante. A não disjunção também pode ocorrer durante a mitose. Se um erro desses ocorrer no início do desenvolvimento embrionário, então a condição aneuploide é passada adiante pela mitose para um grande número de células e, provavelmente, terá um efeito substancial sobre o organismo.

Alguns organismos têm mais do que dois grupos completos de cromossomos em todas as células somáticas. O termo geral para essa alteração cromossômica é **poliploidia**; os termos específicos *triploidia* ($3n$) e *tetraploidia* ($4n$) indicam três e quatro grupos cromossômicos, respectivamente. Uma maneira como uma célula triploide pode surgir é pela fertilização de um óvulo diploide anormal produzido pela não disjunção de todos os seus cromossomos. A tetraploidia poderia resultar a partir da falha de um zigoto $2n$ em se dividir depois de replicar seus cromossomos. Então, divisões mitóticas normais sucessivas produziriam um embrião $4n$.

A poliploidia é bastante comum no reino vegetal. A origem espontânea de indivíduos poliploides tem importante papel na evolução das plantas (ver Conceito 24.2). Várias das espécies vegetais que comemos são poliploides: bananas são triploides, o trigo é hexaploide ($6n$) e morangos são octoploides ($8n$). Espécies animais poliploides são bem menos comuns, embora se saiba de sua ocorrência entre peixes e anfíbios. Em geral, os poliploides são mais próximos da normalidade em aparência do que os aneuploides. Aparentemente, um cromossomo extra (ou ausente) rompe mais o equilíbrio genético do que um grupo extra de cromossomos.

Alterações na estrutura dos cromossomos

Erros na meiose ou agentes danosos, como radiação, podem causar a quebra de um cromossomo, o que pode levar a quatro tipos de alterações na estrutura cromossômica **(Figura 15.14)**. Uma **deleção** ocorre quando um fragmento cromossômico é perdido. Então, o cromossomo afetado não tem certos genes. O fragmento quebrado pode se religar a uma cromátide-irmã ou não irmã como um segmento extra, produzindo uma **duplicação** de uma porção daquele cromossomo. Um fragmento cromossômico também pode se ligar novamente ao cromossomo original, mas com orientação invertida, produzindo uma **inversão**. O quarto resultado possível da quebra cromossômica é o fragmento se unir a um cromossomo não homólogo, rearranjo chamado de **translocação**.

Deleções e duplicações ocorrem principalmente durante a meiose. No *crossing over*, as cromátides não irmãs algumas vezes trocam segmentos de DNA de tamanhos diferentes, de modo que um parceiro doa mais genes do que recebe (ver Figura 21.13). Os produtos de um entrecruzamento não recíproco desse tipo são um cromossomo com uma deleção e um cromossomo com uma duplicação.

Um embrião diploide que é homozigoto para uma grande deleção (ambos os homólogos possuem a deleção) ou, se for macho, possui apenas um único cromossomo X com uma grande deleção normalmente não tem alguns genes essenciais. Essa condição normalmente é letal.

Duplicações e translocações também tendem a ser danosas. Nas translocações recíprocas, em que os segmentos são trocados entre cromossomos não homólogos, e nas inversões, o equilíbrio dos genes não é anormal – todos os genes estão presentes nas doses normais. No entanto, as

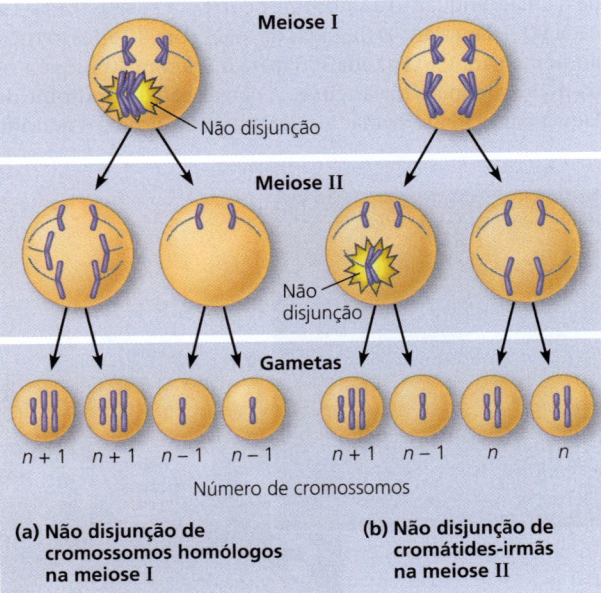

▲ **Figura 15.13 Não disjunção meiótica.** Gametas com um número cromossômico anormal podem surgir pela não disjunção na meiose I ou na meiose II. Para simplificar, a figura não mostra os esporos formados pela meiose nas plantas. Por fim, os esporos formam gametas que têm os defeitos mostrados. (Ver Figura 13.6.)

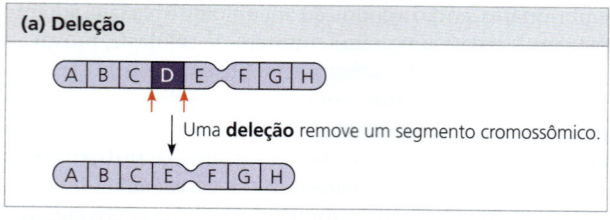

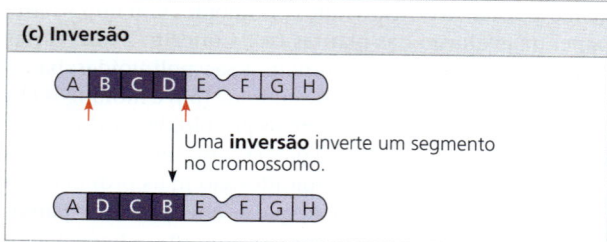
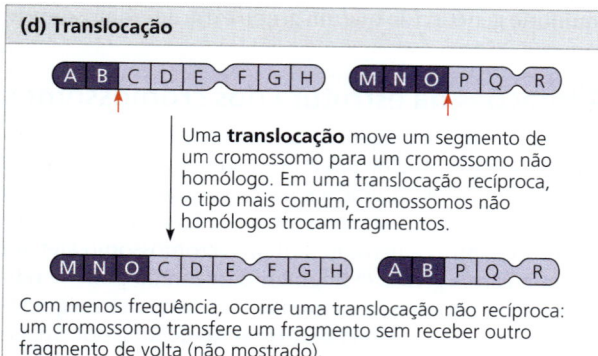

▲ **Figura 15.14 Alterações na estrutura dos cromossomos.** As setas vermelhas indicam os pontos de quebra. As partes em roxo destacam as partes do cromossomo afetadas pelos rearranjos.

translocações e as inversões podem alterar o fenótipo, pois a expressão gênica pode ser influenciada por sua localização entre os genes vizinhos; esses eventos às vezes têm efeitos devastadores.

Condições humanas devido a alterações cromossômicas

Alterações no número e na estrutura dos cromossomos estão associadas com algumas condições humanas que variam em sua gravidade. Como descrito anteriormente, a não disjunção na meiose resulta em aneuploidia nos gametas e em qualquer zigoto resultante. Embora a frequência de zigotos aneuploides possa ser bastante alta em seres humanos, a maioria dessas alterações cromossômicas é tão desastrosa ao desenvolvimento que os embriões são abortados espontaneamente muito antes do nascimento. Entretanto, alguns tipos de aneuploidia parecem interferir menos no equilíbrio gênico do que outros; assim, indivíduos com certas condições de aneuploidia podem sobreviver ao nascimento e além. Esses indivíduos têm um grupo de características – uma *síndrome* – característico do tipo de aneuploidia. Os distúrbios genéticos causados por aneuploidia podem ser diagnosticados antes do nascimento por testes em fetos (ver Figura 14.19).

Síndrome de Down (trissomia do 21)

Uma condição de aneuploidia, a **síndrome de Down**, afeta aproximadamente 1 a cada 830 crianças nascidas nos Estados Unidos **(Figura 15.15)**. A síndrome de Down normalmente é o resultado de um cromossomo 21 extra; assim, cada célula do corpo tem um total de 47 cromossomos. Como as células são trissômicas para o cromossomo 21, a síndrome de Down muitas vezes é chamada de *trissomia do 21*. A síndrome de Down inclui traços faciais característicos, estatura baixa, defeitos cardíacos corrigíveis e retardo no desenvolvimento. Indivíduos com a síndrome de Down têm chance maior de desenvolver leucemia e doença de Alzheimer, mas têm menor taxa de pressão sanguínea alta, aterosclerose (endurecimento das artérias), infarto e vários tipos de tumores sólidos. Em média, pessoas com síndrome de Down têm um tempo de vida mais curto do que o normal; no entanto, a maioria vive até meia-idade e mais além com cuidados médicos adequados. Muitos vivem de forma independente ou com suas famílias, estão empregados e contribuem para sua comunidade. Quase todos os homens e cerca de metade das mulheres com síndrome de Down são pouco desenvolvidos sexualmente e estéreis.

A frequência da síndrome de Down aumenta com a idade da mãe: enquanto a síndrome ocorre em apenas 0,1% (1 a cada 900) das crianças nascidas de mães com 30 anos, o risco aumenta para 1% (1 a cada 100) para mães com 40 anos e ainda mais para mães mais velhas. A correlação da síndrome de Down com a idade da mãe ainda não foi explicada. A maioria

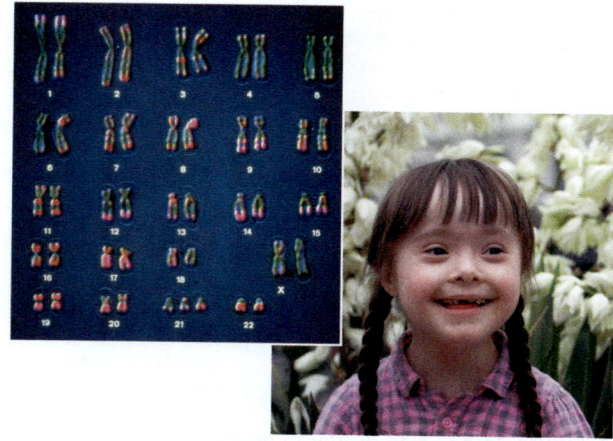

▲ **Figura 15.15 Síndrome de Down.** O cariótipo mostra a trissomia do 21, a causa mais comum da síndrome de Down. A criança exibe as características faciais dessa síndrome.

dos casos resulta da não disjunção durante a meiose I, e algumas pesquisas apontam para uma anormalidade dependente da idade na meiose. As trissomias de alguns outros cromossomos (13 e 18) também têm a incidência aumentada com a idade da mãe, embora as crianças com outras trissomias autossômicas raramente sobrevivam por muito tempo. Os médicos especialistas recomendam que o rastreamento pré-natal para trissomias nos embriões seja oferecido para todas as mulheres grávidas, devido a seu baixo risco e resultados úteis. Em 2008, foi aprovada uma lei estipulando que os médicos ofereçam informações atualizadas e precisas sobre qualquer diagnóstico pré ou pós-natal recebido pelos pais e que eles encaminhem os pais aos serviços de apoio apropriados.

Aneuploidia dos cromossomos sexuais

As condições de aneuploidia envolvendo os cromossomos sexuais parecem interferir menos no equilíbrio genético do que as condições que envolvem os autossomos. Talvez isso aconteça porque o cromossomo Y carrega relativamente poucos genes. Além disso, cópias extras do cromossomo X simplesmente se tornam inativas, como os corpúsculos de Barr.

Um cromossomo X extra em um macho, produzindo XXY, ocorre aproximadamente 1 vez a cada 650 nascimentos de um macho vivo. Pessoas com essa condição, chamada *síndrome de Klinefelter*, têm órgãos sexuais masculinos, mas seus testículos são pequenos e produzem pouco ou nenhum espermatozoide. Os sinais e sintomas variam muito, mas podem incluir altura maior que a média, menos massa muscular e tecido mamário aumentado. Indivíduos afetados podem ter dificuldades na aprendizagem. A terapia de reposição de testosterona ajuda a estimular alterações que normalmente ocorrem na puberdade nos machos. Cerca de 1 a cada 1.000 machos nasce com um cromossomo Y extra (XYY). Esses machos têm um desenvolvimento sexual típico e não exibem qualquer síndrome bem-definida, mas tendem a ser um pouco mais altos do que a média.

As fêmeas com trissomia do X (XXX), que ocorre aproximadamente 1 vez a cada 1.000 nascimentos de fêmeas vivas, geralmente são saudáveis e não têm características físicas incomuns, além de serem um pouco mais altas do que a média. Fêmeas com trissomia do X têm risco de dificuldade na aprendizagem. A monossomia do X, chamada *síndrome de Turner*, ocorre em cerca de 1 a cada 2.500 nascimentos de fêmeas, e é a única monossomia viável conhecida em seres humanos. Embora fenotipicamente sejam fêmeas, esses indivíduos X0 geralmente são estéreis, pois seus órgãos sexuais não amadureceram. Quando a terapia de reposição com estrogênio é realizada, meninas com a síndrome de Turner desenvolvem características sexuais secundárias. A maioria tem inteligência típica.

Distúrbios causados por cromossomos alterados estruturalmente

Várias deleções nos cromossomos humanos, mesmo em estado heterozigótico, causam graves problemas. Uma dessas síndromes, conhecida como *cri du chat* ("miado do gato"), resulta de uma deleção específica no cromossomo 5. Uma criança nascida com essa deleção tem uma cabeça pequena

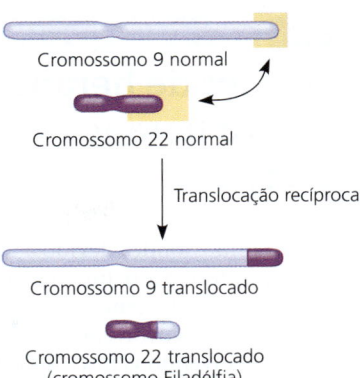

▲ **Figura 15.16** **Translocação associada a leucemia mielocítica crônica (LMC).** As células cancerosas em quase todos os pacientes com LMC contêm o cromossomo 22 mais curto do que o normal, o assim chamado cromossomo Filadélfia, e um cromossomo 9 mais longo do que o normal. Esses cromossomos alterados resultam da translocação recíproca mostrada aqui, presumivelmente ocorrida em um único precursor de leucócito que sofreu mitose e, então, foi passado adiante para todas as células descendentes.

com características faciais incomuns, deficiências intelectuais graves e choro que soa como o miado de um gato aflito. Esses indivíduos normalmente morrem na infância ou cedo na adolescência.

As translocações cromossômicas também podem ocorrer durante a mitose; algumas têm sido implicadas em certos cânceres, incluindo *leucemia mielocítica crônica* (LMC). Essa doença ocorre quando uma translocação recíproca ocorre durante a mitose das células que são as precursoras dos leucócitos. A troca de uma grande porção do cromossomo 22 por um pequeno fragmento de uma ponta do cromossomo 9 produz um cromossomo 22 muito mais curto facilmente reconhecível, chamado *cromossomo Filadélfia* **(Figura 15.16)**. Essa troca causa câncer pela criação de um novo gene "fusionado" que leva à progressão descontrolada do ciclo celular. (O mecanismo de ativação gênica será discutido no Conceito 18.5.)

REVISÃO DO CONCEITO 15.4

1. Cerca de 5% dos indivíduos com síndrome de Down têm uma translocação cromossômica na qual a terceira cópia do cromossomo 21 está ligada ao cromossomo 14. Caso essa translocação tenha ocorrido na gônada de um dos pais, como ela poderia levar à síndrome de Down na criança?
2. **FAÇA CONEXÕES** O *locus* para o tipo sanguíneo ABO foi mapeado no cromossomo 9. Um pai com tipo sanguíneo AB e uma mãe com tipo sanguíneo O têm uma criança com trissomia do 9 e tipo sanguíneo A. Utilizando essas informações, você pode dizer em qual dos pais a não disjunção ocorreu? Explique sua resposta. (Ver Figuras 14.11 e 15.13.)
3. **FAÇA CONEXÕES** O gene que é ativado no cromossomo Filadélfia codifica uma tirosina-cinase intracelular. Revise a discussão sobre o controle do ciclo celular no Conceito 12.3 e explique como a ativação desse gene pode contribuir para o desenvolvimento do câncer.

Ver as respostas sugeridas no Apêndice A.

CONCEITO 15.5

Alguns padrões de herança são exceções à herança mendeliana padrão

Na seção anterior, aprendemos sobre os desvios dos padrões normais de herança cromossômica devido a eventos anormais na meiose e na mitose. Concluiremos este capítulo descrevendo duas exceções da genética mendeliana que ocorrem normalmente, uma envolvendo genes localizados no núcleo e a outra envolvendo genes localizados fora do núcleo. Em ambos os casos, o sexo do progenitor que contribui com o alelo é um fator no padrão de herança.

Impressão genômica

Durante nossa discussão sobre genética mendeliana e a base cromossômica da herança, assumimos que um dado alelo terá o mesmo efeito sendo herdado da mãe ou do pai. Essa hipótese provavelmente é segura na maior parte do tempo. Por exemplo, quando Mendel cruzou plantas de ervilha com flores roxas com plantas de ervilhas com flores brancas, ele observou os mesmos resultados, independentemente do progenitor com flor roxa ter fornecido o óvulo ou o espermatozoide. Entretanto, nos anos recentes, os geneticistas identificaram algumas características nos mamíferos placentários (e em algumas plantas com flores) que dependem de qual progenitor passou adiante os alelos para aquelas características. Essa variação no fenótipo, dependendo de se um alelo é herdado do progenitor macho ou fêmea, é chamada de **impressão genômica** (do inglês *genomic imprinting*). (Observe que, diferentemente dos genes ligados ao sexo, a maioria dos genes impressos está nos autossomos.) Usando métodos mais novos com base em sequências de DNA, cerca de 100 genes impressos foram identificados em humanos e 120 a 180 em camundongos.

A impressão genômica ocorre durante a formação dos gametas e resulta no silenciamento de um alelo de certos genes. Como esses genes são impressos diferentemente nos espermatozoides e nos óvulos, os descendentes expressam apenas um alelo de um gene impresso, aquele que foi herdado de um progenitor específico – da mãe ou do pai, dependendo do gene em particular. Então, as impressões são transmitidas para todas as células do corpo durante o desenvolvimento inicial. Em cada geração, as impressões antigas são "apagadas" nas células produtoras de gametas, e os cromossomos dos gametas em desenvolvimento são novamente impressos de acordo com o sexo do indivíduo, formando os gametas. Em uma determinada espécie, os genes são sempre impressos da mesma forma. Por exemplo, um gene impresso para a expressão do alelo materno é sempre impresso dessa forma, geração após geração.

Considere, por exemplo, um gene de camundongo para o fator de crescimento 2 semelhante à insulina (*Igf2*), um dos primeiros genes impressos a ser identificado. Embora esse fator de crescimento seja necessário para o crescimento pré-natal normal, apenas o alelo paterno é expresso **(Figura 15.17a)**. A evidência de que o gene *Igf2* é impresso surgiu de cruzamentos entre camundongos de tamanho normal (tipo selvagem) e camundongos anões homozigotos

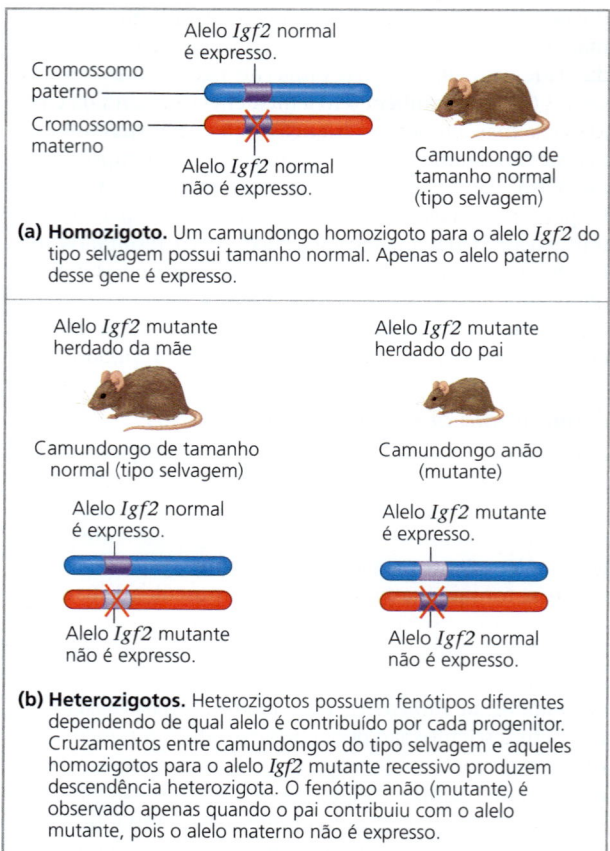

▲ **Figura 15.17** Impressão genômica do gene *Igf2* de camundongo.

para uma mutação recessiva do gene *Igf2*. Os fenótipos da descendência heterozigota (com um alelo normal e um mutante) diferiam, dependendo de se o alelo mutante era proveniente da mãe ou do pai **(Figura 15.17b)**.

O que vem a ser exatamente a impressão genômica? Foi descoberto que a impressão pode envolver o silenciamento de um alelo em um tipo de gameta (óvulo ou espermatozoide) ou sua ativação no outro. Em vários casos, a impressão parece consistir em grupamentos metila ($-CH_3$) adicionados a nucleotídeos citosina de um dos alelos. Essas metilações podem "silenciar" o alelo, um efeito consistente com a evidência de que genes muito metilados normalmente não são ativos (ver Conceito 18.2). Entretanto, para alguns genes, foi mostrado que a metilação *ativa* a expressão do alelo. Esse é o caso do gene *Igf2*: a metilação de certas citosinas no cromossomo paterno leva à expressão do alelo *Igf2* paterno, por meio de um mecanismo indireto envolvendo a estrutura da cromatina e as interações proteína-DNA.

A impressão genômica pode afetar apenas uma pequena fração dos genes nos genomas de mamíferos, mas a maioria dos genes impressos conhecidos é essencial para o desenvolvimento embrionário. Uma pesquisa recente revelou que genes impressos estão envolvidos na regulação da temperatura corporal, sono e outras funções metabólicas. Alguns biólogos evolucionistas propuseram que a impressão genômica representa uma espécie de "competição" evoluída entre os machos (que se beneficiam de mais descendentes com maior probabilidade de transmitir os genes do pai) e as fêmeas de mamíferos (que se beneficiam de menos descendentes durante o nascimento). Em experimentos com camundongos, os embriões geneticamente modificados para herdar ambas as cópias de certos cromossomos a partir do mesmo progenitor normalmente morrem antes de nascer, independentemente de o progenitor ser macho ou fêmea. Aparentemente, o desenvolvimento normal requer que as células embrionárias tenham exatamente uma cópia ativa – nem nenhuma e nem duas – de certos genes. A associação da impressão aberrante com o desenvolvimento anormal e certos cânceres estimulou vários estudos que tratam sobre como diferentes genes são impressos.

Herança de genes de organelas

Embora nosso enfoque neste capítulo tenha sido a base cromossômica da herança, terminamos com uma ressalva importante: nem todos os genes de uma célula eucariótica estão localizados nos cromossomos nucleares ou mesmo no núcleo; alguns genes estão localizados em organelas no citoplasma. Por estarem fora do núcleo, esses genes algumas vezes são chamados de *genes extracelulares* ou *genes citoplasmáticos*. As mitocôndrias, assim como os cloroplastos e outros plastídeos de plantas, contêm pequenas moléculas de DNA circular que carregam alguns genes. Essas organelas se reproduzem e transmitem seus genes para organelas-filhas. Os genes no DNA de organelas não são distribuídos para a prole de acordo com as mesmas regras que direcionam a distribuição de cromossomos nucleares durante a meiose, então não exibem herança mendeliana.

A primeira pista de que existem genes extracelulares veio de estudos do cientista alemão Carl Correns sobre a herança de manchas amarelas ou brancas sobre as folhas de uma planta verde. Em 1909, o cientista observou que a coloração dos descendentes era determinada apenas pelo progenitor materno (a fonte dos óvulos), e não pelo progenitor paterno (a fonte dos espermatozoides). Uma pesquisa subsequente mostrou que esses padrões de coloração, ou variegação **(Figura 15.18)**, devem-se a mutações nos genes que controlam a pigmentação que estão localizados nos círculos de DNA nas organelas chamadas plastídeos (ver Conceito 6.5). Na maioria das plantas, um zigoto recebe todos os seus plastídeos a partir do citoplasma do óvulo e nenhum a partir do espermatozoide, que contribui com pouco mais do que um grupo haploide de cromossomos. Um óvulo pode conter plastídeos com diferentes alelos para um gene de pigmentação. À medida que o zigoto se desenvolve, os plastídeos contendo os genes de pigmentação do tipo selvagem ou mutantes são distribuídos randomicamente para as células-filhas. O padrão de coloração das folhas exibido pela planta depende da proporção entre os plastídeos do tipo selvagem e dos mutantes em seus vários tecidos.

Uma herança materna similar também é uma regra para os genes mitocondriais na maioria dos animais e das plantas,

pois as mitocôndrias passadas adiante para o zigoto vêm do citoplasma do óvulo. (As poucas mitocôndrias contribuídas pelo espermatozoide parecem ser destruídas no óvulo.) Os produtos da maioria dos genes mitocondriais ajudam a construir alguns dos complexos proteicos da cadeia de transporte de elétrons e da ATP-sintase (ver Figura 9.14). Dessa forma, defeitos em uma ou mais dessas proteínas reduzem a quantidade de ATP que a célula pode produzir e podem causar vários distúrbios humanos em 1 a cada 5 mil nascimentos. Como as partes do corpo mais suscetíveis à escassez de energia são o sistema nervoso e os músculos, a maioria das doenças mitocondriais afeta principalmente esses sistemas. Por exemplo, a *miopatia mitocondrial* causa fraqueza, intolerância aos exercícios e deterioração muscular. Outro distúrbio mitocondrial é a *neuropatia óptica hereditária de Leber*, que pode produzir cegueira súbita em pessoas jovens em torno de 20 e 30 anos. As quatro mutações encontradas até agora responsáveis por esse distúrbio afetam a fosforilação oxidativa durante a respiração celular, uma função crucial na célula (ver Conceito 9.4).

O fato de as doenças mitocondriais serem herdadas apenas da mãe sugere uma maneira de evitar passar adiante esses distúrbios. Os cromossomos a partir dos óvulos de uma mãe afetada poderiam ser transferidos para um óvulo de uma doadora saudável que teve seus próprios cromossomos removidos. Esse óvulo de "duas mães" poderia, então, ser fertilizado por um espermatozoide de um pai em potencial e transplantado para o útero da mãe em potencial, tornando-se um embrião de três progenitores. Após otimizar as condições para essa abordagem em macacos, em 2013 pesquisadores reportaram que esse procedimento foi realizado com sucesso em óvulos humanos. Em 2016, clínicas no México e na China reportaram o nascimento desses bebês de "três progenitores". No Reino Unido, esse procedimento foi aprovado para uso em 2017. Nos Estados Unidos, a aprovação pelas agências federais relevantes ainda não ocorreu.

Além das doenças mais raras causadas pelos defeitos no DNA mitocondrial, mutações mitocondriais herdadas da mãe de uma pessoa podem contribuir para no mínimo alguns tipos de diabetes e doenças cardíacas, assim como para outros distúrbios que normalmente debilitam os mais velhos, como a doença de Alzheimer. Durante a vida, novas mutações se acumulam gradualmente no nosso DNA mitocondrial, e alguns pesquisadores acreditam que essas mutações têm um papel no processo normal do envelhecimento.

REVISÃO DO CONCEITO 15.5

1. A dosagem gênica – o número de cópias de um gene que está sendo expresso ativamente – é importante para o desenvolvimento adequado. Identifique e descreva dois processos que estabelecem a dose apropriada de certos genes.
2. Cruzamentos recíprocos entre duas variedades de prímulas, A e B, produziram os seguintes resultados: fêmea A × macho B → descendentes com todas as folhas verdes (não variegadas); fêmea B × macho A → descendentes com folhas manchadas (variegadas). Explique esses resultados.
3. **E SE?** Genes mitocondriais são fundamentais para o metabolismo de energia das células, mas distúrbios mitocondriais causados por mutações nesses genes geralmente não são letais. Por que não?

Ver as respostas sugeridas no Apêndice A.

▶ **Figura 15.18 Uma planta cóleus.** As folhas variegadas (padrões) nesta planta cóleus (*Plectranthus scutellarioides*) resultam de mutações que afetam a expressão de genes de pigmento localizados nos plastídeos, que geralmente são herdados a partir do progenitor materno.

15 Revisão do capítulo

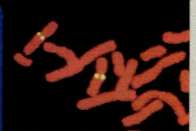

RESUMO DOS CONCEITOS-CHAVE

CONCEITO 15.1

A herança mendeliana tem sua base física no comportamento dos cromossomos (p. 295-297)

- O trabalho de Morgan com o gene da cor dos olhos em *Drosophila* levou à **teoria cromossômica da herança**, que estabelece que os genes estão localizados nos cromossomos e que o comportamento dos cromossomos durante a meiose explica as leis de Mendel.

? *Quais características dos cromossomos sexuais permitiram a Morgan correlacionar seu comportamento com aquele dos alelos do gene para a cor dos olhos?*

CONCEITO 15.2

Genes ligados ao sexo exibem padrões únicos de herança (p. 298-300)

- O sexo frequentemente tem base cromossômica. Seres humanos e outros mamíferos têm um sistema X-Y, em que o sexo é determinado pela presença ou ausência do cromossomo Y. Outros sistemas são encontrados em aves, peixes e insetos.
- Os cromossomos sexuais carregam **genes ligados ao sexo**, praticamente todos que estão no cromossomo X (**ligados ao X**). Qualquer macho que herde um alelo recessivo ligado ao X (da sua mãe) expressará a característica, como o daltonismo.
- Em fêmeas de mamíferos, um dos dois cromossomos X em cada célula é inativado de forma aleatória durante o início do desenvolvimento embrionário, tornando-se altamente condensados e formando os **corpúsculos de Barr**.

? *Por que os machos são afetados por distúrbios ligados ao X com mais frequência do que as fêmeas?*

CONCEITO 15.3

Genes ligados tendem a ser herdados juntos, pois estão localizados próximos uns aos outros no mesmo cromossomo (p. 301-306)

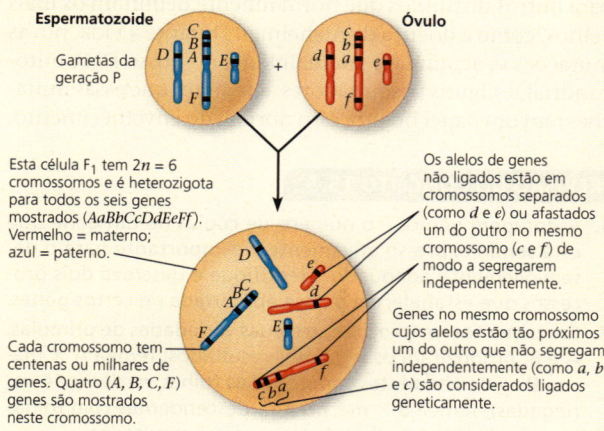

Esta célula F$_1$ tem $2n = 6$ cromossomos e é heterozigota para todos os seis genes mostrados (AaBbCcDdEeFf). Vermelho = materno; azul = paterno.

Cada cromossomo tem centenas ou milhares de genes. Quatro (A, B, C, F) genes são mostrados neste cromossomo.

Os alelos de genes não ligados estão em cromossomos separados (como d e e) ou afastados um do outro no mesmo cromossomo (c e f) de modo a segregarem independentemente.

Genes no mesmo cromossomo cujos alelos estão tão próximos um do outro que não segregam independentemente (como a, b e c) são considerados ligados geneticamente.

- Um cruzamento-teste di-híbrido de F$_1$ gera **tipos parentais** com a mesma combinação de características daquelas dos pais da geração P e **tipos recombinantes** (**recombinantes**) com novas combinações de características não observadas nos pais da geração P. Por causa da segregação independente dos cromossomos, os genes não ligados exibem frequência de recombinação de 50% nos gametas. Para os **genes ligados** geneticamente, o *crossing over* entre cromátides não irmãs durante a meiose I explica os recombinantes observados, sempre menores do que 50% do total.
- A ordem dos genes em um cromossomo e as distâncias relativas entre eles podem ser deduzidas a partir das frequências de recombinação observadas nos cruzamentos gênicos. Esses dados permitem construir um **mapa de ligação** (um tipo de **mapa genético**). Quanto mais distantes os genes estão um do outro, mais provável é que as combinações alélicas desses genes sejam recombinadas durante o *crossing over*.

? *Por que é mais provável que alelos específicos de dois genes distantes apresentem recombinação do que dois genes mais próximos?*

CONCEITO 15.4

Alterações no número ou na estrutura dos cromossomos causam alguns distúrbios genéticos (p. 306-309)

- A **aneuploidia**, um número anormal de cromossomos, pode resultar a partir da **não disjunção** durante a meiose. Quando um gameta normal se une com um contendo duas cópias ou nenhuma cópia de um determinado cromossomo, o zigoto resultante e suas células descendentes possuem uma cópia extra daquele cromossomo (**trissomia**, $2n + 1$) ou não possuem uma cópia (**monossomia**, $2n - 1$). A **poliploidia** (conjuntos extras de cromossomos) pode resultar da não disjunção de todos os cromossomos.
- A quebra cromossômica pode resultar em alterações na estrutura dos cromossomos: **deleções**, **duplicações**, **inversões** e **translocações**. As translocações podem ser recíprocas ou não recíprocas.
- Mudanças no número de cromossomos por célula ou na estrutura de cromossomos individuais podem afetar o fenótipo e, em alguns casos, levar a distúrbios. Essas alterações causam **síndrome de Down** (em geral devido à trissomia do cromossomo 21), certos cânceres associados a translocações cromossômicas e vários outros distúrbios humanos.

? *Por que as inversões e as translocações recíprocas são menos prováveis de serem letais do que a aneuploidia, as duplicações, as deleções e as translocações não recíprocas?*

CONCEITO 15.5

Alguns padrões de herança são exceções à herança mendeliana padrão (p. 310-311)

- Em mamíferos, os efeitos fenotípicos de um pequeno número de certos genes dependem de qual alelo é herdado de cada progenitor, um fenômeno chamado **impressão genômica** (*imprinting*). As impressões são formadas durante a produção dos gametas, com o resultado de que um alelo (materno ou paterno) não é expresso nos descendentes.
- A herança dos traços controlados pelos genes presentes na mitocôndria e nos plastídeos depende somente da mãe, pois o citoplasma do zigoto contendo essas organelas provêm do óvulo. Algumas doenças que afetam os sistemas nervoso e muscular são causadas por defeitos nos genes mitocondriais que impedem que as células produzam ATP suficiente.

? *Explique como a impressão genômica e a herança do DNA de cloroplasto e mitocondrial são exceções para a herança mendeliana padrão.*

TESTE SEU CONHECIMENTO

Níveis 1-2: Relembre/Entenda

1. Um homem com hemofilia (condição recessiva ligada ao sexo) tem uma filha sem hemofilia que casou com um homem sem hemofilia. Qual é a probabilidade de a sua filha ter hemofilia? E seu filho? Se eles tiverem quatro filhos homens, todos serão afetados?

2. A distrofia muscular pseudo-hipertrófica é um distúrbio hereditário que causa a deterioração gradual dos músculos. O problema é observado quase exclusivamente em meninos nascidos de pais não afetados e normalmente resulta na morte no início da adolescência. Essa doença é causada por alelo dominante ou recessivo? É uma herança ligada ao sexo ou autossômica? Como você sabe? Explique por que esse distúrbio quase nunca é observado em meninas.

3. Uma mosca-da-fruta do tipo selvagem (heterozigota para corpo de cor cinza e asas normais) é cruzada com uma mosca preta com asas vestigiais. Os descendentes apresentam a seguinte distribuição fenotípica: tipo selvagem, 778; preto vestigial, 785; preto normal, 158; cinza vestigial, 162. Qual é a frequência de recombinação entre esses genes para cor do corpo e tamanho das asas? Esses dados são consistentes com os resultados do experimento na Figura 15.9? Desenhe os cromossomos nos pais do tipo selvagem e pretos.

4. Um planeta é habitado por criaturas que se reproduzem com os mesmos padrões de herança observados em humanos. Três caracteres fenotípicos são altura (T = alto, t = anão), apêndices da cabeça (A = com antenas, a = sem antenas) e morfologia nasal (S = nariz para cima, s = nariz para baixo). Como as criaturas não são "inteligentes", os cientistas da Terra são capazes de fazer alguns cruzamentos experimentais controlados usando vários heterozigotos em cruzamento-teste. Para todos os heterozigotos com antenas, os descendentes são: alto/antena, 46; anão/antena, 7; anão/sem antena, 42; alto/sem antena, 5. Para heterozigotos com antenas e nariz para cima, os descendentes são: antena/nariz para cima, 47; antena/nariz para baixo, 2; sem antena/nariz para baixo, 48; sem antena/nariz para cima, 3. Calcule as frequências de recombinação para ambos os experimentos.

Níveis 3-4: Aplique/Analise

5. Cientistas fizeram um cruzamento-teste de criaturas da Questão 4 usando heterozigotos para altura e formato do nariz. Os descendentes são: alto/nariz para cima, 41; anão/nariz para cima, 8; anão/nariz para baixo, 43; alto/nariz para baixo, 8. Calcule a frequência de recombinação a partir desses dados; então, utilize sua resposta da Questão 4 para determinar a sequência correta desses três genes ligados.

6. Uma mosca-da-fruta do tipo selvagem (heterozigota para corpo de cor cinza e olhos vermelhos) é cruzada com uma mosca-da-fruta preta com olhos roxos. Os descendentes são: tipo selvagem, 721; preto/roxo, 751; cinza/roxo, 49; preto/vermelho, 45. Qual é a frequência de recombinação entre esses genes para cor de corpo e cor de olhos? Utilizando a informação da Questão 3, quais moscas-da-fruta (genótipos e fenótipos) você cruzaria para determinar a sequência dos genes da cor do corpo, do tamanho das asas e da cor dos olhos no cromossomo?

7. Suponha que os genes A e B estão afastados 50 unidades de mapa no mesmo cromossomo. Um animal heterozigoto em ambos os *loci* é cruzado com um homozigoto recessivo em ambos os *loci*. Qual porcentagem dos descendentes mostrará fenótipos resultantes de entrecruzamentos? Se você não soubesse que os genes A e B estavam no mesmo cromossomo, como interpretaria os resultados desse cruzamento?

8. Dois genes de uma flor, um controlando pétalas azuis (B) versus brancas (b) e o outro controlando estames redondos (R) versus ovais (r), são ligados e estão a 10 unidades de mapa de distância um do outro. Você cruza uma planta azul/oval homozigota com uma planta branca/redonda. A progênie F_1 resultante é cruzada com plantas brancas/ovais homozigotas, e são obtidas 1.000 plantas descendentes. Quantas plantas F_2 de cada um dos quatro fenótipos você espera obter?

9. Planeje cruzamentos entre espécimes de *Drosophila* para fornecer dados de recombinação para o gene a, localizado no cromossomo mostrado na Figura 15.12. O gene a tem frequências de recombinação de 14% para o *locus* com asas vestigiais e de 26% para o *locus* com olhos marrons. Aproximadamente onde a está localizado no cromossomo em relação a esses dois *loci*?

Níveis 5-6: Avalie/Crie

10. As bananeiras, que são plantas triploides, não têm sementes e por isso são estéreis. Pensando em meiose, proponha uma possível explicação.

11. **CONEXÃO EVOLUTIVA** Acredita-se que o *crossing over*, ou permutação, seja vantajoso em termos de evolução, pois ele mistura continuamente os alelos gênicos em novas combinações. Acreditava-se que os genes ligados ao Y poderiam degenerar, pois eles não têm genes homólogos no cromossomo X com os quais poderiam parear antes do *crossing over*. Entretanto, quando o cromossomo Y foi sequenciado, os cientistas descobriram oito grandes regiões que eram homólogas internamente umas às outras, e alguns genes eram duplicados. (O pesquisador do cromossomo Y, David Page, denominou isso como "casa de espelhos".) Como isso pode ser benéfico?

12. **PESQUISA CIENTÍFICA · DESENHE** Suponha que você está mapeando os genes A, B, C e D em *Drosophila*. Você sabe que esses genes estão ligados no mesmo cromossomo e determina a frequência de recombinação entre cada par de genes como: A e B, 8%; A e C, 28%; A e D, 25%; B e C, 20%; B e D, 33%.
    (A) Descreva como você determinou as frequências de recombinação para cada par de genes.
    (B) Desenhe um mapa do cromossomo com base nos seus dados.

13. **ESCREVA SOBRE UM TEMA: INFORMAÇÃO** A continuidade da vida baseia-se na hereditariedade da informação na forma de DNA. Em um texto sucinto (100-150 palavras), relate a estrutura e o comportamento dos cromossomos para herança em espécies de reprodução assexuada e sexuada.

14. **SINTETIZE SEU CONHECIMENTO**

    Borboletas têm um sistema de determinação de sexo X-Y diferente do sistema das moscas ou dos seres humanos. Borboletas fêmeas podem ser XY ou X0, e borboletas com dois ou mais cromossomos X são machos. Esta fotografia mostra uma borboleta rabo-de-andorinha-do-tigre *ginandromorfa*, um indivíduo metade macho (lado esquerdo) e metade fêmea (lado direito). Dado que a primeira divisão do zigoto divide o embrião em uma futura metade direita e outra esquerda da borboleta, proponha uma hipótese que explique como a não disjunção pode ter produzido essa borboleta de aparência incomum.

Ver respostas selecionadas no Apêndice A.

16 Base molecular da hereditariedade

CONCEITOS-CHAVE

16.1 O DNA é o material genético *p. 315*

16.2 Diversas proteínas atuam juntas na replicação e no reparo do DNA *p. 320*

16.3 Um cromossomo consiste em uma molécula de DNA empacotada junto com proteínas *p. 330*

Dica de estudo

Desenhe a replicação do DNA:
Crie uma sequência de DNA fita simples com 40 nucleotídeos de comprimento. À medida que você avança pelos Conceitos 16.1 e 16.2, use sua sequência para desenhar uma molécula de DNA de fita dupla, identificando as extremidades. Depois, ilustre o processo de replicação de sua molécula de DNA.

Estrutura e replicação do DNA

T C A G C G T A A G G T G A T G T A T A ...

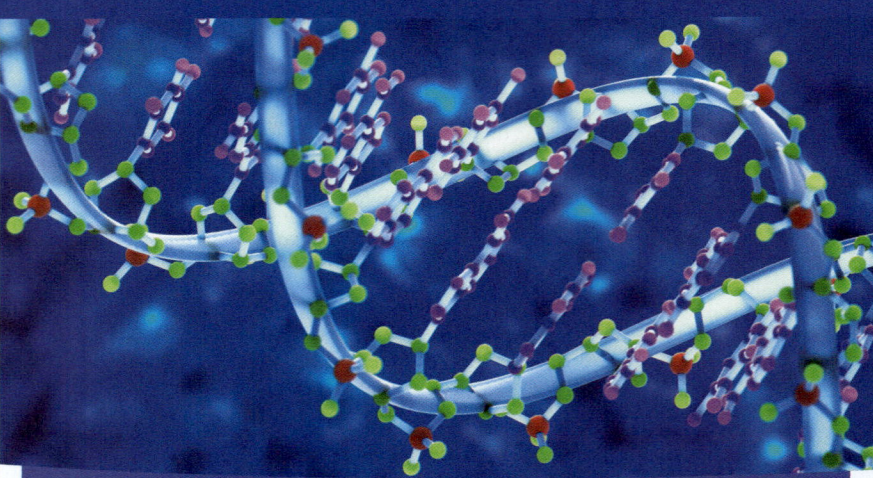

Figura 16.1 A estrutura elegante de dupla-hélice do ácido desoxirribonucleico (DNA) abalou o mundo científico quando foi proposta em abril de 1953 por James Watson e Francis Crick. O DNA que você herdou de seus pais contém todos os seus genes – suas informações genéticas.

Como a replicação do DNA transmite a informação genética?

A replicação do DNA permite que a informação genética seja herdada por uma célula-filha a partir da célula parental (por mitose) e de geração em geração (iniciando por meiose).

Cromossomo não duplicado (uma molécula de DNA e proteínas)

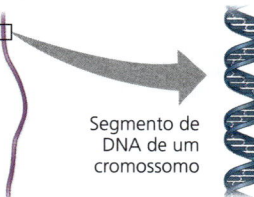

Segmento de DNA de um cromossomo

Cada gene é uma unidade de informação hereditária que consiste em uma sequência de DNA específica.

A replicação do DNA inicia.

A replicação inicia em múltiplos sítios (origens), cada uma formando uma bolha de replicação com uma forquilha em cada extremidade.

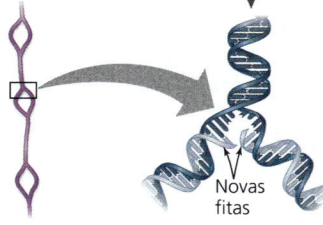

Novas fitas

A replicação do DNA e a condensação dos cromossomos é completada.

Cromossomo duplicado e condensado (duas moléculas de DNA e proteínas)

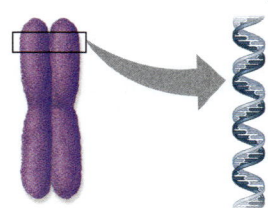

Duas moléculas de DNA, que são distribuídas para as células-filhas.

CONCEITO 16.1

O DNA é o material genético

Hoje, até mesmo as crianças em idade escolar já ouviram falar sobre DNA (do inglês *deoxyribonucleic acid* [ácido desoxirribonucleico]), e os cientistas manipulam o DNA rotineiramente no laboratório. No início do século XX, no entanto, a identificação das moléculas da hereditariedade representava um grande desafio para os biólogos.

Pesquisa científica: a busca pelo material genético

Quando o grupo de T.H. Morgan mostrou que os genes existem como partes dos cromossomos (descritos no Conceito 15.1), os dois componentes químicos dos cromossomos – DNA e proteínas – surgiram como os principais candidatos ao papel de material genético. Até a década de 1940, as opiniões eram a favor das proteínas: os bioquímicos identificaram as proteínas como uma classe de macromoléculas com grande heterogeneidade e especificidade de função, características essenciais para o material genético. Além disso, pouco se sabia sobre os ácidos nucleicos, cujas propriedades físicas e químicas pareciam muito uniformes para explicar a variedade de características hereditárias específicas que são exibidas por cada organismo. Essa visão foi alterada gradativamente à medida que o papel do DNA na hereditariedade foi sendo desvendado por meio de estudos com as bactérias e os vírus que as infectam, sistemas bem mais simples do que moscas-da-fruta ou seres humanos. Rastrearemos o caminho da busca do material genético com um estudo de caso de pesquisa científica.

Evidências de que o DNA pode transformar bactérias

Em 1928, o médico britânico Frederick Griffith estava tentando desenvolver uma vacina contra a pneumonia. Ele estava estudando o *Streptococcus pneumoniae*, a bactéria que causa pneumonia em mamíferos. Griffith possuía duas cepas (variedades) da bactéria, uma patogênica (que causa a doença) e uma não patogênica (inofensiva). Ele se surpreendeu ao perceber que, ao matar as bactérias patogênicas com calor e misturá-las com algumas bactérias vivas da cepa não patogênica, algumas células vivas se tornavam patogênicas **(Figura 16.2)**. Além disso, a nova característica de patogenicidade recém-adquirida era herdada por todos os descendentes das bactérias transformadas. Aparentemente, algum componente químico das células patogênicas mortas era responsável por essa alteração hereditária, embora a identidade dessa substância não fosse conhecida. Griffith chamou esse fenômeno de **transformação**, atualmente definido como uma alteração no genótipo e no fenótipo causada pela assimilação de DNA externo pela célula. Trabalhos posteriores de Oswald Avery, Maclyn McCarty e Colin MacLeod identificaram o DNA como a substância responsável pela transformação.

Os cientistas permaneceram céticos, no entanto, já que muitos ainda viam as proteínas como melhores candidatos para o papel de material genético. Além disso, muitos biólogos não estavam convencidos de que os genes de bactérias teriam composição e função semelhantes aos de

▼ **Figura 16.2** Pesquisa

Uma característica genética pode ser transferida entre diferentes cepas de bactérias?

Experimento Frederick Griffith estudou duas cepas da bactéria *Streptococcus pneumoniae*. Bactérias da cepa S (do inglês *smooth*, "lisa") podem causar pneumonia em camundongos e são patogênicas, pois possuem uma cápsula que as protege do sistema imune do animal. As bactérias da cepa R (do inglês *rough*, "rugosa") não têm essa cápsula e não são patogênicas. Para testar a característica de patogenicidade, Griffith injetou as duas cepas de bactérias em camundongos:

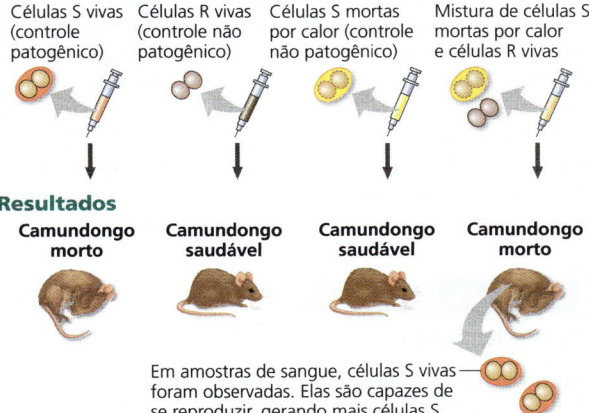

Conclusão Griffith concluiu que as bactérias R vivas foram transformadas em bactérias patogênicas S por uma substância hereditária desconhecida, oriunda das células S mortas, o que permitiu que as células R formassem cápsulas.

Dados de F. Griffith, The significance of pneumococcal types, *Journal of Hygiene* 27:113-159 (1928).

E SE? De que modo este experimento elimina a possibilidade de as células R terem simplesmente utilizado as cápsulas das células S mortas para se tornarem patogênicas?

organismos mais complexos. Todavia, a principal razão para o ceticismo era a falta de conhecimento acerca do DNA.

Evidências de que o DNA viral pode programar as células

Evidências adicionais de que o DNA era o material genético vieram de estudos com vírus que infectam bactérias **(Figura 16.3)**. Esses vírus são chamados de **bacteriófagos** ("comedores de bactérias"), ou apenas **fagos**. Vírus são bem mais simples que células.

Um **vírus** nada mais é do

▶ **Figura 16.3 Um vírus infectando uma célula bacteriana.** Um fago denominado T2 se liga à célula hospedeira e injeta seu material genético através da membrana plasmática, enquanto cabeça e partes da cauda se mantêm na superfície externa da bactéria (MET colorida).

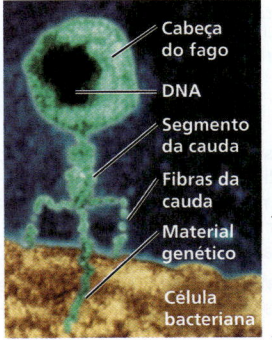

que DNA (ou, em alguns casos, RNA [do inglês *ribonucleic acid* {ácido ribonucleico}]) encapsulado por um envoltório protetor composto com frequência por proteínas. Para se reproduzir, o vírus precisa infectar uma célula e tomar conta do processo metabólico dessa célula.

Os fagos tiveram ampla utilização como ferramentas pelos pesquisadores na área da genética molecular. Em 1952, Alfred Hershey e Martha Chase realizaram experimentos mostrando que o DNA é o material genético do fago conhecido como T2. Este é um dos muitos fagos que infectam *Escherichia coli*, uma bactéria que normalmente vive no intestino dos mamíferos e é um organismo-modelo da biologia molecular. Naquela época, os biólogos já sabiam que o T2, assim como muitos outros fagos, é composto quase inteiramente por DNA e proteínas. Eles também sabiam que o fago T2 poderia rapidamente transformar uma célula de *E. coli* em uma fábrica de produção de T2 que liberasse muitas cópias de novos fagos quando a célula se rompesse. De alguma forma, o T2 poderia reprogramar sua célula hospedeira para produzir vírus. Mas qual dos componentes virais – proteína ou DNA – era o responsável?

Hershey e Chase responderam a essa questão por meio de um experimento que mostrou que só um dos dois componentes do fago T2 entra realmente nas células de *E. coli* durante a infecção **(Figura 16.4)**. No experimento, eles utilizaram isótopos radioativos de enxofre para marcar as proteínas em um grupo de fagos T2, e isótopos radioativos de fósforo para marcar o DNA de um segundo grupo. Como as proteínas contêm enxofre e o DNA não contém, os átomos de enxofre radioativo foram incorporados apenas pelas proteínas dos fagos. De modo similar, os átomos de fósforo radioativo marcaram apenas o DNA, e não as proteínas, pois praticamente todos os átomos de fósforo estão no DNA dos fagos. No experimento, amostras separadas de células não radioativas de *E. coli* foram infectadas separadamente com lotes de T2 com proteínas marcadas e com DNA marcado. Então, os pesquisadores testaram as duas amostras logo após o início da infecção para ver qual tipo de moléculas radioativamente marcadas – proteínas ou DNA – tinha entrado nas células bacterianas e seria, portanto, capaz de reprogramá-las.

▼ **Figura 16.4** Pesquisa

O material genético do fago T2 é proteína ou DNA?

Experimento Alfred Hershey e Martha Chase utilizaram enxofre e fósforo radioativos para rastrear o destino das proteínas e do DNA, respectivamente, dos fagos T2 que infectaram células bacterianas. Eles queriam saber qual dessas moléculas adentrava nas células e as reprogramava para a produção de mais fagos.

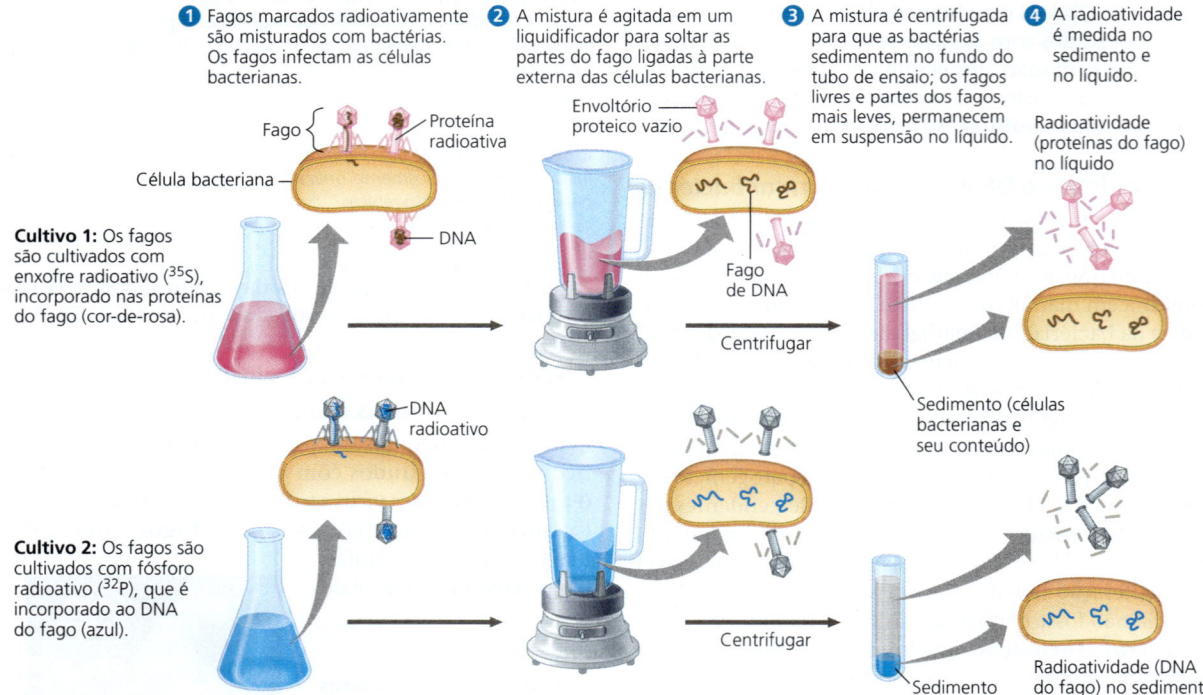

Resultados Quando as proteínas foram marcadas (cultivo 1), a radioatividade se manteve fora das células, mas, quando o DNA foi marcado (cultivo 2), a radioatividade foi observada no interior das células. As células com DNA radioativo dos fagos liberaram novos fagos com certa quantidade de fósforo radioativo.

Conclusão O DNA do fago entrou nas células bacterianas, mas as proteínas do fago não. Hershey e Chase concluíram que o DNA, e não a proteína, funciona como o material genético do fago T2.

Dados de A.D. Hershey e M. Chase, Independent functions of viral protein and nucleic acid in growth of bacteriophage, *Journal of General Physiology* 36:39-56 (1952).

E SE? *Como os resultados poderiam ter sido diferentes se as proteínas carregassem a informação genética?*

Hershey e Chase descobriram que o DNA do fago entrou nas células hospedeiras, mas a proteína do fago não entrou. Além disso, quando essas bactérias foram devolvidas a um meio de cultura e a infecção seguiu seu curso, *E. coli* liberou fagos que continham algum fósforo radioativo. Esse resultado adicional demonstrou que o DNA no interior das células desempenha um papel ativo no processo de infecção. Eles concluíram que o DNA injetado pelo fago deve ser a molécula portadora da informação genética que faz as células produzirem um novo DNA viral e novas proteínas. O experimento de Hershey-Chase foi um marco, pois forneceu evidências poderosas de que os ácidos nucleicos, e não as proteínas, são o material hereditário, ao menos para alguns vírus.

Outras evidências de que o DNA é o material genético

Evidências adicionais de que o DNA é o material genético foram obtidas no laboratório do bioquímico Erwin Chargaff. O DNA era conhecido por ser um polímero de nucleotídeos, cada um com três componentes: uma base nitrogenada (contendo nitrogênio), um açúcar pentose chamado desoxirribose e um grupo fosfato **(Figura 16.5)**. A base pode ser adenina (A), timina (T), guanina (G) ou citosina (C). Chargaff analisou a composição das bases do DNA de vários organismos. Em 1950, ele relatou que a composição das bases do DNA varia de um organismo para o outro. Por exemplo, ele descobriu que 32,8% dos nucleotídeos do DNA do ouriço-do-mar têm a base A, enquanto apenas 24,7% dos nucleotídeos da bactéria *E. coli* têm a base A. Essa evidência de diversidade molecular entre as espécies, que a maioria dos cientistas presumiu estar ausente do DNA, tornou o DNA um candidato mais confiável para o material genético.

Chargaff também chamou a atenção para a regularidade peculiar da proporção das bases dos nucleotídeos. No DNA de cada espécie estudada, o número de adeninas e timinas era aproximadamente o mesmo, e o número de guaninas e citosinas era aproximadamente o mesmo. No DNA do ouriço-do-mar, por exemplo, as quatro bases estão presentes nestas porcentagens: A = 32,8% e T = 32,1%; G = 17,7% e C = 17,3%. (As porcentagens não são exatamente as mesmas devido às limitações das técnicas utilizadas por Chargaff.)

As duas observações a seguir se tornaram conhecidas como as *regras de Chargaff*: (1) a composição das bases do DNA varia entre espécies, e (2) para cada espécie, as porcentagens das bases A e T são aproximadamente iguais, assim como as das bases G e C. No **Exercício de habilidades científicas**, você pode usar as regras de Chargaff para prever as porcentagens das bases dos nucleotídeos. A explicação dessas regras permaneceu obscura até a descoberta da dupla-hélice.

Construindo um modelo estrutural do DNA

Assim que a maior parte dos biólogos se convenceu de que o DNA era o material genético, o desafio passou a ser determinar de que modo sua estrutura cumpria o seu papel na

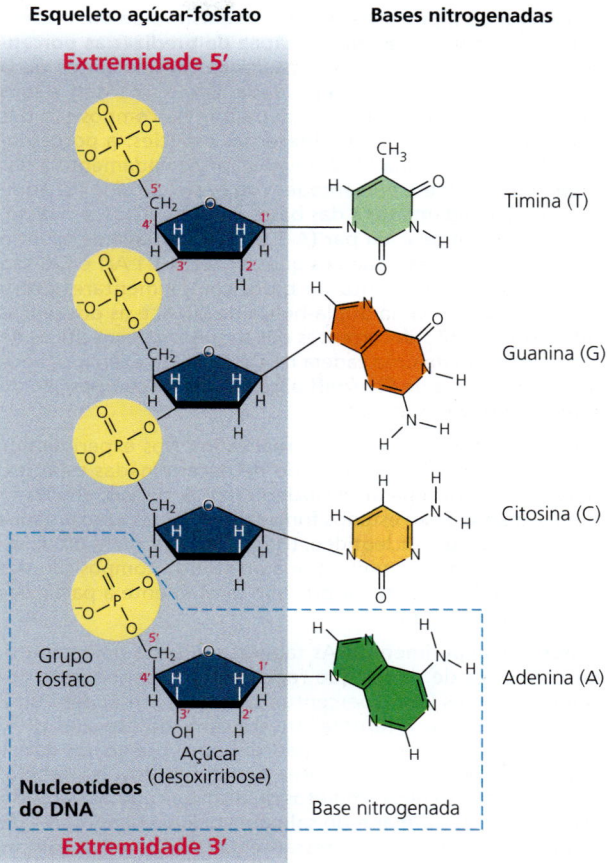

▲ **Figura 16.5 Estrutura de uma fita de DNA.** Cada monômero de nucleotídeo de DNA é constituído pelo açúcar desoxirribose (em azul) ligado tanto a uma base nitrogenada (A, T, G ou C) quanto a um grupo fosfato (em amarelo). O grupo fosfato de um nucleotídeo está ligado ao açúcar do próximo por uma ligação covalente, formando um "esqueleto" de fosfatos e açúcares alternados a partir dos quais as bases se projetam. Uma fita de polinucleotídeos tem direcionalidade, da extremidade 5' (com o grupo fosfato) para a extremidade 3' (com o grupo —OH do açúcar). 5' e 3' referem-se aos números atribuídos aos carbonos no anel do açúcar (ver números em magenta).

transmissão das informações hereditárias. No início dos anos 1950, o arranjo das ligações covalentes nos polímeros de ácidos nucleicos estava bem estabelecido (ver Figura 16.5), e os pesquisadores se concentraram no descobrimento da estrutura tridimensional do DNA. Entre os cientistas que trabalharam para tentar resolver esse problema, estavam Linus Pauling, no California Institute of Technology, e Maurice Wilkins e Rosalind Franklin, no King's College, de Londres. No entanto, os primeiros a chegarem à resposta completa foram dois cientistas relativamente desconhecidos na época – o americano James Watson e o inglês Francis Crick.

O trabalho colaborativo que resolveu o enigma da estrutura do DNA começou logo depois que Watson foi para a Universidade de Cambridge, onde Crick estava estudando a estrutura das proteínas com uma técnica chamada cristalografia de raios X (ver Figura 5.21). Ao visitar o laboratório de Maurice Wilkins, Watson viu uma imagem de difração de raios X do

Exercício de habilidades científicas

Trabalhando com dados em uma tabela

Considerando a porcentagem de composição de um nucleotídeo em um genoma, você é capaz de predizer as porcentagens dos outros três nucleotídeos? Mesmo antes de a estrutura do DNA ter sido elucidada, Erwin Chargaff e seus colegas de trabalho notaram um padrão na composição das bases dos nucleotídeos de diferentes espécies: a porcentagem de bases adenina (A) equivalia aproximadamente à das bases timina (T), e a porcentagem de bases citosina (C) equivalia aproximadamente à das bases guanina (G). Além disso, a porcentagem de cada par (A-T ou C-G) variava de espécie para espécie. Agora, sabemos que as razões 1:1 A/T e C/G são resultado do pareamento de bases complementares entre A e T e entre C e G na dupla-hélice de DNA, e as diferenças entre espécies são decorrentes das sequências específicas de bases ao longo de uma cadeia de DNA. Neste exercício, você aplicará as regras de Chargaff para predizer a composição de bases em um genoma.

Como os experimentos foram realizados Nos experimentos de Chargaff, o DNA foi extraído de determinadas espécies, hidrolisado para separar os nucleotídeos e, depois, analisado quimicamente. Esses estudos forneceram valores aproximados para cada tipo de nucleotídeo. (Hoje, o sequenciamento completo de genomas permite que a análise da composição das bases seja feita com maior precisão diretamente a partir dos dados da sequência.)

Dados dos experimentos As tabelas são úteis para organizar conjuntos de dados que representam um conjunto comum de valores (aqui, percentuais de A, G, C e T) para uma série de amostras diferentes (neste caso, de espécies diferentes). Você pode aplicar os padrões que você vê nos dados conhecidos para prever valores desconhecidos. Na tabela, são fornecidos dados completos de distribuição das bases do DNA do ouriço-do-mar e do salmão; você usará as regras de Chargaff para preencher o restante da tabela com os valores esperados.

Origem do DNA	Porcentagem das bases			
	Adenina	Guanina	Citosina	Timina
Ouriço-do-mar	32,8	17,7	17,3	32,1
Salmão	29,7	20,8	20,4	29,1
Trigo	28,1	21,8	22,7	
E. coli	24,7	26,0		
Humano	30,4			30,1
Boi	29,0			
% média				

Dados obtidos de diversos artigos científicos de Chargaff: por exemplo, E. Chargaff et al., Composition of the desoxypentose nucleic acids of four genera of sea-urchin, *Journal of Biological Chemistry* 195: 155-160 (1952).

▶ Ouriço-do-mar

INTERPRETE OS DADOS

1. Explique como os dados sobre o ouriço-do-mar e sobre o salmão demonstram as regras de Chargaff.
2. Utilizando as regras de Chargaff, preencha a tabela com a sua predição dos valores para as bases, iniciando com o genoma do trigo e prosseguindo com o genoma de *E. coli*, seres humanos e bois. Mostre como você chegou às suas respostas.
3. Se a regra de Chargaff – a quantidade de A é igual à quantidade de T, e a quantidade de C é igual à quantidade de G – é válida, então podemos extrapolar isso hipoteticamente para o DNA combinado de todas as espécies na Terra (como um grande genoma terrestre). Para verificar se os dados presentes na tabela corroboram essa hipótese, calcule a porcentagem média de cada base para a tabela completa, calculando os valores médios em cada coluna. A regra de equivalência de Chargaff ainda é válida?

DNA produzido pela colega de Wilkins, Rosalind Franklin **(Figura 16.6)**. As imagens geradas por cristalografia por raios X não são as imagens reais das moléculas. As manchas na imagem foram produzidas por raios X que se difrataram (desviaram) ao passarem pelas fibras alinhadas do DNA purificado. Watson estava familiarizado com o tipo de padrão de difração de raios X das moléculas helicoidais e, ao ver a fotografia que Wilkins lhe mostrou, confirmou que o DNA tinha uma forma helicoidal. A fotografia também foi adicionada a dados anteriores obtidos por Franklin e outros colaboradores, sugerindo a largura da hélice e o espaçamento das bases nitrogenadas ao longo dela. Nesta fotografia, o padrão implicava que a hélice era composta por duas fitas, ao contrário de um modelo de três fitas proposto por Linus Pauling pouco tempo antes. A presença de duas fitas é responsável pelo termo agora conhecido como **dupla-hélice**. O DNA é mostrado em algumas de suas muitas representações diferentes na **Figura 16.7**.

Watson e Crick começaram a construir seu modelo de dupla-hélice levando em consideração as medidas de raios X e o que já se sabia sobre a química do DNA, incluindo as regras de equivalência de bases de Chargaff. Tendo também lido o artigo anual não publicado que resumia o trabalho de Franklin, eles sabiam que ela tinha concluído que o esqueleto de açúcar-fosfato estava localizado na parte externa da molécula de DNA, ao contrário do modelo que estavam construindo. O arranjo de Franklin era atraente porque colocava os grupos fosfato carregados negativamente voltados para o ambiente aquoso, enquanto as bases nitrogenadas relativamente hidrofóbicas estavam escondidas no interior. Watson construiu esse modelo, no qual os dois esqueletos de açúcar-fosfato são **antiparalelos**, ou seja, suas subunidades correm em direções opostas (ver Figura 16.7). Você pode imaginar esse arranjo como uma escada de cordas com degraus rígidos. As cordas nas laterais são equivalentes aos esqueletos de açúcar-fosfato, e os degraus representam os pares de bases nitrogenadas.

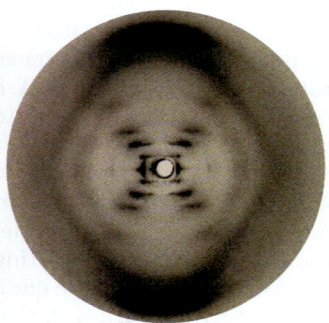

(a) Rosalind Franklin (b) Fotografia de Franklin da difração por raios X do DNA

▲ **Figura 16.6** Rosalind Franklin e sua fotografia de difração do DNA com raios X.

▼ Figura 16.7 VISUALIZANDO O DNA

O DNA pode ser ilustrado de diversas formas, mas todos os diagramas representam a mesma estrutura básica. O nível de detalhes mostrado depende do processo ou tipo de informação sendo transmitida.

Imagens estruturais

O modelo de preenchimento espacial à esquerda mostra o formato tridimensional (3D) da dupla-hélice do DNA; o diagrama à direita mostra os detalhes químicos da estrutura do DNA. Em ambas as imagens, os grupos fosfato estão em amarelo, os açúcares desoxirribose estão em azul e as bases nitrogenadas estão tons de verde e laranja.

A dupla-hélice de DNA é "destra". Use sua mão direita, como mostrado, para seguir o esqueleto de açúcar-fosfato para cima na hélice e para trás (isso não funcionará com sua mão esquerda).

- 0,34 nm de distância entre as bases
- Uma volta completa a cada 10 pares de base (3,4 nm)
- Diâmetro = 2 nm

Aqui, as duas fitas de DNA estão mostradas desenroladas para facilitar a visualização dos detalhes químicos. Note que as fitas são **antiparalelas** — estão orientadas em direções opostas, como as faixas de uma rua de mão dupla.

- Extremidade 5'
- Extremidade 3'
- Grupo fosfato ligado ao carbono 5'
- Base nitrogenada ligada ao carbono 1'
- **Nucleotídeo do DNA**
- Esqueleto açúcar-fosfato
- Açúcar
- **Ligações covalentes entre açúcar e fosfato** ligam os nucleotídeos.
- **Ligações de hidrogênio** entre as bases mantêm as fitas unidas.
- As **forças de van der Waals** entre os pares de bases empilhados ajudam a manter a molécula unida.
- —OH ligado ao carbono 3'
- Extremidade 3'
- Extremidade 5'

1. Descreva as ligações que mantêm unidos os nucleotídeos em uma fita de DNA. Então, compare-as com as ligações que mantêm as duas fitas de DNA unidas.
2. Como as duas extremidades de uma fita de DNA diferem na sua estrutura?

Imagens simplificadas

Quando o detalhe molecular não é necessário, o DNA é retratado em diagramas simplificados, dependendo do objetivo da figura.

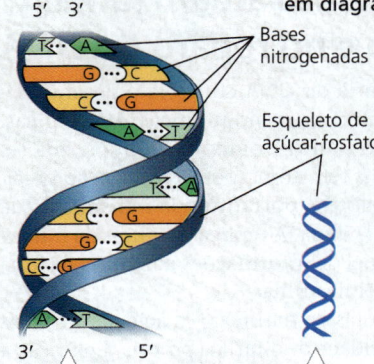

As "fitas" nesses diagramas simplificados da dupla-hélice representam os esqueletos de açúcar-fosfato; esses modelos enfatizam a natureza 3D do DNA.

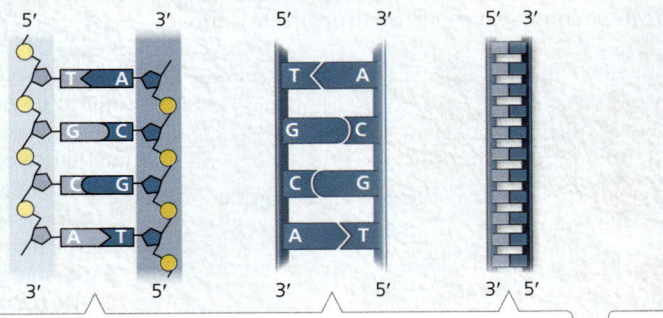

Esses diagramas achatados "estilo escada" do DNA representam o esqueleto açúcar-fosfato como as laterais de uma escada, com os pares de bases como degraus. O azul-claro é utilizado para indicar a fita sintetizada mais recentemente.

Às vezes, a molécula de DNA dupla-fita é mostrada simplesmente como duas linhas retas.

3. Compare a informação fornecida nos três diagramas de escada.

Sequências de DNA

A informação genética é carregada pelo DNA como uma sequência de nucleotídeos linear que pode ser transcrita em mRNA e traduzida em um polipeptídeo. Quando o foco é a sequência de DNA, cada nucleotídeo pode ser representado simplesmente pela letra da sua base: A, T, C ou G.

3'- A C G T A A G C G G T T A A T - 5'
5'- T G C A T T C G C C A A T T A - 3'

Agora imagine que a escada é torcida para formar uma hélice. Os dados de difração por raios X de Franklin indicavam que a hélice fazia um giro completo a cada 3,4 nm ao longo do seu comprimento. Com as bases dispostas a 0,34 nm umas das outras, existem dez camadas de pares de bases, ou degraus na escada, a cada giro completo da hélice.

As bases nitrogenadas da dupla-hélice estão pareadas em combinações específicas: adenina (A) com timina (T) e guanina (G) com citosina (C). Foi principalmente por tentativa e erro que Watson e Crick chegaram a essa característica fundamental do DNA. Inicialmente, Watson imaginou que as bases formassem pares por semelhança – por exemplo, A com A e C com C. Todavia, esse modelo não se encaixava nos dados obtidos pela difração por raios X, que sugeriam que a hélice possuía um diâmetro uniforme. Por que essa característica é inconsistente com o pareamento de bases com semelhantes? Adenina e guanina são purinas, bases nitrogenadas com dois anéis orgânicos, enquanto a citosina e a timina são bases nitrogenadas conhecidas como pirimidinas, que possuem apenas um anel. O pareamento de uma purina com uma pirimidina é a única combinação que resulta em um diâmetro uniforme para a dupla-hélice **(Figura 16.8)**.

Watson e Crick ponderaram que devia haver uma especificidade adicional no pareamento, determinada pela estrutura das bases. Cada base possui grupos químicos laterais que podem formar ligações de hidrogênio com o par apropriado: a adenina pode formar duas ligações de hidrogênio com a timina, e só com a timina; a guanina forma três ligações de hidrogênio com a citosina, e só com a citosina. Em resumo, A pareia com T, e G pareia com C **(Figura 16.9)**.

O modelo de Watson e Crick considera as proporções da regra de Chargaff e as explica. Sempre que uma fita da molécula de DNA apresentar uma base A, a fita complementar apresentará uma base T. De maneira semelhante, uma base G em uma fita estará sempre pareada com uma base C na fita complementar. Assim, no DNA de qualquer organismo, a quantidade de adenina será igual à quantidade de timina, e a quantidade de guanina será igual à quantidade de citosina. (As técnicas modernas de sequenciamento de DNA confirmaram que as quantidades são exatamente iguais.) Apesar de a regra de pareamento de bases determinar a combinação de bases nitrogenadas que formam os "degraus" da dupla-hélice, ela não restringe a sequência de nucleotídeos *ao longo* da cadeia de DNA. A sequência linear das quatro bases pode ser variada de maneiras incalculáveis, e cada gene tem uma ordem, ou sequência de bases, específica.

Em abril de 1953, Watson e Crick surpreenderam o mundo científico com um artigo sucinto de uma página que relatou seu modelo molecular para o DNA: a dupla-hélice, que desde então se tornou um ícone da biologia molecular. Watson e Crick, juntamente com Maurice Wilkins, receberam o prêmio Nobel em 1962 por esse trabalho. (Infelizmente, Rosalind Franklin faleceu em 1958, aos 37 anos de idade, sendo inelegível ao prêmio.) A beleza do modelo da dupla-hélice reside no fato de que a estrutura do DNA sugere os mecanismos para a sua replicação.

REVISÃO DO CONCEITO 16.1

1. Dada uma sequência de polinucleotídeos como GAATTC, explique quais outras informações você precisaria para identificar qual é a extremidade 5′. (Ver Figura 16.5.)
2. **HABILIDADES VISUAIS** Enquanto tentava desenvolver uma vacina contra *S. pneumoniae*, Griffith se surpreendeu ao descobrir o fenômeno da transformação bacteriana. Com base nos resultados no segundo e no terceiro painéis da Figura 16.2, qual resultado ele estava esperando no quarto painel? Explique.

Ver as respostas sugeridas no Apêndice A.

CONCEITO 16.2

Diversas proteínas atuam juntas na replicação e no reparo do DNA

A informação hereditária do DNA controla o desenvolvimento de nossas características bioquímicas, anatômicas, fisiológicas e, até certo ponto, comportamentais. Sua semelhança com seus pais tem como base a replicação precisa do DNA antes da meiose e, portanto, sua transmissão da geração de seus pais para a sua. A replicação antes da mitose garante a transmissão fiel de informações genéticas de uma célula-mãe para duas células-filhas.

De todas as moléculas da natureza, os ácidos nucleicos são únicos em sua capacidade de ditar sua própria replicação a partir de monômeros. A relação entre estrutura e função é evidente na dupla-hélice: o pareamento complementar específico das bases nitrogenadas no DNA tem um significado funcional. Watson e Crick terminaram seu artigo clássico com esta declaração: "Não nos escapou que o pareamento específico que postulamos sugere de imediato um possível mecanismo de cópia do material genético".[1] Nesta seção, você aprenderá sobre o princípio básico da **replicação do DNA**, a cópia do DNA, bem como alguns detalhes importantes do processo.

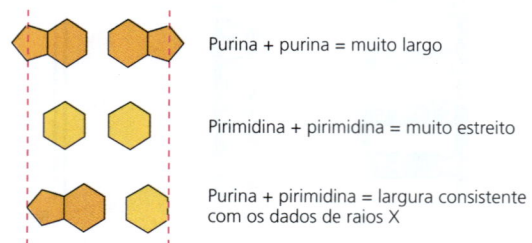

▲ **Figura 16.8** Possíveis pareamentos de bases na dupla-hélice do DNA.

▲ **Figura 16.9** Pareamento de bases no DNA.

---

[1] J.D. Watson e F.H.C. Crick, Molecular structure of nucleic acids: a structure for the deoxyribonucleic acids, *Nature* 171:737-738 (1953).

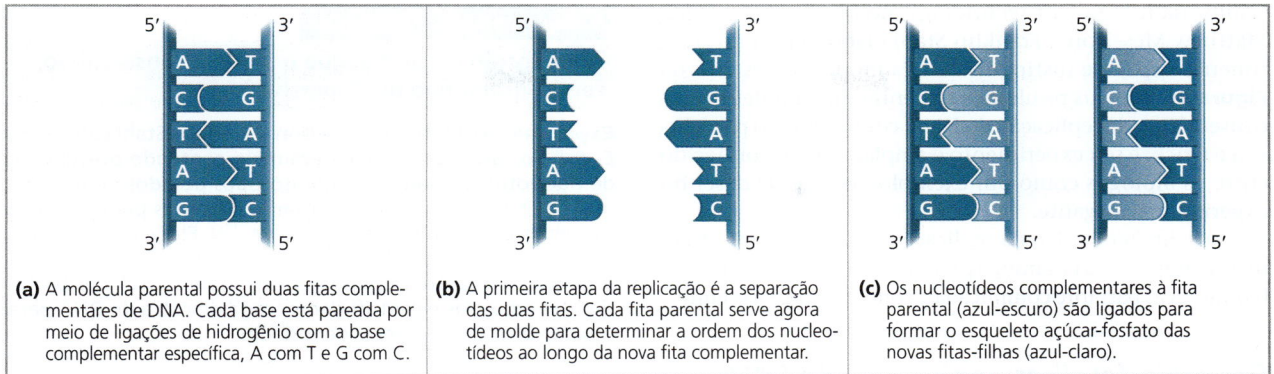

▲ Figura 16.10 Modelo para replicação do DNA: conceito básico. Nesta ilustração simplificada, um curto segmento de DNA foi desenrolado. Formas simples simbolizam os quatro tipos de bases. As fitas em azul-escuro correspondem à molécula de DNA parental, e as fitas em azul-claro correspondem às cadeias de DNA recém-sintetizadas.

Princípios básicos: pareamento de bases com uma fita-molde

Em um segundo artigo, Watson e Crick levantaram uma hipótese de como o DNA é replicado: "Agora, nosso modelo para o ácido desoxirribonucleico é, na verdade, um par de moldes, e cada um é complementar ao outro. Imaginamos que, antes da duplicação, as ligações de hidrogênio são rompidas, e as duas cadeias são destorcidas e separadas. Então, cada cadeia pode servir de molde para a formação de uma nova cadeia complementar, de modo que no fim são obtidos dois pares de cadeias onde antes havia apenas uma. Além disso, a sequência de pares de bases terá sido duplicada com exatidão".[2]

A **Figura 16.10** ilustra a ideia principal. Se você cobrir uma fita de DNA na Figura 16.10a, sua sequência linear de nucleotídeos é revelada por meio da aplicação das regras de pareamento de bases à fita não coberta. As duas fitas são complementares: cada uma armazena a informação necessária para a reconstrução da outra. Quando uma célula copia uma molécula de DNA, cada cadeia serve de molde para o ordenamento de nucleotídeos em uma nova fita complementar. Os nucleotídeos se alinham ao longo da fita-molde de acordo com as regras de pareamento e são ligados para formar novas fitas. Uma molécula de DNA de fita dupla se torna duas, e cada uma delas é uma réplica exata da molécula "parental".

Esse modelo para a replicação do DNA permaneceu sem testes por diversos anos depois da publicação da estrutura do DNA. Os experimentos necessários eram simples no conceito, mas difíceis de realizar. O modelo de Watson e Crick previa que, quando uma molécula de DNA se replicasse, cada molécula-filha possuiria uma fita antiga, derivada da molécula parental, e uma fita nova, recém-sintetizada. Esse **modelo semiconservativo** pode ser distinguido do *modelo conservativo* de replicação, no qual as duas fitas parentais, de alguma forma, permanecem juntas após o processo (i.e., a molécula parental é conservada). Ainda em um terceiro modelo, chamado *modelo dispersivo*, todas as quatro fitas do DNA depois da replicação têm uma mistura de DNA antigo e novo **(Figura 16.11)**.

[2] J.D. Watson e F.H.C. Crick, Genetical implications of the structure of deoxyribonucleic acid, *Nature* 171:964-967 (1953).

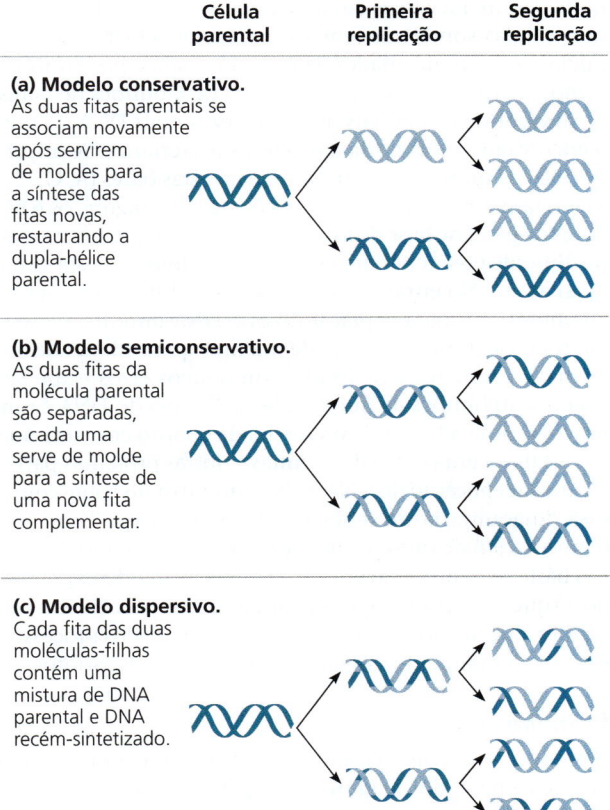

▲ Figura 16.11 Replicação do DNA: três modelos alternativos. Cada pequeno segmento de dupla-hélice simboliza o DNA no interior de uma célula. Iniciando com a célula parental, seguimos o DNA por duas gerações de células – dois ciclos de replicação do DNA. O DNA parental está representado em azul-escuro, e o DNA recém-sintetizado está representado em azul-claro.

Embora os mecanismos para a replicação conservativa ou dispersiva do DNA não sejam fáceis de conceber, esses modelos permaneceram como possibilidades até que puderam ser testados. Após 2 anos de trabalhos preliminares no

California Institute of Technology, no fim dos anos 1950, Matthew Meselson e Franklin Stahl elaboraram um experimento capaz de distinguir os três modelos, descrito na **Figura 16.12**. Seus resultados sustentaram o modelo semiconservativo da replicação do DNA, como previsto por Watson e Crick, e seu experimento é amplamente reconhecido entre os biólogos como um exemplo clássico de desenho experimental elegante.

O princípio básico da replicação do DNA é conceitualmente simples. No entanto, o processo real envolve manobras bioquímicas bastante complicadas, como veremos a seguir.

Em mais detalhes: replicação do DNA

A bactéria *E. coli* tem um único cromossomo com aproximadamente 4,6 milhões de pares de nucleotídeos. Em um ambiente favorável, uma célula de *E. coli* pode copiar todo esse DNA e dividir-se para formar duas células-filhas geneticamente idênticas em menos de 1 hora. Cada uma de *suas* células somáticas tem 46 moléculas de DNA em seu núcleo, uma molécula longa de dupla-hélice por cromossomo. No total, isso representa cerca de 6 bilhões de pares de nucleotídeos, ou mais de 1.000 vezes mais DNA do que o encontrado na maioria das células bacterianas. Se imprimirmos os símbolos de uma letra para estas bases (A, G, C e T), no tamanho das letras que você está lendo agora, os 6 bilhões de pares de base de informações em uma célula humana diploide preencheriam cerca de 1.400 livros de espessura igual a este. No entanto, uma das suas células leva apenas algumas horas para copiar todo esse DNA durante a fase S da interfase. Essa replicação de imensas quantidades de informação genética é realizada com poucos erros – apenas 1 a cada 10 bilhões de nucleotídeos. A cópia do DNA é um processo notável, tanto em velocidade quanto em precisão.

Mais de uma dúzia de enzimas e outras proteínas participam da replicação do DNA. Sabe-se muito mais sobre como essa "maquinaria de replicação" funciona nas bactérias (como *E. coli*) do que em eucariotos, e descreveremos as etapas básicas do processo em *E. coli*, exceto quando explicitado. O que os cientistas aprenderam sobre a replicação em eucariotos sugere, no entanto, que a maior parte dos processos é fundamentalmente similar em procariotos e eucariotos.

Primeiros passos

A replicação do DNA cromossômico começa em locais específicos chamados **origens da replicação**, pequenos trechos de DNA que têm uma sequência específica de nucleotídeos. O cromossomo de *E. coli*, assim como diversos outros cromossomos de bactérias, é circular e possui uma única origem de replicação. As proteínas que iniciam a replicação do DNA reconhecem essa sequência e se ligam ao DNA, separando as duas fitas e abrindo uma "bolha" de replicação **(Figura 16.13a)**. Então, a replicação do DNA continua em ambas as direções até que a molécula inteira seja copiada. Em contrapartida ao cromossomo bacteriano, um cromossomo eucarioto pode possuir centenas, ou mesmo algumas milhares, de origens de replicação. Múltiplas bolhas de replicação se formam e, por fim, se fundem, acelerando a

▼ **Figura 16.12** Pesquisa

A replicação do DNA segue o modelo conservativo, semiconservativo ou dispersivo?

Experimento Matthew Meselson e Franklin Stahl cultivaram *E. coli* por diversas gerações em meio contendo precursores de nucleotídeos marcados com isótopos pesados de nitrogênio, ^{15}N. Em seguida, transferiram as bactérias para um meio contendo apenas o isótopo mais leve, ^{14}N. Eles coletaram uma amostra após a primeira replicação do DNA e outra após a segunda replicação. Depois, eles extraíram o DNA das bactérias das amostras e centrifugaram cada amostra de DNA para separar DNA de diferentes densidades.

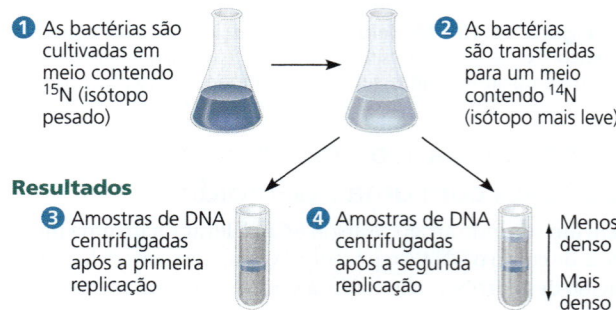

① As bactérias são cultivadas em meio contendo ^{15}N (isótopo pesado)

② As bactérias são transferidas para um meio contendo ^{14}N (isótopo mais leve)

Resultados

③ Amostras de DNA centrifugadas após a primeira replicação

④ Amostras de DNA centrifugadas após a segunda replicação

Menos denso / Mais denso

Conclusão Meselson e Stahl compararam seus resultados com os previstos por cada um dos três modelos da Figura 16.11, como mostrado a seguir. A primeira replicação no meio ^{14}N produziu uma banda de muitas moléculas de DNA híbrido (^{15}N-^{14}N). Esse resultado eliminou o modelo conservativo. A segunda replicação produziu bandas de DNA leve e DNA híbrido, resultado que refuta o modelo dispersivo e corrobora o modelo semiconservativo. Então, eles concluíram que a replicação do DNA é semiconservativa.

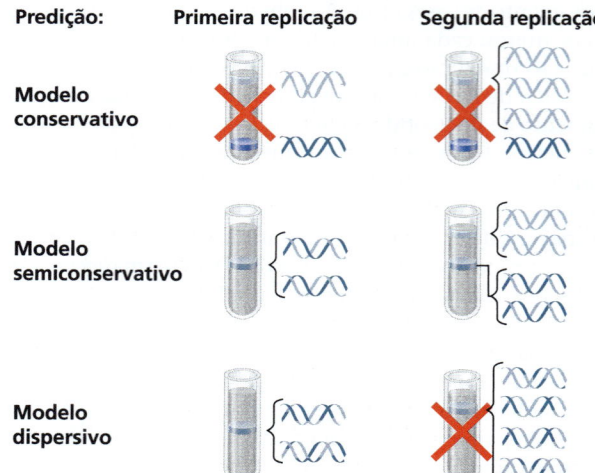

Predição: Primeira replicação / Segunda replicação

Modelo conservativo

Modelo semiconservativo

Modelo dispersivo

Dados de M. Meselson e F.W. Stahl, The replication of DNA in *Escherichia coli*, Proceedings of National Academy of Sciences USA 44:671-682 (1958).

E SE? *Se Meselson e Stahl tivessem primeiramente cultivado as células em meio contendo ^{14}N e depois movido essas células para o meio contendo ^{15}N antes de coletar amostras, qual teria sido o resultado após cada uma das duas replicações?*

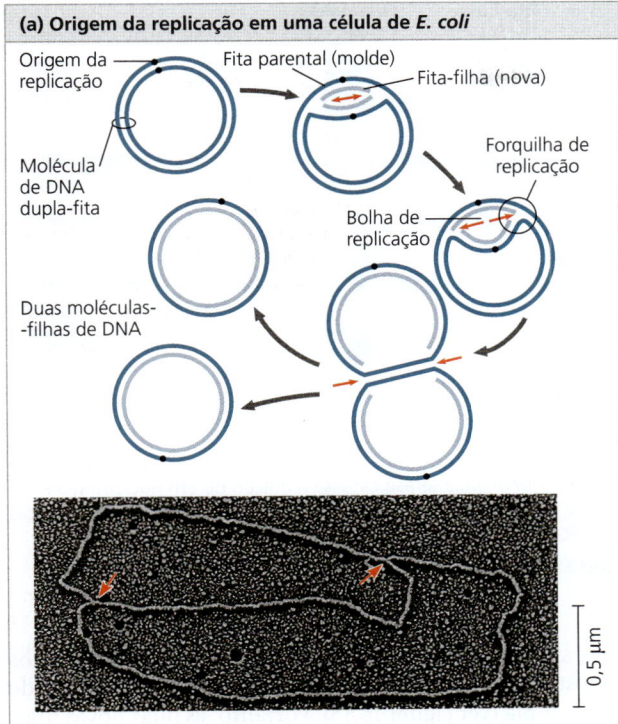
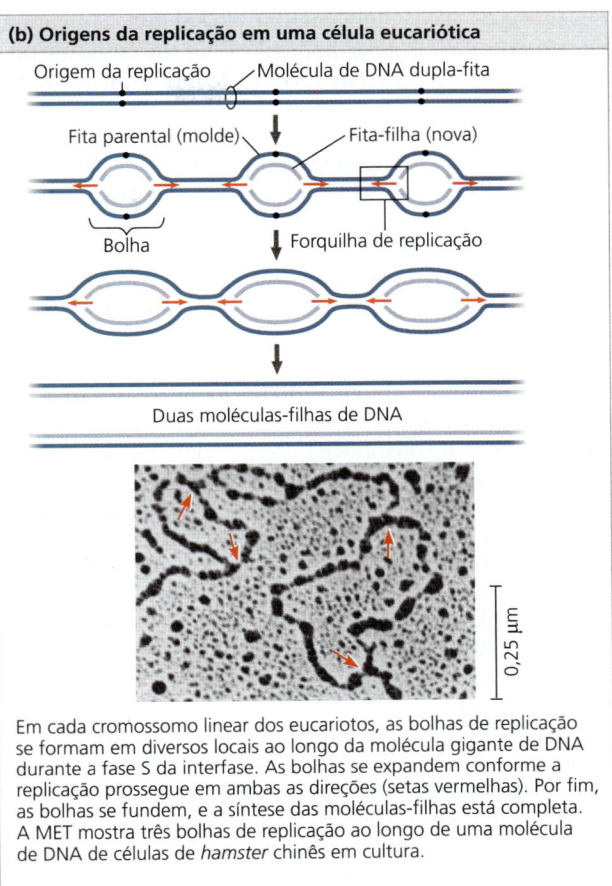

▲ **Figura 16.13 Origens da replicação em *Escherichia coli* e em eucariotos.** As setas vermelhas indicam o movimento das forquilhas de replicação e, portanto, a direção da replicação do DNA em cada bolha.

DESENHE *Na MET, acrescente setas nas forquilhas da terceira bolha.*

cópia das longas moléculas de DNA **(Figura 16.13b)**. Assim como nas bactérias, a replicação do DNA de eucariotos ocorre nas duas direções a partir de cada ponto de origem.

Em cada extremidade da bolha de replicação está a **forquilha de replicação**, região em formato de Y em que as fitas de DNA parental estão sendo desenroladas. Diversos tipos de proteínas participam desse processo de desenrolamento **(Figura 16.14)**. As **helicases** são enzimas que desenrolam a dupla-hélice nas forquilhas de replicação, separando as duas fitas parentais e tornando-as disponíveis como fitas-molde. Depois que as fitas parentais se separam, as **proteínas ligadoras de fita simples** se ligam às fitas de DNA não pareadas, impedindo que elas formem pares novamente. O desenrolamento da dupla-hélice leva ao aumento na torção da cadeia no trecho à frente da forquilha de replicação. A **topoisomerase** é uma enzima que ajuda a aliviar essa tensão, quebrando, girando e religando as fitas de DNA.

Sintetizando uma nova fita de DNA

Agora, as seções desenroladas das fitas de DNA parental ficam disponíveis para servirem de molde para a síntese das

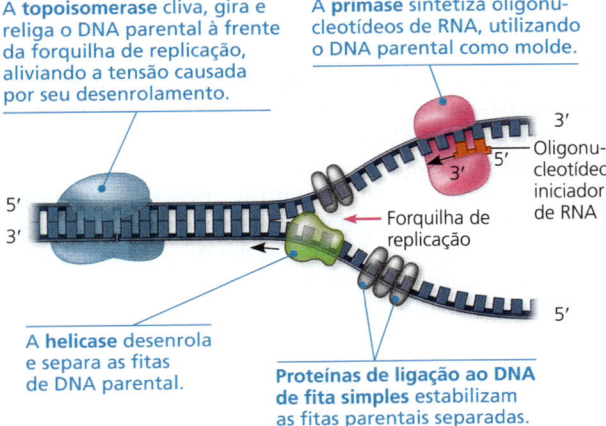

▲ **Figura 16.14 Algumas das proteínas envolvidas no início da replicação do DNA.** As mesmas proteínas atuam nas duas forquilhas de replicação na bolha de replicação. Para maior clareza, apenas a forquilha da parte esquerda da bolha é mostrada, e as bases do DNA estão representadas em tamanho muito maior em relação às proteínas do que a proporção real.

novas fitas de DNA complementar. No entanto, as enzimas que sintetizam o DNA não podem *iniciar* a síntese de um polinucleotídeo; elas podem apenas adicionar nucleotídeos às extremidades de uma cadeia já existente e pareada com a fita-molde. Uma fita inicial de nucleotídeos que pode ser usada como uma fita preexistente é produzida durante a síntese de DNA; na verdade, trata-se de um curto trecho de RNA, não de DNA. A fita de RNA é chamada de **oligonucleotídeo iniciador** e é sintetizada pela enzima **primase** (ver Figura 16.14). A primase inicia uma fita complementar de RNA com um único nucleotídeo de RNA e adiciona nucleotídeos de RNA um de cada vez, usando a fita de DNA parental como modelo. Então, o oligonucleotídeo iniciador completo, geralmente com 5 a 10 nucleotídeos de extensão, é pareado com a fita-molde. A nova fita de DNA iniciará pela extremidade 3' do oligonucleotídeo iniciador de RNA.

Enzimas chamadas **DNA-polimerases** catalisam a síntese do novo DNA ao adicionar nucleotídeos na extremidade 3' de uma cadeia preexistente. Em *E. coli*, existem várias DNA-polimerases, mas duas delas parecem desempenhar os papéis principais na replicação do DNA: DNA-polimerase III e DNA-polimerase I. A situação nos eucariotos é mais complicada, com pelo menos 11 DNA-polimerases diferentes descobertas até agora, embora os princípios gerais sejam os mesmos.

A maioria das DNA-polimerases requer um oligonucleotídeo iniciador e uma fita de DNA-molde, ao longo da qual os nucleotídeos de DNA complementares são alinhados, um a um. Em *E. coli*, a DNA-polimerase III (abreviada como DNA-pol III) adiciona um nucleotídeo de DNA ao iniciador de RNA e depois continua adicionando nucleotídeos de DNA, que são complementares à fita de DNA-molde parental, na extremidade crescente da nova fita de DNA. A taxa de alongamento é de cerca de 500 nucleotídeos por segundo em bactérias e 50 por segundo em células humanas.

Cada nucleotídeo adicionado à fita crescente de DNA é composto por um açúcar ligado à base, ligados a três grupos fosfato. Já estudamos uma molécula assim – o ATP (trifosfato de adenosina; ver Figura 8.9). A única diferença entre o ATP do metabolismo energético e o dATP, o nucleotídeo de adenina utilizado para compor o DNA, é o açúcar, que é uma desoxirribose nas unidades que compõem o DNA e uma ribose no ATP. Assim como o ATP, os nucleotídeos utilizados na síntese de DNA são quimicamente reativos, em parte devido ao grupo trifosfato, que possui um conjunto de cargas negativas instáveis. A DNA-polimerase catalisa a adição de cada monômero à extremidade crescente de uma fita de DNA por meio de uma reação de condensação na qual dois grupos fosfato são perdidos como uma molécula de pirofosfato (Ⓟ—Ⓟᵢ). A hidrólise subsequente do pirofosfato em duas moléculas de fosfato inorgânico (Ⓟᵢ) é uma reação exergônica acoplada que ajuda a impulsionar a reação de polimerização **(Figura 16.15)**.

Alongamento antiparalelo

Conforme salientamos anteriormente, as duas extremidades de uma fita de DNA são diferentes, o que confere um sentido para a fita, como uma rua de mão única (ver Figura 16.5). Além disso, as duas fitas de DNA em uma dupla-hélice

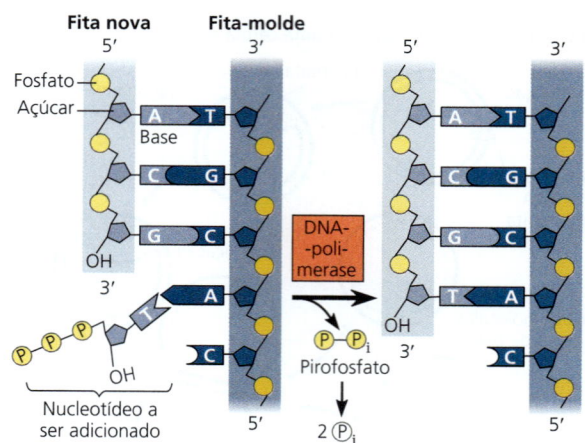

▲ **Figura 16.15** Adição de um nucleotídeo a uma fita de DNA. A DNA-polimerase catalisa a adição de um nucleotídeo à extremidade 3' de uma fita crescente de DNA, com a liberação de duas moléculas de fosfato.

DESENHE *Circule a área onde a nova ligação foi feita.*

são antiparalelas, ou seja, estão orientadas em sentidos opostos uma em relação à outra, assim como uma rua de mão dupla (ver Figura 16.15). Portanto, as duas novas fitas, formadas durante a replicação do DNA, também precisam ser antiparalelas em relação às suas fitas-molde.

A disposição antiparalela da dupla-hélice, juntamente com uma restrição na função das DNA-polimerases, tem um efeito importante na maneira como a replicação ocorre. Devido à sua estrutura, as DNA-polimerases podem adicionar nucleotídeos apenas à extremidade livre de um iniciador ou fita de DNA em crescimento, nunca à extremidade 5' (ver Figura 16.15). Dessa forma, uma nova fita de DNA pode ser estendida apenas no sentido 5' → 3'. Com isso em mente, vamos examinar uma das duas forquilhas de replicação de uma bolha de replicação **(Figura 16.16)**. Ao longo de uma fita-molde, a DNA-polimerase III pode sintetizar uma fita complementar de forma contínua, alongando o novo DNA na direção obrigatória de 5' → 3'. A DNA-pol III se mantém ligada à fita-molde na forquilha de replicação e adiciona nucleotídeos à nova fita complementar continuamente, conforme a forquilha progride. A fita de DNA sintetizada por esse mecanismo é chamada de **fita-líder**, ou **fita contínua**. Apenas um oligonucleotídeo iniciador é necessário para a síntese da fita contínua pela DNA-pol III (ver Figura 16.16).

Para alongar a outra nova fita de DNA no sentido obrigatório 5' → 3', a DNA-pol III precisa atuar sobre a outra fita-molde no sentido *contrário* ao da forquilha de replicação. A fita de DNA alongada nessa direção é chamada de **fita retardada**, ou **fita descontínua**. Ao contrário da fita contínua, que vai se alongando continuamente, a fita descontínua é sintetizada de forma interrompida, como uma série de segmentos. Esses fragmentos da fita descontínua são chamados de **fragmentos de Okazaki**, em homenagem ao cientista japonês Reiji Okazaki, que os descobriu. Os fragmentos têm entre 1.000 e 2.000 nucleotídeos de extensão em *E. coli* e 100 a 200 nucleotídeos de extensão nos eucariotos.

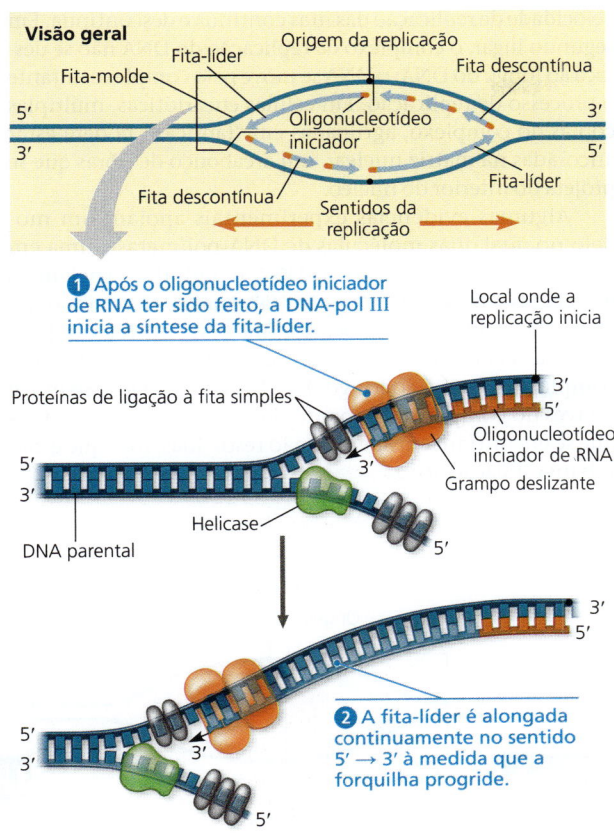

▲ **Figura 16.16** **Síntese da fita contínua durante a replicação do DNA.** Este diagrama se concentra na forquilha de replicação mostrada no quadro Visão geral. A DNA-polimerase III (DNA-pol III), com o formato de mão côncava, está associada a uma proteína chamada "grampo deslizante", que circunda a dupla-hélice recém-sintetizada como um anel. O grampo deslizante desloca a DNA-pol III ao longo da fita-molde.

A **Figura 16.17** ilustra as etapas na síntese da fita descontínua em uma forquilha. Enquanto apenas um iniciador é necessário na fita contínua, cada fragmento de Okazaki na fita descontínua deve receber um oligonucleotídeo iniciador separadamente (etapas ❶ e ❹). Após a DNA-pol III formar um fragmento de Okazaki (etapas ❷ a ❹), outra DNA-polimerase, DNA-pol I, substitui os nucleotídeos de RNA do iniciador adjacente por nucleotídeos de DNA, um de cada vez (etapa ❺). Mas a DNA-pol I não pode unir o nucleotídeo final desse segmento de DNA substituto ao primeiro nucleotídeo de DNA do fragmento de Okazaki adjacente. Outra enzima, a **DNA-ligase**, realiza essa tarefa, unindo os esqueletos de açúcar-fosfato de todos os fragmentos de Okazaki em uma fita contínua de DNA (etapa ❻).

A síntese da fita contínua e a síntese da fita descontínua ocorrem concomitantemente e na mesma velocidade. A fita descontínua foi nomeada dessa forma porque a sua síntese é ligeiramente atrasada em relação à síntese da fita contínua; cada novo fragmento da fita descontínua não pode ser iniciado até que uma porção extensa o suficiente da fita-molde tenha sido exposta na forquilha de replicação.

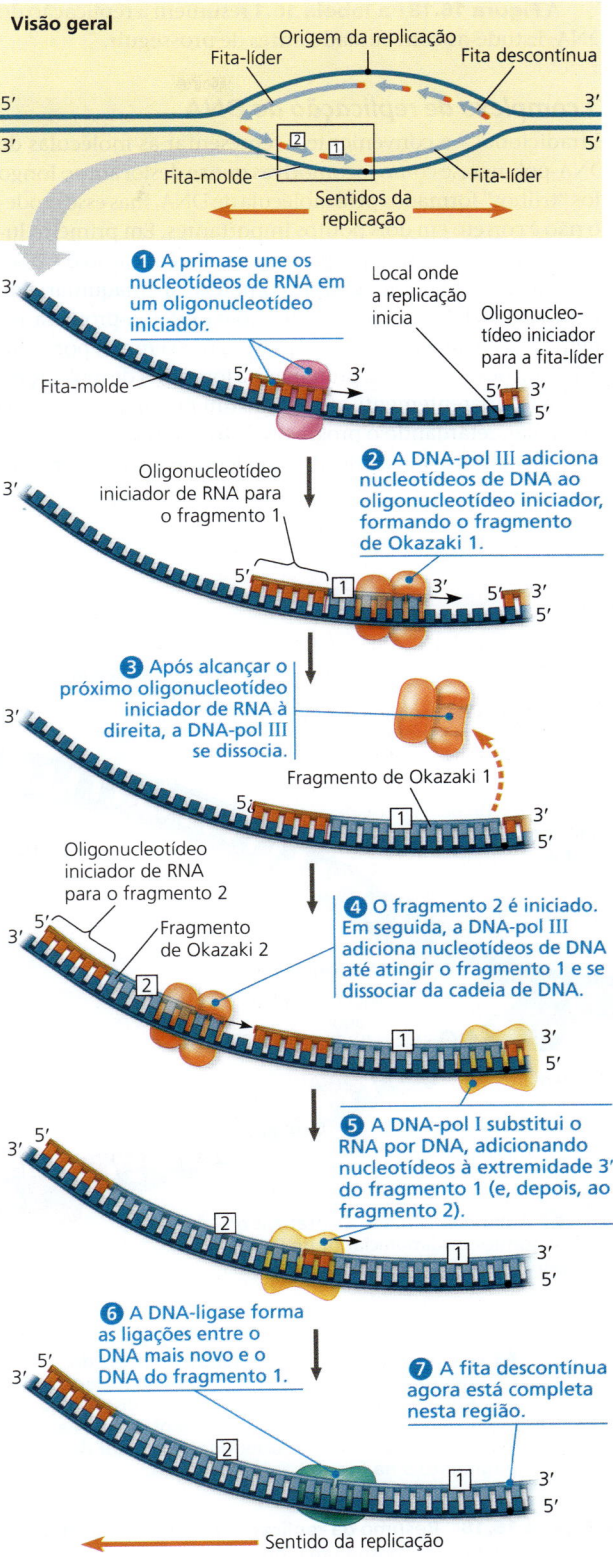

▲ **Figura 16.17** **Síntese da fita descontínua.**

A **Figura 16.18** e a **Tabela 16.1** resumem a replicação do DNA. Estude-as com cuidado antes de prosseguir.

O complexo de replicação do DNA

É tradicional – e conveniente – representar as moléculas de DNA-polimerase como locomotivas que se deslocam ao longo dos "trilhos" formados pela molécula de DNA, mas esse modelo não é correto em dois pontos importantes. Em primeiro lugar, as várias proteínas que participam da replicação do DNA na verdade formam um grande complexo, a "maquinaria de replicação do DNA". Diversas interações proteína-proteína aumentam a eficiência desse complexo. Por exemplo, por meio de interações com outras proteínas na forquilha de replicação, a primase aparentemente atua como um mecanismo de freio molecular, retardando o progresso da forquilha de replicação e coordenando a adição de oligonucleotídeos iniciadores e a velocidade de replicação das fitas contínua e descontínua. Em segundo lugar, o complexo de replicação do DNA não se desloca ao longo do DNA; o DNA se move pelo complexo durante o processo de replicação. Em células eucarióticas, múltiplas cópias do complexo, agrupadas em "fábricas", podem estar ancoradas na matriz nuclear, um arcabouço de fibras que se projeta do interior do núcleo.

Algumas evidências experimentais apoiam um modelo no qual duas moléculas de DNA-polimerase, uma em cada fita-molde, "puxam" o DNA parental e expelem as moléculas-filhas de DNA recém-fabricadas. Nesse modelo, chamado *modelo de trombone*, a fita descontínua também forma uma alça através do complexo **(Figura 16.19)**. Se o complexo se move ao longo do DNA ou se o DNA se move através do complexo, ancorado ou não, ainda são questões que se encontram em aberto e não resolvidas, mas que estão sob investigação ativa.

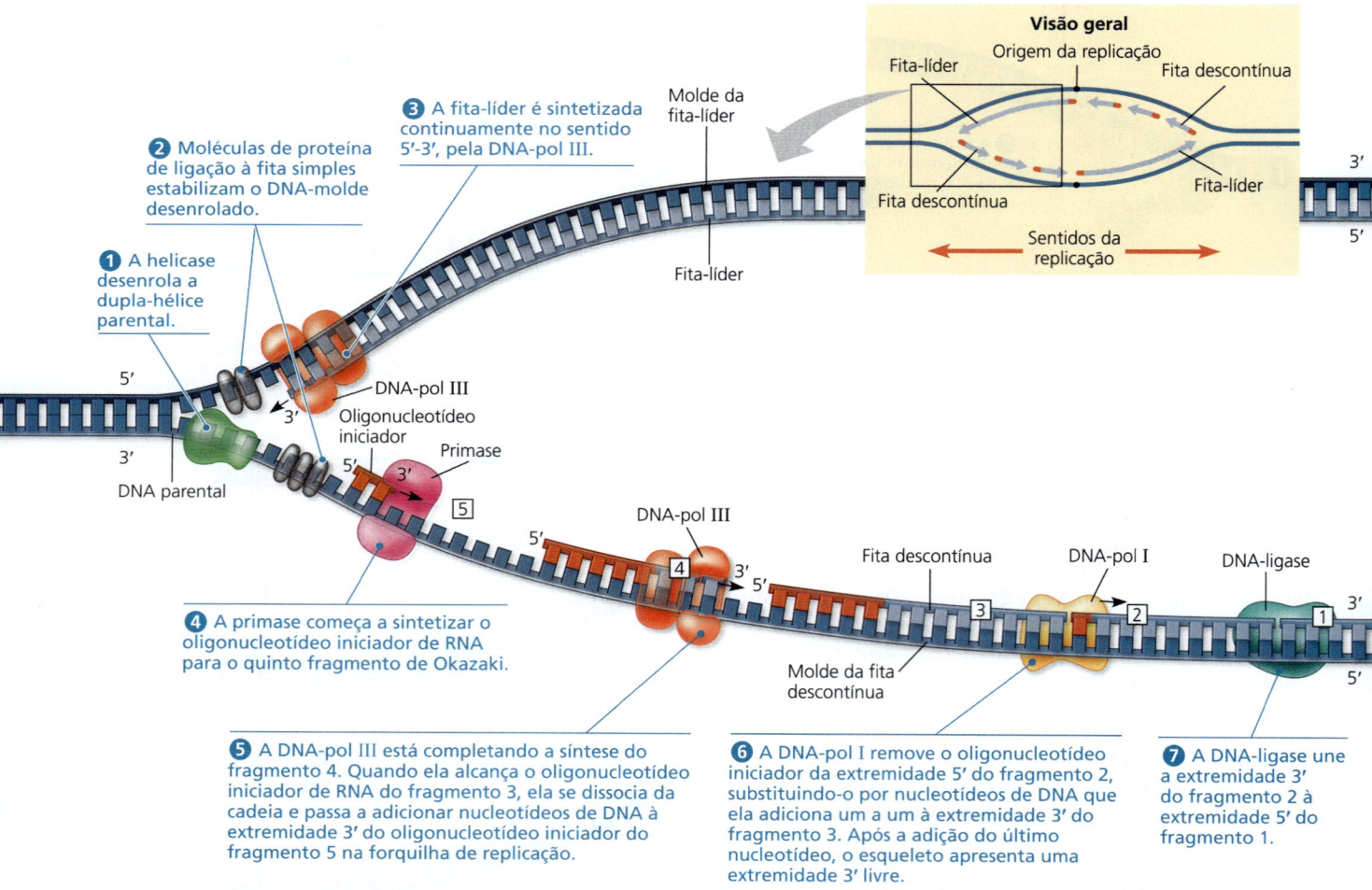

▲ **Figura 16.18 Resumo da replicação do DNA em bactérias.** O diagrama detalhado mostra uma forquilha de replicação localizada no lado esquerdo da bolha de replicação mostrada no quadro Visão geral (canto superior direito). Observando cada fita-filha em sua totalidade no quadro Visão geral, é possível perceber que metade é sintetizada continuamente, constituindo a fita contínua, e a outra metade (no lado oposto da origem de replicação) é sintetizada em fragmentos, constituindo a fita descontínua.

DESENHE Desenhe um esquema mostrando a forquilha do lado direito da bolha nesta figura. Numere os fragmentos de Okazaki e identifique todas as extremidades 5' e 3'.

Tabela 16.1	Proteínas de replicação do DNA bacteriano e suas funções
Proteína	**Função**
Helicase	Desenrola a dupla-hélice parental na forquilha de replicação
Proteína ligadora de fita simples	Liga e estabiliza cadeias de DNA de fita simples, até que elas consigam ser utilizadas como fitas-molde
Topoisomerase	Alivia a tensão na região anterior à forquilha de replicação, por meio da quebra, torção e religação das fitas de DNA
Primase	Sintetiza um oligonucleotídeo iniciador de RNA na extremidade 5' da fita contínua e na extremidade 5' de cada fragmento de Okazaki da fita descontínua
DNA-pol III	Utilizando o DNA parental como molde, sintetiza uma nova fita de DNA pela adição de nucleotídeos a um oligonucleotídeo iniciador de RNA ou a uma cadeia de DNA preexistente
DNA-pol I	Remove os nucleotídeos de RNA do iniciador da extremidade 5' e os substitui por nucleotídeos de DNA adicionados à extremidade 3' do fragmento adjacente
DNA-ligase	Liga os fragmentos de Okazaki da fita descontínua; na fita contínua, liga a extremidade 3' do DNA que substitui o oligonucleotídeo iniciador ao restante da fita contínua de DNA

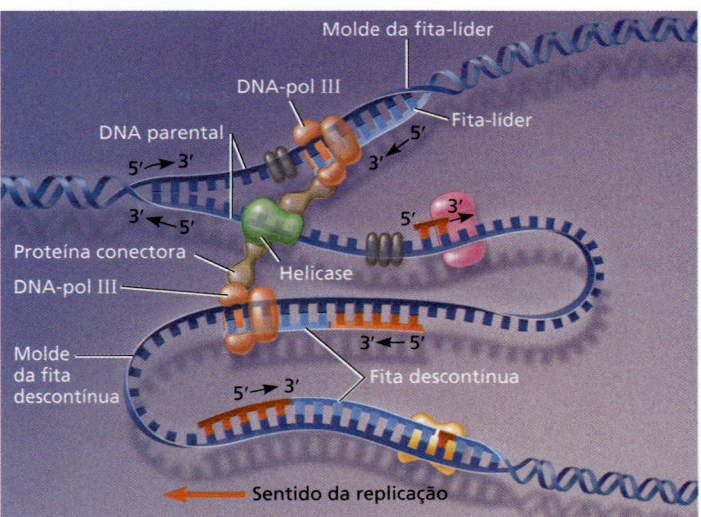

▲ **Figura 16.19 Modelo de "trombone" do complexo de replicação do DNA.** Neste modelo proposto, duas moléculas de DNA-polimerase III trabalham juntas em um complexo, uma em cada fita, com a helicase e outras proteínas. A fita-molde da fita descontínua forma uma alça no complexo, em uma estrutura semelhante ao formato de um trombone.

DESENHE Desenhe uma linha traçando a fita-molde descontínua nesta figura.

Revisão e reparo do DNA

Não podemos atribuir a exatidão da replicação do DNA somente à especificidade do pareamento de bases. Os erros iniciais de pareamento entre os nucleotídeos que chegam e os que estão na fita-molde ocorrem a uma taxa de 1 a cada 10^5 nucleotídeos. No entanto, os erros na molécula de DNA completa são de apenas 1 a cada 10^{10} (10 bilhões) de nucleotídeos, uma taxa de erro que é 100 mil vezes menor. Isso porque, durante a replicação do DNA, muitas DNA-polimerases revisam cada nucleotídeo em relação ao seu molde assim que este é ligado covalentemente à cadeia crescente. Ao encontrar um pareamento incorreto de nucleotídeos, a polimerase remove o nucleotídeo e recomeça a síntese. (Essa ação é semelhante à correção de um erro de digitação, apagando a letra errada e depois inserindo a letra correta.)

Os nucleotídeos pareados incorretamente podem, algumas vezes, escapar do mecanismo de revisão da DNA-polimerase. No **reparo de malpareamento**, outras enzimas removem e substituem nucleotídeos pareados erroneamente que resultaram de erros da replicação. Os pesquisadores destacaram a importância dessas enzimas de reparo quando descobriram que um defeito hereditário em uma delas está associado a uma forma de câncer de cólon. Aparentemente, esse defeito permite que erros causadores de câncer se acumulem no DNA em taxas maiores que o normal.

Pareamentos incorretos ou nucleotídeos alterados podem surgir também após a replicação. Na verdade, a manutenção da informação genética codificada pelo DNA requer reparos frequentes contra os diversos tipos de danos que podem ocorrer no DNA. As moléculas de DNA estão constantemente sujeitas a agentes químicos e físicos potencialmente nocivos, como os raios X, como discutiremos no Conceito 17.5. Além disso, as bases do DNA podem sofrer mudanças químicas espontâneas sob condições celulares normais. Entretanto, essas mudanças no DNA são geralmente corrigidas antes de se tornarem mudanças permanentes – *mutações* – perpetuadas por meio de replicações sucessivas. Cada célula monitora e repara continuamente o seu material genético. Como o reparo do DNA danificado é muito importante para a sobrevivência de um organismo, não surpreende que diversas enzimas de reparo distintas estejam envolvidas no processo. Quase 100 enzimas são conhecidas em *E. coli*, e cerca de 170 já foram identificadas em seres humanos.

A maioria dos sistemas celulares para reparo de nucleotídeos pareados incorretamente, seja devido a danos no DNA ou a erros de replicação, utiliza um mecanismo que se vale da estrutura dos pares de base do DNA. Frequentemente, um segmento de fita de DNA contendo algum dano é removido por excisão por uma enzima que cliva o DNA – uma **nuclease** –, e, então, essa lacuna resultante é preenchida com nucleotídeos, utilizando a fita não danificada como molde. As enzimas envolvidas no preenchimento das lacunas são a DNA-polimerase e a DNA-ligase. Existem vários sistemas de reparo de DNA; um deles é chamado de **reparo por excisão de nucleotídeos**.

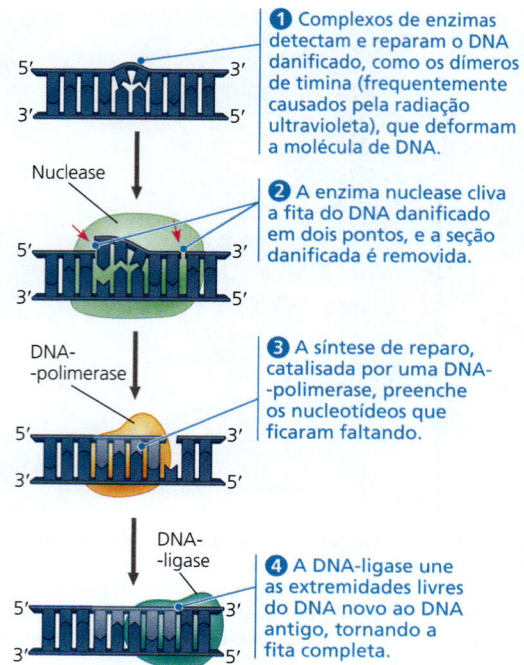

▲ **Figura 16.20** Reparo por excisão de nucleotídeos de um DNA danificado.

Um exemplo é mostrado na **Figura 16.20**. Uma função importante das enzimas reparadoras de DNA em nossas células da pele é reparar danos genéticos causados pelos raios ultravioleta (UV) da luz solar. Por exemplo, as bases adjacentes de timina em uma fita de DNA podem se tornar covalentemente ligadas em *dímeros de timina*, o que faz o DNA se torcer, interferindo na sua replicação. A importância de reparar esse tipo de dano é evidenciada por uma doença chamada xeroderma pigmentoso (XP), que na maioria dos casos é causada por um defeito herdado em uma enzima de reparo por excisão de nucleotídeos. Os indivíduos com XP são hipersensíveis à luz solar; as mutações em suas células da pele causadas pela luz UV são deixadas sem correção, resultando muitas vezes em câncer de pele. Os efeitos são extremos: sem proteção contra o sol, crianças que têm XP podem desenvolver câncer de pele aos 10 anos de idade.

Importância evolutiva das alterações nos nucleotídeos do DNA

EVOLUÇÃO A replicação fiel do genoma e a reparação dos danos do DNA são importantes para o funcionamento do organismo e para transmitir um genoma completo e preciso à geração seguinte. A taxa de erro após a revisão e o reparo é extremamente baixa, mas erros podem ocorrer. Uma vez que um nucleotídeo malpareado seja replicado, a alteração da sequência de DNA é permanente na molécula-filha que tem o nucleotídeo incorreto, e em todas as cópias subsequentes. Como mencionado anteriormente, a alteração permanente na sequência de DNA é chamada de mutação.

As mutações podem alterar o fenótipo de um organismo (ver Conceito 17.5). Caso ocorram nas células germinativas, que dão origem aos gametas, as mutações podem ser passadas para as gerações descendentes. A grande maioria dessas alterações é inócua ou nociva, mas uma pequena porcentagem é benéfica. Seja como for, as mutações são a fonte primária de variação pela qual a seleção natural opera durante a evolução e, em última análise, são as responsáveis pelo surgimento de novas espécies. (Você aprenderá mais sobre esse processo na Unidade 4.) O equilíbrio entre a fidelidade absoluta de replicação ou reparo de DNA e uma baixa taxa de mutação resultou em novas proteínas que contribuem para diferentes fenótipos. No fim das contas, durante longos períodos, esse processo leva a novas espécies e, portanto, à rica diversidade da vida na Terra atualmente.

Replicando as extremidades das moléculas de DNA

Para o DNA linear, como o DNA dos cromossomos eucarióticos, a maquinaria de replicação habitual não pode completar as extremidades 5' das fitas de DNA-filhas porque não há uma extremidade 3' de um polinucleotídeo preexistente para que a DNA-polimerase acrescente novos nucleotídeos. Essa é outra consequência das exigências da enzima. Mesmo que um fragmento de Okazaki possa ser iniciado com um oligonucleotídeo iniciador de RNA, mantido por ligações de hidrogênio bem no fim da fita-molde, uma vez que esse iniciador é removido, ele não pode ser substituído por DNA porque não há uma extremidade 3' disponível para a adição de nucleotídeos **(Figura 16.21)**. Como resultado, ciclos repetidos de replicação geram moléculas de DNA cada vez mais curtas e com extremidades desiguais.

A maioria dos procariotos tem um cromossomo circular e, portanto, o encurtamento do DNA não ocorre. Mas o que protege os genes dos cromossomos eucarióticos lineares de serem reduzidos durante as sucessivas rodadas de replicação de DNA? As moléculas de DNA cromossômico dos eucariotos têm sequências especiais de nucleotídeos chamadas de **telômeros** em suas extremidades **(Figura 16.22)**. Os telômeros não contêm genes; em geral, o seu DNA é composto por repetições de uma sequência curta de nucleotídeos. Em cada telômero humano, por exemplo, a sequência de seis nucleotídeos, TTAGGG, é repetida entre 100 e 1.000 vezes.

Os telômeros têm duas funções de proteção. Primeiramente, proteínas específicas, associadas ao DNA dos telômeros, previnem que as extremidades desiguais das moléculas-filhas de DNA ativem os sistemas celulares de monitoramento contra danos no DNA. (As extremidades desiguais de uma molécula de DNA, que frequentemente resultam em quebras na dupla-hélice, podem disparar vias de sinalização que levam à parada do ciclo celular ou à morte celular.) Em segundo lugar, o DNA telomérico atua como uma espécie de zona de tamponamento que fornece alguma proteção contra o encurtamento dos genes do organismo, de certa forma como as pontas enroladas em plástico de um cadarço retardariam seu desenrolar. Os telômeros não impedem o desgaste dos genes perto das extremidades dos cromossomos; eles apenas o adiam.

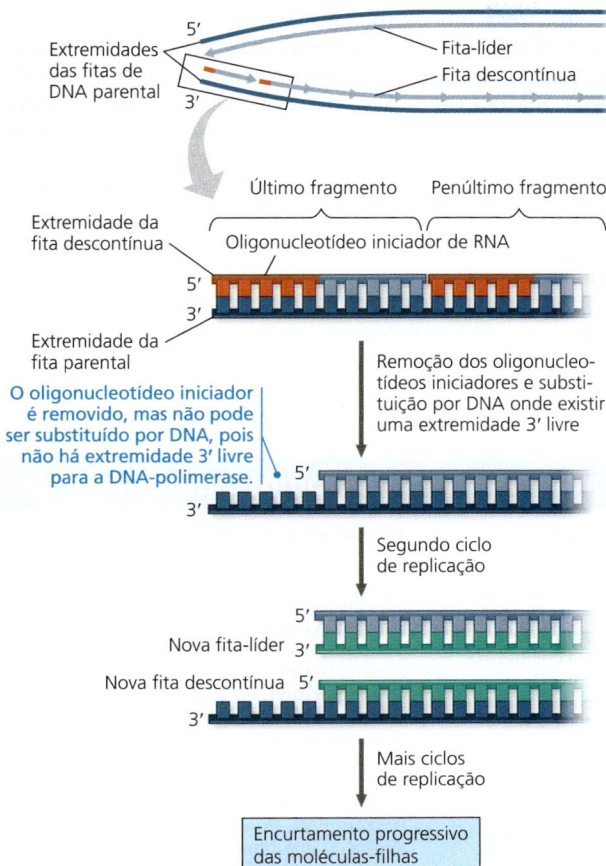

▲ **Figura 16.21 Encurtamento das extremidades de moléculas lineares de DNA.** Aqui, seguimos a extremidade à esquerda de uma molécula de DNA por duas rodadas de replicação. Após o primeiro ciclo, a nova fita descontínua é mais curta que a fita-molde. Após o segundo ciclo, as fitas contínua e descontínua se tornaram mais curtas que a fita de DNA parental original. Embora não sejam mostradas aqui, as outras extremidades destas moléculas de DNA cromossômico (não mostradas) também se tornam mais curtas.

Conforme mostrado na Figura 16.21, os telômeros se tornam mais curtos a cada ciclo de replicação. Como seria esperado, o DNA dos telômeros tende a ser mais curto em células somáticas em divisão de indivíduos mais velhos e em culturas de células em que já ocorreram diversos ciclos de divisão. Foi proposto que o encurtamento dos telômeros está, de alguma forma, conectado com o processo de envelhecimento de alguns tecidos e até mesmo do organismo com um todo.

Mas e quanto às células germinativas, cujo genoma deve persistir praticamente inalterado de um organismo para seus descendentes durante muitas gerações? Se os cromossomos das células germinativas se tornassem mais curtos a cada ciclo celular, genes essenciais acabariam faltando nos gametas produzidos. No entanto, isso não acontece: uma enzima chamada *telomerase* catalisa o alongamento dos telômeros nas células germinativas eucarióticas, restaurando seu tamanho original e compensando a perda que ocorre durante a replicação do DNA. Essa enzima contém

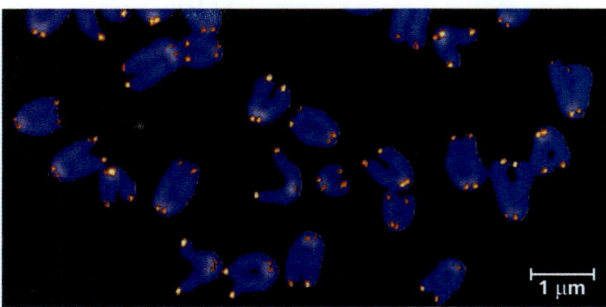

▲ **Figura 16.22 Telômeros.** Os eucariotos apresentam sequências repetitivas e não codificantes chamadas telômeros nas extremidades do seu DNA. Os telômeros foram marcados em cor laranja nestes cromossomos de camundongos (MO).

sua própria molécula de RNA e a usa como modelo para "estender" artificialmente a fita contínua, permitindo que a fita descontínua mantenha um determinado comprimento. A telomerase está inativa na maior parte das células somáticas humanas, mas a sua atividade varia de tecido para tecido. A atividade da telomerase nas células germinativas resulta em zigotos com telômeros de comprimento máximo.

O encurtamento normal dos telômeros pode proteger os organismos contra o câncer por limitar o número de divisões que uma célula somática pode realizar. As células de grandes tumores possuem telômeros anormalmente curtos, como seria de se esperar em células que sofreram diversas divisões celulares. Um maior encurtamento levaria à autodestruição das células dos tumores. A atividade da telomerase é anormalmente alta nas células de tumores somáticos, sugerindo que a sua habilidade em estabilizar a extensão dos telômeros pode permitir a persistência das células cancerosas. Muitas células cancerosas parecem ser capazes de fazer divisão celular de forma ilimitada, assim como as linhagens imortais de células cultivadas (ver Conceito 12.3). Há vários anos, pesquisadores têm estudado a inibição da telomerase como possível terapia contra o câncer. Embora estudos que inibiram a telomerase em camundongos com tumores tenham levado à morte das células cancerosas, as células acabaram restaurando o comprimento de seus telômeros por um caminho alternativo. Essa é uma área ativa de pesquisa que talvez conduza à descoberta de tratamentos úteis contra o câncer.

REVISÃO DO CONCEITO 16.2

1. Qual papel o pareamento de bases complementares desempenha na replicação do DNA?
2. Identifique as duas principais funções da DNA-pol III na replicação do DNA.
3. **FAÇA CONEXÕES** Qual é a relação entre a replicação do DNA e a fase S do ciclo celular? Ver Figura 12.6.
4. **HABILIDADES VISUAIS** Se a DNA-pol I de uma célula não fosse funcional, como isso afetaria a síntese da fita *contínua*? No quadro de Visão geral da Figura 16.18, indique onde a DNA-pol I funcionaria normalmente na fita contínua.

Ver as respostas sugeridas no Apêndice A.

CONCEITO 16.3

Um cromossomo consiste em uma molécula de DNA empacotada junto com proteínas

Agora vamos examinar como o DNA é empacotado nos cromossomos, as estruturas que carregam as informações genéticas. O principal componente do genoma na maioria das bactérias é uma molécula de DNA circular fita dupla que está associada a proteínas específicas. Um cromossomo bacteriano difere de um cromossomo eucariótico pelo fato de que um cromossomo eucariótico consiste em uma única molécula linear de DNA associada a um grande número de proteínas. Em *E. coli*, o DNA cromossômico é composto por cerca de 4,6 milhões de pares de nucleotídeos, representando cerca de 4.400 genes. Isso é 100 vezes mais DNA do que normalmente observado em vírus típicos, mas apenas um centésimo da quantidade de DNA observada em células somáticas humanas. Mesmo assim, esta é uma quantidade imensa de DNA que deve ser empacotada em um espaço muito pequeno.

Se fosse esticado, o DNA de uma célula de *E. coli* mediria cerca de 1 mm de comprimento, 1.000 vezes mais extenso do que a região que ele ocupa na célula. No interior

▼ Figura 16.23 **Explorando o empacotamento da cromatina em um cromossomo eucariótico**

DNA, a dupla-hélice

Mostramos aqui o modelo de fitas do DNA, em que cada fita representa uma das fitas de polinucleotídeos. A MET mostra moléculas de DNA "nu" (não ligado a proteínas); a dupla-hélice por si só tem 2 nm de diâmetro.

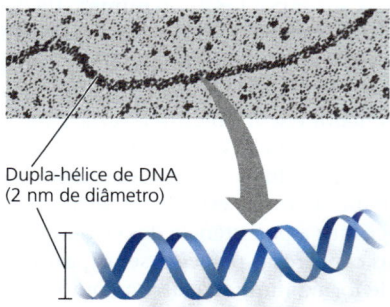

Dupla-hélice de DNA
(2 nm de diâmetro)

Histonas

As proteínas chamadas **histonas** são responsáveis pelo nível principal de empacotamento de DNA da cromatina interfásica. Mais de um quinto dos aminoácidos da histona são positivamente carregados (Lys ou Arg) e, portanto, ligam-se firmemente ao DNA carregado negativamente.

Quatro tipos de histonas são as mais comuns na cromatina. As histonas são muito semelhantes entre os eucariotos, provavelmente refletindo seu importante papel na estrutura da cromatina.

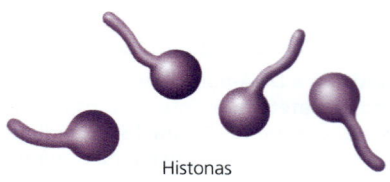

Histonas

Nucleossomos em uma fibra de 10 nm

Em micrografias eletrônicas, a cromatina desenrolada apresenta diâmetro de 10 nm (a *fibra de 10 nm*). Esta cromatina lembra a aparência de um colar de contas (ver a MET). Cada "conta" é um **nucleossomo**, a unidade básica do empacotamento do DNA; a porção de DNA entre as contas é chamada de *DNA espaçador*.

Um nucleossomo consiste em DNA enrolado duas vezes ao redor de um núcleo de proteínas composto por oito histonas, duas moléculas de cada um dos quatro tipos principais de histonas. A extremidade amino de cada histona (a *cauda da histona*) se projeta do nucleossomo e está envolvida na regulação da expressão gênica.

No ciclo celular, as histonas se dissociam do DNA apenas brevemente durante a sua replicação. Geralmente, elas também o fazem durante o processo de transcrição, que requer o acesso ao DNA pelas proteínas de transcrição.

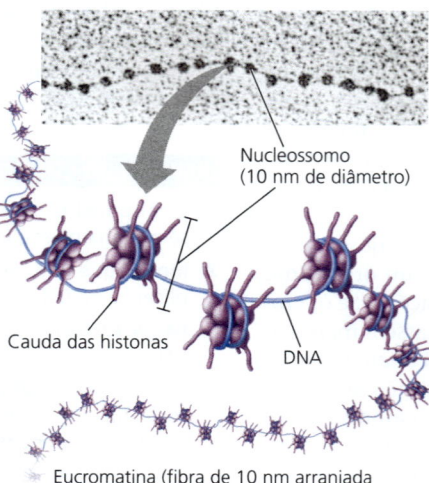

Nucleossomo
(10 nm de diâmetro)

Cauda das histonas

DNA

Eucromatina/heterocromatina

Uma técnica recente chamada ChromEMT permite que os cientistas visualizem a cromatina em células intactas. A ChromEMT e outras novas técnicas têm mostrado que a fibra de 10 nm é o constituinte básico da cromatina interfásica.

Durante a interfase, diferentes regiões de um cromossomo podem existir como eucromatina (abaixo à esquerda) ou heterocromatina (abaixo). Na eucromatina, a fibra de 10 nm está arranjada mais frouxamente em uma configuração mais aberta do que a heterocromatina; níveis mais altos de organização, incluindo a fibra de 30 nm em um modelo mais antigo, podem existir em células específicas ou em determinados momentos (essa é uma área de pesquisa muito ativa). O DNA na eucromatina é acessível às proteínas que realizam a transcrição, e seus genes podem ser expressos. Na heterocromatina, a fibra de 10 nm é mais densamente organizada e menos acessível a essas proteínas; os genes na heterocromatina geralmente não são expressos.

A eucromatina e a heterocromatina são organizadas em regiões por outras proteínas não mostradas aqui; essa organização é dinâmica, mas desaparece uma vez que a mitose inicia.

Eucromatina (fibra de 10 nm arranjada frouxamente)

Heterocromatina (fibra de 10 nm arranjada densamente)

da bactéria, entretanto, devido à ação de algumas proteínas, o cromossomo se enrola e se "superenrola", empacotando-se densamente de forma a ocupar apenas parte da célula. Diferentemente do núcleo de uma célula eucariótica, essa região densa onde o DNA está localizado na bactéria, chamada nucleoide, não é delimitada por membrana (ver Figura 6.5).

Cada cromossomo eucariótico contém uma única dupla-hélice linear de DNA que, nos humanos, tem, em média, cerca de $1{,}5 \times 10^8$ pares de nucleotídeos. Esta é uma enorme quantidade de DNA em relação à extensão do cromossomo condensado. Se fosse completamente estendida, uma molécula de DNA alcançaria 4 cm de comprimento, milhares de vezes o diâmetro do núcleo da célula – e isso sem considerar os demais 45 cromossomos humanos!

No interior da célula, o DNA eucariótico combina-se de modo preciso com uma grande quantidade de proteínas. A maneira exata como esse complexo de DNA e proteína, chamado **cromatina**, encaixa-se no núcleo tem sido debatida há muito tempo. A **Figura 16.23** ilustra a visão atual da organização da cromatina durante a interfase e como ela é condensada durante a mitose no cromossomo metafásico. Estude essa figura com atenção antes de prosseguir a leitura.

A cromatina sofre mudanças impressionantes na densidade do seu empacotamento durante o ciclo celular (ver Figura 12.7). Nas células em interfase coradas para

Prófase

Quando a mitose inicia, a replicação de DNA já ocorreu, portanto cada cromossomo consiste em duas cromátides-irmãs. Durante a prófase, a cromatina de cada cromátide-irmã começa a condensar. Duas proteínas relacionadas chamadas condensina II e condensina I têm papéis importantes. Primeiro, as proteínas condensina II (vermelho) ligam-se à fibra de 10 nm do DNA e formam alças de DNA que ficam cada vez maiores. As proteínas condensina II formam uma estrutura central a partir da qual as alças se estendem. À medida que as alças crescem, o cromossomo se torna mais largo e mais curto. No final da prófase, o cromossomo tem a metade do comprimento.

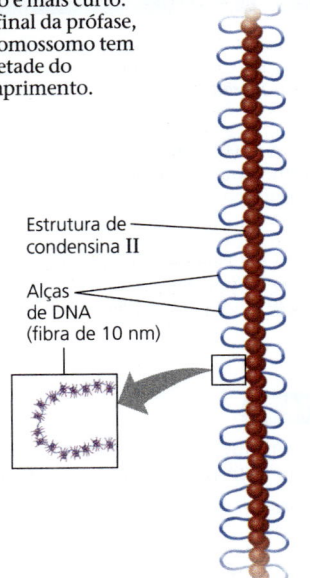

Prometáfase

Quando a prometáfase começa, as proteínas condensina I (verde) se ligam ao DNA fora da estrutura central de sustentação, fazendo alças menores (não mostrado) a partir das alças maiores geradas pela condensina II. O processo continua, com mais e mais alças se estendendo para fora, e o cromossomo se tornando mais denso, mais curto e mais largo. A própria estrutura de sustentação também começa a se torcer em uma hélice (sugerido pelas setas cinzas curvas), permitindo ainda mais alças por dado comprimento do cromossomo.

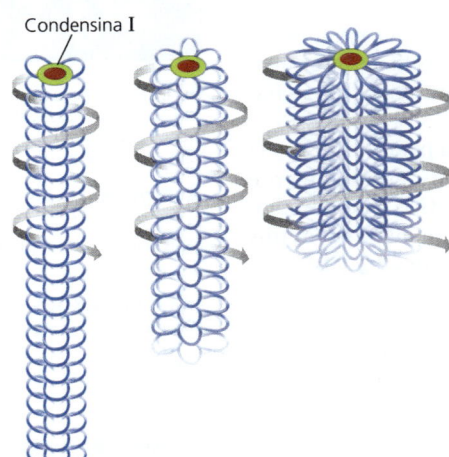

Metáfase

Na metáfase, o cromossomo está com sua maior densidade, com a maior quantidade de alças por volta e, portanto, está no seu menor comprimento. As duas cromátides-irmãs estão totalmente condensadas.

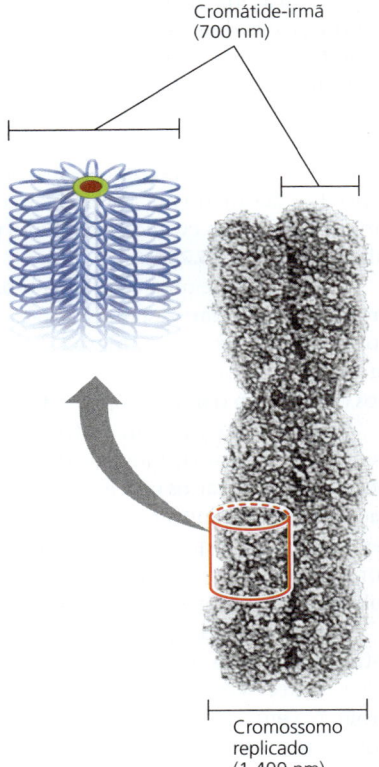

microscopia óptica, a cromatina geralmente aparece como uma massa difusa dentro do núcleo, com alguns grumos mais densos, inclusive em regiões de centrômeros e telômeros. A cromatina menos compactada e mais dispersa na interfase é chamada de **eucromatina** ("cromatina verdadeira"), para distingui-la da **heterocromatina**, que é mais compacta e mais densa (ver Figura 16.23). Pesquisas recentes esclareceram nosso entendimento sobre a estrutura da cromatina: para ambos os tipos de cromatina, a unidade organizadora básica é a fibra de nucleossomos de 10 nm, unidos por um DNA de conexão. Na heterocromatina, essa fibra de 10 nm é dobrada e torcida para trás em um grau muito maior do que na eucromatina, o que explica sua aparência mais densa. Como a heterocromatina é muito compacta, ela é, em grande parte, inacessível às proteínas responsáveis pela transcrição da informação genética, um passo crucial no início da expressão gênica. Por outro lado, o empacotamento mais frouxo da eucromatina torna seu DNA acessível a essas proteínas, e os genes presentes na eucromatina estão disponíveis para transcrição.

Nas etapas iniciais do estudo do DNA, os biólogos presumiram que a cromatina em interfase corresponde a uma massa não estruturada no núcleo, como uma porção de macarrão, mas isso não acontece. Embora falte a um cromossomo interfásico uma estrutura visível, existem proteínas que organizam ainda mais a fibra de 10 nm em compartimentos maiores e em domínios menores em formato de alça. Alguns dos domínios em formato de alça parecem estar presos à lâmina nuclear, no interior do envelope nuclear, e talvez também às fibras da matriz nuclear. Essas ligações podem ajudar a organizar regiões da cromatina com genes ativos. A cromatina de cada cromossomo ocupa uma área restrita específica dentro do núcleo interfásico, e as fibras da cromatina de diferentes cromossomos não parecem estar emaranhadas **(Figura 16.24a)**.

À medida que uma célula se prepara para a mitose, sua cromatina se organiza em alças e espirais, eventualmente condensando em um número característico de cromossomos metafásicos curtos e espessos que se distinguem uns dos outros com o microscópio óptico **(Figura 16.24b)**.

O cromossomo é uma estrutura dinâmica que é condensada, afrouxada, modificada e remodelada conforme necessário para vários processos celulares, incluindo a replicação do DNA, a mitose, a meiose e a expressão gênica. Certas modificações químicas das histonas afetam o estado de condensação da cromatina e também têm múltiplos efeitos sobre a expressão gênica, como você verá no Conceito 18.2.

Neste capítulo, aprendemos como as moléculas de DNA estão organizadas nos cromossomos e como a replicação do DNA fornece cópias dos genes que os pais passam para a prole. No entanto, não é suficiente que genes sejam copiados e transmitidos; a informação que eles carregam precisa ser utilizada pela célula. Em outras palavras, os genes precisam ser expressos. No próximo capítulo, vamos examinar como a célula expressa a informação genética codificada pelo DNA.

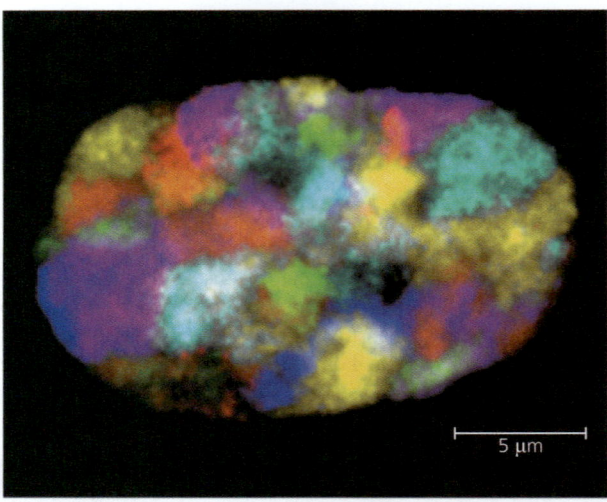

(a) A capacidade de distinguir visualmente os cromossomos permite observar como os cromossomos estão organizados no núcleo em interfase. Cada cromossomo parece ocupar um território específico durante a interfase. Em geral, as duas cópias dos cromossomos homólogos não se localizam na mesma região.

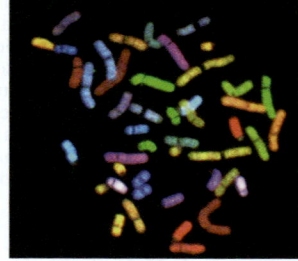 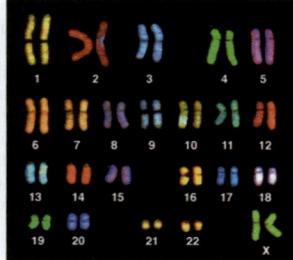

(b) Estes cromossomos em metáfase foram "coloridos" de modo que os pares homólogos tivessem a mesma cor. A imagem acima mostra os cromossomos dispersos; a imagem à direita mostra os cromossomos organizados em um cariótipo.

▲ **Figura 16.24** "Pintando" cromossomos. Pesquisadores podem tratar ("colorir") os cromossomos humanos com diferentes marcadores moleculares que conferem diferentes cores a cada par de cromossomos.

FAÇA CONEXÕES Se uma célula humana fosse mantida na metáfase I da meiose e essa técnica fosse aplicada, o que você observaria? Como esta imagem seria diferente do que se observa na metáfase da mitose? Revise as Figuras 12.7 e 13.8.

REVISÃO DO CONCEITO 16.3

1. Descreva a estrutura de um nucleossomo – a unidade básica do empacotamento do DNA nas células eucarióticas.
2. Como a eucromatina difere da heterocromatina em estrutura e função?
3. **FAÇA CONEXÕES** Os cromossomos na interfase parecem estar ligados à lâmina nuclear e talvez também à matriz nuclear. Descreva essas duas estruturas. Ver a Figura 6.9 e o texto relacionado.

Ver as respostas sugeridas no Apêndice A.

16 Revisão do capítulo

RESUMO DOS CONCEITOS-CHAVE

CONCEITO 16.1

O DNA é o material genético (p. 315-320)

- Experimentos com bactérias e **fagos** forneceram as primeiras evidências contundentes de que o material genético é o DNA.
- Watson e Crick deduziram que o DNA é uma **dupla-hélice** e construíram um modelo estrutural. Duas cadeias açúcar-fosfato **antiparalelas** se enrolam na face externa da molécula; as bases nitrogenadas se projetam para o seu interior, onde estão pareadas por meio de ligações de hidrogênio em pares específicos, A com T, G com C.

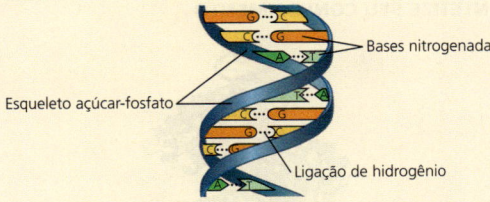

? Qual é o significado da afirmação "as duas cadeias de DNA na dupla-hélice são antiparalelas"? Como seria a extremidade de uma dupla-hélice se as cadeias fossem paralelas?

CONCEITO 16.2

Diversas proteínas atuam juntas na replicação e no reparo do DNA (p. 320-329)

- O experimento de Meselson-Stahl mostrou que a **replicação do DNA** é **semiconservativa**: a molécula parental se desenrola, e cada fita serve de molde para a síntese de uma nova fita de acordo com as regras de pareamento de bases.
- A replicação do DNA em uma **forquilha de replicação** está resumida a seguir:

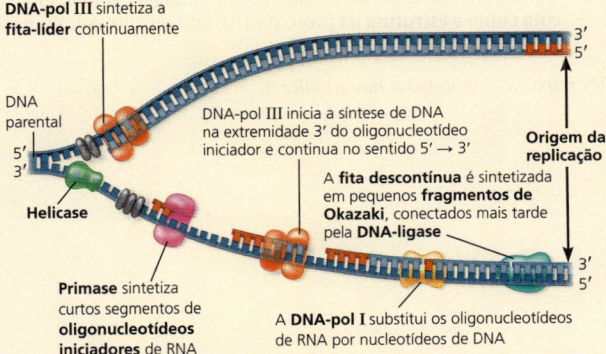

- As enzimas **DNA-polimerases** revisam o DNA novo, substituindo os nucleotídeos incorretos. No **reparo de malpareamento**, enzimas corrigem os erros que ainda persistirem. O **reparo por excisão de nucleotídeos** é um processo no qual **nucleases** clivam e outras enzimas substituem porções danificadas do DNA.
- As extremidades do DNA dos cromossomos dos eucariotos se tornam mais curtas a cada ciclo de replicação. A presença de **telômeros**, sequências repetitivas nas extremidades das moléculas lineares de DNA, posterga o encurtamento dos genes. A telomerase catalisa o alongamento dos telômeros nas células germinativas.

? Compare a replicação do DNA nas fitas contínua e descontínua, incluindo semelhanças e diferenças.

CONCEITO 16.3

Um cromossomo consiste em uma molécula de DNA empacotada junto com proteínas (p. 330-332)

- O cromossomo da maioria das espécies de bactérias é uma molécula de DNA circular com algumas proteínas associadas, formando o nucleoide.
- A **cromatina** dos cromossomos eucarióticos é formada principalmente por DNA, **histonas** e outras proteínas. As histonas se ligam umas às outras e ao DNA para formar os **nucleossomos**, as unidades mais básicas de empacotamento de DNA, que são parte da fibra de 10 nm. As caudas das histonas se projetam de cada nucleossomo. Níveis adicionais de empacotamento levam a uma forma mais condensada da cromatina, observada nos cromossomos metafásicos.
- Os cromossomos ocupam áreas restritas do núcleo em interfase. Nas células interfásicas, a maioria das fibras de cromatina de 10 nm está disposta de forma frouxa (**eucromatina**), mas algumas estão dispostas de forma mais densa (**heterocromatina**). A eucromatina, mas não a heterocromatina, geralmente está acessível para transcrição de genes.

? Descreva os níveis de empacotamento da cromatina que você espera observar no núcleo em interfase.

TESTE SEU CONHECIMENTO

Níveis 1-2: Relembre/Entenda

1. No seu trabalho com bactérias causadoras da pneumonia e com camundongos, Griffith descobriu que
   (A) o envelope proteico das células patogênicas era capaz de transformar as células não patogênicas.
   (B) as células patogênicas mortas por calor causavam pneumonia.
   (C) alguma substância das células patogênicas era transferida para as células não patogênicas, tornando-as patogênicas.
   (D) o envelope de polissacarídeo da bactéria causa pneumonia.

2. Qual é o fundamento para a diferença na maneira como as fitas líder e retardada são sintetizadas?
   (A) As origens da replicação ocorrem apenas nas extremidades 5'.
   (B) As helicases e as proteínas ligadoras de fita simples atuam apenas na extremidade 5'.
   (C) A DNA-polimerase pode unir novos nucleotídeos apenas à extremidade 3' de uma fita preexistente, e as fitas são antiparalelas.
   (D) A DNA-ligase funciona somente no sentido 3' → 5.

3. Analisando os números de pares de bases distintos em uma amostra de DNA, qual resultado é consistente com as regras de pareamento de bases?
   (A) A = G
   (B) A + G = C + T
   (C) A + T = G + C
   (D) A = C

4. O alongamento da fita-líder durante a síntese de DNA
   (A) ocorre no sentido contrário ao da forquilha de replicação.
   (B) ocorre no sentido 3' → 5'.
   (C) produz fragmentos de Okazaki.
   (D) depende da ação da DNA-polimerase.

5. Em um nucleossomo, o DNA está enrolado em torno de
   (A) histonas.
   (B) ribossomos.
   (C) moléculas de polimerase.
   (D) um dímero de timina.

Níveis 3-4: Aplique/Analise

6. Células de *E. coli* cultivadas em meio ^{15}N são transferidas para um meio ^{14}N e, então, cultivadas por mais duas gerações (dois ciclos de replicação de DNA). O DNA extraído dessas células é centrifugado. Qual é a distribuição de densidade esperada nesse experimento?
   - (A) Uma banda de alta densidade e uma banda de baixa densidade.
   - (B) Uma banda de densidade intermediária.
   - (C) Uma banda de alta densidade e uma banda de intensidade intermediária.
   - (D) Uma banda de baixa densidade e uma banda de intensidade intermediária.

7. Uma estudante isola, purifica e combina em um tubo de ensaio uma variedade de moléculas necessárias para a replicação do DNA. Quando ela adiciona DNA à mistura, a replicação ocorre, mas cada molécula de DNA é composta por uma fita normal, pareada com numerosos segmentos de DNA com centenas de nucleotídeos de extensão. O que ela provavelmente esqueceu de adicionar à mistura?
   - (A) DNA-polimerase
   - (B) DNA-ligase
   - (C) Fragmentos de Okazaki
   - (D) Primase

8. A perda espontânea de grupos amino da adenina no DNA resulta em hipoxantina, uma base rara, em posição complementar à timina na cadeia de DNA. Qual combinação de proteínas pode reparar esse dano?
   - (A) Nuclease, DNA-polimerase, DNA-ligase
   - (B) Telomerase, primase, DNA-polimerase
   - (C) Telomerase, helicase, proteína ligadora de fita simples
   - (D) DNA-ligase, proteínas da forquilha de replicação, adenililciclase

9. **FAÇA CONEXÕES** Embora as proteínas de ligação aos cromossomos de *E. coli* não sejam histonas, quais características você esperaria que essas proteínas tivessem em comum com as histonas, em decorrência da sua capacidade de se ligar ao DNA (ver Figura 5.14)?

Níveis 5-6: Avalie/Crie

10. **CONEXÃO EVOLUTIVA** Algumas bactérias podem ser capazes de responder ao estresse ambiental aumentando a taxa na qual as mutações ocorrem durante a divisão celular. Como isso pode ocorrer? Pode existir alguma vantagem evolutiva nessa habilidade? Explique.

11. **PESQUISA CIENTÍFICA**

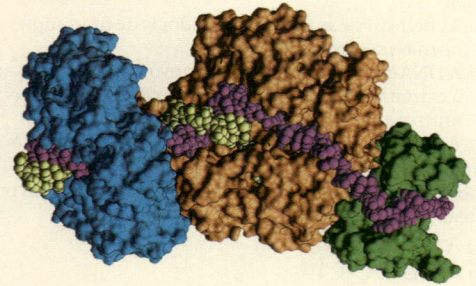

DESENHE A construção de modelos pode ser uma parte importante do processo científico. A ilustração acima é um modelo gerado por computador para o complexo de replicação do DNA. As fitas de DNA parental e as fitas recém-sintetizadas estão representadas em cores distintas, assim como cada uma das seguintes proteínas: DNA-pol III, o grampo deslizante e a proteína de ligação à fita simples.
   - (A) Usando o que você aprendeu neste capítulo para tornar este modelo mais claro, identifique cada fita de DNA e cada proteína.
   - (B) Desenhe uma seta para indicar a direção da replicação do DNA.

12. **ESCREVA SOBRE UM TEMA: ORGANIZAÇÃO** A continuidade da vida se baseia na hereditariedade de informações contidas no DNA, e estrutura e função estão correlacionadas em todos os níveis de organização biológica. Em um texto sucinto (100-150 palavras), descreva como a estrutura do DNA está relacionada com a sua função de base molecular da hereditariedade.

13. **SINTETIZE SEU CONHECIMENTO**

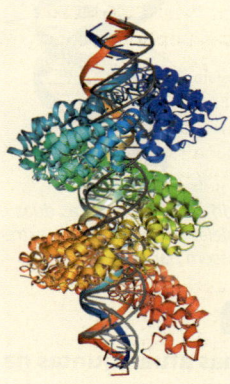

Esta imagem mostra o DNA (em cinza) interagindo com um modelo gerado por computador de uma proteína TAL (multicolorida), membro de uma família de proteínas encontradas apenas em uma espécie da bactéria *Xanthomonas*. A bactéria utiliza proteínas como esta para localizar sequências específicas de genes nas células dos organismos que ela infecta, como tomate, arroz e frutas cítricas. Considerando o que você sabe sobre a estrutura do DNA, assim como a imagem acima, discuta como a estrutura da proteína TAL está relacionada com a sua função.

Ver respostas selecionadas no Apêndice A.

17 Expressão gênica: do gene à proteína

CONCEITOS-CHAVE

17.1 Os genes especificam proteínas por meio da transcrição e da tradução *p. 336*

17.2 *Em mais detalhes:* a transcrição é a síntese de RNA controlada pelo DNA *p. 342*

17.3 As células eucarióticas modificam o RNA após a transcrição *p. 345*

17.4 *Em mais detalhes:* a tradução é a síntese de polipeptídeos controlada pelo RNA *p. 347*

17.5 Mutações de um ou alguns nucleotídeos podem afetar a estrutura e a função das proteínas *p. 357*

Dica de estudo

Faça um guia de estudo visual: Faça um esboço do processo mostrado a seguir e acrescente legendas e detalhes à medida que lê o capítulo. (Neste exercício, suponha que todos os processos ocorram em uma célula eucariótica.)

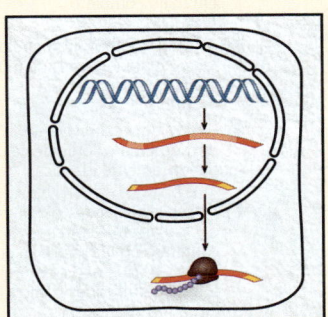

Figura 17.1 Uma população de burros albinos pasta na vegetação das encostas de Asinara, uma ilha da Itália. Vários séculos atrás, uma mutação recessiva que desativa a síntese de pigmentos surgiu no DNA de um burro e foi sendo transmitida de geração para geração. O endocruzamento resultou em um grande número de burros albinos homozigóticos que vivem hoje na ilha.

Como uma alteração no DNA pode resultar em uma alteração profunda na aparência?

As proteínas são a ligação entre o genótipo e o fenótipo. A expressão gênica é o processo pelo qual o DNA direciona a síntese proteica:

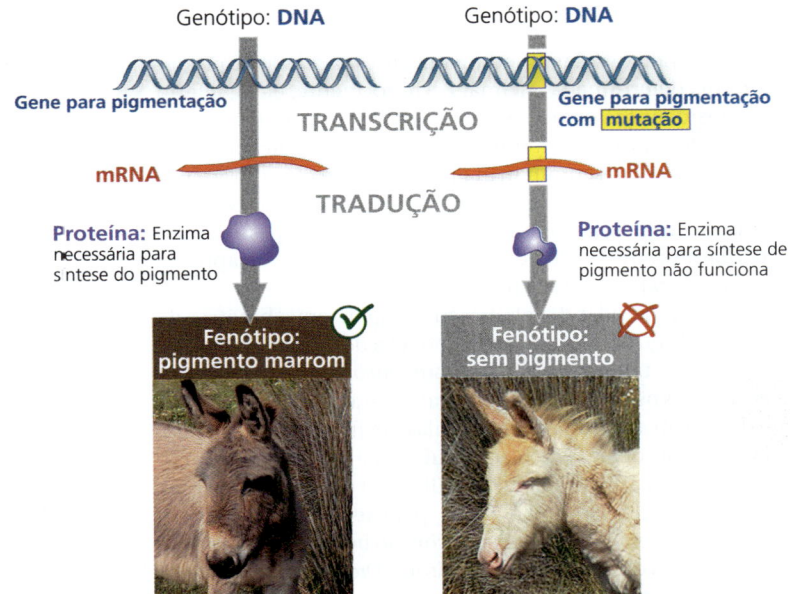

CONCEITO 17.1

Os genes especificam proteínas por meio da transcrição e da tradução

Traços herdados, como o albinismo, são determinados por genes, que carregam informações sob a forma de sequências específicas de nucleotídeos ao longo de trechos de ácido desoxirribonucleico (DNA), o material genético. O DNA herdado por um organismo é responsável por características específicas, pois determina a síntese de proteínas e de moléculas de ácido ribonucleico (RNA) envolvidas na síntese proteica. No caso de pelagem e cor da pele, o gene que contém as informações para sintetizar uma enzima que faz o pigmento possibilita a coloração normal, e uma versão errônea desse gene leva à falta de cor, ou fenótipo albino. As proteínas são a ligação entre o genótipo e o fenótipo. A **expressão gênica** é o processo pelo qual o DNA coordena a síntese de proteínas (ou, em alguns casos, apenas de RNA). A expressão de genes que codificam proteínas inclui duas etapas: transcrição e tradução.

Antes de detalharmos como os genes controlam a síntese proteica, vamos retroceder algumas etapas e examinar como as relações fundamentais entre genes e proteínas foram descobertas.

Evidências obtidas a partir do estudo de defeitos metabólicos

Em 1902, o médico britânico Archibald Garrod foi o primeiro a sugerir que os genes controlam o fenótipo por meio de enzimas, proteínas que catalisam reações químicas específicas no interior das células. Ele postulou que os sintomas das doenças hereditárias refletiam uma incapacidade de produzir uma determinada enzima. Posteriormente, ele se referiu a essas doenças como "erros inatos do metabolismo". Por exemplo, pessoas com uma doença chamada alcaptonúria (ocronose) apresentam urina preta porque ela contém um produto químico chamado alcaptona, que escurece ao ser exposto ao ar. Garrod argumentou que essas pessoas não podiam produzir uma enzima que quebrasse a alcaptona, então a alcaptona era expelida em sua urina.

Várias décadas depois, pesquisas apoiaram a hipótese de Garrod de que um gene dita a produção de uma enzima específica, mais tarde denominada como *hipótese de um gene-uma enzima*. Os bioquímicos aprenderam que as células sintetizam e degradam a maioria das moléculas orgânicas por vias metabólicas, nas quais cada reação química é catalisada em uma sequência por uma enzima específica (ver Conceito 8.1). Essas vias metabólicas levam à síntese, por exemplo, dos pigmentos que conferem a pelagem marrom ao burro na **Figura 17.1** ou a cor dos olhos às moscas-da-fruta (*Drosophila*) (ver Figura 15.3). Na década de 1930, o bioquímico e geneticista George Beadle e seu colaborador francês Boris Ephrussi levantaram a hipótese de que, em *Drosophila*, cada mutação que afeta a cor dos olhos bloqueia a síntese de pigmentos de uma etapa específica, impedindo a produção da enzima que catalisa essa etapa. No entanto, nem as reações químicas nem as enzimas que as catalisam eram conhecidas naquele momento.

Pesquisa científica: *mutantes nutricionais em* Neurospora

Um grande avanço na demonstração da relação entre genes e enzimas aconteceu alguns anos mais tarde, na Universidade de Stanford, quando Beadle e Edward Tatum começaram a trabalhar com o bolor do pão, *Neurospora crassa*. Ao contrário dos organismos diploides estudados por Mendel (ervilhas) e T. H. Morgan (moscas-da-fruta), *Neurospora* é uma espécie haploide. Como o seu genoma contém apenas uma cópia de cada gene, essa única cópia determina o fenótipo que é expresso pelo indivíduo. Portanto, quando Beadle e Tatum queriam descobrir a função de qualquer gene, eles precisavam apenas mutar e desativar aquele único alelo. Eles optaram por estudar os genes codificadores de proteínas necessários para uma atividade nutricional específica. Eles causaram mutações nos genes ao bombardear *Neurospora* com raios X e procuraram entre os sobreviventes por mutantes que difeririam em suas necessidades nutricionais do bolor-de-pão do tipo selvagem.

O tipo selvagem de *Neurospora* possui poucas necessidades nutricionais. Ele pode crescer no laboratório em *meio mínimo* – uma solução simples contendo nutrientes mínimos para o crescimento (sais inorgânicos, glicose e a vitamina biotina) incorporada ao ágar, um meio de sustentação. A partir do básico, as células do bolor do tipo selvagem utilizam suas vias metabólicas para produzir todas as outras moléculas de nutrientes (como aminoácidos) de que necessitam para o crescimento, dividindo repetidamente e formando colônias visíveis de células geneticamente idênticas. Como mostrado na **Figura 17.2**, Beadle e Tatum geraram diferentes

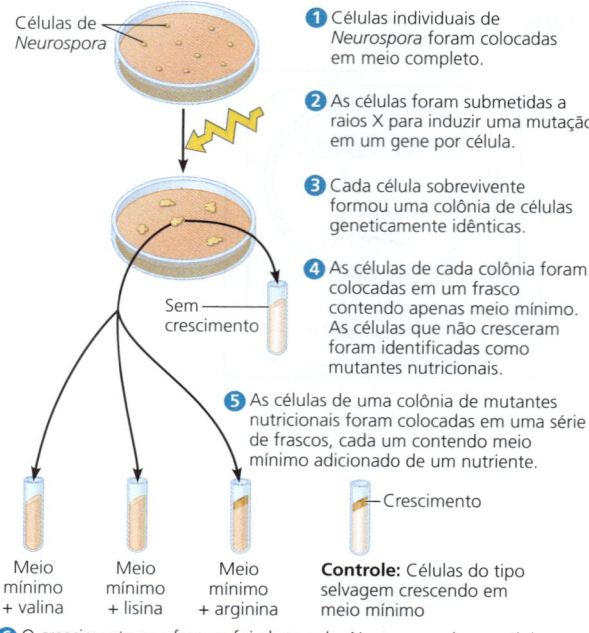

▲ **Figura 17.2 Abordagem experimental de Beadle e Tatum.** Para obter mutantes nutricionais, Beadle e Tatum expuseram as células de *Neurospora* aos raios X para induzir mutações e, em seguida, rastrearam (testaram para) mutantes que tinham novas exigências nutricionais, como a arginina, conforme mostrado aqui.

"mutantes nutricionais" de células de *Neurospora*, e cada um tinha uma mutação em um gene e era incapaz de sintetizar um nutriente essencial em particular. Essas células não conseguiam crescer em meio mínimo, mas podiam crescer em *meio completo*, que continha todos os nutrientes necessários para o crescimento. Para *Neurospora*, o meio completo consiste no meio mínimo suplementado com todos os 20 aminoácidos e alguns outros nutrientes. Beadle e Tatum levantaram a hipótese de que, em cada mutante nutricional, o gene da enzima que sintetiza um determinado nutriente tinha sido desativado pela mutação. Eles foram capazes de determinar experimentalmente qual nutriente cada cepa mutante (célula original e seus descendentes) era incapaz de sintetizar.

Essa abordagem resultou em uma coleção valiosa de cepas mutantes de *Neurospora*, cada uma catalogada pelo seu defeito em uma via particular. Dois colegas, Adrian Srb e Norman Horowitz, usaram uma coleção de mutantes que requeriam arginina para investigar a via bioquímica da síntese de arginina em *Neurospora* **(Figura 17.3)**. Srb e Horowitz detalharam cada defeito metabólico, utilizando testes adicionais para distinguir entre três classes de mutantes dependentes de arginina. Mutantes de cada classe requerem um conjunto diferente de compostos ao longo da via de síntese da arginina, composta por três etapas. Esses resultados, e os resultados de vários experimentos semelhantes conduzidos por Beadle e Tatum, sugeriam que cada uma das classes deveria estar bloqueada em uma etapa diferente da via, pois os mutantes de cada uma das classes não apresentavam a enzima que catalisa a etapa bloqueada.

Como Beadle e Tatum estabeleceram suas condições experimentais de modo que cada mutante tivesse defeito em um único gene, os resultados coletados, analisados em conjunto, forneciam um argumento forte para a *hipótese de um gene-uma enzima*, como eles a chamavam: a função de um gene é ditar a produção de uma enzima específica. Evidências adicionais para essa hipótese foram obtidas com os experimentos que identificaram as enzimas específicas ausentes nos mutantes. Beadle e Tatum dividiram o Prêmio Nobel em 1958 pela "sua descoberta de que os genes atuam na regulação de eventos químicos definidos" (nas palavras do comitê do prêmio Nobel).

Atualmente, são conhecidos incontáveis exemplos de mutações em genes que geram enzimas defeituosas, o que, por sua vez, leva a uma condição identificada. Os burros albinos da Figura 17.1 não possuem uma enzima-chave chamada tirosinase na via metabólica que produz melanina, um pigmento escuro. A ausência de melanina causa a pelagem branca e outros efeitos em todo o corpo do burro. Seu nariz, suas orelhas e seus cascos, assim como os olhos, são cor-de-rosa, pois não têm melanina para mascarar a coloração avermelhada dos vasos sanguíneos que permeiam essas estruturas.

Produtos da expressão gênica: uma história em desenvolvimento

À medida que os pesquisadores aprenderam mais acerca das proteínas, eles fizeram algumas correções na hipótese um gene-uma enzima. Em primeiro lugar, nem todas as proteínas são enzimas. A queratina, proteína estrutural dos pelos dos animais, e o hormônio insulina são dois exemplos de proteínas não enzimas. Como as proteínas não enzimas são ainda produtos gênicos, os biólogos moleculares começaram a pensar em termos de um gene-uma proteína. No entanto, muitas proteínas são compostas por duas ou mais cadeias polipeptídicas; e cada cadeia polipeptídica é especificada pelo seu próprio gene. Por exemplo, a hemoglobina – a proteína que transporta o oxigênio das hemácias dos vertebrados – contém dois tipos de polipeptídeos e, portanto, dois genes codificam essa proteína, um para cada tipo de polipeptídeo (ver Figura 5.18). Então, a hipótese de Beadle e Tatum foi retomada como a *hipótese de um gene-um polipeptídeo*. Contudo, mesmo essa descrição não é inteiramente correta. Em primeiro lugar, muitos genes eucarióticos podem codificar um conjunto de polipeptídeos relacionados por meio de um processo chamado *splicing* alternativo, que retomaremos mais tarde neste capítulo. Em segundo lugar, alguns poucos genes codificam moléculas de RNA que desempenham importantes funções nas células, mesmo nunca traduzidas em proteínas. Por enquanto, daremos enfoque aos genes que codificam polipeptídeos. (Observe que é comum nos referirmos ao produto desses genes como proteínas, e não do modo mais correto, como polipeptídeos – prática que será observada neste livro.)

Princípios básicos da transcrição e da tradução

Os genes fornecem as instruções para fazer proteínas específicas, mas um gene não fabrica uma proteína diretamente. A conexão entre o DNA e a síntese de proteínas é o ácido nucleico RNA. O RNA é quimicamente semelhante ao DNA, exceto pelo fato de que contém ribose em vez de desoxirribose como seu açúcar e tem a base nitrogenada uracila em vez da timina (ver Figura 5.23). Dessa forma, cada nucleotídeo ao longo de uma fita de DNA apresenta A, G, C ou T como base, e cada nucleotídeo ao longo de uma fita de RNA apresenta A, G, C ou U como base. A molécula de RNA geralmente é composta por uma fita simples.

Muitas vezes, descrevemos o fluxo de informações do gene para a proteína em termos de linguagens. Assim como sequências específicas de letras comunicam informações em um idioma como o português, sequências específicas de monômeros transmitem informações em polímeros como ácidos nucleicos e proteínas. No DNA ou no RNA, os monômeros são os quatro tipos de nucleotídeos listados anteriormente, que diferem em suas bases nitrogenadas. Os genes geralmente são compostos por centenas ou milhares de nucleotídeos, e cada gene apresenta uma sequência específica de nucleotídeos. Cada polipeptídeo de uma proteína também tem monômeros dispostos em uma ordem linear particular (a estrutura primária da proteína; ver Figura 5.18), mas seus monômeros são os aminoácidos. Dessa forma, os ácidos nucleicos e as proteínas contêm informações escritas em duas linguagens químicas distintas. A passagem do DNA para a proteína envolve duas etapas principais: transcrição e tradução.

A **transcrição** é a síntese (produção) do RNA usando as informações no DNA. Ambos os ácidos nucleicos utilizam a mesma linguagem, e a informação é simplesmente transcrita, ou "copiada", do DNA para o RNA. Assim como uma fita de DNA fornece um molde para fazer uma nova fita complementar durante a replicação de DNA (ver Conceito 16.2), também pode servir como molde para montar uma

▼ Figura 17.3 Pesquisa

Genes individuais especificam as enzimas que atuam em vias bioquímicas?

Experimento Trabalhando com o mofo *Neurospora crassa*, Adrian Srb e Norman Horowitz, na Universidade de Stanford, utilizaram a metodologia de George Beadle e Edward Tatum (ver Figura 17.2) para isolar mutantes que precisavam de arginina no meio de crescimento. Os pesquisadores mostraram que esses mutantes podiam ser classificados em três grupos, cada um com defeito em genes diferentes. A partir de estudos realizados em células hepáticas de mamíferos, eles suspeitaram de que a via metabólica de biossíntese da arginina envolvia um nutriente precursor e as moléculas intermediárias ornitina e citrulina, conforme mostrado no diagrama à direita.

O experimento mais famoso desses pesquisadores, mostrado aqui, testou tanto a *hipótese de um gene-uma enzima* quanto a suposição da via de síntese da arginina. Neste experimento, eles cultivaram as três classes de mutantes sob quatro condições diferentes, mostradas na tabela de resultados a seguir. Eles incluíram o meio mínimo (MM) como controle, pois sabiam que as células tipo selvagem podiam crescer em MM, mas as células mutantes não (ver tubos de ensaio a seguir).

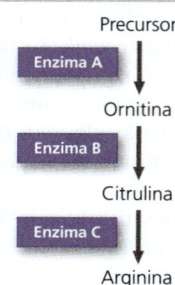

Resultados Conforme mostrado na tabela à direita, a cepa tipo selvagem foi capaz de crescer em todas as condições experimentais, necessitando apenas do MM. As três classes de mutantes apresentaram conjuntos distintos de condições para o seu crescimento. Por exemplo, os mutantes de classe II não foram capazes de crescer quando foi adicionada apenas ornitina, mas cresceram quando citrulina ou arginina foram adicionadas ao meio.

Conclusão A partir das necessidades nutricionais para o crescimento dos mutantes, Srb e Horowitz deduziram que cada classe de mutantes era incapaz de realizar uma etapa na via de síntese da arginina, provavelmente por não apresentarem a enzima necessária, conforme mostrado na tabela à direita. Como cada um dos mutantes apresentava alteração em um único gene, eles concluíram que cada gene mutado normalmente controla a produção de uma enzima. Esses resultados corroboraram a hipótese um gene-uma enzima, proposta por Beadle e Tatum, e também confirmaram a existência da via de síntese da arginina em *Neurospora*, assim como previamente descrito para as células hepáticas de mamíferos. (Observe, na tabela de resultados, que um mutante é capaz de crescer apenas quando suplementado com um composto produzido *após* a etapa deficiente, pois a suplementação compensa esse defeito.)

Dados de A.M. Srb e N.H. Horowitz, The ornithine cycle in *Neurospora* and its genetic control, *Journal of Biological Chemistry* 154: 129-139 (1944).

Tabela de resultados	Classes de *Neurospora crassa*			
Condição	**Tipo selvagem**	**Mutantes classe I**	**Mutantes classe II**	**Mutantes classe III**
Meio mínimo (MM) (controle)	Crescimento	—	—	—
MM + ornitina	Crescimento	Crescimento	—	—
MM + citrulina	Crescimento	Crescimento	Crescimento	—
MM + arginina (controle)	Crescimento	Crescimento	Crescimento	Crescimento
Resumo dos resultados	Pode crescer com ou sem suplementos	Pode crescer com ornitina, citrulina ou arginina	Pode crescer apenas com citrulina ou arginina	Requer arginina para crescer

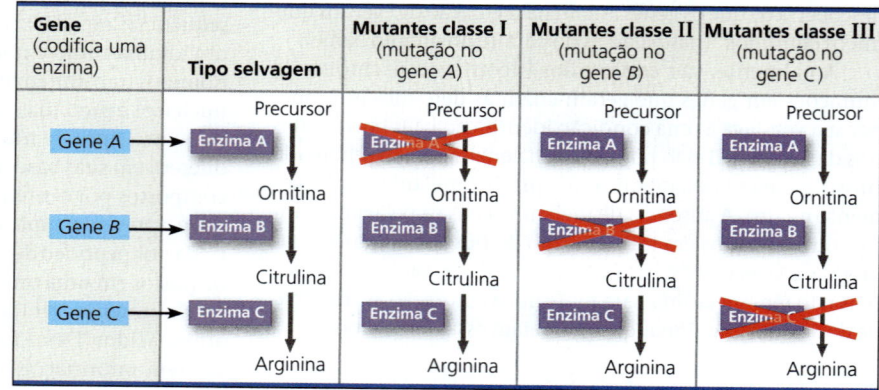

E SE? Suponha que o experimento tenha mostrado que os mutantes de classe I pudessem crescer apenas em MM suplementado com ornitina ou arginina e que os mutantes de classe II pudessem crescer em MM suplementado com citrulina, ornitina ou arginina. A quais conclusões os pesquisadores teriam chegado a partir desses resultados, em relação à via metabólica e aos defeitos genéticos nos mutantes das classes I e II?

sequência complementar de nucleotídeos de RNA. Para um gene que codifica proteína, a molécula de RNA resultante equivale ao transcrito das instruções para a construção da proteína contida no gene. Esse tipo de molécula de RNA é chamado de **RNA mensageiro** (**mRNA**), pois carrega a mensagem genética do DNA até a maquinaria de síntese proteica da célula. (Transcrição é o termo geral para a síntese de *qualquer* tipo de RNA a partir de um molde de DNA. Adiante neste capítulo, vamos aprender sobre os outros tipos de RNA produzidos pela transcrição.)

A **tradução** é a síntese de um polipeptídeo utilizando a informação contida no mRNA. Durante essa etapa, ocorre uma mudança na linguagem: a célula precisa traduzir a sequência de nucleotídeos da molécula de mRNA em uma sequência de aminoácidos do polipeptídeo. Os locais de tradução são os **ribossomos**, complexos moleculares que facilitam a adição ordenada de aminoácidos às cadeias polipeptídicas.

A transcrição e a tradução ocorrem em todos os organismos. Considerando que a maioria dos estudos envolveu bactérias e células eucarióticas, elas são nosso principal foco neste capítulo. Apesar de nossa compreensão sobre esses processos em arqueias estar mais atrasada, sabemos que as células de arqueias compartilham algumas das características de expressão gênica de bactérias e outras características de eucariotos.

Os mecanismos básicos de transcrição e tradução são similares em bactérias e em eucariotos, mas há uma diferença importante no fluxo da informação gênica no interior das células. As bactérias não têm núcleo. Portanto, as membranas nucleares não separam o DNA bacteriano e o mRNA dos ribossomos e dos outros equipamentos utilizados para sintetizar proteínas **(Figura 17.4a)**. Essa falta de compartimentalização permite que a tradução de um mRNA comece enquanto sua transcrição ainda está em andamento, como você verá mais adiante. Por outro lado, as células eucarióticas têm um núcleo. A presença de um envelope nuclear separa a transcrição da tradução no espaço e no tempo **(Figura 17.4b)**. A transcrição ocorre no núcleo, mas o mRNA deve ser transportado para o citoplasma para ser traduzido. Nos eucariotos, antes que os transcritos de RNA dos genes codificadores de proteínas possam deixar o núcleo, eles são modificados de várias maneiras para produzir o mRNA final e funcional. A transcrição de um gene eucariótico que codifica uma proteína resulta no *pré-mRNA*, e o processamento posterior do RNA produz o mRNA final. O transcrito inicial de RNA de qualquer gene, incluindo aqueles que especificam RNAs que não são traduzidos em proteínas (como tRNA e rRNA, que serão descritos no Conceito 17.4), é geralmente chamado de **transcrito primário**.

Resumindo: os genes controlam a síntese de proteínas por meio de mensagens genéticas na forma de RNA mensageiro. Dito de outra forma, as células são controladas por uma cadeia molecular de comando com um fluxo direcional de informações genéticas:

Esta ideia, de que o fluxo de informações seguia apenas uma direção, foi nomeada como *dogma central* por Francis

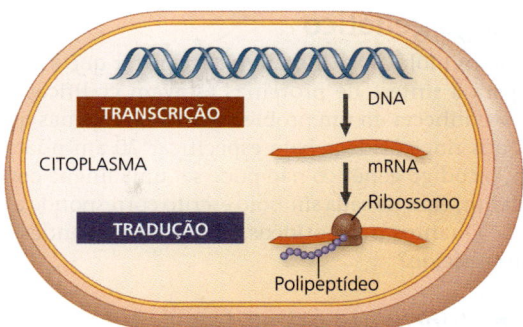

(a) Célula bacteriana. Em uma célula bacteriana, que não apresenta núcleo, o mRNA produzido pela transcrição é imediatamente traduzido, sem processamentos adicionais.

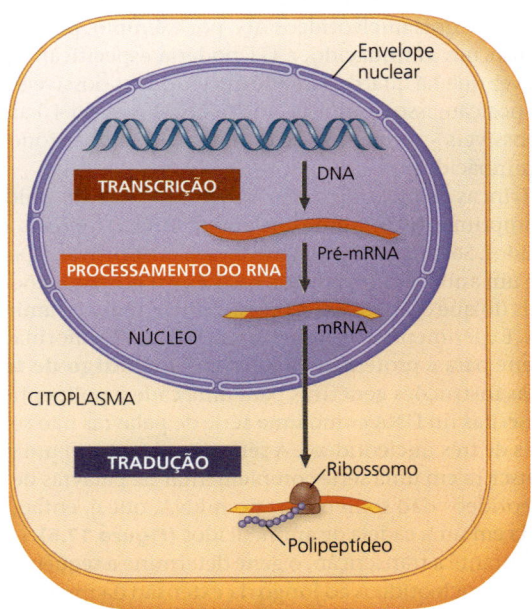

(b) Célula eucariótica. O núcleo fornece um compartimento separado para a transcrição. O transcrito original de RNA, chamado de pré-mRNA, é processado de várias formas antes de deixar o núcleo como uma molécula de mRNA.

▲ **Figura 17.4 Visão geral: os papéis da transcrição e da tradução no fluxo da informação genética.** Em uma célula, a informação hereditária flui do DNA para o RNA e do RNA para a proteína. Os dois principais estágios do fluxo da informação são a transcrição e a tradução. Uma versão em miniatura da parte (a) ou (b) acompanha várias figuras mais adiante no capítulo como um diagrama de orientação para ajudá-lo a ver onde uma determinada figura se encaixa no esquema geral de expressão gênica.

Crick em 1956. Nos anos 1970, porém, os cientistas se surpreenderam ao descobrir algumas enzimas que usam moléculas de RNA como moldes para síntese de DNA, um exemplo de fluxo de informação do RNA para o DNA (ver Conceito 19.2). Ainda assim, essas exceções não invalidam a ideia de que, em geral, a informação genética flui do DNA para o RNA para a proteína. Na próxima seção, discutiremos como as instruções para a adição de aminoácidos em uma ordem específica estão codificadas nos ácidos nucleicos.

O código genético

Quando os biólogos começaram a suspeitar que as instruções para a síntese de proteínas estavam codificadas no DNA, reconheceram um problema: existem apenas quatro bases nos nucleotídeos para especificar 20 aminoácidos. Assim, o código genético não pode ser uma língua como o mandarim, em que cada símbolo escrito corresponde a uma palavra. Quantos nucleotídeos, então, corresponderiam a um aminoácido?

Códons: trincas de nucleotídeos

Se cada base de nucleotídeo fosse traduzida em um aminoácido, apenas quatro aminoácidos poderiam ser especificados, um para cada base de nucleotídeo. Seria suficiente uma linguagem com palavras-código de duas letras? A sequência de dois nucleotídeos AG, por exemplo, poderia especificar um aminoácido, e GT poderia especificar outro. Uma vez que há quatro bases de nucleotídeos possíveis para cada posição, isso resultaria em 16 (i.e., 4×4, ou 4^2) arranjos possíveis – ainda insuficientes para codificar todos os 20 aminoácidos.

Trincas de bases de nucleotídeos são a menor unidade de comprimento uniforme que pode codificar todos os aminoácidos. Se cada arranjo de três bases consecutivas especificasse um aminoácido, haveria 64 (i.e., 4^3) possíveis códigos – mais do que o suficiente para especificar todos os aminoácidos. Experimentos verificaram que o fluxo de informações do gene para a proteína se baseia em um **código de trincas**: as instruções genéticas para uma cadeia polipeptídica são escritas no DNA como uma série de palavras não sobrepostas de três nucleotídeos. A série de palavras em um gene é transcrita em uma série complementar de palavras de três nucleotídeos não sobrepostas no mRNA, que é, então, traduzida em uma cadeia de aminoácidos **(Figura 17.5)**.

Durante a transcrição, o gene determina a sequência de bases de nucleotídeos ao longo da extensão da molécula de RNA que está sendo sintetizada. Para cada gene, apenas uma das duas fitas de DNA é transcrita. Essa fita é chamada de **fita-molde**, pois fornece o padrão, ou molde, para a sequência de nucleotídeos no transcrito de RNA. Para qualquer gene em particular, a mesma fita é usada como molde toda vez que esse gene é transcrito. Entretanto, mais adiante na mesma molécula de DNA cromossômico, a fita oposta pode funcionar como molde para um gene diferente. Sequências específicas de DNA associadas a um gene determinam como a enzima que transcreve os genes será orientada quando se ligar, e isso estabelece qual será a fita que será usada como molde.

A molécula de mRNA é complementar, e não idêntica, ao DNA-molde, pois os nucleotídeos da molécula de RNA são adicionados sobre a fita-molde de acordo com a regra de pareamento de bases (ver Figura 17.5). Os pares de bases são similares àqueles formados durante a replicação do DNA, exceto pela presença de U (o substituto de T na molécula de RNA) pareando com A e pela presença de ribose na molécula de mRNA, em vez da desoxirribose. Assim como a nova fita de DNA, a molécula de RNA é sintetizada na direção antiparalela à fita-molde de DNA. (Para revisar o significado de

▶ **Figura 17.5 Código de trincas.** Para cada gene, uma das fitas de DNA serve de molde para a transcrição de moléculas de RNA, assim como mRNA. As regras de pareamento de base para a síntese de DNA também orientam a transcrição, exceto pelo fato de que o RNA é feito com uracila (U) em vez de timina (T). Durante a tradução, a molécula de mRNA é lida como uma sequência de trincas de nucleotídeos, chamada códon. Cada códon especifica um aminoácido que será adicionado à cadeia polipeptídica em crescimento. A molécula de mRNA é lida na direção 5' → 3'.

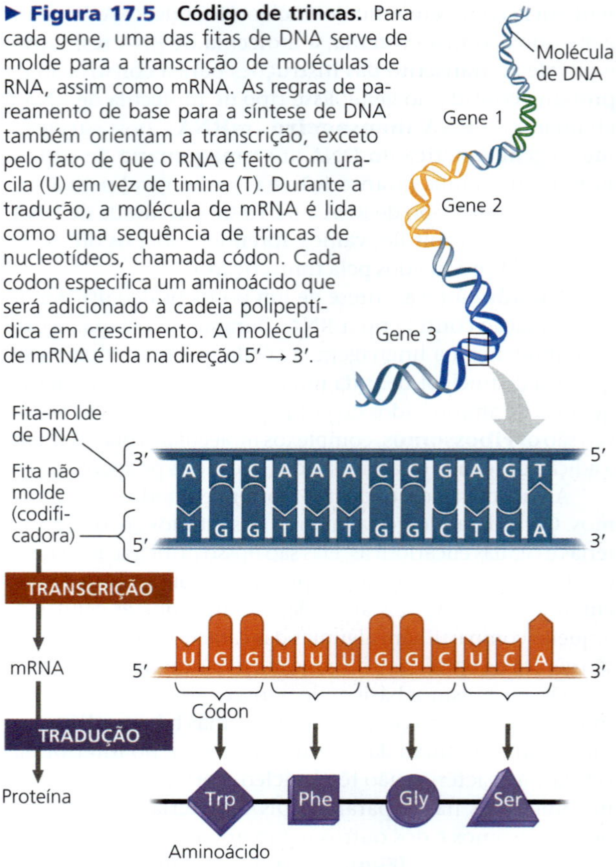

HABILIDADES VISUAIS *Por convenção, a fita não molde, também chamada fita codificadora, é usada para representar uma sequência de DNA. Escreva a sequência da fita de mRNA e da fita não molde – nos dois casos, no sentido 5' → 3' – e as compare. Por que você acha que essa convenção foi adotada? (Dica: por que ela é chamada de fita codificadora?)*

"antiparalela" e das extremidades 5' e 3' da cadeia de ácidos nucleicos, ver Figura 16.7.) No exemplo da Figura 17.5, a trinca de nucleotídeos ACC ao longo da fita-molde de DNA (escrita como 3'-ACC-5') fornece um molde para 5'-UGG-3' na molécula de mRNA. As trincas de nucleotídeos na molécula de mRNA são chamadas de **códons** e são comumente escritas no sentido 5' → 3'. Em nosso exemplo, UGG é o códon para o aminoácido triptofano (abreviado como Trp ou W). O termo *códon* também é utilizado para as trincas de bases do DNA ao longo da fita *não molde*. Esses códons são complementares à fita-molde e, portanto, idênticos à sequência de mRNA (exceto pela presença de Ts no lugar de Us). Por essa razão, a fita de DNA não molde é frequentemente chamada de **fita codificadora**; por convenção, a sequência da fita codificadora é usada quando a sequência de um gene é informada.

Durante a tradução, a sequência de códons ao longo da molécula de mRNA é decodificada, ou traduzida, em uma sequência de aminoácidos, formando a cadeia polipeptídica. Os códons são lidos pela maquinaria de tradução no sentido 5' → 3' ao longo da molécula de mRNA. Cada códon especifica um dos 20 aminoácidos a serem incorporados na posição correspondente da cadeia polipeptídica. Como os códons são trincas de nucleotídeos, o número de nucleotídeos que compõem a mensagem genética deve ser o triplo do número de aminoácidos no produto proteico. Por exemplo, 300 nucleotídeos ao longo de uma fita de mRNA codificam para 100 aminoácidos no polipeptídeo.

Decifrando o código

Os biólogos moleculares decifraram o código da vida no início dos anos 1960, quando uma série de experimentos bem-elaborados mostrou a tradução em aminoácidos de cada um dos códons de mRNA. O primeiro códon foi decifrado em 1961 por Marshall Nirenberg, do National Institutes of Health, e seus colaboradores. Eles sintetizaram um mRNA artificial composto apenas por nucleotídeos com a base uracila, contendo apenas um códon (UUU) repetidamente. Quando adicionado a uma mistura em um tubo de ensaio que continha todos os 20 aminoácidos, ribossomos e outros componentes necessários para a síntese de proteínas, o mRNA "poli-U" foi traduzido em um polipeptídeo contendo muitas unidades do aminoácido fenilalanina (Phe, ou F), unidos como uma cadeia de polifenilalanina. Assim, Nirenberg determinou que o códon de mRNA UUU especifica o aminoácido fenilalanina. Pouco tempo depois, os aminoácidos especificados pelos códons AAA, GGG e CCC também foram determinados de forma similar.

Embora técnicas mais elaboradas tenham sido necessárias para a determinação das trincas mistas, como AUA e CGA, todos os 64 códons foram decifrados na metade da década de 1960. Como mostra a **Figura 17.6**, 61 dos 64 códons codificam aminoácidos. Os outros três códons atuam como sinais de "parada", ou códons de terminação, marcando o fim da tradução. Observe que o códon AUG tem função dupla: codifica o aminoácido metionina (Met, ou M) e também atua como sinal de "início", ou códon de início. As mensagens genéticas geralmente iniciam com o códon AUG no mRNA, que sinaliza para a maquinaria de síntese de proteínas que a tradução do mRNA deve começar nessa posição. (Como AUG também especifica o aminoácido metionina, todas as cadeias polipeptídicas começam com metionina quando são sintetizadas. No entanto, uma enzima pode remover esse aminoácido inicial da cadeia.)

Observe, na Figura 17.6, que há redundância no código genético, mas não ambiguidade. Por exemplo, apesar de os dois códons GAA e GAG codificarem o ácido glutâmico (redundância), nenhum deles especifica outro aminoácido (ausência de ambiguidade). A redundância no código não é aleatória. Em diversos casos, os códons sinônimos para um aminoácido em particular diferem apenas na terceira base da trinca. Veremos por que isso acontece mais adiante no capítulo.

Nossa habilidade de compreensão de uma mensagem a partir de uma linguagem escrita depende da leitura dos símbolos em grupos corretos – ou seja, da **fase de leitura** correta. Considere a seguinte afirmação: "Uma mãe fez pão com ovo". O agrupamento incorreto das letras, causado pelo início da fase de leitura no local errado, terá um resultado

Segunda base do mRNA

Primeira base do mRNA (extremidade 5' do códon)	U	C	A	G	Terceira base do mRNA (extremidade 3' do códon)
U	UUU Phe (F)	UCU Ser (S)	UAU Tir (Y)	UGU Cys (C)	U
U	UUC	UCC	UAC	UGC	C
U	UUA Leu (L)	UCA	UAA Códon de término	UGA Códon de término	A
U	UUG	UCG	UAG Códon de término	UGG Trp (W)	G
C	CUU Leu (L)	CCU Pro (P)	CAU His (H)	CGU Arg (R)	U
C	CUC	CCC	CAC	CGC	C
C	CUA	CCA	CAA Gln (Q)	CGA	A
C	CUG	CCG	CAG	CGG	G
A	AUU Ile (I)	ACU Thr (T)	AAU Asn (N)	AGU Ser (S)	U
A	AUC	ACC	AAC	AGC	C
A	AUA	ACA	AAA Lis (K)	AGA Arg (R)	A
A	AUG Met, ou códon de início	ACG	AAG	AGG	G
G	GUU Val (V)	GCU Ala (A)	GAU Asp (D)	GGU Gly (G)	U
G	GUC	GCC	GAC	GGC	C
G	GUA	GCA	GAA Glu (E)	GGA	A
G	GUG	GCG	GAG	GGG	G

▲ **Figura 17.6 Tabela de códons do mRNA.** As três bases de nucleotídeos do códon de mRNA são designadas aqui como primeira, segunda e terceira bases, lidas na direção 5' → 3', ao longo da molécula de mRNA. O códon AUG não apenas codifica o aminoácido metionina (Met, ou M), mas também atua como códon de início, sinalizando aos ribossomos o ponto de início para a tradução do mRNA. Três dos 64 códons atuam como sinais de término, marcando o local onde os ribossomos terminam a tradução. Os códigos de 1 e 3 letras correspondem aos aminoácidos; ver Figura 5.14 para seus nomes completos.

HABILIDADES VISUAIS *Um segmento no meio de um mRNA tem a sequência 5'-AGAGAACCGCGA-3'. Usando a tabela de códons, traduza essa sequência, assumindo que os três primeiros nucleotídeos são um códon.*

sem significado: por exemplo, "mam ãef ezp ãoc omo vo". A fase de leitura também é importante na linguagem molecular das células. O pequeno segmento polipeptídico mostrado na Figura 17.5, por exemplo, será sintetizado corretamente apenas se os nucleotídeos do mRNA forem lidos da esquerda para a direita (5' → 3'), em grupos de três, de acordo com a figura: UGG UUU GGC UCA. Apesar de a mensagem genética ser escrita sem espaçamento entre os códons, a maquinaria de síntese proteica da célula lê a mensagem como uma série de palavras de três letras, sem sobreposições. A mensagem *não* é lida como uma série de palavras sobrepostas – UGGUU U, e assim sucessivamente –, o que transmitiria uma mensagem bastante diferente.

Evolução do código genético

EVOLUÇÃO O código genético é quase universal, compartilhado pelos organismos desde as mais simples bactérias até os vegetais e animais mais complexos. O códon CCG do mRNA, por exemplo, é traduzido como o aminoácido prolina em todos os organismos cujo código genético já foi estudado. Em experimentos de laboratório, os genes podem ser

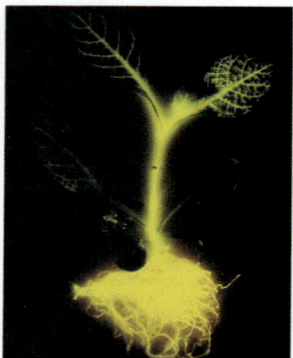

(a) Planta de tabaco expressando um gene de vaga-lume. O brilho amarelo é gerado por uma reação química catalisada pelo produto proteico do gene do vaga-lume.

(b) Larva de mosquito expressando um gene de água-viva. O gene codifica a proteína verde fluorescente (GFP) e é inserido no organismo como um *gene repórter*, de forma que os pesquisadores podem dizer se o gene de interesse está sendo expresso.

▲ **Figura 17.7 Evidência da evolução: expressão de genes de diferentes espécies.** Como as diversas formas de vida compartilham um código genético comum devido aos seus ancestrais compartilhados, uma espécie pode ser programada para produzir proteínas características de uma segunda espécie, introduzindo o DNA da segunda espécie na primeira.

transcritos e traduzidos depois de transferidos de uma espécie a outra, algumas vezes com resultados impressionantes, como mostrado na **Figura 17.7**. Bactérias podem ser programadas, pela inserção de genes humanos, para sintetizarem proteínas humanas de uso médico, como a insulina. Essas aplicações produziram muitos desenvolvimentos interessantes na área da biotecnologia (ver Conceito 20.4).

O significado evolutivo da quase universalidade do código é claro. Uma linguagem compartilhada por todos os organismos vivos deve ter surgido muito cedo na história da vida – cedo o suficiente para estar presente no ancestral comum a todos os organismos atuais. Um vocabulário genético compartilhado é um lembrete do parentesco de toda a vida.

REVISÃO DO CONCEITO 17.1

1. **FAÇA CONEXÕES** Em um artigo científico sobre a alcaptonúria, publicado em 1902, Garrod sugeriu que os seres humanos herdam dois "caracteres" (alelos) para uma enzima em particular e que ambos os pais devem fornecer uma versão defeituosa da proteína para que os filhos tenham alcaptonúria. Atualmente, essa característica seria classificada como dominante ou recessiva? (Ver Conceito 14.4.)

2. Descreva o produto polipeptídico que você esperaria de um mRNA de poli-G que tem 30 nucleotídeos.

3. **DESENHE** A fita-molde de um gene contém a sequência 3'-TTCAGTCGT-5'. Suponha que a sequência não molde foi transcrita em vez da sequência-molde. Desenhe a sequência não molde no sentido 3' → 5'. Em seguida, desenhe a sequência de mRNA e traduza-a usando a Figura 17.6. Faça uma previsão de quão bem a proteína sintetizada a partir da fita não molde funcionaria, se é que funcionaria.

Ver as respostas sugeridas no Apêndice A.

CONCEITO 17.2

Em mais detalhes: a transcrição é a síntese de RNA controlada pelo DNA

Agora que já consideramos a lógica da linguagem e o significado evolutivo do código genético, estamos prontos para examinar novamente a transcrição, a primeira etapa da expressão gênica, em mais detalhes.

Componentes moleculares da transcrição

O mRNA, o carreador da informação do DNA até a maquinaria de síntese de proteínas, é transcrito a partir da fita-molde do gene. Uma enzima chamada **RNA-polimerase** separa as duas fitas de DNA e une os nucleotídeos de RNA complementares à fita-molde de DNA, aumentando o polinucleotídeo de RNA **(Figura 17.8)**. Assim como a DNA-polimerase, que atua na replicação do DNA, as RNA-polimerases podem sintetizar um polipeptídeo apenas no sentido 5' → 3', adicionando na sua extremidade 3'. Ao contrário das DNA-polimerases, no entanto, as RNA-polimerases são capazes de iniciar uma fita desde o princípio; elas não precisam adicionar o primeiro nucleotídeo a um oligonucleotídeo iniciador preexistente.

Sequências específicas de nucleotídeos ao longo da cadeia de DNA marcam onde a transcrição de um gene começa e onde termina. A sequência de DNA em que a RNA-polimerase se liga e inicia a transcrição é chamada de **promotor**; em bactérias, a sequência que sinaliza o término da transcrição é chamada de **terminador**. (O mecanismo de terminação nos eucariotos será descrito mais adiante.) Os biólogos moleculares se referem à direção da transcrição como "a jusante" (em inglês, *downstream*) e à direção oposta como "a montante" (em inglês, *upstream*). Esses termos também são utilizados para descrever as posições das sequências de nucleotídeos na molécula de DNA ou RNA. Dessa forma, diz-se que a sequência promotora no DNA está a montante da sequência terminadora. A sequência de DNA a jusante do promotor que é transcrita em uma molécula de RNA é chamada de **unidade de transcrição**.

As bactérias apresentam um único tipo de RNA-polimerase, que sintetiza não apenas o mRNA, mas também outros tipos de RNA que atuam na expressão gênica, como o RNA ribossômico (rRNA). Em contrapartida, os eucariotos possuem pelo menos três tipos de RNA-polimerase no núcleo; a utilizada na síntese de mRNA é chamada de RNA-polimerase II. As outras RNA-polimerases transcrevem as moléculas de RNA não traduzidas em proteínas. Na discussão a seguir, começaremos com as características da síntese de mRNA comuns a bactérias e eucariotos e, então, descreveremos as principais diferenças.

Síntese de um transcrito de RNA

As três etapas da transcrição, mostradas na Figura 17.8 e descritas a seguir, são início, alongamento e término da cadeia de RNA. Estude a Figura 17.8 para familiarizar-se com as etapas e os termos utilizados para descrevê-las.

Ligação da RNA-polimerase e início da transcrição

O promotor de um gene inclui dentro dele o **sítio de início da transcrição** – o nucleotídeo onde a RNA-polimerase realmente começa a sintetizar o mRNA – e normalmente se estende por algumas dezenas de pares de nucleotídeos a montante do sítio de início **(Figura 17.9)**. A partir das interações com proteínas (fatores de transcrição), a RNA-polimerase se liga em uma localização e orientação precisas sobre o promotor. Essa ligação determina onde a transcrição inicia e a direção que ela tomará, ou seja, qual fita de DNA será usada como molde.

Determinadas partes de um promotor são especialmente importantes para a ligação da RNA-polimerase de forma a garantir que a transcrição começará no ponto de partida

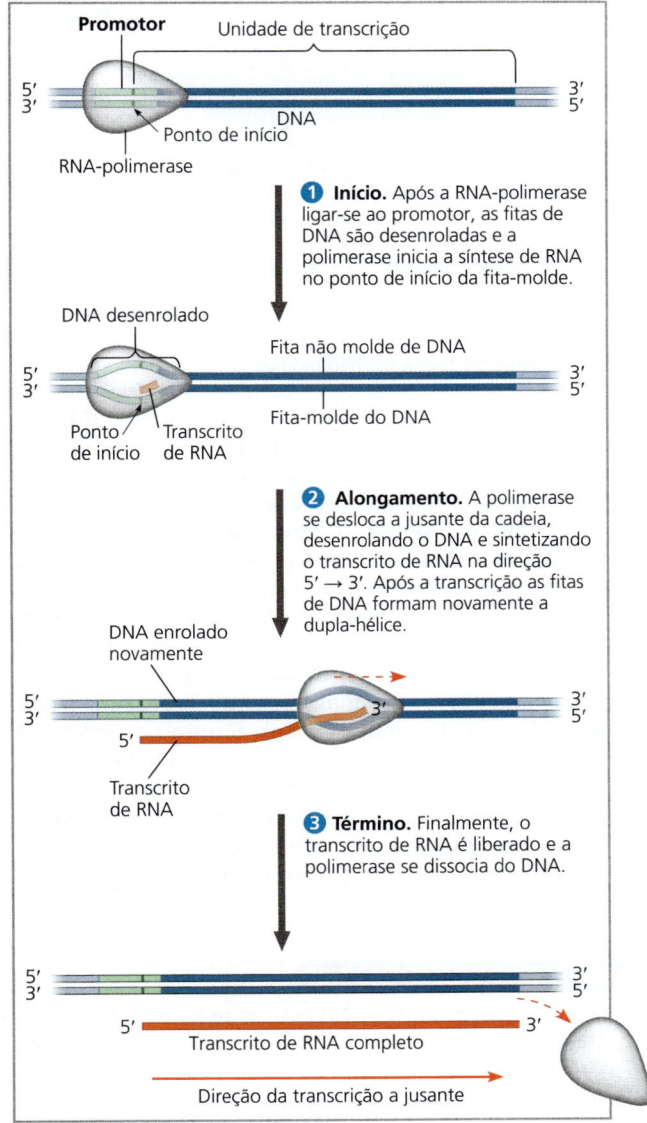

▲ **Figura 17.8 Etapas da transcrição: início, alongamento e término.** Esta descrição geral da transcrição se aplica a bactérias e eucariotos, mas os detalhes do término são distintos, conforme descrito no texto. Em bactérias, o transcrito de RNA é imediatamente utilizado como mRNA; em eucariotos, o transcrito de RNA passa antes por um processamento.

FAÇA CONEXÕES Compare o uso da fita-molde durante a transcrição e a replicação. Ver Figura 16.18.

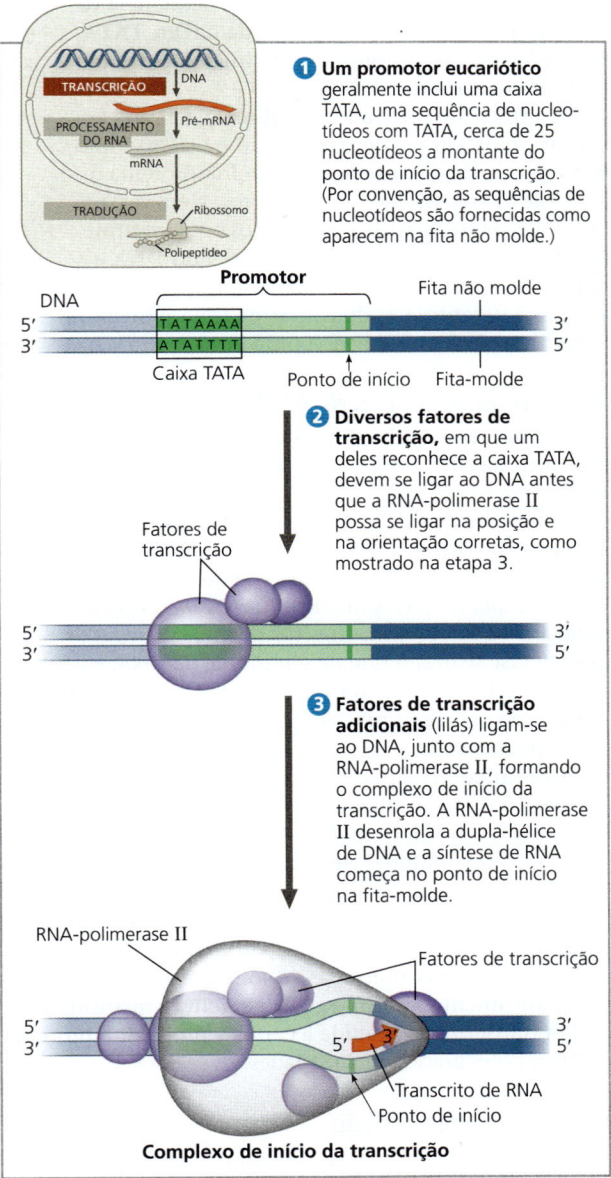

▲ **Figura 17.9 Início da transcrição em um promotor eucariótico.** Nas células eucarióticas, proteínas chamadas fatores de transcrição fazem a mediação do início da transcrição pela RNA-polimerase II.

❓ Explique qual seria a diferença da interação da RNA-polimerase com o promotor se a figura mostrasse o início da transcrição em bactérias.

correto. Em bactérias, a própria RNA-polimerase reconhece e se liga especificamente ao promotor. Nos eucariotos, um conjunto de proteínas chamadas **fatores de transcrição** (proteínas em lilás na Figura 17.9) ajuda a orientar a ligação da RNA-polimerase e o início da transcrição. Apenas depois de os fatores de transcrição estarem ligados ao promotor é que a RNA-polimerase II se liga ao DNA. Todo o complexo de fatores de transcrição e da RNA-polimerase II ligada ao promotor é chamado de **complexo de início da transcrição**. A Figura 17.9 mostra o papel dos fatores de transcrição e uma sequência de DNA do promotor crucial, chamada **caixa TATA**, para a formação do complexo de iniciação em um promotor eucariótico.

A interação entre a RNA-polimerase II dos eucariotos e os fatores de transcrição é um exemplo da importância das interações proteína-proteína no controle da transcrição em eucariotos. Uma vez que os fatores de transcrição apropriados estejam firmemente ligados à sequência promotora do DNA e a polimerase esteja ligada a eles na orientação correta, a enzima desenrola as duas fitas de DNA e inicia a transcrição da fita-molde no ponto de início.

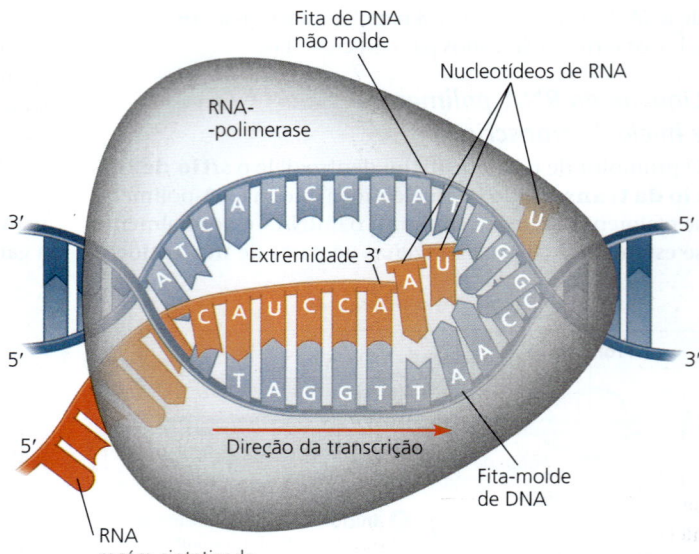

▲ **Figura 17.10 Alongamento da transcrição.** A RNA-polimerase se desloca ao longo da fita-molde de DNA, unindo nucleotídeos de RNA complementares à extremidade 3' do transcrito de RNA crescente. Atrás da polimerase, a nova cadeia de RNA se dissocia da fita-molde, que forma a dupla-hélice de DNA novamente com a fita não molde.

Alongamento da fita de RNA

Conforme a RNA-polimerase se desloca ao longo do DNA, ela continua a desenrolar a dupla-hélice, expondo cerca de 10 a 20 nucleotídeos de DNA a cada vez para o pareamento com nucleotídeos de RNA **(Figura 17.10)**. A enzima adiciona nucleotídeos à extremidade 3' da molécula de RNA que está sendo sintetizada, à medida que ela se movimenta sobre a dupla-hélice. À medida que a transcrição avança, a molécula de RNA recém-sintetizada que está atrás da RNA-polimerase se desprende de seu molde de DNA, e a dupla-hélice de DNA se forma novamente. Nos eucariotos, a transcrição ocorre a uma velocidade de cerca de 40 nucleotídeos por segundo.

Um único gene pode ser transcrito simultaneamente por diversas moléculas de RNA-polimerase adjacentes, como vagões de um trem. Uma cadeia crescente de RNA se forma em cada polimerase, onde o comprimento de cada uma dessas moléculas é reflexo da distância percorrida pela enzima sobre a fita-molde, a partir do ponto de início da transcrição (ver moléculas de mRNA na Figura 17.23). A união de diversas moléculas de polimerase, transcrevendo simultaneamente o mesmo gene, aumenta a quantidade de mRNA transcrito. Isso ajuda a célula a produzir a proteína codificada em grandes quantidades.

Término da transcrição

As bactérias e os eucariotos diferem na maneira como terminam a transcrição. Em bactérias, a transcrição segue até encontrar uma sequência terminadora no DNA. O terminador transcrito (uma sequência de RNA) funciona como sinal de término: a polimerase se dissocia do DNA e libera o transcrito, que não requer modificações adicionais antes da tradução. Nos eucariotos, a RNA-polimerase II transcreve uma sequência no DNA chamada sequência-sinal de poliadenilação, que codifica um sinal de poliadenilação (AAUAAA) no pré-mRNA. Essa sequência é chamada de "sinal", pois, uma vez que o segmento de seis nucleotídeos de RNA é encontrado, proteínas específicas do núcleo se ligam a ele imediatamente. Então, em um ponto localizado entre 10 e 35 nucleotídeos a jusante do sinal AAUAAA, essas proteínas clivam o transcrito de RNA, que se dissocia da polimerase, liberando pré-mRNA. O pré-mRNA passa por processamento adicional, o assunto da próxima seção. Apesar de essa clivagem indicar o término do mRNA, a RNA-polimerase II continua a transcrição. Enzimas começam a degradar o RNA produzido após a clivagem, começando pela sua extremidade 5' recém-exposta. A polimerase continua a transcrição, seguida pelas enzimas, até que elas alcancem a polimerase e promovam a sua dissociação do DNA.

REVISÃO DO CONCEITO 17.2

1. O que é um promotor? Ele localiza-se na posição a montante (*upstream*) ou a jusante (*downstream*) da unidade de transcrição?
2. O que faz a RNA-polimerase iniciar a transcrição de um gene no lugar correto do DNA de uma célula bacteriana? E na célula eucariótica?
3. **E SE?** Suponha que mutações induzidas por raios X tenham levado a uma alteração na caixa TATA do promotor de um gene específico. Como essa mutação afetará a transcrição do gene? (Ver Figura 17.9.)

Ver as respostas sugeridas no Apêndice A.

CONCEITO 17.3

As células eucarióticas modificam o RNA após a transcrição

Enzimas presentes no núcleo das células eucarióticas modificam o pré-mRNA de maneiras específicas, antes que as mensagens genéticas sejam transportadas para o citoplasma. Durante o **processamento do RNA**, as duas extremidades do transcrito primário são alteradas. Além disso, na maioria dos casos, alguns segmentos internos da molécula de RNA são clivados, e as partes remanescentes são unidas novamente. Essas modificações geram uma molécula de mRNA pronta para a tradução.

Alterações nas extremidades do mRNA

Cada extremidade da molécula de pré-mRNA é modificada de uma maneira específica **(Figura 17.11)**. A extremidade 5' é sintetizada primeiro; ela recebe um **quepe 5'**, uma forma modificada do nucleotídeo de guanina (G) que é adicionada à extremidade 5' após a transcrição dos primeiros 20 a 40 nucleotídeos. A extremidade 3 da molécula de pré-mRNA também é modificada antes de o mRNA deixar o núcleo. Lembre-se de que o pré-mRNA é cortado e liberado logo após o sinal de poliadenilação, AAUAAA, ser transcrito. Na extremidade 3', uma enzima adiciona outros 50 a 250 nucleotídeos de adenina (A), formando uma **cauda poli-A**. O quepe 5' e a cauda poli-A compartilham diversas funções importantes. Primeiramente, parecem facilitar a exportação do mRNA maduro do núcleo. Em segundo lugar, protegem o mRNA da degradação por enzimas hidrolíticas. E em terceiro lugar, ajudam os ribossomos a se ligarem à extremidade 5' do mRNA quando a molécula de mRNA chega no citoplasma. Além do quepe e da cauda em uma molécula eucariótica de mRNA, a Figura 17.11 mostra as regiões não traduzidas (UTRs, do inglês *untranslated regions*) nas extremidades 5' e 3' do mRNA (designadas como UTR-5' e UTR-3'). As UTRs fazem parte do mRNA que não será traduzido em proteína, mas que possui outras funções, como a ligação a ribossomos.

Clivagem de genes e *splicing* do RNA

Uma etapa marcante do processamento do RNA no núcleo eucariótico é chamada de ***splicing* do RNA (Figura 17.12)**, em que grandes porções das moléculas de transcrito

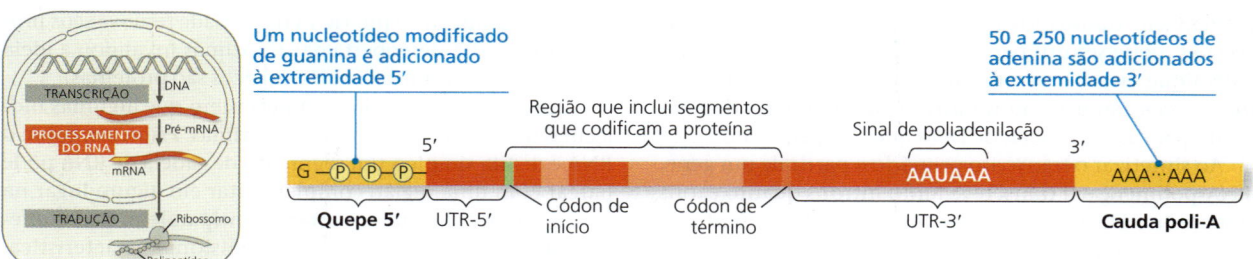

▲ **Figura 17.11 Processamento do RNA: adição do quepe 5' e da cauda poli-A.** Enzimas modificam as duas extremidades da molécula de pré-mRNA eucariótica. As extremidades modificadas podem promover a exportação do mRNA a partir do núcleo e ajudam a proteger o mRNA da degradação. Quando o mRNA chega ao citoplasma, as extremidades modificadas, junto com certas proteínas citoplasmáticas, ajudam com a ligação ao ribossomo. O quepe 5' e a cauda poli-A não são traduzidas em proteína, assim como as regiões 5' e 3' não traduzidas (UTR-5' e UTR-3'). Os segmentos cor-de-rosa são íntrons, que serão descritos em breve (ver Figura 17.12).

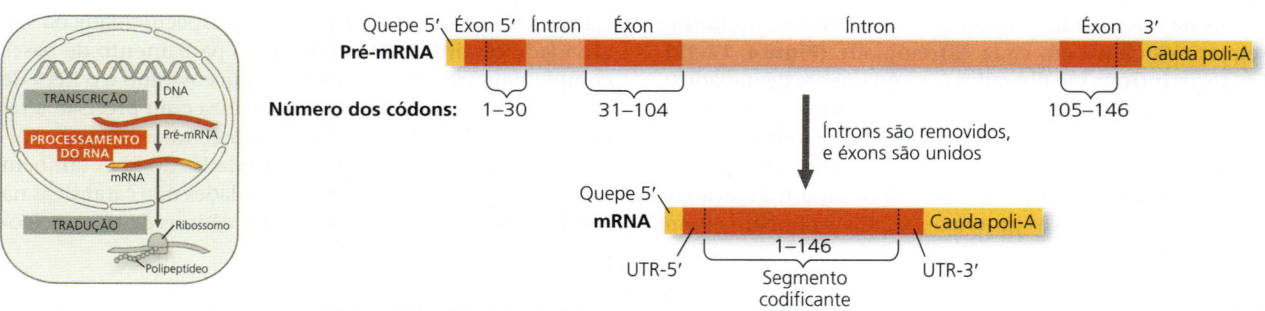

▲ **Figura 17.12 Processamento do RNA: *splicing* do RNA.** A molécula de RNA mostrada aqui codifica a globina-β, uma das cadeias polipeptídicas da hemoglobina. Os números abaixo da cadeia de RNA referem-se aos códons; a globina-β possui 146 aminoácidos de extensão. O gene da globina-β e o seu transcrito de pré-mRNA possuem três éxons, correspondentes a sequências que sairão do núcleo na forma de mRNA. (A UTR-5' e a UTR-3' não codificam proteínas, mas fazem parte dos éxons porque permanecem no mRNA.) Durante o processamento do RNA, os íntrons são removidos e os éxons são unidos. Em muitos genes, os íntrons são muito maiores do que os éxons.

DESENHE *Indique os locais dos códons de início e de parada no mRNA.*

primário de RNA são removidas e as porções restantes são reconectadas. Esse trabalho de recortar e colar é semelhante à edição de um filme. O comprimento médio de uma unidade de transcrição ao longo de uma molécula de DNA, em seres humanos, é de cerca de 27 mil pares de nucleotídeos, por isso o transcrito primário de RNA tem o mesmo comprimento. No entanto, são necessários apenas 1.200 nucleotídeos na molécula de RNA para codificar uma proteína com tamanho médio de 400 aminoácidos. (Lembre-se de que cada aminoácido é codificado por uma *trinca* de nucleotídeos.) Isso acontece porque a maioria dos genes eucarióticos e seus transcritos de RNA têm longos trechos não codificantes de nucleotídeos, regiões que não são traduzidas. A maior parte dessas regiões não codificantes se encontra intercalada nos segmentos codificantes do gene, ou seja, entre os segmentos codificantes do pré-mRNA. Em outras palavras, a sequência de nucleotídeos de DNA que codifica um polipeptídeo eucariótico, em geral, não é contínua; é dividida em segmentos. Os segmentos não codificantes de ácidos nucleicos, que se encontram entre as regiões codificantes, são chamados de sequências <u>in</u>tervenientes, ou **íntrons**. As outras regiões são chamadas de **éxons**, pois finalmente são <u>ex</u>pressas, em geral, por meio da tradução em sequências de aminoácidos. (Exceções incluem as UTRs dos éxons localizados nas extremidades do RNA, que fazem parte da molécula de mRNA, mas não são traduzidos em proteína. Em função dessas exceções, pode ser útil pensar nos éxons como sequências de RNA que saem – *exit*, em inglês – do núcleo.) Os termos *íntron* e *éxon* são utilizados tanto para sequências de RNA quanto para as sequências de DNA que as especificam.

Ao sintetizar o transcrito primário a partir de um gene, a RNA-polimerase II transcreve tanto íntrons quanto éxons presentes no DNA, mas a molécula de mRNA presente no citoplasma é uma versão abreviada. Ao longo do processo de *splicing* do RNA, os íntrons são cortados da molécula e os éxons são unidos, formando uma molécula de mRNA com uma sequência codificante contínua.

Como é realizado o *splicing* do pré-mRNA? A remoção dos íntrons é realizada por um grande complexo formado por proteínas e pequenas moléculas de RNA, chamado **spliceossomo**. Esse complexo se liga a várias sequências curtas de nucleotídeos ao longo de um íntron, incluindo sequências-chave em cada extremidade **(Figura 17.13)**. Então, os íntrons são liberados (e rapidamente degradados), e o spliceossomo une os dois éxons adjacentes a cada íntron. As pequenas moléculas de RNA do spliceossomo não apenas atuam na formação do complexo e no reconhecimento do sítio de clivagem, mas também catalisam a reação de *splicing*; assim como as proteínas, os RNAs também atuam como catalisadores.

Ribozimas

A ideia de um papel catalítico para as moléculas de RNA no spliceossomo surgiu com a descoberta das **ribozimas**, moléculas de RNA que atuam como enzimas. Em alguns organismos, o *splicing* do RNA pode ocorrer sem a participação de proteínas ou mesmo de moléculas adicionais de RNA: o íntron de RNA atua como uma ribozima e catalisa a sua própria remoção. Por exemplo, no protista ciliado *Tetrahymena*,

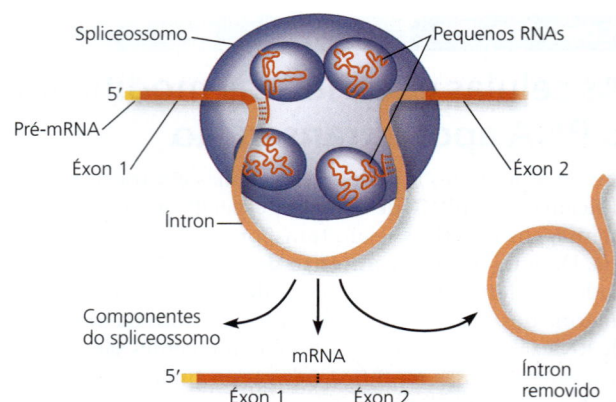

▲ **Figura 17.13** *Splicing* **do pré-mRNA feito pelo spliceossomo.** O diagrama mostra apenas uma porção de um transcrito de pré-mRNA, com um íntron (em cor-de-rosa) e dois éxons adjacentes (em vermelho). Pequenas moléculas de RNA no interior do spliceossomo formam pares de bases com nucleotídeos em locais específicos ao longo do íntron. Em seguida, pequenos RNAs do spliceossomo catalisam o *splicing* da molécula de pré-mRNA e a ligação dos éxons, liberando o íntron, que é rapidamente degradado.

o "autoprocessamento" (*self-splicing*) ocorre na produção de RNA ribossômico (rRNA), um dos componentes dos ribossomos do organismo. O pré-rRNA na verdade remove seus próprios íntrons! A descoberta das ribozimas invalidou a ideia de que todos os catalisadores biológicos são proteínas.

Três propriedades do RNA permitem que algumas moléculas de RNA funcionem como enzimas. Primeiro, como o RNA é de fita simples, um segmento de cadeia de RNA pode parear com uma região complementar em algum lugar na mesma molécula, em um arranjo antiparalelo; isso confere à molécula sua estrutura tridimensional característica. A estrutura específica é essencial para a função catalítica das ribozimas, assim como para as enzimas proteicas. Segundo, assim como certos aminoácidos nas enzimas proteicas, algumas bases no RNA apresentam grupos funcionais que podem participar do mecanismo de catálise. Terceiro, a habilidade do RNA de se ligar, por meio de ligações de hidrogênio, com outras moléculas compostas por ácidos nucleicos (tanto RNA quanto DNA) aumenta a especificidade da sua atividade catalítica. Por exemplo, o pareamento de bases complementares entre o RNA do spliceossomo e o RNA de um transcrito primário de RNA localiza com precisão a região onde a ribozima catalisa o *splicing*. Adiante neste capítulo, vamos ver como essas propriedades do RNA também permitem que ele desempenhe atividades não catalíticas na célula, como o reconhecimento dos códons de três nucleotídeos no mRNA.

A importância funcional e evolutiva dos íntrons

EVOLUÇÃO Uma questão a ser debatida é: o *splicing* do RNA e a presença de íntrons conferiram vantagens adaptativas durante a história evolutiva? De qualquer forma, é importante considerar os possíveis benefícios adaptativos. Funções específicas não foram identificadas para a maioria dos íntrons, mas alguns contêm sequências que regulam a expressão gênica, e muitos afetam os produtos gênicos.

Uma consequência importante da presença de íntrons nos genes é que um único gene pode codificar mais de um tipo de polipeptídeo. Muitos genes são conhecidos por dar origem a dois ou mais polipeptídeos distintos, dependendo de quais segmentos são considerados como éxons durante o processamento do RNA; esse fenômeno é chamado de **splicing alternativo do RNA** (ver Figura 18.14). Resultados oriundos do Projeto Genoma Humano (discutido no Conceito 21.1) sugerem que o *splicing* alternativo do RNA é uma das razões pelas quais os seres humanos apresentam tamanha complexidade com aproximadamente o mesmo número de genes que o verme nematódeo (verme cilíndrico). Por causa do *splicing* alternativo, o número de diferentes produtos proteicos gerados por um organismo pode ser muito maior que o seu número de genes.

As proteínas frequentemente apresentam arquitetura modular que consiste em regiões estruturais e funcionais chamadas **domínios**. Um domínio de uma enzima, por exemplo, pode incluir o sítio ativo, ao passo que outro pode ser responsável pela ligação da proteína à membrana celular. Em diversos casos, diferentes éxons codificam os diferentes domínios de uma proteína **(Figura 17.14)**.

A presença de íntrons em um gene pode facilitar a evolução de proteínas novas e potencialmente úteis, como resultado de um processo conhecido como *embaralhamento de éxons* (ver Figura 21.16). Os íntrons aumentam a probabilidade de recombinação entre os éxons dos alelos de um gene – simplesmente por fornecer mais "terreno" para a ocorrência da recombinação sem que haja a interrupção de sequências codificadoras. Isso pode resultar em novas combinações de éxons e proteínas com estrutura e função alteradas. Também podemos imaginar a recombinação ocasional e a ligação de éxons entre genes completamente diferentes (não alelos). O embaralhamento de éxons desses dois tipos pode originar novas proteínas com novas combinações de funções. Enquanto a maior parte do embaralhamento resulta em alterações não benéficas, ocasionalmente uma variação benéfica pode ser originada.

REVISÃO DO CONCEITO 17.3

1. Considerando que existem cerca de 20 mil genes que codificam proteínas humanas, como as células humanas podem produzir 75 mil a 100 mil proteínas diferentes?
2. Compare o *splicing* do RNA com a maneira como você assistiria a um programa de televisão pré-gravado. Nessa analogia, o que corresponderia aos íntrons?
3. **E SE?** Qual seria o efeito do tratamento de células com agentes que removem o quepe 5′ das moléculas de mRNA?

Ver as respostas sugeridas no Apêndice A.

CONCEITO 17.4

Em mais detalhes: a tradução é a síntese de polipeptídeos controlada pelo RNA

Agora, vamos examinar como a informação genética flui da molécula de mRNA para as proteínas – o processo de tradução **(Figura 17.15)**. Vamos nos concentrar nas etapas básicas de tradução que ocorrem tanto nas bactérias quanto nos eucariotos, ao mesmo tempo em que apontamos as principais diferenças.

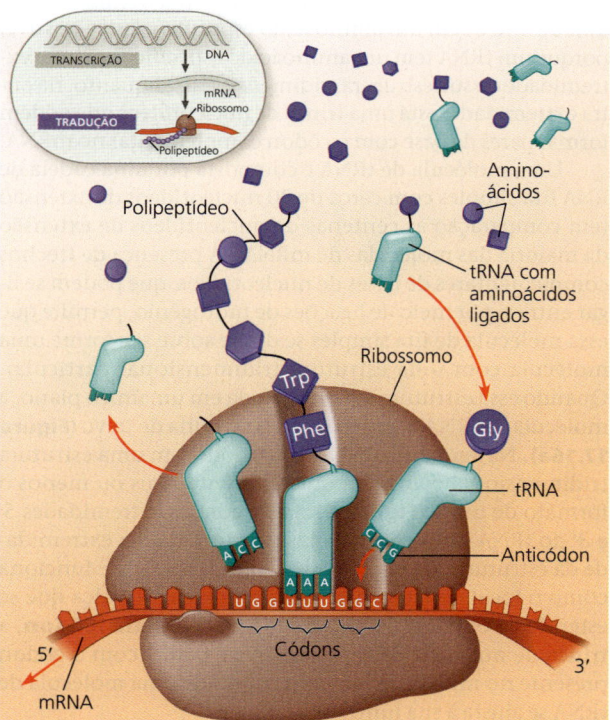

▲ **Figura 17.15 Tradução: conceitos básicos.** À medida que a molécula de mRNA se desloca através do ribossomo, os códons são traduzidos em aminoácidos, um a um. Os tradutores, ou intérpretes, são as moléculas de tRNA, cada tipo com um anticódon específico em uma das suas extremidades e o aminoácido correspondente ligado à outra extremidade. Um tRNA adiciona seu aminoácido à cadeia polipeptídica em formação quando o seu anticódon pareia, por meio de ligações de hidrogênio, com o códon complementar no mRNA.

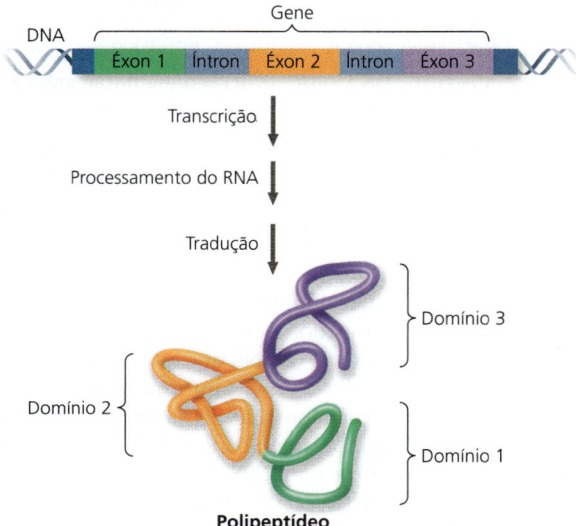

▲ **Figura 17.14 Correspondência entre éxons e domínios proteicos.**

Componentes moleculares da tradução

No processo de tradução, a célula interpreta a mensagem genética e sintetiza um polipeptídeo correspondente. A mensagem consiste em uma série de códons ao longo da molécula de mRNA, e o intérprete é chamado de **RNA transportador (tRNA)**. A função de um tRNA é transferir um aminoácido do *pool* de aminoácidos no citoplasma para um polipeptídeo em crescimento em um ribossomo. Uma célula mantém um estoque de todos os 20 aminoácidos em seu citoplasma, seja por meio da sua síntese a partir de outros compostos ou por meio da captação de aminoácidos presentes nas soluções que a envolvem. O ribossomo, uma estrutura composta por proteínas e moléculas de RNA, adiciona cada aminoácido trazido por um tRNA à extremidade em crescimento de uma cadeia polipeptídica (ver Figura 17.15).

A tradução é simples por definição, mas complexa nos mecanismos bioquímicos, especialmente em células eucarióticas. Examinando os detalhes da tradução, vamos nos concentrar na modalidade um pouco menos complexa do processo, que ocorre em bactérias. Primeiramente, vamos analisar os principais atores desse processo.

Estrutura e função do RNA transportador

A chave para traduzir uma mensagem genética em uma sequência específica de aminoácidos é o fato de que cada molécula de tRNA permite a tradução de um determinado códon de mRNA em um aminoácido específico. Isso é possível porque um tRNA tem um aminoácido específico em uma extremidade de sua estrutura tridimensional, enquanto, na outra extremidade, está uma trinca de nucleotídeos que podem formar pares de base com o códon complementar no mRNA.

Uma molécula de tRNA é composta por uma cadeia de RNA fita simples com cerca de 80 nucleotídeos de extensão (em comparação às centenas de nucleotídeos de extensão da maioria das moléculas de mRNA). A presença de trechos complementares de bases de nucleotídeos, que podem se ligar entre si por meio de ligações de hidrogênio, permite que essa molécula de fita simples se dobre sobre si e forme uma molécula com uma estrutura tridimensional particular. Quando essa estrutura é representada em um único plano, a molécula de tRNA se parece com uma folha de trevo **(Figura 17.16a)**. Na verdade, o tRNA gira e dobra em uma estrutura tridimensional compacta que apresenta mais ou menos o formato de um L **(Figura 17.16b)**, com as extremidades 5' e 3' do tRNA linear localizadas próximo a uma extremidade da estrutura. A extremidade 3' que fica saliente funciona como o local de fixação de um aminoácido. A alça que se estende da outra extremidade do L inclui o **anticódon**, a trinca de nucleotídeos específica que pareia com o códon presente no mRNA. Assim, a estrutura de uma molécula de tRNA se ajusta à sua função.

Em geral, os anticódons são escritos no sentido 3' → 5', para um perfeito alinhamento com os códons escritos no sentido 5' → 3' (ver Figura 17.15). (Para o pareamento de bases, as fitas de RNA precisam ser antiparalelas, assim como as fitas de DNA.) Como exemplo de como os tRNAs funcionam, considere o códon de mRNA 5'-GGC-3', que é traduzido no aminoácido glicina. O tRNA que pareia com esse códon

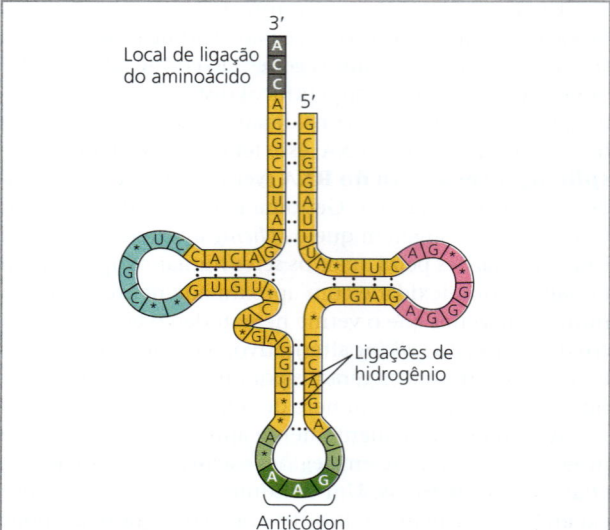

(a) Estrutura bidimensional. As quatro regiões pareadas e as três alças são características de todos os tRNA, assim como a sequência de bases no sítio de ligação do aminoácido, na extremidade 3'. A trinca do anticódon é exclusiva para cada tipo de tRNA, assim como algumas sequências localizadas nas outras duas alças. (Os asteriscos indicam as bases modificadas quimicamente, característica do tRNA. O modo com que as bases modificadas contribuem para a função do tRNA ainda não é compreendido.)

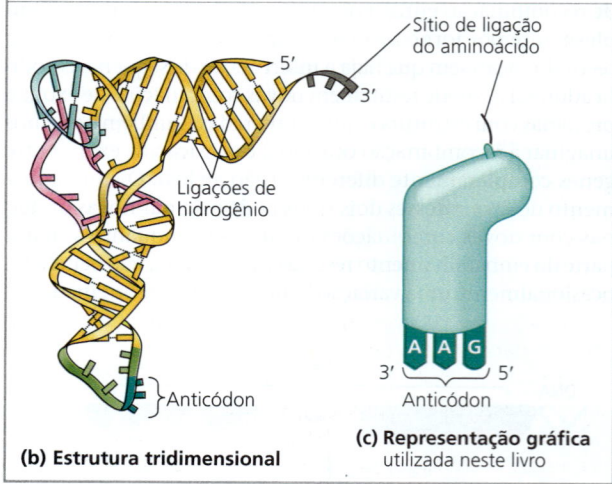

(b) Estrutura tridimensional

(c) Representação gráfica utilizada neste livro

▲ **Figura 17.16** Estrutura do RNA transportador (tRNA).

HABILIDADES VISUAIS *Veja o tRNA mostrado nesta figura. Com base em seu anticódon, identifique o códon ao qual ele se ligaria, bem como o aminoácido que ele transportaria.*

por meio de ligações de hidrogênio apresenta a sequência 3'-CCG-5' como seu anticódon e está ligado a uma glicina na sua extremidade oposta (ver o tRNA que está se aproximando do ribossomo na Figura 17.15). Conforme a molécula de mRNA se desloca pelo ribossomo, a glicina será adicionada à cadeia polipeptídica sempre que o códon 5'-GGC-3' for apresentado para o processo de tradução. Códon a códon, a mensagem genética é traduzida conforme os tRNAs posicionam cada aminoácido na ordem prescrita, e o ribossomo acrescenta esse aminoácido à cadeia crescente do polipeptídeo.

A molécula de tRNA é um tradutor no sentido de que, no contexto do ribossomo, ela pode ler uma "palavra" do ácido nucleico (o códon do mRNA) e interpretá-la como uma "palavra" de proteína (o aminoácido).

Assim como o mRNA e outros tipos de RNA celular, as moléculas de tRNA são transcritas a partir de moldes de DNA. Em uma célula eucariótica, o tRNA, assim como o mRNA, é sintetizado no núcleo e, então, transportado para o citoplasma, onde participará do processo de tradução. Em células bacterianas e eucarióticas, cada molécula de tRNA é utilizada repetidamente, ligando-se ao seu aminoácido específico no citosol e transferindo-o para uma cadeia polipeptídica no ribossomo. Então, ela dissocia-se do ribossomo e, assim, estará pronta para ligar outra molécula do mesmo aminoácido.

A tradução correta da mensagem genética exige dois processos de reconhecimento molecular. Primeiramente, o tRNA que se liga ao códon de mRNA para especificar um aminoácido em particular deve transportar esse aminoácido – e nenhum outro – até o ribossomo. O pareamento correto entre o tRNA e o aminoácido que ele transporta é realizado por uma família de enzimas relacionadas que são apropriadamente chamadas de **aminoacil-tRNA-sintetases (Figura 17.17)**. O sítio ativo de cada um dos tipos de aminoacil-tRNA-sintetases é capaz de acomodar apenas uma combinação específica de aminoácido e tRNA. (As regiões da extremidade de ligação do aminoácido e a extremidade do anticódon do tRNA garantem o ajuste específico.) Existem 20 tipos de sintetases diferentes, uma para cada aminoácido. Uma sintetase une um determinado aminoácido a um tRNA apropriado; uma sintetase é capaz de ligar-se a todos os diferentes tRNAs para seu aminoácido particular. A sintetase catalisa a ligação covalente de um aminoácido ao seu tRNA em um processo acoplado à hidrólise de ATP. O aminoacil-tRNA resultante, também chamado *tRNA carregado*, é liberado da enzima, ficando disponível para transferir o aminoácido a uma cadeia polipeptídica em formação no ribossomo.

O segundo processo de reconhecimento molecular envolve o pareamento do anticódon do tRNA com o códon apropriado no mRNA. Se houvesse um tipo de tRNA para cada códon de mRNA que especifica um aminoácido, seriam necessárias 61 moléculas de tRNA (ver Figura 17.6). Em bactérias, entretanto, existem apenas cerca de 45 tRNAs, o que significa que alguns tRNAs devem ser capazes de se ligar a mais de um códon. Isso é possível porque as regras de pareamento de bases de nucleotídeos para a terceira base de um códon e a base correspondente no anticódon do tRNA são mais flexíveis, se comparadas com as regras de pareamento para as outras posições do códon. Por exemplo, a base U na extremidade 5' do anticódon do tRNA pode parear tanto com A quanto com G na terceira posição (extremidade 3') do códon de mRNA. Essa flexibilidade no pareamento de bases nessa posição do códon é chamada **oscilação** (em inglês, *wobble*). Esse fenômeno explica por que os códons sinônimos para um determinado aminoácido diferem na terceira base de nucleotídeo. Por exemplo, um tRNA com o anticódon 3'-UCU-5' pode parear com os códons 5'-AGA-3' ou 5'-AGG-3' do mRNA, e ambos codificam para o aminoácido arginina (ver Figura 17.6).

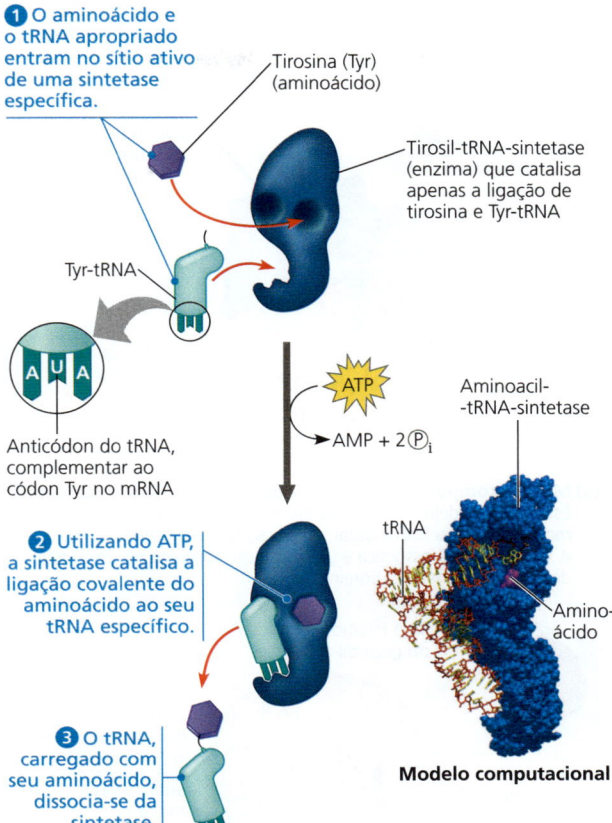

▲ **Figura 17.17 As aminoacil-tRNA-sintetases fornecem a especificidade de ligação entre os aminoácidos e seus tRNAs.** A ligação entre um tRNA e seu aminoácido é um processo endergônico que ocorre com gasto de ATP, que perde dois grupos fosfato, tornando-se AMP.

Estrutura e função dos ribossomos

Embora os ribossomos de bactérias e eucariotos sejam muito semelhantes em estrutura e função, os ribossomos eucarióticos são ligeiramente maiores e diferem um pouco dos ribossomos bacterianos em sua composição molecular. Essas diferenças são relevantes em termos médicos. Alguns medicamentos antibióticos podem inativar os ribossomos bacterianos sem afetar a capacidade dos ribossomos eucarióticos de produzir proteínas. Esses medicamentos, incluindo a tetraciclina e a estreptomicina, são utilizados no tratamento de infecções bacterianas.

Os ribossomos facilitam o pareamento específico entre os anticódons do tRNA com os códons do mRNA durante a síntese proteica. Um ribossomo é composto por uma subunidade maior e uma subunidade menor, ambas compostas por proteínas e uma ou mais moléculas de **RNA ribossômico**, ou **rRNA (Figura 17.18)**. Nos eucariotos, as subunidades são sintetizadas no nucléolo. Os genes que codificam rRNA são transcritos, e o RNA é processado e associado a proteínas oriundas do citoplasma. A subunidade ribossômica completa é transportada, pelos poros nucleares, ao citoplasma. Tanto em bactérias quanto em eucariotos, as subunidades maior e menor são unidas, formando o ribossomo funcional, apenas quando estão ligadas a uma molécula de mRNA. Cerca de um terço da massa de um ribossomo é composto por proteínas; o restante consiste em três moléculas de rRNA (em bactérias) ou quatro (em eucariotos). Como a maioria das células contém milhares de ribossomos, o rRNA é o tipo de RNA celular mais abundante.

A estrutura de um ribossomo reflete sua função de aproximar uma molécula de mRNA com os tRNAs que carregam os aminoácidos. O próprio mRNA tem um sítio de ligação para o ribossomo. (No **Exercício de habilidades científicas**, você pode trabalhar com sequências de DNA que representam esse sítio de ligação em um grupo de genes de *Escherichia coli*.) O ribossomo, por sua vez, tem um sítio de ligação para o mRNA, assim como três locais de ligação para o tRNA (ver Figura 17.18). O **sítio P** (sítio de ligação do peptidil-tRNA) mantém a molécula de tRNA ligada à cadeia polipeptídica em formação, enquanto o **sítio A** (sítio de ligação do aminoacil-tRNA) mantém o tRNA que carrega o próximo aminoácido a ser adicionado à cadeia. Os tRNAs descarregados deixam o ribossomo pelo **sítio E** (sítio de saída [em inglês, *exit*]). Os ribossomos mantêm próximas as moléculas de tRNA e de mRNA e posicionam o novo aminoácido a ser adicionado à extremidade carboxil do polipeptídeo em formação. Então, o ribossomo catalisa a ligação peptídica. Conforme o polipeptídeo se torna maior, ele passa pelo *túnel de saída* da subunidade maior do ribossomo. Quando o polipeptídeo está completo, ele é liberado no citosol pelo túnel de saída.

O modelo amplamente aceito é que os rRNAs, em vez de proteínas ribossômicas, são os principais responsáveis tanto pela estrutura quanto pela função do ribossomo. As proteínas, situadas principalmente no exterior, sustentam as alterações conformacionais sofridas pelas moléculas de rRNA enquanto realizam a catálise durante a tradução. O rRNA é o principal constituinte da interface entre as subunidades e também dos sítios A e P, além de ser o catalisador da formação da ligação peptídica. Assim, um ribossomo poderia, na verdade, ser considerado uma ribozima colossal!

Construindo um polipeptídeo

Podemos dividir a tradução – a síntese de um polipeptídeo – em três etapas: início, alongamento e término. Todas as três etapas requerem "fatores" proteicos que auxiliam o processo de tradução. Algumas etapas da iniciação e do alongamento também requerem energia, fornecida pela hidrólise do trifosfato de guanosina (GTP, do inglês *guanosine triphosphate*).

Associação do ribossomo e início da tradução

A fase inicial da tradução reúne um mRNA, um tRNA com o primeiro aminoácido do polipeptídeo e as duas subunidades de um ribossomo. Inicialmente, a subunidade ribossômica menor se liga à molécula de mRNA e a um tRNA iniciador específico, que carrega o aminoácido metionina. Em bactérias, a subunidade menor pode ligar as duas moléculas em qualquer ordem; ela liga o mRNA em uma sequência específica do RNA, a montante do códon de partida AUG. Em eucariotos, a subunidade menor, com o tRNA iniciador já

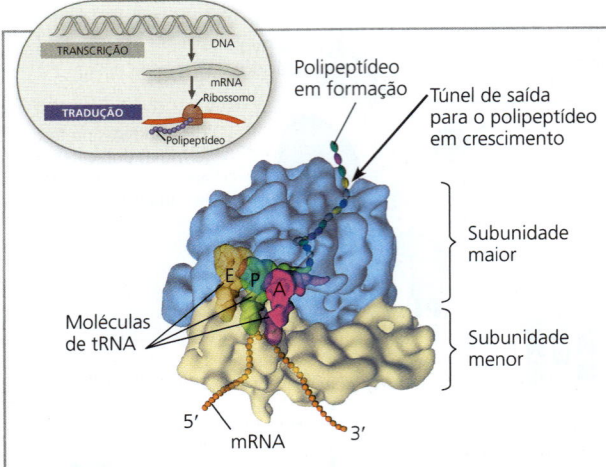

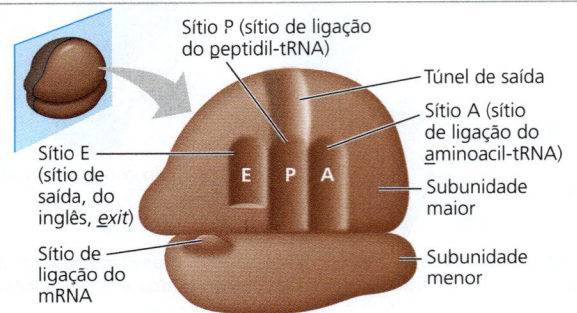

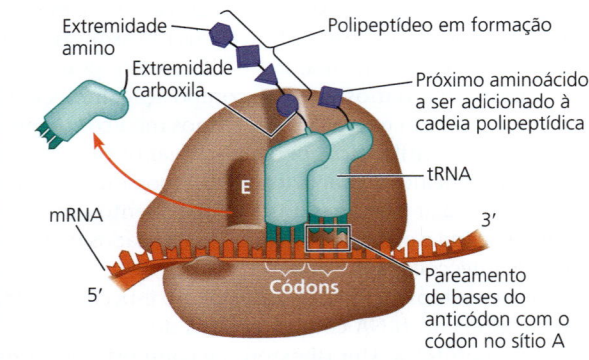

▲ **Figura 17.18** Anatomia de um ribossomo funcional.

Exercício de habilidades científicas

Interpretação de um gráfico de logotipos de sequências

Como um gráfico de logotipos de sequências pode ser utilizado para identificar sítios de ligação de ribossomos sobre mRNAs bacterianos? Durante o início da tradução, os ribossomos podem se ligar ao mRNA em um sítio de ligação localizado na região a montante do códon de início AUG. Como as moléculas de mRNA derivadas de diferentes genes se ligam ao ribossomo, os genes que codificam essas moléculas de mRNA devem apresentar sequências semelhantes de bases na região de ligação dos ribossomos. Dessa forma, potenciais sítios de ligação ao ribossomo no mRNA podem ser identificados pela comparação de sequências de DNA (e, portanto, sequências de mRNA) de múltiplos genes em uma espécie, procurando por regiões compartilhadas (conservadas) em segmentos de bases na porção a montante do códon de início. Neste exercício, você analisará sequências de DNA de múltiplos genes, representadas graficamente por meio de logotipos de sequências.

Como o experimento foi realizado As sequências de DNA de 149 genes do genoma de *E. coli* foram alinhadas utilizando um programa de computador. O objetivo é identificar sequências de bases similares – na localização apropriada do gene – que constituam potenciais sítios de ligação de ribossomos. Em vez de apresentar os dados como uma série de 149 sequências alinhadas em uma coluna (um alinhamento de sequências), os pesquisadores utilizaram logotipos de sequências.

Dados do experimento Para exemplificar como os gráficos de logotipos de sequências são gerados, as potenciais regiões de ligação de ribossomos de 10 genes de *E. coli* são mostradas a seguir no formato de alinhamento de sequências, seguido pelo gráfico de logotipos de sequências derivado das sequências alinhadas. Observe que o DNA mostrado corresponde à fita não molde (codificante), que é como as sequências de DNA são geralmente representadas. (Todos os dados foram obtidos de Thomas D. Schneider.)

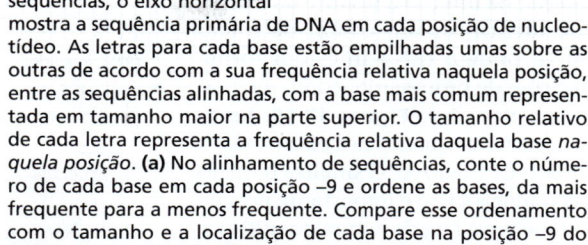

INTERPRETE OS DADOS

1. No gráfico de logotipos de sequências, o eixo horizontal mostra a sequência primária de DNA em cada posição de nucleotídeo. As letras para cada base estão empilhadas umas sobre as outras de acordo com a sua frequência relativa naquela posição, entre as sequências alinhadas, com a base mais comum representada em tamanho maior na parte superior. O tamanho relativo de cada letra representa a frequência relativa daquela base *naquela posição*. **(a)** No alinhamento de sequências, conte o número de cada base em cada posição −9 e ordene as bases, da mais frequente para a menos frequente. Compare esse ordenamento com o tamanho e a localização de cada base na posição −9 do logotipo de sequência. **(b)** Faça o mesmo com as posições 0 e 1.
2. O tamanho das bases empilhadas no logotipo de sequência demonstra o poder preditivo daquela posição (determinado estatisticamente). Se o empilhamento é alto, podemos ter maior confiança na predição de qual base estará presente naquela posição se uma nova sequência for adicionada ao logotipo de sequência. Por exemplo, na posição 2 no alinhamento de sequências, todas as 10 sequências têm uma base G; a probabilidade de observarmos uma base G nessa posição em uma nova sequência é bastante alta, conforme mostrado na forma de bases empilhadas no gráfico de logotipos de sequências. Nos empilhamentos mais baixos, todas as bases apresentam a mesma frequência, e é difícil predizer a ocorrência de uma base naquela posição. **(a)** Olhando para o gráfico de logotipos de sequências, quais são as duas posições que têm as bases de maior frequência? Quais bases você poderia prever nessas posições em uma nova sequência? **(b)** Quais são as 12 posições com menor frequência de bases? Como você sabe? Como isso reflete as frequências relativas das bases mostradas nessas posições no alinhamento de sequência? Utilize as duas posições mais à esquerda entre as 12 posições como exemplo para a sua resposta.
3. No experimento verdadeiro, os pesquisadores utilizaram 149 sequências para construir o logotipo de sequência, mostrado anteriormente. Existe um empilhamento de bases, mesmo que baixo, pois o logotipo de sequência inclui mais dados. **(a)** Quais são as três posições desse logotipo de sequência cujas bases podem ser preditas com maior confiança? Nomeie as bases mais frequentes em cada uma dessas posições. **(b)** Quais são as quatro posições que têm a menor frequência de bases? Como você pode fazer essa afirmação?

```
thrA   G G T A A C G A G G T A A C A A C C A T G C G A G T G
lacA   C A T A A C G G A G T G A T C G C A T T G A A C A T G
lacY   C G C G T A A G G A A A T C C A T T A T G T A C T A T
lacZ   T T C A C A C A G G A A A C A G C T A T G A C C A T G
lacI   C A A T T C A G G G T G G T G A A T G T G A A A C C A
recA   G G C A T G A C A G G A G T A A A A A T G G C T A T C
galR   A C C C A C T A A G G T A T T T T C A T G G C G A C C
metJ   A A G A G G A T T A A G T A T C T C A T G G C T G A A
lexA   A T A C A C C C A G G G G G C G G A A T G A A A G C G
trpR   T A A C A A T G G C G A C A T A T T A T G G C C C A A
       5'                                                 3'
       -18 -17 -16 -15 -14 -13 -12 -11 -10 -9 -8 -7 -6 -5 -4 -3 -2 -1 0 1 2 3 4 5 6 7 8
```

▲ **Alinhamento de sequências**

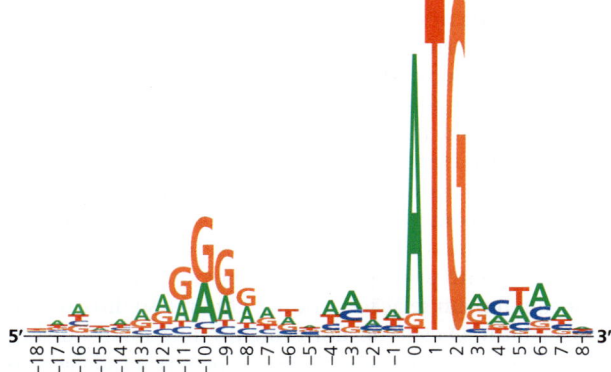

4. Uma sequência-consenso identifica as bases de ocorrência mais frequente em cada posição de um conjunto de sequências. **(a)** Escreva a sequência-consenso dessa fita (não molde). Em cada posição cuja base não tenha sido determinada, use um traço (−). **(b)** Qual representação fornece mais informações – a sequência-consenso ou o logotipo de sequência? Qual informação é perdida no método menos informativo?
5. **(a)** Com base no logotipo de sequência, quais são as bases com maior probabilidade de serem observadas nas cinco posições adjacentes à região UTR-5′, envolvidas com a ligação de ribossomos? Explique. **(b)** O que as bases nas posições 0-2 representam?

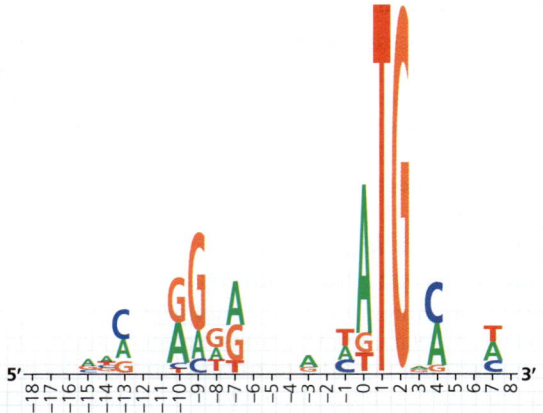

▲ **Gráfico de logotipos de sequências**
Leitura adicional T.D. Schneider e R.M. Stephens, Sequence logos: A new way to display consensus sequences, *Nucleic Acids Research* 18:6097-6100 (1990).

ligado, liga-se ao quepe 5' da molécula de mRNA e, então, desloca-se, ou *escaneia*, na direção a jusante do mRNA até identificar um códon de início AUG, onde o tRNA iniciador forma ligações de hidrogênio, como mostrado na etapa 1 da **Figura 17.19**. Tanto nas bactérias quanto nos eucariotos, o códon de início AUG sinaliza o início da tradução; isso é importante porque estabelece a fase de leitura do mRNA.

A união do mRNA, do tRNA iniciador e da subunidade ribossômica menor é seguida pela ligação da subunidade ribossômica maior, completando o *complexo de início da tradução* (ver Figura 17.19). Proteínas denominadas *fatores de início* são necessárias para mediar a união de todos esses componentes. A célula também gasta a energia obtida pela hidrólise de moléculas de GTP para formar o complexo de início. Completando o processo de início da tradução, o tRNA iniciador ocupa o sítio P do ribossomo, e o sítio A, agora vazio, fica livre para a ligação do próximo aminoacil-tRNA. Observe que a cadeia polipeptídica é sempre sintetizada em uma direção, da metionina inicial na extremidade amino, também chamada de N-terminal, até o aminoácido final, na extremidade carboxila, também chamada de C-terminal (ver Figura 5.15).

Alongamento da cadeia polipeptídica

No estágio de alongamento da tradução, aminoácidos são adicionados um a um ao aminoácido precedente na porção C-terminal da cadeia crescente. Cada adição envolve diversas proteínas denominadas *fatores de alongamento* e ocorre em um ciclo de três etapas, descrito na **Figura 17.20**. Gastos energéticos ocorrem na primeira e na terceira etapas. O reconhecimento do códon requer a hidrólise de uma molécula de GTP, o que aumenta a especificidade e a eficiência dessa etapa. Uma molécula adicional de GTP é hidrolisada (quebrada) para fornecer energia à etapa de translocação.

O mRNA é deslocado ao longo do ribossomo em apenas uma direção, começando pela extremidade 5'; isso equivale ao deslocamento do ribossomo no sentido 5' → 3' sobre o mRNA. O ponto principal é que o ribossomo e o mRNA se deslocam um em relação ao outro, em uma só direção, códon a códon. O ciclo de alongamento dura menos de um décimo de segundo nas bactérias e repete-se a cada adição de aminoácido até que o polipeptídeo esteja completo. Após serem liberadas do sítio E, as moléculas vazias de tRNA retornam ao citoplasma, onde serão recarregadas com o aminoácido apropriado (ver Figura 17.17).

Término da tradução

O estágio final da tradução é o término **(Figura 17.21)**. O alongamento continua até que um códon de término do mRNA alcance o sítio A. As trincas de bases de nucleotídeos

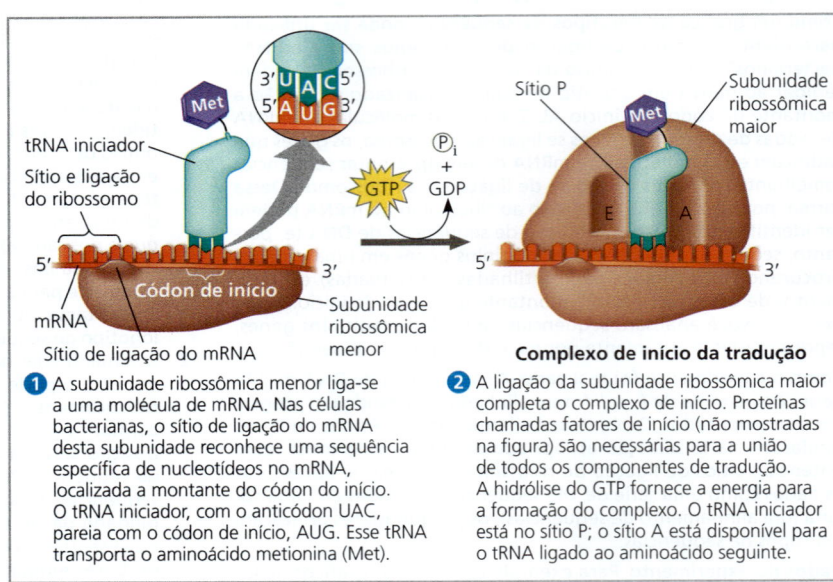

▲ **Figura 17.19** Início da tradução.

① A subunidade ribossômica menor liga-se a uma molécula de mRNA. Nas células bacterianas, o sítio de ligação do mRNA desta subunidade reconhece uma sequência específica de nucleotídeos no mRNA, localizada a montante do códon de início. O tRNA iniciador, com o anticódon UAC, pareia com o códon de início, AUG. Esse tRNA transporta o aminoácido metionina (Met).

② A ligação da subunidade ribossômica maior completa o complexo de início. Proteínas chamadas fatores de início (não mostradas na figura) são necessárias para a união de todos os componentes de tradução. A hidrólise do GTP fornece a energia para a formação do complexo. O tRNA iniciador está no sítio P; o sítio A está disponível para o tRNA ligado ao aminoácido seguinte.

UAG, UAA e UGA (todas escritas 5' → 3') não codificam aminoácidos, porém funcionam como sinais para o término da tradução. Uma proteína com estrutura similar a um aminoacil-tRNA, chamada *fator de liberação*, liga-se diretamente ao códon de término, ou de parada, no sítio A. O fator de liberação induz a adição de uma molécula de água, e não um aminoácido, à porção N-terminal da cadeia polipeptídica. (Moléculas de água são abundantes no citosol.) Essa reação hidrolisa (quebra) a ligação entre o polipeptídeo completo e o tRNA localizado no sítio P, liberando o polipeptídeo pelo túnel de saída da subunidade ribossômica maior. O restante do complexo de tradução se dissocia em um processo de diversas etapas, mediadas por outros fatores proteicos. A dissociação do complexo de tradução requer a hidrólise de mais duas moléculas de GTP.

Finalização e direcionamento das proteínas funcionais

Em geral, o processo de tradução não é suficiente para a formação de uma proteína funcional. Nesta seção, vamos aprender sobre as modificações que uma cadeia polipeptídica pode sofrer após o processo de tradução, assim como os mecanismos utilizados para a marcação dessas proteínas completas para locais específicos da célula.

Enovelamento de proteínas e modificações pós-traducionais

Durante a sua síntese, uma cadeia polipeptídica começa a se enrolar e enovelar espontaneamente como resultado da sua sequência de aminoácidos (estrutura primária), formando uma proteína de conformação específica: uma molécula tridimensional com estrutura secundária e terciária (ver Figura 5.18). Assim, um gene determina a estrutura primária que, por sua vez, determina a forma.

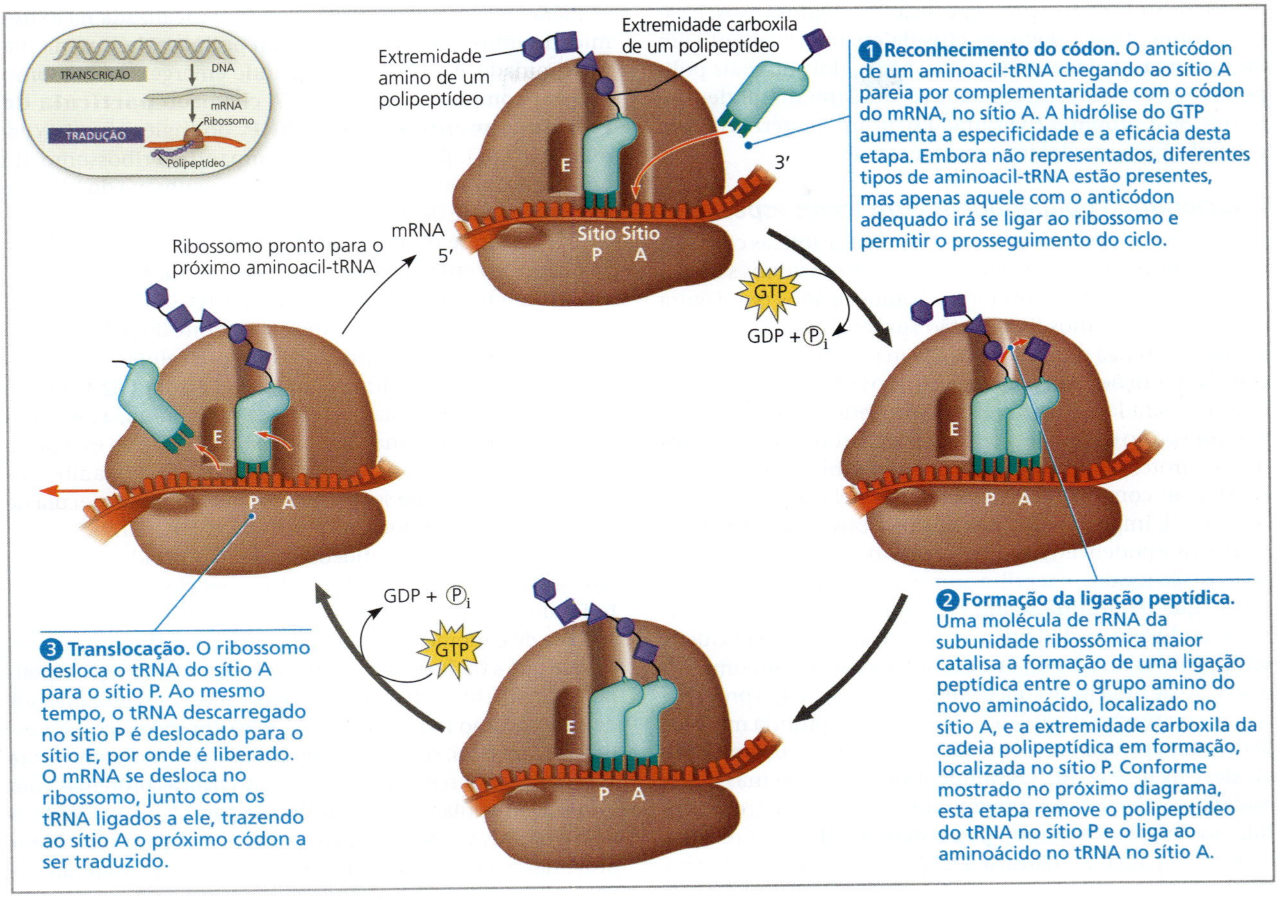

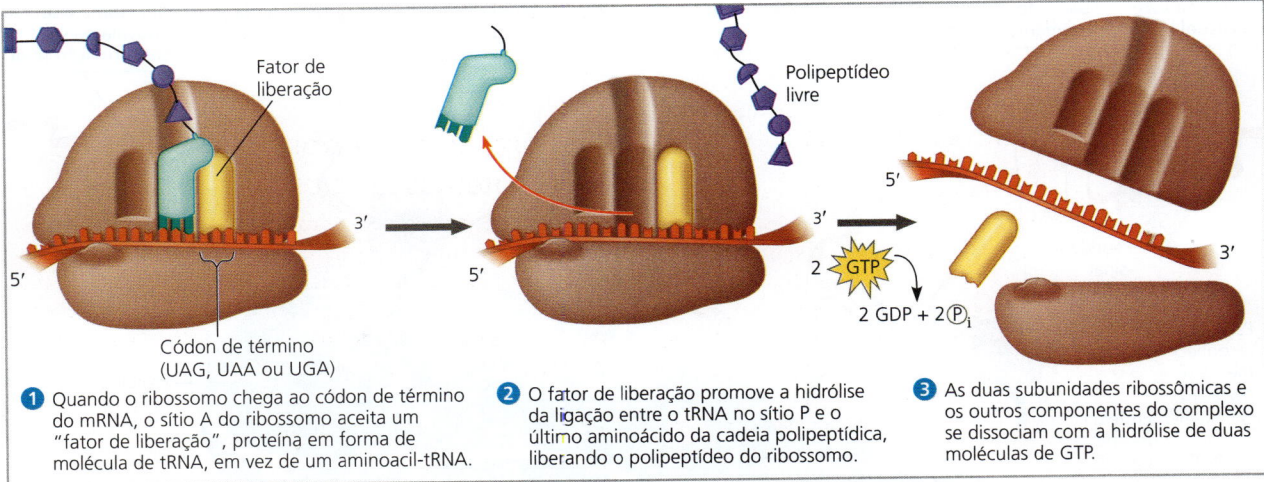

▲ **Figura 17.20 Ciclo de alongamento da tradução.** A hidrólise de GTP desempenha um papel importante no processo de alongamento; os fatores de alongamento não estão mostrados.

▲ **Figura 17.21 Término da tradução.** Assim como o alongamento, o término requer a hidrólise de GTP e fatores proteicos adicionais, não mostrados na figura.

Etapas adicionais – *modificações pós-traducionais* – podem ser necessárias para que a proteína consiga executar sua função específica na célula. Certos aminoácidos podem ser modificados quimicamente por meio da ligação de açúcares, lipídeos, grupos fosfato ou outras adições. Enzimas podem remover um ou mais aminoácidos da extremidade amino de uma cadeia polipeptídica. Em alguns casos, a cadeia polipeptídica pode ser clivada enzimaticamente em dois ou mais pedaços. Em outros casos, dois ou mais polipeptídeos que são sintetizados separadamente podem se juntar, se a proteína tiver uma estrutura quaternária; um exemplo é a hemoglobina (ver Figura 5.18).

Direcionando polipeptídeos para locais específicos

Em micrografias eletrônicas de células eucarióticas com síntese proteica ativa, duas populações de ribossomos são evidentes: ribossomos livres e ribossomos ligados (ver Figura 6.10). Os ribossomos livres estão suspensos no citosol, e a maioria sintetiza proteínas que ficam no citosol, onde exercem suas funções. Em contrapartida, os ribossomos ligados estão conectados ao lado citosólico do retículo endoplasmático (RE) ou ao envelope nuclear. Os ribossomos ligados produzem proteínas do sistema de endomembranas (ver Figura 6.15), bem como proteínas secretadas pela célula, como a insulina. É importante notar que os ribossomos em si são idênticos e podem alternar entre ser ribossomos livres, uma vez que são usados, e ser ribossomos ligados na vez seguinte.

O que determina se um ribossomo estará livre no citosol ou ligado ao RE rugoso? A síntese de polipeptídeos sempre inicia no citosol, onde um ribossomo livre começa a tradução de uma molécula de mRNA. No citosol, o processo continua até estar completo – *a menos que* a própria molécula de polipeptídeo em formação indique ao ribossomo que ele deve ligar-se ao RE. Os polipeptídeos de proteínas destinadas ao sistema de endomembranas ou para a secreção celular são marcados por um **peptídeo-sinal**, que direciona a proteína para o RE **(Figura 17.22)**. O peptídeo-sinal, uma sequência de cerca de 20 aminoácidos localizada na extremidade amino (N-terminal) de um polipeptídeo, ou na sua proximidade, é reconhecido quando emerge do ribossomo por um complexo proteína-RNA chamado **partícula de reconhecimento de sinal** (**SRP**, do inglês *signal-recognition particle*). Essa partícula acompanha o ribossomo até uma proteína receptora localizada na membrana do RE. Esse receptor é parte de um complexo multiproteico de translocação. A síntese do polipeptídeo continua nesse local, e o polipeptídeo em formação atravessa a membrana do RE até o seu lúmen, por meio de um poro proteico. O peptídeo-sinal é removido por uma enzima. O restante do polipeptídeo completo, se ele for destinado à secreção celular, é liberado em solução dentro do lúmen do RE (ver Figura 17.22). Ou, se o polipeptídeo for uma proteína de membrana, as sequências de aminoácidos mais adiante na cadeia fazem essa parte permanecer embutida na membrana do RE. Em ambos os casos, o polipeptídeo será transportado em uma vesícula de transporte até o seu local de destino (ver Figura 7.9).

Outros tipos de peptídeos-sinal são utilizados para direcionar polipeptídeos às mitocôndrias, aos cloroplastos, ao interior do núcleo e a outras organelas que não fazem parte do sistema de endomembranas. A diferença fundamental nesses casos é que a tradução se completa no citosol antes que o polipeptídeo seja importado para essas organelas. Os mecanismos de translocação também variam, mas, em todos os casos estudados até aqui, os "códigos de endereçamento", tanto para as proteínas a serem secretadas quanto para as proteínas com localização celular, são algum tipo de peptídeo-sinal. As bactérias também empregam peptídeos-sinal para direcionar proteínas para a membrana plasmática ou para a secreção.

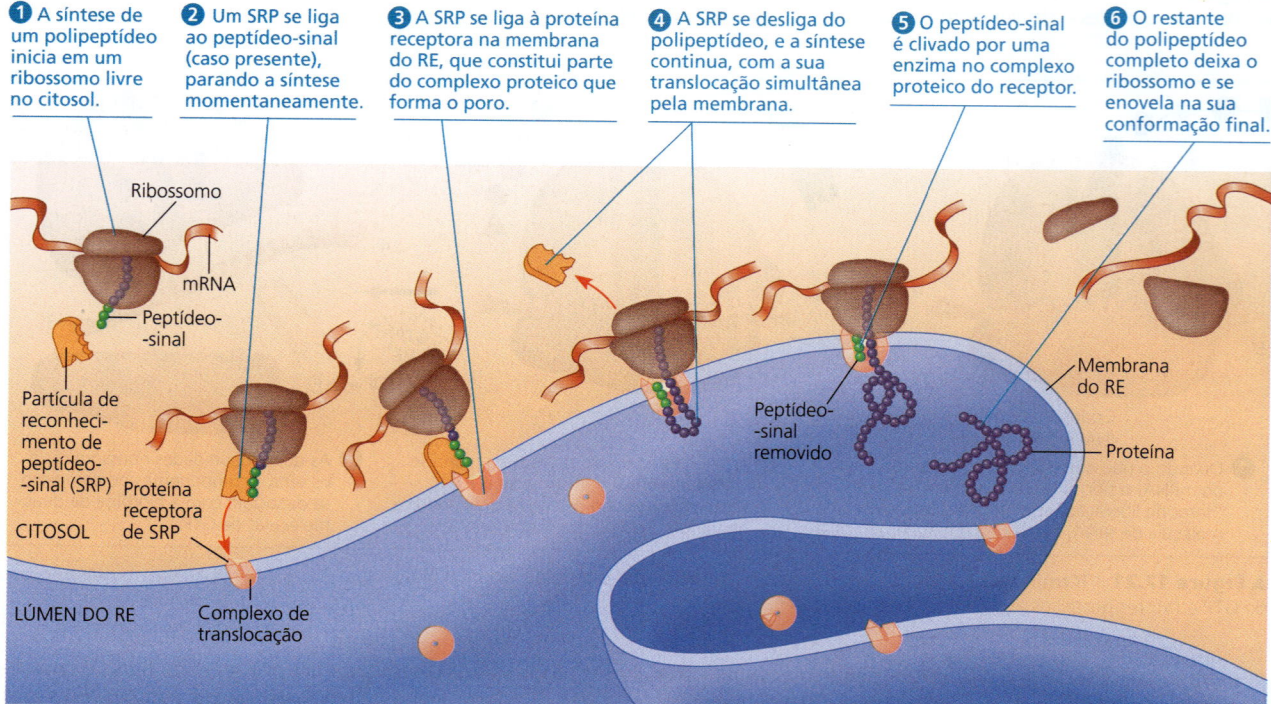

▲ **Figura 17.22** Mecanismo de sinalização para a marcação de proteínas para o retículo endoplasmático (RE).

FAÇA CONEXÕES *Se esta proteína estivesse destinada à secreção, o que aconteceria com ela após sua síntese ter sido concluída? Ver Figura 7.9.*

Síntese de múltiplos polipeptídeos em bactérias e eucariotos

Nas seções anteriores, você aprendeu como um único polipeptídeo é sintetizado utilizando a informação codificada em uma molécula de mRNA. Quando um polipeptídeo é necessário em uma célula, no entanto, diversas cópias são necessárias, e não apenas uma.

Em bactérias e em eucariotos, múltiplos ribossomos traduzem uma molécula de mRNA ao mesmo tempo **(Figura 17.23)**; ou seja, uma única molécula de mRNA é utilizada para sintetizar múltiplas cópias de um polipeptídeo simultaneamente. Uma vez que um ribossomo tenha se deslocado a partir do códon de início, um segundo ribossomo pode se ligar ao mRNA, o que, por sua vez, resulta em uma cadeia de ribossomos ligados ao longo do mRNA. Essa cadeia de ribossomos, chamada **polirribossomo** (ou **polissomo**), pode ser visualizada por microscopia eletrônica; eles podem estar livres ou ligados. O polissomo permite que a célula sintetize diversas cópias de um polipeptídeo rapidamente.

Outra maneira pela qual bactérias e eucariotos aumentam o número de cópias de um polipeptídeo é a transcrição de múltiplas moléculas de mRNA a partir de um mesmo gene. No entanto, a coordenação desses dois processos – transcrição e tradução – é diferente nesses dois grupos de organismos. As diferenças mais importantes entre bactérias e eucariotos decorrem da ausência de compartimentalização celular em bactérias. Assim como uma oficina localizada em um único ambiente, a célula de bactérias é capaz de acoplar esses dois processos. Sem um envelope nuclear, a célula bacteriana pode transcrever e traduzir um mesmo

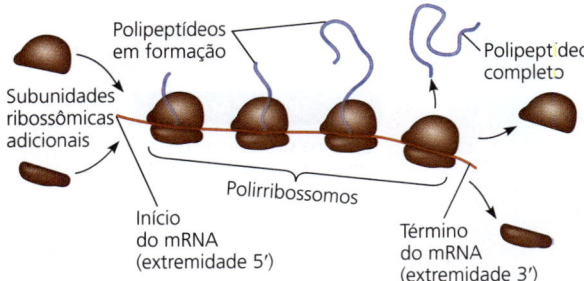

(a) Uma molécula de mRNA em geral é traduzida simultaneamente por diversos ribossomos, em conjuntos chamados polirribossomos.

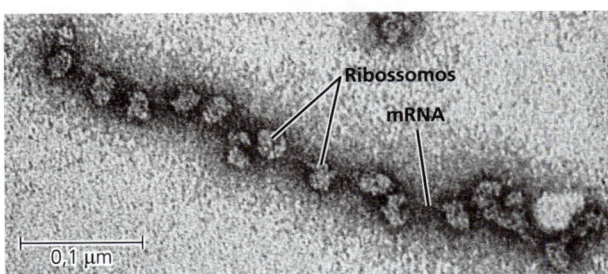

(b) Esta micrografia mostra um grande polirribossomo em uma célula bacteriana. Os polipeptídeos sendo sintetizados não são visíveis (MET).

▲ **Figura 17.23** Polirribossomos.

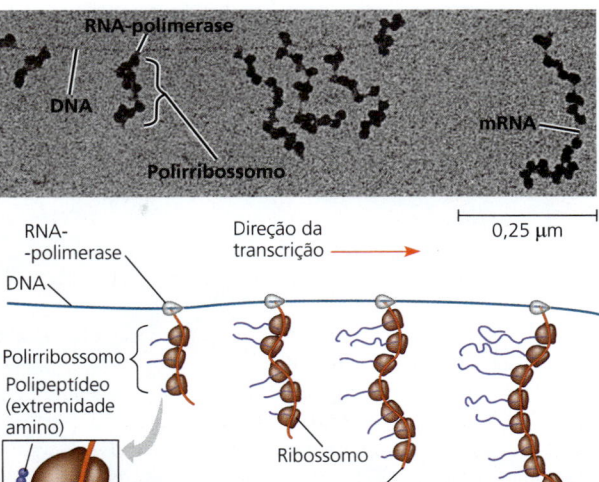

▲ **Figura 17.24 Acoplamento da transcrição e da tradução em bactérias.** Nas células bacterianas, a tradução do mRNA pode começar assim que a extremidade 5' da molécula de mRNA se separa da fita-molde de DNA. A micrografia (MET) mostra uma cadeia de DNA de *Escherichia coli* sendo transcrita por moléculas de RNA-polimerase. Ligada a cada molécula de RNA-polimerase, está a cadeia de mRNA em formação, já sendo traduzida pelos ribossomos. Os polipeptídeos recém-sintetizados não aparecem na micrografia, mas são mostrados no diagrama.

HABILIDADES VISUAIS *Em qual das moléculas de mRNA a transcrição iniciou primeiro? Nessa molécula, qual foi o primeiro ribossomo a iniciar a tradução?*

gene simultaneamente **(Figura 17.24)**, e a proteína recém-sintetizada pode se difundir rapidamente para o seu local de destino.

Em contrapartida, o envelope nuclear de uma célula eucariótica segrega os processos de transcrição e tradução e cria compartimentos para o processamento do RNA. Essa etapa de processamento inclui etapas adicionais, discutidas anteriormente, cuja regulação ajuda a coordenar as atividades complexas das células eucarióticas. A **Figura 17.25** resume o processo do gene até o polipeptídeo em uma célula eucariótica.

REVISÃO DO CONCEITO 17.4

1. Quais são os dois processos que garantem que o aminoácido correto seja adicionado à cadeia polipeptídica em formação?
2. Descreva como é feito o transporte ao sistema de endomembranas de um polipeptídeo que será secretado.
3. **DESENHE** Desenhe uma molécula de tRNA com o anticódon 3'-CGU-5'. Considerando a oscilação (efeito *wobble*), quais são os dois códons diferentes aos quais ela poderia se ligar? Desenhe cada códon em uma molécula de mRNA, indicando as extremidades 5' e 3', o tRNA e o aminoácido ligado a ele.
4. **E SE?** Nas células eucarióticas, os mRNAs têm um arranjo circular no qual as proteínas seguram a cauda de poli-A perto do quepe 5'. Como esse arranjo pode aumentar a eficiência da tradução?

Ver as respostas sugeridas no Apêndice A.

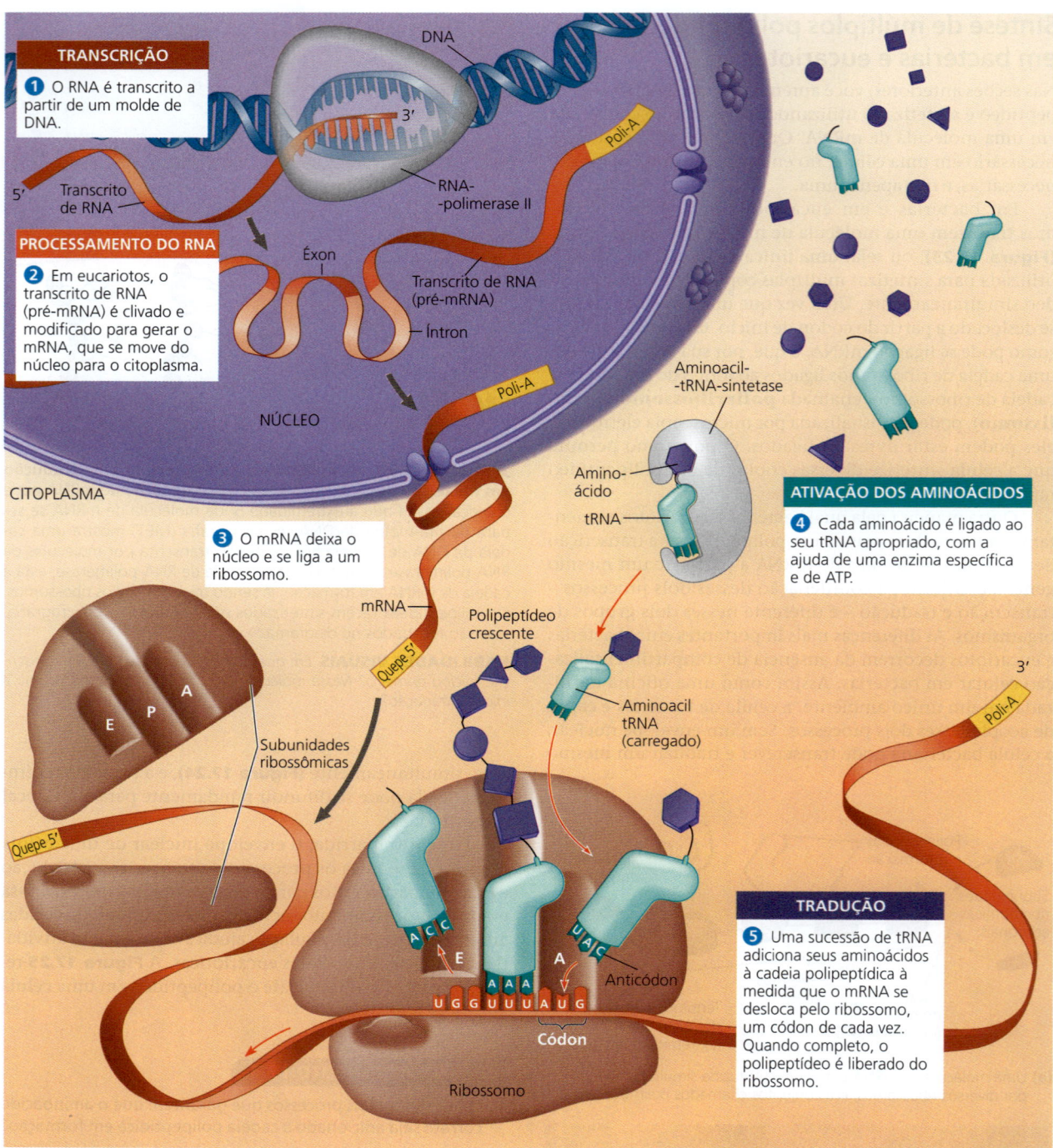

▲ **Figura 17.25 Resumo da transcrição e da tradução em células eucarióticas.** Este diagrama mostra o caminho de um gene até gerar um polipeptídeo. Cada gene no DNA pode ser transcrito repetidamente em diversas moléculas idênticas de RNA e cada mRNA pode ser traduzido repetidamente, gerando diversas moléculas idênticas de um polipeptídeo. (Lembre-se de que os produtos finais de alguns genes não são polipeptídeos, mas moléculas de RNA que não são traduzidas, incluindo tRNA e rRNA.) Em geral, as etapas da transcrição e da tradução são semelhantes em bactérias, arqueias e células eucarióticas. A principal diferença é a ocorrência de processamento de RNA no núcleo das células eucarióticas. Outras diferenças significativas são observadas nas etapas de início da transcrição e da tradução e também no término da transcrição. Para visualizar esses processos em seu contexto celular, ver Figura 6.32d-f.

CONCEITO 17.5

Mutações de um ou alguns nucleotídeos podem afetar a estrutura e a função das proteínas

Agora que você já explorou o processo de expressão gênica, você pode considerar os efeitos das mudanças na informação genética de uma célula. Devido a essas mudanças, chamadas **mutações**, serem a fonte primordial de novos genes, elas são responsáveis pela enorme diversidade de genes encontrados entre os organismos. Anteriormente, analisamos os rearranjos cromossômicos que afetam longos segmentos de DNA (ver Figura 15.14); esses rearranjos são considerados mutações de grande escala. Aqui examinamos mutações em pequena escala de um ou poucos pares de nucleotídeos, incluindo **mutações pontuais**, mudanças em um único par de nucleotídeos de um gene.

Se uma mutação pontual ocorrer em um gameta ou em uma célula que origina gametas, ela pode ser transmitida à prole e às demais futuras gerações. Se a mutação tiver um efeito adverso no fenótipo de um organismo, a condição mutante é referida como um distúrbio genético ou uma doença hereditária. Por exemplo, podemos rastrear a base genética da anemia falciforme por meio da mutação de um único par de nucleotídeos no gene que codifica o polipeptídeo da globina-β da hemoglobina. A alteração de um único nucleotídeo na fita-molde de DNA leva a um mRNA alterado e à produção de uma proteína anormal (**Figura 17.26**; ver também Figura 5.19). Em indivíduos homozigotos para o alelo mutante, a anemia falciforme causada pela hemoglobina alterada causa uma série de sintomas associados à anemia (ver Conceito 14.4 e Figura 23.18). Outro distúrbio causado por uma mutação pontual é a condição cardíaca chamada de miocardiopatia familiar, a qual é responsável por alguns trágicos incidentes de morte súbita em atletas jovens. Mutações pontuais em diversos genes que codificam proteínas musculares já foram identificadas, e cada uma delas pode levar a esse distúrbio.

Tipos de mutações de pequena escala

Muitas mutações ocorrem em regiões fora dos genes codificadores de proteínas, e qualquer efeito em potencial que elas tenham sobre o fenótipo do organismo pode ser sutil e difícil de detectar. Por essa razão, vamos nos concentrar aqui nas mutações dentro dos genes codificadores de proteínas. Mutações em pequena escala dentro de um gene podem ser divididas em duas categorias gerais: (1) substituições individuais de pares de nucleotídeos e (2) inserções ou deleções de pares de nucleotídeos. Inserções e deleções podem envolver um ou mais pares de nucleotídeos.

Substituições

A **substituição de um par de bases** é a troca de um nucleotídeo e de sua base correspondente por outro par de nucleotídeos **(Figura 17.27a)**. Algumas substituições não afetam a proteína codificada devido à redundância do código genético. Por exemplo, se a sequência 3'-CCG-5' na fita-molde for mutada para 3'-CCA-5', o códon do mRNA que inicialmente seria GGC se torna GGU, mas uma glicina ainda seria inserida no local apropriado da proteína (ver Figura 17.6). Em outras palavras, uma alteração no par de nucleotídeos pode transformar um códon em outro, traduzido no mesmo aminoácido. Esse é um exemplo de **mutação silenciosa**, que não tem efeito observado no fenótipo. (Mutações silenciosas também podem ocorrer em outras regiões fora dos genes.) Curiosamente, há evidências de que algumas mutações silenciosas podem afetar indiretamente onde ou em que nível o gene é expresso, mesmo que a proteína em si seja a mesma.

Substituições que trocam um aminoácido por outro são chamadas de **mutações de troca de sentido** (em inglês, *missense*). Essas mutações podem ter um pequeno efeito nas proteínas: o novo aminoácido pode possuir propriedades similares às do aminoácido que ele substituiu ou estar em uma região da proteína onde a sequência exata de aminoácidos não é essencial à sua função.

No entanto, as substituições de pares de nucleotídeos de maior interesse são aquelas que causam grandes alterações nas proteínas. A alteração de um único aminoácido em uma região crucial da proteína – como na subunidade globina-β da hemoglobina, mostrada na Figura 17.26, ou no sítio ativo de uma enzima, como mostrado na Figura 8.19 – pode alterar significativamente a

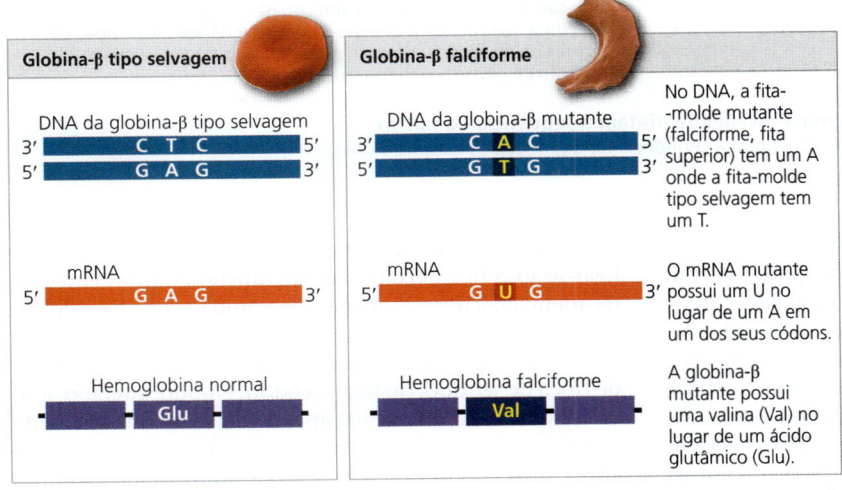

▲ **Figura 17.26 Base molecular da anemia falciforme: uma mutação pontual.** O alelo que causa a anemia falciforme é diferente do alelo tipo selvagem (normal) em apenas um par de nucleotídeos do DNA. As micrografias são imagens de microscopia eletrônica de varredura de uma hemácia normal (à esquerda) e de uma hemácia falciforme (à direita) de indivíduos homozigotos para os alelos tipo selvagem e mutante, respectivamente.

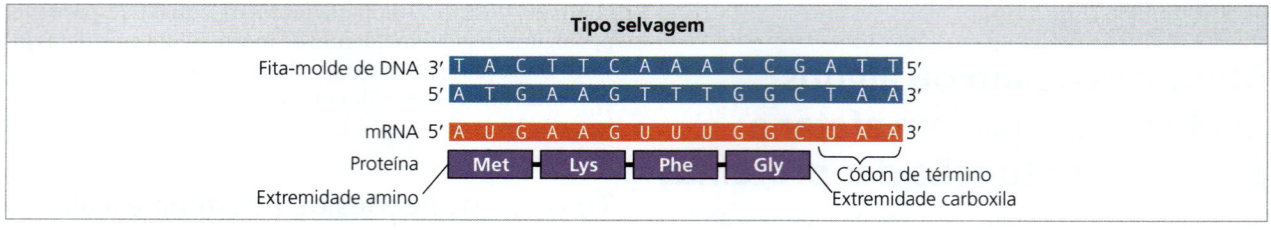
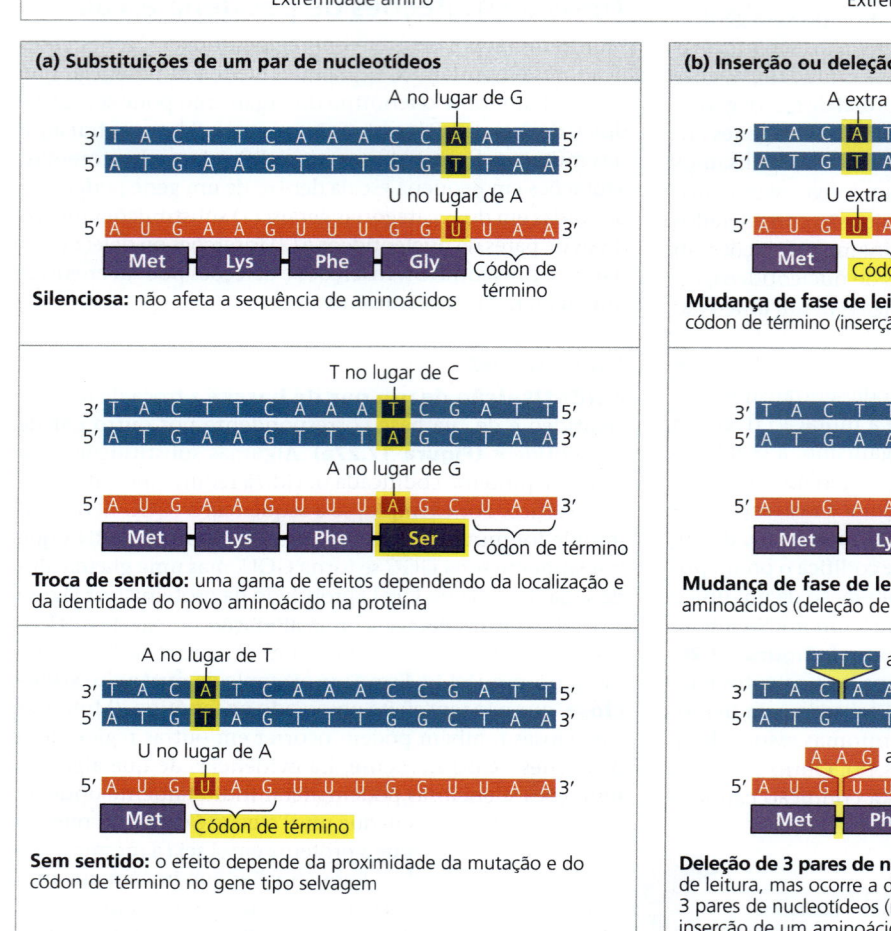
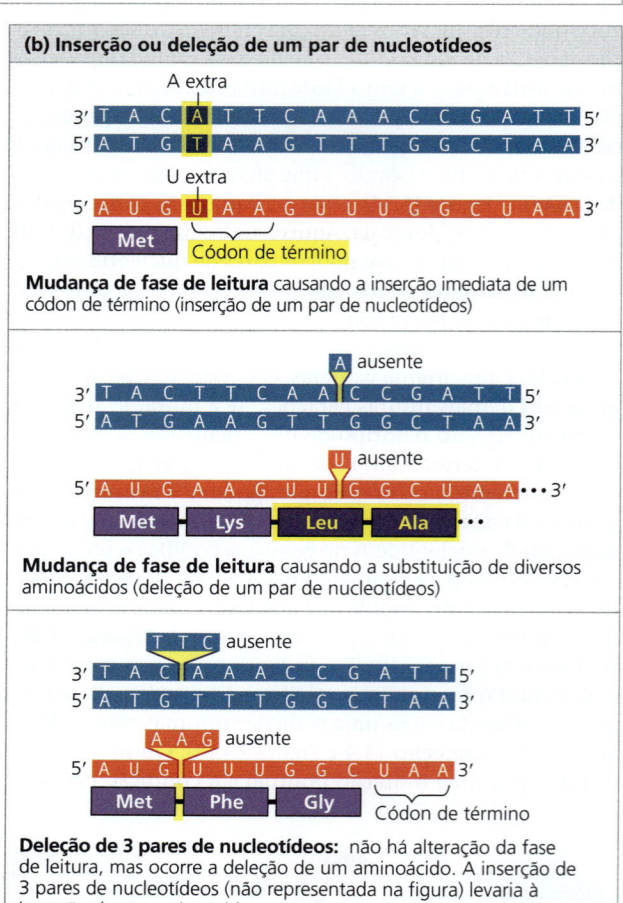

▲ **Figura 17.27** **Tipos de mutações de pequena escala que afetam a sequência do mRNA.** Todos os tipos mostrados aqui, exceto um, também afetam a sequência de aminoácidos codificada pelo polipeptídeo.

atividade da proteína. Ocasionalmente, essas mutações podem gerar uma proteína aprimorada ou uma proteína com novas habilidades; entretanto, com maior frequência, essas mutações são neutras ou negativas, gerando proteínas inativas ou com menor atividade, desequilibrando as funções celulares. Um segundo exemplo de uma mutação de troca de sentido é uma mutação no gene da tirosinase que causa o fenótipo albino no burro de Asinara. Recentemente, pesquisadores italianos sequenciaram o gene da tirosinase nos burros dessa população selvagem e mostraram que uma mutação recessiva é responsável pela falta de pigmento. Um C é alterado para um G nesse gene, resultando na adição de uma histidina à proteína, em vez de um ácido aspártico. O aminoácido alterado está em um local na tirosinase que normalmente se liga a um átomo de cobre e torna a enzima incapaz de ligar-se ao cobre, deixando-a não funcional. Como no caso da anemia falciforme, apenas uma mudança na base de um nucleotídeo resulta em uma mudança fenotípica drástica.

As mutações de substituição geralmente são mutações de troca de sentido; ou seja, o códon, embora alterado, ainda codifica um aminoácido, apesar de não ser o aminoácido *correto*. No entanto, uma mutação pontual também pode alterar um códon que codifica um aminoácido para um códon de término. Esse processo é chamado de **mutação sem sentido** (em inglês, *nonsense*) e induz ao término prematuro da tradução, resultando em um peptídeo menor do que o peptídeo codificado pelo gene normal. A maioria das mutações sem sentido gera proteínas não funcionais.

EXERCÍCIO DE RESOLUÇÃO DE PROBLEMAS

As mutações da insulina são a causa do diabetes neonatal de três bebês?

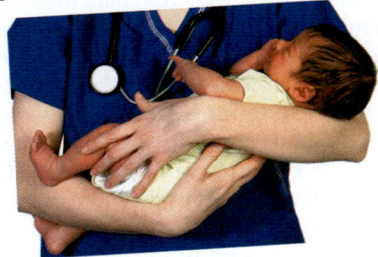

A insulina é um hormônio que atua como um regulador-chave do nível de glicose no sangue, e a deficiência de insulina pode levar ao diabetes. Em alguns casos de diabetes neonatal (recém-nascidos), o gene que codifica a proteína insulina tem uma mutação de substituição de um par de nucleotídeos que altera a estrutura da proteína o suficiente para causar o seu mau funcionamento. Os médicos podem usar as informações da sequência de DNA para diagnosticar o diabetes e outras doenças. Por exemplo, a sequência do gene da insulina de um paciente com diabetes neonatal pode ser analisada para determinar se ele tem uma mutação e, em caso afirmativo, seu efeito.

Neste exercício, você determinará o efeito das mutações dentro das sequências de genes da insulina em pacientes com diabetes infantil.

Sua abordagem Suponha que você seja um médico geneticista com três pacientes infantis, todos com uma substituição de par de nucleotídeos em seu gene da insulina. Seu trabalho é analisar cada mutação para descobrir seu efeito sobre a sequência de aminoácidos da proteína insulina. Para identificar a mutação em cada paciente, você irá comparar a sequência de DNA complementar de insulina (cDNA) dos pacientes com a do cDNA do tipo selvagem. (O cDNA é uma molécula de DNA fita dupla que é feita com base na sequência de mRNA e, portanto, contém apenas a porção de um gene que é traduzida – os íntrons não são incluídos. As sequências de cDNA são comumente usadas para comparar as regiões codificadoras dos genes.) A identificação dos códons que foram alterados lhe dirá quais, se houver, aminoácidos estão alterados na proteína insulina do paciente.

Seus dados Você analisará os códons de cDNA para os aminoácidos 35 a 54 (dos 110 aminoácidos) da proteína insulina de cada paciente; portanto, o códon inicial (AUG) não está presente. As sequências do cDNA do tipo selvagem e do cDNA dos pacientes estão mostradas a seguir, dispostas em códons.

```
cDNA do tipo selvagem  5'- CTG GTG GAA GCT CTC TAC CTA GTG TGC GGG GAA CGA GGC TTC TTC TAC ACA CCC AAG ACC -3'
cDNA do paciente 1     5'- CTG GTG GAA GCT CTC TAC CTA GTG TGC GGG GAA CGA GGC TGC TTC TAC ACA CCC AAG ACC -3'
cDNA do paciente 2     5'- CTG GTG GAA GCT CTC TAC CTA GTG TGC GGG GAA CGA GGC TCC TTC TAC ACA CCC AAG ACC -3'
cDNA do paciente 3     5'- CTG GTG GAA GCT CTC TAC CTA GTG TGC GGG GAA CGA GGC TTC TTG TAC ACA CCC AAG ACC -3'
```

Dados de N. Nishi e K. Nanjo, Insulin gene mutations and diabetes, *Journal of Diabetes Investigation* 2:92-100 (2011).

Sua análise

1. Compare a sequência de cDNA de cada paciente com a sequência de cDNA do tipo selvagem. Circule os códons onde ocorreu uma mutação de substituição de par de nucleotídeos.

2. Use uma tabela de códons (ver Figura 17.6) para identificar o aminoácido codificado pelo códon com a mutação na sequência da insulina de cada paciente e compare-a com o aminoácido codificado pelo códon na sequência do tipo selvagem correspondente. Como é prática-padrão com as sequências de DNA, a fita *codificadora* (não molde) do cDNA foi fornecida, portanto, para convertê-la em mRNA para uso com a tabela de códons, basta mudar T para U. Classifique a mutação de substituição de par de nucleotídeos de cada paciente: é uma mutação silenciosa, de troca de sentido ou sem sentido? Explique cada resposta.

3. Compare a estrutura do aminoácido identificado na sequência da insulina de cada paciente com a do aminoácido correspondente na sequência do tipo selvagem (ver Figura 5.14). Dado que cada paciente tem diabetes neonatal, discuta como a mudança de aminoácidos em cada um deles pode ter afetado a proteína insulínica e, assim, ter resultado na doença. (Considere a natureza química das cadeias laterais.)

No **Exercício de resolução de problemas**, você trabalhará com algumas mutações comuns de substituição de um único nucleotídeo no gene que codifica a insulina, as quais podem levar ao diabetes. Você classificará essas mutações em um dos tipos que acabamos de descrever e caracterizará a mudança na sequência de aminoácidos.

Inserções e deleções

Inserções e **deleções** são adições ou perdas de pares de nucleotídeos em um gene **(Figura 17.27b)**. Essas mutações têm efeitos desastrosos na proteína resultante com maior frequência do que as mutações do tipo substituições. Inserções ou deleções de nucleotídeos podem alterar a fase de leitura de uma mensagem genética, o agrupamento de trincas de bases do mRNA lido durante a tradução. Essas mutações, chamadas de **mutações de fase de leitura**, ocorrem sempre que o número de nucleotídeos inseridos ou retirados não for múltiplo de três. Todos os nucleotídeos localizados na posição a jusante da deleção ou da inserção estarão agrupados de maneira incorreta em códons, resultando em extensa mutação de troca de sentido, mais cedo ou mais tarde terminando em uma mutação sem sentido que leva à terminação prematura. A menos que a alteração na fase de leitura ocorra bastante próximo do final do gene, o seu produto será muito provavelmente uma proteína não funcional. Inserções e deleções também ocorrem fora das regiões codificadoras; estas não são chamadas de mutações de fase de leitura, mas podem ter efeitos sobre o fenótipo – por exemplo, podem afetar a maneira como um gene é expresso.

Novas mutações e mutagênicos

As mutações podem se originar de diversas formas. Erros durante a replicação do DNA ou durante a recombinação podem levar a substituições, inserções ou deleções de pares de nucleotídeos, assim como a mutações que afetam longas sequências de DNA. Se um nucleotídeo incorreto for adicionado a uma cadeia crescente durante a replicação, por exemplo, a base desse nucleotídeo não estará corretamente pareada com a base do nucleotídeo presente na outra fita de DNA. Em diversos casos, esse erro será corrigido pelos sistemas de revisão de erros e de reparo do DNA (ver Conceito 16.2). De outra forma, a base incorreta serviria de molde no próximo evento de replicação, resultando em mutação. Essas mutações são chamadas de *mutações espontâneas*. É difícil calcular a taxa em que essas mutações ocorrem. Estimativas aproximadas foram feitas acerca da taxa de mutações que ocorre durante a replicação do DNA em *E. coli* e em eucariotos, e os números são bastante similares: cerca de 1 nucleotídeo a cada 10^{10} é alterado, e essa alteração é propagada para as próximas gerações de células.

Alguns agentes físicos e químicos, chamados agentes **mutagênicos**, interagem com o DNA de maneira a causarem mutações. Na década de 1920, Hermann Muller descobriu que raios X causavam alterações genéticas na mosca-da-fruta e utilizou raios X para gerar mutantes de *Drosophila* para os seus estudos genéticos (da mesma forma como Beadle e Tatum fizeram com suas células de *Neurospora*). No entanto, Muller também identificou uma implicação alarmante para a sua descoberta: os raios X e outras formas de radiação de alta energia representavam perigo ao material genético das pessoas e dos organismos utilizados em laboratório. A radiação mutagênica, um agente mutagênico físico, inclui a luz ultravioleta (UV), que pode causar a formação de dímeros de timina no DNA (ver Figura 16.20).

Os agentes mutagênicos químicos podem ser agrupados em diversas categorias. Análogos de nucleotídeos são agentes químicos similares aos nucleotídeos normais do DNA, mas que pareiam incorretamente durante a sua replicação. Outros compostos mutagênicos interferem na replicação correta do DNA por meio da sua inserção no DNA, induzindo a distorção da dupla-hélice. Outros mutagênicos induzem alterações químicas nas bases do DNA, alterando as propriedades de pareamento.

Os pesquisadores desenvolveram vários métodos para testar a atividade mutagênica de compostos químicos. A principal aplicação desses testes são os estudos preliminares de compostos químicos, visando à identificação daqueles que podem causar câncer. Essa técnica tem sentido, pois a maioria dos compostos carcinogênicos (que podem causar câncer) é mutagênica, e, por consequência, a maioria dos compostos mutagênicos é carcinogênica.

Usando CRISPR para editar genes e corrigir mutações que causam doenças

Desde que os biólogos entenderam como as proteínas que causavam doenças eram o resultado de mutações nos genes, eles têm buscado técnicas de **edição de genes** – alterar genes de uma forma específica e previsível. Seu objetivo tem sido usar uma técnica desse tipo para mudar genes específicos em células vivas, em parte para tentar corrigir genes que causam doenças. Nos últimos 15 anos, os biólogos desenvolveram uma nova técnica poderosa de edição de genes, chamada **sistema CRISPR-Cas9**, que está transformando o campo da *engenharia genética*, ou seja, a manipulação direta de genes para fins práticos. A Cas9 é uma proteína bacteriana que ajuda a defender as bactérias contra os vírus que as infectam (bacteriófagos). Nas células bacterianas, a Cas9 atua em conjunto com o "RNA-guia" feito a partir da região CRISPR do genoma bacteriano (A Figura 19.7 explica como esse sistema de defesa funciona em bactérias.)

Assim como outras enzimas que cortam o DNA envolvidas no reparo do DNA (descritas no Conceito 16.2), a Cas9 é uma nuclease que corta moléculas de DNA fita dupla. O potencial da Cas9 para a edição de genes é que a proteína Cas9 cortará qualquer sequência para a qual for dirigida. A Cas9 é direcionada para seu alvo por uma molécula de RNA-guia à qual ela se liga e usa como um dispositivo de referência, cortando ambas as fitas de qualquer sequência de DNA que seja complementar ao RNA-guia. Os cientistas têm sido capazes de explorar a função da Cas9 ao introduzir um complexo Cas9–RNA-guia em uma célula que eles desejam alterar **(Figura 17.28)**. O RNA-guia no complexo é projetado para ser complementar ao gene-"alvo". A Cas9 corta ambas as fitas do DNA-alvo, e as extremidades quebradas do DNA resultantes acionam um sistema de reparo de DNA (semelhante ao mostrado na Figura 16.20). Quando não há DNA sem danos para as enzimas do sistema de reparo usarem como modelo, como mostrado na parte inferior esquerda da Figura 17.28, as enzimas de reparo introduzem ou removem nucleotídeos aleatórios enquanto juntam novamente as extremidades. Em geral, esse processo altera a sequência de DNA, de modo que o gene não funciona mais corretamente. Essa técnica é uma maneira muito bem-sucedida para os pesquisadores "nocautearem" (desativarem) um determinado gene para estudar o que esse gene faz em um organismo.

Mas e quanto ao uso desse sistema para ajudar a tratar doenças genéticas? Os pesquisadores modificaram a técnica para que o sistema CRISPR-Cas9 possa ser usado para reparar um gene que tem uma mutação prejudicial. Eles introduzem um segmento do gene normal (funcional) junto com o sistema CRISPR-Cas9. Após a Cas9 cortar o DNA-alvo, as enzimas de reparo podem usar o DNA normal como modelo para reparar o DNA-alvo no local da quebra. Dessa forma, o sistema CRISPR-Cas9 edita o gene defeituoso para que seja corrigido (ver a parte inferior direita da Figura 17.28).

Em 2018, os pesquisadores relataram resultados promissores usando o sistema CRISPR-Cas9 na tentativa de corrigir o defeito genético que causa a anemia falciforme. Eles editaram células humanas de pacientes com anemia falciforme e as injetaram na medula óssea de camundongos. Após

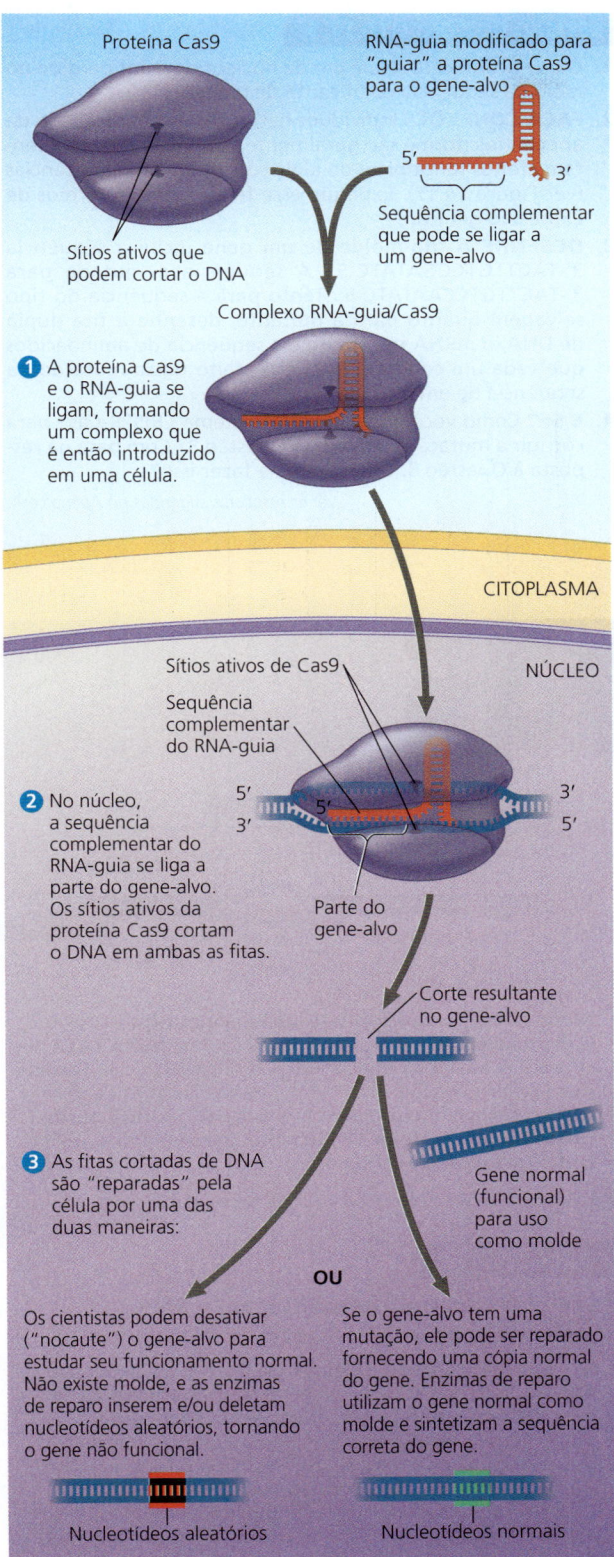

▲ **Figura 17.28** Edição gênica usando o sistema CRISPR-Cas9.

19 semanas, o gene permaneceu corrigido em 20 a 40% das células injetadas. Pesquisadores, médicos e pacientes estão entusiasmados com o potencial da tecnologia CRISPR para tratar ou até mesmo curar doenças humanas que têm uma base genética, como a anemia falciforme e as doenças de Alzheimer e de Parkinson, bem como alguns tipos de câncer. Entretanto, ainda há preocupações sobre o uso de células tratadas com CRISPR em humanos devido a possíveis efeitos sobre genes que não são alvo do estudo; esta é uma área ativa de pesquisa.

Jennifer Doudna, a codescobridora do CRISPR-Cas9, reconheceu não apenas seu incrível potencial, mas também o perigo de sua má aplicação. Depois de ter um sonho no qual Adolf Hitler lhe perguntou o que poderia ser feito com essa ferramenta de edição de genes, Doudna percebeu que era imprescindível passar algum tempo refletindo sobre as questões éticas. Em 2015, ela convocou uma conferência de biólogos que concordaram, no final da reunião, em apelar para extrema cautela à medida que o campo avança – e a discussão continua.

Revisando: o que é um gene?

A nossa definição de gene evoluiu ao longo dos últimos capítulos, assim como evoluiu ao longo do desenvolvimento da genética. Iniciamos com o conceito mendeliano de gene enquanto unidade independente da hereditariedade, com efeito sobre características fenotípicas (Capítulo 14). Vimos que Morgan e seus colegas atribuíram tais genes a locais específicos nos cromossomos (Capítulo 15). Seguimos para a definição de gene como região específica de uma sequência de nucleotídeos ao longo da extensão de uma molécula de DNA em um cromossomo (Capítulo 16). Por fim, neste capítulo, consideramos a definição funcional de um gene como uma sequência de DNA que codifica uma cadeia específica de polipeptídeo ou uma molécula funcional de RNA, como um tRNA. Todas essas definições são úteis, dependendo do contexto em que o gene está sendo estudado.

Percebemos que dizer simplesmente que um gene codifica para um polipeptídeo é uma simplificação excessiva. A maioria dos genes eucarióticos contém segmentos não codificantes (como os íntrons) e, assim, grandes segmentos desses genes correspondem a cadeias polipeptídicas. Os biólogos moleculares também incluem, frequentemente, a região promotora e outras regiões reguladoras do DNA nos limites do gene. Essas sequências de DNA não são transcritas, mas podem ser consideradas regiões funcionais do gene, pois devem estar presentes para que a transcrição ocorra. A nossa definição de gene deve ser ampla o suficiente para incluir o DNA que é transcrito em rRNA, tRNA e outros tipos de RNA que não são traduzidos. Esses genes não têm produtos polipeptídicos, mas desempenham papéis essenciais na célula. Assim, chegamos à seguinte definição: *um gene é uma região do DNA que pode ser expressa para produzir um produto final funcional, que pode ser um polipeptídeo ou uma molécula de RNA.*

Quando consideramos o fenótipo, no entanto, com frequência é útil se concentrar em genes que codificam polipeptídeos. Neste capítulo, você aprendeu, em termos moleculares, como um gene é normalmente expresso – pela transcrição do RNA e pela sua tradução em um polipeptídeo que forma uma proteína de estrutura e função específicas. As proteínas, por sua vez, afetam o fenótipo observado de um organismo.

Cada tipo celular expressa apenas um subconjunto de genes. Essa é uma característica essencial dos organismos multicelulares: seria um grande problema se as células do cristalino do olho passassem a expressar genes para proteínas de cabelo, normalmente expressas apenas nas células do folículo capilar. A expressão dos genes é regulada com precisão, característica que será explorada no próximo capítulo, iniciando com o exemplo mais simples das bactérias e passando aos eucariotos.

REVISÃO DO CONCEITO 17.5

1. O que acontecerá se um par de nucleotídeos for perdido no meio da sequência codificante de um gene?
2. **FAÇA CONEXÕES** Indivíduos heterozigotos para o alelo da anemia falciforme são geralmente saudáveis, mas apresentam efeitos fenotípicos do alelo sob algumas circunstâncias (ver Figura 14.17). Explique esse fenômeno em termos de expressão gênica.
3. **DESENHE** A fita-molde de um gene inclui a sequência 3'-TACTTGTCCGATATC-5'. A sequência é mutada para 3'-TACTTGTCCAATATC-5'. Tanto para a sequência do tipo selvagem quanto para a mutante, desenhe a fita dupla de DNA, o mRNA resultante e a sequência de aminoácidos que cada um codifica. Qual é o efeito dessa mutação na sequência de aminoácidos?
4. **E SE?** Como você poderia usar o sistema CRISPR-Cas9 para corrigir a mutação descrita na Questão 3? Com base na resposta à Questão 3, valeria a pena fazer isso?

Ver as respostas sugeridas no Apêndice A.

17 Revisão do capítulo

RESUMO DOS CONCEITOS-CHAVE

CONCEITO 17.1

Os genes especificam proteínas por meio da transcrição e da tradução (p. 336-342)

- Os experimentos de Beadle e Tatum com cepas mutantes de *Neurospora* levaram à hipótese de um gene – um polipeptídeo. Durante a **expressão gênica**, a informação codificada nos genes é utilizada para a síntese de cadeias polipeptídicas específicas (enzimas e outras proteínas) ou moléculas de RNA.
- A **transcrição** é a síntese de RNA complementar à **fita-molde** do DNA. A **tradução** é a síntese de um polipeptídeo cuja sequência de aminoácidos é especificada pela sequência de nucleotídeos do **RNA mensageiro (mRNA)**.
- A informação genética está codificada em uma sequência de trincas de nucleotídeos não sobrepostas, ou **códons**. Um códon no mRNA pode ser traduzido em um aminoácido (61 dos 64 códons) ou servir como códon de término (três códons). Os códons precisam ser lidos na **fase de leitura** correta.

? *Descreva o processo de expressão gênica, pelo qual os genes afetam o fenótipo de um organismo.*

CONCEITO 17.2

Em mais detalhes: a transcrição é a síntese de RNA controlada pelo DNA (p. 342-344)

- A síntese de RNA é catalisada pela **RNA-polimerase**, que liga nucleotídeos de RNA complementares à fita-molde de DNA. A transcrição segue as mesmas regras de pareamento de bases da replicação do DNA, com exceção da substituição da timina (T) pela uracila (U) no RNA.

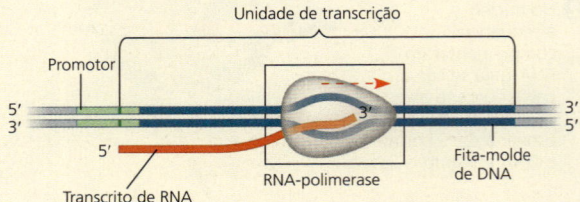

- As três etapas da transcrição são início, alongamento e término. O **promotor**, que frequentemente inclui uma **caixa TATA** nos eucariotos, estabelece onde a síntese de RNA vai iniciar. **Fatores de transcrição** ajudam a RNA-polimerase eucariótica a reconhecer as sequências promotoras, formando o **complexo de início da transcrição**. Os mecanismos de término são diferentes em bactérias e eucariotos.

? *Compare o início da transcrição entre bactérias e eucariotos.*

CONCEITO 17.3

As células eucarióticas modificam o RNA após a transcrição (p. 345-347)

- Moléculas de mRNA de eucariotos passam por um **processamento de RNA**, que inclui o *splicing* de RNA, a adição de um **quepe 5'** de nucleotídeos modificados na extremidade 5' e a adição de uma **cauda de poli-A** na extremidade 3'. O mRNA processado inclui uma região não traduzida (UTR-5' ou UTR-3') em cada extremidade do segmento codificado.
- A maioria dos genes eucarióticos é dividida em segmentos: eles têm **íntrons** espalhados entre os **éxons** (as regiões incluídas no mRNA). No *splicing do RNA*, os íntrons são removidos e os éxons são unidos. Em geral, o *splicing* do RNA ocorre nos **spliceossomos**, mas em alguns casos o próprio RNA catalisa o seu

próprio *splicing*. As propriedades do RNA permitem que alguns RNAs (chamados **ribozimas**) atuem como catalisadores. A presença de íntrons permite o ***splicing* alternativo do RNA**.

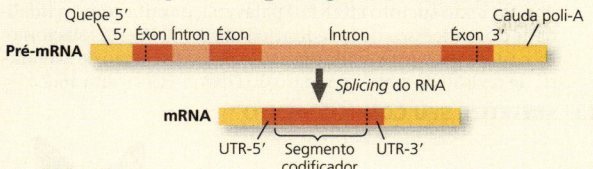

❓ Qual é a função do quepe 5' e da cauda poli-A no mRNA eucariótico?

CONCEITO 17.4

Em mais detalhes: a tradução é a síntese de polipeptídeos controlada pelo RNA (p. 347-356)

- A célula traduz a mensagem do mRNA em proteínas utilizando **RNAs transportadores (tRNAs)**. Após a ligação de aminoácidos específicos, catalisada por uma **aminoacil-tRNA-sintetase**, os tRNAs se alinham por meio dos seus **anticódons** aos códons complementares no mRNA. Os **ribossomos**, compostos por **RNAs ribossômicos (rRNAs)** e proteínas, facilitam esse acoplamento por meio de seus sítios de ligação para o mRNA e para o tRNA.
- Os ribossomos coordenam as três etapas da tradução: início, alongamento e término. A formação das ligações peptídicas entre os aminoácidos é catalisada pelos rRNAs, enquanto as moléculas de tRNA se deslocam do **sítio A** para o **sítio P** e deixam o ribossomo pelo **sítio E**.

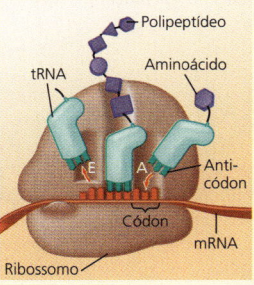

- Após a tradução, durante o processamento da proteína, as proteínas podem ser modificadas por clivagem ou pela fixação de açúcares, lipídeos, fosfatos ou outros grupos químicos.
- Os ribossomos livres no citosol iniciam a síntese de todas as proteínas, mas aquelas que possuem um **peptídeo-sinal** são sintetizadas no RE.
- Um gene pode ser transcrito por múltiplas moléculas de RNA-polimerase ao mesmo tempo. Além disso, uma única molécula de mRNA pode ser traduzida simultaneamente por vários ribossomos, formando um **polirribossomo**. Em bactérias, esses processos estão acoplados, mas, em eucariotos, eles estão separados no espaço e no tempo pela membrana nuclear.

❓ Como os tRNAs funcionam no contexto do ribossomo durante a tradução?

CONCEITO 17.5

Mutações de um ou alguns nucleotídeos podem afetar a estrutura e a função das proteínas (p. 357-362)

- **Mutações** de pequena escala incluem as **mutações pontuais**, alterações de um par de nucleotídeos do DNA, que podem levar à produção de proteínas não funcionais. **Substituições de pares de nucleotídeos** podem levar a **mutações de troca de sentido** ou a **mutações sem sentido**. A **inserção** ou **deleção** de pares de nucleotídeos podem causar **mutações com alteração da fase de leitura**.

- Mutações espontâneas podem ocorrer durante a replicação do DNA, a recombinação ou o reparo. Agentes **mutagênicos** físicos ou químicos podem causar danos no DNA que podem alterar genes.
- O **sistema CRISPR-Cas9** é uma nova e poderosa técnica de **edição de genes** com potencial para corrigir mutações genéticas que causam doenças. Questões técnicas e éticas importantes têm sido levantadas sobre como isso poderia ou deveria ser utilizado.

❓ Qual será o resultado da modificação química de uma base de nucleotídeo em um gene? Qual é o papel dos sistemas de reparo de DNA nas células?

TESTE SEU CONHECIMENTO

Níveis 1-2: Relembre/Entenda

1. Nas células eucarióticas, a transcrição não pode ser iniciada até que
   (A) as duas fitas de DNA estejam completamente separadas e o promotor, exposto.
   (B) diversos fatores de transcrição estejam ligados ao promotor.
   (C) os quepes 5' sejam removidos do mRNA.
   (D) os íntrons de DNA sejam removidos do molde.
2. Qual das seguintes afirmações é verdadeira sobre um códon?
   (A) Ele nunca codifica para o mesmo aminoácido que outro códon.
   (B) Ele pode codificar para mais de um aminoácido.
   (C) Ele pode estar no DNA ou no RNA.
   (D) Ele é a unidade básica da estrutura das proteínas.
3. O anticódon de uma molécula de tRNA específica é
   (A) complementar ao códon correspondente no mRNA.
   (B) complementar à trinca de nucleotídeos no rRNA.
   (C) a parte do tRNA que se liga especificamente a um aminoácido.
   (D) catalítico, tornando o tRNA uma ribozima.
4. Qual das seguintes afirmações é verdadeira sobre o processamento do RNA?
   (A) Éxons são clivados antes de o mRNA deixar o núcleo.
   (B) Nucleotídeos podem ser adicionados às duas extremidades do RNA.
   (C) Ribozimas podem atuar na adição de um quepe 5'.
   (D) O *splicing* do RNA adiciona uma cauda poli-A no mRNA.
5. Qual dos seguintes componentes está diretamente envolvido com a tradução?
   (A) RNA-polimerase
   (B) Ribossomo
   (C) Spliceossomo
   (D) DNA

Níveis 3-4: Aplique/Analise

6. Utilizando a Figura 17.6, identifique a sequência de nucleotídeos 5' → 3' na fita de DNA-molde que codifica um mRNA correspondente à sequência polipeptídica Phe-Pro-Lys.
   (A) 5'-UUUCCCAAA-3'
   (B) 5'-GAACCCCTT-3'
   (C) 5'-CTTCGGGAA-3'
   (D) 5'-AAACCCUUU-3'
7. Qual das mutações a seguir tem *maior* probabilidade de gerar efeito danoso em um organismo?
   (A) A deleção de três nucleotídeos perto da porção central de um gene.
   (B) A deleção de um único nucleotídeo no meio de um íntron.
   (C) A deleção de um único nucleotídeo perto do fim de uma sequência codificante.
   (D) A inserção de um único nucleotídeo localizado na porção a jusante, e perto, do início de uma sequência codificante.

8. Os processos acoplados mostrados na Figura 17.24 podem ser observados em células eucarióticas? Por quê?
9. Complete a seguinte tabela:

Tipo de RNA	Funções
RNA mensageiro (mRNA)	
RNA transportador (tRNA)	
	Tem papel estrutural no ribossomo; como uma ribozima, tem papel catalítico (catalisa a formação da ligação peptídica).
Transcrito primário	
Pequenos RNAs no spliceossomo	

Níveis 5-6: Avalie/Crie

10. **CONEXÃO EVOLUTIVA** A maioria dos aminoácidos é codificada por um conjunto de códons similares (ver Figura 17.6). Proponha pelo menos uma explicação evolutiva para justificar esse padrão.
11. **PESQUISA CIENTÍFICA** Sabendo que o código genético é quase universal, um cientista utilizou métodos de biologia molecular para inserir o gene humano da globina-β (mostrado na Figura 17.12) em células bacterianas, esperando que as células expressassem e sintetizassem uma proteína globina-β funcional. No entanto, a proteína produzida não é funcional e contém diversos aminoácidos a menos do que a globina-β produzida pelas células eucarióticas. Explique o motivo.

12. **ESCREVA SOBRE UM TEMA: INFORMAÇÃO** A evolução é responsável pela diversidade da vida, e a continuidade da vida é baseada em informações hereditárias sob a forma de DNA. Em um texto sucinto (100-150 palavras), discuta como a fidelidade dos processos de hereditariedade do DNA está relacionada com os processos evolutivos. (Revise a discussão da atividade de revisão de erros e o reparo do DNA no Conceito 16.2.)

13. **SINTETIZE SEU CONHECIMENTO**

Algumas mutações resultam em proteínas que são ativas em uma temperatura, mas não funcionais em uma temperatura diferente (geralmente mais alta). Os gatos-siameses apresentam essas mutações "sensíveis ao calor" nos genes que codificam a enzima que produz o pigmento escuro da pelagem. O resultado dessa mutação é a característica da raça, com as extremidades do corpo mais escuras e coloração mais clara ao longo do corpo (ver a fotografia). Utilizando essa informação e o que você aprendeu neste capítulo, explique o padrão de pigmentação da pelagem do gato.

Ver respostas selecionadas no Apêndice A.

18 Regulação da expressão gênica

CONCEITOS-CHAVE

18.1 As bactérias frequentemente respondem a alterações ambientais regulando a transcrição *p. 366*

18.2 A expressão gênica eucariótica é regulada em muitos estágios *p. 370*

18.3 Os RNAs não codificantes exercem múltiplos papéis no controle da expressão gênica *p. 379*

18.4 Um programa de expressão gênica diferencial leva aos diferentes tipos celulares nos organismos multicelulares *p. 381*

18.5 O câncer decorre de alterações genéticas que afetam o controle do ciclo celular *p. 388*

Dica de estudo

Faça um guia de estudo visual: Desenhe uma região do DNA representando um gene. Para cada nível da regulação gênica sobre o qual você ler, desenhe um esquema do seu gene sendo regulado naquele nível. Um desenho da regulação da modificação da cromatina é mostrado como exemplo.

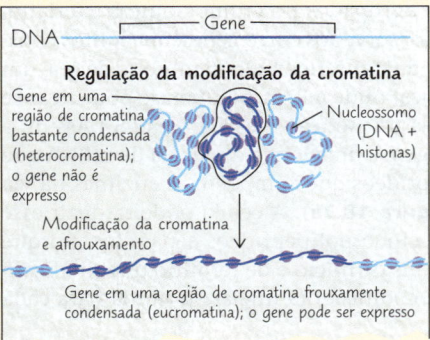

Figura 18.1 *Anableps anableps*, o quatro-olhos, desliza pelos lagos na América do Sul com a metade superior de cada olho para fora da água. A metade superior do olho é adaptada à visão aérea, e a metade inferior, à visão aquática. Entretanto, todas as células dos olhos contêm os mesmos genes.

Como duas células com os mesmos conjuntos de genes podem funcionar de forma diferente?

Para ser expresso, cada gene requer um determinado conjunto de fatores de transcrição. Diferentes células possuem diferentes conjuntos de fatores de transcrição específicos.

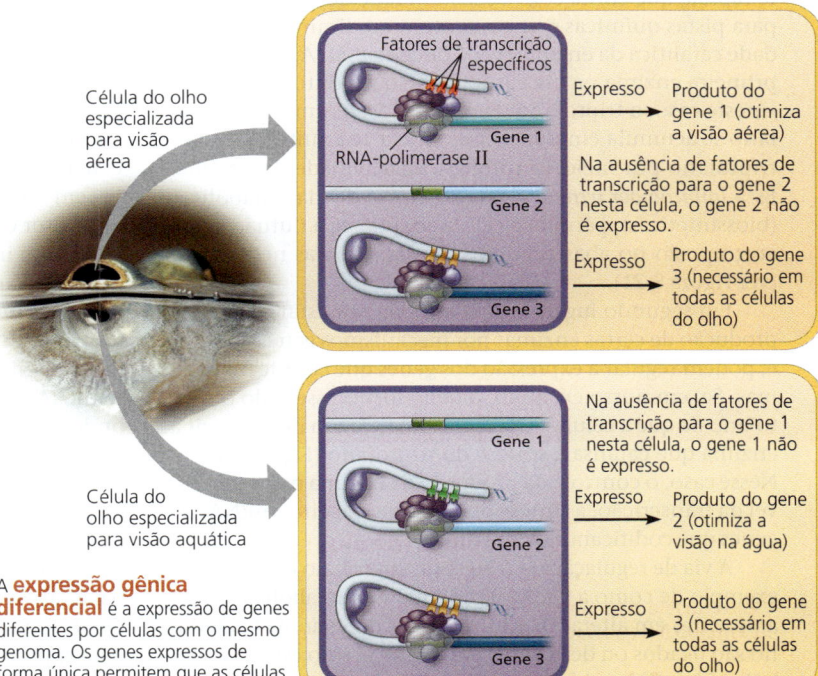

A **expressão gênica diferencial** é a expressão de genes diferentes por células com o mesmo genoma. Os genes expressos de forma única permitem que as células realizem suas funções específicas.

CONCEITO 18.1

As bactérias frequentemente respondem a alterações ambientais regulando a transcrição

Células bacterianas que conseguem conservar recursos e energia têm vantagem seletiva sobre as células que não conseguem. Assim, a seleção natural favoreceu as bactérias que expressam apenas os genes cujos produtos são requeridos pela célula.

Considere, por exemplo, uma célula individual de *Escherichia coli* vivendo no cólon humano, dependente dos caprichosos hábitos de alimentação do hospedeiro para obtenção dos nutrientes. Caso o meio não contenha o aminoácido triptofano de que a bactéria necessita para sobreviver, a célula responde ativando uma via metabólica que produz triptofano a partir de outro composto. Caso o hospedeiro humano se alimente de uma refeição rica em triptofano, a célula bacteriana cessa a produção de triptofano, evitando desperdiçar recursos para produzir uma substância disponível na solução circundante.

A via metabólica pode ser controlada em dois níveis, como mostrado para a síntese do triptofano na **Figura 18.2**. Primeiramente, as células podem ajustar a atividade das enzimas já presentes. Essa é uma resposta fisiológica bastante rápida, que conta com a sensibilidade de várias enzimas para pistas químicas que aumentam ou diminuem a atividade catalítica da enzima (ver Conceito 8.5). A atividade da primeira enzima na via é inibida pelo produto final da via – neste caso, o triptofano (Figura 18.2a). Assim, se o triptofano se acumula em uma célula, corta-se a síntese de mais triptofano por meio da inibição da atividade da enzima. Essa *inibição por retroalimentação*, típica de vias anabólicas (biossintéticas), permite à célula adaptar-se a flutuações de curto prazo no abastecimento de substâncias necessárias (ver Figura 8.21).

Em segundo lugar, as células podem ajustar o nível de produção de certas enzimas por mecanismos genéticos; isto é, podem regular a expressão dos genes que codificam enzimas. Se, em nosso exemplo, o meio fornecesse todo o triptofano de que a célula precisa, a célula pararia de produzir a enzima que catalisa a síntese do triptofano (Figura 18.2b). Nesse caso, o controle da produção da enzima ocorre no nível da transcrição, a síntese do RNA mensageiro (mRNA) de genes que codificam essas enzimas.

A via de regulação da síntese do triptofano é apenas um exemplo de como a bactéria modula seu metabolismo para ambientes em alteração. Muitos genes do genoma bacteriano são ligados ou desligados por alterações no estado metabólico da célula; alguns genes são regulados sozinhos e outros, em grupos de genes relacionados. O mecanismo básico para esse tipo de regulação de grupos de genes em bactérias, descrito como *modelo óperon*, foi descoberto em 1961 por François Jacob e Jacques Monod, no Instituto Pasteur, em Paris. Vejamos o que é um óperon e como ele funciona.

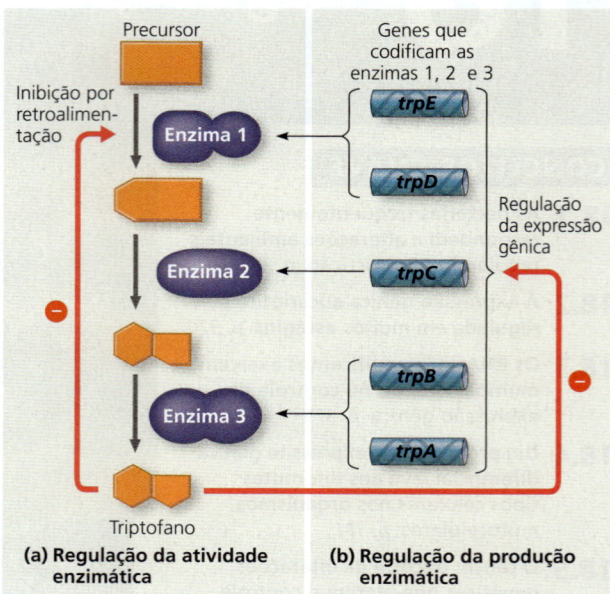

▲ **Figura 18.2 Regulação de uma via metabólica.** Na via para síntese de triptofano, a abundância de triptofano pode **(a)** inibir a atividade da primeira enzima na via (inibição por retroalimentação), uma resposta rápida, ou **(b)** reprimir a expressão dos genes que codificam todas as subunidades das enzimas na via, uma resposta de longo prazo. O símbolo ⊖ indica inibição.

Óperons: conceitos básicos

Escherichia coli sintetiza o aminoácido triptofano a partir de uma molécula precursora na via de três etapas mostrada na Figura 18.2. Cada reação na via é catalisada por uma enzima específica, e cinco genes que codificam as subunidades dessas enzimas estão agrupados no cromossomo bacteriano. Um único promotor serve aos cinco genes, que juntos constituem uma unidade transcricional. (Lembre-se de que um promotor é um local onde a RNA-polimerase pode ligar-se ao DNA e iniciar a transcrição; ver Figura 17.8.) Assim, a transcrição dá origem a uma longa molécula de mRNA que codifica cinco peptídeos que compõem as enzimas na via do triptofano **(Figura 18.3a)**. A célula pode traduzir esse mRNA único em cinco polipeptídeos separados, porque o mRNA tem códons de início e de término que sinalizam onde a sequência codificadora inicia e termina para cada polipeptídeo.

Uma vantagem essencial de genes de funções relacionadas, agrupados em uma unidade de transcrição, é que apenas um "interruptor de liga-desliga" pode controlar todo o grupo de genes funcionalmente relacionados; em outras palavras, esses genes são *controlados de maneira coordenada*. Quando uma célula de *E. coli* precisa produzir triptofano para si própria porque o ambiente ao seu redor não possui esse aminoácido, todas as enzimas para essa via metabólica são sintetizadas ao mesmo tempo. O interruptor é um segmento de DNA chamado de **operador**. Tanto a localização como o nome são adequados para sua função: posicionado dentro do promotor – ou, em alguns casos, entre o promotor e os genes que codificam enzimas –, o operador controla

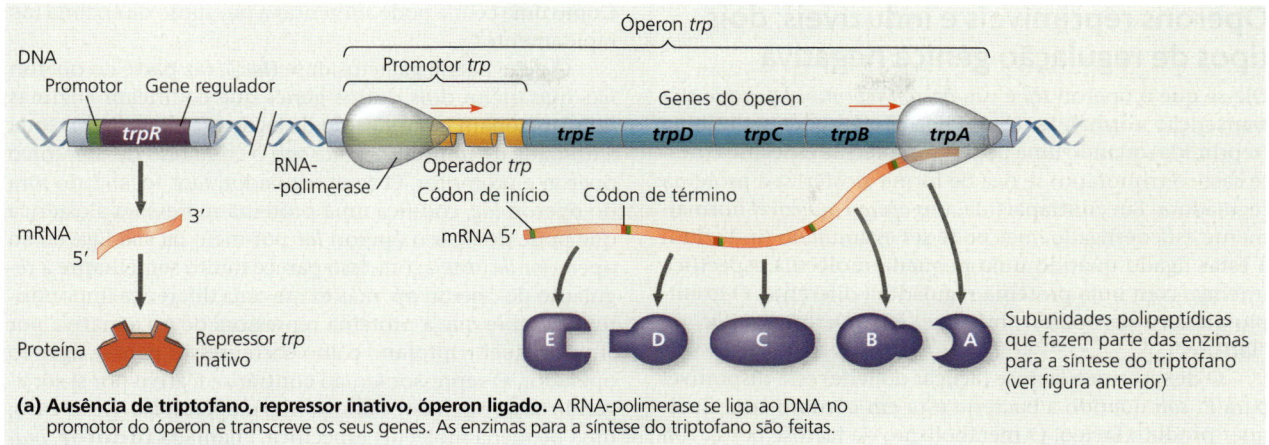

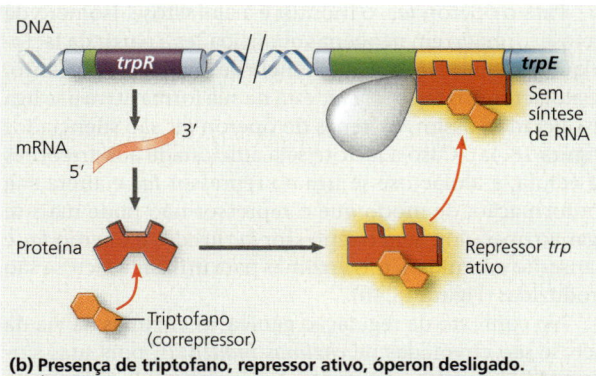

(b) **Presença de triptofano, repressor ativo, óperon desligado.**
À medida que o triptofano se acumula, ele inibe sua própria produção pela ativação da proteína repressora, que se liga ao operador, bloqueando a transcrição. As enzimas para a síntese do triptofano não são feitas.

▲ **Figura 18.3** **O óperon *trp* em *Escherichia coli*: síntese regulada de enzimas reprimíveis.** O triptofano é um aminoácido produzido por uma via anabólica catalisada por três enzimas (ver Figura 18.2). **(a)** Os cinco genes que codificam as subunidades polipeptídicas das enzimas nessa via estão agrupados junto com um promotor no óperon *trp*. O óperon *trp* (o sítio de ligação do repressor) está localizado dentro do promotor *trp* (o sítio de ligação da RNA-polimerase). **(b)** O acúmulo de triptofano, o produto final da via, reprime a transcrição do óperon *trp*, bloqueando, assim, a síntese de todas as enzimas na via e desligando a produção de triptofano.

HABILIDADES VISUAIS *Descreva o que ocorre ao óperon* trp *à medida que a célula consome seu estoque de triptofano.*

o acesso da RNA-polimerase aos genes. Juntos, o operador, o promotor e os genes que eles controlam – toda a sequência de DNA necessária para a produção da enzima para a via do triptofano – constituem um **óperon**. O óperon *trp* (*trp* para triptofano) é um dos muitos óperons no genoma de *E. coli* (ver Figura 18.3a).

Se o operador é o interruptor do óperon para controlar a transcrição, como esse interruptor funciona? Por si só, o operador *trp* é ligado; isto é, a RNA-polimerase pode ligar-se ao promotor e transcrever os genes do óperon. O óperon *trp* pode ser desligado por uma proteína chamada repressor do *trp*. Um **repressor** se liga ao operador, prevenindo a transcrição dos genes pela RNA-polimerase, muitas vezes pelo impedimento da ligação da RNA-polimerase **(Figura 18.3b)**. Uma proteína repressora é específica para o operador de um determinado óperon. Por exemplo, o repressor *trp* que desliga o óperon *trp* por se ligar ao operador *trp* não tem efeito sobre outros óperons no genoma de *E. coli*.

Uma proteína repressora é codificada por um **gene regulador** – nesse caso, um gene chamado de *trpR*; *trpR* está localizado a uma certa distância do óperon *trp* e possui seu próprio promotor. Genes reguladores estão entre os genes bacterianos que são expressos continuamente, embora a uma velocidade baixa, e algumas moléculas repressoras de *trp* estão sempre presentes nas células de *E. coli*. Por que, então, o óperon *trp* não está sempre desligado? Primeiro, a ligação de repressores a operadores é reversível. Um operador se alterna entre dois estados: sem o repressor ligado e com o repressor ligado. A duração relativa do estado ligado ao repressor é maior quando mais moléculas repressoras ativas estão presentes. Segundo, o repressor *trp*, como a maioria das proteínas reguladoras, é uma proteína alostérica, com duas formas alternativas, ativa e inativa (ver Figura 8.20). O repressor *trp* é sintetizado na forma inativa com pouca afinidade pelo operador *trp*. Somente quando uma molécula de triptofano se liga ao repressor *trp* em um sítio alostérico, a proteína repressora altera para a forma ativa que consegue se ligar ao operador, desligando o óperon.

O triptofano funciona nesse sistema como **correpressor**, uma pequena molécula que coopera com a proteína repressora para desligar um operador. À medida que o triptofano se acumula, mais moléculas de triptofano se associam com as moléculas repressoras de *trp*, que então se ligam ao operador *trp* e desligam a produção das enzimas da via do triptofano. Se o nível de triptofano na célula diminui, muito menos proteínas repressoras de *trp* teriam triptofano ligado, tornando-as inativas; elas se dissociariam do operador, permitindo que a transcrição dos genes do óperon fosse retomada. O óperon *trp* é um exemplo de como a expressão pode responder a alterações nos meios interno e externo da célula.

Óperons reprimíveis e induzíveis: dois tipos de regulação gênica negativa

Diz-se que o óperon *trp* é um *óperon reprimível* porque sua transcrição normalmente está ligada, mas pode ser inibida (reprimida) quando uma pequena molécula específica (neste caso, o triptofano) se liga de forma alostérica à proteína reguladora. Em contrapartida, um *óperon induzível* normalmente está desligado, mas pode ser estimulado (induzido) a estar ligado quando uma pequena molécula específica interage com uma proteína reguladora diferente. O exemplo clássico de óperon induzível é o óperon *lac* (*lac*, de "lactose").

O dissacarídeo lactose (açúcar do leite) está disponível para *E. coli* quando a bactéria está em contato com qualquer produto lácteo. O metabolismo da lactose por *E. coli* inicia com a hidrólise do dissacarídeo em seus monossacarídeos componentes (glicose e galactose), reação catalisada pela enzima β-galactosidase. Apenas algumas moléculas dessa enzima estão presentes na célula de *E. coli* crescendo em ausência de lactose. Entretanto, caso a lactose seja adicionada ao meio da bactéria, o número de moléculas de β-galactosidase na célula aumenta mil vezes em 15 minutos.

Como uma célula pode aumentar a produção da enzima tão rapidamente?

O gene para β-galactosidase (*lacZ*) faz parte do óperon *lac*, que inclui dois outros genes que codificam enzimas que funcionam na utilização da lactose **(Figura 18.4)**. Toda a unidade de transcrição está sob o comando de um único óperon e promotor. O gene regulador, *lacI*, localizado fora do óperon *lac*, codifica uma proteína repressora alostérica que pode desligar o óperon *lac* por meio da sua ligação ao operador *lac*. Até agora, isso parece muito semelhante à regulação do óperon *trp*, mas existe uma diferença importante. Relembre que a proteína repressora de *trp* é inativa por si só e requer triptofano como correpressor para se ligar ao operador. O repressor *lac*, ao contrário, é ativo por si só, ligando-se ao operador e desligando o óperon *lac*. Neste caso, uma pequena molécula específica, chamada **indutor**, *inativa* o repressor.

Para o óperon *lac*, o indutor é a alolactose, isômero da lactose formado em pequenas quantidades a partir da lactose que entra na célula. Na ausência de lactose (e, portanto, de alolactose), o repressor *lac* está na sua forma ativa e se liga ao operador; assim, os genes do óperon *lac* são silenciados (Figura 18.4a). Caso a lactose seja adicionada aos arredores da célula, a alolactose se liga ao repressor *lac* e altera sua conformação, de modo que o repressor não pode mais se ligar ao operador. Sem o repressor *lac* ligado, o óperon *lac* é transcrito em mRNA, e as enzimas para utilizar a lactose são produzidas (Figura 18.4b).

No contexto da regulação gênica, as enzimas da via da lactose são chamadas de *enzimas induzíveis*, pois suas sínteses são induzidas por um sinal químico (alolactose, neste caso). Analogamente, as enzimas para a síntese do triptofano são ditas reprimíveis. *Enzimas reprimíveis* geralmente funcionam em vias anabólicas, que sintetizam produtos finais essenciais de materiais crus (precursores). Por meio da suspensão da produção de um produto final quando ele já está presente em quantidades suficientes, a célula pode deslocar seus precursores orgânicos e energia para outros usos. Ao

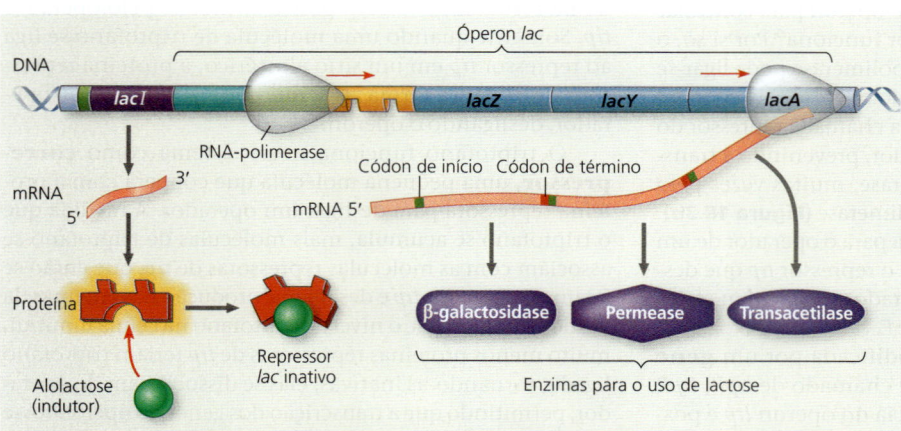

◀ **Figura 18.4** O óperon *lac* em *Escherichia coli*: síntese regulada de enzimas induzíveis. *Escherichia coli* utiliza três enzimas para captar e metabolizar lactose. Os genes para essas três enzimas estão agrupados no óperon *lac*. O primeiro gene, *lacZ*, codifica β-galactosidase, que hidrolisa lactose em glicose e galactose. O segundo gene, *lacY*, codifica uma permease, a proteína de membrana que transporta lactose para dentro da célula. O terceiro gene, *lacA*, codifica uma transacetilase, uma enzima que destoxifica outras moléculas que entram na célula pela permease. Excepcionalmente, o gene para o repressor *lac*, *lacI*, é adjacente ao óperon *lac*. A função da região em azul dentro do promotor será revelada na Figura 18.5.

contrário, as enzimas induzíveis normalmente funcionam em vias catabólicas que quebram nutrientes em moléculas mais simples. Produzindo a enzima apropriada só quando o nutriente está presente, a célula evita a perda de energia e de precursores ao produzir proteínas desnecessárias.

A regulação tanto do óperon *trp* como do *lac* envolve o controle *negativo* de genes, pois os óperons são desligados pela forma ativa da sua respectiva proteína repressora. Pode ser mais fácil de observar isso no óperon *trp*, mas também é verdadeiro no óperon *lac*. No caso do óperon *lac*, a alolactose não induz a síntese de enzimas por atuação direta sobre o óperon *lac*, mas sim por meio da liberação do óperon *lac* do efeito negativo do repressor (ver Figura 18.4b). A regulação gênica é chamada de *positiva* apenas quando uma proteína reguladora interage diretamente com o genoma para aumentar a transcrição.

Regulação gênica positiva

Quando glicose e lactose estão presentes no meio, *E. coli* tem preferência pela glicose. As enzimas para quebra de glicose na glicólise (ver Figura 9.8) estão continuamente presentes. Apenas quando a lactose está presente *e* a glicose está escassa, *E. coli* utiliza lactose como fonte de energia e somente então sintetiza quantidades apreciáveis das enzimas para quebra de lactose.

Como *E. coli* percebe a concentração de glicose e envia essa informação para o óperon *lac*? De novo, o mecanismo depende da interação de uma proteína reguladora alostérica com uma molécula orgânica pequena – neste caso, o **AMP cíclico** (**AMPc**), que acumula quando a glicose está escassa (ver Figura 11.11 para a estrutura do AMPc). A proteína reguladora, chamada *proteína receptora de AMPc* (*CRP*, do inglês *cAMP receptor protein*), é um **ativador**, proteína que se liga ao DNA e estimula a transcrição de um gene (CRP também é chamada de *proteína ativadora de catabólitos*, ou CAP). Quando o AMPc se liga a essa proteína reguladora, a CRP assume a sua forma ativa e pode se ligar a um sítio específico na extremidade a montante do promotor *lac* **(Figura 18.5a)**. Essa ligação aumenta a afinidade da RNA-polimerase pelo promotor *lac*, que na verdade é baixa mesmo quando nenhum repressor *lac* está ligado ao operador. Facilitando a ligação da RNA-polimerase ao promotor e, assim, o aumento da taxa de transcrição do óperon *lac*, a ligação da CRP ao promotor estimula diretamente a expressão gênica. Assim, esse mecanismo caracteriza a regulação positiva.

Caso a quantidade de glicose na célula aumente, a concentração de AMPc cai, e, sem AMPc, a CRP se destaca do óperon *lac*. Como a CRP está inativa, a RNA-polimerase se liga com menos eficiência ao promotor, e a transcrição do óperon *lac* inicia em baixos níveis, mesmo na presença de lactose **(Figura 18.5b)**. Assim, o óperon *lac* está sob controle duplo: controle negativo pelo repressor *lac* e controle positivo pela CRP. A alolactose controla se a transcrição ocorre ou não: sem alolactose, o repressor *lac* está ativo e o óperon está desligado (a transcrição não ocorre; ver Figura 18.4a); com alolactose, o repressor *lac* está inativo e o óperon está ligado (a transcrição ocorre; ver Figura 18.4b). A *taxa* de transcrição é controlada pela ligação do AMPc à CRP: com AMPc ligado, a taxa é alta; sem ele, a taxa é baixa. Acredita-se que o óperon possua tanto um interruptor liga-desliga como um controle de volume.

Além de regular o óperon *lac*, a CRP ajuda a regular outros óperons que codificam para enzimas utilizadas nas vias catabólicas. Ao todo, ela pode afetar a expressão de mais de 100 genes em *E. coli*. Com glicose abundante e CRP inativa, a síntese de enzimas que catabolizam compostos diferentes da glicose geralmente diminui. A capacidade de catabolizar outros compostos, como lactose, permite que a célula privada de glicose sobreviva. Os compostos presentes em qualquer célula em certo momento determinam quais óperons serão ligados – o resultado da simples interação de proteínas ativadoras e repressoras com os promotores dos genes em questão.

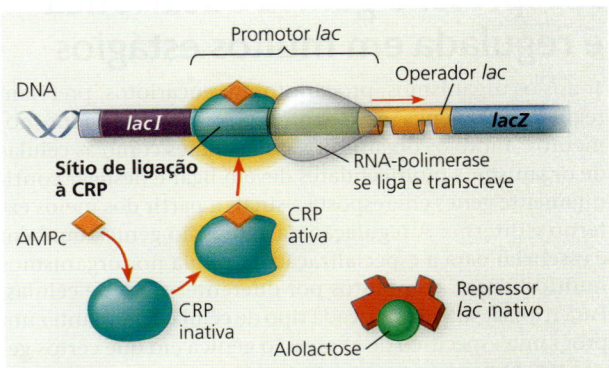

(a) **Presença de lactose, glicose escassa (nível alto de AMPc): síntese abundante de mRNA para *lac*.** Com glicose escassa, o alto nível de AMPc ativa CRP, que se liga ao promotor e aumenta a ligação à RNA-polimerase. O óperon *lac* produz grandes quantidades de mRNA que codificam enzimas de que a célula necessita para usar a lactose.

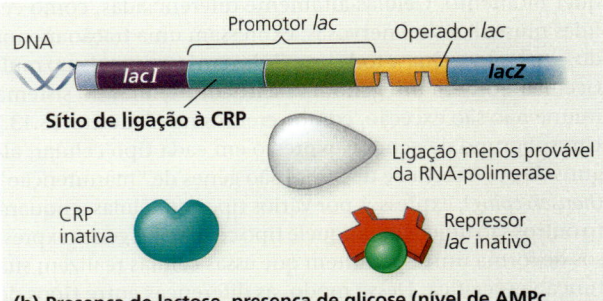

(b) **Presença de lactose, presença de glicose (nível de AMPc baixo): pouca síntese de mRNA para *lac*.** Com glicose presente, o AMPc é escasso, e a CRP não é capaz de estimular a transcrição em nível significativo, mesmo sem a ligação do repressor.

▲ **Figura 18.5 Controle positivo do óperon *lac* pela proteína receptora AMPc (CRP).** A RNA-polimerase terá alta afinidade pelo promotor *lac* apenas quando CRP estiver ligada a um sítio no DNA na extremidade a montante do promotor. A CRP, por sua vez, liga-se ao seu sítio no DNA apenas quando associada com AMP cíclico (AMPc), cuja concentração na célula aumenta quando a concentração de glicose diminui. Assim, na presença de glicose, mesmo quando a lactose também estiver disponível, a célula catabolisa preferencialmente glicose e produz níveis muito baixos das enzimas para usar a lactose.

REVISÃO DO CONCEITO 18.1

1. Como a ligação do correpressor *trp* ao seu repressor *trp* altera a função repressora e a transcrição? Como a ligação do indutor *lac* altera a função do repressor *lac*?
2. Descreva a ligação de repressores e ativadores ao óperon *lac* quando tanto a lactose como a glicose estiverem escassas. Qual seria o efeito dessa escassez na transcrição do óperon *lac*?
3. **E SE?** Uma certa mutação em *E. coli* altera o operador *lac* de modo que o repressor ativo não pode se ligar. Como isso afetaria a produção celular de β-galactosidase?

Ver as respostas sugeridas no Apêndice A.

CONCEITO 18.2

A expressão gênica eucariótica é regulada em muitos estágios

Todos os organismos, procariotos ou eucariotos, precisam regular quais genes serão expressos em determinados momentos. Tanto os organismos unicelulares como as células de organismos multicelulares devem ligar e desligar continuamente genes em resposta a sinais a partir dos meios externo e interno. A regulação da expressão gênica também é essencial para a especialização da célula nos organismos multicelulares, compostos por diferentes tipos de células. Para realizar sua função, cada tipo de célula deve manter um programa específico de expressão gênica em que certos genes são expressos e outros não (ver Figura 18.1).

Expressão gênica diferencial

Uma célula humana típica pode expressar cerca de um terço até metade dos seus genes que codificam proteínas a qualquer momento. Células altamente diferenciadas, como células musculares ou nervosas, expressam uma fração menor dos seus genes. Quase todas as células em um organismo multicelular contêm um genoma idêntico. (Células do sistema imune não são exceção, como veremos no Conceito 43.13.) Um subgrupo de genes é expresso em cada tipo celular; alguns desses – cerca de de 35% – são genes de "manutenção" (*housekeeping*), expressos por vários tipos de células, enquanto outros são únicos para aquele tipo celular. Os genes expressos de forma única permitem que essas células realizem sua função específica. Desse modo, as diferenças entre tipos de células não ocorrem devido à presença de genes diferentes, mas pela **expressão gênica diferencial**, a expressão de diferentes genes por células com o mesmo genoma.

A função de qualquer célula depende da expressão do conjunto apropriado de genes. Os fatores de transcrição de uma célula devem localizar os genes corretos no momento certo, uma tarefa semelhante a encontrar uma agulha em um palheiro. A expressão gênica anormal pode causar graves desequilíbrios e doenças, inclusive câncer.

A **Figura 18.6** resume todo o processo de expressão gênica em uma célula eucariótica, destacando estágios essenciais na expressão de um gene que codifica proteína. Cada

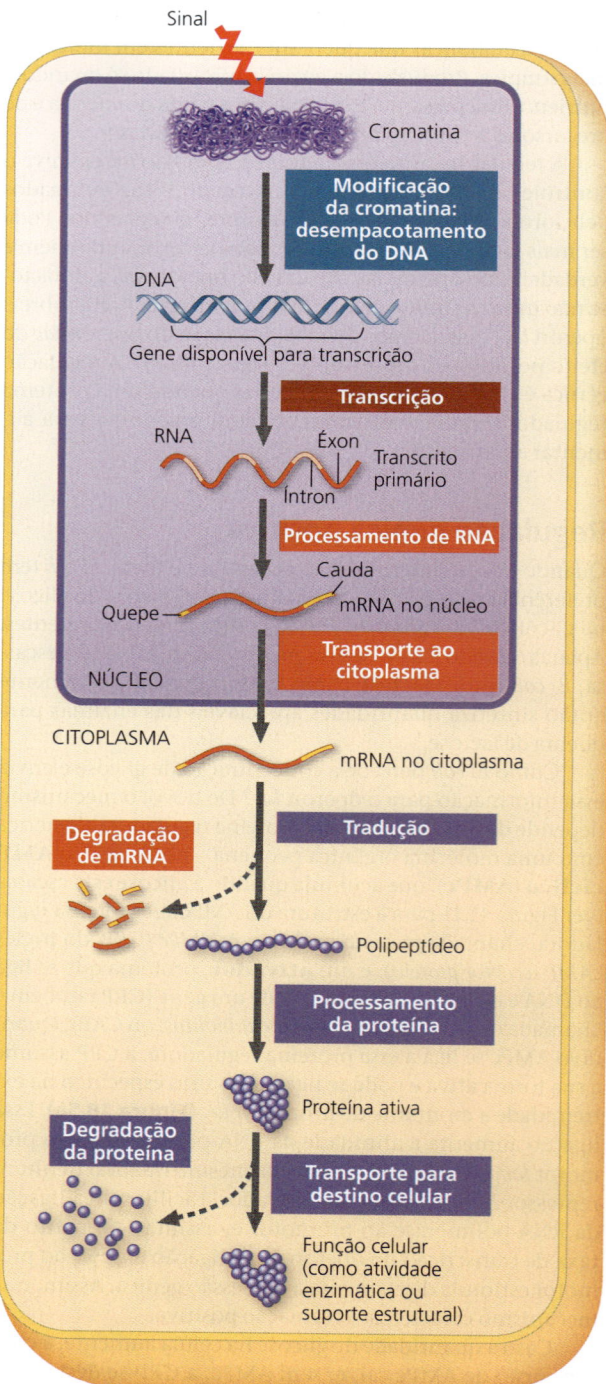

▲ **Figura 18.6 Estágios na expressão gênica que podem ser regulados nas células eucarióticas.** Neste diagrama, as caixas coloridas indicam os processos mais frequentemente regulados; cada cor indica o tipo de molécula afetada (azul = DNA, vermelho/laranja = RNA, roxo = proteína). O envelope nuclear que separa a transcrição da tradução nas células eucarióticas permite o processamento do RNA, uma forma de controle pós-transcricional que não é possível em procariotos. Os eucariotos também possuem maior variedade de mecanismos de controle ocorrendo antes da transcrição e depois da tradução. Alguns genes são regulados em múltiplos estágios.

estágio mostrado na Figura 18.6 é um ponto de controle em potencial no qual a expressão gênica pode ser ligada ou desligada, acelerada ou desacelerada. Muitos genes têm mais de um ponto de controle.

Quando a estrutura do DNA foi determinada, em 1953, a compreensão dos mecanismos que controlam a expressão gênica em eucariotos parecia quase impossível de ser alcançada. Desde então, avanços na tecnologia do DNA (ver Capítulo 20) permitiram que os biólogos moleculares descobrissem vários detalhes da regulação gênica eucariótica. Em todos os organismos, a expressão gênica normalmente é controlada na transcrição; a regulação nesse estágio muitas vezes ocorre em resposta a sinais que vêm de fora da célula, como hormônios ou outras moléculas sinalizadoras. Por essa razão, o termo *expressão gênica* é, muitas vezes, considerado transcrição, tanto em bactérias como em eucariotos. Enquanto este pode ser o caso das bactérias, a maior complexidade estrutural e funcional da célula eucariótica fornece oportunidades para a regulação da expressão gênica em vários estágios além da transcrição (ver Figura 18.6). Vamos examinar com mais detalhes alguns dos importantes pontos de controle da expressão gênica eucariótica.

Regulação da estrutura da cromatina

Lembre-se de que o DNA das células eucarióticas está empacotado com proteínas em um complexo elaborado conhecido como cromatina, cuja unidade básica é o nucleossomo (ver Figura 16.23). A organização estrutural da cromatina não apenas empacota o DNA da célula de forma compacta, que se encaixa dentro do núcleo, mas também ajuda a regular a expressão gênica de várias maneiras. Genes com heterocromatina, que é mais densamente arranjada do que a eucromatina, normalmente não são expressos. Na eucromatina, o fato de um gene ser ou não transcrito é afetado pela localização dos nucleossomos ao longo do promotor do gene e também pelos locais onde o DNA se liga ao suporte proteico do cromossomo. A estrutura da cromatina e a expressão gênica podem ser influenciadas por modificações químicas tanto das proteínas histonas dos nucleossomos em torno das quais o DNA é enrolado quanto dos nucleotídeos que compõem esse DNA. Aqui, vamos examinar os efeitos dessas modificações, que são catalisadas por enzimas específicas.

Modificações das histonas e metilação do DNA

Modificações químicas nas histonas, encontradas em todos os organismos eucarióticos, têm um papel direto na regulação da transcrição gênica. O N-terminal de cada proteína histona no nucleossomo se estende para fora do nucleossomo **(Figura 18.7a)**. Essas *caudas das histonas* são acessíveis a várias enzimas modificadoras, que catalisam a adição ou a remoção de grupos químicos específicos, como grupamentos acetila (—COCH$_3$), metila e fosfato (ver Figura 4.9). Em geral, a **acetilação da histona** – a adição de um grupamento acetila a um aminoácido em uma cauda de histona – parece promover a transcrição por meio da abertura da estrutura de cromatina **(Figura 18.7b)**, enquanto a adição de grupamentos metila às histonas pode levar à condensação da cromatina e à transcrição reduzida. Muitas vezes, a adição de um determinado grupamento químico pode criar um novo sítio de ligação para enzimas que depois modificam a estrutura da cromatina.

Em vez de modificar as proteínas histonas, um conjunto diferente de enzimas pode metilar o próprio DNA em certas bases, geralmente citosina. Essa **metilação do DNA** ocorre na maioria das plantas, dos animais e dos fungos. Longas extensões de DNA inativo, como o dos cromossomos X inativados de mamíferos (ver Figura 15.8), em geral são mais metiladas do que as regiões de DNA ativamente transcrito. Em uma escala menor, o DNA de genes individuais é normalmente mais metilado em células em que esses genes não são expressos. A remoção de grupamentos metila extras pode ativar alguns desses genes.

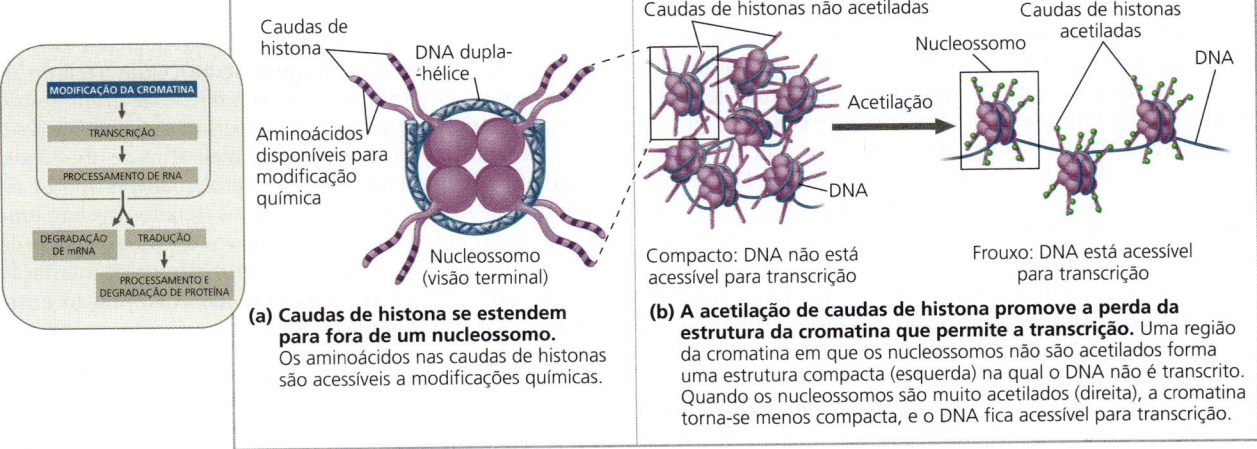

▲ **Figura 18.7** **Modelo simples de caudas de histona e o efeito da acetilação da histona.** Os aminoácidos nas caudas de histona podem ser modificados quimicamente pela adição de grupos acetila (círculos verdes) ou outros grupos (como grupos metila ou fosfato). Essas modificações afetam a estrutura da cromatina em uma região, algumas vezes fornecendo locais de ligação para outras enzimas modificadoras da cromatina.

Uma vez metilados, os genes permanecem normalmente nesse estado durante sucessivas divisões celulares em um dado indivíduo. Em locais do DNA com fita já metilada, enzimas de metilação metilam corretamente a fita-filha antes de cada ciclo de replicação do DNA. Assim, os padrões de metilação são passados adiante para células-filhas, e as células que formam tecidos especializados mantêm um registro químico do que ocorreu durante o desenvolvimento embrionário. Um padrão de metilação mantido assim também é responsável pela *impressão genômica* nos mamíferos, onde a metilação regula permanentemente a expressão tanto do alelo materno como do paterno de determinados genes no início do desenvolvimento (ver Figura 15.17). Acredita-se que a metilação do DNA e a modificação das histonas sejam coordenadas na sua regulação.

Herança epigenética

As modificações da cromatina recém-discutidas não modificam a sequência de DNA, mas podem ser passadas para futuras gerações de células. A herança de características transmitidas por mecanismos que não envolvem diretamente a sequência nucleotídica é chamada de *herança epigenética*, e seu estudo é chamado de **epigenética**. Enquanto as mutações no DNA são alterações permanentes, as modificações na cromatina podem ser revertidas. Por exemplo, os padrões de metilação do DNA são apagados durante a formação dos gametas e restabelecidos durante o desenvolvimento embrionário. Além disso, eles são adaptáveis, respondendo mais rapidamente às condições ambientais.

A pesquisa sobre epigenética disparou nos últimos 20 anos. A importância da informação epigenética na regulação da expressão gênica é agora amplamente aceita. Um estudo-chave realizado por Robert Waterland e Randy Jirtle na Universidade de Duke, publicado em 2003, utilizou um mutante de camundongo cujo genoma tinha sido alterado. Um gene chamado *agouti*, que determina a cor do pelo, normalmente expresso apenas brevemente durante a formação do pelo, foi, ao invés disso, expresso durante todo o desenvolvimento. Essa superexpressão resultou em camundongos amarelos (**Figura 18.8a**, camundongo à esquerda) em vez da cor acastanhada habitual ("agouti"). Trabalhos anteriores haviam mostrado que a simples complementação da dieta das mães grávidas com compostos contendo grupamentos metila (como ácido fólico) poderia mudar a gama de cores da pelagem da prole de volta ao normal (ver Figura 18.8a, camundongo à direita). Waterland e Jirtle reproduziram esse resultado, analisando o estado de metilação do DNA. Eles mostraram que a extensão da mudança de cor estava correlacionada com o nível de metilação do DNA. Em outras palavras, alimentar as mães com grupos metila em um momento-chave durante a gestação levou a uma mudança na expressão gênica no fenótipo da prole. Outros estudos mostraram que os efeitos foram observados até mesmo na geração seguinte – os "netos" do camundongo-fêmea original.

Um efeito epigenético semelhante devido a mudanças na metilação ocorre também em humanos. Perto do final da Segunda Guerra Mundial, durante o inverno de 1944-1945, trabalhadores ferroviários holandeses entraram em greve para tentar impedir os nazistas de trazer mais tropas. Como retaliação, os nazistas bloquearam todas as entregas

(a) Efeitos da dieta materna em camundongos geneticamente idênticos. Estes dois camundongos são geneticamente idênticos (mutantes *agouti*), mas suas mães tiveram dietas diferentes. A dieta materna sem compostos que doam grupos metila resultou no descendente obeso amarelo à esquerda. Uma dieta suplementada com compostos doadores de metila, como o ácido fólico, conduziu a pelagem marrom salpicada (fenótipo *agouti* normal) e peso normal do camundongo à direita.

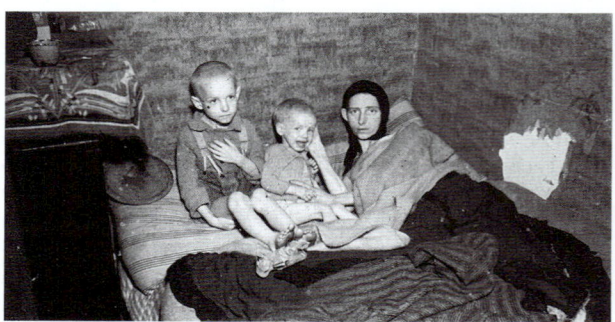

(b) Inverno da fome holandesa. Durante o bloqueio nazista do transporte de alimentos para a Holanda próximo ao fim da Segunda Guerra Mundial, a população estava faminta, incluindo esta mãe e seus dois filhos. Os filhos de mães que estavam grávidas durante esse período sentiram efeitos a longo prazo.

▲ **Figura 18.8** Exemplos da herança epigenética.

de alimentos. Mais de 20 mil holandeses morreram no "Inverno da fome holandesa" **(Figura 18.8b)**. Com o tempo, os médicos descobriram que os descendentes de mulheres no início da gravidez naquela época experimentaram efeitos adversos à saúde como adultos: taxas mais altas de obesidade, níveis altos de triglicerídeos e colesterol, diabetes tipo 2 e esquizofrenia. Além disso, os indivíduos afetados tiveram uma taxa de mortalidade 10% maior após os 68 anos de idade do que seus irmãos que estavam *in utero* quando a alimentação estava prontamente disponível. Uma colaboração entre laboratórios na Holanda e nos Estados Unidos comparou aqueles adultos com seus irmãos e publicou suas descobertas em 2018. A análise estatística permitiu aos pesquisadores concluir que as diferenças entre os irmãos na metilação do DNA de certos genes causaram essas condições médicas adversas em longo prazo – exemplos de herança epigenética.

Variações epigenéticas podem ajudar a explicar casos nos quais um gêmeo idêntico adquire doenças com base genética, como esquizofrenia, mas o outro não, apesar dos genomas idênticos. Alterações nos padrões normais de metilação de DNA são vistas em alguns cânceres, em que elas estão associadas com expressão gênica inapropriada. Evidentemente, as enzimas que modificam a estrutura da cromatina são partes integrais da maquinaria das células eucarióticas para regulação da transcrição.

Regulação do início da transcrição

Enzimas de modificação da cromatina fornecem o controle inicial da expressão gênica, tornando a região do DNA mais ou menos hábil a se ligar à maquinaria de transcrição. Uma vez que a cromatina de um gene é modificada de forma ótima para a expressão, o início da transcrição é a principal etapa na qual a expressão gênica é regulada. Como em bactérias, a regulação do início da transcrição em eucariotos envolve proteínas que se ligam ao DNA e facilitam ou inibem a ligação da RNA-polimerase. Entretanto, o processo é mais complicado em eucariotos. Antes de observarmos como as células eucarióticas controlam sua transcrição, revisaremos a estrutura de um gene eucariótico.

Organização do gene eucariótico típico e seu transcrito

Em geral, um gene eucariótico e os elementos de DNA (segmentos) que o controlam estão organizados conforme a **Figura 18.9**, que aprofunda o que aprendemos sobre genes eucarióticos no Capítulo 17. Relembre que um grupo de proteínas chamado *complexo de início da transcrição* se fixa sobre a sequência promotora na extremidade a montante do gene (ver Figura 17.9). Uma dessas proteínas, RNA-polimerase II, começa, então, a transcrever o gene, sintetizando um transcrito de RNA primário (pré-mRNA). O processamento do RNA inclui a adição enzimática de um quepe na extremidade 5' e uma cauda poli-A, assim como a retirada dos íntrons, para gerar um mRNA maduro. Associados à maioria dos genes eucarióticos, estão múltiplos **elementos-controle**, segmentos de DNA não codificante que servem como sítios de ligação para proteínas chamadas fatores de transcrição, que se ligam aos elementos-controle e regulam a transcrição. Esses elementos-controle no DNA e os fatores de transcrição que se ligam a eles são cruciais para a regulação precisa da expressão gênica observada em diferentes tipos de células.

Os papéis dos fatores gerais e específicos de transcrição

Existem dois tipos de fatores de transcrição: os fatores gerais de transcrição atuam no promotor de todos os genes, enquanto alguns genes requerem fatores específicos de transcrição que se ligam a elementos-controle; estes podem estar próximos ou mais distantes do promotor.

Fatores gerais de transcrição no promotor Para iniciar a transcrição, a RNA-polimerase II eucariótica requer a assistência de fatores de transcrição. Alguns fatores de transcrição (como os ilustrados na Figura 17.9) são essenciais para a transcrição de *todos* os genes que codificam proteínas; assim, são muitas vezes chamados de *fatores gerais de transcrição*. Poucos fatores gerais de transcrição se ligam a uma sequência de DNA, como caixa TATA na maioria dos promotores, mas muitos se ligam a proteínas, incluindo outros fatores de transcrição assim como a RNA-polimerase II.

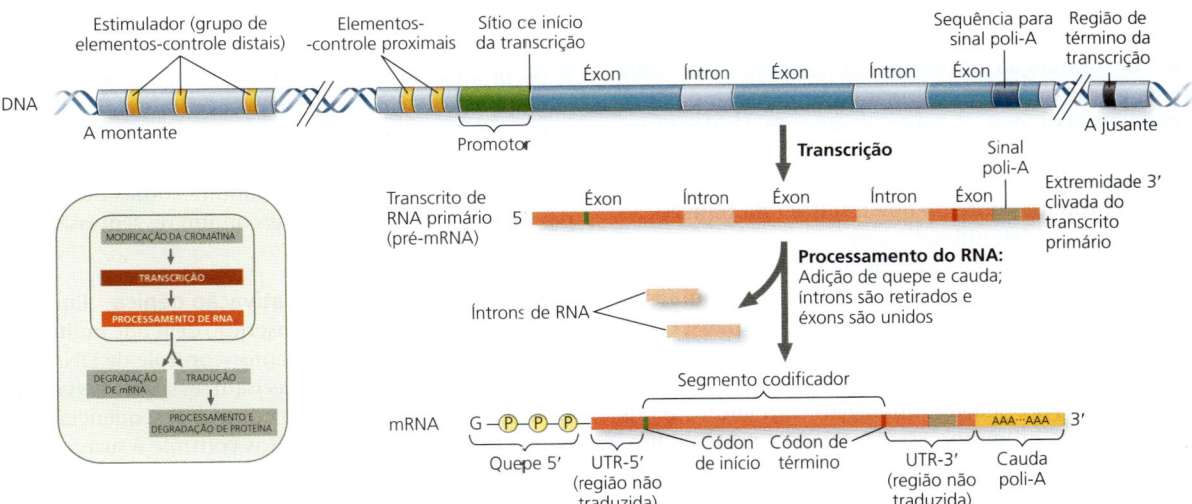

▲ **Figura 18.9 Um gene eucariótico e seu transcrito.** Cada gene eucariótico possui um promotor – uma sequência de DNA onde a RNA-polimerase II se liga e inicia a transcrição, prosseguindo a jusante. Alguns elementos-controle (em amarelo) estão envolvidos na regulação do início da transcrição; são sequências de DNA localizadas próximo ou longe do promotor. Elementos-controle distais podem ser agrupados como estimuladores, um dos quais é mostrado para esse gene. Na outra extremidade do gene, a sequência-sinal de poliadenilação (poli-A) no último éxon do gene é transcrita em uma sequência de RNA que sinaliza onde o transcrito é clivado e a cauda de poli-A é adicionada. A transcrição pode continuar por centenas de nucleotídeos após o sinal poli-A antes de terminar. O processamento de RNA do transcrito primário em um mRNA funcional envolve três etapas: adição do quepe 5', adição da cauda poli-A e *splicing*. Na célula, o quepe 5' é adicionado logo depois que a transcrição é iniciada, e o *splicing* ocorre enquanto a transcrição ainda está em andamento (ver Figuras 17.11 e 17.12).

As interações proteína-proteína são cruciais para o início da transcrição em eucariotos. A polimerase pode começar a se mover ao longo da fita-molde de DNA e transcrever apenas quando todo o complexo de início está montado.

Alguns genes são expressos todo o tempo, mas outros não são; em vez disso, eles são regulados. Para esses genes, a interação de fatores gerais de transcrição e RNA-polimerase II com um promotor geralmente leva a uma baixa taxa de iniciação e produção de poucos transcritos de RNA a partir de genes que não são expressos em níveis significativos o tempo todo ou em todas as células. Em eucariotos, altos níveis de transcrição desses determinados genes em local e momento apropriados dependem da interação dos elementos-controle com outro grupo de proteínas, que podem ser considerados *fatores específicos de transcrição*.

Estimuladores e fatores específicos de transcrição

Como pode ser visto na Figura 18.9, alguns elementos-controle, chamados de *elementos-controle proximais*, estão próximos ao promotor. Os *elementos-controle distais*, mais distantes, cujos grupos são chamados **estimuladores**, podem estar localizados a milhares de nucleotídeos a montante ou a jusante de um gene ou até mesmo dentro de um íntron. Um determinado gene pode possuir múltiplos estimuladores, cada um ativo em um momento, tipo celular ou localização diferente no organismo. Entretanto, cada estimulador está associado apenas a aquele gene e não a outro.

Nos eucariotos, o nível de expressão gênica pode ser fortemente aumentado ou diminuído pela ligação dos fatores específicos de transcrição, sejam ativadores ou repressores, aos elementos-controle dos estimuladores. Centenas de ativadores da transcrição foram descobertos em eucariotos; a estrutura de um é mostrada na **Figura 18.10**. Os pesquisadores identificaram dois tipos de domínios estruturais que são comumente encontrados em um grande número de ativadores de transcrição: um *domínio de ligação ao DNA* – uma parte da estrutura tridimensional da proteína que se liga ao DNA – e um ou mais *domínios de ativação*. Os domínios de ativação ligam outras proteínas reguladoras ou componentes da maquinaria de transcrição, facilitando a série de interações proteína-proteína que resultam na transcrição aumentada de um determinado gene.

A **Figura 18.11** demonstra os modelos aceitos atualmente de como a ligação de ativadores a um estimulador localizado longe do promotor influencia na transcrição. O curvamento do DNA, mediado por proteína, traz os ativadores ligados em contato com um grupo de *proteínas mediadoras*, que, por sua vez, interagem com fatores gerais de transcrição no promotor. Essas interações proteína-proteína ajudam a montar e posicionar o complexo de início no promotor. Um dos estudos que dá suporte a esse modelo mostra que as proteínas que regulam um gene de globina de camundongo fazem contato tanto com o promotor do gene como com o estimulador localizado cerca de 50 mil nucleotídeos a montante. As interações proteicas permitem que essas duas regiões do DNA se unam de modo muito especial, apesar dos vários pares de nucleotídeos entre elas.

Fatores específicos de transcrição que funcionam como repressores podem inibir a expressão gênica de várias

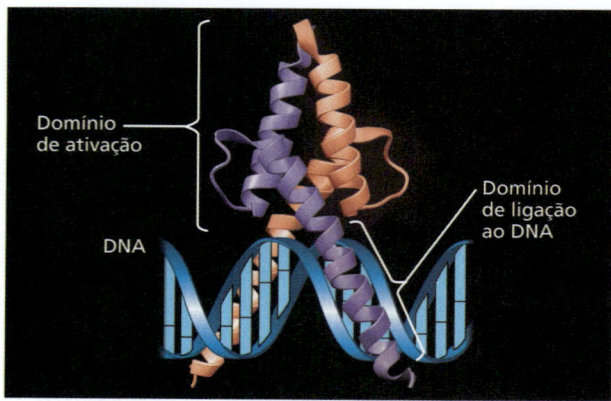

▲ **Figura 18.10** **Estrutura de MyoD, um ativador transcricional.** A proteína MyoD é composta por duas subunidades polipeptídicas (púrpura e salmão) com extensas regiões em α-hélice. Cada subunidade tem um domínio de ligação ao DNA (metade inferior) e um domínio de ativação (metade superior). O último inclui os sítios de ligação para a outra subunidade e para outras proteínas. MyoD está envolvida no desenvolvimento muscular nos embriões vertebrados (ver Conceito 18.4).

HABILIDADES VISUAIS *Descreva como os dois domínios funcionais da proteína MyoD se relacionam às duas subunidades polipeptídicas.*

formas diferentes. Alguns repressores se ligam diretamente ao DNA do elemento-controle (em estimuladores ou outro local), bloqueando a ligação do ativador. Outros repressores interferem no próprio ativador de modo que ele não possa se ligar ao DNA.

Além de influenciar diretamente a transcrição, alguns ativadores e repressores afetam indiretamente a estrutura da cromatina. Estudos com células de levedura e de mamíferos mostraram que alguns ativadores recrutam proteínas que acetilam histonas próximo aos promotores de genes específicos, promovendo a transcrição (ver Figura 18.7). De forma similar, alguns repressores recrutam proteínas que removem os grupamentos acetila das histonas, levando à transcrição reduzida, fenômeno chamado *silenciamento*. Assim, o recrutamento de proteínas modificadoras de cromatina parece ser o mecanismo mais comum de repressão nas células eucarióticas.

Controle combinatório da ativação gênica Em eucariotos, o controle preciso da transcrição depende muito da ligação dos ativadores aos elementos-controle de DNA. Considerando que muitos genes precisam ser regulados em células animais ou vegetais típicas, o número de sequências nucleotídicas diferentes em elementos-controle é surpreendentemente pequeno. Uma dúzia dessas sequências nucleotídicas curtas aparecem sempre nos elementos-controle para diferentes genes. Em média, cada estimulador é composto por cerca de 10 elementos-controle, e cada um se liga a apenas um ou dois fatores específicos de transcrição. É uma determinada *combinação* de elementos-controle em um estimulador associado com um gene, em vez de um único elemento-controle, que é importante na regulação da transcrição do gene.

Mesmo com a disponibilidade de apenas aproximadamente uma dúzia de sequências de elementos-controle,

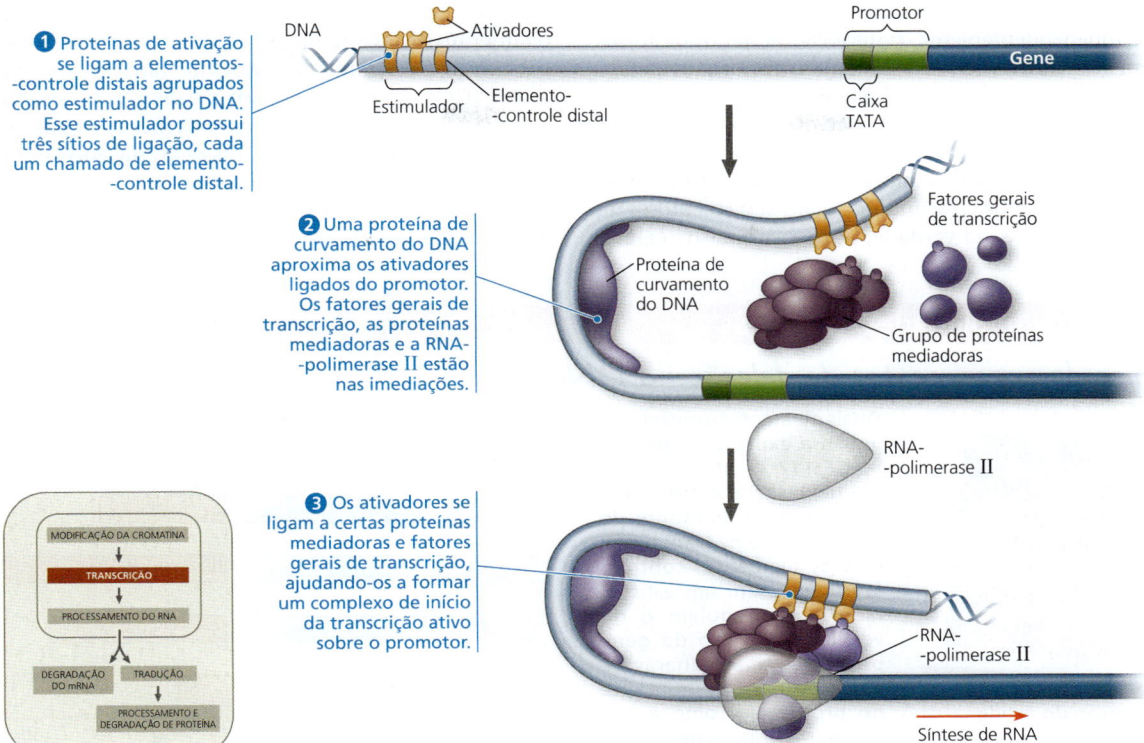

▲ **Figura 18.11** **Modelo para a ação dos estimuladores e ativadores da transcrição.** O curvamento do DNA por uma proteína permite que os estimuladores influenciem um promotor a centenas, ou até mesmo milhares, de nucleotídeos de distância. Fatores específicos de transcrição (ativadores) se ligam às sequências de DNA estimuladoras e, depois, a um grupo de proteínas mediadoras. Estas, por sua vez, ligam-se aos fatores gerais de transcrição e, depois, à RNA-polimerase II, montando o complexo de iniciação de transcrição. Essas interações proteína-proteína levam ao posicionamento correto do complexo no promotor e à iniciação da síntese de RNA. Apenas um estimulador (com três elementos-controle em dourado) está mostrado aqui, mas um gene pode ter vários estimuladores que atuam em diferentes momentos ou em diferentes tipos de células.

muitas combinações são possíveis. Cada combinação de elementos-controle pode ativar a transcrição apenas quando os ativadores apropriados de transcrição estiverem presentes, o que pode ocorrer em um momento preciso durante o desenvolvimento ou em um determinado tipo de célula. No **Exercício de habilidades científicas**, você poderá trabalhar com dados de um experimento que identificou os elementos-controle em um estimulador de um determinado gene humano. A **Figura 18.12** ilustra como o uso de diferentes combinações de apenas poucos elementos-controle pode permitir uma regulação diferencial da transcrição em dois tipos de células representativas – hepatócitos e células do cristalino. Isso pode ocorrer porque cada tipo de célula contém um grupo diferente de ativadores da transcrição. O Conceito 18.4 explora como os tipos celulares diferenciam esse processo, mesmo que todas as células se originem a partir de uma célula (o óvulo fertilizado).

Genes controlados de modo coordenado em eucariotos

Como a célula eucariótica negocia com um grupo de genes de função relacionada que necessitam ser ligados ou desligados no mesmo momento? Anteriormente, neste capítulo, aprendemos que em bactérias esses genes *controlados de maneira coordenada* estão frequentemente agrupados em um óperon, regulado por um único promotor e transcrito em uma única molécula de mRNA. Assim, os genes são expressos juntos, e as proteínas codificadas são produzidas ao mesmo tempo. Óperons que trabalham assim *não* foram encontrados em células eucarióticas, com algumas exceções.

Mais comumente, os genes eucarióticos que são coexpressos, como genes codificadores para enzimas de vias metabólicas, são encontrados espalhados em diferentes cromossomos. Aqui, a expressão gênica coordenada depende de cada gene de um grupo disperso com uma combinação específica de elementos-controle. Ativadores da transcrição no núcleo que reconhecem os elementos-controle se ligam a eles, promovendo a transcrição simultânea dos genes, independentemente de onde estiverem no genoma.

O controle coordenado de genes dispersos em uma célula eucariótica frequentemente ocorre em resposta a sinais químicos de fora da célula. Um hormônio esteroide, por exemplo, entra na célula e se liga a uma proteína receptora intracelular específica, formando um complexo hormônio-receptor que serve como ativador da transcrição (ver Figura 11.9). Cada gene cuja transcrição é estimulada por um dado hormônio esteroide, independentemente da sua localização no cromossomo, tem um elemento-controle reconhecido por aquele complexo hormônio-receptor. É assim que o estrogênio ativa um grupo de genes que estimula a divisão das células nas células uterinas, preparando o útero para a gestação.

Muitas moléculas de sinalização, como hormônios não esteroides e fatores de crescimento, ligam-se a receptores na superfície celular e, na verdade, nunca entram na célula. Essas moléculas podem controlar a expressão gênica indiretamente pelo acionamento de vias de transdução de sinal que ativam determinados fatores de transcrição (ver Figura 11.15). A regulação coordenada nessas vias é a mesma dos hormônios esteroides: genes com os mesmos conjuntos de elementos-controle são ativados pelos mesmos sinais químicos. Como esse sistema para coordenar a regulação gênica é muito amplo, os biólogos acreditam que ele provavelmente tenha surgido cedo na história evolutiva.

Exercício de habilidades científicas

Análise de experimentos de deleção no DNA

Quais elementos-controle regulam a expressão do gene *mPGES-1*? O promotor de um gene inclui o DNA imediatamente a montante do local de início da transcrição, mas os elementos-controle (agrupados em um estimulador) que regulam o nível de transcrição do gene podem estar a milhares de pares de bases a montante do promotor. Como a distância e o espaçamento dos elementos-controle dificulta sua identificação, os cientistas começaram a deletar possíveis elementos-controle e medir o efeito na expressão gênica. Neste exercício, você analisará os dados obtidos a partir de experimentos de deleção de DNA que testaram possíveis elementos-controle para o gene humano *mPGES-1*. Esse gene codifica uma enzima que sintetiza um tipo de prostaglandina, um composto produzido durante a inflamação do tecido.

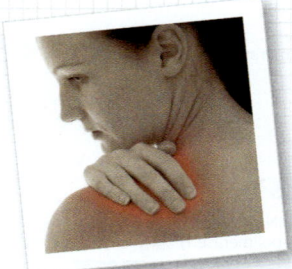

▲ Inflamação do tecido

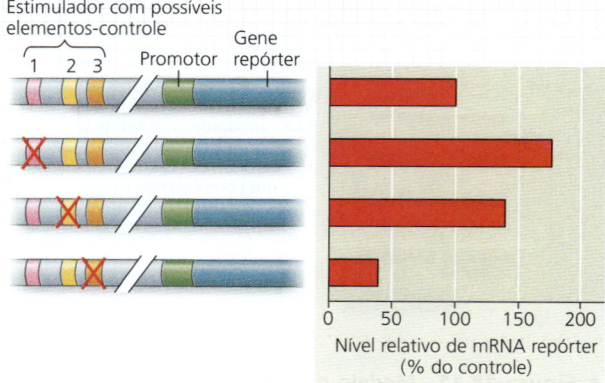

Dados de J.N. Walters et al., Regulation of human microsomal prostaglandin E synthase-1 by IL-1b requires a distal enhancer element with a unique role for C/EBPb, *Biochemical Journal* 443:561-571 (2012).

Como o experimento foi realizado Os pesquisadores hipotetizaram que existem três elementos-controle possíveis em uma região estimuladora localizada 8 a 9 quilobases (kb) a montante do gene *mPGES-1*. Os elementos-controle regulam qualquer gene que esteja na localização apropriada a jusante. Assim, para testar a atividade dos possíveis elementos, os pesquisadores primeiramente sintetizaram moléculas de DNA (*construtos de DNA*) que tinham a região estimuladora intacta a montante de um *gene repórter*, um gene cujo produto de mRNA pudesse ser facilmente medido experimentalmente. Depois, eles sintetizaram mais três construtos de DNA, mas excluíram um dos três elementos-controle propostos em cada (ver lado esquerdo da figura). Então, os pesquisadores introduziram cada construto de DNA em uma cultura de células humanas separada, onde as células captaram o DNA. Após 48 horas, a quantidade de mRNA do gene repórter produzido pelas células foi medida. A comparação dessas quantidades permitiu aos pesquisadores determinar se alguma das deleções tinha um efeito na expressão do gene repórter, mimetizando o efeito das deleções na expressão do gene *mPGES-1*. (O gene *mPGES-1* não poderia ser usado para medir os níveis de expressão porque as células expressam seu próprio gene *mPGES-1*, e o mRNA desse gene confundiria os resultados.)

Dados do experimento Os diagramas no lado esquerdo da figura mostram a sequência de DNA intacta (parte superior) e os três construtos de DNA experimentais. O X vermelho está localizado sobre o possível elemento-controle (1, 2 ou 3) que foi deletado em cada construto de DNA experimental. A área entre os cortes representa os cerca de 8 kb de DNA localizados entre o promotor e a região estimuladora. O gráfico de barras horizontais à direita mostra as quantidades de mRNA do gene repórter que estava presente em cada cultura de células após 48 horas em relação à quantidade que havia na cultura contendo a região estimuladora intacta (barra na parte superior = 100%).

INTERPRETE OS DADOS

1. **(a)** Qual é a variável independente neste estudo? **(b)** Qual é a variável dependente? **(c)** Qual foi o tratamento-controle neste experimento? Marque-o no diagrama.
2. Os dados sugerem que alguns desses possíveis elementos-controle realmente sejam elementos-controle? Explique.
3. **(a)** A deleção de algum dos elementos-controle causou *redução* na expressão do gene repórter? Se sim, qual(is) delas, e por quê? **(b)** Se a perda de um elemento-controle causa a redução na expressão gênica, qual deve ser o papel normal desse elemento-controle? Forneça uma explicação biológica para como a perda de um elemento-controle desses poderia levar à redução da expressão gênica.
4. **(a)** A deleção de algum dos possíveis elementos-controle causou um *aumento* na expressão do gene repórter em relação ao controle? Se sim, qual(is) delas, e por quê? **(b)** Se a perda de um elemento-controle causa o aumento na expressão gênica, qual deve ser o papel normal desse elemento-controle? Forneça uma explicação biológica para como a perda de um elemento-controle desses poderia levar ao aumento da expressão gênica.

▶ **Figura 18.12 Transcrição específica de tipo celular.** Tanto células hepáticas como células do cristalino possuem os genes para produzir as proteínas albumina e cristalina, mas apenas as células hepáticas produzem albumina (uma proteína do sangue) e apenas as células do cristalino produzem cristalina (a principal proteína do cristalino do olho). Os fatores de transcrição específicos sintetizados em uma célula determinam quais genes são expressos. Neste exemplo, os genes para albumina e cristalina aparecem no topo, cada qual com um estimulador composto por três elementos-controle diferentes. Embora os estimuladores para os dois genes compartilhem um elemento-controle (em cinza), cada estimulador possui uma só *combinação* de elementos. Todas as proteínas ativadoras necessárias para a expressão em altos níveis do gene da albumina estão presentes apenas nas células hepáticas (à esquerda), enquanto os ativadores necessários para a expressão do gene da cristalina estão presentes apenas nas células do cristalino (à direita). Para simplificar, consideramos apenas o papel dos fatores específicos de transcrição que são os ativadores aqui, embora os repressores também possam influenciar a transcrição em certos tipos de células.

HABILIDADES VISUAIS *Descreva o estimulador para o gene da albumina em cada tipo de célula. Como seria a comparação da sequência de nucleotídeos desse estimulador na célula hepática e na célula do cristalino?*

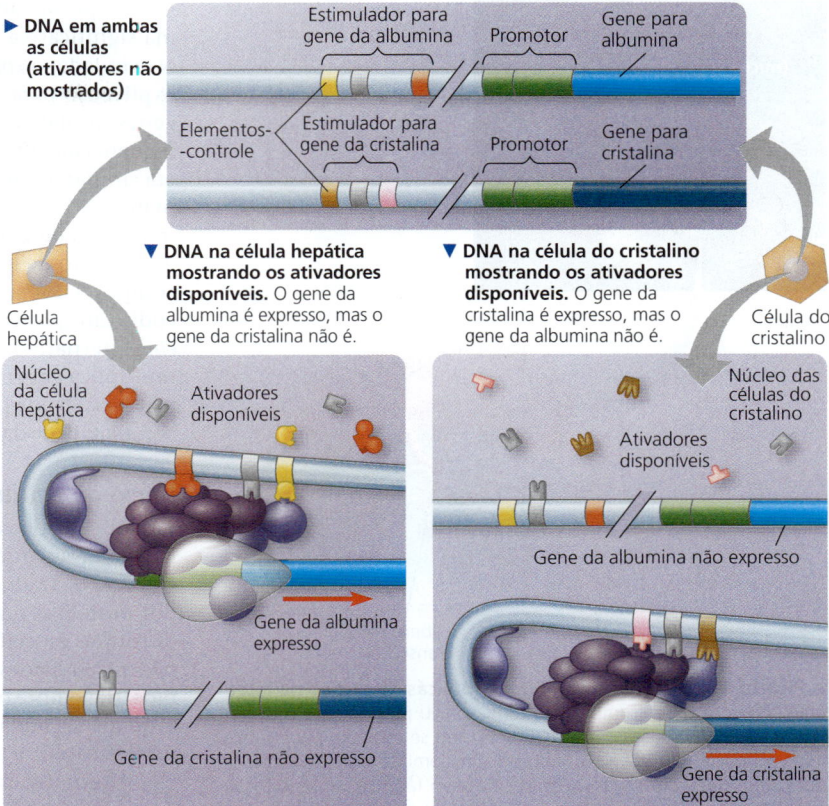

Arquitetura nuclear e expressão gênica

Cada cromossomo no núcleo na interfase de células animais ocupa um território distinto (ver Figura 16.24a). Recentemente, foram desenvolvidas técnicas de *captura da conformação de cromossomos* (3C e outras) que permitiram aos pesquisadores cruzar e identificar regiões de cromossomos que se associam umas com as outras durante a interfase. Esses estudos revelam dois detalhes organizacionais. Primeiro, o território de cada cromossomo é dividido em regiões de alças de cromatina (*domínios topologicamente associados* [*TADs*, do inglês *topologically associated domains*]). Segundo, as alças de cromatina, cada uma como um TAD, estendem-se a partir de territórios cromossômicos individuais para dentro de sítios específicos no núcleo **(Figura 18.13)**. Diferentes alças de um mesmo cromossomo e alças de outros cromossomos podem se agrupar nesses sítios, alguns dos quais são ricos em RNA-polimerases e outras proteínas associadas à transcrição. Acredita-se que essas chamadas *fábricas de transcrição*, assim como os centros de recreação que unem membros de várias vizinhanças diferentes, sejam áreas especializadas para uma função comum.

A antiga visão de que o conteúdo nuclear seria como uma tigela com espaguete cromossômico amorfo deu espaço para um novo modelo de um núcleo com uma arquitetura definida com movimentos regulados de cromatina. Algumas linhas de evidências sugerem que genes não expressos estão localizados nos cantos externos do núcleo, enquanto aqueles que estão sendo expressos são encontrados na sua região interior. A relocação de determinados genes a partir de seus territórios cromossômicos para as fábricas de transcrição no interior pode ser parte do processo de leitura dos genes para transcrição. Em 2017, um consórcio de pesquisadores financiados pelo National Institutes of Health iniciou a investigação da organização do genoma ao longo do tempo e da sua relação com a função do genoma.

Mecanismos de regulação pós-transcricional

A transcrição por si só não constitui a expressão gênica. A expressão de um gene que codifica proteína é mediada, no fim das contas, pela quantidade de proteína funcional que a célula produz. Muito pode acontecer entre a síntese do transcrito de RNA e a atividade da proteína na célula. Vários mecanismos de regulação funcionam em vários estágios após a transcrição (ver Figura 18.6). Esses mecanismos permitem que a célula faça rapidamente uma sintonia fina da expressão gênica em resposta a alterações no ambiente sem alterar os padrões de transcrição. Aqui, vamos explorar como as células regulam a expressão gênica após a transcrição.

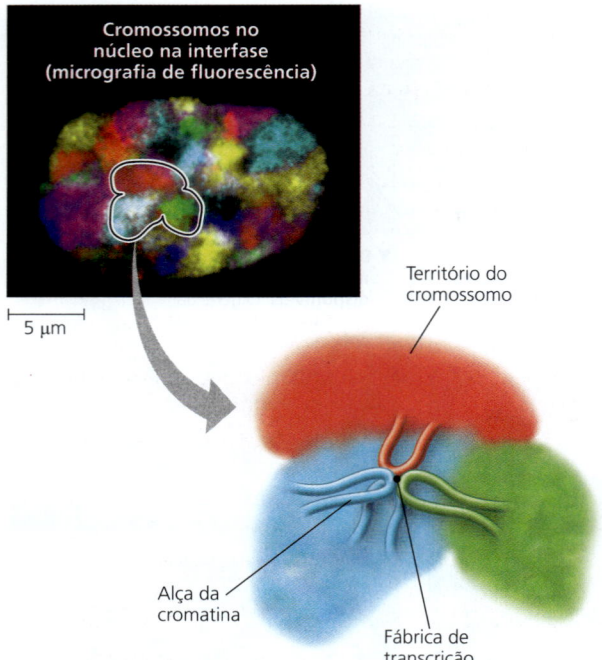

▲ **Figura 18.13 Interações cromossômicas no núcleo na interfase.** Embora cada cromossomo tenha o seu próprio território (ver Figura 16.24a), as alças de cromatina podem se estender para outros sítios no núcleo. (Cada alça pode ser um domínio topologicamente associado, ou TAD.) Alguns desses sítios são fábricas de transcrição ocupadas por múltiplas alças de cromatina a partir do mesmo cromossomo (alças azuis) ou outros cromossomos (alças vermelhas e verdes).

Processamento do RNA

O processamento de RNA no núcleo e a exportação de mRNA maduro para o citoplasma fornece oportunidades para regular a expressão gênica indisponíveis em procariotos. Um exemplo de regulação em termos de processamento de RNA é o **splicing alternativo do RNA**, em que diferentes moléculas de mRNA são produzidas a partir do mesmo transcrito primário, dependendo de quais segmentos de RNA são tratados como éxons e quais são tratados como íntrons. Proteínas reguladoras específicas para um tipo celular controlam as escolhas entre íntrons e éxons pela ligação a sequências reguladoras dentro do transcrito primário.

Um exemplo simples de *splicing* alternativo de RNA é mostrado na **Figura 18.14** para o gene da troponina T, que codifica múltiplas proteínas intimamente relacionadas com efeitos levemente diferentes sobre a contração muscular. Outros genes codificam um maior número de produtos. Por exemplo, pesquisadores descobriram um gene de *Drosophila* que tem éxons processados alternativamente, suficientes para gerar cerca de 19 mil proteínas de membrana que têm diferentes domínios extracelulares. Na verdade, no mínimo 17.500 (94%) dos mRNAs alternativos são sintetizados. Cada célula nervosa em desenvolvimento na mosca parece sintetizar uma forma diferente da proteína, que atua como único identificador na superfície celular e ajuda a prevenir o excesso de sobreposições de células nervosas durante o desenvolvimento do sistema nervoso.

O *splicing* alternativo de RNA pode expandir, de forma significativa, o repertório de um genoma eucariótico. Na verdade, o *splicing* alternativo foi proposto como uma explicação para o surpreendentemente baixo número de genes humanos contados quando o genoma humano foi sequenciado. Observou-se que o número de genes humanos era similar ao número de genes de um verme do solo (nematódeo), uma planta de mostarda ou uma anêmona-do-mar. Essa descoberta suscitou questões sobre o que, além do número de genes, conta para a forma e estrutura mais complexa dos seres humanos. Mais de 90% dos genes que codificam proteínas humanas provavelmente sofrem *splicing* alternativo. Assim, a extensão do *splicing* alternativo multiplica enormemente o número de proteínas humanas possíveis, o que pode estar mais bem correlacionado com a complexidade da forma do que com o número de genes.

Início da tradução e degradação do mRNA

A tradução é outro estágio em que a expressão gênica é regulada, mais comumente no estágio inicial (ver Figura 17.19). O início da tradução de alguns mRNAs pode ser bloqueado por proteínas reguladoras que se ligam a sequências ou a estruturas específicas dentro da região não traduzida (UTR) nas extremidades 5′ ou 3′, prevenindo a ligação dos ribossomos. (Relembre o Conceito 17.3, que diz que tanto o quepe 5′ quanto a cauda poli-A de uma molécula de mRNA são importantes para a ligação dos ribossomos.)

Alternativamente, a tradução de *todos* os mRNAs em uma célula pode ser regulada simultaneamente. Em uma célula eucariótica, esse controle "global" normalmente envolve ativação ou inativação de um ou mais fatores proteicos necessários para iniciar a tradução. Esse mecanismo tem função no início da tradução dos mRNAs armazenados em

▶ **Figura 18.14** *Splicing* alternativo do RNA do gene de troponina T. O transcrito primário desse gene pode ser processado de mais de uma maneira, gerando diferentes moléculas de mRNA. Observe que uma molécula de mRNA terminou com o éxon 3 (em verde) e a outra, com o éxon 4 (em púrpura). Esses dois mRNAs são traduzidos em proteínas musculares diferentes, mas relacionadas.

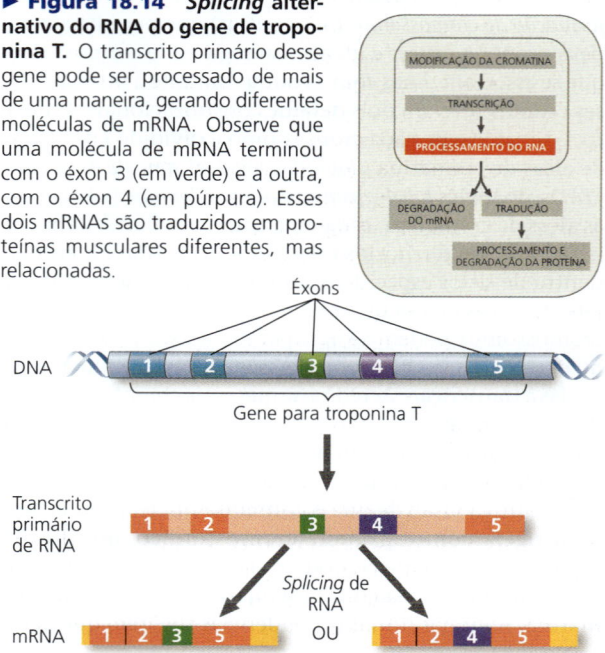

óvulos. Logo após a fertilização, a tradução é acionada pela ativação súbita dos fatores de início da tradução. A resposta é uma explosão de síntese das proteínas codificadas pelos mRNAs armazenados. Algumas plantas e algas armazenam mRNA durante períodos de escuridão; a luz, então, aciona a reativação do aparato da tradução.

O tempo de vida das moléculas de mRNA no citoplasma é importante na determinação do padrão de síntese proteica nas células. As moléculas de mRNA bacteriano são degradadas por enzimas dentro de poucos minutos. O curto tempo de vida do mRNA é uma das razões pelas quais as bactérias podem alterar padrões de síntese proteica tão rapidamente em resposta a alterações do meio. Ao contrário, alguns mRNAs em eucariotos multicelulares normalmente sobrevivem por horas, dias ou até mesmo semanas. Por exemplo, os mRNAs para os polipeptídeos da hemoglobina (α-globina e β-globina) nas hemácias em desenvolvimento não são normalmente estáveis, e esses mRNAs de longa vida são traduzidos repetidamente nessas hemácias.

Sequências nucleotídicas que afetam o período em que o mRNA permanece intacto são muitas vezes encontradas na região não traduzida na extremidade 3' da molécula (ver Figura 18.9). Em um experimento, pesquisadores transferiram essa sequência do mRNA de vida curta de um fator de crescimento para a extremidade 3' de um mRNA de globina normalmente estável. O mRNA de globina foi rapidamente degradado.

Outros mecanismos que degradam ou bloqueiam a expressão das moléculas de mRNA vieram à tona. Eles envolvem um grupo de moléculas de RNA recentemente descobertas que regulam a expressão gênica em alguns níveis, como veremos em breve.

Processamento e degradação de proteínas

A última oportunidade para controlar a expressão gênica ocorre após a tradução. Muitas vezes, peptídeos eucarióticos devem ser processados para gerar moléculas proteicas funcionais. Como exemplo, a clivagem do polipeptídeo inicial da insulina (pró-insulina) forma o hormônio ativo. Além disso, várias proteínas sofrem modificações químicas que as tornam funcionais. Proteínas reguladoras são normalmente ativadas ou inativadas pela adição reversível de grupos fosfato (ver Figura 11.10), e proteínas destinadas para a superfície de células animais adquirem açúcares (ver Figura 6.12). Proteínas da superfície da célula e várias outras devem ser transportadas para os destinos-alvo na célula para que funcionem (ver Figura 17.22). A regulação pode ocorrer em qualquer um dos estágios envolvidos na modificação ou no transporte da proteína.

Por fim, o período em que cada proteína funciona na célula é estritamente regulado pela degradação seletiva. Várias proteínas, como as ciclinas envolvidas na regulação do ciclo celular, devem ter um tempo de vida curto para que a célula funcione apropriadamente (ver Figura 12.16). Para marcar a destruição de uma proteína, a célula normalmente liga moléculas de uma pequena proteína, chamada ubiquitina, à proteína. Complexos proteicos gigantes chamados de proteassomos reconhecem as proteínas marcadas com ubiquitina e as degradam.

> **REVISÃO DO CONCEITO 18.2**
>
> 1. Em geral, quais são os efeitos da acetilação da histona e da metilação do DNA na expressão gênica?
> 2. **FAÇA CONEXÕES** Especule se a mesma enzima poderia metilar tanto a histona como uma base do DNA. (Ver Conceito 8.4.)
> 3. Compare os papéis dos fatores de transcrição gerais e específicos na regulação da expressão gênica.
> 4. Assim que um mRNA que codifica uma determinada proteína alcança o citoplasma, quais são os quatro mecanismos que podem regular a quantidade da proteína ativa na célula?
> 5. **E SE?** Suponha que você tenha comparado as sequências nucleotídicas dos elementos-controle distais nos estimuladores de três genes expressos apenas no tecido muscular. O que você espera encontrar? Por quê?
>
> *Ver as respostas sugeridas no Apêndice A.*

CONCEITO 18.3

Os RNAs não codificantes exercem múltiplos papéis no controle da expressão gênica

O sequenciamento do genoma revelou que o DNA que codifica proteínas justifica apenas 1,5% do genoma humano e uma porcentagem igualmente pequena do genoma de vários outros eucariotos multicelulares. Uma fração muito pequena do DNA que não codifica proteínas consiste em genes para RNA, como RNA ribossômico e RNA transportador. Até recentemente, cientistas assumiam que a maioria do DNA remanescente não era transcrita, pensando que, como não especificava proteínas ou os poucos tipos conhecidos de RNA, esse DNA não continha informações genéticas significativas – na verdade, era chamado de "DNA-lixo". Entretanto, alguns estudos genômicos lançaram dúvidas sobre essa descrição. Por exemplo, um abrangente estudo mostrou que aproximadamente 75% do genoma humano são transcritos em algum ponto em uma dada célula. Íntrons respondiam por apenas uma pequena fração desse RNA transcrito, a maioria não traduzida. O veredito ainda está fora de questão sobre quanto do RNA transcrito é funcional, mas pelo menos parte do genoma é transcrito em RNAs não codificantes de proteínas (também chamados de *RNAs não codificantes*, ou *ncRNAs*), incluindo uma variedade de pequenos RNAs. Os pesquisadores estão descobrindo mais evidências dos papéis biológicos desses ncRNAs a cada dia.

Essas descobertas revelaram uma população vasta e diversa de moléculas de RNA na célula, com papéis cruciais na regulação da expressão gênica – e que haviam passado despercebidas até recentemente. A visão de longa data de que os mRNAs são os RNAs mais importantes porque eles codificam para proteínas precisa de revisão. Isso representa uma mudança importante no pensamento dos biólogos – mudança que você está testemunhando, assim como os estudantes que estão ingressando neste campo de estudos.

Efeitos dos micro-RNAs e pequenos RNAs de interferência nos mRNAs

A regulação pelos pequenos e grandes ncRNAs ocorre em alguns pontos da via da expressão gênica, incluindo a tradução do mRNA e a modificação da cromatina. Examinaremos dois tipos de pequenos ncRNAs, e a importância deles foi reconhecida quando sua descoberta foi o foco do Prêmio Nobel em Fisiologia ou Medicina em 2006, pelo trabalho completado 8 anos antes.

Desde 1993, algumas pesquisas descobriram **micro-RNAs (miRNAs)**, pequenas moléculas de fita simples de RNA capazes de se ligar a sequências complementares nas moléculas de mRNA. Um precursor de RNA mais longo é processado por enzimas celulares em um miRNA, um RNA fita simples com cerca de 22 nucleotídeos que forma um complexo com uma ou mais proteínas **(Figura 18.15)**. O miRNA permite que o complexo se ligue a qualquer molécula de mRNA com no mínimo 7 ou 8 nucleotídeos de sequência complementar. Então, o complexo miRNA-proteína degrada o mRNA-alvo ou, menos frequentemente, simplesmente bloqueia sua tradução. Existem aproximadamente 1.500 genes para miRNAs no genoma humano, e os biólogos estimam que a expressão de no mínimo metade de todos os genes humanos possa ser regulada por miRNAs – um número extraordinário, considerando que a existência dos miRNAs era desconhecida até o início dos anos 1990.

Outra classe de pequenos ncRNAs, similar em tamanho e função aos miRNAs, é chamada de **pequenos RNAs de interferência (siRNAs)**. Tanto os miRNAs como os siRNAs podem se associar com as mesmas proteínas, produzindo resultados similares. Na verdade, se moléculas de RNA precursoras de siRNA forem injetadas em células, a maquinaria celular pode processá-las em siRNAs que desligam a expressão de genes com sequências relacionadas, semelhante ao funcionamento dos miRNAs. A distinção entre miRNA e siRNA baseia-se em diferenças sutis na estrutura de seus precursores, que em ambos os casos são moléculas de RNA que na sua maioria são dupla-fita. O bloqueio da expressão gênica por siRNA, chamado **interferência de RNA (RNAi)**, é utilizado no laboratório como meio de inibir genes específicos para investigar sua função.

EVOLUÇÃO Como a via do RNAi evoluiu? Como vamos aprender no Conceito 19.2, alguns vírus têm genomas de RNA dupla-fita. Como a via de RNAi celular pode processar RNAs dupla-fita em dispositivos de direcionamento que levam à destruição de RNAs relacionados, alguns cientistas acham que essa via pode ter evoluído como defesa natural contra infecções por esses vírus. Entretanto, o fato de que o RNAi também afeta a expressão de genes celulares não virais pode refletir uma origem evolutiva diferente para a via do RNAi.

Enquanto essa seção deu enfoque aos ncRNAs nos eucariotos, pequenos ncRNAs também são usados por bactérias como um sistema de defesa, chamado sistema CRISPR-Cas9, contra vírus que as infectam (ver Conceito 17.5). Portanto, o uso dos ncRNAs se desenvolveu há muito tempo, mas ainda não sabemos como os ncRNAs bacterianos estão relacionados com aqueles dos eucariotos.

Remodelação da cromatina e os efeitos na transcrição por ncRNAs

Além de regular os mRNAs, alguns ncRNAs podem causar a remodelação da estrutura da cromatina. Na fase S do ciclo celular, por exemplo, as regiões centroméricas do DNA devem ser afrouxadas para a replicação cromossômica e, então, condensadas novamente em heterocromatina durante a preparação para a mitose. Em algumas leveduras, os siRNAs produzidos pelas próprias células de levedura a partir do DNA centromérico são necessários para formar novamente a heterocromatina nos centrômeros. Ainda está em debate como o processo inicia exatamente, mas os biólogos concordam com a ideia geral: o sistema siRNA em leveduras interage com outros ncRNAs maiores e com enzimas que modificam a cromatina para condensar a cromatina do centrômero em heterocromatina. Na maioria das células de mamíferos, não foram encontrados siRNAs, e o mecanismo para condensação do DNA do centrômero ainda não é compreendido. No entanto, poderá também envolver pequenos ncRNAs.

Uma classe recém-descoberta de pequenos ncRNAs chamados *RNAs de interação com piwi*, ou *piRNAs*, também induz a formação da heterocromatina, bloqueando a expressão de alguns elementos de DNA parasíticos no genoma

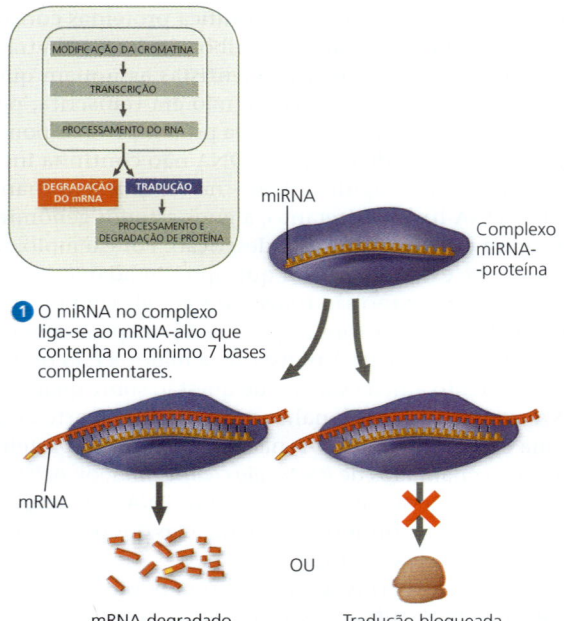

① O miRNA no complexo liga-se ao mRNA-alvo que contenha no mínimo 7 bases complementares.

② Se as bases do miRNA e do mRNA forem todas complementares ao longo do seu comprimento, o mRNA é degradado (esquerda); se a complementaridade for menos completa, a tradução é bloqueada (direita).

▲ **Figura 18.15** Regulação da expressão gênica por micro-RNAs (miRNAs). Um miRNA de 22 nucleotídeos, formado pelo processamento enzimático de um RNA precursor, associa-se a uma ou mais proteínas em um complexo que pode degradar ou bloquear a tradução de mRNAs-alvo.

conhecidos como transpósons. (Os transpósons são discutidos no Conceito 21.4.) Normalmente com 24 a 31 nucleotídeos de comprimento, os piRNAs são processados a partir de um precursor de RNA fita simples mais longo. Eles têm papel indispensável nas células germinativas de várias espécies animais, onde parecem auxiliar o restabelecimento apropriado dos padrões de metilação no genoma durante a formação dos gametas.

Os pesquisadores também encontraram um número relativamente grande de **RNAs longos não codificados** (**lncRNAs**), variando de 200 a centenas de milhares de nucleotídeos de comprimento, que são expressos em níveis significativos em tipos celulares específicos em determinados momentos. O significado funcional desses lncRNAs tem sido debatido, mas em 2017 um grande consórcio internacional de pesquisa publicou um atlas de quase 28 mil desses RNAs; sua análise apoiou a ideia de que quase 20 mil eram funcionais e que alguns estavam associados a doenças específicas. Um lncRNA, há muito tempo conhecido por ser funcional, é responsável pela inativação do cromossomo X, o que impede a expressão de genes localizados em um dos cromossomos X na maioria dos mamíferos fêmeas (ver Figura 15.8). Neste caso, os lncRNAs – transcritos do gene *XIST* localizado no cromossomo a ser inativado – ligam-se de volta a esse cromossomo e revestem-no. Essa ligação leva à condensação de todo o cromossomo em heterocromatina.

Os exemplos que acabamos de descrever envolvem a remodelação da cromatina em grandes regiões do cromossomo. Como a estrutura da cromatina afeta a transcrição e, portanto, a expressão gênica, a regulação da estrutura da cromatina baseada em RNA certamente tem um papel importante na regulação gênica. Além disso, algumas evidências experimentais apoiam a ideia de um papel alternativo para os lncRNAs no qual eles podem atuar como um suporte, reunindo DNA, proteínas e outros RNAs em complexos. Essas associações podem atuar tanto para condensar cromatina quanto, em alguns casos, para ajudar a juntar o estimulador de um gene com proteínas mediadoras e o promotor do gene, ativando a expressão gênica de forma mais direta.

Dadas as amplas funções dos ncRNAs, não é surpreendente que vários dos ncRNAs caracterizados até o momento tenham papéis importantes no desenvolvimento embrionário – tópico ao qual voltaremos na próxima seção. O desenvolvimento embrionário talvez seja o exemplo supremo de expressão gênica regulada precisamente.

REVISÃO DO CONCEITO 18.3

1. Compare os miRNAs com os siRNAs, incluindo suas funções.
2. **E SE?** Imagine que o mRNA em degradação na Figura 18.14 codifique uma proteína que promove a divisão celular em um organismo multicelular. O que aconteceria se uma mutação desativasse o gene que codifica o miRNA que aciona essa degradação?
3. **FAÇA CONEXÕES** A inativação de um dos cromossomos X em mamíferos fêmeas envolve um RNA (*XIST*) não codificador. Sugira um modelo de como o RNA *XIST* inicia a formação do corpúsculo de Barr (ver Conceito 15.2).

Ver as respostas sugeridas no Apêndice A.

CONCEITO 18.4

Um programa de expressão gênica diferencial leva aos diferentes tipos celulares nos organismos multicelulares

No desenvolvimento embrionário de organismos multicelulares, o óvulo fertilizado (zigoto) dá origem a células de vários tipos diferentes, cada um com estrutura diferente e função correspondente. Em geral, as células são organizadas em tecidos, tecidos em órgãos, órgãos em sistemas de órgãos e sistemas de órgãos no organismo inteiro. Assim, qualquer programa de desenvolvimento deve produzir células de diferentes tipos que formam estruturas de níveis mais altos arranjadas de maneira particular em três dimensões. Os processos que ocorrem durante o desenvolvimento animal estão detalhados no Capítulo 47; neste capítulo, daremos enfoque ao programa de regulação da expressão gênica que orquestra o desenvolvimento, usando algumas espécies de animais como exemplos.

Um programa genético para o desenvolvimento embrionário

As fotografias na **Figura 18.16** ilustram a incrível diferença entre um zigoto de sapo (ovo fertilizado) e o girino no qual ele se torna. Essa transformação extraordinária resulta de três processos inter-relacionados: divisão celular, diferenciação celular e morfogênese. Por meio de uma sucessão de divisões celulares mitóticas, o zigoto dá origem a um grande número de células. Entretanto, a divisão celular, por si só, produziria apenas uma grande bola de células idênticas, nem um pouco parecida com um girino. Durante o desenvolvimento embrionário, as células não só aumentam em número, mas também sofrem **diferenciação** celular, o processo pelo qual as células se tornam especializadas em estrutura e função. Além disso, os diferentes tipos de células não se distribuem aleatoriamente, mas organizam-se em

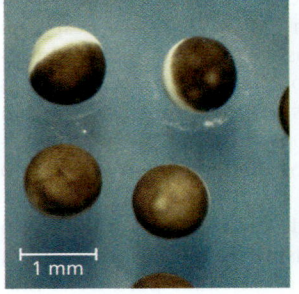

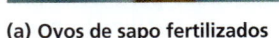

(a) Ovos de sapo fertilizados (b) Girino recém-eclodido

▲ **Figura 18.16 Do ovo fertilizado ao animal: 4 dias fazem uma grande diferença.** A divisão celular, a diferenciação e a morfogênese para transformar cada um dos ovos fertilizados de sapo mostrados em **(a)** no girino mostrado em **(b)** levam apenas 4 dias.

tecidos e órgãos com determinado arranjo tridimensional. Os processos físicos que dão forma ao organismo constituem a **morfogênese**, o desenvolvimento da forma de um organismo e suas estruturas.

Todos os três processos têm sua base no comportamento celular. Mesmo a morfogênese, a formatação do organismo, pode ser rastreada até as alterações de forma, motilidade e outras características das células que compõem várias regiões do embrião. Como vimos, as atividades de uma célula dependem dos genes que ela expressa e das proteínas que ela produz. Quase todas as células em um organismo têm o mesmo genoma; assim, a expressão gênica diferencial resulta da regulação diferenciada dos genes em cada tipo de célula.

Na Figura 18.12, vimos um modo simplificado de como a expressão gênica diferencial ocorre em dois tipos de células, um hepatócito e uma célula do cristalino. Cada uma dessas células completamente diferenciadas tem uma mistura particular de ativadores dos fatores específicos de transcrição que acionam a coleção de genes cujos produtos são necessários na célula. O fato de que ambas as células surgiram por meio de uma série de mitoses a partir do óvulo fertilizado comum suscita uma questão inevitável: como diferentes grupos de ativadores estão presentes nas duas células?

Foi descoberto que os materiais colocados dentro do óvulo pelas células maternas determinam um programa sequencial de regulação gênica que ocorre quando as células embrionárias se dividem, e esse programa coordena a diferenciação celular durante o desenvolvimento embrionário. Para compreender como isso funciona, vamos considerar dois processos básicos do desenvolvimento. Primeiro, exploraremos como as células que surgem das primeiras mitoses embrionárias desenvolvem as diferenças que iniciam cada célula ao longo da sua própria rota de diferenciação. Segundo, veremos como a diferenciação celular leva a determinado tipo celular, usando o desenvolvimento muscular como exemplo.

Determinantes citoplasmáticos e sinais induzíveis

O que gera as primeiras diferenças entre as células em um embrião jovem? E o que controla a diferenciação de todos os vários tipos celulares à medida que o desenvolvimento continua? Você provavelmente pode deduzir a resposta: os genes específicos expressos em qualquer célula do organismo em desenvolvimento determinam sua rota. Duas fontes de informação, usadas de diferentes maneiras em diferentes espécies, "contam" para a célula quais genes expressar em qualquer momento durante o desenvolvimento embrionário.

Uma fonte importante de informação no início do desenvolvimento é o citoplasma do óvulo, que contém tanto RNA como proteínas codificadas pelo DNA materno. O citoplasma de um óvulo não fertilizado não é homogêneo. mRNAs, proteínas, outras substâncias e organelas estão distribuídos de maneira não uniforme no óvulo não fertilizado, e essa desigualdade tem profundo impacto no desenvolvimento do futuro embrião em várias espécies. Substâncias maternas que influenciam o curso do desenvolvimento inicial no óvulo são chamadas de **determinantes citoplasmáticos (Figura 18.17a)**. Após a fertilização, divisões mitóticas iniciais distribuem o citoplasma do zigoto em células separadas. Assim, os núcleos dessas células podem ser expostos a determinantes citoplasmáticos diferentes, dependendo de quais porções do citoplasma zigótico a célula recebeu. A combinação dos determinantes citoplasmáticos na célula ajuda a determinar seu destino de desenvolvimento pela regulação da expressão dos genes da célula durante o curso da diferenciação celular.

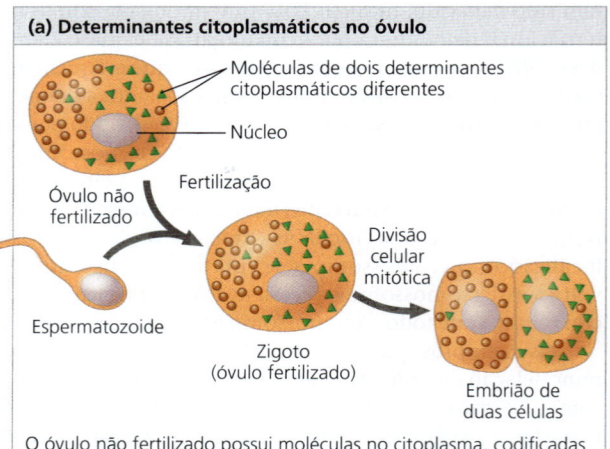

(a) Determinantes citoplasmáticos no óvulo

O óvulo não fertilizado possui moléculas no citoplasma, codificadas pelos genes maternos que influenciam o desenvolvimento. Muitos desses determinantes citoplasmáticos, como os dois mostrados aqui, estão distribuídos de forma desigual no óvulo. Após a fertilização e a divisão mitótica, os núcleos das células do embrião são expostos a diferentes grupos de determinantes citoplasmáticos e, como resultado, expressam diferentes genes.

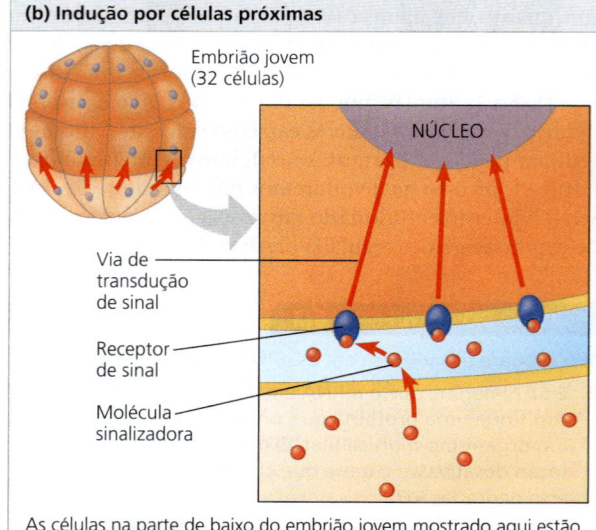

(b) Indução por células próximas

As células na parte de baixo do embrião jovem mostrado aqui estão liberando moléculas que sinalizam (induzem) as células próximas para alterarem sua expressão gênica.

▲ **Figura 18.17** Fontes de informação para o desenvolvimento do embrião jovem.

A outra principal fonte de informação do desenvolvimento, que se torna cada vez mais importante à medida que o número de células embrionárias aumenta, é o meio ao redor de determinada célula. Os sinais encaminhados à célula embrionária a partir de outras células embrionárias nas proximidades têm grande influência, incluindo o contato com moléculas da superfície da célula nas células vizinhas e a ligação de fatores de crescimento secretados por células vizinhas (ver Conceito 11.1). Esses sinais causam alterações nas células-alvo, processo chamado **indução (Figura 18.17b)**. As moléculas que transmitem esses sinais dentro da célula-alvo são receptores da superfície celular e outras proteínas da via de sinalização. Em geral, o sinal encaminha uma célula para uma via específica de desenvolvimento por meio de alterações na expressão gênica que levam a alterações celulares observáveis. Assim, as interações entre as células embrionárias ajudam a induzir a diferenciação de vários tipos de células especializadas que compõem o novo organismo.

Regulação sequencial da expressão gênica durante a diferenciação celular

As primeiras alterações que colocam a célula em uma via para especialização são sutis, só aparecendo em nível molecular. Antes de saber bastante sobre as alterações moleculares que ocorrem nos embriões, os biólogos cunharam o termo **determinação** para se referir ao ponto em que a célula embrionária é comprometida de forma irreversível a se tornar um determinado tipo de célula. Assim que sofre determinação, a célula embrionária pode ser colocada experimentalmente em outro local no embrião onde ela ainda se diferenciará no tipo celular ao qual estava destinada. Então, a diferenciação é o processo pelo qual uma célula adquire seu destino determinado. À medida que os tecidos e os órgãos de um embrião se desenvolvem e suas células se diferenciam, as células se tornam mais diferentes quanto à estrutura e à função.

Hoje compreendemos a determinação em termos de alterações moleculares que resultam na diferenciação celular observável, marcada pela expressão de genes para *proteínas tecido-específicas*. Essas proteínas são encontradas apenas em tipos celulares específicos e dão às células sua estrutura e função características. O primeiro sinal de diferenciação é o aparecimento de mRNAs para proteínas tecido-específicas. Depois, a diferenciação é observável ao microscópio como alterações na estrutura celular. Em termos moleculares, diferentes grupos de genes são expressos em sequência de maneira regulada, à medida que novas células surgem quando suas precursoras se dividem. Múltiplas etapas na expressão gênica podem ser reguladas durante a diferenciação, com a transcrição sendo o mais comum. Na célula totalmente diferenciada, a transcrição permanece o principal ponto de regulação para manter uma expressão gênica apropriada.

Células diferenciadas são especialistas em produzir proteínas tecido-específicas. Por exemplo, como resultado da regulação transcricional, as células hepáticas se especializam em produzir albumina e as células do cristalino se especializam em produzir cristalina (ver Figura 18.12). As células musculoesqueléticas nos vertebrados são outro exemplo instrutivo. Cada uma dessas células é uma longa fibra contendo vários núcleos dentro de uma única membrana plasmática. As células musculoesqueléticas têm altas concentrações de versões músculo-específicas das proteínas contráteis miosina e actina, assim como proteínas receptoras de membrana que detectam sinais a partir das células nervosas.

As células musculares se desenvolvem a partir de células embrionárias precursoras com o potencial de se desenvolver em alguns tipos celulares, incluindo células cartilaginosas e células de gordura, mas determinadas condições as comprometem a tornar-se células musculares. Embora as células comprometidas pareçam não modificadas ao microscópio, a determinação ocorreu, e agora elas são um tipo celular chamado *mioblasto*. Por fim, os mioblastos começam a produzir, de modo rotineiro, grandes quantidades de proteínas músculo-específicas e se fundem para formar células musculoesqueléticas multinucleadas maduras e alongadas.

Pesquisadores resolveram o que acontece em nível molecular durante a determinação da célula muscular. Para isso, eles cultivaram células precursoras embrionárias e as analisaram usando técnicas moleculares sobre as quais você aprenderá nos Conceitos 20.1 e 20.2. Em uma série de experimentos, eles isolaram diferentes genes, expressaram cada um deles em uma célula embrionária precursora separada e, então, procuraram por diferenciação em mioblastos e células musculares. Assim, identificaram vários "genes reguladores principais", cujos produtos proteicos comprometem as células a se tornarem células musculoesqueléticas. Portanto, no caso das células musculares, a base molecular de determinação é a expressão de um ou mais desses genes reguladores principais.

Para entender melhor como o comprometimento ocorre na diferenciação da célula muscular, vamos dar enfoque ao gene regulador principal chamado *myoD*. O gene *myoD* merece sua designação como gene regulador principal. Pesquisadores mostraram que a proteína MyoD codificada por ele é capaz até mesmo de alterar alguns tipos de células não musculares totalmente diferenciadas, como células de gordura e células hepáticas, em células musculares. Por que a MyoD não funciona em *todos* os tipos de células? Uma explicação provável é que a ativação de genes músculo-específicos não é apenas dependente de MyoD, mas requer uma determinada *combinação* de proteínas reguladoras, algumas ausentes em células que não respondem a MyoD.

Qual é a base molecular para a diferenciação da célula muscular? A proteína MyoD é um fator de transcrição (ver Figura 18.10) que se liga a elementos-controle específicos nos estimuladores de vários genes-alvo e estimula sua expressão **(Figura 18.18)**. Alguns genes-alvo para MyoD codificam, ainda, outros fatores de transcrição músculo-específicos. MyoD também estimula a expressão do próprio gene *myoD*, perpetuando seu efeito na manutenção do estado diferenciado da célula. Presumivelmente, todos os genes ativados por MyoD têm elementos-controle estimuladores reconhecidos por MyoD e são, assim, controlados de forma coordenada.

① **Determinação.** Sinais a partir de outras células levam à ativação de um gene regulador principal chamado *myoD*, e a célula produz a proteína MyoD, fator de transcrição específico que atua como ativador. A célula, agora chamada mioblasto, está comprometida de forma irreversível a se tornar uma célula musculoesquelética.

② **Diferenciação.** A proteína MyoD estimula o gene *myoD* e ativa genes que codificam outros fatores de transcrição músculo-específicos, que por sua vez ativam genes para proteínas musculares. MyoD também liga genes que bloqueiam o ciclo celular, parando, assim, a divisão celular. Os mioblastos que não se dividem se fusionam e se tornam células musculares multinucleadas maduras, também chamadas fibras musculares.

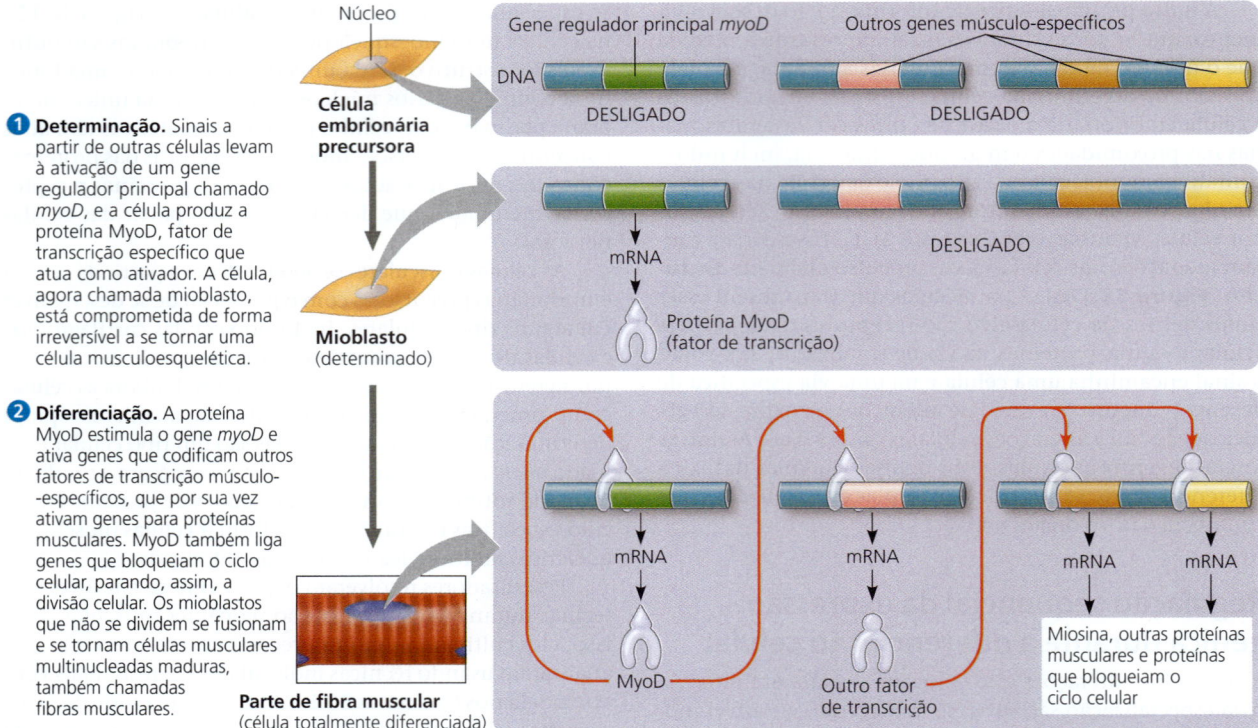

▲ **Figura 18.18 Determinação e diferenciação das células musculares.** Células musculoesqueléticas surgem a partir das células embrionárias, como resultado de alterações na expressão gênica. (Neste esquema, o processo de ativação gênica está bastante simplificado.)

E SE? *O que aconteceria se uma mutação no gene* myoD *resultasse na produção de uma proteína MyoD alterada que fosse incapaz de ativar o gene* myoD*?*

Por fim, os fatores de transcrição secundários ativam os genes para proteínas como miosina e actina, que conferem as propriedades especiais às células musculoesqueléticas.

A determinação e a diferenciação de outros tipos de tecidos poderiam ocorrer de maneira similar. Resultados experimentais dão suporte à ideia de que as proteínas reguladoras principais como MyoD podem funcionar na abertura da cromatina em certas regiões. Isso permite o acesso à maquinaria de transcrição para ativação do próximo grupo de genes específicos para o tipo celular.

Formação de padrão: determinação do plano corporal

Vimos como diferentes programas de expressão gênica ativados no óvulo fertilizado podem resultar em células e tecidos diferenciados. Mas, para que os tecidos funcionem efetivamente no organismo como um todo, o *plano corporal* do organismo – seu arranjo tridimensional – deve ser estabelecido e acrescentado aos processos de diferenciação. Vamos ver a base molecular para o estabelecimento do plano corporal, usando como exemplo a bem-estudada mosca-da-fruta, *Drosophila melanogaster*.

Tanto os determinantes citoplasmáticos como os sinais de indução contribuem para a organização espacial de tecidos e órgãos de um organismo em seus locais característicos. Esse processo do desenvolvimento é referido como **formação de padrão**.

Antes de iniciar a construção de um novo prédio, são determinadas as localizações da frente, dos fundos e dos lados. Da mesma forma, a formação de padrão em animais inicia no embrião jovem, quando o eixo principal do animal é estabelecido. Em um animal bilateralmente simétrico, as posições relativas da cabeça e da cauda, dos lados direito e esquerdo e das regiões anterior e posterior são determinadas, estabelecendo os três principais eixos corporais, antes de os órgãos aparecerem. As dicas moleculares que controlam a formação do padrão, coletivamente chamadas **informações posicionais**, são fornecidas por determinantes citoplasmáticos e sinais indutores (ver Figura 18.17). Essas dicas informam à célula sua localização em relação ao eixo corporal e às células vizinhas e determinam como a célula e suas descendentes responderão a sinais moleculares futuros.

Durante o início do século XX, embriologistas clássicos detalharam observações anatômicas do desenvolvimento embrionário em algumas espécies e realizaram experimentos em que manipularam tecidos embrionários. Embora essa pesquisa tenha firmado a base para compreendermos os mecanismos do desenvolvimento, ela não revelou as moléculas específicas que guiam o desenvolvimento ou determinam o estabelecimento dos padrões.

Nos anos 1940, cientistas começaram a usar a abordagem genética – o estudo dos mutantes – para investigar o desenvolvimento de *Drosophila*. Essa abordagem teve um sucesso espetacular. Esses estudos estabeleceram que os genes controlam o desenvolvimento e levaram a uma compreensão dos papéis essenciais que moléculas específicas têm na definição da posição e no comando da diferenciação. Por meio da combinação das abordagens anatômica, genética e bioquímica com estudos do desenvolvimento de *Drosophila*, os pesquisadores descobriram os princípios do desenvolvimento comuns a várias outras espécies, incluindo seres humanos.

Ciclo de vida de Drosophila

As moscas-da-fruta e outros artrópodes têm construção modular, uma série ordenada de segmentos. Esses segmentos constituem as três principais partes do corpo: cabeça, tórax (corpo médio, de onde as asas e as pernas se estendem) e abdome **(Figura 18.19a)**. Como outros animais de simetria bilateral, *Drosophila* tem eixo anteroposterior (cabeça-cauda), eixo dorsoventral (costas-barriga) e eixo laterolateral (direita-esquerda). Em *Drosophila*, os determinantes citoplasmáticos localizados no óvulo não fertilizado fornecem as informações posicionais para a localização dos eixos anteroposterior e dorsoventral mesmo antes da fertilização. Daremos enfoque às moléculas envolvidas no estabelecimento do eixo anteroposterior como um exemplo.

O ovo de *Drosophila* de desenvolve em um dos ovários da fêmea, próximo às células nutridoras, que suprem o ovo com nutrientes, mRNAs e outras substâncias necessárias para o desenvolvimento. O ovo e as células nutridoras estão circundados por células foliculares, que fazem a casca do ovo **(Figura 18.19b**, parte superior). Após a fertilização e a postura do ovo, o desenvolvimento embrionário resulta na formação de uma larva segmentada, que passa por três estágios larvais. Então, em processo muito semelhante ao de uma lagarta que se torna borboleta, a larva da mosca forma uma pupa na qual sofre metamorfose e se transforma na mosca adulta mostrada na Figura 18.19a.

Pesquisa científica: *a análise genética do desenvolvimento inicial*

Edward B. Lewis foi um biólogo visionário norte-americano que, nos anos 1940, mostrou o valor da abordagem genética ao estudar o desenvolvimento embrionário em *Drosophila*. Lewis estudou bizarros mutantes de moscas com defeitos no desenvolvimento que resultaram em asas extras ou pernas nos lugares errados **(Figura 18.20)**. Ele localizou as mutações no mapa genético da mosca, conectando, assim, as anormalidades do desenvolvimento aos genes específicos. Essa pesquisa forneceu a primeira evidência concreta de que os genes de alguma forma direcionam os processos de desenvolvimento estudados pelos embriologistas. Os genes de Lewis descobertos, chamados **genes homeóticos**, são genes reguladores que controlam a formação de padrão na mosca.

O entendimento da formação de padrão durante o desenvolvimento embrionário inicial não progrediu durante os 30 anos seguintes, quando dois pesquisadores na Alemanha,

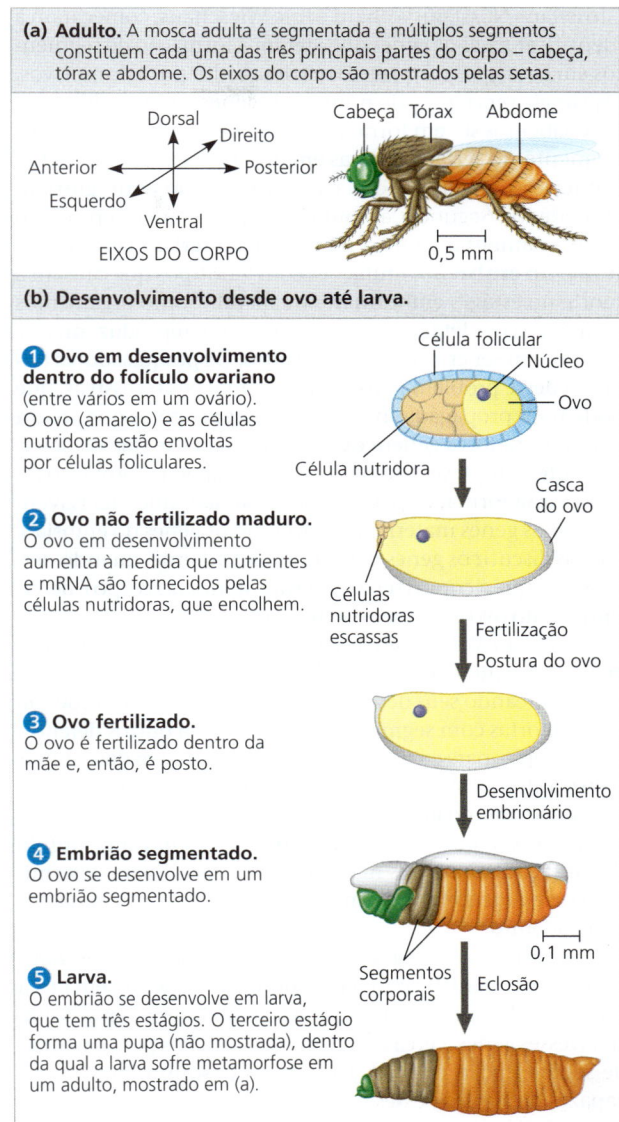

▲ **Figura 18.19** Eventos-chave no desenvolvimento de *Drosophila*.

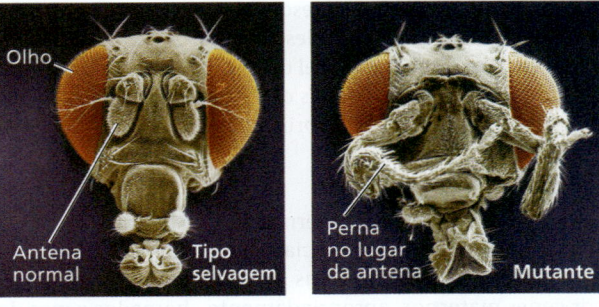

▲ **Figura 18.20** Padrão anormal de formação em *Drosophila*. As mutações nos genes homeóticos causam o mau posicionamento de estruturas em um animal, como as pernas que saem da cabeça da mosca mutante no lugar da antena (MEV colorida).

Christiane Nüsslein-Volhard e Eric Wieschaus, começaram a identificar *todos* os genes que afetam a formação de segmentos em *Drosophila*. O projeto era desafiador por três motivos. O primeiro era o próprio número de genes de *Drosophila*, que hoje sabemos ser em torno de 14 mil. Os genes que afetam a segmentação seriam agulhas em um palheiro ou seriam tão numerosos e variados que os cientistas não conseguiriam entendê-los. Segundo, as mutações que afetam um processo tão fundamental como a segmentação seriam certamente **letais ao embrião**, mutações com fenótipos que causam a morte no estágio embrionário ou larval. Como organismos com mutações letais ao embrião nunca se reproduzem, eles não podem ser cruzados para estudos. Os pesquisadores trataram desse problema procurando mutações recessivas, que podem ser propagadas nas moscas heterozigotas que atuam como portadores genéticos. Terceiro, sabia-se que os determinantes citoplasmáticos no ovo têm papel na formação do eixo; dessa forma, os pesquisadores sabiam que precisavam estudar os genes maternos assim como os genes do embrião. Vamos discutir os genes maternos mais adiante, quando dermos enfoque a como o eixo anteroposterior do corpo é determinado no ovo em desenvolvimento.

Nüsslein-Volhard e Wieschaus começaram sua busca por genes de segmentação expondo moscas a agentes mutagênicos e rastreando seus descendentes em busca de embriões ou larvas mortas com segmentação anormal ou outros defeitos. Por exemplo, para encontrar genes que pudessem determinar o eixo anteroposterior, eles procuraram por embriões ou larvas com extremidades anormais, como duas cabeças ou duas caudas, prevendo que essas anormalidades haviam surgido de mutações nos genes maternos necessários para determinar corretamente as extremidades da cabeça e da cauda dos descendentes.

Usando essa abordagem, Nüsslein-Volhard e Wieschaus finalmente identificaram cerca de 1.200 genes essenciais à formação de padrão durante o desenvolvimento embrionário. Desses genes, cerca de 120 eram essenciais para o padrão de segmentação normal. Depois, os pesquisadores foram capazes de agrupar esses genes da segmentação por função geral e isolar vários deles para estudá-los. O resultado foi a compreensão molecular detalhada das etapas iniciais da formação de padrão em *Drosophila*.

Quando os resultados de Nüsslein-Volhard e Wieschaus foram combinados com o trabalho prévio de Lewis, emergiu um panorama coerente do desenvolvimento de *Drosophila*. Em reconhecimento às suas descobertas, os três pesquisadores receberam o prêmio Nobel em 1995. Vamos abordar um exemplo específico dos genes que Nüsslein-Volhard, Wieschaus e colaboradores descobriram.

Estabelecimento do eixo

Como mencionamos, os determinantes citoplasmáticos no ovo são substâncias que inicialmente estabelecem o eixo do corpo de *Drosophila*. Essas substâncias são codificadas por genes maternos, apropriadamente chamados genes de efeito materno. Um gene classificado como **gene de efeito materno** é aquele que, quando mutante na mãe, resulta em fenótipo mutante na descendência, independentemente do próprio genótipo da descendência. No desenvolvimento da mosca-da-fruta, os produtos de mRNA ou proteína dos genes de efeito materno estão localizados no ovo enquanto ele ainda estiver no ovário materno. Quando a mãe tem uma mutação em um gene desses, ela produz um produto gênico imperfeito (ou não produz) e seus ovos são anormais; quando esses ovos são fertilizados, eles não se desenvolvem de modo correto.

Como os genes de efeito materno controlam a orientação (polaridade) do ovo e, consequentemente, da mosca, eles também são chamados de *genes de polaridade do ovo*. Dois grupos desses genes estabelecem os eixos anteroposterior e dorsoventral do embrião. Como as mutações nos genes de segmentação, as mutações nos genes de efeito materno são geralmente letais ao embrião.

Bicoid: morfógeno que determina as estruturas da cabeça Para ver como os genes de efeito materno determinam o eixo do corpo da descendência, vamos dar ênfase a um desses genes, chamado *bicoid*, termo que significa "cauda dupla". Um embrião ou larva cuja mãe tem dois alelos *bicoid* mutantes não tem a metade anterior do corpo e tem estruturas posteriores em ambas as extremidades **(Figura 18.21)**. Esse fenótipo sugeriu a Nüsslein-Volhard e colaboradores que o produto do gene *bicoid* da mãe é essencial para determinar a extremidade anterior da mosca e pode estar concentrado na futura extremidade anterior do embrião. Essa hipótese é um exemplo da *hipótese do gradiente morfogênico*, primeiramente proposta por embriologistas há um século, no qual gradientes de substâncias chamadas **morfógenos** estabelecem os eixos do embrião e outras características da sua forma.

A tecnologia do DNA e outros métodos bioquímicos modernos permitiram aos pesquisadores testar se o produto do *bicoid*, uma proteína chamada Bicoid, é de fato um

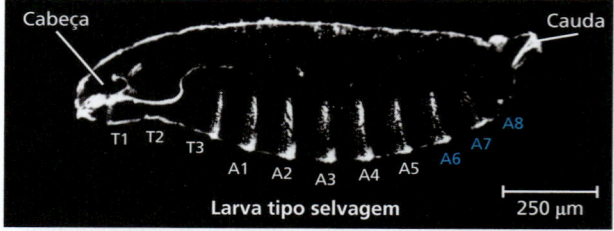
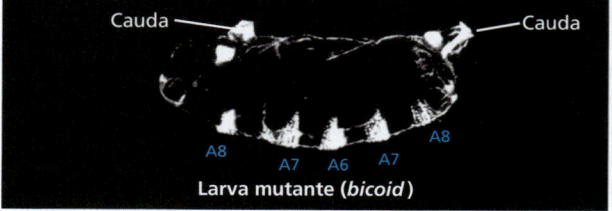

▲ **Figura 18.21** Efeito do gene *bicoid* no desenvolvimento de *Drosophila*. Uma larva da mosca-da-fruta do tipo selvagem tem uma cabeça, três segmentos torácicos (T), oito segmentos abdominais (A) e uma cauda. Uma larva cuja mãe tem dois alelos mutantes do gene *bicoid* tem duas caudas e não tem todas as estruturas anteriores (MO).

morfógeno que determina a extremidade anterior da mosca. Primeiro, eles questionaram se a localização do mRNA e dos produtos proteicos desse gene no ovo era consistente com a hipótese. Eles observaram que o mRNA *bicoid* está bastante concentrado na extremidade anterior do ovo maduro **(Figura 18.22)**. Depois que o ovo é fertilizado, o mRNA é traduzido em proteína. Então, a proteína Bicoid se difunde da parte anterior à posterior, resultando em um gradiente de proteína dentro do embrião jovem, mais concentrado na extremidade anterior. Esses resultados são consistentes com a hipótese de que a proteína Bicoid é responsável por especificar a extremidade anterior da mosca. Para testar isso mais especificamente, cientistas injetaram mRNA *bicoid* puro em várias regiões dos embriões jovens. A proteína que resultou da tradução provocou a formação de estruturas anteriores nos locais da injeção.

A pesquisa sobre *bicoid* foi revolucionária por várias razões. Primeiro, levou à identificação de uma proteína específica necessária para algumas das etapas iniciais da formação do padrão. Assim, ajudou a compreender como diferentes regiões do ovo podem dar origem a células que seguem diferentes vias do desenvolvimento. Segundo, aumentou nossa compreensão do papel crítico da mãe nas fases iniciais do desenvolvimento embrionário. Terceiro, o princípio de que um gradiente de morfógenos pode determinar a polaridade e a posição revelou-se um conceito-chave do desenvolvimento em algumas espécies, como hipotetizaram os primeiros embriologistas.

Os mRNA maternos são fundamentais durante o desenvolvimento de várias espécies. Em *Drosophila*, gradientes de proteínas específicas codificadas pelo mRNA materno determinam as extremidades posterior e anterior, assim como estabelecem o eixo dorsoventral. À medida que o embrião da mosca se desenvolve, chega um ponto em que o programa embrionário da expressão gênica acaba, e os mRNAs maternos devem ser destruídos. Mais tarde, as informações posicionais, codificadas pelos genes do embrião, operando em uma escala cada vez mais fina, estabelecem um número específico de segmentos corretamente orientados e acionam a formação de cada estrutura característica do segmento. Genes mutantes que afetam essa etapa final podem levar a um padrão adulto anormal, como você observou na Figura 18.20.

Biologia evolutiva do desenvolvimento ("evo-devo")

EVOLUÇÃO A mosca com pernas saindo da cabeça mostrada na Figura 18.20 é o resultado de uma única mutação em um gene, um gene homeótico. Entretanto, o gene não codifica qualquer proteína de antena. Em vez disso, ele codifica um fator de transcrição que regula outros genes, e seu mau funcionamento leva a estruturas mal-localizadas, como pernas no lugar de antenas. A observação de que uma alteração na regulação gênica durante o desenvolvimento poderia levar a essa mudança na forma do corpo levou alguns cientistas a considerarem se esses tipos de mutações poderiam contribuir para a evolução por meio da geração de novos formatos de corpo. Por fim, essa linha de questionamentos deu origem ao campo da biologia evolutiva do desenvolvimento, chamada "evo-devo", que será discutida no Conceito 21.6.

▼ **Figura 18.22 Pesquisa**

Bicoid poderia ser um morfógeno que determina a extremidade anterior da mosca-da-fruta?

Experimento Usando uma abordagem genética para estudar o desenvolvimento de *Drosophila*, Christiane Nüsslein-Volhard e colaboradores analisaram, em dois institutos de pesquisa na Alemanha, a expressão do gene *bicoid*. Os pesquisadores levantaram a hipótese de que *bicoid* normalmente codifica um morfógeno que especifica a extremidade da cabeça (anterior) do embrião. Para começar a testar essa hipótese, eles usaram técnicas moleculares para determinar se o mRNA e a proteína codificada por esse gene são encontrados na extremidade anterior do ovo fertilizado e do embrião jovem de moscas do tipo selvagem.

Resultados O mRNA *bicoid* (em azul-escuro nas micrografias ópticas e desenhos) estava confinado na extremidade anterior do ovo não fertilizado. Adiante no desenvolvimento, foi observado que a proteína Bicoid (em laranja-escuro) se concentra nas células na extremidade anterior do embrião.

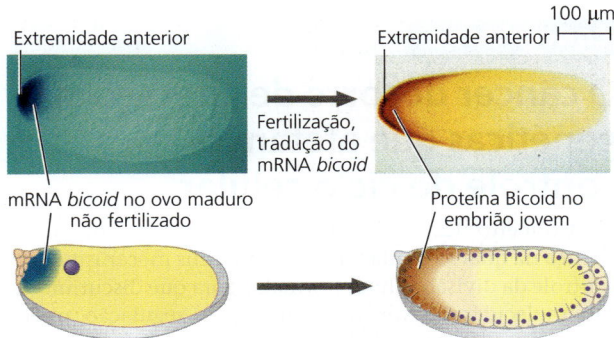

Conclusão A localização do mRNA *bicoid* e o gradiente difuso da proteína Bicoid observado depois são consistentes com a hipótese de que a proteína Bicoid é um morfógeno que especifica a formação de estruturas específicas da cabeça.

Leitura adicional C. Nüsslein-Volhard et al., Determination of anteroposterior polarity in *Drosophila*, *Science* 238:1675-1681 (1987); W. Driever e Nüsslein-Volhard, A gradient of Bicoid protein in *Drosophila* embryos, *Cell* 54:83-93 (1988); T. Berleth et al., The role of localization of bicoid RNA in organizing the anterior pattern of the *Drosophila* embryo, *EMBO Journal* 7:1749-1756 (1988).

E SE? *Os pesquisadores precisavam de mais evidências, então injetaram mRNA* bicoid *na extremidade anterior de um ovo de uma fêmea com uma mutação que desativa o gene* bicoid. *Se a hipótese estiver correta, quais deveriam ser os resultados?*

Nesta seção, vimos como um programa cuidadosamente conduzido de regulação gênica sequencial controla a transformação de um ovo fertilizado em um organismo multicelular. O programa é cuidadosamente equilibrado entre o acionamento dos genes para diferenciação no local adequado e o desligamento de outros genes. Mesmo quando o organismo está totalmente desenvolvido, a expressão gênica é regulada com cuidado semelhante. Na seção final do capítulo, vamos investigar até que ponto essa sintonia é fina, observando como alterações específicas na expressão de apenas alguns genes podem levar ao desenvolvimento do câncer.

REVISÃO DO CONCEITO 18.4

1. **FAÇA CONEXÕES** Como aprendemos no Capítulo 12, a mitose dá origem a duas células-filhas geneticamente idênticas à célula original. No entanto, você, o produto de várias divisões mitóticas, não é composto por células idênticas às células do zigoto. Por quê?
2. **FAÇA CONEXÕES** Explique como as moléculas de sinalização liberadas por uma célula embrionária podem induzir alterações na célula vizinha sem entrar na célula. (Ver Figuras 11.15 e 11.16.)
3. Como os genes de efeito materno das moscas-da-fruta determinam a polaridade do ovo e do embrião?
4. **E SE?** Na Figura 18.17b, a célula inferior está sintetizando moléculas de sinalização, ao passo que a célula superior expressa receptores para essas moléculas. Em termos de regulação gênica e determinantes citoplasmáticos, explique como essas células chegaram a sintetizar moléculas diferentes.

Ver as respostas sugeridas no Apêndice A.

CONCEITO 18.5

O câncer decorre de alterações genéticas que afetam o controle do ciclo celular

No Conceito 12.3, consideramos o câncer como uma doença na qual as células escapam dos seus mecanismos de controle da divisão celular normal. Agora que discutimos a base molecular da expressão gênica e sua regulação, podemos estudar o câncer mais detalhadamente. Os sistemas de regulação gênica que dão errado no câncer parecem ser os mesmos sistemas que têm importantes papéis no desenvolvimento embrionário, na resposta imune e em vários outros processos biológicos. Assim, a pesquisa da base molecular do câncer tanto encontrou como gerou benefícios em vários outros campos da biologia.

Tipos de genes associados ao câncer

Os genes que normalmente regulam o crescimento e a divisão celular durante o ciclo celular incluem genes para os fatores de crescimento, seus receptores e as moléculas intracelulares das vias de sinalização. (Para rever a sinalização celular, ver Conceito 11.2; para regulação do ciclo celular, ver Conceito 12.3.) Mutações que alteram qualquer um desses genes nas células somáticas podem levar ao câncer. O agente dessa alteração pode ser uma mutação casual espontânea. Muitas mutações causadoras de câncer provavelmente também resultam de influências ambientais: carcinógenos químicos como tabaco, raios X e outras radiações de alta energia e alguns vírus.

A pesquisa do câncer revelou genes causadores de câncer chamados **oncogenes** (do grego *onco*, tumor) em certos tipos de vírus. Posteriormente, foram encontradas versões relacionadas de oncogenes virais nos genomas de humanos e outros animais. As versões normais dos genes celulares, chamados **proto-oncogenes**, codificam proteínas que estimulam o crescimento e a divisão celular normal.

Como pode o proto-oncogene – gene que tem função essencial em células normais – tornar-se oncogene, um gene que causa câncer? Em geral, o oncogene surge a partir de alterações genéticas que levam ao aumento na quantidade do produto proteico do proto-oncogene ou na atividade intrínseca de cada molécula proteica. As mudanças genéticas que convertem proto-oncogenes em oncogenes se enquadram em quatro categorias principais **(Figura 18.23)**: mudanças epigenéticas, translocações, amplificação de genes e mutações pontuais.

Primeiramente, alterações nas modificações epigenéticas que podem levar à condensação anormal da cromatina em uma célula são frequentemente encontradas em células tumorais. Se uma mutação em um gene para uma enzima modificadora da cromatina leva ao afrouxamento da cromatina em uma região que normalmente não está sendo expressa, um proto-oncogene naquela região poderia ser expresso em níveis anormalmente altos (ver Figura 18.23a). Por exemplo, um gene para uma dessas enzimas demonstrou ter sofrido mutação em 20% das células tumorais analisadas.

Em segundo lugar, as células cancerosas são frequentemente encontradas contendo cromossomos que se quebraram e se juntaram incorretamente, translocando fragmentos de um cromossomo para outro (ver Figura 15.14). Se um proto-oncogene translocado terminar perto de um promotor especialmente ativo (ou outro elemento de controle), sua transcrição pode aumentar, tornando-o um oncogene (ver Figura 18.23b).

O terceiro tipo principal de mudança genética, a amplificação, aumenta o número de cópias do proto-oncogene na célula por meio da duplicação repetida do gene (discutida no Conceito 21.5; ver Figura 18.23c).

Em quarto lugar, uma mutação pontual no promotor ou um estimulador que controla um proto-oncogene poderia causar um aumento em sua expressão. Uma mutação pontual na sequência de codificação do proto-oncogene poderia mudar o produto do gene para uma proteína mais ativa ou mais resistente à degradação do que a proteína normal (ver Figura 18.23d).

Qualquer um desses quatro mecanismos pode levar à estimulação anormal do ciclo celular e colocar a célula no caminho para se tornar uma célula cancerosa.

Além dos genes cujos produtos normalmente promovem a divisão celular, as células contêm genes cujos produtos normais *inibem* a divisão celular. Esses genes são chamados de **genes supressores de tumor**, uma vez que as proteínas que eles codificam ajudam a prevenir o crescimento celular descontrolado. Qualquer mutação que diminua a atividade normal de uma proteína supressora de tumor pode contribuir para o início do câncer, basicamente estimulando o crescimento pela ausência de supressão.

Os produtos proteicos dos genes supressores de tumor têm várias funções. Alguns reparam o DNA danificado, que previne a célula de acumular mutações causadoras de câncer. Outras proteínas supressoras de tumor controlam a adesão de células umas às outras ou à matriz extracelular; o ancoramento apropriado da célula é crucial em tecidos normais – e frequentemente ausente nos cânceres. Além disso,

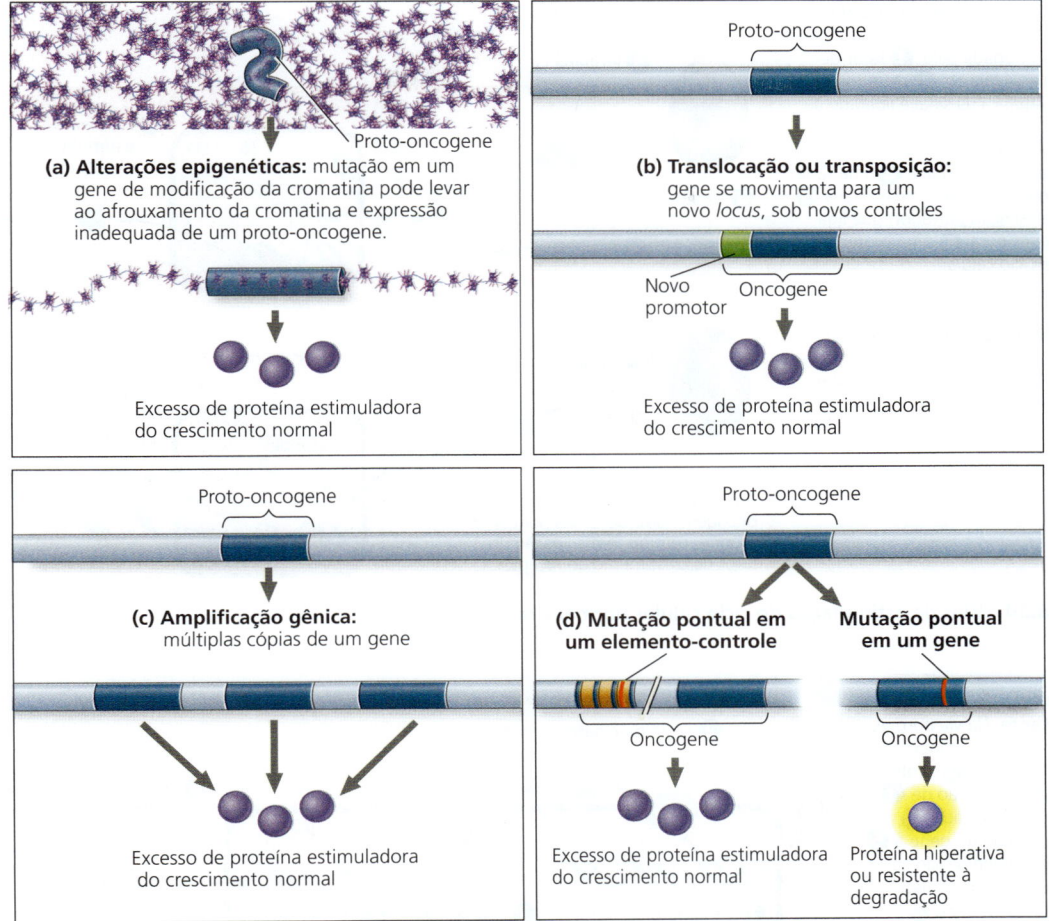

▲ **Figura 18.23** Alterações genéticas que podem transformar proto-oncogenes em oncogenes.

outras proteínas supressoras de tumor são componentes das vias de sinalização celular que inibem o ciclo celular.

Interferência em vias normais de sinalização celular

Vamos considerar como os componentes proteicos das vias de sinalização celular funcionam em células normais e o que ocorre de errado com sua função nas células cancerosas. Daremos enfoque aos produtos de dois genes-chave, o proto-oncogene *ras* e o gene supressor de tumor *p53*. Mutações em *ras* ocorrem em cerca de 30% dos cânceres humanos, e mutações em *p53*, em mais de 50%.

A proteína Ras, codificada pelo **gene *ras*** (do inglês <u>rat</u> <u>s</u>arcoma, um câncer de tecido conectivo), é uma proteína G que libera um sinal a partir de um receptor de fator de crescimento na membrana plasmática para uma cascata de proteína-cinase (ver Figuras 11.8 e 11.10). A resposta celular no final da via é a síntese de uma proteína que estimula o ciclo celular **(Figura 18.24a)**. Normalmente, essa via não funciona a não ser quando acionada pelo fator de crescimento adequado. Mas certas mutações no gene *ras* podem levar à produção de uma proteína Ras hiperativa que aciona a cascata da cinase mesmo na ausência do fator de crescimento, resultando em divisão celular aumentada **(Figura 18.24b)**. Na verdade, as versões hiperativas, ou quantidades excessivas de qualquer um dos componentes da via, podem ter o mesmo resultado: divisão celular excessiva.

A **Figura 18.25a** mostra a via em que um sinal intracelular leva à síntese de uma proteína que suprime o ciclo celular. Nesse caso, o sinal é o dano ao DNA da célula, talvez como resultado de exposição à luz ultravioleta. O funcionamento dessa via de sinalização bloqueia o ciclo celular até o dano ser reparado. Por outro lado, o dano pode contribuir para a formação de tumor por causar mutações ou anormalidades cromossômicas. Assim, os genes para os componentes da via atuam como genes supressores de tumor. O **gene *p53***, chamado assim pela massa molecular aparente do seu produto proteico, é um gene supressor de tumor. A proteína que ele codifica é um fator de transcrição específico que promove a síntese de proteínas inibidoras do ciclo celular. É por isso que mutações que destroem o gene *p53* ou em um gene necessário para ativar a proteína p53 (p. ex., um gene chamado *ATM*) podem levar ao crescimento celular excessivo e ao câncer **(Figura 18.25b)**.

(a) Via de estimulação do ciclo celular normal.
A via normal é acionada pelo ❶ fator de crescimento que se liga ao ❷ receptor na membrana plasmática. O sinal é liberado à ❸ proteína G chamada Ras. Como todas as proteínas G, Ras ativa-se quando GTP está ligada a ela. Ras passa o sinal a ❹ uma série de proteína-cinases. A última cinase ativa ❺ um fator de transcrição (ativador) que liga um ou mais genes para ❻ uma proteína que estimula o ciclo celular.

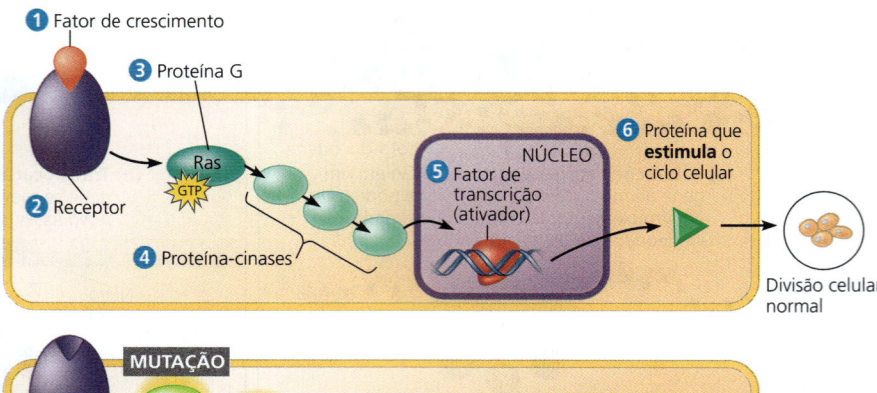

(b) Via de estimulação do ciclo celular mutante.
Se mutações ativarem de modo anormal a Ras ou de qualquer outro componente da via, pode ocorrer excesso de divisão celular e câncer.

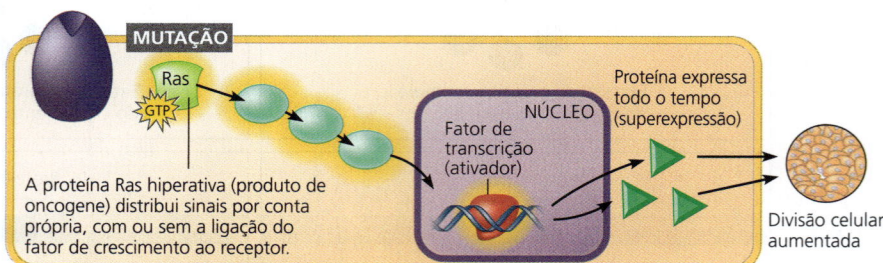

▲ **Figura 18.24** Vias de estimulação do ciclo celular normal e mutante.

(a) Vias inibidoras do ciclo celular normal e mutante. Na via normal, ❶ o dano ao DNA é um sinal intracelular passado pela via ❷ proteína-cinases, levando à ativação de ❸ p53. A proteína p53 ativada promove a transcrição do gene a ❹ ❺ uma proteína que inibe o ciclo celular. A supressão resultante da divisão celular assegura que o dano ao DNA não seja replicado. Caso o dano seja irreparável, então o sinal p53 leva à morte celular programada (apoptose).

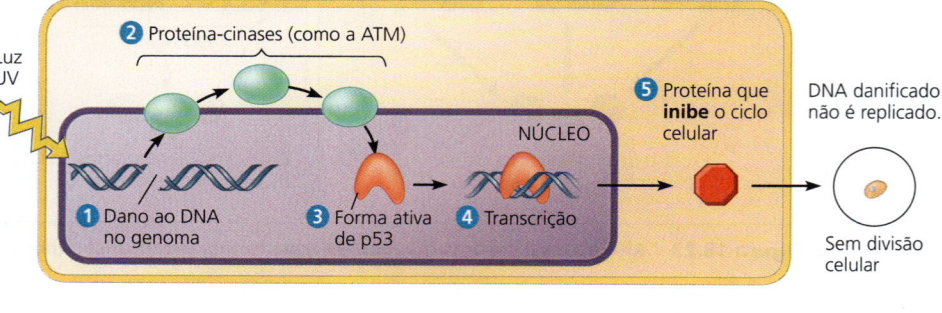

(b) Via inibidora do ciclo celular mutante. As mutações que causam deficiência em qualquer componente da via podem contribuir para o desenvolvimento do câncer.

▲ **Figura 18.25** Vias de inibição do ciclo celular normal e mutante.

❓ *Explique se a mutação que causa câncer em um gene supressor de tumor, como p53, é mais provavelmente uma mutação recessiva ou dominante.*

O gene *p53* é chamado de "anjo da guarda do genoma". Uma vez que a proteína p53 é ativada – por exemplo, pela proteína ATM, uma proteína-cinase, após o dano no DNA –, p53 ativa vários outros genes, como *p21*. A proteína p21 interrompe o ciclo celular ligando-se a cinases dependentes de ciclina, dando tempo para que a célula repare o DNA. Pesquisadores mostraram recentemente que p53 também ativa a expressão de um grupo de miRNAs que inibem o ciclo celular. A proteína p53 também pode ativar os genes diretamente envolvidos no reparo do DNA. Se o dano ao DNA for irreparável, p53 ativa genes "suicidas", cujos produtos proteicos provocam a morte celular programada (apoptose; ver Figura 11.20). Assim, p53 previne que a célula passe adiante mutações devido ao dano no DNA. Se as mutações se acumularem e a célula sobreviver por várias divisões – como é mais provável se o gene supressor de tumor *p53* for deficiente ou ausente –, isso pode resultar em câncer. As várias funções de p53 sugerem um panorama complexo de regulação em células normais, o qual ainda não conseguimos compreender totalmente.

Um estudo recente sobre elefantes pode ressaltar o papel protetor de *p53*. A incidência de câncer entre os elefantes em estudos baseados em zoológicos foi estimada em cerca de 3%, em comparação com cerca de 30% para humanos. O sequenciamento do genoma revelou que os elefantes têm 20 cópias do gene *p53*, em comparação com uma cópia em humanos, outros mamíferos e até mesmo manatins, os parentes vivos mais próximos dos elefantes. É claro que existem outras razões subjacentes, mas a correlação entre a baixa taxa de câncer e as cópias extras do gene *p53* produzem mais investigações.

Até agora, os diagramas nas Figuras 18.24 e 18.25 são uma visão acurada de como mutações contribuem para o câncer, mas ainda não sabemos exatamente como determinada célula se torna uma célula cancerosa. Estudos recentes têm mostrado, por exemplo, que os padrões de metilação do DNA e modificações da histona nas células normais diferem daquelas nas células cancerosas e que os miRNAs provavelmente participam do desenvolvimento do câncer. Ainda há muito para aprender, e você e seus colegas podem ser aqueles que farão descobertas importantes sobre a biologia do câncer.

O modelo de múltiplas etapas do desenvolvimento do câncer

Em geral, mais de uma mutação somática ou alteração epigenética é necessária para produzir todas as alterações características de uma célula cancerosa totalmente madura. Isso pode ajudar a explicar por que a incidência de câncer aumenta muito com a idade. Se o câncer resulta de um acúmulo de mutações que ocorrem ao longo da vida, então, quanto mais vivemos, mais probabilidade há de desenvolvermos algum câncer.

O modelo de uma via de múltiplas etapas para o câncer está bem embasado por estudos de um dos mais bem compreendidos tipos de câncer humano, o câncer colorretal, que afeta o cólon e/ou reto. Cerca de 140 mil casos novos de cânceres colorretais são diagnosticados por ano nos Estados Unidos, e a doença causa 50 mil mortes por ano. Como a maioria dos cânceres, o câncer colorretal se desenvolve gradualmente **(Figura 18.26)**. O primeiro sinal muitas vezes é um pólipo, um pequeno crescimento benigno no revestimento do cólon. As células do pólipo parecem normais, embora se dividam anormalmente com frequência. O tumor cresce e pode por fim tornar-se maligno, invadindo outros tecidos. Paralelamente ao desenvolvimento de um tumor maligno, ocorre o acúmulo gradual de mutações que convertem proto-oncogenes em oncogenes e fazem o "nocaute" dos genes supressores de tumor. Em geral, um oncogene *ras* e um gene supressor de tumor *p53* estão envolvidos.

Cerca de meia dúzia de alterações devem ocorrer no nível de DNA para uma célula se tornar totalmente cancerosa. Isso normalmente inclui o aparecimento de pelo menos um oncogene ativo e a mutação ou perda de vários genes supressores de tumor. Além disso, uma vez que alelos mutantes de supressores de tumor são normalmente recessivos, na maioria dos casos as mutações devem "nocautear" *ambos* os alelos no genoma de uma célula para bloquear a supressão do tumor. (Por outro lado, a maioria dos oncogenes se comporta como alelos dominantes.)

Uma vez que compreendemos a progressão desse tipo de câncer, exames de rotina (p. ex., colonoscopias) são recomendados para identificar e remover qualquer pólipo suspeito. A taxa de mortalidade pelo câncer colorretal tem diminuído nos últimos 20 anos devido ao aumento dos exames e aos progressos nos tratamentos. Os tratamentos para outros cânceres também melhoraram. Avanços no sequenciamento do DNA e do mRNA permitem aos médicos pesquisadores comparar os genes expressos por diferentes tipos de tumores e pelo mesmo tipo de tumor em pessoas diferentes. Essas comparações levaram a tratamentos personalizados baseados nas características moleculares do tumor de uma pessoa; a **Figura 18.27** mostra como essa abordagem tem sido aplicada ao câncer de mama.

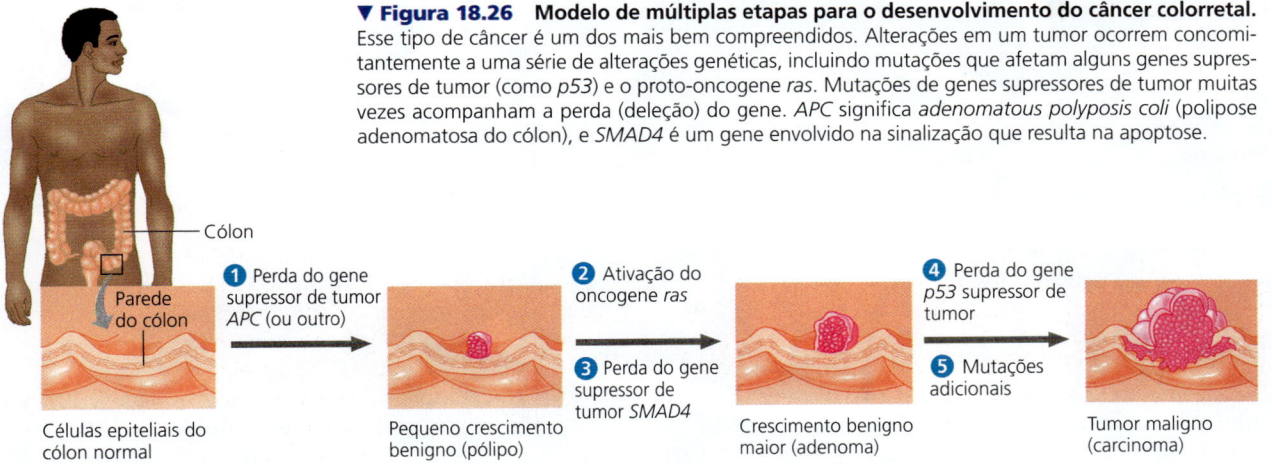

▼ **Figura 18.26** **Modelo de múltiplas etapas para o desenvolvimento do câncer colorretal.** Esse tipo de câncer é um dos mais bem compreendidos. Alterações em um tumor ocorrem concomitantemente a uma série de alterações genéticas, incluindo mutações que afetam alguns genes supressores de tumor (como *p53*) e o proto-oncogene *ras*. Mutações de genes supressores de tumor muitas vezes acompanham a perda (deleção) do gene. *APC* significa *adenomatous polyposis coli* (polipose adenomatosa do cólon), e *SMAD4* é um gene envolvido na sinalização que resulta na apoptose.

▼ Figura 18.27

FAÇA CONEXÕES

Gênomica, sinalização celular e câncer

A medicina moderna que une os estudos moleculares do genoma com a pesquisa de sinalização celular está transformando o tratamento de várias doenças, como o câncer de mama. Utilizando a análise de microarranjos (ver Figura 20.13) e outras técnicas, pesquisadores mediram os níveis relativos dos transcritos de mRNA para cada gene em centenas de amostras de tumores de câncer de mama. Foram identificados quatro principais subtipos de câncer de mama, que diferem na sua expressão de três receptores de sinal envolvidos na regulação do crescimento e divisão celular:

- Receptor de estrogênio alfa (ERα)
- Receptor de progesterona (PR)
- HER2, um tipo de receptor chamado receptor de tirosina-cinase (RTK); outros RTKs também estão presentes, como HER3

(ERα e PR são receptores de esteroides; ver Figura 11.9.) A ausência ou excesso da expressão desses receptores podem causar sinalização celular aberrante, levando, em alguns casos, à divisão celular inapropriada, que pode contribuir para o câncer (ver Figura 18.24).

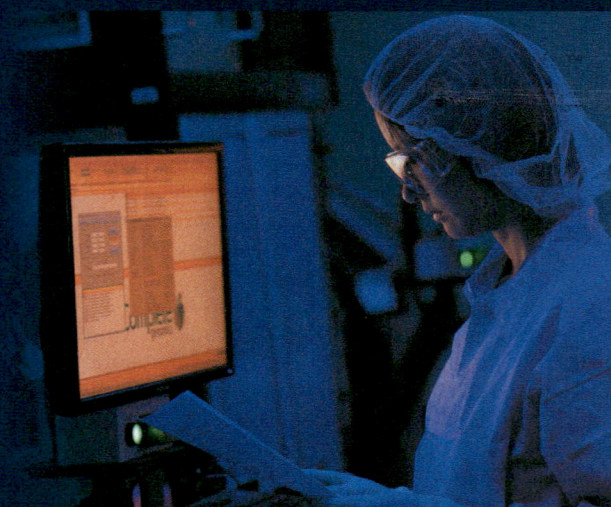

▲ Uma cientista examina dados de sequenciamento de DNA de amostras de câncer de mama.

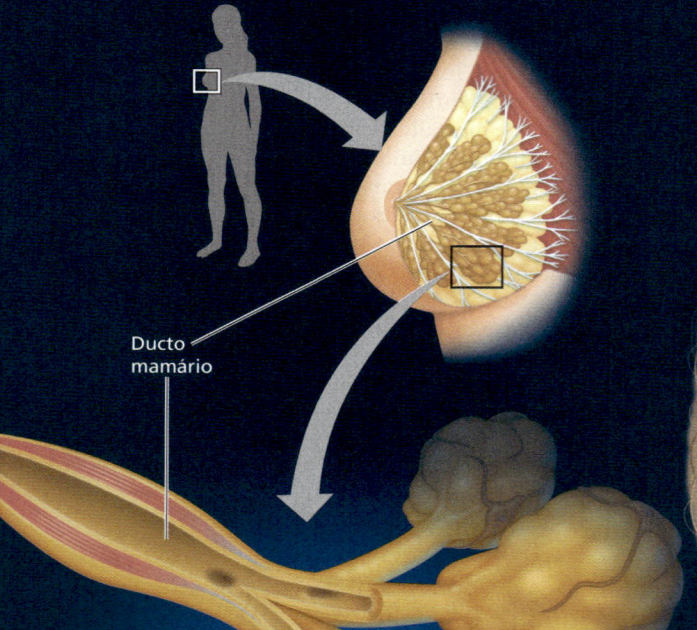

Ducto mamário

Lóbulo da glândula mamária

Célula epitelial secretora de leite

Célula de suporte

Células normais da mama em um ducto mamário

Em uma célula mamária normal, os três receptores de sinal estão em níveis normais (indicado por +):
- ERα+
- PR+
- HER2+

Interior do ducto

Receptor de estrogênio alfa (ERα)

HER2

HER3

Receptor de progesterona (PR)

Matriz extracelular

Subtipos de câncer de mama

Cada subtipo de câncer de mama é caracterizado pela superexpressão (indicada por ++ ou +++) ou ausência (–) de três receptores de sinal: ERα, PR e HER2. Os tratamentos de câncer de mama estão se tornando cada vez mais eficazes, pois podem ser moldados para o subtipo de câncer específico.

Luminal A / Luminal B / Basal

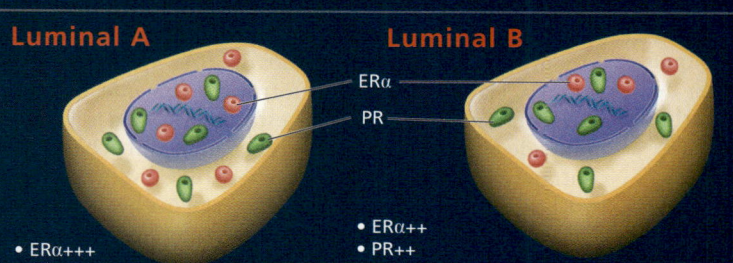

Luminal A
- ERα+++
- PR++
- HER2–
- 40% dos cânceres de mama
- Melhor prognóstico

Luminal B
- ERα++
- PR++
- HER2– (mostrado aqui); alguns HER2++
- Divide-se rapidamente
- 15-20% dos cânceres de mama
- Prognóstico pior do que o luminal A

Basal
- ERα–
- PR–
- HER2–
- 15-20% dos cânceres de mama
- Mais agressivo; prognóstico pior do que para os outros subtipos

Ambos os subtipos luminal superexpressam ERα (luminal A mais do que luminal B) e PR e normalmente não expressam HER2. Ambos podem ser tratados com fármacos que têm como alvo ERα e o inativam, sendo o tamoxifeno o mais conhecido. Esses subtipos também podem ser tratados com fármacos que inibem a síntese de estrogênio.

O subtipo basal é "triplo negativo" – ele normalmente não expressa ERα, PR ou HER2. Ele muitas vezes tem uma mutação no gene supressor de tumor *BRCA1* (ver Conceito 18.5). Tratamentos que têm como alvo ERα, PR ou HER2 não são eficazes, mas novos tratamentos estão sendo desenvolvidos. Atualmente, pacientes são tratados com quimioterapia citotóxica, que mata seletivamente células com crescimento rápido.

HER2

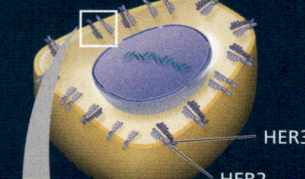

- ERα– ou ERα+
- PR–
- HER2++
- 10-15% dos cânceres de mama
- Prognóstico pior do que o subtipo luminal A

O subtipo HER2 superexpressa HER2. Como ele não expressa PR (e, em muitos casos, ERα) em níveis normais, as células não respondem às terapias que têm como alvo PR (e, para células ERα–, ERα). Entretanto, pacientes com subtipo HER2 podem ser tratados com trastuzumabe, um anticorpo que inativa HER2 (ver Conceito 12.3).

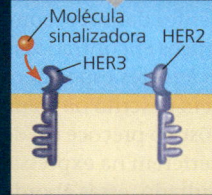 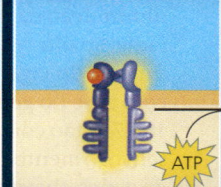 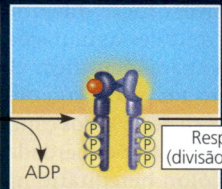 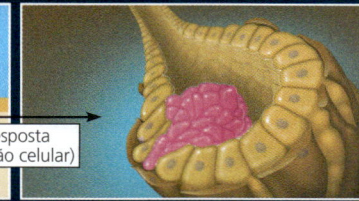

1 Uma molécula sinalizadora (como um fator de crescimento) se liga como um ligante a uma única HER3 (um monômero), permitindo que ela se associe com outra HER.

2 Mesmo sem um ligante ligado a ela, HER2 pode se associar com outra HER. Aqui, HER3 e HER2 se associam, formando um dímero.

3 A formação de um dímero ativa cada monômero.

4 Cada monômero adiciona fosfato, a partir de ATP, ao outro monômero, acionando uma via de transdução de sinal.

5 O sinal é transduzido através da célula, o que leva a uma resposta celular – neste caso, ativando genes que acionam a divisão celular. As células HER2 possuem até 100 vezes mais receptores de HER2 do que as células normais, sofrendo, assim, uma divisão celular descontrolada.

Tratamento com trastuzumabe para o subtipo HER2

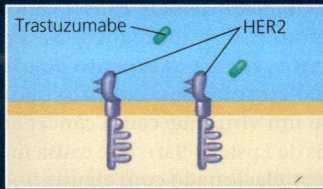 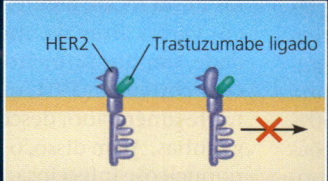

1 Pacientes com o subtipo HER2 são tratados com o fármaco trastuzumabe, que pode se ligar a HER2.

2 Quando ligado a HER2, o trastuzumabe bloqueia a sinalização e a divisão celular excessiva em certos pacientes.

FAÇA CONEXÕES

Quando pesquisadores compararam a expressão gênica em células de mamas normais e células de câncer de mama, eles observaram que os genes que mostravam as diferenças mais significativas na expressão codificavam receptores de sinal, como mostrado aqui. Considerando o que você aprendeu nos Capítulos 11, 12 e neste capítulo, explique por que esse resultado não é surpreendente.

O câncer de mama é a segunda forma mais comum de câncer nos Estados Unidos e a primeira entre as mulheres. Esse tipo de câncer atinge mais de 230 mil mulheres (e alguns homens) por ano nos Estados Unidos e mata 40 mil (450 mil no mundo todo). O principal problema em compreender o câncer de mama é a sua heterogeneidade: os tumores diferem de maneiras significativas. Espera-se que a identificação das diferenças entre os tipos de câncer de mama melhore os tratamentos e diminua a taxa de mortalidade. Em 2012, o programa *The Cancer Genome Atlas Network*, patrocinado pelo National Institutes of Health (NIH), publicou os resultados do trabalho de vários grupos que utilizaram uma abordagem genômica para agrupar subtipos de câncer de mama com base nas suas assinaturas moleculares. Foram identificados quatro tipos principais de câncer de mama (ver Figura 18.27). Agora, é rotineiro rastrear a presença de receptores de sinalização particulares em qualquer tumor de câncer de mama, e os indivíduos com câncer de mama, juntamente com seus médicos, podem tomar decisões mais informadas sobre seus tratamentos.

Predisposição hereditária e fatores ambientais que contribuem para o câncer

O fato de que múltiplas alterações genéticas são necessárias para produzir uma célula cancerosa ajuda a explicar a observação de que os cânceres podem ocorrer em famílias. Um indivíduo que herda um oncogene ou um alelo mutante de um gene supressor de tumor está a um passo de acumular as mutações necessárias para desenvolver câncer, diferentemente de um indivíduo sem qualquer uma dessas mutações.

Os geneticistas estão trabalhando para identificar alelos de cânceres herdados, a fim de detectar precocemente a predisposição para certos cânceres. Cerca de 15% dos cânceres colorretais, por exemplo, envolvem mutações herdadas. Uma síndrome chamada câncer de cólon hereditário não poliposo (HNPCC, do inglês *hereditary nonpolyposis colon cancer*) aumenta o risco de câncer de cólon para 50 a 70% durante toda a vida de um indivíduo. O HNPCC, também conhecido como síndrome de Lynch, é causado por um alelo autossômico dominante de qualquer um de um grupo de genes reparadores de DNA, ressaltando a importância dos sistemas de reparo de DNA. Essa síndrome é responsável por 2 a 5% dos cânceres de cólon. Outras mutações hereditárias que causam câncer de cólon afetam o gene supressor de tumor chamado *polipose adenomatosa do cólon* (APC, do inglês *adenomatous polyposis coli*) (ver Figura 18.26). Esse gene tem múltiplas funções na célula, incluindo a regulação da migração e a adesão celular. Mesmo em pacientes sem história familiar de doença, ocorre mutação no gene *APC* em 60% dos cânceres colorretais. Nesses indivíduos, novas mutações devem ter ocorrido em ambos os alelos *APC* antes de a função do gene se perder. Atualmente, apenas 15% dos cânceres colorretais estão associados a mutações herdadas conhecidas; assim, os pesquisadores continuam tentando identificar "marcadores" que possam prever o risco de desenvolver esse tipo de câncer.

Considerando a prevalência e a importância do câncer de mama, não é de surpreender que esse tenha sido um dos primeiros cânceres para o qual o papel da herança foi investigado. Observou-se que existe evidência de forte predisposição herdável em 5 a 10% dos pacientes com câncer de mama. A geneticista Mary-Claire King começou trabalhando com esse problema em meados de 1970. Após 16 anos de pesquisa, ela demonstrou, de forma convincente, que mutações em um gene – *BRCA1* – estavam associadas à suscetibilidade aumentada ao câncer de mama, um achado que contrariava a opinião médica na época (*BRCA* vem do inglês *breast cancer* [câncer de mama]). As mutações nesse gene ou no gene chamado *BRCA2* são encontradas em pelo menos metade dos cânceres de mama herdados, e testes usando o sequenciamento de DNA podem detectar essas mutações. Uma mulher que herda um alelo *BRCA1* mutante tem 60% de probabilidade de desenvolver câncer de mama antes dos 50 anos, comparado com apenas 2% de probabilidade para um indivíduo homozigoto para o alelo normal.

BRCA1 e *BRCA2* são considerados genes supressores de tumor, pois seus alelos tipo selvagem protegem contra o câncer de mama e seus alelos mutantes são recessivos. (Mutações em *BRCA1* são comumente encontradas nos genomas de células de cânceres de mama do tipo basal; ver Figura 18.27.) Aparentemente, as proteínas BRCA1 e BRCA2 funcionam na via de reparo de danos ao DNA na célula. Sabe-se mais sobre o BRCA2: junto com outra proteína, ele ajuda a reparar quebras que ocorrem em ambas as fitas do DNA, uma função crucial para manter o DNA não danificado.

Devido ao fato de que a quebra do DNA pode contribuir para o câncer, faz sentido tentar reduzir o risco de câncer pela diminuição da exposição do DNA a agentes danosos, como radiação ultravioleta da luz solar e químicos encontrados na fumaça do cigarro. Novas análises de cânceres específicos, com base no genoma, como a abordagem descrita na Figura 18.27, estão contribuindo para o diagnóstico precoce e o desenvolvimento de tratamentos que interferem na expressão de genes-chave em tumores. Como resultado, essas abordagens podem reduzir o índice de mortalidade por câncer.

O papel dos vírus no câncer

O estudo de genes associados ao câncer, herdados ou não, aumenta nossa compreensão básica de como a interrupção da regulação normal dos genes pode resultar nessa doença. Além das mutações e outras alterações genéticas descritas nesta seção, alguns *vírus tumorais* podem causar câncer em vários animais, incluindo os seres humanos. Na verdade, um dos primeiros marcos no entendimento do câncer ocorreu em 1911, quando Peyton Rous, um patologista norte-americano, descobriu um vírus que causa câncer em galinhas. Além disso, o vírus de Epstein-Barr, que causa mononucleose infecciosa, foi correlacionado com alguns tipos de câncer em seres humanos, notadamente com linfoma de Burkitt. Os papilomavírus causam câncer de colo do útero, e um vírus chamado HTLV-1 causa um tipo de leucemia em adultos. Os vírus contribuem para cerca de 15% dos casos de câncer em seres humanos.

Os vírus podem parecer bastante diferentes das mutações como causa do câncer. Entretanto, agora sabemos que os vírus podem interferir na regulação gênica de várias maneiras se o material genético viral integrar-se ao DNA de uma célula. A integração viral pode doar um oncogene à célula, interromper um gene supressor de tumor ou converter um proto-oncogene em oncogene. Alguns vírus produzem proteínas que inativam p53 e outras proteínas supressoras de tumor, tornando a célula mais propensa a se tornar cancerosa. Vírus são poderosos agentes biológicos; aprenderemos mais sobre eles no Capítulo 19.

REVISÃO DO CONCEITO 18.5

1. As mutações promotoras de cânceres provavelmente têm efeitos mais incomuns sobre a atividade das proteínas codificadas pelos proto-oncogenes do que sobre as proteínas codificadas pelos genes supressores de tumor. Explique.
2. Sob quais circunstâncias pode haver um componente hereditário no câncer?
3. **FAÇA CONEXÕES** A proteína p53 pode ativar genes envolvidos na apoptose. Revise o Conceito 11.5 e discuta como as mutações nos genes que codificam proteínas que funcionam na apoptose poderiam contribuir para o câncer.

Ver as respostas sugeridas no Apêndice A.

18 Revisão do capítulo

RESUMO DOS CONCEITOS-CHAVE

CONCEITO 18.1

As bactérias frequentemente respondem a alterações ambientais regulando a transcrição *(p. 366-370)*

- As células controlam o metabolismo por meio da regulação da atividade enzimática ou da expressão de genes que codificam enzimas. Nas bactérias, os genes frequentemente estão agrupados em **óperons**, com um promotor servindo vários genes adjacentes. Um sítio do **operador** no DNA liga ou desliga o óperon, resultando na regulação coordenada dos genes.

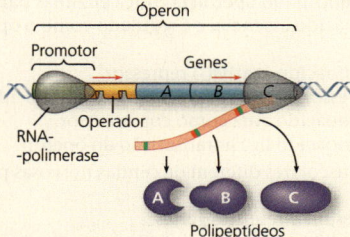

- Os óperons reprimíveis e os óperons induzíveis são exemplos de regulação gênica negativa. Em cada tipo de óperon, a ligação de uma proteína **repressora** específica ao operador desliga a transcrição. (O repressor é codificado por um **gene regulador** separado.) Em um operador reprimível (em geral, codificando enzimas anabólicas), o repressor está ativo quando ligado ao **correpressor**, normalmente o produto final da via.

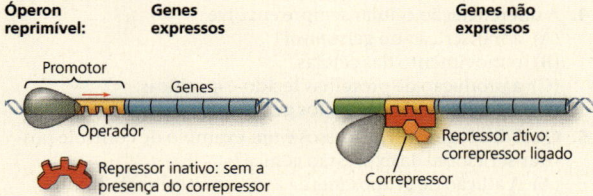

- Em um óperon induzível (normalmente codificando enzimas catabólicas), a ligação do **indutor** a um repressor ativo de maneira inata inativa o repressor e liga a transcrição.

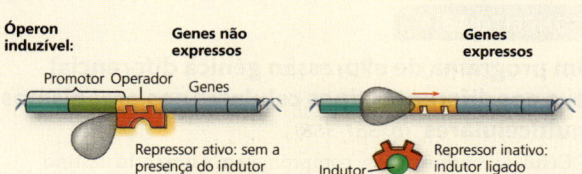

- Alguns óperons têm regulação gênica positiva por meio de uma proteína **ativadora** estimuladora (como a CRP, quando ativada por **AMP cíclico**), ligam-se a um sítio dentro do promotor e estimulam a transcrição.

? *Compare os papéis de um correpressor e um indutor na regulação negativa de um óperon.*

CONCEITO 18.2

A expressão gênica eucariótica é regulada em muitos estágios *(p. 370-379)*

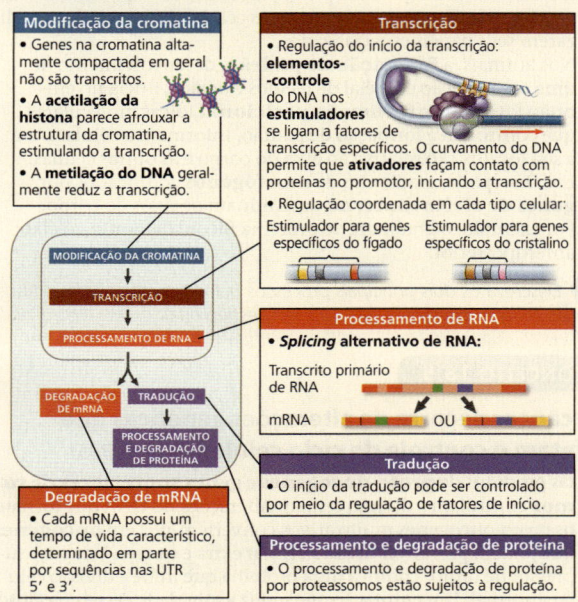

? *Descreva o que deve ocorrer em uma célula para que um gene específico para esse tipo de célula seja transcrito.*

CONCEITO 18.3

Os RNAs não codificantes exercem múltiplos papéis no controle da expressão gênica (p. 379-381)

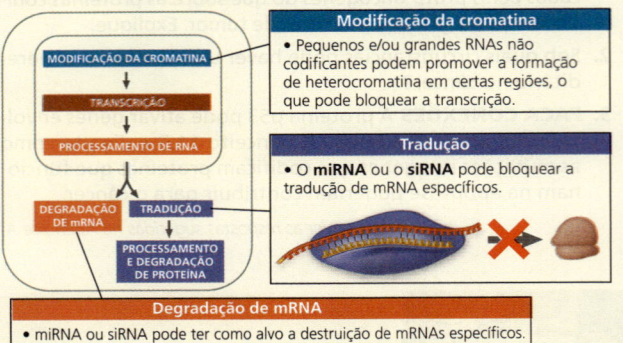

? *Por que os miRNAs são chamados de RNAs não codificantes? Explique como eles participam da regulação gênica.*

CONCEITO 18.4

Um programa de expressão gênica diferencial leva aos diferentes tipos celulares nos organismos multicelulares (p. 381-388)

- Células embrionárias se comprometem a um certo destino (**determinação**) e sofrem **diferenciação**, tornando-se especializadas em estrutura e função para seu destino específico. As células diferem em estrutura e função não por conterem diferentes genomas, e sim por expressarem diferentes genes. A **morfogênese** envolve os processos que dão forma ao organismo e suas várias partes.
- **Determinantes citoplasmáticos** localizados no ovo não fertilizado são distribuídos para as células-filhas diferencialmente, onde regulam a expressão dos destinos de desenvolvimento das células. No processo chamado **indução**, moléculas-sinal das células embrionárias causam alterações transcricionais em células-alvo vizinhas.
- A diferenciação é marcada pelo aparecimento de proteínas tecido-específicas, que capacitam as células diferenciadas a realizarem seus papéis especializados.
- Nos animais, a **formação de padrão**, desenvolvimento de uma organização espacial de tecidos e órgãos, inicia no embrião jovem. A **informação posicional**, dicas moleculares que controlam a formação de padrão, informam a célula sobre a sua localização relativa ao eixo do corpo e às outras células. Em *Drosophila*, gradientes de **morfógenos** codificados por **genes de efeito materno** determinam os eixos do corpo. Por exemplo, o gradiente de proteína Bicoid determina o eixo anteroposterior.

? *Descreva os dois principais processos pelos quais as células embrionárias seguem diferentes vias para seu destino final.*

CONCEITO 18.5

O câncer decorre de alterações genéticas que afetam o controle do ciclo celular (p. 388-395)

- Os produtos de **proto-oncogenes** e **genes supressores de tumor** controlam a divisão celular. Alterações no DNA que tornam os proto-oncogenes muito ativos convertem-nos em **oncogenes**, que podem promover divisão celular extra e câncer. Um gene supressor de tumor codifica uma proteína que inibe a divisão celular anormal. Uma mutação que reduz a atividade do seu produto proteico pode levar à divisão celular excessiva e ao câncer.
- Vários proto-oncogenes e genes supressores de tumor codificam componentes das vias de sinalização estimuladoras de crescimento e inibidoras de crescimento, respectivamente, e mutações nesses genes podem interferir em vias de sinalização celular normais. Uma versão hiperativa de proteína em uma via estimuladora, como **Ras** (uma proteína G), funciona como proteína oncogênica. Uma versão com defeito de uma proteína em uma via inibidora, como **p53** (ativador da transcrição), falha em agir como supressora de tumor.

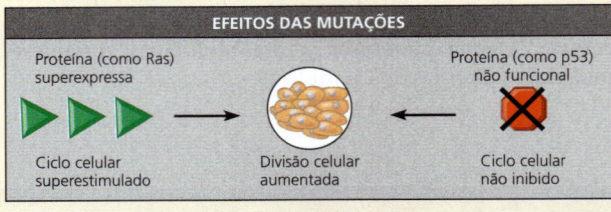

- Em um modelo de múltiplas etapas do desenvolvimento do câncer, células normais são convertidas em células cancerosas pelo acúmulo de mutações que afetam proto-oncogenes e genes supressores de tumor. Avanços técnicos no sequenciamento de DNA e mRNA estão permitindo tratamentos de cânceres com uma base mais individual.
- Estudos com base genômica resultaram na proposta de quatro subtipos de cânceres de mama, pelos pesquisadores, com base na expressão de genes pelas células tumorais.
- Indivíduos que herdaram um alelo mutante de um proto-oncogene ou gene supressor de tumor têm predisposição para desenvolver um determinado câncer. Certos vírus promovem o câncer pela integração de DNA viral ao genoma da célula.

? *Compare as funções usuais de proteínas codificadas por proto-oncogenes com aquelas de proteínas codificadas pelos genes supressores de tumor.*

TESTE SEU CONHECIMENTO

Níveis 1-2: Relembre/Entenda

1. Se um determinado óperon codifica enzimas para produzir um aminoácido essencial e é regulado como o óperon *trp*, então
   (A) o aminoácido inativa o repressor.
   (B) o repressor é ativo na ausência do aminoácido.
   (C) o aminoácido atua como correpressor.
   (D) o aminoácido liga a transcrição do óperon.

2. Células musculares diferem de células nervosas principalmente porque
   (A) expressam diferentes genes.
   (B) contêm diferentes genes.
   (C) usam diferentes códigos genéticos.
   (D) possuem ribossomos únicos.

3. O funcionamento de estimuladores é um exemplo de
   (A) um equivalente eucariótico do funcionamento do promotor eucariótico.
   (B) controle transcricional da expressão gênica.
   (C) estímulo da tradução por fatores de início.
   (D) controle pós-traducional que ativa certas proteínas.

4. A diferenciação celular sempre envolve
   (A) a transcrição do gene *myoD*.
   (B) o movimento das células.
   (C) a produção de proteínas tecido-específicas.
   (D) a perda seletiva de certos genes a partir do genoma.

5. Qual dos seguintes processos é um exemplo de controle pós-transcricional da expressão gênica?
   (A) A adição de grupos metila às bases citosina do DNA.
   (B) A ligação dos fatores de transcrição a um promotor.
   (C) A remoção de íntrons e *splicing* alternativo dos éxons.
   (D) A amplificação gênica que contribui para o câncer.

Níveis 3-4: Aplique/Analise

6. O que aconteceria se o repressor de um óperon induzível fosse mutado de forma que não pudesse se ligar ao operador?
   (A) Ligação irreversível do repressor ao promotor
   (B) Transcrição reduzida dos genes do óperon
   (C) Construção de um substrato para via controlada pelo óperon
   (D) Transcrição contínua dos genes do óperon

7. A ausência do mRNA *bicoid* de um ovo de *Drosophila* leva à ausência de partes anteriores do corpo da larva e a duplicações espelhadas das partes posteriores. Isso é uma evidência de que o produto do gene *bicoid*
   (A) normalmente leva à formação de estruturas da cabeça.
   (B) normalmente leva à formação de estruturas da cauda.
   (C) é transcrito no embrião jovem.
   (D) é uma proteína presente em todas as estruturas da cabeça.

8. Qual das seguintes afirmações sobre o DNA das células do cérebro humano é verdadeira?
   (A) A maioria do DNA codifica proteínas.
   (B) A maior parte dos genes provavelmente é transcrita.
   (C) É igual ao DNA de uma das suas células hepáticas.
   (D) Cada gene se encontra imediatamente adjacente a um estimulador.

9. Dentro de uma célula, a quantidade de proteína sintetizada usando uma dada molécula de mRNA depende parcialmente
   (A) do grau de metilação do DNA.
   (B) da velocidade em que o mRNA é degradado.
   (C) do número de íntrons presentes no mRNA.
   (D) do tipo de ribossomos presentes no citoplasma.

10. Proto-oncogenes podem tornar-se oncogenes que causam câncer. Qual das seguintes alternativas explica melhor a presença dessas bombas-relógios potenciais em células eucarióticas?
    (A) Os proto-oncogenes surgiram a partir de infecções virais.
    (B) Os proto-oncogenes são versões mutantes dos genes normais.
    (C) Os proto-oncogenes são "lixo" genético.
    (D) Os proto-oncogenes normalmente ajudam a regular a divisão celular.

Níveis 5-6: Avalie/Crie

11. **DESENHE** O diagrama a seguir mostra cinco genes – incluindo seus estimuladores – do genoma de uma determinada espécie. Imagine que as proteínas de ativação em amarelo, azul, verde, preto, vermelho e púrpura existam e se liguem ao elemento-controle apropriado, codificado por cor, nos estimuladores desses genes.

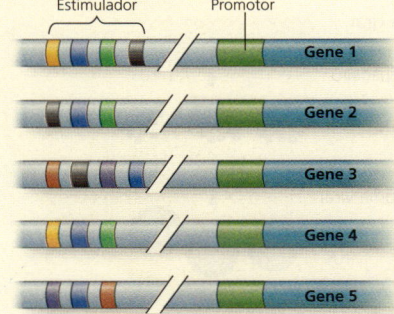

   (a) Desenhe um X acima dos elementos estimuladores (de todos os genes) que teriam ativadores ligados a uma célula em que apenas o gene 5 é transcrito. Identifique quais ativadores coloridos estariam presentes.
   (b) Desenhe um ponto acima de todos os elementos estimuladores que teriam ativadores ligados a uma célula em que os ativadores verde, azul e amarelo estão presentes. Identifique qual(is) gene(s) seria(m) transcrito(s).
   (c) Imagine que os genes 1, 2 e 4 codifiquem proteínas nervo-específicas e que os genes 3 e 5 são específicos para pele. Identifique quais ativadores deveriam estar presentes em cada tipo de célula para assegurar a transcrição do gene apropriado.

12. **CONEXÃO EVOLUTIVA** Sequências de DNA podem atuar como "fitas métricas da evolução" (ver Conceito 5.6). Quando cientistas analisaram a sequência do genoma humano, ficaram surpresos ao observar que algumas das regiões do genoma humano mais bem conservadas (similares a regiões comparáveis em outras espécies) não codificam proteínas. Proponha uma possível explicação para essa observação.

13. **PESQUISA CIENTÍFICA** Células da próstata normalmente necessitam de testosterona e outros androgênios para sobreviver. Porém, algumas células cancerosas da próstata têm sucesso mesmo com tratamentos que eliminam os androgênios. Uma hipótese é que o estrogênio, muitas vezes considerado um hormônio feminino, ative genes normalmente controlados por um androgênio nessas células cancerosas. Descreva um ou mais experimentos para testar essa hipótese. (Ver Figura 11.9 para rever a ação desses hormônios esteroides.)

14. **ESCREVA SOBRE UM TEMA: INTERAÇÕES** Em um texto sucinto (100-150 palavras), discuta como os processos mostrados na Figura 18.2 são exemplos de mecanismos de retroalimentação que regulam os sistemas biológicos nas células bacterianas.

15. **SINTETIZE SEU CONHECIMENTO**

O peixe-lanterna tem um órgão abaixo de seus olhos que emite luz, que serve para surpreender os predadores e atrair a presa e que permite ao peixe se comunicar com outros peixes. Algumas espécies podem girar o órgão para dentro e para fora, de modo que a luz parece piscar. Entretanto, a luz, na verdade, é emitida por bactérias (do gênero *Vibrio*) que vivem no órgão em uma relação de mutualismo com o peixe. (As bactérias recebem nutrientes do peixe.) As bactérias devem se multiplicar até alcançar certa densidade no órgão (um "quórum"; ver Conceito 11.1), ponto em que elas começam a emitir luz ao mesmo tempo. Existe um grupo de aproximadamente seis genes, chamados genes *lux*, cujos produtos gênicos são necessários para a formação de luz. Uma vez que esses genes bacterianos são regulados em conjunto, proponha uma hipótese para como os genes são organizados e regulados.

Ver respostas selecionadas no Apêndice A.

19 Vírus

CONCEITOS-CHAVE

19.1 Um vírus consiste em um ácido nucleico circundado por uma capa proteica *p. 399*

19.2 Os vírus se replicam somente nas células hospedeiras *p. 401*

19.3 Vírus e príons são excelentes patógenos de animais e plantas *p. 408*

Dica de estudo

Faça fluxogramas: Faça um fluxograma simples para cada ciclo de replicação viral neste capítulo. A seguir, está o início de um exemplo para o ciclo lisogênico. Observe as semelhanças e diferenças entre os ciclos de replicação.

Ciclo lisogênico

O vírus se liga na célula bacteriana e injeta o genoma.

↓

O genoma viral é integrado ao cromossomo bacteriano.

↓

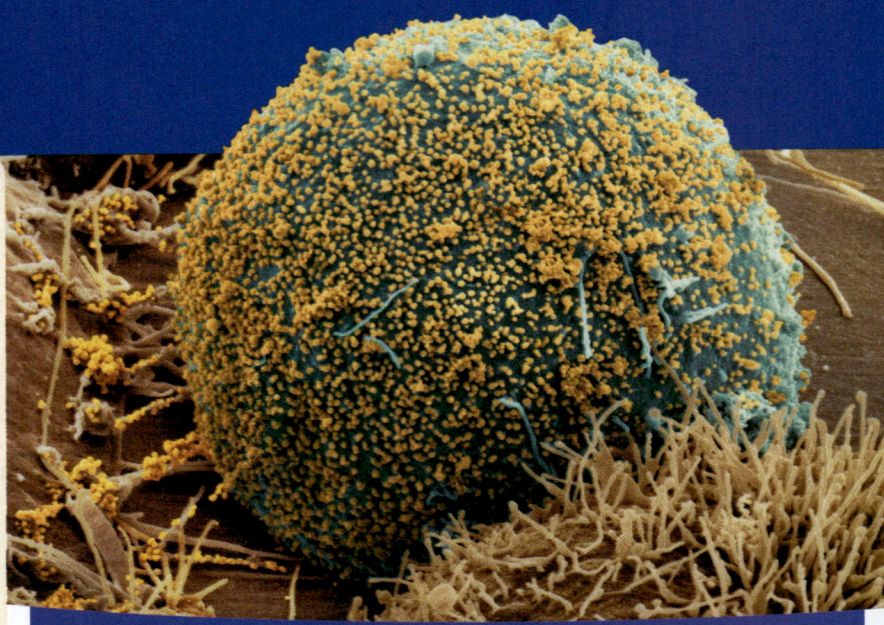

Figura 19.1 Uma célula imune humana (em azul) infectada pelo vírus da imunodeficiência humana (HIV) está liberando mais HIVs (pontos amarelos), que continuarão a infectar outras células. Se não tratado, o HIV destrói as células vitais do sistema imunológico, causando a síndrome da imunodeficiência adquirida (Aids). Essa doença já matou cerca de 35 milhões de pessoas em todo o mundo.

Como um vírus produz mais vírus?

Um vírus consiste apenas em ácidos nucleicos, proteínas e às vezes um envelope membranoso. Após infectar uma célula hospedeira, ele utiliza as moléculas da célula hospedeira para produzir novos vírus, como mostrado neste diagrama simplificado.

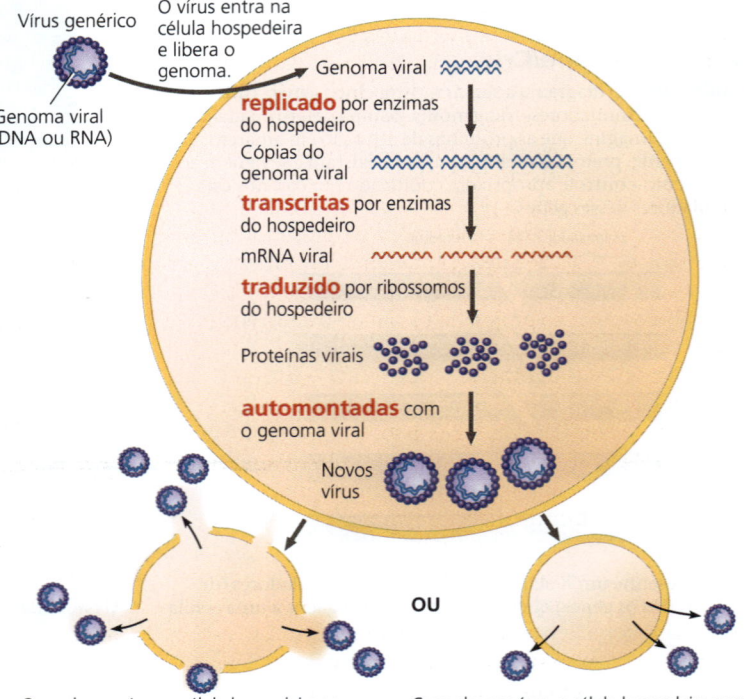

Com alguns vírus, a célula hospedeira se rompe quando os novos vírus são liberados.

Com alguns vírus, a célula hospedeira permanece viva após a liberação dos novos vírus.

CONCEITO 19.1

Um vírus consiste em um ácido nucleico circundado por uma capa proteica

Em comparação com as células eucarióticas e até mesmo procarióticas, a maioria dos vírus é muito menor e de estrutura muito mais simples. Sem as estruturas e a maquinaria metabólica encontradas nas células, um **vírus** é uma partícula infecciosa que consiste em pouco mais do que genes embalados em uma capa proteica.

Os vírus são estruturas vivas ou não? No início, eles eram considerados produtos químicos biológicos; a origem do latim para *vírus* significa "veneno". Os vírus podem causar uma grande variedade de doenças; então, no fim do século XIX, os pesquisadores notaram um paralelo com as bactérias e propuseram que os vírus eram as formas mais simples de vida. Entretanto, os vírus não podem se replicar ou realizar atividades metabólicas fora de uma célula hospedeira. A maioria dos biólogos provavelmente concordaria que os vírus não estão vivos, mas, sim, que existem em uma área obscura entre formas de vida e produtos químicos. Uma expressão simples utilizada por dois pesquisadores os descreve apropriadamente: os vírus levam uma "vida emprestada".

Pesquisa científica: a descoberta dos vírus

Os cientistas detectaram os vírus indiretamente muito antes de serem capazes de vê-los. A história de como os vírus foram descobertos começa em 1883. Um cientista alemão chamado Adolf Mayer estava estudando a doença do mosaico do tabaco, que prejudica o crescimento das plantas de tabaco e dá às suas folhas uma coloração manchada, similar a um mosaico. Mayer descobriu que ele poderia transmitir a doença de planta para planta esfregando a seiva extraída de folhas doentes em plantas saudáveis. Após uma busca mal-sucedida por um microrganismo infeccioso na seiva, ele sugeriu que a doença era causada por bactérias excepcionalmente pequenas que eram invisíveis ao microscópio. Essa hipótese foi testada uma década depois por Dmitri Ivanowsky, um biólogo russo que passou a seiva das folhas de tabaco infectadas através de um filtro projetado para reter bactérias. Após a filtragem, a seiva ainda produzia a doença do mosaico.

Mas Ivanowsky argumentou que talvez as bactérias fossem pequenas o suficiente para passar através do filtro ou fabricar uma toxina capaz de fazer isso. A segunda possibilidade foi descartada quando o botânico holandês Martinus Beijerinck realizou uma série de experimentos clássicos que mostraram que o agente infeccioso encontrado na seiva filtrada podia se replicar **(Figura 19.2)**.

De fato, o patógeno se reproduzia somente no hospedeiro que infectava. Nos experimentos seguintes, Beijerinck mostrou que, diferentemente das bactérias usadas em laboratório naquela época, o misterioso agente da doença do mosaico do tabaco não podia ser cultivado em meio nutriente, em placas de Petri ou em tubos de ensaio. Beijerinck imaginou uma partícula reprodutora muito menor e mais simples que uma bactéria. Desde então, ele é considerado o primeiro cientista

▼ **Figura 19.2** Pesquisa

O que causa a doença do mosaico do tabaco?

Experimento No fim dos anos 1800, Martinus Beijerinck, da Escola Técnica em Delft, Holanda, investigou as propriedades do agente que causa a doença do mosaico do tabaco (então chamada de doença da mancha).

❶ Seiva extraída da planta de tabaco com a doença do mosaico do tabaco

❷ Seiva passada em um filtro de porcelana que retém bactérias

❸ Seiva filtrada esfregada em plantas de tabaco saudáveis

❹ Plantas saudáveis tornaram-se infectadas

Resultados Quando a seiva filtrada era esfregada em plantas saudáveis, elas ficavam infectadas. Então, sua seiva foi extraída e filtrada e podia atuar como fonte de infecção para outro grupo de plantas. Cada grupo sucessivo de plantas desenvolveu a doença da mesma maneira que os grupos anteriores.

Conclusão O agente infeccioso aparentemente não era uma bactéria, porque podia passar através de um filtro de retenção de bactérias. O patógeno deve ter se reproduzido nas plantas porque sua capacidade de causar doença não reduzia após várias transferências de planta para planta.

Dados de M.J. Beijerinck, Concerning a *contagium vivum fluidum* as cause of the spot disease of tobacco leaves, *Verhandelingen der Koninkyke akademie Wettenschappen te Amsterdam* 65:3-21 (1898). Tradução para o inglês publicada em Phytopathological Classics Number 7 (1942), American Phytopathological Society Press, St. Paul, MN.

E SE? *Se Beijerinck tivesse observado que a infecção de cada grupo enfraquecia de um grupo para outro e que finalmente a seiva não causava mais a doença, o que ele teria concluído?*

a enunciar o conceito de vírus. Suas suspeitas foram confirmadas em 1935, quando o cientista norte-americano Wendell Stanley cristalizou a partícula infecciosa, agora conhecida como vírus do mosaico do tabaco (TMV, do inglês *tobacco mosaic virus*). Posteriormente, o TMV e vários outros vírus foram observados com o auxílio de microscopia eletrônica.

Estrutura dos vírus

O menor vírus tem apenas 20 nm de diâmetro – menor que um ribossomo. Milhões deles cabem na cabeça de um alfinete. Mesmo o maior vírus conhecido, que tem diâmetro de 1.500 nanômetros (1,5 μm), é quase invisível sob o microscópio óptico. A descoberta de Stanley de que alguns vírus poderiam ser cristalizáveis foi uma notícia instigante e desafiadora. Nem mesmo a célula mais simples pode se agregar em cristais regulares. Mas se os vírus não são células, então o que eles são? Examinando mais de perto, a estrutura de um vírus revela que se trata de uma partícula infecciosa constituída de uma ou mais moléculas de um ácido nucleico contidas em um envoltório proteico e, para alguns vírus, cercado por um envelope membranoso.

A estrutura simples dos vírus faz deles um sistema biológico útil: em grande parte, a biologia molecular nasceu nos laboratórios dos biólogos que estudavam os vírus que infectam as bactérias. Os experimentos com esses vírus forneceram evidências de que os genes são feitos de ácidos nucleicos, e eles foram fundamentais no trabalho dos mecanismos moleculares dos processos fundamentais de replicação de DNA, transcrição e tradução.

Genomas virais

Em geral, pensamos que os genes são constituídos de um DNA dupla-fita, a dupla-hélice convencional, mas muitos vírus desafiam essa convenção. Seus genomas podem ser de DNA dupla-fita, DNA de fita simples, RNA dupla-fita ou RNA de fita simples, dependendo do tipo de vírus. Um vírus é chamado de vírus de DNA ou vírus de RNA, com base no tipo de ácido nucleico que compõe seu genoma. Em qualquer um dos casos, normalmente o genoma é organizado como uma única molécula linear ou circular, embora o genoma de alguns vírus possa ser constituído de múltiplas cópias de ácido nucleico. Os menores vírus conhecidos têm apenas três genes em seu genoma, enquanto os maiores têm de várias centenas a 2 mil. Como comparação, o genoma de uma bactéria contém cerca de 200 a poucos milhares de genes.

Capsídeos e envelopes

A capa proteica que circunda o genoma viral é denominada **capsídeo**. Dependendo do tipo de vírus, o capsídeo pode ter formato de bastão, ser poliédrico ou apresentar formato mais complexo (como o T4). Os capsídeos são constituídos por um grande número de subunidades proteicas denominadas *capsômeros*, mas o número de diferentes *tipos* de proteínas em um capsídeo é pequeno. O TMV tem um capsídeo rígido, em formato de bastão, feito de mais de 1.000 moléculas de um único tipo de proteína disposta em uma hélice; os vírus em formato de bastão são comumente chamados de *vírus helicoidais* por esse motivo **(Figura 19.3a)**. Os adenovírus que infectam o trato respiratório dos animais possuem 252 moléculas de proteínas idênticas organizadas em um capsídeo poliédrico com 20 facetas triangulares – um icosaedro. Assim, estes e outros vírus de formato similar são denominados *vírus icosaédricos* **(Figura 19.3b)**.

Alguns vírus possuem estruturas acessórias que os auxiliam a infectar o hospedeiro. Por exemplo, um envelope membranoso circunda o capsídeo do vírus da gripe e muitos outros vírus encontrados nos animais **(Figura 19.3c)**. Esses **envelopes virais**, derivados da membrana das células

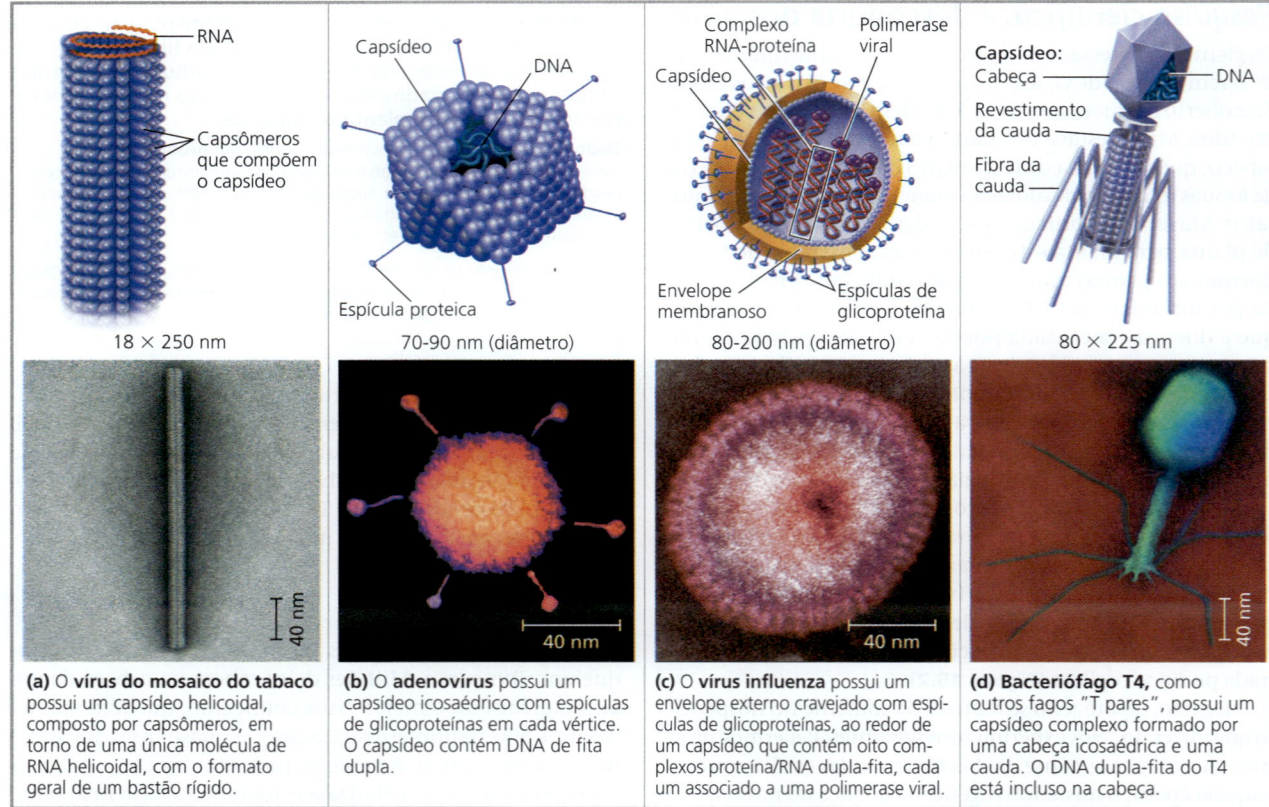

(a) O vírus do mosaico do tabaco possui um capsídeo helicoidal, composto por capsômeros, em torno de uma única molécula de RNA helicoidal, com o formato geral de um bastão rígido.

(b) O adenovírus possui um capsídeo icosaédrico com espículas de glicoproteínas em cada vértice. O capsídeo contém DNA de fita dupla.

(c) O vírus influenza possui um envelope externo cravejado com espículas de glicoproteínas, ao redor de um capsídeo que contém oito complexos proteína/RNA dupla-fita, cada um associado a uma polimerase viral.

(d) Bacteriófago T4, como outros fagos "T pares", possui um capsídeo complexo formado por uma cabeça icosaédrica e uma cauda. O DNA dupla-fita do T4 está incluso na cabeça.

▲ **Figura 19.3 Estrutura do vírus.** Os vírus são constituídos de ácido nucleico (DNA ou RNA), envolvidos em uma capa proteica (capsídeo) e, algumas vezes, recobertos por um envelope membranoso. As subunidades proteicas individuais que formam o capsídeo são denominadas capsômeros. Embora sejam variados em tamanho e formato, os vírus têm características estruturais em comum, e a maioria aparece nos quatro exemplos aqui apresentados. (Todas as micrografias são imagens coloridas feitas com o auxílio de MET.)

hospedeiras, contêm fosfolipídeos e proteínas da membrana das células hospedeiras. Eles também contêm proteínas e glicoproteínas de origem viral. (As glicoproteínas são proteínas com carboidratos covalentemente ligados.) Alguns vírus transportam algumas enzimas virais, como a polimerase viral, dentro de seus capsídeos.

Muitos dos capsídeos mais complexos pertencem aos vírus que infectam bactérias, denominados **bacteriófagos**, ou simplesmente **fagos**. Os primeiros fagos estudados incluíram sete que infectam *Escherichia coli*. Esses sete fagos foram chamados de tipo 1 (T1), tipo 2 (T2) e assim por diante, na ordem de sua descoberta. (O fago T2 foi usado no experimento que estabeleceu o DNA como material genético; ver Figura 16.4.) Os três fagos T pares (T2, T4 e T6) revelaram-se muito semelhantes quanto à estrutura. Seus capsídeos possuem longas cabeças icosaédricas circundando seu DNA. Ligada a essa cabeça, há uma estrutura de cauda proteica com fibras, pelas quais o fago se liga à bactéria **(Figura 19.3d)**. Na próxima seção, veremos como essas poucas estruturas virais atuam em conjunto com os componentes celulares para produzir um grande número de partículas virais.

REVISÃO DO CONCEITO 19.1

1. **HABILIDADES VISUAIS** Descreva uma semelhança e duas diferenças entre as estruturas do vírus do mosaico do tabaco (TMV) e do vírus influenza (ver Figura 19.3).
2. **FAÇA CONEXÕES** Os bacteriófagos foram usados para fornecer evidências de que o DNA transporta informações genéticas (ver Figura 16.4). Descreva brevemente o experimento realizado por Hershey e Chase, incluindo em sua descrição por que os pesquisadores escolheram fagos.

Ver as respostas sugeridas no Apêndice A.

CONCEITO 19.2

Os vírus se replicam somente nas células hospedeiras

Os vírus não possuem enzimas metabólicas nem equipamentos, como os ribossomos, para produzir proteínas. Eles são parasitos intracelulares obrigatórios; em outras palavras, só podem se replicar dentro das células hospedeiras. É razoável dizer que os vírus isolados são apenas um pacote de genes em trânsito de uma célula para outra.

Cada tipo de vírus pode infectar células de uma variedade limitada de hospedeiros; isso é denominado **especificidade de hospedeiro** do vírus. Essa especificidade de hospedeiro é resultante da evolução dos sistemas de reconhecimento do vírus. Os vírus geralmente identificam as células hospedeiras por meio de um "aperto de mão" entre as proteínas da superfície viral e moléculas receptoras específicas na parte externa das células. Essas moléculas receptoras são, na maioria das vezes, proteínas que desempenham as funções necessárias para a célula hospedeira e foram adotadas pelos vírus como portais de entrada. Alguns vírus possuem ampla especificidade de hospedeiro. Por exemplo, o vírus do Nilo Ocidental e o vírus da encefalite equina podem infectar mosquitos, aves, cavalos e seres humanos. Outros vírus possuem especificidade tão restrita que infectam apenas uma espécie.

O vírus do sarampo, por exemplo, pode infectar apenas seres humanos. Além disso, a infecção viral de eucariotos multicelulares normalmente é limitada a um determinado tecido. Os vírus do resfriado humano infectam apenas as células que revestem o trato respiratório superior, e o vírus da imunodeficiência humana (HIV, do inglês *human immunodeficiency virus*) visto na Figura 19.1 se liga aos receptores presentes apenas em certos tipos de células imunes.

Características gerais dos ciclos replicativos virais

Uma infecção viral inicia quando o vírus se liga à célula hospedeira e o genoma viral entra na célula **(Figura 19.4)**. O mecanismo de entrada do genoma depende do tipo de vírus e do tipo de célula hospedeira. Por exemplo, os fagos T pares usam o aparato elaborado de sua cauda para injetar o DNA na bactéria (ver Figura 19.3d). Outros vírus são absorvidos por endocitose ou, no caso dos vírus com envelope, pela fusão do envelope viral com a membrana plasmática da célula hospedeira. Assim que o genoma viral estiver dentro

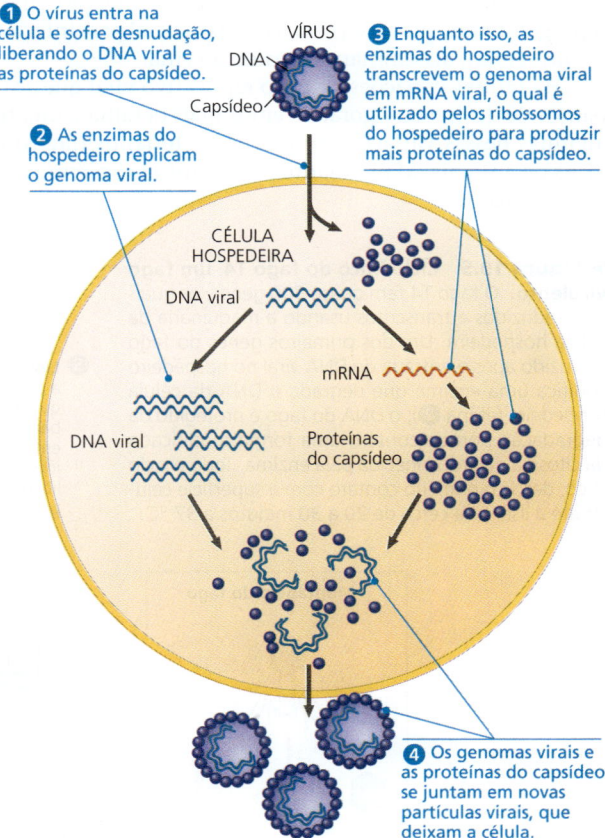

▲ **Figura 19.4 Ciclo de replicação viral simplificado.** Um vírus é um parasito intracelular obrigatório que usa um equipamento e pequenas moléculas de sua célula hospedeira para replicar-se. Este é o ciclo viral mais simples, no qual o parasito é um vírus de DNA com um capsídeo composto por um único tipo de proteína.

FAÇA CONEXÕES *Legende cada uma das setas cinzas para identificar o processo que está ocorrendo. Revise a Figura 17.25.*

da célula, as proteínas por ele codificadas podem comandar o hospedeiro, reprogramando a célula para copiar o ácido nucleico viral e produzir as proteínas virais. O hospedeiro fornece os nucleotídeos para a produção dos ácidos nucleicos, bem como as enzimas, os ribossomos, os tRNAs, os aminoácidos, o ATP e outros componentes necessários para a produção das proteínas virais. Muitos vírus de DNA usam a DNA-polimerase da célula hospedeira para sintetizar novos genomas a partir do molde fornecido pelo DNA viral. Por outro lado, para replicar seu genoma, os vírus de RNA usam polimerases codificadas no próprio genoma viral, que pode usar o RNA como molde. (Normalmente, células não infectadas não produzem enzimas para esse processo.)

Após a produção das moléculas de ácido nucleico viral e capsômeros, eles se reúnem espontaneamente em novos vírus. Na verdade, os pesquisadores podem separar o RNA e os capsômeros do TMV e, então, formar um vírus completo simplesmente misturando seus componentes em condições adequadas. O tipo de ciclo replicativo viral mais simples termina com a saída de centenas ou milhares de vírus da célula hospedeira infectada, processo que frequentemente danifica ou destrói as células. Esses danos ou essa morte celular, bem como a resposta do organismo a essa destruição, causam muitos dos sintomas associados à infecção viral. A progênie viral que sai da célula tem potencial para infectar outras células, disseminando a infecção viral.

Há muitas variações do ciclo replicativo viral que acabamos de descrever. Agora, veremos mais detalhadamente algumas dessas variações nos vírus bacterianos (fagos) e vírus de animais. Mais adiante neste capítulo, veremos os vírus de plantas.

Ciclos replicativos dos fagos

Os fagos são os vírus mais bem compreendidos, embora alguns deles também sejam os mais complexos. As pesquisas com fagos levaram à descoberta de que alguns vírus de DNA dupla-fita podem replicar-se por meio de dois mecanismos alternativos: o ciclo lítico e o ciclo lisogênico.

Ciclo lítico

O ciclo replicativo de um fago que culmina na morte da célula hospedeira é conhecido como **ciclo lítico**. O termo *lítico* se refere ao último estágio da infecção, durante o qual a bactéria lisa (rompe-se) e libera os fagos que foram produzidos dentro da célula. Cada um desses fagos pode infectar uma célula saudável, e poucos ciclos líticos sucessivos podem destruir uma população bacteriana inteira em poucas horas. Um fago que se replica somente por ciclo lítico é um **fago virulento**. A **Figura 19.5** ilustra as principais etapas do ciclo lítico do T4, um típico fago virulento.

Ciclo lisogênico

Em vez de lisar suas células hospedeiras, muitos fagos coexistem com elas em um estado chamado lisogenia. Ao contrário do ciclo lítico, que mata a célula hospedeira, o **ciclo lisogênico** permite a replicação do genoma do fago sem destruir a célula hospedeira. Os fagos capazes de usar os dois tipos de replicação em uma bactéria são denominados **fagos temperados**. Um fago temperado chamado lambda, escrito com a letra grega λ, tem sido amplamente utilizado na pesquisa biológica. O fago λ se assemelha ao T4, mas sua cauda tem apenas uma fibra curta.

▶ **Figura 19.5 Ciclo lítico do fago T4, um fago virulento.** O fago T4 tem quase 300 genes, os quais são traduzidos e transcritos usando a maquinaria da célula hospedeira. Um dos primeiros genes do fago traduzido após a entrada do DNA viral no hospedeiro codifica uma enzima que degrada o DNA da célula hospedeira (etapa ❷); o DNA do fago é protegido da degradação porque contém uma forma modificada da citosina não reconhecida pela enzima. Todo o ciclo lítico, desde o primeiro contato com a superfície celular até a lise, leva cerca de 20 a 30 minutos a 37 °C.

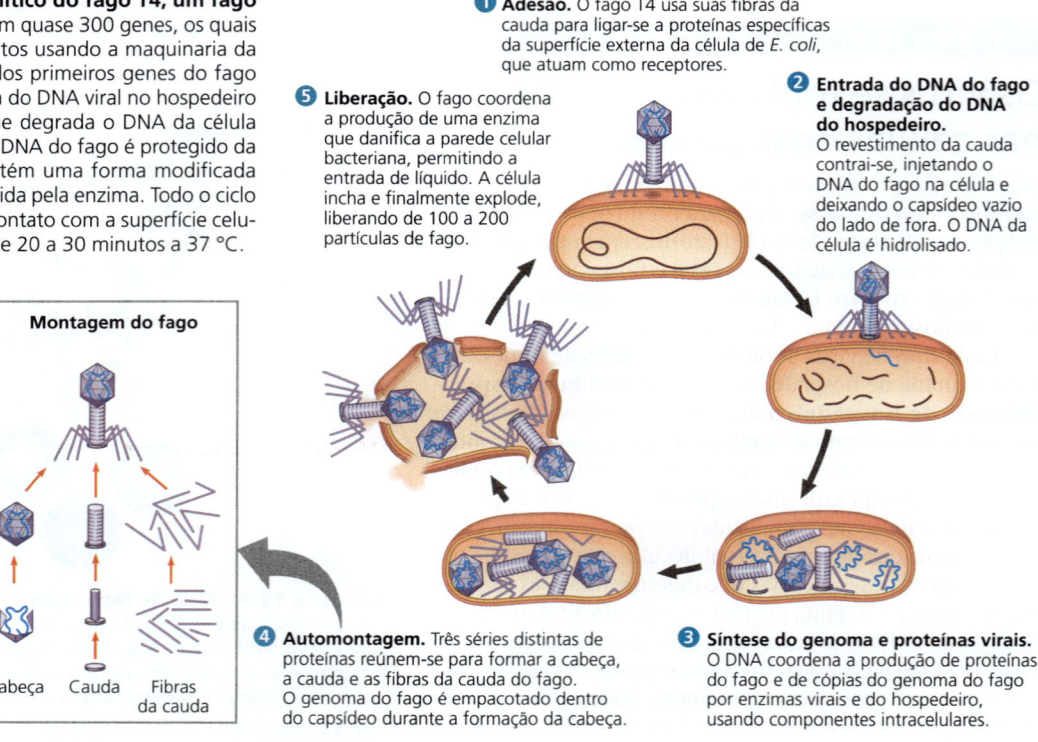

❶ **Adesão.** O fago T4 usa suas fibras da cauda para ligar-se a proteínas específicas da superfície externa da célula de *E. coli*, que atuam como receptores.

❷ **Entrada do DNA do fago e degradação do DNA do hospedeiro.** O revestimento da cauda contrai-se, injetando o DNA do fago na célula e deixando o capsídeo vazio do lado de fora. O DNA da célula é hidrolisado.

❸ **Síntese do genoma e proteínas virais.** O DNA coordena a produção de proteínas do fago e de cópias do genoma do fago por enzimas virais e do hospedeiro, usando componentes intracelulares.

❹ **Automontagem.** Três séries distintas de proteínas reúnem-se para formar a cabeça, a cauda e as fibras da cauda do fago. O genoma do fago é empacotado dentro do capsídeo durante a formação da cabeça.

❺ **Liberação.** O fago coordena a produção de uma enzima que danifica a parede celular bacteriana, permitindo a entrada de líquido. A célula incha e finalmente explode, liberando de 100 a 200 partículas de fago.

Montagem do fago: Cabeça, Cauda, Fibras da cauda

A infecção de uma célula de *E. coli* pelo fago λ começa quando o fago se liga à superfície da célula e injeta seu genoma de DNA linear **(Figura 19.6)**. Dentro do hospedeiro, a molécula de DNA do λ forma um círculo. O que acontecerá depois depende do modo replicativo: ciclo lítico ou ciclo lisogênico. Durante o ciclo lítico, os genes virais imediatamente tornam a célula hospedeira uma fábrica produtora de λ e, então, a célula lisa, liberando a progênie viral. Entretanto, durante o ciclo lisogênico, a molécula de DNA do λ é incorporada a um local específico no cromossomo de *E. coli* pelas proteínas virais que quebram a molécula de DNA circular e ligam uma à outra. Quando integrado dessa maneira no cromossomo bacteriano, o DNA viral é conhecido como **prófago**. Um gene do prófago codifica uma proteína que impede a transcrição da maioria dos outros genes do prófago. Assim, o genoma do fago fica silencioso dentro da bactéria. Cada vez que *E. coli* se prepara para se dividir, ele replica o DNA do fago juntamente com seu próprio cromossomo, passando as cópias do fago para suas células-filhas. Uma única célula infectada rapidamente dá origem a uma grande população de bactérias portadoras do vírus na forma de prófagos. Esse mecanismo permite que o vírus se propague sem matar a célula hospedeira da qual depende.

O termo *lisogênico* significa que os prófagos são capazes de gerar fagos ativos que lisam suas células hospedeiras. Isso ocorre quando o genoma do λ (ou de outro fago temperado) é induzido a sair do cromossomo bacteriano e iniciar um ciclo lítico. Sinais ambientais, como determinados agentes químicos ou radiação de alta energia, normalmente provocam a alteração do modo lisogênico para o lítico.

Além dos genes para as proteínas que impedem a transcrição, outros poucos genes do prófago podem ser expressos durante a lisogenia. A expressão desses genes pode alterar o fenótipo do hospedeiro, um fenômeno importante na medicina. Por exemplo, as três espécies de bactérias que causam as doenças humanas difteria, botulismo e febre escarlatina não seriam tão nocivas se não tivessem determinados genes do prófago que fazem a bactéria produzir toxinas. A diferença entre a cepa de *E. coli*, que reside em nossos intestinos, e a cepa O157:H7, que tem causado muitos óbitos por intoxicação alimentar, parece ser a presença do prófago na cepa O157:H7.

Defesas bacterianas contra fagos

Depois de ler sobre o ciclo lítico, você deve ter se perguntado por que os fagos não exterminaram todas as bactérias. A lisogenia é uma das principais razões pelas quais as bactérias têm sido poupadas da extinção causada por fagos. As bactérias também têm suas próprias defesas contra os fagos. Primeiramente, a seleção natural favorece as bactérias mutantes com receptores que não são mais reconhecidos por um determinado tipo de fago. Em segundo lugar, quando o DNA do fago entra em uma bactéria, o DNA muitas vezes é identificado como estranho e cortado por enzimas celulares chamadas **enzimas de restrição**,

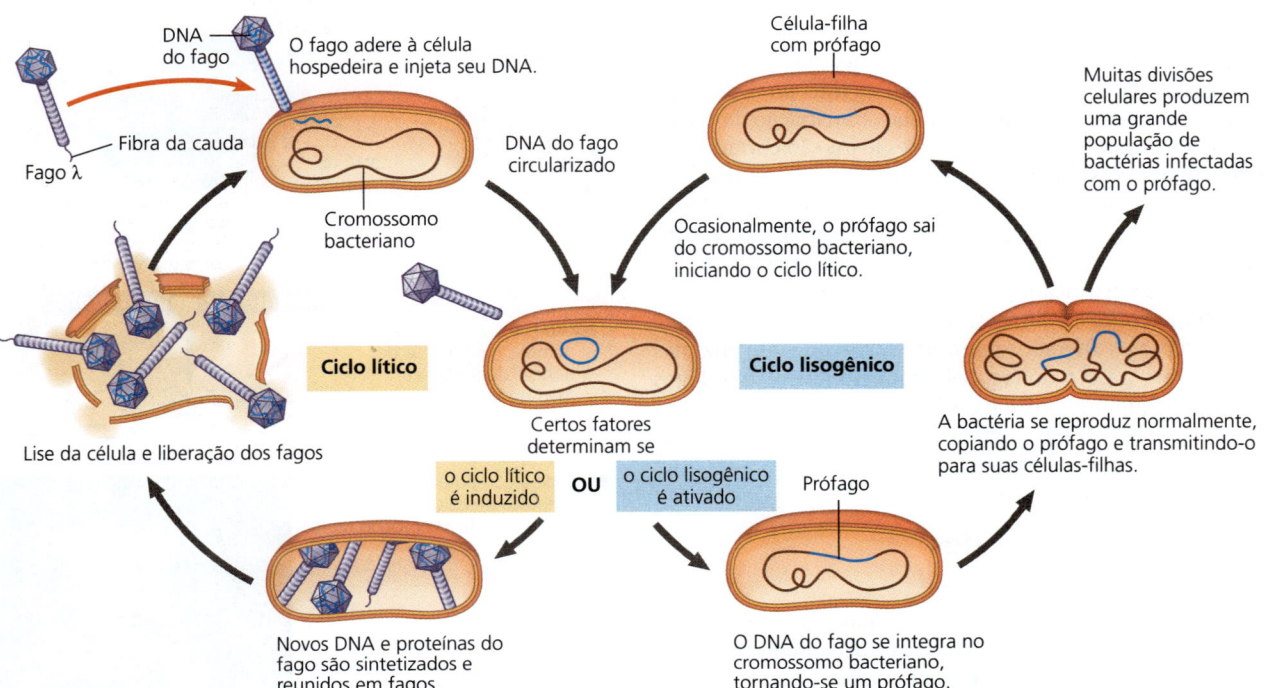

▲ **Figura 19.6 Ciclo lítico e ciclo lisogênico do fago λ, um fago temperado.** Após entrar na célula bacteriana e circularizar, o DNA do λ pode iniciar imediatamente a produção de um grande número de progênie do fago (ciclo lítico) ou integrar o cromossomo bacteriano (ciclo lisogênico). Na maioria dos casos, o fago λ segue o ciclo lítico, similar àquele detalhado na Figura 19.5. Entretanto, uma vez iniciado o ciclo lisogênico, o prófago pode ser levado juntamente com o cromossomo da célula hospedeira por muitas gerações. O fago λ tem uma curta fibra principal na cauda.

assim denominadas porque *restringem* a capacidade de replicação de um fago dentro da bactéria. (As enzimas de restrição são usadas em biologia molecular e em técnicas de clonagem de DNA; ver Conceito 20.1.) O próprio DNA da bactéria é metilado de forma a evitar o ataque pelas suas próprias enzimas de restrição. Uma terceira defesa é um sistema presente tanto em bactérias quanto em arqueias, chamado *sistema CRISPR-Cas*, que você aprendeu no Conceito 17.5.

O sistema CRISPR-Cas foi descoberto durante um estudo de sequências repetitivas de DNA presentes nos genomas de muitos procariotos. Essas sequências, que intrigaram os cientistas, foram nomeadas como repetições palindrômicas curtas agrupadas e regularmente interespaçadas (CRISPRs, do inglês *clustered regularly interspaced short palindromic repeats*) porque cada sequência é lida da mesma forma, seja da esquerda para a direita, seja da direita para a esquerda (um palíndromo), com diferentes trechos de "DNA espaçador" entre as repetições. No início, os cientistas assumiram que as sequências do DNA espaçador eram aleatórias e sem sentido, mas a análise de vários grupos de pesquisa mostrou que cada sequência de espaçadores correspondia ao DNA de um fago específico que havia infectado a célula. Outros estudos revelaram que determinadas proteínas nucleases interagem com a região CRISPR. Essas nucleases, chamadas proteínas Cas (do inglês *CRISPR-associated*), podem identificar e cortar o DNA do fago, defendendo, assim, a bactéria contra a infecção do fago.

Quando um fago infecta uma célula bacteriana que tem o sistema CRISPR-Cas, o DNA do fago invasor é armazenado e integrado ao genoma entre duas sequências repetitivas **(Figura 19.7)**. Se a célula sobreviver à infecção, qualquer outra tentativa do mesmo tipo de fago de infectar essa célula (ou seus descendentes) desencadeia a transcrição da região CRISPR em moléculas de RNA. Esses RNAs são cortados em pedaços e depois ligados por proteínas Cas, como a proteína Cas9 (ver Figura 17.28). A proteína Cas usa uma porção do RNA relacionado ao fago como um dispositivo de identificação para identificar o DNA do fago invasor e cortá-lo, levando à sua destruição.

Assim como a seleção natural favorece as bactérias que têm receptores alterados por mutação ou que têm enzimas que cortam o DNA do fago, ela também favorece os fagos mutantes que podem se ligar aos receptores alterados ou que são resistentes às enzimas. Assim, a relação bactéria-fago está em um processo evolutivo constante.

Ciclos replicativos dos vírus de animais

Todos nós já sofremos de infecções virais, seja por gripe ou resfriado comum. Como todos os vírus, aqueles que causam as doenças em seres humanos e em outros animais somente podem se replicar dentro das células hospedeiras. Muitas variações no esquema básico de infecção e replicação virais estão presentes entre os vírus de animais.

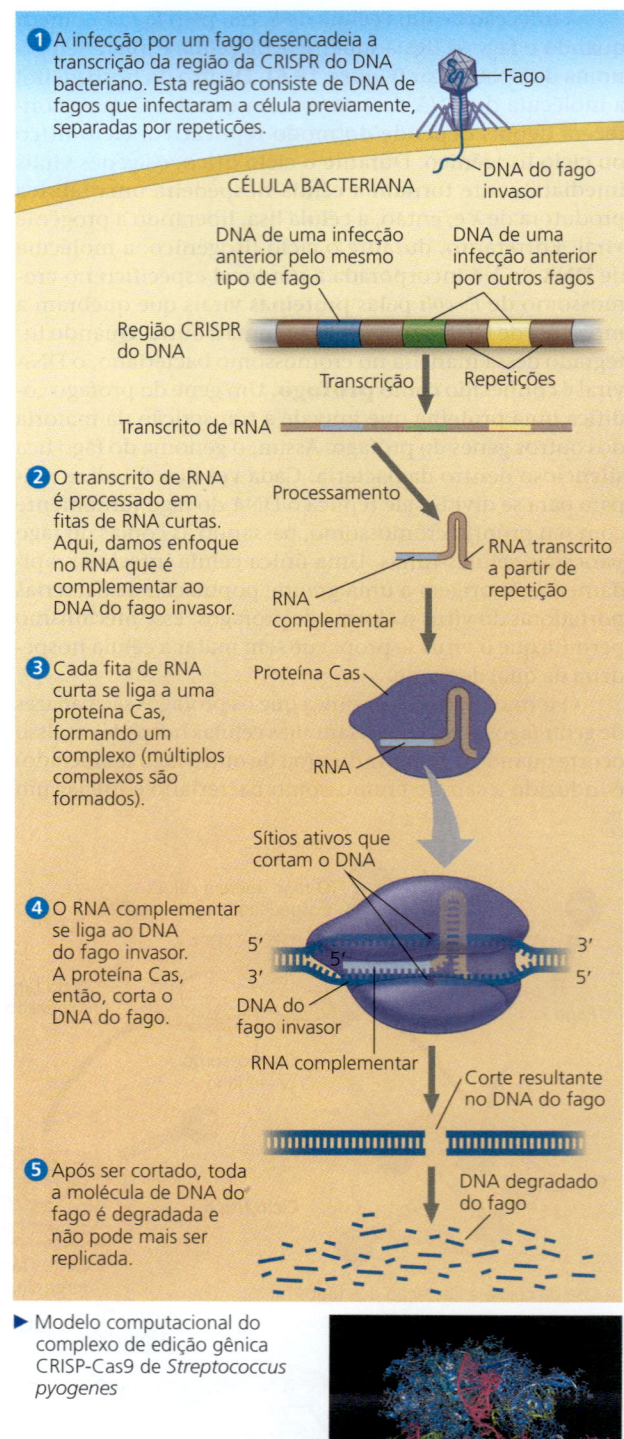

▲ **Figura 19.7** Sistema CRISPR-Cas: um tipo de sistema imune bacteriano.

As características principais são a natureza do genoma viral (DNA ou RNA de fita simples ou dupla) e a presença ou ausência de um envelope.

Enquanto existem apenas alguns poucos bacteriófagos que têm um envelope ou genoma de RNA, muitos vírus de animais têm ambos. Na verdade, quase todos os vírus de animais com genomas de RNA têm um envelope, assim como alguns com genomas de DNA. Em vez de considerar todos os mecanismos de infecção e replicação virais, o enfoque será dado ao papel dos envelopes virais e ao funcionamento do RNA como material genético de muitos vírus de animais.

Envelopes virais

Um vírus de animal equipado com um envelope – isto é, uma camada externa membranosa – utiliza-o para entrar na célula hospedeira. Glicoproteínas virais projetam-se da superfície externa desse envelope e se ligam às moléculas de receptores específicos da superfície da célula hospedeira. A **Figura 19.8** resume os eventos do ciclo replicativo de vírus envelopado com genoma de RNA. Os ribossomos, associados ao retículo endoplasmático (RE) das células hospedeiras, produzem as proteínas que fazem parte das glicoproteínas do envelope. As enzimas celulares do RE e do complexo de Golgi adicionam os açúcares. As glicoproteínas virais resultantes, embebidas na membrana derivada da célula hospedeira, são transportadas para a superfície celular. Em um processo muito semelhante à exocitose (ver Figura 7.20), os novos capsídeos virais são envoltos em membrana à medida que brotam da célula. Em outras palavras, o envelope viral é derivado da membrana plasmática da célula hospedeira, embora todas ou grande parte das moléculas dessa membrana sejam codificadas pelos genes virais. Os vírus envelopados agora estão livres para infectar outras células. Esse ciclo replicativo não mata necessariamente a célula hospedeira, diferentemente do que ocorre no ciclo lítico dos fagos.

Alguns vírus possuem envelopes não derivados da membrana plasmática. Os herpes-vírus, por exemplo, ficam temporariamente escondidos na membrana derivada do envelope nuclear do hospedeiro, depois descartam essa membrana no citoplasma e adquirem novo envelope constituído pela membrana do complexo de Golgi. Esses vírus possuem um genoma de DNA dupla-fita e se replicam no núcleo das células hospedeiras, usando uma combinação de enzimas celulares e virais para replicar e transcrever seu DNA. No caso dos herpes-vírus, cópias do DNA viral podem permanecer como minicromossomos no núcleo de determinadas células nervosas. Ali, eles permanecem latentes até que algum tipo de estresse físico ou emocional ative um novo ciclo de produção viral. A infecção de outras células por esses vírus causa as bolhas características do herpes, como o herpes labial ou herpes genital. Uma vez adquirida infecção pelo herpes-vírus, o indivíduo pode apresentar recaídas súbitas por toda a vida.

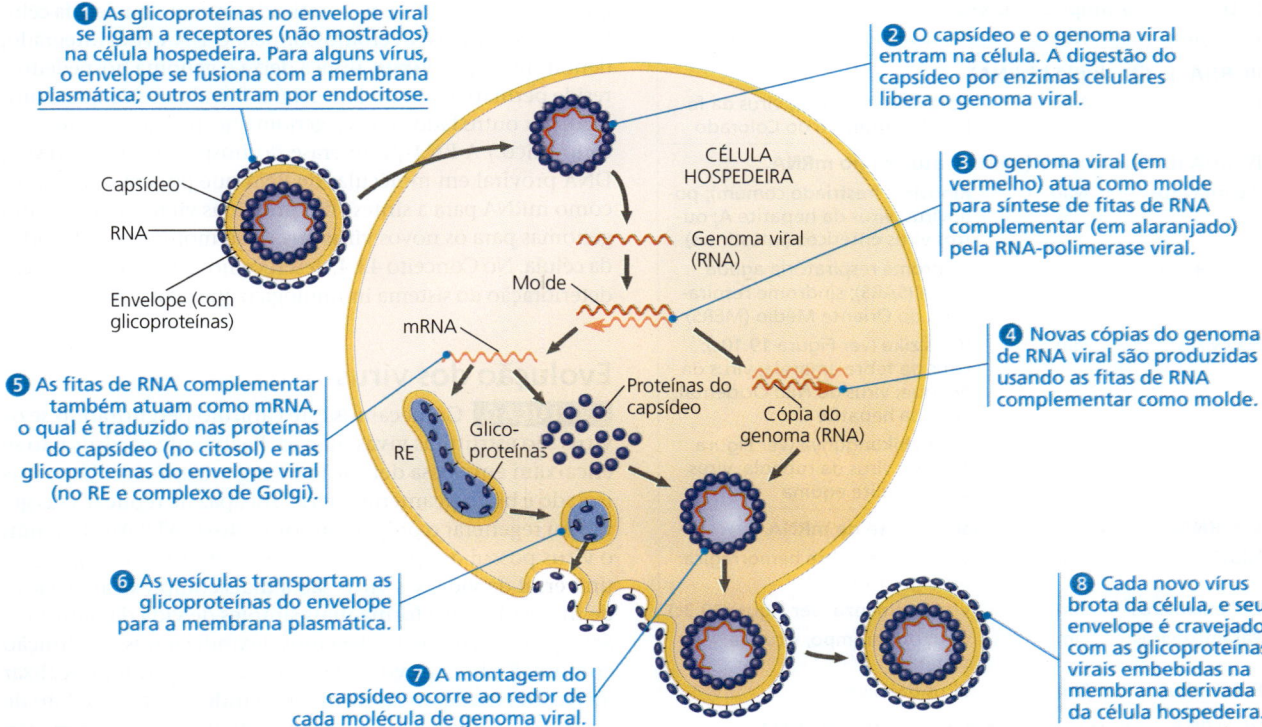

▲ **Figura 19.8 Ciclo replicativo de um vírus de RNA envelopado.** Aqui está mostrado um vírus com um genoma de RNA fita simples que funciona como um molde para a síntese do mRNA.

Material genético viral

A **Tabela 19.1** mostra o sistema de classificação comum para os vírus de animais, que é baseado em seu material genético: DNA de fita simples ou dupla ou RNA de fita simples ou dupla, com classificação adicional para vírus de RNA. Embora alguns fagos e a maioria dos vírus de plantas sejam vírus de RNA, a maior variedade de genomas de RNA é encontrada entre os vírus que infectam animais. Há três tipos de genomas de RNA de fita simples encontrados em vírus de animais (classes IV-VI na Tabela 19.1). O genoma dos vírus de classe IV pode atuar diretamente como mRNA e ser traduzido imediatamente nas proteínas virais após a infecção.

Tabela 19.1	Classes de vírus de animais	
Classe/família	Envelope?	Exemplos que causam doenças humanas
I. DNA de fita dupla (dsDNA)		
Adenovírus (ver Figura 19.3b)	Não	Vírus respiratórios
Papilomavírus	Não	Verrugas, câncer do colo do útero
Poliomavírus	Não	Tumores
Herpes-vírus	Sim	Herpes simples I e II (herpes labial, herpes genital); varicela-zóster (catapora); vírus Epstein-Barr (mononucleose, linfoma de Burkitt)
Poxvírus	Sim	Vírus da varíola; vírus da varíola bovina
II. DNA de fita simples (ssDNA)		
Parvovírus	Não	Parvovírus B19 (erupções leves)
III. RNA de fita dupla (dsRNA)		
Reovírus	Não	Rotavírus (diarreia); vírus da febre do carrapato do Colorado
IV. RNA de fita simples (ssRNA); atua como mRNA		
Picornavírus	Não	Rinovírus (resfriado comum); poliovírus; vírus da hepatite A; outros vírus entéricos (intestinais)
Coronavírus	Sim	Síndrome respiratória aguda grave (SARS); síndrome respiratória do Oriente Médio (MERS)
Flavivírus	Sim	Vírus zika (ver Figura 19.10c); vírus da febre amarela; vírus da dengue; vírus do Nilo Ocidental; vírus da hepatite C
Togavírus	Sim	Vírus chikungunya (ver Figura 19.10b); vírus da rubéola; vírus da encefalite equina
V. ssRNA; atua como molde para síntese de mRNA		
Filovírus	Sim	Vírus ebola (febre hemorrágica; ver Figura 19.10a)
Ortomixovírus	Sim	Vírus influenza (ver Figura 19.3c)
Paramixovírus	Sim	Vírus do sarampo; vírus da caxumba
Rabdovírus	Sim	Vírus da raiva
VI. ssRNA; atua como molde para a síntese de DNA		
Retrovírus	Sim	Vírus da imunodeficiência humana (HIV/Aids; ver Figura 19.9); vírus linfotrópico de células T humanas tipo 1 (HTLV-1) (leucemia)

A Figura 19.8 mostra um vírus de classe V, no qual o genoma de RNA serve como *molde* para a síntese de mRNA. O RNA genômico é transcrito em fitas de RNA complementar, que atuam tanto como mRNA quanto como molde para a síntese de cópias de RNA genômico adicionais. Todos os vírus que usam um genoma de RNA como modelo para transcrição de mRNA requerem RNA → síntese de RNA. Esses vírus usam uma enzima viral capaz de realizar esse processo. Não há esse tipo de enzima na maioria das células. A enzima utilizada nesse processo é codificada pelo genoma viral. Depois que a proteína é sintetizada, ela é embalada durante a montagem do vírus com o genoma dentro do capsídeo viral.

Os vírus de RNA de animais com ciclos replicativos mais complicado são os **retrovírus** (classe VI). Esses vírus têm uma enzima chamada **transcriptase reversa** que transcreve um molde de RNA em uma cópia de DNA, um fluxo de informações de RNA → DNA que é o oposto da direção usual. Esse fenômeno pouco comum deu origem ao nome retrovírus (*retro* significa "contrário"). De grande importância médica é o **HIV** (**vírus da imunodeficiência humana**), o retrovírus apresentado na Figura 19.1, que causa a **síndrome da imunodeficiência adquirida** (**Aids**, do inglês *acquired immunodeficiency syndrome*). O HIV e outros retrovírus são vírus envelopados que contêm duas moléculas idênticas de RNA de fita simples e duas moléculas de transcriptase reversa.

O ciclo replicativo do HIV (ilustrado na **Figura 19.9**) é típico de um retrovírus. Após o HIV entrar em uma célula hospedeira, as moléculas de transcriptase reversa são liberadas no citoplasma, onde elas catalisam a síntese do DNA viral. Em seguida, o DNA viral recém-sintetizado entra no núcleo da célula e se integra ao DNA cromossômico. O DNA viral integrado, denominado **provírus**, nunca deixa o genoma hospedeiro e reside permanentemente na célula. (Lembre-se de que o prófago, por outro lado, deixa o genoma hospedeiro no início do ciclo lítico.) A RNA-polimerase do hospedeiro transcreve o DNA proviral em moléculas de RNA que podem atuar tanto como mRNA para a síntese das proteínas virais quanto como genomas para os novos vírus que serão montados e liberados da célula. No Conceito 43.4, descrevemos como o HIV causa a deterioração do sistema imunológico que ocorre na Aids.

Evolução dos vírus

EVOLUÇÃO Começamos este capítulo perguntando se os vírus são estruturas vivas ou não. Realmente os vírus não se encaixam em nossa definição de organismo vivo. Um vírus isolado é biologicamente inerte, incapaz de replicar seus genes ou regenerar o próprio suprimento de ATP. Ainda assim, o vírus possui um programa genético escrito na linguagem universal da vida. Os vírus são a mais complexa associação de moléculas ou a forma mais simples de vida da natureza? Seja qual for a resposta, devemos flexibilizar nossa definição comum. Embora os vírus não possam se replicar ou realizar atividades metabólicas de maneira independente, o fato de usarem o código genético torna difícil negar sua conexão evolutiva com o mundo vivo.

Como os vírus surgiram? Os vírus infectam todas as formas de vida – não apenas bactérias, animais e plantas, mas também arqueias, fungos e algas e outros protistas.

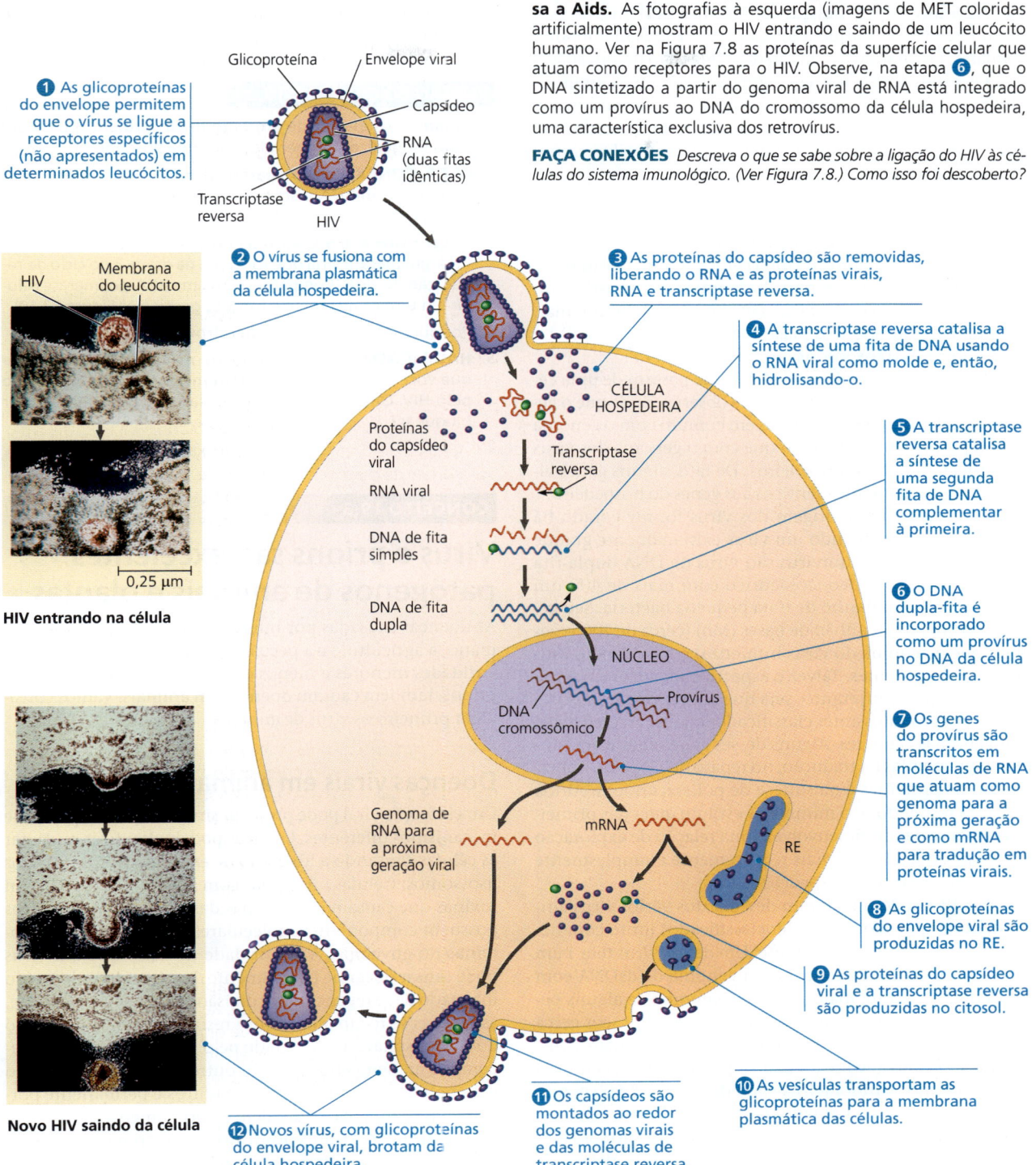

▼ **Figura 19.9 Ciclo replicativo do HIV, o retrovírus que causa a Aids.** As fotografias à esquerda (imagens de MET coloridas artificialmente) mostram o HIV entrando e saindo de um leucócito humano. Ver na Figura 7.8 as proteínas da superfície celular que atuam como receptores para o HIV. Observe, na etapa ❻, que o DNA sintetizado a partir do genoma viral de RNA está integrado como um provírus ao DNA do cromossomo da célula hospedeira, uma característica exclusiva dos retrovírus.

FAÇA CONEXÕES *Descreva o que se sabe sobre a ligação do HIV às células do sistema imunológico. (Ver Figura 7.8.) Como isso foi descoberto?*

Os pesquisadores estimam que cada mililitro (um quinto de 1 colher de chá) de água do mar contém entre 1 e 100 milhões de vírus, 10 vezes o número de microrganismos. Como os vírus dependem das células para sua própria propagação, parece provável que os vírus não sejam descendentes de formas de vida pré-celulares, mas sim que tenham evoluído – possivelmente várias vezes – *após* o aparecimento das primeiras células. A maioria dos biólogos moleculares favorece a hipótese de que os vírus se originaram de pedaços nus de ácidos nucleicos celulares que se deslocaram de uma célula para outra, talvez por meio de superfícies celulares danificadas. A evolução dos genes que codificam as proteínas do capsídeo pode ter permitido a ligação dos vírus às membranas celulares, facilitando a infecção de células não danificadas.

Os candidatos a fontes originais de genomas virais incluem os plasmídeos e os transpósons. Os *plasmídeos* são pequenas moléculas circulares de DNA encontradas em bactérias e nos fungos unicelulares chamados leveduras. Os plasmídeos existem separadamente do genoma, podem se replicar independentemente do genoma e ocasionalmente são transferidos entre as células. Os *transpósons* são segmentos de DNA que podem se mover de um local para outro dentro do genoma de uma célula. Assim, plasmídeos, transpósons e vírus compartilham uma característica importante: são *elementos genéticos móveis*. (Discutiremos mais detalhadamente sobre os plasmídeos nos Conceitos 20.1 e 27.2, e sobre os transpósons, no Conceito 21.4.)

A descrição de pedaços de DNA que passam de uma célula para outra está de acordo com a observação de que o genoma viral pode ter mais pontos em comum com o genoma de seu próprio hospedeiro do que com o genoma dos vírus que infectam outros hospedeiros. De fato, alguns genes virais são essencialmente idênticos aos genes do hospedeiro.

O debate sobre a origem dos vírus foi revigorado há cerca de 20 anos, quando um vírus extremamente grande foi descoberto: os mimivírus são vírus de DNA dupla-fita (dsDNA) com capsídeo icosaédrico com mais de 400 nm de diâmetro, o tamanho de uma pequena bactéria. Seu genoma contém 1,2 milhão de bases (Mb) (cerca de 100 vezes mais que o genoma do vírus influenza) e um número estimado de 1.000 genes. Talvez o aspecto mais surpreendente dos mimivírus, entretanto, seja que alguns dos seus genes codificam produtos antes classificados como característicos dos genomas celulares. Alguns desses genes codificam proteínas envolvidas na tradução, no reparo do DNA, no dobramento de proteínas e na síntese de polissacarídeos. Ainda não está resolvido se o mimivírus evoluiu *antes* das primeiras células e depois desenvolveu uma relação de exploração com elas ou se evoluiu mais recentemente e simplesmente buscou genes de seus hospedeiros.

Na última década, foram descobertos vários vírus ainda maiores que não podem ser classificados junto com nenhum vírus conhecido existente. Um desses vírus tem 1 μm (1.000 nm) de diâmetro, com um genoma de dsDNA com cerca de 2 a 2,5 Mb, maior do que o genoma de alguns pequenos eucariotos. Além disso, mais de 90% de seus cerca de 2.000 genes não estão relacionados a genes celulares, inspirando o nome que lhe foi dado – pandoravírus. O número de genes nos pandoravírus varia de 1.500 a 2.500 genes. Um segundo vírus, chamado de *Pithovirus sibericum*, com diâmetro de 1,5 μm e 500 genes, foi descoberto no solo permanentemente congelado da Sibéria. Esse vírus, depois de descongelado, foi capaz de infectar uma ameba após ficar congelado por 30 mil anos! A questão de como este e todos os outros vírus se encaixam na árvore da vida ainda é intrigante e permanece sem solução.

O avanço no relacionamento evolutivo entre os vírus e o genoma de suas células hospedeiras é uma associação que torna os vírus sistemas experimentais muito úteis na biologia molecular. O conhecimento acerca dos vírus também tem muitas aplicações práticas, pois os vírus têm um grande impacto em todos os organismos devido à sua habilidade de causar doenças.

REVISÃO DO CONCEITO 19.2

1. Compare os efeitos de um fago lítico (virulento) e de um fago lisogênico (temperado) na célula hospedeira.
2. **FAÇA CONEXÕES** Compare o sistema CRISPR-Cas com o sistema de miRNA discutido no Conceito 18.3, incluindo seus mecanismos e suas funções.
3. **FAÇA CONEXÕES** O vírus de RNA na Figura 19.8 tem uma RNA-polimerase viral que funciona na etapa 3 do ciclo de replicação do vírus. Compare-a com uma RNA-polimerase celular em termos de molde e funções gerais (ver Figura 17.10).
4. Por que o HIV é denominado retrovírus?
5. **HABILIDADES VISUAIS** Observe a Figura 19.9 e imagine que você é um pesquisador tentando combater a infecção pelo HIV. Quais processos moleculares você poderia tentar bloquear?

Ver as respostas sugeridas no Apêndice A.

CONCEITO 19.3

Vírus e príons são excelentes patógenos de animais e plantas

As doenças causadas por infecções virais afligem o ser humano, a agricultura e a pecuária em todo o mundo. Outras entidades menores e menos complexas, conhecidas como príons, também causam doenças em animais. Vamos considerar primeiro os vírus de animais.

Doenças virais em animais

Uma infecção viral pode produzir sintomas por uma série de mecanismos diferentes. Os vírus podem danificar ou matar as células causando a liberação de enzimas hidrolíticas dos lisossomos. Células infectadas com alguns vírus produzem toxinas que causam os sintomas das doenças; alguns vírus possuem componentes moleculares tóxicos, como as proteínas do envelope. A quantidade de dano que um vírus pode causar depende parcialmente da capacidade do tecido infectado de se regenerar por divisão celular. Normalmente, as pessoas se recuperam de um resfriado porque o epitélio do trato respiratório, infectado pelo vírus, consegue se recuperar de maneira eficiente. Por outro lado, o dano causado pelo poliovírus em neurônios maduros é permanente porque essas células não se dividem e normalmente não podem ser substituídas. Muitos dos sintomas temporários associados com infecções virais, como febre e dor, são resultantes dos esforços do próprio organismo para se defender contra a infecção, e não da morte das células causada pelo vírus.

O sistema imunológico é uma parte crítica das defesas naturais do corpo (ver Capítulo 43). É também a base para a principal ferramenta médica utilizada para prevenir infecções virais – as vacinas. Uma **vacina** é um derivado inofensivo de um patógeno que estimula o sistema imunológico a montar defesas contra o patógeno nocivo. A varíola, uma doença viral que já foi uma praga devastadora em muitas partes do mundo, foi erradicada em 1980 devido a um programa de vacinação realizado pela Organização Mundial da Saúde (OMS). A restrição de hospedeiro do vírus da varíola (ele infecta apenas os seres humanos) foi fator fundamental para o sucesso do programa. Campanhas mundiais de vacinação semelhantes estão em andamento para erradicar a poliomielite, cuja incidência caiu 99%, e o sarampo. Embora exista uma vacina eficaz contra o sarampo, um grande surto ocorreu no Noroeste do Pacífico em 2019, correlacionado com taxas de vacinação mais baixas naquela região. Vacinas eficazes também estão disponíveis para proteger contra rubéola, caxumba, hepatite B e várias outras doenças virais.

Embora as vacinas possam prevenir algumas doenças virais, a assistência médica pode fazer pouco, no momento, para curar a maioria das infecções virais uma vez que elas ocorrem. Os antibióticos que auxiliam na recuperação das infecções bacterianas são ineficazes contra os vírus. Os antibióticos matam as bactérias por meio da inibição de enzimas específicas das bactérias, mas têm pouco ou nenhum efeito sobre as enzimas eucarióticas ou aquelas codificadas pelos vírus. Entretanto, poucas enzimas codificadas pelos vírus têm sido usadas como alvo para outros fármacos. A maioria dos medicamentos antivirais se assemelha aos nucleosídeos e, portanto, interfere na síntese do ácido nucleico viral. Um desses fármacos é o aciclovir, que impede a replicação do herpes-vírus, inibindo a polimerase que sintetiza o DNA viral, mas não o eucariótico. Igualmente, a zidovudina (AZT) controla a replicação do HIV interferindo na síntese de DNA pela transcriptase reversa. Nos últimos 30 anos, um grande esforço tem sido feito para desenvolver medicamentos para tratar o HIV. Atualmente, os tratamentos com múltiplos fármacos, às vezes chamados de "coquetéis", são considerados os mais eficazes. Esses tratamentos normalmente incluem uma combinação de dois análogos de nucleosídeos e um inibidor de protease que interferem na necessidade de uma enzima para a montagem dos vírus. Os tratamentos com múltiplos medicamentos originalmente envolviam a ingestão de até 20 comprimidos várias vezes por dia, mas agora geralmente consistem em um único comprimido diário. Outro tratamento eficaz envolve um fármaco chamado maraviroque, que bloqueia uma proteína na superfície das células imunes humanas que ajuda a ligar o HIV (ver Figura 7.8). Esse medicamento também tem sido usado com sucesso para prevenir a infecção em indivíduos que tenham sido expostos ou estejam em risco de exposição ao HIV.

Doenças virais emergentes

Os vírus que surgem repentinamente ou são novos para os cientistas médicos são, muitas vezes, chamados de *vírus emergentes*. O HIV, o vírus da Aids, é um exemplo clássico. Esse vírus apareceu em San Francisco, nos Estados Unidos, no início dos anos 1980, aparentemente do nada, embora estudos posteriores tenham descoberto um caso no Congo Belga em 1959. Alguns outros vírus emergentes perigosos causam encefalite,

uma inflamação do cérebro. Um exemplo é o vírus do Nilo Ocidental, que surgiu na América do Norte em 1999 e se espalhou para 49 estados dos Estados Unidos, resultando em mais de 50 mil casos e cerca de 2 mil mortes até 2019.

O mortal vírus ebola **(Figura 19.10a)**, reconhecido inicialmente em 1976 na África Central, é um dos vários vírus emergentes que causam *febre hemorrágica*, uma doença frequentemente fatal caracterizada por febre, vômitos, sangramento intenso e colapso do sistema circulatório. Em 2014, ocorreu um surto generalizado, ou **epidemia**, do vírus ebola. Em 2016, o resultado tinha sido mais de 11 mil mortes. Em 2017, 2018 e 2019, ocorreram surtos menores na República Democrática do Congo.

O vírus chikungunya transmitido por mosquitos **(Figura 19.10b)** causa uma doença aguda com febre, erupções cutâneas e dores articulares persistentes. O vírus chikungunya é considerado há muito tempo um vírus tropical, mas agora apareceu na Itália, na França e na Espanha. O vírus zika **(Figura 19.10c)** foi observado pela primeira vez em Uganda, em 1947, mas durante décadas ocorreram apenas alguns casos por ano. Na primavera de 2015, no entanto, tornou-se um vírus emergente quando causou um grande surto no Brasil. Embora os sintomas de zika sejam frequentemente leves, a infecção de mulheres grávidas foi correlacionada com um aumento notável no número de bebês nascidos com cérebros anormalmente pequenos, uma condição chamada microcefalia. O vírus zika é um arbovírus transmitido por mosquitos (como o vírus do Nilo Ocidental) que infecta as células neurais, representando um perigo particular para o desenvolvimento do cérebro fetal.

De onde vêm essas novas cepas de vírus? Uma das causas de doenças virais emergentes que surgem rapidamente nos seres humanos é a mutação dos vírus existentes em novos vírus que podem se espalhar mais facilmente. Os vírus de RNA têm uma alta taxa de mutação porque as RNA-polimerases virais não revisam e corrigem erros na replicação de seus genomas de RNA. Algumas mutações transformam os vírus existentes em novas variantes virais que podem causar doenças, mesmo em pessoas imunes ao vírus original. Um exemplo bem-conhecido é a forma como três ou quatro mutações que causam alterações em uma proteína superficial de um vírus felino (vírus da panleucopenia felina) resultaram no aparecimento, em 1978, do parvovírus canino, um vírus mortal muito contagioso que infecta cães.

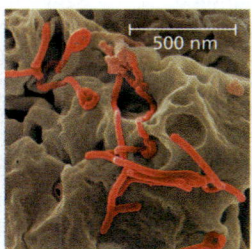
(a) Vírus ebola brotando de uma célula de macaco (MEV colorida).

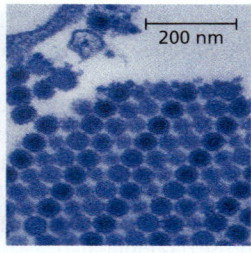
(b) Vírus chikungunya emergindo de uma célula no canto superior esquerdo e empacotando (MET colorida).

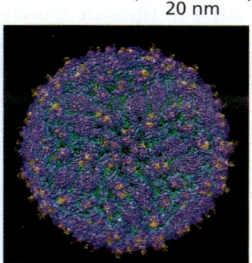
(c) Imagem gerada por computador do **vírus zika**, com base em uma técnica chamada criomicroscopia eletrônica.

▲ **Figura 19.10** **Vírus emergentes.**

Uma segunda causa do surgimento de doenças virais é a propagação de uma doença viral de uma população humana pequena e isolada. O HIV, vírus que causa a Aids, passou anônimo e praticamente despercebido por décadas antes de se espalhar pelo mundo. Nesse caso, fatores tecnológicos e sociais, incluindo viagens internacionais acessíveis, transfusões de sangue, relações sexuais desprotegidas e reutilização de agulhas para injeção de drogas intravenosas, permitiram que uma doença humana anteriormente rara se tornasse uma praga global.

Uma terceira causa de novas doenças virais em humanos é a propagação de vírus existentes de outros animais. Os cientistas estimam que cerca de três quartos das novas doenças humanas se originem dessa maneira. Considera-se que os animais infectados com um vírus que pode ser transmitido aos seres humanos são um reservatório natural para esse vírus. O HIV é um exemplo, pois os cientistas acreditam que se originou de uma versão do vírus encontrado em chimpanzés na África Central, depois que pessoas comeram carne de chimpanzé para se alimentar e foram infectadas pela exposição ao sangue de chimpanzé.

Em geral, as epidemias de gripe fornecem um exemplo ilustrativo dessas três causas de vírus emergentes. Há três tipos de vírus influenza: tipos B e C, que infectam somente o ser humano e nunca causaram epidemias, e tipo A, que infecta muitos animais, incluindo aves, porcos, cavalos e seres humanos. Os vírus influenza tipo A presentes em suínos e aves selvagens e domésticas são potenciais vírus emergentes que representam uma ameaça em longo prazo para a saúde humana.

Um caso em questão é a cepa H5N1 do vírus da gripe aviária, que é altamente contagiosa e mortal nas aves. A primeira transmissão de aves para humanos foi documentada em Hong Kong em 1997. Desde então, cerca de 700 pessoas foram infectadas, com uma taxa de mortalidade alarmante – superior a 50%. A alta taxa de mortalidade se deve, em parte, ao fato de o H5N1 ser muito diferente das cepas de influenza que têm circulado entre humanos há bastante tempo. Portanto, os indivíduos não são capazes de montar uma forte resposta imunológica contra os vírus como o H5N1.

Diferentes cepas de influenza A recebem nomes padronizados; por exemplo, o nome H5N1 identifica quais formas de duas proteínas de superfície viral estão presentes – hemaglutinina e neuraminidase (HA e NA, respectivamente; veja as espículas de glicoproteínas na Figura 19.3c). Essas duas proteínas juntas ajudam a determinar a especificidade de hospedeiros e a gravidade da doença causada por cada vírus. Desde 2017, 18 tipos de hemaglutinina, uma proteína que ajuda o vírus da gripe a se ligar às células hospedeiras, e 11 tipos de neuraminidase, uma enzima que ajuda a liberar novas partículas de vírus das células infectadas, foram identificados. Todas as combinações possíveis de HA e NA foram encontradas em algumas aves aquáticas. Em 2018, pesquisadores, usando técnicas avançadas de microscopia, relataram que a proteína HA é bastante dinâmica, esticando-se em direção à célula hospedeira-alvo, retraindo-se, depois redobrando-se para uma nova forma e reaproximando-se da célula-alvo.

Embora seja mortal, a cepa H5N1 ainda não causou uma epidemia porque quase todos os casos foram resultado da transmissão de aves para pessoas, e não de pessoa para pessoa. As epidemias ocorrem quando mudanças genéticas permitem que uma nova linhagem viral seja facilmente transmitida entre humanos. Um evento como este ocorreu em 2009, quando surgiu uma cepa do vírus da gripe (H1N1) que era muito diferente do vírus que causa a gripe sazonal. O vírus da gripe H1N1 espalhou-se rapidamente, levando a OMS a declarar uma epidemia global, ou **pandemia**. Em meio ano, a doença havia atingido 207 países, infectando mais de 600 mil pessoas e matando quase 8 mil. Além da pandemia de H1N1 de 2009, as cepas de influenza A causaram três outras grandes epidemias de gripe entre os seres humanos nos últimos 100 anos. A mais notável delas foi a pandemia da "gripe espanhola" de 1918-1919, que matou 40 a 50 milhões de pessoas em todo o mundo. No Exercício de habilidades científicas, você analisará as mudanças genéticas nas variantes do vírus da gripe H1N1 de 2009 e fará uma correlação entre elas e a propagação da doença.

A doença causada pelo H1N1 foi originalmente chamada de "gripe suína" porque partes do genoma viral eram muito semelhantes a cepas do vírus da gripe em suínos. Entretanto, estudos revelaram que o vírus não foi transmitido de porcos para humanos. Em vez disso, a história foi mais complexa: o H1N1 foi uma combinação única de genes das gripes suína, aviária e humana que permitiu a sua propagação entre os seres humanos.

Os vírus da gripe podem mudar rapidamente porque têm um genoma composto por nove segmentos de RNA em vez de uma única molécula de RNA. Quando um animal como um porco ou uma ave é infectado com múltiplas cepas do vírus da gripe, as moléculas de RNA que compõem os genomas virais podem se misturar e combinar (*reordenar*) durante a montagem viral, resultando em novas combinações genéticas. Se um vírus da gripe de porcos se recombina com vírus que circulam amplamente entre humanos, ele pode adquirir a capacidade de se espalhar facilmente de pessoa para pessoa, aumentando drasticamente o potencial para um grande surto em humanos. Acredita-se que os porcos tenham sido os principais hospedeiros da recombinação que levou ao vírus da gripe H1N1 de 2009.

Os vírus da gripe também têm alta taxa de mutação, pelas razões mencionadas anteriormente. Juntamente com os rearranjos, essas mutações podem levar ao surgimento de uma linhagem viral de animais que pode infectar células humanas. Os cientistas estão preocupados com a possibilidade de a linhagem H5N1 evoluir de forma a permitir que ela se espalhe tão facilmente quanto a linhagem H1N1. Isso representaria uma grande ameaça global à saúde, como a da pandemia de 1918.

Quão facilmente essa capacidade poderia evoluir na linhagem H5N1? Em 2011, cientistas trabalhando com furões, pequenos mamíferos utilizados como organismos-modelo para a gripe humana, descobriram que apenas algumas mutações do vírus da gripe aviária eram suficientes para permitir a infecção das células da cavidade nasal humana e da traqueia. Além disso, quando os cientistas transferiam as amostras nasais de um furão para outro, o vírus tornava-se transmissível pelo ar. Os relatórios dessa descoberta surpreendente desencadearam uma grande discussão sobre a publicação ou não dos resultados. Por fim, a comunidade científica decidiu que os benefícios da prevenção de pandemias compensavam os riscos de que as informações fossem utilizadas para fins nocivos, e o trabalho foi publicado em 2012.

Exercício de habilidades científicas

Análise de uma árvore filogenética baseada em sequências para entender a evolução viral

Como dados de sequências podem ser usados para rastrear a evolução do vírus da gripe? Em 2009, o vírus influenza A H1N1 causou uma pandemia e continuou ressurgindo em surtos por todo o mundo. Os pesquisadores em Taiwan se perguntaram como o vírus continuava surgindo apesar das iniciativas de vacinação em massa. Eles sugeriram que novas cepas variantes que evoluíram do vírus H1N1 eram capazes de escapar das defesas do sistema imune humano. Para testar essa hipótese, eles precisavam determinar se cada onda de infecção pela gripe era causada por uma cepa diferente da variante H1N1.

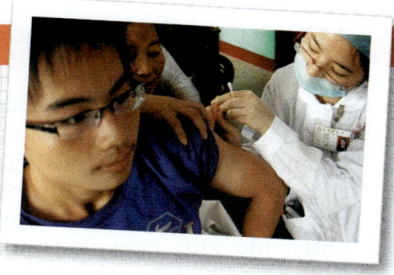

▶ Vacinação contra a gripe H1N1

Como o experimento foi realizado Os cientistas obtiveram as sequências genômicas de 4.703 isolados de vírus coletados de pacientes com gripe H1N1 em Taiwan, cada um nomeado por tipo/localização/número de identificação/ano. Eles compararam as sequências em diferentes linhagens para o gene da hemaglutinina (HA) viral e, com base nas mutações que tinham ocorrido, organizaram os isolados em uma árvore filogenética (ver Figura 26.5 para informações sobre como ler as árvores filogenéticas).

Dados do experimento Na árvore filogenética, cada ponta da ramificação é uma cepa variante do vírus H1N1 com uma sequência única do gene da HA. A árvore é uma forma de visualizar uma hipótese sobre as relações evolutivas entre as variantes do H1N1.

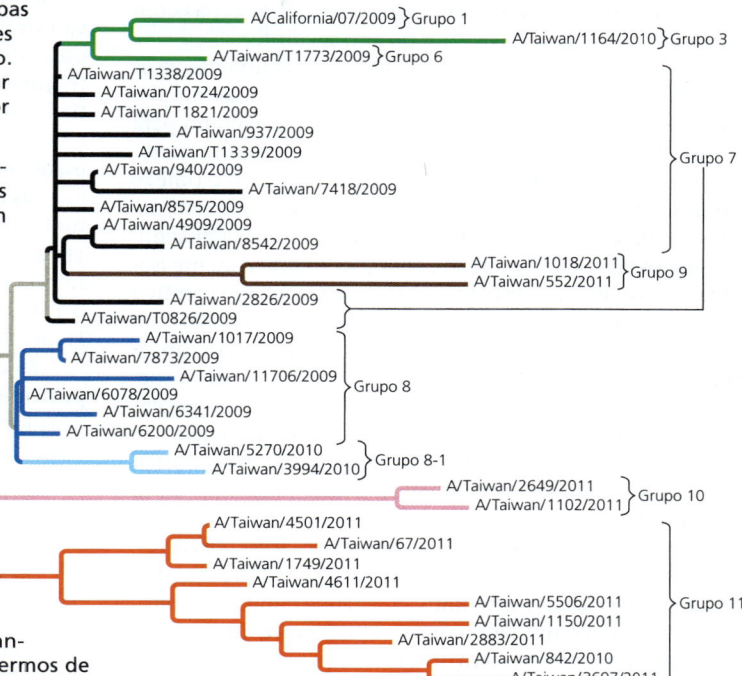

INTERPRETE OS DADOS

1. Quanto mais estreitamente ligadas duas variantes estão na árvore, mais parecidas elas são em termos de sequência do gene da HA. Cada bifurcação de um ramo, denominada nó, mostra onde as duas linhagens divergiram devido às diferentes mutações acumuladas. O comprimento dos ramos é uma medida de quantas diferenças de sequência existem entre as variantes, indicando quão distante é a sua relação. Considerando a árvore filogenética, quais variantes estão mais intimamente relacionadas entre si: A/Taiwan/1018/2011 e A/Taiwan/552/2011 ou A/Taiwan/1018/2011 e A/Taiwan/8542/2009? Explique sua resposta.

2. Os cientistas organizaram os ramos em grupos constituídos por uma variante ancestral e todos seus descendentes, variantes mutadas. Eles estão com uma legenda de cores na figura. Usando o grupo 11 como exemplo, identifique a linhagem de suas variantes. (a) Todos os nós têm o mesmo número de ramos ou extremidades de ramos? (b) Todos os ramos do grupo têm o mesmo comprimento? (c) O que esses resultados indicam?

3. O gráfico mostra o número de isolados coletados (cada um de um paciente doente) no eixo y e o mês e ano em que os isolados foram coletados no eixo x. Cada grupamento de variante está representado separadamente com uma linha de cores de acordo com o diagrama da árvore. (a) Qual grupo de variante causou a primeira onda de gripe H1N1 em mais de 100 pacientes em Taiwan? (b) Depois que um grupo de variantes teve um número máximo de infecções, os membros desse mesmo grupo causaram outra (mais tarde) onda de infecção? (c) Uma variante do grupo 1 (ramo verde, mais alto) foi utilizada para fazer uma vacina que foi distribuída logo no início da pandemia. Com base nos dados do gráfico, a vacina foi eficaz?

4. Os grupos 9, 10 e 11 têm variantes H1N1 que causaram um grande número de infecções ao mesmo tempo em Taiwan. Isso significa que a hipótese dos cientistas, de que novas variantes causam novas ondas de infecção, estava incorreta? Explique sua resposta.

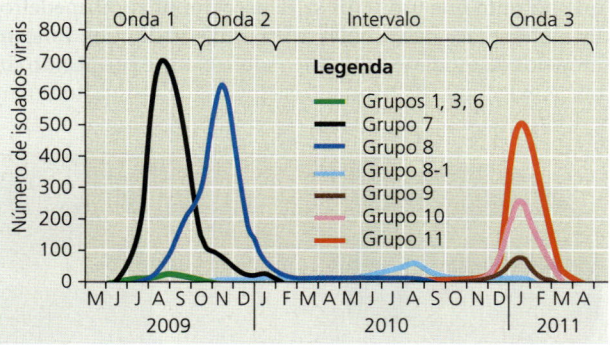

▲ Os cientistas fizeram um gráfico do número de isolados pelo mês e ano de coleta dos isolados para mostrar o período em que cada variante viral estava causando ativamente doenças nas pessoas.

Dados de J.R. Yang et al., New variants and age shift to high fatality groups contribute to severe successive waves in the 2009 influenza pandemic in Taiwan, *PLoS ONE* 6(11): e28288 (2011).

Os vírus comuns da gripe sazonal (incluindo os tipos de influenza A e B) não são considerados vírus emergentes porque as variações dos vírus da gripe sazonal têm circulado entre humanos há tempo suficiente para que a maioria dos componentes seja reconhecida pelo sistema imunológico. Entretanto, esses vírus ainda sofrem mutação e rearranjo dos segmentos do genoma, e variações da proteína HA são usadas a cada ano para gerar vacinas contra as cepas com maior probabilidade de ocorrer no ano seguinte.

Como vimos, os vírus emergentes são geralmente vírus existentes que sofrem mutação, se disseminam mais amplamente nas espécies hospedeiras atuais ou se espalham para novas espécies hospedeiras. Alterações no comportamento dos hospedeiros ou no ambiente podem aumentar o tráfego viral responsável pelas doenças emergentes. Por exemplo, novas estradas para áreas remotas podem permitir a disseminação dos vírus entre populações humanas previamente isoladas. Além disso, a destruição das florestas para expandir a área de plantação pode levar os humanos a entrarem em contato com animais que hospedam vírus infecciosos. Por fim, as mutações genéticas e mudanças na especificidade de hospedeiros podem permitir que os vírus saltem entre as espécies. Muitos vírus são transmitidos por mosquitos. Uma expansão drástica da doença causada pelo vírus chikungunya ocorreu em meados dos anos 2000, quando uma mutação permitiu que ele infectasse não apenas a espécie de mosquito *Aedes aegypti*, mas também o mosquito relacionado *Aedes albopictus*. Os inseticidas e as redes contra mosquitos sobre as camas são ferramentas cruciais nas tentativas de saúde pública de prevenir doenças transmitidas por mosquitos **(Figura 19.11)**.

Recentemente, os cientistas têm-se preocupado com os possíveis efeitos da mudança climática sobre a transmissão de vírus em todo o mundo. A dengue, também transmitida por mosquitos, apareceu na Flórida (Estados Unidos) e em Portugal, regiões onde nunca tinha sido vista antes. A possibilidade de que a mudança climática global tenha permitido que as espécies de mosquitos portadores desses vírus expandissem seu alcance e interagissem mais é preocupante por causa do aumento da possibilidade de uma mutação que permita que um vírus salte para um novo hospedeiro. Esta é uma área de pesquisa ativa de cientistas que aplicam modelos de mudança climática sobre o que é conhecido sobre as exigências de hábitat das espécies de mosquitos.

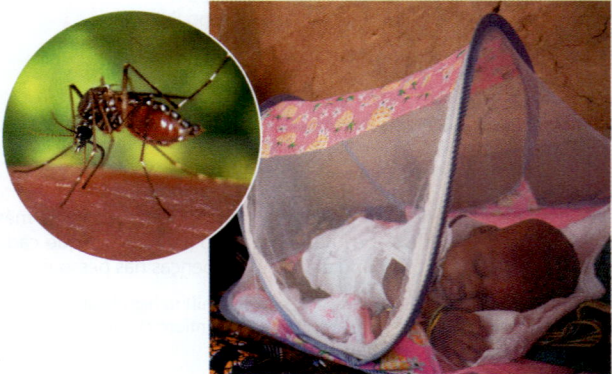

▲ **Figura 19.11** Redes (mosquiteiros) são utilizadas como proteção contra mosquitos transmissores de vírus.

Doenças virais em plantas

Mais de 2 mil tipos de doenças virais de plantas são conhecidos, representando uma perda anual de mais de 30 bilhões de dólares no mundo inteiro devido à destruição de plantações. Os sinais comuns de infecção viral incluem manchas brancas ou marrons nas folhas e nos frutos **(Figura 19.12)**, crescimento atrofiado e flores ou raízes danificadas, o que pode diminuir o rendimento e a qualidade das colheitas.

▲ **Figura 19.12** Tomate imaturo infectado por um vírus.

Os vírus de plantas possuem a mesma estrutura básica e modo de replicação que os vírus de animais. A maioria dos vírus de plantas conhecidos, incluindo o TMV, tem um genoma de RNA. Muitos têm um capsídeo helicoidal, como o TMV, enquanto outros têm um capsídeo icosaédrico (ver Figura 19.3b).

As doenças virais de plantas disseminam-se por duas principais rotas. Na primeira rota, a *transmissão horizontal*, uma fonte externa infecta a planta. O vírus invasor tem de passar pela camada protetora de células da planta (a epiderme); por isso, uma planta torna-se mais suscetível às infecções virais se estiver danificada por vento, lesão ou herbívoros. Os herbívoros, especialmente os insetos, representam uma dupla ameaça porque também podem transportar vírus, transmitindo doenças de planta para planta. Além disso, os jardineiros podem transmitir vírus de plantas inadvertidamente ao utilizar tesouras de poda e outras ferramentas. A outra rota de infecção viral é a *transmissão vertical*, na qual a planta herda a infecção viral da planta parental. A transmissão vertical pode ocorrer por propagação assexuada (p. ex., enxertos) ou por reprodução sexuada por meio de sementes infectadas.

Quando um vírus entra em uma célula vegetal e começa a se replicar, os genomas virais e as proteínas associadas podem se espalhar por toda a planta através dos plasmodesmos, as conexões citoplasmáticas que penetram nas paredes entre as células vegetais adjacentes (ver Figura 36.19). A passagem de macromoléculas virais de célula para célula é facilitada por proteínas codificadas no genoma viral que causam um aumento dos plasmodesmos. Os cientistas ainda não desenvolveram curas para a maioria das doenças virais das plantas; portanto, os esforços de pesquisa estão concentrados em grande parte na redução da transmissão de doenças e na criação de variedades resistentes de plantas agrícolas.

Príons: proteínas como agentes infecciosos

Os vírus discutidos neste capítulo são agentes infecciosos que propagam doenças, e seu material genético é composto por ácidos nucleicos, cuja capacidade de ser replicado é bem conhecida. Surpreendentemente, também há *proteínas* que são infecciosas. Proteínas chamadas **príons** parecem causar doenças degenerativas do cérebro em várias espécies animais. Essas doenças incluem o tremor epizoótico dos ovinos (em inglês, *scrapie*); a doença da vaca louca, que assolou a indústria europeia de carne há cerca de 20 anos; e a doença de Creutzfeldt-Jakob em humanos, que causou a morte de cerca

▶ **Figura 19.13 Modelo de como os príons se propagam.** Os príons são versões dobradas de forma incorreta de proteínas cerebrais normais. Quando um príon faz contato com uma versão dobrada de forma correta de uma mesma proteína, ele pode induzir a proteína normal a assumir a forma anormal. A reação em cadeia resultante pode continuar até que altos níveis desses príons se agreguem, causando disfunção celular e, por fim, degeneração cerebral.

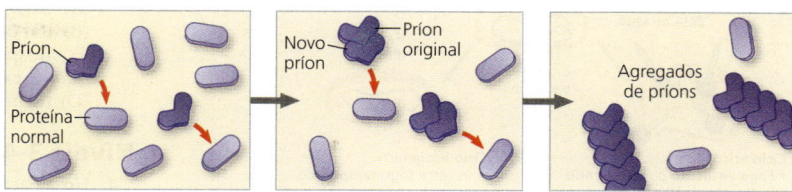

de 175 pessoas no Reino Unido desde 1996. Os príons podem ser transmitidos por meio da alimentação, como quando as pessoas comem carne de gado com a doença da vaca louca. O kuru, outra doença humana causada por príons, foi identificada no início dos anos 1900 entre os povos indígenas de South Fore na Nova Guiné. Quando uma epidemia de kuru atingiu seu auge nos anos 1960, os cientistas inicialmente pensaram que a doença tinha uma base genética, pois os membros da família também contraíam frequentemente a doença. No entanto, as investigações acabaram revelando uma história diferente: após uma morte, os membros da família praticavam o canibalismo ritual, comendo órgãos do falecido, e os príons eram transmitidos principalmente pelo tecido cerebral. As mulheres tinham kuru mais vezes que os homens porque os homens comiam os órgãos mais "prestigiados", como o coração, enquanto mulheres e crianças comiam os cérebros.

Duas características dos príons são particularmente alarmantes. Primeiramente, os príons atuam silenciosamente, com um período de incubação de pelo menos 10 anos antes do desenvolvimento dos sintomas. O extenso período de incubação impede a identificação das fontes de infecções, a qual ocorre muito depois do aparecimento dos primeiros casos. Em segundo lugar, os príons não são destruídos ou desativados pelo aquecimento a temperaturas de cozimento normais. Até hoje, não há cura conhecida para as doenças causadas por príons, e a única esperança para o desenvolvimento de tratamentos eficazes reside no entendimento do processo de infecção.

Como uma proteína que não pode replicar-se pode tornar-se um patógeno transmissível? De acordo com o modelo dominante, um príon é uma forma desordenada de uma proteína que normalmente está presente nas células cerebrais. Quando um príon atinge uma célula contendo a forma normal da proteína, ele, de alguma maneira, converte as moléculas de proteína normais na versão maldobrada do príon. Então, vários príons se agregam em um complexo capaz de converter outras proteínas normais em príons que se ligam à cadeia (**Figura 19.13**). A agregação dos príons interfere na função celular normal e causa os sintomas da doença. Esse modelo foi recebido com ceticismo quando proposto por Stanley Prusiner no início da década de 1980, mas hoje é amplamente aceito. Prusiner recebeu o Prêmio Nobel em 1997 por seu trabalho com os príons. Ele também propôs que os príons estão envolvidos em doenças neurodegenerativas como o Alzheimer e o Parkinson. Há muitas questões notáveis acerca desses pequenos agentes infecciosos.

REVISÃO DO CONCEITO 19.3

1. Descreva duas maneiras pelas quais um vírus preexistente pode se tornar um vírus emergente.
2. Compare a transmissão horizontal e a transmissão vertical dos vírus das plantas.
3. **E SE?** O TMV foi isolado em quase todos os produtos comerciais do tabaco. Então, por que a infecção pelo TMV não é um perigo adicional aos fumantes?

Ver as respostas sugeridas no Apêndice A.

19 Revisão do capítulo

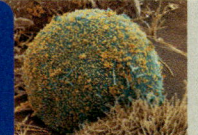

RESUMO DOS CONCEITOS-CHAVE

CONCEITO 19.1

Um vírus consiste em um ácido nucleico circundado por uma capa proteica (p. 399-401)

- Os pesquisadores descobriram os vírus no final do século XIX ao estudar uma doença de plantas: a doença do mosaico do tabaco.
- Os **vírus** são um pequeno genoma de ácido nucleico circundado por um **capsídeo** proteico e algumas vezes com um **envelope viral** membranoso. O genoma pode ser de DNA ou RNA de fita simples ou dupla.

? *Em geral, os vírus são considerados organismos vivos ou não? Explique.*

CONCEITO 19.2

Os vírus se replicam somente nas células hospedeiras (p. 401-408)

- Os vírus usam enzimas, ribossomos e pequenas moléculas das células hospedeiras para sintetizar sua progênie viral durante a replicação.
- Cada tipo de vírus tem uma **especificidade de hospedeiros** característica, afetada pela presença de proteínas de superfície celular às quais as proteínas da superfície viral podem se ligar.
- Os **fagos** (vírus que infectam bactérias) podem se replicar por dois mecanismos alternativos: o **ciclo lítico** e o **ciclo lisogênico**.

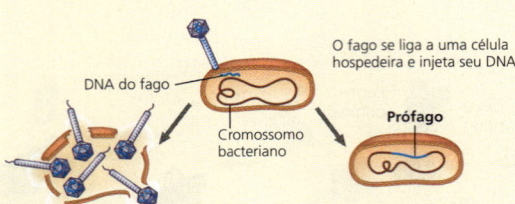

Ciclo lítico
- **Fago virulento** ou **temperado**
- Destruição do DNA do hospedeiro
- Produção de novos fagos
- A lise da célula hospedeira causa a liberação da progênie do fago

Ciclo lisogênico
- Somente **fago temperado**
- O genoma se integra no cromossomo bacteriano como **prófago** o qual
  (1) é replicado e passado às células-filhas e
  (2) pode ser induzido a deixar o cromossomo e iniciar o ciclo lítico

- As bactérias têm várias formas de se defender contra infecções por fagos, incluindo o sistema CRISPR-Cas.
- Muitos vírus de animais possuem envelope. Os **retrovírus** (como o **HIV**) usam a enzima **transcriptase reversa** para copiar seu genoma de RNA em DNA, o qual pode se integrar no genoma do hospedeiro como **provírus**.
- Como os vírus podem se replicar somente dentro das células, provavelmente eles evoluíram após o aparecimento da primeira célula, talvez como fragmentos de ácido nucleico celular empacotado.

? *Descreva as enzimas que não são encontradas na maioria das células, mas são necessárias para a replicação de certos tipos de vírus.*

CONCEITO 19.3

Vírus e príons são excelentes patógenos de animais e plantas *(p. 408-413)*

- Os sintomas das doenças virais podem ser causados pelo dano viral direto às células ou pela resposta imune do próprio organismo. As **vacinas** estimulam o sistema imune a defender o hospedeiro contra vírus específicos.
- Uma **epidemia**, o surto disseminado de uma doença, pode se tornar uma **pandemia**, uma epidemia global.
- Os surtos de doenças virais emergentes no ser humano não são novidades, mas são causados por vírus já existentes que expandem sua especificidade de hospedeiros. O vírus da gripe H1N1 de 2009 foi uma nova combinação de genes dos vírus de porcos, seres humanos e aves que causaram a pandemia. O vírus da gripe aviária H5N1 tem o potencial de causar uma pandemia de gripe com alta taxa de mortalidade.
- Os vírus entram nas células das plantas por meio de lesões na parede celular (transmissão horizontal) ou são herdados das plantas parentais (transmissão vertical).
- Os **príons** são proteínas infecciosas, praticamente indestrutíveis e de ação lenta que causam doenças cerebrais em mamíferos.

? *Qual característica dos vírus de RNA os tornam mais propensos a se tornarem vírus emergentes do que os vírus de DNA?*

TESTE SEU CONHECIMENTO

Níveis 1-2: Relembre/Entenda

1. Qual das seguintes características, estruturas ou processos é comum tanto nas bactérias quanto nos vírus?
   (A) Metabolismo
   (B) Ribossomos
   (C) Material genético composto por ácidos nucleicos
   (D) Divisão celular

2. Vírus emergentes surgem por
   (A) mutação em vírus existentes.
   (B) disseminação de vírus existentes em novas espécies hospedeiras.
   (C) a propagação de vírus existentes de forma mais ampla entre as espécies hospedeiras.
   (D) todas as respostas anteriores.

3. Para causar uma pandemia em humanos, o vírus da gripe aviária H5N1 teria que
   (A) disseminar-se para os primatas, como os chimpanzés.
   (B) dar origem a um vírus com uma especificidade distinta de hospedeiro.
   (C) ser capaz de transmissão na espécie humana.
   (D) tornar-se muito mais patogênico.

Níveis 3-4: Aplique/Analise

4. Uma bactéria é infectada com um bacteriófago composto pela capa proteica do fago T2 e pelo DNA do fago T4. Os novos fagos produzidos terão
   (A) proteína T2 e DNA T4.   (C) proteína T2 e DNA T2.
   (B) proteína T4 e DNA T2.   (D) proteína T4 e DNA T4.

5. Os vírus de RNA requerem seu próprio suprimento de determinadas enzimas porque
   (A) as células do hospedeiro destroem rapidamente os vírus.
   (B) as células do hospedeiro não possuem as enzimas que podem replicar o genoma viral.
   (C) essas enzimas traduzem o mRNA viral em proteínas.
   (D) essas enzimas penetram na membrana das células hospedeiras.

6. **DESENHE** Redesenhe a Figura 19.8 para mostrar o ciclo de replicação de um vírus com um genoma de fita simples que pode funcionar como mRNA (um vírus de classe IV).

Níveis 5-6: Avalie/Crie

7. **CONEXÃO EVOLUTIVA** O sucesso de alguns vírus está em sua capacidade de evoluir rapidamente dentro do hospedeiro. Esses vírus evadem as defesas do hospedeiro, sofrendo mutações e produzindo muitos vírus descendentes alterados, antes que o corpo possa montar um ataque. Assim, os vírus presentes mais tardiamente durante uma infecção diferem daqueles que inicialmente infectaram o organismo. Discuta esse fato como um exemplo da evolução do microcosmo. Quais cepas virais tendem a predominar?

8. **PESQUISA CIENTÍFICA** Quando as bactérias infectam um animal, o número de bactérias no corpo aumenta de forma exponencial (gráfico A). Após uma infecção por um vírus animal virulento com ciclo replicativo lítico, não há evidências de infecção por um tempo. Mais tarde, porém, o número de novos vírus aumenta subitamente e, em seguida, aumenta em uma série de etapas (gráfico B). Explique as diferenças nas curvas.

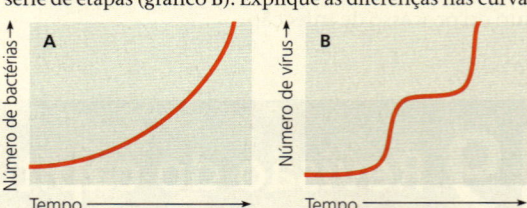

9. **ESCREVA SOBRE UM TEMA: ORGANIZAÇÃO** Embora os vírus sejam considerados pela maioria dos cientistas como não vivos, eles apresentam algumas características compatíveis com a vida, incluindo a correlação de estrutura e função. Em um texto sucinto (100-150 palavras), descreva como a estrutura de um vírus se correlaciona com sua função.

10. **SINTETIZE SEU CONHECIMENTO**

O oseltamivir, um medicamento antiviral prescrito para a gripe, inibe a enzima neuraminidase. Explique como esse medicamento poderia prevenir a infecção em alguém exposto à gripe ou poderia encurtar o ciclo da gripe em um paciente infectado (os motivos pelos quais ele é prescrito).

Ver respostas selecionadas no Apêndice A.

20 Biotecnologia e ferramentas do DNA

CONCEITOS-CHAVE

20.1 O sequenciamento do DNA e a clonagem do DNA são ferramentas valiosas para a engenharia genética e as pesquisas biológicas *p. 416*

20.2 Os biólogos utilizam a tecnologia do DNA para estudar a expressão e a função de um gene *p. 423*

20.3 Organismos clonados e células-tronco são úteis para pesquisa básica e outras aplicações *p. 428*

20.4 As aplicações práticas da biotecnologia com base em DNA afetam nossas vidas de várias formas *p. 433*

Dica de estudo

Aplique o que você aprendeu: Escreva uma dúvida que você tem sobre genes. Em seguida, faça uma tabela listando técnicas que você poderia usar para solucionar sua dúvida e como aplicá-las. Segue um exemplo.

O autismo é causado pelos genes, pelo meio ambiente ou ambos?	
Técnica	Aplicação à questão
Sequenciamento de DNA	- Compare sequências de DNA de pessoas com autismo com as sequências de pessoas não afetadas.

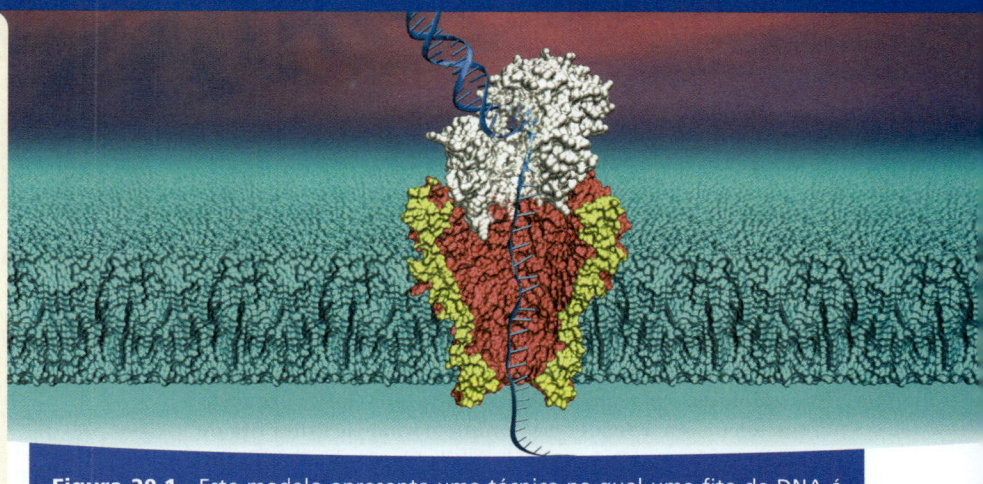

Figura 20.1 Este modelo apresenta uma técnica na qual uma fita de DNA é passada através de um pequeno poro na membrana. As alterações resultantes na corrente elétrica são utilizadas para determinar a sequência de nucleotídeos. A primeira sequência do genoma humano, concluída em 2003, levou 13 anos e custou 1 bilhão de dólares; o tempo e o custo do sequenciamento do genoma foram bastante reduzidos por métodos melhorados, como o mostrado aqui.

Quais são as principais técnicas e aplicações da biotecnologia?

TÉCNICAS

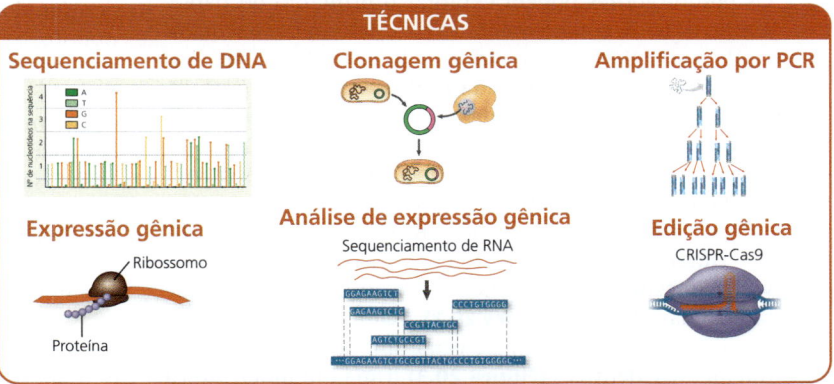

APLICAÇÕES

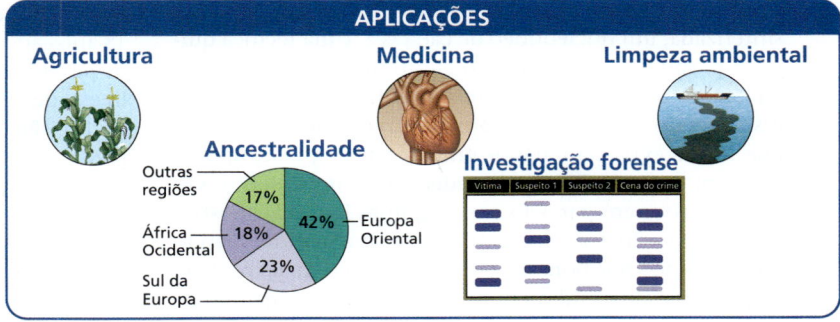

CONCEITO 20.1

O sequenciamento do DNA e a clonagem do DNA são ferramentas valiosas para a engenharia genética e as pesquisas biológicas

A descoberta da estrutura da molécula de DNA – e, especificamente, o reconhecimento de que suas duas fitas são complementares uma à outra – abriu a porta para o desenvolvimento de sequenciamento de DNA e outras técnicas de manipulação de DNA (conhecidas como **tecnologia de DNA**) utilizadas atualmente na pesquisa biológica. Essencial para essas técnicas é a **hibridização de ácidos nucleicos**, o pareamento de bases de uma fita de um ácido nucleico com a sequência complementar de outra fita de ácido nucleico, DNA ou RNA. A hibridação dos ácidos nucleicos forma a base de praticamente todas as técnicas utilizadas na **engenharia genética**, a manipulação direta dos genes para fins práticos. A engenharia genética lançou uma revolução em vários campos, como direito penal, medicina e pesquisa biológica básica. Nesta seção, vamos explorar várias técnicas importantes e seus usos.

Sequenciamento de DNA

Os pesquisadores podem explorar o princípio do pareamento de bases complementares para determinar a sequência de nucleotídeos completa da molécula de DNA, processo chamado **sequenciamento de DNA**. O primeiro procedimento automatizado, chamado sequenciamento didesóxi, foi desenvolvido nos anos 1970 pelo bioquímico Frederick Sanger, que recebeu o prêmio Nobel em 1980 por essa conquista. O sequenciamento didesóxi ainda é usado para trabalhos rotineiros de sequenciamento em pequena escala.

Durante a primeira década deste século, foram desenvolvidas técnicas de "sequenciamento de nova geração" que são rápidas e baratas **(Figura 20.2)**. Fragmentos de DNA são amplificados (copiados) para gerar um número enorme de fragmentos idênticos **(Figura 20.3)**. Uma fita-molde única de cada fragmento é imobilizada, e a fita complementar é sintetizada, um nucleotídeo de cada vez. Uma técnica química permite monitoramento eletrônico para identificar em tempo real qual dos quatro nucleotídeos é adicionado; esse método é, portanto, chamado *sequenciamento por síntese*. Milhares ou centenas de milhares de fragmentos, cada um com cerca de 300 nucleotídeos de comprimento, são sequenciados em paralelo em máquinas iguais às mostradas na Figura 20.2, devido à alta taxa de nucleotídeos sendo sequenciados por hora. Esse é um exemplo de tecnologia de DNA de "alto rendimento", o qual é, hoje, o método de escolha para estudos em que números massivos de amostras

▲ **Figura 20.2** Equipamentos para sequenciamento de DNA de nova geração.

de DNA – até mesmo um conjunto de vários fragmentos representando um genoma inteiro – são sequenciados.

Cada vez mais, o sequenciamento de última geração é complementado (ou substituído, em alguns casos) pelo "sequenciamento de terceira geração", com cada técnica nova sendo mais rápida e econômica do que a anterior. Em alguns novos métodos, o DNA não é fragmentado nem amplificado. Em vez disso, uma molécula de DNA única, muito longa, é sequenciada. Diversos grupos desenvolveram técnicas que movem uma única fita de uma molécula de DNA através de um poro muito pequeno (um *nanoporo*) em uma membrana, detectando as bases, uma por uma, por meio da interrupção de uma corrente elétrica. Um modelo desse conceito é mostrado na Figura 20.1, na qual o poro é um canal proteico embebido em uma membrana lipídica. (Outros pesquisadores estão utilizando membranas artificiais e nanoporos.) Cada tipo de base interrompe a corrente elétrica por um período levemente diferente. Em 2015, o primeiro sequenciador por nanoporos foi lançado no mercado; esse equipamento tem o tamanho de uma pequena barra de chocolate e se conecta a um computador por uma porta USB. O *software* associado permite a identificação e a análise imediata da sequência. Esta é apenas uma das muitas abordagens para aumentar ainda mais a taxa e reduzir o custo do sequenciamento, ao mesmo tempo em que permite que a metodologia saia do laboratório e entre no campo.

Técnicas aprimoradas de sequenciamento de DNA transformaram a maneira como podemos explorar questões biológicas fundamentais sobre a evolução e como a vida funciona (ver Faça conexões, Figura 5.26). Pouco mais de 15 anos após o anúncio da sequência do genoma humano, os pesquisadores haviam completado a sequência de milhares de genomas, com dezenas de milhares em progresso. Sequências genômicas completas foram determinadas para células de vários tipos de câncer, para seres humanos anciãos, e com as muitas bactérias que vivem no intestino humano. No Capítulo 21, aprenderemos mais sobre como essa rápida aceleração da tecnologia do sequenciamento revolucionou nossos estudos sobre a evolução das espécies e do próprio genoma. Agora, consideraremos como os genes individuais são estudados.

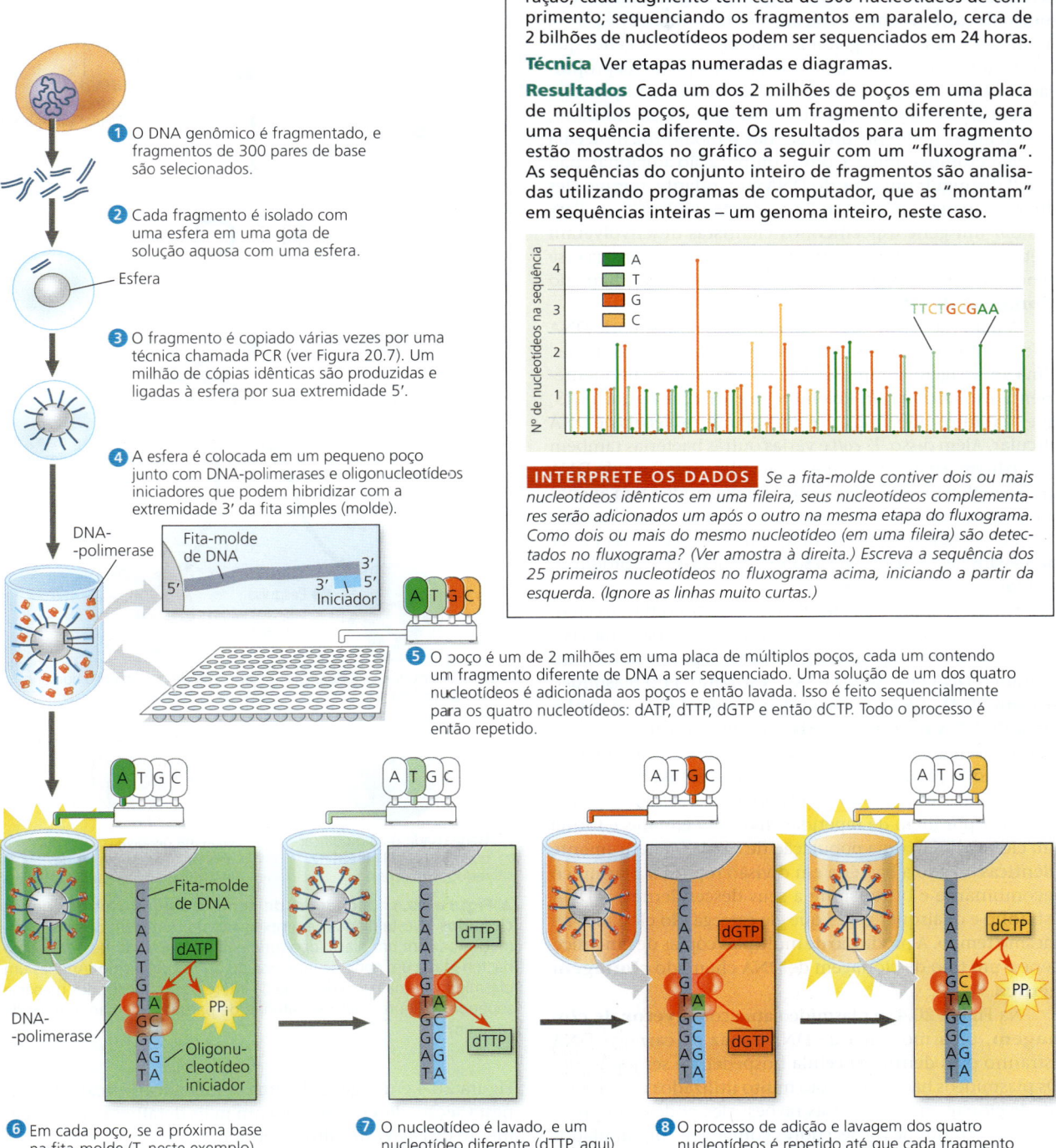

▼ Figura 20.3 Método de pesquisa

Sequenciamento por síntese: sequenciamento de nova geração

Aplicação Nas técnicas atuais de sequenciamento de nova geração, cada fragmento tem cerca de 300 nucleotídeos de comprimento; sequenciando os fragmentos em paralelo, cerca de 2 bilhões de nucleotídeos podem ser sequenciados em 24 horas.

Técnica Ver etapas numeradas e diagramas.

Resultados Cada um dos 2 milhões de poços em uma placa de múltiplos poços, que tem um fragmento diferente, gera uma sequência diferente. Os resultados para um fragmento estão mostrados no gráfico a seguir com um "fluxograma". As sequências do conjunto inteiro de fragmentos são analisadas utilizando programas de computador, que as "montam" em sequências inteiras – um genoma inteiro, neste caso.

INTERPRETE OS DADOS Se a fita-molde contiver dois ou mais nucleotídeos idênticos em uma fileira, seus nucleotídeos complementares serão adicionados um após o outro na mesma etapa do fluxograma. Como dois ou mais do mesmo nucleotídeo (em uma fileira) são detectados no fluxograma? (Ver amostra à direita.) Escreva a sequência dos 25 primeiros nucleotídeos no fluxograma acima, iniciando a partir da esquerda. (Ignore as linhas muito curtas.)

❶ O DNA genômico é fragmentado, e fragmentos de 300 pares de base são selecionados.

❷ Cada fragmento é isolado com uma esfera em uma gota de solução aquosa com uma esfera.

❸ O fragmento é copiado várias vezes por uma técnica chamada PCR (ver Figura 20.7). Um milhão de cópias idênticas são produzidas e ligadas à esfera por sua extremidade 5'.

❹ A esfera é colocada em um pequeno poço junto com DNA-polimerases e oligonucleotídeos iniciadores que podem hibridizar com a extremidade 3' da fita simples (molde).

❺ O poço é um de 2 milhões em uma placa de múltiplos poços, cada um contendo um fragmento diferente de DNA a ser sequenciado. Uma solução de um dos quatro nucleotídeos é adicionada aos poços e então lavada. Isso é feito sequencialmente para os quatro nucleotídeos: dATP, dTTP, dGTP e então dCTP. Todo o processo é então repetido.

❻ Em cada poço, se a próxima base na fita-molde (T, neste exemplo) é complementar ao nucleotídeo adicionado (A, aqui), o nucleotídeo é ligado à fita crescente, liberando PPᵢ, que causa um *flash* de luz que é registrado.

❼ O nucleotídeo é lavado, e um nucleotídeo diferente (dTTP, aqui) é adicionado. Se o nucleotídeo não é complementar à próxima base do molde (G, aqui), ele não é ligado à fita, e não ocorre o *flash*.

❽ O processo de adição e lavagem dos quatro nucleotídeos é repetido até que cada fragmento tenha uma fita complementar completa. O padrão de *flashes* revela a sequência do fragmento original em cada poço.

Produzindo múltiplas cópias de um gene ou outro segmento de DNA

O biólogo molecular que estuda um determinado gene ou grupo de genes encara um desafio. Moléculas de DNA de ocorrência natural são muito longas, e, em geral, uma única molécula carrega centenas ou até mesmo milhares de genes. Além disso, em vários genomas eucarióticos, os genes que codificam proteínas ocupam apenas uma pequena proporção do DNA cromossômico, sendo o restante sequências nucleotídicas não codificantes. Um único gene humano, por exemplo, pode constituir apenas 1/100.000 da molécula de DNA cromossômico. Como complicação adicional, não é fácil distinguir um gene do DNA circundante, porque eles diferem apenas em relação à sequência nucleotídica. Para estudar um gene específico, os cientistas desenvolveram métodos para isolar um segmento de DNA que carrega esse gene e fazer múltiplas cópias idênticas – processo chamado **clonagem de DNA**.

A maioria dos métodos para clonar segmentos de DNA no laboratório compartilha certas características gerais. Uma abordagem comum utiliza bactérias, mais frequentemente *Escherichia coli*. Relembre, a partir da Figura 16.13, que o cromossomo de *E. coli* é uma grande molécula de DNA circular. Além disso, *E. coli* e várias outras bactérias também têm **plasmídeos**, pequenas moléculas circulares de DNA que se replicam separadamente. Um plasmídeo tem apenas um pequeno número de genes; esses genes podem ser úteis quando a bactéria está em determinado meio, mas talvez não sejam necessários para a sobrevivência ou a reprodução na maioria das condições.

Para clonar pedaços de DNA usando bactérias, os cientistas isolaram plasmídeos a partir de células bacterianas e as alteraram por engenharia genética. Os pesquisadores inseriram o DNA em estudo (DNA "estranho") no plasmídeo **(Figura 20.4)**. Agora, o plasmídeo resultante é uma **molécula de DNA recombinante** – molécula contendo DNA de duas fontes diferentes, muitas vezes de espécies diferentes. Então, o plasmídeo é recolocado na célula bacteriana, produzindo uma *bactéria recombinante*. Essa célula isolada se reproduz por meio de repetidas divisões celulares e forma um clone celular, uma população de células geneticamente idênticas. Como a bactéria em divisão replica o plasmídeo recombinante e o transmite a seus descendentes, o DNA estranho e quaisquer genes que ele carrega são clonados ao mesmo tempo. A produção de múltiplas cópias de um único gene é um tipo de clonagem de DNA chamado **clonagem gênica**.

Na Figura 20.4, o plasmídeo atua como **vetor de clonagem**, uma molécula de DNA capaz de carregar DNA estranho para dentro da célula hospedeira e ser replicado. Os plasmídeos bacterianos são muito utilizados como vetores de clonagem por diversas razões: eles podem ser prontamente obtidos de fornecedores comerciais, manipulados para formar plasmídeos recombinantes por meio da inserção de DNA estranho em um tubo de ensaio (referido como *in vitro*, latim para "dentro do vidro") e, então, facilmente introduzidos em células bacterianas. O DNA estranho na

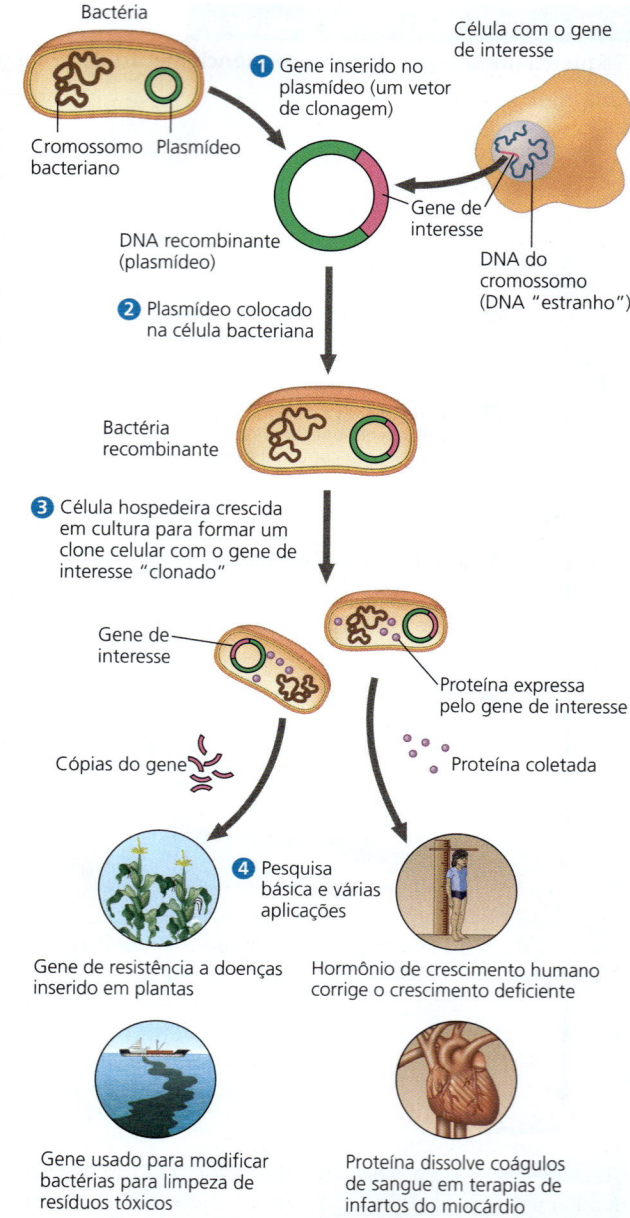

▲ **Figura 20.4 Clonagem de genes e alguns usos dos genes clonados.** Neste diagrama simplificado de clonagem de genes, começamos com um plasmídeo (originalmente isolado de uma célula bacteriana) e um gene de interesse de outro organismo. Apenas um plasmídeo e uma cópia do gene de interesse são mostrados na parte superior da figura, mas os materiais de partida incluiriam muitos de cada um.

Figura 20.4 é um gene de uma célula eucariótica; adiante, nesta seção, descreveremos com mais detalhes como o segmento de DNA estranho foi obtido.

A clonagem gênica é útil para dois propósitos básicos: fazer várias cópias de, ou *amplificar*, um determinado gene e produzir um produto proteico a partir dele (ver Figura 20.4). Pesquisadores podem isolar cópias de um gene clonado a partir de bactérias para uso na pesquisa básica ou para capacitar outro organismo com uma nova habilidade metabólica, como resistência a doenças. Por exemplo, um gene de resistência presente em uma espécie de cultivo pode ser clonado e transferido para plantas de outra espécie. (Esses organismos são chamados de *organismos geneticamente modificados*, ou *OGMs*, e serão discutidos mais adiante no capítulo.) De modo alternativo, uma proteína com uso medicinal, como o hormônio de crescimento humano, pode ser obtida em grandes quantidades a partir de culturas de bactérias que carregam o gene clonado para a proteína. (Adiante, veremos as técnicas para expressar genes clonados.) Como o gene é apenas uma parte muito pequena do DNA total em uma célula, a habilidade de amplificar um fragmento de DNA é crucial para qualquer aplicação envolvendo um único gene.

Uso de enzimas de restrição para produzir plasmídeo de DNA recombinante

Em geral, a clonagem gênica e a engenharia genética baseiam-se no uso de enzimas que cortam moléculas de DNA em um número limitado de locais específicos. Essas enzimas, chamadas endonucleases de restrição, ou **enzimas de restrição**, foram descobertas no final dos anos 1960 por pesquisadores que estudavam as bactérias. As enzimas de restrição protegem a célula bacteriana cortando o DNA estranho de outros organismos ou fagos (ver Conceito 19.2).

Centenas de enzimas de restrição diferentes foram identificadas e isoladas. Cada enzima de restrição é muito específica, reconhecendo determinada sequência curta de DNA, ou **sítio de restrição**, e cortando ambas as fitas de DNA em pontos precisos dentro do sítio de restrição. O DNA de uma célula bacteriana é protegido das próprias enzimas de restrição pela adição de grupos metila (—CH3) a adeninas ou citosinas dentro das sequências reconhecidas pelas enzimas.

A **Figura 20.5** mostra como as enzimas de restrição são usadas para clonar um fragmento de DNA estranho em um plasmídeo bacteriano. No topo da figura, está um plasmídeo bacteriano (como o mostrado na Figura 20.4) que tem um único sítio de restrição reconhecido por uma enzima de restrição específica. Como mostrado nesse exemplo, a maioria dos sítios de restrição é simétrica. Em outras palavras, a sequência de nucleotídeos é a mesma em ambas as fitas quando lida na direção 5' → 3'. As enzimas de restrição mais comumente usadas reconhecem sequências contendo de 4 a 8 pares de nucleotídeos. Visto que qualquer sequência que é muito curta normalmente ocorre (aleatoriamente) várias vezes em uma longa molécula de DNA, uma enzima de restrição fará vários cortes na molécula de DNA, gerando um grupo de **fragmentos de restrição**. Como as enzimas de restrição sempre cortam na mesma sequência exata de DNA, as cópias de qualquer molécula de DNA expostas à mesma enzima de restrição sempre produzem o mesmo conjunto de fragmentos de restrição.

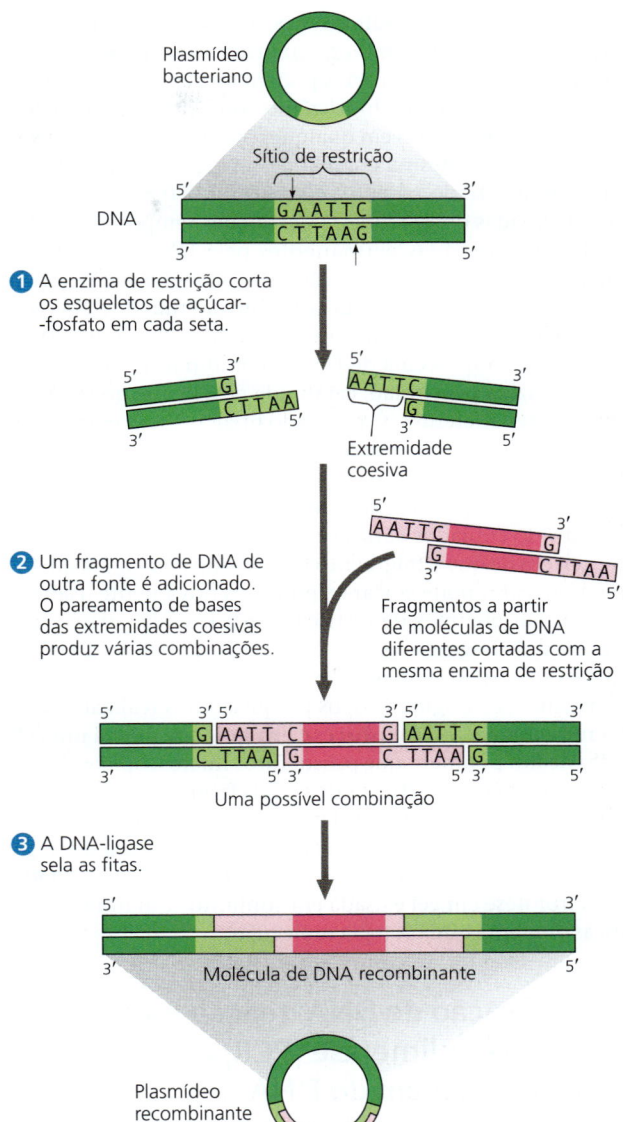

▲ **Figura 20.5 Usando uma enzima de restrição e DNA-ligase para fazer um plasmídeo de DNA recombinante.** A enzima de restrição neste exemplo (chamada de *Eco*RI) reconhece um único sítio de restrição de seis pares de base presente neste plasmídeo. Ela faz cortes em degraus nos esqueletos de açúcar-fosfato, produzindo fragmentos com "extremidades coesivas". Fragmentos estranhos de DNA com extremidades coesivas complementares podem formar pares de bases com as extremidades do plasmídeo; o produto ligado é um plasmídeo recombinante. (Se as duas extremidades coesivas do plasmídeo formarem pares de base, o plasmídeo original não recombinante é formado novamente.)

DESENHE *A enzima de restrição HindIII reconhece a sequência 5'-AAGCTT-3', que corta entre os dois As. Desenhe a sequência dupla-fita antes e depois do corte da enzima.*

As enzimas de restrição mais úteis clivam os esqueletos de açúcar-fosfato nas duas fitas de DNA, em degrau, como mostrado na etapa ❶ da Figura 20.5. Os fragmentos de restrição dupla-fita resultantes possuem pelo menos uma extremidade de fita simples, chamada **extremidade coesiva**. Essas extensões curtas podem formar pares de bases ligados por ligações de hidrogênio com extremidades coesivas complementares em qualquer outra molécula de DNA cortada com a mesma enzima de restrição, como o DNA inserido mostrado na etapa ❷ da Figura 20.5. As associações formadas dessa maneira são apenas temporárias, mas podem ser tornadas permanentes pela DNA-ligase, uma enzima que catalisa a formação de ligações covalentes que fecham os esqueletos de açúcar-fosfato das fitas de DNA (ver etapa ❸ da Figura 20.5). Na parte inferior da Figura 20.5, pode-se ver a molécula de DNA recombinante estável que foi produzida pela união, catalisada pela ligase, do DNA de duas fontes diferentes. O resultado final, nesse exemplo, é a formação de um plasmídeo recombinante estável contendo DNA estranho.

Para verificar os plasmídeos recombinantes depois de terem sido copiados várias vezes nas células hospedeiras e ter certeza de que o fragmento foi inserido (ver Figura 20.4), o pesquisador pode cortar os produtos novamente usando as mesmas enzimas de restrição. Se a inserção estiver lá, haverá dois fragmentos de DNA, um do tamanho do plasmídeo e outro do tamanho do DNA inserido. Para separar e visualizar os fragmentos, os pesquisadores realizam uma técnica chamada **eletroforese em gel**, que utiliza um gel feito de um polímero que possui furos microscópicos de diferentes tamanhos, através dos quais fragmentos mais curtos podem viajar mais rapidamente. O gel funciona como uma peneira molecular para separar uma mistura de fragmentos de ácido nucleico por comprimento **(Figura 20.6)**. A eletroforese em gel é usada em conjunto com muitas técnicas diferentes em biologia molecular.

Amplificação de DNA: reação em cadeia da polimerase (PCR) e seu uso na clonagem do DNA

Agora que já examinamos o vetor de clonagem com alguns detalhes, vamos considerar como os biólogos obtêm o DNA estranho a ser inserido. A maioria dos pesquisadores possui alguma informação sobre o fragmento de DNA que eles querem clonar. Usando essas informações, eles podem iniciar com o DNA genômico de determinada espécie de interesse e obter várias cópias do gene desejado utilizando uma técnica chamada **reação em cadeia da polimerase** (**PCR**, do inglês *polymerase chain reaction*). A **Figura 20.7** ilustra as etapas da PCR. Dentro de poucas horas, essa técnica pode produzir bilhões de cópias de um segmento de DNA-alvo específico em uma amostra, mesmo se esse segmento compuser menos de 0,001% do DNA total da amostra.

No procedimento da PCR, um ciclo de três etapas causa uma reação em cadeia que gera uma população de crescimento exponencial de moléculas de DNA idênticas. Durante cada ciclo, a mistura da reação é ❶ aquecida a temperaturas altas para desnaturar (separar) as dupla-fitas de DNA e,

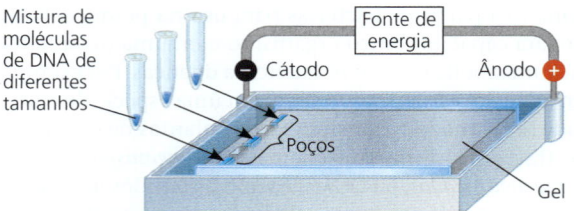

(a) Cada amostra, uma mistura de moléculas de DNA diferentes, é colocada em um poço separado, próximo à extremidade de uma fina lâmina de gel de agarose. O gel é colocado dentro de um suporte plástico pequeno e imerso em solução aquosa, uma solução tamponada em um recipiente com eletrodos em cada lado. Assim que a corrente é ligada, as moléculas de DNA carregadas negativamente se movem rumo ao eletrodo positivo.

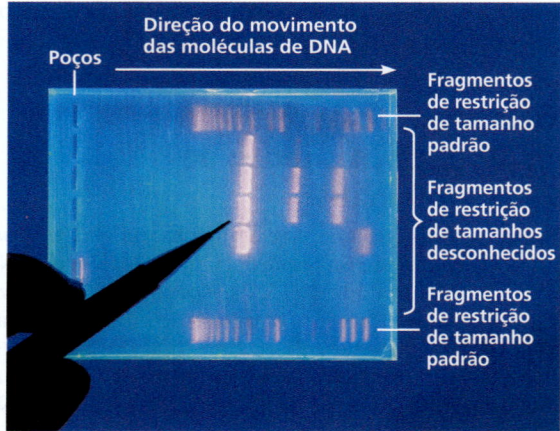

(b) Moléculas menores migram antes das mais longas, passando mais rapidamente do que as maiores. Depois que a energia é desligada, um corante fluorescente cor-de-rosa à luz UV, que se liga ao DNA, é adicionado. Cada banda em cor-de-rosa corresponde a vários milhares de moléculas de DNA do mesmo comprimento. As bandas nas partes superior e inferior do gel correspondem a um grupo de fragmentos de restrição de tamanhos conhecidos para serem comparadas com as amostras de tamanho desconhecido.

▲ **Figura 20.6 Eletroforese em gel.** Um gel feito de um polímero atua como uma peneira molecular para separar ácidos nucleicos ou proteínas que diferem em tamanho, carga elétrica ou outras propriedades físicas à medida que se movem em um campo elétrico. No exemplo mostrado aqui, as moléculas de DNA são separadas pelo comprimento em um gel feito de um polissacarídeo chamado agarose.

então, ❷ resfriada para permitir o anelamento (ligações de hidrogênio) de oligonucleotídeos iniciadores de DNA curtos, de fita simples, complementares às sequências nas fitas opostas de cada extremidade da sequência-alvo. Por fim, ❸ uma DNA-polimerase especial estende os oligonucleotídeos iniciadores na direção 5' → 3'. Então, esse ciclo é repetido de 30 a 40 vezes. Se fosse utilizada uma DNA-polimerase comum, essa enzima seria desnaturada junto com o DNA durante o primeiro ciclo de aquecimento e teria de ser recolocada após cada ciclo. A chave para a PCR automatizada foi a descoberta de uma enzima DNA-polimerase de rara termoestabilidade chamada *Taq*-polimerase. Essa enzima recebeu

▼ **Figura 20.7** Método de pesquisa
Reação em cadeia da polimerase (PCR)

Aplicação Com a PCR, qualquer segmento específico – chamado sequência-alvo – em uma amostra de DNA pode ser copiado várias vezes (amplificado) dentro de um tudo de ensaio.

Técnica A PCR requer DNA dupla-fita contendo a sequência-alvo, uma DNA-polimerase resistente ao calor, os quatro nucleotídeos e duas fitas simples de DNA de 15 a 20 nucleotídeos que servem como oligonucleotídeos iniciadores. Um oligonucleotídeo iniciador é complementar a uma extremidade da sequência-alvo em uma fita; o segundo oligonucleotídeo iniciador é complementar à outra extremidade da sequência na outra fita.

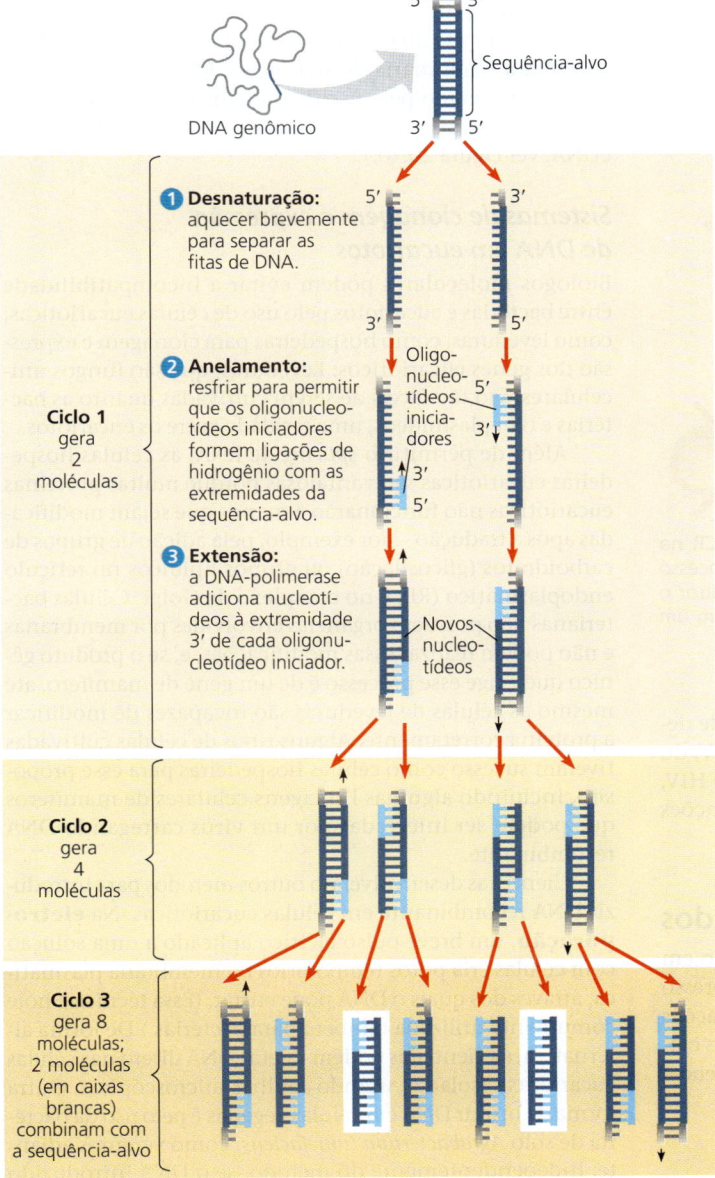

Resultados Após três ciclos, duas moléculas combinam exatamente com a sequência-alvo. Após mais 30 ciclos, mais de 1 bilhão (10^9) de moléculas combinam.

esse nome de acordo com a espécie bacteriana da qual ela foi isolada pela primeira vez. Essa espécie bacteriana, *Thermus aquaticus*, vive em fontes termais, e a estabilidade de sua DNA-polimerase a altas temperaturas é uma adaptação evolutiva que permite que a enzima funcione a temperaturas de até 95 °C. Atualmente, os pesquisadores também utilizam uma DNA-polimerase da espécie de arqueia *Pyrococcus furiosus*. Essa enzima, chamada *Pfu*-polimerase, é mais precisa e estável, mas mais cara do que a *Taq*-polimerase.

A PCR é rápida e muito específica. Apenas uma minúscula quantidade de DNA precisa estar presente no material inicial, e esse DNA pode estar parcialmente degradado, desde que existam algumas cópias da sequência-alvo completa. A chave para essa alta especificidade é o par de oligonucleotídeos iniciadores utilizado para cada amplificação por PCR. As sequências dos oligonucleotídeos iniciadores são escolhidas de modo que hibridizem *apenas* com sequências nas extremidades opostas do segmento-alvo, uma na extremidade 3' de cada fita. (Para alta especificidade, os oligonucleotídeos iniciadores devem ter, no mínimo, 15 nucleotídeos de comprimento.) Com cada ciclo sucessivo, o número de moléculas do segmento-alvo de tamanho correto se duplica, de modo que o número de moléculas se iguale a 2^n, em que n é o número de ciclos. Após cerca de 30 ciclos, aproximadamente 1 bilhão de cópias da sequência-alvo está presente!

Apesar da sua velocidade e especificidade, a amplificação por PCR não pode substituir a clonagem gênica em células para produzir grandes quantidades de um gene. Isso porque as polimerases utilizadas não têm função de revisão, e erros ocasionais durante a replicação de PCR limitam o número de cópias boas e o comprimento dos fragmentos de DNA que podem ser copiados. Em vez disso, a PCR é utilizada para fornecer o fragmento de DNA específico para clonagem. Os oligonucleotídeos iniciadores para PCR são sintetizados para incluir sítios de restrição em cada extremidade do fragmento de DNA que combina com o sítio no vetor de clonagem, e o fragmento e o vetor são cortados e ligados **(Figura 20.8)**. Os plasmídeos resultantes são sequenciados para que aqueles livres de erros possam ser selecionados.

Inventada em 1985, a PCR teve um impacto importante na pesquisa biológica e na engenharia genética. A PCR tem sido usada para amplificar DNA a partir de uma ampla variedade de fontes: um mamute-lanoso congelado de 40 mil anos; impressões digitais ou pequenas quantidades de sangue, tecido ou sêmen encontradas em cenas de crime; uma única célula embrionária para rápido diagnóstico pré-natal de distúrbios genéticos (ver

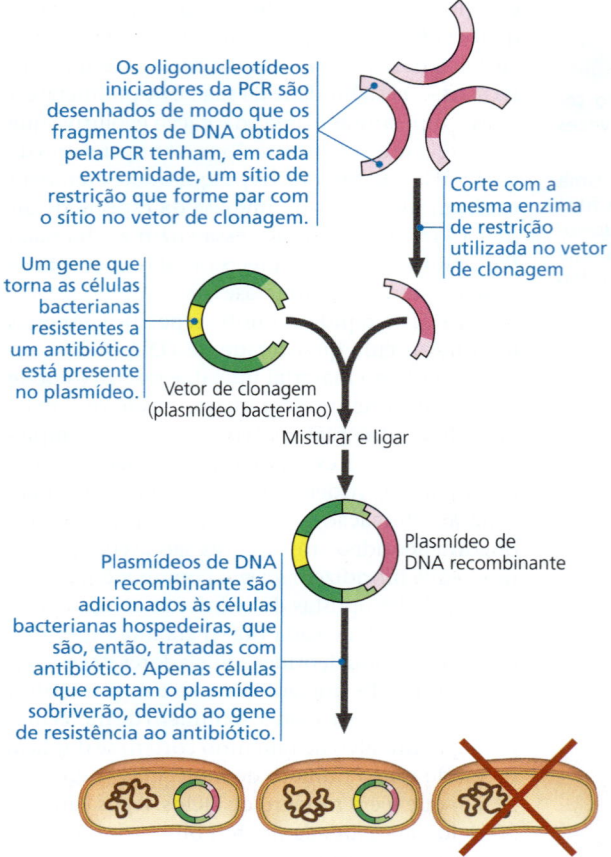

▲ **Figura 20.8 Uso de uma enzima de restrição e PCR na clonagem gênica.** Em uma análise mais detalhada do processo mostrado no topo da Figura 20.4, a PCR é usada para produzir o fragmento de DNA ou gene de interesse que será ligado em um vetor de clonagem; neste caso, um plasmídeo bacteriano.

Figura 14.19); e células infectadas com vírus difíceis de detectar, como vírus da imunodeficiência humana (HIV, do inglês *human immunodeficiency virus*). (Para testes de HIV, genes virais são amplificados.) Retornaremos às aplicações da PCR mais adiante.

Expressão de genes eucarióticos clonados

Uma vez que um gene eucariótico tenha sido clonado em células hospedeiras, seu produto proteico pode ser expresso em grande quantidade para fins de pesquisa ou aplicações práticas, a serem exploradas no Conceito 20.4. Os genes clonados podem ser expressos em células bacterianas ou eucarióticas; cada opção tem vantagens e desvantagens.

Sistemas de expressão em bactérias

Fazer um gene eucarioto clonado funcionar em células hospedeiras bacterianas pode ser difícil, pois certos aspectos da expressão gênica são diferentes nos eucariotos e nas bactérias. Para superar as diferenças nos promotores e em outras sequências de controle do DNA (ver Conceito 17.2), os cientistas em geral empregam **vetores de expressão** – vetores de clonagem que contêm um promotor bacteriano bastante ativo logo antes de um sítio de restrição, em que o gene eucariótico pode ser inserido na fase de leitura correta. A célula bacteriana hospedeira reconhece o promotor e começa a expressar o gene estranho agora ligado àquele promotor. Esses vetores de expressão permitem a síntese de várias proteínas eucarióticas em células bacterianas.

Outro problema com a expressão de genes eucarióticos clonados em bactérias é a presença de regiões não codificantes (íntrons) na maioria dos genes eucarióticos (ver Conceito 17.3). Os íntrons podem tornar um gene eucariótico muito longo e difícil de tratar. Além disso, não permitem a expressão correta do gene pelas células bacterianas, as quais não têm a maquinaria de *splicing* do RNA. Esse problema pode ser superado pelo uso de uma forma de gene que inclui apenas éxons. (Ele é chamado de *DNA complementar*, ou cDNA; ver Figura 20.10.)

Sistemas de clonagem e expressão de DNA em eucariotos

Biólogos moleculares podem evitar a incompatibilidade entre bactérias e eucariotos pelo uso de células eucarióticas, como leveduras, como hospedeiras para clonagem e expressão dos genes eucarióticos. Leveduras, que são fungos unicelulares, são tão fáceis de serem cultivadas quanto as bactérias e têm plasmídeos, uma raridade entre os eucariotos.

Além de permitir o *splicing* de RNA, as células hospedeiras eucarióticas são vantajosas porque muitas proteínas eucarióticas não funcionarão a menos que sejam modificadas após a tradução – por exemplo, pela adição de grupos de carboidratos (glicosilação) ou grupos lipídicos no retículo endoplasmático (RE) e no complexo de Golgi. Células bacterianas não possuem organelas envolvidas por membranas e não podem realizar essas modificações, e, se o produto gênico que exige esse processo é de um gene de mamífero, até mesmo as células de leveduras são incapazes de modificar a proteína corretamente. Alguns tipos de células cultivadas tiveram sucesso como células hospedeiras para esse propósito, incluindo algumas linhagens celulares de mamíferos que podem ser infectadas por um vírus carregando DNA recombinante.

Cientistas desenvolveram outros métodos para introduzir DNA recombinante em células eucarióticas. Na **eletroporação**, um breve pulso elétrico aplicado a uma solução com células cria poros temporários na membrana plasmática, através dos quais o DNA pode entrar. (Essa técnica é hoje comumente utilizada também para bactérias.) De forma alternativa, os cientistas podem injetar DNA direto nas células eucarióticas isoladas, usando agulhas microscópicas. Outra forma de inserir DNA em células vegetais é pelo uso da bactéria de solo *Agrobacterium tumefaciens*, como veremos adiante. Independentemente do método, se o DNA introduzido for incorporado em um genoma de célula por recombinação genética, então ele poderá ser expresso estavelmente pela célula. A expressão de diferentes versões de genes nas células permite que pesquisadores estudem a função proteica, um tópico que voltaremos a ver no Conceito 20.2.

Expressão gênica entre espécies e ancestralidade evolutiva

EVOLUÇÃO A habilidade de expressar proteínas eucarióticas em bactérias (mesmo que as proteínas não possam ser modificadas apropriadamente) é bastante notável quando consideramos quão diferentes são as células eucarióticas e bacterianas. De fato, há muitos exemplos de genes que são retirados de uma espécie e funcionam perfeitamente quando transferidos para outra espécie muito diferente, como um gene de vaga-lume em uma planta de tabaco e um gene de água-viva em um porco (ver Figura 17.7). Essas observações ressaltam a ancestralidade evolutiva compartilhada das espécies vivas hoje.

Um exemplo envolve um gene chamado *Pax-6*, que foi encontrado em animais tão diversos quanto vertebrados e moscas-da-fruta. O produto do gene *Pax-6* de vertebrados (a proteína PAX-6) aciona um programa complexo de expressão gênica, resultando na formação dos olhos dos vertebrados, que têm um único cristalino. A expressão do gene *Pax-6* de mosca levou à formação dos olhos compostos da mosca, que é bastante diferente dos olhos dos vertebrados. Quando o gene *Pax-6* de camundongos foi clonado e introduzido em um embrião de mosca de modo a substituir o gene *Pax-6* da mosca, os pesquisadores ficaram surpresos em observar que a versão do gene de camundongo levou à formação de um olho de mosca composto (ver Figura 50.16). Ao contrário, quando o gene *Pax-6* de mosca foi transferido para um embrião de vertebrado – uma rã, neste caso –, um olho de rã foi formado. Embora os programas genéticos acionados em vertebrados e moscas gerem olhos muito diferentes, as duas versões do gene *Pax-6* podem ser substituídas uma pela outra para acionar o desenvolvimento do cristalino, uma evidência da sua evolução a partir de um gene em um ancestral comum muito antigo. Devido às suas raízes evolutivas antigas, todos os organismos vivos compartilham os mesmos mecanismos básicos de expressão gênica. Esse compartilhamento é a base de várias técnicas de DNA recombinante descritas neste capítulo.

REVISÃO DO CONCEITO 20.1

1. **FAÇA CONEXÕES** O sítio de restrição para a enzima chamada *Pvu*I é a sequência:

    5'-CGATCG-3'
    3'-GCTAGC-5'

    Cortes em degrau são feitos entre T e C em cada fita. Quais tipos de ligações são cortadas? (Ver Conceito 5.5.)

2. **DESENHE** Uma fita de uma molécula de DNA possui a seguinte sequência:

    5'-CTTGACGATCGTTACCG-3'

    Desenhe a outra fita. *Pvu*I (ver Questão 1) cortará essa molécula? Em caso positivo, desenhe os produtos.

3. Quais são algumas das dificuldades potenciais do uso de vetores plasmidiais e células bacterianas hospedeiras para produzir grandes quantidades de proteínas a partir de genes eucarióticos clonados?

4. **HABILIDADES VISUAIS** Compare a Figura 20.7 com a Figura 16.21. Como a replicação do DNA termina durante a PCR sem encurtar os fragmentos a cada vez?

Ver as respostas sugeridas no Apêndice A.

CONCEITO 20.2

Os biólogos utilizam a tecnologia do DNA para estudar a expressão e a função de um gene

Para ver como um sistema biológico funciona, os cientistas tentaram compreender o funcionamento das partes componentes do sistema. A análise de quando e onde um gene ou um grupo de genes é expresso pode fornecer pistas importantes sobre sua função e como elas contribuem para o organismo como um todo.

Análise da expressão gênica

Com o intuito de compreender os tipos celulares de um organismo multicelular, as células de câncer ou os tecidos em desenvolvimento de um embrião, primeiramente os biólogos tentam descobrir quais genes são expressos pelas células de interesse. Em geral, a maneira mais direta de fazer isso é identificar os mRNAs sendo produzidos. Inicialmente, examinaremos técnicas que procuram por padrões de expressão de genes individuais específicos. Depois, exploraremos maneiras de caracterizar grupos de genes sendo expressos por células ou tecidos de interesse. Como você poderá ver, todos esses procedimentos dependem, de alguma forma, do pareamento de bases entre sequências nucleotídicas complementares.

Estudo da expressão de genes únicos

Vamos supor que tenhamos clonado um gene que suspeitamos que tenha um papel importante no desenvolvimento embrionário de *Drosophila melanogaster* (a mosca-da-fruta). A primeira coisa que poderemos nos perguntar é qual célula embrionária expressa o gene – em outras palavras, onde, no embrião, encontra-se o mRNA correspondente? Podemos detectar o mRNA em uma amostra embrionária usando hibridização de ácido nucleico com moléculas de sequência complementar ao mRNA que queremos seguir. Usando nosso gene clonado como modelo, podemos sintetizar um ácido nucleico curto de fita simples (RNA ou DNA) complementar ao mRNA de interesse; isso é chamado de **sonda de ácido nucleico**. Por exemplo, se parte da sequência no mRNA fosse

5' ···C U C A U C A C C G G C··· 3'

então sintetizaríamos esta sonda de DNA fita simples:

3' GAGTAGTGGCCG 5'

Cada molécula da sonda é marcada durante a síntese com uma marca fluorescente de modo que possa ser rastreada. Uma solução contendo moléculas da sonda é aplicada a embriões de *Drosophila*, permitindo que a sonda hibridize especificamente com quaisquer sequências complementares nos vários mRNAs nas células embrionárias em que o gene esteja sendo transcrito. Como essa técnica nos permite observar o mRNA no local (*in situ*, em latim) no organismo intacto, essa técnica é chamada de **hibridização *in situ***.

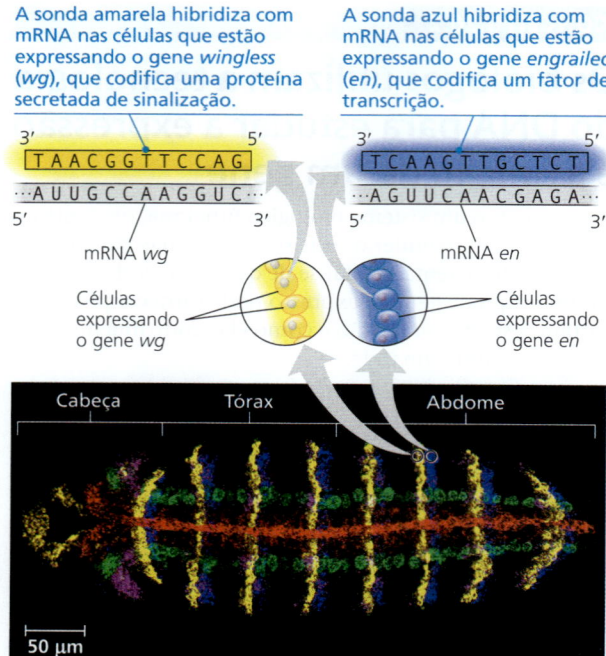

▲ **Figura 20.9** Determinação de onde os genes individuais são expressos pela análise de hibridização *in situ*. Esse embrião de *Drosophila* foi incubado em uma solução contendo sondas de DNA para cinco mRNAs diferentes, cada sonda marcada com uma marca fluorescente de cor diferente. Então, o embrião foi visualizado usando um microscópio de fluorescência. Cada cor marca onde um gene específico é expresso como mRNA. As setas dos grupos de células amarelas e azuis acima da micrografia mostram uma visão aumentada da hibridização de ácidos nucleicos, com a sonda colorida apropriada, ao mRNA. O tórax (tronco) e o abdome são compostos por segmentos repetidos. As células amarelas (expressando o gene *wg*) interagem com as células azuis (expressando o gene *en*); sua interação ajuda a estabelecer o padrão em um segmento do corpo.

Diferentes sondas podem ser marcadas com diferentes corantes fluorescentes, às vezes com resultados muito interessantes **(Figura 20.9)**.

Outras técnicas de detecção de mRNA podem ser preferíveis para comparar as quantidades de um mRNA específico em algumas amostras ao mesmo tempo – por exemplo, em diferentes tipos de células ou em embriões em diferentes estágios. Um método muito utilizado é chamado de **reação em cadeia da polimerase/transcriptase reversa (RT-PCR)**.

A RT-PCR inicia tornando os conjuntos de amostras de mRNA em DNAs dupla-fita com as sequências correspondentes. Primeiramente, a enzima transcriptase reversa (de um retrovírus; ver Figura 19.9) é usada para sintetizar uma cópia de DNA complementar (um *transcrito reverso*) de cada mRNA na amostra **(Figura 20.10)**. Então, o mRNA é degradado pela adição de enzima específica, e uma segunda fita de DNA, complementar à primeira, é sintetizada pela DNA-polimerase. O DNA dupla-fita resultante é chamado

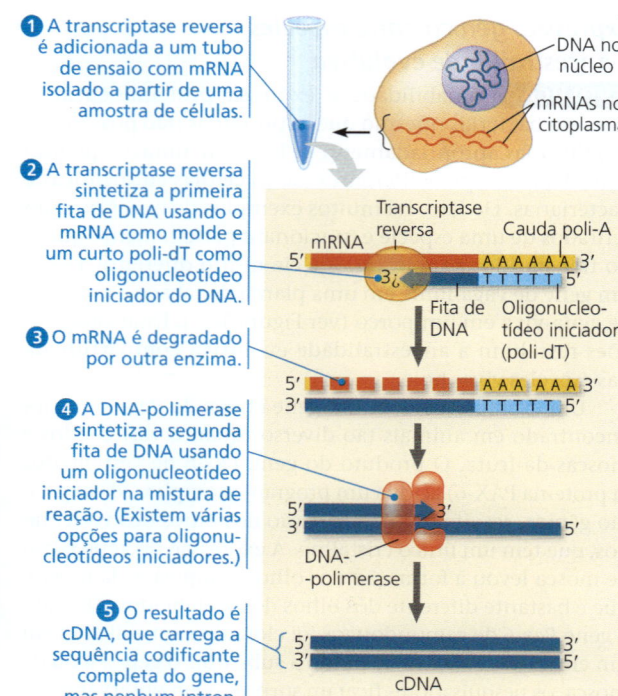

▲ **Figura 20.10 Produção de DNA complementar (cDNA) a partir de genes eucarióticos.** O DNA complementar é produzido em um tubo de ensaio utilizando mRNA como molde para a primeira fita. Apenas um mRNA está mostrado após a etapa 1, mas a coleção final de cDNA refletiria todos os mRNAs presentes na célula.

de **DNA complementar** (**cDNA**). (Produzido a partir de mRNA, o cDNA não tem íntrons e pode ser usado para expressão de proteínas em bactérias, como mencionado anteriormente.) Para analisar o momento da expressão do gene de interesse de *Drosophila*, por exemplo, primeiro isolaríamos todos os mRNAs de diferentes estágios dos embriões de *Drosophila* e produziríamos cDNA de cada estágio **(Figura 20.11)**.

Depois, na RT-PCR está a etapa da PCR (ver Figura 20.7). Como você deve recordar, a PCR é uma maneira de obter várias cópias de um segmento específico de DNA dupla-fita, utilizando oligonucleotídeos iniciadores que hibridizam para as extremidades opostas do segmento que temos interesse em estudar. No nosso caso, adicionaríamos oligonucleotídeos iniciadores correspondentes a um segmento do nosso gene de *Drosophila*, usando o cDNA a partir de cada estágio embrionário como molde para amplificação por PCR em amostras separadas. Quando os produtos são analisados em um gel, cópias da região amplificada serão observadas como faixas somente nas amostras que originalmente continham mRNA do gene em estudo. Esse método pode dizer aos pesquisadores se um mRNA está presente. Entretanto, a medição precisa dos níveis de mRNA requer máquinas de PCR mais novas e mais quantitativas que usam um corante que fluoresce apenas quando ligado a um produto de PCR dupla-fita. Essa técnica, denominada *RT-PCR quantitativa* (*qRT-PCR*), pode detectar a luz e medir o produto PCR, evitando a necessidade de eletroforese enquanto fornece dados quantitativos, uma vantagem distinta. RT-PCR ou qRT-PCR também pode ser realizada com mRNAs coletados de diferentes tecidos ao mesmo tempo para descobrir qual tecido está produzindo um mRNA específico.

Estudo da expressão de grupos de genes que interagem

O principal objetivo dos biólogos é aprender como os genes atuam juntos para produzir e manter um organismo em funcionamento. Agora que genomas de várias espécies foram sequenciados, é possível estudar a expressão de grandes grupos de genes – uma abordagem chamada *abordagem de sistemas*. Pesquisadores utilizam o conhecimento sobre o genoma inteiro para investigar quais genes são transcritos em diferentes tecidos ou em diferentes estágios do desenvolvimento. Um dos objetivos é identificar redes de expressão gênica por todo o genoma.

Para realizar esses estudos de expressão de genoma, os métodos de sequenciamento de DNA rápidos e econômicos de hoje permitem aos pesquisadores descobrir quais genes são expressos simplesmente sequenciando as amostras de cDNA de diferentes tecidos ou diferentes estágios embrionários. Esse método avançado é chamado de **sequenciamento de RNA**, ou **RNA-seq**, mesmo que seja o cDNA que está sendo sequenciado de fato. No RNA-seq, as amostras de mRNA (ou outro RNA) são isoladas, cortadas em fragmentos menores, de tamanho semelhante, e convertidas em cDNAs **(Figura 20.12)**. Esses pequenos trechos de cDNA são sequenciados, e um programa de computador os remonta, mapeando-os no genoma da espécie em questão (quando disponível) ou simplesmente colocando os fragmentos em ordem a partir do zero, com base na sobreposição de sequências de múltiplos RNAs.

Várias características fazem do RNA-seq uma técnica poderosa. Primeiro, não se baseia na hibridização com uma sonda marcada, portanto não depende do conhecimento das sequências genômicas. Segundo, ele pode medir níveis de expressão em uma gama muito ampla. Terceiro, uma

▼ **Figura 20.11** Método de pesquisa

Análise da expressão de genes individuais por RT-PCR

Aplicação A RT-PCR utiliza a enzima transcriptase reversa (RT) em combinação com PCR e eletroforese em gel. A RT-PCR pode ser usada para comparar a expressão gênica entre amostras – por exemplo, em diferentes estágios embrionários, em diferentes tecidos ou no mesmo tipo de célula sob diferentes condições.

Técnica Neste exemplo, amostras com mRNA a partir de seis estágios embrionários de *Drosophila* foram analisados para um mRNA específico, como mostrado a seguir. (Nas etapas 1 e 2, o mRNA de apenas um estágio é mostrado.)

1 Síntese de cDNA realizada por meio da incubação dos mRNAs com a transcriptase reversa e outros componentes necessários.

2 Amplificação por PCR da amostra é, então, realizada usando oligonucleotídeos iniciadores específicos para o gene de interesse de *Drosophila*.

3 Eletroforese em gel revelará os produtos de DNA amplificados que continham mRNA transcrito a partir do gene específico de *Drosophila*.

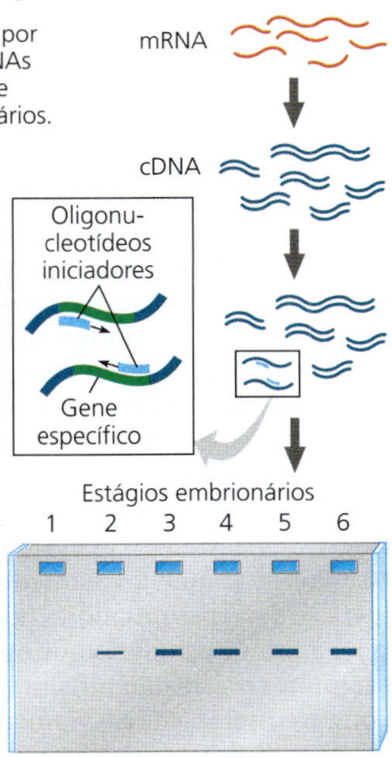

Resultados O mRNA para este gene é expresso do estágio 2 até o estágio 6. O tamanho do fragmento amplificado (mostrado por sua posição no gel) depende da distância entre os dois oligonucleotídeos iniciadores que foram utilizados (não do tamanho do mRNA).

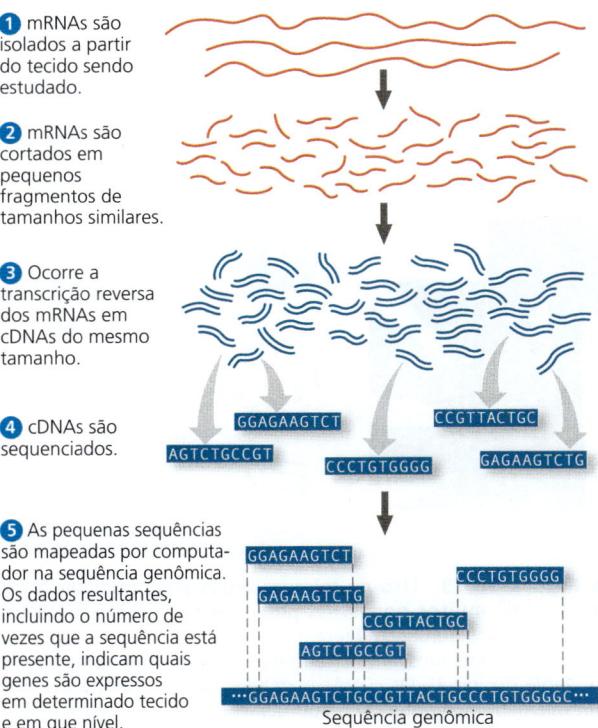

1 mRNAs são isolados a partir do tecido sendo estudado.

2 mRNAs são cortados em pequenos fragmentos de tamanhos similares.

3 Ocorre a transcrição reversa dos mRNAs em cDNAs do mesmo tamanho.

4 cDNAs são sequenciados.

5 As pequenas sequências são mapeadas por computador na sequência genômica. Os dados resultantes, incluindo o número de vezes que a sequência está presente, indicam quais genes são expressos em determinado tecido e em que nível.

▲ **Figura 20.12** Uso de sequenciamento de RNA (RNA-seq) para analisar a expressão de muitos genes. O RNA-seq produz uma ampla gama de informações sobre a expressão dos genes, incluindo seu nível de expressão.

análise cuidadosa fornece uma riqueza de informações sobre a expressão de um determinado gene, como níveis relativos de mRNAs processados alternativamente. Entretanto, na maioria dos casos, a expressão de genes individuais ainda precisaria ser confirmada por RT-PCR.

Um método mais antigo de estudos de expressão de todo o genoma, chamado **ensaios de microarranjo de DNA**, é menos poderoso que o RNA-seq, mas ainda é usado para algumas aplicações, como testes fetais (ver Figura 14.19). Um microarranjo de DNA consiste em pequenas quantidades de um grande número de fragmentos de DNA de fita simples que representa diferentes genes fixados a uma lâmina de vidro em um arranjo bastante justo, ou grade, de pontos. (O microarranjo também é chamado de *chip de DNA* por analogia a um *chip* de computador.) Idealmente, esses fragmentos representam todos os genes de um organismo. Os mRNAs das células sendo estudadas são transcritos reversamente em cDNAs (ver Figura 20.10), e um marcador fluorescente é adicionado de modo que os cDNAs possam ser usados como sondas no microarranjo. Marcadores fluorescentes diferentes são usados para amostras diferentes de células, de modo que múltiplas amostras possam ser testadas no mesmo experimento. O padrão resultante de pontos coloridos, mostrado em um microarranjo de tamanho real na **Figura 20.13**, revela os pontos aos quais cada sonda estava ligada e, portanto, os genes que são expressos nas amostras das células sendo testadas.

Agora, os cientistas podem medir a expressão de milhares de genes de uma só vez. A tecnologia do DNA possibilita esses estudos; com automação, eles são facilmente realizados em larga escala. Além de descobrir as interações entre genes e fornecer pistas para a função gênica, os ensaios de microarranjos de DNA e o RNA-seq podem contribuir para um melhor entendimento das doenças e sugerir novas técnicas de diagnóstico ou terapias. Por exemplo, a comparação dos padrões de expressão gênica de tumores de câncer de mama e tecido de mama não canceroso já resultaram em protocolos de tratamento mais detalhados e mais eficientes (ver Figura 18.27). Por último, as informações obtidas a partir desses métodos devem fornecer uma visão mais ampla de como grupos de genes interagem para formar um organismo e manter seus sistemas vitais.

Determinando a função gênica

Uma vez identificado um gene de interesse, como os cientistas determinam sua função? Uma sequência gênica pode ser comparada com sequências em outras espécies. Caso a função de um gene similar em outra espécie seja conhecida, pode-se suspeitar que o produto gênico em questão realize uma tarefa comparável. Dados sobre a localização e o momento da expressão gênica podem reforçar a função sugerida. Para obter evidências mais fortes, pode-se interromper um gene e, então, observar as consequências na célula ou no organismo.

Edição de genes e genomas

Os biólogos moleculares há muito procuram técnicas para alterar, ou editar, o material genético das células ou dos organismos de uma forma previsível. Em uma técnica como essa, chamada **mutagênese *in vitro***, mutações específicas são introduzidas em um gene clonado, e o gene mutado é recolocado em uma célula de modo a incapacitar ("nocautear") as cópias normais da célula do mesmo gene. Se as mutações introduzidas alterarem ou destruírem a função do produto gênico, o fenótipo da célula mutante pode ajudar a revelar a função da proteína normal perdida.

No Conceito 17.5, você leu sobre o sistema CRISPR-Cas9, a nova e poderosa técnica de edição de genes em células e organismos vivos que está tomando o campo da engenharia genética de forma tempestuosa (ver Figura 17.28). Esse sistema, desenvolvido por Jennifer Doudna (**Figura 20.14**) e Emmanuelle Charpentier, é uma maneira altamente eficaz de os pesquisadores nocautearem um determinado gene a fim de estudar o que esse gene faz. Ele já foi usado em muitos organismos, incluindo bactérias, peixes, camundongos, insetos, células humanas e várias plantas de cultivo. As modificações da técnica permitem aos pesquisadores reparar um gene que tem uma mutação. Essa abordagem é usada para a terapia gênica, que será discutida mais adiante no capítulo.

Em outra aplicação do sistema CRISPR-Cas9, os cientistas estão tentando resolver o problema global das doenças

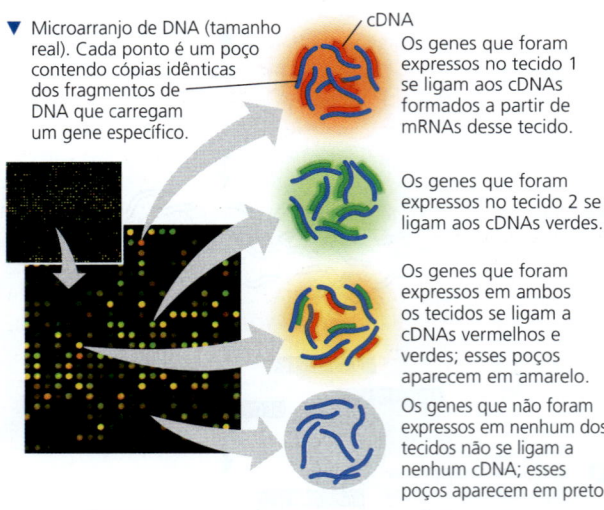

▲ **Figura 20.13 Uso de microarranjos para analisar a expressão de muitos genes.** Os pesquisadores extraíram mRNAs de dois tecidos humanos diferentes e sintetizaram dois conjuntos de cDNAs, marcados fluorescentemente de vermelho (tecido 1) ou verde (tecido 2). Os cDNAs marcados foram hibridizados com um microarranjo contendo 5.760 genes humanos (cerca de 25% dos genes humanos), parte dos quais é mostrada na ampliação. O vermelho indica que o gene naquele poço foi expresso no tecido 1, verde, no tecido 2, amarelo, em ambos, e preto, em nenhum dos dois. A intensidade de fluorescência em cada ponto indica a expressão relativa do gene.

▲ **Figura 20.14** Jennifer Doudna segurando um modelo de CRISPR-Cas9.

transmitidas por insetos, alterando os genes dos insetos para que, por exemplo, não possam transmitir doenças. Uma reviravolta extra para essa abordagem é criar o novo alelo para que ele seja muito mais favorecido pela herança do que o alelo do tipo selvagem. Essa tecnologia é chamada de **genética dirigida** porque a herança tendenciosa do gene projetado durante a reprodução "conduz" rapidamente o novo alelo pela população.

Outros métodos para o estudo da função gênica

Outro método para silenciar a expressão de genes selecionados não altera o genoma; em vez disso, ele explora o fenômeno da **interferência de RNA** (**RNAi**), descrito no Conceito 18.3. Essa abordagem experimental utiliza moléculas sintéticas de RNA dupla-fita que pareiam com a sequência de determinado gene para acionar a quebra do mRNA do gene ou bloquear sua tradução. Em organismos como os nematódeos e a mosca-da-fruta, a técnica do RNAi já provou ser de grande valor para analisar as funções de genes em larga escala. Esse método é mais rápido do que usar o sistema CRISPR-Cas9, mas ele leva a uma redução apenas temporária da expressão gênica ao invés de um nocaute gênico ou alteração permanente.

Em humanos, considerações éticas proibiram o nocaute de genes para determinar suas funções. Uma abordagem alternativa é a análise de genomas de um grande número de pessoas com uma determinada condição fenotípica ou doença, como doença cardíaca ou diabetes, para tentar encontrar diferenças que todos compartilhem quando comparados com pessoas sem aquela condição. A lógica é que essas diferenças podem estar associadas a um ou mais genes com mau funcionamento e, portanto, de certa forma, são nocautes gênicos que ocorrem naturalmente. Nessas análises em larga escala, chamadas **estudos de associação genômica ampla**, os pesquisadores procuram por *marcadores genéticos*, sequências de DNA que variam na população. Em um gene, essa variação de sequência é a base de diferentes alelos, como vimos para doença da anemia falciforme (ver

Figura 17.26). Assim como as sequências codificadoras dos genes, o DNA não codificante em um determinado *locus* no cromossomo pode exibir pequenas diferenças de nucleotídeos entre os indivíduos. As variações nas sequências de DNA codificante ou não codificante entre uma população são chamadas de polimorfismos (do grego para "várias formas").

Entre os mais úteis desses marcadores genéticos para rastrear genes que contribuem para doenças e distúrbios, estão as variações únicas de pares de base nos genomas da população humana. Para mais de 99% dos nucleotídeos do genoma humano, praticamente todas as pessoas têm o mesmo nucleotídeo em cada posição. Entretanto, uma vez a cada 100 a 300 pares de bases de sequências de DNA codificadas e não codificadas, trata-se de posições onde a sequência varia entre indivíduos. Um único par de bases, em que a variação é encontrada em pelo menos 1% da população, é chamado de **polimorfismo de nucleotídeo único** (**SNP**, do inglês *single nucleotide polymorphism*); alguns milhões de SNPs ocorrem no genoma humano. Para encontrar SNPs em grande número de pessoas, não é necessário sequenciar seu DNA; os SNPs podem ser detectados por ensaios de microarranjo muito sensíveis, RNA-seq ou PCR.

Uma vez identificado um SNP que é encontrado em todas as pessoas afetadas pela doença em estudo, os pesquisadores se concentram naquela região e o sequenciam. Em quase todos os casos, o próprio SNP não contribui diretamente para a doença em questão por alterar a proteína codificada; na verdade, a maioria dos SNPs está nas regiões não codificadoras. Em vez disso, ter um determinado SNP associado a uma doença sugere que o gene cuja mutação causa a doença está localizado muito próximo a esse SNP naquele cromossomo. Essa proximidade (*ligação genética*; ver Conceito 15.3) significa que o *crossing over* entre o SNP e o gene é muito improvável durante a formação do gameta. Portanto, o SNP e o gene são quase sempre herdados juntos; dessa forma, o SNP atua como um marcador genético para o alelo causador da doença **(Figura 20.15)**. Foram encontrados SNPs que se correlacionam com diabetes, doenças cardíacas e vários tipos de câncer, e a busca por genes que possam estar envolvidos nestas e em outras condições que são baseadas na genética está ativada.

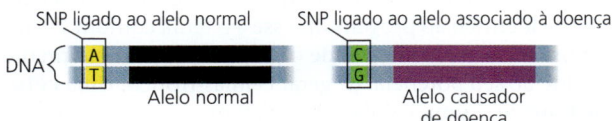

▲ **Figura 20.15** Polimorfismos de nucleotídeos únicos (SNPs) como marcadores genéticos para alelos associados a doenças. Este diagrama retrata a mesma região do genoma a partir de dois grupos de indivíduos, um grupo tendo uma doença ou condição particular com base genética. As pessoas não afetadas têm um par AT em um determinado *locus* SNP, enquanto as pessoas afetadas têm um par CG. Uma vez confirmado que o alelo está associado à doença em questão, o SNP que varia dessa forma pode ser usado como um marcador para o alelo associado à doença.

As abordagens experimentais que você aprendeu até agora focam no trabalho com moléculas, principalmente DNA e proteínas. Em uma linha de pesquisa paralela, os biólogos vêm desenvolvendo técnicas poderosas para clonar organismos multicelulares inteiros. Um dos objetivos desse trabalho é obter células-tronco, que podem dar origem a todos os tipos de tecidos. A capacidade de manipular as células-tronco permitiria aos cientistas usar métodos com base em DNA, discutidos anteriormente, para alterar as células-tronco para o tratamento de doenças. Métodos envolvendo a clonagem de organismos e a produção de células-tronco são o assunto da próxima seção.

REVISÃO DO CONCEITO 20.2

1. Descreva as funções do pareamento de bases complementares durante RT-PCR, sequenciamento de RNA e análise de microarranjo de DNA.
2. **HABILIDADES VISUAIS** Considere o microarranjo na Figura 20.13. Se uma amostra de tecido normal fosse marcada com corante fluorescente verde e uma amostra de tecido canceroso fosse marcada em vermelho, pontos de que cor representariam genes pelos quais você se interessaria se estivesse estudando câncer? Explique.

Ver as respostas sugeridas no Apêndice A.

CONCEITO 20.3

Organismos clonados e células-tronco são úteis para pesquisa básica e outras aplicações

Em paralelo aos avanços na tecnologia do DNA, os cientistas têm desenvolvido e aprimorado métodos para clonar organismos multicelulares inteiros a partir de células únicas. Nesse contexto, a clonagem produz um ou mais organismos geneticamente idênticos ao "progenitor" que doou a célula única. Muitas vezes, isso é chamado de *clonagem de organismos* para diferenciar da clonagem gênica e, mais significativamente, da clonagem celular – a divisão de uma célula de reprodução assexuada como uma bactéria em uma coleção de células geneticamente idênticas. (O produto é geneticamente idêntico ao progenitor: esse é o tema comum.) O interesse atual na clonagem de organismos é primeiramente devido ao seu potencial de gerar células-tronco. Uma **célula-tronco** é uma célula relativamente não especializada que pode se reproduzir indefinidamente e, sob condições apropriadas, diferenciar-se em células especializadas de um ou mais tipos. As células-tronco têm um grande potencial na regeneração de tecidos danificados.

A clonagem de plantas e animais foi conseguida pela primeira vez há 50 anos em experimentos planejados para responder a questões sobre o potencial genético de células individuais. Por exemplo, os pesquisadores queriam saber se todas as células de um organismo têm os mesmos genes ou se as células perdem os genes durante o processo de diferenciação (ver Conceito 18.4). Uma maneira de responder a essa questão é observar se uma célula diferenciada pode gerar um organismo inteiro – em outras palavras, se é possível clonar um organismo. Vamos discutir esses experimentos mais antigos antes de considerar os progressos mais recentes na clonagem de organismos e nos procedimentos para produzir células-tronco.

Clonagem de plantas: culturas unicelulares

A clonagem bem-sucedida de plantas inteiras a partir de células individuais diferenciadas foi realizada na Universidade de Cornell durante os anos 1950 por F.C. Steward e seus alunos, que trabalhavam com plantas de cenouras. Eles observaram que células diferenciadas obtidas a partir da raiz (a cenoura) e incubadas em meio de cultura se desenvolviam e se tornavam plantas adultas normais, geneticamente idênticas à planta progenitora. Esses resultados mostraram que a diferenciação não necessariamente envolve alterações irreversíveis no DNA. Nas plantas, as células maduras podem "desdiferenciar" e, então, dar origem a todos os tipos de células especializadas do organismo; qualquer célula com esse potencial é chamada de **totipotente**.

A clonagem de plantas é amplamente utilizada na agricultura. Para algumas plantas, como orquídeas, a clonagem é o único meio comercialmente viável de produzir novas plantas. Em outros casos, a clonagem tem sido utilizada para reproduzir plantas com características valiosas, como a resistência a patógenos de plantas. Na verdade, você mesmo pode ser um clonador de plantas: se alguma vez você cultivou uma nova planta a partir de um corte, realizou uma clonagem!

Clonagem de animais: transplante nuclear

Em geral, células diferenciadas de animais não se dividem em meio de cultura, muito menos geram tipos celulares múltiplos de um novo organismo. Portanto, os primeiros pesquisadores tiveram que usar uma abordagem diferente para responder à questão sobre se células animais diferenciadas são totipotentes. Sua abordagem era remover o núcleo de um óvulo (criando um óvulo *enucleado*) e substituí-lo pelo núcleo de uma célula diferenciada, um procedimento chamado *transplante nuclear*, agora mais comumente chamado *transferência nuclear de células somáticas*. Se o núcleo da célula doadora diferenciada retém o potencial genético total, então ela deveria ser capaz de direcionar o desenvolvimento da célula receptora para todos os tecidos e órgãos de um organismo. Esses experimentos foram conduzidos em uma espécie de rã (*Rana pipiens*) por Robert Briggs e Thomas King nos anos 1950 e em outra espécie de rã (*Xenopus laevis*) por John Gurdon nos anos 1970 **(Figura 20.16)**. Esses pesquisadores transplantaram o núcleo de uma célula embrionária ou girino para um óvulo enucleado da mesma espécie. Nos experimentos de Gurdon, os núcleos transplantados muitas vezes foram capazes de sustentar o desenvolvimento normal do óvulo em um girino. Entretanto, ele descobriu que o potencial de um núcleo transplantado para direcionar o desenvolvimento normal estava inversamente relacionado com a idade do doador: quanto mais velho o núcleo doador, menor a porcentagem de girinos normais.

A partir desses resultados, Gurdon concluiu que alguma coisa no núcleo *de fato* se altera à medida que as células animais se diferenciam. Em rãs e na maioria dos outros animais, o potencial do núcleo tende a ser cada vez mais restrito à medida que o desenvolvimento embrionário e a diferenciação celular progridem. Por fim, esses experimentos básicos levaram à tecnologia da célula-tronco, e Gurdon foi agraciado com o prêmio Nobel em Medicina em 2012 por esse trabalho.

Clonagem reprodutiva de mamíferos

Além de clonar rãs, os pesquisadores conseguiram clonar mamíferos usando células embrionárias precoces como fonte de núcleos de doadores. Porém, até cerca de 25 anos atrás, não se sabia se o núcleo de uma célula totalmente diferenciada poderia ser reprogramado com sucesso para atuar como núcleo doador. Em 1997, pesquisadores na Escócia anunciaram o nascimento de Dolly, um cordeiro clonado de uma ovelha adulta por transferência nuclear a partir de uma célula de glândula mamária diferenciada **(Figura 20.17)**. Usando uma técnica relacionada à da Figura 20.16, os pesquisadores implantaram embriões precoces em mães substitutas. De várias centenas de embriões, um completou com sucesso o desenvolvimento normal, e nasceu Dolly, um clone genético do doador do núcleo. Aos 6 anos de idade, Dolly desenvolveu artrite prematura, e complicações de uma infecção pulmonar levaram à sua eutanásia. Isso levou à especulação de que, de alguma forma, as células dessa ovelha não eram tão saudáveis quanto as de uma ovelha normal, possivelmente refletindo uma reprogramação incompleta do núcleo original transplantado. A reprogramação envolve mudanças epigenéticas que levam a mudanças na estrutura da cromatina (ver Conceito 18.2), a serem discutidas em breve.

Desde aquele tempo, pesquisadores clonaram vários outros mamíferos, incluindo camundongos, gatos, vacas, cavalos, porcos e cães. Em 2018, os biólogos chineses relataram a primeira clonagem de um primata, o macaco-de-cauda-longa. Na maioria dos casos, o objetivo da pesquisa tem sido a produção de novos indivíduos, conhecidos como *clonagem reprodutiva*. Com esses experimentos, aprendemos que os animais clonados da mesma espécie nem sempre são idênticos. Por exemplo, em 2016, os cientistas examinaram quatro clones de 7 a 9 anos geneticamente idênticos à Dolly e concluíram que, ao contrário de Dolly, eles eram saudáveis e envelheciam normalmente. Outro exemplo da não identidade em clones é o primeiro felino clonado, uma gata

▼ Figura 20.16 Pesquisa

O núcleo de uma célula animal diferenciada pode direcionar o desenvolvimento de um organismo?

Experimento John Gurdon e colaboradores da Universidade de Oxford, na Inglaterra, destruíram o núcleo de ovos de rãs (*Xenopus laevis*) pela exposição dos ovos à luz ultravioleta. Então, transplantaram o núcleo de células dos embriões de rãs e girinos para ovos enucleados.

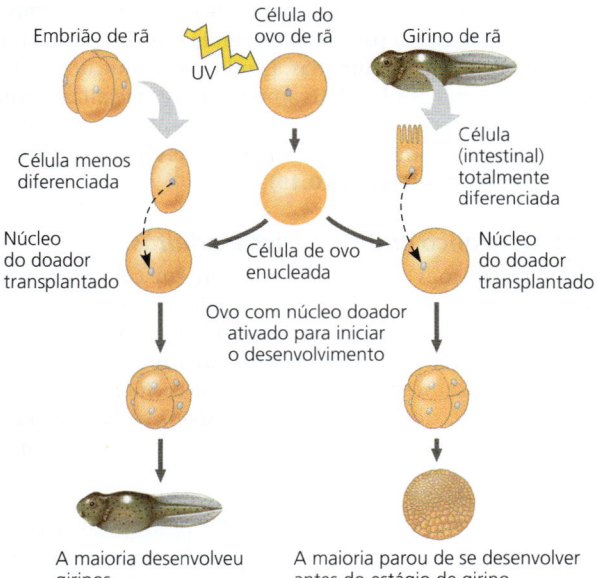

Resultados Quando o núcleo transplantado era proveniente de embrião jovem, cujas células eram relativamente não diferenciadas, a maioria dos ovos recipientes resultou em girinos. Mas, quando o núcleo provinha de células intestinais totalmente diferenciadas de girino, menos de 2% dos ovos desenvolveu girinos normais, e a maioria dos embriões parou o desenvolvimento em estágios anteriores.

Conclusão O núcleo de uma célula de rã diferenciada pode direcionar o desenvolvimento de um girino. Entretanto, sua habilidade de fazer isso diminui à medida que as células doadoras se tornam mais diferenciadas, presumivelmente por causa de alterações no núcleo.

Dados de J.B. Gurdon et al., The developmental capacity of nuclei transplanted from keratinized cells of adult frogs, *Journal of Embriology and Experimental Morphology* 34:93-112 (1975).

E SE? *Se cada célula de um embrião de quatro células já fosse tão especializada a ponto de ter perdido a totipotência, quais seriam os prováveis resultados para o experimento do lado esquerdo da figura?*

▶ **Figura 20.17 Clonagem reprodutiva de um mamífero por transferência nuclear.** Dolly, mostrada aqui como um cordeiro, tem uma aparência muito diferente de sua mãe substituta, que está ao seu lado.

▲ **Figura 20.18** **CC (cópia carbono), o primeiro felino clonado (à direita) e sua única progenitora.** Rainbow (à esquerda) doou o núcleo em um procedimento de clonagem que resultou em CC. Entretanto, as duas gatas não são idênticas: Rainbow tem pelagem malhada tipo "cálico" com manchas alaranjadas e "personalidade reservada", enquanto CC tem pelagem cinza e branca e é mais brincalhona.

chamada de CC (cópia carbono) **(Figura 20.18)**. A cor e o padrão de sua pelagem do tipo cálico diferiu da de sua mãe solteira devido à inativação aleatória do cromossomo X, que é uma ocorrência normal durante o desenvolvimento embrionário (ver Figura 15.8). Gêmeos idênticos humanos, que são "clones" que ocorrem naturalmente, são sempre um pouco diferentes. É claro que influências ambientais e fenômenos aleatórios podem ter um papel significativo durante o desenvolvimento.

Diferenças epigenéticas em animais clonados

Na maioria dos estudos de transplante nuclear até agora, apenas uma pequena porcentagem de embriões clonados se desenvolveu normalmente até o nascimento. E, como Dolly, vários animais clonados apresentaram defeitos. Camundongos clonados, por exemplo, são suscetíveis à obesidade, à pneumonia, a problemas hepáticos e à morte prematura. Cientistas afirmam que até mesmo animais clonados que parecem normais provavelmente têm defeitos sutis.

Pesquisadores descobriram algumas razões para a baixa eficiência da clonagem e a alta incidência de anormalidades. No núcleo de células totalmente diferenciadas, um pequeno grupo de genes é acionado, e a expressão do restante dos genes é reprimida. Muitas vezes, essa regulação é o resultado de alterações epigenéticas na cromatina, como acetilação das histonas ou metilação do DNA (ver Figura 18.7). Durante o procedimento de transferência nuclear, muitas dessas alterações devem ser revertidas no núcleo de estágio mais avançado do animal doador, a fim de que os genes sejam expressos ou reprimidos apropriadamente nos estágios mais iniciais do desenvolvimento. Os pesquisadores observaram que o DNA nas células dos embriões clonados, como aqueles das células diferenciadas, frequentemente possui números altos anormais de grupos metila. Esse achado sugere que a reprogramação do núcleo do doador necessita da reestruturação mais acurada e completa da cromatina, que ocorre durante os procedimentos de clonagem. Como a metilação do DNA auxilia a regular a expressão gênica, grupos metila no local incorreto do DNA do núcleo do doador, ou a mais, podem interferir no padrão de expressão gênica necessário para o desenvolvimento normal do embrião. Na verdade, o sucesso de uma tentativa de clonagem pode depender, em grande parte, de a cromatina no núcleo do doador poder ou não ser modificada artificialmente naquela estrutura do óvulo recentemente fertilizado.

Células-tronco de animais

O progresso na clonagem de embriões de mamíferos, incluindo primatas, aumentou a especulação sobre a clonagem de humanos, que ainda não foi atingida nos estágios embrionários iniciais. A principal razão para que os pesquisadores estejam tentando clonar embriões humanos não é a reprodução, mas a produção de células-tronco para o tratamento de doenças humanas. Lembre-se de que uma célula-tronco é uma célula relativamente não especializada que pode tanto se reproduzir indefinidamente como, sob condições apropriadas, diferenciar-se em células especializadas de um ou mais tipos **(Figura 20.19)**.

Células-tronco embrionárias e adultas

Muitos embriões animais jovens contêm células-tronco capazes de originar células diferenciadas de qualquer tipo. As células-tronco podem ser isoladas de embriões jovens no estágio de blástula ou seu equivalente em humanos, estágio de blastocisto. Em cultura, essas *células-tronco embrionárias* (*ES*, do inglês *embryonic stem*) se reproduzem indefinidamente; dependendo das condições da cultura,

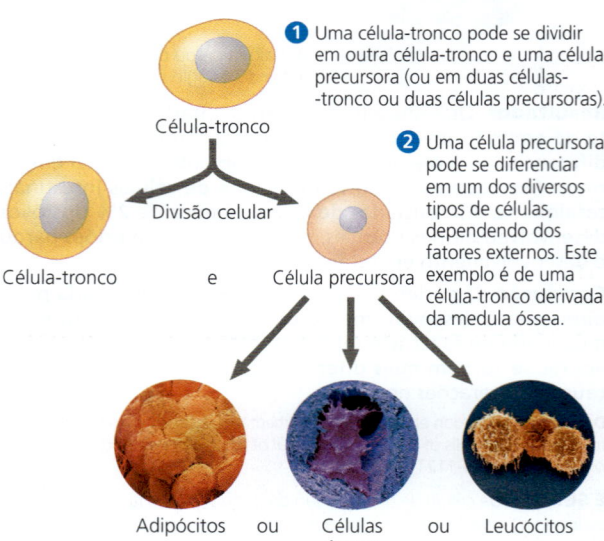

▲ **Figura 20.19** Como as células-tronco mantêm sua própria população e geram células diferenciadas.

elas podem se diferenciar em uma variedade de células especializadas **(Figura 20.20)**, incluindo até mesmo óvulos e espermatozoides.

O corpo adulto também tem células-tronco, que servem para substituir células especializadas não reprodutivas, conforme necessário. Ao contrário das células ES, as *células-tronco de adultos* são incapazes de originar todos os tipos de células no organismo, embora possam gerar muitos tipos definidos. Por exemplo, um dos vários tipos de células-tronco na medula óssea pode gerar todos os tipos diferentes de células sanguíneas (ver Figura 20.20), e outro tipo de célula-tronco da medula óssea pode se diferenciar em osso, cartilagem, gordura, músculo e revestimento de vasos sanguíneos. Para a surpresa de muitos, foi observado que o cérebro adulto contém células-tronco que continuam a produzir certos tipos de células nervosas. Pesquisadores também relataram a descoberta de células-tronco na pele, nos cabelos, nos olhos e na polpa dentária. Embora animais adultos tenham apenas números ínfimos de células-tronco, os cientistas estão aprendendo a identificar e isolar essas células de vários tecidos e, em alguns casos, deixá-las crescer em meio de cultura. Com as condições certas de cultura (p. ex., adição de fatores de crescimento específicos), as células-tronco de animais adultos têm sido induzidas a se diferenciar em vários tipos de células especializadas, embora nenhuma seja tão versátil quanto as células ES.

A pesquisa com células ES ou de adultos é uma fonte de dados valiosa sobre a diferenciação, com enorme potencial para aplicações médicas. Um dos principais objetivos é fornecer células para reparo de órgãos danificados ou doentes: por exemplo, células pancreáticas produtoras de insulina para pessoas com diabetes melito tipo 1 ou certos tipos de células do cérebro para pessoas com doença de Parkinson ou doença de Huntington. Células-tronco de adultos, da medula óssea, têm sido usadas nos transplantes de medula óssea como fonte de células do sistema imune em pacientes cujo próprio sistema imune não está funcionando devido a problemas genéticos ou a tratamentos com radiação para o câncer.

O potencial de desenvolvimento das células-tronco adultas está limitado a certos tecidos. As células ES são mais promissoras do que as células-tronco adultas para aplicações médicas porque as células ES são **pluripotentes**, capazes de diferenciar-se em vários tipos celulares diferentes. Uma fonte de células ES, reportada pela primeira vez em 2013, consiste em blastocistos humanos clonados produzidos pela transferência de um núcleo de uma célula diferenciada para um óvulo enucleado (semelhante à clonagem da ovelha Dolly). Antes desse relato, as células eram obtidas somente de embriões doados por pacientes em tratamento para infertilidade ou a partir de culturas de células em longo prazo, originalmente estabelecidas com células isoladas de embriões doados, uma questão que suscita discussões éticas e políticas. Embora as técnicas de clonagem de embriões humanos jovens ainda estejam sendo otimizadas e a ética esteja sendo discutida pelos pesquisadores, elas representam uma nova fonte potencial para células ES que podem ser menos controversas. Além disso, com um núcleo doador de uma pessoa com determinada doença, os cientistas podem ser capazes de produzir, para o tratamento, células ES que se adaptam ao sistema imune e não são rejeitadas pelo paciente. Quando o objetivo principal da clonagem é produzir células ES para tratar doenças, o processo é chamado de *clonagem terapêutica*. Embora a maioria das pessoas acredite que a clonagem reprodutiva de humanos seja antiética, as opiniões são mais variadas quando o assunto é clonagem terapêutica.

Células-tronco pluripotentes induzidas (iPS)

Em outra abordagem para fazer células-tronco para pesquisa e terapia, os pesquisadores conseguiram, em 2007, aprender como voltar o relógio em células totalmente diferenciadas, reprogramando-as para agir como células ES. As células diferenciadas podem ser transformadas em um tipo de célula ES usando um retrovírus modificado para introduzir cópias extra clonadas de quatro genes reguladores mestres "células-tronco". As células "desprogramadas" são conhecidas como *células-tronco pluripotentes induzidas* (*iPS*, do inglês *induced pluripotent stem*), pois, usando essa técnica laboratorial bastante simples para recuperar o estado não diferenciado das células, a pluripotência foi restabelecida. Os experimentos

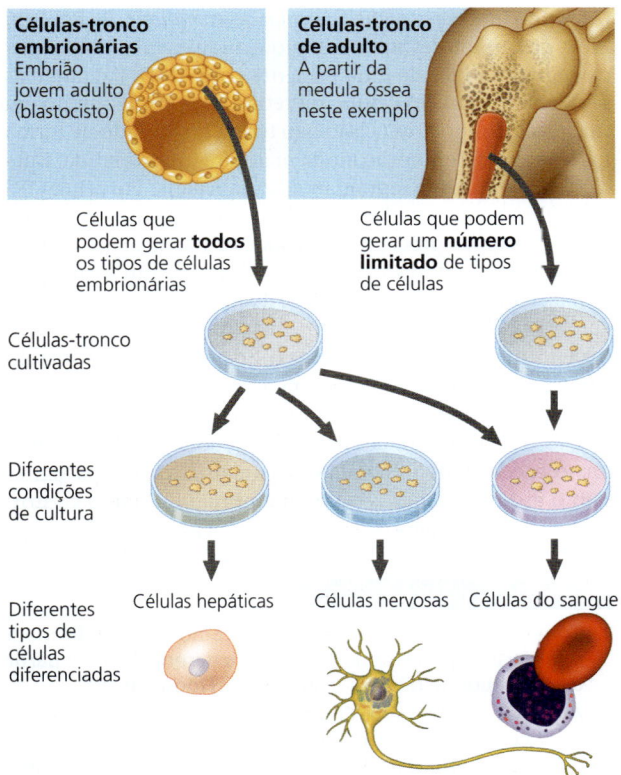

▲ **Figura 20.20 Trabalhando com células-tronco.** Células-tronco animais, que podem ser isoladas a partir de embriões jovens ou de tecidos adultos e crescidas em cultura, são células relativamente indiferenciadas e autoperpetuadoras. Células-tronco embrionárias são mais fáceis de cultivar do que células-tronco de adultos e podem, teoricamente, dar origem a *todos* os tipos de células em um organismo. O espectro de tipos celulares que podem se originar a partir de células-tronco de adulto ainda não é bem compreendido.

que transformaram células humanas diferenciadas em células iPS pela primeira vez estão descritos na **Figura 20.21**. Shinya Yamanaka recebeu o Prêmio Nobel em Medicina em 2012 por esse trabalho, compartilhado com John Gurdon, cujo trabalho foi descrito na Figura 20.16.

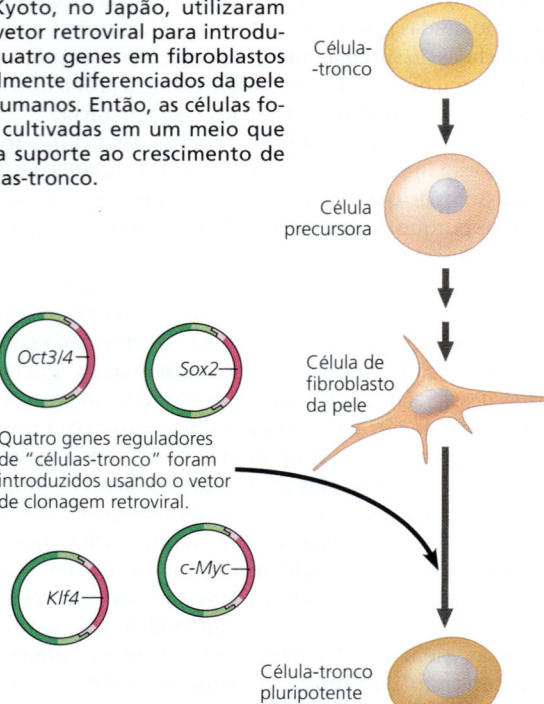

▼ Figura 20.21 Pesquisa
Uma célula humana totalmente diferenciada pode ser "desprogramada" para se tornar uma célula-tronco?

Experimento Shinya Yamanaka e colaboradores, na Universidade de Kyoto, no Japão, utilizaram um vetor retroviral para introduzir quatro genes em fibroblastos totalmente diferenciados da pele de humanos. Então, as células foram cultivadas em um meio que daria suporte ao crescimento de células-tronco.

Quatro genes reguladores de "células-tronco" foram introduzidos usando o vetor de clonagem retroviral.

Resultados Após 2 semanas, as células pareciam células-tronco embrionárias na sua aparência e estavam se dividindo ativamente. Seus padrões de expressão gênica, padrões de metilação gênica e outras características também eram consistentes com aquelas das células-tronco embrionárias. As células iPS eram capazes de se diferenciar em células musculares cardíacas, assim como em outros tipos de células.

Conclusão Os quatro genes induziram células da pele diferenciadas a se tornarem células-tronco pluripotentes, com características de células-tronco embrionárias.

Dados de K. Takahashi et al., Induction of pluripotent stem cells from adult human fibroblasts by defined factors, *Cell* 131:861-872 (2007).

E SE? *Pacientes com doenças como as cardíacas ou Alzheimer poderiam ter suas próprias células da pele reprogramadas para se tornarem células iPS. Uma vez que procedimentos acessíveis tenham sido desenvolvidos para isso e para converter células iPS em células do sistema cardíaco ou nervoso, as células iPS dos próprios pacientes podem ser usadas para tratar suas doenças. Quando órgãos são transplantados de um doador para um receptor, o sistema imune do receptor pode rejeitar o transplante, uma condição perigosa. Seria esperado que o uso das células iPS tivesse o mesmo risco? Por quê? Uma vez que essas células não são diferenciadas e estão se dividindo ativamente, quais riscos esse procedimento poderia trazer?*

Por variados critérios, as células iPS podem realizar a maioria das funções das células ES, mas existem algumas diferenças na expressão gênica e em outras funções celulares, como a divisão celular. No mínimo, até que essas diferenças sejam totalmente compreendidas, o estudo das células ES continuará a gerar importantes contribuições para o desenvolvimento das terapias com células-tronco. (Na verdade, provavelmente, as células ES também sempre serão enfoque da pesquisa básica.) Nesse meio-tempo, continua-se usando células iPS que foram produzidas experimentalmente.

Existem dois usos principais em potencial para as células iPS humanas. Primeiro, células de pacientes com doenças foram reprogramadas para se tornarem células iPS, que atuam como células-modelo para estudar a doença e os tratamentos em potencial. As linhagens de células iPS humanas já foram desenvolvidas a partir de indivíduos com diabetes melito tipo 1, doença de Parkinson, doença de Huntington, síndrome de Down e muitas outras doenças. Segundo, no campo da medicina regenerativa, as células do próprio paciente poderiam ser reprogramadas em células iPS e, então, utilizadas para substituir os tecidos não funcionais, como as células da retina dos olhos que foram danificadas por uma condição chamada degeneração macular relacionada à idade (AMD, do inglês *age-related macular degeneration*). De fato, em 2014, pesquisadores japoneses produziram células iPS a partir de células da pele de uma paciente com AMD, fizeram elas se diferenciarem em células da retina, e as implantaram em sua retina. Embora sua visão não tenha melhorado de forma marcante, a deterioração ainda maior foi interrompida. Infelizmente, o custo da reprogramação das células em células iPS é tão alto que não pode ser usado como tratamento-padrão. Com o tempo, o procedimento pode tornar-se menos caro, e alguns pesquisadores sugeriram a criação de um banco para armazenamento de células iPS de doadores que poderiam ser combinadas com os tecidos dos pacientes. O desenvolvimento de técnicas que direcionam as células iPS para se tornarem tipos específicos de células para a medicina regenerativa é uma área de intensa pesquisa. Se os desafios forem enfrentados, as células iPS criadas dessa forma poderiam finalmente fornecer células de "reposição" personalizadas para pacientes sem o uso de qualquer óvulo ou embrião humano, contornando, assim, a maioria das objeções éticas.

REVISÃO DO CONCEITO 20.3

1. Com base no conhecimento atual, como você explicaria a diferença na porcentagem de girinos desenvolvidos a partir de dois tipos de núcleos doadores na Figura 20.16?
2. Algumas empresas na China e na Coreia do Sul oferecem o serviço de clonagem de cães, usando células dos animais de seus clientes para fornecer núcleos nos procedimentos semelhantes ao da Figura 20.17. Seus clientes devem ter a expectativa de que o clone se pareça com o animal original? Por quê? Quais questões éticas isso suscita?
3. **FAÇA CONEXÕES** Com base no que você sabe sobre diferenciação muscular (ver Figura 18.18) e engenharia genética, proponha o primeiro experimento que você poderia tentar se quisesse direcionar uma célula-tronco embrionária ou uma célula iPS para se desenvolver em uma célula muscular.

Ver as respostas sugeridas no Apêndice A.

CONCEITO 20.4

As aplicações práticas da biotecnologia com base em DNA afetam nossas vidas de várias formas

Por fim, analisamos as aplicações práticas da **biotecnologia** com base em DNA, a manipulação de organismos ou seus componentes para criar produtos úteis. Hoje, as principais aplicações da tecnologia do DNA e da engenharia genética incluem a medicina, a evidência forense e perfis genéticos, a limpeza do meio ambiente e a agricultura.

Aplicações médicas

Um uso importante da tecnologia do DNA é a identificação de genes humanos cuja mutação tem função nas doenças genéticas. Essas descobertas podem levar a modos de diagnóstico, tratamento e até mesmo prevenção dessas condições. A tecnologia do DNA também identificou genes que têm um papel em algumas doenças "não genéticas", da artrite até a síndrome da imunodeficiência adquirida (Aids), por influenciarem na suscetibilidade a essas doenças. Além disso, uma ampla variedade de doenças envolve alterações na expressão gênica dentro de células afetadas e muitas vezes dentro do sistema imune dos pacientes. Por meio do uso de RNA-seq e microarranjos de DNA (ver Figuras 20.12 e 20.13) ou de outras técnicas para comparar a expressão gênica em tecidos saudáveis e doentes, os pesquisadores estão encontrando genes acionados ou desligados em determinadas doenças. Esses genes e seus produtos são alvos potenciais para prevenção ou terapia.

Diagnóstico e tratamento de doenças

Um novo capítulo no diagnóstico das doenças infecciosas foi aberto pela tecnologia do DNA, em particular pelo uso da PCR e de sondas marcadas de ácidos nucleicos para rastrear patógenos. Por exemplo, como a sequência do genoma de RNA do HIV é conhecida, a RT-PCR pode ser usada para amplificar e, assim, detectar e quantificar, mesmo em pequenas quantidades, RNA de HIV em amostras de sangue ou tecido (ver Figura 20.11). Muitas vezes, a RT-PCR é a melhor maneira de detectar um agente infeccioso que de outra forma passaria despercebido.

Hoje, cientistas médicos podem diagnosticar centenas de distúrbios genéticos humanos pelo uso de PCR com oligonucleotídeos iniciadores que têm como alvo os genes associados a esses distúrbios. Então, o produto de DNA amplificado é sequenciado para revelar a presença ou ausência de mutação causadora de doença. Entre os genes para doenças humanas marcados dessa maneira, estão aqueles da anemia falciforme, da hemofilia, da fibrose cística, da doença de Huntington e da distrofia muscular de Duchenne. Indivíduos com essas doenças muitas vezes podem ser identificados antes do início dos sintomas, até mesmo antes do nascimento (ver Figura 14.19). A PCR também pode ser utilizada para identificar portadores assintomáticos de alelos recessivos potencialmente danosos, como parte do aconselhamento genético (ver Conceito 14.4).

Análise genômica pessoal

Como você aprendeu anteriormente, os estudos de associação genômica ampla apontaram SNPs (polimorfismos de nucleotídeos únicos) que estão ligados a alelos associados a doenças (ver Figura 20.15). Indivíduos podem ser testados por PCR e sequenciamento para um SNP que está correlacionado com o alelo anormal. A presença de determinados SNPs está correlacionada com um risco aumentado para determinadas condições de saúde adversas como doenças cardíacas, doença de Alzheimer e alguns tipos de câncer.

As empresas de análise de genoma direta ao consumidor oferecem *kits* que permitem aos indivíduos enviar um esfregaço contendo células da bochecha que a empresa analisará geneticamente. Os testes genéticos para fatores de risco como doença cardíaca, doença de Alzheimer e alguns tipos de câncer são realizados procurando SNPs ligados que foram previamente identificados (ver Figura 20.15). Eles podem ser úteis para que indivíduos conheçam seus riscos de saúde, com a compreensão de que esses testes genéticos refletem meramente as correlações e não fazem predições.

Além da informação genética relacionada à saúde, essas empresas comparam os segmentos de DNA de uma pessoa com aqueles de populações de referência ao redor do mundo, estabelecidos a partir de milhares de indivíduos de ascendência conhecida. Com base no grau de concordância dos segmentos, o relatório pode revelar informações a um indivíduo sobre seus prováveis ancestrais. As fêmeas também podem aprender sobre suas linhas maternas de descendência, com base em comparações do DNA mitocondrial, cuja contribuição é dada para o óvulo apenas pela mãe. Para os machos, uma análise da sequência do cromossomo Y pode traçar suas linhas paternas de descendência. Conforme aumenta o tamanho do banco de dados utilizado por essas empresas, os resultados se tornam mais refinados e mais precisos.

Medicina personalizada

As técnicas descritas neste capítulo também provocaram melhorias no tratamento de doenças, por exemplo, ao saber quais genes específicos relacionados ao câncer foram mutados no tumor de um determinado paciente. Ao analisar a expressão de muitos genes em um grande número de pacientes com câncer de mama, os pesquisadores podem refinar sua compreensão dos diferentes subtipos de câncer de mama (ver Figura 18.27). Conhecer os níveis de expressão de determinados genes em um indivíduo pode ajudar os médicos a definir a probabilidade de que o câncer se repita, ajudando-os a projetar um tratamento adequado. Considerando que alguns pacientes de baixo risco têm uma taxa de sobrevivência de 96% em comparação com um período de 10 anos sem tratamento, a análise da expressão gênica permite aos médicos e pacientes acessar informações valiosas quando eles estiverem considerando opções de tratamento.

Muitos pesquisadores preveem um futuro de **medicina personalizada**, um tipo de cuidado médico no qual o perfil genético específico de cada pessoa pode fornecer informações sobre doenças ou condições para as quais a pessoa está especialmente em risco e ajudar na tomada de decisões sobre cuidados de saúde. Como veremos adiante neste capítulo, um *perfil genético* vem sendo adotado para entender um grupo de marcadores genéticos como as SNPs. Entretanto, por fim, isso provavelmente significará a sequência de DNA completa de um indivíduo – depois que o sequenciamento se tornar viável economicamente. Na verdade, um estudo de 2016 sugeriu que, para pacientes difíceis de diagnosticar, poderia ser mais rápido e mais econômico sequenciar apenas as regiões expressas (os éxons, juntos chamados de *exoma*) ou até mesmo todo o genoma imediatamente, em vez de correr por uma série-padrão de testes diagnósticos. A capacidade de sequenciar o genoma de uma pessoa de forma rápida e barata está avançando rapidamente, talvez mais rápido do que o desenvolvimento de tratamentos apropriados para as condições. Ainda assim, a identificação dos genes envolvidos nessas condições fornece alvos para intervenções terapêuticas.

As informações genômicas de um indivíduo podem ser usadas para prever os benefícios e riscos de determinados medicamentos, uma abordagem chamada *farmacogenética*. Há mais de 300 medicamentos para os quais a Food and Drug Administration (FDA) recomenda testes genéticos para pacientes antes de seu uso.

Terapia gênica humana e edição de genes

A **terapia gênica** – introdução de genes em indivíduos doentes para fins terapêuticos – tem um grande potencial para tratar um número relativamente pequeno de distúrbios causados por um único gene defeituoso. O objetivo dessa abordagem é inserir um alelo normal do gene defeituoso nas células somáticas do tecido afetado pelo distúrbio.

Para a terapia gênica de células somáticas ser permanente, as células que recebem o alelo normal devem ser as células que se multiplicam durante a vida do paciente. As células da medula óssea, que incluem as células-tronco que originam todas as células do sangue e do sistema imune, são as principais candidatas. A **Figura 20.22** resume um possível procedimento para terapia gênica em um indivíduo cujas células da medula óssea não produzem uma enzima vital devido à deficiência de um só gene. Um tipo de imunodeficiência combinada severa (IDCS) é causado apenas por esse tipo de defeito. Se o tratamento obtiver sucesso, as células da medula óssea do paciente começam a produzir a proteína ausente, e o paciente pode ser curado.

O procedimento mostrado na Figura 20.22 foi usado em testes de terapia gênica para IDCS na França em 2000, resultando no primeiro sucesso indiscutível da terapia gênica. Entretanto, três pacientes desenvolveram leucemia posteriormente, um tipo de câncer das células do sangue, e um deles faleceu. Pesquisadores concluíram que provavelmente o vetor retroviral tenha sido inserido próximo a um gene que aciona a proliferação de células sanguíneas.

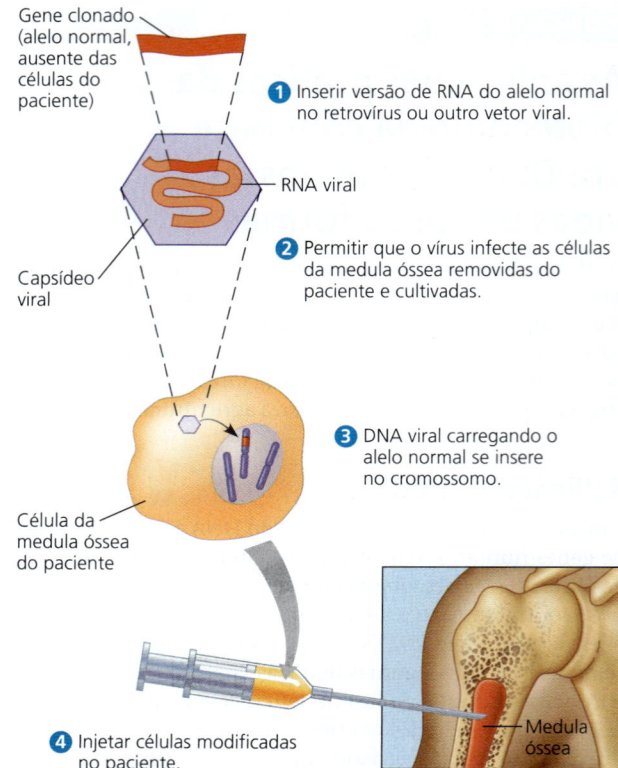

▲ **Figura 20.22** Terapia gênica utilizando vetor retroviral. Um retrovírus tornado inofensivo é usado como vetor nesse procedimento, que explora a habilidade do retrovírus de inserir um transcrito de DNA do seu genoma de RNA em um DNA cromossômico da célula hospedeira (ver Figura 19.9). Se o gene estranho carregado pelo vetor retroviral é expresso, a célula e seus descendentes adquirem o produto gênico. As células que se reproduzem por toda a vida, como as células da medula óssea, são candidatas ideais para terapia gênica.

Pesquisadores clínicos trataram, com algum sucesso, utilizando um vetor viral sem origem de um retrovírus, algumas outras doenças genéticas, incluindo um tipo de cegueira progressiva (ver Conceito 50.3), uma doença degenerativa do sistema nervoso e um distúrbio do sangue envolvendo o gene da β-globina.

A terapia gênica provoca várias questões técnicas. Por exemplo, como a atividade do gene transferido pode ser controlada de modo que as células produzam as quantidades apropriadas do produto gênico no momento e no local certos? Como podemos ter certeza de que a inserção do gene terapêutico não vai danificar qualquer outra função celular necessária? Com o avanço no estudo sobre os elementos-controle do DNA e sobre as interações gênicas, os pesquisadores serão capazes de responder a essas perguntas.

Uma abordagem mais direta que evita as complicações do uso de um vetor viral na terapia genética é possibilitada pela edição de genes, especialmente usando o sistema CRISPR-Cas9 (ver Figura 17.28). Nessa abordagem, o gene defeituoso existente é editado para corrigir a mutação.

Em 2018, pesquisadores relataram resultados promissores usando o sistema CRISPR-Cas9 na tentativa de corrigir o defeito genético que causa a doença da anemia falciforme. Eles editaram células de pacientes com anemia falciforme e as injetaram na medula óssea em camundongos. Após 19 semanas, o gene permaneceu corrigido em 20 a 40% das células injetadas. Pesquisadores, médicos e pacientes estão entusiasmados com o potencial da tecnologia CRISPR para tratar ou até mesmo curar doenças humanas que têm uma base genética, como a anemia falciforme, as doenças de Alzheimer e Parkinson, assim como alguns tipos de câncer. Entretanto, ainda há preocupações sobre o uso de células tratadas com CRISPR em humanos devido a possíveis efeitos sobre genes que não estão sendo visados; esta é uma área ativa de pesquisa.

Além dos desafios técnicos, a terapia gênica e a edição de genes provocam questões éticas. Alguns críticos acreditam que a adulteração de genes humanos é antiética de qualquer forma. Outros observadores não veem diferença fundamental entre transplantar genes em células somáticas e transplantar órgãos de uma pessoa para outra.

Uma questão ainda mais premente é a engenharia de células da linha germinal humana para tentar corrigir um defeito nas gerações futuras. Agora, essa engenharia genética é feita rotineiramente em camundongos de laboratório, e alguns métodos para a engenharia genética de embriões humanos foram desenvolvidos.

O desenvolvimento do sistema CRISPR-Cas9 gerou muito debate sobre a ética da edição gênica. Jennifer Doudna (Figura 20.14), uma codescobridora do CRISPR-Cas9, e outros biólogos concordaram em exercer extrema cautela à medida que o campo avança. Juntos, eles conclamaram a comunidade de pesquisa a "desencorajar fortemente" qualquer trabalho experimental sobre óvulos ou embriões humanos.

Apesar desse consenso entre biólogos, um pesquisador chinês relatou, em 2018, que havia usado o sistema CRISPR-Cas9 para editar genes em embriões que completaram o desenvolvimento fetal e nasceram como gêmeos e um terceiro indivíduo. Ele afirmou ter editado o gene *CCR5*, que codifica um correceptor do HIV (ver Figura 7.8), de modo que o HIV não seria capaz de ligar e infectar as células. O pai dos gêmeos era HIV-positivo, que foi a razão que o cientista utilizou para realizar essa engenharia genética. No entanto, esse ato foi condenado como altamente antiético pela comunidade biológica; o pesquisador perdeu seu emprego e pode enfrentar uma investigação criminal. Em 2019, um painel consultivo da Organização Mundial da Saúde propôs o estabelecimento de um registro para monitorar qualquer pesquisa de edição de genes em humanos.

Há muitos problemas técnicos potenciais com a técnica CRISPR-Cas9, como os efeitos fora do alvo mencionados anteriormente. Além dessas preocupações técnicas, entretanto, estão subjacentes considerações éticas: sob quais circunstâncias, se houver, os genomas das linhas germinativas humanas devem ser alterados? As alterações levariam à prática da eugenia, um esforço deliberado para controlar a composição genética das populações humanas? É imperativo considerar essas questões.

Produtos farmacêuticos

A indústria farmacêutica obtém benefícios significativos dos avanços na tecnologia de DNA e na pesquisa genética, aplicando-as ao desenvolvimento de medicamentos úteis para tratar doenças. Os produtos farmacêuticos são sintetizados usando métodos de química orgânica ou biotecnologia, conforme a natureza do produto.

Síntese de pequenas moléculas para uso como medicamentos A determinação da sequência e da estrutura das proteínas cruciais para a sobrevivência das células tumorais levou à identificação de pequenas moléculas que combatem certos cânceres, bloqueando a função dessas proteínas. Um fármaco, imatinibe, é uma pequena molécula que inibe uma tirosina-cinase (ver Figura 11.8). A superexpressão dessa cinase, resultante de translocação cromossômica, é eficaz em causar leucemia mielocítica crônica (LMC; ver Figura 15.16). Pacientes nos estágios iniciais de LMC que são tratados com imatinibe mostraram uma remissão prolongada, quase completa do câncer. Medicamentos com funcionamento similar também foram usados com sucesso no tratamento de alguns tipos de cânceres de pulmão e mama. Essa abordagem é possível apenas para cânceres cuja base molecular seja muito bem conhecida.

Em muitos casos desses tumores tratados com medicamentos, mais tarde surgem células resistentes ao novo medicamento. Em um estudo, todo o genoma das células tumorais foi sequenciado tanto antes como depois do surgimento da resistência. A comparação das sequências mostrou alterações genéticas que permitiram às células tumorais "contornar" a proteína inibida pelo medicamento. Aqui, podemos observar que as células cancerosas demonstram os princípios da evolução: certas células tumorais têm uma mutação randômica que permite que elas sobrevivam na presença de certo medicamento, e, como consequência da seleção natural na presença do medicamento, estas são as células que sobrevivem e se reproduzem.

Produção de proteínas em cultura de células Produtos farmacêuticos que são proteínas são normalmente sintetizados em larga escala usando cultura de células. Anteriormente, neste capítulo, aprendemos sobre sistemas de clonagem de DNA e de expressão gênica para produção, em grandes quantidades, de certa proteína naturalmente presente apenas em ínfimas quantidades. As células hospedeiras usadas nesses sistemas de expressão podem até mesmo ser modificadas para secretar a proteína à medida que são produzidas, simplificando, assim, a tarefa de purificação pelos métodos bioquímicos tradicionais.

Entre os primeiros produtos farmacêuticos manufaturados dessa forma, estão a insulina humana e o hormônio de crescimento humano (HGH, do inglês *human growth hormone*). Cerca de 2 milhões de pessoas com diabetes nos Estados Unidos dependem do tratamento com insulina para controlar a doença. O HGH tem sido um conforto para crianças nascidas com uma forma de nanismo causado por quantidades inadequadas de HGH, assim como no auxílio a pacientes com Aids para ganhar peso. Outro produto farmacêutico importante produzido pela engenharia genética é o ativador de plasminogênio tecidual (TPA, do inglês *tissue plasminogen activator*). Se administrado logo após um ataque cardíaco, o TPA ajuda a dissolver coágulos sanguíneos e reduzir o risco de ataques cardíacos subsequentes.

Produção de proteína por animais transgênicos Em alguns casos, em vez de usar sistemas celulares para produzir grandes quantidades de produtos proteicos, os cientistas farmacêuticos podem usar organismos inteiros. Para isso, eles utilizam um **transgene**, um gene que foi transferido de um organismo para outro. Primeiramente, eles removem óvulos de uma fêmea da espécie receptora e os fertilizam *in vitro*. Enquanto isso, eles clonam o gene desejado de um organismo doador. Então, os cientistas injetam o DNA clonado diretamente no núcleo dos óvulos fertilizados. Algumas das células integram o DNA estranho, o transgene, em seus genomas e são capazes de expressar o gene estranho. Em seguida, os embriões modificados que surgem a partir desses zigotos são implantados cirurgicamente na fêmea substituta. Se o embrião se desenvolve com sucesso, o resultado é um organismo **transgênico** que expressa seu novo gene "estranho".

Assumindo que o gene inserido codifique uma proteína desejada em grandes quantidades, animais transgênicos podem atuar como "fábricas" farmacêuticas. Por exemplo, o transgene para uma proteína do sangue humano, como a antitrombina, que previne o surgimento de coágulos sanguíneos, pode ser inserido no genoma de uma cabra de modo que o produto transgênico seja secretado no leite do animal **(Figura 20.23)**. Em seguida, a proteína é purificada do leite (o que é mais fácil do que purificar a partir da cultura de células). Proteínas como essa devem ser testadas para garantir que elas (ou contaminantes dos animais de fazenda) não causem reações alérgicas e outros efeitos adversos nos pacientes que as recebem.

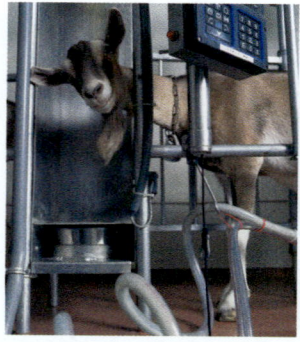

▲ **Figura 20.23 Cabras como animais transgênicos.** Esta cabra transgênica carrega um gene de uma proteína do sangue humano, antitrombina, e a secreta em seu leite. Pacientes com uma rara doença hereditária na qual a proteína não está presente sofrem de formação de coágulos sanguíneos nos vasos. Facilmente purificada a partir do leite da cabra, a proteína é usada para prevenir coágulos sanguíneos nesses pacientes durante cirurgias ou partos.

Evidência forense e perfis genéticos

Em crimes violentos, líquidos do corpo ou pequenas amostras de tecidos orgânicos podem ser deixados no local, ou sobre roupas ou outras coisas da vítima ou do criminoso. Caso sangue, sêmen ou tecido suficiente esteja disponível, os laboratórios forenses podem determinar o tipo de sangue ou o tipo de tecido usando anticorpos para detectar proteínas específicas da superfície celular. Entretanto, esses testes exigem amostras muito frescas e em quantidades relativamente grandes. Além disso, como várias pessoas têm o mesmo tipo de sangue ou tecido, essa abordagem pode apenas excluir um suspeito; não fornece provas conclusivas.

O teste de DNA, por outro lado, pode identificar o indivíduo culpado com alto grau de certeza, pois a sequência de DNA de cada pessoa é única (exceto para gêmeos idênticos). Marcadores genéticos que variam na população podem ser analisados para certa pessoa a fim de determinar esse conjunto especial de marcadores genéticos do indivíduo, ou **perfil genético**. (Esse termo é preferido por cientistas forenses em oposição ao termo "impressão digital de DNA", para enfatizar o aspecto herdável desses marcadores em vez do simples fato de que produzem um padrão em um gel que, como a impressão digital, é visualmente reconhecível.) A aplicação forense da tecnologia do DNA pelo Federal Bureau of Investigation (FBI) começou em 1988, usando um método que envolve a eletroforese em gel e a hibridização de ácidos nucleicos para detectar semelhanças e diferenças nas amostras de DNA. Esse método requer amostras muito menores de sangue e tecido do que outros métodos: cerca de 1.000 células.

Hoje, os cientistas forenses utilizam um método ainda mais sensível que conta com as vantagens das variações do comprimento dos marcadores genéticos, chamadas **repetições curtas em *tandem*** (**STRs**, do inglês *short tandem repeats*). Essas unidades em *tandem* de 2 a 5 bases de sequência repetem-se em regiões específicas do genoma. O número de repetições nessas regiões é altamente variável de pessoa para pessoa (polimórfico); mesmo para um único indivíduo, os dois alelos de um STR podem diferir um do outro. Por exemplo, um indivíduo pode ter a sequência ACAT repetida 30 vezes em um *locus* do genoma e 15 vezes no mesmo *locus* no outro homólogo, enquanto outro indivíduo pode ter 18 repetições neste *locus* em cada homólogo. (Esses dois genótipos podem ser representados pelos dois números repetidos: 30,15 e 18,18.) A PCR é utilizada para amplificar determinadas STRs, usando conjuntos de oligonucleotídeos iniciadores marcados com marcas fluorescentes. Então, o comprimento da região e, portanto, o número de repetições podem ser determinados por eletroforese. A etapa de PCR permite o uso desse método mesmo quando o DNA estiver em más condições ou só disponível em diminutas quantidades. Uma amostra de tecido com apenas 20 células pode ser suficiente.

Em um caso de assassinato, por exemplo, esse método pode ser utilizado para comparar amostras de DNA do suspeito, da vítima e de uma pequena quantidade de sangue encontrada na cena do crime. O cientista forense testa apenas porções selecionadas do DNA – normalmente 13 marcadores STR. Entretanto, mesmo esse pequeno conjunto de marcadores pode fornecer um perfil genético útil para medicina forense, pois a probabilidade de duas pessoas (não gêmeos idênticos) terem exatamente o mesmo grupo de marcadores STR é extremamente pequena. O projeto Innocence, uma organização sem fins lucrativos dedicada a rever condenações injustas, utiliza a análise por STR de amostras arquivadas a partir de cenas de crimes para reabrir casos antigos. Desde 2019, de acordo com esse grupo, 362 pessoas inocentes foram libertadas da prisão como resultado de um trabalho forense e legal baseado em DNA **(Figura 20.24)**.

Os perfis genéticos também podem ser úteis para outros propósitos. Comparando o DNA da mãe, do filho e do provável pai, pode ser resolvida de forma conclusiva a questão da paternidade. Algumas vezes, a paternidade é de interesse histórico: os perfis genéticos forneceram fortes evidências de que Thomas Jefferson ou um de seus parentes masculinos mais próximos era o pai de pelo menos um dos filhos de Sally Hemings, uma das suas escravas. Perfis genéticos também podem identificar vítimas de mortes em massa. O maior desses esforços ocorreu depois do ataque ao World Trade Center em 2001; mais de 10 mil amostras de cadáveres de vítimas foram comparadas com amostras de DNA de itens pessoais, como escova de dentes, disponibilizados pelas famílias. No final, os cientistas forenses conseguiram identificar quase 3 mil vítimas usando esse método.

Até que ponto um perfil genético é confiável? Quanto maior o número de marcadores examinados na amostra de DNA, maior a probabilidade de que o perfil seja único para um indivíduo. Em casos forenses usando a análise por STR com 13 marcadores, a chance de duas pessoas terem perfis de DNA idênticos é algo entre 1 a cada 10 bilhões e 1 a cada vários trilhões. (Por comparação, a população mundial está entre 7 a 8 bilhões.) A probabilidade exata depende da frequência desses marcadores na população geral. A informação de quanto esses marcadores são comuns em diferentes grupos étnicos é essencial, pois essas frequências dos marcadores podem variar consideravelmente entre grupos étnicos e entre determinado grupo étnico e a população como um todo. Com a disponibilidade cada vez maior dos dados de frequência, os cientistas forenses conseguem fazer cálculos estatísticos extremamente precisos. Assim, apesar dos problemas que possam surgir, decorrentes de dados insuficientes, erro humano ou provas falhas, os perfis genéticos hoje são aceitos como evidências convincentes por peritos legais e cientistas.

Limpeza do meio ambiente

Cada vez mais, as diversas habilidades de certos microrganismos em transformar compostos são exploradas na limpeza do meio ambiente. Se as exigências de crescimento desses microrganismos os tornam inadequados para uso direto, agora os cientistas podem transferir os genes com as capacidades metabólicas valiosas para outros microrganismos, que podem, então, ser usados para tratar os problemas do meio ambiente. Por exemplo, muitas bactérias podem extrair metais pesados, como cobre, chumbo e níquel, a partir do meio e incorporá-los em compostos como sulfato de cobre ou sulfato de chumbo, prontamente recuperáveis. Microrganismos geneticamente modificados podem tornar-se importantes tanto na mineração (especialmente quando reservas de minério são esgotadas) como na limpeza de resíduos muito tóxicos de minas. Os biotecnólogos também estão tentando modificar microrganismos que podem degradar hidrocarbonetos clorados e outros compostos danosos. Esses microrganismos seriam usados nas plantas de tratamento da água ou por fábricas, antes de os compostos serem liberados para o meio ambiente.

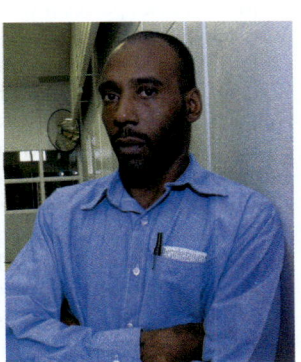

(a) Em 1984, Earl Washington foi condenado e sentenciado à morte pelo estupro e assassinato de Rebecca Williams em 1982. A sentença foi permutada em prisão perpétua em 1993 devido a novas dúvidas sobre as provas. Em 2000, a análise por STR por cientistas forenses associados ao Projeto Inocência mostrou conclusivamente que ele era inocente. Essa fotografia mostra Washington pouco antes da sua soltura em 2001, após 17 anos na prisão.

Fonte da amostra	Marcador STR 1	Marcador STR 2	Marcador STR 3
Sêmen na vítima	17.19	13.16	12.12
Earl Washington	16.18	14.15	11.12
Kenneth Tinsley	17.19	13.16	12.12

(b) Na análise por STR, marcadores STR selecionados em uma amostra de DNA são amplificados por PCR, e os produtos de PCR são separados por eletroforese. O procedimento revela como várias repetições estão presentes para cada *locus* STR na amostra. Um indivíduo tem dois alelos por *locus* STR, cada um com certo número de repetições. A tabela mostra o número de repetições para três marcadores STR em três amostras: extraída de sêmen encontrado na vítima, de Washington e de outro homem (Kenneth Tinsley), cumprindo pena por causa de uma condenação não relacionada. Este e outros dados de STR (não mostrados) exoneraram Washington e levaram Tinsley a declarar-se culpado pelo assassinato.

▲ **Figura 20.24** Análise de STR usada para liberar um homem inocente da prisão.

Aplicações na agricultura

Os cientistas estão trabalhando para aprender mais sobre os genomas de plantas e animais importantes na agricultura. Já há alguns anos, os cientistas têm usado a tecnologia de DNA em um esforço para melhorar a produtividade na agricultura. O cruzamento seletivo dos rebanhos – ou melhoramento animal – e de plantas explorou por séculos as mutações e as recombinações genéticas naturais.

Como descrito anteriormente, a tecnologia de DNA permite aos cientistas produzir animais transgênicos que aceleram o processo de cruzamento seletivo. Os objetivos de criar um animal transgênico muitas vezes são os mesmos objetivos do cruzamento tradicional – por exemplo, produzir ovelhas com melhor qualidade de lã, porcos de carne mais magra ou bovinos que engordam em menos tempo. Os cientistas podem, por exemplo, identificar e clonar um gene que promove o desenvolvimento de músculos maiores (os músculos compõem a maior parte da carne que comemos) em uma raça bovina e transferi-lo para outra raça ou até mesmo para ovinos. Entretanto, não são raros os problemas de saúde entre os animais de fazenda que carregam genes de outras espécies, e a modificação dos próprios genes do animal usando o sistema CRISPR-Cas9 provavelmente surgirá como uma técnica mais útil. A saúde e o bem-estar animal são questões importantes a serem consideradas ao alterar os animais geneticamente.

Cientistas da área da agricultura já beneficiaram algumas plantas cultivadas com genes de características desejáveis, como senescência retardada e resistência a danos, doenças e estiagem. As modificações também podem agregar valor às culturas de alimentos, dando-lhes um prazo de validade mais longo ou melhor sabor ou valor nutricional. Para muitas espécies vegetais, uma única célula tecidual crescida em cultura pode dar origem a uma planta adulta. Assim, as manipulações genéticas podem ser realizadas em uma célula somática comum, e, então, a célula pode ser usada para gerar uma planta com novas características.

A engenharia genética está substituindo rapidamente os programas tradicionais de cruzamento de plantas, em especial para características úteis, como resistência a herbicidas, determinadas por um ou mais genes. Cultivos modificados por engenharia genética com um gene bacteriano que torna as plantas resistentes a herbicidas podem crescer enquanto as ervas daninhas são destruídas, e cultivos modificados por engenharia genética que conseguem resistir ao ataque de insetos destruidores reduzem a necessidade de inseticidas químicos.

A Organização das Nações Unidas para Alimentação e Agricultura previu que precisaremos de 70% a mais de alimentos até 2050 do que o planeta está produzindo atualmente. Uma nova abordagem está sendo adotada pelos pesquisadores que trabalham no Projeto Internacional do Arroz C_4. A forma comum do arroz, um alimento básico global, utiliza a forma C_3 de fotossíntese (ver Conceito 10.5). O objetivo dos pesquisadores envolvidos nesse projeto é modificar, por engenharia genética, uma cepa de arroz que possa utilizar a fotossíntese C_4, o que é mais eficiente. Em 2017, o primeiro passo foi dado quando foram capazes de modificar um gene de milho em plantas de arroz por engenharia genética.

Questões de ética e segurança suscitadas pela tecnologia do DNA

As primeiras preocupações sobre os perigos potenciais associados com a tecnologia de DNA recombinante e a engenharia genética deram enfoque à possibilidade de que novos patógenos perigosos poderiam ser criados. Por exemplo, o que poderia acontecer se, em um estudo de pesquisa, genes de câncer celular fossem transferidos para bactérias ou vírus? Para evitar esses microrganismos ruins, os cientistas desenvolveram um conjunto de parâmetros, adotados como normas governamentais nos Estados Unidos e em alguns outros países. Uma medida de segurança é um conjunto de procedimentos laboratoriais rigorosos destinados a evitar que os microrganismos modificados infectem os pesquisadores ou saiam acidentalmente do laboratório. Além disso, as cepas de microrganismos utilizados nos experimentos de DNA recombinante são debilitadas geneticamente para assegurar que não consigam sobreviver fora do laboratório. Por fim, certos experimentos obviamente perigosos foram banidos.

Atualmente, a maioria das preocupações do público sobre possíveis danos não está centrada nos microrganismos recombinantes, mas sim nos **organismos geneticamente modificados** (OGMs) utilizados na alimentação. Um OGM é um organismo transgênico que adquiriu um ou mais genes de outra espécie ou até mesmo de outra variedade da mesma espécie. Alguns salmões, por exemplo, foram modificados geneticamente pela adição de um hormônio de crescimento de salmão mais ativo. Entretanto, em sua maioria, os OGMs que contribuem como fonte de alimento não têm origem animal – eles são plantas de lavoura.

Os cultivos GM (geneticamente modificados) estão difundidos pelos Estados Unidos, pela Argentina e pelo Brasil; juntos, esses países respondem por mais de 80% da área destinada a esses cultivos. Nos Estados Unidos, a maioria do milho, da soja e da canola é geneticamente modificada, e leis recentes requerem a identificação dos produtos GM. Hoje, os mesmos alimentos são controversos na Europa, onde a revolução dos GM enfrenta forte oposição. Vários europeus estão preocupados com a segurança dos alimentos GM e as possíveis consequências ambientais do cultivo de plantas GM. Embora um pequeno número de culturas GM tenha sido cultivado em solo europeu, a União Europeia estabeleceu uma estrutura legal abrangente em relação aos OGMs em 2015. Entre outras regulamentações, os Estados membros individuais podem proibir tanto o cultivo quanto a importação de cultivos GM, que devem ser claramente rotulados. O alto grau de desconfiança dos consumidores na Europa torna o futuro dos cultivos GM incertos lá.

Os defensores de uma abordagem cautelosa em relação aos cultivos GM temem que plantas transgênicas passem seus novos genes para parentes próximos nas áreas selvagens vizinhas. Sabemos que gramíneas e cultivos, por exemplo, normalmente trocam genes com parentes selvagens por meio da transferência de pólen. Caso plantas de lavoura que carregam genes de resistência para herbicidas, doenças ou insetos-pragas polinizassem as plantas selvagens, os descendentes poderiam tornar-se "superinços" muito difíceis de serem controlados. Outro perigo viável envolve possíveis riscos para a saúde humana a partir de alimentos GM. Algumas pessoas temem que os produtos proteicos dos transgenes possam levar a reações alérgicas. Embora existam algumas evidências de que isso possa ocorrer, os defensores dos OGMs alegam que essas proteínas poderiam ser testadas antes, evitando a produção de proteínas potencialmente causadoras de reações alérgicas. (Para discussões adicionais sobre biotecnologia de plantas e cultivos GM, ver Conceito 38.3.)

Hoje, os governos e as agências reguladoras no mundo buscam modos de facilitar o uso da biotecnologia na agricultura, na indústria e na medicina e, ao mesmo tempo, assegurar que os novos produtos e procedimentos sejam seguros. Nos Estados Unidos, o risco potencial dessas aplicações da biotecnologia deve ser avaliado por várias agências reguladoras, incluindo a FDA, a Environmental Protection Agency (EPA), o National Institutes of Health (NIH) e o U.S. Departament of Agriculture (USDA). Nesse meio-tempo, essas mesmas agências e o público devem avaliar as implicações éticas da biotecnologia.

Avanços na biotecnologia nos permitiram obter as sequências completas do genoma humano e de várias outras espécies, fornecendo um vasto tesouro de informação sobre os genes. Podemos questionar de que maneira certos genes diferem de espécie para espécie e de que modo os genes e, em última análise, os genomas inteiros evoluíram. (Vamos abordar esses assuntos no Capítulo 21.) Ao mesmo tempo, a velocidade crescente e a diminuição do custo da determinação das sequências genômicas de indivíduos suscitam questões éticas significativas. Quem deve ter o direito de examinar as informações genéticas de alguém? Como essas informações devem ser usadas? O genoma de uma pessoa deveria ser considerado para determinar a elegibilidade de uma pessoa candidata a um trabalho ou seguro? As considerações éticas, assim como as preocupações sobre os potenciais danos ao meio ambiente e à saúde, provavelmente vão desacelerar algumas aplicações da biotecnologia. Sempre existe o perigo de que o excesso de regulamentos prejudique a pesquisa básica e seus potenciais benefícios. Por outro lado, a engenharia genética – especialmente a edição de genes com o sistema CRISPR-Cas9 – permite-nos alterar profunda e rapidamente as espécies que vêm evoluindo há milênios. Um bom exemplo é o uso potencial de um direcionamento gênico que eliminaria a capacidade das espécies de mosquitos de transportar doenças ou mesmo erradicar certas espécies de mosquitos. Provavelmente, essa abordagem traria benefícios à saúde, pelo menos inicialmente, mas problemas imprevistos poderiam surgir facilmente. Dado o tremendo poder da tecnologia do DNA, devemos proceder com humildade e cautela.

REVISÃO DO CONCEITO 20.4

1. Qual é a vantagem de usar células-tronco para terapia gênica ou edição de genes?
2. Liste no mínimo três propriedades diferentes que foram adquiridas pelas plantas cultivadas por engenharia genética.
3. **E SE?** Você é médico e tem um paciente com sintomas que sugerem uma infecção pelo vírus da hepatite A, mas você não conseguiu detectar proteínas virais no sangue. Sabendo que a hepatite A é um vírus de RNA, quais testes laboratoriais você poderia realizar para apoiar o seu diagnóstico? Explique os resultados que dariam suporte à sua hipótese.

Ver as respostas sugeridas no Apêndice A.

20 Revisão do capítulo

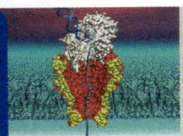

RESUMO DOS CONCEITOS-CHAVE

CONCEITO 20.1

O sequenciamento do DNA e a clonagem do DNA são ferramentas valiosas para a engenharia genética e as pesquisas biológicas *(p. 416-423)*

- A **hibridização de ácidos nucleicos** – pareamento de bases de uma fita do ácido nucleico à sequência complementar de uma fita de outra molécula de ácido nucleico – é amplamente utilizada na **tecnologia do DNA**.
- O **sequenciamento de DNA** pode ser realizado pelo método de sequenciamento didesóxi em equipamentos de sequenciamento automatizados.
- Técnicas rápidas e baratas de nova geração (alta produtividade) para o sequenciamento de DNA são baseadas no sequenciamento por síntese: a DNA-polimerase é utilizada para sintetizar um segmento de DNA usando um molde de fita simples, e a ordem na qual os nucleotídeos são adicionados revela a sequência. Métodos de sequenciamento de terceira geração, incluindo a tecnologia de nanoporos, sequenciam moléculas de DNA longas, uma de cada vez.
- A **clonagem gênica** (ou **clonagem de DNA**) produz múltiplas cópias de um gene (ou segmento de DNA) que podem ser utilizadas para manipular e analisar o DNA e produzir novos produtos úteis ou organismos com características benéficas.
- Na **engenharia genética**, as **enzimas de restrição** bacterianas são utilizadas para cortar moléculas de DNA dentro de sequências nucleotídicas específicas (**sítios de restrição**) e curtas, gerando um grupo de **fragmentos de restrição** dupla-fita com **extremidades coesivas** de fita simples:

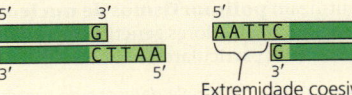

- As extremidades coesivas nos fragmentos de restrição a partir de uma fonte de DNA podem formar pares de base com extremidades coesivas complementares em fragmentos de outras moléculas de DNA. A ligação dos fragmentos pareados com DNA-ligase produz **moléculas de DNA recombinante**.
- Fragmentos de restrição de DNA de diferentes comprimentos podem ser separados por **eletroforese em gel**.
- A **reação em cadeia da polimerase (PCR)** pode amplificar (produzir várias cópias de) um segmento-alvo específico de DNA, usando oligonucleotídeos iniciadores que flanqueiam a sequência desejada e uma DNA-polimerase resistente ao calor.

- Para clonar um gene eucariótico:

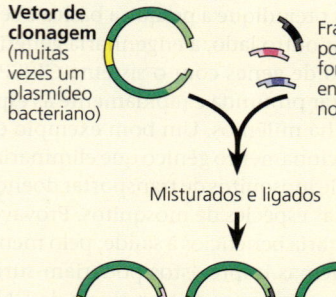

Plasmídeos recombinantes de DNA

Plasmídeos recombinantes são recolocados nas células hospedeiras, que se dividem para formar um clone de células.
- A expressão de genes eucarióticos clonados em células bacterianas hospedeiras apresenta várias dificuldades técnicas. O uso de células eucarióticas em cultivo como células hospedeiras, acoplado com **vetores de expressão** apropriados, ajuda a evitar esses problemas.

? *Descreva como o processo de clonagem gênica resulta em um clone celular contendo um plasmídeo recombinante.*

CONCEITO 20.2

Os biólogos utilizam a tecnologia do DNA para estudar a expressão e a função de um gene (p. 423-428)

- Algumas técnicas utilizam a hibridização de uma **sonda de ácido nucleico** para detectar a presença de mRNA específicos.
- A **hibridização *in situ*** e a **RT-PCR** pode detectar a presença de um determinado mRNA em uma amostra de tecido ou RNA, respectivamente.
- Conjuntos de genes coexpressos por um grupo de células podem ser detectados pelo **sequenciamento de RNA (RNA-seq)** – sequenciando os **cDNAs** correspondentes aos mRNAs a partir das células. **Microarranjos de DNA** também são usados para esse fim.
- Para um gene de função desconhecida, a inativação experimental do gene (nocaute gênico) e a observação dos efeitos fenotípicos resultantes podem fornecer pistas para sua função. O sistema CRISPR-Cas9 permite aos pesquisadores editar genes em células vivas de uma forma específica e desejada. Os novos alelos podem ser alterados de modo que sejam herdados de forma tendenciosa por uma população (**genética dirigida**).
- Em humanos, **estudos de associação genômica ampla** identificam e utilizam **polimorfismos de nucleotídeos únicos (SNPs)** como marcadores genéticos para alelos que estão associados a condições particulares.

? *Qual informação útil é obtida pela detecção da expressão de genes específicos?*

CONCEITO 20.3

Organismos clonados e células-tronco são úteis para pesquisa básica e outras aplicações (p. 428-432)

- A questão que discute se todas as células em um organismo têm o mesmo genótipo despertou as primeiras tentativas de clonagem de organismos.
- Células diferenciadas únicas de plantas muitas vezes são **totipotentes**: capazes de gerar todos os tecidos de uma planta nova completa.
- O transplante do núcleo de uma célula animal diferenciada para um óvulo enucleado pode, às vezes, dar origem a um novo animal.
- Certas **células-tronco** embrionárias (células ES), a partir de embriões animais de determinadas células-tronco de adultos, podem reproduzir e se diferenciar no laboratório, assim como nos organismos, oferecendo potencial para uso médico. As células ES são **pluripotentes**, mas difíceis de adquirir. As células-tronco pluripotentes induzidas (iPS) assemelham-se às células ES em sua capacidade de diferenciação; elas podem ser geradas pela reprogramação de células diferenciadas. As células iPS são promissoras para pesquisa médica e medicina regenerativa.

? *Descreva como, usando camundongos, um pesquisador poderia realizar (1) clonagem de organismos, (2) produção de células ES e (3) geração de células iPS, concentrando-se em como as células são reprogramadas. (Os procedimentos são basicamente os mesmos em humanos e em camundongos.)*

CONCEITO 20.4

As aplicações práticas da biotecnologia com base em DNA afetam nossas vidas de várias formas (p. 433-439)

- A tecnologia do DNA, incluindo a análise de marcadores genéticos como os SNPs, está sendo cada vez mais utilizada no diagnóstico de doenças genéticas e outras doenças e na análise do genoma pessoal. A medicina personalizada oferece potencial para um indivíduo minimizar seu risco conhecido para uma doença, bem como um melhor tratamento de doenças genéticas ou cânceres. A **terapia gênica** ou a edição de genes com o sistema CRISPR-Cas9 também pode levar a curas permanentes. A tecnologia do DNA é utilizada com culturas de células na produção em grande escala de hormônios proteicos e outras proteínas com uso terapêutico. Algumas proteínas terapêuticas estão sendo produzidas em animais **transgênicos**.
- A análise de marcadores genéticos como **repetições curtas em *tandem* (STRs)** no DNA isolado a partir de tecidos ou líquidos corporais encontrados em cenas de crimes pode fornecer um **perfil genético**. O uso dos perfis genéticos pode fornecer evidências de que um suspeito é inocente ou evidências fortes de que ele é culpado. Essa análise também é útil nos processos de paternidade e na identificação de restos de vítimas de crimes.
- Microrganismos modificados geneticamente podem ser usados para extrair minerais a partir do meio ou degradar vários tipos de materiais de descarte tóxicos.
- O objetivo no desenvolvimento de plantas e animais transgênicos é melhorar a produção na agricultura e a qualidade dos alimentos.
- Os potenciais benefícios da engenharia genética devem ser cuidadosamente avaliados no tocante a potenciais danos de criar produtos ou desenvolver procedimentos danosos aos seres humanos ou ao meio ambiente.

? *Se uma determinada doença genética fosse um bom candidato para uma terapia gênica com sucesso, quais fatores seriam afetados?*

TESTE SEU CONHECIMENTO

Níveis 1-2: Relembre/Entenda

1. Na tecnologia do DNA, o termo *vetor* se refere a
   (A) uma enzima de restrição que corta DNA em fragmentos de restrição.
   (B) uma extremidade coesiva de um fragmento de DNA.
   (C) um marcador SNP.
   (D) um plasmídeo usado para transferir DNA para uma célula viva.

2. Qual das seguintes ferramentas da tecnologia do DNA está pareada de forma incorreta com o seu uso?
   (A) Eletroforese – separação de fragmentos de DNA
   (B) DNA-ligase – enzima que cliva DNA criando as extremidades coesivas dos fragmentos de restrição
   (C) DNA-polimerase – reação em cadeia da polimerase para amplificar partes do DNA
   (D) Transcriptase reversa – produção de cDNA a partir de mRNA

3. As plantas são mais prontamente manipuladas por engenharia genética do que os animais, pois
   (A) genes de plantas não contêm íntrons.
   (B) mais vetores estão disponíveis para transferir DNA recombinante para dentro de células vegetais.
   (C) uma célula vegetal somática pode, muitas vezes, dar origem a uma planta completa.
   (D) células vegetais têm núcleos maiores.

4. Um paleontólogo recuperou um pouco de tecido de pele preservada de 400 anos de um dodô (uma ave extinta). Para comparar uma região específica do DNA da amostra com o DNA de aves vivas, qual das seguintes técnicas seria mais útil para aumentar a quantidade de DNA do dodô disponível para testes?
   (A) Análise de SNP
   (B) Reação em cadeia da polimerase (PCR)
   (C) Eletroporação
   (D) Eletroforese em gel

Níveis 3-4: Aplique/Analise

5. Qual das seguintes frases é verdadeira sobre produção de cDNA a partir de tecido cerebral humano como material de início?
   (A) O procedimento para sua realização necessita de amplificação pela reação em cadeia da polimerase.
   (B) É produzido a partir de pré-mRNA utilizando transcriptase reversa.
   (C) Pode ser marcado e utilizado como sonda para detectar genes que são expressos no cérebro.
   (D) Inclui íntrons do pré-mRNA.

6. A expressão de um gene eucariótico clonado em uma célula bacteriana envolve muitas alterações. O uso de mRNA e transcriptase reversa é parte de uma estratégia para resolver o problema de:
   (A) processamento pós-transcricional.
   (B) processamento pós-traducional.
   (C) hibridização de ácidos nucleicos.
   (D) ligação de fragmentos de restrição.

7. Qual destas sequências no DNA dupla-fita é mais provável de ser reconhecida como sítio de clivagem para enzimas de restrição?
   (A) AAGG
       TTCC
   (B) GGCC
       CCGG
   (C) ACCA
       TGGT
   (D) AAAA
       TTTT

Níveis 5-6: Avalie/Crie

8. **FAÇA CONEXÕES** Imagine que você queira estudar uma das cristalinas humanas, proteínas presentes nos cristalinos dos olhos (ver Figura 1.8). Para obter uma quantidade suficiente da proteína de interesse, você decide clonar o gene da cristalina. Assuma que você conhece a sequência desse gene. Explique como você faria isso.

9. **FAÇA CONEXÕES** Olhando a Figura 20.15, o que significa para um SNP estar "ligado" a um alelo associado a uma doença? Como isso permite que o SNP seja usado como um marcador genético? (Ver Conceito 15.3.)

10. **DESENHE** Você está clonando um gene de porco-formigueiro, utilizando um plasmídeo bacteriano como vetor. O diagrama em verde mostra o plasmídeo que contém o sítio de restrição para a enzima utilizada na Figura 20.5. Acima do plasmídeo, está um segmento de DNA linear de porco-formigueiro que foi sintetizado utilizando PCR. Desenhe seu procedimento de clonagem e mostre o que aconteceria a essas duas moléculas durante cada etapa. Use uma cor para o DNA de porco-formigueiro e suas bases e outra cor para o do plasmídeo. Marque cada etapa e todas as extremidades 5' e 3'.

5' GAATTCTAAAGCGCTTATGAATTC 3'
3' CTTAAGATTTCGCGAATACTTAAG 5'

DNA do porco-formigueiro

Plasmídeo

11. **CONEXÃO EVOLUTIVA** Desconsiderando as questões éticas, se as tecnologias com base em DNA se tornassem amplamente utilizadas, discuta como elas poderiam modificar a maneira como ocorre a evolução, em comparação aos mecanismos evolutivos naturais que ocorreram nos últimos 4 bilhões de anos.

12. **PESQUISA CIENTÍFICA** Você pretende estudar um gene que codifica uma proteína neurotransmissora produzida nas células do cérebro humano. A sequência de aminoácidos da proteína é conhecida. Explique como seria possível: (a) identificar os genes expressos em um tipo específico de célula cerebral, (b) identificar (e isolar) o gene para o neurotransmissor, (c) produzir múltiplas cópias do gene em estudo e (d) produzir uma grande quantidade de neurotransmissor para ter o potencial de medicação avaliado.

13. **ESCREVA SOBRE UM TEMA: INFORMAÇÃO** Em um texto sucinto (100-150 palavras), discuta como a base genética da vida tem papel central na biotecnologia.

14. **SINTETIZE SEU CONHECIMENTO**

A água das fontes termais do Parque Nacional de Yellowstone aqui mostrada está em torno de 70 °C. Os biólogos hipotetizaram que nenhuma espécie de organismo poderia viver em água com temperatura acima de 55 °C, portanto ficaram surpresos ao encontrar algumas espécies de bactérias no local, agora chamadas *termófilas* ("que amam calor"). Neste capítulo, você aprendeu como a enzima de uma espécie, *Thermus aquaticus*, possibilitou uma das mais importantes técnicas com base em DNA hoje utilizadas em laboratórios. Identifique a enzima e indique a importância do seu isolamento a partir de um termófilo. Sugira outras razões por que outras enzimas dessa bactéria (ou outras termófilas) também poderiam ser úteis.

Ver respostas selecionadas no Apêndice A.

21 Genomas e sua evolução

CONCEITOS-CHAVE

21.1 O Projeto Genoma Humano promoveu o desenvolvimento de técnicas de sequenciamento mais rápidas e acessíveis p. 443

21.2 Os cientistas utilizam a bioinformática para analisar genomas e suas funções p. 444

21.3 Os genomas variam em tamanho, número de genes e densidade gênica p. 448

21.4 Eucariotos multicelulares têm grande quantidade de DNA não codificante e diversas famílias multigênicas p. 450

21.5 Duplicação, rearranjo e mutação do DNA contribuem para a evolução dos genomas p. 454

21.6 A comparação de sequências de genomas fornece evidências sobre a evolução e o desenvolvimento p. 459

Dica de estudo

Elabore perguntas sobre a análise de genomas: Ao percorrer o capítulo, faça uma tabela sobre análises genômicas que são discutidas e anote algumas questões que elas podem levantar. Você pode incluir perguntas não abordadas no texto.

Sites e projetos genômicos	Questões que podem ser levantadas
Projeto Genoma Humano	Quanto DNA existe no genoma humano?
	Quanto do genoma humano codifica proteínas?
	Quais funções são realizadas por outras partes do genoma?
Projeto ENCODE	

Figura 21.1 O tubarão-elefante (*Callorhinchus milii*) parece vagamente pré-histórico e já foi chamado de "fóssil vivo". De fato, ele tem o genoma de evolução mais lenta entre todos os vertebrados sequenciados até agora. A comparação das taxas de mudança do genoma em diferentes espécies proporciona uma visão do passado evolutivo.

Quais são algumas questões que podem ser exploradas pelo sequenciamento e comparação dos genomas?

Quais são as **funções** do genoma humano?

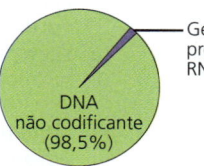

Genes para proteínas e RNA (1,5%)

DNA não codificante (98,5%)

Como os genomas diferem no **número de genes**?

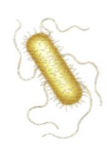  

Escherichia coli
4.400 genes

Homo sapiens
21.300 genes

Zea mays (milho)
32.000 genes

O que as sequências gênicas nos informam sobre as **relações evolutivas** entre as espécies?

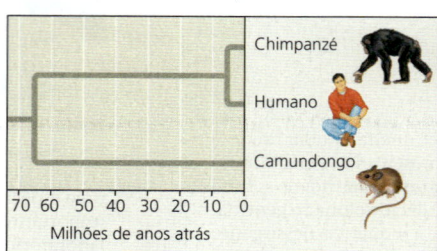

Chimpanzé
Humano
Camundongo

70 60 50 40 30 20 10 0
Milhões de anos atrás

Como os genomas **evoluíram** com o tempo?

Tubarão-elefante: evolução genômica mais lenta

Cavalo-marinho cauda-de-tigre: genoma com evolução mais rápida

CONCEITO 21.1

O Projeto Genoma Humano promoveu o desenvolvimento de técnicas de sequenciamento mais rápidas e acessíveis

Com os genomas de diversas espécies completamente sequenciados, os cientistas puderam estudar conjuntos completos de genes e as suas interações, uma metodologia chamada **genômica**. Os esforços de sequenciamento que contribuem para essa abordagem geram enormes volumes de dados. A necessidade de lidar com esse fluxo sempre crescente de informações tem energizado o campo da **bioinformática**, a aplicação de métodos computacionais para armazenar e analisar dados biológicos.

O sequenciamento do genoma humano, uma iniciativa ambiciosa, começou oficialmente como o **Projeto Genoma Humano** em 1990. Organizado por um grupo internacional de cientistas vinculados a universidades e a institutos de pesquisa, o projeto envolveu 20 centros de sequenciamento em larga escala em seis países, além de vários outros laboratórios envolvidos com partes menores do projeto.

Após o sequenciamento do genoma humano ter sido completado em 2003, a sequência de cada cromossomo foi analisada e descrita em uma série de artigos; o último desses artigos, descrevendo o cromossomo 1, foi publicado em 2006. A sequência está mais de 99% completa – o número não é 100% porque muitas lacunas permanecem, geralmente em regiões com muito DNA repetitivo que são difíceis de sequenciar. O DNA sequenciado foi coletado de alguns indivíduos; os cientistas revisaram os resultados e concordaram em um **genoma de referência**, uma sequência completa que melhor representa o genoma de uma espécie. O genoma humano de referência está sendo continuamente revisado e relançado.

O principal objetivo do mapeamento de qualquer genoma é a determinação da sequência completa de nucleotídeos de cada cromossomo. Para o genoma humano, isso foi realizado por cientistas usando máquinas de sequenciamento e o método de terminação de cadeia didesóxi mencionado no Conceito 20.1. Duas abordagens se complementaram nesse esforço. A abordagem inicial foi metódica e ordenou cada fragmento com base no mapeamento genético anterior do genoma humano. Em 1998, no entanto, o biólogo molecular J. Craig Venter fundou uma empresa (Celera Genomics) e anunciou sua intenção de determinar a sequência completa do genoma humano utilizando uma metodologia alternativa. A **metodologia shotgun de sequenciamento de genomas completos** inicia com a clonagem e o sequenciamento de fragmentos aleatórios de DNA. Depois, programas de computador poderosos compilam uma quantidade imensa de sequências curtas e sobrepostas em uma única sequência contínua **(Figura 21.2)**. A metodologia *shotgun* de sequenciamento de genomas completos é amplamente utilizada hoje em dia.

Um grande impulso para o Projeto Genoma Humano foi o desenvolvimento de tecnologia para um sequenciamento mais rápido (ver Conceito 20.1). Ao longo dos anos, avanços foram obtidos em cada uma das etapas que consumiam grande tempo no processo, permitindo um desenvolvimento acelerado da taxa de sequenciamento: enquanto um laboratório produtivo normalmente podia sequenciar 1.000 pares de base por dia nos anos 1980, no ano 2000 cada centro de pesquisa que trabalhava no Projeto Genoma Humano estava sequenciando 1.000 pares de base *por segundo*. Atualmente, as máquinas automatizadas de sequenciamento de "nova geração" mais amplamente utilizadas podem sequenciar quase 35 milhões de pares de base por segundo (ver Figura 20.3). Além disso, devido à sensibilidade dessas técnicas, o DNA pode ser sequenciado diretamente, seja em fragmentos ou como uma única molécula inteira; a etapa de clonagem (❷ na Figura 21.2) é desnecessária. Métodos que podem analisar materiais biológicos muito rapidamente e produzir enormes volumes de dados são chamados de "alto rendimento". Máquinas de sequenciamento usando técnicas de sequenciamento rápido são um exemplo de dispositivos de alto rendimento.

Junto com o aumento maciço da velocidade de sequenciamento, o custo do sequenciamento de genomas inteiros despencou. Enquanto o sequenciamento do primeiro genoma humano levou 13 anos e custou entre 500 milhões e 1 bilhão de dólares, em 2007 a mesma tarefa levou 4 meses a um custo de 1 milhão de dólares. Em 2019, as máquinas mais rápidas foram capazes de sequenciar os genomas completos de 48 indivíduos em 44 horas por menos de 1.000 dólares por genoma.

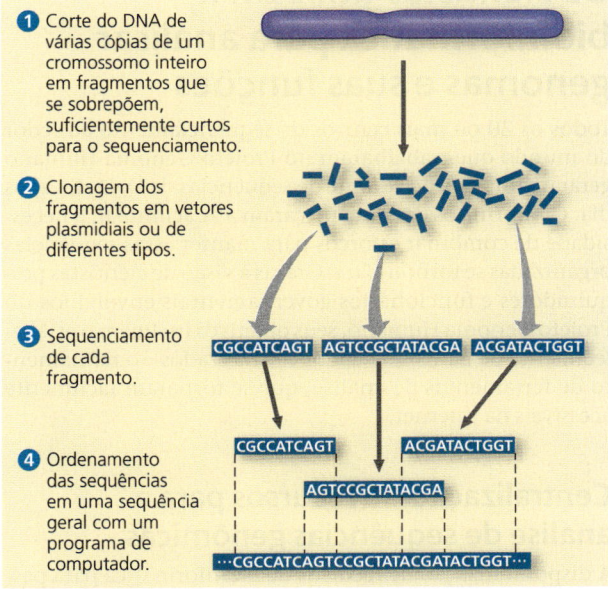

▲ **Figura 21.2** Metodologia *shotgun* para o sequenciamento de genomas completos. Nesta abordagem, fragmentos aleatórios de DNA são clonados (ver Figura 20.4), sequenciados e, em seguida, ordenados um em relação ao outro.

HABILIDADES VISUAIS *Os fragmentos na etapa 2 desta figura são representados como se estivessem dispersos, em vez de dispostos em uma matriz ordenada. Como esta representação se relaciona com a metodologia?*

Esses avanços tecnológicos também facilitaram uma abordagem chamada **metagenômica** (do grego *meta*, que significa "além"), na qual o DNA de uma comunidade inteira de espécies (um *metagenoma*) é coletado de uma amostra ambiental e sequenciado. Novamente, programas de computador ordenam as sequências parciais e as montam em genomas completos individuais de cada espécie. Uma vantagem dessa técnica é a capacidade de sequenciar o DNA de populações microbianas mistas, o que elimina a necessidade de cultivar cada espécie separadamente no laboratório, um desafio que tem limitado o estudo de microrganismos. Até agora, essa abordagem tem sido aplicada a comunidades encontradas em ambientes tão diversos como o intestino humano e em hábitats extremos como fontes termais, onde a temperatura excede os 80 °C.

Em um primeiro momento, as sequências do genoma humano e de outros organismos são simplesmente uma lista de bases de nucleotídeos – milhões de As, Ts, Cs e Gs em sucessão. Dar sentido a essa enorme quantidade de dados exigiu novas abordagens analíticas, que discutiremos a seguir.

REVISÃO DO CONCEITO 21.1

1. Descreva a metodologia *shotgun* de sequenciamento de genomas completos.

Ver as respostas sugeridas no Apêndice A.

CONCEITO 21.2

Os cientistas utilizam a bioinformática para analisar genomas e suas funções

Todos os 20 ou mais centros de sequenciamento ao redor do mundo que trabalharam no Projeto Genoma Humano geraram um grande volume de sequências de DNA dia após dia. Conforme os dados começaram a se acumular, a necessidade de combinar esforços para manter essas sequências organizadas se tornou clara. Graças à visão de cientistas pesquisadores e funcionários governamentais envolvidos no Projeto Genoma Humano, seus objetivos incluíam o estabelecimento de bancos de dados centralizados e o refinamento de ferramentas de análise, que se tornaram facilmente acessíveis na internet.

Centralização de recursos para a análise de sequências genômicas

A disponibilização de recursos de bioinformática para pesquisadores em todo o mundo e a aceleração da disseminação de informações serviram para agilizar o progresso na análise de sequências de DNA. A National Library of Medicine (NLM) e o National Institutes of Health (NIH) mantêm o National Center for Biotechnology Information (NCBI), que hoje tem um *site* (www.ncbi.nlm.nih.gov), com diversos recursos de bioinformática. Nesse *site*, estão disponíveis *links* para bancos de dados, programas e diversas informações sobre genômica e assuntos relacionados. *Sites* similares também foram estabelecidos por três centros de genoma com os quais o NCBI colabora: o European Molecular Biology Laboratory, o DNA Data Bank of Japan e o BGI (anteriormente conhecido como Beijing Genomics Institute) em Shenzhen, na China. Esses grandes bancos de dados são complementados por outros mantidos por grupos de laboratórios menores ou individuais. *Sites* menores frequentemente fornecem bancos de dados e programas desenvolvidos para propósitos mais específicos, como o estudo da genética e alterações genômicas de tipos particulares de câncer.

O banco de dados de sequências do NCBI é chamado de GenBank. Em agosto de 2019, o GenBank incluía as sequências de 214 milhões de fragmentos de DNA genômico, totalizando 366 bilhões de pares de bases! O GenBank é atualizado constantemente, e a quantidade de dados que ele contém aumenta rapidamente. Qualquer sequência no banco de dados pode ser acessada e analisada utilizando os programas disponíveis no NCBI ou em outro *site*.

Um programa muito utilizado, disponível no *site* do NCBI, chamado BLAST (do inglês *Basic Local Alignment Search Tool*), permite ao usuário comparar uma sequência de DNA com cada sequência no GenBank, base por base. Um pesquisador pode procurar regiões semelhantes em outros genes da mesma espécie ou entre os genes de outras espécies. Outro programa permite comparar sequências de proteínas. Um terceiro programa permite a busca em sequências de proteínas por segmentos *conservados* (comuns) de aminoácidos (domínios) cuja função seja conhecida ou atribuída, além de mostrar um modelo tridimensional do domínio e outras informações relevantes **(Figura 21.3)**. Inclusive, existem vários programas que podem alinhar e comparar uma coleção de sequências, seja de ácidos nucleicos ou de polipeptídeos, e esquematizá-las na forma de uma árvore evolutiva com base nas relações entre as sequências. (Um desses diagramas é mostrado na Figura 21.17.)

Duas instituições de pesquisa, a Universidade Rutgers e a Universidade da Califórnia, em San Diego, nos Estados Unidos, também mantêm um banco de dados mundial de todas as estruturas proteicas tridimensionais que foram determinadas experimentalmente, chamado Protein Data Bank (PDB) (www.wwpdb.org). Essas estruturas podem ser manipuladas pelo usuário para a visualização de toda a superfície da proteína. Ao longo deste livro, você encontrará imagens de estruturas de proteínas que foram obtidas no PDB.

Existe uma ampla gama de recursos disponíveis para o uso de pesquisadores de qualquer lugar do mundo, sem custos. Vamos considerar os tipos de questões que podem ser respondidas utilizando esses recursos.

① Nesta janela, a sequência parcial de aminoácidos de uma proteína não caracterizada do melão almiscarado ("Query") é alinhada com sequências de outras proteínas que o programa de computador identificou como proteínas semelhantes. Cada sequência representa um domínio denominado WD40.

② Quatro assinaturas do domínio WD40 estão destacadas em amarelo. (A semelhança entre as sequências baseia-se nas características químicas dos aminoácidos; dessa forma, os aminoácidos em cada região conservada nem sempre são idênticos.)

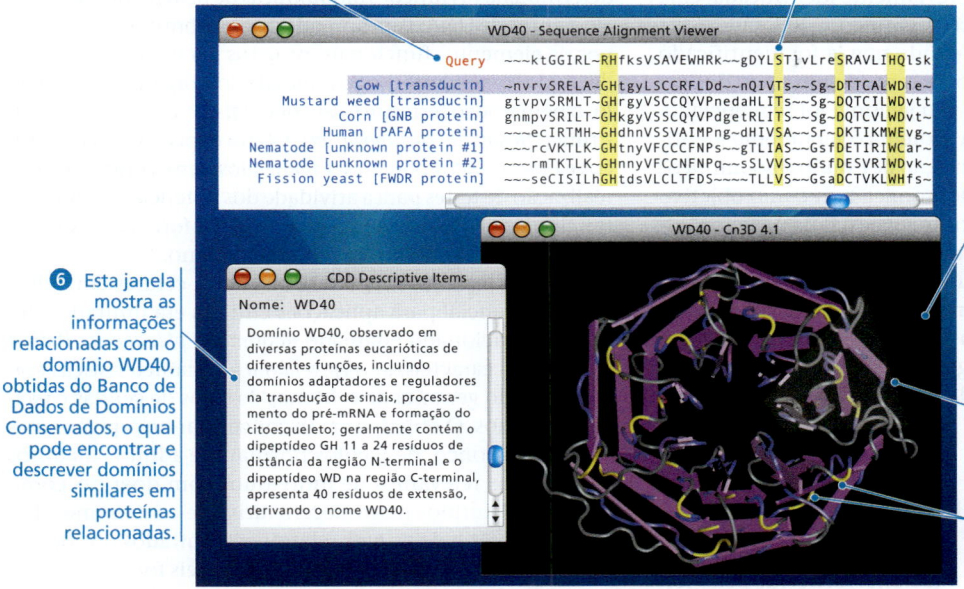

③ O programa Cn3D mostra a estrutura tridimensional, no modelo de fitas, da proteína transducina bovina (a proteína destacada em lilás na janela de visualização do alinhamento de sequências). Esta proteína é a única entre as sequências mostradas cuja estrutura foi determinada. A semelhança da sequência de aminoácidos das demais proteínas com a proteína transducina bovina sugere que elas provavelmente possuam estruturas semelhantes.

④ A transducina bovina apresenta sete domínios WD40, um deles destacado em cinza na figura.

⑤ Os segmentos em amarelo correspondem às assinaturas WD40 destacadas em amarelo na janela acima.

⑥ Esta janela mostra as informações relacionadas com o domínio WD40, obtidas do Banco de Dados de Domínios Conservados, o qual pode encontrar e descrever domínios similares em proteínas relacionadas.

▲ **Figura 21.3** *Site* **do National Center for Biotechnology Information (NCBI).** Alguns resultados são mostrados a partir de uma busca por domínios conservados em proteínas semelhantes à sequência de aminoácidos de uma proteína do melão almiscarado.

Identificação de genes que codificam proteínas e estudo das suas funções

Usando sequências de DNA disponíveis, os geneticistas podem estudar os genes de maneira direta, em vez de adotar a abordagem genética clássica, que requer a determinação da função de um gene desconhecido a partir do fenótipo. No entanto, essa metodologia mais recente apresenta um novo desafio: qual é a função do gene em estudo? Diante de uma longa sequência de DNA de um banco de dados como o GenBank, os cientistas buscam identificar todos os genes que codificam para proteínas nessa sequência e, em última análise, suas funções. Esse processo, chamado **anotação gênica**, usa três linhas de evidência para identificar um gene.

Primeiramente, computadores são utilizados para buscar padrões que indicam a presença de genes. A abordagem usual é usar programas para escanear as sequências armazenadas para detectar aquelas que apresentam sinais de início e término da transcrição e da tradução, locais de *splicing* de RNA e outros sinais que indicam a presença de genes codificadores de proteínas, como sequências promotoras. O programa também procura certas sequências curtas que correspondem a sequências presentes em mRNAs conhecidos. Milhares dessas sequências, chamadas *marcadores de sequências expressas* (*ESTs*, do inglês *expressed sequence tags*), foram identificadas a partir de sequências de cDNA e estão catalogadas em bancos de dados computacionais. Esse tipo de análise identifica sequências que podem corresponder a sequências ainda não identificadas que codificam genes.

Embora a identidade de cerca da metade dos genes humanos fosse conhecida antes do início do Projeto Genoma Humano, os outros genes, antes desconhecidos, foram revelados pela análise da sequência de DNA. Uma vez identificados esses supostos genes, o segundo passo é obter pistas sobre suas identidades e funções. Um programa é usado para comparar suas sequências com as de genes conhecidos de outros organismos. Em decorrência da redundância do código genético, a sequência de DNA pode apresentar maior variabilidade entre espécies do que a sequência de proteínas. Portanto, os cientistas interessados em proteínas geralmente comparam as sequências preditas de aminoácidos com as sequências de aminoácidos de outras proteínas. O passo final é confirmar as identidades desses genes usando RNA-seq (ver Figura 20.12) ou algum outro método para mostrar que o RNA correspondente é realmente expresso a partir do gene proposto.

Às vezes, uma sequência recentemente identificada corresponde, pelo menos parcialmente, à sequência de um gene ou proteína em outra espécie cuja função é bem conhecida. Por exemplo, uma pesquisadora trabalhando com vias de sinalização no melão cantalupe ficaria animada ao ver que uma sequência parcial de aminoácidos de um gene que ela havia identificado correspondia a sequências em outras espécies que codificavam uma parte funcional de uma proteína chamada domínio WD40 (ver Figura 21.3). Os domínios WD40 estão presentes em muitas proteínas eucarióticas e são conhecidos pela sua função em vias de transdução de sinal. É possível que a sequência de um novo gene seja similar a uma sequência previamente identificada, cuja função permaneça desconhecida. Outra possibilidade é que essa sequência seja distinta de tudo que já foi identificado anteriormente. Esse foi o caso de cerca de um terço dos genes de *Escherichia coli* quando seu genoma foi sequenciado. Nesses casos, a função de uma proteína é geralmente identificada por meio de uma combinação de estudos bioquímicos e funcionais. A abordagem bioquímica tem como objetivo a identificação da estrutura tridimensional da proteína, assim como outros atributos, como potenciais sítios de ligação para outras moléculas. Os estudos funcionais envolvem, em geral, o *nocaute* (bloqueio ou inativação) de um gene em um organismo para verificar o seu efeito no fenótipo. O sistema CRISPR-Cas9, descrito na Figura 17.28, é um exemplo de técnica experimental utilizada na inativação da função de um gene.

Compreendendo os genes e a expressão gênica no nível de sistema

O impressionante poder computacional fornecido pelas ferramentas de bioinformática permite o estudo de conjuntos de genes e das suas interações, assim como a comparação de genomas de diferentes espécies. A genômica é uma fonte de dados sobre questões fundamentais que envolvem a organização de genomas, a regulação da expressão gênica, o desenvolvimento embrionário e a evolução.

Uma abordagem informativa foi adotada por um projeto de pesquisa de longo prazo chamado ENCODE (*Encyclopedia of DNA Elements*), que começou em 2003. O objetivo do projeto é aprender tudo que é possível sobre os elementos de importância funcional no genoma humano, a princípio utilizando múltiplas técnicas experimentais em diferentes tipos de células cultivadas. Os pesquisadores procuraram identificar genes codificadores de proteínas e genes para RNAs não codificantes, juntamente com sequências que regulam a expressão gênica, como acentuadores (em inglês, *enhancers*) e promotores. Além disso, eles caracterizaram extensivamente as modificações de DNA e histonas e a estrutura da cromatina – características denominadas "epigenéticas", pois afetam a expressão gênica sem alterar a sequência das bases nucleotídicas (ver Conceito 18.3). A segunda fase do projeto, envolvendo mais de 440 cientistas em 32 grupos de pesquisa, culminou em 2012 com a publicação simultânea de 30 trabalhos descrevendo mais de 1.600 grandes conjuntos de dados. Agora em sua quarta fase, o projeto ENCODE está expandindo sua análise do genoma humano e do camundongo (um organismo-modelo de mamíferos), buscando identificar sequências regulatórias e outras sequências importantes. O poder notável do ENCODE é que ele oferece a oportunidade de comparar os resultados de projetos específicos uns com os outros, produzindo uma imagem muito mais rica dos genomas humano e do camundongo.

Talvez a descoberta mais marcante foi que cerca de 75% do genoma humano é transcrito em algum momento em pelo menos um dos tipos de células estudados, mesmo que menos de 2% codifiquem para proteínas. Além disso, foram determinadas as funções bioquímicas de pelo menos 80% dos elementos de DNA. Para aprender mais sobre os diferentes tipos de elementos funcionais, projetos paralelos analisaram, de modo semelhante, os genomas de dois organismos-modelo, o nematódeo terrestre *Caenorhabditis elegans* e a mosca-da-fruta (*Drosophila melanogaster*). Como experimentos genéticos e bioquímicos podem ser realizados nesses organismos, a realização de testes para a atividade dos potenciais elementos funcionais de DNA nesses genomas pode fornecer respostas sobre o funcionamento do genoma humano.

Como o projeto ENCODE analisava células em cultura, seu potencial para aplicações clínicas era limitado. Um projeto relacionado chamado *Roadmap Epigenomics Project* se propôs a caracterizar o *epigenoma* – as características epigenéticas do genoma de centenas de tipos de células e tecidos humanos. O objetivo era se concentrar nos epigenomas de células-tronco, de tecidos normais de adultos maduros e de tecidos relevantes de indivíduos com doenças como câncer e distúrbios neurodegenerativos e autoimunes. Em 2015, uma série de artigos relatou os resultados obtidos de 111 tecidos. Uma das descobertas mais úteis foi que o tecido original no qual um câncer surgiu pode ser identificado em células de um tumor secundário com base na caracterização de seus epigenomas.

Biologia de sistemas

O progresso científico resultante do sequenciamento de genomas e do estudo de conjuntos de genes encorajou os cientistas a tentar estudos sistemáticos semelhantes com conjuntos de proteínas e suas propriedades (como sua abundância, modificações químicas e interações), metodologia chamada **proteômica**. (**Proteoma** é o conjunto completo de proteínas expressas por uma célula ou conjunto de células.) As proteínas, e não os genes que as codificam, desempenham a maioria das atividades celulares. Portanto, se quisermos entender o funcionamento das células e dos organismos, devemos estudar quando e onde as proteínas são produzidas em um organismo, bem como sua interação em redes.

A genômica e a proteômica permitem aos biólogos moleculares abordar o estudo da vida a partir de uma perspectiva cada vez mais integrada. Usando as ferramentas que descrevemos, os biólogos começaram a compilar catálogos de genes e proteínas, listando todas as "partes" que contribuem para o funcionamento das células, dos tecidos e dos organismos. Com esses catálogos em mãos, os pesquisadores desviaram sua atenção das partes individuais – genes e proteínas – para sua integração funcional em sistemas biológicos. Como você deve se lembrar, o Conceito 1.1 discutiu essa abordagem, chamada **biologia de sistemas**, que visa modelar o comportamento dinâmico de sistemas biológicos inteiros com base no estudo das interações entre as partes do sistema. Devido à grande quantidade de dados gerados nesses tipos de estudos, os avanços na tecnologia computacional e na bioinformática são cruciais para o estudo da biologia de sistemas.

Uma aplicação importante da abordagem de biologia de sistemas é definir redes de interação de genes e proteínas. Para mapear a rede de interações de proteínas na levedura *Saccharomyces cerevisiae*, por exemplo, os pesquisadores usaram técnicas sofisticadas para nocautear pares de genes, um par de cada vez, criando células duplamente mutantes. Então, eles compararam o valor adaptativo (em inglês, *fitness*) de cada mutante duplo (com base, em parte, no tamanho da colônia de células que se formou) com a prevista a partir do valor adaptativo de cada um dos dois mutantes simples. Os pesquisadores argumentaram, que se o valor adaptativo observado correspondesse à previsão, então os produtos dos dois genes não interagiam um com o outro, mas, se o valor adaptativo observado fosse maior ou menor do que o previsto, então os produtos gênicos interagiam na célula. Então, eles utilizaram programas de computador para construir um modelo gráfico pelo "mapeamento" dos produtos gênicos em determinados locais do modelo, com base na semelhança das interações. Esses resultados criam o "mapa funcional", semelhante a uma rede, das interações proteicas mostrado na **Figura 21.4**. Para processar o grande número de interações proteína-proteína gerado por esse experimento e integrar os dados em um modelo gráfico, são necessários computadores de alto desempenho, ferramentas matemáticas e o desenvolvimento de novos programas.

Aplicações da biologia de sistemas à medicina

O Cancer Genome Atlas começou em 2007 e culminou em 2018 com publicações chamadas *Pan-Cancer Atlas* (Atlas Pan-Câncer). Esse projeto é outro exemplo de biologia de sistemas em que muitos genes e produtos gênicos que interagem são analisados em conjunto como um grupo. Sob a liderança conjunta do National Cancer Institute e do NIH, o projeto visava determinar como as mudanças nos sistemas biológicos levam ao desenvolvimento do câncer. Um projeto-piloto se propôs a encontrar todas as mutações comuns em três tipos de câncer – câncer de pulmão, câncer de ovário e glioblastoma do cérebro –, comparando sequências gênicas e padrões de expressão gênica entre células cancerosas e células normais. Os estudos com glioblastoma confirmaram o papel de diversos genes suspeitos e identificaram alguns genes previamente desconhecidos, sugerindo novos alvos para a terapia.

À medida que as técnicas de alto rendimento se tornam mais rápidas e menos custosas, elas estão sendo cada vez mais aplicadas à problemática do câncer. A abordagem descrita anteriormente mostrou-se tão eficaz para esses três tipos de câncer que foi estendida a outros 10 tipos, escolhidos por serem comuns e muitas vezes letais em humanos, assim como para tumores *metastáticos* (ver Figura 12.20), aqueles que se dispersaram de tumores primários e invadiram órgãos distantes no corpo. Cerca de 90% das mortes por câncer são causadas principalmente por metástases. Os resultados de um estudo de tumores metastáticos, publicado em 2017, destacaram vários genes-chave cujas mutações estavam frequentemente presentes em metástases e poderiam ser alvos da quimioterapia. No geral, o *Pan-Cancer Atlas* contribuiu significativamente para compreender como, onde e por que surgem os tumores, ressaltando o valor de uma abordagem de biologia de sistemas integrativa para o tratamento do câncer.

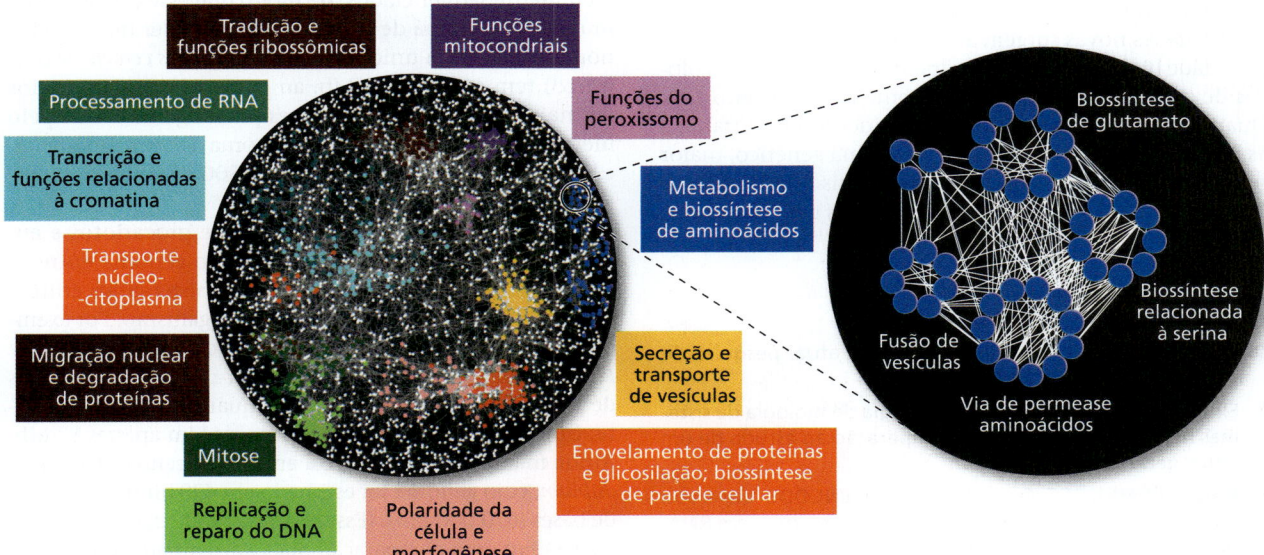

▲ **Figura 21.4 A abordagem da biologia de sistemas aplicada às interações proteicas.** Este mapa global de interações proteicas mostra um subconjunto de interações prováveis (linhas) entre os cerca de 4.500 produtos gênicos (pontos) em *Saccharomyces cerevisiae*, uma levedura que realiza brotamento. Pontos de uma mesma cor representam produtos gênicos envolvidos em uma das 13 funções celulares semelhantes listadas ao redor da imagem. Os pontos brancos representam proteínas ainda não relacionadas com as funções listadas. A área em destaque mostra detalhes adicionais de uma região do mapa onde os produtos gênicos (pontos azuis) realizam a biossíntese ou a absorção de aminoácidos, e funções relacionadas.

◄ **Figura 21.5** *Chip* de microarranjo de genes humanos. Pequenos pontos de DNA dispostos ordenadamente nas células de silicone representam quase todos os genes do genoma humano. Utilizando estes *chips*, pesquisadores podem, ao mesmo tempo, analisar padrões de expressão gênica para todos os genes humanos (ver Figura 20.13).

Além do sequenciamento de genomas inteiros, os microarranjos de DNA em *chips* de vidro ou de silicone **(Figura 21.5)** e, cada vez mais, o RNA-seq (ver Figura 20.12) são usados para analisar padrões de expressão gênica em pacientes que têm vários tumores e outras doenças. A análise de quais genes são super ou subexpressos em um determinado câncer permite aos médicos adaptar o tratamento dos pacientes à sua composição genética única e às especificidades de seus tumores. Essa abordagem tem sido utilizada para caracterizar subconjuntos de cânceres específicos, permitindo o desenvolvimento de tratamentos mais refinados. Um exemplo é o câncer de mama (ver Figura 18.27).

Com o tempo, os registros médicos podem incluir a sequência de DNA de um indivíduo, uma espécie de código de barras genético, com regiões destacadas que predispõem a pessoa a doenças específicas. O uso desses dados de sequências para a medicina personalizada – prevenção de doenças e tratamento – tem grande potencial.

A biologia de sistemas é um meio altamente eficiente de estudar as propriedades emergentes no nível molecular. Propriedades novas surgem a cada nível sucessivo de complexidade biológica, como resultado da disposição dos blocos de construção no nível subjacente (ver Conceito 1.1). Quanto mais formos capazes de aprender sobre o arranjo e as interações dos componentes do sistema genético, maior será o nosso entendimento sobre os organismos. O restante deste capítulo examina o que aprendemos com os estudos genômicos.

REVISÃO DO CONCEITO 21.2

1. Qual papel a internet desempenha na atual pesquisa de genômica e proteômica?
2. Explique as vantagens da metodologia de biologia de sistemas no estudo do câncer em comparação ao estudo de um único gene de cada vez.
3. **FAÇA CONEXÕES** O projeto-piloto ENCODE observou que pelo menos 75% do genoma são transcritos em RNA, quantidade muito maior do que os genes que codificam proteínas. Revise os Conceitos 17.3 e 18.3 e sugira possíveis funções desempenhadas por essas moléculas de RNA.
4. **FAÇA CONEXÕES** No Conceito 20.2, você aprendeu sobre estudos de associações de genomas. Explique como esses estudos utilizam a abordagem da biologia de sistemas.

Ver as respostas sugeridas no Apêndice A.

CONCEITO 21.3

Os genomas variam em tamanho, número de genes e densidade gênica

As sequências de milhares de genomas já foram completadas, com dezenas de milhares de genomas em andamento ou considerados esboços permanentes (porque requerem mais trabalho do que valeria a pena para completá-los). Entre as sequências em andamento, estão cerca de 22 mil metagenomas. Entre os genomas cujo sequenciamento está completo, cerca de 137.500 são de bactérias e 1.200 são do domínio Archaea. Existem 430 espécies eucarióticas concluídas, juntamente com 4.500 rascunhos permanentes. Entre estes, estão vertebrados, invertebrados, protistas, fungos e plantas. A seguir, discutiremos o que aprendemos sobre o tamanho dos genomas, o número de genes e a densidade de genes, com foco em tendências gerais.

Tamanho dos genomas

Comparando os três domínios (Bacteria, Archaea e Eukarya), encontramos uma diferença geral no tamanho do genoma entre procariotos e eucariotos **(Tabela 21.1)**. Embora haja algumas exceções, a maioria dos genomas bacterianos tem entre 1 e 6 milhões de pares de bases (Mb); por exemplo, o genoma de *E. coli* tem 4,6 Mb. Os genomas de arqueias estão, em sua maioria, dentro da faixa de tamanho dos genomas bacterianos. (Tenha em mente, entretanto, que poucos genomas de arqueias foram completamente sequenciados, de modo que esse quadro pode mudar.) O genoma de eucariotos tende a ser maior: o genoma da levedura unicelular *Saccharomyces cerevisiae* (um fungo) tem cerca de 12 Mb, ao passo que a maioria dos animais e plantas multicelulares possui genomas de pelo menos 100 Mb. São 165 Mb no genoma da mosca-da-fruta, e humanos têm 3.000 Mb, cerca de 500 a 3 mil vezes o genoma de uma bactéria típica.

Apesar dessa diferença geral entre procariotos e eucariotos, a comparação do tamanho do genoma entre os eucariotos não revela qualquer relação sistemática entre o tamanho do genoma e o fenótipo do organismo. Por exemplo, o intervalo entre as plantas é enorme: o genoma de *Paris japonica*, uma planta japonesa, contém 149 bilhões de pares de bases (149.000 Mb), enquanto o de outra planta, *Utricularia gibba*, uma urticária, contém apenas 82 Mb. Ainda mais surpreendente é a ameba unicelular, *Polychaos dubium*, cujo genoma foi estimado em 670 bilhões de pares de bases (670.000 Mb). (Esse genoma ainda não foi sequenciado.) Em uma comparação mais aproximada, entre duas espécies de insetos, o genoma do grilo (*Anabrus simplex*) apresenta 11 vezes mais pares de bases do que o genoma da mosca-da-fruta (*Drosophila melanogaster*). Existe uma ampla variação no tamanho do genoma entre os grupos de protistas, insetos, anfíbios e plantas, e uma variação menor entre mamíferos e répteis.

Tabela 21.1 Tamanhos dos genomas e números estimados de genes*

Organismo	Tamanho do genoma haploide (Mb)	Número de genes	Genes por Mb
Bactérias			
Haemophilus influenzae	1,8	1.700	940
Escherichia coli	4,6	4.400	950
Arqueias			
Archaeoglobus fulgidus	2,2	2.500	1.130
Methanosarcina barkeri	4,8	3.600	750
Eucariotos			
Saccharomyces cerevisiae (levedura, um fungo)	12	6.300	525
Utricularia gibba	82	28.500	348
Caenorhabditis elegans (nematódeo)	100	20.100	200
Arabidopsis thaliana (planta da família da mostarda)	120	27.000	225
Drosophila melanogaster (mosca-da-fruta)	165	14.000	85
Daphnia pulex (pulga-d'água)	200	31.000	155
Zea mays (trigo)	2.300	32.000	14
Ailuropoda melanoleuca (panda-gigante)	2.400	21.000	9
Homo sapiens (humanos)	3.000	21.300	7
Paris japonica (planta japonesa)	149.000	ND	ND

*Alguns valores fornecidos nesta tabela podem ser alterados à medida que a análise dos genomas avança. Mb, milhão de pares de bases; o número haploide é usado porque representa um conjunto completo de informações genéticas. ND, não determinado.

Número de genes

O número de genes também varia entre procariotos e eucariotos: bactérias e arqueias, em geral, possuem menos genes que eucariotos. Bactérias de vida livre e arqueias possuem 1.500 a 7.500 genes, ao passo que o número de genes em eucariotos varia de cerca de 5 mil nos fungos unicelulares (leveduras) até 40 mil em alguns eucariotos multicelulares.

Nos eucariotos, o número de genes em uma espécie é frequentemente menor do que seria esperado quando analisado o tamanho do seu genoma. Analisando a Tabela 21.1, podemos observar que o genoma do nematódeo C. elegans tem 100 Mb de tamanho e contém 20.100 genes. O genoma de D. melanogaster, em comparação, é muito maior (165 Mb), mas tem apenas dois terços do número de genes – 14 mil genes.

Considerando um exemplo mais próximo, notamos que o genoma humano contém 3.000 Mb, mais de 10 vezes o tamanho do genoma de D. melanogaster e de C. elegans. Ao final do Projeto Genoma Humano, os biólogos esperavam algo entre 50 mil e 100 mil genes a serem identificados após o sequenciamento completo, com base no número de proteínas humanas já conhecidas. Com o avanço do projeto, a estimativa foi revisada várias vezes para baixo. Ainda há uma discussão sobre o número, mas ele é muito menor, provavelmente em torno de 21.300. Essa estimativa, semelhante ao número de genes do nematódeo C. elegans, surpreendeu os biólogos, que esperavam muito mais genes humanos.

Quais atributos genéticos permitem aos seres humanos (e outros vertebrados) sobreviverem com um número de genes semelhante ao número de genes dos nematódeos? Um fator importante é que os genomas dos vertebrados "conseguem extrair mais dados" das suas sequências codificadoras por meio do extensivo processamento alternativo dos transcritos de RNA. Não se esqueça de que esse processo origina mais de uma proteína funcional a partir de um único gene (ver Figura 18.14). Um gene humano típico contém cerca de 10 éxons, e estima-se que 90% ou mais desses genes com múltiplos éxons sejam processados em pelo menos dois produtos distintos. Alguns genes são expressos em centenas de formas processadas de modo alternativo, outros em apenas duas formas. Pesquisadores ainda não catalogaram todas as formas alternativas, mas é claro que o número de proteínas diferentes codificadas no genoma humano excede o número proposto de genes.

A diversidade adicional de polipeptídeos também pode ser resultado das modificações pós-traducionais, como clivagem e adição de carboidratos em diferentes tipos celulares ou em diferentes etapas de desenvolvimento. Finalmente, a descoberta de miRNAs e outros RNAs que desempenham funções reguladoras acrescentou uma nova variável à mistura (ver Conceito 18.3). Alguns cientistas pensam que esse nível de regulação adicional de alguns genes, quando presente, pode contribuir para uma maior complexidade do organismo.

Densidade gênica e DNA não codificante

Podemos considerar o tamanho do genoma e o número de genes para comparar a densidade gênica em diferentes espécies. Em outras palavras, podemos perguntar quantos genes estão em um determinado intervalo de DNA. Quando comparamos os genomas de bactérias, arqueias e eucariotos, vemos que os eucariotos geralmente apresentam os maiores genomas, mas com poucos genes em determinado número de pares de bases. Os seres humanos apresentam centenas ou milhares de vezes a quantidade de pares de bases do genoma da maioria das bactérias, como já salientamos, mas apresentam apenas 5 a 15 vezes mais genes; portanto, a densidade gênica é menor nos seres humanos (ver Tabela 21.1). Mesmo os eucariotos unicelulares, como a levedura, apresentam menos genes por milhão de pares de bases do que as bactérias e as arqueias. Entre os genomas que foram sequenciados completamente, os humanos e outros mamíferos têm a menor densidade genética.

Em todos os genomas de bactérias já estudados, a maior parte do DNA é composta por genes que codificam proteínas, tRNA ou rRNA; a pequena quantidade de DNA restante é composta principalmente por sequências reguladoras não transcritas, como os promotores. A sequência de nucleotídeos ao longo de um gene que codifica uma proteína bacteriana não é interrompida por sequências não codificadoras (íntrons). Nos genomas eucarióticos, ao contrário, a maior parte do DNA não codifica proteínas nem é traduzida em moléculas de RNA de função conhecida, e o DNA apresenta sequências reguladoras ainda mais complexas. De fato, os seres humanos apresentam 10 mil vezes mais DNA não codificante do que as bactérias. Parte desse DNA está presente nos eucariotos multicelulares na forma de íntrons nos genes. Os íntrons são os responsáveis pela diferença de tamanho médio entre os genes humanos (27.000 pares de bases) e os genes bacterianos (1.000 pares de bases).

Além dos íntrons, os eucariotos multicelulares apresentam grande quantidade de DNA não codificante de proteínas entre os genes. Na próxima seção, descreveremos a composição e o arranjo desses grandes segmentos de DNA no genoma humano.

REVISÃO DO CONCEITO 21.3

1. A melhor estimativa atual é que o genoma humano contém cerca de 21.300 genes. No entanto, existem evidências de que as células humanas produzem mais de 21.300 polipeptídeos distintos. Quais processos podem explicar essa discrepância?
2. O site *Genomes Online Database* (GOLD) do Joint Genome Institute possui informações sobre projetos que envolvem sequenciamento de genomas. Acesse https://gold.jgi.doe.gov/statistics e descreva as informações que você encontrar. Qual porcentagem dos projetos de genomas bacterianos tem relevância médica?
3. **E SE?** Qual processo evolutivo pode ser responsável pelo fato de os procariotos apresentarem genomas menores do que os eucariotos?

Ver as respostas sugeridas no Apêndice A.

CONCEITO 21.4

Eucariotos multicelulares têm grande quantidade de DNA não codificante e diversas famílias multigênicas

Passamos a maior parte do nosso tempo concentrados nos genes que codificam proteínas. No entanto, as regiões codificadoras desses genes e dos genes que codificam pequenos RNAs, como os tRNAs, constituem uma parcela pequena da maioria dos genomas eucarióticos multicelulares. Por exemplo, apenas uma pequena parte – cerca de 1,5% – codifica para proteínas ou é transcrita em rRNA ou tRNA. A **Figura 21.6** mostra o que se sabe acerca dos 98,5% restantes do nosso genoma.

As sequências reguladoras relacionadas a genes e os íntrons são responsáveis, respectivamente, por 5% e cerca de 20% do genoma humano. O restante, localizado entre os genes funcionais, inclui DNA não codificante único (única cópia), como fragmentos de genes e **pseudogenes**, genes que acumularam diversas mutações ao longo do tempo e deixaram de ser funcionais. (Os genes que produzem pequenos RNAs não codificantes correspondem a uma ínfima porcentagem do genoma, distribuída entre os 20% correspondentes aos íntrons e entre os 15% de DNA não codificante único.)

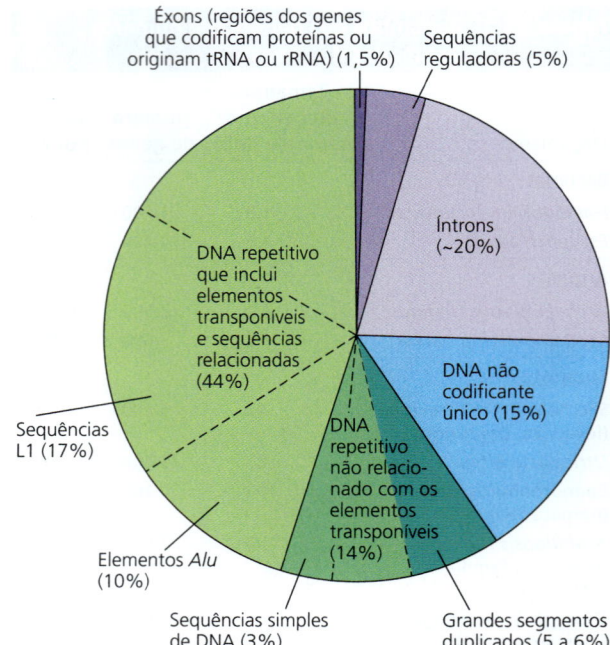

▲ **Figura 21.6 Tipos de sequências de DNA no genoma humano.** As sequências dos genes que codificam proteínas ou são transcritas em moléculas de rRNA ou tRNA representam apenas 1,5% do genoma humano (em roxo-escuro no gráfico de *pizza*), ao passo que os íntrons e outras sequências reguladoras associadas aos genes (em lilás mais claro) representam quase um quarto. A grande maioria do genoma humano não codifica para proteínas (embora grande parte dê origem a RNAs), e uma grande quantidade é de DNA repetitivo (verde-escuro, verde-claro e verde-azulado).

No entanto, a maior parte do DNA que se encontra entre genes funcionais é **DNA repetitivo**, que consiste em sequências que estão presentes em múltiplas cópias no genoma.

A maior parte do genoma eucarioto é composto por sequências de DNA que não codificam proteínas nem são transcritas em moléculas de RNA de função conhecida; esse DNA não codificante costumava ser descrito como "DNA-lixo". Entretanto, as comparações genômicas ao longo dos últimos 10 anos revelaram a persistência desse DNA em diversos genomas ao longo de muitas centenas de gerações. Por exemplo, o genoma de seres humanos, ratos e camundongos contém quase 500 regiões de DNA não codificante *idênticas* nas sequências das três espécies. Esse é um grau de conservação de sequências maior do que é observado entre as regiões que codificam proteínas nessas espécies, o que sugere fortemente que as regiões não codificantes possuam funções importantes. Os resultados do projeto ENCODE discutido anteriormente ressaltaram os papéis-chave desempenhados por grande parte desse DNA não codificante. Em seguida, examinaremos como os genes e as sequências não codificantes de DNA são organizados dentro de genomas de eucariotos multicelulares, usando o genoma humano como nosso exemplo principal. A organização genômica nos diz muito sobre como os genomas têm evoluído e continuam a evoluir, como veremos no Conceito 21.5.

Elementos transponíveis e sequências relacionadas

Tanto procariotos quanto eucariotos possuem fragmentos de DNA que podem se mover de um local para outro no genoma. Esses fragmentos são chamados de *elementos genéticos transponíveis*, ou simplesmente **elementos transponíveis**. Durante o processo chamado *transposição*, um elemento transponível se desloca de um local do DNA da célula para um local diferente por meio de um processo de recombinação. Às vezes, os elementos transponíveis são chamados de "genes saltadores", mas na verdade eles nunca se desprendem totalmente do DNA da célula. Em vez disso, o local da posição original e o novo local de inserção são aproximados por meio da atividade de enzimas e outras proteínas que induzem a curvatura da cadeia de DNA. Surpreendentemente, cerca de 75% do DNA repetitivo humano (44% de todo o genoma humano) são compostos por elementos transponíveis e sequências relacionadas a eles.

A primeira evidência dos segmentos de DNA transponíveis foi obtida pela geneticista norte-americana Barbara McClintock com experimentos de cruzamentos com milho nos anos 1940 e 1950 **(Figura 21.7)**. Ao rastrear plantas de milho por muitas gerações, McClintock analisou as mudanças na cor dos grãos de milho. Os padrões que ela observou a levaram a propor que existiam elementos genéticos capazes de se mover de outros locais do genoma para os genes relativos à cor do grão, interrompendo os genes e mudando a cor do grão. A hipótese de McClintock provocou grande interesse entre seus colegas que trabalhavam com milho, mas a maioria dos outros cientistas pensou que o fenômeno que ela havia observado talvez ocorresse apenas no milho. O seu trabalho cuidadoso e suas ideias originais foram finalmente validados muitos anos depois, quando os elementos transponíveis foram encontrados em bactérias. Em 1983, aos 81 anos de idade, McClintock recebeu o prêmio Nobel pela sua pesquisa inovadora.

Movimento dos transpósons e dos retrotranspósons

Os elementos transponíveis eucarióticos são de dois tipos. O primeiro tipo, os **transpósons**, move-se dentro de um genoma por meio de um intermediário de DNA. Os transpósons se deslocam por um mecanismo de "recortar e colar", que remove o elemento da sua localização original, ou por um mecanismo de "copiar e colar", que deixa uma cópia do local original **(Figura 21.8)**. Os dois mecanismos requerem uma enzima chamada *transposase*, que geralmente é codificada pelo transpóson.

A maioria dos elementos transponíveis em genomas eucarióticos é do segundo tipo, os **retrotranspósons**, que se deslocam por meio de um intermediário de RNA, que é um transcrito do DNA do retrotranspóson. Os retrotranspósons sempre deixam uma cópia no local original durante a transposição **(Figura 21.9)**. Para ser inserido em um novo local, o intermediário de RNA é inicialmente convertido de volta em DNA pela transcriptase reversa, enzima codificada pelo próprio retrotranspóson. (A transcriptase reversa também é codificada por retrovírus, conforme visto no Conceito 19.2. De fato, os retrovírus podem ter evoluído a partir dos retrotranspósons, ou vice-versa.) Uma enzima celular catalisa a inserção desse DNA transcrito a partir de RNA no seu novo local.

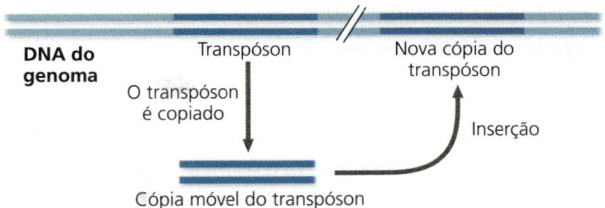

▲ **Figura 21.8** **Movimento dos transpósons.** O deslocamento dos transpósons, seja pelo mecanismo de copiar e colar (mostrado aqui) ou pelo mecanismo de recortar e colar, envolve um intermediário de DNA dupla-fita inserido no genoma.

HABILIDADES VISUAIS *Quais seriam as diferenças nesta figura se o mecanismo representado fosse de recortar e colar?*

◄ **Figura 21.7** **Efeito dos elementos transponíveis na coloração do milho.** Barbara McClintock propôs inicialmente a ideia dos elementos genéticos móveis após a observação da variação de cor dos grãos de milho (imagem superior à direita).

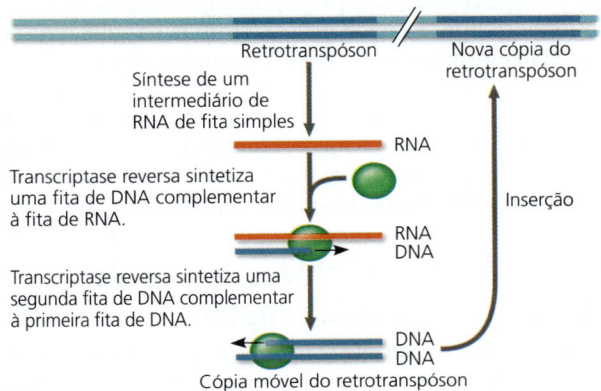

▲ **Figura 21.9** **Movimento dos retrotranspósons.** O deslocamento inicia com a síntese de um intermediário de RNA de fita simples. As etapas subsequentes são essencialmente idênticas à parte do ciclo de replicação dos retrovírus (ver Figura 19.8).

Sequências relacionadas aos elementos transponíves

Múltiplas cópias dos elementos transponíveis e sequências a eles relacionadas estão espalhadas por todo o genoma eucariótico. Uma só unidade geralmente apresenta centenas a milhares de pares de bases de extensão, e as cópias espalhadas são semelhantes, mas em geral não são idênticas entre si. Algumas dessas cópias são elementos transponíveis que podem se deslocar; as enzimas necessárias para esse movimento podem ser codificadas por qualquer elemento transponível, inclusive o que está se deslocando. Outras dessas cópias são sequências relacionadas que perderam a sua habilidade de deslocamento. Os elementos transponíves e as sequências relacionadas compõem 25 a 50% da maioria dos genomas de mamíferos (ver Figura 21.6) e porcentagens até maiores nos anfíbios e em muitas plantas. Na verdade, o tamanho muito grande de alguns genomas vegetais é explicado pela presença de elementos transponíveis extras, e não por genes extras. Por exemplo, os elementos transponíveis constituem 85% do genoma do milho!

Nos seres humanos e em outros primatas, uma grande proporção dos elementos transponíves relacionados com o DNA é composta por uma família de sequências semelhantes, chamadas *elementos Alu*. Sozinhas, essas sequências compõem cerca de 10% do genoma humano. Os elementos *Alu* apresentam cerca de 300 nucleotídeos de extensão, muito mais curtos que a maioria dos elementos transponíveis funcionais, e não codificam proteínas. No entanto, diversos elementos *Alu* são transcritos em RNA, e acredita-se que ao menos alguns desses RNAs tenham papel na regulação da expressão gênica.

Uma porcentagem ainda maior (17%) do genoma humano é composta por um tipo de retrotranspóson chamado *LINE-1*, ou *L1*. Essas sequências são muito mais longas que os elementos *Alu* – cerca de 6.500 pares de bases – e geralmente têm taxa de transposição bastante baixa. Entretanto, pesquisadores que trabalham com camundongos descobriram que a transcrição de retrotranspósons L1 é crucial para o desenvolvimento de embriões em fase inicial (estágio de uma e duas células). Eles propuseram que a transcrição dos retrotranspósons L1 pode afetar a estrutura da cromatina de modo significativo para o desenvolvimento embrionário.

Embora alguns elementos transponíveis codifiquem proteínas, essas proteínas não realizam as funções celulares normais. Portanto, os elementos transponíveis são frequentemente incluídos na categoria de DNA "não codificante", juntamente com outras sequências repetitivas.

Outros DNAs repetitivos, incluindo DNAs de sequência simples

O DNA repetitivo não relacionado aos elementos transponíveis provavelmente se origina de erros durante a replicação ou recombinação do DNA. Esse DNA corresponde a cerca de 14% do genoma humano (ver Figura 21.6). Cerca de um terço desse valor (5-6% do genoma humano) é composto por duplicações de longas sequências de DNA, em que cada unidade pode variar de 10.000 a 300.000 pares de bases. Esses longos segmentos parecem ter sido copiados de um local do cromossomo para outro local no mesmo cromossomo ou em um cromossomo distinto e provavelmente incluem alguns genes funcionais.

Ao contrário das cópias dispersas de sequências longas, trechos de DNA conhecidos como **DNA de sequência simples** contêm muitas cópias de sequências curtas repetitivas (em *tandem*), como no exemplo a seguir (mostrando apenas uma fita de DNA):

...GTTACGTTACGTTACGTTACGTTACGTTAC...

Neste caso, a unidade repetida (GTTAC) consiste em 5 nucleotídeos, mas o número pode variar de 2 a 500. Quando a unidade contém 2 a 5 nucleotídeos, a série de repetição é chamada de **repetição curta em *tandem*** (**STR**, do inglês *short tandem repeat*); discutimos o uso da análise de STR na preparação de perfis genéticos por meio do uso de PCR no Conceito 20.4 (ver Figura 20.24). O número de cópias da unidade de repetição pode variar de um local a outro em um genoma. Pode haver centenas a milhares de repetições da unidade GTTAC em um local, mas apenas metade desse número em outro local. A análise de STR é realizada em locais selecionados devido ao menor número de repetições. O número de repetição varia de pessoa para pessoa, e, como os humanos são diploides, cada pessoa tem dois alelos por local de repetição; estes podem diferir em número de repetição. Essa diversidade dá origem à variação representada em um perfil genético que resulta da análise de STR.

O DNA de sequência simples constitui 3% do genoma humano, grande parte dele localizado nos telômeros e centrômeros cromossômicos, onde pode desempenhar um papel estrutural. O DNA nos centrômeros é essencial para a separação das cromátides na divisão celular (ver Conceito 12.2) e, junto com o DNA de sequência simples localizado em outro lugar, também pode ajudar a organizar a cromatina dentro do núcleo interfásico. O DNA de sequência simples localizado nos telômeros se liga a proteínas que protegem as extremidades cromossômicas da degradação e da união a outros cromossomos.

Sequências curtas repetitivas, como as que foram descritas aqui, são um desafio para o sequenciamento completo de genomas pela técnica de *shotgun*, pois a presença de diversas sequências curtas repetidas diminui a acurácia do alinhamento dos fragmentos de sequências realizado pelos programas de computador. As regiões de DNA de sequência simples são responsáveis por grande parte da incerteza que existe nas estimativas de tamanhos de genomas inteiros e são a razão pela qual algumas sequências são consideradas "rascunhos permanentes".

Genes e famílias multigênicas

Agora, vamos dar uma olhada nos genes. Lembre-se de que as sequências de DNA que codificam para proteínas ou dão origem ao tRNA ou ao rRNA constituem apenas 1,5% do genoma humano (ver Figura 21.6). Se incluirmos íntrons e sequências regulatórias, a quantidade total de DNA que está relacionada a genes – codificantes e não codificantes – constitui cerca de 25% do genoma humano. Em outras palavras, apenas 6% (1,5 dos 25%) da extensão média de um gene são representados em seu produto final.

Muitos genes eucarióticos estão presentes como sequências únicas, com apenas uma cópia por conjunto haploide de cromossomos. Porém, no genoma humano e nos genomas de muitos outros animais e plantas, esses genes singulares constituem menos da metade do DNA total relacionado a genes. O restante ocorre na forma de **famílias multigênicas**, conjuntos de dois ou mais genes idênticos ou bastante semelhantes.

Em uma família multigênica composta por sequências *idênticas* de DNA, essas sequências geralmente se encontram organizadas em *tandem* e, com a exceção notável dos genes que codificam as proteínas histonas, têm RNA como produtos finais. Um exemplo é a família de sequências idênticas de DNA, que incluem os genes das três maiores moléculas de rRNA **(Figura 21.10a)**. Essas moléculas de rRNA são transcritas a partir de uma única unidade de transcrição que se repete em *tandem* de centenas a milhares de vezes em um ou mais grupos no genoma dos eucariotos multicelulares. As diversas cópias dessa unidade de transcrição de rRNA auxiliam a célula a produzir rapidamente os milhares de ribossomos necessários para a síntese proteica. O transcrito primário é clivado, originando três moléculas de rRNA que se associam a proteínas e a outros tipos de rRNA (rRNA 5S) para formar as subunidades dos ribossomos.

Os exemplos clássicos de famílias multigênicas de genes *não idênticos* são duas famílias de genes relacionados que codificam globinas, um grupo de proteínas que inclui os polipeptídeos α e β das subunidades da hemoglobina. Uma família, localizada no cromossomo 16 dos seres humanos, codifica várias formas da globina α; a outra família, no cromossomo 11, codifica formas da globina β **(Figura 21.10b)**. As diferentes formas de cada subunidade da globina são expressas em diferentes estágios do desenvolvimento, permitindo que a hemoglobina funcione de maneira eficiente conforme as alterações de ambiente durante o desenvolvimento animal. Nos seres humanos, por exemplo, as formas embrionária e fetal da hemoglobina apresentam maior afinidade por oxigênio do que as formas adultas, garantindo a transferência eficiente de oxigênio da mãe para o feto. Diversos pseudogenes são também encontrados nos grupos da família de genes da globina.

No Conceito 21.5, consideraremos a evolução dessas duas famílias de genes da globina enquanto exploramos como os arranjos dos genes fornecem uma visão da evolução dos genomas. Também vamos examinar alguns processos que moldaram os genomas de diferentes espécies ao longo da evolução.

REVISÃO DO CONCEITO 21.4

1. Discuta as características dos genomas dos mamíferos que os tornam maiores que os genomas dos procariotos.
2. **HABILIDADES VISUAIS** Qual(is) dos três mecanismos descritos nas Figuras 21.8 e 21.9 resulta(m) na permanência de uma cópia no local original e no surgimento de uma nova cópia em um novo local do genoma?
3. Discuta as diferenças na organização da família de genes de rRNA e das famílias de genes da globina. Para cada família, explique como a existência de famílias de genes beneficia o organismo.

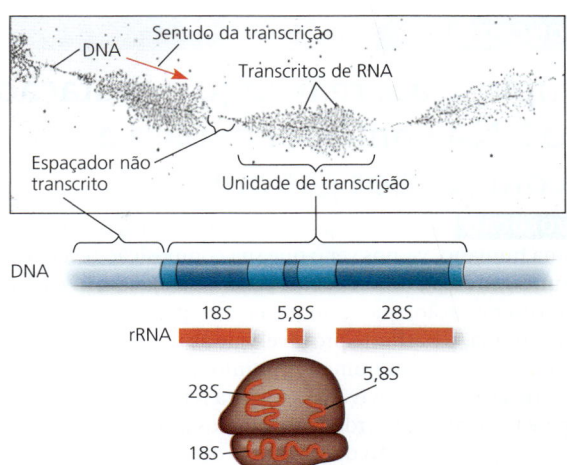

(a) **Parte da família de genes de RNA ribossômico.** A parte superior da figura (MET) mostra três entre as centenas de cópias de unidades de transcrição da família de genes de rRNA, no genoma da salamandra. Cada "pluma" corresponde a uma única unidade sendo transcrita por cerca de 100 moléculas de RNA-polimerase (os pontos escuros ao longo do DNA), deslocando-se da esquerda para a direita (seta vermelha). Os transcritos crescentes de RNA se projetam da molécula de DNA. O diagrama abaixo da MET mostra uma unidade de transcrição, em que os genes para os três tipos de rRNA (azul-escuro) são adjacentes às regiões também transcritas, mas removidas posteriormente (azul-claro). Um único transcrito é processado para originar uma molécula de cada um dos três rRNAs (vermelho), componentes essenciais dos ribossomos.

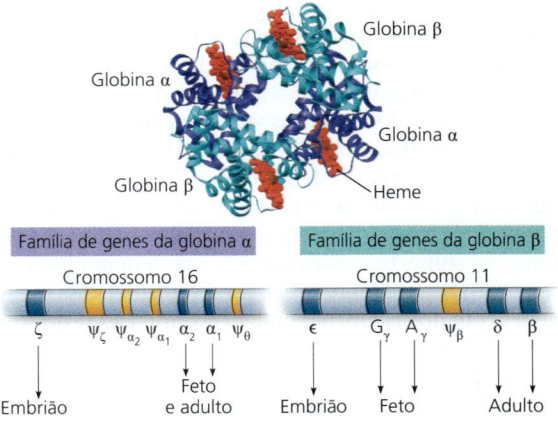

(b) **A família de genes humanos da globina α e da globina β.** Em adultos, a hemoglobina é composta por duas subunidades polipeptídicas de globina α e duas de globina β. Os genes (azul-escuro) que codificam as globinas α e β são observados em duas famílias, organizadas conforme mostrado aqui. O DNA não codificador (azul-claro) que separa os genes funcionais em cada família inclui ainda pseudogenes (ψ; dourado), versões dos genes funcionais que não codificam polipeptídeos funcionais. Os genes e os pseudogenes são denominados com letras gregas, como visto anteriormente para as globinas α e β. Alguns dos genes são expressos somente em embriões e fetos.

▲ **Figura 21.10** Famílias gênicas.

HABILIDADES VISUAIS *Na MET no topo da parte (a), como você poderia determinar a direção da transcrição se ela não fosse indicada pela seta vermelha?*

4. **FAÇA CONEXÕES** Correlacione cada segmento de DNA na parte superior da Figura 18.9 com um setor do gráfico de *pizza* mostrado na Figura 21.6.

Ver as respostas sugeridas no Apêndice A.

CONCEITO 21.5

Duplicação, rearranjo e mutação do DNA contribuem para a evolução dos genomas

EVOLUÇÃO Agora que já exploramos a composição do genoma humano, vamos ver o que sua composição revela sobre como o genoma evoluiu. A base das mudanças em nível genômico é a mutação, que sustenta a maior parte da evolução de um genoma. É bastante provável que as primeiras formas de vida possuíssem um número mínimo de genes – aqueles necessários para a sobrevivência e para a reprodução. Se essa hipótese fosse mesmo verdadeira, um dos aspectos da evolução deveria ser o aumento do tamanho dos genomas, em que o material genético extra atua como matéria-prima para a diversificação gênica. Nesta seção, primeiro veremos como cópias extras de todo um genoma (ou de parte dele) podem surgir e depois consideraremos os processos subsequentes que podem levar à evolução das proteínas (ou de produtos de RNA) com funções ligeiramente diferentes ou inteiramente novas.

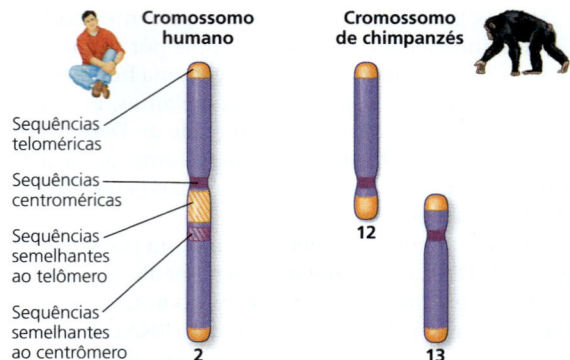

▲ **Figura 21.11 Cromossomos de humanos e chimpanzés.** As posições das sequências semelhantes a telômeros e centrômeros no cromossomo humano número 2 (à esquerda) são iguais aos telômeros dos cromossomos 12 e 13 de chimpanzés e ao centrômero do cromossomo 13 de chimpanzés (à direita). Isso sugere que os cromossomos 12 e 13 de um ancestral humano se fusionaram em suas extremidades, dando origem ao cromossomo humano 2. O centrômero do cromossomo 12 ancestral permaneceu funcional no cromossomo humano 2, enquanto o centrômero do cromossomo ancestral 13 perdeu sua função.

Duplicação de conjuntos cromossômicos inteiros

Um acidente na meiose, como a falha em separar os homólogos durante a meiose I, pode resultar em um ou mais conjuntos extras de cromossomos, uma condição conhecida como poliploidia (ver Conceito 15.4). Apesar de esses acidentes serem fatais na maior parte das vezes, em alguns casos raros poderiam facilitar a evolução de genes. Em um organismo poliploide, um conjunto de genes pode ser responsável pelas funções essenciais do organismo. Os genes localizados nos conjuntos extras de cromossomos podem divergir pelo acúmulo de mutações; essas variações podem perdurar se o organismo portador sobreviver e se reproduzir. Dessa maneira, genes com novas funções podem evoluir. Desde que uma das cópias de um gene essencial seja expressa, a divergência da outra cópia pode originar uma nova proteína com nova função, alterando o fenótipo do organismo.

O resultado desse acúmulo de mutações pode finalmente vir a ser a ramificação de uma nova espécie. Embora a poliploidia seja rara entre os animais, ela é relativamente comum entre as plantas, especialmente entre as plantas fanerógamas. Alguns botânicos estimam que até 80% das espécies atuais de plantas mostrem evidências de poliploidia entre seus ancestrais. Você aprenderá mais sobre os detalhes de como a poliploidia leva à especiação de plantas no Conceito 24.2.

Alterações na estrutura dos cromossomos

Com a recente explosão de informações derivadas de sequências genômicas, agora é possível comparar a organização de cromossomos de diferentes espécies em detalhes. Essa informação permite a inferência dos processos evolutivos que moldaram os cromossomos e induziram a especiação. Por exemplo, os cientistas já sabem, há bastante tempo, que nos últimos 6 milhões de anos, quando os ancestrais de seres humanos e chimpanzés divergiram como espécies separadas, a fusão de dois cromossomos ancestrais na linhagem humana foi responsável pelo diferente número haploide entre seres humanos ($n = 23$) e chimpanzés ($n = 24$). Os padrões de bandas nos cromossomos coloridos sugeriram que as versões ancestrais dos atuais cromossomos 12 e 13 de chimpanzés se fundiram de ponta a ponta, formando o cromossomo 2 em um antepassado da linhagem humana **(Figura 21.11)**.

Como sabemos que um cromossomo não foi apenas dividido em dois em um antepassado dos chimpanzés? Uma comparação de cromossomos em outros grandes símios – gorilas, chimpanzés, bonobos e orangotangos, nossos parentes mais próximos – mostra que essas espécies têm 24 cromossomos, então a conclusão mais simples é que o último ancestral comum de todos os grandes símios tinha 24 cromossomos. (Você aprenderá mais sobre este tipo de raciocínio no Conceito 26.3.) O sequenciamento e a análise do cromossomo 2 humano durante o Projeto Genoma Humano revelaram sequências de telômeros e um centrômero extra não utilizado no meio dele, entre outras evidências muito fortes que sustentam o modelo descrito anteriormente (ver Figura 21.11).

Em outro estudo, os pesquisadores compararam a sequência de DNA de cada cromossomo humano com a sequência completa do genoma de camundongos **(Figura 21.12)**. Uma parte desse estudo mostrou que grandes blocos de genes observados no cromossomo 16 humano são observados em quatro cromossomos de camundongos, o que indica que os genes em cada um desses blocos permaneceram juntos durante a evolução das linhagens dos seres humanos e dos camundongos, ao longo da sua divergência a partir de um ancestral comum.

A mesma comparação de cromossomos de humanos e seis outras espécies de mamíferos permitiu aos pesquisadores reconstruir a história evolutiva dos rearranjos cromossômicos nessas oito espécies. Eles encontraram muitas duplicações e inversões de grandes porções dos cromossomos, o resultado de erros durante a recombinação meiótica na qual

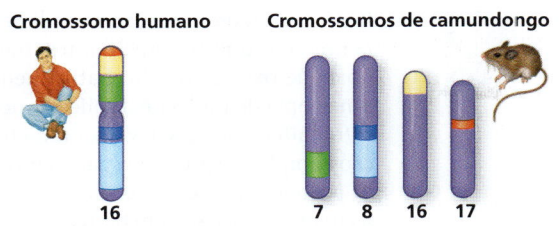

▲ **Figura 21.12 Cromossomos de humanos e camundongos.** Nesta figura, podemos observar que sequências de DNA bastante semelhantes aos grandes blocos observados no cromossomo 16 humano (áreas coloridas da figura) são encontradas nos cromossomos 7, 8, 16 e 17 de camundongos. Isso sugere que a sequência de DNA em cada bloco permaneceu unida desde que a época em que as linhagens dos seres humanos e dos camundongos divergiram a partir de um ancestral comum.

o DNA foi quebrado e religado incorretamente. A taxa de ocorrência desses eventos parece ter acelerado cerca de 100 milhões de anos atrás, por volta de 35 milhões de anos antes da extinção dos grandes dinossauros e do rápido aumento do número de espécies de mamíferos. Essa aparente coincidência é interessante, pois os rearranjos cromossômicos podem ter contribuído para a geração das novas espécies. Embora dois indivíduos com arranjos cromossômicos distintos possam cruzar e gerar prole, essa prole não terá dois conjuntos cromossômicos equivalentes, tornando a meiose ineficiente ou até mesmo impossível. Dessa maneira, o arranjo dos cromossomos levará a duas populações incapazes de se reproduzir com sucesso, primeira etapa no surgimento de duas espécies distintas. (Vamos aprender mais sobre esse assunto no Conceito 24.2.)

O mesmo estudo também revelou padrões com relevância médica. Análises dos pontos de quebra dos cromossomos que estavam relacionados com os rearranjos mostraram que locais específicos eram utilizados repetidamente. Alguns desses locais frequentes de recombinação, denominados *hot spots* em inglês, correspondem a locais de rearranjos no genoma humano associados a doenças congênitas (ver Conceito 15.4).

Duplicação e divergência das regiões do DNA que contêm os genes

Erros durante a meiose também podem levar à duplicação de regiões cromossômicas que são menores do que as que acabamos de discutir, incluindo segmentos com o comprimento de genes individuais. A permuta (*crossing over*) desigual durante a prófase I da meiose, por exemplo, pode resultar em um cromossomo com uma deleção e outro com uma duplicação de um ou mais genes específicos. Elementos transponíveis podem fornecer locais de homologia onde as cromátides não irmãs podem permutar, mesmo quando outras regiões das cromátides não estão corretamente alinhadas **(Figura 21.13)**.

Deslocamentos também podem ocorrer durante a replicação do DNA, com a alteração da posição da fita-molde em relação à nova fita complementar, e, dessa forma, parte da fita-molde talvez deixe de ser replicada ou seja utilizada duas vezes como molde. Como resultado, um segmento de

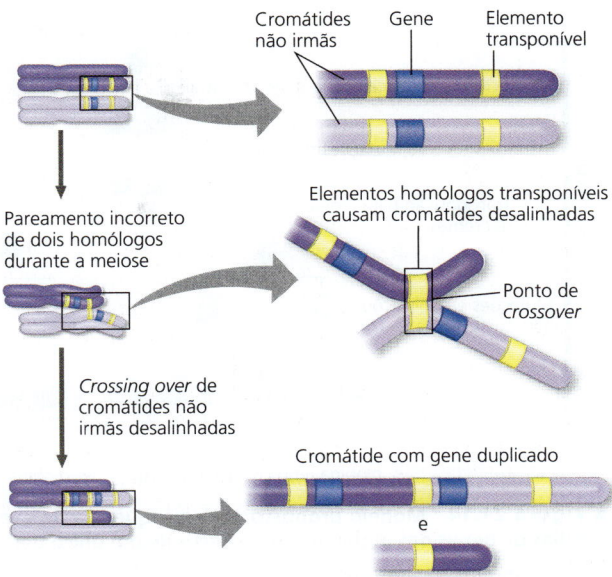

▲ **Figura 21.13 Duplicação de um gene como resultado de um *crossing over* desigual.** Um mecanismo pelo qual um gene (ou outro segmento de DNA) pode ser duplicado é a recombinação durante a meiose entre cópias de elementos transponíveis (em amarelo) localizadas em posições adjacentes ao gene (em azul). Essa recombinação entre cromátides não irmãs desalinhadas, em cromossomos homólogos, gera uma cromátide com duas cópias do gene e uma cromátide sem cópia. (Os genes e os elementos transponíveis são mostrados apenas na região de interesse.)

FAÇA CONEXÕES *Estude como ocorre o crossing over na Figura 13.9. Na imagem central da figura acima, desenhe uma linha entre as regiões do cromossomo derivadas da cromátide superior, representada na parte inferior da imagem. Utilizando uma cor diferente, faça isso também para a outra cromátide.*

DNA é omitido ou duplicado. É fácil imaginar como esses erros podem ocorrer em regiões da cadeia de DNA em que há repetições na sequência. (Ver a questão da Figura 21.13.) O número variável de unidades de repetição no DNA de sequência simples em um determinado local, utilizadas para as análises de STR, provavelmente se originou assim. Evidências da recombinação desigual e de deslocamentos da fita-molde de DNA durante a replicação, levando à duplicação de genes, podem ser encontradas na existência de famílias multigênicas, como a família das globinas.

Evolução de genes com funções relacionadas: os genes humanos para a globina

Na Figura 21.10b, você viu a organização das famílias de genes da globina α e da globina β como elas existem hoje no genoma humano. Agora, consideraremos como eventos de duplicação podem levar à evolução de genes com funções relacionadas, como a família dos genes de globina. A comparação das sequências dos genes em uma família multigênica pode sugerir a ordem de surgimento desses genes. Recriar a história evolutiva dos genes da globina usando essa abordagem indica que todos eles evoluíram de um gene ancestral comum da globina que sofreu duplicação e divergência para os genes ancestrais da globina α e da globina β há

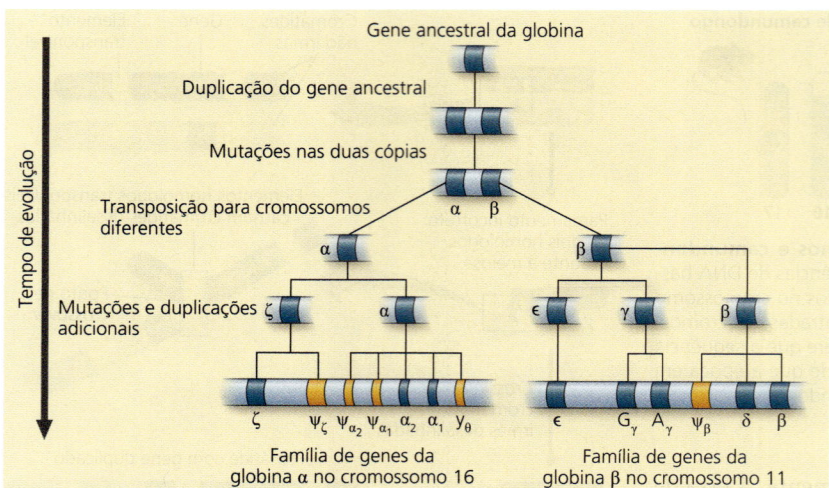

▲ **Figura 21.14** Modelo proposto para a sequência de eventos na evolução das famílias de genes das globinas α e β a partir de um único gene ancestral da globina.

❓ *Os elementos em amarelo são pseudogenes. Explique como eles podem ter surgido após a duplicação gênica.*

cerca de 450 a 500 milhões de anos **(Figura 21.14)**. Cada um desses genes foi posteriormente duplicado várias vezes, e, então, as cópias divergiram umas das outras em sequência, produzindo os atuais membros da família. O gene ancestral comum da globina também originou a proteína carreadora de oxigênio encontrada nos músculos, a mioglobina, e a proteína legemoglobina das plantas. Estas duas últimas proteínas são funcionais na forma de monômeros, e seus genes são incluídos na "superfamília das globinas".

Após os eventos de duplicação, as diferenças entre os genes das famílias das globinas se originaram, indubitavelmente, por eventos de mutação que se acumularam nas cópias dos genes ao longo de diversas gerações. O modelo atual é que a função necessária fornecida por uma proteína globina α, por exemplo, foi cumprida por um gene, enquanto outras cópias do gene globina α acumularam mutações aleatórias. Muitas mutações podem ter tido um efeito adverso sobre o organismo, e outras podem não ter tido nenhum efeito. Entretanto, algumas mutações devem ter alterado a função do produto proteico de forma a beneficiar o organismo em um determinado estágio da vida, sem alterar substancialmente a função de transporte de oxigênio da proteína. Presumivelmente, a seleção natural atuou sobre os genes alterados, mantendo-os na população.

No **Exercício de habilidades científicas**, você pode comparar as sequências de aminoácidos da família das globinas e analisar como essas comparações são utilizadas para gerar o modelo para a evolução do gene da globina, mostrado na Figura 21.14. A existência de diversos pseudogenes entre os genes funcionais da globina fornece mais evidências para esse modelo: mutações aleatórias nesses "genes" ao longo do processo evolutivo destruíram as suas funções.

Evolução de genes com novas funções

Na evolução das famílias de genes da globina, a duplicação de genes e a divergência subsequente produziram membros da família cujos produtos proteicos desempenharam funções semelhantes (transporte de oxigênio). Alternativamente, uma cópia de um gene duplicado pode sofrer alterações que levam a uma função completamente nova para o produto proteico. Os genes da lisozima e da lactoalbumina α são um bom exemplo.

A lisozima é a enzima que ajuda a proteger os animais das infecções bacterianas, por meio da hidrólise da parede das células das bactérias (ver Visualizando, Figura 5.16); a lactoalbumina α é uma proteína não enzimática com papel na produção de leite nos mamíferos. Essas duas proteínas são bastante semelhantes nas sequências de aminoácidos e estruturas tridimensionais **(Figura 21.15)**. Os dois genes são encontrados em mamíferos, mas apenas o gene da lisozima está presente nas aves. Esses dados sugerem que, em algum momento após a separação das linhagens que originaram os mamíferos e as aves, o gene da lisozima sofreu um evento de duplicação na linhagem dos mamíferos, mas não na linhagem das aves. Posteriormente, uma cópia do gene da lisozima duplicada evoluiu para um gene que codifica a lactoalbumina α, uma proteína com uma função completamente nova associada a uma característica-chave de mamíferos – a produção de leite. Em um estudo, os biólogos evolutivos pesquisaram genomas de vertebrados em busca de genes com sequências similares. Parece haver pelo menos oito membros da família das lisozimas, distribuídos amplamente entre as espécies de mamíferos. A função de todos os produtos gênicos codificados ainda não é conhecida, mas será interessante descobrir se essas funções são tão distintas quanto as funções da lisozima e da lactoalbumina α.

Além da duplicação e da divergência de genomas completos, o rearranjo de sequências existentes de DNA nos genes também contribui para a evolução dos genomas. A presença de íntrons pode ter impulsionado a evolução de novas proteínas ao facilitar a duplicação ou o embaralhamento de éxons, como veremos a seguir.

Rearranjo de segmentos dos genes: duplicação e embaralhamento de éxons

No Conceito 17.3, você viu que um éxon muitas vezes codifica um domínio proteico, uma região estrutural e funcional distinta de uma molécula proteica, como o domínio WD40 na Figura 21.3. Já vimos que o *crossing over* desigual durante a meiose pode levar a duplicações de um gene em um cromossomo e à perda desse gene no cromossomo homólogo (ver Figura 21.13). Em um processo similar, um éxon em particular na sequência de um gene pode ser duplicado em um cromossomo e estar ausente no seu homólogo. O gene com o éxon duplicado codificará uma proteína que contém uma segunda cópia do domínio correspondente a

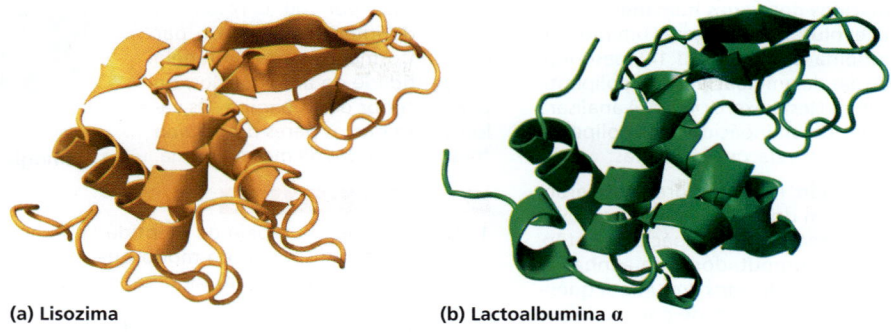

(a) Lisozima

(b) Lactoalbumina α

```
Lisozima       1   KVFERCELARTLKRLGMDGYRGISLANWMCLAKWESGYNTRATNYNAGDR
Lactoalbumina α 1  KQFTKCELSQLLK--DIDGYGGIALPELICTMFHTSGYDTQAIVENN--E

Lisozima       51  STDYGIFQINSRYWCNDGKTPGAVNACHLSCSALLQDNIADAVACAKRVV
Lactoalbumina α 51 STEYGLFQISNKLWCKSSQVPQSRNICDISCDKFLDDDITDDIMCAKKIL

Lisozima      101  RDPQGIRAWVAWRNRCQ-NRDVRQYVQGCGV
Lactoalbumina α 101 D-IKGIDYWLAHKALCT--EKLEQWLCEKL-
```

(c) Alinhamento da sequência de aminoácidos da lisozima e lactoalbumina α

▲ **Figura 21.15 Comparação da sequência das proteínas lisozima e lactoalbumina α.** Na figura, são mostrados os modelos de fitas gerados por computador das estruturas semelhantes **(a)** da lisozima e **(b)** da lactoalbumina α, assim como **(c)** a comparação das sequências de aminoácidos das duas proteínas. Códigos de aminoácidos de uma só letra são usados (ver Figura 5.14). Aminoácidos idênticos estão destacados em amarelo, e os traços indicam inserções em uma sequência, geradas pelo programa de computador para otimizar o alinhamento.

FAÇA CONEXÕES *Mesmo que dois aminoácidos não sejam idênticos, eles podem ser semelhantes estrutural e quimicamente e, portanto, têm comportamento similar. Usando a Figura 5.14 como referência, examine os aminoácidos não idênticos nas posições 1-30 e observe os casos em que os aminoácidos nas duas sequências são igualmente ácidos ou básicos.*

esse éxon. Essa alteração na estrutura da proteína pode aumentar a sua funcionalidade por um aumento na estabilidade, na capacidade de ligar-se a um ligante específico ou pela alteração de alguma outra propriedade. Diversos genes que codificam proteínas têm múltiplas cópias de éxons relacionados, presumivelmente originados de duplicação e divergência. O gene que codifica a proteína colágeno da matriz extracelular é um bom exemplo. O colágeno é uma proteína estrutural (ver Figura 5.18) com sequência de aminoácido altamente repetitiva, que se reflete em um padrão repetitivo de éxons no gene do colágeno.

Como possibilidade alternativa, podemos imaginar a mistura e a combinação ocasional de éxons diferentes, seja dentro de um gene, seja entre dois genes diferentes (não alélicos), devido a erros na recombinação meiótica. Esse processo, denominado *embaralhamento de éxons*, pode originar novas proteínas com novas combinações de funções. Como exemplo, vamos considerar o gene para o ativador de plasminogênio tecidual (TPA, do inglês *tissue plasminogen activator*). A proteína TPA é uma proteína extracelular que auxilia no controle da coagulação sanguínea. Ela tem quatro domínios de três tipos, cada um codificado por um éxon, e um desses éxons está presente em duas cópias. Como cada tipo de éxon também é encontrado em outras proteínas, acredita-se que a versão atual do gene para TPA tenha surgido por meio de várias situações de embaralhamento de éxons durante erros de recombinação meiótica e subsequente duplicação **(Figura 21.16)**.

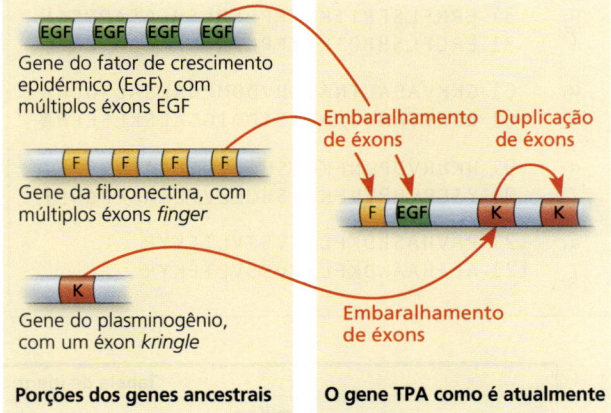

▲ **Figura 21.16 Evolução de um novo gene pelo embaralhamento de éxons.** Erros na meiose poderiam ter deslocado os éxons, cada um codificando um domínio específico, das formas ancestrais dos genes do fator de crescimento epidérmico, fibronectina e plasminogênio (à esquerda) para o gene em evolução do ativador de plasminogênio tecidual (TPA; à direita). A duplicação subsequente do éxon "kringle" (K) do gene do plasminogênio, após seu movimento para o gene do TPA, poderia ser responsável pelas duas cópias desse éxon no gene do TPA existente hoje.

HABILIDADES VISUAIS *Observando a Figura 21.13, descreva as etapas pelas quais elementos transponíveis dentro dos íntrons podem ter facilitado o embaralhamento dos éxons mostrado aqui.*

Exercício de habilidades científicas

Leitura de uma tabela de identidade de sequências de aminoácidos

Como a sequência de aminoácidos dos genes humanos da globina divergiu durante a sua evolução? Para gerar um modelo da evolução dos genes da globina (ver Figura 21.14), pesquisadores compararam as sequências de aminoácidos dos polipeptídeos codificados por esses genes. Neste exercício, você analisará os alinhamentos de sequências de aminoácidos dos polipeptídeos da globina para avaliar as suas relações evolutivas.

Como o experimento foi realizado Pesquisadores obtiveram as sequências de DNA de cada um dos oito genes da globina e as "traduziram" em suas sequências de aminoácidos. Então, eles utilizaram um programa de computador para alinhar as sequências (traços indicam inserções de *gaps* em uma sequência) e calcularam a porcentagem de identidade para cada par de globinas. A porcentagem de identidade reflete o número de posições com aminoácidos idênticos em relação ao número total de aminoácidos presentes no polipeptídeo da globina. Os dados estão representados na tabela a seguir, mostrando as comparações entre os pares de globinas.

Dados do experimento A tabela a seguir mostra um exemplo de alinhamento par a par – entre as sequências de aminoácidos da globina α_1 (globina alfa 1) e da globina ζ (globina zeta) – utilizando o código padrão de uma letra para a nomenclatura de aminoácidos. À esquerda de cada linha da sequência de aminoácidos, se encontra o número do primeiro aminoácido naquela linha. A porcentagem de identidade entre as sequências da globina α_1 e da globina ζ foi calculada pela contabilização do número de aminoácidos iguais (86, destacados em amarelo), dividido pelo número total de aminoácidos (143) e multiplicado por 100. O resultado é 60% de identidade para o par α_1-ζ, conforme indicado na tabela de identidade de aminoácidos, na parte inferior desta página. Os valores para outros pares de globina foram calculados da mesma forma.

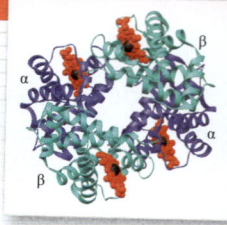

▲ **Hemoglobina**

INTERPRETE OS DADOS

1. Observe que, na tabela de identidade de aminoácidos, os dados estão dispostos de modo que cada par de globina possa ser comparado. **(a)** Algumas células da tabela têm linhas tracejadas. Considerando os pares comparados nessas posições, qual é a porcentagem de identidade correspondente às linhas tracejadas? **(b)** Observe que algumas posições da tabela na metade inferior à esquerda estão em branco. Utilizando os dados existentes na tabela, preencha os valores ausentes. Por que faz sentido que essas células tenham sido deixadas em branco na tabela?

2. Quanto maior for o tempo decorrido desde o evento de duplicação de um gene, maior será a divergência entre as sequências dos genes duplicados, o que pode resultar em diferentes aminoácidos nos produtos proteicos desses genes. **(a)** Considerando essa premissa, identifique os dois genes com maior divergência entre si. Qual é a porcentagem de identidade de aminoácidos entre seus polipeptídeos? **(b)** Utilizando a mesma lógica, identifique os dois genes da globina cujo evento de duplicação é mais recente. Qual é a porcentagem de identidade entre eles?

3. O modelo da evolução do gene da globina, mostrado na Figura 21.14, sugere que um gene ancestral foi duplicado e sofreu mutações, dando origem aos genes da globina α e da globina β, e depois cada um foi novamente duplicado e sofreu nova mutação. Quais evidências sustentam esse modelo?

4. Faça uma lista ordenada de todos os valores percentuais de identidade da tabela, começando com o 100% no topo. Ao lado de cada número, escreva o(s) par(es) de globinas correspondente(s). Utilize uma cor de caneta para as globinas da família α e uma cor diferente para as globinas da família β. **(a)** Compare a ordem dos pares em sua lista com suas posições no modelo mostrado na Figura 21.14. A ordem dos pares indica a mesma relação de proximidade evolutiva para os membros de cada família da globina indicados no modelo? **(b)** Compare os valores percentuais de identidade para pares dentro da família α ou β com os valores para pares entre famílias.

Leitura adicional R.C. Hardison, Globin genes on the move, *Journal of Biology* 7:35.1-35.5 (2008).

Globina	Alinhamento das sequências de aminoácidos da globina
α_1	1 MVLSPADKTNVKAAWGKVGAHAGEYGAEAL
ζ	1 MSLTKTERTIIVSMWAKISTQADTIGTETL
α_1	31 ERMFLSFPTTKTYFPHFDLSH-GSAQVKGH
ζ	31 ERLFLSHPQTKTYFPHFDL-HPGSAQLRAH
α_1	61 GKKVADALTNAVAHVDDMPNALSALSDLHA
ζ	61 GSKVVAAVGDAVKSIDDIGGALSKLSELHA
α_1	91 HKLRVDPVNFKLLSHCLLVTLAAHLPAEFT
ζ	91 YILRVDPVNFKLLSHCLLVTLAARFPADFT
α_1	121 PAVHASLDKFLASVSTVLTSKYR
ζ	121 AEAHAAWDKFLSVVSSVLTEKYR

Tabela de identidade de aminoácidos

		Família α			Família β				
		α_1 (alfa 1)	α_2 (alfa 2)	ζ (zeta)	β (beta)	δ (delta)	ϵ (épsilon)	A_γ (gama A)	G_γ (gama G)
Família α	α_1	-----	100	61	45	44	39	42	42
	α_2		-----	61	45	44	39	42	42
	ζ			-----	38	40	41	41	41
Família β	β				-----	93	76	73	73
	δ					-----	73	71	72
	ϵ						-----	80	80
	A_γ							-----	99
	G_γ								-----

Compilada utilizando dados do National Center for Biotechnology Information (NCBI).

Como os elementos transponíveis contribuem para a evolução do genoma

A persistência dos elementos transponíveis como grande fração de alguns genomas eucariotos é consistente com a ideia de que eles desempenham um importante papel na estruturação dos genomas ao longo do processo evolutivo. Esses elementos podem contribuir para a evolução do genoma de diversas formas. Eles podem promover a recombinação, interromper genes celulares ou elementos controladores e deslocar genes inteiros ou éxons individuais para novos locais no genoma.

Os elementos transponíveis, ou as sequências semelhantes espalhadas pelo genoma, facilitam a recombinação entre cromossomos diferentes (não homólogos), pois fornecem sequências homólogas para o processo de recombinação (ver Figura 21.13). Muitas dessas alterações têm efeito negativo, causando translocações de cromossomos e outras alterações no genoma que podem ser letais para o organismo. Porém, ao longo do curso do processo evolutivo, um evento ocasional de recombinação pode ser vantajoso para o organismo. (Para essa alteração se tornar hereditária, ela deve ocorrer em uma célula que dá origem a gametas, é claro.)

O movimento dos elementos também pode ter várias consequências. Por exemplo, um elemento transponível que "salta" para uma sequência codificadora de proteínas impedirá a produção de uma transcrição normal do gene. (Íntrons fornecem uma espécie de "zona de segurança" que não afeta a transcrição porque o elemento transponível será removido – a não ser que ele afete o processo de *splicing*.) Se um elemento transponível se inserir na sequência reguladora, a transposição pode aumentar ou diminuir a produção de uma ou mais proteínas. A transposição de elementos é responsável por esses dois tipos de efeitos nos genes que codificam as enzimas que sintetizam pigmentos nas espigas de milho estudadas por McClintock. Novamente, embora essas mudanças sejam geralmente prejudiciais, em longo prazo, algumas podem proporcionar uma vantagem de sobrevivência. Um exemplo possível foi mencionado anteriormente: pelo menos alguns dos elementos transponíveis *Alu* no genoma humano são conhecidos por produzir RNAs que regulam a expressão de genes humanos.

Durante a transposição, um elemento transponível pode levar consigo um gene, ou um grupo de genes, para um novo local do genoma. Essa ocorrência provavelmente é responsável pela localização das famílias de genes para globina α e globina β em cromossomos distintos nos seres humanos, assim como pela dispersão de alguns genes pertencentes a outras famílias. Em um processo similar, um éxon de um gene pode ser inserido em outro gene, em um mecanismo semelhante ao do embaralhamento de éxons durante a recombinação. Por exemplo, um éxon pode ser inserido por transposição em um íntron de um gene que codifica uma proteína. Se o éxon inserido for mantido no transcrito de RNA durante o processamento do RNA, a proteína sintetizada apresentará um domínio adicional, que poderá conferir uma nova função à proteína.

Na maioria das vezes, os processos discutidos nesta seção produzem efeitos nocivos, que podem ser letais ou não ter nenhum efeito. Em alguns casos, entretanto, podem ocorrer pequenas mudanças hereditárias que são benéficas. Ao longo de diversas gerações, a diversidade genética resultante fornece o substrato sobre o qual a seleção natural atua. A diversificação dos genes e de seus produtos é um fator importante na evolução de novas espécies. O acúmulo de alterações no genoma de cada espécie fornece um registro da sua história evolutiva. Ao ler esse registro, somos capazes de identificar as alterações do genoma. A comparação dos genomas de diferentes espécies nos permite fazer isso, aumentando nossa compreensão de como os genomas evoluem. Vamos aprender mais sobre esses tópicos a seguir.

REVISÃO DO CONCEITO 21.5

1. Descreva três exemplos de erros em processos celulares que podem levar a duplicações do DNA.
2. Explique como múltiplos éxons podem ter surgido nos genes ancestrais EGF e da fibronectina, mostrados na Figura 21.16 (à esquerda).
3. Quais são as três formas pelas quais os elementos transponíveis podem contribuir para a evolução do genoma?
4. **E SE?** Em 2005, cientistas da Islândia relataram a descoberta de uma grande inversão cromossômica presente em 20% dos nascidos no norte da Europa e que mulheres islandesas com a presença dessa inversão tinham um número significativamente maior de filhos do que as mulheres sem a inversão. O que você acha que vai ocorrer com a frequência dessa inversão na população da Islândia nas futuras gerações?

Ver as respostas sugeridas no Apêndice A.

CONCEITO 21.6

A comparação de sequências de genomas fornece evidências sobre a evolução e o desenvolvimento

EVOLUÇÃO Nos últimos 30 anos, temos visto avanços rápidos no sequenciamento de genomas e na coleta de dados, novas técnicas para avaliar a atividade de genes em todo o genoma e para editar uma sequência gênica de uma forma específica em células vivas e abordagens refinadas para entender como os genes e seus produtos funcionam juntos em sistemas complexos. No campo da biologia, estamos realmente à beira de um novo mundo.

A comparação de sequências genômicas de diferentes espécies revela muito sobre a história evolutiva da vida, desde a muito antiga até a mais recente. Da mesma forma, estudos comparativos dos programas genéticos que direcionam o desenvolvimento embrionário em diferentes espécies estão descobrindo os mecanismos que geraram a grande diversidade de formas de vida presentes hoje em dia. Agora, vamos analisar o que foi aprendido com essas duas abordagens.

Comparação de genomas

Quanto mais semelhantes em sequência forem os genes e genomas de duas espécies, menos tempo se passou para que mutações e outras mudanças se acumulassem e, portanto, mais estreitamente relacionadas essas espécies estão em sua história evolutiva. A comparação de genomas de espécies de relação mais próxima pode esclarecer eventos evolutivos mais recentes, ao passo que a comparação das sequências de genomas de espécies de relação mais distante pode ajudar na compreensão de eventos evolutivos remotos. Nos dois casos, o aprendizado das características compartilhadas ou que divergem entre grupos melhora o quadro conhecido sobre a evolução das formas de vida e dos processos biológicos. As relações evolutivas entre as espécies podem ser representadas por um diagrama na forma de uma árvore (muitas vezes, virada lateralmente), onde cada ponto de ramificação marca a divergência de duas linhagens (ver Figura 1.20). A **Figura 21.17** mostra as relações evolutivas de alguns grupos e espécies que agora vamos examinar.

Comparando espécies com relações distantes

A determinação de quais genes se mantiveram semelhantes – em outras palavras, genes *altamente conservados* – em espécies de parentesco distante pode ajudar a elucidar as relações evolutivas entre espécies que divergiram uma da outra há bastante tempo. De fato, comparações da sequência completa do genoma de bactérias, arqueias e eucariotos indicam que esses três grupos divergiram entre 2 e 4 bilhões de anos atrás, corroborando a teoria de que esses são os domínios fundamentais da vida (ver Figura 21.17).

Além do seu valor na biologia evolutiva, os estudos comparativos de genomas confirmam a relevância das pesquisas com organismos-modelo para a maior compreensão da biologia em geral e da biologia dos seres humanos em particular. Genes ancestrais podem, ainda, ser surpreendentemente semelhantes em espécies distintas. Um estudo experimental testou a capacidade da versão humana de cada um dos 414 genes mais importantes da levedura para funcionar de forma equivalente em células de levedura. Curiosamente, os pesquisadores concluíram que 47% desses genes de levedura poderiam ser substituídos pelo gene humano correspondente. Esse resultado surpreendente ressalta a origem comum das leveduras e dos seres humanos – duas espécies distantemente relacionadas.

Comparação de espécies evolutivamente próximas

Os genomas de duas espécies de parentesco próximo têm grande probabilidade de apresentarem organização similar, pois a sua divergência é relativamente recente. Sua longa história compartilhada também significa que apenas um pequeno número de diferenças genéticas é encontrado quando seus genomas são comparados. Essas diferenças genéticas podem ser mais facilmente correlacionadas com as diferenças fenotípicas entre as duas espécies. Uma aplicação interessante para esse tipo de análise foi observada quando pesquisadores compararam o genoma humano ao genoma de chimpanzés, camundongos, ratos e outros mamíferos. Identificar os genes compartilhados por todas essas espécies, mas não por animais não mamíferos, fornece pistas sobre o que é necessário para fazer um mamífero, enquanto encontrar os genes compartilhados por chimpanzés e humanos, mas não por roedores, diz algo sobre os primatas. E, é claro, comparar o genoma humano com o do chimpanzé nos ajuda a responder a uma pergunta tentadora: quais informações genômicas constituem um ser humano ou um chimpanzé?

Uma análise da composição geral do genoma de humanos e do chimpanzé, cuja divergência acredita-se que tenha ocorrido há cerca de 6 milhões de anos (ver Figura 21.17), revela algumas diferenças gerais. Considerando substituições de base única, os dois genomas diferem em apenas 1,2%. No entanto, quando pesquisadores consideraram longos segmentos de DNA, eles se surpreenderam ao encontrar uma diferença adicional de 2,7%, decorrente de inserções ou deleções de grandes segmentos de DNA no genoma de uma ou de outra espécie; muitas dessas inserções correspondem a duplicações ou a outras sequências de DNA repetitivo. De fato, um terço das duplicações de DNA observadas nos seres humanos está ausente no genoma do chimpanzé, e algumas dessas duplicações contêm regiões associadas a doenças humanas. Mais elementos *Alu* sofreram transposição no genoma humano, levando a 7 mil elementos específicos de humanos em comparação com 2.300 elementos específicos de chimpanzés. O genoma do chimpanzé, por sua vez, contém muitas cópias de um provírus retroviral que não está presente em humanos. Todas essas observações fornecem pistas sobre os eventos que podem ter separado esses dois genomas em rotas distintas, mas ainda não conhecemos todos os fatores.

Junto com os chimpanzés, os bonobos são a segunda espécie de primatas africanos que são parentes evolutivos próximos da linhagem humana. O sequenciamento do genoma do bonobo revelou que, em algumas regiões, as sequências humanas estavam mais estreitamente relacionadas com as sequências de chimpanzés ou bonobos do que as sequências de chimpanzés ou bonobos estavam entre si. Essa comparação de três espécies de relação próxima permite que mais detalhes sejam utilizados na reconstrução da história evolutiva.

Também não sabemos como essas diferenças reveladas pelo sequenciamento do genoma podem ser responsáveis

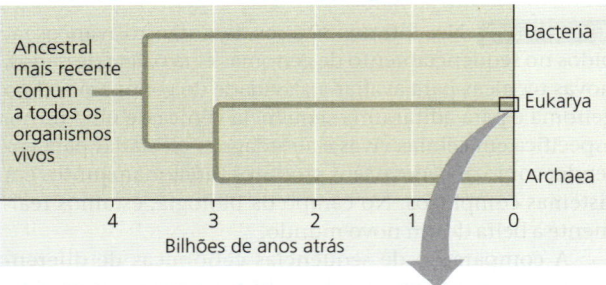

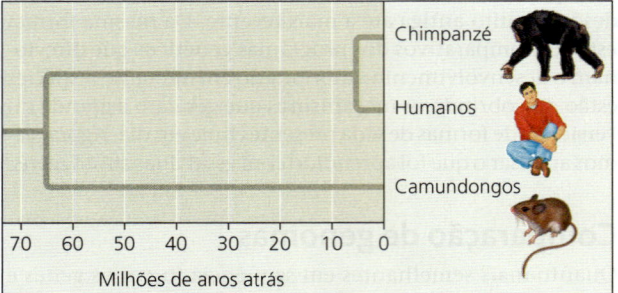

▲ **Figura 21.17 Relações evolutivas entre os três domínios da vida.** Este diagrama na parte superior da figura mostra a divergência antiga entre os domínios Bacteria, Eukarya e Archaea. Um segmento da linhagem dos eucariotos foi expandido na porção ampliada, mostrando a divergência mais recente das três espécies de mamíferos discutidas neste capítulo.

pelas características específicas de cada uma das espécies. Para descobrir as bases das diferenças fenotípicas de chimpanzés e seres humanos, biólogos estão estudando genes específicos e tipos de genes que diferem entre as duas espécies e comparando-os com os seus genes equivalentes em outros mamíferos. Essa metodologia revelou um conjunto de genes que aparentemente estão mudando (evoluindo) de maneira mais rápida nos seres humanos do que nos chimpanzés ou nos camundongos. Entre esses genes, se encontram aqueles envolvidos na defesa contra a malária e a tuberculose e pelo menos um gene que controla o tamanho do cérebro. Quando os genes são classificados por suas funções, os genes que parecem estar evoluindo mais rapidamente são aqueles que codificam fatores de transcrição. Esses dados são bastante empolgantes, pois os fatores de transcrição regulam a expressão gênica, desempenhando um papel-chave no controle geral do programa genético.

Um fator de transcrição de interesse, cujo gene é chamado *FOXP2*, pode estar envolvido na aquisição da fala em humanos. A atenção foi dada pela primeira vez ao *FOXP2* em 2002, quando uma publicação científica relatou que esse gene estava evoluindo mais rapidamente em humanos (*Homo sapiens*) do que em outros primatas, tendo como base, em parte, dois aminoácidos encontrados apenas na sequência das proteínas humanas. Os pesquisadores propuseram que esta seria uma versão do gene específica do ser humano, resultante de uma forte seleção natural e que poderia ter conferido aos humanos a capacidade de falar.

Em 2014, uma sequência de alta qualidade do genoma dos neandertais (*Homo neanderthalensis*) foi obtida a partir de uma pequena quantidade de DNA genômico preservado, e pouco depois o DNA de outro membro da espécie *Homo*, o denisovano, também foi sequenciado (ver Conceito 34.7). Acontece que algumas sequências de DNA de ambas as espécies codificam os mesmos dois aminoácidos, de modo que os dois aminoácidos não são específicos do ser humano. Em um artigo publicado em 2018, pesquisadores analisaram sequências genômicas de uma população maior e mais diversificada dos humanos modernos. Nesse estudo mais robusto, os pesquisadores não encontraram evidências de uma forte seleção natural para aqueles dois aminoácidos da linhagem humana durante o período que fosse relevante para a aquisição da linguagem.

Entretanto, o gene *FOXP2* ainda é interessante por si só. Várias linhas de evidências sugerem que o produto do gene *FOXP2* regula os genes que funcionam na vocalização em vertebrados. Em primeiro lugar, mutações nesse gene podem produzir graves deficiências de fala e linguagem em humanos. Em segundo lugar, o gene *FOXP2* é expresso no cérebro dos tentilhões-zebra e canários quando essas aves estão aprendendo suas canções. E, em terceiro lugar, talvez a evidência mais forte venha de um experimento de "nocaute" gênico, no qual os pesquisadores interromperam o gene *FOXP2* em camundongos e analisaram o fenótipo resultante **(Figura 21.18)**. Os camundongos homozigotos mutantes tinham cérebros malformados e não emitiam vocalizações ultrassônicas normais; os camundongos com uma cópia defeituosa do gene também apresentavam problemas significativos com a vocalização. Esses resultados sustentam a ideia de que o produto do gene *FOXP2* é responsável pela ativação de genes envolvidos na vocalização.

Expandindo essa análise, outro grupo de pesquisa substituiu o gene *FOXP2* em camundongos por um cópia "humanizada" que codifica para as versões humanas da proteína FOXP2, com os dois aminoácidos que diferem entre as sequências humana e de chimpanzé. Os pesquisadores relataram que, embora os camundongos com o gene humano *FOXP2* fossem saudáveis em geral, eles tinham vocalizações sutilmente diferentes e apresentavam alterações nas células cerebrais em circuitos associados à fala no cérebro humano. Embora o gene *FOXP2* claramente afete a vocalização e a fala, o mecanismo preciso pelo qual ele faz isso ainda precisa ser determinado.

A história do gene *FOXP2* é um excelente exemplo de como metodologias distintas se complementam para a elucidação de fenômenos biológicos de grande relevância. Os experimentos com *FOXP2* utilizaram camundongos como organismo-modelo para seres humanos, pois não seria ético (nem prático) realizar esses experimentos em seres humanos. Camundongos e seres humanos divergiram há cerca de 65,5 milhões de anos (ver Figura 21.17) e compartilham cerca de 85% de seus genes. Essas semelhanças genéticas podem ser exploradas no estudo de outros distúrbios genéticos humanos. Se os pesquisadores souberem qual é o órgão ou o tecido afetado por um distúrbio genético particular, eles podem procurar os genes expressos nesses locais em camundongos.

Embora mais distantemente relacionadas aos seres humanos, as moscas-da-fruta também têm são uma espécie-modelo útil para o estudo de distúrbios humanos como a doença de Parkinson e o alcoolismo, enquanto os nematódeos (vermes do solo) têm gerado uma riqueza de informações sobre o envelhecimento. Esforços adicionais de pesquisa estão em desenvolvimento para expandir os estudos genômicos para mais espécies, incluindo espécies negligenciadas de diversos ramos da árvore da vida. Esses estudos vão aprimorar nosso conhecimento acerca da evolução, assim como de todos os aspectos da biologia, incluindo saúde humana e ecologia.

Comparação de genomas de uma mesma espécie

Outra possibilidade empolgante que resulta da nossa habilidade de analisar genomas consiste em aumentar nossa compreensão sobre a variabilidade genética nos seres humanos. Como a história da espécie humana é bastante curta – provavelmente cerca de 200 mil anos –, a quantidade de variações da sequência de DNA entre os seres humanos é pequena se comparada à variabilidade observada em muitas outras espécies. Boa parte da nossa variabilidade parece estar na forma de polimorfismos de nucleotídeo único (SNPs). Os SNPs são locais de um par de bases em que a variabilidade genética é observada em menos de 1% da população (ver Conceito 20.2); em geral, são detectados por sequenciamento de DNA. No genoma humano, os SNPs ocorrem, em média, 1 vez a cada 100 a 300 pares de bases. Os cientistas já identificaram a localização de vários milhões de locais de SNP no genoma humano e continuam a encontrar SNPs adicionais. Estes são armazenados em bancos de dados em todo o mundo, sendo um deles administrado pelo National Center for Biotechnology Information (NCBI), o qual pode ser acessado em http://www.ncbi.nlm.nih.gov/SNP/.

Durante esses estudos, eles também observaram outras variações – incluindo regiões de cromossomos com

462 UNIDADE 3 GENÉTICA

▼ Figura 21.18 Pesquisa
Qual é a função de um gene (FOXP2) que pode estar envolvido na aquisição da linguagem?

Experimento Diversas evidências sugerem o papel do gene *FOXP2* no desenvolvimento da fala e da linguagem em seres humanos e da vocalização em outros vertebrados. Em 2005, Joseph Buxbaum e colaboradores, na Mount Sinai School of Medicine e em diversas outras instituições, testaram a função do gene *FOXP2*. Como modelo de vertebrado que emite vocalizações, eles utilizaram camundongos, organismos-modelo em que os genes podem ser facilmente interrompidos. Camundongos emitem vocalizações ultrassônicas para comunicar estresse. Os pesquisadores utilizaram técnicas de seleção genética para produzir camundongos nos quais uma ou as duas cópias do gene *FOXP2* estivessem interrompidas.

| Tipo selvagem: duas cópias normais do gene *FOXP2* | Heterozigoto: cópia interrompida do gene *FOXP2* | Homozigoto: duas cópias interrompidas do gene *FOXP2* |

Então, os pesquisadores compararam os fenótipos desses camundongos. Duas das características analisadas estão incluídas aqui: anatomia do cérebro e vocalização.

Experimento 1: Pesquisadores seccionaram pequenas porções do cérebro e utilizaram marcadores específicos que permitem a visualização da anatomia cerebral em microscópio de luz UV fluorescente.

Experimento 2: Para induzir o estresse, os pesquisadores separaram cada filhote de camundongo recém-nascido de sua mãe e registraram o número de assobios ultrassônicos produzidos pelo filhote.

Resultados

Resultado do experimento 1: A interrupção das duas cópias do gene *FOXP2* induz anomalias cerebrais em que as células se encontram desorganizadas. Os efeitos fenotípicos no cérebro dos heterozigotos, em que apenas uma cópia do gene está interrompida, foram menos graves. (Cada cor nas micrografias abaixo indica tipos distintos de células ou tecidos.)

Resultados do experimento 2: A interrupção das duas cópias do gene *FOXP2* leva à ausência de vocalizações ultrassônicas em resposta ao estresse. O efeito na vocalização dos heterozigotos também foi significativo.

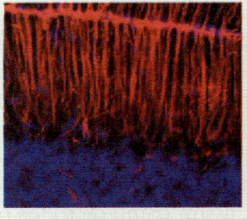
Tipo selvagem

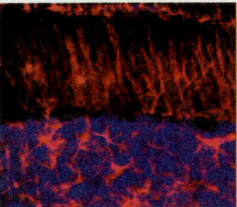
Heterozigoto

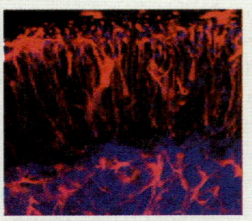
Homozigoto

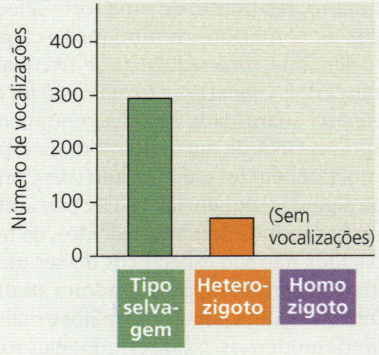

Conclusão O gene *FOXP2* desempenha um papel importante no desenvolvimento dos sistemas funcionais de comunicação em camundongos. Esses resultados reforçam as evidências de estudos realizados em aves e seres humanos, sustentando a hipótese de que esse gene pode atuar de maneira similar em diversos organismos.

Dados de W. Shu et al., Altered ultrasonic vocalization in mice with a disruption in the *Foxp2* gene, *Proceedings of the National Academy of Sciences USA* 102:9643-9648 (2005).

E SE? Já que os resultados sustentam o papel do gene FOXP2 na vocalização em camundongos, você pode se perguntar se a proteína FOXP2 é importante na regulação da fala. Se você recebesse a sequência de aminoácidos da proteína humana FOXP2 tipo selvagem e outra mutante e também a sequência de aminoácidos da proteína FOXP2 tipo selvagem de chimpanzés, como você abordaria essa questão? Quais informações adicionais você poderia obter com a comparação dessas sequências com a sequência da proteína FOXP2 de camundongos?

---

inversões, deleções e duplicações. A descoberta mais surpreendente foi a ocorrência disseminada de *variações de número de cópias* (*CNVs*), locais onde alguns indivíduos apresentam uma ou múltiplas cópias de um gene específico ou de uma região genética, e não as duas cópias-padrão (uma em cada homólogo). As CNVs são resultado de regiões do genoma duplicadas ou removidas de maneira inconsistente na população. Um estudo envolvendo 40 pessoas encontrou mais de 8 mil CNVs em 13% dos genes do genoma, e essas CNVs provavelmente representam apenas um pequeno subconjunto do total. Uma vez que essas variações abrangem regiões muito mais longas de DNA do que as SNPs, as CNVs têm maior probabilidade de apresentar consequências fenotípicas e de desempenhar papéis em distúrbios e doenças complexos. No mínimo, a alta incidência de variações de número de cópias confunde o significado da frase "um genoma humano normal".

CNVs, SNPs e variações no DNA repetitivo, como as repetições curtas em *tandem* (STR), são marcadores genéticos úteis para o estudo da evolução humana. Em um estudo, o genoma de dois africanos oriundos de diferentes comunidades foi sequenciado: o arcebispo Desmond Tutu, defensor dos direitos civis sul-africanos da herança tribal Xhosa e Tswana e falante de uma língua bantu, e !Gubi, um caçador-coletor de uma comunidade de língua Khoisan no deserto do Kalahari na Namíbia. Acredita-se que essa comunidade seja o grupo humano com a linhagem mais antiga conhecida. A comparação revelou diversas diferenças, como era esperado. Então, a análise foi ampliada para comparar as regiões codificadoras de proteínas do genoma de !Gubi com as de outros três homens de língua Khoisan que também vivem no Kalahari. Surpreendentemente, os quatro genomas desses homens que vivem na mesma área diferem mais um do outro do que um europeu diferiria de um asiático. Esses dados destacam a grande diversidade entre os genomas africanos, consistente com nosso entendimento de que os humanos e seus ancestrais surgiram na África e que, portanto, os africanos nativos vêm evoluindo há mais tempo do que qualquer população migrante (não africana). A ampliação dessa abordagem ajudará a responder às perguntas sobre as diferenças entre as populações humanas e as rotas migratórias das populações humanas ao longo da história.

Conservação generalizada dos genes do desenvolvimento entre os animais

Os biólogos que atuam na área da biologia evolutiva do desenvolvimento, ou **evo-devo**, como é frequentemente chamada, comparam os processos de desenvolvimento em diferentes organismos multicelulares. O seu objetivo é compreender como esses processos evoluíram e como alterações nos processos podem modificar características existentes do organismo ou originar novas características. Com o advento das técnicas moleculares e o recente aumento de informações genômicas disponíveis, começamos a perceber que genomas de espécies relacionadas, mas de fenótipos distintos, podem apresentar apenas diferenças sutis nas sequências de seus genes ou, talvez ainda mais importante, na sua regulação. A descoberta das bases moleculares responsáveis por essas diferenças pode nos ajudar a compreender a origem da miríade de formas de vida que coabitam este planeta, complementando nosso estudo sobre a evolução da vida.

No Conceito 18.4, você aprendeu sobre os genes homeóticos em *D. melanogaster*, que codificam os fatores de transcrição que regulam a expressão gênica e especificam a identidade dos segmentos do corpo na mosca-da-fruta (ver Figura 18.20). A análise molecular dos genes homeóticos em *Drosophila* mostrou que todos eles incluem uma sequência de 180 nucleotídeos chamada **homeobox**, que codifica um *homeodomínio* de 60 aminoácidos nas proteínas codificadas. Uma sequência de nucleotídeos idêntica, ou bastante similar, foi identificada nos genes homeóticos de diversos invertebrados e vertebrados. As semelhanças se estendem à organização desses genes: os genes dos vertebrados homólogos aos genes homeóticos das moscas-da-fruta mantiveram a mesma organização cromossômica **(Figura 21.19)**. As semelhanças na sequência e na organização são tão marcantes que um pesquisador se referiu caprichosamente às moscas como "pessoas pequenas com asas". Sequências contendo

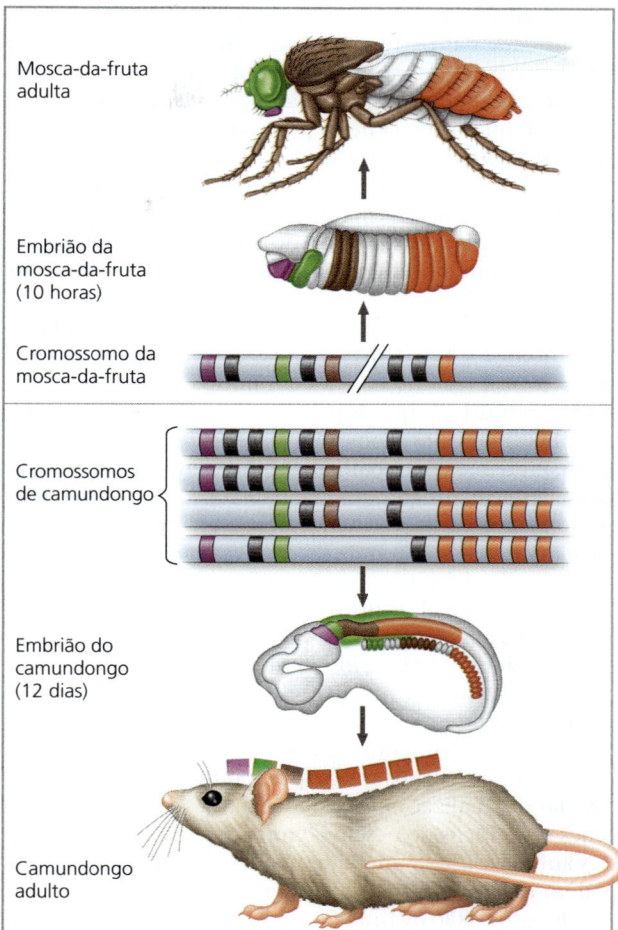

▲ **Figura 21.19 Conservação dos genes homeóticos na mosca-da-fruta e no camundongo.** Os genes homeóticos que controlam o formato das estruturas anteriores e posteriores do corpo são encontrados na mesma disposição linear nos cromossomos em *Drosophila* e em camundongos. Cada banda colorida nos cromossomos mostrados representa um gene homeótico. Na mosca-da-fruta, todos os genes homeóticos se encontram em um único cromossomo. O camundongo e outros mamíferos apresentam os mesmos grupos semelhantes de genes em quatro cromossomos. O código de cores indica as partes dos embriões em que os genes são expressos e as partes do corpo adulto que resultam dessas regiões embrionárias. Todos esses genes são essencialmente idênticos nas moscas-da-fruta e nos camundongos, exceto aqueles representados em preto, menos semelhantes nos dois animais.

homeobox também já foram identificadas nos genes reguladores de eucariotos de relação evolutiva distante, incluindo plantas e leveduras. A partir dessas semelhanças, podemos deduzir que a sequência de DNA da homeobox evoluiu muito cedo e foi muito valiosa para os organismos para ter sido conservada em animais e plantas praticamente inalterada por centenas de milhões de anos.

Os genes homeóticos nos animais foram denominados genes *Hox*, abreviação de "genes que contêm homeobox", pois essa sequência de nucleotídeos foi inicialmente identificada nos genes homeóticos. Outros genes que contêm homeobox foram depois identificados e não funcionam como genes homeóticos; ou seja, eles não controlam diretamente a identidade das partes corporais. No entanto, a maioria desses genes, ao menos nos animais, está associada com o desenvolvimento, sugerindo a sua ancestralidade e fundamental importância nesse processo. Em *Drosophila*, por exemplo, as sequências homeobox estão presentes não apenas nos genes homeóticos, mas também no gene *bicoid* (ver Figuras 18.21 e 18.22), em diversos genes de segmentação e no gene principal de regulação do desenvolvimento ocular.

Os pesquisadores descobriram que o homeodomínio codificado pelo homeobox é a parte da proteína que se liga ao DNA quando a proteína funciona como um fator de transcrição. Nas demais regiões da proteína, domínios que são variáveis interagem com outros fatores de transcrição, permitindo que as proteínas com homeodomínios reconheçam regiões promotoras específicas e regulem esses genes. Proteínas com homeodomínios provavelmente regulam o desenvolvimento por meio da coordenação da transcrição de conjuntos de genes do desenvolvimento, ativando ou inativando-os. Nos embriões de *Drosophila* e outras espécies animais, diferentes combinações de genes homeobox estão ativas em regiões distintas do embrião. Essa expressão seletiva de genes reguladores, variando no tempo e no espaço, é fundamental para a formação de padrões.

Os biólogos do desenvolvimento descobriram que, além dos genes homeóticos, muitos outros genes envolvidos no desenvolvimento são conservados entre as espécies. Isso inclui numerosos genes que codificam componentes das vias de sinalização. A extraordinária semelhança entre genes específicos do desenvolvimento em diferentes espécies animais suscita uma questão: como os mesmos genes podem estar envolvidos no desenvolvimento de animais com fenótipos tão distintos?

Em alguns casos, pequenas alterações nas sequências reguladoras de genes específicos podem levar a alterações no padrão de expressão gênica e a grandes alterações na estrutura corporal. Por exemplo, os diferentes padrões de expressão dos genes *Hox* ao longo do eixo do corpo em um crustáceo e em um inseto podem explicar a variação no número de segmentos de pernas entre esses animais intimamente relacionados **(Figura 21.20)**. Em outros casos, genes semelhantes controlam processos de desenvolvimento distintos em organismos diferentes, resultando em estruturas corporais distintas. Diversos genes *Hox*, por exemplo, são expressos nos estágios embrionário e larval no ouriço-do-mar, animal não segmentado cujo plano corporal é bastante diferente do plano corporal dos insetos e dos camundongos. Os ouriços-do-mar adultos fazem as conchas em formato de almofada de alfinetes que você pode já ter visto na praia; duas espécies de ouriços-do-mar vivos são mostradas na fotografia. Os ouriços-do-mar estão entre os

▼ Duas espécies de ouriços-do-mar

(a) Expressão de quatro genes *Hox* no camarão *Artemia*. Três dos genes *Hox* são expressos juntos em uma região (indicada pelas faixas), especificando a identidade dos segmentos que têm nadadeiras. O quarto (verde) especifica a identidade dos segmentos genitais.

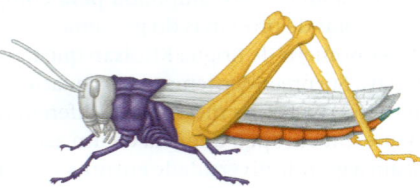

(b) Expressão dos mesmos quatro genes *Hox* equivalentes no gafanhoto. No gafanhoto, cada gene *Hox* é expresso em uma região diferente e especifica a identidade daquela região.

▲ **Figura 21.20** **Efeito das diferenças na expressão do gene *Hox* em crustáceos e insetos.** Mudanças nos padrões de expressão dos genes *Hox* têm ocorrido ao longo da evolução desde que os insetos divergiram de um ancestral crustáceo. Essas mudanças explicam, em parte, os diferentes planos corporais **(a)** do camarão-artêmia, um crustáceo, e **(b)** do gafanhoto, um inseto. Aqui, são mostradas as regiões do corpo nas formas adultas, coloridas conforme a expressão de quatro genes *Hox* que determinam a formação de segmentos corporais específicos durante o desenvolvimento embrionário. A cor de cada segmento indica um gene *Hox* específico.

organismos há muito utilizados nos estudos embriológicos clássicos (ver Conceito 47.2).

Neste capítulo final da unidade de genética, aprendemos que o estudo da composição genética e a comparação de genomas de diferentes espécies revelam muito sobre como os genomas evoluíram. Além disso, ao compararmos programas de desenvolvimento, podemos ver que a unidade da vida se reflete na similaridade dos mecanismos moleculares e celulares usados para estabelecer o padrão corporal, embora os genes que orientam o desenvolvimento possam diferir entre os organismos. As semelhanças entre os genomas refletem a ancestralidade comum a todas as formas de vida na Terra. No entanto, as diferenças também são cruciais, pois elas originaram a imensa diversidade de organismos que evoluíram. Nos capítulos restantes, vamos expandir nossa perspectiva além do nível das moléculas, das células e dos genes para explorar essa diversidade no nível do organismo.

REVISÃO DO CONCEITO 21.6

1. Você esperaria que o genoma do macaco (um primata) fosse mais parecido com o de um rato ou com o de um humano? Explique.
2. As sequências de DNA chamadas de homeoboxes ajudam os genes homeóticos nos animais a direcionar o desenvolvimento. Como eles são comuns a moscas e ratos, explique por que esses animais são tão diferentes.
3. **E SE?** Há três vezes mais inserções específicas de elementos *Alu* no genoma humano do que no genoma do chimpanzé. Como surgiram esses elementos *Alu* a mais no genoma humano? Proponha o papel desses elementos na divergência dessas duas espécies.

Ver as respostas sugeridas no Apêndice A.

21 Revisão do capítulo

RESUMO DOS CONCEITOS-CHAVE

CONCEITO 21.1

O Projeto Genoma Humano promoveu o desenvolvimento de técnicas de sequenciamento mais rápidas e acessíveis (p. 443-444)

- O **Projeto Genoma Humano** foi completado em 2003, colaborando para os grandes avanços da tecnologia de sequenciamento.
- Na **metodologia *shotgun* de sequenciamento de genomas completos**, o genoma completo é clivado em fragmentos menores e complementares que são sequenciados; então, programas computacionais montam a sequência completa do genoma.

? Como o Projeto Genoma Humano resultou em uma tecnologia de sequenciamento de DNA mais rápida e acessível?

CONCEITO 21.2

Os cientistas utilizam a bioinformática para analisar genomas e suas funções (p. 444-448)

- Análises computacionais de sequências de genomas ajudam na **anotação gênica**, a identificação de sequências que codificam proteínas. Métodos que determinam a função de genes incluem a comparação das sequências de genes "novos" com as sequências de genes já conhecidos em outras espécies e a observação dos efeitos decorrentes da inativação experimental desses genes.
- Na **biologia de sistemas**, cientistas utilizam ferramentas computacionais de **bioinformática** para comparar genomas e estudar conjuntos de genes e de proteínas enquanto sistemas integrados (**genômica** e **proteômica**). Esses estudos incluem análises em grande escala de interações de proteínas, elementos funcionais do DNA, e genes que contribuem para condições clínicas.

? Qual é o resultado mais significativo do projeto ENCODE? Por que esse projeto foi expandido para incluir espécies não humanas?

CONCEITO 21.3

Os genomas variam em tamanho, número de genes e densidade gênica (p. 448-450)

	Bacteria	Archaea	Eukarya
Tamanho do genoma	Maior parte entre 1 e 6 Mb		Maior parte entre 10 e 4.000 Mb, mas alguns apresentam tamanho maior
Número de genes	1.500 a 7.500		Maior parte entre 5.000 e 40.000
Densidade gênica	Maior do que em eucariotos		Menor do que em procariotos (entre os eucariotos, menor densidade gênica correlaciona-se a genomas maiores)
Íntrons	Nenhum nas sequências de genes que codificam proteínas	Presentes em alguns genes	Presentes na maior parte dos genes de eucariotos multicelulares, mas apenas em alguns genes de eucariotos unicelulares
Outras formas de DNA não codificante	Muito pouco		Podem estar presentes em grandes quantidades; geralmente maior quantidade de DNA repetitivo não codificante nos eucariotos multicelulares

? Compare o tamanho do genoma, o número de genes e a densidade gênica (a) entre os três domínios e (b) entre os eucariotos.

CONCEITO 21.4

Eucariotos multicelulares têm grande quantidade de DNA não codificante e diversas famílias multigênicas (p. 450-453)

- Apenas 1,5% do genoma humano codifica proteínas ou origina rRNA ou tRNA; o restante do genoma corresponde a DNA não codificante, incluindo **pseudogenes** e sequências de **DNA repetitivo** de função desconhecida.
- O tipo de DNA repetitivo mais abundante em eucariotos multicelulares corresponde aos **elementos transponíveis** e sequências relacionadas. Dois tipos de elementos transponíveis ocorrem em eucariotos: **transpósons**, que se deslocam por meio de um intermediário de DNA, e **retrotranspósons**, mais prevalentes e que se deslocam pelo intermediário de RNA.
- Outros DNAs repetitivos incluem as sequências de DNA não codificadoras organizadas em *tandem* e repetidas milhares de vezes (**DNA de sequência simples**, incluindo **STRs**); essas sequências são especialmente predominantes nos centrômeros e nos telômeros, onde provavelmente desempenham papéis estruturais no cromossomo.
- Apesar de a maioria dos genes eucarióticos estar presente em uma única cópia por conjunto haploide de cromossomos, outros (a maior parte, em algumas espécies) são membros de famílias de genes, como as famílias de genes da globina em humanos:

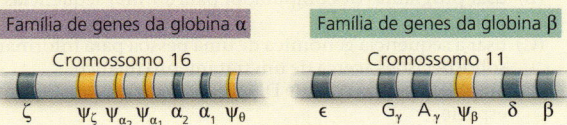

? Explique como os elementos transponíveis podem ser responsáveis pela prevalência de DNA não codificante em seres humanos.

CONCEITO 21.5

Duplicação, rearranjo e mutação do DNA contribuem para a evolução dos genomas (p. 454-459)

- Erros durante a divisão celular podem originar cópias extras de todo o genoma ou de parte dele; então, essas cópias podem divergir se um dos conjuntos acumular alterações na sua sequência. A poliploidia ocorre com maior frequência em plantas do que em animais e também contribui para a especiação.
- A organização dos cromossomos de um genoma pode ser comparada entre as espécies, fornecendo informações sobre as relações evolutivas. Em uma dada espécie, rearranjos dos cromossomos podem contribuir para o surgimento de novas espécies.
- Os genes que codificam as várias proteínas globinas relacionadas, mas diferentes, evoluíram a partir de um ancestral comum do gene da globina, que sofreu duplicação e divergiu nos genes ancestrais da globina α e da globina β. Duplicações subsequentes e mutações aleatórias originaram os genes atuais da globina, e todos codificam proteínas que se ligam ao oxigênio. As cópias de alguns genes duplicados divergiram tanto do gene original que hoje as funções das proteínas codificadas por eles são substancialmente diferentes (como a lisozima e a lactoalbumina α).
- O rearranjo dos éxons em um gene e entre genes durante a evolução originou genes que contêm múltiplas cópias de éxons semelhantes e/ou diversos éxons distintos derivados de outros genes.
- O deslocamento dos elementos transponíveis ou a recombinação entre as cópias de um mesmo elemento gera ocasionalmente novas combinações de sequências benéficas para o organismo. Esses mecanismos podem alterar as funções de genes ou o seu padrão de expressão e regulação.

? Como o rearranjo de cromossomos pode levar ao surgimento de novas espécies?

CONCEITO 21.6

A comparação de sequências de genomas fornece evidências sobre a evolução e o desenvolvimento *(p. 459-464)*

- A comparação de genomas de organismos de relação evolutiva muito distante ou de espécies relacionadas fornece informações sobre a ancestralidade e os eventos mais recentes na cadeia evolutiva, respectivamente. A análise de polimorfismos de base única (SNP) e de variações de número de cópias (CNVs) entre os indivíduos de uma mesma espécie também pode fornecer informações sobre a evolução dessa espécie.
- Biólogos que estudam a evolução do desenvolvimento (**evo-devo**) demonstraram que os genes homeóticos e alguns outros genes associados ao desenvolvimento animal contêm uma região de **homeobox** cuja sequência é altamente conservada entre diferentes espécies.

? *Qual tipo de informação pode ser obtida pela comparação de genomas de espécies de relação evolutiva próxima? E entre espécies de relação evolutiva distante?*

TESTE SEU CONHECIMENTO

Níveis 1-2: Relembre/Entenda

1. A bioinformática inclui
   (A) usar a tecnologia do DNA para clonar genes.
   (B) usar programas de computador para alinhar sequências de DNA.
   (C) usar a sequência genômica de uma pessoa para informar sobre decisões acerca de um tratamento médico.
   (D) amplificar segmentos de DNA a partir do genoma de uma espécie.

2. Genes homeóticos
   (A) codificam fatores de transcrição que controlam a expressão de genes responsáveis por estruturas anatômicas específicas.
   (B) são observados apenas em *Drosophila* e outros artrópodes.
   (C) são os únicos genes que apresentam domínio homeobox.
   (D) codificam proteínas que formam as estruturas anatômicas da mosca.

Níveis 3-4: Aplique/Analise

3. Duas proteínas eucarióticas têm um domínio em comum, mas são bastante diferentes. Qual dos processos a seguir é o fator contribuinte mais provável para essa semelhança?
   (A) Duplicação gênica
   (B) *Splicing* alternativo
   (C) Embaralhamento de éxons
   (D) Mutações pontuais aleatórias

4. **DESENHE** A seguir, estão as sequências de aminoácidos (usando letras únicas; ver Figura 5.14) de três segmentos curtos da proteína FOXP2 de cinco espécies. Esses segmentos contêm todas as diferenças de aminoácidos entre as proteínas FOXP2 dessas espécies. Compare as sequências de aminoácidos, respondendo às partes (a) a (d).

Chimpanzé	PKSSD	... TSSTT	... NARRD
Camundongo	PKSSE	... TSSTT	... NARRD
Gorila	PKSSD	... TSSTT	... NARRD
Humano	PKSSD	... TSSNT	... SARRD
Macaco-rhesus	PKSSD	... TSSTT	... NARRD

   (a) Circule os nomes de qualquer espécie que tenha sequências idênticas de aminoácidos para a proteína FOXP2.
   (b) Na sequência do camundongo, faça um círculo em torno de qualquer aminoácido que seja diferente da sequência do chimpanzé, do gorila e do macaco-rhesus. Em seguida, desenhe um quadrado ao redor de qualquer aminoácido que difira da sequência humana.
   (c) Na sequência humana, sublinhe qualquer aminoácido que difira da sequência do chimpanzé, do gorila e do macaco-rhesus.
   (d) Primatas e roedores divergiram cerca de 65 milhões de anos atrás, e chimpanzés e humanos divergiram cerca de 6 milhões de anos atrás (ver Figura 21.17). Quantas diferenças de aminoácidos existem entre a sequência do camundongo e a sequência do chimpanzé, do gorila e do macaco-rhesus? Quantas diferenças de aminoácidos existem entre a sequência humana e a sequência do chimpanzé, do gorila e do macaco-rhesus? Com base apenas no número de diferenças de aminoácidos que ocorrem durante esses períodos, o que você poderia supor sobre a taxa de evolução do gene *FOXP2*? Com base nas informações do capítulo sobre o gene *FOXP2*, sua hipótese está correta?

Níveis 5-6: Avalie/Crie

5. **CONEXÃO EVOLUTIVA** Genes importantes no desenvolvimento embrionário de animais, como os genes que contêm homeobox, permaneceram relativamente bem conservados durante a evolução; ou seja, eles são mais semelhantes entre espécies distintas do que muitos outros genes. Explique por que isso acontece.

6. **PESQUISA CIENTÍFICA** Cientistas mapeando os SNPs no genoma humano perceberam que grupos de SNPs tendem a ser herdados juntos, em blocos conhecidos como haplótipos, variando de 5.000 a 200.000 pares de bases de extensão. Existem poucas combinações (apenas 4 ou 5) de ocorrência comum de SNPs por haplótipo. Proponha uma explicação para esse fato, integrando o que aprendemos ao longo deste capítulo e desta unidade.

7. **ESCREVA SOBRE UM TEMA: INFORMAÇÃO** A continuidade da vida está baseada na hereditariedade da informação na forma de DNA. Em um texto sucinto (100-150 palavras), explique como mutações em genes que codificam proteínas e elementos reguladores do DNA podem contribuir para a evolução.

8. **SINTETIZE SEU CONHECIMENTO**

Os insetos têm três segmentos torácicos (tronco). Embora pesquisadores tenham encontrado fósseis de insetos com asas em todos os segmentos, os insetos modernos têm asas ou estruturas relacionadas apenas no segundo e no terceiro segmentos. Nos insetos modernos, os produtos do gene *Hox* atuam para inibir a formação de asas no primeiro segmento. O exemplar de membracídeo (acima) é uma exceção. Além do par de asas proeminentes em seu segundo segmento, seu primeiro segmento tem um capacete ornamentado que se assemelha a um conjunto de espinhos, que é um par de "asas" modificado e fundido. (Isso proporciona uma camuflagem nos galhos das árvores, reduzindo o risco de predação.) Explique como alterações na regulação gênica podem levar à evolução de estruturas como esta.

Ver respostas selecionadas no Apêndice A.

Unidade 4 MECANISMOS DA EVOLUÇÃO

Cassandra Extavour é Professora do Departamento de Biologia Organísmica e Evolutiva da Universidade de Harvard. Ela e seus alunos estão estudando genes que controlam o desenvolvimento embrionário inicial, bem como as origens evolutivas desses genes e como suas funções têm mudado ao longo do tempo. Nascida em Toronto, no Canadá, a Dra. Extavour concluiu o Bacharelado (com distinção) em Genética e Biologia Molecular pela Universidade de Toronto. A seguir, obteve o título de Ph.D. na mesma área temática, pela Universidade Autônoma de Madri, na Espanha. Após concluir duas complementações em nível de pós-doutorado (uma na Grécia e outra no Reino Unido), ela trabalhou por vários anos como Pesquisadora Associada da Universidade de Cambridge, no Reino Unido, antes de ingressar no corpo docente da Universidade de Harvard. A Dra. Extavour é uma dedicada defensora dos direitos de mulheres e de grupos sub-representados em ciência, além de já ter atuado internacionalmente como soprano profissional.

ENTREVISTA COM
Cassandra Extavour

Como você começou a se interessar por ciência?

Embora a música seja o meu primeiro amor e ela continue sendo uma parte essencial da minha vida, no final do ensino médio me tornei muito interessada também em biologia. Minhas conversas com um amigo, que era fascinado pelo comportamento humano, me levaram a perguntar como o cérebro faz com que as pessoas exibam comportamentos diferentes. Mas como eu poderia aprender sobre isso? Meus pais não tinham formação superior. Eu sequer sabia que havia carreiras em ciência que não fossem em medicina. Eu achava que o único caminho para estudar o cérebro era sendo uma médica. Assim, eu entrei na universidade como estudante de pré-medicina. Mas, na época em que estava terminando meu curso de graduação, eu tive contato com laboratórios de pesquisa. Eu fiz um estágio de verão em um laboratório de genética do desenvolvimento e adorei – era como se estivesse entrando num mundo novo, onde eu poderia descobrir as respostas às perguntas que me interessavam.

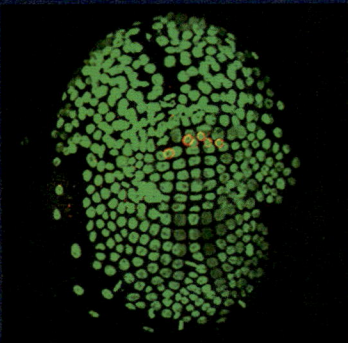

▲ Embrião do crustáceo *Parhyale hawayensis*, mostrando as células (em vermelho) que se desenvolverão em células germinativas.

Quais são as principais perguntas que você está formulando em sua pesquisa?

Eu estou interessada em entender os genes que controlam o desenvolvimento embrionário e como a função desses genes mudou em organismos diferentes devido à evolução. Tome um ser humano como exemplo. Nossos corpos possuem muitos tipos diferentes de células. As instruções para tudo que cada uma de nossas células necessita para atuar estão contidas no seu DNA. Todas as nossas células têm o mesmo DNA. O mistério é: já que toda célula do corpo tem o mesmo conjunto de instruções, por que todas elas não realizam a mesma coisa? Eu trabalho principalmente com insetos, mas a mesma pergunta se aplica a eles (e a todos os organismos multicelulares). Nós estamos tentando descobrir como o mesmo conjunto de genes é utilizado de diferentes maneiras por células distintas. Nós estamos também interessados em conhecer a origem desses genes e como eles evoluíram ao longo do tempo.

Grande parte da sua pesquisa tem sido em "evo-devo". Fale mais a respeito do que isso significa.

Evo-devo quer dizer biologia evolutiva do desenvolvimento. Nesse campo, os cientistas tentam compreender a diferença no desenvolvimento entre, digamos, um coco e uma rosa. Ambos são plantas, produzem sementes, produzem pólen, mas sua aparência é completamente diferente. Como isso é possível? Ou o fato de que, ao comparar o desenvolvimento de um macaco e um ser humano, não é possível detectar muitas diferenças em seus embriões ou em seus genes. Como eles podem ser similares em tantos aspectos e mesmo se tornarem organismos tão diferentes? No meu laboratório, estamos especialmente interessados em óvulos e espermatozoides – conhecidos como células germinativas. Nós estamos tentando descobrir como um embrião determina quais células se tornam células germinativas e como ele se comunica com elas, dizendo: "Ok, é o seguinte: quando o animal do qual você faz parte se tornar um adulto, você necessita formar óvulos e espermatozoides." Nós constatamos que, em alguns casos, os mesmos genes são utilizados por uma diversidade de espécies distintas para formar células germinativas. Em outros casos, porém, ficamos surpresos ao descobrir que um gene, utilizado para produzir células germinativas em um organismo, é empregado para elaborar um tipo de célula completamente diferente em outro organismo intimamente aparentado.

O que você acha mais gratificante no seu trabalho?

Quando estava no ensino médio, eu nunca havia cogitado que poderia ser paga para pensar em perguntas interessantes e, então, tentar respondê-las. Eu amo fazer isso, assim como amo a incrível liberdade que meu trabalho proporciona – a cada dia, eu posso decidir o que vou fazer. Porém, a melhor parte é trabalhar com estudantes à medida que eles adquirem independência, conhecimento e confiança para ouvir minhas sugestões e, então, dizer: "Não estou certo de que esse é o melhor experimento. Aqui está um experimento que acho que seja melhor e aqui está minha justificativa." Esse é um momento especial. Na verdade, o que eles estão dizendo é: "Eu não estou estudando para ser mais um cientista – eu sou um cientista." Eles entenderam o que os cientistas fazem: nós elaboramos a melhor proposta que podemos, a testamos da melhor forma que podemos e dizemos: "Isso é o que acho que os resultados dos meus experimentos significam."

> *"O mistério é: já que toda célula do corpo tem o mesmo conjunto de instruções, por que todas elas não realizam a mesma coisa?"*

22 Descendência com modificação: uma visão darwiniana da vida

CONCEITOS-CHAVE

22.1 A revolução darwiniana contestou visões tradicionais de uma Terra jovem habitada por espécies imutáveis *p. 469*

22.2 A descendência com modificação por seleção natural explica as adaptações dos organismos, bem como a uniformidade e a diversidade da vida *p. 471*

22.3 Há uma quantidade expressiva de evidências científicas que sustentam a evolução *p. 476*

Dica de estudo

Faça uma nuvem de palavras: Este capítulo inclui tópicos-chave relacionados à evolução, tais como descendência com modificação, características hereditárias, seleção natural, adaptação, evolução convergente, homologia e uniformidade da vida. Desenhe uma "nuvem de palavras" desses termos. Conforme for lendo o capítulo, desenhe uma linha entre os termos que afetam ou se relacionam uns aos outros. Após desenhar a linha, explique brevemente como esses termos estão conectados.

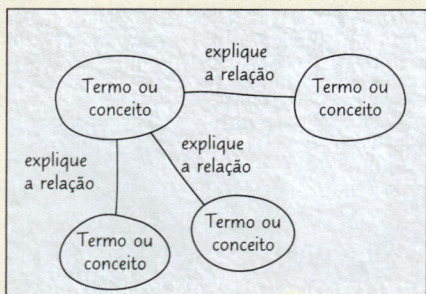

Figura 22.1 Este louva-a-deus-orquídea (*Hymenopus coronatus*), da Malásia, assemelha-se muito à flor sobre a qual ele repousa, esperando uma presa despreparada chegar ao seu alcance. Outros louva-a-deus exibem formas e cores diversas que evoluíram em diferentes ambientes – no entanto, todos os louva-a-deus compartilham também certas características, como os membros anteriores preênseis, olhos grandes e seis pernas.

O que causa as semelhanças e diferenças entre as muitas espécies diferentes na Terra?

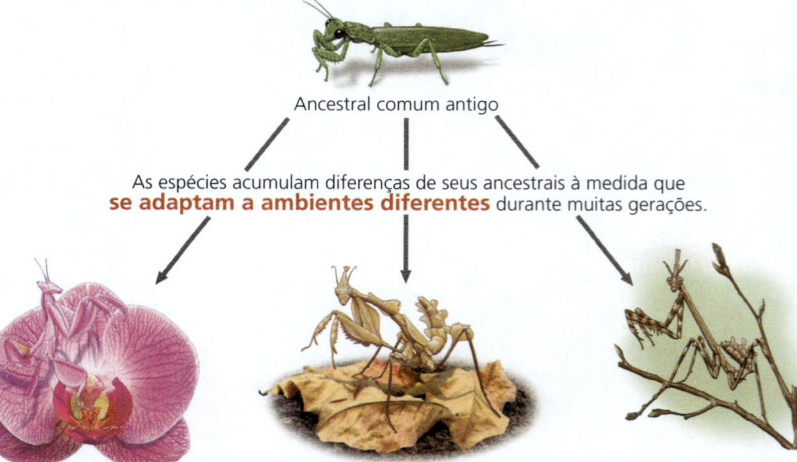

Ancestral comum antigo

As espécies acumulam diferenças de seus ancestrais à medida que **se adaptam a ambientes diferentes** durante muitas gerações.

Ainda que diferentes em alguns aspectos, essas espécies partilham muitas características similares porque elas descendem de um ancestral comum. Esse processo de

descendência com modificação

ancestralidade partilhada resultando em características partilhadas — acúmulo de diferenças

deu origem à **diversidade da vida**.

CONCEITO 22.1

A revolução darwiniana contestou visões tradicionais de uma Terra jovem habitada por espécies imutáveis

Há mais de um século e meio, Charles Darwin foi inspirado para desenvolver uma explicação científica para a *diversidade da vida*, o grande número e a variedade surpreendente de espécies na Terra. Quando publicou suas hipóteses no livro *A origem das espécies*, Darwin provocou uma revolução científica – a era da biologia evolutiva. Como veremos, Darwin desenvolveu suas ideias revolucionárias ao longo do tempo, influenciado pelo trabalho de outros cientistas e por suas viagens **(Figura 22.2)**.

Infinitas formas do mais belo e maravilhoso

De forma a preparar o terreno para o nosso estudo de Darwin e da biologia evolutiva, vamos voltar ao louva-a-deus-orquídea, que aparece bem camuflado na Figura 22.1. Essa espécie é um membro de um grupo diversificado de insetos, os Mantodea, que abrange 2.300 espécies em 430 gêneros. Todos esses mantódeos compartilhas certas características, como três pares de pernas, cabeças triangulares com olhos salientes e "pescoço" flexível. Tais características compartilhadas ilustram a uniformidade da vida, uma expressão que destaca o fato de que todos os organismos compartilham características.

Porém, muitas espécies na Terra também diferem umas das outras. Os mantódeos, por exemplo, diferem em características como seu tamanho, forma e cor. Em geral, o louva-a-deus-orquídea e seus vários parentes próximos podem ilustrar três observações fundamentais sobre a vida:

- os organismos são bem ajustados (adaptados) à vida em seus ambientes (aqui e ao longo deste texto, o termo *ambiente* refere-se a outros organismos assim como aos aspectos físicos do entorno de um organismo);
- as várias características compartilhadas (unidade/uniformidade) da vida;
- a abundante diversidade da vida.

Darwin, um observador perspicaz da natureza desde a infância, procurou explicar essas três constatações amplas – um esforço que, por fim, levou-o a concluir que a vida evoluiu ao longo do tempo.

Por enquanto, nós definiremos **evolução** como *descendência com modificação,* uma expressão utilizada por Darwin para resumir o processo pelo qual as espécies acumulam diferenças dos seus ancestrais à medida que se adaptam a diferentes ambientes ao longo do tempo. A evolução pode também ser definida como uma alteração na composição genética de uma população que ocorre de geração para geração (ver Conceito 23.3).

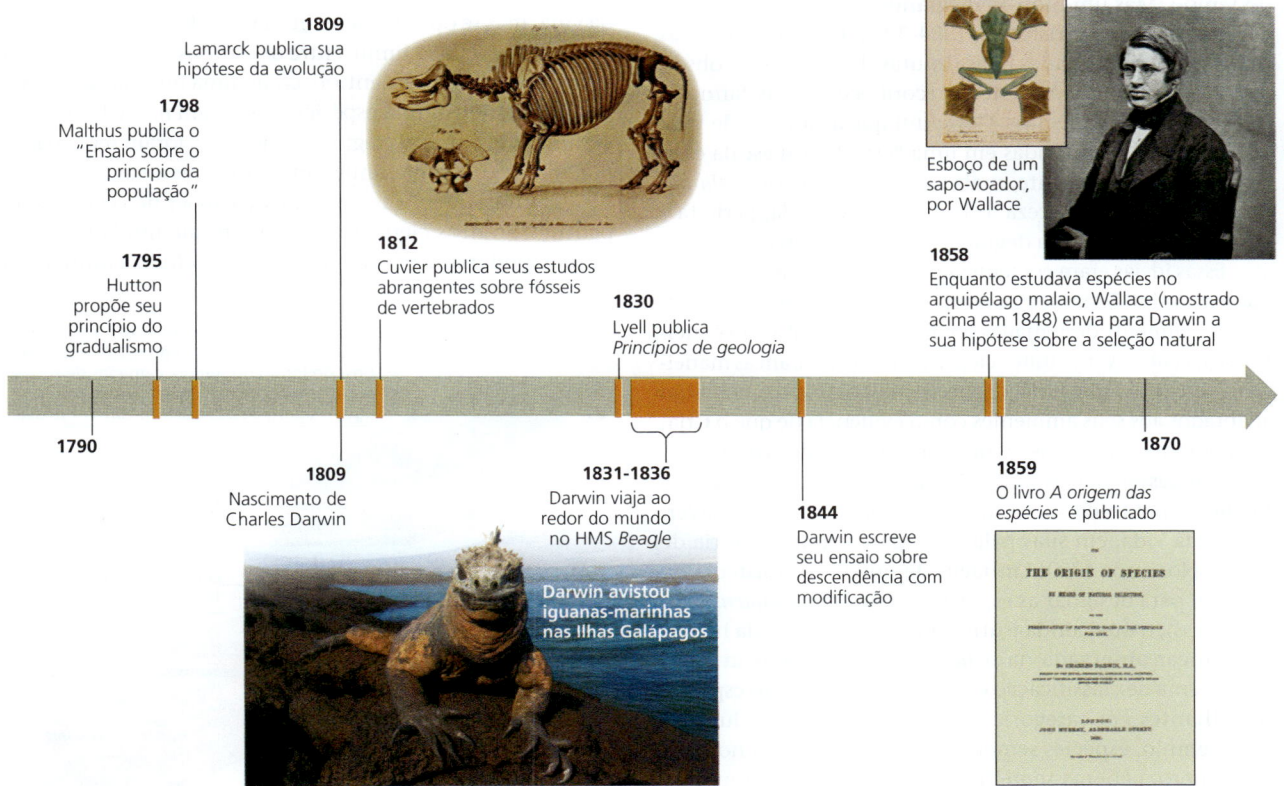

▲ **Figura 22.2** Contexto intelectual das ideias de Darwin.

Não importa a definição, nós podemos encarar a evolução de duas maneiras relacionadas, mas diferentes: como um padrão e como um processo. O *padrão* da mudança evolutiva é revelado por dados oriundos de muitas disciplinas científicas incluindo biologia, geologia, física e química. Esses dados são fatos – eles são observações do mundo natural –, e essas observações mostram que a vida evoluiu ao longo do tempo. O *processo* da evolução consiste nos mecanismos que causam o padrão de mudança observado. Esses mecanismos representam causas naturais dos fenômenos naturais que observamos. De fato, o poder da evolução como teoria unificadora é a sua capacidade de explicar e conectar a vasta gama de observações do mundo vivo.

Como todas as teorias gerais em ciência, continuamos a testar a nossa compreensão da teoria da evolução, examinando se ela pode explicar tanto as novas observações como os resultados experimentais. Neste e nos capítulos seguintes, examinaremos como descobertas em curso norteiam a nossa visão atual do padrão e processo de evolução.

Nós começaremos nossa exploração dessas descobertas refazendo o trajeto de Darwin para explicar as adaptações, a uniformidade e a diversidade do que ele chamou de "infinitas formas do mais belo e maravilhoso" da vida.

Escala da natureza e classificação das espécies

Muito antes de Darwin nascer, vários filósofos gregos sugeriram que a vida poderia mudar gradualmente ao longo do tempo. Mas um filósofo de grande influência na jovem ciência ocidental, Aristóteles (384-322 a.C.), considerou as espécies como unidades fixas (imutáveis). Pelas suas observações da natureza, Aristóteles reconheceu certas "afinidades" entre os organismos. Concluiu que as formas de vida poderiam ser organizadas em uma "escada" ou escala com complexidade crescente, mais tarde chamada de *scala naturae* ("escala da natureza"). Toda forma de vida, perfeita e permanente, tinha um degrau previsto nessa escala.

Essas ideias eram coerentes com o criacionismo, mencionado no Velho Testamento, que postula que as espécies foram individualmente desenhadas por Deus e, portanto, são perfeitas. No século XVIII, muitos cientistas interpretaram as maneiras, frequentemente notáveis, pelas quais os organismos estão adaptados aos seus ambientes como evidência de que o Criador desenhou cada espécie com um propósito determinado.

Um desses cientistas foi Carolus Linnaeus (1707-1778), médico e botânico sueco que procurou classificar a diversidade da vida, em suas palavras, "para a grande glória de Deus". Nos anos 1750, Linnaeus desenvolveu o sistema *binominal* para designar as espécies (como *Homo sapiens* para humanos), o qual ainda é utilizado. Ao contrário da hierarquia linear observada na *scala naturae*, Linnaeus utilizou um sistema de classificação encadeado, agrupando espécies semelhantes em categorias progressivamente inclusivas. Por exemplo, espécies semelhantes são agrupadas no mesmo gênero, gêneros semelhantes são reunidos na mesma família e assim por diante.

Linnaeus não relacionou as semelhanças entre as espécies a um parentesco evolutivo, mas sim ao padrão da sua criação. No entanto, um século mais tarde, Darwin argumentou que a classificação deveria ter como base as relações evolutivas. Ele observou também que cientistas que usavam o sistema linneano muitas vezes agrupavam os organismos de maneira que refletisse essas relações.

Ideias sobre mudança ao longo do tempo

Entre outras fontes de informação, Darwin extraiu muitas de suas ideias do trabalho de cientistas que estudavam **fósseis**, os restos ou vestígios de organismos do passado. Muitos fósseis são encontrados em rochas sedimentares formadas por areia e lama depositadas no fundo do mar, de lagos e de pântanos **(Figura 22.3)**. Novas camadas de sedimento cobrem as mais antigas e as comprimem em camadas sobrepostas de rocha denominadas **estratos**. Os fósseis de um determinado estrato são indícios dos organismos que habitavam a Terra quando aquela determinada camada se formou. Posteriormente, o estrato superior (mais jovem) pode sofrer erosão, revelando um estrato mais profundo (mais antigo) que estava enterrado.

A **paleontologia** – o estudo dos fósseis – foi desenvolvida em grande parte pelo cientista francês Georges Cuvier (1769-1832). Ao examinar estratos perto de Paris, Cuvier observou que quanto mais antigo o estrato, mais distintos eram seus fósseis em comparação com as formas de vida atuais. Ele também observou que algumas espécies novas surgiam de uma camada para outra, ao passo que outras desapareciam. Ele inferiu que as extinções deveriam ser comuns na história da vida, mas se opôs firmemente à ideia de evolução. Cuvier especulou que cada limite entre os estratos representava um evento catastrófico repentino, como uma inundação que tenha extinguido muitas espécies que viviam naquela área. Ele argumentou que essas regiões, mais tarde, foram repovoadas por espécies diferentes imigrantes de outras áreas.

Contrariamente ao enfoque de Cuvier nos eventos repentinos, outros cientistas sugeriram que mudanças profundas poderiam ocorrer mediante o efeito cumulativo

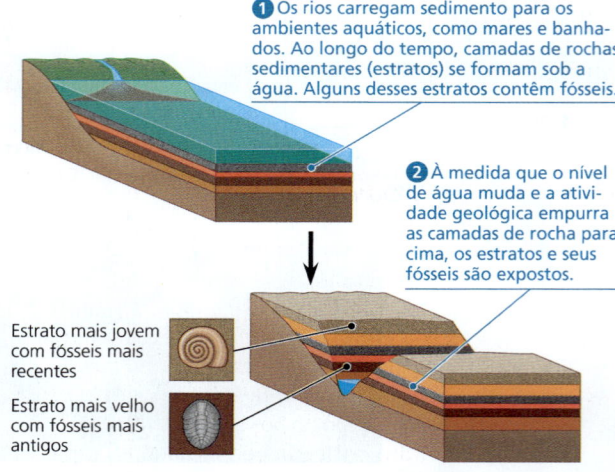

▲ **Figura 22.3** Formação de estratos sedimentares com fósseis.

de processos lentos, mas contínuos. Em 1795, o geólogo escocês James Hutton (1726-1797) sugeriu que as características geológicas da Terra poderiam ser explicadas por mecanismos graduais, como os vales sendo formados por rios. Charles Lyell (1797-1875), o principal geólogo na época de Darwin, incorporou o pensamento de Hutton no seu princípio que postulava que os mesmos processos geológicos do passado operam também hoje, e com o mesmo ritmo.

As ideias de Hutton e Lyell influenciaram fortemente o pensamento de Darwin. Darwin concordou que, se as mudanças geológicas resultam de ações lentas, mas contínuas, e não de eventos repentinos, a Terra deveria ser muito mais antiga do que a idade amplamente aceita de alguns milhares de anos. Um exemplo disso seria o tempo gasto por um rio para formar um cânion por erosão. Mais tarde, ele sugeriu que talvez processos lentos e sutis pudessem também produzir mudanças biológicas substanciais. Contudo, Darwin não foi o primeiro a aplicar a ideia de mudança gradual à evolução biológica.

A hipótese evolutiva de Lamarck

Durante o século XVIII, alguns naturalistas sugeriram que a vida evoluía à medida que os ambientes mudavam, mas somente um propôs um mecanismo para *como* a vida muda ao longo do tempo: o biólogo francês Jean-Baptiste de Lamarck (1744-1829). Infelizmente, hoje Lamarck é principalmente lembrado *não* por sua percepção visionária de que mudanças evolutivas explicam padrões em fósseis e como os organismos estão adaptados aos seus ambientes, mas pelo mecanismo incorreto que ele propôs.

Lamarck publicou sua hipótese em 1809, o ano em que Darwin nasceu. Comparando espécies vivas com fósseis, descobriu o que pareciam ser várias linhas de descendência, cada linha representada por uma série cronológica de fósseis mais antigos para mais recentes que levariam à espécie atual. Lamarck explicou a sua descoberta utilizando dois princípios que eram bastante aceitos na época. O primeiro foi o princípio do *uso e desuso*, a ideia de que partes do corpo mais utilizadas se tornariam maiores e mais fortes, e aquelas que não tão usadas acabariam atrofiando. Entre outros exemplos, ele citou a girafa, que estica o seu pescoço para alcançar folhas nos ramos mais altos das árvores. O segundo princípio foi o da *herança de características adquiridas*, que defendia que um organismo poderia passar essas modificações à sua prole. Lamarck explicou que o pescoço musculoso e longo da girafa teria evoluído ao longo de várias gerações à medida que esses animais esticavam seus pescoços cada vez mais.

Lamarck também pensou que a evolução acontecia porque os organismos tinham força inata para se tornarem mais complexos. Darwin rejeitou essa ideia, mas também admitia que a variação era introduzida no processo evolutivo, em parte pela herança de características adquiridas. Hoje, no entanto, o nosso conhecimento de genética refuta esse mecanismo: experimentos mostram que as características adquiridas pelo uso durante a vida de um indivíduo não são herdadas do modo proposto por Lamarck **(Figura 22.4)**.

Lamarck foi muito criticado por suas ideias, especialmente por Cuvier, que negava que as espécies poderiam

▶ **Figura 22.4** Características adquiridas não podem ser herdadas. Por meio de poda e moldagem, este bonsai foi "treinado" para se tornar uma árvore-anã. No entanto, sementes desta árvore produziriam descendentes de tamanho normal.

evoluir. Em retrospectiva, no entanto, Lamarck reconheceu que o fato de os organismos estarem adaptados a viver em seus ambientes poderia ser explicado por mudanças evolutivas graduais e propôs uma explicação para testar como essas mudanças ocorrem.

REVISÃO DO CONCEITO 22.1

1. Como as ideias de Hutton e Lyell influenciaram o pensamento de Darwin sobre evolução?
2. **FAÇA CONEXÕES** Uma hipótese científica deve ser testável (ver Conceito 1.3). Aplicando esse critério, a explicação de Cuvier sobre o registro fóssil e a hipótese de Lamarck sobre evolução são científicas? Explique a sua resposta para cada caso.

Ver as respostas sugeridas no Apêndice A.

CONCEITO 22.2

A descendência com modificação por seleção natural explica as adaptações dos organismos, bem como a uniformidade e a diversidade da vida

No início do século XIX, acreditava-se que as espécies não haviam sofrido modificações desde a sua criação. No entanto, algumas nuvens de dúvida surgiam sobre essa condição imutável das espécies, e ninguém poderia prever a tempestade que se formaria no horizonte. Como Charles Darwin acendeu o estopim que revolucionou nossa visão sobre a vida?

A pesquisa de Darwin

Charles Darwin (1809-1882) nasceu em Shrewsbury, no oeste da Inglaterra. Desde menino, apresentou grande interesse pela natureza. Quando não estava lendo livros sobre natureza, estava pescando, caçando, andando a cavalo ou colecionando insetos. Contudo, o pai de Darwin, que era médico, não conseguia ver grande futuro para o seu filho como naturalista, então o matriculou na Faculdade de Medicina de Edimburgo. No entanto, Charles achava a medicina entediante, e a cirurgia, antes do surgimento da anestesia, horripilante. Ele abandonou os estudos de medicina e entrou na Universidade de Cambridge com a intenção de se tornar um clérigo (naquela época, na Inglaterra, muitos cientistas pertenciam ao clero).

Em Cambridge, Darwin tomou como mentor o reverendo John Henslow, um professor de botânica. Logo após graduar-se, Darwin foi recomendado por Henslow ao capitão Robert FitzRoy, que preparava o barco de pesquisa HMS *Beagle* para uma expedição ao redor do mundo. Darwin pagaria pelas suas próprias despesas e faria companhia ao jovem capitão. FitzRoy, que também era um adepto da ciência, aceitou Darwin por sua qualificação como naturalista e também por serem da mesma classe social e quase da mesma idade.

A viagem do Beagle

Darwin embarcou no *Beagle* na Inglaterra em dezembro de 1831. A missão principal da viagem era mapear trechos da costa da América do Sul ainda pouco conhecidos para os europeus. Darwin, no entanto, passou a maior parte do tempo em terra, observando e coletando milhares de animais e plantas. Ele descreveu características que tornavam esses organismos adaptados a ambientes muito diversos, como as florestas úmidas do Brasil, os pampas da Argentina e as montanhas dos Andes. Darwin também observou que a flora e a fauna de regiões temperadas da América do Sul eram mais parecidas com espécies que viviam nos trópicos da América do Sul do que com espécies de regiões temperadas da Europa. Além disso, os fósseis que ele encontrou, embora nitidamente diferentes das espécies atuais, assemelhavam-se aos organismos vivos da América do Sul.

Darwin também dedicou muito tempo da viagem refletindo sobre geologia. Apesar das repetidas crises de enjoo, ele leu *Princípios de geologia*, de autoria de Lyell, durante a viagem. Ele acompanhou em primeira mão um violento terremoto que abalou a costa do Chile, observando em seguida que as rochas ao longo da costa tinham sido movidas vários metros para cima. Ao encontrar fósseis de organismos marinhos nas montanhas dos Andes, Darwin inferiu que rochas contendo esses fósseis deveriam ter chegado ao topo das montanhas por terremotos similares. Essas observações reforçaram o que ele havia lido no livro de Lyell, que a evidência física não apoiava a opinião tradicional de uma Terra com apenas alguns milhares de anos.

O interesse de Darwin nas espécies ou fósseis encontrados em uma área foi estimulado pela parada do *Beagle* nas Ilhas Galápagos, um arquipélago vulcânico próximo ao equador, localizado a cerca de 900 km ao oeste da América do Sul **(Figura 22.5)**. Darwin ficou fascinado pelos organismos incomuns que habitavam as ilhas. As aves coletadas incluíam vários tipos de tordos que, embora semelhantes, pareciam pertencer a espécies diferentes. Alguns eram endêmicos de uma ilha, e outros eram encontrados em duas ou mais ilhas adjacentes. Além disso, embora os animais de Galápagos fossem parecidos com algumas espécies existentes no continente sul-americano, a maioria não tinha sido registrada em nenhum outro lugar do mundo. Darwin, então, supôs que o arquipélago de Galápagos teria sido colonizado por organismos que saíram do continente sul-americano, diversificaram-se e deram origem a novas espécies habitantes das várias ilhas.

O foco de Darwin na adaptação

Durante a viagem no *Beagle*, Darwin observou muitos exemplos de **adaptações**, características hereditárias dos organismos que aumentam a sua capacidade de sobrevivência e reprodução em ambientes específicos. Mais tarde, à medida que revisava as suas observações, ele passou a perceber que as adaptações ao ambiente e a origem de novas espécies são processos fortemente relacionados. Seria possível uma nova espécie se originar de uma forma ancestral por acúmulo gradual de adaptações a diferentes ambientes? A partir de estudos desenvolvidos anos após a viagem de Darwin, biólogos concluíram que foi exatamente isso que ocorreu ao grupo

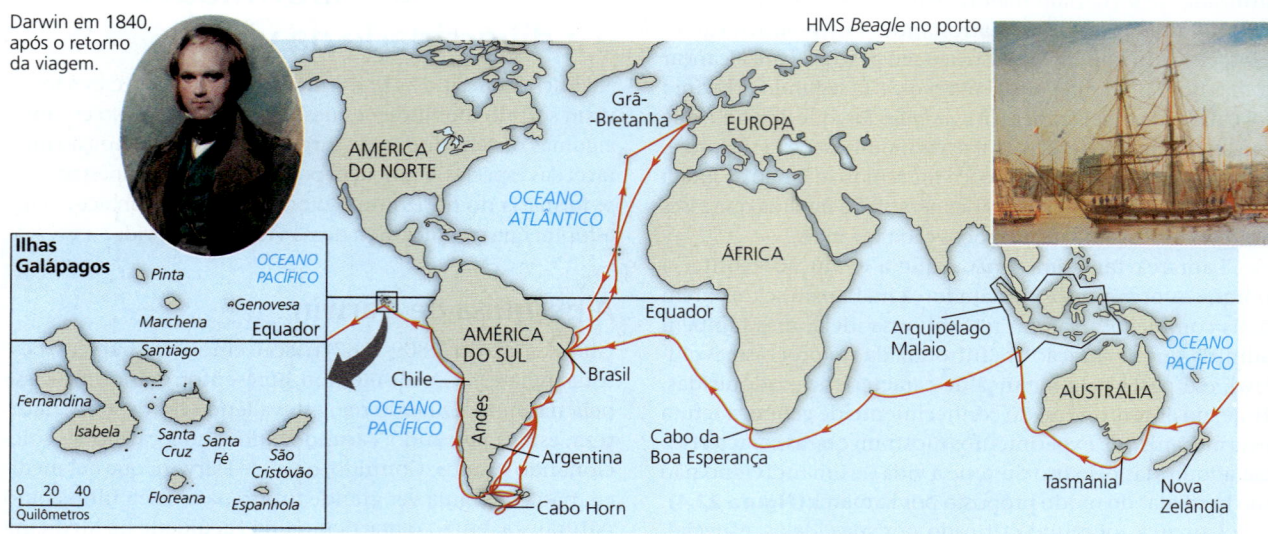

▲ **Figura 22.5** A viagem do HMS *Beagle* (dezembro de 1831 a outubro de 1836).

(a) Consumidor de cactos. O bico longo e afiado do tentilhão dos cactos (*Geospiza scandens*) ajuda a ave a rasgar e comer as flores e a polpa dos cactos.

(b) Consumidor de insetos. O tentilhão verde canoro (*Certhidea olivacea*) utiliza o seu bico pontudo para se alimentar de insetos.

(c) Consumidor de sementes. O tentilhão grande do solo dos Galápagos (*Geospiza magnirostris*) tem bico grande adaptado para quebrar sementes encontradas no solo.

▲ **Figura 22.6** Três exemplos de variação no bico em tentilhões de Galápagos. As ilhas Galápagos abrigam mais de 12 espécies de tentilhões estreitamente relacionadas, algumas encontradas apenas em uma única ilha. Uma diferença marcante entre essas espécies são os seus bicos, os quais são adaptados a dietas específicas.

FAÇA CONEXÕES *Reveja a Figura 1.20. Circunde o ancestral comum mais recente compartilhado pelas três espécies que consomem insetos. Todos os descendentes desse ancestral são consumidores de insetos?*

de tentilhões de Galápagos (ver Figura 1.20). Os variados bicos e comportamentos dos tentilhões são adaptações aos alimentos específicos disponíveis nas ilhas que eles habitam **(Figura 22.6)**. Darwin entendeu que a explicação para essas adaptações era essencial para a compreensão da evolução. Suas explicações de como essas adaptações surgiram estão centralizadas no conceito de **seleção natural**, processo no qual indivíduos com certas características herdadas tendem a sobreviver e se reproduzir mais do que outros indivíduos *por causa* dessas características. No início da década de 1840, Darwin já tinha detalhado os principais aspectos de sua hipótese. Ele organizou todas as suas ideias em 1844, quando escreveu um longo artigo sobre descendência com modificação e o seu mecanismo subjacente, a seleção natural. No entanto, estava relutando em publicar as suas ideias, em parte porque previa o alvoroço que elas causariam. Durante esse tempo, Darwin continuava juntando evidências em apoio à sua hipótese. Até a metade da década de 1850, Darwin havia descrito suas ideias a Lyell e a alguns outros cientistas. Lyell, apesar de não estar convencido da evolução, sugeriu que Darwin publicasse as suas ideias antes que alguém chegasse às mesmas conclusões e as publicasse primeiro.

Em junho de 1858, as previsões de Lyell se tornaram realidade. Darwin recebeu um manuscrito de Alfred Russel Wallace (1823-1913), naturalista britânico que estava trabalhando nas ilhas do Pacífico Sul do Arquipélago Malaio (ver Figura 22.2). Wallace havia formulado uma hipótese de seleção natural quase idêntica à de Darwin. Ele pediu a Darwin para avaliar o seu artigo e também para enviá-lo a Lyell se merecesse ser publicado. Darwin concordou e escreveu para Lyell dizendo: "Suas palavras se tornaram verdade com uma vingança que eu deveria ter previsto... Jamais vi uma coincidência tão grande... De modo que toda a minha originalidade, qualquer que fosse, será desfeita". Lyell e um colega apresentaram o artigo de Wallace junto com trechos do artigo de Darwin de 1844 não publicado, à Sociedade Linneana de Londres em 1º de julho de 1858. Darwin rapidamente terminou o seu livro, intitulado *Sobre a origem das espécies por meio da seleção natural* (amplamente conhecido como *A origem das espécies*) e publicou-o no ano seguinte. Embora Wallace tivesse submetido para publicação as suas ideias antes de Darwin, ele o admirava e achava que Darwin desenvolvera e testara a ideia de seleção natural tão amplamente que deveria ser conhecido como seu principal mentor.

Em uma década, o livro de Darwin com suas propostas tinha convencido a maioria dos biólogos de que a diversidade da vida é produto da evolução. Darwin teve sucesso onde evolucionistas anteriores não conseguiram, ao apresentar um mecanismo científico plausível com lógica impecável e uma avalanche de evidências de apoio.

Ideias da obra *A Origem das Espécies*

Em seu livro, Darwin reuniu evidências de que a descendência com modificação pela seleção natural explica três observações gerais sobre a natureza: a unidade da vida, a diversidade da vida e as maneiras notáveis pelas quais os organismos estão adaptados para viver em seus ambientes.

Descendência com modificação

Na primeira edição de *A origem das espécies*, Darwin não utilizou a palavra *evolução* (embora a palavra final do livro seja "evoluiu"). Pelo contrário, ele discutiu a *descendência com modificação*, expressão que resumia a sua percepção da vida. Os organismos compartilham várias características, levando Darwin a perceber a uniformidade na vida. Ele atribuiu a unidade da vida à descendência de todos os organismos de um ancestral comum que viveu em um passado distante. Também considerou que, como os descendentes desse organismo ancestral viveram em vários hábitats, eles gradualmente acumularam diversas mudanças, ou adaptações, que os adaptaria a modos de vida específicos. Portanto, Darwin considerou a evolução como um processo em que tanto *descendência* (ascendência compartilhada, resultando em características compartilhadas) como *modificação* (acúmulo de diferenças) podem ser observadas.

Darwin deduziu que, durante longos períodos, a descendência com modificação levou a uma rica diversidade de

▶ **Figura 22.7 "I think... [Penso que...]" Neste esboço de 1837, Darwin previu o padrão de ramificação da evolução.** Ramificações que terminam em galhos identificados com A-D representam determinados grupos de organismos vivos hoje; todas as outras ramificações representam grupos extintos.

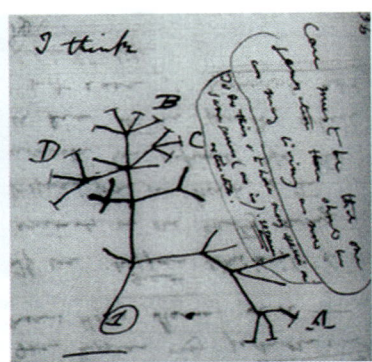

vida que se observa atualmente. Darwin visualizou a história da vida como uma árvore, com muitos ramos que saíam de um tronco comum até as pontas de novos galhos **(Figura 22.7)**. Em seu diagrama, as pontas dos galhos, identificados como A-D, representam vários grupos de organismos atuais, enquanto os ramos não marcados representam os grupos extintos. Cada bifurcação da árvore representa o ancestral comum mais recente de todas as linhas evolutivas que posteriormente se ramificariam nesse ponto.

Darwin pensou que esses processos de ramificação, junto com eventos de extinção do passado, poderiam explicar as grandes lacunas morfológicas que às vezes existem entre grupos de organismos relacionados. Como exemplo, consideremos as três espécies de elefantes atuais: o elefante-asiático (*Elephas maximus*) e duas espécies de elefantes-africanos (*Loxodonta africana* e *L. cyclotis*). Essas espécies intimamente relacionadas são muito semelhantes, pois compartilham a mesma linha de descendência até a recente separação do ancestral comum, como mostrado no diagrama de árvore na **Figura 22.8**. Observe que sete linhagens relacionadas aos elefantes foram extintas nos últimos 32 milhões de anos. Desse modo, não existem espécies vivas que preencham essa lacuna morfológica entre os elefantes e os parentes mais próximos atuais, os hiracoides e os peixes-bois.

As extinções como aquelas da Figura 22.8 são comuns. Na verdade, muitos ramos da evolução, mesmo alguns maiores, são casos extintos: os cientistas estimam que mais de 99% de todas as espécies que já existiram estão hoje extintas. Como mostrado na Figura 22.8, os fósseis das espécies extintas podem documentar a divergência dos grupos atuais "preenchendo" as lacunas entre eles.

Seleção artificial, seleção natural e adaptação

Darwin propôs o mecanismo de seleção natural para explicar os padrões observáveis de evolução. Ele elaborou seu argumento cuidadosamente, de modo a persuadir até os leitores mais céticos. Primeiro, discutiu exemplos conhecidos de cruzamento seletivo de plantas e animais domesticados. Os humanos têm modificado outras espécies ao longo de muitas gerações por meio da seleção e do cruzamento de indivíduos com características desejadas – processo chamado de **seleção artificial (Figura 22.9)**. Como consequência

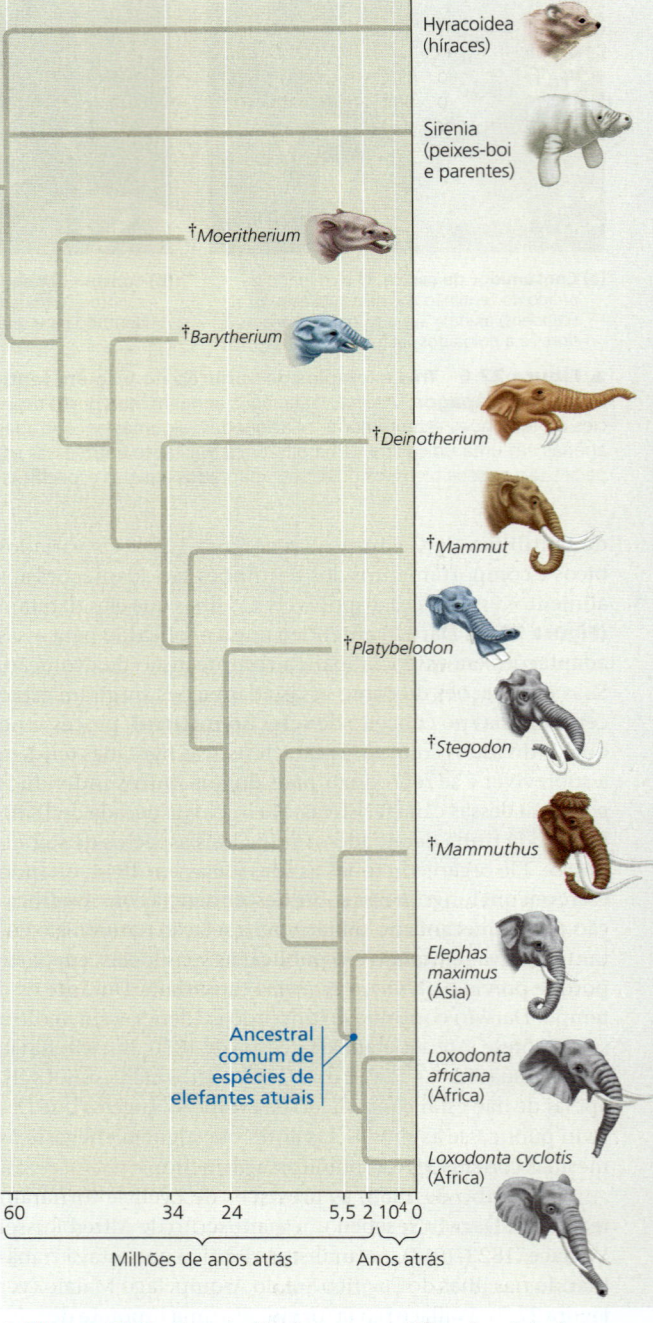

▲ **Figura 22.8 Descendência com modificação.** Esta árvore evolutiva dos elefantes e seus parentes baseia-se principalmente em fósseis – sua anatomia, ordem de surgimento nos estratos e distribuição geográfica. Observe que a maioria dos ramos de descendência termina em extinção (identificada pelo símbolo de punhal, †). (A linha do tempo não está em escala.)

HABILIDADES VISUAIS *Com base nesta árvore, aproximadamente quando viveu o mais recente ancestral compartilhado por* Mammuthus *(mamutes-lanosos), elefantes-asiáticos e elefantes-africanos?*

da seleção artificial, plantas cultivadas e animais de rebanho ou de estimação apresentam pouca semelhança com os seus ancestrais selvagens.

▶ **Figura 22.9 Seleção artificial.** Todas estas diferentes hortaliças foram selecionadas de uma espécie de mostarda silvestre (*Brassica oleracea*). Por seleção de variações em partes diferentes da planta, os melhoristas obtiveram estes resultados divergentes.

Darwin então afirmou que um processo similar ocorre na natureza. Ele baseou seu argumento em duas observações, das quais fez duas inferências:

Observação 1: Os membros de uma população frequentemente variam em seus atributos herdados **(Figura 22.10)**.

Observação 2: Todas as espécies podem produzir uma prole maior do que o ambiente consegue suportar **(Figura 22.11)**, e vários desses descendentes não chegam a sobreviver e se reproduzir.

Inferência 1: Indivíduos cujas características herdadas lhes conferem uma probabilidade mais alta de sobrevivência e reprodução em determinado ambiente tendem a deixar mais descendentes do que outros indivíduos.

Inferência 2: Essa capacidade desigual dos indivíduos de sobreviver e se reproduzir em determinado ambiente levará ao acúmulo de características favoráveis na população ao longo de gerações.

Como essas duas inferências sugerem, Darwin constatou uma conexão entre a seleção natural e a capacidade de "super-reprodução" dos organismos. Ele começou a fazer essa conexão após ler o ensaio do economista Thomas Malthus que sustentava que muito do sofrimento da humanidade – doença, fome e guerra – resultava de um potencial de crescimento da população humana mais rápido do que o de suprimentos de alimentos ou de outros recursos. Da mesma forma, Darwin percebeu que a capacidade de super-reprodução era típica de todas as espécies. Somente uma porção dos muitos ovos postos, filhotes nascidos e sementes dispersas completam o seu desenvolvimento e deixam os seus próprios descendentes. Os restantes sofrem inanição, são predados, ficam doentes, não acasalam ou revelam-se incapazes de tolerar as condições físicas do ambiente, como salinidade ou temperatura.

As características herdáveis de um organismo podem influenciar não somente o seu próprio desempenho, mas também o quanto a sua prole enfrentará os desafios ambientais.

▲ **Figura 22.10 Variação em uma população.** Os indivíduos nesta população de joaninhas (*Harmonia axyridis*) variam na cor e no padrão de pintas. A seleção natural pode atuar nessas variações apenas se (1) elas forem herdáveis e (2) afetarem a capacidade das joaninhas de sobreviver e se reproduzir.

▶ **Figura 22.11 Super-produção de prole.** Um único fungo bufa-de-lobo pode produzir bilhões de esporos que dão origem à prole. Se todos esses esporos e seus descendentes sobrevivessem até a maturidade, cobririam toda a superfície terrestre.

Por exemplo, um organismo pode possuir características que confiram à sua prole vantagem para escapar de predadores, obter alimentos e tolerar as condições físicas do ambiente. Quando essas vantagens aumentam o número de descendentes que sobrevivem e se reproduzem, as características favoráveis provavelmente irão aparecer em frequência maior na próxima geração. Assim, ao longo do tempo, a seleção natural resultante de fatores como predação, falta de alimento ou condições físicas adversas pode levar a um aumento na proporção de características favoráveis na população.

Com que rapidez essas mudanças ocorrem? Darwin deduziu que, se a seleção artificial pode gerar grandes mudanças em um período relativamente curto, então a seleção natural deveria ser capaz de promover modificações substanciais nas espécies ao longo de várias centenas de gerações. Mesmo se as vantagens de algumas características herdadas sobre outras forem pequenas, as variações vantajosas se acumularão gradualmente na população, e as variações menos favoráveis diminuirão. Ao longo do tempo, esse processo aumentará a frequência de indivíduos com adaptações favoráveis, incrementando, assim, o grau em que os organismos são adaptados à vida em seu ambiente.

Características fundamentais da seleção natural

Agora, vamos resumir algumas das principais ideias da seleção natural:

- A seleção natural é um processo em que os indivíduos com certas características hereditárias sobrevivem e se reproduzem em uma taxa maior em comparação com outros indivíduos devido a essas características.
- Ao longo do tempo, a seleção natural pode aumentar a frequência de adaptações que são favoráveis em um determinado ambiente **(Figura 22.12)**.
- Se o ambiente se modificar ou se os indivíduos mudarem para um novo ambiente, a seleção natural talvez resulte em adaptação dos organismos a essas novas condições, podendo originar novas espécies.

Um ponto sutil, mas importante, é que, embora a seleção natural ocorra por meio de interações entre organismos individuais e seu ambiente, os *indivíduos não evoluem*. Melhor dizendo, é a população que evolui ao longo do tempo.

Um segundo ponto importante é que a seleção natural pode aumentar ou diminuir apenas aquelas características herdáveis que diferem entre os indivíduos em uma população. Dessa forma, mesmo que uma característica seja herdável, se todos os indivíduos em uma população forem geneticamente idênticos para aquela característica, a evolução por seleção natural não pode ocorrer.

Em terceiro lugar, os fatores ambientais variam de um local para outro ao longo do tempo. Uma característica favorável em certo espaço ou tempo talvez seja inútil – ou até mesmo deletéria – em outros espaços ou tempos. A seleção natural está sempre agindo, mas as características favorecidas dependem do contexto em que a espécie vive e se reproduz.

A seguir, vamos explorar a ampla gama de observações que sustentaram a visão darwiniana de evolução por seleção natural.

REVISÃO DO CONCEITO 22.2

1. Como o conceito de descendência com modificação explica a unidade e a diversidade da vida?

▲ **Figura 22.12 Camuflagem como exemplo de adaptação evolutiva.** Espécies de mariposas aparentadas exibem formas e cores diversas que evoluíram em ambientes diferentes, como se observa na mariposa-folha-morta (*Oxytenis modestia*) no Peru **(a)** e na mariposa-amarela (*Phalera bucephala*) na Escócia **(b)**.

2. **E SE?** Se descobrisse um fóssil de um mamífero extinto que viveu nos Andes, você prediria que ele se parece mais com os atuais mamíferos das florestas da América do Sul ou com aqueles das montanhas asiáticas? Explique.
3. **FAÇA CONEXÕES** Revise a relação entre genótipo e fenótipo (ver Figuras 14.5 e 14.6). Suponha que, em determinada população de ervilhas, as flores com fenótipo para cor branca são favorecidas pela seleção natural. Prediga o que aconteceria, ao longo do tempo, com a frequência do alelo de flores brancas (alelo p) na população.

Ver as respostas sugeridas no Apêndice A.

CONCEITO 22.3

Há uma quantidade expressiva de evidências científicas que sustentam a evolução

No livro *A origem das espécies*, Darwin reuniu várias evidências que sustentavam o conceito de descendência com modificação. Mesmo assim, como ele mesmo reconheceu, havia casos em que faltavam evidências. Por exemplo, Darwin se referiu à origem das angiospermas como "um mistério abominável" e lamentou a ausência de fósseis que mostrassem de que modo os primeiros grupos de organismos deram origem a novos grupos.

Nos últimos 150 anos, novas descobertas preencheram várias lacunas identificadas por Darwin. A origem das angiospermas, por exemplo, é muito mais compreendida (ver Conceito 30.3), e muitos fósseis indicando a origem de novos grupos de organismos foram descobertos (ver Conceito 25.2). Nesta seção, consideraremos quatro tipos de dados que documentam o padrão de evolução e esclarecem como ela ocorre: observações diretas, homologia, registro fóssil e biogeografia.

Observações diretas de mudança evolutiva

Biólogos documentaram mudanças evolutivas em milhares de estudos científicos. Examinaremos muitos desses estudos ao longo desta unidade, começando por dois exemplos.

Seleção natural em resposta a espécies introduzidas

Os herbívoros, animais que se alimentam de plantas, muitas vezes exibem adaptações que os ajudam a consumir eficientemente suas fontes alimentares primárias. O que ocorre quando os herbívoros passam para uma nova fonte de alimento com características diferentes?

Uma oportunidade para estudar essa questão na natureza é proporcionada pelos percevejos-do-saboeiro, que utilizam seu "bico", um aparelho bucal oco em forma de agulha, para se alimentar de sementes localizadas em frutos de plantas diversas. No sul da Flórida, o percevejo-do-saboeiro (*Jadera haematoloma*) alimenta-se de sementes de uma planta nativa, o balãozinho (*Cardiospermum corindum*). Contudo, na Flórida central, onde o balãozinho tornou-se raro, os percevejos-do-saboeiro alimentam-se de sementes da árvore-da-chuva-dourada (*Koelreuteria elegans*), uma espécie recentemente introduzida originária da Ásia.

Os percevejos-do-saboeiro alimentam-se de modo mais eficiente quando o comprimento do seu bico corresponder à profundidade em que as sementes se encontram no interior do fruto. O fruto da árvore-da-chuva-dourada consiste em três lóbulos chatos, e suas sementes estão bem mais próximas à superfície do fruto do que as sementes do fruto arredondado do balãozinho nativo. Essas diferenças levaram os pesquisadores a predizer que, em populações que se alimentam de sementes da árvore-da-chuva-dourada, a seleção natural resultaria em bicos *mais curtos* do que aqueles em populações que consomem sementes do balãozinho **(Figura 22.13)**. De fato, os bicos nas populações que se alimentam de sementes de árvore-da-chuva-dourada são mais curtos.

Pesquisadores também estudaram a evolução do comprimento dos bicos nas populações dos percevejos-do-saboeiro que se alimentam de plantas introduzidas em Louisiana, Oklahoma e Austrália. Em cada um desses locais, o fruto da planta introduzida é maior do que o fruto da planta nativa. Dessa forma, em populações que se alimentam das espécies introduzidas nessas regiões, os pesquisadores previram que a seleção natural resultaria na evolução de bicos *mais longos*. Novamente, os dados coletados em estudos de campo confirmaram essa previsão.

As mudanças observadas nos comprimentos dos bicos têm consequências importantes. Na Austrália, por exemplo,

▼ **Figura 22.13** Pesquisa

Uma mudança na fonte alimentar de uma população pode resultar na evolução por seleção natural?

Estudo de campo Os percevejos-do-saboeiro se alimentam mais eficientemente quando o comprimento do seu "bico" equivale à profundidade das sementes dentro do fruto. Pesquisadores mediram os comprimentos dos bicos em populações do percevejo-do-saboeiro que se alimentam de balãozinho nativo. Eles mediram também os comprimentos dos bicos em populações que se alimentam da árvore-da-chuva-dourada, uma espécie introduzida. Em seguida, os pesquisadores compararam suas medidas com as de espécimes em museus, coletadas nas duas áreas antes da introdução da árvore-da-chuva-dourada.

Percevejo-do-saboeiro com o bico inserido na fruta do balãozinho nativo

Resultados Os comprimentos dos bicos eram mais curtos nas populações que se alimentam da espécie introduzida do que nas populações que se alimentam da espécie nativa, na qual as sementes estão localizadas mais profundamente. O comprimento médio dos bicos nos espécimes de museu de cada população (indicado pelas setas vermelhas) era similar aos comprimentos dos bicos nas populações que se alimentam da espécie nativa.

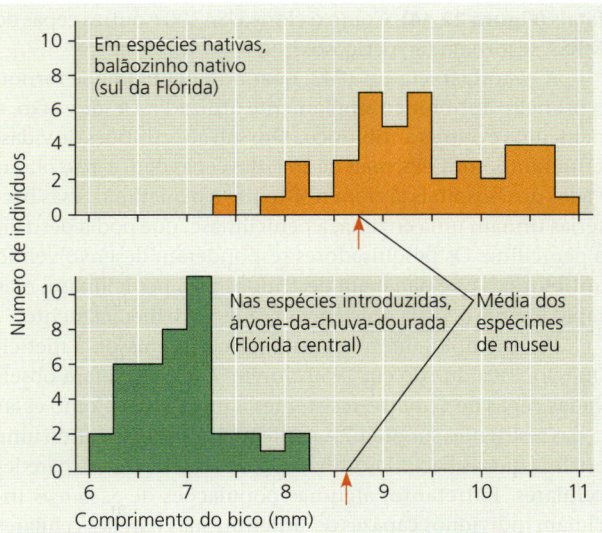

Conclusão Os espécimes de museu e os dados atuais sugerem que uma alteração na profundidade em que se localizam as sementes da fonte alimentar do percevejo-do-saboeiro pode resultar na evolução, por seleção natural, para uma mudança correspondente no tamanho do bico.

Dados de S.P. Carroll e C. Boyd, Host race radiation in the soapberry bug: natural history with the history, *Evolution* 46:1052-1069 (1992).

E SE? *Dados de estudos adicionais mostraram que, quando ovos do percevejo-do-saboeiro de uma população alimentada de frutos do balãozinho foram incubados em frutos da árvore-da-chuva-dourada (ou vice-versa), os comprimentos dos bicos dos insetos adultos assemelhavam-se mais aos da população da qual os ovos foram inicialmente obtidos. Interprete os resultados.*

o aumento do comprimento do bico praticamente dobrou a forma com a qual os percevejos-do-saboeiro podiam consumir as sementes das espécies introduzidas. Além disso, como os dados históricos mostram que a árvore-da-chuva-dourada chegou à Flórida Central apenas 35 anos antes dos estudos científicos terem iniciado, os resultados demonstram que a seleção natural pode causar rápida evolução em uma população selvagem.

A evolução de bactérias resistentes a medicamentos

Um exemplo da seleção natural em curso que afeta drasticamente nossas vidas é a evolução de patógenos (vírus e outros organismos causadores de doenças) resistentes a medicamentos. Esse é um problema específico de bactérias e vírus, pois eles conseguem produzir novas gerações em um período curto; como consequência, cepas resistentes desses organismos podem proliferar muito rapidamente.

Considere a evolução da resistência a medicamentos na bactéria *Staphylococcus aureus*. Uma em cada três pessoas abriga essa espécie na sua pele ou nas suas fossas nasais sem efeitos negativos. Entretanto, certas variedades genéticas (cepas) dessa espécie, conhecida como *S. aureus* resistente à meticilina (MRSA), são patógenos consideráveis. As infecções por MRSA, em sua maioria, são causadas por cepas surgidas recentemente, como o clone USA300, que pode causar a "doença devoradora de carne" e infecções potencialmente fatais **(Figura 22.14)**. Como o clone USA300 e outras cepas de MRSA se tornam tão perigosos?

A história inicia em 1943, quando a penicilina se tornou o primeiro antibiótico amplamente utilizado. Desde então, a penicilina e outros antibióticos têm salvado milhões de vidas. Entretanto, em 1945, mais de 20% das cepas de *S. aureus* observadas nos hospitais já eram resistentes à penicilina. Essas bactérias tinham uma enzima, a penicilinase, que podia destruir a penicilina. Os pesquisadores responderam desenvolvendo antibióticos que não eram destruídos pela penicilinase, mas rapidamente ocorria resistência a cada novo medicamento.

Por exemplo, um novo antibiótico promissor, a meticilina, foi introduzido em 1959. Porém, em 1961, foram observadas cepas de *S. aureus* resistentes à meticilina. Como essas cepas resistentes surgiram? A meticilina atua desativando uma enzima que as bactérias utilizam para sintetizar suas paredes celulares. Entretanto, algumas populações de *S. aureus* incluíam indivíduos capazes de sintetizar suas paredes celulares usando uma enzima diferente que não era afetada pela meticilina. Esses indivíduos sobreviveram aos tratamentos com meticilina e se reproduziram em taxas mais altas do que outros indivíduos. Com o tempo, esses indivíduos resistentes tornaram-se cada vez mais comuns, levando à propagação de MRSA.

Inicialmente, o MRSA podia ser controlado por antibióticos que agiam de maneira diferente da meticilina. Todavia, isso se tornou menos eficaz, pois algumas cepas de MRSA são resistentes a múltiplos antibióticos, provavelmente porque as bactérias podem trocar genes com membros de sua própria espécie e de outras. Assim, as cepas de hoje, com resistência a múltiplos medicamentos, podem ter surgido ao

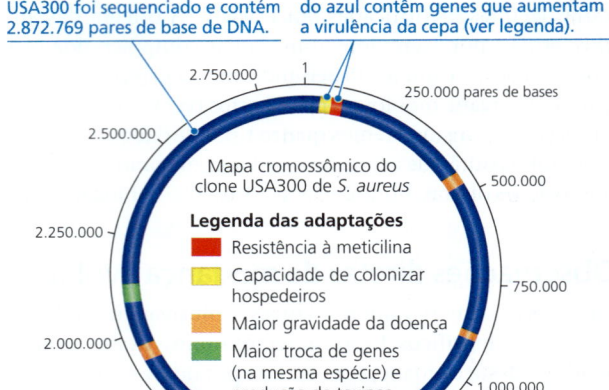

▲ **Figura 22.14 Clone USA300: uma cepa virulenta de *Staphylococcus aureus* resistente à meticilina (MRSA).** Resistente a múltiplos antibióticos e altamente contagiosas, essa cepa e seus parentes próximos podem causar infecções letais de pele, pulmões e sangue. Conforme mostrado aqui, os pesquisadores identificaram áreas-chave do genoma de USA300 que codificam adaptações que causam suas propriedades virulentas.

E SE? *Alguns medicamentos que estão sendo desenvolvidos têm como alvo específico apenas S. aureus, e o matam; outros desaceleram o crescimento de MRSA, mas não o matam. Com base em como a seleção natural trabalha e no fato de que as espécies bacterianas podem trocar genes, explique por que cada uma dessas estratégias pode ser eficaz.*

longo do tempo, à medida que cepas de MRSA resistentes a diferentes antibióticos trocavam genes.

Por fim, é importante registrar que *S. aureus* não é a única bactéria patogênica que desenvolveu resistência a múltiplos antibióticos. Além disso, em décadas recentes, a resistência a antibióticos tem se propagado muito mais rápido do que a descoberta de novos antibióticos – um problema de saúde pública altamente preocupante. No entanto, a esperança pode surgir no horizonte. Por exemplo, os cientistas registraram recentemente a descoberta da "teixobactina", um novo antibiótico promissor para o tratamento do MRSA e outros patógenos. Conforme descreveremos no Exercício de habilidades científicas no Capítulo 27, os métodos usados na descoberta da teixobactina podem levar também à descoberta de outros novos antibióticos.

Os exemplos do *S. aureus* e do percevejo-do-saboeiro destacam três pontos-chave sobre a seleção natural. Primeiro, a seleção natural é um processo de edição, não um mecanismo de criação. Um medicamento não *cria* patógenos resistentes; ele *seleciona* indivíduos resistentes que já estão presentes na população. Segundo, em espécies que produzem novas gerações em períodos curtos, a evolução por seleção natural pode ocorrer rapidamente, em apenas alguns anos (*S. aureus*) ou décadas (percevejo-do-saboeiro). Terceiro, a seleção natural depende do momento e do local. Em uma população geneticamente variável, ela favorece aquelas características que fornecem vantagens no ambiente local atual. O que é benéfico em determinada situação pode não ter utilidade ou mesmo ser danoso em outra. Os comprimentos dos bicos adequados ao tamanho do fruto tropical consumido por membros de uma determinada população do percevejo-do-saboeiro são favorecidos pela seleção natural. Entretanto, um comprimento adequado de bico para um fruto de certo tamanho pode ser desvantajoso quando o inseto está se alimentando de um fruto de outro tamanho.

Homologia

Um segundo tipo de evidência da existência da evolução vem da análise de semelhanças entre organismos diferentes. Como vimos, a evolução é um processo de descendência com modificação: as características presentes em um organismo são alteradas (por seleção natural) em seus descendentes ao longo do tempo, à medida que enfrentam condições ambientais diferentes. Como consequência, espécies relacionadas podem ter características semelhantes mesmo que apresentem funções diferentes. A similaridade resultante de uma ancestralidade comum é conhecida como **homologia**. Como descreveremos nesta seção, uma compreensão da homologia pode ser utilizada para fazer predições testáveis e explicar observações que poderiam ser confusas.

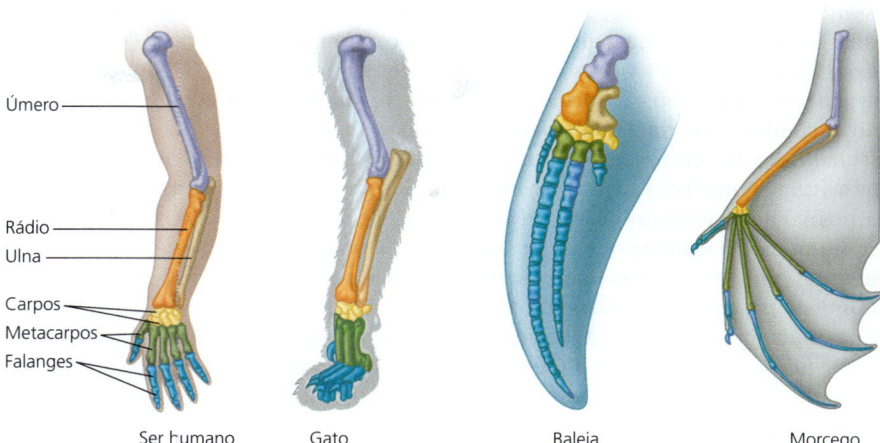

▲ **Figura 22.15 Membros anteriores dos mamíferos: estruturas homólogas.** Embora tenham se tornado adaptados a funções diferentes, os membros anteriores de todos os mamíferos são constituídos dos mesmos elementos esqueléticos básicos: um osso grande (roxo), conectado a dois ossos menores (laranja e bege), ligado a vários ossos pequenos (amarelo), então conectados a vários metacarpos (verde), ligados a aproximadamente cinco dígitos, cada um composto por falanges (azul).

Homologias anatômicas e moleculares

A percepção da evolução como processo remodelador leva à predição de que espécies relacionadas compartilham características semelhantes – e elas realmente compartilham. Evidentemente, espécies intimamente relacionadas compartilham as características utilizadas para determinar seu parentesco, mas também compartilham muitas outras características. Algumas dessas características compartilhadas fazem pouco sentido, exceto no contexto da evolução. Por exemplo, os membros anteriores de todos os mamíferos, incluindo humanos, gatos, baleias e morcegos, mostram a mesma disposição dos ossos desde o ombro às pontas dos dedos, embora os apêndices tenham funções muito diferentes, como levantar objetos, caminhar, nadar e voar **(Figura 22.15)**. Essas semelhanças anatômicas surpreendentes seriam muito improváveis se essas estruturas tivessem se originado de novo em cada espécie. Melhor dizendo, esses esqueletos básicos de braços, patas dianteiras, nadadeiras e asas de diferentes mamíferos são **estruturas homólogas** que representam variações de um mesmo tema estrutural presente no seu ancestral comum.

A comparação de estágios iniciais do desenvolvimento em diferentes espécies de animais mostra outras homologias anatômicas não visíveis em organismos adultos. Por exemplo, em certo ponto do seu desenvolvimento, todos os embriões de vertebrados têm uma cauda em posição posterior ao ânus e também estruturas denominadas arcos faríngeos **(Figura 22.16)**. Esses arcos homólogos se transformam, por fim, em estruturas com funções muito diferentes, como brânquias em peixes e partes das orelhas e da garganta em humanos e outros mamíferos.

Algumas das homologias mais intrigantes estão relacionadas com estruturas "restantes", com pouca ou nenhuma importância para o organismo. Essas **estruturas vestigiais** são remanescentes de características que tinham uma função nos organismos ancestrais. Por exemplo, as serpentes surgiram de ancestrais com pernas, e os esqueletos de algumas delas retêm vestígios da pelve e ossos das pernas provenientes de seus ancestrais. Do mesmo modo, espécies cegas de peixes de cavernas descenderam de ancestrais com olhos, o que explica por que esses peixes possuem resquícios de olhos ocultos sob suas escamas. Não esperaríamos encontrar essas estruturas vestigiais se serpentes e peixes cegos de cavernas tivessem origens separadas dos outros animais vertebrados.

Biólogos também observam semelhanças entre organismos em nível molecular. Todas as formas de vida utilizam

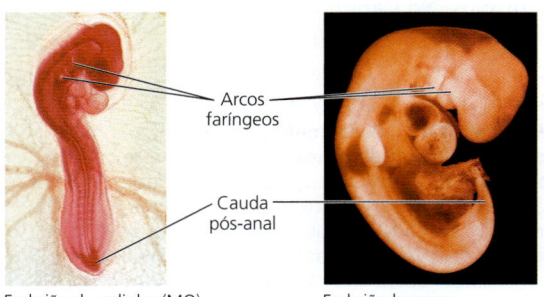

▲ **Figura 22.16 Semelhanças anatômicas em embriões de vertebrados.** Em algum estágio do seu desenvolvimento embrionário, todos os vertebrados apresentam cauda localizada posteriormente ao ânus (chamada de cauda pós-anal), assim como arcos faríngeos (na garganta). A descendência a partir de um ancestral comum pode explicar tais semelhanças.

essencialmente o mesmo código genético, sugerindo que todas as espécies descenderam de um ancestral comum que já utilizava esse código. Mas as homologias moleculares vão além de um código compartilhado. Por exemplo, organismos tão diferentes como humanos e bactérias compartilham genes herdados de um ancestral comum muito distante. Alguns desses genes homólogos adquiriram novas funções, enquanto outros, como aqueles que codificam subunidades ribossômicas utilizadas na síntese proteica (ver Figura 17.18), mantiveram suas funções originais. Também é comum que organismos tenham genes que perderam sua função, mesmo que os genes homólogos nas espécies relacionadas talvez sejam totalmente funcionais. Assim como as estruturas vestigiais, parece que esses "pseudogenes" inativos podem estar presentes simplesmente porque seu ancestral comum os tinha.

Homologias e "pensamento filogenético"

Algumas características homólogas, como o código genético, são compartilhadas por todas as espécies, pois remetem a um passado ancestral, ao passo que outras evoluídas recentemente são compartilhadas apenas por grupos menores de organismos.

Considere os *tetrápodes* (do grego *tetra*, quatro, e *pod*, pé), o grupo de vertebrados formado por anfíbios, mamíferos e répteis. Como todos os vertebrados, os tetrápodes têm uma coluna vertebral. Porém, diferentemente de outros vertebrados, os tetrápodes possuem também membros com dedos (ver Figura 22.15). Conforme sugerido por esse exemplo, as características homólogas formam um padrão encadeado: toda a vida compartilha a camada mais profunda (neste caso, todos os vertebrados possuem uma coluna vertebral); cada grupo sucessivamente menor adiciona suas próprias homologias àquelas que ele compartilha com os grupos maiores (neste caso, todos os tetrápodes possuem uma coluna vertebral *e* membros *com* dedos). Esse padrão encadeado é exatamente o que se espera da descendência com modificação a partir de um ancestral comum.

Os biólogos geralmente representam o padrão de descendência de ancestrais comuns com uma **árvore evolutiva**, um diagrama que reflete as relações evolutivas entre grupos de organismos. No Capítulo 26, analisaremos mais detalhadamente as árvores evolutivas, mas, por ora, veremos como interpretar e utilizar essas árvores.

A **Figura 22.17** representa a árvore evolutiva dos tetrápodes e dos seus parentes vivos mais próximos, os peixes pulmonados. Neste diagrama, cada bifurcação representa o ancestral comum mais recente das duas linhagens que divergiram a partir desse ponto. Por exemplo, os peixes pulmonados e os tetrápodes descenderam do ancestral ❶, enquanto mamíferos, lagartos e serpentes, crocodilos e aves descenderam do ancestral ❸. Conforme esperado, as três homologias que aparecem na árvore – os membros com dedos, o âmnio (membrana embrionária protetora) e as penas – formam um padrão encadeado. Os membros com dedos estavam presentes no ancestral comum ❷ e, consequentemente, são encontrados em todos os descendentes desse ancestral (os tetrápodes). O âmnio estava presente apenas no ancestral ❸ e, portanto, é compartilhado apenas por alguns tetrápodes (mamíferos e répteis). As penas estavam presentes somente no ancestral comum ❻ e, desse modo, são encontradas somente nas aves.

Para explorar ainda mais o "pensamento filogenético", observe que na Figura 22.17 os mamíferos são posicionados mais próximos dos anfíbios do que das aves. Como consequência, você poderia concluir que os mamíferos são mais intimamente relacionados aos anfíbios do que às aves. No entanto, os mamíferos são na realidade mais fortemente relacionados às aves do que aos anfíbios, pois mamíferos e aves compartilham um ancestral comum mais recente (ancestral ❸) do que mamíferos e anfíbios (ancestral ❷). O ancestral ❷ também é o ancestral comum mais recente das aves e dos anfíbios, tornando os mamíferos e aves igualmente relacionados aos anfíbios. Por fim, observe que a árvore na Figura 22.17 apresenta o momento relativo dos eventos, mas não as datas reais. Assim, podemos concluir que o ancestral ❷ viveu antes do ancestral ❸, mas não sabemos quando isso ocorreu.

As árvores evolutivas são hipóteses que resumem a nossa compreensão atual de padrões de descendência. Nossa confiança nessas relações, assim como nas hipóteses, depende da consistência dos dados de apoio. No caso da

▶ **Figura 22.17 Pensamento filogenético: informações disponibilizadas em uma árvore evolutiva.** Esta árvore evolutiva dos tetrápodes e seus parentes atuais mais próximos, os peixes pulmonados, é baseada em dados anatômicos e de sequências de DNA. As barras roxas representam a origem de três homologias importantes, cada uma das quais evoluiu apenas uma vez. As aves estão agrupadas e evoluíram a partir de répteis; assim, o grupo de organismos chamado de "répteis" tecnicamente inclui as aves.

HABILIDADES VISUAIS Com base nesta árvore evolutiva, os crocodilos estão mais intimamente relacionados aos lagartos ou às aves? Explique.

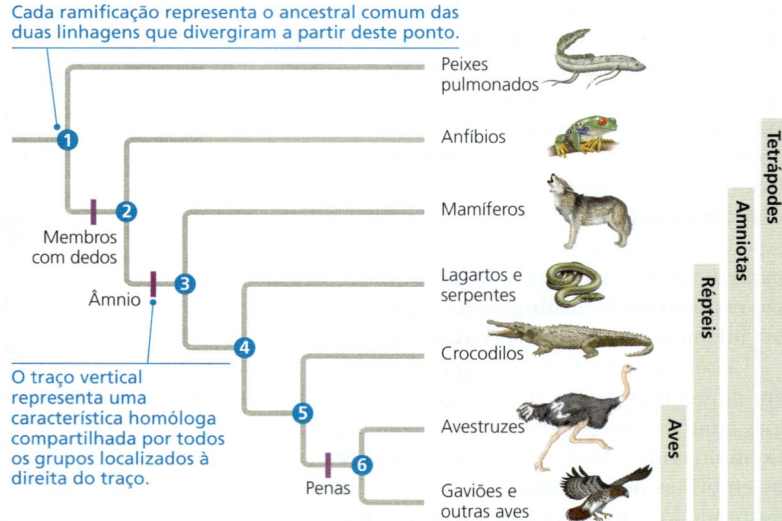

Figura 22.17, a árvore é apoiada por vários bancos de dados diferentes, incluindo dados anatômicos e de sequências de DNA. Desse modo, biólogos estão confiantes de que essa árvore reflete com exatidão a história evolutiva. Os cientistas podem utilizar árvores evolutivas bem fundamentadas para fazer previsões específicas e às vezes surpreendentes sobre os organismos (ver Figura 26.17).

Uma causa diferente de semelhança: evolução convergente

Embora organismos com parentesco próximo compartilhem características devido à sua descendência comum, organismos de parentesco distante podem se parecer por uma razão distinta: a **evolução convergente**, ou seja, a evolução independente de características semelhantes em linhagens diferentes. Considere os mamíferos marsupiais, muitos dos quais vivem na Austrália. Os marsupiais são diferentes de outro grupo de mamíferos – os eutérios ou mamíferos placentários –, alguns dos quais vivem na Austrália. (Os eutérios completam seu desenvolvimento embrionário no útero, enquanto os marsupiais nascem como embriões e completam seu desenvolvimento enquanto lactentes, frequentemente em uma bolsa externa.) Alguns marsupiais australianos têm assemelhados eutérios com adaptações superficialmente similares. Por exemplo, um marsupial australiano que ocorre em florestas, conhecido como petauro-do-açúcar ou planador-do-açúcar (*Petaurus breviceps*), é superficialmente bastante parecido com os esquilos-voadores, eutérios planadores que vivem nas florestas da América do Norte **(Figura 22.18)**. Mas o petauro-do-açúcar tem muitas outras características que o tornam um marsupial, muito mais próximo de cangurus e outros marsupiais do que de esquilos-voadores e outros eutérios. Novamente, a nossa compreensão de evolução pode explicar essas observações. Embora tenham evoluído independentemente a partir de ancestrais distintos, esses dois mamíferos adaptaram-se a ambientes similares de formas semelhantes. Nesses exemplos em que as espécies compartilham características por evolução convergente, diz-se que a semelhança é **análoga**, e não homóloga. As características análogas compartilham função similar, mas não ancestralidade comum, enquanto as características homólogas compartilham ancestralidade comum, mas não necessariamente função similar.

▶ **Figura 22.18 Evolução convergente.** A capacidade de planar evoluiu de forma independente nestes dois mamíferos com parentesco distante.

durante vários milhares de anos, o osso ilíaco no peixe esgana-gato fóssil sofreu uma acentuada redução no tamanho. A natureza consistente dessa alteração ao longo do tempo sugere que a redução no tamanho do osso ilíaco possa ter sido governada por seleção natural.

Os fósseis podem esclarecer a origem de novos grupos de organismos. Um exemplo é o registro fóssil dos cetáceos, a ordem de mamíferos que inclui baleias, golfinhos e toninhas. Alguns desses fósseis **(Figura 22.19)** forneceram um apoio consistente para uma hipótese baseada em dados de sequências de DNA: os cetáceos são parentes próximos dos ungulados com número par de dedos, um grupo que inclui hipopótamos, suínos, cervos e bovinos.

O que mais os fósseis podem nos revelar sobre as origens dos cetáceos? Os cetáceos mais antigos viveram entre 50 e 60 milhões de anos atrás. O registro fóssil indica que, antes disso, a maioria dos mamíferos era terrestre. Embora cientistas saibam há muito tempo que as baleias e outros cetáceos se originaram de mamíferos terrestres, foram encontradas

Registro fóssil

O terceiro tipo de evidência para a evolução vem dos fósseis. O registro fóssil documenta o padrão de evolução, mostrando que organismos que viveram no passado são diferentes dos organismos atuais e que muitas espécies foram extintas. Fósseis mostram também as mudanças evolutivas que ocorreram em diversos grupos de organismos. Em um caso entre as centenas de exemplos possíveis, os pesquisadores constatam que,

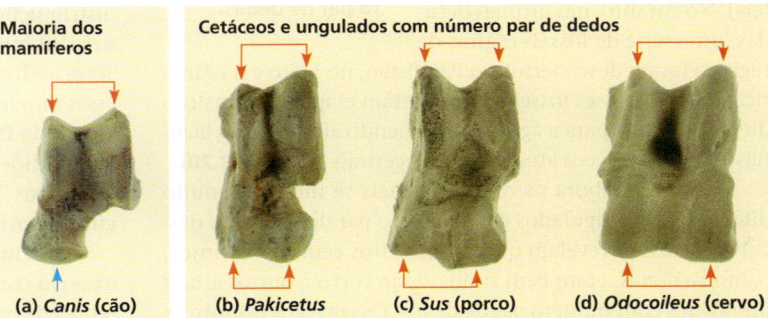

▲ **Figura 22.19 Ossos do tornozelo: uma peça do quebra-cabeça.** A comparação de fósseis com exemplos atuais de astrágalo (um tipo de osso do tornozelo) indica que os cetáceos são estreitamente relacionados aos ungulados com número par de dedos. **(a)** Na maioria dos mamíferos, o astrágalo tem o formato semelhante ao osso de cão, com uma proeminência dupla em uma das extremidades (setas vermelhas), mas não na extremidade oposta (seta azul). **(b)** Os fósseis mostram que o cetáceo primitivo *Pakicetus* possuía um astrágalo com proeminências duplas em ambas as extremidades, um formato observado apenas nos suínos **(c)**, cervos **(d)** e todos os outros ungulados com número par de dedos.

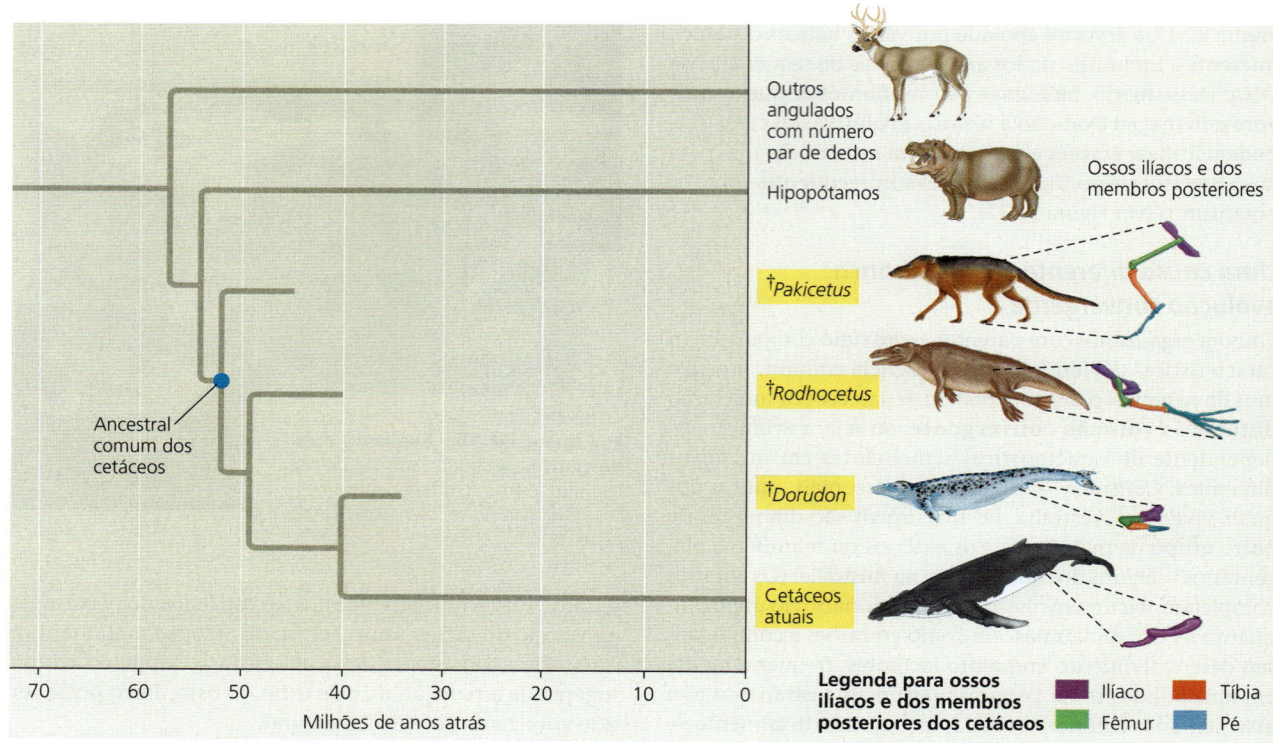

▲ **Figura 22.20** **Transição para a vida no mar.** Múltiplas linhas de evidência fundamentam a hipótese de que os cetáceos (destacados em amarelo) evoluíram dos mamíferos terrestres. Os fósseis documentaram a redução ao longo do tempo nos ossos ilíacos e dos membros posteriores de ancestrais cetáceos extintos (†), incluindo *Pakicetus*, *Rodhocetus* e *Dorudon*. Dados da sequência de DNA sustentam a hipótese de que os cetáceos são mais estreitamente relacionados aos hipopótamos.

HABILIDADES VISUAIS *Use o diagrama para determinar o que aconteceu primeiro durante a evolução dos cetáceos: as alterações na estrutura dos membros posteriores ou a origem das nadadeiras caudais (os lobos na cauda de uma baleia). Explique.*

poucas evidências fósseis de como a estrutura dos membros dos cetáceos se modificou ao longo do tempo, levando, por fim, ao desenvolvimento de nadadeiras, bem como à perda dos membros posteriores e o desenvolvimento de nadadeiras caudais (os lobos na cauda da baleia). No entanto, nas últimas décadas, uma série de fósseis dignos de registro foram descobertos no Paquistão, no Egito e na América do Norte. Esses fósseis documentam etapas na transição da vida da terra para a água, preenchendo algumas das lacunas entre os cetáceos atuais e seus ancestrais **(Figura 22.20)**.

Por fim, embora os cetáceos atuais se mostrem muito diferentes dos ungulados com número par de dedos, as descobertas fósseis revelam que os primeiros cetáceos extintos, como *Pakicetus*, eram bem similares ao cervo e outros atuais ungulados com número par de dedos. Os cetáceos primitivos extintos também assemelhavam-se muito aos ungulados primitivos com número par de dedos extintos, como *Diacodexis* **(Figura 22.21)**. Padrões similares são observados em fósseis que documentam as origens de outros grupos de organismos, incluindo os mamíferos (ver Figura 25.7), as angiospermas (ver Conceito 30.3) e os tetrápodes (ver Figura 34.21). Em cada um desses casos, o registro fóssil mostra que, ao longo do tempo, a descendência com modificação produziu diferenças progressivamente maiores entre os grupos de organismos relacionados, resultando, por fim, na diversidade de vida atual.

▲ **Figura 22.21** *Diacodexis*, um ungulado primitivo com número par de dedos.

Biogeografia

O quarto tipo de evidência vem da **biogeografia**, o estudo científico das distribuições geográficas das espécies. Essas distribuições são influenciadas por muitos fatores, incluindo a *deriva continental*, o movimento lento dos continentes da Terra ao longo do tempo. Há cerca de 250 milhões de anos, esses movimentos reuniram todos os continentes em um só, chamado **Pangeia** (ver Figura 25.16). Há aproximadamente 200 milhões de anos, a Pangeia começou a se dividir; há mais ou menos 20 milhões de anos, os continentes estavam a algumas centenas de quilômetros das suas localizações atuais.

Podemos utilizar nosso conhecimento sobre evolução e deriva continental para prever onde fósseis de grupos diferentes de organismos podem ser encontrados. Por exemplo, os cientistas construíram árvores evolutivas para cavalos com base em dados anatômicos. Essas árvores e as idades dos fósseis dos ancestrais dos cavalos sugerem que o gênero que inclui os cavalos atuais (*Equus*) se originou há 5 milhões de anos na América do Norte. Evidências geológicas indicam que, naquela época, as Américas do Norte e do Sul ainda não eram conectadas, tornando difícil o deslocamento dos cavalos entre elas. Desse modo, pode-se predizer que os fósseis mais antigos de *Equus* só poderiam ser encontrados no continente em que o grupo se originou, ou seja, a América do Norte. Essa e outras predições para diferentes grupos de organismos se mostraram verdadeiras, fornecendo mais evidências à evolução.

A evolução explica também dados biogeográficos. Por exemplo, três espécies de peixes de água doce da família Galaxiidae são encontradas em regiões separadas por amplas extensões de oceano aberto **(Figura 22.22)**. Como podemos explicar as distribuições geográficas dessas três espécies, se nenhuma delas consegue sobreviver na água salgada? Essas três espécies representam os descendentes atuais conhecidos de um ancestral comum. Uma vez que nenhuma das espécies atuais consegue sobreviver na água salgada, é provável que seu ancestral comum também estivesse restrito a hábitats de água doce. À primeira vista, isso só aprofunda o mistério: como esse ancestral ou seus descendentes poderiam ter nadado por vastas extensões de oceano? Uma pista surge de análises genéticas, indicando que as linhagens evolutivas que levaram a essas três espécies começaram a divergir há cerca de 55 milhões de anos. Mais ou menos naquela época, a porção mais meridional da Pangeia estava separando no que, por fim, se tornaria a América do Sul, a Austrália e a Antártica. Isso sugere que seus ancestrais se propagaram ao longo do sul da Pangeia antes que ela se dividisse. Em momentos posteriores, essas três espécies de água doce surgiram em regiões continentais onde vivem presentemente, resultando na sua distribuição geográfica atual.

O que é teórico na visão de Darwin sobre a vida?

Certas pessoas rejeitam as ideias de Darwin sob o pretexto de serem "apenas teóricas". Entretanto, o *padrão* de evolução – a observação de que a vida evoluiu ao longo do tempo – é apoiada por uma grande quantidade de evidências. Além disso, a explicação de Darwin sobre o *processo* de evolução – de que a seleção natural é a causa principal do padrão observado de mudança evolutiva – dá sentido à quantidade expressiva de dados. Como o **Exercício de habilidades científicas** descreve, os efeitos da seleção natural podem ser também observados e testados na natureza.

O que, então, é teórico sobre a evolução? Tenha em mente que o significado científico do termo *teoria* é muito diferente do significado no uso coloquial. O uso coloquial da palavra *teoria* é semelhante ao que os cientistas chamam de hipótese. Na ciência, uma teoria é muito mais abrangente do que uma hipótese. Uma teoria, como a teoria da evolução por seleção natural, engloba muitas observações, explicando e integrando uma grande diversidade de fenômenos. Uma teoria unificadora como essa não se torna amplamente aceita, a não ser que suas predições se sustentem após testagem minuciosa e contínua por experimentação e observação adicional (ver Conceito 1.3). Como será demonstrado no restante desta unidade, com certeza esse é o caso da teoria da evolução por seleção natural.

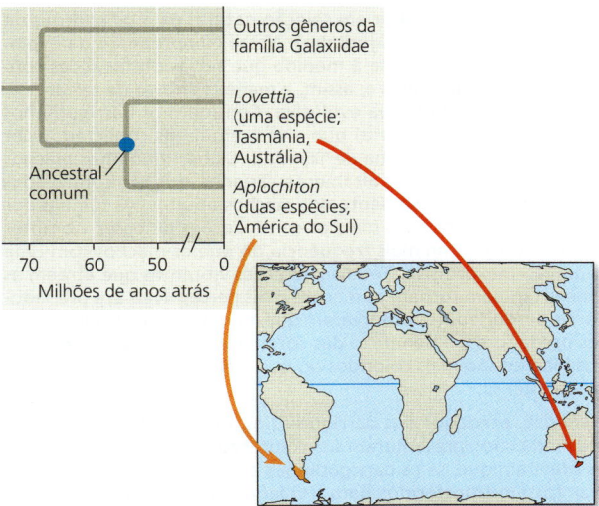

▲ **Figura 22.22** **Peixes de água doce estreitamente aparentados separados por 9.000 km de oceano.** Na família Galaxiidae, existem três espécies nesses dois gêneros de peixes de água doce estreitamente aparentados.

O ceticismo dos cientistas ao continuarem a testar teorias evita que essas ideias se tornem um dogma. Por exemplo, embora Darwin considerasse que a evolução era um processo muito lento, hoje sabemos que isso nem sempre é verdadeiro. As populações podem evoluir rapidamente, e novas espécies podem se formar em períodos relativamente curtos: alguns milhares de anos ou menos. Além disso, os biólogos evolutivos agora reconhecem que a seleção natural não é o único mecanismo responsável pela evolução. De fato, o estudo de evolução hoje em dia é mais dinâmico do que nunca, à medida que os cientistas utilizam uma gama ampla de abordagens experimentais e análises genéticas para testar predições baseadas na seleção natural e outros mecanismos evolutivos.

Embora a teoria de Darwin atribua a diversidade da vida a processos naturais, os diversos produtos da evolução permanecem interessantes e inspiradores. Como Darwin escreveu na frase final do livro *A origem das espécies*: "Há uma grandiosidade inerente a esta visão da vida... [na qual] foram desenvolvidas, e continuam a desenvolver-se, infinitas formas do mais belo e maravilhoso que há".

REVISÃO DO CONCEITO 22.3

1. Explique por que a seguinte afirmação está incorreta: "Os antibióticos criaram resistência aos medicamentos no MRSA".
2. Como a evolução explica (a) membros anteriores semelhantes em mamíferos, mas com funções distintas, como mostra a Figura 22.15, e (b) as formas semelhantes dos dois mamíferos sem parentesco próximo mostrados na Figura 22.18?
3. **E SE?** Os fósseis mostram que os dinossauros se originaram há 200-250 milhões anos. Você esperaria que os primeiros fósseis de dinossauros apresentassem uma distribuição geográfica ampla (em muitos continentes) ou restrita (em apenas um ou poucos continentes)? Explique.

Ver as respostas sugeridas no Apêndice A.

Exercício de habilidades científicas

Elaboração e testagem de predições

A predação pode resultar em seleção natural para os padrões de coloração no peixe barrigudinho? Nossa compreensão da evolução muda continuamente à medida que novas observações conduzem a novas hipóteses e, assim, a maneiras novas de testar nossa compreensão da teoria evolutiva. Considere os barrigudinhos nativos (*Poecilia reticulata*) que vivem em lagos conectados por córregos na ilha caribenha de Trinidad. Os barrigudinhos machos exibem padrões de cores altamente variados, que são controlados por genes expressos somente nos machos adultos. As fêmeas dos barrigudinhos escolhem machos com padrões de cores vibrantes como parceiros com mais frequência do que os machos com uma coloração inexpressiva. Todavia, as cores vibrantes que atraem as fêmeas também tornam os machos mais perceptíveis aos predadores. Os pesquisadores observaram que, nos lagos com poucas espécies predadoras, o benefício das cores vibrantes parece "vencer", e os machos são mais coloridos do que nos lagos onde a predação é mais intensa.

O *killifish*, predador dos barrigudinhos, preda indivíduos juvenis que ainda não apresentaram sua coloração adulta. Os pesquisadores previram que, se os barrigudinhos adultos com cores inexpressivas fossem transferidos para um lago com apenas *killifish*, por fim os descendentes desses barrigudinhos seriam mais coloridos (devido à preferência das fêmeas pelos machos de cores vibrantes).

Barrigudinhos transferidos

Lago contendo peixes-joaninha e barrigudinhos

Lago contendo *killifish*, mas sem barrigudinhos antes da transferência

Como o experimento foi realizado Os pesquisadores transferiram 200 barrigudinhos adultos de lagos contendo peixes-joaninha, peixes predadores de barrigudinhos adultos, para lagos com apenas *killifish*, predadores de barrigudinhos juvenis. Os pesquisadores rastrearam o número de pontos de cores vibrantes e a área total desses pontos nos barrigudinhos machos em cada geração.

Dados do experimento Após 22 meses (15 gerações), os pesquisadores compararam os dados dos padrões de cores de barrigudinhos das populações fonte e transferida.

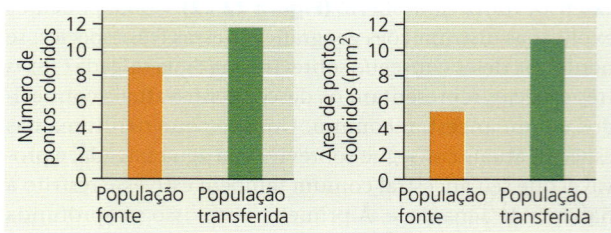

Dados de J.A. Endler, Natural selection on color patterns in *Poecilia reticulata*, *Evolution* 34:76-91 (1980).

INTERPRETE OS DADOS

1. Identifique os seguintes elementos da ciência baseada em hipóteses neste exemplo: **(a)** pergunta, **(b)** hipótese, **(c)** predição, **(d)** grupo-controle e **(e)** grupo experimental. (Para mais informações sobre ciência baseada em hipóteses, veja o Conceito 1.3 e a Revisão de habilidades científicas, Apêndice D.)
2. Explique como os tipos de dados que os pesquisadores escolheram coletar permitiram que eles testassem sua predição.
3. Qual conclusão você tira a partir dos dados apresentados acima?
4. **(a)** Preveja o que aconteceria se, após 22 meses, os barrigudinhos da população transferida fossem colocados de volta para o lago-fonte. **(b)** Descreva um experimento para testar sua predição.

22 Revisão do capítulo

RESUMO DOS CONCEITOS-CHAVE

CONCEITO 22.1

A revolução darwiniana contestou visões tradicionais de uma Terra jovem habitada por espécies imutáveis (p. 469-471)

- Darwin propôs que a diversidade da vida surgiu durante longos períodos de tempo, a partir de espécies ancestrais por seleção natural, um afastamento das visões correntes. Por exemplo, Cuvier estudou **fósseis**, mas negou a ocorrência da **evolução**; ele propôs que eventos catastróficos repentinos no passado causavam o desaparecimento de espécies de uma área. A hipótese de Lamarck sugeriu que as espécies evoluem, mas não há sustentação aos mecanismos propostos por ele.

  ❓ *Por que a idade da Terra era importante para as ideias de Darwin sobre a evolução?*

CONCEITO 22.2

A descendência com modificação por seleção natural explica as adaptações dos organismos, bem como a uniformidade e a diversidade da vida (p. 471-476)

- As experiências de Darwin durante a viagem no *Beagle* originaram a ideia de que espécies novas se originam de formas ancestrais por acúmulo de **adaptações**. Durante vários anos, ele aperfeiçoou a sua teoria e finalmente a publicou em 1859, depois de saber que Wallace havia chegado às mesmas conclusões.
- No livro *A origem das espécies*, Darwin propôs que, ao longo de vastos períodos de tempo, a descendência com modificação produziu a rica diversidade da vida pelo mecanismo de **seleção natural**.

CAPÍTULO 22 DESCENDÊNCIA COM MODIFICAÇÃO: UMA VISÃO DARWINIANA DA VIDA

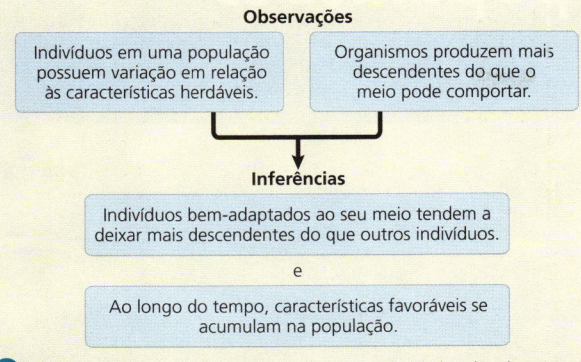

Observações
- Indivíduos em uma população possuem variação em relação às características herdáveis.
- Organismos produzem mais descendentes do que o meio pode comportar.

Inferências
- Indivíduos bem-adaptados ao seu meio tendem a deixar mais descendentes do que outros indivíduos.

e

- Ao longo do tempo, características favoráveis se acumulam na população.

? Descreva como a super-reprodução e a variação herdável estão relacionadas à evolução por seleção natural.

CONCEITO 22.3

Há uma quantidade expressiva de evidências científicas que sustentam a evolução (p. 476-484)

- Em muitos estudos com organismos diversos, os pesquisadores observaram diretamente a seleção natural levando à evolução.
- Os organismos compartilham características por causa de um ancestral comum (**homologia**) ou porque a seleção natural afeta de modo similar as espécies que evoluem em ambientes similares (**evolução convergente**).
- Os fósseis mostram que os organismos que viveram no passado são diferentes dos organismos atuais, que muitas espécies tornaram-se extintas e que as espécies evoluíram ao longo do tempo. Os fósseis documentam também a origem evolutiva de novos grupos de organismos.
- A teoria evolutiva pode explicar alguns padrões **biogeográficos**.

? Resuma as diferentes linhas de evidências que sustentam a hipótese de que os cetáceos descenderam dos mamíferos terrestres e são intimamente relacionados aos ungulados com número par de dedos.

TESTE SEU CONHECIMENTO

Níveis 1-2: Relembre/Entenda

1. Qual das alternativas abaixo é uma observação ou inferência na qual a seleção natural se baseia?
   (A) Os indivíduos não variam em suas características hereditárias.
   (B) Apenas os indivíduos bem adaptados produzem prole.
   (C) As espécies produzem mais descendentes do que o ambiente pode suportar.
   (D) Quase todos os indivíduos de uma prole sobreviverão e se reproduzirão.

2. Qual das seguintes observações ajudou Darwin a moldar o seu conceito de descendência com modificação?
   (A) A diversidade de espécies diminui à medida que nos afastamos da linha do Equador.
   (B) Menos espécies vivem nas ilhas do que nos continentes mais próximos.
   (C) As aves vivem em ilhas localizadas mais longe do continente do que a sua distância máxima de voo sem paradas.
   (D) As plantas de clima temperado da América do Sul são mais semelhantes às plantas de clima tropical da América do Sul do que as de clima temperado da Europa.

Níveis 3-4: Aplique/Analise

3. Em 6 meses de utilização eficaz de meticilina para tratar infecções por *S. aureus* em uma comunidade, todas as novas infecções por essa bactéria foram causadas por uma cepa resistente (MRSA). Como isso pode ser melhor explicado?
   (A) Um paciente deve ter sido infectado por MRSA de outra comunidade.
   (B) Em resposta ao medicamento, *S. aureus* começou a produzir versões da proteína-alvo resistentes ao medicamento.
   (C) Algumas bactérias resistentes ao medicamento estavam presentes no início do tratamento, e a seleção natural aumentou sua frequência.
   (D) *S. aureus* evoluiu para resistir às vacinas.

4. Sequências de DNA em muitos genes humanos são semelhantes a sequências dos genes correspondentes em chimpanzés. A explicação mais provável para esse resultado é que
   (A) humanos e chimpanzés compartilham um ancestral comum relativamente recente.
   (B) humanos evoluíram de chimpanzés.
   (C) chimpanzés evoluíram de humanos.
   (D) a evolução convergente levou a similaridades no DNA.

5. Os membros superiores dos humanos e dos morcegos possuem estruturas esqueléticas bastante semelhantes, ao passo que os ossos correspondentes nas baleias apresentam diferentes formas e proporções. No entanto, dados genéticos sugerem que os três organismos divergiram de um ancestral comum mais ou menos ao mesmo tempo. Qual das alternativas abaixo é a explicação mais provável para esses dados?
   (A) A evolução dos membros superiores foi adaptativa em humanos e morcegos, mas não em baleias.
   (B) A seleção natural no ambiente aquático resultou em mudanças significativas na anatomia dos membros superiores das baleias.
   (C) Os genes sofrem mutação mais rápido em morcegos do que em humanos ou baleias.
   (D) As baleias não estão adequadamente classificadas como mamíferos.

Níveis 5-6: Avalie/Crie

6. **CONEXÃO EVOLUTIVA** Explique por que características moleculares e anatômicas geralmente se encaixam em um padrão encadeado similar. Além disso, descreva um processo capaz de impedir que isso aconteça.

7. **PESQUISA CIENTÍFICA • DESENHE** Mosquitos resistentes ao pesticida DDT apareceram primeiro na Índia, em 1959, mas agora são encontrados em todo o mundo. (a) Represente graficamente os dados da tabela abaixo. (b) Após examinar o gráfico, formule uma hipótese para explicar por que a porcentagem de mosquitos resistentes ao DDT aumentou rapidamente. (c) Sugira uma explicação para a propagação global da resistência ao DDT.

Mês	0	8	12
Mosquitos resistentes* ao DDT	4%	45%	77%

*Os mosquitos eram considerados resistentes se não morressem em 1 hora após receber uma dose de DDT a 4%.

Dados de C. F. Curtis et al., Selection for and against insecticide resistance and possible methods of inhibiting the evolution of resistance in mosquitoes, *Ecological Entomology* 3:273-287 (1978).

8. **ESCREVA SOBRE UM TEMA: INTERAÇÕES** Escreva um pequeno texto (cerca de 100-150 palavras) avaliando se alterações no ambiente físico de um organismo provavelmente resultarão em mudança evolutiva. Use um exemplo para dar suporte ao seu raciocínio.

9. **SINTETIZE SEU CONHECIMENTO**

Esta formiga-pote-de-mel (gênero *Myrmecocystus*) pode armazenar alimento líquido dentro do seu abdome expansível. Considere outras formigas com as quais você tem familiaridade e explique como uma formiga-pote-de-mel exemplifica três características-chave da vida: adaptação, unidade e diversidade.

Ver respostas selecionadas no Apêndice A.

23 Evolução das populações

CONCEITOS-CHAVE

23.1 A variabilidade genética torna a evolução possível p. 487

23.2 A equação de Hardy-Weinberg pode ser usada para testar se uma população está evoluindo p. 490

23.3 Seleção natural, deriva genética e fluxo gênico podem alterar as frequências alélicas em uma população p. 493

23.4 A seleção natural é o único mecanismo que promove evolução adaptativa de modo consistente p. 497

Dica de estudo

Faça uma tabela: Este capítulo discute diferentes tipos de seleção: direcional, disruptiva, estabilizadora, sexual, balanceadora, dependente de frequência e vantagem do heterozigoto. Esses tipos de seleção não são mutuamente exclusivos; algumas mudanças evolutivas são exemplos de mais do que um tipo. Para auxiliar seu estudo, faça uma tabela como a mostrada abaixo, listando cada tipo de seleção, seus aspectos diferenciadores e exemplo(s) do capítulo.

Tipo de seleção	Características diferenciadoras	Exemplo
Seleção balanceadora	Mantém dois ou mais fenótipos em uma população; inclui a seleção dependente da frequência e a vantagem do heterozigoto	Figuras 23.17 e 23.18
Seleção direcional		

Figura 23.1 O tentilhão-terrestre-médio (*Geospiza fortis*) é uma espécie de ave que se alimenta de sementes e habita as Ilhas Galápagos. Em 1977, a população de *G. fortis* na ilha de Daphne Maior foi dizimada por um longo período de seca: de um total de 1.200 aves, apenas 180 sobreviveram. As aves sobreviventes tinham bicos maiores e mais longos, indicando que essa população de tentilhões evoluiu.

Quais mecanismos podem causar a evolução de populações?

A evolução ocorre quando a seleção natural, a deriva genética ou o fluxo gênico alteram as frequências alélicas de uma população ao longo do tempo.

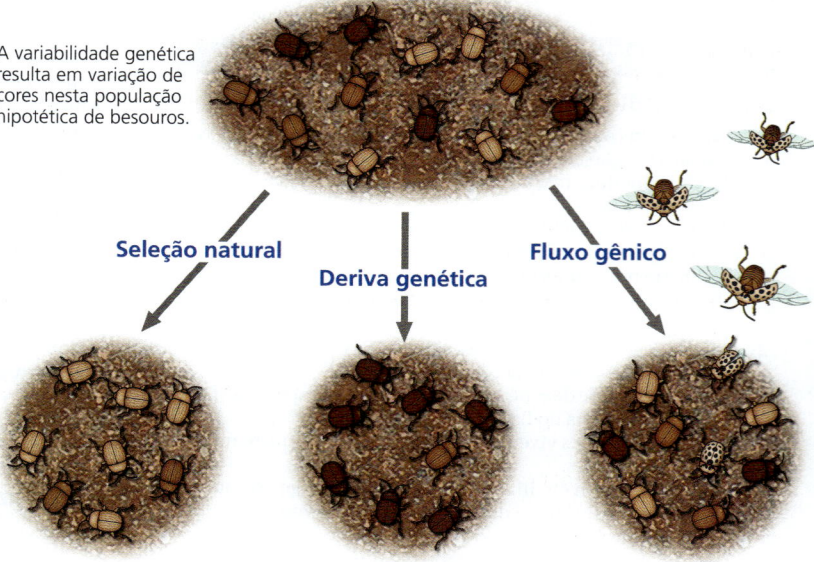

A variabilidade genética resulta em variação de cores nesta população hipotética de besouros.

Seleção natural: Os besouros mais escuros, mais visíveis, foram predados em uma taxa mais alta, levando os besouros mais claros (e os seus alelos) a se tornarem mais comuns ao longo do tempo.

Deriva genética: Unicamente pelo acaso, os alelos que codificam a cor mais escura tornaram-se mais comuns ao longo de várias gerações.

Fluxo gênico: A chegada de besouros com um padrão de cor com manchas introduziu alelos novos na população.

Um equívoco comum sobre a evolução é que os organismos evoluem individualmente. É verdade que a seleção natural age sobre os indivíduos: as características de cada organismo afetam sua sobrevivência e seu sucesso reprodutivo em comparação a outros indivíduos. Porém, o impacto evolutivo da seleção natural só se torna aparente no modo como uma *população* de organismos muda ao longo do tempo.

Para saber por que, considere a população de tentilhões-terrestres-médios dizimados por uma seca, resultando em apenas 180 sobreviventes das cerca de 1.200 aves. Os pesquisadores Peter e Rosemary Grant observaram que, durante a seca, as sementes pequenas e macias eram escassas, ao passo que as sementes grandes e duras eram mais abundantes. As aves com bicos maiores e mais longos eram mais capazes de quebrar as sementes maiores e de comê-las; sua taxa de sobrevivência foi mais alta do que a dos tentilhões com bicos menores.

Uma vez que o comprimento do bico é uma característica herdada nessas aves, a prole das aves sobreviventes também tendeu a ter bicos longos. Como consequência, a média de tamanho do bico na próxima geração de *G. fortis* foi maior do que a observada na população antes da seca **(Figura 23.2)**. Nesse caso, a população de tentilhões evoluiu por seleção natural. No entanto, os *indivíduos* de tentilhões não evoluíram. Cada ave tinha um bico de certo tamanho, que não cresceu durante a seca. Em vez disso, a proporção de bicos grandes na população aumentou ao longo de gerações: a população evoluiu, não os seus membros individuais.

Com foco nas mudanças evolutivas em populações, podemos definir a evolução em sua menor escala, chamada de **microevolução**, como uma mudança nas frequências de alelos em uma população ao longo de gerações. Na população de tentilhões, por exemplo, os indivíduos que tinham alelos codificando bicos grandes apresentaram taxas de sobrevivência mais altas do que outros indivíduos. Com isso, esses alelos se tornaram mais comuns após a seca do que eram antes dela. Existem três mecanismos principais que podem causar tais mudanças nas frequências de alelos: seleção natural, deriva genética (eventos aleatórios que alteram as frequências de alelos) e fluxo gênico (transferência de alelos entre populações). Cada um desses mecanismos afeta a composição genética das populações, mas somente a seleção natural aprimora de modo consistente o grau em que os organismos são bem ajustados à vida em seu ambiente (adaptação). Antes de examinarmos isso mais detalhadamente, vamos recapitular um pré-requisito para esses processos: a variabilidade genética.

CONCEITO 23.1

A variabilidade genética torna a evolução possível

Na obra *A origem das espécies*, Darwin mostrou uma série de evidências de que a vida na Terra evoluiu ao longo do tempo e propôs que a seleção natural é o mecanismo principal para essa mudança. Darwin observou que os indivíduos diferem nas suas características herdadas e que a seleção natural atua sobre essas diferenças, levando à mudança evolutiva. Embora Darwin tenha observado que a variação nas características herdadas é um pré-requisito para a evolução, ele não sabia explicar precisamente como os organismos transmitem as características hereditárias à prole.

Alguns anos após Darwin ter publicado *A origem das espécies*, Gregor Mendel publicou um artigo inovador sobre hereditariedade em ervilhas. Ele propôs um modelo de herança em que os organismos transmitem unidades herdáveis distintas (hoje chamadas de genes) aos seus descendentes. Embora Darwin nunca tenha aprendido nada sobre genes, o artigo de Mendel abriu as portas para a compreensão das diferenças genéticas em que a evolução se baseia.

Variabilidade genética

Em todas as espécies, os Indivíduos variam nas suas características fenotípicas. Os humanos, por exemplo, variam perceptivelmente nas características faciais, estatura e voz. Apesar de não se poder identificar o grupo sanguíneo (A, B, AB ou O) pela aparência de uma pessoa, essa e muitas outras características moleculares também variam muito entre os indivíduos.

Essas variações fenotípicas muitas vezes refletem a **variabilidade genética**, diferenças entre indivíduos na composição de seus genes ou outras sequências de DNA. Algumas diferenças fenotípicas herdáveis ocorrem na base "ou/ou", como a cor das flores das ervilhas de Mendel: cada planta tinha flores que eram ou roxas ou brancas (ver Figura 14.3). As características que variam dessa forma normalmente são determinadas por um único *locus* gênico, com diferentes alelos produzindo fenótipos distintos. Por outro lado, outras diferenças fenotípicas variam gradualmente ao longo de um contínuo. Essas variações geralmente resultam da influência de dois ou mais genes sobre uma única característica fenotípica. Na verdade, várias características fenotípicas são influenciadas por múltiplos genes, incluindo a cor da pelagem de cavalos **(Figura 23.3)**, o número de sementes no milho e a altura nos seres humanos.

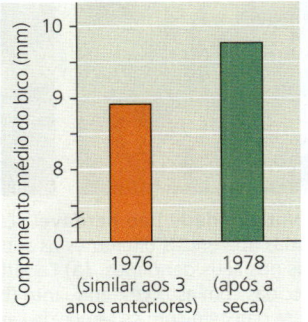

▶ **Figura 23.2 Evidência de seleção pela fonte de alimento.** Os dados representam os comprimentos dos bicos de tentilhões adultos, eclodidos antes e depois da seca de 1977. Em uma geração, a seleção natural resultou em um tamanho médio de bico maior na população.

▲ **Figura 23.3** Variabilidade fenotípica em cavalos.

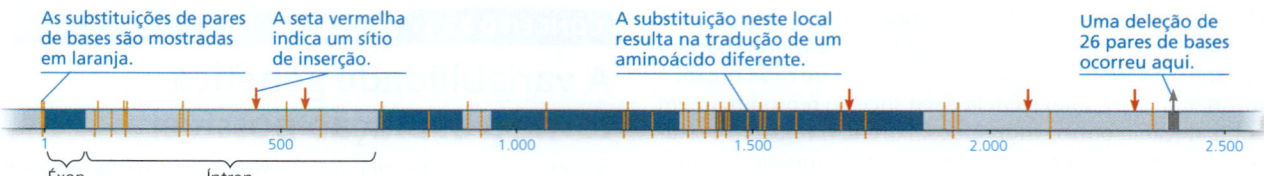

▲ **Figura 23.4 Variabilidade genética extensa em nível molecular.** Este diagrama resume os dados de um estudo que compara a sequência de DNA do gene da álcool-desidrogenase (*Adh*) em várias moscas-da-fruta (*Drosophila melanogaster*). O gene *Adh* tem quatro éxons (azul-escuro) separados por íntrons (azul-claro); os éxons incluem as regiões codificantes que, por fim, são traduzidas em aminoácidos da enzima Adh (ver Figura 5.1). Apenas uma substituição tem efeito fenotípico, produzindo uma forma diferente da enzima Adh.

FAÇA CONEXÕES *Revise as Figuras 17.6 e 17.11. Explique como uma substituição de par de bases que altera uma região codificante do locus Adh poderia não ter efeito na sequência de aminoácidos. Em seguida, explique como uma inserção em um éxon poderia não ter efeito sobre a proteína produzida.*

O quanto os genes e outras sequências de DNA variam de um indivíduo para outro? A variabilidade genética em nível gênico total (*variabilidade gênica*) pode ser quantificada pela porcentagem média de *loci* que são heterozigotos. (Lembre-se que um indivíduo heterozigoto tem dois alelos diferentes para um determinado *locus*, enquanto um indivíduo homozigoto tem dois alelos idênticos para cada *locus*.) Como exemplo, em média, a mosca-da-fruta (*Drosophila melanogaster*) é heterozigota para cerca de 1.920 de seus 13.700 *loci* (14%) e homozigota para o resto.

A variabilidade genética considerável também pode ser medida pelo nível molecular de DNA (*variabilidade nucleotídica*). Mas pouco dessa variabilidade resulta em variação fenotípica. Por quê? Muitas variações nucleotídicas ocorrem nos *íntrons*, segmentos de DNA não codificante que se localizam entre os *éxons*, regiões retidas no mRNA após o processamento do RNA (ver Figura 17.12). Além disso, a maioria das variações que ocorre dentro dos éxons não causa uma alteração na sequência de aminoácidos da proteína codificada pelo gene. Por exemplo, na comparação da sequência mostrada na **Figura 23.4**, existem 43 sítios nucleotídicos com pares de bases variáveis (onde as substituições ocorreram), assim como vários sítios onde ocorreram inserções ou deleções. Embora 18 sítios variáveis ocorram dentro de quatro éxons do gene *Adh*, apenas uma dessas variações (no sítio 1.490) resulta em alteração de aminoácido. Entretanto, observe que esse único sítio variável é suficiente para causar variabilidade genética no nível do gene, e, assim, duas formas diferentes da enzima Adh são produzidas.

É importante considerar que algumas variações fenotípicas não resultam de diferenças genéticas entre indivíduos (a **Figura 23.5** mostra o exemplo de uma lagarta do sudoeste dos Estados Unidos). O fenótipo é o produto de um genótipo herdado e de muitas influências ambientais (ver Conceito 14.3). Em um exemplo humano, os fisiculturistas alteram seus fenótipos consideravelmente, mas não passam sua enorme massa muscular para a próxima geração. Em geral, apenas a parte geneticamente determinada da variação genética pode ter consequências evolutivas. Assim, a variabilidade genética fornece a matéria-prima para a alteração evolutiva: *sem variabilidade genética, a evolução não pode ocorrer.*

Fontes de variabilidade genética

A variabilidade genética se origina quando uma mutação, duplicação gênica ou outros processos produzem novos alelos e novos genes. As variantes genéticas podem ser produzidas rapidamente em organismos com tempos curtos de reprodução. A reprodução sexuada também pode resultar em variabilidade genética assim que os genes existentes são dispostos de novas formas.

Formação de novos alelos

Novos alelos podem surgir por *mutação*, uma mudança na sequência nucleotídica no DNA de um organismo. As mutações podem ser causadas por fatores como erros na replicação do DNA, exposição à luz UV e outras formas de radiação altamente energéticas, além da exposição a certas substâncias químicas (ver Conceito 17.5). Uma mudança em uma única base em um gene – "mutação pontual" – pode ter impacto significativo no fenótipo, como ocorre na doença falciforme (ver Figura 23.18). Além disso, os organismos refletem muitas gerações de seleção passada, e, assim, seus fenótipos tendem a ser bem adaptados para viver em seus ambientes. Como consequência, a maioria das novas mutações que altera um fenótipo é pelo menos levemente deletéria.

Em alguns casos, a seleção natural remove rapidamente esses alelos danosos. Entretanto, em organismos diploides, os alelos prejudiciais que são recessivos podem ser escondidos da seleção. De fato, um alelo recessivo prejudicial pode

▲ **Figura 23.5 Variabilidade não herdável.** Essas lagartas da mariposa *Nemoria arizonaria* devem suas aparências diferentes às substâncias químicas nas suas dietas, e não às diferenças nos seus genótipos. **(a)** Lagartas criadas com dieta de flores de carvalho ficam parecidas com as flores, enquanto **(b)** suas irmãs, criadas com dieta de folhas de carvalho, se parecem com os ramos de carvalho.

persistir por gerações pela propagação nos indivíduos heterozigotos (em que seus efeitos deletérios podem ser mascarados pelo alelo dominante mais favorável). Essa "proteção heterozigota" mantém um estoque enorme de alelos que podem ser prejudiciais sob condições presentes, mas que poderiam ser benéficos se o ambiente modificasse.

Enquanto muitas mutações são danosas, muitas outras não são. Relembre que boa parte do DNA nos genomas eucarióticos não codifica proteínas (ver Figura 21.6). Mutações pontuais nessas regiões não codificantes geralmente resultam em **variabilidade neutra**, diferenças na sequência de DNA que não conferem vantagem ou desvantagem seletiva. A redundância no código genético é outra fonte de variabilidade neutra: mesmo uma mutação pontual em um gene que codifica uma proteína não terá efeito na função proteica se o aminoácido não mudar. Mesmo uma mudança no aminoácido talvez não afete a forma e a função da proteína. Além disso, um alelo mutante efetivamente pode, em raras ocasiões, propiciar ao seu portador melhor ajuste ao ambiente, aumentando seu sucesso reprodutivo.

Por fim, observe que, em organismos multicelulares, apenas as mutações em linhagem celulares que produzem gametas podem ser transmitidas à prole. Em plantas e fungos, isso não é tão limitante quanto parece, visto que muitas linhagens celulares diferentes podem produzir gametas. Porém, na maioria dos animais, a maior parte das mutações ocorre em células somáticas e não é passada para a prole.

Alteração no número ou na posição gênica

Mudanças cromossômicas que eliminam, rompem ou rearranjam muitos *loci* geralmente são deletérias. No entanto, quando essas mudanças em larga escala deixam os genes intactos, elas podem não afetar o fenótipo do organismo. Em casos raros, esses rearranjos cromossômicos podem ser benéficos. Por exemplo, a translocação de parte de um cromossomo para outro pode unir genes de modo a produzir um efeito positivo.

Uma importante fonte potencial de variação é a duplicação de genes devido a erros na meiose (p. ex., um entrecruzamento, ou *crossing over*, desigual), por deslizamento durante a replicação de DNA ou por atividades de elementos transponíveis dos genes (ver Conceito 21.5). As duplicações de grandes segmentos dos cromossomos, assim como outras aberrações cromossômicas, em geral, são danosas, mas a duplicação de porções menores do DNA talvez não seja. Duplicações de genes sem efeitos graves podem persistir durante várias gerações, permitindo o acúmulo dessas mutações. O resultado é um genoma expandido, com novos genes que talvez assumam novas funções.

Esses aumentos no número de genes parecem ter tido um papel fundamental na evolução. Por exemplo, os ancestrais distantes dos mamíferos tinham um único gene para detecção de odores que, desde então, foi duplicado muitas vezes. Como consequência, os humanos hoje em dia têm cerca de 380 genes funcionais de recepção olfativa, ao passo que os camundongos possuem cerca de 1.200. Essa proliferação gigante de genes olfativos provavelmente ajudou os primeiros mamíferos a detectar odores fracos e a distinguir cheiros diferentes.

Reprodução rápida

As taxas de mutações tendem a ser baixas em plantas e animais, em média aproximadamente 1 mutação para cada 100.000 genes por geração, sendo ainda mais baixas em procariotos. Como os procariotos têm muito mais gerações por unidade de tempo, as mutações podem rapidamente gerar variabilidade genética nas suas populações. O mesmo vale para os vírus. Como exemplo, o HIV tem um tempo de geração de aproximadamente 2 dias (ou seja, em 2 dias, um vírus recém-formado produz a próxima geração). O HIV possui também um genoma de RNA, que tem uma taxa de mutação muito mais alta do que um genoma de DNA típico devido à falta de mecanismos de reparo do RNA em células hospedeiras (ver Capítulo 19.2). Desse modo, os tratamentos com um único medicamento são menos eficazes contra o HIV: as formas mutantes do vírus, resistentes a um medicamento determinado, tendem a proliferar rapidamente. Até agora, os tratamentos mais eficazes contra a Aids foram misturas (coquetéis) que combinam vários medicamentos. Essa abordagem funcionou bem porque é menos provável que, em um curto período, ocorra um conjunto de muitas mutações confiram resistência a *todos* os medicamentos.

Reprodução sexuada

Em organismos com reprodução sexuada, a maior parte da variabilidade genética da população resulta da combinação única de alelos que cada indivíduo recebe dos seus progenitores. Certamente, em nível de nucleotídeo, todas as diferenças entre esses alelos resultaram de mutações ocorridas no passado. O mecanismo de reprodução sexuada é que mistura os alelos existentes e os distribui ao acaso para formar os genótipos dos indivíduos.

Três mecanismos contribuem para essa mistura: o entrecruzamento, a segregação independente dos cromossomos e a fecundação (ver Conceito 13.4). Durante a meiose, cromossomos homólogos, um herdado de cada genitor, trocam alguns de seus alelos por entrecruzamento. Os cromossomos recombinantes resultantes são, então, distribuídos ao acaso nos gametas. Assim, devido à infinidade de combinações de cruzamentos possíveis em uma população, a fecundação geralmente reúne gametas com diferentes contextos genéticos. Juntos, esses três mecanismos garantem que a reprodução sexuada, a cada geração, rearranje em novas combinações os alelos existentes, propiciando grande parte da variabilidade genética que possibilita a evolução.

REVISÃO DO CONCEITO 23.1

1. Explique por que a variabilidade genética em uma população é um pré-requisito para a evolução.
2. De todas as mutações que ocorrem em uma população, por que só uma pequena fração se propaga?
3. **FAÇA CONEXÕES** Se uma população parasse de se reproduzir sexuadamente, mas ainda se reproduzisse assexuadamente, como a sua variabilidade genética seria afetada ao longo do tempo? (Ver Conceito 13.4.)

Ver as respostas sugeridas no Apêndice A.

▼ **Figura 23.6 Uma espécie, duas populações.** Essas duas populações de caribu em Yukon não estão totalmente isoladas; às vezes, elas compartilham a mesma área (roxo sombreado). Ainda assim, os membros de cada população são mais propensos a procriar com membros da sua própria população.

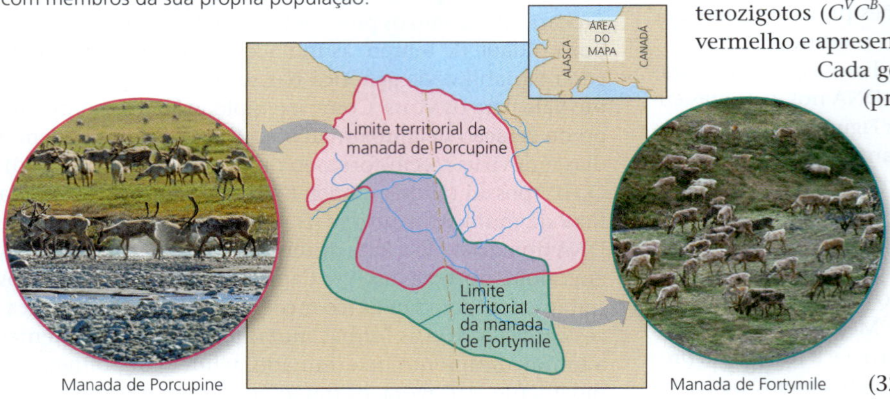

CONCEITO 23.2

A equação de Hardy-Weinberg pode ser usada para testar se uma população está evoluindo

A ocorrência de variabilidade genética em uma população não garante que ela evoluirá. Para que a evolução ocorra, um ou mais fatores devem estar em ação. Nesta seção, veremos como testar se a evolução está ocorrendo em uma população.

Pools gênicos e frequências de alelos

Uma **população** é um grupo de indivíduos da mesma espécie que vivem na mesma área e cruzam entre si, produzindo descendentes férteis. Populações diferentes de uma única espécie podem estar geograficamente isoladas umas das outras e trocar material genético apenas raramente. Isso é comum em espécies que vivem em ilhas bastante distantes ou em lagos diferentes, mas nem todas as populações estão isoladas **(Figura 23.6)**. Mesmo assim, membros de uma população geralmente cruzam entre si e, portanto, estão mais estreitamente relacionados uns com os outros do que com membros de outras populações.

Podemos caracterizar geneticamente uma população por meio da descrição do seu **pool gênico** (grupo de genes), que consiste em todos os alelos para todos os *loci* em todos os indivíduos de uma população. Se apenas um dos alelos ocorrer em um *locus* particular em uma população, esse alelo é considerado *fixado* no *pool* gênico, sendo todos os indivíduos homozigotos para esse alelo. Por outro lado, se existirem dois ou mais alelos para um *locus* específico em uma população, os indivíduos podem ser homo ou heterozigotos para esse alelo.

Por exemplo, imagine uma população de 500 plantas de flores silvestres com dois alelos, C^V e C^B, para um *locus* que codifica o pigmento floral. Esses alelos exibem dominância incompleta; assim, cada genótipo tem um fenótipo diferente. Plantas homozigotas para o alelo C^V ($C^V C^V$) produzem pigmento vermelho e possuem flores vermelhas; plantas homozigotas para o alelo C^B ($C^B C^B$) não produzem pigmento vermelho e têm flores brancas; heterozigotos ($C^V C^B$) produzem um pouco de pigmento vermelho e apresentam flores cor-de-rosa.

$C^V C^V$

$C^B C^B$

$C^V C^B$

Cada genótipo e alelo tem uma frequência (proporção) na população. Para saber como essas frequências são calculadas, suponha que nossa população tenha 320 plantas com flores vermelhas (genótipo $C^V C^V$), 160 com flores cor-de-rosa (genótipo $C^V C^B$) e 20 com flores brancas ($C^B C^B$). Como 320 das 500 plantas possuem flores vermelhas, a frequência do genótipo $C^V C^V$ é de 0,64 (320/500). Da mesma forma, a frequência do genótipo $C^V C^B$ é de 0,32 (160/500), e a frequência do genótipo $C^B C^B$ é de 0,04 (20/500).

Quanto à frequência de alelos, as plantas com flores silvestres são organismos diploides, logo, cada indivíduo possui dois alelos para cada um dos seus genes. Portanto, os 500 indivíduos na nossa população têm um total de 1.000 cópias do gene para cor das flores. O alelo C^V representa 800 dessas cópias (320 × 2 = 640 para plantas $C^V C^V$, mais 160 × 1 = 160 para plantas $C^V C^B$). Desse modo, a frequência do alelo C^V é de 800/1000 = 0,8 (80%).

Quando se estuda um *locus* com dois alelos, convencionalmente se utiliza *p* para representar a frequência de um dos alelos e *q* para representar a frequência do outro. Assim, *p*, a frequência do alelo C^V no *pool* gênico dessa população, é de $p = 0,8$ (80%). E como existem somente dois alelos para esse gene, a frequência do alelo C^B, representada por *q*, deve ser $q = 1 - p = 0,2$ (20%). Para os *loci* com mais de dois alelos, a soma de todas as frequências alélicas deve ser igual a 1 (100%).

Equação de Hardy-Weinberg

Um modo de verificar se a seleção natural ou outros fatores estão causando evolução em um *locus* particular é determinar qual seria a configuração genética de uma população que *não* estivesse evoluindo nesse *locus*. Podemos, então, comparar esse cenário com dados efetivamente observados para a população. Se não existirem diferenças, isso indica que a população não está evoluindo. Se houver diferenças, isso sugere que a população está evoluindo – e, então, podemos pesquisar por quê.

Equilíbrio de Hardy-Weinberg

Em uma população que não está evoluindo, as frequências dos alelos e genótipos permanecerão constantes de geração para geração, desde que apenas segregação mendeliana e recombinação de alelos estejam atuando. Diz-se que essa população está em **equilíbrio de Hardy-Weinberg**, nome dado em homenagem ao matemático britânico Hardy e ao físico alemão Weinberg, que, de forma independente, desenvolveram essa ideia em 1908.

Para determinar se uma população está em equilíbrio de Hardy-Weinberg, é importante pensar sobre os cruzamentos

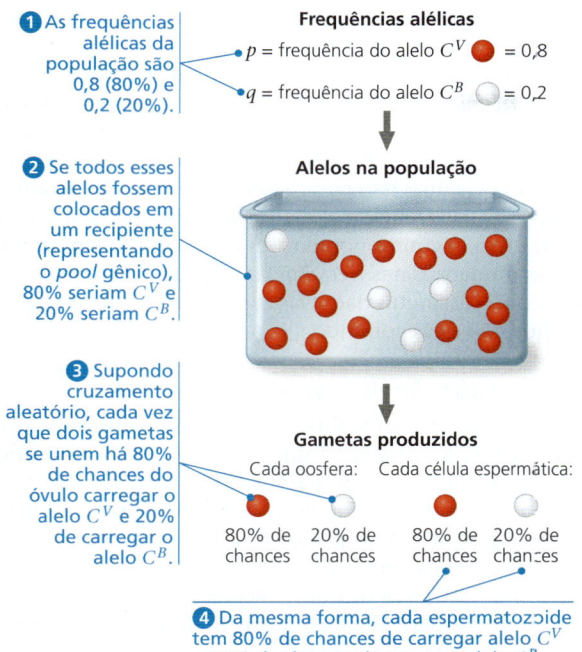

▲ **Figura 23.7** Selecionando alelos aleatoriamente de um *pool* gênico.

DESENHE Represente um recipiente com seis bolas brancas, em vez de quatro. Para que a frequência permaneça igual a 0,8, quantas bolas vermelhas o recipiente deveria conter?

genéticos de maneira diferente. Anteriormente, utilizamos o quadro de Punnett para determinar os genótipos da prole em um cruzamento genético (ver Figura 14.5). Aqui, em vez de considerar possíveis combinações alélicas resultantes de um único cruzamento, consideraremos as combinações de alelos que podem resultar de *todos* os cruzamentos em uma população. Imagine que todos os alelos de certo *locus* de todos os indivíduos em uma população sejam colocados em um recipiente grande **(Figura 23.7)**. Esse recipiente abrigaria todo o *pool* gênico da população para esse *locus*. A "reprodução" ocorreria por meio da seleção ao acaso de alelos desse recipiente; eventos similares ocorrem na natureza quando peixes liberam espermatozoides e óvulos na água ou quando o gameta masculino da planta (no grão de pólen) é levado pelo vento. Ao considerar a reprodução como um processo de seleção e combinação ao acaso de alelos do recipiente (*pool* gênico), estamos, na verdade, assumindo que o cruzamento ocorre aleatoriamente: que todos os cruzamentos entre machos e fêmeas são igualmente prováveis.

Vamos aplicar a analogia do recipiente à população hipotética de flores silvestres discutida anteriormente. Naquela população de 500 flores, a frequência do alelo para flores vermelhas (C^V) é $p = 0,8$, e, para flores brancas (C^B), a frequência do alelo é $q = 0,2$. Isso implica que um recipiente com as 1.000 cópias do gene para cor de flores na população conteria 800 alelos C^V e 200 alelos C^B. Admitindo que os gametas sejam formados por seleção aleatória de alelos do recipiente, a probabilidade de que uma oosfera ou célula espermática contenha alelo C^V ou C^B é igual à frequência desses alelos no recipiente. Assim, conforme mostrado na Figura 23.7, cada

oosfera (e cada célula espermática) tem 80% de chance de conter um alelo C^V e 20% de chance de ter um alelo C^B.

Utilizando a regra de multiplicação (ver Figura 14.9), podemos agora calcular as frequências dos três possíveis genótipos, assumindo fusões aleatórias de oosferas e células espermáticas. A probabilidade de dois alelos C^V ocorrerem juntos é $p \times p = p^2 = 0,8 \times 0,8 = 0,64$. Portanto, cerca de 64% das plantas na próxima geração terão o genótipo $C^V C^V$. A frequência esperada de indivíduos $C^B C^B$ é aproximadamente $q \times q = q^2 = 0,2 \times 0,2 = 0,04$ ou 4%. Os heterozigotos $C^V C^B$ podem originar-se de duas maneiras diferentes. Se a célula espermática fornecer o alelo C^V e a oosfera, o alelo C^B, os heterozigotos resultantes serão $p \times q = 0,8 \times 0,2 = 0,16$ ou 16% do total. Se a célula espermática fornecer o alelo C^B e a oosfera, o alelo C^V, a prole heterozigota representará $q \times p = 0,2 \times 0,8 = 0,16$ ou 16%. A frequência de heterozigotos é, assim, a soma dessas possibilidades: $pq + qp = 2pq = 0,16 + 0,16 = 0,32$ ou 32%.

Como mostra a **Figura 23.8**, a soma das frequências genotípicas na próxima geração deve ser igual a 1 (100%). Portanto, a equação de equilíbrio de Hardy-Weinberg postula que, se uma população não está evoluindo em um *locus*

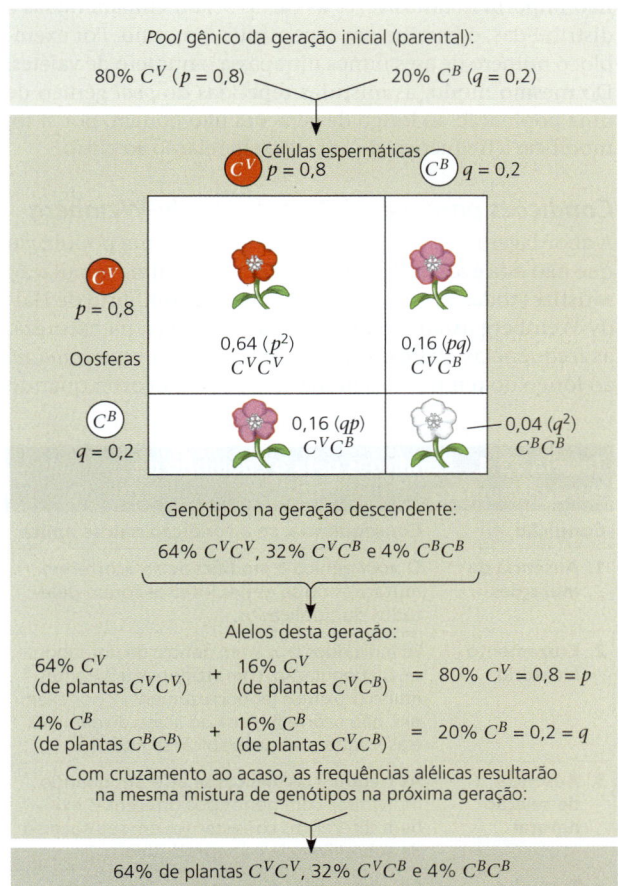

▲ **Figura 23.8 Equilíbrio de Hardy-Weinberg.** Em nossa população de flores silvestres, o *pool* gênico permanece constante de uma geração para a próxima. Processos mendelianos isoladamente não alteram as frequências alélicas ou as frequências genotípicas.

E SE? *Se a frequência do alelo C^V fosse 0,6, preveja quais as frequências dos genótipos $C^V C^V$, $C^V C^B$ e $C^B C^B$.*

com dois alelos, os três genótipos aparecerão nas seguintes proporções:

$$p^2 + 2pq + q^2 = 1$$

(frequência esperada do genótipo $C^V C^V$) (frequência esperada do genótipo $C^V C^B$) (frequência esperada do genótipo $C^B C^B$)

Observe que, para um *locus* com dois alelos, são possíveis apenas três genótipos (neste caso, $C^V C^V$, $C^V C^B$ e $C^B C^B$). Em consequência, a soma das frequências dos três genótipos deve ser igual a 1 (100%) em *qualquer* população, não importando se ela está em equilíbrio de Hardy-Weinberg. O ponto-chave é que uma população está em equilíbrio de Hardy-Weinberg apenas se a frequência genotípica observada de um homozigoto é p^2, a frequência observada do outro homozigoto é q^2 e a frequência observada de heterozigotos é $2pq$. Por fim, como observado na Figura 23.8, se uma população como a de nossas flores silvestres estiver em equilíbrio de Hardy-Weinberg e os seus membros continuarem a cruzar ao acaso ao longo de gerações, as frequências genotípicas e alélicas permanecerão constantes. O sistema é semelhante a um baralho de cartas: não importa quantas vezes as cartas sejam embaralhadas e distribuídas, o baralho em si continua o mesmo. Por exemplo, o número de ases nunca ultrapassa o número de valetes. Do mesmo modo, as misturas repetidas do *pool* gênico de uma população ao longo de gerações não podem, por si só, modificar a frequência de um alelo em relação ao outro.

Condições para o equilíbrio de Hardy-Weinberg

A abordagem de Hardy-Weinberg descreve uma população que não está evoluindo. Isso pode ocorrer se uma população satisfizer todas as cinco condições para o equilíbrio de Hardy-Weinberg listadas na **Tabela 23.1**. Todavia, na natureza, as frequências alélicas e genotípicas muitas vezes *mudam* ao longo do tempo. Tais mudanças podem ocorrer quando pelo menos uma das condições para o equilíbrio de Hardy-Weinberg não for satisfeita.

Embora seja comum algum desvio das condições expostas na Tabela 23.1, resultando em mudança evolutiva, também é comum que populações naturais estejam em equilíbrio de Hardy-Weinberg para genes específicos. Uma maneira pela qual isso pode acontecer é se a seleção alterar as frequências alélicas em alguns *loci*, mas não em outros. Além disso, algumas populações evoluem tão lentamente que as mudanças nas frequências alélicas e genotípicas são difíceis de distinguir daquelas esperadas para uma população que não está evoluindo.

Uso da equação de Hardy-Weinberg

A equação de Hardy-Weinberg é geralmente utilizada como teste inicial para saber se uma população está evoluindo (como exemplo, ver pergunta 3 na Revisão do Conceito 23.2). A equação tem também aplicações médicas, como estimar a porcentagem de uma população que é portadora de um alelo para uma doença hereditária. Por exemplo, considere a fenilcetonúria (PKU), um distúrbio metabólico resultante da homozigosidade para um alelo recessivo. Esse distúrbio ocorre em cerca de 1 em cada 10.000 bebês nascidos nos Estados Unidos. Se não for tratada, a fenilcetonúria resulta em deficiência intelectual e outros problemas. (Como descrito no Conceito 14.4, atualmente os recém-nascidos são testados para fenilcetonúria, e os sintomas podem ser em grande parte evitados com uma dieta muito baixa em fenilalanina).

Para aplicar a equação de Hardy-Weinberg, é preciso pressupor que novas mutações para fenilcetonúria não estão sendo introduzidas na população (condição 1) e que as pessoas não escolhem parceiros com base na presença ou ausência do gene nem são parentes próximos (condição 2). Nós devemos também ignorar quaisquer efeitos de sobrevivência diferencial e sucesso reprodutivo entre os genótipos de fenilcetonúria (condição 3) e pressupor que não existem efeitos de deriva genética (condição 4) nem de fluxo gênico de outras populações nos Estados Unidos (condição 5). Essas premissas são razoáveis: a taxa de mutação do gene da fenilcetonúria é baixa, e o endocruzamento e outras formas de cruzamento não randômico são incomuns nos Estados Unidos, a seleção ocorre apenas contra homozigotos raros (e só caso as condições de dieta não sejam seguidas), a população dos Estados Unidos é muito grande, e a população de fora do país tem frequências alélicas para a fenilcetonúria semelhantes às observadas nos Estados Unidos.

Se todos esses pressupostos forem mantidos, então a frequência de indivíduos na população nascidos com fenilcetonúria corresponderá ao q^2 na equação de Hardy-Weinberg (q^2 = frequência de homozigotos). Visto que o alelo é recessivo, devemos estimar o número de heterozigotos, em vez de contá-los diretamente como fizemos com as flores cor-de-rosa. Lembre-se que há 1 ocorrência de fenilcetonúria para 10.000 nascimentos, indicando que $q^2 = 0{,}0001$. Assim, a frequência (q) do alelo recessivo para fenilcetonúria é

$$q = \sqrt{0{,}0001} = 0{,}01$$

e a frequência do alelo dominante é

$$p = 1 - q = 1 - 0{,}01 = 0{,}99.$$

Tabela 23.1 Condições para o equilíbrio de Hardy-Weinberg

Condição	Consequência, se a condição não se aplica
1. Ausência de mutações	O *pool* gênico é modificado se ocorrerem mutações ou se genes inteiros forem deletados ou duplicados.
2. Cruzamento aleatório	Se indivíduos cruzarem dentro de um subgrupo da população, com vizinhos ou parentes muito próximos (endocruzamento), por exemplo, não ocorre mistura ao acaso de gametas e as frequências genotípicas se alteram.
3. Ausência de seleção natural	As frequências alélicas se alteram quando indivíduos com genótipos diferentes exibem diferenças consistentes em seu sucesso de sobrevivência ou reprodutivo.
4. Tamanho populacional extremamente grande	Em populações pequenas, as frequências alélicas flutuam ao acaso ao longo do tempo (deriva genética).
5. Ausência de fluxo gênico	Pela inclusão ou remoção de alelos em uma população, o fluxo gênico pode alterar as frequências alélicas.

Exercício de habilidades científicas

Uso da equação de Hardy-Weinberg para interpretar dados e fazer predições

Está ocorrendo evolução em uma população de soja? Uma maneira de testar se a evolução está ocorrendo em uma população é comparar as frequências genotípicas observadas em um *locus* com aquelas esperadas para uma população que não está evoluindo com base na equação de Hardy-Weinberg. Neste exercício, você testará se uma população de soja está evoluindo no *locus* com dois alelos, C^V e C^A, que afetam a produção de clorofila e, consequentemente, a cor das folhas.

Como o experimento foi realizado Estudantes realizaram a semeadura da soja e, após, contaram o número de plântulas de cada genótipo no dia 7 e novamente no dia 21. As plântulas de cada genótipo podiam ser distinguidas visualmente, pois os alelos C^V e C^A exibem dominância incompleta: as plântulas $C^V C^V$ têm folhas verdes, as plântulas $C^V C^A$ têm folhas verde-amareladas e as plântulas $C^A C^A$ têm folhas amarelas.

Dados do experimento

Tempo (dias)	Número de plântulas			
	Verde ($C^V C^V$)	Verde-amarelada ($C^V C^A$)	Amarela ($C^A C^A$)	Total
7	49	111	56	216
21	47	106	20	173

INTERPRETE OS DADOS

1. Utilize as frequências genotípicas observadas no dia 7 para calcular as frequências do alelo C^V (p) e do alelo C^A (q).

2. Em seguida, utilize a equação de Hardy-Weinberg ($p^2 + 2pq + q^2 = 1$) para calcular as frequências esperadas dos genótipos $C^V C^V$, $C^V C^A$ e $C^A C^A$ no dia 7, para uma população em equilíbrio de Hardy-Weinberg.

3. (a) Calcule as frequências observadas dos genótipos $C^V C^V$, $C^V C^A$ e $C^A C^A$ no dia 7. (b) Compare essas frequências com as frequências esperadas calculadas na etapa 2. A população de plântulas está em equilíbrio de Hardy-Weinberg no dia 7 ou está ocorrendo evolução? Explique seu raciocínio e identifique quais genótipos, se houver algum, parecem estar sendo selecionados ou não.

4. (a) Calcule as frequências observadas dos genótipos $C^V C^V$, $C^V C^A$ e $C^A C^A$ no dia 21. (b) Compare essas frequências com as frequências esperadas calculadas na etapa 2 e com as frequências observadas no dia 7. A população de plântulas está em equilíbrio de Hardy-Weinberg no dia 21 ou está ocorrendo evolução? Explique seu raciocínio e identifique quais genótipos, se houver algum, parecem estar sendo selecionados ou não.

5. Indivíduos homozigotos $C^A C^A$ não podem produzir clorofila. A capacidade de realizar fotossíntese se torna mais crítica com o passar do tempo, à medida que as plântulas se desenvolvem e começam a exaurir o suprimento de alimento que estava armazenado nas sementes das quais elas emergiram. Desenvolva uma hipótese que explique os dados para os dias 7 e 21. Baseado nessa hipótese, faça uma predição de como as frequências dos alelos C^V e C^A irão mudar após o dia 21.

A frequência de portadores heterozigotos sem fenilcetonúria, mas que podem passar o alelo para a prole é

$$2pq = 2 \times 0,99 \times 0,01 = 0,0198$$

(aproximadamente 2% da população dos Estados Unidos)

Lembre-se que as premissas do equilíbrio de Hardy-Weinberg fornecem uma aproximação; o número real de portadores talvez seja diferente. Ainda assim, nossos cálculos sugerem que alelos recessivos deletérios nesse e em outros *loci* podem estar escondidos na população, pois estão presentes em heterozigotos saudáveis. O **Exercício de habilidades científicas** fornece outra oportunidade para aplicar a equação de Hardy-Weinberg aos dados de alelos.

REVISÃO DO CONCEITO 23.2

1. Uma população tem 85 indivíduos com genótipo *AA*, 320 com genótipo *Aa* e 295 com genótipo *aa*. Calcule as frequências genotípicas e as frequências dos alelos *A* e *a*.

2. A frequência do alelo *a* é 0,45 para uma população em equilíbrio de Hardy-Weinberg. Quais são as frequências esperadas dos genótipos *AA*, *Aa* e *aa*?

3. **E SE?** Um *locus* que afeta a suscetibilidade para uma doença degenerativa do cérebro tem dois alelos, *V* e *v*. Em uma população, 16 pessoas têm o genótipo *VV*, 92 têm o genótipo *Vv* e 12 têm o genótipo *vv*. Essa população está evoluindo? Explique.

Ver as respostas sugeridas no Apêndice A.

CONCEITO 23.3

Seleção natural, deriva genética e fluxo gênico podem alterar as frequências alélicas em uma população

Observe outra vez as cinco condições necessárias para uma população estar em equilíbrio de Hardy-Weinberg (ver Tabela 23.1). A divergência de qualquer uma das condições é um potencial agente de evolução. Novas mutações (violação da condição 1) podem alterar as frequências alélicas, mas, como mutações são raras, a mudança de uma geração para outra é provavelmente muito pequena. Cruzamentos não aleatórios (violação da condição 2) podem afetar as frequências de genótipos homozigotos e heterozigotos, mas, por si só, não têm efeito sobre as frequências alélicas do *pool* gênico. (As frequências alélicas podem se modificar, caso indivíduos com determinadas características genéticas tenham mais probabilidade de obter parceiros do que outros. Entretanto, essa situação não só causa um desvio do acasalamento aleatório, mas também viola a condição 3, ausência de seleção natural.)

No decorrer desta seção, discutiremos os três mecanismos que modificam diretamente as frequências alélicas e que causam a maioria das mudanças evolutivas: seleção natural, deriva genética e fluxo gênico (violação das condições 3-5).

Seleção natural

O conceito de seleção natural baseia-se no sucesso diferencial em termos de sobrevivência e de reprodução: indivíduos em uma população exibem variações nas suas características herdáveis, e aqueles com características mais adequadas ao ambiente tendem a produzir prole maior do que aqueles sem essas características.

Em termos genéticos, a seleção resulta em alelos sendo passados para a geração seguinte em proporções diferentes daquelas observadas na geração presente. Por exemplo, a mosca-da-fruta (*Drosophila melanogaster*) tem um alelo que confere resistência ao inseticida DDT. Esse alelo tem uma frequência de 0% em cepas de laboratório de *D. melanogaster* a partir de moscas coletadas na natureza no início da década de 1930, antes do uso de DDT. No entanto, em cepas estabelecidas a partir de moscas coletadas depois de 1960 (após pelo menos 20 anos de uso de DDT), a frequência desse alelo é de 37%. Portanto, esse alelo surgiu por mutação entre 1930 e 1960 ou já estava presente na população de 1930, mas era muito raro. De qualquer modo, o aumento na frequência desse alelo provavelmente ocorreu pelo fato de o DDT ser um veneno eficaz com uma forte pressão seletiva nas populações de moscas a ele expostas.

Como o exemplo de *D. melanogaster* indica, um alelo que confere resistência a um inseticida aumentará a sua frequência em uma população exposta a esse inseticida. Essas mudanças não são coincidências. Por favorecer de maneira consistente alguns alelos sobre outros, a seleção natural pode causar **evolução adaptativa**, em que as características que incrementam a sobrevivência ou a reprodução tendem a aumentar em frequência ao longo do tempo. No Conceito 23.4, exploraremos esse processo.

Deriva genética

Se você jogasse cara ou coroa mil vezes, um resultado de 700 caras e 300 coroas colocaria a moeda sob suspeita. Contudo, se você jogasse uma moeda 10 vezes, um resultado de 7 vezes cara e 3 vezes coroa não seria tão surpreendente. Quanto menor o número de vezes que a moeda for jogada, maior a probabilidade de que o acaso venha a provocar um desvio do resultado previsto (nesse caso, a previsão é um número igual de caras e de coroas). Eventos aleatórios também podem causar flutuações imprevisíveis nas frequências alélicas de uma geração para outra, especialmente em populações pequenas – um processo denominado **deriva genética**.

A **Figura 23.9** mostra como a deriva genética pode afetar uma pequena população de flores silvestres. Nesse exemplo, a deriva leva à perda de um alelo do *pool* gênico, mas o fato de o alelo C^B ser perdido em vez do alelo C^V é uma questão de acaso. Essas mudanças imprevisíveis nas frequências alélicas podem ser causadas por eventos ao acaso associados à sobrevivência ou à reprodução. Talvez um animal grande como um alce tivesse pisado em três indivíduos $C^B C^B$ na geração 2, matando-os e aumentando a chance de que apenas o alelo C^V fosse transmitido à geração seguinte. A frequência alélica também pode ser afetada por eventos que ocorrem ao acaso durante a fecundação. Por exemplo, suponha que dois indivíduos com o genótipo $C^V C^B$ tiveram um número pequeno de descendentes. Ao acaso, cada par de oosfera e célula espermática que gerou essa prole poderia ter carregado o alelo C^V e não o alelo C^B.

Algumas circunstâncias podem resultar em deriva genética com impacto significativo sobre uma população. Dois exemplos são o efeito fundador e o efeito gargalo.

Efeito fundador

Quando alguns indivíduos se isolam de uma população maior, esse grupo menor talvez estabeleça uma nova população cujo *pool* gênico difira da população-fonte; isso se chama **efeito fundador**. O efeito fundador pode ocorrer, por exemplo, quando alguns membros de uma população são levados por uma tempestade até uma ilha. A deriva genética, em que eventos ao acaso alteram as frequências alélicas, pode ocorrer nesse caso porque a tempestade transporta

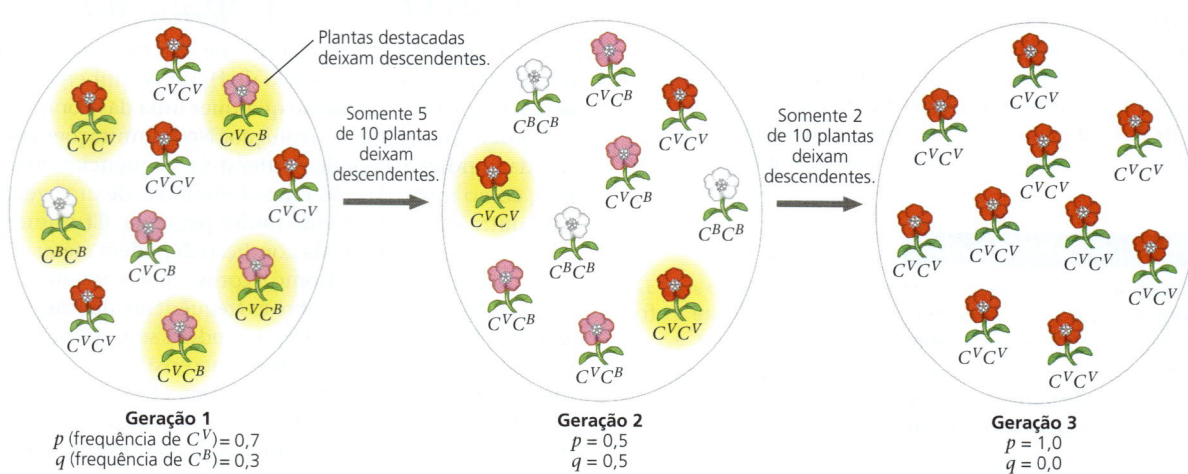

▲ **Figura 23.9 Deriva genética.** Esta pequena população de flores silvestres tem um tamanho estável de dez plantas. Suponha que ao acaso somente cinco plantas da geração 1 (aquelas destacadas em amarelo) produzam descendentes férteis. Novamente ao acaso, apenas duas plantas da geração 2 produzem descendentes férteis.

HABILIDADES VISUAIS Com base neste diagrama, resuma como a frequência do alelo C^B muda ao longo do tempo.

indiscriminadamente alguns indivíduos (e seus alelos), mas não outros da população-fonte.

É provável que o efeito fundador seja responsável pela frequência relativamente alta de certos distúrbios hereditários entre populações humanas isoladas. Por exemplo, em 1814, 15 colonizadores britânicos fundaram uma colônia em Tristão da Cunha, um grupo de pequenas ilhas no Oceano Atlântico localizadas entre a África e a América do Sul. Aparentemente, um dos colonizadores era portador de um alelo recessivo para retinite pigmentosa, uma forma de cegueira progressiva que afeta indivíduos homozigotos. Dos 240 descendentes dos colonizadores fundadores na ilha no final da década de 1960, quatro tinham retinite pigmentosa. A frequência do alelo que causa essa doença é dez vezes mais alta em Tristão da Cunha do que nas populações das quais os colonizadores se originaram.

Efeito gargalo

Mudanças repentinas no ambiente, como queimadas ou inundações, podem reduzir o tamanho de uma população. Uma queda acentuada no tamanho da população pode causar o **efeito gargalo**, assim chamado porque a população passou por um gargalo que reduziu consideravelmente o seu tamanho **(Figura 23.10)**. Apenas devido ao acaso, nos indivíduos sobreviventes, alguns alelos podem estar sobrerrepresentados, outros podem estar sub-representados e alguns completamente ausentes. A deriva genética em curso provavelmente tem efeitos substanciais no *pool* gênico, até a população tornar-se suficientemente grande para que esses eventos aleatórios tenham menos impacto. Mesmo que a população que sofreu efeito gargalo recupere o seu tamanho, ela talvez apresente níveis baixos de variabilidade genética por um longo período – a herança de uma deriva genética que ocorreu quando a população era pequena.

Estudo de caso: *impacto da deriva genética no tetraz-das-pradarias*

Às vezes, os seres humanos criam gargalos acentuados. Milhões de tetrazes-das-pradarias (*Tympanuchus cupido*) viviam nas pradarias do estado de Illinois, Estados Unidos. À medida que essas pradarias foram sendo convertidas em propriedades rurais durante os séculos XIX e XX, o número de tetrazes-das-pradarias diminuiu consideravelmente **(Figura 23.11a)**. Em 1993, existiam menos de 50 indivíduos. As poucas aves que sobreviveram apresentavam níveis baixos de variabilidade genética, e menos de 50% dos seus ovos eclodiam, em comparação com taxas de eclosão muito mais altas observadas em populações maiores do Kansas e Nebraska **(Figura 23.11b)**.

Esses dados sugerem que a deriva genética durante o efeito gargalo talvez tenha levado à perda de variabilidade genética e ao aumento da frequência de alelos deletérios. Para investigar essa hipótese, pesquisadores extraíram DNA de 15 espécimes de museu da população de Illinois de tetraz-das-pradarias. Das 15 aves, 10 haviam sido coletadas na década de 1930, quando a população em Illinois somava 25.000 indivíduos, e 5 foram coletadas na década de 1960, quando havia 1.000 aves dessa população em Illinois. Estudando o DNA desses espécimes, os pesquisadores conseguiram obter uma estimativa inicial mínima da variabilidade genética da população *antes* da sua queda acentuada. Essa estimativa inicial é uma peça-chave da informação que normalmente não está disponível nos casos de efeito gargalo de uma população.

(a) A população de Illinois do tetraz-das-pradarias diminuiu de milhões de aves nos anos 1800 para menos de 50 aves em 1993.

Localização	Tamanho da população	Número de alelos por *locus*	Porcentagem de ovos eclodidos
Illinois			
1930-1960	1.000-25.000	5,2	93
1993	< 50	3,7	< 50
Kansas, 1998 (sem efeito gargalo)	750.000	5,8	99
Nebraska, 1998 (sem efeito gargalo)	75.000-200.000	5,8	96

(b) Na população pequena de Illinois, a deriva genética resultou em diminuição no número de alelos por *locus* e em decréscimo na porcentagem de ovos eclodidos.

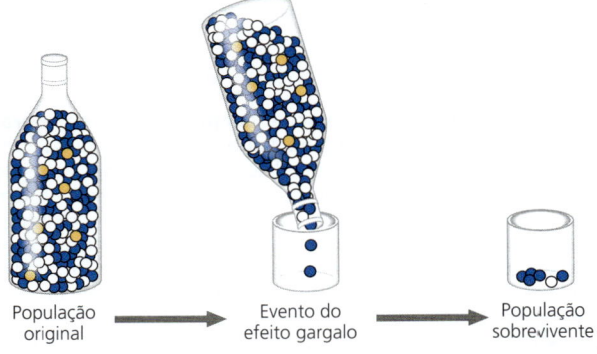

▲ **Figura 23.10 Efeito gargalo.** A agitação de algumas bolas de gude no gargalo de uma garrafa é análoga à drástica redução no tamanho de uma população. Ao acaso, bolas azuis estão sobrerrepresentadas na população sobrevivente e bolas douradas não estão presentes.

▲ **Figura 23.11 Deriva genética e perda de variabilidade genética.**

Os pesquisadores investigaram seis *loci* e descobriram que a população de Illinois de tetraz-das-pradarias em 1993 tinha menos alelos por *locus* do que as populações de Illinois de antes do efeito gargalo ou do que populações atuais de Kansas e Nebraska (ver Figura 23.11b). Desse modo, como foi previsto, a deriva reduziu a variabilidade genética da pequena população de 1993. A deriva também talvez tenha aumentado a frequência de alelos deletérios, levando ao índice baixo de eclosão dos ovos. Para contrapor esses efeitos negativos, 271 aves dos estados vizinhos foram adicionadas à população de Illinois durante um período de quatro anos. Essa estratégia foi bem-sucedida: novos alelos entraram na população, e a taxa de eclosão melhorou em mais de 90%. Em resumo, estudos com o tetraz-das-pradarias de Illinois ilustram os efeitos poderosos da deriva genética em populações pequenas e dão a esperança de que, pelo menos em algumas populações, esses efeitos possam ser revertidos.

Resumindo: *efeitos da deriva genética*

Os exemplos que descrevemos ilustram quatro pontos-chave:

1. **A deriva genética é significativa em populações pequenas.** Eventos aleatórios podem levar à ocorrência desproporcional de um alelo (acima ou abaixo da frequência normal) na próxima geração. Embora eventos aleatórios ocorram em populações de todos os tamanhos, eles tendem a alterar as frequências alélicas substancialmente apenas em pequenas populações.
2. **A deriva genética pode causar mudanças ao acaso na frequência alélica.** Devido à deriva genética, a frequência de um alelo talvez aumente em um ano e, depois, diminua no ano seguinte; a mudança de um ano para o outro não é previsível. Assim, diferentemente da seleção natural, que, em dado meio, favorece alguns alelos sobre outros de modo consistente, a deriva genética provoca mudança ao acaso das frequências alélicas ao longo do tempo.
3. **A deriva genética pode levar à perda de variabilidade genética dentro das populações.** Ao causar flutuações ao acaso nas frequências alélicas ao longo do tempo, a deriva genética pode eliminar alelos de uma população. Já que a evolução depende da variabilidade genética, essas perdas podem influenciar o quão efetivamente uma população pode se adaptar a uma mudança no ambiente.
4. **A deriva genética pode levar alelos prejudiciais a se tornarem fixos.** Por deriva genética, os alelos que não são prejudiciais nem benéficos podem ser perdidos ou se tornarem fixos (alcançar uma frequência de 100%) ao acaso. Em populações muito pequenas, a deriva genética pode também fazer com que alelos levemente prejudiciais se tornem fixos. Quando isso acontece, a sobrevivência da população pode ser ameaçada (como no caso do tetraz-das-pradarias).

Fluxo gênico

Seleção natural e deriva genética não são os únicos fenômenos que afetam as frequências alélicas. Frequências alélicas também podem ser modificadas pelo **fluxo gênico**, a transferência de alelos para dentro ou fora da população devido ao movimento de indivíduos férteis ou de seus gametas. Por exemplo, suponha que, perto da nossa população de flores silvestres original hipotética, exista outra população formada principalmente por indivíduos com flores brancas ($C^B C^B$). Insetos carregando o pólen dessas plantas talvez visitem e polinizem plantas da nossa população original. Os alelos C^B introduzidos modificariam as frequências alélicas da população original na geração seguinte. Como os alelos são transferidos entre populações, o fluxo gênico tende a reduzir diferenças genéticas entre populações. Na verdade, dependendo da sua extensão, o fluxo gênico pode combinar duas populações em uma só com um *pool* gênico comum.

Os alelos transferidos por fluxo gênico também podem afetar o quanto as populações estão adaptadas às condições ambientais locais. Por exemplo, populações continentais e insulares da cobra-d'água (*Nerodia sipedon*) do Lago Erie diferem em seus padrões de cor **(Figura 23.12)**. Praticamente

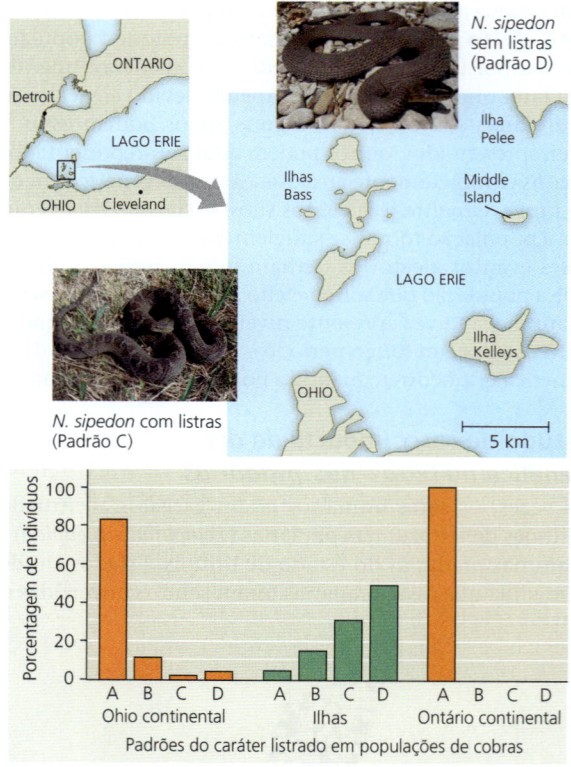

▲ **Figura 23.12 Fluxo gênico e adaptação local da cobra-d'água (*Nerodia sipedon*) no Lago Erie.** Os pesquisadores atribuíram letras à variação no padrão listrado em populações de *N. sipedon*. O padrão A é fortemente listrado, os padrões B e C têm caráter listrado intermediário e o padrão D não apresenta listras. O caráter listrado é vantajoso para camuflagem em ambientes continentais, enquanto a ausência de listras é vantajosa em ambientes insulares. No entanto, o fluxo gênico a partir do continente faz com que o caráter listrado persista nas populações insulares.

E SE? *Suponha que um evento climático severo provoque uma redução no tamanho de populações insulares, mas não afete o tamanho de populações continentais. Preveja como o fluxo gênico do continente afetaria os padrões de cores nas populações insulares no ano imediatamente após o evento. Explique.*

todas as cobras continentais de Ohio e Ontário são acentuadamente listradas, enquanto as cobras insulares, na maioria, não apresentam listras ou são intermediárias. O padrão listrado é uma característica herdada por alguns *loci* (com alelos que codificam as listras como dominantes, em relação a alelos que codificam para a ausência de listras). Nas ilhas, as cobras-d'água vivem ao longo das costas rochosas, ao passo que, no continente, elas vivem em pântanos. As cobras sem listras são melhor camufladas em hábitats insulares do que as cobras com listras. Por conseguinte, as cobras sem listras sobrevivem em taxas mais altas do que as cobras com listras.

Esses dados indicam que as cobras sem listras são favorecidas por seleção natural nas populações insulares. Portanto, podemos esperar que *todas* as cobras insulares não teriam listras. Por que esse não é o caso? A resposta encontra-se no fluxo gênico a partir do continente. No decurso de 1 ano, 3 a 10 cobras do continente nadam para as ilhas e se juntam às populações desses locais. Em consequência, a cada ano tais migrantes transferem alelos do padrão listrado do continente (onde quase todas as cobras possuem listras) para as ilhas. Esse permanente fluxo gênico impediu a seleção de remover todos os alelos para padrão listrado das populações insulares – impedindo, assim, as populações insulares de adaptação integral às condições locais.

O fluxo gênico também pode transferir alelos que melhoram a capacidade das populações em se adaptar às condições locais. Por exemplo, o fluxo gênico resultou na propagação mundial de vários alelos resistentes a inseticidas no mosquito *Culex pipiens*, um vetor do vírus do Nilo Ocidental e de outras doenças. Cada um desses alelos tem uma única assinatura genética que possibilitou aos pesquisadores documentarem seu surgimento por mutação em apenas uma ou algumas regiões geográficas. Na sua população original, esses alelos aumentaram de frequência porque conferiam resistência a inseticidas. Esses alelos foram, então, transferidos por fluxo gênico a outras populações, expostas a inseticidas, onde novamente suas frequências aumentaram como resultado da seleção natural.

Por fim, o fluxo gênico se tornou um agente de mudança evolutiva cada vez mais importante nas populações humanas. Hoje, os seres humanos se movem com muito mais liberdade ao redor do mundo do que no passado. Por isso, os cruzamentos são muito mais comuns entre membros de populações que tinham muito pouco contato, levando a uma troca de alelos e menores diferenças genéticas entre essas populações.

REVISÃO DO CONCEITO 23.3

1. Em que sentido a seleção natural é mais "previsível" do que a deriva genética?
2. Diferencie deriva genética de fluxo gênico em termos de (a) ocorrência e de (b) suas implicações para variabilidade genética futura na população.
3. **E SE?** Suponha que duas populações de plantas troquem pólen e sementes. Em uma população, os indivíduos de genótipo *AA* são mais comuns (9.000 *AA*, 900 *Aa*, 100 *aa*), sendo o oposto verdadeiro na outra população (100 *AA*, 900 *Aa*, 9.000 *aa*). Se nenhum dos alelos tem vantagem seletiva, o que acontecerá ao longo do tempo com as frequências alélicas e genotípicas dessas populações?

Ver as respostas sugeridas no Apêndice A.

CONCEITO 23.4

A seleção natural é o único mecanismo que promove evolução adaptativa de modo consistente

A evolução por seleção natural é uma mistura de acaso e "escolha" – acaso na criação de novas variações genéticas (como na mutação) e escolha pela seleção natural que favorece alguns alelos em detrimento de outros. Devido a esse processo de favorecimento, o resultado da seleção natural *não* é aleatório. Em vez disso, a seleção natural aumenta consistentemente as frequências dos alelos que conferem vantagem reprodutiva, levando, assim, à evolução adaptativa.

Em mais detalhes: seleção natural

Ao entender como a seleção natural pode causar evolução adaptativa, começaremos com o conceito de valor adaptativo relativo e os diferentes modos como a seleção atua sobre o fenótipo de um organismo.

Valor adaptativo relativo

As expressões "luta pela existência" e "sobrevivência do mais apto" são comumente utilizadas para descrever a seleção natural. No entanto, essas expressões são incorretas se entendidas como disputas competitivas diretas entre indivíduos. Existem espécies animais nas quais os indivíduos, normalmente os machos, enfrentam-se para determinar o privilégio no acasalamento. Mas o sucesso reprodutivo em geral é mais sutil e depende de diversos outros fatores que não uma batalha direta. Por exemplo, uma craca mais eficiente em filtrar alimento do que suas vizinhas talvez tenha maior estoque de energia e, assim, esteja apta a produzir um número maior de ovos. Uma mariposa talvez deixe mais descendentes do que outras da mesma população por suas cores serem uma proteção contra predadores, o que aumenta a chance de uma sobrevivência longa o suficiente para produzir mais descendentes. Esses exemplos ilustram como, em um determinado ambiente, certos atributos podem levar a um **valor adaptativo relativo** maior: a contribuição de um indivíduo ao *pool* gênico da próxima geração *em relação* às contribuições dos outros indivíduos.

Embora muitas vezes nos refiramos ao valor adaptativo relativo de um genótipo, lembre-se de que a entidade sujeita à seleção natural é o organismo como um todo, não apenas o genótipo. Assim, a seleção atua mais diretamente no fenótipo do que no genótipo; ela atua no genótipo indiretamente, por meio de como o genótipo afeta o fenótipo.

Seleção direcional, disruptiva e estabilizadora

A seleção natural pode alterar a distribuição da frequência de características herdáveis de três maneiras, dependendo de quais fenótipos são favorecidos em uma população: por meio de seleção direcional, seleção disruptiva e seleção estabilizadora.

A **seleção direcional** ocorre quando as condições favorecem indivíduos que exibem um extremo de um espectro fenotípico, deslocando, assim, a curva de frequência de uma população para o caráter fenotípico em uma direção ou outra **(Figura 23.13a)**. A seleção direcional é comum quando o ambiente de uma população muda ou quando membros de uma população migram para um hábitat novo (e diferente). Por exemplo, um aumento na abundância relativa de sementes grandes sobre sementes pequenas levou ao aumento do comprimento do bico em uma população de tentilhões de Galápagos (ver Figura 23.2).

A **seleção disruptiva (Figura 23.13b)** ocorre quando as condições favorecem indivíduos nos dois extremos de um espectro fenotípico em detrimento de indivíduos com fenótipos intermediários. Um exemplo é a população de tentilhões africanos da República dos Camarões, cujos membros têm dois tamanhos de bico muito diferentes. As aves de bico pequeno se alimentam principalmente de sementes macias, e as de bico grande se especializaram em quebrar sementes duras. Aparentemente, as aves com bicos intermediários são relativamente ineficientes em quebrar os dois tipos de sementes e, portanto, têm menor valor adaptativo relativo.

A **seleção estabilizadora (Figura 23.13c)** atua contra os dois fenótipos extremos e favorece variantes intermediárias. Essa modalidade de seleção reduz a variabilidade e tende a manter o *status quo* de um caráter fenotípico particular. Por exemplo, os pesos ao nascer da maioria dos bebês humanos situam-se na faixa de 3-4 kg. Nos bebês muito menores, as taxas de mortalidade são consideravelmente mais elevadas; os bebês muito maiores apresentam um leve aumento na mortalidade.

Contudo, independentemente de que tipo de seleção ocorra, o mecanismo básico permanece o mesmo. A seleção favorece indivíduos cujas características fenotípicas herdáveis promovem sucesso reprodutivo mais alto em comparação a características de outros indivíduos.

O papel fundamental da seleção natural na evolução adaptativa

As adaptações dos organismos incluem vários exemplos marcantes. Certos polvos, por exemplo, têm a capacidade de mudar rapidamente de cor, possibilitando que sejam confundidos com a cor de fundo de ambientes diferentes. Outro exemplo é o dos extraordinários maxilares das serpentes **(Figura 23.14)**, que as possibilitam engolir uma presa muito maior do que suas cabeças (uma façanha análoga a uma pessoa engolindo uma melancia inteira em uma só bocada). Outras adaptações, como uma modalidade de enzima que demonstra função aprimorada em ambientes frios, talvez sejam menos impressionantes visualmente, mas são igualmente importantes para a sobrevivência e a reprodução.

Tais adaptações podem surgir gradualmente ao longo do tempo, à medida que a seleção natural aumenta as frequências dos alelos que melhoram a sobrevivência e a taxa

▶ **Figura 23.13 Modalidades de seleção.**
Estes casos descrevem três maneiras pelas quais uma população hipotética do rato-veadeiro (*Peromyscus maniculatus*) com variabilidade herdável na cor da pelagem pode evoluir. Os gráficos mostram como as frequências de indivíduos com diferentes cores de pelagem mudam ao longo do tempo. As setas brancas grandes simbolizam pressões seletivas contra determinados fenótipos.

FAÇA CONEXÕES *Reveja a Figura 22.13. Qual modalidade de seleção ocorreu nas populações do percevejo-do-saboeiro que se alimentam da árvore-da-chuva-dourada introduzida? Explique.*

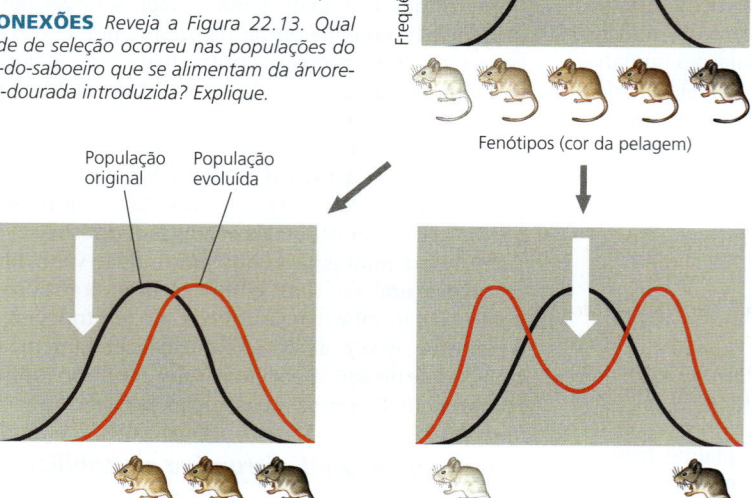
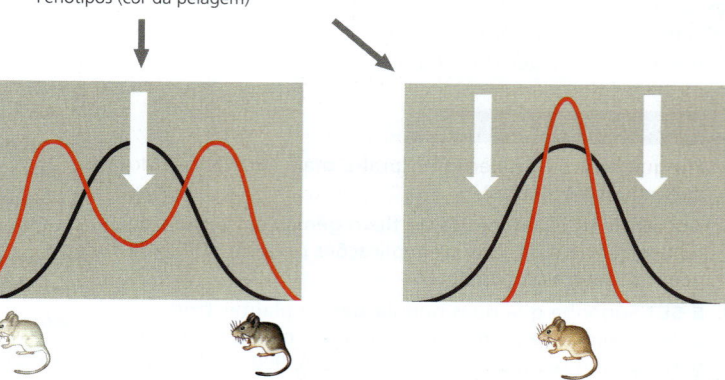

(a) A **seleção direcional** modifica a aparência geral da população ao favorecer variantes em um extremo da distribuição. Neste caso, os camundongos mais escuros são favorecidos porque vivem entre rochas escuras, e a pelagem escura os esconde de predadores.

(b) A **seleção disruptiva** favorece variantes nos dois extremos da distribuição. Estes camundongos colonizaram um hábitat formado por rochas claras e escuras, resultando em desvantagem para camundongos de cores intermediárias.

(c) A **seleção estabilizadora** remove as variantes extremas da população e preserva os tipos intermediários. Se o ambiente é formado por rochas de cor intermediária, os camundongos claros e escuros serão desfavorecidos.

▲ **Figura 23.15** **Dimorfismo sexual e seleção sexual em pavões.** O macho (à esquerda) e a fêmea (à direita) exibem dimorfismo sexual extremo. Existe seleção intrassexual entre machos competidores, seguida por seleção intersexual, em que as fêmeas escolhem os machos mais vistosos.

▲ **Figura 23.14** Ossos móveis das maxilas em serpentes.

reprodutiva. À medida que a proporção de indivíduos com características favoráveis aumenta, melhora o nível em que uma espécie está preparada para viver no seu ambiente; ou seja, ocorre a evolução adaptativa. No entanto, os componentes físicos e biológicos do ambiente de um organismo podem mudar ao longo do tempo. Como resultado, o que constitui uma "boa interação" entre um organismo e o ambiente pode ser um alvo em movimento, tornando a evolução adaptativa um processo contínuo e dinâmico. As condições ambientais podem também diferir de local para local, fazendo com que alelos distintos sejam favorecidos em localizações diferentes. Quando isso acontece, a seleção natural pode levar as populações de uma espécie a diferirem geneticamente entre si.

E o que dizer sobre a deriva genética e o fluxo gênico? Na verdade, ambos podem aumentar as frequências de alelos que melhoram a sobrevivência ou reprodução, mas nenhum dos dois atua tão consistentemente. A deriva genética pode provocar o aumento da frequência de um alelo levemente benéfico ou, por outro lado, o seu decréscimo. Da mesma forma, o fluxo gênico pode introduzir alelos vantajosos ou desvantajosos. A seleção natural é o único mecanismo evolutivo que conduz sempre à evolução adaptativa.

Seleção sexual

Charles Darwin foi o primeiro a explorar as implicações da **seleção sexual**, um processo em que indivíduos com determinadas características herdadas são mais propensos a obter parceiros do que outros indivíduos do mesmo sexo. A seleção sexual pode resultar no **dimorfismo sexual**, uma diferença nas características sexuais secundárias entre machos e fêmeas da mesma espécie (**Figura 23.15**). Essas distinções abrangem diferenças de tamanho, cor, ornamentação e comportamento.

Como a seleção sexual atua? Existem várias maneiras. Na **seleção intrassexual**, ou seja, dentro do mesmo sexo, indivíduos de um sexo competem diretamente por parceiros do sexo oposto. Em muitas espécies, ocorre seleção intrassexual entre machos. Por exemplo, um único macho pode controlar um grupo de fêmeas e impedir que outros machos acasalem com elas. O macho dominante pode defender o seu posto derrotando em lutas machos menores, mais fracos ou menos agressivos em combate. Mais comumente, esse macho é o vencedor psicológico em manifestações ritualizadas que desencorajam competidores em potencial, mas evitam o risco de lesões que reduziriam seu próprio valor adaptativo (ver Figura 51.16). A seleção intrassexual também ocorre entre fêmeas de uma diversidade de espécies, incluindo o lêmure-de-cauda-anelada e a marinha-focinho-grosso (*Syngnathus typhle*).

Na **seleção intersexual**, também chamada de *escolha de parceiro*, indivíduos de um sexo (geralmente as fêmeas) são exigentes ao selecionar parceiros do sexo oposto. Em muitos casos, a escolha pela fêmea depende de uma exibição da aparência ou comportamento dos machos (ver Figura 23.15). O que intrigou Darwin com respeito à escolha de parceiros foi que a exibição dos machos pode ter sido de outra forma que não adaptativa e inclusive talvez imponha certos riscos. Por exemplo, as penas brilhantes talvez tornem machos de aves mais visíveis a predadores. Mas, se essas características ajudam o macho a conseguir parceiras e se esse benefício supera o risco de predação, então as penas brilhantes e a preferência da fêmea serão reforçadas porque aumentam o sucesso reprodutivo em geral.

Como as preferências das fêmeas por certas características dos machos evoluíram inicialmente? Uma hipótese é que as fêmeas preferem traços masculinos correlacionados com "genes bons". Se a característica preferida pelas fêmeas é um indicativo da qualidade genética dos machos, essa característica do macho e a preferência da fêmea por ela devem aumentar em frequência. A **Figura 23.16** descreve

▼ Figura 23.16 Pesquisa

As fêmeas selecionam machos com base em traços indicativos de "genes bons"?

Experimento As fêmeas de rãs-arborícolas-cinzas (*Hyla versicolor*) preferem acasalar com machos que emitem chamadas longas de acasalamento. Para testar se a constituição genética dos machos de chamada longa (CL) é superior à dos machos de chamada curta (CC), os pesquisadores fecundaram a metade dos óvulos de cada fêmea com espermatozoides de um macho CL e a outra metade com espermatozoides de um macho CC. Em dois experimentos separados (um em 1995 e o outro em 1996), os descendentes meios-irmãos resultantes foram criados em um ambiente comum, e sua sobrevivência e crescimento foram monitorados.

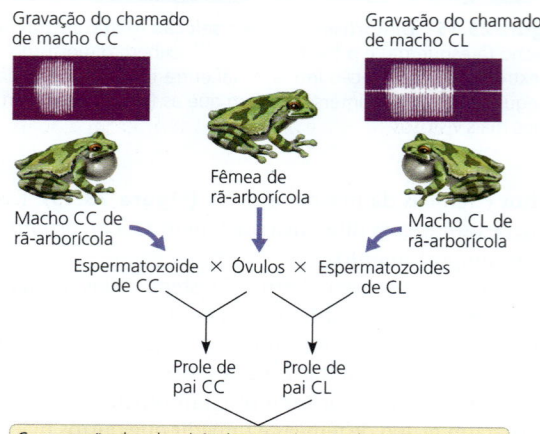

Resultados

Desempenho da prole	1995	1996
Sobrevivência larval	CL melhor	NDS
Crescimento larval	NDS	CL melhor
Tempo para metamorfose	CL melhor (mais curto)	CL melhor (mais curto)

NDS = nenhuma diferença significativa; CL melhor = prole de machos CL superior à prole de machos CC.

Conclusão Visto que a prole gerada por um macho CL superou seus meios-irmãos gerados por um macho CC, a equipe de pesquisadores concluiu que a duração da chamada de acasalamento de um macho é um indicativo de sua qualidade genética geral. Esse resultado sustenta a hipótese de que a escolha de parceiro pela fêmea pode basear-se em uma característica que indica se o macho tem "genes bons".

Dados de A. M. Welch et al., Call duration as an indicator of genetic quality in male gray tree frogs, *Science* 280:1928-1930 (1998).

E SE? Por que os pesquisadores dividiram os ovos de cada fêmea de rã em dois grupos para a fecundação por diferentes machos? Por que não acasalaram cada fêmea com um único macho?

---

um experimento testando essa hipótese em rãs-arborícolas-cinzas (*Hyla versicolor*).

Em inúmeras espécies de aves, as características preferidas pelas fêmeas estão relacionadas com a saúde geral do macho. Aqui, igualmente, a preferência feminina parece basear-se em características que refletem "genes bons", nesse caso, alelos indicativos de um sistema imune sadio.

Seleção balanceadora

Como sabemos, a variação genética muitas vezes é encontrada nos *loci* afetados pela seleção. O que impede a seleção natural de reduzir a variação nesses *loci* eliminando todos os alelos desfavoráveis? Como mencionado anteriormente, em organismos diploides, vários alelos recessivos desfavoráveis persistem, pois estão ocultos da seleção quando presentes em indivíduos heterozigotos. Além disso, a própria seleção pode preservar a variação em alguns *loci*, mantendo, assim, duas ou mais formas fenotípicas em uma população. Conhecida como **seleção balanceadora**, esse tipo de seleção inclui a seleção dependente de frequência e a vantagem do heterozigoto.

Seleção dependente de frequência

Na **seleção dependente de frequência**, o valor adaptativo de um fenótipo depende do quão comum ele é na população. Considere o peixe-comedor-de-escamas (*Perissodus microlepis*), que habita o Lago Tanganica na África. Esses peixes atacam outros peixes por trás com o objetivo de remover algumas escamas da lateral do corpo da presa. O interessante aqui é a característica peculiar desse ciclídeo *P. microlepis*: alguns têm a boca "no lado esquerdo" e outros "no lado direito".

Quando a boca do peixe é voltada para o lado esquerdo, ele geralmente ataca o lado direito da presa **(Figura 23.17)** (para entender por que, desloque sua mandíbula e lábios para a esquerda e imagine tentar morder, assim, o lado esquerdo de um peixe, aproximando-se dele por trás). Da mesma forma, os peixes com a boca voltada para a direita sempre atacam o lado esquerdo da presa. As espécies predadas ficam atentas ao ataque do fenótipo de qualquer que seja o peixe mais comum. Assim, de ano a ano, a seleção favorece qualquer fenótipo de boca menos comum. Em consequência, a frequência de peixes com a boca voltada para a esquerda ou para a direita oscila ao longo do tempo, e essa seleção balanceadora mantém a frequência de cada fenótipo próximo de 50%.

Vantagem do heterozigoto

Se indivíduos heterozigotos em um determinado *locus* possuem valor adaptativo maior do que os dois tipos de homozigotos, eles exibem **vantagem do heterozigoto**. Nesse caso, a seleção natural tende a manter dois ou mais alelos nesse *locus*. Observe que a vantagem do heterozigoto é definida em termos de *genótipo*, e não de fenótipo. Assim, se a vantagem do heterozigoto representa uma seleção estabilizadora ou direcional vai depender da relação entre o genótipo e o fenótipo. Por exemplo, se o fenótipo de um heterozigoto é intermediário aos fenótipos de ambos homozigotos, então a vantagem do heterozigoto é uma forma de seleção estabilizadora.

Um exemplo de vantagem do heterozigoto ocorre em um *locus* em seres humanos que codifica a subunidade do polipeptídeo β da hemoglobina, a proteína transportadora de oxigênio das hemácias (também chamadas eritrócitos ou glóbulos vermelhos). Em indivíduos homozigotos, um alelo recessivo nesse *locus* causa doença falciforme (anemia falciforme). As hemácias das pessoas com doença falciforme assumem um formato distorcido (em forma de *foice*) sob condições de baixa oxigenação (ver Figura 5.19). Essas células falciformes podem se agregar e bloquear o fluxo de sangue

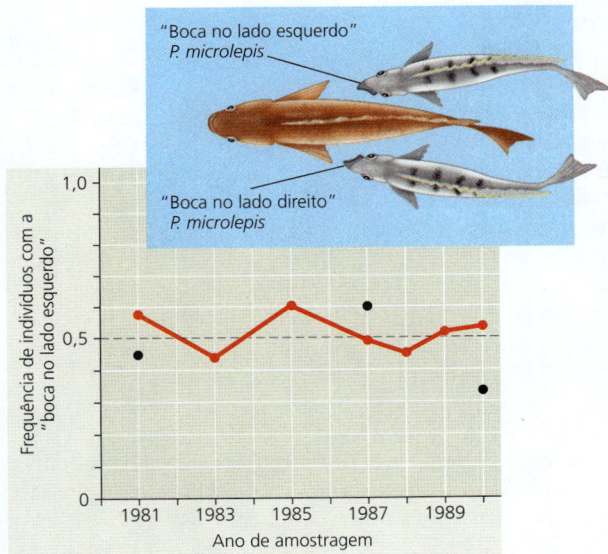

▲ **Figura 23.17** **Seleção dependente de frequência.** Em uma população do peixe-comedor-de-escamas (*Perissodus microlepis*), a frequência de indivíduos com a boca no lado esquerdo (pontos vermelhos) aumenta e diminui de forma regular. Os pontos pretos indicam a frequência dos indivíduos com a boca no lado esquerdo entre os adultos que se reproduziram em 3 anos de amostragem.

INTERPRETE OS DADOS *Para 1981, 1987 e 1990, compare a frequência dos indivíduos adultos reprodutores com a boca no lado esquerdo com a frequência dos indivíduos com a boca no lado esquerdo de toda a população. O que os dados indicam sobre o momento em que a seleção natural favorece os indivíduos com a boca no lado esquerdo, em relação aos indivíduos com a boca no lado direito (ou vice-versa)? Explique.*

nos capilares, comprometendo órgãos como rins, coração e cérebro. Embora algumas hemácias se tornem falciformes nos heterozigotos, um número insuficiente de células se torna falciforme para causar a doença da célula falciforme.

Conforme mostra a **Figura 23.18**, os heterozigotos para o alelo da célula falciforme estão protegidos contra os efeitos mais graves da malária, doença causada por um parasito que infecta as hemácias. Uma razão para essa proteção parcial é que o corpo destrói as hemácias falciformes, matando os parasitos que elas abrigam. A malária é uma doença letal significativa em algumas regiões tropicais. Nessas regiões, a seleção favorece os heterozigotos em relação aos indivíduos homozigotos dominantes, mais suscetíveis aos efeitos da malária, e também em relação aos indivíduos homozigotos recessivos, que desenvolvem a anemia falciforme. Devido a essas pressões seletivas, a frequência do alelo da célula falciforme alcançou níveis relativamente elevados em áreas onde o parasito da malária, transmitido por mosquito, é comum.

Por que a seleção natural não consegue modelar organismos perfeitos?

Embora a seleção natural conduza à adaptação, na natureza há vários exemplos de organismos não idealmente "projetados" para os seus estilos de vida. Existem várias razões para isso.

1. **A seleção pode atuar somente em variações existentes.** A seleção natural favorece apenas os fenótipos mais adaptados entre os que se encontram na população e que talvez não possuam as características ideais. Novos alelos vantajosos não surgem por demanda. Por exemplo, a lebre-americana (*Lepus americanus*) historicamente apresenta muda, trocando sua pelagem de marrom para branco na época do ano que corresponde ao início da queda de neve, proporcionando camuflagem por todo o inverno. Todavia, devido à mudança climática, atualmente a primeira queda de neve ocorre mais tarde no ano. Em algumas populações, a data em que as lebres mudam a cor da sua pelagem tem permanecido a mesma, tornando esses animais mal camuflados no início do inverno e, portanto, mais vulneráveis ao reconhecimento e à captura pelos predadores **(Figura 23.19)**. Uma vez que seus *pools* gênicos não dispõem de alelos que poderiam retardar a ocorrência da muda, essas populações foram incapazes de se adaptar a condições em transformação.

2. **A evolução é limitada por restrições históricas.** Cada espécie tem um legado de descendência com modificação de formas ancestrais. A evolução não descarta a anatomia ancestral e constrói novas estruturas complexas desde o início, mas sim usa as estruturas existentes e as adapta a novas situações. Podemos imaginar que, se um animal terrestre estivesse adaptado a um ambiente em que voar fosse vantajoso, talvez fosse melhor desenvolver um par adicional de membros para servir como asas. No entanto, a evolução não trabalha dessa forma; em vez disso, atua em características que o organismo já tem. Assim, em aves e morcegos, um par de membros existentes assumiu funções novas para voar à medida que esses organismos foram evoluindo a partir de ancestrais que não voavam.

3. **Adaptações com frequência têm compensações.** Cada organismo tem de fazer muitas coisas diferentes. Focas gastam parte do seu tempo nas rochas; elas poderiam caminhar melhor se tivessem pernas, em vez de nadadeiras, mas assim não conseguiriam nadar tão bem. Nós, seres humanos, devemos a maior parte da nossa versatilidade e capacidade atlética às nossas mãos preênseis e a nossos membros flexíveis, mas isso nos deixa vulneráveis a entorses, ligamentos rompidos e luxações: o reforço estrutural foi comprometido em prol da agilidade. Os organismos enfrentam muitas dessas *compensações*, em que a capacidade de desempenhar uma função pode reduzir a capacidade de desempenhar uma outra – e, como com focas e seres humanos, essas compensações podem restringir a evolução adaptativa.

4. **Acaso, seleção natural e interação com o ambiente.** Eventos ao acaso podem afetar a história evolutiva subsequente de populações. Por exemplo, quando uma tempestade desloca insetos ou aves por centenas de quilômetros sobre um oceano até uma ilha, o vento não necessariamente transporta

▼ Figura 23.18

FAÇA CONEXÕES

O alelo da célula falciforme

Esta criança tem anemia falciforme, distúrbio genético que atinge indivíduos que têm duas cópias do alelo da célula falciforme. Esse alelo causa uma anormalidade na estrutura e na função da hemoglobina, a proteína carreadora de oxigênio nas hemácias. Embora a anemia falciforme seja letal se não for tratada, em algumas regiões o alelo da célula falciforme pode alcançar frequências de 15-20%. Como um alelo tão danoso pode ser tão comum?

Eventos em nível molecular
- Devido a uma mutação pontual, o alelo da célula falciforme difere do alelo do tipo selvagem por apenas um nucleotídeo. (Ver Figura 17.26.)
- A alteração resultante em apenas um aminoácido leva a interações hidrofóbicas entre as proteínas da hemoglobina da célula falciforme sob condições de baixo oxigênio.
- Por isso, as proteínas da célula falciforme se ligam umas às outras nas cadeias, que juntas formam uma fibra.

Consequências para as células
- As fibras anormais da hemoglobina distorcem a hemácia para o formato falciforme sob baixas condições de oxigênio, como aquelas encontradas nos vasos sanguíneos que retornam ao coração.

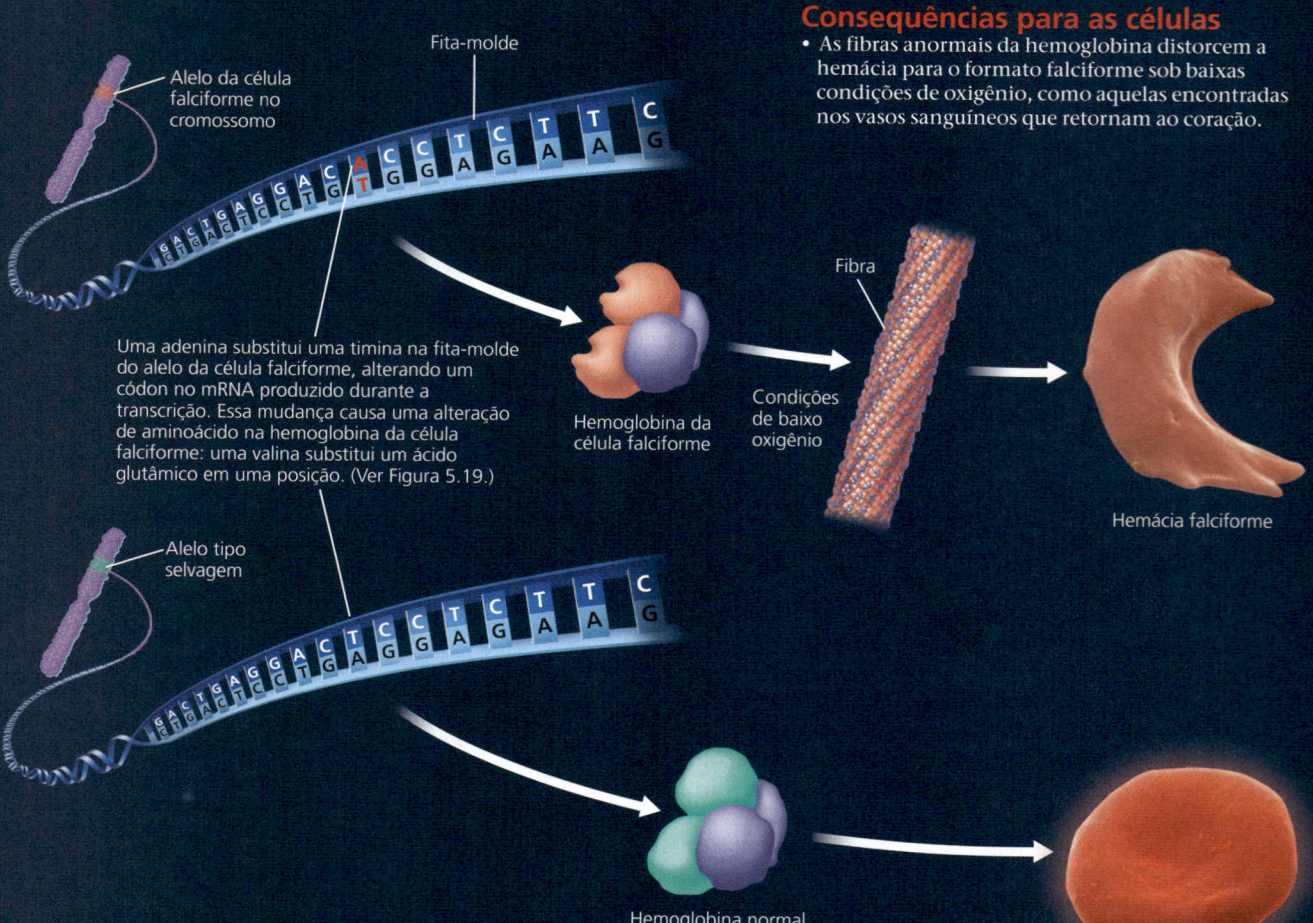

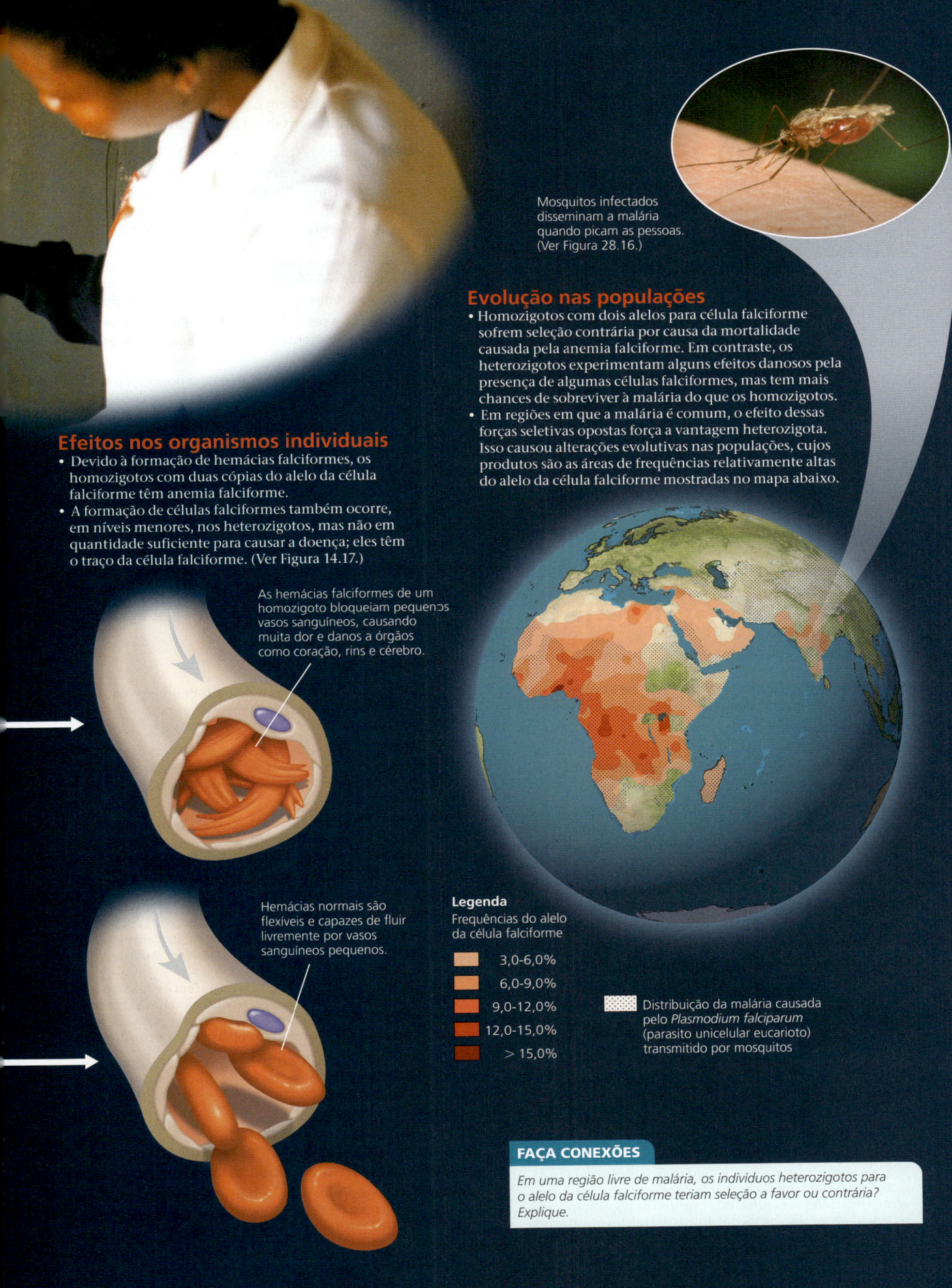

▲ **Figura 23.19 A inexistência de variabilidade em uma população pode limitar a adaptação.** Para a lebre-americana, a mudança da cor da sua pelagem de marrom **(a)** para branco **(b)** muito cedo é desvantajosa, pois a população carece de alelos que codificariam um retardo da muda.

os indivíduos mais adaptados ao novo ambiente. Logo, nem todos os alelos presentes no *pool* gênico da população fundadora são mais adaptados ao novo ambiente do que aqueles "deixados para trás". Além disso, o ambiente em determinado local talvez mude de modo imprevisível de ano para ano, novamente limitando o quanto a evolução adaptativa resulta em organismos bem ajustados às condições ambientais do momento.

Com essas quatro restrições, a evolução não resulta em organismos perfeitos. A seleção natural opera baseada na formação de organismos "melhores" do que os existentes. Podemos, na verdade, observar evidências de evolução em muitas imperfeições nos organismos que ela produz.

REVISÃO DO CONCEITO 23.4

1. Qual o valor adaptativo relativo de uma mula estéril? Explique.
2. Explique por que a seleção natural é o único mecanismo que conduz consistentemente à evolução adaptativa em uma população.
3. **HABILIDADES VISUAIS** Considere uma população em que os heterozigotos em certo *locus* têm um fenótipo extremo (como serem maiores do que os homozigotos) que também proporciona uma vantagem seletiva. Compare essa descrição com os três tipos de seleção apresentados na Figura 23.13. Essa situação representa a seleção direcional, disruptiva ou estabilizadora? Explique.

Ver as respostas sugeridas no Apêndice A.

23 Revisão do capítulo

RESUMO DOS CONCEITOS-CHAVE

CONCEITO 23.1

A variabilidade genética torna a evolução possível (p. 487-489)

- A **variabilidade genética** se refere a diferenças genéticas entre indivíduos dentro de uma população.
- As diferenças nucleotídicas que fornecem a base da variabilidade genética se originam quando a mutação e a duplicação gênica produzem novos alelos e novos genes. Novas variantes genéticas são produzidas rapidamente em organismos com tempos curtos de geração. Em organismos com reprodução sexuada, a maioria das diferenças genéticas entre indivíduos resulta de entrecruzamento, de segregação independente dos cromossomos e de fertilização.

? *Em geral, a maior parte da variabilidade dos nucleotídeos que ocorre dentro de um locus gênico não afeta o fenótipo. Explique por quê.*

CONCEITO 23.2

A equação de Hardy-Weinberg pode ser usada para testar se uma população está evoluindo (p. 490-493)

- Uma **população**, ou seja, um grupo local de organismos pertencentes a uma espécie, é unida por seu ***pool* gênico**, o agregado de todos os alelos na população.
- Para uma população em **equilíbrio de Hardy-Weinberg**, as frequências genotípicas e alélicas permanecerão constantes se a população for grande e apresentar cruzamentos ao acaso, se as taxas de mutação forem pequenas e se não houver fluxo gênico nem seleção natural. Para esse tipo de população, se *p* e *q* representam as frequências dos únicos dois alelos possíveis em um *locus* particular, então p^2 é a frequência de um tipo de homozigoto, q^2 é a frequência do outro tipo de homozigoto e $2pq$ é a frequência do genótipo heterozigoto.

? *Calcular p e q a partir das frequências genotípicas observadas e, após, usar esses valores de p e q para testar se a população está em equilíbrio de Hardy-Weinberg é um raciocínio circular? Explique sua resposta.*

CONCEITO 23.3

Seleção natural, deriva genética e fluxo gênico podem alterar as frequências alélicas em uma população (p. 493-497)

- Na seleção natural, os indivíduos que possuem certas características herdadas tendem a sobreviver e se reproduzir em proporções muito maiores do que outros indivíduos *por causa* dessas características.
- Na **deriva genética**, as flutuações ao acaso em frequências alélicas de geração para geração tendem a reduzir a variação genética.
- O **fluxo gênico**, a transferência de alelos entre populações, tende a reduzir diferenças genéticas entre populações ao longo do tempo.

? *É possível que duas populações pequenas isoladas geograficamente em ambientes muito diferentes evoluam de maneiras similares? Explique.*

CONCEITO 23.4

A seleção natural é o único mecanismo que promove evolução adaptativa de modo consistente (p. 497-504)

- Um organismo tem mais **valor adaptativo relativo** do que outro se ele deixa mais descendentes férteis. Os modos de seleção natural diferem no seu efeito sobre o fenótipo:

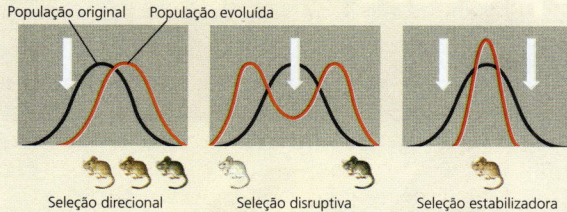

- Diferentemente da deriva genética e do fluxo gênico, a seleção natural aumenta de modo consistente as frequências de alelos que melhoram a sobrevivência e a reprodução, aprimorando, assim, o grau em que os organismos estão bem-adaptados a viver em seu ambiente.
- A **seleção sexual** pode resultar em características sexuais secundárias que talvez confiram aos indivíduos vantagens no acasalamento.
- A **seleção balanceadora** ocorre quando a seleção natural mantém duas ou mais formas na população.
- Existem restrições à evolução: a seleção natural só atua sobre variações disponíveis; estruturas resultam de uma anatomia ancestral modificada; adaptações costumam ter compensações; e o acaso, a seleção natural e o ambiente interagem.

? *Como as características sexuais secundárias dos machos podem diferir das características das fêmeas em uma espécie na qual as fêmeas competem por parceiros?*

TESTE SEU CONHECIMENTO

Níveis 1-2: Relembre/Entenda

1. A seleção natural muda as frequências alélicas porque alguns(mas) _____ sobrevivem e se reproduzem melhor do que outros(as).
   (A) alelos (C) espécies
   (B) *loci* (D) indivíduos

2. Não existem duas pessoas geneticamente idênticas, à exceção de gêmeos idênticos. A principal causa da variabilidade genética entre seres humanos é:
   (A) novas mutações que ocorreram nas gerações anteriores.
   (B) deriva genética.
   (C) recombinação de alelos na reprodução sexuada.
   (D) efeitos ambientais.

Níveis 3-4: Aplique/Analise

3. Se a variabilidade nucleotídica de um *locus* se igualar a 0%, qual é variabilidade gênica e o número de alelos nesse *locus*?
   (A) variabilidade gênica = 0%; número de alelos = 0
   (B) variabilidade gênica = 0%; número de alelos = 1
   (C) variabilidade gênica = 0%; número de alelos = 2
   (D) variabilidade gênica > 0%; número de alelos = 2

4. Uma população de uma espécie tem 25 indivíduos, todos com genótipo *AA*; uma segunda população dessa espécie tem 40 indivíduos, todos com genótipo *aa*. Assuma que essas populações vivem muito afastadas entre si, mas em condições ambientais semelhantes. Com base nessa informação, é mais provável que a variabilidade genética observada tenha resultado
   (A) da deriva genética.
   (B) do fluxo gênico.
   (C) do acasalamento não aleatório.
   (D) da seleção direcional.

5. Uma população de mosca-da-fruta possui um gene com dois alelos, *A1* e *A2*. Testes revelam que 70% dos gametas produzidos na população contêm o alelo *A1*. Se a população estiver em equilíbrio de Hardy-Weinberg, qual a proporção de moscas que carrega os alelos *A1* e *A2*?
   (A) 0,7 (C) 0,42
   (B) 0,49 (D) 0,21

Níveis 5-6: Avalie/Crie

6. **CONEXÃO EVOLUTIVA** Utilizando pelo menos dois exemplos, explique como o processo de evolução é revelado pelas imperfeições dos organismos vivos.

7. **PESQUISA CIENTÍFICA • INTERPRETE OS DADOS** Em populações do mexilhão marinho *Mytilus edulis* em volta de Long Island, Nova York, pesquisadores mediram a frequência de um alelo específico (*lap*^{94}) para uma enzima envolvida na regulação do equilíbrio da água salgada no mexilhão. Eles apresentaram seus dados como uma série de gráficos circulares (de pizza), vinculado aos pontos de amostragem no Estuário de Long Island, onde a salinidade é muito variável, e também ao longo da costa do oceano aberto, onde a salinidade é constante. (a) Crie uma tabela de dados para os 11 pontos de amostragem, mediante estimativa da frequência do *lap*^{94} nos diagramas. (b) Represente graficamente as frequências dos pontos de coleta 1-8, para demonstrar como a frequência desse alelo muda com o aumento de salinidade no Estuário de Long Island (de sudoeste para nordeste). Avalie como os dados dos pontos 9-11 se comparam aos dados dos pontos do Estuário de Long Island. (c) Considerando os diferentes mecanismos que podem alterar a frequência de alelos, elabore uma hipótese que explique os padrões nos dados e que justifique as seguintes observações: (1) O alelo *lap*^{94} ajuda os mexilhões a manter o equilíbrio osmótico na água com concentração alta de sal, mas seu uso é oneroso em água menos salgada; e (2) mexilhões produzem larvas que podem se dispersar por longas distâncias, antes de se estabelecerem e se transformarem em adultos.

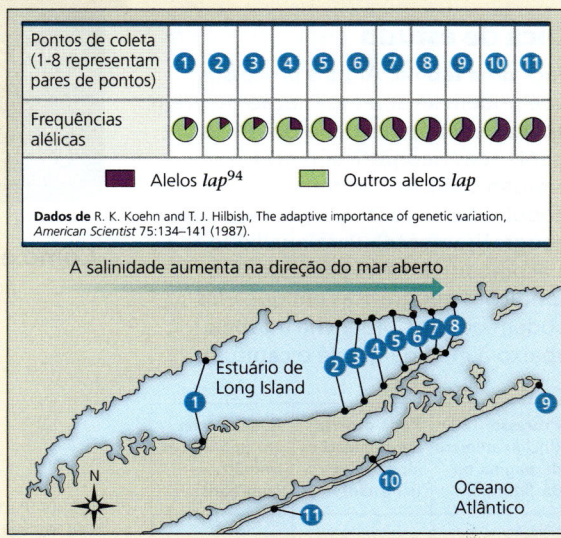

Dados de R. K. Koehn and T. J. Hilbish, The adaptive importance of genetic variation, *American Scientist* 75:134–141 (1987).

8. **ESCREVA SOBRE UM TEMA: ORGANIZAÇÃO** Heterozigotos no *locus* para células falciformes produzem tanto hemoglobina normal como anormal (falciforme, ver Conceito 14.4). Quando moléculas de hemoglobina são reunidas nas hemácias de um heterozigoto, algumas células recebem quantidades relativamente grandes de hemoglobina anormal, tornando essas células propensas à falcização. Em um texto sucinto (100-150 palavras), explique como esses eventos moleculares e celulares levam a propriedades emergentes em níveis individual e populacional da organização biológica.

9. **SINTETIZE SEU CONHECIMENTO**

Este lago, denominado lago-caldeirão, formou-se há 14.000 anos quando uma geleira que cobria a área circundante derreteu. Inicialmente desprovido de vida animal, com o tempo o lago foi colonizado por invertebrados e outros animais. Formule uma hipótese sobre como mutação, seleção natural, deriva gênica e fluxo gênico podem ter afetado as populações que colonizaram o lago.

Ver respostas selecionadas no Apêndice A.

24 Origem das espécies

CONCEITOS-CHAVE

24.1 O conceito biológico de espécie enfatiza o isolamento reprodutivo p. 507

24.2 A especiação pode ocorrer com ou sem separação geográfica p. 511

24.3 As zonas de hibridação revelam fatores que causam isolamento reprodutivo p. 516

24.4 A especiação pode ocorrer rápida ou lentamente e pode resultar de mudanças em poucos ou em muitos genes p. 520

Dica de estudo

Faça uma tabela: Alguns processos que podem levar à especiação ocorrem apenas em populações alopátricas (separadas geograficamente), enquanto outros ocorrem também em populações simpátricas (sobrepostas geograficamente). Para auxiliá-lo a acompanhar esses processos e as condições geográficas em que eles podem ocorrer, preencha a tabela abaixo à medida que lê o capítulo.

Processo (incluir número da página ou da figura)	Pode ocorrer em populações alopátricas (sim/não)?	Pode ocorrer em populações simpátricas (sim/não)?
Seleção sexual (Figura 24.12)	Sim	Sim

Figura 24.1 Este cormorão, uma ave que não voa, é uma das muitas espécies nas Ilhas Galápagos que não são encontradas em nenhum outro lugar do mundo. Como uma ave que não consegue voar chegou a esse local isolado? Quando visitou Galápagos, Darwin também ficou intrigado com as espécies que eram exclusivas de lá e, mais tarde, concluiu que essas espécies devem ter se originado nas ilhas a partir de ancestrais que migraram da América do Sul.

Como espécies novas se originam a partir de espécies existentes?

Ao longo do tempo, populações de uma espécie conectadas por fluxo gênico podem divergir geneticamente, originando uma espécie nova:

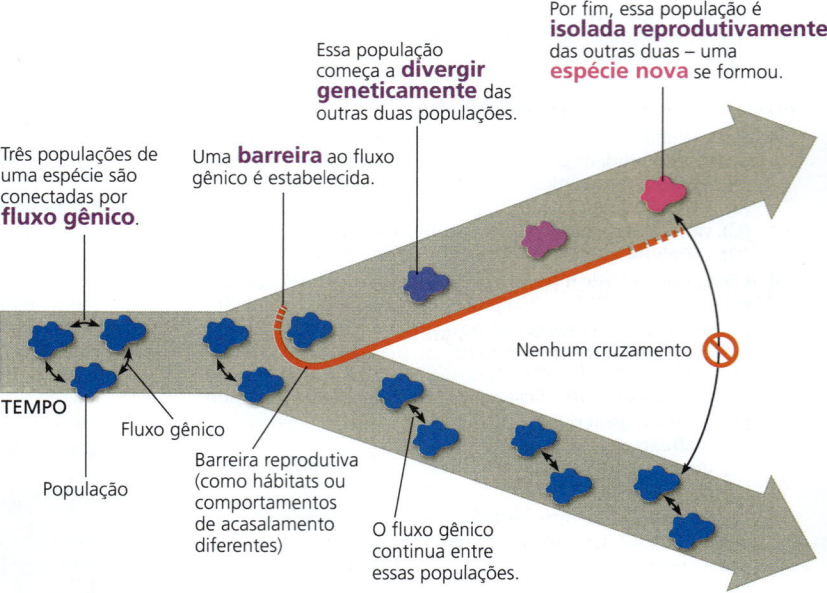

CAPÍTULO 24 ORIGEM DAS ESPÉCIES **507**

Quando chegou às Ilhas Galápagos, Darwin observou que havia muitas espécies exclusivas, como a ave que não voa na Figura 24.1. Mais tarde, ele percebeu que essas espécies tinham origem relativamente recente e escreveu no seu diário: "No espaço e no tempo, parece que estamos nos aproximando daquele grande acontecimento, aquele mistério dos mistérios: o primeiro aparecimento de novos seres vivos na Terra".

O "mistério dos mistérios" que interessou Darwin é a **especiação**, processo pelo qual uma espécie se divide em duas espécies. A especiação fascinou Darwin (e muitos biólogos desde então) porque ela é responsável por uma enorme diversidade de vida, produzindo repetidamente novas espécies que diferem daquelas existentes. A especiação ajuda também a explicar as muitas características que os organismos compartilham (a uniformidade da vida): quando uma espécie se separa em duas, as espécies resultantes compartilham muitas características, pois são descendentes desse ancestral comum. Por exemplo, no nível da sequência de DNA, tais semelhanças indicam que o cormorão não voador da Figura 24.1 é parente próximo dos cormorões voadores encontrados nas Américas. Isso sugere que o cormorão não voador originou-se de uma espécie de cormorão ancestral que migrou do continente para as Ilhas Galápagos.

A especiação forma uma ponte conceitual entre **microevolução** (mudanças ao longo do tempo nas frequências alélicas em uma população) e **macroevolução** (o amplo padrão de evolução acima do nível de espécie). Um exemplo de mudança macroevolutiva é a origem de novos grupos de organismos, como mamíferos ou angiospermas, por meio de uma série de eventos de especiação. No Capítulo 23, examinamos os mecanismos microevolutivos, e abordaremos a macroevolução no Capítulo 25. Neste capítulo, exploraremos os mecanismos pelos quais espécies novas são originadas de espécies já existentes. Primeiramente, vamos estabelecer o que efetivamente queremos dizer quando falamos de uma "espécie".

CONCEITO 24.1

O conceito biológico de espécie enfatiza o isolamento reprodutivo

A palavra *espécie* vem do latim e significa "tipo" ou "aparência". No dia a dia, geralmente fazemos a distinção entre "tipos" variados de organismos – cães e gatos, por exemplo – com base em diferenças na aparência. Todavia, será que os organismos são verdadeiramente divididos em distintas que chamamos de espécies? Para responder a essa pergunta, biólogos comparam não só a morfologia (forma do corpo) de diferentes grupos de organismos, mas também sua fisiologia, bioquímica e sequências de DNA. Os resultados, em geral, confirmam que espécies morfologicamente distintas são realmente grupos distintos, com muitas diferenças além de suas formas corporais.

Conceito biológico de espécie

A definição básica de espécie usada neste livro é o **conceito biológico de espécie**. De acordo com esse conceito, uma

(a) Semelhança entre duas espécies. O pedro-ceroulo (*Sturnella magna*, à esquerda) e a cotovia-ocidental (*Sturnella neglecta*, à direita), têm formas corporais e colorações semelhantes. No entanto, são espécies biológicas distintas; os seus cantos e outros comportamentos são diferentes o suficiente para evitar o cruzamento caso elas se encontrem na natureza.

(b) Diversidade em uma mesma espécie. Mesmo diferentes na aparência, todos os humanos pertencem a uma única espécie biológica (*Homo sapiens*), definida por sua capacidade de cruzamento.

▲ **Figura 24.2** O conceito biológico de espécie baseia-se no potencial de cruzamento, e não na semelhança física.

espécie é um grupo de populações cujos membros têm o potencial de cruzar na natureza, produzindo prole viável e fértil – mas não conseguem produzir prole viável e fértil com membros de outros grupos **(Figura 24.2)**. Assim, os membros de uma espécie biológica são agrupados por serem compatíveis reprodutivamente, pelo menos em potencial. Todos os seres humanos, por exemplo, pertencem à mesma espécie. Uma empresária de Manhattan dificilmente encontraria um produtor de leite da Mongólia, mas, se os dois porventura se encontrassem, poderiam gerar bebês viáveis que se tornariam adultos férteis. Por outro lado, seres humanos e chimpanzés permanecem espécies biologicamente distintas mesmo quando vivem na mesma região, pois muitos fatores impedem que eles cruzem e produzam prole fértil.

O que mantém junto o *pool* gênico de uma espécie, levando os seus membros a serem mais semelhantes entre si do que com membros de outra espécie? Lembre-se do mecanismo evolutivo do *fluxo gênico*, a transferência de alelos entre populações (ver Conceito 23.3). Em geral, o fluxo gênico

508 UNIDADE 4 MECANISMOS DA EVOLUÇÃO

ocorre entre populações diferentes de uma espécie. Essa troca permanente de alelos tende a manter as populações geneticamente unidas. Porém, como estudaremos neste capítulo, uma redução ou ausência de fluxo gênico pode exercer um papel-chave na formação de espécies novas.

Isolamento reprodutivo

Visto que espécies biológicas são definidas em termos de compatibilidade reprodutiva, a formação de espécies novas depende do **isolamento reprodutivo** – a existência de fatores biológicos (barreiras) que impedem que membros

▼ Figura 24.3 Explorando barreiras reprodutivas

Barreiras pré-zigóticas impedem o acasalamento, ou a fecundação, se o acasalamento chegar a ocorrer

Isolamento de hábitat	Isolamento temporal	Isolamento comportamental	Isolamento mecânico

Indivíduos de diferentes espécies → ... → TENTATIVA DE ACASALAMENTO

Isolamento de hábitat: Duas espécies que ocupam diferentes hábitats dentro da mesma área talvez se encontrem raramente, ou nunca.
Exemplo: Essas duas espécies de mosca do gênero *Rhagoletis* ocorrem nas mesmas áreas geográficas, mas a mosca-da-maçã (*Rhagoletis pomonella*) se alimenta e acasala em pilriteiros e maçãs **(a)**, ao passo que sua parente, a mosca-do-mirtilo (*R. mendax*), acasala e põe seus ovos apenas em mirtilos **(b)**.

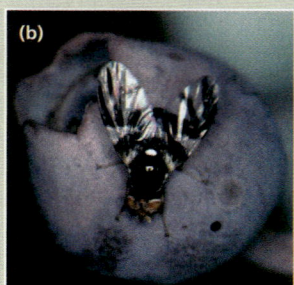

Isolamento temporal: Espécies com época reprodutiva em diferentes períodos do dia, diferentes estações ou diferentes anos não conseguem misturar os seus gametas.
Exemplo: Na América do Norte, as amplitudes geográficas da doninha-malhada-ocidental (*Spilogale gracilis*) **(c)** e da doninha-malhada-oriental (*Spilogale putorius*) **(d)** se sobrepõem, mas *S. gracilis* acasala no final do verão e *S. putorius* no final do inverno.

Isolamento comportamental: Rituais de acasalamento que atraem parceiros e outros comportamentos exclusivos de uma espécie são eficientes barreiras reprodutivas, mesmo entre espécies estreitamente aparentadas.
Exemplo: Os atobás-de-pés-azuis, habitantes das Ilhas Galápagos, acasalam apenas depois de uma corte exclusiva da espécie. Parte do "roteiro" manda o macho dar um passo alto **(e)**, comportamento que chama a atenção da fêmea para o seu pé azul.

Isolamento mecânico: Indivíduos tentam acasalar, mas diferenças morfológicas impedem que haja sucesso.
Exemplo: Caracóis do gênero *Bradybaena* aproximam-se um do outro pelas cabeças quando tentam acasalar. Tão logo as cabeças se tocam levemente, suas genitálias emergem e, se as espirais das suas conchas estiverem na mesma direção, pode ocorrer o acasalamento **(f)**. Porém, se um caracol tentar acasalar com outro cuja espiral da concha tem direção oposta **(g)**, as aberturas genitais dos dois caracóis (indicadas por setas) não se alinharão, e o acasalamento não pode ser concluído.

de duas espécies se cruzem e produzam prole viável e fértil **(Figura 24.3)**. Tais barreiras bloqueiam o fluxo gênico entre espécies e limitam a formação de **híbridos**, prole resultante de cruzamento interespecífico. Embora uma única barreira talvez não impeça todo o fluxo gênico, uma combinação de várias barreiras pode efetivamente isolar o *pool* gênico de uma espécie.

Claramente, moscas não podem cruzar com rãs ou samambaias, mas as barreiras reprodutivas entre espécies intimamente relacionadas são menos óbvias. Como descrito na

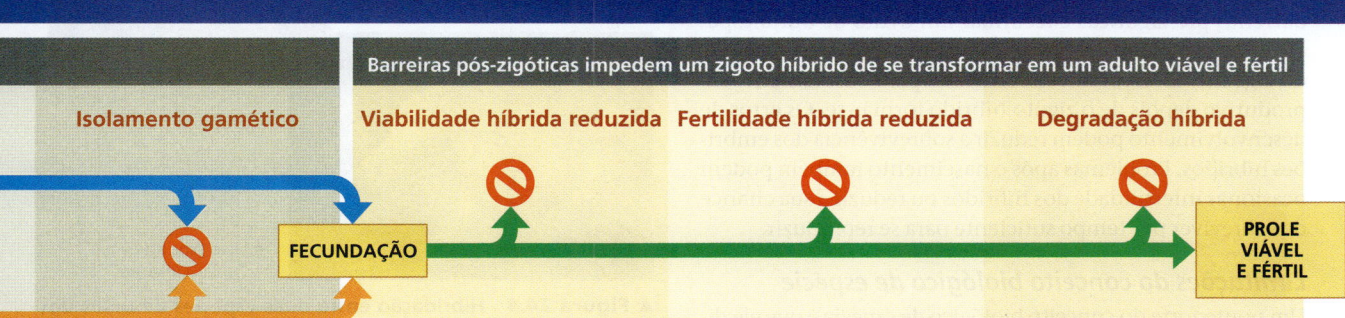

Isolamento gamético	Viabilidade híbrida reduzida	Fertilidade híbrida reduzida	Degradação híbrida

Barreiras pós-zigóticas impedem um zigoto híbrido de se transformar em um adulto viável e fértil

FECUNDAÇÃO → PROLE VIÁVEL E FÉRTIL

O gameta masculino de uma espécie talvez não consiga fecundar o gameta feminino de outra espécie. Por exemplo, o espermatozoide talvez não sobreviva no trato reprodutivo de fêmeas de outras espécies, ou mecanismos bioquímicos talvez impeçam o espermatozoide de penetrar a membrana ao redor do óvulo de outras espécies.

Exemplo: O isolamento gamético separa algumas espécies de animais aquáticos com parentesco, como os ouriços-do-mar **(h)**. Ouriços-do-mar liberam óvulos e espermatozoides na água, os quais se fundem e formam zigotos. Gametas de espécies diferentes, como os ouriços vermelhos e roxos mostrados aqui (*Strongylocentrotus franciscanus* e *S. purpuratus*, respectivamente), não conseguem fundir-se, pois proteínas na superfície dos óvulos e esperatozoides são incapazes de se ligarem.

Os genes de diferentes espécies parentais podem interagir de maneiras que impeçam o desenvolvimento e a sobrevivência do híbrido em seu ambiente.

Exemplo: Algumas subespécies de salamandra do gênero *Ensatina* vivem nas mesmas regiões e hábitats, onde talvez elas possam ocasionalmente hibridar. No entanto, a maioria dos híbridos não completa o desenvolvimento, e aqueles que conseguem são frágeis **(i)**.

Mesmo híbridos fortes podem ser estéreis. Se os cromossomos de duas espécies parentais diferirem no número ou na estrutura, a meiose no híbrido talvez não produza gametas normais. Visto que os híbridos inférteis não conseguem produzir prole ao acasalar com qualquer uma das espécies parentais, os genes não têm fluxo livre entre as espécies.

Exemplo: A prole híbrida de um jumento **(j)** e uma égua **(k)** é a mula **(l)**, que é robusta, mas estéril. Um "bardoto" (não mostrado) é a prole também estéril do cruzamento de uma jumenta com um cavalo.

Alguns híbridos de primeira geração são viáveis e férteis, mas quando acasalam entre eles ou com outra espécie parental, a prole da próxima geração é fraca ou estéril.

Exemplo: Variedades de arroz cultivado acumularam diferentes alelos recessivos mutantes nos dois *loci* ao longo da sua divergência de um ancestral comum. Híbridos entre eles são vigorosos e férteis (**m**, à esquerda e à direita), mas plantas na próxima geração que têm vários desses alelos recessivos são pequenas e estéreis (**m**, ao centro). Embora essas variedades de arroz não sejam consideradas espécies diferentes, elas começaram a se separar por barreiras pós-zigóticas.

Figura 24.3, essas barreiras podem ser classificadas de acordo com a sua contribuição para o isolamento reprodutivo, antes ou depois da fecundação. **Barreiras pré-zigóticas** ("antes do zigoto") bloqueiam a ocorrência da fecundação. Essas barreiras atuam de três maneiras: impedindo a tentativa de cruzamento entre membros de espécies diferentes; impedindo o pleno sucesso de uma tentativa de cruzamento; ou evitando a fecundação em caso de cruzamento efetivado. Se um espermatozoide de uma espécie romper as barreiras pré-zigóticas e fecundar um óvulo de outra espécie, uma diversidade de **barreiras pós-zigóticas** ("depois do zigoto") diversas talvez contribua para o isolamento reprodutivo depois de o zigoto híbrido formar-se. Os erros de desenvolvimento podem reduzir a sobrevivência dos embriões híbridos. Problemas após o nascimento também podem ocasionar infertilidade dos híbridos ou reduzir a sua chance de sobreviver por tempo suficiente para se reproduzir.

Limitações do conceito biológico de espécie

Um ponto forte do conceito biológico de espécie é que ele direciona a nossa atenção para a maneira pela qual a especiação pode ocorrer: pela evolução do isolamento reprodutivo. No entanto, o número de espécies para as quais esse conceito pode ser adequadamente aplicado é limitado. Não existe, por exemplo, uma maneira de avaliar o isolamento reprodutivo de fósseis. O conceito biológico de espécie também não se aplica a organismos que se reproduzem assexuadamente sempre ou na maior parte do tempo, como os procariotos (muitos procariotos transferem genes entre si, como discutiremos no Conceito 27.2, mas isso não faz parte de seu processo reprodutivo). Além disso, no conceito biológico de espécie, espécies são designadas pela *ausência* de fluxo gênico. Existem, no entanto, muitos pares de espécies morfológica e ecologicamente distintas e, mesmo assim, há fluxo gênico entre elas. Um exemplo é o urso-cinzento (*Ursus arctos*) e o urso-polar (*Ursus maritimus*), cuja descendência híbrida foi apelidada de "urso-polar-cinzento" **(Figura 24.4)**. Como veremos, a seleção natural pode fazer essas espécies permanecerem distintas, apesar da ocorrência de certo fluxo gênico entre elas. Devido a essas limitações do conceito biológico de espécie, conceitos alternativos são utilizados em algumas situações.

Outras definições de espécie

Enquanto o conceito biológico de espécie enfatiza a *separação* de espécies diferentes devido a barreiras reprodutivas, muitas outras definições enfatizam a *uniformidade* de uma espécie. Por exemplo, o **conceito morfológico de espécie** caracteriza uma espécie pela forma do corpo e outras características estruturais. O conceito morfológico de espécie pode ser aplicado a organismos com reprodução assexuada ou sexuada e também pode ser útil mesmo sem informação sobre a extensão do fluxo gênico. Na prática, cientistas distinguem as espécies conforme critérios morfológicos. Uma desvantagem dessa abordagem, no entanto, é que ela baseia-se em critérios subjetivos; pesquisadores talvez discordem sobre as características estruturais que distinguem uma espécie.

◀ Urso-cinzento (*U. arctos*)
▼ Urso-polar (*U. maritimus*)

◀ Urso híbrido "polar-cinzento"

▲ **Figura 24.4** Hibridação entre duas espécies de ursos do gênero *Ursus*.

O **conceito ecológico de espécie** define uma espécie em termos do seu nicho ecológico, a soma da interação dos membros da espécie com as partes não vivas e vivas do ambiente (ver Conceito 54.1). Por exemplo, duas espécies de carvalho podem diferir em tamanho e na capacidade de tolerar condições de seca e, mesmo assim, ocasionalmente cruzam. Como ocupam nichos ecológicos distintos, esses carvalhos podem ser considerados espécies separadas, mesmo que estejam conectados por algum fluxo gênico. Diferentemente do conceito biológico de espécie, o conceito ecológico pode abranger espécies que se reproduzem sexuada e assexuadamente. Ele enfatiza também o papel da seleção natural disruptiva à medida que os organismos se adaptam a ambientes diferentes.

Mais de 20 definições de espécies já foram propostas, além daquelas discutidas aqui. A utilidade de cada definição depende da situação e das perguntas de pesquisa formuladas. Para os nossos propósitos de estudar como as espécies se originam, o conceito biológico de espécie, com o foco em barreiras reprodutivas, é particularmente proveitoso.

REVISÃO DO CONCEITO 24.1

1. (a) Qual(is) conceito(s) de espécie você poderia aplicar tanto a espécies que se reproduzem sexuadamente quanto a espécies que se reproduzem assexuadamente? (b) Qual deles seria mais adequado para identificação de espécies em campo? Explique.

2. **E SE?** Suponha que duas espécies de aves vivem em uma floresta e não há relato de cruzamento entre elas. Uma espécie se alimenta e acasala na copa das árvores, enquanto a outra desenvolve essas atividades no solo. Porém, em cativeiro, as aves conseguem cruzar e produzir prole viável e fértil. Que tipo de barreira reprodutiva mais provável mantém essas espécies separadas na natureza? Explique.

Ver as respostas sugeridas no Apêndice A.

CONCEITO 24.2

A especiação pode ocorrer com ou sem separação geográfica

Tendo discutido o que constitui uma espécie única, vamos retornar ao processo pelo qual essas espécies surgem a partir de espécies já existentes. Descreveremos esses processos focalizando as condições geográficas em que o fluxo gênico é interrompido entre as populações de espécies existentes. Na especiação alopátrica, as populações são isoladas geograficamente, o que não ocorre na especiação simpátrica **(Figura 24.5)**.

Especiação alopátrica ("outro país")

Na **especiação alopátrica** (do grego *allos*, outro, e *patra*, pátria), o fluxo gênico é interrompido quando a população é dividida em subpopulações isoladas geograficamente. Por exemplo, o nível de água em um lago pode baixar, resultando em dois ou mais lagos menores, que se tornam o hábitat de populações separadas (ver Figura 24.5a). Um rio também pode mudar o seu curso e dividir uma população de animais que não conseguem atravessá-lo. A especiação alopátrica também pode ocorrer sem transformação geológica, como quando indivíduos colonizam uma área longínqua e seus descendentes tornam-se geograficamente isolados da população parental. O cormorão não voador, ilustrado na Figura 24.1, provavelmente se originou desse modo, a partir de uma espécie voadora que chegou às Ilhas Galápagos.

Processo de especiação alopátrica

Quão intransponível deve ser uma barreira geográfica para promover a especiação alopátrica? A resposta depende da capacidade dos organismos de se locomover. Aves, pumas e coiotes conseguem atravessar rios e cânions, assim como os grãos de pólen e as sementes transportados pelo vento. Por outro lado, para pequenos roedores um rio ou um cânion podem ser uma enorme barreira.

Uma vez ocorrido o isolamento geográfico, os *pools* gênicos separados podem divergir. Diferentes mutações podem surgir, e a seleção natural e a deriva genética podem alterar a frequência dos alelos de diferentes maneiras nas populações separadas. Em seguida, o isolamento reprodutivo pode evoluir como um subproduto da divergência genética resultante da seleção ou da deriva.

Um exemplo é apresentado na **Figura 24.6**. Na Ilha Andros, nas Bahamas, populações de peixe-mosquito (*Gambusia hubbsi*) colonizaram diversos lagos e acabaram ficando isoladas umas das outras. A análise genética indicou que o fluxo gênico é raro ou inexistente entre os lagos. Os ambientes desses lagos são muito similares, exceto que alguns deles contêm peixes predadores, enquanto outros não. Nos lagos com peixes predadores, a seleção favoreceu a evolução de uma forma de peixe-mosquito que permite aumentos repentinos de velocidade (ver Figura 24.6a). Nos lagos sem peixes predadores, a seleção favoreceu uma forma corporal distinta, que melhora a capacidade de nado por longos períodos de tempo (ver Figura 24.6b).

Como essas diferentes pressões seletivas afetaram a evolução das barreiras reprodutivas? Os pesquisadores estudaram essa pergunta colocando os peixes-mosquitos dos dois tipos de lagos no mesmo local. Eles constataram que a fêmea do peixe-mosquito prefere cruzar com machos com forma corporal semelhante à sua. Essa preferência estabelece uma barreira comportamental à reprodução entre os peixes-mosquitos dos lagos

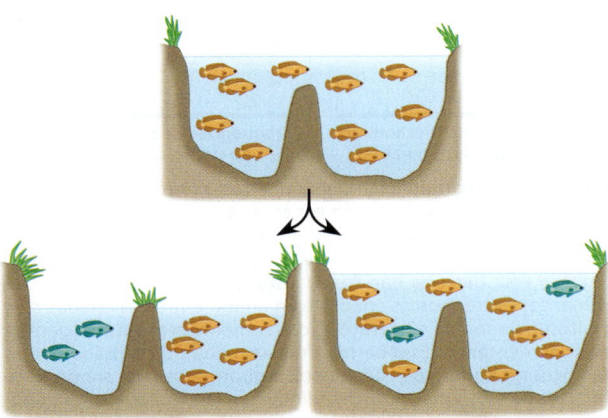

(a) **Especiação alopátrica.** Uma população forma espécies novas quando está isolada geograficamente da população parental.

(b) **Especiação simpátrica.** Um subconjunto de uma população se torna uma espécie nova sem haver separação geográfica.

▲ **Figura 24.5** Geografia da especiação.

Em lagos sem peixes predadores, a cabeça do peixe-mosquito é aerodinâmica (alinhada com a corrente) e a cauda é muito forte, possibilitando aumentos repentinos de velocidade.

Em lagos sem peixes predadores, o peixe-mosquito tem uma forma corporal diferente que favorece o nado longo e estável.

(a) Diferenças na forma corporal

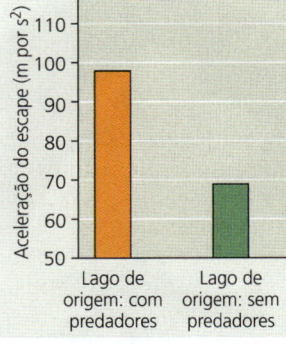
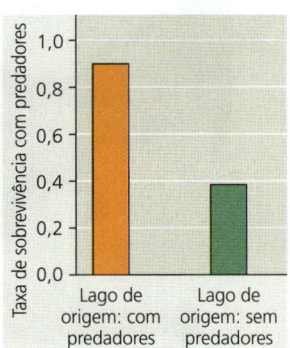

(b) Diferenças na aceleração do escape e sobrevivência

▲ **Figura 24.6** Evolução em populações do peixe-mosquito. Formas corporais diferentes de populações do peixe-mosquito evoluíram de lagos com e sem predadores. Essas diferenças podem afetar a velocidade de aceleração desses peixes para escapar de predadores e sua taxa de sobrevivência quando expostos a eles.

com predadores e dos lagos sem predadores. Portanto, como um subproduto da seleção para evitar predadores, formaram-se barreiras reprodutivas nessas populações alopátricas.

Evidência de especiação alopátrica

Muitos estudos fornecem evidências de que a especiação pode ocorrer em populações alopátricas. Por exemplo, estudos realizados em laboratórios mostraram que as barreiras reprodutivas podem se desenvolver quando as populações são isoladas experimentalmente e submetidas a condições ambientais diferentes **(Figura 24.7)**.

Estudos de campo indicam que a especiação alopátrica também pode ocorrer na natureza. Considere as 30 espécies de camarão-pistola do gênero *Alpheus* que vivem no istmo do Panamá, uma ponte de terra que liga a América do Norte à América do Sul **(Figura 24.8)**. Quinze dessas espécies vivem no lado do Atlântico do istmo, e as outras 15 espécies, no lado do Pacífico. Antes da formação do istmo, ocorria fluxo gênico entre as populações de camarão-pistola do Atlântico e do Pacífico. As espécies dos lados diferentes do istmo se originaram por especiação alopátrica? Dados morfológicos e genéticos agruparam esses camarões em 15 pares de *espécies-irmãs*, pares cujas espécies membros são parentes mais próximos entre si. Em cada um desses 15 pares, uma espécie-irmã vive no lado do Atlântico do istmo, enquanto a outra vive no lado do Pacífico. Esse fato sugere enfaticamente que as duas espécies surgiram como

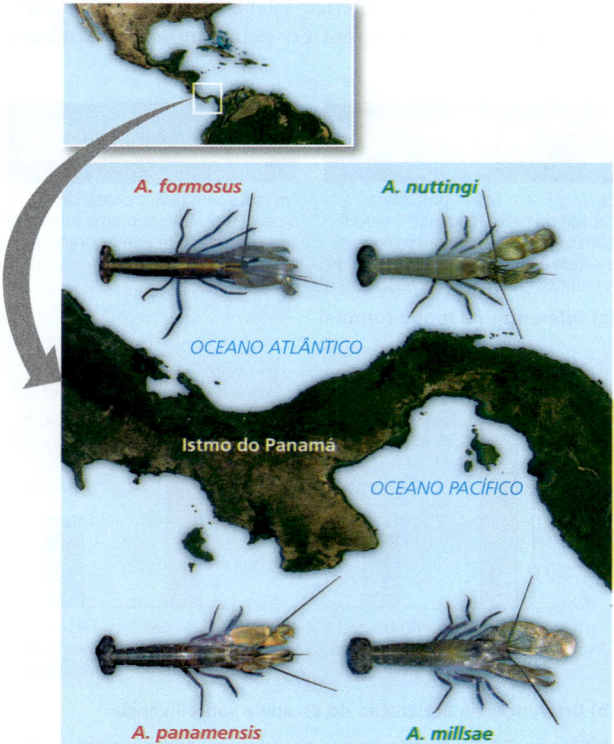

▲ **Figura 24.8 Especiação alopátrica em camarão-pistola (*Alpheus*).** Os camarões apresentados na figura são apenas 2 dos 15 pares de espécies-irmãs que surgiram à medida que as populações foram divididas pela formação do istmo do Panamá. O código de cores indica as espécies-irmãs.

▼ **Figura 24.7 Pesquisa**

A divergência de populações alopátricas pode levar ao isolamento reprodutivo?

Experimento No laboratório, um pesquisador dividiu uma população da mosca-da-fruta *Drosophila pseudoobscura*, criando algumas moscas em meio com amido e outras em meio com maltose. Após 1 ano (mais ou menos 40 gerações), a seleção natural resultou em evolução divergente: populações criadas com amido digeriam o amido de modo mais eficiente, enquanto aquelas criadas com maltose digeriam a maltose com mais eficiência. Então, o pesquisador colocou moscas da mesma população ou de populações divergentes em câmaras especiais e mediu a frequência de cruzamentos. Todas as moscas usadas nos testes de preferência de acasalamentos foram criadas por uma geração em um meio de cultura padrão à base de farinha de milho.

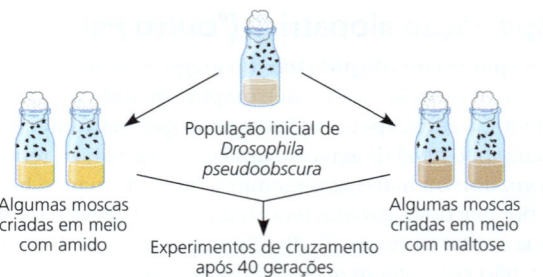

Resultados Os padrões de acasalamento entre as populações de moscas criadas em meios de cultura diferentes estão apresentados abaixo. Quando as moscas de "populações com amido" foram misturadas com moscas de "populações com maltose", elas tenderam a cruzar com parceiros provenientes do mesmo meio de cultura (ver tabela à esquerda). Porém, em um grupo-controle consistindo de moscas de duas populações diferentes adaptadas ao amido, a probabilidade de acasalamento com moscas de outra população ou com moscas da sua própria população foi mais ou menos a mesma (ver tabela à direita); resultados semelhantes foram obtidos para grupos-controle adaptados à maltose.

		Fêmea	
		Amido	Maltose
Macho	Amido	22	9
	Maltose	8	20

Frequências de cruzamento no grupo experimental

		Fêmea	
		Amido população 1	Amido população 2
Macho	Amido população 1	18	15
	Amido população 2	12	15

Frequências de cruzamento no grupo-controle

Conclusão No grupo experimental, a forte preferência de "moscas criadas com amido" e "moscas criadas com maltose" de cruzar com moscas adaptadas ao mesmo meio indica que uma barreira reprodutiva estava se formando entre essas populações de moscas. Embora essa barreira não fosse absoluta (ocorreram alguns cruzamentos entre moscas criadas com amido e moscas criadas com maltose), depois de 40 gerações, o isolamento reprodutivo parecia estar aumentando. Essa barreira talvez tenha sido causada por diferenças no padrão de corte, que surgiram como um subproduto fortuito de diferentes pressões seletivas, à medida que essas populações alopátricas se adaptaram a fontes de alimento diferentes.

Dados de D. M. B. Dodd, Reproductive isolation as a consequence of adaptive divergence in *Drosophila pseudoobscura*, *Evolution* 43:1308-1311 (1989).

E SE? *Por que todas as moscas usadas no teste de preferência de acasalamento foram criadas em meio padrão e não em meio com amido ou com maltose?*

consequência da separação geográfica. Além disso, análises genéticas indicam que as espécies de *Alpheus* se originaram entre 9 e 3 milhões de anos atrás, e as espécies-irmãs que vivem nas águas mais profundas divergiram primeiro. Esse tempo de divergência é compatível com evidências geológicas da formação gradual do istmo, que iniciou há 10 milhões de anos e completou seu fechamento há cerca de 3 milhões de anos.

A importância da especiação alopátrica é também sugerida pelo fato de que regiões que são isoladas ou altamente subdivididas por barreiras costumam ter mais espécies do que regiões semelhantes sem essas características. Por exemplo, muitas plantas e animais exclusivos são encontrados em ilhas havaianas isoladas geograficamente (retornaremos à origem das espécies havaianas no Conceito 25.4). Estudos de campo revelam também que o isolamento reprodutivo entre duas populações geralmente aumenta com o aumento da distância geográfica entre elas, um achado em consonância com a especiação alopátrica. No **Exercício de habilidades científicas**, você pode analisar os dados de um estudo que examinou o isolamento reprodutivo em populações de salamandras separadas geograficamente.

Observe que, embora o isolamento geográfico impeça o cruzamento entre membros de populações alopátricas, a separação física não é uma barreira biológica para a reprodução. Barreiras biológicas reprodutivas, como aquelas descritas na Figura 24.3, são intrínsecas aos próprios organismos. Portanto, essas barreiras podem impedir o cruzamento quando membros de populações diferentes entram em contato.

Especiação simpátrica ("mesmo país")

Na **especiação simpátrica** (do grego *syn*, junto), a especiação ocorre em populações que vivem na mesma área geográfica (ver Figura 24.5b). Como as barreiras reprodutivas se formam em populações simpátricas, já que seus membros permanecem em contato? Embora esse contato (e o fluxo gênico constante dele resultante) torne a especiação simpátrica menos comum que a alopátrica, a especiação simpátrica pode ocorrer se o fluxo gênico for reduzido por fatores como poliploidia, diferenciação de hábitats e seleção sexual (observe que a seleção sexual e a diferenciação de hábitats podem também promover a especiação alopátrica).

Exercício de habilidades científicas

Identificação de variáveis dependentes e independentes, representação em um gráfico de dispersão e interpretação dos dados

A distância entre populações de salamandras aumenta seu isolamento reprodutivo? A especiação alopátrica inicia quando as populações tornam-se isoladas geograficamente, reduzindo o cruzamento entre indivíduos de populações diferentes e, portanto, reduzindo o fluxo gênico. É lógico que o aumento da distância entre as populações aumenta o grau de isolamento reprodutivo. Para testar essa hipótese, os pesquisadores estudaram populações de salamandras-escuras (*Desmognathus ochrophaeus*) que vivem em diferentes cadeias de montanhas ao sul dos Apalaches.

Como o experimento foi realizado Os pesquisadores testaram o isolamento reprodutivo de pares de populações de salamandras deixando um macho e uma fêmea juntos e, mais tarde, verificando a presença de esperma nas fêmeas. Quatro combinações de acasalamento foram avaliadas para cada par da população (A e B) – duas *dentro* da mesma população (fêmea A com macho A, fêmea B com macho B) e duas *entre* as populações (fêmea A com macho B, fêmea B com macho A).

Dados do experimento Os pesquisadores usaram um índice de isolamento reprodutivo que variava de um valor 0 (sem isolamento) a um valor 2 (isolamento pleno). A proporção de acasalamentos bem-sucedidos para cada combinação de cruzamento foi quantificada, com 100% de sucesso = 1 e sem sucesso = 0. O valor do isolamento reprodutivo para as duas populações é a soma da proporção de cruzamentos bem-sucedidos de cada tipo dentro das populações (AA + BB) menos a soma da proporção de cruzamentos bem-sucedidos de cada tipo entre as populações (AB + BA). A tabela mostra os dados referentes à distância e ao isolamento reprodutivo para 27 pares de populações de salamandras-escuras.

INTERPRETE OS DADOS

1. Defina a hipótese dos pesquisadores e identifique as variáveis dependente e independente desse estudo. Explique por que os pesquisadores usaram quatro combinações de cruzamentos para cada par de populações.
2. Calcule o valor do índice de isolamento reprodutivo **(a)** se *todos* os cruzamentos dentro de uma população forem bem-sucedidos, mas *nenhum* cruzamento entre populações for bem-sucedido; **(b)** se as salamandras forem igualmente bem-sucedidas no cruzamento com membros de sua própria população e com os membros de outra população.
3. Faça um gráfico de dispersão para auxiliar na visualização dos padrões que podem indicar a relação entre as variáveis. Coloque a variável independente no eixo *x* e a variável dependente no eixo *y*. (Para mais informações sobre gráficos, ver Revisão de habilidades científicas, Apêndice D.)
4. Interprete seu gráfico **(a)** explicando com palavras qualquer padrão que indique uma possível relação entre as variáveis e **(b)** sugerindo uma possível causa para essa relação.

Dados de S. G. Tilley, A. Verrell, and S. J. Arnold, Correspondence between sexual isolation and allozyme differentiation: a test in salamander *Desmognathus ochrophaeu*, *Proceedings of the National Academy of Sciences USA* 87:2715-2719 (1990).

Distância geográfica (km)	15	32	40	47	42	62	63	81	86	107	107	115	137	147
Valor do isolamento reprodutivo	0,32	0,54	0,50	0,50	0,82	0,37	0,67	0,53	1,15	0,73	0,82	0,81	0,87	0,87
Distância (continuação)	137	150	165	189	219	239	247	53	55	62	105	179	169	
Isolamento (continuação)	0,50	0,57	0,91	0,93	1,5	1,22	0,82	0,99	0,21	0,56	0,41	0,72	1,15	

Poliploidia

Uma espécie pode originar-se de um acidente durante a divisão celular que resulte em conjuntos extras de cromossomos, condição chamada de **poliploidia**. A especiação por poliploidia ocasionalmente ocorre em animais; por exemplo, a rã-arborícola-cinza *Hyla versicolor* (ver Figura 23.16) talvez tenha se originado dessa forma. No entanto, a poliploidia é bem mais comum em plantas. Na verdade, os botânicos estimam que mais de 80% das espécies vegetais atuais descendam de ancestrais formados mediante especiação por poliploidia.

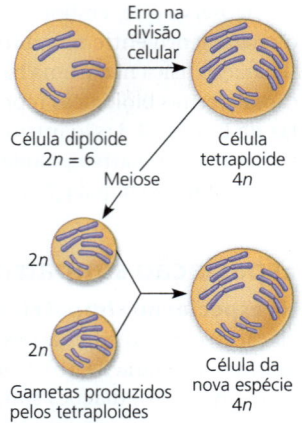

▲ **Figura 24.9** Especiação simpátrica por autopoliploidia.

Existem duas formas distintas de poliploidia observadas em várias populações de plantas (e em alguns animais). Um **autopoliploide** (do grego *autos*, próprio) é um indivíduo que tem mais de dois conjuntos de cromossomos derivados de uma só espécie. Em plantas, por exemplo, uma falha na divisão celular pode duplicar o número cromossômico da célula: do número original (2n) para um número tetraploide (4n) **(Figura 24.9)**.

Um tetraploide pode produzir prole tetraploide fértil por meio da autopolinização ou do cruzamento com outros tetraploides. Além disso, os tetraploides são reprodutivamente isolados das plantas 2n da população original, porque a descendência triploide (3n) dessas uniões tem fertilidade reduzida. Assim, em apenas uma geração, a autopoliploidia pode gerar o isolamento reprodutivo sem separação geográfica.

Uma segunda forma de poliploidia pode ocorrer quando duas espécies diferentes cruzam e produzem prole híbrida. A maioria dos híbridos é estéril porque o conjunto de cromossomos de uma espécie não pode parear durante a meiose com o conjunto de cromossomos da outra espécie. No entanto, um híbrido estéril talvez possa se propagar assexuadamente (como muitas plantas). Nas gerações subsequentes, vários mecanismos podem transformar o híbrido estéril em poliploide fértil, chamado de **alopoliploide (Figura 24.10)**. Os alopoliploides são férteis quando cruzam entre si, mas não podem cruzar com nenhuma espécie parental; representam, assim, uma nova espécie biológica. A espécie nova tem um número de cromossomos diploide igual à soma dos números de cromossomos diploides das duas espécies parentais.

Embora possa ser desafiador estudar a especiação na natureza, cientistas registraram pelo menos cinco espécies novas de plantas originadas por especiação poliploide desde 1850. Um desses exemplos envolve a origem de duas espécies novas de plantas, conhecidas como barba-de-bode (gênero *Tragopogon*), originadas no noroeste do Pacífico. O *Tragopogon* chegou inicialmente na região quando os seres humanos introduziram três espécies europeias no início do século XX: *T. pratensis*, *T. dubius* e *T. porrifolius*. Essas três espécies são atualmente

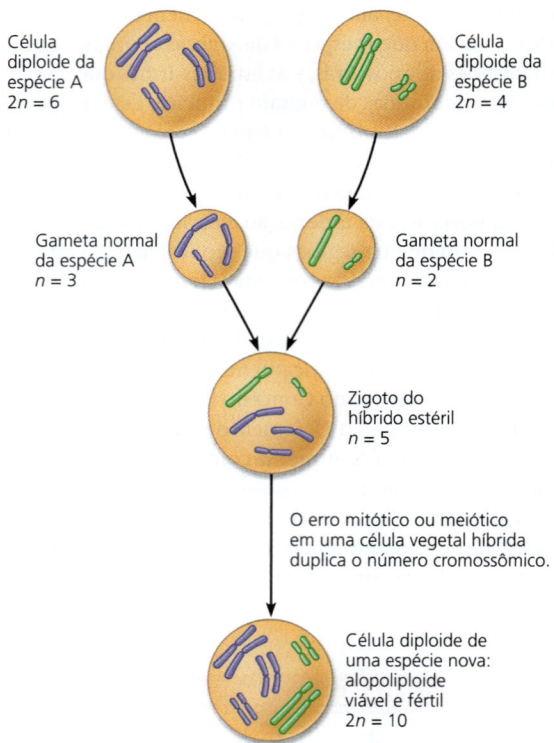

▲ **Figura 24.10** Mecanismo de especiação por alopoliploidia em plantas. A maioria dos híbridos é estéril porque os seus cromossomos não são homólogos e não podem parear durante a meiose. No entanto, esses híbridos talvez sejam capazes de se reproduzir assexuadamente. Este diagrama acompanha um mecanismo pelo qual os híbridos estéreis podem dar origem a alopoliploides férteis, os quais são membros de uma espécie nova.

comuns no noroeste do Pacífico e em muitas outras partes da América do Norte. Na década de 1950, foi descoberta uma espécie nova de *Tragopogon* perto da divisa de Idaho-Washington, uma região onde as três espécies europeias também são encontradas. Análises genéticas revelaram que essa espécie nova, *T. miscellus*, é um alopoliploide originado de um híbrido de duas espécies europeias **(Figura 24.11)**. Embora a população de *T. micellus* cresça principalmente por reprodução de seus próprios membros, a hibridação entre as espécies parentais (seguida por um erro mitótico ou meiótico que duplica o número cromossômico) continua adicionando novos membros à população dessa espécie. Posteriormente, os cientistas descobriram outra espécie nova de *Tragopogon*, *T. mirus*, que também surgiu mediante especiação por poliploidia.

Muitas culturas agrícolas importantes – como aveia, algodão, batata, tabaco e trigo – são poliploides. Por exemplo, o trigo usado no pão, *Triticum aestivum*, é um alo-hexaploide (seis conjuntos de cromossomos, dois conjuntos de cada uma de três espécies diferentes). Os eventos que por fim conduziram ao trigo moderno provavelmente começaram há cerca de 8.000 anos no Oriente Médio, quando um trigo primitivo cultivado hibridou com uma gramínea silvestre. Hoje, fitogeneticistas geram novos poliploides no laboratório usando substâncias químicas que induzem erros meióticos

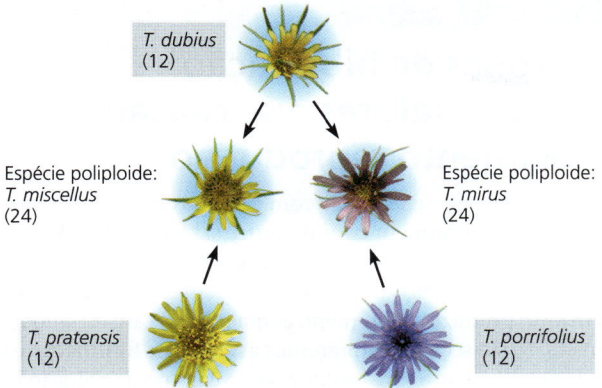

▲ **Figura 24.11** Especiação por alopoliploidia em *Tragopogon*. As caixas cinzas indicam as espécies parentais das duas espécies novas poliploides. O número cromossômico diploide de cada espécie está apresentado entre parênteses.

HABILIDADES VISUAIS Com base neste diagrama, identifique as duas espécies parentais de cada espécie poliploide.

e mitóticos. Tirando proveito do processo evolutivo, pesquisadores conseguem produzir espécies novas poliploides com qualidades desejadas, como um poliploide que combina a alta produtividade do trigo e a rusticidade do centeio.

Seleção sexual

Existe evidência de que a especiação simpátrica também pode ser dirigida por seleção sexual. Indícios de como isso ocorre foram encontrados em peixes ciclídeos em um dos importantes polos de especiação animal da Terra: o lago Vitória, no leste da África. Esse lago já foi o hábitat de 600 espécies de peixes ciclídeos. Dados genéticos indicam que essas espécies se originaram nos últimos 100.000 anos, a partir de um pequeno número de espécies colonizadoras oriundas de rios e lagos de outras regiões. Como tantas espécies – mais do que o dobro do número de peixes de água-doce conhecidos em toda a Europa – se originaram em um único lago?

Uma hipótese é a de que subgrupos das populações originais de ciclídeos se adaptaram a diferentes fontes de alimento; a divergência genética resultante contribuiu para a especiação no lago Vitória. Porém, a seleção sexual, pela qual as fêmeas selecionam com base na aparência dos machos (ver Conceito 23.4), também pode ter sido outro fator. Pesquisadores estudaram duas espécies simpátricas de ciclídeos, intimamente relacionadas, que diferem principalmente na coloração dos machos sexualmente ativos: machos reprodutivos de *Pundamilia pundamilia* têm o dorso levemente azulado, e os machos de *Pundamilia nyererei* têm o dorso avermelhado **(Figura 24.12)**. Seus resultados sugerem que a escolha para o acasalamento baseada na coloração reprodutiva dos machos pode atuar como uma barreira reprodutiva que mantém separados os *pools* gênicos dessas duas espécies.

Diferenciação de hábitats

A especiação simpátrica também pode ocorrer quando uma subpopulação explora um hábitat ou um recurso não

▼ **Figura 24.12** Pesquisa

A seleção sexual em ciclídeos resulta em isolamento reprodutivo?

Experimento Pesquisadores colocaram machos e fêmeas de *Pundamilia pundamilia* e *P. nyererei* juntos em dois aquários, um com luz natural e o outro com lâmpada monocromática cor de laranja. Em condições normais de luz, as duas espécies são bem diferentes quanto à coloração reprodutiva dos machos, mas, com luz monocromática laranja, as duas espécies têm cores muito semelhantes. Os pesquisadores, então, observaram as escolhas de acasalamento das fêmeas em cada tanque.

Resultados Sob luz normal, as fêmeas de cada espécie apresentaram forte preferência por machos da própria espécie. No entanto, sob a luz laranja, as fêmeas de cada espécie responderam indiscriminadamente aos machos de ambas as espécies. Os híbridos resultantes eram viáveis e férteis.

Conclusão Os pesquisadores concluíram que a escolha do parceiro pelas fêmeas com base na coloração reprodutiva dos machos pode agir como uma barreira reprodutiva que mantém separados os *pools* gênicos das duas espécies. Visto que as espécies conseguem ainda cruzar quando essa barreira pré-zigótica é quebrada no laboratório, a divergência genética entre as espécies é provavelmente pequena. Isso sugere que a especiação na natureza é relativamente recente.

Dados de O. Seehausen and J. J. M. van Alphen, The effect of male coloration on female mate choice in closely related Lake Victoria cichlids (*Haplochromis nyererei* complex), *Behavioral Ecology and Sociobiology* 42:1-8 (1998).

E SE? Suponha que as fêmeas dos ciclídeos que vivem nas águas turvas de um lago poluído não podem distinguir muito bem as cores. Nesses locais, como o pool gênico dessas espécies mudaria com o tempo?

utilizado pela população parental. Considere a mosca-da-maçã norte-americana (*Rhagoletis pomonella*), uma praga das macieiras. O hábitat original da mosca era uma espécie arbórea nativa popularmente conhecida como pilriteiro (ver Figura 24.3a), mas há cerca de 200 anos algumas populações passaram a habitar macieiras introduzidas por colonizadores europeus. As moscas-da-maçã geralmente se reproduzem na planta hospedeira ou perto dela. Isso resulta em uma barreira pré-zigótica (isolamento de hábitat) entre as populações que se alimentam das maçãs e as populações que se alimentam dos frutos do pilriteiro. Além disso, como as maçãs amadurecem mais rápido do que os frutos do pilriteiro, a seleção natural favoreceu as moscas consumidoras de maçãs com desenvolvimento rápido. Essas populações consumidoras de maçãs atuais mostram isolamento temporal das populações de *R. pomonella* consumidoras de pilriteiro, proporcionando uma segunda barreira pré-zigótica ao fluxo gênico entre esses dois tipos de populações. Pesquisadores identificaram também alelos que beneficiam as moscas que utilizam uma planta hospedeira e são deletérios às moscas que utilizam a outra planta. A seleção natural operando nesses alelos forneceu uma barreira pós-zigótica à reprodução, limitando, assim, o fluxo gênico. Em resumo, embora as duas populações ainda sejam classificadas como subespécies e não como espécies separadas, a especiação simpátrica parece estar em plena atividade.

Revisando: especiação alopátrica e simpátrica

Agora, vamos recapitular os processos pelos quais espécies novas se formam. Na especiação alopátrica, uma espécie nova se forma por meio de isolamento geográfico da sua população parental. O isolamento geográfico restringe o fluxo gênico consideravelmente. Barreiras intrínsecas à reprodução com membros da população parental podem, então, surgir como um subproduto de mudanças genéticas ocorridas na população isolada. Muitos processos diferentes podem produzir essas mudanças genéticas, incluindo a seleção natural sob diferentes condições ambientais, a deriva genética e a seleção sexual. Uma vez formadas, as barreiras reprodutivas surgidas nas populações alopátricas podem impedir o cruzamento com a população parental, mesmo se as populações retomarem o contato.

A especiação simpátrica, por outro lado, precisa do surgimento de uma barreira reprodutiva que isole uma parte de uma população do restante da população na mesma área. Embora mais rara do que a especiação alopátrica, a especiação simpátrica pode ocorrer quando o fluxo gênico para dentro e para fora das subpopulações isoladas é bloqueado. Isso pode ocorrer como resultado de poliploidia, condição na qual um organismo tem conjuntos extras de cromossomos. A especiação simpátrica pode resultar também da seleção sexual. Por fim, a especiação simpátrica pode ocorrer também quando uma parcela da população se torna reprodutivamente isolada em decorrência da seleção natural resultante da mudança para um hábitat ou uma fonte alimentar não utilizados pela população parental.

Depois de revisar o contexto geográfico em que novas espécies se formam, vamos explorar com mais detalhes o que pode acontecer quando espécies novas ou parcialmente formadas entram em contato.

REVISÃO DO CONCEITO 24.2

1. Resuma as diferenças essenciais entre especiação alopátrica e simpátrica. Qual tipo de especiação é mais comum? Por quê?
2. Descreva dois mecanismos que podem reduzir o fluxo gênico em populações simpátricas, tornando, assim, mais provável a ocorrência de especiação simpátrica.
3. **E SE?** A especiação alopátrica tem mais probabilidade de ocorrer em ilhas próximas a um continente ou em ilhas mais isoladas, com o mesmo tamanho? Explique sua predição.
4. **FAÇA CONEXÕES** Revise o processo de meiose na Figura 13.8. Descreva como um erro durante a meiose pode levar à poliploidia.

Ver as respostas sugeridas no Apêndice A.

CONCEITO 24.3

As zonas de hibridação revelam fatores que causam isolamento reprodutivo

O que acontece se espécies com barreiras reprodutivas incompletas entram em contato entre si? Um resultado possível é a formação de uma **zona de hibridação**, região em que os membros de espécies diferentes se encontram e cruzam, produzindo ao menos uma prole de ancestralidade mista. Nesta seção, exploraremos as zonas de hibridação e o que elas revelam sobre os fatores que causam a evolução do isolamento reprodutivo.

Padrões dentro das zonas de hibridação

Algumas zonas de hibridação se formam como faixas estreitas, como aquela representada na **Figura 24.13** para o sapo-de-barriga-amarela (*Bombina variegata*) e o seu parente próximo, o sapo-de-barriga-de-fogo (*B. bombina*). Essa zona de hibridação, representada pela linha vermelha no mapa, se estende por 4.000 km, tendo menos de 10 km de largura em sua maior parte. A zona de hibridação ocorre onde o hábitat de altitude mais elevada do sapo-de-barriga-amarela se encontra com o hábitat de planície do sapo-de-barriga-de-fogo. Em uma "parcela" da zona, a frequência de alelos específicos do sapo-de-barriga-amarela geralmente diminui de próximo de 100%, na borda onde apenas esses sapos são encontrados, para cerca de 50% na porção central da zona, e perto de 0% na borda onde são encontrados apenas os sapos-de-barriga-de-fogo.

O que causa esse padrão de frequência alélica nessa zona de hibridação? Podemos inferir que existe um obstáculo ao fluxo gênico – caso contrário, os alelos de uma espécie parental seriam encontrados também no *pool* gênico da outra espécie. Barreiras geográficas estariam reduzindo esse fluxo gênico? Não nesse caso, visto que os sapos se locomovem livremente pela zona de hibridação. Um fator importante é que os sapos híbridos têm aumento nas taxas de mortalidade embrionária e apresentam uma série de anormalidades morfológicas, incluindo costelas fundidas com a coluna e malformações nas peças bucais dos girinos. Visto que os híbridos apresentam taxas de sobrevivência e de reprodução baixas, eles produzem poucos descendentes viáveis com os membros das espécies parentais. Assim, os híbridos raramente servem como trampolim para a passagem dos alelos de uma espécie para a outra. Fora da zona de hibridação, obstáculos adicionais ao fluxo gênico podem ser proporcionados pela seleção natural em ambientes diferentes daqueles onde vivem as espécies parentais.

As zonas de hibridação localizam-se principalmente nos hábitats em que ocorre o cruzamento de espécies. Muitas vezes, essas regiões se assemelham a um grupo de fragmentos isolados distribuídos na paisagem, mais parecido com o padrão de manchas de um dálmata do que a uma faixa contínua apresentada na Figura 24.13. Entretanto, independentemente de ter um padrão espacial simples ou complexo, as zonas de hibridação se formam quando duas espécies sem barreiras à reprodução

CAPÍTULO 24 ORIGEM DAS ESPÉCIES

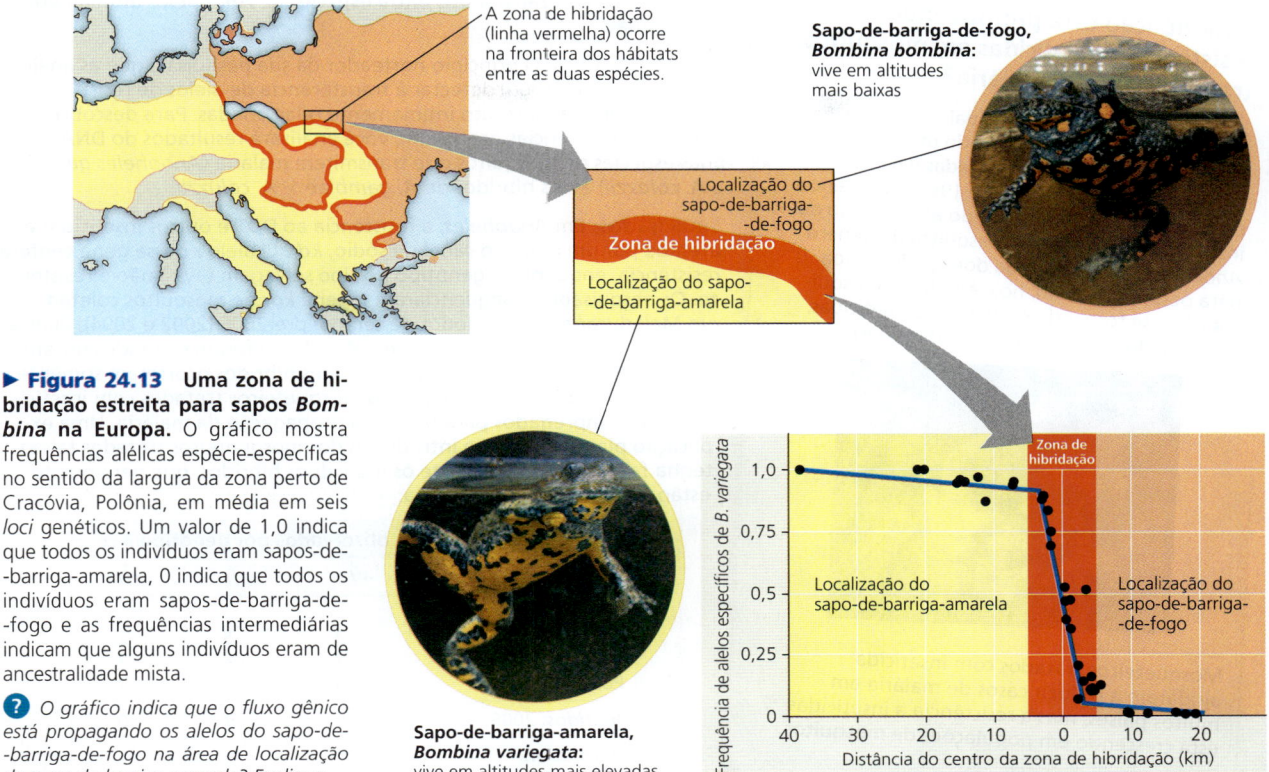

▶ **Figura 24.13 Uma zona de hibridação estreita para sapos *Bombina* na Europa.** O gráfico mostra frequências alélicas espécie-específicas no sentido da largura da zona perto de Cracóvia, Polônia, em média em seis *loci* genéticos. Um valor de 1,0 indica que todos os indivíduos eram sapos-de-barriga-amarela, 0 indica que todos os indivíduos eram sapos-de-barriga-de-fogo e as frequências intermediárias indicam que alguns indivíduos eram de ancestralidade mista.

❓ *O gráfico indica que o fluxo gênico está propagando os alelos do sapo-de-barriga-de-fogo na área de localização do sapo-de-barriga-amarela? Explique.*

entram em contato. O que acontece quando os hábitats das espécies em cruzamento se alteram ao longo do tempo?

Zonas de hibridação e mudança ambiental

Uma mudança nas condições ambientais pode alterar onde os hábitats de espécies em cruzamento se encontram. Quando isso acontece, uma zona de hibridação existente pode se deslocar para um novo local ou uma nova zona de hibridação talvez se forme.

Por exemplo, chapim-de-bico-preto (*Poecile atricapillus*) e chapim-da-carolina (*P. carolinensis*) cruzam em uma zona de hibridação estreita que vai desde Nova Jersey até o Kansas. Estudos recentes mostraram que a localização dessa zona de hibridação tem se deslocado para o norte à medida que a temperatura aumenta **(Figura 24.14)**. Em outro exemplo, uma série de invernos quentes antes de 2003 possibilitou que o esquilo-voador-do-sul (*Glaucomys volans*) avançasse para o norte, para a área de ocorrência do esquilo-voador-do-norte (*G. sabrinus*). Anteriormente, as áreas de ocorrência dessas duas espécies não se sobrepunham. Análises genéticas mostraram que essas duas espécies de esquilos voadores começaram a hibridar quando suas áreas de ocorrência entraram em contato, formando, assim, uma nova zona de hibridação induzida pela mudança climática.

Por fim, observe que uma zona de hibridação pode ser uma fonte de variabilidade genética recente, que melhora a capacidade de uma ou ambas as espécies parentais de enfrentar condições ambientais mutantes. Isso pode ocorrer quando um alelo encontrado apenas em uma espécie parental é transferido primeiramente para indivíduos híbridos e, depois, para a outra espécie parental, quando os híbridos cruzam com a segunda espécie parental. Análises genéticas recentes revelaram que a hibridação foi uma fonte para essa variabilidade genética recente em algumas espécies de insetos, mamíferos, aves e plantas. No **Exercício de resolução de problemas**, você tem a oportunidade de examinar um exemplo desse tipo: um caso em que a hibridação talvez tenha levado à transferência de alelos de resistência a inseticidas entre espécies de mosquitos transmissores da malária.

(a) Chapim-de-bico-preto (*Poecile atricapillus*) (b) Chapim-da-carolina (*Poecile carolinensis*)

▲ **Figura 24.14 Um deslocamento em uma zona de hibridação resultante de mudança climática.** Chapim-de-bico-preto **(a)** e chapim-da-carolina **(b)** cruzaram em uma zona de hibridação que vai de Kansas a Nova Jersey. Na Pensilvânia, de 2002 a 2012, o centro dessa zona de hibridação se moveu 12 km para o norte. Esse deslocamento é compatível com predições baseadas em temperaturas mais altas no inverno resultantes de mudança climática.

EXERCÍCIO DE RESOLUÇÃO DE PROBLEMAS

A hibridação está promovendo resistência a inseticidas em mosquitos transmissores da malária?

A malária é uma causa principal de doença e mortalidade humana no mundo inteiro, com 200 milhões de pessoas infectadas e 600.000 óbitos por ano. Na década de 1960, a incidência de malária foi reduzida, devido ao emprego de inseticidas que mataram mosquitos do gênero *Anopheles*, transmissor da doença de pessoa para pessoa. Contudo, hoje em dia os mosquitos estão se tornando resistentes a inseticidas, provocando um ressurgimento da malária.

Mosqueteiros tratados com inseticida ajudaram a reduzir casos de malária em muitos países, mas a resistência a inseticidas está crescendo em populações de mosquitos.

Neste exercício, você pesquisará se alelos que codificam resistência a inseticidas foram transferidos entre espécies de *Anopheles* intimamente relacionadas.

Sua abordagem O princípio norteador da sua pesquisa é que as análises de DNA conseguem detectar a transferência de alelos de resistência entre espécies de mosquito intimamente relacionadas. Para descobrir se essas transferências ocorreram, você analisará resultados do DNA das duas espécies de mosquitos que transmitem malária (*Anopheles gambiae* e *A. coluzzii*) e dos híbridos de *A. gambiae* × *A. coluzzii*.

Seus dados Em *Anopheles*, a resistência ao DDT e outros inseticidas é afetada por um gene do canal de sódio, *kdr*. O alelo *r* desse gene confere resistência, enquanto o genótipo do tipo selvagem (+/+) não é resistente. Os pesquisadores sequenciaram o gene *kdr* de mosquitos coletados em Mali durante três períodos de tempo: pré-2006 (2002 e 2004), 2006 e pós-2006 (2009-2012). *A. gambiae* e *A. coluzzii* foram coletados durante todos os três períodos de tempo, mas seus híbridos ocorreram somente em 2006, o primeiro ano em que os mosqueteiros tratados com inseticida foram empregados para reduzir a propagação da malária. Uma explicação plausível é que a introdução dos mosqueteiros tratados talvez tenha favorecido brevemente os indivíduos híbridos, que geralmente estão em desvantagem seletiva.

Números de mosquitos observados por genótipo *kdr*			
	+/+	+/r	r/r
A. gambiae: Pré-2006	3	5	2
2006	8	8	7
Pós-2006	3	3	57
Híbridos: 2006	10	7	0
A. coluzzii: Pré-2006	226	0	0
2006	70	7	0
Pós-2006	79	127	94

Sua análise
1. **(a)** Calcule as frequências do genótipo *kdr* em *A. gambiae* para cada período de tempo. Para tanto, divida o número de indivíduos que têm um determinado genótipo pelo número total de indivíduos observados no período de tempo considerado. **(b)** Quanto as frequências dos genótipos *kdr* mudam ao longo do tempo? Sugira uma hipótese que justifique essas observações.
2. Quanto as frequências dos genótipos *kdr* mudam ao longo do tempo em *A. coluzzii*? Sugira uma hipótese que justifique essas observações.
3. Esses resultados indicam que a hibridação pode levar à transferência de alelos adaptativos? Explique.
4. Prediga como a transferência do alelo *r* para populações de *A. coluzzii* poderia afetar o número de casos de malária nos anos subsequentes à transferência.

Zonas de hibridação ao longo do tempo

Estudar uma zona de hibridação é como observar um experimento natural de especiação em andamento. Será que os híbridos se tornarão reprodutivamente isolados dos seus progenitores e formarão uma nova espécie? Em alguns casos, isso ocorreu por especiação poliploide, como vimos na formação de duas novas espécies de plantas popularmente conhecidas como barba-de-bode (ver Figura 24.11). A hibridação também levou ao que pode vir a ser uma nova espécie de tentilhão no arquipélago de Galápagos: um estudo de 2018 constatou que descendentes de híbridos entre o tentilhão-do-cacto-grande (*Geospiza conirostris*), e o tentilhão-da--terra-médio (*G. fortis*), estão se tornando reprodutivamente isolados das espécies parentais. A partir de 2019, essa espécie emergente é conhecida informalmente como "ave grande".

Em outros casos, no entanto, os híbridos interespecíficos não se tornam reprodutivamente isolados das suas espécies parentais. Em tais situações, existem três destinos comuns para uma zona de hibridação ao longo do tempo: reforço de barreiras, fusão de espécies ou estabilidade **(Figura 24.15)**. Vamos examinar o que os estudos sugerem sobre essas três possibilidades.

Reforço: fortalecimento das barreiras reprodutivas

Em geral, os híbridos são menos adaptados do que os membros das espécies parentais. Nesses casos, poderíamos

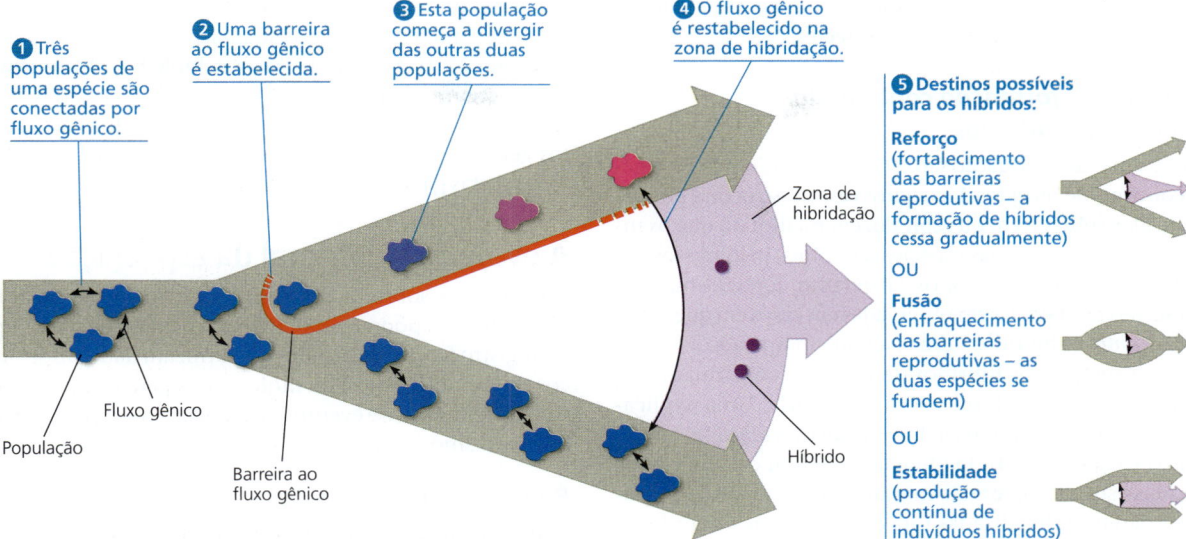

▲ **Figura 24.15 Formação de uma zona de hibridação e destinos comuns dos híbridos ao longo do tempo.** As setas espessas cinzas e roxa representam a passagem do tempo.

E SE? *Sugira o que poderia acontecer se o fluxo gênico fosse restabelecido na etapa 3 deste processo.*

esperar que a seleção natural reforçasse as barreiras pré-zigóticas à reprodução, reduzindo a formação de híbridos não adaptados. Como esse processo envolve o *fortalecimento das barreiras reprodutivas*, ele é chamado de **reforço**. Se o reforço estiver ocorrendo, podemos prever que barreiras reprodutivas entre espécies devem ser mais fortes para populações simpátricas do que para populações alopátricas.

Como exemplo, vamos considerar duas espécies europeias de papa-moscas: papa-moscas-preto (*Ficedula hypoleuca*) e papa-moscas-de-colarinho (*Ficedula albicollis*). Em populações alopátricas dessas aves, os machos das duas espécies intimamente relacionadas assemelham-se, ao passo que, em populações simpátricas, os machos parecem muito diferentes. Papa-moscas fêmeas não selecionam machos das outras espécies quando podem escolher entre machos de populações simpátricas, mas elas com frequência se enganam ao selecionarem entre machos de populações alopátricas. Portanto, as barreiras à reprodução são mais fortes em aves de populações simpátricas do que em aves de populações alopátricas, como você poderia prever se estava ocorrendo reforço. Resultados semelhantes foram observados em vários organismos, abrangendo alguns peixes, insetos, plantas e outras aves.

Fusão: enfraquecimento das barreiras reprodutivas

As barreiras à reprodução talvez sejam fracas quando duas espécies se encontram em uma zona de hibridação. De fato, pode ocorrer tanto fluxo gênico que as barreiras reprodutivas enfraqueçam ainda mais e os *pools* gênicos das duas espécies tornam-se progressivamente semelhantes. Efetivamente, o processo de especiação reverte, levando por fim as duas espécies em hibridação a se fundirem em uma só espécie.

Por exemplo, evidências genéticas e morfológicas indicam que a perda recente do tentilhão-arborícola-grandeda ilha de Floreana de Galápagos resultou da hibridação extensa com outra espécie dessa ilha. Uma situação semelhante pode estar ocorrendo também entre ciclídeos do lago Vitória **(Figura 24.16)**. Muitos pares de espécies de ciclídeos ecologicamente similares são isolados reprodutivamente, porque as fêmeas de uma espécie preferem cruzar com machos de uma cor, enquanto as fêmeas de outra espécie preferem cruzar com machos de outra cor (ver Figura 24.12). Os resultados de estudos de campo e de laboratório indicam que as águas turvas, decorrentes de poluição, têm reduzido a capacidade das fêmeas de utilizar a cor para distinguir machos da sua própria espécie de machos de espécies intimamente relacionadas. Em algumas águas poluídas, muitos

▲ **Figura 24.16 Fusão: quebra das barreiras reprodutivas.** A turbidez progressiva da água do lago Vitória durante várias décadas pode ter enfraquecido as barreiras reprodutivas entre *P. nyererei* e *P. pundamilia*. Nas áreas de água turva, as duas espécies hibridaram amplamente, causando fusão dos seus *pools* gênicos.

híbridos foram produzidos, levando à fusão de *pools* gênicos de espécies parentais e à perda de espécies.

Estabilidade: formação continuada de indivíduos híbridos

Muitas zonas de hibridação são estáveis no que tange à formação contínua de híbridos. Em alguns casos, isso ocorre porque os híbridos sobrevivem ou reproduzem melhor do que os indivíduos de qualquer das espécies parentais, pelo menos em determinados hábitats ou anos. Entretanto, zonas de hibridação estáveis também foram observadas em casos em que havia seleção *contra* os híbridos – um resultado inesperado.

Por exemplo, os híbridos de *Bombina* continuam a se formar, mesmo com forte seleção contrária. Uma explicação relaciona-se à estreiteza da zona de hibridação de *Bombina* (ver Figura 24.13). Evidências sugerem que membros das duas espécies parentais migram para a zona das populações parentais localizadas fora dessa zona, resultando na contínua produção de híbridos. Se a zona de hibridação fosse mais larga, provavelmente isso não ocorreria, visto que o centro da zona receberia pouco fluxo gênico das populações parentais distantes de fora da zona de hibridação.

Às vezes, os resultados nas zonas de hibridação correspondem às nossas previsões (papa-moscas-europeus e peixes ciclídeos), mas em outros casos não (*Bombina*). Quer nossas previsões estejam corretas quer não, eventos nas zonas de hibridação podem ajudar a esclarecer como as barreiras reprodutivas entre espécies intimamente relacionadas mudam ao longo do tempo. Na próxima seção, examinaremos como as interações entre espécies que hibridam podem também informar sobre a velocidade e o controle genético da especiação.

REVISÃO DO CONCEITO 24.3

1. O que são zonas de hibridação e por que elas podem ser vistas como "laboratórios naturais" para o estudo da especiação?
2. **E SE?** Considere duas espécies que divergiram por separação geográfica, mas recuperaram contato antes do isolamento reprodutivo estar completo. Preveja o que aconteceria ao longo do tempo se as duas espécies cruzassem indiscriminadamente e (a) a prole híbrida sobrevivesse e reproduzisse menos do que a prole de cruzamentos intraespecíficos ou (b) a prole híbrida sobrevivesse e reproduzisse tanto quanto a prole de cruzamentos intraespecíficos.

Ver as respostas sugeridas no Apêndice A.

CONCEITO 24.4

A especiação pode ocorrer rápida ou lentamente e pode resultar de mudanças em poucos ou em muitos genes

Darwin defrontou-se com muitas perguntas quando começou a considerar "o mistério dos mistérios": a especiação. Ele encontrou respostas para algumas dessas perguntas quando percebeu que a evolução por seleção natural ajudava a explicar a diversidade da vida e as adaptações dos organismos (ver Conceito 22.2). A partir de Darwin, biólogos continuaram a fazer perguntas fundamentais sobre a especiação. Quanto tempo é necessário para uma espécie nova se formar? E quantos genes mudam quando uma espécie se separa em duas? As respostas para essas perguntas estão começando a aparecer.

A evolução temporal da especiação

Informações sobre quanto tempo uma espécie nova leva para se formar podem ser obtidas a partir de padrões amplos no registro fóssil e de estudos que utilizam dados morfológicos (incluindo fósseis) ou moleculares para estimar o intervalo de tempo entre eventos de especiação em certos grupos de organismos.

Padrões no registro fóssil

O registro fóssil inclui muitos episódios em que espécies novas aparecem repentinamente em um estrato geológico, persistem essencialmente sem mudança em vários estratos e, depois, desaparecem. Por exemplo, dezenas de espécies de invertebrados marinhos surgem como registros fósseis com novas morfologias, mas mudam muito pouco ao longo de milhões de anos até serem extintas. A expressão **equilíbrios pontuados** é usada para descrever esses períodos longos de estase aparente intercalados por mudança repentina **(Figura 24.17a)**. Outras espécies não demonstram o padrão pontuado; em vez disso, mudam mais gradualmente durante longos períodos de tempo **(Figura 24.17b)**.

O que os padrões pontuado e gradual nos dizem sobre o tempo que leva para espécies novas se formarem? Suponha que uma espécie sobreviveu por 5 milhões de anos, mas a maioria das mudanças morfológicas que a levaram a ser designada uma espécie nova ocorreu durante seus primeiros

(a) Modelo pontuado. Espécies novas mudam mais à medida que derivam de uma espécie parental e, após, modificam-se pouco durante o resto da sua existência.

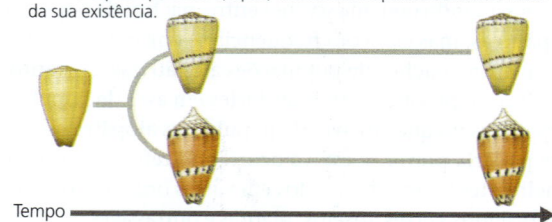

Tempo

(b) Modelo gradual. Espécies divergem de outra mais lenta e regularmente ao longo do tempo.

▲ **Figura 24.17** Dois modelos da evolução temporal da especiação.

50.000 anos – apenas 1% da existência total da espécie. Períodos de tempo curtos (em termos geológicos) frequentemente não podem ser distinguidos nos estratos fósseis, em parte porque a taxa de acúmulo de sedimento pode ser demasiadamente lenta para separar camadas tão próximas no tempo. Assim, com base nos seus fósseis, as espécies poderiam ter aparecido repentinamente e ter existido com pouca ou nenhuma mudança antes de se tornarem extintas. Embora essas espécies talvez tenham se originado mais lentamente do que os seus fósseis sugerem (nesse caso, levando 50.000 anos), um padrão pontuado indica que a especiação ocorreu relativamente rápido. Para espécies cujos fósseis mudaram mais gradualmente, também não podemos dizer exatamente quando uma espécie biológica nova se formou, visto que a informação sobre isolamento reprodutivo não fossiliza. No entanto, é provável que a especiação nesses grupos tenha ocorrido relativamente devagar, levando talvez milhões de anos.

Velocidades de especiação

A existência de fósseis que exibem um padrão pontuado sugere que, uma vez iniciado, o processo de especiação pode ser finalizado com relativa rapidez – sugestão sustentada por muitos estudos. Por exemplo, a especiação rápida parece ter produzido a espécie silvestre de girassol *Helianthus anomalus*. Evidências genéticas indicam que essa espécie se originou por hibridação de outras duas espécies de girassol: *H. annuus* e *H. petiolaris*. A espécie híbrida, *H. anomalus*, é distinta ecologicamente e isolada reprodutivamente de ambas as espécies parentais **(Figura 24.18)**. Diferente do produto da especiação alopoliploide, em que existe mudança no número cromossômico após a hibridação, nesses girassóis as duas espécies parentais e o híbrido têm o mesmo número de cromossomos ($2n = 34$). Como, então, a especiação ocorreu? Para responder a essa pergunta, os pesquisadores realizaram um experimento para simular eventos na natureza **(Figura 24.19)**. Seus resultados indicam que a seleção natural pode produzir grandes alterações genéticas em populações híbridas em um curto período de tempo. Devido a essas mudanças, os híbridos podem ter divergido reprodutivamente dos seus progenitores e formaram uma espécie nova, *H. anomalus*.

O exemplo do girassol, bem como os exemplos da mosca-da-maçã, dos ciclídeos do lago Vitória e os demais exemplos de mosca-da-fruta discutidos anteriormente, sugere que espécies novas podem se formar rapidamente *após o início da*

▲ **Figura 24.18 Uma espécie híbrida de girassol e seu hábitat de duna arenosa seca.** A espécie silvestre de girassol *Helianthus anomalus* mostrada aqui se originou por hibridação de duas outras espécies de girassol, *H. annuus* e *H. petiolaris*, que vivem em ambientes próximos, porém mais úmidos.

▼ **Figura 24.19   Pesquisa**

Como a hibridação levou à especiação nos girassóis?

Experimento Loren Rieseberg e colaboradores cruzaram duas espécies de girassóis: *H. annuus* e *H. petiolaris*, para produzir híbridos experimentais em laboratório (para cada gameta, apenas dois dos $n = 17$ cromossomos são apresentados).

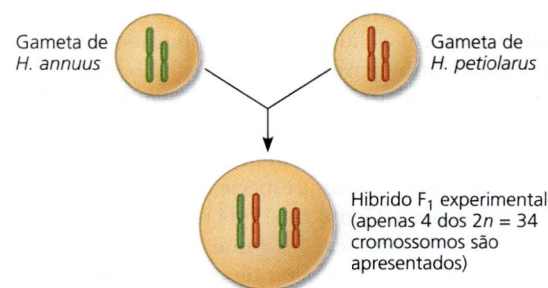

Gameta de *H. annuus*

Gameta de *H. petiolarus*

Híbrido F$_1$ experimental (apenas 4 dos $2n = 34$ cromossomos são apresentados)

Observe que, na primeira geração (F$_1$), cada cromossomo dos híbridos experimentais consistia totalmente de DNA de uma ou da outra espécie parental. Após, os pesquisadores testaram se a F$_1$ e as gerações seguintes de híbridos experimentais eram férteis. Eles usaram também marcadores genéticos espécie-específicos para comparar os cromossomos nos híbridos experimentais com os cromossomos do híbrido *H. anomalus* de ocorrência natural.

Resultados Embora apenas 5% dos híbridos experimentais F$_1$ fossem férteis, após algumas gerações a fertilidade do híbrido passou para mais de 90%. Os cromossomos dos indivíduos da quinta geração de híbridos diferiam daqueles da geração F$_1$ (ver acima), mas eram similares aos cromossomos de indivíduos de *H. anomalus* das populações naturais:

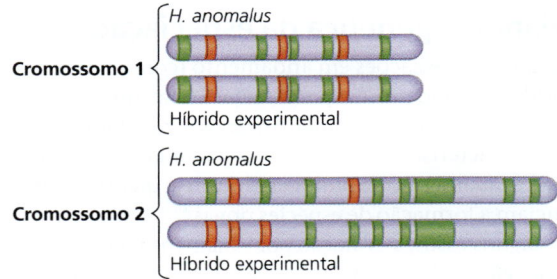

Cromossomo 1 { *H. anomalus* / Híbrido experimental

Cromossomo 2 { *H. anomalus* / Híbrido experimental

■ Região de comparação contendo o marcador específico para *H. annuus*
■ Região de comparação contendo o marcador específico para *H. petiolarus*

Conclusão Ao longo do tempo, os cromossomos na população dos híbridos experimentais tornaram-se similares aos cromossomos de indivíduos de *H. anomalus* de populações naturais. Isso sugere que o aumento observado na fertilidade dos híbridos experimentais pode ter ocorrido à medida que a seleção natural eliminou regiões de DNA das espécies parentais incompatíveis entre si. No geral, parece que as etapas iniciais do processo de especiação ocorreram rapidamente e podem ser reproduzidas em experimentos no laboratório.

Dados de L.H. Riesenberg et al., Role of gene interactions in hybrid speciation, evidence from ancient and experimental hybrids, *Science* 272:741-745 (1996).

E SE? *O aumento observado na fertilidade dos híbridos experimentais pode ter resultado da seleção natural em condições propícias de laboratório. Avalie essa explicação alternativa para os resultados.*

divergência. Mas qual é o tempo total entre eventos de especiação? Esse intervalo consiste na diferença de tempo entre o início da divergência (de outra população) de uma espécie recém-formada e o tempo que ela precisa para completar a especiação. Verifica-se que o tempo total entre os eventos de especiação varia consideravelmente. Por exemplo, em um levantamento de dados de um grupo de 84 plantas e animais, os intervalos entre eventos de especiação variaram de 4.000 anos (em ciclídeos do lago Nabugabo, Uganda) até 40 milhões de anos (em alguns besouros). No geral, o tempo médio de eventos de especiação é de 6,5 milhões de anos e raramente acontece em menos de 500.000 anos.

Os dados sugerem que, em média, milhões de anos podem se passar antes que uma espécie recém-formada origine outra espécie nova. Como você verá no Conceito 25.4, essa constatação tem implicações sobre quanto tempo a vida na Terra leva para se recuperar de eventos de extinção em massa. Além disso, a extrema variabilidade no tempo necessário para formar espécies novas indica que os organismos não têm um "relógio de especiação" interno, causando a produção de espécies novas em intervalos regulares. Em vez disso, a especiação somente começa depois que o fluxo gênico entre populações é interrompido, talvez por mudanças nas condições ambientais ou por eventos imprevisíveis, como uma tempestade que transporta alguns indivíduos para uma área nova. Além do mais, quando o fluxo gênico é interrompido, as populações devem divergir geneticamente até se tornarem isoladas reprodutivamente – até que outro evento traga de volta o fluxo gênico, possivelmente revertendo o processo de especiação (ver Figura 24.16).

Estudando a genética da especiação

Estudos sobre especiações em andamento (como nas zonas de hibridação) podem revelar características que causam isolamento reprodutivo. Ao identificar os genes que controlam essas características, os cientistas podem explorar uma pergunta fundamental da biologia evolutiva: quantos genes influenciam a formação de espécies novas?

Em alguns casos, a evolução por isolamento reprodutivo resulta dos efeitos de um único gene. Por exemplo, em caracóis japoneses do gênero *Euhadra*, uma mudança em um único alelo resulta em uma barreira mecânica à reprodução. Esse gene controla a direção da espiral da concha. Quando as conchas têm espirais em direções diferentes, as genitálias dos caracóis são orientadas de maneira a impedir o cruzamento (a Figura 24.3f e g mostra um exemplo parecido). Análises genéticas recentes revelaram outros genes únicos que causam isolamento reprodutivo na mosca-da-fruta e em camundongos.

Uma barreira reprodutiva importante entre duas espécies de flor-de-macaco intimamente relacionadas, *Mimulus cardinalis* e *M. lewisii*, também parece ser influenciada por um número relativamente pequeno de genes. Essas duas espécies são isoladas por várias barreiras pré e pós-zigóticas. Entre elas, uma barreira pré-zigótica, a escolha do polinizador, é responsável pela maior parte do isolamento. Em uma zona de hibridação entre *M. cardinalis* e *M. lewisii*, quase 98% das visitas dos polinizadores eram restritas a uma ou outra espécie.

(a) *Mimulus lewisii* típica

(b) *M. lewisii* com o alelo para coloração de flor de *M. cardinalis*

(c) *Mimulus cardinalis* típica

(d) *M. cardinalis* com o alelo para coloração de flor de *M. lewisii*

▲ **Figura 24.20** Um *locus* que influencia a escolha do polinizador. As preferências do polinizador estabelecem uma forte barreira reprodutiva entre *Mimulus lewisii* e *Mimulus cardinalis*. Após transferir o alelo de um *locus* de coloração de flor de *M. lewisii* para *M. cardinalis* e vice-versa, pesquisadores observaram uma mudança nas preferências de alguns polinizadores.

E SE? *Se indivíduos* M. cardinalis *com o alelo yup de* M. lewisii *fossem cultivados em uma área ocupada pelas duas espécies de flor-de-macaco, como a descendência híbrida seria afetada?*

As duas espécies de flor-de-macaco são visitadas por polinizadores diferentes: os beija-flores preferem as flores vermelhas de *M. cardinalis*, e os mangangás preferem as flores rosadas de *M. lewisii*. A escolha do polinizador é afetada pelo menos em dois *loci* nas flores-de-macaco, um dos quais, o *locus* "yellow upper" (ou *yup*), influencia a cor das flores **(Figura 24.20)**. Cruzando as duas espécies parentais para produzir híbridos F_1 e, após, realizando retrocruzamentos repetidos desses híbridos F_1 com cada uma das espécies parentais, os pesquisadores conseguiram transferir o alelo de *M. cardinalis* nesse *locus* para *M. lewisii* e vice-versa. Em um experimento de campo, indivíduos de *M. lewisii* com o alelo *yup* de *M. cardinalis* receberam 68 vezes mais visitas de beija-flores do que o tipo silvestre de *M. lewisii*. Do mesmo modo, indivíduos de *M. cardinalis* com o alelo *yup* de *M. lewisii* receberam 74 vezes mais visitas de mangangás do que *M. cardinalis* do tipo silvestre. Portanto, a mutação em um único *locus* pode influenciar a preferência do polinizador e, assim, contribuir para o isolamento reprodutivo em plantas do gênero *Mimulus*.

Em outros organismos, o processo de especiação é influenciado por um número maior de genes e de interações gênicas. Por exemplo, a esterilidade do híbrido de duas subespécies de *Drosophila pseudoobscura* resulta de interações gênicas em pelo menos quatro *loci* e o isolamento pós-zigótico no híbrido de girassol, discutido anteriormente, é influenciado por pelo menos 26 segmentos cromossômicos (e um número desconhecido de genes). De modo geral, estudos sugerem que poucos ou muitos genes podem influenciar a evolução do isolamento reprodutivo e, assim, a emergência de uma espécie nova.

Da especiação à macroevolução

Conforme vimos neste capítulo, a especiação pode começar com diferenças tão pequenas quanto a coloração do dorso de um ciclídeo. No entanto, à medida que a especiação ocorre, essas diferenças podem se acumular e se tornar mais pronunciadas, gerando, enfim, novos grupos de organismos que diferem consideravelmente de seus ancestrais (como na origem das baleias a partir de mamíferos terrestres; ver Figura 22.20). Além disso, enquanto um grupo de organismos aumenta ao produzir espécies novas, outro grupo talvez diminua pela extinção de espécies. Os efeitos cumulativos de tantos eventos de especiação e extinção ajudaram a moldar mudanças evolutivas abrangentes, documentadas no registro fóssil. No próximo capítulo, abordaremos essas mudanças evolutivas de larga escala, à medida que iniciamos o nosso estudo de macroevolução.

REVISÃO DO CONCEITO 24.4

1. A especiação pode ocorrer rapidamente entre populações divergentes; no entanto, o tempo entre eventos de especiação é frequentemente de mais de 1 milhão de anos. Explique essa aparente contradição.
2. Resuma a evidência experimental de que o *locus yup* atua como barreira pré-zigótica à reprodução em duas espécies de flores-de-macaco. Esses resultados mostram que o *locus yup* sozinho controla as barreiras à reprodução entre essas espécies? Explique.
3. **FAÇA CONEXÕES** Compare as Figuras 13.12 e 24.19. Qual processo celular pode fazer com que os cromossomos híbridos na Figura 24.19 tenham DNA das duas espécies parentais? Explique.

Ver as respostas sugeridas no Apêndice A.

24 Revisão do capítulo

RESUMO DOS CONCEITOS-CHAVE

CONCEITO 24.1

O conceito biológico de espécie enfatiza o isolamento reprodutivo (p. 507-510)

- Uma **espécie** biológica é um grupo de populações cujos indivíduos têm o potencial de cruzar e produzir prole viável e fértil entre si, mas não com membros de outras espécies.
- As espécies novas se formam quando o **isolamento reprodutivo** entre populações se desenvolve por meio do estabelecimento de **barreiras pré-zigóticas** ou **pós-zigóticas** que separam *pools* gênicos.

? *Explique o papel do fluxo gênico no conceito biológico de espécie.*

CONCEITO 24.2

A especiação pode ocorrer com ou sem separação geográfica (p. 511-516)

- Na **especiação alopátrica**, o fluxo gênico é reduzido quando duas populações de uma espécie se tornam geograficamente separadas. Uma ou ambas as populações podem sofrer mudança evolutiva durante o período de separação, resultando no estabelecimento de barreiras à reprodução.

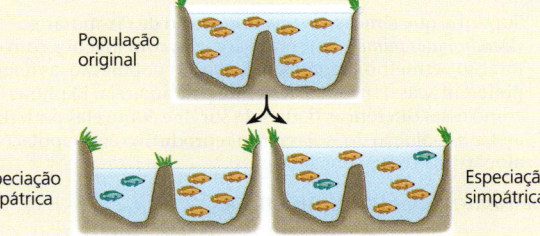

- Na **especiação simpátrica**, uma espécie nova se origina enquanto permanece na mesma área geográfica da espécie parental. As espécies vegetais (e mais raramente as espécies animais) evoluíram de maneira simpátrica por **poliploidia**. A especiação simpátrica também pode ser resultado de seleção sexual e alterações de hábitats.

? *Os fatores que causam especiação simpátrica podem causar especiação alopátrica? Explique.*

CONCEITO 24.3

As zonas de hibridação revelam fatores que causam isolamento reprodutivo (p. 516-520)

- Muitos grupos de organismos formam **zonas de hibridação** nas quais membros de diferentes espécies se encontram e cruzam, produzindo pelo menos alguma prole de ancestralidade mista.
- Muitas zonas de hibridação são *estáveis*, ou seja, um número limitado da prole híbrida continua a ser produzido ao longo do tempo. Em outras, o **reforço** deixa as barreiras pré-zigóticas de reprodução mais fortes, diminuindo, assim, a formação de híbridos não adaptados. Ainda, em outras zonas de hibridação, as barreiras de reprodução podem enfraquecer ao longo do tempo, resultando na *fusão* dos *pools* gênicos das espécies (revertendo o processo de especiação).

? *Quais fatores podem sustentar a estabilidade por longos períodos nas zonas híbridas se as espécies parentais vivem em ambientes diferentes?*

CONCEITO 24.4

A especiação pode ocorrer rápida ou lentamente e pode resultar de mudanças em poucos ou em muitos genes (p. 520-523)

- Espécies novas podem se formar rapidamente tão logo comecem a divergir – mas pode levar milhões de anos para que isso aconteça. O intervalo de tempo entre os eventos de especiação varia bastante: de alguns milhares a dezenas de milhões de anos.

- Os pesquisadores identificaram genes específicos envolvidos em alguns casos de especiação. A especiação pode ser dirigida por alguns ou muitos genes.

? *A especiação é algo que ocorreu apenas em um passado distante ou espécies novas continuam surgindo atualmente? Explique.*

TESTE SEU CONHECIMENTO

Níveis 1-2: Relembre/Entenda

1. A *maior* unidade em que o fluxo gênico pode ocorrer prontamente é
   (A) uma população.
   (B) uma espécie.
   (C) um gênero.
   (D) um híbrido.

2. Machos de espécies diferentes da mosca-da-fruta (*Drosophila*) que vivem nas mesmas partes do arquipélago havaiano têm rituais de acasalamento diferentes e sofisticados. Esses rituais envolvem disputas com outros machos e movimentos estilizados para atrair as fêmeas. Que tipo de isolamento reprodutivo isso representa?
   (A) Isolamento de hábitat
   (B) Isolamento temporal
   (C) Isolamento comportamental
   (D) Isolamento gamético

3. De acordo com o modelo de equilíbrio pontuado,
   (A) depois de um tempo suficiente, a maioria das espécies existentes irá se ramificar gradativamente em espécies novas.
   (B) a maioria das espécies novas acumula as suas características exclusivas tão rápido quanto surgem, sofrendo poucas mudanças pelo resto de suas vidas como espécies.
   (C) a evolução ocorre principalmente em populações simpátricas.
   (D) a especiação ocorre geralmente devido a uma única mutação.

Níveis 3-4: Aplique/Analise

4. No passado, guias de aves listavam as espécies de mariquita-de-asa-amarela *Dendroica coronata* e *Dendroica auduboni* como espécies distintas. Recentemente, essas aves foram classificadas como formas do leste e oeste de uma única espécie, *Dendroica coronata*. Quais das seguintes evidências, se verdadeiras, seriam a causa dessa reclassificação?
   (A) As duas formas cruzam frequentemente na natureza, e a sua prole sobrevive e se reproduz.
   (B) As duas formas vivem em hábitats semelhantes e têm necessidades alimentares parecidas.
   (C) As duas formas têm muitos genes em comum.
   (D) As duas formas são muito semelhantes na aparência.

5. Qual dos seguintes fatores mais provavelmente contribuiria para a especiação alopátrica?
   (A) A população separada é grande, e ocorre deriva genética.
   (B) As pressões de seleção na população isolada são similares às ocorrentes na população ancestral.
   (C) O fluxo gênico entre as duas populações é extenso.
   (D) Mutações diferentes começam a distinguir os *pools* gênicos das populações separadas.

6. A espécie vegetal A apresenta número cromossômico diploide 12. A espécie vegetal B apresenta número cromossômico diploide de 16. Uma espécie nova, C, surge como um alopoliploide de A e B. O número diploide da espécie C provavelmente seria
   (A) 14.
   (B) 16.
   (C) 28.
   (D) 56.

Níveis 5-6: Avalie/Crie

7. **CONEXÃO EVOLUTIVA** Explique a base biológica para a designação de uma só espécie para as populações humanas. Você consegue imaginar um cenário em que uma segunda espécie humana se origine no futuro?

8. **PESQUISA CIENTÍFICA • DESENHE** Neste capítulo, você viu que o trigo do pão (*Triticum aestivum*) é um alo-hexaploide, contendo dois conjuntos de cromossomos de cada uma das três espécies parentais. A análise genética sugere que cada uma das três espécies ilustradas abaixo contribuiu com conjuntos de cromossomos para a formação do *T. aestivum* (as letras maiúsculas representam conjunto de cromossomos, cada um dos quais pode ser atribuído a uma espécie determinada, não a genes individuais. Os números entre parênteses são os números cromossômicos das respectivas espécies). As evidências indicam também que o primeiro evento de poliploidia começou com a hibridação espontânea de uma espécie cultivada de trigo primitivo, *T. monococcum*, e uma espécie de *Triticum* silvestre. Represente um diagrama de uma possível cadeia de eventos que poderia ter produzido a espécie alo-hexaploide *T. aestivum*.

Espécies ancestrais:

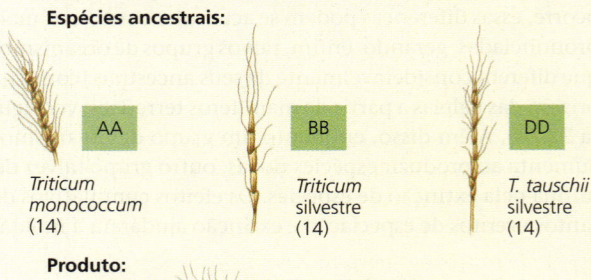

Triticum monococcum (14) — AA
Triticum silvestre (14) — BB
T. tauschii silvestre (14) — DD

Produto:

T. aestivum (trigo do pão) (42) — AA BB DD

9. **ESCREVA SOBRE UM TEMA: INFORMAÇÃO** Nas espécies com reprodução sexuada, cada indivíduo herda o DNA dos dois organismos parentais. Em um ensaio sucinto (100-150 palavras), explique o que ocorre quando organismos de duas espécies com cromossomos homólogos cruzam e produzem descendência (F_1) híbrida. Qual porcentagem de DNA nos cromossomos dos híbridos F_1 vem de cada uma das espécies parentais? À medida que os híbridos cruzam e produzem a geração F_2 híbrida, descreva como a recombinação e a seleção natural podem influenciar que o DNA nos cromossomos híbridos seja derivado de uma espécie parental ou de outra.

10. **SINTETIZE SEU CONHECIMENTO**

Suponha que fêmeas de uma população de rãs-morango (*Dendrobates pumilio*) prefiram acasalar com machos com coloração vermelho-alaranjada. Em outra população, as fêmeas preferem acasalar com machos de pele amarela. Explique como essas diferenças poderiam surgir e como elas poderiam afetar a evolução do isolamento reprodutivo em populações alopátricas *versus* simpátricas.

Ver respostas selecionadas no Apêndice A.

25 História da vida na Terra

CONCEITOS-CHAVE

25.1 As condições da Terra primitiva tornaram possível a origem da vida *p. 526*

25.2 O registro fóssil documenta a história da vida *p. 528*

25.3 Eventos-chave na história da vida incluem a origem dos organismos unicelulares e multicelulares, além da colonização de ambientes terrestres *p. 532*

25.4 A ascensão e a queda de grupos de organismos refletem as diferenças nas taxas de especiação e extinção *p. 537*

25.5 Alterações importantes na forma corporal podem resultar de mudanças nas sequências e na regulação de genes do desenvolvimento *p. 544*

25.6 A evolução não tem objetivos definidos *p. 547*

Dica de estudo

Desenhe uma linha do tempo: Desenhe uma linha do tempo como o exemplo mostrado aqui e indique quando os seguintes grandes eventos da evolução ocorreram: "revolução do oxigênio", origem dos eucariotos, primeiros organismos multicelulares, colonização do ambiente terrestre por eucariotos grandes, origem dos tetrápodes e extinção em massa no Permiano. Descreva brevemente o significado de cada evento. Você pode também adicionar mais eventos à linha do tempo à medida que seu estudo avançar.

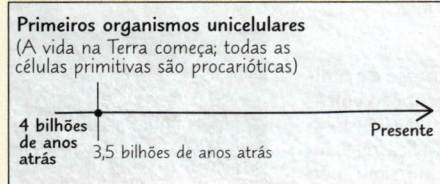

Figura 25.1 Na década de 1870, trabalhando no calor escaldante do Deserto do Saara, pesquisadores foram surpreendidos ao descobrir fósseis de baleias primitivas. Esses fósseis eram espetaculares não apenas pelo local onde foram encontrados, mas também porque documentam a transição da vida do ambiente terrestre para o mar – esse é apenas um exemplo das mudanças impressionantes observadas na história da vida na Terra.

Como a vida na Terra mudou ao longo do tempo?

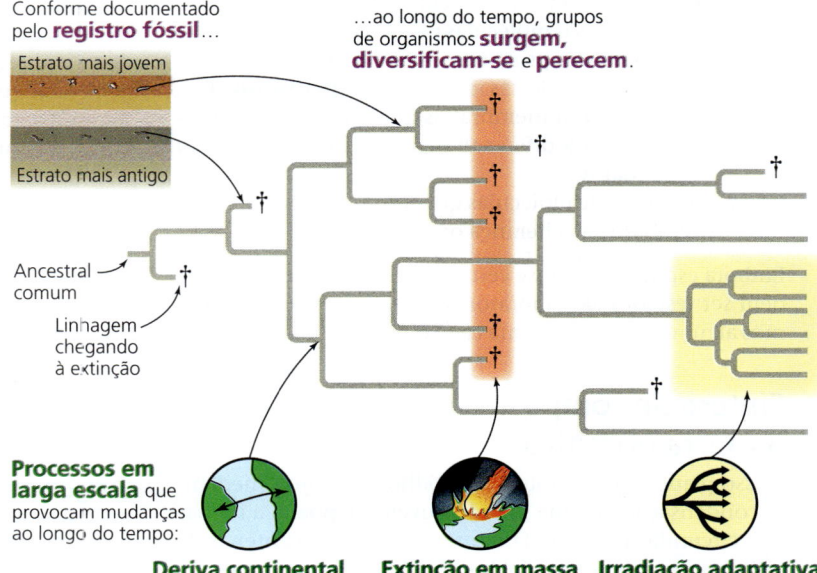

Os fósseis de baleias descobertos no Deserto do Saara (ver Figura 25.1) são um exemplo de evidência de que organismos que viveram no passado eram muito diferentes dos que vivem hoje. Essas mudanças impressionantes da vida na Terra, reveladas pelos fósseis, ilustram a **macroevolução**, ou seja, o padrão amplo de evolução acima do nível de espécie. Exemplos de mudança macroevolutiva incluem a emergência dos vertebrados terrestres através de uma série de eventos de especiação, o impacto das extinções em massa sobre a biodiversidade e a origem de adaptações essenciais, como o voo.

Juntas, essas mudanças proporcionam uma visão ampla da história evolutiva da vida. Neste capítulo, examinaremos essa história, começando com uma discussão das hipóteses referentes à origem da vida. Esse é o tópico mais especulativo de toda a unidade, pois não existem evidências fósseis desse episódio fundamental.

CONCEITO 25.1
As condições da Terra primitiva tornaram possível a origem da vida

As evidências diretas de vida na Terra primitiva vêm de fósseis de microrganismos que viveram cerca de 3,5 bilhões de anos atrás. Mas como essas primeiras células vivas surgiram? Observações e experimentos em química, geologia e física levaram cientistas a propor o cenário que examinaremos aqui. Eles levantaram a hipótese de que processos químicos e físicos poderiam ter produzido células simples por meio de uma sequência de quatro estágios principais:

1. A síntese abiótica (não viva) de moléculas orgânicas pequenas, como aminoácidos e bases nitrogenadas.
2. A união dessas moléculas pequenas em macromoléculas, como as proteínas e os ácidos nucleicos.
3. A organização dessas moléculas em **protobiontes**, gotículas com membranas que mantinham a química interna diferente daquela do meio externo circundante.
4. A origem de moléculas que se autorreplicam, o que veio a tornar a herança possível.

Embora especulativo, esse cenário leva a predições que podem ser testadas em laboratório. Nesta seção, examinaremos algumas evidências para cada estágio.

Síntese de compostos orgânicos na Terra primitiva

Nosso planeta se formou há 4,6 bilhões de anos, mediante condensação de uma grande nuvem de poeira e rochas que circundavam o sol. Durante as primeiras centenas de milhões de anos, a Terra foi bombardeada por enormes pedaços de rochas e gelo que restaram da formação do sistema solar. As colisões geraram tanto calor que toda a água disponível evaporou, impedindo a formação dos lagos e mares.

Esse bombardeio expressivo terminou há 4 bilhões de anos, preparando as condições para a origem da vida. A primeira atmosfera tinha pouco oxigênio, e era provavelmente espessa pela presença de vapor de água, junto com compostos liberados de erupções vulcânicas, tais como nitrogênio e seus óxidos, dióxido de carbono, metano, amônia e hidrogênio. À medida que a Terra esfriava, o vapor de água se condensou em oceanos, e a maior parte do hidrogênio escapou para o espaço.

Na década de 1920, o químico russo A. I. Oparin e o cientista britânico J. B. S. Haldane formularam a hipótese, de forma independente, de que a atmosfera primitiva da Terra era um ambiente redutor (com adição de elétrons), em que os compostos orgânicos poderiam ter se formado a partir de moléculas mais simples. A energia para essa síntese poderia ter vindo de raios e da radiação ultravioleta (UV). Haldane sugeriu que os oceanos primitivos eram uma solução de moléculas orgânicas, uma "sopa primitiva" da qual a vida surgiu.

Em 1953, Stanley Miller, trabalhando com Harold Urey na Universidade de Chicago, testou a hipótese de Oparin-Haldane ao criar em laboratório condições comparáveis àquelas que cientistas da época pensavam existir na Terra primitiva (ver Figura 4.2). O aparato construído por eles produziu uma diversidade de aminoácidos encontrados em organismos atuais, juntamente com compostos orgânicos. Muitos laboratórios repetiram o experimento, utilizando receitas diferentes para a atmosfera; algumas dessas variações também produziram compostos orgânicos.

No entanto, algumas evidências sugerem que a atmosfera primitiva era composta principalmente de nitrogênio e dióxido de carbono e que não era redutora nem oxidante (com remoção de elétrons). Experimentos recentes, semelhantes aos de Miller-Urey, usando essas atmosferas "neutras" também produziram moléculas orgânicas. Além disso, cavidades pequenas da atmosfera primitiva, como aquelas perto de aberturas vulcânicas, talvez fossem redutoras. Talvez os primeiros compostos orgânicos formaram-se próximo aos vulcões. Em um teste dessa hipótese **(Figura 25.2)**, pesquisadores empregaram um equipamento moderno para reanalisar moléculas que Miller conservou de um de seus experimentos. Eles constataram que diversos aminoácidos se formaram sob condições que simulavam uma erupção vulcânica.

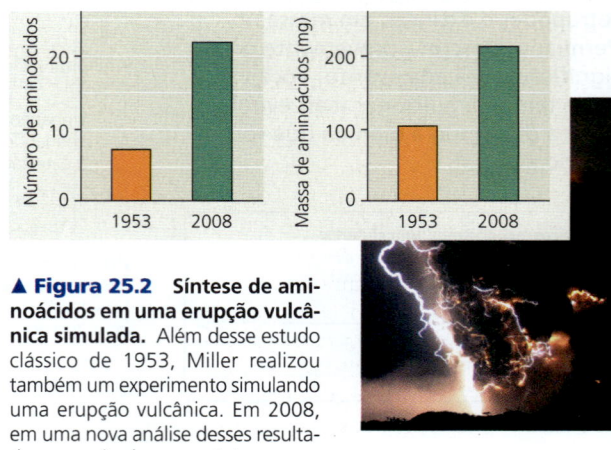

▲ **Figura 25.2** Síntese de aminoácidos em uma erupção vulcânica simulada. Além desse estudo clássico de 1953, Miller realizou também um experimento simulando uma erupção vulcânica. Em 2008, em uma nova análise desses resultados, pesquisadores constataram que muito mais aminoácidos eram produzidos sob condições de erupção vulcânica simulada do que os produzidos no estudo clássico de 1953.

FAÇA CONEXÕES Explique como mais de 20 aminoácidos puderam ser obtidos no estudo de 2008. (Ver Conceito 5.4.)

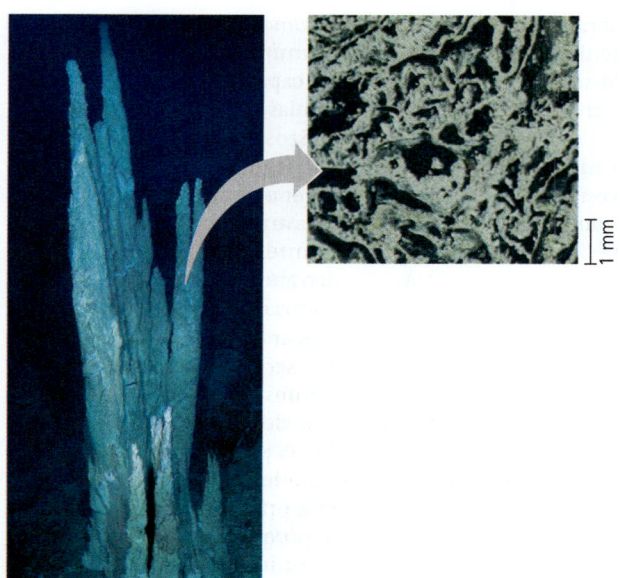

▲ **Figura 25.3 A vida se originou em fontes alcalinas do mar profundo?** Os primeiros compostos orgânicos podem ter surgido em fontes alcalinas quentes similares a esta, de 40.000 anos de idade, da "Cidade Perdida" localizada no meio do Oceano Atlântico. Essas fontes contêm hidrocarbonetos e são repletas de poros diminutos (detalhe) revestidos de ferro e outros minerais catalíticos. Os oceanos primitivos eram ácidos, de modo que teria se formado um gradiente de pH entre o interior das fontes e as águas oceânicas circundantes. A energia para a síntese de compostos orgânicos pode ter sido aproveitada desse gradiente de pH.

Outra hipótese sugerida é que os compostos orgânicos eram produzidos inicialmente em **fontes hidrotermais** do mar profundo, onde água aquecida e minerais jorram do interior da Terra para o oceano. Algumas dessas fontes, conhecidas como "fumarolas negras", liberam água tão quente (300-400°C) que os compostos orgânicos ali formados talvez fossem instáveis. Entretanto, outras fontes do mar profundo, denominadas **fontes alcalinas**, liberam água com pH alto (9-11) e menos quente (40-90°C), um ambiente bem mais adequado para a origem da vida na Terra **(Figura 25.3)**.

Estudos relacionados com as hipóteses da atmosfera vulcânica e das fontes alcalinas mostram que a síntese abiótica de moléculas orgânicas é possível sob várias condições. Outra fonte de moléculas orgânicas pode ter sido os meteoritos. Por exemplo, fragmentos do meteorito Murchison, uma rocha de 4,5 bilhões de anos que caiu na Austrália em 1969, contém mais de 80 aminoácidos, alguns em grandes quantidades. Esses aminoácidos não podem ser contaminantes a partir da Terra, porque são constituídos de uma mistura igual de isômeros D e L (ver Figura 4.7). Os organismos produzem e usam apenas os isômeros L, com raras exceções. Estudos recentes mostraram que o meteorito Murchison continha também outras moléculas orgânicas fundamentais, incluindo lipídeos, açúcares simples e bases nitrogenadas como a uracila.

Síntese abiótica de macromoléculas

A presença de moléculas orgânicas pequenas, como os aminoácidos e as bases nitrogenadas, não é suficiente para o surgimento da vida como a conhecemos. Toda célula possui muitos tipos de macromoléculas, incluindo as enzimas e outras proteínas e os ácidos nucleicos essenciais para a autorreplicação. Essas moléculas poderiam ter se formado na Terra primitiva? Um estudo de 2016 demonstrou que uma etapa-chave, a síntese abiótica de duas bases purinas do RNA, adenina (A) e guanina (G), pode ocorrer espontaneamente a partir de moléculas precursoras simples; a síntese abiótica das bases menores, citosina (C) e uracila (U), foi realizada em 2009. Além disso, ao pingar soluções de aminoácidos ou nucleotídeos de RNA na areia quente, argila ou rocha, pesquisadores conseguiram produzir polímeros dessas moléculas. Os polímeros se formaram espontaneamente, sem o auxílio de enzimas ou ribossomos. Diferentemente das proteínas, os polímeros de aminoácidos são uma mistura complexa de aminoácidos ligados e com ligação cruzada. No entanto, é possível que esses polímeros tenham atuado como catalisadores fracos para várias reações químicas ocorridas na Terra primitiva.

Protobiontes

Todos os organismos devem ser capazes de reproduzir e processar energia (metabolizar). As moléculas de DNA carregam a informação genética, incluindo as instruções necessárias para se replicar corretamente durante a reprodução. No entanto, a replicação de DNA requer maquinaria enzimática elaborada, junto com um suprimento abundante de blocos estruturais de nucleotídeos disponibilizados pelo metabolismo celular. Isso sugere que moléculas autorreplicantes e uma fonte metabólica de blocos estruturais talvez tenham aparecido juntas nos primórdios dos protobiontes. As condições necessárias podem ter sido encontradas nas *vesículas*, compartimentos preenchidos com líquidos e circundados por uma estrutura semelhante a uma membrana. Experimentos recentes mostram que as vesículas produzidas abioticamente podem exibir algumas propriedades da vida, incluindo reprodução simples e metabolismo, bem como a manutenção de um ambiente químico interno diferente daquele do meio externo **(Figura 25.4)**.

Por exemplo, as vesículas podem formar-se espontaneamente quando lipídeos ou outras moléculas orgânicas são adicionados à água. Quando isso acontece, as moléculas com regiões hidrofóbica e hidrofílica conseguem se organizar em uma bicamada similar à bicamada lipídica de uma membrana plasmática. A adição de substâncias como *montmorilonita*, uma argila mineral macia produzida pelo intemperismo de cinzas vulcânicas, aumenta consideravelmente a velocidade de automontagem das vesículas (ver Figura 25.4a). Essa argila, que acredita-se ter sido comum na Terra primitiva, proporciona superfícies nas quais as moléculas orgânicas tornam-se concentradas, aumentando a probabilidade das moléculas reagirem entre si e formarem vesículas. Vesículas produzidas abioticamente podem "se reproduzir" por si só (ver Figura 25.4b) e aumentar de tamanho ("crescer") sem diluição dos seus conteúdos. As vesículas também podem absorver as partículas de montmorilonita, incluindo aquelas nas quais o RNA e outras moléculas orgânicas tornaram-se ligadas (ver Figura 25.4c). Por fim, experimentos mostraram que algumas vesículas têm uma bicamada com permeabilidade seletiva e podem realizar reações metabólicas usando uma fonte externa de reagentes, outro importante pré-requisito para a vida.

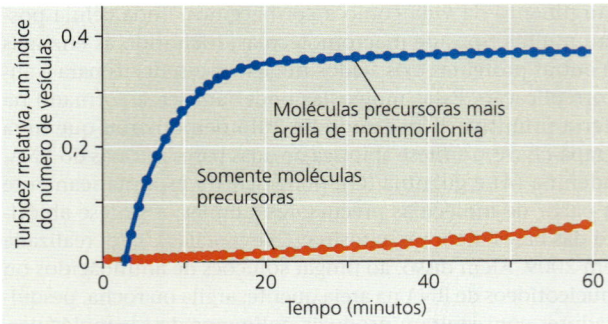

(a) **Automontagem.** A presença de argila de montmorilonita aumenta muito a velocidade de automontagem das vesículas.

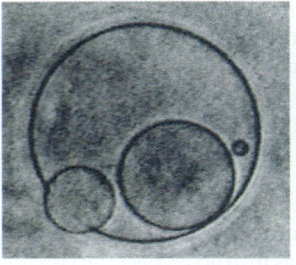
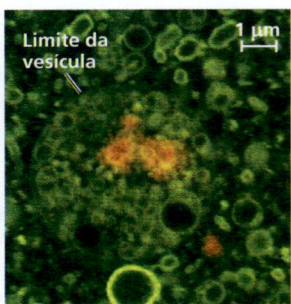

(b) **Reprodução.** As vesículas podem dividir-se por si só, como visto nesta vesícula gerando pequenas vesículas (MO).

(c) **Absorção de RNA.** Esta vesícula incorporou partículas de argila de montmorilonita revestidas com RNA (em laranja).

▲ **Figura 25.4** Características de vesículas produzidas abioticamente.

FAÇA CONEXÕES Explique como moléculas com regiões hidrofóbica e hidrofílica conseguem realizar automontagem em uma bicamada quando na presença da água. (Ver Conceito 5.3.)

Autorreplicação do RNA

O primeiro material genético foi mais provavelmente o RNA, e não o DNA. O RNA desempenha um papel central na síntese de proteínas, mas também pode funcionar como um catalisador semelhante a uma enzima (ver Conceito 17.3). Esses RNAs catalíticos são denominados **ribozimas**. Algumas ribozimas podem fazer cópias complementares de segmentos pequenos de RNA, desde que lhes sejam fornecidos os blocos estruturais, os nucleotídeos.

A seleção natural no nível molecular produziu ribozimas capazes de se autorreplicar em laboratório. Como isso ocorre? Diferente da dupla-fita de DNA, que adquire a forma de hélice uniforme, as moléculas de RNA de fita simples podem assumir uma diversidade de formas tridimensionais específicas, conferidas por suas sequências de nucleotídeos. Em um determinado ambiente, moléculas de RNA com certas sequências de nucleotídeos podem ter formas que lhes permitem replicarem mais rápido e com menos erros do que outras sequências. A molécula de RNA com maior capacidade de autorreplicação deixará mais moléculas descendentes. Ocasionalmente, um erro de cópia resultará em uma molécula com uma forma que é ainda mais apta à autorreplicação. Eventos de seleção similares podem ter ocorrido na Terra primitiva. Assim, a vida como conhecemos hoje talvez tenha sido precedida por um "mundo de RNA", em que moléculas pequenas de RNA eram capazes de replicar e armazenar informações sobre as vesículas que as carregavam.

Recentemente, Dr. Jack Szostak e colaboradores, na Universidade de Harvard, conseguiram desenvolver uma vesícula na qual poderia ocorrer a reprodução de uma fita-molde de RNA – uma etapa-chave para a construção de uma vesícula com RNA autorreplicante. Na Terra primitiva, uma vesícula com tal RNA catalítico autorreplicante diferiria dos seus vários vizinhos desprovidos dessas moléculas. Se essa vesícula pudesse crescer, replicar e passar as moléculas de RNA para suas "filhas", as filhas seriam protobiontes. Embora o primeiro desses protobiontes provavelmente portasse apenas quantidades limitadas de informações genéticas, especificando somente algumas propriedades, as suas características herdadas poderiam ter sido influenciadas pela seleção natural. O protobionte primitivo de maior sucesso teria aumentado em número porque poderia explorar com eficiência seus recursos e passar suas capacidades para outras gerações.

Logo que as sequências de RNA com informações genéticas evidenciaram-se nos protobiontes, muitas outras alterações teriam sido possíveis. Por exemplo, o RNA pode ter fornecido o modelo a partir do qual os nucleotídeos de DNA foram montados. A dupla-fita de DNA é um reservatório quimicamente mais estável para a informação genética do que o RNA mais frágil. O DNA pode também ser replicado com maior exatidão. A replicação acurada era mais vantajosa à medida que os genomas tornaram-se maiores por meio da duplicação gênica e de outros processos e também à medida que mais propriedades dos protobiontes se tornaram codificadas na informação genética. Tão logo o DNA apareceu, o cenário estava pronto para o florescimento de diversas formas de vida – mudança que vemos documentada no registro fóssil.

REVISÃO DO CONCEITO 25.1

1. Qual hipótese Miller testou no seu experimento clássico?
2. Como o aparecimento dos protobiontes teria representado uma etapa fundamental na origem da vida?
3. **FAÇA CONEXÕES** Na mudança de um "mundo do RNA" para o "mundo do DNA" de hoje, a informação genética deve ter fluído do RNA para o DNA. Após revisar as Figuras 17.4 e 19.9, sugira como isso poderia ter acontecido. Um fluxo desse tipo ocorre atualmente?

Ver as respostas sugeridas no Apêndice A.

CONCEITO 25.2

O registro fóssil documenta a história da vida

Partindo dos primeiros sinais de vida, o registro fóssil abre uma janela para o mundo primitivo e fornece ideias da evolução da vida ao longo de bilhões de anos. Nesta seção, estudaremos os fósseis como evidências científicas: como os

▶ **Figura 25.5** Uma galeria de tipos de fósseis. **(a) Rocha sedimentar.** Os fósseis são majoritariamente encontrados em rochas sedimentares, como este fóssil vegetal. **(b) Matéria orgânica mineralizada.** Alguns fósseis, como este tronco de árvore petrificado, se formam com infiltrações de minerais que substituem a matéria orgânica. **(c) Vestígios fósseis.** Pegadas, tocas ou outros vestígios de atividades de um organismo podem ser preservados no registro fóssil. **(d) Âmbar.** Às vezes, organismos inteiros são encontrados preservados em resina endurecida proveniente de uma árvore. **(e) Solo congelado, gelo e turfeiras ácidas.** Em solo congelado, gelo ou uma turfeira ácida, é possível a preservação do corpo de organismos maiores, como este filhote de lobo.

(a) Fóssil vegetal, com aproximadamente 300 milhões de anos

(b) Árvore petrificada no Arizona, com cerca de 215 milhões de ano

(c) Pegadas de dinossauro no Colorado, com 150 milhões de anos

(e) Filhote de lobo com 50 mil anos, encontrado no solo congelado em Yukon, Canadá

(d) Inseto no âmbar, com aproximadamente 40 milhões de anos

fósseis se formaram, como os cientistas datam e interpretam esses registros e o que eles podem ou não nos dizer acerca das mudanças na história da vida.

Registro fóssil

As rochas sedimentares são a fonte mais rica de fósseis. Como resultado, o registro fóssil é baseado principalmente na sequência em que os fósseis se acumularam nas camadas de rochas sedimentares, chamadas de *estratos* (ver Figura 22.3). Informações relevantes também são fornecidas por outros tipos de fósseis, como os insetos preservados em âmbar (resina de árvores fossilizada) e mamíferos congelados no solo **(Figura 25.5)**.

O registro fóssil mostra que houve grandes mudanças nos tipos de organismos terrestres em diferentes momentos. Muitos organismos de tempos pretéritos eram diferentes dos organismos atuais, e muitos organismos outrora comuns hoje estão extintos. Como veremos mais adiante nesta seção, fósseis documentam também como novos grupos de organismos surgiram a partir daqueles previamente existentes.

Por mais substancial e significativo que o registro fóssil seja, tenha em mente que ele representa uma crônica incompleta da evolução. Muitos organismos terrestres não morreram no local e no tempo apropriados para serem preservados como fósseis. Desses fósseis formados, muitos foram destruídos por processos geológicos posteriores, e somente uma fração dos outros foi descoberta. Como consequência, o registro fóssil conhecido é tendencioso em favor de espécies que viveram por muito tempo, que eram abundantes e com dispersão ampla em determinados tipos de ambiente e que tinham conchas, esqueletos ou outras partes que facilitavam a fossilização. No entanto, mesmo com suas limitações, o registro fóssil é uma fonte extremamente detalhada da mudança biológica ao longo da vasta escala de tempo geológico. Além disso, conforme descobertas recentes de fósseis de ancestrais de baleia com membros posteriores (ver Figuras 22.19 e 25.1), lacunas no registro fóssil continuam a ser preenchidas por novas descobertas.

Como as rochas e os fósseis são datados

Os fósseis proporcionam dados valiosos para a reconstrução da história da vida, mas apenas se pudermos determinar onde se enquadram nessa trajetória. Se, por um lado, a ordem dos fósseis nos estratos rochosos nos revela a sequência em que eles foram depositados (as suas idades relativas), por outro, ela não indica as suas idades reais. Examinar as posições relativas de fósseis é como retirar camadas de papel de parede de uma casa antiga. Você consegue inferir a sequência em que as camadas foram sobrepostas, mas não o ano em que cada uma foi adicionada.

Como podemos determinar a idade de um fóssil? Uma das técnicas mais comuns é a **datação radiométrica**, que é baseada no decaimento de radioisótopos (ver Conceito 2.2). Nesse processo, um radioisótopo "progenitor" decai até um isótopo "filho" em uma taxa característica. A taxa de decaimento é expressa pela **meia-vida**, o tempo necessário para 50% do isótopo parental decair **(Figura 25.6)**. Cada tipo de radioisótopo tem uma meia-vida característica, não

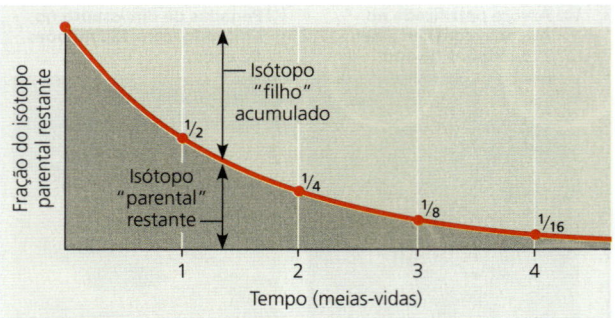

▲ **Figura 25.6 Datação radiométrica.** Neste diagrama, cada unidade de tempo representa uma meia-vida de um isótopo radioativo.

DESENHE *Renomeie o eixo do x deste gráfico em anos, para ilustrar o decaimento radioativo do urânio-238 (meia-vida = 4,5 bilhões de anos).*

afetada por temperatura, pressão ou outras variáveis ambientais. Por exemplo, o carbono-14 decai relativamente rápido; sua meia-vida é de 5.730 anos. O urânio-238 decai lentamente; sua meia-vida é de 4,5 bilhões de anos.

Os fósseis contêm isótopos de elementos que se acumularam no organismo quando eles estavam vivos. Por exemplo, um organismo vivo contém o isótopo de carbono mais comum, o carbono-12, bem como um radioisótopo, o carbono-14. Quando o organismo morre, ele cessa o acúmulo de carbono, e a quantidade de carbono-12 em seus tecidos não muda ao longo do tempo. No entanto, o carbono-14 que ele contém na hora da morte decai lentamente para outro elemento, o nitrogênio-14. Assim, ao medir a razão entre o carbono-14 e o carbono-12 em um fóssil, podemos determinar a idade desse fóssil. Esse método funciona para fósseis de até cerca de 75.000 anos; fósseis mais antigos contêm pouquíssimo carbono-14, não detectável com as técnicas disponíveis. Radioisótopos com meias-vidas mais longas são utilizados para datar fósseis mais antigos.

A determinação da idade desses fósseis mais antigos em rochas sedimentares pode ser desafiadora. Os organismos não utilizam radioisótopos com meias-vidas longas, como o urânio-238, para construir seus ossos ou conchas. Além disso, as rochas sedimentares muitas vezes são compostas de sedimentos de idades diferentes. Embora não possamos datar diretamente esses fósseis mais antigos, é possível empregar uma técnica indireta para inferir a idade de fósseis que estão prensados entre duas camadas de rocha vulcânica. À medida que a rocha vulcânica resfria, os radioisótopos do ambiente vão ficando aprisionados na rocha recém-formada. Alguns desses radioisótopos aprisionados têm meias-vidas longas, permitindo que os geólogos estimem a idade das rochas vulcânicas ancestrais. Se duas camadas adjacentes aos fósseis tiverem de 525 a 535 milhões de anos de idade, por exemplo, então os fósseis têm aproximadamente 530 milhões de anos de idade.

O estudo dos fósseis ajudou geólogos a estabelecer um registro geológico: uma escala de tempo padrão que divide a história da Terra em quatro éons com subdivisões **(Tabela 25.1)**. No Conceito 25.3, descreveremos eventos-chave que ocorreram durante esses diferentes períodos de tempo.

Tabela 25.1 Registro geológico

Éon	Era	Período	Época	Idade (milhões de anos)
Fanerozoico	Cenozoico	Quaternário	Holoceno	0,01
			Pleistoceno	2,6
		Neógeno	Plioceno	5,3
			Mioceno	23
		Paleógeno	Oligoceno	33,9
			Eoceno	56
			Paleoceno	66
	Mesozoico	Cretáceo		145
		Jurássico		201
		Triássico		252
	Paleozoico	Permiano		299
		Carbonífero		359
		Devoniano		419
		Siluriano		444
		Ordoviciano		485
		Cambriano		541
Proterozoico	Neoproterozoico	Ediacariano		635
				1.000
				2.500
Arqueano				4.000
Hadeano				Cerca de 4.600

Origem de novos grupos de organismos

Alguns fósseis documentam a origem de novos grupos de organismos. Esses fósseis são fundamentais para o nosso entendimento da evolução; eles ilustram como surgem novas características e quanto tempo leva para essas mudanças ocorrerem. Aqui e na **Figura 25.7** examinaremos um desses casos: a origem dos mamíferos.

Junto com anfíbios e répteis, os mamíferos pertencem a um grupo de animais chamado de *tetrápodes* (do grego *tetra*, quatro, e *podo*, pé), nome dado porque possuem quatro membros. Os mamíferos têm várias características anatômicas exclusivas que fossilizam rapidamente, possibilitando aos cientistas determinarem a sua origem. Por exemplo, a mandíbula é composta por um único osso (o dentário) em mamíferos, mas por vários ossos em outros tetrápodes. Além disso, a articulação entre a mandíbula e a maxila é diferente nos mamíferos em comparação com outros tetrápodes. Os mamíferos têm, além disso, um conjunto exclusivo de três ossos que transmitem o som na orelha média (martelo, bigorna e estribo), enquanto outros tetrápodes têm apenas um osso, o estribo (ver Conceito 34.6). Finalmente, os dentes dos mamíferos são diferenciados em incisivos (para rasgar), caninos (para furar) e os pré-molares e molares com pontas múltiplas (para esmagar e moer). Por outro lado, os dentes dos outros tetrápodes normalmente consistem em uma linha de dentes indistintos com ponta única.

▼ Figura 25.7 Explorando a origem dos mamíferos

Ao longo de 120 milhões de anos, os mamíferos se originaram gradualmente a partir de um grupo de tetrápodes chamados de sinapsídeos. Aqui aparecem alguns dos muitos organismos fósseis cujas características morfológicas representam etapas intermediárias entre mamíferos atuais e seus ancestrais sinapsídeos. O contexto evolutivo da origem dos mamíferos é mostrado no diagrama à direita (o símbolo † indica linhagens extintas).

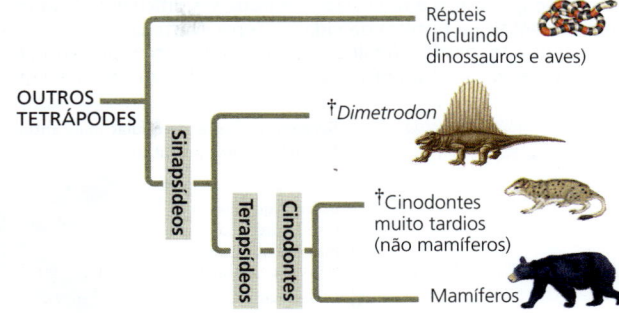

Legenda dos ossos do crânio
- Articular
- Quadrado
- Dentário
- Esquamosal

Sinapsídeos (300 milhões de anos atrás)

Os sinapsídeos primitivos tinham ossos múltiplos na mandíbula e dentes com ponta única. A articulação entre a mandíbula e a maxila era formada pelos ossos articular e quadrado. Os sinapsídeos também possuíam uma abertura chamada de *fenestra temporal* atrás da órbita ocular. Os músculos poderosos da face que fechavam a boca provavelmente passavam pela fenestra temporal. Ao longo do tempo, essa abertura ampliou-se e se moveu para a frente da articulação, entre a mandíbula e a maxila, aumentando, portanto, o poder e a precisão com que a boca pode ser fechada (como posicionar a maçaneta longe da dobradiça torna a porta mais fácil de abrir e fechar).

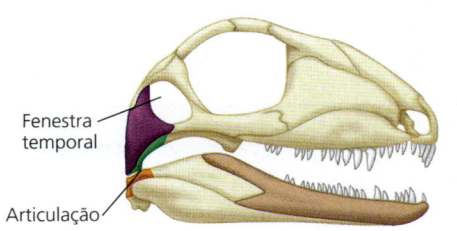

Terapsídeos (280 milhões de anos atrás)

Mais tarde, surgiu um grupo de sinapsídeos chamado de terapsídeos. Os terapsídeos tinham grandes ossos dentários, faces longas e os primeiros exemplos de dentes especializados, os grandes caninos. Essas tendências continuaram em um grupo de terapsídeos denominados cinodontes.

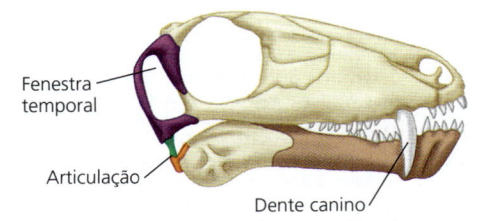

Cinodonte primitivo (260 milhões de anos atrás)

Nos terapsídeos cinodontes primitivos, o dentário era o maior osso da mandíbula, a fenestra temporal era grande e posicionada à frente da articulação entre a mandíbula e a maxila e os dentes com várias cúspides apareceram pela primeira vez (não visíveis no diagrama). Como nos sinapsídeos primitivos, a mandíbula e a maxila possuíam articulação entre os ossos quadrado e articular.

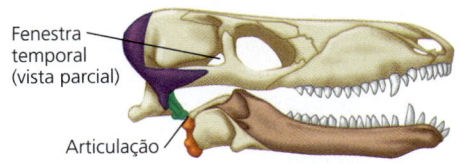

Cinodonte tardio (220 milhões de anos atrás)

Os cinodontes tardios tinham dentes com complexos padrões de cúspides, e suas mandíbulas e maxilas se articulavam em dois locais: mantiveram a articulação original articular-quadrado e formaram uma segunda articulação entre os ossos dentário e esquamosal. (A fenestra temporal não é visível no crânio deste cinodonte nem do cinodonte apresentado abaixo.)

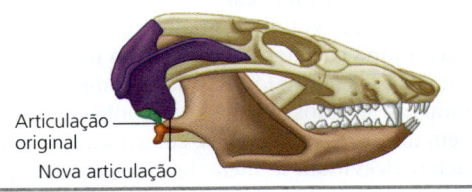

Cinodontes muito tardios (195 milhões de anos atrás)

Nos cinodontes muito tardios e nos mamíferos primitivos, a articulação original entre os ossos articular-quadrado foi perdida, deixando a articulação entre os ossos dentário-esquamosal como única articulação entre a mandíbula e a maxila (como nos mamíferos atuais). Os ossos articular e quadrado migraram para a região da orelha (não ilustrada), onde atuavam atuavam na transmissão do som. Na linhagem dos mamíferos, esses dois ossos evoluíram posteriormente para os conhecidos martelo e bigorna da orelha interna.

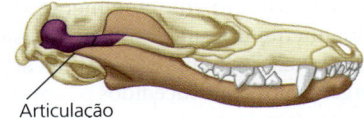

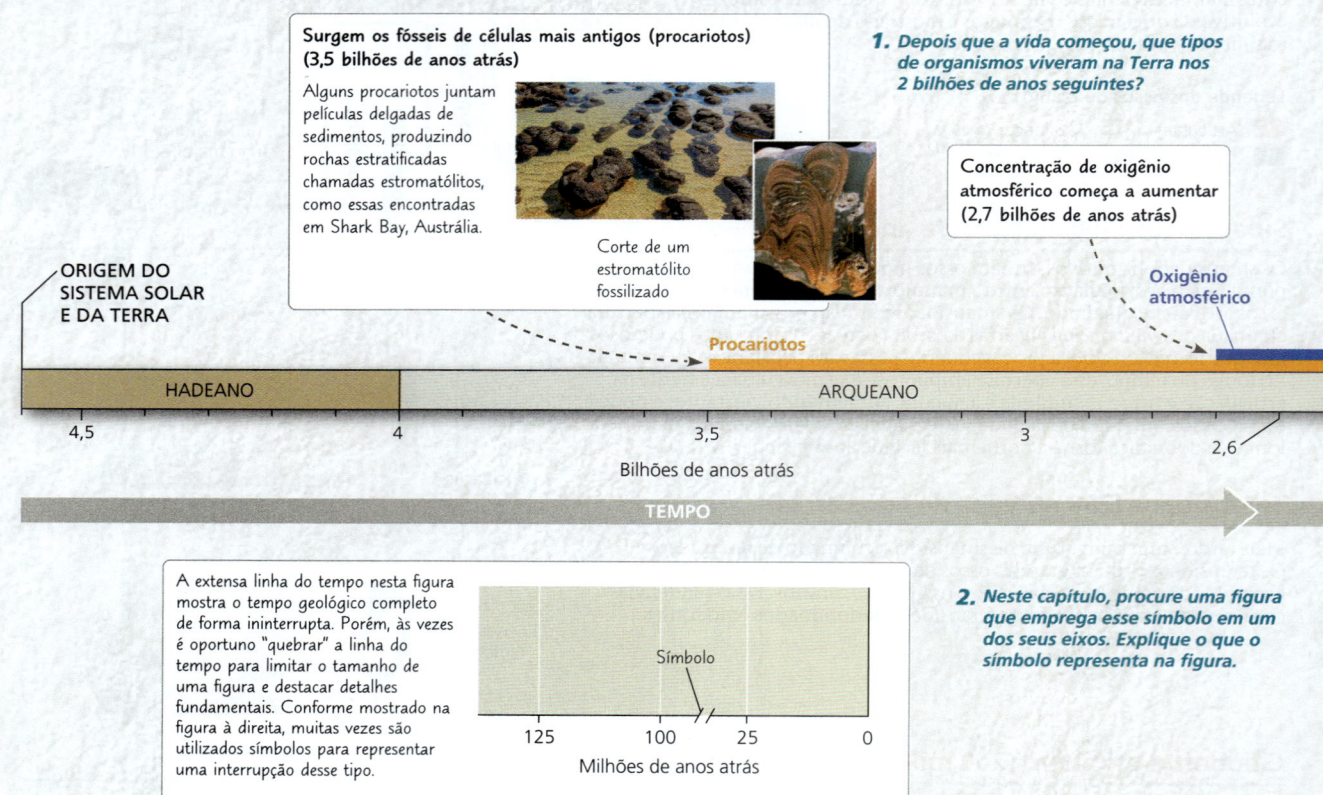

▼ Figura 25.8 **VISUALIZANDO A ESCALA DO TEMPO GEOLÓGICO**

O tempo geológico é tão vasto que pode ser difícil visualizar quando ocorreram os eventos fundamentais na história da vida na Terra. Nesta cronologia, o tempo transcorre da esquerda para a direita, desde 4,6 bilhões de anos atrás até o presente. Os fósseis apresentados na parte superior ilustram organismos representativos de diferentes momentos.

Como detalhado na Figura 25.7, o registro fóssil mostra que as características peculiares das mandíbulas e dos dentes dos mamíferos evoluíram gradualmente, em uma série de etapas. Tenha em mente que a figura inclui apenas alguns exemplos dos crânios fósseis que documentam a origem dos mamíferos. Se todos os fósseis que conhecemos na sequência fossem dispostos pela forma e colocados lado a lado, as suas características iriam se alterar levemente de um grupo para o próximo. Alguns desses fósseis refletem como as características de grupo dominante atualmente, os mamíferos, surgiram gradualmente do grupo anterior existente, os cinodontes. Outros revelariam ramos laterais da árvore da vida – grupos de organismos bem-sucedidos por milhões de anos, mas que não deixaram descendentes que sobrevivem nos dias de hoje.

REVISÃO DO CONCEITO 25.2

1. Descreva um exemplo de registro fóssil que mostre como a vida mudou ao longo do tempo.

2. **E SE?** Um crânio fossilizado que você coletou tem uma razão de carbono-14/carbono-12 de cerca de 1/16 daquela dos crânios de animais atuais. Aproximadamente, qual é a idade do crânio fossilizado?

Ver as respostas sugeridas no Apêndice A.

CONCEITO 25.3

Eventos-chave na história da vida incluem a origem dos organismos unicelulares e multicelulares, além da colonização de ambientes terrestres

Juntos, os três primeiros éons do registro geológico – o Hadeano, o Arqueano e o Proterozoico – perduraram por

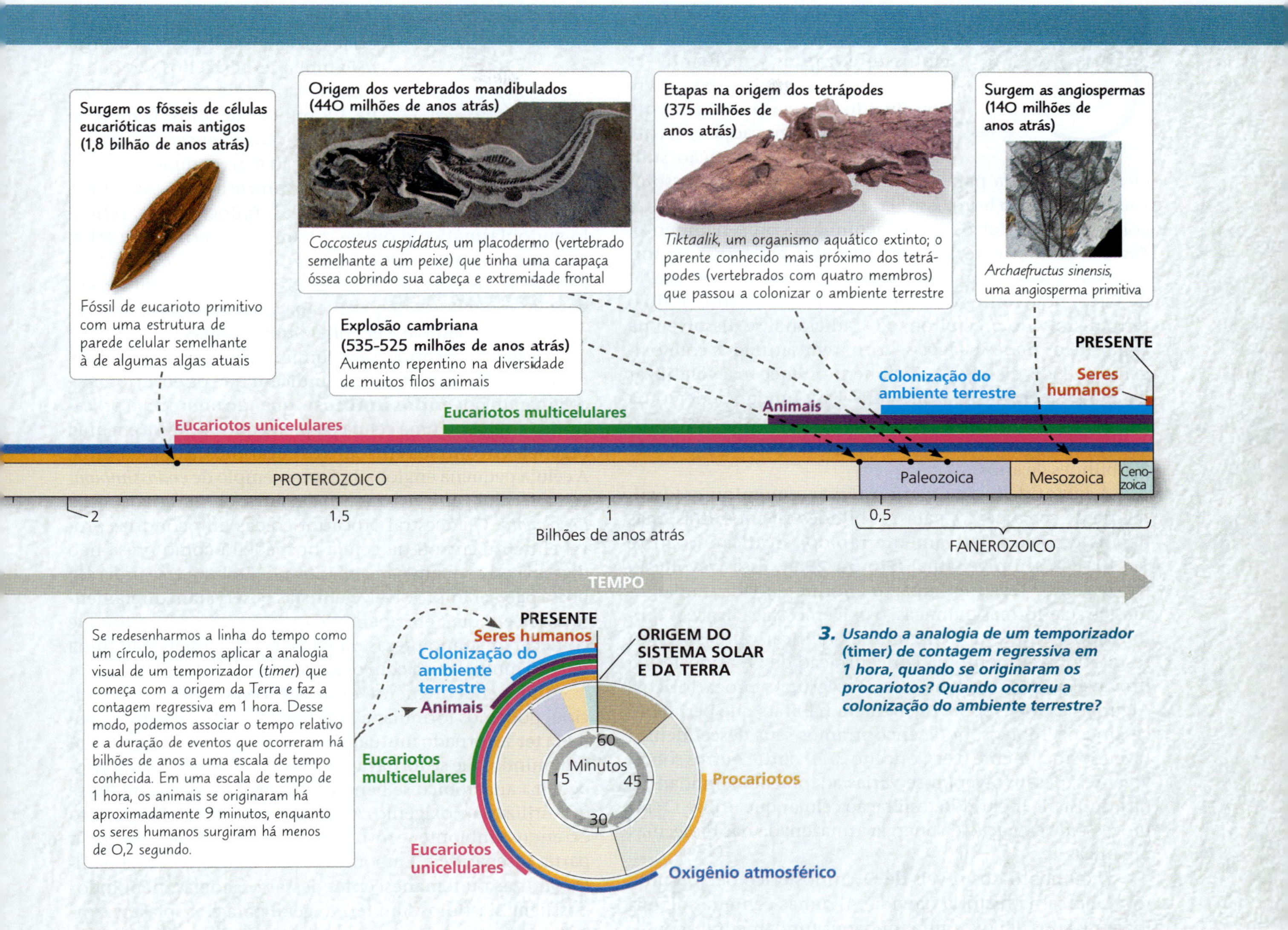

História da vida na Terra

Surgem os fósseis de células eucarióticas mais antigos (1,8 bilhão de anos atrás)
Fóssil de eucarioto primitivo com uma estrutura de parede celular semelhante à de algumas algas atuais

Origem dos vertebrados mandibulados (440 milhões de anos atrás)
Coccosteus cuspidatus, um placodermo (vertebrado semelhante a um peixe) que tinha uma carapaça óssea cobrindo sua cabeça e extremidade frontal

Etapas na origem dos tetrápodes (375 milhões de anos atrás)
Tiktaalik, um organismo aquático extinto; o parente conhecido mais próximo dos tetrápodes (vertebrados com quatro membros) que passou a colonizar o ambiente terrestre

Surgem as angiospermas (140 milhões de anos atrás)
Archaefructus sinensis, uma angiosperma primitiva

Explosão cambriana (535-525 milhões de anos atrás)
Aumento repentino na diversidade de muitos filos animais

Eucariotos unicelulares — Eucariotos multicelulares — Animais — Colonização do ambiente terrestre — Seres humanos — PRESENTE

PROTEROZOICO — Paleozoica — Mesozoica — Cenozoica
FANEROZOICO
TEMPO — Bilhões de anos atrás (2 — 1,5 — 1 — 0,5)

Se redesenharmos a linha do tempo como um círculo, podemos aplicar a analogia visual de um temporizador (*timer*) que começa com a origem da Terra e faz a contagem regressiva em 1 hora. Desse modo, podemos associar o tempo relativo e a duração de eventos que ocorreram há bilhões de anos a uma escala de tempo conhecida. Em uma escala de tempo de 1 hora, os animais se originaram há aproximadamente 9 minutos, enquanto os seres humanos surgiram há menos de 0,2 segundo.

PRESENTE — Seres humanos — Colonização do ambiente terrestre — Animais — Eucariotos multicelulares — Eucariotos unicelulares — ORIGEM DO SISTEMA SOLAR E DA TERRA — Procariotos — Oxigênio atmosférico — Minutos (15, 30, 45, 60)

3. Usando a analogia de um temporizador (*timer*) de contagem regressiva em 1 hora, quando se originaram os procariotos? Quando ocorreu a colonização do ambiente terrestre?

---

aproximadamente 4 bilhões de anos. O éon Fanerozoico perdurou por mais ou menos meio bilhão de anos, abrangendo a maior parte do tempo em que os animais viveram na Terra. Ele é dividido em três eras: a Paleozoica, a Mesozoica e a Cenozoica. Cada era representa uma idade distinta na história e na vida da Terra. Por exemplo, a era Mesozoica é às vezes chamada de "a idade dos répteis", devido à abundância de fósseis de répteis, incluindo os dinossauros. Os limites entre as eras correspondem aos principais eventos de extinção, quando muitas formas de vida desapareceram e foram substituídas por formas que evoluíram dos sobreviventes.

Como já vimos, o registro fóssil proporciona uma visão abrangente da história da vida ao longo do tempo geológico. Aqui, focalizaremos alguns eventos importantes nessa história, retornando para estudar os detalhes na Unidade 5. A **Figura 25.8** ajudará a visualizar há quanto tempo esses eventos-chave ocorreram em relação ao vasto panorama do tempo geológico.

Os primeiros organismos unicelulares

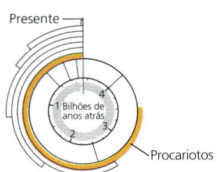

Os primeiros organismos da Terra foram procariotos unicelulares que viveram no oceano. A primeira evidência direta desses organismos, datada de 3,5 bilhões de anos atrás, vem de estromatólitos fossilizados. **Estromatólitos** são rochas estratificadas que se formam quando certos procariotos unem películas delgadas de sedimento. Os estromatólitos e outros procariotos primitivos foram habitantes exclusivos da Terra por cerca de 1,5 bilhão de anos. Como veremos, esses procariotos transformaram a vida em nosso planeta.

Fotossíntese e a revolução do oxigênio

A maioria do oxigênio atmosférico (O_2) é de origem biológica, produzida durante a fotólise da água na fotossíntese.

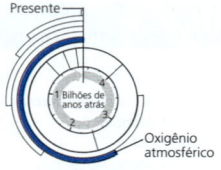

No começo da evolução da fotossíntese oxigênica – em procariotos fotossintetizantes semelhantes às cianobactérias atuais –, o O_2 livre produzido por ela provavelmente se dissolveu na água adjacente, até alcançar uma concentração suficientemente alta para reagir com elementos hidrossolúveis, incluindo o ferro. Isso teria levado o ferro a precipitar como óxido de ferro, que se acumulou como sedimento. Esses sedimentos foram comprimidos em faixas de formações de ferro, camadas vermelhas de rochas com óxido de ferro, hoje fontes de minério de ferro. Quando todo o ferro dissolvido precipitou, o O_2 adicional se dissolveu na água, até os mares e lagos se tornarem saturados com oxigênio. Depois disso, o O_2 finalmente começou a volatilizar da água e a entrar na atmosfera. Essa mudança deixou a sua marca em forma de ferrugem nas rochas terrestres ricas em ferro, processo que começou há aproximadamente 2,7 bilhões de anos.

A quantidade de O_2 atmosférico aumentou gradualmente de cerca de 2,7 para 2,4 bilhões de anos atrás, mas depois cresceu relativamente rápido, alcançando entre 1 e 10% do seu nível atual **(Figura 25.9)**. Essa "revolução do oxigênio" teve um impacto enorme na vida. Em algumas de suas formas químicas, o oxigênio ataca ligações químicas, podendo inibir enzimas e danificar células. Como resultado, o aumento da concentração de O_2 atmosférico provavelmente condenou muitos grupos procarióticos. Algumas espécies sobreviveram em hábitats que permaneceram anaeróbicos, onde encontramos seus descendentes vivendo atualmente (ver Conceito 27.4). Entre outros sobreviventes, desenvolveram-se várias adaptações a mudanças na atmosfera, incluindo respiração celular que utiliza O_2 no processo de captação da energia armazenada nas moléculas orgânicas.

O aumento dos níveis de O_2 atmosférico deixou uma forte marca na história da vida. Algumas centenas de milhões de anos depois, outra mudança fundamental aconteceu: a origem das células eucarióticas.

Os primeiros eucariotos

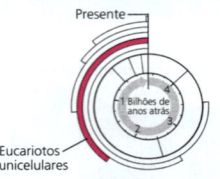

Os fósseis mais antigos de eucariotos amplamente aceitos são de organismos unicelulares que viveram há 1,8 bilhões de anos. Lembre-se de que as células eucarióticas têm organização mais complexa do que as células procarióticas. As células eucarióticas têm envelope nuclear, mitocôndrias, retículo endoplasmático e outras estruturas internas que estão ausentes nos procariotos. Diferentemente das células procarióticas, as eucarióticas têm citoesqueleto bem desenvolvido, característica que as capacita a mudar de forma e, portanto, a circundar e engolfar outras células.

Como os eucariotos evoluíram de seus ancestrais procarióticos? Evidências atuais indicam que os eucariotos se originaram por **endossimbiose**, quando uma célula procariótica englobou uma célula pequena que evoluiria em uma organela encontrada em todos os eucariotos, a mitocôndria. A célula pequena englobada é um exemplo de *endossimbionte*, uma célula que vive dentro de outra, denominada *célula hospedeira*. O ancestral procariótico das mitocôndrias provavelmente entrou na célula hospedeira como presa não digerida ou com um parasito interno. Embora esse processo possa parecer improvável, cientistas observaram diretamente casos em que, em apenas 5 anos, endossimbiontes que começaram como presas ou parasitos desenvolveram uma relação mutualística com o hospedeiro.

Independentemente do modo como a relação se iniciou, podemos formular a hipótese de como a simbiose poderia ter se tornado mutuamente benéfica. Por exemplo, em um mundo que se tornava cada vez mais aeróbico, um hospedeiro anaeróbico se beneficiaria de um endossimbionte que utilizaria o oxigênio. Ao longo do tempo, o hospedeiro e o endossimbionte se tornariam um único organismo, com partes inseparáveis. Embora todos os eucariotos tenham mitocôndrias ou remanescentes dessas organelas, nem todos possuem plastídios (um termo geral para cloroplastos e organelas relacionadas). Assim, a hipótese da **endossimbiose sequencial** supõe que as mitocôndrias evoluíram antes dos plastídios por meio de uma sequência de eventos endossimbióticos. A **Figura 25.10** mostra que tanto as mitocôndrias quanto os plastídios são considerados descendentes de células bacterianas. Considera-se que hospedeiro original – a célula que englobou a bactéria cujos descendentes originaram a mitocôndria – foi um arqueano ou um parente próximo de arqueano.

Um grande número de evidências sustenta a origem endossimbiótica das mitocôndrias e dos plastídios:

- As membranas internas das duas organelas têm enzimas e sistemas de transporte homólogos aos encontrados nas membranas plasmáticas de bactérias atuais.
- As mitocôndrias e os plastídios se replicam por um processo de divisão semelhante ao de certas bactérias. Além disso, cada uma dessas organelas possui moléculas de DNA circulares que, a exemplo dos cromossomos de bactérias, não estão associadas a histonas ou grandes quantidades de outras proteínas.

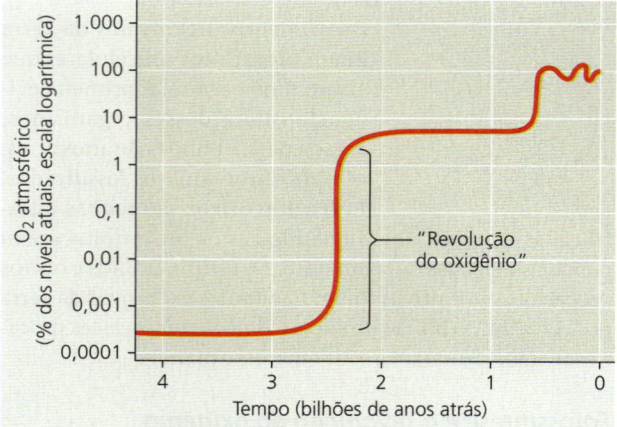

▲ **Figura 25.9 Aumento do oxigênio atmosférico.** As análises químicas das rochas ancestrais permitiram essa reconstrução dos níveis de oxigênio atmosférico durante a vida na Terra primitiva.

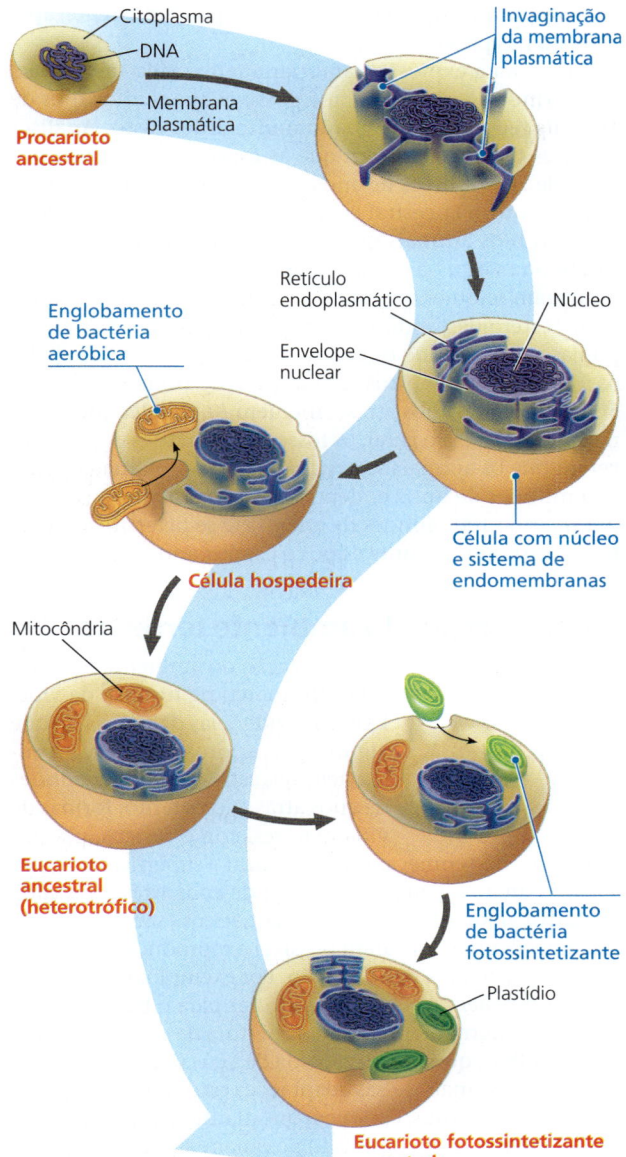

▲ **Figura 25.10** Uma hipótese para a origem de mitocôndrias e plastídios através de endossimbiose sequencial. A célula hospedeira proposta foi um arqueano ou um parente próximo da arqueia. Os ancestrais propostos para as mitocôndrias foram bactérias aeróbicas heterotróficas, enquanto os ancestrais propostos para os plastídios foram bactérias fotossintetizantes. Nesta figura, as setas representam mudanças ao longo do tempo evolutivo.

- Como seria de esperar de organelas descendentes de organismos de vida livre, as mitocôndrias e os plastídios também têm uma maquinaria celular (incluindo ribossomos) necessária para transcrever e traduzir o seu DNA em proteínas.
- Por fim, em termos de tamanho, sequências de RNA e sensibilidade a determinados antibióticos, os ribossomos das mitocôndrias e dos plastídios assemelham-se mais aos ribossomos bacterianos do que aos ribossomos citoplasmáticos das células eucarióticas.

No Conceito 28.1, retornaremos à origem dos eucariotos, focalizando o que os dados genômicos revelaram acerca das linhagens procarióticas que deram origem às células hospedeiras e endossimbiontes.

A origem da multicelularidade

Uma orquestra pode tocar uma diversidade maior de composições musicais do que um solista de violino; o aumento da complexidade da orquestra possibilita mais variações. Do mesmo modo, a origem de células eucarióticas estruturalmente complexas desencadeou a evolução de uma diversidade morfológica maior do que era possível para as células procarióticas mais simples. Após o aparecimento dos primeiros eucariotos, uma grande abrangência de formas unicelulares evoluiu dando origem à diversidade de eucariotos unicelulares que continua a prosperar nos dias de hoje. Outra onda de diversificação também ocorreu: alguns eucariotos unicelulares deram origem a formas multicelulares, cujos descendentes abrangem uma diversidade de algas, plantas, fungos e animais.

Eucariotos multicelulares primitivos

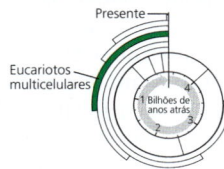

Dados de evidências fósseis e sequências de DNA sugerem que os eucariotos multicelulares surgiram há cerca de 1,3 bilhão de anos. Os fósseis de eucariotos multicelulares mais antigos conhecidos, que podem ser identificados taxonomicamente, são das algas vermelhas relativamente pequenas que viveram há aproximadamente 1,2 bilhão de anos. Os eucariotos multicelulares maiores e mais diversificados não aparecem nos registros fósseis até mais ou menos 600 milhões de anos atrás **(Figura 25.11)**. Esses fósseis, referidos como a biota Ediacarana, eram na maioria organismos de corpos moles – alguns com mais de 1 metro de comprimento – que viveram entre 635 a 541 milhões de anos atrás. A biota Ediacarana incluía algas e animais, junto com organismos variados de afinidade taxonômica desconhecida.

O surgimento dos procariotos grandes no período Ediacarano representa uma mudança enorme na história da vida. Antes desse período, a Terra era o mundo dos micróbios.

▼ **Figura 25.11** A vida torna-se ampla. Os fósseis do período Ediacarano documentam os mais antigos eucariotos macroscópicos conhecidos, como **(a)** *Doushantuophyton*, uma alga que viveu há 600 milhões de anos, e **(b)** *Kimberella*, um molusco (ou parente próximo) que viveu há 560 milhões de anos.

Seus únicos habitantes eram procariotos e eucariotos unicelulares, junto com uma diversidade de eucariotos multicelulares microscópicos. À medida que a diversificação da biota Ediacarana chegava ao final, há cerca de 541 milhões de anos, o cenário estava preparado para outra explosão de mudança evolutiva, ainda mais espetacular: a "explosão Cambriana".

A *explosão cambriana*

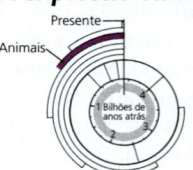

Muitos filos de animais atuais aparecem repentinamente em fósseis formados há 535-525 milhões de anos, no início do período Cambriano. Esse fenômeno é conhecido como a **explosão cambriana**. Fósseis de diversos grupos animais – esponjas, cnidários (anêmonas-do-mar e seus parentes) e moluscos (caracóis, mariscos e seus parentes) – apareceram em rochas ainda mais antigas do final do Proterozoico **(Figura 25.12)**.

Antes da explosão cambriana, todos os grandes animais tinham corpos moles. Os fósseis dos animais grandes pré-cambrianos de grande porte revelam pouca evidência de predação. Em vez disso, esses animais parecem ter sido pastadores (alimentando-se de algas), filtradores ou detritívoros, mas não caçadores. A explosão cambriana mudou tudo isso. Em um período de tempo relativamente curto (10 milhões de anos), surgiram predadores com mais de 1 metro de comprimento, com garras e outros atributos para captura da presa; simultaneamente, novas adaptações defensivas, como espinhos rígidos e armadura corporal resistente, apareceram nas presas.

Embora a explosão cambriana tenha tido um impacto enorme na vida na Terra, é possível que muitos filos de animais tenham se originado muito antes disso. Análises recentes de DNA sugerem que as esponjas evoluíram por volta de 700 milhões de anos atrás. Essas análises indicam também que o ancestral comum dos artrópodes, cordados e outros filos animais que irradiaram durante a explosão cambriana viveu há 670 milhões de anos. Os pesquisadores escavaram sedimentos com 710 milhões de anos que continham esteroides, indicativo de um grupo específico de esponjas, confirmando os dados moleculares. Por outro lado, os fósseis macroscópicos mais antigos de animais datam de 560 milhões de anos atrás e incluem *Kimberella*, mostrado na Figura 25.11. No geral, os fósseis e as análises de DNA sugerem que os animais se originaram há aproximadamente 700 milhões de anos e, depois, permaneceram pequenos por mais de 100 milhões de anos – até se diversificarem de forma explosiva durante e após o Cambriano.

A colonização do ambiente terrestre

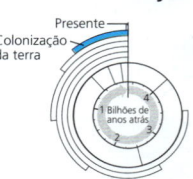

A colonização do ambiente terrestre foi outro marco na história da vida. Existem evidências de fósseis de que alguns procariotos viveram na superfície terrestre desde 3,2 bilhões de anos atrás. No entanto, formas de vida maiores, como fungos, plantas e animais, não começaram a colonizar a superfície terrestre até aproximadamente 500 milhões de anos atrás. Essa saída evolutiva gradual dos ambientes aquáticos estava associada a adaptações que tornaram possível a reprodução na terra e ajudaram a evitar a desidratação. Por exemplo, hoje muitas plantas possuem um sistema vascular para o transporte de materiais internamente e uma cobertura de cera impermeável nas folhas, que retarda a perda de água para a atmosfera. Os primeiros sinais dessas adaptações estavam presentes há 420 milhões de anos, época em que plantas pequenas (aproximadamente 10 cm de altura) possuíam um sistema vascular, mas careciam de raízes ou folhas verdadeiras. Cerca de 40 milhões de anos depois, os vegetais tinham se diversificado consideravelmente e incluíam árvores e muitas outras plantas com raízes e folhas verdadeiras.

As plantas parecem ter colonizado o ambiente terrestre na companhia dos fungos. Ainda hoje, as raízes da maioria das plantas estão associadas com fungos que auxiliam na absorção de água e minerais do solo (ver Conceito 31.1). Esses fungos das raízes (*micorrizas*), por sua vez, obtêm nutrientes orgânicos das plantas. Essas associações de plantas e fungos, em que ambos se beneficiam, são evidentes em algumas das mais antigas plantas fossilizadas; essa relação remonta ao início da propagação da vida no ambiente terrestre **(Figura 25.13)**.

Embora muitos grupos de animais estejam hoje representados nos ambientes terrestres, os animais terrestres mais propagados e diversificados são os artrópodes (particularmente insetos e aranhas) e os tetrápodes. Os artrópodes estão entre os primeiros a colonizar a terra, há cerca de 450 milhões

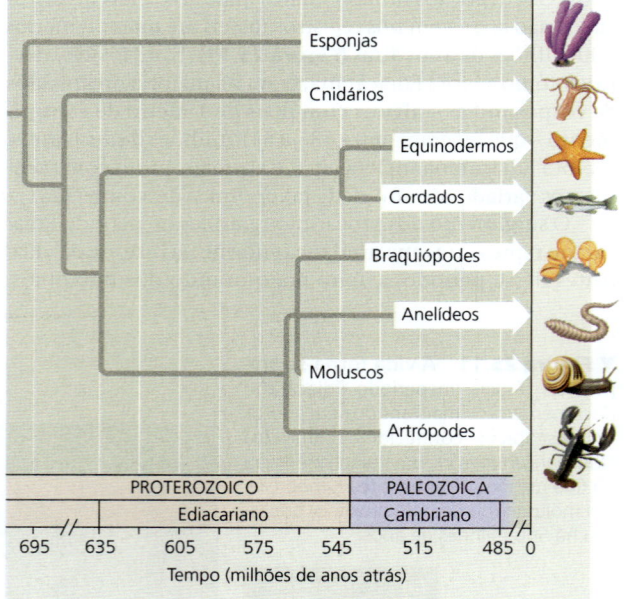

▲ **Figura 25.12 Surgimento de alguns grupos de animais.** As barras brancas indicam o mais antigo registro fóssil desses grupos de animais.

HABILIDADES VISUAIS *Circule a bifurcação que representa o ancestral comum mais recente de cordados e anelídeos. Qual é uma estimativa mínima de idade desse ancestral?*

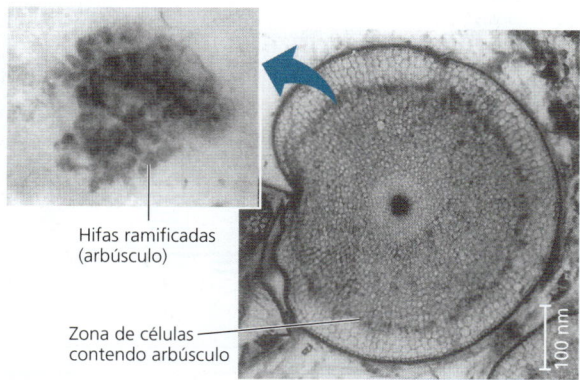

▲ **Figura 25.13 Uma simbiose ancestral.** Este caule fóssil (em corte transversal) de 405 milhões de anos atrás documenta a ocorrência de micorrizas em *Aglaophyton major*, uma espécie vegetal primitiva. No detalhe em maior aumento, é apresentada uma célula contendo uma estrutura fúngica ramificada denominada arbúsculo. Este arbúsculo fóssil é semelhante aos observados em células vegetais atuais.

de anos. Os primeiros tetrápodes encontrados no registro fóssil viveram há aproximadamente 365 milhões de anos, possivelmente evoluídos de um grupo de peixes com nadadeiras lobadas (ver Conceito 34.3). Os tetrápodes abrangem os seres humanos, embora tenhamos sido os últimos a entrar em cena. A linhagem dos humanos divergiu de outros primatas ao redor de 6 a 7 milhões de anos atrás, e a nossa espécie se originou há apenas 195.000 anos. Se o relógio da história da Terra fosse reajustado para representar 1 hora, os seres humanos teriam aparecido há menos de 0,2 segundo.

REVISÃO DO CONCEITO 25.3

1. O primeiro aparecimento de oxigênio livre na atmosfera provavelmente desencadeou uma onda expressiva de extinções entre os procariotos da época. Por quê?
2. Qual evidência sustenta a hipótese de que as mitocôndrias precederam os plastídios na evolução de células eucarióticas?
3. **E SE?** Com que se pareceria um registro fóssil de vida atual?

Ver as respostas sugeridas no Apêndice A.

CONCEITO 25.4

A ascensão e a queda de grupos de organismos refletem as diferenças nas taxas de especiação e extinção

Desde o seu início, a vida na Terra tem sido marcada pela ascensão e queda de grupos de organismos. Procariotos anaeróbicos se originaram, expandiram e então declinaram quando a concentração de oxigênio na atmosfera aumentou. Bilhões de anos mais tarde, os primeiros tetrápodes saíram do mar, dando origem a vários grupos novos importantes de organismos. Um desses, os anfíbios, passou a dominar a vida no ambiente terrestre por 100 milhões de anos – até

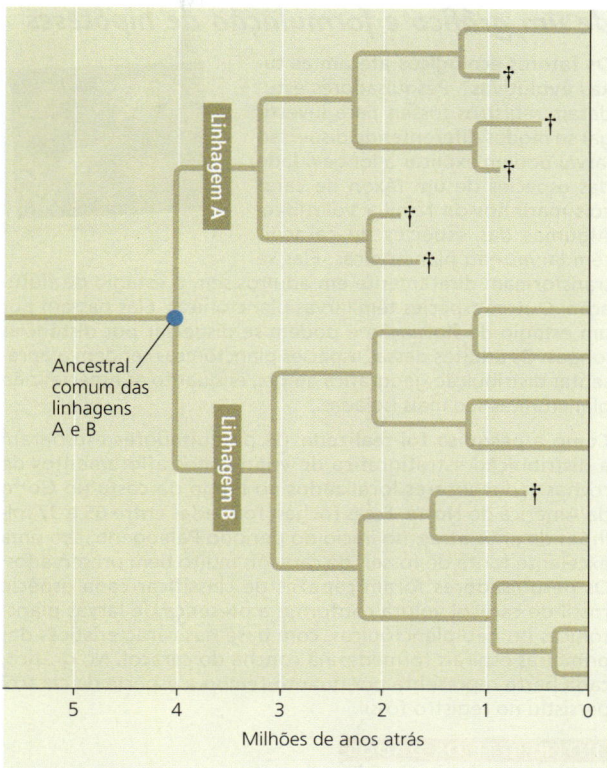

▲ **Figura 25.14 Como a especiação e a extinção afetam a diversidade.** A diversidade das espécies de uma linhagem evolutiva irá aumentar quando o número de membros novos for maior do que o número de membros extintos da espécie. Nesta árvore filogenética hipotética, cada ramo horizontal representa uma espécie. Há cerca de 2 milhões de anos, as linhagens A e B deram origem a quatro espécies, e nenhuma foi extinta (identificada pelo símbolo em forma de punhal, †). Entretanto, no tempo 0, a linhagem A contém apenas uma espécie, enquanto a linhagem B apresenta oito espécies.

HABILIDADES VISUAIS *Considere o período de 2 milhões de anos atrás como tempo 0. Determine quantos eventos de extinção e especiação ocorreram durante esse período para cada linhagem.*

que outros tetrápodes (incluindo os dinossauros e, mais tarde, os mamíferos) tomaram o seu lugar como vertebrados terrestres dominantes.

A ascensão e a queda desses e de outros grupos importantes de organismos moldaram a história da vida. Estreitando nosso foco, podemos também observar que a ascensão ou a queda de qualquer grupo em particular relaciona-se com as taxas de especiação e extinção das suas espécies **(Figura 25.14)**. Da mesma forma que uma população aumenta de tamanho quando há mais nascimentos do que mortes, o apogeu de um grupo de organismos ocorre quando surgem mais espécies novas do que as perdidas por extinção. O inverso acontece quando um grupo está em declínio. No **Exercício de habilidades científicas**, você pode interpretar dados do registro fóssil sobre mudanças em um grupo de espécies de caracóis do início do período Paleógeno. Essas mudanças nos destinos dos grupos de organismos foram influenciadas por processos em grande escala, como placas tectônicas, extinções em massa e irradiações adaptativas.

Exercício de habilidades científicas

Estimativa de dados quantitativos a partir de um gráfico e formulação de hipóteses

Os fatores ecológicos afetam as taxas evolutivas? Pesquisadores estudaram registros fósseis para investigar se modos diferentes de dispersão larval podem explicar a longevidade das espécies de um táxon de caracóis marinhos da família Volutidae. Algumas das espécies de caracóis têm larvas não planctônicas. Elas se transformam diretamente em adultos sem o estágio de flutuação. Outras espécies têm larvas planctônicas. Elas passam por um estágio de flutuação e podem se dispersar por distâncias longas. Os adultos dessas espécies planctônicas tendem a apresentar distribuição geográfica ampla, enquanto as espécies não planctônicas são mais isoladas.

Como a pesquisa foi realizada Os pesquisadores estudaram a distribuição estratigráfica de volutas nos afloramentos de rochas sedimentares localizados ao longo da costa do Golfo da América do Norte. Essas rochas, formadas entre 65 e 37 milhões de anos atrás, no início do período Paleógeno, são uma excelente fonte de fósseis de caracóis muito bem preservados. Os pesquisadores foram capazes de classificar cada espécie fóssil de caracol voluta conforme a presença de larvas planctônicas ou não planctônicas, com base nas características das primeiras espirais formadas na concha do caracol. No gráfico, cada barra representa por quanto tempo a espécie de caracol persistiu no registro fóssil.

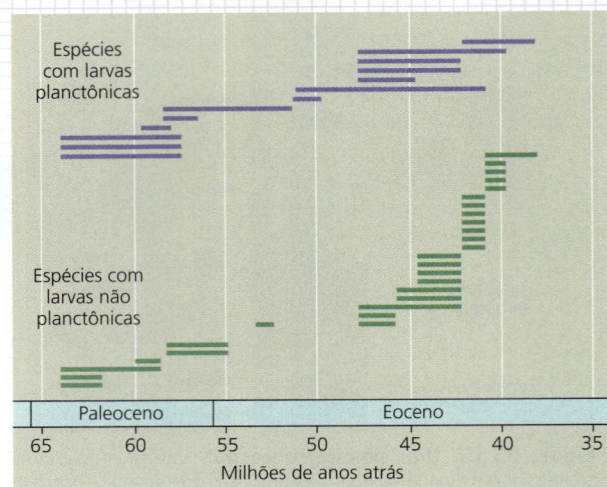

INTERPRETE OS DADOS

1. Você pode estimar (com relativa precisão) os dados quantitativos a partir de um gráfico. A primeira etapa é obter um fator de conversão, medindo ao longo de um eixo com escala. Neste caso, 25 milhões de anos (de 60 a 35 milhões de anos atrás no eixo *x*) estão representados por uma distância de 7 cm. Isso fornece um fator de conversão (uma razão) de 25 milhões de anos/7 cm = 3,6 milhões de anos/cm. Para estimar o período de tempo representado por uma barra horizontal no gráfico, meça o comprimento da barra em centímetros e multiplique esse valor pelo fator de conversão, 3,6 milhões de anos/cm. Por exemplo, uma barra que mede 1,1 cm no gráfico representa um tempo de persistência de 1,1 cm × 3,6 milhões de anos/cm = 4 milhões de anos.

2. Calcule o tempo médio de persistência das espécies com larvas planctônicas e de espécies com larvas não planctônicas.

3. Conte o número de espécies novas que se formam em cada grupo, iniciando há 60 milhões de anos (as três primeiras espécies de cada grupo estavam presentes há cerca de 64 milhões de anos, o primeiro período de tempo amostrado; portanto, não sabemos quando essas espécies surgiram pela primeira vez nos registros fósseis).

4. Proponha uma hipótese para explicar as diferenças na longevidade das espécies de caracóis com larvas planctônicas e não planctônicas.

Dados de T. A. Hansen. Larval dispersal and species longevity in Lower tertiary gastropods, *Science* 199: 885887 (1978). Reimpresso com permissão de AAAS.

Placas tectônicas

Se fotografias da Terra fossem tiradas do espaço a cada 10.000 anos e agrupadas para fazer um filme, iriam mostrar algo que muitos acham difícil de imaginar: os continentes em que vivemos, aparentemente "sólidos como rochas" movem-se ao longo do tempo. No último bilhão de anos, houve três ocasiões (1 bilhão, 600 milhões e 250 milhões de anos atrás) em que todas as massas continentais da Terra se uniram para formar um supercontinente, que mais tarde se dividiu. A cada vez, essa separação resultou em uma configuração diferente dos continentes. Com base na direção em que os continentes estão se deslocando atualmente, alguns geólogos estimaram que um novo supercontinente será formado daqui a aproximadamente 250 milhões de anos.

De acordo com a teoria das **placas tectônicas**, os continentes são partes de grandes placas da crosta da Terra que flutuam sobre a porção quente subjacente do manto **(Figura 25.15)**. Devido aos movimentos no manto, essas placas se movem ao longo do tempo, no processo chamado *deriva continental*. Os geólogos conseguem medir a velocidade em que as placas continentais estão se movendo hoje – normalmente apenas alguns centímetros por ano. Eles conseguem também inferir as localizações passadas dos continentes, utilizando o sinal magnético registrado em rochas na época de sua formação. Esse método funciona porque como os continentes mudam de posição ao longo do tempo, a direção do norte magnético registrada nas suas rochas recém-formadas também muda.

As principais placas tectônicas da Terra estão mostradas na **Figura 25.16**. Muitos processos geológicos importantes, incluindo a formação de montanhas e ilhas, ocorrem nos limites das placas. Em alguns casos, duas placas estão se distanciando uma da outra, como as placas da América do Norte e da Eurásia, que estão derivando a uma velocidade de aproximadamente 2 cm por ano. Em outros casos, duas placas estão deslizando uma por cima da outra,

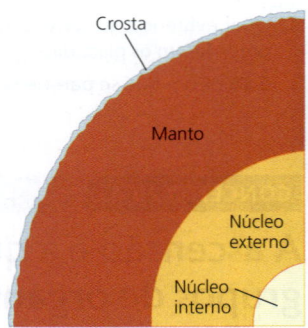

▲ **Figura 25.15 Vista da Terra em corte.** A espessura da crosta está exagerada na figura.

formando regiões em que terremotos são comuns. A Falha de Santo André, na Califórnia, faz parte de um limite em que duas placas estão deslizando uma por cima da outra. Há outros casos ainda em que duas placas colidem, provocando mudanças violentas e formando montanhas novas ao longo dos limites das placas. Um exemplo espetacular disso ocorreu há 45 milhões de anos, quando a placa da Índia colidiu com a placa da Eurásia, iniciando a formação das montanhas do Himalaia.

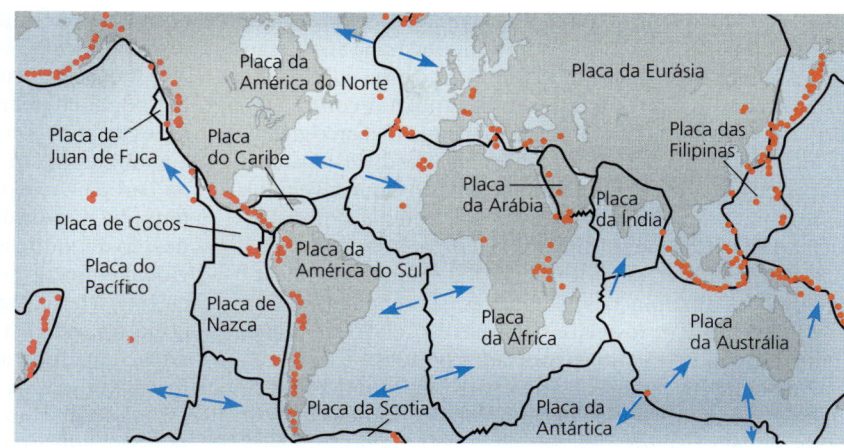

▲ **Figura 25.16** **Principais placas tectônicas da Terra.** As setas azuis indicam a direção do movimento. Os pontos vermelhos representam as zonas de atividade tectônica violenta.

Consequências da deriva continental

Os movimentos das placas reordenam a geografia lentamente, mas seus efeitos cumulativos são drásticos. Além de reconfigurar as características físicas do nosso planeta, a deriva continental também tem grande impacto na vida da Terra.

Uma razão para isso é que a deriva continental altera os hábitats nos quais os organismos vivem. Considere as mudanças apresentadas na **Figura 25.17**. Há mais ou menos 250 milhões de anos, os movimentos de placas uniram todas as massas de terra, que já haviam se separado, em um supercontinente chamado **Pangeia**. As bacias oceânicas ficaram mais profundas, o que drenou áreas costeiras rasas. Naquele tempo, como hoje, a maioria das espécies marinhas habitava águas rasas, e a formação da Pangeia destruiu uma porção considerável desse hábitat. O interior da Pangeia era seco e frio, provavelmente um ambiente mais rigoroso do que o encontrado na Ásia central de hoje. Resumindo, a formação da Pangeia alterou consideravelmente o ambiente físico e o clima, levando algumas espécies à extinção e proporcionando novas oportunidades para grupos de organismos que sobreviveram à crise.

Os organismos também são afetados pela mudança climática resultante do movimento de um continente. O extremo sul de Labrador, no Canadá, por exemplo, já esteve localizado nos trópicos, mas se moveu 40° para o norte ao longo dos últimos 200 milhões de anos. Quando expostos a essas mudanças climáticas que tais mudanças de posição acarretam, os organismos se adaptam, deslocam-se para um novo local ou tornam-se extintos (essa última consequência ocorreu para muitos organismos confinados na Antártica, que se separou da Austrália há 40 milhões de anos).

A deriva continental promove também a especiação alopátrica em grande escala. Quando os supercontinentes se separam, regiões antes conectadas se tornam geograficamente isoladas. Como os continentes se separaram nos últimos 200 milhões de anos, cada um deles se tornou uma arena evolutiva separada com linhagens de plantas e animais que divergiram daquelas nos outros continentes. Por exemplo, os mamíferos marsupiais preenchem papéis ecológicos na Austrália análogos àqueles preenchidos por eutérios (mamíferos placentários) em outros continentes (ver Figura 22.18).

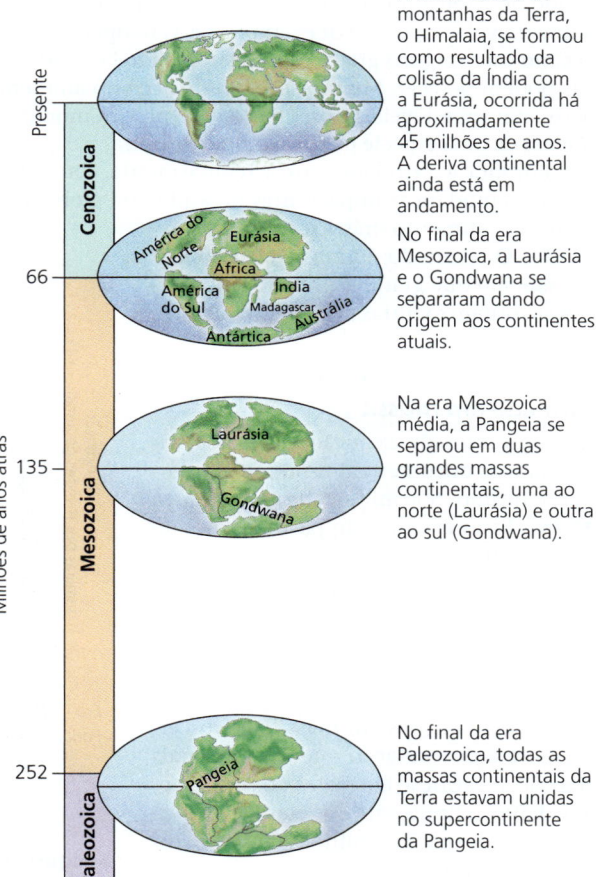

▲ **Figura 25.17** **História da deriva continental durante o éon Fanerozoico.**

HABILIDADES VISUAIS *A direção do movimento atual da placa da Austrália (ver Figura 25.16) é semelhante à direção que ela percorreu nos últimos 66 milhões de anos?*

Evidências fósseis mostram que os marsupiais se originaram onde hoje se situa a Ásia e alcançaram a Austrália atravessando a América do Sul e a Antártica enquanto esses continentes estavam unidos. A separação subsequente dos continentes do sul deixou a Austrália "flutuando" como um barco gigante de marsupiais. Na Austrália, os marsupiais se diversificaram e os poucos eutérios (mamíferos placentários) que viveram lá se tornaram extintos; nos outros continentes, a maioria dos marsupiais se tornou extinta e os eutérios se diversificaram.

Por fim, a deriva continental pode ajudar a explicar o enigma das distribuições geográficas de organismos extintos, tais como as de fósseis das mesmas espécies de répteis de água doce do Permiano encontrados no Brasil e em Gana, país do oeste africano. Essas duas partes do mundo, hoje separadas por 3.000 km de oceano, estavam unidas quando esses répteis existiam.

Extinções em massa

O registro fóssil mostra que a grande maioria das espécies que já existiram está agora extinta. Uma espécie pode ser extinta por muitas razões. O seu hábitat pode ter sido destruído ou o seu ambiente talvez tenha mudado de maneira desfavorável à espécie. Por exemplo, se as temperaturas do oceano caem alguns graus, espécies até então bem-adaptadas podem perecer. Mesmo se fatores físicos no ambiente permanecem estáveis, fatores biológicos podem mudar – a origem de uma espécie pode ser o final de outra.

Embora a extinção ocorra regularmente, em certos períodos mudanças impactantes no ambiente global causaram um aumento drástico na taxa de extinção. O resultado é uma **extinção em massa**, em que grandes números de espécies se tornam extintas no mundo inteiro.

Os cinco grandes eventos de extinção em massa

Cinco eventos de extinção em massa encontram-se documentados no registro fóssil nos últimos 500 milhões de anos **(Figura 25.18)**. Esses eventos são particularmente bem documentados com relação à dizimação de animais com carapaça que viveram em mares rasos, organismos para os quais o registro fóssil é o mais completo. Em cada extinção em massa, 50% ou mais das espécies marinhas se tornaram extintas.

Duas extinções em massa – a do Permiano e a do Cretáceo – receberam mais atenção. A extinção em massa do Permiano, que define o limite entre as eras Paleozoica e Mesozoica (há 252 milhões de anos), dizimou aproximadamente 96% das espécies de animais marinhos e alterou consideravelmente a vida no oceano. A vida terrestre também foi afetada. Por exemplo, 8 das 27 ordens conhecidas de insetos foram extintas. Essa extinção em massa ocorreu em menos de 500.000 anos, possivelmente em apenas alguns milhares de anos – um breve instante no contexto do tempo geológico.

A extinção em massa do Permiano ocorreu durante o episódio mais extremo de vulcanismo nos últimos 500 milhões de anos. Dados geológicos indicam que uma área de 1,6 milhão de km² (aproximadamente metade do tamanho da Europa Ocidental) da Sibéria foi coberta de lava de centenas de metros de espessura. As erupções podem ter produzido dióxido de carbono suficiente para aquecer o clima global em mais ou menos 6°C, prejudicando muitas espécies sensíveis à temperatura. O aumento dos níveis de CO_2 atmosférico teria também provocado a acidificação dos oceanos, reduzindo a disponibilidade de carbonato de cálcio, necessário para a formação dos recifes de corais e muitas espécies com conchas (ver Figura 3.12). As explosões teriam também adicionado nutrientes, como o fósforo, aos ecossistemas marinhos, estimulando o crescimento dos microrganismos. Esses microrganismos quando mortos serviriam de alimento para as bactérias decompositoras. As bactérias decompositoras usam o oxigênio quando realizam a decomposição dos organismos mortos, causando, assim, a redução nas concentrações de oxigênio. Isso deve ter prejudicado os organismos aeróbios e promovido o crescimento das bactérias anaeróbias que produzem o gás venenoso sulfeto de hidrogênio (H_2S), subproduto do metabolismo. No geral, as erupções vulcânicas talvez tenham desencadeado uma série de eventos catastróficos que, juntos, resultaram na extinção em massa do Permiano.

A extinção em massa do Cretáceo ocorreu há 66 milhões de anos. Esse evento extinguiu mais da metade de

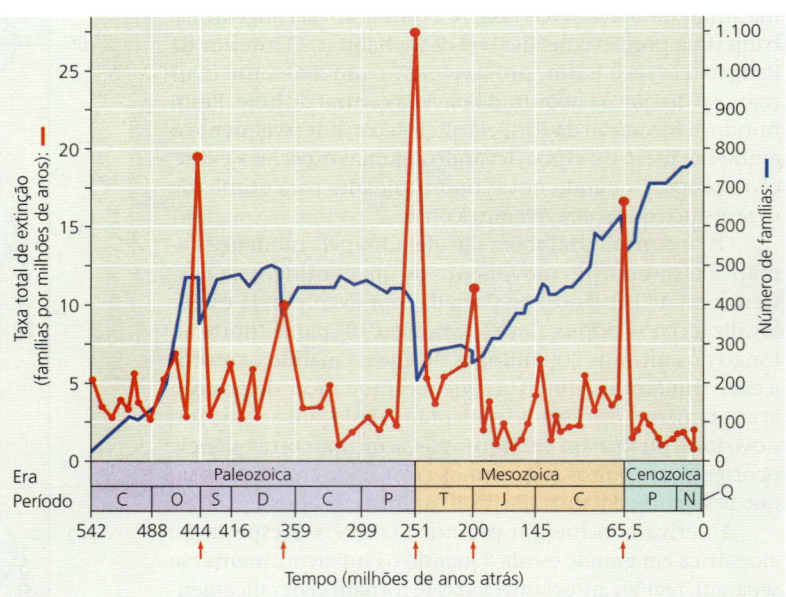

▲ **Figura 25.18 Extinção em massa e a diversidade da vida.** Os cinco eventos de extinção em massa geralmente reconhecidos, indicados pelas setas vermelhas, representam picos na taxa de extinção de famílias de animais marinhos (linha vermelha e eixo vertical da esquerda). Ao longo do tempo, essas extinções em massa interromperam o aumento global no número de famílias existentes de animais marinhos (linha azul e eixo vertical à direita).

INTERPRETE OS DADOS *Conforme mencionado no texto, 96% dos animais marinhos foram dizimados na extinção em massa do Permiano (há 252 milhões de anos). Explique por que a linha azul mostra somente uma queda de 50% naquele período.*

todas as espécies marinhas e eliminou várias famílias de plantas e animais terrestres, incluindo todos os dinossauros (exceto as aves, que são membros do mesmo grupo; ver Figura 34.25). Uma pista para uma possível causa da extinção em massa do Cretáceo é uma camada fina de argila enriquecida com irídio que data da época dessa extinção. O irídio é um elemento muito raro em nosso planeta, mas comum em muitos meteoritos e em outros objetos extraterrestres que ocasionalmente caem na Terra. Como consequência, pesquisadores sugeriram que essa argila precipitou de uma nuvem gigante de resíduos que se dissiparam na atmosfera quando um asteroide colidiu com a Terra. Essa nuvem teria bloqueado a luz solar e causado uma queda repentina nas temperaturas globais que perdurou por vários meses a anos.

Existe evidência de tal asteroide? Pesquisas têm focalizado em Chicxulub, uma cratera de 66 milhões de anos localizada abaixo do sedimento na costa do México **(Figura 25.19)**. A cratera tem o tamanho adequado para ter sido provocada por um objeto com um diâmetro de 10 km. Quando ocorreu o impacto, muitas espécies talvez tenham sido especialmente vulneráveis à extinção, pois recentes erupções vulcânicas em larga escala já haviam causado o declínio de suas populações. Além disso, um estudo de 2018 estimou que incêndios espontâneos resultantes do impacto contribuíram para uma subida pronunciada dos níveis de CO_2 atmosférico, ocasionando um período de aquecimento global que durou 100.000 anos – um estresse a mais para populações já em declínio. A avaliação crítica dessas e de outras hipóteses para as extinções em massa continua.

Uma sexta extinção em massa está a caminho?
Como veremos no Conceito 56.1, ações humanas como a destruição de hábitats estão modificando o ambiente global a ponto de várias espécies estarem ameaçadas de extinção. Mais de mil espécies tornaram-se extintas nos últimos 400 anos. Cientistas estimam que essa taxa seja de cem a mil vezes maior que a taxa basal típica vista no registro fóssil. Uma sexta extinção em massa estaria em andamento?

Essa questão é difícil de responder, em parte porque é difícil de documentar o número total de extinções que ocorre hoje. As florestas pluviais tropicais, por exemplo, abrigam muitas espécies ainda não descobertas. Em consequência, a destruição das florestas tropicais talvez leve espécies à extinção antes mesmo de sabermos da sua existência.

Essas incertezas tornam difícil avaliar o grau da crise de extinção atual. Mesmo assim, é claro que as perdas até agora não alcançaram aquelas das cinco grandes extinções em massa, em que porcentagens elevadas das espécies da Terra se tornaram extintas. Isso de maneira nenhuma diminui a gravidade da situação atual. Programas de monitoramento revelam que o número de espécies está diminuindo em um ritmo alarmante, devido à perda de hábitats, à introdução de espécies e à sobre-exploração de recursos naturais, entre outros fatores. Estudos recentes com vários tipos de organismos, incluindo lagartos, pinheiros e ursos-polares, sugerem que as mudanças climáticas podem ter acelerado alguns desses declínios. Os registros fósseis também enfatizam a importância potencial das mudanças climáticas. Nos últimos 500 milhões de anos, as taxas de extinção tenderam a aumentar quando as temperaturas globais eram altas **(Figura 25.20)**.

▼ **Figura 25.19 Um trauma para vida no Cretáceo.** No fundo do Mar do Caribe, a cratera de Chicxulub, com 66 milhões de anos, tem 180 km de diâmetro. O formato da cratera em ferradura e o padrão de fragmentos nas rochas sedimentares indicam que um asteroide ou cometa colidiu a um ângulo baixo. Esta ilustração representa o impacto e seu efeito imediato: uma nuvem de vapor quente e fragmentos que poderia ter matado muitas das plantas e animais na América do Norte em poucas horas e provocado incêndios de grandes proporções.

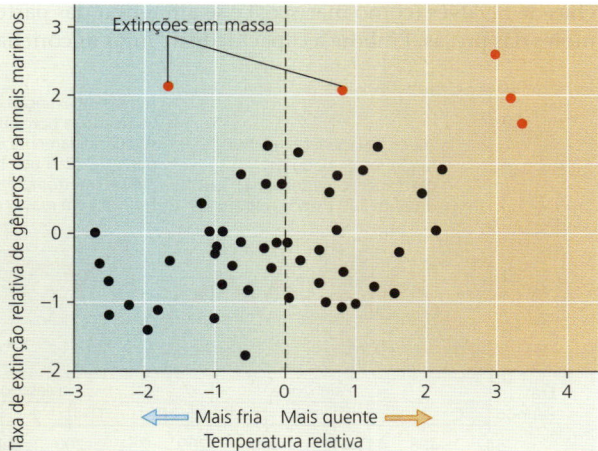

▲ **Figura 25.20 Extinções de fósseis e temperatura.** As taxas de extinções aumentaram quando as temperaturas globais estavam elevadas. As temperaturas foram estimadas usando as razões dos isótopos de oxigênio convertidas a um índice no qual 0 é a temperatura média global.

Em geral, as evidências sugerem que, se providências drásticas não forem tomadas, uma sexta extinção em massa, causada pelo homem, provavelmente ocorrerá nos próximos séculos.

Consequências das extinções em massa

A extinção em massa tem efeitos significativos e duradouros. Ao eliminar grandes números de espécies, as extinções em massa podem tornar uma comunidade ecológica pujante e complexa em uma sombra do que fora. E quando uma linhagem evolutiva desaparece, ela não consegue reaparecer. Isso modifica o curso da evolução para sempre. Considere o que teria acontecido se os primeiros primatas que viveram há 66 milhões de anos tivessem desaparecido na extinção em massa do Cretáceo. Os seres humanos não existiriam, e a vida na Terra seria muito diferente da atual.

O registro fóssil mostra que geralmente leva de 5 a 10 milhões de anos para a diversidade da vida recuperar os níveis anteriores após uma extinção em massa. Em alguns casos muito mais tempo do que isso: foram necessários aproximadamente 100 milhões de anos para o número de famílias de organismos marinhos se recuperar depois da extinção em massa do Permiano (ver Figura 25.18). Esses dados trazem implicações objetivas. Se a tendência atual continuar e uma sexta extinção em massa ocorrer, levará milhões de anos para a vida na Terra se recuperar.

Extinções em massa também podem alterar as comunidades ecológicas por meio da mudança dos tipos de organismos nelas encontrados. Por exemplo, depois das extinções em massa do Permiano e do Cretáceo, a porcentagem de organismos marinhos predadores aumentou consideravelmente **(Figura 25.21)**. Um aumento no número de espécies predadoras pode aumentar tanto os riscos enfrentados pelas presas quanto a competição por alimento entre predadores. Além disso, as extinções em massa podem restringir linhagens com características originais e vantajosas. Por exemplo, no final do período Triássico, surgiu um grupo de gastrópodes (caracóis e afins) que conseguia perfurar as conchas de bivalves (como mariscos) e se alimentar das partes moles das presas. Embora a capacidade de furar as conchas tenha proporcionado uma fonte nova e abundante de alimento, esse grupo novo desapareceu durante a extinção em massa no final do Triássico (há aproximadamente 200 milhões de anos). Outros 120 milhões de anos se passaram antes que outro grupo de gastrópodes (os perfuradores de ostras) exibisse a capacidade de perfurar conchas. Como os seus predecessores teriam feito caso não tivessem se originado em uma época desfavorável, os perfuradores de ostras se diversificaram em muitas espécies novas. Finalmente, ao eliminar tantas espécies, as extinções em massa podem preparar o caminho para irradiações adaptativas, nas quais grupos novos de organismos surgem e se destacam.

Irradiações adaptativas

O registro fóssil indica que a diversidade da vida aumentou ao longo dos últimos 250 milhões de anos (ver linha azul na Figura 25.18). Esse aumento também foi estimulado por **irradiações adaptativas**, períodos de mudança evolutiva nos quais os grupos de organismos formam várias espécies novas cujas adaptações lhes permitem preencher papéis ecológicos ou nichos nas suas comunidades. Irradiações adaptativas em grande escala ocorreram depois de cada uma das cinco extinções em massa, quando os sobreviventes se adaptaram a vários nichos ecológicos vazios. Irradiações adaptativas também ocorreram em grupos de organismos com inovações evolutivas importantes, como sementes ou corpos com carapaça, ou que colonizaram regiões em que enfrentaram pouca competição com outras espécies.

Irradiações adaptativas no mundo todo

A evidência fóssil indica que os mamíferos sofreram uma irradiação adaptativa drástica depois da extinção dos dinossauros terrestres, há 66 milhões de anos **(Figura 25.22)**. Embora os mamíferos tenham se originado há cerca de 180 milhões de anos, os fósseis de mamíferos com mais de 66 milhões de anos são majoritariamente pequenos e exibem menos diversidade morfológica do que a encontrada atualmente. Muitas espécies parecem ter sido noturnas, com base nas grandes cavidades oculares, e semelhantes às dos mamíferos noturnos atuais. Alguns mamíferos primitivos eram intermediários em tamanho, como o *Repenomanus giganticus*, um predador de 1 metro de comprimento que viveu há 130 milhões de anos – mas nenhum se aproximou do tamanho da maioria dos dinossauros. Os mamíferos primitivos talvez tenham tido tamanho e diversidade restritos porque eram predados ou superados pelos dinossauros, maiores e mais diversos. Com o desaparecimento dos dinossauros (exceto as aves), os mamíferos se expandiram bastante em diversidade e tamanho, preenchendo os papéis ecológicos antes ocupados por dinossauros terrestres.

A história da vida também foi muito alterada pelas irradiações em que grupos de organismos aumentaram em diversidade à medida que começaram a desempenhar

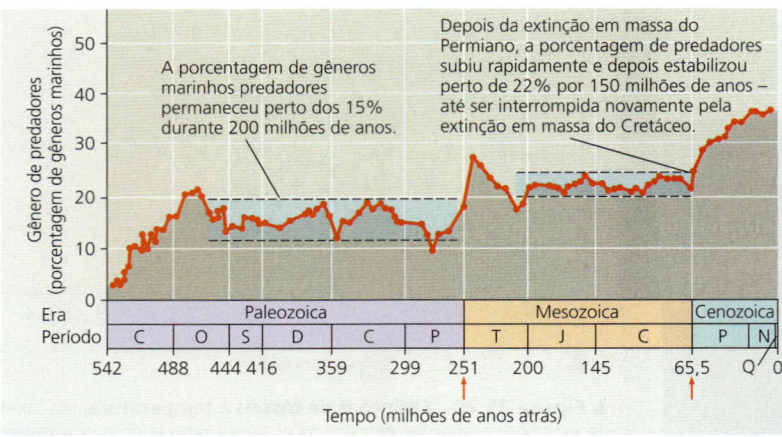

▲ **Figura 25.21 Extinções em massa e ecologia.** As extinções em massa no Permiano e no Cretáceo (indicadas por setas vermelhas) alteraram a ecologia dos oceanos ao aumentar a porcentagem de gêneros marinhos predadores.

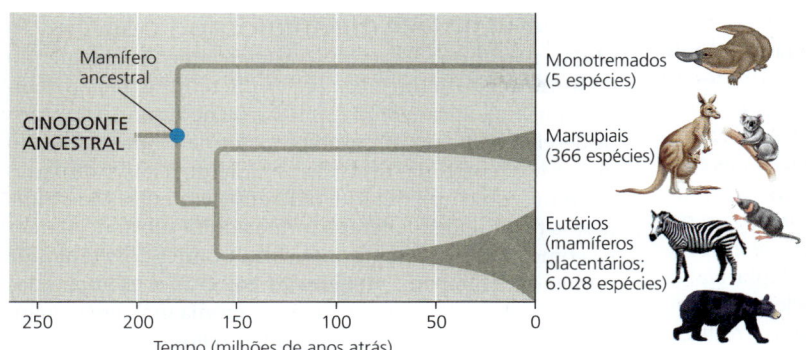

▲ **Figura 25.22** Irradiação adaptativa dos mamíferos.

novos papéis ecológicos nas suas comunidades. Como exploraremos em capítulos posteriores, os exemplos abrangem a ascensão dos procariotos fotossintetizantes, a evolução de grandes predadores na explosão cambriana e as irradiações após a colonização da Terra por plantas, insetos e tetrápodes. Cada uma dessas três irradiações estava associada a grandes inovações evolutivas que facilitaram a vida no ambiente terrestre. A irradiação das plantas, por exemplo, estava associada a adaptações-chave, como caules que sustentam as plantas contra a gravidade e um revestimento de cera que protege as folhas da perda de água. Por fim, organismos que surgem em uma irradiação adaptativa podem servir como novas fontes de alimento para outros organismos. De fato, a diversificação das plantas terrestres estimulou uma série de irradiações adaptativas em insetos que se alimentavam das plantas ou as polinizavam; por essa razão, os insetos constituem o grupo animal mais diversificado na Terra hoje.

Irradiações adaptativas regionais

Irradiações adaptativas marcantes também ocorreram em áreas geográficas mais limitadas. Essas irradiações podem ser iniciadas quando alguns organismos migram para um outro local, geralmente distante, em que enfrentam relativamente pouca competição com outros organismos. O arquipélago do Havaí é um dos grandes exemplos desse tipo de irradiação adaptativa **(Figura 25.23)**. Localizadas a aproximadamente 3.500 km do continente mais próximo, essas ilhas vulcânicas são progressivamente mais antigas à medida que a cadeia se dirige para noroeste; a ilha

▲ **Figura 25.23 Irradiação adaptativa no arquipélago do Havaí.** Análises moleculares indicam que essas plantas havaianas extraordinariamente diversificadas, coletivamente conhecidas como aliança da espada-de-prata ("*silversword alliance*"), descendem de uma espécie de Asteraceae que chegou às ilhas, a partir da América do Norte, há cerca de 5 milhões de anos. Desde então, as espadas-de-prata (*Argyroxiphium sandwicense*) se propagaram para hábitats diferentes e formaram espécies novas com adaptações acentuadamente diferentes.

mais jovem, Havaí, tem menos de 1 milhão de anos e vulcões ainda ativos. Cada ilha surgiu "nua" e foi gradualmente povoada por organismos errantes trazidos por correntes do oceano e ventos, originários de áreas continentais distantes ou de ilhas mais antigas do próprio arquipélago. A diversidade física de cada ilha, incluindo a imensa variação nas condições do solo, na altitude e na pluviosidade, enseja muitas oportunidades para a divergência evolutiva por seleção natural. Invasões múltiplas seguidas por eventos de especiação provocaram uma explosão de irradiação adaptativa no Havaí. Como consequência, milhares de espécies que habitam as ilhas não são encontradas em qualquer outro lugar da Terra. Entre as plantas, por exemplo, cerca de 1.100 espécies são exclusivas do arquipélago. Infelizmente, muitas dessas espécies estão atualmente expostas a um risco elevado de extinção, devido a ações humanas com a destruição de hábitats e a introdução de espécies vegetais não nativas.

REVISÃO DO CONCEITO 25.4

1. Explique as consequências das placas tectônicas para a vida na Terra.
2. Que fatores promovem irradiações adaptativas?
3. **E SE?** Baseado na evidência de extinções em massa anteriores, descreva as consequências ecológicas e evolutivas que poderiam advir se ocorrer uma sexta extinção em massa causada pelo homem.

Ver as respostas sugeridas no Apêndice A.

CONCEITO 25.5

Alterações importantes na forma corporal podem resultar de mudanças nas sequências e na regulação de genes do desenvolvimento

O registro fóssil nos informa quais foram as grandes mudanças na história da vida e quando elas ocorreram. Além disso, a compreensão das placas tectônicas, das extinções em massa e da irradiação adaptativa nos mostra como essas mudanças ocorreram. Mas também podemos tentar entender os mecanismos biológicos intrínsecos que fundamentam as mudanças observadas no registro fóssil. Para isso, iremos explorar os mecanismos genéticos de mudança, dedicando atenção especial aos genes que influenciam o desenvolvimento.

Efeitos dos genes do desenvolvimento

Como você viu no Conceito 21.6, a "evo-devo" – pesquisa na interface entre biologia evolutiva e biologia do desenvolvimento – está elucidando como pequenas diferenças genéticas podem produzir diferenças morfológicas expressivas entre espécies. Em especial, grandes diferenças morfológicas podem resultar de genes que alteram a taxa, o ritmo e o padrão espacial de mudança na forma de um organismo, à medida que ele se desenvolve de zigoto até a vida adulta.

Mudanças na taxa e no ritmo

Muitas transformações evolutivas marcantes são o resultado de **heterocronia** (do grego *hetero*, diferente, e *chronos*, tempo), uma mudança evolutiva na taxa ou no ritmo dos eventos de desenvolvimento. Por exemplo, a forma de um organismo depende em parte das taxas de crescimento relativo de partes diferentes do corpo durante o desenvolvimento. Mudanças nessas taxas podem alterar a forma adulta substancialmente, como se percebe nas formas contrastantes dos crânios de humanos e chimpanzés **(Figura 25.24)**. Outros exemplos dos drásticos efeitos evolutivos da heterocronia incluem o quanto o aumento nas taxas de crescimento dos ossos dos dedos originou a estrutura esquelética das asas dos morcegos (ver Figura 22.15) e o quanto o retardo no crescimento dos ossos pélvicos e das pernas levou à redução e, finalmente, à perda dos membros inferiores nas baleias (ver Figura 22.20).

A heterocronia também pode alterar o ritmo de desenvolvimento reprodutivo em relação ao desenvolvimento de órgãos não reprodutivos. Se o desenvolvimento de órgãos reprodutivos acelera em comparação a outros órgãos, o estágio sexualmente maduro de uma espécie pode preservar características corporais que foram estruturas juvenis em uma espécie ancestral, condição denominada **pedomorfose**

Filhote de chimpanzé — Chimpanzé adulto

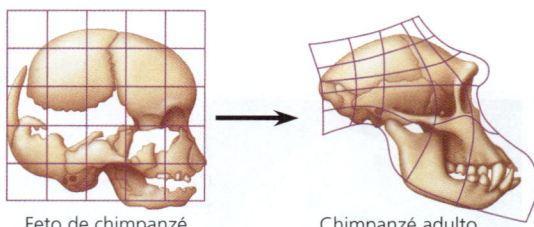
Feto de chimpanzé — Chimpanzé adulto

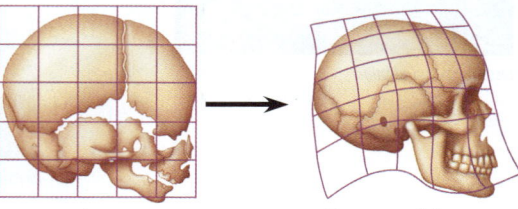
Feto humano — Humano adulto

▲ **Figura 25.24 Taxas de crescimento relativo do crânio.** Na linhagem evolutiva humana, mutações retardaram o crescimento da mandíbula em relação a outras partes do crânio. Por isso, nos seres humanos, o crânio de um adulto é mais similar ao crânio de um feto do que nos chimpanzés.

▲ Figura 25.25 **Pedomorfose.** Os adultos de algumas espécies conservam características que eram juvenis nos ancestrais. Esta salamandra é um axolote, espécie aquática que quando adulta torna-se sexualmente madura ao mesmo tempo em que mantém algumas características larvais (de girino), incluindo as brânquias.

(do grego *paedos*, de uma criança, e *morphosis*, formação). Por exemplo, a maioria das espécies de salamandra tem larvas aquáticas que passam por metamorfose para se tornarem adultas. No entanto, algumas espécies atingem o tamanho adulto e se tornam sexualmente maduras ao mesmo tempo em que retêm as brânquias e outras características larvais **(Figura 25.25)**. Essa alteração evolutiva do ritmo de desenvolvimento pode produzir animais que parecem muito diferentes dos seus ancestrais, embora a mudança genética total possa ser pequena. De fato, evidências recentes indicam que uma mudança em um único *locus* provavelmente foi suficiente para promover a pedomorfose no axolote (salamandra), embora outros genes talvez também tenham contribuído.

Mudanças no padrão espacial

Mudanças evolutivas substanciais também podem resultar de alterações em genes que controlam a organização espacial de partes do corpo. Por exemplo, genes reguladores fundamentais denominados **genes homeóticos** (ver Conceito 18.4) determinam tais características básicas, como o local em que um par de asas e um par de pernas vão se desenvolver em uma ave ou como as partes florais de uma planta estarão dispostas.

Os produtos de uma classe de genes homeóticos, os genes *Hox*, fornecem informação posicional no embrião do animal. Essa informação induz células a se desenvolverem em estruturas apropriadas para determinado local. Alterações nos genes *Hox* ou em como eles são expressos podem ter grande impacto na morfologia. Por exemplo, entre os crustáceos, uma mudança na localização onde dois genes *Hox* (*Ubx* e *Scr*) são expressos está correlacionada com a conversão de um apêndice de natação em um apêndice de alimentação. Do mesmo modo, quando comparamos espécies de plantas, alterações na expressão dos genes homeóticos conhecidos como genes *MADS-box* podem produzir flores com formas muito distintas (ver Conceito 35.5).

Evolução do desenvolvimento

Os fósseis de 560 milhões de anos de animais do Ediacarano (ver Figura 25.11) sugerem que um conjunto de genes suficientes para produzir animais complexos existia pelo menos 25 milhões de anos *antes* da explosão cambriana. Se tais genes existiam há tanto tempo, como podemos explicar o fantástico aumento na diversidade verificado durante e desde a explosão cambriana?

A evolução adaptativa por seleção natural oferece uma resposta a essa pergunta. Como vimos nesta unidade, ao selecionar entre diferenças nas sequências de genes codificadores de proteínas, a seleção pode melhorar rapidamente as adaptações. Além disso, novos genes (criados por eventos de duplicação gênica) talvez tenham adquirido novas funções metabólicas e estruturais, bem como genes já existentes que são regulados de novas maneiras.

Os exemplos da seção anterior sugerem que genes de desenvolvimento podem ter sido especialmente importantes. Assim, vamos examinar a seguir como essas novas formas podem surgir a partir de alterações nas sequências de nucleotídeos ou da regulação de genes do desenvolvimento.

Alterações na sequência de genes

Novos genes de desenvolvimento surgidos após os eventos de duplicação gênica provavelmente possibilitaram a origem de formas recentes. Porém, como outras alterações genéticas talvez tenham ocorrido nesse mesmo período, pode ser difícil estabelecer ligações causais entre mudanças genéticas e morfológicas ocorridas no passado.

Essa dificuldade foi contornada em um estudo sobre mudanças no desenvolvimento associadas à divergência de insetos de seis pernas de ancestrais crustáceos, que tinham mais de seis pernas. (Conforme discutido no Conceito 33.4, os insetos originaram-se de um subgrupo de crustáceos a denominação tradicional para organismos como camarões, caranguejos e lagostas). Crustáceos e insetos diferem no padrão de expressão e efeitos do gene *Ubx* (um gene *Hox*): em especial, nos insetos, *Ubx* suprime a formação de pernas onde ele é expresso **(Figura 25.26)**.

Para examinar como esse gene opera, pesquisadores clonaram o gene *Ubx* de um inseto, a mosca-da-fruta (*Drosophila*), e de um crustáceo, o camarão-de-água-salgada (*Artemia*). A seguir, eles modificaram geneticamente embriões da mosca-da-fruta para expressar o gene *Ubx* de *Drosophila*

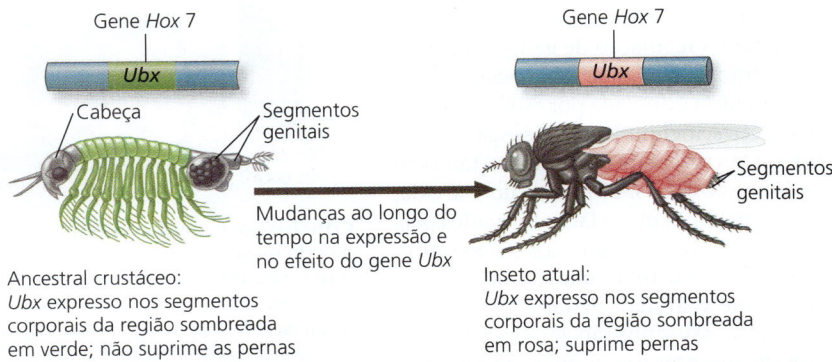

▲ Figura 25.26 **Efeitos do gene *Ubx*, um gene *Hox*, no plano corporal de insetos.** Em crustáceos, o gene *Ubx* é expresso na região sombreada em verde, os segmentos corporais entre a cabeça e os segmentos genitais. Em insetos, o gene *Ubx* é expresso em apenas um subconjunto (região sombreada em rosa) dos segmentos corporais homólogos, onde ele suprime a formação de pernas.

ou de *Artemia* nos seus corpos. O gene de *Drosophila* suprimiu 100% das pernas nos embriões, como esperado, enquanto o gene de *Artemia* suprimiu apenas 15%.

Os pesquisadores, então, procuraram descobrir as etapas-chave envolvidas na transição evolutiva de um gene *Ubx* ancestral para um gene *Ubx* de insetos. Sua abordagem foi identificar mutações que levariam o gene *Ubx* de *Artemia* a suprimir a formação de pernas, fazendo com que seu gene atuasse mais como um gene *Ubx* de inseto. Para isso, eles construíram uma série de genes *Ubx* "híbridos", cada um com segmentos conhecidos do gene *Ubx* de *Drosophila* e segmentos conhecidos do gene *Ubx* de *Artemia*. Ao inserir esses genes híbridos nos embriões das moscas-da-fruta (um gene híbrido por embrião) e observar os seus efeitos no desenvolvimento das pernas, os pesquisadores puderam apontar as mudanças exatas nos aminoácidos responsáveis pela supressão de membros adicionais em insetos. Ao fazer isso, esse estudo forneceu evidências que modificações específicas na sequência de nucleotídeos de um gene de desenvolvimento contribuíram para uma mudança evolutiva importante: a origem do plano corporal de insetos com seis pernas.

Alterações na regulação gênica

Uma mudança na sequência de nucleotídeos de um gene pode afetar a sua função, não importando onde esse gene é expresso. Por outro lado, mudanças na regulação da expressão gênica podem ser limitadas a um tipo celular (ver Conceito 18.4). Portanto, mudanças na regulação de um gene do desenvolvimento podem acarretar menos efeitos colaterais danosos do que uma mudança na sequência do gene. Essa linha de raciocínio motivou pesquisadores a sugerir que mudanças na forma dos organismos podem ser frequentemente causadas por mutações que afetam a regulação de genes do desenvolvimento – e não a sua sequência.

Essa ideia é apoiada por estudos em várias espécies, incluindo o peixe esgana-gato. Esses peixes vivem no mar aberto e também em águas costeiras. No oeste do Canadá, eles vivem também em lagos formados pela regressão da costa nos últimos 12.000 anos. Populações marinhas têm espinhos ventrais, o que as ajuda a evitar alguns predadores. Esses espinhos são geralmente reduzidos ou ausentes nas populações lacustres devido à falta de peixes predadores e aos níveis baixos de cálcio. Os espinhos podem ter sido perdidos nos animais desses lagos

▼ **Figura 25.27** Pesquisa

O que causa a perda de espinhos nos peixes esgana-gato que vivem em lagos?

Experimento Populações marinhas de esgana-gato (*Gasterosteus aculeatus*) têm um conjunto de espinhos protetores na superfície inferior (ventral); no entanto, esses espinhos são perdidos ou reduzidos em populações lacustres dessa espécie. Pesquisadores realizaram cruzamentos genéticos e constataram que a maioria da redução do tamanho de espinhos resultou dos efeitos de um único gene de desenvolvimento, *Pitx1*. Os pesquisadores, então, testaram duas hipóteses sobre como o *Pitx1* causa essa mudança morfológica.

▲ **Esgana-gato (*Gasterosteus aculeatus*)**

Hipótese A: Uma mudança na sequência de DNA do gene *Pitx1* causou a redução de espinhos nas populações lacustres. Para testar essa ideia, a equipe utilizou o sequenciamento de DNA para comparar a sequência do gene *Pitx1* entre populações lacustres e populações marinhas.

Hipótese B: Uma mudança na regulação da expressão do *Pitx1* causou redução de espinhos. Para testar essa ideia, os pesquisadores monitoraram onde, no embrião em desenvolvimento, o gene *Pitx1* era expresso. Eles conduziram experimentos de hibridação *in situ* do corpo inteiro (ver Conceito 20.2), usando o DNA de *Pitx1* como sonda para detectar o mRNA de *Pitx1* no peixe.

Resultados

Teste da Hipótese A:	Existem diferenças na sequência codificadora do gene *Pitx1* em peixes marinhos e lacustres?	Resultado: Não →	Os 283 aminoácidos da proteína do *Pitx1* são idênticos em populações de esgana-gato marinhas e lacustres.
Teste da Hipótese B:	Existem diferenças na regulação da expressão de *Pitx1*?	Resultado: Sim →	As setas vermelhas (→) indicam as regiões de expressão do gene *Pitx1* nas fotografias abaixo. O *Pitx1* é expresso no espinho ventral e na boca de peixes marinhos em desenvolvimento, mas apenas na região da boca de peixes lacustres.

Embrião de esgana-gato marinho   Embrião de esgana-gato lacustre

Detalhe da boca   Detalhe da superfície ventral

Conclusão A perda ou redução dos espinhos ventrais em populações lacustres de esgana-gato parece ter resultado principalmente de uma mudança na regulação da expressão o gene *Pitx1*, e não de uma mudança na sequência do gene.

Dados de M. D. Shapiro et al., Genetic and developmental basis of evolutionary pelvic reduction in three-spine sticklebacks, *Nature* 428:717-723 (2004).

E SE? Descreva o conjunto de resultados que teria levado os pesquisadores a concluir que uma mudança na sequência codificadora do gene *Pitx1* era mais importante do que uma mudança na regulação da expressão gênica.

porque não eram vantajosos na ausência de predadores, e o cálcio limitado é necessário para outras finalidades que não a formação de espinhos.

Sabe-se que, em nível genético, o gene de desenvolvimento *Pitx1* influencia se o peixe esgana-gato terá ou não espinhos ventrais. Mas a redução de espinhos em algumas populações lacustres ocorreu devido a mudanças no gene *Pitx1* ou na maneira como o gene é expresso **(Figura 25.27)**? Os resultados indicam que a regulação da expressão gênica mudou, e não a sequência de DNA do gene. Além disso, os peixes do lago expressam o gene *Pitx1* nos tecidos não relacionados com a produção de espinhos (na boca), ilustrando como mudanças morfológicas podem ser causadas pela alteração na expressão de um gene de desenvolvimento em algumas partes do corpo, mas não em outras. Em um estudo de monitoramento, pesquisadores mostraram que alterações no intensificador *Pel*, uma região de DNA não codificadora que afeta a expressão do gene *Pitx1*, causaram uma redução nos espinhos ventrais do peixe esgana-gato. No geral, os resultados de estudos sobre o peixe esgana-gato proporcionam um exemplo claro e detalhado de como modificações na regulação gênica podem alterar a forma de organismos individualmente e, em última análise, levar à mudança evolutiva em populações.

REVISÃO DO CONCEITO 25.5

1. Explique como novas formas corporais podem se originar por heterocronia.
2. Por que é provável que os genes *Hox* tenham desempenhado um papel importante na evolução de novas variedades morfológicas?
3. **FAÇA CONEXÕES** Visto que as mudanças na morfologia são frequentemente causadas por mudanças na regulação da expressão gênica, preveja se o DNA não codificador é suscetível de ser afetado por seleção natural. (Rever o Conceito 18.3.)

Ver as respostas sugeridas no Apêndice A.

CONCEITO 25.6

A evolução não tem objetivos definidos

O que nosso estudo de macroevolução nos diz sobre como a evolução atua? Uma lição é que, durante a história da vida, a origem de novas espécies foi afetada por fatores em pequena escala descritos no Conceito 23.3 (como a seleção natural atua nas populações) e por fatores em grande escala descritos neste capítulo (como a deriva continental promovendo explosões de especiação por todo o globo). Além disso, parafraseando o geneticista François Jacob, ganhador do Prêmio Nobel, a evolução parece um trabalho de lapidação – um processo em que novas formas surgem pela modificação de estruturas ou de genes de desenvolvimento existentes. Com o passar do tempo, esse ajuste levou a três características fundamentais do mundo natural, descritas na página de abertura do Capítulo 22: as maneiras impressionantes pelas quais os organismos se ajustam à vida em seus ambientes, as inúmeras características compartilhadas e a rica diversidade da vida.

Novidades evolutivas

O ponto de vista de evolução de François Jacob remete ao conceito de Darwin de descendência com modificação. À medida que novas espécies são formadas, estruturas inéditas e complexas podem surgir como modificações graduais de estruturas ancestrais. Em muitos casos, estruturas complexas evoluíram de incrementos de versões mais simples que executavam a mesma função básica. Por exemplo, considere o olho humano, um órgão complexo constituído de numerosas partes que trabalham juntas para formar uma imagem e transmiti-la ao cérebro. Como o olho humano pode ter evoluído em acréscimos graduais? Algumas pessoas argumentam que, se o olho necessita de todos os seus componentes para funcionar, um olho parcial não poderia ter sido utilizado por nossos ancestrais.

A falha desse argumento, como o próprio Darwin observou, está na premissa de que somente olhos complexos são úteis. Na verdade, muitos animais dependem de olhos muito menos complexos do que os nossos. Os olhos mais simples que conhecemos são conjuntos de células fotorreceptoras sensíveis à luz. Esses olhos simples aparentemente tiveram uma única origem evolutiva e são agora encontrados em uma diversidade de animais, incluindo pequenos moluscos conhecidos como lapas. Esses olhos não têm equipamento para focalizar imagens, mas permitem que o animal faça a distinção entre luz e sombra. Esses moluscos aderem mais firmemente às rochas quando uma sombra recai sobre eles – uma adaptação comportamental que reduz o risco de predação **(Figura 25.28)**. Visto que esses moluscos têm história evolutiva longa, podemos concluir que os seus olhos "simples" são adequados para manter a sua sobrevivência e reprodução.

No reino animal, olhos complexos evoluíram independentemente a partir dessas estruturas básicas. Alguns moluscos, como as lulas e os polvos, têm olhos tão complexos quanto os olhos de seres humanos e de outros vertebrados **(Figura 25.29)**. Embora os olhos complexos dos moluscos tenham evoluído independentemente dos olhos dos

▲ **Figura 25.28** Lapas (*Patella vulgata*), moluscos que podem detectar o claro e o escuro com um simples conjunto de células fotorreceptoras.

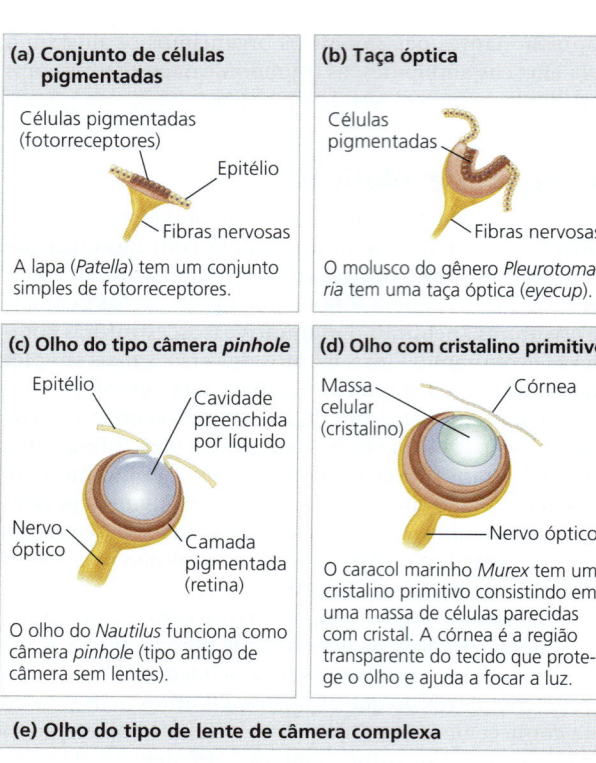

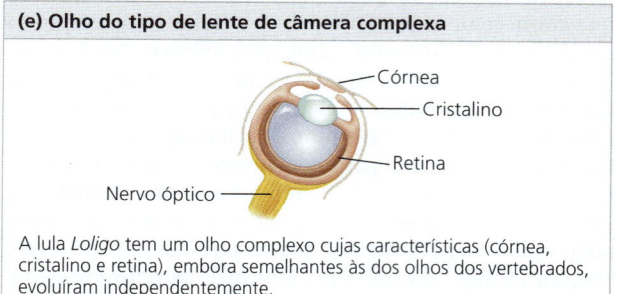

▲ **Figura 25.29** **Espectro da complexidade dos olhos nos moluscos.**

vertebrados, ambos evoluíram de um simples agrupamento de células receptoras presentes no ancestral comum. Em cada caso, a evolução de um olho complexo aconteceu por uma série de etapas que beneficiaram os possuidores daqueles olhos em cada fase. A evidência de evolução independente pode ser observada em sua estrutura: os olhos dos vertebrados detectam a luz na camada mais posterior da retina e conduzem os impulsos nervosos para a frente, ao passo que os olhos complexos dos moluscos fazem o inverso.

Ao longo da sua história evolutiva, os olhos mantiveram a sua função básica de visão. Ao mesmo tempo, novidades evolutivas podem surgir quando estruturas que, na sua origem, desempenhavam um papel gradualmente adquirem outro. Por exemplo, à medida que os cinodontes deram origem aos mamíferos primitivos, os ossos que inicialmente formaram a articulação da mandíbula (o articular e o quadrado; ver Figura 25.7) foram incorporados à região da orelha dos mamíferos, onde, por fim, assumiram uma nova função: a de transmissão do som (ver Conceito 34.6). Estruturas que evoluíram em um contexto, mas adquiriram nova função, são às vezes denominadas *exaptações* para distingui-las de uma origem adaptativa da estrutura original. Observe que o conceito de exaptação não sugere que uma estrutura de alguma forma evolua em antecipação a um uso futuro. A seleção natural não pode prever o futuro; ela apenas melhora uma estrutura no contexto da sua utilidade *atual*. Características inéditas, como uma nova articulação entre a maxila e a mandíbula e os ossos da orelha de mamíferos primitivos, podem surgir gradualmente por uma série de estágios intermediários, os quais desempenham alguma função no atual contexto do organismo.

Tendências evolutivas

O que mais podemos aprender com o estudo dos padrões de macroevolução? Considere as "tendências" evolutivas observadas no registro fóssil. Por exemplo, algumas linhagens evolutivas exibem tendência quanto ao tamanho corporal maior ou menor. Um exemplo é a evolução do cavalo atual (gênero *Equus*), descendente do *Hyracotherium* que viveu há 55 milhões de anos **(Figura 25.30)**. Com tamanho aproximado ao de um cachorro grande, *Hyracotherium* tinha quatro dedos nas patas dianteiras, três dedos nas patas traseiras e dentes adaptados ao consumo de folhas de arbustos e árvores. Em comparação, os cavalos atuais são maiores, possuem apenas um dedo em cada pata e dentes modificados para o consumo de vegetação rasteira.

Contudo, extrair uma única progressão evolutiva do registro fóssil pode ser enganoso. Seria como dizer que um arbusto está crescendo em direção a um único ponto baseando-se apenas nos ramos que levam até aquele galho. Por exemplo, ao selecionar certas espécies de fósseis disponíveis, é possível compor uma sucessão de animais intermediários entre o *Hyracotherium* e os cavalos atuais que mostra uma tendência em direção a espécies maiores e com um único dedo (siga o destaque em amarelo na Figura 25.30). No entanto, se considerarmos *todos* os cavalos fósseis conhecidos hoje, essa tendência aparente se desfaz. O gênero *Equus* não evoluiu em linha reta; ele é o único galho sobrevivente de uma árvore evolutiva tão ramificada que mais parece um arbusto. Na verdade, *Equus* descendeu de uma série de episódios de especiação que incluíram muitas irradiações adaptativas, nem todas levando a cavalos grandes pastejadores e de um dedo. Na verdade, as análises filogenéticas sugerem que todas as linhagens que incluem os pastejadores são relacionadas ao *Parahippus*; muitas outras linhagens de cavalos, todas hoje extintas, permaneceram com dedos múltiplos e se alimentando de folhas em arbustos e árvores por 35 milhões de anos.

A evolução ramificada *pode* resultar em uma tendência evolutiva real, mesmo se algumas espécies contrariem essa tendência. Um modelo de tendências de longo prazo concebe as espécies como análogas aos indivíduos: a especiação é o nascimento, a extinção é a morte e as espécies novas que descendem delas são a prole. Nesse modelo, assim como populações de organismos individuais passam por seleção natural, espécies submetem-se à *seleção de espécies*. As espécies que sobrevivem por mais tempo e que geram a maioria das espécies descendentes determinam a direção das principais

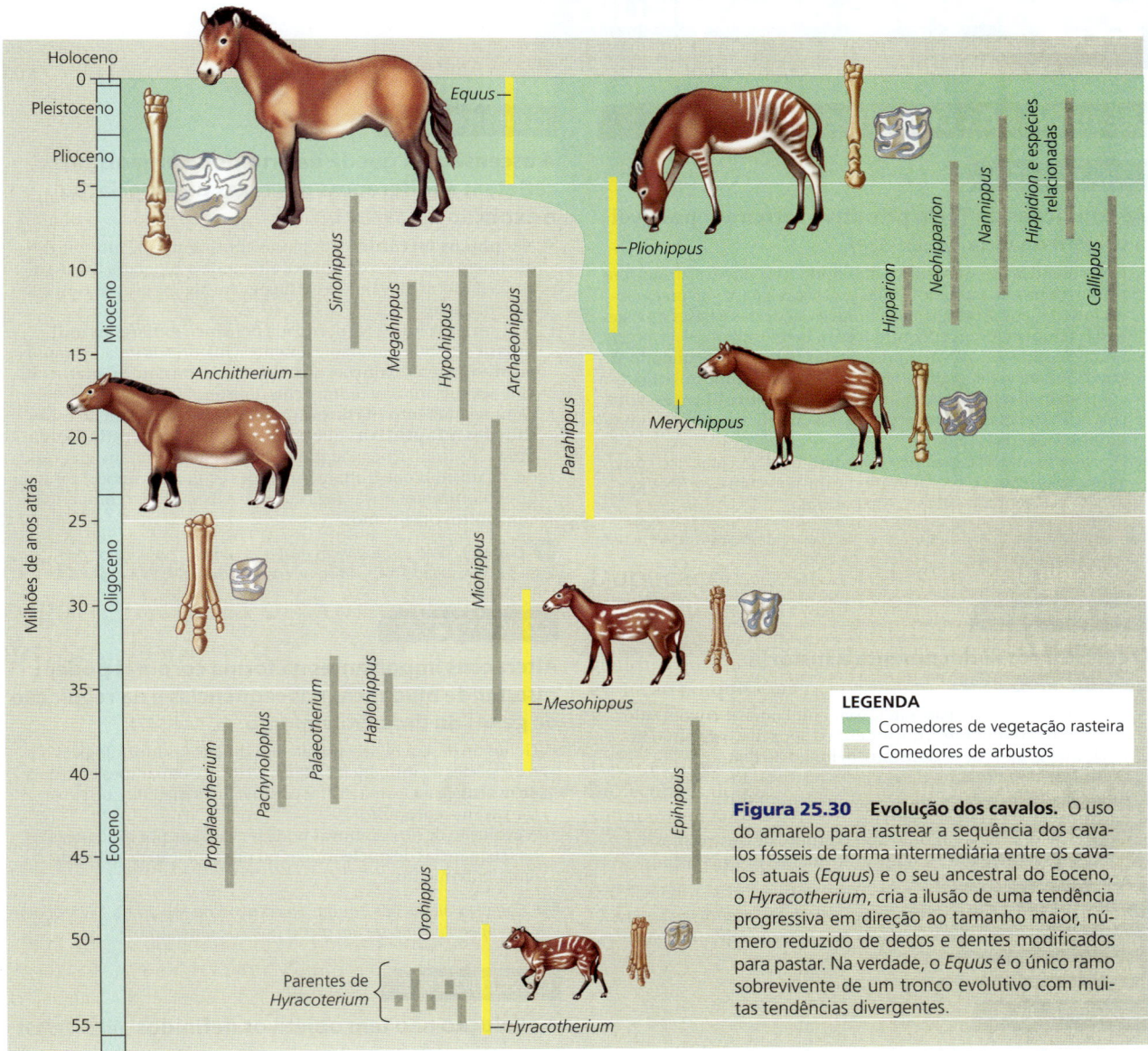

Figura 25.30 Evolução dos cavalos. O uso do amarelo para rastrear a sequência dos cavalos fósseis de forma intermediária entre os cavalos atuais (*Equus*) e o seu ancestral do Eoceno, o *Hyracotherium*, cria a ilusão de uma tendência progressiva em direção ao tamanho maior, número reduzido de dedos e dentes modificados para pastar. Na verdade, o *Equus* é o único ramo sobrevivente de um tronco evolutivo com muitas tendências divergentes.

tendências evolutivas. O modelo de seleção de espécies sugere que o "sucesso da especiação diferencial" desempenha um papel na macroevolução semelhante ao papel do sucesso reprodutivo diferencial na microevolução. Tendências evolutivas podem também resultar diretamente de seleção natural. Por exemplo, quando os ancestrais do cavalo invadiram os campos em expansão na metade da era Cenozoica, existia uma forte seleção a favor de animais pastejadores e que escapavam dos predadores correndo mais rápido. Essa tendência não teria ocorrido sem a existência de campos abertos.

Qualquer a sua causa, uma tendência evolutiva não indica que existe alguma força intrínseca na direção de um fenótipo em particular. A evolução é o resultado de interações entre organismos e os seus ambientes atuais; se as condições ambientais mudam, uma tendência evolutiva pode cessar ou ser revertida. O efeito cumulativo dessas interações constantes entre os organismos e seus ambientes é enorme: é por meio delas que a surpreendente diversidade da vida – "as infinitas formas do mais belo e maravilhoso" de Darwin – surgiu.

REVISÃO DO CONCEITO 25.6

1. Como o conceito de Darwin de descendência com modificação pode explicar a evolução de estruturas complexas como os olhos dos vertebrados?
2. **E SE?** O vírus da mixomatose mata até 99,8% dos coelhos europeus infectados em populações sem exposição prévia ao vírus. O vírus é transmitido aos coelhos por mosquitos. Descreva uma tendência evolutiva (nos coelhos ou no vírus) que poderia ocorrer depois do primeiro contato da população de coelhos com o vírus.

Ver as respostas sugeridas no Apêndice A.

25 Revisão do capítulo

RESUMO DOS CONCEITOS-CHAVE

CONCEITO 25.1

As condições da Terra primitiva tornaram possível a origem da vida (p. 526-528)

- Experimentos de laboratório simulando uma possível atmosfera primitiva produziram moléculas orgânicas a partir de precursores inorgânicos. Aminoácidos, lipídeos, açúcares e bases nitrogenadas também foram encontrados em meteoritos.
- Os nucleotídeos de RNA e aminoácidos polimerizam quando são gotejados em areia, argila ou rocha quentes. Compostos orgânicos podem se reunir espontaneamente em **protobiontes**, gotículas circundadas por uma membrana que apresentam algumas propriedades da célula.
- O primeiro material genético pode ter sido RNA catalítico com autorreplicação. Os protobiontes primitivos com esse RNA podem ter aumentado pela seleção natural.

? Descreva os papéis que a argila de montmorilonita e as vesículas podem ter desempenhado na origem da vida.

CONCEITO 25.2

O registro fóssil documenta a história da vida (p. 528-532)

- O registro fóssil, com base em fósseis amplamente encontrados em rochas sedimentares, documenta o apogeu e o declínio de diferentes grupos de organismos ao longo do tempo.
- O estrato sedimentar revela as idades relativas dos fósseis. As idades dos fósseis podem ser estimadas por **datação radiométrica** e outros métodos.
- O registro fóssil mostra como novos grupos de organismos podem surgir mediante modificação gradual de organismos existentes.

? Quais são os desafios da estimativa das idades dos fósseis antigos? Explique como esses desafios podem ter sido superados em algumas circunstâncias.

CONCEITO 25.3

Eventos-chave na história da vida incluem a origem dos organismos unicelulares e multicelulares, além da colonização de ambientes terrestres (p. 532-537)

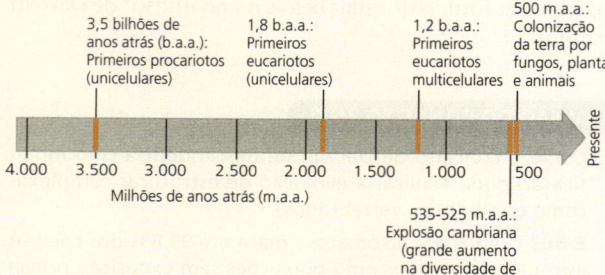

? O que é a "explosão cambriana" e por que ela é relevante?

CONCEITO 25.4

A ascensão e a queda de grupos de organismos refletem as diferenças nas taxas de especiação e extinção (p. 537-544)

- Nas **placas tectônicas**, as placas continentais se movem gradualmente ao longo do tempo, alterando a geografia física e o clima da Terra e levando a extinções em alguns grupos e especiação em outros.
- A história evolutiva foi pontuada por cinco **extinções em massa** que alteraram radicalmente a história da vida. As causas possíveis dessas extinções abrangem a deriva continental, as atividades vulcânicas e os impactos de asteroides.
- Grandes aumentos na diversidade da vida resultaram de **irradiações adaptativas** que ocorreram depois das extinções em massa. As irradiações adaptativas também ocorreram em grupos de organismos que tinham inovações evolutivas importantes ou que colonizaram novas regiões onde existia pouca competição com outros organismos.

? Explique como as mudanças evolutivas amplas observadas no registro fóssil são o resultado cumulativo de eventos de extinção e especiação.

CONCEITO 25.5

Alterações importantes na forma corporal podem resultar de mudanças nas sequências e na regulação de genes do desenvolvimento (p. 544-547)

- Genes do desenvolvimento afetam diferenças morfológicas entre espécies ao influenciar a taxa, o ritmo e os padrões espaciais de mudança na forma de um organismo, à medida que ele se transforma em adulto.
- A evolução de formas novas pode ser causada por mudanças nas sequências de nucleotídeos ou na regulação de genes do desenvolvimento.

? Como as alterações em um único gene ou região do DNA podem levar ao aparecimento de um grupo novo de organismos?

CONCEITO 25.6

A evolução não tem objetivos definidos (p. 547-549)

- Estruturas biológicas novas e complexas podem evoluir através de uma série de modificações adicionais que beneficiam o organismo que a possui.
- As tendências evolutivas podem ser causadas por seleção natural em um ambiente em transformação ou por seleção de espécies, resultante de interações entre organismos e seus ambientes atuais.

? Explique a justificativa para a afirmação: "A evolução não tem objetivos definidos".

TESTE SEU CONHECIMENTO

Níveis 1-2: Relembre/Entenda

1. Estromatólitos fossilizados
   - (A) são formados ao redor das fontes do mar profundo.
   - (B) assemelham-se às estruturas formadas por comunidades bacterianas hoje encontradas em algumas baías mornas e rasas.
   - (C) fornecem evidência de que as plantas colonizaram a terra na companhia dos fungos há aproximadamente 500 milhões de anos.
   - (D) contêm os primeiros fósseis de eucariotos incontestáveis.

2. A revolução do oxigênio mudou drasticamente o ambiente na Terra. Qual dos seguintes atributos representou vantagem na presença de oxigênio livre nos oceanos e atmosfera?
   (A) A evolução da respiração celular que usou oxigênio para ajudar a retirar energia de moléculas orgânicas
   (B) A persistência de alguns grupos animais em hábitats anaeróbicos
   (C) A evolução de pigmentos fotossintéticos que protegeram as algas primitivas de efeitos corrosivos do oxigênio
   (D) A evolução dos cloroplastos depois dos protistas primitivos terem incorporado cianobactérias fotossintetizantes

3. Que fator muito provavelmente fez com que animais e plantas da Índia diferissem bastante de espécies do sudeste asiático próximo?
   (A) As espécies se separaram por evolução convergente.
   (B) Os climas das duas regiões são semelhantes.
   (C) A Índia está em processo de separação do resto da Ásia.
   (D) A Índia era um continente separado até 45 milhões de anos atrás.

4. Irradiações adaptativas globais em grande escala ocorreram em qual das seguintes situações?
   (A) Quando não havia nichos ecológicos disponíveis
   (B) Após cada uma das cinco grandes extinções em massa
   (C) Após a colonização de uma ilha isolada com hábitat propício e poucas espécies competidoras
   (D) Sempre que houve necessidade de uma inovação para os organismos se desenvolverem

5. Ao estudarem a origem da vida, os cientistas cumpriram qual das seguintes etapas?
   (A) Síntese abiótica de protobiontes com RNA catalítico autorreplicante
   (B) Formação de vesículas que utilizam RNA como um modelo para a síntese de DNA
   (C) Formação de protobiontes que usam o DNA para direcionar a polimerização de aminoácidos
   (D) Síntese abiótica das bases do RNA (A, C, G, U)

Níveis 3-4: Aplique/Analise

6. Uma mudança genética que levou um certo gene *Hox* a ser expresso na extremidade do membro do embrião de um vertebrado, em vez de utilizarem outra região, tornou possível a evolução dos membros dos tetrápodes. Esse tipo de mudança é ilustrativo de
   (A) influência do ambiente no desenvolvimento.
   (B) pedomorfose.
   (C) uma mudança em um gene do desenvolvimento ou na sua regulação que alterou a organização espacial das partes do corpo.
   (D) heterocronia.

7. Uma bexiga natatória é um saco cheio de gás que ajuda o peixe a boiar. A evolução da bexiga natatória a partir dos pulmões de um peixe ancestral é um exemplo de
   (A) exaptação.
   (B) mudanças na expressão do gene *Hox*.
   (C) pedomorfose.
   (D) irradiação adaptativa.

Níveis 5-6: Avalie/Crie

8. **CONEXÃO EVOLUTIVA** Descreva como o fluxo gênico, a deriva genética e a seleção natural podem influenciar a macroevolução.

9. **PESQUISA CIENTÍFICA** A herbivoria (consumo de plantas por animais) evoluiu repetidamente em insetos, geralmente a partir de ancestrais carnívoros ou detritívoros (detrito é matéria orgânica morta). Mariposas e borboletas, por exemplo, comem plantas, ao passo que o seu "grupo-irmão" (o grupo de insetos ao qual elas estão mais intimamente relacionadas), os tricópteros, se alimenta de animais, fungos ou detritos. Como ilustrado na árvore filogenética a seguir, o grupo combinado de mariposa/borboleta/tricópteros compartilha ancestral comum com moscas e pulgas. Assim como os tricópteros, considera-se que as moscas e as pulgas tenham evoluído de ancestrais que não consumiam plantas.

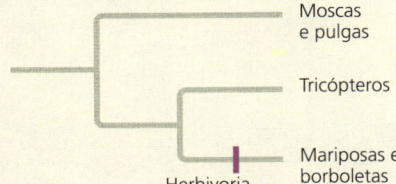

Existem 140.000 espécies de mariposas e borboletas e 7.000 espécies de tricópteros. Elabore uma hipótese sobre o impacto da herbivoria nas irradiações adaptativas em insetos. Como essa hipótese pode ser testada?

10. **ESCREVA SOBRE UM TEMA: ORGANIZAÇÃO** Você viu vários exemplos de como a forma influencia a função, em todos os níveis da hierarquia biológica. Entretanto, podemos imaginar formas que funcionariam melhor do que algumas hoje existentes na natureza. Por exemplo, se as asas de uma ave não fossem formadas a partir dos seus membros anteriores, essa ave hipotética poderia voar e também segurar objetos com seus membros anteriores. Em um ensaio sucinto (100-150 palavras), use o conceito "evolução parece um trabalho de lapidação" para explicar por que existem limites à funcionalidade das formas na natureza.

11. **SINTETIZE SEU CONHECIMENTO**

Em 2010, o vulcão Soufriere Hills, localizado em Montserrat, uma ilha do Caribe, teve uma violenta erupção, expelindo nuvens enormes de cinzas e gases na atmosfera. Explique como a erupção vulcânica do final do período Permiano e a formação da Pangeia, que ocorreram há cerca de 252 milhões de anos, desencadearam os eventos que alteraram a história da evolução.

Ver respostas selecionadas no Apêndice A.

Unidade 5 — HISTÓRIA EVOLUTIVA DA DIVERSIDADE BIOLÓGICA

Sallie (Penny) Chisholm, Professora de Engenharia Civil e Ambiental no Instituto de Tecnologia de Massachusetts, recebeu a Medalha Nacional de Ciência em 2011, o Prêmio Crafoord em Biociências em 2019 e muitos outros prêmios importantes. A Dra. Chisholm fez bacharelado em Biologia e Química no Skidmore College e Doutorado em Biologia na Universidade Estadual de Nova York, Albany. Eleita para a Academia Nacional de Ciências dos Estados Unidos em 2003, a Dra. Chisholm tem interesse de longa data no papel essencial que os micróbios fotossintetizantes desempenham nos ecossistemas marinhos. Atualmente, ela e seus alunos estão estudando esses organismos desde o genoma até a escala global.

ENTREVISTA COM
Penny Chisholm

Como você se interessou pela ciência?

Eu cresci no interior da Península Superior de Michigan. Enquanto crescia, minha família era toda voltada para os negócios; eu não vim de um meio acadêmico. Então, quando comecei a estudar biologia na faculdade, fiquei meio surpresa ao descobrir que gostava de ciências como forma de conhecimento. Nunca havia feito experimentos nem descoberto coisas novas por conta própria. Tive a chance de realizar um projeto de pesquisa independente em um lago local para medir a concentração de manganês. Medimos a circulação de manganês dentro e fora do lago ao longo de um ano, abrindo buracos no gelo para coletar amostras no inverno. Isso tudo foi muito legal e me deixou animada quanto à dinâmica dos ecossistemas aquáticos. Quando olhei no microscópio e vi um mundo que eu nem sabia que existia – o dos micróbios que vivem em lagos –, não tinha como voltar atrás.

Grande parte de sua pesquisa é sobre a bactéria *Prochlorococcus*. Conte-nos sobre esse organismo.

Prochlorococcus é a menor e mais abundante célula fotossintetizante do planeta – com menos de um centésimo da largura de um fio de cabelo humano, e há mais de bilhões, bilhões e bilhões dessas minúsculas células no oceano! *Prochlorococcus* são o alimento de pequenos protistas, que, por sua vez, são comidos por organismos marinhos maiores, desempenhando assim um papel fundamental nos ecossistemas oceânicos. Quando as células do *Prochlorococcus* são infectadas por vírus, elas se rompem, e seus compostos orgânicos servem como fonte de alimento para outras bactérias no oceano. Apesar de sua importância, nem sabíamos que esses organismos existiam quando eu era estudante. E então, em meados da década de 1980, tive a sorte de estar envolvida em sua descoberta. Fiquei fascinada por eles – estavam em quase toda parte nos oceanos. Finalmente, aprendemos a cultivá-los no laboratório. Fui fisgada!

O que *Prochlorococcus* ensinou a você?

Há muito tempo, conhecemos as diatomáceas e outros organismos fotossintetizantes relativamente grandes – fitoplâncton – do oceano. Esses organismos eram como árvores e arbustos. De repente, com a descoberta de pequenas bactérias fotossintetizantes, como *Prochlorococcus*, aprendemos: "Oh! Existe grama também!" Assim que soubemos que havia *Prochlorococcus* ali, desenvolvemos métodos para seu monitoramento no campo e a classificação individual de suas células. Ficamos imaginando como uma única espécie poderia ser tão abundante em tantas áreas diferentes do oceano. Descobrimos que esse organismo possui níveis extremamente elevados de diversidade genética, o que permite que prospere em muitos ambientes oceânicos diferentes, apesar das condições em constante mudança. No geral, estudar *Prochlorococcus* me ensinou humildade diante da complexidade estonteante do mundo natural.

▼ Células e vesículas de *Prochlorococcus*.

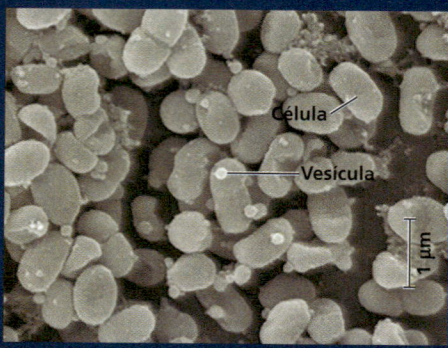

Célula

Vesícula

1 μm

Até o momento, qual foi a descoberta mais surpreendente do seu laboratório?

A descoberta da "grama" no oceano certamente foi uma surpresa! Mais recentemente, descobrimos que o oceano está cheio de vesículas, partículas lipídicas muito pequenas que se desprendem de uma célula. Elas se parecem com pequenas ervilhas redondas no topo da célula. Por anos, eu andava com uma foto delas que um de meus alunos havia tirado e perguntava às pessoas: "O que você acha que é isso?" Ninguém sabia, até que um dos meus alunos de pós-doutorado especulou que seriam vesículas e demonstrou que isso era verdade. Ele descobriu que elas contêm DNA, bem como RNA e uma variedade de proteínas e lipídios. Podemos determinar quais espécies produziram uma vesícula sequenciando seu DNA. Descobrimos diversas espécies produtoras de vesículas. Esse é um belo exemplo de como uma observação casual no laboratório – uma fotografia que guardei em um armário por anos – acabou levando à descoberta de um novo componente dos ecossistemas oceânicos. O desafio agora é descobrir o que elas estão fazendo!

O que você acha mais gratificante no seu trabalho?

Trabalhar com *Prochlorococcus* é um presente! Ao longo dos anos, tem sido um processo de descoberta quase infinito – o organismo é uma parte fundamental da vida no oceano, e há tantas perguntas diferentes que você pode fazer. Também tem sido frutífero e estimulante estudar *Prochlorococcus* com alunos e colegas de diferentes origens. É maravilhoso ver meus alunos trabalhando juntos para responder a perguntas realmente difíceis. E eu aprendi muito com eles – é um privilégio e uma alegria ajudá-los a descobrir no que são melhores e o que realmente gostam de fazer. Eu amo o que eu faço. O que poderia ser mais importante do que estudar a vida?

> "Estudar *Prochlorococcus* me ensinou humildade diante da complexidade estonteante do mundo natural."

26 Filogenia e a árvore da vida

CONCEITOS-CHAVE

26.1 As filogenias mostram relações evolutivas p. 554

26.2 As filogenias são inferidas a partir de dados morfológicos e moleculares p. 558

26.3 Caracteres compartilhados são utilizados para construir árvores filogenéticas p. 559

26.4 A história evolutiva de um organismo está documentada em seu genoma p. 565

26.5 Relógios moleculares ajudam a decifrar o tempo evolutivo p. 566

26.6 Nossa compreensão sobre a árvore da vida continua a mudar com base em novos dados p. 568

Dica de estudo

Identifique os desenhos: Os membros de um *grupo-irmão* são os parentes mais próximos uns dos outros, tornando os grupos-irmãos uma maneira útil de descrever as relações evolutivas. Como neste exemplo, identifique os grupos-irmãos associados a cada ramificação nas Figuras 26.11, 26.12, 26.14 e 26.16.

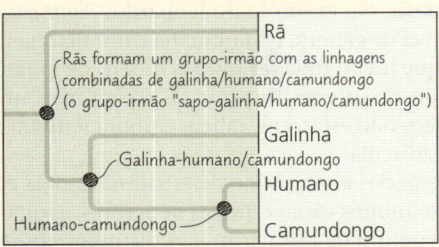

Figura 26.1 Embora este animal pareça uma serpente, na verdade é um lagarto sem patas, o lagarto-de-vidro *Ophisaurus apodus*. Por que o lagarto-de-vidro não é considerado uma serpente? Os biólogos basearam esta decisão em parte na comparação de suas características com as das serpentes – e o lagarto-de-vidro não tem uma mandíbula altamente móvel ou muitas vértebras, duas características compartilhadas por todas as serpentes.

Como os biólogos diferenciam e classificam as milhões de espécies da Terra?

Características compartilhadas devido a **ancestralidade comum** são usadas para classificar os organismos em grupos que refletem sua **história evolutiva**:

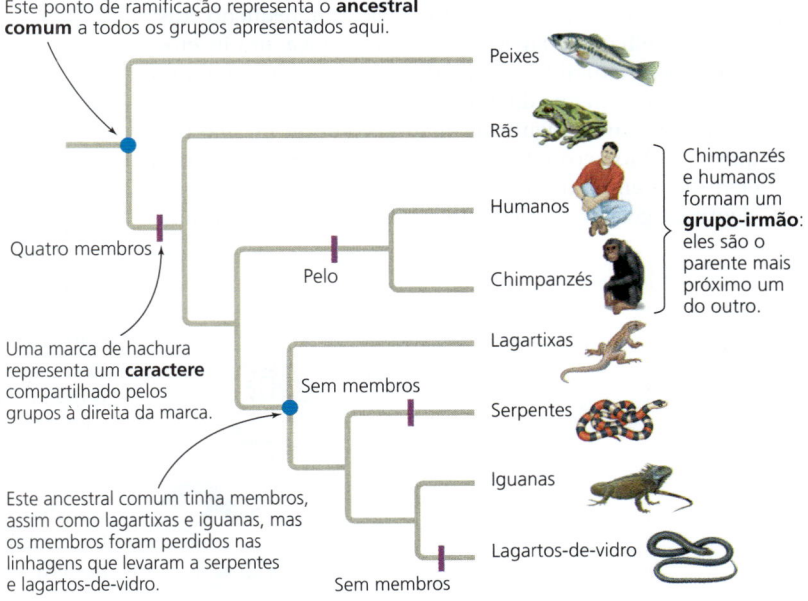

CONCEITO 26.1

As filogenias mostram relações evolutivas

O lagarto-de-vidro na Figura 26.1 é parte do *continuum* de vida que se estende desde os primeiros organismos até a grande diversidade de espécies vivas atuais. Nesta unidade, examinaremos essa diversidade e descreveremos hipóteses em relação a como ele evoluiu.

Para montar o cenário a fim de examinar a diversidade da vida, neste capítulo consideraremos como os biólogos traçam a **filogenia**, a história evolutiva de uma espécie ou de um grupo de espécies. Uma filogenia de lagartos e serpentes, por exemplo, indica que tanto os lagartos-de-vidro como as serpentes evoluíram de lagartos com pernas – mas evoluíram de linhagens diferentes de lagartos com pernas **(Figura 26.2)**. Portanto, parece que suas condições de ausência de pernas evoluíram independentemente. Como veremos, os biólogos reconstroem filogenias, assim como aquela na Figura 26.2, usando a **sistemática**, uma disciplina enfocada em classificar os organismos e determinar suas relações evolutivas. Começaremos descrevendo como os organismos são nomeados.

Nomenclatura binomial

Nomes comuns para organismos – como macaco, tentilhão ou lilás – expressam um significado no uso ocasional, mas também podem causar confusão. Cada um desses nomes, por exemplo, se refere a mais do que uma espécie. Além disso, alguns nomes comuns não refletem exatamente o tipo de organismo ao qual se referem. Considere estes três organismos que têm o sufixo "*fish*" (peixe, em inglês): *jellyfish* (água-viva, um cnidário), *crayfish* (lagostim, pequeno crustáceo semelhante à lagosta) e *silverfish* (traça, um inseto). Além disso, naturalmente, um dado organismo tem nomes diferentes em línguas diferentes.

Para evitar ambiguidade quando comunicam suas pesquisas, os biólogos referem-se aos organismos por nomes científicos em latim. O formato em duas partes do nome científico, geralmente denominado **binômio**, foi instituído no século XVIII por Carolus Linnaeus (ver Conceito 22.1). A primeira parte do binômio é o nome do **gênero** ao qual a espécie pertence. A segunda parte, chamada epíteto específico, é exclusiva para cada espécie dentro do gênero. Um exemplo de binômio é *Panthera pardus*, o nome científico do leopardo. Observe que a primeira letra do gênero é maiúscula e o binômio inteiro é escrito em itálico (novos nomes científicos também são "latinizados": você pode denominar um inseto que descobriu em homenagem a um amigo, mas deve colocar uma terminação em latim). Hoje, muitos dos mais de 11 mil binômios designados por Linnaeus ainda estão em uso, incluindo o nome dado por ele a nossa espécie – *Homo sapiens*, que significa "homem sábio".

Classificação hierárquica

Além de denominar espécies, Linnaeus também as agrupou em uma hierarquia de categorias progressivamente inclusivas. O primeiro agrupamento baseia-se no binômio: espécies que parecem estar estreitamente relacionadas são agrupadas dentro do mesmo gênero. Por exemplo, o leopardo (*Panthera pardus*) pertence ao mesmo gênero que também inclui o leão africano (*Panthera leo*), o tigre (*Panthera tigris*) e a onça (*Panthera onca*). Acima do gênero, os biólogos empregam progressivamente categorias mais abrangentes de classificação. O sistema de classificação denominado linneano, em homenagem a Linnaeus, coloca gêneros relacionados na mesma **família**, famílias dentro de **ordens**, ordens dentro de **classes**, classes dentro de **filos**, filos dentro de **reinos** e, mais recentemente, reinos dentro de **domínios (Figura 26.3)**. A classificação biológica resultante de um organismo particular é semelhante a uma identificação do endereço postal de uma pessoa em um determinado apartamento, em um edifício com muitos apartamentos, em uma rua com muitos edifícios, em uma cidade com muitas ruas e assim por diante.

O grupo nomeado em qualquer nível da hierarquia é chamado de **táxon**. No exemplo do leopardo, *Panthera* é um táxon em nível de gênero, e Mammalia é um táxon em nível de classe, que inclui todas as muitas ordens de mamíferos. Observe que, no sistema linneano, os táxons mais amplos do que gênero não estão em itálico, embora tenham a primeira letra maiúscula.

Classificar espécies é um modo de estruturar nossa visão do mundo. Reunimos várias espécies de árvores, às quais damos o nome comum de pinheiros, e as distinguimos de outras árvores, as quais chamamos de abetos. Os sistematas decidiram que pinheiros e abetos são suficientemente diferentes para serem colocados em gêneros separados, porém suficientemente similares para serem agrupados dentro da mesma família, Pinaceae. Em geral, assim como pinheiros e abetos, níveis mais elevados de classificação são definidos por caracteres particulares escolhidos pelos sistematas. Entretanto, caracteres úteis para classificar um grupo de organismos podem não ser apropriados para outros organismos. Por essa razão, as categorias mais amplas não costumam ser comparáveis entre linhagens; isto é, uma ordem de caracóis não exibe o mesmo grau de diversidade morfológica ou genética que uma ordem de mamíferos. Como veremos, a colocação de espécies dentro de ordens, classes e assim por diante não reflete necessariamente a história evolutiva.

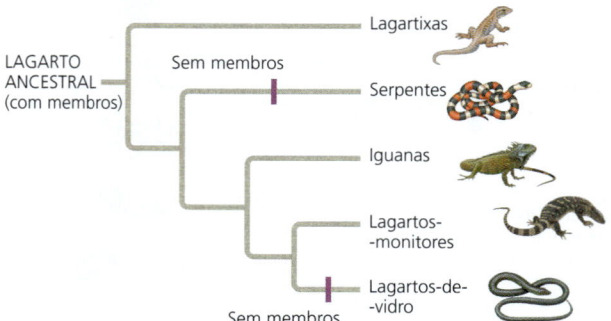

▲ **Figura 26.2 Evolução convergente de corpos sem membros.** Uma filogenia com base em dados de sequência de DNA revela que uma forma corporal sem membros evoluiu de modo independente de linhagens ancestrais com membros, levando a lagartos-de-vidro e a serpentes.

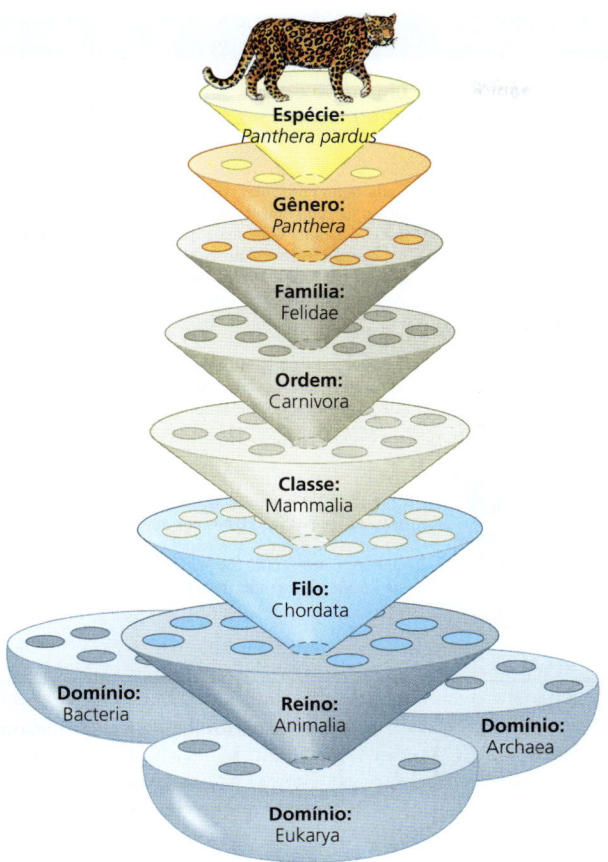

▲ **Figura 26.3** **Classificação linneana.** Em cada nível, ou "posto", as espécies são colocadas em grupos dentro de grupos mais inclusivos.

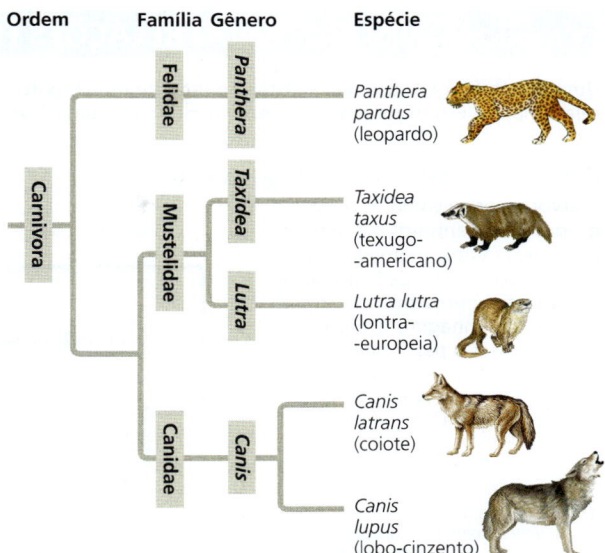

▲ **Figura 26.4** **Conexão entre classificação e filogenia.** A classificação hierárquica pode refletir os padrões de ramificação das árvores filogenéticas. Esta árvore mostra as relações evolutivas entre alguns táxons dentro da ordem Carnivora, um ramo da classe Mammalia.

Unindo classificação e filogenia

A história evolutiva de um grupo de organismos pode ser representada em um diagrama ramificado chamado **árvore filogenética**. Como na **Figura 26.4**, o padrão de ramificação geralmente corresponde à maneira como os sistematas classificaram os grupos de organismos aninhados em grupos mais inclusivos. Às vezes, entretanto, os sistematas colocam uma espécie dentro de um gênero (ou outro grupo) ao qual ele *não* é tão estreitamente relacionado. Uma razão para esse erro pode ser que, ao longo do curso da evolução, uma espécie tenha perdido uma característica-chave compartilhada por seus parentes próximos. Se o DNA ou outra nova evidência indicar que um organismo foi classificado de modo errôneo, o organismo pode ser reclassificado para refletir corretamente sua história evolutiva. Outro problema é que, embora o sistema linneano possa distinguir grupos, como anfíbios, mamíferos, répteis e outras classes de vertebrados, ele não nos diz nada sobre as relações evolutivas desses grupos entre si.

Essas dificuldades em associar a classificação linneana à filogenia levou muitos sistematas a propor que a classificação seja baseada inteiramente em relações evolutivas. Nesses sistemas, os nomes são atribuídos somente a grupos que incluem um ancestral comum e todos os seus descendentes. Usando essa abordagem, alguns grupos comumente reconhecidos tornam-se parte de outros grupos anteriormente de mesmo nível no sistema linneano. Por exemplo, como as aves evoluíram de um grupo de répteis, a classe Aves (a classe linneana à qual pertencem as aves) é considerada um subgrupo de Reptilia (também uma classe no sistema linneano).

O que podemos e o que não podemos aprender a partir de árvores filogenéticas

Independentemente de como os grupos são denominados, uma árvore filogenética representa uma hipótese acerca das relações evolutivas. Essas relações com frequência são representadas como uma série de dicotomias, ou pontos de ramificação de duas vias. Cada **ponto de ramificação** representa o ancestral comum às duas linhagens evolutivas que divergem dele. Uma **linhagem evolutiva** é uma sequência de organismos ancestrais que leva a um determinado táxon descendente. A **Figura 26.5** ilustra esses elementos de uma árvore filogenética e oferece mais dicas para a interpretação desses diagramas.

Cada árvore na Figura 26.5 tem um ponto de ramificação que representa o ancestral entre chimpanzés e humanos. Chimpanzés e humanos são exemplos de **táxons-irmãos**, grupos de organismos que compartilham um ancestral comum imediato que não é compartilhado por nenhum outro grupo. Observe que há um grupo-irmão associado a cada ponto de ramificação em uma árvore (uma vez que cada ponto de ramificação representa o ancestral comum das linhagens divergentes dele).

Os membros de um grupo-irmão são os parentes mais próximos um do outro, tornando os grupos-irmãos uma maneira útil de descrever as relações evolutivas mostradas

▼ Figura 26.5 VISUALIZANDO RELAÇÕES FILOGENÉTICAS

Uma árvore filogenética representa visualmente uma hipótese de como organismos de um grupo estão relacionados. Esta figura explora como o modo que uma árvore é desenhada transmite informações.

Partes de uma árvore filogenética

A árvore mostra como os cinco grupos de organismos nas extremidades dos ramos, chamados táxons, estão relacionados. Cada **ponto de ramificação** representa o ancestral comum das linhagens evolutivas que divergem a partir dele.

Este ponto de ramificação representa o ancestral comum de todos os grupos de animais mostrados nesta árvore.

Cada ramo horizontal representa uma **linhagem evolutiva**. O comprimento do ramo é arbitrário, a menos que o diagrama especifique que os comprimentos dos ramos representem informações como tempo ou quantidade de mudança genética (ver Figura 26.13).

Cada posição ao longo de um ramo representa um ancestral na linhagem que leva ao táxon nomeado na ponta.

Chimpanzés e humanos são exemplos de **táxons-irmãos**, grupos de organismos que compartilham um ancestral comum que não é compartilhado por nenhum outro grupo. Os membros de um grupo-irmão são os parentes mais próximos uns dos outros.

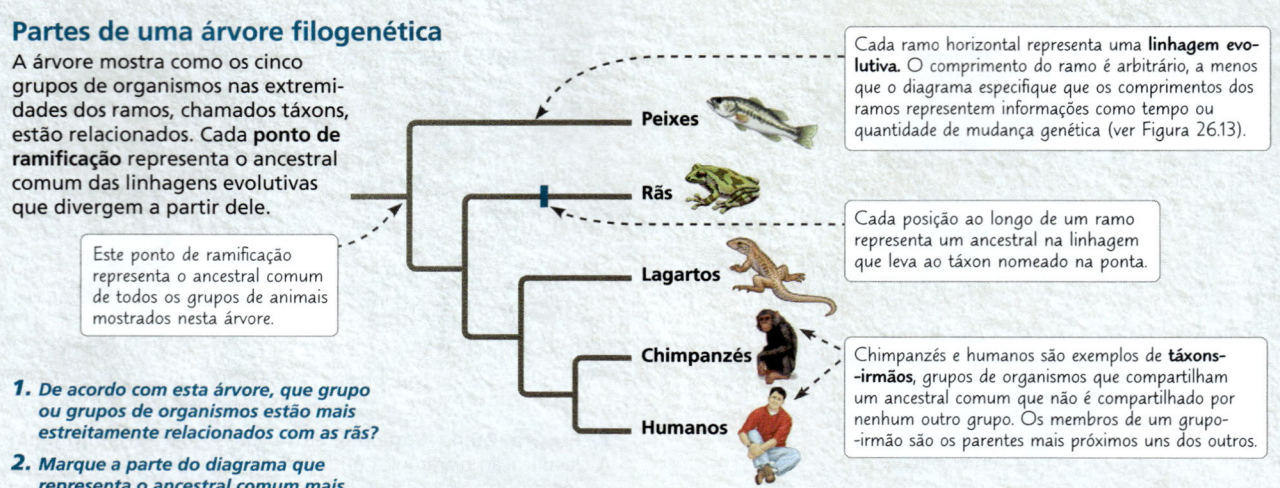

1. De acordo com esta árvore, que grupo ou grupos de organismos estão mais estreitamente relacionados com as rãs?
2. Marque a parte do diagrama que representa o ancestral comum mais recente entre rãs e humanos.

Formas alternativas dos diagramas de árvores

Estes diagramas são chamados de "árvores" porque usam a analogia visual dos ramos para representar linhagens evolutivas que divergem ao longo do tempo. Neste texto, as árvores geralmente são desenhadas na horizontal, como mostrado acima, mas a mesma árvore pode ser desenhada na vertical ou diagonal sem alterar as relações que ela demonstra.

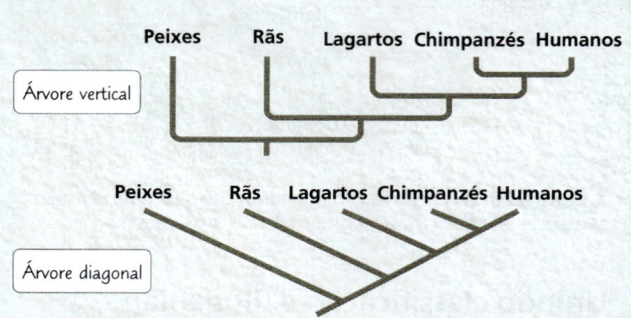

3. Quantos táxons-irmãos são mostrados nestas duas árvores? Identifique-os.
4. Redesenhe a árvore horizontal da Figura 26.2 como uma árvore vertical e uma árvore diagonal.

Rotação dos pontos de ramificação

Girar os ramos de uma árvore em torno de um ponto de ramificação não muda o que eles expressam sobre as relações evolutivas. Como resultado, a ordem em que os táxons aparecem nas pontas dos ramos não é significativa. O que importa é o padrão de ramificação, que significa a ordem em que as linhagens divergiram de ancestrais comuns.

Se você girar os ramos da árvore à esquerda em torno dos três pontos azuis, o resultado será a árvore à direita.

Nota: A ordem dos táxons NÃO representa uma sequência de evolução "que leva até" o último táxon mostrado (nesta árvore, os humanos).

5. Redesenhe a árvore acima, girando os ramos ligados ao ponto de ramificação verde. Identifique os dois parentes mais próximos dos humanos, conforme mostrado em cada uma das três árvores. Explique sua resposta.

na árvore. Por exemplo, na Figura 26.5, a linhagem evolutiva que leva aos lagartos compartilha um ancestral comum imediato com a linhagem que leva aos chimpanzés e humanos. Assim, podemos descrever essa parte da árvore dizendo que os lagartos são o táxon-irmão de um grupo composto por chimpanzés e humanos.

Como também é discutido na Figura 26.5, os ramos de uma árvore podem ser girados em torno de seus pontos de ramificação sem alterar as relações mostradas na árvore. Ou seja, a ordem em que os táxons aparecem no lado direito da árvore não representa uma *sequência* de evolução – neste caso, isso não implica em uma sequência que vai dos peixes aos humanos.

Esta árvore, assim como todas as árvores filogenéticas neste livro, é **enraizada**, ou seja, um ponto de ramificação dentro da árvore (geralmente desenhado bem à esquerda) representa o mais recente ancestral comum de todos os táxons da árvore. Uma linhagem que diverge de todos os outros membros de seu grupo no início da história do grupo é chamada de **táxon basal**. Dessa forma, como os peixes na Figura 26.5, um táxon basal encontra-se em um dos dois ramos que divergem do ponto do ramo que representa o ancestral comum do grupo. Em geral, as linhagens representadas por esses dois ramos se originaram no mesmo ponto no tempo e, portanto, têm evoluído pelo mesmo período de tempo.

Que outros pontos-chave precisamos ter em mente ao interpretar árvores filogenéticas? Primeiro, elas pretendem mostrar padrões de descendência, e não semelhanças fenotípicas. Embora organismos estreitamente relacionados muitas vezes se pareçam uns com os outros devido à sua ancestralidade comum, é possível que não se pareçam se suas linhagens tiverem evoluído a taxas diferentes ou em condições ambientais muito diferentes. Por exemplo, embora os crocodilos sejam mais estreitamente relacionados às aves do que aos lagartos (ver Figura 22.17), eles se parecem mais com os lagartos, porque a morfologia mudou drasticamente na linhagem das aves.

Em segundo lugar, não podemos necessariamente inferir as idades dos táxons ou pontos de ramificação mostrados em uma árvore. Por exemplo, a árvore na Figura 26.5 não indica que os chimpanzés evoluíram antes dos humanos. A árvore mostra apenas que os chimpanzés e os humanos compartilham um ancestral comum recente, mas não podemos dizer quando esse ancestral viveu ou quando os primeiros chimpanzés ou humanos surgiram. Geralmente, a não ser que nos seja dada uma informação específica sobre o que significam os comprimentos dos ramos em uma árvore – por exemplo, que eles são proporcionais ao tempo –, devemos interpretar o diagrama apenas em termos de padrões de descendência. Nenhuma suposição deve ser feita sobre quando uma espécie determinada evoluiu ou quanta variação ocorreu em cada linhagem.

Terceiro, não devemos assumir que um táxon em uma árvore filogenética evoluiu a partir de um táxon próximo a ele. A Figura 26.5 não indica que os humanos evoluíram a partir dos chipanzés ou vice-versa. Podemos inferir apenas que a linhagem conduzindo aos humanos e a linhagem conduzindo aos chipanzés evoluíram a partir de um ancestral comum recente. Esse ancestral, que agora está extinto, não era nem um humano nem um chipanzé.

Aplicando filogenias

Compreender filogenias pode ter aplicações práticas. Considere o milho, o qual se originou nas Américas e hoje é uma importante cultura alimentar em todo o mundo. A partir da filogenia do milho, com base em dados de DNA, os pesquisadores identificaram duas espécies de gramíneas selvagens que podem ser os parentes vivos mais próximos do milho. Esses dois parentes próximos podem ser úteis como "reservatórios" de alelos benéficos, que podem ser transferidos para milhos cultivados por cruzamentos ou engenharia genética.

Um uso diferente de árvores filogenéticas é para inferir as identidades de espécies, pela análise do parentesco de sequências de DNA de diferentes organismos. Os pesquisadores usaram essa abordagem para investigar se a carne de baleia foi obtida ilegalmente de espécies de baleias protegidas pelo direito internacional ou de espécies que podem ser caçadas legalmente **(Figura 26.6)**.

▼ **Figura 26.6** Pesquisa

Qual é a identidade das espécies do alimento sendo vendido como carne de baleia?

Experimento C. S. Baker e S. R. Palumbi compraram 13 amostras de "carne de baleia" de mercados de peixes do Japão. Sequenciaram partes do DNA mitocondrial (mtDNA) de cada amostra e compararam seus resultados com as sequências comparáveis de mtDNA de espécies de baleia conhecidas. Para inferir a identidade da espécie de cada amostra, a equipe construiu uma *árvore genética*, uma árvore filogenética que mostra padrões de parentesco entre sequências de DNA em vez de entre táxons.

Resultados Das espécies na árvore genética resultante, somente as baleias-minke caçadas no Hemisfério Sul podem ser vendidas legalmente no Japão.

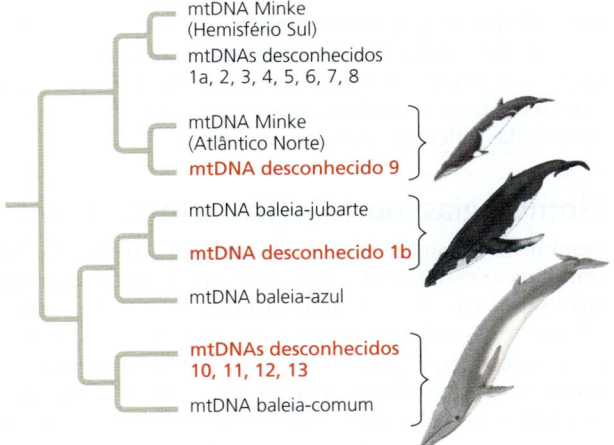

Conclusão Esta análise indicou que sequências de mtDNA de seis das amostras desconhecidas (em vermelho) são mais estreitamente relacionadas às sequências de baleias cuja caça é ilegal.

Dados obtidos de C. S. Baker e S. R. Palumbi, Which whales are hunted? A molecular genetic approach to monitoring whaling, *Science* 265: 1538–1539 (1994). Reimpresso com permissão de AAAS.

E SE? *Que resultados diferentes indicariam que toda a carne de baleia foi caçada legalmente?*

Como os pesquisadores constroem árvores filogenéticas como estas que consideramos aqui? Na próxima seção, começaremos a responder a essa pergunta examinando os dados usados para determinar filogenias.

> **REVISÃO DO CONCEITO 26.1**
>
> 1. **HABILIDADES VISUAIS** Com base na árvore da Figura 26.4, os leopardos estão mais estreitamente relacionados a texugos ou lobos ou são igualmente relacionados a essas duas espécies? Explique.
> 2. **HABILIDADES VISUAIS** Qual das árvores mostradas aqui retrata uma história evolutiva diferente das outras duas? Explique.
>
>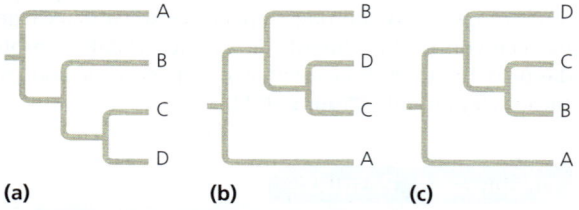
>
> 3. **DESENHE** A família do urso (Ursidae) está mais estreitamente relacionada à família do texugo/lontra (Mustelidae) do que à família do cão (Canidae). Use essas informações para redesenhar a Figura 26.4.
>
> Ver as respostas sugeridas no Apêndice A.

CONCEITO 26.2

As filogenias são inferidas a partir de dados morfológicos e moleculares

Para inferir a filogenia, os sistematas precisam reunir o máximo de informação sobre a morfologia, os genes e a bioquímica de organismos relevantes. É importante enfocar as características que resultam da ancestralidade comum, pois apenas elas refletem as relações evolutivas.

Homologias morfológicas e moleculares

Lembre-se que similaridades fenotípicas e genéticas decorrentes da ancestralidade compartilhada são chamadas **homologias**. Por exemplo, a similaridade no número e arranjo de ossos dos membros anteriores de mamíferos deve-se à sua descendência a partir de um ancestral comum com a mesma estrutura óssea; esse é um exemplo de homologia morfológica (ver Figura 22.15). Do mesmo modo, genes ou outras sequências de DNA são homólogos se eles descendem de sequências contidas em um ancestral comum.

Em geral, organismos que compartilham morfologias muito similares ou sequências de DNA similares provavelmente são mais estreitamente relacionados do que organismos com estruturas ou sequências bastante diferentes. Em alguns casos, entretanto, a divergência morfológica entre espécies relacionadas pode ser grande e sua divergência genética, pequena (ou vice-versa). Considere as plantas havaianas conhecidas como espadas-de-prata (*silversword*): algumas dessas espécies são árvores altas ramificadas, enquanto outras são densos arbustos próximos ao chão (ver Figura 25.23). Contudo, apesar dessas impressionantes diferenças fenotípicas, os genes das espadas-de-prata são muito semelhantes. Com base nessas pequenas divergências moleculares, os cientistas estimam que o grupo das espadas-de-prata começou a divergir há 5 milhões de anos. Posteriormente neste capítulo, discutiremos como os cientistas usam dados moleculares para estimar esses tempos de divergência.

Separando homologia de analogia

Uma fonte potencial de confusão na construção de uma filogenia é a similaridade entre organismos que se deve à evolução convergente – chamada **analogia** – e não à ancestralidade compartilhada (homologia). A evolução convergente ocorre quando pressões ambientais similares e a seleção natural produzem adaptações similares (análogas) em organismos de diferentes linhagens evolutivas. Por exemplo, os dois animais semelhantes à toupeira mostrados na **Figura 26.7** parecem muito similares. Entretanto, suas anatomias internas, fisiologias e sistemas reprodutivos são muito diferentes. Na verdade, evidências genéticas e fósseis indicam que o ancestral comum desses animais viveu há 160 milhões de anos. Esse ancestral comum e a maioria de seus descendentes não eram semelhantes a toupeiras. Parece que características análogas evoluíram independentemente nessas duas linhagens à medida que se adaptaram a estilos de vida semelhantes – portanto, as características semelhantes desses animais não devem ser consideradas ao se reconstruir sua filogenia.

Outra pista para distinguir entre homologias e analogias é a complexidade dos caracteres que estão sendo comparados. Quanto mais elementos similares em duas estruturas complexas, mais provável que as estruturas tenham evoluído de um ancestral comum. Por exemplo, os crânios de um homem adulto e de um chimpanzé adulto consistem em muitos ossos fusionados juntos. As composições dos crânios coincidem quase perfeitamente, osso por osso. É altamente improvável que essa estrutura complexa, coincidente em tantos detalhes, tenha origem separada. Mais provavelmente, os genes envolvidos no desenvolvimento dos dois crânios foram herdados de um ancestral comum.

O mesmo argumento se aplica a comparações em nível genético. Os genes são sequências de milhares de nucleotídeos, cada um dos quais representa um caractere herdado na forma de uma das quatro bases de DNA: A (adenina), G (guanina), C (citosina) ou T (timina). Se os genes em dois organismos compartilham muitas porções de suas sequências de nucleotídeos, é provável que os genes sejam homólogos.

▶ **Figura 26.7** Evolução convergente em escavadores. Um corpo longo, grandes patas dianteiras, olhos pequenos e uma camada de pele grossa que protege o nariz evoluíram independentemente nestas espécies.

"Toupeira" australiana

Toupeira-dourada-africana

Avaliando homologias moleculares

Muitas vezes, a comparação de moléculas de DNA impõe desafios técnicos para os pesquisadores. O primeiro passo após sequenciar o DNA é alinhar sequências comparáveis das espécies sob estudo. Se as espécies são muito estreitamente relacionadas, as sequências provavelmente diferem em somente um ou poucos sítios. Por outro lado, sequências comparáveis de ácidos nucleicos em espécies remotamente relacionadas, em geral, têm bases diferentes em muitos sítios, e muitas têm comprimentos diferentes. Isso é devido às inserções e deleções acumuladas durante longos períodos de tempo.

Suponha, por exemplo, que determinadas sequências de DNA não codificantes próximas a um determinado gene são muito similares em duas espécies, exceto pela deleção da primeira base da sequência em uma das espécies. O efeito é que a sequência remanescente se altera retrocedendo um ponto. Uma comparação entre duas sequências que não leva em conta essa deleção ignoraria o que, na verdade, é uma semelhança muito boa. Programas de computador podem ser usados para identificar essas correspondências testando possíveis alinhamentos para segmentos de DNA comparáveis de comprimentos diferentes **(Figura 26.8)**.

Essas comparações moleculares revelam que muitas substituições de bases e outras diferenças se acumularam em genes comparáveis de uma "toupeira" australiana e de uma toupeira-dourada. As muitas diferenças indicam que suas linhagens divergiram bastante desde seu ancestral comum; portanto, podemos dizer que as espécies atuais não são estreitamente relacionadas. Por outro lado, o alto grau de similaridade da sequência genética entre plantas de espada-de-prata indica que todas elas são muito estreitamente relacionadas, a despeito de suas diferenças morfológicas consideráveis.

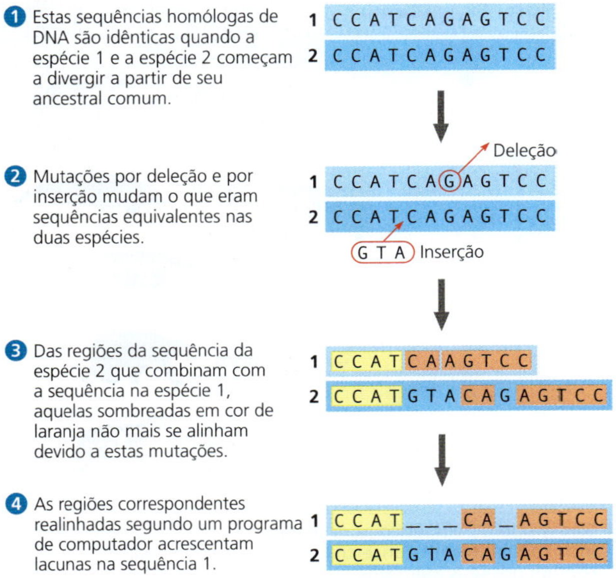

❶ Estas sequências homólogas de DNA são idênticas quando a espécie 1 e a espécie 2 começam a divergir a partir de seu ancestral comum.

1 C C A T C A G A G T C C
2 C C A T C A G A G T C C

❷ Mutações por deleção e por inserção mudam o que eram sequências equivalentes nas duas espécies.

1 C C A T C A G A G T C C Deleção
2 C C A T C A G A G T C C
   G T A Inserção

❸ Das regiões da sequência da espécie 2 que combinam com a sequência na espécie 1, aquelas sombreadas em cor de laranja não mais se alinham devido a estas mutações.

1 C C A T C A A G T C C
2 C C A T G T A C A G A G T C C

❹ As regiões correspondentes realinhadas segundo um programa de computador acrescentam lacunas na sequência 1.

1 C C A T _ _ _ C A _ A G T C C
2 C C A T G T A C A G A G T C C

▲ **Figura 26.8 Alinhando segmentos de DNA.** A sistemática pesquisa sequências similares ao longo de segmentos de DNA de duas espécies (somente uma fita de DNA é mostrada para cada espécie). Neste exemplo, 11 das 12 bases originais não se alteraram desde que as espécies divergiram. Portanto, essas porções das sequências ainda se alinham quando o comprimento é ajustado.

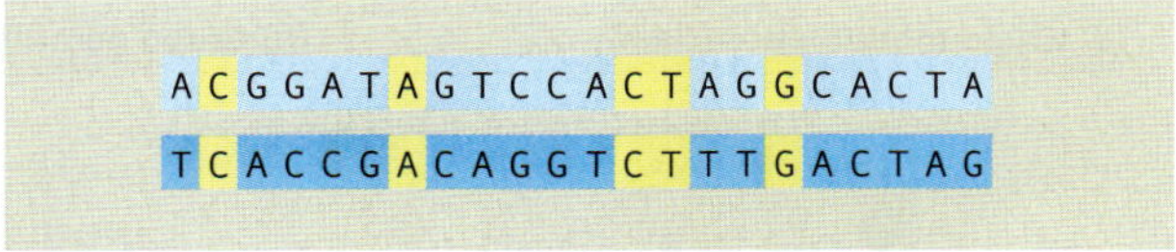

A C G G A T A G T C C A C T A G G C A C T A
T C A C C G A C A G G T C T T T G A C T A G

▲ **Figura 26.9 Coincidência na correspondência de DNA.** Essas duas sequências de DNA de espécies remotamente relacionadas compartilham coincidentemente 23% de suas bases (destacadas em amarelo).

E SE? *Por que você poderia esperar que organismos que não são estreitamente relacionados compartilhem quase 25% de suas bases?*

Assim como com caracteres morfológicos, é necessário distinguir homologias de analogias ao avaliar similaridades moleculares de estudos evolutivos. Duas sequências que se pareçam uma com a outra em muitos pontos ao longo de seu comprimento são mais provavelmente homólogas (ver Figura 26.8). Mas, em organismos que não parecem ser estreitamente relacionados, as bases que suas sequências de outro modo muito diferentes compartilham podem ser simplesmente coincidências **(Figura 26.9)**. Os cientistas desenvolveram ferramentas estatísticas que podem ajudar a distinguir homologias "distantes" de tais coincidências em sequências extremamente divergentes.

REVISÃO DO CONCEITO 26.2

1. Decida se cada um dos seguintes pares de estruturas representa mais provavelmente uma analogia ou uma homologia e explique seu raciocínio: (a) espinho de porco-espinho e espinho de cactos; (b) pata de gato e mão humana; (c) asa de coruja e asa de vespa.
2. **E SE?** Suponha que duas espécies, A e B, têm aparências similares, mas sequências de genes muito diferentes, enquanto as espécies B e C têm aparências diferentes, mas sequências de genes similares. Qual par de espécies é mais provável que seja estreitamente relacionado: A e B ou B e C? Explique.

Ver as respostas sugeridas no Apêndice A.

CONCEITO 26.3

Caracteres compartilhados são utilizados para construir árvores filogenéticas

Como discutimos, uma etapa-chave na reconstrução de filogenias é distinguir caracteres homólogos de caracteres análogos (uma vez que somente homologia reflete a história evolutiva). A seguir, descreveremos a cladística, um conjunto amplamente utilizado de métodos para inferir a filogenia.

Cladística

Na abordagem à sistemática denominada **cladística**, a ancestralidade comum é o principal critério usado para classificar os organismos. Usando essa metodologia, os biólogos procuram colocar as espécies dentro de grupos chamados **clados**, cada um dos quais inclui uma espécie ancestral e todos os seus descendentes. Os clados, assim como as categorias

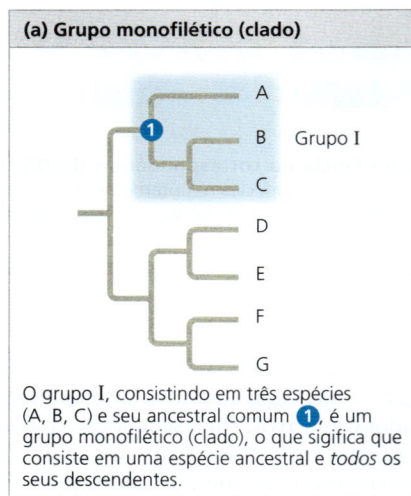
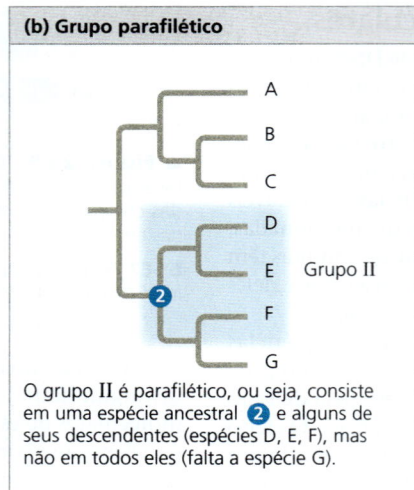
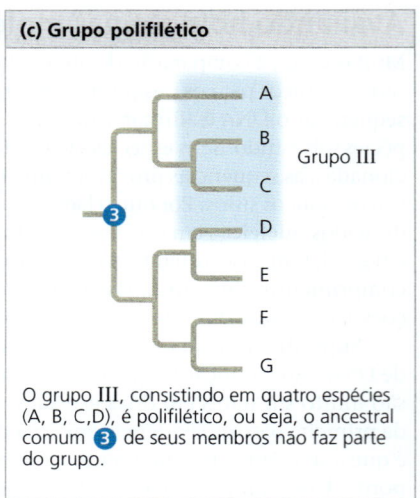

(a) Grupo monofilético (clado)
O grupo I, consistindo em três espécies (A, B, C) e seu ancestral comum ❶, é um grupo monofilético (clado), o que sigifica que consiste em uma espécie ancestral e *todos* os seus descendentes.

(b) Grupo parafilético
O grupo II é parafilético, ou seja, consiste em uma espécie ancestral ❷ e alguns de seus descendentes (espécies D, E, F), mas não em todos eles (falta a espécie G).

(c) Grupo polifilético
O grupo III, consistindo em quatro espécies (A, B, C,D), é polifilético, ou seja, o ancestral comum ❸ de seus membros não faz parte do grupo.

▲ **Figura 26.10** Grupos monofiléticos, parafiléticos e polifiléticos.

do sistema linneano, são aninhados dentro de clados mais abrangentes. Na Figura 26.4, por exemplo, o grupo do gato (Felidae) representa um clado dentro de um clado maior (Carnivora) que também inclui o grupo do cão (Canidae).

Um táxon é equivalente a um clado somente se for **monofilético** (do grego, "tribo única"), o que significa que ele consiste em uma espécie ancestral e todos os seus descendentes **(Figura 26.10a)**. Compare isso com um grupo **parafilético** ("além da tribo"), o qual consiste em uma espécie ancestral e alguns, mas não todos, os seus descendentes **(Figura 26.10b)**, ou com um grupo **polifilético** ("muitas tribos"), o qual inclui espécies remotamente relacionadas, mas não inclui seu ancestral comum mais recente **(Figura 26.10c)**.

Observe que em um grupo parafilético, o ancestral comum mais recente de todos os membros do grupo é parte do grupo, enquanto que, em um grupo polifilético, o ancestral comum mais recente *não* é parte do grupo. Por exemplo, um grupo composto por ungulados artiodátilos (hipopótamos, veados e seus parentes) e seu ancestral comum é parafilético, porque não inclui os cetáceos (baleias, golfinhos e botos), os quais descendem desse ancestral **(Figura 26.11)**. Por outro lado, um grupo composto por focas e cetáceos (com base em suas formas corporais similares) é polifilético, porque não inclui o ancestral comum das focas e cetáceos. Os biólogos evitam definir esses grupos polifiléticos; se novas evidências indicarem que um grupo existente é polifilético, seus membros são reclassificados.

Caracteres ancestrais compartilhados e derivados compartilhados

Como consequência da descendência com modificação, os organismos têm caracteres que compartilham com seus ancestrais e também caracteres que diferem dos de seus ancestrais. Por exemplo, todos os mamíferos têm colunas vertebrais, mas uma coluna vertebral não distingue os mamíferos de outros vertebrados, porque *todos* os vertebrados têm colunas vertebrais. A coluna vertebral antecede a separação de mamíferos e outros vertebrados. Portanto, para os mamíferos, a coluna vertebral é um **caractere ancestral compartilhado**, um caractere que se originou em um ancestral do táxon. Em contrapartida, a presença de pelos é um caractere compartilhado por todos os mamíferos, mas *não* encontrado em seus ancestrais. Portanto, em mamíferos, o pelo é considerado um **caractere derivado compartilhado**, uma inovação evolutiva única para um clado.

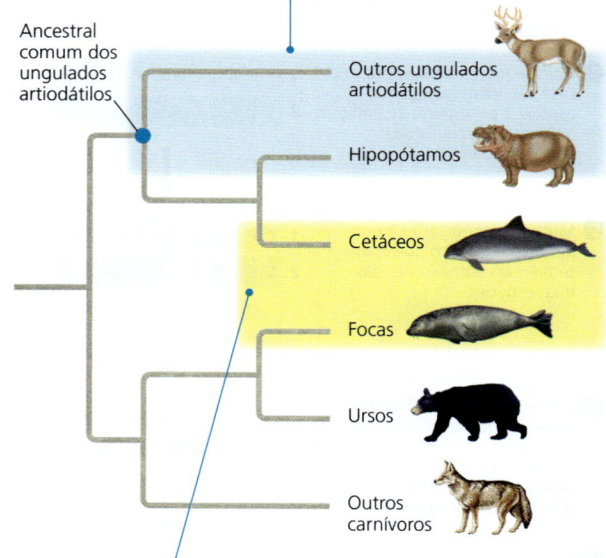

▲ **Figura 26.11** Grupos parafiléticos *versus* grupos polifiléticos.

DESENHE Circule o ponto de ramificação que representa o ancestral comum mais recente de cetáceos e focas. Explique por que o ancestral não seria parte de um grupo de cetáceos ou focas definido por formas corporais similares.

Observe que um caractere derivado compartilhado pode se referir à perda de uma característica, como a perda de membros em serpentes ou baleias. Além disso, lembre-se que é uma questão relativa se um caractere é considerado ancestral ou derivado. A coluna vertebral também pode ser classificada como um caractere derivado compartilhado, mas somente em um ponto de ramificação mais profundo, que distinga todos os vertebrados dos outros animais.

Inferindo filogenias por caracteres derivados

Caracteres derivados compartilhados são exclusivos para clados particulares. Já que todas as características dos organismos surgem em algum ponto na história da vida, deveria ser possível determinar o clado em que cada caractere derivado compartilhado surge primeiro e usar essa informação para inferir as relações evolutivas.

Para dar um exemplo dessa abordagem, considere o conjunto de caracteres mostrados na **Figura 26.12a** para cada um dos cinco vertebrados – leopardo, tartaruga, rã, robalo e lampreia (vertebrado aquático sem mandíbula). Como base de comparação, precisamos selecionar um grupo externo. Um **grupo externo** é uma espécie ou grupo de espécies de uma linhagem evolutiva que é estreitamente relacionada, mas não faz parte do grupo de espécies que estamos estudando (o **grupo interno**). Um grupo externo adequado pode ser determinado com base em evidências da morfologia, paleontologia, desenvolvimento embrionário e sequências gênicas. Um grupo externo apropriado para o nosso exemplo é o anfioxo, um pequeno animal que vive em planícies alagadas e (como vertebrados) é membro do grupo mais abrangente, denominado de cordados. Entretanto, diferente dos vertebrados, o anfioxo não tem coluna vertebral.

Em nossa análise, um caractere encontrado tanto no grupo externo quanto no interno é considerado ancestral. Também assumiremos que cada caractere derivado na Figura 26.12a surgiu apenas uma vez no grupo interno. Assim, para um caractere que ocorre apenas em um subconjunto do grupo interno, vamos supor que esse caractere surgiu na linhagem que leva a esses membros do grupo interno.

Comparando os membros do grupo interno entre si e com o grupo externo, podemos determinar quais caracteres foram derivados nos vários pontos de ramificação da evolução dos vertebrados. No nosso exemplo, *todos* os vertebrados no grupo interno têm colunas vertebrais: esse caractere estava presente no vertebrado ancestral, mas não no grupo externo. Agora observe que as mandíbulas articuladas estão ausentes no grupo externo e nas lampreias, mas presentes em todos os outros membros do grupo interno. Isso indica que as mandíbulas articuladas surgiram em uma linhagem que leva a todos os membros do grupo, *exceto* às lampreias. Assim, podemos concluir que as lampreias são o táxon-irmão dos outros vertebrados do grupo interno. Procedendo desse modo, podemos transformar os dados da nossa tabela de caracteres em uma árvore filogenética que coloque todos os táxons do grupo interno dentro de uma hierarquia, com base em seus caracteres derivados **(Figura 26.12b)**.

Árvores filogenéticas com comprimentos de ramos proporcionais

Nas árvores filogenéticas que apresentamos até aqui, os comprimentos dos seus ramos não indicam o grau de mudança evolutiva em cada linhagem. Além disso, a cronologia representada pelo padrão de ramificação da árvore é relativa (antes *versus* depois), em vez de absoluta (há quantos milhões de anos). Todavia, em alguns diagramas de árvores, os comprimentos dos ramos são proporcionais à quantidade de mudança evolutiva ou aos momentos em que eventos específicos ocorreram.

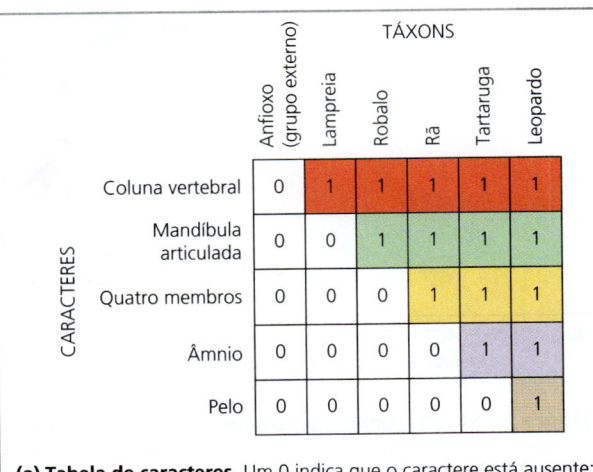

(a) **Tabela de caracteres.** Um 0 indica que o caractere está ausente; um 1 indica que o caractere está presente.

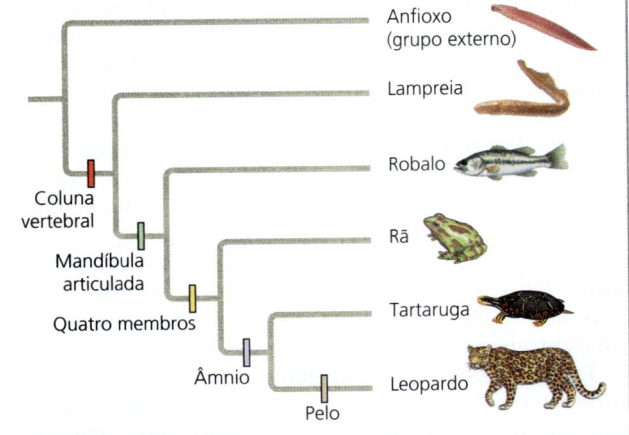

(b) **Árvore filogenética.** A análise da distribuição destes caracteres derivados pode proporcionar a compreensão sobre a filogenia dos vertebrados.

▲ **Figura 26.12** **Usando caracteres derivados para inferir a filogenia.** Os caracteres derivados utilizados aqui incluem o âmnio, uma membrana que encerra o embrião dentro de uma bolsa preenchida de líquido (ver Figura 34.26). Observe que um conjunto diferente de caracteres pode nos levar a inferir uma árvore filogenética diferente.

DESENHE *Em (b), circule o clado mais inclusivo para o qual uma mandíbula articulada é um caractere ancestral compartilhado.*

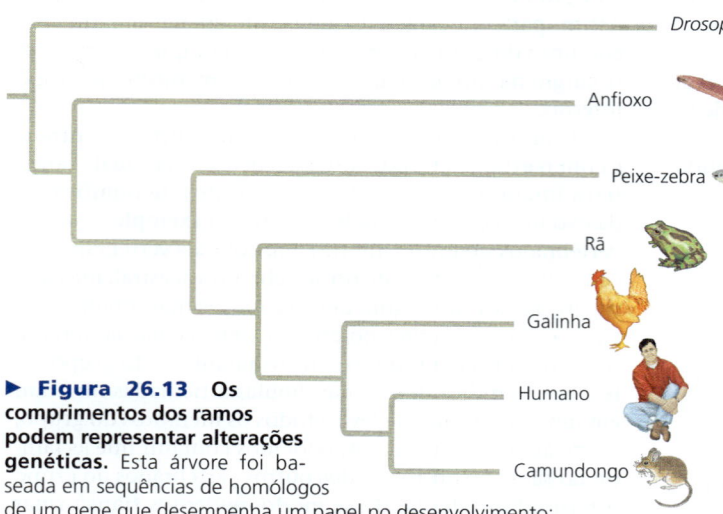

▶ **Figura 26.13 Os comprimentos dos ramos podem representar alterações genéticas.** Esta árvore foi baseada em sequências de homólogos de um gene que desempenha um papel no desenvolvimento; *Drosophila* foi usada como grupo externo. Os comprimentos dos ramos são proporcionais à quantidade de alteração genética em cada linhagem; a variação nos comprimentos dos ramos indica que o gene evoluiu a taxas diferentes nas diferentes linhagens.

INTERPRETE OS DADOS *Em qual linhagem de vertebrado o gene estudado evoluiu mais rapidamente? Explique.*

Na **Figura 26.13**, por exemplo, cada comprimento de ramo da árvore filogenética reflete o número de alterações que ocorreram em determinada sequência de DNA nesta linhagem. Observe que o comprimento total da linha horizontal da base da árvore até o camundongo é menor do que a linha que leva à mosca-da-fruta, *Drosophila*. Isso indica que menos alterações genéticas ocorreram na linhagem do camundongo que na linhagem da *Drosophila*. Além disso, como as linhagens de camundongos e de moscas evoluíram pelo mesmo período de tempo após divergirem de um ancestral comum, a *taxa* de alteração foi menor na linhagem de camundongos do que na linhagem de *Drosophila*.

Em geral, embora os ramos de uma árvore filogenética possam ter comprimentos diferentes, entre os organismos vivos atualmente, todas as diferentes linhagens que descendem de um ancestral comum sobreviveram pelo mesmo número de anos. Tomando um exemplo extremo, humanos e bactérias têm um ancestral comum que viveu há cerca de 3 bilhões de anos. Os fósseis e a evidência genética indicam que esse ancestral era um procarioto unicelular. Ainda que as bactérias tenham aparentemente mudado pouco em sua morfologia desde aquele ancestral comum, houve, entretanto, 3 bilhões de anos na evolução da linhagem das bactérias, assim como houve 3 bilhões de anos na evolução da linhagem que culminou com a origem dos humanos.

Esses mesmos períodos de tempo cronológico podem ser representados em uma árvore filogenética cujos comprimentos dos ramos são proporcionais ao tempo (**Figura 26.14**). Essa árvore se baseia em dados de fósseis para colocar pontos de ramificação no contexto do tempo geológico. Além disso, é possível combinar esses dois tipos de árvores pela marcação de pontos de ramificação com informações sobre taxas de alteração genética ou datas de divergência.

Parcimônia máxima e verossimilhança máxima

À medida que a base de dados de sequências de DNA que nos permite estudar mais espécies vai crescendo, também cresce a dificuldade em construir árvores filogenéticas que descrevam melhor sua história evolutiva. E se você está analisando os dados de 50 espécies? Existem 3×10^{76} modos de organizar 50 espécies em uma árvore! E qual árvore, nessa imensa floresta, reflete a verdadeira filogenia? Os sistematas nunca podem ter certeza quanto à árvore mais correta nesse grande conjunto de dados, mas podem reduzir as possibilidades pela aplicação dos princípios da parcimônia máxima e da verossimilhança máxima.

Segundo o princípio da **parcimônia máxima**, devemos primeiro investigar a explicação mais simples que é coerente com os fatos (o princípio da parcimônia é também chamado de "navalha de Occam", em homenagem a William de Occam, o filósofo inglês do século XIV que defendia a resolução de problemas "passando a navalha", sem complicações desnecessárias). No caso de árvores com base morfológica, a árvore mais parcimoniosa requer o menor número de eventos evolutivos, medidos pela origem de caracteres morfológicos derivados compartilhados. Para

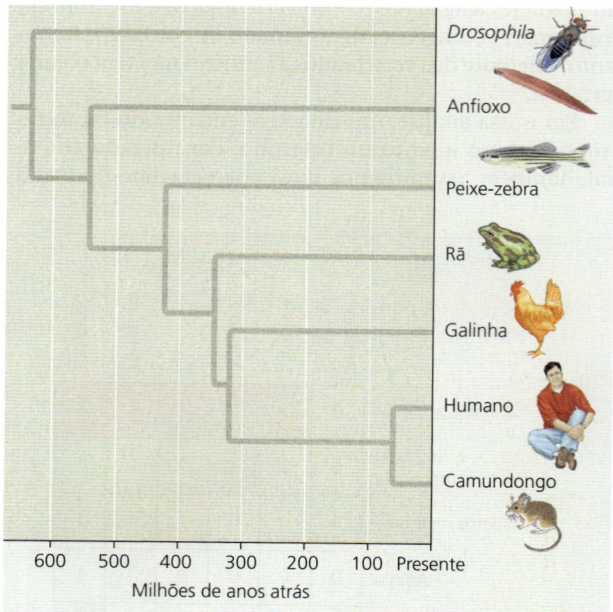

▲ **Figura 26.14 Os comprimentos dos ramos podem indicar o tempo.** A árvore acima é baseada nos mesmos dados de DNA da Figura 26.13, mas aqui os pontos de ramificação são datados com base em evidências fósseis. Portanto, os comprimentos dos ramos são proporcionais ao tempo. Cada linhagem tem o mesmo comprimento total, da base da árvore à ponta dos ramos, indicando que todas as linhagens divergiram do ancestral comum pelo mesmo período de tempo.

filogenias com base no DNA, a árvore mais parcimoniosa requer o menor número de alterações nas bases.

Uma abordagem de **verossimilhança máxima** identifica a árvore mais provável de ter produzido um determinado conjunto de dados de DNA com base em certas regras de probabilidade acerca de como as sequências de DNA mudam ao longo do tempo. Por exemplo, as regras de probabilidade subjacentes poderiam basear-se na suposição de que todas as substituições de nucleotídeos são igualmente prováveis. Se evidências sugerem que essa hipótese não é correta, regras mais complexas poderiam ser propostas para levar em conta taxas diferentes de mudança entre nucleotídeos diferentes ou em diferentes posições em um gene.

Os cientistas desenvolveram muitos programas de computador para procurar árvores que são parcimoniosas e verossímeis. Em geral, quando uma grande quantidade de dados precisos está disponível, os métodos usados nesses programas produzem árvores similares. Como exemplo de um método, a **Figura 26.15** conduz você ao longo do processo de identificar a árvore molecular mais parcimoniosa para um problema de três espécies. Programas de computador usam o princípio da parcimônia para estimar filogenias

▼ Figura 26.15 Método de pesquisa
Aplicando a parcimônia em um problema de sistemática molecular

Aplicação Ao considerar em possíveis filogenias para um grupo de espécies, os sistematas comparam dados moleculares das espécies. Um modo eficiente de começar é identificar a hipótese mais parcimoniosa – aquela que exige a ocorrência do menor número de eventos evolutivos (alterações moleculares).

Técnica Siga as etapas numeradas à medida que aplicamos o princípio da parcimônia a um problema filogenético hipotético envolvendo três espécies de besouros estreitamente relacionadas.

1. Primeiro, desenhe as três árvores possíveis para a espécie (embora somente três árvores sejam possíveis quando ordenamos três espécies, o número de árvores possíveis aumenta rapidamente com o número de espécies: há 15 árvores para quatro espécies e 34.459.425 árvores para 10 espécies).

2. Tabule os dados moleculares para as espécies. Neste exemplo simplificado, os dados representam uma sequência de DNA consistindo somente em quatro bases de nucleotídeos. Os dados de várias espécies do grupo externo (não mostrado) foram usados para inferir a sequência de DNA ancestral.

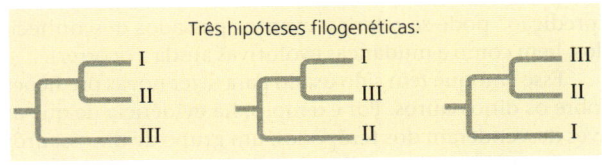

3. Agora se concentre no sítio 1 na sequência de DNA. Na árvore à esquerda, um único evento de mudança de base, representado pelo símbolo roxo sobre o ramo que leva às espécies I e II (e identificado como 1/C, indicando uma alteração no sítio 1 para o nucleotídeo C), é suficiente para justificar os dados do sítio 1. Nas outras duas árvores, são necessários dois eventos de alteração de base.

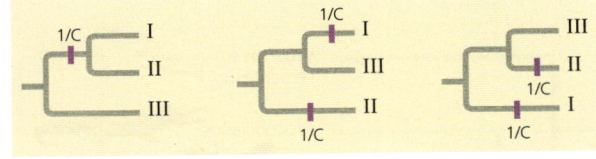

4. A continuação da comparação de bases nos sítios 2, 3 e 4 revela que cada uma das três árvores requer um total de cinco eventos adicionais de alteração de bases (símbolos roxos).

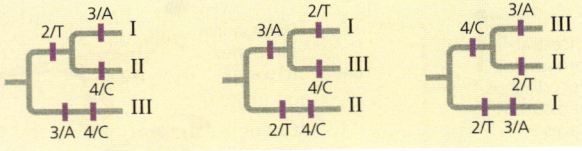

Resultados Para identificar a árvore mais parcimoniosa, somamos todos os eventos de alteração nas bases anotados nas etapas 3 e 4. Concluímos que a primeira árvore é a mais parcimoniosa das três filogenias possíveis (em um exemplo real, muitos mais sítios seriam analisados; portanto, as árvores geralmente difeririam por mais de um evento de alteração nas bases).

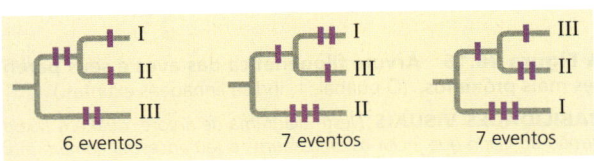

de um modo similar: eles examinam grandes números de árvores possíveis e identificam aquela que requer o menor número de mudanças evolutivas.

Árvores filogenéticas como hipóteses

Este é um bom momento para reiterar que qualquer árvore filogenética representa uma hipótese sobre como os organismos na árvore estão relacionados entre si. A melhor hipótese é aquela que melhor se ajusta a todos os dados disponíveis. Uma hipótese filogenética pode ser modificada quando novas evidências forçam os sistematas a revisar suas árvores. De fato, enquanto muitas hipóteses filogenéticas mais antigas têm sido sustentadas por novos dados morfológicos e moleculares, outras têm sido mudadas ou rejeitadas.

Pensar em filogenias como hipóteses também nos permite usá-las de maneira muito convincente: podemos fazer e testar previsões com base na suposição de que uma determinada filogenia – nossa hipótese – esteja correta. Por exemplo, em uma abordagem conhecida como *agrupamento filogenético*, podemos predizer (por parcimônia) que caracteres compartilhados por dois grupos de organismos estreitamente relacionados estão presentes em seu ancestral comum e em todos os seus descendentes, a menos que dados independentes indiquem o contrário (observe que o termo "predição" pode se referir a eventos passados desconhecidos, bem como a mudanças evolutivas ainda a ocorrer).

Esse enfoque tem sido usado para fazer novas predições sobre os dinossauros. Por exemplo, há evidência de que as aves descenderam dos terópodes, um grupo de dinossauros bípedes. Como visto na **Figura 26.16**, o parente vivo mais próximo das aves são os crocodilos. As aves e os crocodilos compartilham numerosas características: têm corações com quatro câmaras, "cantam" para defender territórios e para atrair parceiros (embora o "som" de um crocodilo seja mais parecido a um urro) e constroem ninhos. Tanto aves quanto crocodilos cuidam de seus ovos, aquecendo-os. As aves aquecem seus ovos sentando em cima deles, enquanto os crocodilos cobrem seus ovos com seus pescoços.

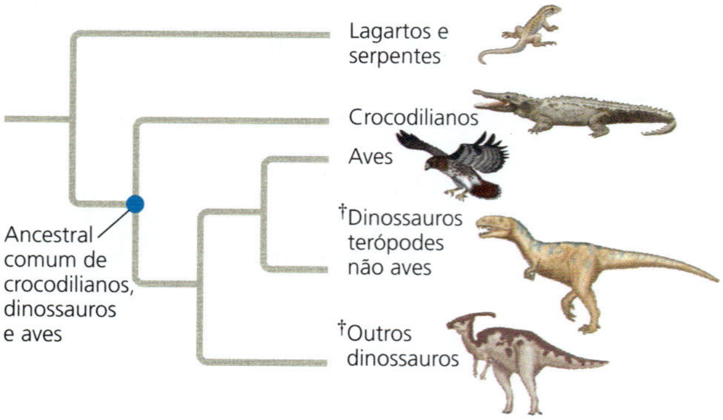

Considerando que qualquer caractere compartilhado por aves e crocodilos tenha estado presente no seu ancestral comum (indicado pelo ponto azul na Figura 26.16) e em *todos* os seus descendentes, os biólogos predizem que os dinossauros tinham corações com quatro câmaras, cantavam, construíam ninhos e cuidavam de seus ovos.

Órgãos internos, como o coração, raramente fossilizam, e, evidentemente, é difícil avaliar se os dinossauros cantavam para defender territórios ou atrair parceiros. No entanto, as descobertas de fósseis apoiaram a predição de que os dinossauros construíam ninhos e cuidavam de seus ovos. Primeiro, um embrião fóssil de um dinossauro *Oviraptor* foi encontrado, ainda dentro de seu ovo. Esse ovo era idêntico àqueles encontrados em outro fóssil, um que mostrava um *Oviraptor* agachado sobre um grupo de ovos em uma posição semelhante a como as aves sentam em seus ninhos atualmente **(Figura 26.17)**. Os pesquisadores sugeriram que o dinossauro *Oviraptor* preservado no segundo fóssil morreu enquanto incubava ou protegia seus ovos. A conclusão mais ampla que emergiu desse trabalho – que os dinossauros construíam ninhos e cuidavam de seus ovos – tem sido reforçada, já que descobertas adicionais de fósseis mostram que outras espécies de dinossauros construíam ninhos e sentavam sobre os seus ovos. Por fim, apoiando predições com base na hipótese filogenética mostrada na Figura 26.16, descobertas de fósseis de ninhos e cuidado parental em

▲ **Figura 26.16 Árvore filogenética das aves e seus parentes mais próximos.** (O punhal, †, indica linhagens extintas.)

HABILIDADES VISUAIS Neste diagrama de árvore, qual é o táxon-irmão do clado que inclui os dinossauros e seu ancestral comum mais recente? Explique.

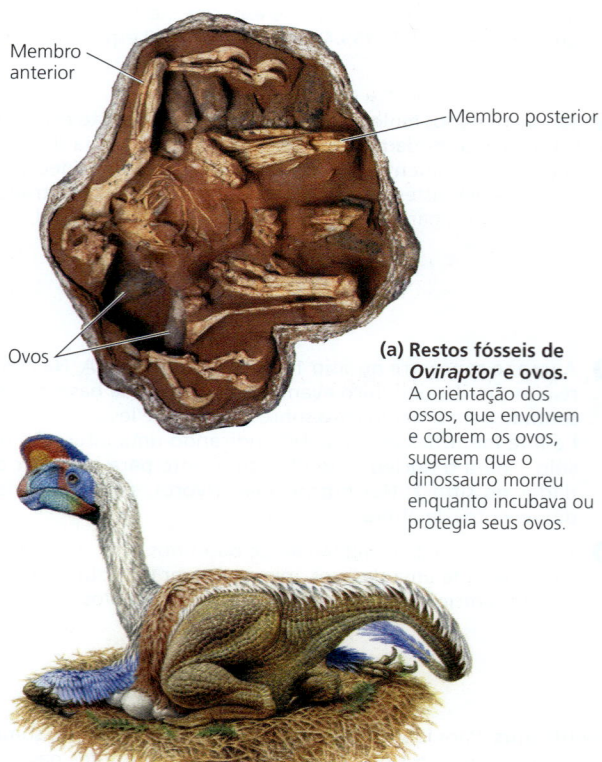

(a) **Restos fósseis de *Oviraptor* e ovos.** A orientação dos ossos, que envolvem e cobrem os ovos, sugerem que o dinossauro morreu enquanto incubava ou protegia seus ovos.

(b) Reconstrução artística da posição de um dinossauro com base em descobertas fósseis.

▲ **Figura 26.17 Suporte fóssil para uma previsão filogenética: dinossauros construíam ninhos e cuidavam de seus ovos.**

dinossauros fornecem dados independentes, sugerindo que a hipótese está correta.

REVISÃO DO CONCEITO 26.3

1. A presença de pelos seria um caractere útil para distinguir um determinado clado de mamíferos dentro do clado mais amplo que corresponde à classe Mammalia? Por que sim ou por que não?
2. A árvore mais parcimoniosa de relações evolutivas pode estar incorreta. Como isso pode ocorrer?
3. **E SE?** Desenhe uma árvore filogenética que inclua as relações da Figura 25.7 e da Figura 26.16. Tradicionalmente, todos os táxons mostrados além de aves e mamíferos foram classificados como répteis. Uma abordagem cladística sustentaria essa classificação? Explique.

Ver as respostas sugeridas no Apêndice A.

CONCEITO 26.4

A história evolutiva de um organismo está documentada em seu genoma

Como você viu neste capítulo, comparações de ácidos nucleicos ou outras moléculas podem ser usadas para se deduzir parentesco. Em alguns casos, essas comparações podem revelar relações filogenéticas que não podem ser determinadas por métodos não moleculares, como a anatomia comparativa. Por exemplo, a análise de dados moleculares nos ajuda a descobrir relações evolutivas entre grupos que têm pouca base comum para comparação morfológica, como animais e fungos. E métodos moleculares nos permitem reconstruir filogenias entre grupos de organismos atuais cujo registro fóssil é pobre ou completamente deficiente.

Genes diferentes podem evoluir a taxas diferentes, ainda que na mesma linhagem evolutiva. Como consequência, árvores moleculares podem representar períodos curtos ou longos de tempo, dependendo de quais genes são usados. Por exemplo, o DNA que codifica para o RNA ribossômico (rRNA) muda relativamente de forma muito lenta. Portanto, comparações de sequências de DNA nesses genes são úteis para investigar relações entre táxons que divergiram há centenas de milhões de anos. Estudos de sequências de rRNA indicam, por exemplo, que fungos são mais estreitamente relacionados aos animais que às plantas. Por outro lado, o DNA mitocondrial (mtDNA) evolui de forma relativamente rápida e pode ser usado para explorar eventos evolutivos recentes. Uma equipe de pesquisadores traçou as relações entre grupos de nativos americanos por meio de suas sequências de mtDNA. As descobertas moleculares corroboram outra evidência que os Pima do Arizona, os Maias do México e os Ianomâmis da Venezuela são estreitamente relacionados, provavelmente descendendo da primeira das três ondas de imigrantes que atravessaram a ponte terrestre de Bering da Ásia para a América, há cerca de 15 mil anos.

Duplicações gênicas e famílias de genes

O que os dados moleculares revelam sobre a história evolutiva da mudança do genoma? Considere a duplicação gênica, a qual pode desempenhar um papel importante na evolução porque aumenta o número de genes no genoma, proporcionando mais oportunidades para mudanças evolutivas posteriores. Técnicas moleculares agora nos permitem traçar as filogenias de duplicações gênicas. Essas filogenias moleculares devem explicar duplicações repetidas que resultaram em *famílias de genes*, grupos de genes relacionados dentro do genoma de um organismo (ver Figura 21.10).

A explicação para essas duplicações nos leva a distinguir dois tipos de genes homólogos **(Figura 26.18)**: genes ortólogos e genes parálogos. Em **genes ortólogos** (do grego *orthos*, exato), a homologia é o resultado de um evento de especiação e, portanto, ocorre entre genes encontrados em diferentes espécies (ver Figura 26.18a). Por exemplo, os

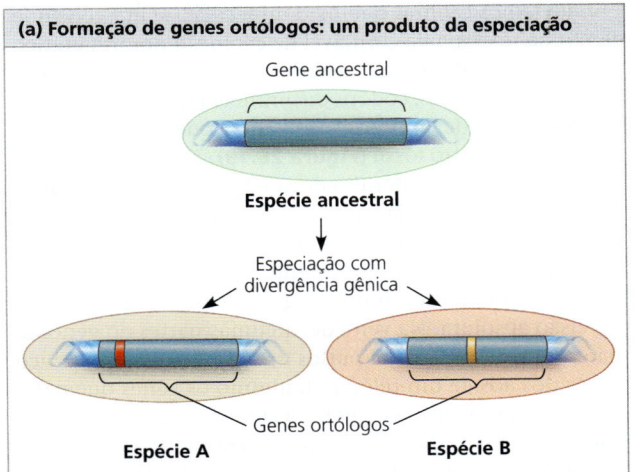
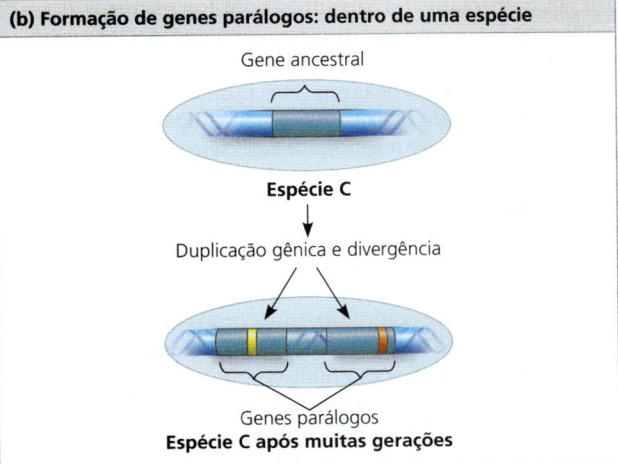

▲ **Figura 26.18 Dois tipos de genes homólogos.** As bandas coloridas marcam as regiões dos genes em que se acumularam diferenças na sequência de bases.

genes que codificam para o citocromo *c* (proteína que funciona na cadeia de transporte de elétrons) em seres humanos e cães são ortólogos. Em **genes parálogos** (do grego *para*, em paralelo), a homologia resulta da duplicação gênica; portanto, múltiplas cópias desses genes divergiram entre si dentro de uma espécie (ver Figura 26.18b). No Conceito 23.1, você encontrou o exemplo de genes de receptores olfativos, que sofreram muitas duplicações gênicas em vertebrados; os humanos têm 380 cópias funcionais desses genes parálogos, enquanto os camundongos têm 1.200.

Observe que genes ortólogos podem divergir somente após a ocorrência da especiação, isto é, após os genes serem encontrados em *pools* genéticos separados. Assim, as diferenças entre os genes ortólogos refletem a história dos eventos de especiação, tornando-os adequados para inferir a filogenia. Por exemplo, embora os genes do citocromo *c* em seres humanos e cães sirvam à mesma função, a sequência de genes em humanos divergiu da dos cães desde que essas espécies compartilharam um último ancestral comum. Genes parálogos, por outro lado, podem divergir dentro de uma espécie, pois eles estão presentes em mais de uma cópia no genoma. Os genes parálogos que constituem a família de genes de receptores olfativos em seres humanos divergiram uns dos outros durante nossa longa história evolutiva. Eles agora especificam proteínas que conferem sensibilidade à ampla diversidade de moléculas, variando desde os odores dos alimentos aos feromônios sexuais.

Evolução do genoma

Agora que podemos comparar o genoma inteiro de diferentes organismos, incluindo o nosso próprio, dois padrões emergiram. Primeiro, linhagens que divergiram há muito tempo frequentemente compartilham muitos genes ortólogos. Por exemplo, embora as linhagens de seres humanos e camundongos tenham divergido há cerca de 65 milhões de anos, 99% dos genes de seres humanos e de camundongos são ortólogos. E 50% dos genes de seres humanos são ortólogos com aqueles de leveduras, apesar de 1 bilhão de anos de evolução divergente. Esses compartilhamentos explicam por que organismos distintos, contudo, compartilham muitas vias bioquímicas e de desenvolvimento. Como consequência dessas vias compartilhadas, o funcionamento de genes ligados a doenças em seres humanos muitas vezes pode ser investigado pelo estudo de leveduras e outros organismos remotamente relacionados aos seres humanos.

Segundo, o número de genes de uma espécie não parece aumentar por meio da duplicação na mesma taxa que a complexidade fenotípica percebida. Seres humanos têm somente quatro vezes mais genes do que leveduras, um eucarioto unicelular, embora – diferente da levedura – tenhamos um cérebro grande e complexo e um corpo com mais de 200 tipos diferentes de tecidos. Evidências estão surgindo de que muitos genes humanos são mais versáteis do que os de leveduras: um único gene humano pode codificar múltiplas proteínas que realizam tarefas diferentes em vários tecidos do corpo. Elucidar os mecanismos que causam essa versatilidade genômica e essa variação fenotípica é um desafio empolgante.

> **REVISÃO DO CONCEITO 26.4**
>
> 1. Explique como a comparação de proteínas de duas espécies pode produzir dados sobre as relações evolutivas das espécies.
> 2. Distinga genes ortólogos de parálogos. Qual desses dois tipos de genes deve ser usado para inferir a filogenia? Explique sua resposta.
> 3. **FAÇA CONEXÕES** Reveja a Figura 18.12; após, sugira como um gene determinado poderia ter funções diferentes em tecidos diferentes dentro de um organismo.
>
> *Ver as respostas sugeridas no Apêndice A.*

CONCEITO 26.5

Relógios moleculares ajudam a decifrar o tempo evolutivo

Um objetivo da biologia evolutiva é compreender as relações entre todos os organismos. Também é útil saber quando as linhagens divergiram umas das outras, incluindo aquelas para as quais não há registro fóssil. Mas como podemos determinar o tempo das filogenias que se estendem além do registro fóssil?

Relógios moleculares

Afirmamos antes que os pesquisadores estimaram que o ancestral comum das plantas havaianas do grupo da espada-de-prata viveu há cerca de 5 milhões de anos. Como eles fizeram essa estimativa? Eles se basearam no conceito de um **relógio molecular**, uma abordagem para medir o tempo absoluto de mudança evolutiva com base na observação de que alguns genes e outras regiões do genoma parecem evoluir a taxas constantes. Uma suposição subjacente ao relógio molecular é que o número de substituições de nucleotídeos em genes ortólogos é proporcional ao tempo decorrido desde que os genes divergiram de seu ancestral comum. No caso de genes parálogos, o número de substituições é proporcional ao tempo desde que o gene ancestral foi duplicado.

Podemos calibrar o relógio molecular de um gene que tem uma taxa média confiável de evolução por um gráfico do número de diferenças genéticas – por exemplo, diferenças de nucleotídeos, códons ou aminoácidos – contra as datas dos pontos de ramificação evolutiva que são conhecidos a partir do registro fóssil **(Figura 26.19)**. As taxas médias de mudança genética inferidas desses gráficos podem ser usadas para estimar as datas dos eventos que não podem ser distinguidos no registro fóssil, como a origem das espadas-de-prata discutidas anteriormente.

Evidentemente, nenhum gene marca o tempo com precisão absoluta. Na verdade, algumas partes do genoma parecem ter evoluído em pulsos irregulares, nem um pouco parecidos aos de um relógio. E mesmo os genes que parecem atuar como um relógio molecular confiável são exatos somente no sentido estatístico de mostrar uma taxa *média* de mudança consideravelmente suave. Ao longo do tempo, pode haver desvios da taxa média. Além disso, o mesmo gene pode evoluir a taxas diversas em diferentes grupos de

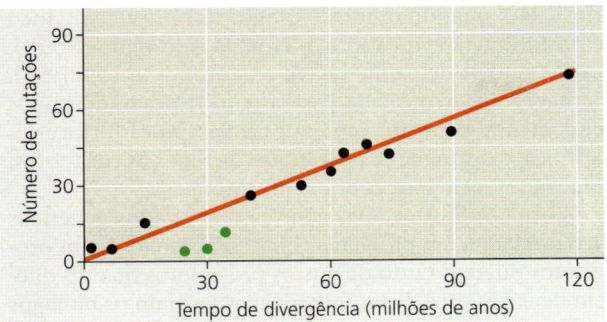

▲ **Figura 26.19** **Relógio molecular dos mamíferos.** O número de mutações acumuladas em sete proteínas bem estudadas aumentou durante o tempo de um modo coerente para a maioria das espécies de mamíferos. Os três pontos de dados verdes representam espécies de primatas, cujas proteínas parecem ter evoluído mais lentamente do que as de outros mamíferos. O tempo de divergência para cada ponto de dado foi baseado em evidência fóssil.

INTERPRETE OS DADOS Use o gráfico para estimar o tempo de divergência para um mamífero com um total de 30 mutações nas sete proteínas.

organismos. Por fim, quando comparamos genes que são semelhantes a relógios, a taxa do relógio pode variar muito de um gene para outro; alguns genes evoluem um milhão de vezes mais rápido do que outros.

Diferenças na velocidade do relógio

O que causa essas diferenças na velocidade na qual os genes parecidos com relógios evoluem? A resposta reside no fato de que algumas mutações são seletivamente neutras – nem benéficas, nem prejudiciais. Evidentemente, muitas mutações novas são prejudiciais e rapidamente removidas por seleção. Mas, se a maioria das restantes é neutra ou tem pouco ou nenhum efeito sobre o valor adaptativo (*fitness*), então a taxa de evolução dessas mutações neutras deveria, de fato, ser regular, como um relógio. Diferenças na taxa do relógio de genes diferentes estão relacionadas a quão importante é um gene. Se a sequência exata de aminoácidos de um determinado gene é essencial para a sobrevivência, a maioria das mudanças mutacionais será nociva, e somente algumas poucas serão neutras. Em decorrência disso, esse gene só mudará lentamente. Mas, se a sequência exata de aminoácidos for menos crítica, um número menor de novas mutações será nocivo, e um número maior será neutro. Esses genes mudarão mais rapidamente.

Problemas potenciais com relógios moleculares

Como vimos, os relógios moleculares não funcionam de modo tão linear quanto seria esperado se as mutações subjacentes fossem seletivamente neutras. Muitas irregularidades são provavelmente o resultado da seleção natural, em que certas mudanças do DNA são favorecidas em relação a outras. De fato, evidências sugerem que quase metade das diferenças de aminoácidos nas proteínas de duas espécies de *Drosophila* – *D. simulanse* e *D. yakuba* – não são neutras, mas resultaram de seleção natural. Todavia, como a direção da seleção natural pode mudar repetidamente durante longos períodos de tempo (e, portanto, é possível calcular a média), alguns genes que passam pela experiência da seleção podem servir como marcadores aproximados do tempo decorrido.

Outra questão surge quando os pesquisadores tentam estender os relógios moleculares para além da extensão de tempo documentada pelo registro fóssil. Embora uma grande quantidade de registro fóssil remonte apenas até cerca de 550 milhões de anos, relógios moleculares têm sido usados para datar divergências evolutivas que ocorreram há 1 bilhão de anos ou mais. Essas estimativas assumem que os relógios foram constantes por todo esse tempo. Essas estimativas são altamente incertas.

Em alguns casos, os problemas podem ser evitados pela calibração de relógios moleculares com dados das taxas nas quais os genes evoluíram em diferentes táxons. Em outros casos, os problemas podem ser evitados com o uso de um número maior de genes, em vez de um ou poucos. Utilizando muitos genes, as médias das flutuações na taxa evolutiva devido à seleção natural ou outros fatores que variam com o tempo podem ser calculadas. Por exemplo, um grupo de pesquisadores construiu um relógio molecular da evolução dos vertebrados a partir da sequência de dados publicados de 658 genes nucleares. Apesar do enorme período de tempo envolvido (quase 600 milhões de anos) e do fato de que a seleção natural provavelmente tenha afetado alguns desses genes, suas estimativas de tempo de divergência concordaram estreitamente com as estimativas baseadas em fósseis. Como esse exemplo sugere, se usado com cuidado, os relógios moleculares podem auxiliar em nosso entendimento sobre as relações evolutivas.

Aplicando um relógio molecular: datando a origem do HIV

Os pesquisadores usaram um relógio molecular para datar a origem da infecção por HIV em seres humanos. Análises filogenéticas mostraram que o HIV, o vírus que causa a Aids, descendeu de viroses que infectam chimpanzés e outros primatas (a maioria dessas viroses não causa doenças semelhantes à Aids em seus hospedeiros nativos). Quando foi que o HIV passou para os seres humanos? Não há uma resposta simples, porque o vírus se espalhou para os seres humanos mais de uma vez. As múltiplas origens do HIV estão refletidas na diversidade de cepas (tipos genéticos) do vírus. O material genético do HIV é feito de RNA e, assim como outros vírus de RNA, evolui rapidamente.

A cepa mais difundida entre humanos é a HIV-1 M. Para identificar com precisão a mais antiga infecção por HIV-1 M, os pesquisadores compararam amostras de vírus de várias épocas durante a epidemia, incluindo uma amostra de 1959. Comparações de sequências de genes mostraram que o vírus evoluiu de forma regular, semelhante a um relógio. Retrocedendo no tempo, com o uso do relógio molecular, há indícios de que a primeira propagação da cepa HIV-1 M para os seres humanos tenha ocorrido por volta de 1930 **(Figura 26.20).** Um estudo posterior, que datou a origem do HIV usando uma abordagem de relógio molecular mais avançada do que a incluída neste livro, estimou que a primeira propagação da cepa HIV-1 M para os seres humanos tenha ocorrido por volta de 1910.

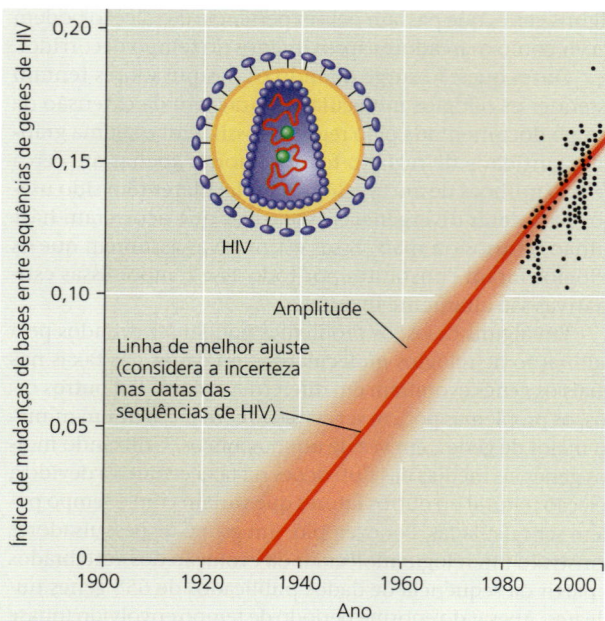

▲ **Figura 26.20** **Estimando a data da origem do HIV-1 M.** Os pontos de dados em preto baseiam-se em sequências de um gene de HIV em amostras de sangue de pacientes (as datas quando essas sequências de gene de HIV individuais surgiram não são certas, porque uma pessoa pode abrigar o vírus por anos antes que algum sintoma ocorra). Por esse método, a projeção da taxa de mudança do gene no decorrer do tempo sugere que o vírus tenha se originado na década de 1930.

REVISÃO DO CONCEITO 26.5

1. O que é um relógio molecular? Que suposição fundamenta o uso de um relógio molecular?
2. **FAÇA CONEXÕES** Revise o Conceito 17.5. Depois, explique como numerosas alterações de bases poderiam ocorrer no DNA de um organismo e ainda assim não ter efeito sobre seu valor adaptativo (*fitness*).

Ver as respostas sugeridas no Apêndice A.

CONCEITO 26.6

Nossa compreensão sobre a árvore da vida continua a mudar com base em novos dados

A descoberta de que o lagarto-de-vidro na Figura 26.1 evoluiu de uma linhagem de lagartos sem patas, diferente da linhagem das serpentes, é um exemplo de como nossa compreensão sobre a diversidade da vida é informada pela sistemática. Realmente, nas últimas décadas, pela análise de dados de sequências de DNA, os sistematas puderam compreender melhor até mesmo os ramos mais profundos da árvore da vida.

De dois reinos para três domínios

Biólogos classificavam todas as espécies conhecidas em dois reinos: vegetal e animal. Os sistemas de classificação com mais de dois reinos ganharam ampla aceitação no final dos anos 1960, quando muitos biólogos reconheceram cinco reinos: Monera (procariotos), Protista (um reino diverso, consistindo principalmente em organismos unicelulares), Plantae, Fungi e Animalia. Esse sistema realça os dois tipos fundamentalmente diferentes de células, procariótica e eucariótica, e distingue os procariotos de todos os eucariotos, colocando-os em seu próprio reino, Monera.

Entretanto, filogenias com base em dados genéticos logo revelaram um problema com esse sistema: alguns procariotos diferem tanto de outros procariotos quanto diferem de eucariotos. Essas dificuldades levaram os biólogos a adotar um sistema de três domínios. Os três domínios – Bacteria, Archaea e Eukarya – são um nível de classificação superior ao nível de reino. A validade desses domínios tem sido sustentada por muitos estudos, incluindo um estudo recente que analisou aproximadamente 100 genomas completamente sequenciados.

O domínio Bacteria contém a maioria dos procariotos atualmente conhecidos, enquanto o domínio Archaea consiste em um grupo diverso de organismos procarióticos que habitam uma ampla diversidade de ambientes. O domínio Eukarya consiste em todos os organismos que têm células contendo núcleos verdadeiros. Esse domínio inclui muitos grupos de organismos unicelulares, bem como plantas multicelulares, fungos e animais. A **Figura 26.21** representa uma possível árvore filogenética para os três domínios e algumas das muitas linhagens que eles incluem.

O sistema de três domínios realça o fato de que boa parte da história da vida tem a ver com organismos unicelulares. Os dois domínios procarióticos consistem inteiramente em organismos unicelulares, e, mesmo em Eukarya, somente os ramos identificados em letras vermelhas (plantas, fungos e animais) são dominados por organismos multicelulares. Dos cinco reinos previamente reconhecidos pelos sistematas, a maioria dos biólogos continua a reconhecer Plantae, Fungi e Animalia, mas não Monera e Protista. O reino Monera é obsoleto, porque tem membros em dois domínios diferentes. O reino Protista também se desintegrou, porque inclui membros mais estreitamente relacionados a plantas, fungos ou animais do que a outros protistas (ver Figura 28.5).

Novas pesquisas continuam mudando nossa compreensão da árvore da vida. Por exemplo, estudos metagenômicos recentes descobriram os genomas de muitas novas espécies de arqueias, levando à descoberta de Thaumarchaeota e outros filos de arqueias até então desconhecidos. Um desses grupos recém-descobertos, o lokiarcheaota, pode representar o tão procurado grupo-irmão dos eucariotos. Se confirmada, essa descoberta pode ajudar a lançar luz sobre como os eucariotos surgiram de seus ancestrais procarióticos (ver Conceitos 27.4 e 28.1).

O importante papel da transferência gênica horizontal

Na filogenia mostrada na Figura 26.21, a primeira separação importante na história da vida ocorreu quando as bactérias divergiram de outros organismos. Se esta árvore estiver correta, eucariotos e arqueias são mais estreitamente relacionados entre si do que qualquer um é às bactérias.

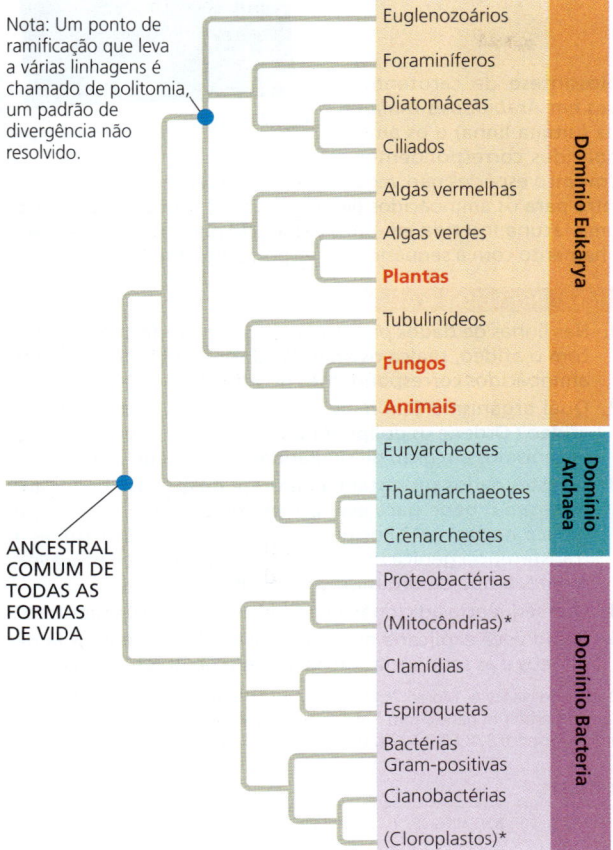

▲ **Figura 26.21 Os três domínios da vida.** A árvore filogenética acima baseia-se em dados de sequência de rRNA e outros genes. Para simplificar, apenas alguns dos principais ramos em cada domínio são mostrados. As linhagens dentro de Eukarya que são dominadas por organismos multicelulares (plantas, fungos e animais) estão em letras vermelhas, enquanto as duas linhagens indicadas por um asterisco são baseadas no DNA de organelas celulares. Todas as demais linhagens consistem apenas ou principalmente em organismos unicelulares.

FAÇA CONEXÕES *Após rever a teoria endossimbionte (ver Figura 6.16), explique as posições específicas das linhagens de mitocôndrias e cloroplastos nesta árvore.*

Nota: Um ponto de ramificação que leva a várias linhagens é chamado de politomia, um padrão de divergência não resolvido.

Essa reconstrução da árvore da vida baseia-se em parte em comparações de sequências de genes dos rRNA, os quais codificam os componentes do RNA dos ribossomos. Entretanto, alguns outros genes revelam um conjunto diferente de relações. Por exemplo, os pesquisadores constaram que muitos dos genes que influenciam o metabolismo em levedura (um eucarioto unicelular) são mais semelhantes aos genes do domínio Bacteria do que aos genes do domínio Archaea – um achado que sugere que os eucariotos podem compartilhar um ancestral comum mais recente com bactérias do que com arqueias.

Qual a razão para que árvores baseadas em dados de genes diferentes produzam esses resultados distintos? Comparações dos genomas completos dos três domínios mostram que houve movimentos substanciais de genes entre organismos em diferentes domínios. Esses movimentos ocorreram mediante **transferência gênica horizontal**, um processo no qual os genes são transferidos de um genoma para outro através de mecanismos como o intercâmbio de elementos de transposição e plasmídeos, infecção viral (ver Conceito 19.2) e fusões de organismos (como quando um hospedeiro e seu endossimbionte tornam-se um único organismo). Pesquisas recentes reforçam essa visão de que a transferência gênica é importante. Por exemplo, um estudo revelou que em média 80% dos genes em 181 genomas procarióticos se moveram entre espécies em algum ponto ao longo do curso da evolução. Uma vez que as árvores filogenéticas são baseadas na suposição de que os genes são passados verticalmente de uma geração para a seguinte, a ocorrência desses eventos de transferência horizontal ajuda a explicar por que árvores construídas usando genes diferentes podem produzir resultados inconsistentes.

A transferência gênica horizontal também pode ocorrer entre eucariotos. Por exemplo, cerca de 200 casos de transferência horizontal de transposons foram relatados em eucariotos, incluindo seres humanos e outros primatas, plantas, aves e lagartos. Genes nucleares também foram transferidos horizontalmente de um eucarioto para outro. O **Exercício de habilidades científicas** descreve um exemplo disso, dando a você a oportunidade de interpretar dados sobre a transferência de um gene de pigmento para um afídeo (pulgões) a partir de outra espécie.

Estudos mostram que eucariotos podem até adquirir genes por transferência horizontal de genes de procariotos. Por exemplo, uma análise genômica recente mostrou que a alga *Galdieria sulphuraria* **(Figura 26.22)** adquiriu cerca de 5% de seus genes nucleares de várias espécies de bactérias e arqueias. Ao contrário da maioria dos eucariotos, essa alga pode sobreviver em ambientes altamente ácidos ou extremamente quentes, assim como em ambientes com altas concentrações de metais pesados. Os pesquisadores identificaram genes específicos transferidos de procariotos que permitiram que *G. sulphuraria* prosperasse em tais hábitats extremos.

No geral, a transferência gênica horizontal tem desempenhado um papel fundamental ao longo de toda a história evolutiva da vida e continua a ocorrer atualmente. Alguns biólogos argumentam que a transferência gênica horizontal foi tão comum que o início da história da vida deveria ser representado não como uma árvore de ramificação

▶ **Figura 26.22 Um receptor de genes transferidos: a alga *Galdieria sulphuraria*.** Os genes recebidos de procariotos permitem que *G. sulphuraria* (no detalhe) cresça em ambientes extremos, como rochas incrustadas de enxofre ao redor de fontes termais vulcânicas semelhantes a estas no Parque Nacional de Yellowstone.

Exercício de habilidades científicas

Uso de dados de sequência de proteínas para testar uma hipótese evolutiva

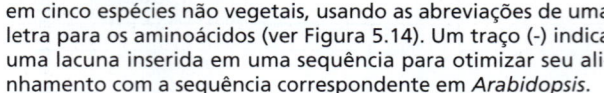

Os afídeos adquiriram sua capacidade de produzir carotenoides pela transferência gênica horizontal? Carotenoides são moléculas coloridas que têm diversas funções em muitos organismos, como fotossíntese em plantas e detecção de luz em animais. As plantas e muitos microrganismos podem sintetizar seus próprios carotenoides, mas os animais geralmente não podem (eles devem obter a partir de sua dieta). Uma exceção é o pulgão (afídeo da ervilha), *Acyrthosiphon pisum*, um pequeno inseto que vive em plantas cujo genoma inclui um conjunto completo de genes das enzimas necessárias para produzir carotenoides. Como outros animais carecem desses genes, é improvável que os afídeos os tenham herdado de um ancestral comum unicelular compartilhado por microrganismos e plantas. Então de onde eles vieram? Os biólogos evolucionistas formulam a hipótese de que um ancestral dos afídeos adquiriu esses genes por transferência horizontal gênica a partir de organismos remotamente relacionados.

Como o experimento foi realizado Cientistas obtiveram sequências de DNA para os genes da biossíntese de carotenoides de várias espécies, incluindo afídeos, fungos, bactérias e plantas. Um computador "traduziu" essas sequências em sequências de aminoácidos dos polipeptídeos codificados e alinhou as sequências de aminoácidos. Isso permitiu à equipe comparar os polipeptídeos correspondentes nos diferentes organismos.

Dados do Experimento As sequências abaixo mostram os primeiros 60 aminoácidos de um polipeptídeo de enzimas da biossíntese de carotenoides em *Arabidopsis thaliana* (última linha) e os aminoácidos correspondentes em cinco espécies não vegetais, usando as abreviações de uma letra para os aminoácidos (ver Figura 5.14). Um traço (-) indica uma lacuna inserida em uma sequência para otimizar seu alinhamento com a sequência correspondente em *Arabidopsis*.

INTERPRETE OS DADOS

1. Nas linhas de dados para os organismos sendo comparados com o afídeo, realce os aminoácidos que são idênticos aos aminoácidos correspondentes no afídeo.
2. Qual organismo tem mais aminoácidos em comum com o afídeo? Ordene os polipeptídeos parciais dos outros quatro organismos em grau de similaridade com os do afídeo.
3. (a) Estes dados sustentam a hipótese de que os afídeos adquiriram o gene para esse polipeptídeo por transferência gênica horizontal? Por que sim ou por que não? (b) Se a transferência gênica horizontal ocorreu, qual foi, provavelmente, o tipo de organismo de origem?
4. Que sequência adicional de dados sustentaria sua hipótese?
5. Como você explicaria as semelhanças entre a sequência de afídeos e as sequências de bactérias e plantas?

Dados de Nancy A. Moran, Yale University. Ver N. A. Moran e T. Jarvik, Lateral transfer of genes from fungi underlies carotenoid production in aphids, *Science* 328:624–627 (2010).

Organismo	Alinhamento de sequências de aminoácidos					
Acyrthosiphon (afídeo)	IKIIIIGSGV	GGTAAAARLS	KKGFQVEVYE	KNSYNGGRCS	IIR-HNGHRF	DQGPSL--YL
Ustilago (fungo)	KKVVIIGAGA	GGTALAARLG	RRGYSVTVLE	KNSFGGGRCS	LIH-HDGHRW	DQGPSL--YL
Gibberella (fungo)	KSVIVIGAGV	GGVSTAARLA	KAGFKVTILE	KNDFTGGRCS	LIH-NDGHRF	DQGPSL--LL
Staphylococcus (bactéria)	MKIAVIGAGV	TGLAAAARIA	SQGHEVTIFE	KNNNVGGRMN	QLK-KDGFTF	DMGPTI--VM
Pantoea (bactéria)	KRTFVIGAGF	GGLALAIRLQ	AAGIATTVLE	QHDKPGGRAY	VWQ-DQGFTF	DAGPTV--IT
Arabidopsis (planta)	WDAVVIGGGH	NGLTAAAYLA	RGGLSVAVLE	RRHVIGGAAV	TEEIVPGFKF	SRCSYLQGLL

▶ **Figura 26.23 Teia emaranhada da vida.** A transferência gênica horizontal pode ter sido tão comum na história inicial da vida que a base de uma "árvore da vida" poderia ser retratada mais precisamente como uma teia emaranhada.

dicotômica como aquela na Figura 26.21, mas como uma rede emaranhada de ramos conectados **(Figura 26.23)**. Embora os cientistas continuem a debater a melhor forma de retratar os primeiros passos na história da vida, nas últimas décadas houve muitas descobertas interessantes sobre eventos evolutivos que ocorreram ao longo do tempo. Exploraremos essas descobertas no restante desta unidade, começando com os primeiros habitantes da Terra, os procariotos.

REVISÃO DO CONCEITO 26.6

1. Por que o reino Monera não é mais considerado um táxon válido?
2. Explique por que as filogenias baseadas em genes diferentes podem produzir padrões de ramificação diferentes para a árvore de todas as formas de vida.
3. **FAÇA CONEXÕES** Explique por que se acredita que a origem dos eucariotos representou uma fusão de organismos, levando a uma extensa transferência horizontal de genes (ver Figura 25.10).

Ver as respostas sugeridas no Apêndice A.

26 Revisão do capítulo

RESUMO DOS CONCEITOS-CHAVE

CONCEITO 26.1

As filogenias mostram relações evolutivas (p. 554-558)

- O sistema de classificação **binomial** de Linnaeus dá aos organismos nomes com duas partes: um **gênero** mais um epíteto específico.
- No sistema linneano, as espécies são agrupadas em **táxons** progressivamente abrangentes: gêneros relacionados são colocados na mesma **família**, famílias em **ordens**, ordens em **classes**, classes em **filos**, filos em **reinos** e (mais recentemente) reinos em **domínios**.
- Os sistematas representam as relações evolutivas como **árvores filogenéticas** ramificadas. Muitos sistematas propõem que a classificação seja baseada inteiramente em relações evolutivas.

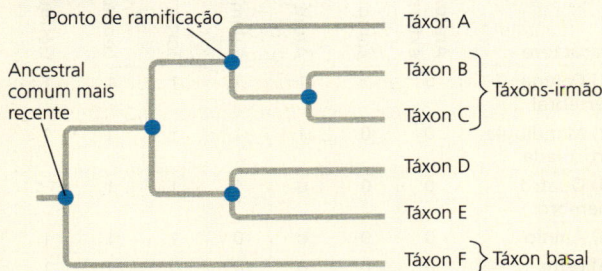

- A menos que os comprimentos dos ramos sejam proporcionais ao tempo ou à mudança genética, uma árvore filogenética indica somente os padrões de descendência.
- Muita informação pode ser aprendida sobre uma espécie a partir de sua história evolutiva; portanto, as filogenias são úteis em uma ampla gama de aplicações.

? *Os seres humanos e os chimpanzés são espécies-irmãs. Explique o que essa afirmação significa.*

CONCEITO 26.2

As filogenias são inferidas a partir de dados morfológicos e moleculares (p. 558-559)

- Organismos com morfologias ou com sequências de DNA similares são provavelmente mais estreitamente relacionados do que organismos com estruturas e sequências genéticas muito diferentes.
- Para inferir a filogenia, a **homologia** (semelhança devida à ancestralidade compartilhada) deve ser distinguida da **analogia** (semelhança devida à evolução convergente).
- Programas de computador são usados para alinhar sequências comparáveis de DNA e para distinguir homologias moleculares de correspondências coincidentes entre táxons que divergiram muito tempo atrás.

? *Por que é necessário distinguir homologia de analogia para inferir a filogenia?*

CONCEITO 26.3

Caracteres compartilhados são utilizados para construir árvores filogenéticas (p. 559-565)

- Um **clado** é um grupo monofilético que inclui uma espécie ancestral e todos os seus descendentes.

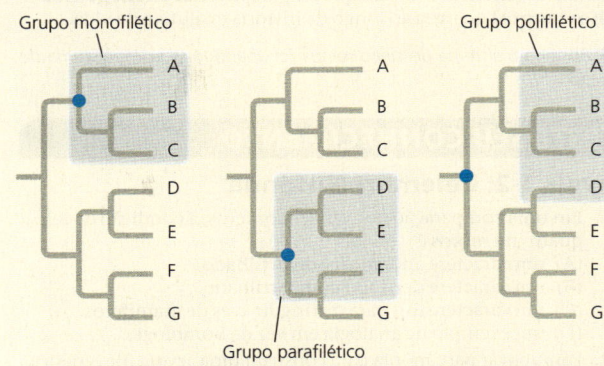

- Os clados podem ser distinguidos por seus **caracteres derivados compartilhados**.
- Entre filogenias, a árvore mais parcimoniosa é aquela que requer o menor número de mudanças evolutivas. A árvore mais provável é aquela baseada no padrão mais provável de mudanças.
- Hipóteses filogenéticas bem-sustentadas são coerentes com uma ampla gama de dados.

? *Explique a lógica de usar caracteres derivados compartilhados para inferir a filogenia.*

CONCEITO 26.4

A história evolutiva de um organismo está documentada em seu genoma (p. 565-566)

- **Genes ortólogos** são genes homólogos encontrados em espécies diferentes como resultado da especiação. **Genes parálogos** são genes homólogos dentro de uma espécie que resultam da duplicação gênica; esses genes podem divergir e potencialmente assumir novas funções.
- Espécies remotamente relacionadas costumam ter muitos genes ortólogos. A pequena variação no número de genes em organismos de complexidade variada sugere que os genes são versáteis e podem ter múltiplas funções.

? *Ao reconstruir filogenias, é mais útil comparar genes ortólogos ou parálogos? Explique.*

CONCEITO 26.5

Relógios moleculares ajudam a decifrar o tempo evolutivo (p. 566-568)

- Algumas regiões do DNA mudam a uma taxa consistente o suficiente para servir como um **relógio molecular**, um método de estimar a data de eventos evolutivos passados com base na quantidade de mudança genética. Outras regiões do DNA mudam de modo menos previsível.
- Análises de relógio molecular sugerem que a cepa mais comum de HIV passou de primatas para humanos no início dos anos 1900.

? *Descreva algumas suposições e limitações dos relógios moleculares.*

CONCEITO 26.6

Nossa compreensão sobre a árvore da vida continua a mudar com base em novos dados (p. 568-570)

- Sistemas de classificação anteriores deram lugar à visão atual da árvore da vida, a qual consiste em três grandes domínios: Bacteria, Archaea e Eukarya.
- Filogenias baseadas em parte em genes de rRNA sugerem que os eucariotos são mais estreitamente relacionados às arqueias,

enquanto dados de outros genes sugerem uma relação mais próxima com as bactérias.
- Análises genéticas indicam que ampla **transferência gênica horizontal** ocorreu ao longo da história evolutiva da vida.

? *Por que o sistema de cinco reinos foi abandonado pelo sistema de três domínios?*

TESTE SEU CONHECIMENTO

Níveis 1-2: Relembre/Entenda

1. Em uma comparação de aves e mamíferos, a condição de ter quatro membros é
   (A) um caractere ancestral compartilhado.
   (B) um caractere derivado compartilhado.
   (C) um caractere útil para distinguir aves de mamíferos.
   (D) um exemplo de analogia em vez de homologia.
2. Para aplicar parcimônia para construir uma árvore filogenética,
   (A) escolha a árvore que assume que todas as mudanças evolutivas são igualmente prováveis.
   (B) escolha a árvore na qual os pontos de ramificação baseiam-se em tantos caracteres derivados compartilhados quanto possível.
   (C) escolha a árvore que representa o menor número de mudanças evolutivas, em sequências de DNA ou em morfologia.
   (D) escolha a árvore com o menor número de pontos de ramificação.

Níveis 3-4: Aplique/Analise

3. **HABILIDADES VISUAIS** Na Figura 26.4, que táxon similarmente inclusivo é representado como descendente do mesmo ancestral comum que Canidae?
   (A) Felidae (C) Carnivora
   (B) Mustelidae (D) *Lutra*
4. Três espécies atuais X, Y e Z compartilham um ancestral comum T, assim como as espécies extintas U e V. Um agrupamento que consiste nas espécies T, X, Y e Z (mas não em U ou V) constitui
   (A) um táxon monofilético.
   (B) um grupo interno, com a espécie U como o grupo externo.
   (C) um grupo parafilético.
   (D) um grupo polifilético.
5. **HABILIDADES VISUAIS** Com base na árvore abaixo, que afirmação está correta?

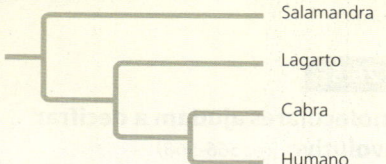

   (A) Lagartos e cabras formam um grupo-irmão.
   (B) As salamandras são um grupo-irmão do grupo contendo lagartos, cabras e humanos.
   (C) As salamandras são mais estreitamente relacionadas aos lagartos do que aos humanos.
   (D) As cabras e os humanos são o único grupo-irmão mostrado nesta árvore.
6. Se você fosse usar a cladística para construir uma árvore filogenética de gatos, qual dos seguintes seria o melhor grupo externo?
   (A) Lobo (C) Leão
   (B) Gato doméstico (D) Leopardo
7. **HABILIDADES VISUAIS** Os comprimentos relativos dos ramos da rã e do camundongo na árvore filogenética na Figura 26.13 indicam que
   (A) as rãs evoluíram antes dos camundongos.
   (B) os camundongos evoluíram antes das rãs.
   (C) o homólogo evoluiu mais rapidamente na linhagem do camundongo.
   (D) o homólogo evoluiu mais lentamente na linhagem do camundongo.

Níveis 5-6: Avalie/Crie

8. **CONEXÃO EVOLUTIVA** Darwin sugeriu olharmos para parentes mais próximos de uma espécie para aprender o que seus ancestrais podem ter sido. Explique como a sugestão dele antecipa os métodos atuais, como o agrupamento filogenético e o uso de grupos externos na análise cladística.
9. **PESQUISA CIENTÍFICA • DESENHE** (a) Desenhe uma árvore filogenética com base nos caracteres da tabela abaixo. Desenhe símbolos na árvore para indicar a origem dos caracteres 1-6. (b) Assuma que o atum e os golfinhos são espécies-irmãs e desenhe novamente a árvore filogenética. Use símbolos para indicar a origem dos caracteres 1-6. (c) Determine quantas mudanças evolutivas são necessárias em cada árvore. Identifique a árvore mais parcimoniosa.

Caractere	Anfioxo (grupo externo)	Lampreia	Atum	Salamandra	Tartaruga	Leopardo	Golfinho
(1) Coluna vertebral	0	1	1	1	1	1	1
(2) Mandíbula articulada	0	0	1	1	1	1	1
(3) Quatro membros	0	0	0	1	1	1	1*
(4) Âmnio	0	0	0	0	1	1	1
(5) Leite	0	0	0	0	0	1	1
(6) Barbatana dorsal	0	0	1	0	0	0	1

*Embora os golfinhos adultos tenham apenas dois membros óbvios (suas nadadeiras), como embriões eles têm dois botões nos membros posteriores, em um total de quatro membros.

10. **ESCREVA SOBRE UM TEMA: INFORMAÇÃO** Em um texto sucinto (100-150 palavras), explique como as informações genéticas – juntamente com uma compreensão do processo de descendência com modificação – permitem aos cientistas reconstruir filogenias que se estendem centenas de milhões de anos de volta no tempo.

11. **SINTETIZE SEU CONHECIMENTO**

Este peixe-boi (*Trichechus manatus*) é um mamífero aquático. Assim como anfíbios e répteis, os mamíferos são tetrápodes (vertebrados com quatro membros). Explique por que os peixes-boi são considerados tetrápodes, ainda que lhes faltem membros posteriores, e sugira caracteres que os peixes-boi provavelmente compartilham com leopardos e outros mamíferos (ver Figura 26.12b). Discuta como os primeiros membros da linhagem do peixe-boi podem ter diferido dos peixes-boi atuais.

Ver respostas selecionadas no Apêndice A.

27 Bacteria e Archaea

CONCEITOS-CHAVE

27.1 Adaptações estruturais e funcionais contribuem para o sucesso dos procariotos p. 574

27.2 Reprodução rápida, mutação e recombinação genética promovem a diversidade genética nos procariotos p. 578

27.3 Adaptações nutricionais e metabólicas diversas evoluíram em procariotos p. 581

27.4 Os procariotos se propagaram em um conjunto diverso de linhagens p. 583

27.5 Os procariotos desempenham papéis fundamentais na biosfera p. 586

27.6 Os procariotos exercem impactos tanto benéficos quanto prejudiciais sobre os seres humanos p. 587

Dica de estudo

Faça uma tabela: Ao ler o capítulo, identifique exemplos de ambientes hostis nos quais os procariotos podem viver. Liste as características estruturais, metabólicas ou outras características dos procariotos que contribuem para seu sucesso em cada um desses ambientes.

Desafio ambiental	Característica procariótica que permite o sucesso
Falta de água	Cápsula ou camada limosa
Exposição a antibióticos	

Figura 27.1 A cor rosa deste lago na Espanha é um sinal de que suas águas são muito mais salgadas que a água do mar. Sua cor não é causada por minerais ou outras fontes não vivas, mas por trilhões de procariotos que se conseguem viver em salinidades que matam outras células. Outros procariotos vivem em ambientes muito frios, quentes ou ácidos para a maioria dos outros organismos.

Quais características permitem aos procariotos atingir tamanhos populacionais enormes e prosperar em diversos ambientes?

Devido ao **tamanho pequeno** dos organismos e à **reprodução rápida**, as populações procarióticas podem atingir números enormes.

Como as populações procarióticas são tão grandes, as **mutações** produzem alta diversidade genética, permitindo uma evolução rápida.

Suas **adaptações diversas** permitem que os procariotos vivam em uma ampla gama de ambientes.

A **evolução rápida** em populações procarióticas resulta em diversas adaptações metabólicas e estruturais.

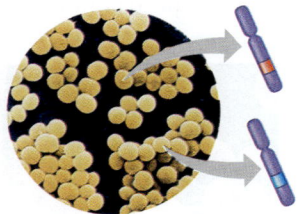

Capa protetora

Endósporo (célula resistente que pode permitir que a bactéria sobreviva a condições adversas)

Os **procariotos**, organismos unicelulares que constituem os domínios Bacteria e Archaea, podem viver em uma ampla variedade de ambientes extremos. Espécies de procariotos são também muito bem adaptadas a hábitats mais "normais" – terras e águas em que se encontram a maioria das outras espécies. A capacidade de se adaptar a uma ampla gama de hábitats ajuda a explicar por que os procariotos são os organismos mais abundantes sobre a Terra: de fato, o número de procariotos em um punhado de solo fértil é maior do que o número de pessoas que já viveram. Neste capítulo, examinaremos as adaptações, a diversidade e o enorme impacto ecológico desses organismos extraordinários.

CONCEITO 27.1

Adaptações estruturais e funcionais contribuem para o sucesso dos procariotos

Os primeiros organismos a habitar a Terra foram procariotos que viveram há 3,5 bilhões de anos (ver Conceito 25.3). Durante toda sua longa história evolutiva, as populações procarióticas foram (e continuam sendo) sujeitas à seleção natural em todos os tipos de ambientes, resultando em sua enorme diversidade atual.

Começaremos por descrever os procariotos. A maioria dos procariotos é unicelular, embora as células de algumas espécies permaneçam unidas umas às outras após a divisão celular. As células procarióticas têm diâmetros de 0,5 a 5 μm, muito menores que o diâmetro de 10 a 100 μm de muitas células eucarióticas (uma exceção notável é a *Thiomargarita namibiensis*, que pode ter diâmetro de até 750 μm – maior do que o ponto sobre este i). Células procarióticas

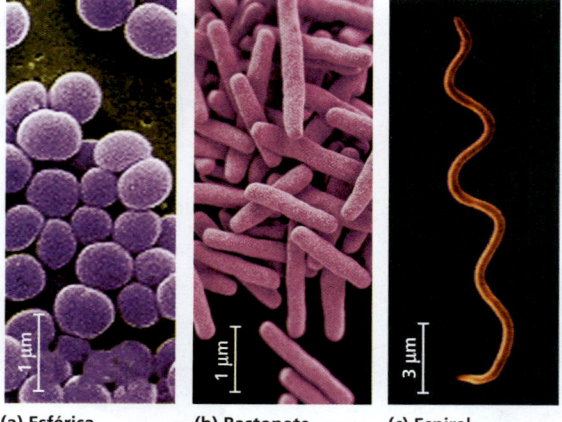

(a) Esférica   (b) Bastonete   (c) Espiral

▲ **Figura 27.2 Formas mais comuns de procariotos. (a)** Cocos são procariotos esféricos. Eles podem ocorrer individualmente, em cadeias de duas ou mais células e em agrupamentos semelhantes a cachos de uvas. **(b)** Bacilos são procariotos em forma de bastonetes. Em geral, são solitários, mas, em algumas situações, os bastonetes são arranjados em cadeias (estreptobacilos). **(c)** Procariotos espirais incluem espiroquetas (mostrado aqui), que têm forma de saca-rolhas; outros procariotos espirais se assemelham a vírgulas ou bobinas soltas (MEVs coloridas).

apresentam uma variedade de formas **(Figura 27.2)**. Por fim, embora sejam unicelulares e pequenos, os procariotos são bem organizados, realizando todas as funções vitais de um organismo dentro de uma única célula.

Estruturas da superfície celular

Um característica-chave de quase todas as células procarióticas é a parede celular, a qual mantém a sua forma, confere proteção e evita seu rompimento em um ambiente hipotônico (ver Figura 7.13). Em um ambiente hipertônico, a maioria dos procariotos perde água e o citoplasma se contrai, afastando-se da parede celular. Essas perdas de água podem inibir a reprodução celular. Portanto, o sal pode ser usado para preservar alimentos porque causa a perda de água em procariotos que degradam alimentos, evitando que eles se reproduzam rapidamente.

As paredes celulares dos procariotos diferem em estrutura daquelas dos eucariotos. Em eucariotos que têm paredes celulares, como plantas e fungos, as paredes são compostas geralmente de celulose ou quitina (ver Conceito 5.2). Em contraste, a maioria das paredes celulares bacterianas contêm **peptidoglicano**, um polímero composto de açúcares modificados com ligações cruzadas a pequenos polipeptídeos. Essa estrutura molecular envolve a bactéria inteira e ancora outras moléculas que se projetam de sua superfície. As paredes celulares de arqueias contêm uma variedade de polissacarídeos e proteínas, mas não têm peptidoglicano.

Usando uma técnica chamada **coloração de Gram**, desenvolvida pelo médico dinamarquês Hans Christian Gram, no século XIX, os cientistas conseguem classificar muitas espécies de bactérias de acordo com diferenças na composição da parede celular. Para fazer isso, primeiro as amostras são coradas com cristal violeta e lugol (solução de iodo); após, são lavadas com álcool e finalmente coradas com um corante vermelho como a safranina, que entra na célula e se liga ao seu DNA. A estrutura de uma parede celular bacteriana determina a resposta à coloração **(Figura 27.3)**. As bactérias **Gram-positivas** têm paredes relativamente simples, compostas por uma espessa camada de peptidoglicano. As paredes das bactérias **Gram-negativas** têm menos peptidoglicano e são estruturalmente mais complexas, com uma camada de membrana externa que contém lipopolissacarídeos (carboidratos ligados a lipídeos).

A coloração de Gram é uma ferramenta valiosa na medicina, para rapidamente determinar se a infecção de um paciente se deve a bactérias Gram-negativas ou Gram-positivas. Essa informação tem implicações no tratamento. As porções lipídicas dos lipopolissacarídeos nas paredes celulares de muitas bactérias Gram-negativas são tóxicas, causando febre ou choque. Além disso, a membrana externa de uma bactéria Gram-negativa a ajuda a se proteger das defesas do hospedeiro. As bactérias Gram-negativas tendem também a ser mais resistentes aos antibióticos do que as espécies Gram-positivas, porque a membrana externa impede a entrada de alguns fármacos. Entretanto, certas espécies Gram-positivas têm cepas virulentas que são resistentes a um ou mais antibióticos (a Figura 22.14 discute um exemplo: *Staphylococcus aureus* resistente a meticilina, ou MRSA, que pode causar infecções letais de pele).

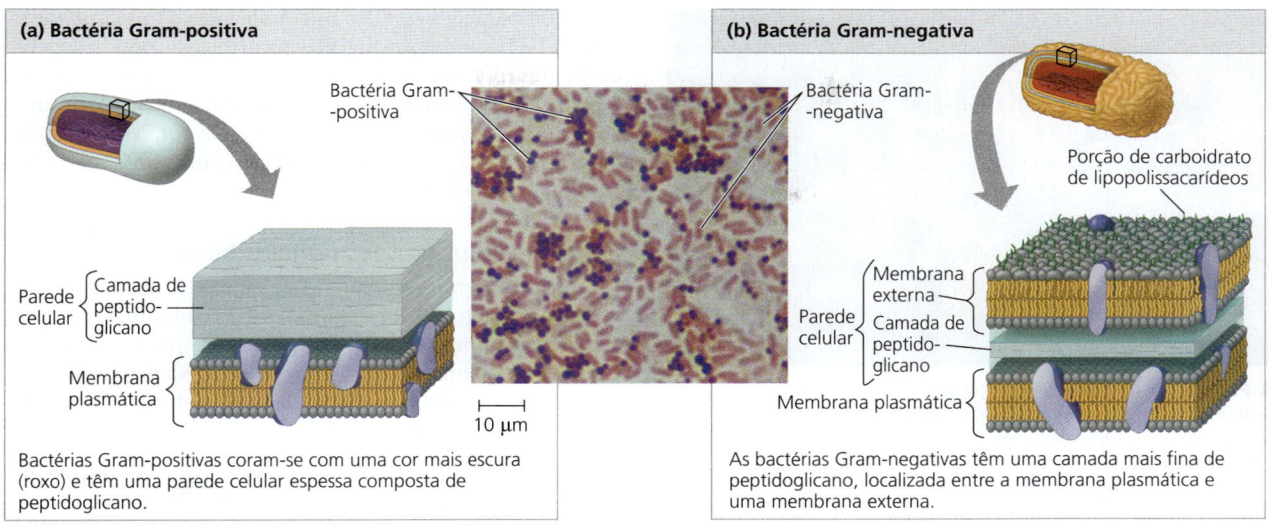

▲ **Figura 27.3** Coloração de Gram.

A efetividade de certos antibióticos, como a penicilina, se deve à inibição da ligação cruzada do peptidoglicano. A parede celular resultante pode não ser funcional, particularmente em bactérias Gram-positivas. Esses medicamentos destroem muitas espécies de bactérias patogênicas sem causar efeitos adversos nas células humanas, pois as mesmas não possuem peptidoglicano.

A parede celular de muitos procariotos é envolvida por uma camada mucosa de polissacarídeos ou proteína. Essa camada é chamada de **cápsula**, se ela for densa e bem definida (Figura 27.4), ou de *camada limosa*, se ela não for tão bem organizada. Os dois tipos de camada externa mucosa permitem aos procariotos aderir-se ao seu substrato ou a outros indivíduos em uma colônia. Cápsulas e camadas limosas também protegem contra a desidratação, e algumas cápsulas defendem procariotos patogênicos do ataque do sistema imune de seus hospedeiros.

Em um outro modo de resistir a condições adversas, certas bactérias desenvolvem células resistentes, chamadas **endósporos**, quando lhes falta água ou nutrientes essenciais (Figura 27.5). A célula original produz uma cópia do seu cromossomo e envolve essa cópia com uma estrutura de múltiplas camadas, formando o endósporo. A água é removida do endósporo, e seu metabolismo cessa. A célula original, então, se rompe, liberando o endósporo. A maioria dos endósporos é tão resistente que pode sobreviver em água fervente; matá-los requer aquecimento em equipamento de laboratório a 121°C sob alta pressão. Em ambientes menos hostis, os endósporos podem permanecer dormentes, mas viáveis por séculos, capazes de reidratar e retomar o metabolismo quando seu ambiente melhora.

Por fim, alguns procariotos aderem-se aos seus substratos ou a outros procariotos por meio de apêndices semelhantes a pelos chamados de **fímbrias (Figura 27.6)**. Por exemplo, a bactéria que causa gonorreia, *Neisseria gonorrhoeae*, usa fímbrias para se fixar às membranas mucosas de seu hospedeiro. As fímbrias são geralmente mais curtas e mais numerosas do que os ***pili*** (singular, *pilus*), apêndices que

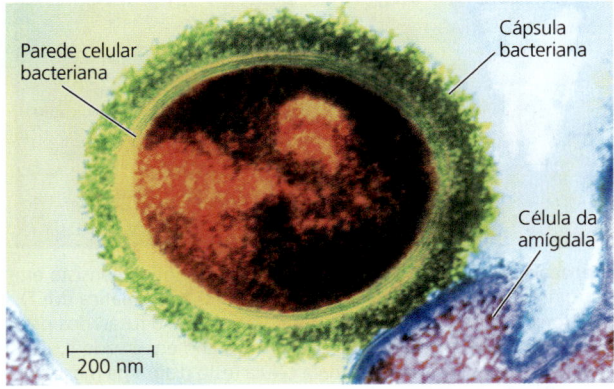

▲ **Figura 27.4 Cápsula.** A cápsula polissacarídica em volta desta bactéria *Streptococcus* permite ao procarioto se fixar às células no trato respiratório – nesta imagem ao MET colorida, uma célula das amígdalas.

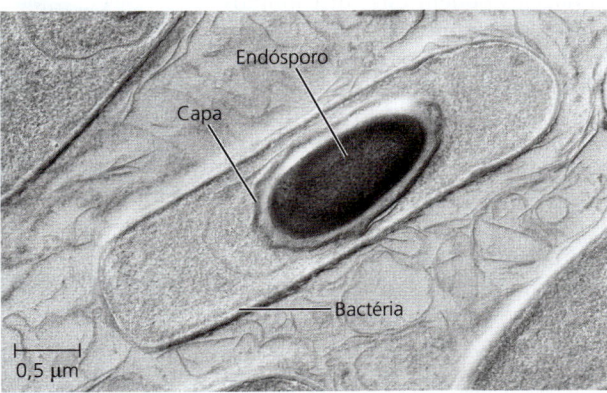

▲ **Figura 27.5 Um endósporo.** *Bacillus anthracis*, a bactéria que causa a doença antraz, produz endósporos (MET). Um revestimento protetor de múltiplas camadas do endósporo o ajuda a sobreviver no solo durante anos.

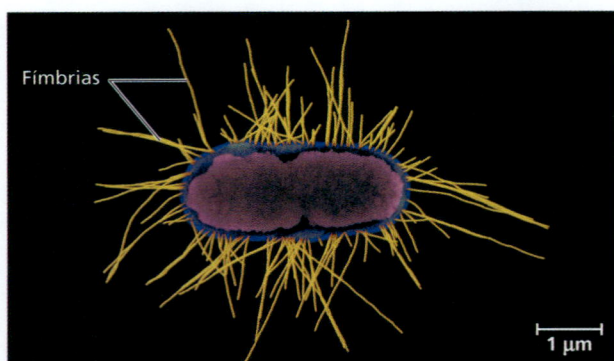

▲ **Figura 27.6 Fímbrias.** Estes numerosos apêndices contendo proteínas permitem que alguns procariotos se fixem em superfícies ou outras células (MET colorida).

mantêm duas células juntas antes da transferência do DNA de uma célula para a outra (ver Figura 27.12); os pili são às vezes referidos como *pili sexuais*.

Motilidade

Cerca de metade de todos os procariotos é capaz de fazer **taxia**, um movimento em direção a um estímulo ou para longe dele (do grego *taxis*, ordenação). Por exemplo, procariotos que exibem *quimiotaxia* alteram seu padrão de movimento em resposta a substâncias químicas. Eles podem mover-se *em direção* a nutrientes ou oxigênio (quimiotaxia positiva) ou para *longe* de uma substância tóxica (quimiotaxia negativa). Algumas espécies podem mover-se a velocidades superiores a 50 μm/s – até 50 vezes o comprimento de seu corpo por segundo. Em perspectiva, considere que uma pessoa de 1,70 m de altura movendo-se nessa velocidade estaria correndo a 306 km por hora!

Das várias estruturas que possibilitam os procariotos se moverem, a mais comum é o flagelo **(Figura 27.7)**. Os flagelos podem estar distribuídos sobre toda a superfície da célula ou concentrados em uma ou em ambas as extremidades. O flagelo procariótico difere bastante do flagelo eucariótico: ele tem um décimo do comprimento e geralmente não é coberto por uma extensão da membrana plasmática (ver Figura 6.24). Os flagelos dos procariotos e eucariotos também diferem em suas composições moleculares e em seus mecanismos de propulsão. Entre procariotos, os flagelos de bactérias e arqueias são semelhantes em tamanho e mecanismo de rotação, mas são compostos de proteínas inteiramente diferentes e não relacionadas. Em geral, essas comparações estruturais e moleculares indicam que o flagelo de bactérias, arqueias e eucariotos surgiu independentemente. Uma vez que a evidência atual indica que os flagelos dos organismos nos três domínios executam funções similares, mas não são relacionados por descendência comum, eles são descritos como estruturas análogas, não homólogas (ver Conceito 22.3).

Origens evolutivas dos flagelos bacterianos

O flagelo bacteriano mostrado na Figura 27.7 tem três partes principais (o motor, o gancho e o filamento) que, por sua vez, são compostas de 42 tipos diferentes de proteínas. Como essa estrutura complexa evoluiu? Na verdade, muitas evidências indicam que o flagelo bacteriano se originou como estruturas mais simples, que foram modificadas gradualmente ao longo do tempo. Como no caso do olho humano (ver Conceito 25.6), os biólogos questionam-se se uma versão menos complexa do flagelo poderia ainda beneficiar seu dono. Análises de centenas de genomas bacterianos indicam que apenas metade dos componentes proteicos do flagelo parece ser necessária para a sua função; os outros não são essenciais ou não são codificados nos genomas de algumas espécies. Das 21 proteínas exigidas por todas as espécies estudadas até agora, 19 são versões modificadas de proteínas que executam outras tarefas em bactérias. Por exemplo, um conjunto de 10 proteínas no motor é homólogo a 10 proteínas similares em um sistema secretor encontrado em bactérias (um sistema secretor é um complexo proteico que permite à célula produzir e liberar determinadas

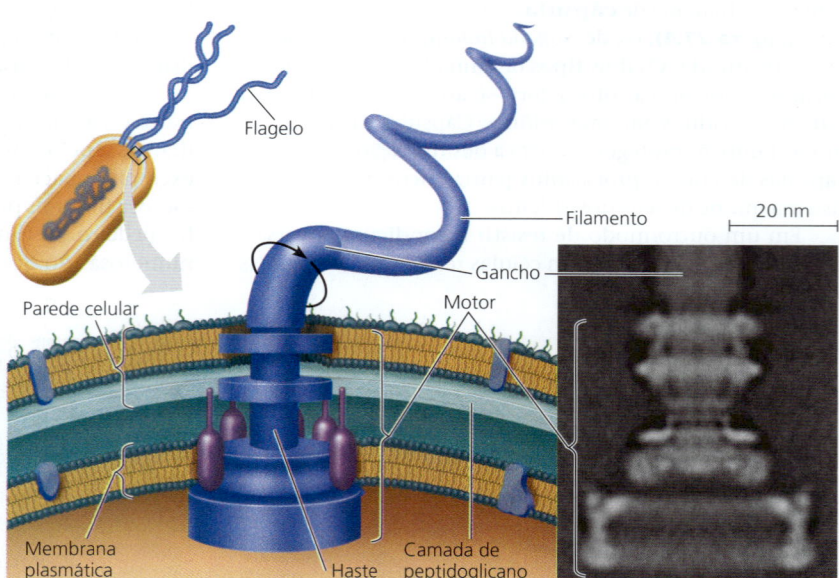

▲ **Figura 27.7 Flagelo procariótico.** O motor de um flagelo procariótico consiste em um sistema de anéis proteicos inserido na parede celular e na membrana plasmática (MET). A cadeia de transporte de elétrons bombeia prótons para fora da célula. A difusão dos prótons de volta para dentro da célula fornece a força que gira um gancho encurvado e, portanto, causa a rotação do filamento acoplado e impulsiona a célula (este diagrama mostra as estruturas características de um flagelo de bactéria Gram-negativa).

HABILIDADES VISUAIS *Avalie quais dos quatro anéis de proteína mostrados neste diagrama são provavelmente hidrofóbicos. Explique sua resposta.*

macromoléculas). Duas outras proteínas no motor são homólogas a proteínas que funcionam no transporte de íons. As proteínas que constituem a haste, o gancho e o filamento são todas relacionadas entre si e são descendentes de uma proteína ancestral que formava um tubo parecido com o *pilus*. Esses achados sugerem que o flagelo bacteriano evoluiu à medida que outras proteínas foram adicionadas a um sistema secretor ancestral. Esse é um exemplo de *exaptação*, o processo no qual estruturas originalmente adaptadas para uma função assumem novas funções por meio da descendência com modificações.

Organização interna e DNA

As células dos procariotos são mais simples do que as dos eucariotos tanto na estrutura interna como no arranjo físico de seu DNA (ver Figura 6.5). Nas células procarióticas, falta a complexa compartimentalização associada a organelas envoltas por membranas, encontrada em células eucarióticas. Entretanto, algumas células procarióticas têm membranas especializadas que realizam funções metabólicas **(Figura 27.8)**. Essas membranas são geralmente invaginações da membrana plasmática. Descobertas recentes também indicam que alguns procariotos podem armazenar subprodutos metabólicos em compartimentos simples constituídos de proteínas; esses compartimentos não têm uma membrana.

O genoma de um procarioto é estruturalmente diferente do genoma de um eucarioto e, na maioria dos casos, tem consideravelmente menos DNA. Os procariotos normalmente têm um cromossomo circular **(Figura 27.9)**, enquanto os eucariotos geralmente têm vários ou muitos cromossomos lineares. Além disso, nos procariotos, o cromossomo está associado a muito menos proteínas que os cromossomos dos eucariotos. Diferente também dos eucariotos, nos procariotos falta um núcleo; seu cromossomo está localizado no **nucleoide**, uma região do citoplasma que não é envolvida por uma membrana. Além de seu cromossomo único, uma típica célula procariótica também pode conter

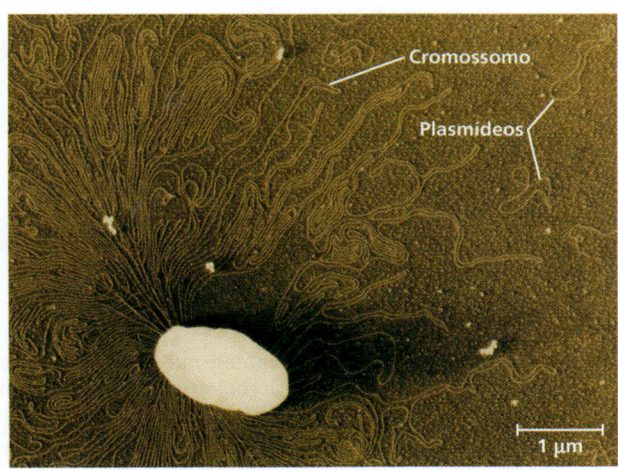

▲ **Figura 27.9 Plasmídeos e cromossomo procariótico.** Estes laços finos e emaranhados envolvendo uma célula rompida de *Escherichia coli* são partes do grande cromossomo circular da célula (MET colorida). Três plasmídeos da célula, os anéis de DNA bem menores, são também mostrados.

HABILIDADES VISUAIS *Identifique o terceiro plasmídeo visível nesta micrografia.*

moléculas circulares de DNA muito menores, que se replicam independentemente, chamadas **plasmídeos** (ver Figura 27.9), a maioria carregando poucos genes.

Embora a replicação, a transcrição e a tradução do DNA sejam fundamentalmente processos similares em procariotos e eucariotos, alguns detalhes diferem (ver Capítulo 17). Por exemplo, os ribossomos procarióticos são um pouco menores do que os ribossomos eucarióticos e diferem em seu conteúdo proteico e RNA. Essas diferenças permitem que certos antibióticos, como a eritromicina e a tetraciclina, se liguem aos ribossomos e bloqueiem a síntese proteica em procariotos, mas não em eucariotos. Como consequência, as pessoas podem usar esses antibióticos para matar ou inibir o crescimento de bactérias sem prejudicar a si próprias.

Reprodução

Muitos procariotos podem se reproduzir rapidamente em ambientes favoráveis. Por *fissão binária* (ver Figura 12.12), uma única célula procariótica única se divide em 2 células, as quais então dividem-se em 4, 8, 16 e assim por diante. Sob condições ótimas, muitos procariotos podem dividir-se uma vez a cada 1 a 3 horas; algumas espécies podem produzir uma nova geração em apenas 20 minutos. Nessa velocidade, uma única célula procariótica poderia dar origem a uma colônia de população superior à da Terra em apenas 2 dias!

Claro que isso não acontece na realidade. As células acabam esgotando seus suprimentos de nutrientes, intoxicam a si próprias com os resíduos metabólicos, enfrentam competição de outros microrganismos ou são consumidas por outros organismos. Ainda assim, o potencial de muitas espécies procarióticas para o rápido crescimento populacional enfatiza três características principais de sua biologia: *são pequenas, reproduzem-se por fissão binária e muitas vezes*

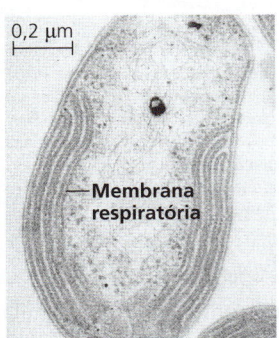
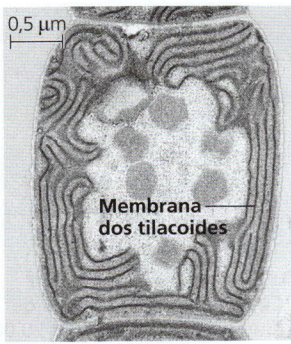

(a) Procarioto aeróbio   (b) Procarioto fotossintetizante

▲ **Figura 27.8 Membranas especializadas de procariotos.** **(a)** Invaginações da membrana plasmática que lembram as cristas de mitocôndrias funcionam na respiração celular em alguns procariotos aeróbios (MET). **(b)** Procariotos fotossintetizantes chamados de cianobactérias têm membranas dos tilacoides muito parecidas com aquelas dos cloroplastos (MET).

têm tempos curtos de gerações. Logo, as populações procarióticas podem consistir em muitos trilhões de indivíduos – de longe, mais do que as populações de eucariotos multicelulares, como plantas ou animais.

> **REVISÃO DO CONCEITO 27.1**
>
> 1. Descreva duas adaptações que possibilitam que os procariotos sobrevivam em ambientes que são muito adversos para outros organismos.
> 2. Compare as estruturas celulares e de DNA de procariotos e eucariotos.
> 3. **FAÇA CONEXÕES** Sugira uma hipótese que explique por que as membranas tilacoides dos cloroplastos se parecem com aquelas da cianobactéria. Consulte as Figuras 6.18 e 26.21.
>
> *Ver as respostas sugeridas no Apêndice A.*

CONCEITO 27.2

Reprodução rápida, mutação e recombinação genética promovem a diversidade genética nos procariotos

Como discutimos na Unidade 4, a evolução não pode ocorrer sem variação genética. As diversas adaptações exibidas pelos procariotos sugerem que suas populações devem ter uma variação genética considerável – e têm. Nesta seção, examinaremos três fatores que dão origem a altos níveis de diversidade genética em procariotos: reprodução rápida, mutação e recombinação genética.

Reprodução rápida e mutação

A maior parte da variação genética em espécies que se reproduzem sexualmente resulta da maneira como os alelos existentes são arranjados em novas combinações durante a meiose e a fertilização (ver Conceito 13.4). Os procariotos não se reproduzem sexuadamente; assim, à primeira vista, sua extensa variação genética pode ser enigmática. Mas, em muitas espécies, essa variação pode resultar de uma combinação de reprodução rápida e mutação.

Considere a bactéria *Escherichia coli*, à medida que se reproduz por fissão binária em um intestino humano, um de seus ambientes naturais. Depois de repetidos ciclos de divisão, a maioria das células da progênie é geneticamente idêntica à célula parental original. Entretanto, se erros ocorrem durante a replicação do DNA, algumas das células da progênie podem diferir geneticamente. A probabilidade dessas mutações ocorrerem em um determinado gene de *E. coli* é de cerca de 1 em 10 milhões (1×10^{-7}) por divisão celular. Mas, entre as 2×10^{10} novas células de *E. coli* que surgem a cada dia no intestino de uma pessoa, haverá aproximadamente (2×10^{10}) $\times$ (1×10^{-7}) = 2.000 bactérias que têm uma mutação nesse gene. O número total de novas mutações, quando todos os 4.300 genes de *E. coli* são considerados, é de cerca de 4.300 $\times$ 2.000 – mais de 8 milhões por dia por hospedeiro humano.

O ponto fundamental é que novas mutações, embora raras em uma base por gene, podem aumentar rapidamente a diversidade genética em espécies com tempos de geração curtos e grandes populações. Essa diversidade, por sua vez, pode levar à evolução rápida **(Figura 27.10)**: indivíduos que

▼ **Figura 27.10** Pesquisa

Os procariotos podem evoluir rapidamente em resposta à alteração ambiental?

Experimento Os pesquisadores testaram a capacidade das populações de *E. coli* de se adaptarem a um novo ambiente. Eles estabeleceram 12 populações, cada uma originada de uma única célula de uma cepa de *E. coli*, e seguiram essas populações por 20.000 gerações (3.000 dias). Para manter um fornecimento contínuo de recursos, a cada dia os pesquisadores realizavam uma *transferência seriada*: eles transferiram 0,1 mL de cada população para um novo tubo contendo 9,9 mL de meio de cultura fresco. O meio de cultura usado ao longo do experimento forneceu um ambiente desafiador, que continha apenas baixos níveis de glicose e de outros recursos necessários para o crescimento.

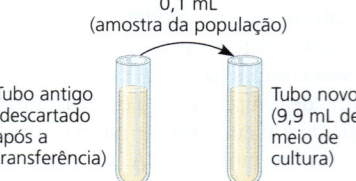

Transferência seriada diária

Amostras foram periodicamente removidas das 12 populações e cultivadas em competição com a cepa ancestral comum no ambiente experimental (baixo teor de glicose).

Resultados O valor adaptativo (*fitness*) das populações experimentais, medido pela taxa de crescimento de cada população, aumentou rapidamente nas primeiras 5.000 gerações (2 anos) e mais lentamente nas 15.000 gerações seguintes. O gráfico mostra as médias das 12 populações.

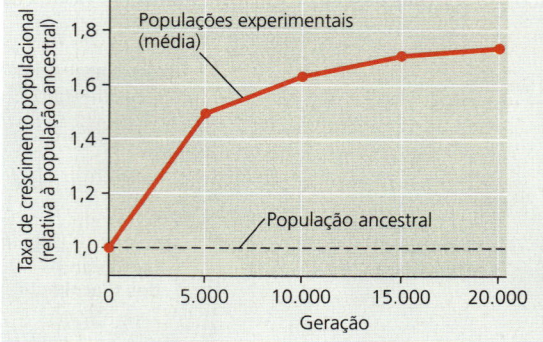

Conclusão Populações de *E. coli* continuaram a acumular mutações benéficas por 20.000 gerações, permitindo a rápida evolução do crescimento populacional em seu novo ambiente.

Dados de V. S. Cooper e R. E. Lenski, The population genetics of ecological specialization in evolving *Escherichia coli* populations, *Nature* 407:736–739 (2000).

E SE? *Sugira possíveis funções de genes cuja sequência ou expressão foi alterada à medida que as populações experimentais evoluíram em ambiente com baixo nível de glicose.*

são geneticamente melhor equipados ao seu ambiente tendem a sobreviver e se reproduzir a taxas mais altas do que os outros indivíduos. A capacidade de se adaptar rapidamente a novas condições evidencia que, embora a estrutura de suas células seja mais simples do que a das células eucarióticas, os procariotos não são "primitivos" ou "inferiores" no sentido evolutivo. São, na verdade, altamente evoluídos: por 3,5 bilhões de anos, as populações procarióticas responderam com sucesso a muitos desafios ambientais.

Recombinação genética

Embora novas mutações sejam a principal fonte de variação em populações procarióticas, uma diversidade adicional provém da *recombinação genética*, a combinação de DNA de duas fontes. Em eucariotos, os processos sexuados de meiose e fertilização combinam o DNA de dois indivíduos em um único zigoto. Mas a meiose e a fertilização não ocorrem em procariotos. Em vez disso, três outros mecanismos – transformação, transdução e conjugação – podem reunir DNA procariótico de indivíduos diferentes (isto é, de células diferentes). Quando os indivíduos são membros de espécies diferentes*, esse movimento de genes de um organismo para outro é chamado *transferência gênica horizontal*. Os cientistas encontraram evidências de que todos esses mecanismos podem transferir DNA entre espécies dos domínios Bacteria e Archaea. Até agora, entretanto, a maior parte de nosso conhecimento vem de pesquisas com bactérias.

Transformação e transdução

Na **transformação**, o genótipo, e possivelmente o fenótipo, de uma célula procariótica são alterados pela captação de DNA exógeno a partir de seu entorno. Por exemplo, uma cepa inofensiva de *Streptococcus pneumoniae* pode ser transformada em células causadoras de pneumonia se forem expostas ao DNA de uma cepa patogênica (ver Figura 16.2). Essa transformação ocorre quando uma célula não patogênica captura um fragmento do DNA contendo o alelo para a patogenicidade e substitui seu próprio alelo pelo alelo exógeno, uma permuta de segmentos homólogos de DNA. A célula é agora um recombinante: seu cromossomo contém DNA derivado de duas células diferentes.

Durante muitos anos após a transformação ter sido descoberta em culturas de laboratório, a maioria dos biólogos pensava que isso era muito raro e desordenado para desempenhar papel importante em populações bacterianas naturais. Mas os pesquisadores aprenderam desde então que muitas bactérias têm proteínas na superfície da célula que reconhecem DNA de espécies intimamente relacionadas e o transportam para seu interior. Uma vez dentro da célula, o DNA exógeno pode ser incorporado ao genoma pela permuta com o DNA homólogo.

Na **transdução**, fagos (abreviação de "bacteriófagos", vírus que infectam bactérias) carregam genes procarióticos de uma célula hospedeira para outra. Na maioria dos casos,

---
*N. de T. A transferência gênica horizontal também pode ocorrer entre membros de uma mesma espécie.

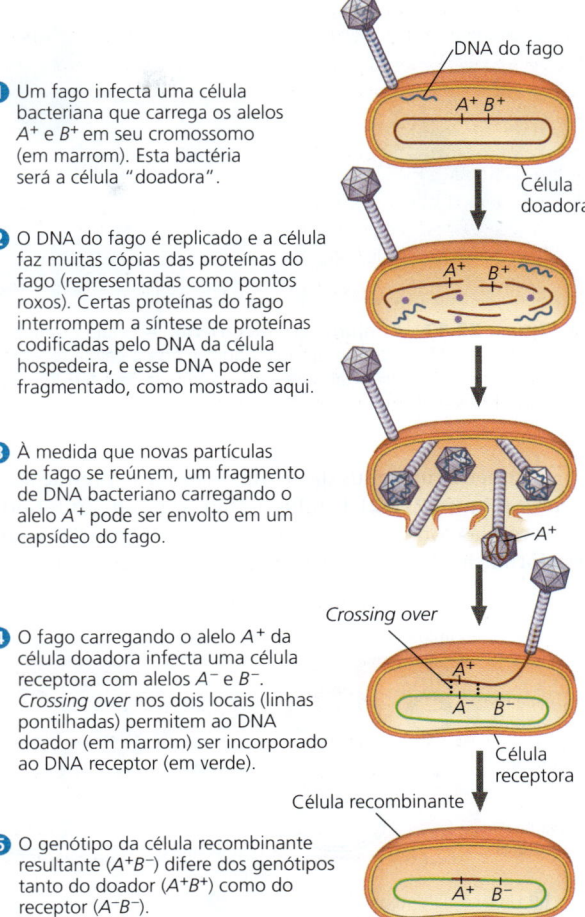

▲ **Figura 27.11 Transdução.** Fagos podem transportar fragmentos de um cromossomo bacteriano de uma célula (doadora) para outra (receptora). Se ocorrer *crossing over* após a transferência, os genes do doador podem ser incorporados no genoma do receptor.

HABILIDADES VISUAIS *Com base neste diagrama, descreva as circunstâncias em que um evento de transdução resultaria em transferência gênica horizontal.*

a transdução resulta de acidentes que ocorrem durante o ciclo replicativo do fago **(Figura 27.11)**. Um vírus que carrega DNA procariótico pode não ser capaz de se replicar porque lhe falta todo ou parte de seu próprio material genético. Entretanto, o vírus pode se ligar à outra célula procariótica (um receptor) e injetar DNA procariótico adquirido da primeira célula (o doador). Se uma parte desse DNA é então incorporada ao cromossomo da célula receptora por *crossing over*, uma célula recombinante é formada.

Conjugação e plasmídeos

Em um processo chamado **conjugação**, o DNA é transferido entre duas células procarióticas (em geral, da mesma espécie) que estão temporariamente ligadas. Em bactérias, a transferência de DNA é sempre numa única direção: uma célula doa o DNA e a outra o recebe. Enfocaremos aqui o mecanismo usado em *E. coli*.

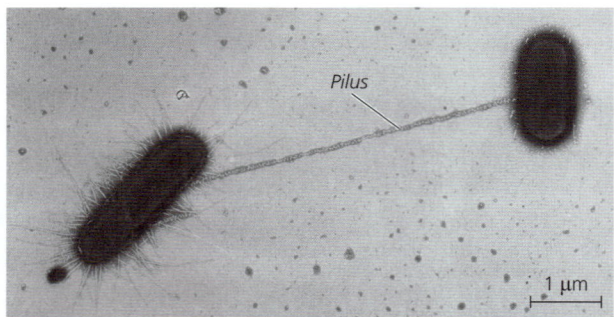

▲ **Figura 27.12 Conjugação bacteriana.** A célula doadora de *E. coli* (à esquerda) estende um *pilus* que se liga à célula receptora, um primeiro passo essencial para a transferência de DNA. O *pilus* é um tubo flexível de subunidades proteicas (MET).

de acasalamento" entre as duas células, pelo qual o doador pode transferir o DNA para o receptor. Entretanto, o mecanismo pelo qual a transferência de DNA ocorre não está claro; na verdade, uma evidência recente indica que o DNA pode passar diretamente pelo tubo do *pilus*.

A capacidade de formar *pili* e de doar DNA durante a conjugação resulta da presença de uma determinada porção de DNA chamada de **fator F** (de fertilidade). O fator F de *E. coli* consiste em cerca de 25 genes, a maior parte necessária para a produção do *pilus*. Conforme mostrado na **Figura 27.13**, o fator F pode existir como um plasmídeo ou como um segmento do DNA dentro do cromossomo bacteriano.

Fator F como um plasmídeo O fator F em sua forma de plasmídeo é chamado de **plasmídeo F**. As células contendo o plasmídeo F, designadas células F^+, funcionam como doadoras de DNA durante a conjugação (Figura 27.13a). As células sem o fator F, designadas F^-, funcionam como receptoras de DNA durante a conjugação. A condição F^+ é transferível no sentido que uma célula F^+ converte uma célula F^- em uma F^+ se uma cópia completa do plasmídeo F for

Primeiro, um pilus da célula doadora se prende ao receptor **(Figura 27.12)**. O pilus, então, se retrai, juntando as duas células como o gancho de um arpão. O próximo passo é a formação de uma estrutura temporária do tipo "ponte

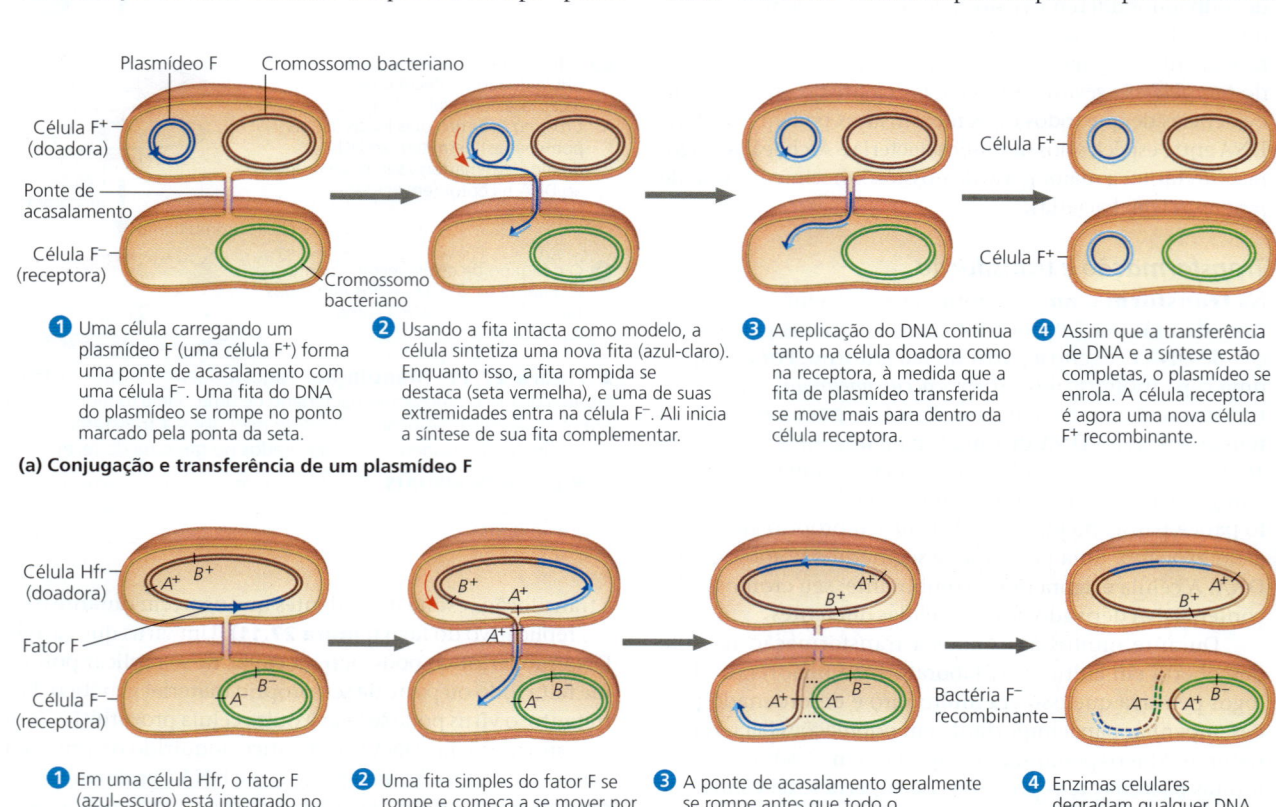

▲ **Figura 27.13 Conjugação e recombinação em *E. coli*.**
A replicação de DNA que acompanha a transferência de um plasmídeo F ou parte de um cromossomo bacteriano Hfr é denominada *replicação por círculo rolante*. Na prática, a fita de DNA circular parental intacta "se enrola" enquanto sua outra fita se separa, e uma nova fita complementar é sintetizada.

transferida. Mesmo que isso não ocorra, desde que parte do DNA do plasmídeo F seja transferido com sucesso para a célula receptora, essa célula agora é uma célula recombinante.

Fator F no cromossomo Genes cromossômicos podem ser transferidos durante a conjugação quando o fator F de uma célula doadora está integrado dentro do cromossomo. Uma célula com o fator F inserido dentro de seu cromossomo é chamada de *célula Hfr* (alta frequência de recombinação, do inglês *high frequency of recombination*). Assim como uma célula F$^+$, uma célula Hfr funciona como uma doadora durante a conjugação com uma célula F$^-$ (ver Figura 27.13b). Quando o DNA cromossômico de uma célula Hfr entra em uma célula F$^-$, regiões homólogas de Hfr e do cromossomo F$^-$ podem se alinhar, permitindo que segmentos de seu DNA sejam permutados. Como resultado, a célula receptora se torna uma bactéria recombinante que tem genes derivados de cromossomos de duas células diferentes – uma nova variante genética sobre a qual a evolução pode atuar.

Plasmídeo R e resistência a antibióticos Muitas espécies de bactérias têm genes que codificam enzimas que destroem especificamente ou impedem a efetividade de certos antibióticos, como tetraciclina ou ampicilina. Muitas vezes, esses "genes de resistência" são carregados por plasmídeos conhecidos como **plasmídeos R** (de resistência). Muitos plasmídeos R, assim como os plasmídeos F, têm genes que codificam *pili* e permitem a transferência de DNA de uma célula bacteriana para outra por conjugação. Como resultado, os plasmídeos R e os genes de resistência que eles carreiam podem se espalhar rapidamente através de uma população bacteriana – um problema de grande preocupação para a saúde pública (ver Conceito 27.6). Para piorar ainda mais o problema, alguns plasmídeos R carreiam genes de resistência a até dez antibióticos.

REVISÃO DO CONCEITO 27.2

1. Se analisado gene a gene, novas mutações são raras, porém podem acrescentar considerável variação genética a populações procarióticas em cada geração. Explique como isso ocorre.
2. Diferencie os três mecanismos pelos quais as bactérias podem transferir DNA de uma célula bacteriana para outra.
3. **E SE?** Se uma bactéria não patogênica adquirisse resistência a antibióticos, essa cepa poderia apresentar risco à saúde das pessoas? Em geral, como a transferência de DNA entre bactérias afeta a propagação de genes de resistência?

Ver as respostas sugeridas no Apêndice A.

CONCEITO 27.3

Adaptações nutricionais e metabólicas diversas evoluíram em procariotos

A extensa variação genética encontrada em procariotos reflete-se em suas diversas adaptações nutricionais. Assim como todos os organismos, os procariotos podem ser classificados pela forma como obtêm energia e o carbono utilizado na construção das moléculas orgânicas que constituem suas células. Cada tipo de nutrição observado em eucariotos está representado entre os procariotos, junto com alguns modos de nutrição exclusivos destes. Na verdade, procariotos têm uma grande variedade de adaptações metabólicas, muito mais ampla do que a encontrada em eucariotos.

Os organismos que obtêm energia a partir da luz são chamados *fototróficos*, e aqueles que obtêm energia a partir de substâncias químicas são chamados *quimiotróficos*. Organismos que necessitam apenas de CO_2 ou de compostos relacionados como fonte de carbono são chamados *autotróficos*. Em contraste, *heterotróficos* requerem ao menos um nutriente orgânico, como a glicose, para produzir outros compostos orgânicos. A combinação das duas fontes de energia com as duas fontes de carbono resulta em quatro principais tipos nutricionais, resumidos na **Tabela 27.1**.

Papel do oxigênio no metabolismo

O metabolismo procariótico também varia com respeito ao oxigênio (O_2). **Aeróbios estritos** necessitam usar o O_2 para a respiração celular e não podem crescer sem ele. **Anaeróbios estritos**, por outro lado, são intoxicados por O_2. Alguns anaeróbios estritos vivem exclusivamente por fermentação; outros extraem energia química por **respiração anaeróbica**, na qual outras substâncias diferentes do O_2, como íons nitrato (NO_3^-) ou íons sulfato (SO_4^{2-}), aceitam elétrons ao final da cadeia de transporte de elétrons. **Anaeróbios facultativos** usam o O_2 se ele estiver presente, mas

Tabela 27.1	Principais tipos nutricionais		
Tipo	Fonte de energia	Fonte de carbono	Tipos de organismos
AUTOTRÓFICO			
Fotoautotrófico	Luz	CO_2, HCO_3^- ou compostos relacionados	Procariotos fotossintetizantes (p. ex., cianobactérias); plantas; certos protistas (p. ex., algas)
Quimioautotrófico	Produtos químicos inorgânicos (como H_2S, NH_3 ou Fe^+)	CO_2, HCO_3^- ou compostos relacionados	Exclusivo a certos procariotos (p. ex., *Sulfolobus*)
HETEROTRÓFICO			
Foto-heterotrófico	Luz	Compostos orgânicos	Exclusivo a certos procariotos aquáticos e halófilos (p. ex., *Rhodobacter*, *Chloroflexus*)
Quimio-heterotrófico	Compostos orgânicos	Compostos orgânicos	Muitos procariotos (p. ex., *Clostridium*) e protistas; fungos; animais; algumas plantas

também podem efetuar a fermentação ou a respiração anaeróbia em um ambiente anaeróbio.

Metabolismo do nitrogênio

O nitrogênio é essencial para a produção de aminoácidos e ácidos nucleicos em todos os organismos. Enquanto os eucariotos podem obter nitrogênio somente de um grupo limitado de compostos nitrogenados, os procariotos podem metabolizar nitrogênio em muitas formas. Por exemplo, algumas cianobactérias e alguns metanógenos (um grupo de arqueias) convertem nitrogênio atmosférico (N_2) em amônia (NH_3), um processo chamado de **fixação de nitrogênio**. As células podem, então, incorporar esse nitrogênio "fixado" a aminoácidos e outras moléculas orgânicas. Em termos de nutrição, as cianobactérias fixadoras de nitrogênio são alguns dos organismos mais autossuficientes, uma vez que necessitam somente de luz, CO_2, N_2, água e alguns minerais para crescer.

A fixação de nitrogênio tem um grande impacto sobre outros organismos. Por exemplo, procariotos fixadores de nitrogênio podem aumentar o nitrogênio disponível para as plantas, as quais não podem usar o nitrogênio atmosférico, mas podem usar os compostos de nitrogênio que os procariotos produzem a partir da amônia. O Conceito 55.4 discute esse e outros papéis essenciais que os procariotos desempenham no ciclo de nitrogênio dos ecossistemas.

Cooperação metabólica

A cooperação entre as células procarióticas lhes permite usar recursos do ambiente, o que não seria possível como células individuais. Em alguns casos, essa cooperação tem lugar entre células especializadas de um filamento. Por exemplo, a cianobactéria *Anabaena* possui genes que codificam proteínas para a fotossíntese e para a fixação de nitrogênio. Porém, uma única célula não consegue realizar os dois processos ao mesmo tempo, pois a fotossíntese produz O_2, que inativa as enzimas envolvidas na fixação do nitrogênio. Em vez de viver como células isoladas, a *Anabaena* forma cadeias filamentosas **(Figura 27.14)**. A maioria das células em um filamento realiza somente fotossíntese, enquanto poucas células especializadas, chamadas **heterocistos** (às vezes chamados *heterócitos*) efetuam apenas a fixação de nitrogênio. Cada heterocisto é envolvido por uma parede celular espessa, que restringe a entrada de O_2 produzido pelas células fotossintetizantes vizinhas. Conexões intercelulares permitem aos heterocistos transportar o nitrogênio fixado para as células vizinhas e receber carboidratos.

Cooperações metabólicas entre células de uma ou mais espécies procarióticas ocorrem em colônias que recobrem superfícies conhecidas como **biofilmes**. As células em um biofilme secretam moléculas sinalizadoras que recrutam células próximas, levando ao crescimento da colônia. As células também produzem polissacarídeos e proteínas que as aderem ao substrato e umas às outras; esses polissacarídeos e proteínas formam a cápsula, ou camada limosa, mencionada anteriormente neste capítulo. Canais no biofilme permitem que os nutrientes alcancem as células no interior, e que os resíduos sejam expelidos.

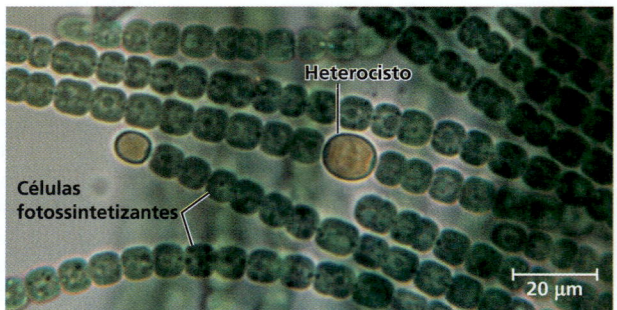

▲ **Figura 27.14 Cooperação metabólica em um procarioto.** Na cianobactéria filamentosa de água doce *Anabaena*, heterocistos fixam nitrogênio, enquanto as outras células realizam fotossíntese (MO).

Os biofilmes são comuns na natureza, mas podem causar uma ampla gama de problemas para os humanos. Por exemplo, biofilmes que crescem em tubulações diminuem o fluxo de líquidos, como água ou óleo, e degradam as próprias tubulações. Os biofilmes também corroem cascos de barcos, plataformas de petróleo e muitas outras estruturas e produtos industriais. Em ambientes médicos, os biofilmes podem contaminar lentes de contato, cateteres, marca-passos, válvulas cardíacas, articulações artificiais e muitos outros dispositivos. Eles também contribuem para a cárie dentária e para uma ampla gama de infecções crônicas **(Figura 27.15)**, algumas das quais podem ser letais. Muitos biofilmes podem evitar as respostas imunológicas do hospedeiro e são extremamente resistentes aos antibióticos, tornando-os difíceis de tratar. Ao todo, a cada ano, os biofilmes causam bilhões de dólares em danos e afligem dezenas de milhões de pessoas com infecções crônicas.

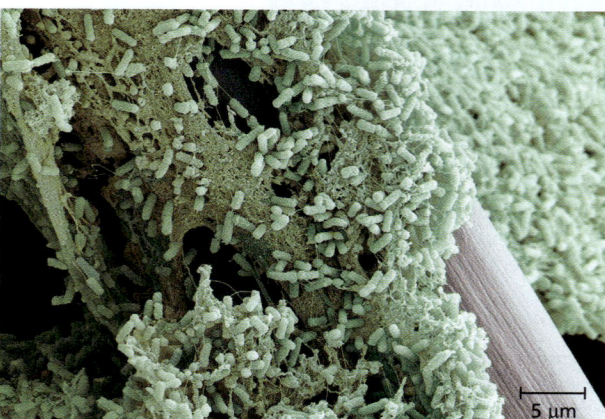

▲ **Figura 27.15 *Pseudomonas aeruginosa* formando um biofilme (MEV colorida).** Essa espécie bacteriana disseminada pode ser encontrada no solo, na água e como parte da comunidade normal no intestino humano. *P. aeruginosa* pode causar infecções graves em outros órgãos humanos, incluindo a pele, o trato urinário e os pulmões. Essas infecções podem ser difíceis de tratar, em parte porque as bactérias podem crescer como biofilmes que aumentam a resistência aos antibióticos.

REVISÃO DO CONCEITO 27.3

1. Distinga os quatro principais tipos de nutrição, mencionando quais são exclusivos aos procariotos.
2. Uma bactéria requer somente o aminoácido metionina como um nutriente orgânico e vive em cavernas sem luz. Que modo de nutrição ela usa? Explique.
3. **E SE?** Descreva o que você poderia comer em uma refeição típica se os seres humanos, como as cianobactérias, pudessem fixar nitrogênio.

Ver as respostas sugeridas no Apêndice A.

CONCEITO 27.4

Os procariotos se propagaram em um conjunto diverso de linhagens

Desde sua origem, há 3,5 bilhões de anos, as populações procarióticas se propagaram amplamente em decorrência da evolução de uma vasta gama de adaptações estruturais e metabólicas. Coletivamente, essas adaptações possibilitaram aos procariotos habitar todos ambientes conhecidos por abrigarem vida – se há organismos em determinado lugar, alguns desses organismos são procariotos. No entanto, apesar de seu óbvio sucesso, foi apenas nas últimas décadas que os avanços na genômica começaram a revelar toda a extensão da diversidade procariótica.

Panorama da diversidade procariótica

Na década de 1970, os microbiologistas começaram a usar a pequena subunidade do RNA ribossômico como um marcador para relações evolutivas. Seus resultados indicaram que muitos procariotos antes classificados como bactérias estão na verdade mais estreitamente relacionados aos eucariotos e pertencem a um domínio próprio: Archaea. Os microbiologistas, desde então, analisaram uma grande quantidade de dados genéticos – incluindo mais de 1.700 genomas completos – e concluíram que alguns grupos tradicionais, como as cianobactérias, são monofiléticos. Entretanto, outros grupos tradicionais, como as bactérias Gram-negativas, são distribuídos entre várias linhagens. A **Figura 27.16** mostra uma hipótese filogenética para alguns dos principais táxons de procariotos com base na sistemática molecular.

Uma lição do estudo da filogenia procariótica é que a diversidade genética dos procariotos é imensa. Quando os pesquisadores começaram a sequenciar os genes de procariotos, eles conseguiam investigar somente a pequena fração de espécies que podia ser cultivada em laboratório. Na década de 1980, os pesquisadores começaram a utilizar a reação em cadeia da polimerase (PCR; ver Figura 20.8) para analisar os genes de procariotos coletados do ambiente (de amostras de solo ou água). Hoje, essa "prospecção genética" é amplamente utilizada; na verdade, agora genomas procarióticos completos podem ser obtidos de amostras ambientais usando *metagenômica* (ver Conceito 21.1). Cada ano, essas técnicas adicionam novos ramos à árvore da vida. Enquanto apenas cerca de 16.000 espécies de procariotos em

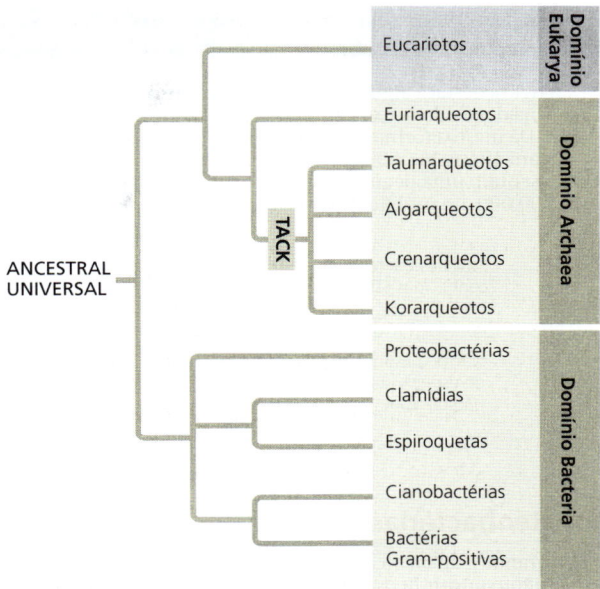

▲ **Figura 27.16 Filogenia simplificada dos procariotos.** Esta árvore mostra as relações entre os principais grupos procarióticos; algumas dessas relações são mostradas como politomias para refletir sua ordem incerta de divergência. Estudos recentes indicam que dentro de Archaea, os taumarqueotos, aigarqueotos, crenarqueotos e korarqueotos são intimamente relacionados; os sistematas os colocaram em um supergrupo chamado "TACK", em referência às primeiras letras de seus nomes.

HABILIDADES VISUAIS *Com base neste diagrama de árvore filogenética, qual domínio é o grupo-irmão de Archaea?*

todo o mundo receberam nomes científicos, um simples punhado de solo poderia conter 10.000 espécies de procariotos segundo algumas estimativas. Fazer um balanço completo dessa diversidade exigirá muitos anos de pesquisa.

Outra importante lição da sistemática molecular é que a transferência gênica horizontal desempenhou um papel essencial na evolução dos procariotos. Durante centenas de milhões de anos, os procariotos adquiriram genes de espécies remotamente relacionadas e continuam a fazer isso hoje. Em decorrência disso, porções significativas do genoma de muitos procariotos são verdadeiros mosaicos de genes importados de outras espécies. Por exemplo, um estudo de 329 genomas bacterianos sequenciados encontrou que uma média de 75% dos genes em cada genoma havia sido transferida horizontalmente em algum ponto em sua história evolutiva. Como vimos no Conceito 26.6, essa transferência de genes pode tornar difícil a determinação das relações filogenéticas. Entretanto, está claro que por bilhões de anos os procariotos evoluíram em duas linhagens separadas, as bactérias e as arqueias (ver Figura 27.16).

Bacteria

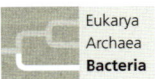

Conforme a visão geral na **Figura 27.17**, o domínio Bacteria inclui a grande maioria das espécies procarióticas familiares à maioria das pessoas, desde espécies patogênicas que causam

▼ Figura 27.17 Explorando a diversidade bacteriana

Esta figura destaca alguns grupos importantes de bactérias, mas sua diversidade real é muito maior do que a mostrada aqui. Da mesma forma, os dados de sequências de genes indicam que as 16.000 espécies conhecidas de bactérias representam uma pequena fração do número real, estimado em 700.000-1,4 milhão de espécies.

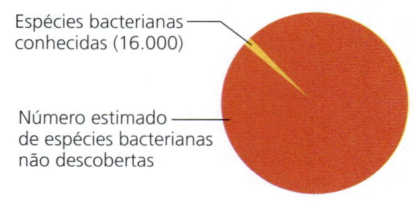

Espécies bacterianas conhecidas (16.000)

Número estimado de espécies bacterianas não descobertas

Proteobactérias

Este grande e diversificado clado de bactérias Gram-negativas inclui fotoautotróficos, quimioautotróficos e heterotróficos. Um autotrófico, a bactéria sulfurosa *Thiomargarita namibiensis*, obtém energia através da oxidação do H_2S, produzindo enxofre como produto residual (os pequenos glóbulos na fotografia abaixo). Heterotróficos incluem patógenos como *Neisseria gonorrhoeae*, que causa gonorreia; *Vibrio cholerae*, que causa cólera; e *Helicobacter pylori*, que causa úlceras estomacais. As evidências atuais indicam que as mitocôndrias evoluíram por endossimbiose de um heterotrófico no subgrupo de alfaproteobactérias.

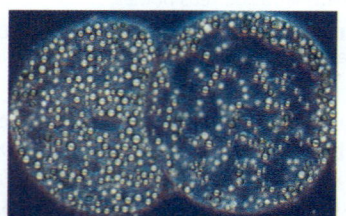

Thiomargarita namibiensis contendo resíduos de enxofre (MO)

Clamídias

Esses parasitos podem sobreviver apenas dentro das células animais, dependendo de seus hospedeiros para recursos tão básicos quanto o ATP. As paredes Gram-negativas das clamídias são incomuns, pois não possuem peptidoglicano. Uma espécie, a *Chlamydia trachomatis*, é a causa mais comum de cegueira no mundo e também causa uretrite não gonocócica, a infecção sexualmente transmissível mais comum nos Estados Unidos.

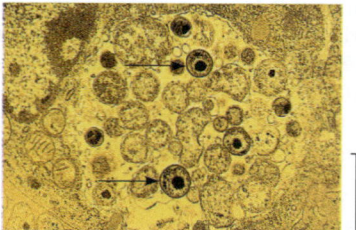

Chlamydia (setas dentro de uma célula animal, MET colorida)

Espiroquetas

Esses Gram-negativos helicoidais heterotróficos espiralam através de seu ambiente por meio de filamentos rotativos internos semelhantes a flagelos. Muitos espiroquetas são de vida livre, mas outros são notórios parasitas patogênicos: *Treponema pallidum* causa sífilis e *Borrelia burgdorferi* causa doença de Lyme.

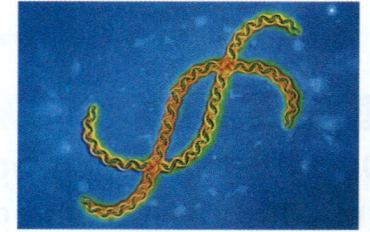

Leptospira, um espiroqueta (MET colorida)

Cianobactérias

Esses fotoautotróficos Gram-negativos são os únicos procariotos que fazem fotossíntese como as plantas, gerando oxigênio. (Na verdade, acredita-se que os cloroplastos tenham evoluído de uma cianobactéria endossimbiótica.) Tanto as cianobactérias solitárias como as filamentosas são componentes abundantes do *fitoplâncton* de água doce e salgada, o conjunto de pequenos organismos fotossintetizantes que flutuam perto da superfície da água.

Cylindrospermum, uma cianobactéria filamentosa

Bactérias Gram-positivas

As bactérias Gram-positivas competem com as proteobactérias em diversidade. Espécies de um subgrupo, os actinomicetos, formam colônias contendo cadeias ramificadas de células; duas dessas espécies causam tuberculose e hanseníase, mas a maioria é decompositora que vive no solo. Espécies do solo do gênero *Streptomyces* são cultivadas como fonte de antibióticos, incluindo tetraciclina e eritromicina. Outros subgrupos de bactérias Gram-positivas incluem patógenos como *Staphylococcus aureus* (ver Figura 22.14), *Bacillus anthracis*, que causa antraz, e *Clostridium botulinum*, que causa botulismo.

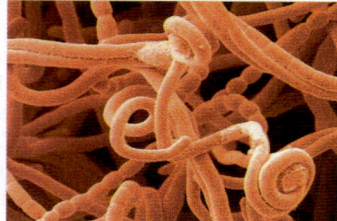

Streptomyces, a fonte de muitos antibióticos (MEV)

faringite estreptocócica e tuberculose até espécies benéficas, usadas para fazer queijo suíço e iogurte. Todos os principais modos de nutrição e metabolismo estão representados entre os cerca de 80 filos de bactérias, e mesmo um pequeno grupo de bactérias pode conter espécies exibindo muitos modos nutricionais diferentes. Como veremos, as capacidades nutricionais e metabólicas diversificadas das bactérias – e das arqueias – são responsáveis pelo grande impacto que esses organismos têm sobre a Terra e sua vida.

Archaea

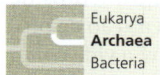

As arqueias compartilham certas características com as bactérias e outras com os eucariotos **(Tabela 27.2)**. Entretanto, as arqueias também têm muitas características exclusivas, como poderíamos esperar em um táxon que seguiu um caminho evolutivo separado por tanto tempo.

Os primeiros procariotos classificados no domínio Archaea vivem em ambientes extremos, onde outros poucos organismos podem sobreviver. Esses organismos são chamados **extremófilos**, significando "amantes" de condições extremas (do grego *philos*, amante), e incluem os halófilos extremos e os termófilos extremos.

Os **halófilos extremos** (do grego *halo*, sal) vivem em ambientes altamente salinos, como o Grande Lago Salgado em Utah, o Mar Morto em Israel e o lago espanhol mostrado

▲ **Figura 27.18 Termófilos extremos.** Colônias amarelo--alaranjadas de procariotos termofílicos crescem na água quente da Grande Fonte Prismática no Parque Nacional de Yellowstone.

FAÇA CONEXÕES *Como as enzimas de termófilos diferem daquelas de outros organismos? (Revise enzimas no Conceito 8.4.)*

na Figura 27.1. Algumas espécies meramente toleram a salinidade, enquanto outras requerem um ambiente várias vezes mais salgado do que a água do mar (que tem uma salinidade de 3,5%). Por exemplo, as proteínas e a parede celular de *Halobacterium* têm propriedades incomuns que melhoram em ambientes extremamente salgados, mas tornam esses organismos incapazes de sobreviver se a salinidade cai para menos de 9%.

Os **termófilos extremos** (do grego *thermos*, quente) prosperam em ambientes muito quentes. Por exemplo, a arqueia *Pyrococcus furiosus* vive em sedimentos marinhos aquecidos geotermicamente que atingem temperaturas de 100°C. Em temperaturas tão altas, as células da maioria dos organismos morrem porque seu DNA não permanece em uma dupla-hélice, e muitas de suas proteínas se desnaturam. *P. furiosus* e outros termófilos extremos evitam esse destino porque têm adaptações estruturais e bioquímicas que tornam seu DNA e proteínas estáveis em altas temperaturas – uma característica que permitiu que *P. furiosus* fosse usado em biotecnologia como uma fonte de DNA polimerase para a PCR (ver Figura 20.8). Outros exemplos de termófilos extremos incluem as arqueias do gênero *Sulfolobus*, que vivem em fontes vulcânicas ricas em enxofre **(Figura 27.18)**. Um termófilo extremo que vive perto de fontes termais profundas, chamadas de *fontes hidrotermais*, é informalmente conhecido como "cepa 121", pois pode se reproduzir mesmo a 121°C.

Muitas outras arqueias vivem em ambientes mais moderados. Considere os **metanógenos**, arqueias que liberam metano como um subproduto de seu modo exclusivo de obtenção de energia. Muitos metanógenos usam CO_2 para oxidar H_2, um processo que produz energia e metano como resíduo. Entre os anaeróbios mais restritos, os metanógenos são intoxicados por O_2. Embora alguns metanógenos vivam em ambientes extremos, como sob quilômetros de gelo, na Groenlândia, outros vivem em pântanos e brejos, onde outros microrganismos consumiram todo o O_2. O "gás dos pântanos" encontrado em alguns ambientes é o metano liberado por essas arqueias. Outras espécies habitam as vísceras de bovinos, cupins e outros herbívoros, desempenhando um papel essencial na nutrição desses animais. Os metanógenos também são úteis aos seres humanos como decompositores em instalações de tratamento de esgoto.

Tabela 27.2 Comparação dos três domínios da vida			
	DOMÍNIO		
CARACTERÍSTICA	Bacteria	Archaea	Eukarya
Envelope nuclear	Ausente	Ausente	Presente
Organelas envolvidas por membranas	Ausentes	Ausentes	Presentes
Peptidoglicano na parede celular	Presente	Ausente	Ausente
Lipídeos da membrana	Hidrocarbonetos não ramificados	Alguns hidrocarbonetos ramificados	Hidrocarbonetos não ramificados
RNA-polimerase	Um tipo	Vários tipos	Vários tipos
Aminoácido iniciador para síntese proteica	Formilmetionina	Metionina	Metionina
Íntrons em genes	Muito raro	Presentes em alguns genes	Presentes em muitos genes
Resposta aos antibióticos estreptomicina e cloranfenicol	Crescimento geralmente inibido	Crescimento não inibido	Crescimento não inibido
Histonas associadas ao DNA	Ausentes	Presentes em algumas espécies	Presentes
Cromossomo circular	Presente	Presente	Ausente
Crescimento a temperaturas > 100°C	Não	Algumas espécies	Não

Muitos halófilos extremos e muitos dos metanógenos conhecidos são arqueias do clado Euryarchaeota (do grego, *eurys*, amplo, uma referência a sua grande gama de hábitats). Esse clado também inclui alguns termófilos extremos, embora a maioria das espécies termofílicas pertença a um segundo clado, Crenarchaeota (*cren*, significando "fonte", como uma fonte hidrotermal). Estudos metagenômicos identificaram muitas espécies de euriarqueotos e crenarqueotos não extremófilas. Essas arqueias existem em hábitats variando desde solos agrícolas até sedimentos lacustres e à superfície do mar aberto.

Novas descobertas continuam a ampliar nossa compreensão da filogenia das arqueias. Por exemplo, estudos metagenômicos recentes descobriram os genomas de muitas espécies que não são membros de Euryarchaeota ou Crenarchaeota. Além disso, as análises filogenômicas mostram que três desses grupos recém-descobertos – Thaumarchaeota, Aigarchaeota e Korarchaeota – estão mais estreitamente relacionados com os Crenarchaeota do que com os Euryarchaeota. Essas descobertas levaram à identificação de um "supergrupo", que contém Thaumarchaeota, Aigarchaeota, Crenarchaeota e Korarchaeota (ver Figura 27.16). Esse supergrupo é referido como "TACK", com base nos nomes dos grupos que inclui.

A importância do supergrupo TACK foi destacada pela recente descoberta dos loquiarqueotos, um grupo intimamente relacionado com as arqueias TACK e que pode representar o tão procurado grupo irmão dos eucariotos. Assim, as características dos loquiarqueotos podem lançar luz sobre um dos maiores enigmas da biologia hoje – como os eucariotos surgiram de seus ancestrais procarióticos. O ritmo dessas e de outras descobertas recentes sugere que, à medida que a prospecção metagenômica continua, a árvore da Figura 27.16 provavelmente passará por mais mudanças.

REVISÃO DO CONCEITO 27.4

1. Explique como a sistemática molecular e a metagenômica contribuem para nossa compreensão da filogenia e da evolução dos procariotos.
2. **DESENHE** Redesenhe a Figura 27.16, supondo que os eucariotos estão mais estreitamente relacionados com as arqueias TACK do que com os euriarqueotos. Sob essa suposição, os três domínios mostrados na Figura 27.16 seriam válidos? Explique.

Ver as respostas sugeridas no Apêndice A.

CONCEITO 27.5

Os procariotos desempenham papéis fundamentais na biosfera

Se as pessoas desaparecessem do planeta amanhã, a vida na Terra mudaria para muitas espécies, mas poucas seriam levadas à extinção. Em contraste, os procariotos são tão importantes para a biosfera que, se eles desaparecessem, as perspectivas de sobrevivência para muitas outras espécies seriam sombrias.

Reciclagem química

Os átomos que constituem as moléculas orgânicas em todos os seres vivos foram, em algum momento, parte de substâncias inorgânicas no solo, no ar e na água. Mais cedo ou mais tarde, esses átomos retornarão para o ambiente sem vida. Os ecossistemas dependem da contínua reciclagem dos elementos químicos entre os componentes vivos e não vivos do ambiente, e os procariotos desempenham um papel fundamental nesse processo. Por exemplo, alguns procariotos quimio-heterotróficos funcionam como **decompositores**, decompondo organismos mortos bem como produtos residuais e, portanto, desbloqueando os suprimentos de carbono, nitrogênio e outros elementos. Sem a ação de procariotos e outros decompositores como fungos, a vida como conhecemos terminaria (ver no Conceito 55.4 uma discussão detalhada dos ciclos químicos).

Os procariotos também convertem algumas moléculas em formas que podem ser assimiladas por outros organismos. As cianobactérias e outros procariotos autotróficos usam o CO_2 para produzir compostos orgânicos como açúcares, que são, então, aproveitados ao longo das cadeias tróficas. As cianobactérias também produzem O_2 atmosférico e uma diversidade de procariotos fixam nitrogênio atmosférico (N_2) em formas que podem ser utilizadas por outros organismos para produzir elementos constitutivos de proteínas e ácidos nucleicos. Sob essas condições, os procariotos podem aumentar a disponibilidade de nutrientes de que as plantas necessitam para crescer, como o nitrogênio, o fósforo e o potássio **(Figura 27.19)**. Os procariotos também podem *diminuir* a disponibilidade de nutrientes vegetais essenciais; isso ocorre quando os procariotos "imobilizam" nutrientes, usando-os para sintetizar moléculas que permanecem dentro de suas células. Portanto, os procariotos podem ter efeitos complexos

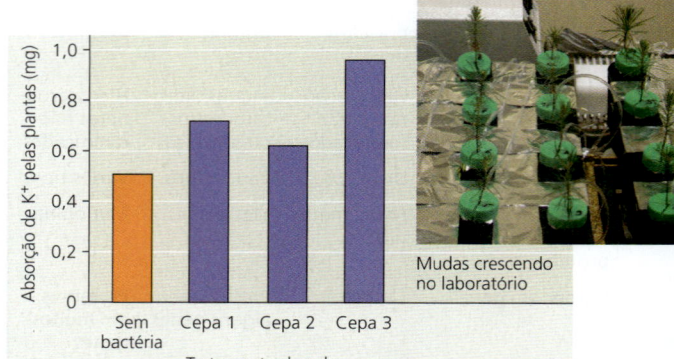

▲ **Figura 27.19 Impacto de bactérias sobre a disponibilidade de nutrientes no solo.** Mudas de pinheiro, cultivadas em solo estéril ao qual uma das três cepas da bactéria *Burkholderia glathei* foi adicionada, absorveram mais potássio (K^+) do que as mudas cultivadas em solo sem qualquer bactéria. Outros resultados (não mostrados) demonstraram que a cepa 3 aumentou a quantidade de K^+ liberado dos cristais minerais do solo.

E SE? *Estime a absorção média de K^+ por muda em solos com bactéria. Qual média você esperaria se as bactérias não tivessem efeito sobre a disponibilidade de nutrientes?*

sobre a concentração de nutrientes do solo. Em ambientes marinhos, uma arqueia do clado Crenarchaeota pode realizar nitrificação, uma etapa essencial no ciclo do nitrogênio (ver Figura 55.14). Os crenarqueotos dominam numericamente os oceanos, abrangendo uma estimativa de 10^{28} células. A enorme abundância desses organismos sugere que eles possam ter um grande impacto sobre o ciclo global de nitrogênio.

Interações ecológicas

Os procariotos desempenham um papel central em muitas interações ecológicas. Considere a **simbiose** (originado de uma palavra grega significando "vivendo junto"), uma relação ecológica na qual duas espécies vivem em contato íntimo uma com a outra. Muitas vezes, os procariotos formam associações simbióticas com organismos muito maiores. Em geral, o organismo maior em uma relação simbiótica é conhecido como o **hospedeiro**, e o menor é conhecido como o **simbionte**. Há muitos casos nos quais um procarioto e seu hospedeiro participam de um **mutualismo**, uma interação ecológica entre duas espécies na qual ambas se beneficiam **(Figura 27.20)**. Outras interações tomam a forma de **comensalismo**, uma relação ecológica na qual uma espécie se beneficia enquanto a outra não é prejudicada nem beneficiada de qualquer modo significativo. Por exemplo, mais de 150 espécies de bactérias vivem sobre a superfície externa de seu corpo, cobrindo porções de sua pele com até 10 milhões de células por centímetro quadrado. Algumas dessas espécies são comensalistas: você fornece a elas alimento, como os óleos que exsudam de seus poros, e um lugar para viver, enquanto elas nem o prejudicam nem o beneficiam. Por fim, alguns procariotos simbiontes se envolvem em **parasitismo**, uma relação ecológica na qual um **parasito** se alimenta dos conteúdos celulares, tecidos ou fluidos corporais de seus hospedeiros. Como um grupo, os parasitos prejudicam, mas em geral não matam seu hospedeiro, ao menos não imediatamente (ao contrário de um predador). Os parasitos que causam doenças são conhecidos como **patógenos**, muitos dos quais são procarióticos (discutiremos mutualismo, comensalismo e parasitismo em maior detalhe no Conceito 54.1).

▲ **Figura 27.20 Mutualismo: "faróis" bacterianos.** O oval brilhante embaixo do olho do peixe-lanterna (*Photoblepharon palpebratus*) é um órgão abrigando bactérias bioluminescentes. O peixe usa a luz para atrair presas e para sinalizar a potenciais parceiros. A bactéria recebe nutrientes do peixe.

A própria existência de um ecossistema pode depender de procariotos. Por exemplo, considere as diversas comunidades ecológicas encontradas em respiradouros hidrotermais. Essas comunidades são densamente habitadas por muitos tipos diferentes de animais, incluindo vermes, moluscos, crustáceos e peixes. Porém, já que a luz solar não penetra no fundo do oceano profundo, a comunidade não inclui organismos fotossintetizantes. Em vez disso, a energia que sustenta essa comunidade é derivada das atividades metabólicas de bactérias quimioautotróficas. Essas bactérias captam energia química de compostos, como sulfeto de hidrogênio (H_2S), liberado do respiradouro. Um respiradouro hidrotermal ativo pode sustentar centenas de espécies eucarióticas, mas, quando ele para de liberar substâncias químicas, as bactérias quimioautotróficas não conseguem sobreviver. Em razão disso, toda a comunidade do respiradouro entra em colapso.

REVISÃO DO CONCEITO 27.5

1. Explique como os procariotos, embora pequenos, podem ser considerados gigantes pelo seu impacto coletivo sobre a Terra e a vida.
2. **FAÇA CONEXÕES** Reveja a Figura 10.5. Em seguida, resuma as principais etapas pelas quais as cianobactérias produzem O_2 e utilizam CO_2 para produzir compostos orgânicos.

Ver as respostas sugeridas no Apêndice A.

CONCEITO 27.6

Os procariotos exercem impactos tanto benéficos quanto prejudiciais sobre os seres humanos

Embora os procariotos mais bem conhecidos tendam a ser as bactérias que causam doenças humanas, esses patógenos representam somente uma pequena fração de espécies procarióticas. Muitos outros procariotos têm interações positivas com as pessoas, e alguns desempenham papéis essenciais na agricultura e na indústria.

Bactérias mutualísticas

Assim como acontece em muitos eucariotos, o bem-estar humano pode depender de procariotos mutualísticos. Por exemplo, nossos intestinos abrigam uma estimativa de 500 a 1.000 espécies de bactérias; suas células excedem em número todas as células humanas no corpo por um fator de dez. Diferentes espécies vivem em diferentes porções dos intestinos, e elas variam em sua capacidade para processar diferentes alimentos. Muitas dessas espécies são mutualistas, digerindo alimentos que nosso próprio intestino não pode decompor. O genoma de um desses mutualistas intestinal, *Bacteroides thetaiotaomicron*, abrange uma grande série de genes envolvidos na síntese de carboidratos, vitaminas e outros nutrientes necessários aos seres humanos. Os sinais da bactéria ativam genes humanos que constroem uma rede de

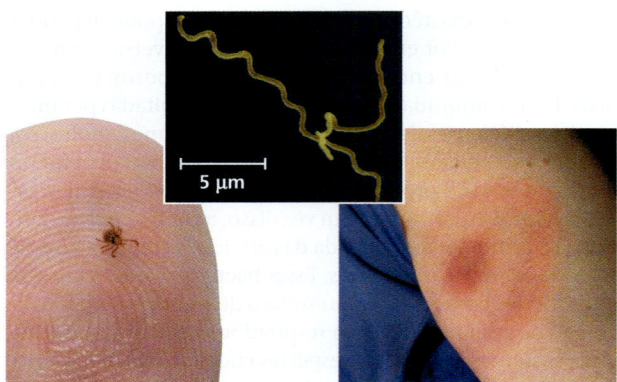

▲ **Figura 27.21 Doença de Lyme.** Carrapatos do gênero *Ixodes* propagam a doença pela transmissão do espiroqueta *Borrelia burgdorferi* (MEV colorida). Um exantema pode se desenvolver no local da picada do carrapato; o exantema pode ser grande e de forma circular (como mostrado) ou muito menos evidente.

vasos sanguíneos intestinais necessários à absorção de moléculas de nutrientes. Outros sinais induzem as células humanas a produzirem compostos antimicrobianos aos quais *B. thetaiotaomicron* não é suscetível. Essa ação pode reduzir o tamanho da população de outras espécies concorrentes, potencialmente beneficiando tanto *B. thetaiotaomicron* quanto seu hospedeiro humano.

Bactérias patogênicas

Todos os procariotos patogênicos conhecidos até o presente são bactérias, motivo da sua reputação negativa. Bactérias causam cerca de metade de todas as doenças humanas. Por exemplo, mais de 1,5 milhão de pessoas morrem a cada ano de tuberculose pulmonar, causada por *Mycobacterium tuberculosis*. Outras 2 milhões de pessoas morrem anualmente de doenças diarreicas causadas por várias bactérias.

Algumas doenças bacterianas são transmitidas por outras espécies, como pulgas ou carrapatos. Nos Estados Unidos, a doença transmitida por pragas mais disseminada é a doença de Lyme, que infecta cerca de 300.000 pessoas a cada ano, de acordo com uma estimativa recente do Centers for Disease Control and Prevention (CDC) **(Figura 27.21)**. Causada por uma bactéria transmitida por carrapatos, a doença de Lyme pode causar artrite debilitante, doença cardíaca, distúrbios nervosos e morte, se não tratada.

Em geral, procariotos patogênicos causam doenças pela produção de toxinas, as quais são classificadas como exotoxinas ou endotoxinas. **Exotoxinas** são proteínas secretadas por certas bactérias e outros organismos. A cólera, perigosa doença diarreica, é causada por uma exotoxina secretada pela proteobactéria *Vibrio cholerae*. A exotoxina estimula as células intestinais a liberar íons cloreto dentro da cavidade intestinal, e a água segue por osmose. Em outro exemplo, o botulismo, doença potencialmente fatal, é causado pela toxina botulínica, uma exotoxina secretada pela bactéria Gram-positiva *Clostridium botulinum*, à medida que ela fermenta vários alimentos, incluindo carne impropriamente enlatada, frutos do mar e vegetais. Assim como outras exotoxinas, a toxina botulínica pode produzir a doença mesmo se a bactéria que a produz não estiver mais presente quando o alimento é ingerido.

Endotoxinas são componentes lipopolissacarídicos da membrana externa de bactérias Gram-negativas. Ao contrário das exotoxinas, as endotoxinas são liberadas somente quando a bactéria morre e suas paredes celulares se decompõem. Bactérias produtoras de endotoxinas incluem espécies no gênero *Salmonella*, como *Salmonella typhi*, a qual causa febre tifoide. Você deve ter ouvido sobre intoxicação alimentar causada por outras espécies de *Salmonella*, que podem ser encontradas em aves domésticas, algumas frutas e vegetais.

Por fim, a transferência gênica horizontal pode disseminar genes associados com virulência, tornando bactérias normalmente inofensivas em potentes patógenos. *E. coli*, por exemplo, é habitualmente um simbionte inofensivo nos intestinos humanos, mas cepas patogênicas que causam diarreia sanguinolenta têm surgido. Uma das cepas mais perigosas, O157:H7, é uma ameaça global; apenas nos Estados Unidos, há cerca de 75.000 casos de infecção por O157:H7 por ano, geralmente de carne bovina ou de produtos contaminados. Os cientistas descobriram mais de 1.000 genes em O157:H7 que não têm contrapartida em cepas inofensivas de *E. coli*. Alguns desses genes estão associados à virulência e foram provavelmente transferidos por transferência gênica horizontal mediada por fago (transdução) de espécies bacterianas patogênicas.

Resistência aos antibióticos

Desde seu uso inicial na década de 1940, os antibióticos salvaram muitas vidas e reduziram a incidência de doenças causadas por bactérias patogênicas. Infelizmente, como mostra a **Figura 27.22**, a resistência aos antibióticos evoluiu em muitas bactérias, muitas vezes rapidamente. Para agravar esse problema, a descoberta de novos antibióticos

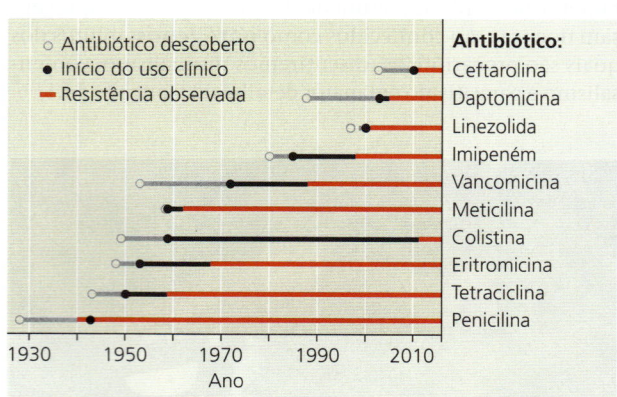

▲ **Figura 27.22 Aumento da resistência aos antibióticos.** Conforme ilustrado pelos exemplos mostrados aqui, as bactérias desenvolveram resistência a todos os antibióticos atualmente em uso clínico, muitas vezes dentro de poucos anos. Demorou mais de 50 anos para desenvolver resistência à colistina, provavelmente porque esse antibiótico tem efeitos colaterais tóxicos em humanos e, portanto, foi pouco usado (apenas como um tratamento de último recurso).

HABILIDADES VISUAIS *Com base neste diagrama, identifique o antibiótico para o qual surgiu resistência antes do início de seu uso medicinal.*

não tem acompanhado a taxa de evolução da resistência nas bactérias. Agora enfrentamos um grande problema de saúde pública: para cada antibiótico em uso, há pelo menos uma espécie de bactéria que desenvolveu resistência a ele.

O aumento da resistência aos antibióticos é impulsionado por vários fatores. A rápida reprodução das bactérias permite que as células portadoras de genes de resistência produzam rapidamente um grande número de descendentes resistentes. Assim, quando os humanos usam antibióticos em ambientes médicos ou agrícolas, a seleção natural pode fazer com que a fração de uma população bacteriana portadora de genes para resistência aos antibióticos aumente rapidamente. Os genes de resistência também podem se espalhar dentro e entre as espécies bacterianas por transferência gênica horizontal. Como resultado, as cepas bacterianas que são resistentes a vários antibióticos estão se tornando mais comuns, tornando o tratamento de certas infecções bacterianas muito difícil.

Considere a tuberculose, a principal causa de morte por doenças infecciosas em todo o mundo. O recente aumento de cepas da bactéria causadora da tuberculose (*Mycobacterium tuberculosis*) resistentes aos antibióticos ameaça décadas de progresso no combate à tuberculose. Cepas de *M. tuberculosis* chamadas de "superbactéria" vieram a público em 2006, quando um surto em uma área rural da África do Sul matou 52 dos 53 pacientes infectados com o que agora é chamado de tuberculose extensamente resistente a antibióticos (XDR-TB, do inglês *extensively drug-resistant tuberculosis*). Em 2017, mais de 100 países tinham casos confirmados de XDR-TB. Existem poucos tratamentos para a XDR-TB, e os que temos são difíceis de administrar e mais tóxicos do que os tratamentos para as cepas comuns da bactéria da tuberculose.

O *M. tuberculosis* não é a única bactéria em que a resistência a múltiplos antibióticos tem aumentado. Cepas altamente resistentes também foram encontradas em espécies que causam infecções potencialmente letais na pele, pulmões, trato digestivo e outros órgãos humanos. Mesmo assim, as recentes descobertas são motivos de esperança. Em 2018, por exemplo, os pesquisadores usaram uma abordagem metagenômica para sequenciar genes de bactérias do solo que não podiam ser cultivadas em laboratório. Eles descobriram que alguns desses genes codificavam uma nova classe de antibióticos, que foram denominados *malacidinas*. As malacidinas têm sido eficazes contra patógenos Gram-positivos multirresistentes, incluindo o clone USA300 **(Figura 27.23)**, uma cepa altamente virulenta de *Staphylococcus aureus* resistente à meticilina (MRSA; ver Figura 22.14). Também em 2018, outros pesquisadores desenvolveram partículas semelhantes a vírus capazes de se ligar a (e matar) determinadas espécies de bactérias multirresistentes. Nos últimos anos, novas abordagens para o cultivo de bactérias do solo em laboratório também levaram à descoberta de novos antibióticos, como você pode explorar no **Exercício de habilidades científicas**.

Procariotos na pesquisa e na tecnologia

Em uma visão positiva, tiramos muitos proveitos das capacidades metabólicas, tanto de bactérias como de arqueias. Por exemplo, as pessoas há muito tempo usam bactérias

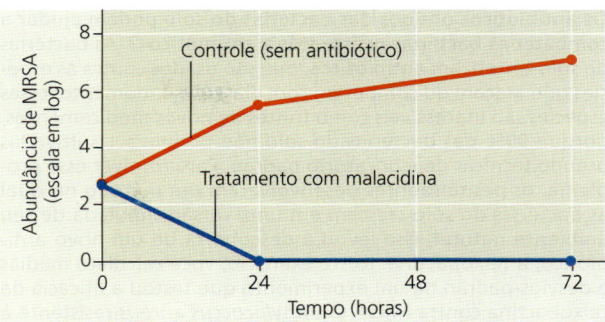

▲ **Figura 27.23 Eficácia da malacidina contra o clone USA300 de MRSA.** O tratamento com malacidina eliminou rapidamente uma infecção cutânea em ratos causada pelo clone USA300, uma cepa altamente virulenta de *Staphylococcus aureus* resistente à meticilina (MRSA). A malacidina foi tão eficaz quanto a daptomicina, um antibiótico usado para tratar infecções potencialmente fatais.

para converter leite em queijo e iogurte. As bactérias também são utilizadas na produção de cerveja e vinho, *pepperoni*, repolho fermentado (chucrute) e molho de soja. Nas últimas décadas, nossa maior compreensão dos procariotos levou a uma explosão de novas aplicações em biotecnologia. Os exemplos incluem o uso de *E. coli* na clonagem de genes (ver Figura 20.4) e o uso de DNA polimerase de *Pyrococcus furiosus* na técnica de PCR (ver Figura 20.8). Por meio da engenharia genética, podemos modificar bactérias para produzir vitaminas, antibióticos, hormônios e outros produtos (ver Conceito 20.1).

Recentemente, o sistema procariótico CRISPR-Cas, que ajuda bactérias e arqueias na defesa contra o ataque de vírus (ver Figura 19.7), foi desenvolvido como uma nova ferramenta poderosa para alterar genes em praticamente qualquer organismo. Os genomas de muitos procariotos contêm repetições curtas de DNA, chamadas CRISPRs, que interagem com proteínas conhecidas como proteínas Cas (associadas a CRISPR). As proteínas Cas, agindo em conjunto com o "RNA guia", feito a partir da região CRISPR, podem cortar qualquer sequência de DNA para a qual são direcionadas. Os cientistas foram capazes de explorar esse sistema introduzindo uma proteína Cas (Cas9) para guiar o RNA nas células cujo DNA se deseja alterar (ver Figura 17.28). Entre outras aplicações, esse **sistema CRISPR-Cas9** já abriu novas linhas de pesquisa sobre o HIV, o vírus causador da Aids **(Figura 27.24)**. Embora o sistema CRISPR-Cas9 possa ser usado de muitas maneiras diferentes, deve-se tomar cuidado para se proteger contra as consequências indesejadas que podem surgir ao aplicar uma tecnologia tão nova e poderosa.

Outra aplicação valiosa de bactérias é reduzir nosso uso de petróleo. Considere a indústria de plásticos. Globalmente, a cada ano, mais de 340 bilhões de quilogramas de plástico são produzidos a partir do petróleo e usados na fabricação de brinquedos, recipientes para armazenamento, garrafas de refrigerantes e muitos outros itens. Muitos desses produtos acabam como lixo plástico que contamina hábitats naturais e se degrada lentamente, criando problemas ambientais (ver Conceito 56.4). Um caminho promissor para lidar com esses problemas é usar bactérias que produzem plásticos naturais

Exercício de habilidades científicas

Cálculo e interpretação de médias e desvio-padrão

Os antibióticos obtidos das bactérias do solo podem ajudar a combater as bactérias resistentes a antibióticos? As bactérias do solo sintetizam antibióticos, que são usados contra as espécies que atacam ou competem com elas. Até o momento, essas espécies são inacessíveis como fontes de novos medicamentos, porque 99% das bactérias do solo não podem ser cultivadas usando técnicas de laboratório padrão. Para resolver esse problema, os pesquisadores desenvolveram um método no qual as bactérias do solo crescem em uma versão simulada de seu ambiente natural; isso levou à descoberta de um novo antibiótico, a teixobactina. Neste exercício, você calculará médias e desvios-padrão de um experimento que testou a eficácia da teixobactina contra MRSA (*Staphylococcus aureus* resistente à meticilina; ver Figura 22.14).

▶ Chip de plástico usado para cultivar bactérias do solo.

Como o experimento foi realizado Os pesquisadores fizeram pequenos orifícios em um pequeno *chip* de plástico e os preencheram com uma solução aquosa diluída contendo bactérias do solo e ágar. A diluição foi ajustada para que apenas uma bactéria crescesse em cada buraco. Após a solidificação do ágar, o *chip* foi colocado em um recipiente contendo o solo original; nutrientes e outros materiais essenciais do solo se difundiram no ágar, permitindo que as bactérias crescessem.

Depois de isolar a teixobactina de uma bactéria do solo, os pesquisadores realizaram o seguinte experimento: camundongos infectados com MRSA receberam doses baixas (1 mg/kg) ou altas (5 mg/kg) de teixobactina ou vancomicina, um antibiótico existente; no controle, camundongos infectados com MRSA não receberam antibiótico. Após 26 horas, os pesquisadores coletaram amostras de camundongos infectados e estimaram o número de colônias de *S. aureus* em cada amostra. Os resultados foram relatados em uma escala logarítmica; observe que uma diminuição de 1,0 nessa escala reflete uma diminuição de 10 vezes na abundância de MRSA.

Dados de L. Ling et al. A new antibiotic kills pathogens without detectable resistance, *Nature* 517:455–459 (2015).

INTERPRETE OS DADOS

1. A média ($\bar{x}$) de uma variável é a soma de todos os valores dos dados dividida pelo número de observações (*n*):

$$\bar{x} = \frac{\sum x_i}{n}$$

Nessa fórmula, X_i representa o valor de observação da variável "*i*" de um total de *n* observações; o símbolo Σ representa a soma de todos os valores observados. Calcule a média para cada tratamento.

2. Use os resultados da questão 1 para avaliar a eficácia da vancomicina e da teixobactina.

3. A variação encontrada em um conjunto de dados pode ser estimada pelo desvio-padrão, *s*:

$$s = \sqrt{\frac{\sum (x_i - \bar{x})^2}{n - 1}}$$

Calcule o desvio-padrão para cada tratamento.

4. O erro-padrão (*SE*), que indica o quanto a média provavelmente variaria se o experimento fosse repetido, é calculado como:

$$SE = \frac{s}{\sqrt{n}}$$

Como regra geral, se um experimento fosse repetido, a nova média normalmente ficaria dentro de dois erros-padrão da média original (ou seja, dentro do intervalo $\bar{x} \pm 2SE$). Calcule $\bar{x} \pm 2SE$ para cada tratamento, determine se esses intervalos se sobrepõem e interprete seus resultados.

Dados do experimento

Tratamento	Dose (mg/kg)	Log do número de colônias	Média ($\bar{x}$)
Controle	–	9,0, 9,5, 9,0, 8,9	
Vancomicina	1,0	8,5, 8,4, 8,2	
	5,0	5,3, 5,9, 4,7	
Teixobactina	1,0	8,5, 6,0, 8,4, 6,0	
	5,0	3,8, 4,9, 5,2, 4,9	

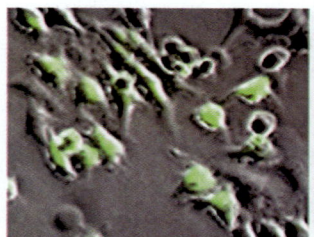
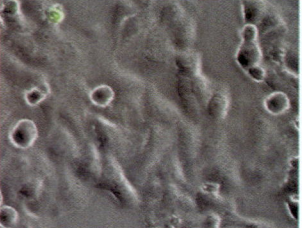

(a) **Células controle.** A cor verde indica infecção pelo HIV.

(b) **Células experimentais.** Estas células foram tratadas com o sistema CRISPR-Cas9, cujo alvo é o HIV.

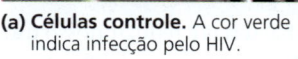

▲ **Figura 27.24** CRISPR: abrindo novos caminhos de pesquisa para o tratamento da infecção pelo HIV. (a) Em experimentos de laboratório, células humanas não tratadas (controle) foram suscetíveis à infecção pelo HIV, o vírus que causa a Aids. (b) Em contraste, as células tratadas com um sistema CRISPR-Cas9 que tem como alvo o HIV foram resistentes à infecção viral. O sistema CRISPR-Cas9 também foi capaz de remover os provírus do HIV (ver Figura 19.8) que foram incorporados ao DNA de células humanas.

(**Figura 27.25**). Por exemplo, algumas bactérias sintetizam um tipo de polímero conhecido como PHA (poli-hidroxialcanoato), o qual utilizam para armazenar energia química. O PHA pode ser extraído, transformado em granulos e utilizado para fabricar plásticos duráveis, porém biodegradáveis. Os pesquisadores também estão buscando reduzir o uso de petróleo e de outros combustíveis fósseis através da utilização de bactérias que podem produzir etanol a partir de várias formas de biomassa, incluindo resíduos agrícolas, gramíneas de rápido crescimento (como *switchgrass*) e milho.

Outro modo de aproveitar os procariotos é na **biorremediação**, o uso de organismos para remover poluentes do solo, ar ou água. Por exemplo, bactérias anaeróbias e arqueias decompõem a matéria orgânica no esgoto, convertendo-a em material que pode ser usado em aterro sanitário ou fertilizante após esterilização química. Outras aplicações da biorremediação abrangem a limpeza de derramamentos de óleo (**Figura 27.26**) e a remoção de material radioativo precipitado (como urânio) em águas subterrâneas.

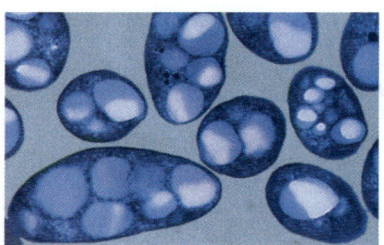

▲ **Figura 27.25** Bactéria sintetizando e armazenando PHA, um componente de plásticos biodegradáveis.

▶ **Figura 27.26** Biorremediação de um derramamento de óleo. A pulverização de fertilizante estimula o crescimento de bactérias nativas que metabolizam óleo, aumentando a velocidade do processo de decomposição em até cinco vezes.

A utilidade dos procariotos deriva em grande parte de suas diversas formas de nutrição e metabolismo. Toda essa versatilidade metabólica evoluiu antes do aparecimento das novidades estruturais que introduziram a evolução dos organismos eucarióticos, discutidas no restante desta unidade.

REVISÃO DO CONCEITO 27.6

1. Identifique ao menos dois modos pelos quais os procariotos afetaram você positivamente hoje.
2. Uma toxina de uma bactéria patogênica causa sintomas que aumentam a chance de ela se disseminar de um hospedeiro para outro hospedeiro. Essa informação revela se a toxina é uma exotoxina ou endotoxina? Explique.
3. **E SE?** Como poderia uma repentina e drástica alteração em sua dieta afetar a diversidade de espécies procarióticas que vivem em seu trato digestório?

Ver as respostas sugeridas no Apêndice A.

27 Revisão do capítulo

RESUMO DOS CONCEITOS-CHAVE

CONCEITO 27.1

Adaptações estruturais e funcionais contribuem para o sucesso dos procariotos (p. 574-578)

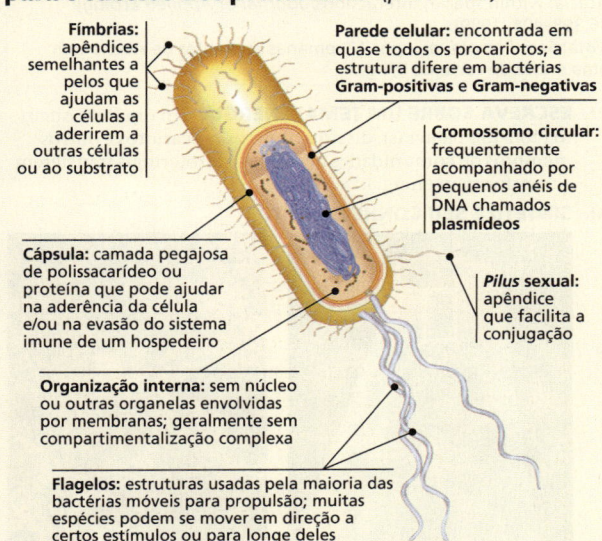

- Muitas espécies **procarióticas** podem se reproduzir rapidamente por fissão binária, levando à formação de populações extremamente grandes.

❓ *Descreva propriedades dos procariotos que permitem que eles se desenvolvam em uma ampla gama de ambientes diferentes.*

CONCEITO 27.2

Reprodução rápida, mutação e recombinação genética promovem a diversidade genética nos procariotos (p. 578-581)

- Uma vez que os procariotos conseguem muitas vezes proliferar rapidamente, mutações podem aumentar rapidamente a variação genética de uma população. Como consequência, as populações procarióticas com frequência podem evoluir em curtos períodos de tempo em resposta a novas condições.
- A diversidade genética em procariotos também pode surgir pela recombinação do DNA de duas células diferentes (via **transformação**, **transdução** ou **conjugação**). Pela transferência de alelos vantajosos, como aqueles para resistência a antibióticos, a recombinação pode promover evolução adaptativa em populações procarióticas.

❓ *Mutações são raras, e procariotos se reproduzem assexuadamente, mas suas populações podem ter elevada diversidade genética. Explique como isso pode ocorrer.*

CONCEITO 27.3

Adaptações nutricionais e metabólicas diversas evoluíram em procariotos (p. 581-583)

- A diversidade nutricional é muito maior em procariotos do que em eucariotos e inclui todos os quatro tipos de nutrição: fotoautotrofia, quimioautotrofia, foto-heterotrofia e quimio-heterotrofia.
- Entre os procariotos, os **aeróbios estritos** requerem O_2, os **anaeróbios estritos** são intoxicados por O_2 e os **anaeróbios facultativos** podem sobreviver com ou sem O_2.
- Diferentemente dos eucariotos, os procariotos podem metabolizar nitrogênio em muitas formas diferentes. Alguns podem converter o nitrogênio atmosférico em amônia, um processo chamado de **fixação de nitrogênio**.

- Células procarióticas e até mesmo espécies podem cooperar metabolicamente, formando **biofilmes** sobre superfícies.

? *Descreva a gama de adaptações metabólicas procarióticas.*

CONCEITO 27.4

Os procariotos se propagaram em um conjunto diverso de linhagens (p. 583-586)

- A sistemática molecular está auxiliando os biólogos a classificar os procariotos e identificar novos clados.
- Os diversos tipos nutricionais estão distribuídos entre os principais grupos de bactérias. Os dois maiores grupos são proteobactérias e as bactérias Gram-positivas.
- Algumas arqueias, como os **termófilos extremos** e os **halófilos extremos**, vivem em ambientes extremos. Outras arqueias vivem em ambientes moderados como solos e lagos.

? *Como os dados moleculares informaram sobre a filogenia procariótica?*

CONCEITO 27.5

Os procariotos desempenham papéis fundamentais na biosfera (p. 586-587)

- A decomposição por procariotos heterotróficos e as atividades de síntese dos procariotos autotróficos e dos fixadores de nitrogênio contribuem para a reciclagem de elementos nos ecossistemas.
- Muitos procariotos têm uma relação **simbiótica** com um **hospedeiro**; as relações entre procariotos e seus hospedeiros variam desde **mutualismo** a **comensalismo** e **parasitismo**.

? *De quais maneiras os procariotos são essenciais para a sobrevivência de muitas espécies?*

CONCEITO 27.6

Os procariotos exercem impactos tanto benéficos quanto prejudiciais sobre os seres humanos (p. 587-591)

- As pessoas dependem de procariotos mutualistas, incluindo centenas de espécies que vivem em nossos intestinos e nos ajudam a digerir os alimentos.
- Em geral, bactérias patogênicas causam doenças pela liberação de **exotoxinas** ou **endotoxinas**. A transferência gênica horizontal pode propagar genes associados com virulência a espécies ou cepas inofensivas.
- A resistência a múltiplos antibióticos evoluiu em muitas bactérias patogênicas, um problema de grande preocupação para a saúde pública.
- Os procariotos podem ser usados na **biorremediação** e produção de plásticos, vitaminas, antibióticos e outros produtos.

? *Descreva impactos benéficos e prejudiciais dos procariotos sobre os seres humanos.*

TESTE SEU CONHECIMENTO

Níveis 1-2: Relembre/Entenda

1. Um processo que não pode produzir variação genética em populações bacterianas é a
   - (A) transdução
   - (B) conjugação
   - (C) mutação
   - (D) meiose

2. Fotoautotróficos usam
   - (A) luz como fonte de energia e CO_2 como fonte de carbono.
   - (B) luz como fonte de energia e metano como fonte de carbono.
   - (C) N_2 como fonte de energia e CO_2 como fonte de carbono.
   - (D) CO_2 tanto como fonte de energia como fonte de carbono.

3. Qual das seguintes afirmativas é verdadeira?
   - (A) Arqueias e bactérias têm lipídeos de membrana idênticos.
   - (B) Nas paredes celulares de arqueias, não há peptidoglicano.
   - (C) Procariotos têm baixos níveis de diversidade genética.
   - (D) Nenhuma arqueia é capaz de usar CO_2 para oxidar H_2, liberando metano.

4. Qual das alternativas a seguir envolve cooperação metabólica entre células procarióticas?
   - (A) Fissão binária
   - (B) Formação de endósporo
   - (C) Biofilmes
   - (D) Fotoautotrofia

5. Qual das alternativas a seguir descreve uma bactéria que vive no intestino humano e causa doenças?
   - (A) Comensalista
   - (B) Decompositor
   - (C) Mutualista intestinal
   - (D) Patógeno simbionte

6. Fotossíntese que libera O_2 ocorre em
   - (A) cianobactérias.
   - (B) arqueias.
   - (C) bactérias Gram-positivas.
   - (D) bactérias quimioautotróficas.

Níveis 3-4: Aplique/Analise

7. **CONEXÃO EVOLUTIVA** Em pacientes com cepas da bactéria da tuberculose não resistentes, os antibióticos podem aliviar os sintomas em algumas semanas. Entretanto, leva muito mais tempo para deter a infecção, e o paciente pode suspender o tratamento enquanto a bactéria ainda está presente. Explique como isso pode influenciar na evolução de patógenos resistentes aos antibióticos.

Níveis 5-6: Avalie/Crie

8. **PESQUISA CIENTÍFICA • INTERPRETE OS DADOS** A bactéria fixadora de nitrogênio *Rhizobium* infecta raízes de algumas espécies de plantas, estabelecendo um mutualismo no qual ela fornece nitrogênio e a planta fornece carboidratos. Os cientistas mediram o crescimento ao fim de 12 semanas de uma dessas espécies (*Acacia irrorata*) quando infectada por seis cepas diferentes de *Rhizobium*. (a) Faça um gráfico com os dados. (b) Interprete o gráfico.

Cepa de *Rhizobium*	1	2	3	4	5	6
Massa da planta (g)	0,91	0,06	1,56	1,72	0,14	1,03

Dados de J. J. Burdon et al., Variation in the effectiveness of symbiotic associations between native rhizobia and temperate Australian *Acacia*: within species interactions, *Journal of Applied Ecology* 36:398–408 (1999).
Nota: Sem *Rhizobium*, após 12 semanas as plantas de *Acacia* têm uma massa de cerca de 0,1 g.

9. **ESCREVA SOBRE UM TEMA: ENERGIA** Em um texto sucinto (100-150 palavras), discuta como os procariotos e outros membros de comunidades de fendas hidrotermais transferem e transformam energia.

10. **SINTETIZE SEU CONHECIMENTO**

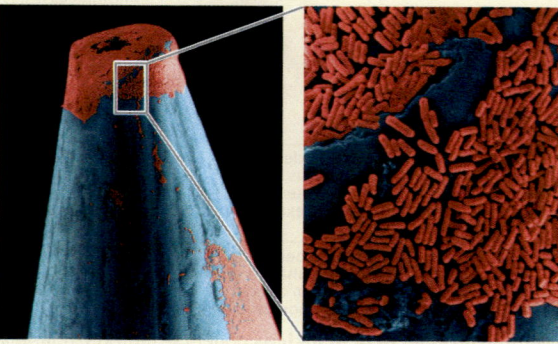

Explique como o tamanho pequeno e a rápida taxa de reprodução das bactérias (como a população mostrada aqui sobre a ponta de um alfinete) contribui para seus enormes tamanhos populacionais e alta variação genética.

Ver respostas selecionadas no Apêndice A.

28 Protistas

CONCEITOS-CHAVE

28.1 A maioria dos eucariotos são organismos unicelulares *p. 594*

28.2 Excavata inclui protistas com mitocôndrias modificadas e protistas com flagelos únicos *p. 597*

28.3 SAR é um grupo altamente diverso de protistas definido por semelhanças de DNA *p. 601*

28.4 Algas vermelhas e verdes são os parentes mais próximos das plantas *p. 609*

28.5 Unikonta inclui protistas que são estreitamente relacionados aos fungos e aos animais *p. 611*

28.6 Protistas desempenham papéis essenciais em comunidades ecológicas *p. 614*

Dica de estudo

Identifique o desenho: Os ciclos de vida dos protistas variam muito. Para dar sentido a essa variação, pode ser útil identificar quando a mitose ocorre em diferentes ciclos de vida, como mostrado aqui em uma parte da Figura 28.14. Identifique, nas Figuras 28.14, 28.18, 28.25 e 28.28, os estágios nos quais a mitose ocorre.

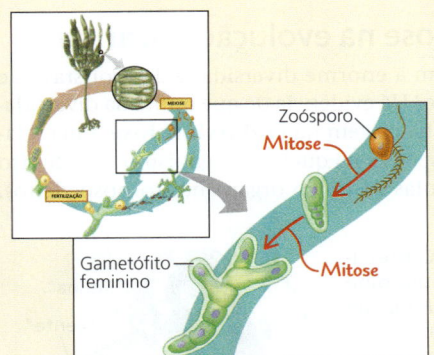

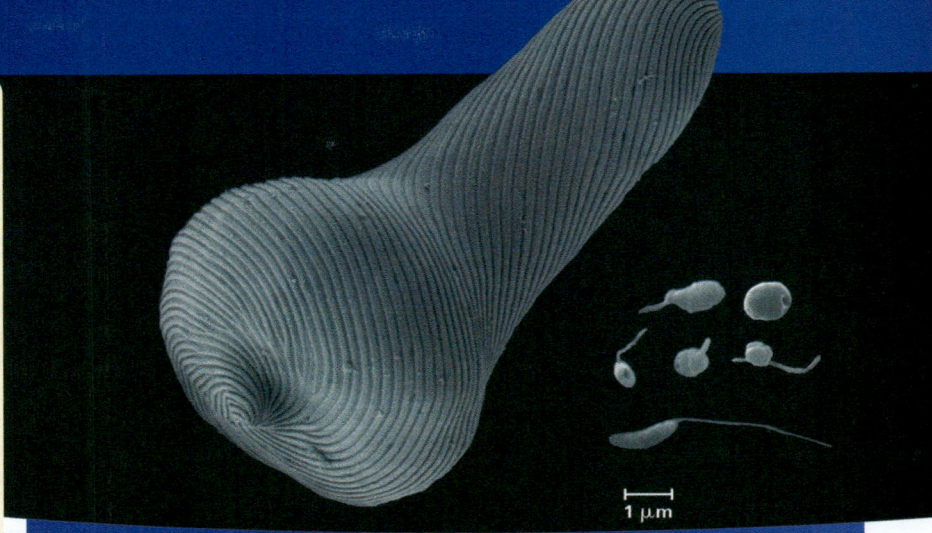

Figura 28.1 Sabendo que procariotos são extremamente pequenos, você poderia presumir que esta imagem mostra seis procariotos e um eucarioto muito maior. Mas, na verdade, o único procarioto é o organismo imediatamente acima da barra de escala – os outros são membros de diversos grupos de eucariotos, que são principalmente unicelulares, conhecidos informalmente como **protistas**.

O que deu origem à grande diversidade de protistas e como suas linhagens divergiram ao longo do tempo?

Grande parte da diversidade dos protistas pode ser atribuída à **endossimbiose:**

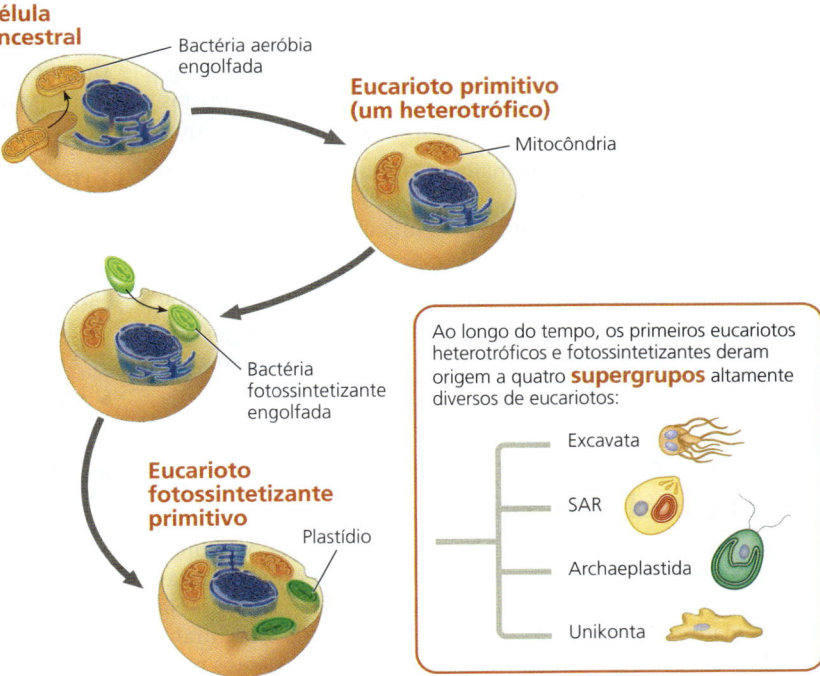

CONCEITO 28.1

A maioria dos eucariotos são organismos unicelulares

Protistas – junto com plantas, animais e fungos – são eucariotos; eles estão no domínio Eukarya, um dos três domínios da vida. Estudos genéticos e morfológicos mostraram que alguns protistas são mais estreitamente relacionados a plantas, fungos ou animais do que a outros protistas. Como consequência, o reino em que todos os protistas já foram alguma vez classificados, Protista, foi abandonado, e várias linhagens protistas são agora reconhecidas como grandes grupos isolados. A maioria dos biólogos ainda usa o termo *protista*, mas somente como um modo conveniente para se referir aos eucariotos que não são plantas, animais ou fungos.

Ao contrário das células dos procariotos, as células dos protistas e de outros eucariotos têm um núcleo e outras organelas envoltas por membrana, como as mitocôndrias e o complexo de Golgi. Essas organelas proporcionam locais específicos onde determinadas funções celulares são realizadas, tornando a estrutura e organização das células eucarióticas mais complexas do que as das células procarióticas. As células eucarióticas também possuem um citoesqueleto bem desenvolvido, que se estende por toda a célula (ver Figura 6.20). O citoesqueleto proporciona o suporte estrutural que possibilita às células eucarióticas terem formas assimétricas (irregulares), bem como alterarem sua forma quando se alimentam, movem ou crescem. Em contrapartida, às células procarióticas falta um citoesqueleto bem desenvolvido, limitando, assim, a extensão na qual elas podem manter formas assimétricas ou alteradas ao longo do tempo.

Iremos examinar a diversidade dos eucariotos ao longo desta unidade, começando este capítulo com os protistas. Conforme você explora este material, tenha em mente que

- os organismos na maioria das linhagens eucarióticas são protistas, e
- a maioria dos protistas são unicelulares.

Portanto, a vida difere muito do que a maioria de nós geralmente imagina. Os grandes organismos multicelulares melhor conhecidos por nós (plantas, animais e fungos) são as pontas de apenas alguns dos ramos da grande árvore da vida (ver Figura 26.21).

Diversidade estrutural e funcional em protistas

Considerando que eles são classificados em vários grupos diferentes, não é surpreendente que poucas características gerais dos protistas possam ser citadas sem exceções. Na verdade, os protistas exibem mais diversidade estrutural e funcional do que os eucariotos com os quais estamos mais acostumados – plantas, animais e fungos.

Por exemplo, a maioria dos protistas é unicelular, mas há algumas espécies coloniais e multicelulares. Os protistas unicelulares são considerados os eucariotos mais simples, mas, a nível celular, vários protistas são muito complexos – as mais elaboradas de todas as células. Em organismos multicelulares, funções biológicas essenciais são executadas por órgãos. Protistas unicelulares executam as mesmas funções essenciais, mas as fazem usando organelas subcelulares, não órgãos multicelulares. As organelas que os protistas usam são principalmente aquelas discutidas na Figura 6.8, incluindo o núcleo, o retículo endoplasmático, o complexo de Golgi e os lisossomas. Certos protistas ainda contam com organelas não encontradas na maioria das outras células eucarióticas, como vacúolos contráteis, que bombeiam o excesso de água para fora da célula protista (ver Figura 7.13). Um grupo de protistas dinoflagelados tem a estrutura subcelular mais complexa conhecida: uma organela semelhante a um olho chamada *oceloide*, com componentes que lembram o cristalino e a retina nos olhos de vertebrados e de alguns outros animais **(Figura 28.2)**.

Os protistas também são muito diversos em sua nutrição. Alguns protistas são fotoautotróficos e contêm cloroplastos. Alguns são heterotróficos, absorvendo moléculas orgânicas ou ingerindo maiores partículas de alimento. Outros protistas, chamados **mixotróficos**, combinam fotossíntese e nutrição heterotrófica. Fotoautotrofia, heterotrofia e mixotrofia surgiram independentemente em muitas linhagens diferentes de protistas.

A reprodução e os ciclos de vida também são bastante variados entre os protistas. Alguns protistas conhecidos reproduzem-se apenas assexuadamente; enquanto outros também podem se reproduzir sexualmente ou ao menos empregar processos sexuados de meiose e fertilização. Todos os três tipos básicos de ciclos de vida sexual (ver Figura 13.6) estão representados entre os protistas, junto com algumas variações que não se enquadram bem em nenhum desses tipos. Examinaremos os ciclos de vida de vários grupos de protistas mais adiante neste capítulo.

Endossimbiose na evolução eucariótica

O que deu origem à enorme diversidade de protistas que existe atualmente? Há evidência de que muita da diversidade protista tem sua origem na **endossimbiose**, uma relação entre duas espécies na qual um organismo vive dentro da célula ou células de outro organismo (o hospedeiro).

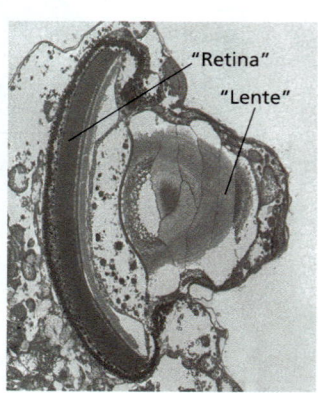

▶ **Figura 28.2** O oceloide semelhante a um olho do *Erythropsidinium*, um dinoflagelado. Essa estrutura subcelular complexa se assemelha ao olho semelhante a uma câmera encontrado em vertebrados e alguns moluscos. Em alguns dinoflagelados, o oceloide pode funcionar na detecção de presas.

Em particular, como discutimos no Conceito 25.3, dados estruturais, bioquímicos e de sequências de DNA indicam que mitocôndrias e plastídios são derivados de bactérias que foram englobadas pelos ancestrais de células eucarióticas primitivas. A evidência também sugere que as mitocôndrias evoluíram antes dos plastídios. Portanto, um momento definidor da origem dos eucariotos ocorreu quando uma célula hospedeira englobou uma bactéria, que mais tarde se tornaria uma organela encontrada em todos os eucariotos – a mitocôndria.

Para determinar qual linhagem bacteriana deu origem às mitocôndrias, os pesquisadores compararam as sequências de DNA dos genes mitocondriais (mtDNA) àquelas encontradas nos principais clados de bactérias. No **Exercício de habilidades científicas**, você interpretará um desses conjuntos de comparações de sequências de DNA. Coletivamente, esses estudos indicam que as mitocôndrias surgiram de uma alfa-proteobactéria (ver Figura 27.17). Os resultados da análise de sequência de mtDNA também indicam que as mitocôndrias de protistas, animais, fungos e plantas descendem de um único ancestral comum, sugerindo, portanto, que as mitocôndrias surgiram somente uma vez ao longo do curso da evolução. Análises semelhantes fornecem evidências de que os plastídios descendem de um único

Exercício de habilidades científicas

Interpretação de comparações de sequências gênicas

Quais bactérias estão mais estreitamente relacionadas às mitocôndrias? Os primeiros eucariotos adquiriram mitocôndrias por endossimbiose: uma célula hospedeira englobou uma bactéria aeróbia, que persistiu dentro do citoplasma para benefício mútuo de ambas as células. Ao estudar quais bactérias vivas podem estar mais estreitamente relacionadas às mitocôndrias, os pesquisadores compararam as sequências de DNA que codificam o RNA ribossômico (rRNA), um componente dos ribossomos. Os ribossomos desempenham funções celulares críticas. Consequentemente, os genes que codificam o rRNA estão sob forte seleção e mudam lentamente ao longo do tempo, tornando-os adequados para a comparação até mesmo de espécies distantes. Neste exercício, você interpretará alguns dos dados da pesquisa para tirar conclusões sobre a filogenia das mitocôndrias.

Como a pesquisa foi realizada Os pesquisadores isolaram e clonaram sequências de DNA do gene que codifica a molécula de rRNA da subunidade ribossômica menor da mitocôndria de trigo (um eucarioto) e de cinco espécies bacterianas:

- Trigo, usado como fonte de genes que codificam rRNA mitocondrial
- *Agrobacterium tumefaciens*, uma alfa-proteobactéria que vive dentro de tecidos vegetais e produz tumores no hospedeiro
- *Comamonas testosteroni*, uma beta-proteobactéria
- *Escherichia coli*, uma gama-proteobactéria bem estudada que vive nos intestinos humanos
- *Mycoplasma capricolum*, um micoplasma Gram-positivo, único grupo de bactérias sem parede celular
- *Anacystis nidulans*, uma cianobactéria

Dados da pesquisa Sequências de genes que codificam rRNA da mitocôndria de trigo e das cinco bactérias foram alinhadas

▶ Trigo, usado como fonte de RNA mitocondrial

e comparadas. A tabela de dados abaixo, chamada *matriz de comparação*, resume a comparação das posições de 617 nucleotídeos para as sequências do gene. Cada valor na tabela é a porcentagem das posições de 617 nucleotídeos para o qual o par de organismos tem a mesma composição. Quaisquer posições que fossem idênticas em todas as seis sequências de genes que codificam o RNA foram omitidas desta matriz de comparação.

INTERPRETE OS DADOS

1. Primeiro, certifique-se de que você entendeu como ler a matriz de comparação. **(a)** Encontre a célula que representa a comparação entre *C. testosteroni* e *E. coli*. Qual é o valor dado nesta célula? **(b)** O que esse valor significa em relação às sequências de genes comparáveis nesses dois organismos? **(c)** Explique por que algumas células têm um traço em vez de um valor. **(d)** Por que algumas células estão sombreadas em cinza e sem valor?
2. Por que os pesquisadores escolheram uma mitocôndria de planta e cinco espécies bacterianas para incluir na matriz de comparação?
3. **(a)** Qual bactéria tem o gene que codifica rRNA mais semelhante ao da mitocôndria do trigo? **(b)** Qual é a significância dessa similaridade?

	Mitocôndria de trigo	A. tumefaciens	C. testosteroni	E. coli	M. capricolum	A. nidulans
Mitocôndria de trigo	–	48	38	35	34	34
A. tumefaciens		–	55	57	52	53
C. testosteroni			–	61	52	52
E. coli				–	48	52
M. capricolum					–	50
A. nidulans						–

Dados de D. Yang et al., Mitochondrial origins, *Proceedings of the National Academy of Sciences USA* 82:4443–4447 (1985).

ancestral comum – uma cianobactéria que foi englobada por uma célula hospedeira eucariótica.

Também houve progresso no sentido de identificar a célula hospedeira que englobou uma alfa-proteobactéria, estabelecendo, assim, o cenário para a origem dos eucariotos. Por exemplo, pesquisadores relataram recentemente a descoberta de um novo grupo de arqueias, os loquiarqueotos. Em análises filogenômicas, esse grupo foi identificado como o grupo irmão dos eucariotos, e seu genoma codifica muitas características específicas dos eucariotos. A célula hospedeira que englobou um alfa-proteobactéria era um loquiarqueoto? Embora isso possa estar correto, também é possível que o hospedeiro pertencesse a uma linhagem diferente de arqueias ou fosse intimamente relacionado a elas (mas não fosse uma arqueia). Em qualquer caso, as evidências atuais indicam que o hospedeiro era uma célula relativamente complexa na qual certas características das células eucarióticas haviam evoluído, como um citoesqueleto, que permitiu que ela mudasse de forma (e, assim, envolvesse a alfa-proteobactéria).

Em mais detalhes: *a evolução do plastídio*

Como você viu, as evidências atuais indicam que as mitocôndrias são descendentes de uma bactéria que foi englobada por uma célula hospedeira, uma arqueia (ou um parente próximo das arqueias). Esse evento deu origem aos eucariotos. Há também muitas evidências que, posteriormente, na história eucariótica, uma linhagem de eucariotos heterotróficos adquiriu um endossimbionte adicional – uma cianobactéria fotossintetizante – que, então, evoluiu para os plastídios. De acordo com a hipótese ilustrada na **Figura 28.3**, essa linhagem contendo plastídios deu origem a duas linhagens de protistas fotossintetizantes, ou **algas**: algas vermelhas e algas verdes.

Vamos examinar com atenção algumas das etapas na Figura 28.3. Primeiro, lembre-se que cianobactérias são Gram-negativas e que as bactérias Gram-negativas têm duas membranas celulares, uma membrana plasmática interna e uma membrana externa, que é parte da parede celular (ver Figura 27.3). Os plastídios em algas vermelhas e algas verdes são também circundados por duas membranas. As proteínas de transporte nessas membranas são homólogas às proteínas nas membranas internas e externas de cianobactérias, fornecendo suporte adicional para a hipótese de que os plastídios se originaram de uma cianobactéria endossimbionte.

Em diversas ocasiões durante a evolução eucariótica, as algas vermelhas e verdes experimentaram **endossimbiose secundária**, ou seja, foram ingeridas nos vacúolos digestivos de eucariotos heterotróficos e se tornaram elas próprias endossimbiontes. Por exemplo, os protistas conhecidos como cloraracniófitos provavelmente evoluíram

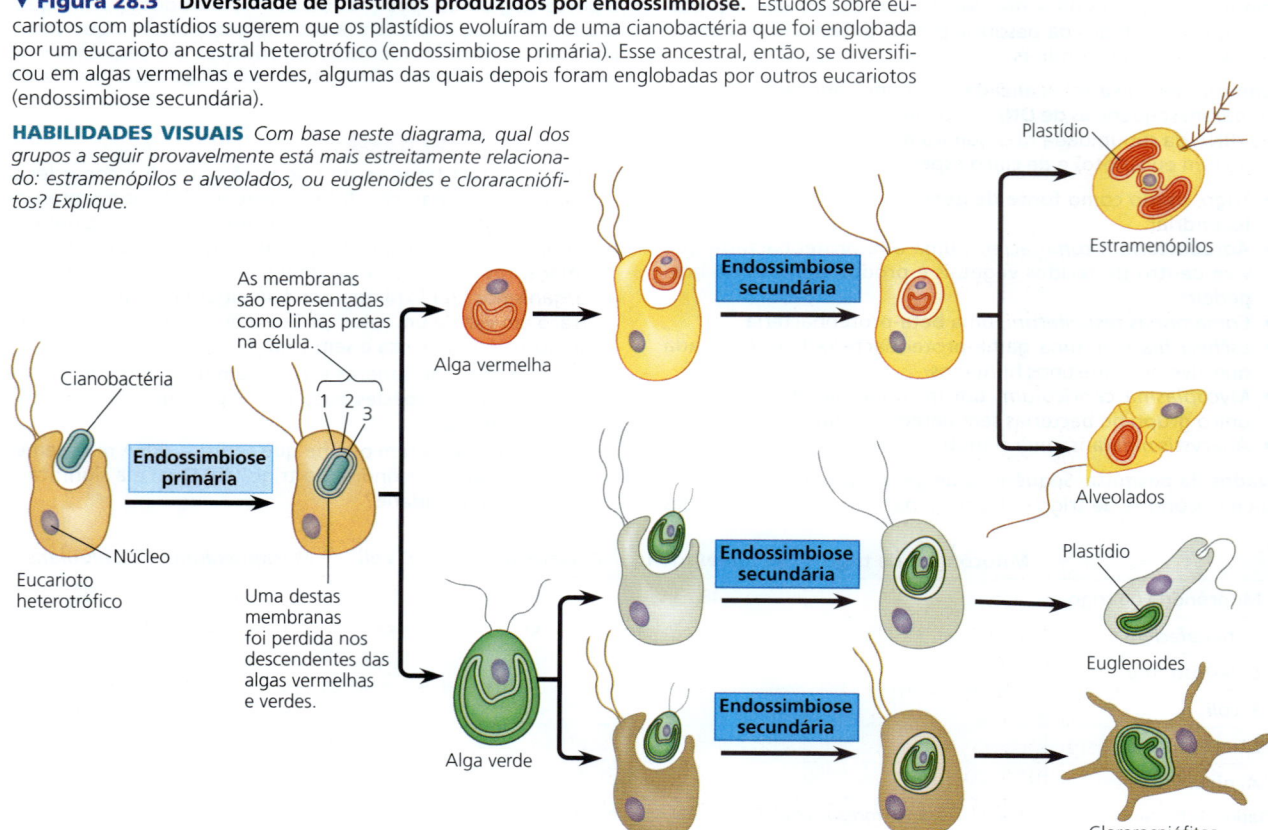

▼ **Figura 28.3** **Diversidade de plastídios produzidos por endossimbiose.** Estudos sobre eucariotos com plastídios sugerem que os plastídios evoluíram de uma cianobactéria que foi englobada por um eucarioto ancestral heterotrófico (endossimbiose primária). Esse ancestral, então, se diversificou em algas vermelhas e verdes, algumas das quais depois foram englobadas por outros eucariotos (endossimbiose secundária).

HABILIDADES VISUAIS *Com base neste diagrama, qual dos grupos a seguir provavelmente está mais estreitamente relacionado: estramenópilos e alveolados, ou euglenoides e cloraracniófitos? Explique.*

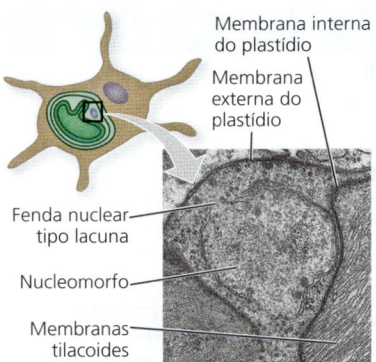

▲ **Figura 28.4** Nucleomorfo dentro de um plastídio de um cloraracniófito.

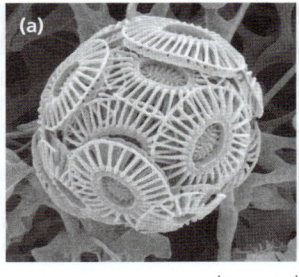 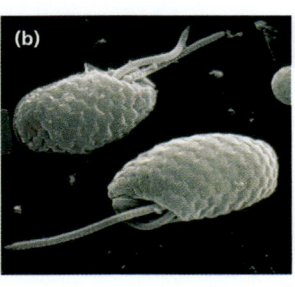

▲ **Figura 28.6** **Um haptófito e um criptófito.** Embora sejam grandes grupos de protistas, haptófitos e criptófitos não são mostrados na Figura 28.5, porque suas relações filogenéticas ainda não foram resolvidas. **(a)** O haptófito *Emiliania huxleyi* é um produtor importante no oceano. **(b)** A superfície externa deste criptófito fotossintetizante é coberta por placas protetoras (MEV).

quando um eucarioto heterotrófico englobou uma alga verde. Evidências para esse processo podem ser encontradas dentro da célula englobada, a qual contém um pequeno núcleo vestigial, chamado de *nucleomorfo* **(Figura 28.4)**. Os genes do nucleomorfo são ainda transcritos, e suas sequências de DNA indicam que a célula englobada foi uma alga verde.

Quatro supergrupos de eucariotos

Nossa compreensão sobre a história evolutiva da diversidade eucariótica tem mudado nos últimos anos. Não somente o reino Protista foi abandonado, mas outras hipóteses também foram descartadas. Por exemplo, muitos biólogos pensaram que a primeira linhagem a divergir de todos os outros eucariotos eram os *protistas amitocondriados*, organismos sem mitocôndrias convencionais e com menos organelas envoltas por membrana do que outros grupos de protistas. Mas dados estruturais e de DNA recentes minaram essa hipótese. Muitos dos protistas denominados amitocondriados revelaram ter mitocôndrias – embora reduzidas –, e alguns desses organismos sejam agora classificados em grupos remotamente relacionados.

As mudanças contínuas em nossa compreensão da filogenia dos protistas impõem desafios semelhantes a estudantes e professores. Hipóteses sobre essas relações são um foco da atividade científica, mudando rapidamente quando novos dados provocam a modificação ou o descarte de ideias anteriores. Vamos nos concentrar aqui em uma hipótese atual: os quatro supergrupos de eucariotos mostrados na **Figura 28.5**. Uma vez que a raiz da árvore eucariótica não é conhecida, todos os quatro supergrupos são representados divergindo simultaneamente de um mesmo ancestral comum. Sabemos que isso não é correto, mas não sabemos qual supergrupo foi o primeiro a divergir dos outros três. Além disso, novos grupos principais de protistas foram descobertos nos últimos anos, mas sua relação com os supergrupos mostrados na Figura 28.5 ainda não foi resolvida. Exemplos de tais grupos não resolvidos incluem haptófitos e criptófitos **(Figura 28.6)**, bem como os hemimastigóforos, um novo grupo descrito em 2018.

Quando você ler este capítulo, pode ser útil se concentrar menos em nomes específicos de grupos de organismos e mais em por que os organismos são importantes e como a pesquisa em andamento está elucidando suas relações evolutivas.

REVISÃO DO CONCEITO 28.1

1. Cite no mínimo quatro exemplos de diversidade estrutural e funcional entre protistas.
2. Resuma o papel da endossimbiose na evolução eucariótica.
3. **FAÇA CONEXÕES** Depois de estudar a Figura 28.3, preveja quantos genomas distintos estão contidos na célula de um cloraracniófito. Explique. (Ver Figuras 6.17 e 6.18.)

Ver as respostas sugeridas no Apêndice A.

CONCEITO 28.2

Excavata inclui protistas com mitocôndrias modificadas e protistas com flagelos únicos

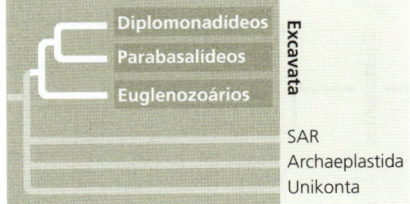

Agora que examinamos alguns dos padrões gerais na evolução eucariótica, estudaremos em maior detalhe os quatro principais grupos de protistas mostrados na Figura 28.5.

Começaremos com o **Excavata**, um clado que foi originalmente proposto com base em estudos morfológicos do citoesqueleto. Alguns membros desse grupo diverso também têm um sulco alimentar "escavado" em um lado do corpo da célula. Excavata inclui os diplomonadídeos,

▼ Figura 28.5 Explorando a diversidade protista

A árvore abaixo representa uma hipótese filogenética para as relações entre todos os eucariotos atuais sobre a Terra. Os grupos eucarióticos nas pontas dos ramos estão associados em "supergrupos" maiores, identificados verticalmente na parte mais à direita da árvore. Grupos que foram anteriormente classificados no reino Protista estão realçados em amarelo. Linhas pontilhadas indicam relações evolutivas que são incertas e clados propostos que estão sob ativo debate. Para clareza, esta árvore inclui somente clados representativos de cada supergrupo. Além disso, as descobertas recentes de muitos novos grupos de eucariotos indicam que a diversidade eucariótica é muito maior do que a mostrada aqui.

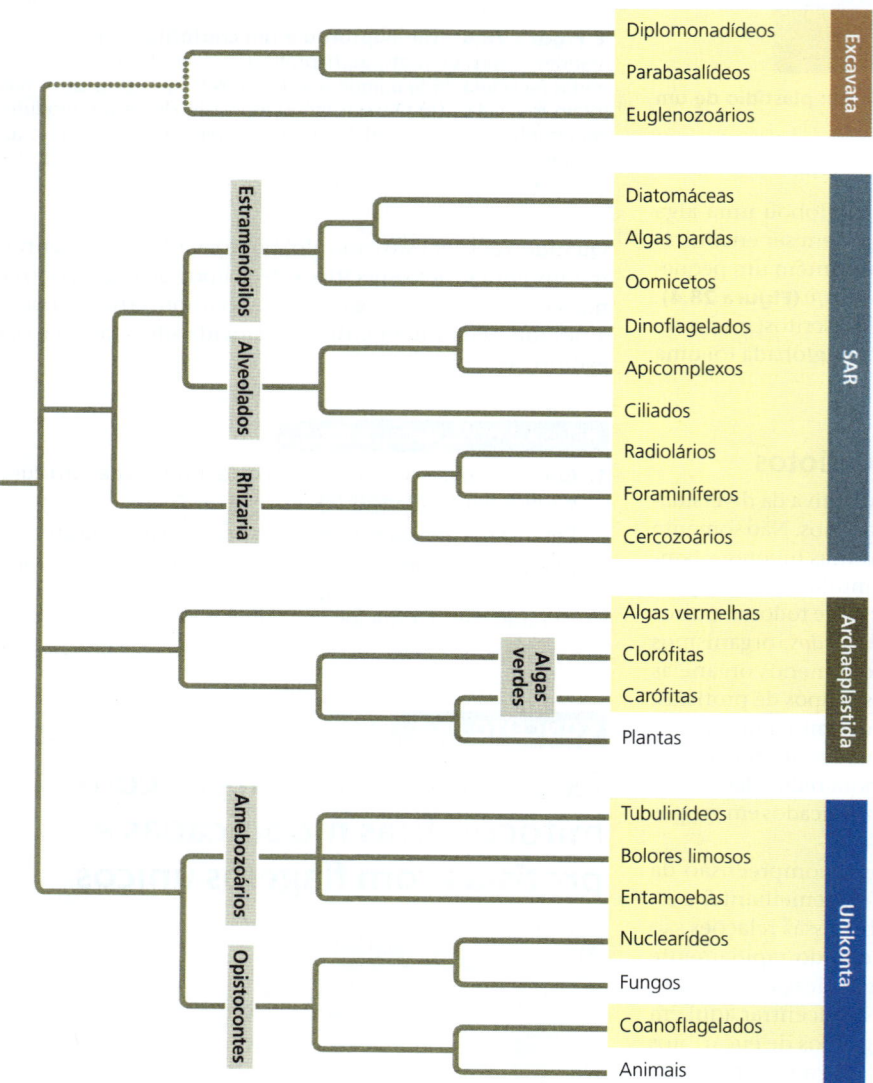

■ Excavata

Alguns membros deste supergrupo têm um sulco "escavado" em um lado da célula. Dois clados principais (os parabasalídeos e diplomonadídeos) têm mitocôndrias modificadas; outros (os euglenozoários) têm flagelos que diferem em estrutura daqueles de outros organismos. O Excavata inclui parasitos como *Giardia*, bem como muitas espécies predadoras e fotossintetizantes.

Giardia intestinalis, **um diplomonadídeo parasito.** Este diplomonadídeo (MEV colorida), que não possui o sulco superficial característico de Excavata, habita os intestinos dos mamíferos. Ele pode infectar pessoas quando elas bebem água contaminada com fezes contendo cistos de *Giardia*. Beber essa água – mesmo que de cursos de água aparentemente não contaminados – pode causar diarreia intensa. Ferver a água mata o parasito.

DESENHE Desenhe uma versão simplificada desta árvore filogenética que mostre apenas os quatro supergrupos de eucariotos. Agora, esboce como a árvore seria se o Unikonta fosse o grupo-irmão de todos os outros eucariotos.

SAR

Este supergrupo contém três clados grandes (e por isso é nomeado assim) e muito diversos: Stramenopila, Alveolata e Rhizaria. Os estramenópilos incluem alguns dos organismos fotossintetizantes mais importantes da Terra, como as diatomáceas mostradas aqui. Os alveolados também incluem muitas espécies fotossintetizantes, bem como patógenos importantes, como *Plasmodium*, que causa malária. De acordo com uma hipótese atual, estramenópilos e alveolados se originaram por endossimbiose secundária quando um protista heterotrófico englobou uma alga vermelha.

50 μm

Diversidade de diatomáceas. Estes belos protistas unicelulares são importantes organismos fotossintetizantes em comunidades aquáticas (MO).

O subgrupo Rhizaria do clado SAR inclui muitas espécies de amebas, a maioria com pseudópodos filiformes. Os pseudópodos são extensões que podem se projetar de qualquer porção da célula; eles são usados no movimento e na captura de presas.

100 μm

***Globigerina*, um Rhizaria do clado SAR.** Esta espécie é um foraminífero, um grupo cujos membros têm pseudópodos filiformes que se estendem pelos poros na concha ou teca (MO). O detalhe acima mostra uma teca de foraminífero que é endurecida com carbonato de cálcio.

Archaeplastida

Este grupo de eucariotos inclui algas vermelhas e verdes, junto com as plantas. As algas vermelhas e as algas verdes abrangem espécies unicelulares, espécies coloniais e espécies multicelulares (incluindo a alga verde *Volvox*). Muitas das grandes algas conhecidas informalmente como "algas marinhas (*seaweeds*)" são algas vermelhas e verdes multicelulares. Protistas do grupo Archaeplastida incluem espécies fotossintetizantes importantes, que formam a base da teia alimentar em algumas comunidades aquáticas.

20 μm   25 μm

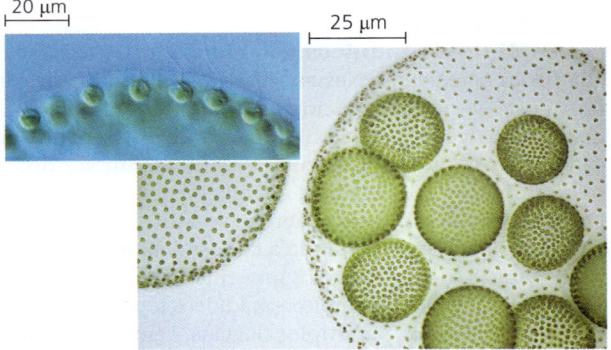

***Volvox*, uma alga verde multicelular de água doce.** Esta alga possui dois tipos de células diferenciadas, e por isso é considerada multicelular, e não colonial. Assemelha-se a uma bola oca, cuja parede é composta por centenas de células biflageladas (ver detalhe da MO) embebidas em uma matriz extracelular gelatinosa; se isoladas, essas células não podem se reproduzir. No entanto, a alga também contém células especializadas para reprodução sexuada ou assexuada. As grandes algas mostradas aqui por fim liberarão pequenas algas "filhas", que podem ser vistas dentro delas (MO).

Unikonta

Este grupo de eucariotos, também chamados Amorphea, inclui amebas que têm pseudópodos lobados ou tubulares, bem como animais, fungos e protistas não amebianos que são estreitamente relacionados aos animais ou fungos. De acordo com uma hipótese atual, o Unikonta pode ter sido o primeiro grupo de eucariotos a divergir dos outros eucariotos; entretanto, essa hipótese ainda não é amplamente aceita.

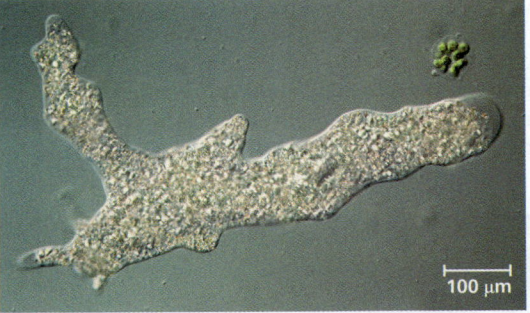

Uma ameba Unikonta. Esta ameba, o tubulinídeo *Amoeba proteus*, está usando seus pseudópodos para se mover.

parabasalídeos e euglenozoários. Dados moleculares indicam que cada um desses três grupos é monofilético. Em contraste, alguns estudos genômicos recentes indicam que o Excavata não é monofilético, tornando Excavata o mais controverso de nossos quatro supergrupos.

Diplomonadídeos e parabasalídeos

Os protistas nestes dois grupos carecem de plastídios e têm mitocôndrias altamente reduzidas (até recentemente, pensava-se que também não possuíam mitocôndrias). A maioria dos diplomonadídeos e parabasalídeos é encontrada em ambientes anaeróbicos.

Os **diplomonadídeos** têm mitocôndrias reduzidas chamadas *mitossomos*. Nessas organelas, faltam cadeias de transporte de elétrons funcionais, e elas, portanto, não podem usar oxigênio para auxiliar na extração de energia de carboidratos e outras moléculas orgânicas. Em vez disso, os diplomonadídeos obtêm a energia de que necessitam a partir de vias bioquímicas anaeróbicas. Muitos diplomonadídeos são parasitos, incluindo a famosa *Giardia intestinalis* (ver Figura 28.5), que habita os intestinos de mamíferos.

Estruturalmente, os diplomonadídeos têm dois núcleos de tamanhos iguais e múltiplos flagelos. Lembre-se de que os flagelos eucarióticos são extensões do citoplasma, consistindo em feixes de microtúbulos cobertos pela membrana plasmática da célula (ver Figura 6.24). Eles são bastante diferentes dos flagelos procarióticos, os quais são filamentos compostos de proteínas globulares unidas à superfície da célula (ver Figura 27.7).

Os **parabasalídeos** também têm mitocôndrias reduzidas, chamadas *hidrogenossomos*; essas organelas geram alguma energia anaerobicamente, liberando gás hidrogênio como um subproduto. O parabasalídeo mais conhecido é o *Trichomonas vaginalis*, um parasito sexualmente transmissível que infecta cerca de 140 milhões de pessoas por ano em todo o mundo. *T. vaginalis* movimenta-se ao longo da cobertura de muco que reveste os sistemas reprodutivos e urinários humanos pela movimentação de seu flagelo e pela ondulação de parte de sua membrana plasmática **(Figura 28.7)**. Nas mulheres, se a acidez normal da vagina estiver alterada, *T. vaginalis* pode sobrepujar microrganismos benéficos no local e infectar a vagina. Um dos genes do *T. vaginalis* codifica um produto que permite que ele se alimente do revestimento vaginal, promovendo a infecção. Estudos sugerem que *T. vaginalis* adquiriu esse gene por transferência horizontal de genes de parasitos bacterianos na vagina (a infecção por *Trichomonas* também pode ocorrer na uretra dos homens, embora frequentemente sem sintomas).

Euglenozoários

Os protistas chamados **euglenozoários** pertencem a um clado diverso, que inclui heterotróficos predadores, autotróficos fotossintetizantes, mixotróficos e parasitos. O principal aspecto morfológico que distingue os protistas neste clado é a presença de um bastão com uma estrutura espiral ou cristalina dentro de cada um de seus flagelos **(Figura 28.8)**. Os dois grupos de euglenozoários mais bem estudados são os cinetoplastídeos e os euglenoides.

Cinetoplastídeos

Os protistas chamados **cinetoplastídeos** têm uma única mitocôndria grande, que contém uma massa organizada de DNA chamada de *cinetoplasto*. Esses protistas incluem espécies que se alimentam de procariotos em ecossistemas de água doce, marinhos e terrestres úmidos, bem como espécies que parasitam animais, plantas e outros protistas. Por exemplo, os cinetoplastídeos do gênero *Trypanosoma* infectam humanos e causam a doença do sono **(Figura 28.9)**, uma doença neurológica que é invariavelmente fatal se não tratada. Essa doença atinge atualmente cerca de 10.000 pessoas a cada ano, principalmente nas áreas rurais da África. A infecção ocorre através da picada de um organismo vetor (portador), a mosca tsé-tsé africana. Os tripanossomos também causam a doença de Chagas, a qual é transmitida por insetos sugadores de sangue e pode levar à insuficiência cardíaca congestiva.

Os tripanossomos escapam das respostas imunes com uma efetiva defesa "isca e troca". A superfície de um tripanossomo é revestida com milhões de cópias de uma única proteína. Entretanto, antes que o sistema imune do hospedeiro possa reconhecer a proteína e preparar o ataque, uma nova geração de parasitos troca para outra superfície proteica com uma estrutura molecular diferente. As mudanças frequentes na superfície proteica impedem que o hospedeiro desenvolva imunidade (o Exercício de habilidades

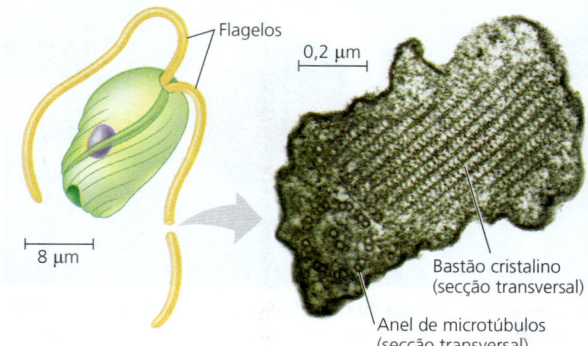

▲ **Figura 28.8 Flagelo de euglenozoário.** A maioria dos euglenozoários tem um bastão cristalino dentro de um dos seus flagelos (a imagem ao MET é de um flagelo mostrado em secção transversal). O bastão encontra-se ao lado do anel composto de 9 pares de microtúbulos encontrado em todos os flagelos eucarióticos (compare com a Figura 6.24).

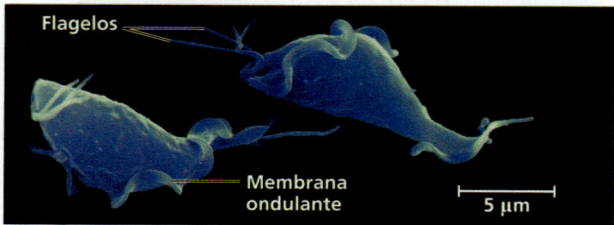

▲ **Figura 28.7** O parasito parabasalídeo *Trichomonas vaginalis* (MEV colorida).

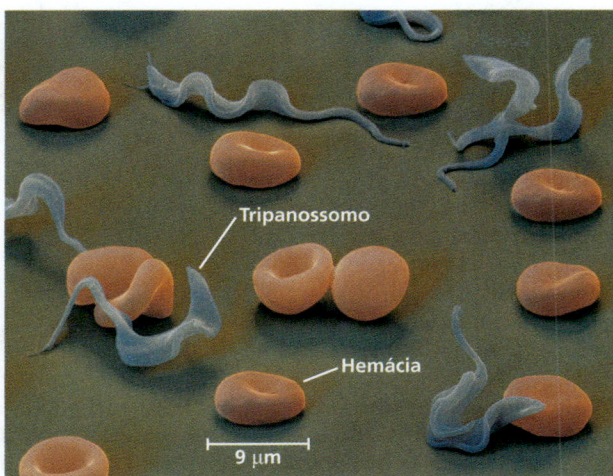

▲ Figura 28.9 *Trypanosoma*, o cinetoplastídeo que causa a doença do sono (MEV colorida).

2. **E SE?** Dados de sequência de DNA de um diplomonadídeo, um euglenoide, uma planta e um protista não identificado sugerem que a espécie não identificada é mais estreitamente relacionada ao diplomonadídeo. Estudos posteriores revelam que a espécie desconhecida tem mitocôndrias totalmente funcionais. Com base nesses dados, em que ponto da árvore filogenética na Figura 28.5 a linhagem do protista misterioso provavelmente divergiu das linhagens dos outros eucariotos? Explique.

Ver as respostas sugeridas no Apêndice A.

CONCEITO 28.3

SAR é um grupo altamente diverso de protistas definido por semelhanças de DNA

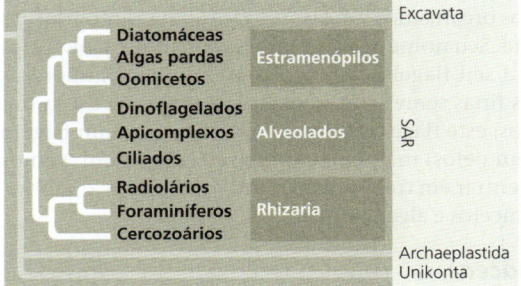

Nosso segundo supergrupo, conhecido como **SAR**, foi proposto recentemente com base em análises de sequência de DNA de genoma completo. Esses estudos constataram que os três principais clados de protistas – estramenópilos, alveolados e Rhizaria – formam um supergrupo monofilético. Esse supergrupo contém uma grande coleção extremamente diversa de protistas. Até o momento, esse supergrupo não recebeu um nome formal, mas é conhecido pelas primeiras letras de seus clados principais: SAR.

científicas no Capítulo 43 explora esse tópico mais detalhadamente). Cerca de um terço do genoma de *Trypanosoma* é dedicado à produção dessas proteínas superficiais.

Euglenoides

Um **euglenoide** tem uma bolsa em uma extremidade da célula de onde emerge um ou dois flagelos **(Figura 28.10)**. Alguns euglenoides são mixotróficos: eles realizam fotossíntese quando a luz solar está disponível, mas, quando não está, eles podem se tornar heterotróficos, absorvendo nutrientes orgânicos de seu ambiente. Muitos outros euglenoides englobam presas por fagocitose.

REVISÃO DO CONCEITO 28.2

1. Por que alguns biólogos descrevem as mitocôndrias de diplomonadídeos e parabasalídeos como "altamente reduzidas"?

▶ Figura 28.10 *Euglena*, um euglenoide comumente encontrado na água de lagoas.

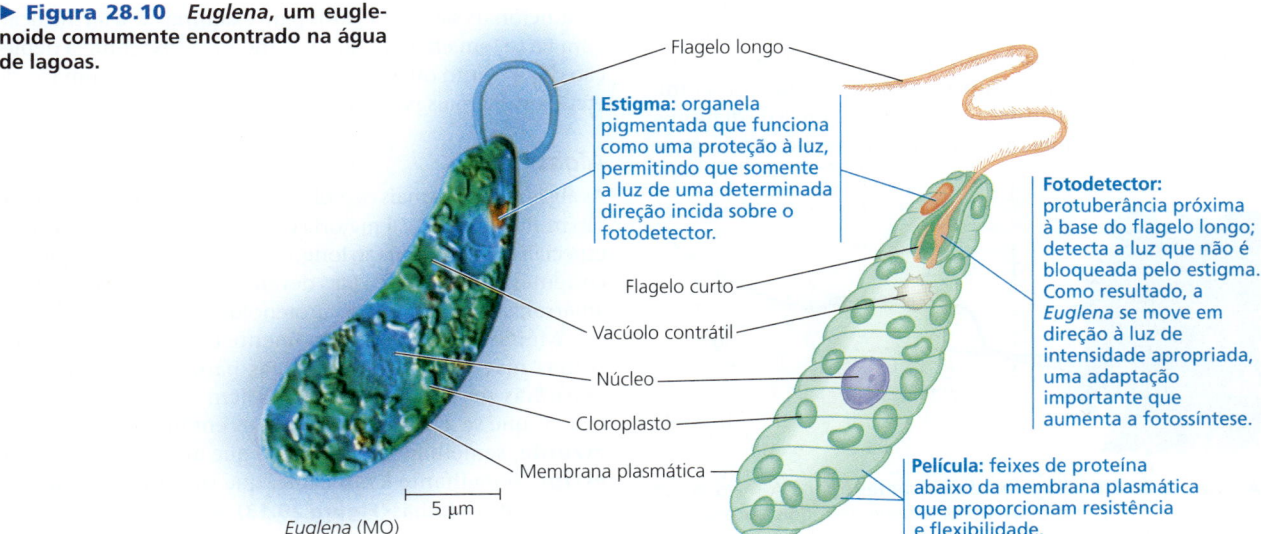

Alguns dados morfológicos de sequência de DNA sugerem que dois desses grupos, os estramenópilos e alveolados, se originaram há mais de um bilhão de anos, quando um ancestral comum desses dois clados englobou uma alga vermelha fotossintetizante unicelular. Uma vez que se acredita que as algas vermelhas tenham se originado por endossimbiose primária (ver Figura 28.3), essa origem dos estramenópilos e alveolados é referida como uma endossimbiose secundária. Outros questionam essa ideia, observando que, em algumas espécies nesses grupos, faltam plastídios ou seus vestígios (incluindo qualquer traço de genes plastidiais em seu DNA nuclear).

Apesar da falta de um nome formal, o supergrupo SAR representa a melhor hipótese atual para a filogenia dos três grandes clados de protistas aos quais nos voltaremos agora.

Estramenópilos

Um subgrupo principal de SAR, os **estramenópilos**, inclui alguns dos organismos fotossintetizantes mais importantes do planeta. Seu nome (do latim *stramen*, palha, e *pilos*, pelo) se refere a seu flagelo característico, que tem numerosas projeções finas semelhantes a pelos. Na maioria dos estramenópilos, este flagelo "piloso" é pareado com um flagelo "liso" (sem pelos) mais curto **(Figura 28.11)**. Aqui, vamos nos concentrar em três grupos de estramenópilos: diatomáceas, oomicetos e algas pardas.

Diatomáceas

Importante grupo de protistas fotossintetizantes, as **diatomáceas** são algas unicelulares que têm uma parede singular semelhante a vidro, feita de dióxido de silício embebida em uma matriz orgânica **(Figura 28.12)**. A parede consiste em duas partes que se sobrepõem como uma caixa de sapato e sua tampa. Essas paredes proporcionam proteção eficaz contra o esmagamento pelas mandíbulas dos predadores: diatomáceas vivas podem suportar pressões tão grandes quanto 1,4 milhão de kg/m^2, igual à pressão de cada perna de uma mesa suportando um elefante!

Com uma estimativa de 100 mil espécies existentes, as diatomáceas são um grupo altamente diverso de protistas (ver Figura 28.5). Estão entre os organismos fotossintetizantes mais abundantes tanto nos oceanos como nos lagos: um balde de água retirada da superfície do mar pode conter milhões dessas algas microscópicas. A abundância de diatomáceas no passado também é evidente no registro fóssil, onde

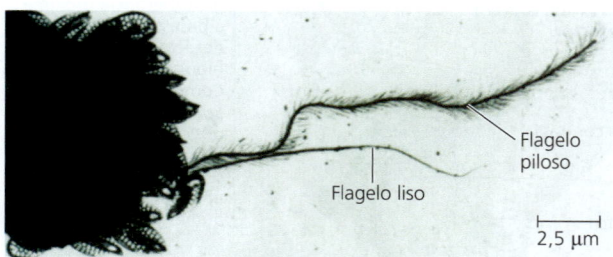

▲ **Figura 28.11** Flagelos de estramenópilo. A maioria dos estramenópilos, como o *Synura petersenii*, tem dois flagelos: um coberto por finos pelos rígidos e um mais curto e liso.

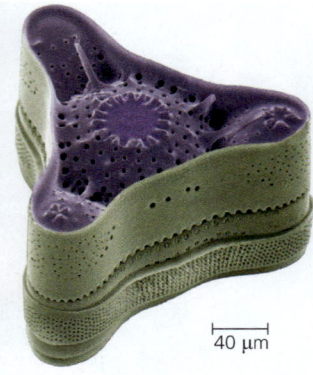

▶ **Figura 28.12** A diatomácea *Triceratium morlandii* (MEV colorida).

acúmulos enormes de paredes de diatomáceas fossilizadas são os constituintes principais de sedimentos conhecidos como *terras diatomáceas*. Esses sedimentos são minerados por sua qualidade como um meio filtrante e para muitos outros usos.

As diatomáceas são tão bem distribuídas e abundantes que sua atividade fotossintetizante afeta os níveis globais de dióxido de carbono (CO_2). As diatomáceas têm esse efeito devido a eventos que ocorrem durante episódios de rápido crescimento populacional, ou *florações*, quando nutrientes abundantes estão disponíveis. Em geral, as diatomáceas são consumidas por uma diversidade de protistas e invertebrados, mas, durante uma floração, muitas escapam desse destino. Quando essas diatomáceas não consumidas morrem, seus corpos afundam até o fundo oceânico. Demora décadas, ou mesmo séculos, para que as diatomáceas mortas no fundo do oceano sejam decompostas por bactérias e outros decompositores. Como resultado, o carbono em seus corpos permanece lá por algum tempo, em vez de ser liberado imediatamente como CO_2 conforme os decompositores respiram. O efeito geral desses eventos é que o CO_2 absorvido pelas diatomáceas durante a fotossíntese é transportado, ou "bombeado", para o fundo do oceano.

Para reduzir o aquecimento global pela redução dos níveis atmosféricos de CO_2, alguns cientistas defendem a promoção de florações de diatomáceas através da fertilização do oceano com nutrientes essenciais como o ferro. Em um estudo recente, pesquisadores descobriram que o CO_2 foi realmente bombeado para o fundo do oceano depois que o ferro foi adicionado a uma pequena região do oceano. Testes adicionais são planejados para examinar se a fertilização com ferro tem efeitos colaterais indesejados (como a depleção de oxigênio ou a produção de óxido nitroso, um gás de efeito estufa mais potente que o CO_2).

Algas pardas

As algas maiores e mais complexas são as **algas pardas**. Todas são multicelulares, e a maioria é marinha. As algas pardas são especialmente comuns ao longo de costas temperadas que têm correntes de águas frias. Elas devem suas cores características amarronzadas ou oliva aos carotenoides em seus plastídios.

Muitas das espécies geralmente chamadas "algas marinhas macroscópicas" são algas pardas. Algumas algas marinhas macroscópicas pardas têm estruturas especializadas que se assemelham a órgãos em plantas, como um **rizoide**, semelhante a uma raiz, que ancora a alga, e um **estipe**, semelhante a um caule, que sustenta as **lâminas** semelhantes a folhas **(Figura 28.13)**. Ao contrário das plantas, no entanto, as algas pardas carecem de tecidos e órgãos

CAPÍTULO 28 PROTISTAS **603**

▲ **Figura 28.13 Algas marinhas macroscópicas: adaptadas à vida nas margens do oceano.** A palmeira-marinha (*Postelsia*) vive sobre rochas ao longo da costa do noroeste dos Estados Unidos e oeste do Canadá. O corpo desta alga parda é bem-adaptado para se manter em uma posição firme, apesar do impacto das ondas.

verdadeiros. Entretanto, evidências morfológicas e de DNA mostram que essas similaridades evoluíram independentemente nas linhagens de algas e plantas e são, portanto, análogas, não homólogas. Além disso, enquanto as plantas têm adaptações (como caules rígidos) que proporcionam suporte contra a gravidade, as algas pardas têm adaptações que permitem que suas principais superfícies fotossintetizantes (as lâminas semelhantes a folhas) estejam próximas à superfície da água. Algumas algas pardas executam essa tarefa com flutuadores preenchidos por gás. Algas pardas gigantes, conhecidas como *kelps*, que vivem em águas profundas, têm esses flutuadores em suas lâminas, que são presos a estipes que podem subir até 60 m do fundo do mar – mais da metade do comprimento de um campo de futebol.

As algas pardas são importantes economicamente para os seres humanos. Algumas espécies são consumidas, como a *Laminaria* (em japonês, *kombu*), que é usada em sopas. Além disso, as paredes celulares de algas pardas contêm uma substância gelatinosa, chamada algina, que é usada para adensar muitos alimentos processados, incluindo pudins e molhos para saladas.

Alternância de gerações

Uma diversidade de ciclos de vida evoluiu entre as algas multicelulares. Os ciclos de vida mais complexos incluem uma **alternância de gerações**, a alternância de formas multicelulares haploides e diploides, como mostrado na **Figura 28.14** para a alga parda *Laminaria*. Embora as

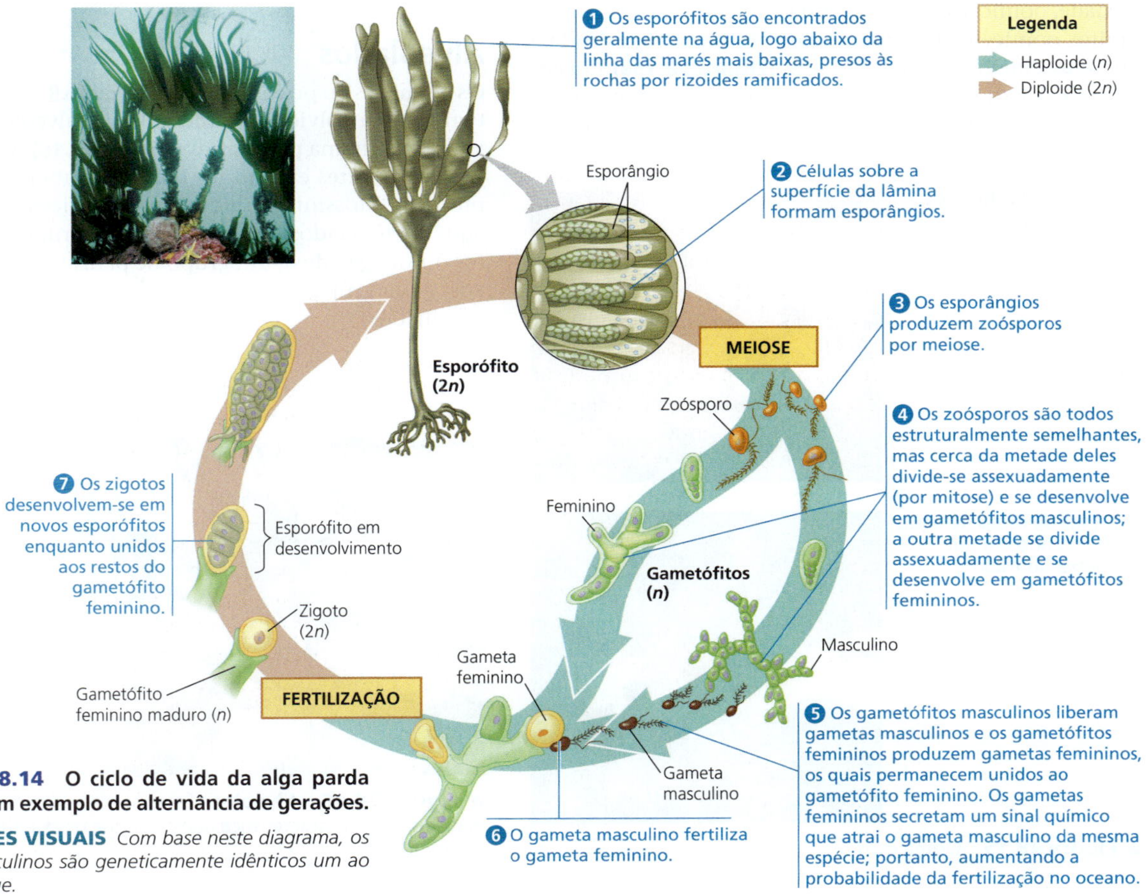

▶ **Figura 28.14** O ciclo de vida da alga parda *Laminaria*: um exemplo de alternância de gerações.

HABILIDADES VISUAIS Com base neste diagrama, os gametas masculinos são geneticamente idênticos um ao outro? Explique.

condições haploides e diploides se alternem em todos os ciclos de vida sexuais – os gametas humanos, por exemplo, são haploides – a expressão *alternância de gerações* se aplica somente a ciclos de vida nos quais tanto os estágios haploide como diploide são multicelulares. Como você lerá no Conceito 29.1, a alternância de gerações também evoluiu nas plantas.

Conforme detalhado na Figura 28.14, o indivíduo diploide neste complexo ciclo de vida de algas é chamado de *esporófito*, porque produz esporos. Os esporos são haploides e se movem por meio de flagelos; eles são chamados zoósporos. Os zoósporos dividem-se por mitose e se desenvolvem em *gametófitos* haploides multicelulares, masculinos e femininos, que produzem gametas. A união de dois gametas (fertilização) resulta em um zigoto diploide, que amadurece e dá origem a um novo esporófito multicelular.

Em *Laminaria*, as duas gerações são **heteromórficas**, significando que os esporófitos e gametófitos são estruturalmente diferentes. Outros ciclos de vida de algas têm uma alternância **isomórfica** de gerações, na qual os esporófitos e gametófitos parecem similares uns aos outros, embora eles difiram no número de cromossomos.

Oomicetos (mofo de água e seus parentes)

Os oomicetos incluem os mofos de água, a ferrugem branca e os míldios. Com base em sua morfologia, esses organismos eram anteriormente classificados como fungos (na verdade, oomiceto significa "fungo do ovo"). Por exemplo, muitos oomicetos têm filamentos multinucleados (hifas) que se assemelham a hifas fúngicas **(Figura 28.15a)**. No entanto, existem diferenças importantes entre oomicetos e fungos. Entre elas, os oomicetos normalmente têm paredes celulares feitas de celulose, enquanto as paredes dos fungos consistem principalmente de outro polissacarídeo, a quitina. Dados da sistemática molecular confirmaram que oomicetos não estão estreitamente relacionados aos fungos. Tanto em oomicetos quanto em fungos, a alta proporção entre superfície e volume das estruturas filamentosas aumenta a absorção de nutrientes do meio ambiente.

Embora oomicetos descendam de ancestrais portadores de plastídios, eles não têm mais plastídios e não realizam fotossíntese. Em vez disso, eles normalmente adquirem nutrientes como decompositores ou parasitos. A maioria dos mofos de água são decompositores que crescem como massas algodoadas em algas e animais mortos, principalmente em hábitats de água doce **(Figura 28.15b)**. A ferrugem branca e o míldio geralmente vivem na terra como parasitos de plantas.

O impacto ecológico dos oomicetos pode ser significativo. Por exemplo, o oomiceto *Phytophthora infestans* causa a requeima da batata, que transforma os pedúnculos e os caules das plantas de batata (e tomate) em lodo preto. A requeima contribuiu para a devastadora fome irlandesa do século XIX, na qual um milhão de pessoas morreram, e pelo menos o mesmo número foi forçado a deixar a Irlanda. A doença continua sendo um grande problema hoje, causando perdas de safra de até 70% em algumas regiões. Globalmente, cerca de 1 bilhão de dólares são gastos a cada ano em pesticidas para controlar o parasito.

Alveolados

Os membros do próximo subgrupo de SAR, os **alveolados**, têm sacos envolvidos por membranas (alvéolos) logo abaixo da membrana plasmática **(Figura 28.16)**. Os alveolados são abundantes em muitos hábitats e abrangem diversos protistas fotossintetizantes e heterotróficos. Discutiremos aqui os três clados de alveolados: um grupo de flagelados (os dinoflagelados), um grupo de parasitos (os apicomplexos) e um grupo de protistas que se movem usando cílios (os ciliados).

(a) Detalhe das hifas de oomicetos (MO)

(b) Hifas de mofo de água crescendo em um peixe-dourado

▲ **Figura 28.15** Oomicetos.

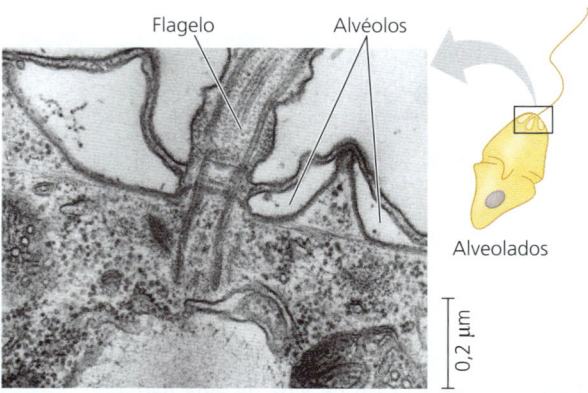

▲ **Figura 28.16** Alvéolos. Esses sacos sob a membrana plasmática são uma característica que distingue os alveolados de outros eucariotos (MET).

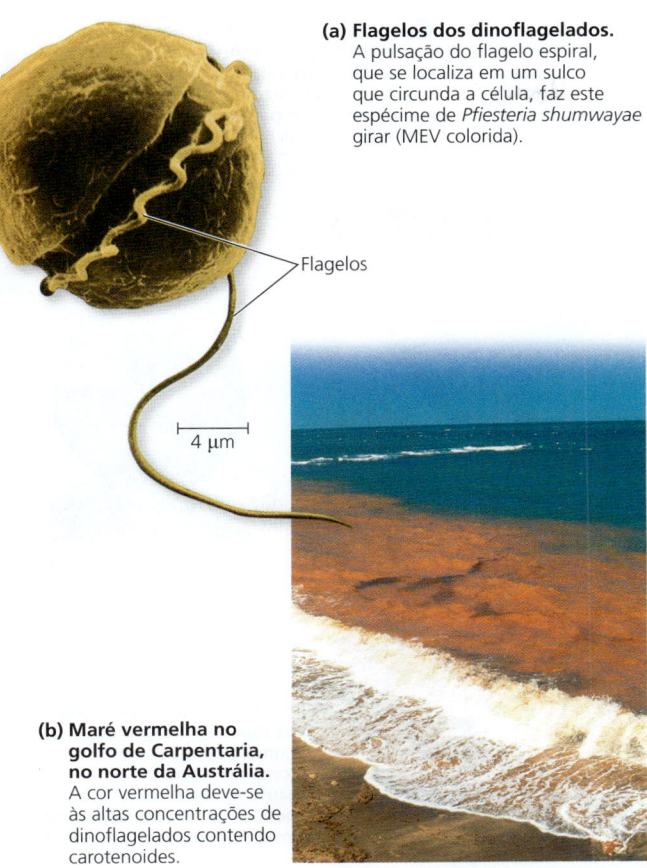

(a) Flagelos dos dinoflagelados. A pulsação do flagelo espiral, que se localiza em um sulco que circunda a célula, faz este espécime de *Pfiesteria shumwayae* girar (MEV colorida).

(b) Maré vermelha no golfo de Carpentaria, no norte da Austrália. A cor vermelha deve-se às altas concentrações de dinoflagelados contendo carotenoides.

▲ **Figura 28.17** Dinoflagelados.

Dinoflagelados

As células de muitos **dinoflagelados** são reforçadas por placas de celulose. Os sulcos nessa "armadura" abrigam dois flagelos, um dos quais faz com que os dinoflagelados (do grego *dinos*, girar) girem à medida que se movem pelas águas de suas comunidades marinhas e de água doce **(Figura 28.17a)**.

Embora seus ancestrais possam ter se originado por endossimbiose secundária (ver Figura 28.3), aproximadamente metade de todas as espécies de dinoflagelados são agora puramente heterotróficas. Outras são espécies importantes do *fitoplâncton* (plâncton fotossintetizante, que inclui bactérias fotossintetizantes, bem como as algas); muitos dinoflagelados fotossintetizantes são mixotróficos.

Períodos de crescimento populacional explosivo (florações) em dinoflagelados às vezes causam um fenômeno chamado "maré vermelha" **(Figura 28.17b)**. As florações fazem as águas costeiras parecerem vermelho-amarronzadas ou cor-de-rosa devido à presença de carotenoides, os pigmentos mais comuns em plastídios de dinoflagelados. Quando ocorrem florações, as toxinas produzidas por certos dinoflagelados causam mortes massivas de invertebrados e peixes. Seres humanos que consomem moluscos que acumularam as toxinas também são afetados, às vezes fatalmente. Um estudo de 2017 descobriu que o aquecimento do oceano (causado pela mudança climática em curso) facilitou proliferações mais frequentes de dinoflagelados tóxicos, tornando-os uma ameaça crescente à saúde humana.

Apicomplexos

Aproximadamente todos os **apicomplexos** são parasitos de animais – e praticamente todas as espécies animais examinadas até agora são atacadas por esses parasitos. Os parasitos se espalham por seus hospedeiros como minúsculas células infecciosas chamadas *esporozoítos*. Os apicomplexos são assim nomeados porque uma extremidade (o *ápice*) da célula do esporozoíto contém um *complexo* de organelas especializadas para a penetração das células e tecidos do hospedeiro. Embora os apicomplexos não sejam fotossintetizantes, dados recentes mostram que eles retêm um plastídio modificado (apicoplasto), muito provavelmente originado das algas vermelhas.

A maioria dos apicomplexos tem intricados ciclos de vida, com ambos os estágios sexuado e assexuado. Muitas vezes, esses ciclos de vida necessitam de duas ou mais espécies hospedeiras para a conclusão. Por exemplo, *Plasmodium*, o parasito que causa a malária, vive tanto em mosquitos como em seres humanos **(Figura 28.18)**.

Historicamente, a malária tem rivalizado com a tuberculose como a principal causa de mortes humanas por doenças infecciosas. A incidência de malária foi reduzida na década de 1960 por inseticidas que diminuíram as populações transmissoras de mosquitos *Anopheles* e por medicamentos que mataram o *Plasmodium* em seres humanos. Mas a emergência de variedades resistentes, tanto de *Anopheles* como de *Plasmodium*, levou ao ressurgimento da malária. Cerca de 220 milhões de pessoas estão atualmente infectadas nos trópicos, e 450 mil morrem a cada ano. Em regiões onde a malária é comum, o efeito letal dessa doença resultou na evolução de altas frequências de alelos de células falciformes; para uma explicação dessa conexão, consulte a Figura 23.18.

A busca por vacinas para a malária foi dificultada pelo fato de que *Plasmodium* vive principalmente no interior das células, escondido do sistema imune do hospedeiro. E, assim como os tripanossomos, *Plasmodium* muda continuamente suas proteínas de superfície. Mesmo assim, um progresso significativo foi feito quando os reguladores europeus aprovaram recentemente a primeira vacina contra a malária licenciada no mundo. Em 2019, o uso rotineiro dessa vacina iniciou-se em regiões selecionadas da África. No entanto, essa vacina, que tem como alvo uma proteína na superfície dos esporozoítos, oferece proteção apenas parcial contra a malária. Como resultado, os pesquisadores continuam a estudar outros alvos potenciais da vacina, incluindo o apicoplasto. Essa abordagem pode ser eficaz porque o apicoplasto é um plastídio modificado; como tal, ele descende de uma cianobactéria e, portanto, tem vias metabólicas diferentes daquelas de pacientes humanos.

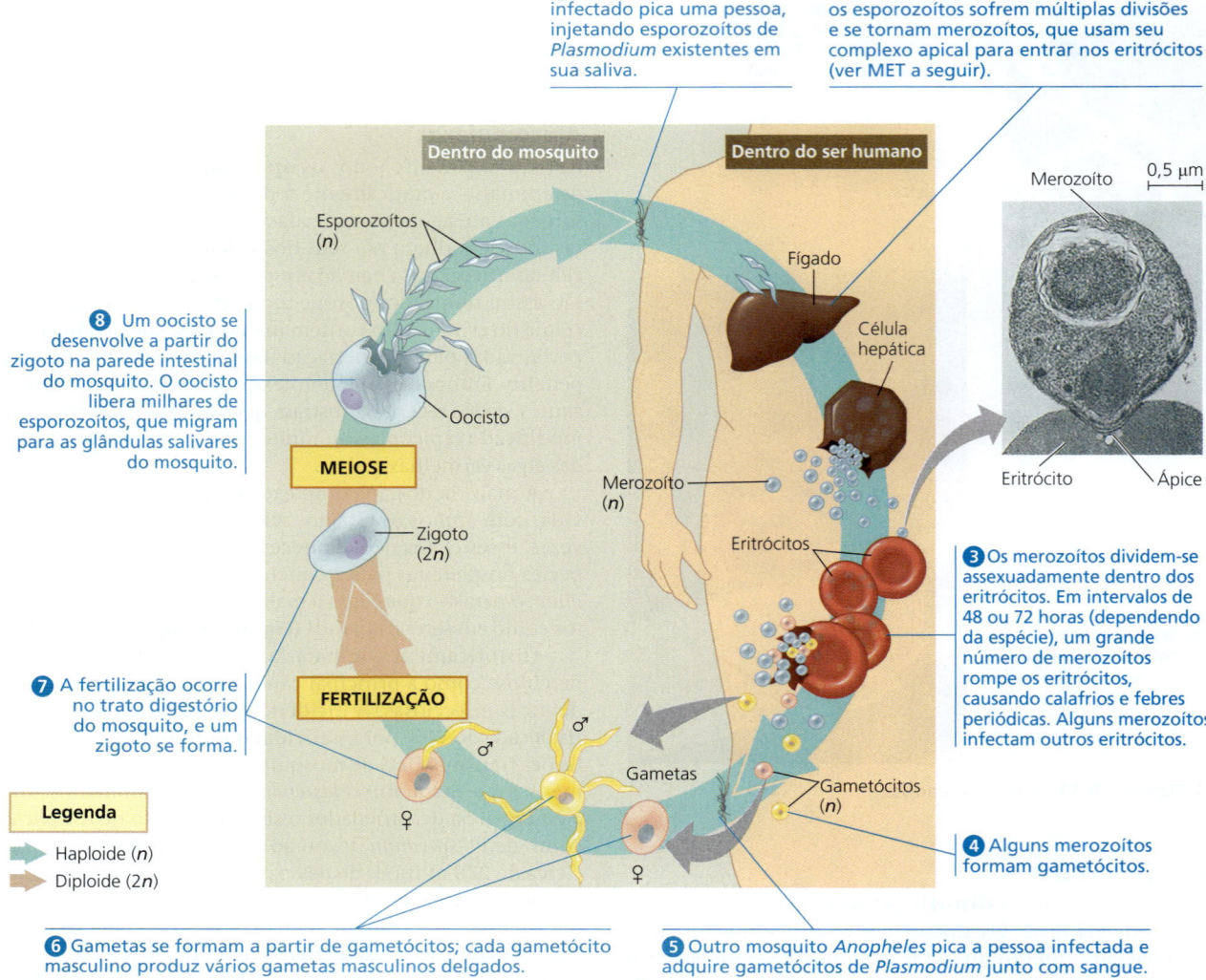

▲ **Figura 28.18** O ciclo de vida de dois hospedeiros do *Plasmodium*, o apicomplexo que causa a malária.

? As diferenças morfológicas entre esporozoítos, merozoítos e gametócitos são causadas por genomas diferentes ou por diferenças na expressão gênica? Explique.

Ciliados

Os **ciliados** são um grande e variado grupo de protistas, assim denominado pelo uso de cílios para se mover e se alimentar **(Figura 28.19a)**. A maioria dos ciliados são predadores, geralmente de bactérias ou de outros protistas. Seus cílios podem cobrir completamente a superfície da célula ou ser reunidos em algumas fileiras ou tufos. Em certas espécies, séries de cílios firmemente compactados funcionam coletivamente na locomoção. Outros ciliados movem-se sobre estruturas parecidas com pernas, construídas a partir de muitos cílios unidos.

Uma característica distintiva dos ciliados é a presença de dois tipos de núcleos: minúsculos micronúcleos e grandes macronúcleos. Uma célula tem um ou mais núcleos de cada tipo. A variação genética resulta da **conjugação**, um processo sexuado no qual dois indivíduos permutam micronúcleos haploides, mas não se reproduzem **(Figura 28.19b)**. Em geral, os ciliados se reproduzem assexuadamente por fissão binária, durante a qual o macronúcleo existente se desintegra, e um novo é formado a partir dos micronúcleos da célula. Cada macronúcleo costuma conter múltiplas cópias do genoma do ciliado. Os genes no macronúcleo controlam as funções comuns da célula, como a nutrição, a remoção dos resíduos e a manutenção do balanço hídrico.

Rhizaria

Nosso próximo subgrupo de SAR é **Rhizaria**. Muitas espécies neste grupo são **amebas**, protistas que se movem e

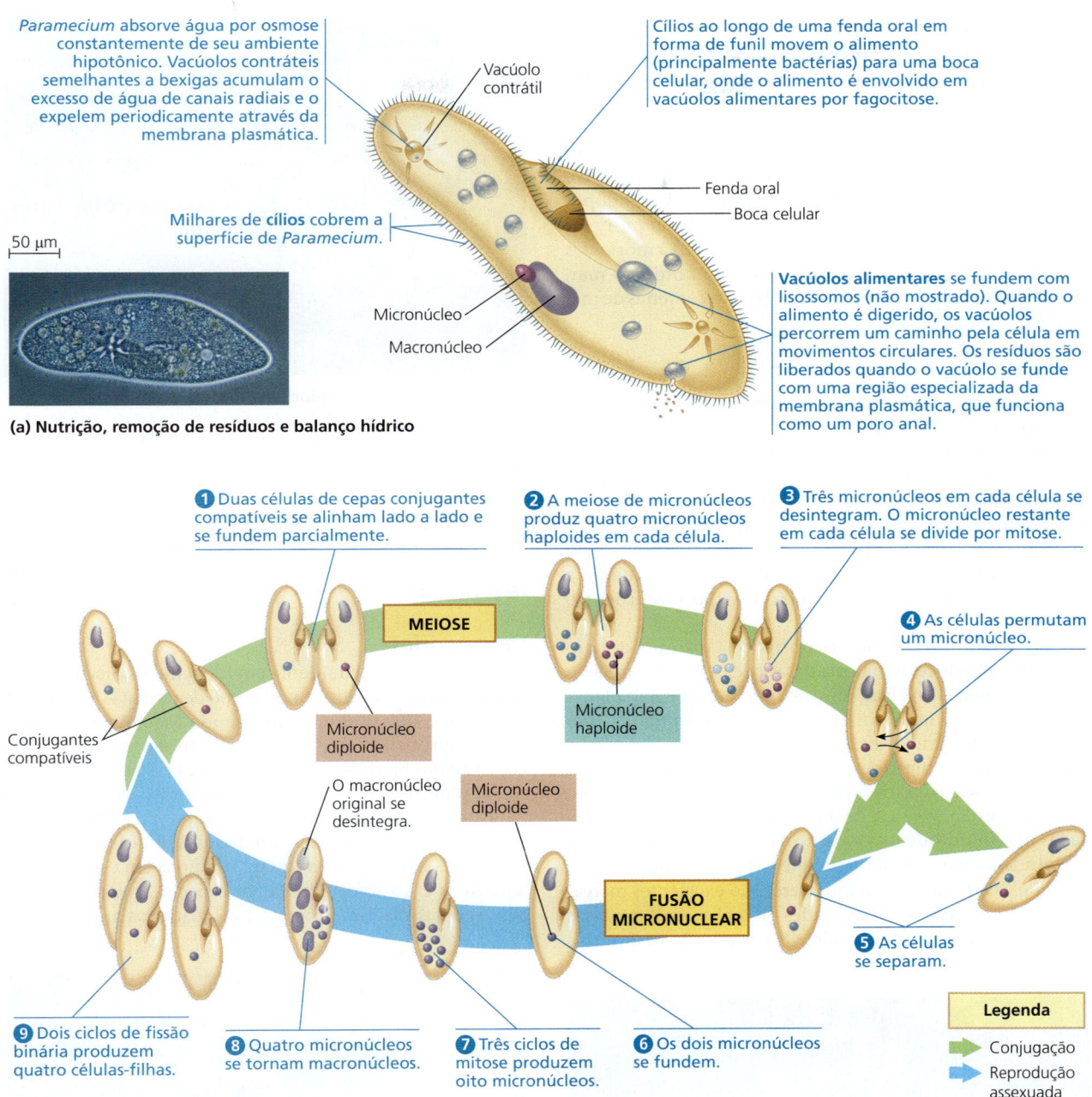

▲ **Figura 28.19** Estrutura e função no ciliado *Paramecium caudatum*.

FAÇA CONEXÕES Os eventos mostrados nas etapas ❹ a ❻ deste diagrama têm um efeito geral semelhante a qual evento no ciclo de vida humano (ver Figura 13.5)? Explique.

se alimentam por meio de **pseudópodos**, extensões que podem se projetar de quase qualquer lugar na superfície celular. Uma ameba move-se estendendo um pseudópodo e ancorando sua ponta; mais citoplasma flui, então, para o pseudópodo. As amebas não constituem um grupo monofilético; em vez disso, elas são dispersas por vários táxons eucarióticos remotamente relacionados. A maioria das amebas que pertencem a Rhizaria difere morfologicamente das outras amebas por terem pseudópodos filiformes. Rhizaria também inclui protistas flagelados (não ameboides) que se alimentam usando pseudópodos filiformes.

Examinaremos aqui três grupos de Rhizaria: radiolários, foraminíferos e cercozoários.

Radiolários

Os protistas chamados **radiolários** têm delicados esqueletos internos intricadamente simétricos, em geral formados de sílica. Os pseudópodos desses protistas, em sua maioria marinhos, se irradiam do corpo central **(Figura 28.20)** e são reforçados por feixes de microtúbulos. Os microtúbulos são cobertos por uma fina camada de citoplasma, que envolve microrganismos menores que ficam presos aos pseudópodos. Correntes citoplasmáticas então conduzem a presa capturada para a parte principal da célula. Após a morte dos radiolários, os esqueletos se depositam no fundo do mar, onde se acumulam como um lodo, que tem centenas de metros de espessura em alguns locais.

Foraminíferos

Os protistas chamados **foraminíferos** (do latim *foramen*, orifício pequeno, e *ferre*, suportar) têm esse nome devido a suas conchas porosas, chamadas **tecas** (ver Figura 28.5). As tecas dos foraminíferos consistem em uma única peça de material orgânico, que normalmente é endurecido com carbonato de cálcio. Os pseudópodos que estendem-se pelos poros funcionam na natação, na formação da teca e na nutrição. Muitos foraminíferos também obtêm alimento a partir da fotossíntese de algas simbióticas que vivem dentro das tecas.

Os foraminíferos são encontrados tanto no oceano como na água doce. A maioria das espécies vive na areia ou se fixa em rochas ou algas, mas algumas vivem como plâncton. Os maiores foraminíferos, embora unicelulares, têm tecas medindo vários centímetros de diâmetro.

Noventa por cento de todas as espécies identificadas de foraminíferos são conhecidas a partir de fósseis. Junto com os restos contendo cálcio de outros protistas, as tecas fossilizadas dos foraminíferos são parte de sedimentos marinhos, incluindo rochas sedimentares que hoje são formações continentais. Os fósseis de foraminíferos são excelentes marcadores para correlacionar as idades de rochas sedimentares em diferentes partes do mundo. Os pesquisadores também estão estudando esses fósseis para obter informação sobre a mudança climática e seus efeitos sobre os oceanos e sua vida **(Figura 28.21)**.

▲ **Figura 28.21 Foraminíferos fósseis.** Pela medição do conteúdo de magnésio em foraminíferos fossilizados como estes, os pesquisadores procuram saber como as temperaturas oceânicas mudaram ao longo do tempo. Os foraminíferos absorvem mais magnésio em águas mais quentes do que em águas mais frias.

Cercozoários

Identificados primeiramente em filogenias moleculares, os **cercozoários** são um grande grupo de protistas ameboides e flagelados que se alimentam usando pseudópodos filiformes. Os protistas cercozoários são habitantes comuns em ecossistemas marinhos, de água doce e no solo.

A maioria dos cercozoários é heterótrofa. Muitos são parasitos de plantas, animais ou outros protistas; muitos outros são predadores. Os predadores abrangem os consumidores mais importantes de bactérias em ecossistemas aquáticos e no solo, junto com espécies que consomem outros protistas, fungos e mesmo pequenos animais. Um

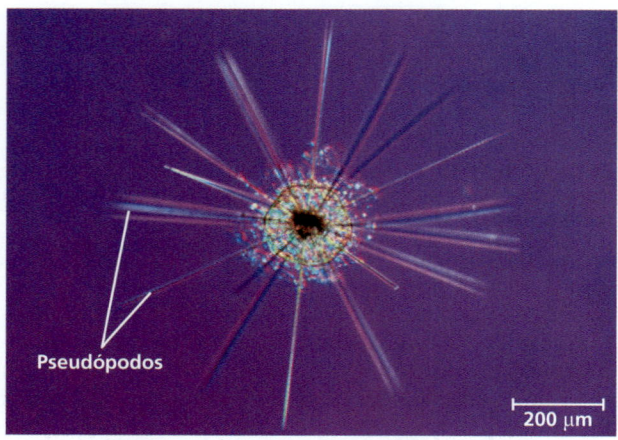

▲ **Figura 28.20 Um radiolário.** Numerosos pseudópodos filiformes irradiam do corpo central deste radiolário (MO).

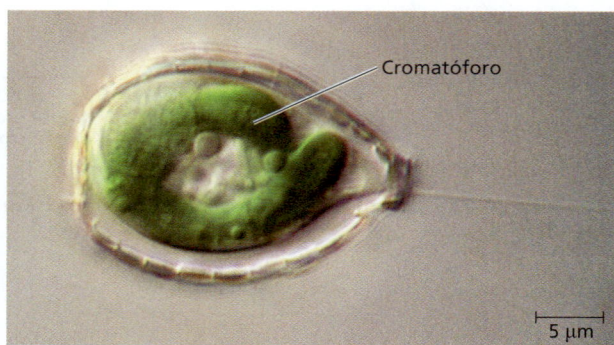

▲ **Figura 28.22 Um segundo caso de endossimbiose primária?** O cercozoário *Paulinella* realiza fotossíntese em uma estrutura única em forma de salsicha chamada de cromatóforo (MO). As membranas do cromatóforo incluem uma camada de peptidoglicano, indicando que são derivadas de uma bactéria. Evidências de DNA indicam que os cromatóforos são derivados de uma cianobactéria diferente daquela da qual derivam os plastídios.

pequeno grupo de cercozoários, os cloraracniófito (mencionados antes na discussão da endossimbiose secundária), é mixotrófico: esses organismos ingerem protistas menores e bactérias, bem como realizam fotossíntese. Pelo menos um outro cercozoário, *Paulinella chromatophora,* é um autotrófico, derivando sua energia da luz e seu carbono do CO_2. *Paulinella* **(Figura 28.22)** parece representar um intrigante exemplo evolutivo adicional de uma linhagem eucariótica que obteve seu aparato fotossintetizante diretamente de uma cianobactéria.

REVISÃO DO CONCEITO 28.3

1. Explique por que os foraminíferos têm um registro fóssil tão bem preservado.
2. **E SE?** Você esperaria que o DNA plastidial de dinoflagelados fotossintetizantes e diatomáceas fosse mais semelhante ao DNA nuclear de plantas (domínio Eukarya) ou ao DNA cromossômico de cianobactérias (domínio Bacteria)? Explique.
3. **FAÇA CONEXÕES** Qual dos três ciclos de vida na Figura 13.6 exibe alternância de gerações? Como isso o torna diferente dos outros dois?
4. **FAÇA CONEXÕES** Reveja as Figuras 9.2 e 10.5 e, em seguida, resuma como CO_2 e O_2 são usados e produzidos por cloraracniófitos e outras algas aeróbias.

Ver as respostas sugeridas no Apêndice A.

CONCEITO 28.4

Algas vermelhas e verdes são os parentes mais próximos das plantas

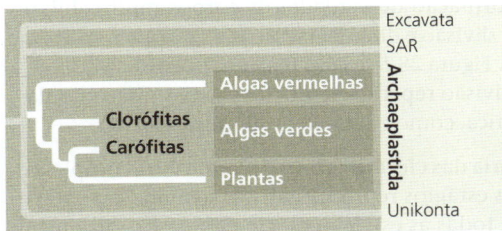

Como descrito antes, evidências morfológicas e moleculares indicam que os plastídios surgiram quando um protista heterotrófico adquiriu um simbionte cianobacteriano. Posteriormente, os descendentes fotossintetizantes desse protista ancestral evoluíram em algas vermelhas e algas verdes (ver Figura 28.3), e a linhagem que produziu algas verdes deu origem às plantas. Juntas, as algas vermelhas, as algas verdes e as plantas constituem nosso terceiro supergrupo eucariótico, que é chamado **Archaeplastida**. Archaeplastida é um grupo monofilético descendente de um protista ancestral que englobou uma cianobactéria. Examinaremos as plantas nos Capítulos 29 e 30; aqui, veremos a diversidade de seus parentes de algas mais próximos, algas vermelhas e algas verdes.

Algas vermelhas

Muitas das 6.000 espécies conhecidas de **algas vermelhas** (Rhodophyta, do grego *rhodos*, vermelho) são avermelhadas devido ao pigmento fotossintetizante chamado ficoeritrina, que mascara o verde da clorofila **(Figura 28.23)**. No entanto, outras espécies (aquelas adaptadas a águas muito rasas) têm menos ficoeritrina. Como consequência, espécies de algas vermelhas podem ser vermelhas esverdeadas em águas muito rasas, vermelhas brilhantes em profundidades moderadas e quase pretas em águas profundas. Algumas espécies carecem de pigmentação e vivem como parasitos heterotróficos em outras algas vermelhas.

▶ *Bonnemaisonia hamifera.* Esta alga vermelha tem uma forma filamentosa.

◀ Dulse (*Palmaria palmata*). Esta espécie comestível tem uma forma "folhosa".

▼ *Nori.* A alga vermelha *Porphyra* é a fonte de um tradicional alimento japonês.

A alga marinha é cultivada sobre redes em águas costeiras rasas.

Folhas brilhantes como um papel fino de *nori* secas constituem um envoltório rico em minerais para o arroz, frutos do mar e vegetais no *sushi*.

▲ **Figura 28.23** Algas vermelhas.

As algas vermelhas são abundantes nas águas costeiras quentes dos oceanos tropicais. Alguns de seus pigmentos fotossintetizantes, incluindo a ficoeritrina, permitem a elas absorver luzes azul e verde que penetram relativamente fundo na água. Uma espécie de alga vermelha foi descoberta próximo às Bahamas em uma profundidade de mais de 260 m. Há também um pequeno número de espécies de água doce e terrestres.

A maioria das algas vermelhas é multicelular. Embora nenhuma seja tão grande como as algas pardas gigantes, as algas vermelhas multicelulares maiores são incluídas na designação informal "algas marinhas macroscópicas". Você pode ter comido uma dessas algas vermelhas multicelulares, *Porphyra* (do japonês, "nori"), como lâminas crocantes ou como um envoltório de sushi (ver Figura 28.23). As algas vermelhas se reproduzem sexuadamente e têm ciclos de vida diversos, nos quais a alternância de gerações é comum. Contudo, diferente de outras algas, as algas vermelhas não têm gametas flagelados, de modo que dependem das correntes aquáticas para aproximar os gametas para a fertilização.

Algas verdes

Os cloroplastos verde-grama das **algas verdes** têm uma estrutura e composição de pigmentos muito parecidas às dos cloroplastos das plantas. A sistemática molecular e a morfologia celular deixam poucas dúvidas de que as algas verdes e as plantas são intimamente relacionadas. Na verdade, alguns sistematas hoje defendem a inclusão das algas verdes em um reino "vegetal" ampliado, Viridiplantae (do latim *viridis*, verde). Filogeneticamente, essa mudança faz sentido, pois, caso contrário, as algas verdes são um grupo parafilético.

As algas verdes podem ser divididas em dois grupos principais, as carófitas e as clorófitas. As carófitas incluem as algas mais estreitamente relacionadas às plantas, e iremos discuti-las junto com as plantas no Capítulo 29.

O segundo grupo, as clorófitas (do grego *chloros*, verde), inclui mais de 7 mil espécies. A maioria vive em água doce, mas também há muitas marinhas e algumas espécies terrestres. As clorófitas mais simples são organismos unicelulares como *Chlamydomonas*, que se assemelham aos gametas das clorófitas mais complexas. Várias espécies de clorófitas unicelulares vivem livremente em hábitats aquáticos como fitoplâncton ou habitam solo úmido. Algumas vivem simbioticamente dentro de outros eucariotos, e parte da produção fotossintetizante contribui para o suprimento alimentar de seus hospedeiros. Outras clorófitas ainda vivem em ambientes expostos à intensa radiação visível e ultravioleta; essas espécies são protegidas por compostos bloqueadores de radiação em seu citoplasma, parede celular ou revestimento do zigoto.

Tamanho maior e maior complexidade evoluíram nas algas verdes por três mecanismos diferentes:

1. A formação de colônias de células individuais, como visto em *Pediastrum* **(Figura 28.24a)** e em outras espécies que contribuem para as massas fibrosas conhecidas como espuma de lagoa.

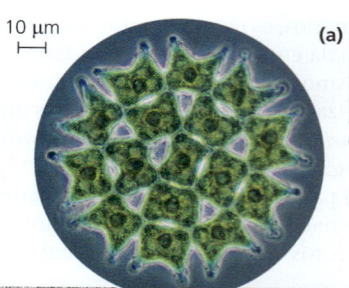

(a) *Pediastrum,* uma alga de lagoa. As clorófitas deste gênero formam colônias-filhas com o mesmo número e arranjo de células que a colônia-mãe.

(b) *Ulva,* ou alface-do-mar. Esta clorófita multicelular comestível tem estruturas diferenciadas, como suas lâminas semelhantes a folhas e um rizoide semelhante a raízes que ancora a alga.

(c) *Caulerpa,* uma clorófita intertidal. Os filamentos ramificados carecem de paredes transversais e, portanto, são multinucleados. Na prática, o corpo desta alga é uma enorme "supercélula".

▲ **Figura 28.24** Exemplos de grandes clorófitas.

2. A formação de verdadeiros corpos multicelulares por divisão e diferenciação celular, como em *Volvox* (ver Figura 28.5) e *Ulva* **(Figura 28.24b)**.
3. A divisão repetida de núcleos sem divisão citoplasmática, como em *Caulerpa* **(Figura 28.24c)**.

A maioria das clorófitas tem ciclos de vida complexos, com os dois estágios reprodutivos – o sexuado e o assexuado. Quase todas as espécies de clorófitas se reproduzem sexuadamente por meio de gametas biflagelados que têm cloroplastos em forma de taça **(Figura 28.25)**. A alternância de gerações evoluiu em algumas clorófitas, incluindo *Ulva*.

REVISÃO DO CONCEITO 28.4

1. Compare algas vermelhas e algas pardas.
2. Por que é correto dizer que *Ulva* é verdadeiramente multicelular, mas *Caulerpa* não é?
3. **E SE?** Sugira uma possível razão pela qual espécies da linhagem das algas verdes podem ter tido maior probabilidade de colonizar o ambiente terrestre do que espécies da linhagem das algas vermelhas.

Ver as respostas sugeridas no Apêndice A.

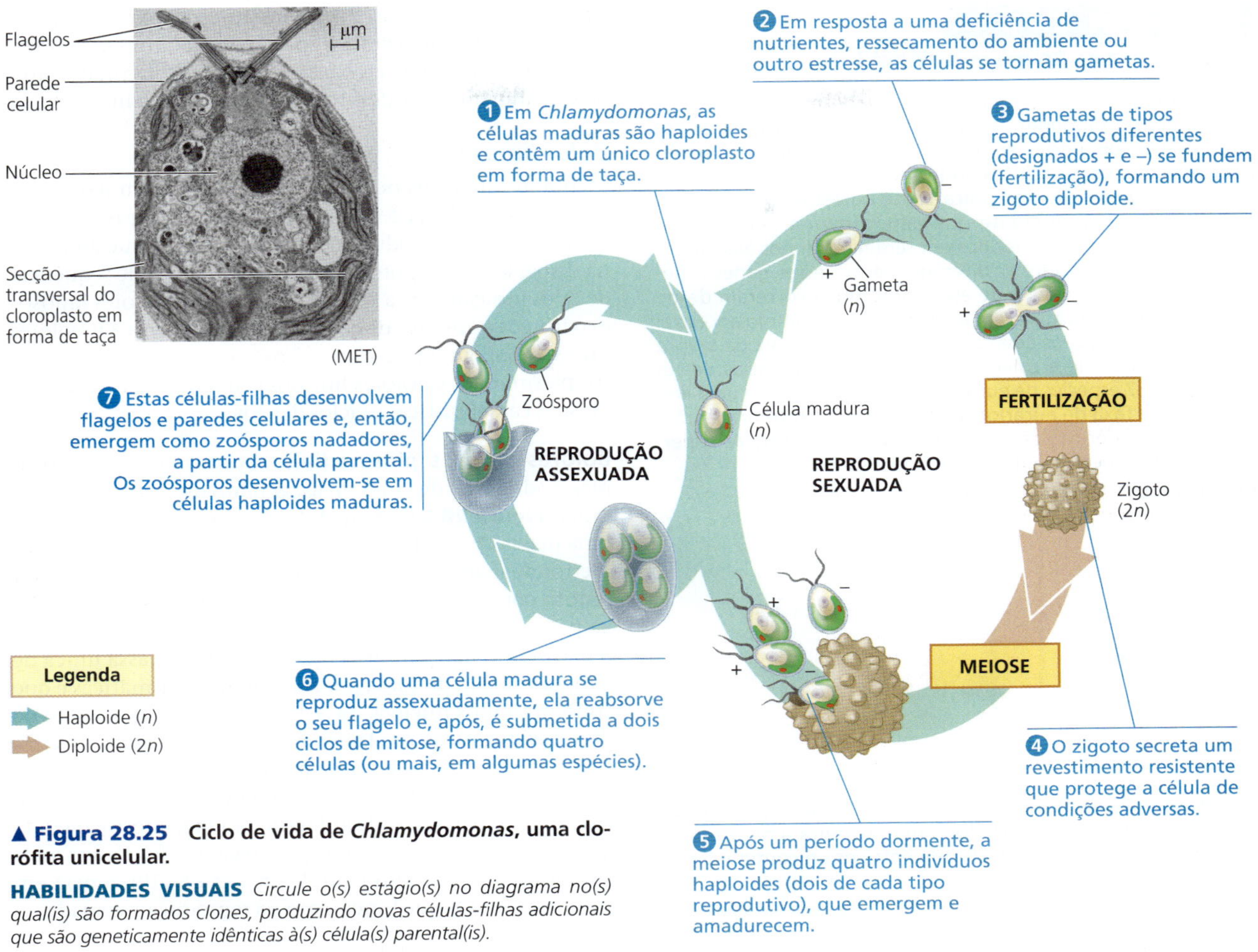

▲ **Figura 28.25** Ciclo de vida de *Chlamydomonas*, uma clorófita unicelular.

HABILIDADES VISUAIS *Circule o(s) estágio(s) no diagrama no(s) qual(is) são formados clones, produzindo novas células-filhas adicionais que são geneticamente idênticas à(s) célula(s) parental(is).*

CONCEITO 28.5

Unikonta inclui protistas que são estreitamente relacionados aos fungos e aos animais

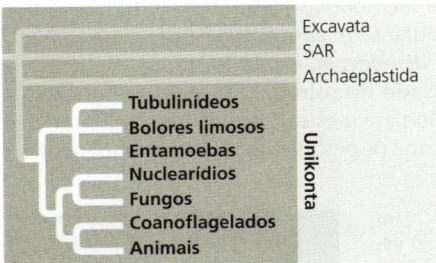

Unikonta (também chamado de Amorphea) é um supergrupo extremamente diverso de eucariotos, que inclui animais, fungos e alguns protistas. Existem dois clados principais de unicontes, os amebozoários (tubulinídeos e parentes protistas próximos) e os opistocontes (animais, fungos e grupos protistas intimamente relacionados). Cada um desses dois clados principais é fortemente sustentado pela sistemática molecular. O suporte para a estreita relação entre amebozoários e opistocontes é fornecido por comparações de proteínas de miosina e por alguns (mas não todos) estudos baseados em múltiplos genes ou genomas inteiros.

Um debate em andamento envolvendo os unicontes diz respeito à raiz da árvore eucariótica. Lembre-se de que a raiz de uma árvore filogenética ancora a árvore no tempo: os pontos de ramificação próximos à raiz são mais antigos. Até o presente, a raiz da árvore eucariótica é incerta; portanto, não sabemos qual supergrupo de eucariotos foi o primeiro a divergir de todos os outros eucariotos. Se a raiz da árvore eucariótica fosse conhecida, isso ajudaria os cientistas a inferir as características do ancestral comum de todos os eucariotos.

Na tentativa de determinar a raiz da árvore eucariótica, os pesquisadores basearam suas filogenias em diferentes conjuntos de genes, com resultados conflitantes. Os pesquisadores também tentaram uma abordagem diferente, com base no rastreamento da história evolutiva de genes que foram transferidos para eucariotos de doadores bacterianos **(Figura 28.26)**. Os resultados dessa abordagem indicam que Excavata, SAR e Archaeplastida compartilham um ancestral comum mais recente do que qualquer um deles com

> **▼ Figura 28.26 Pesquisa**
>
> **Qual é a raiz da árvore eucariótica?**
>
> **Experimento** Respondendo à dificuldade em determinar a raiz da árvore filogenética eucariótica, Romain Derelle e colegas usaram uma nova abordagem. Eles estudaram 39 genes nucleares que os eucariotos adquiriram por transferência horizontal de genes de uma única fonte bacteriana: a alfa-proteobactéria endossimbionte que deu origem à mitocôndria. Esses 39 genes eram conhecidos por serem ortólogos (ver Figura 26.18). Como resultado, as diferenças entre esses genes refletem a história de eventos de especiação que ocorreram desde que os eucariotos começaram a divergir de seu último ancestral comum – tornando-os adequados para inferir a raiz da árvore eucariótica. Derelle e colegas obtiveram as sequências desses genes para 67 espécies de eucariotos que representam uma ampla gama de taxa de eucariotos. Essas sequências foram, então, usadas para inferir relações evolutivas entre os quatro supergrupos eucarióticos mostrados na Figura 28.5.
>
> **Resultados**
>
>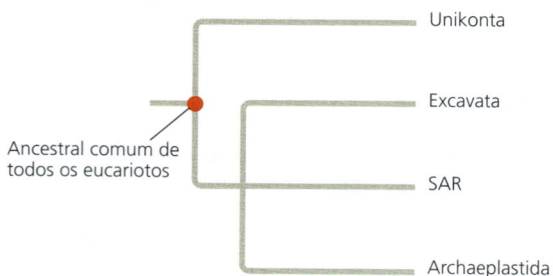
>
> **Conclusão** Os resultados mostram que Excavata, SAR e Archaeplastida formam um clado, o que sustenta a hipótese de que a raiz da árvore está localizada entre os unicontes e todos os outros eucariotos.
>
> **Dados de** R. Derelle et al., Bacterial proteins pinpoint a single eukaryotic root, *Proceedings of the National Academy of Sciences USA* 112:E693–699 (2015).
>
> **E SE?** *Outra evidência recente indica que a raiz da árvore eucariótica pode estar entre um clado que inclui Unikonta e Excavata e todos os outros eucariotos. Desenhe a árvore sugerida por esse resultado.*

Unikonta. Isso sugere que a raiz da árvore está localizada entre os unicontes e todos os outros eucariotos, o que implica que os unicontes foram o primeiro supergrupo eucariótico a divergir de todos os outros eucariotos. Essa ideia permanece controversa e requererá mais evidência de sustentação para ser amplamente aceita.

Amebozoários

O clado dos **amebozoários** inclui muitas espécies de amebas que têm pseudópodos em forma de lóbulo ou de tubo, em vez dos pseudópodos filiformes encontrados em Rhizaria. Amebozoários incluem tubulinídeos, bolor limoso e entamoebas.

Tubulinídeos

Os tubulinídeos constituem um grupo grande e variado de amebozoários que têm pseudópodos em forma de lóbulos ou de tubos. Esses protistas unicelulares são ubíquos no solo, bem como em ambientes marinhos e de água doce. A maioria é heterotrófica, que busca ativamente e consome bactérias e outros protistas; uma dessas espécies de tubulinídeo, *Amoeba proteus*, é mostrada na Figura 28.5. Alguns tubulinídeos também se alimentam de detritos (matéria orgânica inanimada).

Bolor limoso

Os bolores limosos, ou micetozoários (do latim para "animais fúngicos"), já foram considerados fungos, porque, como os fungos, produzem corpos frutíferos que auxiliam na dispersão dos esporos. Entretanto, análises de sequência de DNA indicam que a semelhança entre os bolores limosos e os fungos é um caso de convergência evolutiva. Os bolores limosos divergiram em dois ramos principais: bolores limosos plasmodiais e bolores limosos celulares. Vamos comparar suas características e ciclos de vida.

Bolores limosos plasmodiais Muitos bolores limosos plasmodiais são de cores vivas, geralmente amarelos ou laranja **(Figura 28.27)**. À medida que crescem, elas formam uma massa chamada plasmódio, que pode ter muitos centímetros de diâmetro (não confunda um plasmódio de bolor limoso com o gênero *Plasmodium*, que inclui o apicomplexo parasítico que causa a malária). Apesar de seu tamanho, o plasmódio não é multicelular; ele é uma massa única de citoplasma não dividida por membranas plasmáticas e que contém muitos núcleos. Essa "supercélula" é o produto de divisões mitóticas nucleares não acompanhadas de citocinese. O plasmódio estende pseudópodos através do solo úmido, folhas em decomposição ou troncos apodrecidos, englobando partículas de alimento por fagocitose à medida que cresce. Se o hábitat começar a secar e não houver mais alimento, o plasmódio para de crescer e se diferencia em corpos frutíferos que funcionam na reprodução sexuada.

Bolores limosos celulares O ciclo de vida dos protistas chamados bolores limosos celulares pode nos levar a questionar o que significa ser um organismo individual. O estágio de alimentação desses organismos consiste em células solitárias que funcionam individualmente, mas, quando o alimento se esgota, as células formam um agregado semelhante a uma lesma que funciona como uma unidade **(Figura 28.28)**. Diferente do estágio de alimentação (plasmódio) de um bolor limoso plasmodial, esses agregados celulares permanecem separados por suas membranas plasmáticas individuais. Por fim, o agregado celular forma um corpo frutífero assexuado.

Dictyostelium discoideum, um bolor limoso celular comumente encontrado no solo de florestas, tornou-se um organismo-modelo para o estudo da evolução da multicelularidade. Uma linha de pesquisa focou no estágio frutífero

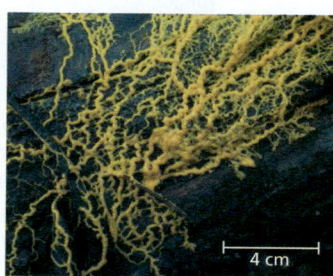

▶ **Figura 28.27** Um plasmódio maduro, o estágio de alimentação no ciclo de vida de um bolor limoso plasmodial.

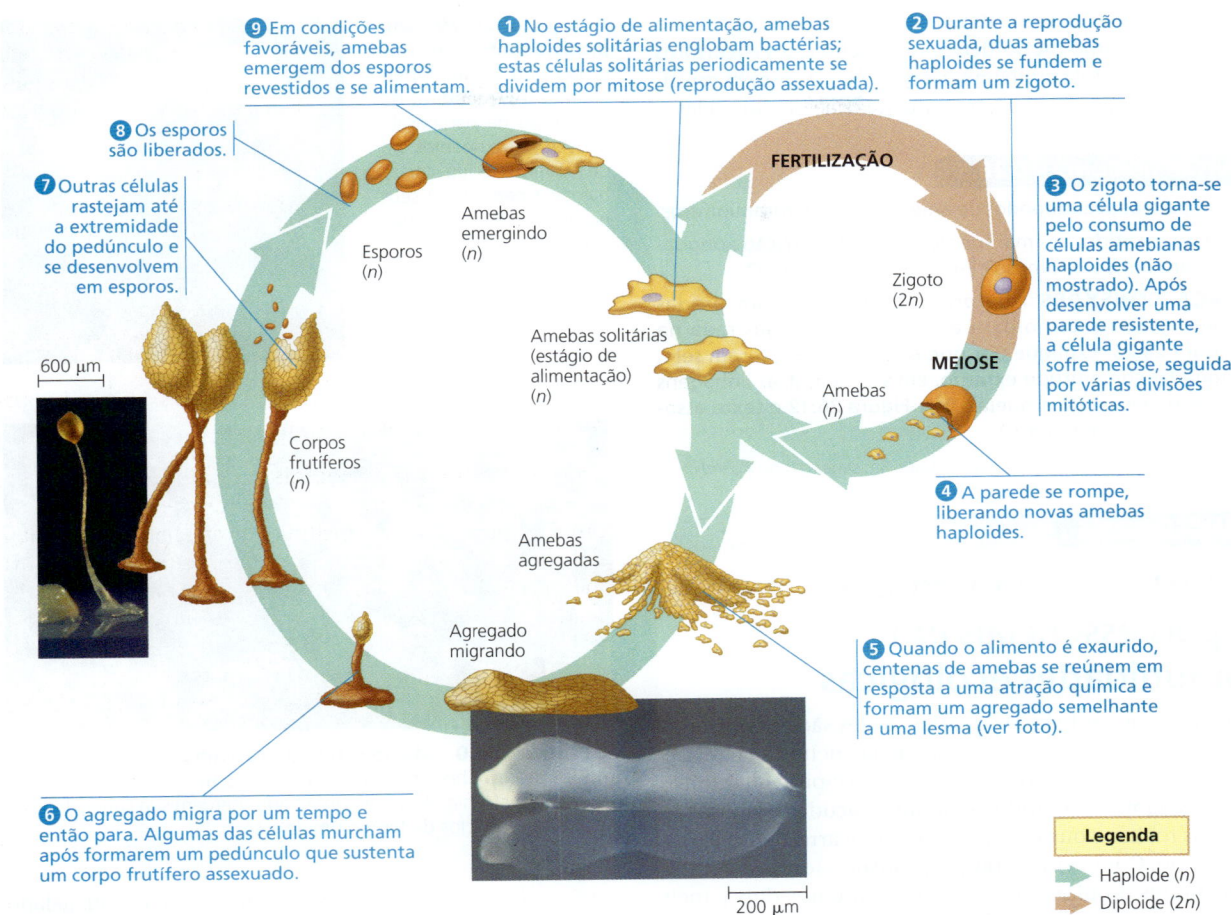

▲ **Figura 28.28** Ciclo de vida do *Dictyostelium*, um bolor limoso celular.

HABILIDADES VISUAIS *Suponha que as células foram removidas do agregado semelhante a uma lesma mostrado na foto. Use as informações do ciclo de vida para inferir se essas células seriam haploides ou diploides. Explique.*

dos bolores limosos. Durante esse estágio, as células que formam o pedúnculo morrem quando elas murcham, enquanto os esporos celulares na ponta sobrevivem e têm o potencial para se reproduzir (ver Figura 28.28). Os cientistas verificaram que mutações em um único gene podem tornar células individuais de *D. discoideum* "trapaceiras", nunca se tornando parte do pedúnculo. Uma vez que essas mutantes ganham uma forte vantagem reprodutiva sobre as "não trapaceiras", por que todas as células de *D. discoideum* não "trapaceiam"?

Descobertas recentes sugerem uma resposta a essa pergunta. As células "trapaceiras" carecem de uma proteína de superfície específica, e as células "não trapaceiras" podem reconhecer essa diferença. Células "não trapaceiras" se agregam preferencialmente com outras "não trapaceiras", assim privando as "trapaceiras" da chance de explorá-las. Esse sistema de reconhecimento pode ter sido importante na evolução de outros eucariotos multicelulares, como os animais e as plantas.

Entamoebas

Enquanto a maioria dos amebozoários é de vida livre, aqueles que pertencem ao gênero *Entamoeba* são parasitos. Eles infectam todas as classes de animais vertebrados, bem como alguns invertebrados. Os seres humanos são hospedeiros de ao menos seis espécies de *Entamoeba*, mas só uma, *E. histolytica*, é conhecida por ser patogênica. *E. histolytica* causa disenteria amebiana e é propagada pelo consumo de água, alimentos ou pelo uso de utensílios de cozinha contaminados. Responsável por até 110 mil óbitos anuais em todo o mundo, a doença é a terceira principal causa de morte devido a parasitos eucarióticos, depois da malária (ver Figura 28.18) e da esquistossomose (ver Figura 33.10).

Opistocontes

Os **opistocontes** são um grupo extremamente diverso de eucariotos que inclui animais, fungos e vários grupos de protistas. Discutiremos a história evolutiva de fungos e animais nos Capítulos 31 a 34. Dos opistocontes protistas, discutiremos os nuclearídios no Capítulo 31, por eles serem mais estreitamente relacionados aos fungos do que são a outros protistas. De modo similar, discutiremos os coanoflagelados no Capítulo 32, uma vez que eles são mais relacionados aos animais do que a outros protistas. Os nuclearídios e coanoflagelados ilustram por que os cientistas abandonaram o antigo reino Protista: um grupo monofilético que inclui esses eucariotos de uma única célula também teria que incluir animais multicelulares e fungos que são estreitamente relacionados a eles.

> **REVISÃO DO CONCEITO 28.5**
>
> 1. Compare os pseudópodos de amebozoários e foraminíferos.
> 2. Em que sentido "animal fúngico" é uma descrição adequada para um bolor limoso? Em qual sentido não é?
> 3. **FAÇA CONEXÕES** Alfa-proteobactérias foram usadas como grupo externo para estimar a árvore mostrada na Figura 28.26. Explique por que essas bactérias foram selecionadas como grupo externo, em vez de outras linhagens bacterianas ou de arqueias. (Ver Figura 26.12 e texto associado no Conceito 26.3.)
>
> *Ver as respostas sugeridas no Apêndice A.*

CONCEITO 28.6

Protistas desempenham papéis essenciais em comunidades ecológicas

A maioria dos protistas é aquática, e eles são encontrados quase em qualquer lugar onde haja água, incluindo hábitats terrestres úmidos, como solo úmido e serrapilheira. Muitos protistas habitam o fundo de oceanos, açudes e lagos, e se fixam às rochas e outros substratos, ou se arrastam na areia ou no limo. Como vimos, outros protistas são constituintes importantes do plâncton. Aqui, enfocaremos dois papéis essenciais que os protistas desempenham na diversidade de hábitats em que vivem: o de simbionte e o de produtor.

Protistas simbióticos

Muitos protistas formam associações simbióticas com outras espécies. Por exemplo, dinoflagelados fotossintetizantes são parceiros simbióticos fornecedores de alimento de animais (pólipos coralíferos) que constroem recifes de coral. Recifes de coral são comunidades ecológicas altamente diversas. Essa diversidade, em última instância, depende dos corais – e dos protistas mutualísticos que os alimentam. Os recifes de coral sustentam diversidade ao proporcionar alimento para algumas espécies e hábitat para muitas outras.

Outro exemplo consiste nos protistas que digerem madeira, que habitam os intestinos de muitas espécies de térmites **(Figura 28.29)**. Sem ajuda, as térmites não podem digerir madeira, dependendo de protistas ou simbiontes procarióticos para fazer isso. As térmites causam anualmente cerca de 3,5 bilhões de dólares de prejuízos em casas de madeira nos Estados Unidos.

Protistas simbióticos também incluem parasitos que têm comprometido as economias de países inteiros. Considere *Plasmodium*, o protista causador de malária: os níveis de renda em países fortemente atingidos pela malária são 33% inferiores aos de países semelhantes livres da doença. Os protistas podem ter efeitos devastadores também sobre outras espécies. Grandes mortandades de peixes foram atribuídas

▶ **Figura 28.29** Um **protista simbiótico.** Este organismo é um hipermastigoto, membro de um grupo de parabasalídeos que vive no intestino de térmites e de certas baratas e permite aos seus hospedeiros digerir madeira (MEV).

▲ **Figura 28.30 Morte súbita do carvalho.** Muitos indivíduos mortos de carvalho são visíveis nesta paisagem do condado de Monterey, na Califórnia. As árvores infectadas perdem sua capacidade de se ajustar aos ciclos de tempo úmido e seco.

a *Pfiesteria shumwayae* (ver Figura 28.17), um dinoflagelado parasito que ataca suas vítimas e se alimenta de sua pele. Entre as espécies que parasitam plantas, o estramenópilo *Phytophthora ramorum* (um oomiceto) emergiu como um novo patógeno florestal importante. Essa espécie causa a morte súbita do carvalho, doença que causou a morte de milhões de árvores desta e de outras espécies nos Estados Unidos e na Grã-Bretanha (**Figura 28.30**; ver também Conceito 54.5).

Protistas fotossintetizantes

Muitos protistas são **produtores** importantes, organismos que usam energia da luz (ou, em alguns procariotos, produtos químicos inorgânicos) para converter CO_2 em compostos orgânicos. Os produtores formam a base das teias alimentares ecológicas. Em comunidades aquáticas, os principais produtores são os protistas e procariotos fotossintetizantes (**Figura 28.31**). Todos os outros organismos da comunidade são **consumidores**, que dependem dos produtores para se alimentar, seja diretamente (comendo-os) ou indiretamente (comendo um organismo que comeu um produtor). Os cientistas estimam que aproximadamente 30% da fotossíntese mundial é realizada por diatomáceas, dinoflagelados, algas multicelulares e outros protistas aquáticos. Os procariotos fotossintetizantes contribuem com outros 20%, e as plantas são responsáveis pelos 50% restantes.

Uma vez que os produtores formam a base das teias alimentares, os fatores que os afetam podem afetar drasticamente sua comunidade inteira. Em geral, em ambientes

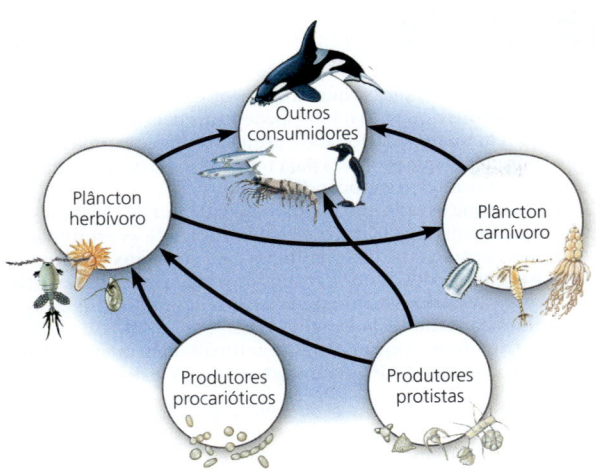

▲ **Figura 28.31 Protistas: principais produtores em comunidades aquáticas.** As setas nesta teia alimentar simplificada apontam das fontes de alimento para os organismos que as consomem.

aquáticos, os protistas fotossintetizantes são limitados por baixas concentrações de nitrogênio, fósforo ou ferro. Várias ações humanas podem aumentar a concentração desses elementos em comunidades aquáticas. Por exemplo, quando um fertilizante é aplicado em uma lavoura, parte dele pode ser levada pela chuva para um rio que corre para um lago ou para o oceano. Quando as pessoas adicionam nutrientes às comunidades aquáticas desse ou de outros modos, a abundância de protistas fotossintetizantes pode aumentar espetacularmente. Esses aumentos podem ter consequências ecológicas importantes, incluindo a formação de grandes "zonas mortas" nos ecossistemas marinhos (ver Figura 56.23).

Uma questão urgente é como o aquecimento global afetará os protistas fotossintetizantes e outros produtores. Como mostrado na **Figura 28.32**, o crescimento e a biomassa de protistas e procariotos fotossintetizantes declinaram em muitas regiões oceânicas quando as temperaturas da superfície do mar aumentaram. Por qual mecanismo a elevação das temperaturas da superfície do mar reduz o crescimento de produtores marinhos? Uma hipótese se relaciona à elevação ou ressurgência de águas frias ricas em nutrientes das profundezas. Muitos produtores marinhos dependem dos nutrientes trazidos à superfície dessa maneira. Entretanto, a elevação das temperaturas marinhas superficiais pode causar a formação de uma camada de água mais leve e aquecida, que agiria como uma barreira para a passagem dos nutrientes – portanto, reduzindo o crescimento dos produtores marinhos. Se mantidas, as mudanças mostradas na Figura 28.32 provavelmente teriam efeitos de longo alcance sobre os ecossistemas marinhos, a produção pesqueira e o ciclo global do carbono (ver Figura 55.14). O aquecimento global também pode afetar os produtores nos ambientes terrestres, mas, nesses ambientes, a base das teias alimentares está ocupada não pelos protistas, mas por plantas, as quais discutiremos nos Capítulos 29 e 30.

REVISÃO DO CONCEITO 28.6

1. Justifique a alegação de que os protistas fotossintetizantes estão entre os organismos mais importantes da biosfera.
2. Descreva três simbioses que incluem protistas.
3. **E SE?** Temperaturas elevadas da água e a poluição podem levar os corais a expelir seus simbiontes dinoflagelados. Como esse "branqueamento dos corais" poderia afetar os corais e outras espécies?
4. **FAÇA CONEXÕES** A bactéria *Wolbachia* é um simbionte que vive nas células do mosquito e se espalha rapidamente através das populações de mosquitos. *Walbachia* pode tornar os mosquitos resistentes à infecção por *Plasmodium*; os pesquisadores estão procurando uma cepa que confira resistência e não prejudique os mosquitos. Compare as mudanças evolutivas que poderiam ocorrer em uma tentativa de controle da malária com a utilização dessa cepa de *Walbachia versus* com a utilização de inseticidas para matar os mosquitos. (Rever Figura 28.18 e Conceito 23.4).

Ver as respostas sugeridas no Apêndice A.

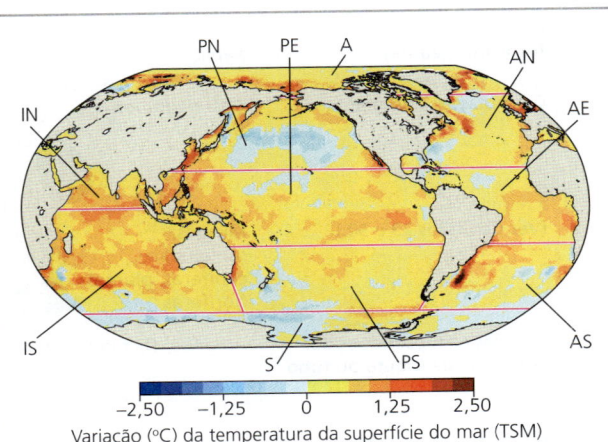

(a) Pesquisadores estudaram 10 regiões oceânicas, identificadas com letras sobre o mapa [ver em (b) os nomes correspondentes]. A TSM aumentou desde 1950 na maioria das áreas nessas regiões.

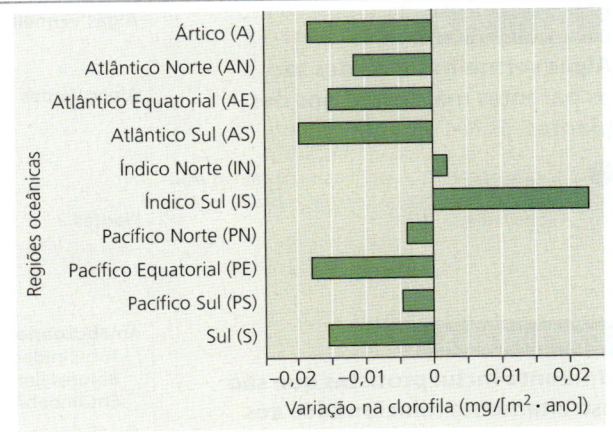

(b) A concentração de clorofila, um índice da biomassa e do crescimento dos produtores marinhos, decresceu durante o mesmo período de tempo na maioria das regiões oceânicas.

▲ **Figura 28.32 Efeitos das mudanças climáticas nos produtores marinhos.**

28 Revisão do capítulo

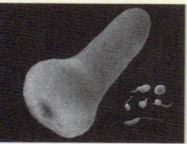

RESUMO DOS CONCEITOS-CHAVE

CONCEITO 28.1

A maioria dos eucariotos são organismos unicelulares (p. 594-597)

- O domínio Eukarya inclui muitos grupos de **protistas**, junto com plantas, animais e fungos. Diferente dos procariotos, os protistas e outros eucariotos têm um núcleo e outras organelas envolvidas por membranas, bem como um citoesqueleto que lhes permite ter formas assimétricas e mudar a forma à medida que se alimentam, se movem ou crescem.
- Os protistas são estrutural e funcionalmente diversos e têm uma ampla variedade de ciclos de vida. A maioria é unicelular. Os protistas incluem fotoautotróficos, heterotróficos e **mixotróficos**.
- Evidências atuais indicam que os eucariotos se originaram por **endossimbiose** quando um hospedeiro arqueia (ou um hospedeiro estreitamente relacionado à arqueia) englobou uma alfa-proteobactéria, que evoluiria para uma organela encontrada em todos os eucariotos, a mitocôndria.
- Acredita-se que os plastídios sejam descendentes de cianobactérias que foram englobadas por células eucarióticas primitivas. A linhagem com plastídios por fim evoluiu em **algas vermelhas** e **algas verdes**. Outros grupos protistas evoluíram a partir de eventos de **endossimbiose secundária** nos quais as algas vermelhas ou verdes foram englobadas.
- Em uma hipótese, os eucariotos são agrupados em quatro supergrupos: **Excavata**, **SAR**, **Archaeplastida** e **Unikonta**.

? Descreva as semelhanças e diferenças entre protistas e outros eucariotos.

Conceito-chave/supergrupo de eucariotos	Principais grupos	Características morfológicas determinantes	Exemplos específicos
CONCEITO 28.2 **Excavata inclui protistas com mitocôndrias modificadas e protistas com flagelos únicos** (p. 597-601) ? Que evidências indicam que Excavata forma um clado?	Diplomonadídeos e parabasalídeos	Mitocôndria modificada	Giardia, Trichomonas

	Euglenozoários
	  Cinetoplastídeos
	  Euglenoides
		Haste espiral ou cristalina dentro dos flagelos	Trypanosoma, Euglena

CONCEITO 28.3
SAR é um grupo altamente diverso de protistas definido por semelhanças de DNA (p. 601-609)
 	
? Embora não sejam fotossintetizantes, os parasitos apicomplexos, como Plasmodium, têm plastídios modificados. Descreva uma hipótese atual que explique essa observação.
	Estramenópilos
	  Diatomáceas
	  Oomicetos
	  Algas pardas
		Flagelos pilosos e lisos	Phytophthora, Laminaria

	Alveolados
	  Dinoflagelados
	  Apicomplexos
	  Ciliados
		Sacos envoltos por membrana (alvéolos) abaixo da membrana plasmática	Pfiesteria, Plasmodium, Paramecium

	Rhizaria
	  Radiolários
	  Foraminíferos
	  Cercozoários
		Amebas com pseudópodos filiformes	Globigerina

CONCEITO 28.4 **Algas vermelhas e verdes são os parentes mais próximos das plantas** (p. 609-611) ? Com base em que os sistematas colocam as plantas no mesmo supergrupo (Archaeplastida) que as algas vermelhas e verdes?	Algas vermelhas	Ficoeritrina (pigmento fotossintetizante)	Porphyridium, Palmaria
	Algas verdes	Cloroplastos tipo planta	Chlamydomonas, Ulva
	Plantas	(Ver Capítulos 29 e 30.)	Musgos, samambaias, coníferas, plantas floríferas

CONCEITO 28.5
Unikonta inclui protistas que são estreitamente relacionados aos fungos e aos animais (p. 611-614)
 	
? Descreva uma característica-chave para cada um dos principais subgrupos de protistas do Unikonta.
	Amebozoários
	  Tubulinídeos
	  Bolores limosos
	  Entamoebas
		Amebas com pseudópodos em forma de lóbulo ou tubo	Amoeba, Dictyostelium

	Opistocontes	(Altamente variável; consulte os Capítulos 31–34.)	Coanoflagelados, nuclearídios, animais, fungos

CONCEITO 28.6

Protistas desempenham papéis essenciais em comunidades ecológicas *(p. 614-615)*

- Os protistas formam relações mutualísticas e parasitárias que afetam seus parceiros simbióticos e muitos outros membros da comunidade.
- Os protistas fotossintetizantes estão entre os mais importantes **produtores** em comunidades aquáticas. Uma vez que eles são a base da teia alimentar, fatores que afetam os protistas fotossintetizantes afetam muitas outras espécies na comunidade.

? *Descreva vários protistas que são ecologicamente importantes.*

TESTE SEU CONHECIMENTO

Níveis 1-2: Relembre/Entenda

1. Plastídios circundados por mais de duas membranas são evidência de
   (A) evolução a partir de mitocôndrias.
   (B) fusão de plastídios.
   (C) origem dos plastídios a partir de arqueias.
   (D) endossimbiose secundária.

2. Os biólogos acreditam que a endossimbiose deu origem às mitocôndrias antes dos plastídios, em parte porque
   (A) os produtos da fotossíntese não poderiam ser metabolizados sem as enzimas mitocondriais.
   (B) todos os eucariotos têm mitocôndrias (ou seus vestígios), enquanto muitos eucariotos não têm plastídios.
   (C) o DNA mitocondrial é menos similar ao DNA procariótico do que o DNA do plastídio.
   (D) sem a produção mitocondrial de CO_2, a fotossíntese não poderia ocorrer.

3. Qual grupo está corretamente emparelhado com sua descrição?
   (A) diatomáceas – consumidores importantes em comunidades aquáticas
   (B) diplomonadídeos – protistas com mitocôndrias modificadas
   (C) apicomplexos – produtores com ciclos de vida intrincados
   (D) algas vermelhas – plastídios adquiridos por endossimbiose secundária

4. De acordo com a filogenia apresentada neste capítulo, quais protistas estão no mesmo supergrupo eucariótico que as plantas?
   (A) Algas verdes
   (B) Dinoflagelados
   (C) Algas vermelhas
   (D) Ambos A e C

5. Em um ciclo de vida com alternância de gerações, as formas haploides multicelulares alternam com
   (A) formas haploides unicelulares.
   (B) formas diploides unicelulares.
   (C) formas haploides multicelulares.
   (D) formas diploides multicelulares.

Níveis 3-4: Aplique/Analise

6. Com base na árvore filogenética na Figura 28.5, qual das seguintes afirmações está correta?
   (A) Excavata e SAR formam um grupo-irmão.
   (B) O ancestral comum mais recente do SAR é mais antigo que o do Unikonta.
   (C) O supergrupo eucariótico mais basal (o primeiro a divergir) não pode ser determinado.
   (D) Excavata é o supergrupo eucariótico mais basal.

7. **CONEXÃO EVOLUTIVA • DESENHE** Os pesquisadores médicos buscam desenvolver fármacos que possam matar ou restringir o crescimento de patógenos humanos, mas que tenham poucos efeitos prejudiciais sobre os pacientes. O funcionamento desses fármacos geralmente consiste na desorganização do metabolismo do patógeno ou em atingir suas características estruturais.
   Desenhe e identifique uma árvore filogenética que inclua um procarioto ancestral e os seguintes grupos de organismos: Excavata, SAR, Archaeplastida, Unikonta e, dentro de Unikonta, amebozoários, animais, coanoflagelados, fungos e nuclearídios. Com base nessa árvore, formule uma hipótese se seria mais difícil desenvolver fármacos para combater patógenos humanos que são procariotos, protistas, animais ou fungos (você não precisa considerar a evolução da resistência a fármacos pelo patógeno).

Níveis 5-6: Avalie/Crie

8. **PESQUISA CIENTÍFICA** Aplicando a lógica do raciocínio dedutivo de "Se...então" (ver Conceito 1.3), quais são algumas das previsões que surgem da hipótese de que as plantas evoluíram de algas verdes? Posto de outra maneira, como você poderia testar essa hipótese?

9. **ESCREVA SOBRE UM TEMA: INTERAÇÕES** Os organismos interagem uns com os outros e com o ambiente físico. Em um texto sucinto (100-150 palavras), explique como a resposta de populações de diatomáceas à redução na disponibilidade de nutrientes pode afetar tanto outros organismos como aspectos do ambiente físico (como as concentrações de dióxido de carbono).

10. **SINTETIZE SEU CONHECIMENTO**

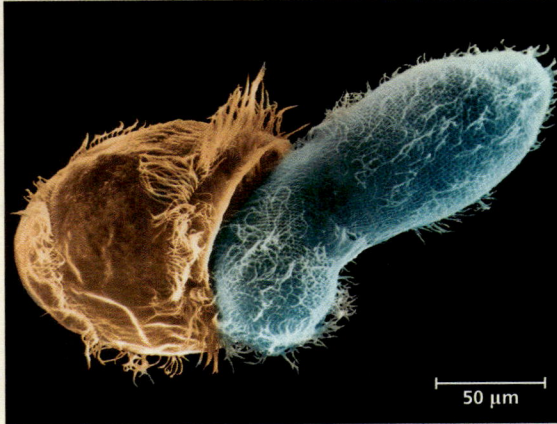

Esta micrografia mostra um eucarioto unicelular, o ciliado *Didinium* (à esquerda), prestes a englobar sua presa *Paramecium*, que também é um ciliado. Identifique o supergrupo eucariótico ao qual os ciliados pertencem e descreva o papel da endossimbiose na história evolutiva desse supergrupo. Esses ciliados são mais estreitamente relacionados a todos os outros protistas do que o são às plantas, fungos ou animais? Explique.

Ver respostas selecionadas no Apêndice A.

29 Diversidade vegetal I: como as plantas colonizaram o ambiente terrestre

CONCEITOS-CHAVE

29.1 As plantas evoluíram de algas verdes *p. 619*

29.2 Musgos e outras plantas avasculares têm ciclos de vida dominados por gametófitos *p. 623*

29.3 Samambaias e outras plantas vasculares sem sementes foram os primeiros vegetais a crescerem em altura *p. 629*

Dica de estudo

Faça uma tabela: À medida que for lendo o capítulo, faça uma tabela de adaptações para a vida no ambiente terrestre, que evoluiu nas plantas após elas divergirem dos seus parentes aquáticos próximos, um grupo de carófitas (algas).

Adaptação	Descrição	Como ela facilita a vida no ambiente terrestre
Cutícula	Revestimento ceroso na superfície externa do corpo	Reduz a dessecação

Figura 29.1 Durante muito tempo na história da Terra, praticamente não havia vida no ambiente terrestre. Alguns procariotos viviam nesse ambiente há 3,2 bilhões de anos, mas foi apenas nos últimos 500 milhões de anos que pequenas plantas, fungos e animais juntaram-se a eles em terra firme. Por fim, há cerca de 385 milhões de anos, surgiram as primeiras florestas (mas com espécies diferentes das encontradas nas florestas atuais).

Quais foram os principais avanços na evolução das plantas?

As plantas originaram-se de algas verdes há aproximadamente 470 milhões de anos.

Cerca de 425 milhões de anos atrás, alguns vegetais primitivos tinham **traços que facilitavam a vida terrestre.**

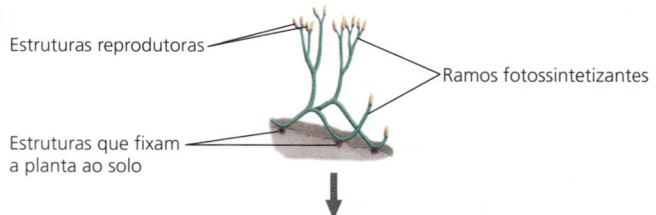

Estruturas reprodutoras

Ramos fotossintetizantes

Estruturas que fixam a planta ao solo

Ao longo do tempo, vegetais primitivos deram origem a uma **rica diversidade de plantas.**

Plantas avasculares (como os musgos)   **Plantas vasculares sem sementes** (como as samambaias)   **Plantas com sementes** (coníferas e angiospermas)

CONCEITO 29.1

As plantas evoluíram de algas verdes

Atualmente, existem mais de 325.000 espécies conhecidas de plantas. Embora algumas delas tenham retornado aos hábitats aquáticos durante sua evolução, a maioria das espécies atuais vive no ambiente terrestre. Neste texto, distinguimos plantas de algas, que são protistas fotossintetizantes.

As plantas possibilitaram que outras formas de vida sobrevivessem no ambiente terrestre. Por exemplo, elas fornecem oxigênio e representam uma fonte fundamental de alimento para os animais terrestres. Além disso, apenas por sua presença, plantas como as árvores de uma floresta criam os hábitats necessários para animais e muitos outros organismos.

Como você viu no Conceito 28.4, as algas verdes denominadas carófitas são os parentes mais próximos das plantas. Começaremos com um exame mais minucioso das evidências dessa relação.

Evidência da ancestralidade algácea

Muitas características fundamentais das plantas terrestres são encontradas em algumas algas. Por exemplo, as plantas são multicelulares, eucarióticas, autotróficas fotossintetizantes, assim como as algas pardas, vermelhas e determinadas algas verdes. As plantas têm paredes celulares compostas de celulose, assim como as algas verdes, os dinoflagelados e as algas pardas. E cloroplastos com clorofilas *a* e *b* estão presentes nas algas verdes, euglenoides e alguns dinoflagelados, bem como nas plantas.

Contudo, as carófitas são as únicas algas atuais que compartilham certos traços distintivos com as plantas terrestres, sugerindo que elas são os parentes atuais mais próximos das plantas. Por exemplo, as células de plantas e carófitas possuem anéis proteicos característicos incorporados à membrana plasmática **(Figura 29.2)**; esses anéis proteicos sintetizam a celulose encontrada na parede celular. Por outro lado, as algas não carófitas têm conjuntos lineares de proteínas que sintetizam celulose. Do mesmo modo, nas espécies vegetais que têm espermatozoide flagelado, a estrutura desse gameta se assemelha mais àquele das carófitas. Análises de DNA nuclear, cloroplastídico e mitocondrial também corroboram a íntima relação entre plantas e carófitas.

Mais especificamente, uma análise recente de aproximadamente 900 genes nucleares codificadores de proteínas revela que as carófitas do clado Zygnematophyceae – como *Zygnema* – são os parentes atuais mais próximos das plantas **(Figura 29.3)**. Embora essa evidência mostre que as plantas surgiram dentro de um grupo de carófitas, isso não significa que elas sejam descendentes dessas algas

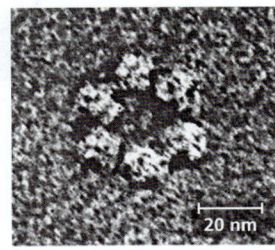

▲ **Figura 29.2** Anéis de proteínas sintetizadoras de celulose (MET com contraste invertido).

▶ **Figura 29.3** *Zygnema*, uma alga intimamente relacionada às plantas. *Zygnema* é uma alga filamentosa de água doce pertencente às Zygnematophyceae, o grupo de carófitas mais intimamente relacionado às plantas.

atuais. Mesmo assim, as carófitas atuais podem nos contar alguma coisa sobre as algas ancestrais das plantas.

Adaptações que permitiram o deslocamento para a terra

Muitas espécies de algas carófitas habitam águas rasas próximas às margens de lagos e lagoas, onde estão sujeitas à dessecação ocasional. Nesses ambientes, a seleção natural favorece algas individuais que conseguem sobreviver em períodos em que não estão submersas. Nas carófitas, uma camada de um polímero resistente, chamado **esporopolenina**, impede a dessecação dos zigotos expostos. Uma adaptação química similar é encontrada nas camadas resistentes de esporopolenina que revestem os esporos vegetais.

A acumulação dessas características em pelo menos uma população de carófitas ancestrais (agora extinta) tornou suas descendentes – as primeiras plantas terrestres – aptas a viverem permanentemente acima da linha da água. Essa capacidade abriu uma nova fronteira: um hábitat terrestre que oferece benefícios enormes. A luz brilhante solar não era mais filtrada pela água e pelo plâncton; a atmosfera oferecia dióxido de carbono mais abundante do que a água; e o solo próximo à margem da água era rico em alguns nutrientes minerais. Todavia, esses benefícios foram acompanhados por desafios: uma relativa escassez de água e a falta de uma sustentação estrutural contra a gravidade (para compreender por que esse suporte é importante, imagine como o corpo delicado de uma água-viva colapsa quando as ondas a levam para a praia). As plantas se diversificaram à medida que novas adaptação permitiram que elas se desenvolvessem, a despeito desses desafios.

Hoje, que adaptações são exclusivas às plantas? A resposta depende de onde você traça o limite separando as plantas terrestres das algas **(Figura 29.4)**. Uma vez que a

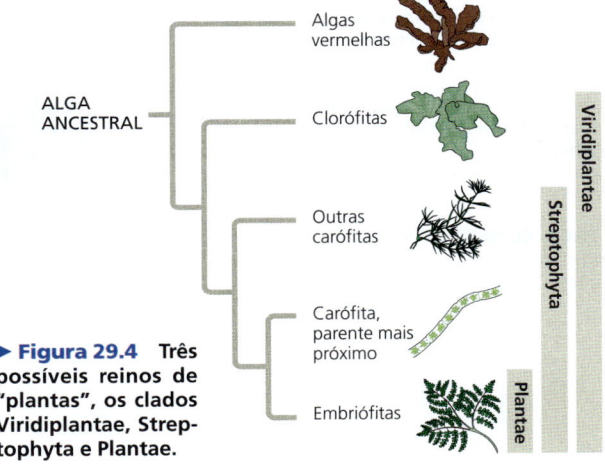

▶ **Figura 29.4** Três possíveis reinos de "plantas", os clados Viridiplantae, Streptophyta e Plantae.

▼ Figura 29.5 Explorando a alternância de gerações

As carófitas carecem das características essenciais de plantas terrestres descritas nesta figura: alternância de gerações e o traço associado de embriões dependentes multicelulares; esporos revestidos produzidos em esporângios; gametângios multicelulares e meristemas apicais. Isso sugere que essas características inexistiam no ancestral comum das plantas terrestres e das carófitas, e, em vez disso, evoluíram como características derivadas nas plantas terrestres. Nem todas as plantas terrestres exibem todas essas características; certas linhagens de plantas perderam algumas delas ao longo do tempo.

Alternância de gerações

Os ciclos de vida de todas as plantas terrestres alternam entre duas gerações de organismos multicelulares distintos: gametófitos e esporófitos. Conforme mostrado no diagrama abaixo (usando uma samambaia como exemplo), cada geração dá origem a outra, processo chamado de **alternância de gerações**. Esse tipo de ciclo reprodutivo evoluiu em vários grupos de algas, mas não ocorre nas carófitas, as algas mais intimamente relacionadas às plantas terrestres. Tenha cuidado para não confundir a alternância de gerações nas plantas com os estágios haploides e diploides nos ciclos de vida de outros organismos que se reproduzem sexuadamente (ver Figura 13.6). A alternância de gerações é caracterizada pelo fato de que o ciclo de vida inclui tanto organismos multicelulares haploides quanto organismos multicelulares diploides. O **gametófito** multicelular haploide ("planta produtora de gametas") é designado por sua produção por mitose de gametas haploides – oosferas e espermatozoides – que se fundem durante a fecundação, formando zigotos diploides. A divisão mitótica do zigoto produz um **esporófito** multicelular diploide ("planta produtora de esporos"). A meiose, em um esporófito maduro, produz **esporos** haploides, células reprodutivas que podem desenvolver um novo organismo haploide sem se fundir com nenhuma outra célula. A divisão mitótica do esporo produz um novo gametófito multicelular, e o ciclo recomeça novamente.

Alternância de gerações: cinco etapas generalizadas

① O gametófito produz gametas haploides por mitose.

② Dois gametas se unem (fecundação) e formam um zigoto diploide.

③ O zigoto se desenvolve em um esporófito multicelular diploide.

④ O esporófito produz esporos unicelulares haploides por meiose.

⑤ Os esporos se desenvolvem em gametófitos multicelulares haploides.

Legenda
→ Haploide (*n*)
→ Diploide (2*n*)

Embriões dependentes multicelulares

Como parte de um ciclo de vida com alternância de gerações, embriões vegetais multicelulares se desenvolvem a partir de zigotos que são retidos dentro dos tecidos do progenitor feminino (um gametófito). Os tecidos parentais protegem o embrião em desenvolvimento de condições ambientais extremas e fornecem nutrientes como açúcares e aminoácidos. O embrião tem *células de transferência placentária* especializadas, que intensificam a transferência de nutrientes para o embrião por meio de elaboradas invaginações da superfície da parede (membrana plasmática e parede celular). O embrião dependente multicelular de plantas terrestres é uma característica derivada tão marcante que essas plantas terrestres também são chamadas de **embriófitas**.

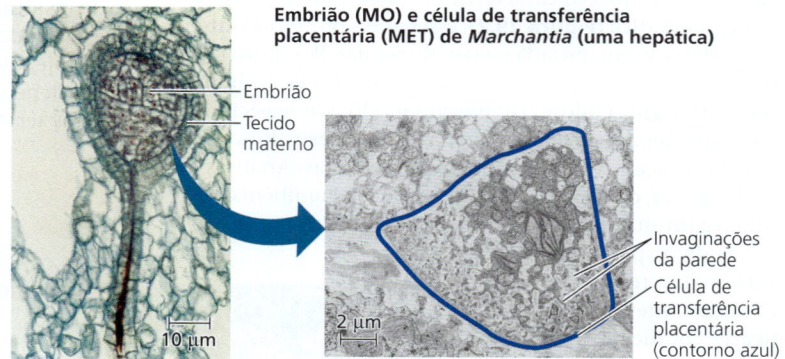

Embrião (MO) e célula de transferência placentária (MET) de *Marchantia* (uma hepática)

FAÇA CONEXÕES Revise os ciclos de vida sexuada na Figura 13.6. Identifique qual tipo de ciclo de vida sexuada tem alternância de gerações e resuma como ele difere dos outros ciclos de vida.

localização desse limite está sujeita a um contínuo debate, este texto usa uma definição tradicional que iguala o reino Plantae às embriófitas (plantas com embriões). Neste contexto, vamos agora examinar as características derivadas que separam as plantas dos seus parentes algais mais próximos.

Características derivadas de plantas

Diversas adaptações que facilitam a sobrevivência e a reprodução no ambiente terrestre seco emergiram após as plantas divergirem das algas aparentadas. Os exemplos de tais características encontradas em plantas, mas não em carófitas, incluem:

- **Alternância de gerações.** Esse tipo de ciclo de vida, consistindo em formas multicelulares onde uma origina outra sucessivamente, é descrito na **Figura 29.5**.
- **Esporos com paredes produzidos em esporângios**. O estágio esporofítico do ciclo de vida vegetal tem órgãos multicelulares denominados **esporângios**, que produzem esporos **(Figura 29.6)**. A esporopolenina, um polímero, torna as paredes desses esporos resistentes a ambientes adversos, permitindo que eles sejam dispersos intactos pelo ar.
- **Meristemas apicais**. As plantas também diferem dos seus parentes algais por possuírem **meristemas apicais**, regiões de divisão celular localizadas nas extremidades de raízes e caules **(Figura 29.7)**. As células dos meristemas apicais podem se dividir ao longo da vida da planta, possibilitando o alongamento de raízes e caules, aumentando, com isso, a exposição da planta aos recursos ambientais.

Em muitas espécies vegetais, evoluíram características derivadas adicionais que se relacionam à vida terrestre. Por exemplo, a epiderme, em muitas espécies, tem uma cobertura, a **cutícula**, que consiste em cera e outros polímeros. Permanentemente expostas ao ar, as plantas correm um risco muito maior de dessecação (ressecamento) do que seus parentes algais. A cutícula atua como impermeabilizante, ajudando a impedir a perda excessiva de água pelos órgãos vegetais acima do solo, enquanto proporciona também

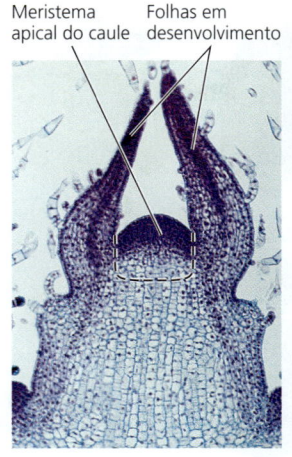

◀ **Figura 29.7 Meristema apical de um caule.** As células produzidas pelos meristemas apicais diferenciam-se na epiderme (externa), que protege o corpo, e em diferentes tipos de tecidos internos, como aqueles presentes nas folhas (MO).

certa proteção contra o ataque microbiano. A maioria das plantas também tem aberturas epidérmicas especializadas, denominadas **estômatos**, que sustentam a fotossíntese ao possibilitarem a troca de CO_2 e O_2 entre o ar externo e a planta (ver Figura 10.3). Os estômatos são também as principais rotas pelas quais a água evapora da planta; em condições secas do período quente, os estômatos fecham, minimizando a perda de água.

As primeiras plantas careciam de raízes e folhas verdadeiras. Sem raízes, como essas plantas absorviam nutrientes do solo? Fósseis datando 420 milhões de anos revelam uma adaptação que pode ter auxiliado as primeiras plantas na absorção de nutrientes: elas formavam associações simbióticas com os fungos. No Conceito 31.1, descreveremos mais detalhadamente essas associações, chamadas *micorrizas*, e seus benefícios tanto para as plantas como para os fungos. Por enquanto, basta frisar que os fungos micorrízicos formam extensas redes de filamentos no solo e transferem nutrientes para sua parceira vegetal simbiótica. Esse benefício pode ter ajudado as plantas sem raízes a colonizar o ambiente terrestre.

Origem e diversificação das plantas

As algas mais estreitamente relacionadas às plantas abrangem muitas espécies unicelulares e pequenas espécies coloniais. Como é provável que as primeiras plantas fossem igualmente pequenas, a procura pelos primeiros fósseis de plantas se concentrou no mundo microscópico. Conforme mencionado anteriormente, os microrganismos colonizaram o ambiente terrestre há 3,2 bilhões de anos. Entretanto, os fósseis microscópicos que documentam a vida no ambiente terrestre mudaram drasticamente há 470 milhões de anos, com o aparecimento dos esporos das primeiras plantas.

O que distingue esses esporos daqueles de algas ou fungos? Uma pista provém de sua composição química, que equivale à composição dos esporos vegetais atuais, mas difere daquela dos esporos de outros organismos. Além disso, as paredes desses esporos primitivos tinham características estruturais atualmente encontradas apenas nos esporos de certas plantas (hepáticas). E, em rochas datando 450 milhões de anos, pesquisadores descobriram esporos semelhantes

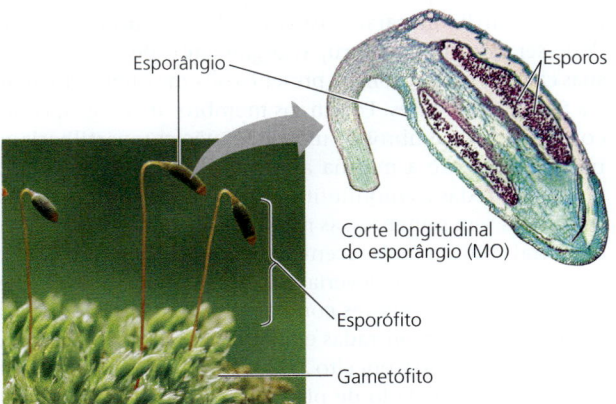

▲ **Figura 29.6 Esporófitos e esporângios de um musgo do gênero *Mnium*.** Cada um dos muitos esporos produzidos por um esporângio possui um envoltório duradouro rico em esporopolenina.

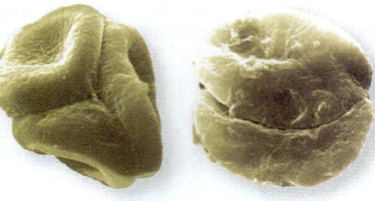

(a) Esporos fossilizados. A composição química e a estrutura da parede desses esporos de 450 milhões de anos equivalem àquelas encontradas em certas plantas atuais.

(b) Tecido esporofítico fossilizado. Os esporos em (a) estavam incorporados ao tecido que parece ser de plantas.

50 μm

▲ **Figura 29.8** **Esporos e tecido de planta primitiva** (imagens coloridas em MEV).

Tabela 29.1	Dez filos de plantas existentes	
	Nome comum	**Número de espécies conhecidas**
Plantas avasculares (briófitas)		
Filo Hepatophyta	Hepáticas	9.000
Filo Bryophyta	Musgos	13.000
Filo Anthocerophyta	Antóceros	225
Plantas vasculares		
Plantas vasculares sem sementes		
Filo Lycophyta	Licófitas	1.200
Filo Monilophyta	Monilófitas	12.000
Plantas com sementes		
Gimnospermas		
Filo Ginkgophyta	Ginkgo	1
Filo Cycadophyta	Cicas	350
Filo Gnetophyta	Gnetófitas	75
Filo Coniferophyta	Coníferas	600
Angiospermas		
Filo Anthophyta	Plantas floríferas	290.000

incorporados ao material vegetal cuticular parecido com o tecido portador de esporos em plantas atuais **(Figura 29.8)**.

Fósseis de estruturas vegetais maiores, como o esporângio de *Cooksonia*, mostrado na **Figura 29.9**, têm 425 milhões de anos – 45 milhões de anos após o aparecimento de esporos vegetais no registro fóssil. Enquanto a idade precisa (e a forma) das primeiras plantas ainda precise ser descoberta, tais espécies ancestrais deram origem à vasta diversidade das plantas atuais. A **Tabela 29.1** fornece uma informação básica sobre os dez filos existentes (linhagens existentes são aquelas que têm membros sobreviventes). À medida que você for lendo o resto desta seção, acompanhe a Tabela 29.1 junto com a **Figura 29.10**, a qual reflete uma visão da filogenia vegetal que se baseia na anatomia, na bioquímica e na genética vegetais.

Um modo de distinguir grupos de plantas é pela presença de um extenso sistema de **tecidos vasculares**, células unidas em tubos que transportam água e nutrientes pelo corpo da planta. As plantas atuais, na maioria, têm um sistema complexo de tecidos vasculares e são, portanto, chamadas **plantas vasculares**. As plantas sem um sistema de transporte extenso – hepáticas, musgos e antóceros – são descritas como "avasculares", mesmo que alguns musgos tenham sistema vascular simples. As plantas avasculares são muitas vezes chamadas informalmente de **briófitas** (do grego, *bryon*, musgo, e *phyton*, planta). Embora o termo *briófita* costume ser utilizado para se referir a todas as plantas avasculares, estudos moleculares

▶ **Figura 29.9** **Esporângio fóssil de *Cooksonia*.** Com exceção da conformação dos seus esporângios, a forma geral de *Cooksonia* era muito similar à da planta primitiva mostrada nas Figura 29.1 e 29.16.

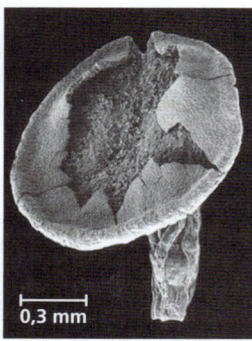

0,3 mm

e análises morfológicas da estrutura do gameta masculino concluíram que as briófitas não formam um grupo monofilético (um clado).

As plantas vasculares, que formam um clado que compreende cerca de 93% de todas as espécies vegetais existentes, podem ser classificadas em clados menores. Dois desses clados são as **licófitas** (os licopódios e espécies afins) e as **monilófitas** (samambaias e espécies afins). Em cada um desses clados, as plantas carecem de sementes, razão pela qual coletivamente os dois clados são chamados, de modo informal, de **plantas vasculares sem sementes**. Entretanto, observe na Figura 29.10 que, assim como as briófitas, as plantas vasculares sem sementes não formam um clado.

Um grupo como as briófitas ou as plantas vasculares sem sementes representa um agrupamento de organismos que compartilham características biológicas fundamentais. Pode ser informativo agrupar organismos de acordo com suas características, como a presença de um sistema vascular e a falta de sementes. Porém, os membros de tal grupo, ao contrário dos membros de um clado, não compartilhariam necessariamente a mesma ancestralidade. Por exemplo, ainda que todas as monilófitas e as licófitas sejam plantas vasculares sem sementes, as monilófitas compartilham um ancestral comum mais recente com plantas com sementes. Como consequência, deveríamos esperar que monilófitas e as plantas com sementes compartilhassem características essenciais não encontradas em licófitas – e assim o fazem, como você verá no Conceito 29.3.

Um terceiro clado de plantas vasculares consiste nas plantas com sementes, que representa a vasta maioria das espécies vegetais atuais. Uma **semente** é um embrião acondicionado, com um suprimento de nutrientes dentro de um

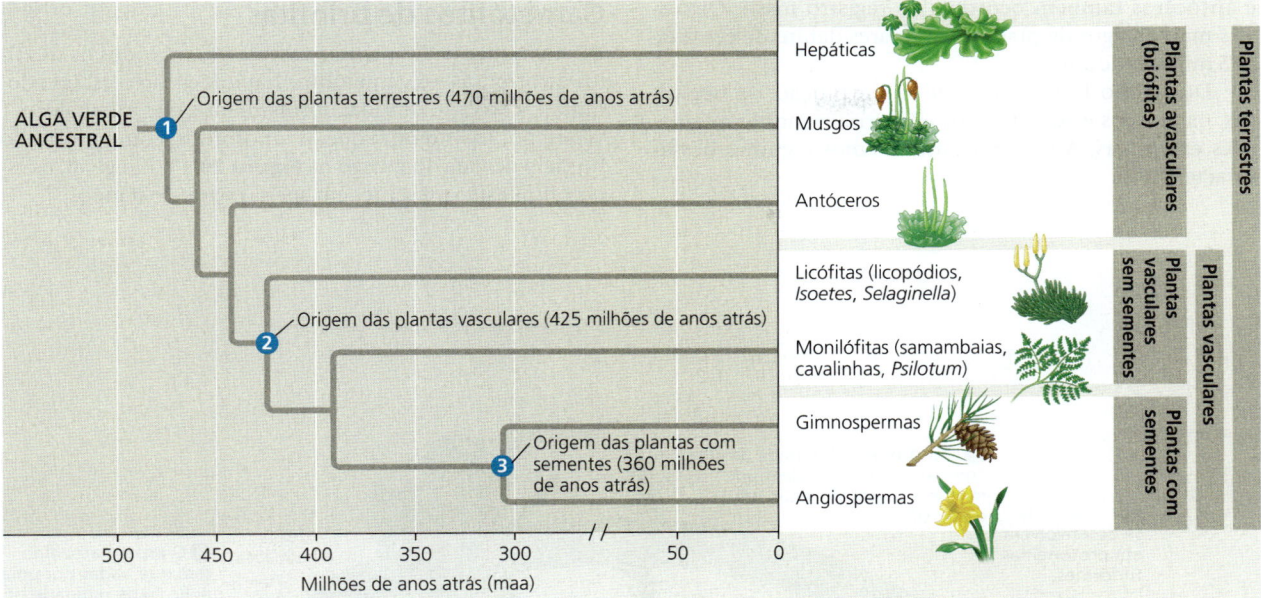

▲ **Figura 29.10 Destaques da evolução vegetal.** A filogenia mostrada aqui ilustra uma hipótese proeminente acerca das relações entre grupos vegetais.

FAÇA CONEXÕES *A figura identifica quais linhagens são plantas, plantas avasculares, plantas vasculares, plantas vasculares sem sementes e plantas com sementes. Quais dessas categorias são monofiléticas e quais são parafiléticas? Explique. (Ver Figura 26.10 para revisar esses termos.)*

revestimento protetor. As plantas com sementes podem ser divididas em dois grupos, as gimnospermas e as angiospermas, com base na ausência ou na presença de câmaras fechadas nas quais as sementes amadurecem. As **gimnospermas** (do grego *gymnos*, nu, e *sperm*, semente) são conhecidas como plantas com "sementes nuas", porque suas sementes não são encerradas em câmaras. As espécies de gimnospermas atuais, das quais as mais conhecidas são as coníferas, formam um clado. As **angiospermas** (do grego *angion*, receptáculo) são um enorme clado consistindo em todas as plantas com flores; suas sementes se desenvolvem dentro de câmaras que se originam dentro de suas flores. Aproximadamente 90% de todas as espécies vegetais atuais são angiospermas.

Observe que a filogenia representada na Figura 29.10 enfoca apenas as relações de parentesco entre linhagens de vegetais existentes atualmente. Os paleobotânicos também descobriram linhagens de plantas extintas. Como você verá posteriormente neste capítulo, esses fósseis podem revelar etapas intermediárias no aparecimento de grupos de plantas encontradas hoje na Terra.

REVISÃO DO CONCEITO 29.1

1. Por que os pesquisadores identificam as carófitas em vez de outro grupo de algas como os parentes atuais mais próximos das plantas?
2. Identifique quatro características derivadas que distinguem as plantas das algas verdes carófitas e que facilitam a vida no ambiente terrestre. Explique.
3. **E SE?** Como seria o ciclo de vida humano se tivéssemos alternância de gerações? Assuma que o estágio multicelular diploide seria semelhante à forma de um ser humano adulto.

Ver as respostas sugeridas no Apêndice A.

CONCEITO 29.2

Musgos e outras plantas avasculares têm ciclos de vida dominados por gametófitos

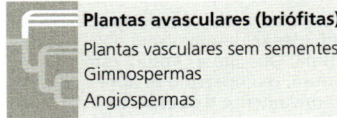

Atualmente, as plantas avasculares (briófitas) são representadas por três filos de pequenas plantas herbáceas (não lenhosas): **hepáticas** (filo Hepatophyta), **musgos** (filo Bryophyta) e **antóceros** (filo Anthocerophyta). As hepáticas e os antóceros são assim denominados pelas suas formas, mais o sufixo *wort* (do anglo-saxão para "erva"). Muitas pessoas estão familiarizadas com os musgos, embora algumas plantas comumente chamadas de "mosses" não sejam verdadeiramente musgos. Esses casos abrangem o musgo-da-Irlanda (*Irish moss*, alga vermelha marinha), o musgo-de-rena (*reindeer moss*, líquen), os licopódios (*club mosses*, plantas vasculares sem sementes) e os musgos espanhóis (*Spanish mosses*, liquens em algumas regiões e angiospermas em outras).

Análises filogenéticas indicam que, no início da história da evolução das plantas, hepáticas, musgos e antóceros divergiram de outras linhagens vegetais (ver Figura 29.10). As evidências fósseis proporcionam algum suporte para essa ideia: os esporos mais antigos de plantas (datando de 450 a 470 milhões de anos) têm características estruturais encontradas apenas nos esporos de hepáticas, e, por 430 milhões de anos, esporos semelhantes aos de musgos e antóceros também ocorrem no registro fóssil. Os fósseis mais antigos de plantas vasculares datam de cerca de 425 milhões de anos.

Durante o longo curso de sua evolução, as hepáticas, os musgos e os antóceros adquiriram muitas adaptações exclusivas. A seguir, examinaremos algumas dessas características.

Gametófitos de briófitas

Diferentemente das plantas vasculares, em todos os três filos de briófitas, os gametófitos haploides são o estágio dominante do ciclo de vida: normalmente, eles são maiores e vivem por mais tempo que os esporófitos, como mostrado no ciclo de vida do musgo na **Figura 29.11**. Em geral, os esporófitos estão presentes em apenas parte do tempo.

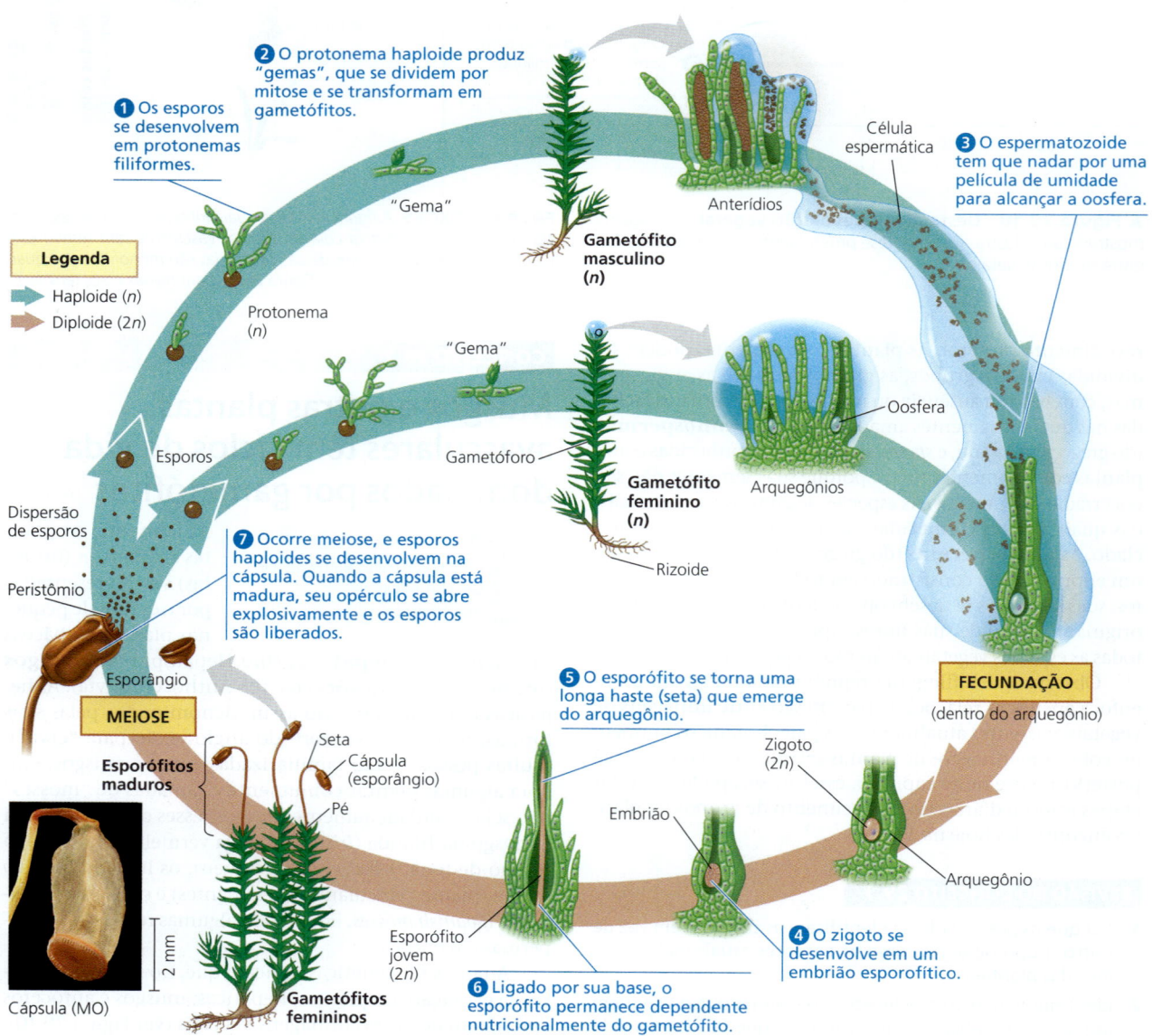

▲ **Figura 29.11** Ciclo de vida de um musgo.

HABILIDADES VISUAIS *Neste diagrama, o espermatozoide que fertiliza a oosfera difere geneticamente dela? Explique.*

Quando os esporos de briófitas são dispersos sobre hábitats favoráveis, como em solo úmido ou em cascas de árvore, eles podem germinar e se transformar em gametófitos. A germinação de esporos de musgo, por exemplo, caracteristicamente produz uma massa de filamentos verdes ramificados de uma célula de espessura, conhecida como **protonema**. Um protonema tem uma área de superfície grande que aumenta sua absorção de água e minerais. Em condições favoráveis, um protonema produz uma ou mais "gemas", cada uma das quais se desenvolve em um gametófito de musgo (observe que, quando nos referimos a plantas avasculares, muitas vezes usamos aspas para estruturas similares a gemas, caules e folhas de plantas vasculares, porque as definições desses termos são baseadas em órgãos de plantas vasculares).

Em geral, gametófitos de briófitas formam tapetes rentes ao substrato, em parte porque as partes de seu corpo são muito delgadas para sustentar uma planta alta. Uma segunda limitação à altura de muitas briófitas é a ausência de sistema vascular, o qual possibilitaria o transporte a longa distância de água e nutrientes (a delgada estrutura dos órgãos de briófitas torna possível que se distribuam materiais a distâncias curtas sem tecidos vasculares especializados). Entretanto, alguns musgos têm tecidos condutores no centro de seus "caules". Como consequência, alguns desses musgos podem crescer até 60 cm de altura. Análises filogenéticas sugerem que tecidos condutores similares aos de plantas vasculares surgiram independentemente nos musgos por evolução convergente.

Os gametófitos são fixados ao substrato por **rizoides** delicados, células individuais longas e tubulares (em hepáticas e antóceros) ou filamentos de células (em musgos). Diferentemente das raízes, que são encontradas nos esporófitos de plantas vasculares, os rizoides carecem de células condutoras especializadas e não exercem um papel fundamental na absorção de água e minerais.

Os gametófitos podem formar **gametângios** múltiplos, estruturas multicelulares que produzem gametas e são revestidas por tecido protetor. Os gametângios femininos são denominados **arquegônios**, e os gametângios masculinos são denominados **anterídios**. Cada arquegônio produz uma oosfera, enquanto cada anterídio produz inúmeros espermatozoides. Alguns gametófitos de briófitas são bissexuais, mas, em musgos, os arquegônios e anterídios geralmente se encontram, respectivamente, nos gametófitos femininos e masculinos, os quais são separados. Espermatozoides flagelados nadam através de uma película de água em direção à oosfera, penetrando o arquegônio, em resposta a atrativos químicos. As oosferas não são liberadas, mas, em vez disso, permanecem no interior dos arquegônios. Após a fertilização, os embriões são retidos dentro dos arquegônios. Camadas de células de transferência placentária ajudam a transportar nutrientes para os embriões à medida que eles se desenvolvem em esporófitos.

Em geral, os espermatozoides de briófitas requerem uma película de água para alcançar as oosferas. Em razão dessa necessidade, não é surpresa que muitas espécies de briófitas sejam encontradas em hábitats úmidos. O fato de o espermatozoide deslocar-se na água para alcançar a oosfera também significa que, em espécies com gametófitos masculinos e femininos separados (a maioria das espécies de musgos), a reprodução sexuada tem mais probabilidade de sucesso quando os indivíduos estão localizados próximos um do outro.

▲ **Figura 29.12** Corpo reprodutivo de um musgo.

Muitas espécies de briófitas podem aumentar o número de indivíduos em uma determinada área por meio de vários métodos de reprodução assexuada. Por exemplo, alguns musgos se reproduzem assexuadamente pela formação de *corpos reprodutivos* (propágulos), bulbilhos pequenos que se destacam da planta-mãe e se transformam em novas cópias geneticamente idênticas ao seu progenitor **(Figura 29.12)**.

Esporófitos de briófitas

As células dos esporófitos de briófitas contêm plastídios que são geralmente verdes e fotossintetizantes quando os esporófitos são jovens. Mesmo assim, os esporófitos das briófitas não podem viver de forma independente. Um esporófito de briófita permanece unido ao seu gametófito parental durante toda a sua vida, dependendo dele para supri-lo de açúcares, aminoácidos, minerais e água.

As briófitas têm os menores esporófitos de todos os grupos vegetais existentes. Um esporófito de briófita típico consiste em um pé, uma seta e um esporângio. Inserido no arquegônio, o **pé** absorve nutrientes do gametófito. A **seta**, ou haste, conduz esses materiais ao esporângio, também chamado de **cápsula**, que os utiliza para produzir esporos por meiose.

Os esporófitos de briófitas podem produzir números enormes de esporos. Uma única cápsula de musgo, por exemplo, pode gerar até 5 milhões de esporos. Na maioria dos musgos, a seta se torna alongada, aumentando a dispersão dos esporos pela elevação da cápsula. Em geral, a parte superior da cápsula apresenta um anel de estruturas denteadas interconectadas, conhecido como **peristômio** (ver Figura 29.11). Esses "dentes" se abrem sob condições secas e fecham novamente quando está úmido. Isso permite que os esporos dos musgos sejam descarregados gradualmente, por meio de rajadas periódicas de vento, que podem transportá-los a distâncias longas.

Muitas vezes, os esporófitos de musgos e de antóceros são maiores e mais complexos do que os de hepáticas. Por exemplo, os esporófitos de antóceros, que superficialmente se assemelham a lâminas foliares de gramíneas, têm uma cutícula. Os esporófitos de musgos e de antóceros também têm estômatos, assim como todas as plantas vasculares (mas não as hepáticas).

A **Figura 29.13** mostra alguns exemplos de gametófitos e esporófitos dos filos das briófitas.

▼ **Figura 29.13** **Explorando a diversidade das briófitas**

Hepáticas (Filo Hepatophyta)

Os nomes comum e científico deste filo (do latim *hepaticus*, fígado) se referem aos gametófitos em forma de fígado de seus membros, como *Marchantia*, mostrada abaixo. Nos tempos medievais, acreditava-se que sua forma fosse um sinal de que as plantas poderiam auxiliar no trato de doenças hepáticas.

Algumas hepáticas, incluindo *Marchantia*, são descritas como "talosas", devido à forma achatada de seus gametófitos. Os gametângios de *Marchantia* são elevados sobre hastes parecendo-se com árvores em miniatura. Você precisaria de uma lente de aumento para ver os esporófitos, que têm uma seta curta (haste), com uma cápsula oval ou redonda. Outras hepáticas, como *Plagiochila*, mostradas a seguir, são chamadas de "folhosas", porque seus gametófitos, semelhantes a caules, têm muitos apêndices parecidos com folhas. Há muito mais espécies de hepáticas folhosas do que talosas.

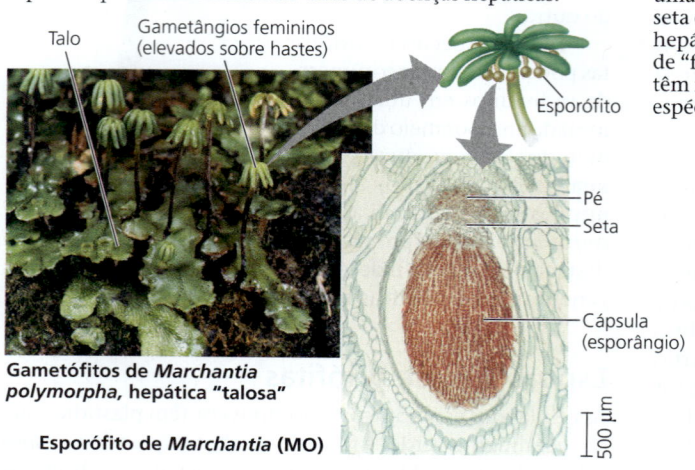

Gametófitos de *Marchantia polymorpha*, hepática "talosa"

Esporófito de *Marchantia* (MO)

Plagiochila deltoidea, hepática "folhosa"

Antóceros (Filo Anthocerophyta)

Os nomes comum e científico deste filo (do grego *keras*, chifre) referem-se à forma cônica e alongada do esporófito. Um esporófito típico pode crescer até cerca de 5 cm de altura. Ao contrário de um esporófito de hepática ou de musgo, um esporófito de antócero carece de uma seta e consiste apenas em um esporângio. O esporângio libera esporos maduros pela abertura de uma rachadura que começa na ponta do chifre. Em geral, os gametófitos têm de 1 a 2 cm de diâmetro, crescem horizontalmente e muitas vezes têm múltiplos esporófitos unidos. Os antóceros normalmente estão entre as primeiras espécies a colonizarem áreas abertas com solos úmidos; uma relação simbiótica com cianobactérias fixadoras de nitrogênio contribui para isso (o nitrogênio costuma ser escasso nessas áreas).

Anthoceros, espécie de antócero

Musgos (Filo Bryophyta)

Os gametófitos de musgo, que variam em altura desde menos de 1 mm até 2 m, têm menos de 15 cm de altura na maioria das espécies. O conhecido tapete de musgo que enxergamos consiste principalmente em gametófitos. As lâminas de suas "folhas" costumam ter apenas uma célula de espessura, mas "folhas" mais complexas, que têm costas revestidas com cutícula podem ser encontradas no musgo comum (*Polytrichum*, mostrado a seguir) e em seus parentes próximos. Em geral, os esporófitos de musgos são alongados e visíveis a "olho nu", com alturas variando até cerca de 20 cm. Embora verdes e fotossintetizantes quando jovens, eles se tornam acastanhados ou vermelho-amarronzados quando prontos para liberar os esporos.

O musgo *Polytrichum commune*

Importância ecológica e econômica dos musgos

A dispersão de esporos leves pelo vento distribuiu os musgos por todo o mundo. Essas plantas são particularmente comuns e diversas em florestas e áreas úmidas. Alguns musgos colonizam ambientes arenosos descobertos onde os pesquisadores constataram que eles ajudam a reter o nitrogênio no solo **(Figura 29.14)**. Em florestas de coníferas setentrionais, espécies do musgo plumoso *Pleurozium* abrigam cianobactérias fixadoras de nitrogênio que aumentam a disponibilidade desse elemento no ecossistema. Outros musgos habitam ambientes extremos, como o topo de montanhas, tundra e desertos. Muitos musgos são capazes de viver em hábitats muito frios ou secos, pois conseguem sobreviver à perda da maior parte da água de seus corpos e, então, se reidratar, quando a umidade estiver disponível. Poucas plantas vasculares conseguem sobreviver a esse grau de dessecação. Além disso, compostos fenólicos nas paredes celulares de musgos absorvem níveis prejudiciais de radiação UV, presentes em desertos ou em altitudes elevadas.

Um gênero de musgo de áreas úmidas, *Sphagnum*, ou "musgo de turfa", é normalmente um componente importante de depósitos de material orgânico parcialmente decomposto, conhecido como **turfa (Figura 29.15a)**. Regiões pantanosas com espessas camadas de turfa são chamadas turfeiras. *Sphagnum* não se decompõe facilmente, em parte devido aos compostos fenólicos incorporados às suas paredes celulares. Temperatura, pH e nível de oxigênio baixos das turfeiras também inibem a decomposição desse musgo e de outros organismos nessas áreas úmidas pantanosas. Em decorrência disso, algumas turfeiras preservaram cadáveres de milhares de anos **(Figura 29.15b)**.

A turfa foi, por muito tempo, uma fonte de combustível na Europa e na Ásia e hoje ainda é extraída para combustível, especialmente na Irlanda e no Canadá. O musgo de turfa é útil também como corretivo do solo e como embalagem

▼ Figura 29.14 Pesquisa

As briófitas podem reduzir a taxa com que nutrientes essenciais são perdidos dos solos?

Experimento Os solos nos ecossistemas terrestres são geralmente pobres em nitrogênio, um nutriente necessário para o crescimento vegetal normal. Richard Bowden, do Allegheny College, mediu as entradas anuais (ganhos) e saídas (perdas) de nitrogênio em um ecossistema de solo arenoso dominado pelo musgo *Polytrichum*. As entradas de nitrogênio foram medidas a partir da chuva (íons dissolvidos, como nitrato, NO_3^-), fixação biológica de N_2 e deposição pelo vento. As perdas de nitrogênio foram medidas na água lixiviada (íons dissolvidos, como NO_3^-) e emissões gasosas (como N_2O emitido por bactérias). Bowden mediu as perdas em solos com *Polytrichum* e em solos onde o musgo foi removido dois meses antes do início do experimento.

Resultados Um total de 10,5 kg de nitrogênio por hectare (kg/ha) entrou no ecossistema a cada ano. Pouco nitrogênio foi perdido por emissões gasosas [0,10 kg/(ha · ano)]. Os resultados comparando as perdas de nitrogênio por lixiviação são mostrados a seguir.

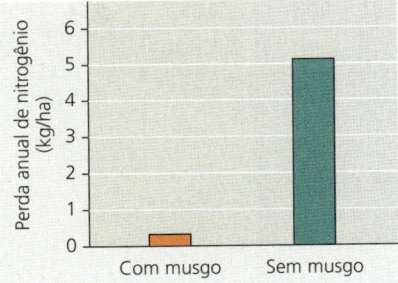

Conclusão O musgo *Polytrichum* reduziu consideravelmente a perda de nitrogênio por lixiviação nesse ecossistema. Cada ano, o ecossistema com musgo reteve cerca de 95% da entrada total de 10,5 kg/ha de nitrogênio (apenas 0,1 kg/ha e 0,3 kg/ha foram perdidos por emissões gasosas e lixiviação, respectivamente).

Dados de R. D. Bowden, Inputs, outputs, and accumulation of nitrogen in an early successional moss (*Polytrichum*) ecosystem, *Ecological Monographs* 61:207-223 (1991).

E SE? *Como a presença de* Polytrichum *pode afetar as espécies de plantas que costumam colonizar os solos arenosos depois dos musgos?*

(a) Turfa sendo extraída de uma turfeira

(b) O "homem de Tollund", múmia datando de 405 a 100 a.C. As condições ácidas e pobres em oxigênio produzidas por *Sphagnum* podem preservar corpos de seres humanos e outros animais por milhares de anos.

▲ **Figura 29.15** *Sphagnum*, ou musgo de turfa: uma briófita com importância econômica, ecológica e arqueológica.

Exercício de habilidades científicas

Elaboração de gráficos de barra e interpretação dos dados

As plantas avasculares poderiam ter causado o intemperismo das rochas e contribuído para a mudança climática durante o período Ordoviciano? Os vestígios mais antigos de plantas terrestres são esporos fossilizados formados há 470 milhões de anos. Entre aquela época e o fim do período Ordoviciano, há 444 milhões de anos, o nível atmosférico de CO_2 caiu pela metade, e a temperatura baixou drasticamente.

Uma causa possível da queda no CO_2 durante o período Ordoviciano é a decomposição (intemperismo) de rochas. À medida que a rocha é intemperizada, o silicato de cálcio (Ca_2SiCO_3) é liberado e reage com o CO_2 do ar, produzindo carbonato de cálcio ($CaCO_3$). Atualmente, as raízes de plantas vasculares intensificam o intemperismo das rochas e a liberação de minerais pela produção de ácidos decompositores de rocha e solo. Embora faltem raízes nas plantas avasculares, elas requerem os mesmos nutrientes minerais que as plantas vasculares. As plantas avasculares também poderiam aumentar o intemperismo químico das rochas? Se a resposta for sim, elas poderiam ter contribuído para o declínio do CO_2 na atmosfera durante o Ordoviciano. Neste exercício, você interpretará dados de um estudo dos efeitos do musgo sobre a liberação de minerais de dois tipos de rocha.

Como o experimento foi realizado Os pesquisadores instalaram microcosmos experimentais e microcosmos-controle, ou pequenos ecossistemas artificiais, para medir a liberação de minerais das rochas. Primeiro, eles colocaram fragmentos de rochas de origem vulcânica, granito ou andesito, em pequenos recipientes de vidro. Depois, eles misturaram água e musgo macerado (cortado e triturado) de *Physcomitrella patens*. Eles adicionaram essa mistura ao microcosmo experimental (72 de granito e 41 de andesito). Para o microcosmo-controle (77 de granito e 37 de andesito), eles removeram o musgo por filtração e adicionaram apenas água. Após 130 dias, eles mediram as quantidades de vários minerais encontrados na água dos microcosmos-controle e na água e musgo dos microcosmos experimentais.

Dados do experimento O musgo cresceu (aumentou sua biomassa) nos microcosmos experimentais. A tabela mostra as quantidades médias em micromoles (μmol) de vários minerais medidos na água e no musgo dos microcosmos.

INTERPRETE OS DADOS

1. Por que os pesquisadores adicionaram o filtrado, do qual o musgo macerado foi removido, aos microcosmos-controle?
2. Construa dois gráficos de barras (para o granito e para o andesito), comparando as quantidades médias de cada elemento intemperizado das rochas nos microcosmos-controle e experimentais. (Dica: Para um microcosmo experimental, que soma representa a quantidade total intemperizada das rochas?) (Para informação adicional sobre gráficos de barras, ver a Revisão de Habilidades Científicas no Apêndice D.)
3. Globalmente, qual é o efeito do musgo sobre o intemperismo químico da rocha? Os resultados são semelhantes ou diferentes para o granito e o andesito?
4. Com base em seus resultados experimentais, os pesquisadores adicionaram o intemperismo das rochas por plantas avasculares a modelos de simulação do clima Ordoviciano. Os novos modelos previram a redução dos níveis de CO_2 e o resfriamento global suficiente para produzir glaciações no final do período Ordoviciano. Que suposições os pesquisadores fizeram ao usar os resultados de seus experimentos em modelos de simulação climática?
5. "A vida mudou a Terra profundamente." Explique se esses resultados experimentais sustentam ou não essa afirmação.

	Ca^{2+} (μmol)		Mg^{2+} (μmol)		K^+ (μmol)	
	Granito	Andesito	Granito	Andesito	Granito	Andesito
Quantidade média intemperizada liberada na água nos microcosmos de controle	1,68	1,54	0,42	0,13	0,68	0,60
Quantidade média intemperizada liberada na água nos microcosmos experimentais	1,27	1,84	0,34	0,13	0,65	0,64
Quantidade média intemperizada captada pelo musgo nos microcosmos experimentais	1,09	3,62	0,31	0,56	1,07	0,28

Dados de T.M. Lenton et al., First plants cooled the Ordovician, *Nature Geoscience* 5:86-89 (2012).

---

de raízes de plantas durante o transporte, uma vez que tem grandes células mortas capazes de absorver até 20 vezes o seu peso em água.

Turfeiras cobrem 3% da superfície continental da Terra, mas contêm um terço do carbono do solo mundial: globalmente, estima-se que 500 bilhões de toneladas de carbono orgânico estejam armazenadas como turfa. A atual sobre-exploração de *Sphagnum* – principalmente para uso em centrais elétricas alimentadas com turfa – contribui para o aquecimento global graças à liberação do CO_2 armazenado. Além disso, se as temperaturas globais continuarem a subir, acredita-se que os níveis de água de algumas turfeiras venham a sofrer redução. Essa mudança exporia a turfa ao ar e causaria sua decomposição, liberando, assim, o CO_2 adicional armazenado e contribuindo para o aquecimento global. Os efeitos históricos e os esperados de *Sphagnum* sobre o clima global ressaltam a importância da preservação e do manejo das turfeiras.

Os musgos podem ter uma longa história de influência sobre a mudança climática. No **Exercício de habilidades científicas**, você explorará se eles atuaram desse modo durante o período Ordoviciano e sua contribuição para o intemperismo das rochas.

CAPÍTULO 29 DIVERSIDADE VEGETAL I: COMO AS PLANTAS COLONIZARAM O AMBIENTE TERRESTRE

REVISÃO DO CONCEITO 29.2

1. Como as briófitas diferem de outras plantas?
2. Dê três exemplos de como a estrutura se ajusta à função em briófitas.
3. **FAÇA CONEXÕES** Revise a discussão da regulação da retroalimentação no Conceito 1.1. Os efeitos do aquecimento global sobre as turfeiras poderiam alterar a concentração de CO_2 de maneira que resulte em retroalimentação negativa ou positiva? Explique.

Ver as respostas sugeridas no Apêndice A.

CONCEITO 29.3

Samambaias e outras plantas vasculares sem sementes foram os primeiros vegetais a crescerem em altura

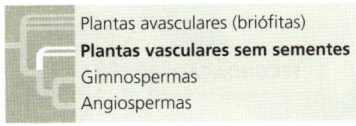

Durante os primeiros 100 milhões de anos de evolução vegetal, as briófitas foram os tipos de vegetação importantes. Contudo, são as plantas vasculares que dominam a maior parte das paisagens atuais. Os fósseis mais antigos de plantas vasculares datam 425 milhões de anos. Essas plantas careciam de sementes, mas apresentavam sistemas vasculares bem-desenvolvidos, uma novidade evolutiva que preparou o estágio para outras plantas vasculares crescerem mais alto do que as briófitas, suas contemporâneas. Como em briófitas, entretanto, os espermatozoides de samambaias e de todas as outras plantas vasculares sem sementes são flagelados e nadam em uma película de água para alcançar as oosferas. Em parte devido a esses espermatozoides natantes, as plantas vasculares sem sementes atuais são mais comuns em ambientes úmidos.

Origens e características de plantas vasculares

Ao contrário das plantas avasculares, as primeiras plantas vasculares tinham esporófitos ramificados, independentes dos gametófitos para a nutrição **(Figura 29.16)**. Embora essas plantas vasculares primitivas tivessem menos de 20 cm de altura, suas ramificações possibilitaram a seus corpos tornarem-se mais complexos e ter esporângios múltiplos. À medida que os corpos das plantas tornaram-se progressivamente complexos, a competição por espaço e por luz solar provavelmente aumentou. Como veremos, essa competição pode ter estimulado ainda mais a evolução nas plantas vasculares, levando, por fim, à formação das primeiras florestas.

As plantas vasculares primitivas tinham algumas características derivadas encontradas em plantas vasculares atuais, mas careciam de raízes e de algumas outras adaptações que evoluíram mais tarde. Os principais atributos que caracterizam as plantas vasculares existentes são os ciclos de vida com esporófitos dominantes, o transporte em sistemas vasculares chamados xilema e floema, e raízes e folhas bem-desenvolvidas, incluindo folhas produtoras de esporos, chamadas esporofilos.

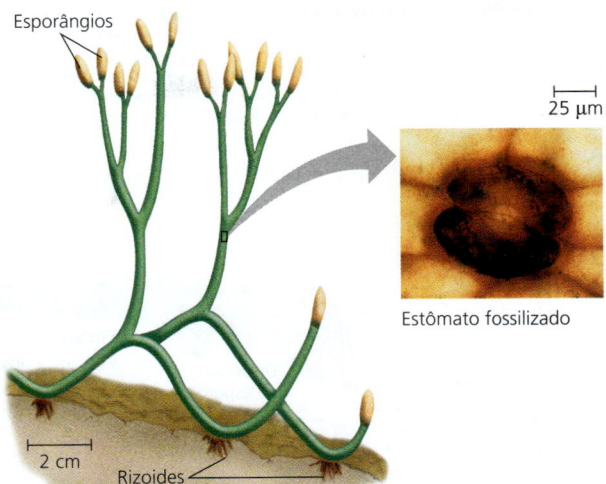

▲ **Figura 29.16 Esporófitos de *Aglaophyton major*, parente ancestral de plantas vasculares atuais.** Esta reconstrução de fósseis de 405 milhões de anos idade exibe ramificação dicotômica (em forma de Y) com esporângios nas extremidades dos ramos. A ramificação de esporófitos caracteriza as plantas vasculares atuais, mas inexiste em plantas avasculares atuais (briófitas). *Aglaophyton* tinha estruturas denominadas rizoides, que o fixavam ao substrato. O destaque mostra um estômato fossilizado de *A. major* (MO colorida).

Ciclos de vida com esporófitos dominantes

Como mencionado anteriormente, os musgos e outras briófitas têm ciclos de vida dominados pelos gametófitos (ver Figura 29.11). As evidências fósseis sugerem que uma mudança começou a se desenvolver nos ancestrais das plantas vasculares, cujos gametófitos e esporófitos eram aproximadamente iguais em tamanho. Reduções posteriores no tamanho dos gametófitos ocorreram entre as plantas vasculares existentes; nesses grupos, a geração esporofítica é a forma maior e mais complexa na alternância de gerações **(Figura 29.17)**. Em samambaias, por exemplo, as plantas com folhas bem evidentes são os esporófitos. Você teria de se ajoelhar e procurar com cuidado no solo para encontrar gametófitos de samambaia, estruturas minúsculas que, em geral, crescem sobre ou logo abaixo da superfície do solo.

O transporte no xilema e no floema

As plantas vasculares têm dois tipos de sistema vascular: xilema e floema (ver Figura 35.10). O **xilema** conduz a maior parte da água e minerais. O xilema de todas as plantas vasculares inclui **traqueídes**, células tubuliformes que transportam água e minerais para cima a partir das raízes. As células condutoras de água do xilema, mortas na maturidade funcional, são *lignificadas*; isto é, suas paredes celulares são reforçadas pelo polímero **lignina**. O sistema denominado **floema** tem células organizadas em tubos, que distribuem açúcares, aminoácidos e outros produtos orgânicos; essas células são vivas na maturidade funcional.

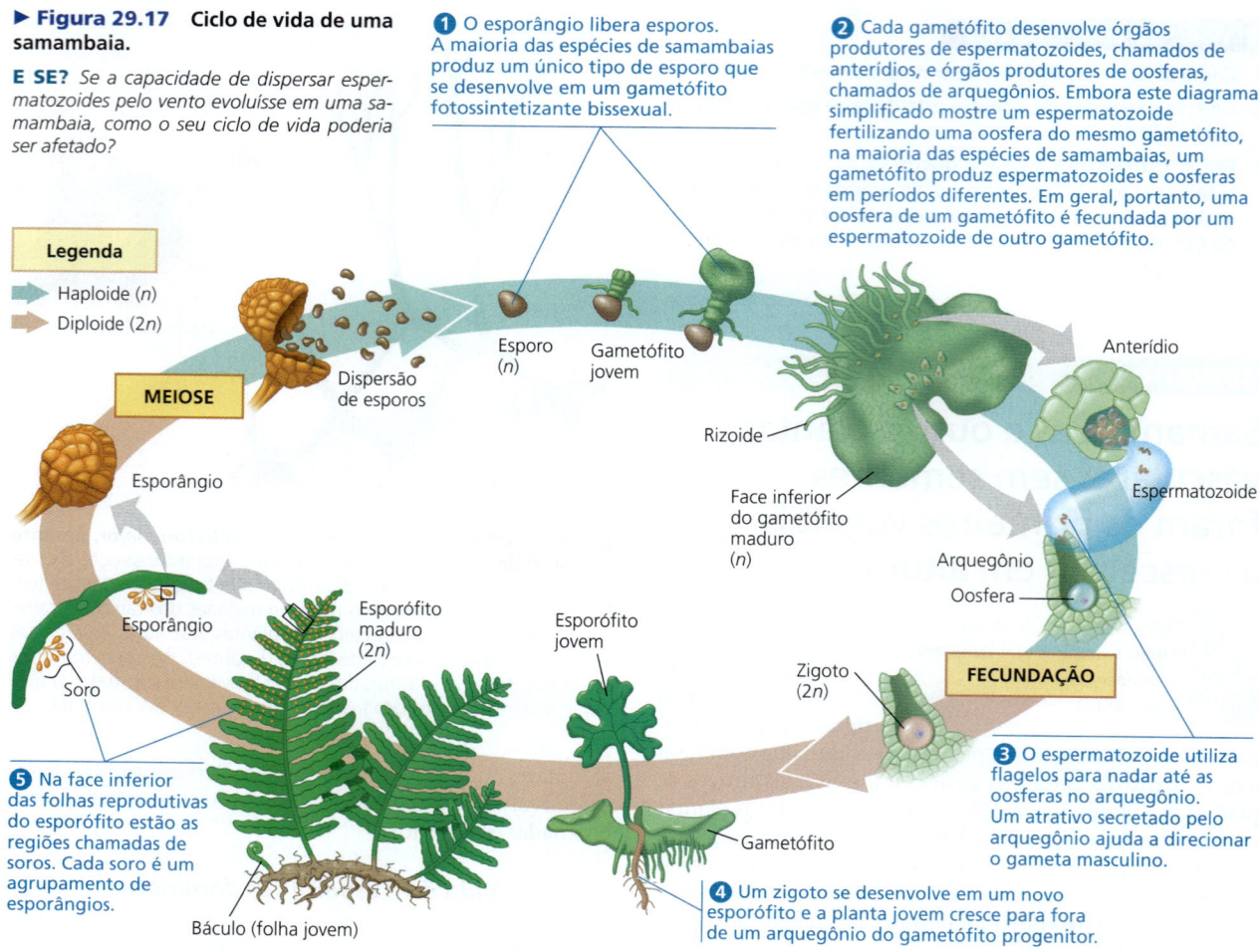

▶ **Figura 29.17** Ciclo de vida de uma samambaia.

E SE? Se a capacidade de dispersar espermatozoides pelo vento evoluísse em uma samambaia, como o seu ciclo de vida poderia ser afetado?

❶ O esporângio libera esporos. A maioria das espécies de samambaias produz um único tipo de esporo que se desenvolve em um gametófito fotossintetizante bissexual.

❷ Cada gametófito desenvolve órgãos produtores de espermatozoides, chamados de anterídios, e órgãos produtores de oosferas, chamados de arquegônios. Embora este diagrama simplificado mostre um espermatozoide fertilizando uma oosfera do mesmo gametófito, na maioria das espécies de samambaias, um gametófito produz espermatozoides e oosferas em períodos diferentes. Em geral, portanto, uma oosfera de um gametófito é fecundada por um espermatozoide de outro gametófito.

❸ O espermatozoide utiliza flagelos para nadar até as oosferas no arquegônio. Um atrativo secretado pelo arquegônio ajuda a direcionar o gameta masculino.

❹ Um zigoto se desenvolve em um novo esporófito e a planta jovem cresce para fora de um arquegônio do gametófito progenitor.

❺ Na face inferior das folhas reprodutivas do esporófito estão as regiões chamadas de soros. Cada soro é um agrupamento de esporângios.

O sistema vascular lignificado ajudou a capacitar as plantas vasculares para o crescimento em altura. Seus caules tornaram-se suficientemente fortes para proporcionar suporte contra a gravidade, possibilitando o transporte de água e nutrientes minerais bem acima do solo. Plantas altas poderiam também suplantar plantas baixas pelo acesso à luz solar necessária para a fotossíntese. Além disso, os esporos de plantas altas poderiam se dispersar para mais longe do que os de plantas baixas, possibilitando às espécies altas colonizar rapidamente novos ambientes. Globalmente, a capacidade de crescer em altura deu às plantas vasculares uma vantagem competitiva sobre as plantas avasculares, que geralmente têm menos de 5 cm de altura. Ao longo do tempo, a competição entre as plantas vasculares também teria aumentado, levando à seleção de formas de crescimento mais altas – um processo que, por fim, deu origem às árvores que constituíram as primeiras florestas, há 385 milhões de anos.

Evolução das raízes

O sistema vascular proporciona benefícios também abaixo do solo. Em vez dos rizoides vistos nas briófitas, raízes evoluíram nos esporófitos de quase todas as plantas vasculares. As **raízes** são órgãos que absorvem água e nutrientes a partir do solo. As raízes também fixam as plantas vasculares ao substrato, permitindo, assim, que o sistema aéreo se torne mais alto.

Os tecidos das raízes das plantas atuais se assemelham muito aos tecidos caulinares das primeiras plantas vasculares preservadas em fósseis. Isso sugere que as raízes talvez tenham evoluído das porções inferiores abaixo do solo dos caules em plantas vasculares primitivas. Não está claro se as raízes evoluíram apenas uma vez no ancestral comum de todas as plantas vasculares ou de forma independente em linhagens diferentes. Embora as raízes dos membros atuais dessas linhagens de plantas vasculares compartilhem muitas semelhanças, a evidência fóssil aponta para a convergência evolutiva. Os fósseis mais antigos de licófitas, por exemplo, já exibiam raízes simples há 400 milhões de anos, quando os ancestrais de samambaias e plantas com sementes ainda não existiam. O estudo de genes que controlam o desenvolvimento de raízes em diferentes espécies de plantas vasculares pode ajudar a resolver essa questão.

Evolução das folhas

As **folhas** são estruturas que servem como os principais órgãos fotossintetizantes das plantas vasculares. Em termos

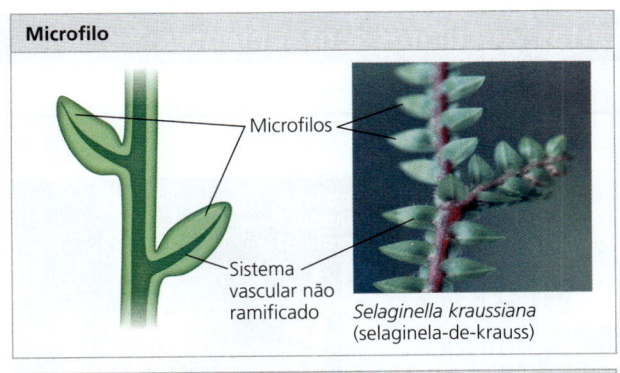
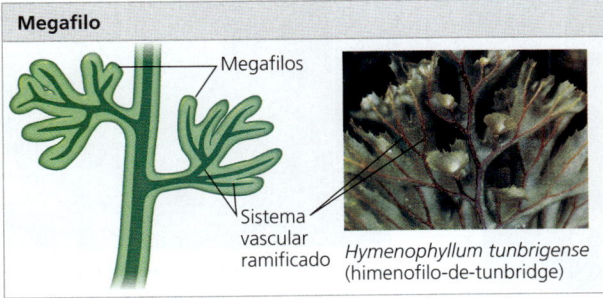

▲ Figura 29.18 Microfilos e megafilos.

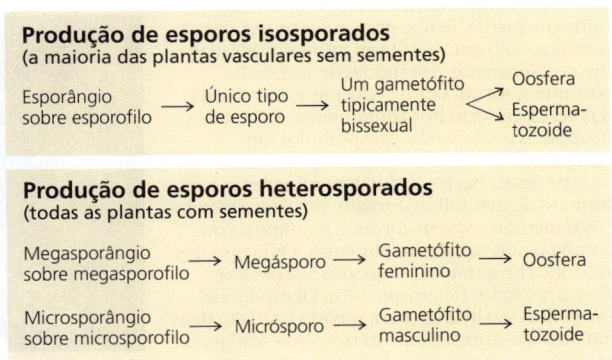

de tamanho e complexidade, as folhas podem ser classificadas tanto como microfilos quanto como megafilos **(Figura 29.18)**. Todas as licófitas (a linhagem mais antiga de plantas vasculares existentes) – e apenas as licófitas – têm **microfilos**, folhas pequenas, geralmente em forma de espinho, sustentadas por um cordão único de sistema vascular. Quase todas as outras plantas vasculares têm **megafilos**, folhas com sistema vascular altamente ramificado; algumas espécies têm folhas reduzidas que parecem ter evoluído de megafilos. Em geral, os megafilos são maiores do que os microfilos e, portanto, sustentam maior produtividade fotossintética do que microfilos. Os microfilos apareceram pela primeira vez no registro fóssil há 410 milhões de anos, mas os megafilos só surgiram depois de 370 milhões de anos, próximo ao final do período Devoniano.

Esporofilos e variações de esporos

Um marco na evolução das plantas foi o surgimento de **esporofilos**, folhas modificadas que produzem esporângios. Os esporofilos variam bastante em estrutura. Por exemplo, os esporofilos de samambaias produzem aglomerados de esporângios conhecidos como **soros**, geralmente sobre a face inferior dos esporofilos (ver Figura 29.17). Em muitas licófitas e na maioria das gimnospermas, grupos de esporofilos formam estruturas em forma de cones, chamadas de **estróbilos** (do grego, *strobilos*, cone). Os esporofilos de angiospermas são denominados *carpelos* e *estames* (ver Figura 30.8).

Na sua maioria, as espécies das plantas vasculares sem sementes são **isosporadas**: elas possuem um tipo de esporângio que produz um tipo de esporo, que se desenvolve em um gametófito bissexual, como na maioria das samambaias.

Uma espécie **heterosporada**, ao contrário, tem dois tipos de esporofilos, denominados megasporofilos e microsporofilos. Os megasporofilos possuem megasporângios, os quais produzem **megásporos**, esporos que se desenvolvem em gametófitos femininos. Os microsporofilos portam microsporângios, que produzem **micrósporos**, esporos menores que se desenvolvem em gametófitos masculinos. Todas as plantas com sementes e umas poucas plantas vasculares sem sementes são heterosporadas. O diagrama a seguir compara as duas condições:

Classificação de plantas vasculares sem sementes

Como observamos anteriormente, os biólogos reconhecem dois clados de plantas vasculares sem sementes atuais: as licófitas (filo Lycophyta) e as monilófitas (filo Monilophyta). As licófitas abrangem os licopódios, as selaginelas e os isoetes. As monilófitas abrangem as samambaias, as cavalinhas, *Psilotum* e afins. Embora as samambaias, as cavalinhas e *Psilotum* difiram bastante em aparência, comparações anatômicas e moleculares recentes apresentam evidências convincentes de que esses três grupos constituem um clado. Por conseguinte, hoje muitos sistematas os classificam junto com o filo Monilophyta, como fizemos neste capítulo. Outros se referem a esses grupos como três filos separados dentro de um clado. A **Figura 29.19** descreve os dois grupos principais de plantas vasculares sem sementes.

Filo Licophyta: licopódios, selaginelas e isoetes

As espécies de licófitas atuais são relictos de um passado muito mais imponente. No período Carbonífero (há 359-299 milhões de anos), a linhagem evolutiva das licófitas incluía pequenas plantas herbáceas e árvores gigantescas com diâmetros de mais de 2 m e alturas de mais de 40 m. As licófitas arbóreas gigantes proliferaram-se por milhões de anos em pântanos, mas sua diversidade entrou em declínio quando o clima da Terra tornou-se mais seco, durante o período Permiano (há 299-252 milhões de anos). As licófitas pequenas sobreviveram, sendo representadas hoje por cerca de 1.200 espécies. Embora algumas sejam comumente chamadas de *club mosses* (licopódios) e *spikemosses* (selaginelas), elas não são musgos verdadeiros (os quais, como discutido antes, são plantas avasculares).

▼ Figura 29.19 **Explorando a diversidade das plantas vasculares sem sementes**

Licófitas (Filo Licophyta)

Muitas licófitas crescem sobre árvores tropicais, como epífitas, plantas que usam outras plantas como substrato, mas que não são parasitos. Outras espécies crescem sobre o chão de florestas temperadas. Em algumas espécies, os gametófitos minúsculos vivem acima da superfície do solo e são fotossintetizantes. Em outras, vivem abaixo da superfície, alimentados por fungos simbióticos.

Os esporófitos têm caules eretos com muitas folhas pequenas, bem como caules prostrados juntos ao solo que produzem raízes ramificadas dicotomicamente. As espécies de *Selaginella* costumam ser um tanto pequenas e, na maioria das vezes, crescem horizontalmente. Em muitos licopódios e *Selaginella*, os esporofilos são agrupados em cones claviformes (estróbilos). As espécies de *Isoetes*, assim denominadas pelo formato de suas folhas, formam um único gênero, cujos membros vivem em áreas pantanosas ou como plantas aquáticas submersas. Os licopódios são todos isosporados, enquanto *Selaginella* e *Isoetes* são todos heterosporados. Os esporos de licopódios são liberados em nuvens e são tão ricos em óleo que antigamente os mágicos e fotógrafos os queimavam para criar fumaça ou clarões de luz.

Selaginella moellendorffii, selaginela

Isoetes gunnii, isoete

Estróbilos (conjuntos de esporofilos)

Diphasiastrum tristachyum, um licopódio

Monilófitas (Filo Pterophyta)

Matteuccia struthiopteris (samambaia-de-avestruz)

Equisetum telmateia, cavalinha gigante

— Estróbilo no caule fértil
— Caule vegetativo

Psilotum nudum, psiloto

Samambaias

Ao contrário das licófitas, as samambaias têm megafilos (ver Figura 29.18). Em geral, os esporófitos têm caules horizontais que dão origem a folhas largas chamadas frondes, que se dividem em pinas. Uma fronde cresce à medida que sua ponta enrolada, o báculo, se desenrola.

Quase todas as espécies são isosporadas. Em algumas espécies, o gametófito murcha e morre depois que o esporófito jovem se separa dele. Na maioria das espécies, os esporófitos têm esporângios pedunculados com um dispositivo parecido com uma mola que projeta os esporos a vários metros. Os esporos transportados pelo ar podem ser levados para longe de sua origem. Algumas espécies produzem mais do que 1 trilhão de esporos no tempo de vida de um indivíduo.

Cavalinhas

O nome do grupo refere-se à aparência cerdosa dos caules, os quais têm uma textura áspera que historicamente os tornaram úteis como "varas de limpeza" para potes e panelas. Algumas espécies têm caules férteis (apresentando cones) e vegetativos. As cavalinhas são isosporadas, com cones liberando esporos que costumam originar gametófitos bissexuais.

As cavalinhas são também chamadas de artrófitas ("plantas articuladas") porque seus caules têm articulações. Anéis de pequenas folhas ou ramificações emergem de cada articulação, mas o caule é o principal órgão fotossintetizante. Grandes canais aeríferos conduzem o oxigênio para as raízes, que muitas vezes crescem em solos alagados.

Psilotos e aparentados

Assim como os fósseis de plantas vasculares primitivas, os esporófitos de *Psilotum* têm caules ramificados dicotomicamente, mas sem raízes. Os caules têm emergências semelhantes a escamas que carecem de sistema vascular e podem ter resultado da redução evolutiva das folhas. Cada saliência arredondada amarela sobre um caule consiste em três esporângios fusionados. As espécies do gênero *Tmesipteris*, estreitamente relacionadas a *Psilotum* e encontradas apenas no Pacífico Sul, também carecem de raízes, mas têm pequenas projeções semelhantes a folhas em seus caules, dando-lhes uma aparência de planta trepadeira. Os dois gêneros são isosporados, com esporos que originam gametófitos bissexuais que crescem sob a superfície e têm apenas cerca de um centímetro de comprimento.

Filo Monilophyta: samambaias, cavalinhas, psilotos e afins

As samambaias irradiaram-se amplamente a partir de suas origens no Devoniano e cresceram ao lado de árvores licófitas e cavalinhas, nas grandes florestas pantanosas do Carbonífero. Atualmente, as samambaias são de longe as plantas vasculares sem sementes mais disseminadas, totalizando mais de 12.000 espécies. Embora mais diversas nos trópicos, muitas samambaias crescem em florestas temperadas, e algumas espécies são adaptadas a hábitats áridos.

Como mencionado anteriormente, as samambaias e outras monilófitas são mais estreitamente relacionadas às plantas com sementes do que às licófitas. Por isso, as monilófitas e as plantas com sementes compartilham características não encontradas nas licófitas, incluindo megafilos e raízes que podem se ramificar em vários pontos ao longo do comprimento de uma raiz preexistente. Em licófitas, ao contrário, as raízes se ramificam somente no ápice de crescimento da raiz, formando uma estrutura em forma de Y.

As monilófitas chamadas cavalinhas foram muito diversificadas durante o período Carbonífero, algumas atingindo 15 m de altura. Hoje, apenas 15 espécies sobrevivem como um único gênero amplamente distribuído, *Equisetum*, encontrado em locais pantanosos e ao longo de riachos.

Psilotum e um gênero intimamente relacionado, *Tmesipteris*, formam um clado consistindo principalmente em epífitos tropicais. As plantas nesses dois gêneros, as únicas plantas vasculares que carecem de raízes verdadeiras, são chamadas de "fósseis vivos", devido a sua semelhança com fósseis de antepassados das atuais plantas vasculares (ver Figuras 29.16 e 29.19). Entretanto, muitas evidências, incluindo análises de sequências de DNA e estrutura dos espermatozoides, indicam que os gêneros *Psilotum* e *Tmesipteris* são intimamente relacionados às samambaias. Essa hipótese sugere que as raízes verdadeiras de seus ancestrais foram perdidas durante a evolução. Atualmente, as plantas nesses dois gêneros absorvem água e nutrientes por meio de numerosos rizoides.

A importância das plantas vasculares sem sementes

Os ancestrais das licófitas, cavalinhas e samambaias atuais, junto com seus parentes vasculares sem sementes extintos, atingiram alturas elevadas durante o Devoniano e o início do Carbonífero, formando as primeiras florestas **(Figura 29.20)**. Como o drástico crescimento delas afetou a Terra e suas outras formas de vida?

Um efeito considerável foi que as primeiras florestas contribuíram para uma grande redução nos níveis de CO_2 durante o período Carbonífero, causando o resfriamento global que resultou na formação generalizada de geleiras. As árvores das florestas primitivas contribuíram para essa queda nos níveis de CO_2, em parte pela ação de suas raízes. As raízes de plantas vasculares secretam ácidos que decompõem rochas, aumentando, assim, a taxa em que cálcio e magnésio são liberados das rochas para o solo. Esses elementos reagem com o dióxido de carbono dissolvido na água da chuva, formando compostos que finalmente lixiviam para os oceanos, onde são incorporados às rochas (carbonatos de cálcio ou de magnésio). O efeito líquido desses processos – acelerados pelas plantas – é que o CO_2 removido do ar é armazenado em rochas marinhas. Embora o carbono armazenado nessas rochas possa retornar à atmosfera, isso geralmente leva milhões de anos para acontecer (como quando o soerguimento geológico traz as rochas à superfície e as expõe à erosão).

Além disso, as plantas vasculares sem sementes que formaram as primeiras florestas por fim se tornaram carvão, outra vez removendo o CO_2 da atmosfera por longos períodos de tempo. Nas águas estagnadas dos pântanos do Carbonífero, as plantas primitivas mortas não se decompuseram completamente. Esse material orgânico formou espessas camadas de turfa, mais tarde cobertas pelo mar. Sedimentos marinhos acumularam-se por cima e, durante milhões de anos, o calor e a pressão converteram a turfa em carvão. Aliás, os depósitos de carvão do Carbonífero são os mais extensos jamais formados. O carvão foi crucial para a Revolução Industrial, e as pessoas no mundo inteiro ainda queimam 6 bilhões de toneladas desse material por ano. É irônico que o carvão, formado a partir das plantas que contribuíram para um resfriamento global, agora contribui para o aquecimento global pelo retorno do carbono à atmosfera (ver Figura 56.29).

Nos pântanos do Carbonífero, existiam plantas com sementes primitivas crescendo junto com plantas sem sementes. Embora as plantas com sementes não fossem dominantes naquela época, elas ganharam destaque após os

▶ **Figura 29.20** Concepção artística de uma floresta do Carbonífero, baseada em evidências fósseis. Licófitas arbóreas, com troncos cobertos por folhas pequenas, se proliferaram nas "florestas de carvão" do Carbonífero, junto com samambaias gigantes e cavalinhas.

Licófitas arbóreas   Cavalinha   Samambaia

pântanos começarem a secar ao final do período Carbonífero. O próximo capítulo acompanha a origem e a diversificação das plantas com sementes, continuando nossa história de adaptação à vida no ambiente terrestre.

REVISÃO DO CONCEITO 29.3

1. Liste as características derivadas fundamentais encontradas em monilófitas e em plantas com sementes, mas não em licófitas.
2. Como as principais semelhanças e diferenças entre plantas vasculares sem sementes e plantas avasculares afetam a função nessas plantas?
3. **FAÇA CONEXÕES** Na Figura 29.17, se a fertilização ocorresse entre gametas de um gametófito, como isso afetaria a produção de variabilidade genética a partir da reprodução sexuada? Ver Conceito 13.4.

Ver as respostas sugeridas no Apêndice A.

29 Revisão do capítulo

RESUMO DOS CONCEITOS-CHAVE

CONCEITO 29.1

As plantas evoluíram de algas verdes *(p. 619-623)*

- Características morfológicas e bioquímicas, bem como semelhanças nos genes nucleares e de cloroplastos, indicam que certas algas carófitas são os parentes atuais mais próximos das plantas.
- Uma camada protetora de **esporopolenina** e outras características permitem às carófitas tolerar a seca ocasional ao longo das margens de lagos e lagoas. Essas características podem ter possibilitado aos ancestrais algais das plantas sobreviver em condições terrestres, abrindo o caminho para a colonização da terra seca.
- Características derivadas que distinguem as plantas terrestres das carófitas, suas parentes algais mais próximas, incluem **cutículas**, **estômatos**, embriões multicelulares dependentes, esporos com paredes produzidos em esporângios e as duas mostradas abaixo:

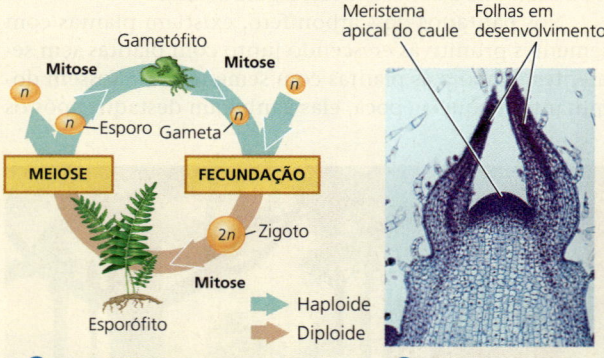

❶ Alternância de gerações ❷ Meristemas apicais

- Fósseis mostram que as plantas terrestres surgiram há mais de 470 milhões de anos. Posteriormente, as plantas divergiram em vários grupos principais, incluindo as plantas avasculares (**briófitas**); **plantas vasculares sem sementes**, como as **licófitas** e as samambaias; e os dois grupos de plantas com sementes: **gimnospermas** e **angiospermas**.

❓ *Represente uma árvore filogenética ilustrando nosso entendimento atual da filogenia vegetal; destaque o ancestral comum das plantas e as origens do sistema vascular, dos meristemas apicais e das sementes.*

CONCEITO 29.2

Musgos e outras plantas avasculares têm ciclos de vida dominados por gametófitos *(p. 623-629)*

- As linhagens que levam aos três clados existentes de plantas avasculares, ou **briófitas** – **hepáticas**, **musgos** e **antóceros** –, divergiram de outras plantas no início da evolução vegetal.
- Em briófitas, a geração dominante consiste em **gametófitos** haploides, como aqueles que constituem um tapete de musgos. Os **rizoides** fixam os gametófitos ao substrato no qual eles crescem. Nos **arquegônios**, o espermatozoide flagelado produzido pelos **anterídios** requer uma película de água para se deslocar até a oosfera.
- O estágio diploide do ciclo de vida – o **esporófito** – cresce para fora dos arquegônios e está unido ao gametófito, dependendo dele para se nutrir. Menores e mais simples do que os esporófitos das plantas vasculares, eles consistem geralmente em um **pé**, uma **seta** (haste) e um **esporângio**.
- *Sphagnum*, ou musgo de turfa, é comum em grandes regiões conhecidas como turfeiras e tem muitos usos práticos, incluindo seu uso como combustível.

❓ *Resuma a importância ecológica dos musgos.*

CONCEITO 29.3

Samambaias e outras plantas vasculares sem sementes foram os primeiros vegetais a crescerem em altura *(p. 629-634)*

- Fósseis dos precursores das plantas vasculares atuais datam de aproximadamente 425 milhões de anos e mostram que essas pequenas plantas tinham esporófitos ramificados independentes e um sistema vascular.
- Ao longo do tempo, surgiram outras características derivadas das plantas vasculares existentes, como um ciclo de vida dominado por esporófitos, sistemas vasculares lignificados, **raízes** e **folhas** bem-desenvolvidas e **esporofilos**.
- As plantas vasculares sem sementes abrangem as **licófitas** (filo Licophyta: licopódios, selaginelas e isoetes) e as **monilófitas** (filo Monilophyta: samambaias, cavalinhas, *Psilotum* e afins). Evidências atuais indicam que as plantas vasculares sem sementes, assim como as briófitas, não formam um clado.
- As linhagens ancestrais de licófitas incluem tanto pequenas plantas herbáceas como grandes árvores. As licófitas existentes hoje são pequenas plantas herbáceas.

- As plantas vasculares sem sementes formaram as primeiras florestas há cerca de 385 milhões de anos. Seu crescimento pode ter contribuído para um resfriamento global considerável que ocorreu durante o período Carbonífero. Os restos decompostos das primeiras florestas transformaram-se em carvão.

? *Que característica(s) permitiu(ram) às plantas vasculares crescer(em) em altura, e por que esse crescimento foi vantajoso?*

TESTE SEU CONHECIMENTO

Níveis 1-2: Relembre/Entenda

1. Três das seguintes características são evidências de que as carófitas são as parentes algais mais próximas das plantas. Selecione a exceção.
   (A) Estrutura similar do gameta masculino
   (B) Presença de cloroplastos
   (C) Semelhanças na formação da parede celular durante a divisão celular
   (D) Semelhanças genéticas nos cloroplastos

2. Qual das seguintes características das plantas não está presente em seus parentes mais próximos, as algas carófitas?
   (A) Clorofila *b*
   (B) Celulose nas paredes celulares
   (C) Reprodução sexuada
   (D) Alternância de gerações multicelulares

3. Nas plantas, qual das seguintes estruturas são produzidas por meiose?
   (A) Gametas haploides
   (B) Gametas diploides
   (C) Esporos haploides
   (D) Esporos diploides

4. Microfilos são encontrados em que grupo de plantas?
   (A) Licófitas
   (B) Hepáticas
   (C) Samambaias
   (D) Antóceros

Níveis 3-4: Aplique/Analise

5. Suponha que evoluísse em um musgo um sistema condutor eficiente evoluísse em um musgo que pudesse transportar água e outros materiais a uma altura como a de uma árvore de grande porte. Qual das seguintes afirmativas sobre as "árvores" dessa espécie seria verdadeira?
   (A) As distâncias da dispersão dos esporos provavelmente diminuiriam.
   (B) Os gametófitos femininos poderiam produzir somente um arquegônio.
   (C) A menos que suas partes corporais fossem reforçadas, uma "árvore" dessas provavelmente tombaria.
   (D) Os indivíduos provavelmente competiriam de maneira mais eficiente pelo acesso à luz.

6. Identifique cada uma das seguintes estruturas como haploide ou diploide.
   (A) Esporófito
   (B) Esporo
   (C) Gametófito
   (D) Zigoto

7. **CONEXÃO EVOLUTIVA • DESENHE** Desenhe uma árvore filogenética que represente nosso entendimento atual das relações evolutivas entre um musgo, uma gimnosperma, um licófita e uma samambaia. Use uma alga carófita como grupo externo (ver Figura 26.5, para revisar árvores filogenéticas). Identifique cada ponto de ramificação da filogenia com, pelo menos, um caractere derivado exclusivo ao clado descendente do ancestral comum representado pelo ponto de ramificação.

Níveis 5-6: Avalie/Crie

8. **PESQUISA CIENTÍFICA • INTERPRETE OS DADOS** O musgo plumoso *Pleurozium schreberi* abriga espécies de bactérias simbióticas fixadoras de nitrogênio. Ao estudarem esse musgo em florestas setentrionais, os cientistas constataram que a porcentagem de superfície do solo "coberta" por ele aumentou de cerca de 5% em florestas que queimaram há 35 a 41 anos para cerca de 70% em florestas que queimaram há 170 anos ou mais. A partir de musgos crescendo nessas florestas, eles obtiveram também os seguintes dados sobre a fixação de nitrogênio:

Idade (anos após a queimada)	Fixação de N [kg N/(ha · ano)]
35	0,001
41	0,005
78	0,08
101	0,3
124	0,9
170	2,0
220	1,3
244	2,1
270	1,6
300	3,0
355	2,3

Dados de O. Zackrisson et al., Nitrogen fixation increases with successional age in boreal forests, *Ecology* 85:3327-3334 (2006).

(a) Use os dados para construir um gráfico de linhas, com a idade no eixo *x* e a taxa de fixação de nitrogênio no eixo *y*.
(b) Junto com o nitrogênio adicionado por sua fixação, cerca de 1 kg de nitrogênio por hectare por ano é depositado nas florestas setentrionais a partir da atmosfera na forma de chuva e pequenas partículas. Avalie a proporção na qual *P. schreberi* afeta a disponibilidade de nitrogênio nas florestas setentrionais de diferentes idades.

9. **ESCREVA SOBRE UM TEMA: INTERAÇÕES** As licófitas arbóreas gigantes tinham microfilos, enquanto samambaias e plantas com sementes têm megafilos. Escreva um texto sucinto (100-150 palavras) descrevendo como uma floresta de licófitas arbóreas pode ter diferido de uma floresta de grandes samambaias e plantas com sementes. Em sua resposta, considere como o tipo de floresta pode ter afetado as interações entre as plantas pequenas crescendo debaixo das plantas mais altas.

10. **SINTETIZE SEU CONHECIMENTO**

Estes estômatos são da folha de uma cavalinha comum. Descreva como os estômatos e outras adaptações facilitaram a vida no ambiente terrestre e, por fim, levaram à formação das primeiras florestas.

Ver respostas selecionadas no Apêndice A.

30 Diversidade vegetal II: evolução das plantas com sementes

CONCEITOS-CHAVE

30.1 Sementes e grãos de pólen são adaptações fundamentais para a vida no ambiente terrestre *p. 637*

30.2 As gimnospermas têm sementes "nuas", geralmente em cones *p. 640*

30.3 As adaptações reprodutivas das angiospermas incluem flores e frutos *p. 644*

30.4 O bem-estar humano depende das plantas com sementes *p. 651*

Dica de estudo

Desenhe fluxogramas: Faça fluxogramas simples mostrando os principais eventos nos ciclos de vida de um pinheiro e de uma angiosperma. O exemplo apresentado é o início de um fluxograma que resume o ciclo de vida de um pinheiro.

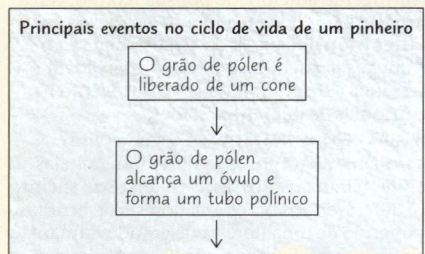

Figura 30.1 Em 1980, o Monte Santa Helena, no estado de Washington, Estados Unidos, entrou em erupção, deixando a região coberta de cinzas e desprovida de vida visível. Logo após alguns anos, plantas com sementes como a erva-de-fogo (*Chamerion angustifolium*) já colonizavam a paisagem vazia – um exemplo de versatilidade e êxito das plantas com sementes como produtores dominantes no ambiente terrestre.

Semente de erva-de-fogo

Que adaptações permitiram às plantas com sementes constituir a grande maioria da biodiversidade vegetal?

Gametófitos femininos e masculinos reduzidos desenvolvem-se dentro de esporófitos parentais, protegidos dos estresses ambientais.

Em **gimnospermas**, os gametófitos se desenvolvem dentro dos cones.

Em **angiospermas**, os gametófitos se desenvolvem dentro das flores.

O **pólen** protege os gametófitos masculinos (que produzem células espermáticas) e pode ser transportado pelo vento ou por animais.

 Estruturas produtoras de pólen

 Estruturas produtoras de pólen

Os **óvulos** protegem os gametófitos femininos (que produzem oosferas).

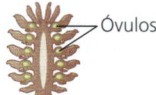 Óvulos

 Óvulos

Um óvulo fertilizado pelo pólen se transforma em uma **semente**.

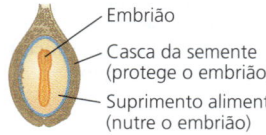
Embrião
Casca da semente (protege o embrião)
Suprimento alimentar (nutre o embrião)

CAPÍTULO 30 DIVERSIDADE VEGETAL II: EVOLUÇÃO DAS PLANTAS COM SEMENTES

A erva-de-fogo e outras espécies pioneiras chegaram à zona da explosão na Figura 30.1 como sementes. Uma **semente** consiste em um embrião e seu suprimento nutricional, envolvido por um revestimento protetor. Quando maduras, as sementes são dispersas pelo vento ou outros agentes, possibilitando que elas colonizem locais distantes.

As plantas não afetaram apenas a recuperação de regiões como o Monte Santa Helena, mas também transformaram a Terra. Continuando a saga de como isso ocorreu, este capítulo acompanha o surgimento e a diversificação do grupo ao qual pertence a erva-de-fogo, o das plantas com sementes.

CONCEITO 30.1
Sementes e grãos de pólen são adaptações fundamentais para a vida no ambiente terrestre

Começamos com uma visão geral das adaptações terrestres que as plantas com sementes adicionaram àquelas já presentes em plantas avasculares (briófitas) e plantas vasculares sem sementes (ver Conceito 29.1). Além de sementes, todas essas plantas têm gametófitos reduzidos, heterosporia, óvulos e pólen. Como veremos, essas adaptações ajudaram as plantas com sementes a enfrentar condições como a seca e a exposição à radiação ultravioleta (UV) na luz solar. Elas também libertaram as plantas com sementes da necessidade de água para a fecundação, possibilitando a reprodução sob uma gama mais ampla de condições do que nas plantas sem sementes.

Vantagens de gametófitos reduzidos

Musgos e outras briófitas têm ciclos de vida dominados por gametófitos, ao passo que samambaias e outras plantas vasculares sem sementes têm ciclos de vida dominados por esporófitos. A tendência evolutiva de redução do gametófito continuou mais adiante na linhagem de plantas vasculares, que conduziu às plantas com sementes **(Figura 30.2)**. Enquanto os gametófitos de plantas vasculares sem sementes são visíveis a olho nu, os gametófitos da maioria das plantas com sementes são microscópicos.

Essa miniaturização possibilitou uma inovação evolutiva importante nas plantas com sementes: seus gametófitos diminutos podem se desenvolver a partir de esporos retidos dentro dos esporângios do esporófito parental. Essa disposição consegue proteger os gametófitos de estresses ambientais. Por exemplo, os tecidos reprodutivos úmidos do esporófito protegem os gametófitos da radiação UV e da dessecação. Essa relação permite também aos gametófitos em desenvolvimento obter nutrientes do esporófito parental.

	GRUPO VEGETAL		
	Musgos e outras plantas avasculares	Samambaias e outras plantas vasculares sem sementes	Plantas com sementes (gimnospermas e angiospermas)
Gametófito	Dominante	Reduzido, independente (fotossintetizante e de vida livre)	Reduzido (geralmente microscópico), dependente do tecido esporofítico circundante para a nutrição
Esporófito	Reduzido, dependente do gametófito para nutrição	Dominante	Dominante
Exemplo	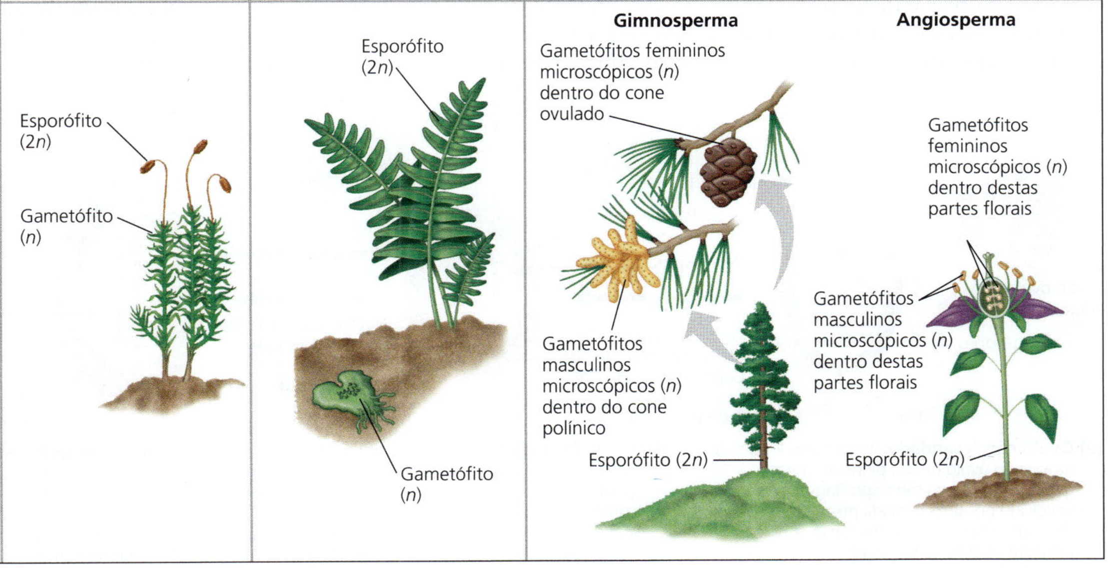 Esporófito (2n), Gametófito (n)	Esporófito (2n), Gametófito (n)	**Gimnosperma**: Gametófitos femininos microscópicos (n) dentro do cone ovulado; Gametófitos masculinos microscópicos (n) dentro do cone polínico; Esporófito (2n). **Angiosperma**: Gametófitos femininos microscópicos (n) dentro destas partes florais; Gametófitos masculinos microscópicos (n) dentro destas partes florais; Esporófito (2n)

▲ **Figura 30.2** Relações gametófito-esporófito em diferentes grupos de plantas.

FAÇA CONEXÕES *Em plantas com sementes, como é possível a retenção do gametófito dentro do esporófito afetar o valor adaptativo (fitness) do embrião? (Ver Conceitos 17.5, 23.1 e 23.4 para revisar mutagênicos, mutações e valor adaptativo.)*

Os gametófitos de vida livre das plantas vasculares sem sementes, ao contrário, precisam se defender sozinhos.

Heterosporia: a regra entre as plantas com sementes

Você viu no Conceito 29.3 que as plantas sem sementes, na maioria, são *isosporadas* – produzem apenas um tipo de esporo, que geralmente dá origem a um gametófito bissexual. Samambaias e outros parentes próximos das plantas com sementes são isosporados, sugerindo que as plantas com sementes tinham ancestrais isosporados. Em algum momento, as plantas com sementes ou suas ancestrais tornaram-se *heterosporadas*, produzindo dois tipos de esporos: megasporângios – sobre folhas modificadas denominadas megasporofilos – produzem *megásporos* que dão origem aos gametófitos femininos e microsporângios – sobre folhas modificadas denominadas microsporofilos – produzem *micrósporos* que originam gametófitos masculinos. Cada megasporângio tem um megásporo, enquanto cada microsporângio tem muitos micrósporos.

Como mencionado anteriormente, a miniaturização dos gametófitos das plantas com sementes provavelmente contribuiu para o grande sucesso desse clado. A seguir, consideraremos o desenvolvimento do gametófito feminino dentro de um óvulo e o desenvolvimento do gametófito masculino em um grão de pólen. Em seguida, acompanharemos a transformação de um óvulo fecundado em uma semente.

Óvulos e produção de oosferas

Embora algumas espécies de plantas sem sementes sejam heterosporadas, as plantas com sementes são exclusivas na retenção do megasporângio dentro do esporófito parental. Uma camada do tecido esporofítico chamada **tegumento** envolve e protege o megasporângio. Os megasporângios de gimnospermas são envolvidos por apenas um tegumento, enquanto aqueles em angiospermas geralmente têm dois tegumentos. A estrutura completa – megasporângio, megásporo e seu(s) tegumento(s) – é chamada de **óvulo (Figura 30.3a)**. Dentro de cada óvulo (do latim *ovulum*, pequeno ovo), um gametófito feminino se desenvolve a partir de um megásporo e produz uma ou mais oosferas.

Pólen e produção de espermatozoide

Um micrósporo se desenvolve em um **grão de pólen**, que consiste em um gametófito masculino envolvido pela parede polínica (a camada externa da parede é feita de moléculas secretadas pelas células do esporófito; por isso, dizemos que o gametófito masculino está *dentro* do grão de pólen, em vez de ser *equivalente* ao grão de pólen). A esporopolenina na parede do pólen o protege quando ele é transportado pelo vento ou por algum animal. A transferência do pólen para a parte de uma planta com semente que contém os óvulos é chamada de **polinização**. Ao germinar (começar a crescer), um grão de pólen dá origem a um tubo polínico, que descarrega o núcleo espermático no gametófito feminino dentro do óvulo, como mostrado na **Figura 30.3b**.

Em plantas avasculares e plantas vasculares sem sementes, como samambaias, os gametófitos de vida livre liberam espermatozoides flagelados, que nadam em uma película de água para alcançar as oosferas. Considerando essa demanda, não surpreende que muitas dessas espécies vivam em hábitats úmidos. Porém, um grão de pólen pode ser carregado pelo vento ou por animais, eliminando a dependência da água para o transporte da célula espermática. A capacidade das plantas com sementes de transferir a célula espermática sem água provavelmente contribuiu para sua colonização de hábitats secos. As células espermáticas de plantas com sementes também não requerem motilidade, pois são carregados até as oosferas pelos tubos polínicos. Os gametas masculinos (espermatozoides) de algumas espécies de gimnospermas (como as cicas e os ginkgos, mostrados na Figura 30.7) retêm a condição flagelada primitiva, mas o flagelo foi perdido na célula espermática da maioria das gimnospermas e de todas as angiospermas.

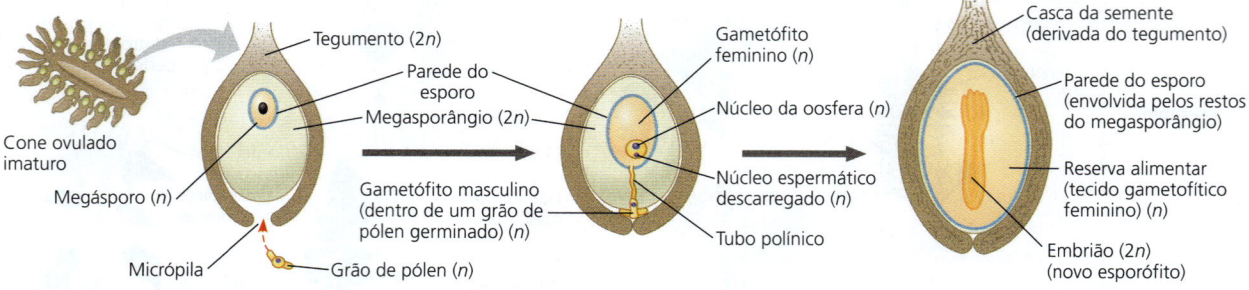

(a) Óvulo não fecundado. Neste corte longitudinal através do óvulo de um pinheiro (uma gimnosperma), um megasporângio carnoso é envolvido por uma camada protetora de tecido, chamado tegumento. A micrópila, a única abertura através do tegumento, permite a entrada de um grão de pólen.

(b) Óvulo fecundado. Um megásporo se transforma em um gametófito feminino, que produz uma oosfera. O grão de pólen, que entrou pela micrópila, contém o gametófito masculino. O gametófito masculino se transforma em um tubo polínico que descarrega o núcleo espermático, assim fecundando a oosfera.

(c) Semente de gimnosperma. A fecundação inicia a transformação do óvulo em uma semente, que consiste em um embrião esporofítico, uma reserva alimentar e um revestimento protetor da semente derivado do tegumento. O megasporângio seca e colapsa.

▲ **Figura 30.3** Do óvulo até a semente em uma gimnosperma.

HABILIDADES VISUAIS *Com base nesta figura, uma semente de gimnosperma contém células de quantas gerações vegetais diferentes? Identifique as células e se cada uma delas é haploide ou diploide.*

Exercício de habilidades científicas

Uso de logaritmos naturais para interpretar dados

Quanto tempo as sementes podem permanecer viáveis em dormência? As condições ambientais podem variar muito ao longo do tempo e talvez não sejam favoráveis à germinação quando as sementes são produzidas. Uma maneira de as plantas enfrentarem essa variação é através da dormência da semente. Sob condições favoráveis, as sementes de algumas espécies conseguem germinar após muitos anos de dormência.

Uma oportunidade extraordinária para testar quanto tempo elas podem permanecer viáveis ocorreu quando sementes de tamareira (*Phoenix dactylifera*) foram descobertas sob os entulhos de uma antiga fortaleza de 2.000 anos de idade próximo ao Mar Morto. Como você viu no Exercício de habilidades científicas do Capítulo 2 e no Conceito 25.2, os cientistas usam datação radiométrica para estimar as idades de fósseis e outros objetos antigos. Neste exercício, você estimará as idades de três dessas antigas sementes utilizando logaritmos naturais.

Como o experimento foi realizado Os cientistas mediram a fração de carbono-14 que permaneceu nas três sementes antigas de tamareira: duas que não foram cultivadas e uma que foi cultivada e germinou. Para a semente germinada, os cientistas usaram um fragmento de revestimento de semente encontrado junto a uma raiz da plântula (a plântula transformou-se na planta da foto).

Dados do experimento Esta tabela mostra a fração de carbono-14 remanescente nas três sementes antigas de tamareira.

	Fração de carbono-14 remanescente
Semente 1 (não cultivada)	0,7656
Semente 2 (não cultivada)	0,7752
Semente 3 (germinada)	0,7977

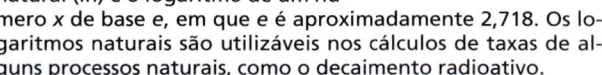

INTERPRETE OS DADOS

Um logaritmo é a potência na qual uma base é elevada para produzir um determinado número x. Por exemplo, se a base é 10 e $x = 100$, o logaritmo de 100 é igual a 2 (uma vez que $10^2 = 100$). Um logaritmo natural (ln) é o logaritmo de um número x de base e, em que e é aproximadamente 2,718. Os logaritmos naturais são utilizáveis nos cálculos de taxas de alguns processos naturais, como o decaimento radioativo.

A equação $F = e^{-kt}$ descreve a fração F de um isótopo original remanescente após um período de t anos; o expoente é negativo porque se refere a um *decréscimo* ao longo do tempo. A constante k fornece uma medida de quão rápido o isótopo original decai. Para o decaimento do carbono-14 a nitrogênio-14, $k = 0,00012097$.

Para estimar t, a idade das três sementes, nós reordenamos a equação para encontrar uma equação $F = e^{-kt}$ para t:

$$t = -\left(\frac{\ln F}{k}\right)$$

1. Usando a equação para t, os dados da tabela e uma calculadora, estime as idades da semente 1, da semente 2 e da semente 3.
2. Por que você acha que havia mais carbono-14 na semente germinada?

Dados de S. Sallon et al., Germination, genetics, and growth of an ancient date seed, *Science* 320:1464 (2008).

Vantagem evolutiva das sementes

Se uma célula espermática fecunda a oosfera de uma planta com semente, o zigoto se desenvolve em um embrião esporofítico. Como mostrado na **Figura 30.3c**, o óvulo se transforma em uma semente: o embrião, com reserva de alimento, envolvido por um revestimento protetor derivado do(s) tegumento(s).

As sementes proporcionam proteção contra condições adversas e facilitam a dispersão para novos ambientes – como o fazem os esporos de plantas sem sementes. Os esporos de musgos, por exemplo, podem sobreviver mesmo se o ambiente local se torna muito frio, muito quente ou demasiado seco para os próprios musgos viverem. Os tamanhos diminutos possibilitam que os esporos sejam dispersos em estado dormente para uma nova área, onde conseguem germinar e originar novos gametófitos de musgos, se e quando as condições são suficientemente favoráveis para que eles quebrem a dormência. Os esporos foram o principal meio pelo qual os musgos, samambaias e outras plantas sem sementes se dispersaram sobre a Terra nos primeiros 100 milhões de anos da vida vegetal no ambiente terrestre.

Embora hoje os musgos e outras plantas sem sementes continuem muito bem-sucedidos, as sementes representam uma inovação evolutiva importante, que contribuiu para abrir caminho para novos modos de vida para as plantas com sementes. Que vantagens as sementes proporcionam em relação aos esporos? Os esporos geralmente são unicelulares, ao passo que as sementes são multicelulares, consistindo em um embrião protegido por uma camada de tecidos, o revestimento da semente. Uma semente pode ficar dormente por dias, meses ou mesmo anos após ser liberada da planta parental, enquanto a maioria dos esporos tem durações de vida mais curtas. Além disso, diferente dos esporos, as sementes têm um estoque de alimento armazenado. A maioria das sementes permanece próxima ao seu esporófito parental, mas algumas são transportadas a longas distâncias (até centenas de quilômetros) pelo vento ou por animais. Se ela cai em um ambiente com condições favoráveis, a semente pode emergir da dormência e germinar, com seu alimento armazenado fornecendo o suporte fundamental para o crescimento à medida que o embrião emerge como uma plântula. Como exploramos no **Exercício de habilidades científicas**, algumas sementes germinaram após mais de 1.000 anos.

REVISÃO DO CONCEITO 30.1

1. Compare como os espermatozoides alcançam as oosferas de plantas sem sementes com o modo como as células espermáticas alcançam as oosferas de plantas com sementes.
2. Que características não presentes em plantas sem sementes contribuíram para o sucesso das plantas com sementes no ambiente terrestre?
3. **E SE?** Se uma semente não pudesse entrar em dormência, como isso poderia afetar o transporte ou a sobrevivência do embrião?

Ver as respostas sugeridas no Apêndice A.

CONCEITO 30.2

As gimnospermas têm sementes "nuas", geralmente em cones

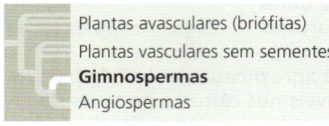

As plantas com sementes existentes formam dois clados-irmãos: gimnospermas e angiospermas. Relembre que as gimnospermas têm sementes "nuas" expostas em esporofilos, que geralmente formam cones (estróbilos) (as sementes das angiospermas são encerradas em câmaras que amadurecem em frutos). Em sua maioria, as gimnospermas são plantas que têm cones, as chamadas **coníferas**, como pinheiros, abetos e sequoias.

Ciclo de vida de um pinheiro

Como você viu anteriormente, a evolução das plantas com sementes incluiu três adaptações reprodutivas importantes: a miniaturização de seus gametófitos; o advento da semente como um estágio dispersável resistente no ciclo de vida; e o surgimento do pólen como agente transportado no ar que carrega os gametas consigo. A **Figura 30.4** mostra como essas adaptações entram em cena no ciclo de vida de um pinheiro, uma conífera conhecida.

O pinheiro é o esporófito; seus esporângios estão localizados em estruturas semelhantes a escamas densamente compactadas em cones. Assim como todas as plantas com sementes, as coníferas são heterosporadas. Como tal, elas possuem dois tipos de esporângios que produzem dois tipos de esporos: microsporângios, que produzem micrósporos, e megasporângios, que produzem megásporos. Em coníferas,

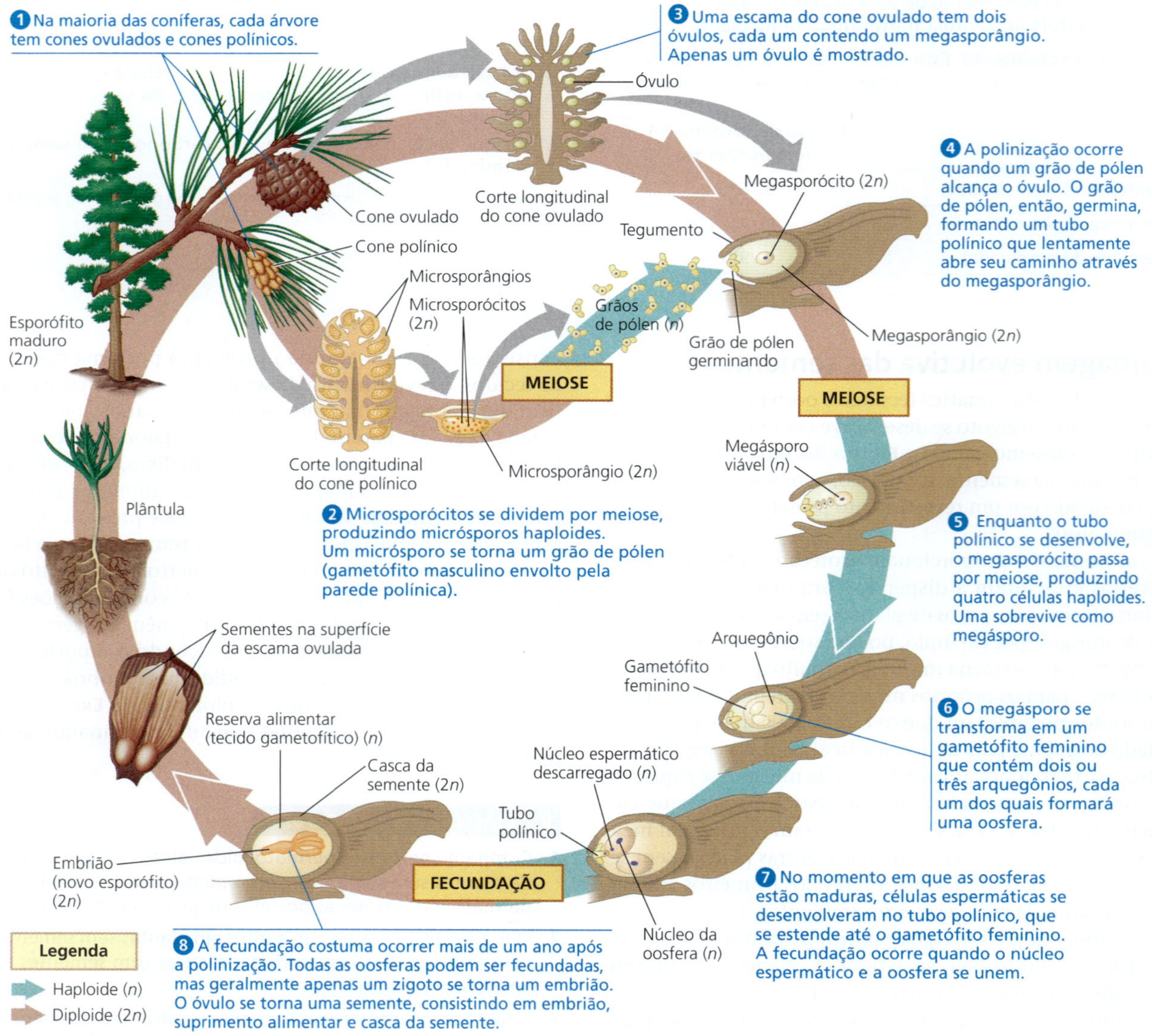

▲ **Figura 30.4** Ciclo de vida de um pinheiro.

FAÇA CONEXÕES Que tipo de divisão celular ocorre à medida que um megásporo se transforma em um gametófito feminino? Explique. (Ver Figura 13.10.)

os dois tipos de esporos são produzidos por cones separados: cones polínicos pequenos e cones ovulíferos grandes.

Os cones polínicos têm uma estrutura relativamente simples: suas escamas são folhas modificadas (microsporofilos) que produzem microsporângios. Dentro de cada microsporângio, células denominadas microsporócitos sofrem meiose, produzindo micrósporos haploides. Cada micrósporo se desenvolve em um grão de pólen contendo um gametófito masculino. Em coníferas, o pólen amarelo é liberado em grandes quantidades e carregado pelo vento, cobrindo tudo em seu caminho.

Os cones ovulíferos são mais complexos: suas escamas são estruturas compostas formadas de folhas modificadas (megasporofilos produtores de megasporângios) e tecido caulinar modificado. Dentro de cada megasporângio, megasporócitos entram em meiose e produzem megásporos haploides no interior do óvulo. Os megásporos viáveis se transformam em gametófitos femininos, que são retidos dentro dos esporângios.

Na maioria das espécies de pinheiros, cada árvore tem ambos os tipos de cones. Desde o momento em que os cones polínicos e os cones ovulíferos aparecem sobre a árvore, são necessários aproximadamente 3 anos para que os gametófitos masculinos e femininos sejam produzidos e reunidos e para que sementes maduras sejam formadas a partir de óvulos fecundados. Em seguida, as escamas de cada cone ovulífero se separam e as sementes são dispersadas pelo vento. Uma semente que chega em um ambiente adequado germina e seu embrião emerge como uma plântula de pinheiro.

As primeiras plantas com sementes e o surgimento das gimnospermas

As origens das características encontradas em pinheiros e outras plantas com sementes atuais datam do final do período Devoniano (há 380 milhões de anos). Fósseis daquela época revelam que algumas plantas adquiriram características também presentes em plantas com sementes, como megásporos e micrósporos. *Archaeopteris*, por exemplo, era uma árvore heterosporada com um caule lenhoso. Ela atingia até 20 m de altura e possuía folhas semelhantes às das samambaias. Porém, ela não produzia sementes e, por isso, não é classificada como planta com sementes.

A primeira evidência de plantas com sementes provém de fósseis do gênero *Elkinsia* (Figura 30.5), com 360 milhões de anos. Essas e outras plantas com sementes primitivas viveram 55 milhões de anos antes dos primeiros fósseis classificados como gimnospermas, e mais de 200 milhões de anos antes dos primeiros fósseis de angiospermas. Essas primeiras plantas com sementes foram extintas, e não sabemos qual linhagem extinta deu origem às gimnospermas.

Os fósseis mais antigos de espécies de uma linhagem existente de gimnospermas têm 305 milhões de anos de idade. Essas gimnospermas primitivas viviam em ecossistemas úmidos do Carbonífero, que eram dominados

▲ **Figura 30.6 Um polinizador antigo.** Inseto fóssil de 110 milhões de anos, *Gymnopollisthrips minor* com grãos de pólen sobre seu corpo. Características estruturais do pólen sugerem que ele foi produzido por gimnospermas (mais provavelmente por espécies aparentados a ginkgos ou cicas atuais). Embora a maioria das gimnospermas atuais seja polinizada pelo vento, muitas cicas são polinizadas por insetos.

por licófitas, cavalinhas, samambaias e outras plantas vasculares sem sementes. Quando o período Carbonífero foi sucedido pelo Permiano (há 299-252 milhões de anos), o clima tornou-se muito mais seco. Como consequência, as licófitas, cavalinhas e samambaias que dominaram os pântanos do Carbonífero foram, em grande parte, substituídas pelas gimnospermas que eram mais aptas ao clima mais seco.

As gimnospermas desenvolveram-se à medida que o clima se tornava mais seco, em parte por terem adaptações terrestres fundamentais, como sementes e pólen, encontradas em todas as plantas com sementes. Além disso, algumas gimnospermas eram particularmente aptas às condições áridas, devido às cutículas espessas e às áreas de superfície relativamente pequenas de suas folhas em forma de agulha.

As gimnospermas dominaram os ecossistemas terrestres durante grande parte da era Mesozoica, que durou de 252 a 66 milhões de anos atrás. Além de servirem como suprimento alimentar para dinossauros herbívoros gigantes, essas gimnospermas foram envolvidas em muitas outras interações com animais. Descobertas fósseis recentes, por exemplo, mostram que algumas gimnospermas estiveram polinizadas por insetos há mais de 100 milhões de anos – a mais antiga evidência de polinização por insetos em qualquer grupo vegetal (Figura 30.6). No fim da era Mesozoica, as angiospermas começaram a substituir as gimnospermas em alguns ecossistemas.

Diversidade das gimnospermas

Embora as angiospermas dominem a maioria dos ecossistemas terrestres, as gimnospermas permanecem uma parte importante da flora da Terra. Por exemplo, vastas regiões nas latitudes setentrionais são cobertas por florestas de coníferas (ver Figura 52.13).

De dez filos vegetais (ver Tabela 29.1), quatro são de gimnospermas: Cycadophyta, Ginkgophyta, Gnetophyta e Coniferophyta. Não se sabe ao certo como os quatro filos de gimnospermas são relacionados entre si. A **Figura 30.7** apresenta uma visão geral da diversidade das gimnospermas atuais.

▲ **Figura 30.5 Um fóssil de *Elkinsia*, planta com semente primitiva.**

▼ Figura 30.7 Explorando a diversidade das gimnospermas

Filo Cycadophyta

As 350 espécies de cicas atuais têm grandes cones e folhas parecidas com as de palmeiras (as palmeiras verdadeiras são angiospermas). Diferente da maioria das plantas com sementes, as cicas têm gametas masculinos flagelados (espermatozoides), indicando sua descendência de plantas vasculares sem sementes que tinham espermatozoides móveis. As cicas desenvolveram-se durante a era Mesozoica, conhecida com a idade das cicas, bem como a idade dos dinossauros. Atualmente, entretanto, as cicas são o mais ameaçado de todos os grupos de plantas: 75% de suas espécies estão ameaçadas pela destruição de hábitats e outras ações humanas.

Cycas revoluta

Filo Ginkgophyta

Ginkgo biloba é a única espécie sobrevivente deste filo; assim como as cicas, os ginkgos têm espermatozoides. Também conhecida como árvore avenca, *Ginkgo biloba* tem folhas decíduas flabeliformes que se tornam douradas no outono. Ela é uma árvore ornamental popular nas cidades, uma vez que tolera bem a poluição atmosférica. Muitas vezes os paisagistas plantam apenas árvores produtoras de pólen, porque as sementes carnosas apresentam um odor rançoso quando se decompõem.

Filo Gnetophyta

O filo Gnetophyta abrange plantas em três gêneros: *Gnetum*, *Ephedra* e *Welwitschia*. Algumas espécies são tropicais, enquanto outras vivem em desertos. Embora muito diferentes em aparência, os gêneros são agrupados com base em dados moleculares.

▶ **Welwitschia** (também abaixo). Este gênero consiste em uma espécie, *Welwitschia mirabilis*, planta que pode viver por milhares de anos e é encontrada apenas nos desertos do sudoeste da África. Suas folhas em forma de tiras estão entre as maiores conhecidas.

◀ **Gnetum**. Este gênero inclui cerca de 35 espécies de árvores tropicais, arbustos e trepadeiras, principalmente nativas da África e da Ásia. Suas folhas assemelham-se às das angiospermas, e suas sementes se parecem um pouco com frutos.

Cones ovulados

▶ **Ephedra**. Este gênero inclui cerca de 40 espécies que habitam regiões áridas em todo o mundo. Esses arbustos do deserto, comumente chamados de "chá de mórmon", produzem a substância efedrina, usada medicinalmente como descongestionante.

Filo Coniferophyta

O filo Coniferophyta, o maior filo de gimnospermas, consiste em cerca de 600 espécies de coníferas (do latim *conus*, cone e *ferre*, carregar), incluindo muitas árvores enormes. A maioria das espécies tem cones lenhosos, mas algumas têm cones carnosos. Algumas, como os pinheiros, têm folhas do tipo acículas. Outras, como as sequoias, têm folhas escamiformes. Algumas espécies dominam vastas florestas setentrionais, enquanto outras são nativas do Hemisfério Sul.

A maioria das coníferas tem folhas perenes; elas retêm suas folhas ao longo do ano. Mesmo durante o inverno, uma quantidade limitada de fotossíntese ocorre em dias ensolarados. Quando a primavera se inicia, as coníferas já têm folhas completamente desenvolvidas que podem tirar vantagem de dias mais ensolarados e quentes. Algumas coníferas, como a metassequoia, o lariço-americano e o lariço-europeu são árvores decíduas que perdem as folhas no outono.

▶ **Abeto-de-douglas.** Esta árvore perenifólia (*Pseudotduga menziesii*) fornece mais madeira do que qualquer outra espécie de árvore norte-americana. Alguns usos incluem a construção de madeiramento para casas, madeira compensada, polpa para papel, dormentes para ferrovias e caixas e engradados.

▶ **Zimbro-comum.** As "bagas" do zimbro-comum (*Juniperus communis*) são na verdade cones produtores de óvulos consistindo em esporofilos carnosos.

◀ **Lariço-europeu.** As folhas aciculares desta conífera decídua (*Larix decidua*) se tornam amarelas antes de se desprenderem no outono. Nativas das montanhas da Europa Central, incluindo a montanha Matterhorn nos Alpes Suíços, retratada aqui, esta espécie é extremamente tolerante ao frio, capaz de sobreviver a temperaturas de inverno de –50°C.

◀ **Pinheiro-de-wollemi.** Remanescente de um grupo de coníferas conhecido apenas por fósseis, os pinheiros-de--wollemi (*Wollemia nobilis*) foram descobertos em 1994, em um parque nacional a apenas 150 km de Sydney, Austrália. Na época, a espécie consistia em somente 40 indivíduos conhecidos. Graças aos esforços de conservação, agora ela está amplamente propagada. A foto anexa compara as folhas deste "fóssil vivo" com fósseis verdadeiros.

▶ **Sequoia.** Esta sequoia-gigante (*Sequoiadendron giganteum*), no Parque Nacional da Sequoia da Califórnia, pesa aproximadamente 2.500 toneladas métricas, equivalente a cerca de 24 baleias-azuis (os maiores animais) ou a 40 mil pessoas. A sequoia gigante é um dos maiores organismos vivos e também está entre os mais antigos, com alguns indivíduos estimados entre 1.800 a 2.700 anos de idade. Suas primas, as sequoias--vermelhas (*Sequoia sempervirens*), alcançam mais de 110 m de altura (mais altas do que a Estátua da Liberdade) e são encontradas apenas em uma estreita faixa costeira do norte da Califórnia ao sul do Oregon.

▶ **Árvore Matusalém.** Esta espécie (*Pinus longaeva*), encontrada nas White Mountains da Califórnia, inclui alguns dos organismos vivos mais antigos. Recentemente, foi encontrado um indivíduo dessa espécie com mais de 5.000 anos, e alguns podem ser ainda mais antigos.

REVISÃO DO CONCEITO 30.2

1. Explique como o ciclo de vida do pinheiro, na Figura 30.4 contempla as cinco adaptações comuns a todas as plantas com sementes.
2. **HABILIDADES VISUAIS** Com base na Figura 30.4, compare as funções da polinização e da fecundação na reprodução sexuada de pinheiros.
3. **FAÇA CONEXÕES** As plantas primitivas com sementes do gênero *Elkinsia* constituem um grupo irmão de um clado que consiste em gimnospermas e angiospermas. Represente uma árvore filogenética de plantas com sementes que mostre *Elkinsia*, gimnospermas e angiospermas; date os pontos de ramificação (dicotomias) nessa árvore usando evidências fósseis. (Ver Figura 26.5.)

Ver as respostas sugeridas no Apêndice A.

CONCEITO 30.3

As adaptações reprodutivas das angiospermas incluem flores e frutos

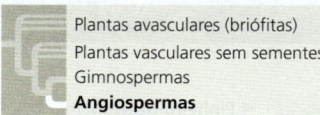

Conhecidas comumente como plantas com flores, as angiospermas são plantas com sementes (espermatófitas) dotadas de estruturas reprodutivas, denominadas flores e frutos. O nome *angiosperma* (do grego *angion*, recipiente) se refere às sementes contidas em frutos. As angiospermas são as mais diversificadas e amplamente distribuídas de todas as plantas, com mais de 290 mil espécies (cerca de 90% de todas as espécies vegetais).

Características das angiospermas

Todas as angiospermas são classificadas em um único filo, Anthophyta. Antes de considerar a evolução das angiospermas, examinaremos duas de suas adaptações fundamentais – flores e frutos – e os papéis dessas estruturas no ciclo de vida dessas plantas.

Flores

A **flor** é uma estrutura especializada para a reprodução sexuada. Em muitas espécies de angiospermas, os insetos ou outros animais transferem o pólen de uma flor para os órgãos sexuais de outra flor. Isso torna a polinização mais direcionada do que a polinização dependente do vento encontrada na maioria das gimnospermas. Entretanto, algumas angiospermas *são* polinizadas pelo vento, especialmente aquelas espécies que ocorrem em populações densas, como gramíneas e espécies arbóreas de florestas de clima temperado.

Uma flor é um eixo especializado que pode ter até quatro tipos de folhas modificadas, denominadas órgãos florais: sépalas, pétalas, estames e carpelos **(Figura 30.8)**. Começando pela base da flor estão as **sépalas**, comumente verdes, que envolvem os demais órgãos florais antes que a flor se abra (pense em um botão de rosa). Internamente às sépalas, estão as **pétalas**, que são vivamente coloridas na maioria das flores e podem auxiliar na atração dos polinizadores. As flores

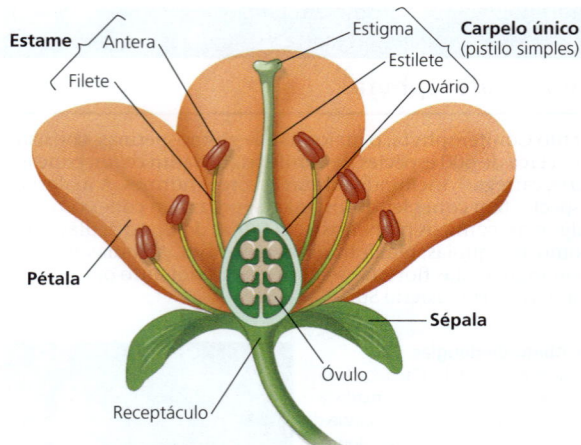

▲ **Figura 30.8** Estrutura de uma flor idealizada.

polinizadas pelo vento, como as de gramíneas, em geral carecem de partes vivamente coloridas. Em todas as angiospermas, as sépalas e pétalas são órgãos florais estéreis, significando que não produzem células espermáticas ou oosferas.

Internamente às pétalas, estão dois tipos de órgãos florais férteis que produzem esporos: os estames e os carpelos. Estames e carpelos são esporofilos, folhas modificadas especializadas na reprodução. Os **estames** são microsporofilos: eles produzem micrósporos que se desenvolvem em grãos de pólen contendo gametófitos masculinos. Um estame consiste em uma haste denominada **filete** e um saco terminal, a **antera**, onde o pólen é produzido. Os **carpelos** são megasporofilos: eles produzem megásporos que dão origem aos gametófitos femininos. O carpelo é o "recipiente" antes mencionado, em que as sementes estão encerradas; como tal, ele é uma estrutura essencial que distingue as angiospermas das gimnospermas. Na extremidade do carpelo, está um **estigma** pegajoso que recebe o pólen. Um **estilete** liga o estigma a uma estrutura na base do carpelo, o **ovário**; o ovário contém um ou mais óvulos. Como nas gimnospermas, cada óvulo de angiospermas contém um gametófito feminino. Se fecundado, um óvulo se torna uma semente.

Uma flor pode ter um ou mais carpelos. Em muitas espécies, os carpelos múltiplos são fusionados, formando uma estrutura única. O termo **pistilo** é às vezes utilizado para referir-se a um carpelo único (pistilo simples) ou dois ou mais carpelos fusionados (pistilo composto). As flores variam também em simetria **(Figura 30.9)** e outros aspectos

Na simetria radial, as sépalas, pétalas, estames e carpelos irradiam de um centro. Qualquer linha que passe pelo eixo central divide a flor em duas partes iguais.

Simetria radial (narciso silvestre)

Na simetria bilateral, apenas uma linha pode dividir as flor em duas partes iguais.

Simetria bilateral (orquídea)

▲ **Figura 30.9** Simetria floral.

DESENHE *Trace uma linha que possa dividir, em duas partes iguais, uma flor com simetria bilateral.*

morfológicos, bem como em tamanho, cor e odor. Grande parte dessa diversidade resulta da adaptação a polinizadores específicos (ver Figuras 38.4 e 38.5).

Frutos

Quando as sementes se desenvolvem a partir dos óvulos, após a fecundação, a parede do ovário se espessa e o ovário amadurece em um **fruto**. Uma vagem de ervilha é um exemplo de um fruto, com sementes (óvulos maduros, as ervilhas) encerradas no ovário maduro (a vagem).

Os frutos protegem as sementes e auxiliam na sua dispersão. Frutos maduros podem ser carnosos ou secos **(Figura 30.10)**. Tomates, ameixas e uvas são exemplos de frutos carnosos, nos quais a parede do ovário (pericarpo) se torna macia durante o amadurecimento. Os frutos secos abrangem feijões, nozes e cereais. Alguns frutos secos se rompem e se abrem na maturidade para liberar as sementes, enquanto outros permanecem fechados. Os frutos secos, das gramíneas, dispersos pelo vento, colhidos ainda na planta, são alimentos básicos importantes para os seres humanos. Os grãos do milho, arroz, trigo e outras gramíneas, embora facilmente confundidos com sementes, são na verdade frutos com pericarpo seco (a antiga parede do ovário) aderido à casca da semente no seu interior.

Como mostrado na **Figura 30.11**, várias adaptações de frutos e sementes auxiliam a dispersar as sementes (ver também Figura 38.12). As sementes de algumas angiospermas, como dentes-de-leão e bordos, são contidas dentro de frutos que funcionam como paraquedas ou hélices, adaptações que facilitam a dispersão pelo vento. Alguns frutos, como o coco, são adaptados à dispersão pela água. E as sementes de muitas angiospermas são transportadas por animais. Algumas angiospermas têm frutos modificados como carrapichos, que se agarram aos pelos de animais (ou às roupas dos seres humanos). Outras produzem frutos comestíveis, em geral nutritivos, de sabor adocicado e cores vivas, anunciando seu amadurecimento. Quando um animal ingere o fruto, ele digere a sua parte carnosa, mas as sementes resistentes passam intactas pelo seu trato digestório. Quando o animal defeca, ele pode depositar as sementes, juntamente com um suprimento de fertilizante natural, quilômetros adiante de onde o fruto foi ingerido.

▲ **Figura 30.10** Algumas variações na estrutura dos frutos.

▲ **Figura 30.11** Adaptações dos frutos que melhoram a dispersão de sementes.

Ciclo de vida das angiospermas

Na **Figura 30.12**, você pode acompanhar um ciclo de vida típico de angiospermas. A flor do esporófito produz microsporos que formam os gametófitos masculinos e megásporos que formam gametófitos femininos. Os gametófitos masculinos estão nos grãos de pólen, que se desenvolvem dentro dos microsporângios nas anteras. Cada gametófito masculino tem duas células haploides: uma *célula generativa* que se divide, formando duas células espermáticas, e uma *célula do tubo*, que produz um tubo polínico. Cada óvulo, que se desenvolve no ovário, contém um gametófito feminino, também conhecido como **saco embrionário**. O saco embrionário consiste em apenas poucas células, uma das quais é a oosfera.

Após ser liberado da antera, o pólen é levado ao estigma pegajoso na extremidade de um carpelo. Embora algumas flores se autopolinizem, a maioria tem mecanismos que asseguram a **polinização cruzada**, que em angiospermas é a transferência de pólen da antera de uma flor de uma planta para o estigma de uma flor de outra planta da mesma espécie. A polinização cruzada aumenta a variabilidade genética. Em algumas espécies, os estames e carpelos de uma única flor podem amadurecer em épocas diferentes ou ser dispostos de modo que a autopolinização seja improvável.

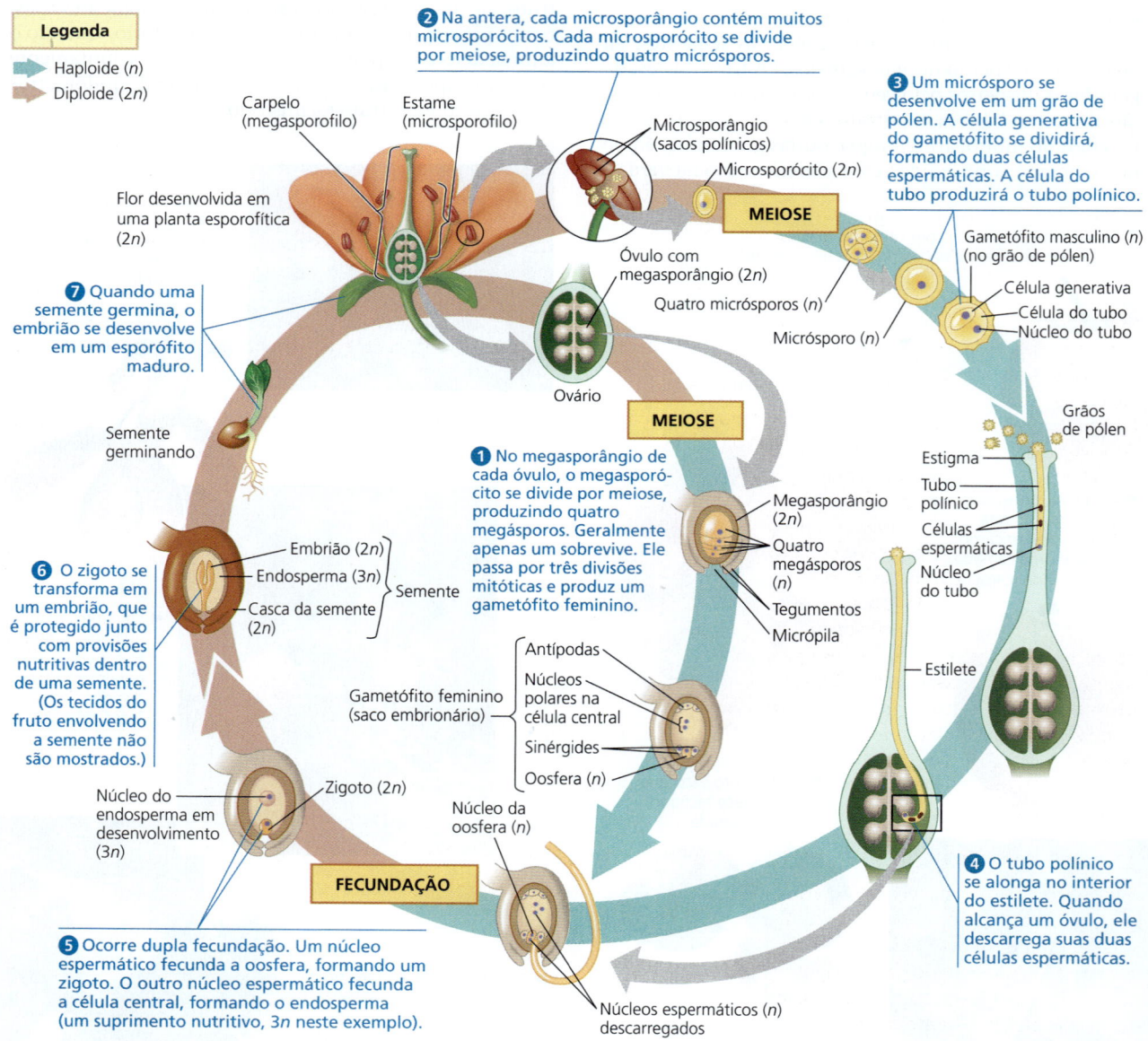

▲ **Figura 30.12** Ciclo de vida de uma angiosperma.

HABILIDADES VISUAIS *Com base nesta figura, qual é o número máximo de sementes que esta flor poderia produzir? Para produzir esse número de sementes, pelo menos quantos grãos de pólen teriam que germinar?*

O grão de pólen absorve água e germina após aderir ao estigma de um carpelo. A célula do tubo produz um tubo polínico que cresce para baixo dentro do estilete (do carpelo). Após alcançar o ovário, o tubo polínico penetra na **micrópila**, uma abertura nos tegumentos do óvulo, e descarrega os dois núcleos espermáticos dentro do gametófito feminino (saco embrionário). Um núcleo espermático fecunda a oosfera, formando um zigoto (diploide). O outro núcleo espermático se funde com os dois núcleos na grande célula central do gametófito feminino, produzindo uma célula triploide ($3n$). Esse tipo de **fecundação dupla**, na qual um evento de fecundação produz um zigoto e outro produz uma célula triploide, é exclusivo das angiospermas.

Após a fecundação dupla, o óvulo amadurece até formar uma semente. O zigoto se transforma em um embrião esporofítico com uma raiz rudimentar e uma ou duas folhas embrionárias chamadas **cotilédones**. A célula central triploide do gametófito feminino se desenvolve no **endosperma**, tecido rico em amido e outras reservas alimentares que nutrem o embrião em desenvolvimento.

Qual é a função da fecundação dupla nas angiospermas? Uma hipótese é que ela sincroniza o desenvolvimento da reserva de alimento na semente com o desenvolvimento do embrião. Se uma determinada flor não é polinizada ou células espermáticas não são descarregadas dentro do saco embrionário, a fecundação não ocorre e nem o endosperma nem o embrião se forma. Assim, talvez a fecundação dupla seja uma adaptação que evite as angiospermas de desperdiçar nutrientes em óvulos inférteis.

Outro tipo de fecundação dupla ocorre em algumas espécies de gimnospermas pertencendo ao filo Gnetophyta. Entretanto, a fecundação dupla nessas espécies dá origem a dois embriões em vez de um embrião e endosperma.

Como você viu anteriormente, a semente consiste no embrião, no endosperma e na casca derivada dos tegumentos. Um ovário se desenvolve em um fruto quando seus óvulos se tornam sementes. Após a dispersão, uma semente pode germinar se as condições ambientais forem favoráveis. A casca se rompe e o embrião emerge como uma plântula, utilizando o alimento armazenado no endosperma e nos cotilédones até ele conseguir produzir seu próprio alimento pela fotossíntese.

Evolução das angiospermas

Charles Darwin uma vez se referiu à origem das angiospermas como um "mistério abominável". Ele se mostrava bastante impressionado pelo surgimento relativamente repentino e pela distribuição geograficamente ampla das angiospermas no registro fóssil (há cerca de 100 milhões de anos, com base em fósseis conhecidos por Darwin). Recentes evidências fósseis e análises filogenéticas levaram ao avanço na resolução do mistério de Darwin, mas ainda não compreendemos completamente como as angiospermas surgiram a partir das primeiras plantas com sementes.

Angiospermas fósseis

Hoje, se acredita que as angiospermas se originaram no início do período Cretáceo, há cerca de 140 milhões de anos. No meio do Cretáceo (há 100 milhões de anos), as angiospermas começaram a dominar alguns ecossistemas terrestres. As paisagens mudaram drasticamente à medida que as coníferas e outras gimnospermas deram passagem às angiospermas em muitas partes do mundo. O Cretáceo terminou há cerca de 66 milhões de anos com extinções em massa de dinossauros e muitos outros grupos animais e novos aumentos na diversidade e importância das angiospermas.

Que evidência sugere que as angiospermas surgiram há 140 milhões de anos? Primeiro, embora grãos de pólen sejam comuns em rochas do período Jurássico (201 a 145 milhões de anos atrás), nenhum desses fósseis de pólen tem os atributos característicos de angiospermas, sugerindo que elas podem ter se originado depois do Jurássico. De fato, os fósseis mais antigos com atributos distintivos de angiospermas são grãos de pólen de 130 milhões de anos descobertos na China, em Israel e na Inglaterra. Os fósseis primitivos de estruturas maiores de angiospermas incluem aqueles de *Archaefructus sinensis* **(Figura 30.13)** e *Leefructus*, descobertos em rochas na China com cerca de 125 milhões de anos de idade. No geral, fósseis das primeiras angiospermas indicam que o grupo surgiu e começou a diversificar durante um período de 20 a 30 milhões de anos – evento menos repentino do que o indicado pelos fósseis conhecidos durante a existência de Darwin.

(a) *Archaefructus sinensis*, fóssil de 125 milhões de anos. Esta espécie herbácea tem flores simples e estruturas bulbosas que podem ter servido como flutuadores, sugerindo que ela era aquática. Análises filogenéticas recentes indicam que *A. sinensis* talvez pertença ao grupo das ninfeias.

(b) Reconstrução artística de *Archaefructus sinensis*

▲ **Figura 30.13** Uma angiosperma primitiva.

Podemos inferir traços do ancestral comum das angiospermas a partir das características encontradas nas primeiras angiospermas fósseis? *Archaefructus sinensis*, por exemplo, era herbácea e tinha estruturas bulbosas que podem ter servido como flutuadores, sugerindo que ela fosse aquática. Mas investigar se o ancestral comum das angiospermas era herbáceo e aquático exige também examinar fósseis de outras plantas com sementes que se acredita serem estreitamente relacionadas às angiospermas. Todas aquelas plantas eram lenhosas, indicando que o ancestral comum era provavelmente lenhoso e não aquático. Como veremos, essa conclusão tem sido sustentada por análises filogenéticas recentes.

Filogenia das angiospermas

As evidências moleculares e morfológicas sugerem que as linhagens existentes de gimnospermas divergiram da linhagem que levou às angiospermas há cerca de 305 milhões anos. Observe que isso não significa que as angiospermas originaram-se há 305 milhões de anos, mas que o ancestral comum mais recente das gimnospermas e angiospermas atuais viveu naquela época. De fato, as angiospermas talvez sejam mais intimamente relacionadas a várias linhagens extintas de plantas lenhosas com sementes do que às gimnospermas. Uma dessas linhagens é Bennettitales, um grupo extinto com estruturas parecidas com flores que podem ter sido polinizadas por insetos **(Figura 30.14a)**. No entanto, Bennettitales e outras linhagens similares de plantas lenhosas com sementes extintas não tinham carpelos ou flores e, portanto, não são classificadas como angiospermas.

O entendimento da origem das angiospermas depende também da formulação da ordem na qual os clados de angiospermas divergiram uns dos outros. Nesse sentido, um progresso acentuado tem sido feito nos últimos anos. Evidências moleculares e morfológicas sugerem que o arbusto *Amborella trichopoda*, ninfeias e anis-estrelado são representantes vivos de linhagens que divergiram de outras angiospermas no início da história do grupo **(Figura 30.14b)**. *Amborella trichopoda* é lenhosa, respaldando a conclusão antes mencionada de que o ancestral comum das angiospermas provavelmente era lenhoso. Assim como Bennettitales, *A. trichopoda*, ninfeias e anis-estrelado carecem de *elementos de vaso*, eficientes células condutoras de água encontradas na maioria das angiospermas atuais. Em geral, com base nas características de espécies ancestrais e *A. trichopoda* similar a angiospermas, alguns pesquisadores formularam a hipótese de que as primeiras angiospermas eram arbustos lenhosos que tinham flores pequenas e células condutoras de água relativamente simples.

Ligações evolutivas com animais

Plantas e animais interagiram durante centenas de milhões de anos, e essas interações levaram à mudança evolutiva. Por exemplo, os herbívoros podem reduzir o sucesso reprodutivo de uma planta ao consumir suas raízes, folhas ou sementes. Como consequência, se uma defesa eficaz contra a herbivoria se origina em um grupo de plantas, elas podem ser favorecidas por seleção natural – bem como os herbívoros que superam essas defesas novas. As interações plantas-polinizadores e outras interações mutuamente benéficas podem também ter esses efeitos evolutivos recíprocos.

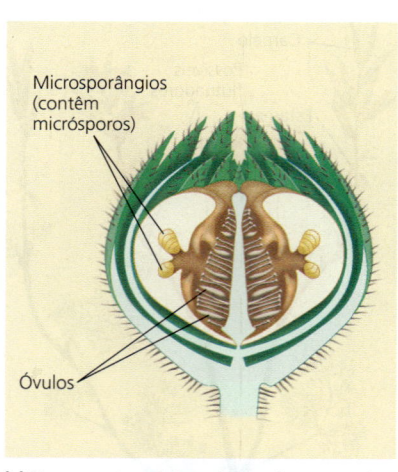

(a) Um parente próximo das angiospermas? Esta reconstrução mostra um corte longitudinal de estruturas semelhantes a flores encontradas em Bennettitales, grupo extinto de plantas com sementes que se julga ser mais estreitamente relacionado às angiospermas atuais do que às gimnospermas atuais.

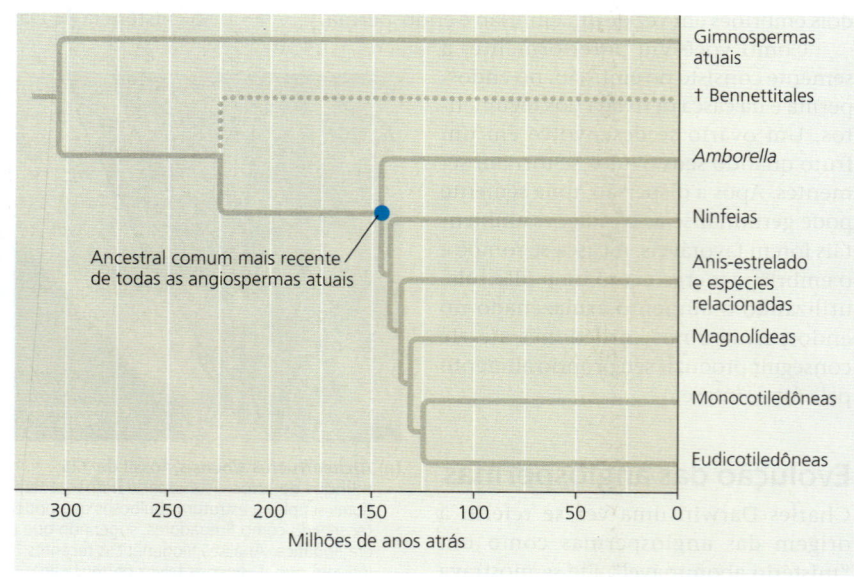

(b) Filogenia das angiospermas. Esta árvore representa uma hipótese atual das relações evolutivas das angiospermas, com base em evidências morfológicas e moleculares. As angiospermas se originaram há cerca de 140 milhões de anos. A linha pontilhada indica a posição incerta das Bennettitales, um possível grupo-irmão das angiospermas atuais.

▲ **Figura 30.14** História evolutiva das angiospermas.

HABILIDADES VISUAIS *Se um fóssil de monocotiledônea com 150 milhões de anos fosse descoberto, a ordem da ramificação da filogenia em (b) teria de ser necessariamente redesenhada? Explique.*

▲ **Figura 30.15** **Uma abelha polinizando uma flor com simetria bilateral.** Para coletar o néctar desta flor-da-vassoura escocesa, uma abelha deve pousar conforme mostrado. Isso libera um mecanismo de disparo que dobra os estames da flor sobre a abelha e a pulveriza com pólen. Posteriormente, um pouco desse pólen pode ser friccionado sobre o estigma da próxima flor dessa espécie que a abelha visitar.

As interações plantas-polinizadores também podem ter afetado as taxas nas quais espécies novas se formam. Considere o impacto de uma simetria floral (ver Figura 30.9). Em uma flor com simetria bilateral, um inseto polinizador consegue obter néctar (solução açucarada secretada por glândulas florais) somente quando pousa em uma certa posição **(Figura 30.15)**. Essa restrição torna mais provável que o pólen seja colocado sobre uma parte do corpo do inseto que entrará em contato com o estigma de uma flor da mesma espécie. Essa especificidade de transferência do pólen reduz o fluxo gênico entre populações divergentes e poderia levar ao aumento das taxas de especiação em plantas com simetria bilateral. Essa hipótese pode ser testada usando a abordagem ilustrada no diagrama a seguir:

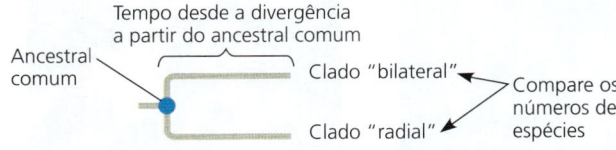

Uma etapa fundamental nessa abordagem é identificar casos em que um clado com flores bilateralmente simétricas compartilha um ancestral comum imediato com um clado cujos membros têm flores com simetria radial. Um estudo recente identificou 19 pares de clados "bilaterais" e "radiais" intimamente relacionados. Em média, o clado com flores de simetria bilateral tinha cerca de 2.400 espécie a mais do que os clados aparentados com simetria radial. Esse resultado sugere que a forma da flor pode afetar a taxa com que espécies novas se formam, talvez por afetar o comportamento dos insetos polinizadores. Em geral, as interações plantas-polinizadores podem ter contribuído para a dominância crescente das angiospermas no período Cretáceo, conferindo a essas plantas uma importância central nas comunidades ecológicas.

Diversidade das angiospermas

A partir de suas origens modestas no período Cretáceo, as angiospermas se diversificaram em mais de 290.000 espécies atuais. Até o final dos anos 1990, a maioria dos sistemas dividia as angiospermas em dois grupos, com base, em parte, no número de cotilédones no embrião. As espécies com um cotilédone eram chamadas **monocotiledôneas**, e aquelas com dois eram chamadas **dicotiledôneas.** Outras características, como flores e estrutura foliar, também eram usadas para definir os dois grupos. Estudos recentes do DNA, entretanto, indicam que as espécies tradicionalmente chamadas dicotiledôneas são parafiléticas. A imensa maioria das espécies antes classificada como dicotiledôneas formam um grande clado, agora conhecido como **eudicotiledôneas** ("verdadeiras" dicotiledôneas). A **Figura 30.16** compara as principais características de monocotiledôneas e eudicotiledôneas. O restante das anteriormente consideradas dicotiledôneas é agora agrupado em quatro pequenas linhagens. Três dessas linhagens – *Amborella trichopoda*, ninfeias, anis-estrelado e afins – são informalmente denominadas **angiospermas basais**, porque divergem das outras angiospermas no início da história do grupo (ver Figura 30.14b). Uma quarta linhagem, as **magnolídeas**, evoluiu mais tarde. A **Figura 30.17** proporciona uma visão geral da diversidade das angiospermas.

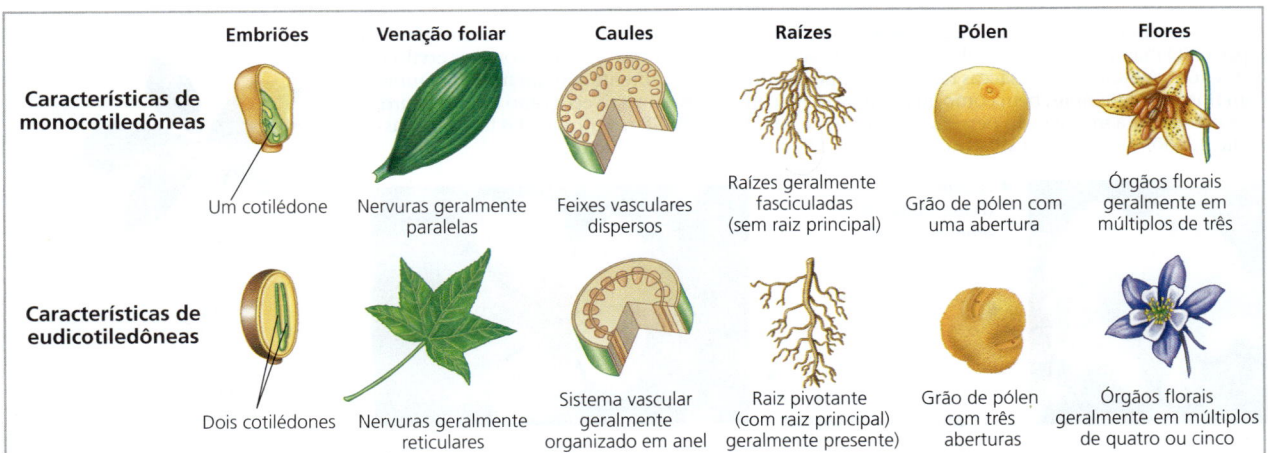

▲ **Figura 30.16** Características de monocotiledôneas e eudicotiledôneas.

▼ Figura 30.17 Explorando a diversidade das angiospermas

Angiospermas basais

Atualmente, acredita-se que as angiospermas basais existentes consistem em três linhagens, abrangendo apenas cerca de 100 espécies. As linhagens mais antigas parecem ser representadas por uma única espécie, *Amborella trichopoda* (à direita). As outras linhagens existentes divergiram subsequentemente: um clado que inclui as ninfeias e um clado consistindo no anis-estrelado e seus parentes.

Amborella trichopoda. ▶ Este pequeno arbusto, encontrado somente na Ilha de Nova Caledônia, no Pacífico Sul, pode ser o único sobrevivente de um ramo na base da árvore das angiospermas.

◀ **Ninfeia (*Nymphaea* "Rene Gerard")**. As espécies de ninfeias são encontradas em hábitats aquáticos em todo o mundo. As ninfeias pertencem a um clado que divergiu das outras angiospermas no início da história dos grupos.

◀ **Anis-estrelado (*Illicium*)**. Este gênero pertence a uma terceira linhagem existente de angiospermas basais.

Magnolídeas

As magnolídeas consistem em cerca de 8.500 espécies, mais notavelmente as magnólias, os louros e a pimenta-preta. Elas abrangem tanto espécies lenhosas como herbáceas. Embora compartilhem algumas características com angiospermas basais, como o arranjo espiralado dos órgãos florais em vez do arranjo verticilado, as magnolídeas são mais estreitamente relacionadas às eudicotiledôneas e monocotiledôneas.

◀ **Magnólia-meridional (*Magnolia grandiflora*)**. Este membro da família das magnólias é uma árvore de grande porte. A variedade de magnólia-meridional mostrada aqui, chamada de "Golias", tem flores que medem até cerca de 30 cm de diâmetro.

Monocotiledôneas

Cerca de um quarto das espécies de angiospermas são monocotiledôneas – cerca de 72.000 espécies. Alguns dos maiores grupos de plantas são as orquídeas, gramíneas e palmeiras. As gramíneas incluem algumas das culturas agrícolas mais importantes, como o milho, o arroz e o trigo.

◀ **Orquídea (*Paphiopedilum callosum*)**

Cevada (*Hordeum vulgare*), uma gramínea ▶

▲ **Tamareira-anã (*Phoenix roebelenii*)**

Eudicotiledôneas

Mais de dois terços das espécies de angiospermas são eudicotiledôneas – aproximadamente 210.000 espécies. O maior grupo é a família das leguminosas, que inclui culturas agrícolas como as ervilhas e os feijões. A família das rosáceas também é importante economicamente e inclui muitas plantas com flores ornamentais, bem como algumas espécies com frutos comestíveis, como morangueiro, e árvores como a macieira e a pereira. A maior parte das árvores floríferas conhecidas faz parte das eudicotiledôneas, como o carvalho, a nogueira, o bordo, o salgueiro e a bétula.

Vagem (*Pisum sativum*), uma leguminosa

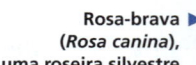

Rosa-brava (*Rosa canina*), uma roseira silvestre ▶

▲ **Carvalho-armênio (*Quercus pontica*)**

REVISÃO DO CONCEITO 30.3

1. Diz-se que um carvalho é um caminho pelo qual as bolotas produzem mais bolotas. Escreva uma explicação que inclua estes termos: esporófito, gametófito, óvulo, semente, ovário e fruto.
2. Compare e distinga um cone de pinheiro e uma flor, em termos de estrutura e função.
3. **E SE?** As velocidades de especiação em clados de angiospermas estreitamente relacionados mostram que a forma da flor está correlacionada com a taxa com que espécies novas se formam ou que a forma da flor é responsável por essa taxa? Explique.

Ver as respostas sugeridas no Apêndice A.

Tabela 30.1	Exemplos de substâncias medicinais derivadas de plantas	
Composto	Fonte	Utilização
Atropina	Beladona	Dilatador de pupila
Digitalina	Dedaleira	Medicação cardíaca
Mentol	Eucalipto	Refrescante para a garganta
Quinino	Quina	Preventivo de malária
Taxol	Teixo-do-pacífico	Fármaco para câncer de ovário
Tubocuranina	Curare	Relaxante muscular
Vimblastina	Vinca	Fármaco para leucemia

CONCEITO 30.4

O bem-estar humano depende das plantas com sementes

Em florestas ou em propriedades agrícolas, as plantas com sementes são as fontes fundamentais de alimento, combustível, produtos madeireiros e substâncias medicinais. Nossa dependência delas torna crucial a preservação da diversidade vegetal.

Produtos de plantas com sementes

A maior parte de nosso alimento provém de angiospermas. Apenas seis culturas agrícolas – milho, arroz, trigo, batata, mandioca e batata-doce – contribuem com 80% de todas as calorias consumidas pelos seres humanos. Nós dependemos também de angiospermas para alimentar animais: são utilizados de 5 a 7 kg de grãos para produzir 1 kg de carne.

As culturas agrícolas atuais são produtos da seleção artificial – o resultado da domesticação de plantas que começou há cerca de 12.000 anos. Para estimar a escala dessa transformação, observe como o número e o tamanho das sementes nas plantas domesticadas são maiores do que aquelas de suas parentes silvestres, como no caso do milho e o teosinto, ambas gramíneas (ver Figura 38.16). Os cientistas conseguem reunir informações sobre a domesticação mediante comparação de genes das culturas com aqueles dos parentes silvestres. Com o milho, mudanças drásticas como o aumento do tamanho da espiga e a perda do revestimento rígido em volta dos grãos podem ter iniciado com apenas cinco mutações.

As angiospermas fornecem também outros produtos alimentícios. Duas bebidas populares provêm das folhas de chá e dos grãos do café, e você pode agradecer ao cacaueiro pelo cacau e pelo chocolate. Condimentos são derivados de várias partes de plantas, como flores (cravo-da-índia, açafrão), frutos e sementes (baunilha, pimenta-do-reino, mostarda), folhas (manjericão, hortelã, sálvia) e mesmo da casca (canela).

Muitas plantas com sementes são fontes de madeira, que inexiste em todas as plantas sem sementes atuais. A madeira consiste nas paredes rijas de células do xilema (ver Figura 35.22). Ela é a fonte principal de combustível para boa parte do mundo, e a polpa da madeira derivada de coníferas como o abeto e o pinheiro é utilizada para fabricar papel.

A madeira permanece o material de construção mais amplamente utilizado.

Por séculos, os seres humanos também dependeram das plantas com sementes para substâncias medicinais. Muitas culturas humanas usam remédios à base de plantas, e os cientistas extraíram e identificaram substâncias medicinais ativas de muitos desses vegetais e posteriormente as sintetizaram. As folhas e a casca do salgueiro foram usadas por muito tempo como analgésicos, incluindo prescrições do médico grego Hipócrates. Nos anos 1800, os cientistas vincularam a propriedade medicinal do salgueiro à substância química salicina. Um derivado sintetizado, o ácido acetilsalicílico, é o que chamamos de aspirina. As plantas são também uma fonte direta de compostos medicinais **(Tabela 30.1)**. Nos Estados Unidos, cerca de 25% das prescrições de medicamentos contêm um princípio ativo de plantas, em geral, de plantas com sementes.

Ameaças à diversidade vegetal

Embora as plantas possam ser um recurso renovável, a diversidade vegetal não é. O crescimento populacional humano explosivo e sua demanda por espaço e recursos estão ameaçando as espécies vegetais por todo o mundo. O problema é especialmente grave nos trópicos, onde vivem mais de dois terços da população mundial e o crescimento populacional é mais rápido. Cerca de 63.000 km^2 de florestas pluviais tropicais são derrubadas a cada ano **(Figura 30.18)**, um ritmo que eliminaria completamente os 11 milhões de km^2 restantes de florestas tropicais em 175 anos. A perda de florestas reduz a absorção de dióxido de carbono atmosférico (CO_2)

▲ **Figura 30.18 Desmatamento de florestas tropicais.** Durante as últimas centenas de anos, cerca de metade das florestas tropicais da Terra foi derrubada e convertida em áreas agrícolas ou utilizada para outros fins. Uma imagem de satélite de 1975 (à esquerda) mostra uma densa floresta no Brasil. Em 2012, grande parte dessa floresta tinha sido derrubada. Áreas desmatadas e urbanas são mostradas em roxo.

que ocorre durante a fotossíntese, contribuindo potencialmente para o aquecimento global. Além disso, à medida que as florestas desaparecem, o mesmo acontece com um grande número de espécies vegetais. Evidentemente, uma vez extinta, uma espécie não pode retornar jamais.

Muitas vezes, a perda de espécies vegetais é acompanhada pela perda de insetos e outros animais das florestas pluviais. Os cientistas estimam que, se continuarem as atuais taxas de perda nos trópicos e em outros locais, 50% ou mais das espécies serão extintas em poucos séculos. Essas perdas constituiriam uma extinção em massa global, rivalizando com as extinções em massa do Permiano e do Cretáceo e mudando para sempre a história evolutiva das plantas (e de muitos outros organismos).

Muitas pessoas têm preocupações éticas sobre a contribuição para a extinção de espécies. Além disso, há razões práticas para se preocupar com a perda de diversidade vegetal. Até agora, exploramos os usos potenciais de apenas uma fração diminuta das mais de 325.000 espécies vegetais conhecidas. Por exemplo, quase todo o nosso alimento baseia-se no cultivo de apenas cerca de duas dúzias de espécies de plantas com sementes. E menos de 5.000 espécies de plantas foram estudadas como fontes potenciais de medicamentos. A floresta pluvial tropical pode ser um tesouro vivo de plantas com poder medicinal, que talvez sejam extintas antes mesmo de sabermos de sua existência. Se começarmos a ver as florestas pluviais e outros ecossistemas como tesouros vivos que podem se regenerar apenas lentamente, talvez aprendamos a explorar seus produtos em ritmos sustentáveis.

REVISÃO DO CONCEITO 30.4

1. Explique por que a diversidade vegetal pode ser considerada um recurso não renovável.
2. **E SE?** Como a filogenia poderia ser usada para ajudar os pesquisadores a procurar mais eficientemente novos medicamentos derivados de plantas com sementes?

Ver as respostas sugeridas no Apêndice A.

30 Revisão do capítulo

RESUMO DOS CONCEITOS-CHAVE

CONCEITO 30.1

Sementes e grãos de pólen são adaptações fundamentais para a vida no ambiente terrestre (p. 637-639)

Cinco caracteres derivados de plantas com sementes	
Gametófitos reduzidos	Gametófitos (n) masculinos e femininos, ambos microscópicos, são alimentados e protegidos pelo esporófito (2n) — Gametófito masculino / Gametófito feminino
Heterosporia	Micrósporo (origina um gametófito masculino) / Megásporo (origina um gametófito feminino)
Óvulos	Óvulo (gimnospermas) — Tegumento (2n) / Megásporo (n) / Megasporângio (2n)
Pólen	Grãos de pólen tornam a água desnecessária à fecundação
Sementes	Sementes: sobrevivem melhor do que esporos desprotegidos e podem ser transportadas a longas distâncias — Casca da semente / Suprimento alimentar / Embrião

? *Descreva como as partes de um óvulo (tegumento, megásporo, megasporângio) correspondem às partes de uma semente.*

CONCEITO 30.2

As gimnospermas têm sementes "nuas", geralmente em cones (p. 640-644)

- A dominância da geração esporofítica, o desenvolvimento de sementes a partir de óvulos fecundados e o papel do pólen na transferência das células espermáticas para os óvulos são características de um ciclo de vida típico de gimnospermas.
- As gimnospermas apareceram cedo no registro fóssil vegetal e dominaram muitos ecossistemas terrestres do Mesozoico. As plantas com sementes atuais podem ser divididas em dois grupos monofiléticos: gimnospermas e angiospermas. As gimnospermas atuais incluem as cicas, *Ginkgo biloba*, gnetófitas e **coníferas**.

? *Embora existam pouco mais de 1.000 espécies de gimnospermas, o grupo ainda é muito bem-sucedido em termos de longevidade evolutiva, adaptações e distribuição geográfica. Explique.*

CONCEITO 30.3

As adaptações reprodutivas das angiospermas incluem flores e frutos (p. 644-651)

- Em geral, as **flores** consistem em quatro tipos de folhas modificadas: **sépalas**, **pétalas**, **estames** (que produzem pólen) e **carpelos** (que produzem óvulos). Os **ovários** amadurecem em **frutos**, que muitas vezes carregam sementes para novos locais através do vento, água ou animais.
- As angiospermas originaram-se há cerca de 140 milhões de anos e, no Cretáceo médio (há 100 milhões de anos), começaram a dominar alguns ecossistemas terrestres. Os fósseis e análises filogenéticas proporcionam ideias sobre a origem das flores.
- Vários grupos de **angiospermas basais** foram identificados. Outros importantes clados de angiospermas abrangem **magnolídeas**, **monocotiledôneas** e **eudicotiledôneas**.
- A polinização e outras interações entre angiospermas e animais podem ter contribuído para o sucesso dessas plantas durante os últimos 100 milhões de anos.

? *Explique por que Darwin chamou a origem das angiospermas de um "mistério abominável" e descreva o que foi aprendido de evidências fósseis e de análises filogenéticas.*

CONCEITO 30.4

O bem-estar humano depende das plantas com sementes (p. 651-652)

- Os seres humanos dependem das plantas com sementes para produtos como alimento, madeira e muitos medicamentos.
- A destruição de hábitats ameaça a extinção de muitas espécies vegetais e de espécies animais que elas sustentam.

? *Explique por que a destruição das florestas tropicais remanescentes poderia prejudicar os seres humanos e levar à extinção em massa.*

TESTE SEU CONHECIMENTO

Níveis 1-2: Relembre/Entenda

1. Onde em uma angiosperma você encontraria um megasporângio?
   - (A) No estilete de uma flor
   - (B) Encerrado no estigma de uma flor
   - (C) Dentro de um óvulo contido no ovário de uma flor
   - (D) Acondicionado em sacos polínicos dentro das anteras encontradas em um estame

2. Qual dos atributos abaixo é uma característica-chave das plantas com sementes que facilita a vida no ambiente terrestre?
   - (A) Isosporia
   - (B) Pólen
   - (C) Esporófitos reduzidos
   - (D) Esporos

3. Em relação às angiospermas, qual das seguintes estruturas está corretamente pareada com a ploidia?
   - (A) Micrósporo – n
   - (B) Zigoto – n
   - (C) Oosfera – $2n$
   - (D) Megásporo – $2n$

4. Qual das seguintes características distingue as gimnospermas e angiospermas das outras plantas?
   - (A) Alternância de gerações
   - (B) Gametófitos independentes
   - (C) Sistema vascular
   - (D) Óvulos

5. Qual das seguintes características está presente em angiospermas, mas não em gimnospermas?
   - (A) Sementes
   - (B) Pólen
   - (C) Ovários
   - (D) Óvulos

Níveis 3-4: Aplique/Analise

6. **DESENHE** Use as letras a-d para identificar onde, na árvore filogenética, aparece cada um dos seguintes caracteres derivados.
   - (A) Flores
   - (B) Embriões
   - (C) Sementes
   - (D) Sistema vascular

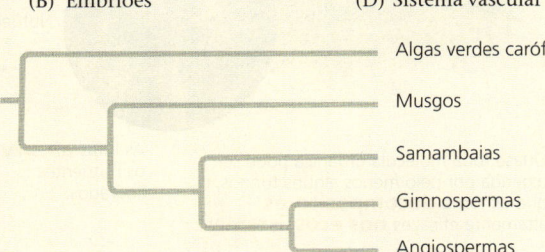

7. **CONEXÃO EVOLUTIVA** A história da vida foi pontuada por várias extinções em massa. Por exemplo, o impacto de um meteorito pode ter extinguido a maioria dos dinossauros e muitas formas de vida marinha ao final do período Cretáceo (ver Conceito 25.4). Os fósseis indicam que as plantas foram menos severamente afetadas por essa extinção em massa. Que adaptações podem ter possibilitado às plantas resistir melhor a esses desastres do que os animais?

Níveis 5-6: Avalie/Crie

8. **PESQUISA CIENTÍFICA • DESENHE** Como será descrito em detalhe no Conceito 38.1, o gametófito feminino das angiospermas normalmente tem sete células, uma das quais, a célula central, contém dois núcleos haploides. Após a fecundação dupla, a célula central se desenvolve no endosperma, que é triploide. Uma vez que magnolídeas, monocotiledôneas e eudicotiledôneas têm geralmente gametófitos femininos com sete células e endosperma triploide, os cientistas admitiram que esse foi o estado ancestral das angiospermas. Considere, entretanto, as seguintes descobertas recentes:
   - Nossa compreensão da filogenia das angiospermas mudou para aquela mostrada na Figura 30.14b.
   - *Amborella trichopoda* tem gametófitos femininos com oito células e endosperma triploide.
   - As ninfeias e o anis-estrelado têm gametófitos femininos com quatro células e endosperma diploide.
   - (a) Represente uma filogenia das angiospermas (ver Figura 30.14b), incorporando os dados fornecidos acima sobre o número de células nos gametófitos femininos e a ploidia do endosperma. Assuma que todos os parentes do anis-estrelado têm gametófitos femininos com quatro células e endosperma diploide.
   - (b) O que sua filogenia identificada sugere sobre a evolução do gametófito feminino e do endosperma em angiospermas?

9. **ESCREVA SOBRE UM TEMA: ORGANIZAÇÃO** As células são as unidades básicas da estrutura e função em todos os organismos. Uma característica fundamental no ciclo de vida das plantas é a alternância de gerações multicelulares haploide e diploide. Imagine uma linhagem de angiospermas na qual a divisão celular mitótica não ocorreu entre os eventos de meiose e fecundação (ver Figura 30.12). Em um texto sucinto (100-150 palavras), descreva como essa mudança no momento da divisão celular afetaria a estrutura e o ciclo de vida das plantas nessa linhagem.

10. **SINTETIZE SEU CONHECIMENTO**

Esta fotografia mostra uma semente de asclépia em voo. Descreva como as sementes e outras adaptações nas plantas com sementes contribuíram para a ascensão dessas plantas e seu papel dominante nas comunidades vegetais atuais.

Ver respostas selecionadas no Apêndice A.

31 Fungos

CONCEITOS-CHAVE

31.1 Fungos são heterótrofos que se alimentam por absorção p. 655

31.2 Os fungos produzem esporos por meio de ciclos de vida sexuada e assexuada p. 657

31.3 O ancestral dos fungos foi um protista unicelular aquático e flagelado p. 659

31.4 Os fungos irradiaram-se adaptativamente em um conjunto diversificado de linhagens p. 660

31.5 Os fungos desempenham papéis essenciais na ciclagem de nutrientes, nas interações ecológicas e no bem-estar humano p. 667

Dica de estudo

Desenhe um diagrama: Para ajudar a reconhecer as principais diferenças entre os ciclos de vida de fungos e humanos, desenhe e identifique diagramas simples, como o exemplo parcial mostrado aqui, que descreve os estágios da vida em que a meiose, a mitose, a formação de gametas, um organismo multicelular e a fertilização ocorrem em humanos e em fungos.

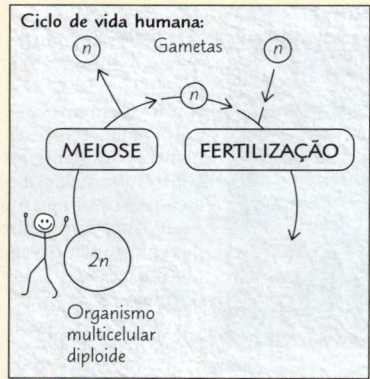

Figura 31.1 Estes pequenos cogumelos são apenas uma pequena extensão sobre uma vasta rede de filamentos localizada abaixo do solo das florestas. Essas redes subterrâneas de fungos, chamadas de micélios, em alguns casos, unem cogumelos que estão separados por centenas de metros. Na verdade, o maior micélio conhecido se espalha sob 965 hectares de floresta, uma área maior que 1.800 campos de futebol.

Como a estrutura e a função dos fungos se relacionam com seu papel nos ecossistemas?

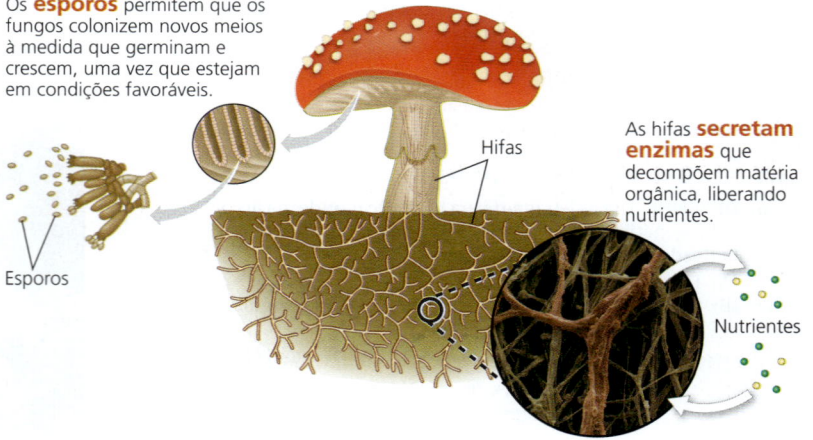

À medida que crescem, fungos multicelulares estendem à sua volta filamentos denominados **hifas**.

Os **esporos** permitem que os fungos colonizem novos meios à medida que germinam e crescem, uma vez que estejam em condições favoráveis.

As hifas **secretam enzimas** que decompõem matéria orgânica, liberando nutrientes.

As hifas **absorvem** os nutrientes liberados.

Quase toda molécula orgânica pode ser digerida por pelo menos alguns fungos, o que os torna **decompositores** altamente eficazes **nos ecossistemas**.

A rede oculta de filamentos de fungos na Figura 31.1 é uma a representação adequada da negligenciada grandeza do reino Fungi. A maioria das pessoas dá pouca atenção a esses eucariotos, para além dos cogumelos que comemos ou da ocasional coceira causada pelo "pé de atleta" (uma infecção fúngica). Entretanto, os fungos são um enorme e importante componente da biosfera. Alguns deles são exclusivamente unicelulares, mas a maior parte tem complexos corpos multicelulares. Esses organismos diversos são encontrados em quase todos os hábitats imagináveis, terrestres e aquáticos.

Os fungos não são apenas diversos e amplamente distribuídos, mas também essenciais ao bem-estar da maioria dos ecossistemas. Eles decompõem o material orgânico e reciclam nutrientes, permitindo a outros organismos assimilar elementos químicos essenciais. Neste capítulo, investigaremos a estrutura e a história evolutiva dos fungos, examinaremos seus principais grupos e discutiremos sua significância ecológica e comercial.

CONCEITO 31.1

Fungos são heterótrofos que se alimentam por absorção

Apesar de sua enorme diversidade, todos os fungos compartilham alguns atributos fundamentais – o aspecto mais importante é o modo como obtêm sua nutrição. Outra característica fundamental de muitos fungos é que eles crescem formando filamentos multicelulares, uma estrutura corporal que desempenha um papel importante na maneira como obtêm alimento.

Nutrição e ecologia

Assim como os animais, os fungos são heterótrofos: não conseguem produzir seu próprio alimento, como fazem plantas e algas. Todavia, ao contrário dos animais, os fungos não ingerem (comem) seu alimento. Em vez disso, um fungo absorve os nutrientes do ambiente externo ao seu corpo. Muitos fungos fazem isso pela secreção de enzimas hidrolíticas em seu entorno. Essas enzimas decompõem moléculas complexas em compostos orgânicos menores, as quais podem ser absorvidas pelas células dos fungos, e por eles utilizadas. Outros fungos usam enzimas para penetrar as paredes das células, possibilitando que absorvam seus nutrientes. Coletivamente, as diferentes enzimas encontradas em várias espécies de fungos podem digerir compostos de uma ampla diversidade de fontes, vivas ou mortas.

Essa diversidade de fontes de alimento corresponde aos variados papéis dos fungos nas comunidades ecológicas: diferentes espécies vivem como decompositores, parasitos ou mutualistas. Os fungos decompositores decompõem e absorvem nutrientes de material orgânico não vivo, como troncos caídos, cadáveres de animais e resíduos de organismos. Os fungos parasitos absorvem nutrientes das células de hospedeiros vivos. Alguns fungos parasitos são patogênicos, incluindo muitas espécies que causam doenças em plantas ou animais. Fungos mutualistas também absorvem nutrientes do hospedeiro, mas retribuem com ações que o beneficiam. Por exemplo, fungos mutualistas que vivem dentro do trato digestório de certas espécies de cupins usam suas enzimas para decompor madeira, como fazem os protistas mutualistas em outras espécies de cupins (ver Figura 28.29).

As versáteis enzimas que possibilitam aos fungos digerir uma ampla gama de fontes de alimento não são a única razão para seu sucesso ecológico. Outro fator importante é como sua estrutura corporal aumenta a eficiência da absorção de nutrientes.

Estrutura corporal

As estruturas corporais fúngicas mais comuns são filamentos multicelulares e células únicas (**leveduras**). Muitas espécies de fungos podem crescer tanto como filamentos ou como leveduras, mas a maioria cresce apenas em forma de filamentos; relativamente poucas espécies crescem apenas como leveduras unicelulares. Muitas vezes, as leveduras habitam ambientes úmidos, incluindo a seiva de plantas e tecidos animais, onde há um suprimento pronto de nutrientes solúveis, como açúcares e aminoácidos.

A morfologia de fungos multicelulares intensifica sua capacidade de crescer e absorver nutrientes de suas vizinhanças **(Figura 31.2)**. Os corpos desses fungos formam uma rede de filamentos finos, chamados de **hifas**. As hifas

▲ **Figura 31.2 Estrutura de um fungo multicelular.** A fotografia superior mostra as estruturas sexuais, neste caso chamadas de cogumelos, do fungo "Cèpe de Bordeaux" (*Boletus edulis*). A fotografia inferior mostra um micélio crescendo sobre acículas caídas de coníferas. A imagem em MEV mostra hifas em detalhes.

? *Embora os cogumelos na fotografia acima pareçam indivíduos diferentes, poderiam seus DNAs serem idênticos? Explique.*

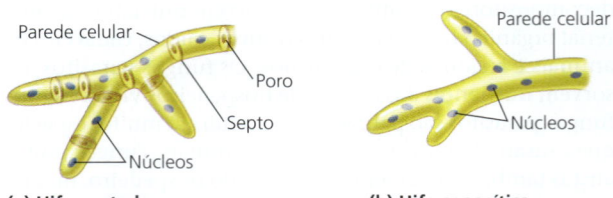

(a) Hifa septada (b) Hifa cenocítica

▲ **Figura 31.3** Duas formas de hifas.

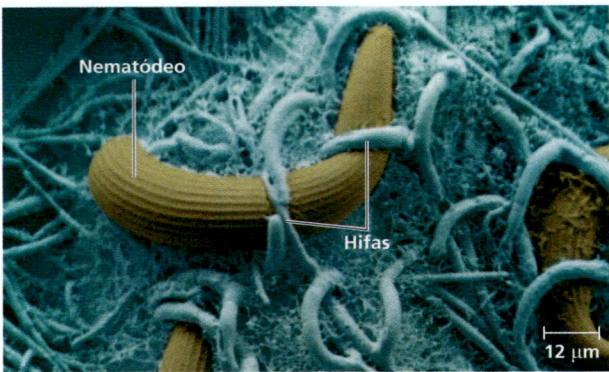

(a) **Hifas adaptadas para capturar e matar presas.** Em *Arthrobotrys*, um fungo do solo, porções das hifas são modificadas como laços que podem se contrair em volta de um nematódeo (nematelminto) em menos de um segundo. O crescimento das hifas, então, penetra no corpo do verme, e o fungo digere os tecidos internos de sua presa (MEV).

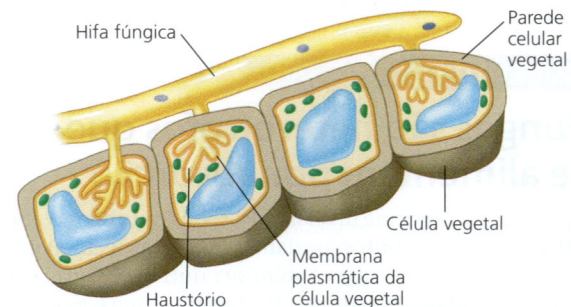

(b) **Haustório.** Em alguns fungos mutualistas e parasíticos, crescem hifas especializadas, chamadas de haustórios, que conseguem extrair nutrientes de células vegetais vivas. Os haustórios permanecem separados do citoplasma de uma célula vegetal pela membrana plasmática que ela possui (cor de laranja).

▲ **Figura 31.4** Hifas especializadas.

consistem em paredes celulares tubulares, envolvendo a membrana plasmática e o citoplasma das células. As paredes celulares são reforçadas por **quitina,** um polissacarídeo resistente, porém flexível. As paredes ricas em quitina podem aumentar a nutrição por absorção. À medida que um fungo absorve nutrientes de seu ambiente, as concentrações desses nutrientes em suas células aumentam, fazendo a água se mover para dentro das células, por osmose. O movimento da água nas células fúngicas cria uma pressão que poderia fazer com que suas células se rompessem caso não estivessem cercadas por uma parede celular rígida e reforçada com quitina.

Outra importante característica estrutural da maioria dos fungos é que suas hifas são divididas em células por paredes transversais, ou **septos (Figura 31.3a)**. Em geral, os septos têm poros suficientemente grandes para permitir que ribossomos, mitocôndrias e mesmo núcleos se movam de uma célula a outra. Em alguns fungos, faltam septos **(Figura 31.3b)**. Conhecidos como **fungos cenocíticos**, esses organismos consistem em uma massa citoplasmática contínua, com centenas ou milhares de núcleos. As condições cenocíticas resultam de divisões repetidas de núcleos sem citocinese.

As hifas fúngicas formam uma massa enovelada chamada **micélio**, que se infiltra no material sobre o qual o fungo se alimenta (ver Figura 31.2). A estrutura de um micélio maximiza sua razão superfície-volume, tornando a alimentação muito mais eficiente. Apenas 1 cm³ de solo fértil pode conter 1 km de hifas com área de superfície total de 300 cm² em contato com o solo. Um micélio fúngico cresce rapidamente, à medida que as proteínas e outros materiais sintetizados pelo fungo se movem pela corrente citoplasmática para as extremidades das hifas em crescimento. O fungo concentra sua energia e recursos no aumento do comprimento das hifas e, portanto, na área de superfície absorvente global, em vez de aumentar o diâmetro das hifas. Os fungos multicelulares não são móveis no sentido comum – eles não podem correr, nadar ou voar em busca de alimento ou parceiros. Entretanto, à medida que crescem, esses fungos conquistam novos territórios, estendendo rapidamente as extremidades de suas hifas.

Hifas especializadas e fungos micorrízicos

Alguns fungos possuem hifas especializadas que permitem que se alimentem de animais vivos **(Figura 31.4a)**, enquanto outros possuem hifas modificadas, chamadas *haustórios*, que lhes permitem extrair nutrientes das plantas. Nosso foco aqui, no entanto, será em fungos que possuem hifas ramificadas especializadas, como **arbúsculos (Figura 31.4b)**, por meio das quais os fungos trocam nutrientes com seus hospedeiros vegetais. Essas relações mutuamente benéficas entre fungos e raízes vegetais são chamadas de **micorrizas** (o termo significa "raízes fúngicas").

Os fungos micorrízicos (fungos que formam micorrizas) podem melhorar a transferência de íons fosfato e outros minerais para as plantas, uma vez que as vastas redes de micélios dos fungos são muito mais eficientes do que as raízes das plantas para adquirir esses nutrientes do solo. Em troca, as plantas suprem os fungos com nutrientes orgânicos como carboidratos.

Há dois tipos principais de fungos micorrízicos (ver Figura 37.14). **Fungos ectomicorrízicos** (do grego, *ektos*, externo) formam bainhas de hifas sobre a superfície de uma raiz e costumam crescer dentro dos espaços extracelulares do córtex da raiz. **Fungos micorrízicos arbusculares** estendem arbúsculos através da parede celular da raiz e em tubos formados por invaginação (empurrando para o interior, como na Figura 31.4b) da membrana plasmática da célula da raiz (ver Figura 37.13b). No **Exercício de habilidades científicas**, você irá comparar dados genômicos de fungos que formam e que não formam micorrizas.

As micorrizas são muito importantes, tanto em ecossistemas naturais como na agricultura. Quase todas as plantas vasculares têm micorrizas e dependem de seus parceiros fúngicos para nutrientes essenciais. Os engenheiros florestais inoculam as mudas de pinheiro com fungos micorrízicos

Exercício de habilidades científicas

Interpretação de dados genômicos e formulação de hipóteses

O que a análise genômica de um fungo micorrízico pode revelar sobre as interações micorrízicas? O primeiro genoma de um fungo micorrízico a ser sequenciado foi o do basidiomiceto *Laccaria bicolor* (ver foto). Na natureza, *L. bicolor* é um fungo ectomicorrízico comum de árvores como álamo e abeto, bem como um organismo de vida livre do solo. Em viveiros florestais, geralmente é adicionado ao solo para aumentar o crescimento das mudas. O fungo pode facilmente ser cultivado sozinho em cultura e pode estabelecer micorrizas com raízes de árvores em laboratório. Os pesquisadores esperam que o estudo do genoma de *Laccaria* venha a produzir pistas sobre o processo pelo qual esse organismo interage com seus parceiros micorrízicos – e, por extensão, sobre interações micorrízicas envolvendo outros fungos.

Como o estudo foi realizado Usando o método do sequenciamento genômico completo por fragmentos aleatórios (ver Figura 21.2) e bioinformática, os pesquisadores sequenciaram o genoma de *L. bicolor* e o compararam com os genomas de alguns fungos basidiomicetos não micorrízicos. A equipe usou microarranjos para comparar os níveis de expressão gênica para diferentes genes codificadores de proteínas e para os mesmos genes em um micélio micorrízico e um micélio de vida livre. Eles puderam, então, identificar os genes para proteínas fúngicas que são constituintes específicos de micorrizas.

Dados do estudo

Tabela 1 Quantidade de genes em *L. bicolor* e quatro espécies de fungos não micorrízicos

	L. bicolor	1	2	3	4
Genes codificadores de proteínas	20.614	13.544	10.048	7.302	6.522
Genes de transportadores de membrana	505	412	471	457	386
Genes de pequenas proteínas secretadas (PPSs)	2.191	838	163	313	58

Tabela 2 Genes de *L. bicolor* mais altamente regulados no micélio ectomicorrízico (MEM) de abeto-de-douglas ou álamo *versus* micélio de vida livre (MVL)

ID da proteína	Característica ou função da proteína	Razão MEM abeto-de-douglas/MVL	Relação MEM álamo/MVL
298599	PPS	22.877	12.913
293826	Inibidores enzimáticos	14.750	17.069
333839	PPS	7.844	1.931
316764	Enzima	2.760	1.478

Dados de F. Martin et al., The genome of *Laccaria bicolor* provides insights into mycorrhizal symbiosis, *Nature* 452:88–93 (2008).

INTERPRETE OS DADOS

1. **(a)** Na Tabela 1, que espécie fúngica tem mais genes codificando transportadores de membrana (proteínas transportadoras de membrana; ver Conceito 7.2)? **(b)** Por que esses genes poderiam ser de especial importância para *L. bicolor*?
2. A expressão "pequenas proteínas secretadas" (PPSs) refere-se a proteínas com comprimentos menores do que 100 aminoácidos secretadas pelo fungo; sua função ainda não é conhecida. **(a)** Descreva os dados da Tabela 1 sobre as PPSs. **(b)** Os pesquisadores constataram que os genes PPS compartilham uma característica comum indicativa de que as proteínas codificadas eram destinadas à secreção. Com base na Figura 17.22 e na discussão do texto dessa figura, suponha qual era essa característica comum dos genes PPS. **(c)** Sugira uma hipótese para os papéis das PPS em micorrizas.
3. A Tabela 2 mostra dados de estudos de expressão gênica de quatro genes de *L. bicolor* cuja transcrição foi mais elevada ("hiperexpressos") em micorrizas. **(a)** Para o gene codificando a primeira proteína listada, o que o número 22.877 significa? **(b)** Os dados na Tabela 2 sustentam sua hipótese na questão 2(c)? Explique. **(c)** Compare os dados de micorrizas de álamo com os de abeto de Douglas e sugira o que pode ser responsável por quaisquer diferenças.

---

para promover o crescimento. Na ausência de intervenção humana, os fungos micorrízicos colonizam os solos pela dispersão de células haploides chamadas **esporos**, que formam novos micélios após a germinação. A dispersão de esporos é um componente essencial de como os fungos se reproduzem e se espalham para novas áreas, como discutiremos a seguir.

REVISÃO DO CONCEITO 31.1

1. Compare o modo nutricional de um fungo com o seu próprio modo de nutrição.
2. **E SE?** Suponha que certo fungo é um mutualista que vive dentro de um inseto hospedeiro, porém seus ancestrais eram parasitos que viviam dentro e sobre o corpo do inseto. Que características derivadas você poderia encontrar nesse fungo mutualista?
3. **FAÇA CONEXÕES** Revise as Figuras 10.3 e 10.5. Se uma planta tem micorrizas, onde o carbono que entra nos estômatos da planta como CO_2 poderia ser finalmente depositado: na planta, no fungo ou em ambos? Explique.

Ver as respostas sugeridas no Apêndice A.

CONCEITO 31.2

Os fungos produzem esporos por meio de ciclos de vida sexuada e assexuada

A maioria dos fungos autopropaga-se pela produção de grandes números de esporos, tanto sexuadamente como assexuadamente. Por exemplo, bufas-de-lobo, as estruturas reprodutivas de certas espécies de fungos, podem liberar trilhões de esporos (ver Figura 31.17). Os esporos podem ser carregados a longas distâncias pelo vento ou pela água. Se eles caem em um lugar úmido onde haja alimento, eles germinam, produzindo um novo micélio. Para entender o quão efetivos são os esporos ao se dispersarem, deixe uma fatia de melão exposta ao ar. Mesmo sem uma fonte visível de esporos próxima, dentro de uma semana, você provavelmente observará micélios felpudos crescendo de esporos microscópicos que caíram sobre o melão.

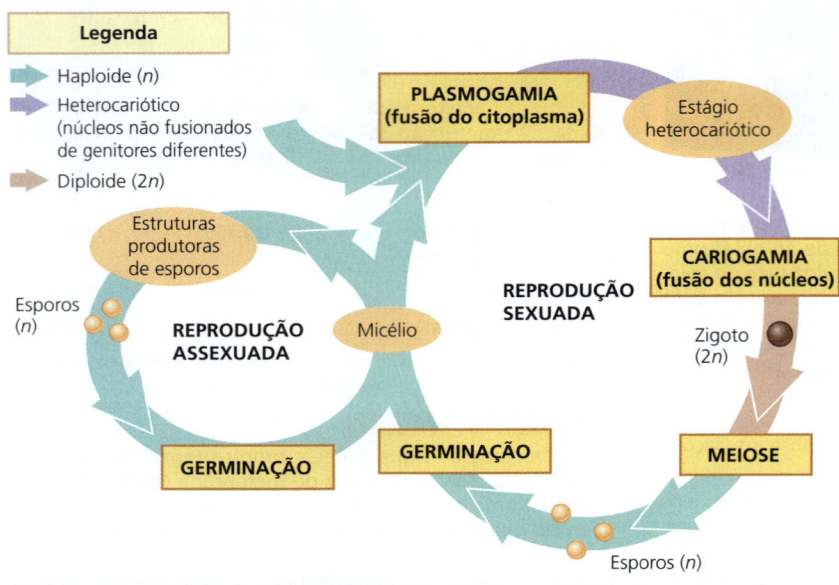

▲ **Figura 31.5 Ciclo de vida generalizado de fungos.** Muitos fungos reproduzem-se sexuadamente e assexuadamente, conforme mostrado aqui; outros, no entanto, reproduzem-se apenas sexuadamente ou assexuadamente.

❓ *Compare a variação genética encontrada em esporos produzidos em partes sexuada e assexuada do ciclo de vida. Por que essas diferenças ocorrem?*

A **Figura 31.5** generaliza os ciclos de vida muito diferentes que podem produzir esporos fúngicos. Nesta seção, examinaremos os principais aspectos da reprodução sexuada e assexuada em fungos.

Reprodução sexuada

Os núcleos das hifas fúngicas e os esporos da maioria dos fungos são haploides, embora muitas espécies tenham estágios diploides transitórios que se formam durante os ciclos de vida sexuada. A reprodução sexuada frequentemente começa quando hifas de dois micélios liberam moléculas sinalizadoras chamadas **feromônios**. Se os micélios são de diferentes tipos sexuais, os feromônios de cada parceiro ligam-se aos receptores do outro, e as hifas se estendem em direção à fonte dos feromônios. Quando se encontram, as hifas se fundem. Em espécies com esse "teste de compatibilidade", esse processo contribui para a variação genética, ao evitar que hifas se fundam com outras hifas do mesmo micélio ou de outro micélio geneticamente idêntico.

A união do citoplasma de dois micélios parentais é conhecida como **plasmogamia** (ver Figura 31.5). Na maioria dos fungos, o núcleo haploide fornecido por cada genitor não se funde imediatamente. Em vez disso, em partes do micélio fusionado, coexistem núcleos geneticamente diferentes. Diz-se que esse micélio é **heterocariótico** (significando "núcleos diferentes"). Em algumas espécies, os núcleos haploides se dispõem em pares em uma célula, um de cada genitor. Esse micélio é **dicariótico** (significando "dois núcleos"). À medida que o micélio dicariótico cresce, os dois núcleos em cada célula se dividem um após o outro sem se fundir. Uma vez que retêm dois núcleos haploides separados, essas células diferem de células haploides, que têm pares de cromossomos homólogos dentro de um único núcleo.

Horas, dias ou (em alguns fungos) mesmo séculos podem se passar entre a plasmogamia e o próximo estágio no ciclo sexuado, a **cariogamia**. Durante a cariogamia, os núcleos haploides fornecidos pelos dois genitores se fundem, produzindo células diploides. Zigotos e outras estruturas transitórias se formam durante a cariogamia, o único estágio diploide na maioria dos fungos. A meiose, então, restaura a condição haploide, levando enfim à formação de esporos geneticamente diversos. A meiose é uma etapa fundamental na reprodução sexuada, e os esporos assim produzidos são às vezes chamados de "esporos sexuais".

O processo sexuado de cariogamia e meiose produz grande variação genética, um pré-requisito para a seleção natural (ver Conceitos 13.2 e 23.1 para revisar como a reprodução sexuada pode aumentar a diversidade genética). A condição heterocariótica também oferece algumas vantagens da diploidia pelo fato de que um genoma haploide pode compensar mutações prejudiciais do outro.

Reprodução assexuada

Muitos fungos se reproduzem sexuadamente e assexuadamente, conforme mostrado na Figura 31.5; outros, no entanto, se reproduzem apenas sexuadamente ou apenas assexuadamente. Assim como a reprodução sexuada, os processos de reprodução assexuada variam amplamente entre os fungos.

Muitos fungos se reproduzem assexuadamente por crescimento, como fungos filamentosos que produzem esporos (haploides) por mitose; essas espécies são informalmente chamadas de **mofos** (ou bolores), caso formem micélios visíveis. Dependendo de seus hábitos de limpeza doméstica, você pode ter observado mofos em sua cozinha, formando tapetes felpudos sobre pães ou frutas **(Figura 31.6)**. Em geral, os mofos crescem rapidamente e produzem muitos esporos assexuadamente, possibilitando aos fungos

▼ **Figura 31.6** *Penicillium*, **um fungo comumente encontrado como decompositor de alimentos.** Os agregados em forma de contas nesta MEV colorida são conídios, estruturas envolvidas na reprodução assexuada.

colonizarem novas fontes de alimento. Muitas espécies que produzem esses esporos também podem se reproduzir sexuadamente se por acaso entrarem em contato com um tipo sexual diferente da mesma espécie.

Outros fungos se reproduzem assexuadamente, crescendo como as leveduras unicelulares. Em vez de produzir esporos, a reprodução assexuada em leveduras ocorre por divisão celular simples ou pela constrição de pequenas "brotações celulares" de uma célula-mãe **(Figura 31.7)**. Como já mencionado, alguns fungos que crescem como leveduras podem também crescer como micélios filamentosos.

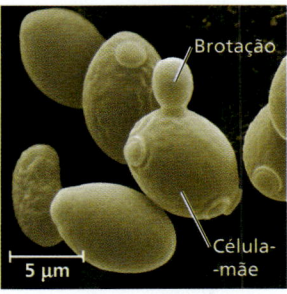

▲ **Figura 31.7** A levedura *Saccharomyces cerevisiae* em vários estágios de brotamento (MEV).

Muitas leveduras e fungos filamentosos não têm estágio sexuado conhecido em seu ciclo de vida. Visto que os primeiros micologistas (biólogos que estudam fungos) classificavam os fungos principalmente com base em seus tipos de estrutura sexual, isso representava um problema. Os micologistas tradicionalmente agrupam todos os fungos em que falta a reprodução sexuada em um grupo chamado **deuteromicetos** (do grego *deutero*, segundo, e *mycete*, fungo). Sempre que um estágio sexual é descoberto em um suposto deuteromiceto, a espécie é reclassificada em outro filo, dependendo do tipo de estrutura sexual que ela forma. Além da busca por estágios sexuados desses fungos indeterminados, os micologistas podem agora utilizar técnicas genômicas para classificá-los.

REVISÃO DO CONCEITO 31.2

1. **FAÇA CONEXÕES** Compare a Figura 31.5 com a Figura 13.6. Em termos de haploidia *versus* diploidia, como os ciclos de vida de fungos e seres humanos diferem?
2. **E SE?** Suponha que você faça uma amostra de DNA de dois cogumelos de lados opostos de seu quintal e descubra que eles são idênticos. Proponha duas hipóteses razoáveis para explicar esse resultado.

Ver as respostas sugeridas no Apêndice A.

CONCEITO 31.3

O ancestral dos fungos foi um protista unicelular aquático e flagelado

Dados de sistemática molecular oferecem ideias sobre a evolução inicial dos fungos. Assim, os sistematas agora reconhecem que os fungos e os animais são mais estreitamente relacionados entre si do que cada grupo é com as plantas ou com a maioria dos outros eucariotos.

Origem dos fungos

Análises filogenéticas sugerem que os fungos evoluíram de um ancestral flagelado. Enquanto a maioria dos fungos não

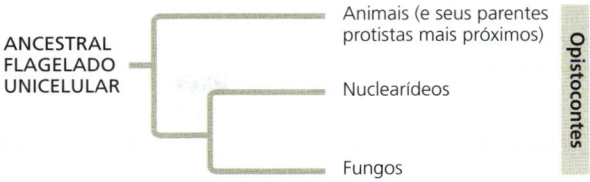

▲ **Figura 31.8 Fungos e seus parentes próximos.** A evidência molecular indica que os nuclearídeos, um grupo de protistas unicelulares, são os parentes atuais mais próximos dos fungos.

tem flagelos, duas linhagens basais de fungos (os criptomicetos e os quitrídeos, como discutiremos em breve) possuem flagelos. Além disso, a maioria dos protistas que compartilham um ancestral comum próximo com animais e fungos também tem flagelos. Dados de sequência de DNA indicam que esses três grupos de eucariotos – os fungos, os animais e seus parentes protistas – formam um grupo monofilético, ou clado **(Figura 31.8)**. Como discutido no Conceito 28.5, os membros desse clado são chamados **opistocontes**, nome que se refere à localização posterior (*opistho*) do flagelo nesses organismos.

Dentro do clado opistoconte, os fungos estão mais estreitamente relacionados a vários grupos de protistas unicelulares do que aos animais, sugerindo que o ancestral dos fungos era unicelular. Um desses grupos de protistas unicelulares, os **nuclearídeos**, consiste em amebas que se alimentam de algas e bactérias. Evidência adicional de DNA indica que os animais são mais estreitamente relacionados a um grupo *diferente* de protistas (os coanoflagelados) do que eles são tanto aos fungos como aos nuclearídeos. Juntos, esses resultados sugerem que a multicelularidade evoluiu em animais e fungos independentemente, a partir de diferentes ancestrais unicelulares.

Utilizando análises de relógio molecular, os cientistas estimaram que os ancestrais de animais e fungos divergiram em linhagens separadas há mais de 1 bilhão de anos atrás. Fósseis de certos eucariotos marinhos unicelulares que viveram há 1,5 bilhão de anos foram interpretados como fungos, mas essas alegações permanecem controversas. Além disso, embora os fungos provavelmente tenham se originado em ambientes aquáticos, os fósseis mais antigos amplamente aceitos como fungos são de espécies terrestres que viveram há 440 milhões de anos **(Figura 31.9)**. Os fungos podem ter colonizado o ambiente terrestre há 505 milhões de anos: os solos dessa idade têm uma "assinatura" química semelhante à encontrada em solos onde os fungos estão ativos hoje.

▶ **Figura 31.9 Hifas fósseis do fungo *Tortotubus* (440 milhões de anos atrás).** O filamento central é rodeado por dois filamentos parcialmente sobrepostos (MO).

De modo geral, mais fósseis são necessários para ajudar a esclarecer quando os fungos se originaram e que características estavam presentes em suas primeiras linhagens.

Deslocamento para o ambiente terrestre

As plantas colonizaram o ambiente terrestre há cerca de 470 milhões de anos (ver Conceito 29.1), e a colonização pelos fungos pode ter ocorrido antes disso. De fato, alguns pesquisadores descreveram a vida sobre o solo antes da chegada das plantas como um "limo verde", que consistia em cianobactérias, algas e uma diversidade de pequenas espécies heterotróficas, incluindo fungos. Com sua capacidade de digestão extracelular, os fungos estariam bem adaptados para se alimentar de outros organismos terrestres primitivos (ou de seus resíduos).

Uma vez no ambiente terrestre, alguns fungos formaram associações simbióticas com as plantas primitivas. Por exemplo, fósseis de 405 milhões de anos de idade da planta primitiva *Aglaophyton* contêm evidências de relações micorrízicas entre plantas e fungos (ver Figura 25.13). Essa evidência abrange fósseis de hifas que penetraram em células vegetais e formaram estruturas que se parecem com arbúsculos, formados atualmente pelas micorrizas arbusculares. Estruturas similares foram encontradas em uma diversidade de outras plantas primitivas, sugerindo que as plantas provavelmente existiram em relações benéficas com os fungos desde os períodos iniciais da colonização do ambiente terrestre. As primeiras plantas não possuíam raízes, o que limitava sua capacidade para extrair nutrientes do solo. Como ocorre com as associações micorrízicas atuais, é provável que os nutrientes do solo fossem transferidos para as primeiras plantas por um extenso micélio formado por seus parceiros simbióticos fúngicos.

Estudos moleculares também têm sustentado a datação das associações micorrízicas. Para um fungo micorrízico e sua planta associada estabelecerem uma relação simbiótica, certos genes devem ser expressos pelo fungo, e outros genes devem ser expressos pela planta. Os pesquisadores concentraram-se em três genes de plantas (chamados de genes "*sym*"), cuja expressão é necessária para a formação de micorrizas em plantas floríferas. Eles verificaram que esses genes estavam presentes em todas as principais linhagens de plantas, incluindo as linhagens basais, como as hepáticas (ver Figura 29.13). Além disso, após eles transferirem um gene *sym* de uma hepática para uma planta florífera mutante que não podia formar micorrizas, esta recuperou sua capacidade de formar micorrizas. Esses resultados sugerem que os genes micorrízicos *sym* estavam presentes nas plantas primitivas – e que a função desses genes foi conservada por centenas de milhões de anos à medida que as plantas continuaram a se adaptar à vida no ambiente terrestre.

REVISÃO DO CONCEITO 31.3

1. Por que os fungos são classificados como opistocontes apesar de a maioria deles não ter flagelos?
2. Descreva a importância das micorrizas, tanto hoje quanto na colonização do ambiente terrestre. Que evidência sustenta a antiguidade das associações micorrízicas?

3. **E SE?** Se os fungos colonizaram o ambiente terrestre antes das plantas, onde eles poderiam ter vivido? Como suas fontes de alimento diferiam daquilo que se alimentam atualmente?

Ver as respostas sugeridas no Apêndice A.

CONCEITO 31.4

Os fungos irradiaram-se adaptativamente em um conjunto diversificado de linhagens

Na última década, as análises moleculares remodelaram nossa compreensão das relações evolutivas entre grupos de fungos. Além disso, estudos metagenômicos levaram à descoberta de grupos inteiramente novos de fungos. Como resultado, a filogenia dos fungos está passando por mudanças dramáticas. Por exemplo, um grupo tradicional, o Zygomycota, foi abandonado por ser parafilético, e seus membros foram transferidos para outros grupos. Estudos recentes também indicam que os *microsporidianos*, um grupo enigmático de parasitos unicelulares, devem ser classificados como fungos e podem pertencer a uma linhagem fúngica basal (aquela que divergiu de outros fungos no início da história do grupo).

A **Figura 31.10** apresenta uma hipótese atual das relações entre grupos de fungos. Nesta seção, faremos um levantamento dos grupos identificados nesta árvore filogenética. No entanto, os grupos mostrados na Figura 31.10 podem representar apenas uma pequena fração da diversidade de fungos existentes (linhagens existentes são aquelas que têm membros atuais). Embora existam cerca de 145.000 espécies conhecidas de fungos, nos últimos anos, mais de 2.000 novas espécies foram descobertas anualmente. Segundo algumas estimativas, o número real de espécies de fungos está entre 2,2 e 3,8 milhões – mais do que todas as 1,9 milhão de espécies de organismos (de todos os tipos) que os biólogos identificaram e nomearam atualmente.

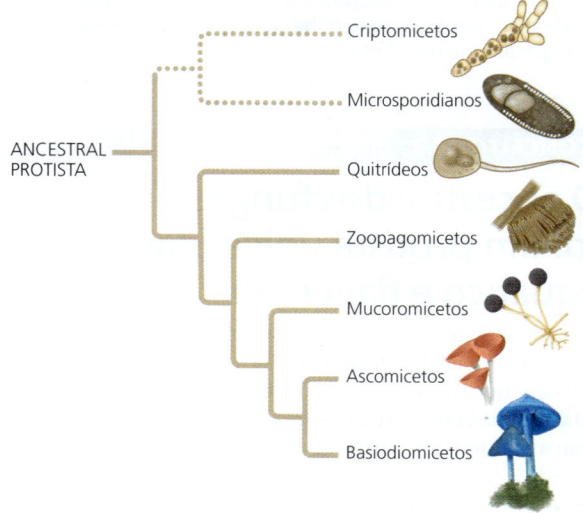

▲ **Figura 31.10** **Filogenia de fungos.** Esta hipótese filogenética mostra os principais clados de fungos existentes; linhas pontilhadas indicam relações evolutivas que são incertas.

Criptomicetos e microsporidianos

Estudos genômicos indicam que **criptomicetos** (fungos do filo Cryptomycota) e **microsporidianos** (fungos do filo Microsporidia) formam um grupo irmão e são uma linhagem fúngica basal (ver Figura 31.10). Enquanto a maioria das comparações moleculares apoiam a colocação de criptomicetos e microsporidianos na base da árvore fúngica, mais dados são necessários para ajudar a resolver essa filogenia.

Criptomicetos

Embora apenas 30 espécies tenham sido identificadas até o momento, dados genéticos sugerem que os criptomicetos são um grupo grande e diverso. Sequências de DNA de membros desse grupo foram encontradas em comunidades marinhas e de água doce, bem como em solos. Os criptomicetos também foram encontrados em ambientes aeróbicos e anaeróbicos e em localizações geográficas em todo o mundo. Como as espécies mostradas na **Figura 31.11**, *Rozella allomycis*, muitos dos criptomicetos identificados até o momento são parasitos de protistas e outros fungos.

Os criptomicetos são unicelulares e apresentam esporos flagelados. Os criptomicetos também podem sintetizar uma parede celular rica em quitina, uma característica estrutural chave dos fungos (ver Conceito 31.1).

Microsporidianos

As 1.300 espécies de microsporidianos são parasitos unicelulares de protistas e animais, incluindo humanos **(Figura 31.12)**. As infecções em humanos podem causar redução da longevidade e perda de peso. O microsporidiano *Nosema ceranae* é um parasito de abelhas e pode contribuir para a *síndrome de colapso da colônia*, um surto devastador que levou à perda de colônias de abelhas em todo o mundo.

Como todos os fungos, os microsporidianos podem sintetizar uma parede celular rica em quitina. Outros aspectos de sua biologia são incomuns. Por exemplo, os microsporidianos têm mitocôndrias altamente reduzidas e genomas pequenos, com apenas 2.000 genes em algumas espécies. O genoma de um microsporidiano, *Encephalitozoon intestinalis*, tem apenas 2,3 Mb de DNA – o menor genoma de qualquer eucarioto sequenciado até hoje. Ao contrário de outros fungos basais, os microsporidianos não possuem esporos flagelados; em vez disso, eles produzem esporos únicos que infectam as células hospedeiras por meio de uma organela semelhante a um arpão.

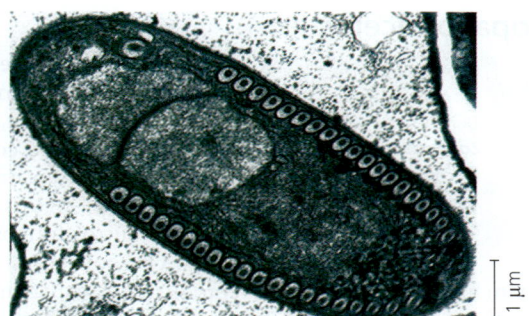

▲ **Figura 31.12** Um esporo do microsporidiano *Fibrillanosema crangonycis* (MET).

Quitrídeos

Os fungos classificados no filo Chytridiomycota, chamados **quitrídeos**, são ubíquos em lagos e solo; estudos metagenômicos recentes descobriram novos clados de quitrídeos em fontes hidrotermais e outras comunidades marinhas. Algumas das aproximadamente mil espécies de quitrídeos são decompositoras, enquanto outras são parasitos de protistas, de outros fungos, plantas ou animais; como veremos mais adiante neste capítulo, dois parasitos quitrídeos contribuíram para o declínio global das populações de anfíbios. Outros quitrídeos ainda são importantes mutualistas. Por exemplo, os quitrídeos anaeróbios que vivem nos tratos digestórios das ovelhas e do gado ajudam a decompor a matéria vegetal, contribuindo de modo significativo para o crescimento animal.

Quase todos os quitrídeos possuem esporos flagelados, chamados **zoósporos (Figura 31.13)**. Como outros fungos, os quitrídeos têm paredes celulares feitas de quitina e também compartilham certas enzimas essenciais e vias metabólicas com outros grupos de fungos. Alguns quitrídeos formam colônias com hifas, enquanto outros existem como células esféricas solitárias.

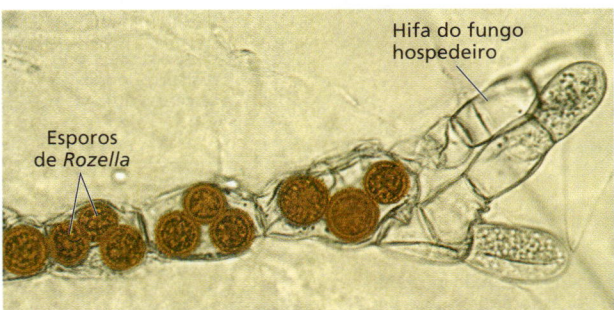

▲ **Figura 31.11** O criptomiceto *Rozella allomycis* parasitando outro fungo.

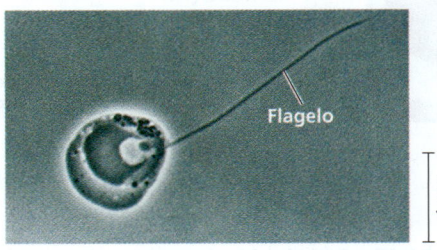

▲ **Figura 31.13** Zoósporo flagelado de quitrídeo (MET).

Zoopagomicetos

- Criptomicetos
- Microsporidianos
- Quitrídeos
- **Zoopagomicetos**
- Mucoromicetos
- Ascomicetos
- Basidiomicetos

A maioria das 900 espécies de **zoopagomicetos**, fungos do filo Zoopagomycota, vivem como parasitos ou como simbiontes comensais (neutros) de animais; alguns são parasitos de outros fungos ou protistas. Os zoopagomicetos formam hifas filamentosas e se reproduzem assexuadamente, produzindo esporos não flagelados. Alguns zoopagomicetos induzem insetos por eles parasitados a se empoleirar perto do topo das plantas; os insetos subsequentemente morrem, e esporos de fungos são liberados para infectar novas vítimas **(Figura 31.14)**. A reprodução sexuada, quando conhecida, envolve a formação de uma estrutura durável chamada zigosporângio, que abriga e protege o zigoto.

A perda de esporos flagelados nos zoopagomicetos e outras linhagens de fungos pode ter sido associada a uma transição para a vida no ambiente terrestre. Linhagens basais de fungos tinham esporos flagelados, permitindo a dispersão pela água. Em contraste, os zoopagomicetos e todos os seus parentes fúngicos mais próximos (o clado que consiste em mucoromicetos, ascomicetos e basidiomicetos; ver Figura 31.10) têm esporos não flagelados, que são dispersos pelo vento em fungos terrestres.

◀ **Figura 31.14 Uma mosca coberta com hifas fúngicas.** Esta mosca foi morta pelo zoopagomiceto *Entomophthora muscae*, também conhecido como "fungo da morte da mosca", por razões óbvias.

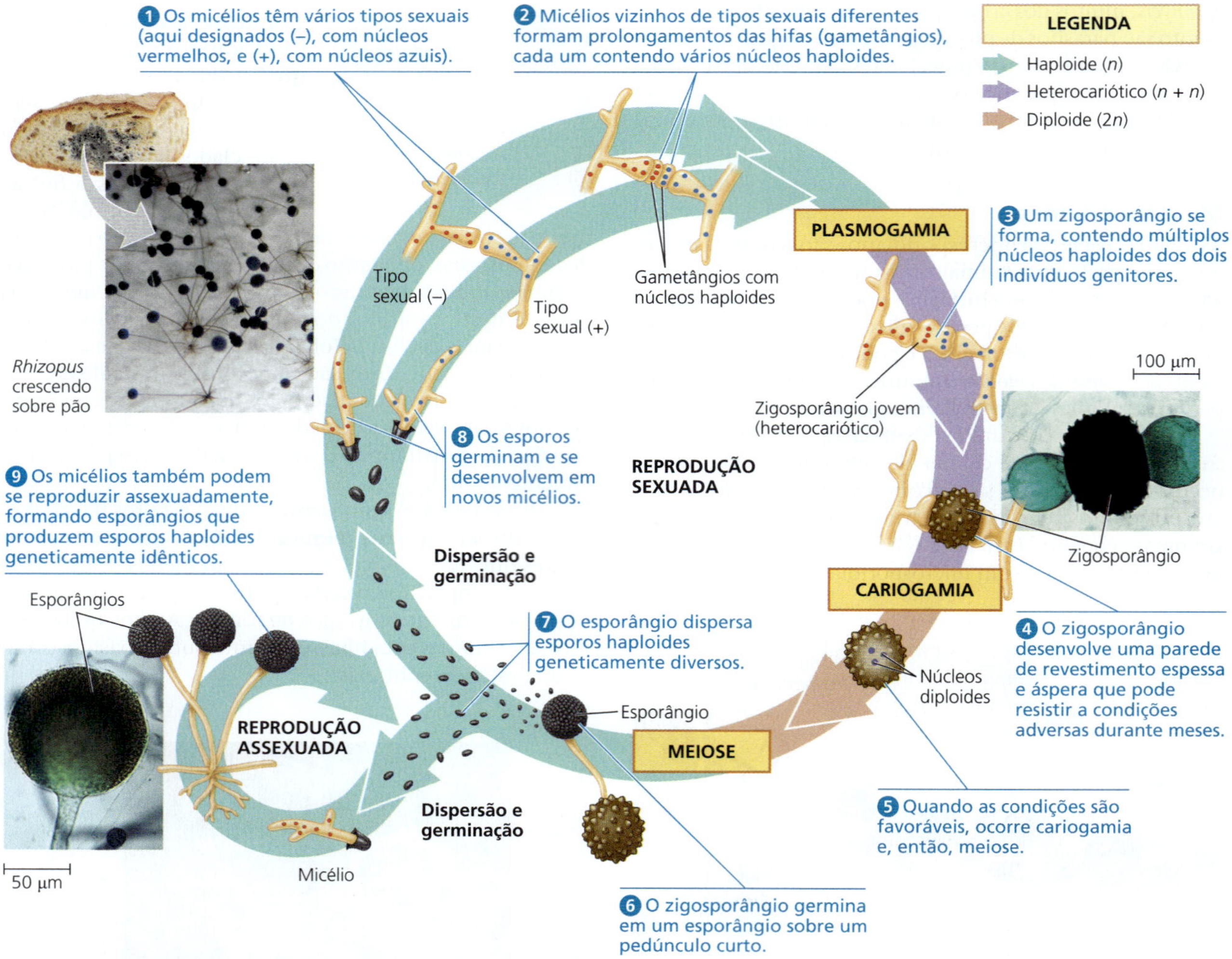

▲ **Figura 31.15** Ciclo de vida do mucoromiceto *Rhizopus stolonifer* (mofo preto do pão).

Mucoromicetos

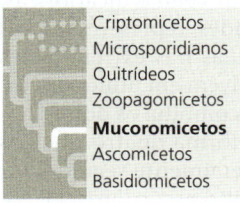

Há aproximadamente 750 espécies conhecidas de **mucoromicetos**, fungos do filo Mucoromycota. Esse filo inclui espécies de mofos de crescimento rápido, responsáveis por causar a deterioração de alimentos como pães, pêssegos, morangos e batatas-doces durante o armazenamento. Embora alguns mucoromicetos sejam decompositores, a maioria está associada a plantas. Muitos mucoromicetos vivem como parasitos ou patógenos de plantas, enquanto outros vivem como mutualistas (incluindo algumas micorrizas).

O ciclo de vida de *Rhizopus stolonifer* (mofo preto do pão) é bastante típico de espécies de mucoromicetos **(Figura 31.15)**. Suas hifas se propagam sobre a superfície do alimento, penetram nele e absorvem nutrientes. As hifas são cenocíticas, com septos encontrados somente onde são formadas células reprodutivas. Na fase assexuada, esporângios bulbosos negros se desenvolvem nas extremidades de hifas verticais. Dentro de cada esporângio, centenas de esporos haplóides geneticamente idênticos se desenvolvem e se dispersam no ar. Os esporos que conseguem cair em alimentos úmidos germinam, desenvolvendo um novo micélio.

Se as condições ambientais se deteriorarem – por exemplo, se o mofo consumir todo o seu alimento –, *Rhizopus* pode se reproduzir sexuadamente. Os genitores na união sexual são micélios de tipos sexuais diferentes, que possuem marcadores químicos diferentes, mas que podem parecer idênticos. A plasmogamia produz uma estrutura robusta chamada **zigosporângio**, na qual primeiro ocorre cariogamia e depois meiose. Observe que, enquanto um zigosporângio representa o estágio de zigoto (2*n*) no ciclo de vida, ele não é um zigoto no sentido comum (isto é, uma célula com núcleo diploide). Em vez disso, ele é uma estrutura multinucleada, primeiro heterocariótica com muitos núcleos haploides de dois genitores, e depois com muitos núcleos diploides após a cariogamia.

Os zigosporângios são resistentes ao congelamento e ressecamento e são metabolicamente inativos. Quando as condições melhoram, os núcleos do zigosporângio sofrem meiose, o zigosporângio germina em um esporângio, e este libera esporos haploides geneticamente diversos que podem colonizar um novo substrato. Alguns mucoromicetos podem de fato "apontar" e, então, arremessar seus esporângios em direção à luz. A **Figura 31.16** mostra um exemplo, *Pilobolus*, que decompõe esterco animal. Suas hifas portando esporos se curvam em direção à luz, onde é provável haver aberturas na vegetação e, graças a isso, os esporos podem alcançar grama fresca. O fungo, então, lança seus esporângios em um jato de água que pode percorrer até 2,5 m. Animais pastejadores ingerem os fungos com a grama e, então, dispersam os esporos nas fezes, possibilitando, assim, que uma nova geração de fungos cresça.

Finalmente, o filo Mucoromycota também inclui os glomeromicetos, um clado de fungos que formam micorrizas arbusculares (ver Figuras 31.4b e 37.14). As pontas das hifas que se introduzem nas células das raízes vegetais se ramificam em diminutos arbúsculos parecidos com árvores.

▶ **Figura 31.16** *Pilobolus* mirando seus esporângios.

Cerca de 85% de todas as espécies de plantas têm parcerias mutualísticas com micorrizas arbusculares.

Ascomicetos

Os micologistas descreveram 90 mil espécies de **ascomicetos**, fungos do filo Ascomycota, de uma ampla diversidade de hábitats marinhos, de águas doces e terrestres. A característica definidora dos ascomicetos é a produção de esporos (chamados ascósporos) em **asco**, semelhante a um saco; assim, em inglês são chamados de *sac fungi* (fungo em forma de saco). Durante seu estágio sexuado, a maioria dos ascomicetos desenvolve corpos frutíferos, chamados **ascocarpos**, que variam em tamanho desde microscópicos até macroscópicos **(Figura 31.17)**. Os ascocarpos contêm os ascos formadores de esporos.

Os ascomicetos variam em tamanho e complexidade, desde leveduras unicelulares até elaborados fungos em forma de taça e pantorras (ver Figura 31.17). Eles incluem alguns dos mais devastadores patógenos de plantas, que discutiremos depois. Entretanto, muitos ascomicetos são importantes decompositores, em especial de material vegetal. Mais de 25% de todas as espécies de ascomicetos vivem em associações simbióticas benéficas com algas verdes ou cianobactérias, chamadas liquens. Alguns ascomicetos formam micorrizas com plantas. Muitos outros vivem entre as células do mesófilo nas folhas; algumas dessas espécies liberam substâncias tóxicas que ajudam a proteger a planta de insetos.

▶ *Tuber melanosporum* é uma espécie de trufa que forma ectomicorrizas com árvores. O ascocarpo cresce sob o solo e emite um forte odor. Estes ascocarpos foram desenterrados e cortados pela metade.

◀ O ascocarpo comestível de *Morchella esculenta*, a saborosa pantorra, é geralmente encontrado embaixo de árvores em pomares.

▲ **Figura 31.17** Ascomicetos.

❓ *Os ascomicetos variam muito na morfologia (ver também Figura 31.10). Como você poderia confirmar que um fungo é um ascomiceto?*

Embora os ciclos de vida de vários grupos de ascomicetos difiram nos detalhes de suas estruturas reprodutivas e processos, ilustraremos alguns elementos comuns usando o mofo do pão, *Neurospora crassa* **(Figura 31.18)**. Os ascomicetos reproduzem-se assexuadamente pela produção de enormes quantidades de esporos assexuais chamados **conídios**. Ao contrário dos esporos assexuados da maioria dos mucoromicetos, na maioria dos ascomicetos os conídios não se formam dentro dos esporângios. Em vez disso, eles são produzidos externamente, nas extremidades de hifas especializadas, chamadas conidióforos, em geral em agregados ou em longas cadeias, a partir dos quais podem se dispersar pela ação do vento.

Conídios também podem estar envolvidos na reprodução sexuada, se fundindo com hifas de um micélio de um tipo sexual diferente, como ocorre em *Neurospora*. A fusão de dois tipos sexuais diferentes é seguida por plasmogamia, resultando na formação de células dicarióticas, cada uma com dois núcleos haploides, representando os dois indivíduos genitores. As células nas extremidades dessas hifas dicarióticas se desenvolvem em muitos ascos. Dentro de cada asco, a cariogamia combina os dois genomas parentais e, então, a meiose forma quatro núcleos geneticamente diferentes. Isso é geralmente seguido por uma divisão mitótica, formando oito ascósporos. Os ascósporos desenvolvem-se dentro do ascocarpo e, por fim, são dele liberados.

Comparado ao ciclo de vida dos mucoromicetos, o estágio dicariótico estendido dos ascomicetos (e também dos basidiomicetos) proporciona oportunidades adicionais para a recombinação genética. Em *Neurospora*, por exemplo, muitas células dicarióticas podem se desenvolver dentro

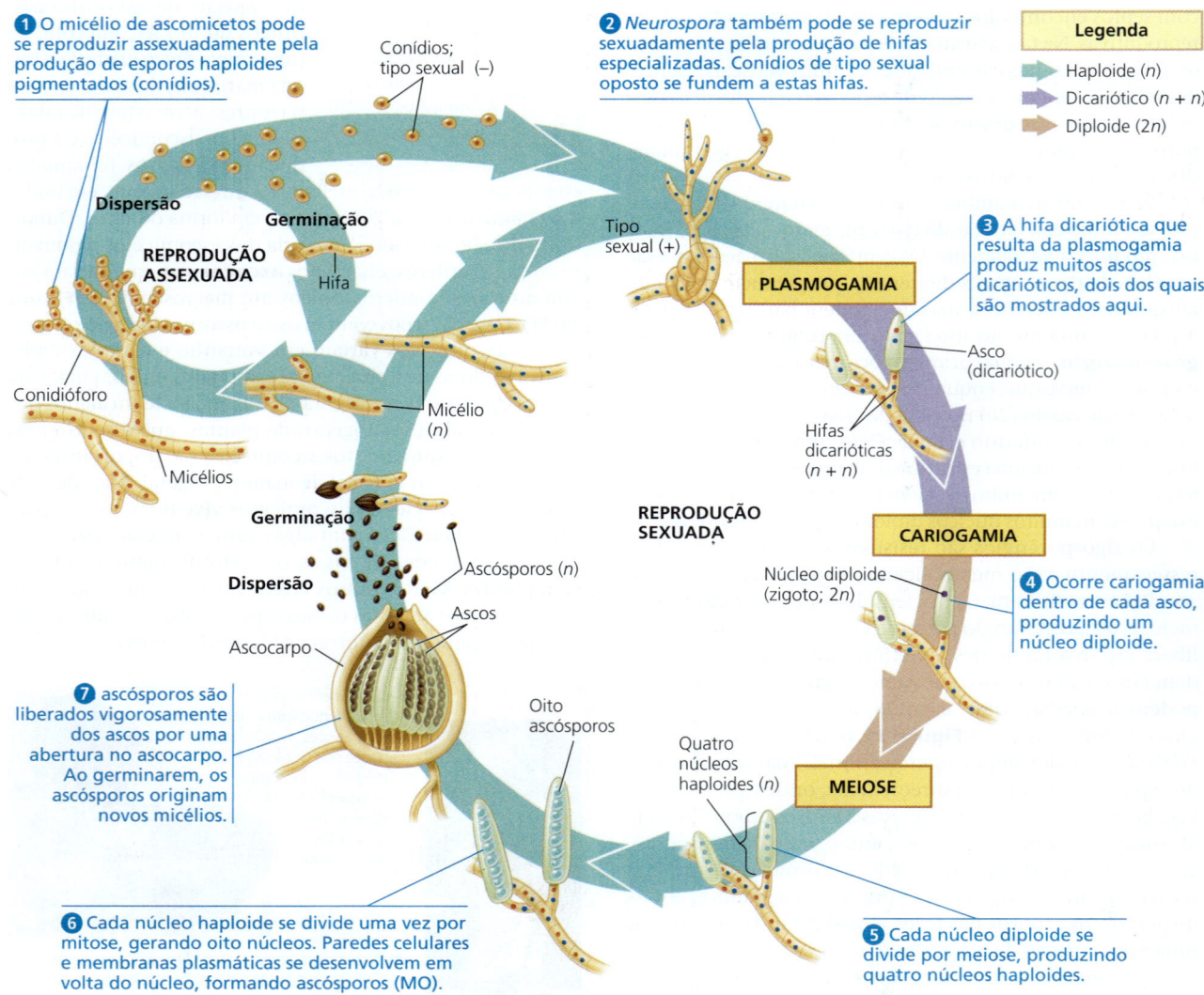

▲ **Figura 31.18 Ciclo de vida de *Neurospora crassa*, um ascomiceto.** *Neurospora* é um mofo de pão e um organismo experimental que também cresce na natureza sobre vegetação queimada.

HABILIDADES VISUAIS *Qual é a ploidia de uma célula na hifa especializada mostrada em ❷?*

Tabela 31.1	Comparação da densidade gênica em *Neurospora*, *Drosophila* e *Homo sapiens*		
	Tamanho do genoma (milhões de pares de bases)	Número de genes	Densidade gênica (genes por milhões de pares de bases)
Neurospora crassa (fungo ascomiceto)	41	9.700	236
Drosophila melanogaster (mosca-da-fruta)	165	14.000	85
Homo sapiens (ser humano)	3.000	< 21.000	7

dos ascos. Os núcleos haploides nesses ascos se fundem, e seus genomas, então, se recombinam durante a meiose, resultando em uma descendência com enorme diversidade genética, a partir de um único evento de acasalamento (ver etapas 3-5 na Figura 31.18).

Como descrito na Figura 17.2, os biólogos na década de 1930 usaram *Neurospora* em pesquisas que levaram à hipótese de um gene – uma enzima. Atualmente, esse ascomiceto continua a servir como organismo-modelo de pesquisa. Em 2003, seu genoma completo foi publicado. Esse fungo minúsculo tem cerca de três quartos da quantidade de genes da mosca-da-fruta (*Drosophila*) e cerca da metade da quantidade de um ser humano **(Tabela 31.1)**. O genoma de *Neurospora* é relativamente compacto, tendo poucos dos segmentos de DNA não codificante que ocupam muito espaço nos genomas de seres humanos e de muitos outros eucariotos. Na verdade, há evidência de que *Neurospora* tenha um sistema de defesa genômico que evita a acumulação de DNA não codificante, como transposons.

Basidiomicetos

Cerca de 50 mil espécies, abrangendo cogumelos, bufas-de-lobo e orelhas-de-pau, são chamadas de **basidiomicetos** e classificadas no filo Basidiomycota **(Figura 31.19)**. Esse filo também inclui mutualistas que formam micorrizas e dois grupos de parasitos destrutivos de plantas: as ferrugens e os carvões. O nome do filo deriva de **basídio** (do latim para "pequeno pedestal"), célula na qual ocorre a cariogamia, seguida imediatamente pela meiose. A forma de clava do basídio também dá origem ao nome comum em inglês *club fungus* (fungo em forma de clava).

Os basidiomicetos são importantes decompositores de madeira e outros materiais vegetais. Dentre todos os fungos, são certos basidiomicetos os melhores na decomposição do complexo polímero lignina, um componente abundante da madeira. Muitos fungos orelha-de-pau decompõem a

▲ Figura 31.19 Basidiomicetos.

madeira de árvores fracas ou danificadas e continuam a decompor a madeira após a árvore morrer.

Em geral, o ciclo de vida de um basidiomiceto inclui um micélio dicariótico de longa duração. Como em ascomicetos, esse estágio dicariótico estendido proporciona muitas oportunidades para eventos de recombinação genética, resultando na multiplicação do resultado de um único acasalamento. Periodicamente, em resposta a estímulos ambientais, o micélio se reproduz sexuadamente pela produção de elaborados corpos frutíferos chamados **basidiocarpos** **(Figura 31.20)**. Os cogumelos brancos comuns dos supermercados são exemplos familiares de um basidiocarpo.

Pelo crescimento concentrado nas hifas do cogumelo, um micélio de basidiomiceto pode erguer suas estruturas frutíferas em apenas poucas horas; um cogumelo aparece subitamente à medida que ele absorve água e que o citoplasma se dirige a ele a partir do micélio dicariótico. Por

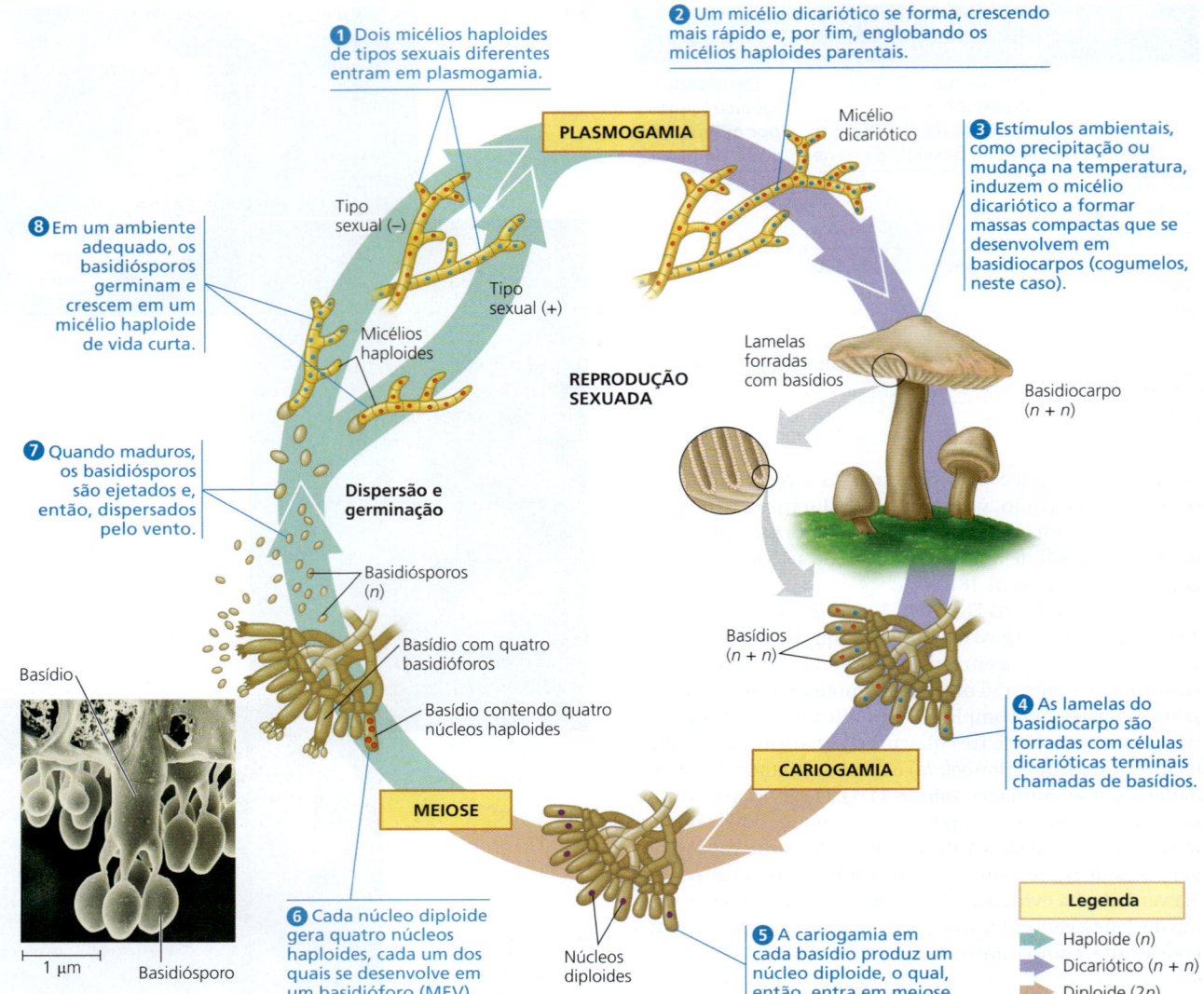

▲ Figura 31.20 Ciclo de vida de um basidiomiceto formador de cogumelos.

HABILIDADES VISUAIS *Use o diagrama para determinar a ploidia de uma célula no pedúnculo de um cogumelo.*

esse processo, em algumas espécies, um anel de cogumelos, popularmente chamado de "anel de fadas", pode aparecer literalmente da noite para o dia **(Figura 31.21)**. O micélio abaixo do "anel de fadas" se expande para fora, a uma velocidade de aproximadamente 30 cm por ano, decompondo matéria orgânica no solo à medida que cresce. Alguns anéis gigantes são produzidos por micélios seculares.

Após um cogumelo se formar, seu "chapéu" sustenta e protege uma enorme área de superfície de basídios dicarióticos sobre lamelas. Durante a cariogamia, os dois núcleos em cada basídio se fundem, produzindo um núcleo diploide (ver Figura 31.20). Esse núcleo, então, sofre meiose, gerando quatro núcleos haploides, cada um dos quais finalmente se desenvolve em um basidiósporo. Grandes números de basidiósporos são produzidos: as lamelas de um cogumelo branco comum têm uma área de superfície de 200 cm² e podem soltar um bilhão de basidiósporos, que são impelidos para longe pelo vento.

REVISÃO DO CONCEITO 31.4

1. Que características dos quitrídeos sustentam a hipótese na qual eles incluiriam membros das linhagens basais de fungos?
2. Dê exemplos de como a forma se ajusta à função em mucoromicetos, ascomicetos e basidiomicetos.
3. **E SE?** Suponha que a mutação de um ascomiceto alterasse seu ciclo de vida de modo que plasmogamia, cariogamia e meiose ocorressem em rápida sucessão. Como isso poderia afetar os ascósporos e ascocarpos?

Ver as respostas sugeridas no Apêndice A.

▲ **Figura 31.21 Anel de fadas.** Segundo a lenda, os anéis de cogumelos brotam onde as fadas dançaram em noites enluaradas. O texto fornece uma explicação biológica de como esses anéis se formam.

CONCEITO 31.5

Os fungos desempenham papéis essenciais na ciclagem de nutrientes, nas interações ecológicas e no bem-estar humano

Em nosso exame da classificação dos fungos, abordamos algumas formas pelas quais os fungos influenciam outros organismos. Agora, vamos olhar mais de perto esses impactos, enfocando como os fungos agem como decompositores, mutualistas e patógenos.

Fungos como decompositores

Os fungos são bem-adaptados como decompositores de material orgânico, incluindo a celulose e a lignina das paredes celulares vegetais. Na verdade, quase qualquer substrato contendo carbono – mesmo combustível de avião e tintas para construções – pode ser consumido por pelo menos alguns fungos. O mesmo é verdadeiro para bactérias. Como consequência, fungos e bactérias são os principais responsáveis por manter os ecossistemas supridos com nutrientes inorgânicos essenciais ao crescimento vegetal. Sem esses decompositores, o carbono, o nitrogênio e os outros elementos permaneceriam retidos na matéria orgânica. Se isso acontecesse, as plantas e os animais que se alimentam deles não poderiam existir, pois os elementos absorvidos do solo não retornariam. Sem decompositores, a vida como nós conhecemos cessaria.

Fungos como mutualistas

Os fungos podem estabelecer relações mutualísticas com plantas, algas, cianobactérias e animais. Os fungos mutualistas absorvem nutrientes de um organismo hospedeiro, mas retribuem com ações que o beneficiam – como já vimos nas associações micorrízicas essenciais que os fungos formam com a maioria das plantas vasculares. Voltamo-nos agora para outros exemplos de fungos mutualistas.

Mutualismos fungo-planta

Todas as espécies de plantas estudadas até o presente parecem abrigar **endófitos** simbióticos, fungos (ou bactérias) que vivem dentro de folhas ou outras partes das plantas sem causar danos. A maioria dos endófitos fúngicos identificados até o momento são ascomicetos, mas alguns são mucoromicetos. Endófitos fúngicos beneficiam certas gramíneas e outras plantas não lenhosas por produzirem toxinas que dissuadem herbívoros ou por aumentarem a tolerância da planta hospedeira ao calor, à seca ou a metais pesados. Como descrito na **Figura 31.22**, os pesquisadores

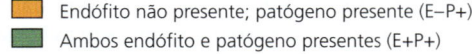

▼ **Figura 31.22 Pesquisa**

Endófitos fúngicos beneficiam uma planta lenhosa?

Experimento Endófitos fúngicos são fungos simbióticos encontrados dentro dos corpos de todas as plantas examinadas até agora. Os pesquisadores testaram se os fungos endófitos beneficiam a árvore do cacau (*Theobroma cacao*). Esta árvore, cujo nome significa "alimento dos deuses", em grego, é a fonte das sementes usadas para fazer chocolate, e é cultivada nos trópicos. Uma mistura especial de endófitos fúngicos foi adicionada às folhas de algumas plântulas de cacau, mas não a outras (no cacau, os endófitos fúngicos colonizam as folhas após a plântula emergir). As plântulas foram, então, inoculadas com um patógeno virulento, o protista *Phytophthora*.

Resultados Menos folhas foram mortas pelo patógeno em plântulas com endófitos fúngicos do que em plântulas sem endófitos. Entre as folhas que sobreviveram, os patógenos danificaram menos área de superfície foliar em plântulas com endófitos do que em plântulas sem endófitos.

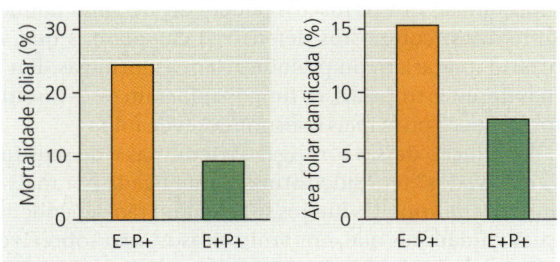

Conclusão A presença dos endófitos parece beneficiar os cacaueiros pela redução da mortalidade foliar e do dano causado por *Phytophthora*.

Dados de A. E. Arnold et al., Fungal endophytes limit pathogen damage in a tropical tree, *Proceedings of the National Academy of Sciences USA* 100:15649-15654 (2003).

E SE? *Os pesquisadores também realizaram tratamentos de controle. Sugira dois controles que eles poderiam ter usado e explique como cada um seria útil na interpretação dos resultados descritos aqui.*

▲ **Figura 31.23** **Insetos que cultivam fungos.** Estas formigas-cortadeiras dependem de fungos para converter o material vegetal em uma forma que o inseto possa digerir. Estes fungos, por sua vez, dependem dos nutrientes das folhas e que as formigas os alimentam.

▲ **Figura 31.24** **Variação na forma de crescimento de liquens.**

estudaram como endófitos fúngicos afetam uma planta lenhosa testando se os endófitos foliares beneficiam as plântulas do cacaueiro (*Theobroma cacao*). Suas descobertas mostraram que os endófitos fúngicos de plantas floríferas lenhosas podem desempenhar um papel importante na defesa contra patógenos.

Mutualismos fungo-animal

Como mencionado anteriormente, alguns fungos compartilham seus serviços digestórios com animais, auxiliando a decompor material vegetal nas vísceras do gado e de outros mamíferos pastejadores. Muitas espécies de formigas tiram vantagem do poder digestivo dos fungos, cultivando-os em "fazendas". Formigas-cortadeiras, por exemplo, exploram florestas tropicais em busca de folhas, as quais elas próprias não podem digerir, mas as carregam para seus ninhos e alimentam os fungos **(Figura 31.23)**. À medida que os fungos crescem, suas hifas desenvolvem pontas intumescidas especializadas, que são ricas em proteínas e carboidratos. As formigas se alimentam principalmente dessas extremidades ricas em nutrientes. Os fungos não só decompõem as folhas em substâncias que os insetos podem digerir, mas também desintoxicam compostos defensivos das plantas que, do contrário, matariam ou prejudicariam as formigas. Em algumas florestas tropicais, os fungos ajudaram esses insetos a se tornarem os principais consumidores de folhas.

A evolução dessas formigas agricultoras e de seus fungos "cultivados" tem sido intimamente ligada por mais de 50 milhões de anos. Os fungos se tornaram tão dependentes de suas cuidadoras que, em muitos casos, não sobrevivem por muito tempo sem as formigas, e vice-versa.

Liquens

Um **líquen** é uma associação simbiótica entre um microrganismo fotossintetizante e um fungo, na qual milhões de células fotossintetizantes são mantidas em uma massa de hifas fúngicas. Os liquens crescem sobre superfícies de rochas, troncos podres, árvores e telhados em várias formas **(Figura 31.24)**. Os parceiros fotossintetizantes são algas verdes unicelulares ou filamentosas ou cianobactérias.

O componente fúngico é mais frequentemente um ascomiceto, mas alguns liquens glomeromicetos e basidiomicetos são conhecidos. Estudos recentes descobriram que muitos liquens também têm uma levedura basidiomiceta como segundo componente fúngico. Como o papel dessas leveduras permanece desconhecido, nossa discussão se concentrará no parceiro fúngico primário.

Em geral, o fungo dá ao líquen sua forma e estrutura geral, e os tecidos formados pelas hifas contribuem com a maior parte da massa do líquen. As células da alga ou cianobactéria geralmente ocupam uma camada interna abaixo da superfície do líquen **(Figura 31.25)**. A fusão do fungo e alga ou cianobactéria é tão completa que aos liquens são dados nomes científicos como se fossem organismos únicos. Como seria esperado desse "organismo dualístico", a reprodução assexuada como unidade simbiótica é comum. Isso pode ocorrer tanto pela fragmentação do líquen parental ou pela formação de **sorédios**, pequenos agregados de hifas com algas incrustadas (ver Figura 31.25). Os fungos de muitos liquens também se reproduzem sexuadamente.

Na maioria dos liquens, cada parceiro fornece ao outro algo que ele não poderia obter por si próprio. A alga ou cianobactéria fornece compostos de carbono; uma cianobactéria também fixa nitrogênio (ver Conceito 27.3) e proporciona compostos orgânicos nitrogenados. O fungo supre seu parceiro fotossintetizante com um ambiente adequado para

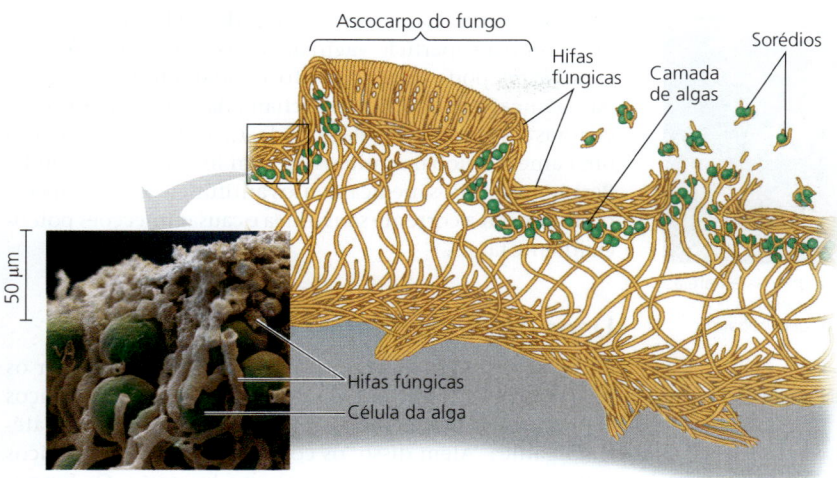

▲ **Figura 31.25** Anatomia de um líquen ascomiceto (MEV colorida).

o crescimento. O arranjo físico das hifas permite as trocas gasosas, protege o parceiro fotossintetizante e retém água e minerais, a maior parte dos quais são absorvidos da poeira transportada pela atmosfera ou da chuva. O fungo também secreta ácidos, que auxiliam na absorção de minerais.

Os liquens são importantes pioneiros sobre superfícies de rochas e solos descobertos, como lavas vulcânicas e florestas queimadas. Eles decompõem a superfície penetrando nela fisicamente e atacando-a quimicamente e retém a poeira do solo transportada pelo vento. Liquens fixadores de nitrogênio também adicionam nitrogênio orgânico a alguns ecossistemas. Esses processos tornam possível o crescimento de uma sucessão de plantas. Fósseis mostram que os liquens estavam sobre a terra há 420 milhões anos. Esses liquens primitivos podem ter modificado rochas e solos tanto quanto o fazem hoje, ajudando a pavimentar o caminho para as plantas.

Fungos como parasitos

Assim como os fungos mutualistas, os fungos parasitos absorvem nutrientes de células de hospedeiros vivos, mas não proporcionam benefícios em troca. Cerca de 30% das 145 mil espécies conhecidas de fungos vivem como parasitos ou patógenos, principalmente de plantas **(Figura 31.26)**. Um exemplo de patógeno de planta é *Cryphonectria parasitica*, o fungo ascomiceto que causa o cancro do castanheiro, que alterou a paisagem do nordeste dos Estados Unidos. Introduzidos acidentalmente, por meio de árvores importadas da Ásia, no início dos anos 1900, os esporos do fungo penetraram em fendas na casca das árvores do castanheiro americano e produziram hifas, matando muitas árvores. Os castanheiros, outrora comuns, agora sobrevivem principalmente como brotações dos tocos das antigas árvores. Outro ascomiceto, *Fusarium circinatum*, causa o cancro resinoso do pinheiro, doença que ameaça os pinheiros em todo o mundo. Além disso, entre 10% e 50% da colheita mundial de frutas é perdida anualmente devido a fungos, e as colheitas de cereais também sofrem perdas importantes a cada ano.

Alguns fungos que atacam culturas de produtos alimentícios produzem compostos que são tóxicos para os seres humanos. Um exemplo é o ascomiceto *Claviceps purpurea*, que cresce em plantas de centeio, formando estruturas de cor púrpura, chamadas de esporões (ver Figura 31.26c). Se o centeio infectado for moído em farinha, as toxinas dos esporões podem causar ergotismo, caracterizado por gangrena, espasmos nervosos, sensações de queimação, alucinações e insanidade temporária. Uma epidemia de ergotismo, ocorrida por volta do ano de 944, matou mais de 40 mil pessoas na França. Um composto que foi isolado dos esporões é o ácido lisérgico, a matéria-prima da qual o alucinógeno LSD é produzido.

Embora os animais sejam menos suscetíveis a fungos parasitos do que as plantas, cerca de 1.000 fungos são conhecidos por parasitar animais. Dois desses parasitos, os quitrídeos *Batrachochytrium dendrobatidis* (descoberto em 1998) e *B. salamandrivorans* (descoberto em 2013; esta espécie ataca principalmente salamandras), estão implicados no recente declínio ou extinção de 500 espécies de sapos e outros anfíbios. Esses quitrídeos podem causar infecções cutâneas graves, levando a mortandades em massa **(Figura 31.27)**. Observações de campo e estudos de espécimes em museus indicam que *B. dendrobatidis* e *B. salamandrivorans* apareceram pela primeira vez em populações de anfíbios pouco

▲ **Figura 31.26** Exemplos de doenças fúngicas de plantas.

▲ **Figura 31.27 Anfíbios sob ataque.** O número de rãs-de-pernas-amarelas (*Rana muscosa*) caiu verticalmente após o quitrídeo *Batrachochytrium dendrobatidis* ter alcançado a área da Bacia Sixty Lake na Califórnia. Nos anos que precederam a chegada do quitrídeo em 2004, havia mais de 2.300 rãs nestes lagos. Em 2009, somente 38 rãs permaneciam; todas as sobreviventes estavam em dois lagos (amarelo) onde as rãs haviam sido tratadas com um fungicida para reduzir o impacto do quitrídeo.

INTERPRETE OS DADOS *Os dados representados indicam que o quitrídeo causou ou está correlacionado à queda no número de rãs? Explique.*

antes de seu declínio na Austrália, Costa Rica, Alemanha, Estados Unidos e outros países. Análises genéticas indicam que *B. dendrobatidis* e *B. salamandrivorans* se originaram na Ásia e se espalharam por meio de trocas comerciais de rãs e salamandras.

O termo geral para uma infecção em um animal por um fungo parasito é **micose**. Em seres humanos, as micoses de pele incluem a tinea, doença que causa áreas circulares avermelhadas sobre a pele. Com mais frequência, os ascomicetos que causam a tinea crescem nos pés, causando coceira intensa e bolhas, conhecidas como pé de atleta. Embora altamente contagiosas, o pé de atleta e outras infecções como a tinea podem ser tratadas com loções fungicidas e talcos.

Por outro lado, micoses sistêmicas se espalham pelo corpo e geralmente causam várias enfermidades graves. Em geral, elas são causadas por esporos inalados. Por exemplo, a coccidioidomicose é uma micose sistêmica que produz sintomas semelhantes aos da tuberculose nos pulmões. A cada ano, centenas de casos na América do Norte requerem tratamento com fármacos antimicóticos, sem os quais a doença poderia ser fatal.

Algumas micoses são oportunistas, ocorrendo apenas quando uma alteração nos microrganismos do corpo, no ambiente químico ou no sistema imune permite que o fungo cresça descontroladamente. *Candida albicans*, por exemplo, é um habitante normal da maioria dos epitélios, como a superfície vaginal. Sob certas circunstâncias, *C. albicans* pode crescer muito rapidamente e tornar-se patogênica, levando às assim chamadas "infecções por leveduras". Uma espécie relacionada, *C. auris*, emergiu como uma ameaça global, muitas vezes em instalações de saúde. Resistente a vários medicamentos antifúngicos, essa espécie pode infectar a corrente sanguínea e causar infecções potencialmente fatais.

Usos práticos de fungos

Os perigos impostos pelos fungos não devem ofuscar os seus imensos benefícios. Nós dependemos de seus serviços ecológicos como decompositores e recicladores da matéria orgânica. Além disso, os cogumelos não são os únicos fungos de interesse para o consumo humano. Os fungos são usados para amadurecer o Roquefort e outros queijos azuis. Pantorras e trufas, os corpos frutíferos comestíveis de vários ascomicetos, são altamente apreciadas por seus sabores complexos (ver Figura 31.17). Esses fungos podem ser comercializados por centenas ou milhares de dólares o quilograma. As trufas liberam odores fortes que atraem mamíferos e insetos, que deles se alimentam e dispersam seus esporos na natureza. Em alguns casos, os odores imitam os feromônios (atrativos sexuais) de certos mamíferos. Por exemplo, os odores de várias trufas europeias imitam os feromônios liberados por porcos machos, o que explica por que os caçadores de trufas às vezes usam fêmeas de porcos para ajudar a encontrar essas iguarias.

Por milhares de anos, os seres humanos têm usado leveduras para produzir bebidas alcoólicas e pão. Sob condições anaeróbias, as leveduras fermentam açúcares em álcool e CO_2, fazendo a massa crescer. Só recentemente, as leveduras utilizadas foram separadas em culturas puras para uso mais controlado. A levedura *Saccharomyces cerevisiae* é o mais importante de todos os fungos cultivados (ver Figura 31.7). Ela está d Campbell_C26_U5 isponível na forma de inúmeras cepas de leveduras para panificação e cervejaria.

Da mesma forma, muitos fungos possuem grande valor medicinal. Por exemplo, uma substância extraída dos esporões é usada para reduzir a pressão alta do sangue e para estancar a hemorragia materna após o parto. Alguns fungos produzem antibióticos efetivos no tratamento de infecções bacterianas. Na verdade, o primeiro antibiótico a ser descoberto foi a penicilina, produzida pelo ascomiceto *Penicillium*. Outros exemplos de produtos farmacêuticos derivados de fungos incluem substâncias redutoras do colesterol e a ciclosporina, utilizada para deprimir o sistema imune após o transplante de órgãos.

Os fungos também figuram notavelmente na pesquisa básica. Por exemplo, a levedura *Saccharomyces cerevisiae* é usada para estudar a genética molecular de eucariotos, uma vez que suas células são fáceis de cultivar e manipular. Os cientistas estão avançando no conhecimento sobre os genes envolvidos no mal de Parkinson ao examinarem as funções de genes homólogos em *S. cerevisiae*.

Fungos geneticamente modificados também são muito promissores. Por exemplo, cientistas conseguiram modificar uma cepa de *S. cerevisiae* que produz glicoproteínas humanas, incluindo um fator de crescimento semelhante à insulina. Esses fungos produtores de glicoproteínas têm potencial para o tratamento de pessoas com condições de saúde que as impedem de produzir tais compostos. Enquanto isso, outros cientistas estão sequenciando o genoma de *Gliocladium roseum*, um ascomiceto que pode crescer sobre madeira e resíduos agrícolas, e que naturalmente produz hidrocarbonetos similares aos do diesel **(Figura 31.28)**. Eles esperam decifrar as vias metabólicas pelas quais *G. roseum* sintetiza hidrocarbonetos, com o objetivo de aproveitar essas vias para produzir biocombustíveis sem reduzir a área de terra destinada ao cultivo de alimentos (como ocorre quando o etanol é produzido a partir do milho).

Agora que completamos nosso estudo do reino Fungi, dedicaremos o restante desta unidade ao intimamente relacionado reino Animalia, ao qual pertencem os seres humanos.

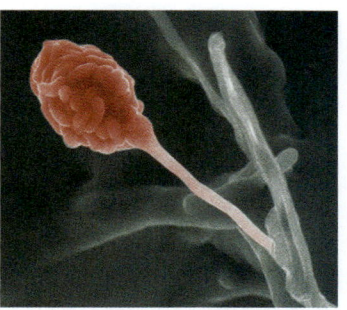

▶ **Figura 31.28** Este fungo pode ser usado para produzir biocombustíveis? O ascomiceto *Gliocladium roseum* pode produzir hidrocarbonetos similares àqueles do diesel (MEV colorida).

REVISÃO DO CONCEITO 31.5

1. Que benefícios as algas liquênicas podem obter de sua relação com os fungos?
2. Que características dos fungos patogênicos resultam em sua eficiente transmissão?
3. **E SE?** Como a vida na Terra poderia diferir do que conhecemos atualmente se as relações mutualísticas entre fungos e outros organismos jamais tivessem evoluído?

Ver as respostas sugeridas no Apêndice A.

31 Revisão do capítulo

RESUMO DOS CONCEITOS-CHAVE

CONCEITO 31.1

Fungos são heterótrofos que se alimentam por absorção *(p. 655-657)*

- Todos os **fungos** (incluindo decompositores e simbiontes) são heterótrofos que adquirem nutrientes por absorção. Muitos fungos secretam enzimas que decompõem moléculas complexas.
- A maioria dos fungos cresce como diminutos filamentos multicelulares, chamados de **hifas**; relativamente poucas espécies crescem apenas como **leveduras** unicelulares. Em sua forma multicelular, os fungos consistem em **micélios**, redes de hifas ramificadas adaptadas para a absorção. Fungos micorrízicos têm hifas especializadas que lhes permitem formar uma relação mutuamente benéfica com plantas.

? *Como a morfologia de fungos multicelulares afeta a eficiência na absorção de nutrientes?*

CONCEITO 31.2

Os fungos produzem esporos por meio de ciclos de vida sexuada e assexuada *(p. 657-659)*

- Em fungos, o ciclo de vida sexuada envolve fusão citoplasmática (**plasmogamia**) e fusão nuclear (**cariogamia**), com um estágio **heterocariótico** intermediário, no qual as células têm núcleos haploides dos dois genitores. As células diploides resultantes da cariogamia são de vida curta e passam por meiose, produzindo **esporos** haploides geneticamente diversos.
- Muitos fungos podem se reproduzir assexuadamente, como os fungos filamentosos e as leveduras.

DESENHE *Desenhe um ciclo de vida generalizado para fungos, identificando as reproduções assexuada e sexuada, meiose, plasmogamia, cariogamia e os pontos no ciclo onde os esporos e o zigoto são produzidos.*

CONCEITO 31.3

O ancestral dos fungos foi um protista unicelular aquático e flagelado *(p. 659-660)*

- Evidências moleculares indicam que fungos e animais divergiram há mais de 1 bilhão de anos de um ancestral comum unicelular que possuía um flagelo. Entretanto, os fósseis mais antigos amplamente aceitos como fungos têm 440 milhões de anos.
- Quitrídeos e outras linhagens fúngicas basais possuem esporos flagelados.
- Os fungos estavam entre os mais antigos colonizadores do ambiente terrestre; a evidência fóssil indica que eles incluíam espécies que foram simbiontes com as primeiras plantas terrestres.

? *A multicelularidade originou-se independentemente em fungos e em animais? Explique.*

CONCEITO 31.4

Os fungos irradiaram-se adaptativamente em um conjunto diversificado de linhagens (p. 660-667)

Filo de fungos	Aspectos distintivos
Cryptomycota (criptomicetos)	Parasitos com esporos flagelados
Microsporidia (microsporidianos)	Células parasitas que formam esporos resistentes
Chytridiomycota (quitrídeos)	Esporos flagelados
Zoopagomycota (zoopagomicetos)	Zigosporângio resistente como estágio sexuado
Mucuromycota (mucoromicetos)	Inclui fungos que formam micorrizas arbusculares com plantas
Ascomycota (ascomicetos)	Esporos sexuais (ascósporos) gerados internamente em sacos chamados ascos; grande número de esporos assexuados (conídios) produzidos
Basidiomycota (basidiomicetos)	Corpo frutífero elaborado (basidiocarpo) contendo muitos basídios que produzem esporos sexuados (basidiósporos)

DESENHE *Desenhe uma árvore filogenética dos principais grupos de fungos.*

CONCEITO 31.5

Os fungos desempenham papéis essenciais na ciclagem de nutrientes, nas interações ecológicas e no bem-estar humano (p. 667-671)

- Os fungos realizam a reciclagem de elementos químicos essenciais entre os mundos vivo e não vivo.
- Os **liquens** são associações simbióticas altamente integradas de fungos e algas ou cianobactérias.
- Muitos fungos são parasitos, principalmente de plantas.
- Os seres humanos utilizam os fungos para a alimentação e para a produção de antibióticos.

? *De que forma os fungos são importantes como decompositores, mutualistas e patógenos?*

TESTE SEU CONHECIMENTO

Níveis 1-2: Relembre/Entenda

1. *Todos* os fungos são
   - (A) simbióticos.
   - (B) heterotróficos.
   - (C) flagelados.
   - (D) decompositores.
2. Qual das seguintes células ou estruturas está associada à reprodução *assexuada* em fungos?
   - (A) Ascósporo
   - (B) Basidiósporo
   - (C) Zigosporângio
   - (D) Conidióforo
3. Acredita-se que os parentes mais próximos dos fungos sejam os(as)
   - (A) animais.
   - (B) plantas vasculares.
   - (C) musgos.
   - (D) fungos viscosos.

Níveis 3-4: Aplique/Analise

4. A vantagem adaptativa mais importante associada à natureza filamentosa dos micélios fúngicos é
   - (A) a capacidade de formar haustórios e parasitar outros organismos.
   - (B) o potencial para habitar quase todos os hábitats terrestres.
   - (C) a maior probabilidade de contato entre tipos sexuais diferentes.
   - (D) uma área de superfície extensa bem-adaptada para o crescimento invasivo e a alimentação por absorção.
5. **PESQUISA CIENTÍFICA • INTERPRETE OS DADOS** A gramínea *Dichanthelium languinosum* vive em solos quentes e hospeda fungos do gênero *Curvularia* como endófitos. Os pesquisadores testaram o impacto de *Curvularia* sobre a tolerância dessa gramínea ao calor. Eles cultivaram plantas sem (E−) e com (E+) endófitos de *Curvularia* em diferentes temperaturas e mediram a fitomassa e o número de brotos que a planta produziu. Desenhe um gráfico de barras para a fitomassa *versus* a temperatura e interprete-o.

Temperatura do solo	*Curvularia* + ou −	Massa da planta (g)	N° de novos brotos
30°C	E−	16,2	32
	E+	22,8	60
35°C	E−	21,7	43
	E+	28,4	60
40°C	E−	8,8	10
	E+	22,2	37
45°C	E−	0	0
	E+	15,1	24

Dados de R. S. Redman et al., Thermotolerance generated by plant/fungal symbiosis, *Science* 298:1581 (2002).

Níveis 5-6: Avalie/Crie

6. **CONEXÃO EVOLUTIVA** Acredita-se que a simbiose fungo-alga que constitui um líquen tenha evoluído várias vezes independentemente em diferentes grupos de fungos. Entretanto, os liquens se enquadram em três formas de crescimento bem definidos quanto a suas de formas de crescimento (ver Figura 31.24). Como você poderia testar as seguintes hipóteses? Hipótese 1: liquens crostosos, foliosos e fruticosos representam, cada um, um grupo monofilético. Hipótese 2: cada forma de crescimento dos liquens representa a evolução convergente de diversos grupos de fungos.
7. **ESCREVA SOBRE UM TEMA: ORGANIZAÇÃO** Como você leu neste capítulo, os fungos formaram há bastante tempo associações simbióticas com plantas e com algas. Em um texto sucinto (100-150 palavras), descreva como esses dois tipos de associação podem levar a propriedades emergentes em comunidades biológicas.
8. **SINTETIZE SEU CONHECIMENTO**

Esta vespa é a vítima de um fungo entomopatogênico (fungo parasítico de insetos). Escreva um parágrafo descrevendo o que esta imagem ilustra sobre o modo nutricional, a estrutura corporal e o papel ecológico do fungo.

Ver respostas selecionadas no Apêndice A.

32 Panorama da diversidade animal

CONCEITOS-CHAVE

32.1 Animais são eucariotos multicelulares heterótrofos com tecidos que se desenvolvem a partir de folhetos embrionários p. 674

32.2 A história dos animais se estende por mais de meio bilhão de anos p. 675

32.3 Os animais podem ser caracterizados por planos corporais p. 679

32.4 Concepções sobre a filogenia animal continuam a ser formadas a partir de novos dados moleculares e morfológicos p. 682

Dica de estudo

Trace uma linha do tempo: Crie uma linha do tempo como a mostrada abaixo e marque quando os seguintes eventos ocorreram: primeira evidência bioquímica de animais, biota ediacarana, explosão do Cambriano, colonização do ambiente terrestre por vertebrados e extinção dos dinossauros. Descreva brevemente a importância de cada evento.

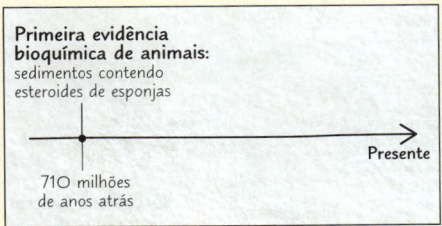

Figura 32.1 Este camaleão pode estender sua língua longa e pegajosa com incrível velocidade para capturar sua presa. Outros animais predadores usam a força, armadilhas escondidas ou toxinas para capturar presas. Da mesma forma, animais herbívoros podem despir plantas de suas folhas ou sementes, enquanto animais parasitos podem enfraquecer seus hospedeiros, consumindo seus tecidos ou líquidos corporais. De maneira geral, podemos pensar em animais como um reino de consumidores.

Que características fundamentais fazem dos animais consumidores tão eficientes?

Animais são **heterótrofos**: eles obtêm energia e nutrientes alimentando-se de outros organismos.

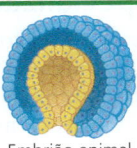

Embrião animal (secção transversal)

Animais têm **tecidos**, grupos de células especializadas que funcionam como uma unidade. Os tecidos são formados por camadas de células embrionárias.

Os animais processam seu alimento internamente. Muitos animais possuem um eficiente **sistema digestório**, com uma boca em uma extremidade e um ânus na outra.

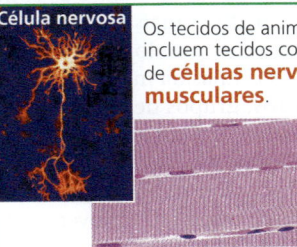

Célula nervosa

Os tecidos de animais incluem tecidos compostos de **células nervosas e musculares**.

Células musculares

As células nervosas e musculares permitem aos animais **mover-se**, bem como **detectar e capturar** potenciais presas.

CONCEITO 32.1

Animais são eucariotos multicelulares heterótrofos com tecidos que se desenvolvem a partir de folhetos embrionários

Listar as características compartilhadas por todos os animais é desafiador, pois há exceções para quase todos os critérios que poderíamos selecionar. Quando consideradas em conjunto, entretanto, várias características de animais descrevem suficientemente o grupo para os fins de nossa discussão.

Modo de nutrição

Os animais diferem tanto das plantas como dos fungos em seu modo de nutrição. As plantas são eucariotos autótrofos, capazes de produzir moléculas orgânicas por meio da fotossíntese. Os fungos são heterótrofos que crescem sobre ou próximo ao seu alimento e que se alimentam por absorção (em geral, após terem liberado enzimas que digerem o alimento fora de seus corpos). Distintamente das plantas, os animais não podem fabricar todas as suas próprias moléculas orgânicas, e, assim, na maioria dos casos, eles as ingerem – comendo outros organismos vivos ou comendo matéria orgânica não viva. Contudo, de modo distinto dos fungos, a maioria dos animais se alimenta ingerindo seu alimento e então usando enzimas para digeri-lo internamente.

Estrutura e especialização celulares

Os animais são eucariotos e, como as plantas e a maioria dos fungos, são multicelulares. Entretanto, ao contrário das plantas e dos fungos, os animais não possuem o suporte estrutural de paredes celulares. Em vez disso, proteínas externas à membrana celular proporcionam suporte estrutural para as células animais e as conectam umas às outras (ver Figura 6.28). A mais abundante dessas proteínas é o colágeno, não encontrado em plantas ou fungos.

As células da maioria dos animais são organizadas em **tecidos**, grupos de células semelhantes que atuam como uma unidade funcional. Por exemplo, o tecido muscular e o tecido nervoso são responsáveis pelo movimento do corpo e pela condução dos impulsos nervosos, respectivamente. A capacidade para se mover e conduzir impulsos nervosos é a base de muitas das adaptações que distinguem os animais de plantas e fungos (aos quais faltam células musculares e nervosas). Por essa razão, as células musculares e nervosas são centrais para o estilo de vida dos animais.

Reprodução e desenvolvimento

A maioria dos animais tem reprodução sexuada, e o estágio diploide geralmente domina o ciclo de vida. No estágio haploide, espermatozoides e óvulos são produzidos diretamente por divisão meiótica, diferente do que ocorre em plantas e fungos (ver Figura 13.6). Na maioria das espécies animais, um pequeno espermatozoide flagelado fertiliza um óvulo imóvel de maior tamanho, formando um zigoto diploide. O zigoto, então, sofre **clivagem**, uma sucessão de divisões celulares mitóticas sem crescimento celular entre as divisões. Durante o desenvolvimento da maioria dos animais, a clivagem leva à formação de um estágio embrionário multicelular chamado **blástula**, que, em muitos animais, toma a forma de uma esfera oca **(Figura 32.2)**. Seguindo-se a esse estágio, ocorre o processo de **gastrulação**, durante o qual os folhetos de tecido embrionário que irão desenvolver as partes do corpo adulto são produzidos. O estágio do desenvolvimento resultante é chamado de **gástrula**.

Embora alguns animais, incluindo os seres humanos, já se desenvolvam como adultos, o ciclo de vida da maioria deles inclui ao menos um estágio larval. Uma **larva** é uma forma sexualmente imatura de um animal, morfologicamente distinta do adulto, em geral com alimentação diferente e, às vezes, até mesmo com um hábitat diferente do adulto, como no caso da larva aquática de um mosquito ou de uma libélula. As larvas animais, por fim, passam pela **metamorfose**, uma mudança desenvolvimental que

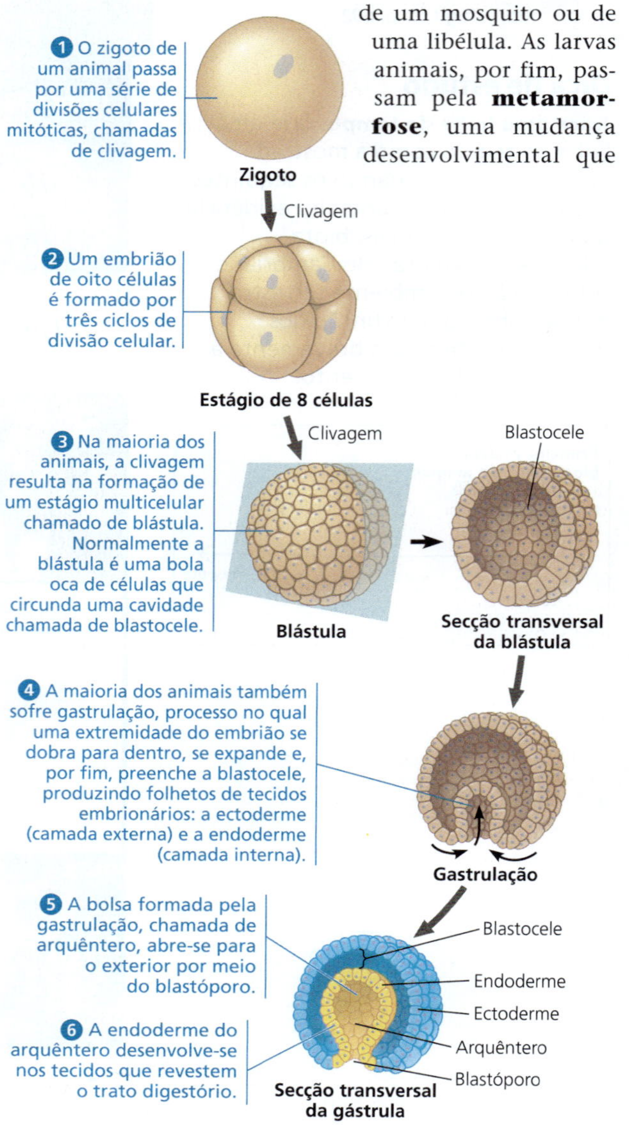

① O zigoto de um animal passa por uma série de divisões celulares mitóticas, chamadas de clivagem.

Zigoto

Clivagem

② Um embrião de oito células é formado por três ciclos de divisão celular.

Estágio de 8 células

Clivagem

③ Na maioria dos animais, a clivagem resulta na formação de um estágio multicelular chamado de blástula. Normalmente a blástula é uma bola oca de células que circunda uma cavidade chamada de blastocele.

Blástula — **Secção transversal da blástula** — Blastocele

④ A maioria dos animais também sofre gastrulação, processo no qual uma extremidade do embrião se dobra para dentro, se expande e, por fim, preenche a blastocele, produzindo folhetos de tecidos embrionários: a ectoderme (camada externa) e a endoderme (camada interna).

Gastrulação

⑤ A bolsa formada pela gastrulação, chamada de arquêntero, abre-se para o exterior por meio do blastóporo.

⑥ A endoderme do arquêntero desenvolve-se nos tecidos que revestem o trato digestório.

Secção transversal da gástrula — Blastocele, Endoderme, Ectoderme, Arquêntero, Blastóporo

▲ **Figura 32.2** Desenvolvimento embrionário inicial em animais.

transforma o animal em juvenil, o qual se parece com um adulto, mas ainda não é sexualmente maduro.

Embora os animais adultos variem amplamente quanto a sua morfologia, os genes que controlam o seu desenvolvimento são semelhantes através de uma ampla gama de táxons. Todos os animais têm genes do desenvolvimento que regulam a expressão de outros genes, e muitos desses genes reguladores contêm conjuntos de sequências de DNA chamadas de *homeobox* (ver Conceito 21.6). Em especial, a maioria dos animais compartilha uma família exclusiva de genes homeobox, conhecida como genes *Hox*. Os genes *Hox* desempenham importantes papéis no desenvolvimento embrionário animal, controlando a expressão de muitos outros genes que influenciam a morfologia.

REVISÃO DO CONCEITO 32.1

1. Resuma os principais estágios do desenvolvimento animal. Que família de genes controladores desempenha o papel principal?
2. **E SE?** Que características animais seriam necessárias para que uma planta imaginária pudesse caçar, capturar e digerir suas presas – e que ainda pudesse extrair nutrientes do solo e realizar fotossíntese?

Ver as respostas sugeridas no Apêndice A.

CONCEITO 32.2

A história dos animais se estende por mais de meio bilhão de anos

Até o momento, os biólogos identificaram 1,3 milhão de espécies de animais existentes, e as estimativas do número real são muito mais elevadas. Essa vasta diversidade abrange uma grande variação morfológica, desde corais até baratas e crocodilos. Vários estudos sugerem que essa enorme diversidade tenha se originado durante o último bilhão de anos. Por exemplo, pesquisadores desencavaram sedimentos de 710 milhões de anos contendo evidência química de esteroides que hoje são produzidos principalmente por um determinado grupo de esponjas. Como esponjas são animais, esses "esteroides fósseis" sugerem que os animais tenham surgido em torno de 710 milhões de anos atrás.

Análises de DNA geralmente concordam com essa evidência bioquímica fóssil; por exemplo, um estudo recente de relógio molecular estimou que as esponjas se originaram há aproximadamente 700 milhões de anos. Esses achados também são também coerentes com análises moleculares que sugerem que o ancestral comum de todas as espécies de animais atuais viveu há aproximadamente 770 milhões de anos. Como era a aparência desse ancestral comum, e como os animais surgiram de seus ancestrais unicelulares?

Etapas na origem dos animais multicelulares

Um meio de obter informação sobre a origem dos animais é identificar os grupos de protistas que são mais estreitamente relacionados a eles. Como mostrado na **Figura 32.3**, evidências morfológicas e moleculares apontam para os coanoflagelados como os parentes atuais mais próximos dos animais. Com base nessa evidência, pesquisadores lançaram a hipótese de que o ancestral comum de coanoflagelados e dos animais atuais pode ter sido um organismo que se alimentava de partículas em suspensão, semelhante aos atuais coanoflagelados.

Explorando *como* os animais podem ter surgido a partir de seus ancestrais unicelulares, cientistas constataram que a origem da multicelularidade requer a evolução de novos meios para as células se aderirem (unirem) e sinalizarem umas às outras (comunicarem-se). Para aprender sobre esses mecanismos, pesquisadores compararam o genoma do

▼ **Figura 32.3** Três linhas de evidência para a hipótese de que coanoflagelados são proximamente relacionados a animais.

? *Os dados descritos em* ❸ *são coerentes com as predições que poderiam ser feitas a partir das evidências em* ❶ *e* ❷*? Explique.*

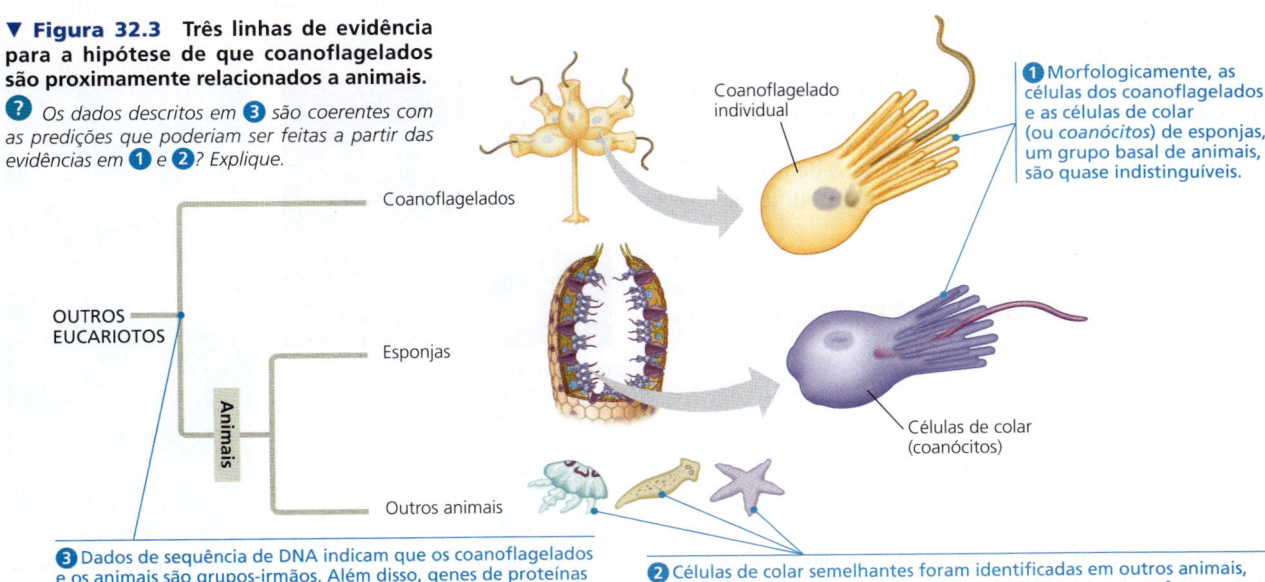

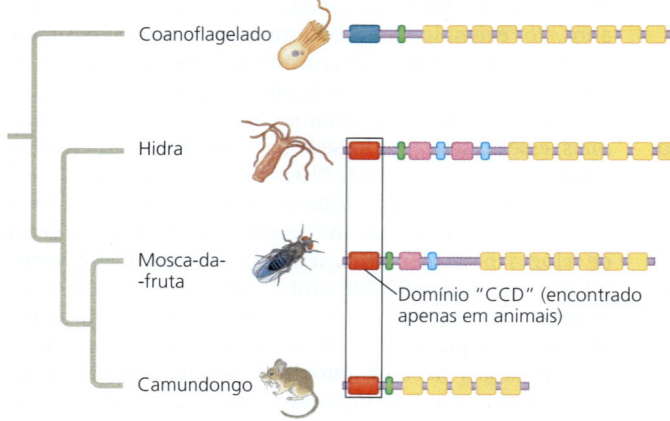

◀ **Figura 32.4 Proteínas caderinas em coanoflagelados e animais.** A proteína ancestral semelhante à caderina de coanoflagelados tem sete tipos de domínios (regiões), cada um deles representado aqui por um símbolo específico. Com a exceção do domínio "CCD", encontrado somente em animais, os domínios de proteínas de caderinas animais estão presentes na proteína semelhante à caderina de coanoflagelados. Os domínios proteicos da caderina mostrados aqui foram identificados a partir de dados da sequência genômica completa; relações evolutivas são baseadas em dados morfológicos e de sequência de DNA.

coanoflagelado unicelular *Monosiga brevicollis* com aqueles de representantes animais. Essa análise revelou 78 domínios proteicos em *M. brevicollis* que eram conhecidos por ocorrer apenas em animais (um *domínio* é uma região estrutural ou funcional essencial de uma proteína). Por exemplo, *M. brevicollis* tem genes que codificam domínios de certas proteínas (conhecidas como caderinas) que desempenham papéis fundamentais na ligação entre células animais vizinhas, bem como genes que codificam domínios proteicos que os animais (e somente animais) utilizam nas vias de sinalização celular.

Vamos olhar mais de perto as proteínas de adesão da caderina que acabamos de mencionar. Análises de sequências de DNA mostram que as proteínas caderinas animais são compostas principalmente de domínios também encontrados em uma proteína semelhante à caderina de coanoflagelados **(Figura 32.4)**. Entretanto, as proteínas caderinas animais também contêm uma região altamente conservada não encontrada na proteína de coanoflagelados (o domínio "CCD", indicado na Figura 32.4). Esses dados sugerem que a proteína de adesão da caderina originou-se pelo rearranjo de domínios proteicos encontrados em coanoflagelados, acrescido da incorporação de um novo domínio, a região CCD conservada. De modo geral, comparações entre genomas de coanoflagelados e de animais sugerem que as principais etapas na transição para a multicelularidade em animais tenham envolvido novos modos de utilização de proteínas ou partes de proteínas que eram codificadas pelos genes encontrados em coanoflagelados.

A seguir, vamos examinar a evidência fóssil de como os animais evoluíram de seu ancestral comum distante ao longo de quatro eras geológicas (ver na Tabela 25.1 a escala de tempo geológico).

Era Neoproterozoica (1 bilhão-541 milhões de anos atrás)

Embora os dados de esteroides fósseis e de relógios moleculares indiquem uma origem anterior, os primeiros fósseis macroscópicos geralmente aceitos de animais datam de cerca de 560 milhões de anos atrás. Esses fósseis são membros de um grupo primitivo de eucariotos multicelulares de corpo mole conhecidos coletivamente como a **biota ediacarana**. O nome provém das Montanhas Ediacara, na Austrália, onde os fósseis desses organismos foram primeiramente descobertos **(Figura 32.5)**. Fósseis semelhantes já foram encontrados em outros continentes. Entre os fósseis ediacaranos mais antigos que lembram animais, alguns foram classificados como moluscos (caramujos e seus parentes) ou seus parentes próximos, enquanto outros são considerados como esponjas ou cnidários (anêmonas-do-mar e seus parentes). Outros ainda se mostraram difíceis de classificar, pois não parecem estar proximamente relacionados a nenhum grupo atual de animais ou de algas. Além desses fósseis macroscópicos, as rochas neoproterozoicas também revelaram o que podem ser fósseis microscópicos de embriões de animais primitivos. Embora esses microfósseis pareçam exibir a organização estrutural básica dos embriões animais atuais, o debate sobre serem ou não animais, de fato, continua.

O registro fóssil do período ediacarano (635-541 milhões de anos atrás) também fornece as primeiras evidências de predação. Considere *Cloudina*, um pequeno animal cujo

(a) *Dickinsonia costata* (filo de animal desconhecido)

(b) *Kimberella*, um molusco (ou parente próximo)

▲ **Figura 32.5 Animais fósseis ediacaranos.** Fósseis datando de 560 milhões de anos atrás documentam os animais macroscópicos mais antigos conhecidos, incluindo estas duas espécies.

▲ **Figura 32.6 Evidência primitiva de predação.** Este fóssil de 550 milhões de anos do animal *Cloudina* exibe evidência de ter sido atacado por um predador que perfurou sua concha.

corpo era protegido por uma concha parecida com uma série de cones encaixados **(Figura 32.6)**. Alguns fósseis de *Cloudina* mostram sinais de ataque: "perfurações" circulares que se parecem com aquelas hoje formadas por predadores que perfuram as conchas de suas presas para ter acesso a suas partes moles internas. Assim como *Cloudina*, alguns outros pequenos animais ediacaranos tinham conchas ou outras estruturas defensivas, que podem ter sido selecionadas por predadores. De maneira geral, a evidência fóssil indica que a época ediacarana foi um tempo de aumento da diversidade animal – uma tendência que continuou no Paleozoico.

Era Paleozoica (541-252 milhões de anos atrás)

Uma outra onda de diversificação animal ocorreu entre 535–525 milhões de anos atrás, no início do período Cambriano da era Paleozoica – um fenômeno referido como a **explosão do Cambriano** (ver Conceito 25.3). Em estratos formados antes da explosão do Cambriano, apenas poucos filos animais foram observados. Todavia, em estratos de 535-525 milhões de anos de idade, os paleontólogos encontraram os fósseis mais antigos de quase a metade de todos os filos animais existentes, incluindo os primeiros artrópodes, cordados e equinodermos. Muitos desses fósseis, que incluem os primeiros grandes animais com esqueletos mineralizados duros, têm aparência muito diferente da maioria dos animais atuais **(Figura 32.7)**. Ainda assim, os paleontólogos demonstraram que esses fósseis do Cambriano são membros de filos animais atuais, ou pelo menos seus parentes próximos. Particularmente, a maioria dos fósseis da explosão do Cambriano é de animais **bilaterais**, um enorme clado cujos membros (diferente das esponjas e cnidários) têm uma forma com dois lados, ou bilateralmente simétrica, e um trato digestório completo, um eficiente sistema digestório, com boca em uma extremidade e ânus na outra. Como discutiremos adiante neste capítulo, os animais bilaterais abrangem os moluscos, artrópodes, cordados e a maioria dos outros filos animais atuais.

À medida que a diversidade dos filos animais aumentou durante o Cambriano, a diversidade de formas de vida ediacaranas declinou. O que causou essas tendências? Evidências fósseis sugerem que, durante o início do período Cambriano, à medida que predadores adquiriam adaptações novas para captura de presas como bivalves, as espécies de presas adquiriam novas defesas, como conchas protetoras. À medida que emergiram novas relações entre predadores e presas, a seleção natural pode ter conduzido ao declínio das espécies de corpo mole ediacaranas e ao surgimento de vários filos de animais bilaterais. Outra hipótese tem foco no aumento do oxigênio atmosférico, que precedeu a explosão do Cambriano. Mais oxigênio disponível teria possibilitado o desenvolvimento de animais com taxas metabólicas mais altas e tamanhos corporais maiores, enquanto potencialmente prejudicava outras espécies. Uma terceira hipótese propõe que mudanças genéticas afetando o desenvolvimento, como a origem dos genes *Hox* e a adição de novos micro-RNAs (pequenos RNAs envolvidos na regulação gênica), facilitaram a evolução de novas formas corporais. No **Exercício de habilidades científicas**, você pode investigar se há uma correlação entre micro-RNA (miRNA; ver Figura 18.15) e complexidade corporal em vários filos animais. Essas várias hipóteses não são mutuamente excludentes; relações entre predadores e presas, mudanças atmosféricas e mudanças no desenvolvimento podem cada uma ter desempenhado um papel.

O período Cambriano foi seguido pelos períodos Ordoviciano, Siluriano e Devoniano, quando a diversidade animal continuou a crescer, embora pontuada por episódios de extinção em massa (ver Figura 25.18). Os vertebrados

▼ **Figura 32.7 Paisagem marinha do Cambriano.** Esta reconstrução artística representa um arranjo diverso de organismos encontrados em fósseis no sítio de Burgess Shale, na Colúmbia Britânica, Canadá. Os animais incluem a *Pikaia* (cordado parecido com uma enguia, no canto superior à esquerda), *Marella* (pequeno artrópode, nadando à esquerda), *Anomalocaris* (grande animal com membros preensores e boca circular) e *Hallucigenia* (animais com espinhos parecidos com palitos de dente sobre o leito marinho, em destaque).

Fóssil de *Hallucigenia* (508 milhões de anos atrás)

Exercício de habilidades científicas

Cálculo e interpretação de coeficientes de correlação

A complexidade animal está correlacionada à diversidade de miRNA? Os filos animais variam muito morfologicamente, desde simples esponjas, em que faltam tecidos e simetria, até vertebrados complexos. Os membros de diferentes filos animais têm genes de desenvolvimento semelhantes, mas o número de miRNAs varia consideravelmente. Neste exercício, você descobrirá se a diversidade de miRNA está correlacionada à complexidade morfológica.

Como o estudo foi realizado
Na análise, a diversidade de miRNA é representada pelo número médio de miRNAs em um filo (x), enquanto a complexidade morfológica é representada pelo número médio de tipos celulares (y). Os pesquisadores examinaram a relação entre essas duas variáveis pelo cálculo do coeficiente de correlação (r). O coeficiente de correlação indica o grau e a direção de uma relação linear entre duas variáveis (x e y) e seu valor varia entre −1 e 1. Quando $r < 0$, x e y são negativamente correlacionados, significando que, em uma plotagem de pontos de dados, os valores de y tornam-se menores à medida que os valores de x se tornam maiores. Quando $r > 0$, x e y são positivamente correlacionados (y torna-se maior quando x torna-se maior). Quando $r = 0$, as variáveis não são correlacionadas.

A fórmula para o coeficiente de correlação r é a seguinte:

$$r = \frac{\sum (x_i - \bar{x})(y_i - \bar{y})}{(n-1)(s_x s_y)}$$

Nesta fórmula, n é o número de observações, x_i é o valor da $i^{\text{nésima}}$ observação da variável x, y_i é o valor da $i^{\text{nésima}}$ observação da variável y. $\bar{x}$ e $\bar{y}$ são as médias das variáveis x e y e s_x e s_y são os desvios padrão das variáveis x e y. O símbolo Σ indica que os n valores do produto $(x_i - \bar{x})(y_i - \bar{y})$ devem ser somados.

Dados do estudo

Filo Animal	i	Número de miRNAs (x_i)	$(x_i - \bar{x})$	$(x_i - \bar{x})^2$	Número de tipos celulares (y_i)	$(y_i - \bar{y})$	$(y_i - \bar{y})^2$	$(x_i - \bar{x})(y_i - \bar{y})$
Porifera	1	5,8			25			
Platyhelminthes	2	35			30			
Cnidaria	3	2,5			34			
Nematoda	4	26			38			
Echinodermata	5	38,6			45			
Cephalochordata	6	33			68			
Arthropoda	7	59,1			73			
Urochordata	8	25			77			
Mollusca	9	50,8			83			
Annelida	10	58			94			
Vertebrata	11	147,5			172,5			
		$\bar{x} =$ $s_x =$		Σ =	$\bar{y} =$ $s_y =$		Σ =	Σ =

Dados de B. Deline et al., Evolution of metazoan morphological disparity, *Proceedings of the National Academy of Sciences USA* 115:E8909–E8918 (2018).

INTERPRETE OS DADOS

1. Primeiro, pratique lendo a tabela de dados. Para a oitava observação ($i = 8$), quais são x_i e y_i? Para qual filo são esses dados?
2. Depois, nós iremos calcular a média e desvio-padrão para cada variável (para revisar estes tópicos, veja a Revisão de Habilidades Científicas no Apêndice D). (a) A **média** ($\bar{x}$) é a soma dos valores dos dados dividida por n, o número de observações: $\bar{x} = \frac{\sum x_i}{n}$ Calcule o número médio de miRNAs ($\bar{x}$) e o número médio de tipos celulares ($\bar{y}$) e coloque-os na tabela de dados (para calcular $\bar{y}$, substitua cada x na fórmula com um y). (b) Depois, calcule $(x_i - \bar{x})$ e $(y_i - \bar{y})$ para cada observação, registrando seus resultados na coluna apropriada. Calcule a raiz quadrada de cada um daqueles resultados para completar as colunas $(x_i - \bar{x})^2$ e $(y_i - \bar{y})^2$; some os resultados para aquelas colunas. (c) Em seguida, iremos calcular o **desvio-padrão**, s, que descreve a variação encontrada em um conjunto de dados. Calcule s_x, o desvio-padrão dos dados de miRNA, usando a fórmula, onde n = número de observações (Use a soma de $[x_i - \bar{x}]^2$ que você encontrou na parte [b]).

$$s_x = \sqrt{\frac{\sum (x_i - \bar{x})^2}{n-1}}$$

Repita para encontrar s_y, substituindo y por x nesta equação.
3. Em seguida, iremos calcular o coeficiente de correlação r para as variáveis x e y. (a) Primeiro, use os resultados da questão 2(b) para completar a coluna $(x_i - \bar{x})(y_i - \bar{y})$; some os resultados dessa coluna. (b) Agora, encontre o produto de $s_x s_y$, usando os resultados de 2(c) acima. Coloque estes valores na fórmula para r.
4. Esses dados indicam que a diversidade de miRNA e a complexidade animal são negativamente correlacionadas, positivamente correlacionadas ou não correlacionadas? Explique sua resposta.
5. O que sua análise sugere sobre o papel da diversidade de miRNA na evolução da complexidade animal?

(peixes) emergiram como predadores de topo da cadeia alimentar marinha. Por volta de 450 milhões de anos atrás, grupos que se diversificaram durante o período Cambriano começaram a produzir impacto sobre o ambiente terrestre. Os artrópodes foram os primeiros animais a se adaptarem aos hábitats terrestres, como indicado por fragmentos de restos de artrópodes e por fósseis bem preservados de milípedes, centípedes e aranhas em vários continentes. Outra pista é observada em galhas fossilizadas de samambaias – cavidades aumentadas que indivíduos de samambaia formam em resposta ao estímulo por insetos residentes, que, então, utilizam as galhas para proteção. Fósseis indicam que galhas de samambaias remontam de pelo menos 302 milhões de anos, sugerindo que insetos e plantas estavam influenciando mutuamente sua evolução naquela época.

Os vertebrados colonizaram o ambiente terrestre há cerca de 365 milhões de anos e se diversificaram em numerosos grupos terrestres. Dois desses grupos sobrevivem hoje: os anfíbios (como sapos e salamandras) e os amniotas (répteis, incluindo aves, e mamíferos). Exploraremos esses grupos, conhecidos coletivamente como tetrápodes, em mais detalhes no Capítulo 34.

Era Mesozoica (252-66 milhões de anos atrás)

Os filos animais que evoluíram durante o Paleozoico agora começaram a se propagar para novos hábitats. Nos oceanos, os primeiros recifes de coral se formaram, proporcionando a outros animais marinhos novos locais para viverem. Alguns répteis retornaram à água, deixando os plesiossauros (ver Figura 34.25) e outros grandes predadores marinhos como seus descendentes. Em terra, a descendência com modificação em alguns tetrápodes levou à origem de asas e outros aparatos para o voo em pterossauros e aves. Grandes e pequenos dinossauros surgiram, tanto predadores quanto herbívoros. Ao mesmo tempo, os primeiros mamíferos – diminutos predadores de insetos noturnos – apareceram em cena. Adicionalmente, como você leu no Conceito 30.3, plantas com flores (angiospermas) e insetos sofreram grandes diversificações durante o final do Mesozoico.

Era Cenozoica (66 milhões de anos atrás até o presente)

As extinções em massa, tanto de animais terrestres como marinhos, anunciaram uma nova era, a Cenozoica. Entre os grupos de espécies que desapareceram, estão os grandes dinossauros não voadores e os répteis marinhos. O registro fóssil do início do Cenozoico documenta o surgimento de grandes mamíferos herbívoros e predadores, à medida que os mamíferos começaram a explorar os nichos ecológicos vagos. O clima global esfriou gradualmente ao longo do Cenozoico, desencadeando mudanças significativas em muitas linhagens de animais. Entre os primatas, por exemplo, algumas espécies na África se adaptaram a florestas abertas e savanas, que substituíram muitas das florestas densas anteriores. Os ancestrais de nossa própria espécie estavam entre esses macacos habitantes de campos.

REVISÃO DO CONCEITO 32.2

1. Coloque os seguintes marcos da evolução animal em ordem, do mais antigo para o mais recente: (a) origem dos mamíferos, (b) evidência mais antiga de artrópodes terrestres, (c) fauna ediacarana, (d) extinção dos grandes dinossauros não voadores.

2. **HABILIDADES VISUAIS** Explique o que está representado pela parte vermelha do ramo levando aos animais (ver Figura 26.5, "Visualizando relações filogenéticas", para revisar representações de árvores filogenéticas).

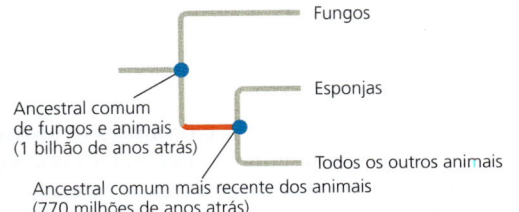

3. **FAÇA CONEXÕES** Avalie se a origem das proteínas de fixação célula a célula nos animais ilustra descendência com modificação (ver Conceito 22.2).

Ver as respostas sugeridas no Apêndice A.

CONCEITO 32.3

Os animais podem ser caracterizados por planos corporais

As espécies de animais variam muito morfologicamente, mas sua grande diversidade de formas pode ser descrita por um número relativamente pequeno de "planos corporais" principais. Um **plano corporal** é um conjunto particular de características morfológicas e de desenvolvimento que são integradas em um todo funcional – o animal vivo. O termo *plano* aqui utilizado não significa que as formas animais sejam o resultado de um planejamento consciente ou invenção. Mas os planos corporais fornecem um modo simples para comparar e contrastar características essenciais dos animais. Eles também são de interesse no estudo *evo-devo*, a interface entre a evolução e o desenvolvimento.

Assim como todas as características dos organismos, os planos corporais dos animais evoluíram ao longo do tempo. Em alguns casos, incluindo estágios fundamentais na gastrulação, novos planos corporais surgiram cedo na história da vida animal e não mudaram desde então. Como iremos discutir, entretanto, outros aspectos dos planos corporais dos animais se modificaram muitas vezes ao longo da evolução. À medida que explorarmos as principais características dos planos corporais dos animais, tenha em mente que formas corporais semelhantes podem ter evoluído independentemente em diferentes linhagens. Além disso, características corporais podem ser perdidas no curso da evolução, levando algumas espécies estreitamente relacionadas a parecerem muito diferentes entre si.

Simetria

Uma característica básica de corpos animais é seu tipo de simetria – radial ou bilateral – ou a ausência dela (muitas esponjas, por exemplo, não possuem qualquer simetria). Use a **Figura 32.8** para ajudá-lo a visualizar as simetrias radial e bilateral e como os eixos de orientação são utilizados para descrever a posição de diferentes partes do corpo de um animal.

Em geral, a simetria de um animal se ajusta ao seu modo de vida. Muitos animais radiais são sésseis (vivem aderidos a um substrato) ou planctônicos (sendo carregados ou nadando pouco, como as águas-vivas). Sua simetria os capacita a perceber o ambiente igualmente bem de todos os lados. Em contrapartida, os animais bilaterais geralmente se movem de um lugar para o outro. Quase todos os animais com um plano corporal bilateralmente simétrico (como os artrópodes e mamíferos) têm órgãos sensoriais concentrados na extremidade cefálica de seu corpo, incluindo um sistema nervoso central ("cérebro"). Esse sistema nervoso central os permite coordenar os complexos movimentos envolvidos em rastejar, escavar, voar ou nadar. A evidência fóssil indica que esses dois tipos fundamentalmente diferentes de simetria existem há pelo menos 550 milhões de anos.

▼ Figura 32.8 VISUALIZANDO A SIMETRIA E OS EIXOS DO CORPO ANIMAL

Uma característica básica de corpos animais é seu tipo de simetria. Abordaremos dois tipos comuns de simetria: simetria radial e simetria bilateral.

Simetria radial

As partes do corpo de um animal radialmente simétrico estão arranjadas ao redor de um único eixo principal, que passa pelo centro do animal. Qualquer plano passando ao longo do eixo central, como mostrado aqui em azul, divide o animal em imagens espelhadas.

1. Um animal radial tem um lado anterior e um lado posterior? Um lado direito e um lado esquerdo? Explique.

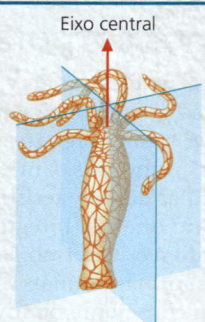

A cavidade corporal central simétrica desta hidra possui uma única abertura (a "boca/ânus") envolta por um anel circular de tentáculos. As presas capturadas pelos tentáculos são empurradas para dentro da cavidade corporal e digeridas.

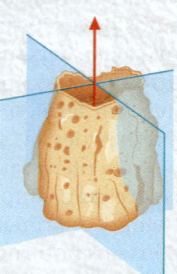

Muitas esponjas possuem uma forma irregular, não tendo qualquer simetria. Porém, assim como esta esponja em forma de barril, algumas esponjas exibem simetria radial, com suas células arranjadas em um padrão regular ao redor de um eixo central.

Simetria bilateral e eixos do corpo

As partes do corpo de um animal bilateralmente simétrico são arranjadas ao redor de dois eixos de orientação, o eixo cefalocaudal e o eixo dorsoventral. Somente um plano imaginário, mostrado novamente em azul, divide o animal em metades de imagens espelhadas, referidas como um lado direito e um lado esquerdo.

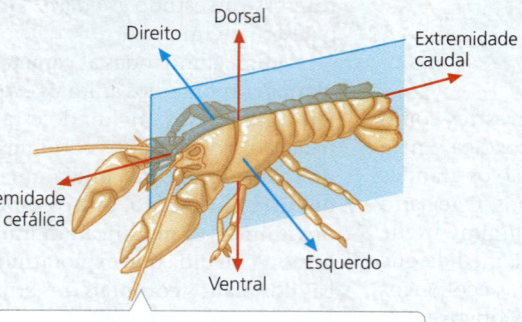

Lagostas e outros animais bilaterais possuem uma extremidade cefálica e uma extremidade caudal, um lado dorsal (superior) e um ventral (inferior), bem como um lado direito e um lado esquerdo. Em quase todos os animais bilaterais, olhos e outros órgãos sensoriais estão concentrados na extremidade cefálica do corpo.

Uma postura ereta evoluiu em alguns grupos de animais bilaterais, incluindo seres humanos e aves, tais como a coruja mostrada aqui.

2. Desenhe os dois eixos de orientação nesta coruja e indique a extremidade cefálica, a extremidade caudal e os lados dorsal, ventral, direito e esquerdo.

Tecidos

Os planos corporais dos animais variam também com relação à organização dos tecidos. Recorde que tecidos são grupos de células especializadas que atuam como uma unidade funcional. Esponjas e alguns outros grupos não possuem tecidos. Em todos os outros animais, formam-se camadas no embrião durante a gastrulação (ver Figura 47.8, "Visualizando a Gastrulação", que ajudará a compreender esse processo de dobramento tridimensional). À medida que o desenvolvimento progride, essas camadas, chamadas *folhetos germinativos*, formam os vários tecidos e órgãos do corpo. A **ectoderme**, folheto germinativo que cobre a superfície do embrião, dá origem ao revestimento externo do animal e, em alguns filos, ao sistema nervoso central. A **endoderme**, folheto germinativo mais interno, reveste a bolsa que se forma durante a gastrulação (o arquêntero) e origina o revestimento do trato digestório (ou cavidade) e de órgãos como o fígado e os pulmões de vertebrados.

Os cnidários e uns poucos grupos de animais que têm apenas essas duas camadas são chamados **diploblásticos**. Todos os animais bilateralmente simétricos têm um terceiro folheto germinativo, chamado de **mesoderme**, que preenche muito do espaço entre a ectoderme e a endoderme. Assim, os animais com simetria bilateral são também chamados de **triploblásticos** (com três folhetos germinativos). Nos triploblásticos, a mesoderme forma os músculos e a maioria dos órgãos entre o trato digestório e o revestimento externo do animal. Os triploblásticos incluem uma vasta gama de animais, desde vermes planos até artrópodes e vertebrados (embora alguns diploblásticos na realidade tenham um terceiro folheto germinativo, ela não é tão bem desenvolvida quanto a mesoderme de animais considerados triploblásticos).

Cavidades corporais

Quase todos os animais têm uma **cavidade corporal**, um espaço preenchido por líquido ou por ar, localizado entre o trato digestório (endoderme) e a parede externa do corpo (ectoderme). As cavidades do corpo possuem diferentes funções, como fornecer sustentação e facilitar o transporte interno de nutrientes, gases e resíduos.

Muitos animais triploblásticos possuem um **celoma** (do grego *koilos*, buraco), uma cavidade corporal formada a partir de tecido derivado da mesoderme. As camadas interna e externa da mesoderme que envolvem a cavidade conectam-se e formam estruturas que suportam os órgãos internos **(Figura 32.9a)**. Um líquido celomático de amortecimento protege os órgãos suspensos, auxiliando a impedir danos internos. Em animais de corpo mole, como as minhocas, o líquido no celoma atua como um esqueleto, contra os quais os músculos conseguem funcionar. Um celoma também permite que os órgãos internos cresçam e se movam independentemente da parede externa do corpo. Se não fosse por seu celoma, por exemplo, cada batida de seu coração ou movimento de seu intestino modificaria a superfície de seu corpo. Animais que possuem celoma são chamados de *celomados*.

Outros animais triploblásticos têm uma **hemocele**, uma cavidade do corpo que se forma entre a mesoderme e a endoderme **(Figura 32.9b)**. Uma hemocele contém *hemolinfa*, um líquido que atua no transporte interno de nutrientes e de resíduos metabólicos. A hemolinfa é análoga ao seu sangue e é circulada pela cavidade do corpo em um sistema aberto pelo coração.

Muitos animais possuem uma hemocele e um celoma. Moluscos, por exemplo, têm uma hemocele como a principal cavidade do corpo, mas também têm um celoma reduzido que envolve o coração e as estruturas reprodutivas (ver Figura 33.6). Outros animais, como rotíferos e nematódeos (ver Figuras 33.12 e 33.26) possuem somente hemocele. Animais com somente hemocele já foram chamados de *pseudocelomados* (do grego *pseudo*, falso), e a cavidade, de pseudoceloma. Hemoceles e celomas foram adquiridos ou perdidos independentemente várias vezes ao longo da evolução animal; portanto, sua presença ou ausência não é um bom indicador de relações filogenéticas.

Por fim, em alguns animais triploblásticos, falta completamente uma cavidade corporal **(Figura 32.9c)**. Esses animais compactos tendem a ter corpos finos e achatados. Tais animais não necessitam de um sistema de transporte interno: com corpos que possuem somente algumas células de espessura, a troca de nutrientes, gases e resíduos metabólicos pode ocorrer através de toda a superfície corporal. Esses animais são algumas vezes denominados *acelomados* (do grego *a-*, sem).

Desenvolvimento protostômio e deuterostômio

Muitos animais podem ser descritos como tendo um de dois modos de desenvolvimento: **protostômio** ou **deuterostômio**. Esses modos podem ser geralmente distinguidos por diferenças na clivagem, formação do celoma e pelo destino do blastóporo.

Clivagem

Muitos animais com desenvolvimento protostômio sofrem **clivagem espiral**, na qual os planos da divisão celular são diagonais em relação ao eixo vertical do embrião; como visto no estágio de oito células do embrião, pequenas células estão centralizadas sobre reentrâncias entre células maiores subjacentes **(Figura 32.10a**, à esquerda). Além disso, a chamada **clivagem determinada**, de alguns animais com desenvolvimento protostômio, molda rigidamente ("determina") e muito cedo o destino do desenvolvimento de cada célula embrionária. Uma célula isolada de um caracol no estágio de quatro células, por exemplo, não poderá se desenvolver em um animal completo. Em vez disso, após repetidas divisões, essa célula formará um embrião inviável, no qual faltam muitas partes.

Ao contrário do padrão de clivagem espiral, o desenvolvimento deuterostômio é predominantemente caracterizado por **clivagem radial**. Os planos de clivagem são paralelos ou perpendiculares ao eixo vertical do embrião; como visto no estágio de oito células, as séries de células são alinhadas, umas diretamente acima das outras (ver Figura 32.10a, à direita). A maioria dos animais com desenvolvimento deuterostômio também tem **clivagem indeterminada**, significando que cada célula produzida por divisões iniciais da clivagem retém a capacidade de desenvolver-se em um embrião completo. Por exemplo, se as células de um embrião de ouriço-do-mar são separadas no estágio de quatro células, cada uma pode formar uma larva completa. De modo semelhante, é a

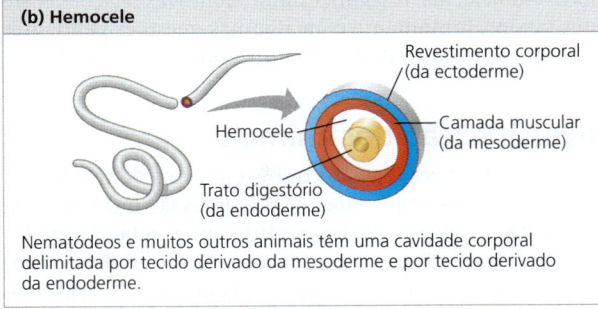

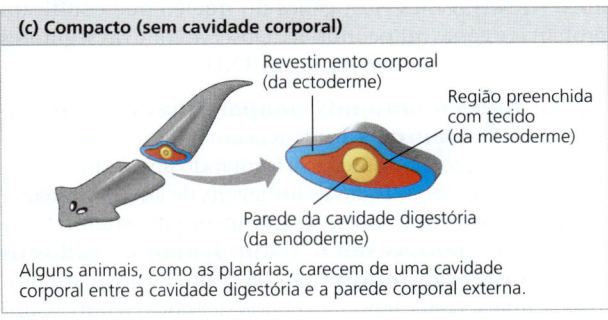

Legenda: Ectoderme — Mesoderme — Endoderme

▲ **Figura 32.9 Cavidades corporais de animais triploblásticos.** Os sistemas de órgãos se desenvolvem a partir de três folhetos germinativos embrionários.

clivagem indeterminada do zigoto humano que torna possíveis gêmeos idênticos.

Formação do celoma

Durante a gastrulação, o tubo digestório em desenvolvimento de um embrião forma inicialmente uma bolsa cega, o **arquêntero**, que se torna o intestino **(Figura 32.10b)**. À medida que o arquêntero se forma no desenvolvimento protostômio, massas inicialmente sólidas de mesoderme se separam e formam o celoma. No desenvolvimento deuterostômio, por outro lado, o mesoderma brota da parede do arquêntero e sua cavidade torna-se o celoma.

Destino do blastóporo

Os desenvolvimentos protostômio e deuterostômio geralmente diferem no destino do **blastóporo**, a invaginação que durante a gastrulação leva à formação do arquêntero **(Figura 32.10c)**. Após o arquêntero se desenvolver, na maioria dos animais, uma segunda abertura se forma na extremidade oposta da gástrula. Em muitas espécies, o blastóporo e essa segunda abertura se tornam as duas aberturas do tubo digestório: a boca e o ânus. No desenvolvimento protostômio, a boca geralmente se desenvolve da primeira abertura, o blastóporo, e é dessa característica que vem o termo *protostômio* (do grego *protos*, primeiro, e *stoma*, boca). No desenvolvimento deuterostômio (do grego *deuteros*, segundo), a boca é derivada da segunda abertura, e o blastóporo geralmente forma o ânus.

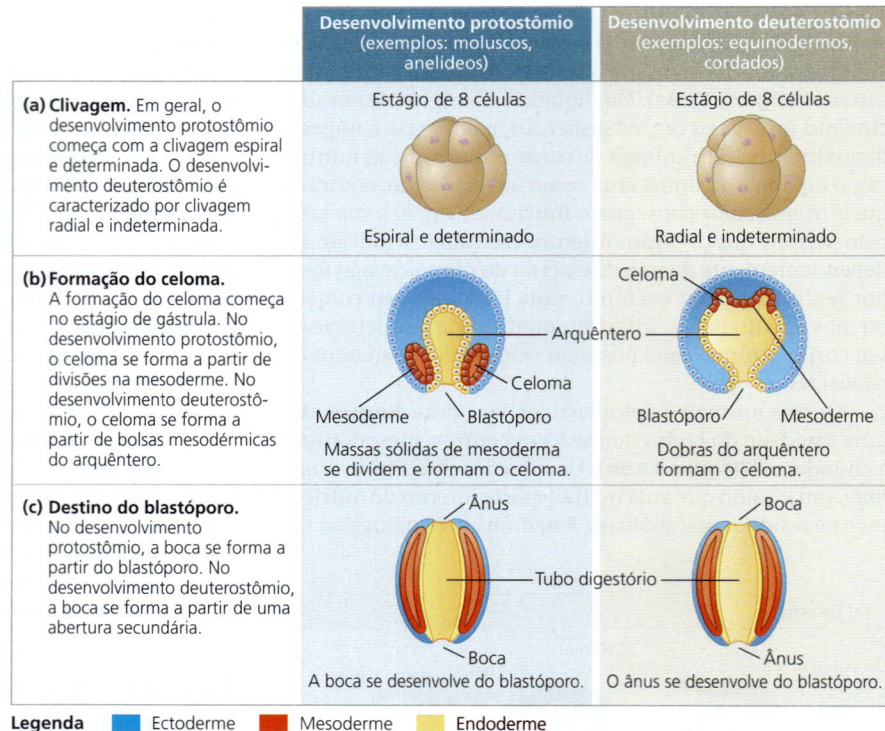

▲ **Figura 32.10** **Desenvolvimento protostômio e deuterostômio.** Os padrões mostrados aqui são distinções gerais úteis, embora haja muitas variações e exceções a eles.

> **REVISÃO DO CONCEITO 32.3**
>
> 1. Compare três aspectos do desenvolvimento inicial de um caracol (um molusco) e um ser humano (um cordado).
> 2. Descreva como animais que não possuem uma cavidade corporal trocam materiais sem um sistema de transporte interno.
> 3. **E SE?** Avalie esta afirmação: ignorando os detalhes específicos de sua anatomia, vermes, seres humanos e a maioria dos outros triploblásticos têm forma análoga à de uma rosquinha.
>
> *Ver as respostas sugeridas no Apêndice A.*

CONCEITO 32.4

Concepções sobre a filogenia animal continuam a ser formadas a partir de novos dados moleculares e morfológicos

Enquanto animais com planos corporais diversos irradiaram durante o início do Cambriano, algumas linhagens surgiram, prosperaram por um período de tempo e, após, se extinguiram sem deixar descendentes. Entretanto, há 500 milhões de anos, a maior parte dos filos animais com membros atuais estava estabelecida. A seguir, examinaremos as relações entre esses táxons, juntamente com algumas questões pendentes que hoje estão sendo abordadas utilizando dados genômicos.

Diversificação dos animais

Hoje em dia, os zoólogos reconhecem cerca de três dúzias de filos de animais existentes, 15 dos quais são mostrados na **Figura 32.11**. Os pesquisadores inferem as relações evolutivas entre esses filos analisando genomas completos, bem como características morfológicas, genes de RNA ribossômico (rRNA), genes *Hox*, genes do núcleo que codificam proteínas e genes mitocondriais. Observe como as seguintes questões estão refletidas na Figura 32.11.

1. **Todos os animais compartilham um ancestral comum.** A evidência atual indica que os animais são monofiléticos, formando um clado chamado Metazoa. Todas as linhagens de animais atuais e extintos descendem de um ancestral comum.
2. **As esponjas são o grupo-irmão de todos os outros animais.** Esponjas (filo Porifera) são animais basais, tendo divergido de todos os outros animais no início da história do grupo. Análises morfológicas e filogenômicas recentes indicam que as esponjas são monofiléticas, como mostrado aqui.
3. **Eumetazoa é um clado de animais com tecidos.** Todos os animais, com exceção das esponjas

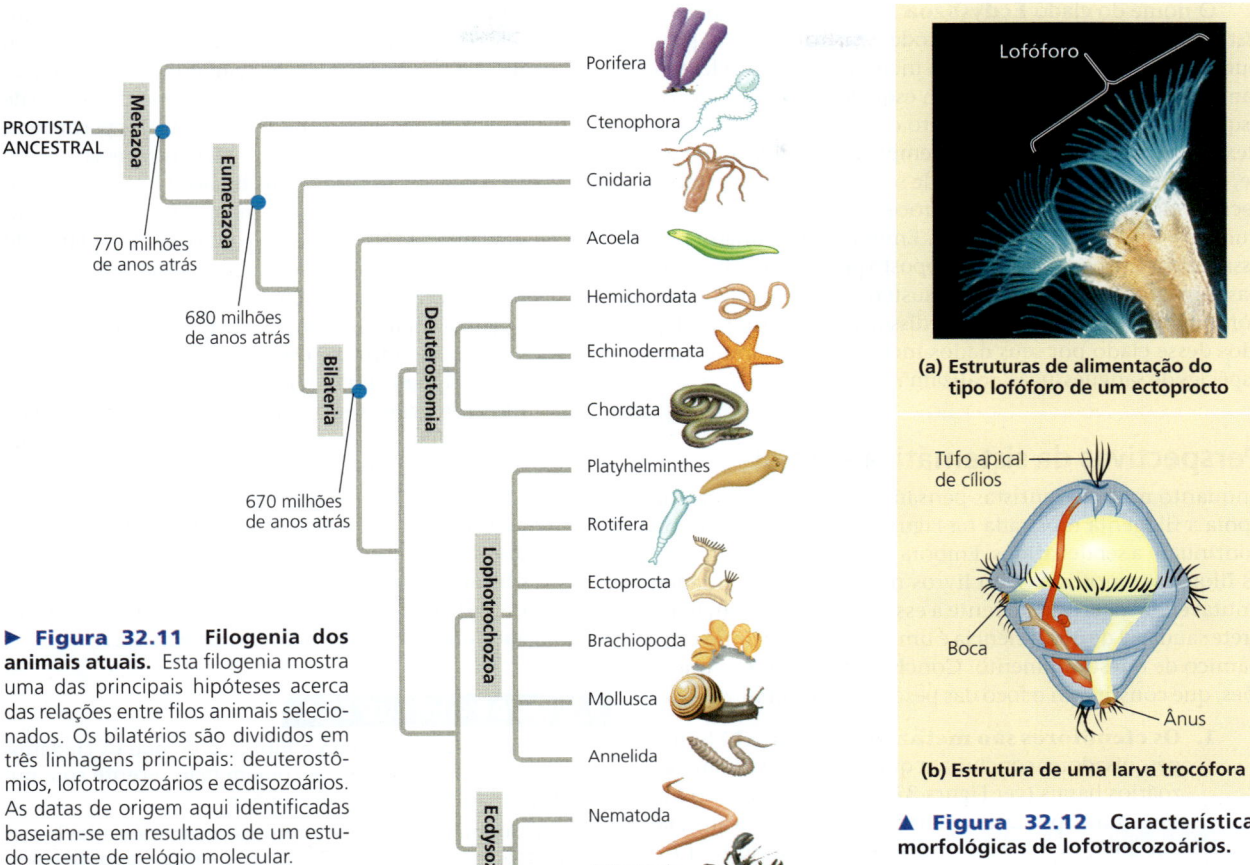

▶ **Figura 32.11 Filogenia dos animais atuais.** Esta filogenia mostra uma das principais hipóteses acerca das relações entre filos animais selecionados. Os bilatérios são divididos em três linhagens principais: deuterostômios, lofotrocozoários e ecdisozoários. As datas de origem aqui identificadas baseiam-se em resultados de um estudo recente de relógio molecular.

HABILIDADES VISUAIS *Qual filo é o grupo-irmão de Bilateria nesta árvore?*

(a) Estruturas de alimentação do tipo lofóforo de um ectoprocto

(b) Estrutura de uma larva trocófora

▲ **Figura 32.12 Características morfológicas de lofotrocozoários.**

e uns poucos outros, pertencem a um clado de **eumetazoários** ("animais verdadeiros"). Membros desse grupo possuem tecidos, como tecido muscular e tecido nervoso. Eumetazoários basais, que incluem os filos Ctenophora e Cnidaria, são diploblásticos e, em geral, têm simetria radial.

4. **A maioria dos animais pertence ao clado Bilateria.** A simetria bilateral e a presença de três folhetos germinativos evidentes são caracteres derivados compartilhados que ajudam a definir o clado Bilateria. Este clado contém a maioria dos filos animais, e seus membros são conhecidos como *bilatérios*. A explosão do Cambriano consistiu principalmente em uma rápida diversificação de bilatérios.
5. **Há três clados principais de animais bilatérios.** Os bilatérios se diversificaram em três linhagens principais, Deuterostomia, Lophotrochozoa e Ecdysozoa. Com uma exceção, os filos nesses clados consistem inteiramente de **invertebrados**, animais que não possuem coluna vertebral; Chordata é o único filo que inclui **vertebrados**, animais com coluna vertebral.

Como vimos na Figura 32.11, hemicordados, equinodermos (estrelas-do-mar e parentes) e cordados são membros do clado bilatério **Deuterostomia**; portanto, o termo *deuterostômio* se refere não só a um modo de desenvolvimento animal, mas também aos membros deste clado (o duplo significado desse termo pode ser confuso, uma vez que alguns organismos com um padrão de desenvolvimento deuterostômio *não* são membros do clado Deuterostomia). Os hemicordados compartilham algumas características com cordados, como fendas branquiais e corda nervosa dorsal; equinodermos não possuem essas características. Talvez essas características compartilhadas existissem no ancestral comum do clado deuterostômio (e tenham se perdido na linhagem equinoderma). Como mencionado acima, Chordata, o único filo com membros vertebrados, também inclui invertebrados.

Os bilatérios também se diversificaram em dois clados principais que são compostos inteiramente de invertebrados: os *lofotrocozoários* e os *ecdisozoários*. O nome **Lophotrochozoa** refere-se a duas características distintas observadas em alguns animais que pertencem a este clado **(Figura 32.12)**. Alguns lofotrocozoários, como ectoproctos, desenvolvem uma estrutura exclusiva chamada de **lofóforo** (do grego *lophos*, crista, e *pherein*, carregar), uma coroa de tentáculos ciliados que atua na alimentação (ver Figura 32.12a). Indivíduos em outros filos, incluindo moluscos e anelídeos, passam por um estágio de desenvolvimento característico denominado **larva trocófora** (ver Figura 32.12b) – daí o nome lofotrocozoário.

O nome do clado **Ecdysozoa** se refere a uma característica compartilhada por nematódeos, artrópodes e alguns outros filos de ecdisozoários não incluídos em nosso levantamento. Esses animais secretam esqueletos externos (exoesqueletos); o rígido revestimento de um grilo e a cutícula flexível de um nematódeo são exemplos. À medida que cresce, o animal faz a muda, saindo de seu exoesqueleto velho e secretando um novo maior. O processo de muda do exoesqueleto velho é chamado *ecdise*. Embora denominado por essa característica, o clado foi proposto principalmente com base em dados moleculares que sustentam a ancestralidade comum de seus membros. Além disso, alguns táxons excluídos desse clado por seus dados moleculares, como certas espécies de sanguessugas, realizam muda.

Perspectivas da sistemática animal

Enquanto muitos cientistas pensam que a evidência atual apoia a filogenia mostrada na Figura 32.11, alguns pontos continuam a ser debatidos. Embora possa ser frustrante que as filogenias mostradas em livros não são sejam verdades imutáveis, a incerteza inerente a esses diagramas é um lembrete saudável de que a ciência é um processo contínuo e dinâmico de questionamento. Concluiremos com três questões, que constituem o foco das pesquisas em curso.

1. **Os ctenóforos são metazoários basais?** Muitos pesquisadores concluíram que as esponjas são metazoários basais (ver Figura 32.11). Essa conclusão foi sustentada por uma análise filogenômica realizada em 2017, mas vários outros estudos colocaram os ctenóforos (filo Ctenophora) na base da árvore filogenética animal. Além dos resultados filogenômicos mais recentes, dados consistentes posicionando as esponjas na base da árvore animal incluem evidência esteroide fóssil, análises de relógios moleculares, similaridade morfológica dos coanócitos das esponjas a células de coanoflagelados (ver Figura 32.3), e o fato de que esponjas são um dos poucos grupos animais sem tecidos (como seria esperado para animais basais). Os ctenóforos, por outro lado, possuem tecidos verdadeiros, e suas células não se parecem às células dos coanoflagelados. No momento, a ideia de que os ctenóforos são metazoários basais permanece uma hipótese intrigante, porém controversa.

2. **Os Acoela são bilatérios basais?** Uma série de artigos científicos recentes – incluindo um estudo filogenômico de 2016 – indicou que os vermes planos do filo Acoela são bilatérios basais, como mostrado na Figura 32.11. Uma conclusão diferente foi suportada por uma análise recente, a qual posicionou membros de Acoela dentro de Deuterostomia. Pesquisadores estão sequenciando os genomas de mais espécies do filo e de grupos proximamente relacionados para fornecer um teste mais definitivo da hipótese de que Acoela seriam bilatérios basais. Se mais evidências suportarem essa hipótese, bilatérios poderiam ter descendido de um ancestral comum que se assemelhava a esse grupo de vermes planos – isto é, um ancestral que possuía um sistema nervoso simples, um trato digestório em forma de saco com uma única abertura (a "boca") e nenhum sistema excretor.

REVISÃO DO CONCEITO 32.4

1. Descreva a evidência para a hipótese de que os cnidários compartilham um ancestral comum mais recente com outros animais do que com as esponjas.
2. **E SE?** Suponha que os ctenóforos sejam metazoários basais e as esponjas sejam o grupo irmão de todos os outros animais. Com base nessa hipótese, reformule a Figura 32.11 e discuta se os animais com tecidos verdadeiros formariam um clado.
3. **FAÇA CONEXÕES** Com base na filogenia da Figura 32.11 e na informação da Figura 25.11, avalie esta afirmação: "A explosão do Cambriano na verdade consiste em três explosões, não em apenas uma".

Ver as respostas sugeridas no Apêndice A.

32 Revisão do capítulo

RESUMO DOS CONCEITOS-CHAVE

CONCEITO 32.1

Animais são eucariotos multicelulares heterótrofos com tecidos que se desenvolvem a partir de folhetos embrionários (p. 674-675)

- Animais são heterótrofos que ingerem o seu alimento.
- Animais são eucariotos multicelulares. Suas células são suportadas e conectadas umas às outras por colágeno e outras proteínas estruturais localizadas no lado externo da membrana celular. Os tecidos nervosos e musculares são características essenciais dos animais.
- Na maioria dos animais, a **gastrulação** ocorre em seguida à formação da **blástula** e leva à formação de folhetos de tecidos embrionários. A maioria dos animais tem genes *Hox* que regulam o desenvolvimento da forma corporal. Embora os genes *Hox* tenham sido altamente conservados no curso da evolução, eles podem produzir uma ampla diversidade de morfologias animais.

? *Descreva os modos fundamentais pelos quais os animais diferem das plantas e dos fungos.*

CAPÍTULO 32 PANORAMA DA DIVERSIDADE ANIMAL

CONCEITO 32.2

A história dos animais se estende por mais de meio bilhão de anos (p. 675-679)

- Evidência bioquímica fóssil e análises de relógio molecular indicam que os animais surgiram mais de 700 milhões de anos atrás (maa).
- Análises genômicas sugerem que etapas essenciais na origem dos animais envolveram novos modos de utilização de proteínas que eram codificadas por genes encontrados em coanoflagelados.

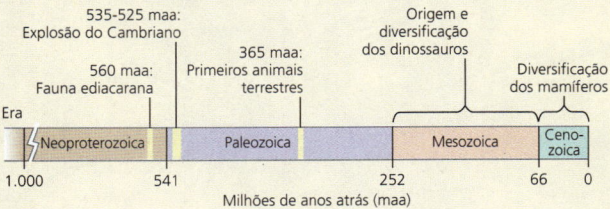

? *O que causou a explosão do Cambriano? Descreva a hipótese atual.*

CONCEITO 32.3

Os animais podem ser caracterizados por planos corporais (p. 679-682)

- Animais podem não ter simetria ou ter simetria **radial** ou **bilateral**. Animais bilateralmente simétricos possuem lados **dorsal** e **ventral**, assim como extremidades **cefálica** e **caudal**.
- Os embriões de eumetazoários podem ser **diploblásticos** (dois folhetos germinativos) ou **triploblásticos** (três folhetos germinativos). Animais triploblásticos com uma **cavidade corporal** podem ter um **celoma** ou uma **hemocele** (ou ambos).
- Os desenvolvimentos **protostômio** e **deuterostômio** geralmente diferem nos padrões de **clivagem**, na formação do celoma e no destino do **blastóporo**.

? *Descreva como os planos corporais fornecem informações úteis, embora devessem ser interpretados cuidadosamente como evidência das relações evolutivas.*

CONCEITO 32.4

Concepções sobre a filogenia animal continuam a ser formadas a partir de novos dados moleculares e morfológicos (p. 682-684)

- Esta árvore filogenética mostra etapas fundamentais na evolução animal:

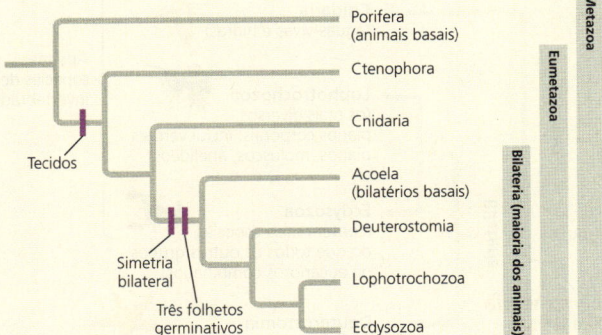

? *Considere os clados Bilateria, Lophotrochozoa, Metazoa, Chordata, Ecdysozoa, Eumetazoa e Deuterostomia. Liste os clados aos quais os seres humanos pertencem, em ordem do clado mais inclusivo para o menos inclusivo.*

TESTE SEU CONHECIMENTO

Níveis 1-2: Relembre/Entenda

1. Uma das características únicas dos animais é
   (A) a gastrulação.
   (B) a multicelularidade.
   (C) a reprodução sexuada.
   (D) os espermatozoides flagelados.

2. A distinção entre esponjas e outros filos animais baseia-se principalmente na ausência *versus* presença de
   (A) uma cavidade corporal.
   (B) um trato digestório completo.
   (C) mesoderme.
   (D) tecidos.

3. Qual dos seguintes foi provavelmente um fator importante para a explosão do Cambriano?
   (A) O movimento de animais para o ambiente terrestre
   (B) Um aumento na concentração de nitrogênio atmosférico
   (C) A emergência de relações entre predadores e presas
   (D) A origem de animais bilaterais

Níveis 3-4: Aplique/Analise

4. Com base na árvore da Figura 32.11, qual afirmação é verdadeira?
   (A) O reino Animal não é monofilético.
   (B) Os Acoela são mais proximamente relacionados a equinodermos do que a anelídeos.
   (C) As esponjas são animais basais.
   (D) Os bilatérios não formam um clado.

Níveis 5-6: Avalie/Crie

5. **CONEXÃO EVOLUTIVA** Uma professora inicia uma palestra sobre filogenia animal (como mostrada na Figura 32.11) dizendo: "somos todos vermes". Nesse contexto, a que ela se referia?

6. **ESCREVA SOBRE UM TEMA: INTERAÇÕES** A vida animal mudou muito durante a explosão do Cambriano, com alguns grupos expandindo em diversidade, e outros declinando. Escreva um texto curto (100-150 palavras) interpretando esses eventos como regulação de retroalimentação em nível de comunidade biológica.

7. **SINTETIZE SEU CONHECIMENTO**

Este organismo é um animal. O que você pode inferir sobre sua estrutura corporal e seu estilo de vida (que pode não ser óbvio a partir de sua aparência)? Este animal tem um padrão de desenvolvimento protostômio e uma larva trocófora. Identifique os principais clados a que este animal pertence. Explique sua seleção e descreva quando esses clados se originaram e como estão relacionados entre si.

Ver respostas selecionadas no Apêndice A.

33 Introdução aos invertebrados

CONCEITOS-CHAVE

33.1 Esponjas são animais basais que não possuem tecidos p. 690

33.2 Os cnidários são um filo antigo de eumetazoários p. 691

33.3 Os lofotrocozoários, um clado identificado por dados moleculares, têm a gama mais ampla de formas corporais animais p. 694

33.4 Os ecdisozoários são o grupo animal mais rico em espécies p. 705

33.5 Equinodermos e cordados são deuterostômios p. 713

Dica de estudo

Faça uma tabela: Invertebrados diferem no modo como obtêm alimento, removem resíduos metabólicos, reproduzem-se e movem-se em seu hábitat. À medida que ler, resuma como membros dos 11 filos de invertebrados descritos em detalhe neste capítulo resolvem esses desafios da vida compartilhados por eles.

Filo	Modo de alimentação	Remoção de resíduos metabólicos	Reprodução	Movimento
Porifera	Filtradores	Difusão	Hermafroditas	Sésseis

Figura 33.1 O dragão-azul (*Glaucus atlanticus*) possui estruturas delgadas em forma de dedos que o ajudam a flutuar (de barriga para cima) na superfície do mar. Ele ingere caravelas e absorve seus cnidócitos, que então usa para injetar o seu próprio veneno letal. O dragão-azul é apenas uma entre mais de um milhão de espécies de invertebrados (animais sem uma coluna vertebral), os quais totalizam mais de 95% das espécies de animais.

Como podemos entender a grande quantidade e diversidade morfológica dos invertebrados?

Classificar espécies de invertebrados em grupos baseados em **relações evolutivas**, como nesta filogenia simplificada de todos os animais, nos ajuda a compreender a grande diversidade de vida invertebrada.

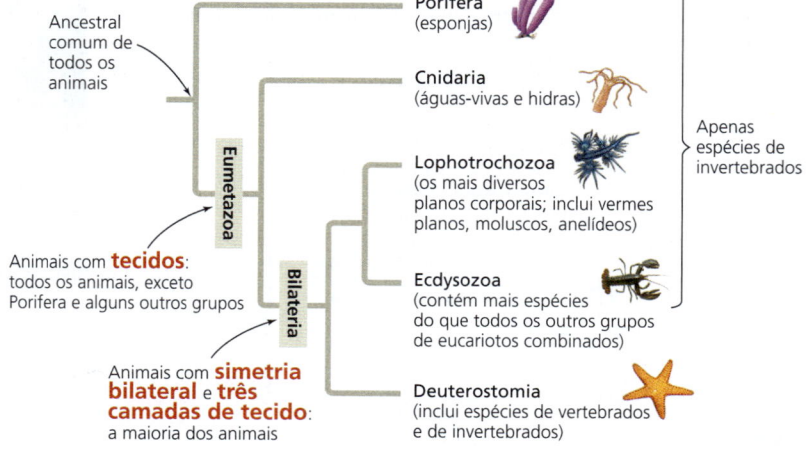

Invertebrados são animais que não possuem uma espinha dorsal. Eles ocupam quase todos os hábitats na Terra, da água escaldante liberada por fontes hidrotermais de mares profundos até o solo congelado da Antárctica. A evolução nesses ambientes distintos produziu uma imensa diversidade de formas, incluindo espécies microscópicas e espécies cujos membros podem crescer até 18 m de comprimento (1,5 vez mais longo que um ônibus). Neste capítulo, faremos um passeio pelos invertebrados, usando a árvore filogenética na Figura 33.1 como um guia. A **Figura 33.2** lista 23 filos como representantes da diversidade invertebrada.

▼ Figura 33.2 Explorando a diversidade dos invertebrados

O reino Animalia engloba 1,3 milhão de espécies conhecidas, e estimativas do total de espécies oscilam entre 10 e 20 milhões. Dos 23 filos examinados aqui, 13 são discutidos com mais detalhes neste capítulo, no Capítulo 32 ou no Capítulo 34; referências dos locais são dadas ao final de suas descrições.

Porifera (5.500 espécies)

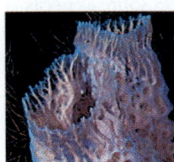
Uma esponja

Os animais neste filo são informalmente chamados de esponjas. As esponjas são animais sésseis que carecem de tecidos verdadeiros. Elas vivem como animais filtradores, capturando partículas que passam pelos canais internos de seus corpos (ver Conceito 33.1).

Cnidaria (10.000 espécies)

Os cnidários abrangem corais, medusas (águas-vivas) e hidras. Estes animais são diploblásticos e têm plano corporal radialmente simétrico, que inclui uma cavidade gastrovascular com abertura única, a qual serve tanto de boca quanto de ânus (ver Conceito 33.2).

Uma medusa

Acoela (400 espécies)

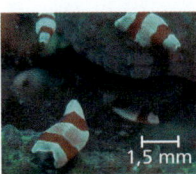
Acoela

Os vermes planos acelomados têm um sistema nervoso simples e um intestino do tipo saco e, assim, eram anteriormente classificados no filo Platyhelminthes. Algumas análises moleculares, entretanto, indicam que Acoela é uma linhagem separada, que divergiu antes dos três clados bilatérios principais (ver Conceito 32.4).

Placozoa (1 espécie)

A única espécie conhecida neste filo, *Trichoplax adhaerens*, não parece um animal. Ela consiste em uma bicamada simples de alguns milhares de células. Acredita-se que os placozoários sejam animais basais, mas ainda não se sabe como eles estão relacionados aos outros grupos de animais que divergiram anteriormente, como Porifera e Cnidaria. *Trichoplax adhaerens* pode se reproduzir por fissão em dois indivíduos ou por brotamento de muitos indivíduos multicelulares.

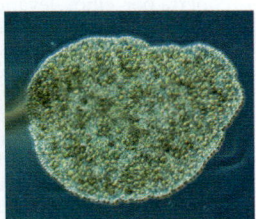
Um placozoário (MO) 0,5 mm

Ctenophora (100 espécies)

Os ctenóforos (águas-vivas-de-pente) são diploblásticos e radialmente simétricos como os cnidários, sugerindo que ambos os filos divergiram de outros animais muito cedo. As águas-vivas-de-pente constituem boa parte do plâncton oceânico. Elas têm muitas características distintivas, incluindo oito "pentes" de cílios que as impulsionam pela água. Quando um pequeno animal toca os tentáculos de alguma água-viva-de-pente, células especializadas se abrem repentinamente, cobrindo a presa com filamentos adesivos.

Um ctenóforo, ou água-viva-de-pente

Lophotrochozoa

Platyhelminthes (20.000 espécies)

Os platelmintos (incluindo solitárias, planárias e trematódeos) têm simetria bilateral e um sistema nervoso central que processa informação de estruturas sensoriais. Eles não têm cavidade corporal ou órgãos especializados de circulação (ver Conceito 33.3).

Um platelminto marinho

Syndermata (2.900 espécies)

Este grupo recentemente estabelecido inclui dois grupos anteriormente classificados em filos separados: os rotíferos, animais microscópicos com sistemas de órgãos complexos, e os acantocéfalos, parasitos de vertebrados altamente modificados (ver Conceito 33.3).

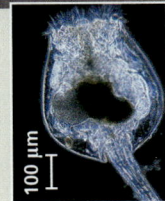
Um rotífero (MO)

Continua na próxima página

▼ Figura 33.2 (continuação)

Ectoprocta (4.500 espécies)

Os ectoproctos (também conhecidos como briozoários) vivem como colônias sésseis e são cobertos por um rígido exoesqueleto (ver Conceito 33.3).

Ectoproctos

Brachiopoda (335 espécies)

Os braquiópodes podem ser facilmente confundidos por mariscos ou outros moluscos. Entretanto, a maioria dos braquiópodes tem um único pedúnculo, que os ancora ao seu substrato, bem como uma coroa de cílios chamada de lofóforo (ver Conceito 33.3).

Um braquiópode

Gastrotricha (800 espécies)

Gastrótricos são pequenos vermes cuja superfície ventral é coberta por cílios, levando-os a serem chamados de barrigas peludas. A maioria das espécies vive no fundo de lagos ou oceanos, onde eles se alimentam de pequenos organismos e matéria orgânica parcialmente decomposta. Este indivíduo consumiu algas, o material verde visível dentro de seu intestino.

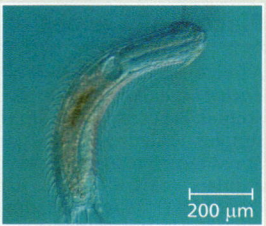

Um gastrótrico (MO de contraste de interferência diferencial)

Cycliophora (1 espécie)

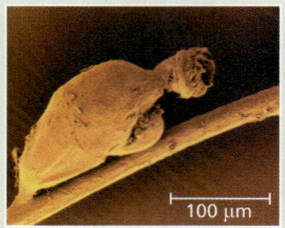

Um ciclióforo (MEV colorida)

A única espécie conhecida de ciclióforo, *Symbion pandora*, foi descoberta em 1995 sobre as peças bucais de uma lagosta. Esta minúscula criatura em forma de vaso tem um plano corporal singular e um ciclo de vida muito diferente. Os machos fecundam as fêmeas que ainda estão em desenvolvimento em seus corpos maternos. As fêmeas fertilizadas, então, escapam, fixam-se em outro lugar sobre a lagosta e liberam sua prole.

Nemertea (900 espécies)

Os nemertinos nadam na água ou se enterram na areia, estendendo sua probóscide única para capturar presas. Os nemertinos têm um celoma reduzido, então seus corpos são relativamente sólidos. Eles também têm um canal alimentar e um sistema circulatório fechado no qual o sangue está contido em vasos e, portanto, está separado do líquido na cavidade corporal.

Um nemertino

Annelida (16.500 espécies)

Os anelídeos, ou vermes segmentados, distinguem-se dos outros vermes por sua segmentação corporal. As minhocas são os anelídeos mais familiares, mas o filo consiste principalmente em espécies marinhas e de água doce (ver Conceito 33.3).

Um anelídeo marinho

Mollusca (100.000 espécies)

Os moluscos (incluindo caracóis, mariscos, lulas e polvos) têm um corpo mole que em muitas espécies é protegido por uma concha rígida (ver Conceito 33.3).

Um polvo

Ecdysozoa

Loricifera (10 espécies)

Os loricíferos (do latim *lorica*, armadura, e *ferre*, portar) são minúsculos animais que habitam sedimentos sobre o leito dos mares. Um loricífero pode projetar sua cabeça, pescoço e tórax para dentro e para fora da lorica, uma bolsa formada por seis placas circundando o abdome. Embora a maior parte da história natural dos loricíferos seja um mistério, ao menos algumas espécies provavelmente se alimentam de bactérias.

Um loricífero (MO)

Priapulida (16 espécies)

Um priapulídeo

Os priapulídeos são vermes com probóscide grande e arredondada na porção anterior. (Eles foram batizados em homenagem a Priapos, o deus grego da fertilidade, que era simbolizado por um pênis gigante.) Variando desde 0,5 mm até 20 cm de comprimento, a maioria das espécies se enterra nos sedimentos do fundo do mar. A evidência fóssil sugere que os priapulídeos estavam entre os principais predadores durante o período Cambriano.

Onychophora (110 espécies)

Um onicóforo

Os onicóforos, também chamados vermes de veludo, se originaram durante a explosão do Cambriano (ver Conceito 25.3). Originalmente, eles prosperaram no oceano, mas em algum momento eles tiveram êxito em colonizar o ambiente terrestre. Hoje eles vivem apenas em florestas úmidas. Os onicóforos têm antenas carnosas e várias dúzias de pares de pernas semelhantes a sacos.

Tardigrada (800 espécies)

Tardígrados (MEV colorizada)

Os tardígrados (do latim *tardus*, lento, e *gradus*, passo) são às vezes chamados de ursos-d'água por suas formas arredondadas, apêndices curtos e largos, e o modo de se locomover seme- lhante a um urso. A maioria dos tardígrados tem comprimento menor do que 0,5 mm. Alguns vivem em oceanos ou água doce, enquanto outros vivem sobre plantas ou animais. Condições adversas podem levar os tardígrados a entrar em estado de dormência; enquanto dormentes, eles podem sobreviver por dias a temperaturas de até −200ºC! Um estudo filogenético recente descobriu que 15% dos genes de tardígrados entraram em seu genoma por transferência gênica horizontal, a maior fração conhecida em animais.

Nematoda (25.000 espécies)

Um nematódeo

Os nematódeos são abundantes e diversos no solo e em hábitats aquáticos; muitas espécies parasitam plantas e animais. Sua característica mais distintiva é uma cutícula rígida que reveste o corpo (ver Conceito 33.4).

Arthropoda (1.000.000 espécies)

Uma aranha (um aracnídeo)

A vasta maioria das espécies animais conhecidas, incluindo insetos, crustáceos e aracnídeos, é representada por artrópodes. Todos os artrópodes têm um exoesqueleto segmentado e apêndices articulados (ver Conceito 33.4).

Deuterostomia

Hemichordata (85 espécies)

Um enteropneusto

Assim como os equinodermos e cordados, os hemicordados são membros do clado deuterostômio (ver Figura 32.11). Os hemicordados compartilham algumas característi- cas com os cordados, como fendas branquiais e corda nervosa dorsal.

O maior grupo de hemicordados é o dos enteropneustos. Os enteropneustos são marinhos e, em geral, vivem enterrados no lodo ou embaixo de rochas; eles podem atingir mais de 2 metros de comprimento.

Chordata (60.000 espécies)

Um tunicado

Mais de 90% de todas as espécies conhecidas de cordados têm colunas vertebrais (são vertebrados). Entretanto, o filo Chordata também inclui dois grupos de invertebrados: anfioxos e tunicados. Consulte no Capítulo 34 uma discussão completa deste filo.

Echinodermata (7.000 espécies)

Um ouriço-do-mar

Os equinodermos, como bolachas-da-praia, estrelas-do- -mar e ouriços-do-mar, são animais marinhos no clado deuterostômio que são bilate- ralmente simétricos quando larvas, mas não quando adultos. Eles se movem e se alimentam usando uma rede de canais internos para bombear água para diferentes partes de seu corpo (ver Conceito 33.5).

CONCEITO 33.1

Esponjas são animais basais que não possuem tecidos

Os animais no filo Porifera são conhecidos informalmente como esponjas. Estando entre os animais mais simples, as esponjas são sedentárias e foram confundidas com plantas pelos antigos gregos. Muitas espécies são marinhas e variam em tamanho desde alguns milímetros até alguns metros. As esponjas são **animais filtradores**: elas removem partículas de alimento suspensas na água do entorno, à medida que esta atravessa seu corpo, o qual em algumas espécies lembra um saco perfurado com poros. A água é drenada através dos poros em uma cavidade central, a **espongiocele**, e então flui para fora da esponja por meio de uma grande abertura chamada de **ósculo (Figura 33.3)**. As esponjas mais complexas têm paredes do corpo pregueadas, e muitas contêm canais de água ramificados e vários ósculos.

As esponjas representam uma linhagem que divergiu de outros animais no início da história do grupo; portanto, elas são ditas *animais basais*. Diferentemente de quase todos os outros animais, as esponjas não possuem tecidos, grupos de células similares que atuam como uma unidade funcional, como nos tecidos muscular e nervoso. Entretanto, o corpo da esponja contém vários tipos celulares diferentes. Por exemplo, revestindo o interior da espongiocele estão **coanócitos** flagelados, ou células de colar (denominadas pelas projeções em forma de dedo que formam um "colar" em volta do flagelo). Essas células engolfam bactérias e outras partículas de alimento por fagocitose. A similaridade entre coanócitos e as células de coanoflagelados apoia evidência molecular indicando que animais e coanoflagelados são grupos irmãos (ver Figura 32.3).

O corpo de uma esponja consiste em duas camadas de células separadas por uma região gelatinosa chamada de **mesoílo**. Uma vez que ambas as camadas de células estão em contato com a água, processos como troca gasosa e remoção de resíduos podem ocorrer por difusão através das membranas dessas células. Outras tarefas são realizadas por células chamadas de **amebócitos**, denominadas por seu uso de pseudópodes. Essas células se movem pelo mesoílo e executam muitas funções. Por exemplo, elas absorvem alimento da água circundante e dos coanócitos, o digerem e transportam nutrientes para outras células. Os amebócitos também produzem fibras esqueléticas rígidas dentro do mesoílo. Em algumas esponjas, essas fibras são espículas pontiagudas feitas de carbonato de cálcio ou sílica. Outras esponjas produzem fibras mais flexíveis, compostas por uma proteína chamada de espongina; você pode ter visto esses esqueletos flexíveis sendo vendidos como esponjas de banho marrons. Por fim, e talvez mais importante, os amebócitos são *totipotentes*

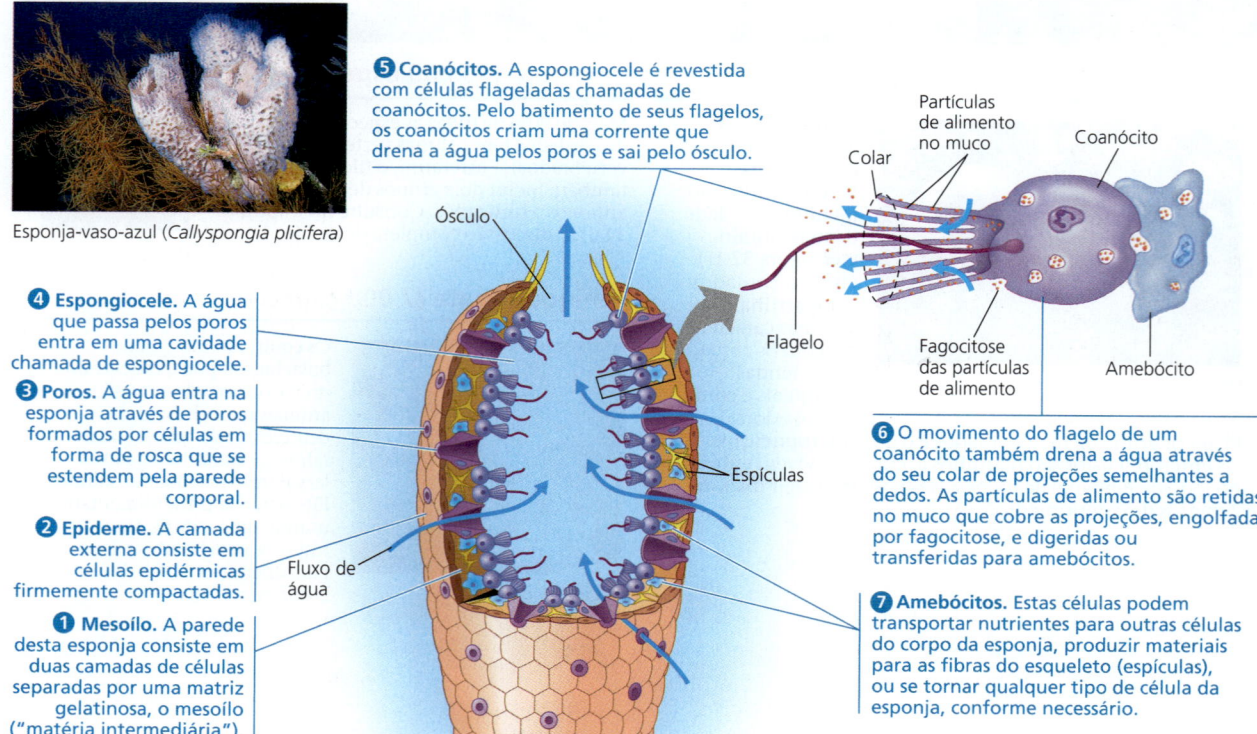

▲ **Figura 33.3 Anatomia de uma esponja.** No diagrama principal, partes da parede anterior e posterior são retiradas para mostrar a estrutura interna da esponja.

(capazes de tornar-se outros tipos de células da esponja). Isso confere ao corpo da esponja uma notável flexibilidade, permitindo que ajuste sua forma em resposta a mudanças de seu ambiente físico (como a direção das correntes marinhas).

A maioria das esponjas é **hermafrodita**, isto é, cada indivíduo atua como macho e fêmea na reprodução sexuada, com a produção de espermatozoides e óvulos. Quase todas as esponjas exibem hermafroditismo sequencial: atuam primeiro como um sexo e depois como outro. A fertilização cruzada pode resultar quando os espermatozoides liberados na água corrente por um indivíduo atuando como macho são carregados para um indivíduo nas vizinhanças que esteja atuando como fêmea. Os zigotos resultantes se transformam em larvas natantes flageladas que se dispersam da esponja parental. Após se estabelecer em um substrato adequado, uma larva se torna um adulto séssil.

As esponjas produzem uma diversidade de antibióticos e outros compostos defensivos, que são promissores no combate a doenças humanas. Por exemplo, um composto chamado cribrostatina, isolado de esponjas marinhas, pode matar tanto células cancerosas como cepas bacterianas de *Streptococcus* resistentes à penicilina. Outros compostos derivados de esponjas também estão sendo testados como possíveis agentes contra o câncer.

REVISÃO DO CONCEITO 33.1

1. Descreva como as esponjas se alimentam.
2. **E SE?** Certas evidências moleculares sugerem que o grupo irmão dos animais não é o dos coanoflagelados, mas sim um grupo de protistas parasitos, Mesomycetozoa. Considerando que nesses parasitos faltam células de colar, essa hipótese pode estar correta? Explique sua resposta.

Ver as respostas sugeridas no Apêndice A.

CONCEITO 33.2

Os cnidários são um filo antigo de eumetazoários

Todos os animais, com exceção das esponjas e alguns outros grupos, são *eumetazoários* ("animais verdadeiros"), membros de um clado de animais com tecidos. Uma das primeiras linhagens que divergiu das outras neste clado é o filo Cnidaria, o qual se originou cerca de 680 milhões de anos atrás, de acordo com análises de DNA. Os cnidários se diversificaram em uma gama de formas sésseis e móveis, incluindo hidras, corais e medusas (geralmente chamadas de "águas-vivas"). Porém, a maioria dos cnidários ainda exibe o plano corporal radial, diploblástico e relativamente simples que existia nos primeiros membros do grupo, há cerca de 560 milhões de anos.

O plano corporal básico de um cnidário é um saco com um compartimento digestório central, a **cavidade gastrovascular**. Uma única abertura para essa cavidade funciona como boca e ânus. Há duas variações nesse plano corporal: o pólipo, em grande parte séssil, e a medusa, mais móvel **(Figura 33.4)**. Os **pólipos** são formas cilíndricas que se aderem ao substrato pela extremidade aboral do seu corpo (a extremidade oposta à boca) e estendem seus tentáculos, esperando por presas. Exemplos de formas de pólipo incluem as hidras e anêmonas-do-mar. Embora sejam essencialmente sedentários, muitos pólipos podem mover-se devagar em seu substrato usando músculos na extremidade aboral de seu corpo. Quando ameaçadas por um predador, algumas anêmonas-do-mar podem desprender-se do substrato e "nadar", curvando seu corpo para frente e para trás, ou agitando seus tentáculos. Uma **medusa** se parece com uma versão achatada do pólipo, com a boca para baixo. Ela se move livremente na água por uma combinação de deriva passiva e contrações de seu corpo em forma de sino. As medusas incluem as águas-vivas livres-natantes. Os tentáculos de uma água-viva pendem da superfície oral e apontam para baixo. Alguns cnidários existem apenas como pólipos ou apenas como medusas; outros têm tanto um estágio pólipo quanto um estágio medusa em seus ciclos de vida.

Muitas vezes, os cnidários são predadores que utilizam os tentáculos dispostos em anel em volta da boca para capturar presas e empurrar o alimento para dentro de sua cavidade gastrovascular, onde a digestão se inicia. Enzimas são secretadas dentro da cavidade, portanto, decompondo a presa em um caldo rico em nutrientes. As células que revestem essa cavidade, então, absorvem esses nutrientes e completam o processo digestório; quaisquer resíduos não digeridos são expelidos pela boca/ânus do cnidário. Os tentáculos são armados com baterias de **cnidócitos**, células exclusivas dos cnidários que atuam na defesa e na captura de presas. Cnidócitos contêm *cnidas* (do grego *cnide*, urtiga), organelas em forma de cápsula que são capazes de se projetar para fora e que dão o nome ao filo Cnidaria **(Figura 33.5)**. Cnidas especializadas chamadas de **nematocistos** contêm um filamento urticante que pode penetrar na parede do corpo das presas dos cnidários. Outros tipos de cnidas têm filamentos longos que se aderem a ou enredam pequenas presas que esbarram nos tentáculos dos cnidários.

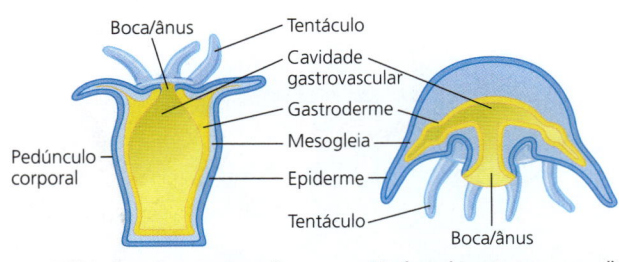

▲ **Figura 33.4 Formas de pólipo e medusa dos cnidários.** A parede do corpo de um cnidário tem duas camadas de células: uma camada externa de epiderme (azul-escuro; derivada da ectoderme) e uma camada interna de gastroderme (amarela; derivada da endoderme). A digestão começa na cavidade gastrovascular e é completada dentro de vacúolos digestivos nas células gastrodérmicas. Imprensada entre a epiderme e a gastroderme, está uma camada gelatinosa, a mesogleia.

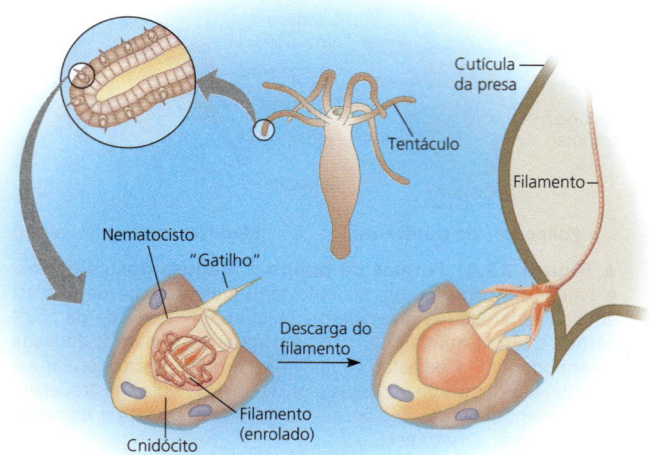

▲ **Figura 33.5 Um cnidócito de uma hidra.** Este tipo de cnidócito contém uma cápsula urticante, o nematocisto, que possui um filamento enrolado. Quando um "gatilho" é estimulado pelo contato e por certas substâncias químicas, o filamento dispara, perfurando e injetando veneno na presa.

são também hidrozoários incomuns, pelo fato de existirem somente na forma polipoide.

Diferente dos hidrozoários, a maioria dos cifozoários e cubozoários vive a maior parte de seus ciclos de vida no estágio de medusa. Cifozoários costeiros, por exemplo, muitas vezes têm um breve estágio polipoide durante seus ciclos de vida, ao passo que, naqueles que vivem no oceano aberto, em geral, falta completamente o estágio polipoide. Os cubozoários, como o seu nome sugere (que significa "animais em forma de cubo"), têm um estágio medusoide em forma de caixa. A maior parte dos cubozoários vive em oceanos tropicais e é equipada com cnidócitos altamente tóxicos. Por exemplo, a vespa-do-mar (*Chironex fleckeri*), um cubozoário que vive na costa do norte da Austrália, é um dos organismos mais mortais conhecidos: sua picada causa dor intensa e pode levar a colapso respiratório, parada cardíaca e morte em minutos.

Tecidos contráteis e nervos ocorrem em suas formas mais simples em cnidários. Células da epiderme (camada externa) e gastroderme (camada interna) possuem feixes de microfilamentos organizados em fibras contráteis. A cavidade gastrovascular atua como um esqueleto hidrostático (ver Conceito 50.6) contra o qual as células contráteis podem funcionar. Quando um cnidário fecha sua boca, o volume da cavidade é fixado e a contração de células selecionadas causa a mudança de forma do animal. Cnidários não possuem cérebro. Em vez de cérebro, os movimentos são coordenados por uma *rede nervosa* descentralizada que está associada a estruturas sensoriais distribuídas em volta do corpo. Assim, mesmo sem um cérebro, o animal pode detectar e responder a estímulos vindos de todas as direções.

A evidência fóssil e molecular sugere que, cedo em sua história evolutiva, o filo Cnidaria divergiu em dois clados principais, Medusozoa e Anthozoa **(Figura 33.6)**.

Medusozoários

Todos os cnidários que produzem uma medusa são membros do clado Medusozoa, grupo que inclui os *cifozoários* (águas-vivas) e *cubozoários* (cubomedusas) mostrados na Figura 33.6a, junto com os *hidrozoários*. A maioria dos hidrozoários alterna entre formas polipoides e medusoides, como visto no ciclo de vida de *Obelia* **(Figura 33.7)**. O estágio polipoide, uma colônia de pólipos interconectados no caso de *Obelia*, é mais conspícuo do que o de medusa. As hidras, entre os poucos cnidários encontrados em água doce,

(a) Medusozoários

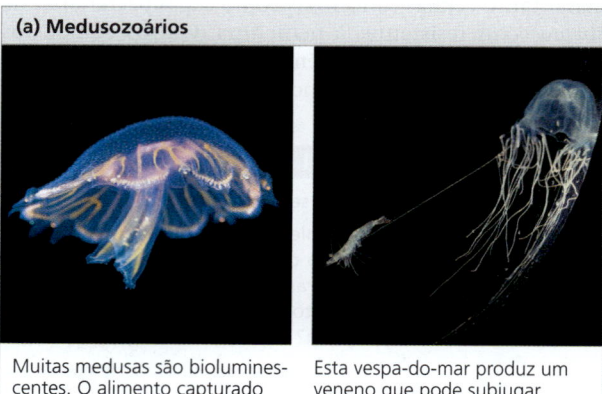

Muitas medusas são bioluminescentes. O alimento capturado pelos tentáculos com nematocistos é transferido a braços orais (que carecem de nematocistos) para o transporte até a boca.

Esta vespa-do-mar produz um veneno que pode subjugar peixes e outras presas grandes (como mostrado aqui). O veneno é mais potente do que a peçonha de serpentes.

(b) Antozoários

Anêmonas-do-mar e outros antozoários existem apenas como pólipos. Muitos antozoários formam relações simbióticas com algas fotossintetizantes.

Estes corais-estrela vivem como colônias de pólipos. Seus corpos moles são circundados na base por um rígido exoesqueleto.

▲ **Figura 33.6 Cnidários.**

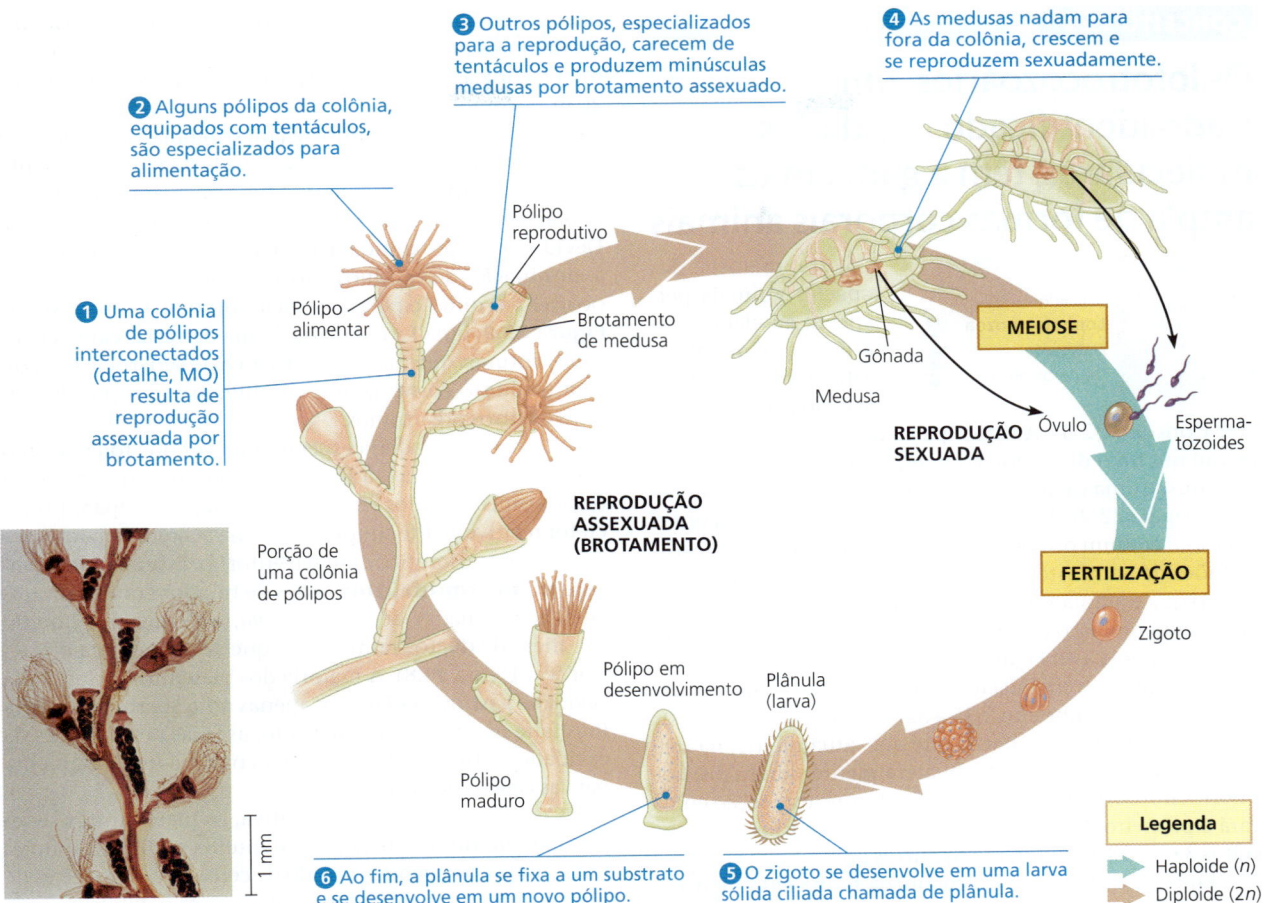

▲ **Figura 33.7** Ciclo de vida do hidrozoário *Obelia*. O pólipo é assexuado e a medusa é sexuada, liberando óvulos e espermatozoides. Estes dois estágios se alternam, um produzindo o outro.

FAÇA CONEXÕES *Compare o ciclo de vida de* Obelia *aos ciclos de vida da Figura 13.6. Qual ciclo de vida naquela figura é mais similar a este de* Obelia? *Explique sua resposta (ver também Figura 29.5).*

Antozoários

Anêmonas-do-mar e corais pertencem ao clado Anthozoa (ver Figura 33.6b). Estes cnidários ocorrem apenas como pólipos. Os corais vivem como formas solitárias ou coloniais, geralmente formando simbioses com algas. Muitas espécies secretam um **exoesqueleto** (esqueleto externo) rígido de carbonato de cálcio. Cada geração de pólipos é formada sobre os restos de esqueletos de gerações anteriores, construindo recifes semelhantes a rochas com formas características de sua espécie. Esses esqueletos são o que geralmente chamamos de coral.

Os recifes de coral são para os mares tropicais o que as florestas pluviais são para as áreas terrestres tropicais: proporcionam hábitat para muitas outras espécies. Infelizmente, esses recifes estão sendo destruídos a uma taxa alarmante. Poluição, exploração excessiva e acidificação dos oceanos (ver Figura 3.12) são as principais ameaças. As mudanças climáticas estão também contribuindo para sua morte pelo aumento das temperaturas da água do mar acima da faixa na qual os corais se desenvolvem (ver Conceito 56.4).

REVISÃO DO CONCEITO 33.2

1. Compare as formas polipoides e medusoides de cnidários.
2. **HABILIDADES VISUAIS** Use o diagrama do ciclo de vida cnidário na Figura 33.7 para determinar a ploidia de um pólipo alimentar e de uma medusa.
3. **FAÇA CONEXÕES** Muitos novos planos corporais animais surgiram durante e após a explosão do Cambriano. Por outro lado, os cnidários atuais retêm o mesmo plano corporal diploblástico radial encontrado em cnidários de 560 milhões de anos atrás. Os cnidários são, portanto, menos bem-sucedidos ou menos "evoluídos" do que outros grupos animais? Explique sua resposta (ver Conceitos 25.3 e 25.6).

Ver as respostas sugeridas no Apêndice A.

CONCEITO 33.3

Os lofotrocozoários, um clado identificado por dados moleculares, têm a gama mais ampla de formas corporais animais

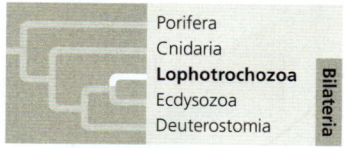

A vasta maioria das espécies animais pertencem ao clado Bilateria, cujos membros exibem simetria bilateral e são triploblásticos (ver Conceito 32.3). A maior parte dos bilatérios também possui um trato digestório com duas aberturas (uma boca e um ânus) e uma cavidade corporal (um celoma ou hemocele; ver Figura 32.9). Análises recentes de DNA sugerem que o ancestral comum dos bilatérios atuais viveu há cerca de 670 milhões de anos. Até o presente, entretanto, o fóssil mais antigo que é amplamente aceito como bilatério é o de *Kimberella*, um molusco (ou parente próximo) que viveu há 560 milhões de anos (ver Figura 32.5b). Muitos outros grupos de bilatérios apareceram inicialmente no registro fóssil durante a explosão do Cambriano (535 a 525 milhões de anos atrás).

A evidência molecular sugere que, atualmente, há três clados principais de animais bilateralmente simétricos: Lophotrochozoa, Ecdysozoa e Deuterostomia. Esta seção enfocará o primeiro desses clados, os lofotrocozoários. Os Conceitos 33.4 e 33.5 explorarão os outros dois.

Embora o clado Lophotrochozoa tenha sido identificado por dados moleculares, seu nome provém de características encontradas em alguns de seus membros. Alguns lofotrocozoários desenvolvem uma estrutura chamada de *lofóforo*, uma coroa de tentáculos ciliados que atua na alimentação, enquanto outros passam por um estágio característico chamado de *larva trocófora* (ver Figura 32.12). Outros membros do grupo não têm nenhuma dessas características. Outras poucas características morfológicas exclusivas são compartilhadas dentro do grupo – na verdade, os lofotrocozoários são o clado bilatério mais diverso em termos de plano corporal. Essa diversidade na forma é refletida no número de filos classificados no grupo: Lophotrochozoa inclui 18 filos, mais do que o dobro do número em qualquer outro clado de bilatérios.

Nós iremos introduzir agora seis dos diversos filos lofotrocozoários: platelmintos (vermes planos), rotíferos e acantocéfalos, ectoproctos, braquiópodos, moluscos e anelídeos.

Platelmintos

Os platelmintos (filo Platyhelminthes) vivem em hábitats marinhos, de água doce e terrestres úmidos. Além das espécies de vida livre, os platelmintos incluem muitas espécies parasitas, como trematódeos e solitárias. Os platelmintos são assim denominados por terem corpos delgados que são achatados dorsoventralmente (entre as superfícies dorsal e ventral); a palavra *platyhelminthe* significa "verme plano" (observe que *verme* não é um nome científico, ele é utilizado para se referir a animais com corpos longos e delgados). Os menores platelmintos são espécies de vida livre, quase microscópicas, enquanto algumas solitárias têm mais de 20 m de comprimento.

Embora os platelmintos sejam triploblásticos, eles não possuem uma cavidade corporal. Sua forma plana aumenta sua área de superfície, situando todas as suas células próximas à água, no ambiente circundante ou em seu intestino. Devido a essa proximidade com a água, as trocas gasosas e a eliminação de resíduos nitrogenados (amônia) podem ocorrer por difusão pela superfície corporal. Como visto na **Figura 33.8**, uma forma plana é uma de várias características estruturais que maximizam a área de superfície e surgiu (por evolução convergente) em diferentes grupos de animais e outros organismos.

Como você poderia esperar, uma vez que todas as suas células estão próximas à água, os platelmintos não possuem órgãos especializados para troca gasosa, e seu aparelho excretor relativamente simples funciona sobretudo para manter o balanço osmótico com seu entorno. Esse aparelho consiste em **protonefrídios**, redes de túbulos com estruturas ciliadas chamadas de *bulbos-flama*, que sugam o líquido por meio de ductos ramificados que se abrem para o exterior (ver Figura 44.8). A maioria dos platelmintos tem uma cavidade gastrovascular com apenas uma abertura. Embora lhes falte um sistema circulatório, as finas ramificações da cavidade gastrovascular distribuem o alimento diretamente para as células do animal.

Cedo em sua história evolutiva, os platelmintos se separaram em duas linhagens, Catenulida e Rhabditophora. Catenulida é um pequeno clado de cerca de cem espécies de platelmintos, a maioria dos quais vive em hábitats de água doce. Em geral, os catenulídeos se reproduzem assexuadamente, por brotamento, em sua extremidade posterior. Muitas vezes, os descendentes produzem suas próprias brotações antes de se destacarem de seu progenitor, formando, assim, uma cadeia de dois a quatro indivíduos geneticamente idênticos – daí a sua denominação informal: "vermes em cadeia."

A outra linhagem antiga de platelmintos, Rhabditophora, é um clado diverso de cerca de 20 mil espécies marinhas e de água doce, um exemplo das quais é mostrado na Figura 33.8. Exploraremos os rabditóforos em mais detalhes, com foco nos membros de vida livre e parasitos desse clado.

Espécies de vida livre

Os rabditóforos de vida livre são importantes como predadores e necrófagos, em uma gama de hábitats de água doce e salgada. Os membros mais bem conhecidos deste grupo são espécies de água doce do gênero *Dugesia*, comumente chamadas de **planárias**. Abundantes em lagos e riachos não poluídos, as planárias predam pequenos animais ou se alimentam de animais mortos. Elas se movem usando cílios em sua superfície ventral, deslizando sobre uma película de muco que secretam. Alguns outros rabditóforos também utilizam seus músculos para nadar na água com movimento ondulatório.

A cabeça de uma planária apresenta um par de ocelos sensíveis à luz, bem como abas laterais que funcionam principalmente na detecção de substâncias químicas específicas. O sistema nervoso das planárias é mais complexo e

▼ Figura 33.8

FAÇA CONEXÕES

Maximizando a área de superfície

Em geral, a intensidade de atividade metabólica ou química que um organismo pode realizar é proporcional a sua massa ou volume. Maximizar a taxa metabólica, entretanto, requer a absorção eficiente de energia e de matérias-primas, como nutrientes e oxigênio, bem como a disposição efetiva dos produtos residuais. Para células grandes, plantas e animais, esses processos de troca têm o potencial de serem limitados em função da simples geometria. Quando uma célula ou organismo cresce sem alterar sua forma, seu volume cresce mais rapidamente do que sua área de superfície (ver Figura 6.7). Como resultado, há proporcionalmente menos área de superfície disponível para sustentar a atividade química. O desafio apresentado pela relação entre a área de superfície e o volume ocorre em diversos contextos e organismos, mas as adaptações evolutivas que satisfazem esse desafio são similares. Estruturas que maximizam a área de superfície por meio de achatamento, dobramento, ramificação e projeções têm um papel essencial nos sistemas biológicos.

Estes diagramas comparam as áreas de superfície (AS) para duas formas diferentes com o mesmo volume (V). Observe qual forma tem a maior área de superfície.

AS: $6 (3 \text{ cm} \times 3 \text{ cm}) = 54 \text{ cm}^2$
V: $3 \text{ cm} \times 3 \text{ cm} \times 3 \text{ cm} = 27 \text{ cm}^3$

AS: $2 (3 \text{ cm} \times 1 \text{ cm}) + 2 (9 \text{ cm} \times 1 \text{ cm}) + 2 (3 \text{ cm} \times 9 \text{ cm}) = 78 \text{ cm}^2$
V: $1 \text{ cm} \times 3 \text{ cm} \times 9 \text{ cm} = 27 \text{ cm}^3$

Ramificação

A absorção de água depende da difusão passiva. Os filamentos altamente ramificados de um micélio fúngico aumentam a área de superfície pela qual a água e os minerais podem ser absorvidos do ambiente. (Ver Figura 31.2.)

Dobramento

Esta MET mostra porções de dois cloroplastos de uma folha de planta. A fotossíntese ocorre em cloroplastos, os quais têm um conjunto de membranas internas achatadas e interconectadas chamadas de membranas tilacoides. Os dobramentos das membranas tilacoides aumentam sua área de superfície, aumentando a exposição à luz e, portanto, aumentando a taxa de fotossíntese.
(Ver Figura 10.4.)

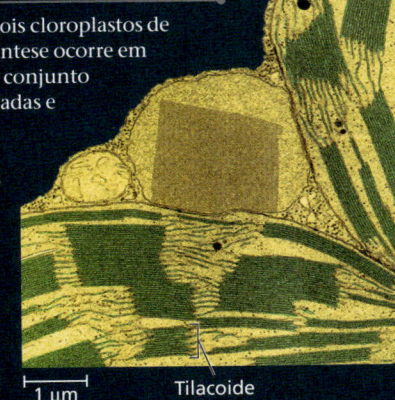

1 μm — Tilacoide

Achatamento

Por ter um corpo com apenas poucas células de espessura, um organismo, como este verme plano, pode usar toda sua superfície corporal para trocas.
(Ver Figura 40.3.)

Projeções

Em vertebrados, o intestino é revestido com projeções digitiformes chamadas de vilosidades, que absorvem nutrientes liberados pela digestão dos alimentos. Cada uma das vilosidades mostradas aqui é coberta com muitas projeções microscópicas chamadas de microvilosidades, resultando em uma área de superfície total de cerca de 300 m^2 em humanos, tão grande quanto uma quadra de tênis.
(Ver Figura 41.12.)

FAÇA CONEXÕES

Encontre outros exemplos de achatamento, dobramento, ramificação e projeções (ver Capítulos 6, 9, 35 e 42). Como a maximização da área de superfície é importante para o funcionamento da estrutura em cada exemplo?

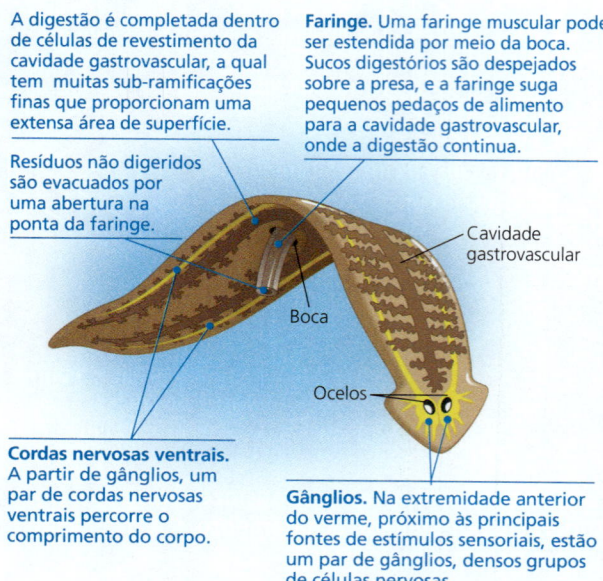

▲ **Figura 33.9** Anatomia de uma planária.

centralizado do que as redes nervosas de cnidários **(Figura 33.9)**. Experimentos mostraram que as planárias podem aprender a modificar suas respostas aos estímulos.

Algumas planárias podem se reproduzir assexuadamente por fissão. O indivíduo progenitor sofre constrição mais ou menos no meio de seu corpo, separando a cabeça e a extremidade da cauda; cada extremidade, então, regenera a parte faltante. A reprodução sexuada também ocorre. As planárias são hermafroditas, e os parceiros em cópula geralmente fertilizam um ao outro (fertilização cruzada).

Espécies parasitas

Mais da metade das espécies conhecidas de rabditóforos vive como parasitos sobre ou dentro de outros animais. Muitos têm ventosas que se prendem aos órgãos internos ou superfícies externas dos animais hospedeiros. Na maioria das espécies, uma cobertura resistente ajuda a proteger os parasitos dentro de seus hospedeiros. Discutiremos dois subgrupos de rabditóforos parasitos de importância ecológica e econômica: os trematódeos e as solitárias.

Trematódeos Como um grupo, os trematódeos parasitam uma gama de hospedeiros, e a maioria das espécies possui ciclos de vida complexos com alternância de estágios sexuados e assexuados. Muitos trematódeos requerem um hospedeiro intermediário, no qual a larva se desenvolve antes de infectar o hospedeiro definitivo (geralmente um vertebrado), em que o verme adulto vive. Por exemplo, vários trematódeos que parasitam seres humanos passam parte de suas vidas em caramujos hospedeiros **(Figura 33.10)**. Ao redor do mundo, cerca de 200 milhões de pessoas estão infectadas com o trematódeo denominado esquistossomo (*Schistosoma*) e sofrem de esquistossomose, doença cujos sintomas incluem dor, anemia e diarreia.

Viver dentro de mais de um tipo de hospedeiro obriga os trematódeos a vivenciarem situações que os animais de

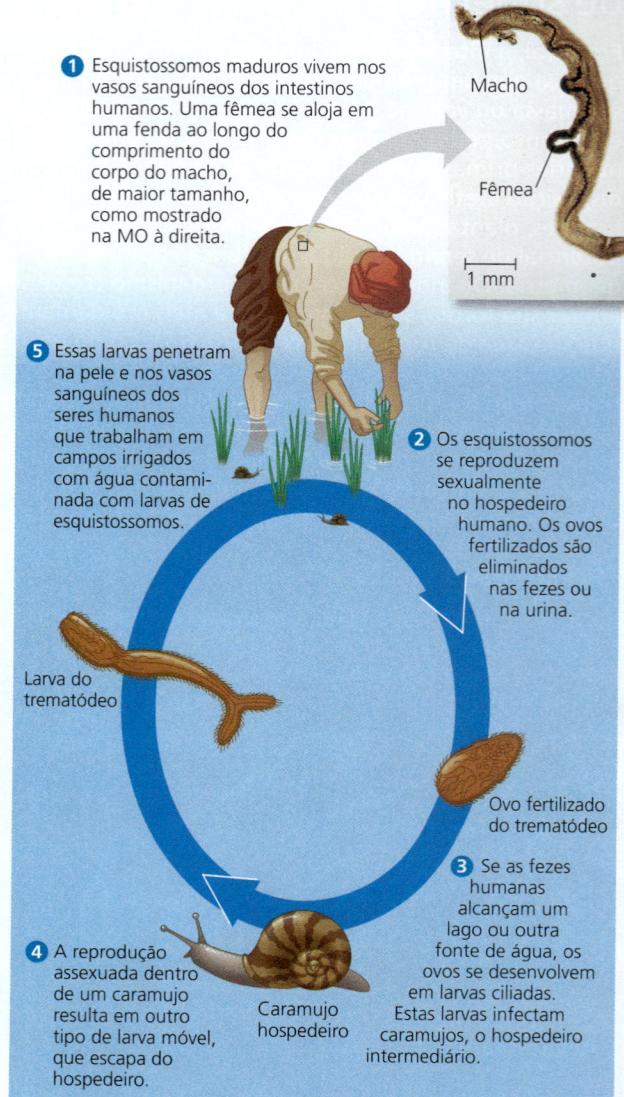

▲ **Figura 33.10** Ciclo de vida do trematódeo *Schistosoma mansoni*.

E SE? *Caramujos comem algas, cujo crescimento é estimulado pelos nutrientes encontrados em fertilizantes. Como a contaminação da água de irrigação com fertilizantes provavelmente afetaria a ocorrência da esquistossomose? Explique sua resposta.*

vida livre não enfrentam. Um esquistossomo, por exemplo, deve evitar os sistemas imunes tanto dos caramujos como dos seres humanos. Pela imitação das proteínas de superfície de seus hospedeiros, o trematódeo do sangue cria para si próprio uma camuflagem imunológica parcial. Ele também libera moléculas que manipulam o sistema imune dos hospedeiros para tolerar a existência do parasito. Essas defesas são tão eficientes que indivíduos de esquistossomo podem sobreviver em humanos por mais de 40 anos.

Tênias As tênias (solitárias) são um segundo grupo, grande e diverso, de rabditóforos parasitos **(Figura 33.11)**.

Os adultos vivem principalmente dentro de vertebrados, incluindo humanos. Em muitas tênias, a parte anterior, ou *escólex*, é guarnecida com ventosas e muitas vezes com ganchos, que o verme utiliza para prender a si próprio no revestimento intestinal de seu hospedeiro. As tênias não têm boca nem cavidade gastrovascular; elas simplesmente absorvem os nutrientes liberados pela digestão do intestino do hospedeiro. A absorção ocorre pela superfície corporal da tênia.

Posteriormente ao escólex, localiza-se uma longa fita de unidades chamadas de *proglótides*, que são pouco mais do que sacos de órgãos sexuais. Após a reprodução sexuada, as proglótides, carregadas com milhares de ovos fertilizados, são liberadas da porção posterior de uma tênia e deixam o corpo do hospedeiro nas fezes. Em um tipo de ciclo de vida, as fezes contendo os ovos contaminam o alimento ou a água do hospedeiro intermediário, como porcos ou bovinos, e os ovos da tênia se transformam em larvas que se encistam nos músculos desses animais. Um ser humano adquire as larvas ao comer carne malcozida contendo os cistos, e os vermes crescem e se tornam adultos maduros dentro do ser humano. Tênias enormes podem bloquear os intestinos e privar de nutrientes o hospedeiro humano, a ponto de causar deficiências nutricionais. Vários medicamentos orais diferentes podem matar os vermes adultos.

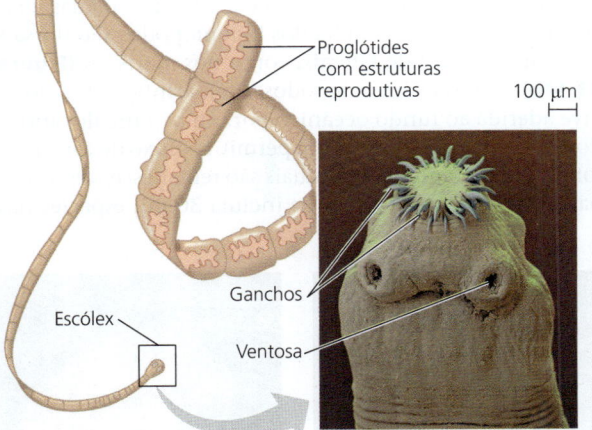

▲ **Figura 33.11 Anatomia de uma tênia.** A foto no quadro menor mostra uma imagem ampliada do escólex (MEV colorida).

Rotíferos e acantocéfalos

Análises filogenéticas recentes mostraram que dois filos tradicionais, os rotíferos (antigo filo Rotifera) e os acantocéfalos (antigo filo Acanthocephala) deveriam ser reunidos em um único filo, Syndermata. Cada um desses dois grupos possui características distintivas.

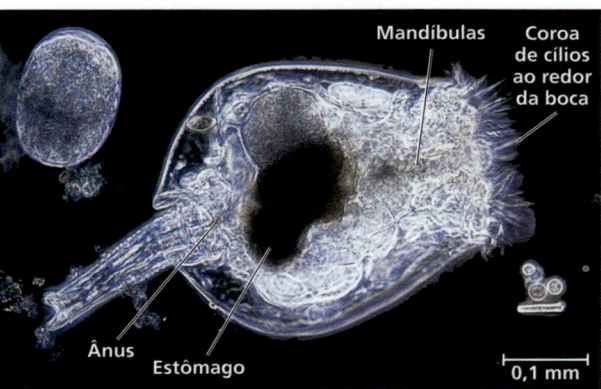

▲ **Figura 33.12 Um rotífero.** Embora menores do que muitos protistas unicelulares, os rotíferos são multicelulares e possuem sistemas de órgãos especializados (MO).

Rotíferos

Há cerca de 1.800 espécies de rotíferos, animais diminutos que habitam água doce, marinha e solos úmidos. Variando em tamanho desde cerca de 50 μm até 2 mm, os rotíferos são menores do que muitos protistas, mas, apesar disso, são multicelulares e possuem sistemas de órgãos especializados **(Figura 33.12)**. Em comparação com os cnidários e os platelmintos, que possuem cavidade gastrovascular, os rotíferos têm **canal alimentar**, um tubo digestório com duas aberturas, boca e ânus. Os órgãos internos ficam dentro da *hemocele* (ver Figura 32.9b). O líquido no interior da hemocele atua como um esqueleto hidrostático. O movimento corporal do rotífero distribui o líquido por todo o corpo, circulando os nutrientes.

A palavra *rotífero* deriva-se do latim e significa "portador de rodas", uma referência à coroa de cílios que cria um vórtice de água em direção à boca. Posterior à boca, os rotíferos têm mandíbulas chamadas de trofos, que trituram o alimento, principalmente microrganismos suspensos na água. A digestão é, então, completada adiante, ao longo do canal alimentar. A maioria dos outros bilatérios também tem canal alimentar, o qual permite a digestão gradual de uma ampla gama de partículas alimentares.

Os rotíferos apresentam algumas formas incomuns de reprodução. Algumas espécies consistem apenas em fêmeas que produzem mais fêmeas a partir de ovos não fertilizados, um tipo de reprodução chamada de **partenogênese**. Alguns outros invertebrados (p. ex., afídeos e algumas abelhas) e mesmo alguns vertebrados (p. ex., alguns lagartos e peixes) também podem se reproduzir desse modo. Além de serem capazes de produzir fêmeas por partenogênese, alguns rotíferos podem também se reproduzir sexuadamente sob certas condições, como altos níveis de densidade populacional. Os embriões resultantes podem permanecer dormentes por anos. Uma vez que quebrem a dormência, os embriões se desenvolvem em outra geração de fêmeas que se reproduzem assexuadamente.

É intrigante que muitas espécies de rotíferos persistam sem machos. A vasta maioria dos animais e plantas se reproduz sexuadamente ao menos durante algum período, e a reprodução sexuada tem certas vantagens sobre a reprodução assexuada (ver Conceito 46.1). Por exemplo, as espécies que se reproduzem assexuadamente tendem a acumular mutações nocivas em seus genomas mais rápido do que as espécies que se reproduzam sexuadamente. Como resultado, espécies assexuadas deveriam sofrer altas taxas de extinção.

Procurando compreender como elas persistem sem machos, pesquisadores têm estudado um clado de rotíferos assexuados chamados de Bdelloidea. Cerca de 360 espécies de rotíferos bdeloides são conhecidas, e todas elas se reproduzem por partenogênese sem nenhum macho. Paleontólogos descobriram rotíferos bdeloides preservados em âmbar com 35 milhões de anos, e a morfologia desses fósseis se parece apenas com as formas femininas, sem evidência de machos. Análises de relógio molecular indicam que bdeloides têm sido assexuados por mais de 50 milhões de anos. Enquanto aparentemente eles não se reproduzam sexuadamente, rotíferos bdeloides podem ser capazes de gerar diversidade genética de outras maneiras. Por exemplo, bdeloides podem tolerar níveis muito altos de dessecação. Quando as condições melhoram e suas células reidratam, o DNA de outra espécie entra em suas células através de falhas na membrana plasmática. A evidência recente sugere que esse DNA exógeno possa ser incorporado no genoma do bdeloide, levando a um aumento na sua diversidade genética.

Acantocéfalos

Acantocéfalos (1.100 espécies) são parasitos de vertebrados, normalmente com menos de 20 cm de comprimento, com reprodução sexuada e sem um trato digestório completo. Eles são chamados popularmente de vermes-de-cabeça-espinhosa, devido aos ganchos curvos sobre a probóscide, na extremidade anterior de seu corpo **(Figura 33.13)**. Acantocéfalos são triploblásticos e, como os rotíferos, possuem uma hemocele. Estudos recentes mostraram que os acantocéfalos se originaram de um grupo conhecido tradicionalmente como Rotifera. Mais precisamente, rotíferos do gênero *Seison* compartilham um ancestral comum mais recente com acantocéfalos do que com outros rotíferos, fazendo dos acantocéfalos um grupo de "rotíferos" altamente modificados.

Todos os acantocéfalos são parasitos com ciclos de vida complexos, envolvendo dois ou mais hospedeiros. Algumas espécies manipulam o comportamento de seus hospedeiros intermediários (geralmente artrópodes) de modo a aumentar suas chances de alcançarem seus hospedeiros definitivos (geralmente vertebrados). Por exemplo, acantocéfalos que infectam caranguejos de lama na Nova Zelândia fazem com que seus hospedeiros se movam para áreas mais visíveis na praia, onde os caranguejos são mais facilmente ingeridos por aves, os hospedeiros finais dos vermes.

Ectoproctos e braquiópodos

Os bilatérios nos filos Ectoprocta e Brachipoda possuem um *lofóforo*, uma coroa de tentáculos ciliados ao redor da boca (ver Figura 32.12a). À medida que os cílios sugam a água em direção à boca, os tentáculos capturam partículas de alimento suspensas. Outras semelhanças, como canal alimentar em forma de U e ausência de cabeça distinta, refletem a existência séssil desses organismos. Em contraste com platelmintos, que não possuem uma cavidade corporal, e com rotíferos, que têm uma hemocele, ectoproctos e braquiópodos possuem um celoma (ver Figura 32.9a).

Ectoproctos (do grego *ecto*, fora, e *procta*, ânus) são animais coloniais que se parecem superficialmente com tufos de musgos (na verdade, seu nome comum, briozoários, significa "animais musgos"). Na maioria das espécies, a colônia é envolvida em um rígido exoesqueleto coberto com poros, pelos quais os lofóforos se estendem **(Figura 33.14a)**. A maioria das espécies de ectoproctos vive no mar, onde estão entre os animais sésseis mais numerosos e amplamente distribuídos. Várias espécies são importantes construtoras de recifes. Os ectoproctos também vivem em lagos e rios. Colônias de ectoproctos de água doce *Pectinatella magnifica* crescem sobre galhos ou rochas submersos e podem desenvolver-se dentro de uma massa gelatinosa de forma arredondada com mais de 10 cm de diâmetro.

Braquiópodos se assemelham superficialmente a mariscos e outros moluscos com conchas articuladas, mas as duas metades da concha dos braquiópodos são dorsais e ventrais em vez de laterais, como nos mariscos **(Figura 33.14b)**. Todos os braquiópodos são marinhos. A maioria vive aderida ao fundo oceânico por um pedúnculo, abrindo levemente sua concha para permitir o fluxo de água pelo lofóforo. Os braquiópodos atuais são remanescentes de um passado muito mais rico, que incluía 30 mil espécies nas

◄ **Figura 33.13** *Paratenuisentis ambiguus*, um **acantocéfalo**. A fotografia no quadro menor mostra os ganchos curvados que dão o nome aos vermes-de-cabeça-espinhosa.

(a) Ectoproctos, como este briozoário rastejante (*Plumatella repens*), são lofoforados coloniais.

(b) Braquiópodes, como *Terebratulina retusa*, têm concha articulada. As duas partes da concha são dorsais e ventrais.

▲ **Figura 33.14** Ectoproctos e braquiópodes.

eras Paleozoica e Mesozoica. Alguns braquiópodos, como os do gênero *Lingula*, têm aparência quase idêntica à das espécies fósseis que viveram há 400 milhões de anos.

Moluscos

Caracóis e lesmas, ostras e mariscos, e polvos e lulas são todos moluscos (filo Mollusca). Esse filo apresenta mais de 100.000 espécies conhecidas e consiste no segundo filo animal mais diverso (depois dos artrópodes, discutidos adiante). Embora a maioria dos moluscos seja marinha, cerca de 8.000 espécies habitam águas doces, e 28 mil espécies de caracóis e lesmas vivem em ambiente terrestre. Todos os moluscos têm corpos moles, e a maioria secreta uma concha protetora dura, feita de carbonato de cálcio. Lesmas, lulas e polvos apresentam uma concha interna reduzida, ou a perderam completamente durante sua evolução.

Apesar de suas aparentes diferenças, todos os moluscos têm um plano corporal similar **(Figura 33.15)**. A principal cavidade do corpo é uma hemocele, mas eles também possuem um celoma reduzido. O corpo de um molusco possui três partes principais: um **pé** muscular, geralmente usado para o movimento; uma **massa visceral** contendo a maioria dos órgãos internos; e um **manto**, uma dobra de tecido que cobre a massa visceral e excreta uma concha (se presente). Em muitos moluscos, o manto se estende além da massa visceral, produzindo uma câmara preenchida de água, a **cavidade do manto**, que abriga as brânquias, o ânus e os poros excretores. Muitos moluscos se alimentam usando um órgão em forma de fita denteada, chamado de **rádula**, para raspar o alimento.

A maioria dos moluscos tem sexos separados, e suas gônadas (ovários ou testículos) são localizadas na massa visceral. Muitos caracóis, entretanto, são hermafroditas. O ciclo de vida de muitos moluscos marinhos inclui um estágio larval ciliado, a trocófora (ver Figura 32.12b), que é característica também dos anelídeos marinhos (vermes segmentados) e de alguns outros lofotrocozoários.

O plano corporal básico dos moluscos evoluiu de várias maneiras nos oito principais clados do filo. Examinaremos quatro desses clados aqui: Polyplacophora (quítons), Gastropoda (caracóis e lesmas), Bivalvia (mariscos, ostras e outros bivalves) e Cephalopoda (lulas, polvos, sépias e náutilos). Em seguida, vamos enfocar as ameaças enfrentadas por alguns grupos de moluscos.

Quítons

Os quítons têm corpo ovalado e concha composta de oito placas dorsais **(Figura 33.16)**. O corpo propriamente dito do quíton, entretanto, não é segmentado. Você pode encontrar esses animais marinhos aderidos às rochas ao longo da praia durante a maré baixa. Se você tentar desalojar um quíton com a mão, você se surpreenderá com quão bem o pé dele, agindo como ventosa, se prende à rocha. Um quíton pode também usar o pé para se arrastar lentamente sobre a superfície da rocha. Os quítons usam as rádulas para raspar algas do substrato rochoso.

▲ **Figura 33.16** **Um quíton.** Observe a concha de oito placas, característica dos moluscos no clado Polyplacophora.

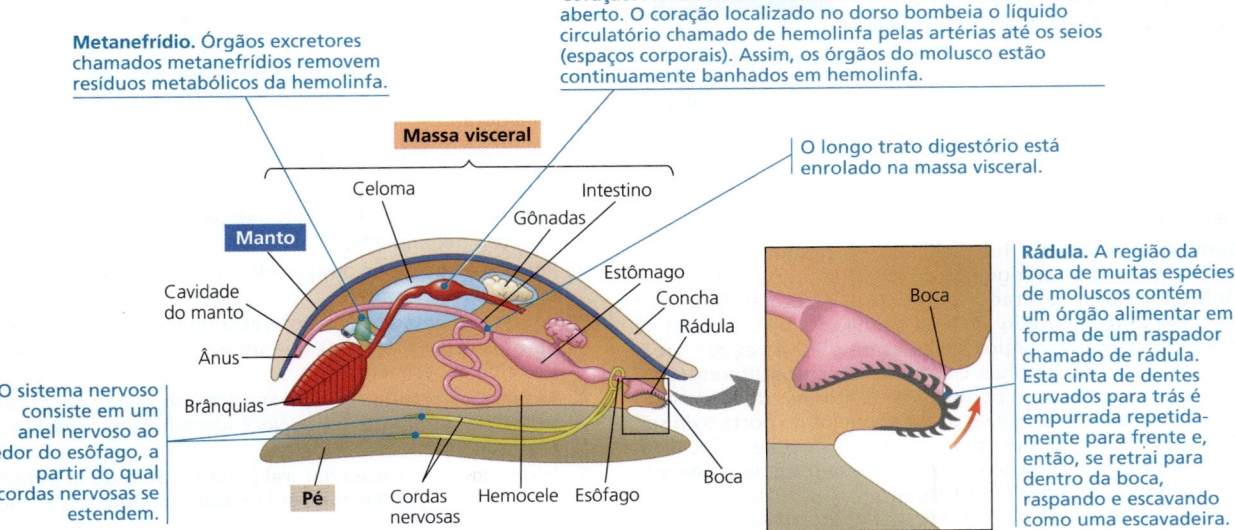

▲ **Figura 33.15** Plano corporal básico de um molusco.

Gastrópodes

Cerca de três quartos de todas as espécies atuais de moluscos são gastrópodes **(Figura 33.17)**. A maior parte dos gastrópodes é marinha, mas há também espécies de água doce. Outros gastrópodes ainda estão adaptados à vida no ambiente terrestre, onde caracóis e lesmas prosperam em hábitats que variam desde desertos até florestas úmidas.

Os gastrópodes literalmente se movem a passos de lesma, por um movimento ondulado do pé ou por meio de cílios – um processo lento que pode deixá-los vulneráveis à predação. A maioria dos gastrópodes possui uma única concha espiralada, dentro da qual o animal pode se retrair quando ameaçado. A concha, que é secretada por glândulas na borda do manto, tem várias funções, incluindo proteger as partes moles do corpo do animal de ferimentos e desidratação. Um de seus papéis mais importantes é a defesa contra predadores, como é demonstrado pela comparação de populações com diferentes histórias de predação (ver o **Exercício de habilidades científicas**). Os gastrópodes utilizam

(a) **Um caracol terrestre**

▶ **Figura 33.17 Gastrópodes.** As muitas espécies de gastrópodes colonizaram ambientes terrestres e aquáticos.

(b) **Uma lesma-do-mar.** Os nudibrâquios, ou lesmas-do-mar, perderam suas conchas durante sua evolução.

sua rádula para pastar plantas ou algas enquanto se movem lentamente sobre elas. Vários grupos, entretanto, são predadores, e sua rádula se tornou modificada para perfurar orifícios nas conchas de outros moluscos ou para partir a presa em pedaços. Nos conídeos, os dentes da rádula atuam como dardos envenenados, que são usados para subjugar a presa.

Exercício de habilidades científicas

Interpretação de dados em um delineamento experimental

Há evidência de seleção para adaptações defensivas em populações de moluscos expostas a predadores? O registro fóssil mostra que, historicamente, um maior risco de predação para espécies que são presas é geralmente acompanhado pelo aumento na incidência e na expressão de suas defesas. Os pesquisadores testaram se populações de caranguejo-verde (*Carcinus maenas*), um predador europeu, exerceram pressão seletiva similar sobre sua presa, o gastrópode litorina-plana (*Littorina obtusata*). As litorinas dos locais ao sul do Golfo do Maine sofreram predação pelo caranguejo-verde europeu por mais de 100 gerações, cerca de uma geração por ano. As litorinas dos locais ao norte do Golfo interagiram com os caranguejos-verdes invasores por relativamente poucas gerações, uma vez que os caranguejos invasores se propagaram para o norte do Golfo há relativamente pouco tempo.

Pesquisas anteriores mostraram que (1) conchas de litorina coletadas recentemente no Golfo são mais espessas do que as coletadas no final

▲ **Uma litorina**

dos anos 1800 e (2) populações de litorina de locais ao sul possuem conchas mais espessas do que as populações do norte. Neste exercício, você irá interpretar o delineamento e os resultados do experimento dos pesquisadores que estudaram as taxas de predação de litorinas por caranguejos-verdes europeus de populações do norte e do sul.

Como o experimento foi realizado Os pesquisadores coletaram litorinas e caranguejos de locais ao norte e ao sul do Golfo do Maine, separados por 450 km de litoral. Um único caranguejo foi colocado em uma gaiola com oito litorinas de diferentes tamanhos. Após 3 dias, os pesquisadores avaliaram o destino das oito litorinas. Quatro tratamentos diferentes foram estabelecidos, com populações de litorinas do norte e do sul oferecidas às populações de caranguejos do norte e do sul. Todos os caranguejos eram de tamanhos similares e incluíam números iguais de machos e fêmeas. Cada tratamento experimental foi testado de 12 a 14 vezes.

Em uma segunda parte do experimento, os corpos das litorinas das populações do norte e do sul foram removidos de suas conchas e apresentados aos caranguejos das populações do norte e do sul.

Dados do experimento

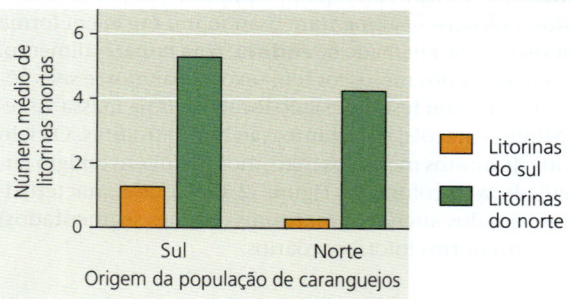

Dados de R. Rochette et al., Interaction between an invasive decapod and a native gastropod: Predator foraging tactics and prey architectural defenses, *Marine Ecology Progress Series* 330:179–188 (2007).

Quando os pesquisadores ofereceram aos caranguejos as litorinas sem conchas, todas elas foram consumidas em menos de uma hora.

INTERPRETE OS DADOS

1. Que hipóteses os pesquisadores estavam testando neste estudo? Quais são as variáveis independentes? Quais são as variáveis dependentes?
2. Por que a equipe de pesquisadores estabeleceu quatro tratamentos diferentes?
3. Por que os pesquisadores ofereceram litorinas sem concha para os caranguejos? O que indicam os resultados dessa parte do experimento?
4. Resuma os resultados do experimento. Esses resultados sustentam as hipóteses que você identificou na questão 1? Explique.
5. Sugira como a seleção natural pode ter afetado as populações de litorinas planas no sul do Golfo do Maine ao longo dos últimos 100 anos.

Muitos gastrópodes têm uma cabeça com olhos na ponta de tentáculos. Os caracóis terrestres carecem de brânquias, típicas da maioria dos gastrópodes aquáticos. Em vez disso, o revestimento de sua cavidade do manto funciona como pulmão, trocando gases com o ar.

Bivalves

Os moluscos do clado Bivalvia são todos aquáticos e incluem muitas espécies de mariscos, ostras, mexilhões e vieiras. Os bivalves têm uma concha dividida em duas metades **(Figura 33.18)**. As metades são articuladas, e potentes músculos adutores as mantêm firmemente unidas para proteger o corpo mole do animal. Os bivalves não têm cabeça distinta, e a rádula foi perdida. Alguns bivalves possuem olhos e tentáculos sensoriais ao longo da borda externa do manto.

As brânquias de bivalves são usadas para alimentação e também para troca gasosa na maioria das espécies **(Figura 33.9)**. A maioria dos bivalves consome alimento em suspensão. Eles capturam pequenas partículas de alimento no muco que reveste suas brânquias, os cílios, então, conduzem essas partículas para a boca. A água penetra na cavidade do manto por meio de um sifão inalante, passa sobre as brânquias e, então, deixa a cavidade do manto por um sifão exalante.

A maior parte dos bivalves leva uma vida sedentária, uma característica adequada ao consumo de partículas em suspensão. Os mexilhões secretam fios resistentes que os prendem a rochas, ancoradouros, barcos e conchas de outros animais. Entretanto, os mariscos podem se enterrar na areia ou lodo usando seu pé muscular como âncora, e as vieiras podem deslizar ao longo do fundo do mar batendo suas conchas, em um abre e fecha contínuo.

Cefalópodes

Cefalópodes são predadores marinhos ativos **(Figura 33.20)**. Eles usam seus tentáculos para agarrar presas, as quais mordem com mandíbulas semelhantes a um bico e imobilizam com um veneno presente em sua saliva. O pé de um cefalópode modificou-se na forma de um sifão muscular exalante e parte dos tentáculos. As lulas arremessam-se repentinamente pela sucção de água na cavidade de seu manto e, depois, disparam um jato de água pelo sifão exalante; elas dirigem o movimento apontando o sifão em diferentes direções. Os polvos empregam um mecanismo semelhante para escapar de predadores.

O manto cobre a massa visceral dos cefalópodes, mas a concha, em geral, é reduzida e interna (na maioria das espécies) ou ausente (em alguns polvos e sépias). Um pequeno grupo de cefalópodes com conchas externas com câmaras, os náutilos, ainda existe atualmente.

▲ **Figura 33.18 Um bivalve.** Esta vieira tem muitos olhos (pontos azul-escuros), formando uma linha em cada metade de sua concha articulada.

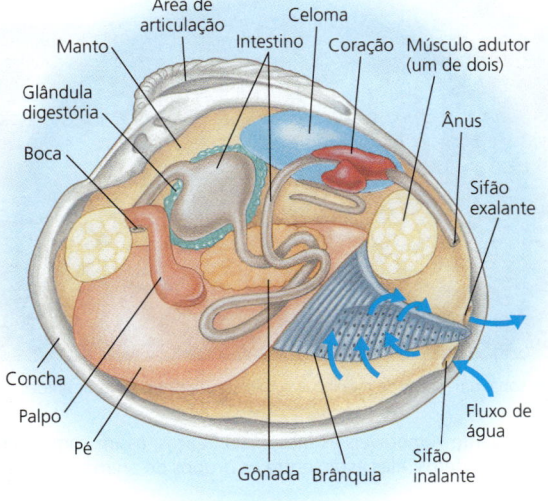

▲ **Figura 33.19 Anatomia de um marisco.** As partículas alimentares suspensas na água que entram pelo sifão inalante são coletadas pelas brânquias e passam através dos cílios e palpos até a boca.

▲ **Figura 33.20 Cefalópodes.**

Os cefalópodes são os únicos moluscos com *sistema circulatório fechado*, no qual o sangue permanece separado do líquido da cavidade corporal. Eles também possuem órgãos sensoriais bem desenvolvidos e um cérebro complexo. A capacidade para aprender e se comportar de uma maneira complexa é provavelmente mais importante para predadores que se movem rápido do que para animais sedentários como os mariscos.

Os ancestrais de polvos e lulas foram provavelmente moluscos com conchas que adquiriram um modo de vida predador; a concha foi perdida mais tarde na evolução. Cefalópodes com conchas, chamados de **amonitas**, alguns com tamanho de pneus de caminhão, foram os invertebrados predadores dominantes dos mares por centenas de milhões de anos, até seu desaparecimento, durante a extinção em massa no final do período Cretáceo, há 66 milhões de anos.

Muitas espécies de lulas são menores do que 75 cm de comprimento, mas algumas são muito maiores. A lula-gigante (*Architeuthis dux*), por exemplo, tem um comprimento máximo estimado de 13 m para as fêmeas e 10 m para os machos. A lula colossal (*Mesonychoteuthis hamiltoni*) é até maior, com comprimento máximo estimado de 14 m. Diferente de *A. dux*, que tem grandes ventosas e pequenos dentes sobre seus tentáculos, *M. hamiltoni* possui duas fileiras de ganchos afiados nas extremidades de seus tentáculos, que podem infligir lacerações fatais.

É provável que *A. dux* e *M. hamiltoni* passem a maior parte do tempo nas profundezas do oceano, onde conseguem se alimentar de grandes peixes. Restos das duas espécies de lulas-gigantes foram encontrados nos estômagos de cachalotes, que são provavelmente seus únicos predadores naturais. Os cientistas registraram fotograficamente *A. dux* pela primeira vez na natureza em 2005, enquanto ela investia contra anzóis com iscas a 900 m de profundidade. *M. hamiltoni* ainda não foi observada na natureza. De modo geral, muito ainda permanece a ser compreendido acerca desses gigantes marinhos.

Protegendo moluscos de água doce e terrestres

As taxas de extinção de espécies têm crescido significativamente nos últimos 400 anos, aumentando a preocupação de que uma sexta extinção em massa, causada pelo ser humano, possa estar a caminho (ver Conceito 25.4). Entre os muitos táxons sob ameaça, é possível que os moluscos sejam o grupo animal com o maior número de extinções documentadas **(Figura 33.21)**.

As ameaças aos moluscos são especialmente graves em dois grupos: os bivalves de água doce e os gastrópodes terrestres. Os mexilhões perolíferos, um grupo de bivalves de água doce capazes de produzir pérolas naturais (gemas preciosas que se formam quando um mexilhão ou ostra secreta camadas de revestimento lustroso em volta de um grão de areia ou outro irritante pequeno), estão entre os animais mais ameaçados do mundo. Aproximadamente 10% das 300 espécies de mexilhões perolíferos que outrora viviam na América do Norte foram extintas nos últimos 100 anos, e cerca de dois terços daquelas que permanecem estão ameaçadas de extinção. Gastrópodes terrestres, como o caracol na Figura 33.21, não estão menos prejudicados. Centenas de caracóis terrestres de ilhas do Pacífico desapareceram desde 1800. Globalmente, mais de 50% dos caracóis terrestres das ilhas do Pacífico estão extintos ou sob ameaça iminente de extinção.

Ameaças enfrentadas por moluscos terrestres e de água doce incluem perda de hábitat, poluição, competição ou predação por espécies exóticas, e exploração excessiva por humanos. É muito tarde para proteger esses moluscos? Em alguns locais, a redução da poluição aquática e mudanças no modo de liberar a água dos reservatórios resultaram em uma significativa recuperação nas populações de mexilhões perolíferos. Esses resultados proporcionam a esperança de que, com medidas corretivas, outras espécies de moluscos ameaçadas possam ser restabelecidas.

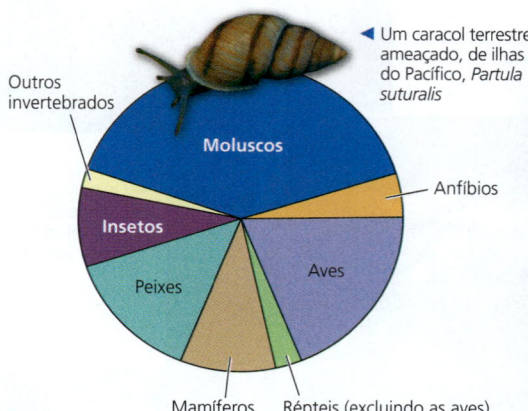

▲ Extinções registradas de espécies animais

▲ Trabalhadores sobre um monte de mexilhões perolíferos mortos para fazer botões (cerca de 1919)

▲ **Figura 33.21** **Extinção silenciosa.** Os moluscos respondem por 40% de todas as extinções documentadas de espécies animais, uma porcentagem inesperada e impressionante. Essas extinções resultaram de ações humanas, como a perda de hábitat e a exploração excessiva. Muitas populações, por exemplo, foram levadas à extinção pela captura excessiva de suas conchas, que eram usadas para confeccionar botões e outros bens de consumo. Caracóis terrestres são altamente vulneráveis às mesmas ameaças; assim como os mexilhões perolíferos, eles estão entre os grupos de animais mais ameaçados do mundo.

FAÇA CONEXÕES *Bivalves de água doce alimentam-se de protistas e bactérias fotossintetizantes, podendo reduzir a abundância desses grupos. Assim, que tipos de efeitos a extinção de bivalves de água doce provavelmente provocaria sobre comunidades aquáticas (ver Conceito 28.6)?*

Anelídeos

Annelida significa "pequenos anéis", em referência à semelhança do corpo dos anelídeos a uma série de anéis fusionados. Os anelídeos são vermes segmentados que vivem no mar, na maioria dos hábitats de água doce e em solo úmido. Anelídeos, que possuem um celoma (e não possuem hemocele), variam em comprimento de menos de 1 mm até mais de 3 m.

Tradicionalmente, o filo Annelida era dividido em três grupos principais: Polychaeta (os poliquetos), Oligochaeta (os oligoquetos) e Hirudinea (as sanguessugas). Os nomes dos dois primeiros desses grupos refletem o número relativo de cerdas, feitas de quitina, sobre seus corpos: os poliquetos (do grego *poly*, muitos, e *chaité*, pelo longo) possuem muito mais cerdas por segmento do que os oligoquetos.

Entretanto, um estudo filogenético de 2011 e outra análise molecular recente indicaram que os oligoquetos são um subgrupo de poliquetos, o que os torna (quando definidos morfologicamente) um grupo parafilético. Do mesmo modo, foi demonstrado que as sanguessugas são um subgrupo de oligoquetos. Em consequência, esses nomes tradicionais não são mais usados para descrever a história evolutiva dos anelídeos. Em vez disso, as evidências atuais indicam que os anelídeos podem ser divididos em dois clados principais, Errantia e Sedentaria – um agrupamento que reflete amplas diferenças no modo de vida.

Errantes

O clado Errantia (do francês antigo *errant*, viajante) é um grupo amplo e diverso, cuja maioria de seus membros é marinha **(Figura 33.22)**. Como seu nome sugere, muitos errantes são móveis; alguns nadam entre o plâncton (organismos pequenos, à deriva), enquanto muitos outros rastejam sobre o fundo do mar ou se enterram. Muitos são predadores, enquanto outros são pastejadores que se alimentam sobre grandes algas multicelulares. O grupo também inclui algumas espécies relativamente imóveis, como as do gênero marinho habitante de tubo *Platynereis*, que recentemente se tornou um organismo-modelo para o estudo de neurobiologia e desenvolvimento.

Em muitos errantes, cada segmento do corpo tem um par de estruturas salientes em forma de remo ou em forma de crista chamadas de parapódios ("ao lado dos pés") que atuam na locomoção (ver Figura 33.22). Cada parapódio tem numerosas cerdas (entretanto, a presença de parapódios com numerosas cerdas não é exclusiva dos Errantia, uma vez que alguns membros do outro clado principal de anelídeos, Sedentaria, também apresentam essas características). Em muitas espécies, os parapódios são ricamente providos com vasos sanguíneos e também funcionam como brânquias. Os errantes também tendem a ter mandíbulas bem desenvolvidas e órgãos sensoriais, como se poderia esperar de predadores ou pastejadores que se movem em busca de comida.

Sedentários

As espécies no outro clado principal de anelídeos, Sedentaria (do latim *sedere*, sentar), tendem a ser menos móveis do que aquelas em Errantia. Algumas espécies escavam lentamente nos sedimentos marinhos ou no solo, enquanto outras vivem dentro de tubos que protegem e sustentam seus corpos moles. Sedentários habitantes de tubos costumam ter brânquias elaboradas ou tentáculos utilizados para alimentação por filtração **(Figura 33.23)**.

Embora o verme-árvore-de-natal mostrado acima, na Figura 33.23, tenha sido anteriormente classificado como um "poliqueto", evidências atuais indicam que ele é um sedentário. O clado Sedentaria também contém antigos "oligoquetos", incluindo os dois grupos que estudaremos a seguir: as sanguessugas e as minhocas.

Sanguessugas Algumas sanguessugas são parasitos que sugam sangue, se prendendo temporariamente a outros animais, incluindo humanos **(Figura 33.24)**, mas a maioria

▲ **Figura 33.23** O poliqueto-árvore-de-natal, *Spirobranchus giganteus*. As duas voltas em forma de árvore deste sedentário são tentáculos, os quais ele usa para trocas gasosas e para coletar partículas de alimento da água. Os tentáculos emergem de um tubo de carbonato de cálcio secretado pelo animal, que protege e sustenta seu corpo mole.

▲ **Figura 33.22** Um errante, o predador *Nereimyra punctata*. Este anelídeo marinho embosca as presas a partir de tocas que ele constrói no fundo do mar. *Nereimyra punctata* caça por contato, detectando sua presa com longos órgãos sensoriais chamados cirros que se estendem da toca.

▶ **Figura 33.24** Uma sanguessuga. Uma enfermeira aplicou esta sanguessuga medicinal (*Hirudo medicinalis*) no polegar lesionado de um paciente, para drenar o sangue de um hematoma (acumulação anormal de sangue em volta de um ferimento interno).

é predadora, se alimentando de outros invertebrados. Sanguessugas variam de 1 até 30 cm de comprimento. A maioria delas habita água doce, mas há também espécies marinhas e terrestres, estas vivendo sobre vegetação úmida. Algumas espécies parasitas usam mandíbulas semelhantes a lâminas para cortar a pele de seus hospedeiros. O hospedeiro geralmente não percebe o ataque porque a sanguessuga secreta um anestésico. Após fazer a incisão, a sanguessuga secreta uma substância química, a hirudina, que mantém o sangue do hospedeiro sem coagular próximo à incisão. O parasito, então, suga tanto sangue quanto consegue suportar, em geral mais do que dez vezes seu próprio peso. Após ficar saciada, a sanguessuga pode passar meses sem outra refeição.

Até o século XX, as sanguessugas costumavam ser utilizadas em sangrias. Hoje, elas são usadas para drenar o sangue que se acumula em tecidos após certos ferimentos ou cirurgias. Além disso, formas de hirudina produzidas com técnicas de DNA recombinante podem ser usadas para dissolver coágulos sanguíneos indesejados que se formam durante cirurgias ou como consequência de doença cardíaca.

Minhocas As minhocas ingerem a matéria em seu caminho através do solo, extraindo seus nutrientes quando ela passa pelo canal alimentar. O material não digerido, misturado com o muco secretado pelo canal, é eliminado como dejetos fecais pelo ânus. Os agricultores valorizam as minhocas porque elas lavram e promovem a aeração da terra, e seus dejetos melhoram a textura do solo (Charles Darwin estimou que um acre de terra agricultável contém cerca de 50 mil minhocas, produzindo 18 toneladas de dejetos por ano).

Uma visita guiada pela anatomia de uma minhoca, que é representativa de anelídeos, é mostrada na **Figura 33.25**. As minhocas são hermafroditas, mas apresentam fertilização cruzada. Duas minhocas acasalam pelo alinhamento de seus corpos em direções opostas, de modo a permutar espermatozoides e, então, se separam. Algumas minhocas podem

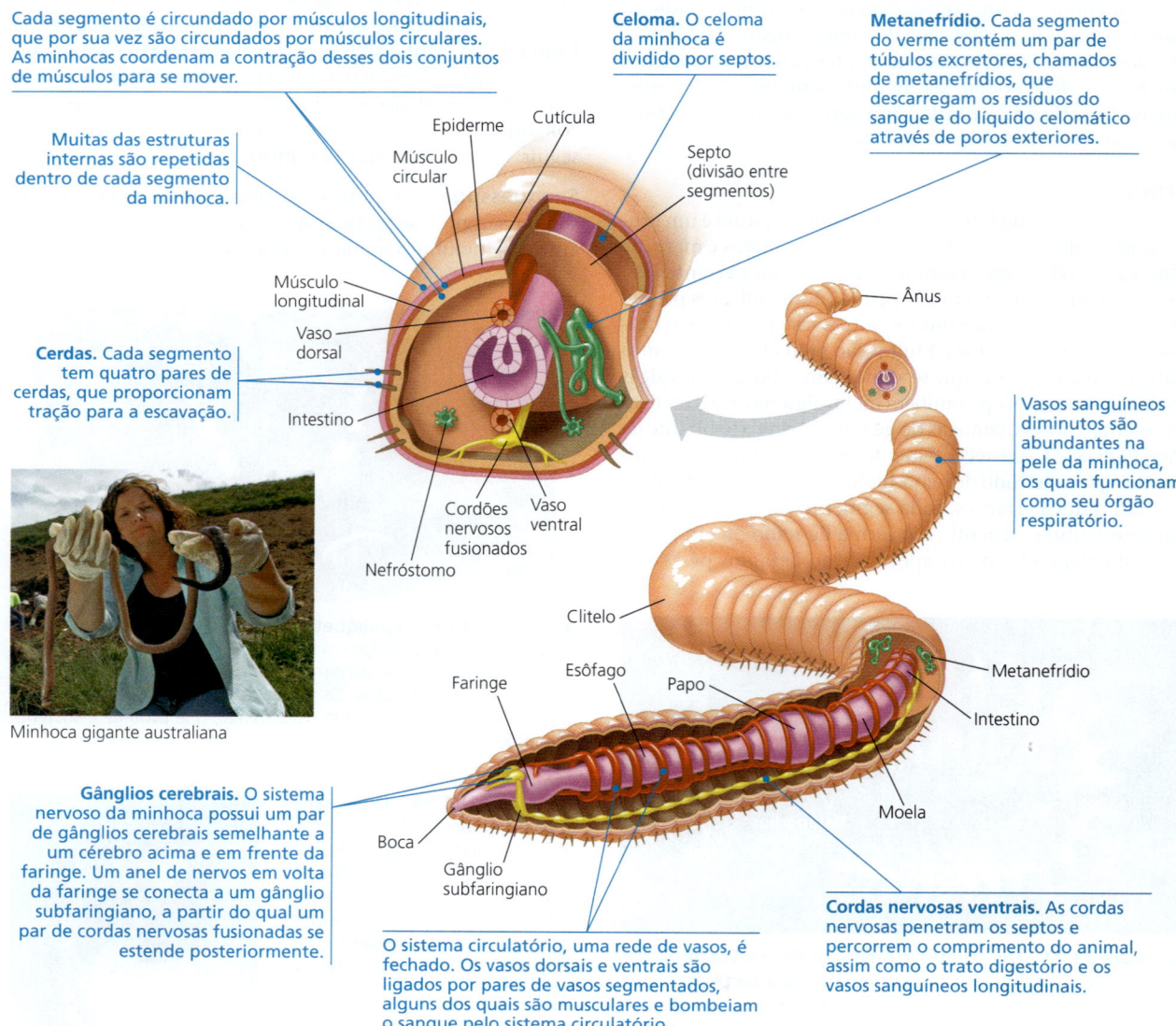

▲ **Figura 33.25** Anatomia de uma minhoca, um sedentário.

também se reproduzir assexuadamente por fragmentação seguida por regeneração.

Como um grupo, Lophotrochozoa abrange uma extraordinária gama de planos corporais, conforme ilustrado por membros de filos como Syndermata, Ectoprocta, Mollusca e Annelida. A seguir, exploraremos a diversidade de Ecdysozoa, uma presença dominante sobre a Terra em termos de número absoluto de espécies.

REVISÃO DO CONCEITO 33.3

1. Explique como platelmintos podem sobreviver sem uma cavidade corporal, uma boca, um sistema digestório ou um sistema excretor.
2. A anatomia dos anelídeos pode ser descrita como "um tubo dentro de um tubo". Explique.
3. **FAÇA CONEXÕES** Explique como o pé molusco em gastrópodes e o sifão em cefalópodes representam exemplos de descendência com modificação (ver Conceito 22.2).

Ver as respostas sugeridas no Apêndice A.

CONCEITO 33.4

Os ecdisozoários são o grupo animal mais rico em espécies

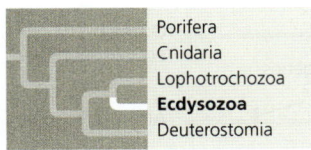

Embora definido principalmente por evidências moleculares, o clado Ecdysozoa inclui animais que descartam uma **cutícula** (uma capa rígida externa) à medida que crescem. Na verdade, o grupo recebe esse nome por este processo, que é chamado *ecdise*, ou **muda**. Ecdysozoa inclui cerca de oito filos animais e contém mais espécies conhecidas do que todos os outros grupos de animais, protistas, fungos e plantas reunidos. Nossos focos aqui serão os dois maiores filos de ecdisozoários, os nematódeos e os artrópodes, que estão entre os mais bem-sucedidos e abundantes de todos os grupos animais.

Nematódeos

Entre os animais mais ubíquos, os nematódeos (filo Nematoda), ou nematelmintos, são encontrados na maioria dos hábitats aquáticos, no solo, em tecidos úmidos de plantas e nos líquidos e tecidos corporais dos animais. Os corpos cilíndricos dos nematódeos variam de menos de 1 mm a mais de 1 m de comprimento, muitas vezes afilando-se em direção à extremidade posterior e ao rombo na extremidade anterior **(Figura 33.26)**. O corpo de um nematódeo é coberto por uma cutícula resistente (um tipo de exoesqueleto); à medida que cresce, o verme periodicamente perde sua cutícula velha e secreta uma nova, maior. Os nematódeos têm um canal alimentar, embora lhes falte um sistema circulatório. Os nutrientes são transportados pelo corpo por meio do líquido presente na hemocele. Os músculos da parede do corpo são todos longitudinais, e suas contrações produzem um movimento de chicote.

▶ **Figura 33.26** Um nematódeo de vida livre (MEV colorida).

Um grande número de nematódeos vive em solo úmido e em matéria orgânica em decomposição sobre o fundo de lagos e oceanos. Enquanto 25.000 espécies são conhecidas, talvez exista, na verdade, uma quantidade 20 vezes maior. Esses vermes de vida livre desempenham um importante papel na decomposição e na ciclagem de nutrientes, mas pouco é conhecido sobre a maioria das espécies. Uma espécie de nematódeo do solo, *Caenorhabditis elegans*, entretanto, é muito bem estudada e tornou-se um organismo modelo de pesquisa em biologia (ver Conceito 47.3). O progresso dos estudos sobre *C. elegans* vem ajudando a compreender os mecanismos envolvidos no envelhecimento em humanos, bem como sobre muitos outros tópicos.

O filo Nematoda inclui muitas espécies que parasitam plantas, e algumas são importantes pragas que atacam as raízes de culturas agrícolas. Outros nematódeos parasitam animais. Algumas dessas espécies beneficiam os seres humanos por atacarem insetos (tais como a larva-alfinete, *Diabrotica speciosa*) que se alimentam das raízes de plantas de interesse agrícola. Por outro lado, os seres humanos são os hospedeiros de pelo menos 50 espécies de nematódeos, incluindo vários oxiúros e ancilóstomos. Um famigerado nematódeo é *Trichinella spiralis*, o verme que causa a triquinose **(Figura 33.27)**. Os seres humanos adquirem esse nematódeo ao comer carne de porco crua ou malcozida ou outra carne (incluindo carne de caça, como de ursos e morsas) contendo vermes juvenis encistados em seu tecido muscular. Dentro dos intestinos humanos, os juvenis se transformam em adultos sexualmente maduros. As fêmeas

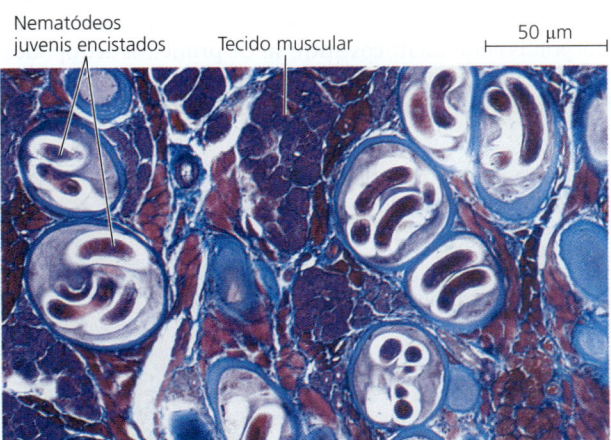

▲ **Figura 33.27** Juvenis do nematódeo parasito *Trichinella spiralis* encistados no tecido muscular humano (MO).

penetram nos músculos intestinais e produzem mais juvenis, os quais perfuram o corpo do hospedeiro ou se deslocam via vasos linfáticos para outros órgãos, incluindo músculos esqueléticos, em que se encistam.

Os nematódeos parasitos têm um extraordinário conjunto de ferramentas moleculares que lhes capacita redirecionar algumas das funções celulares de seus hospedeiros. Algumas espécies injetam em suas plantas hospedeiras moléculas que induzem o desenvolvimento de células de raiz que, então, fornecem nutrientes aos parasitos. Quando parasita animais, *Trichinella spiralis* regula a expressão de genes das células musculares, codificando proteínas que tornam a célula suficientemente elástica para abrigar o nematódeo. Além disso, a célula muscular infectada libera sinais que promovem o crescimento de novos vasos sanguíneos, que, então, suprem o nematódeo com nutrientes.

Artrópodes

Os zoólogos estimam que existam aproximadamente um bilhão de bilhões (10^{18}) de artrópodes vivendo sobre a Terra. Mais de um milhão de espécies de artrópodes já foram descritas, a maioria das quais são de insetos. Na verdade, duas de cada três espécies conhecidas são artrópodes, e membros do filo Arthropoda podem ser encontrados em aproximadamente todos os hábitats da biosfera. Pelos critérios de diversidade de espécies, distribuição e número absoluto, os artrópodes devem ser considerados como o filo mais bem-sucedido de todos os animais.

Origem dos artrópodes

Os biólogos formulam a hipótese de que a diversidade e o sucesso dos **artrópodes** estão relacionados ao seu plano corporal – seu corpo segmentado, exoesqueleto rígido e apêndices articulados. Como esse plano corporal surgiu e que vantagens ele proporcionou?

Os fósseis mais antigos de artrópodes são da explosão do Cambriano (535-525 milhões de anos atrás), indicando que os artrópodes têm, no mínimo, essa idade. O registro fóssil da explosão do Cambriano também contém muitas espécies de *lobópodes*, um grupo do qual os artrópodes podem ter evoluído. Lobópodes como *Hallucigenia* (ver Figura 32.7) tinham corpos segmentados, mas, em sua maioria, os segmentos corporais eram idênticos entre si. Os primeiros artrópodes, como trilobitas, também mostravam pouca variação entre os segmentos **(Figura 33.28)**. À medida que os artrópodes prosseguiram em sua evolução, grupos de segmentos tenderam a tornar-se funcionalmente unidos em "regiões do corpo" especializadas para tarefas como alimentação, locomoção terrestre (ambulação) ou natação. Essas mudanças evolutivas resultaram não apenas em grande diversificação, mas também em planos corporais eficientes que permitem a divisão do trabalho entre as diferentes regiões do corpo.

Que mudanças genéticas levaram ao aumento da complexidade do plano corporal dos artrópodes? Os artrópodes atuais possuem dois genes *Hox* incomuns, os quais

▼ **Figura 33.29   Pesquisa**

O plano corporal dos artrópodes resultou de novos genes *Hox*?

Experimento Uma hipótese sugere que o plano corporal dos artrópodes resultou da origem (por duplicação gênica e mutações subsequentes) de dois genes *Hox* raros encontrados em artrópodes: *Ultrabithorax* (*Ubx*) e *abdominal-A* (*abd-A*). Pesquisadores testaram essa hipótese usando onicóforos, um grupo de invertebrados proximamente relacionado aos artrópodes. Diferente de muitos artrópodes atuais, os onicóforos têm um plano corporal no qual a maioria dos segmentos são idênticos entre si. Se a origem dos genes *Hox Ubx* e *abd-A* direcionou a evolução da diversidade de segmentos do corpo em artrópodes, esses genes provavelmente surgiram no ramo artrópode da árvore evolutiva:

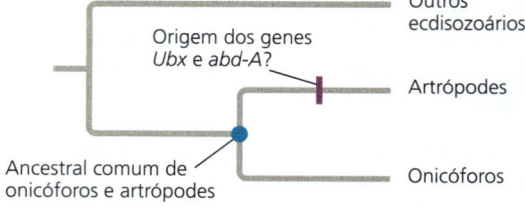

De acordo com essa hipótese, *Ubx* e *abd-A* não estariam presentes no ancestral comum de artrópodes e onicóforos; portanto, onicóforos não deveriam ter esses genes. Os pesquisadores examinaram os genes *Hox* do onicóforo *Acanthokara kaputensis*.

Resultados O onicóforo *A. kaputensis* possui todos os genes *Hox* dos artrópodes, incluindo *Ubx* e *abd-A*.

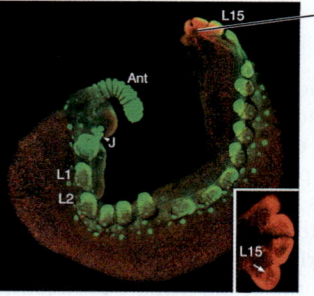

A cor vermelha indica as regiões do corpo deste embrião de onicóforo nas quais os genes *Ubx* e *abd-A* foram expressos. (O detalhe anexo, embaixo à direita, mostra esta área ampliada.)

Ant = antena
J = mandíbula
L1-L15 = segmentos do corpo

Conclusão A evolução do aumento da diversidade de segmentos corporais em artrópodes não está relacionada à origem de novos genes *Hox*.

Dados de J. K. Grenier et al., Evolution of the entire arthropod Hox gene set predated the origin and radiation of the onychophoran/arthropod clade, Current Biology 7: 547–553 (1997).

E SE? *Suponha que A. kaputensis não tivesse os genes Hox Ubx e abd-A. Como as conclusões deste estudo seriam afetadas? Explique sua resposta.*

▶ **Figura 33.28   Um trilobita fóssil.** Trilobitas foram habitantes comuns de mares rasos durante a era Paleozoica, mas desapareceram com as grandes extinções do Permiano, há cerca de 250 milhões de anos. Os paleontólogos descreveram aproximadamente 4 mil espécies de trilobitas.

influenciam na segmentação. Para testar se esses genes poderiam ter direcionado a evolução do aumento da diversidade de segmentação corporal em artrópodes, os pesquisadores estudaram genes *Hox* em onicóforos (ver Figura 33.2), parentes próximos dos artrópodes **(Figura 33.29)**. Seus resultados indicam que a diversidade de planos corporais de artrópodes *não* surgiu da aquisição de novos genes *Hox*. Pelo contrário, a evolução da diversidade de segmentos corporais em artrópodes foi provavelmente governada por mudanças na sequência ou regulação de genes *Hox* existentes (ver Conceito 25.5).

Características gerais de artrópodes

Ao longo da evolução, os apêndices de alguns artrópodes se tornaram modificados, especializando-se em algumas funções, como locomoção, alimentação, percepção sensorial, reprodução e defesa. Assim como os apêndices dos quais eles derivaram, essas estruturas são articuladas e ocorrem aos pares. A **Figura 33.30** ilustra os diversos apêndices e outras características de uma lagosta.

O corpo de um artrópode é completamente coberto pela cutícula, um exoesqueleto construído de camadas de proteína e do polissacarídeo quitina. Quem já comeu caranguejo ou lagosta sabe: a cutícula pode ser espessa e dura em algumas partes do corpo e fina e flexível em outras, como as articulações. O exoesqueleto rígido protege o animal e proporciona pontos de fixação para os músculos que movem os apêndices. Mas também impede o artrópode de crescer, a menos que ele esporadicamente troque seu exoesqueleto e produza um maior. Esse processo de muda é energeticamente caro e deixa o artrópode vulnerável à predação e outros perigos, até que seu novo exoesqueleto macio endureça.

Quando o exoesqueleto evoluiu inicialmente, no mar, sua principal função era provavelmente a proteção e a ancoragem para os músculos, mas posteriormente ele permitiu que certos artrópodes vivessem no ambiente terrestre. O exoesqueleto relativamente impermeável à água auxiliou a evitar a dessecação, e sua resistência proporcionou suporte quando os artrópodes deixaram a flutuabilidade da água. A evidência fóssil sugere que artrópodes estavam entre os primeiros animais a colonizarem o ambiente terrestre, há aproximadamente 450 milhões de anos. Esses fósseis incluem fragmentos de restos de artrópodes, bem como possíveis tocas de milípedes. Os fósseis de artrópodes de vários continentes indicam que há 410 milhões de anos, milípedes, centípedes, aranhas e uma diversidade de insetos sem asas, todos haviam colonizado o ambiente terrestre.

▶ **Figura 33.30 Anatomia externa de um artrópode.** Muitas das características distintivas dos artrópodes são aparentes nesta visão dorsal de uma lagosta. O corpo é segmentado, mas esta característica é óbvia somente na região pós-genital ou "cauda", localizada atrás dos órgãos genitais. Os apêndices (incluindo antenas, pinças, partes bucais, pernas locomotoras e apêndices natatórios) são articulados. A cabeça tem um par de olhos compostos (multilentes). O corpo completo, incluindo os apêndices, está coberto por um exoesqueleto.

Artrópodes têm órgãos sensoriais bem desenvolvidos, incluindo olhos, receptores olfativos (de odor) e antenas que funcionam tanto pelo contato como pelo olfato. A maioria dos órgãos sensoriais está concentrada na extremidade anterior do animal, embora existam exceções interessantes. As borboletas fêmeas, por exemplo, "provam" plantas usando órgãos sensoriais em suas pernas.

Como muitos moluscos, artrópodes possuem um **sistema circulatório aberto**, no qual o líquido chamado *hemolinfa* é propelido por um coração através de artérias curtas e, então, para dentro da hemocele – a cavidade corporal envolvendo os tecidos e órgãos (o termo *sangue* é geralmente reservado para o líquido em um sistema circulatório fechado). A hemolinfa retorna ao coração do artrópode através de poros, geralmente equipados com válvulas. Na maior parte dos artrópodes, o celoma que se forma no embrião torna-se muito reduzido com o avançar do desenvolvimento, e a hemocele se torna a principal cavidade do corpo em adultos.

Uma diversidade de órgãos de troca gasosa especializados evoluiu em artrópodes. Esses órgãos permitem a difusão de gases respiratórios apesar do exoesqueleto. A maioria das espécies aquáticas possui brânquias com extensões finas e em forma de plumas, que expõem uma grande superfície à água circundante. Em geral, os artrópodes terrestres têm superfícies internas especializadas para a troca gasosa. Por exemplo, a maior parte dos insetos possui sistemas traqueais, ductos aéreos ramificados que se estendem de aberturas na cutícula para dentro do corpo.

Dados morfológicos e moleculares sugerem que os artrópodes atuais consistem de três linhagens principais que divergiram cedo na evolução do filo: **quelicerados** (aranhas-do-mar, límulos, escorpiões, carrapatos, ácaros e aranhas); **miriápodes** (centopeias e milípedes); e **pancrustáceos** (um grupo diverso, definido recentemente, que inclui insetos, além de lagostas, camarões, cracas e outros crustáceos).

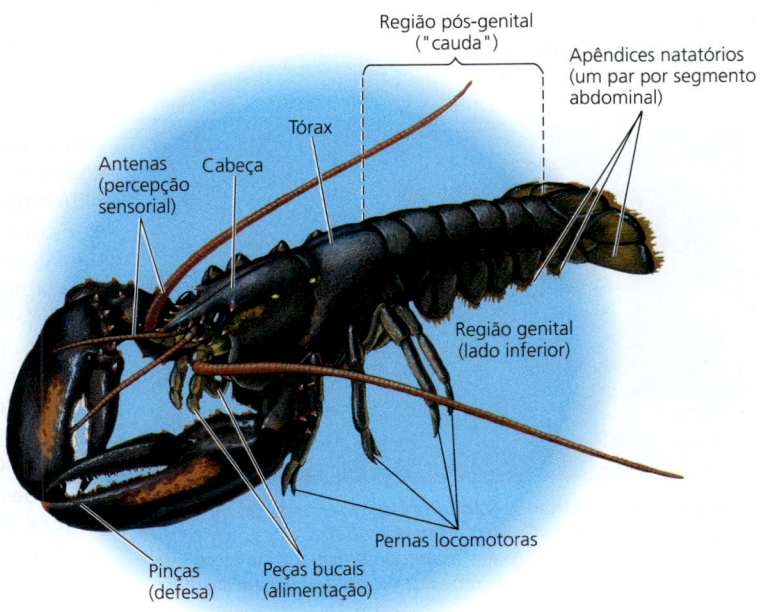

Quelicerados

Os quelicerados (clado Chelicerata) são assim denominados devido a seus apêndices para alimentação em forma de garra, chamados de **quelíceras**, os quais servem como pinças ou garras. Esses artrópodes não possuem antenas, e a maioria tem olhos simples (olhos com lente única).

Os quelicerados mais antigos foram os **euripterídeos**, ou escorpiões aquáticos. Esses predadores marinhos e de água doce cresciam até 3 m de comprimento, e acredita-se que algumas espécies possam ter caminhado em ambientes secos, assim como os caranguejos terrestres fazem atualmente. A maioria dos quelicerados marinhos, incluindo todos os euripterídeos, está extinta. Entre os quelicerados marinhos que existem atualmente, estão as aranhas-do-mar (picnogonídeos) e os límulos **(Figura 33.31)**.

A maior parte dos quelicerados modernos pertence aos **aracnídeos**, um grupo que abrange escorpiões, aranhas, carrapatos e ácaros **(Figura 33.32)**. Aproximadamente todos os carrapatos são parasitos sugadores de sangue que vivem sobre as superfícies corporais de répteis e mamíferos. Os ácaros parasitos vivem sobre ou dentro de uma ampla diversidade de vertebrados, invertebrados e plantas.

Os aracnídeos têm seis pares de apêndices: as quelíceras; um par de apêndices chamados de *pedipalpos*, que atuam na sensibilidade, alimentação, defesa ou reprodução; e quatro pares de pernas locomotoras. As aranhas usam suas quelíceras em forma de pinças, as quais são equipadas com glândulas de veneno, para atacar suas presas. Quando as quelíceras perfuram a presa, a aranha secreta sucos digestivos sobre os tecidos feridos da presa. O alimento se dissolve, e a aranha suga a refeição líquida. Na maioria das aranhas, a troca gasosa é executada por **pulmões foliáceos**, estruturas laminares dispostas como folhas de um livro, contidas em uma câmara interna **(Figura 33.33)**. A extensa área de superfície desses órgãos respiratórios otimiza a troca de O_2 e CO_2 entre a hemolinfa e o ar.

Uma adaptação exclusiva de muitas aranhas é a capacidade de capturar insetos pela construção de teias de seda, uma proteína líquida produzida por glândulas abdominais especializadas. A seda é fiada por órgãos chamados de fiandeiras, em fibras que, então, se solidificam. Cada aranha constrói uma teia característica de sua espécie e a executa perfeitamente desde a primeira tentativa, indicando que esse comportamento complexo é herdado. Várias aranhas também usam a seda de outras maneiras: como linhas para fuga rápida, como uma cobertura para os ovos e até mesmo como "embrulho para presente", para o alimento que os machos oferecem às fêmeas durante a corte. Muitas aranhas pequenas também expelem seda no ar e se deixam ser levadas pelo vento, comportamento chamado de "balonismo".

▲ Os escorpiões têm pedipalpos, pinças especializadas para a defesa e para a captura do alimento. A ponta da cauda tem um aguilhão venenoso.

▲ Os ácaros da poeira são necrófagos comuns nas habitações humanas, mas são inofensivos, exceto para quem tem alergia a eles (MEV colorida).

◄ Aranhas construtoras de teias geralmente são mais ativas durante o dia.

▲ **Figura 33.32** Aracnídeos.

► **Figura 33.33** Pulmões foliáceos.

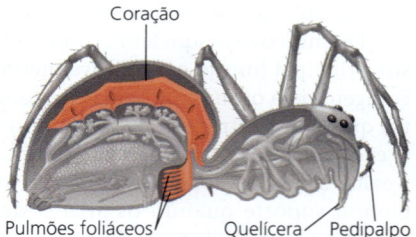

▲ **Figura 33.31 Límulos (*Limulus polyphemus*).** Comuns nas costas do Atlântico e do Golfo dos Estados Unidos, estes "fósseis vivos" mudaram muito pouco em centenas de milhares de anos. Eles são membros sobreviventes de uma rica diversidade de quelicerados que outrora ocupou os mares.

Miriápodes

Milípedes e centípedes pertencem ao clado Myriapoda **(Figura 33.34)**. Todos os miriápodes atuais são terrestres. A cabeça do miriápode tem um par de antenas e três pares de apêndices modificados como partes bucais, incluindo as mandíbulas.

(a) Milípede

(b) Centípede

▲ **Figura 33.34** Miriápodes.

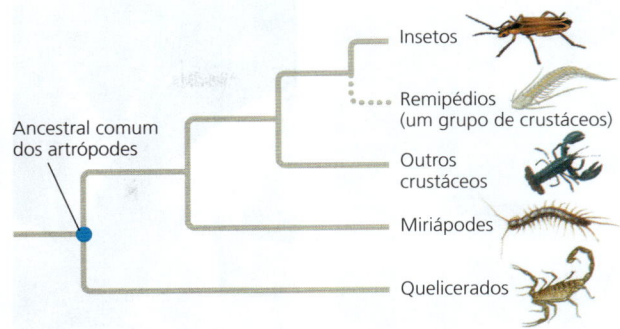

▲ **Figura 33.35 Posição filogenética dos insetos.** Resultados recentes mostraram que os insetos são aninhados dentro de linhagens de crustáceos aquáticos. Os remipédios são um dos vários grupos de crustáceos aquáticos que podem ser o grupo irmão dos insetos.

DESENHE *Circule as partes desta árvore que compreendem o clado Pancrustacea.*

Os milípedes ("piolhos-de-cobra") têm um grande número de pernas, embora menos do que as mil que seu nome sugere. Cada segmento do tronco é formado por dois segmentos fundidos e tem dois pares de pernas (ver Figura 33.34a). Os milípedes alimentam-se de folhas em decomposição e outros materiais vegetais. Talvez tenham estado entre os mais antigos animais a habitarem o ambiente terrestre, vivendo sobre musgos e sobre as primeiras plantas vasculares.

Diferentemente dos milípedes, os centípedes são carnívoros. Cada segmento da região do tronco dos centípedes tem um par de pernas (ver Figura 33.34b). Os centípedes têm apêndices venenosos no segmento mais anterior do seu tronco, os quais paralisam a presa e auxiliam na defesa.

Pancrustáceos

Uma série de artigos científicos recentes apresenta evidência de que os insetos são mais proximamente relacionados a lagostas e outros crustáceos do que ao outro grupo terrestre recém-discutido, os miriápodes (milípedes e centípedes). Esses estudos também sugerem que o grupo diverso de organismos denominado como crustáceos é parafilético: algumas linhagens de crustáceos são mais estreitamente relacionadas aos insetos do que a outros crustáceos **(Figura 33.35)**. Entretanto, os insetos e os crustáceos formam juntos um clado que os sistematas denominaram Pancrustacea (do grego *pan*, todos). Agora nos voltaremos para uma descrição dos membros de Pancrustacea, enfocando primeiro nos crustáceos e, então, nos insetos.

Crustáceos Crustáceos (caranguejos, lagostas, camarões, cracas e muitos outros) habitam uma ampla gama de ambientes marinhos, de água doce e terrestres. Muitos crustáceos possuem apêndices altamente especializados. As lagostas e lagostins, por exemplo, têm um conjunto de 19 pares de apêndices (ver Figura 33.30). Os apêndices mais anteriores formam dois pares de antenas; os crustáceos são os únicos artrópodes com dois pares. Três ou mais pares de apêndices são modificados como peças bucais, incluindo suas rígidas mandíbulas. Pernas ambulatórias estão presentes no tórax, e, diferentemente dos insetos, seus parentes terrestres, os crustáceos também possuem apêndices em sua região pós-genital, ou "cauda".

Pequenos crustáceos trocam gases através de áreas delgadas da cutícula; espécies maiores possuem brânquias.

Os resíduos nitrogenados também se difundem por áreas finas da cutícula, mas um par de glândulas regula o equilíbrio salino da hemolinfa.

Os sexos são separados na maioria dos crustáceos. No caso de lagostas e lagostins, o macho utiliza um par especializado de apêndices abdominais para transferir espermatozoides ao poro reprodutivo da fêmea durante a cópula. A maioria dos crustáceos aquáticos passa por um ou mais estágios larvais natantes.

Um dos maiores grupos de crustáceos (contando com mais de 11.000 espécies) é o dos *isópodes*, que inclui espécies terrestres, de água doce e marinhas. Algumas espécies de isópodes são abundantes em hábitats do fundo de oceanos profundos. Entre as espécies de isópodes terrestres, estão os tatuzinhos-de-quintal, ou bichos-de-conta, comuns embaixo de troncos e folhas úmidas.

Lagostas, lagostins, caranguejos e camarões são todos crustáceos relativamente grandes, chamados de *decápodes* **(Figura 33.36)**. A cutícula de decápodes é endurecida por carbonato de cálcio. A maioria das espécies de decápodes é marinha. Lagostins, entretanto, vivem em água doce, e alguns caranguejos tropicais vivem em ambiente terrestre.

▲ **Figura 33.36 Um caranguejo-fantasma, exemplo de decápode.** Os caranguejos-fantasmas vivem em praias arenosas oceânicas de todo o mundo. Principalmente noturnos, eles se abrigam em tocas durante o dia.

▲ **Figura 33.37** **Krill.** Estes crustáceos planctônicos são consumidos em enormes quantidades por algumas baleias.

▲ **Figura 33.38** **Cracas.** Os apêndices articulados que se projetam das carapaças das cracas capturam organismos e partículas orgânicas suspensas na água.

Com exceção de algumas espécies parasitas, as cracas são um grupo de crustáceos sésseis cuja cutícula é endurecida em uma carapaça contendo carbonato de cálcio **(Figura 33.38)**. A maioria das cracas se prende a rochas, cascos de barcos, pilares e outras superfícies submersas. Seu adesivo natural é tão forte quanto as colas sintéticas. Essas cracas se alimentam por apêndices estendidos de sua carapaça para capturar o alimento da água. As cracas não eram reconhecidas como crustáceos até os anos de 1800, quando os naturalistas descobriram que suas larvas se pareciam com as larvas de outros crustáceos. A notável combinação de características únicas e homologias com crustáceos encontradas nas cracas foi uma importante inspiração para Charles Darwin enquanto desenvolvia sua teoria da evolução.

Agora, abordaremos um grupo posicionado dentro dos crustáceos parafiléticos, os insetos.

Muitos crustáceos pequenos são importantes membros das comunidades planctônicas marinhas e de água doce. Os crustáceos planctônicos abrangem muitas espécies de *copépodes*, que estão entre os mais numerosos de todos os animais. Alguns copépodes são pastejadores que se alimentam de algas, enquanto outros são predadores que comem pequenos animais (incluindo copépodes menores!). Os copépodes rivalizam em abundância com os krills, parecidos com camarões, que crescem até cerca de 5 cm de comprimento **(Figura 33.37)**. Uma importante fonte de alimento para baleias com barbatanas (incluindo as baleias-azuis, baleias-corcundas e baleias-francas), o krill está sendo agora pescado em grandes quantidades pelos seres humanos para alimento e fertilizantes agrícolas. As larvas de muitos crustáceos maiores também são planctônicas.

Insetos Os insetos e seus parentes terrestres de seis pernas formam um grande clado, Hexapoda; iremos focar aqui nos insetos, já que, como um grupo, eles têm mais espécies descritas que todos os outros grupos eucariotos combinados. Os insetos vivem em quase todos os hábitats terrestres e de água doce, e insetos voadores ocupam o ar. Os insetos são raros, embora não ausentes, em hábitats marinhos. A anatomia interna de um inseto inclui vários sistemas complexos de órgãos, que são destacados na **Figura 33.38**.

Os fósseis mais antigos de insetos datam de cerca de 415 milhões de anos atrás. Posteriormente, uma explosão na diversidade de insetos ocorreu quando os insetos voadores evoluíram durante os períodos Carbonífero e Permiano (359-252 milhões de anos atrás). Um animal capaz de voar consegue escapar dos predadores, encontrar alimento e parceiros sexuais e se dispersar para novos hábitats de maneira mais eficiente do que um animal que precisa se arrastar pelo chão. Muitos

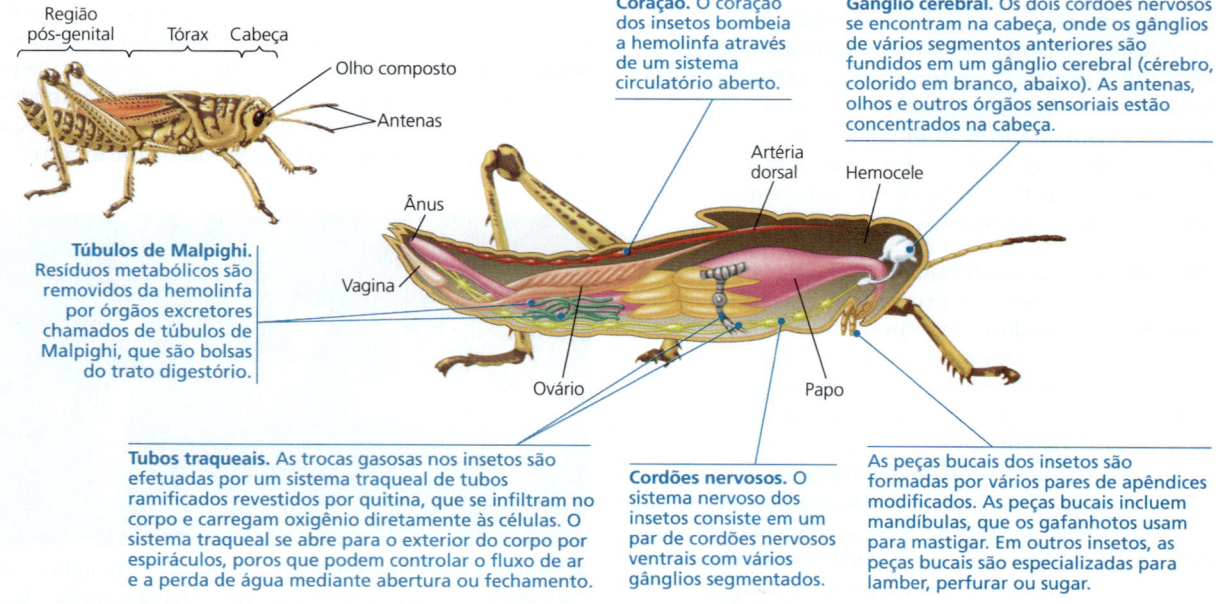

▲ **Figura 33.39** **Anatomia de um gafanhoto, um inseto.** O corpo do inseto possui três regiões: cabeça, tórax e abdome. A segmentação de tórax e abdome é muitas vezes óbvia, mas os segmentos que formam a cabeça são fusionados.

insetos têm um ou dois pares de asas, que emergem do lado dorsal do tórax. Uma vez que as asas são extensões da cutícula, os insetos conseguem voar sem sacrificar qualquer perna locomotora **(Figura 33.40)**. Por outro lado, os vertebrados voadores – aves e morcegos – têm um de seus dois pares de patas locomotores modificado em forma de asas, tornando essas espécies desajeitadas no solo.

▲ **Figura 33.40** Joaninha em voo.

Os insetos também se irradiaram em resposta à origem de novas espécies de plantas, que proporcionaram novas fontes alimentares. Por mecanismos de especiação descritos no Conceito 24.2, uma população de insetos que se alimenta de uma nova espécie de planta pode divergir de outras populações, formando, então, uma nova espécie de inseto. Um registro fóssil da diversidade de peças bucais de insetos, por exemplo, sugere que modos especializados de alimentação sobre gimnospermas e outras plantas do Carbonífero contribuíram para as primeiras radiações adaptativas dos insetos. Posteriormente, um importante aumento na diversidade de insetos parece ter sido estimulado pela expansão evolutiva das angiospermas durante o período do Cretáceo Médio (cerca de 100 milhões de anos atrás). Embora a diversidade de insetos e plantas tenha diminuído durante a extinção em massa do Cretáceo, os dois grupos se recuperaram ao longo dos últimos 66 milhões de anos. Aumentos na diversidade de grupos determinados de insetos muitas vezes estiveram associados com as radiações das angiospermas das quais eles se alimentavam.

Muitos insetos passam por metamorfose durante seu desenvolvimento. Na **metamorfose incompleta** de gafanhotos e de alguns outros grupos de insetos, o jovem (chamado ninfa) se parece com o adulto, porém é menor, tem proporções corporais diferentes e não possui asas. A ninfa passa por uma série de mudas, se parecendo cada vez mais mais com um adulto. Com a muda final, o inseto alcança o tamanho adulto, adquire asas e se torna sexualmente maduro. Os insetos com **metamorfose completa** têm estágios larvais especializados para comer e crescer, conhecidos por nomes como lagartas ou larvas. O estágio larval é completamente diferente do estágio adulto, o qual é especializado para a dispersão e a reprodução. A metamorfose do estágio larval para o adulto ocorre durante um estágio de pupa **(Figura 33.41)**.

A reprodução em insetos é geralmente sexuada, com indivíduos masculinos e femininos separados. Os adultos se unem e se reconhecem uns aos outros como membros da mesma espécie pela exibição de cores brilhantes (como em borboletas), sons (como em grilos) ou odores (como em mariposas). A fertilização é geralmente interna. Na maioria das espécies, os espermatozoides são depositados diretamente na vagina da fêmea durante a cópula, embora em algumas espécies o macho deposite um espermatóforo fora da fêmea para ela pegá-lo. Uma estrutura interna na fêmea, chamada de espermateca, armazena os espermatozoides, geralmente o suficiente para fertilizar mais de um grupo de óvulos. Muitos insetos acasalam apenas uma vez na vida. Após o acasalamento, a fêmea costuma depositar seus ovos sobre uma fonte apropriada de alimento, da qual a próxima geração possa se alimentar assim que eclodir.

Os insetos são classificados em mais de 30 ordens, oito das quais são apresentadas na **Figura 33.42**.

▲ **Figura 33.41 Metamorfose completa de uma borboleta. (a)** A larva (lagarta) passa seu tempo comendo e crescendo, sofrendo muda à medida que cresce. **(b)** Após várias mudas, a larva se desenvolve em uma pupa. **(c)** Dentro da pupa, os tecidos larvais são destruídos, e o adulto é formado pela divisão e diferenciação de células que estavam dormentes na larva. **(d)** Por fim, o adulto começa a emergir da cutícula da pupa. **(e)** A hemolinfa é bombeada para as veias das asas e então removida, deixando as veias endurecidas como estruturas de apoio das asas. O inseto sairá voando e se reproduzirá, utilizando, para sua nutrição, as reservas alimentares armazenadas pela larva.

▼ Figura 33.42 Explorando a diversidade dos insetos

Embora existam mais de 30 ordens de insetos, aqui vamos abordar apenas 8. Dois grupos de insetos sem asas divergiram cedo dos demais, as traças-saltadoras (Archaeognatha) e as traças (Zygentoma). As relações evolutivas entre os outros grupos discutidos aqui estão sob debate e por isso não são reproduzidas na árvore.

Archaeognatha (traças-saltadoras; 350 espécies)

Estes insetos sem asas são encontrados sob cascas de árvores e em outros hábitats úmidos e escuros, como serapilheira, pilhas de compostagem e fendas de rochas. Eles se alimentam de algas, restos de plantas e liquens.

Zygentoma (traças; 450 espécies)

Estes pequenos insetos sem asas têm corpo achatado e olhos reduzidos. Vivem na serapilheira ou sob cascas de árvores. Também podem infestar construções humanas e se tornar pragas.

Insetos alados (muitas ordens; seis são mostradas abaixo)

Metamorfose completa

Coleoptera (besouros; 350.000 espécies)

Os besouros, como este gorgulho (*Rhiastus lasternus*), constituem a ordem de insetos mais rica em espécies. Eles têm dois pares de asas, o anterior espesso e rígido, e o posterior membranoso. Têm um exoesqueleto resistente e peças bucais adaptadas para perfuração e mastigação.

Diptera (151.000 espécies)

Os dípteros têm apenas um par de asas; o segundo par posterior se modificou em órgãos de equilíbrio chamados de halteres. As peças bucais são adaptadas para sugar, perfurar ou lamber. Moscas e mosquitos estão entre os dípteros mais conhecidos, os quais vivem como necrófagos, predadores e parasitos. Assim como outros insetos, as moscas, como este taquinídeo vermelho (*Adejeania vexatrix*), têm olhos compostos bem desenvolvidos que proporcionam um amplo ângulo de visão e são excelentes para detectar movimentos rápidos.

Hymenoptera (125.000 espécies)

A maioria dos himenópteros, incluindo as formigas, abelhas e vespas, é representada por insetos altamente sociais. Eles têm dois pares de asas membranosas, cabeça móvel e peças bucais mastigadoras ou sugadoras. As fêmeas de muitas espécies têm um órgão picador posterior. Muitas espécies, como esta vespa de papel europeia (*Polistes dominulus*), constroem ninhos elaborados.

Lepidoptera (120.000 espécies)

As borboletas e mariposas têm dois pares de asas cobertas com diminutas escamas. Para se alimentar, elas desenrolam uma longa probóscide, visível nesta fotografia de uma mariposa beija-flor (*Macroglossum stellatarum*). O nome dessa mariposa se refere a sua capacidade de pairar no ar enquanto se alimenta de uma flor. A maioria dos lepidópteros se alimenta de néctar, mas algumas espécies se alimentam de outras substâncias, incluindo sangue ou lágrimas de animais.

Metamorfose incompleta

Hemiptera (85.000 espécies)

Os hemípteros incluem os chamados "percevejos-verdadeiros", como pentatomídeos (marias-fedidas, fede-fedes), percevejos de cama e reduviídeos. (Insetos em outras ordens são às vezes chamados erroneamente de percevejos.) Os hemípteros têm dois pares de asas,  um par parcialmente coriáceo, o outro par membranoso. Eles têm peças bucais perfurantes ou sugadoras e passam por metamorfose incompleta, como mostra esta imagem de um fede-fede adulto guardando sua prole (ninfas).

Orthoptera (13.000 espécies)

Gafanhotos, grilos e seus parentes são principalmente herbívoros. Eles têm grandes pernas traseiras adaptadas para saltar, dois pares de asas (um coriáceo, um membranoso) e peças bucais perfurantes ou mastigadoras. Esta "esperança" (*Cophiphora* sp.) tem fronte e pernas especializadas para uma aparência ameaçadora. Em geral, os ortópteros machos fazem sons de corte pela fricção de partes do corpo, como as bordas de suas pernas traseiras.

Animais tão numerosos, diversos e distribuídos como os insetos certamente afetam a vida da maioria dos outros organismos terrestres, incluindo os seres humanos. Os insetos consomem enormes quantidades de matéria vegetal; eles desempenham papéis como predadores, parasitos e decompositores; e são uma fonte essencial de alimento para animais maiores como lagartos, roedores e aves. Os seres humanos dependem das abelhas, moscas e outros insetos para polinizar culturas agrícolas e pomares. Além disso, pessoas em muitas partes do mundo consomem insetos como importante fonte de proteína. Por outro lado, os insetos são vetores de muitas doenças, incluindo a doença do sono africana (transmitida pela mosca tsé-tsé, que carrega o protista *Trypanosoma*; ver Figura 28.9) e a malária (transmitida por mosquitos que carregam o protista *Plasmodium*; ver Figura 23.18 e Figura 28.18).

Os insetos também competem com os seres humanos por alimento. Em partes da África, por exemplo, os insetos consomem aproximadamente 75% da produção agrícola. Nos Estados Unidos, bilhões de dólares são gastos em pesticidas a cada ano. Porém, as populações de insetos frequentemente desenvolvem resistência ao pesticida após um curto período de tempo. Por mais que tentem, nem mesmo os seres humanos conseguem desafiar o domínio dos insetos e de seus parentes artrópodes. Como um proeminente entomólogo postulou: "Os insetos não irão herdar a Terra. Eles já a possuem. Então, deveríamos tratar de ficar em paz com os proprietários".

REVISÃO DO CONCEITO 33.4

1. Como se diferem os planos corporais de nematódeos e de anelídeos?
2. Descreva duas adaptações que permitiram aos insetos viver no ambiente terrestre.
3. **FAÇA CONEXÕES** Historicamente, anelídeos e artrópodes eram vistos como proximamente relacionados, pois ambos apresentavam segmentação corporal. Entretanto, dados de sequências de DNA indicam que os anelídeos pertencem a um clado (Lophotrochozoa), e os artrópodes, a outro (Ecdysozoa). As hipóteses tradicionais e moleculares poderiam ser testadas estudando os genes *Hox* que controlam a segmentação corporal (ver Conceito 21.6)? Explique sua resposta.

Ver as respostas sugeridas no Apêndice A.

CONCEITO 33.5

Equinodermos e cordados são deuterostômios

Estrelas-do-mar, ouriços-do-mar e outros equinodermos (filo Echinodermata) podem parecer ter pouco em comum com vertebrados (animais que têm coluna vertebral) e com outros membros do filo Chordata. Todavia, evidências de DNA indicam que os equinodermos e os cordados são estreitamente relacionados, com os dois filos pertencendo ao clado Deuterostomia de animais bilatérios. Os equinodermos e os cordados também compartilham aspectos característicos de um modo deuterostômio de desenvolvimento, como a clivagem radial e a formação do ânus a partir do blastóporo (ver Figura 32.10). Como discutido no Conceito 32.4, porém, alguns filos animais com membros que têm características de desenvolvimento deuterostômio, incluindo ectoproctos e braquiópodos, não estão no clado Deuterostomia. Portanto, apesar de seu nome, o clado Deuterostomia é definido principalmente por semelhanças no DNA, e não por semelhanças no desenvolvimento.

Equinodermos

As estrelas-do-mar e a maioria dos outros grupos de **equinodermos** (do grego *echin*, coberto de espinhos, e *derma*, pele) são animais marinhos sésseis ou de movimento lento. Equinodermos possuem um celoma. Uma epiderme fina cobre um endoesqueleto de placas calcáreas rígidas, e a maior parte das espécies é coberta de saliências e espinhos. O **sistema vascular aquífero**, exclusivo dos equinodermos, é uma rede de canais hidráulicos que se ramifica em extensões chamadas de **pés ambulacrais**, que atuam na locomoção e na alimentação **(Figura 33.43)**. A reprodução sexuada dos equinodermos geralmente envolve indivíduos machos e fêmeas que liberam seus gametas na água.

Os equinodermos descendem de ancestrais bilateralmente simétricos, embora, em um primeiro exame, a maioria das espécies pareça ter uma forma radialmente simétrica. As partes internas e externas da maioria dos equinodermos adultos irradiam do centro, geralmente como cinco raios. Entretanto, as larvas dos equinodermos têm simetria bilateral. Além disso, a simetria dos equinodermos adultos não é verdadeiramente radial. Por exemplo, a abertura (madreporito) do sistema vascular aquífero de uma estrela-do-mar não é central, mas, sim, deslocada para um lado.

Os equinodermos atuais são divididos em cinco clados.

Asteroidea: estrelas-do-mar e margaridas-do-mar

As estrelas-do-mar têm braços irradiando de um disco central; a superfície inferior dos braços tem pés ambulacrais. Por uma combinação de ações musculares e químicas, o pé ambulacral pode aderir ou se separar do substrato. As estrelas-do-mar aderem-se firmemente a rochas ou se arrastam lentamente por elas à medida que seus pés ambulacrais se estendem, agarram, soltam, se estendem e agarram novamente. Embora a base do pé ambulacral tenha um disco achatado que parece uma ventosa, a ação de agarrar resulta de adesivos químicos, e não de sucção (ver Figura 33.43).

As estrelas-do-mar também utilizam seus pés ambulacrais para agarrar presas, como mariscos e ostras. Os braços da estrela-do-mar abraçam o bivalve fechado, aderindo-se firmemente com seus pés ambulacrais. A estrela-do-mar, então, projeta a parte interna de seu estômago para fora pela boca e pela estreita abertura entre as metades da concha dos bivalves. Em seguida, o sistema digestório da estrela-do-mar secreta sucos que começam a digerir o molusco dentro de sua própria concha. A estrela-do-mar, então, retrai seu estômago de volta para dentro de seu corpo, onde a digestão do corpo do molusco (agora liquefeito) é completada. A capacidade de começar o processo digestivo fora de seu corpo permite às estrelas-do-mar consumir bivalves ou outras espécies de presas que são muito maiores do que sua boca.

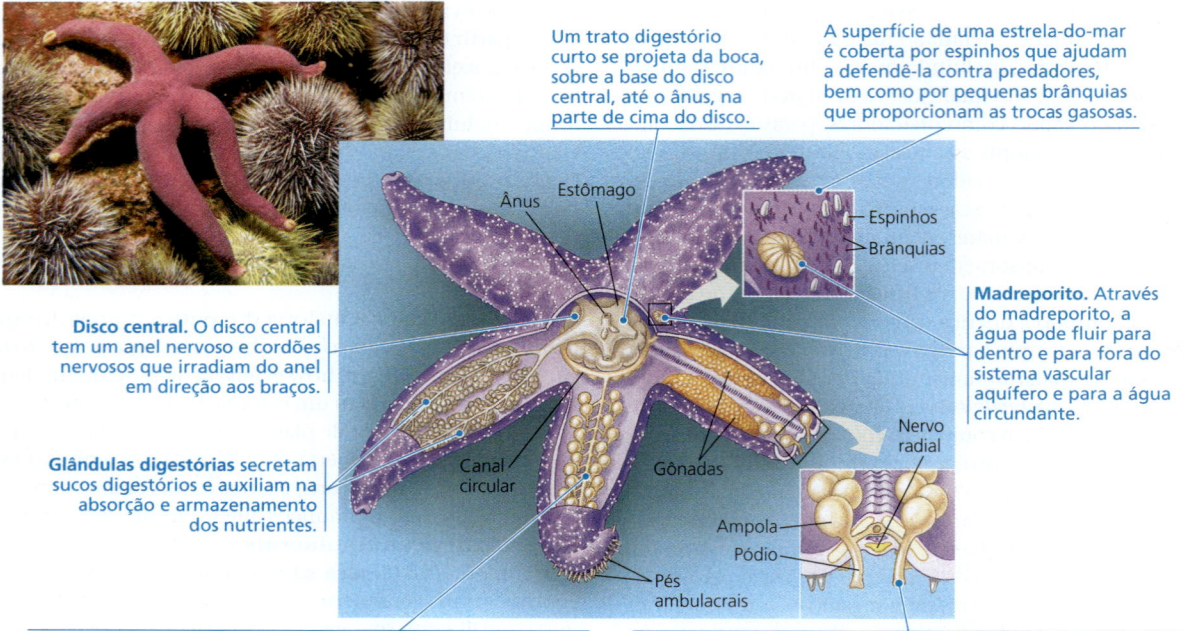

▲ **Figura 33.43 Anatomia de uma estrela-do-mar, um equinodermo (vista superior).** Neste diagrama, glândulas digestórias, canal radial e gônadas são ilustrados em braços separados para melhor clareza, mas cada uma dessas estruturas está presente em todos os braços. A fotografia mostra uma estrela-do-mar rodeada de ouriços-do-mar, que também são equinodermos.

As estrelas-do-mar e alguns outros equinodermos possuem considerável poder de regeneração. As estrelas-do-mar podem regenerar braços perdidos; membros de um gênero podem até mesmo regenerar um corpo inteiro a partir de um único braço, se parte do disco central permanecer aderido.

O clado Asteroidea, ao qual as estrelas-do-mar pertencem, também inclui um pequeno grupo de espécies sem braços, as *margaridas-do-mar*. Somente três espécies de margaridas-do-mar são conhecidas, todas vivendo sobre madeira submersa. Em geral, o corpo de uma margarida-do-mar tem a forma de disco; ele tem uma organização de cinco lados e mede menos do que um centímetro de diâmetro **(Figura 33.43)**. A borda do corpo é dotada de pequenos espinhos. As margaridas-do-mar absorvem nutrientes por uma membrana que envolve os seus corpos.

▶ **Figura 33.44** Uma margarida-do-mar (clado Asteroidea).

Ophiuroidea: serpentes-do-mar

As serpentes-do-mar (ou estrelas-serpentes) têm um disco central distinto e braços longos e flexíveis **(Figura 33.45)**. Elas se movem principalmente batendo seus braços em movimentos serpentiformes. Embora não apresente o disco achatado encontrado nas estrelas-do-mar, a base do pé ambulacral da serpente-do-mar secreta substâncias químicas adesivas. Portanto, assim como as estrelas-do-mar e outros equinodermos, as serpentes-do-mar também podem usar

▲ **Figura 33.45** Uma estrela-serpente (clado Ophiuroidea).

▲ Figura 33.46 Um ouriço-do-mar (clado Echinoidea).

▲ Figura 33.48 Um pepino-do-mar (clado Holothuroidea).

seus pés ambulacrais para se agarrar ao substrato. Algumas espécies se alimentam de partículas em suspensão, outras são predadoras ou necrófagas.

Echinoidea: ouriços-do-mar e bolachas-da-praia

Ouriços-do-mar e bolachas-da-praia não possuem braços, mas têm cinco grupos de pés ambulacrais radialmente dispostos, que permitem movimento lento. Os ouriços-do-mar também possuem músculos que giram os longos espinhos, que por sua vez auxiliam na locomoção e na proteção **(Figura 33.46)**. A boca de um ouriço-do-mar, localizada em seu lado inferior, é guarnecida por estruturas altamente complexas, parecidas com mandíbulas, bem adaptadas para comer algas marinhas macroscópicas. Os ouriços-do-mar são relativamente esféricos, enquanto as bolachas-da-praia são discos achatados.

Crinoidea: lírios-do-mar e plumas-do-mar

Os lírios-do-mar vivem aderidos ao substrato por um pedúnculo; as plumas-do-mar (comatulídeos) rastejam sobre o substrato usando seus braços longos e flexíveis. Ambas utilizam seus braços para se alimentar de partículas em suspensão. Os braços circundam a boca, a qual é dirigida para cima, para longe do substrato **(Figura 33.47)**. Os crinoides são um grupo antigo, cuja morfologia mudou pouco no curso da evolução; alguns lírios-do-mar fossilizados de 500 milhões de anos atrás são extremamente similares aos membros atuais do clado.

Holothuroidea: pepinos-do-mar

Em um exame casual, os pepinos-do-mar não se parecem muito com os outros equinodermos. Neles faltam espinhos, e seu endoesqueleto é muito reduzido. Eles são também alongados em seu eixo oral-aboral, o que lhes confere a forma pela qual são denominados e, além disso, mascara sua relação com as estrelas-do-mar e ouriços-do-mar **(Figura 33.48)**. Um exame mais detalhado, porém, revela que pepinos-do-mar possuem cinco seções de pés ambulacrais radialmente dispostas, como em outros equinodermos. Alguns dos pés ambulacrais em volta da boca se desenvolvem como tentáculos utilizados na alimentação.

Cordados

O filo Chordata consiste em dois grupos basais de invertebrados, os anfioxos e os tunicados, bem como os vertebrados. Cordados são animais bilateralmente simétricos com um celoma e corpos segmentados. A estreita relação entre os equinodermos e os cordados não significa que um filo evoluiu do outro. Na verdade, os equinodermos e os cordados evoluíram independentemente um do outro há pelo menos 500 milhões de anos. Vamos seguir a filogenia dos cordados no Capítulo 34, enfocando a história dos vertebrados.

> **REVISÃO DO CONCEITO 33.5**
>
> 1. Como os pés ambulacrais das estrelas-do-mar se aderem aos substratos?
> 2. **E SE?** O inseto *Drosophila melanogaster* e o nematódeo *Caenorhabditis elegans* são organismos-modelo bem conhecidos. Essas espécies são os invertebrados mais apropriados para fazer inferências sobre seres humanos e outros vertebrados? Explique sua resposta.
> 3. **FAÇA CONEXÕES** Descreva como as características e a diversidade de equinodermos ilustram a unidade da vida, a diversidade da vida e a combinação entre organismos e seus ambientes (ver Conceito 22.2).
>
> *Ver as respostas sugeridas no Apêndice A.*

▲ Figura 33.47 Uma pluma-do-mar (clado Crinoidea).

33 Revisão do capítulo

RESUMO DOS CONCEITOS-CHAVE

Esta tabela recapitula os grupos animais examinados neste capítulo.

Conceito-chave				Filo	Descrição
CONCEITO 33.1 **Esponjas são animais basais que não possuem tecidos** (p. 690-691) ❓ Sem tecidos e órgãos, como as esponjas executam as tarefas de trocas gasosas, transporte de nutrientes e descarte de resíduos?	Metazoa			Porifera (esponjas)	Não possuem tecidos; têm coanócitos (células de colar – células flageladas que ingerem bactérias e pequenas partículas alimentícias)
CONCEITO 33.2 **Os cnidários são um filo antigo de eumetazoários** (p. 691-693) ❓ Descreva o plano corporal dos cnidários e suas duas variações principais.		Eumetazoa		Cnidaria (hidras, medusas, anêmonas-do-mar, corais)	Estruturas urticantes exclusivas (nematocistos) alojadas em células especializadas (cnidócitos); diploblásticos; radialmente simétricos; cavidade gastrovascular (compartimento digestório com abertura única)
CONCEITO 33.3 **Os lofotrocozoários, um clado identificado por dados moleculares, têm a gama mais ampla de formas corporais animais** (p. 694-705) ❓ O clado dos lofotrocozoários é unido por características morfológicas exclusivas compartilhadas por todos os seus membros? Explique sua resposta.			Bilateria — Lophotrochozoa	Platyhelminthes (vermes planos)	Sem cavidade corporal; achatados dorsoventralmente; possuindo cavidade gastrovascular ou sem trato digestório
				Syndermata (rotíferos e acantocéfalos)	Hemocele; rotíferos têm um canal alimentar (tubo digestório com boca e ânus) e mandíbulas (trofos); acantocéfalos são parasitos de vertebrados
				Ectoprocta e Brachiopoda	Celoma; têm lofóforos (estruturas para alimentação contendo tentáculos ciliados)
				Mollusca (mariscos, caracóis, lulas)	Hemocele; celoma reduzido; três partes corporais principais (pé muscular, massa visceral, manto); a maioria tem concha rígida composta de carbonato de cálcio
				Annelida (vermes segmentados)	Celoma; parede do corpo e órgãos internos segmentados (exceto trato digestório, que não é segmentado)
CONCEITO 33.4 **Os ecdisozoários são o grupo animal mais rico em espécies** (p. 705-713) ❓ Descreva alguns papéis ecológicos dos nematódeos e artrópodes.			Ecdysozoa	Nematoda (nematódeos)	Hemocele; corpo cilíndrico com extremidades afiladas; sem sistema circulatório; sofrem ecdise
				Arthropoda (aranhas, centopeias, crustáceos e insetos)	Hemocele; celoma reduzido. Possuem corpo segmentado, apêndices articulados e exoesqueleto composto de proteína e quitina
CONCEITO 33.5 **Equinodermos e cordados são deuterostômios** (p. 713-715) ❓ Você leu que os equinodermos e os cordados são estreitamente relacionados e evoluíram independentemente por mais de 500 milhões de anos. Explique como essas duas afirmações podem estar corretas.			Deuterostomia	Echinodermata (estrelas-do-mar, ouriços-do-mar)	Celoma; larvas bilateralmente simétricas e corpo organizado em cinco partes quando adultos; sistema vascular aquífero exclusivo; endoesqueleto
				Chordata (anfioxos, tunicados, vertebrados)	Celoma; possuem notocorda; cordão nervoso oco, dorsal; fendas faringeais; cauda pós-anal (ver Figura 34.3)

TESTE SEU CONHECIMENTO

Níveis 1-2: Relembre/Entenda

1. Um caracol terrestre, um marisco e um polvo compartilham
   (A) um manto.
   (B) uma rádula.
   (C) brânquias.
   (D) cefalização distinta.
2. Qual filo é caracterizado por animais que têm um corpo segmentado?
   (A) Cnidaria
   (B) Platyhelminthes
   (C) Arthropoda
   (D) Mollusca
3. O sistema vascular aquífero dos equinodermos
   (A) funciona como um sistema circulatório que distribui nutrientes para as células do corpo.
   (B) atua na locomoção e na alimentação.
   (C) é bilateral na organização, ainda que o animal adulto não seja bilateralmente simétrico.
   (D) movimenta água pelo corpo do animal durante a alimentação por filtração.
4. Qual das seguintes combinações de filos e descrições está correta?
   (A) Echinodermata – simetria radial quando larva, celoma
   (B) Nematoda – vermes cilíndricos, esqueleto interno
   (C) Platyhelminthes – vermes planos, cavidade gastrovascular, sem cavidade corporal
   (D) Porifera – cavidade gastrovascular, celoma

Níveis 3-4: Aplique/Analise

5. Na Figura 33.1, qual dos dois clados principais se ramificam do ancestral comum mais recente dos eumetazoários?
   (A) Porifera e Cnidaria
   (B) Lophotrochozoa e Ecdysozoa
   (C) Cnidaria e Bilateria
   (D) Deuterostomia e Bilateria
6. **FAÇA CONEXÕES** Na Figura 33.7, assuma que as duas medusas mostradas na etapa 4 foram produzidas por uma colônia de pólipos. Revise o Conceito 12.1 e o Conceito 13.3 e, então, use a sua compreensão sobre mitose e meiose para selecionar qual dos seguintes é verdadeiro.
   (A) Ambas as medusas e os gametas são geneticamente idênticos.
   (B) Nem as medusas nem os gametas são geneticamente idênticos.
   (C) As medusas não são geneticamente idênticas, mas os gametas são geneticamente idênticos.
   (D) As medusas são geneticamente idênticas, mas os gametas diferem geneticamente.

Níveis 5-6: Avalie/Crie

7. **CONEXÃO EVOLUTIVA • INTERPRETE OS DADOS** Baseado na Figura 32.11, desenhe uma árvore filogenética de Bilateria que inclua os dez filos de bilatérios discutidos em detalhe neste capítulo. Identifique cada ramo que leva a um filo com C, H, HC ou N, dependendo se os membros do filo possuem somente celoma (C), somente hemocele (H), hemocele e celoma reduzido (HC) ou nenhuma cavidade corporal (N). Use sua árvore identificada para responder às seguintes perguntas: (a) Para cada um dos três clados principais de bilatérios, o que (se houver) pode ser inferido quanto à presença de um celoma verdadeiro no ancestral comum? (b) Em que extensão a presença de um celoma verdadeiro em animais se alterou ao longo da evolução?

8. **PESQUISA CIENTÍFICA** Morcegos emitem sons ultrassônicos, utilizando os ecos que retornam desses sons para localizar e capturar insetos em voo, como mariposas, no escuro. Em resposta aos ataques de morcegos, algumas mariposas-tigre produzem estalidos ultrassônicos por conta própria. Os pesquisadores formularam a hipótese de que as mariposas-tigre provavelmente produzem estalidos tanto para (1) congestionar o sonar dos morcegos, como para (2) alertar os morcegos sobre as defesas químicas tóxicas da mariposa. O gráfico abaixo mostra dois padrões observados em estudos de taxas de captura de mariposas ao longo do tempo.

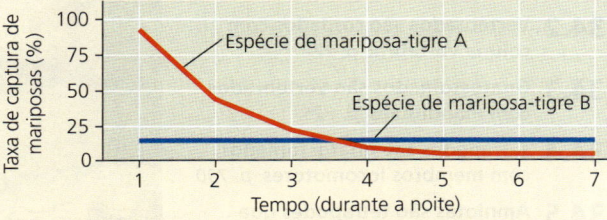

Os morcegos nesses experimentos eram "inexperientes", isto é, antes do estudo, os morcegos não haviam caçado mariposas-tigre. Indique se os resultados corroboram a hipótese (1), com a hipótese (2) ou com ambas. Explique por que os pesquisadores usaram morcegos inexperientes neste estudo.

9. **ESCREVA SOBRE UM TEMA: ORGANIZAÇÃO** Escreva um texto curto (100-150 palavras) que explique como a estrutura do trato digestório em diferentes grupos de invertebrados se relaciona com o tamanho dos organismos que eles conseguem comer.

10. **SINTETIZE SEU CONHECIMENTO**

Coletivamente, estes besouros e todas as outras espécies de invertebrados combinadas formam um grupo monofilético? Explique sua resposta e forneça uma visão geral da história evolutiva da vida dos invertebrados.

Ver respostas selecionadas no Apêndice A.

34 Origem e evolução dos vertebrados

CONCEITOS-CHAVE

34.1 Os cordados têm uma notocorda e um cordão nervoso dorsal oco p. 719

34.2 Vertebrados são cordados com coluna vertebral p. 722

34.3 Gnatostomados são vertebrados com mandíbulas p. 725

34.4 Tetrápodes são gnatostomados com membros locomotores p. 730

34.5 Amniotas são tetrápodes que têm um ovo adaptado ao meio terrestre p. 734

34.6 Mamíferos são amniotas que possuem pelos e produzem leite p. 741

34.7 Seres humanos são mamíferos com um cérebro grande e locomoção bípede p. 748

Dica de estudo

Faça uma tabela: Humanos são mamíferos – e somos também amniotas, tetrápodes, peixes com nadadeiras lobadas, peixes ósseos, gnatostomados, vertebrados e cordados (ver Figura 34.2). À medida que ler o capítulo, liste caracteres derivados para esses clados e descreva se essas características foram mantidas, modificadas ou perdidas na linhagem humana.

Clado	Caracteres derivados	Encontrado em humanos?
Cordados	Notocorda	Modificada (discos gelatinosos entre as vértebras)
	Cauda pós-anal	Perdida

Figura 34.1 Pequena e delgada, esta espécie inconspícua (*Myllokunmingia fengjiaoa*) viveu no oceano há 530 milhões de anos, junto com uma imensa variedade de animais invertebrados perigosos e com defesas eficientes. Embora não possuísse garras ou carapaça, esta espécie primitiva era um parente próximo de um dos grupos mais bem sucedidos da Terra: os vertebrados, animais com uma coluna vertebral.

Quais são algumas das características fundamentais que surgiram durante a evolução dos vertebrados?

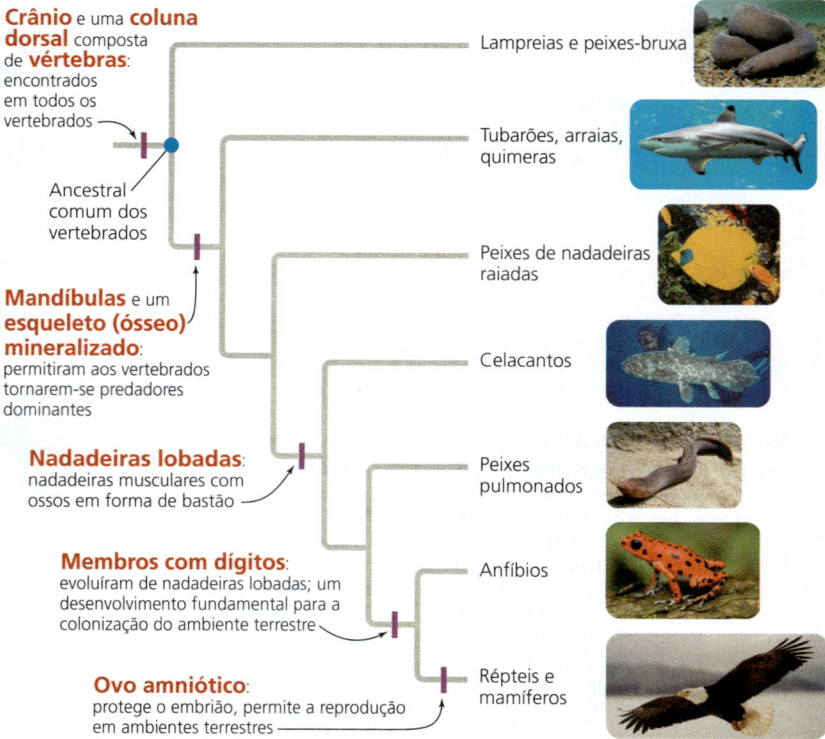

Existem mais de 60.000 espécies de **vertebrados**, animais com uma coluna vertebral. Este é um número relativamente pequeno comparado a, por exemplo, um milhão de espécies de insetos na Terra. Porém, o que falta aos vertebrados em número de espécies, eles apresentam em *disparidade*, variando enormemente em características como massa corporal. Os vertebrados incluem os animais mais pesados que já caminharam na Terra, dinossauros herbívoros de até 40 toneladas (mais do que 13 caminhonetes). O maior animal que já existiu sobre a Terra também é um vertebrado – a baleia-azul, que pode exceder 100 toneladas. Na outra extremidade desse espectro, o peixe *Schindleria brevipinguis* tem apenas 8,4 mm de comprimento e uma massa corporal aproximadamente 100 bilhões de vezes menor do que a da baleia-azul.

Neste capítulo, nós iremos acompanhar a origem e evolução do plano corporal vertebrado, passando por uma notocorda, uma cabeça, um esqueleto mineralizado e membros locomotores com dígitos (como polegares). Exploraremos também os principais grupos de vertebrados (tanto atuais como extintos), bem como a história evolutiva de nossa própria espécie – *Homo sapiens*.

CONCEITO 34.1

Os cordados têm uma notocorda e um cordão nervoso dorsal oco

Os vertebrados são membros do filo Chordata, os cordados. Os **cordados** são animais bilaterais (bilateralmente simétricos) e, dentro de Bilateria, pertencem ao clado de animais conhecidos como Deuterostomia (ver Figura 32.11). Como mostrado na **Figura 34.2**, há dois grupos de invertebrados deuterostômios que são mais proximamente relacionados aos vertebrados do que aos demais invertebrados: os cefalocordados e os urocordados. Portanto, junto com os vertebrados, esses dois grupos de invertebrados são classificados dentro dos cordados.

Caracteres derivados dos cordados

Todos os cordados compartilham um conjunto de caracteres derivados, embora muitas espécies apresentem algumas dessas características apenas durante o desenvolvimento

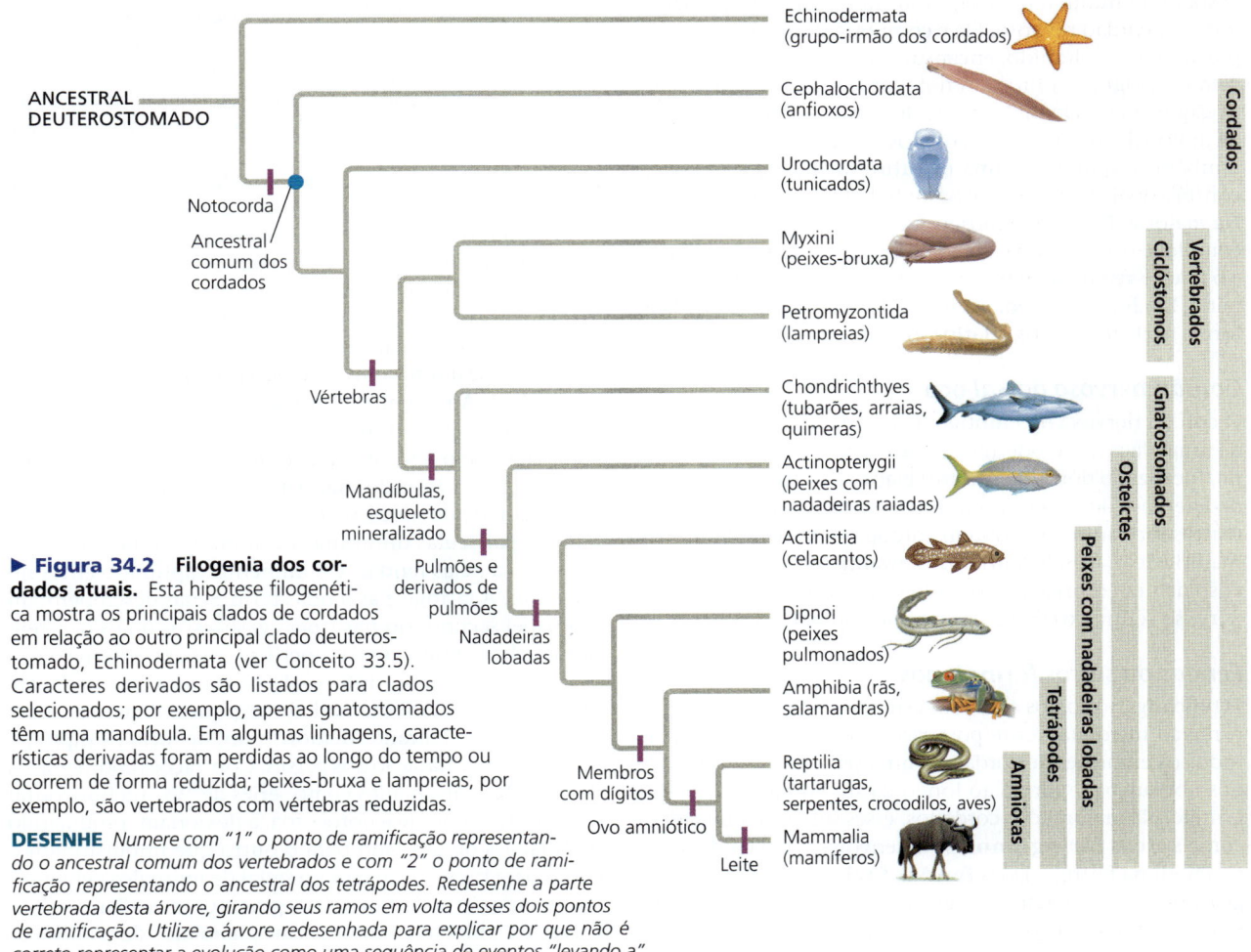

▶ **Figura 34.2 Filogenia dos cordados atuais.** Esta hipótese filogenética mostra os principais clados de cordados em relação ao outro principal clado deuterostomado, Echinodermata (ver Conceito 33.5). Caracteres derivados são listados para clados selecionados; por exemplo, apenas gnatostomados têm uma mandíbula. Em algumas linhagens, características derivadas foram perdidas ao longo do tempo ou ocorrem de forma reduzida; peixes-bruxa e lampreias, por exemplo, são vertebrados com vértebras reduzidas.

DESENHE Numere com "1" o ponto de ramificação representando o ancestral comum dos vertebrados e com "2" o ponto de ramificação representando o ancestral dos tetrápodes. Redesenhe a parte vertebrada desta árvore, girando seus ramos em volta desses dois pontos de ramificação. Utilize a árvore redesenhada para explicar por que não é correto representar a evolução como uma sequência de eventos "levando a" humanos e outros mamíferos.

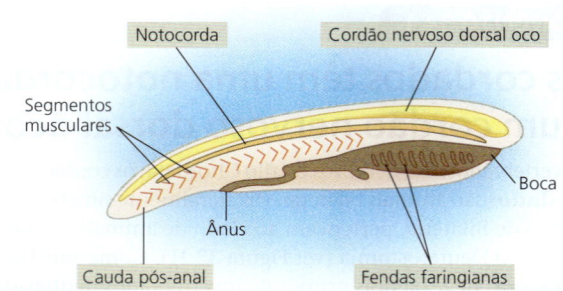

▲ **Figura 34.3 Características dos cordados.** Todos os cordados possuem as quatro características essenciais estruturais realçadas em algum ponto durante o seu desenvolvimento.

embrionário. A **Figura 34.3** ilustra quatro caracteres essenciais dos cordados: uma notocorda; um cordão nervoso dorsal oco; fendas faringianas; e uma cauda muscular pós-anal.

Notocorda

Os cordados recebem este nome devido à notocorda, estrutura esquelética presente em todos os embriões de cordados, bem como em alguns cordados adultos. A **notocorda** é um bastão longitudinal flexível, localizada entre o tubo digestório e o cordão nervoso. Ela é composta de células grandes preenchidas de líquido, encapsuladas em um tecido razoavelmente rígido e fibroso. A notocorda proporciona suporte esquelético pela maior parte do comprimento do corpo de um cordado e, nas larvas ou nos adultos que a retêm, ela também proporciona uma estrutura firme, mas flexível, contra a qual os músculos podem trabalhar durante o nado. Na maioria dos vertebrados, um esqueleto articulado mais complexo se desenvolve em volta da notocorda primordial, e o adulto retém apenas os vestígios da notocorda embrionária. Em humanos, por exemplo, a notocorda é reduzida e forma parte dos discos gelatinosos entre as vértebras.

Cordão nervoso dorsal oco

O cordão nervoso do embrião dos cordados desenvolve-se de uma placa de ectoderme que se enrola em um tubo neural, localizado dorsalmente em relação à notocorda. O cordão nervoso dorsal oco resultante é exclusivo dos cordados. Outros filos animais possuem cordões nervosos sólidos, na maioria dos casos, localizados ventralmente. O cordão nervoso de um embrião de cordado desenvolve-se no sistema nervoso central: o cérebro e a medula espinal.

Fendas ou sulcos faringianos

O tubo digestório dos cordados estende-se da boca ao ânus. A região imediatamente posterior à boca é a faringe. Em todos os embriões de cordados, uma série de arcos separados por sulcos se forma ao longo da superfície externa da faringe. Na maioria dos cordados, esses sulcos (conhecidos como **sulcos faringianos**) se desenvolvem em fendas que se abrem na faringe. Essas **fendas faringianas**, ou faríngeas, permitem à água que entra pela boca sair do corpo sem passar por todo o trato digestório. Em muitos cordados invertebrados, as fendas faringianas funcionam como dispositivos para a alimentação de partículas em suspensão.

Em vertebrados (com exceção dos vertebrados com membros, os *tetrápodes*), essas fendas, assim como os arcos faringianos que as sustentam, foram modificadas para a troca gasosa e são chamados de brânquias. Em tetrápodes, os sulcos faringianos não se desenvolvem em fendas. Em vez disso, os arcos faringianos que circundam os sulcos se tornam partes da orelha e outras estruturas na cabeça e no pescoço.

Cauda muscular pós-anal

Os cordados apresentam uma cauda que se estende após o ânus, embora em muitas espécies ela seja bastante reduzida durante o desenvolvimento embrionário. Por outro lado, a maioria dos não cordados tem um trato digestório que se estende aproximadamente por todo o corpo. A cauda dos cordados contém elementos esqueléticos e músculos; ela auxilia na propulsão na água de muitas espécies aquáticas.

Anfioxos

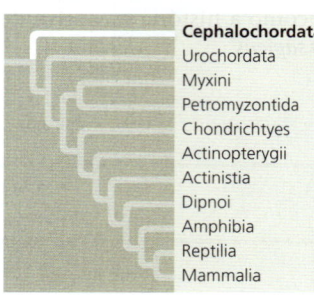

O grupo-irmão de todos os outros cordados atuais é um grupo de animais chamados de **anfioxos** (Cephalochordata), animais com corpo em forma de lâmina **(Figura 34.4)**. Quando larvas, os anfioxos desenvolvem uma notocorda, um cordão nervoso dorsal oco, numerosas fendas faringianas e uma cauda pós-anal. A larva alimenta-se de plâncton na coluna de água, alternando entre natação ativa para cima e descenso passivo. À medida que desce, a larva captura o plâncton e outras partículas suspensas em sua faringe.

Os anfioxos adultos podem alcançar 6 cm de comprimento. Eles retêm características essenciais dos cordados, parecendo-se muito com o cordado idealizado, mostrado na Figura 34.3. Após a metamorfose, um anfioxo adulto nada para baixo, junto ao fundo do mar, e se enterra de costas na areia, deixando apenas sua extremidade anterior exposta. Cílios sugam a água do mar para dentro da boca do anfioxo. Uma rede de muco secretada pelas fendas faringianas remove partículas diminutas de alimento à medida que a água passa pelas fendas, e o alimento capturado entra no intestino. A faringe e as fendas faringianas desempenham um papel secundário nas trocas gasosas, as quais ocorrem principalmente através da superfície corporal externa.

Muitas vezes, um anfioxo deixa sua toca para nadar até um novo local. Embora nadadores pouco eficientes, esses cordados invertebrados demonstram, de forma simples, o mecanismo de natação dos peixes. Contrações coordenadas de músculos, arranjados como séries de "Vs" na horizontal (>>>>), lateralmente à notocorda, a flexionam, produzindo ondulações de um lado para o outro que impulsionam o corpo para frente. Esse arranjo serial de músculos evidencia a segmentação do anfioxo. Os segmentos musculares desenvolve-se de blocos de mesoderme chamados de *somitos*, os quais são encontrados ao longo de cada lado da notocorda em todos os embriões de cordados.

Tunicados

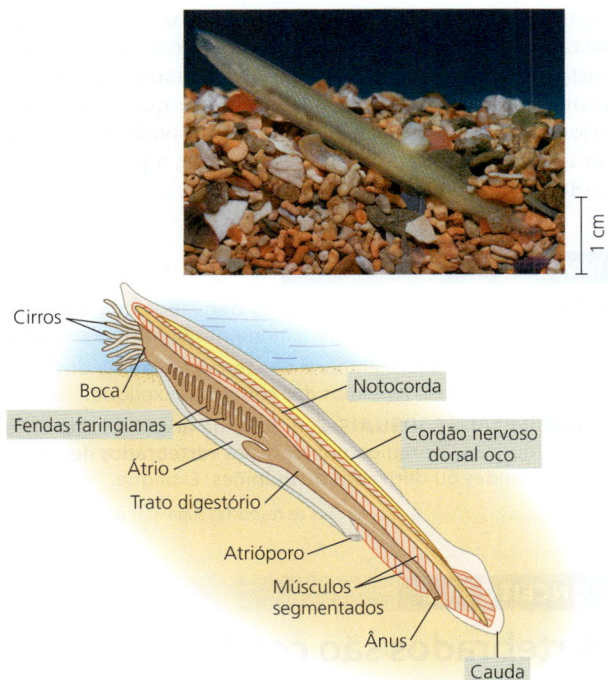
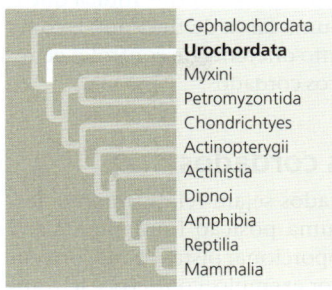

Estudos moleculares recentes indicam que os **tunicados** (Urochordata) são mais estreitamente relacionados aos outros cordados do que os anfioxos. Os caracteres cordados dos tunicados são mais aparentes durante seu estágio larval, que pode durar apenas alguns minutos **(Figura 34.5a)**. Em muitas espécies, a larva utiliza seus músculos caudais e a notocorda para nadar, em busca de um substrato adequado no qual possa se fixar, guiada por pistas que recebe de células sensíveis à luz e à gravidade.

Uma vez estabelecido no substrato, um tunicado passa por uma metamorfose radical, em que muitos de seus caracteres de cordado desaparecem. Sua cauda e sua notocorda são reabsorvidas; seu sistema nervoso se degenera; e os órgãos restantes sofrem uma rotação de 90°. Como adulto, um tunicado suga água por um sifão inalante; a água, então, passa pelas fendas faringianas para dentro de uma câmara denominada átrio e sai por um sifão exalante **(Figura 34.5b e c)**. As partículas de alimento são filtradas da água por uma rede mucosa e transportadas por cílios para o esôfago. O ânus esvazia se dentro do sifão exalante. Algumas espécies de tunicados disparam um jato de água por meio de seus sifões exalantes quando atacados, ganhando, então, o nome informal de "ascídias".

A perda dos caracteres de cordado no estágio adulto dos tunicados parece ter ocorrido após a linhagem dos tunicados se separar dos outros cordados. Mesmo a larva dos tunicados parece ser altamente derivada. Por exemplo, os tunicados têm nove genes *Hox*, enquanto todos os outros cordados estudados até agora – incluindo os anfioxos que

▲ **Figura 34.4** O anfioxo *Branchiostoma*, um cefalocordado. Este pequeno invertebrado exibe todos os quatro principais caracteres dos cordados. A água entra pela boca e passa pelas fendas faringianas para dentro do átrio, uma câmara que se abre para fora no atrióporo; partículas grandes são impedidas de entrarem na boca por cirros semelhantes a tentáculos. Os músculos segmentados arranjados serialmente produzem os movimentos de natação ondulatórios do anfioxo.

Em geral, os anfioxos são raros, mas, em alguns locais (como a Baía de Tampa, na costa da Flórida), eles alcançam densidades de mais de 5 mil indivíduos por metro quadrado.

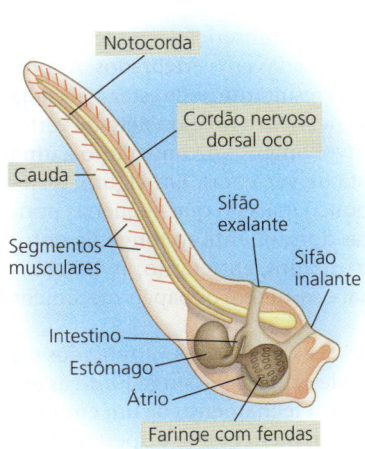
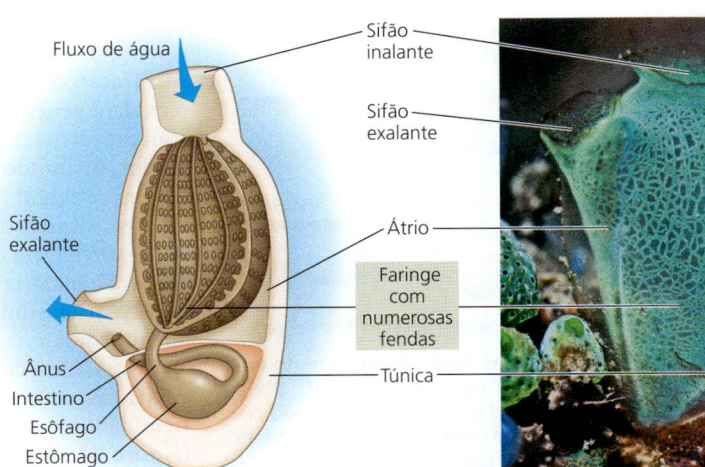

(a) Uma larva de tunicado é um "girino" livre-natante, no qual são evidentes todas as quatro características principais dos cordados.

(b) No adulto, fendas faringianas proeminentes funcionam na alimentação em suspensão, mas outros caracteres de cordados não são óbvios.

(c) Um tunicado adulto, ou ascídia, é um animal séssil (a foto tem cerca da metade do tamanho natural).

▲ **Figura 34.5** Tunicado, um urocordado.

divergiram inicialmente – compartilham um conjunto de 13 genes *Hox*. A perda aparente de genes *Hox* indica que o plano corporal cordado de uma larva de tunicado é construído utilizando um conjunto diferente de controles genéticos, se comparado aos outros cordados.

Evolução inicial dos cordados

Embora os anfioxos e tunicados sejam relativamente desconhecidos, eles ocupam uma posição fundamental na história da vida e podem proporcionar pistas sobre a origem evolutiva dos vertebrados. Por exemplo, como você leu, anfioxos mostram caracteres fundamentais de cordados quando adultos, e sua linhagem ramifica-se a partir da base da árvore filogenética de Chordata. Esses achados sugerem que o cordado ancestral pode ter se assemelhado em parte com um anfioxo – isto é, ele tinha uma extremidade anterior com boca; uma notocorda; um cordão nervoso dorsal oco; fendas faríngianas; e uma cauda pós-anal.

Pesquisas sobre anfioxos também revelaram pistas importantes sobre a evolução do cérebro dos cordados. Em vez de um cérebro desenvolvido, os anfioxos só têm uma ponta levemente inchada na extremidade anterior de seu cordão nervoso dorsal **(Figura 34.6)**. Mas os mesmos genes *Hox* que organizam as principais regiões do prosencéfalo, mesencéfalo e rombencéfalo dos vertebrados se expressam em um padrão correspondente nesse pequeno aglomerado de células no cordão nervoso de anfioxos. Isso sugere que o cérebro de vertebrados é uma elaboração de uma estrutura ancestral similar à ponta do cordão nervoso simples do anfioxo.

Da mesma forma para tunicados, vários de seus genomas foram completamente sequenciados e podem ser usados para identificar genes que eram provavelmente presentes nos primeiros cordados. Pesquisadores têm sugerido que os cordados ancestrais tinham genes associados com órgãos vertebrados, tais como o coração e a glândula tireoide. Esses genes são encontrados em tunicados e vertebrados, mas não em invertebrados não cordados. Um outro estudo recente encontrou que tunicados (mas não anfioxos) possuem células embrionárias que têm algumas das características da *crista neural*, um caráter derivado encontrado em todos os vertebrados (ver Figura 34.7). Isso sugere que células embrionárias similares àquelas de tunicados podem representar uma população celular intermediária, a partir da qual evoluiu a crista neural dos vertebrados.

REVISÃO DO CONCEITO 34.1

1. Identifique os quatro caracteres derivados que todos os cordados possuem em algum momento durante a sua vida.
2. Você é um cordado, embora não tenha a maioria dos principais caracteres derivados dos cordados. Explique.
3. **HABILIDADES VISUAIS** Com base na árvore filogenética da Figura 34.2, prediga quais grupos vertebrados deveriam ter pulmões ou derivados de pulmões. Explique.

Ver as respostas sugeridas no Apêndice A.

CONCEITO 34.2

Vertebrados são cordados com coluna vertebral

Durante o período Cambriano, há meio bilhão de anos, uma linhagem de cordados deu origem aos vertebrados. Com um sistema esquelético e um sistema nervoso mais complexo do que o dos seus ancestrais, os vertebrados se tornaram mais eficientes em duas tarefas essenciais: capturar alimento e evitar de serem comidos.

Caracteres derivados de vertebrados

Os vertebrados atuais compartilham um conjunto de caracteres derivados que os distinguem dos outros cordados. Por exemplo, como resultado de duplicação gênica, vertebrados possuem dois ou mais conjuntos de genes *Hox* (anfioxos e tunicados têm apenas um). Outras famílias importantes de genes que produzem fatores de transcrição e moléculas de sinalização também são duplicadas em vertebrados. A complexidade genética adicional resultante pode estar associada com inovações no sistema nervoso e no esqueleto de vertebrados, incluindo o desenvolvimento de um crânio e uma coluna vertebral composta de vértebras. Em alguns vertebrados, as vértebras são pouco mais do que pequenas pontas de cartilagem dispostas dorsalmente ao longo da notocorda. Na maioria dos vertebrados, entretanto, as vértebras envolvem a medula espinal e assumem os papéis mecânicos da notocorda.

Uma outra característica exclusiva dos vertebrados é a **crista neural**, um grupo de células que surge junto às extremidades do tubo neural em fechamento de um embrião **(Figura 34.7)**. As células da crista neural se dispersam pelo embrião, onde elas originam estruturas diversas, incluindo dentes, alguns dos ossos e cartilagens do crânio, vários tipos de neurônios e as cápsulas sensoriais nas quais os olhos e outros órgãos de sentido se desenvolvem.

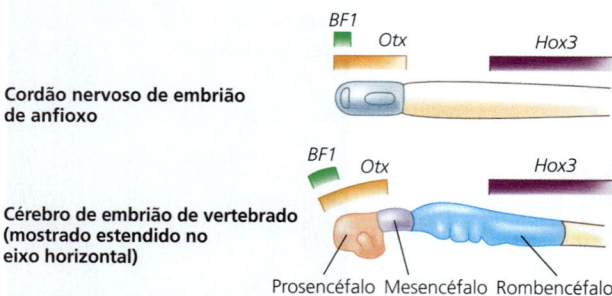

▲ **Figura 34.6 Expressão de genes do desenvolvimento em anfioxos e vertebrados.** Os genes *Hox* (incluindo *BF1*, *Otx* e *Hox3*) controlam o desenvolvimento das principais regiões do cérebro dos vertebrados. Estes genes são expressos na mesma ordem anteroposterior em anfioxos e vertebrados. Cada barra colorida é posicionada acima da porção do cérebro cujo desenvolvimento os genes controlam.

FAÇA CONEXÕES *O que estes padrões de expressão e aqueles da Figura 21.19 indicam sobre genes* Hox *e sua evolução?*

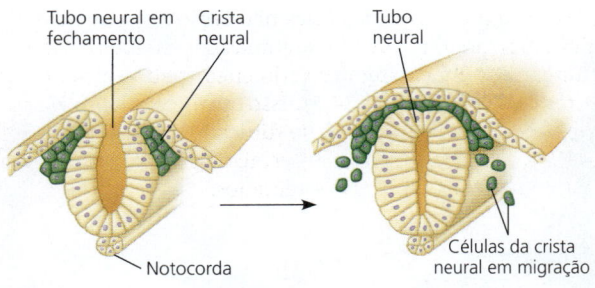

(a) A crista neural consiste de bandas bilaterais de células próximo às margens das dobras embrionárias que formam o tubo neural.

(b) Células da crista neural migram para locais distantes no embrião.

(c) As células em migração da crista neural originam algumas das estruturas anatômicas exclusivas dos vertebrados, incluindo alguns dos ossos e cartilagens do crânio. (Aqui é ilustrado um crânio fetal humano.)

▲ **Figura 34.7** Crista neural, fonte embrionária de muitas características exclusivas dos vertebrados.

Peixes-bruxa e lampreias

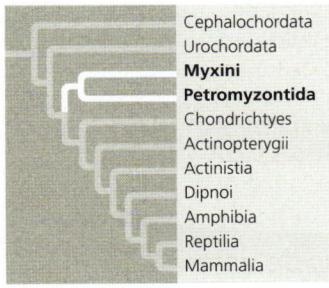

Os **peixes-bruxa** (Myxini) e as **lampreias** (Petromyzontida) são as únicas linhagens de vertebrados existentes cujos membros carecem de mandíbulas. Diferentemente da maioria dos vertebrados, as lampreias e os peixes-bruxa também não têm coluna vertebral. Mesmo assim, as lampreias são classificadas como vertebrados por possuírem vértebras rudimentares (compostas de cartilagem, e não de osso). Em contrapartida, acreditava-se que os peixes-bruxa também não tinham vértebras; assim, eles foram classificados como cordados invertebrados estreitamente relacionados aos vertebrados.

Nos últimos anos, entretanto, essa interpretação mudou. Pesquisas recentes mostraram que os peixes-bruxa, assim como as lampreias, possuem vértebras rudimentares. Além disso, uma série de estudos filogenéticos sustentou a hipótese de que os peixes-bruxa são vertebrados. Análises moleculares também indicam que peixes-bruxa e lampreias são grupos irmãos, como mostrado na Figura 34.2. Juntos, os peixes-bruxa e as lampreias formam um clado de vertebrados atuais sem mandíbulas, os **ciclóstomos** (todos os outros vertebrados possuem mandíbulas e compõem um clado muito maior, os gnatostomados, sobre os quais nós discutiremos no Conceito 34.3).

Peixes-bruxa

Os peixes-bruxa são vertebrados sem mandíbulas, com vértebras altamente reduzidas e crânio feito de cartilagem. Eles nadam em uma forma parecida com uma serpente, usando

▲ **Figura 34.8** Um peixe-bruxa.

seus músculos segmentares para exercer força contra sua notocorda, a qual eles retêm na idade adulta como um bastão forte e flexível de cartilagem. Os peixes-bruxa têm cérebros pequenos, olhos, orelhas e uma abertura nasal que se conecta com a faringe. Sua boca contém formações semelhantes a dentes, feitas da proteína queratina.

Todas as 30 espécies atuais de peixes-bruxa são marinhas. Medindo até 60 cm de diâmetro, a maioria é necrófaga e habita o leito marinho, se alimentando **(Figura 34.8)** de vermes e peixes doentes ou mortos. Séries de glândulas de muco sobre as laterais de um peixe-bruxa secretam uma substância que absorve água, formando um muco que pode repelir outros necrófagos quando o animal está se alimentando. Quando atacado por um predador, um peixe-bruxa pode produzir vários litros de muco em menos de um minuto. O muco cobre as brânquias do peixe agressor, fazendo-o recuar ou mesmo o sufocando. Os biólogos e engenheiros estão investigando as propriedades do muco do peixe-bruxa como um modelo para desenvolver um gel que preencha espaços e que poderia ser usado, por exemplo, para interromper a hemorragia durante cirurgias.

Lampreias

O segundo grupo de vertebrados sem mandíbula, as lampreias, consiste em aproximadamente 38 espécies que habitam vários ambientes marinhos e de águas doces **(Figura 34.9)**. Alguns são parasitos que se alimentam aderindo sua

▲ **Figura 34.9 Uma lampreia-marinha.** A maioria das lampreias usa a boca (ver detalhe) e a língua para cavar um buraco na lateral do peixe. A lampreia, então, ingere o sangue e outros tecidos de seu hospedeiro.

boca redonda e sem mandíbulas sobre o flanco de um peixe vivo, seu "hospedeiro". As lampreias parasíticas usam sua boca e sua língua áspera para penetrar na pele do peixe e ingerir seu sangue e outros tecidos.

Enquanto larvas, as lampreias vivem em cursos de água doce. A larva alimenta-se de partículas em suspensão, assim como um anfioxo, e passam boa parte de seu tempo parcialmente enterradas no sedimento. Aproximadamente 20 espécies de lampreias não são parasíticas. Essas espécies alimentam-se somente no estágio larval; após vários anos em cursos d'água, elas amadurecem sexualmente, se reproduzem e morrem em poucos dias. Por outro lado, espécies parasíticas de lampreias migram para mares e lagos à medida que se tornam adultas. Um desses parasitos, a lampreia-do-mar (*Petromyzon marinus*), invadiu os Grandes Lagos durante os últimos 170 anos e devastou algumas espécies pesqueiras.

O esqueleto das lampreias é composto de cartilagem. Diferentemente da cartilagem encontrada na maioria dos vertebrados, a cartilagem das lampreias não contém colágeno. Em vez disso, ela é uma matriz rígida de outras proteínas. A notocorda das lampreias persiste como o principal esqueleto axial no adulto, como em peixes-bruxa. Entretanto, as lampreias também têm uma bainha flexível semelhante a um bastão em torno da notocorda. Ao longo do comprimento de sua bainha, pares de projeções cartilaginosas, relacionadas a vértebras, se estendem dorsalmente, envolvendo parte do cordão nervoso.

Evolução inicial dos vertebrados

No final da década de 1990, na China, paleontólogos descobriram uma vasta coleção de fósseis de cordados primitivos que pareciam estar no meio do caminho da transição para vertebrados. Os fósseis foram formados há 530 milhões de anos, durante a explosão do Cambriano, quando muitos grupos animais estavam sofrendo rápida diversificação (ver Conceito 32.2).

O mais primitivo dos fósseis é *Haikouella* **(Figura 34.10)**, de 3 cm de comprimento. Em vários aspectos, *Haikouella* se assemelha a um anfioxo. Sua estrutura bucal indica que, assim como os anfioxos, ele provavelmente se alimentava de partículas em suspensão. Entretanto, *Haikouella* também possuía alguns caracteres de vertebrados. Por exemplo, ele tinha um cérebro bem formado, olhos pequenos e segmentos de músculos ao longo do corpo, como os peixes vertebrados. Diferentemente dos vertebrados, entretanto, *Haikouella* não possuía crânio ou órgãos de audição, sugerindo que esses caracteres teriam surgido com inovações posteriores ao sistema nervoso dos cordados (os primeiros "ouvidos" serviam para manter o equilíbrio, função ainda realizada pelos ouvidos de humanos e outros vertebrados atuais).

Os primeiros sinais de um crânio podem ser vistos em *Myllokunmingia* (ver Figura 34.1). Aproximadamente do mesmo tamanho de *Haikouella*, *Myllokunmingia* tinha cápsulas de ouvido e cápsulas de olhos, partes do crânio que circundam esses órgãos. Com base nesses e em outros caracteres, *Myllokunmingia* é considerado o primeiro cordado a ter uma cabeça. A origem de uma cabeça – consistindo em um cérebro na extremidade anterior do cordão nervoso dorsal, olhos e outros órgãos sensoriais e um crânio – possibilitou

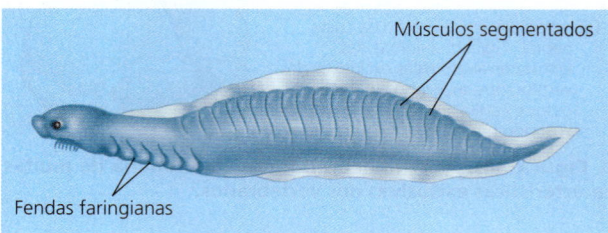

▲ **Figura 34.10** **Fóssil de um cordado primitivo.** Descoberto em 1999 no sul da China, *Haikouella* possuía olhos e um cérebro, mas carecia de um crânio, característica encontrada em vertebrados. A cor do organismo no esboço é fictícia.

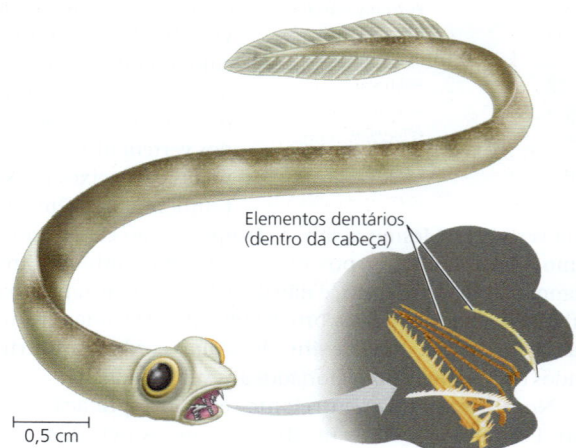

▲ **Figura 34.11** **Um conodonte.** Conodontes foram vertebrados primitivos sem mandíbulas que viveram de 500 a 200 milhões de anos atrás. Diferentemente dos peixes-bruxa e das lampreias, os conodontes possuíam peças bucais mineralizadas, que utilizavam tanto para predação quanto para necrofagia.

aos cordados coordenar movimentos mais complexos e comportamentos alimentares. Embora tivesse cabeça, *Myllokunmingia* carece de vértebras e, portanto, não é classificado como vertebrado.

Os fósseis mais antigos de vertebrados datam de 500 milhões de anos atrás e incluem fósseis de **conodontes (Figura 34.11)**, um grupo de vertebrados de corpo mole e delgado, sem mandíbulas e cujo esqueleto interno era composto de cartilagem. Os conodontes tinham olhos grandes, que teriam sido usados para localizar presas, as quais eram então dilaceradas por um conjunto de ganchos com cerdas, na extremidade anterior de sua boca (ver Figura 34.11). Esses ganchos eram compostos de tecidos dentais *mineralizados* – endurecidos pela incorporação de minerais, como o cálcio. O alimento era, então, passado para a faringe, onde um conjunto diferente de elementos dentários fatiava e triturava o alimento.

Os conodontes foram extremamente abundantes por 300 milhões de anos. Seus elementos dentários são tão abundantes que foram usados por décadas por geólogos do petróleo como guias para datar as camadas de rochas onde haveria óleo.

Vertebrados com inovações adicionais emergiram durante os períodos Ordoviciano, Siluriano e Devoniano (há 485-359 milhões de anos). Esses vertebrados tinham nadadeiras pareadas e, como as lampreias, um ouvido interno com dois canais semicirculares que proporcionavam senso de equilíbrio. Assim como os conodontes, esses vertebrados não apresentavam mandíbulas, mas tinham uma faringe muscular com a qual sugavam organismos habitantes do fundo oceânico ou detritos. Também eram protegidos com ossos mineralizados, que cobriam várias porções de seu corpo, e talvez tenham oferecido proteção contra os predadores (**Figura 34.12**). Havia muitas espécies desses vertebrados nadadores com carapaças e sem mandíbulas, mas todas foram extintas ao final do Devoniano.

Finalmente, observe que o esqueleto humano é constituído de osso densamente mineralizado, enquanto a cartilagem desempenha um papel bem menor. Entretanto, um esqueleto ósseo interno foi um desenvolvimento relativamente tardio na história dos vertebrados. Os esqueletos dos vertebrados evoluíram inicialmente como uma estrutura feita de cartilagem não mineralizada. As etapas que levaram a um esqueleto ósseo iniciaram há 470 milhões de anos, com o aparecimento de osso mineralizado na superfície externa do crânio de alguns vertebrados sem mandíbulas. Pouco tempo depois, o esqueleto interno começou a mineralizar, primeiramente como uma cartilagem calcificada. Há cerca de 430 milhões de anos, alguns vertebrados possuíam uma fina camada de osso revestindo a cartilagem de seu esqueleto interno. Os ossos de vertebrados passaram por ainda mais mineralização no grupo que veremos a seguir, os vertebrados mandibulados.

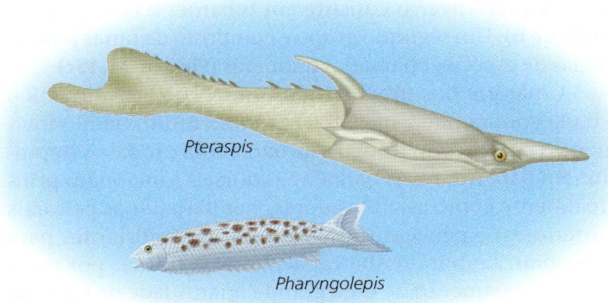

▲ **Figura 34.12 Vertebrados com carapaça amandibulados.** *Pteraspis* e *Pharyngolepis* foram dois dos muitos gêneros de vertebrados sem mandíbulas que surgiram durante os períodos Ordoviciano, Siluriano e Devoniano.

REVISÃO DO CONCEITO 34.2

1. Como as diferenças na anatomia das lampreias e dos conodontes estão refletidas no método de alimentação de cada animal?
2. **E SE?** Em várias linhagens diferentes de animais, organismos possuindo cabeça surgiram inicialmente há cerca de 530 milhões de anos. Esse achado constitui uma prova de que possuir uma cabeça é algo favorecido pela seleção natural? Explique.
3. **E SE?** Sugira papéis fundamentais que os ossos mineralizados poderiam ter desempenhado nos primeiros vertebrados.

Ver as respostas sugeridas no Apêndice A.

CONCEITO 34.3

Gnatostomados são vertebrados com mandíbulas

Peixes-bruxa e lampreias são sobreviventes do início da era Paleozoica, quando vertebrados sem mandíbulas eram comuns. Desde então, os vertebrados sem mandíbulas foram de longe superados numericamente pelos vertebrados com mandíbulas, os **gnatostomados**. Os gnatostomados atuais são um grupo diverso, que inclui tubarões e seus parentes, peixes com barbatanas raiadas, peixes com barbatanas lobadas, anfíbios, répteis (incluindo aves) e mamíferos.

Caracteres derivados dos gnatostomados

Os gnatostomados ("boca com mandíbula") recebem esse nome por suas mandíbulas, estruturas articuladas, que, especialmente com o auxílio dos dentes, permitem aos gnatostomados prenderem os itens alimentares e parti-los. De acordo com uma hipótese, as mandíbulas dos gnatostomados evoluíram por modificação de bastões esqueléticos que antes sustentavam as fendas faringianas (brânquias) anteriores. A **Figura 34.13** mostra um estágio nesse processo evolutivo no qual vários desses bastões esqueléticos foram transformados em precursores da mandíbula (verde) e seus suportes estruturais (vermelho). As fendas branquiais remanescentes, não mais necessárias para a alimentação de partículas em suspensão, permaneceram como os principais sítios das trocas gasosas respiratórias com o ambiente externo.

Os gnatostomados compartilham outros caracteres derivados, além de mandíbulas. O ancestral comum de todos os gnatostomados sofreu uma duplicação adicional dos genes *Hox*, de modo que o único conjunto presente nos primeiros cordados se tornou quatro. Na verdade, o genoma inteiro parece ter duplicado, e, ao mesmo tempo, essas alterações genéticas provavelmente permitiram a origem de mandíbulas e outras características inovadoras em gnatostomados. O prosencéfalo dos gnatostomados é maior, comparado ao dos outros vertebrados, e está associado com

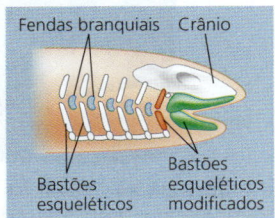

▲ **Figura 34.13** Possível etapa na evolução dos ossos da mandíbula.

sensores otimizados de odores e visão. Outra característica de gnatostomados aquáticos é o **sistema da linha lateral**, órgãos que formam uma linha ao longo de cada lateral do corpo e que são sensíveis às vibrações na água dos arredores. Os precursores desses órgãos estavam presentes nas proteções cranianas de alguns vertebrados sem mandíbulas.

Gnatostomados fósseis

Os gnatostomados apareceram no registro fóssil há cerca de 440 milhões de anos e gradualmente se diversificaram. Seu sucesso provavelmente resultou de uma combinação de características anatômicas: suas nadadeiras pareadas e cauda (que eram também encontradas em vertebrados sem mandíbulas) permitiam a eles nadar de maneira eficiente atrás das presas, e suas mandíbulas lhes permitiam agarrar as presas ou simplesmente morder nacos de carne. Ao longo do tempo, nadadeiras dorsais, ventrais e anais enrijecidas por estruturas ósseas chamadas de raios da nadadeira evoluíram em alguns gnatostomados primitivos. As barbatanas proporcionam propulsão e controle da direção quando vertebrados aquáticos nadam atrás de presas ou fogem de predadores. O nado mais rápido foi sustentado por outras adaptações, incluindo um sistema mais eficiente de trocas gasosas nas brânquias.

Os primeiros gnatostomados abrangiam linhagens extintas de vertebrados com carapaças, conhecidos coletivamente como **placodermos**, que significa "pele com placas". A maioria dos placodermos media menos de um metro de comprimento, embora alguns gigantes tenham alcançado mais de 10 m **(Figura 34.14)**. Outros vertebrados mandibulados, chamados de **acantódios**, surgiram aproximadamente no mesmo período e se diversificaram durante os períodos Siluriano e Devoniano (444-359 milhões de anos atrás). Os placodermos desapareceram há 359 milhões de anos, e os acantódios se tornaram extintos cerca de 70 milhões de anos depois.

No geral, uma série de descobertas fósseis recentes revelou que 440 a 420 milhões de anos atrás foi um período tumultuado de mudança evolutiva. Os gnatostomados que viveram durante este período tinham formas altamente variáveis e, há cerca de 420 milhões de anos, divergiram nas três linhagens de vertebrados com mandíbulas que sobrevivem até hoje: os condrictes, os peixes com nadadeiras raiadas e os peixes com nadadeiras lobadas.

Condrictes (tubarões, arraias e seus parentes)

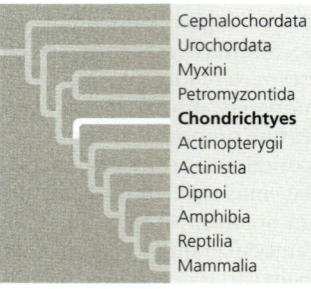

Tubarões, raias e seus parentes incluem alguns dos maiores e mais bem-sucedidos vertebrados predadores dos oceanos. Eles pertencem ao clado Chondrichthyes, que significa "peixe cartilaginoso". Como seu nome indica, os **condrictes** têm um esqueleto composto predominantemente de cartilagem, embora muitas vezes impregnado com cálcio.

Quando o nome Chondrichtyes foi inicialmente cunhado, na década de 1800, os cientistas pensavam que esses animais representassem um estágio inicial na evolução do esqueleto dos vertebrados e que a mineralização tinha evoluído somente em linhagens mais derivadas (como os "peixes ósseos"). Entretanto, como vertebrados com carapaças sem mandíbulas demonstram, a mineralização do esqueleto dos vertebrados já havia começado antes que a linhagem dos condrictes tivesse se separado dos outros vertebrados. Além disso, tecidos semelhantes a ossos foram encontrados em condrictes primitivos, como o esqueleto de uma barbatana de um tubarão que viveu no período Carbonífero. Vestígios de ossos também podem ser encontrados nos condrictes existentes – em suas escamas, na base de seus dentes e, em alguns tubarões, em uma fina camada na superfície de suas vértebras. Esses achados sugerem que a distribuição restrita de ossos no corpo dos condrictes é uma condição derivada, surgindo após eles terem divergido de outros gnatostomados.

Há cerca de mil espécies de condrictes atuais. O grupo maior e mais diverso consiste em tubarões e raias **(Figura 34.15a e b)**. Um segundo grupo é composto de umas poucas dúzias de espécies chamadas quimeras **(Figura 34.15c)**.

A maioria dos tubarões tem um corpo aerodinâmico e nada com rapidez, mas não manobra muito bem. Movimentos potentes do tronco e da barbatana caudal os impulsionam para frente. As barbatanas dorsais funcionam principalmente como estabilizadores, e as barbatanas peitorais (anteriores) e pélvicas (posteriores) são importantes para manobrar. Embora tenha capacidade de flutuar por meio do armazenamento de uma grande quantidade de óleo em seu grande fígado, o tubarão ainda é mais denso do que a água e, se parar de nadar, ele afunda. A natação contínua também assegura que a água flua para dentro da boca do tubarão e pelas brânquias, onde as trocas gasosas ocorrem.

▲ **Figura 34.14 Fóssil de um gnatostomado primitivo.** Um predador formidável, o placodermo *Dunkleosteus* atingia até 10 m de comprimento. Sua estrutura mandibular indica que *Dunkleosteus* podia exercer uma força de 560 kg/cm² na ponta de suas mandíbulas.

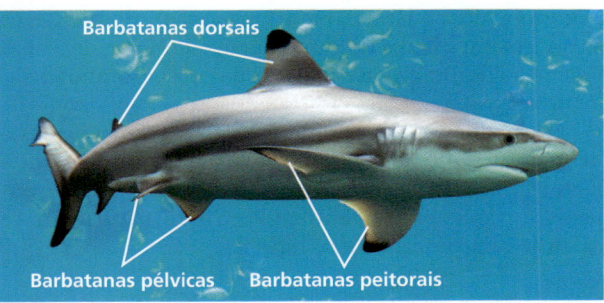

(a) **Tubarão-galha-preta (*Carcharhinus melanopterus*).** Os tubarões são nadadores rápidos com sentidos aguçados. Assim como todos os gnatostomados, eles têm barbatanas peitorais e pélvicas pareadas.

(b) **Raia-prego (*Dasyatis americana*).** A maioria das raias é habitante do fundo oceânico e se alimenta de moluscos e crustáceos. Algumas raias atravessam águas abertas e colhem o alimento com sua boca escancarada.

(c) **Quimera manchada (*Hydrolagus colliei*).** Em geral, as quimeras vivem em profundidades maiores do que 80 m e se alimentam de camarões, moluscos e ouriços-do-mar. Algumas espécies têm um espinho venenoso na parte anterior de sua primeira barbatana dorsal.

▲ **Figura 34.15** Condrictes.

Entretanto, alguns tubarões e muitas raias passam uma boa parte do tempo repousando no fundo do mar. Quando descansam, eles utilizam os músculos de suas mandíbulas e faringes para bombear água sobre as brânquias.

Os maiores tubarões e raias alimentam-se de partículas em suspensão e consomem plâncton. A maioria dos tubarões, entretanto, é carnívora, engolindo sua presa inteira ou usando suas poderosas mandíbulas e dentes afiados para rasgar a carne de animais que seriam muito grandes para serem engolidos de uma só vez. Os tubarões são dotados de várias fileiras de dentes que se mudam gradualmente para a frente da boca à medida que os dentes velhos são perdidos. O trato digestório de muitos tubarões é proporcionalmente mais curto do que o de muitos outros vertebrados. Dentro do intestino dos tubarões, há uma *válvula espiral*, um septo em forma de saca-rolha que aumenta a área de superfície e prolonga a passagem do alimento pelo trato digestório.

Sentidos aguçados são adaptações que acompanham o estilo de vida ativo e carnívoro dos tubarões. Os tubarões têm visão aguçada, mas não conseguem distinguir cores. As narinas dos tubarões, assim como aquelas da maioria dos vertebrados aquáticos, se abrem em cápsulas de fundo cego. Elas funcionam apenas para o olfato, não tendo função respiratória. Assim como outros vertebrados, os tubarões têm um par de regiões na pele de sua cabeça que pode detectar campos elétricos gerados por contrações musculares de animais próximos. Assim como todos os vertebrados aquáticos (não mamíferos), os tubarões não têm tímpanos, estruturas que os vertebrados terrestres usam para transmitir ondas sonoras do ar até os órgãos auditivos. Os sons alcançam um tubarão através da água, e o corpo inteiro do animal transmite o som para os órgãos auditivos do ouvido interno.

Os ovos dos tubarões são fertilizados internamente. O macho tem um par de cláspers em suas barbatanas pélvicas, que transferem o esperma para o trato reprodutivo feminino. Algumas espécies de tubarões são **ovíparas**; elas põem ovos que incubam fora do corpo da mãe. Esses tubarões liberam seus ovos fertilizados após envolvê-los em uma cobertura protetora. Outras espécies são **ovovivíparas**; elas retêm os ovos fertilizados no oviduto. Nutridos pela gema do ovo, os embriões se desenvolvem em juvenis, que nascem após a incubação dentro do útero. Umas poucas espécies são **vivíparas**; o juvenil se desenvolve dentro do útero e obtém a nutrição antes do nascimento, recebendo nutrientes do sangue da mãe por uma placenta similar a um saco vitelínico, absorvendo um líquido nutritivo produzido pelo útero ou ingerindo outros ovos. O trato reprodutivo do tubarão desemboca junto com o sistema excretor e o trato digestório em uma **cloaca**, uma câmara comum que tem uma única abertura para o exterior.

Embora as raias sejam estreitamente relacionadas aos tubarões, elas adotaram um estilo de vida muito diferente. A maioria das raias é habitante do fundo oceânico e se alimenta usando suas mandíbulas para triturar moluscos e crustáceos. Elas têm uma forma achatada e usam suas barbatanas peitorais muito desenvolvidas como asas aquáticas para impulsioná-las pela água. A cauda de muitas raias é semelhante a um chicote e, em algumas espécies, tem espinhos venenosos que atuam na defesa.

Os condrictes têm se desenvolvido por mais de 400 milhões de anos. Hoje, entretanto, eles estão seriamente ameaçados devido à sobrepesca. Por exemplo, um relatório recente indicou que populações de tubarões no Pacífico caíram em até 95%, e populações de tubarões que vivem próximas aos humanos são as que mais declinaram.

Peixes com nadadeiras raiadas e nadadeiras lobadas

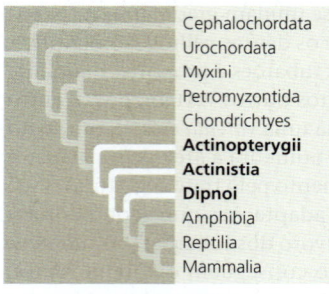

A vasta maioria dos vertebrados pertence ao clado dos gnatostomados chamado Osteichthyes. Diferente dos condrictes, aproximadamente todos os **osteíctes** têm um endoesqueleto ossificado (ossos) com uma matriz rígida de fosfato de cálcio. O nome Osteichthyes ("peixes ósseos") foi criado muito antes do surgimento da sistemática filogenética. Quando ele foi originalmente definido, o grupo excluiu os tetrápodes, mas agora sabemos que esse táxon seria parafilético (ver Figura 34.2). Por isso, hoje os sistematas incluem os tetrápodes junto com os peixes ósseos no clado Osteichthyes. Claramente, o nome do grupo não descreve acuradamente todos os seus membros.

Esta seção discute os osteíctes aquáticos, conhecidos informalmente como peixes. A maioria dos peixes respira fazendo a água atravessar quatro ou cinco pares de brânquias, localizadas em câmaras cobertas por uma aba óssea protetora chamada **opérculo (Figura 34.16)**. A água é dirigida para dentro da boca, passando pela faringe e saindo por entre as brânquias pelo movimento do opérculo e contrações de músculos que circundam as câmaras branquiais.

A maioria dos peixes pode manter uma flutuabilidade igual à da água circundante, preenchendo um saco aéreo conhecido como uma **bexiga natatória** (se um peixe nada para maiores profundidades ou em direção à superfície em que a pressão da água difere, ele equilibra o gás entre o seu sangue e a bexiga natatória, mantendo constante o volume de gás na bexiga). Charles Darwin propôs que os pulmões dos tetrápodes evoluíram de bexigas natatórias, mas, por mais estranho que pareça, o contrário parece ser verdadeiro: bexigas natatórias surgiram de pulmões. Os osteíctes, em muitas linhagens que se separaram precocemente, possuem pulmões, que eles utilizam para respirar ar, como uma suplementação à troca gasosa em suas brânquias. Isso sugere que os pulmões surgiram em osteíctes primitivos; posteriormente, as bexigas natatórias evoluíram de pulmões em algumas linhagens.

Em quase todos os peixes, a pele é coberta por escamas ósseas achatadas, que diferem em estrutura das escamas semelhantes a dentes dos tubarões. Glândulas na pele secretam sobre ela um muco viscoso, uma adaptação que reduz o atrito durante a natação. Como os antigos gnatostomados aquáticos, mencionados anteriormente, os peixes têm um sistema de linha lateral, que é evidente como uma fileira de diminutas cavidades na pele em ambos os lados do corpo.

Os detalhes da reprodução dos peixes variam extensamente. A maioria das espécies é ovípara, se reproduzindo por fertilização externa após a fêmea depositar grandes números de pequenos ovos. Entretanto, a fertilização interna e a parição caracterizam outras espécies.

Peixes com nadadeiras raiadas

Quase todos os osteíctes aquáticos que conhecemos estão entre as cerca de 27 mil espécies de **peixes com nadadeiras raiadas** (Actinopterygii) **(Figura 34.17)**. Os peixes com nadadeiras raiadas – que têm esse nome devido aos raios ósseos que sustentam suas nadadeiras – se originaram durante o período Siluriano (há 444-419 milhões de anos). O grupo diversificou-se marcadamente desde aquele tempo, resultando em numerosas espécies e muitas modificações na forma do corpo e na estrutura das nadadeiras, que afetam o movimento, a defesa e outras funções.

Os peixes com nadadeiras raiadas servem como importante fonte de proteína para os humanos, que os pescam há milhares de anos. Entretanto, operações de pesca em escala industrial têm levado algumas das maiores reservas pesqueiras ao colapso. Por exemplo, após décadas de safras abundantes, na década de 1990, a captura do bacalhau (*Gadus morhua*) no noroeste do Atlântico despencou para apenas 5% de seu máximo histórico, quase levando à interrupção da pesca naquele local. Apesar das crescentes restrições à pesca, as populações de bacalhau ainda têm de recuperar os níveis sustentáveis. Peixes com nadadeiras raiadas também enfrentam outras pressões dos humanos, como a mudança no curso de rios por barragens. A mudança nos padrões do fluxo de água pode dificultar a capacidade para obter alimento e interfere nos padrões migratórios e nas áreas de desova.

Peixes com nadadeiras lobadas

Assim como os peixes de nadadeiras raiadas, a outra linhagem principal de osteíctes, os **peixes com nadadeiras**

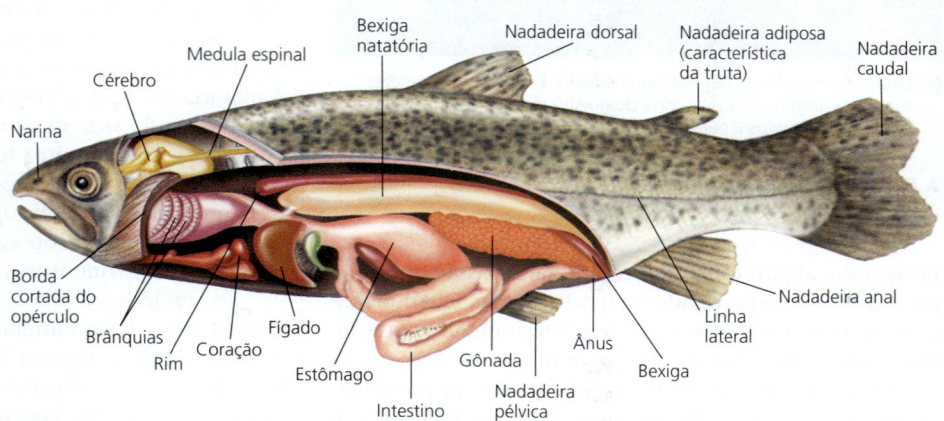

▲ **Figura 34.16** Anatomia de uma truta, um peixe com nadadeiras raiadas.

▲ Albacora (*Thunnus albacares*) é um peixe de nado rápido e formador de cardumes, comercialmente importante no mundo inteiro.

▶ Nativo dos recifes de coral do Oceano Pacífico, o peixe-leão-vermelho (*Pterois volitans*), de cores vívidas, pode injetar veneno por meio de seus espinhos, causando uma grave e dolorosa reação em humanos.

▲ O cavalo-marinho tem uma forma corporal altamente modificada, como exemplificado pelo *Hippocampus ramulosus*, mostrado acima. Os cavalos-marinhos são incomuns entre os animais porque o macho carrega os juvenis durante o seu desenvolvimento embrionário.

▲ A moreia (*Gymnothorax dovii*) é um predador que embosca as presas utilizando fendas em seu hábitat nos recifes de coral.

▲ **Figura 34.17** Peixes com nadadeiras raiadas (Actinopterygii).

▲ **Figura 34.18** **Reconstrução de um antigo peixe com nadadeiras lobadas.** Descoberto em 2009, *Guiyu oneiros* é o mais antigo peixe com nadadeiras lobadas do qual temos conhecimento, datando de 420 milhões de anos atrás. O fóssil desta espécie estava quase completo, permitindo uma reconstrução minuciosa; as regiões mostradas em cinza estavam faltando no fóssil.

lobadas (Sarcopterygii) também se originaram durante o período Siluriano **(Figura 34.18)**. O caráter fundamental derivado de peixes com nadadeiras lobadas é a presença de ossos em forma de bastão envolvidos por uma espessa camada muscular em suas nadadeiras peitorais e pélvicas. Durante o Devoniano (entre 419-359 milhões de anos atrás), muitos peixes com nadadeiras lobadas viviam em águas salobras, como em áreas úmidas costeiras. Lá, eles podem ter usado suas nadadeiras lobadas para ajudá-los a se mover por troncos ou no fundo lodoso (como fazem alguns peixes de nadadeiras lobadas atuais). Alguns peixes com nadadeiras lobadas do Devoniano eram predadores gigantes. Não é incomum encontrar fósseis de dentes pontudos, de peixes com nadadeiras lobadas do Devoniano, do tamanho do seu polegar.

Ao fim do período Devoniano, a diversidade de peixes com nadadeiras lobadas foi diminuindo, e hoje somente três linhagens sobrevivem. Acreditava-se que uma linhagem, a dos celacantos (Actinistia), havia sido extinta há 75 milhões de anos. Entretanto, em 1938, um pescador capturou um celacanto vivo da costa leste da África do Sul **(Figura 34.19)**. Até a década de 1990, todas as descobertas seguintes foram próximas às Ilhas Comoros no oeste do Oceano Índico. Desde 1999, celacantos também têm sido encontrados em vários lugares ao longo da costa leste da África e no leste do Oceano Índico, próximo à Indonésia. A população indonésia pode representar uma segunda espécie.

A segunda linhagem de peixes com nadadeiras lobadas atuais, os peixes pulmonados (Dipnoi), é hoje representada por três espécies, em três gêneros, todas encontradas no Hemisfério Sul. Os peixes pulmonados surgiram no oceano, mas hoje são encontrados apenas em águas doces, geralmente em lagos de água estagnada e pântanos. Eles vão à superfície para tragar ar em seus pulmões conectados à faringe. Os peixes pulmonados também têm brânquias, que são os principais órgãos para as trocas gasosas nas espécies pulmonadas australianas. Quando as lagoas diminuem de tamanho, na estação seca, alguns peixes pulmonados podem cavar no lodo e estivar (esperar em um estado de torpor; ver Conceito 40.4).

▲ **Figura 34.19** **Um celacanto (*Latimeria*).** Estes peixes de nadadeiras lobadas foram encontrados vivendo ao longo das costas do sul da África e da Indonésia.

A terceira linhagem de peixes com nadadeiras lobadas que sobreviveu até os dias de hoje é de longe mais diversificada que a dos celacantos ou a dos peixes pulmonados. Durante a metade do Devoniano, esses organismos se adaptaram à vida no ambiente terrestre e deram origem aos vertebrados com membros e pés, chamados tetrápodes – uma linhagem que inclui os humanos.

REVISÃO DO CONCEITO 34.3

1. Que caracteres derivados os tubarões e os atuns compartilham? Que características distinguem esses dois grupos?
2. Descreva adaptações essenciais de gnatostomados aquáticos.
3. **DESENHE** Redesenhe a Figura 34.2 para mostrar quatro linhagens: ciclóstomos, anfioxos, gnatostomados e tunicados. Identifique o ancestral comum dos vertebrados e circule a linhagem que inclui os humanos.
4. **E SE?** Imagine que você pudesse repetir a história da vida. É possível que um grupo de vertebrados que colonizaram o ambiente terrestre pudesse ter se originado de outros gnatostomados aquáticos que não os peixes de nadadeiras lobadas? Explique sua resposta.

Ver as respostas sugeridas no Apêndice A.

CONCEITO 34.4

Tetrápodes são gnatostomados com membros locomotores

Um dos eventos mais significantes na história dos vertebrados aconteceu há 365 milhões de anos, quando as nadadeiras de uma linhagem de peixes com nadadeiras lobadas gradativamente evoluíram nos membros e pés dos tetrápodes. Até então, todos os vertebrados tinham compartilhado a mesma anatomia básica semelhante a um peixe. Após a colonização do ambiente terrestre, os tetrápodes se diversificaram enormemente e deram origem a muitas formas novas, de sapos saltadores a águias voadoras e humanos bípedes.

Caracteres derivados dos tetrápodes

O caráter mais significativo dos **tetrápodes** dá ao grupo o seu nome, que significa "quatro pés" em grego. No lugar de nadadeiras peitorais e pélvicas, os tetrápodes têm membros com dedos. Os membros suportam o peso de um tetrápode sobre a terra, enquanto os pés com os dedos transmitem de maneira eficiente as forças geradas pelos músculos para o terreno enquanto ele caminha.

A vida no ambiente terrestre provocou a seleção de várias outras mudanças no plano corporal dos tetrápodes. Nos tetrápodes, a cabeça é ligada ao corpo por um pescoço que originalmente tinha uma vértebra na qual o crânio podia mover-se para cima e para baixo. Posteriormente, com a origem de uma segunda vértebra no pescoço, a cabeça podia também girar de um lado para o outro. Os ossos da cintura pélvica, aos quais os membros traseiros estão ligados, são fundidos à coluna vertebral, permitindo que as forças geradas pelos membros posteriores contra o solo possam ser transferidas para o resto do corpo. Exceto por algumas espécies totalmente aquáticas (como o axolotle discutido adiante; ver Figura 42.1), os adultos dos tetrápodes atuais não possuem brânquias; durante o desenvolvimento embrionário, as fendas faringianas dão origem a partes do ouvido, certas glândulas e outras estruturas.

Discutiremos mais adiante como algumas dessas características foram alteradas ou perdidas em várias linhagens de tetrápodes. Em aves, por exemplo, os membros peitorais se tornaram asas, e, em baleias, o corpo inteiro convergiu para uma forma semelhante a um peixe.

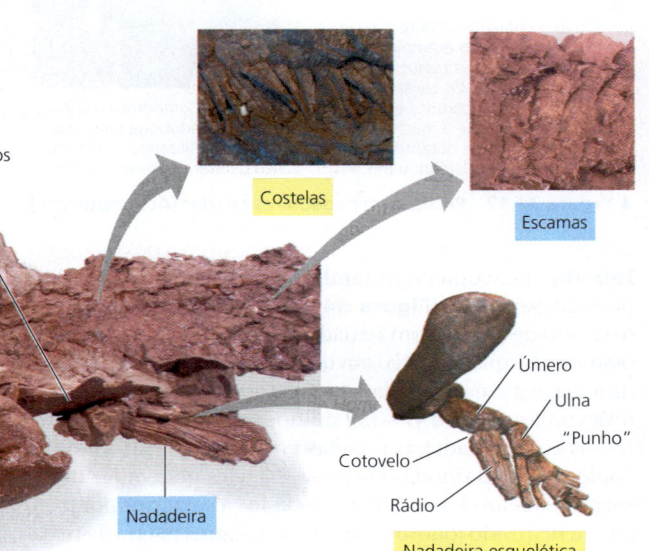

▲ **Figura 34.20 Descoberta do *Tiktaalik*.** Paleontólogos estavam em busca de fósseis que pudessem lançar luz sobre a origem evolutiva de tetrápodes. Com base nas idades de fósseis previamente descobertos, os pesquisadores procuravam por um local de escavação com rochas de aproximadamente 365-385 milhões de anos. A Ilha Ellesmere, no Ártico Canadense, foi um desses poucos sítios prováveis de conter fósseis, porque havia sido um rio. A busca neste sítio foi premiada com a descoberta de fósseis de um peixe com nadadeiras lobadas de 375 milhões de anos, nomeado *Tiktaalik*. Como mostrado no diagrama e fotografias, *Tiktaalik* exibe caracteres tanto de peixes quanto de tetrápodes.

FAÇA CONEXÕES *Descreva como as características de* Tiktaalik *ilustram o conceito de descendência com modificação de Darwin (ver Conceito 22.2).*

Origem dos tetrápodes

Como você leu, as áreas úmidas costeiras do Devoniano foram o lar de uma ampla gama de peixes com nadadeiras lobadas. Aqueles que exploraram águas rasas, pobres em oxigênio, podiam utilizar seus pulmões para respirar ar. Algumas espécies provavelmente usaram suas nadadeiras robustas para nadar e "caminhar" debaixo d'água, no fundo (movendo suas nadadeiras em um movimento alternado, como fazem alguns peixes de nadadeiras lobadas atuais). Isso sugere que o plano corporal tetrápode não evoluiu "do nada", mas representou simplesmente uma modificação de um plano corporal preexistente.

A descoberta recente de um fóssil chamado *Tiktaalik* forneceu novos detalhes de como esse processo de modificação ocorreu **(Figura 34.20)**. Como um peixe, essa espécie tinha nadadeiras, brânquias e pulmões, e seu corpo era coberto de escamas. Porém, diferentemente de um peixe, *Tiktaalik* tinha um conjunto completo de costelas que o teriam ajudado a respirar ar e sustentar seu corpo. Também distintamente de um peixe, *Tiktaalik* possuía um pescoço, permitindo que ele movesse sua cabeça. Além disso, os ossos das nadadeiras dianteiras de *Tiktaalik* têm o mesmo padrão básico encontrado em todos os animais com membros: um osso (o úmero), seguido por dois ossos (o rádio e a ulna), seguido por um grupo de pequenos ossos que constituem o punho. Por fim, a pelve e a nadadeira posterior de *Tiktaalik* eram maiores e mais robustas que aquelas de um peixe; a pelve é a estrutura óssea à qual os membros posteriores se prendem em tetrápodes. Embora seja improvável que *Tiktaalik* pudesse caminhar sobre a terra, a estrutura esquelética de suas nadadeiras e pelve sugere que ele podia propulsionar-se e caminhar dentro d'água sobre suas nadadeiras. Uma vez que *Tiktaalik* é anterior ao mais antigo tetrápode conhecido, seus traços sugerem que as características-chave de "tetrápodes", como punho, costelas e pescoço, foram de fato anteriores à linhagem dos tetrápodes.

Tiktaalik e outras descobertas fósseis extraordinárias permitiram aos paleontólogos reconstruir como as nadadeiras se tornaram progressivamente mais parecidas com membros ao longo do tempo, culminando no aparecimento, no registro fóssil, dos primeiros tetrápodes, há 365 milhões de anos **(Figura 34.21)**. Durante os 60 milhões de anos seguintes, surgiu uma grande diversidade de tetrápodes. Algumas dessas espécies retiveram brânquias funcionais e possuíam membros fracos, enquanto outras perderam suas brânquias e tinham membros mais fortes que facilitaram a locomoção sobre o solo. Em geral, julgando pela morfologia e pela localização de seus fósseis, a maioria desses tetrápodes primitivos permaneceu provavelmente ligada à água, característica

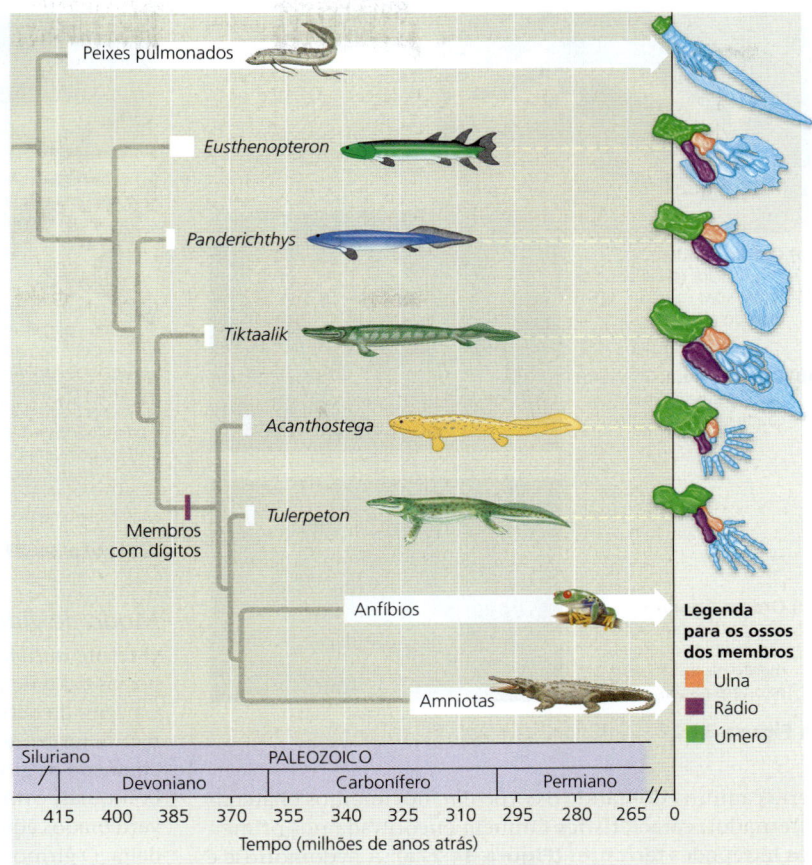

▲ **Figura 34.21 Etapas na origem de membros com dígitos.** As barras brancas sobre os ramos deste diagrama posicionam fósseis conhecidos no tempo geológico; as pontas de seta indicam as linhagens que se estendem até os dias atuais. O esboço de organismos extintos baseia-se nos esqueletos fossilizados, mas as cores são ilustrativas.

HABILIDADES VISUAIS *Supondo que as datas do ponto de ramificação mostradas neste diagrama estão corretas, que intervalo de datas incluiria a origem dos anfíbios?*

que eles compartilham com alguns membros do grupo mais basal de tetrápodes atuais, os anfíbios.

Anfíbios

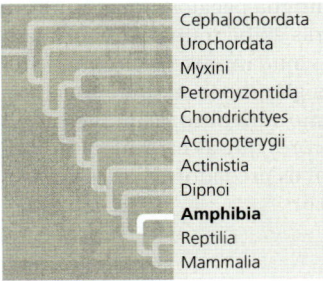

Atualmente, os **anfíbios** são representados por cerca de 6.150 espécies, em três clados: salamandras (clado Urodela, "com caudas"), rãs (clado Anura, "sem caudas") e cecílias (clado Apoda, "sem patas").

Salamandras

Existem cerca de 550 espécies conhecidas de urodelos, ou salamandras. Algumas são inteiramente aquáticas, mas outras vivem no ambiente terrestre quando adultas ou ao longo de toda a vida. A maioria das salamandras que vivem na

(a) Ordem Urodela. Os urodelos (salamandras) retêm suas caudas quando adultos.

(b) Ordem Anura. Os anuros (rãs e pererecas) não têm cauda quando adultos.

(c) Ordem Apoda. Os ápodes, ou cecílias, são anfíbios que geralmente cavam tocas e não têm patas.

▲ **Figura 34.22** Anfíbios.

(a) O girino é um herbívoro aquático com uma cauda similar à dos peixes e brânquias internas.

(b) Durante a metamorfose, as brânquias e a cauda são reabsorvidas e pernas locomotoras se desenvolvem. A rã adulta viverá no ambiente terrestre.

(c) Os adultos retornam à água para acasalar. O macho segura a fêmea e a estimula a liberar os ovos. Os ovos são depositados e fertilizados na água. Eles possuem uma cobertura gelatinosa, mas não têm casca e secariam no ar.

▲ **Figura 34.23** A "vida dupla" de uma rã (*Rana temporaria*).

terra caminha dobrando o corpo em movimentos bilaterais alternados, característica também encontrada nos primeiros tetrápodes terrestres **(Figura 34.22a)**. A pedomorfose é comum entre salamandras aquáticas; o axolotle, por exemplo, retém as características larvais mesmo quando está sexualmente maduro (ver Figura 25.25).

Rãs

Totalizando cerca de 5.420 espécies, os anuros, ou rãs, são mais bem adaptados do que as salamandras para a locomoção no ambiente terrestre **(Figura 34.22b)**. As rãs adultas usam suas potentes patas traseiras para saltar sobre o terreno. Os animais conhecidos como "sapos" são anuros, com pele semelhante a couro ou outras adaptações para a vida no ambiente terrestre. Uma rã apanha insetos e outras presas lançando sua longa língua pegajosa, que é unida à parte anterior da boca. As rãs exibem uma grande diversidade de adaptações que as ajudam caso sejam predadas por animais maiores. Suas glândulas na pele secretam muco desagradável ou mesmo venenoso. Muitas espécies venenosas têm padrões de cores que as camuflam ou exibem coloração vívida, a qual os predadores parecem associar ao perigo (ver Figura 54.6).

Cecílias

As aproximadamente 170 espécies de ápodes, ou cecílias, não têm patas, são quase cegas e parecidas com as minhocas **(Figura 34.22c)**. A ausência de patas é uma adaptação secundária, uma vez que elas evoluíram de um ancestral com patas. As cecílias habitam áreas tropicais, onde a maioria das espécies cava no solo úmido da floresta.

Modo de vida e ecologia dos anfíbios

O termo *anfíbio* (derivado de *amphibious*, significando "ambos os tipos de vida") refere-se aos estágios de vida de muitas espécies de rãs que vivem primeiro na água e depois no ambiente terrestre **(Figura 34.23)**. O estágio larval de uma rã, chamado de girino, é geralmente um herbívoro aquático com brânquias, com um sistema de linha lateral que lembra o de vertebrados aquáticos e uma longa cauda em forma de nadadeira. O girino, inicialmente, não possui patas; ele nada pela ondulação de sua cauda. Durante a metamorfose, que conduz à "segunda vida", o girino desenvolve patas, pulmões, um par de tímpanos externos e um sistema digestório adaptado a uma dieta carnívora. Ao mesmo tempo, as brânquias desaparecem; o sistema de linha lateral também desaparece na maioria das espécies. As rãs jovens nadam até a margem e se tornam caçadoras terrestres. Apesar de seu nome, entretanto, muitos anfíbios não vivem em ambientes distintos – aquático e terrestre. Existem algumas rãs, salamandras e cecílias que são estritamente aquáticas ou estritamente terrestres. Além disso, as larvas de salamandras e de cecílias se parecem muito com os adultos e, em geral, as duas têm larvas e adultos carnívoros.

A maioria dos anfíbios é encontrada em hábitats úmidos, como pântanos e florestas pluviais. Mesmo aqueles adaptados a hábitats mais secos passam a maior parte do tempo em tocas ou sob folhas úmidas, onde há alta umidade. Uma razão pela qual os anfíbios necessitam de hábitats relativamente úmidos é que eles dependem grandemente de sua pele úmida para troca gasosa – se sua pele seca, eles não podem obter oxigênio suficiente. Além disso, anfíbios geralmente depositam seus ovos na água ou em ambientes úmidos terrestres; seus ovos não possuem casca e desidratam rapidamente no ar seco.

A fertilização é externa na maioria dos anfíbios; o macho segura a fêmea e lança seus espermatozoides sobre os ovos quando a fêmea os deposita (ver Figura 34.23c). Algumas espécies de anfíbios depositam grandes quantidades de ovos em poças temporárias, e a mortalidade dos ovos é alta. Outras espécies, ao contrário, depositam relativamente

▶ **Figura 34.24 Um berçário móvel.** Uma rã marsupial fêmea (*Flectonotus fitzgeraldi*) incuba seus ovos em bolsas de pele em suas costas.

poucos ovos e exibem vários tipos de cuidado parental. Dependendo da espécie, tanto os machos quanto as fêmeas podem alojar os ovos em suas costas **(Figura 34.24)**, em sua boca ou mesmo em seu estômago. Certas rãs arborícolas tropicais agitam suas massas de ovos dentro de ninhos de espuma úmida que resistem à dessecação.

Muitos anfíbios exibem comportamentos sociais complexos e diversos, especialmente durante suas estações de reprodução. As rãs costumam ser quietas, mas os machos de muitas espécies vocalizam para defender seu território de acasalamento ou para atrair fêmeas. Em algumas espécies, as migrações para locais específicos de acasalamento podem envolver comunicação vocal, navegação celeste ou sinalização química.

Durante os últimos 30 anos, os zoólogos documentaram um rápido e alarmante declínio nas populações de anfíbios em locais por todo o mundo. Parece haver várias causas, incluindo a disseminação de uma doença causada por um fungo quitrídeo (ver Figura 31.25), perda de hábitats, mudança climática e poluição. Em alguns casos, os declínios levaram a extinções. Estudos recentes indicam que pelo menos nove espécies de anfíbios se tornaram extintas nas últimas quatro décadas; mais de 100 outras espécies não foram observadas durante esse tempo e são consideradas possivelmente extintas. No **Exercício de resolução de problemas**, você pode explorar uma possível estratégia para impedir as mortes de anfíbios por infecções fúngicas.

EXERCÍCIO DE RESOLUÇÃO DE PROBLEMAS

Populações de anfíbios em declínio podem ser salvas por uma vacina?

Populações de anfíbios estão em rápido declínio em todo o mundo. O fungo *Batrachochytrium dendrobatidis* (*Bd*) contribuiu para esse declínio: esse patógeno provoca sérias infecções na pele de muitas espécies de anfíbios, levando a mortalidade massiva. Esforços para salvar anfíbios do *Bd* tiveram sucesso limitado, e há pouca evidência de que rãs e outros anfíbios tenham adquirido resistência ao *Bd* sozinhos.

Rãs-de-patas-amarelas (*Rana muscosa*) na Califórnia mortas por infecção de *Bd*

Neste exercício, você irá investigar se anfíbios podem adquirir resistência ao fungo patogênico *Bd*.

Sua abordagem O princípio guiando sua investigação é que a exposição prévia ao patógeno pode capacitar anfíbios a adquirir resistência imunológica a esse patógeno. Para ver se isso ocorre após exposição ao *Bd*, você irá analisar dados sobre resistência adquirida em rãs arborícolas de Cuba (*Osteopilus septentrionalis*).

Seus dados Para criar variação no número de exposições prévias ao *Bd*, rãs arborícolas cubanas foram expostas ao *Bd* e livradas da infecção (usando tratamentos com calor) de zero a três vezes; rãs sem exposição prévia são referidas como "novatos". Os pesquisadores, então, expuseram as rãs ao *Bd* e mediram a abundância média de *Bd* sobre a pele da rã, a sobrevivência das rãs e a abundância de linfócitos (um tipo de leucócito envolvido na resposta imune de vertebrados).

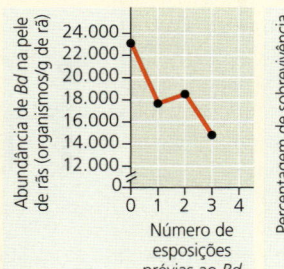
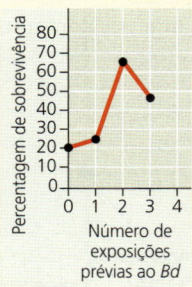

Número de exposições prévias ao *Bd*	Milhares de linfócitos por g de rã
0	134
1	240
2	244
3	227

Sua análise

1. Descreva e interprete os resultados mostrados na figura.
2. (a) Faça um gráfico com os dados da tabela. (b) Com base nesses dados, elabore uma hipótese que explique os resultados discutidos na questão 1.
3. Populações reprodutoras de espécies de anfíbios ameaçadas por *Bd* foram estabelecidas em cativeiro. Além disso, evidências sugerem que rãs arborícolas cubanas podem adquirir resistência após exposição a *Bd* mortos. Com base nessa informação e nas suas respostas às questões 1 e 2, sugira uma estratégia para repovoar regiões dizimadas por *Bd*.

REVISÃO DO CONCEITO 34.4

1. Descreva a origem dos tetrápodes e identifique alguns de seus caracteres derivados essenciais.
2. Alguns anfíbios nunca deixam a água, enquanto outros podem sobreviver em ambientes terrestres relativamente secos. Compare as adaptações que facilitam esses dois estilos de vida.
3. **E SE?** Os cientistas acreditam que as populações de anfíbios podem proporcionar um sistema de alarme antecipado em relação a problemas ambientais. Que características dos anfíbios podem fazer deles particularmente sensíveis aos problemas ambientais?

Ver as respostas sugeridas no Apêndice A.

CONCEITO 34.5

Amniotas são tetrápodes que têm um ovo adaptado ao meio terrestre

Os **amniotas** são um grupo de tetrápodes cujos membros atuais são os répteis (incluindo as aves, que discutiremos nesta seção) e os mamíferos **(Figura 34.25)**. Durante sua evolução, os amniotas adquiriram muitas adaptações novas para a vida no ambiente terrestre.

Caracteres derivados dos amniotas

Os amniotas levam esse nome pelo principal caráter do clado, o **ovo amniótico**, que contém quatro membranas especializadas: o âmnio, o córion, o saco vitelínico e o alantoide **(Figura 34.26)**. Chamadas de *membranas extraembrionárias*, uma vez que elas não são parte do corpo do embrião propriamente dito, essas membranas se desenvolvem de camadas de tecidos que crescem a partir do embrião. O ovo amniótico recebe esse nome devido ao âmnio, que envolve um compartimento de líquido que banha o embrião e atua como um amortecedor hidráulico de choque. As outras membranas no ovo atuam na troca gasosa, na transferência de nutrientes armazenados para o embrião e no armazenamento de resíduos. O ovo amniótico foi uma inovação evolutiva importante para a vida no ambiente terrestre: ele permitiu que o embrião se desenvolvesse na terra em sua própria "lagoa" privada, portanto, reduzindo a dependência dos tetrápodes de um ambiente aquoso para a reprodução.

Ao contrário dos ovos sem casca dos anfíbios, o ovo amniótico da maioria dos répteis e de alguns mamíferos possui casca. A casca retarda a desidratação do ovo exposto ao ar, adaptação que colaborou para que os amniotas ocupassem uma gama mais ampla de hábitats terrestres do que os anfíbios, seus parentes atuais mais próximos (as sementes desempenharam um papel similar na evolução das plantas, como discutido no Conceito 30.1). A maioria dos mamíferos perdeu a casca do ovo ao longo de sua evolução,

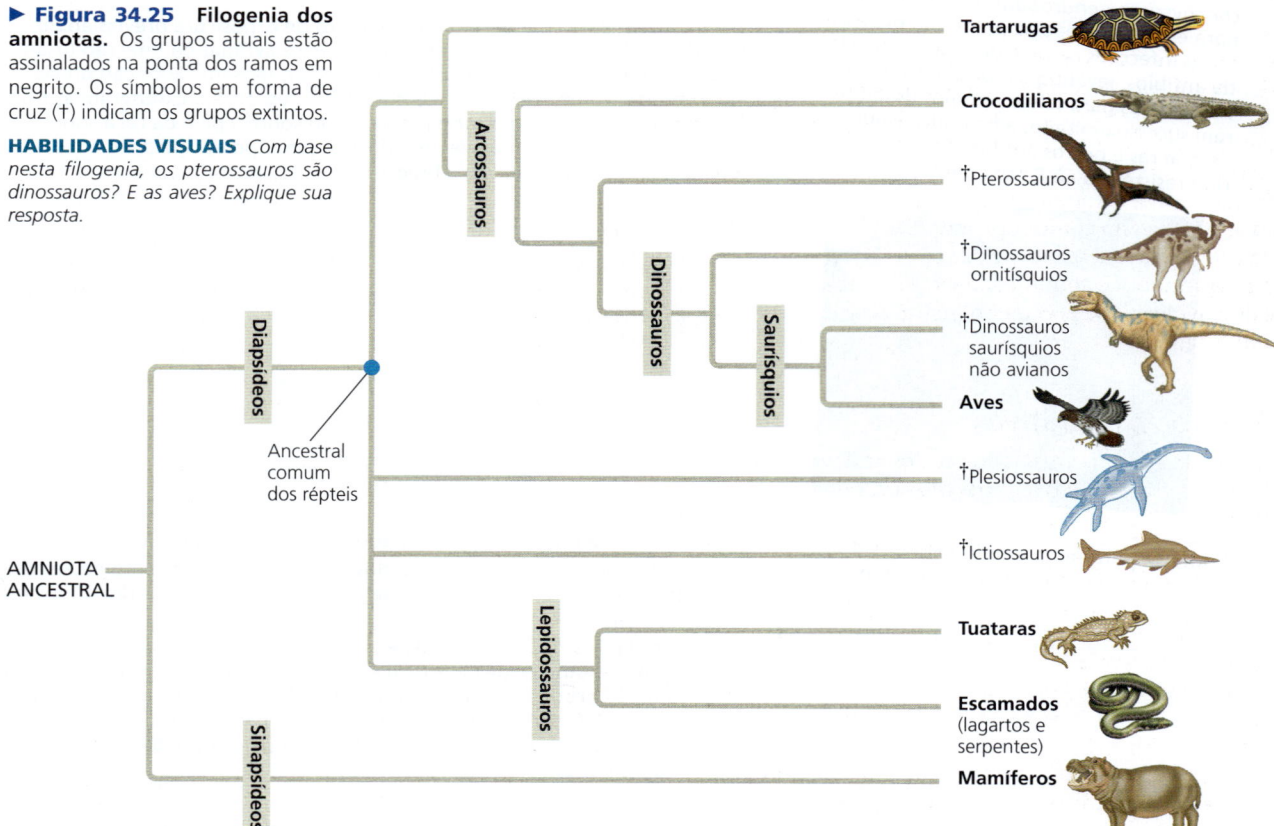

▶ **Figura 34.25 Filogenia dos amniotas.** Os grupos atuais estão assinalados na ponta dos ramos em negrito. Os símbolos em forma de cruz (†) indicam os grupos extintos.

HABILIDADES VISUAIS *Com base nesta filogenia, os pterossauros são dinossauros? E as aves? Explique sua resposta.*

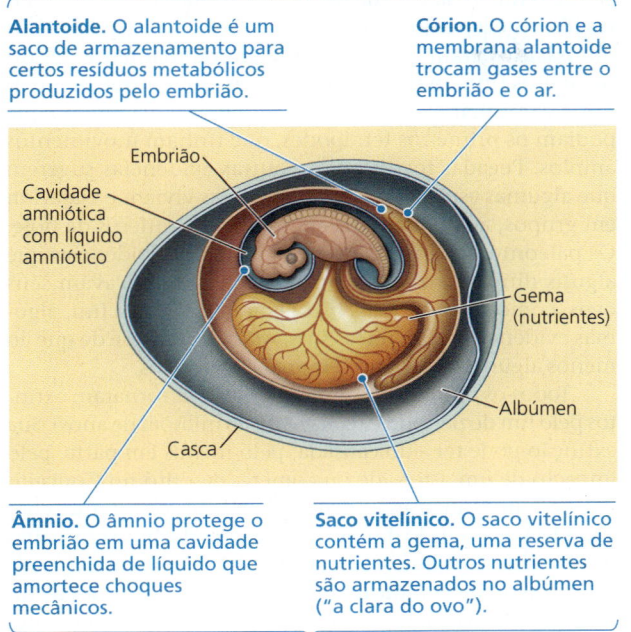

▲ **Figura 34.27** **Reconstrução artística de *Hylonomus*, um amniota primitivo.** Com cerca de 25 cm de comprimento, esta espécie viveu há 310 milhões de anos e provavelmente se alimentava de insetos e outros pequenos invertebrados.

▲ **Figura 34.26** **Ovo amniótico.** Os embriões de répteis e mamíferos formam quatro membranas extraembrionárias: alantoide, córion, âmnio e saco vitelínico. Este diagrama mostra estas membranas no ovo com casca de um réptil.

e o embrião evita a dessecação mediante desenvolvimento dentro do âmnio, no interior do corpo materno.

Os amniotas adquiriram outras adaptações essenciais para a vida no ambiente terrestre. Por exemplo, eles utilizam sua caixa torácica para ventilar seus pulmões. Esse método é mais eficiente do que a ventilação baseada na garganta, que os anfíbios usam como suplementação à respiração através da pele. A eficiência aumentada da ventilação torácica pode ter permitido aos amniotas abandonar a respiração cutânea e desenvolver uma pele menos permeável, conservando, assim, a água.

Amniotas primitivos

O ancestral comum mais recente dos anfíbios e dos amniotas atuais viveu há 350 milhões de anos. Com base nos locais em que os seus fósseis foram encontrados, os primeiros amniotas viveram em ambientes quentes e úmidos, assim como os primeiros tetrápodes. Ao longo do tempo, entretanto, os primeiros amniotas se expandiram em novos ambientes, incluindo regiões secas e de altas latitudes. A evidência fóssil mostra que os primeiros amniotas eram parecidos com pequenos lagartos com dentes afiados, um sinal de que eles eram predadores **(Figura 34.27)**. Os grupos posteriores de amniotas também incluíram herbívoros, como evidenciado por seus dentes, usados para triturar, e outras características.

Os amniotas atuais incluem dois grandes clados de vertebrados terrestres: répteis e mamíferos.

Répteis

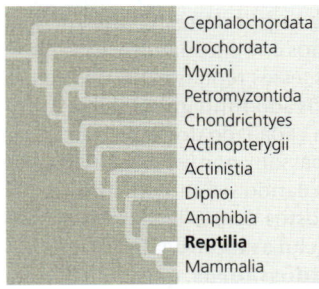

Membros atuais do clado dos **répteis** incluem tartarugas, tuataras, lagartos, serpentes, crocodilianos e aves (ver Figura 34.25). Há aproximadamente 20.800 espécies de répteis, a maioria das quais são escamados (lagartos e serpentes; 10.425 espécies) ou aves (10.000 espécies).

Como grupo, os répteis compartilham vários caracteres derivados que os distinguem dos outros tetrápodes. Por exemplo, diferentemente dos anfíbios, os répteis têm escamas que contêm a proteína queratina (assim como as unhas dos humanos). As escamas ajudam a proteger a pele do animal da dessecação e da abrasão. Adicionalmente, a maioria dos répteis põe seus ovos com casca sobre o solo; a casca protege o ovo da dessecação **(Figura 34.28)**. A fertilização ocorre internamente, antes que a casca do ovo seja secretada.

Os répteis como lagartos e serpentes são às vezes descritos como animais de "sangue frio", uma vez que eles não usam amplamente seu metabolismo para controlar a temperatura corporal. Entretanto, eles regulam sua temperatura

▲ **Figura 34.28** **Répteis eclodindo.** Estes camaleões-pantera bebês (*Furcifer pardalis*) estão saindo de suas cascas semelhantes a pergaminhos, um tipo comum de casca entre os répteis atuais não aves.

corporal usando adaptações comportamentais. Por exemplo, muitos lagartos se expõem ao sol quando o ar está frio e procuram a sombra quando o ar está muito quente. Uma descrição mais exata desses répteis é dizer que eles são **ectotérmicos**, ou seja, absorvem o calor externo como sua principal fonte de calor corporal. Ao se aquecerem diretamente com a energia solar em vez da decomposição metabólica do alimento, um réptil ectotérmico pode sobreviver com menos de 10% da energia dos alimentos necessários por um mamífero do mesmo tamanho. Todavia, o clado réptil não é inteiramente ectotérmico; as aves são **endotérmicas**, capazes de manter a temperatura corporal por meio da atividade metabólica.

Origem e irradiação adaptativa dos répteis

A evidência fóssil indica que os primeiros répteis viveram há cerca de 310 milhões de anos e se pareciam com lagartos. Como todos os répteis atuais, esses répteis primitivos eram **diapsídeos**. Um caráter derivado fundamental de diapsídeos é um par de orifícios em cada lado do crânio, atrás das órbitas oculares; músculos passam por esses orifícios e se prendem à mandíbula, controlando seu movimento.

Os diapsídeos são compostos de três linhagens principais. A primeira linhagem inclui as tartarugas. Uma segunda linhagem originou os **lepidossauros**, que incluem tuataras, lagartos e serpentes. Essa linhagem também produziu alguns répteis marinhos, incluindo os gigantes mosassauros. Algumas dessas espécies marinhas competiam com as baleias atuais em comprimento; todas elas estão extintas. A terceira linhagem de diapsídeos, os **arcossauros**, produziu os crocodilianos, pterossauros e dinossauros. Nosso foco aqui será nas linhagens extintas de arcossauros; iremos discutir os répteis atuais em seguida.

Os **pterossauros**, que se originaram no final do Triássico, foram os primeiros tetrápodes a exibir voo ativo. A asa do pterossauro era completamente diferente das asas das aves e dos morcegos. Ela consistia em uma membrana reforçada por colágeno que se estendia entre o tronco ou membro posterior e um dedo muito longo do membro anterior. Os menores pterossauros não eram maiores do que um pardal, e os maiores tinham envergadura de quase 11 m. Eles parecem ter convergido em muitos dos papéis ecológicos desempenhados depois pelas aves; alguns eram insetívoros, outros apanhavam peixes no oceano e outros ainda filtravam pequenos animais através de milhares de finos dentes semelhantes a agulhas. Contudo, por volta de 66 milhões de anos atrás, os pterossauros tornaram-se extintos.

No ambiente terrestre, os **dinossauros** se diversificaram em uma vasta gama de formas e tamanhos, desde bípedes do tamanho de uma pomba até quadrúpedes de 45 m de comprimento, com pescoços suficientemente longos para lhes permitir pastar a copa das árvores. Uma linhagem de dinossauros, os ornitísquios, era herbívora; ela incluía muitas espécies com elaboradas defesas contra os predadores, como caudas com clavas e cristas com chifres. A outra principal linhagem de dinossauros, os saurísquios, incluía os gigantes de pescoços longos e um grupo chamado de **terópodes**, que eram carnívoros bípedes. Os terópodes incluíam o famoso *Tyrannosaurus rex*, bem como os ancestrais das aves.

Os dinossauros já foram considerados criaturas lentas. Desde o início da década de 1970, entretanto, as descobertas fósseis e a pesquisa levaram à conclusão de que muitos dinossauros eram ágeis e se moviam rapidamente. Os dinossauros tinham uma estrutura de membros que lhes permitia caminhar e correr de maneira mais eficiente do que podiam os primeiros tetrápodes, que tinham movimentos amplos. Pegadas fossilizadas e outras evidências sugerem que algumas espécies eram sociais – elas viviam e viajavam em grupos, assim como fazem muitos mamíferos de hoje. Os paleontólogos também descobriram de evidências que alguns dinossauros construíam ninhos e chocavam seus ovos, como as aves atuais (ver Figura 26.17). Por fim, algumas evidências anatômicas sustentam a hipótese de que ao menos alguns dinossauros eram endotérmicos.

Todos os dinossauros, exceto as aves, se tornaram extintos pelo fim do período Cretáceo (há 66 milhões de anos). Sua extinção pode ter sido causada, pelo menos em parte, pelo impacto de um asteroide ou cometa, descrito no Conceito 25.4. Algumas análises de registro fóssil são consistentes com essa ideia, no sentido de que mostram um declínio repentino na diversidade de dinossauros ao final do Cretáceo. Entretanto, outras análises indicam que o número de espécies de dinossauros tinha começado a declinar milhares de anos antes do final do Cretáceo. Descobertas fósseis adicionais e novas análises serão necessárias para resolver esse debate.

A seguir, nós iremos discutir as três linhagens atuais de répteis, as tartarugas, os lepidossauros (tuataras, lagartos e serpentes) e os arcossauros (crocodilianos e aves).

Tartarugas

As tartarugas são um dos grupos mais distintivos de répteis atuais. Por exemplo, tartarugas não possuem quaisquer orifícios em seu crânio atrás das órbitas oculares, enquanto outros répteis possuem dois desses orifícios. Recorde que tais orifícios cranianos são um caráter derivado dos diapsídeos. Assim, até recentemente não era claro se tartarugas – como todos os outros répteis atuais – deveriam ser classificadas dentro do clado diapsídeo. Porém, em 2015, novas descobertas fósseis mostraram que as primeiras tartarugas tinham as aberturas cranianas encontradas em outros diapsídeos. Isso sugere que tartarugas são diapsídeos que perderam os orifícios cranianos ao longo da sua evolução. Além disso, estudos filogenômicos recentes indicam que tartarugas estão

(a) Tartaruga-de-peito-preto (*Geoemyda spengleri*)

▲ **Figura 34.29** Répteis atuais (não aves).

aninhadas dentro do clado diapsídeo e são proximamente relacionadas aos crocodilianos e às aves do que a outros répteis (ver Figura 34.25).

Todas as tartarugas possuem uma carapaça semelhante a uma caixa, feita de placas superiores e inferiores que são fundidas às vértebras, clavículas e costelas **(Figura 34.29a)**. A maior parte das 351 espécies conhecidas de tartarugas tem uma carapaça dura, que proporciona excelente defesa contra os predadores. Evidência fóssil mostra que *Pappochelys*, uma tartaruga que viveu há 240 milhões de anos, tinha uma série de ossos duros em forma de carapaça em sua barriga. Por volta de 220 milhões de anos atrás, uma outra tartaruga primitiva tinha uma carapaça inferior completa, mas uma superior incompleta, sugerindo que as tartarugas adquiriram carapaças completas em estágios.

As primeiras tartarugas não podiam retrair sua cabeça para dentro da carapaça, mas mecanismos que permitiram isso evoluíram independentemente em dois ramos separados de tartarugas. As tartarugas de pescoço para o lado dobram seu pescoço horizontalmente, enquanto as tartarugas de pescoço vertical dobram seu pescoço verticalmente.

Algumas tartarugas se adaptaram a desertos, e outras vivem quase inteiramente em lagoas e rios. Outras, ainda, vivem no mar. As tartarugas marinhas têm carapaça reduzida e membros anteriores avantajados que funcionam como barbatanas. Elas incluem as maiores tartarugas atuais, as tartarugas de couro, que mergulham a grandes profundidades, podem ter mais de 1.500 kg e se alimentam de águas-vivas.

As tartarugas de couro e outras tartarugas marinhas estão ameaçadas pela captura em redes de pesca, bem como por empreendimentos residenciais e comerciais nas praias em que elas depositam seus ovos.

Lepidossauros

Uma linhagem sobrevivente de lepidossauros é representada por uma única espécie, um réptil semelhante a um lagarto chamado tuatara **(Figura 34.29b)**. A evidência fóssil indica que os ancestrais da tuatara viveram há pelo menos 220 milhões de anos. Esses organismos prosperaram em muitos continentes durante o período Cretáceo e alcançaram até um metro de comprimento. Hoje, entretanto, as tuataras são encontradas apenas em 30 ilhas da costa da Nova Zelândia. Quando os humanos chegaram à Nova Zelândia, há 750 anos, os ratos que os acompanharam devoraram os ovos de tuataras, eliminando os répteis das ilhas principais. As tuataras que resistiram nas ilhas remotas têm cerca de 50 cm de comprimento e se alimentam de insetos, pequenos lagartos e ovos de aves nativas e galinhas. Elas podem viver por mais de 100 anos de idade. Sua sobrevivência futura depende que seus hábitats remanescentes sejam mantidos livres de ratos.

A outra principal linhagem atual de lepidossauros consiste em lagartos e serpentes, ou escamados, que totalizam cerca de 10.425 espécies **(Figura 34.29c** e **d)**. Muitos escamados são pequenos; o lagarto jaraguá, descoberto recentemente na República Dominicana, tem somente 16 mm de comprimento – pequeno como uma moeda. Por outro lado,

(b) Tuatara (*Sphenodon punctatus*)

(d) Víbora-de-wagler (*Tropidolaemus wagleri*)

(c) Lagarto-diabo-espinhoso-australiano (*Moloch horridus*)

(e) Aligátor (*Alligator mississippiensis*)

o dragão-de-komodo da Indonésia é um lagarto que pode alcançar um comprimento de 3 m. Ele caça veados e outras presas grandes, descarregando veneno com sua mordida.

As serpentes descenderam de lagartos com patas (ver Figura 26.1); portanto, elas são classificadas como lagartos ápodes. Atualmente, algumas espécies de serpentes retêm ossos pélvicos e membros vestigiais, fornecendo evidência de sua ancestralidade. Apesar de sua falta de patas, as serpentes são bastante eficientes ao se movimentarem sobre o terreno, muitas vezes produzindo movimentos de ondulação lateral que passam da cabeça à cauda. A força exercida pela ondulação contra objetos sólidos empurra a serpente para frente. As serpentes também podem se mover mediante fixação ao solo com suas escamas ventrais, em vários pontos ao longo do corpo, enquanto escamas localizadas em pontos intermediários são levemente levantadas do solo e puxadas para a frente.

As serpentes são carnívoras, e várias adaptações as auxiliam a caçar e comer suas presas. Elas têm sensores químicos aguçados e, embora lhes faltem tímpanos, são sensíveis às vibrações do solo, que as ajudam a detectar os movimentos da presa. Órgãos detectores de calor entre os olhos e as narinas das víboras, incluindo as cascavéis, são sensíveis a variações mínimas na temperatura, permitindo a esses caçadores noturnos localizarem animais de sangue quente. Serpentes peçonhentas injetam sua toxina com um par de dentes pontiagudos que podem ser ocos ou sulcados. A língua em movimento não é venenosa, mas auxilia a levar odores em direção aos órgãos olfatórios (odor) no céu da boca. Os ossos da mandíbula frouxamente articulados e a pele elástica permitem às serpentes, em sua maioria, engolirem presas maiores do que o diâmetro da sua cabeça (ver Figura 23.14).

A seguir, nós enfocaremos o terceiro (e último) clado de répteis com membros atuais, os arcossauros. Existem dois grupos atuais de arcossauros: os crocodilianos e as aves.

Crocodilianos

Os aligátores e crocodilos (coletivamente chamados crocodilianos) pertencem a uma linhagem que retrocede ao final do Triássico. Os primeiros membros dessa linhagem eram pequenos quadrúpedes terrestres com patas longas e delgadas. Posteriormente, as espécies se tornaram maiores e se adaptaram a hábitats aquáticos, respirando o ar por meio de suas narinas voltadas para cima. Alguns crocodilianos mesozoicos cresciam até 12 m de comprimento e podem ter atacado dinossauros e outras presas junto à beira da água.

As 24 espécies conhecidas de crocodilianos atuais estão confinadas a regiões quentes do globo. No sudeste dos Estados Unidos, o aligátor **(Figura 34.29e)** se recuperou após passar anos na lista de espécies ameaçadas.

Aves

Há cerca de 10 mil espécies de aves no mundo. Como crocodilianos, aves são arcossauros, mas quase toda característica de sua anatomia foi modificada em sua adaptação para o voo **(Figura 34.30)**.

Caracteres derivados de aves Muitos dos caracteres das aves são adaptações que facilitam o voo, incluindo modificações para diminuir o peso que tornam o voo mais eficiente. Por exemplo, as aves não têm uma bexiga, e as fêmeas da

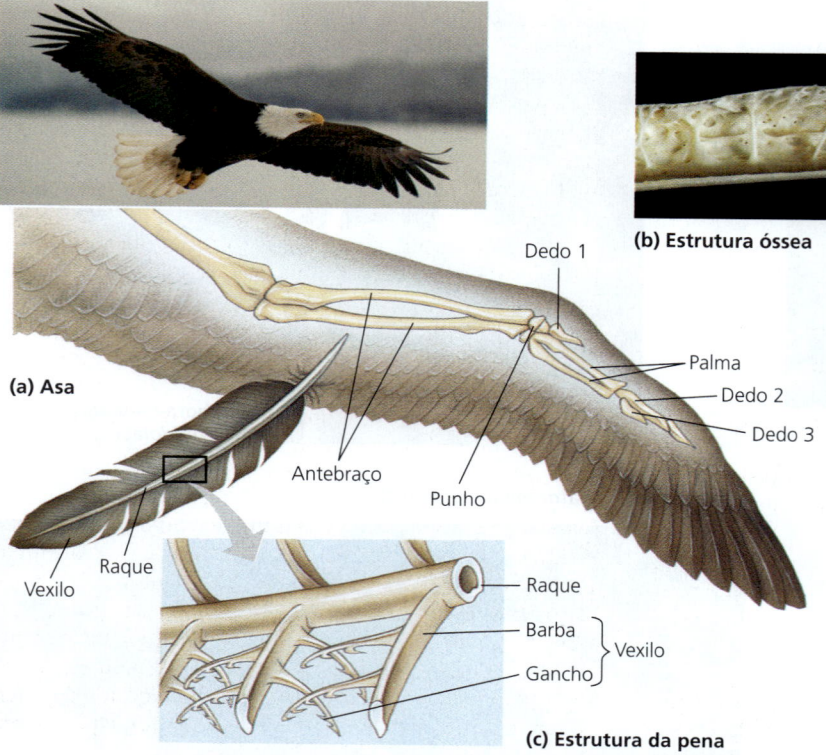

◀ **Figura 34.30** A forma ajusta-se à função: asas e penas das aves. (a) A asa é uma versão remodelada do membro anterior dos tetrápodes. (b) Os ossos de muitas aves têm uma estrutura interna que parece favo de mel e são preenchidos com ar. (c) A pena consiste em uma raque central preenchida de ar, da qual irradiam os vexilos. Os vexilos são feitos de barbas, que têm pequenas ramificações chamadas de bárbulas. As aves têm penas de contorno e plumas. As penas de contorno são firmes e contribuem para a forma aerodinâmica das asas e do corpo. Suas bárbulas têm ganchos que se prendem às bárbulas da barba vizinha. Quando uma ave alisa suas penas, ela percorre o comprimento de cada pena de contorno com o seu bico, encaixando os ganchos e unindo as barbas de uma forma precisa. As plumas não têm ganchos, e a forma de arranjo livre de suas barbas produz uma penugem que proporciona isolamento térmico ao reter o ar.

maioria das espécies têm somente um ovário. As gônadas, tanto de fêmeas quanto de machos, são geralmente pequenas, exceto durante a estação de acasalamento, quando elas aumentam de tamanho. As aves atuais também não possuem dentes, uma adaptação que reduz o peso da cabeça.

As adaptações mais óbvias para o voo das aves são suas asas e penas (ver Figura 34.30). As penas são feitas da proteína queratina β, também encontrada nas escamas de outros répteis. A forma e o arranjo das penas transformam as asas em aerofólios, e elas ilustram alguns dos mesmos princípios de aerodinâmica verificados nas asas de um avião. A força para bater as asas provém das contrações dos grandes músculos peitorais (peito) ancorados em uma quilha no esterno (osso do peito). Algumas aves, como as águias e falcões, têm asas adaptadas para planar em correntes de ar e batê-las só ocasionalmente; outras aves, incluindo os beija-flores, devem batê-las continuamente para permanecer suspensos no ar (ver Figura 34.34). Entre as aves mais rápidas, estão os andorinhões, que podem voar em velocidades de até 170 km/h.

O voo proporciona numerosos benefícios. Ele melhora a capacidade para a necrofagia e a caça, incluindo a possibilidade de alimentar de insetos voadores, um recurso alimentar abundante e nutritivo. O voo também proporciona a fuga imediata de predadores que habitam o solo, além de possibilitar que algumas aves migrem grandes distâncias para explorar diferentes recursos alimentares e áreas de acasalamento sazonal.

O voo requer um grande dispêndio de energia de um metabolismo ativo. As aves são endotérmicas; elas usam seu próprio calor metabólico para manter constante uma temperatura corporal elevada. As penas e, em algumas espécies, uma camada de gordura proporcionam o isolamento que permite às aves reter o calor corporal. Os pulmões têm tubos diminutos que conduzem para dentro e para fora de sacos aéreos elásticos, amplificando o fluxo de ar e a absorção de oxigênio. Esse eficiente sistema respiratório e um sistema circulatório com um coração de quatro câmaras mantêm os tecidos bem supridos com oxigênio e nutrientes, suportando a alta taxa do metabolismo.

O voo também requer tanto uma visão aguçada como um controle muscular aprimorado. As aves têm visão colorida e uma percepção visual excelente. As áreas visuais e motoras do cérebro são bem desenvolvidas, e o cérebro é proporcionalmente maior do que os de anfíbios e répteis não aves.

Em geral, as aves exibem comportamentos muito complexos, particularmente durante a estação de acasalamento, quando elas se ocupam de rituais de corte. Uma vez que os ovos têm cascas quando são depositados, a fertilização deve ser interna. A cópula geralmente envolve o contato entre as aberturas das cloacas de machos e fêmeas. Após os ovos serem depositados, o embrião deve ser mantido aquecido por meio da incubação da mãe, do pai ou de ambos, dependendo da espécie.

Origem das aves Análises cladísticas de aves e reptilianos fósseis indicam que as aves pertencem ao grupo de dinossauros saurisquianos bípedes chamados terópodes.

▲ **Figura 34.31** Reconstrução artística da ave primitiva *Archaeopterix*. A evidência fóssil indica que *Archaeopterix* era capaz de voo potente, mas conservava muitos caracteres de dinossauros não aves. As cores no desenho foram baseadas em pigmentos extraídos de penas fossilizadas de *Archaeopteryx*.

Desde o final da década de 1990, paleontólogos chineses têm descoberto um tesouro espetacular de fósseis de terópodes emplumados, que estão lançando luz sobre a origem das aves. Várias espécies de dinossauros estreitamente relacionadas às aves tinham penas com vexilos, e uma gama mais ampla de espécies tinha penas filamentosas. Esses achados implicam que as penas evoluíram muito antes do voo potente. Entre as possíveis funções dessas primeiras penas, estavam o isolamento térmico, a camuflagem e a exibição para a corte.

Por volta de 160 milhões de anos atrás, uma linhagem de terópodes com penas evoluiu nas aves. Muitos pesquisadores consideram *Archaeopterix*, descoberta em uma pedreira de calcário em 1861, na Alemanha, a ave mais antiga conhecida **(Figura 34.31)**. Com as asas emplumadas, ela conservava características ancestrais, como dentes, dedos com garras em suas asas e uma cauda longa. *Archaeopterix* voava bem em altas velocidades, mas, diferente das aves atuais, ela não podia decolar a partir de uma posição de repouso. Fósseis de aves posteriores do Cretáceo mostram uma gradual perda de certas características ancestrais de dinossauros, como os dentes e membros anteriores com garras, além de inovações encontradas em aves extintas, incluindo uma cauda curta coberta por um leque de penas.

Aves atuais Evidências claras de Neornithes, o clado que inclui as 28 ordens de aves atuais, podem ser encontradas antes do limite Cretáceo-Paleógeno, há 66 milhões de anos. Vários grupos de aves atuais e extintas incluem uma ou mais espécies não voadoras. As **ratitas**, uma ordem de aves que inclui a avestruz, a ema, o kiwi, o casuar e o emu, são todas não voadoras **(Figura 34.32)**. Nas ratitas, a quilha do esterno está ausente, e os músculos peitorais são pequenos em relação aos de aves voadoras.

▲ **Figura 34.32** Um emu (*Dromaius novaehollandiae*), uma ave não voadora nativa da Austrália.

▲ **Figura 34.34 Beija-flor alimentando-se enquanto paira no ar.** Um beija-flor pode girar suas asas em todas as direções, o que lhe permite "flutuar" no ar e voar para trás.

Os pinguins compõem uma outra ordem de aves não voadoras, mas, como as aves que voam, possuem músculos peitorais poderosos. Eles utilizam esses músculos para "voar" na água: quando nadam, eles batem suas asas como nadadeiras, de uma maneira que parece a batida de asa de uma ave mais típica **(Figura 34.33)**. Certas espécies de galinhas d'água, patos e pombos também não voam.

Embora as demandas do voo tenham modelado as formas gerais do corpo de muitas aves de voo potente que se assemelham umas às outras, observadores de aves experientes podem distinguir espécies pelo seu perfil, cores, estilo de voo, comportamento e forma do bico. O esqueleto de um beija-flor é único, tornando-o a única ave que pode pairar e voar para trás **(Figura 34.34)**. Nas aves adultas faltam dentes, mas, durante o curso da evolução das aves, seus bicos tomaram uma diversidade de formas adaptadas a diferentes dietas. Algumas aves, como os papagaios, têm bicos esmagadores, com os quais conseguem abrir nozes e sementes duras. Outras aves, como os flamingos, se alimentam como filtradores. Seus bicos têm "peneiras" que lhes permitem capturar partículas de alimentos da água **(Figura 34.35)**.

▲ **Figura 34.35 Um bico especializado.** Este flamingo americano (*Phoenicopterus ruber*) mergulha seu bico na água e filtra o alimento.

▲ **Figura 34.33 Um pinguim-real (*Aptenodytes patagonicus*) "voando" embaixo d'água.** Com sua forma hidrodinâmica e músculos peitorais potentes, os pinguins são nadadores velozes e ágeis.

A estrutura dos pés também exibe considerável variação. Várias aves usam seus pés para se empoleirar sobre ramos **(Figura 34.36)**, agarrar o alimento, defender-se, nadar, caminhar e mesmo cortejar (ver Figura 24.3e).

REVISÃO DO CONCEITO 34.5

1. Descreva três adaptações essenciais dos amniotas para a vida sobre o ambiente terrestre.
2. As serpentes são tetrápodes? Explique.
3. Identifique quatro adaptações das aves para o voo.
4. **HABILIDADES VISUAIS** Baseado na filogenia mostrada na Figura 34.25, identifique o grupo-irmão para (a) répteis, (b) escamados e (c) o clado que inclui crocodilianos e aves.

Ver as respostas sugeridas no Apêndice A.

▲ **Figura 34.36 Pés adaptados para empoleirar.** Este grande chapim (*Parus major*) é membro da ordem Passeriformes, as aves que empoleiram. Os dedos dos pés destas aves podem envolver um ramo ou cabo, permitindo à ave repousar por longos períodos.

CONCEITO 34.6

Mamíferos são amniotas que possuem pelos e produzem leite

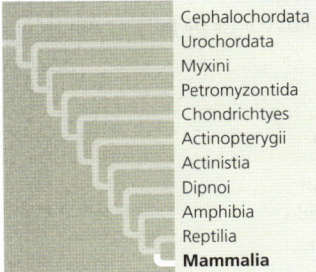

Os répteis que discutimos representam uma das duas linhagens de amniotas atuais. A outra linhagem de amniotas é a nossa própria, os **mamíferos**. Atualmente, há cerca de 6.400 espécies conhecidas de mamíferos na Terra.

▲ **Figura 34.37** Adaptações de um rato-canguru para seu hábitat extremamente seco.

FAÇA CONEXÕES *Explique como as vias catabólicas mencionadas em ❹ poderiam fornecer água a um rato-canguru (ver Conceito 9.1).*

Caracteres derivados de mamíferos

Os mamíferos recebem seu nome devido a suas glândulas mamárias características, que produzem leite para sua prole. Todas as mães nos mamíferos alimentam seus filhotes com leite, uma dieta balanceada rica em gorduras, açúcares, proteínas, minerais e vitaminas. Pelos, uma outra característica dos mamíferos, e uma camada adiposa sob a pele fornecem isolamento que pode conservar água e proteger o corpo contra extremos de calor ou frio. Uma outra adaptação dos mamíferos para a vida terrestre é o rim (ver Figura 44.13), que é eficiente para conservar água durante a remoção dos resíduos metabólicos do corpo. Alguns mamíferos, como os ratos-canguru, são tão eficazes na conservação de água que podem sobreviver em ambientes áridos bebendo pouca ou nenhuma água **(Figura 34.37)**.

Assim como as aves, os mamíferos são endotérmicos, e a maioria tem uma taxa metabólica elevada. Sistemas respiratórios e circulatórios eficientes (incluindo um coração com quatro câmaras) sustentam o metabolismo dos mamíferos. Também como nas aves, os mamíferos possuem um cérebro maior que outros vertebrados de tamanho equivalente, e muitas espécies são capazes de aprender. A duração relativamente longa de cuidado parental prolonga o tempo em que a prole aprender habilidades importantes para a sobrevivência, observando seus pais. Além disso, enquanto os dentes dos répteis são geralmente uniformes em tamanho e forma, as mandíbulas dos mamíferos têm uma diversidade de dentes com tamanhos e formas adaptados para mastigar muitos tipos de alimentos. Os humanos, assim como a maioria dos mamíferos, possuem dentes modificados para cortar (dentes incisivos e caninos) e para amassar e triturar (pré-molares e molares).

Evolução inicial dos mamíferos

Os mamíferos pertencem a um grupo de amniotas conhecido como **sinapsídeos**. Os primeiros sinapsídeos não mamíferos não tinham pelos, possuíam um modo de andar amplo e botavam ovos. Uma característica distintiva dos sinapsídeos é a fenestra temporal única, uma abertura atrás das órbitas oculares em cada lado do crânio. Os humanos retêm essa característica; seus músculos da mandíbula passam pela fenestra temporal e se fixam sobre a têmpora. A evidência fóssil mostra que a mandíbula foi remodelada à medida que as características dos mamíferos surgiram gradualmente em sucessivas linhagens dos primeiros sinapsídeos (ver Figura 25.7); ao todo, essas alterações levaram mais de 100 milhões de anos. Além disso, dois dos ossos que inicialmente constituíam a articulação da mandíbula (o quadrado e o articular) foram incorporados ao ouvido médio dos mamíferos **(Figura 34.38)**. Essa mudança evolutiva é refletida em alterações que ocorrem durante o desenvolvimento. Por exemplo, à medida que um embrião de mamífero cresce, é possível observar que a região posterior de sua mandíbula – que, em um réptil, forma o osso articular – se separa e migra para o ouvido, onde forma o martelo.

Os sinapsídeos evoluíram em grandes herbívoros e carnívoros durante o período Permiano (há 299-252 milhões de anos), e, por um tempo, eles foram os tetrápodes dominantes. Entretanto, as extinções do Permiano-Triássico cobraram um pesado tributo sobre eles, e sua diversidade caiu durante o Triássico (há 252-201 milhões de anos). Progressivamente, sinapsídeos parecidos com mamíferos surgiram no final do Triássico. Embora não fossem mamíferos verdadeiros, esses sinapsídeos adquiriram uma série de caracteres derivados que distinguem os mamíferos de outros amniotas. Eles eram pequenos, provavelmente peludos e provavelmente se alimentavam de insetos à noite. Seus ossos mostram que eles cresciam mais rápido do que outros sinapsídeos, sugerindo que tinham uma taxa metabólica relativamente alta; entretanto, ainda punham ovos.

Durante o Jurássico (201-145 milhões de anos atrás), surgiram os primeiros mamíferos verdadeiros, que se diversificaram em muitas linhagens de curta duração. Um conjunto diverso de espécies de mamíferos coexistiu com dinossauros nos períodos Jurássico e Cretáceo, mas a maioria das espécies era pequena, medindo menos de 1 m de comprimento. Um fator que pode ter contribuído para seu tamanho pequeno é que os dinossauros já ocupavam muitos nichos ecológicos de animais de grande porte.

Evidências fósseis e moleculares indicam que, até 160 milhões de anos atrás, as três principais linhagens de mamíferos tinham emergido: aquelas levando aos monotremados (mamíferos ovíparos), marsupiais (mamíferos com uma bolsa ou marsúpio) e eutérios (mamíferos placentários). Após a extinção dos grandes dinossauros, pterossauros e répteis marinhos, durante o final do período Cretáceo, os mamíferos sofreram uma radiação adaptativa, dando origem a grandes predadores e herbívoros, bem como a espécies voadoras e aquáticas.

Monotremados

Os **monotremados** são encontrados apenas na Austrália e na Nova Guiné e são representados por uma espécie de ornitorrinco e quatro espécies de equidnas (comedores de formigas espinhentos; **Figura 34.39**). Os monotremados põem ovos, um caráter que é ancestral para amniotas e retido na maioria dos répteis. Assim como todos os mamíferos, os monotremados têm pelos e produzem leite, mas eles carecem de mamilos. O leite é secretado por glândulas no ventre da mãe. Após a eclosão, os filhotes sugam o leite da pele da mãe.

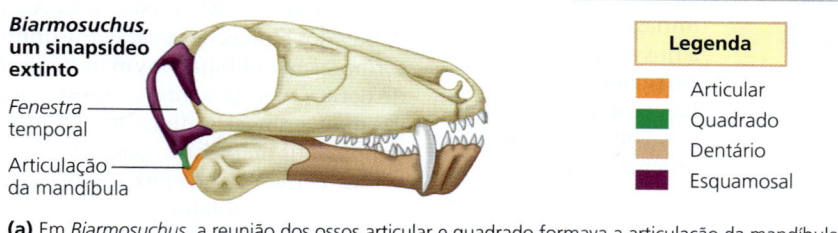

(a) Em *Biarmosuchus*, a reunião dos ossos articular e quadrado formava a articulação da mandíbula.

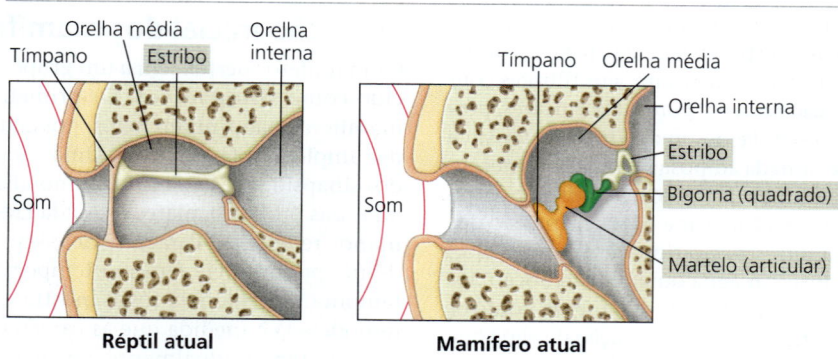

(b) Durante a remodelagem evolutiva do crânio dos mamíferos, uma nova articulação da mandíbula se formou entre os ossos dentários e esquamosal (ver Figura 25.7). Não mais utilizados na mandíbula, os ossos quadrado e esquamosal foram incorporados à orelha média como dois dos três ossos que transmitem o som do tímpano para a orelha interna.

▲ **Figura 34.38 Evolução dos ossos da orelha dos mamíferos.** *Biamosuchus* foi um sinapsídeo, linhagem que acabou originando os mamíferos. Os ossos que transmitem sons na orelha dos mamíferos surgiram da modificação de ossos da mandíbula de sinapsídeos não mamíferos.

FAÇA CONEXÕES *Reveja a definição de exaptação no Conceito 25.6. Resuma o processo pelo qual a exaptação ocorre e explique como a incorporação dos ossos articular e quadrado na orelha interna dos mamíferos é um exemplo.*

▲ **Figura 34.39** **Equidna-de-bico-curto (*Tachyglossus aculeatus*), um monotremado australiano.** Os monotremados têm pelos e produzem leite, mas não possuem mamilos. Os monotremados são os únicos mamíferos que põem ovos (em destaque).

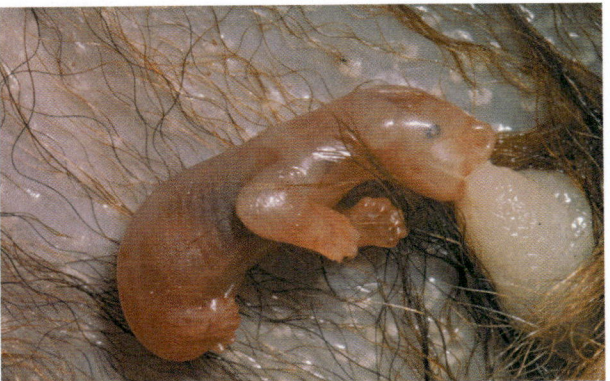

(a) Um gambá jovem (Austrália). A progênie dos marsupiais nasce muito cedo em seu desenvolvimento. Eles finalizam seu crescimento mamando em um mamilo (na bolsa da mãe, na maioria das espécies).

(b) Um *bandicoot* (Austrália). O *bandicoot* é um cavador que come térmites e outros insetos, junto com sementes, raízes e bulbos de várias plantas. A bolsa com abertura posterior da fêmea ajuda a proteger o jovem da lama quando a mãe cava. Outros marsupiais, como os cangurus, têm uma bolsa que se abre na parte frontal.

(c) Gambá-da-virgínia (América Central e do Norte). Esta espécie é o único marsupial encontrado ao norte do México. Depois que os filhotes completam o desenvolvimento na bolsa da mãe, eles passam outros 4 ou 5 meses sendo transportados em suas costas, antes de viverem de modo independente.

▲ **Figura 34.40** Marsupiais na Austrália e América do Norte.

Marsupiais

Gambás, cangurus e coalas são exemplos do grupo chamado **marsupiais**. Tanto os marsupiais como os eutérios compartilham caracteres derivados não encontrados entre monotremados. Eles têm taxas metabólicas mais altas, mamilos que fornecem leite e parem filhotes. O embrião inicia seu desenvolvimento no interior do útero, no trato reprodutivo materno. O revestimento do útero e as membranas extraembrionárias, que surgem desde o embrião, formam a **placenta**, uma estrutura na qual os nutrientes se difundem para o embrião a partir do sangue da mãe.

Um marsupial nasce muito cedo e completa seu desenvolvimento embrionário durante a amamentação **(Figura 34.40a)**. Na maioria das espécies, os juvenis lactentes são mantidos dentro de uma bolsa materna chamada de *marsúpio*. Um canguru vermelho, por exemplo, é aproximadamente do tamanho de uma abelha no seu nascimento, apenas 33 dias após a fertilização. Suas patas traseiras são apenas botões, mas suas patas dianteiras são fortes suficientemente para ele se arrastar para sair do trato reprodutivo de sua mãe em direção a uma bolsa que se abre para a parte frontal do corpo materno, uma jornada que dura alguns minutos. Em outras espécies, o marsúpio se abre na parte posterior do corpo da mãe; em *bandicoots*, isso protege o juvenil enquanto sua mãe cava na lama **(Figura 34.40b)**.

Marsupiais existiram em todo o mundo durante a era Mesozoica, mas hoje eles são encontrados somente na Austrália e nas Américas **(Figura 34.40c)**. A biogeografia dos marsupiais ilustra a interação entre a evolução biológica e geológica (ver Conceito 25.4). Após a separação do supercontinente Pangeia, a América do Sul e a Austrália tornaram-se continentes-ilha, e seus marsupiais se diversificaram em isolamento dos eutérios, que começaram uma radiação adaptativa nos continentes setentrionais. A Austrália não teve contato com outro continente desde o início da era Cenozoica, há cerca de 66 milhões de anos. Na Austrália, a evolução convergente resultou em uma diversidade de marsupiais que se parecem com os eutérios em papéis ecológicos similares em outras partes do mundo **(Figura 34.41)**. Por outro lado, embora a América do Sul tivesse uma fauna marsupial diversa ao longo do Paleógeno, ela experimentou

▲ **Figura 34.41** Evolução convergente de marsupiais e eutérios (mamíferos placentários) (os desenhos não estão em escala).

Eutérios (mamíferos placentários)

Os **eutérios** são comumente chamados mamíferos placentários, porque suas placentas são mais complexas do que as dos marsupiais. Os eutérios têm gestação mais longa do que a dos marsupiais. Eutérios jovens completam seu desenvolvimento embrionário dentro do útero, unidos à sua mãe pela placenta. A placenta dos eutérios proporciona uma associação íntima e de longa duração entre a mãe e seu filhote em desenvolvimento.

Acredita-se que os principais grupos de eutérios atuais divergiram uns dos outros em uma explosão de mudança evolutiva. A época dessa explosão é incerta: dados moleculares sugerem que ela ocorreu há cerca de 100 milhões de anos, enquanto dados morfológicos sugerem que ela ocorreu há aproximadamente de 60 milhões de anos. A **Figura 34.42** explora várias ordens importantes de eutérios e suas relações filogenéticas entre si, assim como com monotremados e marsupiais.

Primatas

A ordem Primates dos mamíferos inclui os lêmures, tarsiídeos, e macacos pequenos e grandes. Os humanos são membros do grupo dos grandes macacos.

Caracteres derivados de primatas A maior parte dos primatas possui mãos e pés adaptados para agarrar, e seus dedos têm unhas em vez das garras estreitas de outros mamíferos. Há também outros aspectos característicos de mãos e pés, como os sulcos na pele dos dedos (que formam as impressões digitais humanas). Em relação aos outros mamíferos, os primatas têm um cérebro grande e mandíbulas curtas, o que lhes confere a face achatada. Seus olhos voltados para frente estão próximos entre si na parte frontal da face. Os primatas também exibem cuidados parentais bem desenvolvidos e comportamento social complexo.

Os primeiros primatas conhecidos eram arborícolas, e muitas das características dos primatas são adaptações para as demandas da vida nas árvores. Mãos e pés para agarrar permitem aos primatas se pendurarem nos ramos das árvores. Todos os primatas atuais, exceto os humanos, têm hálux grande (o dedão do pé) e bastante separado dos outros dedos, permitindo-lhes que se agarrem a ramos com os pés. Todos os primatas têm também um polegar relativamente móvel e separado dos outros dedos, mas os macacos, em geral, têm efetivamente um **polegar opositor**; isto é, conseguem tocar a superfície ventral (o lado em que ficam as impressões digitais) da ponta de todos os quatro dedos com a superfície ventral do polegar da mesma mão. Nos macacos e nos grandes macacos não humanos, o polegar opositor funciona como "pinça potente" para agarrar. Nos humanos, uma estrutura óssea característica na base do polegar lhe permite ser usado para manipulações mais precisas. A inigualável habilidade dos humanos representa a descendência com modificação de nossos ancestrais arborícolas. Manobras arbóreas também requerem uma excelente coordenação entre olhos e mãos. A sobreposição dos campos visuais dos dois olhos, voltados para frente, aumenta a percepção de profundidade, vantagem óbvia para o animal

várias imigrações de eutérios. Uma das mais importantes ocorreu há cerca de 3 milhões de anos, quando as Américas do Norte e do Sul se reuniram pelo istmo do Panamá e uma extensa dispersão de animais ocorreu, nos dois sentidos, pela ponte terrestre. Hoje, apenas três famílias de marsupiais vivem fora da região da Austrália, e os únicos marsupiais selvagens da América do Norte são algumas espécies de gambás.

Figura 34.42 Explorando a diversidade dos mamíferos

Uma hipótese para as relações evolutivas entre mamíferos, representada pela árvore filogenética mostrada aqui, agrupa as ordens eutérias em quatro clados principais. Todas as 20 ordens atuais de mamíferos são listadas; as ordens em negrito são detalhadas ao redor da árvore.

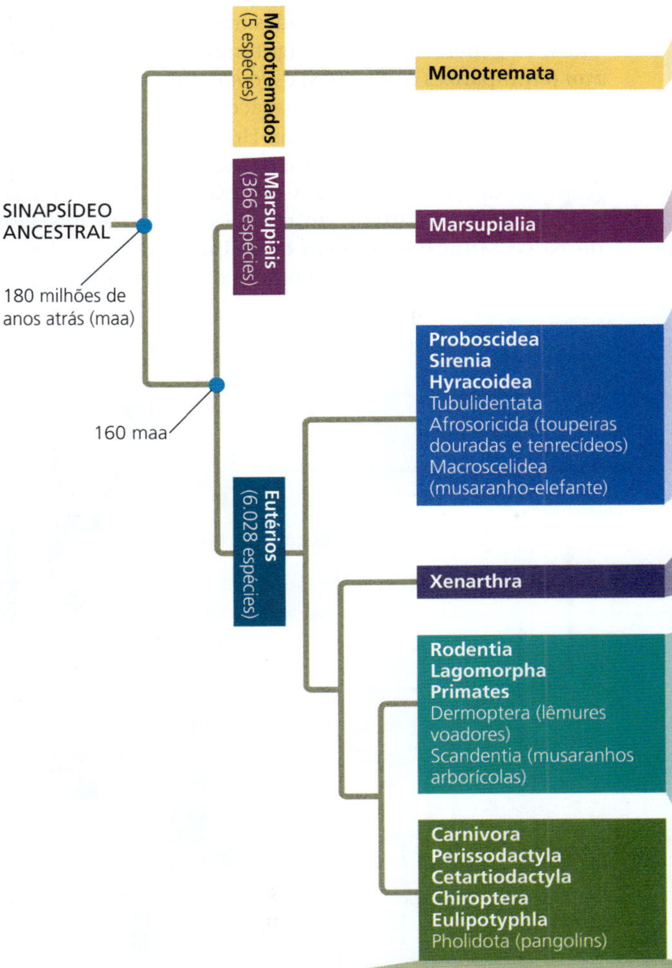

Monotremata (ornitorrincos, equidnas)
Põem ovos; sem mamilos; os filhotes sugam o leite no pelo da mãe — *Equidna*

Monotremados (5 espécies) — Monotremata

SINAPSÍDEO ANCESTRAL
180 milhões de anos atrás (maa)

Marsupiais (366 espécies) — Marsupialia

Marsupialia (cangurus, gambás, coalas)
Desenvolvimento embrionário completo em bolsa sobre o corpo materno — *Coala*

160 maa

Eutérios (6.028 espécies)

Proboscidea
Sirenia
Hyracoidea
Tubulidentata
Afrosoricida (toupeiras douradas e tenrecídeos)
Macroscelidea (musaranho-elefante)

Proboscidea (elefantes)
Tromba grande e muscular; pele espessa e frouxa; incisivos superiores alongados como presas — *Elefante africano*

Sirenia (peixes-boi, dugongos)
Aquáticos; membros anteriores como nadadeiras e sem membros posteriores; herbívoros — *Peixe-boi*

Hyracoidea (hiraxes)
Patas curtas; cauda grossa; herbívoros; estômago complexo com múltiplas câmaras — *Hirax-das-rochas*

Xenarthra

Xenarthra (preguiças, tamanduás, tatus)
Dentes reduzidos ou sem dentes; herbívoros (preguiças) ou carnívoros (tamanduás, tatus) — *Tamanduá*

Rodentia
Lagomorpha
Primates
Dermoptera (lêmures voadores)
Scandentia (musaranhos arborícolas)

Rodentia (esquilos, castores, ratos, porcos-espinhos, camundongos)
Incisivos espatulados com crescimento contínuo e desgastados pela roedura — *Esquilo-vermelho*

Lagomorpha (coelhos, lebres, pikas)
Incisivos espatulados; membros posteriores mais longos que os dianteiros, e adaptados para correr e pular; herbívoros — *Coelho*

Carnivora
Perissodactyla
Cetartiodactyla
Chiroptera
Eulipotyphla
Pholidota (pangolins)

Primates (lêmures, macacos, chimpanzés, gorilas, humanos)
Polegares opostos; olhos frontais; córtex cerebral bem desenvolvido; onívoros — *Mico-leão-dourado*

Carnivora (cães, lobos, ursos, gatos, doninhas, lontras, focas, morsas)
Dentes caninos pontiagudos e afiados e molares para moer e cortar; carnívoros — *Coiote*

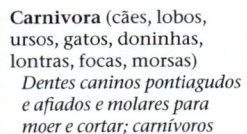

Cetartiodactyla
- Artiodáctilos (ovelhas, porcos, bois, cervos, girafas)
Cascos com um número par de dedos em cada pé; herbívoros — *Carneiro-das-montanhas*

- Cetáceos (baleias, golfinhos, toninhas)
Aquáticos; corpo hidrodinâmico; membros anteriores em forma de remo e sem membros posteriores; camada espessa de gordura; carnívoros — *Toninha-do-pacífico*

Perissodactyla (cavalos, zebras, antas, rinocerontes)
Cascos com um número ímpar de dedos em cada pé; herbívoros — *Rinoceronte indiano*

Chiroptera (morcegos)
Adaptados para o voo; asas formadas por uma grande dobra de pele que se estende dos dedos alongados para o corpo e patas; carnívoros ou herbívoros — *Morcego*

◀ **Figura 34.43** *Propithecus verreauxi*, um tipo de lêmur.

que se balança (como na locomoção em árvores, com pulos de galho em galho).

Primatas atuais Existem três grupos principais de primatas atuais: (1) os lêmures de Madagascar **(Figura 34.43)**, os lóris e gálagos da África tropical e sul da Ásia; (2) os tarsiídeos, que vivem no sudeste da Ásia; e (3) os antropoides, que incluem os macacos grandes e pequenos e são encontrados em todo o mundo. O primeiro grupo – lêmures, lóris e gálagos – provavelmente se parece com os primeiros primatas arborícolas. Os fósseis mais antigos conhecidos de tarsiídeos datam de 55 milhões de anos atrás; juntamente com evidência de DNA, esses fósseis indicam que tarsiídeos são mais proximamente relacionados a antropoides do que ao grupo dos lêmures **(Figura 34.44)**.

Você pode ver na Figura 34.44 que os macacos não formam um clado, mas, ao contrário, consistem em dois grupos, os macacos do Novo e do Velho Mundo. Acredita-se que esses dois grupos se originaram na África ou na Ásia. O registro fóssil indica que os macacos do Novo Mundo colonizaram inicialmente a América do Sul, há aproximadamente 25 milhões de anos. Nessa época, a América do Sul e a África haviam se separado, e os macacos podem ter alcançado a América do Sul a partir da África viajando em troncos ou outros fragmentos flutuantes. O certo é que os macacos do Novo Mundo e os macacos do Velho Mundo sofreram radiações adaptativas separadas durante seus muitos milhões de anos de separação **(Figura 34.45)**. Todas as espécies de macacos do Novo Mundo são arborícolas, enquanto os macacos do Velho Mundo incluem habitantes do solo, bem como espécies arborícolas. A maioria dos macacos nos dois grupos é diurna (ativos durante o dia) e geralmente vive em bandos mantidos juntos pelo comportamento social.

O outro grupo de antropoides consiste em primatas informalmente chamados de grandes macacos, ou hominóideos **(Figura 34.46)**. Esse grupo inclui quatro gêneros de gibões, junto com os "grandes macacos" propriamente ditos, os gêneros *Pongo* (orangotangos), *Gorilla* (gorilas), *Pan* (chimpanzés e bonobos) e *Homo* (humanos). Os grandes macacos divergiram dos macacos do Velho Mundo entre 25 e 30 milhões de anos atrás. Hoje, os grandes macacos não humanos são encontrados exclusivamente em regiões tropicais do Velho Mundo. Com exceção dos gibões, os grandes macacos atuais são maiores do que os macacos do Novo Mundo e também do Velho Mundo. Todos os grandes macacos atuais têm braços relativamente longos,

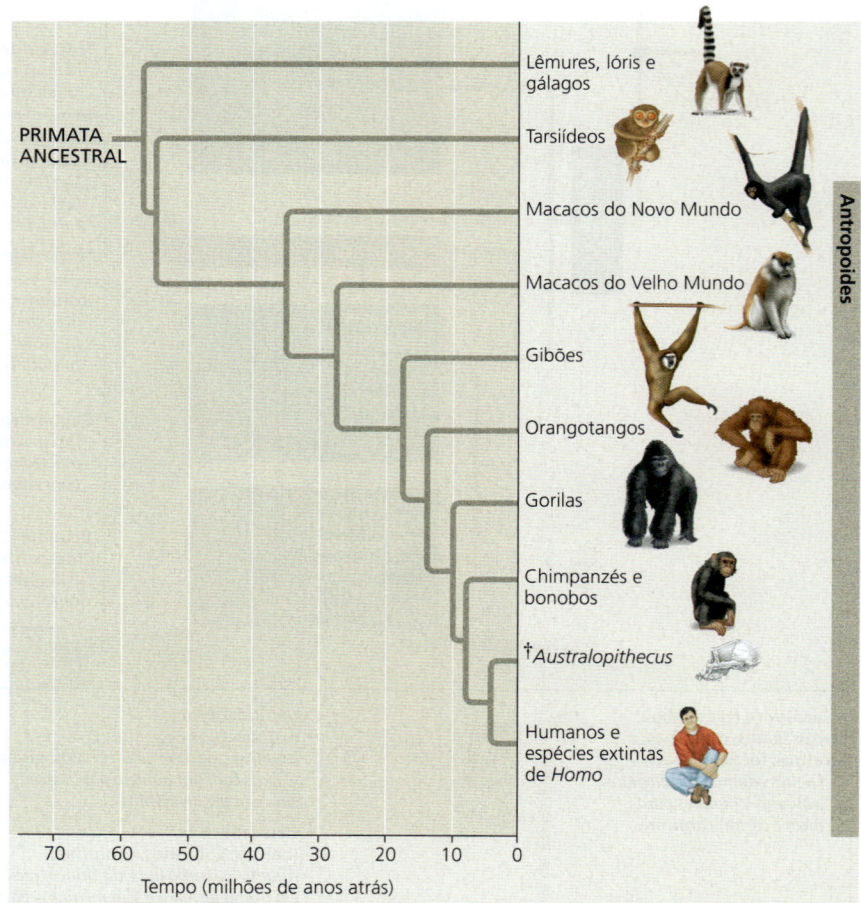

▲ **Figura 34.44 Árvore filogenética dos primatas.** O registro fóssil indica que a linhagem levando aos macacos e grandes macacos divergiu dos outros primatas há 55 milhões de anos. A linhagem levando a humanos e *Australopithecus* divergiu dos outros grandes macacos há cerca de 8 milhões de anos; o símbolo de cruz (†) indica um grupo extinto.

HABILIDADES VISUAIS *A filogenia mostrada aqui é consistente com a ideia de que os humanos evoluíram de chimpanzés? Explique.*

CAPÍTULO 34 ORIGEM E EVOLUÇÃO DOS VERTEBRADOS **747**

pernas curtas e não apresentam cauda. Embora todos os grandes macacos não humanos passem parte do tempo em árvores, apenas os gibões e orangotangos são principalmente arborícolas. A organização social varia entre os grandes macacos; gorilas e chimpanzés são altamente sociais. Por fim, comparados aos outros primatas, os grandes macacos têm cérebro maior em proporção ao tamanho de seu corpo e seu comportamento é mais flexível. Essas duas características são especialmente destacadas em nosso próximo grupo, os hominídeos.

REVISÃO DO CONCEITO 34.6

1. Compare os monotremados, marsupiais e eutérios em termos de como eles sustentam sua prole.
2. Identifique ao menos cinco caracteres derivados dos primatas.
3. **FAÇA CONEXÕES** Formule uma hipótese para explicar por que a diversidade de mamíferos aumentou no Cenozoico. Sua explicação deve considerar adaptações dos mamíferos, bem como fatores como extinções em massa e deriva continental (revise o Conceito 25.4)

Ver as respostas sugeridas no Apêndice A.

(a) Macacos do Novo Mundo, como os macacos-aranha (mostrado aqui), macacos-de-cheiro e macaco-capuchinho, têm cauda preênsil (adaptada para agarrar) e narinas que se abrem para os lados.

(b) Nos macacos do Velho Mundo, falta uma cauda preênsil, e suas narinas se abrem para baixo. Este grupo inclui o gênero *Macaca* (mostrado aqui), mandris, babuínos e macacos *Rhesus*.

▲ **Figura 34.45** Macacos do Novo Mundo e do Velho Mundo.

(a) Os gibões (18 espécies), como este gibão-de-müller, são encontrados somente no sudeste da Ásia. Seus braços e dedos muito longos são adaptações para balançar (pulando com os braços de galho em galho).

(b) Orangotangos (3 espécies) são grandes macacos tímidos que vivem nas florestas pluviais da Sumatra e de Bornéu. Passam a maior parte do seu tempo nas árvores; observe o pé adaptado para agarrar e o polegar opositor.

(c) Os gorilas (2 espécies) são os maiores dos grandes macacos; alguns machos têm quase 2 m de altura e pesam cerca de 200 kg. Encontrados somente na África, estes herbívoros geralmente vivem em grupos de até cerca de 20 indivíduos.

(d) Os chimpanzés vivem na África tropical. Alimentam-se e dormem em árvores, mas também passam grande parte do tempo no chão. Os chimpanzés são inteligentes, comunicativos e sociais.

(e) Os bonobos estão no mesmo gênero (*Pan*) que os chimpanzés, mas são menores. Hoje, sobrevivem apenas na nação africana do Congo.

▲ **Figura 34.46** Grandes macacos não humanos.

CONCEITO 34.7

Seres humanos são mamíferos com um cérebro grande e locomoção bípede

Em nossa viagem pela biodiversidade da Terra, iremos enfocar agora em nossa própria espécie, *Homo sapiens*, que tem aproximadamente 200.000 anos de idade. Quando se considera que a vida na Terra existe há pelo menos 3,5 bilhões de anos, claramente somos recém-chegados.

Caracteres derivados dos seres humanos

Muitos caracteres distinguem os humanos dos outros grandes macacos. Mais evidentemente, humanos têm postura ereta e são bípedes (caminham em duas pernas). Os humanos têm cérebro muito maior e são capazes de utilizar a linguagem, os pensamentos simbólicos, a expressão artística, a manufatura e o uso de ferramentas complexas. Os humanos também possuem ossos e músculos da mandíbula reduzidos, junto com um trato digestório mais curto.

No nível molecular, a lista de caracteres derivados de humanos é crescente à medida que cientistas comparam os genomas humano aos dos chimpanzés. Embora os dois genomas sejam 99% idênticos, uma diferença de 1% pode representar muitas mudanças, em um genoma com três bilhões de pares de bases. Além disso, mudanças em um pequeno número de genes podem ter grandes efeitos. Esse ponto foi realçado por resultados recentes, que mostram que humanos e chimpanzés diferem na expressão de 19 genes reguladores. Esses genes ligam e desligam outros genes e, portanto, podem responder por muitas diferenças entre as duas espécies.

Tenha em mente que essas diferenças genômicas – e quaisquer características fenotípicas derivadas que codificam – separam os humanos dos outros grandes macacos *atuais*. Porém, muitos desses caracteres novos surgiram primeiro em nossos ancestrais, muito antes de nossa espécie ter aparecido. Consideraremos alguns desses ancestrais para ver como esses caracteres se originaram.

Primeiros hominíneos

O estudo das origens dos humanos é conhecido como **paleoantropologia**. Os paleoantropólogos desenterraram fósseis de aproximadamente 25 espécies extintas que são mais estreitamente relacionadas aos humanos do que aos chimpanzés. Essas espécies são conhecidas como **hominíneos** (subtribo Hominina) **(Figura 34.47)**. Desde 1994, fósseis de quatro espécies desse clado, datando de mais de 4 milhões atrás, foram descobertos. O mais antigo desses hominíneos, *Sahelanthropus tchadensis*, viveu há cerca de 6,5 milhões de anos.

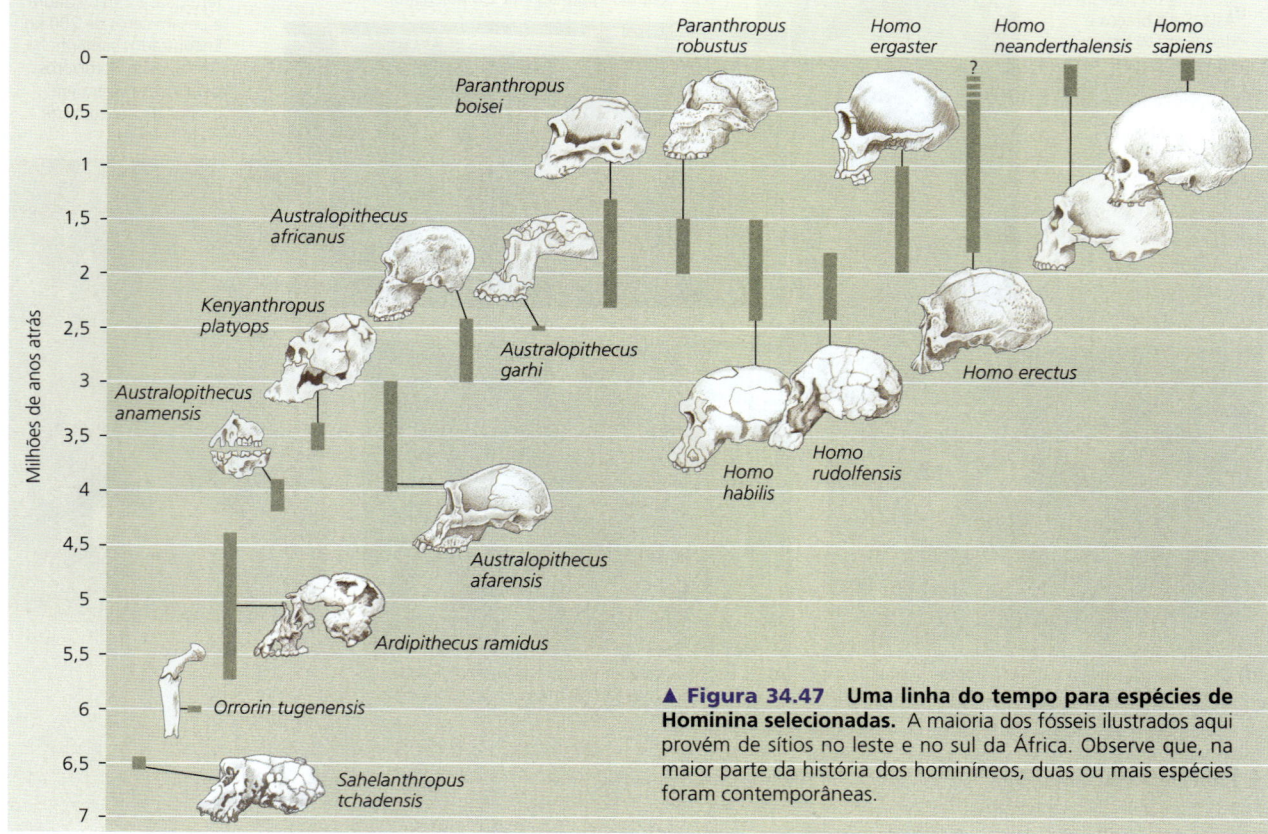

▲ **Figura 34.47 Uma linha do tempo para espécies de Hominina selecionadas.** A maioria dos fósseis ilustrados aqui provém de sítios no leste e no sul da África. Observe que, na maior parte da história dos hominíneos, duas ou mais espécies foram contemporâneas.

Sahelanthropus tchadensis e outros membros primitivos de Hominina compartilham alguns dos caracteres derivados de humanos. Por exemplo, eles tinham dentes caninos reduzidos, e alguns fósseis sugerem que eles tinham faces relativamente achatadas. Também mostram sinais de terem assumido uma postura mais ereta e bípede em relação a outros grandes macacos. Uma pista para sua postura ereta pode ser encontrada no forame magno, o orifício na base do crânio pelo qual passa a medula espinal. Em chimpanzés, o forame magno situa-se relativamente mais atrás no crânio, enquanto, nos hominíneos primitivos (e em humanos), ele é localizado abaixo do crânio. Essa posição nos permite manter nossa cabeça diretamente acima do nosso corpo, como aparentemente os hominíneos primitivos também fizeram. A pelve, ossos de membros e pés de 4,4 milhões de anos de idade do *Ardipithecus ramidus* também sugerem que os hominíneos primitivos estavam se tornando bípedes **(Figura 34.48)** (retornaremos ao assunto do bipedalismo adiante no capítulo).

Observe que os caracteres que distinguem os humanos de outros grandes macacos atuais não evoluíram em perfeita harmonia. Enquanto os primeiros hominíneos exibiam sinais de bipedalismo, seus cérebros permaneciam pequenos – cerca de 300 a 450 cm^3 em volume, comparado com a média de 1.300 cm^3 do *Homo sapiens*. Os primeiros hominíneos também eram, em geral, pequenos. Estima-se que *A. ramidus*, por exemplo, tivesse cerca de 1,2 m de altura, com dentes relativamente grandes e mandíbula projetada à frente da parte superior da face. Os humanos, ao contrário, têm em média 1,7 m de altura e face relativamente achatada; compare sua face com a dos chimpanzés na Figura 34.46d.

É importante evitar duas concepções errôneas comuns sobre os hominíneos primitivos. Uma delas é pensar neles como chimpanzés ou como tendo evoluído de chimpanzés. Chimpanzés representam a ponta de um ramo separado da evolução, e eles adquiriram caracteres derivados próprios após terem divergido de seu ancestral comum com os humanos.

Outra concepção equivocada é pensar a evolução humana como uma escada que vem diretamente de um grande macaco ancestral ao *Homo sapiens*. Muitas vezes, esse erro é ilustrado como um desfile de espécies fósseis que se tornam progressivamente mais parecidas conosco à medida que marcham pela página. Se a evolução humana é um desfile, ele é muito desordenado, com muitos grupos

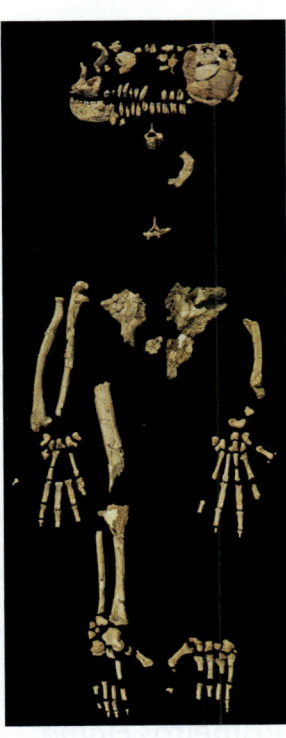

▲ **Figura 34.48** "Ardi", um fóssil de *Ardipithecus* de 4,4 milhões de anos.

se separando para tomar outros rumos evolutivos. Durante algum tempo, várias espécies de hominíneos coexistiram. Essas espécies costumavam diferir na forma do crânio, no tamanho do corpo e na dieta (inferência feita a partir dos seus dentes). Por fim, todas, com exceção de uma – aquela que deu origem ao *Homo sapiens* – se extinguiram. De modo geral, considerando as características de todos os hominíneos que viveram ao longo dos últimos 6,5 milhões de anos, *H. sapiens* aparece não como um resultado final de um caminho evolutivo único, mas, em vez disso, como o único membro sobrevivente de uma árvore evolutiva altamente ramificada.

Australopitecíneos

O registro fóssil indica que a diversidade de hominíneos aumentou entre 4 e 2 milhões de anos atrás. Muitos dos hominíneos desse período são coletivamente chamados de australopitecíneos (subtribo Australopithecina). Sua filogenia permanece obscura em muitos pontos, mas, como um grupo, eles são quase certamente parafiléticos. O membro mais antigo do grupo, *Australopithecus anamensis*, viveu entre 4,2 e 3,9 milhões de anos atrás, próximo à época de hominíneos mais velhos, como *Ardipithecus ramidus*.

Os australopitecíneos ganharam seu nome a partir da descoberta, em 1924, na África do Sul, do *Australopithecus africanus* ("grande macaco do sul da África"), que viveu entre 3 e 2,4 milhões de anos atrás. Com a descoberta de mais fósseis, tornou-se claro que *A. africanus* caminhava completamente ereto (era bípede) e tinha mãos e dentes similares aos dos humanos. Entretanto, seu cérebro tinha apenas cerca de um terço do tamanho do cérebro de um humano atual.

Em 1974, na região de Afar, na Etiópia, os paleoantropólogos descobriram um esqueleto de *Australopithecus* de 3,2 milhões de anos de idade que estava 40% completo. "Lucy", como o fóssil foi chamado, era baixa – apenas cerca de 1 m de altura. À Lucy e fósseis similares, foi dado o nome de *Australopithecus afarensis* (da região de Afar). A evidência fóssil mostra que *A. afarensis* existiu como uma espécie por, pelo menos, um milhão de anos.

Correndo o risco de fazer uma simplificação exagerada, poderíamos dizer que *A. afarensis* tinha menos caracteres derivados de humanos acima do pescoço do que abaixo. O cérebro de Lucy era pouco maior do que uma bola de tênis, um tamanho similar ao esperado para um chimpanzé do tamanho de Lucy. Os crânios de *A. afarensis* também tinham maxila inferior mais longa. Os esqueletos de *A. afarensis* sugerem que esses hominíneos eram capazes de locomoção arborícola, com braços relativamente longos em proporção ao tamanho do corpo (comparados às proporções em humanos). Entretanto, fragmentos de ossos da pelve e do crânio indicam que *A. afarensis* caminhava sobre duas pernas. Pegadas fossilizadas em Laetoli, Tanzânia, corroboram a evidência esquelética de que os hominíneos que viveram na época de *A. afarensis* eram bípedes **(Figura 34.49)**.

Outra linhagem de australopitecíneos consistia em australopitecíneos "robustos". Esses hominíneos, que incluíram espécies como *Paranthropus boisei*, tinham crânios robustos com mandíbulas poderosas e dentes grandes, adaptados para triturar e mascar alimentos duros e resistentes. Eles contrastam

▶ **Figura 34.49** Evidência de que hominíneos caminhavam eretos há 3,5 milhões de anos.

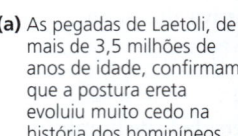

(a) As pegadas de Laetoli, de mais de 3,5 milhões de anos de idade, confirmam que a postura ereta evoluiu muito cedo na história dos hominíneos.

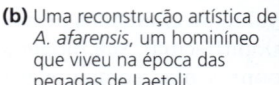

(b) Uma reconstrução artística de *A. afarensis*, um hominíneo que viveu na época das pegadas de Laetoli.

com os australopitecíneos ditos "gráceis" ou esbeltos, incluindo *A. afarensis* e *A. africanus*, que tinham aparatos de alimentação mais leves, adaptados para alimentos mais macios.

Combinando a evidência dos primeiros hominíneos com o registro fóssil muito mais rico dos australopitecíneos que surgiram mais tarde, torna-se possível formular hipóteses sobre tendências significativas na evolução dos hominíneos. No **Exercício de habilidades científicas**, você examinará uma dessas tendências: como o volume do cérebro dos hominíneos se alterou durante o tempo. Aqui, iremos considerar outras duas tendências: a emergência do bipedalismo e o uso de ferramentas.

Bipedalismo

Nossos ancestrais antropoides de 35-30 milhões de anos atrás eram ainda arborícolas. Porém, há cerca de 10 milhões de anos, a cordilheira de montanhas do Himalaia tinha se formado, como consequência da colisão da placa da Índia com a placa da Eurásia (ver Figura 25.16). O clima se tornou mais seco, e, no que hoje são África e a Ásia, as florestas se contraíram. O resultado foi um aumento da área de hábitats de savana, com menos árvores. Os pesquisadores formularam a hipótese de que, à medida que os hábitats mudaram, a seleção natural poderia ter favorecido adaptações que tornaram mais eficiente o movimento em áreas abertas. Subjacente a essa ideia, está o fato de que, embora grandes macacos não humanos sejam muito adaptados a escalar árvores, eles são bem menos adaptados para se movimentar no solo. Por exemplo, quando um chimpanzé caminha, ele usa quatro vezes mais energia do que a utilizada pelos humanos.

Ainda que elementos dessa hipótese sobrevivam, o quadro agora parece ser um pouco mais complexo. Mesmo que todos os fósseis de hominíneos primitivos mostrem indicações de bipedalismo, nenhum desses hominíneos viveu em savanas. Pelo contrário, eles viveram em hábitats mistos, variando desde florestas a matas abertas. Além disso, qualquer que seja a pressão seletiva que levou ao bipedalismo, os hominíneos não assumiram uma locomoção mais bípede de maneira simples e linear. *Ardipithecus* tinha elementos esqueléticos que indicam que ele podia caminhar ereto, mas também era bem adaptado para escalar árvores. Os australopitecíneos parecem ter tido vários estilos de locomoção, e algumas espécies gastavam mais tempo no solo do que outras. Somente há cerca de 1,9 milhão de anos, os hominíneos começaram a percorrer longas distâncias sobre as duas pernas. Esses hominíneos viveram em ambientes mais áridos, em que o caminhar bípede requer menos energia do que caminhar sobre quatro patas.

Uso de ferramentas

Como você leu anteriormente, a manufatura e o uso de ferramentas complexas são caracteres comportamentais derivados dos humanos. Determinar a origem do uso de ferramentas na evolução hominínea é muito difícil. Outros grandes macacos são capazes de usar ferramentas surpreendentemente sofisticadas. Os orangotangos, por exemplo, podem moldar gravetos no formato de sondas com o objetivo de retirar insetos de seus ninhos. Chimpanzés são ainda mais hábeis, usando rochas para esmagar e abrir alimentos e colocando folhas sob os pés para caminhar sobre espinhos. É provável que os primeiros hominíneos fossem capazes desse tipo simples de uso de ferramentas, mas encontrar fósseis de gravetos modificados ou de folhas que foram utilizadas como sapatos é praticamente impossível.

A evidência mais antiga geralmente aceita sobre o uso de ferramentas por hominíneos são marcas de cortes em ossos de animais de 2,5 milhões de anos de idade, encontradas na Etiópia. Essas marcas sugerem que os hominíneos cortavam carne dos ossos de animais usando ferramentas de pedra. É interessante que os hominíneos cujos fósseis foram encontrados próximo ao sítio onde esses ossos foram descobertos tinham cérebro relativamente pequeno. Se esses hominíneos, denominados *Australopithecus garhi*, foram de fato os criadores dos instrumentos de pedra usados nos ossos, isso sugeriria que o uso de ferramentas de pedra se originou antes da evolução de cérebros grandes em hominíneos.

Primeiros *Homo*

Os fósseis mais antigos que paleoantropólogos classificam em nosso gênero, *Homo*, incluem aqueles da espécie *Homo habilis*.

Exercício de habilidades científicas

Determinando a equação de uma regressão linear

Como o volume cerebral mudou ao longo do tempo em um a linhagem hominínea? O táxon hominíneo inclui *Homo sapiens* e cerca de 20 espécies extintas, que se acredita representarem os antigos parentes dos humanos. Os pesquisadores constataram que o volume do cérebro dos homíneos mais antigos variava entre 300 e 450 cm³, similar ao volume cerebral dos chimpanzés. O volume do cérebro de humanos modernos varia entre 1.200 a 1.800 cm³. Neste exercício, você examinará como o volume médio do cérebro variou ao longo do tempo e através das várias espécies de hominíneos.

Como o estudo foi realizado Nesta tabela, x_i é a idade média de cada espécie de hominíneo e y_i é o volume cerebral médio (cm³). Idades com valores negativos representam milhões de anos antes do presente (que tem uma idade de 0,0).

Espécie hominínea	Idade média (milhões de anos, x_i)	$x_i - \bar{x}$	Volume cerebral médio (cm³; y_i)	$y_i - \bar{y}$	$(x_i - \bar{x}) \times (y_i - \bar{y})$
Ardipithecus ramidus	−4,4		325		
Australopithecus afarensis	−3,4		375		
Homo habilis	−1,9		550		
Homo ergaster	−1,6		850		
Homo erectus	−1,2		1.000		
Homo heidelbergensis	−0,5		1.200		
Homo neanderthalensis	−0,1		1.400		
Homo sapiens	0,0		1.350		

Dados de Dean Falk, Florida State University, 2013.

INTERPRETE OS DADOS

Como o volume do cérebro dos hominíneos mudou ao longo do tempo? Em particular, há uma relação linear (uma linha reta) entre o volume do cérebro e o tempo?

Para descobrir, executaremos uma regressão linear, uma técnica para determinar a equação para a linha reta que proporciona o "melhor ajuste" ao conjunto de dados. Lembre-se de que a equação para uma linha reta entre duas variáveis x e y é:

$$y = mx + b$$

Nesta equação, m representa a inclinação da linha, enquanto b representa a interceptação em y (o ponto no qual a linha reta cruza o eixo y). Quando $m < 0$, a linha tem inclinação negativa, indicando que os valores de y tornam-se *menores* à medida que os valores de x se tornam *maiores*. Quando $m > 0$, a linha tem inclinação positiva, significando que os valores de y se tornam maiores à medida que os valores de x se tornam maiores. Quando $m = 0$, y tem valor constante (b).

O coeficiente de correlação, r, pode ser usado para calcular os valores de m e de b em uma regressão linear:

$$m = r\frac{s_y}{s_x} \quad \text{e} \quad b = \bar{y} - m\bar{x}.$$

Nestas equações, s_x e s_y são os desvios padrões das variáveis x e y, respectivamente, enquanto $\bar{x}$ e $\bar{y}$ são as médias destas duas variáveis (ver o Exercício de habilidades científicas do Capítulo 32 para mais informações sobre o coeficiente de correlação, média e desvio-padrão).

1. Calcule a média ($\bar{x}$ e $\bar{y}$) dos $n = 8$ pontos de dados na tabela. A seguir, preencha as colunas $(x_i - \bar{x})$ e $(y_i - \bar{y})$ na tabela de dados, e use esses resultados para calcular os desvios padrões s_x e s_y.
2. Como descrito no Exercício de habilidades científicas do Capítulo 32, a fórmula para o coeficiente de correlação é

$$r = \frac{\sum (x_i - \bar{x})(y_i - \bar{y})}{(n-1)(s_x s_y)}$$

Preencha a coluna da tabela de dados para o produto $(x_i - \bar{x}) \times (y_i - \bar{y})$. Use estes valores e os desvios padrões calculados na questão 1 para calcular o coeficiente de correlação r entre o volume cerebral de espécies hominíneas (y) e suas idades (x).
3. Com base no valor de r que você calculou na questão 2, descreva em palavras a correlação entre o volume médio do cérebro das espécies de hominíneos e a idade média das espécies.
4. **(a)** Use seu valor calculado de r para calcular a inclinação (m) e a interceptação em y (b) de uma reta de regressão para esse conjunto de dados. **(b)** Faça um gráfico da reta de regressão para o volume médio do cérebro de espécies de hominíneos *versus* a idade média das espécies. Tome cuidado para selecionar e identificar seus eixos corretamente. **(c)** Represente graficamente os dados da tabela no mesmo gráfico que mostra a reta de regressão. A reta de regressão parece proporcionar um ajuste aceitável para os dados?
5. A equação da reta de regressão pode ser usada no cálculo do valor de y esperado para qualquer valor determinado de x. Por exemplo, suponha que uma regressão linear indicou que $m = 2$ e $b = 4$. Neste caso, quando $x = 5$, nós esperamos que $y = 2x + 4 = (2 \times 5) + 4 = 14$. Baseado nos valores de m e b que você determinou na questão 4, utilize essa abordagem para determinar o volume cerebral médio esperado para um hominíneo que viveu há 4 milhões de anos (isto é, $x = -4$).
6. A inclinação de uma reta pode ser definida como $m = \frac{y_2 - y_1}{x_2 - x_1}$, em que (x_1, y_1) e (x_2, y_2) são as coordenadas de dois pontos sobre a reta. Desse modo, a inclinação representa a razão da elevação de uma reta (quanto a reta se eleva verticalmente) para o percurso da linha (quanto a linha muda horizontalmente). Use a definição da inclinação para estimar quanto tempo levou para que o volume médio do cérebro aumentasse 100 cm³ durante o curso da evolução dos hominíneos.

Esses fósseis, variando em idade de cerca de 2,4 a 1,6 milhões de anos, mostram claros sinais de certos caracteres hominíneos derivados na região acima do pescoço. Comparado aos australopitecíneos, *H. habilis* tinha mandíbula mais curta e maior volume cerebral, cerca de 550-750 cm³. Ferramentas afiadas de pedra também foram encontradas com os mesmos fósseis de *H. habilis* (o nome significa "homem habilidoso").

Fósseis de 1,9 a 1,5 milhão de anos atrás marcam um novo estágio na evolução dos hominíneos. Vários paleoantropólogos reconhecem esses fósseis como de uma espécie distinta, *Homo ergaster*. O *Homo ergaster* tinha um cérebro substancialmente maior do que *H. habilis* (mais de 900 cm³), bem como pernas longas e finas com articulações do quadril bem adaptadas para caminhar longas distâncias **(Figura 34.50)**.

Os dedos eram relativamente curtos e retos, sugerindo que *H. ergaster* não escalava árvores como os hominíneos anteriores. Os fósseis de *H. ergaster* foram descobertos em ambientes muito mais áridos do que os de hominíneos anteriores e foram associados a ferramentas de pedra mais sofisticadas. Seus dentes menores também sugerem que *H. ergaster* ou comia alimentos diferentes dos dos australopitecíneos (mais carne e menos material vegetal), ou preparava alguns de seus alimentos antes de mastigar, talvez cozinhando ou triturando os alimentos.

O *Homo ergaster* marca uma importante mudança no tamanho relativo dos sexos. Em primatas, a diferença de tamanho entre machos e fêmeas é um importante componente do dimorfismo sexual (ver Conceito 23.4). Em média, os gorilas e orangotangos machos pesam cerca de duas vezes mais do que as fêmeas de suas espécies. Em *Australopithecus afarensis*, os machos eram 1,5 vez mais pesados que as fêmeas. O grau de dimorfismo sexual

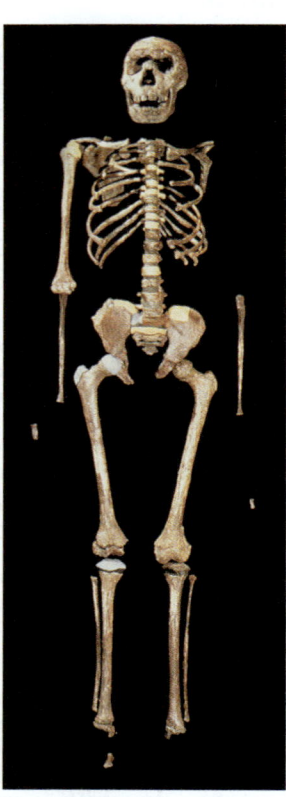

▲ **Figura 34.50 Fóssil de *Homo ergaster*.** Este fóssil de 1,7 milhão de anos de idade do Quênia pertence a um macho jovem de *Homo ergaster*. Este indivíduo era alto, magro, completamente bípede e tinha cérebro relativamente grande.

diminuiu ainda mais nos primeiros *Homo*, uma tendência que continua em nossa própria espécie: os machos humanos pesam apenas cerca de 1,2 vez mais do que as fêmeas.

O dimorfismo sexual reduzido pode oferecer algumas pistas para o sistema social de hominíneos extintos. Nos primatas atuais, o dimorfismo sexual extremo está associado com a intensa competição entre machos por múltiplas fêmeas. Em espécies com ligação mais forte entre pares (incluindo a nossa própria), o dimorfismo sexual não é tão drástico. Em *H. ergaster*, portanto, machos e fêmeas podem ter se envolvido em pares mais estáveis do que os hominíneos anteriores.

Os fósseis hoje geralmente reconhecidos como *H. ergaster* eram originalmente considerados membros primitivos de outra espécie, *Homo erectus*, e alguns paleoantropólogos ainda mantêm essa posição. *Homo erectus* originou-se na África e foi o primeiro hominíneo a migrar para fora desse continente. Os fósseis mais antigos de hominíneos fora da África, datando de 1,8 milhão de anos atrás, foram descobertos no país hoje conhecido como Geórgia. Por fim, *Homo erectus* migrou para locais tão distantes quanto o arquipélago indonésio. A evidência fóssil indica que *H. erectus* tornou-se extinto entre 200.000 e 70.000 anos atrás.

Neandertais

Em 1856, mineiros descobriram alguns fósseis humanos misteriosos em uma caverna no vale do Neander, na Alemanha. Os fósseis de 40.000 anos de idade pertenciam a um hominíneo de ossos robustos e com testa proeminente. O hominíneo foi denominado *Homo neanderthalensis* e é comumente chamado de neandertal. Os neandertais viveram na Europa há 350.000 anos e depois se espalharam pelo Oriente Próximo, Ásia Central e sul da Sibéria. Eles tinham um cérebro maior do que o dos humanos atuais, enterravam seus mortos e produziam utensílios de caça de pedra e de madeira. Contudo, apesar de suas adaptações e cultura, neandertais tornaram-se extintos em algum momento entre 28.000 e 40.000 anos atrás.

Qual é a relação evolutiva entre neandertais e *Homo sapiens*? Dados genéticos indicam que as linhagens que levam a *H. sapiens* e aos neandertais divergiram há aproximadamente 600.000 anos **(Figura 34.51)**. Isso indica que, ainda que neandertais e os humanos tenham compartilhado um ancestral comum recente, os humanos não descendem diretamente dos neandertais (como se pensava anteriormente). Neandertais foram, na verdade, mais proximamente relacionados aos "Denisovanos", hominíneos cujos fósseis foram descobertos na Sibéria e no Tibete, do que aos humanos.

Uma outra questão que perdura é se houve cruzamento entre neandertais e humanos, levando a fluxo gênico entre as duas espécies. Alguns pesquisadores têm argumentado que evidência de fluxo gênico pode ser encontrada em fósseis que mostram uma mistura de características humanas e neandertais. Análises recentes de sequências de DNA do genoma neandertal indicaram que um fluxo gênico limitado de fato ocorreu entre as duas espécies. Em 2015, evidência mais robusta desse fluxo gênico foi relatada: DNA extraído de um fóssil de osso de mandíbula humana mostrou longas sequências com DNA neandertal **(Figura 34.52a)**.

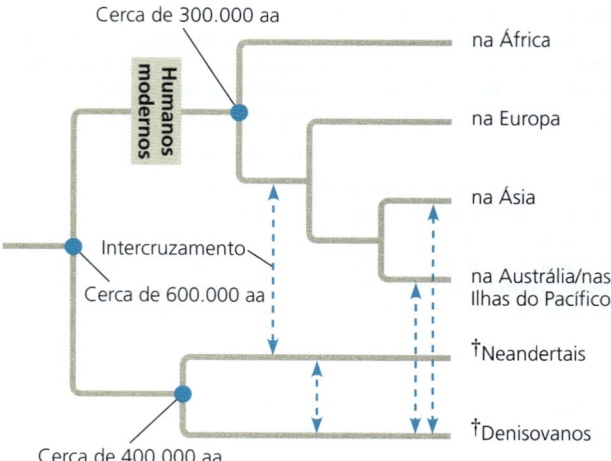

▲ **Figura 34.51 Relações evolutivas e intercruzamento entre humanos, neandertais e denisovanos.** Dados genômicos e evidência fóssil (ver Figura 34.52) documentam múltiplos exemplos de intercruzamentos entre humanos, neandertais e denisovanos.

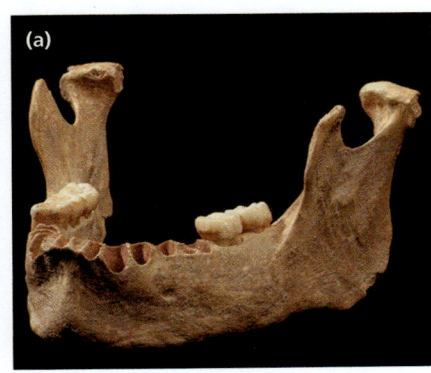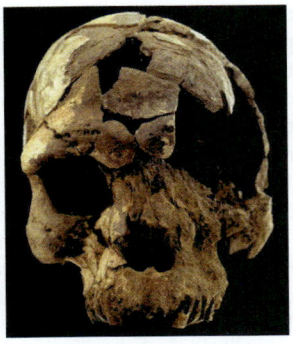

▲ **Figura 34.52 Evidência fóssil de intercruzamento entre espécies hominíneas.** (a) Este osso da mandíbula pertenceu a um humano que viveu há 40.000 anos e que tinha um ancestral neandertal relativamente recente. (b) Este fragmento ósseo veio de uma mulher que teve uma mãe neandertal e um pai denisovano.

▲ **Figura 34.53** Um fóssil de *Homo sapiens* de 160.000 anos atrás.

encontradas em *H. erectus* e neandertais e eram mais esbeltos do que os outros hominíneos recentes. Os fósseis etíopes sustentam inferências acerca da origem dos seres humanos a partir de evidência molecular. Análises de DNA mostram que europeus e asiáticos compartilham um ancestral comum relativamente recente, e que muitas linhagens africanas divergiram de posições mais basais na filogenia da família humana. Esses achados sugerem que todos os seres humanos atuais têm ancestrais que se originaram como *H. sapiens* na África.

Os fósseis mais antigos de *H. sapiens* fora da África são do Oriente Médio e remontam de cerca de 180.000 anos atrás. Evidência fóssil e análises genéticas sugerem que os seres humanos se espalharam para fora da África em uma ou mais ondas, primeiro para a Ásia e, após, para a Europa e Austrália. A data da primeira chegada dos seres humanos ao Novo Mundo é incerta, embora a evidência mais antiga geralmente aceita aponte para cerca de 15.000 anos atrás.

Novos achados continuamente atualizam nosso entendimento da linhagem evolutiva humana. Por exemplo, em 2015, a família humana ganhou um novo membro, *Homo naledi*. A estrutura de seu pé indica que *H. naledi* era inteiramente bípede, e a forma de sua mão sugere que *H. naledi* possuía habilidades motoras finas **(Figura 34.54)** como em *H. sapiens*, neandertais e outras espécies que usavam ferramentas. Contudo, *H. naledi* também possuía um cérebro pequeno, uma pelve superior bastante dilatada e outros caracteres que levaram os pesquisadores a concluir que ele foi um membro mais antigo de nosso gênero.

Como um membro antigo de nosso gênero, é provável que *H. naledi* tenha se originado há mais de 1,5 milhão de anos – uma estimativa ainda inicial da idade dos fósseis de *H. naledi* aponta para uma idade entre 3 milhões e apenas 100.000 anos. Os cientistas não sabem o quão antigos são esses fósseis, porque eles foram encontrados sobre o solo de

Na verdade, a quantidade de DNA neandertal nesse fóssil indicou que o tataravô desse indivíduo era neandertal.

Outros estudos genômicos recentes mostraram também ter havido fluxo gênico entre neandertais e denisovanos, cujo DNA foi isolado a partir de fragmentos ósseos descobertos em uma caverna da Sibéria. Em 2018, por exemplo, análises de DNA revelaram que o fragmento ósseo de 90.000 anos de idade mostrado na **Figura 34.52b** veio de uma mulher que teve uma mãe neandertal e um pai denisovano – uma descoberta notável, que documenta a descendência direta de duas espécies diferentes de hominíneos. Análises genômicas também indicam que ocorreu fluxo gênico entre os denisovanos e nossa própria espécie, *H. sapiens*.

Homo sapiens

Evidências fósseis, arqueologia e estudos de DNA têm melhorado nossa compreensão acerca de como nossa própria espécie, *Homo sapiens*, surgiu e se propagou por todo o mundo.

A evidência fóssil indica que os ancestrais dos seres humanos se originaram na África. Espécies mais antigas deram origem a espécies posteriores, incluindo *H. sapiens*. Um estudo de 2017 indica que, por volta de 315.000 anos atrás, algumas populações hominíneas em Marrocos tinham características faciais como aquelas de nossa espécie, enquanto a parte posterior do crânio permanecia alongada, como em espécies mais antigas. Os fósseis mais antigos conhecidos de nossa espécie incluem indivíduos da Etiópia que têm entre 195.000 e 160.000 anos de idade **(Figura 34.53)**. Esses primeiros seres humanos tinham sobrancelhas menos pronunciadas do que aquelas

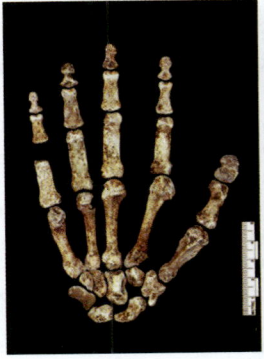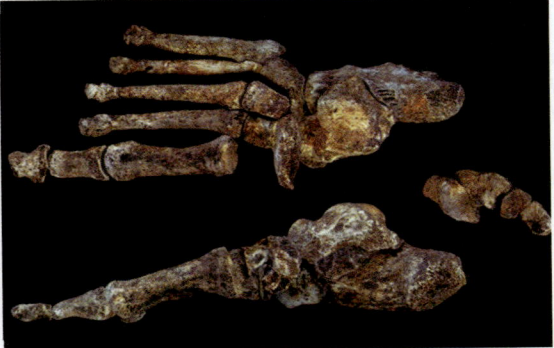

▲ **Figura 34.54** Fósseis de ossos da mão e do pé (vistas superior e lateral) de *Homo naledi*.

uma caverna profunda, e não incrustados em rochas que pudessem ser datadas com a utilização de isótopos radioativos. Em 2017, porém, dentes de um crânio recentemente descoberto de *H. naledi* foram datados com isótopos radioativos e foi demonstrado que têm 300.000 anos. De maneira geral, a evidência fóssil sugere que *H. naledi* surgiu entre 1-2 milhões de anos atrás (como outros membros antigos de nosso gênero) e, então, persistiram quase até o presente.

Aproximadamente dez anos antes da descoberta de *H. naledi*, pesquisadores registraram um outro incrível achado: restos esqueléticos de hominíneos adultos datando de 10.000-60.000 anos atrás e representando uma espécie até então desconhecida, *Homo floresiensis*. Descobertos em uma caverna de pedra calcária na Ilha de Flores, na Indonésia, os indivíduos eram muito mais baixos e tinham volume cerebral muito menor do que os de *H. sapiens* – mais semelhante, na verdade, a um australopitecíneo. Os pesquisadores que descobriram esses fósseis argumentaram que certas características dos esqueletos, como a forma dos dentes e a espessura e proporções do crânio, sugerem que *H. floresiensis* descendeu de *H. erectus*, de maior tamanho. Não convencidos, alguns pesquisadores argumentaram que os fósseis representam indivíduos pequenos de *H. sapiens* com um distúrbio tal como síndrome de Down ou microcefalia (uma condição em que a pessoa possui um cérebro deformado, miniaturizado).

Ao longo dos últimos anos, a maior parte dos estudos tem apoiado a designação de *H. floresiensis* como um novo hominíneo. Um desses estudos revelou que os ossos do punho dos fósseis de Flores são similares na forma àqueles de grandes macacos não humanos e de hominíneos primitivos, mas diferentes daqueles de neandertais e *H. sapiens*. Esses pesquisadores concluíram que os fósseis de Flores representam uma espécie cuja linhagem se ramificou antes da origem do clado que inclui neandertais e humanos. Um estudo distinto comparando os ossos dos pés dos fósseis de Flores com aqueles de outros hominíneos também concluiu que *H. floresiensis* surgiu antes de *H. sapiens*. Finalmente, em 2016, fósseis semelhantes a *H. floresiensis* datados de 700.000 anos foram descobertos em um segundo local na Ilha de Flores – novamente, indicando que a linhagem de *H. floresiensis* divergiu muito antes da origem de *H. sapiens*. Questões em aberto que podem ainda ser respondidas por novas descobertas incluem o modo como *H. floresiensis* se originou e sobreviveu por tempo suficiente para encontrar *H. sapiens*, que estava vivendo na Indonésia por volta de 50.000 anos atrás.

A rápida expansão de nossa espécie pode ter sido estimulada por mudanças na cognição humana à medida que *H. sapiens* evoluiu na África. A evidência de pensamento sofisticado em *H. sapiens* inclui uma descoberta em 2002, na África do Sul, de 77.000 anos – marcações geométricas sobre pedaços de ocre **(Figura 34.55)**. De modo similar, arqueólogos trabalhando no sul e no leste da África encontraram conchas de moluscos e ovos de avestruz de 75.000 anos de idade, com orifícios nitidamente perfurados por humanos. Há 30.000 anos, os seres humanos produziam pinturas espetaculares em cavernas.

Embora esses desenvolvimentos possam nos ajudar a compreender a dispersão de *H. sapiens*, não está claro se desempenharam um papel na extinção dos outros hominíneos.

▲ **Figura 34.55 Arte, uma marca humana.** As inscrições sobre este pedaço de ocre de 77.000 anos de idade, descoberto na caverna de Blombos na África do Sul, estão entre os sinais mais antigos de pensamento simbólico em seres humanos.

Os neandertais, por exemplo, também faziam ferramentas complexas e mostravam uma capacidade para pensamentos simbólicos. Como resultado, enquanto alguns cientistas têm sugerido que neandertais foram levados à extinção por competição com *H. sapiens*, outros questionam essa ideia.

Nossa discussão sobre os seres humanos chega ao fim, nesta unidade sobre diversidade biológica. Contudo, tenha em mente que nossa sequência de tópicos não implica pensar que a vida consiste em uma escada que vai desde pequenos microrganismos à grandiosa humanidade. A diversidade biológica é o produto da ramificação filogenética, não um "progresso" em escada. O fato de existirem hoje quase tantas espécies de peixes com nadadeiras raiadas atuais como em todos os outros grupos vertebrados combinados não quer dizer que nossos parentes com nadadeiras são seres fracassados e antiquados que não conseguiram deixar as águas. Os tetrápodes – anfíbios, répteis e mamíferos – são derivados de uma linhagem de vertebrados de nadadeiras lobadas. À medida que os tetrápodes se diversificaram no ambiente terrestre, os peixes continuaram sua ramificação evolutiva na maior fração de volume da biosfera. De modo semelhante, a ubiquidade de diversos procariotos por toda a biosfera é uma lembrança da contínua capacidade desses organismos relativamente simples em se conservarem ao longo dos tempos por meio da evolução adaptativa. A biologia exalta a diversidade da vida, do passado e do presente.

REVISÃO DO CONCEITO 34.7

1. Identifique alguns caracteres que distinguem os hominíneos dos outros grandes macacos.
2. Forneça um exemplo em que diferentes características de organismos na linhagem evolutiva hominínea evoluíram em taxas diferentes.
3. **E SE?** Alguns estudos genéticos sugerem que o ancestral comum mais recente de *Homo sapiens* que viveu fora da África teria deixado aquele continente há cerca de 50.000 anos. Compare essa data com as datas dos fósseis fornecidas no texto. Os resultados genéticos e as datas atribuídas aos fósseis podem estar ambos corretos? Explique.

Ver as respostas sugeridas no Apêndice A.

34 Revisão do capítulo

RESUMO DOS CONCEITOS-CHAVE

Conceito-chave		Clado	Descrição
CONCEITO 34.1 **Os cordados têm uma notocorda e um cordão nervoso dorsal oco** (p. 719-722) ❓ Descreva prováveis características do ancestral comum dos cordados. Explique sua resposta.	Cordados: notocorda; cordão nervoso dorsal oco; fendas faringianas; cauda pós-anal	Cephalochordata (anfioxos)	Cordados basais; alimentam-se de partículas em suspensão no mar que exibem quatro caracteres derivados dos cordados
		Urochordata (tunicados)	Alimentam-se de partículas em suspensão no mar; larvas exibem as características derivadas de cordados
CONCEITO 34.2 **Vertebrados são cordados com coluna vertebral** (p. 722-725) ❓ Identifique as características compartilhadas dos primeiros fósseis de vertebrados.	Vertebrados: duplicação de genes *Hox*, coluna vertebral	Myxini (peixes-bruxa) e Petromyzontida (lampreias) — Ciclóstomos: vertebrados sem mandíbulas	Vertebrados aquáticos sem mandíbulas, com vértebras reduzidas; peixes-bruxa possuem uma cabeça com crânio e cérebro, olhos e outros órgãos sensoriais; algumas lampreias se alimentam prendendo-se a um peixe vivo e ingerindo seu sangue
CONCEITO 34.3 **Gnatostomados são vertebrados com mandíbulas** (p. 725-730) ❓ Como o surgimento de organismos com mandíbulas teria alterado as interações ecológicas? Forneça evidências que sustentem seu raciocínio.	Gnatostomados: mandíbulas articuladas, quatro conjuntos de genes *Hox* — Osteíctes: esqueletos ósseos — Nadadeiras lobadas: nadadeiras musculares ou membros	Chondrichthyes (tubarões, raias, quimeras)	Gnatostomados aquáticos; têm um esqueleto cartilaginoso, uma característica derivada formada pela redução de um esqueleto ancestral mineralizado
		Actinopterygii (peixes com nadadeiras raiadas)	Gnatostomados aquáticos; possuem um esqueleto ósseo e nadadeiras manobráveis sustentadas por raios
		Actinistia (celacantos)	Linhagem antiga de peixes com nadadeiras lobadas, ainda existindo no Oceano Índico
		Dipnoi (peixes pulmonados)	Peixes com nadadeiras lobadas de água doce com pulmões e brânquias; grupo irmão dos tetrápodes
CONCEITO 34.4 **Tetrápodes são gnatostomados com membros locomotores** (p. 730-734) ❓ Que características dos anfíbios restringem a maioria das espécies a viver em hábitats aquáticos ou terrestres úmidos?	Tetrápodes: quatro membros, pescoço, cintura pélvica fundida — Amniotas: ovo amniótico, ventilação na caixa torácica	Amphibia (salamandras, rãs, cecílias)	Têm quatro membros derivados de nadadeiras modificadas; a maioria tem pele úmida que funciona na troca gasosa; muitos vivem tanto na água (como larva) como no ambiente terrestre (como adultos)
CONCEITO 34.5 **Amniotas são tetrápodes que têm um ovo adaptado ao meio terrestre** (p. 734-741) ❓ Explique por que as aves são consideradas répteis.		Reptilia (tuataras, lagartos e serpentes, tartarugas, crocodilianos, aves)	Um dos dois grupos de amniotas atuais; têm ovos amnióticos e ventilação na caixa torácica, adaptações fundamentais para a vida no ambiente terrestre
CONCEITO 34.6 **Mamíferos são amniotas que possuem pelos e produzem leite** (p. 741-747) ❓ Descreva a origem e o início da evolução dos mamíferos.		Mammalia (monotremados, marsupiais, eutérios)	Evoluíram de ancestrais sinapsídeos; inclui monotremados que põem ovos (equidnas, ornitorrincos); marsupiais com bolsas (como cangurus, gambás); e eutérios (mamíferos placentários, como roedores e primatas)

CONCEITO 34.7

Seres humanos são mamíferos com um cérebro grande e locomoção bípede (p. 748-754)

- Caracteres derivados dos humanos incluem o bipedalismo, um cérebro grande e mandíbulas reduzidas em comparação a outros grandes macacos.
- Os **hominíneos** – humanos e espécies que são mais estreitamente relacionadas aos humanos do que aos chimpanzés – se originaram na África há cerca de 8 milhões de anos. Os primeiros hominíneos tinham um cérebro pequeno, mas provavelmente andavam eretos.
- A evidência mais antiga de uso de ferramentas tem 2,5 milhões de anos.
- *Homo ergaster* foi o primeiro hominíneo completamente bípede com cérebro grande. *Homo erectus* foi o primeiro hominíneo a deixar a África.
- Os neandertais viveram na Europa e no Oriente Próximo há aproximadamente 350.000 a 28.000 anos.
- *Homo sapiens* originou-se na África há cerca de 195.000 anos e começou a se espalhar para outros continentes há cerca de 180.000 anos.

? *Baseado em evidência fóssil, resuma como caracteres fundamentais de hominíneos mudaram ao longo do tempo.*

TESTE SEU CONHECIMENTO

Níveis 1-2: Relembre/Entenda

1. Os vertebrados e os tunicados compartilham
   (A) mandíbulas adaptadas para a alimentação.
   (B) um alto grau de cefalização.
   (C) um endoesqueleto que inclui um crânio.
   (D) uma notocorda e um cordão nervoso dorsal oco.

2. Os vertebrados atuais podem ser divididos em dois clados principais. Selecione o par apropriado:
   (A) os cordados e os tetrápodes
   (B) os urocordados e os cefalocordados
   (C) os ciclóstomos e os gnatostomados
   (D) os marsupiais e os eutérios

3. Diferentemente dos eutérios, *ambos* os monotremados e os marsupiais
   (A) não possuem mamilos.
   (B) têm uma parte do desenvolvimento embrionário fora do útero.
   (C) põem ovos.
   (D) são encontrados na Austrália e na África.

4. Na Figura 34.25, qual dos seguintes é o táxon-irmão dos arcossauros?
   (A) sinapsídeos   (C) tartarugas
   (B) crocodilianos   (D) lepidossauros

5. À medida que os hominíneos divergiram dos outros primatas, qual das seguintes características surgiu primeiro?
   (A) mandíbulas reduzidas
   (B) cérebro grande
   (C) fabricação de ferramentas de pedra
   (D) locomoção bípede

Níveis 3-4: Aplique/Analise

6. Qual dos seguintes poderia ser considerado o ancestral comum mais recente dos tetrápodes atuais?
   (A) um peixe com nadadeiras lobadas e robustas que vive em águas rasas, cujos apêndices tinham suportes esqueléticos similares àqueles dos vertebrados terrestres
   (B) um placodermo com mandíbulas e carapaça e dois pares de apêndices
   (C) um peixe com nadadeiras raiadas primitivo que desenvolveu suportes esqueléticos ósseos em suas nadadeiras pareadas
   (D) uma salamandra com patas sustentadas por um esqueleto ósseo, mas que se movia com a flexão bilateral típica dos peixes

7. **CONEXÃO EVOLUTIVA** Os membros atuais de uma linhagem de vertebrados podem ser muito diferentes dos membros iniciais da linhagem, e reversões evolutivas (perdas de caracteres) são comuns. Dê exemplos que ilustram essas observações e explique suas causas evolutivas.

Níveis 5-6: Avalie/Crie

8. **PESQUISA CIENTÍFICA • DESENHE** Como uma consequência unicamente do tamanho, organismos maiores tendem a ter cérebros maiores que organismos menores. Entretanto, alguns organismos têm cérebros consideravelmente maiores do que o esperado para o seu tamanho. Há custos energéticos elevados associados com o desenvolvimento e manutenção de cérebros grandes em relação ao tamanho do corpo.
   (a) O registro fóssil documenta tendências nas quais cérebros maiores em relação ao tamanho corporal evoluíram em certas linhagens, incluindo os hominíneos. Nessas linhagens, o que se pode inferir sobre os custos e benefícios de cérebros grandes?
   (b) Proponha uma hipótese de como a seleção natural pode favorecer a evolução de cérebros grandes, apesar de seu alto custo de manutenção.
   (c) Dados para 14 espécies de aves são listados abaixo. Faça um gráfico dos dados, colocando o desvio do tamanho cerebral esperado no eixo *x* e a taxa de mortalidade no eixo *y*. O que você pode concluir sobre a relação entre o tamanho do cérebro e a mortalidade?

Desvio do tamanho cerebral esperado*	–2,4	–2,1	–2,0	–1,8	–1,0	0,0	0,3	0,7	1,2	1,3	2,0	2,3	3,0	3,2
Taxa de mortalidade	0,9	0,7	0,5	0,9	0,4	0,7	0,8	0,4	0,8	0,3	0,6	0,6	0,3	0,6

Dados de D. Sol et al., Big-brained birds survive better in nature, *Proceedings of the Royal Society* B 274:763–769 (2007).
* Valores < 0 indicam tamanhos cerebrais menores do que o esperado; valores > 0 indicam tamanhos maiores do que o esperado.

9. **ESCREVA SOBRE UM TEMA: ORGANIZAÇÃO** Os primeiros tetrápodes tinham um caminhar amplo (como o de um lagarto): quando o pé direito dianteiro se movia para frente, o corpo se curvava para a esquerda e as costelas esquerdas da caixa torácica e pulmões eram comprimidos; o reverso ocorria com o próximo passo. A respiração, na qual ambos os pulmões se expandem igualmente em cada inspiração, era prejudicada durante a locomoção e impedida durante a corrida. Em um texto sucinto (100-150 palavras), explique como a origem de organismos como os dinossauros, cujo modo de andar lhes permitiu se locomover sem comprimir os pulmões, poderia ter conduzido a propriedades emergentes.

10. **SINTETIZE SEU CONHECIMENTO**
    Este animal é um vertebrado com pelos. O que você pode inferir sobre a sua filogenia? Identifique o máximo de caracteres derivados fundamentais que puder que distingam este animal de cordados invertebrados.

Ver respostas selecionadas no Apêndice A.

Unidade 6 FORMA E FUNÇÃO DAS PLANTAS

Conheça o homem que salvou a indústria do mamão no Havaí, Dennis Gonsalves.
O Dr. Gonsalves é bacharel em Horticultura e mestre em Fisiologia Vegetal pela Universidade do Havaí, Manoa, e fez seu Ph.D. em Fitopatologia pela Universidade da Califórnia, Davis. Ele se tornou Professor Associado de fitopatologia na Universidade da Flórida e, posteriormente, Professor na cátedra Liberty Hyde Bailey da Universidade de Cornell. Ele e seus colegas criaram cultivares de mamão resistentes a vírus, o que salvou a indústria de cultivo do mamão no Havaí dos efeitos devastadores do vírus da mancha anelar ("*ringpot virus*"). Após, ele atuou como Diretor do Centro de Pesquisa em Agricultura em Hilo, Havaí, até aposentar-se em 2012. Ele recebeu o Prêmio Humboldt de reconhecimento à pesquisa científica em 1992 e o Prêmio Lee Hutchison pelas realizações nas atividades de pesquisa, orientação e extensão em países em desenvolvimento.

ENTREVISTA COM
Dennis Gonsalves

Como você se interessou por biologia vegetal?
Eu nasci em uma plantação de açúcar em Kohala, Havaí, então cresci num contexto agrícola. Meu pai era trabalhador na plantação de açúcar de Kohala. Eu frequentei a Universidade do Havaí para estudar engenharia agronômica porque meu objetivo era me formar e, após, trabalhar em plantações de açúcar como engenheiro agrônomo. Mas, enquanto cursava o segundo ano, as plantações de açúcar fecharam no Havaí, e o programa foi extinto. Eu me dediquei à horticultura como uma alternativa. Após a graduação, me mudei para Kauai, onde havia uma estação experimental na Universidade do Havaí, e trabalhei como técnico em um laboratório de fitopatologia. Lá, assumi a responsabilidade por um pequeno projeto e me apaixonei por pesquisa.

Conte-nos sobre sua experiência na pós-graduação.
Eu fui para a Universidade da Califórnia, Davis, para cursar o Ph.D. Eu conhecia a matéria. Eu conseguia fazer a pesquisa. Mas, quando chegou o momento de ministrar aulas, tive dificuldade por conta de um problema de gagueira. Alguns meses antes de obter meu título de Ph.D., candidatei-me a um emprego na Universidade da Flórida e fui convidado para uma entrevista. Então, pensei, "Eu serei entrevistado e minha dicção é bem ruim. Eu não tenho chance se causar uma impressão ruim." Eu adoeci de estresse. Eu pratiquei e pratiquei e, então, me dei conta: "Eu sei mais sobre esse assunto do que meus professores. Eu sou o especialista." Assim, eu viajei para a Flórida, e jamais esquecerei aquele dia: eu me levantei, comecei a falar e, desde então, não gaguejo mais!

O que é o vírus da mancha anelar e como você tornou-se interessado por ele?
O vírus produz uma mancha anelar no fruto, mas, principalmente, as folhas ficam amarelas, o crescimento fica atrofiado e, muitas vezes, a planta não produz fruto. Ele é transmitido rapidamente por afídeos, pequenos insetos sugadores da seiva da planta. Um afídeo pode pousar sobre um mamoeiro infectado, alimentar-se por menos de um minuto e, então, saltar para um mamoeiro saudável e o infectar. Em 1978, eu retornei ao Havaí para umas férias curtas e encontrei um colega que me disse: "Dennis, existe uma doença viral na Ilha Grande onde se concentra 95% do cultivo de mamoeiro, e o vírus está perto das áreas cultivadas. As pessoas estão tentando impedir a propagação do vírus". Então, quando retornei a Cornell, tentei descobrir como controlar esse vírus.

Qual foi sua estratégia para combater a doença?
Em nossa primeira tentativa utilizamos seleção artificial para isolar uma cepa mais fraca do vírus da mancha anelar do mamão, visando proteger as plantas contra a infecção, mas ele não cresceu bem sob condições de campo. No entanto, eu aprendi que, como cientista, às vezes é preciso mudar de direção. Eu era um virologista clássico, mas decidi me reciclar como biólogo molecular. Pesquisas com tabaco realizadas por outros pesquisadores revelaram que certos genes virais induzem resistência se introduzidos no genoma de uma planta hospedeira. Outros colegas em Cornell inventaram uma "*gene gun*", que utiliza partículas de tungstênio revestidas com DNA para literalmente disparar DNA para o interior de células. Nós disparamos partículas de tungstênio revestidas com DNA do gene da proteína de revestimento do vírus da mancha anelar para dentro de embriões de mamoeiros em cultura. Alguns desses embriões geneticamente modificados poderiam ser plantados. Quando eu os inoculei com o vírus, uma linhagem era completamente resistente; ela tornou-se uma matriz da variedade resistente "*rainbow*" ("arco-íris"). A variedade foi desenvolvida bem a tempo, porque o vírus já tinha se propagado para as principais áreas de cultivo de mamoeiros e estava dizimando essas plantações.

Oponentes aos alimentos geneticamente modificados já criticaram a sua pesquisa?
Em 1994, nos unimos a pesquisadores tailandeses para repetir nosso êxito, usando uma variedade de mamão grande popular na Tailândia. Dez anos mais tarde, fomos bem-sucedidos, mas os oponentes da engenharia genética romperam as cercas ao redor dos nossos experimentos de campo e destruíram muitos frutos. Aquele mamão transgênico nunca viu a luz do dia. Embora eu tivesse uma carreira muito boa, para mim, isso foi uma coisa de partir o coração.

"Como cientista, às vezes é preciso mudar de direção".

◄ Foto de cima: Um mamoeiro infectado com vírus da mancha anelar. Destaque: Um mamão infectado. Foto de baixo: Um mamoeiro "*rainbow*", resistente ao vírus da mancha anelar.

35 Estrutura, crescimento e desenvolvimento das plantas vasculares

CONCEITOS-CHAVE

35.1 As plantas têm uma organização hierárquica, que consiste em órgãos, tecidos e células p. 759

35.2 Meristemas diferentes geram células novas para os crescimentos primário e secundário p. 766

35.3 O crescimento primário alonga raízes e partes aéreas p. 768

35.4 O crescimento secundário aumenta o diâmetro de caules e raízes em plantas lenhosas p. 772

35.5 O crescimento, a morfogênese e a diferenciação celular produzem o corpo da planta p. 775

Dica de estudo

Faça uma tabela: Para ajudar a acompanhar o que fazem diferentes células vegetais, faça a seguinte tabela:

Tipo de célula vegetal	O que ela faz	Como a estrutura se ajusta à função

Figura 35.1 Há exemplos de beleza em todos os níveis de organização vegetal: toda célula, todo tecido e todo órgão têm uma função, e a estrutura de cada um foi moldada por seleção natural.

Como a estrutura se ajusta à função nas plantas vasculares?

No nível de órgão

As **folhas** proporcionam área de superfície para absorção de luz solar e trocas gasosas.

No nível de tecido

Os **tecidos dérmicos** protegem os órgãos.

Os **tecidos vasculares** proporcionam sustentação e transportam recursos.

Os **caules** sustentam e expõem as folhas, maximizando a fotossíntese.

Corte transversal da folha

Os **tecidos fundamentais** abrangem células que realizam a fotossíntese e armazenam açúcares.

As **raízes** fixam a planta (ao substrato) e absorvem água e minerais.

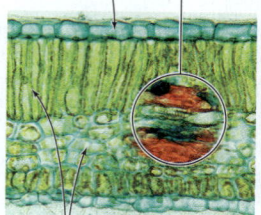

No nível celular

As **células fotossintetizantes** são dotadas de cloroplastos que convertem a luz solar em energia química.

Cloroplastos

Células tubiformes transportam recursos. A célula mostrada aqui transporta água e minerais. Outras conduzem açúcares.

Os **pelos** nas proximidades das extremidades das **raízes** aumentam a área de superfície para a absorção de água e nutrientes minerais.

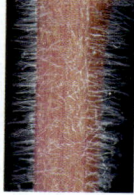

CAPÍTULO 35 ESTRUTURA, CRESCIMENTO E DESENVOLVIMENTO DAS PLANTAS VASCULARES

Os Capítulos 29 e 30 apresentaram uma visão geral da diversidade vegetal, incluindo as plantas avasculares e vasculares. Neste capítulo e ao longo da Unidade 6, abordaremos as plantas vasculares, especialmente as angiospermas, pois elas representam os principais produtores em muitos ecossistemas terrestres e têm grande importância agrícola. Este capítulo explora primordialmente o crescimento não reprodutivo – raízes, caules e folhas – e os dois grupos principais de angiospermas: eudicotiledôneas e monocotiledôneas (ver Figura 30.16). Mais adiante, no Capítulo 38, examinaremos o crescimento reprodutivo das angiospermas: flores, frutos e sementes.

CONCEITO 35.1

As plantas têm uma organização hierárquica, que consiste em órgãos, tecidos e células

As plantas, assim como a maioria dos animais, são compostas de células, tecidos e órgãos. Uma **célula** é a unidade fundamental da vida. Um **tecido** consiste em um ou mais tipos de células que juntas desempenham uma função especializada. Um **órgão** consiste em vários tipos de tecidos que juntos executam funções específicas. À medida que você aprende sobre a estrutura vegetal, considere como a seleção natural tem produzido formas que se ajustam à função em todos os níveis estruturais. Nós começamos pela discussão dos órgãos vegetais porque estamos mais familiarizados com suas estruturas.

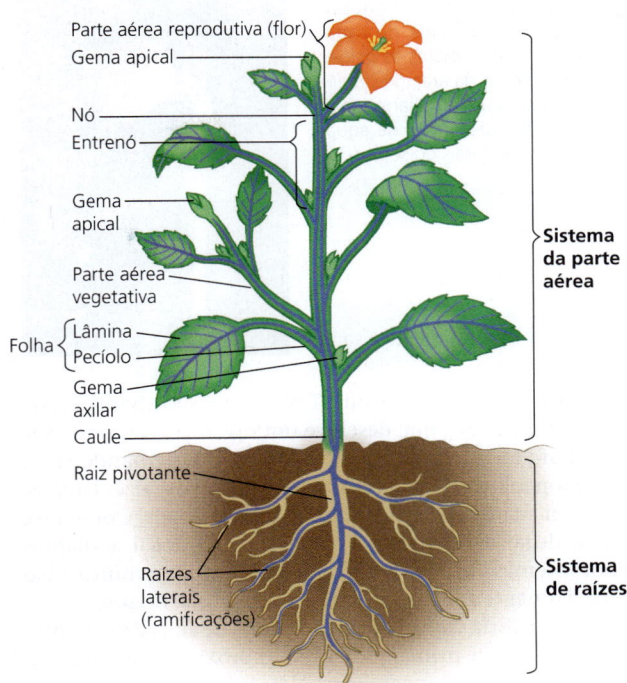

▲ **Figura 35.2 Visão geral de uma angiosperma.** O corpo da planta é dividido em um sistema de raízes e um sistema da parte aérea, conectados pelo sistema vascular (cordões em roxo neste desenho) que é contínuo por toda a planta. A planta mostrada é uma eudicotiledônea idealizada.

Órgãos das plantas vasculares: raízes, caules e folhas

EVOLUÇÃO A morfologia básica das plantas vasculares reflete sua história evolutiva como organismos terrestres que habitam dois ambientes muito diferentes, dos quais retiram recursos – abaixo e acima da superfície do solo. Elas precisam absorver água e nutrientes minerais abaixo da superfície do solo e luz acima da superfície do solo. A capacidade de obter esses recursos de maneira eficiente pode ser atribuída à evolução de raízes, caules e folhas como os três órgãos básicos. Esses órgãos formam um **sistema de raízes** e um **sistema da parte aérea**; este último consiste em caules e folhas (Figura 35.2). Geralmente, as plantas vasculares dependem dos dois sistemas para a sobrevivência. As raízes quase nunca são fotossintetizantes; elas necessitam de *fotossintatos* – açúcares e outros carboidratos produzidos durante a fotossíntese –, que são importados do sistema da parte aérea. Por outro lado, a parte aérea depende da água e dos nutrientes minerais que as raízes absorvem do solo.

Raízes

Uma **raiz** é um órgão que fixa uma planta vascular ao substrato, absorve nutrientes minerais e água e muitas vezes armazena carboidratos e outras substâncias de reserva. A *raiz primária*, de origem embrionária, é a primeira raiz (e o primeiro órgão) a emergir de uma semente germinante.

Em seguida, ela se ramifica, formando **raízes laterais** (ver Figura 35.2) que também pode se ramificar, aumentando expressivamente a capacidade do sistema de raízes em fixar a planta e obter água e nutrientes minerais do solo.

As plantas altas e eretas com partes aéreas volumosas geralmente têm um *sistema de raiz pivotante*, consistindo em uma raiz vertical principal, a **raiz pivotante**, que normalmente se desenvolve a partir da raiz primária. Nos sistemas de raiz pivotante, o papel de absorção é em grande parte restrito às extremidades das raízes laterais. Uma raiz pivotante, embora energeticamente dispendiosa para ser formada, facilita a fixação da planta ao solo. Ao impedir a queda, a raiz pivotante possibilita que a planta se torne mais alta, dando, acesso a condições mais favoráveis de luz e, em alguns casos, proporcionando uma vantagem para a dispersão de grãos de pólen e de sementes. As raízes pivotantes também podem ser especializadas no armazenamento de nutrientes.

As plantas vasculares pequenas ou as que têm crescimento retardado são especialmente suscetíveis aos animais pastejadores, que podem arrancá-las e matá-las. Essas plantas são fixadas de maneira mais eficiente por um *sistema de raiz fasciculado*, um denso tapete de raízes delgadas expandindo-se abaixo da superfície do solo (ver Figura 30.16). Em plantas com sistemas de raízes fasciculados, incluindo a maioria das monocotiledôneas, a raiz primária morre precocemente e não forma uma raiz pivotante. Em vez disso, muitas raízes

▶ **Figura 35.3** Pelos da raiz de uma plântula de rabanete. Próximo à extremidade de cada raiz, formam-se milhares de pelos. Com o aumento da área de superfície da raiz, eles ampliam substancialmente a absorção de água e nutrientes minerais do solo.

pequenas emergem do caule. Essas raízes são chamadas de *adventícias*, termo que descreve um órgão vegetal que cresce em um local não habitual, como raízes originando-se de caules ou folhas. Cada raiz forma suas próprias raízes laterais, que, por sua vez, originam outras raízes laterais. Como esse tapete de raízes retém o solo de superfície no local, as plantas com sistemas de raízes fasciculados (como as gramíneas) são especialmente adequadas para evitar a erosão do solo.

Na maioria das plantas, a absorção de água e nutrientes minerais ocorre principalmente nas proximidades dos ápices de raízes em alongamento. Nesses locais, emergem numerosos **pelos** (extensões delgadas de células epidérmicas da raiz, digitiformes), que aumentam substancialmente a área de superfície da raiz **(Figura 35.3)**. A maioria dos sistemas de raízes também forma *associações micorrízicas*, interações simbióticas com fungos do solo que aumentam a capacidade da planta de absorver nutrientes minerais (ver Figura 37.14). As raízes de muitas plantas são adaptadas a funções especializadas **(Figura 35.4)**.

Caules

Um **caule** é um órgão vegetal que produz folhas e gemas. Sua função principal é alongar e orientar a parte aérea de uma maneira que maximize a fotossíntese pelas folhas.

▼ **Figura 35.4** Adaptações evolutivas das raízes.

▲ **Raízes-escoras.** As raízes aéreas e adventícias do milho são raízes-escoras, assim chamadas porque sustentam plantas altas e pesadas na parte superior. Todas as raízes de uma planta de milho adulta são adventícias, independentemente se emergem acima ou abaixo da superfície do solo.

▲ **Raízes de reserva.** Muitas plantas, como a beterraba comum, armazenam reserva nutricional e água em suas raízes.

▲ **Pneumatóforos.** Também conhecidos como raízes aéreas, os pneumatóforos são produzidos por árvores de manguezal que habitam ambientes paludosos. Ao se projetarem acima da superfície da água na maré baixa, permitem que o sistema de raízes obtenha oxigênio, que falta na espessa lama coberta de água.

◀ **Raízes tabulares.** Por causa das condições úmidas nos trópicos, os sistemas de raízes de muitas das plantas mais altas são surpreendentemente superficiais. Raízes aéreas que parecem contrafortes, como as encontradas em *Gyranthera caribensis* na Venezuela, proporcionam suporte arquitetônico aos troncos das árvores.

▶ **Raízes aéreas "estranguladoras".** As sementes da figueira estranguladora germinam em fendas de árvores altas. As raízes aéreas crescem até o solo, envolvendo a árvore hospedeira e objetos, como este templo cambojano. As partes aéreas crescem para cima e sombreiam a árvore hospedeira, aniquilando-a.

Outra função dos caules é elevar as estruturas reprodutivas, facilitando a dispersão dos grãos de pólen e dos frutos. Os caules verdes também podem realizar fotossíntese, com valores limitados. Cada caule consiste em um sistema alternante de **nós**, os pontos nos quais as folhas são fixadas, e **entrenós**, segmentos do caule entre os nós (ver Figura 35.2). A maior parte do crescimento de um caule jovem está concentrada nas proximidades do seu ápice ou **gema apical**. As gemas apicais não são os únicos tipos de gemas encontrados nas partes aéreas. No ângulo superior (axila) formado por cada folha e o caule localiza-se uma **gema axilar**, que tem o potencial de formar um ramo lateral ou, em alguns casos, um espinho ou flor.

Algumas plantas têm caules com funções alternativas, como reserva nutricional ou reprodução assexuada. Vários desses caules modificados, incluindo rizomas, estolões e tubérculos, são muitas vezes confundidos com raízes **(Figura 35.5)**.

Folhas

Na maioria das plantas vasculares, a **folha** é o principal órgão fotossintetizante. Além de interceptar a luz, as folhas promovem trocas gasosas com a atmosfera, dissipam calor e se defendem de herbívoros e patógenos. Essas funções podem ter exigências anatômicas e morfológicas conflitantes. Por exemplo, uma densa cobertura de tricomas talvez ajude a repelir insetos herbívoros, mas também pode reter o ar junto à superfície da folha, reduzindo as trocas gasosas e, assim, a fotossíntese. Por causa dessas demandas conflitantes e compensações (*trade-offs*), as formas das folhas variam amplamente. No entanto, em geral, uma folha consiste em uma **lâmina** achatada e o **pecíolo**, que conecta a folha ao caule na zona do nó (ver Figura 35.2). As gramíneas e muitas outras monocotiledôneas não têm pecíolos; em vez disso, a base da folha forma uma bainha que envolve o caule.

As monocotiledôneas e as eudicotiledôneas diferem na disposição das **nervuras**, o sistema vascular das folhas. As monocotiledôneas, na maioria, têm nervuras principais paralelas de diâmetros iguais, dispostas no sentido do comprimento da lâmina. As eudicotiledôneas geralmente apresentam uma rede de nervuras surgindo de uma nervura principal (*nervura mediana*), disposta longitudinalmente no centro da lâmina (ver Figura 30.16).

Para a identificação das angiospermas de acordo com a estrutura, os taxonomistas dependem principalmente da morfologia floral, mas utilizam também variações da morfologia foliar, como a forma foliar, o padrão de ramificação das nervuras e a disposição espacial das folhas. A **Figura 35.6** ilustra uma diferença na forma foliar: simples *versus* composta. Diferentemente das folhas, os folíolos de folhas compostas são associados a gemas axilares. As folhas compostas podem auxiliar a confinar patógenos invasores em um único folíolo, em vez de permitir que se propaguem pela folha inteira.

As formas das folhas são muitas vezes produtos de programas genéticos, modificados por influências ambientais. Interprete os dados no **Exercício de habilidades científicas**, para explorar os papéis da genética e do ambiente na determinação da morfologia foliar em indivíduos do bordo-vermelho.

◀ **Rizomas.** A base deste indivíduo de íris é um exemplo de um rizoma, um caule horizontal que cresce logo abaixo da superfície do solo. As partes aéreas verticais emergem a partir de gemas axilares localizadas no rizoma.

▶ **Estolões.** Os estolões, mostrados aqui em um indivíduo de moranguinho, são caules horizontais que crescem ao longo da superfície do solo. Estes estolões permitem que a planta se reproduza assexuadamente, à medida que as plantas-filhas se formam nos nós ao longo de cada estolão.

◀ **Tubérculos.** Os tubérculos, como estas batatas, são extremidades ampliadas de rizomas ou estolões, especializadas no armazenamento de nutrientes. Os "olhos" de uma batata são agrupamentos de gemas axilares.

▲ **Figura 35.5** Adaptações evolutivas dos caules.

❓ *Qual desses três exemplos tem nós?*

Folha simples

Uma folha simples tem uma lâmina única indivisa. Algumas folhas simples são profundamente lobadas, como a mostrada aqui.

Gema axilar — Pecíolo

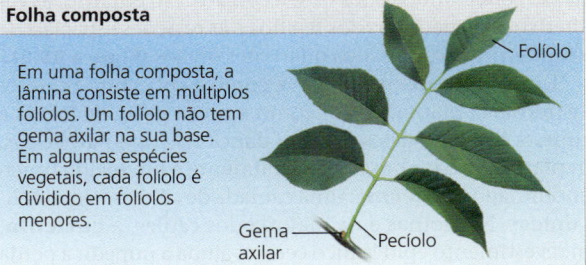

Folha composta

Em uma folha composta, a lâmina consiste em múltiplos folíolos. Um folíolo não tem gema axilar na sua base. Em algumas espécies vegetais, cada folíolo é dividido em folíolos menores.

Folíolo — Gema axilar — Pecíolo

▲ **Figura 35.6** Folha simples *versus* folha composta.

▶ **Gavinhas.** As gavinhas, pelas quais este indivíduo de ervilha se prende a um suporte, são folhas modificadas. Após ter "laçado" um suporte, uma gavinha forma uma espiral que aproxima a planta do suporte.
Em geral, as gavinhas são folhas modificadas, mas algumas são caules modificados, como nas videiras.

◀ **Espinhos.** Os espinhos de cactos, como os desta opúncia, são na realidade folhas; a fotossíntese é realizada pelos caules verdes suculentos.

◀ **Folhas de reserva.** Os bulbos, como os desta cebola, têm um pequeno caule subterrâneo e folhas modificadas que armazenam nutrientes.

Folhas de reserva
Caule

◀ **Folhas reprodutivas.** As folhas de algumas espécies suculentas, como *Kalanchoë daigremontiana*, produzem plantas-filhas (propágulos) adventícias, que se desprendem da folha e formam raízes em contato com o solo.

▲ **Figura 35.7** Adaptações evolutivas das folhas.

Quase todas as folhas são especializadas para fotossíntese. Contudo, em algumas espécies, a evolução resultou em funções adicionais, como sustentação, proteção, armazenamento ou reprodução assexuada **(Figura 35.7)**. Alguns são esporofilos, folhas altamente especializadas para reprodução sexuada, tais como carpelos e estames nas flores (ver Figura 30.12).

Tecidos dérmicos, vasculares e fundamentais

Todos os três órgãos básicos de plantas vasculares – raízes, caules e folhas – são compostos de três tipos de tecidos: dérmicos, vasculares e fundamentais. Cada um desses tipos gerais forma um **sistema de tecidos** contínuo pela planta inteira, conectando todos os seus órgãos. No entanto, as características específicas dos tecidos e as relações espaciais de tecidos entre si variam nos diferentes órgãos **(Figura 35.8)**.

Um **tecido dérmico** serve como a cobertura protetora externa da planta. Assim como a nossa pele, ele forma a primeira linha de defesa contra danos físicos e patógenos. Em plantas não lenhosas, ele geralmente é um tecido único denominado **epiderme**, uma camada de células firmemente unidas. Nas folhas e na maioria dos caules, a **cutícula**, um revestimento epidérmico ceroso, ajuda a impedir a perda de água. Em plantas lenhosas, os tecidos protetores constituintes da **periderme** substituem a epiderme em regiões

Exercício de habilidades científicas

Uso de gráficos de barras para interpretar dados

Natureza vs. ambiente: Por que as folhas dos bordos-vermelhos do norte são mais "denteadas" do que as folhas de bordos-vermelhos do sul? Nem todas as folhas do bordo-vermelho (*Acer rubrum*) são iguais. Os "dentes" nas margens de folhas que crescem em locais do norte diferem em tamanho e quantidade daquele dos seus equivalentes do sul (a folha vista aqui tem aparência intermediária). Essas diferenças morfológicas se devem a diferenças genéticas entre populações de *Acer rubrum* do norte e do sul ou originam-se de diferenças ambientais entre locais do norte e do sul, como a temperatura média, que afetam a expressão gênica?

Como o experimento foi realizado As sementes de *Acer rubrum* foram coletadas em quatro locais de latitudes distintas: Ontário (Canadá) e Pensilvânia, Carolina do Sul e Flórida (Estados Unidos). As sementes dos quatro locais foram, então, cultivadas em um local do norte (Rhode Island) e um local do sul (Flórida) dos Estados Unidos. Após alguns anos de crescimento, foram colhidas folhas dos quatro conjuntos de plantas cultivadas nos dois locais. Foram determinados a área média de um único dente e o número médio de dentes por área foliar.

Dados do experimento

Local de coleta das sementes	Área média de um único dente (cm^2)		Número de dentes por área foliar	
	Cultivo em Rhode Island	Cultivo na Flórida	Cultivo em Rhode Island	Cultivo na Flórida
Ontário (43,32°N)	0,017	0,017	3,9	3,2
Pensilvânia (42,12°N)	0,020	0,014	3,0	3,5
Carolina do Sul (33,45°N)	0,024	0,028	2,3	1,9
Flórida (30,65°N)	0,027	0,047	2,1	0,9

Dados de D. L. Royer et al., Phenotypic plasticity of leaf shape along a temperature gradient in *Acer rubrum*, *PLoS ONE* 4(10):e7653 (2009).

INTERPRETE OS DADOS

1. Faça um gráfico de barras para o tamanho do dente e outro para o número de dentes (para informações sobre gráficos de barras, ver a Revisão de habilidades científicas no Apêndice D). Do norte para o sul, qual é a tendência geral no tamanho do dente e o número de dentes em folhas de *Acer rubrum*?

2. Com base nos dados, você concluiria que as características dos dentes no bordo-vermelho são em grande parte determinadas pela herança genética (genótipo), pela capacidade de responder à mudança ambiental em um único genótipo (plasticidade genotípica) ou por ambas? Faça referência específica aos dados ao responder à pergunta.

3. O "caráter denteado" de fósseis foliares de idade conhecida foi usado por paleoclimatologistas para estimar as temperaturas pretéritas em uma região. Se uma folha fossilizada de bordo-vermelho com 10 mil anos de idade e procedente da Carolina do Sul tiver 4,2 dentes por cm^2 de área foliar, o que você poderia inferir sobre a temperatura dessa região naquela época, em comparação com a temperatura atual? Explique seu raciocínio.

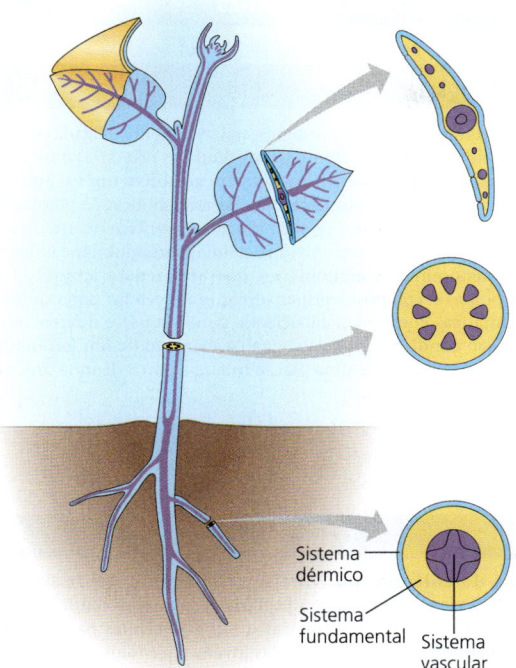

▲ **Figura 35.8** **Os três sistemas de tecidos.** O sistema de tecidos epidérmicos (azul) proporciona uma cobertura protetora para todo o corpo da planta. O sistema de tecidos vasculares (roxo), que transporta substâncias entre os sistemas da raiz e da parte aérea, também é contínuo por toda a planta, mas tem disposição diferente em cada órgão. O sistema de tecidos fundamentais (amarelo), responsável pela maior parte das funções metabólicas, está localizado entre o sistema epidérmico e o sistema vascular em cada órgão.

mais antigas de caules e raízes. Além de proteger a planta da perda de água e de doenças, a epiderme tem características especializadas em cada órgão. Nas raízes, a água e os nutrientes minerais retirados do solo entram através da epiderme, especialmente nos pelos. Nas partes aéreas, células epidérmicas especializadas denominadas **células-guarda** estão envolvidas nas trocas gasosas. Outra categoria de células epidérmicas altamente especializadas encontrada nas partes aéreas consiste em emergências denominadas **tricomas**. Em algumas espécies de desertos, tricomas semelhantes a pelos reduzem a perda de água e refletem o excesso de luz. Alguns tricomas são estruturas de defesa contra insetos, com formas que impedem o movimento ou glândulas que secretam líquidos pegajosos ou compostos tóxicos **(Figura 35.9)**.

As duas funções principais do **tecido vascular** são facilitar o transporte de substâncias na planta e proporcionar sustentação mecânica. Os sistemas vasculares são de dois tipos: xilema e floema. O **xilema** conduz água e nutrientes minerais dissolvidos das raízes para as partes aéreas. O **floema** transporta açúcares – os produtos da fotossíntese – de onde são elaborados (geralmente as folhas) para onde são utilizados ou armazenados – geralmente as raízes e sítios de crescimento, como as folhas e os frutos em desenvolvimento. O sistema vascular de uma raiz ou de um caule é coletivamente chamado de **estelo** (do grego para "pilar").

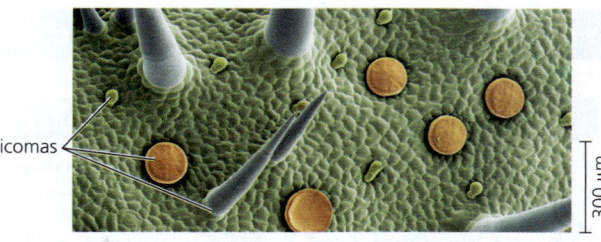

▲ **Figura 35.9** **Diversidade de tricomas na epiderme de uma folha.** Três tipos de tricomas são encontrados na epiderme foliar da manjerona (*Origanum majorana*). Tricomas pontiagudos ajudam a inibir o movimento de insetos rastejantes, enquanto os outros dois tipos de tricomas secretam óleos e outros produtos químicos envolvidos na defesa (MEV colorida).

A organização do estelo varia, dependendo da espécie e do órgão. Nas angiospermas, por exemplo, o estelo das raízes é um *cilindro vascular* central sólido de xilema e floema, ao passo que o estelo dos caules e folhas consiste em *feixes vasculares*, cordões separados contendo xilema e floema (ver Figura 35.8). Xilema e floema são compostos de uma diversidade de tipos celulares, abrangendo células altamente especializadas para funções de transporte ou sustentação.

O sistema que não é nem dérmico nem vascular é o **sistema fundamental.** Ele denomina-se **medula** quando se situa internamente ao sistema vascular; o sistema fundamental externo ao sistema vascular é chamado de **córtex**. O sistema fundamental não serve apenas para preenchimento: ele inclui células especializadas para funções como armazenamento, fotossíntese, sustentação e transporte por distâncias curtas.

Tipos comuns de células vegetais

Em uma planta, como em qualquer organismo multicelular, as células exibem *diferenciação*; ou seja, tornam-se especializadas em estrutura e função durante o curso do desenvolvimento. A diferenciação celular pode envolver mudanças tanto no citoplasma quanto nas suas organelas, bem como na parede celular. A **Figura 35.10**, nas próximas duas páginas, aborda os principais tipos de células vegetais. Observe as adaptações estruturais que tornam possível o desempenho de funções específicas. Talvez você também queira revisar a estrutura básica de uma célula vegetal (ver Figuras 6.8 e 6.27).

REVISÃO DO CONCEITO 35.1

1. Como o sistema de tecidos vasculares permite às folhas e raízes funcionarem conjuntamente no apoio ao crescimento e desenvolvimento da planta inteira?
2. **E SE?** Se os seres humanos fossem fotoautotróficos, produzindo seu alimento mediante a captura de energia luminosa pela fotossíntese, quão diferente poderia ser a nossa anatomia?
3. **FAÇA CONEXÕES** Explique como os vacúolos centrais e as paredes celulares de celulose contribuem para o crescimento vegetal (ver Conceitos 6.4 e 6.7).

Ver as respostas sugeridas no Apêndice A.

▼ Figura 35.10 Explorando exemplos de células vegetais diferenciadas

Células do parênquima

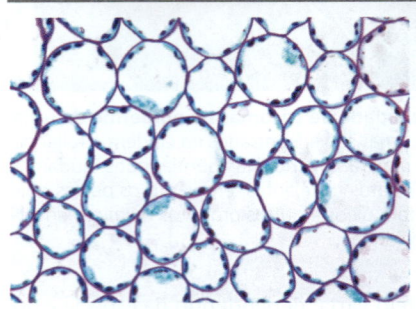

Células parenquimáticas de uma folha de ligustro (*Ligustrum*) (MO) — 25 μm

As **células do parênquima** maduras têm paredes primárias relativamente delgadas e flexíveis, em sua maioria sem paredes secundárias. (Para revisar paredes celulares primárias e secundárias, ver Figura 6.27.) Quando maduras, as células parenquimáticas em geral têm um vacúolo central grande. As células parenquimáticas exercem a maioria das funções metabólicas da planta, sintetizando e armazenando vários produtos orgânicos. Por exemplo, a fotossíntese ocorre no interior dos cloroplastos de células parenquimáticas da folha. Algumas células parenquimáticas de caules e raízes têm plastídios incolores denominados amiloplastos que armazenam amido. O tecido suculento de muitos frutos (a polpa) é composto principalmente de células parenquimáticas. A maioria das células parenquimáticas conserva a capacidade de dividir-se e diferenciar-se em outros tipos de células vegetais sob condições especiais – na cicatrização de um ferimento, por exemplo. É possível até mesmo o crescimento de uma planta inteira a partir de uma única célula parenquimática.

Células do colênquima

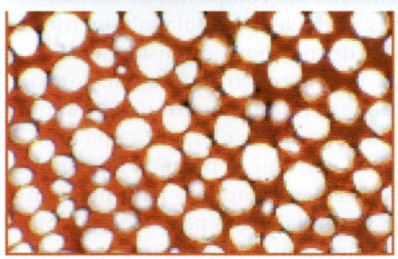

Células colenquimáticas no caule de *Helianthus* (MO) — 5 μm

Reunidas em cordões, as **células do colênquima** (vistas aqui em corte transversal) ajudam a sustentar mecanicamente as porções jovens da parte aérea da planta. Em geral, as células colenquimáticas são alongadas e têm paredes primárias mais espessas do que as células parenquimáticas, embora essas paredes sejam irregularmente espessa. Os caules jovens e pecíolos muitas vezes têm cordões de células colenquimáticas logo abaixo da epiderme. As células colenquimáticas proporcionam sustentação flexível sem restringir o crescimento. Na maturidade, essas células são vivas e flexíveis, alongando-se com os caules e folhas que sustentam – diferentemente das células esclerenquimáticas, que examinamos a seguir.

Células do esclerênquima

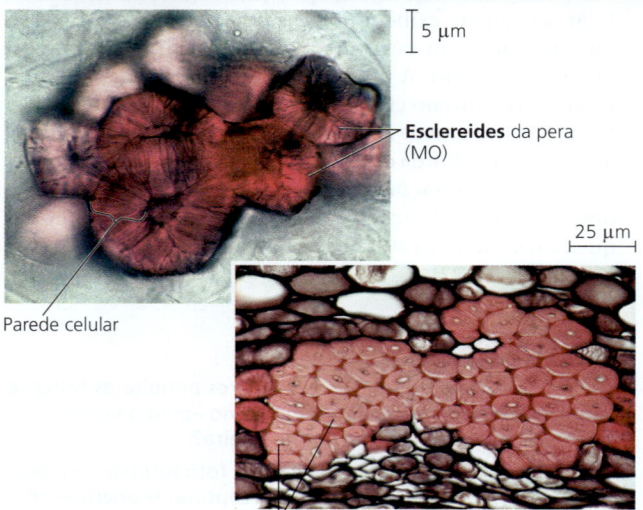

Esclereides da pera (MO) — 5 μm, 25 μm
Parede celular
Fibras (corte transversal do caule do freixo) (MO)

As **células do esclerênquima** também funcionam como elementos de sustentação mecânica na planta, mas são muito mais rígidas do que as células colenquimáticas. Nas células esclerenquimáticas, a parede secundária, produzida após a conclusão do alongamento da célula, é espessa e contém grande quantidade de **lignina**, um polímero fortalecedor relativamente indigerível, responsável por mais de um quarto da massa seca da madeira. A lignina está presente em todas as plantas vasculares, mas não nas briófitas. As células esclerenquimáticas maduras não podem se alongar; elas ocorrem em regiões da planta que pararam de crescer em comprimento. As células esclerenquimáticas são tão especializadas na sustentação que muitas são mortas na maturidade funcional, mas produzem paredes secundárias antes do protoplasto (a parte viva da célula) morrer. As paredes rígidas permanecem como um "esqueleto" que sustenta a planta, em alguns casos por centenas de anos.

Dois tipos de células esclerenquimáticas, conhecidos como *esclereides* e *fibras*, são totalmente especializados para sustentação e reforço. As esclereides, que são mais curtas do que as fibras e morfologicamente irregulares, têm paredes secundárias muito espessas e lignificadas. As esclereides conferem dureza às cascas de nozes e sementes, além da textura arenosa da polpa da pera. As fibras, geralmente reunidas em cordões, são longas, delgadas e afiladas. Algumas são usadas comercialmente, como as fibras do cânhamo para a fabricação de cordas e as fibras do linho para a tecelagem.

Células do xilema condutoras de água

Os dois tipos de células condutoras de água, **traqueídes** e **elementos de vaso**, são células tubulares e alongadas, mortas e lignificadas quando atingem a maturidade funcional. As traqueídes ocorrem no xilema de todas as plantas vasculares. Além das traqueídes, a maioria das angiospermas, bem como algumas gimnospermas e algumas plantas vasculares sem sementes, possuem elementos de vaso. Quando os conteúdos celulares vivos de uma traqueíde ou de um elemento de vaso se desintegram, as paredes espessadas da célula permanecem íntegras, formando um conduto não vivo pelo qual a água pode fluir. As paredes secundárias de traqueídes e elementos de vaso são muitas vezes interrompidas por pontoações, regiões mais delgadas constituídas apenas de paredes primárias. (Para revisar paredes celulares primárias e secundárias, ver Figura 6.27.) Pelas pontoações, a água pode migrar lateralmente entre células vizinhas.

As traqueídes são células longas e delgadas, com extremidades afiladas. A água flui de célula para célula principalmente pelas pontoações, onde ela não tem de atravessar paredes celulares espessas.

Em geral, os elementos de vaso são mais largos, mais curtos, com paredes mais finas e menos afilados do que as traqueídes. Alinham-se extremidade com extremidade, formando tubos conhecidos como **vasos** que, em alguns casos, são visíveis a olho nu. As paredes terminais dos elementos de vaso têm placas de perfuração que permitem o fluxo livre de água pelos vasos.

As paredes secundárias de traqueídes e elementos de vaso são endurecidas com lignina. O endurecimento proporciona sustentação e evita o colapso sob a tensão do transporte de água.

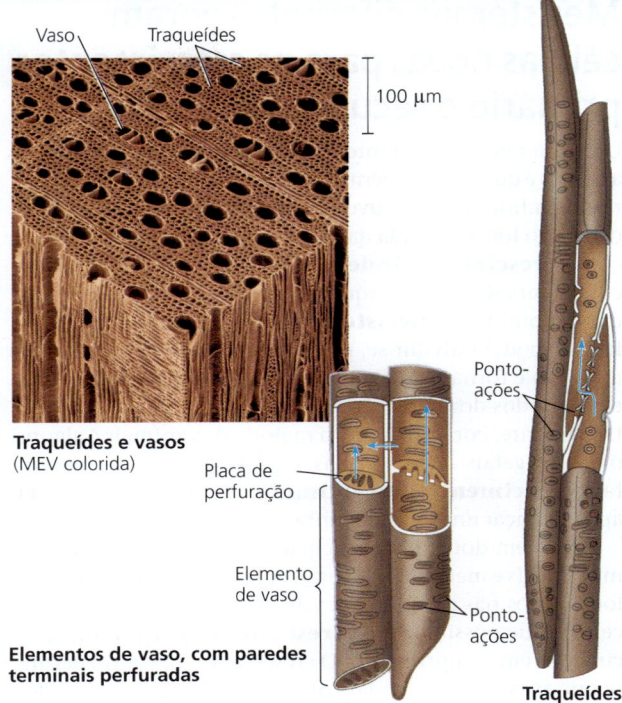

Células do floema condutoras de açúcares

Diferentemente das células do xilema condutoras de água, as células do floema condutoras de açúcares são vivas na maturidade funcional. Em plantas vasculares sem sementes e em gimnospermas, os açúcares e outros nutrientes orgânicos são transportados através de células longas e estreitas denominadas células crivadas. No floema de angiospermas, esses nutrientes são transportados por tubos crivados, que consistem em cadeias de células que são chamadas de **elementos de tubo crivado**.

Embora vivos, os elementos de tubo crivado não têm núcleo, ribossomos, vacúolo distinto e elementos do citoesqueleto. Essa redução de conteúdos celulares permite que os nutrientes passem mais facilmente pela célula. As paredes terminais entre os elementos de tubo crivado, denominadas **placas crivadas**, têm poros que facilitam o fluxo de líquido de célula para célula ao longo do tubo crivado. Ao lado de cada elemento de tubo crivado encontra-se uma célula não condutora chamada **célula companheira**, que está conectada a ele por numerosos plasmodesmos (ver Figura 6.27). O núcleo e os ribossomos da célula companheira funcionam não só nela própria, mas também servem ao elemento de tubo crivado adjacente. Em algumas plantas, as células companheiras em folhas também ajudam a carregar açúcares para os elementos de tubo crivado, que depois os transportam para outras partes da planta.

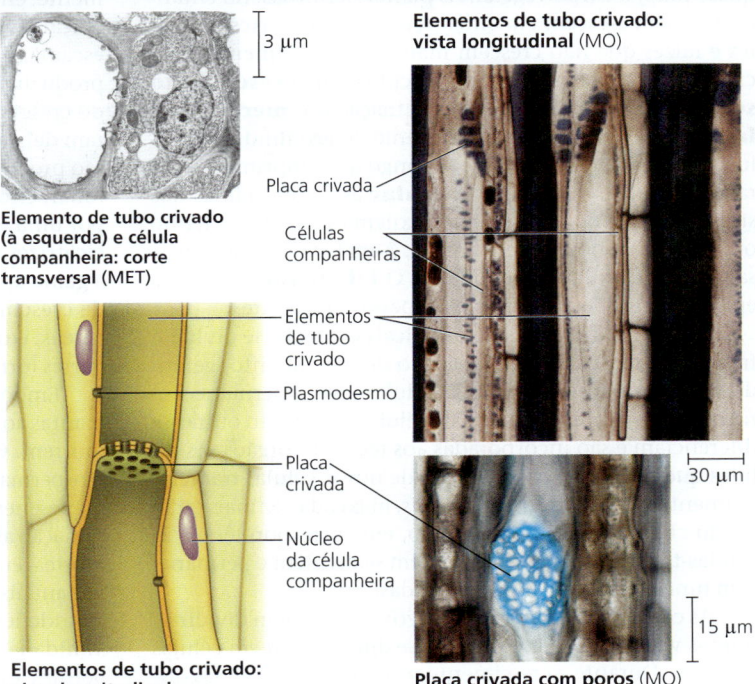

CONCEITO 35.2

Meristemas diferentes geram células novas para os crescimentos primário e secundário

Uma diferença importante entre as plantas e a maioria dos animais é que o crescimento vegetal não é limitado a um período embrionário ou juvenil. Ao contrário, o crescimento ocorre ao longo da vida da planta, um processo conhecido como **crescimento indeterminado**. As plantas podem continuar crescendo porque possuem tecidos indiferenciados denominados **meristemas**. Esses tecidos contêm células que podem dividir-se, produzindo novas células que se alongam e tornam-se diferenciadas **(Figura 35.11)**. Exceto em períodos dormentes, a maioria das plantas cresce continuamente. Por outro lado, a maioria dos animais e alguns órgãos vegetais – como folhas, espinhos e flores – apresentam **crescimento determinado**; eles param de crescer após alcançar um certo tamanho.

Existem dois tipos principais de meristemas: meristemas apicais e meristemas laterais. Os **meristemas apicais**, localizados nas extremidades de raízes e caules, fornecem células que possibilitam o **crescimento primário**, crescimento em comprimento. O crescimento primário permite que as raízes se estendam através do solo e que as partes aéreas aumentem a exposição à luz. Em plantas herbáceas (não lenhosas), o crescimento primário produz todo, ou quase todo, o corpo vegetal. As plantas lenhosas, no entanto, também crescem em circunferência, nas partes de caules e raízes que não crescem mais em comprimento. Esse crescimento em espessura, conhecido como **crescimento secundário**, é possível devido à atuação dos **meristemas laterais**: câmbio vascular e felogênio. Esses cilindros de células em divisão estendem-se ao longo do comprimento das raízes e caules. O **câmbio vascular** adiciona células dos sistemas de tecidos denominados xilema secundário (lenho ou madeira) e floema secundário. A maior parte do espessamento é de xilema secundário. O **felogênio** substitui a epiderme pela periderme, mais espessa e resistente.

As células dos meristemas apicais e laterais se dividem frequentemente durante a estação de crescimento, gerando células adicionais. Algumas células jovens permanecem no meristema e produzem mais células, enquanto outras se diferenciam e são incorporadas aos tecidos e órgãos. As células que perduram como fontes de novas células tradicionalmente são denominadas *iniciais*, mas cada vez mais estão sendo chamadas de *células-tronco*, em correspondência às células-tronco animais que também se dividem e permanecem funcionalmente indiferenciadas.

As células produzidas pelo meristema podem dividir-se muitas vezes mais, à medida que se diferenciam em células maduras. Durante o crescimento primário, essas células originam três tecidos, denominados **meristemas primários** – *protoderme*, *meristema fundamental* e *procâmbio* – que produzirão, respectivamente, os tecidos dérmicos, fundamentais e vasculares, que são os tecidos maduros de uma raiz ou de um caule. Os meristemas laterais de plantas lenhosas também possuem células-tronco, que dão origem a todo o crescimento secundário.

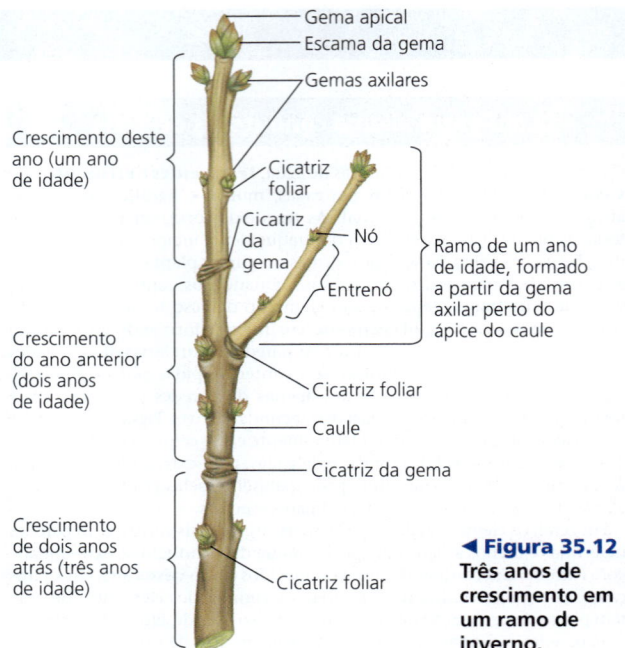

▶ **Figura 35.12**
Três anos de crescimento em um ramo de inverno.

A relação entre os crescimentos primário e secundário é observada no ramo de inverno de uma árvore decidual. Na extremidade do caule, encontra-se a gema apical dormente, envolvida por escamas que protegem seu meristema apical **(Figura 35.12)**. Na primavera, a gema desprende suas escamas e inicia um novo impulso de crescimento primário, produzindo uma série de nós e entrenós. Em cada segmento do crescimento, os nós são marcados por cicatrizes que foram deixadas quando as folhas caíram. As cicatrizes foliares são proeminentes em muitos ramos. Acima de cada cicatriz foliar, encontra-se uma gema axilar ou um ramo formado por uma gema axilar. Mais abaixo no ramo, encontram-se cicatrizes de gemas de espirais de escamas que protegeram a gema apical durante o inverno anterior. Em cada estação de crescimento, o crescimento primário alonga as partes aéreas, e o crescimento secundário amplia o diâmetro das partes formadas em anos anteriores.

Embora os meristemas possibilitem o crescimento das plantas ao longo de suas vidas, essas plantas, evidentemente, morrem. Com base na duração do seu ciclo de vida, as angiospermas podem ser categorizadas como anuais, bianuais ou perenes. As *anuais* completam seu ciclo de vida – da germinação até o florescimento até a produção de sementes até a morte – em um único ano ou menos. Muitas plantas nativas são anuais, assim como a maioria das culturas agrícolas, incluindo leguminosas e cereais como o trigo e o arroz. A proximidade da morte após a produção de frutos e sementes permite que as plantas transfiram a quantidade máxima de energia para a reprodução. As *bianuais*, como os nabos, geralmente exigem duas estações de crescimento para completar seu ciclo de vida, florescendo e frutificando apenas no segundo ano. As *perenes* vivem muitos anos e abrangem as árvores, arbustos e algumas herbáceas. Estima-se que exemplares do

CAPÍTULO 35 ESTRUTURA, CRESCIMENTO E DESENVOLVIMENTO DAS PLANTAS VASCULARES

▼ Figura 35.11 VISUALIZANDO OS CRESCIMENTOS PRIMÁRIO E SECUNDÁRIO

Todas as plantas vasculares apresentam crescimento primário: em comprimento. As plantas lenhosas também apresentam crescimento secundário: em espessura. Enquanto estuda os diagramas, visualize como as partes aéreas e as raízes crescem para cima e para os lados.

Crescimento primário (crescimento em comprimento)

O crescimento primário é possível pela atuação dos meristemas apicais nas extremidades de caules e raízes.

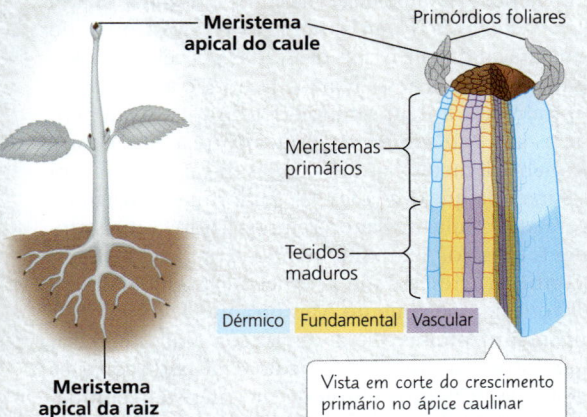

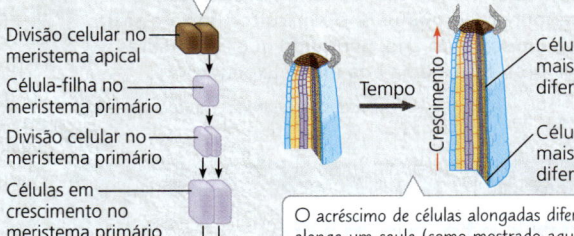

As células dos meristemas apicais são indiferenciadas. Quando elas se dividem, algumas células-filhas permanecem no meristema apical, garantindo a continuidade de uma população de células indiferenciadas. Outras células-filhas tornam-se parcialmente diferenciadas como células do meristema primário. Após a divisão e o crescimento em comprimento, elas tornam-se células totalmente diferenciadas nos tecidos maduros.

O acréscimo de células alongadas diferenciadas alonga um caule (como mostrado aqui) ou uma raiz.

1. Uma coifa semelhante a um dedal protege o meristema apical da raiz. Desenhe e identifique um esboço simples de uma raiz dividida em quatro partes: coifa (parte inferior), meristema apical da raiz, meristemas primários e tecidos maduros.

Crescimento secundário (crescimento em espessura)

O crescimento secundário é possível devido à atuação de dois meristemas laterais, que se estendem ao longo do comprimento de um caule ou uma raiz onde o crescimento primário cessou.

Os **meristemas laterais**, denominado câmbio vascular e felogênio, são cilindros de células em divisão que possuem uma camada de células.

Aumento da circunferência: quando uma célula cambial se divide, às vezes as duas células-filhas permanecem no câmbio e crescem, ampliando a circunferência do câmbio.

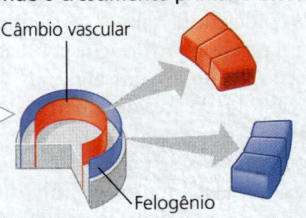

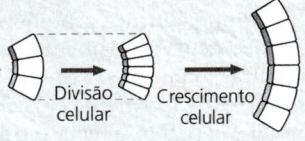

Adição de células do xilema e floema secundários: quando uma célula do câmbio vascular se divide, às vezes uma célula-filha torna-se uma célula do xilema secundário (X), para o interior do câmbio, ou uma célula do floema secundário (P), para o exterior. Embora aqui sejam mostradas células de xilema e de floema igualmente adicionadas, geralmente são produzidas muito mais células de xilema.

Adição de células do felema: quando uma célula do felogênio se divide, às vezes uma célula-filha torna-se uma célula do felema (C), para o exterior do felogênio.

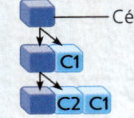

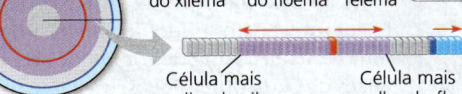

Quando o câmbio vascular e o felogênio tornam-se ativos em um caule (ou raiz), o crescimento primário cessou naquele local.

Um caule (ou uma raiz) se espessa à medida que são adicionadas células do xilema secundário, do floema secundário e do felema. A maioria das células faz parte do xilema secundário (lenho).

2. Desenhe uma fileira de células a partir da área no retângulo abaixo e identifique a célula de câmbio vascular (V), 5 células de xilema, da mais velha (X1) para a mais jovem (X5), e 3 células de floema (P1 a P3). Mostre o que acontece após a continuidade do crescimento, desenhando e identificando uma fileira com o dobro de células de xilema e floema. Como se altera a localização do câmbio vascular?

capim-de-búfalo das planícies da América do Norte estejam crescendo por 10 mil anos, quando as primeiras sementes germinaram em uma época próxima da última glaciação.

> **REVISÃO DO CONCEITO 35.2**
>
> 1. Os crescimentos primário e secundário poderiam ocorrer simultaneamente na mesma planta?
> 2. As raízes e os caules crescem indeterminadamente, mas as folhas não. Como isso poderia beneficiar a planta?
> 3. **E SE?** Após cultivar cenouras por uma estação, um agricultor acredita que as plantas são demasiadamente pequenas. Como as cenouras são bianuais, o agricultor deixa a safra no solo para um segundo ano, pensando que as cenouras se tornarão maiores. Essa é uma boa ideia? Explique.
>
> *Ver as respostas sugeridas no Apêndice A.*

CONCEITO 35.3

O crescimento primário alonga raízes e partes aéreas

O crescimento primário origina-se diretamente de células produzidas pelos meristemas apicais. Em plantas herbáceas, o indivíduo quase por inteiro é produzido por crescimento primário, enquanto em plantas lenhosas, apenas as partes não lenhosas, formadas mais recentemente, expressam crescimento primário. Embora raízes e caules cresçam em comprimento como resultado de células derivadas dos meristemas apicais, os detalhes dos seus crescimentos primários diferem de muitas maneiras.

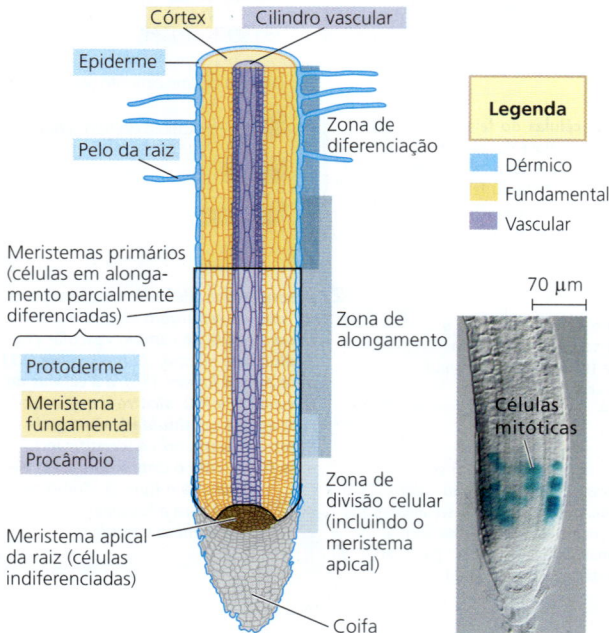

▲ **Figura 35.13** Crescimento primário de uma raiz de eudicotiledônea. Na micrografia, as células mitóticas no meristema apical são evidenciadas pelo reagente para ciclina, uma proteína envolvida na divisão celular (MO).

Crescimento primário das raízes

A biomassa inteira de uma raiz primária é derivada do meristema apical desse órgão. O meristema apical da raiz forma também uma **coifa** semelhante a um dedal; ela protege o meristema apical delicado à medida que a raiz penetra no solo abrasivo. A coifa secreta uma mucilagem polissacarídica que lubrifica o solo ao redor do ápice da raiz. O crescimento ocorre logo abaixo do ápice em três zonas sobrepostas de células, em estágios sucessivos de crescimento primário. Essas são as zonas de divisão, alongamento e diferenciação celulares **(Figura 35.13)**.

A *zona de divisão celular* abrange as células-tronco do meristema apical da raiz e suas derivadas. As células novas da raiz são produzidas nessa região, incluindo as células da coifa. Tipicamente, a alguns milímetros do ápice da raiz encontra-se a *zona de alongamento*, onde ocorre a maior parte do crescimento à medida que as células da raiz se alongam – às vezes mais do que dez vezes seu comprimento original. O alongamento celular nessa zona empurra o ápice mais profundamente no solo. Ao mesmo tempo, o meristema apical da raiz continua acrescentando células à extremidade mais jovem da zona de alongamento. Mesmo antes de concluírem seu alongamento, muitas células da raiz começam a especializar-se em estrutura e função. À medida que isso ocorre, os três meristemas primários – protoderme, meristema fundamental e procâmbio – tornam-se evidentes. Na *zona de diferenciação*, ou zona de maturação, as células completam sua diferenciação e tornam-se tipos celulares distintos.

A protoderme, o meristema primário mais externo, dá origem à epiderme, uma camada simples de células, sem cutícula, que reveste a raiz. Os pelos são a característica mais relevante da epiderme da raiz. Essas células epidérmicas modificadas atuam na absorção de água e nutrientes minerais. Os pelos geralmente vivem apenas algumas semanas, mas perfazem 70-90% do total da área de superfície das raízes. Estima-se que um indivíduo de centeio com 4 meses de idade tenha cerca de 14 bilhões de pelos de raízes. Colocados de ponta a ponta, os pelos das raízes de um único indivíduo de centeio cobririam 10.000 km, um quarto do comprimento do equador.

Comprimido entre a protoderme e o procâmbio, localiza-se o meristema fundamental, que dá origem ao sistema fundamental maduro. O sistema fundamental de raízes, consistindo principalmente em células parenquimáticas, é encontrado no córtex, a região entre o cilindro vascular e a epiderme. Além de armazenar carboidratos, as células corticais transportam água e sais procedentes dos pelos para o centro da raiz. O córtex possibilita também a difusão *extracelular* de água, nutrientes minerais e oxigênio a partir dos pelos para o interior da raiz, pois existem grandes espaços entre suas células. A parte mais interna do córtex é chamada **endoderme**, um cilindro de uma camada de células que estabelece o limite com o cilindro vascular. A endoderme é uma barreira seletiva que regula a passagem de substâncias do solo para o cilindro vascular (ver Figura 36.9).

O procâmbio dá origem ao cilindro vascular, que consiste em um centro sólido de xilema e floema, circundado por uma camada celular denominado **periciclo**. Na maioria das raízes de eudicotiledôneas, o xilema tem a aparência de uma estrela em corte transversal, e o floema ocupa as reentrâncias entre os braços da "estrela" do xilema **(Figura 35.14a)**.

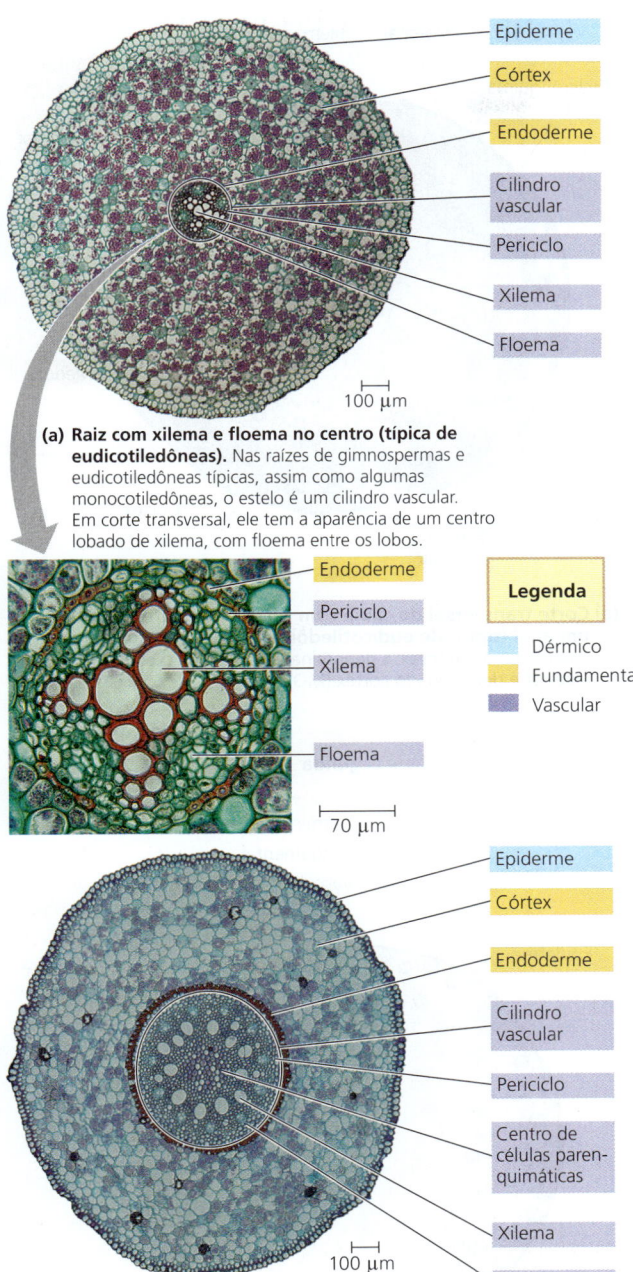

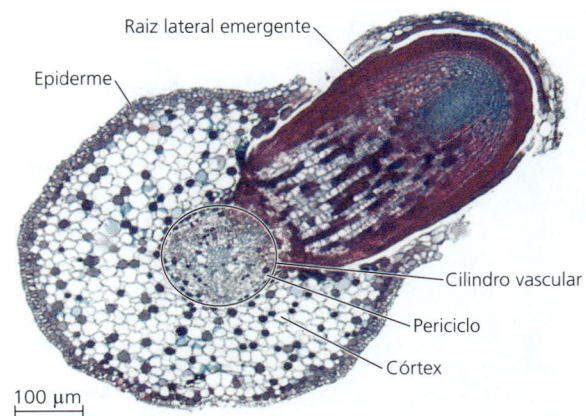

▲ **Figura 35.15 Formação de uma raiz lateral.** Uma raiz lateral origina-se no periciclo, a camada mais externa do cilindro vascular de uma raiz, e destrutivamente empurra os tecidos externos antes de emergir. Nesta micrografia ao microscópio óptico, a raiz principal é vista em corte transversal, mas a raiz lateral é vista em corte longitudinal (vista ao longo do comprimento da raiz lateral).

DESENHE *Represente o que a raiz original e a raiz lateral pareceriam quando vistas lateralmente, identificando ambas.*

(a) **Raiz com xilema e floema no centro (típica de eudicotiledôneas).** Nas raízes de gimnospermas e eudicotiledôneas típicas, assim como algumas monocotiledôneas, o estelo é um cilindro vascular. Em corte transversal, ele tem a aparência de um centro lobado de xilema, com floema entre os lobos.

(b) **Raiz com parênquima no centro (típica de monocotiledôneas).** O estelo de muitas raízes de monocotiledôneas é um cilindro vascular, com um centro de parênquima circundado por um anel de xilema e um anel de floema.

▲ **Figura 35.14 Organização dos tecidos primários em raízes jovens.** As partes (a) e (b) mostram cortes transversais das raízes de uma espécie de *Ranunculus* (botão-de-ouro) e de *Zea mays* (milho), respectivamente, representando os dois padrões básicos de organização da raiz, dos quais existem muitas variações, dependendo da espécie vegetal (todas são MO).

Em muitas raízes de monocotiledôneas, o sistema vascular consiste em um centro de células parenquimáticas indiferenciadas, circundado por um anel de xilema e floema alternantes **(Figura 35.14b)**.

Ao aumentar o comprimento das raízes, o crescimento primário facilita sua penetração no solo e a exploração de recursos nele existentes. Se um compartimento rico em recursos estiver localizado no solo, a ramificação de raízes pode ser estimulada. A ramificação, igualmente, é uma forma de crescimento primário. As raízes laterais originam-se de regiões do periciclo meristematicamente ativas. O periciclo é a camada celular mais externa do cilindro vascular e se situa junto e internamente à endoderme (ver Figura 35.14). As raízes laterais empurram e rompem os tecidos externos até emergirem da raiz estabelecida **(Figura 35.15)**.

Crescimento primário das partes aéreas

A biomassa total de uma parte aérea primária – todas as folhas e caules – deriva dos seus meristemas apicais, uma massa cupuliforme de células em divisão na extremidade do caule **(Figura 35.16)**. O meristema apical do caule é uma estrutura delicada protegida pelas folhas da gema apical. Essas folhas jovens estão muito próximas, pois os entrenós são muito curtos. O crescimento longitudinal do caule ocorre devido ao alongamento das células dos entrenós abaixo do ápice caulinar. Do mesmo modo que o meristema apical da raiz, o meristema apical do caule gera os três tipos de meristemas primários no caule: protoderme, meristema fundamental e procâmbio. Esses três meristemas primários, por sua vez, originam os tecidos primários maduros do caule.

A ramificação das partes aéreas, que também faz parte do crescimento primário, surge da ativação das gemas axilares, cada qual com seu próprio meristema apical. Devido à comunicação química por hormônios vegetais, quanto mais perto uma gema axilar estiver de uma gema apical ativa, mais inibida ela será, fenômeno denominado **dominância apical** (as mudanças hormonais específicas subjacentes à dominância apical são discutidas no Conceito 39.2). Se um

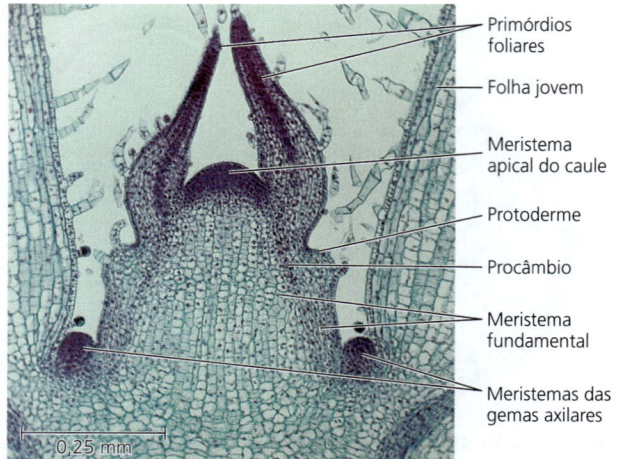

▲ **Figura 35.16 Ápice da parte aérea.** Os primórdios foliares originam-se dos flancos do domo (cume) do meristema apical. Este é um corte longitudinal do ápice da parte aérea de *Coleus* (MO).

animal predar a extremidade do caule ou se o sombreamento resultar em luz mais intensa sobre o lado do caule, a comunicação química subjacente à dominância apical é perturbada. Como consequência, as gemas axilares quebram a dormência e começam a crescer. Liberada da dormência, a gema axilar finalmente dá origem a um ramo lateral completo: com gema apical, folhas e gemas axilares. Quando os jardineiros podam arbustos e fazem pequenas correções em plantas de interiores, eles reduzem o número de gemas apicais das plantas, permitindo que os ramos se desenvolvam e conferindo-lhes uma aparência mais vigorosa e plena.

Crescimento e anatomia do caule

O caule é coberto por uma epiderme que geralmente tem uma única camada de células, a qual é revestida por uma cutícula cerosa que impede a perda de água. Alguns exemplos de células epidérmicas especializadas no caule incluem células-guarda e tricomas.

O sistema fundamental de caules consiste principalmente em células parenquimáticas. Contudo, células colenquimáticas subepidérmicas reforçam muitos caules durante o crescimento primário. Células esclerenquimáticas, especialmente fibras, também proporcionam sustentação naquelas partes de caules que não mais se alongam.

O sistema vascular dispõe-se em feixes vasculares ao longo do comprimento de um caule. Diferentemente das raízes laterais, que se originam do sistema vascular (no interior da raiz) e rompem o cilindro vascular, o córtex e a epiderme à medida que emergem (ver Figura 35.15), os ramos laterais desenvolvem-se de meristemas de gemas axilares na superfície do caule e não rompem outros tecidos (ver Figura 35.16). Próximo da superfície do solo, na zona de transição entre caule e raiz, o arranjo de feixes vasculares do caule converte-se no cilindro vascular sólido da raiz.

O sistema vascular de caules na maioria das espécies de eudicotiledôneas consiste em feixes vasculares dispostos em um anel **(Figura 35.17a)**. Em cada feixe vascular, o xilema é voltado para a medula, e o floema é voltado para o córtex.

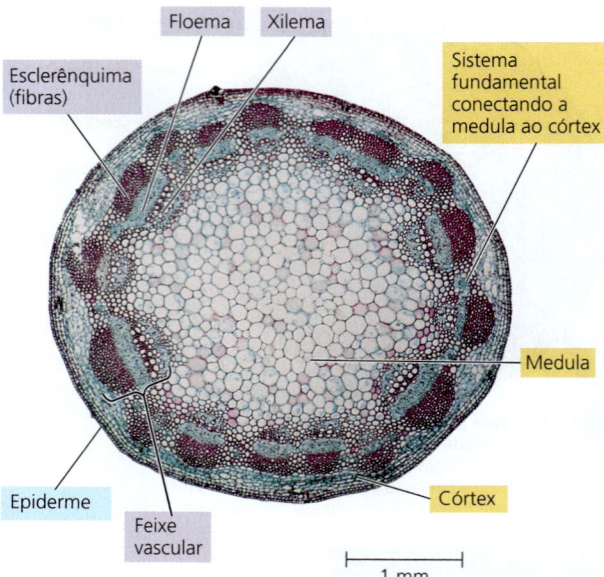

(a) Corte transversal do caule com feixes vasculares formando um anel (típico de eudicotiledôneas). O sistema fundamental voltado para o interior é denominado medula, e o voltado para o exterior é denominado córtex (MO).

Legenda
- Dérmico
- Fundamental
- Vascular

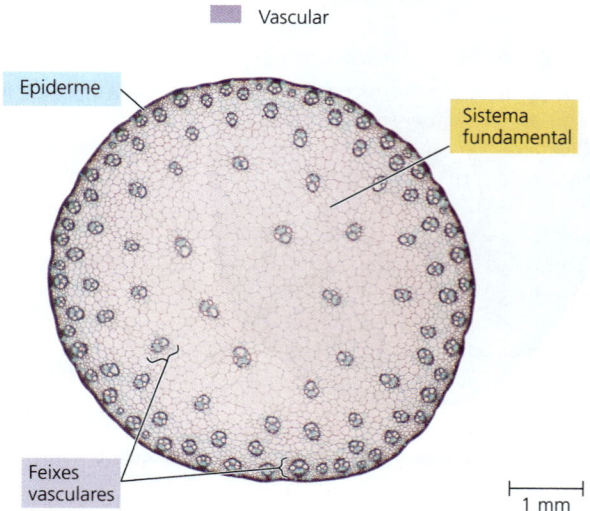

(b) Corte transversal do caule com feixes vasculares dispersos (típico de monocotiledôneas). Nesta disposição, o sistema fundamental não é separado em medula e córtex (MO).

▲ **Figura 35.17 Organização dos tecidos primários em caules jovens.**

HABILIDADES VISUAIS *Compare as localizações dos feixes vasculares em caules de eudicotiledôneas e monocotiledôneas. Após, explique por que os termos medula e córtex não são usados para descrever o sistema fundamental de caules de monocotiledôneas.*

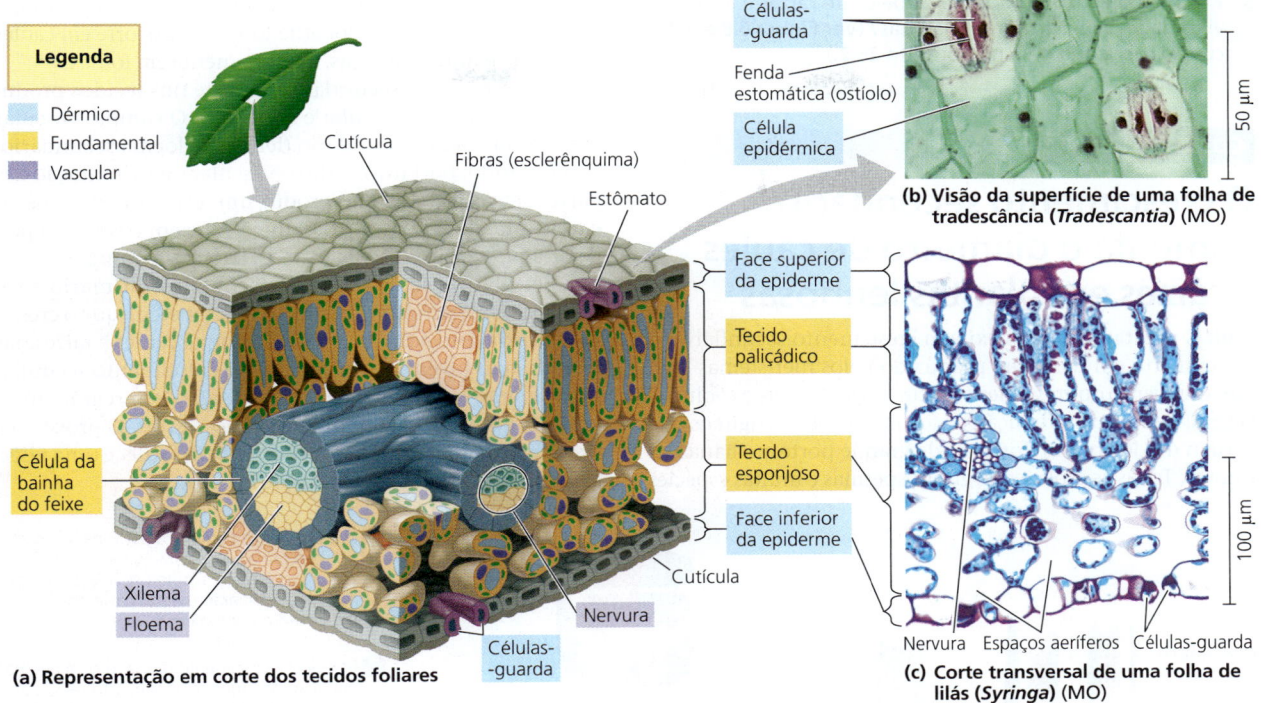

▲ **Figura 35.18** Anatomia foliar.

Na maioria dos caules de monocotiledôneas, os feixes vasculares não formam um anel, mas têm uma disposição mais dispersa no sistema fundamental **(Figura 35.17b)**.

Crescimento e anatomia da folha

A **Figura 35.18** fornece uma visão geral da anatomia foliar. As folhas desenvolvem-se a partir dos **primórdios foliares**, projeções semelhantes à orelha um de gato que emergem junto aos lados do meristema apical do caule (ver Figura 35.16). Diferentemente das raízes e dos caules, o crescimento secundário de folhas é diminuto ou inexistente. Como nas raízes e caules, os três meristemas primários dão origem aos tecidos do órgão maduro.

A epiderme foliar é coberta por uma cutícula cerosa que reduz consideravelmente a perda de água, exceto onde é interrompida pelos **estômatos**, os quais permitem o intercâmbio de CO_2 e O_2 entre o ar circundante e as células fotossintetizantes no interior da folha. Além de regular a captação de CO_2 para a fotossíntese, os estômatos são as principais rotas para a perda evaporativa de água. O termo *estômato* pode referir-se à fenda estomática (ostíolo) ou ao complexo estomático. Esse complexo consiste em uma fenda acompanhada de duas células epidérmicas especializadas conhecidas como células-guarda, que regulam a abertura e o fechamento da fenda (no Conceito 36.4, os estômatos serão discutidos detalhadamente).

O sistema fundamental da folha, denominado **mesofilo** (do grego *mesos*, meio, e *phyll*, folha), dispõe-se entre as faces superior e inferior da epiderme. O mesofilo consiste principalmente em células parenquimáticas especializadas na fotossíntese. O mesofilo de muitas folhas de eudicotiledôneas tem dois tecidos distintos: o tecido paliçádico e o tecido esponjoso. O *tecido paliçádico*, localizado sob a face superior da epiderme, consiste em uma ou mais camadas células alongadas ricas em cloroplastos que são especializadas na captação de luz. O *tecido esponjoso*, localizado internamente à face inferior da epiderme, consiste em células de formas irregulares que possuem menos cloroplastos. Essas células formam um labirinto de espaços aeríferos, através dos quais CO_2 e O_2 circulam para e do tecido paliçádico. Os espaços aeríferos são especialmente grandes nas proximidades dos estômatos, onde o CO_2 é captado do ar e o O_2 é liberado.

O sistema vascular de cada folha é contínuo com o sistema vascular do caule. As nervuras se subdividem repetidamente e se ramificam pelo mesofilo. Essa rede coloca xilema e floema em íntimo contato com o tecido fotossintetizante, que obtém água e nutrientes minerais do xilema e lança seus açúcares e outros produtos orgânicos no floema, para serem transportados a outras partes da planta. A estrutura vascular também funciona como um arcabouço que reforça a conformação da folha. Cada nervura apresenta uma *bainha do feixe,* uma camada de células que regula o deslocamento de substâncias entre o sistema vascular e o mesofilo. As células da bainha do feixe vascular são muito proeminentes em folhas de espécies do tipo fotossintético C_4 (ver Conceito 10.5).

REVISÃO DO CONCEITO 35.3

1. Compare o crescimento primário em raízes e parte aérea.
2. **E SE?** Uma folha fóssil de uma região que, no passado geológico, foi intermitentemente muito seca e muito alagada tinha estômatos apenas na face superior da epiderme. Essa folha era de uma planta de deserto ou de uma planta aquática flutuante? Explique.

3. **FAÇA CONEXÕES** O quanto os pelos de raízes e as microvilosidades são estruturas análogas? (Ver Figura 6.8 e a discussão sobre analogia no Conceito 26.2.)

Ver as respostas sugeridas no Apêndice A.

CONCEITO 35.4

O crescimento secundário aumenta o diâmetro de caules e raízes em plantas lenhosas

Muitas plantas terrestres exibem crescimento secundário, o crescimento em espessura produzido pelos meristemas laterais. O advento do crescimento secundário durante a evolução vegetal permitiu a produção de formas vegetais originais que variam desde árvores florestais de grande porte até lianas lenhosas. Todas as espécies de gimnospermas e muitas espécies de eudicotiledôneas apresentam crescimento secundário, o qual é incomum em monocotiledôneas. Ele ocorre em caules e raízes de plantas lenhosas, mas raramente em folhas.

O crescimento secundário consiste nos tecidos produzidos pelo câmbio vascular e felogênio. O câmbio vascular acrescenta xilema secundário (lenho) e floema secundário, aumentando, portanto, o fluxo vascular e a sustentação das partes aéreas. O felogênio produz um revestimento espesso e resistente de células cerosas, que protegem o caule da perda de água e da invasão de insetos, bactérias e fungos.

Em plantas lenhosas, os crescimentos primário e secundário ocorrem simultaneamente. À medida que o crescimento primário adiciona folhas e alonga caules e raízes nas regiões mais jovens de uma planta, o crescimento secundário aumenta o diâmetro de caules e raízes em regiões mais antigas, onde o crescimento primário cessou. O processo é similar em caules e raízes. A **Figura 35.19** fornece uma visão geral do crescimento de um caule lenhoso.

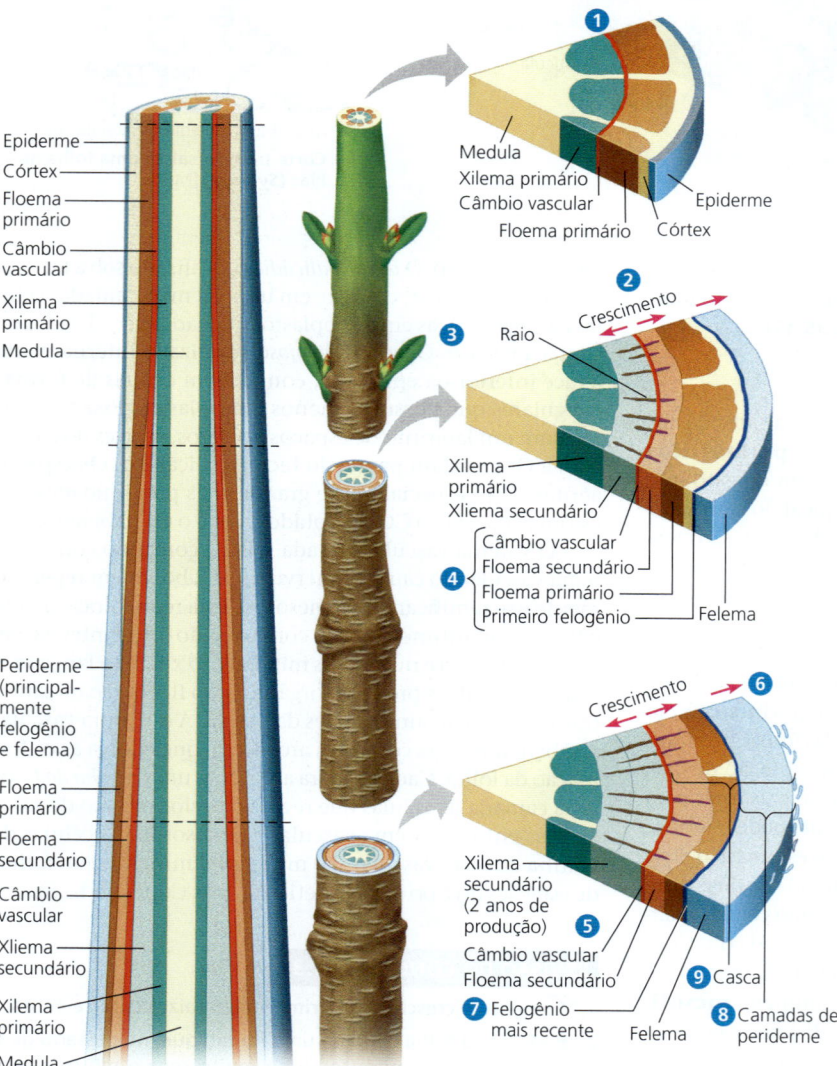

▲ **Figura 35.19** Crescimento secundário de um caule lenhoso.

HABILIDADES VISUAIS *Baseado no diagrama, explique como o câmbio vascular provoca ruptura em alguns tecidos.*

Câmbio vascular e o sistema vascular secundário

O câmbio vascular, um cilindro de células meristemáticas com a espessura de apenas uma célula, é totalmente responsável pela produção do sistema vascular secundário. Em um caule lenhoso típico, o câmbio vascular está localizado externamente à medula e ao xilema primário e internamente ao floema primário e ao córtex. Em uma raiz lenhosa típica, o câmbio vascular forma-se externamente ao xilema primário e à medula e internamente ao floema primário e ao córtex periciclo.

Em corte transversal, o câmbio vascular tem aparência de um anel de células meristemáticas (ver etapa 4 da Figura 35.19). À medida que se dividem, essas células aumentam a circunferência do câmbio e acrescentam xilema secundário para o interior e floema secundário para o exterior. Cada anel é maior do que o anterior, aumentando o diâmetro de raízes e caules.

Algumas das células-tronco no câmbio vascular são alongadas, e seu eixo longo dispõe-se paralelamente ao eixo do caule ou raiz. As células que elas produzem originam células maduras do xilema, como traqueídes, elementos de vaso e fibras, além de células do floema, como elementos de tubo crivado, células companheiras, parênquima de orientação axial e fibras. Outras células-tronco no câmbio vascular são mais curtas e orientadas perpendicularmente ao eixo do caule ou raiz: elas formam os *raios vasculares* – fileiras radiais de células principalmente parenquimáticas que conectam o xilema e floema secundários (ver etapa 3 da Figura 35.19). Essas células movimentam água e nutrientes entre o xilema e floema secundários e armazenam carboidratos e outras substâncias de reserva, além de auxiliarem na reparação de lesões.

À medida que o crescimento secundário continua, as camadas de xilema secundário (lenho) se acumulam, consistindo principalmente em traqueídes e elementos de vaso (ver Figura 35.10), bem como fibras. Na maioria das espécies de gimnospermas, as traqueídes e são as únicas células condutoras de água. A maioria das angiospermas tem também elementos de vaso. As paredes das células do xilema secundário são extremamente lignificadas, conferindo dureza e resistência ao lenho.

Nas regiões de clima temperado, o lenho que se desenvolve cedo na primavera, conhecido como lenho inicial (ou primaveril), geralmente tem células de xilema secundário com diâmetros grandes e paredes delgadas **(Figura 35.20)**. Essa estrutura maximiza o transporte de água para as folhas.

O lenho produzido mais tarde na estação de crescimento é chamado de lenho tardio (ou estival). Ele tem células de paredes espessas que não transportam tanta água, mas proporcionam mais sustentação. Como existe um nítido contraste entre as células grandes do novo lenho inicial e as células menores do lenho tardio da estação de crescimento anterior, o crescimento de 1 ano aparece como um *anel de crescimento* distinto em cortes transversais da maioria dos troncos de árvores e de raízes. Por isso, os pesquisadores podem estimar a idade de uma árvore pela contagem dos anéis de crescimento. A *dendrocronologia* é a ciência da análise dos padrões dos anéis de crescimento de árvores. Os anéis de crescimento variam em espessura, dependendo do crescimento sazonal. As árvores crescem bem em anos úmidos e quentes, mas talvez cresçam quase nada em anos frios ou secos. Uma vez que um anel largo indica um ano quente e um anel estreito indica um ano frio ou seco, os cientistas usam os padrões de anéis para estudar mudanças climáticas **(Figura 35.21)**.

▼ Figura 35.21 Método de pesquisa

Usando a dendrocronologia para estudar o clima

Aplicação Dendrocronologia, a ciência da análise dos anéis de crescimento, é aplicada ao estudo das mudanças climáticas. A maioria dos cientistas atribui o recente aquecimento global à queima de combustíveis fósseis e liberação de CO_2 e outros gases estufa, enquanto uma minoria pensa que isso se trata de variação natural. O estudo dos padrões climáticos requer a comparação de temperaturas pretéritas e presentes, mas os registros climáticos instrumentais cobrem apenas os últimos dois séculos e aplicam-se somente a algumas regiões. Pelo exame dos anéis de crescimento de coníferas da Mongólia datadas de meados dos anos 1500, Gordon C. Jacoby e Rosane D'Arrigo, do Lamont-Doherty Earth Observatory, e colaboradores investigaram se no passado a Mongólia experimentou períodos quentes similares.

Técnica Os pesquisadores podem analisar padrões de anéis de árvores vivas e mortas. É possível até estudar a madeira há muito tempo usada em construção, mediante comparação de amostras com aquelas de espécimes de ocorrência natural com idade coincidente. As amostras, cada uma com o diâmetro aproximado de um lápis, são retiradas desde a casca até o centro do caule. Cada amostra é seca e lixada para revelar os anéis. Por comparação, alinhamento e cálculo de valores médios de muitas amostras de coníferas, os pesquisadores compilaram uma cronologia. As árvores tornaram-se uma crônica sobre as mudanças ambientais.

Resultado Este gráfico resume um registro composto dos índices de largura dos anéis para as coníferas da Mongólia, de 1550 até 1993. Os índices mais altos indicam anéis mais largos e temperaturas mais elevadas.

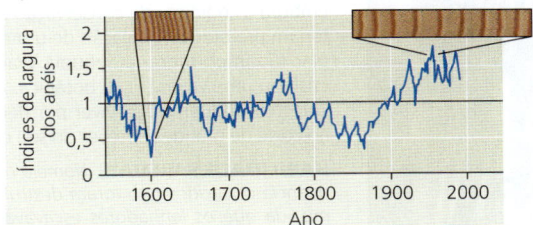

Dados de G. C. Jacoby et al., Mongolian tree rings and 20th-century warming, *Science* 273:771-773 (1996).

INTERPRETE OS DADOS *O que o gráfico indica a respeito de mudanças ambientais durante o período de 1550-1993?*

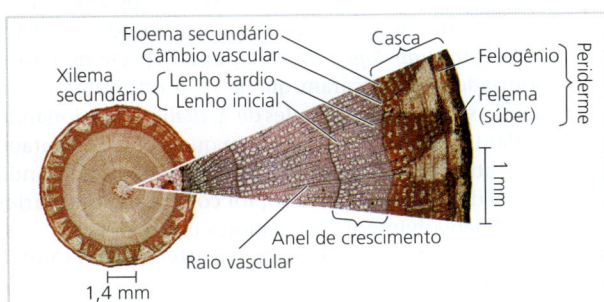

▲ **Figura 35.20** Corte transversal de um caule de *Tília* (tília) com 3 anos de idade (MO).

À medida que uma árvore ou um arbusto lenhoso envelhece, as camadas mais antigas de xilema secundário não mais transportam água e nutrientes minerais (uma solução chamada seiva do xilema). Essas camadas constituem o chamado *cerne*, porque estão próximas ao centro de um caule ou de uma raiz **(Figura 35.22)**. As camadas mais externas, mais recentes, de xilema secundário transportam a seiva e são conhecidas como *alburno*. O alburno permite que uma árvore grande sobreviva mesmo se o centro do seu tronco estiver oco **(Figura 35.23)**. Como cada nova camada de xilema secundário tem uma circunferência maior, o crescimento secundário permite que o xilema transporte mais seiva a cada ano, abastecendo um número crescente de folhas. O cerne geralmente é mais escuro do que o alburno, por causa das resinas e outros compostos que permeiam as cavidades celulares e ajudam a proteger o centro da árvore de fungos e insetos perfuradores da madeira.

Apenas o floema secundário mais jovem, mais próximo ao câmbio vascular, atua no transporte de açúcares.

À medida que um caule ou raiz aumenta em circunferência, o floema mais antigo é desprendido, razão pela qual o floema secundário não se acumula tão amplamente quanto o xilema secundário.

O felogênio e a produção de periderme

Durante os estágios iniciais do crescimento secundário, a epiderme é empurrada para fora, rompe-se, seca e desprende-se do caule ou raiz. Ela é substituída pelos tecidos produzidos pelo primeiro felogênio, um cilindro de células em divisão que se origina na zona externa do córtex de caules (ver Figura 35.19) e no periciclo em raízes. O felogênio dá origem às células do felema que se acumulam externamente a esse meristema. À medida que amadurecem, as células do felema depositam em suas paredes um material ceroso hidrofóbico denominado suberina; após isso, essas células morrem. Como as células do felema têm suberina e geralmente dispõem-se de maneira compacta, a maior parte da periderme é impermeável a água e gases, ao contrário da epiderme. Portanto, o felema funciona como barreira que ajuda a proteger o caule ou raiz de perda de água, danos físicos e patógenos. Deve ser ressaltado que o felema é frequente e incorretamente referido como "casca". Em botânica, a **casca** abrange todos os tecidos externos ao câmbio vascular. Seus principais componentes são o floema secundário (produzido pelo câmbio vascular) e, externamente a ele, a periderme mais recente e todas as camadas mais antigas de periderme (ver Figura 35.22). À medida que esse processo continua, as camadas mais antigas da periderme desprendem-se, como se observa no revestimento rachado e descascado de muitos troncos de árvores.

Como as células vivas no interior de tecidos de órgãos lenhosos podem absorver oxigênio e respirar se elas são circundadas por uma periderme cerosa? Espalhadas na periderme, encontram-se áreas pequenas projetadas denominadas **lenticelas**, nas quais há mais espaço entre as células do felema, permitindo que as células vivas dentro de partes lenhosas de caule ou raiz realizem trocas gasosas com o ar externo. As lenticelas muitas vezes têm a aparência de fendas horizontais, conforme mostrado no caule na Figura 35.19.

A **Figura 35.24** resume as relações entre os tecidos primários e secundários de um caule lenhoso.

Evolução do crescimento secundário

EVOLUÇÃO Admiravelmente, alguns avanços sobre a evolução do crescimento secundário foram alcançados mediante estudos com *Arabidopsis thaliana*, uma espécie herbácea. Os pesquisadores verificaram que podem estimular algum crescimento secundário em caules de *A. thaliana* adicionando pesos à planta. Esses achados sugerem que o peso sustentado pelo caule ativa um programa de desenvolvimento, levando à formação de lenho. Além disso, foi constatado que vários genes do desenvolvimento reguladores dos meristemas apicais de caules de *A. thaliana* regulam a atividade do câmbio vascular em caules do choupo (*Populus*). Isso sugere que os processos dos crescimentos primário e secundário são evolutivamente mais intimamente relacionados do que se pensava.

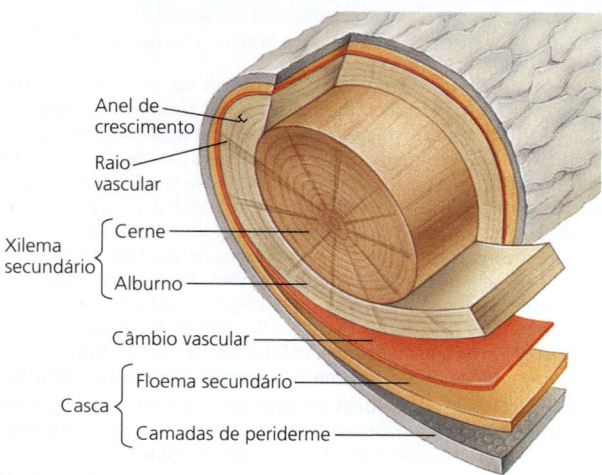

▲ **Figura 35.22** Anatomia de um caule de árvore.

◀ **Figura 35.23** **Esta árvore está viva ou morta?** O túnel da Sequoia Wawona, no Parque Nacional Yosemite, Califórnia, foi aberto em 1881 como uma atração turística. Essa sequoia-gigante (*Sequoiadendron giganteum*) ainda viveu por mais 88 anos, até tombar durante um inverno rigoroso. Ela tinha 71,3 m de altura e idade estimada de 2.100 anos. Embora as políticas de conservação atuais teriam proibido a mutilação de um exemplar tão importante, a Sequoia Wawona ensinou uma valiosa lição botânica. As árvores conseguem sobreviver por décadas ao corte de grandes porções do seu cerne.

HABILIDADES VISUAIS *Nomeie em sequência os tecidos que foram destruídos à medida que os lenhadores escavavam da base da árvore para o seu centro. Considere também a Figura 35.19.*

CAPÍTULO 35 ESTRUTURA, CRESCIMENTO E DESENVOLVIMENTO DAS PLANTAS VASCULARES

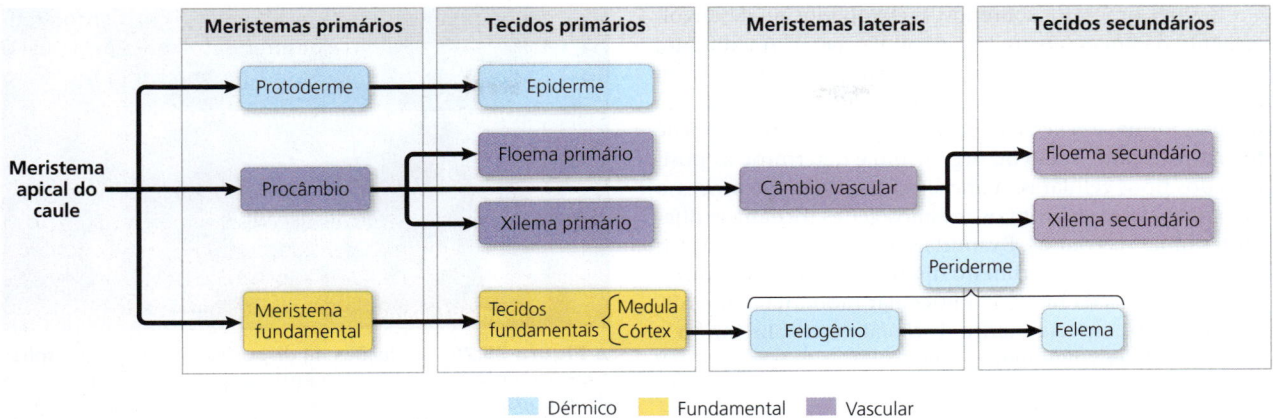

▲ **Figura 35.24 Um resumo dos crescimentos primário e secundário de um caule lenhoso.** As raízes lenhosas têm os mesmos meristemas e tecidos. No entanto, o sistema fundamental de uma raiz não é dividido em medula e córtex, e o felogênio, por sua vez, surge do periciclo, a camada mais externa do cilindro vascular.

REVISÃO DO CONCEITO 35.4

1. Uma placa é colocada em uma árvore, a 2 m de altura a partir da sua base. Se a árvore tiver 10 m de altura e crescer 1 m por ano, em que altura ficará a placa após 10 anos?
2. Os estômatos e as lenticelas estão envolvidos nas trocas de CO_2 e O_2. Por que os estômatos precisam ser capazes de fechar, mas as lenticelas não?
3. Você esperaria que uma árvore tropical tivesse anéis de crescimento diferentes? Por quê?
4. **E SE?** Se um anel completo de casca for retirado do tronco de uma árvore (processo denominado anelamento), a árvore morreria lentamente (em semanas) ou rapidamente (em dias)? Explique por quê.

Ver as respostas sugeridas no Apêndice A.

CONCEITO 35.5

O crescimento, a morfogênese e a diferenciação celular produzem o corpo da planta

A série específica de mudanças pelas quais as células formam tecidos, órgãos e organismos é denominada **desenvolvimento**. O desenvolvimento acontece conforme a informação genética que um organismo herda dos seus progenitores, mas é também influenciado pelo ambiente externo. Um único genótipo pode produzir fenótipos diferentes em ambientes distintos. Por exemplo, a planta aquática *Cabomba caroliniana* forma dois tipos de folhas bem diferentes, dependendo se o meristema apical do caule estiver ou não submerso **(Figura 35.25)**. Essa capacidade de alterar a forma em resposta às condições ambientais locais é denominada *plasticidade do desenvolvimento*. Exemplos extremos de plasticidade, como em *C. caroliniana*, são muito mais comuns em vegetais do que em animais e podem ajudar a compensar a incapacidade das plantas de escapar de condições adversas por meio do movimento.

▲ **Figura 35.25 Plasticidade do desenvolvimento em *Cabomba caroliniana*, uma espécie aquática.** As folhas submersas de *C. caroliniana* são laciniadas, uma adaptação que as protege de dano, mediante diminuição da sua resistência à água em movimento. As folhas emersas, por outro lado, são "boias" que auxiliam na flutuação. Os dois tipos de folhas têm células geneticamente idênticas, mas seus ambientes diferentes determinam a ativação ou a inativação de diferentes genes durante o desenvolvimento foliar.

Os três processos sobrepostos envolvidos no desenvolvimento de um organismo multicelular são o crescimento, a morfogênese e a diferenciação celular. O *crescimento* é um aumento irreversível de tamanho. A *morfogênese* (do grego *morphê*, forma, e *genesis*, criação) é o processo que concede forma ao tecido, órgão ou organismo e determina as posições dos tipos celulares. A *diferenciação celular* é o processo pelo qual as células com os mesmos genes tornam-se diferentes umas das outras. Examinaremos esses três processos sucessivamente, mas primeiro discutiremos como a aplicação de técnicas da biologia molecular moderna a organismos-modelo, especialmente *A. thaliana*, revolucionou o estudo do desenvolvimento vegetal.

Organismos-modelo: revolucionando o estudo de plantas

Como em outros ramos da biologia, as técnicas de biologia molecular e o foco em organismos-modelo, como *Arabidopsis thaliana*, catalisaram um volume expressivo de pesquisas nas últimas décadas. *A. thaliana*, uma espécie herbácea diminuta da família da mostarda, não tem importância agrícola inerente, mas, por muitas razões, é um organismo-modelo preferido por fitogeneticistas e biólogos moleculares. Essa espécie é tão pequena que milhares de indivíduos podem ser cultivados em alguns metros quadrados de espaço laboratorial. Ela apresenta também um período de geração curto, levando cerca de 6 semanas para uma semente transformar-se em uma planta adulta que produz mais sementes. Essa maturação rápida permite aos biólogos conduzir experimentos de cruzamento genético em um período relativamente curto. Apenas um indivíduo consegue produzir mais de 5 mil sementes, outro atributo que torna *A. thaliana* vantajosa para análises genéticas.

Além dessas características básicas, o genoma dessa espécie a torna especialmente adequada para análises por métodos genéticos moleculares. O genoma de *A. thaliana*, que abrange aproximadamente 27 mil genes codificadores de proteínas, está entre os menores conhecidos em plantas. Além disso, essa espécie possui apenas cinco pares de cromossomos, tornando mais fácil para os geneticistas localizarem genes específicos. Por possuir um genoma pequeno, *A. thaliana* foi a primeira espécie vegetal a tê-lo completamente sequenciado.

A distribuição natural de *A. thaliana* abrange condições climáticas e altitudes variadas, desde montanhas elevadas na Ásia Central até a costa atlântica da Europa, e do norte da África ao Círculo Ártico. Essas variedades locais podem diferir nitidamente na aparência externa **(Figura 35.26)**. Os esforços no sequenciamento genômico estão sendo expandidos para incluir centenas de populações de *A. thaliana* de toda a sua amplitude de distribuição natural na Eurásia. Nos genomas dessas populações, são contidas informações sobre adaptações evolutivas que permitiram que *A. thaliana* expandisse sua distribuição para novos ambientes após o recuo da última glaciação. Essas informações podem dotar os melhoristas de plantas de novas ideias e estratégias para a melhoria das culturas agrícolas.

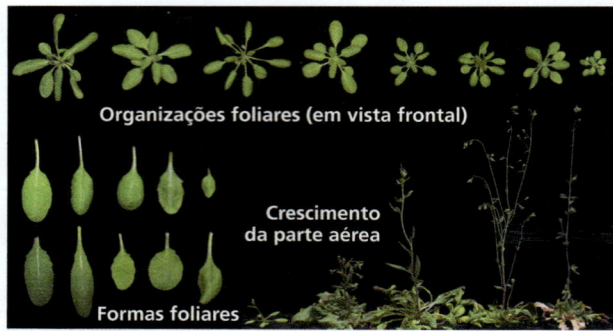

▲ **Figura 35.26** Variações na disposição foliar, forma foliar e crescimento da parte aérea entre populações diferentes de *Arabidopsis thaliana*. Informações nos genomas dessas populações podem propiciar avanços nas estratégias para expansão da produção agrícola em novos ambientes.

Outra propriedade que torna *A. thaliana* atrativa aos biólogos moleculares é que suas células podem ser facilmente transformadas com *transgenes*, genes de um organismo diferente que são introduzidos estavelmente no genoma de outro. A tecnologia CRISPR (ver Figura 20.14), que rapidamente está se tornando a técnica escolhida para o melhoramento de plantas com mutações específicas, foi empregada com êxito em *A. thaliana*. Por inativação ou "nocaute" de um gene específico, os cientistas conseguem colher informações importantes sobre o funcionamento normal do gene.

Projetos em larga escala estão em andamento, visando determinar a função de cada gene de *A. thaliana*. Pela identificação da função de cada gene e rastreamento de cada rota bioquímica, os pesquisadores pretendem determinar os planos de desenvolvimento vegetal, um objetivo importante da biologia de sistemas. Um dia poderá ser possível construir uma "planta virtual" gerada por computador, permitindo aos pesquisadores visualizar quais genes são ativados em partes diferentes da planta à medida que ela se desenvolve.

A pesquisa básica envolvendo organismos-modelo como *A. thaliana* tem acelerado o ritmo de descobertas nas ciências vegetais, incluindo a identificação das rotas genéticas complexas subjacentes à estrutura vegetal. À medida que você ler mais sobre o assunto, poderá reconhecer não apenas o poder do estudo de organismos-modelo, mas também a história investigativa que fundamenta toda a pesquisa botânica moderna.

Crescimento: divisão e expansão celulares

A divisão celular intensifica o potencial de crescimento mediante aumento do número de células, mas o crescimento vegetal em si é promovido pela ampliação celular. O processo de divisão celular vegetal está descrito de modo mais completo no Capítulo 12 (ver Figura 12.10); no Capítulo 39, é discutido o processo de alongamento celular (ver Figura 39.7). Aqui, nosso interesse é saber como a divisão e a ampliação da célula contribuem para a forma da planta.

Divisão celular

As paredes celulares novas que delimitam as células vegetais durante a citocinese desenvolvem-se a partir da placa celular (ver Figura 12.10). O plano exato da divisão celular, determinado durante o final da interfase, geralmente corresponde ao caminho mais curto que reduz pela metade o citoplasma da célula parental. Entretanto, durante certos momentos do desenvolvimento, o citoplasma pode não ser dividido igualmente, resultando uma célula-filha maior do que a outra, embora tenha o mesmo número de cromossomos. Tais casos de *divisão celular assimétrica* geralmente indicam um evento-chave no desenvolvimento. A formação de células-guarda envolve uma divisão celular assimétrica, por exemplo. Uma célula epidérmica divide-se assimetricamente, formando uma célula epidérmica grande que permanece indiferenciada e uma célula pequena que se torna a "célula-mãe" de célula-guarda. As células-guarda se formam quando essa célula-mãe pequena divide-se em um plano perpendicular à primeira divisão celular **(Figura 35.27)**. Assim, a divisão celular assimétrica gera células com destinos diferentes – ou seja, as células amadurecem como tipos diferentes.

Expansão celular

As divisões celulares não configuram crescimento porque não há aumento de massa envolvido. Mais exatamente, é a expansão celular a responsável pelo crescimento vegetal. Antes de discutir como a expansão celular contribui ao crescimento e forma da planta, é importante considerar a diferença na expansão celular entre vegetais e animais. As células animais crescem principalmente pela síntese de citoplasma rico em proteínas, processo metabolicamente dispendioso. As células vegetais em crescimento também produzem material adicional rico em proteínas em seu citoplasma, mas a absorção de água geralmente representa cerca de 90% da expansão. A maior parte dessa água é armazenada no grande vacúolo central. A solução vacuolar, ou *suco vacuolar*, é muito diluída e quase desprovida das macromoléculas energeticamente dispendiosas encontradas em abundância no restante do citoplasma. Por isso, os grandes vacúolos são uma maneira "barata" de preencher o espaço, permitindo o crescimento rápido e econômico de uma planta. Os brotos de bambu, por exemplo, podem alongar-se mais de 2 m por semana. A extensibilidade rápida e eficiente de caules e raízes foi uma adaptação evolutiva importante que aumentou sua exposição à luz e ao solo.

As células vegetais raramente se expandem igualmente em todas as direções. Sua maior expansão está geralmente orientada ao longo do eixo principal da planta. Por exemplo, as células junto à extremidade da raiz podem alongar 20 vezes ou mais seu comprimento original, com aumento em largura relativamente pequeno. A orientação das microfibrilas de celulose nas camadas mais internas da parede celular provoca esse crescimento diferencial. As microfibrilas não se estendem, de modo que a célula se expande principalmente no sentido perpendicular à orientação principal das microfibrilas, conforme mostrado na **Figura 35.28**. Uma hipótese de destaque propõe que os microtúbulos posicionados logo abaixo da membrana plasmática organizam os complexos de enzimas sintetizadoras de celulose e guiam seu movimento através da membrana plasmática, à medida que eles constituem as microfibrilas que compõem grande parte da parede celular.

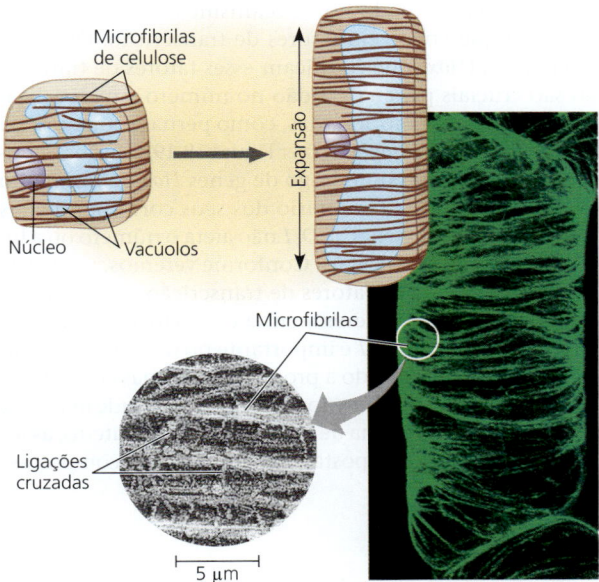

▲ **Figura 35.28 Orientação da expansão da célula vegetal.** As células vegetais em crescimento se expandem principalmente pela absorção de água. Em uma célula em crescimento, enzimas enfraquecem as ligações cruzadas na parede celular, permitindo a sua expansão à medida que a água se difunde osmoticamente para o vacúolo; ao mesmo tempo, mais microfibrilas são produzidas. A orientação da expansão celular é principalmente perpendicular à orientação das microfibrilas de celulose na parede. A orientação dos microtúbulos na parte mais externa do citoplasma determina a orientação das microfibrilas de celulose (MO de fluorescência). As microfibrilas são embebidas em uma matriz de outros polissacarídeos (não celulósicos), alguns dos quais formam as ligações cruzadas visíveis na MET.

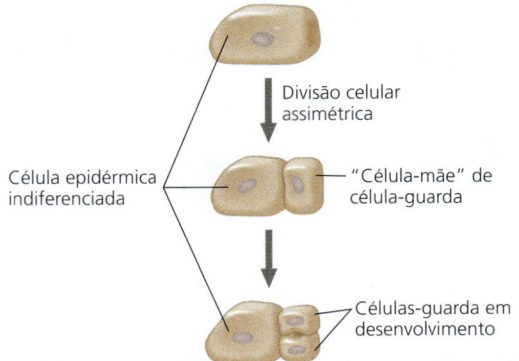

▲ **Figura 35.27 Divisão celular assimétrica e desenvolvimento estomático.** Uma divisão celular assimétrica precede o desenvolvimento das células-guarda, as células epidérmicas que margeiam a abertura estomática (ver Figura 35.18).

Morfogênese e formação de padrão

Um corpo vegetal é mais do que um conjunto de células em divisão e expansão. Durante a morfogênese, as células adquirem identidades diferentes em uma disposição espacial ordenada. Por exemplo, os tecidos dérmicos se formam no exterior e os tecidos vasculares, no interior – nunca o contrário. O desenvolvimento de estruturas específicas em locais específicos é denominado **formação de padrão**.

Dois tipos de hipóteses foram propostos para explicar como o destino de células vegetais é determinado durante a formação de padrão. As hipóteses fundamentadas nos *mecanismos baseados na linhagem* propõem que o destino celular é determinado precocemente no desenvolvimento e que as células passam esse destino para a sua progênie. Nessa perspectiva, o padrão básico da diferenciação celular é definido de acordo com a direção em que as células meristemáticas se dividem e se expandem. Por outro lado, as hipóteses fundamentadas nos *mecanismos baseados na posição* propõem que a posição final da célula em um órgão emergente determina que tipo de célula ela se tornará. Em apoio a essa visão, experimentos em que as células vizinhas foram destruídas com *laser* demonstraram que o destino de uma célula vegetal é estabelecido mais adiante no desenvolvimento celular e depende em grande parte da sinalização das suas vizinhas.

O destino celular em animais, em contrapartida, é amplamente determinado por mecanismos dependentes da linhagem que envolvem fatores de transcrição. Os genes homeóticos (*Hox*) que codificam esses fatores de transcrição são cruciais para a exatidão no número e na localização de estruturas embrionárias, como pernas e antenas, na mosca-da-fruta (*Drosophila*) (ver Figura 18.19). Curiosamente, o milho tem um homólogo de genes *Hox* denominado *KNOTTED-1*, mas, ao contrário dos seus correspondentes no mundo animal, *KNOTTED-1* não afeta o número ou a localização de órgãos vegetais. Conforme veremos, uma classe não relacionada de fatores de transcrição, as chamadas proteínas *MADS-box*, desempenha esse papel em plantas. Entretanto, *KNOTTED-1* é importante no desenvolvimento da forma foliar, incluindo a produção de folhas compostas. Se o gene *KNOTTED-1* for expresso em quantidade maior do que o normal no genoma de indivíduos do tomateiro, as folhas normalmente compostas tornam-se "supercompostas" **(Figura 35.29)**.

Expressão gênica e o controle da diferenciação celular

As células de um organismo em desenvolvimento podem sintetizar proteínas diferentes e divergir em estrutura e função, embora compartilhem um genoma comum. Se uma célula madura, removida de uma raiz ou de uma folha, consegue se desdiferenciar em cultura de tecidos e originar tipos celulares diferentes, então ela deve ter todos os genes necessários para produzir qualquer tipo de célula na planta. Por isso, em um espectro amplo, a diferenciação celular depende do controle da expressão gênica – a regulação da transcrição e da tradução, resultando na produção de proteínas específicas.

Evidências sugerem que a ativação ou inativação de genes específicos envolvidos na diferenciação celular depende amplamente da comunicação célula a célula. As células recebem informação de células vizinhas sobre como elas devem especializar-se. Por exemplo, dois tipos celulares originam-se na epiderme da raiz de *A. thaliana*: células que se transformam em pelos e células que não se transformam em pelos. O destino celular está associado à posição das células epidérmicas em relação a outras células vegetais. As células epidérmicas imaturas, em contato com duas células subjacentes do córtex da raiz, diferenciam-se em células de pelos da raiz; já as células epidérmicas imaturas, em contato com apenas uma célula do córtex, diferenciam-se em células não formadoras de pelos. A expressão diferencial de um gene homeótico denominado *GLABRA-2* (do latim *glaber*, calvo) é necessária para a distribuição apropriada dos pelos da raiz **(Figura 35.30)**. Os pesquisadores demonstraram essa exigência acoplando o gene *GLABRA-2* a um "gene repórter", o qual faz cada célula responsável pela expressão do gene *GLABRA-2* na raiz adquirir a coloração azul-claro após seguir um certo protocolo. O gene *GLABRA-2* é normalmente expresso somente em células epidérmicas que não desenvolverão pelos de raízes.

▲ **Figura 35.29** Superexpressão de um gene do tipo *Hox* na formação foliar. *KNOTTED-1* é um gene que está envolvido na formação de folhas e folíolos. Um aumento da sua expressão em indivíduos do tomateiro resulta em folhas "supercompostas" (à direita), comparadas com folhas normais (à esquerda).

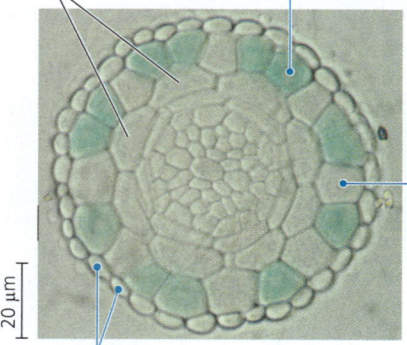

Quando uma célula epidérmica limita-se com uma única célula cortical, o gene homeótico *GLABRA-2* é expresso, e a célula permanece sem pelo. (A cor azul indica as células em que *GLABRA-2* é expresso.)

Células corticais

Aqui, uma célula epidérmica limita-se com duas células corticais. O gene *GLABRA-2* não é expresso, e a célula desenvolverá um pelo da raiz.

As células da coifa localizadas externamente à camada epidérmica serão desprendidas antes da emergência dos pelos da raiz.

▲ **Figura 35.30** Controle da diferenciação de pelos da raiz por um gene homeótico (MO).

E SE? *Qual seria a aparência das raízes se o gene GLABRA-2 fosse desativado por uma mutação?*

35 Revisão do capítulo

RESUMO DOS CONCEITOS-CHAVE

CONCEITO 35.1

As plantas têm uma organização hierárquica, que consiste em órgãos, tecidos e células *(p. 759-765)*

- As plantas vasculares têm partes aéreas que consistem em **caules**, **folhas** e, nas angiospermas, flores. As **raízes** fixam a planta, absorvem e conduzem água e nutrientes minerais e armazenam reservas nutricionais. As folhas são ligadas aos **nós** do caule e constituem os **órgãos** principais da fotossíntese. As **gemas axilares**, localizadas nas axilas das folhas com os caules, originam os ramos. Os órgãos vegetais podem ser adaptados para funções especializadas.
- As plantas vasculares apresentam três **sistemas de tecidos** – dérmico, vascular e fundamental – que são contínuos por todo o corpo da planta. O **sistema dérmico** é um conjunto contínuo de células que cobre o exterior da planta. Os **sistemas vasculares** (**xilema** e **floema**) facilitam o transporte de substâncias por distâncias longas. O **sistema fundamental** atua no armazenamento, metabolismo e regeneração.
- As **células do parênquima** são relativamente indiferenciadas e de paredes delgadas, mantendo a capacidade de divisão; elas desempenham a maioria das funções metabólicas de síntese e armazenamento. As **células do colênquima** têm paredes com espessuras desiguais; elas sustentam as partes jovens da planta, ainda em crescimento. As **células do esclerênquima** – esclereides e fibras – têm paredes espessas e lignificadas que ajudam a sustentar as partes vegetais maduras, não mais em crescimento. As **traqueídes** e os **elementos de vaso** exercem função condutora de água do xilema; essas células, de paredes espessas, são mortas na maturidade funcional. Os **elementos de tubo crivado** são células vivas, altamente modificadas e, em grande parte, desprovidas de organelas; elas atuam no transporte de açúcares através do floema das angiospermas.

? *Descreva pelo menos três especializações em órgãos e em células vegetais que são adaptações à vida terrestre.*

CONCEITO 35.2

Meristemas diferentes geram células novas para os crescimentos primário e secundário *(p. 766-768)*

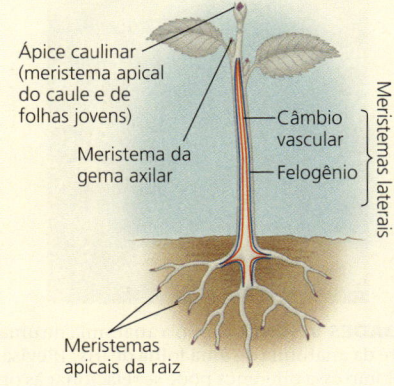

? *Qual é a diferença entre os crescimentos primário e secundário?*

CONCEITO 35.3

O crescimento primário alonga raízes e partes aéreas *(p. 768-772)*

- O **meristema apical** da raiz está localizado próximo ao seu ápice, onde gera células para o crescimento do eixo da raiz e para a **coifa**.
- O meristema apical do caule, localizado na **gema apical**, origina os **entrenós** alternantes e os locais de inserção das folhas, denominados nós.
- Os caules de eudicotiledôneas têm feixes vasculares dispostos em anel, ao passo que os caules de monocotiledôneas têm feixes vasculares dispersos.
- As células do **mesofilo** são adaptadas à fotossíntese. Os **estômatos**, estruturas epidérmicas formadas por pares de **células-guarda** e fendas, permitem o intercâmbio gasoso e são os principais caminhos para a perda de água.

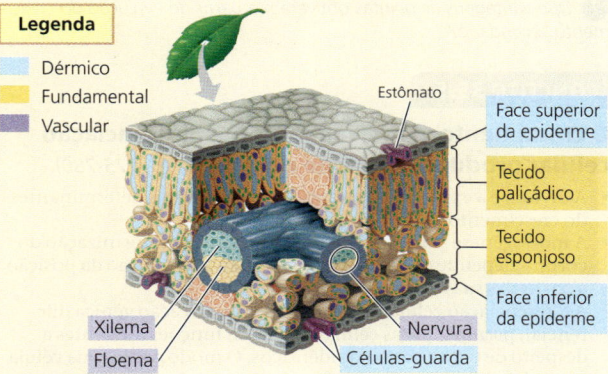

? *Como a ramificação nas raízes difere da ramificação nos caules?*

CONCEITO 35.4

O crescimento secundário aumenta o diâmetro de caules e raízes em plantas lenhosas *(p. 772-775)*

- O **câmbio vascular** é um cilindro meristemático que produz xilema e floema secundários durante o **crescimento secundário**. As camadas mais antigas de xilema secundário (cerne) tornam-se inativas, enquanto as camadas mais jovens (alburno) ainda conduzem água.

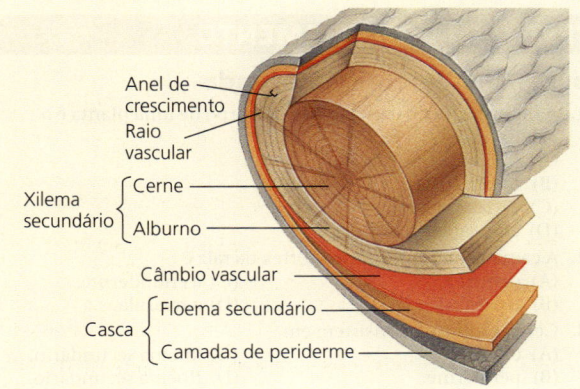

- O **felogênio** origina um revestimento protetor espesso denominado periderme, que consiste no próprio felogênio mais as camadas de felema que ele produz.

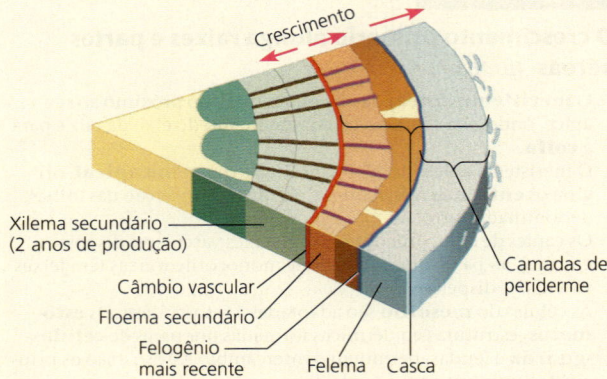

? Que vantagens as plantas obtiveram a partir de evolução do crescimento secundário?

CONCEITO 35.5

O crescimento, a morfogênese e a diferenciação celular produzem o corpo da planta (p. 775-780)

- A divisão e a expansão celulares são os principais determinantes do crescimento.
- A morfogênese – o desenvolvimento da forma e organização do corpo – depende da resposta das células à informação da posição a partir das suas vizinhas.
- A diferenciação celular, originando-se da ativação gênica diferencial, permite que as células assumam funções diferentes a despeito de terem genomas idênticos. O modo como uma célula vegetal se diferencia é determinado em grande parte pela sua posição na planta em desenvolvimento.
- Estímulos internos ou ambientais podem levar uma planta a trocar de um estágio de desenvolvimento para outro – por exemplo, de folhas juvenis em desenvolvimento para folhas maduras em desenvolvimento. Essas alterações morfológicas são denominadas **mudanças de fases**.
- Pesquisas sobre desenvolvimento floral proporcionaram um sistema-modelo para estudar a **formação de padrão**. O **modelo ABC** identifica como três classes de genes controlam a formação de sépalas, pétalas, estames e carpelos.

? Por qual mecanismo as células vegetais tendem a se alongar no sentido de um eixo, em vez de se expandirem em todas as direções?

TESTE SEU CONHECIMENTO

Níveis 1-2: Relembre/Entenda

1. A maior parte do crescimento do corpo de uma planta é o resultado de
   (A) diferenciação celular.
   (B) morfogênese.
   (C) divisão celular.
   (D) alongamento celular.
2. A camada mais interna do córtex da raiz é
   (A) o centro.   (C) a endoderme.
   (B) o periciclo.   (D) a medula.
3. Cerne e alburno consistem em
   (A) casca.   (C) xilema secundário.
   (B) periderme.   (D) floema secundário.
4. A mudança de um meristema apical da fase juvenil para a fase vegetativa madura é muitas vezes revelada pelo(a)
   (A) mudança na forma das folhas produzidas.
   (B) início do crescimento secundário.
   (C) formação de raízes laterais.
   (D) ativação de genes indutores do florescimento.
5. O câmbio vascular origina
   (A) todo o xilema.
   (B) todo o floema.
   (C) xilema e floema primários.
   (D) xilema e floema secundários.
6. O periciclo (na raiz) é o local onde
   (A) se origina o crescimento secundário.
   (B) se originam os pelos da raiz.
   (C) se originam as raízes laterais.
   (D) se origina a endoderme.
7. Os meristemas apicais da raiz são encontrados
   (A) apenas em raízes pivotantes.
   (B) apenas em raízes laterais.
   (C) apenas em raízes adventícias.
   (D) em todas as raízes.

Níveis 3-4: Aplique/Analise

8. Suponha que uma flor tenha expressão normal dos genes A e C e expressão do gene B em todos os quatro verticilos. Com base no modelo ABC, qual seria a estrutura dessa flor, partindo do verticilo mais externo?
   (A) Carpelo-pétala-pétala-carpelo
   (B) Pétala-pétala-estame-estame
   (C) Sépala-carpelo-carpelo-sépala
   (D) Sépala-sépala-carpelo-carpelo
9. Qual das seguintes estruturas se origina, diretamente ou indiretamente, da atividade meristemática?
   (A) Xilema secundário
   (B) Folhas
   (C) Tecido dérmico
   (D) Todas as estruturas acima
10. Um mutante de morangueiro incapaz de formar estolões sofreria de
    (A) absorção mineral insuficiente.
    (B) uma tendência ao acamamento.
    (C) absorção insuficiente de água.
    (D) uma redução na reprodução assexuada.
11. **DESENHE** Neste corte transversal de uma eudicotiledônea lenhosa, identifique um anel de crescimento, o lenho tardio, o lenho inicial e um elemento de vaso. Em seguida, coloque uma seta no sentido da medula para o felema.

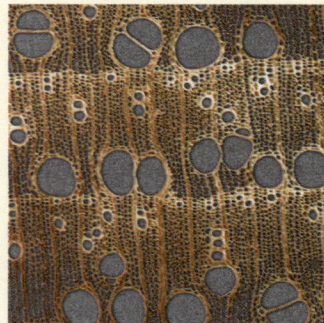

12. **HABILIDADES VISUAIS** Como a anatomia de uma folha de chá difere da anatomia de uma folha de íris? (Revisar Figura 35.18.) Como essa diferença pode se relacionar às orientações das folhas? Explique como a diferença mostra que a estrutura se ajusta à função.

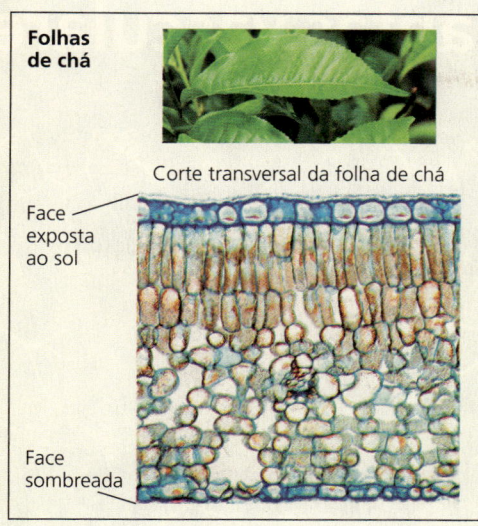

Folhas de chá

Corte transversal da folha de chá

Face exposta ao sol

Face sombreada

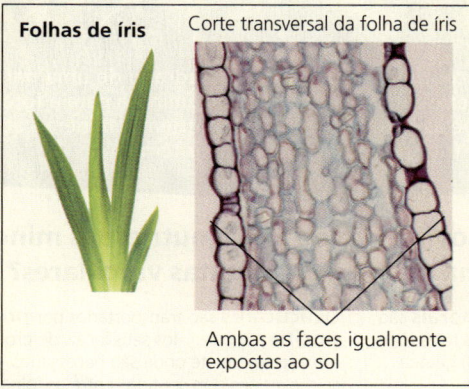

Folhas de íris

Corte transversal da folha de íris

Ambas as faces igualmente expostas ao sol

13. **HABILIDADES VISUAIS** Visitantes do estado de Washington nos Estados Unidos podem maravilhar-se com uma visão incomum: uma bicicleta incrustada em uma árvore viva, a 4 m do solo. Utilize seu conhecimento de crescimentos primário e secundário para visualizar e explicar como isso aconteceu.

Níveis 5-6: Avalie/Crie

14. **CONEXÃO EVOLUTIVA** Os biólogos evolutivos cunharam o termo *exaptação* para descrever uma ocorrência comum na evolução da vida: um membro ou um órgão evolui em um contexto específico, mas ao longo do tempo assume uma nova função (ver Conceito 25.6). Mencione alguns exemplos de exaptações em órgãos vegetais.

15. **PESQUISA CIENTÍFICA** Os campos geralmente se descaracterizam quando há exclusão dos grandes herbívoros. Nesse caso, as gramíneas são substituídas por eudicotiledôneas herbáceas latifoliadas, arbustos e árvores. Com base no seu conhecimento da estrutura e dos hábitos de crescimento de monocotiledôneas *versus* eudicotiledôneas, sugira uma razão para esse fato.

16. **CIÊNCIA, TECNOLOGIA E SOCIEDADE** A fome e a desnutrição são problemas urgentes para muitos países pobres. Mesmo assim, os botânicos das nações ricas concentraram a maior parte dos seus esforços de pesquisa em *Arabidopsis thaliana*. Algumas pessoas questionaram que, se estivessem realmente preocupados em combater a fome no mundo, os botânicos deveriam estudar a mandioca e a banana-da-terra, porque essas duas culturas são de primeira necessidade para muitas pessoas pobres do mundo. Se você fizesse pesquisas com *A. thaliana*, como poderia responder a esse argumento?

17. **ESCREVA SOBRE UM TEMA: ORGANIZAÇÃO** Em um texto sucinto (100-150 palavras), explique como a evolução da lignina afetou a estrutura e a função das plantas vasculares.

18. **SINTETIZE SEU CONHECIMENTO**

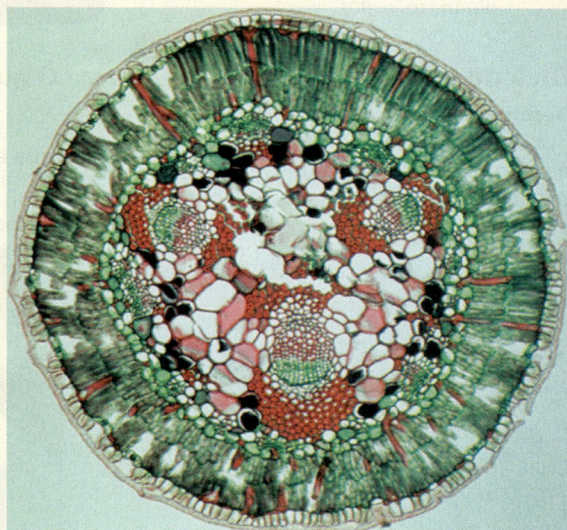

Esta imagem corada obtida ao microscópio óptico mostra um corte transversal de um órgão de *Hakea purpurea*, espécie arbustiva nativa em algumas regiões áridas da Austrália. (a) Revise as Figuras 35.14, 35.17 e 35.18 para identificar se a imagem é de uma raiz, um caule ou uma folha. Explique seu raciocínio. (b) Como esse órgão pode ser uma adaptação a condições secas?

Ver as respostas selecionadas no Apêndice A.

36 Obtenção e transporte de recursos em plantas vasculares

CONCEITOS-CHAVE

36.1 As adaptações para obtenção de recursos foram elementos-chave na evolução das plantas vasculares *p. 785*

36.2 Mecanismos diferentes transportam substâncias por distâncias curtas ou longas *p. 787*

36.3 Através do xilema, a transpiração impulsiona o transporte de água e nutrientes minerais desde as raízes até as partes aéreas *p. 792*

36.4 A taxa de transpiração é regulada pelos estômatos *p. 796*

36.5 Através do floema, os açúcares são transportados das fontes para os drenos *p. 799*

36.6 O simplasto é altamente dinâmico *p. 801*

Dica de estudo

Desenhe um fluxograma: Faça um fluxograma simples do movimento das moléculas de água desde o solo, passando pelos tecidos de uma planta até o ar externo.

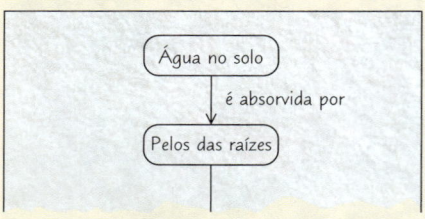

Figura 36.1 Esta hera cobriu cada centímetro quadrado de uma parede com folhagem, uma maneira eficiente de obter energia luminosa para a fotossíntese. Os açúcares produzidos pelas folhas e a água e os nutrientes minerais absorvidos pelas folhas precisam ser transportados pela planta inteira.

O que causa o movimento de água, nutrientes minerais e açúcares na maioria das plantas vasculares?

A **água e nutrientes minerais** são puxados para cima a partir das raízes por **pressão negativa** (tensão) gerada pela evaporação através folhas.

Os **açúcares** são transportados por **pressão positiva** a partir dos seus locais de produção ou armazenagem até onde são necessários. Eles podem se mover nos dois sentidos entre as folhas e as raízes.

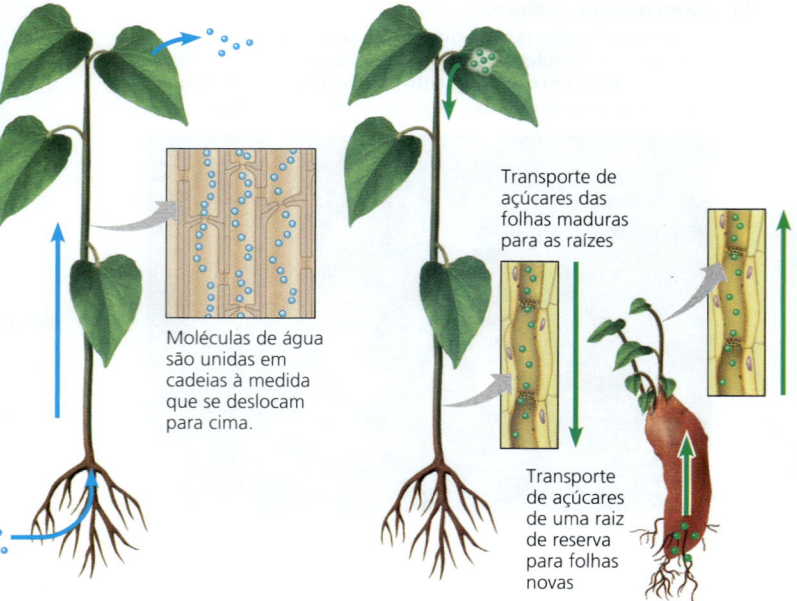

Moléculas de água são unidas em cadeias à medida que se deslocam para cima.

Transporte de açúcares das folhas maduras para as raízes

Transporte de açúcares de uma raiz de reserva para folhas novas

CONCEITO 36.1

As adaptações para obtenção de recursos foram elementos-chave na evolução das plantas vasculares

EVOLUÇÃO As plantas terrestres, na sua maioria, crescem no solo e, por isso, habitam dois ambientes: acima da superfície do solo, onde as partes aéreas obtêm luz solar e CO_2, e abaixo da superfície do solo, onde as raízes obtêm água e nutrientes minerais. A colonização bem-sucedida do ambiente terrestre pelas plantas dependeu de adaptações que permitiram às pioneiras a obtenção de recursos desses dois cenários diferentes.

As algas ancestrais das plantas terrestres absorviam água, nutrientes minerais e CO_2 diretamente da água em que viviam. O transporte nessas algas era relativamente simples, porque cada célula ficava nas proximidades da fonte dessas substâncias. As primeiras plantas terrestres eram avasculares; elas produziam órgãos fotossintetizantes acima da superfície da água doce superficial onde viviam. Essas partes aéreas sem folhas geralmente tinham cutículas cerosas e poucos estômatos, o que evitava a perda excessiva de água e, ao mesmo tempo, permitia algum intercâmbio de CO_2 e O_2 pela fotossíntese. As funções de fixação e absorção das plantas terrestres primitivas eram assumidas pela base do caule ou por rizoides filiformes (ver Figura 29.16).

À medida que as plantas terrestres evoluíram e aumentaram numericamente, intensificou-se a competição por luz, água e nutrientes. As plantas mais altas com apêndices amplos e planos tinham vantagem na absorção da luz. Esse aumento na área de superfície, no entanto, resultou em mais evaporação e, portanto, em maior necessidade de água. As partes aéreas maiores exigiram também fixação mais acentuada. Essas necessidades favoreceram a produção de raízes multicelulares e ramificadas. Ao mesmo tempo, à medida que as partes aéreas mais longas distanciaram o ápice fotossintetizante das partes não fotossintetizantes subterrâneas, a seleção natural favoreceu as plantas com capacidade de transporte eficiente, por longa distância, de água, nutrientes minerais e produtos da fotossíntese.

A evolução do sistema vascular consistindo em xilema e floema possibilitou o desenvolvimento de sistemas extensos de raízes e de partes aéreas, responsáveis pelo transporte por longa distância (ver Figura 35.10). O **xilema** transporta água e nutrientes minerais das raízes para as partes aéreas. O **floema** transporta os produtos da fotossíntese de onde são produzidos ou armazenados para onde são necessários. A **Figura 36.2** apresenta uma visão geral da obtenção e transporte de recursos em uma planta fotossinteticamente ativa.

Arquitetura da parte aérea e captação de luz

Como as plantas são majoritariamente fotoautotróficas, seu êxito depende, em última análise, da sua capacidade de realizar fotossíntese. No curso da evolução, as plantas desenvolveram uma ampla diversidade de arquiteturas das partes aéreas, o que permitiu a cada espécie competir com êxito

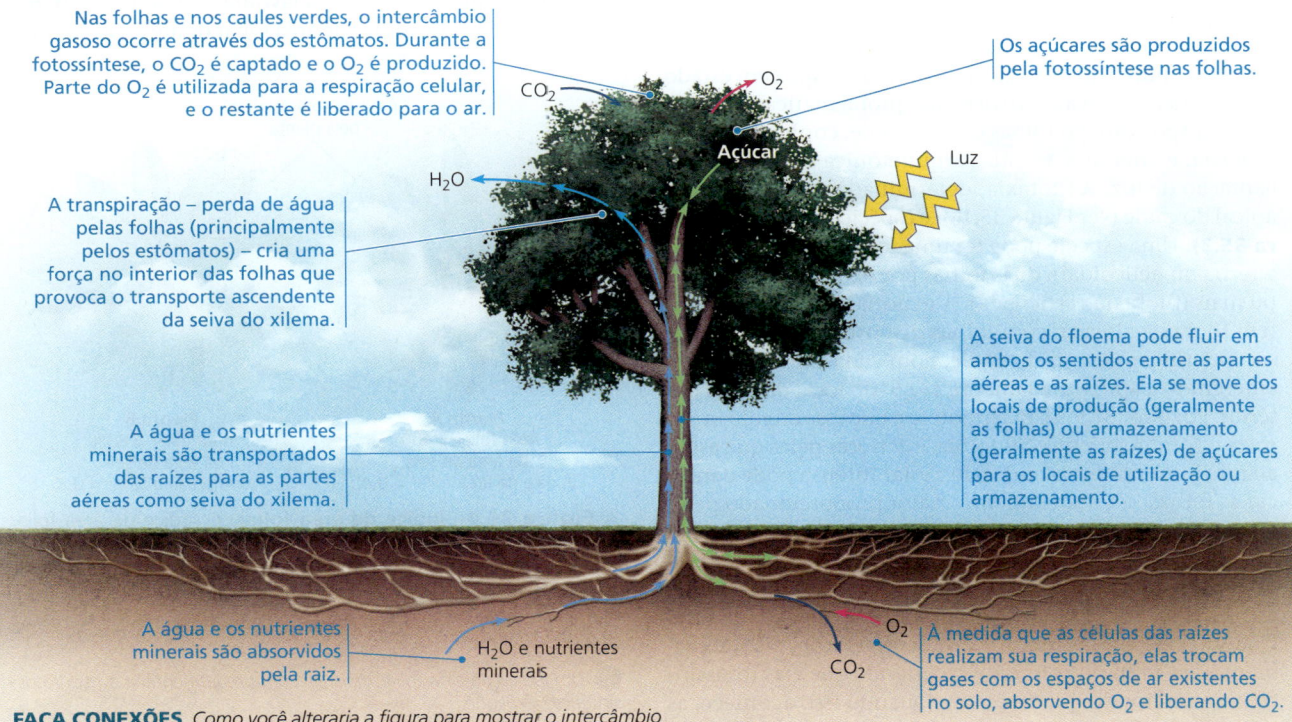

▼ **Figura 36.2** Visão geral da obtenção e do transporte de recursos por uma planta vascular durante o dia.

FAÇA CONEXÕES *Como você alteraria a figura para mostrar o intercâmbio gasoso durante a noite? (Ver Figura 10.22.)*

pela absorção de luz no nicho ecológico por ela ocupado. Por exemplo, os comprimentos e larguras dos caules, assim como o padrão de ramificação das partes aéreas, são características arquitetônicas que afetam a captação de luz.

Os caules servem como estruturas de sustentação para folhas e como condutos para o transporte de água e nutrientes. As plantas que se tornam altas evitam o sombreamento de suas vizinhas. A maioria das plantas altas requer caules grossos, que permitem um fluxo vascular maior para as folhas e a partir delas, além de uma sustentação mecânica mais forte. As lianas são uma exceção, dependendo de suportes (geralmente outras plantas) para apoiar seus caules. Nas plantas lenhosas, os caules adquirem diâmetros maiores por meio do crescimento secundário (ver Figura 35.11). Em geral, a ramificação permite que as plantas captem com mais eficiência a luz solar para a fotossíntese. Entretanto, algumas espécies, como o coqueiro, não se ramificam. Por que existe tanta variação nos padrões de ramificação? As plantas têm apenas uma quantidade finita de energia para destinar ao crescimento das partes aéreas. Se a maior porção dessa energia for direcionada à ramificação, há menor disponibilidade para o crescimento em altura, aumentando o risco de sombreamento por plantas mais altas. Por outro lado, se a maior porção da energia for destinada ao crescimento em altura, as plantas não aproveitam plenamente a luz solar.

O tamanho e a estrutura das folhas são responsáveis por grande parte da diversidade externa da forma vegetal. O comprimento das folhas varia de 1,3 mm na erva pigmeia (*Crassula connata*), espécie nativa de regiões secas e arenosas do oeste dos Estados Unidos, até 20 m em *Raphia regalis*, espécie de palmeira nativa de florestas pluviais africanas. Essas espécies representam exemplos extremos de uma correlação geral observada entre disponibilidade de água e tamanho foliar. Em geral, as folhas maiores são encontradas nas espécies de florestas pluviais tropicais, ao passo que as folhas menores ocorrem habitualmente nas de ambientes secos ou muito frios, em que há escassez de água em estado líquido e a perda evaporativa é mais problemática.

A disposição das folhas em um caule, conhecida como *filotaxia*, é uma característica arquitetônica importante na captação de luz. A filotaxia, determinada pelo meristema apical do caule (ver Figura 35.16), é espécie-específica **(Figura 35.3)**. Uma espécie pode ter uma folha por nó (filotaxia alterna ou helicoidal), duas folhas por nó (filotaxia oposta) ou mais (filotaxia verticilada). A maioria das angiospermas tem filotaxia alterna, com folhas dispostas em uma hélice ascendente em torno do caule, com cada folha sucessiva emergindo a aproximadamente 137,5° do local da folha anterior. Por que 137,5°? Uma hipótese é que esse ângulo minimiza o sombreamento das folhas inferiores pelas que estão acima. Em ambientes onde a luz solar intensa pode danificar as folhas, o sombreamento maior proporcionado pelas folhas com disposição oposta pode ser vantajoso.

A área total das porções foliares de todas as plantas em uma comunidade, do estrato mais alto da vegetação até o estrato mais baixo, afeta a produtividade de cada planta. Quando existem muitos estratos de vegetação, o sombreamento das folhas inferiores é tão grande que elas fotossintetizam menos do que respiram. Quando isso acontece, as folhas ou ramos improdutivos entram em morte celular programada e, por fim, se desprendem, processo denominado *autodesbaste*.

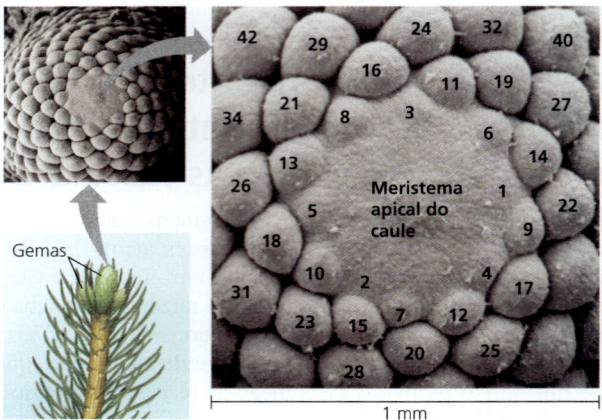

▲ **Figura 36.3 Emergência da filotaxia do abeto-da-noruega.** Esta imagem de um ápice caulinar visto de cima mostra o padrão de emergência das folhas (MEV). As folhas estão numeradas, sendo 1 a mais jovem (algumas folhas numeradas não são visíveis no primeiro plano).

HABILIDADES VISUAIS *Com o dedo, acompanhe a progressão da emergência foliar, começando da folha número 29 para a 28 e assim por diante. Qual é o padrão encontrado? Com base nesse padrão de filotaxia, preveja entre quais dois primórdios foliares em desenvolvimento o próximo primórdio emergirá.*

As características vegetais que reduzem o autossombreamento aumentam a captação de luz. A esse respeito, um parâmetro utilizado é o *índice de área foliar*, que é a razão entre a superfície foliar superior total de uma única planta ou de uma lavoura inteira dividida pela área de superfície do solo sobre a qual a planta ou a lavoura se desenvolve **(Figura 36.4)**. Valores de índice de área foliar de até 7 são comuns

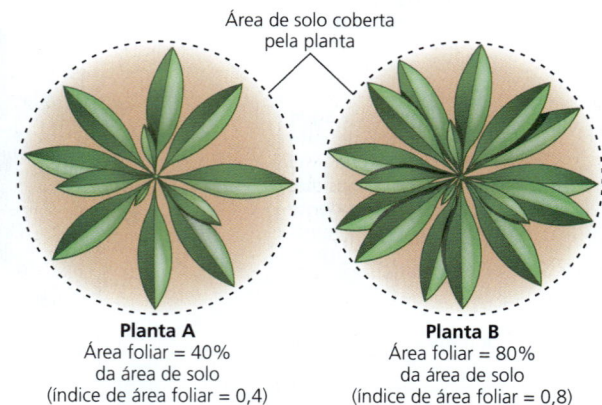

▲ **Figura 36.4 Índice de área foliar.** O índice de área foliar de uma planta individual é a razão entre área total das superfícies superiores das folhas e a área do solo coberta pela planta, conforme mostrado nesta ilustração de duas plantas vistas de cima. Com muitos estratos de folhas, o índice de área foliar pode facilmente exceder o valor de 1.

? *Um índice de área foliar mais alto sempre aumentaria a taxa fotossintética? Explique.*

em muitas lavouras maduras, e há pouco benefício agronômico para índices acima desse valor. O acréscimo de folhas aumenta o sombreamento de folhas inferiores até o ponto em que ocorre o autodesbaste.

Outro fator que afeta a captação de luz é a orientação foliar. Algumas plantas têm folhas orientadas horizontalmente; em outras, como as gramíneas, as folhas são orientadas verticalmente. Em condições de baixa exposição à luz, as folhas horizontais captam luz solar de maneira muito mais eficiente do que as verticais. No entanto, em campos ou outras comunidades ensolaradas, a orientação horizontal pode expor as folhas superiores à luz demasiadamente intensa, danificando-as e reduzindo a fotossíntese. Contudo, se as folhas de uma planta tiverem orientação próxima da vertical, os raios luminosos são essencialmente paralelos às superfícies foliares, de modo que nenhuma folha recebe luz em demasia, e a luz penetra mais profundamente até as folhas inferiores.

Ajuste entre fotossíntese e perda de água

A superfície ampla da maioria das folhas favorece a captação da luz, enquanto as fendas estomáticas abertas permitem a difusão de CO_2 para os tecidos fotossintetizantes. As fendas estomáticas abertas, no entanto, promovem também a evaporação de água da planta. Mais de 90% da água perdida pelas plantas é por evaporação através das fendas estomáticas. Consequentemente, as adaptações da parte aérea representam ajustes entre a intensificação da fotossíntese e a minimização da perda de água, especialmente em ambientes onde há escassez hídrica. Mais adiante neste capítulo, discutiremos os mecanismos pelos quais as plantas aumentam a captação de CO_2 e minimizam a perda de água mediante a regulação das fendas estomáticas.

Arquitetura da raiz e obtenção de água e nutrientes minerais

Da mesma maneira que o dióxido de carbono e a luz solar são recursos explorados pelo sistema aéreo, o solo contém recursos extraídos pelo sistema de raízes. As plantas ajustam rapidamente a arquitetura e a fisiologia das suas raízes para explorar trechos com nutrientes disponíveis no solo. As raízes de muitas plantas, por exemplo, respondem a porções do solo com baixa disponibilidade de nitrato expandindo-se entre eles em vez de se ramificarem no interior deles. Por outro lado, quando encontra um foco rico em nitrato, a raiz muitas vezes se ramifica extensamente nesse local. As células da raiz respondem também a níveis elevados de nitrato no solo, por meio da síntese de mais proteínas envolvidas no transporte e assimilação de nitrato. Portanto, a planta não apenas destina mais da sua massa para explorar um trecho rico em nitrato, mas suas células também absorvem nitrato de maneira mais eficiente.

A absorção eficiente de nutrientes limitados é também incrementada pela redução da competição dentro do sistema de raízes. Por exemplo, estacas (segmentos) de estolões da grama-de-búfalo (*Bouteloua dactyloides*) desenvolvem raízes menores e em menor quantidade na presença de estacas da mesma planta do que na presença de estacas de outro indivíduo dessa gramínea. Os pesquisadores estão tentando descobrir como a planta faz essa distinção.

As raízes também formam relações benéficas mútuas com microrganismos que permitem à planta explorar os recursos do solo de modo mais eficiente. Por exemplo, a evolução de associações mutualísticas entre raízes e fungos, denominadas **micorrizas**, foi uma etapa crucial no sucesso da colonização do ambiente terrestre pelos vegetais. Indiretamente, as hifas micorrízicas dotam os sistemas de raízes de muitas plantas de área de superfície enorme para a absorção de água e nutrientes minerais, especialmente fosfato. O papel das associações micorrízicas na nutrição vegetal será examinado no Conceito 37.3.

Uma vez obtidos, os recursos devem ser transportados para outras partes da planta onde são necessários. Na próxima seção, examinaremos os processos e as rotas que permitem o transporte de recursos como água, nutrientes minerais e açúcares ao longo da planta.

> **REVISÃO DO CONCEITO 36.1**
>
> 1. Por que o transporte de longa distância é importante para as plantas vasculares?
> 2. Algumas plantas podem detectar aumento dos níveis de luz refletida das folhas de plantas vizinhas. Essa detecção provoca o alongamento do caule, a produção de folhas eretas e a redução de ramificações laterais. Como essas respostas ajudam a planta a competir?
> 3. **E SE?** Se você podasse os ápices caulinares de uma planta, qual seria o efeito em curto prazo sobre a ramificação e o índice de área foliar dessa planta?
>
> *Ver as respostas sugeridas no Apêndice A.*

CONCEITO 36.2

Mecanismos diferentes transportam substâncias por distâncias curtas ou longas

Considerando a diversidade de substâncias que se deslocam pelas plantas e o grande alcance de distâncias e barreiras pelas quais essas substâncias devem ser transportadas, não surpreende que as plantas empreguem uma diversidade de processos de transporte. Antes de examinar esses processos, no entanto, consideraremos as duas principais vias de transporte: o apoplasto e o simplasto.

Apoplasto e simplasto: contínuos de transporte

Os tecidos vegetais têm dois compartimentos principais – o apoplasto e o simplasto. O **apoplasto** consiste em tudo que está localizado externamente às membranas plasmáticas de células vivas e inclui as paredes celulares, os espaços extracelulares e o interior de células mortas, como elementos de vaso e traqueídes (ver Figura 35.10). O **simplasto** consiste na massa completa de citosol de todas as células

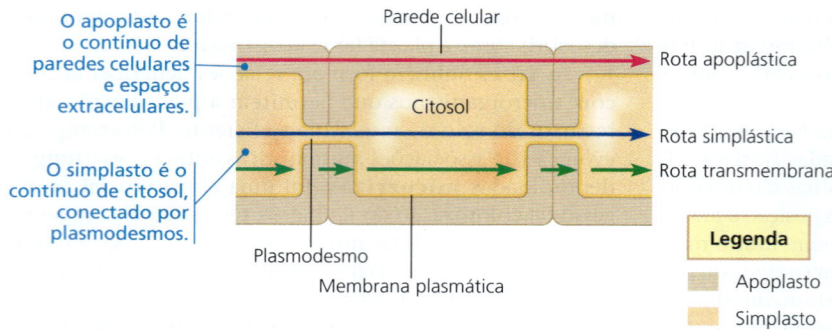

▲ **Figura 36.5** Compartimentos celulares e rotas para o transporte por distância curta. Algumas substâncias podem recorrer a mais do que uma rota de transporte.

vivas de uma planta, bem como nos plasmodesmos, que são canais citoplasmáticos que as conectam.

A estrutura compartimentada das plantas propicia três rotas de transporte em um tecido ou órgão vegetal: a apoplástica, a simplástica e a transmembrana **(Figura 36.5)**. Na *rota apoplástica*, a água e os solutos (substâncias químicas dissolvidas) movem-se ao longo do contínuo de paredes celulares e espaços extracelulares. Na *rota simplástica*, a água e os solutos movem-se ao longo do contínuo de citosol. Essa rota requer substâncias para atravessar a membrana plasmática uma vez, quando elas penetram pela primeira vez na planta. Após entrar na célula, as substâncias podem mover-se de célula para célula via plasmodesmos. Na *rota transmembrana*, a água e os solutos movem-se para fora da célula, atravessam a parede celular e penetram na célula vizinha, que pode passá-los para a próxima célula da mesma maneira. A rota transmembrana requer repetidas travessias por membranas plasmáticas à medida que as substâncias saem de uma célula e entram na próxima. Essas três rotas não são mutuamente excludentes, e algumas substâncias podem utilizar mais do que uma rota em graus variados.

Transporte de solutos por distância curta através de membranas plasmáticas

Em vegetais, como em qualquer organismo, a permeabilidade seletiva da membrana plasmática controla o movimento por distância curta de substâncias para dentro e para fora das células (ver Conceito 7.2). Ambos os mecanismos de transporte ativo e passivo ocorrem nas plantas. As membranas das células vegetais são equipadas com os mesmos tipos *gerais* de bombas e proteínas de transporte (proteínas canais, proteínas carreadoras e cotransportadores) que funcionam em outras células. No entanto, existem diferenças *específicas* entre processos de transporte em membranas de células vegetais e células animais. Nesta seção, abordaremos algumas dessas diferenças.

Diferentemente das células animais, os íons hidrogênio (H^+), e não os íons sódio (Na^+), desempenham o papel principal nos processos básicos de transporte nas células vegetais. Por exemplo, nas células vegetais, o potencial de membrana (a voltagem que atravessa a membrana) é estabelecido principalmente pelo bombeamento de H^+ por bombas de prótons **(Figura 36.6a)**, e não pelo bombeamento de Na^+ por bombas de sódio-potássio. Além disso, H^+ é cotransportado com mais frequência em plantas, ao passo que o Na^+ geralmente é cotransportado em animais. Durante o cotransporte, as células vegetais empregam a energia no gradiente de H^+ e no potencial de membrana para acionar o transporte ativo de muitos solutos diferentes. Por exemplo, o cotransporte com H^+ é responsável pela absorção de solutos neutros, como a sacarose pelas células do floema e outras células vegetais. Um cotransportador de H^+/sacarose acopla o movimento de sacarose contra seu gradiente de concentração ao movimento de H^+ a favor do seu gradiente eletroquímico **(Figura 36.6b)**. O cotransporte com H^+ também facilita o movimento de íons, como na captação de nitrato (NO_3^-) pelas células da raiz **(Figura 36.6c)**.

As membranas de células vegetais possuem também canais iônicos que permitem a passagem de apenas certos íons **(Figura 36.6d)**. Como nas células animais, a maioria dos canais são controlados (portão), com abertura ou fechamento em resposta a estímulos como substâncias químicas, pressão ou voltagem. Adiante neste capítulo, discutiremos como os canais de potássio nas células-guarda atuam na abertura e fechamento dos estômatos. Os canais iônicos também estão envolvidos na produção de sinais elétricos análogos aos potenciais de ação de animais (ver Conceito 48.2). No entanto, esses sinais são 1.000 vezes mais lentos e empregam canais de ânions ativados por Ca^{2+} em vez dos canais iônicos de sódio usados pelas células animais.

Transporte de água por distância curta através de membranas plasmáticas

A absorção ou perda de água por uma célula ocorre por **osmose**, a difusão de água livre – água que não está ligada a solutos ou superfícies – através de uma membrana (ver Figura 7.12). A propriedade física que prevê a direção na qual a água fluirá é denominada **potencial hídrico**, parâmetro quantitativo que inclui os efeitos da concentração de solutos e pressão física. A água livre move-se das regiões de potencial hídrico mais alto para regiões de potencial hídrico mais baixo, se não houver barreira para seu fluxo. A palavra *potencial* na expressão *potencial hídrico* refere-se à energia potencial da água – capacidade da água de realizar trabalho quando ela se move de uma região de potencial hídrico mais alto para uma região de potencial hídrico mais baixo. Por exemplo, se uma célula vegetal ou semente estiver imersa em uma solução com potencial hídrico mais alto, a água se moverá para a célula ou semente, provocando sua expansão. A expansão de células vegetais e sementes pode ser uma força poderosa: a expansão de células de raízes de árvores pode romper calçadas de concreto, e o intumescimento de sementes úmidas em porões de navios danificados pode provocar a catastrófica ruptura do casco e afundamento. Tendo em conta as grandes forças geradas por sementes intumescidas,

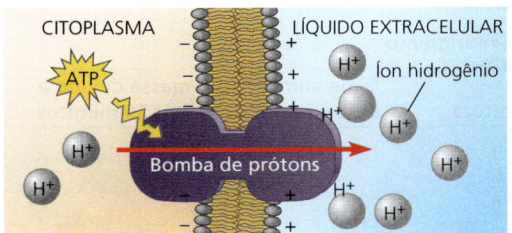

(a) H⁺ e potencial de membrana. As membranas plasmáticas das células vegetais utilizam bombas de prótons dependentes de ATP para bombear H⁺ para fora da célula. Essas bombas contribuem para o potencial de membrana e o estabelecimento de um gradiente de pH através da membrana. Essas duas formas de energia potencial podem impulsionar o transporte de solutos.

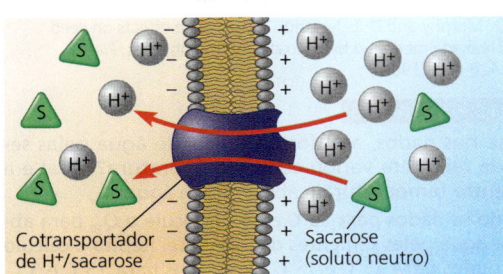

(b) H⁺ e cotransporte de solutos neutros. Os solutos neutros, como os açúcares, podem ser carregados para dentro de células vegetais pelo cotransporte com íons H⁺. Os cotransportadores de H⁺/sacarose, por exemplo, exercem um papel-chave no carregamento de açúcar para o floema antes do transporte de açúcares ao longo da planta.

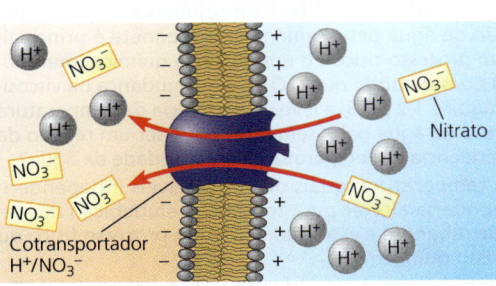

(c) H⁺ e cotransporte de íons. Os mecanismos de cotransporte envolvendo H⁺ também participam na regulação dos fluxos de íons para dentro e para fora das células. Por exemplo, os cotransportadores de H⁺/NO₃⁻ nas membranas plasmáticas de células das raízes são importantes para a absorção de NO₃⁻ por esses órgãos.

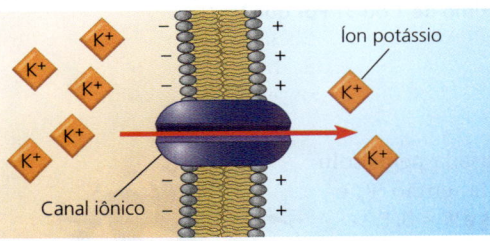

(d) Canais iônicos. Os canais iônicos de plantas abrem e fecham em resposta a voltagem, extensão da membrana e fatores químicos. Quando abertos, os canais iônicos permitem a difusão de íons específicos através das membranas. Por exemplo, um canal de íons K⁺ está envolvido na liberação de K⁺ das células-guarda quando os estômatos fecham.

▲ **Figura 36.6** Transporte de solutos através das membranas plasmáticas de células vegetais.

? *Suponha que uma célula vegetal tenha todas as quatro proteínas de transporte de membranas plasmáticas mostradas acima e que você tenha um inibidor específico para cada proteína. Preveja o efeito de cada inibidor sobre o potencial de membrana da célula.*

Como os solutos e a pressão afetam o potencial hídrico

A concentração do soluto e a pressão física são os principais determinantes do potencial hídrico em plantas hidratadas, conforme expresso na equação do potencial hídrico:

$$\Psi = \Psi_S + \Psi_P$$

em que Ψ é o potencial hídrico, Ψ_S é o potencial de soluto (potencial osmótico) e Ψ_P é o potencial de pressão. O **potencial de soluto** (Ψ_S) de uma solução é diretamente proporcional à sua molaridade. O potencial de soluto é também chamado de *potencial osmótico* porque os solutos afetam a direção da osmose. Os solutos em plantas são geralmente íons minerais e açúcares. Por definição, o Ψ_S da água pura é 0. Quando solutos são adicionados, eles se ligam a moléculas de água. Como consequência, existem menos moléculas de água livre, reduzindo a capacidade da água de se mover e realizar trabalho. Dessa maneira, um aumento na concentração de solutos tem um efeito negativo sobre o potencial hídrico, razão pela qual o Ψ_S de uma solução é sempre expresso como um número negativo. Por exemplo, uma solução de 0,1 M de um açúcar tem um Ψ_S de $-0,23$ MPa. À medida que a concentração de solutos aumenta, Ψ_S se tornará mais negativo.

O **potencial de pressão** (Ψ_P) é a pressão física sobre uma solução. Diferente do Ψ_S, o Ψ_P pode ser positivo ou negativo em relação à pressão atmosférica. Por exemplo, quando uma solução está sendo retirada com uma seringa, ela está sob pressão negativa; quando está sendo expelida de uma seringa, ela está sob pressão positiva. Em geral, a água em células vivas está sob pressão positiva, devido à absorção osmótica desse líquido. Especificamente, o **protoplasto** (a parte viva da célula, que abrange também a membrana plasmática) pressiona contra a parede celular, criando o que se conhece como **pressão de turgor**. Esse efeito de pressão interna, muito semelhante ao ar em um pneu inflado, é crucial para o funcionamento vegetal, pois ajuda a manter a rigidez dos tecidos vegetais e também serve como força motora do alongamento celular. Inversamente, a água nas células mortas ocas do xilema (traqueídes e elementos de vaso) está muitas vezes sob um potencial de pressão negativo (tensão) menor que -2 MPa.

é interessante considerar se a absorção de água pelas sementes é um processo ativo. Esse tema é examinado no **Exercício de habilidades científicas**, que explora o efeito da temperatura nesse processo.

O potencial hídrico é abreviado pela letra grega Ψ (psi). Os botânicos medem o Ψ em uma unidade de pressão denominada **megapascal** (MPa). Por definição, o Ψ da água pura em um recipiente aberto para a atmosfera sob condições-padrão (ao nível do mar e em temperatura ambiente) é 0 MPa. Um MPa é igual a aproximadamente 10 vezes a pressão atmosférica ao nível do mar. A pressão interna de uma célula vegetal viva, devido à absorção osmótica de água, é aproximadamente 0,5 MPa, mais ou menos o dobro da pressão do ar no interior de um pneu inflado.

À medida que você aprende a aplicar a equação do potencial hídrico, lembre-se do ponto fundamental: *a água*

Exercício de habilidades científicas

Cálculo e interpretação de coeficientes de temperatura

A absorção inicial de água pelas sementes depende da temperatura? Uma maneira de responder a essa pergunta é mergulhar sementes em água com diferentes temperaturas e medir a taxa de absorção de água em cada temperatura. Os dados podem ser utilizados para calcular o coeficiente de temperatura, Q_{10}, o fator pelo qual a taxa de uma reação (ou processo) fisiológica aumenta quando a temperatura se eleva em 10°C:

$$Q_{10} = \left(\frac{k_2}{k_1}\right)^{\frac{10}{t_2-t_1}}$$

onde t_2 é a temperatura mais alta (°C), t_1 é a temperatura mais baixa, k_2 é a taxa de reação (ou processo) em t_2 e k_1 é a taxa de reação (ou processo) a t_1 (se $t_2 - t_1 = 10$, como aqui, o cálculo é simplificado).

Os valores de Q_{10} podem ser usados para fazer inferências sobre o processo fisiológico sob investigação. Os processos químicos (metabólicos) envolvendo alterações em larga escala na forma de proteínas são altamente dependentes da temperatura e têm valores de Q_{10} mais altos, mais próximos de 2 ou 3. Por outro lado, muitos parâmetros físicos são relativamente independentes da temperatura e têm valores de Q_{10} mais próximos a 1. Por exemplo, o Q_{10} da mudança de viscosidade da água é 1,2 a 1,3. Neste exercício, você calculará o Q_{10} usando dados de sementes de rabanete (*Raphanus sativum*) para avaliar se a absorção inicial de água pelas sementes tem mais probabilidade de ser um processo físico ou químico.

Como o experimento foi realizado Amostras de sementes de rabanete foram pesadas e colocadas na água, submetidas a quatro temperaturas diferentes. Após 30 minutos, as sementes foram retiradas, secas e novamente pesadas. Em seguida, os pesquisadores calcularam a porcentagem de aumento na massa devido à absorção de água para cada amostra.

Dados do experimento

Temperatura	% de aumento em massa devido à absorção de água após 30 minutos
5°C	18,5
15°C	26,0
25°C	31,0
35°C	36,2

Dados de J. D. Murphy and D. L. Noland. Temperature effects on seed imbibition and leakage mediated by viscosity and membranes. *Plant Physiology* 69:428-431 (1982).

INTERPRETE OS DADOS

1. Com base nos dados, a absorção inicial de água pelas sementes de rabanete variou com a temperatura? Qual é a relação entre temperatura e absorção de água?
2. **(a)** Usando os dados para 35°C e 25°C, calcule o Q_{10} para absorção de água pelas sementes de rabanete. Repita o cálculo e use os dados para 25°C e 15°C e os dados para 15°C e 5°C. **(b)** Qual é a média do Q_{10}? **(c)** Seus resultados sugerem que a absorção de água pelas sementes de rabanete é principalmente um processo físico ou um processo químico (metabólico)? **(d)** Considerando que o Q_{10} para a mudança na viscosidade da água é 1,2 a 1,3, a leve dependência da temperatura de absorção da água pelas sementes pode ser um reflexo da leve dependência da temperatura da viscosidade da água?
3. Além da temperatura, quais outras variáveis independentes você poderia alterar para testar se a embebição das sementes de rabanete é essencialmente um processo físico ou um processo químico?
4. Você esperaria que o crescimento vegetal tivesse um Q_{10} mais próximo de 1 ou 3? Por quê?

---

move-se de regiões de potencial hídrico mais alto para regiões de potencial hídrico mais baixo.

Movimento da água através de membranas celulares vegetais

Agora, vamos considerar como o potencial hídrico afeta a absorção e a perda de água por uma célula vegetal viva. Primeiramente, imagine uma célula **flácida** (murcha) como consequência da perda de água. A célula tem um Ψ_P de 0 MPa. Suponha que essa célula murcha seja colocada em uma solução com concentração de solutos mais alta (potencial de solutos mais negativo) do que a da própria célula **(Figura 36.7a)**. Como a solução externa tem o potencial hídrico mais baixo (mais negativo), a água difunde-se para fora da célula. O protoplasto entra em **plasmólise** – isto é, retrai e afasta-se da parede celular. Se a mesma célula flácida for colocada em água pura ($\Psi = 0$ MPa) **(Figura 36.7b)**, ela, por conter solutos, tem um potencial hídrico mais baixo do que o da água, razão pela qual a água penetra na célula por osmose. O conteúdo da célula começa a se expandir e pressiona a membrana plasmática contra a parede celular. A parede parcialmente elástica exerce pressão de turgor e confina o protoplasto pressurizado. Quando essa pressão for suficiente para contrabalançar a tendência de entrada da água causada pelos solutos da célula, então Ψ_P e Ψ_S são iguais e $\Psi = 0$. Esse potencial coincide com o potencial hídrico do ambiente extracelular: nesse exemplo, 0 MPa. Um equilíbrio dinâmico foi alcançado, e não há mais movimento *efetivo* de água.

Ao contrário de uma célula flácida, uma célula com uma concentração de solutos maior do que a das células vizinhas é considerada **túrgida**, ou muito consistente. Quando células túrgidas em um tecido não lenhoso se empurram umas contra as outras, o tecido é enrijecido. Os efeitos da perda de turgor são observados durante a **murcha**, quando as folhas e os caules pendem como consequência da perda de água pelas células.

Túrgida

Murcha

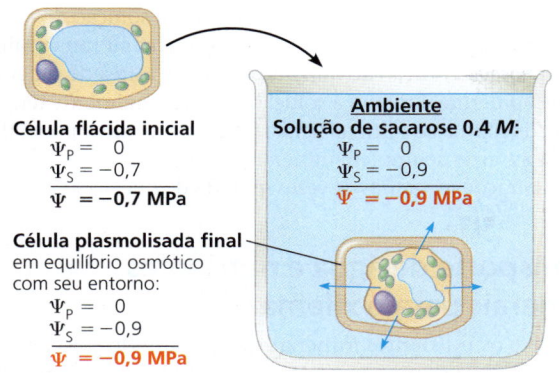
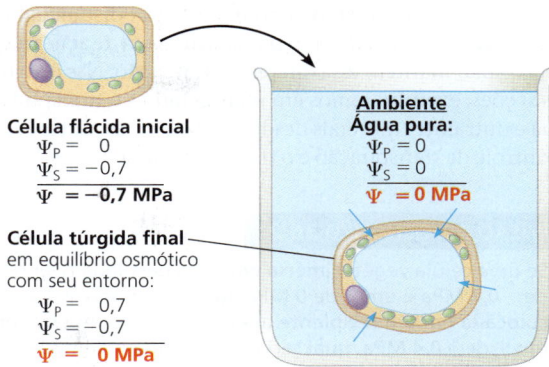

(a) **Condições iniciais: Ψ celular > Ψ ambiental.** O protoplasto perde água, e a célula entra em plasmólise. Uma vez completa a plasmólise, os potenciais hídricos da célula e do seu entorno são iguais.

(b) **Condições iniciais: Ψ celular < Ψ ambiental.** Existe uma absorção efetiva de água por osmose, provocando a turgidez da célula. Quando essa tendência de entrada de água é contrabalançada pela pressão contrária da parede elástica, os potenciais hídricos da célula e do seu entorno se igualam.

▲ **Figura 36.7 Relações hídricas nas células vegetais.** Nestes experimentos, as células flácidas (células em que o protoplasto mantém contato com as paredes celulares, mas falta pressão de turgor) são colocadas em dois ambientes. As setas azuis indicam o movimento inicial da água.

Aquaporinas: facilitando a difusão de água

Uma diferença no potencial hídrico determina a *direção* do deslocamento da água através das membranas, mas como as moléculas de água efetivamente atravessam as membranas? As moléculas de água são suficientemente pequenas para difundir-se através da bicamada fosfolipídica, embora o interior da bicamada seja hidrofóbico. No entanto, seu movimento através de membranas biológicas é demasiadamente rápido para ser explicado por difusão não facilitada. As proteínas de transporte denominadas **aquaporinas** (ver Figura 7.10 e Conceito 7.2) facilitam o transporte de moléculas de água através das membranas plasmáticas de células vegetais. Os canais de aquaporina, que têm a capacidade de abrir e fechar, afetam a *taxa* com que a água se move osmoticamente através da membrana. Sua permeabilidade diminui com aumentos no Ca^{2+} citosólico ou decréscimos no pH citosólico.

Transporte por distância longa: o papel do fluxo de massa

A difusão é um mecanismo de transporte eficiente nas escalas espaciais normalmente encontradas em nível celular. No entanto, a difusão é demasiadamente lenta para funcionar no transporte por distância longa no interior de uma planta. Embora a difusão de uma extremidade celular até a outra leve apenas segundos, a difusão desde as raízes até o topo de uma sequoia gigante levaria vários séculos. Em vez disso, o transporte por distância longa ocorre por **fluxo de massa**, o movimento de líquido em resposta a um gradiente de pressão. O fluxo de massa de material sempre ocorre da pressão mais alta para a mais baixa. Ao contrário da osmose, o fluxo de massa é independente da concentração de soluto.

O fluxo de massa por distância longa ocorre no interior de células especializadas do sistema vascular, a saber, traqueídes e elementos de vaso (xilema), bem como elementos de tubo crivado (floema). Nas folhas, a ramificação das nervuras garante que nenhuma célula esteja a mais do que algumas células de distância do sistema vascular **(Figura 36.8)**.

As estruturas das células condutoras do xilema e floema facilitam o fluxo de massa. Traqueídes e elementos de vaso maduros são células mortas e, portanto, não têm citoplasma; o citoplasma dos elementos de tubo crivado é praticamente desprovido de organelas (ver Figura 35.10). Se você já teve de lidar com um ralo parcialmente entupido, sabe que o volume do fluxo depende do diâmetro do cano. Os entupimentos reduzem o diâmetro efetivo do cano de esgoto. Essas experiências nos ajudam a compreender como as estruturas de células vegetais especializadas no fluxo de massa se ajustam à sua função. Assim como ocorre na desobstrução de um ralo, a ausência ou redução de citoplasma na "canalização" de uma planta facilita o fluxo de massa ao longo do xilema e do floema. O fluxo de massa também é aumentado pelas placas de perfuração nas extremidades dos elementos de vaso e pelas placas crivadas que conectam os elementos de tubo crivado.

A difusão, o transporte ativo e o fluxo de massa atuam conjuntamente para transportar os recursos pela planta inteira. Por exemplo, o fluxo de massa devido a uma diferença

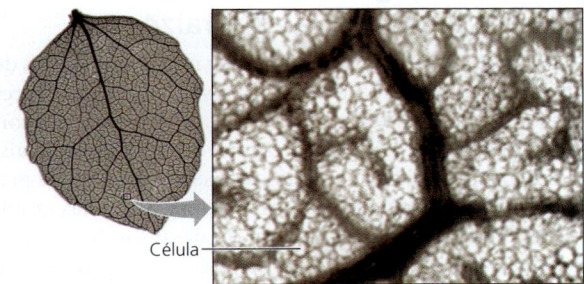

▲ **Figura 36.8 Venação de uma folha de álamo.** Nas folhas de eudicotiledôneas, a ramificação cada vez mais fina das nervuras foliares garante que nenhuma célula fique distante do sistema vascular.

HABILIDADES VISUAIS *Nesta folha, qual é o número máximo de células do mesofilo que corresponde a uma nervura?*

de pressão é o mecanismo de transporte por distância longa de açúcares no floema, mas o transporte ativo de açúcares em nível celular mantém essa diferença de pressão. Nas próximas três seções, examinaremos em mais detalhes o transporte de água e nutrientes minerais desde as raízes até as partes aéreas, o controle da transpiração e o transporte de açúcares.

REVISÃO DO CONCEITO 36.2

1. Se uma célula vegetal imersa em água destilada tiver um Ψ_S de −0,7 MPa e um Ψ de 0 MPa, qual será o seu Ψ_P? Se você colocá-la em um recipiente aberto com solução que tenha um Ψ de −0,4 MPa, qual seria seu Ψ_P em equilíbrio?
2. De que modo uma redução no número de canais de aquaporina afetaria a capacidade de uma célula vegetal para se ajustar a novas condições osmóticas?
3. Como o transporte da água por distância longa seria afetado se traqueídes e elementos de vaso fossem vivos na maturidade? Explique.
4. **E SE?** O que aconteceria se você colocasse protoplastos vegetais em água pura? Explique.

Ver as respostas sugeridas no Apêndice A.

CONCEITO 36.3

Através do xilema, a transpiração impulsiona o transporte de água e nutrientes minerais desde as raízes até as partes aéreas

Imagine o seu esforço para carregar um recipiente com 19 litros de água, pesando 19 kg, por vários lances de escada. Imagine-se fazendo isso 40 vezes por dia. Considere, então, o fato de que uma árvore de tamanho médio, a despeito de não ter coração nem músculos, sem esforço transporta diariamente um volume similar de água. Como as árvores realizam essa façanha? Para responder a essa pergunta, acompanharemos cada etapa no transporte da água e dos nutrientes minerais desde as raízes até as folhas.

Absorção de água e nutrientes minerais pelas células das raízes

Embora todas as células vivas absorvam nutrientes através de suas membranas plasmáticas, as células próximas dos ápices de raízes são especialmente importantes, pois é nelas que ocorre a maior parte da absorção de água e nutrientes minerais. Nessa região, as células epidérmicas são permeáveis à água, e muitas são diferenciadas em pelos de raízes, células modificadas responsáveis pela maior parte da absorção de água pelas raízes (ver Figura 35.3). Os pelos das raízes absorvem a solução do solo, que consiste em moléculas de água e íons minerais dissolvidos, não firmemente ligados às partículas do solo. A solução do solo é atraída pelas paredes hidrofílicas das células epidérmicas e passa livremente pelas paredes celulares e pelos espaços extracelulares no córtex da raiz. Esse fluxo aumenta a exposição das células do córtex à solução do solo, proporcionando uma área de superfície da membrana muito maior para a absorção do que simplesmente a área de superfície da epiderme. Embora a solução do solo geralmente tenha uma concentração mineral baixa, o transporte ativo possibilita que as raízes acumulem minerais essenciais, como o K^+, em concentrações centenas de vezes maiores do que no solo.

Transporte de água e nutrientes minerais para o xilema

A água e os nutrientes minerais que passam do solo para o córtex da raiz não podem ser transportados para as outras partes da planta até que penetrem no xilema do cilindro vascular ou estelo. A **endoderme** – a camada de células mais interna do córtex da raiz – funciona como o último ponto de verificação para a passagem seletiva de minerais do córtex para o cilindro vascular **(Figura 36.9)**. Os nutrientes minerais já no simplasto quando alcançam a endoderme continuam através dos plasmodesmos de células endodérmicas e passam para o cilindro vascular. Esses minerais, já selecionados pela membrana plasmática, tiveram que cruzá-la para entrar no simplasto, na epiderme ou no córtex.

Os nutrientes minerais que alcançam a endoderme via apoplasto encontram uma barreira que bloqueia sua passagem para o cilindro vascular. Essa barreira, localizada nas paredes transversais e radiais de cada célula endodérmica, é a **estria de Caspary**, uma faixa de suberina, material ceroso impermeável à água e aos minerais dissolvidos (ver Figura 36.9). Por causa da estria de Caspary, a água e os minerais não conseguem atravessar a endoderme e penetrar no cilindro vascular via apoplasto. Em vez disso, a água e os minerais que estão se movendo passivamente pelo apoplasto devem atravessar a membrana plasmática *seletivamente permeável* de uma célula endodérmica antes de entrar no cilindro vascular. Dessa maneira, a endoderme transporta os minerais necessários provenientes do solo até o xilema e exclui muitas substâncias desnecessárias ou tóxicas. A endoderme impede também que os solutos acumulados no xilema retornem à solução do solo.

O último segmento na rota do solo para o xilema é a passagem de água e dos nutrientes minerais para o interior de traqueídes e elementos de vaso. Essas células condutoras de água não têm protoplastos quando maduras e, portanto, compõem o apoplasto. As células endodérmicas, bem como as células vivas do cilindro vascular, descarregam os minerais dos seus protoplastos nas suas próprias paredes. Tanto a difusão quanto o transporte ativo estão envolvidos nessa transferência de solutos do simplasto para o apoplasto. Assim, a água e os minerais agora podem penetrar nas traqueídes e nos elementos de vaso, onde são transportados para o sistema aéreo por fluxo de massa.

Transporte por fluxo de massa via xilema

A água e os nutrientes minerais do solo penetram na planta pela epiderme das raízes, atravessam o córtex e passam para o cilindro vascular. A partir daí, a **seiva do xilema** – água e minerais dissolvidos no xilema – é transportada

▼ **Figura 36.9** Transporte de água e nutrientes minerais desde os pelos da raiz até o xilema.

HABILIDADES VISUAIS Após o exame da figura, explique como a estria de Caspary força a água e os nutrientes minerais a passarem através da membrana plasmática de células endodérmicas.

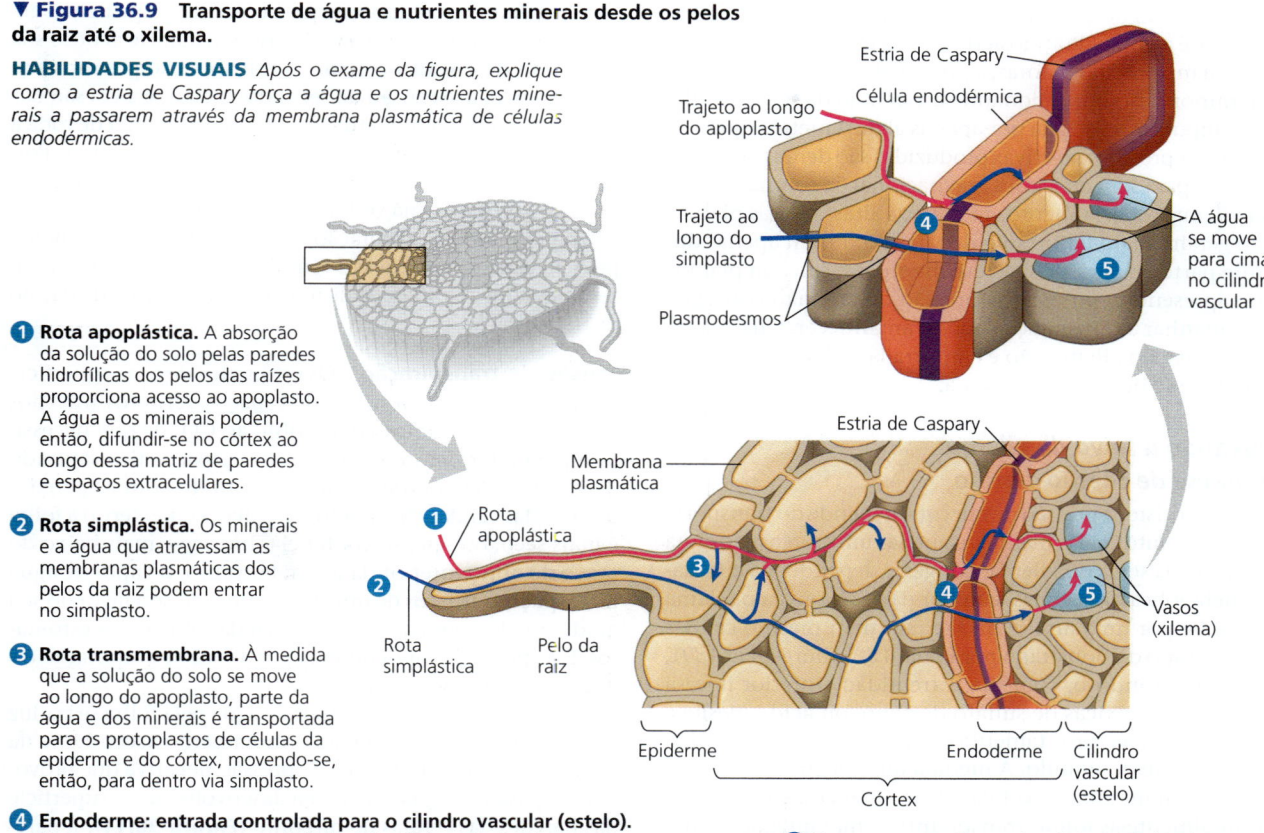

① **Rota apoplástica.** A absorção da solução do solo pelas paredes hidrofílicas dos pelos das raízes proporciona acesso ao apoplasto. A água e os minerais podem, então, difundir-se no córtex ao longo dessa matriz de paredes e espaços extracelulares.

② **Rota simplástica.** Os minerais e a água que atravessam as membranas plasmáticas dos pelos da raiz podem entrar no simplasto.

③ **Rota transmembrana.** À medida que a solução do solo se move ao longo do apoplasto, parte da água e dos minerais é transportada para os protoplastos de células da epiderme e do córtex, movendo-se, então, para dentro via simplasto.

④ **Endoderme: entrada controlada para o cilindro vascular (estelo).** Nas paredes transversais e radiais de cada célula endodérmica encontra-se a estria de Caspary, cinturão de material graxo (faixa roxa) que bloqueia a passagem de água e minerais dissolvidos. Apenas os minerais já presentes no simplasto ou os que penetram na célula endodérmica através da membrana plasmática podem desviar da estria de Caspary e passar para o cilindro vascular.

⑤ **Transporte no xilema.** As células endodérmicas e as células vivas do cilindro vascular descarregam água e minerais nas suas paredes (apoplasto). Os vasos, então, por fluxo de massa realizam o transporte ascendente da água e dos minerais para o sistema da parte aérea.

por distâncias longas pelo fluxo de massa até as nervuras que se ramificam em cada folha. Conforme observado anteriormente, o fluxo de massa é muito mais rápido do que a difusão ou o transporte ativo. As velocidades de pico no transporte da seiva do xilema podem variar de 15 a 45 m/h para árvores com elementos de vaso largos. Os caules e as folhas dependem desse sistema de transporte rápido para o seu abastecimento de água e minerais.

O processo de transporte da seiva do xilema envolve a perda de uma quantidade considerável de água por **transpiração**, isto é, a perda de vapor de água pelas folhas e outras partes aéreas das plantas. Um único indivíduo de milho, por exemplo, transpira 60 litros de água durante o período de cultivo. Uma lavoura de milho, com densidade típica de 60 mil indivíduos por hectare, transpira quase 4 milhões de litros de água por hectare em cada período de cultivo. Se a água transpirada não for reposta pela água transportada a partir das raízes, as folhas murcharão e as plantas, por fim, morrerão.

A seiva do xilema ascende a alturas superiores a 120 metros nas árvores mais altas. A seiva é, em sua maior parte, *empurrada* para cima a partir das raízes ou *puxada* para cima? Vamos avaliar as contribuições relativas desses dois mecanismos.

Empurrando a seiva do xilema: pressão de raiz

À noite, quando quase não ocorre transpiração, as células da raiz continuam bombeando ativamente íons minerais para o xilema do cilindro vascular. Enquanto isso, a estria de Caspary impede o vazamento de íons de volta para o córtex e para o solo. O acúmulo de minerais resultante diminui o potencial hídrico dentro do cilindro vascular. A água vinda do córtex flui para o cilindro vascular, gerando a **pressão de raiz**, que empurra a seiva do xilema. Às vezes, devido à pressão de raiz, a água entra nas folhas em quantidade maior do que é transpirada, resultando na **gutação**. Essa exsudação de gotículas de água pode ser observada pela manhã nas extremidades ou margens das folhas de algumas espécies **(Figura 36.10)**.

▶ **Figura 36.10** Gutação. A pressão de raiz está forçando a saída do excesso de água nesta folha de morangueiro.

O líquido da gutação não deve ser confundido com o orvalho, que é a umidade atmosférica condensada.

Na maioria das plantas, a pressão de raiz é um mecanismo minoritário impulsionando a ascensão da seiva do xilema, empurrando a água por apenas alguns metros, quando muito. As pressões positivas produzidas são demasiadamente fracas para superar a força gravitacional da coluna de água no xilema, especialmente em plantas altas. Muitas plantas não geram qualquer pressão de raiz ou o fazem apenas durante parte do período de crescimento. Mesmo em plantas que apresentam gutação, a pressão de raiz não consegue acompanhar a transpiração após o amanhecer. Quase sempre, a seiva do xilema não é empurrada de baixo para cima pela pressão de raiz, mas puxada.

Puxando a seiva do xilema: hipótese de coesão-tensão

Como foi visto, a pressão de raiz, que depende do transporte ativo de solutos pelas plantas, é apenas uma força menor na ascensão da seiva do xilema. Longe de depender da atividade metabólica das células, a maior parte da seiva do xilema que sobe por uma árvore não requer nem mesmo células vivas. Como demonstrado por Eduard Strasburger em 1891, um caule frondoso, com sua extremidade inferior imersa em soluções tóxicas de sulfato de cobre ou ácido, desloca essas substâncias prontamente se o caule for cortado abaixo da superfície do líquido. À medida que sobem, as soluções tóxicas matam todas as células vivas no seu trajeto, chegando finalmente às folhas transpirantes e matam igualmente as células foliares. Contudo, conforme Strasburger observou, a absorção de soluções tóxicas e a perda de água pelas folhas mortas podem continuar por semanas.

Em 1894, alguns anos após as descobertas de Strasburger, dois cientistas irlandeses – John Joly e Henry Dixon – propuseram uma hipótese que permanece a principal explicação para a ascensão da seiva do xilema. De acordo sua **hipótese de coesão-tensão**, a transpiração proporciona a tensão para a ascensão da seiva do xilema, e a coesão das moléculas de água transmite essa tensão ao longo de toda a extensão do xilema, desde as partes aéreas até as raízes. Portanto, a seiva do xilema normalmente está sob pressão negativa ou tensão. Uma vez que a transpiração é um processo "de puxão", nossa exploração da subida da seiva do xilema pelo mecanismo de coesão-tensão não começa com as raízes, mas com as folhas, onde inicia a força motora da tensão de transpiração.

Tensão de transpiração Os estômatos de uma superfície foliar levam a um labirinto de espaços aeríferos internos que expõem as células do mesofilo ao CO_2 de que necessitam para a fotossíntese. O ar nesses espaços fica saturado de vapor de água porque está em contato com as paredes úmidas das células. Na maioria dos dias, o ar externo à folha é mais seco, ou seja, seu potencial hídrico é mais baixo do que o do ar no interior da folha. Portanto, o vapor de água nos espaços aeríferos de uma folha difunde-se a favor do seu gradiente de potencial hídrico e sai da folha pelos estômatos. Essa perda de vapor de água por difusão e evaporação é o que chamamos de transpiração.

Mas como a perda de vapor de água pela folha se traduz em uma força de tensão para o movimento ascendente da água na planta? O potencial de pressão negativa que provoca a ascensão da água no xilema desenvolve-se na superfície das paredes das células do mesofilo **(Figura 36.11)**. A parede celular atua como uma rede capilar muito fina. A água adere às microfibrilas de celulose e a outros componentes hidrofílicos da parede celular. À medida que a água evapora da película que cobre as paredes das células do mesofilo, a interface ar-água recua para os interstícios da parede celular.

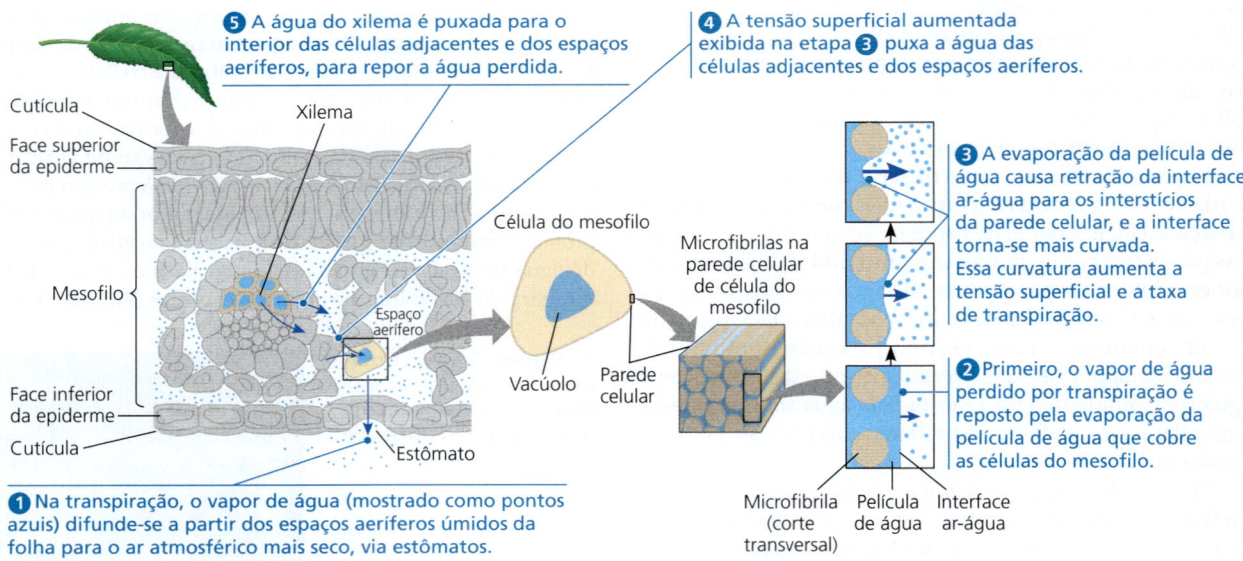

▲ **Figura 36.11 Geração de tensão de transpiração.** A pressão negativa (tensão) na interface ar-água na folha é a base da tensão de transpiração, que retira água do xilema.

Devido à alta tensão superficial da água, a curvatura da interface induz uma tensão, ou potencial de pressão negativo, na água. Quanto mais água evapora da parede celular, a curvatura da interface ar-água aumenta e a pressão da água torna-se mais negativa. As moléculas de água de partes mais hidratadas da folha são, então, puxadas em direção a essa área, reduzindo a tensão. Essas forças de tensão são transferidas ao xilema, porque cada molécula de água está unida de maneira coesa à próxima molécula por ligações de hidrogênio. Assim, a tensão de transpiração depende de diversas propriedades da água discutidas no Conceito 3.2: adesão, coesão e tensão superficial.

O papel do potencial de pressão negativo na transpiração está de acordo com a equação do potencial hídrico, pois o potencial de pressão negativo (tensão) *diminui* o potencial hídrico. Uma vez que a água se move de áreas de potencial hídrico mais alto para áreas de potencial hídrico mais baixo, o potencial de pressão mais negativo na interface ar-água "puxa" a água nas células do xilema para dentro das células do mesofilo, que perdem água para os espaços aeríferos, se difundindo para fora pelos estômatos. Dessa maneira, o potencial hídrico negativo das folhas propicia a "tensão" na força de transpiração. A tensão de transpiração na seiva do xilema é transmitida por todo o trajeto, desde as folhas até as raízes jovens e mesmo para a solução do solo **(Figura 36.12)**.

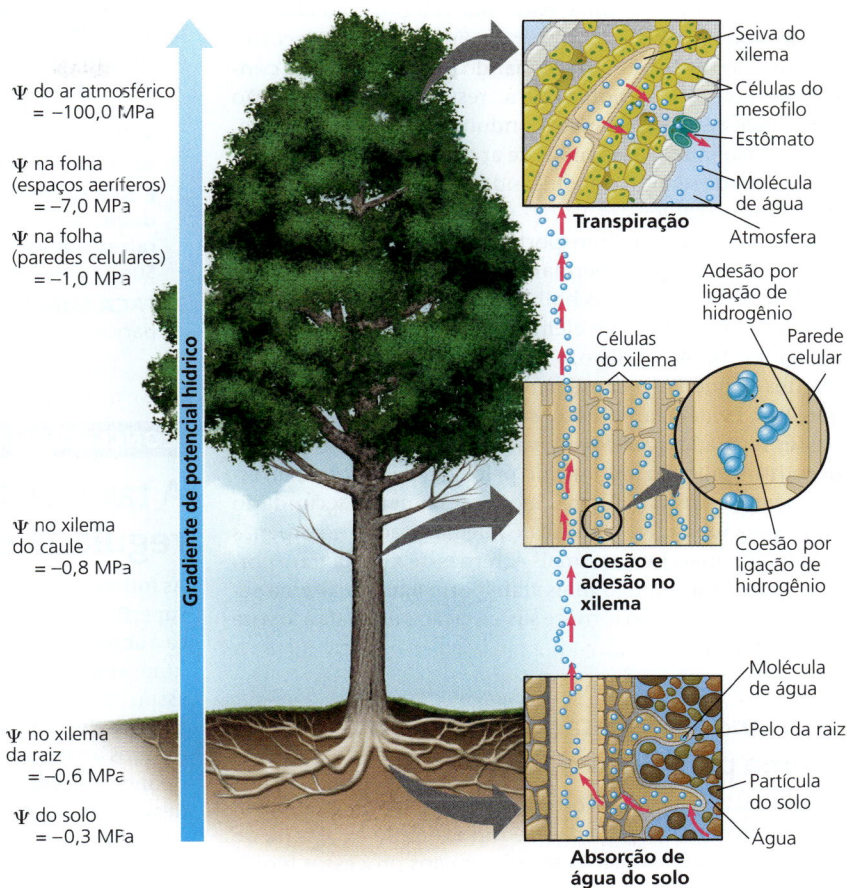

▲ **Figura 36.12 Ascensão da seiva do xilema.** As ligações de hidrogênio formam uma coluna contínua de moléculas de água, que se estende desde as folhas até o solo. A força propulsora da ascensão da seiva do xilema é um gradiente de potencial hídrico (Ψ). No fluxo de massa por distâncias longas, o gradiente Ψ se deve principalmente a um gradiente de potencial de pressão (Ψ_P). Com a transpiração, o Ψ_P da extremidade do xilema da folha é menor do que o Ψ_P da extremidade da raiz. Os valores de Ψ mostrados à esquerda são de medições "instantâneas". Eles podem variar durante o dia, mas o sentido do gradiente de Ψ permanece o mesmo.

Coesão e adesão na ascensão da seiva do xilema

A coesão e a adesão facilitam o transporte de água pelo fluxo de massa. A coesão é a força de atração entre moléculas da mesma substância. A água tem uma força de coesão extraordinariamente alta devido às ligações de hidrogênio que cada molécula potencialmente pode estabelecer com outras moléculas de água. A força de coesão da água dentro do xilema lhe confere uma resistência à tração equivalente à de um cabo de aço de diâmetro similar. A coesão da água possibilita puxar uma coluna de seiva do xilema sem que as moléculas de água se separem. As moléculas de água que saem do xilema na folha arrastam as moléculas de água adjacentes, e essa tensão é transmitida, molécula por molécula, por toda a coluna de água no xilema. Enquanto isso, a forte adesão das moléculas de água (novamente, pelas ligações de hidrogênio) às paredes hidrofílicas das células do xilema ajuda a contrabalançar a força descendente da gravidade.

A força ascendente sobre a seiva cria tensão dentro dos elementos de vaso e traqueídes, que atuam como tubos elásticos. A pressão positiva provoca expansão do tubo elástico, enquanto a tensão puxa as paredes do tubo para dentro. Em um dia quente, pode ser medida a diminuição no diâmetro do caule de uma árvore. À medida que a força de transpiração submete os elementos de vaso e as traqueídes à tensão, suas paredes secundárias espessas evitam o seu colapso, de maneira parecida aos anéis metálicos que mantêm a forma da mangueira de um aspirador de pó. Essa tensão produzida pela força de transpiração diminui o potencial hídrico no xilema da raiz, permitindo que a água flua passivamente desde o solo até atravessar o córtex e chegar ao cilindro vascular.

A tensão de transpiração pode estender-se até as raízes somente através de uma coluna contínua de moléculas de água. A cavitação, a formação de uma bolha de vapor de água, interrompe a coluna. Isso é mais comum em elementos de vaso largos do que em traqueídes, podendo ocorrer durante o estresse hídrico ou quando a seiva do xilema congela no inverno. As bolhas de ar resultantes da cavitação expandem-se e bloqueiam os condutores de água do xilema. A expansão rápida das bolhas de ar produz o barulho de estalo que pode ser ouvido colocando microfones sensíveis na superfície do caule.

A interrupção do transporte da seiva no xilema por cavitação nem sempre é permanente. A coluna de moléculas de água pode desviar das bolhas de ar por meio de pontoações entre traqueídes ou elementos de vaso adjacentes (ver Figura 35.10). Além disso, a pressão de raiz permite que as plantas pequenas recarreguem os elementos de vaso bloqueados. Evidências recentes sugerem que a cavitação pode até ser reparada quando a seiva do xilema está sob pressão negativa, embora o mecanismo pelo qual isso ocorre não esteja bem esclarecido. Além disso, o crescimento secundário acrescenta uma nova camada de xilema a cada ano. Apenas as camadas mais jovens e mais externas de xilema transportam água. Embora não mais transporte água, o xilema secundário mais antigo fornece sustentação para toda a árvore (ver Figura 35.22).

Revisando: ascensão da seiva do xilema pelo fluxo de massa

O mecanismo de coesão-tensão que transporta a seiva do xilema contra a gravidade é um exemplo excelente de como os princípios físicos se aplicam aos processos biológicos. No transporte da água por distância longa desde as raízes até as folhas por fluxo de massa, o movimento do líquido é impulsionado por uma diferença de potencial hídrico nas extremidades do tecido condutor. A diferença de potencial hídrico é gerada na extremidade do xilema da folha pela evaporação da água das células foliares. A evaporação diminui o potencial hídrico na interface ar-água, gerando, desse modo, a pressão negativa (tensão) que puxa água pelo xilema.

O fluxo de massa no xilema difere da difusão em alguns aspectos fundamentais. Primeiramente, ele é impulsionado por diferenças no potencial de pressão (Ψ_P); o potencial de soluto (Ψ_S) não é um fator. Portanto, o gradiente de potencial hídrico no interior do xilema é essencialmente um gradiente de pressão. Além disso, o fluxo não ocorre através das membranas plasmáticas de células vivas, mas dentro de células mortas e ocas. Além do mais, ele desloca a solução por inteiro – não apenas a água ou os solutos – e a uma velocidade muito maior do que a difusão.

A planta não despende energia na ascensão da seiva do xilema pelo fluxo de massa. Em vez disso, a absorção de luz solar impulsiona a maior parte da transpiração, ao causar a evaporação da água das paredes úmidas das células do mesofilo e ao diminuir o potencial hídrico nos espaços aeríferos internos da folha. Assim, a ascensão da seiva do xilema, a exemplo do processo da fotossíntese, é fundamentalmente energizada pela luz solar.

REVISÃO DO CONCEITO 36.3

1. Um horticultor observa que, quando as flores de *Zinnia* são cortadas ao amanhecer, uma pequena gota de água se deposita na superfície da parte cortada. No entanto, quando as flores são cortadas ao meio-dia, nenhuma gota é observada. Sugira uma explicação.
2. **E SE?** Suponha que um mutante de *Arabidopsis thaliana* desprovido de aquaporinas funcionais tenha uma massa de raízes três vezes maior do que as plantas do tipo silvestre. Sugira uma explicação.
3. **FAÇA CONEXÕES** Qual a semelhança entre a estria de Caspary e as junções aderentes (ver Figura 6.30)?

Ver as respostas sugeridas no Apêndice A.

CONCEITO 36.4

A taxa de transpiração é regulada pelos estômatos

As folhas geralmente têm áreas de superfície grandes e razões superfície-volume altas. A área de superfície grande intensifica a absorção de luz para a fotossíntese. A razão superfície/volume alta auxilia na absorção de CO_2 durante a fotossíntese, assim como na liberação de O_2, um subproduto da fotossíntese. Após difundir-se através dos estômatos, o CO_2 penetra nos espaços aeríferos formados pelas células do tecido esponjoso do mesofilo (ver Figura 35.18). Devido às formas irregulares dessas células, a área de superfície interna da folha pode ser 10 a 30 vezes maior do que a área de superfície externa.

Embora as áreas de superfície grandes e as razões superfície-volume altas aumentem a taxa de fotossíntese, elas também aumentam a perda de água pelos estômatos. Desse modo, a enorme exigência de água de uma planta é em grande parte uma consequência da necessidade do sistema aéreo de um intercâmbio amplo de CO_2 e O_2 para a fotossíntese. Mediante abertura e fechamento dos estômatos, as células-guarda auxiliam no equilíbrio entre a necessidade da planta de conservar água e a sua demanda para a fotossíntese.

Estômatos: principais rotas de perda de água

Cerca de 95% da água que uma planta perde sai pelos estômatos, embora essas aberturas representem apenas 1 a 2% da superfície externa da folha. A cutícula cerosa limita a perda de água no restante da superfície foliar. Cada fenda estomática é limitada por um par de células-guarda. As células-guarda controlam o diâmetro da fenda por alteração de forma, ampliando ou estreitando o espaço entre elas. Sob as mesmas condições ambientais, a quantidade de água perdida por uma folha depende em grande parte da densidade estomática **(Figura 36.13)** e do tamanho médio das suas fendas.

A densidade estomática pode estar sob controle genético e ambiental. Como consequência da evolução por seleção natural, as espécies tolerantes à sombra tendem a ter densidades estomáticas mais baixas do que as espécies intolerantes à sombra, pois a captação de CO_2 não limita a fotossíntese

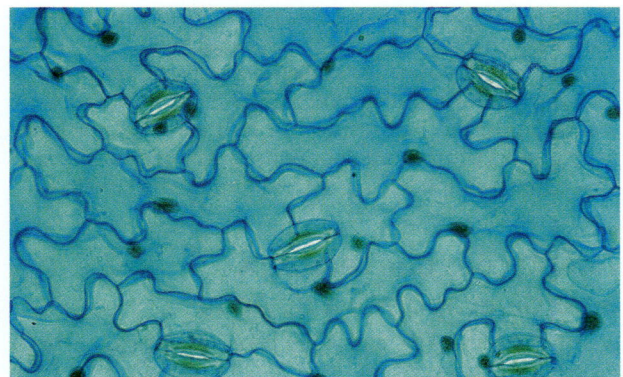

▲ **Figura 36.13** Estômatos parcialmente abertos na epiderme de uma folha de feijoeiro (*Phaseolus*).

HABILIDADES VISUAIS *Se a micrografia acima ilustra um corte tangencial de epiderme de 500 μm por 300 μm, qual é a densidade estomática dessa folha de feijoeiro? Dê sua resposta em número de estômatos por centímetro quadrado.*

sob condições sombreadas. A densidade estomática, no entanto, pode ser regulada também por alterações ambientais. Os níveis baixos de CO_2 durante o desenvolvimento foliar, por exemplo, induzem aumento das densidades estomáticas em muitas espécies, uma adaptação que facilita a captação de CO_2 sob essas condições. Por meio de medições da densidade estomática de folhas fósseis, os cientistas obtiveram informações sobre os níveis de CO_2 atmosférico nos climas pretéritos. Um levantamento recente feito na Grã-Bretanha revelou que a densidade estomática de muitas espécies lenhosas decresceu desde 1927, quando fora realizado um levantamento similar. Essa constatação é coerente com outras descobertas de que os níveis de CO_2 atmosférico aumentaram drasticamente durante o final dos anos 1900.

Mecanismos de abertura e fechamento estomáticos

Quando as células-guarda recebem água das células vizinhas por osmose, elas se tornam mais túrgidas. Na maioria das células-guarda de angiospermas, as paredes voltadas para a fenda estomática são mais espessas, bem como as microfibrilas de celulose são orientadas em uma direção que leva as células-guarda a se curvarem para fora quando estão túrgidas **(Figura 36.14a)**. Essa curvatura para fora aumenta o tamanho da fenda entre as células-guarda. Quando perdem água e ficam flácidas, as células se tornam menos curvadas e ocorre o fechamento estomático.

As alterações de pressão de turgor nas células-guarda resultam principalmente da absorção e perda reversíveis de K^+. Os estômatos abrem quando as células-guarda acumulam ativamente K^+ oriundos das células epidérmicas vizinhas **(Figura 36.14b)**. O fluxo de K^+ através da membrana plasmática da célula-guarda é acoplado à geração de um potencial de membrana pelas bombas de prótons (ver Figura 36.6a). A abertura estomática correlaciona-se com o transporte ativo de H^+ para fora da célula-guarda. A voltagem resultante (potencial de membrana) aciona a entrada de K^+ na célula mediante canais específicos presentes na membrana. Com a absorção de K^+, o potencial hídrico fica mais negativo dentro das células-guardas, as quais se tornam mais túrgidas à medida que a água penetra por osmose. Uma vez que a maior parte do K^+ e da água é armazenada no vacúolo, a membrana vacuolar exerce também um papel na dinâmica da regulação das células-guarda. O fechamento estomático resulta da perda de K^+ das células-guarda para as células vizinhas, o que leva a uma perda de água por osmose. As aquaporinas auxiliam também a regular a expansão e retração osmótica das células-guarda.

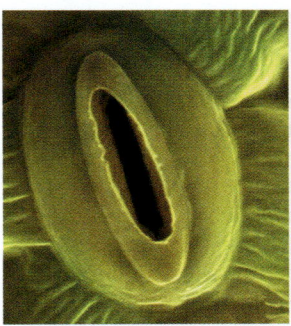

Células-guarda túrgidas/estômatos abertos   Células-guarda flácidas/estômatos fechados

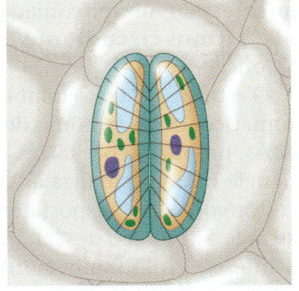

(a) Alterações na forma das células-guarda e abertura e fechamento do estômato (vista frontal). As células-guarda de uma angiosperma típica são ilustradas nos seus estados túrgido (estômato aberto) e flácido (estômato fechado). Com a orientação radial das microfibrilas de celulose nas paredes celulares, as células-guarda aumentam mais em comprimento do que em largura quando o turgor aumenta. Como as células-guarda são fortemente unidas nas suas extremidades, elas se curvam para fora quando túrgidas, provocando a abertura estomática.

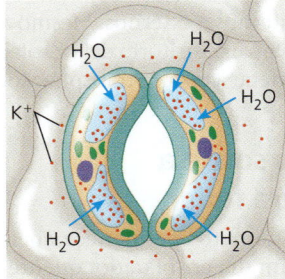 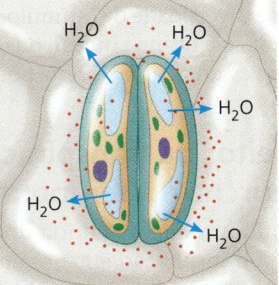

(b) Papel dos íons potássio (K^+) na abertura e fechamento do estômato. O transporte de K^+ (simbolizado pelos pontos vermelhos) através da membrana plasmática e da membrana vacuolar causa mudanças de turgor das células-guarda. A absorção de ânions, como malato e íons cloreto (não mostrados), também contribuem para a expansão das células-guarda.

▲ **Figura 36.14 Mecanismos de abertura e fechamento estomáticos.**

Estímulos para a abertura e o fechamento estomáticos

Em geral, os estômatos estão abertos durante o dia e, na maioria das vezes, fechados à noite, evitando a perda de água sob condições em que a fotossíntese não pode ocorrer. Pelo menos três estímulos contribuem para a abertura estomática ao amanhecer: luz, depleção do CO_2 e um "relógio" interno nas células-guarda.

A luz estimula as células-guarda a acumular K^+ e a tornarem-se túrgidas. Essa resposta é desencadeada pela exposição de receptores de luz azul na membrana plasmática das células-guarda. A ativação desses receptores estimula a atividade das bombas de prótons na membrana plasmática das células-guarda, promovendo, por sua vez, a absorção de K^+.

Os estômatos se abrem também em resposta à depleção de CO_2 dentro dos espaços aeríferos da folha, como resultado da fotossíntese. À medida que as concentrações de CO_2 decrescem durante o dia, os estômatos se abrem progressivamente, se o suprimento de água para a folha for suficiente.

Um "relógio" interno nas células-guarda garante a continuidade do ritmo diário de abertura e fechamento dos estômatos. Esse ritmo ocorre mesmo se uma planta for mantida em local escuro. Todos os organismos eucarióticos têm relógios internos que regulam processos cíclicos. Os ciclos com intervalos de aproximadamente 24 horas são denominados **ritmos circadianos** (sobre os quais falaremos mais no Conceito 39.3).

O estresse pela seca também pode causar o fechamento estomático. Um hormônio denominado **ácido abscísico (ABA)**, produzido nas raízes e nas folhas em resposta à deficiência hídrica, sinaliza às células-guarda para fecharem os estômatos. Essa resposta reduz a murcha, mas também restringe a absorção de CO_2, retardando, desse modo, a fotossíntese. O ABA também inibe diretamente a fotossíntese. A disponibilidade de água está intimamente associada à produtividade vegetal. Isso acontece não porque a água seja necessária como um substrato na fotossíntese, mas porque, livremente disponível, ela permite às plantas manter os estômatos abertos e captar mais CO_2.

As células-guarda controlam o ajuste fotossíntese-transpiração momento a momento, mediante a integração de uma diversidade de estímulos internos e externos. Mesmo a passagem de uma nuvem ou um feixe transitório de luz solar atravessando uma floresta pode afetar a taxa de transpiração.

Efeitos da transpiração sobre a murcha e a temperatura foliar

Contanto que a maioria dos estômatos permaneça aberta, a transpiração é maior em um dia ensolarado, quente, seco e ventoso, porque esses fatores ambientais aumentam a evaporação. Se a transpiração não conseguir puxar água suficiente para as folhas, a parte aérea torna-se levemente murcha à medida que as células perdem pressão de turgor. Embora as plantas respondam a esse estresse hídrico moderado fechando rapidamente os estômatos, alguma perda evaporativa de água ainda ocorre pela cutícula. Sob condições de seca prolongada, as folhas podem tornar-se murchas e irreversivelmente danificadas.

A transpiração resulta também em resfriamento evaporativo, que pode diminuir a temperatura foliar em até 10°C em comparação ao ar circundante. Esse resfriamento impede que a folha atinja temperaturas que poderiam desnaturar enzimas envolvidas na fotossíntese e outros processos metabólicos.

Adaptações que reduzem a perda evaporativa de água

A disponibilidade de água é um determinante importante da produtividade vegetal. A principal razão pela qual a disponibilidade de água está vinculada à produtividade vegetal não se relaciona à necessidade direta da fotossíntese por água como substrato, mas porque a água livremente disponível permite às plantas manter a abertura dos estômatos e a captação de mais CO_2. O problema de redução da perda de água é especialmente acentuado para plantas de deserto. As plantas adaptadas aos ambientes áridos são denominadas **xerófitas** (do grego *xero*, seco).

Muitas espécies vegetais de deserto evitam a dessecação completando seus curtos ciclos de vida durante as estações chuvosas breves. Quando a chuva ocorre nos desertos, onde é infrequente, a vegetação é transformada à medida que, rapidamente, as sementes dormentes de espécies anuais germinam e as plantas florescem, completando seu ciclo de vida antes do retorno das condições secas.

Outras xerófitas apresentam adaptações fisiológicas ou morfológicas incomuns que lhes permitem enfrentar as condições adversas do deserto. Os caules de muitas xerófitas são suculentos porque armazenam água para utilizar durante os períodos longos de seca. Os cactos têm folhas altamente reduzidas que resistem à perda excessiva de água; a fotossíntese é realizada principalmente nos seus caules. Outra adaptação comum em hábitats áridos é o metabolismo ácido das crassuláceas (MAC; em inglês, CAM, *crassulacean acid metabolism*), um tipo especializado de fotossíntese encontrado em plantas suculentas da família Crassulaceae e várias outras famílias (ver Figura 10.20). Uma vez que as plantas MAC absorvem CO_2 à noite, os estômatos podem permanecer fechados durante o dia, quando os estresses evaporativos são maiores. Outros exemplos de adaptações xerofíticas são discutidos na **Figura 36.15**.

REVISÃO DO CONCEITO 36.4

1. Quais são os estímulos que controlam a abertura e o fechamento dos estômatos?
2. O fungo patogênico *Fusicoccum amygdali* secreta uma toxina denominada fusicocina, que ativa as bombas de prótons da membrana plasmática das células vegetais e leva à perda descontrolada de água. Sugira um mecanismo pelo qual a ativação das bombas de prótons poderia levar à murcha grave.
3. **E SE?** Ao comprar flores de corte, por que a florista pode recomendar que você corte os caules sob a água e, após, transfira as plantas para um vaso enquanto as extremidades dos cortes ainda estejam úmidas?

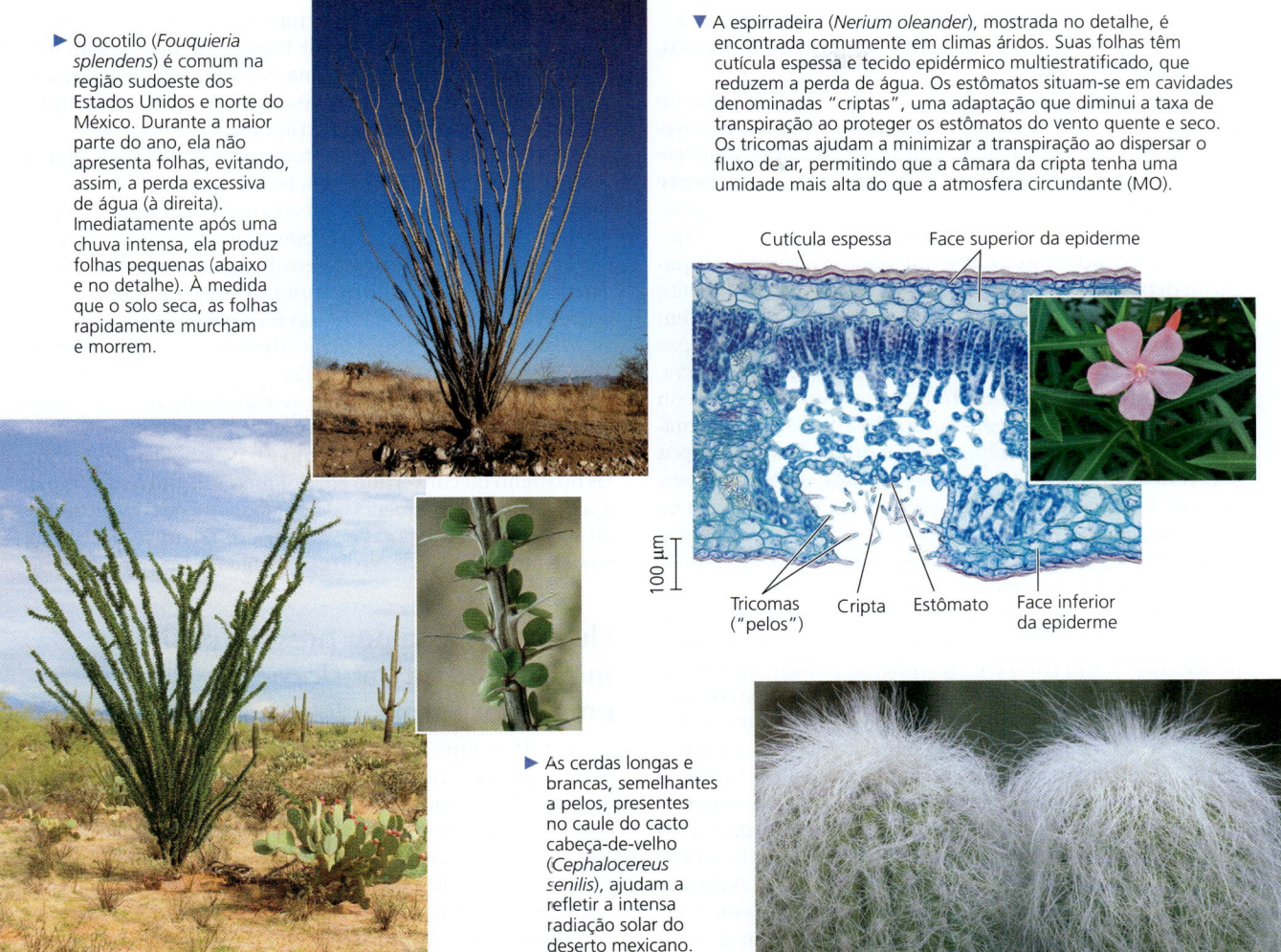

▲ **Figura 36.15** Algumas adaptações xerofíticas.

4. **FAÇA CONEXÕES** Explique por que a evaporação da água pelas folhas reduz a sua temperatura (ver Conceito 3.2).

Ver as respostas sugeridas no Apêndice A.

CONCEITO 36.5

Através do floema, os açúcares são transportados das fontes para os drenos

O fluxo unidirecional de água e nutrientes minerais desde o solo para as raízes e para as folhas, através do xilema, ocorre principalmente no sentido ascendente. Por outro lado, o movimento de fotossintatos muitas vezes se processa no sentido oposto, transportando açúcares das folhas maduras para as partes inferiores da planta, como os ápices das raízes que demandam grandes quantidades de açúcares para energia e crescimento. O transporte dos produtos da fotossíntese, conhecido como **translocação**, é realizado por outro sistema de tecidos, o floema.

Movimento de açúcares das fontes para os drenos

Os elementos de tubo crivado são células especializadas em angiospermas que atuam como condutos para translocação. A extremidade de um elemento dispõe-se em contato com a extremidade do seguinte, formando tubos crivados longos (ver Figura 35.10). Nesses locais de contato de um elemento com o seguinte estão as placas crivadas, estruturas que permitem o fluxo de seiva ao longo do tubo crivado. A **seiva do floema**, solução aquosa que flui pelos tubos crivados, difere nitidamente da seiva do xilema transportada por traqueídes e elementos de vaso. Sem dúvida, o soluto de maior prevalência na seiva do floema é açúcar, geralmente a sacarose na maioria das espécies. A concentração da sacarose pode chegar a 30% do peso, conferindo à seiva consistência de xarope. A seiva do floema pode conter também aminoácidos, hormônios e minerais.

Ao contrário do transporte unidirecional da seiva do xilema desde as raízes até as folhas, a seiva do floema move-se dos locais de produção de açúcar para os locais onde ele é utilizado ou armazenado (ver Figura 36.2). Uma **fonte de açúcar** é um órgão vegetal produtor líquido de açúcar, pela fotossíntese ou pela decomposição do amido. Por outro lado, um **dreno de açúcar** é um órgão consumidor líquido ou depositário de açúcar. Raízes em crescimento, gemas, caules e frutos são drenos de açúcar. Embora as folhas em expansão sejam drenos de açúcar, as folhas maduras, se bem iluminadas, são fontes de açúcar. Um órgão de reserva, como um tubérculo ou um bulbo, pode ser uma fonte ou um dreno, dependendo da estação do ano. Quando armazena carboidratos no verão, ele é um dreno de açúcar. Após a quebra da dormência na primavera, ele é uma fonte, pois seu amido é decomposto em açúcar, que é levado para os ápices das partes aéreas em crescimento.

Os drenos geralmente recebem açúcares das fontes mais próximas. As folhas superiores de um ramo, por exemplo, podem exportar açúcar para o ápice do caule em crescimento, ao passo que as folhas inferiores podem exportar açúcar para as raízes. Um fruto em crescimento pode monopolizar as fontes de açúcar que o circundam. Para cada tubo crivado, o sentido do transporte depende dos locais das fontes e dos drenos de açúcares conectados com ele. Portanto, os tubos crivados adjacentes podem transportar seiva em sentidos opostos, originarem-se e terminarem em locais diferentes.

O açúcar deve ser transportado ou carregado para dentro dos elementos de tubo crivado, antes de ser exportado para os drenos. Em algumas espécies, ele se move das células do mesofilo para os elementos de tubo crivado via simplasto, atravessando os plasmodesmos. Em outras espécies, ele se move por rotas simplásticas e apoplásticas. Nas folhas do milho, por exemplo, a sacarose difunde-se pelo simplasto, desde as células fotossintetizantes do mesofilo até as nervuras menores.

A seguir, a maior parte desse açúcar move-se para o apoplasto e acumula-se nos elementos de tubo crivado próximos, diretamente ou, como mostrado na **Figura 36.16a**, através das células companheiras. Em algumas plantas, as paredes das células companheiras exibem muitas invaginações, ampliando a transferência de solutos entre o apoplasto e o simplasto.

Em muitas plantas, o deslocamento de açúcar para o floema requer transporte ativo, pois a sacarose é mais concentrada nos elementos de tubo crivado e células companheiras do que no mesofilo. O bombeamento de prótons e o cotransporte de H^+/sacarose permitem o movimento da sacarose desde as células do mesofilo até os elementos de tubo crivado ou células companheiras **(Figura 36.16b)**.

A sacarose é descarregada na extremidade do dreno de um tubo crivado. O processo varia com a espécie e o órgão. Entretanto, a concentração de açúcar livre no dreno é sempre mais baixa do que no tubo crivado, porque o açúcar descarregado é consumido durante o crescimento e o metabolismo das células do dreno ou convertido em polímeros insolúveis, como o amido. Como consequência desse gradiente de concentração de açúcares, as moléculas de açúcar difundem-se do floema para dentro dos tecidos do dreno, e a água segue por osmose.

Fluxo de massa por pressão positiva: mecanismo de translocação em angiospermas

A seiva do floema flui da fonte para o dreno em velocidades que podem chegar a 1 m/h, o que é muito mais rápido do que a difusão ou a corrente citoplasmática. Os pesquisadores concluíram que ela se move nos tubos crivados (em angiospermas) por fluxo de massa acionado por pressão positiva, conhecido como *fluxo de pressão* **(Figura 36.17)**. A formação da pressão na fonte e a redução dessa pressão no dreno provocam o fluxo da seiva da fonte para o dreno.

A hipótese do fluxo de pressão explica por que a seiva do floema flui da fonte para o dreno, e experimentos reforçam a ideia do fluxo de pressão como o mecanismo de

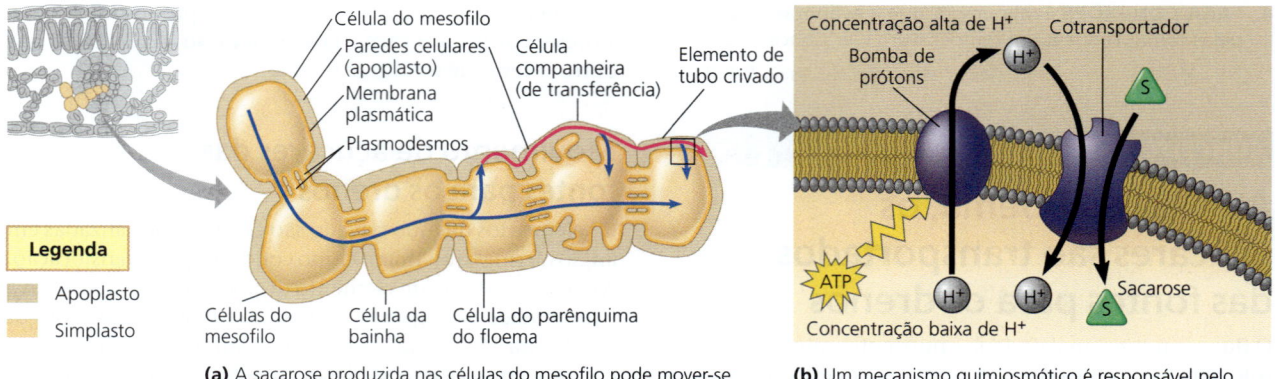

▲ **Figura 36.16** Carregamento de sacarose para dentro do floema.

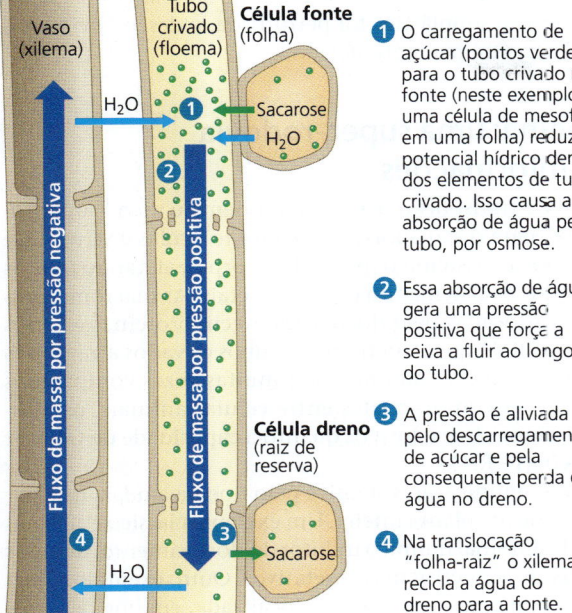

▲ **Figura 36.17** Fluxo de massa por pressão positiva (fluxo de pressão) em um tubo crivado.

translocação em angiospermas **(Figura 36.18)**. Entretanto, estudos com auxílio de microscopia eletrônica sugerem que, em plantas vasculares não formadoras de flores, os poros entre as células do floema podem ser muito pequenos ou obstruídos para permitir o fluxo de pressão.

Os drenos variam quanto à demanda de energia e à capacidade de descarregamento de açúcares. Às vezes, existem mais drenos do que podem ser supridos pelas fontes. Nesses casos, uma planta pode abortar algumas flores, sementes ou frutos – fenômeno denominado *raleio* (*self-thinning*). A remoção dos drenos também pode ser uma prática de utilidade na horticultura. Por exemplo, uma vez que as maçãs grandes são comercialmente mais valorizadas do que as pequenas, os agricultores às vezes removem flores ou frutos jovens, para que as árvores produzam maçãs em menor quantidade, mas maiores.

REVISÃO DO CONCEITO 36.5

1. Compare as forças que movem as seivas do floema e do xilema por distâncias longas.
2. Identifique órgãos vegetais que são fontes de açúcar, órgãos que são drenos de açúcar e órgãos que podem ser ambos. Explique.
3. Por que o xilema transporta água e nutrientes minerais utilizando células mortas, ao passo que o floema requer células vivas?
4. **E SE?** No Japão, os produtores de maçã às vezes fazem um corte em espiral, não letal, em torno da casca de árvores destinadas à remoção após a estação de crescimento. Essa prática torna as maçãs mais doces. Por quê?

Ver as respostas sugeridas no Apêndice A.

▼ Figura 36.18 Pesquisa

A seiva do floema contém mais açúcar perto das fontes ou perto dos drenos?

Experimento A hipótese do fluxo por pressão prediz que a seiva do floema perto das fontes deveria ter um conteúdo mais alto de açúcar do que a seiva do floema perto dos drenos. Para testar essa ideia, os pesquisadores utilizaram afídeos que se alimentam da seiva do floema. Um afídeo explora com uma peça bucal em forma de seringa – denominada estilete – que penetra em um elemento de tubo crivado. À medida que a pressão do tubo crivado forçava a seiva para dentro dos estiletes, os pesquisadores separavam os afídeos dos estiletes, que então atuavam como torneiras, exsudando a seiva durante horas. Os pesquisadores mediram a concentração de açúcar da seiva nos estiletes, em diferentes pontos entre a fonte e o dreno.

 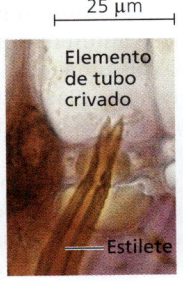 

Afídeo se alimentando | Estilete no elemento de tubo crivado | Estilete separado exsudando a seiva

Resultados Quanto mais perto o estilete estava de uma fonte de açúcar, mais alta era a sua concentração de açúcar.

Conclusão Os resultados desses experimentos sustentam a hipótese do fluxo de pressão, a qual prevê que a concentração de açúcar deveria ser mais alta nos tubos crivados perto das fontes.

Dados de S. Rogers and A. J. Peel, Some evidence for the existence of turgor pressure in the sieve tubes of willow (*Salix*), *Planta* 126:259-267 (1975).

E SE? *Cigarrinhas (Clasirptora sp.) são insetos sugadores que usam músculos fortes para bombear a seiva do xilema para o seu sistema digestório. Você poderia isolar a seiva do xilema a partir de estiletes excisados de cigarrinhas?*

CONCEITO 36.6

O simplasto é altamente dinâmico

Embora tenhamos discutido o transporte sobretudo em termos físicos, quase como o fluxo de líquidos através de tubulações, o transporte vegetal é um processo dinâmico e perfeitamente ajustado que se altera durante o desenvolvimento. Uma folha, por exemplo, pode começar como um dreno de açúcar, mas passa a maior parte de sua vida como uma fonte de açúcar. Além disso, mudanças ambientais podem desencadear respostas nos processos de transporte vegetal. O estresse hídrico pode ativar vias de transdução de sinais que alteram expressivamente as proteínas de transporte de membrana que governam o transporte global de água e minerais. Por ser um tecido vivo, o simplasto é em grande parte responsável pelas mudanças dinâmicas nos processos de transporte vegetal. A seguir, examinaremos alguns outros exemplos: mudanças nos plasmodesmos, sinalização química e sinalização elétrica.

Mudanças no número e no tamanho dos poros dos plasmodesmos

Com base principalmente em imagens estáticas disponibilizadas pela microscopia eletrônica, os biólogos primeiramente acharam que os plasmodesmos eram estruturas imutáveis, semelhantes a poros. Estudos mais recentes, no entanto, revelaram que os plasmodesmos são altamente dinâmicos. Eles podem abrir ou fechar rapidamente em resposta a alterações na pressão de turgor, no nível de Ca^{2+} citosólico ou no pH citosólico. Embora alguns deles se formem durante a citocinese, os plasmodesmos também podem ser formados muito mais tarde. Além disso, a perda de função é comum durante a diferenciação. Por exemplo, à medida que uma folha amadurece de um dreno para uma fonte, seus plasmodesmos fecham ou são eliminados, causando o término do descarregamento do floema.

Os primeiros estudos feitos por fisiologistas e patologistas vegetais chegaram a conclusões diferentes quanto aos tamanhos dos poros dos plasmodesmos. Os fisiologistas injetaram nas células sondas fluorescentes de tamanhos moleculares diferentes e registraram se as moléculas passavam para células adjacentes. Baseados nessas observações, eles concluíram que os tamanhos dos poros eram de aproximadamente 2,5 nm – muito pequenos para a passagem de macromoléculas como proteínas. Por outro lado, os patologistas disponibilizaram micrografias eletrônicas evidenciando a passagem de partículas virais com diâmetros iguais ou superiores a 10 nm **(Figura 36.19)**.

Posteriormente, constatou-se que os vírus das plantas produzem *proteínas de movimento viral*, que provocam a dilatação dos plasmodesmos, permitindo a passagem do RNA viral entre as células. Evidências mais recentes mostram que as próprias células vegetais regulam os plasmodesmos como parte de uma rede de comunicação. Os vírus conseguem desorganizar essa rede ao mimetizarem os reguladores celulares de plasmodesmos.

Um grau elevado de conectividade citosólica existe apenas entre certos grupos de células e tecidos, conhecidos como *domínios simplásticos*. As moléculas de informação, como as proteínas e os RNAs, coordenam o desenvolvimento entre células dentro de cada domínio simplástico. Se a comunicação simplástica for perturbada, o desenvolvimento pode ser extremamente afetado.

Floema: uma super-rodovia de informações

Além de transportar açúcares, o floema é uma "super-rodovia" para o transporte de macromoléculas e vírus. Esse transporte é sistêmico (por todo o corpo), afetando muitos ou todos os sistemas ou órgãos vegetais. As macromoléculas translocadas pelo floema abrangem proteínas e vários tipos de RNA que penetram nos tubos crivados através dos plasmodesmos. Embora sejam muitas vezes comparados às junções comunicantes entre células animais, os plasmodesmos são exclusivos quanto à capacidade de trafegar proteínas e RNA.

A comunicação sistêmica pelo floema ajuda a integrar as funções da planta inteira. Um exemplo clássico é a liberação de um sinal químico indutor do florescimento, desde as folhas até os meristemas vegetativos. Outro exemplo é uma resposta defensiva à infecção localizada, em que os sinais químicos conduzidos pelo floema ativam genes de defesa em tecidos não infectados.

Sinalização elétrica no floema

A sinalização elétrica, rápida e por distância longa através do floema é outra característica dinâmica do simplasto. A sinalização elétrica foi muito estudada em plantas que exibem movimentos foliares rápidos, como a sensitiva (*Mimosa pudica*) e a apanha-moscas (*Dionaea muscipula*). Todavia, seu papel em outras espécies é menos evidente. Alguns estudos revelaram que um estímulo em uma parte da planta pode desencadear um sinal elétrico no floema que afeta outra parte, onde pode provocar uma mudança na transcrição gênica, na respiração, na fotossíntese, no descarregamento do floema ou nos níveis hormonais. Assim, o floema pode ter uma função similar à de um nervo, permitindo a comunicação elétrica imediata entre órgãos bastante distanciados.

O transporte coordenado de materiais e informação é fundamental para a sobrevivência vegetal. As plantas podem obter poucos recursos ao longo de suas vidas. Em última análise, a obtenção bem-sucedida desses recursos e a otimização da sua distribuição são os determinantes mais cruciais do sucesso competitivo da planta.

REVISÃO DO CONCEITO 36.6

1. Como os plasmodesmos diferem das junções comunicantes?
2. Os sinais nervosos em animais são milhares de vezes mais rápidos do que seus correspondentes vegetais. Sugira uma razão comportamental para a diferença.
3. **E SE?** Suponha que as plantas fossem geneticamente modificadas para não responderem às proteínas de movimento viral. Essa seria uma boa maneira de impedir a propagação da infecção? Explique.

Ver as respostas sugeridas no Apêndice A.

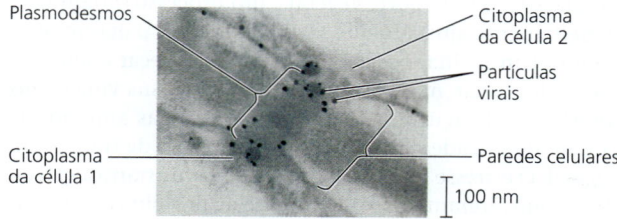

▲ **Figura 36.19** Partículas virais movendo-se de célula a célula através de plasmodesmos que conectam células da folha de nabo (MET).

36 Revisão do capítulo

RESUMO DOS CONCEITOS-CHAVE

CONCEITO 36.1

As adaptações para obtenção de recursos foram elementos-chave na evolução das plantas vasculares (p. 785-787)

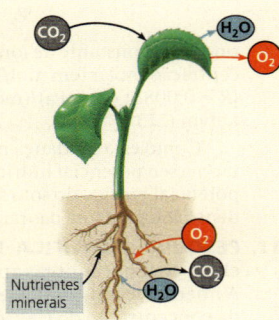

- Em geral, as folhas atuam na captação de luz solar e de CO_2. Os caules servem como estruturas de sustentação para folhas e como condutos para o transporte de água e nutrientes minerais por distância longa. As raízes extraem água e nutrientes minerais do solo, além de fixarem a planta ao substrato.
- A seleção natural produziu arquiteturas vegetais que otimizam a obtenção de recursos no nicho ecológico em que a espécie vegetal ocorre naturalmente.

? *Como a evolução do xilema e do floema contribuiu para a colonização bem-sucedida do ambiente terrestre pelas plantas vasculares?*

CONCEITO 36.2

Mecanismos diferentes transportam substâncias por distâncias curtas ou longas (p. 787-792)

- A permeabilidade seletiva da membrana plasmática controla o movimento de substâncias para dentro e para fora das células. Nas plantas, ocorrem mecanismos de transporte ativo e passivo.
- Os tecidos vegetais têm dois compartimentos principais: o **apoplasto** (tudo que é situado externamente às membranas plasmáticas das células) e o **simplasto** (citosol e plasmodesmos).
- O sentido do movimento da água depende do **potencial hídrico**, grandeza que incorpora a concentração de solutos e a pressão física. A absorção **osmótica** de água pelas células vegetais e a pressão interna resultante tornam **túrgidas** as células vegetais.
- O transporte por distância longa ocorre por **fluxo de massa**, que é o movimento de líquido em resposta a um gradiente de pressão. O fluxo de massa ocorre dentro de traqueídes e elementos de vaso (**xilema**) e dos elementos de tubo crivado (**floema**).

? *A seiva do xilema é geralmente puxada ou empurrada para a parte superior da planta?*

CONCEITO 36.3

Através do xilema, a transpiração impulsiona o transporte de água e nutrientes minerais desde as raízes até as partes aéreas (p. 792-796)

- A água e os nutrientes minerais do solo penetram na planta pelas raízes: atravessam a epiderme e o córtex, passam pelas células seletivamente permeáveis da **endoderme** e chegam ao cilindro vascular. A partir do cilindro vascular, a **seiva do xilema** é transportada por distâncias longas por fluxo de massa até as nervuras que se ramificam em cada folha.
- A **hipótese de coesão-tensão** propõe que o movimento da seiva do xilema é impulsionado por uma diferença de potencial hídrico criada na extremidade do xilema da folha pela evaporação da água das células foliares. A evaporação diminui o potencial hídrico na interface ar-água, gerando, assim, a pressão negativa que puxa a água pelo xilema.

? *Por que a capacidade das moléculas de água de formar ligações de hidrogênio é importante para o movimento da seiva do xilema?*

CONCEITO 36.4

A taxa de transpiração é regulada pelos estômatos (p. 796-799)

- A **transpiração** é a perda de vapor de água pelas plantas. A **murcha** ocorre quando a perda de água por transpiração não é reposta pela absorção das raízes. As plantas respondem aos déficits hídricos fechando seus estômatos. Sob condições de seca prolongada, as plantas podem tornar-se irreversivelmente prejudicadas.
- Os estômatos são as principais rotas de perda de água pelas plantas. Um estômato abre quando as células-guarda que delimitam a fenda estomática absorvem K^+. A abertura e o fechamento dos estômatos são controlados por luz, CO_2, **ácido abscísico** (hormônio de resposta à seca) e **ritmo circadiano**.
- **Xerófitas** são plantas adaptadas a ambientes áridos. Folhas reduzidas e tipo fotossintético MAC são exemplos de adaptações a ambientes áridos.

? *Por que os estômatos são necessários?*

CONCEITO 36.5

Através do floema, os açúcares são transportados das fontes para os drenos (p. 799-801)

- As folhas maduras são as principais **fontes de açúcares**, embora os órgãos de reserva possam ser fontes sazonais. Os órgãos em crescimento, como as raízes, os caules e os frutos, são os principais **drenos de açúcares**. O sentido do transporte no floema é sempre da fonte para o dreno de açúcares.
- O carregamento do floema depende do transporte ativo de sacarose. A sacarose é cotransportada com H^+, que se difunde a favor de um gradiente gerado pelas bombas de prótons. O carregamento dos açúcares na fonte e o seu descarregamento no dreno mantêm uma diferença de pressão que assegura o fluxo da **seiva do floema** através de um tubo crivado.

? *Por que o transporte no floema é considerado um processo ativo?*

CONCEITO 36.6

O simplasto é altamente dinâmico (p. 801-802)

- Os plasmodesmos podem mudar em permeabilidade e em quantidade. Quando dilatados, eles proporcionam uma passagem para o transporte simplástico de proteínas, RNAs e outras macromoléculas, realizado por distância longa. O floema conduz também sinais elétricos que ajudam a integrar o funcionamento da planta inteira.

? *Por quais mecanismos a comunicação simplástica é regulada?*

TESTE SEU CONHECIMENTO

Níveis 1-2: Relembre/Entenda

1. Qual dos seguintes itens refere-se a uma adaptação que aumenta a absorção de água e minerais pelas raízes?
   - (A) Micorrizas
   - (B) Bombeamento pelos plasmodesmos
   - (C) Absorção ativa pelos elementos de vaso
   - (D) Contrações rítmicas por células do córtex

2. Que estrutura ou compartimento faz parte do simplasto?
   (A) O interior de um elemento de vaso
   (B) O interior de um tubo crivado
   (C) A parede celular de uma célula do mesofilo
   (D) Um espaço aerífero extracelular
3. O movimento da seiva do floema de uma fonte para um dreno
   (A) ocorre através do apoplasto de elementos de tubo crivado.
   (B) depende em última análise da atividade de bombas de prótons.
   (C) depende da tensão ou potencial de pressão negativa.
   (D) resulta principalmente da difusão.

Níveis 3-4: Aplique/Analise

4. A fotossíntese cessa quando a folha murcha, principalmente porque
   (A) a clorofila das folhas murchas é degradada.
   (B) o acúmulo de CO_2 na folha inibe enzimas.
   (C) os estômatos fecham, impedindo a entrada de CO_2 na folha.
   (D) a fotólise, a etapa de decomposição da água na fotossíntese, não pode ocorrer quando há deficiência hídrica.
5. O que aumentaria a absorção de água por uma célula vegetal?
   (A) O decréscimo do Ψ da solução circundante
   (B) A pressão positiva sobre a solução circundante
   (C) A perda de solutos pela célula
   (D) O aumento do Ψ do citoplasma
6. Uma célula vegetal com Ψ_S de $-0{,}65$ MPa mantém um volume constante quando imersa em solução com Ψ_S de $-0{,}30$ MPa em recipiente aberto. A célula tem um
   (A) Ψ_P de $+0{,}65$ MPa.
   (B) Ψ de $-0{,}65$ MPa.
   (C) Ψ_P de $+0{,}35$ MPa.
   (D) Ψ_P de 0 MPa.
7. Comparada com uma célula com poucas aquaporinas (proteínas) em suas membranas, uma célula contendo muitas aquaporinas
   (A) terá uma velocidade de osmose mais rápida.
   (B) terá um potencial hídrico mais baixo.
   (C) terá um potencial hídrico mais alto.
   (D) acumulará água por transporte ativo.
8. Qual dos seguintes atributos tenderia a aumentar a transpiração?
   (A) Folhas com espinhos
   (B) Estômatos em cavidades
   (C) Cutícula mais espessa
   (D) Densidade estomática mais alta

Níveis 5-6: Avalie/Crie

9. **CONEXÃO EVOLUTIVA** As grandes algas pardas, denominadas sargaços, podem medir até 25 m. Essas algas consistem em uma estrutura apressória fixada no fundo do oceano, lâminas que flutuam na superfície e absorvem luz e um talo longo conectando as lâminas ao apressório (ver Figura 28.13). Células especializadas no talo, embora avasculares, podem transportar açúcar. Sugira uma razão pela qual essas estruturas análogas aos elementos de tubo crivado podem ter evoluído nos sargaços.

10. **PESQUISA CIENTÍFICA • INTERPRETE OS DADOS** Um jardineiro de Minnesota, Estados Unidos, observa que as plantas nas imediações de uma rua são raquíticas em comparação àquelas mais distantes. Suspeitando que o solo junto à rua pudesse estar contaminado com sal colocado nela no inverno, o jardineiro analisou o solo. As composições do solo junto à rua e longe dela são idênticas, exceto que no primeiro local ele contém 50 mM de NaCl adicionais. Assumindo que o NaCl é completamente ionizado, calcule em quanto ele reduzirá o potencial osmótico do solo a 20°C, usando a *equação do potencial osmótico*:

$$\Psi_S = -iCRT$$

onde *i* é a constante de ionização (2 para NaCl), *C* é a concentração molar (em mol/L), *R* é a constante de pressão [$R = 0{,}00831$ (L · MPa)/(mol · K)] e *T* é a temperatura em graus Kelvin (273 + °C).

Como essa mudança no potencial osmótico do solo afetaria o seu potencial hídrico? De que maneira a mudança no potencial hídrico do solo afetaria o movimento de água para dentro ou para fora das raízes?

11. **PESQUISA CIENTÍFICA** Indivíduos de algodoeiro murcham em poucas horas após a imersão de suas raízes. A imersão leva a condições de baixa oxigenação, aumento da concentração do Ca^{2+} citosólico e decréscimo do pH citosólico. Sugira uma hipótese para explicar como a imersão leva à murcha.

12. **ESCREVA SOBRE UM TEMA: ORGANIZAÇÃO** A seleção natural levou a mudanças na arquitetura das plantas, permitindo que elas realizem a fotossíntese de maneira mais eficiente nos nichos ecológicos que ocupam. Em um texto sucinto (100-150 palavras), explique como a arquitetura da parte aérea aumenta a fotossíntese.

13. **SINTETIZE SEU CONHECIMENTO**

Imagine que você é uma molécula de água na solução do solo de uma floresta. Em um texto sucinto (100-150 palavras), explique quais rotas e forças seriam necessárias para lhe levar até as folhas dessas árvores.

Ver respostas selecionadas no Apêndice A.

37 Solo e nutrição vegetal

CONCEITOS-CHAVE

37.1 O solo contém um ecossistema vivo e complexo *p. 806*

37.2 As raízes das plantas absorvem do solo muitos tipos de elementos essenciais *p. 809*

37.3 A nutrição vegetal muitas vezes envolve relações com outros organismos *p. 812*

Dica de estudo

Utilize mnemônicas: Mnemônicas são ferramentas de memória para ajudar a lembrar de fatos. Por exemplo, "See Hopkins, California – Mighty good" (CHOPKNSCaMg) é uma mnemônica para lembrar os nove macronutrientes vegetais, conforme mostrado abaixo. Faça suas próprias mnemônicas para lembrar de algumas funções dos macronutrientes vegetais (ver Tabela 37.1).

```
See Hopkins, California—Mighty good
    See = C = carbono
    H = H = hidrogênio
    o = O = oxigênio
```

Figura 37.1 Este agricultor na Índia está aplicando fertilizantes industrializados em uma lavoura de arroz. Nitrogênio (N), fósforo (P) e potássio (K) são comumente exauridos dos solos a tal ponto que limitam a produtividade agrícola. É por isso que eles são os principais ingredientes da maioria dos fertilizantes industrializados.

Por que as plantas necessitam de minerais do solo?

Nitrogênio, fósforo, potássio e outros elementos minerais são essenciais para o crescimento vegetal devido aos seus papéis na estrutura e função das células vegetais.

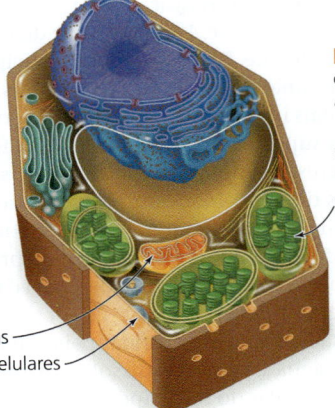

Nitrogênio é um componente de
- DNA e RNA (em toda a célula)
- proteínas (em toda a célula)
- clorofila

Fósforo é um componente de
- DNA e RNA (em toda a célula)
- ATP produzido por mitocôndrias
- fosfolipídeos nas membranas celulares

Potássio é um cofator de enzimas utilizado em toda a célula; ele desempenha um papel importante na manutenção do turgor

CONCEITO 37.1

O solo contém um ecossistema vivo e complexo

As camadas superiores do solo, das quais as plantas absorvem quase toda a água e os nutrientes minerais de que necessitam, contêm uma ampla gama de organismos que interagem entre si e com o ambiente físico. Esse ecossistema complexo pode levar séculos para se formar, mas pode ser destruído em apenas poucos anos pelo manejo inadequado do ser humano. Para compreender por que o solo deve ser conservado e por que certas plantas crescem em determinados locais, é necessário primeiramente considerar as propriedades físicas básicas do solo: a sua textura e a sua composição.

Textura do solo

A textura do solo depende das dimensões das suas partículas. As partículas do solo podem variar de areia grossa (0,02-2 mm de diâmetro) ao silte (0,002-0,02 mm) e até partículas microscópicas de argila (menos de 0,002 mm). Essas partículas de tamanhos diferentes originam-se, em última análise, do intemperismo de rochas. O congelamento da água em fendas de rochas causa fraturas mecânicas, e os ácidos fracos do solo decompõem quimicamente as rochas. Ao penetrarem nas rochas, os organismos aceleram a decomposição por meios químicos e mecânicos. As raízes, por exemplo, secretam ácidos que dissolvem a rocha, e seu crescimento nas fissuras leva a fraturas mecânicas. As partículas minerais liberadas pelo intemperismo misturam-se aos organismos vivos e ao **húmus**, restos de organismos mortos e outros materiais orgânicos, formando a **camada superficial do solo** (*topsoil*). Esta e outras camadas do solo são denominadas **horizontes do solo (Figura 37.2)**. A camada superficial do solo, ou horizonte A, pode variar de milímetros a metros de profundidade. Nós abordamos principalmente as propriedades da camada superficial do solo, pois geralmente ela é a camada mais importante para o crescimento vegetal.

As camadas superficiais do solo com mais fertilidade – sustentando o crescimento mais abundante – são as **margas**, compostas de quantidades mais ou menos iguais de areia, silte e argila. Os solos margosos têm partículas de silte e de argila suficientemente pequenas para proporcionar uma área de superfície ampla para a aderência e retenção de nutrientes minerais e água.

As plantas são na verdade nutridas pela solução do solo, que consiste na água e minerais dissolvidos presentes nos poros entre as partículas do solo. Após uma chuva intensa, a água é drenada a partir dos espaços maiores do solo. Contudo, os espaços menores retêm água, porque as moléculas de água são atraídas pelas superfícies da argila e de outras partículas carregadas negativamente. Os espaços grandes entre as partículas dos solos arenosos geralmente não retêm água suficiente para sustentar um crescimento vegetal vigoroso, mas eles possibilitam a difusão eficiente de oxigênio para as raízes. Os solos com quantidades grandes de argila tendem a reter água em demasia; quando o solo não drena adequadamente, o ar é substituído pela água, sufocando as raízes

▲ **Figura 37.2** Horizontes do solo.

O horizonte A é a camada superficial do solo, uma mistura de rochas decompostas de várias texturas, organismos vivos e matéria orgânica em decomposição.

O horizonte B contém muito menos matéria orgânica do que o horizonte A e é menos intemperizado.

O horizonte C é constituído principalmente de rochas parcialmente decompostas. Parte da rocha serviu como material "matriz" de minerais, que mais tarde ajudaram a formar os horizontes superiores.

pela falta de oxigênio. Comumente, as camadas superficiais mais férteis têm poros contendo aproximadamente metade água e metade ar, proporcionando um bom equilíbrio entre aeração, drenagem e capacidade de armazenamento de água. As propriedades físicas do solo podem ser ajustadas pela adição de corretivos, como turfa, adubo, esterco ou areia.

Composição da camada superficial do solo

Além de água e ar, a camada superficial do solo contém componentes químicos inorgânicos (minerais) e orgânicos. Os componentes orgânicos abrangem as muitas formas de vida que habitam o solo.

Componentes inorgânicos

As cargas da superfície das partículas do solo determinam sua capacidade de ligar-se a muitos nutrientes. Nos solos produtivos, as partículas são majoritariamente carregadas negativamente. Portanto, elas não se ligam a íons com cargas negativas (ânions), como os nutrientes vegetais nitrato (NO_3^-), fosfato ($H_2PO_4^-$) e sulfato (SO_4^{2-}). Como consequência, esses nutrientes são perdidos facilmente por *lixiviação*, percolação da água através do solo. Os íons carregados positivamente (cátions) – como potássio (K^+), cálcio (Ca^{2+}) e magnésio (Mg^{2+}) – aderem às partículas do solo com cargas negativas, sendo assim menos facilmente perdidos por lixiviação.

As raízes, no entanto, não absorvem cátions minerais diretamente das partículas do solo; elas os absorvem da solução do solo. Os cátions minerais entram na solução do solo por **troca catiônica**, um processo em que os cátions são deslocados das partículas do solo por outros cátions, especialmente H^+ **(Figura 37.3)**. Por isso, a capacidade de troca catiônica do solo é determinada pelo seu pH e pelo número de sítios de adesão de cátions. Em geral, quanto mais argila e matéria orgânica no solo, mais alta é a capacidade de troca catiônica. O conteúdo de argila é importante porque essas pequenas partículas têm uma razão alta da área de superfície em relação ao volume, permitindo um espectro amplo de ligações de cátions.

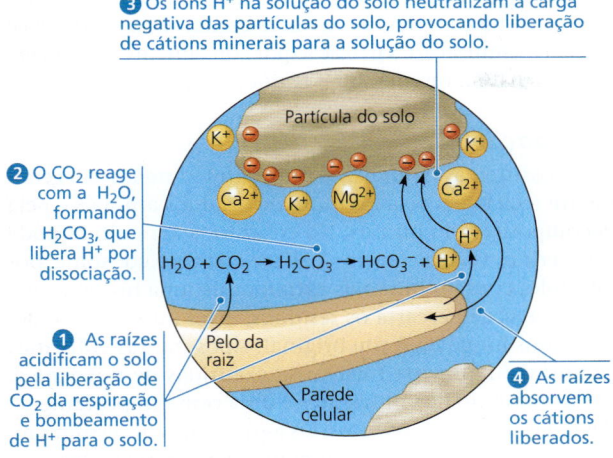

▲ **Figura 37.3** Troca catiônica no solo.

HABILIDADES VISUAIS Quais são os íons com mais probabilidade de serem lixiviados do solo pelo decréscimo do pH – os cátions ou os ânions? Explique.

Componentes orgânicos

O principal componente orgânico da camada superficial do solo é o húmus, que consiste em material orgânico produzido pela decomposição – realizada por bactérias e fungos – de folhas caídas, organismos mortos, fezes e outros materiais orgânicos. O húmus impede que as partículas de argila se agreguem e forma um solo friável que retém água, mas é ainda suficientemente poroso para aerar as raízes. O húmus aumenta também a capacidade de troca catiônica do solo e é um estoque de nutrientes minerais que retornam gradualmente ao solo à medida que os microrganismos decompõem a matéria orgânica.

A camada superficial do solo é um ambiente de quantidade e diversidade extraordinárias de organismos. Uma colher de chá dessa camada tem cerca de 5 bilhões de bactérias, que coabitam com fungos, algas e outros protistas, insetos, minhocas, nematódeos e raízes vegetais. As atividades de todos esses organismos afetam as propriedades físicas e químicas do solo. As minhocas, por exemplo, consomem a matéria orgânica e nutrem-se de bactérias e fungos que crescem nesse material. Elas excretam seus dejetos e deslocam grandes quantidades de matéria para a superfície do solo. Além disso, elas movem matéria orgânica para camadas mais profundas. As minhocas misturam e aglomeram as partículas do solo, permitindo melhor difusão gasosa e retenção de água. As raízes afetam também a textura e a composição do solo. Por exemplo, elas reduzem a erosão aglutinando o solo, além de diminuir o pH do solo mediante a secreção de ácidos.

Conservação do solo e agricultura sustentável

Os agricultores antigos constatavam que a produtividade das culturas em um determinado lote de terra decrescia ao longo dos anos. Mudando-se para áreas não cultivadas, eles observavam o mesmo padrão de redução da produtividade ao longo do tempo. Por fim, eles perceberam que a **fertilização** – a adição de nutrientes minerais ao solo – poderia torná-lo um recurso renovável, permitindo que as lavouras sejam cultivadas estação após estação em um local fixo. Essa agricultura sedentária facilitou um novo estilo de vida. Os seres humanos começaram a construir moradias permanentes – os primeiros povoados. Eles armazenavam também alimentos para serem utilizados entre as safras, e os excedentes desses produtos permitiram que algumas pessoas se especializassem em atividades não agrícolas. Em resumo, o manejo do solo, pela fertilização ou outras práticas, ajudou a preparar o caminho para as sociedades modernas.

Infelizmente, o manejo *inapropriado* do solo tem sido um problema recorrente ao longo da história da humanidade. Um exemplo dramático foi o "Dust Bowl", desastre ecológico e humano que devastou o sudoeste das Grandes Planícies dos EUA na década de 1930. Essa região sofreu com tempestades de poeira devastadoras, causadas por uma seca prolongada e décadas de emprego de técnicas agrícolas inadequadas. Antes da chegada dos agricultores, as Grandes Planícies eram cobertas por vegetação herbácea resistente que retinha o solo no lugar, a despeito das secas recorrentes e das chuvas torrenciais. Todavia, no final dos anos 1800 e início dos anos 1900, muitos proprietários rurais cultivavam trigo e criavam gado. Esses usos da terra expuseram o solo à erosão eólica, e alguns anos de seca agravaram o problema. Durante a década de 1930, quantidades enormes de solos férteis foram deslocadas para longe nas "nevascas negras", tornando inutilizáveis milhões de hectares de terras agrícolas **(Figura 37.4)**. Em uma das piores tempestades, as nuvens de poeira sopraram no sentido leste para Chicago, onde o solo se precipitou como neve, chegando até a costa atlântica. Na região atingida, centenas de milhares de pessoas foram forçadas a abandonar suas casas e suas terras, um sofrimento imortalizado no romance *As vinhas da ira*, de John Steinbeck.

Hoje, o manejo inapropriado do solo continua sendo um problema considerável. Em mais de 30% das terras cultiváveis do mundo, a produtividade foi reduzida em virtude das más condições dos solos, como contaminação química, deficiências minerais, acidez, salinidade e drenagem insuficiente. Conforme a população mundial cresce, a demanda por alimento aumenta. Uma vez que a qualidade do solo afeta enormemente a produtividade agrícola, os recursos edáficos devem ser manejados com prudência. Atualmente, a maior parte das terras produtivas já está sendo utilizada

▲ **Figura 37.4** Uma tempestade de poeira considerável no "Dust Bowl" nos Estados Unidos, durante a década de 1930.

? *Qual horizonte do solo contribuiu para essas nuvens de poeira?*

para agricultura, de modo que não há mais fronteiras a serem expandidas pelos agricultores. Portanto, é crucial que os agricultores adotem a **agricultura sustentável**, um comprometimento com práticas de cultivo voltadas à conservação, ambientalmente seguras e rentáveis. A agricultura sustentável abrange o uso prudente de irrigação e corretivos do solo, a proteção da camada superficial do solo contra salinização e erosão e a restauração de terras degradadas.

Irrigação

Como a escassez de água muitas vezes limita o crescimento vegetal, talvez nenhuma tecnologia tenha aumentado tanto a produtividade agrícola quanto a irrigação. Contudo, a irrigação drena os recursos de água doce. Globalmente, cerca de 75% de todo o uso de água doce é destinado à agricultura. Muitos rios em regiões áridas foram drasticamente reduzidos pela transposição de água para irrigação. A fonte principal de irrigação, no entanto, não é de águas superficiais, como rios e lagos, mas de reservas de águas subterrâneas denominadas *aquíferos*. Em algumas regiões, a taxa de retirada de água está excedendo a recarga natural dos aquíferos, tornando essa prática insustentável. Uma consequência da depleção de aquíferos é a *subsidência da terra*, uma sedimentação gradual ou afundamento repentino da superfície do terreno imediatamente acima do aquífero **(Figura 37.5)**. O afundamento da terra pode destruir a propriedade e impactar negativamente a agricultura.

A irrigação, especialmente com água subterrânea, pode levar também à *salinização* do solo – adição de sais que o torna demasiadamente salgado para o cultivo de plantas. Os sais dissolvidos na água de irrigação acumulam-se no solo à medida que a água evapora, tornando mais negativo o potencial hídrico da solução do solo. O gradiente de potencial hídrico desde o solo até as raízes é reduzido, diminuindo a absorção de água (ver Figura 36.12).

Muitas formas de irrigação, como as que inundam os campos, são desperdiçadoras, pois grande parte da água evapora. Para usar a água de maneira eficiente, os agricultores devem conhecer a capacidade de retenção de água pelo solo, as necessidades hídricas das culturas e a tecnologia apropriada de irrigação. Uma tecnologia popular é a *irrigação por gotejamento*, que consiste na liberação lenta de água para o solo e plantas a partir de um tubo plástico perfurado instalado diretamente na zona das raízes. Por necessitar de menos água e reduzir a salinização, a irrigação por gotejamento é empregada principalmente em muitas regiões agrícolas áridas.

Fertilização

Em ecossistemas naturais, os nutrientes minerais são geralmente reciclados pela excreção de resíduos animais e pela decomposição do húmus. No entanto, a agricultura pode interferir nessa reciclagem. A alface que você consome, por exemplo, contém minerais extraídos de uma horta. À medida que você descarta os resíduos, esses minerais são depositados longe da fonte original. Após muitas colheitas, as hortas finalmente tornam-se exauridas de nutrientes. O esgotamento dos nutrientes é uma causa importante de degradação global dos solos. Os agricultores necessitam reverter a depleção dos nutrientes mediante fertilização.

Atualmente, a maioria dos agricultores de nações industrializadas utiliza fertilizantes contendo minerais extraídos de minas ou elaborados por processos de uso intensivo de energia. Em geral, esses fertilizantes são enriquecidos com nitrogênio (N), fósforo (P) e potássio (K) – nutrientes cuja deficiência é mais comum em solos esgotados. Você já deve ter visto fertilizantes etiquetados com um código de três números acompanhando a sigla N-P-K. Um fertilizante identificado por "15-10-5", por exemplo, contém 15% de N (como amônio ou nitrato), 10% de P (como fosfato) e 5% de K (como potássio mineral).

O esterco, a farinha de peixe e o composto (resultante da compostagem) são chamados de fertilizantes "orgânicos" porque contêm material orgânico. Contudo, antes de ser usado pelas plantas, o material orgânico deve ser decomposto em nutrientes inorgânicos que as raízes conseguem absorver. Uma planta extrai os nutrientes minerais da mesma forma, não importa se a sua procedência é de fertilizante orgânico ou de uma indústria química. No entanto, os fertilizantes orgânicos liberam gradualmente os nutrientes minerais, ao passo que, nos fertilizantes comerciais, eles estão imediatamente disponíveis, mas não são retidos pelo solo por muito tempo. Os minerais não absorvidos pelas raízes são muitas vezes lixiviados do solo pela água da chuva ou pela irrigação. O escoamento dos minerais para os lagos pode levar a explosões populacionais de algas, podendo exaurir os níveis de oxigênio e dizimar populações de peixes.

Correção do pH do solo

O pH do solo é um fator importante que influencia a disponibilidade mineral mediante seus efeitos sobre a troca catiônica e a forma química dos minerais. Dependendo do pH do solo, um mineral específico pode ser ligado muito firmemente às partículas de argila ou permanecer em uma forma química não absorvível pela planta. A maioria das plantas prefere solos levemente ácidos, porque as concentrações altas de H^+ podem deslocar das partículas do solo os minerais carregados positivamente, tornando-os mais disponíveis para a absorção. A correção do pH do solo é complexa, pois uma mudança na concentração de H^+ pode tornar um mineral mais disponível, mas outro menos disponível. Em pH 8, por exemplo, as plantas podem absorver cálcio, mas o ferro é praticamente

▲ **Figura 37.5** **Subsidência repentina do solo.** O uso excessivo da água subterrânea para a irrigação desencadeou a formação deste afundamento na Flórida, Estados Unidos.

indisponível. O pH do solo deveria ser compatível com as necessidades minerais da cultura. Se o solo for demasiadamente alcalino, a adição de sulfato diminuirá seu pH. O solo demasiadamente ácido pode ser corrigido pela adição de calcário (carbonato de cálcio ou hidróxido de cálcio).

Quando o pH do solo cai para 5 ou menos, os íons alumínio tóxicos (Al^{3+}) tornam-se mais solúveis e são absorvidos pelas raízes, dificultando o seu crescimento e impedindo a absorção de cálcio, um nutriente vegetal essencial. O baixo pH do solo e a toxicidade do Al^{3+} são problemas especialmente graves nas regiões tropicais, onde a pressão para a produção de alimentos para uma população em crescimento é muitas vezes mais aguda. Algumas plantas conseguem suportar níveis elevados de Al^{3+} mediante a secreção de ânions orgânicos que se ligam ao Al^{3+}, tornando-o inócuo. Os cientistas introduziram um gene da citrato-sintase de uma bactéria nos genomas de indivíduos de tabaco e mamoeiro, alterando-os. A superprodução de ácido cítrico resultante aumentou a resistência ao alumínio.

Controle da erosão

Como aconteceu de modo mais dramático no "Dust Bowl", a erosão pela água e pelo vento pode remover grandes quantidades da camada superficial do solo. A erosão é a principal causa da degradação do solo, pois os nutrientes são carregados para longe pelo vento e pelos cursos de água. Para conter a erosão, os agricultores podem plantar fileiras de árvores como quebra-vento, cultivar em terraços nas encostas e adotar o plantio orientado pelas curvas de nível **(Figura 37.6)**. Culturas como a alfafa e o trigo proporcionam uma boa cobertura do substrato e protegem o solo melhor do que o milho e outras culturas que costumam ser plantadas em fileiras mais espaçadas.

A erosão pode ser reduzida também por uma técnica agrícola denominada **sistema de plantio direto**. No modo tradicional de arar, o campo inteiro é arado ou revolvido. Essa prática ajuda a controlar as plantas indesejáveis, mas desagrega a rede de raízes que retém o solo no local, provocando o aumento do escoamento superficial e da erosão. No sistema de plantio direto, um arado especial produz sulcos estreitos para as sementes e o fertilizante. Dessa maneira, o campo é semeado com perturbação mínima para o solo, com emprego de menos fertilizante.

Fitorremediação

Algumas áreas de terra são inadequadas para o cultivo porque metais tóxicos ou poluentes orgânicos contaminaram o solo ou a água subterrânea. Tradicionalmente, a remediação do solo – desintoxicação de solos contaminados – favoreceu técnicas não biológicas, como a remoção e a armazenagem do solo contaminado em aterros sanitários, mas essas técnicas são dispendiosas e muitas vezes impactam a paisagem. A **fitorremediação** é uma biotecnologia não destrutiva que aproveita a capacidade de algumas espécies vegetais de extrair poluentes do solo e concentrá-los em partes da planta que podem ser facilmente removidas para descarte seguro. Por exemplo, *Thlaspi caerulescens*, uma espécie alpina, pode acumular zinco em suas partes aéreas em concentrações 300 vezes mais alta do que a maioria das plantas consegue tolerar. As partes aéreas podem ser coletadas, removendo-se o

▲ **Figura 37.6 Plantio em curvas de nível.** Essas lavouras são plantadas em fileiras que contornam as elevações, em vez de atravessá-las para cima e para baixo. Este procedimento ajuda a retardar o escoamento da água e a erosão da camada superficial do solo após chuvas intensas.

zinco. Essas plantas mostram-se promissoras para a despoluição de áreas contaminadas por fundições, mineração e testes nucleares. A fitorremediação é um tipo de biorremediação, que emprega também procariotos e protistas para desintoxicar locais poluídos (ver Conceitos 27.6 e 55.5).

Examinamos a importância da conservação do solo para a agricultura sustentável. Os nutrientes minerais contribuem consideravelmente para a fertilidade do solo, mas quais minerais são mais importantes e por que as plantas necessitam deles? Esses são os tópicos da próxima seção.

REVISÃO DO CONCEITO 37.1

1. Explique como a frase "tudo que é demais faz mal" pode ser aplicada à irrigação e à fertilização de plantas.
2. Alguns cortadores de grama recolhem as aparas. Qual é a desvantagem dessa prática quanto à nutrição vegetal?
3. **E SE?** Como a adição de argila ao solo margoso afetaria a sua capacidade de troca catiônica e de retenção de água? Explique.
4. **FAÇA CONEXÕES** Mencione três maneiras pelas quais as propriedades da água contribuem para a formação do solo. Ver Conceito 3.2.

Ver as respostas sugeridas no Apêndice A.

CONCEITO 37.2

As raízes das plantas absorvem do solo muitos tipos de elementos essenciais

A água, o ar e os nutrientes minerais contribuem para o crescimento vegetal. O conteúdo de água de uma planta pode ser medido comparando sua massa antes e depois de um processo de secagem. Geralmente, 80 a 90% da massa fresca de uma planta é água. Cerca de 96% da massa seca restante consiste em carboidratos, como celulose e amido, que são produzidos pela fotossíntese. Portanto, os componentes dos carboidratos – carbono, oxigênio e hidrogênio – são os elementos mais abundantes no resíduo vegetal seco. As substâncias inorgânicas do solo, embora essenciais à sobrevivência vegetal, representam apenas cerca de 4% da massa seca de uma planta.

Elementos essenciais

As substâncias inorgânicas das plantas contêm mais do que 50 elementos químicos. Ao estudar a composição química vegetal, devemos distinguir os elementos essenciais daqueles que estão meramente presentes na planta. O componente químico é considerado um **elemento essencial** somente se ele for necessário para uma planta completar o seu ciclo de vida e se reproduzir.

Para determinar quais elementos químicos são essenciais, os pesquisadores utilizam a **cultura hidropônica**, em que as plantas são cultivadas em soluções nutritivas em vez de no solo **(Figura 37.7)**. Esses estudos ajudaram a identificar 17 elementos essenciais necessários para todas as plantas **(Tabela 37.1)**. A cultura hidropônica também é utilizada em menor escala para o cultivo de algumas espécies vegetais em casas de vegetação.

Nove dos elementos essenciais são denominados **macronutrientes** porque as plantas necessitam deles em quantidades relativamente grandes. Seis desses elementos são os principais componentes de compostos orgânicos que formam a estrutura de uma planta: carbono, oxigênio, hidrogênio, nitrogênio, fósforo e enxofre. Os outros três macronutrientes são potássio, cálcio e magnésio. De todos os nutrientes minerais, o nitrogênio é o que mais contribui para o crescimento vegetal e a produtividade agrícola. As plantas necessitam de nitrogênio como um componente das proteínas, ácidos nucleicos, clorofila e outras moléculas orgânicas importantes.

Os outros elementos essenciais são chamados **micronutrientes** porque as plantas necessitam deles em quantidades diminutas. São eles: cloro, ferro, manganês, boro, zinco, cobre, níquel e molibdênio. O sódio é o nono micronutriente,
essencial para as plantas que utilizam as rotas C_4 ou MAC de fotossíntese (ver Conceito 10.5), pois ele é necessário para a regeneração do fosfoenolpiruvato, o aceptor de CO_2 usado nesses dois tipos de fixação de carbono.

Os micronutrientes funcionam nas plantas principalmente como cofatores enzimáticos (ver Conceito 8.4). O ferro, por exemplo, é um componente metálico dos citocromos, as proteínas das cadeias de transporte de elétrons dos cloroplastos e das mitocôndrias. As plantas necessitam de quantidades apenas diminutas de micronutrientes porque geralmente eles apenas ajudam as enzimas. A necessidade de molibdênio, por exemplo, é tão modesta que existe apenas um átomo desse elemento raro para cada 60 milhões de átomos de hidrogênio na matéria seca vegetal. Mesmo assim, a deficiência de molibdênio ou de qualquer outro micronutriente pode enfraquecer ou até matar o vegetal.

Muitos animais, incluindo os seres humanos, obtêm das plantas muitos dos seus nutrientes minerais essenciais. Uma dieta com concentrações baixas de micronutrientes essenciais, como o ferro (Fe), iodo (I) e zinco (Zn), contribui para o problema de desnutrição de micronutrientes ("fome oculta"). A desnutrição humana, diferentemente da subnutrição, resulta quando as pessoas recebem calorias suficientes da sua ingestão de carboidratos, mas faltam outros fatores alimentares (como minerais essenciais, vitaminas ou aminoácidos) necessários à boa saúde.

Sintomas de deficiência mineral

Os sintomas de uma deficiência dependem, em parte, da função que o mineral exerce como nutriente. Por exemplo, a deficiência de magnésio, componente da clorofila, causa *clorose*, o amarelecimento das folhas. Em alguns casos, a relação entre uma deficiência e os seus sintomas é menos direta. Por exemplo, embora a clorofila não contenha ferro, a deficiência desse elemento pode provocar clorose, porque os íons ferro são necessários como cofator em uma etapa enzimática da síntese da clorofila.

Os sintomas de deficiência mineral dependem não apenas do papel do nutriente, mas também de sua mobilidade dentro da planta. Se um nutriente se move mais ou menos livremente, os sintomas surgem primeiro nos órgãos mais velhos, pois os tecidos jovens em crescimento têm maior capacidade de dreno para nutrientes fornecidos com escassez. Por exemplo, uma planta deficiente em magnésio, um íon relativamente móvel, exibe os primeiros sinais de clorose nas folhas mais velhas. Por outro lado, uma deficiência de um mineral relativamente imóvel, como o ferro, afeta primeiramente as partes jovens da planta. Os tecidos mais velhos têm quantidades adequadas de ferro que eles preservam durante os períodos de suprimento escasso. As necessidades minerais de uma planta mudam também com a sua idade. As plântulas, por exemplo, raramente exibem sintomas de deficiência mineral porque suas necessidades são satisfeitas, em grande parte, pelas suas próprias reservas minerais armazenadas.

Os sintomas de uma deficiência mineral podem variar entre espécies, mas, em uma determinada planta, eles são muitas vezes suficientemente distintivos para auxiliar no diagnóstico. As deficiências de fósforo, potássio e nitrogênio são mais comuns, como no exemplo das folhas de milho **(Figura 37.8)**.

▼ Figura 37.7 Método de pesquisa
Cultura hidropônica

Aplicação Na cultura hidropônica, as plantas são cultivadas em soluções nutritivas, na ausência de solo. Um dos empregos da cultura hidropônica é a identificação de elementos essenciais para as plantas.

Técnica As raízes são imersas em soluções aeradas de composição mineral conhecida. A aeração da água supre as raízes com oxigênio para a respiração celular. (Observação: os frascos são geralmente opacos para impedir o crescimento de algas.) Um mineral, como o ferro, pode ser omitido para testar se ele é essencial.

Controle: Solução contendo todos os nutrientes minerais
Experimento: Solução sem ferro

Resultado Se o mineral omitido for essencial, ocorrem sintomas de deficiência mineral, como restrição de crescimento e folhas sem pigmentação (descoloridas). Por definição, a planta não seria capaz de completar seu ciclo de vida. Deficiências em elementos diferentes podem ter sintomas distintos, que podem auxiliar no diagnóstico de deficiências minerais no solo.

Tabela 37.1 Elementos essenciais nas plantas

Elemento (forma principal de absorção pelas plantas)	% de massa na matéria seca	Funções principais	Sintomas iniciais visuais de deficiências nutricionais
Macronutrientes			
Carbono (CO_2)	45%	Componente fundamental dos compostos orgânicos	Crescimento deficiente
Oxigênio (O_2)	45%	Componente fundamental dos compostos orgânicos	Crescimento deficiente
Hidrogênio (H_2O)	6%	Componente fundamental dos compostos orgânicos	Murcha, crescimento deficiente
Nitrogênio (NO_3^-, NH_4^+)	1,5%	Componente dos ácidos nucleicos, proteínas e clorofila	Clorose nas extremidades das folhas mais velhas (comum em solos intensamente cultivados ou solos pobres em matéria orgânica)
Potássio (K^+)	1%	Cofator de enzimas; soluto fundamental que atua no equilíbrio hídrico; funcionamento dos estômatos	Folhas mais velhas manchadas, com margens secas; caules frágeis; raízes pouco desenvolvidas (comum em solos ácidos ou arenosos)
Cálcio (Ca^{2+})	0,5%	Componente importante da lamela média e das paredes celulares; manutenção do funcionamento de membranas; transdução de sinais	Folhas jovens enrugadas; morte das gemas apicais (comum em solos ácidos ou arenosos)
Magnésio (Mg^{2+})	0,2%	Componente da clorofila; cofator de muitas enzimas	Clorose entre as nervuras, constatada em folhas mais velhas (comum em solos ácidos ou arenosos)
Fósforo ($H_2PO_4^-$, HPO_4^{2-})	0,2%	Componente de ácidos nucleicos, fosfolipídeos, ATP	Aparência saudável, mas desenvolvimento muito lento; caules delgados; nervuras purpúreas; florescimento e frutificação deficientes (comum em solos ácidos, úmidos ou sob temperaturas baixas)
Enxofre (SO_4^{2-})	0,1%	Componente de proteínas	Clorose geral nas folhas jovens (comum em solos arenosos ou muito úmidos)
Micronutrientes			
Cloro (Cl^-)	0,01%	Fotossíntese (decomposição da água); funções no equilíbrio hídrico	Murcha; raízes curtas; folhas manchadas (incomum)
Ferro (Fe^{3+}, Fe^{2+})	0,01%	Respiração; fotossíntese; síntese da clorofila; fixação de N_2	Clorose entre as nervuras, constatada em folhas jovens (comum em solos alcalinos)
Manganês (Mn^{2+})	0,005%	Ativo na formação de aminoácidos; ativa algumas enzimas; necessário para a etapa de decomposição da água na fotossíntese	Clorose entre as nervuras, constatada em folhas jovens (comum em solos alcalinos ricos em húmus)
Boro ($H_2BO_3^-$)	0,002%	Cofator na síntese de clorofila; papel no funcionamento da parede celular; crescimento do tubo polínico	Morte dos meristemas; folhas espessas, coriáceas e descoloridas (ocorre em qualquer solo; mais comum deficiência de micronutrientes)
Zinco (Zn^{2+})	0,002%	Ativo na formação da clorofila; cofator de algumas enzimas; necessário para a transcrição do DNA	Comprimento reduzido dos entrenós; folhas enrugadas (comum em certas regiões geográficas)
Cobre (Cu^+, Cu^{2+})	0,001%	Componente de muitas enzimas redox e da biossíntese de lignina	Folhas jovens de cor verde-claro, com extremidades secas; raízes raquíticas e excessivamente ramificadas (comum em certas regiões geográficas)
Níquel (Ni^{2+})	0,001%	Metabolismo do nitrogênio	Clorose geral em todas as folhas; morte das extremidades foliares (comum em solos ácidos ou arenosos)
Molibdênio (MoO_4^{2-})	0,0001%	Metabolismo do nitrogênio	Morte das raízes e dos ápices caulinares; clorose nas folhas mais velhas (comum em solos ácidos em algumas áreas geográficas)

FAÇA CONEXÕES *Explique por que o CO_2, e não o O_2, é a fonte de grande parte do oxigênio da massa seca em vegetais. Ver Conceito 10.1.*

▶ **Figura 37.8 As deficiências minerais mais comuns, observadas nas folhas do milho.** Os sintomas de deficiências minerais podem variar nas diferentes espécies. No milho, a deficiência de nitrogênio evidencia-se por um amarelecimento que começa na extremidade e continua ao longo da nervura mediana de folhas mais velhas. Os indivíduos de milho com deficiência de fósforo apresentam margens púrpuro-avermelhadas, especialmente nas folhas mais jovens. Os indivíduos de milho deficientes em potássio exibem "queima" ou dessecação ao longo das extremidades e margens de folhas mais velhas.

Saudável

Deficiente em nitrogênio

Deficiente em fósforo

Deficiente em potássio

No **Exercício de habilidades científicas**, você pode diagnosticar uma deficiência mineral em folhas de uma laranjeira. A escassez de micronutrientes é menos comum do que a de macronutrientes e tende a ocorrer em certas regiões geográficas devido a diferenças na composição do solo. Uma maneira de confirmar um diagnóstico é a análise do conteúdo mineral da planta ou do solo. A quantidade necessária para corrigir uma deficiência de um micronutriente geralmente é pequena. Por exemplo, a deficiência de zinco em árvores frutíferas habitualmente pode ser sanada martelando alguns pregos de zinco no tronco. A moderação é importante, pois doses excessivas de um micronutriente ou macronutriente podem ser prejudiciais ou tóxicas. Nitrogênio em demasia, por exemplo, pode levar ao crescimento excessivo de tomateiros, em detrimento de uma boa produção de frutos.

Exercício de habilidades científicas

Formulação de observações

Qual deficiência mineral exibe esta planta? Os agricultores muitas vezes diagnosticam deficiências em suas culturas vegetais por meio do exame de mudanças na folhagem, como clorose (amarelecimento), morte de algumas folhas, descoloração, manchas, folhas ressequidas ou alterações no seu tamanho ou textura. Neste exercício, você diagnosticará uma deficiência mineral observando as folhas de uma planta e aplicando o conhecimento sobre sintomas adquirido do texto e da Tabela 37.1.

Dados Os dados deste exercício provêm da fotografia abaixo, mostrando folhas de uma laranjeira com uma deficiência mineral.

Folha mais velha
Folha jovem

INTERPRETE OS DADOS

1. Como as folhas jovens diferem em aparência das folhas mais velhas?
2. Que mudança você observa nas folhas e onde ela se manifesta? Relacione os três nutrientes cujas deficiências originam esse sintoma. Com base na localização do sintoma, qual desses três nutrientes pode ser descartado e por quê? O que a localização sugere sobre os outros dois nutrientes?
3. Qual seria a sua hipótese sobre a causa dessa deficiência, se os testes mostrassem que o solo era pobre em húmus?

Mudança climática global e qualidade alimentar

Como o crescimento vegetal é intensificado pelos aumentos no CO_2 atmosférico e elevação da temperatura, é de esperar que a produção global de alimentos – medida pela biomassa vegetal – cresça em resposta à mudança climática global em certas partes do mundo. Contudo, a produção de alimentos deve ser avaliada também pela sua qualidade. Infelizmente, existem indicadores que as plantas atuais, comparadas com as plantas de períodos pré-industriais, não estão absorvendo nutrientes suficientes para acompanhar o aumento da fixação de CO_2 em carboidratos. Por exemplo, um estudo com 43 culturas agrícolas constatou declínios significativos em proteína, Ca, P, Fe, riboflavina e ácido ascórbico de 1950 a 1999. Embora esse declínio na qualidade alimentar deva ser causado por uma alteração voltada para culturas de maior rendimento, estudos com plantas silvestres sugerem que a mudança climática global é a responsável. Por exemplo, um estudo revelou que o conteúdo proteico do pólen da vara-de-ouro (*Solidago canadensis*) diminuiu um terço desde a Revolução Industrial, e essa alteração se correlaciona fortemente com a ocorrência de aumento na concentração de CO_2. As reduções na qualidade do pólen como fonte de alimento talvez tenham uma participação no declínio generalizado das abelhas, polinizadores importantes cujo decréscimo populacional ameaça a produção agrícola.

REVISÃO DO CONCEITO 37.2

1. Alguns elementos essenciais são mais importantes do que outros? Explique.
2. **E SE?** Se um elemento aumentar a taxa de crescimento de uma planta, ele pode ser definido como essencial?
3. **FAÇA CONEXÕES** Com base na Figura 9.17, explique por que as plantas em cultivo hidropônico cresceriam muito mais lentamente caso não fossem suficientemente aeradas.

Ver as respostas sugeridas no Apêndice A.

CONCEITO 37.3

A nutrição vegetal muitas vezes envolve relações com outros organismos

Até este ponto, nós consideramos as plantas como exploradoras do solo, mas o solo e as plantas têm uma relação de duas vias. As plantas mortas fornecem grande parte da energia para bactérias e fungos que vivem no solo. Muitos desses organismos se beneficiam também de secreções ricas em açúcar produzidas por raízes vivas. Ao mesmo tempo, as plantas obtêm benefícios de suas associações com bactérias e fungos do solo. Conforme mostrado na **Figura 37.9**, as relações mutuamente benéficas que perpassam reinos e domínios não são raras na natureza, tendo importância especial para as plantas. Nós exploraremos alguns *mutualismos* importantes entre plantas e bactérias e fungos do solo, bem como algumas formas incomuns não mutualísticas de nutrição vegetal.

▼ Figura 37.9

FAÇA CONEXÕES

Mutualismo entre os reinos e domínios

Algumas espécies tóxicas de peixes não elaboram seu próprio veneno. Como isso é possível? Algumas espécies de formigas mastigam folhas, mas não as ingerem. Por quê? As respostas se encontram em alguns mutualismos admiráveis, relações entre espécies diferentes nas quais cada uma das espécies fornece uma substância ou serviço que beneficia a outra (ver Conceito 54.1). Às vezes, os mutualismos ocorrem no mesmo reino, como entre duas espécies de animais. Muitos mutualismos, no entanto, envolvem espécies de reinos ou domínios diferentes, como nestes exemplos.

Fungo-bactéria

Um líquen é uma associação mutualística entre um fungo e um parceiro fotossintetizante. No líquen *Peltigera*, o parceiro fotossintetizante é uma espécie de cianobactéria. A cianobactéria fornece carboidratos, enquanto o fungo proporciona fixação, proteção, nutrientes minerais e água. (Ver Figura 31.25.)

Peltigera, liquen

Corte longitudinal do líquen *Peltigera* mostrando bactérias verdes fotossintetizantes entre camadas de fungos

Animal-bactéria

Fugu é o nome japonês para o peixe-balão e a iguaria feita com ele, que pode ser letal. A maioria das espécies de fugu contém quantidades letais de tetrodotoxina (uma neurotoxina) em seus órgãos, especialmente no fígado, ovários e intestinos. Por isso, um chefe de cozinha especialmente treinado deve retirar as partes venenosas. A tetrodotoxina é sintetizada por bactérias mutualísticas (espécies diversas do gênero *Vibrio*) associadas ao peixe. O peixe recebe uma defesa química potente, enquanto as bactérias vivem em um ambiente rico em nutrientes e de competição baixa.

Peixe-balão (fugu)

Planta-bactéria

A samambaia flutuante *Azolla* fornece carboidratos para uma cianobactéria fixadora de nitrogênio que vive nos espaços aeríferos das folhas. Em troca, a samambaia recebe nitrogênio da cianobactéria. (Ver Conceito 27.5.)

Azolla, samambaia flutuante

Animal-fungo

Formigas-cortadeiras colhem folhas e as carregam para o seu ninho. Porém, as formigas não consomem as folhas. Em vez disso, um fungo se desenvolve, absorvendo nutrientes das folhas, enquanto as formigas consomem parte do fungo que elas cultivaram.

Formiga-cortadeira levando uma folha cortada para o ninho

Formigas cuidando de um cultivo de fungos em um ninho

Planta-fungo

A maioria das espécies vegetais tem micorrizas, associações mutualísticas entre raízes e fungos. O fungo absorve carboidratos das raízes. Em troca, o micélio do fungo – uma rede densa de filamentos denominados hifas – aumenta a área de superfície para captação de água e nutrientes minerais pelas raízes. (Ver Figura 31.4.)

Um fungo crescendo na raiz de um indivíduo de sorgo (MEV)

Planta-animal

Pela ação agressiva de formigas, algumas espécies vegetais são defendidas de predadores e competidores. As formigas recebem da planta alimento sob a forma de néctar rico em carboidratos, produzidos em estruturas secretoras denominadas nectários. (A Figura 54.9 apresenta outro exemplo de um mutualismo entre planta e formigas.)

Formiga protetora colhendo néctar

FAÇA CONEXÕES

Descreva mais três exemplos de mutualismos (ver Figura 27.20, Figura 38.4 e Conceito 41.4).

Bactérias e nutrição vegetal

Uma diversidade de bactérias mutualísticas desempenha funções na nutrição vegetal. Algumas participam de intercâmbios químicos mutuamente benéficos com raízes de plantas. Outras intensificam a decomposição de materiais orgânicos e aumentam a disponibilidade de nutrientes.

Rizobactérias

As **rizobactérias** são bactérias que vivem em íntima associação com raízes ou na **rizosfera**, zona de contato do solo com as raízes. Muitas rizobactérias formam associações mutuamente benéficas com raízes. As rizobactérias dependem de nutrientes como açúcares, aminoácidos e ácidos orgânicos secretados pelas células vegetais. Até 20% da produção fotossintética de uma planta pode ser usada para abastecer essas comunidades bacterianas complexas. Em troca, as plantas obtêm muitos benefícios dessas associações mutualísticas. Algumas rizobactérias produzem antibióticos que protegem as raízes de doenças. Outras absorvem metais tóxicos ou tornam os nutrientes mais disponíveis às raízes. Outras ainda convertem nitrogênio gasoso em formas utilizáveis pela planta ou produzem substâncias químicas que estimulam o crescimento vegetal. A inoculação de sementes com rizobactérias promotoras do crescimento vegetal pode aumentar a produtividade de culturas e reduzir a necessidade de fertilizantes e pesticidas.

Algumas rizobactérias são de vida livre na rizosfera, ao passo que outras são **endófitas** que vivem entre células no interior da planta. Os espaços intercelulares ocupados por bactérias endófitas e a rizosfera associada ao sistema de raízes contêm um coquetel único e complexo de secreções de raízes e produtos microbianos que diferem daqueles do solo próximo. Um estudo recente revelou que as composições de comunidades bacterianas vivendo de maneira endófita e na rizosfera não são idênticas **(Figura 37.10)**.

▼ Figura 37.10 Pesquisa

Quão variáveis são as composições de comunidades bacterianas dentro e fora das raízes?

Experimento Sabe-se que as comunidades bacterianas encontradas dentro e no entorno dos sistemas de raízes melhoram o crescimento vegetal. Para elaborar estratégias agrícolas visando aumentar os benefícios dessas comunidades bacterianas, é necessário determinar seu nível de complexidade e os fatores que afetam a sua composição. Um problema inerente ao estudo dessas comunidades bacterianas é que um punhado de solo contém até 10 mil tipos de bactérias, mais do que todas as espécies de bactérias já descritas. Os pesquisadores não conseguem simplesmente cultivar cada uma das espécies e usar uma chave taxonômica para identificá-las; há necessidade de uma abordagem molecular.

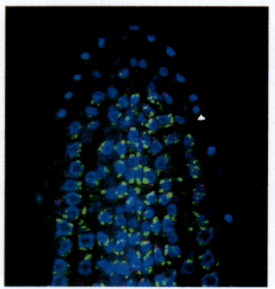

▲ Bactérias (verdes) sobre a superfície de uma raiz (MO de fluorescência).

Jeffery Dangl e colaboradores estimaram o número de "espécies" de bactérias em amostras usando uma técnica denominada *metagenômica* (ver Conceito 21.1). As amostras de comunidades bacterianas diferiram quanto ao local (endófita, dentro da rizosfera ou fora da rizosfera), tipo de solo (com grandes quantidades de argila ou poroso) e estágio de desenvolvimento do sistema de raízes (maduro ou jovem) com o qual as bactérias estavam associadas. O DNA de cada amostra foi purificado, e a técnica da reação em cadeia da polimerase (PCR, *polymerase chain reaction*) foi empregada para ampliar o DNA que codifica as subunidades 16S de RNA ribossômico. Milhares de variações de sequências de DNA foram encontradas em cada amostra. As sequências que eram mais do que 97% idênticas foram agrupadas em "unidades taxonômicas" ou "espécies" (a palavra *espécies* está entre aspas porque a afirmação "dois organismos tendo um único gene que é mais do que 97% idêntico" não está explícita em qualquer definição de espécie). Tendo estabelecidos os tipos de "espécies" em cada comunidade, os pesquisadores construíram um diagrama de árvore, mostrando a porcentagem de "espécies" bacterianas em comum em cada comunidade.

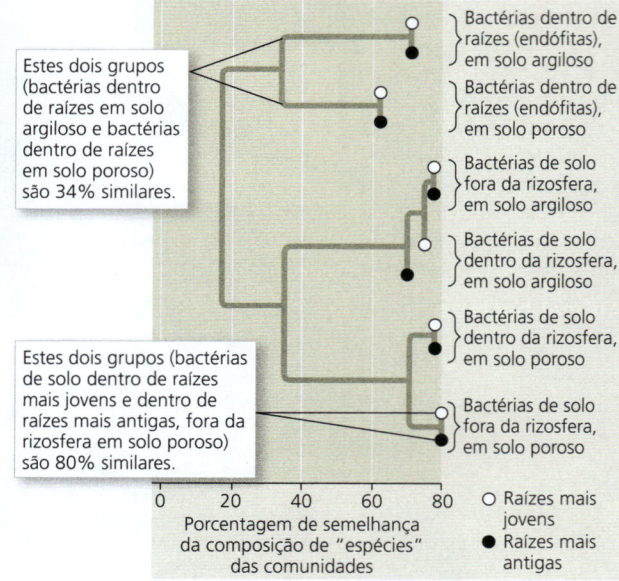

Dados de D. S. Lundberg et al., Defining the core *Arabidopsis thaliana* root microbiome, *Nature* 488:86-94 (2012).

Resultados Este diagrama de árvore discrimina o grau de parentesco de comunidades bacterianas em níveis mais detalhados. Os dois quadros explicativos dão exemplos de como interpretar o diagrama.

Conclusão A composição de "espécies" das comunidades bacterianas variou nitidamente de acordo com a localização dentro das raízes *versus* fora das raízes e de acordo com o tipo de solo.

INTERPRETE OS DADOS **(a)** Qual das três localizações das comunidades era a menos semelhante às outras duas? **(b)** Classifique as três variáveis (localização da comunidade, estágios de desenvolvimento das raízes e tipo de solo) em termos de grau de intensidade que afetam a composição de "espécies" das comunidades bacterianas.

Uma melhor compreensão dos tipos de bactérias dentro e ao redor das raízes potencialmente poderia levar a grandes benefícios agrícolas.

Bactérias no ciclo do nitrogênio

Uma vez que o nitrogênio é necessário em grandes quantidades para a síntese de proteínas e ácidos nucleicos, nenhuma deficiência mineral é mais limitante ao crescimento vegetal do que a falta desse elemento. As formas de nitrogênio que as plantas utilizam incluem NO_3^- e NH_4^+. Parte do nitrogênio do solo deriva do intemperismo de rochas; os raios produzem quantidades pequenas de NO_3^- que são transportadas para o solo junto com a chuva. Contudo, a maior parte do nitrogênio disponível às plantas provém da atividade de bactérias **(Figura 37.11)**. Essa atividade é parte do **ciclo do nitrogênio**, uma série de processos naturais pelos quais certas substâncias contendo nitrogênio do ar e solo tornam-se disponíveis aos organismos vivos, são utilizadas por eles e retornam ao ar e ao solo (ver Figura 55.14).

As plantas costumam obter nitrogênio sob forma de NO_3^- (nitrato). O NO_3^- do solo é principalmente formado por um processo de duas etapas denominado *nitrificação*, que consiste na oxidação da amônia (NH_3) em nitrito (NO_2^-), seguida pela oxidação de NO_2^- em NO_3^-. Tipos diferentes de *bactérias nitrificantes* medeiam cada etapa, conforme mostrado na parte inferior da Figura 37.11. Após a absorção de NO_3^- pelas raízes, uma enzima vegetal o reduz de volta a NH_4^+, que outras enzimas incorporam em aminoácidos e outros compostos orgânicos. A maioria das espécies vegetais exporta o nitrogênio das raízes às partes aéreas via xilema, como NO_3^- ou como compostos orgânicos sintetizados nas raízes. Parte do nitrogênio do solo é perdida, especialmente em solos anaeróbicos, quando as bactérias desnitrificantes convertem NO_3^- em N_2, que se difunde para a atmosfera.

Além do NO_3^-, as plantas conseguem obter nitrogênio sob forma de NH_4^+ (amônio) mediante dois processos, conforma mostrado à esquerda na Figura 37.11. Em um processo, as *bactérias fixadoras de nitrogênio* convertem nitrogênio gasoso (N_2) em NH_3, que, então, capta outro H^+ da solução do solo, formando NH_4^+. No outro processo, denominado amonificação, os decompositores convertem em NH_4^+ o nitrogênio orgânico da matéria orgânica morta.

Bactérias e fixação do nitrogênio

Embora a atmosfera da Terra contenha 79% de nitrogênio, os vegetais não conseguem utilizar o nitrogênio gasoso livre (N_2) porque existe uma ligação tripla entre os dois átomos de nitrogênio, tornando a molécula praticamente inerte. Para ser utilizado pelos vegetais, o N_2 atmosférico deve ser reduzido a NH_2 por um processo conhecido como **fixação do nitrogênio**. Todos os organismos fixadores de nitrogênio são bactérias. Algumas bactérias fixadoras de nitrogênio são de vida livre no solo (ver Figura 37.11), enquanto outras vivem na rizosfera. Neste último grupo, membros do gênero *Rhizobium* formam associações eficientes e íntimas com as raízes de leguminosas (como feijões, alfafa e amendoim), alterando nitidamente a estrutura das raízes do hospedeiro, como será discutido em breve.

A conversão em muitas etapas do N_2 em NH_3, pela fixação do nitrogênio, pode ser resumida conforme segue:

$$N_2 + 8e^- + 8H^+ + 16\,ATP \longrightarrow 2\,NH_3 + H_2 + 16\,ADP + 16\,\text{\textcircled{P}}_i$$

A reação é catalisada pelo complexo enzimático *nitrogenase*. Como o processo de fixação do nitrogênio requer 16 moléculas de ATP para cada duas moléculas de NH_3 sintetizadas, as bactérias fixadoras de nitrogênio necessitam de um rico suprimento de carboidratos provenientes da

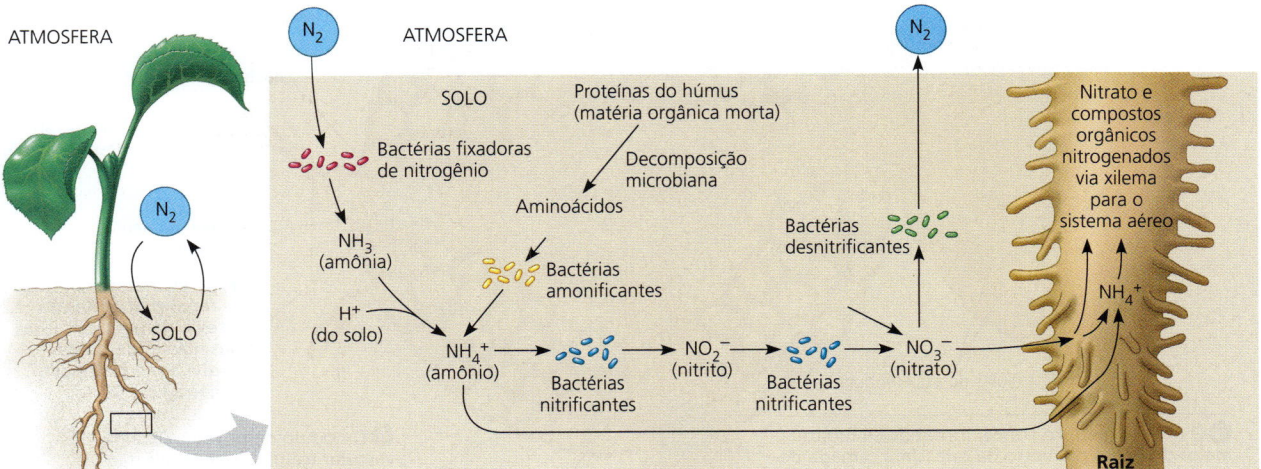

▲ **Figura 37.11** **Papéis das bactérias do solo na nutrição nitrogenada das plantas.** O amônio (NH_4^+) é disponibilizado para as plantas por dois tipos de bactérias do solo: aquelas que fixam N_2 atmosférico (bactérias fixadoras de nitrogênio) e aquelas que decompõem a matéria orgânica (bactérias amonificantes). Embora absorvam um pouco de amônio do solo, as plantas absorvem principalmente nitrato, que é produzido a partir do amônio pelas bactérias nitrificantes. As plantas reduzem nitrato de volta a amônio, antes de incorporar o nitrogênio em compostos orgânicos.

HABILIDADES VISUAIS *Se um animal morresse perto de uma raiz, a planta teria maior acesso ao amônio, nitrato ou ambos?*

matéria em decomposição, de secreções das raízes ou (no caso de bactérias *Rhizobium*) do sistema vascular das raízes.

O mutualismo entre as bactérias do gênero *Rhizobium* ("vivendo na raiz") e as raízes de leguminosas envolve alterações drásticas na estrutura das raízes. Ao longo das raízes de uma leguminosa, observam-se intumescências denominadas **nódulos**, compostos de células vegetais "infectadas" por *Rhizobium* **(Figura 37.12)**. No interior de cada nódulo, as bactérias assumem uma forma denominada **bacteroides**, que são contidas em vesículas formadas nas células das raízes. A relação leguminosa-*Rhizobium* gera mais nitrogênio utilizável pelas plantas do que todos os fertilizantes industriais empregados atualmente – e praticamente nenhum custo para o agricultor.

A fixação do nitrogênio por *Rhizobium* requer um ambiente anaeróbico, uma condição facilitada pela localização dos bacteroides dentro de células vivas do córtex da raiz. As camadas externas lenhosas dos nódulos das raízes também ajudam a limitar o intercâmbio gasoso. Alguns nódulos têm aparência avermelhada devido a uma molécula denominada leg-hemoglobina (*leg*- indica "leguminosa"), uma proteína contendo ferro que se liga reversivelmente ao oxigênio (similar à hemoglobina dos eritrócitos humanos). Essa proteína é um "tampão" para o oxigênio, reduzindo a concentração de oxigênio livre, proporcionando, assim, um ambiente anaeróbico para a fixação do nitrogênio enquanto regula o suprimento de oxigênio para a respiração celular intensa exigida para produzir ATP para a fixação do nitrogênio.

Cada espécie de leguminosa está associada a uma cepa de *Rhizobium*. A **Figura 37.13** descreve como um nódulo se desenvolve após as bactérias penetrarem em um pelo da raiz por um "canal de infecção". A relação simbiótica entre uma leguminosa e as bactérias fixadoras de nitrogênio é mutualística. As bactérias abastecem a planta hospedeira de nitrogênio fixado enquanto a planta fornece às bactérias carboidratos e outros compostos orgânicos. Os nódulos das raízes usam a maior parte do amônio produzido para elaborar

▶ **Figura 37.12 Nódulos nas raízes de uma leguminosa.** As estruturas esféricas ao longo deste sistema de raízes da soja são nódulos contendo bactérias do gênero *Rhizobium*. As bactérias fixam o nitrogênio e obtêm produtos da fotossíntese fornecidos pela planta.

? *Como a relação entre leguminosas e* Rhizobium *é mutualística?*

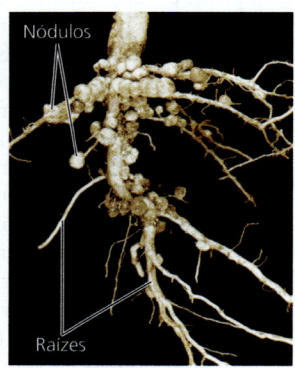

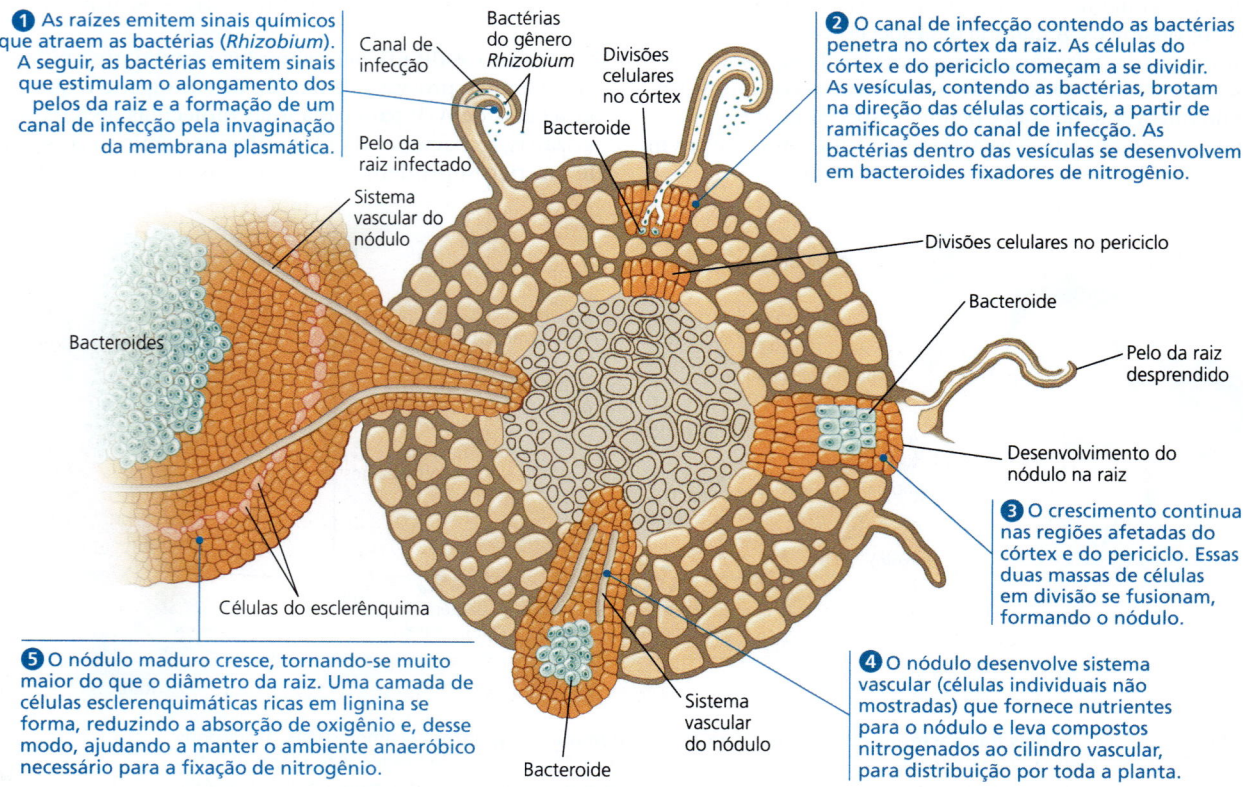

▲ **Figura 37.13** Desenvolvimento de um nódulo na raiz da soja.

HABILIDADES VISUAIS *Quais sistemas de tecidos vegetais são modificados pela formação de nódulos nas raízes?*

aminoácidos, que depois são transportados para a parte aérea da planta via xilema.

Como uma espécie de leguminosa reconhece uma determinada cepa de *Rhizobium*? E como um encontro com essa cepa específica de *Rhizobium* leva ao desenvolvimento de um nódulo? Cada parceiro responde aos sinais químicos do outro, mediante expressão de certos genes cujos produtos contribuem para a formação do nódulo. Através do entendimento da formação dos nódulos na raiz, os pesquisadores esperam aprender como induzir a captação do *Rhizobium* e a formação dos nódulos em plantas cultivadas que normalmente não estabelecem essas relações mutualísticas com fixadores de nitrogênio.

Fixação do nitrogênio e agricultura

Os benefícios da fixação do nitrogênio fundamentam a maioria dos tipos de **rotação de culturas**. Nessa atividade prática, uma planta não leguminosa, como o milho, é cultivada em um ano e, no ano seguinte, é plantada alfafa ou alguma outra leguminosa para restaurar a concentração de nitrogênio fixado no solo. Para garantir que a leguminosa encontre sua cepa específica de *Rhizobium*, as sementes são expostas às bactérias antes da semeadura. Em vez de ser colhida, a lavoura da leguminosa é muitas vezes lavrada para ser decomposta como "adubo verde", reduzindo a demanda por fertilizantes manufaturados.

Muitas famílias vegetais além das leguminosas possuem espécies que se beneficiam da fixação mutualística do nitrogênio. Por exemplo, indivíduos do amieiro-vermelho (*Alnus rubra*) abrigam actinomicetos (bactérias) fixadores do nitrogênio. O arroz, uma cultura de grande importância comercial, beneficia-se indiretamente da fixação mutualística do nitrogênio. Os orizicultores cultivam uma samambaia aquática flutuante, *Azolla*, que tem cianobactérias mutualísticas fixadoras de nitrogênio (ver a parte inferior da Figura 37.9). O arroz em crescimento, por fim, sombreia e aniquila a *Azolla*, e a decomposição dessa matéria orgânica rica em nitrogênio aumenta a fertilidade da lavoura de arroz. Os patos consomem também *Azolla*, disponibilizando à lavoura de arroz uma fonte extra de adubo e propiciando aos orizicultores uma fonte de carne.

Fungos e nutrição vegetal

Certas espécies de fungos do solo formam também relações mutualísticas com raízes e desempenham um papel importante na nutrição vegetal. Alguns desses fungos são endofíticos, mas as relações mais importantes são as **micorrizas** ("fungo de raízes"), associações mutualísticas íntimas de raízes e fungos (ver Figura 31.14b). A planta hospedeira fornece ao fungo um suprimento constante de açúcar. Por sua vez, o fungo aumenta a área de superfície para a absorção de água e fornece também à planta fósforo e outros nutrientes minerais absorvidos do solo. Os fungos das micorrizas também secretam fatores de crescimento que estimulam o crescimento e a ramificação das raízes, bem como antibióticos que ajudam a proteger as plantas de patógenos do solo.

Micorrizas e evolução vegetal

EVOLUÇÃO As micorrizas não são raridades; elas são formadas pela maioria das espécies vegetais. Na verdade, esse mutualismo planta-fungo pode ter sido uma das adaptações evolutivas que ajudaram as plantas a iniciar a colonização do ambiente terrestre (ver Conceito 29.1). Quando as primeiras plantas, evoluídas das algas verdes, começaram a conquistar o ambiente terrestre há 400 a 500 milhões de anos, elas encontraram um ambiente rigoroso. Embora contivesse nutrientes minerais, o solo não dispunha de matéria orgânica. Por isso, a chuva provavelmente lixiviava rapidamente a maior parte dos nutrientes minerais solúveis. A terra desprovida de vida, no entanto, era também um local de oportunidades porque a luz e o dióxido de carbono eram abundantes, além de haver pouca competição ou herbivoria.

Nem as primeiras plantas terrestres nem os primeiros fungos terrestres estavam totalmente equipados para explorar o ambiente terrestre. Os primeiros vegetais não tinham a capacidade de extrair nutrientes essenciais do solo, ao passo que os fungos eram incapazes de formar carboidratos. Em vez de os fungos parasitarem os rizoides dos vegetais em evolução (as raízes ou os pelos de raízes ainda não tinham se desenvolvido), os dois tipos de organismos formaram associações micorrízicas, uma simbiose mutualística que permitiu a ambos explorar o ambiente terrestre. Evidências fósseis corroboram a ideia de que as associações micorrízicas ocorreram nos primeiros vegetais terrestres. A pequena minoria das angiospermas não micorrízicas existentes provavelmente perdeu essa capacidade pela perda de genes.

Tipos de micorrizas

As micorrizas apresentam-se em duas formas, denominadas ectomicorrizas e micorrizas arbusculares. As **ectomicorrizas** formam uma bainha densa, ou manto, de micélios (massa de hifas ramificadas) sobre a *superfície* da raiz. As hifas se estendem do manto para o solo, aumentando bastante a área de superfície para a absorção da água e de nutrientes minerais. As hifas crescem também para dentro do córtex (parte da raiz). Essas hifas não penetram nas células da raiz, mas formam uma rede no apoplasto (espaço extracelular), que facilita o intercâmbio de nutrientes entre o fungo e a planta. Comparadas com raízes "não infectadas", as raízes de ectomicorrizas geralmente são mais espessas, mais curtas e mais ramificadas. Em geral, elas não formam pelos, que seriam supérfluos considerando a extensa área de superfície do micélio. Apenas cerca de 10% das famílias vegetais têm espécies formadoras de ectomicorrizas. Essas espécies, na imensa maioria, são lenhosas, incluindo representantes das famílias do pinheiro, carvalho, bétula e eucalipto.

Diferentemente das ectomicorrizas, as **micorrizas arbusculares** (também chamadas de endomicorrizas) não envolvem a raiz, mas ficam dentro dela. Elas iniciam quando as hifas microscópicas no solo respondem à presença de uma raiz crescendo em sua direção, estabelecendo contato e crescendo na sua superfície. As hifas penetram entre as células epidérmicas da raiz e, após, ingressam no córtex, onde

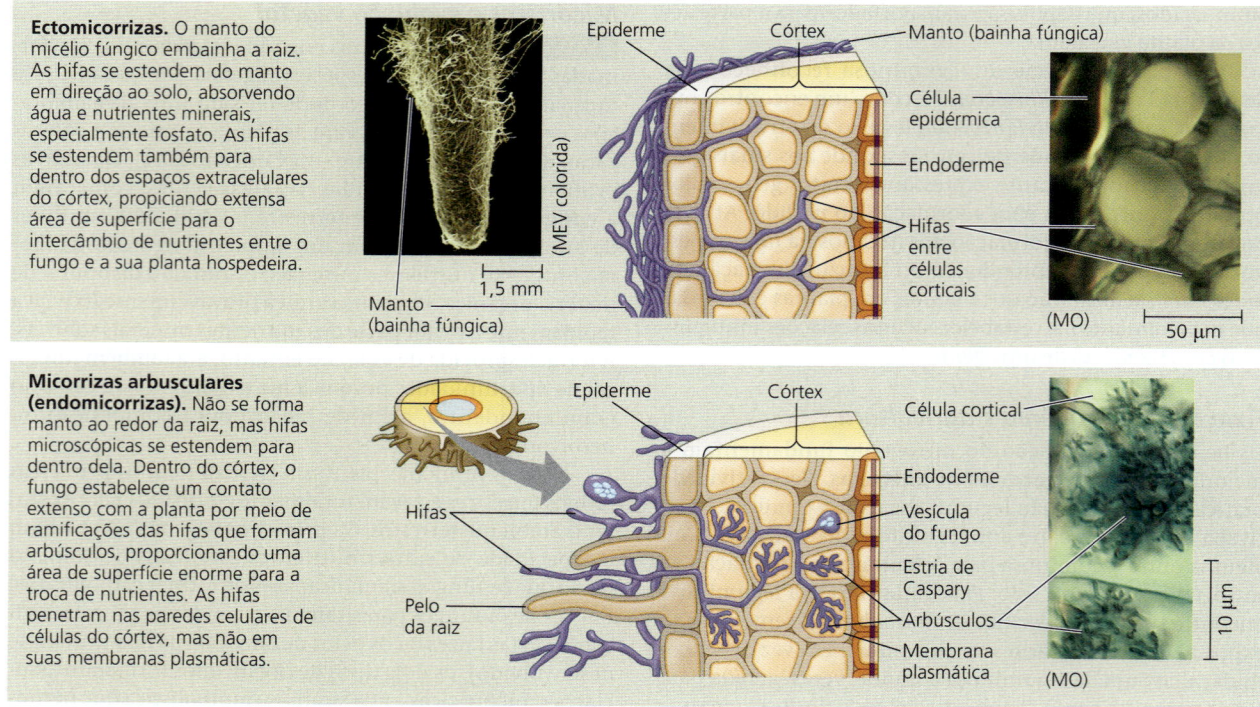

▲ Figura 37.14 Micorrizas.

digerem pedaços pequenos das paredes celulares, mas não perfuram a membrana plasmática. Em vez de penetrar no citoplasma, a hifa cresce para dentro de um tubo formado pela invaginação da membrana da célula da raiz. Essa invaginação é como o ato de empurrar o dedo delicadamente para dentro de um balão sem estourá-lo; o dedo é semelhante à hifa, e a película do balão é semelhante à membrana da célula da raiz. Após terem penetrado dessa maneira, algumas dessas hifas ramificam densamente, formando estruturas denominadas arbúsculos ("árvores pequenas"), que são sítios importantes de transferência de nutrientes entre o fungo e a planta. Dentro das próprias hifas podem se formar vesículas ovais, possivelmente servindo como locais de armazenagem de alimento para o fungo. As micorrizas arbusculares são muito mais comuns do que as ectomicorrizas, sendo encontradas em mais de 85% das espécies vegetais, incluindo a maioria das culturas agrícolas. Aproximadamente 5% das espécies vegetais não estabelecem associações micorrízicas. A **Figura 37.14** propicia uma visão geral das micorrizas.

Importância agrícola e ecológica das micorrizas

As boas produtividades das safras muitas vezes dependem da formação de micorrizas. As raízes podem estabelecer simbioses micorrízicas apenas se expostas à espécie apropriada de fungo. Na maioria dos ecossistemas, esses fungos estão presentes no solo, e as plântulas desenvolvem micorrizas. Contudo, se as sementes das culturas agrícolas forem coletadas em um ambiente e semeadas em solo diferente, as plantas podem exibir sinais de subnutrição (especialmente deficiência de fósforo), resultante da ausência de parceiros fúngicos. O tratamento de sementes com esporos de fungos micorrízicos pode ajudar as plântulas a formar micorrizas, facilitando a recuperação de ecossistemas naturais degradados (ver Conceito 55.5) e beneficiando a produtividade agrícola.

As associações micorrízicas também são importantes para a compreensão das relações ecológicas. Os fungos de micorrizas arbusculares exibem pouca especificidade ao hospedeiro; um único fungo pode formar uma rede micorrízica compartilhada com diversas plantas, mesmo de espécies diferentes. As redes micorrízicas em uma comunidade vegetal podem beneficiar uma espécie mais do que outra. Outros exemplos de como as micorrizas podem afetar as estruturas de comunidades vegetais provêm de estudos de espécies vegetais introduzidas. Por exemplo, a erva-alheira (*Alliaria petiolata*), espécie europeia introduzida em florestas da metade oriental dos Estados Unidos, não forma micorrizas, mas inibe o crescimento de outras espécies vegetais ao impedir o crescimento de fungos micorrízicos arbusculares.

Epífitas, plantas parasitas e plantas carnívoras

Quase todas as espécies vegetais têm relações mutualísticas com fungos ou bactérias do solo ou com ambos. Algumas espécies vegetais, incluindo as epífitas, as parasitas e as carnívoras, apresentam adaptações incomuns que facilitam a exploração de outros organismos **(Figura 37.15)**.

▼ Figura 37.15 Explorando adaptações nutricionais incomuns nas plantas

Epífitas

Uma **epífita** (do grego *epi*, sobre, e *phyton*, planta) é uma planta que cresce sobre outra planta. Uma epífita produz e colhe seus próprios nutrientes; elas não tiram proveito dos hospedeiros para o seu sustento. Geralmente fixadas nos ramos ou troncos de árvores vivas, as epífitas absorvem água e nutrientes da chuva, principalmente pelas folhas, e não pelas raízes. Alguns exemplos de epífitas são samambaias, bromélias e muitas orquídeas (incluindo exemplares de baunilha).

► **Samambaia chifre-de-veado**, uma epífita

Plantas parasitas

Diferentemente das epífitas, as plantas parasitas absorvem água, nutrientes minerais e, às vezes, produtos da fotossíntese dos seus hospedeiros vivos. Muitas espécies possuem raízes que funcionam como haustórios, projeções para absorção de nutrientes que penetram na planta hospedeira. Algumas espécies parasitas, como o cipó-chumbo (planta filamentosa de cor alaranjada pertencente ao gênero *Cuscuta*), carecem totalmente de clorofila, ao passo que outras, como a erva-de-passarinho (gênero *Phoradendron*), são fotossintetizantes. Outras ainda, como o cachimbo-indiano (*Monotropa uniflora*), absorve nutrientes das hifas de micorrizas associadas a outras plantas.

◄ **Erva-de-passarinho**, uma parasita fotossintetizante

▲ **Cipó-chumbo**, uma parasita não fotossintetizante (cor de laranja)

▲ **Cachimbo-indiano**, uma parasita de micorrizas, não fotossintetizante

Plantas carnívoras

Plantas carnívoras são fotossintetizantes, mas suplementam sua nutrição mineral pela captura de insetos e outros animais pequenos. Elas vivem em pântanos ácidos e em outros locais onde o solo é deficiente em nitrogênio e outros minerais. Plantas-jarro como *Nepenthes* e *Sarracenia* possuem folhas modificadas que formam funis preenchidos com água onde as presas caem e se afogam, sendo depois digeridas por enzimas. Dróseras (gênero *Drosera*) exalam um fluido pegajoso a partir de glândulas semelhantes a tentáculos em folhas altamente modificadas. Glândulas hasteadas secretam uma mucilagem que atrai e captura insetos, e elas também liberam enzimas digestivas. Outras glândulas então absorvem a "sopa" de nutrientes. As folhas altamente modificadas da vênus-papa-moscas (*Dionaea muscipula*) se fecham subitamente, porém de forma parcial, quando uma presa atinge dois cílios-gatilho em intervalo rápido o suficiente. Insetos menores conseguem escapar, mas os maiores ficam presos pelos dentes que se alinham nas margens dos lóbulos. O movimento da presa faz com que a armadilha se feche ainda mais e que enzimas digestivas sejam liberadas.

▲ **Drósera**

◄ **Plantas-jarro**

▼ **Vênus-papa-mosca**

Um estudo recente sugere que a exploração de outros organismos talvez seja a norma. Chanyarat Paungfoo-Lonhienne e colaboradores da Universidade de Queensland, Austrália, apresentaram evidências de que *A. thaliana* e o tomateiro podem captar bactérias e leveduras em suas raízes e digeri-las. Devido ao tamanho pequeno do poro da parede celular (menos de 10 nm) em relação ao tamanho das células bacterianas (cerca de 1.000 nm), a absorção de microrganismos pode depender da digestão da parede celular. Um estudo com trigo sugere que os microrganismos suprem apenas uma fração diminuta das necessidades de nitrogênio da planta, mas isso talvez não seja verdadeiro para todas as plantas. Esses achados sugerem que muitas espécies vegetais talvez se envolvam parcialmente em atividade de carnivoria.

REVISÃO DO CONCEITO 37.3

1. Por que o estudo da rizosfera é crucial para a compreensão da nutrição vegetal?
2. Como as bactérias e as micorrizas do solo contribuem para a nutrição vegetal?
3. **FAÇA CONEXÕES** Qual é a designação geral empregada para descrever a estratégia de usar a fotossíntese e a heterotrofia para a nutrição (ver Conceito 28.1)? Qual é a classe de protistas bem conhecida que utiliza essa estratégia?
4. **E SE?** Um produtor de amendoim verifica que as folhas mais velhas das suas plantas estão ficando amarelas após um longo período de clima úmido. Sugira um motivo para isso.

Ver as respostas sugeridas no Apêndice A.

37 Revisão do capítulo

RESUMO DOS CONCEITOS-CHAVE

CONCEITO 37.1

O solo contém um ecossistema vivo e complexo (p. 806-809)

- No solo, são encontradas partículas de vários tamanhos derivadas da decomposição de rochas. O tamanho da partícula afeta a disponibilidade de água, oxigênio e nutrientes minerais no solo.
- A composição do solo abrange os seus componentes inorgânicos e orgânicos. A **camada superficial do solo** (*topsoil*) é um ecossistema complexo repleto de bactérias, fungos, protistas, animais e raízes.
- Algumas práticas agrícolas podem exaurir o conteúdo mineral do solo, esgotar as reservas de água e provocar erosão. O objetivo da conservação do solo é minimizar esse dano.

? *Como o solo é um ecossistema complexo?*

CONCEITO 37.2

As raízes das plantas absorvem do solo muitos tipos de elementos essenciais (p. 809-812)

- Os **macronutrientes**, elementos necessários em quantidades relativamente grandes, abrangem carbono, oxigênio, hidrogênio, nitrogênio e outros ingredientes importantes dos compostos orgânicos. Os **micronutrientes**, elementos necessários em quantidades muito pequenas, geralmente têm funções catalíticas como cofatores de enzimas.
- A deficiência de um nutriente móvel costuma afetar mais os órgãos mais velhos do que os mais jovens; o inverso é verdadeiro para os nutrientes menos móveis no interior de uma planta. As deficiências de macronutrientes são mais comuns, especialmente as deficiências de nitrogênio, fósforo e potássio.
- Em vez de adequar o solo à planta, a engenharia genética está adequando a planta ao solo.

? *As plantas necessitam de solo para crescer? Explique.*

CONCEITO 37.3

A nutrição vegetal muitas vezes envolve relações com outros organismos (p. 812-820)

- As **rizobactérias** obtêm sua energia da **rizosfera**, um ecossistema enriquecido com microrganismos intimamente associados às raízes. As secreções vegetais suprem as necessidades energéticas da rizosfera. Algumas rizobactérias produzem antibióticos, enquanto outras tornam os nutrientes mais disponíveis às plantas. A maioria é de vida livre, embora algumas vivam no interior de plantas. As plantas satisfazem a maior parte de sua enorme necessidade de nitrogênio a partir da decomposição bacteriana do **húmus** e da fixação de nitrogênio gasoso.

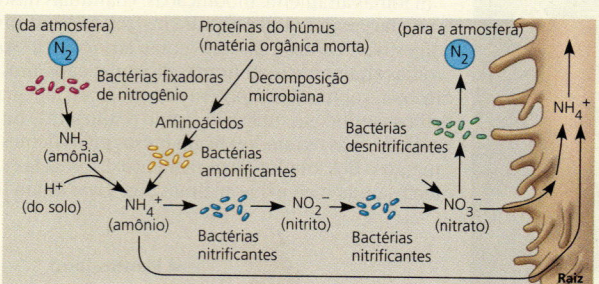

- As bactérias fixadoras de nitrogênio convertem o N_2 atmosférico em minerais nitrogenados que as plantas podem absorver como uma fonte de nitrogênio para a síntese orgânica. O mutualismo mais eficiente entre plantas e bactérias fixadoras de nitrogênio ocorre nos **nódulos**, formados por bactérias do gênero *Rhizobium* crescendo nas raízes de leguminosas. Essas bactérias obtêm açúcar da planta e a suprem com nitrogênio fixado. Na agricultura, as lavouras de leguminosas são alternadas com outras culturas para repor o nitrogênio ao solo.
- As **micorrizas** são associações mutualísticas de fungos e raízes. As hifas fúngicas das micorrizas absorvem água e minerais, que elas fornecem às suas plantas hospedeiras.

- As **epífitas** crescem nas superfícies de outras plantas, mas obtêm água e nutrientes minerais da chuva. As plantas parasitas absorvem nutrientes das plantas hospedeiras. As plantas carnívoras suplementam a sua nutrição mineral digerindo animais.

? *Todas as plantas obtêm energia diretamente da fotossíntese? Explique.*

TESTE SEU CONHECIMENTO

Níveis 1-2: Relembre/Entenda

1. O nutriente inorgânico que mais frequentemente falta em culturas agrícolas é o
   - (A) carbono.
   - (B) nitrogênio.
   - (C) fósforo.
   - (D) potássio.

2. Os micronutrientes são necessários em quantidades muito pequenas porque
   - (A) a maioria deles é móvel na planta.
   - (B) a maioria serve principalmente como cofatores de enzimas.
   - (C) a maioria é fornecida em quantidades suficientemente grandes nas sementes.
   - (D) desempenham apenas um papel menor no crescimento e na saúde da planta.

3. As micorrizas incrementam a nutrição vegetal principalmente por
   - (A) absorver água e minerais pelas hifas.
   - (B) fornecer açúcar às células das raízes, que não têm cloroplastos.
   - (C) converter nitrogênio atmosférico em amônia.
   - (D) possibilitar que as raízes parasitem as plantas adjacentes.

4. As epífitas são
   - (A) fungos que atacam plantas.
   - (B) fungos que formam associações mutualísticas com raízes.
   - (C) plantas parasitas não fotossintetizantes.
   - (D) plantas que crescem sobre outras plantas.

5. Um problema com a irrigação intensiva é
   - (A) a fertilização excessiva.
   - (B) o esgotamento dos aquíferos.
   - (C) o esgotamento a longo prazo do oxigênio do solo.
   - (D) a obstrução dos cursos de água pelos resíduos vegetais.

Níveis 3-4: Aplique/Analise

6. Uma deficiência mineral afeta mais provavelmente as folhas mais velhas do que as folhas mais jovens se
   - (A) o mineral for um micronutriente.
   - (B) o mineral for muito móvel no interior da planta.
   - (C) o mineral for necessário para a síntese de clorofila.
   - (D) o mineral for um macronutriente.

7. A maior diferença na saúde entre dois grupos de plantas da mesma espécie, um com micorrizas e o outro sem micorrizas, estaria em um ambiente
   - (A) onde as bactérias fixadoras de nitrogênio são abundantes.
   - (B) cujo solo tem drenagem deficiente.
   - (C) com verões quentes e invernos frios.
   - (D) em que o solo é relativamente deficiente em nutrientes minerais.

8. Dois grupos de tomateiros foram cultivados sob condições de laboratório: um com adição de húmus ao solo e o outro sem húmus, como controle. As folhas das plantas cultivadas sem húmus ficaram amareladas (menos verdes) em comparação com aquelas das plantas cultivadas em solo enriquecido com húmus. A melhor explicação é que
   - (A) as plantas saudáveis usaram o alimento, presente nas folhas do húmus em decomposição, como energia para sintetizar a clorofila.
   - (B) o húmus tornou o solo mais poroso, de modo que a água penetrou mais facilmente até as raízes.
   - (C) o húmus continha minerais como o magnésio e o ferro, necessários para a síntese de clorofila.
   - (D) o calor liberado pela decomposição das folhas do húmus acelerou o crescimento e a síntese de clorofila.

9. A relação específica entre uma leguminosa e a sua cepa mutualística de *Rhizobium* provavelmente depende
   - (A) de cada leguminosa ter um diálogo químico com um fungo.
   - (B) de cada cepa de *Rhizobium* ter uma forma de nitrogenase que atue apenas na leguminosa hospedeira apropriada.
   - (C) de cada leguminosa ser encontrada onde o solo tenha apenas o *Rhizobium* específico para ela.
   - (D) do reconhecimento específico entre os sinais químicos e os sinais receptores da cepa de *Rhizobium* e da espécie de leguminosa.

10. **DESENHE** Faça um esboço da troca catiônica, mostrando um pelo da raiz, uma partícula de solo com ânions e um íon hidrogênio deslocando um cátion mineral.

Níveis 5-6: Avalie/Crie

11. **CONEXÃO EVOLUTIVA** Na Figura 37.11, desconsidere a planta. Escreva um parágrafo explicando como as bactérias do solo poderiam sustentar a reciclagem de nitrogênio *antes* da evolução das plantas terrestres.

12. **PESQUISA CIENTÍFICA** A chuva ácida apresenta uma concentração anormalmente alta de íons hidrogênio (H^+). Um efeito da chuva ácida é esgotar os nutrientes do solo, como o cálcio (Ca^{2+}), o potássio (K^+) e o magnésio (Mg^{2+}). Sugira uma hipótese para explicar como a chuva ácida lixivia esses nutrientes do solo. Como você testaria a sua hipótese?

13. **CIÊNCIA, TECNOLOGIA E SOCIEDADE** Em muitos países, a irrigação está esgotando os aquíferos a tal ponto que o solo sofre subsidência e as colheitas decrescem, o que torna necessária a perfuração de poços mais profundos. Em muitos casos, a retirada de água subterrânea já ultrapassou consideravelmente as taxas de recarga natural dos aquíferos. Discuta as possíveis consequências dessa tendência. O que a sociedade e a ciência podem fazer para ajudar a mitigar esse problema crescente?

14. **ESCREVA SOBRE UM TEMA: INTERAÇÕES** O solo em que as plantas crescem está repleto de organismos representantes de todos os reinos taxonômicos. Em um texto sucinto (100-150 palavras), discuta exemplos de como as interações mutualísticas de plantas com bactérias, fungos e animais melhoram a nutrição vegetal.

15. **SINTETIZE SEU CONHECIMENTO**

O ato de deixar uma pegada no solo parece um evento insignificante. Em um ensaio sucinto (100-150 palavras), explique como uma pegada impactaria as propriedades do solo e como essas mudanças afetariam os organismos do solo e a emergência de plântulas.

Ver respostas selecionadas no Apêndice A.

38 Reprodução das angiospermas e biotecnologia

CONCEITOS-CHAVE

38.1 Flores, fecundação dupla e frutos são características fundamentais do ciclo de vida das angiospermas *p. 823*

38.2 As angiospermas se reproduzem de foma sexuada, assexuada ou das duas maneiras *p. 833*

38.3 As pessoas modificam as culturas agrícolas mediante cruzamento e engenharia genética *p. 836*

Dica de estudo

Faça um fluxograma: Complete as etapas no fluxograma a seguir para comparar a reprodução sexuada em angiospermas com a reprodução humana.

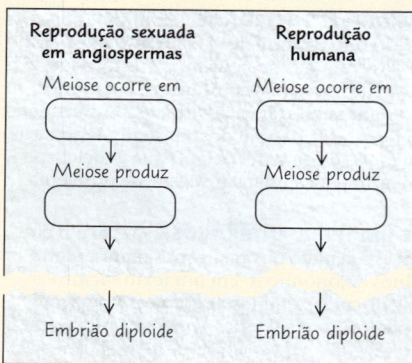

Figura 38.1 A orquídea *Ophrys speculum*, mostrada aqui, é polinizada somente por vespas masculinas da espécie *Dasyscolia ciliata*. Visualmente e no contato, as flores assemelham-se às vespas femininas, além de liberarem um odor similar. As vespas masculinas que tentam acasalar com as flores ficam cobertas de pólen (ver detalhe). Após levantar voo, eles muitas vezes transferem grãos de pólen para outras flores de *O. speculum*. Conforme apresentado no diagrama simplificado, a polinização é fundamental para a reprodução sexuada nas angiospermas.

Como as angiospermas se reproduzem sexuadamente?

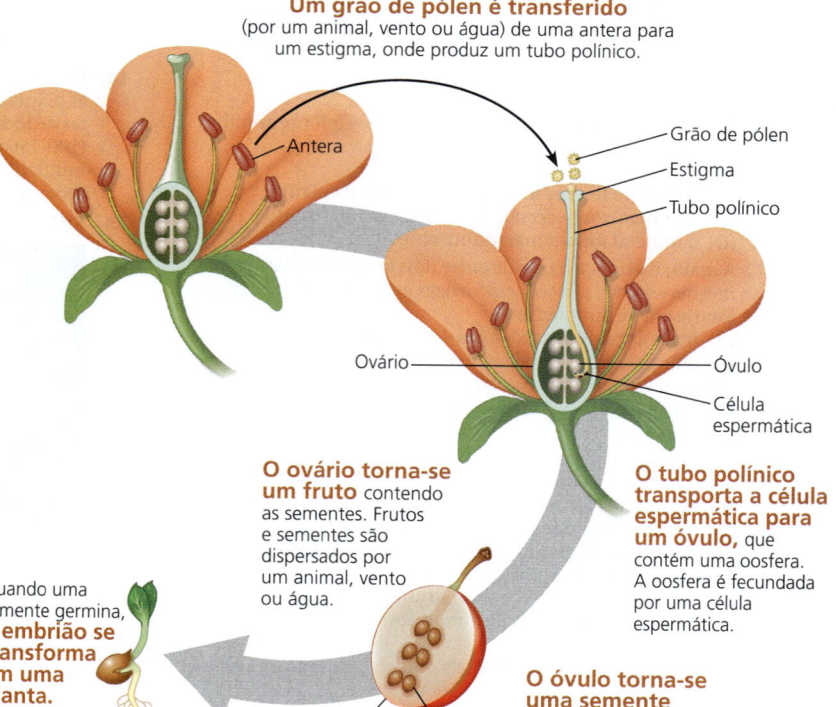

Nos Capítulos 29 e 30, abordamos a reprodução vegetal sob uma perspectiva evolutiva, rastreando a origem das plantas a partir de ancestrais algáceos. Uma vez que as angiospermas representam o grupo mais importante de plantas na maioria dos ecossistemas terrestres, neste capítulo examinaremos detalhadamente sua biologia reprodutiva, tanto sexuada como assexuada. A importância da reprodução das angiospermas, no entanto, não é limitada aos ecossistemas naturais: o cultivo de angiospermas constitui a base de grande parte da agricultura. Há mais de 10 mil anos, os melhoristas vegetais, por seleção artificial, manipularam geneticamente características de algumas centenas de espécies de angiospermas silvestres, transformando-as nas culturas agrícolas atuais. Nas últimas décadas, a engenharia genética tem aumentado drasticamente a diversidade de abordagens e a velocidade com que se modificam plantas, mas muitas controvérsias surgiram em decorrência dessa nova biotecnologia.

CONCEITO 38.1

Flores, fecundação dupla e frutos são características fundamentais do ciclo de vida das angiospermas

Os ciclos de vida de todas as plantas são caracterizados por uma alternância de gerações, na qual as gerações haploide (*n*) e diploide multicelular (2*n*) produzem alternadamente uma à outra (ver Figura 13.6b). A planta diploide, o *esporófito*, produz esporos haploides por meiose. Esses esporos se dividem por meiose, dando origem aos *gametófitos* multicelulares, as plantas haploides masculinas e femininas que produzem os gametas (células espermáticas e oosferas). A fecundação, fusão dos gametas, resulta em um zigoto diploide, que se divide por mitose e forma um novo esporófito. O esporófito é a geração dominante nas angiospermas: ele é maior, mais perceptível e de vida mais longa do que o gametófito. As características fundamentais do ciclo de vida das angiospermas podem ser lembradas pelos "três Fs": *f*lores, *f*ecundação dupla e *f*rutos. Começaremos com as flores.

Estrutura e função da flor

Nas angiospermas, a **flor** é a estrutura esporofítica destinada à reprodução sexuada. Uma flor é geralmente composta de quatro tipos de órgãos: **carpelos**, **estames**, **pétalas** e **sépalas (Figura 38.2)**. Quando vistos de cima, esses órgãos assumem a forma de verticilos concêntricos. Os carpelos formam o primeiro verticilo (mais interno), os estames, o segundo, as pétalas, o terceiro, e as sépalas constituem o quarto verticilo (mais externo). Todos são fixados a uma parte do caule denominada **receptáculo**. As flores são partes aéreas determinadas; elas param de crescer quando a flor e o fruto estiverem formados.

Os carpelos e os estames são esporofilos – folhas modificadas especializadas para reprodução (ver Conceito 30.1); sépalas e pétalas são folhas modificadas estéreis. Um carpelo (megasporofilo) tem um **ovário** na sua base e um prolongamento delgado denominado **estilete**. No ápice do estilete, encontra-se uma estrutura aderente denominada **estigma**, que capta os grãos de pólen. No interior do ovário, encontram-se um ou mais **óvulos**, que se tornam sementes se fecundados; o número de óvulos depende da espécie. A flor mostrada na Figura 38.2 tem apenas um carpelo, mas muitas espécies têm carpelos múltiplos. Na maioria das espécies, os carpelos são fusionados, resultado em um ovário composto com duas ou mais câmaras (lóculos), cada qual com um ou mais óvulos. O termo **pistilo** é às vezes empregado para referir-se a um único carpelo ou dois ou mais carpelos fusionados **(Figura 38.3)**. Um estame (microsporofilo) consiste em uma haste denominada filete e uma estrutura terminal denominada **antera**; dentro da antera existem câmaras denominadas microsporângios (sacos polínicos) que produzem grãos de

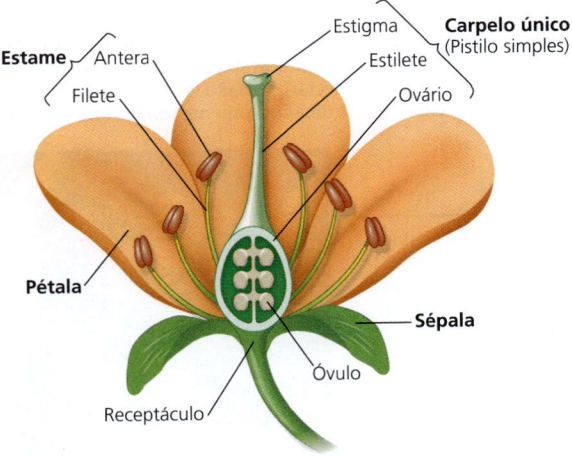

▲ **Figura 38.2** Estrutura de uma flor idealizada.

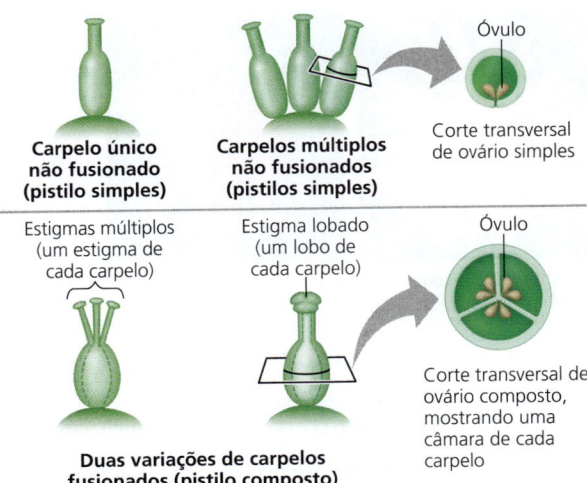

▲ **Figura 38.3** A relação entre os termos *carpelo* e *pistilo*. Um pistilo simples consiste em um carpelo único não fusionado. Um pistilo composto consiste em dois ou mais carpelos fusionados. Alguns tipos de flores têm um pistilo único, ao passo que outros tipos possuem muitos pistilos. Em ambos os casos, os pistilos podem ser simples ou compostos.

pólen. Em geral, as pétalas são mais vivamente coloridas do que as sépalas, como estratégia das flores para atrair insetos e outros animais polinizadores. As sépalas, que circundam e protegem as gemas florais fechadas, geralmente assemelham-se mais às folhas do que os outros órgãos florais.

As **flores completas** têm todos os quatro órgãos florais básicos (ver Figura 38.2). Algumas espécies têm **flores incompletas**, faltando sépalas, pétalas, estames ou carpelos. Por exemplo, a maioria das flores de gramíneas não tem pétalas. Algumas flores incompletas são estéreis, sem estames e carpelos funcionais; outras são *unissexuais* (às vezes chamadas de *imperfeitas*), faltando ou estames ou carpelos. As flores variam também em tamanho, forma, cor, odor, disposição dos órgãos e tempo de abertura. Algumas nascem solitárias, ao passo que outras estão dispostas em agrupamentos vistosos denominados **inflorescências**. Por exemplo, o girassol consiste em um disco central composto de centenas de flores incompletas diminutas, circundadas por flores estéreis incompletas que parecem pétalas amarelas (ver Figura 40.23). Grande parte da diversidade floral representa adaptação a polinizadores específicos.

Métodos de polinização

A **polinização** é a transferência de grãos de pólen para uma estrutura portadora de óvulos de uma espermatófita (planta

▼ Figura 38.4 Explorando a polinização das flores

A maioria das espécies de angiospermas depende de um agente polinizador vivo (biótico) ou não vivo (abiótico) que pode mover grãos de pólen da antera de uma flor de uma planta para o estigma de uma flor de outra planta. Aproximadamente 80% de toda a polinização das angiospermas é biótica, empregando animais como intermediários. Entre as espécies polinizadas de maneira abiótica, 98% dependem do vento e 2% da água. (Algumas espécies de angiospermas podem apresentar autopolinização, mas elas são limitadas ao endocruzamento.)

Polinização abiótica pelo vento

Cerca de 20% de todas as espécies de angiospermas são polinizadas pelo vento. Uma vez que o seu êxito reprodutivo não depende da atração de polinizadores, não houve pressão seletiva favorecendo flores coloridas ou perfumadas. Consequentemente, as flores de espécies polinizadas pelo vento são muitas vezes pequenas, verdes e inconspícuas, e não produzem néctar nem perfume. A maioria das árvores de clima temperado e das gramíneas é polinizada pelo vento. As flores de aveleira (*Corylus avellana*) e de muitas outras árvores de clima temperado polinizadas pelo vento aparecem no começo da primavera, quando não há folhas para interferir no movimento do pólen. A ineficiência relativa da polinização pelo vento é compensada pela produção de grandes quantidades de grãos de pólen. Os estudos com túneis de vento revelam que a polinização pelo vento é muitas vezes mais eficiente do que aparenta, porque as estruturas florais podem criar redemoinhos que ajudam na captura do pólen.

▲ Flor pistilada da aveleira (apenas carpelo)

▲ Flores estaminadas da aveleira (apenas estames) liberando nuvens de pólen

Polinização por abelhas

▲ Dente-de-leão comum sob luz normal

▲ Dente-de-leão comum sob luz ultravioleta

Cerca de 65% de todas as plantas floríferas necessitam de insetos para polinização; a porcentagem é ainda maior para plantas cultivadas (com ênfase nas plantas de lavoura). As abelhas são os insetos polinizadores mais importantes; existe uma grande preocupação na Europa e na América do Norte, pois as populações de abelhas produtoras de mel têm diminuído. As abelhas polinizadoras dependem de néctar e pólen como alimento. Em geral, as flores polinizadas por abelhas têm uma fragrância doce e delicada. As abelhas são atraídas por cores brilhantes, principalmente amarelo e azul. O vermelho parece opaco para elas, mas conseguem ver a radiação ultravioleta. Muitas flores polinizadas por abelhas, como as do dente-de-leão (*Taraxacum vulgare*), têm "guias de néctar", que ajudam os insetos a localizar os nectários (estruturas secretoras produtoras de néctar), mas são visíveis aos olhos humanos somente sob luz ultravioleta.

Polinização por mariposas e borboletas

As mariposas e as borboletas detectam odores, e as flores polinizadas por elas muitas vezes têm fragrância adocicada. As borboletas percebem muitas cores brilhantes, mas as flores polinizadas por mariposas geralmente são brancas ou amarelas e sobressaem-se à noite quando esses insetos estão ativos. A vela-da-pureza (*Yucca* sp., mostrada aqui) é geralmente polinizada por uma única espécie de mariposa com apêndices que compactam o pólen no estigma. A mariposa, então, deposita ovos diretamente no ovário. As larvas alimentam-se de algumas sementes em desenvolvimento, mas esse custo é compensado pelo benefício de um polinizador eficiente e confiável. Se uma mariposa depositar ovos em demasia, a flor aborta e cai, selecionando contra indivíduos que superexploram a planta.

❓ *Para uma espécie vegetal, quais são os benefícios e os riscos de ter um polinizador animal altamente específico?*

▲ Mariposa sobre a flor da vela-da-pureza

que produz sementes). Nas angiospermas, essa transferência é de uma antera para um estigma. A polinização pode ocorrer pelo vento, água ou animais **(Figura 38.4)**. Nas espécies polinizadas pelo vento, incluindo as gramíneas e muitas espécies arbóreas, a liberação de nuvens de grãos de pólen tipicamente pequenos compensa a aleatoriedade da dispersão pelo vento. Em certas épocas do ano, o ar fica carregado de grãos de pólen, como qualquer pessoa que padece de alergia ao pólen pode atestar. Algumas espécies de plantas aquáticas dependem da água para a dispersão do pólen. Contudo, a maioria das espécies de angiospermas depende de insetos, aves ou outros animais polinizadores para transferir o pólen diretamente de uma flor para outra.

Polinização por moscas

▲ Mosca-varejeira sobre a flor-estrela

Muitas flores polinizadas por moscas são avermelhadas e suculentas, com odor que lembra carne podre. As moscas-varejeiras que visitam a flor-estrela (*Stapelia* sp.) confundem a flor com um corpo em decomposição e depositam seus ovos sobre ela. Nesse processo, as moscas-varejeiras tornam-se encobertas com grãos de pólen, que elas carregam para outras flores. Quando os ovos eclodem, as larvas não encontram qualquer alimento para consumir e morrem.

Polinização por morcegos

As flores polinizadas por morcegos, como as polinizadas por mariposas, são levemente coloridas e aromáticas, atraindo seus polinizadores noturnos. O morcego *Leptonycteris curasoae yerbabuenae* alimenta-se do néctar e do pólen de flores de agave e de cactos do sudoeste dos Estados Unidos e do México. No forrageio, os morcegos transferem os grãos de pólen de uma planta para outra. Essa espécie de morcego está na lista das ameaçadas de extinção.

▲ Morcego alimentando-se sobre a flor de cacto à noite

Polinização por pássaros

As flores polinizadas por pássaros, como as de *Aquilegia* sp., são geralmente grandes e de cor vermelha ou amarela brilhante, mas têm pouco odor. Uma vez que os pássaros muitas vezes não têm olfato bem desenvolvido, não houve pressão seletiva que favorecesse a produção de perfume. Contudo, as flores produzem néctar açucarado, que ajuda a satisfazer as altas demandas energéticas dos pássaros polinizadores. A função principal do néctar, que é produzido pelos nectários na base de muitas flores, é "recompensar" o polinizador. As pétalas dessas flores são muitas vezes fusionadas, constituindo um tubo floral cuja forma se ajusta ao bico curvado do pássaro.

▶ Beija-flor bebendo néctar da flor de *Aquilegia* sp.

EVOLUÇÃO Os polinizadores animais são atraídos pelas flores em busca de alimento em forma de pólen e néctar que elas oferecem. A atração de polinizadores que são exclusivos de uma determinada espécie vegetal é uma maneira eficaz de garantir que o pólen seja transferido para outra flor da mesma espécie. A seleção natural, portanto, favorece desvios na estrutura ou fisiologia floral que tornam mais provável uma flor ser polinizada regularmente por uma espécie animal eficiente. Se uma espécie vegetal desenvolver atributos que tornam suas flores mais apreciadas pelos polinizadores, existe uma pressão seletiva para eles se tornarem exploradores habituais de alimento dessas flores. A evolução conjunta de duas espécies que interagem, cada uma em resposta à seleção imposta pela outra, é denominada **coevolução**. Por exemplo, algumas espécies possuem pétalas fusionadas, formando estruturas tubulares longas no fundo das quais dispõem-se nectários. Charles Darwin sugeriu que coadaptações entre flor e inseto poderiam levar a correspondências entre o comprimento de um tubo floral e o comprimento de uma probóscide do inseto, uma peça bucal semelhante a um canudo. Baseado no comprimento de uma flor tubular longa endêmica de Madagascar, Darwin previu a existência de uma mariposa polinizadora com uma probóscide de 28 cm de comprimento. Essa mariposa foi descoberta duas décadas após a morte de Darwin **(Figura 38.5)**.

A mudança climática pode estar afetando as relações duradouras entre plantas e animais polinizadores. Por exemplo, as flores que requerem polinizadores com peças bucais longas têm diminuído sob as condições mais quentes nas Montanhas Rochosas. Como consequência, tem-se verificado pressão seletiva favorecendo mangangás com peças bucais mais curtas. Duas espécies de mangangás das Montanhas Rochosas atualmente possuem peças bucais aproximadamente um quarto mais curtas do que as das abelhas da mesma espécie 40 anos atrás.

▼ **Figura 38.5 Coevolução de uma flor e um inseto polinizador.** O tubo floral longo de uma espécie de orquídea de Madagascar, *Angraecum sesquipedale*, coevoluiu com a probóscide de 28 cm de comprimento do seu polinizador, a mariposa-falcão (*Xanthopan morganii praedicta*). A denominação da mariposa é uma homenagem à previsão da sua existência feita por Darwin.

Ciclo de vida das angiospermas: visão geral

A polinização é uma etapa no ciclo de vida das angiospermas. A **Figura 38.6** ilustra uma visão geral completa do ciclo de vida, focando no desenvolvimento do gametófito, transporte das células espermáticas pelos tubos polínicos, fecundação dupla e desenvolvimento da semente.

No curso da evolução de espermatófitas, os gametófitos tornaram-se reduzidos em tamanho e totalmente dependentes dos nutrientes do esporófito (ver Figura 30.2). Os gametófitos de angiospermas são os mais reduzidos de todas as plantas, consistindo em apenas algumas células: eles são microscópicos e seu desenvolvimento é ocultado pelos tecidos protetores.

Desenvolvimento dos gametófitos femininos (sacos embrionários)

À medida que um carpelo se desenvolve, um ou mais óvulos se formam no interior do seu ovário, sua base intumescida. Um gametófito feminino, também conhecido como **saco embrionário**, desenvolve-se no interior de cada óvulo. O processo de formação do saco embrionário ocorre em um tecido chamado megasporângio ❶ dentro de cada óvulo. Dois *tegumentos* (camadas de tecido esporofítico protetor que se transformam na casca da semente) envolvem cada megasporângio, exceto em uma abertura chamada *micrópila*. O desenvolvimento do gametófito feminino começa quando uma célula no megasporângio de cada óvulo, o *megasporócito*, aumenta e entra em meiose, produzindo quatro **megásporos** haploides. Geralmente apenas um megásporo sobrevive; os demais degeneram.

O núcleo do megásporo sobrevivente divide-se por mitose três vezes sem citocinese, resultando em uma célula grande com oito núcleos haploides. Após, essa massa multinucleada é dividida por membranas, formando o saco embrionário. Perto da micrópila do saco embrionário, duas células denominadas sinérgides ladeiam a oosfera e ajudam a atrair e a orientar o tubo polínico ao saco embrionário. Na extremidade oposta do saco embrionário, estão três antípodas, células de função desconhecida. Os outros dois núcleos, denominados núcleos polares, não são divididos em células separadas, mas compartilham o citoplasma da célula central grande do saco embrionário. Portanto, o saco embrionário maduro consiste em oito núcleos contidos em sete células. O óvulo, que se torna uma semente se fecundado, agora consiste no saco embrionário, cercado pelo megasporângio (que por fim definha) e dois tegumentos circundantes.

Desenvolvimento dos gametófitos masculinos em grãos de pólen

À medida que os estames são produzidos, cada antera ❷ desenvolve quatro microsporângios, também denominados sacos polínicos. Dentro dos microsporângios estão muitas células diploides denominadas *microsporócitos*. Cada microsporócito passa por meiose, formando quatro **micrósporos** haploides, ❸ cada um dos quais finalmente dá origem a um gametófito masculino haploide. Após, cada micrósporo sofre mitose, produzindo um gametófito masculino haploide consistindo em apenas duas células: a *célula generativa* e a *célula do tubo*. Juntas, essas duas células e a parede do esporo constituem um **grão de pólen**. A parede do esporo, que consiste em material produzido pelo micrósporo e pela antera, geralmente exibe um padrão elaborado e único para a espécie. Durante a maturação do gametófito masculino, a célula generativa passa para a célula do tubo: agora, a célula do tubo tem uma célula completamente livre dentro dela.

Transporte das células espermáticas pelos tubos polínicos

Após o rompimento e abertura do microsporângio, os grãos de pólen liberados podem ser transferidos para uma superfície receptiva de um estigma – é o ato da polinização. No estigma, o grão de pólen absorve água e germina produzindo um **tubo polínico**, uma protuberância celular longa que transporta a célula espermática para o gametófito feminino.

Tipicamente, um grão de pólen consiste na parede do esporo e duas células: uma célula do tubo e uma segunda célula, a célula generativa, contida na célula do tubo. À medida que o tubo polínico se alonga pelo estilete, o núcleo da célula generativa se divide por mitose e produz duas células espermáticas, que permanecem dentro da célula do tubo. O núcleo do tubo orienta as duas células espermáticas à medida que o tubo polínico cresce em direção à micrópila, em resposta a atrativos químicos elaborados pelas sinérgides. A chegada do tubo polínico inicia a morte de uma das duas sinérgides, proporcionando, desse modo, uma passagem para o saco embrionário. Após, as duas espermáticas são descarregadas do tubo polínico ❹ nas proximidades do gametófito feminino.

Fecundação dupla

A **fecundação**, a fusão dos gametas, ocorre após as duas células espermáticas alcançarem o gametófito feminino. Um núcleo espermático fecunda a oosfera, formando o zigoto. O outro núcleo espermático une-se aos dois núcleos polares, formando um núcleo triploide (3*n*) no centro da célula grande central do gametófito feminino. Essa célula dará origem ao **endosperma**, um tecido multicelular de reserva nutritiva da semente. ❺ A união das duas células espermáticas com núcleos diferentes do gametófito feminino é denominada **fecundação dupla**. A fecundação dupla garante que o endosperma se desenvolva somente em óvulos onde a oosfera tenha sido fecundada, evitando, assim, que as angiospermas desperdicem nutrientes em óvulos inférteis. Próximo ao momento da fecundação dupla, o núcleo do tubo, a outra sinérgide e as antípodas degeneram.

Desenvolvimento da semente

❻ Após a fecundação dupla, cada óvulo se desenvolve em uma semente. Enquanto isso, o ovário se desenvolve em um fruto, que envolve as sementes e auxilia na sua dispersão pelo vento ou por animais. À medida que o embrião do

CAPÍTULO 38 REPRODUÇÃO DAS ANGIOSPERMAS E BIOTECNOLOGIA

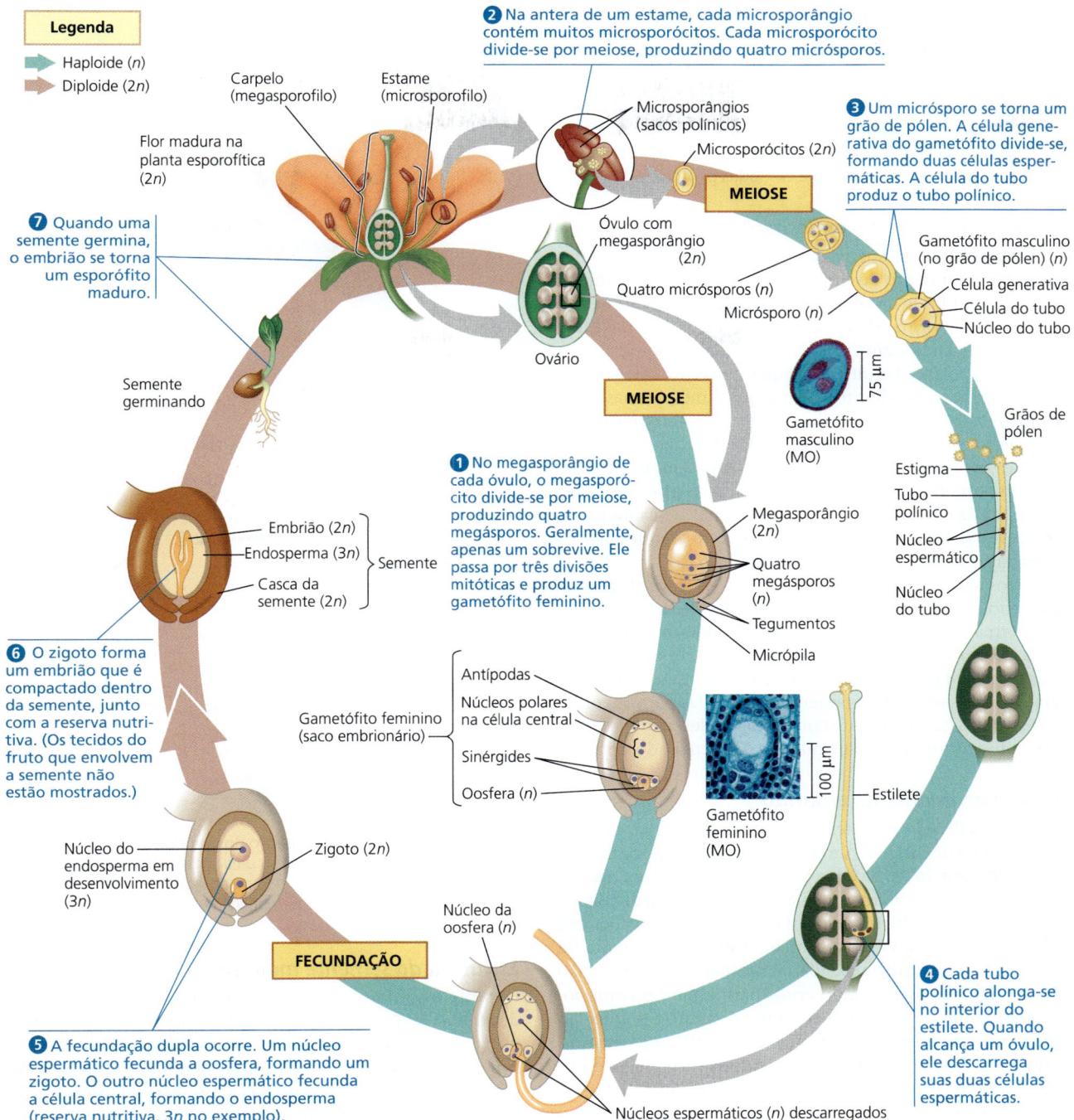

▲ **Figura 38.6 Ciclo de vida de uma angiosperma.** Por simplicidade, é mostrada uma flor com um carpelo único (pistilo simples). Muitas flores têm carpelos múltiplos, separados ou fusionados.

HABILIDADES VISUAIS *A mitose continua por todo o ciclo de vida. Onde no ciclo ocorreria a maioria das divisões mitóticas?*

esporófito se desenvolve do zigoto, a semente armazena proteínas, óleos e amido em diferentes graus, dependendo da espécie. Por isso, as sementes são drenos importantes de nutrientes. Inicialmente, os carboidratos e outros nutrientes são estocados no endosperma, porém, mais tarde, dependendo da espécie, os cotilédones intumescidos (folhas embrionárias) do embrião podem assumir essa função. Quando uma semente germina, ❼ o embrião se torna um novo esporófito. O esporófito maduro produz suas próprias flores e frutos. O ciclo de vida está agora completo, mas é necessário examinar mais pormenorizadamente como um óvulo se transforma em uma semente madura.

Desenvolvimento e estrutura da semente

Após a polinização e a fecundação dupla bem-sucedidas, uma semente começa a se formar. Durante esse processo, o endosperma e o embrião se desenvolvem. Quando madura, uma **semente** consiste em um embrião dormente envolvido por alimento armazenado e camadas protetoras.

Desenvolvimento do endosperma

Geralmente, o endosperma começa a se desenvolver antes do desenvolvimento do embrião. Após a fecundação dupla, o núcleo triploide da célula central do óvulo divide-se mitoticamente, formando uma "supercélula" multinucleada, que tem uma consistência leitosa. Essa massa líquida, o endosperma, torna-se multicelular quando a citocinese fraciona o citoplasma mediante a formação de membranas entre os núcleos. Por fim, essas células "nuas" produzem paredes celulares, e o endosperma torna-se sólido. A "água" e a "polpa" de coco são exemplos de endosperma líquido e sólido, respectivamente. A parte branca e macia da pipoca é outro exemplo de endosperma. Os endospermas de exatamente três cereais – trigo, milho e arroz – fornecem grande parte da energia alimentar para o sustento humano.

Nos cereais e na maioria das outras espécies de monocotiledôneas, bem como em muitas dicotiledôneas, o endosperma armazena nutrientes que podem ser utilizados pela plântula logo após a germinação da semente. Em outras sementes de eudicotiledôneas, as reservas nutritivas do endosperma são completamente exportadas para os cotilédones antes que a semente complete seu desenvolvimento; por conseguinte, a semente madura não tem endosperma.

Desenvolvimento do embrião

A primeira divisão mitótica do zigoto é assimétrica e separa a oosfera fecundada em uma célula basal e uma célula terminal **(Figura 38.7)**. A célula terminal, por fim, dá origem à maior parte do embrião. A célula basal continua a dividir-se, produzindo uma fileira de células denominada suspensor, que fixa o embrião à planta-mãe. O suspensor auxilia na transferência de nutrientes da planta-mãe para o embrião e, em algumas espécies, do endosperma para o embrião. À medida que se alonga, o suspensor empurra o embrião mais profundamente para os tecidos nutritivo e protetor. Enquanto isso, a célula terminal divide-se várias vezes e, então, forma um proembrião esférico (embrião inicial) ligado ao suspensor. Os cotilédones começam a se formar como protuberâncias no proembrião. Um embrião de eudicotiledônea, com seus dois cotilédones, nesse estágio de desenvolvimento tem formato de coração.

Logo após o aparecimento dos cotilédones rudimentares, o embrião se alonga. O ápice caulinar embrionário fica protegido entre os dois cotilédones. Na extremidade oposta do eixo do embrião, em que o suspensor se liga, forma-se um ápice da raiz embrionária. Após a germinação da semente – e, na verdade, pelo resto da vida da planta –, os meristemas nos ápices dos caules e das raízes sustentam o crescimento primário (ver Figura 35.11).

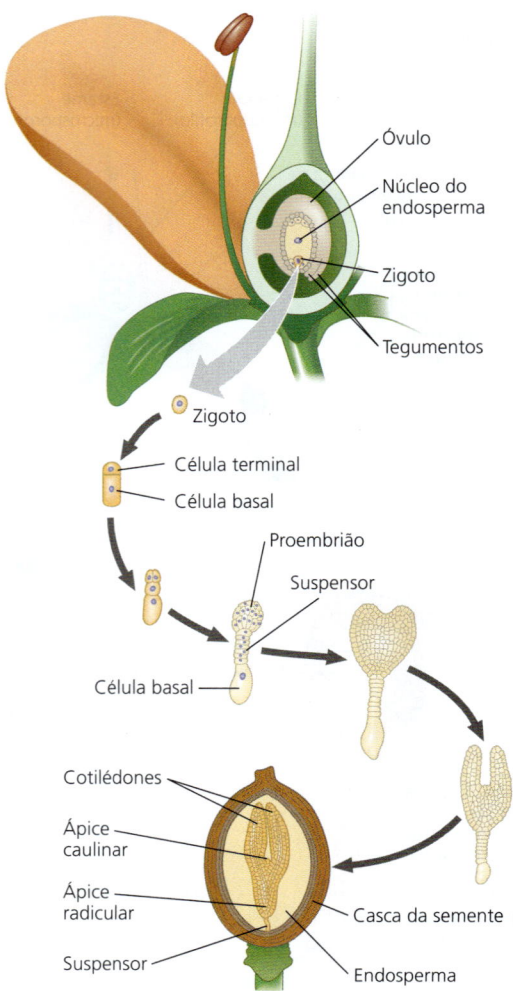

▲ **Figura 38.7 Desenvolvimento do embrião de uma eudicotiledônea.** Quando o óvulo se torna uma semente madura e os tegumentos endurecem e se espessam formando a casca da semente, o zigoto já deu origem a uma planta embrionária com órgãos rudimentares.

Estrutura da semente madura

Durante os últimos estágios da sua maturação, a semente desidrata até o seu conteúdo de água chegar a aproximadamente 5 a 15% da sua massa. O embrião, que é circundado por um suprimento alimentar (cotilédones, endosperma ou ambos), entra em **dormência**; ou seja, ele interrompe o crescimento, e o seu metabolismo praticamente cessa. O embrião e seu suprimento alimentar são envolvidos pela **casca da semente** – dura e protetora – formada a partir dos tegumentos do óvulo. Em algumas espécies, a dormência é imposta pela presença de uma casca da semente intacta, e não pelo próprio embrião.

Se você abrir uma semente do feijão de jardim, uma eudicotiledônea, poderá ver que o embrião consiste em uma estrutura alongada – o eixo embrionário – ligado a dois cotilédones espessos e carnosos **(Figura 38.8a)**. Abaixo do ponto de inserção dos cotilédones, o eixo embrionário é denominado **hipocótilo** (do grego *hypo*, abaixo). O hipocótilo termina na **radícula**, ou raiz embrionária. A porção do eixo embrionário acima do ponto de ligação dos cotilédones e abaixo do primeiro par de folhas em miniatura é o **epicótilo** (do grego *epi*, acima). O epicótilo, as folhas jovens e o meristema apical caulinar são coletivamente chamados de *plúmula*.

Os cotilédones do feijão-de-jardim são ricos em amido antes de a semente germinar, porque eles absorveram os carboidratos do endosperma durante o desenvolvimento dela. Contudo, as sementes de algumas espécies de eudicotiledôneas, como a mamona (*Ricinus communis*), retêm seu suprimento alimentar no endosperma e têm cotilédones muito delgados. Os cotilédones absorvem nutrientes do endosperma e transferem-nos para o restante do embrião durante a germinação da semente.

Os embriões de monocotiledôneas têm apenas um único cotilédone **(Figura 38.8b)**. As gramíneas, incluindo o milho e o trigo, têm um cotilédone especializado denominado *escutelo* (do latim *scutella*, escudo pequeno, referente à sua forma). O escutelo, que tem uma área de superfície grande, é pressionado contra o endosperma, do qual absorve nutrientes durante a germinação. O embrião de uma semente de gramínea é envolvido por duas bainhas protetoras: o **coleóptilo**, que cobre o caule jovem, e a **coleorriza**, que cobre a raiz jovem. Essas duas estruturas ajudam na penetração no solo após a germinação.

Dormência da semente: uma adaptação aos tempos difíceis

As condições ambientais necessárias para quebrar a dormência da semente variam entre as espécies. Alguns tipos de sementes germinam tão logo se encontrem em um ambiente adequado. Outras permanecem dormentes, mesmo se semeadas em um local favorável, até que um estímulo ambiental específico provoque a quebra da dormência.

A exigência de estímulos específicos para quebrar a dormência de sementes aumenta as chances de ocorrência da germinação em época e lugar mais vantajoso para a plântula. As sementes de muitas plantas de deserto, por exemplo, só germinam após uma chuva substancial. Se elas germinassem após um chuvisco leve, o solo poderia logo ficar demasiadamente seco para sustentar as plântulas. Nos lugares onde incêndios naturais são comuns, muitas sementes requerem calor intenso ou fumaça para quebrar a dormência; por isso, as plântulas são mais abundantes após o fogo ter eliminado a vegetação competidora. Onde os invernos são rigorosos, as sementes podem necessitar de exposição prolongada ao frio antes de germinarem. Por isso, as sementes dispersadas durante o verão ou outono só germinam na primavera seguinte, garantindo uma estação de crescimento longa antes do próximo inverno. Muitas sementes pequenas necessitam de luz para germinar; essa adaptação as impede de germinar quando estão enterradas tão profundamente no solo que suas reservas de energia seriam exauridas antes que suas plúmulas pudessem alcançar a luz solar. Algumas sementes têm cascas que devem ser escarificadas por ataque químico à medida que passam pelo trato digestório de um animal e, assim, geralmente são

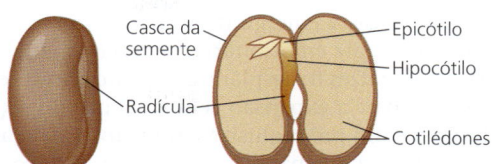

(a) Feijão, eudicotiledônea com cotilédones espessos. Os cotilédones suculentos armazenam nutrientes absorvidos do endosperma antes da germinação da semente.

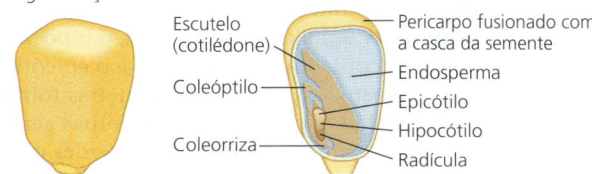

(b) Milho, monocotiledônea. Como todas as monocotiledôneas, o milho tem apenas um cotilédone. O milho e outras gramíneas têm um cotilédone grande denominado escutelo. A parte aérea rudimentar é revestida por uma estrutura denominada coleóptilo, e a coleorriza cobre a raiz jovem.

▲ **Figura 38.8** Estrutura da semente.

FAÇA CONEXÕES *Além do número de cotilédones, como as estruturas de monocotiledôneas e eucotiledôneas diferem? (Ver Figura 30.16.)*

HABILIDADES VISUAIS *Qual semente madura carece de endosperma? O que aconteceu com ela?*

carregadas por distâncias longas antes de iniciarem a germinação ainda nas fezes.

O intervalo de tempo que uma semente dormente permanece viável e capaz de germinar varia desde alguns dias até décadas ou mais, dependendo da espécie e das condições ambientais. A semente mais antiga, datada por carbono 14, que se tornou uma planta viável foi de uma tamareira com 2 mil anos, procedente de Israel. A maioria das sementes é suficientemente durável ao menos por 1 ou 2 anos, até que as condições sejam favoráveis para a germinação. Desse modo, o solo tem um banco de sementes não germinadas que pode ter se acumulado por vários anos. Essa é uma das razões pela qual a vegetação reaparece tão rapidamente após um impacto ambiental como um incêndio.

Desenvolvimento de esporófito desde a semente até a planta madura

Quando as condições propiciam o crescimento, a dormência da semente é quebrada e a germinação prossegue. A germinação é seguida pelo crescimento de caules, folhas, raízes e, por fim, pelo florescimento.

Germinação da semente

A germinação começa pela **embebição**, que é a absorção de água devido ao baixo potencial hídrico da semente seca. A embebição provoca a expansão da semente e a ruptura da sua casca, além de desencadear mudanças no embrião, que lhe permitem a retomada do crescimento. Após a hidratação, as enzimas digerem os materiais de reserva do endosperma ou dos cotilédones, e os nutrientes são transferidos para as regiões de crescimento do embrião.

O primeiro órgão a emergir da semente em germinação é a radícula, a raiz embrionária. O desenvolvimento de um sistema de raízes fixa a plântula ao solo e a supre de água necessária para a expansão celular. O pronto suprimento de água é um pré-requisito para a próxima etapa: a emergência do ápice da parte aérea em direção às condições mais secas encontradas acima da superfície do solo. Nos feijões-de-jardim, por exemplo, forma-se um gancho no hipocótilo, e o crescimento empurra esse gancho acima do solo **(Figura 38.9a)**. Em resposta à luz, o hipocótilo torna-se ereto, os cotilédones se separam e o epicótilo delicado, agora exposto, expande suas primeiras folhas verdadeiras (distintas dos cotilédones, ou folhas seminais). Essas folhas expandem-se, tornam-se verdes e começam a sintetizar alimento pela fotossíntese. Os cotilédones que forneceram alimento para o desenvolvimento do embrião, agora enrugados e exauridos de energia, são desprendidos.

Algumas monocotiledôneas, como o milho e outras gramíneas, utilizam uma estratégia diferente para romper a superfície do solo à medida que germinam **(Figura 38.9b)**. O coleóptilo abre caminho através do solo e entra em contato com o ar. O ápice caulinar cresce pelo túnel disponibilizado pelo coleóptilo e rompe o ápice do coleóptilo após a emergência.

Crescimento e florescimento

Uma vez germinada a semente e iniciada a fotossíntese, a maioria dos recursos da planta é destinada aos crescimentos primário e secundário de caules, folhas e raízes (também conhecido como *crescimento vegetativo*). Esse crescimento surge da atividade de células meristemáticas (ver Conceito 35.2). Durante esse estágio, geralmente as plantas fotossintetizam e crescem tanto quanto possível antes do florescimento, a fase reprodutiva.

Em geral, as flores de uma determinada espécie aparecem de forma súbita e simultânea em uma época específica do ano. Essa sincronia favorece a exogamia, a principal vantagem da reprodução sexuada. A formação das flores envolve uma mudança do desenvolvimento no meristema apical do caule: do crescimento vegetativo para um modo de crescimento reprodutivo. Essa transição voltada para um *meristema floral* é desencadeada por uma combinação de estímulos ambientais (como o comprimento do dia) e sinais internos, conforme será examinado no Conceito 39.3. Uma vez iniciada a transição para o florescimento, a ordem de emergência de cada órgão a partir do meristema floral determina se ele irá transformar-se em sépala, pétala, estame ou carpelo (ver Figura 35.33).

Estrutura e função do fruto

Antes que uma semente possa germinar e desenvolver-se em uma planta madura, ela precisa ser depositada em um solo adequado. Os frutos desempenham um papel fundamental nesse processo. O **fruto** é o ovário maduro de uma flor. Enquanto as sementes estão se desenvolvendo a partir dos óvulos, a flor torna-se um fruto **(Figura 38.10)**. O fruto protege as sementes no seu interior e, quando maduro, ajuda na sua dispersão pelo vento ou por animais. A fecundação desencadeia mudanças hormonais e induz o ovário a iniciar sua transformação em um fruto. Se uma flor não foi polinizada, o fruto geralmente não se desenvolve, e a flor murcha e morre.

Durante o desenvolvimento do fruto, a parede do ovário torna-se o *pericarpo*, a parede espessada do fruto. Em alguns frutos, como os legumes de soja, a parede do ovário seca completamente na maturidade, ao passo que, em

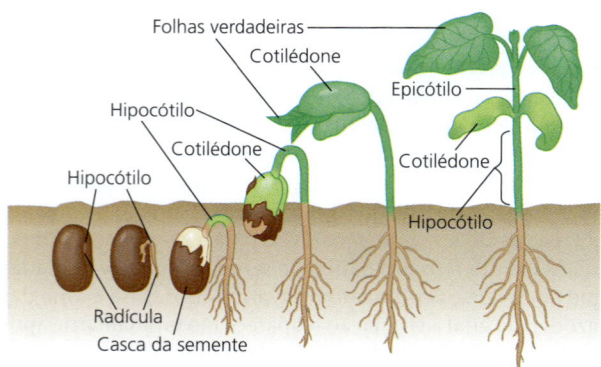

(a) Feijão. Em feijões, a retificação do gancho no hipocótilo puxa os cotilédones para cima do solo.

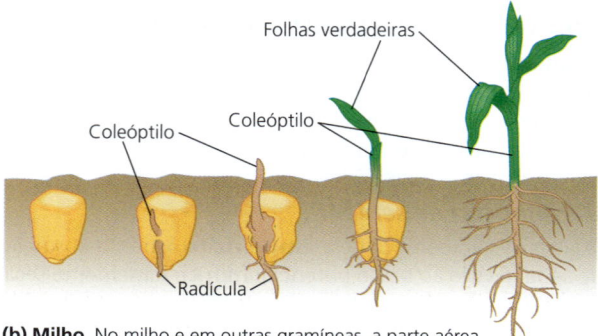

(b) Milho. No milho e em outras gramíneas, a parte aérea apresenta crescimento retilíneo protegido pelo tubo do coleóptilo.

▲ **Figura 38.9** Dois tipos comuns de germinação de sementes.

HABILIDADES VISUAIS *Como as plântulas do feijão e do milho protegem suas partes aéreas à medida que abrem caminho através do solo?*

▲ **Figura 38.10 Transição da flor para o fruto.** Após a fecundação das flores, os estames e as pétalas desprendem-se, estigmas e estiletes murcham e as paredes do ovário, que abrigam as sementes em desenvolvimento, intumescem para formar os frutos. As sementes e os frutos em desenvolvimento são os principais drenos de açúcares e outros carboidratos. Aqui, são mostrados as flores e os frutos do caruru-do-campo (*Phytolacca decandra*).

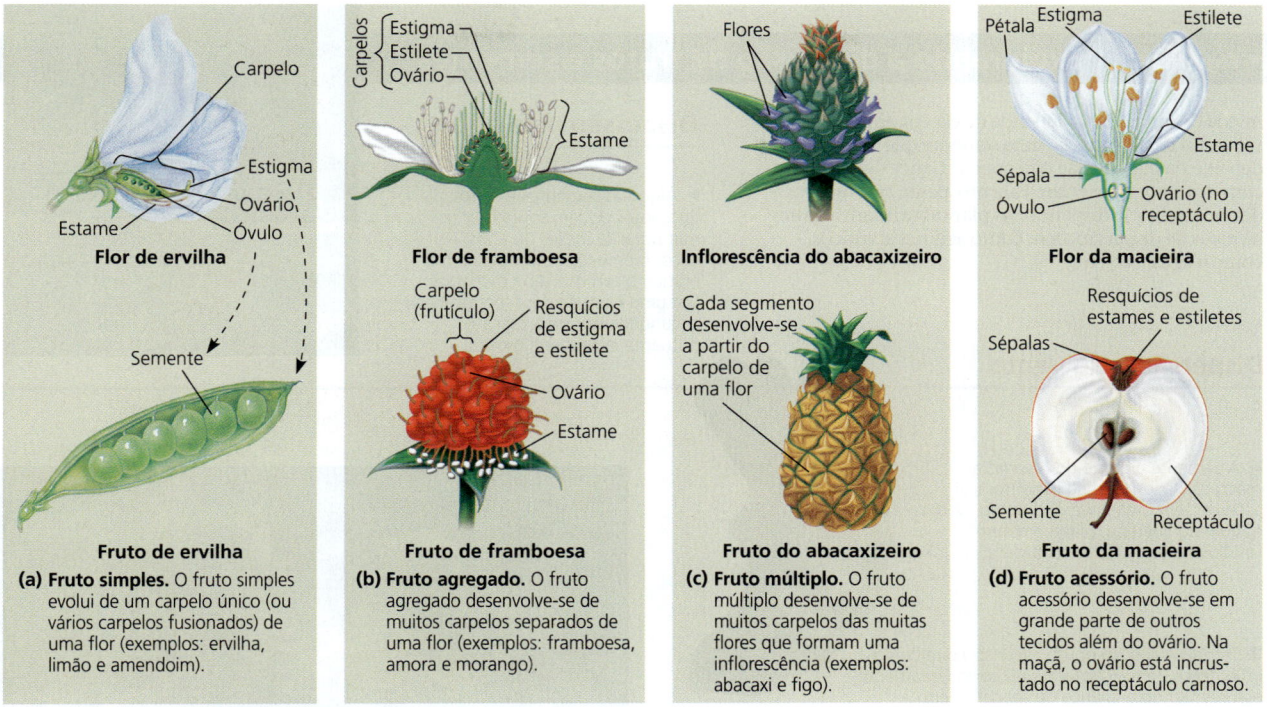

▲ Figura 38.11 Origem do desenvolvimento de diferentes classes de frutos.

outros frutos, como as uvas, ela permanece carnosa. Em outros ainda, como os pêssegos, a parte interna do ovário torna-se extremamente dura (caroço), enquanto as partes externas permanecem carnosas. À medida que o ovário cresce, as partes externas da flor geralmente murcham e desprendem-se.

Os frutos são classificados em vários tipos, dependendo da sua origem no desenvolvimento. Na sua maioria, os frutos são derivados de um único carpelo ou de vários carpelos fusionados, sendo denominados **frutos simples (Figura 38.11a)**. Um **fruto agregado** resulta de uma única flor que tem mais de um carpelo separado, cada qual formando um fruto pequeno **(Figura 38.11b)**. Esses "frutículos" são agrupados em um único receptáculo, como na framboesa. Um **fruto múltiplo** desenvolve-se de uma inflorescência, um grupo de flores densamente agrupadas. Quando as paredes dos muitos ovários começam a espessar, elas fusionam e tornam-se incorporadas em um fruto, como no abacaxi **(Figura 38.11c)**.

Em algumas angiospermas, outras partes florais contribuem para o que chamamos comumente de fruto. Esses frutos são chamados **frutos acessórios**. Nas flores da macieira, o ovário está incrustado no receptáculo, e a parte carnosa desse fruto simples é derivada principalmente do receptáculo expandido; apenas o centro da maçã desenvolve-se do ovário **(Figura 38.11d)**. Outro exemplo é o morango, um fruto agregado que consiste em um receptáculo expandido envolvido por frutos diminutos parcialmente incrustados no receptáculo, cada qual com semente única.

Em geral, um fruto amadurece mais ou menos simultaneamente com o desenvolvimento completo das suas sementes. O amadurecimento de um fruto seco, como o legume de soja, envolve maturação e desidratação dos seus tecidos, ao passo que o processo em um fruto carnoso é mais elaborado. Interações hormonais complexas resultam em um fruto comestível que atrai animais dispersores das sementes. A "polpa" do fruto torna-se mais macia à medida que as enzimas digerem componentes de paredes celulares. A coloração do fruto geralmente muda do verde para outra cor, tornando-o mais visível entre as folhas. O fruto torna-se mais doce à medida que moléculas de ácidos orgânicos ou de amido são convertidas em açúcar, que pode alcançar a concentração de 20% em um fruto maduro. Alguns mecanismos de dispersão de sementes e frutos são mostrados em mais detalhes na **Figura 38.12**.

Nesta seção, você aprendeu a respeito das características fundamentais da reprodução sexuada em angiospermas – flores, fecundação dupla e frutos. A seguir, examinaremos a reprodução assexuada.

REVISÃO DO CONCEITO 38.1

1. Diferencie a polinização da fecundação.
2. **E SE?** Se as flores tivessem estiletes mais curtos, os tubos polínicos alcançariam mais facilmente o saco embrionário. Sugira uma explicação da razão pela qual estiletes muitos longos evoluíram na maioria das espécies de angiospermas.
3. **FAÇA CONEXÕES** O ciclo de vida de seres humanos tem algumas estruturas análogas aos gametófitos vegetais? Explique sua resposta. (Ver Figuras 13.5 e 13.6.)

Ver as respostas sugeridas no Apêndice A.

▼ Figura 38.12 Explorando a dispersão de frutos e sementes

A vida de uma planta depende de ela encontrar um substrato fértil. Todavia, uma semente que cai e germina debaixo da planta-mãe terá pouca chance de competir com êxito por nutrientes. Para prosperar, as sementes devem ter ampla dispersão. As plantas utilizam agentes bióticos de dispersão, bem como agentes abióticos, como a água e o vento.

Dispersão pela água

▶ Algumas sementes e frutos flutuantes podem sobreviver no mar durante meses ou anos. No coco, o embrião e o endosperma branco e carnoso são envolvidos por uma camada dura (endocarpo), circundada por uma casca flutuante espessa e fibrosa.

Dispersão pelo vento

▶ A semente gigante de *Alsomitra macrocarpa*, espécie de liana tropical asiática, tem uma envergadura de 12 cm e, quando liberada, plana em amplos círculos no ar da floresta pluvial.

▼ O fruto alado do bordo (*Acer* sp.) gira como uma hélice de helicóptero, descendo lentamente e aumentando a chance de ser carregado a distâncias maiores por ventos horizontais.

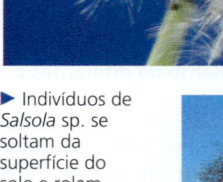

Fruto do dente-de-leão

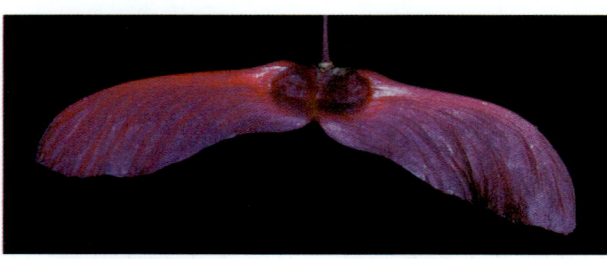

▶ Indivíduos de *Salsola* sp. se soltam da superfície do solo e rolam, dispersando suas sementes.

▲ Algumas sementes e frutos são ligados a "paraquedas" semelhantes a um guarda--chuva, compostos por pelos ramificados e intricados, muitas vezes produzidos em agregados plumosos. Essas "sementes" do dente-de--leão (na verdade, frutos unisseminados) são projetadas para cima por leves sopros de vento.

Dispersão por animais

◀ Espinhos pontiagudos nos frutos de tríbulo (*Tribulus terrestris*) podem perfurar pneus de bicicletas e ferir animais, incluindo seres humanos. Quando esses "pregos" dolorosos são removidos e descartados, as sementes são dispersadas.

◀ Alguns animais, como os esquilos, estocam sementes ou frutos em esconderijos subterrâneos. Se o animal morre ou esquece a localização do esconderijo, as sementes enterradas estão bem posicionadas para germinar.

▶ Sementes em frutos comestíveis são muitas vezes dispersadas nas fezes, como nas fezes do urso-preto, mostradas aqui. Essa dispersão pode carregar as sementes para longe da planta parental.

▶ Formigas são quimicamente atraídas por sementes com "corpos alimentares" ricos em ácidos graxos, aminoácidos e açúcares. As formigas carregam as sementes para seus ninhos subterrâneos; lá, o corpo alimentar (a parte de coloração mais clara, mostrada aqui) é removido e alimenta as larvas. Devido ao tamanho da semente, à sua forma de difícil manejo ou à dureza do seu revestimento, a parte restante é geralmente deixada intacta no ninho, onde germina.

CONCEITO 38.2

As angiospermas se reproduzem de foma sexuada, assexuada ou das duas maneiras

Durante a **reprodução assexuada**, a descendência é derivada de um único progenitor, sem qualquer fusão de oosfera e célula espermática. O resultado é um clone, um indivíduo geneticamente idêntico ao seu progenitor. A reprodução assexuada é comum em angiospermas, bem como em outras plantas, e, para algumas espécies, é o modo principal de reprodução.

Mecanismos de reprodução assexuada

A reprodução assexuada nas plantas é tipicamente uma extensão da capacidade de crescimento indeterminado. O crescimento vegetal pode ser sustentado ou renovado indefinidamente pelos meristemas, regiões de células indiferenciadas em divisão (ver Conceito 35.2). Além disso, as células parenquimáticas por toda a planta podem se dividir e se diferenciar em tipos celulares mais especializados, permitindo que as plantas regenerem partes perdidas. Raízes desprendidas ou fragmentos de caules de algumas plantas podem desenvolver descendentes completos; por exemplo, cada pedaço de batata com um "olho" (gema) pode regenerar uma planta completa. Essa **fragmentação**, a separação da planta-mãe em partes que desenvolvem plantas completas, é um dos modos mais comuns de reprodução assexuada. Os propágulos nas folhas de *Kalanchoë* exemplificam um tipo incomum de fragmentação (ver Figura 35.7). Em outros casos, o sistema de raízes de uma única planta-mãe, tal como um indivíduo de álamo, pode originar muitos caules, que se tornam sistemas aéreos separados **(Figura 38.13)**. Em Utah, Estados Unidos, estimou-se que um clone de álamo era composto de 47 mil caules de árvores geneticamente idênticas. Embora seja provável que algumas das conexões do sistema de raízes tenham sido rompidas, isolando algumas árvores do restante do clone, todas as árvores ainda compartilham um genoma comum.

Um mecanismo de reprodução assexuada diferente evoluiu no dente-de-leão e em algumas outras espécies. Às vezes, essas plantas podem produzir sementes sem polinização ou fecundação. Essa produção assexuada de sementes é denominada **apomixia** (termo derivado de palavras gregas significando "distante do ato de misturar"), porque não há união ou, na verdade, produção de gametas masculinos e femininos. Em vez disso, uma célula diploide no óvulo dá origem ao embrião, e os óvulos se transformam em sementes, que no dente-de-leão são dispersadas nos frutos carregados pelo vento. Assim, essas plantas clonam-se por um processo assexuado, mas têm a vantagem da dispersão de sementes, geralmente associada à reprodução sexuada. Os melhoristas de plantas estão interessados na introdução da apomixia em plantas híbridas cultivadas, pois isso permitiria a essas plantas a transferência de genomas desejáveis intactos para a descendência.

Vantagens e desvantagens das reproduções assexuada e sexuada

EVOLUÇÃO Uma vantagem da reprodução assexuada em alguns casos é não haver necessidade de polinização. Isso talvez seja benéfico em situações em que os indivíduos da mesma espécie têm distribuição esparsa e improbabilidade de polinização bem-sucedida. A reprodução assexuada permite também que a planta transmita toda sua herança genética intacta para sua progênie. Quando se reproduz sexuadamente, por outro lado, uma planta transmite apenas a metade dos seus alelos. Se uma planta for perfeitamente compatível com seu ambiente, a reprodução assexuada pode ser vantajosa. Uma planta vigorosa tem o potencial de clonar muitas cópias de si mesma; se as circunstâncias ambientais permanecerem estáveis, esses descendentes serão também geneticamente bem adaptados às mesmas condições ambientais nas quais a planta-mãe cresceu.

A reprodução vegetal assexuada baseada no crescimento vegetativo de caules, folhas ou raízes é conhecida como **reprodução vegetativa**. Em geral, os descendentes produzidos por reprodução assexuada são mais fortes do que as plântulas produzidas por reprodução sexuada. Por outro lado, a germinação da semente é um estágio precário na vida de uma planta. A semente resistente dá origem a uma plântula frágil, passível de exposição a predadores, parasitos, vento e outros riscos. Na natureza, poucas plântulas sobrevivem para deixar descendentes. A produção de quantidades enormes de sementes compensa as poucas probabilidades de sobrevivência individual e proporciona à seleção natural variações genéticas amplas para triagem. Contudo, esse é um meio dispendioso de reprodução, em termos de recursos consumidos no florescimento e na frutificação.

Por gerar variação na descendência e nas populações, a reprodução sexuada pode ser vantajosa em ambientes instáveis, onde patógenos em evolução e outras condições flutuantes afetam a sobrevivência e o sucesso reprodutivo. Por outro lado, a uniformidade genotípica de plantas produzidas assexuadamente as coloca em grande risco de extinção local, se houver uma mudança ambiental catastrófica, como uma nova cepa de doença. Além disso, as sementes (que são quase sempre produzidas sexuadamente) facilitam a dispersão da descendência para locais mais distantes. Por fim, a dormência da semente permite a suspensão do crescimento até que as condições ambientais se tornem mais favoráveis. No **Exercício de habilidades científicas**, você pode

▲ **Figura 38.13 Reprodução assexuada em indivíduos de álamo.** Alguns bosques de álamo, como os mostrados aqui, consistem em milhares de árvores originadas por reprodução assexuada. Cada bosque deriva do sistema de raízes de uma planta-mãe. Logo, o bosque é um clone. Observe que as diferenças genéticas entre bosques descendentes de plantas-mães distintas resultam em momentos diferentes para o desenvolvimento da cor no outono.

Exercício de habilidades científicas

Uso de correlações positivas e negativas para interpretar dados

As espécies da flor-de-macaco diferem na alocação de sua energia para a reprodução sexuada *versus* assexuada? Durante a sua vida, uma planta captura apenas uma quantidade finita de recursos e energia, que devem ser alocados para melhor atender às suas demandas individuais de manutenção, crescimento, defesa e reprodução. Pesquisadores examinaram como cinco espécies da flor-de-macaco (gênero *Mimulus*) utilizam seus recursos para as reproduções sexuada e assexuada.

Como o experimento foi realizado Após o crescimento de indivíduos de cada espécie em vasos separados e em ambiente aberto, os pesquisadores determinaram as médias de volume de néctar, concentração de néctar, produção de sementes por flor e número de vezes que as flores foram visitadas pelo beija-flor-de-cauda-larga (*Selasphorus platycercus*, mostrado aqui). Usando indivíduos cultivados em casa de vegetação, eles determinaram, para cada espécie, o número médio de ramos enraizados por grama de massa fresca da parte aérea. A denominação *ramos enraizados* se refere à reprodução assexuada nas partes aéreas horizontais que desenvolvem raízes.

INTERPRETE OS DADOS

1. Uma correlação é uma maneira de descrever a relação entre duas variáveis. Em uma correlação positiva, à medida que aumentam os valores de uma das variáveis, os da segunda variável também aumentam. Em uma correlação negativa, à medida que os valores de uma das variáveis aumentam, os valores da segunda variável diminuem. Também pode não haver correlação entre duas variáveis. Se os pesquisadores sabem como duas variáveis estão correlacionadas, eles podem fazer uma predição sobre uma variável com base no que eles sabem da outra variável. **(a)** Quais variáveis são correlacionadas positivamente com o volume de produção de néctar nesse gênero? **(b)** Quais são correlacionadas negativamente? **(c)** Quais não apresentam nenhuma correlação clara?
2. **(a)** Que espécies de *Mimulus* você classificaria como principalmente reprodutores assexuados? Por quê? **(b)** Que espécies você classificaria como principalmente reprodutores sexuados? Por quê?
3. **(a)** Que espécie provavelmente apresentaria melhor resposta a um patógeno que infecta todas as espécies de *Mimulus*? **(b)** Que espécie responderia melhor se um patógeno causasse diminuição nas populações de beija-flores?

Dados do experimento

Espécie	Volume de néctar (μL)	Concentração de néctar (% da massa de sacarose/massa total)	Sementes por flor	Visitas por flor	Ramos enraizados por grama de massa aérea
M. rupestris	4,93	16,6	2,2	0,22	0,673
M. eastwoodiae	4,94	19,8	25	0,74	0,488
M. nelsonii	20,25	17,1	102,5	1,08	0,139
M. verbenaceus	38,96	16,9	155,1	1,26	0,091
M. cardinalis	50,00	19,9	283,7	1,75	0,069

Dados de S. Sutherland and R. K. Vickery, Jr. Trade-offs between sexual and asexual reproduction in the genus *Mimulus*, Oecologia 76:330-335 (1998).

usar dados para determinar quais espécies de flor-de-macaco (gênero *Mimulus*) são principalmente de reprodução assexuada e quais são de reprodução sexuada.

Embora a reprodução sexuada envolvendo duas plantas geneticamente diferentes produza descendência com maior diversidade genética, algumas espécies, como as ervilhas, geralmente exibem autofecundação. Esse processo, denominado "autogamia" ("*selfing*"), é um atributo desejável em algumas espécies cultivadas, pois ele aumenta a probabilidade de que cada óvulo se transforme em uma semente. Em muitas espécies de angiospermas, entretanto, houve evolução de mecanismos que dificultam ou impossibilitam a autofecundação, conforme discutiremos adiante.

Mecanismos que impedem a autofecundação

Os diversos mecanismos que impedem a autofecundação contribuem para a variabilidade genética ao garantir que a célula espermática e a oosfera procedam de plantas parentais diferentes. Algumas espécies vegetais não conseguem realizar autofecundação porque indivíduos diferentes têm flores estaminadas (sem carpelos) ou flores pistiladas (sem estames) **(Figura 38.14a)**. Outras plantas têm flores com estames e carpelos funcionais, que maturam em momentos diferentes ou são estruturalmente dispostos de tal maneira que é improvável que um polinizador possa transferir pólen de uma antera para um estigma da mesma flor **(Figura 38.14b)**. Contudo, o mecanismo mais comum que impede a autofecundação em angiospermas é a **autoincompatibilidade**, a capacidade de uma planta de rejeitar seu próprio pólen e o pólen de indivíduos intimamente relacionados. Se um grão de pólen chegar ao estigma de uma flor da mesma planta ou de uma planta intimamente relacionada, um bloqueio bioquímico o impede de completar seu desenvolvimento e, por consequência, não há fecundação de uma oosfera. Essa resposta vegetal é análoga à resposta imune de animais, pois ambas se baseiam na capacidade de distinguir as suas células "próprias" das células "estranhas". A diferença fundamental é que o sistema imune animal rejeita as células estranhas, como quando forma uma defesa contra um patógeno ou rejeita um órgão transplantado (ver Conceito 43.3). Por outro lado, a incompatibilidade em plantas é uma rejeição de si próprio.

(a) Algumas espécies, como a erva-seta (*Sagittaria latifolia*), têm indivíduos que produzem apenas flores estaminadas (à esquerda) ou pistiladas (à direita).

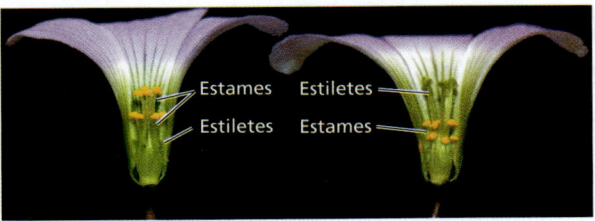

(b) Algumas espécies, como a azedinha (*Oxalis alpina*), produzem dois tipos de flores em indivíduos diferentes: brevistila, com estiletes curtos e estames longos, e longistila, com estiletes longos e estames curtos. Um inseto, ao forragear o néctar, acumularia grãos de pólen em partes diferentes do seu corpo; o pólen das flores brevistilas seria depositado em estigmas de flores longistilas e vice-versa.

▲ **Figura 38.14** Algumas adaptações florais que impedem a autofecundação.

Os pesquisadores estão elucidando os mecanismos moleculares da autoincompatibilidade. O reconhecimento do "próprio" pólen baseia-se em genes denominados genes S. No *pool* gênico de uma população, pode haver dezenas de alelos de um gene S. Se um grão de pólen tiver um alelo correspondente ao do estigma ao qual ele adere, o tubo polínico não germina ou não cresce no interior do estilete até o ovário. Existem dois tipos de autoincompatibilidade: gametofítica e esporofítica.

Na autoincompatibilidade gametofítica, o alelo S no genoma do pólen controla o bloqueio da fecundação. Por exemplo, um grão de pólen S_1 de um esporófito parental S_1S_2 não pode fecundar oosferas de uma flor S_1S_2, mas pode fecundar uma flor S_2S_3. Um grão de pólen S_2 não pode fecundar nenhuma das flores. Em algumas plantas, esse autorreconhecimento envolve a destruição enzimática do RNA dentro de um tubo polínico. As enzimas que hidrolisam o RNA são produzidas pelo estilete e penetram no tubo polínico. Se o tubo polínico for do tipo "próprio", essas enzimas destroem seu RNA.

Na autoincompatibilidade esporofítica, a fecundação é bloqueada por incompatibilidades entre produtos gênicos do alelo S presentes no tecido do parental esporofítico aderentes à parede do pólen e produtos gênicos do alelo S secretados pelo estigma da flor receptiva. Por exemplo, grãos de pólen S_1 e S_2 derivados de um esporófito parental S_1S_2 contêm produtos gênicos do alelo S_1 e do alelo S_2 no tecido esporofítico aderentes às suas paredes. O produto gênico do alelo S_2 nas paredes do pólen nesses dois tipos de pólen impediria ambos de germinar sobre o estigma de uma flor cujo genótipo inclui o alelo S_1 ou o S_2. Por exemplo, um grão de pólen S_1, derivado de um progenitor S_1S_2, não consegue germinar sobre o estigma de uma flor S_2S_3.

A pesquisa sobre autoincompatibilidade pode ter aplicações agrícolas. Os melhoristas muitas vezes hibridam cultivares genéticos diferentes para combinar as melhores características dos dois cultivares e compensar a perda de vigor que pode resultar de endocruzamentos excessivos. Para impedir a autofecundação em dois cultivares, os melhoristas devem adotar o trabalho laborioso de remoção das anteras das plantas parentais que fornecem as sementes ou usar cultivares macho-estéreis da espécie, se existirem. Se a autoincompatibilidade puder ser geneticamente modificada em cultivares vegetais, essas limitações à hibridação comercial de sementes de culturas agrícolas poderiam ser superadas.

Totipotência, reprodução vegetativa e cultura de tecidos

Em um organismo multicelular, qualquer célula que puder dividir-se e gerar assexuadamente um clone do organismo original é considerada **totipotente**. A totipotência é encontrada em muitas plantas, especialmente, mas não exclusivamente, em seus tecidos meristemáticos. A totipotência vegetal fundamenta a maioria das técnicas empregadas pelos seres humanos para clonar plantas.

Propagação vegetativa e enxertia

A reprodução vegetativa ocorre naturalmente em muitas plantas, mas muitas vezes ela pode ser facilitada ou induzida pelos seres humanos, sendo chamada nesse caso de **propagação vegetativa**. Em sua maioria, as plantas de interiores, os arbustos ornamentais e as árvores de pomar reproduzem-se assexuadamente a partir de fragmentos denominados estacas. Na maioria dos casos, são usadas estacas de ramos. Na extremidade de um ramo cortado, forma-se uma massa de células, totipotentes indiferenciadas em divisão, denominada **calo**, a partir da qual se desenvolvem raízes. Se o fragmento do ramo incluir um nó, então se formam raízes sem um estágio de calo.

Na enxertia, um ramo separado de uma planta é unido permanentemente ao caule cortado de outra planta. Esse processo, geralmente limitado a indivíduos intimamente relacionados, pode combinar, em uma planta, as melhores qualidades de espécies ou variedades diferentes. A planta que fornece as raízes é denominada **porta-enxerto** ("cavalo"); o ramo enxertado sobre o porta-enxerto é conhecido como **enxerto**. Por exemplo, os enxertos de variedades de videiras que produzem uvas de vinho de qualidade superior são enxertados em porta-enxertos de variedades produtoras de uvas de qualidade inferior, mas mais resistentes a certos patógenos no solo. Os genes do enxerto determinam a qualidade do fruto. Durante a enxertia, primeiramente forma-se um calo entre as extremidades de corte justapostas do enxerto e do porta-enxerto; a diferenciação celular, então, completa a unificação funcional dos indivíduos enxertados.

Clonagem em tubo de ensaio e técnicas relacionadas

Os biólogos adotaram métodos *in vitro* de clonagem de plantas para finalidade de pesquisa ou aplicação na horticultura. Plantas completas podem ser obtidas mediante cultura de pedaços pequenos de tecido da planta-mãe em um meio artificial contendo nutrientes e hormônios. As células ou tecidos podem ser procedentes de qualquer parte de uma planta, mas o crescimento pode variar em função da parte da planta, espécie ou meio artificial. Em alguns meios, as células cultivadas dividem-se e formam um calo de células totipotentes indiferenciadas **(Figura 38.15a)**. Quando as concentrações de hormônios e nutrientes são manipuladas adequadamente, um calo pode gerar brotos e raízes com células completamente diferenciadas **(Figura 38.15b e c)**. Se necessário, as plântulas clonadas podem ser transferidas para o solo, onde prosseguem seu crescimento.

A cultura de tecidos vegetais é importante para eliminar vírus fracamente patogênicos de variedades propagadas vegetativamente. Embora a presença de vírus fracos talvez não seja óbvia, a produtividade ou a qualidade podem ser substancialmente reduzidas como consequência da infecção. Indivíduos do morangueiro, por exemplo, são suscetíveis a mais de 60 vírus, e geralmente as plantas precisam ser substituídas a cada ano por causa de alguma infecção viral. Contudo, por estarem muitas vezes livres de vírus, os meristemas apicais podem ser excisados e utilizados na produção de material livre de vírus para cultura de tecidos.

A cultura de tecidos vegetais facilita também a engenharia genética, a modificação deliberada das características de um organismo mediante manipulação do seu material genético (ver Conceito 20.1). Muitas técnicas de engenharia genética requerem células de uma única planta como matéria-prima. A cultura em tubo de ensaio torna possível regenerar plantas a partir de uma única célula vegetal geneticamente modificada. Na próxima seção, examinaremos mais de perto algumas das promessas e desafios em torno do uso de plantas geneticamente modificadas na agricultura.

REVISÃO DO CONCEITO 38.2

1. Quais são as três maneiras pelas quais as angiospermas evitam a autofecundação?
2. A banana sem sementes, o fruto mais popular do mundo, está perdendo a batalha contra duas epidemias fúngicas. Por que essas epidemias geralmente representam um risco maior às culturas propagadas assexuadamente?
3. A autofecundação parece ter uma desvantagem óbvia como "estratégia" reprodutiva na natureza e inclusive foi chamada de "beco sem saída evolutivo". Assim, é surpreendente que cerca de 20% das espécies de angiospermas dependam principalmente da autofecundação. Sugira uma razão pela qual a autofecundação pode ser vantajosa e, mesmo assim, um "beco sem saída evolutivo".

Ver as respostas sugeridas no Apêndice A.

CONCEITO 38.3

As pessoas modificam as culturas mediante cruzamento e engenharia genética

Os seres humanos têm interferido na reprodução e na composição genética de plantas desde os primórdios da agricultura. O milho, por exemplo, deve sua existência aos seres humanos. Se fosse deixado por sua própria natureza, o milho logo seria extinto, pela simples razão de que ele não consegue dispersar suas sementes. Os grãos de milho, além de estarem sempre ligados ao eixo central (a "espiga"), também são sempre protegidos por bainhas de folhas sobrepostas e resistentes (a "palha") **(Figura 38.16)**. Esses atributos surgiram por meio da seleção artificial pelos seres humanos. Embora não tivessem uma compreensão dos princípios científicos subjacentes ao melhoramento vegetal, os agricultores pioneiros domesticaram a maioria das nossas espécies cultivadas durante um período relativamente curto há cerca de 10 mil anos.

Melhoramento vegetal

O melhoramento vegetal é a arte e a ciência de mudar os atributos de uma planta a fim de produzir características desejadas. Os melhoristas examinam seus campos cuidadosamente e viajam para vários lugares procurando

▲ **Figura 38.15 Clonagem de uma planta de alho.** (a) A raiz de um dente de alho originou esta cultura de calo, uma massa de células totipotentes indiferenciadas. (b e c) A transformação de um calo em uma plântula depende dos níveis de nutrientes e das concentrações de hormônios no meio artificial, como pode ser visto nestas culturas desenvolvidas em diferentes intervalos de tempo.

▲ **Figura 38.16 Milho: um produto da seleção artificial.** O milho moderno (embaixo) derivou do teosinto (em cima). Os grãos do teosinto são diminutos; cada fileira tem uma palha que deve ser removida para alcançar o grão. As sementes são liberadas na maturidade, permitindo a dispersão, o que provavelmente tornava difícil a colheita para os agricultores pioneiros. Os agricultores do período neolítico selecionaram sementes das plantas com espigas e grãos maiores, assim como a ligação permanente das sementes à espiga e o envolvimento da espiga inteira por uma cobertura resistente (palha).

variedades domesticadas ou parentes silvestres com características desejáveis. Ocasionalmente, tais características surgem espontaneamente por mutação, mas a taxa natural de mutações é muito lenta e duvidosa para produzir todas as mutações que os melhoristas gostariam de estudar. Às vezes, as mutações são aceleradas mediante tratamento com radiação ou substâncias químicas de grandes grupos de sementes ou plântulas.

No melhoramento vegetal tradicional, quando uma característica desejável é identificada em uma espécie silvestre, essa espécie é cruzada com um cultivar domesticado. Em geral, os descendentes que herdaram a característica desejável do progenitor silvestre herdaram também muitas características não desejáveis para a agricultura, como frutos pequenos ou produtividades baixas. Os descendentes que expressam a característica desejada são novamente cruzados com membros da espécie domesticada, e sua progênie é examinada para essa característica. Esse processo continua até que a progênie com a característica silvestre desejada se assemelhe ao progenitor original domesticado quanto aos seus outros atributos agronômicos.

Embora a maioria dos melhoristas faça a polinização cruzada entre plantas de uma única espécie, alguns métodos de melhoramento dependem da hibridação entre duas espécies distantes do mesmo gênero. Às vezes, tais cruzamentos resultam em aborto da semente híbrida durante o desenvolvimento. Nesses casos, muitas vezes o embrião começa a desenvolver-se, mas o endosperma não. Os embriões híbridos às vezes são recuperados por remoção cirúrgica do óvulo e cultivados *in vitro*.

É importante registrar que a modificação genética natural de plantas iniciou muito antes de os seres humanos começarem a alterar as culturas agrícolas por seleção artificial. Por exemplo, as espécies de trigo de que dependemos para grande parte da nossa alimentação evoluíram por hibridação natural entre diferentes espécies de gramíneas. Essa hibridação é comum em plantas e há muito tem sido explorada por melhoristas para introduzir variação genética para seleção artificial e melhoramento de culturas agrícolas. Outro exemplo de modificação genética natural foi revelado pelo sequenciamento genômico da batata-doce (*Ipomoea batatas*). Aparentemente, um ancestral primitivo da batata-doce moderna entrou em contato com *Agrobacterium*, uma bactéria de solo, e ocorreu um evento de transferência gênica horizontal (ver Conceito 26.6). Portanto, a introdução de um **transgene**, um gene transferido de um organismo para outro, pode ocorrer na natureza, bem como em um laboratório de engenharia genética.

Biotecnologia vegetal e engenharia genética

A biotecnologia vegetal tem dois significados. No sentido geral, ela se refere a inovações no emprego de plantas (ou de substâncias obtidas de plantas) para elaborar produtos úteis aos seres humanos – esforço que começou na pré-história. Em um sentido mais específico, a biotecnologia refere-se ao emprego de organismos geneticamente modificados (OGMs) na agricultura e na indústria. De fato, nas últimas décadas, a engenharia genética tem se tornado uma ferramenta tão poderosa que as denominações *engenharia genética* e *biotecnologia* se tornaram sinônimos nos meios de comunicação. A revolucionária tecnologia de edição de genes CRISPR-Cas9 (ver Figura 20.14) está mudando a biologia vegetal tão rápido quanto abre caminho em outros campos.

Diferentemente dos melhoristas vegetais tradicionais, os biotecnologistas vegetais modernos, usando técnicas de engenharia genética, não estão limitados à transferência de genes entre espécies ou gêneros intimamente relacionados. Por exemplo, as técnicas de melhoramento tradicionais não poderiam ser empregadas para inserir um gene desejado do narciso no arroz, pois as muitas espécies intermediárias entre essas duas espécies e seu ancestral comum estão extintas. Teoricamente, se os melhoristas tivessem as espécies intermediárias, ao longo de vários séculos eles provavelmente poderiam introduzir um gene do narciso no arroz, por hibridação e métodos de melhoramento tradicionais. Com a engenharia genética, no entanto, essas transferências de genes podem ser feitas rapidamente, mais especificamente e sem a necessidade de espécies intermediárias.

No restante deste capítulo, exploraremos as perspectivas e as controvérsias em torno do uso de plantas de interesse agronômico que são OGMs. Os defensores da biotecnologia vegetal acreditam que a engenharia genética de plantas cultivadas é a chave para superar alguns dos mais prementes problemas do século XXI, incluindo a fome mundial e a dependência de combustíveis fósseis.

Redução da fome mundial e da desnutrição

Embora a fome global afete quase 1 bilhão de pessoas, existe muita discordância sobre suas causas. Alguns argumentam que a escassez de alimentos se origina das desigualdades na distribuição e que os mais pobres simplesmente não conseguem comprar alimento. Outros consideram a escassez de alimentos como evidência da superpopulação mundial – que a espécie humana excedeu a capacidade de suporte do planeta (ver Conceito 53.3). Quaisquer que sejam as causas da desnutrição, o aumento da produção de alimentos é um objetivo humanitário. Como a terra e a água são os recursos mais limitantes, a melhor opção é aumentar a produtividade em áreas agrícolas já existentes. De fato, existe muito pouca terra "extra" que pode ser cultivada, especialmente pela necessidade de preservação das poucas áreas remanescentes de vida selvagem. Com base em estimativas conservadoras do crescimento populacional, os agricultores terão que produzir 40% mais grãos por hectare para alimentar a população humana em 2030. A biotecnologia vegetal pode ajudar a tornar possível tais produtividades agrícolas.

As culturas agrícolas que foram modificadas geneticamente para expressar transgenes de *Bacillus thuringiensis*, uma bactéria presente no solo, necessitam de menos pesticidas. Os transgenes envolvidos codificam uma proteína (toxina *Bt*) que é tóxica a muitos insetos-praga **(Figura 38.17)**. A toxina *Bt*, usada em plantas cultivadas, é produzida na planta como uma protoxina inofensiva, que se torna tóxica somente se ativada por condições alcalinas, como as encontradas nos intestinos da maioria dos insetos. Como os vertebrados têm estômagos altamente ácidos, a protoxina

Milho não Bt   Milho Bt

▲ **Figura 38.17 Milho não Bt versus milho Bt.** Testes de campo revelam que o milho não Bt (à esquerda) é bastante danificado por predação de insetos e infecção por *Fusarium* (mofo); já no milho Bt (à direita), o dano é pequeno ou inexistente.

consumida pelos seres humanos ou por animais domésticos é tornada inofensiva por desnaturação.

A *biofortificação*, aumento da qualidade nutricional de plantas, é outra estratégia na guerra contra a fome no mundo. Por exemplo, cerca de 250 a 500 mil crianças ficam cegas a cada ano devido a deficiências de vitamina A. Mais da metade dessas crianças morre no período de 1 ano após ficarem cegas. Em resposta a essa crise, especialistas em engenharia genética criaram o "arroz dourado" (Golden Rice), um cultivar transgênico suplementado com transgenes que o capacitam a produzir grãos com aumento nos níveis de betacaroteno, um precursor da vitamina A. Em 2018, após décadas de testes de segurança e desafios legais, o arroz dourado recebeu dos governos do Canadá, da Nova Zelândia e dos Estados Unidos avaliações positivas de segurança alimentar. Há esperanças de que os governos das Filipinas e de Bangladesh logo seguirão o exemplo.

Outro alvo importante da melhora de biofortificação é a mandioca (*Manihot esculenta*), uma cultura agrícola com raízes amiláceas que fornece carboidratos para 800 milhões das pessoas mais pobres no nosso planeta **(Figura 38.18)**. Os pesquisadores também estão modificando plantas para se tornarem mais resistentes a doenças. Por exemplo, o mamoeiro transgênico, que é resistente ao vírus da mancha anelar, foi introduzido no Havaí, salvando a indústria do mamão.

Uma controvérsia considerável tem se manifestado com relação às culturas agrícolas transgênicas resistentes ao herbicida glifosato. O glifosato é letal a uma ampla diversidade de plantas, pois inibe uma enzima-chave em uma rota bioquímica encontrada em vegetais (e na maioria das bactérias), mas não em animais. Os pesquisadores descobriram uma cepa bacteriana que sofreu uma mutação no gene codificante dessa enzima, o que a tornou resistente ao glifosato.

▶ **Figura 38.18 Construindo um alimento perfeito?** A mandioca cresce bem em solos pobres e secos, mas precisa ser complementada mediante consumo de outros alimentos vegetais. Se esses alimentos faltarem, as pessoas sofrem de desnutrição. E se a mandioca sozinha pudesse fornecer uma dieta balanceada? Indivíduos transgênicos biofortificados de mandioca foram desenvolvidos, apresentando níveis bastante aumentados de ferro e betacaroteno (precursor da vitamina A). Outros avanços foram obtidos quanto ao tamanho de suas raízes de reserva, sua facilidade de processamento (menos substâncias químicas produtoras de cianeto) e sua resistência à doença do vírus do mosaico da mandioca.

Quando esse gene bacteriano mutado foi inserido no genoma de diversas culturas agrícolas, essas plantas tornaram-se resistentes ao glifosato. Os agricultores alcançaram o controle quase total de plantas indesejáveis pulverizando glifosato sobre suas lavoras de culturas agrícolas resistentes a esse herbicida. Infelizmente, o uso excessivo de glifosato criou uma pressão seletiva enorme sobre as espécies indesejáveis, resultando que muitas desenvolveram resistência a esse herbicida. Nas décadas recentes, tem havido um reconhecimento crescente do papel que as bactérias intestinais exercem na saúde animal e humana; nesse sentido, alega-se que o glifosato pode ter efeitos negativos na saúde humana e de animais domésticos por afetar as bactérias intestinais benéficas.

Redução da dependência de combustíveis fósseis

As fontes globais de combustíveis fósseis de baixo custo, especialmente o petróleo, estão sendo exauridas com rapidez. Além disso, a maioria dos climatologistas atribui o aquecimento global principalmente à queima desenfreada de combustíveis fósseis, como carvão e petróleo, e à resultante liberação de CO_2 (um gás do efeito estufa). Como o mundo poderá satisfazer as suas demandas de energia no século XXI de maneira econômica e não poluente? Em certas localidades, a energia eólica ou solar talvez se torne economicamente viável, mas é improvável que essas fontes energéticas alternativas supram completamente as demandas globais de energia. Muitos cientistas predizem que os **biocombustíveis** – combustíveis derivados da biomassa viva – possam produzir uma fração considerável das necessidades energéticas do mundo em um futuro não tão distante. A **biomassa** é a massa total de matéria orgânica de um grupo de organismos em um hábitat específico. O uso de biocombustíveis a partir de biomassa vegetal reduziria a emissão líquida de CO_2. Enquanto a queima de combustíveis fósseis aumenta as concentrações atmosféricas de CO_2, as plantas cultivadas para biocombustíveis reabsorvem pela fotossíntese o CO_2 emitido pela queima desses biocombustíveis, criando um ciclo neutralizado de carbono.

No trabalho de implantação de cultivos para biocombustíveis a partir de precursores silvestres, os cientistas estão concentrando esforços de domesticação em vegetais de crescimento rápido, como *Panicum virgatum* e o choupo (*Populus trichocarpa*), que podem crescer em solos muito pobres para a produção de alimentos. Os cientistas não esperam que a biomassa vegetal seja queimada de maneira direta. Em vez disso, os polímeros das paredes celulares, como a celulose e a hemicelulose, que representam os compostos orgânicos mais abundantes na Terra, seriam decompostos em açúcares por reações enzimáticas. Esses açúcares, por sua vez, seriam fermentados em álcool e destilados para produzir biocombustíveis. Além de aumentar o conteúdo de polissacarídeos e a biomassa vegetal geral, os pesquisadores estão tentando modificar geneticamente as paredes celulares de plantas para aumentar a eficiência do processo de conversão enzimática.

O debate sobre a biotecnologia vegetal

Grande parte do debate sobre os OGMs na agricultura diz respeito a questões políticas, sociais, econômicas ou éticas e, portanto, está fora do escopo deste livro. Contudo, *deveríamos* considerar as preocupações biológicas sobre as culturas agrícolas geneticamente modificadas. Alguns biólogos, especialmente os ecólogos, estão preocupados com os riscos desconhecidos associados à liberação dos OGMs no ambiente. O debate está centrado em até que ponto os OGMs poderiam prejudicar o ambiente ou a saúde humana. Aqueles que querem uma ação mais lenta na biotecnologia agrícola (ou eliminá-la completamente) estão preocupados com a natureza desenfreada do "experimento". Se um teste com um medicamento produzir resultados prejudiciais imprevistos, ele é interrompido. Porém, talvez não sejamos capazes de interromper o "teste" de introdução de novos organismos na biosfera. Aqui, examinamos algumas críticas feitas por oponentes aos OGMs, incluindo os supostos efeitos sobre a saúde humana e organismos não visados, além do potencial de escape transgênico.

Questões de saúde humana

Muitos oponentes aos OGMs preocupam-se com a possibilidade de a engenharia genética transferir inadvertidamente alérgenos – moléculas às quais algumas pessoas são alérgicas – de uma espécie que os produz para uma planta usada para alimentação. Contudo, os biotecnologistas já estão removendo da soja e de outras culturas os genes que codificam proteínas alergênicas. Até agora, não há evidência confiável de que plantas geneticamente modificadas especificamente destinadas ao consumo humano tenham efeitos alergênicos à saúde. Na verdade, alguns alimentos geneticamente modificados são potencialmente mais saudáveis do que os não modificados. O milho *Bt* (cultivar transgênico com a toxina *Bt)*, por exemplo, contém 90% menos da toxina fúngica causadora de câncer e defeitos congênitos do que o milho não *Bt*. Essa toxina, denominada fumonisina, é altamente resistente à degradação e foi encontrada em concentrações muito altas em alguns lotes de produtos derivados de milho, desde flocos até cerveja. A fumonisina é produzida por um fungo (*Fusarium*) que infecta o milho danificado por insetos. Uma vez que geralmente sofre menos danos por insetos do que o milho não modificado geneticamente, o milho *Bt* contém muito menos fumonisina.

A avaliação do impacto dos OGMs na saúde humana também leva em consideração a saúde dos trabalhadores rurais, muito dos quais eram comumente expostos a níveis elevados de inseticidas antes da adoção de culturas vegetais *Bt*. Na Índia, por exemplo, a adoção disseminada de algodão *Bt* levou a um decréscimo de 41% no uso de inseticidas e uma redução de 80% no número de casos de intoxicação aguda envolvendo agricultores.

Possíveis efeitos em organismos não visados

Muitos ecólogos estão preocupados que o cultivo de plantas geneticamente modificadas possa ter efeitos imprevistos sobre organismos não visados. Um estudo de laboratório indicou que as larvas (lagartas) da borboleta-monarca responderam desfavoravelmente e até morreram após ingerir folhas de asclépia (sua forragem preferida) pulverizada intensamente com grãos de pólen de milho *Bt* transgênico. Desde então, esse estudo foi desacreditado, oferecendo um bom exemplo da natureza autocorretiva da ciência. Acontece que, quando os pesquisadores que realizaram esse estudo agitaram, em laboratório, as inflorescências estaminadas do milho sobre as folhas de asclépia, os filetes, as anteras abertas e outras partes florais também caíram sobre as folhas. As pesquisas seguintes revelaram que eram essas outras peças florais, e *não* o pólen, que continham a toxina *Bt* em concentrações altas. Diferentemente do pólen, essas peças florais não seriam carregadas pelo vento para os indivíduos de asclépia próximos quando lançadas sob condições naturais de campo. Apenas uma linhagem de milho *Bt*, correspondendo a menos do que 2% da produção comercial desse milho (e hoje interrompida), produziu pólen com concentrações altas de toxina *Bt*.

Em consideração aos efeitos negativos do pólen *Bt* nas borboletas-monarca, deve-se também ponderar os efeitos de uma alternativa ao cultivo de milho *Bt* – a pulverização de milho não *Bt* com pesticidas. Estudos subsequentes mostraram que essa pulverização é muito mais prejudicial às populações vizinhas de monarca do que o cultivo de milho *Bt*. Embora os efeitos do pólen de milho *Bt* sobre as larvas da borboleta-monarca pareçam pequenos, a controvérsia enfatizou a necessidade de testes de campo acurados de todas as culturas geneticamente modificadas e a importância do direcionamento da expressão de genes para tecidos específicos, para melhorar a segurança.

A questão do escape transgênico

Talvez a preocupação mais grave sobre as culturas geneticamente modificadas seja a possibilidade de os genes introduzidos escaparem da lavoura transgênica para as plantas invasoras relacionadas através de hibridação. O receio é que a hibridação espontânea entre uma cultura modificada para resistência a herbicidas e um parente silvestre poderia dar origem a uma "superinvasora" ("*superweed*"), que teria vantagem seletiva sobre outras invasoras na natureza e seria muito mais difícil de controlar no campo. Os defensores dos OGMs salientam que a probabilidade de escape transgênico depende da capacidade de hibridação da cultura agrícola e da invasora e de como os transgenes afetam o valor adaptativo global dos híbridos. Uma característica desejável na cultura agrícola – um fenótipo anão, por exemplo – poderia ser desvantajosa para uma invasora crescendo na natureza. Em outros casos, não há parentes invasores nas proximidades com que hibridar; a soja, por exemplo, não tem parentes silvestres nos Estados Unidos. Entretanto, a canola, o sorgo e muitas outras culturas hibridam facilmente com invasoras; já ocorreu um escape transgênico da cultura para a invasora em uma superfície gramada. Em 2003, um cultivar transgênico de *Agrostis stolonifera*, geneticamente modificado para resistir ao herbicida glifosato, escapou de uma parcela experimental no Oregon, Estados Unidos, após um vendaval. Apesar dos esforços para erradicar os indivíduos que escaparam, 62% dos indivíduos de *Agrosti*, encontrados nas proximidades 3 anos depois eram resistentes ao glifosato. Até agora, o impacto ecológico desse evento parece pequeno, mas talvez esse não seja o caso em futuros escapes transgênicos.

Muitas estratégias estão sendo buscadas com o objetivo de impedir o escape transgênico. Por exemplo, se a macho--esterilidade pudesse ser desenvolvida em plantas, elas ainda produziriam sementes e frutos se polinizadas por plantas não transgênicas próximas, mas produziriam grãos de pólen não viáveis. Uma segunda abordagem envolve apomixia modificada geneticamente introduzida em culturas agrícolas transgênicas. Quando uma semente é produzida por apomixia, o embrião e o endosperma se desenvolvem sem fecundação. Portanto, a transferência dessa característica para culturas transgênicas minimizaria a possibilidade de escape transgênico via pólen, pois as plantas podem ser macho-estéreis sem comprometimento da produção de sementes ou frutos. Uma terceira abordagem consiste em introduzir o transgene no DNA dos cloroplastos da cultura agrícola. Em muitas espécies vegetais, o DNA do cloroplasto é herdado estritamente da oosfera, de modo que os transgenes no cloroplasto não podem ser transferidos pelo pólen. Uma quarta abordagem para impedir o escape transgênico consiste em modificar geneticamente as flores para que se desenvolvam normalmente, mas não apresentem antese. Assim sendo, ocorreria a autopolinização, mas seria improvável que o pólen escapasse da flor. Essa solução exigiria modificações no formato da flor. Vários genes florais foram identificados e poderiam ser manipulados para esse fim.

O debate contínuo a respeito dos OGMs na agricultura exemplifica uma das ideias recorrentes deste livro: a relação da ciência e da tecnologia com a sociedade. Os avanços tecnológicos quase sempre envolvem algum risco de resultados não pretendidos. No caso de culturas geneticamente modificadas, o risco zero é provavelmente inatingível. Portanto, os cientistas e a população devem avaliar caso a caso os possíveis benefícios dos produtos transgênicos, confrontando-os com os riscos que a sociedade está disposta a assumir. O melhor cenário é que essas discussões e decisões sejam baseadas em informações científicas consistentes e testes rigorosos, e não em medo especulativo ou otimismo cego.

REVISÃO DO CONCEITO 38.3

1. Compare os métodos de melhoramento vegetal tradicional com a engenharia genética.
2. Por que o milho *Bt* tem menos fumonisina do que o milho não modificado geneticamente?
3. **E SE?** Em algumas espécies, os genes do cloroplasto são herdados apenas da célula espermática. Como isso poderia influenciar os esforços para impedir o escape transgênico?

Ver as respostas sugeridas no Apêndice A.

38 Revisão do capítulo

RESUMO DOS CONCEITOS-CHAVE

CONCEITO 38.1

Flores, fecundação dupla e frutos são características fundamentais do ciclo de vida das angiospermas (p. 823-832)

- A reprodução das angiospermas envolve uma alternância entre uma geração esporofítica diploide multicelular e uma geração gametofítica haploide multicelular. As **flores**, produzidas pelo esporófito, funcionam na reprodução sexuada.
- Os quatro órgãos florais são sépalas, pétalas, estames e carpelos. As **sépalas** protegem a gema floral. As **pétalas** auxiliam a atrair polinizadores. Os **estames** sustentam as **anteras**, nas quais os **micrósporos** haploides transformam-se em **grãos de pólen** contendo um gametófito masculino. Os **carpelos** contêm **óvulos** (sementes imaturas) em suas bases salientes. Dentro dos óvulos, os **sacos embrionários** (gametófitos femininos) desenvolvem-se a partir de **megásporos**.

Núcleo do tubo

Um núcleo espermático se funde com a oosfera, formando o zigoto (2n)

Um núcleo espermático se funde com dois núcleos polares, formando o endosperma (3n)

- A **polinização**, que precede a **fecundação**, é a colocação do pólen sobre o estigma de um carpelo. Após a polinização, o **tubo polínico** descarrega duas células espermáticas no gametófito feminino. Duas células espermáticas são necessárias para a **fecundação dupla**, processo em que uma célula espermática (núcleo espermático) fecunda a oosfera, formando o zigoto e finalmente um embrião, enquanto a outra célula espermática combina-se com o núcleo polar, dando origem ao endosperma (reserva de nutrientes).
- Uma **semente** consiste em um embrião dormente, junto com um suprimento alimentar armazenado no **endosperma** ou nos **cotilédones**. A **dormência** da semente garante que ela germine apenas quando as condições para a sobrevivência das plântulas sejam favoráveis. A quebra da dormência muitas vezes requer estímulos ambientais, como mudanças de temperatura ou de luz.
- O **fruto** envolve e protege as sementes, além de auxiliar na dispersão pelo vento ou na atração de animais dispersores de sementes.

? *Que mudanças ocorrem nos quatro tipos de peças florais à medida que uma flor se transforma em um fruto?*

CONCEITO 38.2

As angiospermas se reproduzem de foma sexuada, assexuada ou das duas maneiras (p. 833-836)

- A **reprodução assexuada**, também conhecida como **reprodução vegetativa**, permite a proliferação rápida de plantas bem-sucedidas. A reprodução sexuada gera grande parte da variabilidade genética que torna possível a adaptação evolutiva.
- As plantas desenvolveram muitos mecanismos para evitar a autofecundação, incluindo a presença de flores estaminadas e pistiladas em indivíduos diferentes, a produção não sincronizada de partes estaminadas e pistiladas em uma única flor e as reações de **autoincompatibilidade**, em que são rejeitados os grãos de pólen com um alelo idêntico a um presente na parte pistilada.
- É possível clonar plantas a partir de células individuais, que podem ser manipuladas geneticamente antes de serem destinadas ao desenvolvimento de uma planta.

? *Quais são as vantagens da reprodução assexuada e da reprodução sexuada?*

CONCEITO 38.3

As pessoas modificam as culturas agrícolas mediante cruzamento e engenharia genética (p. 836-840)

- A hibridação de diferentes variedades e, até mesmo, espécies vegetais é comum na natureza e tem sido usada por melhoristas antigos e modernos para introduzir novos genes nas culturas agrícolas. Após a hibridação bem-sucedida de duas plantas, os melhoristas vegetais selecionam aqueles descendentes que têm as características desejadas.
- Na engenharia genética, genes de organismos não aparentados são incorporados às plantas. As plantas geneticamente modificadas podem aumentar a qualidade e a quantidade de alimento no mundo, bem como tornar-se progressivamente importantes como biocombustíveis.
- Existem preocupações sobre os riscos desconhecidos da liberação dos OGMs (organismos geneticamente modificados) no ambiente, mas os benefícios potenciais de culturas **transgênicas** precisarão ser considerados.

? *Apresente dois exemplos de como a engenharia genética melhorou a qualidade alimentar ou pode potencialmente melhorá-la.*

TESTE SEU CONHECIMENTO

Níveis 1-2: Relembre/Entenda

1. Um fruto é
   (A) um ovário maduro.
   (B) um óvulo maduro.
   (C) uma semente mais seus tegumentos.
   (D) um saco embrionário ampliado.
2. Fecundação dupla significa que
   (A) as flores precisam ser polinizadas duas vezes para produzir frutos e sementes.
   (B) cada oosfera precisa receber duas células espermáticas para produzir um embrião.
   (C) uma célula espermática é necessária para fecundar a oosfera, e uma segunda célula espermática é necessária para fecundar o núcleo polar.
   (D) cada célula espermática tem dois núcleos.
3. O milho *Bt*
   (A) é resistente a diversos herbicidas, facilitando a eliminação de invasores nas lavouras de arroz.
   (B) contém transgenes que aumentam o conteúdo de vitamina A.
   (C) inclui genes bacterianos produtores de uma toxina que reduz o dano de insetos-praga.
   (D) é um cultivar transgênico do milho "boro (B)-tolerante".
4. Qual é a afirmativa correta referente à enxertia?
   (A) Os porta-enxertos e os enxertos referem-se a ramos de espécies diferentes.
   (B) Os porta-enxertos e os enxertos devem provir de espécies não aparentadas.
   (C) Os porta-enxertos fornecem sistemas de raízes para a enxertia.
   (D) A enxertia cria novas espécies.

Níveis 3-4: Aplique/Analise

5. Algumas espécies vegetais geram indivíduos masculinos, com genótipo XY, e indivíduos femininos, com genótipo XX. Após a fecundação dupla, quais seriam os genótipos dos núcleos dos embriões e dos endospermas?
   (A) Embrião XY/endosperma XXX ou embrião XX/endosperma XXY
   (B) Embrião XX/endosperma XX ou embrião XY/endosperma XY
   (C) Embrião XX/endosperma XXX ou embrião XY/endosperma XYY
   (D) Embrião XX/endosperma XXX ou embrião XY/endosperma XXY

6. Em uma espécie exibindo incompatibilidade esporofítica, que tipo(s) de pólen poderia(m) fertilizar com êxito uma flor S_2S_3?
   (A) Pólen S_1 de uma flor S_1S_3
   (B) Pólen S_2 ou S_3 de uma flor S_2S_3
   (C) Pólen S_3 de uma flor S_1S_1
   (D) Pólen S_1 de uma flor S_1S_1
7. Os pontos pretos que cobrem os morangos são na verdade frutos formados a partir de carpelos separados de uma única flor. A porção carnosa e saborosa de um morango deriva do receptáculo de uma flor com muitos carpelos separados. Portanto, o morango é
   (A) um fruto simples com muitas sementes.
   (B) um fruto múltiplo e um fruto acessório.
   (C) um fruto simples e um fruto agregado.
   (D) um fruto agregado e um fruto acessório.
8. **DESENHE** Faça um desenho de uma flor e identifique as suas peças.

Níveis 5-6: Avalie/Crie

9. **CONEXÃO EVOLUTIVA** Com relação à reprodução sexuada, algumas espécies vegetais são totalmente autofecundáveis, outras são totalmente autoincompatíveis e algumas exibem uma "estratégia mista", com autoincompatibilidade parcial. Essas estratégias reprodutivas diferem nas suas implicações no potencial evolutivo. Por exemplo, como uma espécie autoincompatível se sairia (quanto ao sucesso) como uma população fundadora pequena ou uma população remanescente de um grande gargalo populacional (ver Conceito 23.3) em comparação a uma espécie autofecundável?

10. **PESQUISA CIENTÍFICA** Críticos dos alimentos geneticamente modificados argumentam que os transgenes podem desorganizar o funcionamento celular, provocando o aparecimento no interior das células de substâncias inesperadas e potencialmente prejudiciais. Substâncias intermediárias tóxicas, que normalmente ocorrem em quantidades muito pequenas, podem surgir em quantidades maiores ou novas substâncias podem aparecer. O transtorno pode levar também à perda de substâncias que ajudam a manter o metabolismo normal. Se você fosse o principal consultor científico de seu país, como responderia a essa crítica?

11. **CIÊNCIA, TECNOLOGIA E SOCIEDADE** Os seres humanos realizam manipulação genética há milênios, produzindo variedades animais e vegetais por meio de cruzamento seletivo e hibridação, que modificam expressivamente os genomas dos organismos. Na sua opinião, por que a engenharia genética moderna, que muitas vezes implica na introdução ou modificação de apenas um ou alguns genes, encontra tanta oposição? Algumas modalidades de engenharia genética são mais preocupantes do que outras? Explique.

12. **ESCREVA SOBRE UM TEMA: ORGANIZAÇÃO** Em um texto sucinto (100-150 palavras), discuta como a capacidade de uma flor de se reproduzir com outras flores da mesma espécie é uma propriedade emergente que surge a partir das peças florais e de sua organização.

13. **SINTETIZE SEU CONHECIMENTO**

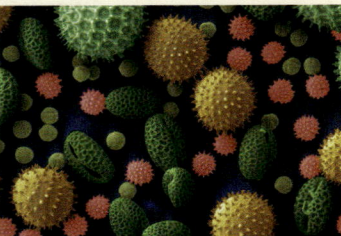

Esta MEV colorida mostra grãos de pólen de seis espécies vegetais. Explique como um grão de pólen se forma, como ele atua e como os grãos de pólen contribuem para a supremacia das angiospermas e de outras plantas com sementes.

Ver respostas selecionadas no Apêndice A.

39 Respostas vegetais a sinais internos e externos

CONCEITOS-CHAVE

39.1 As rotas de transdução de sinais ligam a recepção de sinais à resposta p. 843

39.2 As plantas utilizam substâncias químicas para se comunicar p. 845

39.3 As respostas à luz são cruciais para o sucesso das plantas p. 855

39.4 As plantas respondem a uma ampla diversidade de estímulos além da luz p. 861

39.5 As plantas respondem a ataques por patógenos e herbívoros p. 866

Dica de estudo

Faça uma tabela: À medida que ler o capítulo, adicione exemplos específicos para uma das categorias gerais de respostas mostradas no diagrama.

Fator	Exemplo de resposta vegetal
Luz	Germinação da semente em resposta à luz vermelha

Figura 39.1 Diariamente, os girassóis acompanham o movimento do sol de leste para oeste. Após o pôr do sol, eles invertem o sentido, virando na direção do próximo nascer do sol. Ao se exporem ao calor do sol durante o dia, os capítulos (inflorescências) tornam-se mais quentes e liberam quantidades maiores de substâncias químicas que atraem polinizadores. A luz é apenas um dos muitos fatores aos quais uma planta responde.

CONCEITO 39.1

As rotas de transdução de sinais ligam a recepção de sinais à resposta

A ideia de que as plantas são inertes ou passivas é um equívoco comum. Nada poderia estar mais distante da verdade. Conforme mostrado nos exemplos de respostas vegetais na **Figura 39.1**, as plantas devem perceber e integrar informações sobre muitos aspectos do seu ambiente. Embora o desenvolvimento vegetal seja mais simples do que o desenvolvimento de animais multicelulares, as células vegetais são tão complexas quanto as células animais (ver Figura 6.8). A biologia molecular das plantas é tão complicada quanto a dos animais. Atualmente, uma espécie vegetal japonesa (*Paris japonica*) tem o maior genoma registrado, aproximadamente 50 vezes maior do que o genoma humano. Alguns dos maiores genomas são de plantas (ver Tabela 21.1). Nos níveis de recepção e transdução de sinais, as células humanas não diferem tanto das células vegetais – as semelhanças superam em muito as diferenças. Como animais, porém, as respostas dos humanos aos estímulos ambientais geralmente são bem diferentes das respostas das plantas. Os animais costumam responder com movimento; as plantas alteram o seu crescimento e desenvolvimento.

Como um exemplo de planta que modifica seu crescimento e desenvolvimento em resposta a estímulos ambientais, considere uma batata esquecida no fundo de um armário de cozinha. Esse caule subterrâneo modificado, ou tubérculo, gera brotos a partir dos seus "olhos" (gemas axilares). Esses brotos, no entanto, assemelham-se muito pouco aos de uma planta típica. Em vez de caules robustos e folhas verdes largas, essa planta tem caules pálidos e folhas pequenas, bem como raízes curtas **(Figura 39.2a)**. Essas adaptações morfológicas para crescimento no escuro, coletivamente chamadas de **estiolamento**, fazem sentido se considerarmos que um indivíduo jovem de batata na natureza geralmente encontra escuridão contínua quando em brotação subterrânea. Nessas circunstâncias, as folhas expandidas encontrariam um obstáculo para a penetração no solo e seriam danificadas à medida que os brotos abrissem caminho nele. Como as folhas são reduzidas e subterrâneas, existe pouca perda evaporativa de água e pouca necessidade de um sistema de raízes extenso para repor a água perdida por transpiração. Além disso, a energia gasta na produção de clorofila seria desperdiçada, pois não há luz para a fotossíntese. Em vez disso, um indivíduo de batata crescendo no escuro aloca o máximo de energia possível para o alongamento dos seus caules. Essa adaptação permite a emergência dos brotos antes que as reservas de nutrientes no tubérculo sejam esgotadas. A resposta do estiolamento é um exemplo de como a morfologia e a fisiologia de uma planta estão voltadas para o seu entorno, mediante complexas interações entre sinais ambientais e internos.

(a) Antes da exposição à luz. Uma batata cultivada no escuro tem caules longos e finos, além de folhas não expandidas – adaptações morfológicas que permitem a penetração dos brotos no solo. As raízes são curtas, mas há pouca necessidade de absorção de água, pois ela é perdida em pequena quantidade pelos brotos.

(b) Após 1 semana de exposição à luz natural do dia. Um indivíduo de batata começa a assemelhar-se a uma planta típica, com folhas verdes e largas, caules curtos robustos e raízes longas. Essa transformação começa com a recepção de luz por um pigmento específico denominado fitocromo.

▲ **Figura 39.2** Desestiolamento (esverdeamento) induzido pela luz em batatas cultivadas no escuro.

Quando um broto alcança a luz, a planta sofre alterações profundas, denominadas coletivamente como **desestiolamento** (informalmente conhecido como *greening*, esverdeamento). O alongamento do caule desacelera; as folhas se expandem; as raízes se alongam; e os brotos produzem clorofila. Em resumo, ela começa a assemelhar-se a uma planta típica **(Figura 39.2b)**. Nesta seção, examinaremos essa resposta de desestiolamento como um exemplo de como a recepção de um sinal – neste caso, a luz – por uma célula vegetal é convertida em uma resposta (esverdeamento). Ao longo da trajetória, exploraremos como os estudos com mutantes permitem compreender os detalhes moleculares dos estágios do processamento do sinal pela célula: recepção, transdução e resposta **(Figura 39.3)**.

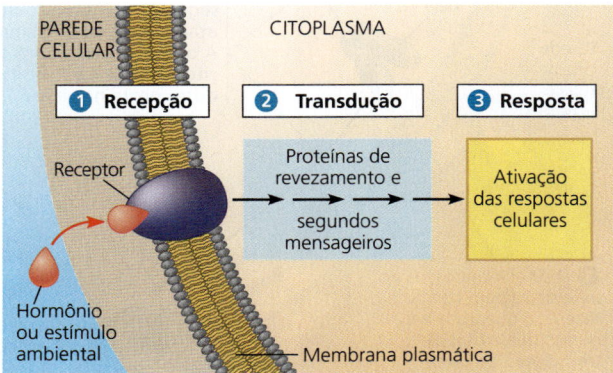

▲ **Figura 39.3 Revisão de um modelo geral das rotas de transdução de sinais.** Conforme discutido no Conceito 11.1, um hormônio ou outro tipo de estímulo, interagindo com uma proteína receptora específica, pode desencadear a ativação sequencial de proteínas de revezamento e também a produção de segundos mensageiros que participam da rota. O sinal passa de proteína a proteína, provocando, por fim, as respostas celulares. Neste diagrama, o receptor situa-se na superfície da célula-alvo; em outros casos, o estímulo interage com receptores dentro da célula.

Recepção

Os sinais são primeiramente detectados por receptores, proteínas que passam por mudanças na conformação em resposta a um estímulo específico. O receptor envolvido no desestiolamento é um tipo de *fitocromo*, membro de uma classe de fotorreceptores que examinaremos mais detalhadamente adiante neste capítulo. Diferente da maioria dos receptores, que estão incorporados à membrana plasmática, o tipo de fitocromo que atua no desestiolamento localiza-se no citoplasma. Pesquisadores demonstraram a necessidade do fitocromo para o desestiolamento, mediante estudos em tomateiro, parente próximo da batata. O mutante *aurea* do tomateiro, que tem níveis reduzidos de fitocromo, esverdeia menos do que os tomateiros do tipo silvestre quando expostos à luz (*aurea* em latim significa "dourado"; na ausência de clorofila, os pigmentos acessórios amarelos e cor de laranja, denominados carotenoides, são mais evidentes). Os pesquisadores produziram uma resposta normal de desestiolamento em células individuais da folha do mutante *aurea*, mediante injeção de fitocromo de outras plantas e, após, exposição dessas células à luz. Esses experimentos revelaram que o fitocromo atua na detecção da luz durante o desestiolamento.

Transdução

Os receptores podem ser sensíveis a sinais ambientais ou químicos muito fracos. Algumas respostas de desestiolamento são desencadeadas por níveis de luz extremamente baixos, em certos casos equivalentes a alguns segundos de luar. A transdução desses sinais extremamente baixos envolve **segundos mensageiros** – pequenas moléculas e íons na célula que amplificam o sinal e o transferem do receptor para proteínas que realizam a resposta **(Figura 39.4)**. No Conceito 11.3, discutimos vários tipos de segundos mensageiros (ver Figuras 11.12 e 11.14). Aqui, examinamos os papéis específicos de dois tipos de segundos mensageiros no desestiolamento: íons cálcio (Ca^{2+}) e GMP cíclico (GMPc).

Alterações nos níveis de Ca^{2+} citosólico desempenham um papel importante na transdução de sinal do fitocromo. A concentração de Ca^{2+} citosólico geralmente é muito baixa (cerca de $10^{-7} M$), mas a ativação do fitocromo leva à abertura de canais de Ca^{2+} e ao aumento transitório de 100 vezes nos níveis de Ca^{2+} citosólico. Em resposta à luz, o fitocromo passa por uma mudança de conformação que leva à ativação de guanilil ciclase, enzima que produz o segundo mensageiro GMPc. Tanto Ca^{2+} quanto GMPc devem ser produzidos para uma resposta completa de desestiolamento. A injeção

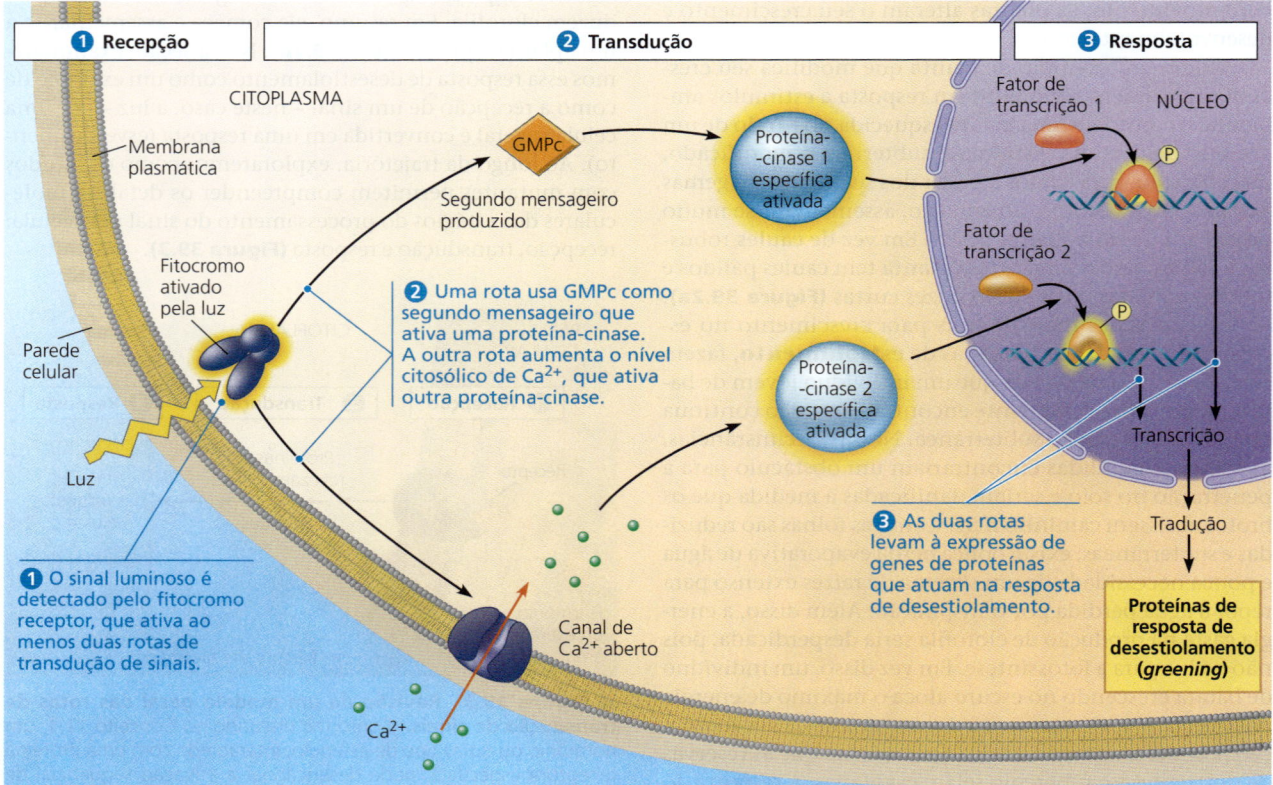

▲ **Figura 39.4** Exemplo de transdução de sinais em plantas: o papel do fitocromo na resposta de desestiolamento (esverdeamento).

FAÇA CONEXÕES *Qual painel na Figura 11.17 exemplifica melhor a rota de transdução de sinais dependente do fitocromo durante o desestiolamento? Explique.*

de GMPc nas células da folha do tomateiro *aurea*, por exemplo, induz um desestiolamento apenas parcial.

Resposta

Fundamentalmente, os segundos mensageiros regulam uma ou mais atividades celulares. Na maioria dos casos, essas respostas envolvem o aumento da atividade de enzimas específicas. Existem dois mecanismos principais pelos quais uma rota de sinalização pode aumentar uma etapa enzimática em uma rota bioquímica: regulação transcricional e modificação pós-traducional. A regulação transcricional aumenta ou diminui a síntese de mRNA que codifica uma enzima específica. A modificação pós-traducional ativa enzimas preexistentes.

Modificação pós-traducional de proteínas preexistentes

Na maioria das rotas de transdução de sinais, as proteínas preexistentes são modificadas pela fosforilação de aminoácidos específicos, que altera a hidrofobicidade e a atividade da proteína. Muitos segundos mensageiros, incluindo o GMPc e o Ca^{2+}, ativam diretamente proteínas-cinases. Muitas vezes, uma proteína-cinase irá fosforilar outra proteína-cinase, que, por sua vez, fosforila outra e assim por diante (ver Figura 11.10). Essas cascatas de cinases podem conectar estímulos iniciais a respostas no nível da expressão gênica, geralmente via fosforilação de fatores de transcrição. Como examinaremos em seguida, muitas rotas de transdução de sinais fundamentalmente regulam a síntese de novas proteínas, ligando ou desligando genes específicos.

As rotas de transdução de sinais devem ter também um meio de se desligar quando o sinal inicial não estiver mais presente, como quando uma batata em brotação é colocada de volta no armário. As proteínas-fosfatases, enzimas que desfosforilam proteínas específicas, são importantes nesse processo de "desligamento". A qualquer momento, o funcionamento de uma célula depende do equilíbrio da atividade de muitos tipos de proteínas-cinases e proteínas-fosfatases.

Regulação transcricional

Conforme discutido no Conceito 18.2, as proteínas denominadas *fatores de transcrição específicos* se ligam a regiões específicas do DNA e controlam a transcrição de genes específicos (ver Figura 18.10). No caso do desestiolamento induzido pelo fitocromo, vários desses fatores de transcrição são ativados por fosforilação em resposta a condições de luz apropriadas. A ativação de alguns desses fatores de transcrição depende da sua fosforilação por proteínas-cinases ativadas por GMPc ou Ca^{2+}.

Os mecanismos pelos quais um sinal promove mudanças no desenvolvimento podem depender de fatores de transcrição que são ativadores (que *aumentam* a transcrição de genes específicos), repressores (que *diminuem* a transcrição) ou ambos. Por exemplo, alguns mutantes de *Arabidopsis thaliana*, exceto pela cor pálida, têm aparência de plantas que crescem à luz mesmo quando cultivados no escuro; eles têm folhas expandidas e caules curtos e vigorosos, mas não são verdes porque a etapa final da produção de clorofila requer luz direta. Esses mutantes apresentam deficiência em um repressor que normalmente inibe a expressão de outros genes que são ativados pela luz. Quando o repressor é eliminado por mutação, a rota normalmente bloqueada tem prosseguimento. Assim, exceto pela sua cor pálida, esses mutantes aparentam terem sido cultivados na presença da luz.

Proteínas de desestiolamento ("esverdeamento")

Que tipos de proteínas são ativados por fosforilação ou recentemente transcritos durante o processo de desestiolamento? Muitas são enzimas que atuam diretamente na fotossíntese; outras são enzimas envolvidas no fornecimento de precursores químicos necessários à produção de clorofila; outras ainda afetam os níveis de fitormônios que regulam o crescimento. Por exemplo, os níveis de auxina e brassinosteroides, hormônios que intensificam o alongamento do caule, diminuem após a ativação do fitocromo. Esse decréscimo explica o lento alongamento que acompanha o desestiolamento.

Examinamos em alguns detalhes a transdução de sinais envolvida na resposta de desestiolamento de um indivíduo de batata, para ter uma ideia da complexidade das mudanças bioquímicas que fundamentam esse processo. Cada fitormônio e estímulo ambiental desencadeia uma ou mais rotas de transdução de sinais de complexidade comparável. Como nos estudos com o mutante *aurea* de tomateiro, o isolamento de mutantes (uma abordagem genética) e as técnicas de biologia molecular estão ajudando os pesquisadores a identificar essas várias rotas.

REVISÃO DO CONCEITO 39.1

1. Quais são as diferenças morfológicas entre plantas cultivadas no escuro e na presença da luz? Explique como o estiolamento ajuda a plântula a competir com sucesso.
2. A cicloeximida é uma substância que inibe a síntese proteica. Sugira qual o efeito que ela teria no desestiolamento.
3. **E SE?** A sildenafila, medicamento para disfunção sexual, inibe uma enzima que interrompe o GMP cíclico. Se as células de folhas de tomateiro tivessem uma enzima semelhante, a aplicação de sildenafila nessas células causaria um desestiolamento normal das folhas do tomateiro mutante *aurea*?

Ver as respostas sugeridas no Apêndice A.

CONCEITO 39.2

As plantas utilizam substâncias químicas para se comunicar

Como vimos, as plantas percebem suas condições ambientais locais usando rotas de transdução de sinais não menos complexas do que as utilizadas por animais. A ativação das rotas de transdução de sinais muitas vezes altera a atividade de enzimas e, por isso, a produção de substâncias químicas. As plantas empregam substâncias químicas para se comunicar com o mundo vivo, como no exemplo das substâncias liberadas pelo girassol na Figura 39.1. As plantas utilizam substâncias químicas também para a comunicação entre suas diferentes partes, otimizando, assim, a resposta da planta inteira. A comunicação química no interior das plantas é um campo de pesquisa em expansão. A descoberta de novas moléculas móveis de informação, como as centenas de RNAs pequenos e dezenas de peptídeos pequenos, manterão os pesquisadores atarefados durante décadas. Foi também descoberto que as plantas possuem um atributo que animais não têm: as pontes citoplasmáticas entre células vegetais (plasmodesmos), diferentemente das estruturas análogas em animais (junções comunicantes), podem dilatar o suficiente para que macromoléculas como as proteínas possam mover-se de célula para célula. Essa pesquisa recente se baseia em uma história longa de experimentos clássicos que forneceram os primeiros indícios de que moléculas sinalizadoras móveis, denominadas hormônios, são reguladores internos do crescimento vegetal.

Características gerais dos fitormônios

Um **hormônio**, no sentido original do termo, é uma molécula sinalizadora produzida em concentrações baixas por uma parte do corpo de um organismo e transportada para outras partes, onde se liga a um receptor específico e desencadeia respostas em células e tecidos-alvo. Em animais, o transporte dos hormônios costuma ser feito pelo sistema circulatório, um critério muitas vezes incluído na definição do termo. Muitos biólogos vegetais, no entanto, argumentam que o conceito de hormônio, originado de estudos em animais, é demasiado restritivo para descrever processos fisiológicos vegetais. Por exemplo, as plantas não têm sangue em circulação para o transporte de moléculas sinalizadoras semelhantes a hormônios. Além disso, algumas moléculas sinalizadoras, consideradas hormônios vegetais, atuam apenas localmente. Por fim, existem algumas moléculas sinalizadoras em plantas, como a glicose, que normalmente ocorrem em concentrações milhares de vezes maiores do que

Tabela 39.1 Visão geral dos fitormônios

Hormônio	Onde é produzido ou encontrado na planta	Principais funções
Auxina (AIA)	Meristemas apicais do caule e folhas jovens são os principais locais de síntese de auxina. Os meristemas apicais das raízes também produzem auxina, embora grande parte da sua auxina seja fornecida pela parte aérea. As sementes e os frutos em desenvolvimento contêm níveis elevados de auxina, mas não está claro se ela é recém-sintetizada ou transportada de tecidos maternos.	Estimula o alongamento do caule (apenas em concentração baixa); promove a formação de raízes laterais e adventícias; regula o desenvolvimento de frutos; intensifica a dominância apical; atua no fototropismo e no gravitropismo; promove a diferenciação vascular; retarda a abscisão foliar
Citocininas	Elas são sintetizadas principalmente nas raízes e transportadas para outros órgãos, embora existam também muitos locais menores de produção.	Regulam a divisão celular em caules e raízes; modificam a dominância apical e promovem o crescimento de gemas laterais; promovem o movimento de nutrientes para os tecidos-dreno; estimulam a germinação de sementes; retardam a senescência foliar
Giberelinas (GA)	Os meristemas das gemas apicais e das raízes, as folhas jovens e as sementes em desenvolvimento são os principais locais de produção.	Estimulam o alongamento do caule, o desenvolvimento do pólen, o crescimento do tubo polínico, o crescimento do fruto e o desenvolvimento e a germinação da semente; regulam a determinação do sexo e a transição entre as fases juvenil e adulta
Ácido abscísico (ABA)	Quase todas as células vegetais têm a capacidade de sintetizar ácido abscísico, e a sua presença foi detectada em todos os órgãos principais e tecidos vivos; ele pode ser transportado pelo floema ou pelo xilema.	Inibe o crescimento; promove o fechamento estomático durante o estresse hídrico; promove a dormência da semente e inibe a germinação precoce; promove a senescência foliar; promove a tolerância à dessecação
Etileno	Esse hormônio gasoso pode ser produzido pela maioria das partes da planta. Ele é produzido em concentrações altas durante a senescência, a abscisão foliar e o amadurecimento de alguns tipos de frutos. A síntese também é estimulada por lesões e estresse.	Promove o amadurecimento de muitos tipos de frutos, a abscisão foliar e a resposta tríplice em plântulas (inibição do alongamento do caule, promoção da expansão lateral e do crescimento horizontal); aumenta a taxa de senescência; promove a formação da raiz e de pelos da raiz; promove o florescimento na família do abacaxizeiro
Brassinosteroides	Esses compostos estão presentes em todos os tecidos vegetais, embora intermediários diferentes predominem em órgãos distintos. Os brassinosteroides produzidos internamente atuam nas proximidades do local de síntese.	Promovem a expansão e a divisão celulares nas partes aéreas; promovem o crescimento da raiz em concentrações baixas; inibem o crescimento da raiz em concentrações altas; promovem a diferenciação do xilema e inibem a diferenciação do floema; promovem a germinação de sementes e o alongamento do tubo polínico
Jasmonatos	Eles constituem um grupo pequeno de moléculas aparentadas, derivadas do ácido linolênico, um ácido graxo. São produzidos em várias partes da planta e transportados no floema para outras partes da planta.	Regulam uma ampla diversidade de funções, incluindo o amadurecimento do fruto, o desenvolvimento floral, a produção de pólen, o enrolamento de gavinhas, o crescimento da raiz, a germinação da semente e a secreção de néctar; produzidos também em resposta à herbivoria e à invasão de patógenos
Estrigolactonas	Esses hormônios (derivados de carotenoides) e sinais extracelulares são produzidos nas raízes, em resposta a concentrações baixas de fosfato ou fluxo elevado de auxina procedente da parte aérea.	Promovem a germinação da semente, o controle da dominância apical e a atração de fungos micorrízicos para a raiz

um hormônio típico. Contudo, elas ativam rotas de transdução de sinais que alteram imensamente o funcionamento das plantas de maneira semelhante a um hormônio. Desse modo, muitos biólogos vegetais preferem empregar a denominação *reguladores de crescimento vegetal*, de sentido mais amplo, para descrever compostos orgânicos, naturais ou sintéticos, que modificam ou controlam um ou mais processos fisiológicos específicos de uma planta. As denominações *fitormônio* e *regulador de crescimento vegetal* são usadas mais ou menos igualmente, porém, por continuidade histórica, utilizaremos o termo *fitormônio* e adotaremos o critério de que os fitormônios são ativos em concentrações muito baixas.

Os fitormônios são produzidos em concentrações muito baixas, mas uma quantidade diminuta pode ter um efeito profundo no crescimento e no desenvolvimento da planta. Praticamente todos os aspectos do crescimento e do desenvolvimento da planta estão em certo grau sob controle hormonal. Cada hormônio tem efeitos múltiplos, dependendo do seu sítio de ação, da sua concentração e do estágio de desenvolvimento da planta. Por outro lado, múltiplos hormônios podem influenciar um único processo. As respostas aos fitormônios geralmente dependem das quantidades dos hormônios envolvidos e das suas concentrações relativas. Com frequência, são as interações entre diferentes hormônios, em vez de sua atuação isolada, que controlam o crescimento e o desenvolvimento. Essas interações serão abordadas na discussão a seguir sobre as funções hormonais.

Visão geral dos fitormônios

A **Tabela 39.1** introduz os principais tipos e ações dos fitormônios, incluindo auxina, citocininas, giberelinas, ácido abscísico, etileno, brassinosteroides, jasmonatos e estrigolactonas.

Auxina

A ideia de que existem mensageiros químicos em vegetais surgiu a partir de uma série de experimentos clássicos sobre como os caules respondem à luz. Como você sabe, o caule de uma planta de interior perto de uma janela cresce em direção à luz. Qualquer resposta de crescimento que resulta em curvatura de órgãos vegetais, no mesmo sentido ou em sentido oposto a estímulos, é denominada **tropismo** (do grego *tropos*, curva). O crescimento do caule no mesmo sentido ou em sentido oposto à luz é denominado **fototropismo**, positivo na primeira situação e negativo na segunda.

Em ecossistemas naturais, onde as plantas podem estar adensadas, o fototropismo direciona o crescimento do caule para a luz solar, que fornece energia para a fotossíntese. Essa resposta resulta de um crescimento diferencial de células em lados opostos do caule; as células no lado mais escuro alongam-se mais rápido do que as células no lado mais claro.

Charles Darwin e seu filho Francis conduziram um dos primeiros experimentos sobre fototropismo no final do século XIX **(Figura 39.5)**. Eles observaram que uma plântula de gramínea, envolvida por seu coleóptilo (ver Figura 38.9b), poderia curvar-se para a luz somente se o ápice do coleóptilo estivesse presente. Se o ápice fosse removido, o coleóptilo não se curvava. A plântula também não conseguia crescer para a luz se o ápice tivesse cobertura opaca, mas nem uma cobertura transparente sobre o ápice tampouco

▼ **Figura 39.5** Pesquisa

Qual parte de um coleóptilo de gramínea tem sensibilidade à luz e como o sinal é transmitido?

Experimento Em 1880, Charles e Francis Darwin removeram partes de coleóptilos de gramínea e cobriram-nas, para determinar qual parte era sensível à luz. Em 1913, Peter Boysen-Jensen separou coleóptilos com materiais diferentes para determinar como é transmitido o sinal para fototropismo.

Resultados

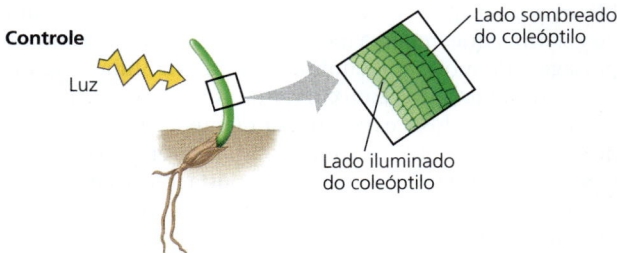

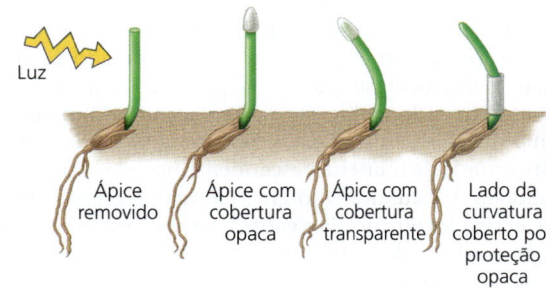

Darwin e Darwin: o fototropismo ocorre apenas quando o ápice é iluminado.

Boysen-Jensen: o fototropismo ocorre quando o ápice é separado por uma barreira permeável, mas não uma barreira impermeável.

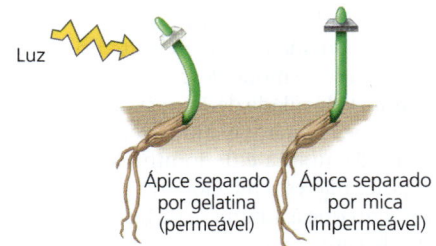

Dados de C. R. Darwin, *The power of movement in plants*, John Murray (1880). P. Boysen-Jensen, Concerning the performance of phototropic stimuli on the Avena coleoptile, *Berichte der Deutschen Botanischen Gesellschaft (Reports of the German Botanical Society)* 31:559-566 (1913).

Conclusão O experimento dos Darwin sugeriu que apenas o ápice do coleóptilo tem sensibilidade à luz. Contudo, a curvatura fototrópica ocorreu a uma distância do local de percepção da luz (o ápice). Os resultados de Boysen-Jensen sugeriram que o sinal para a curvatura é uma substância química móvel ativada pela luz.

E SE? *Como você poderia determinar experimentalmente quais cores da luz provocam a curvatura mais fototrópica?*

uma proteção opaca colocada abaixo do ápice do coleóptilo impediram a resposta fototrópica. Os Darwin concluíram que o ápice do coleóptilo era responsável pela percepção da luz. Contudo, eles observaram que a resposta de crescimento diferencial que levou à curvatura do coleóptilo ocorreu a alguma distância abaixo do ápice. Os Darwin postularam que algum sinal era transmitido para baixo, a partir do ápice, para a região de alongamento do coleóptilo. Algumas décadas depois, o cientista dinamarquês Peter Boysen-Jensen demonstrou que o sinal era uma substância química móvel. Ele separou o ápice do restante do coleóptilo em um cubo de gelatina, que impedia o contato celular, mas permitia a passagem de substâncias químicas. Essas plântulas responderam normalmente, com curvatura voltada para a luz. Todavia, se o ápice fosse experimentalmente separado da parte de baixo do coleóptilo por uma barreira impermeável, como a mica (um mineral), não ocorria resposta fototrópica.

Pesquisas seguintes mostraram que uma substância química era liberada dos ápices dos coleóptilos e poderia ser coletada por meio de difusão em blocos de ágar. Cubos pequenos de ágar contendo essa substância química poderiam induzir curvaturas "do tipo fototrópica", mesmo em completa escuridão, se esses cubos fossem deslocados do centro (do topo) da superfície de corte de coleóptilos decapitados. Os coleóptilos curvam-se na direção da luz devido à concentração mais alta dessa substância química promotora do crescimento no lado mais escuro do coleóptilo. Como essa substância química estimulava o crescimento à medida que era transportada de maneira descendente no coleóptilo, ela foi apelidada de "auxina" (do grego *auxein*, crescer). Mais tarde, a auxina foi purificada e verificou-se que sua estrutura química era a do ácido indolacético (AIA). O termo **auxina** é empregado para qualquer substância química, sintética ou não, que promove o alongamento do coleóptilo. A principal auxina natural em plantas é AIA, que tem muitos efeitos adicionais. Salvo indicação em contrário, os termos *auxina* e *AIA* serão usados indistintamente.

A auxina é produzida principalmente nos ápices caulinares e é transportada de modo descendente de célula a célula no caule, a uma velocidade de 1 cm/h. Ela se move apenas do ápice para a base, não no sentido inverso. Esse transporte unidirecional de auxina é denominado *transporte polar*. O transporte polar não está relacionado à gravidade; experimentos mostraram que a auxina se dirige para cima quando um segmento de caule ou coleóptilo é posicionado de maneira invertida. Em vez disso, a polaridade do movimento de auxina é atribuível à distribuição polar de proteínas transportadoras de auxina nas células. Concentrados na extremidade basal de uma célula, os transportadores movem o hormônio para fora da célula. A auxina, então, pode penetrar na extremidade apical da célula vizinha **(Figura 39.6)**. A auxina apresenta uma diversidade de efeitos, incluindo a estimulação do alongamento celular e regulação da arquitetura vegetal.

Papel da auxina no alongamento celular Uma das principais funções da auxina é estimular o alongamento de células nas partes aéreas jovens em desenvolvimento. À medida que se move para baixo, para a região onde as células estão se alongando, a auxina do ápice do caule (ver Figura 35.16) estimula o crescimento celular mediante ligação

▼ **Figura 39.6** Pesquisa

O que causa o movimento polar de auxina do ápice para a base da parte aérea?

Experimento Para investigar como a auxina é transportada de maneira unidirecional, Leo Gälweiler e colaboradores delinearam um experimento para identificar a localização da proteína transportadora de auxina. Eles utilizaram uma molécula fluorescente amarelo-esverdeada para identificar anticorpos que se ligam à proteína transportadora de auxina. Em seguida, aplicaram os anticorpos a caules de *Arabidopsis thaliana* cortados longitudinalmente.

Resultados A fotomicrografia à esquerda mostra que as proteínas transportadoras de auxina não são encontradas em todos os tecidos do caule, mas apenas no parênquima do xilema. Na fotomicrografia à direita, um aumento maior revela que essas proteínas estão localizadas principalmente nas extremidades basais das células.

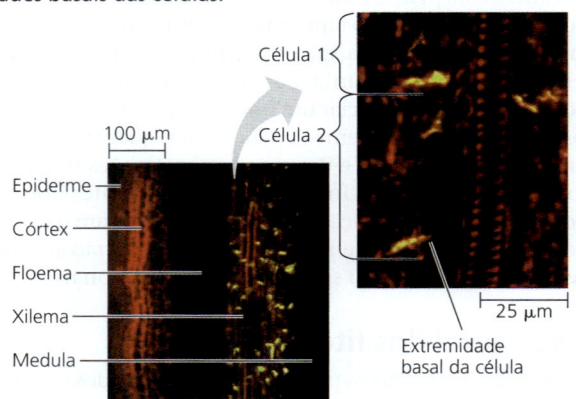

Dados de L. Gälweiler et al., Regulation of polar auxin transport by AtPIN1 in *Arabidopsis* vascular tissue, *Science* 282: 2226-2230 (1998).

Conclusão Os resultados sustentam a hipótese de que a concentração da proteína transportadora de auxina nas extremidades basais das células medeia o transporte polar de auxina.

E SE? *Se as proteínas transportadoras de auxina fossem distribuídas igualmente em ambas as extremidades das células, o transporte polar de auxina ainda seria possível? Explique.*

a um receptor localizado no núcleo. A auxina estimula o crescimento apenas em uma determinada faixa de concentrações, em torno de 10^{-8} a $10^{-4} M$. Em concentrações mais altas, a auxina pode inibir o alongamento celular pela indução da produção de etileno, hormônio que geralmente impede o crescimento. Nós retornaremos a essa interação hormonal quando examinarmos o etileno.

De acordo com o modelo denominado *hipótese do crescimento ácido*, as bombas de prótons exercem um papel importante na resposta de crescimento das células à auxina. Na região de alongamento da parte aérea, a auxina estimula as bombas de prótons (H^+) na membrana plasmática. Esse bombeamento de H^+ aumenta a voltagem na membrana plasmática (potencial de membrana) e diminui o pH na parede celular em poucos minutos. A acidificação da parede ativa proteínas denominadas **expansinas**, que rompem as ligações cruzadas (ligações de hidrogênio) entre as microfibrilas de celulose e outros constituintes da parede celular, afrouxando a sua estrutura **(Figura 39.7)**. O aumento do

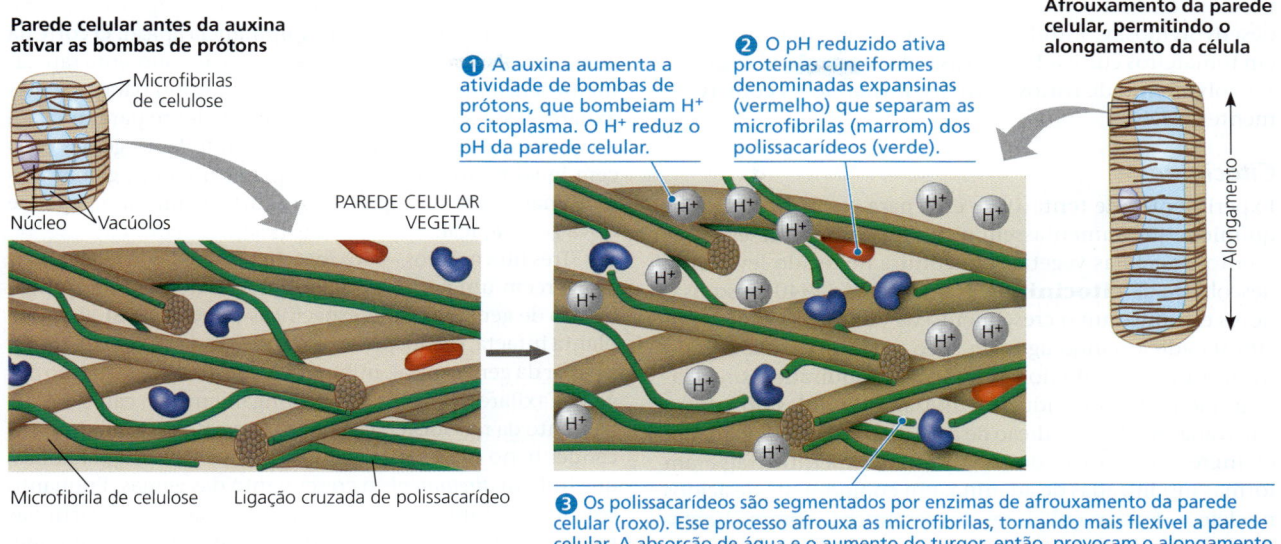

▲ **Figura 39.7** **Alongamento celular em resposta à auxina: hipótese do crescimento ácido.** A direção predominante de expansão da célula é perpendicular à orientação principal das microfibrilas na parede celular (ver Figura 35.28).

potencial de membrana intensifica a absorção de íons pela célula, causando absorção osmótica de água e aumento do turgor. O aumento do turgor e da plasticidade da parede celular permite o alongamento celular.

A auxina também altera rapidamente a expressão gênica, provocando, em poucos minutos, a produção de proteínas novas pelas células da região de alongamento. Algumas dessas proteínas são fatores de transcrição de vida curta que reprimem ou ativam a expressão de outros genes. Para a manutenção do crescimento após esse esforço inicial, as células precisam produzir mais citoplasma e material de parede. Além disso, a auxina estimula essa resposta de crescimento sustentado.

Papel da auxina no desenvolvimento vegetal O transporte polar de auxina exerce um papel importante no controle da organização espacial, ou *formação de padrões*, de uma planta. A auxina sintetizada nos ápices de um ramo transporta informações sobre o potencial de crescimento desse ramo. Se um ramo se encontra em um ambiente propício ao crescimento, ele produz mais auxina, e a planta redireciona mais recursos para esse ramo. Um fluxo reduzido de auxina a partir de um ramo indica que ele não está sendo suficientemente produtivo: ramos novos são necessários em outra parte. Assim, as gemas laterais abaixo do ramo são liberadas da dormência e começam a crescer.

O transporte de auxina também desempenha um papel-chave no estabelecimento do padrão de emergência foliar a partir do meristema apical do caule (ver Figura 36.3). Um modelo proeminente propõe que o transporte polar de auxina no ápice do caule gera picos locais de concentração desse hormônio, que determinam o local de formação do primórdio foliar e, portanto, as diferentes filotaxias encontradas na natureza.

O transporte polar de auxina a partir da margem foliar também direciona os padrões de nervuras foliares. A inibição do transporte polar de auxina resulta em folhas sem continuidade vascular pelo pecíolo e com nervuras principais amplas, organizadas frouxamente, além do aumento do número de nervuras secundárias e uma faixa densa de células vasculares com formas irregulares adjacentes à margem foliar.

A atividade do câmbio vascular, o meristema que produz tecidos lenhosos, submete-se também ao controle do transporte de auxina. Quando uma planta se torna dormente no final de uma estação de crescimento, há uma redução na capacidade de transporte de auxina e na expressão de genes que codificam os transportadores de auxina.

Os efeitos da auxina no desenvolvimento vegetal não são limitados à geração esporofítica que vemos. Evidências recentes sugerem que a organização dos microscópicos gametófitos femininos de angiospermas é regulada por um gradiente de auxinas.

Usos práticos das auxinas As auxinas, naturais e sintéticas, têm muitas aplicações comerciais. Por exemplo, o ácido indolbutírico (AIB), uma auxina natural, é usado na propagação vegetativa de plantas por estaquia. O tratamento de pedaços de folhas ou de caules com pó contendo AIB muitas vezes provoca a formação de raízes adventícias nas proximidades da superfície cortada.

Certas auxinas sintéticas são amplamente empregadas como herbicidas, incluindo o ácido 2,4-diclorofenoxiacético (2,4-D). Monocotiledôneas, como o milho e espécies de gramado, conseguem rapidamente inativar essas auxinas sintéticas. No entanto, as eudicotiledôneas não têm essa capacidade e, por isso, morrem com dose hormonal excessiva. A aspersão de lavouras de cereais ou de gramado com 2,4-D elimina eudicotiledôneas (de folhas largas) indesejáveis.

As sementes em desenvolvimento produzem auxina, que promove o crescimento de frutos. Em tomateiros cultivados em casas de vegetação, com frequência são produzidas menos sementes, resultando em frutos pouco desenvolvidos. Contudo, a aspersão de auxinas sintéticas em tomateiros cultivados em casas de vegetação induz o desenvolvimento de frutos normais, tornando-os comercialmente viáveis.

Citocininas

Experimentos de tentativa e erro para encontrar aditivos químicos que aumentassem o crescimento e o desenvolvimento de células vegetais em cultura de tecido levaram à descoberta de **citocininas**. Na década de 1940, pesquisadores estimularam o crescimento de embriões vegetais em cultura adicionando água de coco, o endosperma líquido da enorme semente do coco. Após, pesquisadores revelaram que poderiam induzir a divisão de células do tabaco cultivadas mediante adição de amostras de DNA degradado. Os ingredientes ativos dos dois aditivos experimentais eram formas modificadas de adenina, um componente de ácidos nucleicos. Esses reguladores de crescimento foram chamados de citocininas porque estimulam a citocinese (divisão celular). A citocinina natural mais comum é a zeatina, assim denominada por ter sido descoberta no milho (*Zea mays*). As citocininas influenciam a divisão celular, a diferenciação celular e a dominância apical.

Controle da divisão e diferenciação celulares As citocininas são produzidas nos tecidos em crescimento ativo, especialmente nas raízes, nos embriões e nos frutos. As citocininas produzidas nas raízes alcançam seus tecidos-alvo por movimento ascendente na seiva do xilema. Atuando junto com a auxina, as citocininas estimulam a divisão celular e influenciam a rota de diferenciação. Os efeitos das citocininas nas células crescendo em cultura de tecidos fornecem indícios sobre como essa classe de hormônios pode funcionar em uma planta intacta. Quando um pedaço de parênquima de um caule é cultivado na ausência de citocininas, as células tornam-se muito grandes, mas não entram em mitose. Todavia, se forem adicionadas citocininas junto com auxina, as células se dividem. As citocininas isoladamente não têm efeito. A razão entre citocininas e auxina controla a diferenciação celular. Quando as concentrações desses dois hormônios estão em certos níveis, a massa de células continua a crescer, mas permanece como um aglomerado de células indiferenciadas denominado calo (ver Figura 38.15). Se os níveis de citocininas aumentarem, as gemas de partes aéreas se desenvolvem a partir do calo. Se os níveis de auxina aumentarem, formam-se raízes.

Controle da dominância apical
A dominância apical, capacidade da gema apical de inibir o desenvolvimento de gemas axilares, submete-se ao controle de açúcar e diversos fitormônios, incluindo auxina, citocininas e estrigolactonas. A demanda de açúcar do ápice caulinar é crucial para a manutenção da dominância apical. O corte da gema apical elimina a demanda de açúcar e aumenta rapidamente a disponibilidade de açúcar (sacarose) para as gemas axilares. Esse aumento de açúcar é suficiente para iniciar a emergência da gema. Entretanto, nem todas as gemas crescem igualmente. Geralmente, apenas uma das gemas axilares mais perto da superfície de corte assumirá o papel de nova gema apical.

Três fitormônios — auxina, citocininas e estrigolactonas — exercem um papel na determinação do grau de alongamento de gemas axilares específicas **(Figura 39.8)**. Em uma planta intacta, o transporte descendente de auxina no caule, a partir da gema apical, inibe *indiretamente* o crescimento das gemas axilares, provocando o alongamento do caule em detrimento da ramificação lateral. O fluxo polar de auxina descendente no caule desencadeia a síntese de estrigolactonas, que inibem *diretamente* o crescimento das gemas. Enquanto isso, as citocininas que entram no sistema aéreo a partir das raízes respondem à ação da auxina e das estrigolactonas mediante sinalização às gemas axilares para iniciar o crescimento. Portanto, em uma planta intacta, as gemas axilares ricas em citocinina e mais perto da base da planta tendem a ser mais longas do que as gemas axilares ricas em auxina e mais perto da gema apical. Os mutantes que produzem citocininas em excesso ou plantas tratadas com citocininas também tendem a ser mais ramificadas do que o normal.

A remoção da gema apical, um sítio importante da biossíntese de auxina, causa diminuição dos níveis de auxina e estrigolactonas no caule, especialmente naquelas regiões próximas à superfície de corte (ver Figura 39.8). Isso provoca o crescimento mais vigoroso das gemas axilares mais próximas à superfície de corte; por fim, uma dessas gemas axilares assumirá o papel de nova gema apical. A aplicação de auxina na superfície de corte do ápice caulinar inibe de novo o crescimento das gemas laterais.

▲ **Figura 39.8 Efeitos da remoção da gema apical na dominância apical.** A dominância apical se refere à inibição do crescimento de gemas axilares pela gema apical de um caule. A remoção da gema apical possibilita o crescimento de ramos laterais. Hormônios múltiplos exercem um papel nesse processo, incluindo a auxina, a citocinina e as estrigolactonas.

Efeitos antienvelhecimento As citocininas retardam o envelhecimento de certos órgãos vegetais por inibição da degradação proteica, estimulação da síntese de RNA e de proteínas e mobilização de nutrientes de tecidos vizinhos. Se as folhas removidas de uma planta forem mergulhadas em uma solução de citocininas, elas permanecem verdes por muito mais tempo.

Giberelinas

No início do século XX, agricultores na Ásia observaram que algumas plântulas de arroz em suas lavouras tornavam-se tão longas e finas que tombavam antes que pudessem amadurecer. Em 1926, descobriu-se que um fungo do gênero *Gibberella* causa essa "doença da plântula boba". Na década de 1930, determinou-se que o fungo causa hiperalongamento de caules do arroz pela secreção de uma substância química que recebeu o nome de **giberelina**, ou ácido giberélico. Na década de 1950, os pesquisadores descobriram que as plantas também produzem giberelinas. Desde então, os cientistas identificaram mais de 100 diferentes giberelinas que ocorrem naturalmente nas plantas, embora um número muito menor ocorra em cada espécie vegetal. Parece que as plântulas do "arroz bobo" sofrem de excesso de giberelina. As giberelinas têm uma diversidade de efeitos, como alongamento do caule, crescimento do fruto e germinação da semente.

Alongamento do caule Os principais locais de produção de giberelinas são as raízes e folhas jovens. As giberelinas são mais bem conhecidas por estimular o crescimento de caules e folhas por intensificação do alongamento celular *e* divisão celular. Uma hipótese propõe que elas ativam enzimas que afrouxam as paredes celulares, facilitando o aporte de proteínas expansinas. Desse modo, as giberelinas atuam junto com a auxina para promover o alongamento do caule.

Os efeitos das giberelinas na intensificação do alongamento do caule ficam evidentes quando certas variedades anãs (mutantes) de plantas são tratadas com esses hormônios. Por exemplo, alguns indivíduos anões de ervilha (incluindo a variedade estudada por Mendel; ver Conceito 14.1) tornam-se altas se tratadas com giberelinas. Porém, muitas vezes não há resposta se as giberelinas forem aplicadas em plantas do tipo silvestre. Aparentemente, essas plantas já produzem uma dose ideal do hormônio. O exemplo mais drástico de alongamento do caule induzido por giberelinas é o *bolting*, um crescimento rápido do pedúnculo floral **(Figura 39.9a)**.

Crescimento do fruto Em muitas espécies vegetais, a auxina e as giberelinas devem estar presentes para o desenvolvimento do fruto. A aplicação comercial mais importante de giberelinas é na aspersão das uvas Thompson sem sementes **(Figura 39.9b)**. O hormônio torna as bagas maiores, um atributo valorizado pelo consumidor. A aspersão com giberelinas alonga também os entrenós dos cachos, proporcionando mais espaço para as bagas. Com o aumento da circulação de ar entre as bagas, essa ampliação do espaço também torna mais difícil a infecção dos frutos por fungos e outros microrganismos.

Germinação O embrião de uma semente é uma fonte rica em giberelinas. Após a embebição em água, a liberação de giberelinas do embrião sinaliza à semente para quebrar a dormência e germinar. Algumas sementes que normalmente necessitam de condições ambientais especiais para germinar, como exposição à luz ou temperaturas baixas, quebram a dormência se tratadas com giberelinas. As giberelinas sustentam o crescimento de plântulas de cereais mediante estimulação da síntese de enzimas digestivas como a α-amilase, a qual mobiliza nutrientes armazenados **(Figura 39.10)**.

(a) Algumas plantas desenvolvem-se em forma de roseta, próximo do solo, com entrenós muito curtos, como no indivíduo de *A. thaliana* mostrado à esquerda. À medida que a planta muda para o crescimento reprodutivo, um aumento de giberelinas induz o *bolting*: os entrenós alongam-se rapidamente, elevando as gemas florais que se desenvolvem nos ápices caulinares (à direita).

(b) O cacho de uvas Thompson sem sementes, à esquerda, é de uma videira não tratada (controle). O cacho à direita é de uma videira que foi aspergida com giberelina durante o desenvolvimento dos frutos.

▲ **Figura 39.9** **Efeitos das giberelinas no alongamento do caule e no crescimento do fruto.**

Ácido abscísico

Na década de 1960, um grupo de pesquisa estudando as mudanças químicas que precedem a dormência de gemas e a abscisão foliar em árvores decíduas, junto com outra equipe investigando mudanças químicas precedendo a abscisão de frutos do algodoeiro, isolaram o mesmo composto, o **ácido abscísico (ABA)**. Ironicamente, não mais se considera que o ABA exerça um papel relevante na dormência de gemas ou na abscisão foliar, mas ele é muito importante em outras funções. Diferentemente dos hormônios estimuladores do crescimento discutidos até agora – auxina, citocininas, giberelinas e brassinosteroides –, o ABA *retarda* o crescimento. O ABA com frequência antagoniza as ações dos hormônios do crescimento; a razão entre o ABA e um ou mais hormônios de crescimento determina o resultado fisiológico final. Aqui, consideraremos dois dos muitos efeitos do ABA: dormência da semente e tolerância à seca.

Dormência da semente A dormência das sementes aumenta a probabilidade de que elas germinem somente quando há luz, temperatura e umidade suficientes para as plântulas sobreviverem (ver Conceito 38.1). O que impede as sementes dispersadas no outono de germinarem de imediato, apenas para morrer no inverno? Que mecanismos garantem que essas sementes não germinem até a primavera? A propósito, o que impede as sementes de germinarem

① Após a embebição de água pela semente, o embrião libera giberelina (GA), que envia um sinal para a camada de aleurona, a delgada camada externa do endosperma.

② A camada de aleurona responde à GA, sintetizando e secretando enzimas que hidrolisam os nutrientes armazenados no endosperma. Um exemplo é a α-amilase, que hidrolisa amido em açúcares.

③ Açúcares e outros nutrientes, absorvidos do endosperma pelo escutelo (cotilédone), são consumidos durante a transformação do embrião em uma plântula.

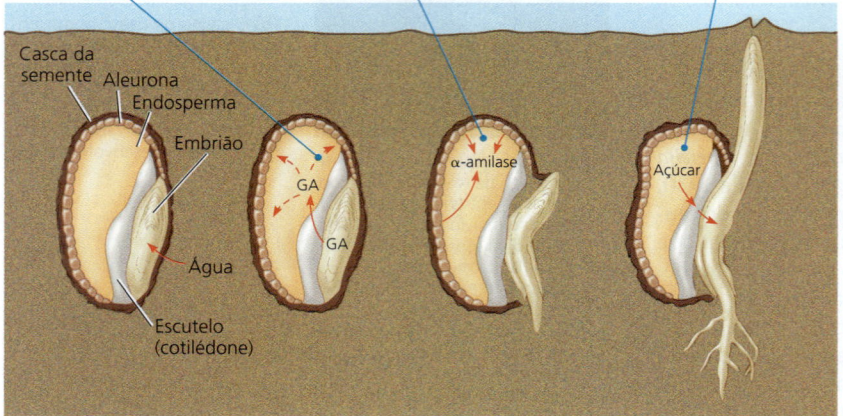

▲ **Figura 39.10** Mobilização de nutrientes por giberelinas durante a germinação de sementes de cereais como a cevada.

no interior úmido e escuro do fruto? A resposta a essas perguntas é o ABA. Os níveis de ABA podem aumentar em 100 vezes durante a maturação da semente. Os níveis elevados de ABA nas sementes em maturação inibem a germinação e induzem a produção de proteínas que as ajudam a resistir à desidratação extrema que acompanha a maturação.

Muitos tipos de sementes dormentes germinam quando o ABA é removido ou inativado. As sementes de algumas espécies de deserto quebram a dormência somente quando o ABA é removido delas por chuvas intensas. Outras sementes necessitam de luz ou exposição prolongada ao frio para inativar o ABA. Com frequência, a razão entre o ABA e giberelinas determina se as sementes permanecem dormentes ou germinam; a adição de ABA a sementes prontas para germinar as torna dormentes novamente. A inativação do ABA ou níveis baixos desse hormônio podem levar à germinação precoce **(Figura 39.11)**. Por exemplo, um mutante do milho com grãos que germinam ainda na espiga carece de um fator de transcrição funcional necessário para o ABA induzir a expressão de certos genes. A germinação precoce de sementes do mangue-vermelho, devido aos níveis baixos de ABA, é na verdade uma adaptação que auxilia as plântulas a se estabelecerem na lama macia abaixo da árvore parental.

Tolerância à seca O ABA desempenha um papel importante na sinalização à seca. Quando uma planta começa a murchar, o ABA acumula-se nas folhas e causa o rápido fechamento dos estômatos, reduzindo a transpiração e impedindo a perda de água. Ao afetar segundos mensageiros como o cálcio, o ABA provoca abertura dos canais de potássio na membrana plasmática das células-guarda, levando a uma perda expressiva de íons potássio das células. A perda osmótica de água que se segue reduz o turgor das células-guarda e leva ao fechamento das fendas estomáticas (ver

Figura 36.14). Em alguns casos, a escassez de água estressa o sistema de raízes antes do sistema aéreo, e o ABA transportado das raízes para as folhas pode funcionar como um "sistema de advertência precoce". Muitos mutantes especialmente propensos à murcha são deficientes na produção do ABA.

Etileno

Durante o século XIX, quando o gás do carvão era usado como combustível para iluminação pública, o vazamento de tubulações de gás provocava a queda prematura das folhas de árvores próximas. Em 1901, demonstrou-se que o gás **etileno** era o fator ativo no gás do carvão. Todavia, a ideia de que ele é um hormônio vegetal não foi amplamente aceita até que o advento de uma técnica denominada cromatografia gasosa simplificou a sua identificação.

As plantas produzem etileno em resposta a estresses como seca, inundação, pressão mecânica, lesão e infecção. O etileno é produzido também durante o amadurecimento do fruto e a morte celular programada, bem como em resposta a concentrações altas de auxina aplicada externamente. De fato, muitos

◄ As sementes do mangue-vermelho (*Rhizophora mangle*) produzem apenas níveis baixos de ABA; suas sementes germinam enquanto ainda estão na árvore. Neste caso, a germinação precoce é uma adaptação importante. Quando liberada, a radícula da plântula semelhante a um dardo penetra profundamente na lama mole em que essa espécie cresce.

◄ A germinação precoce neste mutante do milho é causada pela falta de um fator de transcrição funcional necessário para a atuação do ABA.

▲ **Figura 39.11** Germinação precoce de sementes de mangue do tipo silvestre e de um mutante do milho.

efeitos antes atribuídos à auxina, como a inibição do alongamento da raiz, podem ser causados pela produção do etileno induzida pela auxina. Aqui, destacamos quatro dos diversos efeitos do etileno: resposta ao estresse mecânico, senescência, abscisão foliar e amadurecimento do fruto.

Reposta tríplice ao estresse mecânico Imagine uma plântula de ervilha abrindo caminho através do solo que encontra uma pedra. À medida que ela pressiona o obstáculo, o estresse em seu ápice delicado induz a plântula a produzir etileno. O hormônio, então, induz uma manobra de crescimento conhecida como **resposta tríplice**, que permite ao caule evitar o obstáculo. As três partes dessa resposta são: a desaceleração do alongamento do caule, o espessamento do caule (que o torna mais resistente) e a curvatura que causa o crescimento horizontal do caule. À medida que os efeitos dos pulsos iniciais do etileno diminuem, o caule recomeça o crescimento vertical. Se ele novamente entrar em contato com uma barreira, outro pulso de etileno é liberado e recomeça o crescimento horizontal. No entanto, se o contato para cima não detectar objeto sólido, a produção do etileno decresce, e o caule, agora livre do obstáculo, recomeça seu crescimento ascendente normal. É o etileno que induz o caule a crescer horizontalmente, e não a própria obstrução física; quando o etileno é aplicado a plântulas normais crescendo livres de impedimentos físicos, elas também passam por resposta tríplice **(Figura 39.12)**.

Estudos de mutantes de *A. thaliana* com respostas tríplices anormais são um exemplo de como os biólogos identificam uma rota de transdução de sinal. Os cientistas isolaram mutantes insensíveis ao etileno (*ein*, do inglês *ethylene-insensitive*), que não conseguem submeter-se a resposta tríplice após exposição ao etileno **(Figura 39.13a)**. Alguns tipos de mutantes *ein* são insensíveis ao etileno porque não dispõem de um receptor de etileno funcional. Mutantes de um

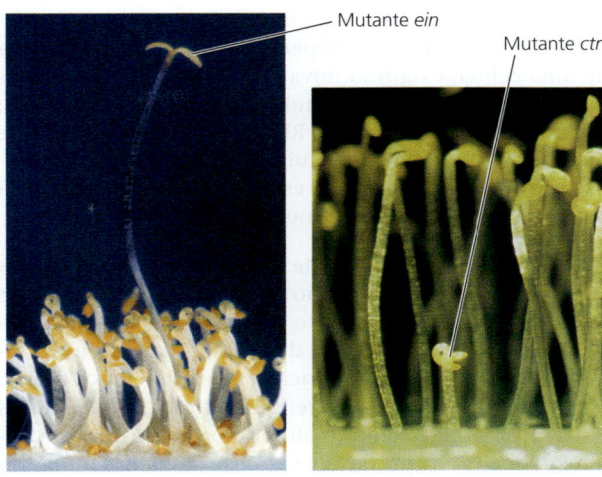

(a) **Mutante *ein*.** Na presença do etileno, um mutante insensível ao etileno (*ein*) não consegue experimentar a resposta tríplice.

(b) **Mutante *ctr*.** Mesmo na ausência do etileno, um mutante de resposta tríplice constitutiva (*ctr*) experimenta a resposta tríplice.

▲ **Figura 39.13** Mutantes de *A. thaliana* com resposta tríplice ao etileno.

HABILIDADES VISUAIS *Se a mutação simples ein fosse combinada com uma mutação superprodutora de etileno (eto), o fenótipo do mutante duplo seria diferente do fenótipo do mutante simples? Explique.*

tipo diferente experimentam a resposta tríplice mesmo fora do solo, no ar, onde não há obstáculos físicos. Alguns desses mutantes têm um defeito regulador que os leva a produzir etileno em taxas 20 vezes acima do normal. O fenótipo desses mutantes superprodutores de etileno (*eto*, do inglês *ethylene-overproducing*) pode ser revertido ao tipo silvestre mediante tratamento das plântulas com inibidores da síntese de etileno. Outros mutantes, denominados mutantes de resposta tríplice constitutiva (*ctr*, do inglês *constitutive triple-response*), experimentam a resposta tríplice no ar, mas não respondem aos inibidores da síntese de etileno **(Figura 39.13b)**. (Os genes constitutivos são continuamente expressos em todas as células de um organismo.) Nos mutantes *ctr*, a transdução de sinal do etileno é permanentemente ligada, mesmo que o etileno não esteja presente.

O gene afetado nos mutantes *ctr* codifica uma proteína-cinase. O fato de essa mutação *ativar* a resposta ao etileno sugere que o produto normal da cinase do alelo do tipo silvestre é um regulador *negativo* de transdução de sinal do etileno. Assim, a ligação do hormônio etileno ao receptor de etileno normalmente leva à inativação da cinase, e a inativação desse regulador negativo permite a síntese das proteínas necessárias para a resposta tríplice.

Senescência Considere a perda de uma folha no outono ou a morte de uma planta anual após o florescimento. Ou pense na etapa final na diferenciação de um elemento de vaso, quando seus conteúdos vivos são destruídos, levando a um tubo oco. Esses eventos envolvem **senescência** – a morte programada de determinadas células ou órgãos ou da planta inteira. Células, órgãos e plantas geneticamente programados para morrer em determinado momento não simplesmente paralisam a maquinaria celular e esperam a

▲ **Figura 39.12 Resposta tríplice induzida pelo etileno.** Na resposta ao etileno, um hormônio vegetal gasoso, as plântulas de ervilha cultivadas no escuro passam por uma resposta tríplice – desaceleração do alongamento, espessamento do caule e crescimento horizontal do caule. A resposta é maior com o aumento da concentração de etileno.

morte. Ao contrário, em nível molecular, o começo da morte celular programada é um período muito agitado na vida de uma célula, exigindo nova expressão gênica. Enzimas recém-formadas degradam muitos componentes químicos, incluindo a clorofila, DNA, RNA, proteínas e lipídeos de membrana. A planta salva muitos dos produtos da decomposição. Um pulso de etileno está quase sempre associado à morte de células durante a senescência.

Abscisão foliar A perda de folhas de árvores decíduas ajuda a impedir a dessecação durante períodos sazonais quando a disponibilidade de água para as raízes é acentuadamente limitada. Antes de as folhas senescentes caírem, muitos elementos essenciais são recuperados delas e armazenados em células parenquimáticas do caule. Esses nutrientes são reciclados, voltando para as folhas em desenvolvimento na primavera seguinte. A cor das folhas no outono se deve a pigmentos vermelhos recém-sintetizados, bem como aos carotenoides amarelos e alaranjados (ver Conceito 10.3) que já estavam presentes e tornaram-se visíveis pela decomposição da clorofila verde-escuro no outono.

Quando a folha cai no outono, ela se desprende do caule na camada de abscisão que se desenvolve junto à base do pecíolo **(Figura 39.14)**. As pequenas células parenquimáticas dessa camada têm paredes muito delgadas, e não há fibras ao redor do sistema vascular. A camada de abscisão é posteriormente enfraquecida, quando enzimas hidrolisam os polissacarídeos de suas paredes celulares. Por fim, o peso da folha, com a ajuda do vento, causa uma separação dentro da camada de abscisão. Mesmo antes da queda da folha, uma camada suberosa forma uma cicatriz protetora sobre o lado da camada de abscisão do ramo, impedindo que a planta seja invadida por patógenos.

Uma mudança na razão entre etileno e auxina controla a abscisão. Uma folha em processo de envelhecimento produz cada vez menos auxina, tornando as células da camada de abscisão mais sensíveis ao etileno. À medida que prevalece a influência do etileno sobre a camada de abscisão, as células produzem enzimas que digerem a celulose e outros componentes de paredes celulares.

Amadurecimento do fruto Frutos carnosos imaturos são geralmente ácidos, rígidos e verdes – características que ajudam a proteger de herbívoros as sementes em desenvolvimento. Após o amadurecimento, os frutos ajudam a *atrair* animais que dispersam as sementes (ver Figuras 30.10 e 30.11). Em muitos casos, um pulso de produção de etileno no fruto desencadeia o processo de amadurecimento. A decomposição enzimática dos componentes da parede celular amolece o fruto, e a conversão de grãos de amido e ácidos em açúcares torna o fruto doce. A produção de novos odores e cores ajuda a anunciar a maturação aos animais, que comem os frutos e dispersam as sementes.

Durante o amadurecimento, ocorre uma reação em cadeia: o etileno desencadeia o amadurecimento, o qual desencadeia mais produção de etileno. O resultado é um pulso enorme na produção de etileno. Pelo fato de o etileno ser um gás, o sinal para amadurecer se propaga de um fruto para outro. Ao colher ou comprar um fruto imaturo ("verde"), você pode acelerar seu amadurecimento acondicionando-o em um saco de papel, permitindo que o etileno se acumule. Em escala comercial, muitos tipos de frutos são amadurecidos em enormes recipientes, nos quais os níveis de etileno são aumentados. Em outros casos, os produtores de frutos adotam medidas para retardar o amadurecimento causado pelo etileno natural. Maçãs, por exemplo, são armazenadas em caixas saturadas com dióxido de carbono. A circulação do ar impede a acumulação do etileno, e o dióxido de carbono inibe a síntese de novo etileno. Assim armazenadas, as maçãs colhidas no outono podem ainda ser distribuídas no comércio no verão seguinte.

Dada a importância do etileno na fisiologia da pós-colheita de frutos, a engenharia genética de rotas de transdução de sinais do etileno tem potenciais aplicações comerciais. Por exemplo, ao criar um mecanismo de bloqueio da transcrição de um dos genes necessário para a síntese do etileno, os biólogos moleculares produziram frutos de tomateiro que amadurecem conforme a demanda. Esses frutos são colhidos ainda verdes e não amadurecem até que o gás etileno seja adicionado. À medida que esses métodos forem sendo refinados, eles reduzirão a deterioração de frutos e hortaliças, um problema que devasta quase metade dos produtos colhidos nos Estados Unidos.

Fitormônios descobertos mais recentemente

Auxina, giberelinas, citocininas, ácido abscísico e etileno são com frequência considerados os cinco fitormônios "clássicos". Contudo, hormônios descobertos mais recentemente ampliaram a lista de importantes reguladores do crescimento vegetal.

Os **brassinosteroides** são esteroides semelhantes ao colesterol e a hormônios sexuais de animais. Em concentrações de apenas 10^{-12} M, eles induzem o alongamento e a divisão celulares em segmentos de caules e plântulas. Eles retardam também a abscisão foliar (queda foliar) e promovem

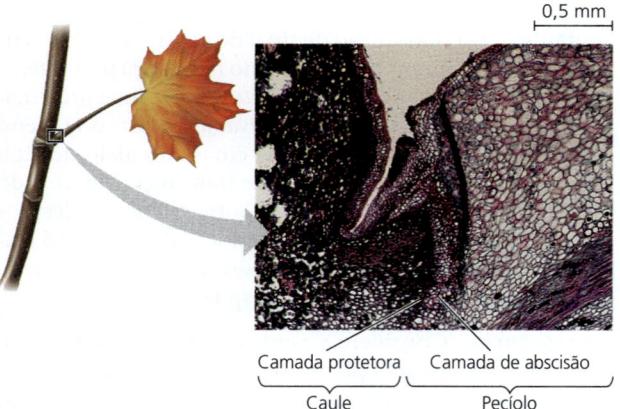

▲ **Figura 39.14 Abscisão de uma folha do bordo.** A abscisão é controlada por uma mudança na razão entre etileno e auxina. A camada de abscisão é vista neste corte longitudinal como uma faixa vertical na base do pecíolo. Após a queda da folha, uma camada protetora com depósito de suberina torna-se a cicatriz foliar que ajuda a impedir a invasão de patógenos na planta (MO).

a diferenciação do xilema. Esses efeitos são tão semelhantes qualitativamente aos da auxina que os fisiologistas vegetais levaram muitos anos para determinar que os brassinosteroides não eram tipos de auxinas.

A identificação de brassinosteroides como fitormônios originou-se de estudos de um mutante de *A. thaliana* que, mesmo quando cultivado no escuro, exibia características morfológicas semelhantes às de plantas cultivadas na presença da luz. Os pesquisadores descobriram que a mutação afeta um gene que normalmente codifica uma enzima semelhante à envolvida na síntese de esteroides em mamíferos. Eles constataram também que esse mutante deficiente em brassinosteroides poderia ser restabelecido ao fenótipo do tipo silvestre pela aplicação de brassinosteroides.

Os **jasmonatos**, incluindo o *ácido jasmônico* (AJ) e o *jasmonato de metila* (JAMe), são moléculas derivadas de ácidos graxos que exercem papéis importantes na defesa vegetal (ver Conceito 39.5) e no desenvolvimento vegetal, conforme discutido aqui. Os químicos primeiramente isolaram JAMe como ingrediente fundamental na produção da fragrância encantadora das flores do jasmim (*Jasminum grandiflorum*). O interesse nos jasmonatos aumentou quando se percebeu que eles são produzidos por plantas com lesões e desempenham um papel fundamental no controle das defesas vegetais contra herbívoros e patógenos. A partir dos estudos da transdução de sinais de jasmonatos, assim como dos efeitos da aplicação deles em plantas, logo se tornou aparente que eles e seus derivados regulam uma ampla diversidade de processos fisiológicos vegetais. Esses processos incluem a secreção de néctar, o amadurecimento do fruto, a produção de pólen, o período de florescimento, a germinação da semente, o crescimento da raiz, a formação do tubérculo, simbioses micorrízicas e o enrolamento da gavinha. No controle dos processos vegetais, os jasmonatos também estão envolvidos na interferência (*cross-talk*) com fitocromos e diversos hormônios, incluindo GA, AIA e etileno.

As **estrigolactonas** são substâncias químicas transportadas no xilema, as quais estimulam a germinação de sementes, reprimem a formação de raízes adventícias, ajudam a estabelecer associações micorrízicas e (conforme observado anteriormente) ajudam a controlar a dominância apical. Sua descoberta recente relaciona-se aos estudos do seu nome de origem, *Striga*, um gênero de plantas parasitas coloridas sem raízes que penetram nas raízes de outras plantas, retirando nutrientes essenciais delas e atrofiando seu crescimento (segundo uma lenda romena, Striga é uma criatura semelhante a um vampiro que vive por milhares de anos e necessita alimentar-se mais ou menos a cada 25 anos). Também conhecida como erva-de-bruxa, *Striga* talvez seja o maior obstáculo à produção de alimentos na África, infestando cerca de dois terços da área destinada às lavouras de cereais. Cada indivíduo de *Striga* produz dezenas de milhares de sementes diminutas que permanecem por muitos anos dormentes no solo, até que um hospedeiro adequado comece a crescer. Assim, *Striga* não pode ser erradicada pelo cultivo de lavouras de não cereais por muitos anos. As estrigolactonas, exsudadas por raízes de hospedeiros, foram primeiramente identificadas como os sinais químicos que estimulam a germinação de sementes de *Striga*.

REVISÃO DO CONCEITO 39.2

1. Fusicocina é uma toxina fúngica que estimula as bombas de H^+ na membrana plasmática de células vegetais. Como ela pode afetar o crescimento de pedaços de caules isolados?
2. **E SE?** Se uma planta apresenta a mutação dupla *ctr* e *ein*, qual é o seu fenótipo de resposta tríplice? Explique sua resposta.
3. **FAÇA CONEXÕES** Que tipo de processo de retroalimentação é exemplificado pela produção de etileno durante o amadurecimento do fruto? Explique. (Ver Figura 1.10.)

Ver as respostas sugeridas no Apêndice A.

CONCEITO 39.3

As respostas à luz são cruciais para o sucesso das plantas

A luz é um fator ambiental especialmente importante nas vidas das plantas. Além de ser necessária para a fotossíntese, a luz desencadeia muitos eventos fundamentais no crescimento e no desenvolvimento das plantas, coletivamente conhecidos como **fotomorfogênese**. A recepção da luz também permite às plantas mensurar a passagem dos dias e das estações.

As plantas detectam não apenas a presença de sinais luminosos, mas também sua direção, intensidade e comprimento de onda (cor). Um gráfico denominado **espectro de ação** reproduz a eficiência relativa de diferentes comprimentos de onda de radiação em impulsionar um processo em especial, como a fotossíntese (ver Figura 10.9b). Os espectros de ação são utilizáveis no estudo de *qualquer* processo que dependa de luz. Pela comparação dos espectros de ação de diversas respostas vegetais, os pesquisadores determinam quais respostas são mediadas pelo mesmo fotorreceptor (pigmento). Eles comparam também espectros de ação com espectros de absorção de pigmentos; uma correspondência estreita para um determinado pigmento sugere que ele é o fotorreceptor mediador da resposta. Os espectros de ação revelam que as luzes vermelha e azul são as cores mais importantes na regulação da fotomorfogênese vegetal. Essas observações levaram os pesquisadores a duas classes principais de receptores de luz: fotorreceptores de luz azul e fitocromos.

Fotorreceptores de luz azul

Os pigmentos que absorvem luz azul, conhecidos como **fotorreceptores de luz azul**, iniciam uma diversidade de respostas em plantas, abrangendo o fototropismo, a abertura estomática induzida pela luz (ver Figura 36.14) e a desaceleração do alongamento do hipocótilo induzida pela luz que ocorre quando uma plântula rompe a superfície do solo. A identidade bioquímica do fotorreceptor de luz azul era tão sutil que, na década de 1970, os fisiologistas vegetais começaram a chamar esse receptor de "criptocromo" (do grego *kryptos*, escondido, e *chrom*, pigmento). Na década de 1990, ao analisarem mutantes de *A. thaliana*, os biólogos moleculares verificaram que as plantas utilizam tipos diferentes de pigmentos para detectar a luz azul. Os *criptocromos*, parentes moleculares das enzimas de reparo do DNA, estão envolvidos na inibição do alongamento caulinar induzida pela luz que ocorre, por exemplo, quando uma plântula emerge do solo. A *fototropina* é uma proteína-cinase envolvida na mediação da abertura estomática mediada pela luz azul, nos movimentos dos cloroplastos em resposta à luz e nas curvaturas fototrópicas **(Figura 39.15)**, como aquelas estudadas pelos Darwin.

Fitocromos

Ao introduzir a transdução de sinais em plantas no início deste capítulo, examinamos o papel dos pigmentos vegetais denominados fitocromos no processo de desestiolamento.

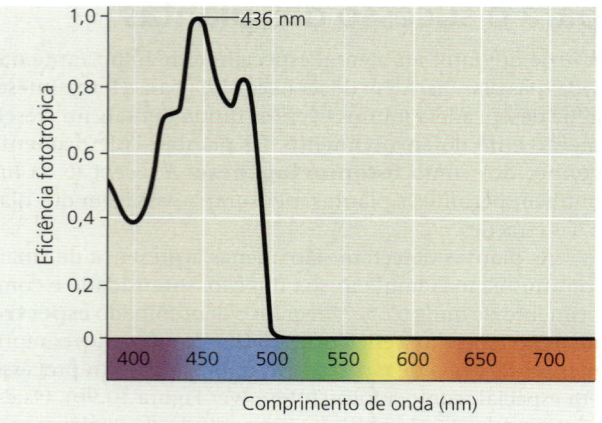

(a) Este espectro de ação mostra que apenas os comprimentos de onda de luz abaixo de 500 nm (luz azul e luz violeta) induzem a curvatura.

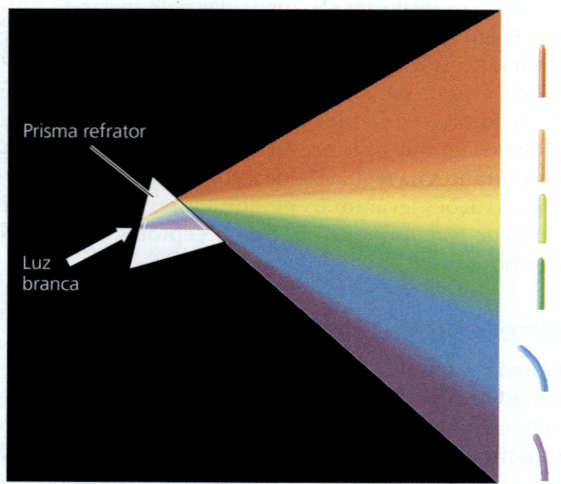

(b) Quando coleóptilos são expostos à luz de vários comprimentos de onda, como mostrado aqui, a luz violeta induz uma leve curvatura em direção à luz e a luz azul induz a curvatura máxima. As outras cores não induzem curvaturas.

▲ **Figura 39.15 Espectro de ação para o fototropismo estimulado por luz azul em coleóptilos de milho.** A curvatura fototrópica voltada para a luz é controlada pela fototropina, um fotorreceptor sensível à luz azul (especialmente) e à luz violeta.

Os **fitocromos**, pigmentos que absorvem principalmente as luzes vermelha e vermelho-distante, regulam muitas respostas vegetais à luz, incluindo a germinação da semente e a evitação à sombra.

Fitocromos e germinação da semente

Os estudos sobre germinação da semente levaram à descoberta dos fitocromos. Devido às reservas limitadas de nutrientes, muitos tipos de sementes, especialmente as pequenas, germinam apenas quando o ambiente luminoso e outras condições se aproximam do ideal. Muitas vezes, essas sementes permanecem dormentes durante anos, até que as condições de luz mudem. Por exemplo, a morte de uma árvore que fornecia sombra ou a aração de um campo podem criar um ambiente luminoso favorável para a germinação.

Na década de 1930, os cientistas determinaram o espectro de ação para a germinação induzida pela luz de sementes de alface. Eles expuseram sementes intumescidas em água a alguns minutos de luz monocromática de vários comprimentos de onda e, em seguida, armazenaram-nas no escuro. Após 2 dias, os pesquisadores verificaram o número de sementes que germinaram sob cada regime de luz. Eles constataram que a luz vermelha de 660 nm de comprimento de onda aumentou ao máximo a porcentagem germinativa de sementes de alface, enquanto a luz vermelho-distante – isto é, luz de comprimentos de onda próximos ao limite superior da visibilidade humana (730 nm) – inibiu a germinação em comparação com controles no escuro **(Figura 39.16)**. O que acontece quando as sementes de alface são submetidas a um *flash* de luz vermelha seguido por um *flash* de luz vermelho-distante ou, inversamente, à luz vermelho-distante seguida por luz vermelha? O *último flash* de luz determina a resposta das sementes. Os efeitos das luzes vermelha e vermelho-distante são reversíveis.

Os fotorreceptores responsáveis pelos efeitos opostos da luz vermelha e da vermelho-distante são fitocromos. Até agora, os pesquisadores identificaram cinco fitocromos em *A. thaliana*, cada qual com um componente polipeptídico ligeiramente diferente. Na maioria dos fitocromos, a porção absorvente de luz é fotorreversível, mudando entre duas formas dependendo da cor da luz à qual está exposta. Em sua forma absorvente de vermelho (F_v), um fitocromo absorve luz vermelha (v) no nível máximo e é convertido à sua forma absorvente de vermelho-distante (F_{vd}); em sua forma F_{vd}, ele absorve luz vermelho-distante (vd) e é convertido à sua forma F_v **(Figura 39.17)**. Essa interconversão $F_v \leftrightarrow F_{vd}$ é um mecanismo de mudança que controla diversos eventos induzidos pela luz na vida de uma planta. F_{vd} é a forma de fitocromo que desencadeia muitas das respostas de desenvolvimento de uma planta exposta à luz. Por exemplo, o F_v em sementes de alface expostas à luz vermelha é convertido ao F_{vd}, estimulando as respostas celulares que levam à germinação. Quando as sementes expostas à luz vermelha são, então, expostas à luz vermelho-distante, o F_{vd} é convertido de volta ao F_v, inibindo a resposta de germinação.

Como a mudança do fitocromo explica a germinação induzida pela luz na natureza? As plantas sintetizam fitocromo como F_v, e, se as sementes forem mantidas no escuro, o pigmento permanece quase inteiramente na forma F_v (ver

▼ Figura 39.16 Pesquisa

Como a ordem da iluminação vermelha e vermelho-distante afeta a germinação da semente?

Experimento Cientistas do Departamento de Agricultura dos Estados Unidos expuseram brevemente lotes de sementes de alface à luz vermelha ou à luz vermelho-distante, para testar os efeitos sobre a germinação. Após a exposição à luz, as sementes foram colocadas no escuro, e os resultados foram comparados com sementes do controle que não foram expostas à luz.

Resultados A barra abaixo de cada foto indica a sequência de exposição à luz vermelha, exposição à luz vermelho-distante e exposição ao escuro. A taxa de germinação aumentou consideravelmente nos grupos de sementes expostas por último à luz vermelha (à esquerda). A germinação foi inibida nos grupos de sementes expostas por último à luz vermelho-distante (à direita).

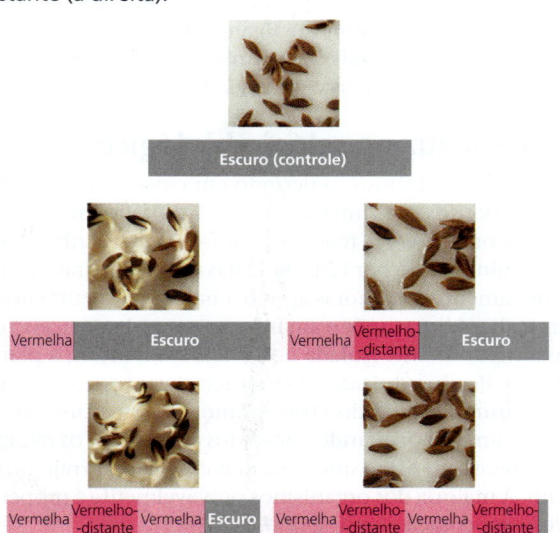

Dados de H. Borthwick et al., A reversible photoreaction controlling seed germination, *Proceedings of the National Academy of Sciences USA* 38:662-666 (1952).

Conclusão A luz vermelha estimula a germinação, e a luz vermelho-distante a inibe. A exposição final à luz é o fator determinante. Os efeitos da luz vermelha e da luz vermelho-distante são reversíveis.

E SE? *O fitocromo responde mais rapidamente à luz vermelha do que à luz vermelho-distante. Se as sementes fossem expostas à luz branca em vez de permanecerem no escuro, após seus tratamentos com luz vermelha e luz vermelho-distante, os resultados teriam sido diferentes?*

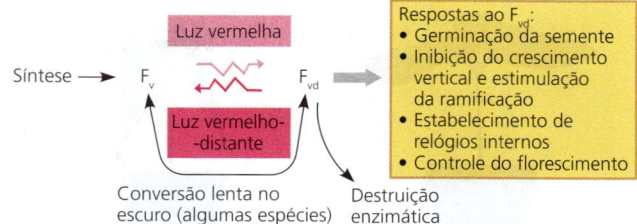

▲ **Figura 39.17 Fitocromo: um mecanismo de comutação molecular.** A absorção de luz vermelha provoca mudança do F_v para o F_{vd}. A luz vermelho-distante inverte essa conversão. Na maioria dos casos, o F_{vd} é a forma do pigmento que comuta respostas fisiológicas e de desenvolvimento na planta.

Figura 39.17). A luz solar contém tanto luz vermelha quanto luz vermelho-distante, mas a conversão para F_{vd} é mais rápida do que a conversão para F_v. Por isso, a razão entre F_{vd} e F_v aumenta na luz solar. Quando as sementes são expostas à luz solar adequada, a produção e o acúmulo de F_{vd} desencadeiam sua germinação.

Fitocromos e evitação à sombra

O sistema de fitocromos também supre a planta de informação sobre a *qualidade* da luz. Como a luz solar inclui a radiação vermelha e a vermelho-distante, durante o dia a interconversão $F_v \leftrightarrow F_{vd}$ atinge um equilíbrio dinâmico, com a razão entre as duas formas de fitocromos indicando as quantidades relativas de luz vermelha e luz vermelho-distante. Esse mecanismo sensor permite às plantas adaptar-se às mudanças nas condições de luz. Considere, por exemplo, a resposta da "evitação à sombra" de uma árvore que requer uma intensidade de luz relativamente alta. Se outras árvores na floresta sombreiam essa árvore, a razão entre os fitocromos muda em favor de F_v, pois o dossel é mais seletivo para luz vermelha do que para luz vermelho-distante. Isso ocorre porque as clorofilas nas folhas do dossel absorvem luz vermelha e permitem a passagem de luz vermelho-distante. A mudança na razão da luz vermelha para luz vermelho-distante induz a árvore a alocar mais recursos para se tornar mais alta. Por outro lado, a luz solar direta aumenta a proporção de F_{vd}, que estimula a ramificação e inibe o crescimento vertical.

Além de auxiliar as plantas a detectar a luz, o fitocromo ajuda uma planta a acompanhar a passagem dos dias e das estações. Para compreender o papel do fitocromo nesses processos de cronometragem, precisamos primeiro examinar a natureza do relógio interno da planta.

Relógios biológicos e ritmos circadianos

Muitos processos vegetais, como a transpiração e a síntese de certas enzimas, experimentam uma oscilação diária. Algumas dessas variações cíclicas são respostas às mudanças nos níveis luminosos e térmicos que acompanham o ciclo de 24 horas de dia e noite. É possível controlar esses fatores externos cultivando as plantas em câmaras de cultura, sob condições de luz e temperatura mantidas rigidamente. Todavia, mesmo sob condições artificialmente constantes, muitos processos fisiológicos em plantas, como a abertura e o fechamento de estômatos e a produção de enzimas fotossintéticas, continuam a oscilar com a frequência de aproximadamente 24 horas. Por exemplo, muitas leguminosas baixam suas folhas ao entardecer e as elevam ao amanhecer **(Figura 39.18)**. Um feijoeiro continua esses "movimentos de dormir" mesmo se mantido sob luz constante ou escuridão constante; as folhas não estão simplesmente respondendo ao amanhecer e entardecer. Esses ciclos com a frequência aproximada de 24 horas e não controlados diretamente por qualquer variável ambiental conhecida são

▲ **Figura 39.18** "Movimentos de dormir" de um feijoeiro (*Phaseolus vulgaris*). Os movimentos são causados por mudanças reversíveis na pressão de turgor de células em lados opostos dos pulvinos, órgãos motores da folha.

denominados **ritmos circadianos** (do latim *circa*, aproximadamente, e *dies*, dia).

Pesquisas recentes sustentam a ideia de que as "engrenagens" moleculares do relógio circadiano realmente são internas e não uma resposta diária a algum ciclo ambiental sutil, mas universal, como geomagnetismo ou radiação cósmica. Os organismos, incluindo plantas e seres humanos, continuam seus ritmos, mesmo após serem colocados em poços de uma mina profunda ou quando em órbita, condições que alteram essas periodicidades geofísicas sutis. Contudo, os sinais ambientais diários podem sincronizar o relógio circadiano a um período de exatamente 24 horas.

Se um organismo for mantido em um ambiente constante, seu ritmo circadiano desvia de um período de 24 horas (um período é a duração de um ciclo). Esses períodos em curso livre, como são chamados, variam de aproximadamente 21 a 27 horas, dependendo da resposta rítmica específica. Os "movimentos de dormir" das folhas do feijoeiro, por exemplo, têm um período de 26 horas, quando as plantas são mantidas em curso livre na condição de escuro constante. Os desvios do período em livre curso das exatas 24 horas não significam que os relógios biológicos derivam erraticamente. Os relógios em curso livre preservam ainda um tempo perfeito, mas não estão sincronizados com o mundo exterior. Para compreender os mecanismos subjacentes aos ritmos circadianos, devemos distinguir entre o relógio e processos rítmicos que ele controla. Por exemplo, as folhas do feijoeiro na Figura 39.18 são os "ponteiros" do relógio, mas não constituem a essência do próprio relógio. Se as folhas forem restringidas por várias horas e, após, liberadas, elas restabelecem a posição apropriada para o período do dia. Podemos interferir em um ritmo biológico, mas o funcionamento subjacente do relógio continua.

No cerne dos mecanismos moleculares subjacentes aos ritmos circadianos estão as oscilações na transcrição de certos genes. Os modelos matemáticos propõem que o período de 24 horas se origina de ciclos de retroalimentação negativa envolvendo a transcrição de alguns "genes do relógio" centrais. Alguns genes do relógio podem codificar fatores de transcrição que, após um período de atraso, inibem a transcrição do gene que codifica o próprio fator de transcrição. Esses ciclos de retroalimentação negativa, junto com o período de atraso, são suficientes para produzir oscilações.

Recentemente, os pesquisadores usaram uma nova técnica para identificar mutantes do relógio de *A. thaliana*. A produção diária de certas proteínas relacionadas à fotossíntese é um ritmo circadiano proeminente em plantas. Biólogos moleculares rastrearam a fonte desse ritmo até o promotor que inicia a transcrição dos genes para essas proteínas da fotossíntese. Para identificar os mutantes do relógio, os cientistas uniram ao promotor o gene de uma enzima responsável pela bioluminescência de vaga-lumes (denominada luciferase). Quando o relógio biológico ativava o promotor no genoma de *A. thaliana*, ele ativava também a produção de luciferase. As plantas começaram a brilhar com uma periodicidade circadiana. Após, os mutantes do relógio foram isolados por seleção de espécimes que brilhavam por um tempo mais longo ou mais curto do que o normal. Os genes alterados em alguns desses mutantes afetam as proteínas que normalmente ligam fotorreceptores. Talvez esses mutantes especiais desorganizem um mecanismo dependente da luz que ajusta o relógio biológico.

Efeito da luz no relógio biológico

Conforme discutimos, o período em curso livre do ritmo circadiano dos movimentos foliares do feijoeiro é de 26 horas. Considere um feijoeiro colocado ao amanhecer em uma cabine escura por 72 horas. Suas folhas não irão erguer-se novamente até 2 horas após o amanhecer natural no segundo dia, 4 horas após o amanhecer natural no terceiro dia e assim por diante. Isolada dos sinais ambientais, a planta torna-se dessincronizada. A dessincronização acontece em seres humanos quando atravessamos diversos fusos horários em um avião; quando chegamos ao destino, os relógios nas paredes não estão sincronizados com o nosso relógio interno. A maioria dos organismos provavelmente é propensa à descompensação horária (*jet lag*).

O fator que todo dia sincroniza o relógio biológico às exatas 24 horas é a luz. Tanto os fitocromos quanto os fotorreceptores de luz azul podem sincronizar ritmos circadianos em plantas, mas a nossa compreensão sobre a ação dos fitocromos é mais completa. O mecanismo envolve a ativação e a inativação de respostas celulares por meio da comutação $F_v \leftrightarrow F_{vd}$.

Considere novamente o sistema fotorreversível na Figura 39.17. No escuro, a razão dos fitocromos muda gradualmente em favor da forma F_v, em parte como consequência da variação no *pool* total de fitocromos. O pigmento é sintetizado na forma F_v, e as enzimas destroem mais F_{vd} do que F_v. Em algumas espécies vegetais, o F_{vd} presente no crepúsculo lentamente se converte em F_v. No escuro, não há como F_v ser convertido em F_{vd}, mas, na presença da luz, o nível de F_{vd} repentinamente cresce novamente à medida que F_v é rapidamente convertido. Esse aumento do F_{vd} cada dia ao amanhecer reinicia o relógio biológico: as folhas do feijoeiro atingem sua posição noturna mais extrema 16 horas após o amanhecer.

Na natureza, as interações entre fitocromos e o relógio biológico permitem às plantas medir a passagem de noite e dia. Os comprimentos relativos da noite e dia, no entanto, mudam durante o ano (exceto na faixa do equador). As plantas utilizam essa mudança para ajustar as atividades em sincronia com as estações.

Fotoperiodismo e respostas às estações

Imagine as consequências se uma planta produzisse flores quando os polinizadores não estivessem presentes ou se uma árvore decídua produzisse folhas no meio do inverno. Os eventos sazonais são de importância crucial nos ciclos de vida da maioria das plantas. A germinação das sementes, o florescimento e o começo e a quebra da dormência das gemas são estágios que geralmente ocorrem em épocas específicas do ano. O sinal ambiental que as plantas utilizam para detectar a época do ano é a mudança no comprimento do dia (*fotoperíodo*). Uma resposta fisiológica aos comprimentos específicos da noite ou do dia, como o florescimento, é denominada **fotoperiodismo**.

Fotoperiodismo e controle do florescimento

Os primeiros indícios de como as plantas detectam as estações provieram de uma variedade mutante do tabaco, Maryland Mammoth, que adquiria altura, mas não conseguia florescer durante o verão. Ela finalmente floresceu em uma casa de vegetação em dezembro*. Após tentar induzir o florescimento precoce pela variação de temperatura, umidade e nutrição mineral, os pesquisadores aprenderam que o encurtamento dos dias de inverno estimulava essa variedade ao florescimento. Os experimentos revelaram que o florescimento ocorria apenas se o fotoperíodo fosse de 14 horas ou menos. Essa variedade não florescia durante o verão porque, na latitude de Maryland, os fotoperíodos eram demasiadamente longos.

Os pesquisadores chamaram a Maryland Mammoth de **planta de dias curtos** porque aparentemente ela necessitava de um período luminoso *mais curto* do que um comprimento crítico para florescer. Crisântemos, poinsétias e algumas variedades de soja também são plantas de dias curtos, que geralmente florescem no final do verão, no outono ou no inverno. Outro grupo de plantas floresce apenas quando o período luminoso é *mais longo* do que um determinado número de horas. Essas **plantas de dias longos** geralmente florescem no final da primavera ou no início do verão. O espinafre, por exemplo, floresce quando os dias têm 14 horas ou mais. Rabanete, alface, íris e muitas variedades de cereais também são plantas de dias longos. As **plantas de dias neutros**, como o tomateiro, arroz e dente-de-leão, não são afetadas pelo fotoperíodo e florescem quando alcançam um certo estágio de maturidade, independente do fotoperíodo.

Comprimento crítico da noite Na década de 1940, os pesquisadores descobriram que o florescimento em plantas de dias curtos e plantas de dias longos é na verdade controlado pelo comprimento da noite, não pelo comprimento do dia (fotoperíodo). Muitos desses cientistas trabalharam com o carrapicho (*Xanthium strumarium*), espécie de dias curtos que só floresce quando os dias têm 16 horas ou menos (e as noites têm pelo menos 8 horas de duração). Esses pesquisadores constataram que, se o fotoperíodo for interrompido por um breve período escuro, o florescimento prossegue. No entanto, se a parte escura do fotoperíodo for interrompida, mesmo por alguns minutos de luz fraca, o carrapicho não florescerá, e isso vale para outras espécies de dias curtos **(Figura 39.19a)**. O carrapicho não responde ao comprimento do dia, mas necessita de pelo menos 8 horas de escuro contínuo para florescer. As plantas de dias curtos são, na realidade, plantas de noites longas, mas a denominação mais antiga está incorporada ao jargão da fisiologia vegetal. Da mesma forma, as plantas de dias longos são, na verdade, plantas de noites curtas. Uma planta de dias longos cultivada sob condições de noites longas, que normalmente não induziriam o florescimento, florescerá se o período de escuro for interrompido por alguns minutos de luz **(Figura 39.19b)**.

Observe que as plantas de dias longos *não* se distinguem das plantas de dias curtos por um comprimento absoluto da noite. Em vez disso, elas se distinguem pelo comprimento crítico da noite: se ele define um número *máximo* de horas de escuro necessárias para o florescimento (plantas de dias longos) ou um número *mínimo* de horas de escuro necessárias para o florescimento (plantas de dias curtos). Em ambos os casos, o número efetivo de horas no comprimento crítico da noite é específico para cada espécie vegetal.

A luz vermelha é a cor mais eficiente na interrupção do período noturno. Os espectros de ação e os experimentos de fotorreversibilidade demonstram que o fitocromo é o pigmento que detecta a luz vermelha **(Figura 39.20)**. Por exemplo, se durante o período escuro um *flash* de luz vermelha for seguido por um *flash* de luz vermelho-distante, a planta não detecta interrupção do período noturno. Como no caso da germinação da semente mediada pelo fitocromo, ocorre a fotorreversibilidade vermelho/vermelho-distante.

As plantas detectam com precisão os períodos noturnos; algumas plantas de dias curtos não florescem mesmo se a noite for um minuto mais curta do que o comprimento crítico. Algumas espécies vegetais sempre florescem no mesmo dia de cada ano. Parece que as plantas usam seu relógio biológico, ajustado pelo comprimento da noite com a ajuda do fitocromo, para indicar a estação do ano. A atividade de floricultura (cultivo de flores) aplica esse conhecimento

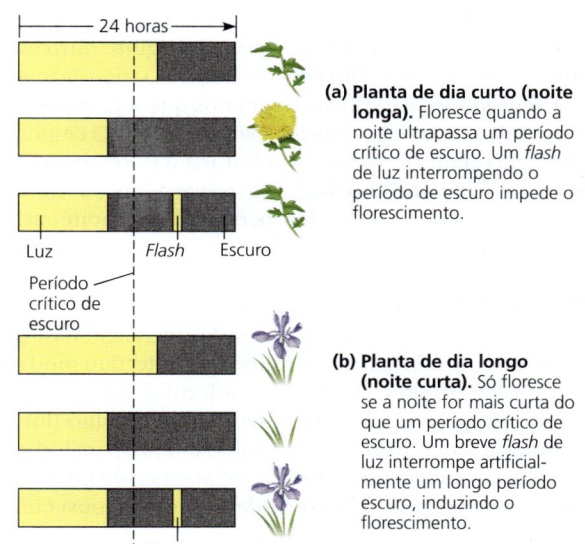

▲ **Figura 39.19** Controle fotoperiódico do florescimento.

(a) **Planta de dia curto (noite longa).** Floresce quando a noite ultrapassa um período crítico de escuro. Um *flash* de luz interrompendo o período de escuro impede o florescimento.

(b) **Planta de dia longo (noite curta).** Só floresce se a noite for mais curta do que um período crítico de escuro. Um breve *flash* de luz interrompe artificialmente um longo período escuro, induzindo o florescimento.

---
*N. de R.T. No Hemisfério Norte, o inverno inicia em dezembro.

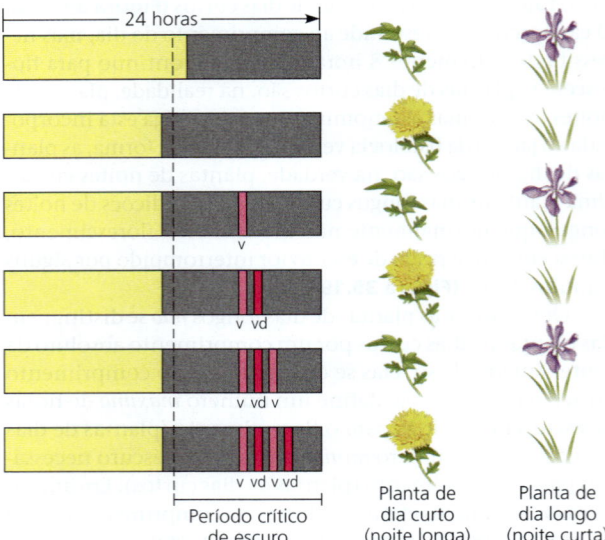

▲ **Figura 39.20 Efeitos da reversibilidade das luzes vermelha e vermelho-distante na resposta fotoperiódica.** Um *flash* de luz vermelha (v) reduz o período de escuro. Um *flash* subsequente de luz vermelho-distante (vd) cancela o efeito do *flash* de luz vermelha.

HABILIDADES VISUAIS *Sob condições de dias longos (como na representação superior) ou sob condições de dias curtos (na segunda representação), como um* flash *solitário de luz vermelho-distante durante o período escuro afetaria o florescimento?*

para produzir flores fora da estação. Os crisântemos, por exemplo, são plantas de dias curtos que normalmente florescem no outono, mas seu florescimento pode ser prorrogado até o Dia das Mães, em maio*, pela interrupção de cada noite longa com um *flash* de luz, transformando uma noite longa em duas noites curtas.

Algumas espécies florescem após uma única exposição ao fotoperíodo necessário para o florescimento. Outras espécies necessitam de vários dias sucessivos do fotoperíodo apropriado. Outras, ainda, respondem a um fotoperíodo apenas se foram previamente expostas a algum outro estímulo ambiental, como um período de frio. O trigo de inverno, por exemplo, não floresce a menos que seja exposto a várias semanas de temperaturas abaixo de 10°C. O emprego de pré-tratamento com frio para induzir o florescimento é denominado **vernalização.** Várias semanas após o trigo de inverno ser vernalizado, um fotoperíodo longo (noite curta) induz o florescimento.

Um hormônio do florescimento?

Embora as flores se formem a partir dos meristemas de gemas apicais ou axilares, são as folhas que detectam mudanças no fotoperíodo e produzem moléculas sinalizadoras que estimulam as gemas a se desenvolverem como flores. Em muitas plantas de dias curtos e dias longos, para induzir o florescimento basta a exposição de apenas uma folha ao fotoperíodo apropriado. Na verdade, desde que houver uma folha na planta, o fotoperíodo é detectado e as gemas florais são induzidas. Se todas as folhas forem removidas, a planta fica insensível ao fotoperíodo.

Experimentos clássicos revelaram que o estímulo floral poderia deslocar-se de um enxerto de uma planta induzida para uma planta não induzida e desencadear o florescimento nesta última. Além disso, o estímulo do florescimento parece ser o mesmo para plantas de dias curtos e para as de dias longos, apesar das diferentes condições fotoperiódicas necessárias para as folhas enviarem esse sinal **(Figura 39.21)**. A molécula sinalizadora hipotética para o florescimento, denominada **florígeno**, permaneceu sem identificação por mais de 70 anos, enquanto os cientistas focavam em moléculas pequenas semelhantes a hormônios. No entanto, macromoléculas, como mRNA e proteínas, conseguem mover-se pela rota simplástica via plasmodesmos e regular o desenvolvimento vegetal. Atualmente, cogita-se que o florígeno seja uma proteína. Um gene denominado *FLOWERING LOCUS T* (*FT*) é ativado em células foliares durante as condições que favoreçam o florescimento, e a proteína FT desloca-se via simplasto para o meristema apical do caule, iniciando a transição de um meristema de gema de um estado vegetativo para um estado de florescimento.

REVISÃO DO CONCEITO 39.3

1. Se uma enzima em folhas de soja cultivada no campo for mais ativa ao meio-dia e menos ativa à meia-noite, sua atividade está sob regulação circadiana?
2. **E SE?** Se uma planta florescer em uma câmara controlada com um ciclo diário de 10 horas de luz e 14 horas de escuro, ela é de dias curtos? Explique.

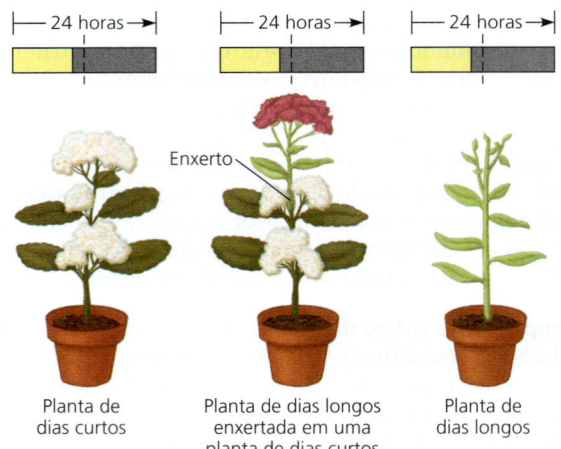

▲ **Figura 39.21 Evidência experimental de um hormônio do florescimento.** Se cultivada individualmente sob condições de dias curtos, uma planta de dias curtos florescerá e uma planta de dias longos não. Contudo, ambas florescerão se enxertadas e expostas a dias curtos. Esse resultado indica que uma substância indutora do florescimento (florígeno) é transmitida pelos enxertos e induz o florescimento tanto na planta de dias curtos quanto na de dias longos.

E SE? *Se o florescimento fosse inibido em ambas as partes das plantas enxertadas, o que você concluiria?*

---
*N. de T. No Hemisfério Norte, o mês de maio faz parte da primavera.

3. **FAÇA CONEXÕES** As plantas detectam a qualidade do seu ambiente luminoso mediante utilização de fotorreceptores de luz azul e fitocromos que absorvem luz vermelha. Após revisar a Figura 10.9, sugira uma razão pela qual as plantas são tão sensíveis a essas cores de luz.

Ver as respostas sugeridas no Apêndice A.

CONCEITO 39.4

As plantas respondem a uma ampla diversidade de estímulos além da luz

Embora as plantas sejam imóveis, alguns mecanismos, evoluídos por seleção natural, permitem que elas se ajustem a uma ampla gama de circunstâncias ambientais por meios fisiológicos ou de desenvolvimento. A luz é tão importante na vida de uma planta que dedicamos a seção anterior inteira à recepção dela pelas plantas e à resposta a esse fator ambiental especial. Nesta seção, examinaremos as respostas a alguns dos outros estímulos ambientais que uma planta comumente encontra.

Gravidade

Como as plantas são fotoautotróficas, não surpreende que tenham desenvolvido mecanismos de crescimento voltado para a luz. Porém, qual sinal ambiental o caule de uma plântula usa para o crescimento ascendente quando ele é completamente subterrâneo e não há luz para ele detectar? Da mesma forma, qual fator ambiental induz a raiz jovem a crescer para baixo? A resposta das duas perguntas é a gravidade.

Coloque uma planta de lado, e ela ajusta seu crescimento, de modo que o caule se curva para cima e a raiz, para baixo. Nas suas respostas à gravidade, ou **gravitropismo**, as raízes exibem gravitropismo positivo **(Figura 39.22a)** e os caules, gravitropismo negativo. O gravitropismo ocorre tão logo uma semente germina, garantindo que a raiz cresça para o solo e o caule cresça em direção à luz solar, independente de como a semente está orientada quando chega ao solo.

As plantas podem detectar a gravidade mediante sedimentação de **estatólitos**, componentes citoplasmáticos densos que, sob influência da gravidade, posicionam-se nas porções inferiores da célula. Os estatólitos de plantas vasculares são plastídios especializados contendo grãos de amido densos **(Figura 39.22b)**. Nas raízes, os estatólitos estão localizados em determinadas células da coifa. De acordo com uma hipótese, a agregação de estatólitos nos pontos inferiores dessas células desencadeia uma redistribuição de cálcio, que provoca o transporte lateral de auxina dentro da raiz. O cálcio e a auxina se acumulam no lado inferior da zona de alongamento da raiz. Em concentração alta, a auxina inibe o alongamento celular, um efeito que retarda o crescimento no lado inferior da raiz. O alongamento mais rápido de células no lado superior provoca o crescimento reto para baixo da raiz.

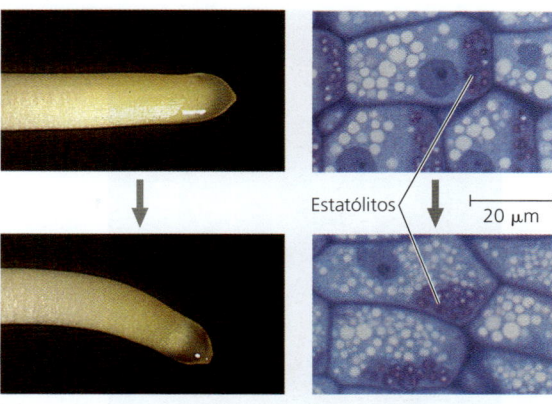

(a) Com o passar das horas, uma raiz primária de milho com orientação horizontal curva-se gravitropicamente, até que seu ápice de crescimento torne-se orientado verticalmente (MOs).

(b) Minutos após a raiz ser colocada horizontalmente, plastídios denominados estatólitos começam a estabelecer-se nos lados mais inferiores de células da coifa. Esta sedimentação pode ser o mecanismo sensor da gravidade que leva à redistribuição de auxina e diferentes taxas de alongamento em células nos lados opostos da raiz (MOs).

▲ **Figura 39.22** Gravitropismo positivo em raízes: a hipótese dos estatólitos.

A "queda dos estatólitos", no entanto, talvez não seja necessária para o gravitropismo. Existem mutantes de *A. thaliana* e de tabaco, por exemplo, que carecem de estatólitos, mas ainda assim exibem gravitropismo, embora a resposta seja mais lenta do que nas plantas do tipo silvestre. Talvez a célula inteira ajude a raiz a perceber a gravidade, tracionando mecanicamente as proteínas que conectam o protoplasma à parede celular, distendendo as proteínas do lado "superior" e comprimindo as do lado "inferior" das células da raiz. Organelas densas, além de grânulos de amido, podem também contribuir mediante deformação do citoesqueleto à medida que são empurradas pela gravidade. Devido à sua densidade, os estatólitos podem aumentar a sensibilidade gravitacional através de um mecanismo que simplesmente trabalha mais devagar em sua ausência.

Estímulos mecânicos

Em geral, as árvores em ambientes ventosos têm troncos mais curtos e mais grossos do que uma árvore da mesma espécie crescendo em locais mais protegidos. Essa forma atrofiada permite que a planta se mantenha firme no solo, resistindo às fortes rajadas de vento. O termo **tigmomorfogênese** (do grego *thigma*, toque) refere-se às mudanças de forma que resultam de perturbação mecânica. As plantas são muito sensíveis ao estresse mecânico: até o ato de medir o comprimento de uma folha com uma régua altera seu crescimento imediato. O ato de esfregar duas vezes diariamente os caules de um indivíduo jovem resulta em plantas mais curtas do que os controles **(Figura 39.23)**.

Algumas espécies vegetais tornaram-se, ao longo da sua evolução, "especialistas em toque". A responsividade aguda

▲ **Figura 39.23** Tigmomorfogênese em *Arabidopsis thaliana*. A planta mais baixa (à esquerda) foi friccionada duas vezes ao dia. A planta não tocada (à direita) tornou-se muito mais alta.

aos estímulos mecânicos é uma parte integral das "estratégias de vida" dessas plantas. A maioria das videiras e de muitas plantas trepadeiras apresenta gavinhas que se enrolam rapidamente em suportes (ver Figura 35.7). Em geral, esses órgãos apreensores têm crescimento retilíneo até tocar em algo; o contato estimula uma resposta de enrolamento causada pelo crescimento diferencial de células em lados opostos da gavinha. Esse crescimento direcionado em resposta ao toque é denominado **tigmotropismo** e permite à planta aproveitar-se de quaisquer suportes mecânicos que encontra à medida que ascende em direção ao dossel.

Outros exemplos de especialistas em toque são plantas que experimentam movimentos foliares rápidos em resposta à estimulação mecânica. Por exemplo, quando a folha composta da sensitiva (*Mimosa pudica*) é tocada, ela colapsa e seus folíolos dobram-se e juntam-se **(Figura 39.24)**. Essa resposta, que leva apenas 1 ou 2 segundos, resulta de uma perda rápida de turgor em células dos pulvinos, órgãos motores especializados localizados nas articulações das folhas. As células motoras repentinamente tornam-se flácidas após a estimulação porque perdem íons potássio, provocando a saída de água das células por osmose. São necessários cerca de 10 minutos para que as células recuperem seu turgor e restaurem a forma "não estimulada" da folha. A função do comportamento da planta sensível estimula especulação. Talvez a planta pareça menos frondosa e apetitosa aos herbívoros dobrando suas folhas e reduzindo sua área de superfície quando estão muito próximas.

Uma característica marcante dos movimentos foliares rápidos é o modo de transmissão do estímulo ao longo da planta. Se um folíolo de uma planta sensível for tocado, primeiro esse folíolo responde, depois o folíolo adjacente responde e assim por diante, até que todos os pares de folíolos se dobrem juntos. A partir do ponto da estimulação, o sinal que produz essa resposta desloca-se a uma velocidade de aproximadamente 1 cm/s. Um impulso elétrico deslocando-se com a mesma velocidade pode ser detectado quando eletrodos são fixados à folha. Esses impulsos, denominados **potenciais de ação**, assemelham-se a impulsos nervosos em animais, embora os potenciais de ação de plantas sejam milhares de vezes mais lentos. Os potenciais de ação foram descobertos em muitas espécies de algas e plantas, podendo ser usados como forma de comunicação interna. Por exemplo, na vênus papa-mosca (*Dionaea muscipula*), os potenciais de ação são transmitidos dos pelos sensoriais na armadilha para as células que respondem mediante fechamento dela (ver Figura 37.15). No caso de *Mimosa pudica*, um estímulo mais intenso, como a combustão de uma folha, provoca a queda de *todas* as folhas e folíolos. Essa resposta da planta inteira envolve a propagação de moléculas sinalizadoras a partir da área lesada para outras regiões da parte aérea.

Estresses ambientais

Estresses ambientais, como inundação, seca ou temperaturas extremas, podem ter efeitos devastadores na sobrevivência, crescimento e reprodução das plantas. Em ecossistemas naturais, as plantas que não conseguem tolerar estresses ambientais morrem ou são superadas por plantas competidoras. Portanto, os estresses ambientais são um importante fator na determinação das amplitudes geográficas das plantas. Na última seção deste capítulo, examinaremos a resposta defensiva de plantas a estresses **bióticos** (vivos) comuns, como herbívoros e patógenos. Aqui, consideraremos alguns dos mais comuns estresses **abióticos** (não vivos) que as plantas enfrentam. Uma vez que esses fatores abióticos são determinantes importantes das produtividades das safras, atualmente há muito interesse em tentar projetar como as mudanças climáticas globais impactarão a produção agrícola (ver o **Exercício de resolução de problemas**).

Seca

Em um dia ensolarado e seco, uma planta pode murchar, pois sua perda de água por transpiração excede a absorção de água do solo. Evidentemente, a seca prolongada mata as plantas, mas elas têm sistemas de controle que as capacitam para lidar com déficits hídricos menos extremos.

(a) Estado não estimulado (folíolos afastados)

(b) Estado estimulado (folíolos dobrados)

▲ **Figura 39.24** Movimentos rápidos de turgor na sensitiva (*Mimosa pudica*).

EXERCÍCIO DE RESOLUÇÃO DE PROBLEMAS

Como a mudança climática afeta a produtividade agrícola?

O crescimento vegetal é significativamente limitado por temperatura do ar, disponibilidade de água e radiação solar. Um parâmetro útil para estimar a produtividade agrícola é o número de dias por ano em que essas três variáveis climáticas são apropriadas para o crescimento vegetal. Camilo Mora (Universidade do Havaí, em Manoa) e colaboradores analisaram modelos climáticos globais para projetar o efeito das mudanças climáticas sobre os dias apropriados para o crescimento vegetal no ano 2100.

Neste exercício, você examinará os efeitos projetados da mudança climática sobre a produtividade agrícola e identificará os impactos humanos resultantes.

Sua abordagem Analise o mapa e a tabela. A seguir, responda as perguntas abaixo.

Seus dados Os pesquisadores projetaram as mudanças anuais nos dias apropriados ao crescimento vegetal para três variáveis climáticas: temperatura, disponibilidade de água e radiação solar. O procedimento consistiu em subtrair as médias recentes (1996-2005) das médias futuras projetadas (2091-2100). O mapa mostra as mudanças projetadas se não forem tomadas providências para reduzir a mudança climática. Os números identificam as localizações dos 15 países mais populosos. A tabela identifica suas economias como principalmente industrial (🏭) ou agrícola (🌱) e sua categoria de renda *per capital* anual.

País	Localização no mapa	População estimada em 2014 (milhões)	Tipo de economia	Categoria de renda*
China	1	1.350	🏭	$$$
Índia	2	1.221	🌱	$$
Estados Unidos	3	317	🏭	$$$$
Indonésia	4	251	🌱	$
Brasil	5	201	🌱	$$$
Paquistão	6	193	🌱	$$
Nigéria	7	175	🌱	$$
Bangladesh	8	164	🌱	$
Rússia	9	143	🏭	$$$$
Japão	10	127	🏭	$$$$
México	11	116	🌱	$$$
Filipinas	12	106	🌱	$$
Etiópia	13	94	🌱	$
Vietnã	14	92	🌱	$
Egito	15	85	🌱	$$

Dados do Banco Mundial.
*Renda *per capita*, baseada nas categorias do Banco Mundial: $ = baixa: < $ 1.035; $$ = média inferior: $ 1.036-$ 4.085; $$$ = média superior: $ 4.086-$ 12.615; $$$$ = alta: > $ 12.615

Mudança anual nos dias apropriados ao crescimento vegetal para as três variáveis climáticas

Dados do mapa de Camilo Mora, et al. Days for Plant Growth Disappear under Projected Climate Change: Potential Human and Biotic Vulnerability. *PLoS Biol* 13(6): e1002167 (2015).

Sua análise

1. Camilo Mora começou o estudo depois de uma conversa com alguém que afirmava que as mudanças climáticas beneficiam o crescimento vegetal, pois elas aumentam o número de dias acima do ponto de congelamento. Com base nos dados do mapa, como você responderia a essa afirmação?
2. O que os dados do mapa e da tabela indicam quanto ao impacto das mudanças projetadas sobre os seres humanos?

Muitas das respostas de uma planta ao déficit hídrico ajudam-na a conservar água mediante redução da taxa de transpiração. Os déficits hídricos em uma folha provocam o fechamento dos estômatos, retardando consideravelmente a transpiração (ver Figura 36.14). O déficit hídrico estimula o aumento da síntese e liberação de ácido abscísico nas folhas; esse hormônio ajuda a manter os estômatos fechados mediante atuação nas membranas das células-guarda. As folhas respondem ao déficit hídrico de muitas outras maneiras. Por exemplo, quando as folhas de gramíneas murcham, elas se enrolam e assumem formato tubular, que reduz a transpiração pela exposição de menos área de superfície ao ar seco e ao vento. Outras plantas, como a fouquiera-roxa (*Fouquieria splendens*) (ver Figura 36.15), desprendem suas folhas em resposta à seca sazonal. Embora conservem água, essas respostas foliares reduzem a fotossíntese, razão pela qual a seca diminui a produtividade agrícola. As plantas podem tirar vantagem de alertas precoces, na forma de sinais químicos de plantas próximas em processo de murcha, e se preparam para responder mais rápida e intensamente ao estresse iminente pela seca (ver o **Exercício de habilidades científicas**).

Inundação

Água em demasia é também um problema para uma planta. A rega excessiva pode sufocar uma planta de interior,

Exercício de habilidades científicas

Interpretação de resultados experimentais em um gráfico de barras

As plantas estressadas pela seca comunicam a sua condição às suas vizinhas? Os pesquisadores queriam descobrir se as plantas conseguem comunicar o estresse induzido pela seca às plantas vizinhas e, em caso positivo, se elas usam sinais acima ou abaixo da superfície do solo. Neste exercício, você interpretará um gráfico de barras referente às larguras de aberturas estomáticas, visando investigar se o estresse induzido pela seca pode ser comunicado de planta para planta.

Como o experimento foi realizado Onze indivíduos de ervilha (*Pisum sativum*), colocados em vasos, foram dispostos de maneira equidistante em uma fileira. Os sistemas de raízes das plantas 6 a 11 foram conectados por tubos com os das suas vizinhas imediatas; isso permitiu que substâncias químicas se movessem das raízes de uma planta para as raízes da próxima planta, sem se deslocar através do solo. Os sistemas de raízes das plantas 1 a 6 não foram conectados. Um choque osmótico foi aplicado à planta 6 com uma solução altamente concentrada de manitol, um açúcar natural comumente empregado para imitar estresse pela seca em plantas vasculares. Quinze minutos após o choque osmótico na planta 6, os pesquisadores mediram a largura das aberturas estomáticas em folhas de todas as plantas. Foi realizado também um experimento-controle, no qual a planta 6 recebeu água, em vez de manitol.

Dados do experimento

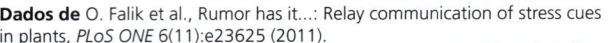

Dados de O. Falik et al., Rumor has it...: Relay communication of stress cues in plants, *PLoS ONE* 6(11):e23625 (2011).

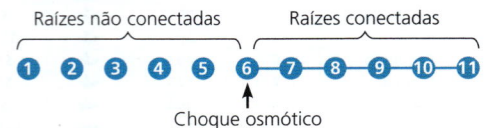

INTERPRETE OS DADOS

1. O que se vê ao comparar as larguras das aberturas estomáticas das plantas 6 a 8 e plantas 9 e 10 com as das outras plantas no experimento? O que isso indica sobre o estado das plantas 6 a 8 e 9 e 10? (Para informações sobre interpretação de gráficos, ver a Revisão de habilidades científicas no Apêndice D.)
2. Os dados sustentam a ideia de que plantas podem comunicar sua condição estressada pela seca às suas vizinhas? Em caso positivo, os dados indicam que a comunicação é via sistema aéreo ou sistema de raízes? Faça referência específica aos dados ao responder às duas perguntas.
3. Por que foi necessário certificar-se de que substâncias químicas não poderiam se deslocar pelo solo de uma planta para a próxima?
4. Quando o experimento foi desenvolvido por 1 hora em vez de 15 minutos, os resultados foram aproximadamente os mesmos, exceto que as aberturas estomáticas das plantas 9 a 11 foram comparáveis às das plantas 6 a 8. Sugira um motivo.
5. Por que no experimento-controle foi adicionada água à planta 6, em vez de manitol? O que indicam os resultados do experimento-controle?

---

porque o solo carece de espaços de ar que forneçam oxigênio para a respiração celular das raízes. Algumas plantas são estruturalmente adaptadas a ambientes muito úmidos. Por exemplo, as raízes submersas de plantas de manguezal, que habitam pântanos costeiros, apresentam continuidade com as raízes aéreas expostas ao oxigênio (ver Figura 35.4). Mas como as plantas menos especializadas enfrentam a privação de oxigênio em solos alagados? A privação de oxigênio estimula a produção de etileno, que provoca a morte de algumas células do córtex da raiz. A destruição dessas células cria canais aeríferos que funcionam como "tubos de respiração (*snorkels*)", fornecendo oxigênio para as raízes submersas **(Figura 39.25)**.

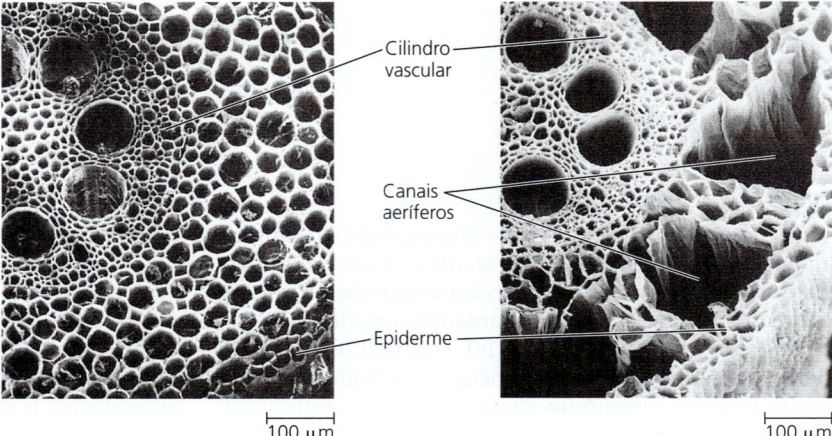

(a) Raiz-controle (aerada)   (b) Raiz experimental (não aerada)

▲ **Figura 39.25** Desenvolvimento de raízes de milho em resposta à inundação e à privação de oxigênio (MEVs). **(a)** Corte transversal de uma raiz-controle cultivada em um meio hidropônico aerado. **(b)** Raiz cultivada em meio hidropônico não aerado. A morte celular programada estimulada pelo etileno cria canais aeríferos.

Estresse salino

Um excesso de cloreto de sódio ou outros sais no solo ameaça as plantas por duas razões. Primeiro, pela redução do potencial hídrico da solução do solo, o sal pode causar um déficit hídrico nas plantas, ainda que o solo tenha bastante água. À medida que o potencial hídrico do solo se torna mais negativo, o gradiente de potencial hídrico do solo para as raízes é diminuído, reduzindo, assim, a absorção de água (ver Figura 36.12). Outro problema com o solo salino é que os íons sódio e alguns outros íons são tóxicos para as plantas quando suas concentrações são demasiadamente altas. Pela produção de solutos que são bem tolerados em concentrações altas, muitas plantas conseguem responder à salinidade moderada do solo. Esses compostos, principalmente orgânicos, mantêm o potencial hídrico das células mais negativo do que o da solução do solo, sem permitir a entrada de quantidades tóxicas de sal. Contudo, a maioria das plantas não consegue sobreviver ao estresse salino por muito tempo. As exceções são as halofitas, plantas tolerantes ao sal, com adaptações como as glândulas de sal que bombeiam sais para fora através da epiderme foliar.

Estresse pelo calor

O excesso de calor pode danificar ou mesmo matar uma planta pela desnaturação de enzimas. A transpiração ajuda a resfriar as folhas pelo resfriamento evaporativo. Em um dia quente, por exemplo, a temperatura de uma folha pode ficar 3 a 10°C abaixo da temperatura ambiente. O tempo quente e seco tende também a desidratar muitas plantas; o fechamento dos estômatos em resposta a esse estresse conserva a água, mas prejudica o resfriamento evaporativo. Esse dilema é uma razão pela qual os dias muito quentes e secos causam danos na maioria das plantas.

A maioria das plantas tem uma resposta de apoio que as capacita a sobreviver ao estresse por calor. Acima de certa temperatura – cerca de 40°C para a maioria das plantas em regiões temperadas –, as células vegetais começam a sintetizar **proteínas de choque térmico**, que ajudam a proteger outras proteínas do estresse por calor. Essa resposta também ocorre em animais e microrganismos estressados pelo calor. Algumas proteínas de choque térmico atuam em células não estressadas, como suportes temporários que ajudam outras proteínas a assumirem suas formas funcionais dobradas. Em suas funções como proteínas de choque térmico, talvez essas moléculas se liguem a outras proteínas e ajudem a impedir sua desnaturação.

Estresse pelo frio

Um problema que as plantas enfrentam quando a temperatura do ambiente diminui é a mudança na fluidez das membranas celulares. Quando uma membrana resfria abaixo de um ponto crítico, ela perde sua fluidez à medida que os lipídeos se tornam imobilizados em estruturas cristalinas. Isso altera o transporte de solutos através da membrana e também afeta adversamente as funções das suas proteínas. As plantas respondem ao estresse pelo frio alterando a composição lipídica de suas membranas. Por exemplo, os lipídeos de membrana aumentam em sua proporção de ácidos graxos insaturados, cujas formas ajudam a manter as membranas mais fluidas em temperaturas baixas. Essa modificação de membrana necessita de várias horas até dias, razão pela qual as temperaturas baixas extemporâneas são geralmente mais estressantes às plantas do que a queda sazonal mais gradual na temperatura do ar.

O congelamento é outro tipo de estresse pelo frio. Em temperaturas de subcongelamento, o gelo se forma nas paredes celulares e nos espaços intercelulares da maioria das plantas. Em geral, o citosol não congela nas taxas de congelamento encontradas na natureza, porque ele contém mais solutos do que a solução muito diluída presente na parede celular, e os solutos baixam o ponto de congelamento de uma solução. A redução em água líquida na parede celular causada pela formação de gelo reduz o potencial hídrico extracelular, provocando a saída de água do citoplasma. O aumento resultante na concentração de íons no citoplasma é prejudicial e pode levar à morte celular. A sobrevivência da célula depende em grande parte do quanto ela resiste à desidratação. Em regiões com invernos frios, as espécies nativas estão adaptadas a enfrentar o estresse por congelamento. Por exemplo, antes da entrada do inverno, as células de muitas espécies tolerantes à geada aumentam os níveis citoplasmáticos de solutos específicos, como os açúcares, que são bem tolerados em concentrações altas e ajudam a reduzir a perda de água da célula durante o congelamento extracelular. A insaturação de lipídeos de membrana também aumenta, mantendo, níveis adequados de fluidez de membrana.

EVOLUÇÃO Muitos organismos, incluindo determinados vertebrados, fungos, bactérias e diversas espécies vegetais, possuem proteínas especiais que impedem o crescimento de cristais de gelo, ajudando-os a escapar do dano causado pelo congelamento. Descritas pela primeira vez em peixes do Ártico na década de 1950, essas *proteínas anticongelamento* permitem a sobrevivência em temperaturas abaixo de 0°C. Elas ligam-se aos pequenos cristais de gelo e inibem seu crescimento ou, no caso de plantas, impedem a cristalização do gelo. As cinco principais classes de proteínas anticongelamento diferem nitidamente em suas sequências de aminoácidos, mas têm uma estrutura tridimensional semelhante, sugerindo evolução convergente. Surpreendentemente, as proteínas anticongelamento do centeio de inverno são homólogas às proteínas de defesa antifúngicas, mas são produzidas em resposta a temperaturas baixas e dias mais curtos, não a patógenos fúngicos. Estão sendo feitos avanços no aumento da tolerância ao congelamento de plantas de interesse agrícola, mediante inclusão em seus genomas de genes de proteínas anticongelamento por meio de técnicas de engenharia genética.

REVISÃO DO CONCEITO 39.4

1. Imagens térmicas são fotografias do calor emitido por um objeto. Pesquisadores usaram imagens térmicas de plantas para isolar mutantes com superprodução de ácido abscísico. Sugira uma razão pela qual esses mutantes são mais quentes do que plantas do tipo silvestre sob condições que normalmente não são estressantes.
2. Um floricultor verificou, em crisântemos envasados em casas de vegetação, que as plantas mais próximas dos corredores eram com frequência menores do que as do meio da bancada. Explique esse "efeito de borda", problema comum em horticultura.
3. **E SE?** Se você retirasse a coifa de uma raiz, ela ainda responderia à gravidade? Explique.

Ver as respostas sugeridas no Apêndice A.

CONCEITO 39.5

As plantas respondem a ataques por patógenos e herbívoros

Pela seleção natural, as plantas desenvolveram muitos tipos de interações com outras espécies em suas comunidades. Algumas interações interespecíficas são mutuamente benéficas, como as associações de plantas com fungos micorrízicos (ver Figura 37.14) ou com polinizadores (ver Figuras 38.4 e 38.5). Muitas interações vegetais com outros organismos, no entanto, não beneficiam as plantas. Como produtores primários, as plantas estão na base da maioria das cadeias alimentares e estão sujeitas ao ataque de uma gama ampla de animais predadores de plantas (herbívoros). Uma planta está sujeita também à infecção por diversos vírus, bactérias e fungos que podem danificar seus tecidos ou mesmo matá-la. As plantas respondem a essas ameaças com sistemas de defesa que restringem a ação de animais e impedem infecções ou combatem patógenos invasores.

Defesas contra patógenos

A primeira linha de defesa de uma planta contra infecção é a barreira física apresentada pela epiderme e periderme do corpo vegetal (ver Figura 35.19). Essa linha de defesa, no entanto, não é impermeável. A lesão mecânica de folhas por herbívoros, por exemplo, abre brechas para a invasão de patógenos. Mesmo quando os tecidos vegetais estão intactos, vírus e bactérias, além de esporos e hifas de fungos, conseguem penetrar na planta por aberturas naturais na epiderme, como os estômatos. Uma vez rompidas as linhas físicas de defesa, as próximas linhas de defesa vegetal são dois tipos de respostas imunes: a imunidade desencadeada por PAMPs e a imunidade desencadeada por efetores.

Imunidade desencadeada por PAMPs

Quando um patógeno consegue invadir uma planta hospedeira, a planta organiza a primeira das duas linhas de defesa imune, que fundamentalmente resulta em um ataque químico que isola o patógeno e impede sua propagação a partir do local de infecção. Essa primeira linha de defesa imune, denominada *imunidade desencadeada por PAMPs*, depende da capacidade da planta em reconhecer **padrões moleculares associados aos patógenos** (**PAMPs**; antigamente chamados *eliciadores*), sequências moleculares específicas para certos patógenos. Por exemplo, a *flagelina* bacteriana, importante proteína encontrada em flagelos de bactérias, é um PAMP. Muitas bactérias de solo, incluindo algumas variedades patogênicas, são borrifadas nas partes aéreas de plantas por gotas de chuva. Se essas bactérias penetrarem na planta, uma sequência específica de aminoácidos na flagelina é percebida por um receptor do tipo Toll, um tipo de receptor encontrado também em animais, onde desempenha um papel-chave no sistema imune inato (ver Conceito 43.1). O sistema imune inato, uma antiga estratégia defensiva evolutiva, é o sistema imune dominante em plantas, fungos, insetos e organismos multicelulares primitivos. Diferentemente dos vertebrados, as plantas não têm um sistema imune adaptativo: elas não geram anticorpos ou respostas de células T e não possuem células móveis que detectam e atacam patógenos.

O reconhecimento dos PAMPs em plantas conduz a uma cadeia de eventos de sinalização que, por fim, leva à produção local de substâncias químicas antimicrobianas de espectro amplo denominadas de *fitoalexinas*, compostos com propriedades fungicidas e bactericidas. A parede celular vegetal é também endurecida para impedir o avanço do patógeno. Defesas semelhantes, mas ainda mais fortes, são iniciadas pela segunda resposta imune vegetal, a imunidade desencadeada por efetores.

Imunidade desencadeada por efetores

EVOLUÇÃO No curso da evolução, plantas e patógenos se envolveram em uma corrida armamentista. A imunidade desencadeada por PAMPs pode ser suplantada pela evolução de patógenos com capacidade de fugir da detecção pela planta. Esses patógenos liberam **efetores**, proteínas codificadas pelo patógeno que paralisam o sistema imune inato da planta, diretamente nas células vegetais. Por exemplo, algumas bactérias liberam efetores no interior da célula vegetal que bloqueiam a percepção de flagelina. Assim, esses efetores permitem ao patógeno redirecionar, em seu benefício, o metabolismo do hospedeiro.

A supressão da imunidade desencadeada por PAMPs pelos efetores de patógenos levou à evolução da *imunidade desencadeada por efetores*. Como existem milhares de efetores, essa defesa vegetal é tipicamente constituída de centenas de genes de resistência (*R*) a doenças. Cada gene *R* codifica uma proteína R que pode ser ativada por um efetor específico. As rotas de transdução de sinais, então, levam a um arsenal de respostas defensivas, incluindo uma defesa localizada denominada *resposta hipersensível* e uma defesa geral denominada *resistência sistêmica adquirida*. As respostas locais e sistêmicas a patógenos requerem extensa reprogramação genética e envolvimento de recursos celulares. Por isso, uma planta ativa essas defesas somente após detectar um patógeno.

Resposta hipersensível Um mecanismo importante que restringe a propagação de um patógeno é a **resposta hipersensível**, a formação de um anel de morte celular ao redor do local da infecção. Conforme indicado na **Figura 39.26**, a resposta hipersensível, que resulta da imunidade desencadeada por efetores, envolve a produção de enzimas e substâncias químicas que comprometem a integridade da parede celular do patógeno, seu metabolismo ou sua reprodução. A imunidade desencadeada por efetores estimula também a formação de lignina e a ligação cruzada de moléculas no interior da parede celular vegetal, respostas que impedem a propagação do patógeno para outras partes da planta. Conforme mostrado na etapa 2 da figura, a resposta hipersensível resulta em lesões localizadas sobre uma folha. Por mais "doente" que pareça, essa folha ainda sobreviverá, e sua resposta defensiva ajudará a proteger o restante da planta.

Resistência sistêmica adquirida

A resposta hipersensível é localizada e específica. Entretanto, as invasões de patógenos também podem produzir moléculas sinalizadoras que "tocam o alarme" da infecção para a planta

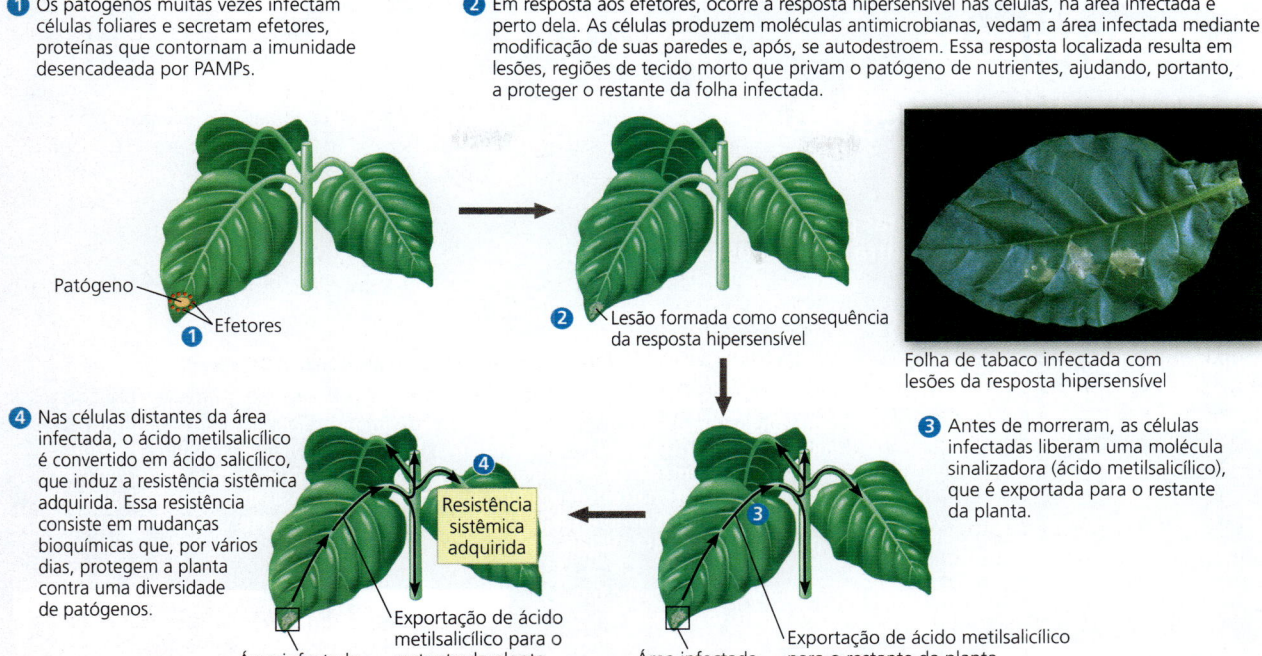

▲ **Figura 39.26** **Respostas de defesa contra patógenos.** As plantas com frequência podem impedir a propagação sistêmica de infecção pela ativação de uma resposta hipersensível. Essa resposta ajuda a isolar o patógeno, mediante produção de lesões que formam "anéis de morte" ao redor dos locais da infecção.

inteira. A **resistência sistêmica adquirida** resultante surge da expressão de genes de defesa da planta toda. Ela não é específica, fornecendo proteção contra uma diversidade de patógenos que pode durar dias. Uma molécula sinalizadora denominada ácido metilsalicílico é produzida ao redor do local da infecção, transportada via floema e, após, convertida em **ácido salicílico** em áreas distantes dos locais da infecção. O ácido salicílico ativa uma rota de transdução de sinais que estabiliza o sistema de defesa para responder rapidamente a outra infecção (ver etapa 4 da Figura 39.26).

As epidemias de doenças vegetais, como a requeima da batata (ver Conceito 28.3), que causou a fome na Irlanda na década de 1840, podem levar a miséria humana incalculável. Outras doenças, como o cancro do castanheiro (ver Conceito 31.5) e a morte repentina do carvalho (ver Conceito 54.5), podem alterar drasticamente as estruturas de comunidades. As epidemias vegetais muitas vezes resultam do transporte inadvertido ao redor do mundo de plantas ou madeira infectadas. À medida que o comércio global aumenta, essas epidemias vão se tornar progressivamente mais comuns. Para se preparar para esses surtos, os biólogos vegetais estão estocando, em instalações de armazenagem especiais, as sementes de parentes silvestres das plantas de interesse agrícola. Os cientistas esperam que os parentes não domesticados possam ter genes capazes de refrear a próxima epidemia vegetal.

Defesas contra herbívoros

A **herbivoria**, o consumo de plantas por animais, é um estresse que as plantas enfrentam em qualquer ecossistema.

O dano mecânico causado pela herbivoria reduz o tamanho das plantas, inibindo sua capacidade de obter recursos. Ela pode restringir o crescimento porque muitas espécies redirecionam parte da energia para defender-se contra herbívoros. Além disso, ela abre brechas para infecção por vírus, bactérias e fungos. As plantas impedem a herbivoria excessiva através de métodos que perpassam todos os níveis de organização biológica (**Figura 39.27**), incluindo defesas físicas, como espinhos e tricomas (ver Figura 35.9), e defesas químicas, como compostos repugnantes ou tóxicos.

REVISÃO DO CONCEITO 39.5

1. Por que as folhas infectadas por patógenos muitas vezes aparecem manchadas?

2. Os insetos mastigadores danificam mecanicamente as plantas e diminuem a área de superfície de folhas para a fotossíntese. Além disso, esses insetos tornam as plantas mais vulneráveis ao ataque de patógenos. Sugira um motivo.

3. Muitos patógenos fúngicos obtêm seu alimento tornando as células vegetais permeáveis, o que resulta na liberação de nutrientes para os espaços intercelulares. Seria benéfico para o fungo matar a planta hospedeira de uma maneira que resultasse no vazamento de todos os nutrientes? Explique.

4. **E SE?** Suponha que um cientista constate que uma população vegetal de um local arejado seja mais propensa à herbivoria por insetos do que uma população da mesma espécie crescendo em uma área abrigada. Sugira uma explicação.

Ver as respostas sugeridas no Apêndice A.

▼ Figura 39.27

FAÇA CONEXÕES

Níveis de defesas vegetais contra herbívoros

A herbivoria, o consumo de plantas por animais, é ubíqua na natureza. As defesas vegetais contra herbívoros são exemplos de como os processos biológicos podem ser observados em múltiplos níveis de organização: molécula, célula, tecido, órgão, organismo, população e comunidade. (Ver Figura 1.3.)

Fruto da papoula-dormideira

Defesas no nível molecular

No nível molecular, as plantas produzem compostos químicos que restringem a ação de predadores. Essas substâncias são geralmente terpenoides, compostos fenólicos e alcaloides. Alguns terpenoides imitam hormônios de insetos, provocando neles a muda prematura e a morte. Alguns exemplos de compostos fenólicos são os taninos, que têm um gosto desagradável e dificultam a digestão de proteínas. Sua síntese é com frequência aumentada após um ataque. A papoula-dormideira (*Papaver somniferum*) é a fonte dos alcaloides narcóticos morfina, heroína e codeína. Essas drogas acumulam-se em células secretoras denominadas laticíferos, que exsudam um látex branco leitoso (ópio) quando a planta é danificada.

Defesas no nível celular

Algumas células vegetais são especializadas em restringir a ação de herbívoros. Os tricomas de folhas e caules impedem o acesso de insetos mastigadores. Os laticíferos e, de maneira mais geral, os vacúolos centrais de células vegetais podem servir como depósitos de armazenagem para substâncias químicas que restringem a ação de herbívoros. Os *idioblastos* são células especializadas encontradas nas folhas e caules de muitas espécies, incluindo o inhame (*Colocasia esculenta*). Alguns idioblastos contêm cristais de oxalato de cálcio em forma de agulha denominados *ráfides*. Eles penetram em tecidos macios da língua e do palato, facilitando a entrada de uma substância irritante produzida pela planta, possivelmente uma protease; essa substância penetra nos tecidos animais e causa um inchaço temporário dos lábios, da boca e da garganta. Os cristais atuam como transportadores da substância irritante, permitindo que ela se infiltre mais profundamente nos tecidos do herbívoro. Essa substância irritante é destruída por cozimento.

Cristais (ráfides) do inhame

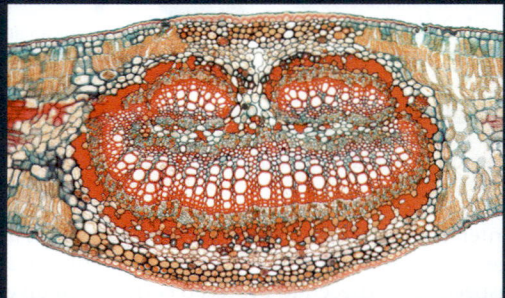

Defesas no nível tecidual

Algumas folhas restringem a ação de herbívoros por serem especialmente de difícil mastigação, como consequência do crescimento acentuado de esclerênquima espesso e duro. As células em vermelho-vivo com paredes espessas vistas neste corte transversal da nervura principal de uma folha de oliveira (*Olea europaea*) são fibras resistentes (esclerênquima).

Defesas no nível de órgão

As formas de órgãos vegetais podem restringir a ação de herbívoros, causando dor ou fazendo a planta parecer desagradável. Os espinhos, tanto foliares como caulinares, proporcionam defesas mecânicas contra herbívoros. As cerdas nos espinhos de alguns cactos têm terríveis farpas que dilaceram a carne durante a retirada. A folha do floco-de-neve (*Trevesia palmata*) aparenta ter sido parcialmente comida, talvez tornando-a menos atrativa. Algumas plantas imitam a presença de ovos de insetos sobre suas folhas, dissuadindo esses animais a depositarem ovos nesses locais. Por exemplo, as glândulas foliares de algumas espécies de *Passiflora* (maracujá) imitam detalhadamente os ovos amarelos de borboletas do gênero *Heliconius*.

Cerdas nos espinhos de cactos

Folha do floco-de-neve

Imitação de ovos sobre a folha de maracujá

Defesas no nível de organismo

O dano mecânico por herbívoros pode alterar bastante a fisiologia inteira de uma planta, restringindo o ataque posterior. Por exemplo, uma espécie de tabaco silvestre denominada *Nicotiana attenuata* altera o momento do florescimento como consequência da herbivoria. Normalmente, ela floresce à noite, emitindo benzil-acetona, substância química que atrai o falcão-mariposa como polinizador. Infelizmente para a planta, as mariposas com frequência depositam ovos sobre as folhas à medida que polinizam, e as larvas são herbívoras. Quando se tornam infestadas pelas larvas, as plantas param de produzir o produto químico e, em vez disso, abrem suas flores ao amanhecer, quando as mariposas não estão presentes. Elas são, então, polinizadas por beija-flores. As pesquisas revelaram que as secreções orais da mastigação das larvas desencadeiam a mudança drástica no momento da abertura das flores.

Beija-flor polinizando o tabaco silvestre

Defesas no nível de população

Em algumas espécies, um comportamento coordenado em nível de população ajuda a defendê-las contra hervívoros. Algumas plantas podem comunicar o perigo de ataque mediante a liberação de moléculas que advertem as outras da mesma espécie localizadas nas proximidades. Por exemplo, indivíduos do feijão-fava (*Phaseolus lunatus*) infestados com ácaros liberam um coquetel de substâncias químicas que sinaliza o ataque às plantas não infestadas. Em resposta, essas plantas vizinhas promovem mudanças bioquímicas que as tornam menos suscetíveis ao ataque. Outro tipo de defesa em nível de população é um fenômeno em algumas espécies denominado mastreação (*masting*), em que uma população produz de maneira sincronizada uma grande quantidade de sementes após um intervalo longo. Independentemente das condições ambientais, um relógio interno indica para cada planta na população que é o momento de florescer. As populações de bambus, por exemplo, crescem vegetativamente durante décadas e de repente florescem em massa, produzem sementes e morrem. Em torno de 80.000 kg de sementes de bambu são liberados por hectare, muito mais do que os herbívoros do local (principalmente roedores) podem consumir. Como consequência, algumas escapam da atenção dos herbívoros e germinam, e as plantas crescem.

Indivíduos de bambu em florescimento

Defesas no nível de comunidade

Algumas espécies vegetais "recrutam" animais predadores que ajudam a defendê-las contra herbívoros específicos. Vespas parasitoides, por exemplo, injetam seus ovos nas lagartas que se alimentam das plantas. Os ovos desenvolvem-se dentro das lagartas, e as larvas consomem seus "recipientes" orgânicos de dentro para fora. A seguir, as larvas formam casulos sobre a superfície do hospedeiro, antes de emergirem com vespas adultas. A planta tem um papel ativo nesse processo. Uma folha danificada por lagartas libera compostos que atraem vespas parasitoides. O estímulo para essa resposta é uma combinação de dano físico à folha causado pela lagarta predadora e um composto específico na saliva da lagarta.

Casulos de vespas parasitoides sobre lagartas hospedeiras

Vespa adulta emergindo de um casulo

FAÇA CONEXÕES

Como acontece nas adaptações de plantas contra herbívoros, outros processos biológicos podem envolver múltiplos níveis de organização biológica (Figura 1.3). Discuta exemplos de adaptações fotossintéticas especializadas que abrangem modificações em níveis molecular (Conceito 10.5), tecidual (Conceito 36.4) e de organismo (Conceito 36.1).

39 Revisão do capítulo

RESUMO DOS CONCEITOS-CHAVE

CONCEITO 39.1

As rotas de transdução de sinais ligam a recepção de sinais à resposta (p. 843-845)

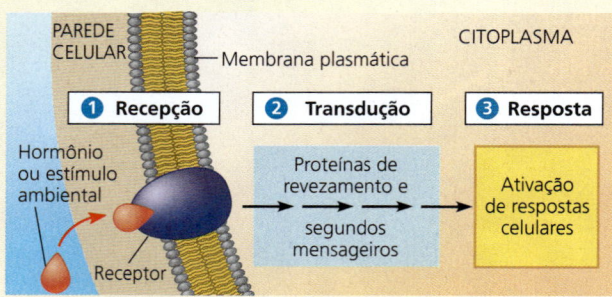

❓ *Quais são as duas maneiras comuns pelas quais as rotas de transdução de sinais intensificam a atividade de enzimas específicas?*

CONCEITO 39.2

As plantas utilizam substâncias químicas para se comunicar (p. 845-855)

- Os **hormônios** controlam o crescimento e o desenvolvimento vegetal ao afetar a divisão, o alongamento e a diferenciação das células. Alguns mediam também as respostas de plantas aos estímulos ambientais.

Fitormônios	Respostas principais
Auxina (AIA)	Estimula o alongamento celular; regula a ramificação e a curvatura de órgãos (fototropismo e gravitropismo)
Citocininas	Estimulam a divisão e a diferenciação de células vegetais; promovem o crescimento de gemas axilares
Giberelinas	Promovem o alongamento do caule; ajudam as sementes a quebrar a dormência e a utilizar reservas armazenadas
Ácido abscísico (ABA)	Promove o fechamento estomático em resposta à seca; promove a dormência das sementes
Etileno	Medeia a senescência, a abscisão foliar, o amadurecimento do fruto e a evitação de obstáculos pelos caules (resposta tríplice)
Brassinosteroides	Similares quimicamente aos hormônios sexuais de animais; induzem o alongamento e divisão celulares
Jasmonatos	Medeiam as defesas vegetais contra insetos herbívoros; regulam uma ampla gama de processos fisiológicos
Estrigolactonas	Regulam a dominância apical, a germinação das sementes e as associações micorrízicas

❓ *Há alguma verdade no velho ditado "Uma maçã podre estraga todo o cesto"? Explique.*

CONCEITO 39.3

As respostas à luz são cruciais para o sucesso das plantas (p. 855-861)

- Os **fotorreceptores de luz azul** controlam o alongamento do hipocótilo, a abertura estomática e o fototropismo.
- Os **fitocromos** atuam como comutadores moleculares de "liga-desliga" que regulam a evitação à sombra e a germinação de muitos tipos de sementes. A luz vermelha "liga" o fitocromo, e a luz vermelho-distante "desliga-o".

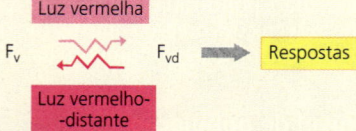

- A conversão do fitocromo fornece também informação sobre os comprimentos relativos de dia e noite (fotoperíodo) e, portanto, a época do ano. O **fotoperiodismo** regula a época de florescimento em muitas espécies. As **plantas de dias curtos** necessitam de uma noite mais longa do que um comprimento crítico para florescer. As **plantas de dias longos** necessitam de uma noite de comprimento mais curto do que um período crítico para florescer.
- Muitos ritmos diários no comportamento vegetal são controlados por um relógio circadiano interno. Os **ritmos circadianos** de curso livre têm aproximadamente 24 horas, mas são ajustados a exatamente 24 horas pelos efeitos do amanhecer e entardecer na forma do fitocromo.

❓ *Por que os fisiologistas vegetais propõem a existência de uma molécula móvel (florígeno) que desencadeia o florescimento?*

CONCEITO 39.4

As plantas respondem a uma ampla diversidade de estímulos além da luz (p. 861-865)

- O **gravitropismo** é uma curvatura em resposta à gravidade. As raízes mostram gravitropismo positivo, e os caules apresentam gravitropismo negativo. Os **estatólitos**, plastídios preenchidos com amido, permitem às raízes detectar a gravidade.
- **Tigmotropismo** é uma resposta de crescimento ao toque. Os movimentos foliares rápidos envolvem a transmissão de impulsos elétricos.
- As plantas são sensíveis aos estresses ambientais, incluindo seca, inundação, salinidade alta e extremos de temperatura.

Estresse ambiental	Resposta principal
Seca	Produção de ABA, reduzindo a perda de água pelo fechamento estomático
Inundação	Formação de canais aeríferos que ajudam as raízes a sobreviverem à privação de oxigênio
Sal	Evitação da perda osmótica de água mediante a produção de solutos tolerados em concentrações altas
Calor	Síntese de proteínas de choque térmico que reduzem a desnaturação proteica em temperaturas elevadas
Frio	Ajuste da fluidez de membrana; evitação da perda osmótica de água; produção de proteínas anticongelamento

❓ *As plantas aclimatadas ao estresse pela seca são também muitas vezes mais resistentes ao congelamento. Sugira um motivo.*

CONCEITO 39.5

As plantas respondem a ataques por patógenos e herbívoros (p. 866-869)

- A **resposta hipersensível** isola uma infecção e destrói as células do patógeno e do hospedeiro na região. A **resistência sistêmica adquirida** é uma resposta defensiva generalizada em órgãos distantes do local da infecção.
- Além das defesas físicas como espinhos e tricomas, as plantas produzem substâncias químicas repugnantes ou tóxicas, bem com atrativos que recrutam animais destruidores de herbívoros.

❓ *Como os insetos podem tornar as plantas mais suscetíveis aos patógenos?*

TESTE SEU CONHECIMENTO

Níveis 1-2: Relembre/Entenda

1. O hormônio que ajuda as plantas a responder à seca é o(a)
   (A) auxina.
   (B) ácido abscísico.
   (C) citocinina.
   (D) etileno.
2. Um mutante de cevada sem um receptor do ácido giberélico
   (A) seria incapaz de produzir GA.
   (B) catalisaria amido mais rapidamente.
   (C) seria incapaz de produzir amilase.
   (D) seria incapaz de absorver água.
3. Charles e Francis Darwin descobriram que a
   (A) auxina é responsável pela curvatura fototrópica.
   (B) luz vermelha é mais efetiva no fototropismo da parte aérea.
   (C) luz destrói a auxina.
   (D) luz é percebida pelos ápices de coleóptilos.
4. Como uma planta consegue responder ao estresse *profundo* pelo calor?
   (A) Reorientando as folhas para aumentar o resfriamento evaporativo
   (B) Criando canais aeríferos para ventilação
   (C) Produzindo proteínas de choque térmico, que podem proteger da desnaturação as proteínas vegetais
   (D) Aumentando a proporção de ácidos graxos insaturados nas membranas celulares, reduzindo sua fluidez

Níveis 3-4: Aplique/Analise

5. É possível que a molécula sinalizadora do florescimento seja liberada antes do habitual em uma planta de dias longos exposta a *flashes* de
   (A) luz vermelho-distante durante a noite.
   (B) luz vermelha durante a noite.
   (C) luz vermelha seguida por luz vermelho-distante durante a noite.
   (D) luz vermelho-distante durante o dia.
6. Se uma planta de dias longos tiver um comprimento crítico da noite de 9 horas, que ciclo de 24 horas impediria o florescimento?
   (A) 16 horas de luz/8 horas de escuro
   (B) 14 horas de luz/10 horas de escuro
   (C) 4 horas de luz/8 horas de escuro/4 horas de luz/8 horas de escuro
   (D) 8 horas de luz/8 horas de escuro/*flash* de luz/8 horas de escuro

7. Um mutante vegetal que exibe curvatura gravitrópica normal, mas que não armazena amido em seus plastídios, necessitaria de uma reavaliação do papel de _____ no gravitropismo.
   (A) auxina
   (B) cálcio
   (C) estatólitos
   (D) crescimento diferencial
8. **DESENHE** Indique a resposta para cada condição representando uma plântula retilínea ou uma com resposta tríplice.

	Controle	Adição de etileno	Inibidor da síntese de etileno
Tipo silvestre			
Mutante insensível ao etileno (*ein*)			
Mutante superprodutor de etileno (*eto*)			
Resposta tríplice constitutiva (*ctr*)			

Níveis 5-6: Avalie/Crie

9. **CONEXÃO EVOLUTIVA** Em geral, a germinação sensível à luz é mais pronunciada em sementes pequenas em comparação com as sementes grandes. Sugira um motivo.
10. **PESQUISA CIENTÍFICA** Um biólogo vegetal observou um padrão peculiar quando um arbusto tropical foi atacado por lagartas. Após ter comido uma folha, uma lagarta pulava sobre folhas próximas e atacava uma folha a alguma distância. A simples remoção de uma folha não impediu as lagartas de comerem folhas próximas. O biólogo suspeitou que uma folha danificada por inseto teria enviado uma substância química que sinalizou para as folhas próximas. Como o pesquisador poderia testar essa hipótese?
11. **CIÊNCIA, TECNOLOGIA E SOCIEDADE** Descreva como o nosso conhecimento sobre os sistemas de controle de plantas está sendo aplicado à agricultura ou à horticultura.
12. **ESCREVA SOBRE UM TEMA: INTERAÇÕES** Em um texto sucinto (100-150 palavras), resuma o papel do fitocromo na alteração do crescimento da parte aérea para o aumento da captação de luz.
13. **SINTETIZE SEU CONHECIMENTO**

Este veado-mula está consumindo os ápices caulinares de um arbusto. Descreva como esse evento alterará a fisiologia, a bioquímica, a estrutura e a saúde da planta e identifique quais hormônios e outras substâncias químicas estão envolvidos na produção dessas mudanças.

Ver respostas selecionadas no Apêndice A.

Unidade 7 FORMA E FUNÇÃO DOS ANIMAIS

Conheça a "domadora de fagos" Steffanie Strathdee, Professora de Medicina na Divisão de Doenças Infecciosas e Saúde Pública Global na Universidade da Califórnia, San Diego. Nascida no Canadá, ela finalizou seu Mestrado e seu Doutorado em Epidemiologia pela Universidade de Toronto. Desde que entrou no corpo docente da UC San Diego, em 2004, ela tem focado na prevenção e pesquisa sobre HIV em populações subassistidas de Tijuana, junto à fronteira mexicana. Em 2017, circunstâncias pessoais extremas provocaram uma guinada em sua pesquisa, como detalhado em *O Predador Perfeito: a corrida de uma cientista para salvar seu marido de uma superbactéria mortal*, um livro da Dra. Strathdee em coautoria com seu marido. Em 2018, a Dra. Strathdee tornou-se codiretora do recém-estabelecido Centro para Aplicações e Terapêuticas Inovadoras com Fagos na UC San Diego.

ENTREVISTA COM
Steffanie Strathdee

Fale sobre o seu início na ciência.
Eu sempre tive uma curiosidade natural quando criança. Eu não tinha uma habilidade inata para ciências ou matemática, embora tivesse interesse nessas disciplinas. Eu sofria em matemática. Mesmo na universidade, tirava notas bem baixas em cálculo. Eu ainda não gosto de matemática, mas aprendi a me cercar de pessoas que realmente iam bem nessa matéria. Eu acho que é importante que os estudantes percebam que não é porque não são bons em algo que não podem ir atrás de seus sonhos.

Como você se interessou por epidemiologia?
Depois de tanto meu conselheiro de curso quanto meu orientador de mestrado e doutorado terem morrido de Aids, eu decidi que queria me focar na erradicação da epidemia de HIV. Eu tinha iniciado no laboratório e percebi que era realmente ruim em experimentos de cultura de tecido. Então voltei minha atenção para a saúde pública, da qual a epidemiologia é uma parte. A epidemiologia envolve estudar fatores de risco e padrões, não somente em nível individual, como o que as pessoas comem e como elas se comportam, mas também as forças sociais, políticas e econômicas que moldam esses comportamentos.

O que mudou seu foco de pesquisa?
Meu marido ficou doente com uma infecção por superbactéria – uma bactéria que é resistente a muitos antibióticos. Como uma epidemiologista de doenças infecciosas, você poderia pensar que eu teria uma boa compreensão da crise global que estamos enfrentando contra organismos resistentes a múltiplos fármacos. Mas foi somente quando ela me atingiu em um nível pessoal que eu compreendi plenamente a ameaça.

Como foi a história da doença do seu marido?
Meu marido e eu estávamos no Egito, e ele ficou muito doente. O médico deu a ele antibióticos IV e disse "Ele vai melhorar", mas isso não aconteceu. Descobriu-se, então, que um cálculo tinha bloqueado seu ducto biliar, causando a formação de um abscesso (cavidade), e uma superbactéria adentrou o abscesso e se multiplicou. A bactéria que infectou Tom tinha 51 diferentes genes resistentes a antibióticos. Ela estava vencendo a batalha contra o seu sistema imune, nenhum dos tratamentos com antibióticos comuns estava funcionando, e meu marido estava morrendo. Eu fiz uma busca na literatura e encontrei um tratamento centenário esquecido, baseado em bacteriófagos. Esses vírus, chamados abreviadamente de fagos, atacam bactérias, mas não células humanas. Cada fago é específico para uma bactéria em particular. Fagos injetam seu DNA dentro das bactérias, transformando-as em fábricas de fagos e matando-as no processo. Eu mandei um *e-mail* para o médico de Tom, que era um colega nosso, e ele achou que valia a pena apostar na ideia. Então, eu tinha que sair e achar pessoas que tivessem fagos ativos contra a bactéria de Tom, o que era mais difícil do que encontrar uma agulha em um palheiro. Por sorte, laboratórios do Centro de Pesquisa Médica Naval em Maryland e na Universidade A&M do Texas se dedicaram à busca e encontraram fagos compatíveis. Os fagos foram cultivados, purificados e injetados no corpo de Tom, um bilhão de fagos por dose. Três dias mais tarde, Tom despertou do coma.

Fale um pouco mais sobre seus colaboradores.
Uma estudante de doutorado na Universidade A&M do Texas trabalhou duro e descobriu os fagos que compuseram a primeira infusão. Ela estava em um momento de crise em seus estudos, pensando "Eu não sei o que eu vou fazer com minha carreira, eu não sei se o que eu faço realmente importa". E, então, ela acabou ajudando a salvar a vida de um completo estranho, e isso abriu as portas para um campo totalmente novo – a terapia com fagos.

Que conselho você daria para estudantes começando a estudar biologia?
Os estudantes deveriam procurar mentores com quem compartilham os mesmos valores. Para mim, foi isso que realmente fez minhas notas baixas em cálculo e algumas dificuldades que tive em ciências se transformarem em uma carreira de sucesso. Eu encontrei mentores que me encorajaram e ajudaram a identificar meus pontos fortes. Acho que saber quais os seus pontos fracos e fortes é um dos principais componentes para uma carreira bem-sucedida.

> *"[Essa estudante] acabou ajudando a salvar a vida de um completo estranho, e isso abriu as portas para um campo totalmente novo."*

▼ O marido da Dra. Steffanie Strathdee, Dr. Tom Patterson, segurando uma micrografia eletrônica de sua superbactéria (esquerda), e a Dra. Strathdese, com uma interpretação artística do bacteriófago que venceu a superbactéria (direita).

40 Princípios básicos da forma e função dos animais

CONCEITOS-CHAVE

40.1 A forma e a função dos animais estão correlacionadas em todos os níveis de organização *p. 874*

40.2 O controle por retroalimentação mantém o ambiente interno em muitos animais *p. 881*

40.3 Os processos homeostáticos para a termorregulação envolvem forma, função e comportamento *p. 884*

40.4 As necessidades de energia estão relacionadas com o tamanho, a atividade e o ambiente do animal *p. 889*

Dica de estudo

Desenhe um diagrama: Quando encontrar um exemplo no capítulo de como um animal mantém seu estado interno estável, desenhe um diagrama de circuito simples (veja exemplo – ilustrações são opcionais). Identifique a variável sendo controlada, uma perturbação que afeta a variável, a resposta e seu efeito no retorno ao estado normal.

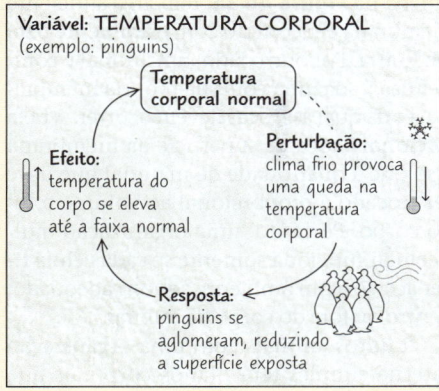

Figura 40.1 Pinguins-imperadores (*Aptenodytes forsteri*) vivem na Antártica, o continente mais frio e ventoso da Terra. No verão, essas aves capturam peixe mergulhando 500 metros em águas a somente 2°C acima do congelamento. No inverno, as fêmeas forrageiam e os machos incubam ovos com temperaturas a –40°C e rajadas de vento de 200 km/h.

Como os animais regulam seu estado interno mesmo em ambientes hostis ou instáveis?

Adaptações na **forma**, na **função** e no **comportamento** ajudam a manter o ambiente interno de um animal. Adaptações que limitam a variação na temperatura e em outras variáveis internas são diversas e amplamente distribuídas. Considere, por exemplo, três adaptações que ajudam um pinguim-imperador a manter-se aquecido.

Forma (anatomia): uma camada isolante de gordura reduz a perda de calor da maior parte do corpo do pinguim (áreas do corpo em azul nesta imagem térmica).

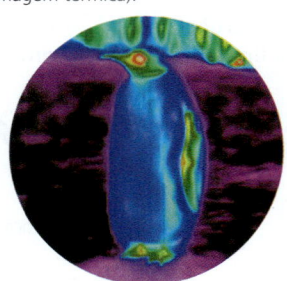

Função (fisiologia): ciclos rápidos de contração e relaxamento muscular durante o tremor produzem calor no nível celular.

Comportamento: ao se reunirem em grupos apertados de até vários milhares de indivíduos, pinguins-imperadores reduzem muito a sua exposição ao vento e ao frio.

CONCEITO 40.1

A forma e a função dos animais estão correlacionadas em todos os níveis de organização

Ao longo de sua vida, um pinguim-imperador enfrenta os mesmos desafios fundamentais que qualquer outro animal, seja a hidra, o falcão ou o ser humano. Todos os animais precisam obter nutrientes e oxigênio, superar infecções e sobreviver para gerar descendentes. Como todas as espécies animais compartilham essas e outras necessidades básicas, por que sua forma, incluindo a **anatomia** – a estrutura biológica – varia tão amplamente? A resposta encontra-se na seleção natural e na adaptação. A seleção natural favorece aquelas variações em uma população que aumentam o valor adaptativo (*fitness*) relativo (ver Conceito 23.4). As adaptações evolutivas que permitem a sobrevivência variam entre ambientes e espécies, mas frequentemente resultam em uma íntima combinação de forma e função, como ilustrado para os pinguins-imperadores na Figura 40.1. Uma vez que forma e função estão correlacionadas, o exame da anatomia muitas vezes proporciona pistas sobre a **fisiologia** – a função biológica.

O tamanho e a forma de um animal são aspectos morfológicos fundamentais que afetam significativamente a maneira pela qual ele interage com seu ambiente. Embora possamos nos referir ao tamanho e à forma como elementos de um "plano" ou "*design*" corporal, isso não pressupõe um processo de invenção consciente. O plano corporal de um animal resulta de um padrão de desenvolvimento programado pelo genoma, produto de milhões de anos de evolução.

Evolução do tamanho e da forma dos animais

EVOLUÇÃO Muitos planos corporais diferentes surgiram durante o curso da evolução, mas essas variações ocorrem dentro de certos limites. As leis físicas que governam a força, a difusão, o movimento e as trocas de calor limitam o espectro de formas animais.

Para exemplificar como as leis físicas restringem a evolução, consideremos como algumas propriedades da água limitam as formas possíveis de animais que são nadadores velozes. A água é cerca de mil vezes mais densa do que o ar e também muito mais viscosa. Por isso, qualquer irregularidade na superfície do corpo do animal que cause resistência é um empecilho maior para nadadores do que para corredores ou voadores. O atum e outros peixes de nadadeiras raiadas velozes podem alcançar velocidades de até 80 km/h. Tubarões, pinguins, golfinhos e focas também são nadadores relativamente rápidos. A **Figura 40.2** mostra três exemplos de animais com corpo de formato fusiforme, isto é, com ambas as extremidades afiladas. A forma aerodinâmica encontrada nesses vertebrados velozes é um exemplo de evolução convergente (ver Conceito 22.3). A seleção natural muitas vezes resulta em adaptações semelhantes quando organismos diferentes enfrentam o mesmo desafio ambiental, como superar a resistência da água durante o nado.

As leis da física também influenciam os planos corporais animais com relação ao tamanho máximo. À medida que as dimensões do corpo aumentam, são necessários esqueletos mais espessos para manter a sustentação adequada. Essa limitação afeta os esqueletos internos, como os dos vertebrados, e os externos, como os dos insetos e de outros artrópodes. Além disso, à medida que os corpos aumentam em tamanho, os músculos necessários para a locomoção devem representar uma fração ainda maior da massa corporal total. Em algum momento, a mobilidade torna-se limitada. Ao considerar a fração da massa do corpo nos músculos das pernas e a força efetiva que esses músculos geram, os cientistas podem estimar a velocidade máxima alcançada para diferentes planos corporais. No caso do *Tyrannosaurus rex*, um dinossauro que alcançava 6 metros de altura, há controvérsia quanto à sua velocidade; alguns cientistas calcularam sua velocidade máxima como equivalente à de um corredor olímpico – 30 km/h –, mas outros inferem que *T. rex* no máximo conseguia caminhar rapidamente.

Troca com o ambiente

Os animais precisam trocar nutrientes, produtos residuais e gases com o ambiente, e essa exigência impõe mais limitações aos planos corporais. As trocas ocorrem à medida que as substâncias dissolvidas em uma solução aquosa se movem através da membrana plasmática de cada célula. Um organismo unicelular, como a ameba na **Figura 40.3a**, tem área suficiente de superfície da membrana em contato com o ambiente para realizar a troca necessária. Por outro lado, um animal é composto de muitas células, cada uma com sua própria membrana plasmática, através da qual as trocas devem ocorrer. A taxa de trocas é proporcional à área de superfície da membrana envolvida, ao passo que a quantidade de material que deve ser trocado é proporcional ao volume total do corpo. Portanto, uma organização multicelular funciona somente se cada célula tiver acesso a um ambiente aquoso adequado, dentro ou fora do corpo do animal.

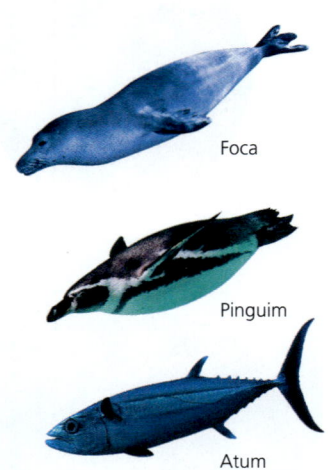

▲ **Figura 40.2** Evolução convergente em nadadores velozes.

Muitos animais com uma organização interna simples têm planos corporais que permitem trocas diretas entre quase todas as células e o ambiente externo. Por exemplo, uma hidra habitante de lago tem um plano corporal semelhante a um saco e uma parede corporal com a espessura de apenas duas camadas celulares **(Figura 40.3b)**. Uma vez que a sua cavidade gastrovascular se abre para o ambiente externo, as camadas celulares externa e interna são constantemente banhadas pela água do lago. Outro plano corporal comum que maximiza a exposição ao meio circundante é a forma achatada. Considere,

CAPÍTULO 40 PRINCÍPIOS BÁSICOS DA FORMA E FUNÇÃO DOS ANIMAIS

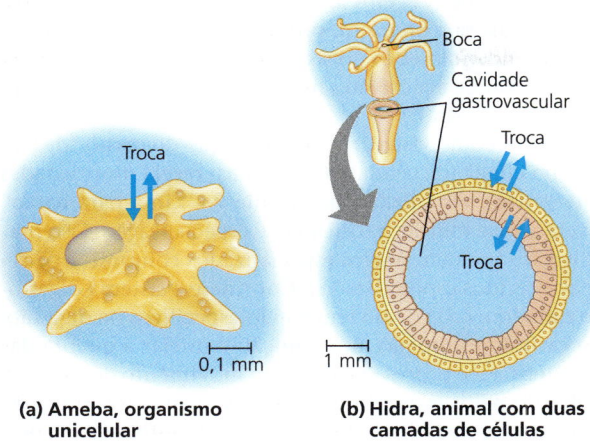

(a) Ameba, organismo unicelular

(b) Hidra, animal com duas camadas de células

▲ **Figura 40.3** Troca direta com o ambiente.

por exemplo, a tênia, um parasito que pode alcançar vários metros de comprimento (ver Figura 33.11). Uma forma delgada e achatada coloca a maioria das células desse verme em contato direto com o seu ambiente particular – o líquido intestinal rico em nutrientes de um hospedeiro vertebrado.

Nossos corpos e os da maioria dos outros animais são compostos de massas compactas de células, com organização interna muito mais complexa do que a de uma hidra ou uma tênia. Para um plano corporal dessa natureza, o aumento do número de células diminui a razão entre a área de superfície externa e o volume total. Como comparação extrema, a razão entre a área de superfície externa e o volume de uma baleia é centenas de milhares de vezes menor do que a da pulga-d'água. No entanto, cada célula da baleia deve ter acesso a oxigênio, nutrientes e outros recursos. Como isso é possível?

Nas baleias e na maioria dos outros animais, as adaptações evolutivas que permitem troca suficiente com o ambiente são superfícies especializadas amplamente ramificadas ou dobradas **(Figura 40.4)**. Em quase todos os casos, essas superfícies de troca localizam-se dentro do corpo, uma disposição que protege seus tecidos delicados da abrasão ou da desidratação, além de permitir contornos corporais aerodinâmicos. A ramificação ou o dobramento amplia a área de superfície (ver Figura 33.8). Em humanos, por exemplo, cada uma das superfícies de troca para digestão, respiração e circulação tem área 25 vezes maior do que a da pele.

Os líquidos corporais internos ligam as superfícies de troca com as células do corpo. Os espaços entre as células são preenchidos com um fluido, conhecido em muitos animais como **líquido intersticial** (do latim para "que se situa entre"). Os planos corporais complexos também incluem um líquido circulatório, como o sangue. As trocas entre o líquido intersticial e o líquido circulatório permitem que as células do corpo obtenham nutrientes e livrem-se de resíduos (ver Figura 40.4).

Planos corporais complexos oferecem vários benefícios. Por exemplo, um esqueleto externo pode proteger

▶ **Figura 40.4 Superfícies de troca internas de animais complexos.** A maioria dos animais tem superfícies especializadas para trocar substâncias químicas com o entorno. Essas superfícies de troca são geralmente internas, mas conectam-se com o ambiente por meio de aberturas na superfície do corpo (como a boca). As superfícies de troca são notavelmente ramificadas ou dobradas, proporcionando-lhes uma área muito grande. Os sistemas digestório, respiratório e excretor possuem essas superfícies de troca. Substâncias químicas trocadas através dessas superfícies são transportadas pelo corpo pelo sistema circulatório.

HABILIDADES VISUAIS *Usando este diagrama, explique como a troca feita por animais pode ser descrita tanto como interna quanto como externa.*

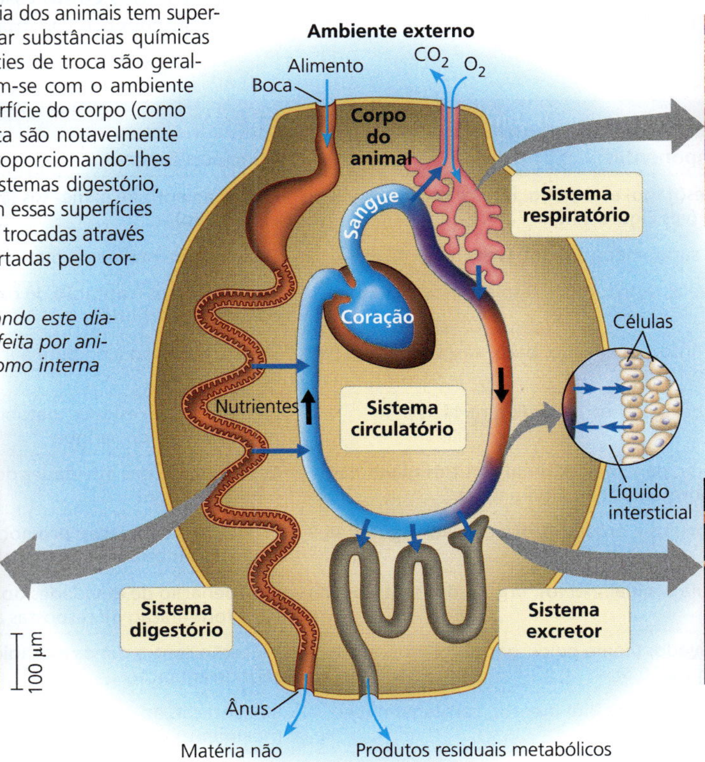

O revestimento do intestino delgado tem projeções digitiformes que expandem a área de superfície para absorção de nutrientes (MEV).

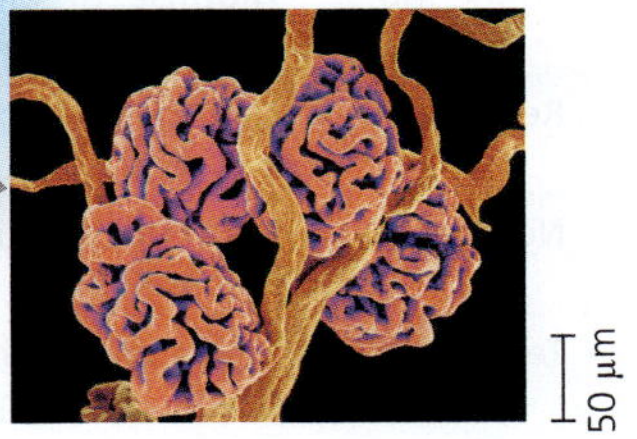

Matéria não absorvida (fezes)

Produtos residuais metabólicos (resíduos nitrogenados)

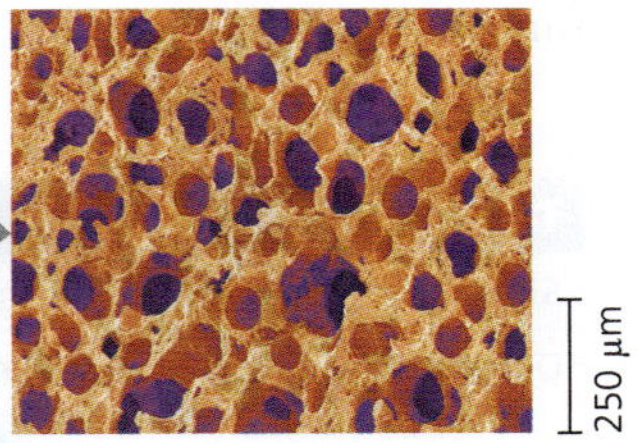

Uma visão microscópica do pulmão revela que ele se parece muito mais com uma esponja do que com um balão. Esta morfologia propicia uma superfície expansiva úmida para as trocas gasosas com o ambiente (MEV).

Dentro do rim, o sangue é filtrado pela superfície dos longos e estreitos vasos sanguíneos, compactados em estruturas mais ou menos arredondadas (MEV).

contra predadores, e os órgãos sensoriais podem fornecer informações detalhadas sobre o entorno do animal. Os órgãos digestórios internos conseguem decompor o alimento gradualmente, controlando a liberação de energia armazenada. Além disso, sistemas de filtração especializados são capazes de ajustar a composição do líquido interno que banha as células do corpo do animal. Dessa maneira, um animal consegue manter um ambiente interno relativamente estável mesmo vivendo em um ambiente externo instável. Um plano corporal complexo é especialmente vantajoso para animais terrestres, cujo ambiente externo pode ser altamente variável.

Organização hierárquica de planos corporais

As células formam o corpo de um animal funcional por meio de suas propriedades *emergentes*, que surgem em níveis sucessivos de organização estrutural e funcional (ver Conceito 1.1). As células são organizadas em **tecidos**, grupos de células com uma aparência similar e uma função comum. Os diferentes tipos de tecidos são, por sua vez, organizados em unidades funcionais denominadas **órgãos**. (Os animais mais simples, como as esponjas, não têm órgãos ou sequer tecidos verdadeiros.) Grupos de órgãos que trabalham juntos, propiciando um nível adicional de organização e coordenação, constituem um **sistema (Tabela 40.1)**. Desse modo, por exemplo, a pele é um órgão do sistema tegumentar, que protege contra infecções e ajuda a regular a temperatura do corpo.

Muitos órgãos têm mais de um papel fisiológico. Se as funções forem suficientemente distintas, consideramos o órgão como pertencente a mais de um sistema de órgãos. O pâncreas, por exemplo, produz enzimas fundamentais para o funcionamento do sistema digestório e também regula o nível de açúcar no sangue como uma parte vital do sistema endócrino.

Assim como visualizar a organização do corpo "de baixo para cima" (de células até sistemas) revela propriedades emergentes, visualizar a hierarquia de "cima para baixo" revela a base multiestratificada de especialização. Sistemas de órgãos incluem órgãos especializados compostos de células e tecidos especializados. Considere o sistema digestório humano: cada órgão tem papéis específicos na digestão. No caso do estômago, uma função é iniciar a quebra das proteínas. Esse processo requer um movimento de agitação realizado pelos músculos estomacais, bem como sucos digestivos secretados pelo revestimento do estômago. A produção dos sucos digestivos, por sua vez, requer tipos celulares altamente especializados: um tipo de célula secreta uma enzima digestora de proteínas, um segundo gera ácido clorídrico concentrado e um terceiro produz muco, que protege o revestimento do estômago.

Os sistemas de órgãos complexos e especializados dos animais são constituídos por um conjunto limitado de tipos de células e de tecidos. Os pulmões e os vasos sanguíneos, por exemplo, têm funções diferentes, mas são revestidos por tecidos pertencentes ao mesmo tipo básico e, por isso, compartilham muitas propriedades.

Existem quatro tipos principais de tecidos animais: epitelial, conectivo, muscular e nervoso. A **Figura 40.5** explora a estrutura e a função de cada tipo. Em outros capítulos adiante, discutiremos como esses tipos de tecidos contribuem para as funções dos sistemas em particular.

Tabela 40.1	Sistemas de órgãos em mamíferos	
Sistema	**Principais componentes**	**Principais funções**
Digestório	Boca, faringe, esôfago, estômago, intestinos, fígado, pâncreas, ânus (ver Figura 41.8).	Processamento de alimentos (ingestão, digestão, absorção, eliminação)
Circulatório	Coração, vasos sanguíneos, sangue (ver Figura 42.5).	Distribuição interna de materiais
Respiratório	Pulmões, traqueia, outros tubos respiratórios (ver Figura 42.24).	Trocas gasosas (captação de oxigênio, eliminação de dióxido de carbono)
Imune e linfático	Medula óssea, linfonodos, timo, baço, vasos linfáticos (ver Figura 43.6).	Defesa do corpo (combate a infecções e cânceres induzidos por vírus)
Excretor	Rins, ureteres, bexiga, uretra (ver Figura 44.12).	Eliminação de resíduos metabólicos, regulação do equilíbrio osmótico do sangue
Endócrino	Hipófise, tireoide, pâncreas, adrenal e outras glândulas secretoras de hormônios (ver Figura 45.8).	Coordenação das atividades do corpo (como a digestão e o metabolismo)
Reprodutor	Ovários ou testículos e órgãos associados (ver Figuras 46.9 e 46.10).	Produção de gametas; promoção de fecundação; sustentação do embrião em desenvolvimento
Nervoso	Encéfalo, medula espinal, nervos, órgãos dos sentidos (ver Figura 49.6).	Coordenação de atividades do corpo; detecção de estímulos e formulação de respostas a eles
Tegumentar	Pele e seus derivados (como pelos, garras, glândulas sudoríparas) (ver Figura 50.5).	Proteção contra danos mecânicos, infecção, desidratação; termorregulação
Esquelético	Esqueleto (ossos, tendões, ligamentos, cartilagem) (ver Figura 50.37).	Sustentação do corpo, proteção dos órgãos internos, movimento
Muscular	Músculos esqueléticos (ver Figura 50.26).	Locomoção e outros movimentos

Figura 40.5 Explorando a estrutura e a função dos tecidos animais

Tecido epitelial

Organizados como camadas de células, os **tecidos epiteliais**, ou **epitélios**, cobrem o lado externo do corpo e revestem órgãos e cavidades no interior do corpo. Por serem fortemente compactadas, muitas vezes com zônulas ocludentes (junções compactas), as células epiteliais atuam como barreira contra distúrbios mecânicos, patógenos e perda de líquido. Os tecidos epiteliais também estabelecem interfaces ativas com o ambiente. Por exemplo, o tecido que reveste as vias nasais é fundamental para o sentido do olfato. Observe como formas e disposições celulares distintas se correlacionam com funções diferentes.

Epitélio escamoso estratificado

Um epitélio escamoso estratificado apresenta múltiplas camadas e se regenera rapidamente. Novas células formadas por divisão próxima da superfície basal são empurradas para fora, ocupando o lugar das células eliminadas. Esse epitélio é geralmente encontrado em superfície sujeitas à abrasão, como a pele externa e os revestimentos de boca, ânus e vagina.

Epitélio cúbico

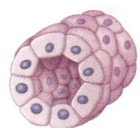

O epitélio cúbico, com células em formato de cubo especializadas em secreção, constitui o epitélio dos túbulos renais e de muitas glândulas, incluindo a glândula tireoide e as glândulas salivares.

Epitélio colunar simples

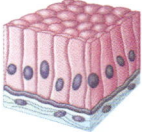

As células grandes e retangulares de epitélios colunares simples são encontradas onde a secreção ou a absorção ativa é importante. Um epitélio colunar simples, por exemplo, reveste os intestinos, secretando sucos digestivos e absorvendo nutrientes.

Epitélio escamoso simples

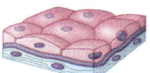

A camada única de células semelhantes a placas que forma o epitélio escamoso simples atua na troca de material por difusão. Esse tipo de epitélio, que é delgado e permeável (com orifícios), reveste os vasos sanguíneos e os sacos aéreos dos pulmões, onde a difusão de nutrientes e gases é essencial.

Epitélio colunar pseudoestratificado

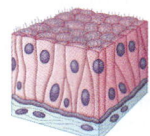

O epitélio pseudoestratificado consiste em uma única camada de células que exibem variação na altura e na posição dos seus núcleos. Em muitos vertebrados, o epitélio pseudoestratificado de células ciliadas forma uma membrana mucosa que reveste partes do trato respiratório. O batimento dos cílios movimenta a película de muco ao longo da superfície.

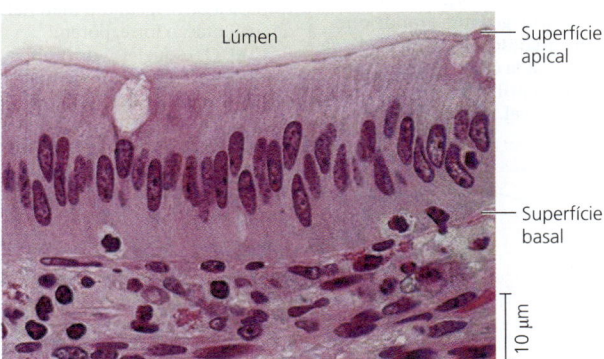

Polaridade dos epitélios

Todos os epitélios são polarizados, isto é, têm dois lados diferentes. A superfície *apical* é voltada para o lúmen (cavidade) ou para o lado de fora do órgão e, por isso, fica exposta a líquidos ou ao ar. Por exemplo, a superfície apical do epitélio que reveste o intestino delgado é coberta com microvilosidades, projeções que aumentam a área de superfície disponível para a absorção de nutrientes. O lado oposto de cada epitélio é a superfície *basal*.

▼ Figura 40.5 Explorando a estrutura e a função dos tecidos animais (continuação)

Tecido conectivo

O **tecido conectivo** consiste em um conjunto esparso de células dispersas em uma matriz extracelular que mantém muitos tecidos e órgãos juntos e no lugar. A matriz geralmente é composta de uma rede de fibras embebidas em um líquido gelatinoso ou uma base sólida. Dentro da matriz, encontram-se inúmeras células denominadas **fibroblastos**, que secretam fibras proteicas, e **macrófagos**, que englobam por fagocitose partículas estranhas e quaisquer fragmentos celulares.

As fibras do tecido conectivo são de três tipos: as *fibras colágenas* proporcionam força e flexibilidade, as *fibras reticulares* unem o tecido conectivo aos tecidos adjacentes, e as *fibras elásticas* tornam os tecidos elásticos. Ao beliscar uma dobra de tecido no dorso de sua mão, as fibras colágenas e reticulares impedem que a pele seja afastada do osso, ao passo que as fibras elásticas restauram a forma original da pele quando você solta a pele. As diferentes misturas de fibras e base formam os principais tipos de tecidos conectivos apresentados abaixo.

Tecido conectivo frouxo

O tecido conectivo mais amplamente encontrado no corpo dos vertebrados é o *tecido conectivo frouxo*, que liga epitélios aos tecidos subjacentes e mantém os órgãos no lugar. O tecido conectivo frouxo recebe esse nome devido à trama frouxa das suas fibras, que abrangem todos os três tipos. Ele é encontrado na pele e em todo o corpo.

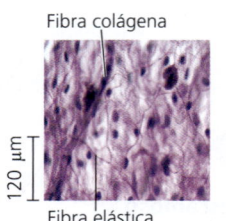
Fibra colágena
Fibra elástica
120 μm

Tecido conectivo fibroso

O *tecido conectivo fibroso* é denso com fibras colágenas. Ele é encontrado nos **tendões**, que prendem os músculos aos ossos, e nos **ligamentos**, que conectam os ossos às articulações.

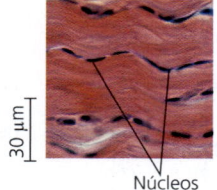
Núcleos
30 μm

Osso

O esqueleto da maioria dos vertebrados é composto de **osso**, um tecido conectivo mineralizado. As células formadoras dos ossos, denominadas osteoblastos, depositam uma matriz de colágeno. Os íons cálcio, magnésio e fosfato se combinam em um mineral duro dentro da matriz. A estrutura microscópica do osso duro de um mamífero consiste em unidades repetidas chamadas de ósteons. Cada ósteon tem camadas concêntricas da matriz mineralizada, depositadas ao redor de um canal central que contém vasos sanguíneos e nervos.

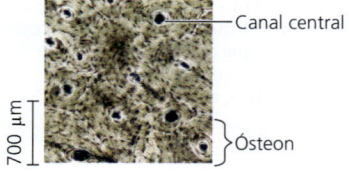
Canal central
Ósteon
700 μm

Tecido adiposo

O **tecido adiposo** é um tecido conectivo frouxo especializado que armazena gordura em células adiposas distribuídas pela sua matriz. O tecido adiposo reveste e isola o corpo, além de armazenar combustível sob forma de moléculas de gordura. Cada célula adiposa contém uma gotícula de gordura grande que incha quando a gordura é armazenada e murcha quando o corpo a utiliza como combustível.

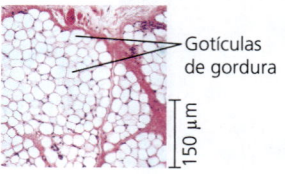
Gotículas de gordura
150 μm

Sangue

O **sangue** tem uma matriz extracelular líquida denominada plasma, que consiste em água, sais e proteínas dissolvidas. Suspensos no plasma estão os eritrócitos (glóbulos vermelhos), os leucócitos (glóbulos brancos) e fragmentos celulares denominados plaquetas. Os glóbulos vermelhos transportam oxigênio, os glóbulos brancos atuam na defesa, e as plaquetas ajudam na coagulação do sangue.

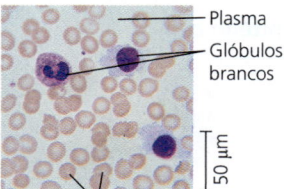
Plasma
Glóbulos brancos
Glóbulos vermelhos
50 μm

Cartilagem

A **cartilagem** contém fibras colágenas embebidas em um complexo borrachento de proteínas e carboidratos denominado sulfato de condroitina. As células denominadas *condrócitos* secretam o colágeno e o sulfato de condroitina, que juntos tornam a cartilagem um material de sustentação forte, porém flexível. Os esqueletos de muitos embriões de vertebrados contêm cartilagem que é substituída por ossos à medida que os embriões amadurecem. A cartilagem permanece em alguns locais, como os discos que atuam como amortecedores entre as vértebras.

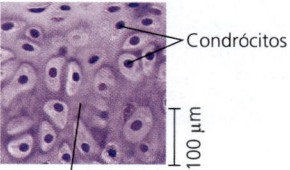
Condrócitos
Sulfato de condroitina
100 μm

Tecido muscular

O **tecido muscular** é responsável por quase todos os tipos de movimentos do corpo. Todas as células musculares consistem em filamentos contendo as proteínas actina e miosina, que juntas permitem a contração muscular. Existem três tipos de tecido muscular no corpo dos vertebrados: esquelético, liso e cardíaco.

Músculo esquelético

Preso aos ossos por tendões, o **músculo esquelético**, ou *músculo estriado*, é responsável pelos movimentos voluntários. O músculo esquelético consiste em feixes de células longas denominadas fibras musculares. Durante o desenvolvimento, as fibras do músculo esquelético se formam por fusão de muitas células, resultando em múltiplos núcleos em cada fibra muscular. O arranjo das unidades contráteis, ou sarcômeros, ao longo das fibras confere às células uma aparência estriada. Em mamíferos adultos, o tamanho dos músculos aumenta, mas não o número de fibras musculares.

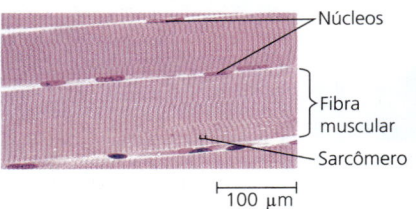

Músculo liso

O **músculo liso**, que não tem caráter estriado, é encontrado nas paredes do trato digestório, da bexiga, das artérias e de outros órgãos internos. As células são fusiformes. Os músculos lisos são responsáveis pelas atividades involuntárias do corpo, como o movimento do estômago e a constrição das artérias.

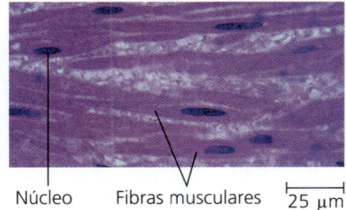

Músculo cardíaco

O **músculo cardíaco** forma a parede contrátil do coração. Ele é estriado como o músculo esquelético e tem propriedades contráteis semelhantes. Diferentemente do músculo esquelético, no entanto, o músculo cardíaco tem fibras que se interconectam mediante discos intercalados, que transmitem sinais de célula para célula e ajudam a sincronizar a contração cardíaca.

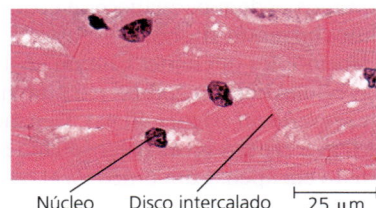

Tecido nervoso

O **tecido nervoso** atua na recepção, processamento e transmissão da informação. O tecido nervoso contém **neurônios**, ou células nervosas, que transmitem impulsos nervosos, bem como células de suporte denominadas **células da glia**, ou simplesmente **glia**. Em muitos animais, uma concentração de tecido nervoso forma o cérebro, o centro de processamento da informação.

Neurônios

Os neurônios são as unidades básicas do sistema nervoso. Um neurônio recebe impulsos nervosos de outros neurônios por meio do seu corpo celular e múltiplas extensões denominadas dendritos. Os neurônios transmitem impulsos aos neurônios, músculos ou outras células mediante extensões denominadas axônios, que com frequência são reunidos em nervos.

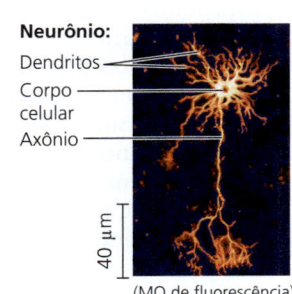

Glia

Os vários tipos de glia ajudam a nutrir, isolar e reabastecer os neurônios e, em alguns casos, modulam o funcionamento dos neurônios.

Coordenação e controle

Para que os sistemas e tecidos de um animal possam funcionar adequadamente, eles devem atuar de forma coordenada. Por exemplo, quando o lobo mostrado na Figura 40.5 caça, o fluxo sanguíneo é regulado para trazer nutrientes e gases adequados para os músculos de suas pernas, os quais, por sua vez, são ativados pelo cérebro em resposta a pistas detectadas pelo olfato. Que sinais coordenam a atividade? Como esses sinais se movem pelo corpo?

Os animais possuem dois sistemas principais para coordenar e controlar respostas a estímulos: os sistemas endócrino e nervoso **(Figura 40.6)**. No **sistema endócrino**, moléculas sinalizadoras liberadas na corrente sanguínea pelas células endócrinas são transportadas a todos os locais do corpo. No **sistema nervoso**, os neurônios transmitem sinais ao longo de vias especializadas conectando locais específicos no corpo. Em cada sistema, o tipo de via usada é o mesmo, independentemente se o alvo final do sinal está na outra extremidade do corpo ou bem próximo.

As moléculas que transmitem sinais ao longo do corpo pelo sistema endócrino são denominadas **hormônios**. São necessários segundos para os hormônios serem liberados na corrente sanguínea e transportados pelo corpo. No entanto, os efeitos são frequentemente de longa duração, pois os hormônios podem permanecer na corrente sanguínea por minutos ou mesmo horas.

Hormônios diferentes causam efeitos distintos, e apenas as células com receptores para um hormônio em particular respondem (Figura 40.6a). Dependendo de quais células têm receptores para determinado hormônio, ele pode ter efeito em apenas um único local ou em vários locais ao longo do corpo. Por exemplo, o hormônio estimulante da tireoide (TSH) atua unicamente em células na glândula tireoide. Elas, por sua vez, liberam hormônio da tireoide, que atua em quase todo tecido corporal para aumentar o consumo de oxigênio e a produção de calor.

No sistema nervoso, os sinais chamados impulsos nervosos viajam até células-alvo específicas ao longo de linhas de comunicação que consistem principalmente em axônios (Figura 40.6b). Em geral, a transmissão no sistema nervoso é extremamente rápida; os impulsos nervosos levam apenas uma fração de segundo para alcançar o alvo e duram apenas uma fração de segundo.

Os impulsos nervosos podem agir sobre outros neurônios, sobre células musculares e sobre células e glândulas que produzem secreções. Diferentemente do sistema endócrino, o sistema nervoso transmite informação pela *via* que o sinal segue. Uma pessoa, por exemplo, consegue distinguir diferentes notas musicais porque cada frequência de nota ativa neurônios na orelha que se conectam a regiões ligeiramente distintas do cérebro.

A comunicação no sistema nervoso geralmente envolve mais de um tipo de sinal. Os impulsos nervosos viajam nos axônios, às vezes por distâncias longas, como mudanças na voltagem. Por outro lado, a passagem de informação de um

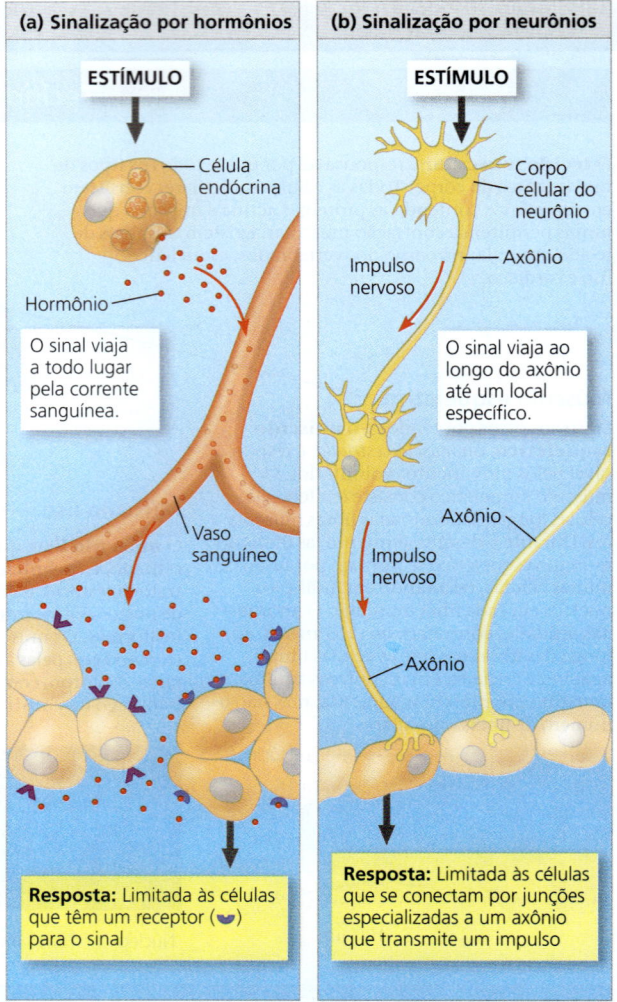

▲ **Figura 40.6** Sinalização nos sistemas endócrino e nervoso.

HABILIDADES VISUAIS *Após comparar os dois diagramas, explique por que um determinado sinal de impulso nervoso tem somente uma via física, mas uma determinada molécula de um hormônio pode ter múltiplas vias.*

neurônio para outro com frequência envolve sinais químicos de alcance muito curto.

Uma vez que os dois principais sistemas de comunicação do corpo diferem quanto ao tipo, transmissão, velocidade e duração do sinal, não é surpreendente que eles estejam adaptados a funções diferentes. O sistema endócrino é especialmente bem adaptado para a coordenação de mudanças graduais que afetam o corpo inteiro, como crescimento, desenvolvimento, reprodução, processos metabólicos e digestão. O sistema nervoso é adaptado para o direcionamento de respostas imediatas e rápidas ao ambiente, como reflexos e outros movimentos rápidos. No entanto, os dois sistemas frequentemente trabalham em coordenação. Os dois contribuem para manter um ambiente interno estável, nosso próximo tópico de discussão.

CAPÍTULO 40 PRINCÍPIOS BÁSICOS DA FORMA E FUNÇÃO DOS ANIMAIS

REVISÃO DO CONCEITO 40.1

1. Que propriedades todos os tipos de epitélios compartilham?
2. **HABILIDADES VISUAIS** Considere o animal idealizado na Figura 40.4. Em que locais o oxigênio deve atravessar a membrana plasmática no trajeto do ambiente externo para o citoplasma de uma célula do corpo?
3. **E SE?** Suponha que você estivesse de pé à beira de um penhasco e que de repente escorregasse, mal conseguindo manter o equilíbrio e evitar a queda. Seu coração acelera e você sente um pico de energia, devido, em parte, a uma inundação de sangue dentro dos vasos dilatados (alargados) nos músculos e a um pico do nível de glicose no sangue. Por que é esperado que essa resposta de "luta ou fuga" necessite dos sistemas nervoso e endócrino?

Ver as respostas sugeridas no Apêndice A.

CONCEITO 40.2

O controle por retroalimentação mantém o ambiente interno em muitos animais

Muitos sistemas exercem um papel no controle do ambiente interno de um animal, uma tarefa que pode ser um grande desafio. Imagine se a temperatura do seu corpo aumentasse cada vez que você tomasse um banho quente ou tomasse uma sopa. Ao enfrentar flutuações ambientais, os animais controlam seu ambiente interno por regulação ou conformação.

Regulação e conformação

Compare os dois conjuntos de dados na **Figura 40.7**. A temperatura corporal da lontra-do-rio é independente da temperatura da água circundante, enquanto o corpo da perca (peixe) aquece ou esfria quando a temperatura da água muda. Podemos considerar essas duas tendências rotulando a lontra como um regulador e a perca como conformador em relação à temperatura do corpo. Um animal é um **regulador** para uma variável ambiental se ele usa mecanismos internos para controlar a mudança interna diante de flutuação externa. Por outro lado, um animal é um **conformador** para uma variável em particular se permite que sua condição interna mude de acordo com mudanças externas.

Um animal pode permitir que algumas condições internas variem com o ambiente ao mesmo tempo que regula outras. Por exemplo, embora se conforme à temperatura da água circundante, a perca regula a concentração de solutos no sangue e no líquido intersticial. Além disso, a adaptação não precisa envolver mudanças em uma variável interna: por exemplo, muitos invertebrados marinhos, como os caranguejos-aranha do gênero *Libinia*, deixam a sua concentração interna de solutos se equilibrar à salinidade relativamente estável do seu ambiente oceânico.

Homeostase

A temperatura constante do corpo de uma lontra e a concentração estável de solutos em uma perca são exemplos de **homeostase**, que é a manutenção do equilíbrio interno. Ao atingir a homeostase, os animais mantêm um "estado estável" – um ambiente interno relativamente constante – mesmo quando o ambiente externo muda de modo significativo.

Muitos animais apresentam homeostase para uma faixa de propriedades físicas e químicas. Por exemplo, os humanos mantêm a temperatura corporal constante de aproximadamente 37°C, o pH do sangue em 7,4 com variação de 0,1 unidade e a concentração da glicose na faixa de 70 a 110 mg por 100 mL de sangue.

Mecanismos de homeostase

A homeostase requer um sistema de controle. Antes de explorar a homeostase em animais, vamos considerar um esquema básico de como um sistema de controle funciona utilizando um exemplo não vivo: a regulação da temperatura de uma sala. Vamos assumir que queiramos manter uma sala a 20°C, temperatura confortável para a atividade normal. Ajustamos um dispositivo de controle – um termostato – para 20°C. Um termômetro no termostato monitora a temperatura da sala. Se a temperatura baixar de 20°C, o termostato liga um radiador ou outro aquecedor **(Figura 40.8)**. Quando a temperatura ultrapassar 20°C, o termostato desliga o aquecedor. Se a temperatura então baixar de 20°C, o termostato ativa outro ciclo de aquecimento. Se a temperatura,

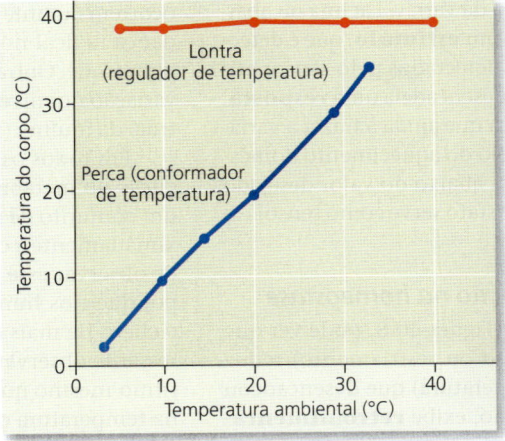

▲ **Figura 40.7** **Relação entre temperaturas corporal e ambiente em um regulador e um conformador de temperatura em ambiente aquático.** A lontra regula sua temperatura corporal, mantendo-se estável em uma ampla faixa de temperaturas do ambiente. A perca, por outro lado, permite que seu ambiente interno se ajuste à temperatura da água.

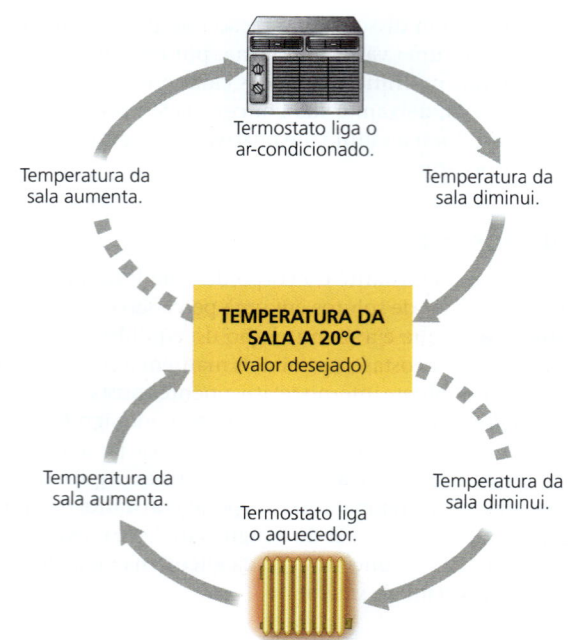

▲ **Figura 40.8** **Um exemplo não vivo de controle da temperatura: controle da temperatura de uma sala.** A regulação da temperatura da sala depende de um centro de controle (um termostato) que detecta uma mudança na temperatura e ativa os mecanismos que revertem essa mudança.

DESENHE *Identifique pelo menos um estímulo, uma resposta e um centro de controle/sensor na figura acima.*

por outro lado, subir acima dos 20°C, o termostato ativa o mecanismo de refrigeração, ligando o ar-condicionado.

Assim como um sistema de aquecimento doméstico, o sistema de controle homeostático em animais mantém uma variável, como a temperatura ou a concentração de solutos do corpo, em um valor determinado (ou próximo dele), o **valor desejado**. Uma flutuação da variável acima ou abaixo do valor desejado atua como um **estímulo**, que é detectado por um **sensor**. Os sinais detectados pelo sensor ativam um centro de controle que desencadeia uma **resposta**, ou seja, uma atividade fisiológica que ajuda a trazer a variável ao valor desejado. No exemplo do aquecimento doméstico, uma queda na temperatura abaixo do valor desejado atua como um estímulo, o termostato serve como sensor e o aquecedor produz a resposta.

Controle por retroalimentação na homeostase

Se você examinar o circuito na Figura 40.8, pode ver que qualquer resposta (aquecimento ou resfriamento) reduz o estímulo (a mudança na temperatura) que desencadeou aquela resposta. O circuito, então, exibe **retroalimentação negativa**, um controle que "diminui" seu estímulo (ver Figura 1.10). Esse tipo de regulação por retroalimentação exerce um papel fundamental na homeostase em animais. Por exemplo, quando se exercita vigorosamente, você produz calor que aumenta a sua temperatura corporal. Seu sistema nervoso detecta esse aumento e desencadeia o suor.

A evaporação do suor de sua pele, então, esfria seu corpo, ajudando a temperatura corporal a retornar ao valor desejado e eliminando o estímulo.

A homeostase é um equilíbrio dinâmico, uma interação entre fatores externos que tendem a alterar o ambiente interno e mecanismos de controle interno que se opõem a essas mudanças. Observe que as respostas fisiológicas aos estímulos não são instantâneas, assim como como ligar uma lareira não aquece imediatamente uma casa. Por isso, a homeostase modera, mas não elimina as mudanças no ambiente interno. A flutuação é maior se uma variável tem uma *faixa normal* – um limite superior e um inferior – em vez de um valor específico. Tal situação é equivalente a um sistema de aquecimento programado para produzir calor quando a temperatura da sala cair a 19°C e parar o aquecimento quando a temperatura alcançar 21°C. Independentemente de existir um ponto estável ou uma faixa normal, a homeostase é estimulada por adaptações que reduzem flutuações, como o isolamento no caso da temperatura e tampões fisiológicos no caso do pH.

Diferentemente da retroalimentação negativa, a **retroalimentação positiva** é um mecanismo de controle que amplifica o estímulo. Nos animais, as alças de retroalimentação positiva não desempenham um papel importante na homeostase, mas ajudam a completar processos. Durante o nascimento, por exemplo, a pressão da cabeça do bebê contra sensores perto da abertura do útero materno o estimula a se contrair. Essas contrações resultam em pressão maior contra a abertura do útero, aumentando as contrações e causando pressão ainda maior, até o nascimento do bebê.

Alterações na homeostase

Os pontos estáveis e as faixas normais para a homeostase podem mudar sob várias circunstâncias. Na verdade, as *mudanças reguladas* no ambiente interno são essenciais para as funções normais do corpo. Algumas mudanças reguladas ocorrem durante um estágio particular na vida, como a mudança radical no balanço hormonal que ocorre durante a puberdade. Outras mudanças reguladas são cíclicas, como a variação nos níveis hormonais responsável pelo ciclo menstrual da mulher (ver Figura 46.14).

Em todos os animais (e plantas), certas alterações cíclicas no metabolismo refletem um **ritmo circadiano**, um conjunto de mudanças fisiológicas que ocorrem aproximadamente a cada 24 horas **(Figura 40.9)**. Uma maneira de observar esse ritmo é monitorar a temperatura do corpo, que nos humanos apresenta aumento e diminuição cíclicos de mais de 0,6°C no período de 24 horas. É interessante observar que, um relógio biológico mantém esse ritmo mesmo quando as variações na atividade humana, na temperatura do ambiente e nos níveis de luz são minimizadas (ver Figura 40.9a). Portanto, o ritmo circadiano é intrínseco ao corpo, embora o relógio biológico esteja normalmente coordenado com o ciclo de luz e escuro no ambiente (Figura 40.9b). Por exemplo, o hormônio melatonina é secretado à noite, sendo liberado em maior quantidade durante as noites mais longas de inverno.

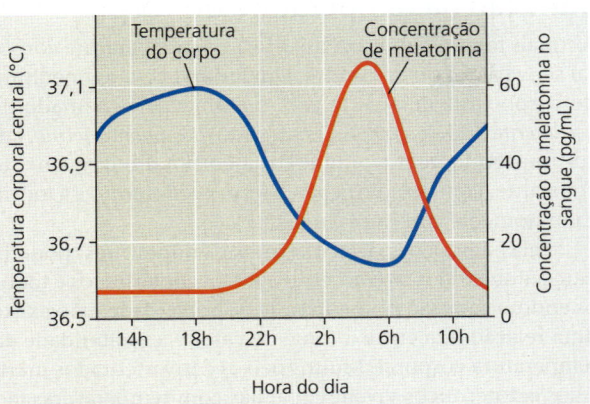

(a) **Variação na temperatura corporal central e na concentração de melatonina no sangue.** Os pesquisadores mediram essas duas variáveis em voluntários em repouso, mas acordados, em uma câmara de isolamento com temperatura constante e pouca luz. (A melatonina é um hormônio secretado pela glândula pineal.)

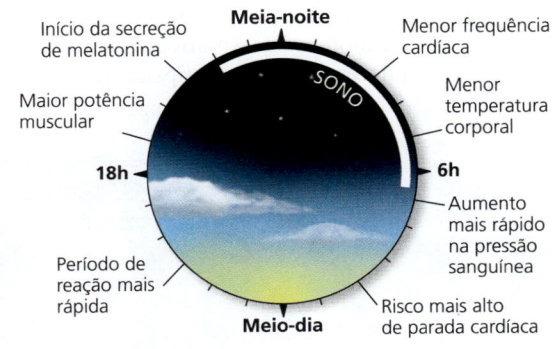

(b) **Relógio circadiano humano.** As atividades metabólicas passam por ciclos diários em resposta ao relógio circadiano. Conforme ilustrado para um indivíduo típico que acorda cedo, almoça em torno do meio-dia e dorme à noite, essas mudanças cíclicas ocorrem durante um período de 24 horas.

▲ **Figura 40.9** Ritmo circadiano humano.

Os estímulos externos podem reajustar o relógio biológico, mas o efeito não é imediato. Essa é a razão pela qual uma viagem que cruza vários fusos horários resulta em dessincronização (*jet lag*), um desajuste entre o ritmo circadiano e o ambiente local, que persiste até que o relógio biológico seja completamente reajustado.

Percebendo a importância dos relógios biológicos para a saúde e a doença humana, o Comitê do Prêmio Nobel concedeu o Prêmio Nobel de 2017 em Fisiologia ou Medicina aos estadunidenses Jeffrey Hall, Michael Rosbash e Michael Young, que estudaram a mosca-da-fruta *Drosophila* para mapear os mecanismos moleculares subjacentes aos ritmos circadianos.

A homeostase é algumas vezes alterada pela **aclimatação**, o ajuste fisiológico de um animal a mudanças no seu ambiente externo. Por exemplo, quando um alce se desloca do nível do mar para as montanhas, a concentração de oxigênio mais baixa no ar da montanha estimula o animal a respirar mais rápida e profundamente. Em consequência, mais CO_2 é perdido pela exalação, elevando o pH do sangue acima da sua faixa normal. À medida que o animal se aclimata ao longo de vários dias, alterações no funcionamento dos rins o fazem excretar urina mais alcalina, retornando o pH do sangue à sua faixa normal. Outros mamíferos, incluindo os seres humanos, também são capazes de aclimatação a mudanças drásticas de altitude **(Figura 40.10)**, embora o risco à saúde se mantenha.

▲ **Figura 40.10 Aclimatação de alpinistas no Himalaia.** Para diminuir o risco de doenças relacionadas à altitude ao subir para uma área elevada, os alpinistas se aclimatam acampando no trajeto de subida da montanha. A parada em uma altitude intermediária permite que os sistemas circulatório e respiratório se tornem mais eficientes na obtenção e na distribuição de oxigênio em concentração mais baixa.

REVISÃO DO CONCEITO 40.2

1. **FAÇA CONEXÕES** Como a retroalimentação negativa na termorregulação difere da inibição por retroalimentação em um processo biossintético catalisado por enzima (ver Figura 8.21)?
2. Se você estivesse decidindo onde colocar um termostato na sua casa, que fatores orientariam sua decisão? Como esses fatores se relacionam ao fato de que muitos sensores de controle homeostático em humanos estão localizados no cérebro?
3. **FAÇA CONEXÕES** Assim como os animais, as cianobactérias têm um ritmo circadiano. Ao analisar os genes que mantêm os relógios biológicos, os cientistas concluíram que os ritmos de 24 horas de humanos e cianobactérias refletem uma evolução convergente (ver Conceito 26.2). Que evidências teriam respaldado essa conclusão? Explique.

Ver as respostas sugeridas no Apêndice A.

CONCEITO 40.3

Os processos homeostáticos para a termorregulação envolvem forma, função e comportamento

Nesta seção, examinaremos a regulação da temperatura corporal para exemplificar como forma e função trabalham em conjunto na regulação do ambiente interno de um animal. Os capítulos seguintes desta unidade discutirão outros sistemas fisiológicos envolvidos na manutenção da homeostase.

A **termorregulação** é o processo pelo qual os animais mantêm a temperatura corporal dentro de uma faixa normal. As temperaturas corporais situadas fora da faixa normal podem reduzir a eficácia de reações enzimáticas, alterar a fluidez das membranas celulares e afetar outros processos bioquímicos sensíveis à temperatura, potencialmente com resultados fatais.

Nesta discussão sobre termorregulação, precisaremos conversar sobre calor. Formalmente, o calor é definido como energia térmica na transferência de um corpo de matéria a outro (ver Conceito 8.1). Aqui, entretanto, vamos usar o termo calor para nos referirmos simplesmente à energia térmica.

Endotermia e ectotermia

O calor para a termorregulação pode vir tanto do metabolismo interno como do ambiente externo. Os humanos e outros mamíferos, assim como as aves, são **endotérmicos**, ou seja, são aquecidos principalmente pelo calor gerado pelo metabolismo. Algumas espécies de peixes e de insetos e alguns répteis não aves são principalmente endotérmicos. Por outro lado, muitas espécies de répteis não aves, peixes e anfíbios, além da maioria das espécies de invertebrados, são **ectotérmicas**, ou seja, obtêm a maior parte do seu calor de fontes externas. No entanto, a endotermia e a ectotermia não são mutuamente exclusivas. Uma ave, por exemplo, é principalmente endotérmica, mas ela pode aquecer-se ao sol em uma manhã fria, como o faz um lagarto (animal ectotérmico).

Os endotermos conseguem manter a temperatura corporal estável mesmo diante de grandes flutuações na temperatura ambiente. Em um ambiente frio, um endotermo gera calor suficiente para manter seu corpo substancialmente mais quente do que o entorno **(Figura 40.11a)**. Em um ambiente quente, os vertebrados endotérmicos têm mecanismos para resfriar seus corpos, o que os capacita a suportar um calor intolerável para a maioria dos ectotermos.

Muitos ectotermos ajustam sua temperatura corporal por mecanismos comportamentais, como proteger-se à sombra ou expor-se ao sol **(Figura 40.11b)**. Uma vez que a sua fonte de calor é amplamente ambiental, os ectotermos geralmente necessitam de muito menos alimento do que os endotermos de tamanho equivalente – uma vantagem se os estoques alimentares forem limitados. Os ectotermos também geralmente toleram flutuações mais amplas na sua temperatura interna.

Variação na temperatura do corpo

Animais também diferem quanto à sua temperatura corporal ser variável ou constante. Um animal cuja temperatura do corpo varia de acordo com o ambiente é chamado de *pecilotermo* (do grego *poikilos*, variado). Um *homeotermo*, em contrapartida, tem a temperatura corporal relativamente constante. Por exemplo, a perca é um pecilotermo e a lontra é um homeotermo (ver Figura 40.7).

Pelas descrições de ectotermos e endotermos, poderia parecer que todos os ectotermos são pecilotérmicos e todos os endotermos são homeotérmicos. Na verdade, não existe uma relação fixa entre a fonte de calor e a estabilidade da temperatura corporal. Muitos peixes e invertebrados marinhos ectotérmicos vivem em águas com temperaturas tão estáveis que a temperatura de seus corpos varia menos do que a dos mamíferos e outros endotermos. Inversamente, a temperatura corporal de alguns endotermos varia consideravelmente. Por exemplo, a temperatura corporal de alguns morcegos cai de 40°C até alguns graus acima de zero quando eles entram em hibernação.

É um equívoco comum achar que os ectotermos são de "sangue frio" e os endotermos de "sangue quente". Os ectotermos não têm necessariamente temperaturas corporais

(a) Pinguins-reis (*Aptenodytes patagonicus*), endotermos

(b) Tartarugas-de-barriga-vermelha da Flórida (*Pseudemys nelsoni*), ectotermos

▲ **Figura 40.11 Termorregulação por fontes internas e externas de calor.** Os endotermos obtêm calor do seu metabolismo interno, ao passo que os ectotermos dependem do calor do seu ambiente externo.

baixas. Ao contrário, quando parados ao sol, muitos lagartos têm temperatura corporal mais alta do que a dos mamíferos. Desse modo, os termos *sangue frio* e *sangue quente* são enganosos e devem ser evitados na comunicação científica.

Equilibrando perda e ganho de calor

A termorregulação depende da capacidade do animal de controlar a troca de calor com seu ambiente. Essa troca pode ocorrer por qualquer um de quatro processos: radiação, evaporação, convecção e condução **(Figura 40.12)**. Em cada um deles, o calor é transferido do objeto com temperatura mais alta para um de temperatura mais baixa.

A essência da termorregulação é a manutenção de uma taxa de ganho de calor igual à taxa de perda de calor. Os animais fazem isso mediante mecanismos que reduzem a troca de calor como um todo ou favorecem a troca de calor em determinada direção. Nos mamíferos, vários desses mecanismos envolvem o **sistema tegumentar**, a cobertura externa do corpo, que consiste em pele, cabelo e unhas (garras ou cascos, em algumas espécies).

Radiação é a emissão de ondas eletromagnéticas por todos os objetos mais quentes do que o zero absoluto. Neste exemplo, um lagarto absorve calor irradiado pelo sol e irradia uma quantidade menor de energia para o ar circundante.

Evaporação é a remoção de calor da superfície de um líquido que está perdendo como gás algumas das suas moléculas. A evaporação da água das superfícies úmidas de um lagarto que estão expostas ao ambiente tem um forte efeito refrigerador.

Convecção é a transferência de calor pelo movimento de ar ou de um líquido que passa em uma superfície, como quando a brisa contribui para a perda de calor da pele seca de um lagarto ou quando o sangue retira calor do centro do corpo para as extremidades.

Condução é a transferência de calor entre moléculas de objetos em contato um com o outro, como quando um lagarto posiciona-se sobre uma rocha quente.

▲ **Figura 40.12** **Troca de calor entre um organismo e seu ambiente.**

HABILIDADES VISUAIS *Se esta figura mostrasse um pinguim (um endotermo) em um gelo flutuante (iceberg) em vez de uma iguana (um ectotermo) sobre uma rocha, alguma das setas apontaria em um sentido diferente? Explique.*

Isolamento

O isolamento, que reduz o fluxo de calor entre o corpo de um animal e seu ambiente, é uma adaptação importante para a termorregulação em mamíferos e aves. O isolamento é encontrado na superfície do corpo – pelos e penas – e abaixo dela – camadas de gordura formadas por tecido adiposo. Além disso, alguns animais secretam substâncias oleosas que repelem água, protegendo a capacidade de isolamento de penas ou pelagem. Aves, por exemplo, secretam óleos que elas aplicam a suas penas enquanto as arrumam.

Frequentemente, os animais podem ajustar suas camadas isolantes para regularem melhor sua temperatura corporal. A maioria dos mamíferos e aves terrestres, por exemplo, reage ao frio levantando sua pelagem ou penas. Essa ação retém uma camada mais espessa de ar, aumentando, desse modo, a eficácia do isolamento. Por não terem penas ou pelagem, os humanos precisam depender principalmente da gordura para o isolamento. Contudo, nossos "arrepios" representam um vestígio da elevação dos pelos herdada dos ancestrais com pelagem.

O isolamento é especialmente importante para os mamíferos marinhos, como as baleias e as morsas. Esses animais nadam em água mais fria do que o corpo, e muitas espécies passam pelo menos parte do ano em mares polares quase congelados. Além disso, a transferência de calor para a água ocorre de 50 a 100 vezes mais rápido do que a transferência de calor para o ar. A sobrevivência sob essas condições é possível por uma adaptação evolutiva na forma de tecido adiposo subcutâneo, uma camada muito grossa de gordura isolante logo abaixo da pele. O isolamento que o tecido adiposo proporciona é tão eficiente que os mamíferos marinhos podem manter as temperaturas do centro do corpo em aproximadamente 36 a 38°C sem precisar de muito mais energia do alimento do que os mamíferos terrestres de tamanho similar.

Adaptações circulatórias

Os sistemas circulatórios fornecem uma rota importante para o fluxo de calor entre o interior e o exterior do corpo. As adaptações que regulam a extensão do fluxo sanguíneo perto da superfície do corpo ou que retêm o calor dentro do corpo exercem um papel significativo na termorregulação.

Em resposta às mudanças na temperatura do entorno, muitos animais alteram a quantidade de sangue (e, assim, de calor) que flui entre o centro do corpo e a pele. Os sinais nervosos que relaxam os músculos das paredes vasculares resultam em *vasodilatação*, um alargamento dos vasos sanguíneos superficiais (aqueles próximos à superfície do corpo). Em razão do aumento do diâmetro do vaso, o fluxo sanguíneo na pele aumenta. Nos endotermos, a vasodilatação geralmente aumenta a transferência de calor corporal para o ambiente por radiação, condução e convecção (ver Figura 40.12). O processo inverso, a *vasoconstrição*, reduz o fluxo sanguíneo e a transferência de calor pela diminuição do diâmetro dos vasos periféricos.

Como os endotermos, alguns ectotermos controlam a transferência de calor mediante regulação do fluxo sanguíneo. Por exemplo, quando a iguana-marinha das Ilhas Galápagos

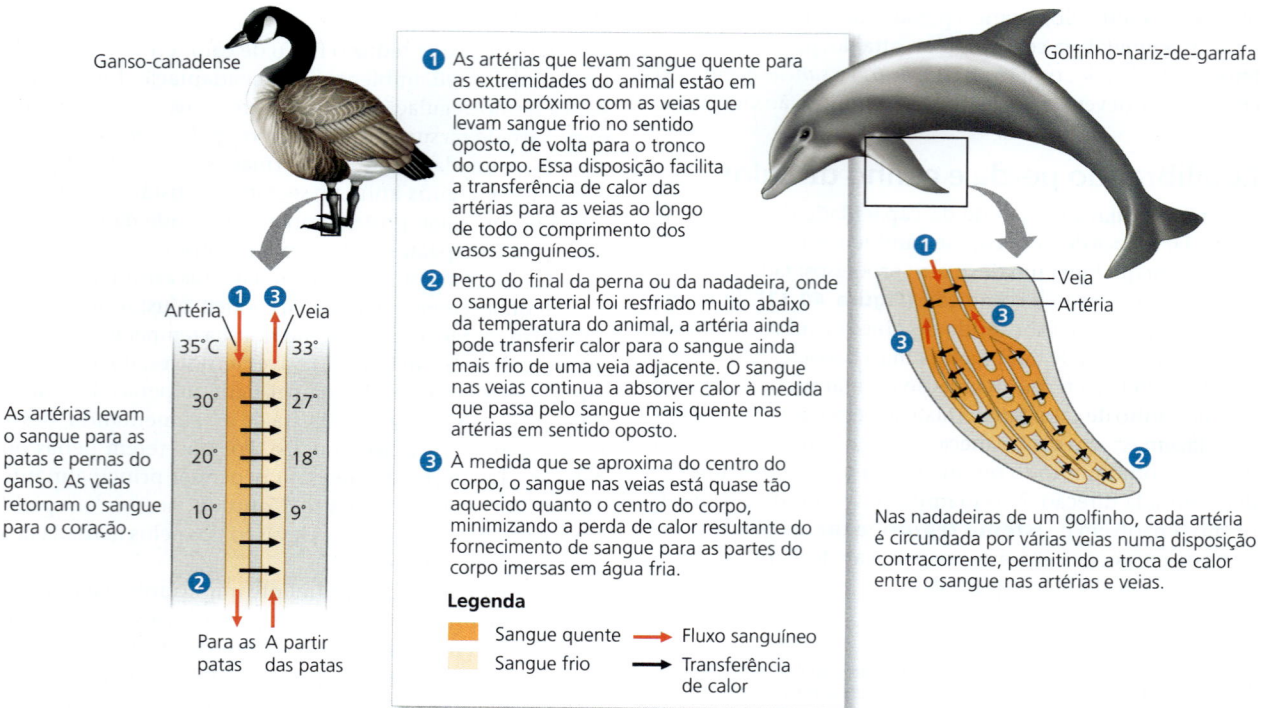

▲ **Figura 40.13** **Trocadores de calor em contracorrente.** Um sistema de troca contracorrente retém calor no centro do corpo. Isso reduz a perda de calor a partir das extremidades, especialmente quando elas estão imersas em água fria ou em contato com gelo ou neve. Em essência, o calor no sangue arterial emergindo do centro do corpo é transferido diretamente para o sangue venoso que está retornando, em vez de ser perdido para o ambiente.

nada no oceano frio, seus vasos sanguíneos periféricos sofrem vasoconstrição. Esse processo direciona mais sangue para o centro do corpo, conservando seu calor corporal.

Em muitas aves e mamíferos, a redução da perda de calor corporal depende da **troca contracorrente**, a transferência de calor (ou solutos) entre líquidos que fluem em sentidos opostos. Em um trocador de calor em contracorrente, artérias e veias estão localizadas adjacentes umas às outras **(Figura 40.13)**. Como o sangue flui pelas artérias e veias em sentidos opostos, essa disposição permite que a troca de calor seja extraordinariamente eficiente. Como sangue aquecido nas artérias se move para fora do centro do corpo, ele transfere calor para o sangue mais frio das veias que retornam das extremidades. Mais importante é o fato de que o calor é transferido ao longo de toda a extensão do trocador, maximizando a taxa de troca de calor e minimizando a perda de calor para o ambiente.

Embora a maioria dos tubarões e peixes seja termoconformadora, trocas de calor contracorrente são encontradas em alguns nadadores grandes e poderosos, incluindo o grande-tubarão-branco, o atum-de-barbatana-azul e o peixe-espada. Por manter seus principais músculos de natação aquecidos, essa adaptação permite a eles atividade vigorosa e sustentada. De modo semelhante, muitos insetos endotérmicos (mamangavas, abelhas e algumas mariposas) têm um trocador contracorrente que ajuda a manter a temperatura alta no tórax, onde os músculos do voo estão localizados.

Resfriamento por perda de calor evaporativo

Muitos mamíferos e aves vivem em lugares onde a regulação da temperatura corporal requer resfriamento em alguns momentos e aquecimento em outros. Se a temperatura do ambiente estiver acima da temperatura corporal, somente evaporação pode impedir a elevação da temperatura do corpo. A água absorve um calor considerável quando evapora (ver Conceito 3.2); esse calor é retirado da pele e de superfícies respiratórias com o vapor d'água.

Alguns animais exibem adaptações que facilitam muito o resfriamento evaporativo. Alguns mamíferos, incluindo cavalos e humanos, possuem glândulas sudoríparas. Em muitos outros mamíferos, bem como aves, ofegar é importante. Algumas aves têm uma bolsa com um rico aporte de vasos sanguíneos no assoalho da boca; a agitação da bolsa aumenta a evaporação. As pombas, por exemplo, podem utilizar essa adaptação para manter sua temperatura corporal perto de 40°C em uma temperatura ambiente de até 60°C, desde que tenham água suficiente.

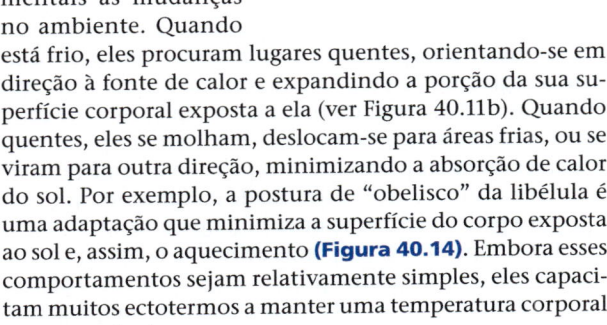

▶ **Figura 40.14 Comportamento termorregulador em uma libélula.** Orientando o corpo de modo que a extremidade afilada do seu abdome se volte para o sol, a libélula minimiza o aquecimento pela radiação solar.

Respostas comportamentais

Ectotermos, e às vezes endotermos, controlam a temperatura corporal mediante respostas comportamentais às mudanças no ambiente. Quando está frio, eles procuram lugares quentes, orientando-se em direção à fonte de calor e expandindo a porção da sua superfície corporal exposta a ela (ver Figura 40.11b). Quando quentes, eles se molham, deslocam-se para áreas frias, ou se viram para outra direção, minimizando a absorção de calor do sol. Por exemplo, a postura de "obelisco" da libélula é uma adaptação que minimiza a superfície do corpo exposta ao sol e, assim, o aquecimento **(Figura 40.14)**. Embora esses comportamentos sejam relativamente simples, eles capacitam muitos ectotermos a manter uma temperatura corporal quase constante.

O comportamento social contribui para a termorregulação tanto em endotermos quanto em ectotermos. Entre os endotermos, por exemplo, o comportamento contribui significativamente na sobrevivência dos pinguins-imperadores (ver Figura 40.1). Entre os ecotermos, as abelhas são notáveis pelo uso do comportamento para alcançar a homeostase térmica. Em clima frio, aumentam a produção de calor e se amontoam, a fim de retê-lo. Os indivíduos alternam entre as bordas mais frias do enxame e o centro mais quente, circulando e, assim, distribuindo o calor. Em clima quente, as abelhas resfriam a colmeia transportando água para ela e abanando com as asas, promovendo evaporação e convecção. Desse modo, a colônia de abelhas utiliza vários dos mecanismos de termorregulação característicos de animais individualmente.

Ajuste da produção metabólica de calor

Visto que os endotermos em geral mantêm a temperatura do corpo consideravelmente mais alta do que a do ambiente, eles precisam neutralizar a contínua perda de calor. Os endotermos podem variar a produção de calor – *termogênese* – para igualar as mudanças nas taxas de perda de calor. A termogênese aumenta com a atividade muscular de movimento ou tremor. Por exemplo, o tremor ajuda os chapins-da-cabeça-preta, aves com massa corporal de apenas 20 g, a permanecerem ativos e manterem a temperatura do corpo quase constante em 40°C sob temperatura ambiente de até –40°C, desde que tenham alimento adequado.

Insetos voadores como abelhas e mariposas também podem variar a produção de calor. Muitos desses insetos endotérmicos se aquecem pelo tremor antes de levantar voo. À medida que eles contraem sincronicamente seus músculos de voo, ocorrem apenas ligeiros movimentos das asas, mas é produzida uma quantidade considerável de calor. Reações químicas e respiração celular aceleram-se nos "motores" de voo aquecidos, permitindo que esses insetos voem mesmo quando o ar está frio.

Em alguns mamíferos, sinais endócrinos liberados em resposta ao frio aumentam a atividade metabólica das mitocôndrias, fazendo-as produzir calor em vez de ATP. Esse processo, denominado *termogênese sem tremores*, ocorre por todo o corpo. Alguns mamíferos também possuem, no pescoço e entre os ombros, o *tecido adiposo marrom*, que é especializado na produção rápida de calor. (A presença de mais mitocôndrias confere ao tecido adiposo marrom a sua cor característica). O tecido adiposo marrom é encontrado nos filhotes de muitos mamíferos, incluindo humanos, representando aproximadamente 5% do total do peso corporal em crianças. Há muito tempo sabe-se que o tecido adiposo marrom está presente em mamíferos adultos que hibernam, e recentemente também foi detectado em humanos adultos **(Figura 40.15)**. Nos humanos, a quantidade encontrada pode variar, e indivíduos adultos expostos ao ambiente frio por 1 mês têm quantidades aumentadas desse tipo de tecido.

Entre os répteis não aves, a endotermia foi observada em algumas espécies de corpo grande em certas circunstâncias. Por exemplo, pesquisadores descobriram que uma fêmea de píton-birmanesa (*Python molurus bivittatus*) incubando seus ovos mantinha uma temperatura corporal ao redor de 6°C acima daquela do ar circundante. De onde vinha esse calor? Estudos seguintes mostraram que essas pítons,

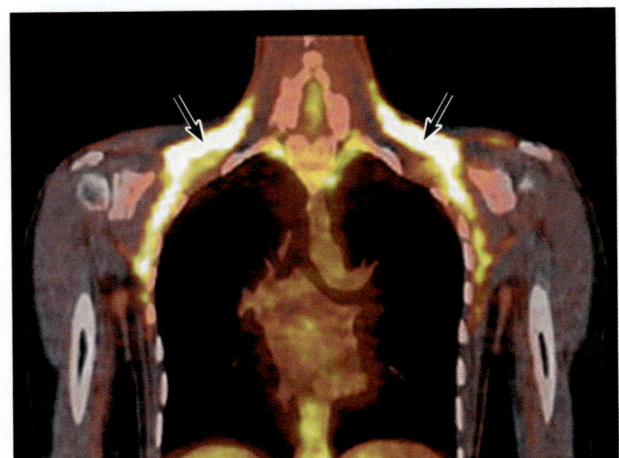

▲ **Figura 40.15 Atividade do tecido adiposo marrom durante o estresse pelo frio.** Esse exame PET mostra depósitos ativos de tecido adiposo marrom (indicados pelas setas) ao redor do pescoço.

▼ Figura 40.16 Pesquisa

Como uma píton-birmanesa gera calor enquanto está incubando os ovos?

Experimento Herndon Dowling e colaboradores no Zoológico do Bronx em Nova York, observaram que, ao incubar os ovos enrolando o corpo ao redor deles, uma fêmea de píton-birmanesa aumentava a sua temperatura corporal e contraía frequentemente os músculos quando se enrolava. Para saber se as contrações estavam elevando a temperatura do corpo da píton, eles a colocaram, junto com seus ovos, em uma câmara. Enquanto os pesquisadores variavam a temperatura da câmara, eles monitoravam as contrações musculares da píton e a sua absorção de oxigênio, uma medida de sua taxa de respiração celular.

Resultados O consumo de oxigênio da píton aumentava quando a temperatura na câmara diminuía. Como mostrado no gráfico, o aumento no consumo de oxigênio acompanhou um aumento na taxa de contração muscular.

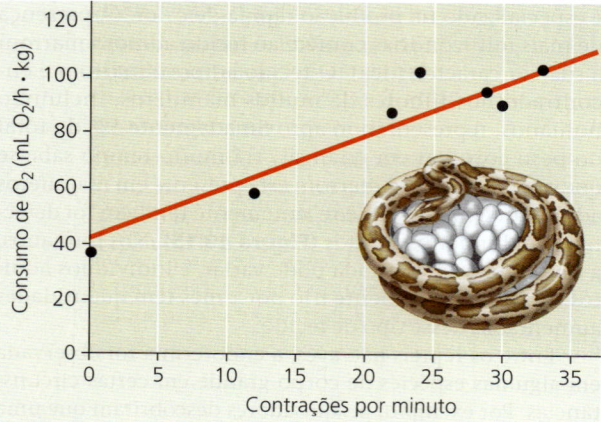

Conclusão Visto que o consumo de oxigênio, que gera calor por respiração celular, aumentou linearmente com a taxa de contração muscular, os pesquisadores concluíram que as contrações musculares, uma forma de tremor, eram a fonte da elevação da temperatura do corpo da píton-birmanesa.

Dados de V. H. Hutchison, H. G. Dowling and A. Vinegar. Thermoregulation in a brooding female indian phyton, *Phyton molurus bivittatus*, Science 151:694696 (1966).

E SE? *Suponha que você variasse a temperatura do ar e medisse o consumo de oxigênio de uma fêmea de píton-birmanesa sem ovos. Se ela não demonstrasse o comportamento do tipo tremor, como o consumo de oxigênio da serpente variaria com a temperatura ambiental?*

---

assim como as aves, podem elevar a temperatura do seu corpo ao tremerem **(Figura 40.16)**. Se certos grupos de dinossauros da era Mesozoica eram similarmente endotérmicos, é um assunto amplamente debatido.

Aclimatação na termorregulação

Em muitas espécies animais, a aclimatação contribui para a termorregulação. Nas aves e nos mamíferos, a aclimatação às mudanças sazonais de temperatura muitas vezes inclui o ajuste do isolamento – desenvolvendo uma pelagem mais espessa no inverno e descartando-a no verão, por exemplo.

A aclimatação nos ectotermos com frequência abrange ajustes em nível celular. As células conseguem produzir variantes de enzimas com a mesma função, mas temperaturas ótimas diferentes. As proporções de lipídeos saturados e insaturados nas membranas também podem se alterar; os lipídeos insaturados ajudam a manter as membranas fluidas sob temperaturas mais baixas (ver Figura 7.5).

Notavelmente, alguns ectotermos podem sobreviver a temperaturas abaixo de zero, produzindo proteínas "anticongelantes" que impedem a formação de gelo em suas células. Nos Oceanos Ártico e Antártico, essas proteínas permitem que certos peixes sobrevivam em águas a –2°C, temperatura abaixo do ponto de congelamento de líquidos corporais em outras espécies.

Termostatos fisiológicos e febre

Em humanos e outros mamíferos, os sensores responsáveis pela termorregulação estão concentrados no **hipotálamo**, a região do cérebro que também controla o relógio circadiano. No interior do hipotálamo, um grupo de células nervosas funciona como um termostato, respondendo a temperaturas corporais acima ou abaixo de uma faixa de normalidade mediante a ativação de mecanismos que promovem a perda ou o ganho de calor **(Figura 40.17)**.

Em temperaturas corporais acima da faixa normal, o termostato do hipotálamo promove o resfriamento do corpo por dilatação de vasos na pele, sudorese ou ofegação. Por outro lado, em temperaturas corporais abaixo da faixa normal, o termostato inibe os mecanismos de perda de calor e ativa mecanismos que economizam calor, como a constrição de vasos na pele, ou que geram calor, como o tremor.

Durante certas infecções bacterianas e virais, os mamíferos e as aves desenvolvem *febre*, uma temperatura corporal elevada. Vários experimentos mostraram que a febre reflete um aumento na faixa normal para o termostato biológico. Por exemplo, a *elevação* artificial da temperatura do hipotálamo em um animal infectado *reduz* a febre no resto do corpo.

Entre certos ectotermos, um aumento na temperatura do corpo por uma infecção provoca a chamada febre comportamental. Por exemplo, quando infectada por certas bactérias, a iguana-do-deserto (*Dipnosaurus dorsalis*) procura um ambiente mais quente, mantendo, então, uma temperatura corporal aumentada em 2 a 4°C. Observações semelhantes em peixes, anfíbios e até baratas indicam que a febre é comum tanto a endotermos quanto a ectotermos.

Agora que exploramos a termorregulação em profundidade, concluiremos nossa introdução sobre forma e função dos animais considerando as diferentes maneiras pelas quais os animais alocam, utilizam e conservam energia.

▶ **Figura 40.17** A função de termostato do hipotálamo na termorregulação humana.

E SE? *Suponha que, no final de uma corrida difícil em um dia quente, você constate que não há mais bebidas na caixa térmica. Se, em um ato de desespero, você mergulhasse sua cabeça na caixa térmica, como a água gelada poderia afetar a velocidade em que a sua temperatura corporal retorna ao normal?*

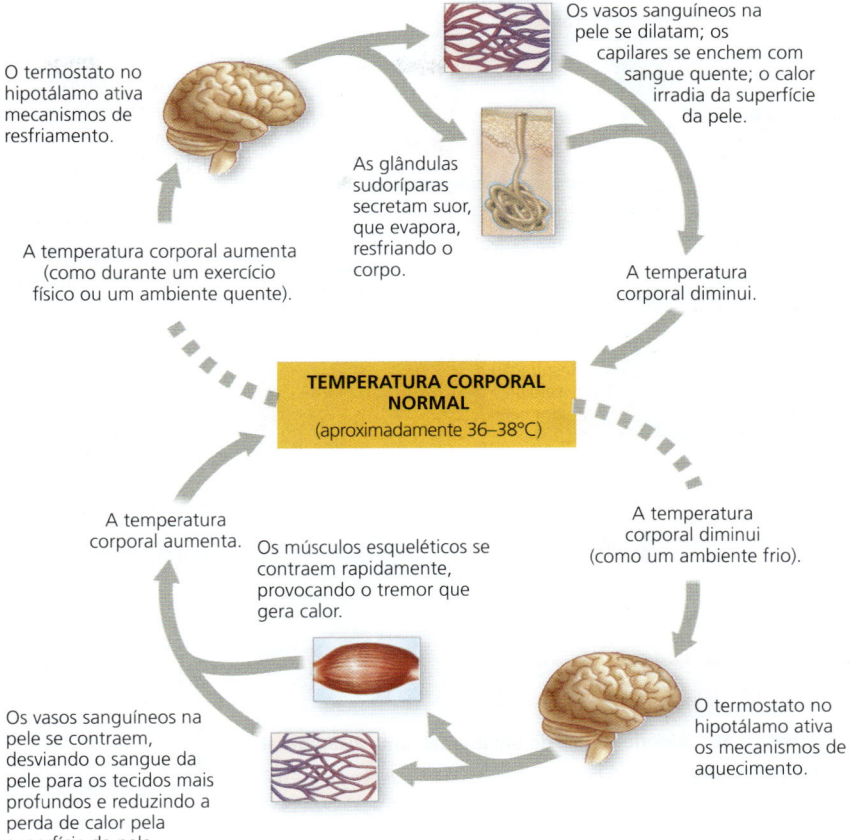

REVISÃO DO CONCEITO 40.3

1. Qual modo de troca de calor está envolvido quando o ar em movimento (vento) parece mais frio do que o ar parado sob a mesma temperatura? Explique.
2. As flores diferem na quantidade de luz solar que absorvem. Por que isso é importante para um beija-flor à procura de néctar em uma manhã fria?
3. **E SE?** Por que o tremor é mais provável no começo de uma febre?

Ver as respostas sugeridas no Apêndice A.

CONCEITO 40.4

As necessidades de energia estão relacionadas com o tamanho, a atividade e o ambiente do animal

Um dos temas unificadores da biologia, introduzido no Conceito 1.1, é que a vida requer transferência e transformação de energia. Como outros organismos, os animais utilizam energia química para crescimento, reparo, atividade e reprodução. O fluxo e a transformação globais de energia de um animal – sua **bioenergética** – determinam as necessidades nutricionais e estão relacionados com o tamanho, a atividade e o ambiente do animal.

Alocação e uso de energia

Os organismos podem ser classificados pelo modo como obtêm energia química. A maioria dos *autótrofos*, como as plantas, aproveita a energia da luz para sintetizar moléculas orgânicas ricas em energia, as quais são, então, utilizadas como combustível. A maioria dos *heterótrofos*, como os animais, obtém sua energia química do alimento, que contém moléculas orgânicas sintetizadas por outros organismos.

Os animais utilizam a energia química obtida do alimento consumido como combustível para o metabolismo e a atividade. O alimento é digerido por hidrólise enzimática (ver Figura 5.2b), e os nutrientes são absorvidos pelas células do corpo. O ATP (trifosfato de adenosina) produzido por respiração celular e fermentação fornece energia para o trabalho celular, permitindo que células, órgãos e sistemas desempenhem as funções que mantêm o animal vivo. Outros usos da energia na forma de ATP incluem a biossíntese, necessária para crescimento e reparo do corpo, a síntese de material de reserva, como a gordura, e a produção de gametas.

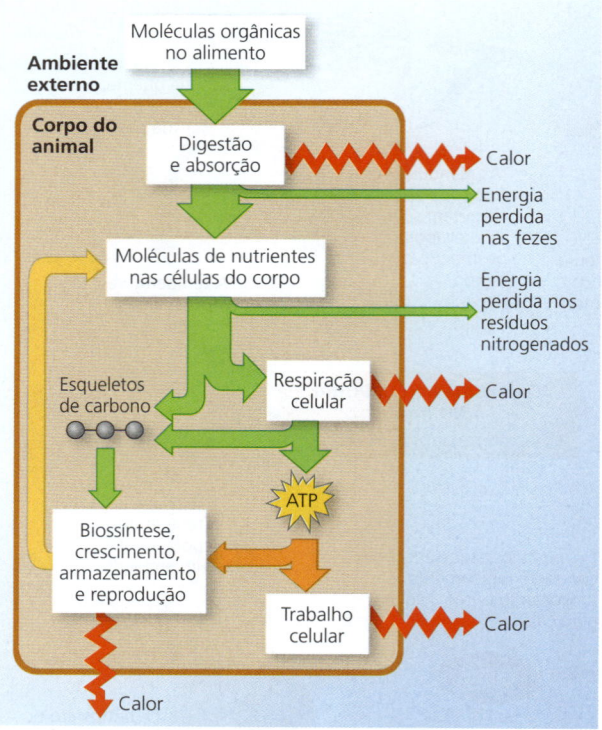

▲ **Figura 40.18** Bioenergética de um animal: uma visão geral.

FAÇA CONEXÕES *Use a ideia do acoplamento energético para explicar por que o calor é produzido na absorção de nutrientes, na respiração celular e na síntese de biopolímeros (ver Conceito 8.3).*

A produção e o uso de ATP geram calor, que o animal, por fim, emite para o seu entorno **(Figura 40.18)**.

Quantificando o uso de energia

Quanto da energia total obtida por uma animal a partir do alimento é necessária apenas para mantê-lo vivo? Quanta energia deve ser gasta para caminhar, correr, nadar ou voar de um lugar para outro? Que fração da energia consumida é usada para reprodução? Os fisiologistas respondem a essas perguntas medindo a taxa na qual um animal utiliza energia química e como essa taxa muda em circunstâncias diferentes.

A soma de toda a energia que um animal utiliza em um determinado intervalo de tempo é denominada **taxa metabólica**. A energia é medida em joules (J) ou em calorias (cal) e quilocalorias (kcal). (Uma quilocaloria é igual a 1.000 calorias ou 4.184 joules. A unidade Caloria, com um C maiúsculo, empregada por muitos nutricionistas, é na verdade uma quilocaloria).

A taxa metabólica pode ser determinada de várias maneiras. Uma vez que quase toda a energia química usada na respiração celular se transforma, finalmente, em calor, a taxa metabólica pode ser medida monitorando a taxa de perda de calor de um animal. Para essa abordagem, os pesquisadores empregam um calorímetro, que é uma câmara fechada e isolada equipada com um dispositivo que registra a perda de calor do animal para seu entorno. A taxa metabólica também pode ser determinada pela quantidade de oxigênio consumido ou de dióxido de carbono produzido pela respiração celular de um animal **(Figura 40.19)**. Para calcular a taxa metabólica por períodos mais longos, os pesquisadores registram a taxa de consumo de alimento, o conteúdo de energia do alimento (cerca de 4,5-5 kcal por grama de proteína ou carboidrato e em torno de 9 kcal por grama de gordura) e a perda de energia química nos dejetos (fezes e urina ou outros resíduos nitrogenados).

Taxa metabólica mínima e termorregulação

Os animais precisam manter uma taxa metabólica mínima para as funções básicas, como manutenção celular, respiração e circulação. Os pesquisadores medem essa taxa metabólica mínima de maneira diferente para endotermos e ectotermos. A taxa metabólica mínima de um endotermo fora da fase de crescimento, em repouso, com estômago vazio e não passando por estresse é chamada de **taxa metabólica basal (TMB)**. A TMB é medida sob uma faixa "confortável" de temperatura – faixa que requer somente a mínima geração ou perda de calor. A taxa metabólica mínima de ectotermos é determinada sob uma temperatura específica, porque mudanças na temperatura ambiental alteram a temperatura do corpo e, portanto, a taxa metabólica. A taxa metabólica de um ectotermo em jejum, não estressado, em repouso a uma temperatura particular é chamada de **taxa metabólica padrão (TMP)**.

Comparações de taxas metabólicas mínimas revelam custos diferentes de energia na endotermia e na ectotermia.

▲ **Figura 40.19** Medindo a taxa de consumo de oxigênio de um tubarão nadando. Um pesquisador monitora o decréscimo no nível de oxigênio ao longo do tempo na água recirculante de um tanque com um tubarão-martelo juvenil.

A TMB para humanos é de, em média, 1.600 a 1.800 kcal por dia para homens adultos e 1.300 a 1.500 kcal por dia para mulheres adultas. Essas TMBs são aproximadamente equivalentes à taxa de uso energético por uma lâmpada de 75 watts. Por outro lado, a TMP de um jacaré-americano é de apenas 60 kcal por dia a 20°C. Como isso representa menos que $1/20$ da energia utilizada por um humano adulto de tamanho comparável, fica evidente que a ectotermia requer muito menos energia do que a endotermia.

Influências na taxa metabólica

A taxa metabólica é afetada por muitos outros fatores além da condição de endotermia ou ectotermia de um animal. Alguns fatores-chave são: idade, sexo, tamanho, atividade, temperatura e nutrição. Examinaremos aqui os efeitos do tamanho e da atividade.

Tamanho e taxa metabólica

Animais maiores têm mais massa corporal e, portanto, necessitam de mais energia química. A relação entre a taxa metabólica total e a massa corporal é impressionantemente constante através de uma ampla faixa de tamanhos e formas, como ilustrado para vários mamíferos na **Figura 40.20a**. De fato, mesmo para os mais variados organismos com tamanhos desde bactérias até baleias-azuis, a taxa metabólica permanece mais ou menos proporcional à massa corporal na potência três quartos ($m^{3/4}$). Os cientistas ainda estão pesquisando a base dessa relação, que se aplica aos ectotermos e aos endotermos.

A relação entre a taxa metabólica e o tamanho afeta profundamente o consumo de energia pelas células e tecidos do corpo. Conforme mostrado na **Figura 40.20b**, a energia empregada para manter cada grama de massa corporal é inversamente relacionada ao seu tamanho. Cada grama de um camundongo, por exemplo, requer aproximadamente 20 vezes as calorias de um grama de um elefante, mesmo que o elefante como um todo use muito mais calorias do que o camundongo. A taxa metabólica mais alta do animal menor por grama demanda uma taxa mais alta de fornecimento de oxigênio. Para satisfazer essa demanda, o animal menor precisa ter taxa respiratória, volume sanguíneo (em relação ao tamanho) e frequência cardíaca mais altos.

Ao considerar o tamanho do corpo em termos de bioenergética, descobre-se como as compensações (*trade-offs*) moldam a evolução dos planos corporais. À medida que o tamanho do corpo diminui, cada grama de tecido aumenta em custo energético. À medida que o tamanho do corpo aumenta, os custos energéticos por grama de tecido decrescem, mas uma fração ainda maior de tecido corporal é necessária para troca, sustentação e locomoção.

Atividade e taxa metabólica

Em ectotermos e endotermos, a atividade afeta imensamente a taxa metabólica. Mesmo uma pessoa lendo tranquilamente em uma mesa, ou um inseto contraindo

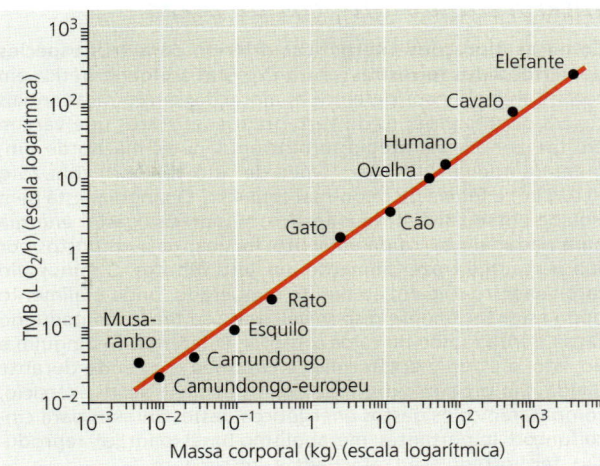

(a) Relação entre a taxa metabólica basal (TMB) e o tamanho corporal para vários mamíferos. Do musaranho ao elefante, o tamanho aumenta em 1 milhão de vezes.

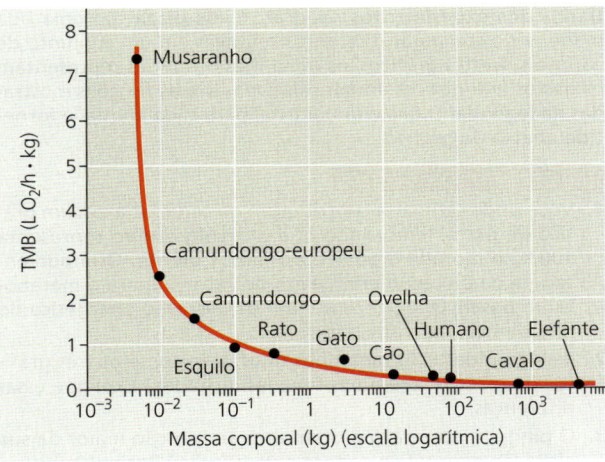

(b) Relação entre a TMB por quilograma de massa corporal e o tamanho corporal para os mesmos mamíferos de (a).

▲ **Figura 40.20** **Relação entre taxa metabólica e tamanho corporal.**

INTERPRETE OS DADOS *Com base no gráfico em (a), um observador sugere que um grupo de 100 esquilos tem a mesma taxa metabólica basal de um cão. Examinando o mesmo gráfico, um segundo observador discorda. Quem está certo e por quê?*

as asas, consome energia além da TMB ou TMP. As taxas metabólicas máximas (as taxas mais altas de utilização de ATP) ocorrem durante picos de atividade, como levantar um objeto pesado, correr ou nadar em alta velocidade. Em geral, a taxa metabólica máxima que um animal consegue suportar está inversamente relacionada à duração da atividade.

Para a maioria dos animais terrestres, a taxa diária média de consumo de energia é de 2 a 4 vezes a TMB (para endotermos) ou a TMP (para ectotermos). Os seres humanos nos países mais desenvolvidos têm uma taxa metabólica diária

Exercício de habilidades científicas

Interpretando gráficos de pizza

Como as alocações energéticas diferem para três espécies de vertebrados terrestres? Para explorar a bioenergética em corpos animais, consideremos as alocações energéticas anuais típicas de três espécies de vertebrados terrestres que variam em tamanho e estratégia termorreguladora: macho de pinguim-de-adélia com 4 kg, fêmea de rato-veadeiro com 25 g (0,025 kg) e fêmea de píton-real com 4 kg. O pinguim está bem isolado em seu ambiente antártico, mas precisa gastar energia para nadar em busca de alimento, incubar os ovos postos por sua parceira e trazer alimento aos seus filhotes. O minúsculo rato-veadeiro vive em ambiente temperado, onde o alimento pode estar facilmente disponível, mas seu tamanho pequeno causa perda rápida de calor corporal. Diferente do pinguim e do rato, a píton é ectotérmica e continua crescendo durante a vida. Ela produz ovos, mas não os incuba. Neste exercício, compararemos os gastos energéticos desses animais para cinco funções importantes: metabolismo basal (padrão), reprodução, termorregulação, atividade e crescimento.

Como os dados foram obtidos As alocações energéticas foram calculadas para cada um dos animais com base em medições de campo e estudos de laboratório.

Dados dos experimentos Os gráficos de pizza são uma boa maneira de comparar diferenças relativas em um conjunto de variáveis. Nestes gráficos, os tamanhos das fatias representam os gastos energéticos anuais relativos para as funções mostradas na legenda. O gasto anual total para cada animal é fornecido abaixo do gráfico.

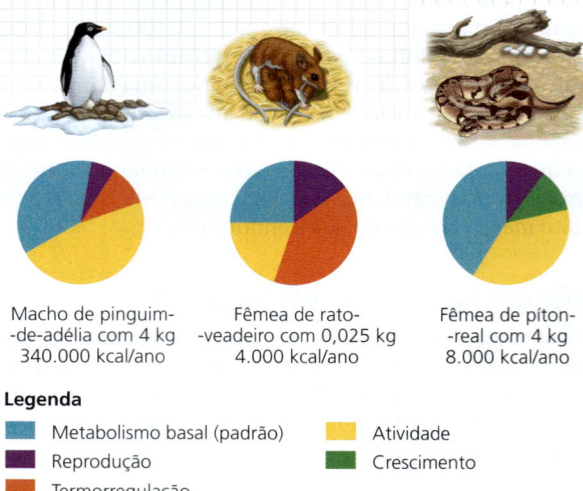

Macho de pinguim-de-adélia com 4 kg
340.000 kcal/ano

Fêmea de rato-veadeiro com 0,025 kg
4.000 kcal/ano

Fêmea de píton-real com 4 kg
8.000 kcal/ano

Legenda
- Metabolismo basal (padrão)
- Reprodução
- Termorregulação
- Atividade
- Crescimento

Dados de M. A. Chappell et al., Energetics of foraging in breeding Adélie pinguin, *Ecology* 74:2450-2461 (1993); M. A. Chappell et al., Voluntary running in deer mice speed, distance, energy costs, and temperature effects, *Journal of Experimental Biology* 207:3839-3854 (2004); T. M. Ellis and M. A. Chappell, Metabolism, temperature relations, maternal behavior, and reproductive energetics in the ball python (*Python regius*), *Journal of Comparative Physiology B* 157:393-402 (1987).

INTERPRETE OS DADOS

1. Você pode estimar a contribuição de cada fatia em um gráfico de pizza, lembrando que o círculo inteiro representa 100%, a metade é 50% e assim por diante. Que porcentagem da alocação energética do rato vai para o metabolismo basal? Que porcentagem da alocação energética do pinguim vai para atividade?
2. Sem considerar os tamanhos das fatias, como os três gráficos de pizza diferem nas funções incluídas? Explique essas diferenças.
3. O pinguim ou o rato gastam uma proporção maior da sua alocação energética na termorregulação? Por quê?
4. Agora, observe os gastos energéticos anuais *totais* para cada animal. Quanta energia a mais o pinguim gasta por ano, em comparação com uma píton de tamanho semelhante?
5. Qual animal gasta mais quilocalorias por ano na termorregulação?
6. Se você monitorasse a alocação de energia no pinguim por apenas alguns meses em vez de um ano inteiro, poderia constatar que o crescimento é uma parte significativa do gráfico de pizza. Considerando que os pinguins adultos não crescem de um ano para outro, como você explicaria esse achado?

---

média excepcionalmente baixa, em torno de 1,5 vez a TMB – indicativo de um estilo de vida relativamente sedentário.

A fração da "alocação" de energia de um animal que é dedicada à atividade depende de muitos fatores, incluindo seu ambiente, comportamento, tamanho e termorregulação. No **Exercício de habilidades científicas**, você interpretará dados sobre alocações energéticas anuais de três espécies de vertebrados terrestres.

Torpor e conservação de energia

Apesar de suas muitas adaptações para a homeostase, os animais podem encontrar condições que desafiam intensamente suas capacidades de equilibrar as alocações de calor, energia e materiais. Por exemplo, em certos períodos do dia ou do ano, o entorno pode ser extremamente quente ou frio, ou o alimento pode não estar disponível. Uma adaptação importante que capacita os animais a economizar energia quando enfrentam essas condições difíceis é o **torpor**, um estado fisiológico de atividade e metabolismo reduzidos.

Muitos pequenos mamíferos e aves exibem um torpor diário que é bem adaptado a padrões de alimentação. Por exemplo, alguns morcegos se alimentam à noite e entram em torpor durante o dia. De modo similar, chapins e beija-flores, que se alimentam durante o dia, geralmente entram em torpor em noites frias.

Todos os endotermos que exibem torpor diário são relativamente pequenos; quando ativos, eles têm taxas metabólicas elevadas e, portanto, taxas muito altas de consumo de energia. As mudanças na temperatura do corpo, e, portanto, na economia de energia, são frequentemente consideráveis: a temperatura corporal de chapins chega a cair 10°C à noite, e a temperatura do centro do corpo de um beija-flor pode cair 25°C ou mais.

A **hibernação** é um torpor de longo prazo que representa uma adaptação ao inverno frio e à escassez de alimento. Quando um mamífero entra em hibernação, sua temperatura corporal decresce à medida que o termostato do corpo é diminuído **(Figura 40.21)**. Alguns mamíferos hibernantes diminuem a temperatura para 1-2°C e pelo menos um, o esquilo-do-ártico (*Spermophilus parryii*), pode entrar em estado de super-resfriamento (não congelado), em que sua temperatura corporal cai até abaixo de 0°C. Periodicamente, talvez a cada 2 semanas aproximadamente, os animais hibernantes despertam, elevando a temperatura corporal e se tornando brevemente ativos, antes de retornar à hibernação. As taxas metabólicas durante a hibernação podem ser 20 vezes mais baixas do que se o animal tentasse manter temperaturas corporais normais de 36 a 38°C. Assim, hibernantes como o esquilo conseguem sobreviver durante o inverno com suprimentos limitados de energia armazenados nos tecidos do corpo ou com alimento escondido em uma toca. Similarmente, o metabolismo lento e a inatividade durante a *estivação*, ou torpor de verão, permitem a sobrevivência dos animais por longos períodos de temperaturas elevadas e escassez de água.

O que acontece com o ritmo circadiano em animais hibernantes? No passado, pesquisadores relataram detectar ritmos biológicos diários em animais hibernantes. No entanto, em alguns casos, os animais provavelmente estavam em estado de torpor, do qual poderiam facilmente despertar, e não em uma hibernação "profunda". Mais recentemente, um grupo de pesquisadores na França abordou o assunto de outra maneira, examinando a engrenagem do relógio biológico em vez do ritmo que ele controla **(Figura 40.22)**. Trabalhando com o *hamster*-europeu, eles constataram que os componentes moleculares do relógio paravam de oscilar durante a hibernação. Esses achados respaldam a hipótese de que o ritmo circadiano cessa a operação durante a hibernação, pelo menos nessa espécie.

Desde tipos de tecidos até a homeostase, este capítulo abordou o animal como um todo. Investigamos, também, como os animais trocam materiais com o ambiente e como o tamanho e a atividade afetam a taxa metabólica. Em grande parte do restante desta unidade, exploraremos como órgãos e sistemas especializados permitem que os animais enfrentem os desafios básicos da vida. Na Unidade 6, investigamos como os vegetais enfrentam os mesmos desafios. A **Figura 40.23**, nas próximas duas páginas, destaca algumas semelhanças e diferenças fundamentais nas adaptações evolutivas de animais e vegetais. Assim, essa figura é uma revisão da Unidade 6, uma introdução à Unidade 7 e, mais importante, uma ilustração da conexão que unifica as incontáveis formas de vida.

▲ **Figura 40.21** Um arganaz-avelã (*Muscardinus avellanarius*) hibernando.

▼ Figura 40.22 Pesquisa

O que acontece com o relógio circadiano durante a hibernação?

Experimento Para determinar se o relógio biológico de 24 horas continua a funcionar durante a hibernação, Paul Pévet e colaboradores na Universidade Louis Pasteur em Estrasburgo, França, estudaram os componentes moleculares do relógio circadiano no *hamster*-europeu (*Cricetus cricetus*). Os pesquisadores mediram os níveis de RNA de dois genes do relógio – *Per2* e *Bmal1* – durante a atividade normal (eutermia) e durante a hibernação em escuridão permanente. As amostras de RNA foram obtidas do núcleo supraquiasmático (NSQ), um par de estruturas no cérebro de mamíferos que controla ritmos circadianos.

Resultados

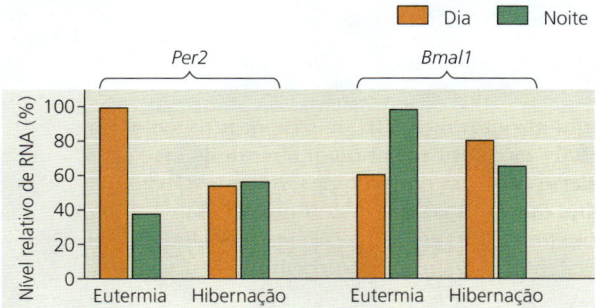

Conclusão A hibernação perturbou a variação circadiana nos níveis de RNA dos genes do relógio do *hamster*. Experimentos seguintes demonstraram que essa perturbação não era simplesmente devido ao ambiente escuro durante a hibernação, já que os níveis de RNA de animais não hibernantes durante um dia escuro foram iguais aos constatados em um dia claro. Os pesquisadores concluíram que o relógio biológico para de funcionar em *hamsters*-europeus hibernantes e, talvez, em outros animais em hibernação.

Dados de F. G. Revel et al., The circadian clock stops ticking during deep hibernation in the European hamster, *Proceedings of the National Academy of Sciences USA* 104:13816-13820 (2007).

E SE? *Imagine se você descobrisse um novo gene de hamster e constatasse que os níveis de RNA para esse gene permaneciam constantes durante a hibernação. O que você concluiria sobre os níveis de RNA diurno e noturno para esse gene durante a eutermia?*

REVISÃO DO CONCEITO 40.4

1. Se um camundongo e um pequeno lagarto com a mesma massa (ambos em repouso) fossem colocados em câmaras experimentais sob condições ambientais idênticas, que animal consumiria oxigênio a uma taxa mais alta? Explique.
2. Que animal deve comer diariamente uma proporção maior do seu peso em alimento: um gato doméstico ou um leão africano enjaulado em um zoológico? Explique.
3. **E SE?** Suponha que os animais em um zoológico estivessem repousando confortavelmente e permanecessem em repouso enquanto a temperatura noturna do ar diminuísse. Se a mudança de temperatura fosse suficiente para causar uma alteração na taxa metabólica, que mudanças seriam esperadas para um jacaré e um leão?

Ver as respostas sugeridas no Apêndice A.

▼ Figura 40.23

FAÇA CONEXÕES

Desafios e soluções da vida em plantas e animais

Os organismos multicelulares enfrentam um conjunto comum de desafios. A comparação das soluções que evoluíram em plantas e animais revela uniformidade (elementos compartilhados) e diversidade (atributos distintos) nesses dois grupos.

Modo nutricional

Todos os seres vivos precisam obter energia e carbono do ambiente para crescer, sobreviver e se reproduzir. As plantas são autótrofas, obtendo energia pela fotossíntese e carbono a partir de fontes inorgânicas, ao passo que os animais são heterótrofos, obtendo energia e carbono a partir do alimento. As adaptações evolutivas em plantas e animais sustentam esses modos nutricionais distintos. A superfície ampla de muitas folhas aumenta a captação de luz para a fotossíntese. Para a caça, um lince precisa ser furtivo, veloz e ter unhas afiadas. (Ver Figuras 36.2 e 41.16.)

Crescimento e regulação

O crescimento e a fisiologia de plantas e animais são controlados por hormônios. Em plantas, os hormônios podem atuar em uma área localizada ou ser transportados no corpo. Eles controlam padrões de crescimento, floração, desenvolvimento do fruto e outros processos. Nos animais, os hormônios circulam pelo corpo e atuam em tecidos-alvo específicos, controlando processos homeostáticos e eventos do desenvolvimento como a muda de pele. (Ver Figuras 39.10 e 45.12.)

Resposta ambiental

Todas as formas de vida precisam detectar e responder apropriadamente às condições em seu ambiente. Órgãos especializados são sensíveis aos sinais ambientais. Por exemplo, o capítulo (inflorescência) de um girassol e os olhos de um inseto contêm fotorreceptores que detectam a luz. Os sinais ambientais ativam proteínas receptoras específicas, desencadeando vias de transdução de sinal que iniciam respostas celulares coordenadas por comunicação química e elétrica. (Ver Figuras 39.19 e 50.15.)

mecanismo de circulação varia. As plantas aproveitam a energia solar para transportar água, minerais e açúcares por meio de tubos especializados. Em animais, uma bomba (o coração) move o líquido circulatório pelos vasos. (Ver Figuras 35.10 e 42.9.)

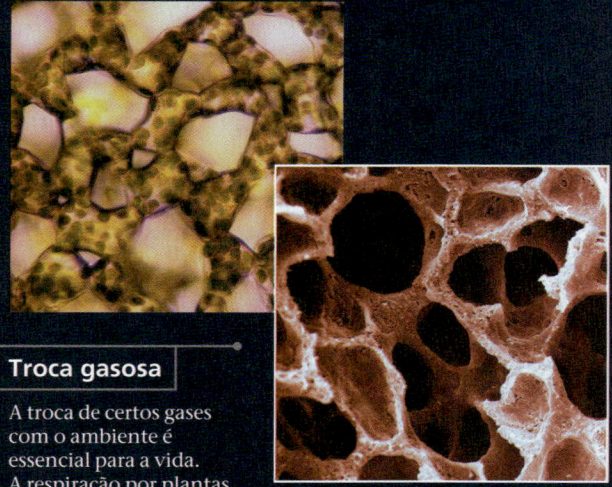

Troca gasosa

A troca de certos gases com o ambiente é essencial para a vida. A respiração por plantas e animais requer a captação de oxigênio (O_2) e a liberação de dióxido de carbono (CO_2). Na fotossíntese, a troca líquida ocorre no sentido oposto: captação de CO_2 e liberação de O_2. Tanto nas plantas quanto nos animais, ocorreu a evolução de superfícies altamente convolutas que aumentam a área disponível para a troca gasosa, como o mesófilo esponjoso das folhas (à esquerda) e os alvéolos dos pulmões (à direita). (Ver Figuras 35.18 e 42.24.)

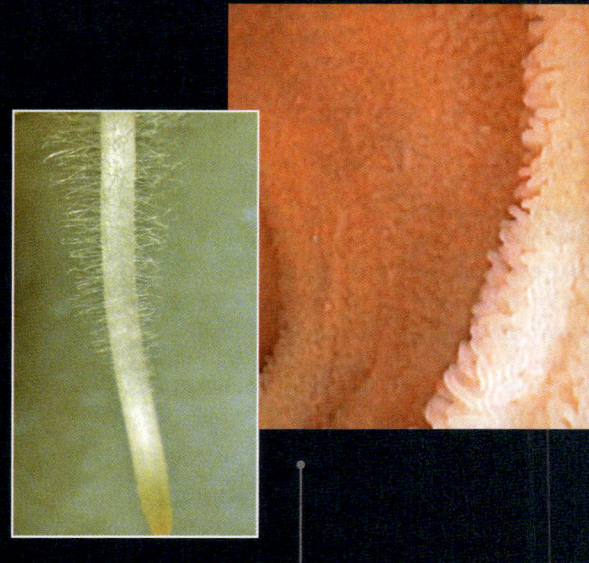

Absorção

Os organismos precisam absorver nutrientes. Os pelos das raízes de plantas (à esquerda) e as vilosidades (projeções) que revestem o intestino de vertebrados (à direita) aumentam a área de superfície disponível para a absorção. (Ver Figuras 35.3 e 41.12.)

FAÇA CONEXÕES

Compare as adaptações que tornam plantas e animais capazes de responder aos desafios de viver em ambientes quentes e frios. Ver os Conceitos 39.4 e 40.3

40 Revisão do capítulo

RESUMO DOS CONCEITOS-CHAVE

CONCEITO 40.1

A forma e a função dos animais estão correlacionadas em todos os níveis de organização (p. 874-881)

- As leis da física restringem o tamanho e a forma de um animal. Essas restrições contribuem para a evolução convergente nas formas dos corpos dos animais.
- Toda célula animal deve ter acesso a um ambiente aquoso. Sacos de duas camadas simples e formas achatadas maximizam a exposição ao meio circundante. Planos corporais mais complexos têm superfícies internas altamente dobradas, especializadas para a troca de materiais.
- Os corpos dos animais baseiam-se em uma hierarquia de células, **tecidos**, **órgãos** e **sistemas de órgãos**. O **tecido epitelial** forma interfaces ativas nas superfícies externa e interna; o **tecido conectivo** liga e dá suporte a outros tecidos; o **tecido muscular** se contrai, movendo partes do corpo; e o **tecido nervoso** transmite impulsos nervosos pelo corpo.
- Os **sistemas endócrino** e **nervoso** são os dois meios de comunicação entre locais diferentes do corpo. O sistema endócrino envia moléculas sinalizadoras denominadas **hormônios** para todas as partes via corrente sanguínea, mas apenas determinadas células são responsivas a cada hormônio. O sistema nervoso utiliza circuitos celulares que envolvem sinais elétricos e químicos para enviar informações a locais específicos.

? *Para um animal grande, quais seriam os desafios de uma forma esférica para a realização de troca com o ambiente?*

CONCEITO 40.2

O controle por retroalimentação mantém o ambiente interno em muitos animais (p. 881-883)

- Um animal é um **regulador** se ele controla uma variável interna e um **conformador** se ele permite que a variável interna se altere conforme mudanças externas. **Homeostase** é a manutenção de um estado estacionário a despeito de mudanças internas e externas.
- Em geral, os mecanismos de homeostase baseiam-se na **retroalimentação negativa**, em que a **resposta** reduz o **estímulo**. A **retroalimentação positiva**, por outro lado, envolve a amplificação de um estímulo pela resposta e frequentemente produz uma mudança de estado, tal como a transição da gravidez para o parto.

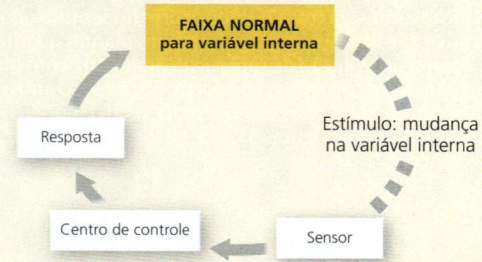

- A regulação da mudança no ambiente interno é essencial para o funcionamento normal. Os **ritmos circadianos** são flutuações diárias no metabolismo e comportamento, ajustadas aos ciclos de luz e de escuro no ambiente. Outras mudanças ambientais podem desencadear **aclimatação**, uma mudança temporária no estado estacionário.

? *É correto definir homeostase como um ambiente interno constante? Explique.*

CONCEITO 40.3

Os processos homeostáticos para a termorregulação envolvem forma, função e comportamento (p. 884-889)

- Um animal mantém a sua temperatura interna dentro de uma faixa tolerável por meio da **termorregulação**. Os animais **endotermos** são aquecidos principalmente pelo calor gerado por seu metabolismo. Os animais **ectotermos** obtêm a maior parte do seu calor de fontes externas. A endotermia requer um gasto maior de energia. A temperatura corporal pode variar com a temperatura ambiente, como nos *pecilotermos*, ou ser relativamente constante, como nos *homeotermos*.
- Na termorregulação, ajustes fisiológicos e comportamentais equilibram o ganho e a perda de calor, que ocorrem por radiação, evaporação, convecção e condução. O isolamento e a **troca contracorrente** reduzem a perda de calor, enquanto ofegar, suar e se banhar aumentam a evaporação, resfriando o corpo. Muitos ectotermos e endotermos ajustam sua taxa de troca de calor com o entorno por vasodilatação ou vasoconstrição e mediante respostas comportamentais.
- Muitos mamíferos e aves ajustam seu grau de isolamento corporal em resposta a mudanças na temperatura do ambiente. Os ectotermos sofrem diversas mudanças em nível celular para se aclimatar a mudanças na temperatura.
- O **hipotálamo** atua como termostato na regulação da temperatura corporal de mamíferos. A febre reflete um reajuste do termostato a uma faixa de normalidade mais alta em resposta à infecção.

? *Considerando que os humanos termorregulam, explique por que sua pele é mais fria do que o interior do corpo.*

CONCEITO 40.4

As necessidades de energia estão relacionadas com o tamanho, a atividade e o ambiente do animal (p. 889-895)

- Os animais obtêm energia química do alimento, armazenando-a para, no curto prazo, usá-la no ATP. A quantidade total de energia usada em uma unidade de tempo define a **taxa metabólica** de um animal.
- Sob condições semelhantes e para animais do mesmo tamanho, a **taxa metabólica basal** dos endotermos é substancialmente mais alta do que a **taxa metabólica padrão** dos ectotermos. A taxa metabólica mínima por grama é inversamente relacionada ao tamanho corporal entre animais semelhantes. Os animais alocam energia para o metabolismo basal (ou padrão), atividade, homeostase, crescimento e reprodução.
- O **torpor**, estado de decréscimo da atividade e do metabolismo, conserva energia durante extremos ambientais. Os animais podem entrar em torpor durante períodos de sono (torpor diário), no inverno (**hibernação**) ou no verão (estivação).

? *Por que os animais pequenos respiram mais rapidamente do que os animais grandes?*

TESTE SEU CONHECIMENTO

Níveis 1-2: Relembre/Entenda

1. O tecido do corpo que consiste em grande parte em material localizado fora das células é o
   (A) tecido epitelial.
   (B) tecido conectivo.
   (C) tecido muscular.
   (D) tecido nervoso.

2. Qual das seguintes características aumenta a taxa de troca de calor entre um animal e seu ambiente?
   (A) Penas ou pelagem
   (B) Vasoconstrição
   (C) Vento soprando na superfície da pele
   (D) Trocador de calor contracorrente

3. Considere as alocações energéticas para um homem, um elefante, um pinguim, um camundongo e uma serpente. O _____ teria o gasto energético anual total mais alto e o/a _____ teria o maior gasto energético por unidade de massa.
   (A) elefante; camundongo.
   (B) elefante; homem.
   (C) camundongo; serpente
   (D) pinguim; camundongo

Níveis 3-4: Aplique/Analise

4. Comparada com uma célula menor, uma célula maior da mesma forma tem:
   (A) menor área de superfície.
   (B) menor área de superfície por unidade de volume.
   (C) a mesma razão entre área de superfície e volume.
   (D) uma razão menor entre citoplasma e núcleo.

5. As entradas de energia e de materiais em um animal excederiam suas saídas
   (A) se ele fosse um endotermo, que deve sempre receber mais energia devido às altas taxas metabólicas.
   (B) se ele estivesse procurando ativamente por alimento.
   (C) se ele estivesse crescendo e aumentando sua massa.
   (D) nunca; devido à homeostase, essas alocações de energia e material sempre estão equilibradas.

6. Você está estudando um grande réptil tropical que tem uma temperatura corporal alta e relativamente estável. Como você determina se esse animal é um endotermo ou um ectotermo?
   (A) Pela sua temperatura corporal alta e estável, você reconhece que ele deve ser um endotermo.
   (B) Você submete esse réptil a diferentes temperaturas no laboratório e constata que suas temperatura corporal e taxa metabólica mudam com a temperatura ambiente. Você conclui que ele é um ectotermo.
   (C) Você observa que seu ambiente tem uma temperatura alta e estável. Visto que a temperatura corporal do animal se iguala à temperatura ambiente, você conclui que ele é um ectotermo.
   (D) Você mede a taxa metabólica do réptil e, por ela ser mais alta do que a de uma espécie aparentada que vive em florestas temperadas, você conclui que esse réptil é um endotermo e seu parente é um ectotermo.

7. Qual dos seguintes animais usa a maior porcentagem da sua alocação energética para regulação homeostática?
   (A) água-viva (um invertebrado)
   (B) serpente em uma floresta temperada
   (C) inseto do deserto
   (D) ave do deserto

8. **DESENHE** Desenhe um modelo do(s) circuito(s) de controle exigido(s) para dirigir um automóvel em uma velocidade praticamente constante por uma estrada montanhosa. Indique cada característica que representa um sensor, um estímulo ou uma resposta.

Níveis 5-6: Avalie/Crie

9. **CONEXÃO EVOLUTIVA** Em 1847, o biólogo alemão Christian Bergmann observou que mamíferos e aves que vivem em latitudes mais altas (mais distantes do equador) são, em média, maiores e mais encorpados do que espécies aparentadas encontradas em latitudes mais baixas. Sugira uma hipótese evolutiva para explicar essa observação.

10. **PESQUISA CIENTÍFICA** Lagartas da espécie *Malacosoma americanum* vivem em grandes grupos em ninhos de seda, parecendo tendas, que elas constroem em árvores. São uns dos primeiros insetos ativos no início da primavera, quando as temperaturas diárias flutuam do ponto de congelamento até muito altas. Ao longo de um dia, elas exibem diferenças impressionantes no comportamento: de manhã cedo, repousam em um grupo bem coeso na superfície do ninho voltada para leste. No meio da tarde, ficam na parte de baixo, com cada lagarta pendurada por algumas das suas pernas. Proponha uma hipótese para explicar esse comportamento. Como você poderia testá-la?

11. **CIÊNCIA, TECNOLOGIA E SOCIEDADE** Pesquisadores em medicina estão investigando substitutos artificiais para vários tecidos humanos. Por que o sangue ou a pele artificiais poderiam ser úteis? De que características esses substitutos necessitariam para funcionar bem no corpo? Por que os tecidos reais funcionam melhor? Por que não utilizar os tecidos reais, se eles funcionam melhor? Que outros tecidos artificiais poderiam ser úteis? Que problemas você poderia prever no seu desenvolvimento e uso?

12. **ESCREVA SOBRE UM TEMA: ENERGIA E MATÉRIA** Em um ensaio curto (em torno de 100-150 palavras) centrado na transferência e transformação de energia, discuta as vantagens e as desvantagens da hibernação.

13. **SINTETIZE SEU CONHECIMENTO** Estes macacos (*Macaca fuscata*) estão parcialmente imersos em uma fonte termal de uma região com muita neve no Japão. Quais são alguns mecanismos pelos quais a forma, a função e o comportamento contribuem para a homeostase desses animais?

Ver respostas selecionadas no Apêndice A.

41 Nutrição nos animais

CONCEITOS-CHAVE

41.1 A dieta de um animal deve fornecer energia química, componentes estruturais orgânicos e nutrientes essenciais *p. 899*

41.2 O processamento do alimento envolve ingestão, digestão, absorção e eliminação *p. 903*

41.3 Órgãos especializados em estágios sucessivos do processamento de alimentos formam o sistema digestório dos mamíferos *p. 905*

41.4 As adaptações evolutivas dos sistemas digestórios dos vertebrados se correlacionam com a dieta *p. 911*

41.5 Circuitos de retroalimentação regulam a digestão, a reserva de energia e o apetite *p. 915*

Dica de estudo

Faça um fluxograma: A digestão ocorre em etapas no canal alimentar humano. À medida que estudar os detalhes moleculares, acompanhe todo o processo adicionando a esse início de fluxograma uma lista dos efeitos gerais e locais de cada etapa.

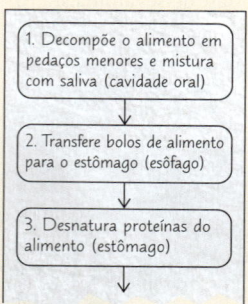

Figura 41.1 Para essa gaivota, chegou a hora do jantar. Uma vez que a refeição é consumida, os tecidos da estrela-do-mar serão degradados, e seus nutrientes ingeridos. Paradoxalmente, as classes de nutrientes na estrela-do-mar – em grande parte proteínas, gorduras e carboidratos – também compõem os tecidos da gaivota.

Como os animais conseguem extrair dos alimentos os nutrientes necessários sem digerir seus próprios tecidos?

Um animal digere o alimento utilizando um **processamento compartimentalizado** em um sistema tubular. A compartimentalização protege os tecidos do corpo ao mesmo tempo que permite que enzimas e ácidos degradem os nutrientes.

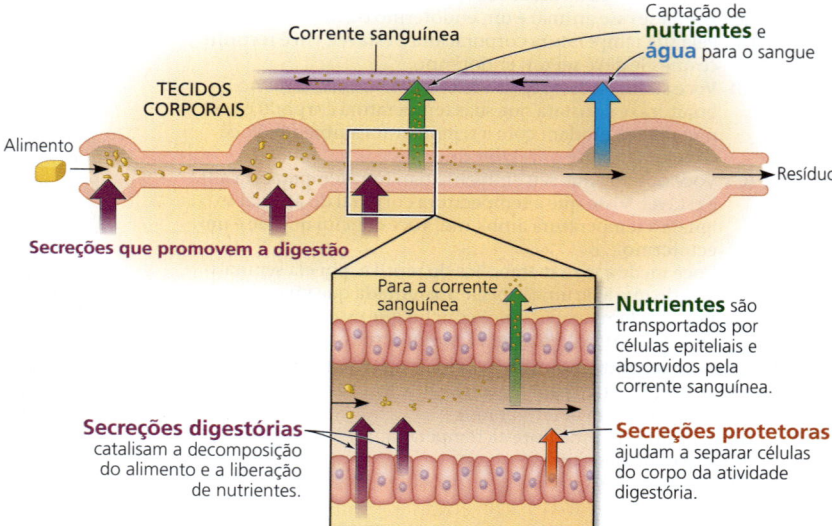

CONCEITO 41.1

A dieta de um animal deve fornecer energia química, componentes estruturais orgânicos e nutrientes essenciais

Embora alimentar-se com estrelas-do-mar, caranguejos e peixes seja a especialidade da gaivota, todos os animais consomem outros organismos – mortos ou vivos, em pedaços ou inteiros. Diferentemente das plantas, os animais precisam consumir alimento para obter energia e moléculas orgânicas, utilizadas para formar novas moléculas, células e tecidos. Em termos gerais, uma dieta adequada deve satisfazer três necessidades: energia química para os processos celulares, componentes estruturais orgânicos para as macromoléculas e nutrientes essenciais. O processo pelo qual um animal adquire e utiliza o alimento para satisfazer essas necessidades constitui a **nutrição**.

As atividades de células, tecidos, órgãos e dos animais inteiros dependem das fontes de energia química na dieta. Essa energia é empregada para produzir ATP, que fornece energia para processos que abrangem desde a replicação de DNA e a divisão celular até a visão e o voo (ver Conceito 8.3). Para satisfazer a demanda de ATP, os animais ingerem e digerem nutrientes, incluindo carboidratos, proteínas e lipídeos, para utilização na respiração celular e no armazenamento de energia.

Além de fornecer combustível para a produção de ATP, um animal precisa das matérias-primas necessárias para a biossíntese. Para construir as moléculas complexas necessárias para crescimento, manutenção e reprodução, o alimento de um animal deve fornecer uma fonte de carbono orgânico (como um açúcar) e uma fonte de nitrogênio orgânico (como uma proteína).

A terceira necessidade da dieta de um animal é fornecer **nutrientes essenciais**, substâncias que um animal precisa, mas não consegue obter de moléculas orgânicas simples.

Nutrientes essenciais

Os nutrientes essenciais na dieta incluem alguns aminoácidos e ácidos graxos, bem como vitaminas e minerais. As funções fundamentais dos nutrientes essenciais incluem servir como substratos de enzimas, como coenzimas e como cofatores em reações biossintéticas **(Figura 41.2)**.

Em geral, um animal pode obter todos os aminoácidos e ácidos graxos essenciais, bem como vitaminas e minerais, alimentando-se de plantas ou de outros animais. As necessidades de nutrientes particulares variam entre as espécies. Por exemplo, alguns animais (incluindo humanos) devem obter ácido ascórbico (vitamina C) de sua dieta, enquanto a maioria dos animais pode sintetizá-lo a partir de outros nutrientes.

Aminoácidos essenciais

Todos os organismos requerem um conjunto padrão de 20 aminoácidos para fabricar um conjunto completo de proteínas (ver Figura 5.14). Plantas e microrganismos normalmente produzem todos os 20 aminoácidos. A maioria dos animais tem as enzimas para sintetizar cerca de metade desses aminoácidos, desde que sua dieta inclua enxofre e nitrogênio orgânico. Os demais aminoácidos devem ser obtidos do alimento na forma pré-fabricada e, por isso, são chamados de **aminoácidos essenciais**. Muitos animais, incluindo os humanos adultos, precisam de oito aminoácidos em suas dietas: isoleucina, leucina, lisina, metionina, fenilalanina, treonina, triptofano e valina. (As crianças necessitam de um nono aminoácido: a histidina.)

As proteínas em produtos animais como carne, ovos e queijo são "completas", fornecendo todos os aminoácidos essenciais. Por outro lado, a maioria das proteínas vegetais é "incompleta", sendo deficiente em um ou mais aminoácidos essenciais. O milho, por exemplo, é deficiente em triptofano e lisina, ao passo que o feijão não tem metionina. Contudo, por meio de uma dieta variada, os vegetarianos conseguem facilmente obter todos os aminoácidos essenciais.

Ácidos graxos essenciais

Os animais precisam de ácidos graxos para sintetizar uma diversidade de componentes celulares, incluindo fosfolipídeos de membrana, moléculas sinalizadoras e gorduras de reserva. Embora consigam sintetizar muitos ácidos graxos, os animais não dispõem das enzimas para formar as ligações duplas encontradas em certos ácidos graxos necessários. Em vez disso, esses compostos moleculares devem ser obtidos da dieta e são considerados **ácidos graxos essenciais**. Em mamíferos,

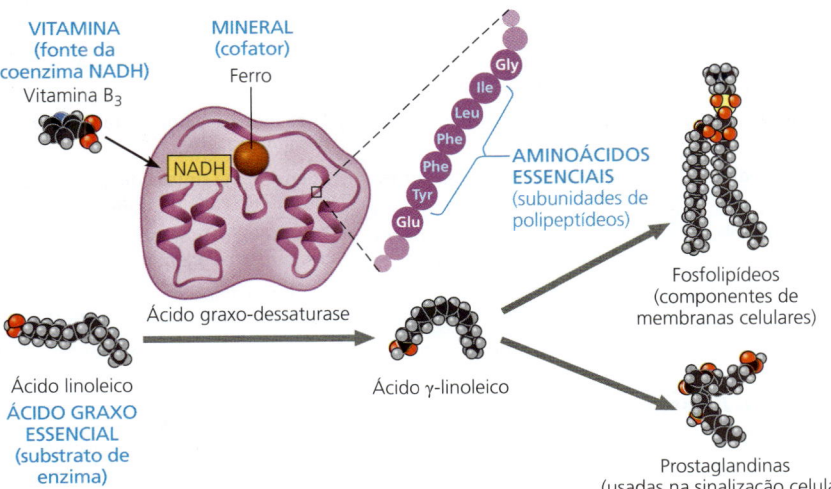

▲ **Figura 41.2 Funções dos nutrientes essenciais.** Este exemplo de uma reação biossintética ilustra algumas funções comuns dos nutrientes essenciais. A conversão do ácido linoleico em ácido γ-linoleico pela enzima ácido graxo-dessaturase envolve todas as quatro classes de nutrientes essenciais, como indicado em azul. Observe que quase todas as enzimas e outras proteínas dos animais contêm alguns aminoácidos essenciais, conforme indicado na sequência parcial mostrada para a enzima ácido graxo-dessaturase.

eles incluem o ácido linoleico (ver Figura 41.2). Animais tipicamente obtêm grandes quantidades de ácidos graxos essenciais de sementes, grãos e vegetais de sua dieta.

Vitaminas

Albert Szent-Györgyi, o descobridor da vitamina C, certa vez brincou dizendo: "A vitamina é uma substância que faz você adoecer, se você *não* a ingerir". As **vitaminas** são moléculas orgânicas necessárias na dieta em quantidades muito pequenas (0,01-100 mg por dia, dependendo da vitamina).

As 13 vitaminas necessárias aos humanos variam em propriedades químicas e função **(Tabela 41.1)**. A vitamina B_2, por exemplo, é uma vitamina hidrossolúvel que é convertida no corpo em FAD, uma coenzima empregada em muitos processos metabólicos, incluindo a respiração celular (ver Figura 9.12). A vitamina C, que é necessária para a produção de tecido conectivo, é também hidrossolúvel.

As vitaminas lipossolúveis incluem a vitamina A, que é incorporada aos pigmentos visuais do olho, e a vitamina D, que auxilia na absorção do cálcio e na formação dos ossos. Nossas necessidades da dieta para vitamina D, diferentemente de outras vitaminas, são variáveis. Por quê? Quando nossa pele é exposta à luz solar, nossos corpos sintetizam vitamina D, reduzindo sua necessidade na dieta.

Para pessoas com dietas desequilibradas, é razoável tomar suplementos vitamínicos nos níveis diários recomendados. Não está claro se doses massivas de vitaminas conferem qualquer benefício para a saúde ou até mesmo se são seguras. Superdoses moderadas de vitaminas hidrossolúveis são provavelmente inofensivas, porque os excessos são excretados na urina. Os excessos de vitaminas lipossolúveis, no entanto, são depositados na gordura do corpo, de modo que o consumo excessivo pode provocar seu acúmulo em níveis tóxicos.

Minerais

Os **minerais** presentes na dieta são nutrientes inorgânicos, como o ferro e o enxofre, geralmente necessários em quantidades pequenas – de menos de 1 mg até cerca de 2.500 mg por dia. Conforme a **Tabela 41.2**, os minerais têm funções diversas na fisiologia animal. Alguns fazem parte da estrutura de proteínas; o ferro, por exemplo, é incorporado à hemoglobina (transportadora de oxigênio), bem como a algumas enzimas (ver Figura 41.2). Outros, como sódio, potássio e cloreto, são importantes no funcionamento dos nervos e músculos e na manutenção do equilíbrio osmótico entre as células e o líquido corporal adjacente. Nos vertebrados, o mineral iodo é incorporado ao hormônio da tireoide, que regula a taxa metabólica. Os vertebrados também necessitam de quantidades relativamente grandes de cálcio e fósforo para a formação e a manutenção dos ossos.

A ingestão muito alta de alguns minerais pode causar problemas de saúde. O excesso de sal (cloreto de sódio), por exemplo, pode contribuir para o aumento da pressão sanguínea.

Tabela 41.1	Necessidades de vitaminas nos humanos		
Vitamina	**Principais fontes alimentares**	**Principais funções no corpo**	**Sintomas da deficiência**
Vitaminas hidrossolúveis			
B_1 (tiamina)	Carne de porco, leguminosas, amendoins, grãos integrais	Coenzima usada na remoção de CO_2 de compostos orgânicos	Beribéri (formigamento, descoordenação, disfunção cardíaca)
B_2 (riboflavina)	Laticínios, carnes, grãos enriquecidos, hortaliças	Componente das coenzimas FAD e FMN	Lesões na pele, como rachaduras nos cantos da boca
B_3 (niacina)	Nozes, carnes, grãos	Componente das coenzimas NAD^+ e $NADP^+$	Lesões na pele e gastrintestinais; delírios, confusão mental
B_5 (ácido pantotênico)	Carnes, laticínios, grãos integrais, frutas, hortaliças	Componente da coenzima A	Fadiga, dormência, formigamento das mãos e dos pés
B_6 (piridoxina)	Carnes, hortaliças, grãos integrais	Coenzima usada no metabolismo dos aminoácidos	Irritabilidade, convulsões, espasmo muscular, anemia
B_7 (biotina)	Leguminosas, hortaliças, carnes	Coenzima na síntese de gordura, glicogênio e aminoácidos	Inflamação escamosa da pele, distúrbios neuromusculares
B_9 (ácido fólico)	Hortaliças verdes, laranja, nozes, leguminosas, grãos integrais	Coenzima no metabolismo de ácidos nucleicos e aminoácidos	Anemia, malformação do tubo neural no feto
B_{12} (cobalamina)	Carnes, ovos, laticínios	Produção de ácidos nucleicos e eritrócitos (glóbulos vermelhos)	Anemia, dormência, perda do equilíbrio
C (ácido ascórbico)	Frutas cítricas, brócolis, tomate	Usada na síntese de colágeno; antioxidante	Escorbuto (degeneração da pele e dos dentes), retardo na cicatrização de feridas
Vitaminas lipossolúveis			
A (retinol)	Hortaliças e frutas verde-escuras e alaranjadas, laticínios	Componente de pigmentos visuais; manutenção de tecidos epiteliais	Cegueira, distúrbios da pele, prejuízo da imunidade
D	Laticínios, gema de ovo	Auxilia a absorção e a utilização do cálcio e do fósforo	Raquitismo (deformações ósseas) em crianças, amolecimento ósseo em adultos
E (tocoferol)	Óleos vegetais, nozes, sementes	Antioxidante; ajuda a evitar danos às membranas celulares	Degeneração do sistema nervoso
K (filoquinona)	Hortaliças verdes, chá; também produzida por bactérias do cólon	Importante na coagulação sanguínea	Coagulação sanguínea defeituosa

Tabela 41.2 Necessidades de minerais nos humanos*

Mineral		Principais fontes alimentares	Principais funções no corpo	Sintomas da deficiência
Necessidade superior a 200 mg por dia	Cálcio (Ca)	Laticínios, hortaliças verde-escuras, leguminosas	Formação dos ossos e dentes, coagulação sanguínea, funções nervosa e muscular	Deficiência de crescimento, perda de massa óssea
	Fósforo (P)	Laticínios, carnes e grãos	Formação dos ossos e dentes, equilíbrio acidobásico, síntese de nucleotídeos	Fraqueza, perda de minerais dos ossos, perda de cálcio
	Enxofre (S)	Proteínas de muitas fontes	Componente de certos aminoácidos	Deficiência de crescimento, fadiga, inchaço
	Potássio (K)	Carnes, laticínios, muitas frutas e hortaliças, grãos	Equilíbrio acidobásico, balanço hídrico, função nervosa	Fraqueza muscular, paralisia, náusea, insuficiência cardíaca
	Cloro (Cl)	Sal de cozinha	Equilíbrio acidobásico, formação do suco gástrico, função nervosa, equilíbrio osmótico	Cãibras, redução do apetite
	Sódio (Na)	Sal de cozinha	Equilíbrio acidobásico, balanço hídrico, função nervosa	Cãibras, redução do apetite
	Magnésio (Mg)	Grãos integrais, hortaliças de folhas verdes	Cofator enzimático, bioenergética do ATP	Distúrbios do sistema nervoso
Ferro (Fe)		Carnes, ovos, leguminosas, grãos integrais, hortaliças de folhas verdes	Componente da hemoglobina e dos carreadores de elétrons; cofator enzimático	Anemia ferropriva, fraqueza, prejuízo da imunidade
Flúor (F)		Água potável, chá, frutos do mar	Manutenção da estrutura dos dentes	Frequência mais alta de queda dos dentes
Iodo (I)		Frutos do mar, sal iodado	Componente dos hormônios da tireoide	Bócio (aumento da glândula tireoide)

*Outros minerais necessários em quantidades-traço incluem cobalto (Co), manganês (Mn), molibdênio (Mo), selênio (Se) e zinco (Zn). Em excesso, todos esses minerais, bem como os da tabela, podem ser prejudiciais.

Esse é um problema sério nos Estados Unidos, onde uma pessoa comum consome sal suficiente para suprir em torno de 20 vezes a quantidade necessária de sódio. Os alimentos processados muitas vezes contêm grandes quantidades de cloreto de sódio, mesmo que não tenham gosto muito salgado.

Variabilidade na dieta

Apesar de compartilharem muitas necessidades nutricionais, os animais têm dietas diversas. Os **herbívoros**, como bovinos, lesmas-marinhas e lagartas, ingerem principalmente plantas ou algas. Os **carnívoros**, como lontras-marinhas, falcões e aranhas, ingerem principalmente outros animais. Ratos e outros **onívoros** (do latim *omnis*, tudo) na verdade não comem de tudo, mas consomem regularmente animais e também plantas ou algas. Os humanos são onívoros típicos, assim como as baratas e os corvos.

Os termos *herbívoro*, *carnívoro* e *onívoro* representam os tipos de alimento que um animal ingere regularmente. No entanto, a maioria dos animais é de alimentadores oportunistas, consumindo itens alimentares fora da sua dieta-padrão quando os alimentos habituais estão indisponíveis. Por exemplo, veados são herbívoros, mas ocasionalmente comem insetos, minhocas ou ovos de aves. Da mesma maneira, gaivotas se alimentam de invertebrados marinhos, insetos e pequenos peixes, mas também de rejeitos humanos. Observe, também, que os microrganismos são um "suplemento" inevitável na dieta de qualquer animal.

Deficiências alimentares

Uma dieta sem um ou mais nutrientes essenciais ou que fornece continuamente menos energia química do que o corpo necessita resulta em *desnutrição*, a incapacidade de obter nutrição adequada. A desnutrição afeta 1 em cada 4 crianças no mundo, prejudicando sua saúde e frequentemente sua sobrevivência.

Deficiências de nutrientes essenciais

O consumo insuficiente de nutrientes essenciais pode causar deformidades, doenças e até a morte. Por exemplo, veados e outros herbívoros podem desenvolver ossos frágeis se as plantas que eles consomem tiverem crescido em um ambiente deficiente em fósforo. Nesses ambientes, alguns animais pastejadores obtêm nutrientes em falta pelo consumo de fontes concentradas de sal ou outros minerais **(Figura 41.3)**. De modo semelhante, algumas aves suplementam sua dieta com conchas de moluscos, e certas tartarugas obtêm minerais ingerindo pedras.

Como outros animais, os humanos às vezes têm dietas deficientes em nutrientes essenciais. Uma dieta que fornece quantidades insuficientes de um ou mais aminoácidos essenciais causa deficiência proteica, o tipo mais comum de desnutrição entre os humanos. Em crianças, a deficiência proteica pode surgir se sua dieta mudar do leite materno

▶ **Figura 41.3 Obtendo nutrientes essenciais de uma fonte incomum.** Uma jovem cabra-montesa (*Rupicapra rupicapra*), animal herbívoro, lambe sais de rochas expostas em seu hábitat alpino. Esse comportamento é comum entre herbívoros que vivem onde os solos e as plantas fornecem quantidades insuficientes de minerais.

para alimentos que contêm relativamente pouca proteína, como o arroz. Essas crianças, se sobreviverem à infância, com frequência apresentarão desenvolvimento físico e mental debilitado.

Subnutrição

Como mencionado anteriormente, a desnutrição pode também ser causada por uma dieta que não fornece suficiente energia química. Nessa situação, o corpo utiliza primeiro carboidratos e gorduras armazenados. E, então, começa a quebrar suas próprias proteínas como combustível. Os músculos atrofiam, e o cérebro pode se tornar deficiente em proteína. Se o consumo de energia permanecer menor do que os gastos, o animal, por fim, morrerá. Mesmo que um animal seriamente subnutrido sobreviva, alguns dos danos podem ser irreversíveis.

A nutrição inadequada em humanos é mais comum quando o fornecimento de alimento é gravemente interrompido por seca, guerra ou outra crise. Na África Subsaariana, onde a epidemia da Aids devastou comunidades rurais e urbanas, aproximadamente 200 milhões de crianças e adultos não conseguem obter alimento suficiente.

Às vezes, a subnutrição ocorre em populações humanas bem alimentadas, como consequência de transtornos alimentares. Por exemplo, a anorexia nervosa envolve perda de peso em um nível que não é saudável para a idade e o peso de um indivíduo e pode estar relacionada a uma imagem distorcida do corpo.

Avaliando as necessidades nutricionais

A determinação da dieta ideal para a população humana é um problema importante e difícil para os cientistas. Como objeto de estudo, as pessoas apresentam muitos desafios. Ao contrário de animais de laboratório, os humanos são geneticamente diversos. Além disso, vivem sob condições muito mais variadas do que o ambiente estável e uniforme que os cientistas utilizam em experimentos de laboratório. As preocupações éticas representam uma barreira adicional. Por exemplo, não é aceitável investigar as necessidades nutricionais de crianças de maneira que possa prejudicar seu crescimento ou desenvolvimento.

Muitas ideias sobre nutrição humana vieram da *epidemiologia*, o estudo da saúde e doença humana em nível populacional. Na década de 1970, por exemplo, os pesquisadores descobriram que crianças nascidas de mães de baixa condição socioeconômica eram mais propensas a ter defeitos do tubo neural, que ocorrem quando o tecido não consegue revestir o encéfalo e a medula espinal em desenvolvimento (ver Conceito 47.2). O cientista inglês Richard Smithells achava que a desnutrição entre essas mulheres podia ser a responsável. Conforme descrito na **Figura 41.4**, ele constatou que a suplementação com vitaminas reduzia muito o risco de defeitos do tubo neural. Em outros estudos, ele coletou evidências de que o ácido fólico (vitamina B$_9$) era a vitamina específica responsável, achado confirmado por outros pesquisadores. Com base nessas evidências, em 1998 os Estados Unidos começaram a exigir que o ácido fólico fosse adicionado a produtos de grãos enriquecidos, usados para fazer pão, cereais e outros alimentos. Estudos complementares documentaram a eficácia desse programa na redução da frequência de defeitos do tubo neural. Assim, em uma época em que microcirurgias e sofisticados exames de imagem dominam as manchetes, uma simples mudança alimentar, como a suplementação com ácido fólico, pode estar entre as maiores contribuições para a saúde humana.

▼ **Figura 41.4** Pesquisa

A dieta pode influenciar a frequência de defeitos do tubo neural?

Experimento Richard Smithells, da Universidade de Leeds, Inglaterra, examinou o efeito da suplementação vitamínica no risco de defeitos do tubo neural. Mulheres que tiveram um ou mais bebês com esse defeito foram colocadas em dois grupos de estudo. O grupo experimental consistia em mulheres que estavam planejando uma gravidez e começaram a tomar um multivitamínico pelo menos 4 semanas antes de tentarem a concepção. O grupo-controle, ao qual não foram administradas vitaminas, incluiu mulheres que não quiseram tomá-las e mulheres que já estavam grávidas. Os números de defeitos do tubo neural resultantes das gestações foram registrados para cada grupo.

Resultados

Grupo	Número de crianças/fetos estudados	Crianças/fetos com defeito do tubo neural
Com suplementação vitamínica (grupo experimental)	141	1
Sem suplementação vitamínica (grupo-controle)	204	12

Dados de R. W. Smithells et al., Possible prevention of neural-tube defects by periconceptional vitamin supplementation, *Lancet* 315:339–340 (1980).

Conclusão Este estudo controlado forneceu evidências de que a suplementação vitamínica protege contra defeitos do tubo neural, pelo menos após a primeira gravidez. Experimentos complementares demonstraram que o ácido fólico sozinho forneceu um efeito protetor equivalente.

INTERPRETE OS DADOS *Após a suplementação com ácido fólico tornar-se padrão nos Estados Unidos, a frequência de defeitos do tubo neural caiu para uma média de apenas 1 a cada 5.000 nascidos vivos. Proponha duas explicações sobre por que a frequência observada foi muito mais alta no grupo experimental do estudo de Smithells.*

REVISÃO DO CONCEITO 41.1

1. Os animais precisam de 20 aminoácidos para sintetizar proteínas. Por que nem todos eles são essenciais na dieta dos animais?
2. **FAÇA CONEXÕES** Considerando como as enzimas funcionam (ver Conceito 8.4), explique por que as vitaminas são necessárias em quantidades muito pequenas.
3. **E SE?** Se um animal de zoológico consumindo alimento suficiente mostrar sinais de desnutrição, como um pesquisador pode determinar qual nutriente está faltando na sua dieta?

Ver as respostas sugeridas no Apêndice A.

CONCEITO 41.2

O processamento do alimento envolve ingestão, digestão, absorção e eliminação

Seja qual for sua dieta, os animais precisam processar o alimento. Pode-se dividir o processamento do alimento em ingestão, digestão, absorção e eliminação. O primeiro estágio, a **ingestão**, é o ato de comer ou alimentar-se. Como mostrado na **Figura 41.5**, quatro categorias bem diferentes descrevem os mecanismos de alimentação da maioria das espécies animais.

Durante a **digestão**, o segundo estágio do processamento, o alimento é decomposto em moléculas suficientemente pequenas para o corpo absorvê-las. Em geral, são necessários processos mecânicos e químicos. A digestão mecânica, como a mastigação ou a trituração, quebra o alimento em pedaços menores, aumentando a sua área de superfície. As partículas de alimentos, então, sofrem digestão química, a qual quebra moléculas grandes em componentes menores.

A digestão química é necessária porque os animais não conseguem utilizar diretamente as proteínas, os carboidratos, os ácidos nucleicos, as gorduras e os fosfolipídeos presentes no alimento. Essas moléculas são muito grandes para passar através das membranas celulares e também não são idênticas àquelas de que o animal necessita para seus tecidos e funções particulares. No entanto, quando moléculas grandes do alimento são quebradas em seus componentes menores, o animal consegue utilizar esses produtos da digestão para compor as moléculas grandes de que precisa. Por exemplo, embora a baleia-jubarte e a mosca tsé-tsé na Figura 41.5 tenham dietas muito diferentes, ambas decompõem as proteínas do seu alimento nos mesmos 20 aminoácidos, a partir dos quais montam todas as proteínas específicas em seus corpos.

A síntese catalisada por enzimas de uma gordura ou macromolécula une componentes menores, liberando uma molécula de água para cada nova ligação covalente formada. A digestão química realizada por enzimas reverte esse processo, rompendo as ligações pela adição de água. Esse processo de dissociação é denominado *hidrólise enzimática*. Os polissacarídeos e dissacarídeos são decompostos em açúcares simples, como mostrado aqui para a sacarose e sua enzima sacarase:

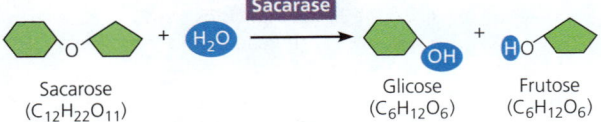

▲ **Hidrólise enzimática de um dissacarídeo**

De modo similar, as proteínas são decompostas em pequenos peptídeos e aminoácidos, e ácidos nucleicos são decompostos em nucleotídeos e seus componentes. A hidrólise enzimática também libera ácidos graxos e outros componentes de gorduras e fosfolipídeos. Em muitos animais, as bactérias que vivem no sistema digestório participam da digestão química.

Os últimos dois estágios do processamento ocorrem após o alimento ter sido digerido. No terceiro estágio, a **absorção**, as células do animal absorvem moléculas pequenas, como aminoácidos e açúcares simples. A **eliminação**, na qual o material não digerido é evacuado do sistema digestório, completa o processo.

Compartimentos digestórios

Como mencionado, as enzimas digestórias hidrolisam os mesmos materiais biológicos (como proteínas, gorduras e carboidratos) que constituem os corpos dos próprios animais. Como, então, os animais são capazes de digerir o alimento sem digerir suas próprias células e tecidos? A adaptação evolutiva que permitiu aos animais evitar a autodigestão é o processamento de alimento dentro de compartimentos intra ou extracelulares especializados.

Digestão intracelular

Vacúolos alimentares – organelas celulares nas quais as enzimas hidrolíticas decompõem o alimento – são os compartimentos digestórios mais simples. A hidrólise do alimento dentro do vacúolo, denominada digestão intracelular, inicia depois que uma célula engolfa alimento sólido por fagocitose ou alimento líquido por pinocitose (ver Figura 7.21). Vacúolos alimentares recém-formados se fundem com lisossomos, organelas que contêm enzimas hidrolíticas. Essa fusão de organelas coloca o alimento em contato com as enzimas, permitindo que a digestão ocorra com segurança dentro de um compartimento envolvido por uma membrana protetora. Alguns animais, como as esponjas, digerem todo o seu alimento dessa maneira (ver Figura 33.4).

Digestão extracelular

Na maioria das espécies animais, a hidrólise ocorre em grande parte por digestão extracelular, a decomposição do alimento em compartimentos que são contínuos com o exterior do corpo do animal. A presença de um ou mais compartimentos extracelulares para a digestão permite que um animal devore pedaços muito maiores de alimento do que podem ser ingeridos por fagocitose.

Animais com planos corporais relativamente simples têm um compartimento digestório com uma abertura única. Essa bolsa, chamada **cavidade gastrovascular**, atua na digestão e também na distribuição de nutrientes pelo corpo (por isso a parte *vascular* no termo). Pequenos cnidários de água doce chamados hidras fornecem um bom exemplo **(Figura 41.6)**. A hidra, um carnívoro, utiliza seus tentáculos para colocar a presa capturada pela boca para dentro da cavidade gastrovascular. Células glandulares especializadas da gastroderme da hidra, a camada de tecido que reveste a cavidade, secretam enzimas digestórias que decompõem os tecidos moles da presa em pequenos pedaços. Outras células da gastroderme engolfam essas partículas alimentares, e a maior parte da hidrólise de macromoléculas ocorre de maneira intracelular. Depois que a hidra digeriu

Figura 41.5 Explorando os quatro principais mecanismos de alimentação dos animais

Alimentação por filtragem

Muitos animais aquáticos são **filtradores**, que peneiram pequenos organismos ou partículas de alimento do meio circundante. A baleia-jubarte, mostrada acima, é um exemplo. Ligadas à maxila superior da baleia existem placas semelhantes a pentes, chamadas de barbatanas, que retiram pequenos invertebrados e peixes de enormes volumes de água e, às vezes, de lama. A alimentação por filtragem em água é um tipo de alimentação em suspensão, que também inclui a remoção de partículas alimentares suspensas do meio circundante pelo mecanismo de captura ou retenção.

Alimentação de substrato

Os **consumidores de substrato** são animais que vivem dentro ou sobre a sua fonte de alimento. Esta lagarta mineradora de folhas, a larva de uma mariposa, está comendo o tecido macio de uma folha de carvalho e deixando um rastro escuro de fezes pelo caminho. Outros consumidores de substrato são as larvas de moscas que enterram carcaças de animais.

Alimentação líquida (sucção)

Os **sugadores** extraem líquidos ricos em nutrientes de um hospedeiro vivo. Este mosquito furou a pele do seu hospedeiro humano com seu aparelho bucal oco semelhante a uma agulha e está consumindo sangue (MEV colorizada). De maneira similar, os afídeos são sugadores que utilizam a seiva do floema de certas plantas. Diferentemente desses parasitos, alguns sugadores beneficiam seus hospedeiros. Por exemplo, os beija-flores e as abelhas transportam o pólen entre flores enquanto se alimentam de néctar.

Alimentação em pedaços grandes

Os animais, na sua maioria, incluindo os humanos, são **consumidores de pedaços grandes**, ingerindo porções de alimento relativamente grandes. Suas adaptações incluem tentáculos, pinças, garras, caninos venenosos, mandíbulas e dentes que matam a presa ou rasgam pedaços de carne ou vegetação. Nesta imagem incrível, uma serpente (píton-das-rochas) está começando a ingerir uma gazela que ela capturou e matou. As serpentes não conseguem mastigar o seu alimento em pedaços, devendo engoli-lo inteiro – mesmo que a presa seja muito maior do que o diâmetro da serpente. Elas conseguem fazer isso porque sua mandíbula é frouxamente aderida ao crânio por um ligamento elástico, permitindo que a boca e a garganta tenham ampla abertura. Após engolir a presa, o que pode levar mais de 1 hora, a serpente levará 2 semanas ou mais digerindo o alimento.

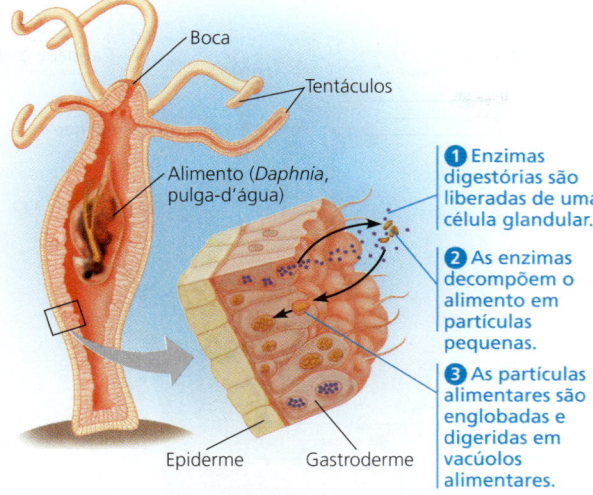

▲ **Figura 41.6 Digestão em uma hidra.** A digestão começa na cavidade gastrovascular e é completada de maneira intracelular, depois que pequenas partículas alimentares são engolfadas por células especializadas da gastroderme.

DESENHE *Faça um diagrama simples, identificando o caminho que os nutrientes seguem a partir da entrada do alimento na boca da hidra até quando ele alcança uma célula no lado externo da extremidade de um de seus tentáculos.*

sua refeição, materiais não digeridos que permanecem na sua cavidade gastrovascular, como os exoesqueletos de pequenos crustáceos, são eliminados pela boca. Muitos vermes planos também têm uma cavidade gastrovascular (ver Figura 33.9).

Em vez de uma cavidade gastrovascular, animais com planos corporais complexos têm um tubo digestório com duas aberturas, boca e ânus **(Figura 41.7)**. Esse tubo é denominado *trato digestório completo* ou, mais comumente, **canal alimentar**. O alimento se move ao longo do canal alimentar em uma única direção, encontrando uma série de compartimentos especializados que realizam a digestão e a absorção de nutrientes em etapas. Um animal com canal alimentar consegue ingerir alimentos enquanto refeições anteriores ainda estão sendo digeridas, façanha difícil ou ineficiente para um animal com cavidade gastrovascular.

Como a maioria dos animais tem um canal alimentar, o sistema digestório dos mamíferos pode servir para ilustrar os princípios gerais do processamento de alimentos.

REVISÃO DO CONCEITO 41.2

1. Diferencie a estrutura geral de uma cavidade gastrovascular daquela de um canal alimentar.
2. Em que sentido os nutrientes de uma refeição recentemente ingerida não estão, de fato, "dentro" do seu corpo antes do estágio de absorção do processamento de alimentos?
3. **E SE?** Em uma perspectiva ampla, que semelhanças você consegue identificar entre a digestão no corpo de um animal e a degradação da gasolina em um motor de automóvel? (Você não precisa ter conhecimento sobre mecânica de automóvel.)

Ver as respostas sugeridas no Apêndice A.

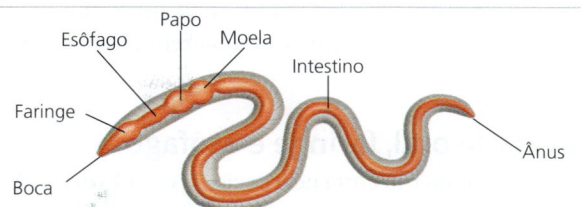

(a) Minhoca. O canal alimentar de uma minhoca inclui uma faringe muscular que suga o alimento pela boca. Depois de passar pelo esôfago, o alimento é armazenado e umedecido no papo. A digestão mecânica ocorre na moela muscular, que reduz o alimento com o auxílio de um pouco de areia e cascalho. A digestão e a absorção continuam a ocorrer no intestino antes que os resíduos sejam eliminados pelo ânus.

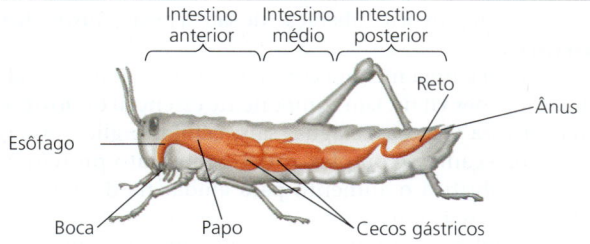

(b) Gafanhoto. Um gafanhoto tem várias câmaras digestórias agrupadas em três regiões principais: o intestino anterior, com o esôfago e o papo; o intestino médio; e o intestino posterior. O alimento é umedecido e armazenado no papo, mas a maior parte da digestão ocorre no intestino médio. Bolsas denominadas cecos gástricos se estendem desde o início do intestino médio e atuam na digestão e absorção.

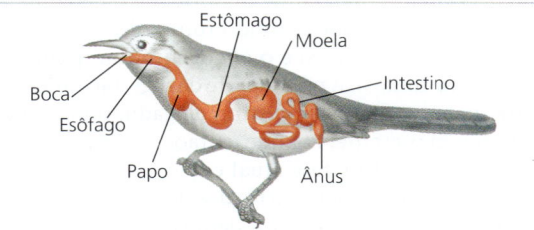

(c) Ave. Muitas aves têm o papo para armazenar alimento e o estômago e a moela para digeri-lo mecanicamente. A digestão química e a absorção dos nutrientes ocorrem no intestino.

▲ **Figura 41.7 Variação em canais alimentares.** Esses exemplos ilustram como a organização e a estrutura de compartimentos para a digestão, o armazenamento e a absorção diferem entre os animais.

CONCEITO 41.3

Órgãos especializados em estágios sucessivos do processamento de alimentos formam o sistema digestório dos mamíferos

Em mamíferos, algumas glândulas acessórias auxiliam o processamento do alimento por meio da secreção de sucos digestórios pelos ductos do canal alimentar. Há três pares de glândulas salivares, bem como três glândulas individuais: o pâncreas, o fígado e a vesícula biliar. Para explorar o funcionamento coordenado das glândulas acessórias e do canal alimentar, vamos considerar as etapas do processamento do alimento enquanto uma refeição passa pelo canal de um humano.

Cavidade oral, faringe e esôfago

Logo que o alimento entra pela boca, ou **cavidade oral**, o processamento do alimento começa **(Figura 41.8)**. Dentes com formas especializadas cortam, trituram e moem o alimento, quebrando-o em pedaços menores. Essa quebra mecânica não somente aumenta a área de superfície disponível para a quebra química, como também facilita a deglutição. Ao mesmo tempo, a antecipação da chegada do alimento na cavidade oral provoca a liberação de saliva pelas **glândulas salivares**.

A saliva é uma mistura complexa de materiais com algumas funções vitais. Um componente essencial é o **muco**, uma mistura viscosa de água, sais, células e glicoproteínas escorregadias (complexos de carboidrato-proteína). O muco lubrifica o alimento para ajudar na deglutição, protege as gengivas da abrasão e facilita o paladar e o olfato. A saliva também contém tampões, que ajudam a impedir a cárie dentária pela neutralização da acidez, além de agentes antimicrobianos (como a lisozima; ver Figura 5.16) que protegem contra as bactérias que entram na boca junto ao alimento.

Uma questão tem intrigado cientistas há muito tempo: a saliva contém uma grande quantidade da enzima **amilase**, a qual decompõe o amido (um polímero da glicose proveniente das plantas) e o glicogênio (um polímero da glicose dos animais). A maior parte da digestão química não ocorre na boca, mas no intestino delgado, onde a amilase também está presente. Por que, então, a saliva contém tanta amilase? Uma hipótese atual é que a amilase na saliva libera partículas de alimento que estão presas aos dentes, reduzindo, portanto, os nutrientes disponíveis para os microrganismos que vivem na boca.

A língua também tem funções importantes no processamento do alimento. Da mesma maneira que um porteiro observa e auxilia pessoas entrando em um hotel de luxo, a língua ajuda nos processos digestórios ao avaliar o material ingerido, distinguindo quais alimentos devem ser processados antes e permitindo a sua passagem. (Ver o Conceito 50.4 para uma discussão do sentido do paladar.) Depois que a mastigação começa, os movimentos da língua manipulam a mistura de saliva e alimento, ajudando a transformá-la em um aglomerado chamado de *bolo alimentar* **(Figura 41.9)**. No ato de engolir, a língua ajuda empurrando o bolo alimentar para o fundo da cavidade oral e para dentro da faringe.

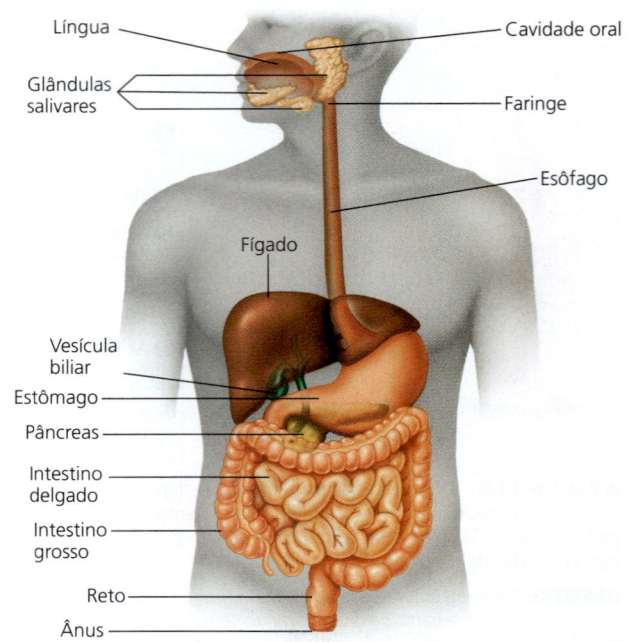

▲ **Figura 41.8 Sistema digestório humano.** Depois de mastigado e engolido, o alimento leva 5 a 10 segundos para passar pelo esôfago e chegar ao estômago, onde permanece por 2 a 6 horas durante os primeiros estágios de processamento. A digestão completa e a absorção dos nutrientes ocorrem no intestino delgado ao longo de 5 a 6 horas. O processamento é concluído no intestino grosso, e o material não digerido é expelido pelo ânus como fezes.

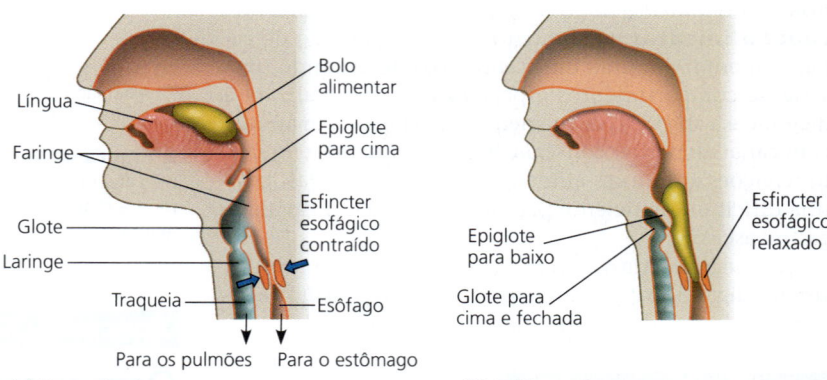

(a) Traqueia aberta   **(b) Esôfago aberto**

▲ **Figura 41.9 Intersecção da via respiratória e do trato digestório humano.** Nos humanos, a faringe se conecta à traqueia e ao esôfago. **(a)** Na maioria das vezes, o esfincter contraído veda o esôfago, enquanto a traqueia permanece aberta. **(b)** Quando o bolo alimentar alcança a faringe, o reflexo de engolir é desencadeado. O movimento da laringe – a parte superior da via respiratória – inclina para baixo uma saliência de tecido denominada epiglote, impedindo que o alimento entre na traqueia. Ao mesmo tempo, o esfincter esofágico relaxa, permitindo que o bolo alimentar passe para o esôfago. A traqueia, então, reabre, e as contrações peristálticas do esôfago movem o bolo alimentar para o estômago.

HABILIDADES VISUAIS *Se você rir enquanto bebe água, o líquido pode ser ejetado de suas narinas. Use este diagrama para explicar por que isso acontece, levando em conta que o riso envolve expiração.*

O bolo alimentar é recebido pela **faringe**, ou região da garganta, a qual leva a duas passagens: o esôfago e a traqueia. O **esôfago** é um tubo muscular que se conecta ao estômago; a traqueia leva aos pulmões. O ato de engolir deve ser cuidadosamente coordenado, para evitar que alimento e líquidos entrem na traqueia, causando engasgo, uma obstrução dessa passagem. A falta de fluxo de ar para os pulmões resultante pode ser fatal se o material não for deslocado por uma tossida vigorosa, uma série de tapas ou uma pressão para cima feita na altura do diafragma (manobra de Heimlich).

No interior do esôfago, o alimento é empurrado por **peristaltismo**, ondas alternadas de contração e relaxamento de músculo liso. Ao alcançar o final do esôfago, o bolo encontra um **esfincter**, uma válvula muscular em forma de anel **(Figura 41.10)**. Atuando como um cordão elástico, o esfincter regula a passagem do alimento ingerido para dentro do próximo compartimento, o estômago.

Digestão no estômago

O **estômago**, que está localizado logo abaixo do diafragma, tem duas funções fundamentais na digestão. A primeira é o armazenamento. Com uma parede muito elástica e dobrada como o fole de um acordeão, o estômago pode se esticar para acomodar cerca de 2 L de alimento e líquido. A segunda função fundamental é processar o alimento até transformá-lo em uma suspensão líquida. O estômago secreta um líquido digestório denominado **suco gástrico**, misturando-o com o alimento em uma ação semelhante à de uma batedeira. A mistura do alimento ingerido com o suco gástrico é chamada de **quimo**.

Digestão química no estômago

Dois componentes do suco gástrico ajudam a liquefazer o alimento no estômago. Primeiro, o ácido clorídrico (HCl) rompe a matriz extracelular que une as células na carne e no material vegetal. A concentração de HCl é tão alta que o pH do suco gástrico situa-se em torno de 2, ácido o suficiente para dissolver pregos de ferro (e matar a maioria das bactérias). Esse pH baixo desnatura (desdobra) as proteínas no alimento, aumentando a exposição das suas ligações peptídicas. As ligações expostas são, então, atacadas por um segundo componente do suco gástrico – uma **protease**, ou enzima digestora de proteína, denominada **pepsina**. Ao contrário da maioria das enzimas, a pepsina é adaptada para funcionar melhor em ambiente muito ácido. Ao quebrar ligações peptídicas, ela decompõe proteínas em polipeptídeos menores e, então, expõe os conteúdos dos tecidos ingeridos.

Dois tipos de células nas glândulas gástricas do estômago produzem os componentes do suco gástrico (ver Figura 41.10). As *células parietais* utilizam uma bomba de ATP para expelir íons hidrogênio no lúmen. Ao mesmo tempo, íons cloreto se difundem para o lúmen mediante canais específicos de membrana das células parietais. Portanto, é apenas dentro do lúmen que os íons hidrogênio e cloreto se combinam para formar HCl. Enquanto isso, as *células-chefe* liberam pepsina no lúmen em uma forma inativa, denominada pepsinogênio. O HCl converte **pepsinogênio** em pepsina ativa ao retirar uma porção pequena da molécula e expor o

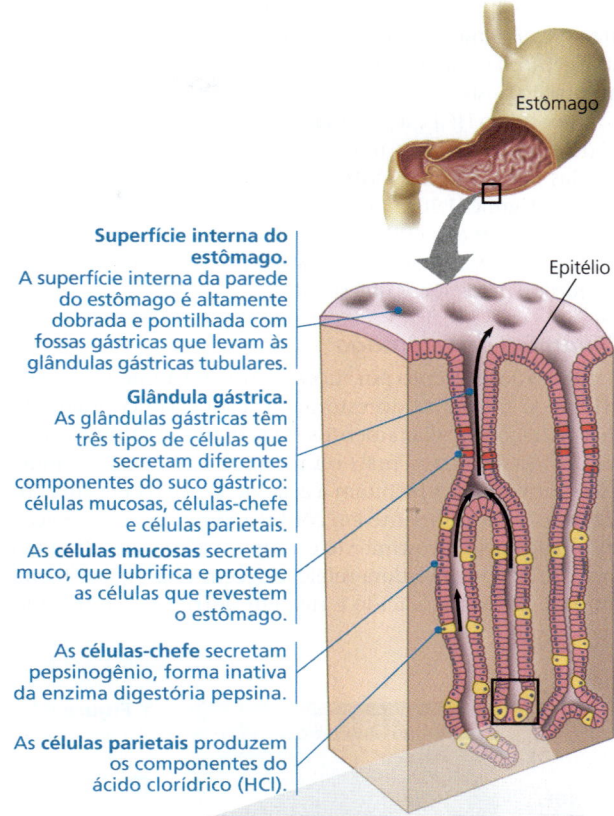

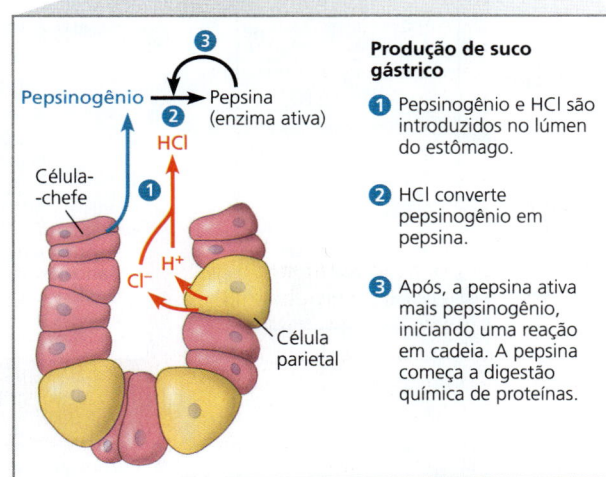

▲ **Figura 41.10** O estômago e suas secreções.

seu sítio ativo. Por meio desses processos, o HCl e a pepsina se formam no lúmen (cavidade) do estômago e não dentro de células das glândulas gástricas. Como resultado, as células-chefe e as células parietais produzem suco gástrico, mas não são digeridas em seus interiores por seus componentes.

Depois que o ácido clorídrico converte uma pequena quantidade de pepsinogênio em pepsina, a própria pepsina ajuda a ativar o pepsinogênio remanescente. A pepsina, como o HCl, pode cortar o pepsinogênio para expor o sítio ativo da enzima. Isso gera mais pepsina, que ativa mais pepsinogênio. Essa série de eventos é um exemplo de retroalimentação positiva (ver Conceito 40.2).

Por que o HCl e a pepsina não danificam o revestimento do estômago? Em primeiro lugar, o muco secretado pelas células nas glândulas gástricas protege contra a autodigestão (ver Figura 41.10). Além disso, a divisão celular adiciona uma nova camada epitelial em média a cada 3 dias, substituindo células antes que o revestimento seja completamente erodido pelos sucos digestórios.

Dinâmica do estômago

A quebra do alimento por sucos gástricos é aumentada pela atividade muscular do estômago. Essa série coordenada de contrações e relaxamentos musculares mistura os conteúdos do estômago mais ou menos a cada 20 segundos. Esses movimentos facilitam a ação do HCl e da pepsina colocando todo o alimento em contato com os sucos gástricos secretados pelo revestimento estomacal. Como resultado, o que começou como uma refeição recém-engolida se torna um líquido pastoso ácido e rico em nutrientes conhecido como quimo.

Contrações dos músculos do estômago também auxiliam a mover o material pelo canal alimentar. As contrações peristálticas geralmente movem os conteúdos do estômago para o intestino delgado dentro de 2-6 horas após uma refeição. O esfincter localizado onde o estômago se abre para o intestino delgado ajuda a regular a passagem para esse intestino, permitindo apenas um esguicho de quimo por vez.

Algumas vezes, o esfincter no topo do estômago permite um movimento, ou fluxo, de quimo do estômago de volta para a extremidade posterior do esôfago. A irritação dolorida do esôfago que resulta desse processo de refluxo ácido é geralmente chamada de azia.

Digestão no intestino delgado

Embora ocorra alguma digestão química na cavidade oral e no estômago, a maior parte da hidrólise enzimática de macromoléculas do alimento ocorre no intestino delgado **(Figura 41.11)**. O nome desse órgão se refere ao pequeno diâmetro comparado com o intestino grosso, e não ao seu comprimento. O **intestino delgado** é, na realidade, o compartimento mais longo do canal alimentar – mais de

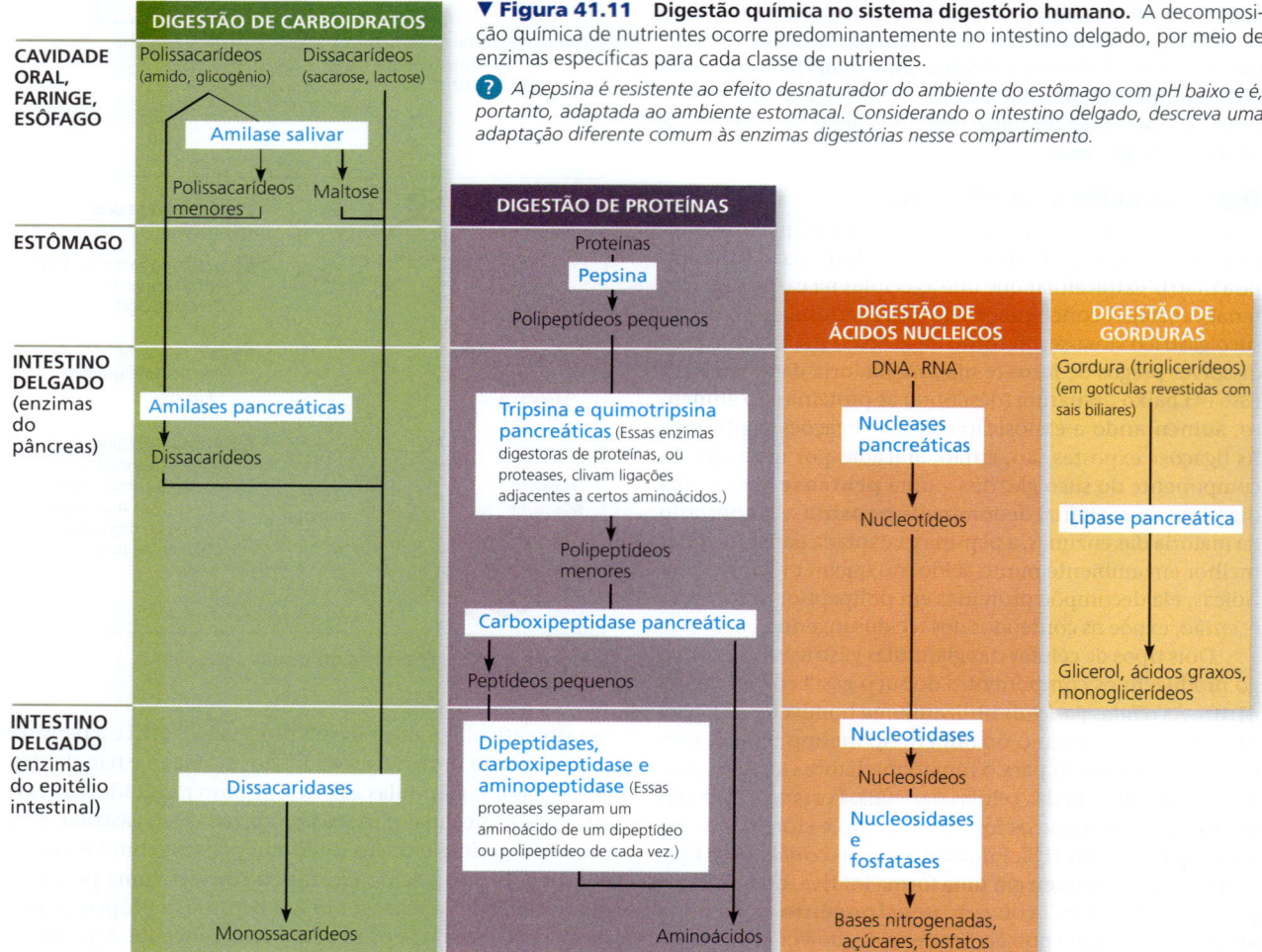

▼ **Figura 41.11** **Digestão química no sistema digestório humano.** A decomposição química de nutrientes ocorre predominantemente no intestino delgado, por meio de enzimas específicas para cada classe de nutrientes.

? *A pepsina é resistente ao efeito desnaturador do ambiente do estômago com pH baixo e é, portanto, adaptada ao ambiente estomacal. Considerando o intestino delgado, descreva uma adaptação diferente comum às enzimas digestórias nesse compartimento.*

6 m de comprimento nos humanos. Os primeiros 25 cm do intestino delgado formam o **duodeno**. É nele que o quimo do estômago se mistura com os sucos digestórios do pâncreas, fígado e vesícula biliar, bem como das células glandulares da própria parede intestinal. Como você verá no Conceito 41.5, os hormônios liberados pelo estômago e pelo duodeno controlam as secreções digestórias para dentro do canal alimentar.

A chegada do quimo no duodeno provoca a liberação do hormônio secretina, o qual estimula o **pâncreas** a secretar bicarbonato. O bicarbonato neutraliza a acidez do quimo e atua como um tampão para a digestão química no intestino delgado. O pâncreas também secreta várias enzimas digestórias para dentro do intestino delgado. Elas incluem as proteases tripsina e quimotripsina, que são produzidas em forma inativa. Em uma reação em cadeia similar à do pepsinogênio, elas são ativadas quando localizadas com segurança no lúmen do duodeno.

O revestimento epitelial do duodeno é a fonte de enzimas digestórias adicionais. Algumas são secretadas para dentro do lúmen do duodeno, ao passo que outras são ligadas à superfície das células epiteliais. Juntamente com as enzimas do pâncreas, elas completam a maior parte da digestão no duodeno.

As gorduras representam um grande desafio para a digestão. Insolúveis em água, elas formam grandes glóbulos que não podem ser atacados eficientemente por enzimas digestórias. Em humanos e outros vertebrados, a digestão de gordura é facilitada pelos sais biliares, os quais atuam como emulsificantes (detergentes) que decompõem a gordura e os glóbulos lipídicos. Os sais biliares são um componente importante da **bile**, uma secreção do **fígado** que é armazenada e concentrada na **vesícula biliar**.

A produção da bile é metabolicamente ligada à outra função vital do fígado: a destruição de eritrócitos que não funcionam mais. Os pigmentos liberados durante a degradação dos eritrócitos são incorporados aos pigmentos da bile, os quais são eliminados do corpo com as fezes. Em alguns distúrbios hepáticos ou sanguíneos, os pigmentos biliares se acumulam na pele, resultando em uma coloração amarela característica denominada icterícia.

Absorção no intestino delgado

Com a digestão em grande parte completa, os conteúdos do duodeno são movidos por peristaltismo para dentro do *jejuno* e do *íleo*, as regiões restantes do intestino delgado. Lá, a absorção dos nutrientes ocorre através do revestimento do intestino **(Figura 41.12)**. As grandes dobras do revestimento que envolve o intestino apresentam projeções que lembram dedos e são chamadas de **vilosidades**. Dentro das vilosidades, cada célula epitelial tem muitas projeções microscópicas, ou **microvilosidades**, voltadas para o lúmen intestinal. Essas microvilosidades epiteliais têm a aparência de uma escova, de onde vem o nome *borda de escova*. Juntas, as dobras, vilosidades e microvilosidades têm uma área de superfície de 200 a 300 m², o tamanho aproximado de uma quadra de tênis. Essa enorme área de superfície é uma adaptação evolutiva que aumenta consideravelmente a taxa de absorção de nutrientes (ver na Figura 33.9 mais discussões e exemplos de maximização da área de superfície em diferentes organismos).

Dependendo do nutriente, o transporte através das células epiteliais pode ser passivo ou ativo (ver Conceitos 7.3 e 7.4). A frutose (um açúcar), por exemplo, move-se por difusão facilitada, seguindo o gradiente de concentração do lúmen do intestino delgado para dentro das células epiteliais.

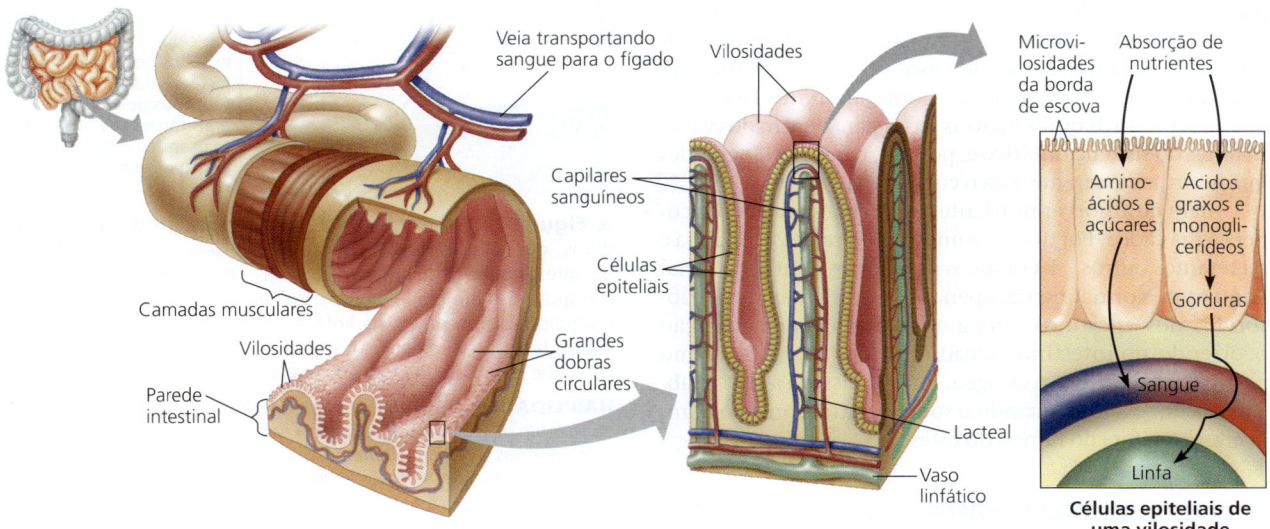

▲ **Figura 41.12 Absorção de nutrientes no intestino delgado.** Nutrientes hidrossolúveis, como aminoácidos e açúcares, entram na corrente sanguínea, enquanto gorduras são transportadas para o sistema linfático.

❓ *As tênias às vezes infectam o canal alimentar humano, ancorando-se na parede do intestino delgado. Com base em como a digestão se compartimentaliza ao longo do canal alimentar de mamíferos, que funções digestórias você esperaria que esses parasitos tivessem?*

A partir daí, a frutose sai da superfície basal e é absorvida em vasos sanguíneos microscópicos, ou capilares, no centro de cada vilosidade. Outros nutrientes, incluindo aminoácidos, pequenos peptídeos, vitaminas e a maioria das moléculas de glicose, entram nas células epiteliais da vilosidade por bombeamento contra gradientes de concentração. Esse transporte ativo permite muito mais absorção desses nutrientes do que seria possível apenas com a difusão passiva.

Os capilares e as veias que transportam sangue rico em nutrientes para longe das vilosidades convergem para a **veia porta hepática**, um vaso sanguíneo que leva diretamente ao fígado. Do fígado, o sangue viaja para o coração e depois para outros tecidos e órgãos. Esse arranjo desempenha duas funções principais: primeiro, permite que o fígado regule a distribuição de nutrientes para o resto do corpo. Como o fígado converte muitos nutrientes orgânicos em diferentes formas para uso em outros locais, o sangue que sai do fígado tem um balanço nutricional muito diferente do sangue que entrou. Em segundo lugar, o arranjo permite que o fígado remova substâncias tóxicas antes que elas possam circular amplamente. O fígado é o sítio primário para desintoxicação de muitas moléculas orgânicas estranhas ao corpo, como drogas, medicamentos e certos resíduos metabólicos.

Embora muitos nutrientes deixem o intestino delgado pela corrente sanguínea e passem pelo fígado para serem processados, alguns produtos da digestão das gorduras (triglicerídeos, também conhecidos como triacilgliceróis) tomam um caminho diferente **(Figura 41.13)**. A hidrólise de uma gordura pela lipase no intestino delgado gera ácidos graxos e um monoglicerídeo (glicerol unido a ácido graxo). Esses produtos são absorvidos pelas células epiteliais e recombinados em triglicerídeos. Em seguida, são revestidos com fosfolipídeos, colesterol e proteínas, formando glóbulos chamados de **quilomícrons**.

Ao sair do intestino delgado, quilomícrons entram primeiro em um **lacteal**, um vaso no centro de cada vilosidade. Os lacteais são parte do sistema linfático dos vertebrados, que é uma rede de vasos cheios de um líquido translúcido denominado linfa. Começando nos lacteais, a linfa contendo os quilomícrons passa para dentro dos vasos maiores do sistema linfático e, por fim, para as veias grandes que retornam o sangue para o coração.

Além de absorver nutrientes, o intestino delgado recupera água e íons. Por dia, consumimos cerca de 2 L de água e secretamos outros 7 L em sucos digestórios dentro do canal alimentar. Normalmente, apenas 0,1 L de água não é reabsorvida nos intestinos, com a maior parte da recuperação ocorrendo no intestino delgado. Não há um mecanismo para o transporte ativo de água. Em vez disso, a água é reabsorvida por osmose, quando o sódio e outros íons são bombeados para fora do lúmen do intestino.

Processamento no intestino grosso

O canal alimentar termina no **intestino grosso**, que inclui o cólon, o ceco e o reto. O intestino delgado se conecta ao intestino grosso por uma junção em forma de T **(Figura 41.14)**. Um braço do T é o **cólon**, com 1,5 m de comprimento, que dá acesso ao reto e ao ânus. O outro braço é uma bolsa chamada de **ceco**. Em animais que consomem grandes quantidades de matéria vegetal, o ceco tem um papel importante na fermentação do material

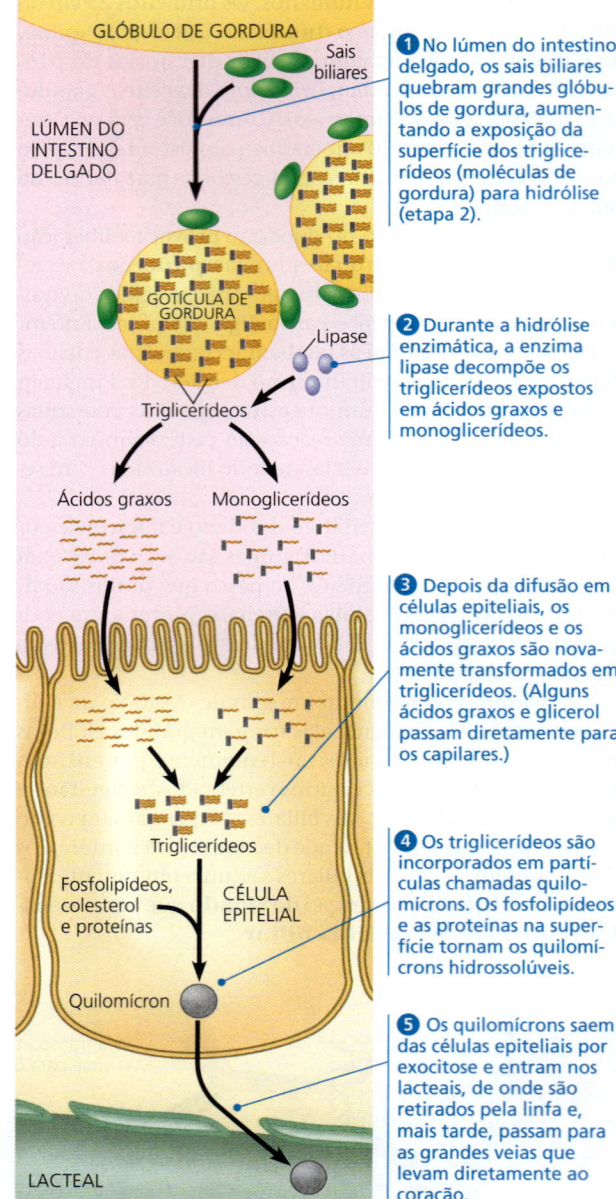

▲ **Figura 41.13 Digestão e absorção de gorduras.** As gorduras, que são insolúveis em água, são decompostas no lúmen do intestino delgado, reformadas nas células epiteliais, e então transportadas em glóbulos hidrossolúveis chamados quilomícrons. Os quilomícrons entram na linfa por meio de vasos estreitos chamados lacteais e são depois transferidos para o sangue em grandes veias que levam ao fígado e ao coração.

HABILIDADES VISUAIS Setas em dois locais nesta figura indicam o movimento de materiais entre a célula epitelial e seu entorno. Identifique e circule essas setas. Em algum desses locais os movimentos representados requerem um aporte de energia? Explique.

ingerido. Em humanos, o ceco é pequeno e tem um **apêndice**, uma extensão em forma de dedo que age como um reservatório para microrganismos simbiontes, que são discutidos no Conceito 41.4.

O cólon completa a reabsorção da água que começou no intestino delgado. O que permanece são as **fezes**, dejetos do sistema digestório, que se tornam progressivamente sólidas à medida que são movidas ao longo do cólon por peristaltismo. O material leva em torno de 12 a 24 horas para percorrer o comprimento do cólon. O material não digerido nas fezes inclui a fibra de celulose. Embora não proporcione qualquer valor calórico (energia) aos humanos, a fibra ajuda a mover o alimento ao longo do canal alimentar.

Se o revestimento do cólon for irritado – por infecção viral ou bacteriana, por exemplo – pode haver menos reabsorção de água do que o normal, resultando em diarreia. O problema oposto – a constipação – ocorre quando o deslocamento das fezes ao longo do cólon é lento demais. A água é reabsorvida em demasia, e as fezes se tornam compactas.

A comunidade de bactérias que vive em material orgânico não absorvido no cólon humano contribui com cerca de um terço do peso seco das fezes. Como subprodutos do seu metabolismo, muitas bactérias do cólon geram gases, incluindo metano e sulfeto de hidrogênio, o qual tem cheiro desagradável. Esses gases e o ar ingerido são expelidos pelo ânus.

A porção terminal do intestino grosso é o **reto**, onde as fezes são armazenadas até que possam ser eliminadas. Dois esfíncteres separam o reto e o ânus; o mais interno é involuntário e o externo é voluntário. Periodicamente,

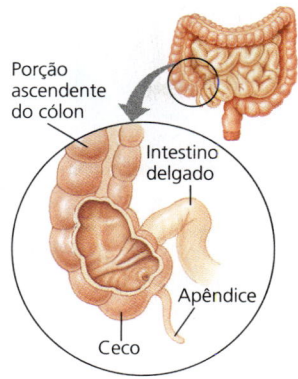

▲ **Figura 41.14** Junção dos intestinos delgado e grosso.

contrações fortes do cólon criam uma vontade de defecar. Uma vez que o enchimento do estômago desencadeia um reflexo que aumenta a taxa de contrações no cólon, o impulso de defecar muitas vezes ocorre após uma refeição.

Tendo seguido o caminho de uma refeição pelo canal alimentar, vamos ver agora algumas adaptações desse plano digestivo geral em diferentes animais.

REVISÃO DO CONCEITO 41.3

1. Explique por que um inibidor da bomba de prótons, como o fármaco omeprazol, consegue aliviar os sintomas do refluxo ácido.
2. Os ácidos em sais biliares têm superfícies lipossolúveis (hidrofóbicas) e superfícies hidrossolúveis (hidrofílicas). Como tal organização é benéfica para a atuação dos sais biliares na digestão?
3. **E SE?** Se você misturasse suco gástrico com alimento amassado em um tubo de ensaio, o que aconteceria?

Ver as respostas sugeridas no Apêndice A.

CONCEITO 41.4

As adaptações evolutivas dos sistemas digestórios dos vertebrados se correlacionam com a dieta

EVOLUÇÃO Os sistemas digestórios de vertebrados são variados, com muitas adaptações ligadas à dieta de cada animal. Para evidenciar como a forma se ajusta à função, examinaremos algumas delas.

Adaptações dos dentes

A dentição, a diversidade de dentes de um animal, é um exemplo de variação estrutural que reflete a dieta (**Figura 41.15**). A adaptação evolutiva dos dentes para processar

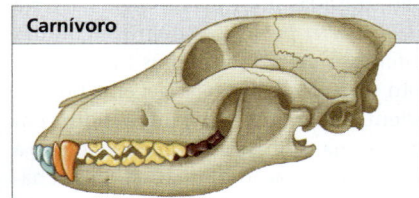

Carnívoro

Os carnívoros, como os membros das famílias do cão e do gato, geralmente têm incisivos grandes e pontiagudos e caninos que podem ser usados para matar a presa, arrancar ou cortar pedaços de carne. Os pré-molares e molares dentados amassam e trituram o alimento.

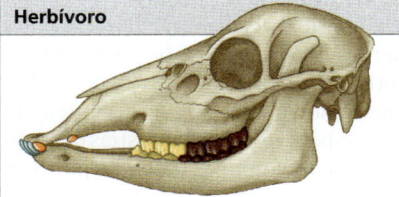

Herbívoro

Os herbívoros, como os cavalos e veados, normalmente têm pré-molares e molares com superfícies largas e salientes que moem o material vegetal resistente. Os incisivos e caninos são geralmente modificados para abocanhar pedaços de vegetais. Em alguns herbívoros, não existem caninos.

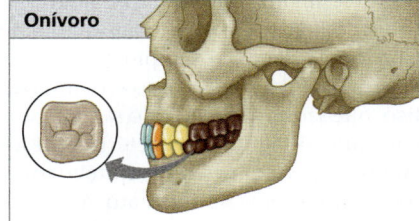

Onívoro

Na condição de onívoros, os seres humanos são adaptados para comer vegetais e carne. Os adultos têm 32 dentes. Da frente para trás, ao longo de cada um dos lados da boca existem: quatro incisivos em forma de lâmina para morder, um par de caninos pontiagudos para rasgar, quatro pré-molares para moer e seis molares para amassar (ver destaque acima).

Legenda ▨ Incisivos   ▨ Caninos   ▨ Pré-molares   ▨ Molares

▲ **Figura 41.15** Dentição e dieta.

diferentes tipos de alimento é uma das principais razões de os mamíferos terem sido tão bem-sucedidos. Por exemplo, a lontra-marinha utiliza seus dentes caninos afiados para destroçar presas como caranguejos e os molares ligeiramente arredondados para esmagar suas carapaças. Os vertebrados não mamíferos geralmente têm dentição menos especializada, mas existem exceções interessantes. Serpentes peçonhentas, como as cascavéis, possuem presas, dentes modificados que injetam peçonha (veneno) na presa. Algumas presas são ocas, como seringas, ao passo que outras pingam a toxina ao longo de sulcos nas superfícies dos dentes.

Adaptações do estômago e do intestino

As adaptações evolutivas às diferenças na dieta são às vezes aparentes como variações nas dimensões dos órgãos digestórios. Por exemplo, estômagos grandes e expansíveis são comuns em vertebrados carnívoros, que podem esperar um longo tempo entre refeições e devem comer o máximo possível ao capturar uma presa. Um estômago expansível permite a uma (píton-das-rochas) ingerir uma gazela inteira (ver Figura 41.5) e a um leão de 200 kg consumir 40 kg de carne em uma refeição!

A adaptação é também aparente no comprimento do sistema digestório em diferentes vertebrados. Em geral, os herbívoros e os onívoros têm canais alimentares mais longos em relação ao tamanho do seu corpo do que os carnívoros. A matéria vegetal é mais difícil de digerir do que a carne, pois contém paredes celulares. Um trato digestório mais longo proporciona mais tempo para a digestão e mais área de superfície para a absorção de nutrientes. Como exemplo, considere o leão e o coala na **Figura 41.16**. O coala tem intestinos muito mais longos, relativamente a seu tamanho, para o processamento de folhas de eucalipto fibrosas e pobres em proteína, das quais ele obtém quase todos os seus nutrientes e água.

Adaptações mutualísticas

Estima-se que 10 a 100 trilhões de bactérias vivam no sistema digestório humano. A coexistência de humanos e muitas bactérias intestinais é um exemplo de mutualismo, uma interação entre duas espécies que beneficia a ambas (ver Conceito 54.1). Por exemplo, algumas bactérias intestinais produzem vitaminas, como vitamina K, biotina e ácido fólico, que são absorvidas pelo sangue, suplementando nosso consumo alimentar. As bactérias intestinais também regulam o desenvolvimento do epitélio intestinal e o funcionamento do sistema imune inato. As bactérias, por sua vez, recebem um suprimento regular de nutrientes e um ambiente estável do hospedeiro.

Recentemente, ampliamos grandemente nosso conhecimento do **microbioma**, o conjunto de microrganismos que vivem dentro e sobre o corpo, junto com seu material genético. Para estudar o microbioma, os cientistas estão usando a abordagem de sequenciamento do DNA com base na reação em cadeia da polimerase (PCR, ver Figura 20.8).

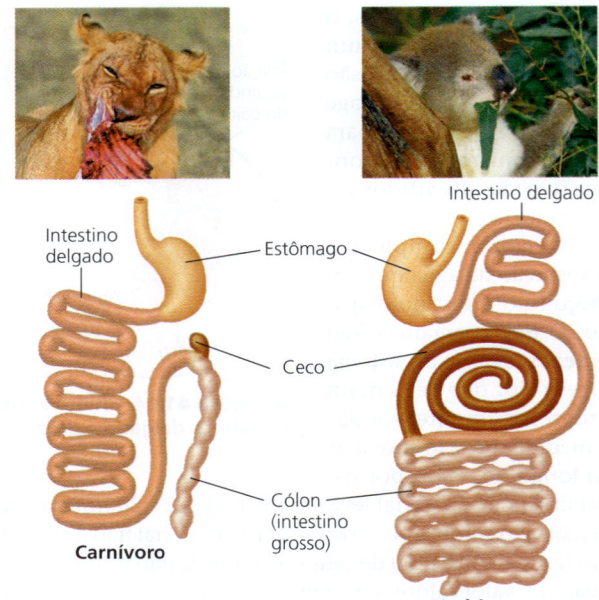

▲ **Figura 41.16 Canal alimentar de um carnívoro (leão) e de um herbívoro (coala).** O trato digestório relativamente curto do leão é suficiente para digerir carne e absorver seus nutrientes. Em contrapartida, o longo canal alimentar do coala é especializado para digerir folhas de eucalipto. A longa mastigação pica as folhas em minúsculos pedaços, aumentando a exposição aos sucos digestórios. No longo ceco e na porção superior do cólon, bactérias simbióticas digerem as folhas partidas, liberando nutrientes que o coala pode absorver.

Até agora, eles descobriram mais de 400 espécies bacterianas no trato digestório humano, um número muito maior do que o identificado por meio de abordagens baseadas em cultura e caracterização laboratorial. Além disso, pesquisadores encontraram diferenças significativas no microbioma associadas com dieta, doença e idade **(Figura 41.17)**.

Um exemplo da importância de estudos do microbioma vem da pesquisa sobre úlceras gástricas, uma doença que danifica o revestimento estomacal. Experimentos demonstrando que úlceras são causadas por infecção pela bactéria tolerante a ácidos *Helicobacter pylori* e podem ser curadas com antibióticos conferiram aos pesquisadores australianos Barry Marshall e Robin Warren o Prêmio Nobel em 2005.

Recentemente, cientistas analisaram o microbioma em amostras de estômagos humanos para compreender como a infecção por *H. pylori* leva à formação de úlceras. Seus achados foram dramáticos: a infecção por *H. pylori* levava à eliminação quase completa de todas as espécies de bactérias encontradas normalmente no estômago **(Figura 41.18)**.

Estudos sobre o microbioma levaram a terapias para infecções intestinais provocadas por patógenos resistentes a antibióticos, um importante problema de saúde pública. Uma dessas terapias é o transplante de microbiota fecal, no qual a microbiota de um indivíduo saudável é introduzida no intestino do paciente. Essa abordagem tem sido usada

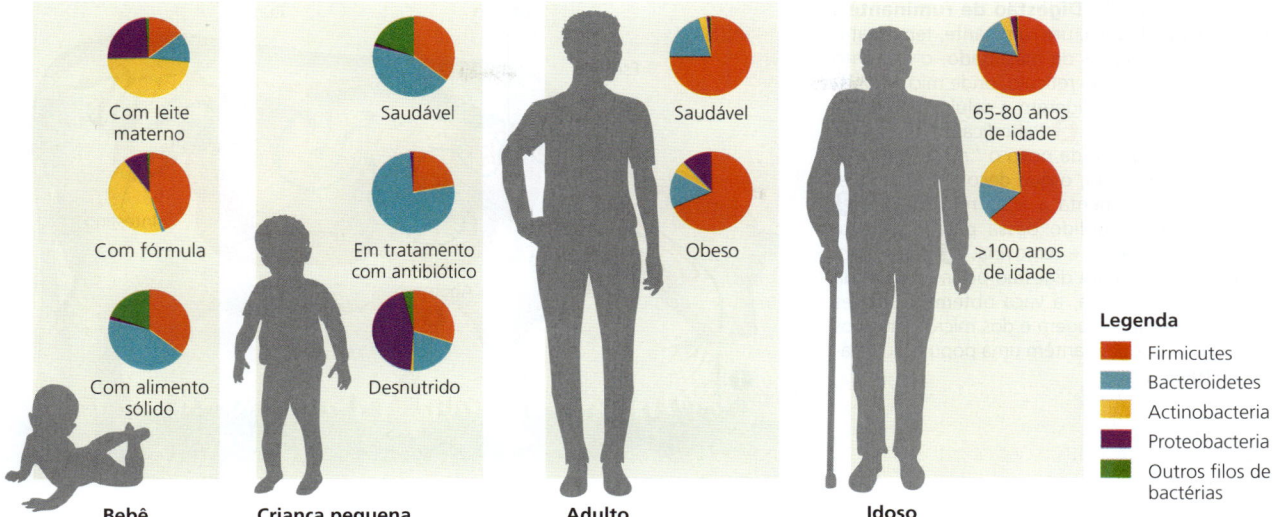

▲ **Figura 41.17 Variação no microbioma do intestino humano em diferentes estágios de vida.** Ao copiar e sequenciar DNA bacteriano em amostras obtidas de tratos intestinais de humanos de diferentes idades, pesquisadores caracterizaram a comunidade de bactérias que faz parte do intestino humano e como ela muda com a idade.

INTERPRETE OS DADOS *Usando dados mostrados nas Figuras 41.17 e 41.18, compare a abundância relativa de actinobactérias no microbioma do trato intestinal de um adulto saudável com aquela em um estômago saudável. Sugira uma possível explicação de por que a composição da microbiota nos dois órgãos é diferente mesmo sendo o intestino e o estômago diretamente conectados.*

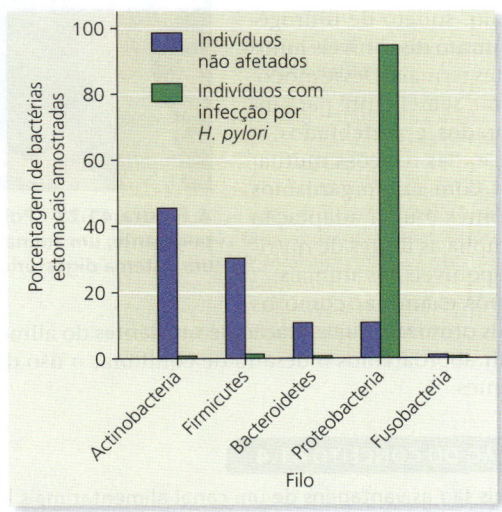

▲ **Figura 41.18 Microbioma e a saúde do estômago.** Nas amostras de indivíduos infectados com *Helicobacter pylori*, mais de 95% das sequências pertenciam a essa espécie, que faz parte do filo Proteobacteria. O microbioma estomacal em indivíduos não infectados era muito mais diverso.

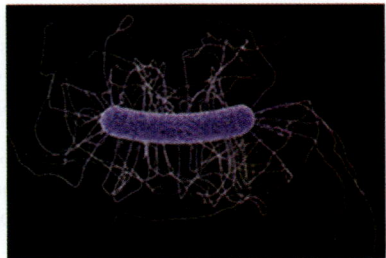

▶ **Figura 41.19** *Clostridium difficile.*

para diarreias intratáveis causadas pela bactéria *Clostridium difficile* **(Figura 41.19)**. Essas infecções são mais comuns depois de um tratamento com antibiótico ter eliminado o microbioma residente. Testes clínicos mostraram que a abordagem do transplante fecal é efetiva, embora exista um risco real de infecção secundária.

Outro tratamento contra patógenos resistentes a antibióticos utiliza bacteriófagos, vírus que infectam bactérias, mas não células humanas (ver Conceito 19.1). Em 2017, bacteriófagos modificados geneticamente para combater uma bactéria patogênica resistente a múltiplos fármacos, *Acinetobacter baumannii*, foram usados com sucesso para recuperar a saúde de um paciente gravemente afetado.

Adaptações mutualísticas em herbívoros

As relações mutualísticas com microrganismos são também muito importantes em herbívoros. Os herbívoros obtêm muito da energia química de que precisam da celulose presente nas paredes das células vegetais, mas, como outros animais, eles não produzem enzimas que hidrolisam a celulose. Em vez disso, muitos vertebrados (assim como os cupins, cujas dietas à base de madeira consistem em grande parte em celulose) hospedam grandes populações de bactérias e protistas mutualísticos em câmaras de

▶ **Figura 41.20 Digestão de ruminantes.** O estômago da vaca, um ruminante, tem quatro câmaras. ❶ Depois de mastigado, o alimento entra no rúmen e no retículo, onde microrganismos mutualísticos digerem a celulose presente no material vegetal. ❷ Periodicamente, a vaca regurgita e mastiga de novo o "alimento" proveniente do retículo, o que decompõe fibras e, desse modo, aumenta a ação microbiana. ❸ O alimento reengolido passa para o omaso, onde parte da água é removida. ❹ Após, passa ao abomaso, para digestão pelas enzimas da vaca. Dessa maneira, a vaca obtém nutrientes importantes da pastagem e dos microrganismos mutualísticos, que mantêm uma população estável no rúmen.

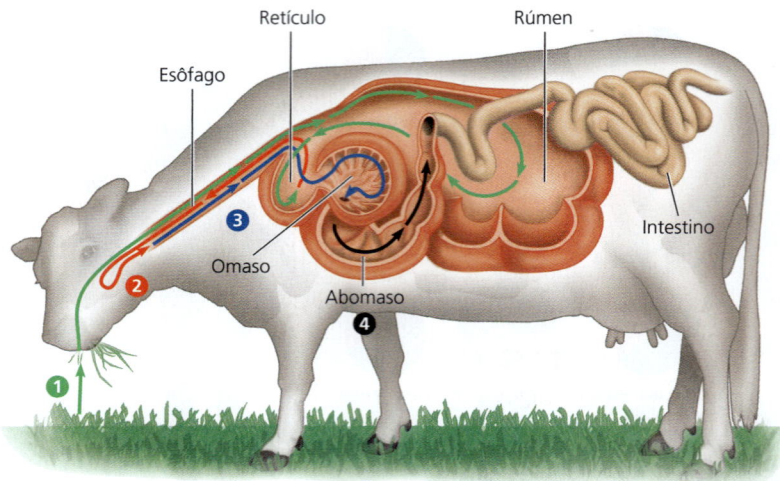

fermentação dentro de seus canais alimentares. Esses microrganismos têm enzimas capazes de decompor celulose em açúcares simples e outros compostos que o animal consegue absorver. Em muitos casos, os microrganismos também utilizam os açúcares da celulose digerida para produzir diversos nutrientes essenciais para o animal, como vitaminas e aminoácidos.

Em cavalos, coalas e elefantes, os microrganismos simbiontes estão alojados em um grande ceco. Por outro lado, o jacu-cigano (*Opisthocomus hoazin*), espécie de ave herbívora encontrada em florestas pluviais da América do Sul, hospeda microrganismos em um grande papo muscular (uma bolsa esofágica; ver Figura 41.7). As bordas duras na parede do papo moem as folhas em pequenos fragmentos, e os microrganismos decompõem a celulose.

Em coelhos e alguns roedores, as bactérias mutualísticas vivem no intestino grosso e também no ceco. Uma vez que a maior parte dos nutrientes é absorvida no intestino delgado, subprodutos nutritivos da fermentação por bactérias no intestino grosso são inicialmente perdidos com as fezes. Os coelhos e roedores recuperam esses nutrientes por *coprofagia* (do grego para "comer dejetos"), comendo parte das suas fezes e passando uma segunda vez esse alimento pelo canal alimentar. As conhecidas "pelotas" de coelho não reingeridas são as fezes eliminadas depois que o alimento passou duas vezes pelo trato digestório.

A mais elaborada adaptação para a dieta de um herbívoro evoluiu nos animais chamados *ruminantes*, que incluem veados, ovinos e bovinos **(Figura 41.20)**.

Embora tenhamos centrado nossa discussão nos vertebrados, adaptações relacionadas à digestão são também disseminadas entre outros animais. Alguns dos exemplos mais notáveis são os poliquetas-gigantes, com mais de 3 m de comprimento **(Figura 41.21)**, que vivem sob pressões de 260 atmosferas perto de fontes hidrotermais do mar profundo (ver Figura 52.16). Esses anelídeos não têm boca, nem sistema digestório. Em vez disso, obtêm toda a sua energia e seus nutrientes de bactérias mutualísticas que vivem dentro dos seus corpos. Essas bactérias realizam quimioautotrofia (ver Conceito 27.3) usando dióxido de carbono, oxigênio, sulfeto de hidrogênio e nitrato disponíveis junto às fontes termais. Desse modo, de forma semelhante para invertebrados e vertebrados, a evolução das relações mutualísticas com microrganismos simbiontes é uma adaptação que amplia as fontes de nutrição disponíveis aos animais.

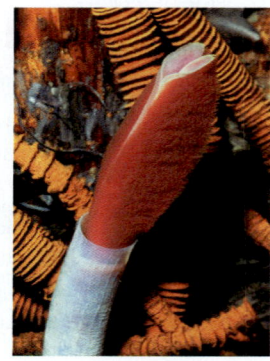

▲ **Figura 41.21** Poliqueta-gigante, um animal sem um sistema digestório.

Após examinar como os animais otimizam sua extração de nutrientes do alimento, a seguir abordaremos o desafio de equilibrar o uso desses nutrientes.

REVISÃO DO CONCEITO 41.4

1. Quais são as vantagens de um canal alimentar mais longo para o processamento do material vegetal que é difícil de digerir?
2. Que características do sistema digestório de um mamífero o tornam um hábitat atrativo para microrganismos mutualísticos?
3. **E SE?** As pessoas "intolerantes à lactose" têm escassez de lactase, a enzima que degrada a lactose do leite. Por isso, às vezes desenvolvem cólicas, flatulência ou diarreia após consumir produtos derivados do leite. Suponha que uma pessoa assim comesse iogurte contendo bactérias produtoras de lactase. Por que o consumo de iogurte provavelmente proporcionaria um alívio apenas temporário dos sintomas?

Ver as respostas sugeridas no Apêndice A.

CONCEITO 41.5

Circuitos de retroalimentação regulam a digestão, a reserva de energia e o apetite

Para completar nossa discussão sobre nutrição animal, vamos explorar como a obtenção e o uso de nutrientes são adaptados às circunstâncias e à necessidade de energia de um animal.

Regulação da digestão

Muitos animais fazem longos intervalos entre refeições. Sob tais circunstâncias, não é necessário que seus sistemas digestórios estejam continuamente ativos. Em vez disso, o processamento é ativado em etapas. Quando o alimento chega em um novo compartimento, ele provoca a secreção de sucos digestórios para o próximo estágio de processamento. Contrações musculares, então, movem os conteúdos adiante, ao longo do canal. Por exemplo, já aprendemos que os reflexos nervosos estimulam a liberação da saliva quando o alimento entra na cavidade oral e ajudam a engolir quando o bolo alimentar alcança a faringe. De modo semelhante, a chegada do alimento ao estômago desencadeia os movimentos estomacais e a liberação de sucos gástricos. Esses eventos, bem como o peristaltismo nos intestinos delgado e grosso, são regulados pelo *sistema nervoso entérico*, uma rede de neurônios dedicados aos órgãos digestórios.

O sistema endócrino também desempenha um papel fundamental no controle da digestão. Conforme descrito na **Figura 41.22**, uma série de hormônios liberados pelo estômago e pelo duodeno ajuda a assegurar que as secreções digestórias estejam presentes somente quando necessárias. Como todos os hormônios, eles são transportados pela corrente sanguínea. Isso é verdadeiro mesmo para o hormônio gastrina, secretado pelo estômago e dirigido ao mesmo órgão.

Regulação da reserva de energia

Quando um animal ingere mais moléculas ricas em energia do que necessita para o metabolismo e suas atividades, ele armazena o excesso de energia (ver Conceito 40.4). Em humanos, células do fígado e músculos servem como sítios primários para armazenamento de energia. Nessas células, o excesso de energia proveniente da dieta é armazenado na forma de glicogênio, polímero composto de muitas unidades de glicose (ver Figura 5.6b). Quando os depósitos de glicogênio estão completos, qualquer excesso de energia é geralmente armazenado como gordura nos adipócitos.

Quando são ingeridas menos calorias do que são gastas – talvez devido a exercício intenso ou falta de alimento –, o corpo humano geralmente gasta primeiro o glicogênio do fígado e depois recorre ao glicogênio dos músculos e à gordura. As gorduras são especialmente ricas em energia; a oxidação de 1 grama de gordura libera aproximadamente o dobro da energia liberada de 1 grama de carboidrato ou proteína. Por essa razão, o tecido adiposo proporciona uma maneira efetiva para que o corpo armazene grandes

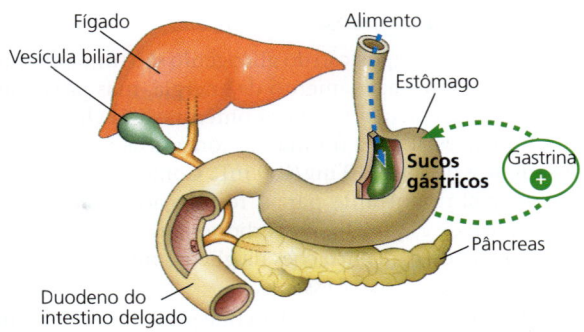

① À medida que o alimento chega ao estômago, a parede estomacal estende-se, desencadeando a liberação do hormônio gastrina. A *gastrina* circula pela corrente sanguínea de volta ao estômago, onde estimula a produção de sucos gástricos.

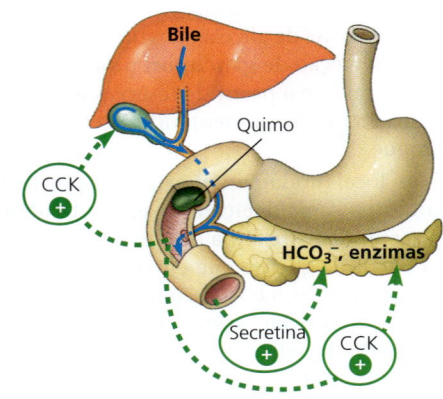

② O quimo – mistura ácida de alimento parcialmente digerido – enfim passa do estômago para o duodeno. O duodeno responde liberando os hormônios digestórios colecistocinina e secretina. A *colecistocinina (CCK)* estimula a liberação de enzimas digestórias do pâncreas e de bile a partir da vesícula biliar. A *secretina* estimula o pâncreas a liberar bicarbonato (HCO_3^-), que neutraliza o quimo.

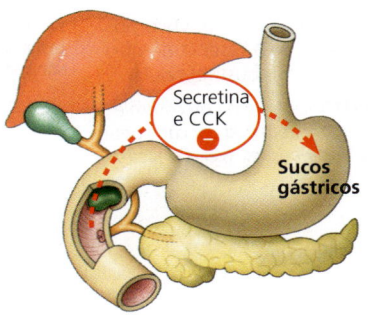

③ Se o quimo for rico em gorduras, os altos níveis de secretina e CCK liberados inibem a peristalse, o que desacelera o movimento do quimo e possibilita uma digestão mais demorada das gorduras no intestino delgado.

Legenda   ➕ Estimulação   ➖ Inibição

▲ **Figura 41.22** **Controle hormonal da digestão.**

quantidades de energia em menos espaço. Em sua maioria, as pessoas saudáveis têm gordura suficiente armazenada para sustentá-las durante várias semanas sem alimento.

Homeostase da glicose

A síntese e a decomposição do glicogênio são fundamentais não só para o armazenamento de energia, mas para manter o equilíbrio metabólico por homeostase da glicose. Nos seres humanos, a faixa normal de concentração de glicose no sangue é de 70 a 110 mg/100 mL. Como a glicose é um combustível importante para a respiração celular e uma fonte-chave de esqueletos de carbono para a biossíntese, a manutenção de concentrações de glicose no sangue próximas dessa faixa normal é essencial.

A homeostase da glicose depende predominantemente dos efeitos antagônicos (opostos) de dois hormônios: insulina e glucagon **(Figura 41.23)**. Quando o nível de glicose no sangue eleva-se acima da faixa normal, a secreção de **insulina** desencadeia a transferência de glicose do sangue para as células do corpo, diminuindo a concentração de glicose sanguínea. Quando o nível de glicose sanguínea fica abaixo da faixa normal, a secreção de **glucagon** promove a liberação de glicose no sangue a partir de reservas de energia, como o glicogênio do fígado, aumentando a concentração de glicose no sangue.

O fígado é um local fundamental para a ação da insulina e do glucagon. Após uma refeição rica em carboidratos, por exemplo, a secreção de insulina promove a biossíntese de glicogênio a partir da glicose que entra no fígado pela veia porta hepática. Entre as refeições, quando o sangue na veia porta hepática tem concentração de glicose muito mais baixa, o glucagon estimula o fígado a decompor glicogênio, converter aminoácidos e glicerol em glicose e liberar glicose no sangue. Juntos, tais efeitos opostos de insulina e glucagon garantem que o sangue que sai do fígado tenha uma concentração de glicose dentro da faixa normal durante quase todo o tempo.

A insulina também atua em quase todas as células sanguíneas para estimular a captação de glicose do sangue. Uma exceção importante são as células do cérebro, que absorvem glicose com ou sem a presença de insulina. Essa adaptação evolutiva garante que o cérebro quase sempre tenha acesso ao combustível circulante, mesmo se os suprimentos forem baixos.

O glucagon e a insulina são produzidos no pâncreas. Agrupamentos de células endócrinas chamados ilhotas pancreáticas estão distribuídos por todo esse órgão. Cada ilhota pancreática tem *células alfa*, que produzem glucagon, e *células beta*, que secretam insulina. Como outros hormônios, a insulina e o glucagon são secretados no líquido intersticial e entram no sistema circulatório.

No geral, as células secretoras de hormônios representam apenas 1 a 2% da massa do pâncreas. Outras células do pâncreas produzem e produzem íons bicarbonato e as enzimas digestórias ativas no intestino delgado (ver Figura 41.11). Essas secreções são liberadas em ductos pequenos que as lançam no ducto pancreático, que dá acesso ao intestino delgado. Portanto, o pâncreas tem funções nos sistemas endócrino e no digestório.

Diabetes melito

Na discussão sobre o papel da insulina e do glucagon na homeostase da glicose, abordamos apenas um estado metabólico saudável. Contudo, vários distúrbios podem perturbar a homeostase da glicose com consequências potencialmente sérias, em especial para coração, vasos sanguíneos, olhos e rins. O mais conhecido e mais prevalente desses distúrbios é o diabetes melito.

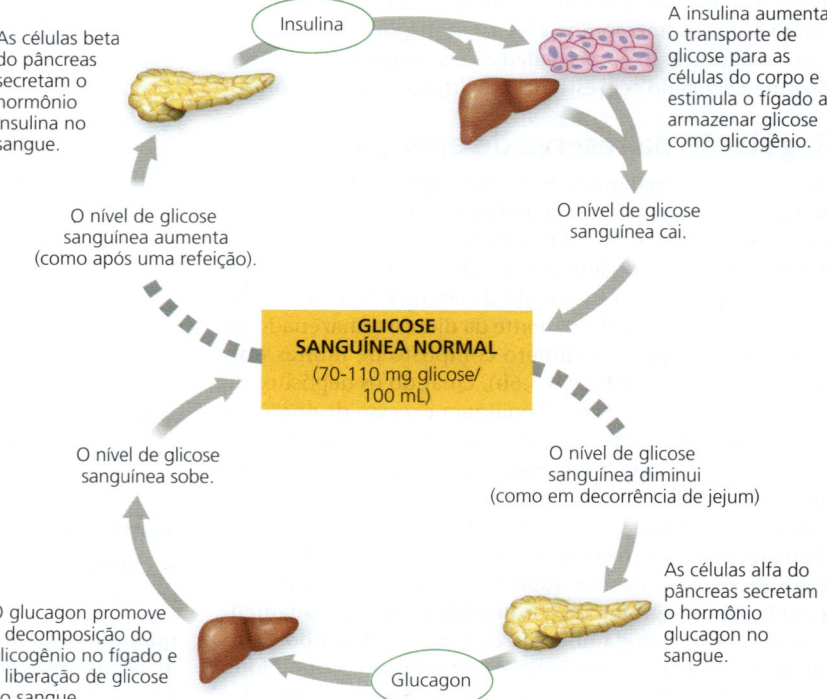

▶ **Figura 41.23 Regulação homeostática do combustível celular.** Depois que a refeição é digerida, a glicose e outros monômeros são absorvidos no sangue a partir do trato digestório. O corpo humano regula o uso e a reserva de glicose, um importante combustível celular.

FAÇA CONEXÕES *Que forma de controle por retroalimentação é refletida por cada um desses circuitos reguladores (ver Conceito 40.2)?*

A doença **diabetes melito** é causada por uma deficiência de insulina ou uma diminuição da resposta à insulina em tecidos-alvo. O nível de glicose no sangue aumenta, mas as células são incapazes de absorver glicose suficiente para satisfazer as necessidades metabólicas. Em vez disso, a gordura torna-se o principal substrato para a respiração celular. Em casos graves, os metabólitos ácidos formados durante a degradação da gordura se acumulam no sangue, ameaçando a vida pela diminuição do pH do sangue e pela depleção dos íons sódio e potássio do corpo.

Nas pessoas com diabetes melito, o nível de glicose no sangue pode exceder a capacidade dos rins de reabsorver esse nutriente. A glicose que permanece no filtrado dos rins é excretada. Por essa razão, a presença de açúcar na urina é um teste para esse distúrbio. A presença de excesso de açúcar na urina e no sangue é a base para o nome *diabetes melito* (do grego *diabainen*, passar através, e *meli*, mel).

Há dois tipos principais de diabetes melito: tipo 1 e tipo 2. Ambos apresentam níveis altos de glicose no sangue, mas com causas muito diferentes.

Diabetes tipo 1 O *diabetes tipo 1*, ou diabetes insulinodependente, é um distúrbio autoimune em que o sistema imune destrói as células beta do pâncreas. Ele geralmente aparece na infância e elimina a capacidade da pessoa de produzir insulina. O tratamento consiste em injeções de insulina, aplicadas várias vezes ao dia. No passado, a insulina era extraída do pâncreas de animais, mas hoje a insulina humana pode ser obtida de bactérias geneticamente modificadas, a um custo relativamente baixo (ver Figura 20.4). A pesquisa com células-tronco pode, algum dia, proporcionar a cura para o diabetes tipo 1 mediante a geração de células beta substitutas para restabelecer a produção de insulina pelo pâncreas.

Diabetes tipo 2 O diabetes não insulinodependente, ou *diabetes tipo 2*, é caracterizado pela incapacidade das células-alvo de responder normalmente à insulina. A insulina é produzida, mas as células-alvo não conseguem absorver a glicose do sangue, a qual permanece em níveis elevados. Embora a hereditariedade possa desempenhar um papel no diabetes tipo 2, o excesso de peso e a falta de exercícios aumentam significativamente o risco de desenvolver esse distúrbio. Em geral, essa forma de diabetes aparece após os 40 anos de idade, mas crianças podem desenvolver a doença, se tiverem peso excessivo e forem sedentárias. Mais de 90% das pessoas com diabetes têm o tipo 2. Muitos podem controlar os níveis de glicose com exercícios regulares e dieta saudável; alguns necessitam de medicação. Contudo, o diabetes tipo 2 é a sétima causa mais comum de óbitos nos Estados Unidos e um problema crescente de saúde pública mundial.

A resistência à insulina sinalizando o diabetes tipo 2 é, às vezes, devido a um defeito genético no receptor desse hormônio ou na rota de resposta a ele. Em muitos casos, no entanto, eventos via células-alvo suprimem a atividade de uma via de resposta funcionalmente diferente. Sinais inflamatórios gerados pelo sistema imune inato parecem ser uma fonte dessa supressão (ver Conceito 43,1). Estuda-se, em humanos e animais de laboratório, qual a relação que a obesidade e a inatividade têm com essa supressão.

Regulação do apetite e do consumo

O consumo de mais calorias do que o corpo necessita para o metabolismo normal, ou *supernutrição*, pode levar à obesidade, o acúmulo excessivo de gordura. A obesidade, por sua vez, contribui para vários problemas de saúde, incluindo diabetes tipo 2, câncer de cólon e de mama, bem como doenças cardiovasculares que podem resultar em infarto do miocárdio e acidente vascular cerebral (AVC). Estima-se que a obesidade seja um fator em cerca de 300 mil óbitos por ano apenas nos Estados Unidos.

Os pesquisadores descobriram vários mecanismos homeostáticos que operam como circuitos de retroalimentação no controle do armazenamento e do metabolismo da gordura. Uma rede de neurônios transmite e integra a informação do sistema digestório para regular a secreção de hormônios que controlam o apetite a longo e a curto prazos. O alvo desses hormônios é o "centro de saciedade" no cérebro **(Figura 41.24)**. Por exemplo, a *grelina*, hormônio

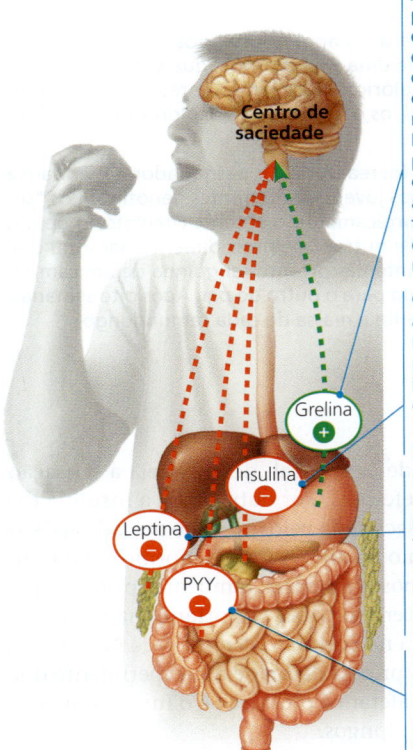

A **grelina**, secretada pela parede estomacal, é um dos sinais que desencadeia a sensação de fome à medida que os momentos das refeições se aproximam. Nas pessoas em regime para perda de peso, os níveis de grelina aumentam, o que talvez explique por que é tão difícil continuar o regime para emagrecer.

O aumento no nível de açúcar no sangue após uma refeição estimula o pâncreas a secretar **insulina**. Além das suas outras funções, a insulina suprime o apetite por ação no cérebro.

Produzida pelo tecido adiposo (gordura), a **leptina** suprime o apetite. Quando a quantidade de gordura no corpo diminui, os níveis de leptina caem e o apetite aumenta.

O hormônio **PYY**, secretado pelo intestino delgado após as refeições, atua como supressor de apetite que contrapõe o estimulador de apetite grelina.

▲ **Figura 41.24 Alguns dos hormônios reguladores de apetite.** Secretados por vários órgãos e tecidos, os hormônios alcançam o cérebro via corrente sanguínea. Esses sinais atuam na região do cérebro que controla o "centro de saciedade", gerando os impulsos nervosos que nos fazem sentir famintos ou saciados ("cheios"). O hormônio grelina é um estimulante de apetite; os outros três hormônios mostrados aqui são supressores de apetite.

Exercício de habilidades científicas

Interpretação de dados de um experimento com mutantes genéticos

Quais são os papéis dos genes *ob* e *db* na regulação do apetite? Uma mutação que perturba um processo fisiológico é muitas vezes usada para estudar o funcionamento normal do gene mutado. Idealmente, os pesquisadores utilizam um conjunto padrão de condições e comparam animais que diferem geneticamente apenas quanto a um gene particular: se ele é mutante (não funcional) ou do tipo selvagem (normal). Dessa maneira, uma diferença no fenótipo, a propriedade fisiológica sendo medida, pode ser atribuída a uma diferença no genótipo, a presença ou ausência da mutação. Para estudar o papel de genes específicos na regulação do apetite, os pesquisadores utilizaram animais de laboratório com mutações conhecidas nesses genes.

Os camundongos em que mutações recessivas inativam ambas as cópias do gene *ob* ou do gene *db* comem vorazmente e têm crescimento muito mais acentuado do que os camundongos do tipo selvagem.

▶ O camundongo à direita é do tipo selvagem, ao passo que o camundongo obeso à esquerda tem mutação inativadora em ambas as cópias do gene *ob*.

Uma hipótese para o papel normal dos genes *ob* e *db* é que eles participam de uma via hormonal que suprime o apetite quando o aporte calórico é suficiente. Antes de tentar isolar o hormônio potencial, os pesquisadores exploraram essa hipótese geneticamente.

Como o experimento foi realizado Os pesquisadores mediram a massa de camundongos jovens de diferentes genótipos (os "sujeitos") e ligaram cirurgicamente o sistema circulatório de um camundongo com o de outro. Esse procedimento garantiu que qualquer fator circulante na corrente sanguínea de um camundongo fosse transferido para o outro do par. Após oito semanas, eles mediram novamente a massa de cada camundongo.

Dados do experimento

	Pareamento de genótipo (vermelho indica genes mutantes)		Mudança média na massa corporal do sujeito (g)
	Sujeito	Pareado com	
(a)	ob^+/ob^+, db^+/db^+	ob^+/ob^+, db^+/db^+	8,3
(b)	*ob/ob*, $db+/db^+$	*ob/ob*, db^+/db^+	38,7
(c)	*ob/ob*, $db+/db^+$	ob^+/ob^+, db^+/db^+	8,2
(d)	*ob/ob*, $db+/db^+$	ob^+/ob^+, *db/db*	−14,9*

*Devido à perda acentuada de peso e ao enfraquecimento, os sujeitos nesse pareamento foram medidos novamente após menos de 8 semanas.

Dados de D. L. Coleman, Effects of parabiosis of obese mice with diabetes and normal mice, *Diabetologia* 9:294-298 (1973).

INTERPRETE OS DADOS

1. Primeiro, leia a informação do genótipo fornecida na tabela de dados. Por exemplo, o pareamento (a) uniu dois camundongos em que cada um tinha a versão do tipo selvagem de ambos os genes. Descreva os dois camundongos nos pareamentos (b), (c) e (d). Explique como cada pareamento contribuiu para o delineamento experimental.
2. Compare os resultados observados para os pareamentos (a) e (b) em termos de fenótipo. Se os resultados tivessem sido idênticos para esses dois pareamentos, que implicação esse resultado teria no delineamento experimental?
3. Compare os resultados observados para o pareamento (c) com os observados para o pareamento (b). Com base nesses resultados, o produto gênico com o gene ob^+ parece promover ou suprimir o apetite? Explique sua resposta.
4. Descreva os resultados observados para o pareamento (d). Observe como esses resultados diferem daqueles para o pareamento (b). Sugira uma hipótese para explicar essa diferença. Como poderia testar sua hipótese usando os tipos de camundongos desse estudo?

---

secretado pela parede estomacal, desencadeia a sensação de fome antes das refeições. Por outro lado, a insulina e o *PYY*, um hormônio secretado pelo intestino delgado após as refeições, suprimem o apetite. A *leptina*, hormônio produzido pelo tecido adiposo (gordura), também suprime o apetite e aparenta exercer um papel importante na regulação dos níveis de gordura no corpo. No **Exercício de habilidades científicas**, você interpretará dados de um experimento que estuda os genes que afetam a produção e o funcionamento da leptina em camundongos.

Obter alimento, digeri-lo e absorver seus nutrientes são parte de uma história maior de como os animais produzem combustível para suas atividades. O abastecimento do corpo também envolve a circulação de nutrientes, e a utilização de nutrientes para o metabolismo requer a troca de gases respiratórios com o ambiente. Esses processos e as adaptações que os facilitam são o foco do Capítulo 42.

REVISÃO DO CONCEITO 41.5

1. Explique como as pessoas podem se tornar obesas mesmo se a sua ingestão de gordura for relativamente baixa em comparação com a ingestão de carboidratos.
2. **E SE?** Suponha que você esteja estudando dois grupos de pessoas obesas com anormalidades genéticas na via da leptina. Em um grupo, os níveis de leptina são anormalmente altos; no outro, são anormalmente baixos. Como os níveis de leptina de cada grupo mudariam, se os dois grupos tivessem uma dieta de baixa caloria por um longo período? Explique.
3. **E SE?** O insulinoma é uma massa cancerosa de células pancreáticas beta que secretam insulina, mas não respondem aos mecanismos de retroalimentação. Como um insulinoma afetaria os níveis de glicose no sangue e a atividade hepática?

Ver as respostas sugeridas no Apêndice A.

41 Revisão do capítulo

RESUMO DOS CONCEITOS-CHAVE

CONCEITO 41.1

A dieta de um animal deve fornecer energia química, componentes estruturais orgânicos e nutrientes essenciais (p. 899-902)

- O alimento fornece ao animal energia para a produção de ATP, esqueletos de carbono para a biossíntese e **nutrientes essenciais** – nutrientes que devem ser fornecidos sob forma pré-sintetizada. Os elementos essenciais abrangem certos aminoácidos e ácidos graxos que os animais não conseguem sintetizar; **vitaminas**, que são moléculas orgânicas; e **minerais**, que são substâncias inorgânicas.
- Os animais têm dietas diversas. Os **herbívoros** comem predominantemente plantas; os **carnívoros** comem principalmente outros animais e os **onívoros** se alimentam de ambos os tipos. Os animais precisam equilibrar o consumo, o armazenamento e o uso do alimento.
- A desnutrição resulta de uma ingestão inadequada de nutrientes essenciais ou de uma deficiência em fontes de energia química. Os estudos de doenças em nível populacional auxiliam os pesquisadores a determinar as necessidades alimentares humanas.

? *Como um cofator enzimático necessário para um processo fundamental pode ser um nutriente essencial somente para alguns animais?*

CONCEITO 41.2

O processamento do alimento envolve ingestão, digestão, absorção e eliminação (p. 903-905)

- Os animais diferem nos mecanismos para obter e ingerir alimento. Muitos animais são **consumidores de pedaços grandes** (*bulk feeders*) do alimento. Outras estratégias abrangem a **alimentação por filtragem**, a **alimentação de substrato** e a **alimentação líquida**.
- A compartimentação é necessária para evitar a autodigestão. Na digestão intracelular, as partículas alimentares são englobadas por endocitose e digeridas dentro de vacúolos alimentares que se fusionaram com lisossomos. Na digestão extracelular, que é adotada pela maioria dos animais, a hidrólise enzimática ocorre fora das células, na **cavidade gastrovascular** ou **canal alimentar**.

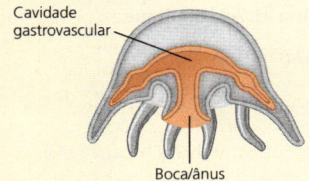

? *Proponha uma dieta artificial que eliminasse a necessidade de uma das três primeiras etapas do processamento de alimentos.*

CONCEITO 41.3

Órgãos especializados em estágios sucessivos do processamento de alimentos formam o sistema digestório dos mamíferos (p. 905-911)

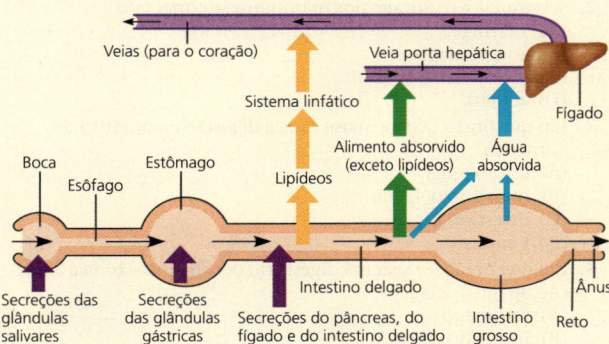

? *Que característica estrutural do intestino delgado o torna mais apropriado para a absorção de nutrientes do que o estômago?*

CONCEITO 41.4

As adaptações evolutivas dos sistemas digestórios dos vertebrados se correlacionam com a dieta (p. 911-914)

- Os sistemas digestórios dos vertebrados exibem adaptações evolutivas associadas com a dieta. Por exemplo, a dentição, que é a diversidade de dentes, geralmente se correlaciona com a dieta. Muitos herbívoros têm câmaras de fermentação onde microrganismos mutualistas digerem celulose. Além disso, os herbívoros geralmente apresentam canais alimentares mais longos do que os dos carnívoros, refletindo o maior tempo necessário para digerir vegetais.

? *Como a anatomia humana indica que nossos ancestrais primatas não eram exclusivamente vegetarianos?*

CONCEITO 41.5

Circuitos de retroalimentação regulam a digestão, a reserva de energia e o apetite (p. 915-918)

- A nutrição é regulada em múltiplos níveis. A ingestão de alimento desencadeia respostas nervosas e hormonais que provocam a secreção de sucos digestórios e promovem o deslocamento do material ingerido pelo canal. Os hormônios **insulina** e **glucagon** controlam a síntese e a decomposição do glicogênio, regulando a disponibilidade de glicose.
- Os vertebrados armazenam o excesso de calorias no glicogênio (no fígado e em células musculares) e na gordura (em adipócitos). Essas reservas de energia podem ser utilizadas quando o animal gasta mais calorias do que consome. Entretanto, se um animal consome mais calorias do que necessita para o metabolismo normal, a supernutrição resultante pode levar à obesidade.
- Vários hormônios, incluindo a leptina e a insulina, regulam o apetite ao afetar o centro de saciedade do cérebro.

? *Explique por que seu estômago ronca quando você fica muito tempo sem uma refeição.*

TESTE SEU CONHECIMENTO

Níveis 1-2: Relembre/Entenda

1. A digestão de gorduras gera ácidos graxos e glicerol. A digestão de proteínas gera aminoácidos. Os dois processos digestórios
   (A) ocorrem dentro das células da maioria dos animais.
   (B) adicionam uma molécula de água para romper ligações.
   (C) requerem um pH baixo resultante da produção de HCl.
   (D) consomem ATP.

2. A traqueia e o esôfago dos mamíferos se conectam
   (A) à faringe.
   (B) ao estômago.
   (C) ao intestino grosso.
   (D) ao reto.

3. Em que órgão ocorre quase toda a digestão enzimática do alimento?
   (A) estômago
   (B) intestino delgado
   (C) intestino grosso
   (D) pâncreas

4. Em que órgão do sistema digestório ocorre quase toda a absorção de nutrientes?
   (A) estômago
   (B) intestino delgado
   (C) intestino grosso
   (D) pâncreas

Níveis 3-4: Aplique/Analise

5. Se você colocar os seguintes eventos na ordem que eles ocorrem no sistema digestório humano, qual seria o terceiro evento da série?
   (A) Células em fossas gástricas secretam prótons.
   (B) A pepsina ativa o pepsinogênio.
   (C) O ácido clorídrico (HCl) ativa o pepsinogênio.
   (D) O alimento parcialmente digerido entra no intestino delgado.

6. Depois da remoção cirúrgica da vesícula biliar, uma pessoa pode ter que limitar a sua ingestão diária de:
   (A) amido.
   (B) proteína.
   (C) açúcar.
   (D) gordura.

7. Se você corresse 1 km algumas horas após o almoço, que combustível armazenado provavelmente estaria utilizando?
   (A) Proteínas musculares
   (B) Glicogênio dos músculos e do fígado
   (C) Gordura no fígado
   (D) Gordura no tecido adiposo

Níveis 5-6: Avalie/Crie

8. **DESENHE** Crie um fluxograma que resuma os eventos que ocorrem depois que o alimento parcialmente digerido sai do nosso estômago. Use os seguintes termos: secreção de bicarbonato, circulação, diminuição da acidez, aumento da acidez, secreção de secretina, detecção de sinal. Ao lado de cada termo, indique o(s) compartimento(s) envolvido(s). Você pode utilizar um termo mais de uma vez.

9. **CONEXÃO EVOLUTIVA** Lagartos e serpentes não podem respirar enquanto estão mastigando o alimento porque a conexão entre suas narinas e seu esôfago se situa dentro da boca. Em contrapartida, mamíferos podem continuar respirando através de suas narinas enquanto mastigam o alimento em sua boca. Entretanto, algumas vezes, ocorre obstrução quando os caminhos de ar e de alimento se cruzam. Considerando a alta demanda de oxigênio de endotermos ativos, explique como o conceito de descendência com modificação explica a anatomia "imperfeita" de alguns amniotas (ver Figura 34.2 para revisar a filogenia dos vertebrados).

10. **PESQUISA CIENTÍFICA** Em populações humanas com origem no norte da Europa, o distúrbio denominado hemocromatose causa um excesso de captação de ferro proveniente dos alimentos e afeta 1 em cada 200 adultos. A probabilidade de sobrecarga de ferro entre indivíduos de 15 a 50 anos de idade é dez vezes maior nos homens do que nas mulheres. Levando em conta essa faixa etária, proponha uma hipótese que explique essa diferença.

11. **ESCREVA SOBRE UM TEMA: ORGANIZAÇÃO** O pelo é, em grande parte, formado pela proteína queratina. Em um texto curto (100-150 palavras), explique por que um xampu contendo proteína não é eficaz na reposição proteica em um cabelo danificado.

12. **SINTETIZE SEU CONHECIMENTO**

Corujas, que têm uma dieta variada, regurgitam periodicamente pelotas de material não digerido, como ossos, penas e peles. (a) Compare esse aspecto do processo digestório da coruja com os da hidra, do coelho e da vaca. (B) Em qual compartimento digestório você acha que as pelotas da coruja se formam (ver Figura 41.7c)? Explique.

Ver respostas selecionadas no Apêndice A.

42 Circulação e trocas gasosas

CONCEITOS-CHAVE

42.1 Os sistemas circulatórios conectam as superfícies de trocas com células em todo o corpo p. 922

42.2 Ciclos coordenados de contração cardíaca regulam a circulação dupla nos mamíferos p. 926

42.3 Os padrões de pressão e de fluxo arteriais refletem a estrutura e a organização dos vasos sanguíneos p. 929

42.4 Os componentes sanguíneos atuam nas trocas, no transporte e na defesa p. 934

42.5 As trocas gasosas ocorrem através de superfícies respiratórias especializadas p. 939

42.6 A respiração ventila os pulmões p. 944

42.7 As adaptações para as trocas gasosas incluem pigmentos que ligam e transportam gases p. 947

Dica de estudo

Faça um diagrama: Desenhe um sistema de circulação dupla simplificado, como o idealizado nesta página. Identifique onde cada um dos seguintes é maior: pressão sanguínea, concentração de CO_2, concentração de O_2 e área total da secção transversal dos vasos sanguíneos. Observe que o lado esquerdo de seu diagrama representa o lado direito do coração no corpo, e que o sangue segue do ventrículo direito para os pulmões.

Figura 42.1 Este animal pode parecer uma criatura de um filme de ficção científica, mas na verdade é um axolote, uma salamandra nativa de lagos rasos no centro do México. Os apêndices vermelhos plumosos sobressaindo-se de sua cabeça são brânquias. Embora brânquias externas sejam incomuns em animais adultos, elas ajudam o axolote a executar um processo comum a todos os organismos — a troca de substâncias entre as células do corpo e o ambiente.

Como estrutura e função estão relacionadas na troca e circulação de oxigênio e dióxido de carbono?

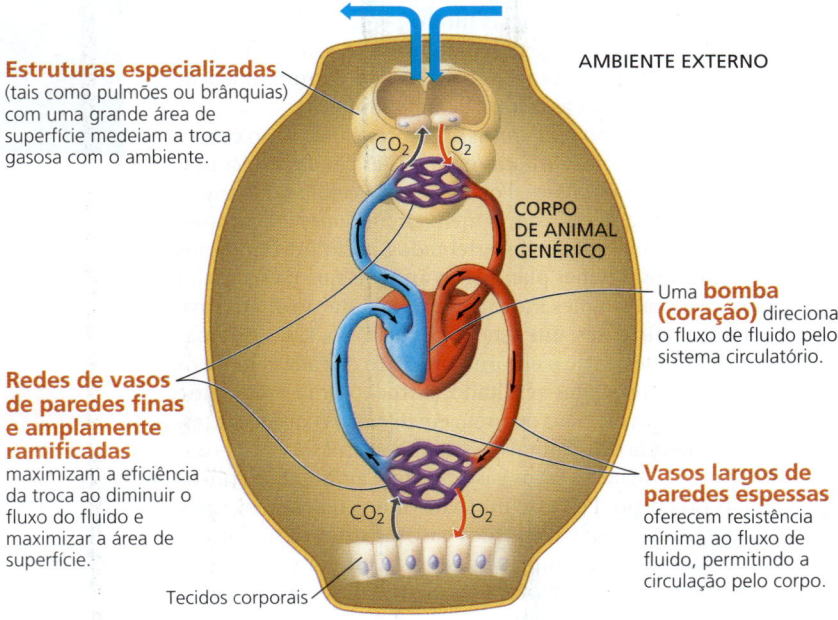

Estruturas especializadas (tais como pulmões ou brânquias) com uma grande área de superfície medeiam a troca gasosa com o ambiente.

AMBIENTE EXTERNO

CORPO DE ANIMAL GENÉRICO

Uma **bomba (coração)** direciona o fluxo de fluido pelo sistema circulatório.

Redes de vasos de paredes finas e amplamente ramificadas maximizam a eficiência da troca ao diminuir o fluxo do fluido e maximizar a área de superfície.

Vasos largos de paredes espessas oferecem resistência mínima ao fluxo de fluido, permitindo a circulação pelo corpo.

Tecidos corporais

CONCEITO 42.1

Os sistemas circulatórios conectam as superfícies de troca com células em todo o corpo

O intercâmbio molecular que um animal faz com seu ambiente deve, ao final, envolver todas as células do corpo. Os recursos necessários, como nutrientes e oxigênio (O_2), entram no citoplasma atravessando a membrana plasmática. Os subprodutos metabólicos, como o dióxido de carbono (CO_2), saem da célula atravessando a mesma membrana.

Pequenas moléculas dentro e ao redor das células, incluindo O_2 e CO_2, sofrem **difusão**, que é o movimento térmico aleatório (ver Conceito 7.3). Quando há diferença na concentração de um gás ou de outra substância, como entre uma célula e seu entorno imediato, a difusão pode resultar em um movimento líquido.

Organismos unicelulares trocam materiais diretamente com o ambiente externo por difusão através da membrana plasmática. Para a maioria dos organismos multicelulares, no entanto, a troca direta de materiais entre cada célula e o ambiente não é possível. Além disso, o movimento líquido por difusão é muito lento para distâncias superiores a alguns milímetros. Isso acontece porque o tempo que uma substância leva para se difundir de um lugar a outro é proporcional ao *quadrado* da distância. Por exemplo, uma quantidade de glicose que leva 1 segundo para difundir-se 100 µm levará 100 segundos para difundir-se 1 mm e quase 3 horas para difundir-se 1 cm.

Considerando que o movimento líquido por difusão é rápido apenas por distâncias muito pequenas, como cada célula de um animal participa da troca? A seleção natural resultou em duas adaptações básicas que permitem trocas eficientes para todas as células de um animal.

Uma adaptação para trocas eficientes é um plano corporal simples que coloca muitas ou todas as células em contato direto com o ambiente. Portanto, cada célula pode trocar materiais diretamente com o meio circundante. Tal arranjo é característico de alguns invertebrados, incluindo cnidários e platelmintos (vermes planos). Os animais que não têm um plano corporal simples mostram uma adaptação alternativa para trocas eficientes: um sistema circulatório. Esses sistemas movem líquidos entre o entorno imediato de cada célula e os tecidos do corpo. Como resultado, as trocas com o ambiente e com os tecidos corporais ocorrem em distâncias muito curtas.

Na maioria dos animais, o sistema circulatório está funcionalmente ligado à troca gasosa com o ambiente e com as células do corpo. Por esse motivo, vamos discutir os sistemas para circulação e para troca gasosa juntos neste capítulo. Considerando exemplos desses sistemas em uma gama de espécies, iremos explorar seus elementos comuns, assim como sua extensa variação.

Cavidades gastrovasculares

Vamos começar observando alguns animais cujas formas corporais colocam muitas de suas células em contato com seu ambiente, possibilitando-os viver sem um sistema circulatório distinto. Em hidras, águas-vivas e outros cnidários, uma **cavidade gastrovascular** central atua na distribuição de substâncias em todo o corpo, bem como na digestão (ver Figura 41.6). Uma abertura em uma extremidade conecta a cavidade à água circundante. Em uma hidra, ramificações delgadas da cavidade gastrovascular se estendem para o interior dos tentáculos do animal. Nas águas-vivas e em alguns outros cnidários, a cavidade gastrovascular tem um padrão de ramificação muito mais elaborado **(Figura 42.2a)**.

Em animais com uma cavidade gastrovascular, o líquido banha as camadas de tecidos internas e externas, facilitando a troca de gases e resíduos celulares. Apenas as células que revestem a cavidade têm acesso direto aos nutrientes liberados pela digestão. Contudo, como a parede do corpo tem apenas duas camadas celulares, os nutrientes necessitam difundir-se por uma curta distância para alcançar as células da camada externa de tecido.

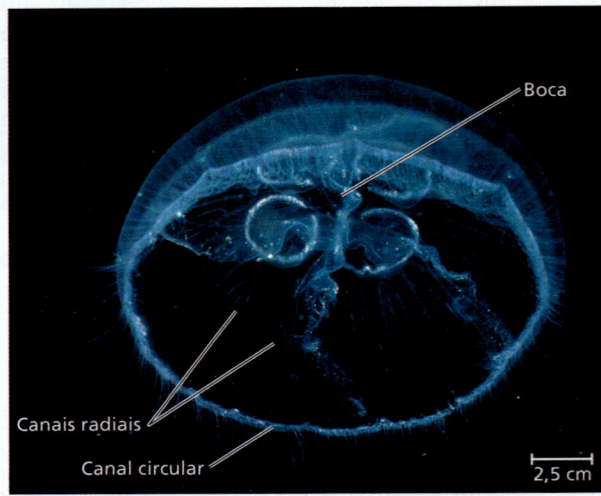

(a) Água-viva *Aurelia*, um cnidário. A imagem é de uma água-viva a partir do seu lado inferior (superfície oral). A boca dá acesso a uma cavidade gastrovascular elaborada que consiste em canais radiais indo para um canal circular e voltando dele. As células ciliadas que revestem os canais fazem o líquido circular dentro da cavidade.

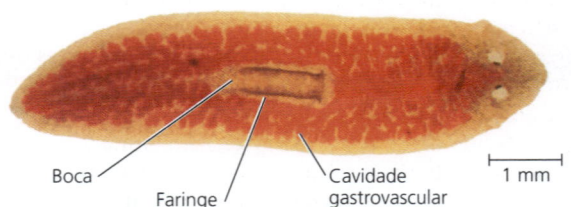

(b) A planária *Dugesia*, um platelminto. A boca e a faringe no lado ventral dão acesso a uma cavidade gastrovascular altamente ramificada, corada de vermelho-escuro neste espécime (MO).

▲ **Figura 42.2** **Diversidade de cavidades gastrovasculares.**

E SE? *Suponha que uma cavidade gastrovascular fosse aberta nas duas extremidades, com o líquido entrando por uma e saindo pela outra. Como isso afetaria as funções da cavidade quanto às trocas gasosas e à digestão?*

As planárias e a maioria dos outros platelmintos também sobrevivem sem um sistema circulatório. A combinação de uma cavidade gastrovascular e um corpo achatado é adequada para trocas com o ambiente **(Figura 42.2b)**. Um corpo achatado otimiza as trocas mediante aumento da área de superfície e minimização das distâncias de difusão.

Sistemas circulatórios abertos e fechados

Um sistema circulatório tem três componentes básicos: um líquido circulatório, uma série de vasos conectados e uma bomba muscular, o **coração**. O coração impulsiona a circulação usando a energia metabólica para elevar a pressão hidrostática do líquido circulatório, ou seja, a pressão que o líquido exerce sobre os vasos circundantes. O líquido, então, flui pelos vasos e retorna ao coração.

Ao transportar líquido pelo corpo, o sistema circulatório conecta funcionalmente o ambiente aquoso das células do corpo aos órgãos que trocam gases, absorvem nutrientes e descartam resíduos. Em mamíferos, por exemplo, o O_2 do ar inalado se difunde por apenas duas camadas de células nos pulmões antes de alcançar o sangue. O sistema circulatório, então, transporta o sangue rico em oxigênio para todas as partes do corpo. À medida que o sangue flui pelos tecidos do corpo em vasos sanguíneos diminutos, o O_2 no sangue se difunde apenas por uma curta distância antes de entrar no líquido que banha diretamente as células.

Os sistemas circulatórios são abertos ou fechados. Em um **sistema circulatório aberto**, o líquido circulatório, denominado **hemolinfa**, é também o *líquido intersticial* que banha as células do corpo. Os artrópodes, como os gafanhotos, e alguns moluscos, incluindo os mariscos, têm sistemas circulatórios abertos. A contração do coração bombeia a hemolinfa pelos vasos para dentro de cavidades interconectadas, espaços que circundam os órgãos **(Figura 42.3a)**. Dentro dos espaços, a hemolinfa e as células do corpo trocam gases e outras substâncias químicas. O relaxamento do coração faz a hemolinfa retornar por meio de poros, que são equipados com válvulas quando o coração se contrai. Os movimentos do corpo periodicamente pressionam as cavidades, auxiliando a circulação da hemolinfa. O sistema circulatório aberto de crustáceos maiores, como lagostas e caranguejos, abrange um sistema de vasos mais extenso, bem como uma bomba acessória.

Em um **sistema circulatório fechado**, um líquido circulatório denominado **sangue** está confinado aos vasos e é diferente do líquido intersticial **(Figura 42.3b)**. Um ou mais corações bombeiam o sangue para dentro dos grandes vasos, os quais se ramificam em vasos menores que infiltram os tecidos e órgãos. As trocas químicas ocorrem entre o sangue e o líquido intersticial, assim como entre o líquido intersticial e as células do corpo. Os anelídeos (incluindo as minhocas), os cefalópodes (incluindo as lulas e os polvos) e todos os vertebrados têm sistemas circulatórios fechados.

O fato de ambos os sistemas circulatórios abertos e fechados serem amplamente encontrados nos animais sugere

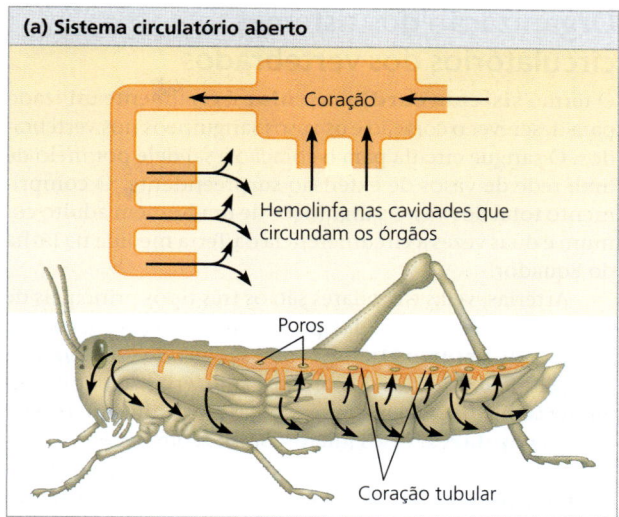

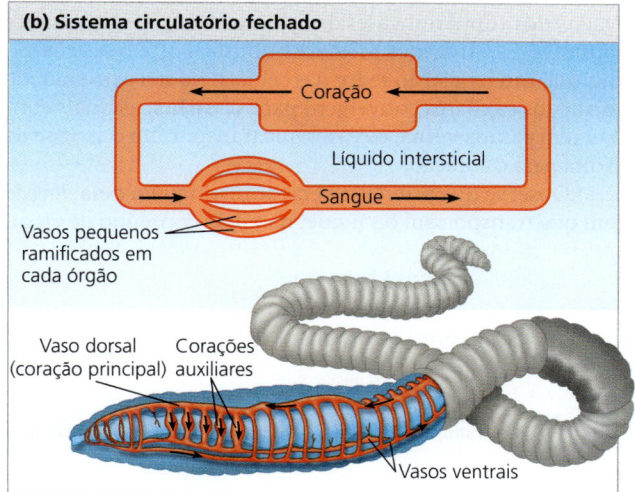

▲ **Figura 42.3** Sistemas circulatórios aberto e fechado.

que cada sistema oferece vantagens evolutivas. As pressões hidrostáticas menores tipicamente associadas aos sistemas circulatórios abertos os permitem usar menos energia do que em sistemas fechados. Em alguns invertebrados, os sistemas circulatórios abertos têm funções adicionais. As aranhas, por exemplo, utilizam a pressão hidrostática gerada pelo seu sistema circulatório aberto para estender suas pernas. Os benefícios dos sistemas circulatórios fechados incluem a pressão sanguínea relativamente alta, que permite o transporte eficiente de O_2 e nutrientes em animais maiores e mais ativos. Entre os moluscos, por exemplo, os sistemas circulatórios fechados são encontrados nas espécies maiores e mais ativas, como as lulas e os polvos. Os sistemas fechados são, também, especialmente apropriados para regular a distribuição de sangue para diferentes órgãos, como veremos adiante neste capítulo. Vamos, agora, examinar com mais detalhes os sistemas circulatórios fechados, com foco nos vertebrados.

Organização dos sistemas circulatórios dos vertebrados

O termo **sistema cardiovascular** é geralmente utilizado para descrever o coração e os vasos sanguíneos nos vertebrados. O sangue circula para o coração e sai dele por meio de uma rede de vasos de extensão surpreendente. O comprimento total dos vasos sanguíneos de um homem adulto comum é duas vezes a circunferência da Terra medida na linha do Equador!

Artérias, veias e capilares são os três tipos principais de vasos sanguíneos. Em cada tipo, o sangue flui em apenas um sentido. As **artérias** transportam sangue do coração para os órgãos. No interior dos órgãos, as artérias se ramificam em **arteríolas**. Esses pequenos vasos conduzem sangue para os **capilares**, vasos microscópicos com paredes muito delgadas e porosas. As redes desses capilares, denominadas **leitos capilares**, infiltram-se nos tecidos, passando muito perto de todas as células do corpo. Através das paredes delgadas dos capilares, gases dissolvidos e outras substâncias químicas são trocados mediante difusão entre o sangue e o líquido intersticial ao redor das células. Na sua extremidade distal, os capilares convergem para **vênulas**, as quais convergem para as **veias**, os vasos que transportam o sangue de volta para o coração.

Observe que artérias e veias se distinguem pela *direção* em que transportam o sangue, não pelo conteúdo de O_2 ou outras características do sangue que elas contêm. As artérias transportam o sangue *para longe* do coração em direção aos capilares; nas veias, o sangue retorna dos capilares *em direção* ao coração. As únicas exceções são as veias portas, que transportam sangue entre pares de leitos capilares. A veia porta hepática, por exemplo, transporta sangue dos leitos capilares do sistema digestório para os leitos capilares do fígado.

Os corações de todos os vertebrados contêm duas ou mais câmaras musculares. Essas câmaras que recebem o sangue entrando no coração são chamadas **átrios**. As câmaras responsáveis pelo bombeamento do sangue para fora do coração são chamadas **ventrículos**. O número de câmaras e o grau de separação entre elas diferem substancialmente nos grupos de vertebrados, conforme discutiremos a seguir. Essas diferenças importantes refletem o estreito ajuste entre forma e função resultante da seleção natural.

Circulação simples

Em tubarões, arraias e peixes ósseos, o sangue viaja pelo corpo e volta ao seu ponto de partida em um único circuito (alça), em um arranjo chamado de **circulação simples (Figura 42.4a)**. O coração nesses animais consiste em duas câmaras: um átrio e um ventrículo. O sangue entra no coração pelo átrio e depois passa para o ventrículo. A contração do ventrículo bombeia o sangue para um leito capilar nas

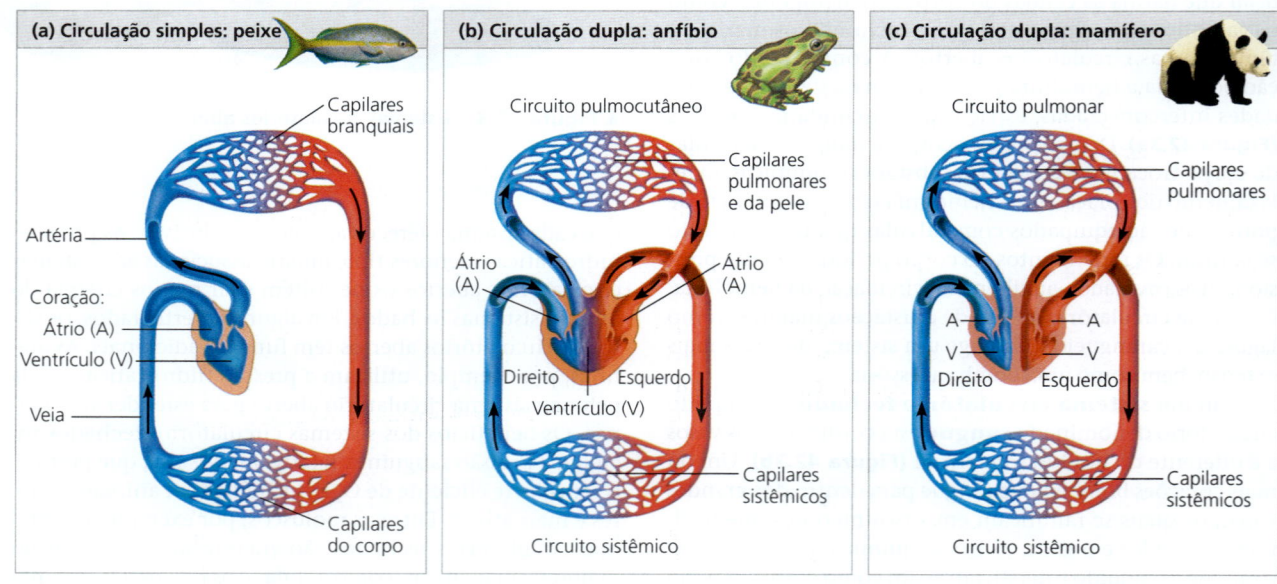

▲ **Figura 42.4** Exemplos de organização do sistema circulatório de vertebrados.

brânquias, onde há uma difusão líquida de O_2 para dentro do sangue de CO_2 para fora dele. À medida que o sangue sai das brânquias, os capilares convergem para um vaso que transporta sangue rico em oxigênio (arterial) aos leitos capilares pelo corpo. Após a troca gasosa nos leitos capilares, o sangue entra nas veias e retorna para o coração.

Na circulação simples, o sangue que deixa o coração passa por dois leitos capilares antes de retornar ao mesmo órgão. Quando o sangue flui por um leito capilar, a pressão sanguínea diminui substancialmente, por razões que explicaremos mais adiante no capítulo. A queda da pressão sanguínea nas brânquias limita a taxa de fluxo de sangue no restante do corpo do animal. Contudo, à medida que o animal nada, a contração e o relaxamento dos seus músculos ajudam a acelerar o ritmo relativamente vagaroso da circulação.

Circulação dupla

Os sistemas circulatórios de anfíbios, répteis e mamíferos têm dois circuitos de fluxo sanguíneo, um arranjo chamado **circulação dupla (Figura 42.4b e c)**. Em animais com circulação dupla, as bombas para os dois circuitos são reunidas em um único órgão: o coração. A presença das duas bombas em um só coração simplifica a coordenação dos ciclos de bombeamento.

Em um circuito, o lado direito do coração bombeia sangue pobre em oxigênio (venoso) para os leitos capilares dos tecidos de trocas gasosas, onde há um movimento líquido de O_2 para o sangue e de CO_2 para fora dele. Na maioria dos vertebrados, incluindo répteis e mamíferos, isso é chamado de *circuito pulmonar*, pois a troca de gases ocorre nos pulmões. Em muitos anfíbios, é chamado de *circuito pulmocutâneo*, porque a troca gasosa ocorre nos capilares dos pulmões e da pele.

O outro circuito, chamado de *circuito sistêmico*, começa com o lado esquerdo do coração bombeando sangue rico em oxigênio dos tecidos de troca gasosa para leitos capilares nos órgãos e tecidos do corpo. Após a troca de O_2 e CO_2, bem como de nutrientes e resíduos metabólicos, o sangue agora pobre em oxigênio retorna ao coração, completando o circuito.

A circulação dupla proporciona um fluxo vigoroso de sangue para o cérebro, músculos e outros órgãos, porque o coração pressuriza de novo o sangue depois que ele passa pelos leitos capilares dos pulmões ou da pele. De fato, a pressão sanguínea é geralmente muito mais alta no circuito sistêmico do que no circuito de trocas gasosas. Por outro lado, na circulação simples, o sangue flui sob pressão reduzida diretamente dos órgãos de trocas gasosas para outros órgãos.

Variabilidade evolutiva na circulação dupla

EVOLUÇÃO Alguns vertebrados com circulação dupla apresentam respiração intermitente. Por exemplo, os anfíbios e muitos répteis periodicamente enchem os pulmões de ar e passam períodos longos sem trocas gasosas ou dependendo de outro tecido para trocas gasosas, em geral a pele. Uma diversidade de adaptações encontradas entre esses animais permite ao seu sistema circulatório desviar temporariamente dos pulmões, em parte ou totalmente:

- O coração de rãs e outros anfíbios tem três câmaras – dois átrios e um ventrículo (ver Figura 42.4b). Um sulco no interior do ventrículo desvia a maior parte (cerca de 90%) do sangue rico em oxigênio do átrio esquerdo para o circuito sistêmico e a maior parte do sangue pobre em oxigênio do átrio direito para o circuito pulmocutâneo. Quando uma rã está debaixo d'água, ela aproveita a vantagem da divisão incompleta do ventrículo, interrompendo amplamente o fluxo sanguíneo para seus pulmões que estão temporariamente inefetivos. O fluxo de sangue continua para a pele, que atua como o único local de trocas gasosas enquanto a rã estiver submersa.

- No coração de três câmaras das tartarugas, serpentes e lagartos, um septo incompleto divide parcialmente o único ventrículo em câmaras direita e esquerda. Duas artérias principais, denominadas aortas, dão acesso à circulação sistêmica. A exemplo dos anfíbios, o sistema circulatório permite o controle da quantidade relativa de sangue que flui para os pulmões e o restante do corpo.

- Nos crocodilos, jacarés e outros crocodilianos, os ventrículos são divididos por um septo completo, mas os circuitos pulmonar e sistêmico se conectam pelas artérias à saída do coração. Essa conexão permite que as válvulas arteriais desviem o fluxo sanguíneo temporariamente para longe dos pulmões, como quando o animal está debaixo d'água.

A circulação dupla em aves e mamíferos, os quais, em sua maioria, respiram continuamente, difere da circulação dupla em outros vertebrados. Conforme mostra a Figura 42.4c, o coração do panda tem dois átrios e dois ventrículos completamente divididos. O lado esquerdo do coração recebe e bombeia apenas sangue rico em oxigênio, ao passo que o lado direito recebe e bombeia apenas sangue pobre em oxigênio. Diferentemente dos anfíbios e muitos répteis, as aves e os mamíferos não podem variar o fluxo sanguíneo para os pulmões sem variá-lo por todo o corpo em paralelo.

Como a seleção natural moldou a circulação dupla de aves e mamíferos? Na condição de endotérmicos, eles usam em torno de dez vezes mais energia do que os ectotérmicos de tamanho equivalente (ver Conceito 40.4). Por isso, seus sistemas circulatórios precisam disponibilizar cerca de dez vezes mais combustível e O_2 para os seus tecidos e remover dez vezes mais CO_2 e outros resíduos. Esse transporte em larga escala de substâncias é possível pela separação e independência energética dos circuitos sistêmico e pulmonar, bem como pelos corações volumosos. Um coração potente com quatro câmaras surgiu independentemente nos diferentes ancestrais de aves e mamíferos e, portanto, reflete evolução convergente (ver Conceito 22.3).

Na próxima seção, dedicaremos nossa atenção à circulação em mamíferos e à anatomia e à fisiologia do órgão circulatório essencial – o coração.

REVISÃO DO CONCEITO 42.1

1. Qual é a semelhança entre o fluxo da hemolinfa pelo sistema circulatório aberto e o fluxo de água em um chafariz ao ar livre?
2. Os corações com três câmaras e septo incompleto já foram considerados como menos adaptados à função circulatória do que os corações dos mamíferos. Qual vantagem desses corações esse ponto de vista desconsidera?
3. **E SE?** O coração de um feto humano com desenvolvimento normal tem uma comunicação entre o átrio esquerdo e o direito. Em alguns casos, essa comunicação não fecha completamente antes do nascimento. Se a comunicação não fosse corrigida cirurgicamente, como isso afetaria o conteúdo de O_2 do sangue que entra no circuito sistêmico?

Ver as respostas sugeridas no Apêndice A.

CONCEITO 42.2

Ciclos coordenados de contração cardíaca controlam a circulação dupla nos mamíferos

A disponibilização oportuna de O_2 para os órgãos do corpo é crucial. Algumas células cerebrais, por exemplo, morrem se o fornecimento de O_2 for interrompido mesmo por alguns minutos. Como o sistema cardiovascular dos mamíferos atende à demanda contínua (embora variável) do corpo por O_2? Para responder a essa pergunta, devemos considerar como as partes do sistema são organizadas e como cada parte funciona.

Circulação nos mamíferos

Vamos examinar primeiro a organização geral do sistema cardiovascular dos mamíferos, começando com o circuito pulmonar. (Os círculos numerados se referem às estruturas identificadas na **Figura 42.5**.) A contração do ❶ ventrículo direito bombeia sangue para os pulmões via ❷ artérias pulmonares. À medida que o sangue flui pelos ❸ leitos capilares nos pulmões esquerdo e direito, ele absorve O_2 e libera CO_2. O sangue rico em oxigênio retorna dos pulmões via veias pulmonares para o ❹ átrio esquerdo do coração. A seguir, o sangue rico em oxigênio flui para o ❺ ventrículo esquerdo, que bombeia o sangue rico em oxigênio para os tecidos do corpo por meio do circuito sistêmico. O sangue sai do ventrículo esquerdo via ❻ aorta, que o conduz para as artérias por todo o corpo. As primeiras ramificações partindo da aorta são as artérias coronárias (não mostradas), que fornecem sangue para o próprio músculo cardíaco. As ramificações anteriores da aorta levam aos ❼ leitos capilares na cabeça e nos membros anteriores. A aorta, então, desce para o abdome, fornecendo sangue rico em oxigênio para as arteríolas que levam aos ❽ leitos capilares dos órgãos abdominais e das pernas (membros posteriores). Dentro dos leitos capilares, há uma difusão líquida de O_2 do sangue para os tecidos e de CO_2 (produzido pela respiração celular) para o sangue. Os capilares reúnem-se novamente,

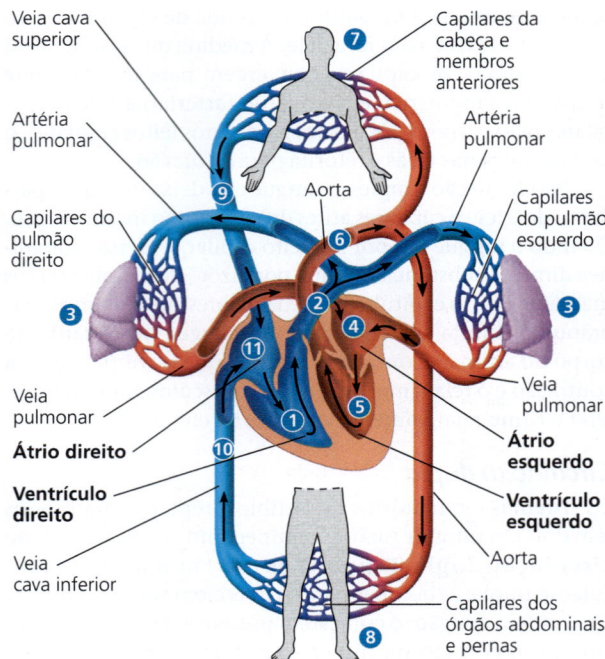

▲ **Figura 42.5** **Sistema cardiovascular dos mamíferos: uma visão geral.** Observe que os dois circuitos operam simultaneamente, e não da maneira seriada que a sequência numérica do diagrama sugere. Os dois ventrículos contraem quase em uníssono e bombeiam o mesmo volume de sangue. No entanto, o volume total de sangue no circuito sistêmico é muito maior do que no circuito pulmonar.

HABILIDADES VISUAIS *Se você seguir o caminho de uma molécula de dióxido de carbono que inicia dentro de uma arteríola no polegar direito e deixa o corpo no ar espirado, qual é o número mínimo de leitos capilares que a molécula encontra? Explique sua resposta.*

formando vênulas, que conduzem sangue para as veias. O sangue pobre em oxigênio proveniente da cabeça, do pescoço e dos membros anteriores é canalizado para uma veia grande, a ❾ veia cava superior. Outra veia grande, a ❿ veia cava inferior, drena sangue do tronco e dos membros inferiores. As duas veias cavas levam o sangue para o ⓫ átrio direito, a partir do qual o sangue pobre em oxigênio flui para o ventrículo direito.

Em mais detalhes: o coração dos mamíferos

Usando o coração humano como exemplo, vamos, agora, examinar mais minuciosamente como o coração dos mamíferos funciona **(Figura 42.6)**. Localizado atrás do esterno (osso do peito), o coração humano tem o tamanho aproximado de um punho fechado e consiste principalmente em músculo cardíaco (ver Figura 40.5). Os dois átrios têm paredes relativamente delgadas e servem como câmaras coletoras do sangue que retorna ao coração vindo dos pulmões ou de outros tecidos do corpo. Grande parte do sangue que entra nos átrios flui para os ventrículos enquanto todas as câmaras cardíacas estão relaxadas. O sangue remanescente é

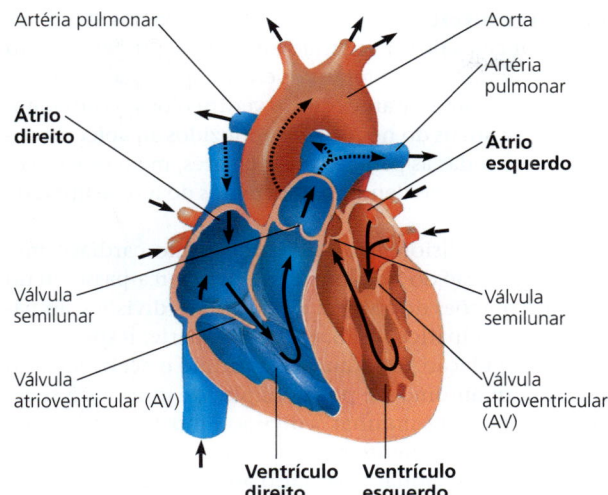

▲ **Figura 42.6** **Visão detalhada do coração dos mamíferos.** Observe as localizações das válvulas, que impedem o refluxo do sangue dentro do coração. Observe também como os átrios e os ventrículos esquerdo e direito diferem quanto à espessura das paredes musculares.

transferido por contração dos átrios, antes que os ventrículos comecem a contrair. Comparados com os átrios, os ventrículos têm paredes mais espessas e se contraem com muito mais vigor – especialmente o ventrículo esquerdo, que bombeia sangue para todo o corpo via circuito sistêmico. Embora o ventrículo esquerdo se contraia com maior força do que o ventrículo direito, ambos bombeiam o mesmo volume de sangue durante cada contração.

O coração se contrai e relaxa em um ritmo cíclico. Quando se contrai, ele bombeia sangue; quando relaxa, suas câmaras se enchem de sangue. Uma sequência completa de bombeamento e preenchimento é referida como **ciclo cardíaco**. A fase de contração do ciclo é denominada **sístole**, e a fase de relaxamento é a **diástole (Figura 42.7)**.

O volume de sangue que cada ventrículo bombeia por minuto é o **débito cardíaco**. Dois fatores determinam o débito cardíaco: a frequência de contração, ou **frequência cardíaca** (número de batimentos por minuto), e o **volume sistólico**, a quantidade de sangue bombeado por um ventrículo em uma única contração. O volume sistólico médio em humanos é de aproximadamente 70 mL. Multiplicando-se esse volume sistólico por uma frequência cardíaca de repouso típica de 72 batimentos por minuto, obtém-se um débito cardíaco de 5 L/min – mais ou menos igual ao volume total de sangue no corpo humano. Durante o exercício intenso, a demanda aumentada por O_2 é suprida por um aumento em até cinco vezes do débito cardíaco.

Quatro válvulas no coração impedem o refluxo e mantêm o movimento do sangue na direção correta (ver Figuras 42.6 e 42.7). Formadas por dobras de tecido conectivo, as válvulas se abrem quando empurradas de um lado e se fecham quando empurradas do outro. Uma **válvula atrioventricular (AV)** se situa entre cada átrio e ventrículo. As válvulas AV são ancoradas por fibras fortes que

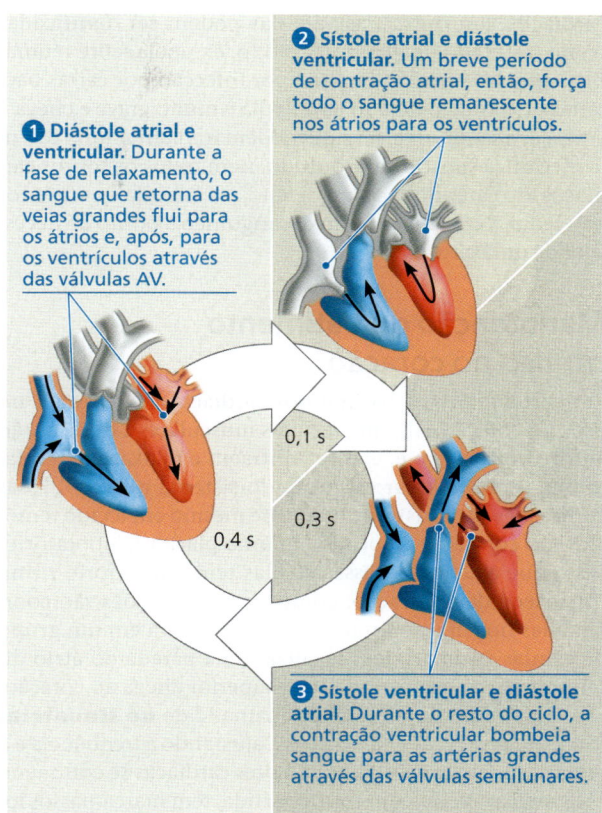

▲ **Figura 42.7** **Ciclo cardíaco.** Para um ser humano adulto em repouso com frequência cardíaca de cerca de 72 batimentos por minuto, um ciclo cardíaco completo dura em torno de 0,8 segundo. Observe que, durante todo o ciclo cardíaco, com exceção de 0,1 segundo, os átrios estão relaxados e sendo preenchidos com sangue que retorna pelas veias.

as impedem de virar de dentro para fora durante a sístole ventricular. A pressão gerada pela contração vigorosa dos ventrículos fecha as válvulas AV, impedindo que o sangue retorne aos átrios. **Válvulas semilunares** (em forma de meia-lua) estão localizadas nas duas saídas do coração: onde a artéria pulmonar deixa o ventrículo direito e onde a aorta deixa o ventrículo esquerdo. Essas válvulas se abrem pela pressão gerada durante a contração dos ventrículos. Quando o ventrículo relaxa, a pressão sanguínea produzida na artéria pulmonar fecha as válvulas semilunares e impede um contrafluxo significativo.

É possível acompanhar o fechamento das duas séries de válvulas cardíacas com um estetoscópio ou encostando firmemente a orelha no peito de uma outra pessoa (ou até de um cão amigável). O som característico é "lub-tu, lub-tu, lub-tu". O primeiro som do coração ("lub") é criado pelo recuo de sangue contra as válvulas AV fechadas. O segundo som ("tu") é devido às vibrações causadas pelo fechamento das válvulas semilunares.

Se o sangue esguichar de volta através de uma válvula defeituosa, isso pode gerar um ruído anormal denominado **sopro cardíaco**. Algumas pessoas nascem com sopros cardíacos. Em outras, as válvulas podem ser danificadas como resultado de uma infecção (p. ex., pela febre reumática, uma inflamação causada por infecção por certas bactérias). Quando o defeito da válvula é muito grave e chega a ameaçar a saúde, os cirurgiões podem implantar uma válvula mecânica substituta. Contudo, nem todos os sopros cardíacos são causados por um defeito, e a maioria dos defeitos não reduz a eficiência do fluxo sanguíneo a ponto de necessitar de uma cirurgia.

Manutenção do batimento rítmico do coração

Em vertebrados, os batimentos cardíacos se originam no próprio coração. Algumas células musculares cardíacas são autorrítmicas, isto é, elas se contraem e relaxam repetidamente sem qualquer estímulo do sistema nervoso. Essas contrações rítmicas continuam até mesmo em tecido removido do coração e colocado em uma placa no laboratório! Visto que cada uma dessas células tem seu próprio ritmo intrínseco de contração, como suas contrações são coordenadas no coração intacto? A resposta está em um grupo de células autorrítmicas localizado na parede do átrio direito, perto de onde a veia cava superior chega ao coração. Esse agrupamento de células, chamado de **nó sinoatrial (SA)**, atua como um *marca-passo*, ajustando a frequência e o tempo em que as células musculares cardíacas se contraem. (Alguns artrópodes, em contrapartida, têm marca-passos localizados no sistema nervoso, fora do coração.)

O nó SA produz impulsos elétricos muito semelhantes aos produzidos pelas células nervosas. Uma vez que as células musculares cardíacas são eletricamente acopladas pelas junções comunicantes (ver Figura 6.30), impulsos do nó SA se propagam rapidamente dentro do tecido cardíaco. Esses impulsos geram correntes que podem ser medidas quando eles alcançam a pele via líquidos corporais. Em um **eletrocardiograma (ECG)**, eletrodos colocados sobre a pele registram as correntes, medindo, então, a atividade elétrica do coração. O gráfico da corrente ao longo do tempo tem uma forma que representa os estágios no ciclo cardíaco **(Figura 42.8)**.

Os impulsos procedentes do nó SA primeiro se difundem rapidamente através das paredes dos átrios, fazendo ambos os átrios se contraírem simultaneamente. Durante a contração atrial, os impulsos que se originam no nó SA alcançam outras células autorrítmicas localizadas na parede entre os átrios esquerdo e direito. Essas células formam um ponto de transmissão denominado **nó atrioventricular (AV)**. Aqui, os impulsos são retardados por cerca de 0,1 segundo antes de se propagarem ao ápice do coração. Esse retardo permite que os átrios esvaziem completamente antes que os ventrículos se contraiam. A seguir, os sinais do nó AV são conduzidos ao ápice do coração e por todas as paredes ventriculares, mediante estruturas especializadas denominadas ramos do feixe e fibras de Purkinje.

Estímulos fisiológicos alteram o ritmo cardíaco mediante regulação do funcionamento do marca-passo do nó SA. Duas porções do sistema nervoso — as divisões simpática e parassimpática — são, em grande parte, responsáveis por essa regulação. Elas funcionam como o acelerador e o freio de um automóvel: por exemplo, quando você se levanta e começa a caminhar, a divisão simpática acelera seu marca-passo. O aumento resultante da frequência cardíaca fornece o O_2 adicional necessário aos músculos que estão impulsionando sua atividade. Se você, então, se sentar e relaxar, a divisão parassimpática desacelera seu marca-passo, diminuindo a frequência cardíaca e, portanto, conservando energia. Os hormônios secretados para o sangue também influenciam o marca-passo. Por exemplo, a adrenalina (ou epinefrina), o hormônio de "luta ou fuga" secretado pelas glândulas adrenais (ou suprarrenais), acelera o marca-passo. Um terceiro tipo de aporte que afeta o marca-passo é a temperatura corporal. Um aumento de apenas 1°C eleva a frequência cardíaca em cerca de 10 batimentos por minuto. Essa é a razão pela qual seus batimentos cardíacos ficam mais rápidos quando você tem febre.

Tendo examinado o funcionamento da bomba circulatória, na próxima seção retornaremos às forças e estruturas que influenciam o fluxo sanguíneo nos vasos de cada circuito.

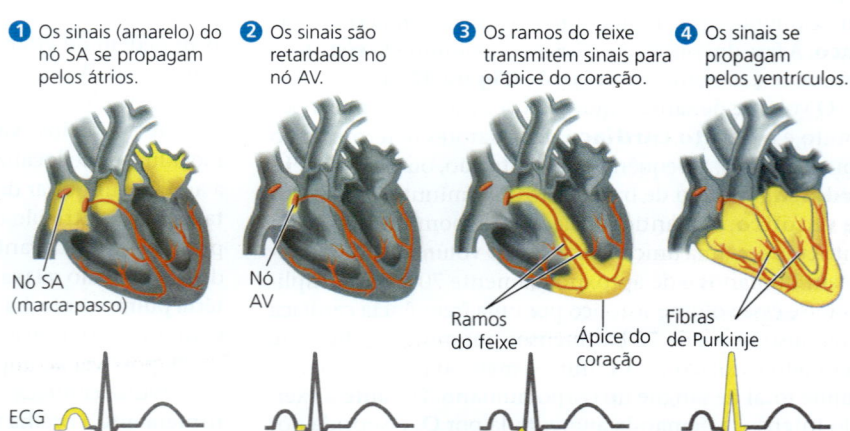

▲ **Figura 42.8 Controle do ritmo cardíaco.** No estabelecimento do ritmo cardíaco, os sinais elétricos seguem uma trajetória definida ao longo do coração. Os diagramas no topo da figura traçam o movimento desses sinais (amarelo) durante o ciclo cardíaco; as células musculares especializadas envolvidas no controle do ritmo são indicadas em laranja. Embaixo de cada etapa, é destacada (amarelo) a porção correspondente de um eletrocardiograma (ECG). Na etapa 4, a porção do ECG à direita do "pico" representa a atividade elétrica que reprime os ventrículos para o próximo ciclo de contração.

E SE? *Se o seu médico desse a você uma cópia do seu ECG, como você poderia determinar qual tinha sido a sua frequência cardíaca durante o teste?*

REVISÃO DO CONCEITO 42.2

1. Explique por que o sangue tem maior concentração de O_2 nas veias pulmonares do que nas veias cavas.
2. Por que é importante que o nó AV atrase o impulso elétrico que se propaga do nó SA e dos átrios para os ventrículos?
3. **E SE?** Suponha que, depois de você se exercitar regularmente por vários meses, sua frequência cardíaca de repouso diminua, mas seu débito cardíaco em repouso não mude. Com base nessas observações, que outra mudança na função de seu coração em repouso provavelmente ocorreu?

Ver as respostas sugeridas no Apêndice A.

CONCEITO 42.3

Os padrões de pressão e de fluxo arteriais refletem a estrutura e a organização dos vasos sanguíneos

Para prover oxigênio e nutrientes e remover subprodutos metabólicos pelo corpo, o sistema circulatório dos vertebrados conta com vasos sanguíneos que exibem uma combinação perfeita de estrutura e função.

Estrutura e função dos vasos sanguíneos

Os vasos sanguíneos contêm um lúmen central (cavidade) revestido com **endotélio**, uma única camada de células epiteliais achatadas. Como a superfície polida de um cano de cobre, a camada endotelial lisa minimiza a resistência ao fluxo de fluidos. Envolvendo o endotélio estão camadas de tecidos que diferem entre capilares, artérias e veias, refletindo diferentes adaptações a funções específicas desses vasos **(Figura 42.9)**.

Os capilares são os menores vasos sanguíneos, tendo um diâmetro apenas levemente maior do que o de uma hemácia. Os capilares também têm paredes muito delgadas, que consistem apenas no endotélio e em uma camada extracelular circundante denominada *lâmina basal*. A troca de substâncias entre o sangue e o líquido intersticial ocorre somente nos capilares, pois apenas neles as paredes são suficientemente delgadas para permitir essa troca.

Ao contrário dos capilares, artérias e veias têm paredes que consistem em duas camadas de tecido envolvendo o endotélio. A camada externa é formada por tecido conectivo composto de fibras elásticas, que permitem ao vaso dilatar-se e contrair-se, e colágeno, que proporciona força. A camada junto ao endotélio contém músculos lisos e mais fibras elásticas.

As paredes arteriais são grossas, fortes e elásticas. Assim, elas podem acomodar sangue bombeado em alta pressão pelo coração, inflando para fora à medida que o sangue entra e retornando à forma normal à medida que o coração relaxa entre as contrações. Como discutiremos a seguir, esse comportamento das paredes arteriais tem um papel essencial na manutenção da pressão sanguínea e do fluxo para os capilares.

Os músculos lisos nas paredes das artérias e arteríolas ajudam a regular o caminho do fluxo sanguíneo. Sinais do sistema nervoso e hormônios circulantes agem no músculo liso desses vasos, promovendo sua dilatação ou constrição, o que modula o fluxo sanguíneo para diferentes partes do corpo.

Por conduzirem o sangue de volta ao coração sob pressão mais baixa, as veias não necessitam de paredes espessas. Para determinado diâmetro de vaso sanguíneo, a parede da veia tem apenas um terço da espessura da parede de uma artéria. Diferentemente das artérias, as veias contêm válvulas, que mantêm um fluxo unidirecional do sangue apesar da pressão sanguínea baixa nesses vasos.

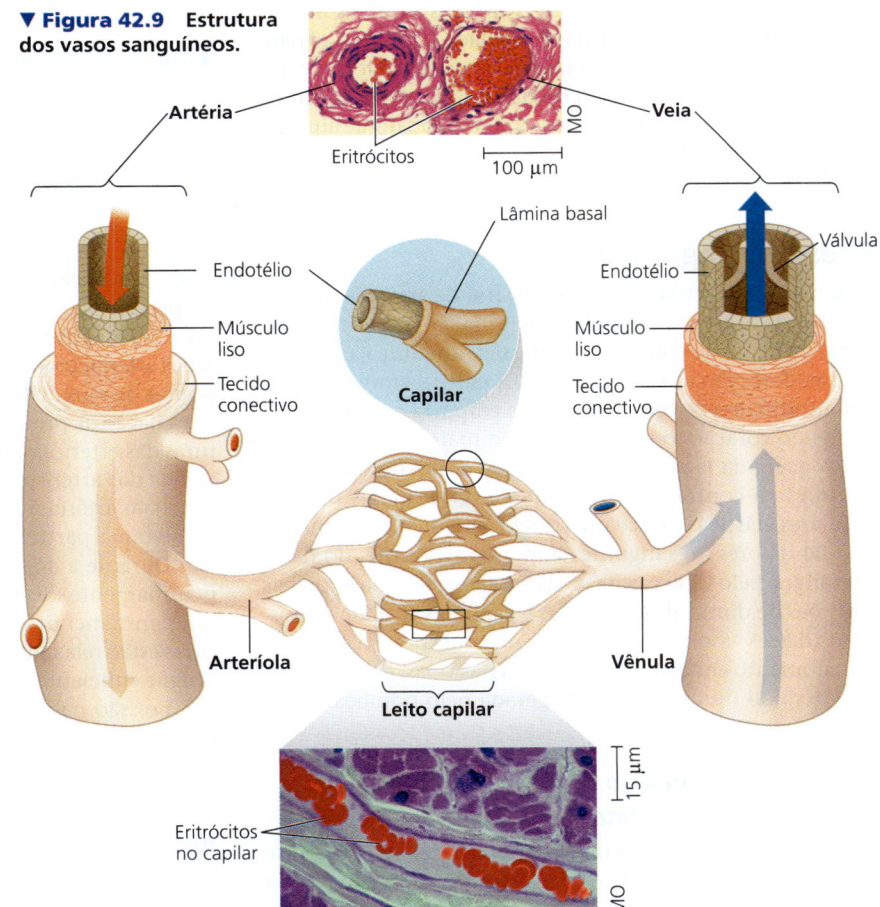

▼ **Figura 42.9** Estrutura dos vasos sanguíneos.

A seguir, examinaremos como o diâmetro dos vasos sanguíneos, o número de vasos e a pressão sanguínea influenciam a velocidade com que o sangue flui em diferentes locais do corpo.

Velocidade do fluxo sanguíneo

Para entender como o diâmetro do vaso sanguíneo influencia o fluxo de sangue, considere como a água flui por uma mangueira grossa conectada a uma torneira. Quando a torneira está aberta, a água flui na mesma velocidade ao longo da mangueira. O que acontece quando um bico estreito é preso à ponta de uma mangueira? Uma vez que a água não se comprime sob pressão, o volume dela que passa pelo bico em determinado tempo deve ser o mesmo que passa pelo resto da mangueira. A área de secção transversal do bico é menor do que a da mangueira, de modo que a água corre mais rápido, saindo do bico em grande velocidade.

Uma situação análoga se observa no sistema circulatório, mas o sangue fica *lento* à medida que passa das artérias para as arteríolas e para os capilares muito mais estreitos. Por quê? O número de capilares é enorme, ao redor de 7 bilhões em um corpo humano. Cada artéria transfere sangue para tantos capilares que a área *total* da secção transversal é muito maior nos leitos capilares do que nas artérias ou em qualquer outra parte do sistema circulatório **(Figura 42.10)**. O enorme aumento na área da secção transversal resulta em uma diminuição drástica na velocidade das artérias para os capilares: o sangue flui 500 vezes mais devagar nos capilares (em torno de 0,1 cm/s) do que na aorta (em torno de 48 cm/s). Depois de passar pelos capilares, o sangue aumenta a velocidade quando entra nas vênulas e veias e as áreas *totais* de secção transversal diminuem.

Pressão sanguínea

O sangue, como todos os líquidos, flui de áreas de pressão mais alta para áreas de pressão mais baixa. A contração de um ventrículo do coração gera pressão sanguínea, que exerce uma força em todas as direções. A parte da força dirigida longitudinalmente em uma artéria empurra o sangue para longe do coração, o local de pressão mais alta. A parte da força exercida lateralmente expande a parede da artéria. Seguindo a contração ventricular, a retração das paredes celulares elásticas exerce um papel fundamental na manutenção da pressão sanguínea e, por conseguinte, do fluxo do sangue pelo ciclo cardíaco. Assim que o sangue entra nas milhões de diminutas arteríolas e capilares, o diâmetro estreito desses vasos gera uma resistência substancial ao fluxo. No momento em que o sangue entra nas veias, essa resistência dissipou muito da pressão gerada pelo bombeamento cardíaco (ver Figura 42.10)

Mudanças na pressão sanguínea durante o ciclo cardíaco

A pressão sanguínea arterial é maior quando o coração se contrai durante a sístole ventricular. Nesse momento, a pressão é denominada **pressão sistólica** (ver Figura 42.10).

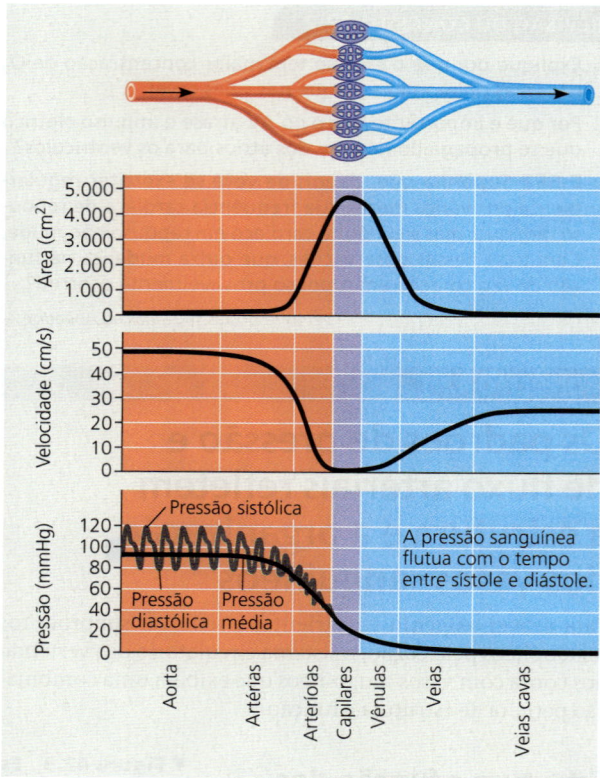

▲ **Figura 42.10** A inter-relação entre a área de secção transversal dos vasos sanguíneos, a velocidade do fluxo sanguíneos e a pressão sanguínea. Como consequência de um aumento na área total da secção transversal, a velocidade do fluxo sanguíneo diminui acentuadamente nas arteríolas e mais ainda nos capilares. A pressão sanguínea, a principal força que impulsiona o sangue do coração para os capilares, é mais alta na aorta e em outras artérias.

Cada contração ventricular causa um aumento abrupto na pressão sanguínea que distende as paredes das artérias. Você pode sentir essa **pulsação** – o pulsar rítmico das paredes arteriais com cada batimento cardíaco – colocando as pontas de seus dedos sobre a parte interna do pulso oposto. A oscilação da pressão se deve parcialmente às estreitas aberturas das arteríolas, que dificultam a saída de sangue proveniente das artérias. Quando o coração se contrai, o sangue entra nas artérias mais rápido do que ele as deixa, e os vasos se dilatam a partir do aumento da pressão.

Durante a diástole, as paredes elásticas das artérias repentinamente se contraem. Como consequência, há pressão sanguínea menor, mas ainda substancial, quando os ventrículos estão relaxados (**pressão diastólica**). Antes de entrar sangue suficiente nas arteríolas para aliviar completamente a pressão nas artérias, o coração se contrai novamente. Como as artérias se mantêm pressurizadas ao longo do ciclo cardíaco (ver Figura 42.10), o sangue flui continuamente para as arteríolas e capilares.

Regulação da pressão sanguínea

Mecanismos homeostáticos regulam a pressão sanguínea arterial mediante alteração do diâmetro das arteríolas. Se os músculos lisos das paredes das arteríolas se contraem, as arteríolas se estreitam, um processo denominado **vasoconstrição**. A vasoconstrição aumenta a pressão sanguínea na parte superior das artérias. Quando os músculos lisos relaxam, as arteríolas passam por **vasodilatação**, um aumento do diâmetro que causa queda da pressão sanguínea nas artérias.

Os pesquisadores identificaram o gás óxido nítrico (NO) como um importante indutor da vasodilatação e a endotelina, um peptídeo, como o mais potente indutor da vasoconstrição. Sinais dos sistemas nervoso e endócrino regulam a produção de NO e endotelina nos vasos sanguíneos, onde suas atividades opostas promovem a regulação homeostática da pressão sanguínea.

A vasoconstrição e a vasodilatação são, com frequência, acompanhadas de alterações no débito cardíaco que afetam a pressão sanguínea. Essa coordenação de mecanismos reguladores mantém o fluxo sanguíneo adequado, à medida que as demandas do corpo sobre o sistema circulatório mudam. Durante um exercício físico intenso, por exemplo, as arteríolas dos músculos em atividade dilatam, provocando um fluxo maior de sangue rico em oxigênio para os músculos. Por si só, esse aumento do fluxo para os músculos causaria uma queda na pressão arterial (e, portanto, do fluxo sanguíneo) em todo o corpo. Contudo, o débito cardíaco aumenta ao mesmo tempo, mantendo a pressão sanguínea e sustentando o aumento necessário do fluxo sanguíneo.

Pressão sanguínea e gravidade

Em geral, a pressão sanguínea é medida em uma artéria do braço posicionada na mesma altura do coração **(Figura 42.11)**. Para um humano saudável com idade de 20 anos em repouso, a pressão arterial normal no circuito sistêmico é em torno de 120 milímetros de mercúrio (mmHg) na sístole e 70 mmHg na diástole, expressa como 120/70. (A pressão sanguínea arterial no circuito pulmonar é 6 a 10 vezes mais baixa.)

A gravidade tem um efeito significativo na pressão sanguínea. Quando você está de pé, por exemplo, sua cabeça fica aproximadamente 0,35 m acima do seu peito, e a pressão arterial no cérebro é cerca de 27 mmHg menor do que a no coração. Essa relação de pressão sanguínea e gravidade é a chave para compreender o desmaio. A resposta do desmaio é provocada quando o sistema nervoso detecta que a pressão sanguínea em seu cérebro está abaixo do nível necessário para prover o fluxo adequado de sangue. Ao cair no chão, sua cabeça ficaria na mesma altura do coração, aumentando rapidamente o fluxo de sangue para o cérebro.

Para animais com pescoços muito longos, a pressão sanguínea necessária para superar a gravidade é especialmente alta. A girafa, por exemplo, requer uma pressão sistólica superior a 250 mmHg próximo ao coração para levar sangue até a cabeça. Quando uma girafa abaixa sua cabeça para beber água, válvulas e seios unidirecionais, junto com mecanismos de retroalimentação que reduzem o débito cardíaco, diminuem a pressão sanguínea na cabeça, impedindo danos no cérebro. Um dinossauro com um pescoço de quase 10 m de comprimento iria requerer uma pressão sistólica ainda maior – quase 760 mmHg – para bombear sangue para seu cérebro quando sua cabeça estivesse completamente erguida. No entanto, cálculos com base na anatomia e na taxa metabólica inferida sugerem que o coração dos dinossauros não teria potência suficiente para gerar essa alta pressão. Com base nessas evidências, assim como na estrutura óssea do pescoço, alguns biólogos concluíram que os dinossauros com pescoço longo consumiam a vegetação junto ao solo em vez de plantas altas.

A gravidade deve ser também considerada para o fluxo sanguíneo nas veias, especialmente as das pernas. Quando você fica de pé ou se senta, a gravidade direciona sangue para seus pés e impede o seu retorno para cima, até o coração. Como a pressão sanguínea é relativamente baixa, as válvulas no interior das veias têm uma função importante na manutenção do fluxo unidirecional de sangue dentro desses vasos. O retorno de sangue para o coração é aumentado por contrações rítmicas dos músculos lisos nas paredes das vênulas e veias e por contração dos músculos esqueléticos durante o exercício **(Figura 42.12)**.

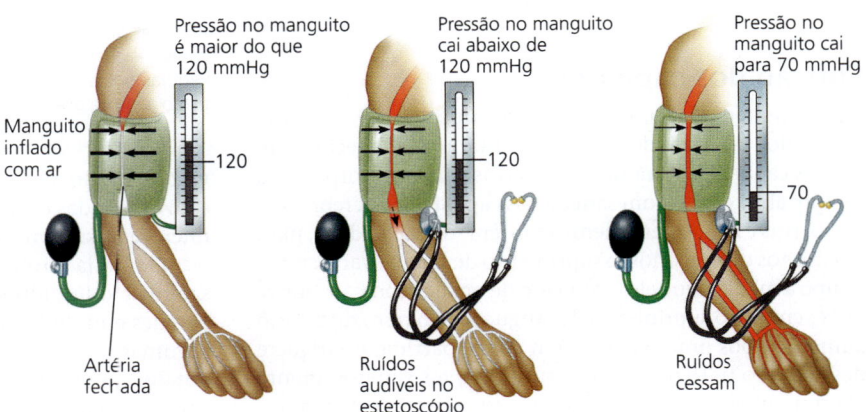

❶ Um esfigmomanômetro, um manguito inflável conectado a um medidor de pressão, mede a pressão arterial. A braçadeira é inflada até que a pressão feche a artéria, de modo que o fluxo sanguíneo seja interrompido. Quando isso ocorre, a pressão exercida pelo manguito excede a pressão na artéria.

❷ O manguito é esvaziado gradativamente. Quando a pressão exercida pelo manguito se iguala à da artéria, o sangue pulsa no antebraço, gerando ruídos que podem ser ouvidos com o estetoscópio. A pressão medida nesse momento é a pressão sistólica (120 mmHg neste exemplo).

❸ O manguito é esvaziado até permitir que o fluxo de sangue retorne ao normal na artéria e os ruídos desapareçam. A pressão medida nesse momento é a pressão diastólica (70 mmHg neste exemplo).

▲ **Figura 42.11 Determinação da pressão sanguínea.** A pressão sanguínea é registrada como dois números separados por uma barra oblíqua. O primeiro número é a pressão sistólica; o segundo, a pressão diastólica.

▶ **Figura 42.12 Fluxo sanguíneo nas veias.** A contração do músculo esquelético comprime e aperta as veias. Dobras de tecidos no interior das veias atuam com válvulas unidirecionais que fazem o sangue fluir apenas para o coração. Se você ficar sentado ou de pé por muito tempo, a falta de atividade muscular pode causar inchaço nos pés devido ao acúmulo de sangue nas veias.

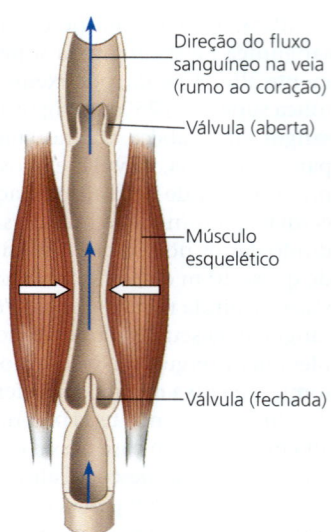

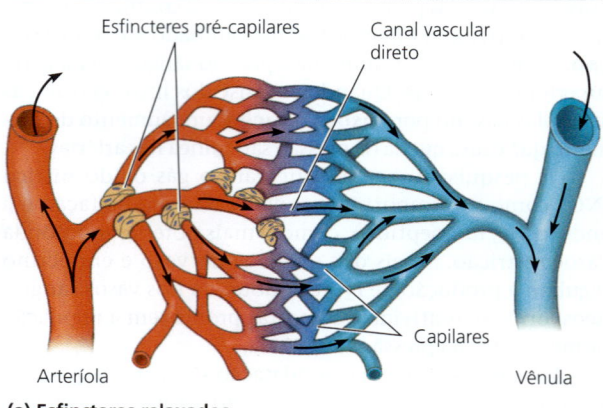

(a) **Esfíncteres relaxados**

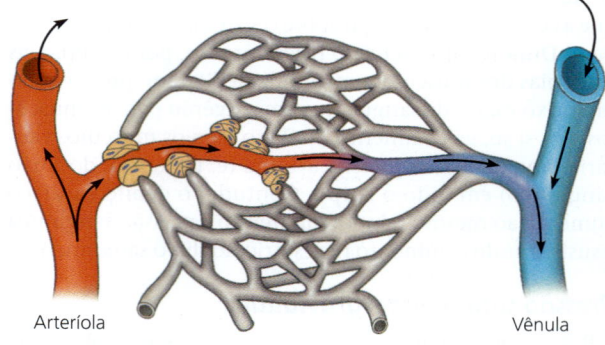

(b) **Esfíncteres contraídos**

▲ **Figura 42.13 Fluxo de sangue nos leitos capilares.** Os esfíncteres pré-capilares regulam a passagem de sangue para os leitos capilares. Parte do sangue flui diretamente das arteríolas para as vênulas pelos capilares denominados canais vasculares diretos, que estão sempre abertos.

Em situações raras, corredores e outros atletas podem sofrer parada cardíaca se interromperem abruptamente um exercício físico intenso. Quando os músculos das pernas param repentinamente de se contrair e relaxar, menos sangue retorna ao coração, que bate rapidamente. Se o coração estiver fraco ou comprometido, esse fluxo sanguíneo inadequado pode provocar o seu mau funcionamento. Para reduzir o risco de estresse cardíaco excessivo após exercícios intensos, os atletas são aconselhados a realizar atividades moderadas, como uma caminhada, para "esfriar" até a frequência cardíaca aproximar-se do seu nível de repouso.

Função dos capilares

Em qualquer tempo, o sangue está fluindo por somente 5-10% dos capilares do corpo. No entanto, cada tecido tem muitos capilares, de modo que todas as partes do corpo estão sempre abastecidas com sangue. Os capilares no cérebro, coração, rins e fígado geralmente mantêm sua capacidade, mas, em muitos outros sítios, o suprimento de sangue varia com o tempo à medida que ele é desviado de um destino para outro. Por exemplo, o suprimento de sangue para o trato digestório aumenta após uma refeição. Em contrapartida, o sangue é desviado do trato digestório e suprido mais generosamente aos músculos esqueléticos durante um exercício extenuante.

Considerando que os capilares não têm musculatura lisa, como o fluxo sanguíneo é alterado nos leitos capilares? Um mecanismo é a contração ou dilatação das arteríolas que suprem os leitos capilares. Um segundo mecanismo envolve os esfíncteres pré-capilares, anéis de músculos lisos localizados na entrada dos leitos capilares **(Figura 42.13)**. A abertura e o fechamento desses anéis musculares regulam a passagem do sangue para dentro de um conjunto particular de capilares. Os sinais que regulam o fluxo sanguíneo por esses mecanismos abrangem os impulsos nervosos, o transporte de hormônios pela corrente sanguínea e substâncias químicas produzidas localmente. Por exemplo, a substância histamínica liberada por células em um local ferido causa vasodilatação. O resultado é o aumento do fluxo sanguíneo e do acesso das células de defesa (leucócitos) para combater microrganismos invasores.

Como já vimos, a troca crucial de substâncias entre o sangue e o líquido intersticial ocorre através das delgadas paredes endoteliais dos capilares. Como essa troca ocorre? Algumas macromoléculas são transportadas através do endotélio em vesículas que se formam em um lado por endocitose e liberam seus conteúdos no lado oposto por exocitose. Moléculas pequenas, como O_2 e CO_2, simplesmente se difundem pelas células endoteliais ou, em alguns tecidos, através de poros microscópicos na parede capilar. Essas aberturas também propiciam a rota para o transporte de solutos pequenos, como açúcares, sais e ureia, bem como para o fluxo em massa de líquido rumo aos tecidos, impulsionado pela pressão sanguínea no interior dos capilares.

Duas forças opostas controlam o movimento de fluido entre os capilares e os tecidos circundantes: a pressão sanguínea tende a impulsionar o líquido para fora dos capilares, e a presença de proteínas sanguíneas tende a retê-lo **(Figura 42.14)**. Muitas proteínas sanguíneas (e todas as células do sangue) são muito grandes para atravessar com facilidade o

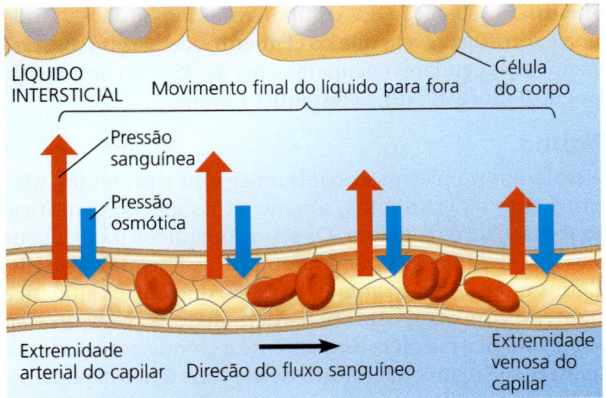

▲ **Figura 42.14 Troca de líquido entre capilares e o líquido intersticial.** Este diagrama mostra um capilar hipotético no qual a pressão sanguínea excede a pressão osmótica ao longo de todo o seu comprimento. Em outros capilares, a pressão sanguínea pode ser mais baixa do que a pressão osmótica ao longo de todo o capilar ou em parte dele.

endotélio e, assim, permanecem nos capilares. Essas proteínas dissolvidas são responsáveis por grande parte da *pressão osmótica* do sangue (pressão produzida pela diferença na concentração de solutos através de uma membrana). A diferença na pressão osmótica entre o sangue e o líquido intersticial opõe-se ao movimento de líquido para fora dos capilares. Em média, a pressão sanguínea é maior do que as forças de oposição, levando a uma perda de líquido dos capilares.

Retorno de líquido pelo sistema linfático

A cada dia, o corpo humano adulto perde aproximadamente 4-8 L de líquido dos capilares para os tecidos circundantes. Ocorre também algum vazamento de proteínas do sangue, ainda que a parede capilar não seja muito permeável a moléculas maiores. O líquido perdido e as proteínas dentro dele são recuperados e retornam ao sangue via **sistema linfático**.

Como mostrado na **Figura 42.15**, o líquido se difunde para dentro do sistema linfático por meio de uma rede de pequenos vasos entremeados com capilares. O líquido recuperado, chamado de **linfa**, circula no sistema linfático antes de drenar em um par de grandes veias do sistema cardiovascular na base do pescoço. Essa união entre os sistemas linfático e cardiovascular completa a recuperação do líquido perdido dos capilares, bem como a transferência de lipídeos do intestino delgado para o sangue (ver Figura 41.13).

O movimento da linfa dos tecidos periféricos para o coração depende de muitos dos mesmos mecanismos que colaboram no fluxo sanguíneo nas veias. Como as veias, os vasos linfáticos têm válvulas que impedem o refluxo de líquido. As contrações rítmicas das paredes dos vasos ajudam a movimentar líquido para os vasos linfáticos pequenos. Além disso, as contrações dos músculos esqueléticos exercem um papel importante no movimento da linfa.

Interrupções no movimento da linfa frequentemente resultam no acúmulo de fluido, ou edema, nos tecidos afetados. Em algumas circunstâncias, a consequência é grave. Por exemplo, certas espécies de vermes parasíticos se alojam nos vasos linfáticos e bloqueiam o movimento da linfa, causando elefantíase, uma condição caracterizada pelo inchaço extremo dos membros ou de outras partes do corpo.

Ao longo de um vaso linfático, há pequenos órgãos filtradores de linfa chamados **linfonodos**, os quais têm um papel importante na defesa do corpo. No interior de cada linfonodo há uma rede de tecido conectivo com espaços preenchidos por leucócitos, que atuam na defesa. Quando o corpo está combatendo uma infecção, os leucócitos se multiplicam rapidamente, e os linfonodos tornam-se inchados e doloridos. Por isso, o médico pode verificar se há linfonodos inchados no seu pescoço, nas axilas ou na virilha quando você se sentir doente. Como linfonodos podem também interceptar células cancerosas circulantes, o exame dos linfonodos de pacientes com câncer pode revelar a disseminação da doença.

Em anos recentes, surgiram evidências de que o sistema linfático também desempenha um papel em respostas imunes prejudiciais, como aquelas responsáveis pela asma. Em razão dessas e de outras descobertas, o sistema linfático tem se tornado uma área muito ativa e promissora da pesquisa biomédica.

▶ **Figura 42.15 A associação próxima entre vasos linfáticos e capilares sanguíneos.** O sistema linfático, mostrado em verde, se estende pelo corpo, terminando em vasos estreitos entremeados com capilares sanguíneos. Os vasos linfáticos terminais têm extremidades fechadas, mas são permeáveis ao líquido intersticial que flui do tecido circundante. Antes de alcançar o coração, o fluido no sistema linfático sofre filtragem e monitoramento pelo sistema imunológico em pequenas estruturas em forma de feijão chamadas linfonodos.

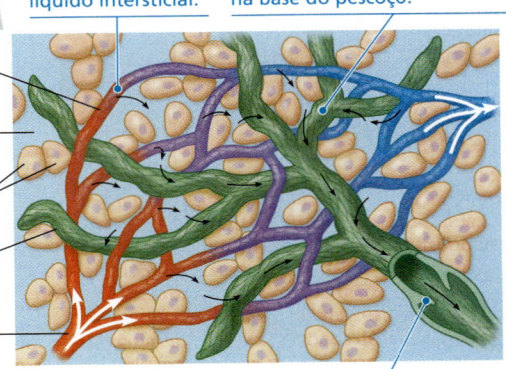

REVISÃO DO CONCEITO 42.3

1. Qual é a causa principal da baixa velocidade do fluxo sanguíneo nos capilares?
2. Quais mudanças a curto prazo na função cardiovascular de um animal podem facilitar o uso de músculos esqueléticos para o escape de uma situação perigosa?
3. **E SE?** Se você tivesse corações adicionais distribuídos pelo corpo, quais seriam uma provável vantagem e uma provável desvantagem?

Ver as respostas sugeridas no Apêndice A.

CONCEITO 42.4

Os componentes sanguíneos atuam nas trocas, no transporte e na defesa

Como vimos no Conceito 42.1, o líquido transportado por um sistema circulatório aberto tem continuidade com o líquido que circunda todas as células do corpo e, por isso, apresenta a mesma composição. Por outro lado, o líquido de um sistema circulatório fechado pode ser altamente especializado, como é o caso do sangue dos vertebrados.

Função e composição do sangue

O sangue dos vertebrados é um tecido conectivo que consiste em células suspensas em uma matriz líquida denominada **plasma**. A separação dos componentes sanguíneos usando uma centrífuga revela que os elementos celulares (células e fragmentos celulares) ocupam cerca de 45% do volume do sangue **(Figura 42.16)**. O restante é plasma.

Plasma

Dissolvidos no plasma encontram-se íons e proteínas, que, junto com os eritrócitos, atuam na regulação osmótica, no transporte e na defesa. Os sais inorgânicos na forma de íons dissolvidos são um componente essencial do sangue. Alguns tamponam o sangue, ao passo que outros ajudam a manter o equilíbrio osmótico. Além disso, a concentração de íons no plasma afeta diretamente a composição do líquido intersticial, no qual muitos desses íons têm um papel vital nas atividades muscular e nervosa. Para o plasma servir a todas essas funções, os eletrólitos nele contidos devem se manter dentro de faixas estreitas de concentração.

Da mesma forma que os íons dissolvidos, as proteínas do plasma, como as albuminas, agem como tampões contra mudanças no pH e ajudam a manter o equilíbrio osmótico entre o sangue o líquido intersticial. Algumas proteínas plasmáticas têm outras funções. As imunoglobulinas, ou anticorpos, combatem os vírus e outros agentes estranhos que invadem o corpo (ver Figura 43.10). As apolipoproteínas transportam lipídeos, que são insolúveis em água e conseguem deslocar-se no sangue somente quando ligados a proteínas. Os fibrinogênios atuam como fatores de coagulação que auxiliam na reparação dos vasos quando danificados. (O termo *soro* se refere ao plasma sanguíneo do qual esses fatores de coagulação foram retirados.)

O plasma também contém muitas outras substâncias circulantes, incluindo nutrientes, subprodutos metabólicos,

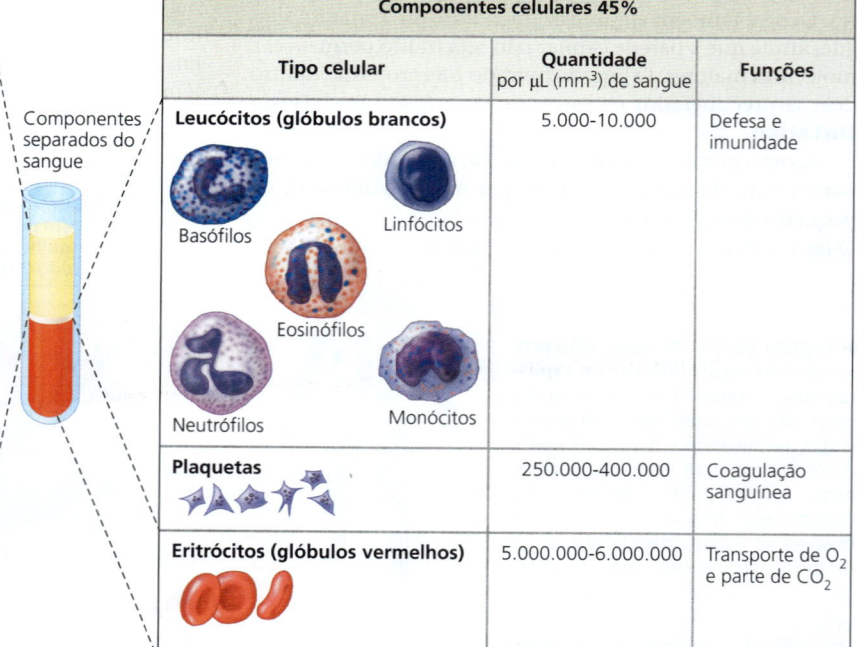

Plasma 55%	
Constituinte	**Funções principais**
Água	Solvente
Íons (eletrólitos do sangue) Sódio Potássio Cálcio Magnésio Cloreto Bicarbonato	Equilíbrio osmótico, tamponamento do pH e regulação da permeabilidade de membrana
Proteínas plasmáticas	
Albumina	Equilíbrio osmótico e tamponamento do pH
Imunoglobulinas (anticorpos)	Defesa e imunidade
Apolipoproteínas	Transporte de lipídeos
Fibrinogênio	Coagulação
Substâncias transportadas pelo sangue	
Nutrientes (como glicose, ácidos graxos, vitaminas) Resíduos do metabolismo Gases respiratórios (O_2 e CO_2) Hormônios	

Componentes celulares 45%		
Tipo celular	**Quantidade** por μL (mm^3) de sangue	**Funções**
Leucócitos (glóbulos brancos) Basófilos Linfócitos Eosinófilos Neutrófilos Monócitos	5.000-10.000	Defesa e imunidade
Plaquetas	250.000-400.000	Coagulação sanguínea
Eritrócitos (glóbulos vermelhos)	5.000.000-6.000.000	Transporte de O_2 e parte de CO_2

▲ **Figura 42.16 Composição do sangue dos mamíferos.** O sangue centrifugado é separado em três camadas: plasma, leucócitos e plaquetas, e eritrócitos.

gases respiratórios e hormônios. O plasma tem uma concentração proteica muito mais alta do que o líquido intersticial, embora os dois líquidos sejam similares em outros aspectos. (Lembre-se de que as paredes dos capilares não são muito permeáveis a proteínas.)

Elementos celulares

O sangue contém duas classes de células: os eritrócitos, que transportam O_2, e os leucócitos, que atuam na defesa (ver Figura 42.16). Suspensas no plasma sanguíneo estão também as **plaquetas**, fragmentos celulares envolvidos no processo de coagulação.

Eritrócitos Os glóbulos vermelhos, ou **eritrócitos**, são de longe as células sanguíneas mais numerosas. Sua função principal é o transporte de O_2, e sua estrutura é relacionada a essa função. Os eritrócitos humanos são pequenos discos (7-8 μm de diâmetro) bicôncavos — mais finos no centro do que nas bordas. Essa forma amplia a área de superfície, aumentando a taxa de difusão de O_2 através da membrana plasmática. Os eritrócitos maduros de mamíferos não têm núcleos. Essa característica incomum deixa mais espaço nessas células diminutas para a **hemoglobina**, a proteína portadora de ferro que transporta O_2 (ver Figura 5.18). Os eritrócitos também não têm mitocôndrias e geram seu ATP exclusivamente por metabolismo anaeróbico. O transporte de oxigênio seria menos eficiente se os eritrócitos fossem aeróbicos e consumissem parte do O_2 que carregam.

Apesar do seu pequeno tamanho, um eritrócito contém aproximadamente 250 milhões de moléculas de hemoglobina (Hb). Uma vez que cada molécula de hemoglobina se liga a quatro moléculas de oxigênio, um eritrócito pode transportar cerca de 1 bilhão de moléculas de O_2. À medida que os eritrócitos passam através dos leitos capilares de pulmões, brânquias ou outros órgãos respiratórios, o O_2 se difunde para dentro dos eritrócitos e se liga à hemoglobina. Nos capilares sistêmicos, o O_2 se dissocia da hemoglobina e se difunde para dentro das células do corpo.

Na **anemia falciforme**, uma forma anormal de hemoglobina (Hb^S) se polimeriza em agregados. Como a concentração dessa hemoglobina nos eritrócitos é muito alta, esses agregados são suficientemente grandes para transformar o eritrócito em uma forma alongada e curva que lembra uma foice. Essa anormalidade resulta de uma alteração na sequência de aminoácidos da hemoglobina em uma única posição (ver Figura 5.19).

A anemia falciforme prejudica significativamente o funcionamento do sistema circulatório. As células falciformes geralmente se alojam em arteríolas e capilares, impedindo a liberação de O_2 e nutrientes e a remoção de CO_2 e subprodutos metabólicos. O bloqueio dos vasos sanguíneos e o inchaço resultante dos órgãos resultam em um grande sofrimento. Além disso, muitas vezes as células falciformes se rompem, reduzindo o número de eritrócitos disponíveis para o transporte de O_2. A média do tempo de vida de um eritrócito falciforme é de apenas 20 dias — um sexto de um eritrócito normal. A taxa de perda de eritrócitos supera sua taxa de produção. A terapia de curto prazo inclui a reposição de eritrócitos por transfusão de sangue; em geral, os tratamentos de longo prazo têm por objetivo inibir a agregação de Hb^S.

Leucócitos O sangue contém cinco tipos principais de glóbulos brancos, ou **leucócitos**. Sua função é combater infecções. Alguns são fagocíticos, englobando e digerindo microrganismos e restos de células mortas do próprio corpo. Outros, chamados de linfócitos, produzem respostas imunes contra substâncias estranhas (como vamos discutir nos Conceitos 43.2 e 43.3). Normalmente, 1 μL de sangue humano contém cerca de 5 a 10 mil leucócitos; suas quantidades aumentam temporariamente sempre que o corpo está combatendo uma infecção. Diferentemente dos eritrócitos, os leucócitos são também encontrados fora do sistema circulatório, monitorando o líquido intersticial e o sistema linfático.

Plaquetas Plaquetas são fragmentos citoplasmáticos de células especializadas da medula óssea. Elas apresentam cerca de 2 a 3 μm de diâmetro e não possuem núcleos. As plaquetas têm funções estruturais e moleculares na coagulação sanguínea.

Células-tronco e a reposição de elementos celulares

Eritrócitos, leucócitos e plaquetas se desenvolvem de células-tronco que são responsáveis por repor o estoque de células sanguíneas do corpo. Como descrito no Conceito 20.3, uma **célula-tronco** pode se reproduzir indefinidamente, dividindo-se mitoticamente para produzir uma célula-filha que se mantém como célula-tronco e outra que assume uma função especializada. As células-tronco que produzem os elementos celulares de células sanguíneas são localizadas na medula vermelha dos ossos, particularmente das costelas, das vértebras, do esterno e da pelve. À medida que elas se dividem e se autorrenovam, essas células-tronco dão origem a dois conjuntos de células progenitoras com uma capacidade mais limitada de autorrenovação **(Figura 42.17)**.

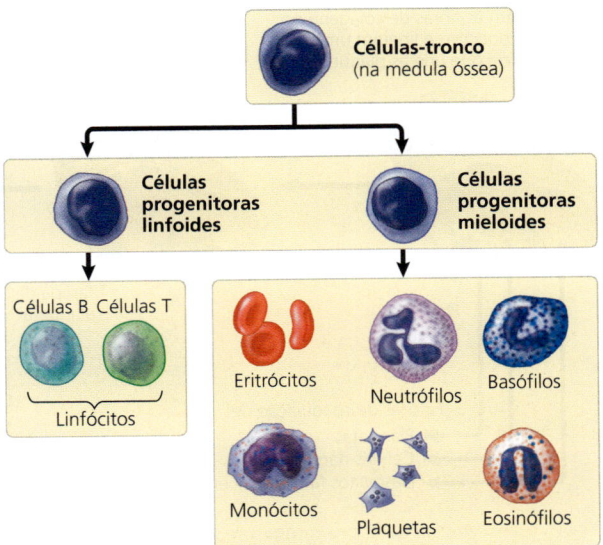

▲ **Figura 42.17 Diferenciação das células sanguíneas.** As divisões das células-tronco na medula óssea dão origem a dois conjuntos especializados de células. Um deles — as células progenitoras linfoides — origina as células imunológicas chamadas de linfócitos, principalmente células B e T. O segundo conjunto — células progenitoras mieloides — dá origem a outras células imunológicas, glóbulos vermelhos (eritrócitos) e fragmentos de célula chamados plaquetas.

Um conjunto, os progenitores linfoides, produzem linfócitos. O outro conjunto, os progenitores mieloides, produzem todos os outros leucócitos, eritrócitos e plaquetas.

Durante a vida de uma pessoa, as células-tronco repõem os elementos celulares velhos do sangue. Os eritrócitos são os de vida mais curta e circulam, em média, por apenas 120 dias antes de serem substituídos. Um mecanismo de retroalimentação negativa sensível ao nível de O_2 controla a produção de eritrócitos. Se o nível cai, os rins sintetizam e secretam um hormônio chamado **eritropoetina (EPO)**, que estimula a geração de mais eritrócitos.

Atualmente, a EPO produzida pela tecnologia do DNA recombinante é usada para tratar distúrbios como a *anemia*, uma condição de nível de eritrócitos ou hemoglobina abaixo do normal que diminui a capacidade do sangue de transportar oxigênio. Alguns atletas se autoinjetam com EPO para aumentar seu nível de eritrócitos. Como essa prática é banida pelas principais organizações esportivas, corredores, ciclistas e outros atletas pegos usando substâncias relacionadas à EPO tiveram seus resultados anulados e foram banidos de futuras competições.

Coagulação sanguínea

Quando os vasos sanguíneos são rompidos por um ferimento, tal como um pequeno corte ou arranhão, uma cadeia de eventos garante a sua reparação, interrompendo a perda de sangue e a exposição a infecções. O mecanismo-chave nessa resposta é a coagulação, a conversão dos componentes líquidos do sangue em um sólido – um coágulo sanguíneo.

Na ausência de dano, o coagulante, ou selante, circula sob uma forma inativa chamada de fibrinogênio. A coagulação sanguínea inicia quando o ferimento expõe as proteínas da parede de um vaso sanguíneo danificado aos constituintes do sangue. As proteínas expostas atraem plaquetas, que se agrupam no local do ferimento e liberam fatores de coagulação. Esses fatores provocam uma reação em cascata que leva à formação de uma enzima ativa, a *trombina*, a partir de uma forma inativa, a protrombina **(Figura 42.18)**. A trombina, por sua vez, converte o fibrinogênio em fibrina, que se agrega em fios que formam a estrutura do coágulo. Qualquer mutação que bloqueie uma etapa no processo de coagulação pode causar hemofilia, uma doença grave caracterizada pelo sangramento excessivo e feridas mesmo por mínimos cortes e batidas (ver Conceito 15.2).

Como mostrado na Figura 42.18, a coagulação envolve um circuito de retroalimentação positiva. Inicialmente, as reações da coagulação convertem somente um pouco de protrombina em trombina no local do coágulo. No entanto, a própria trombina estimula a cadeia enzimática, levando à conversão de mais protrombina em trombina e, então, levando à finalização do processo de coagulação.

Fatores anticoagulantes no sangue normalmente impedem a coagulação espontânea na ausência de lesão. Todavia, às vezes coágulos se formam dentro de um vaso sanguíneo,

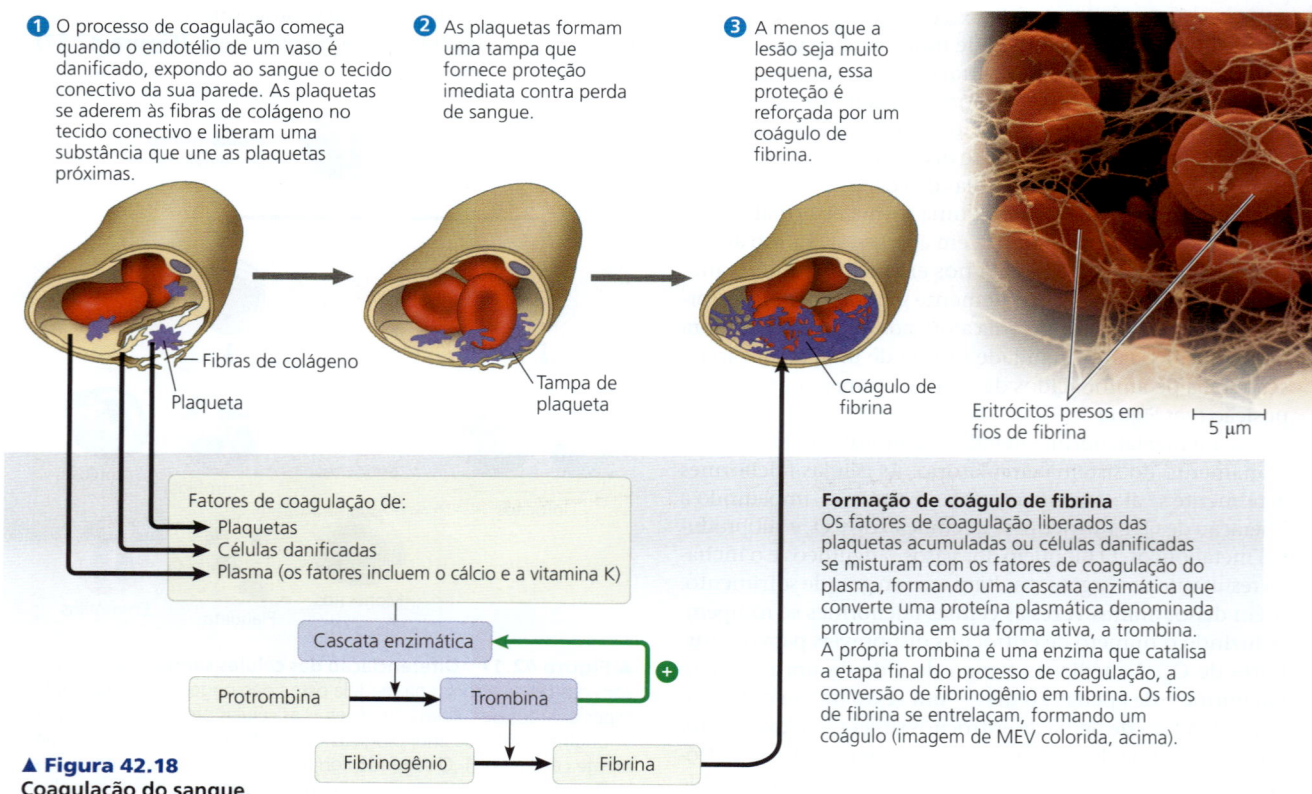

▲ **Figura 42.18**
Coagulação do sangue.

bloqueando o fluxo de sangue. Um coágulo desse tipo é chamado de **trombo**. Vamos explorar brevemente como os trombos se formam e os perigos que eles causam.

Doenças cardiovasculares

A cada ano, as doenças cardiovasculares – distúrbios do coração e dos vasos sanguíneos – matam mais de 750 mil pessoas nos Estados Unidos. Essas doenças variam desde distúrbios menores de veias ou da função de uma válvula cardíaca até interrupções no fluxo sanguíneo ao coração ou ao cérebro que podem ser fatais.

Aterosclerose, infarto do miocárdio e acidente vascular cerebral

As artérias saudáveis têm um revestimento interno liso que reduz a resistência ao fluxo sanguíneo. No entanto, lesões ou infecções podem irritar o revestimento e levar à **aterosclerose**, o enrijecimento das artérias por acúmulo de depósitos graxos. Um fator essencial no desenvolvimento da aterosclerose é o colesterol, um esterol importante para a manutenção normal de membranas de células animais (ver Figura 7.5).

Na aterosclerose, o dano ao revestimento arterial resulta em *inflamação*, a reação do corpo à lesão. Os leucócitos são atraídos para a área inflamada e começam a depositar lipídeos, incluindo o colesterol. Um depósito de gordura, denominado placa, cresce gradualmente, incorporando tecido conectivo fibroso e colesterol adicional. À medida que a placa cresce, as paredes da artéria se tornam espessas e endurecidas, e a obstrução da artéria aumenta. Se a placa se romper, um trombo pode se formar no interior da artéria **(Figura 42.19)**, potencialmente desencadeando um infarto do miocárdio ou um acidente vascular cerebral.

Um **infarto do miocárdio**, também chamado *ataque cardíaco*, é uma lesão ou morte do tecido muscular cardíaco, resultante do bloqueio de uma ou mais artérias coronárias, que fornecem sangue oxigenado ao músculo cardíaco. As artérias coronárias têm diâmetro pequeno e, portanto, são especialmente vulneráveis à obstrução por placas ateroscleróticas ou trombos. Tal bloqueio pode destruir rapidamente o músculo cardíaco, porque o batimento constante desse músculo requer um suprimento regular de O_2. Se uma parte grande o suficiente do coração for afetada, ele vai parar de bater. Essa parada cardíaca causa a morte se o batimento cardíaco não for restaurado em poucos minutos por meio de reanimação cardiopulmonar (RCP) ou de outro procedimento de emergência.

Um **acidente vascular cerebral** (AVC ou derrame) é a morte de tecido nervoso no cérebro devido à falta de O_2. O AVC geralmente resulta da ruptura ou do bloqueio de artérias no pescoço ou na cabeça. Os efeitos de um AVC e as chances de sobrevivência de um indivíduo dependem da extensão e da localização do tecido cerebral lesado. Se um AVC resultar de um bloqueio arterial por um trombo, a administração rápida de um fármaco que dissolva o coágulo pode ajudar a limitar o dano.

Embora muitas vezes a aterosclerose não seja detectada até que haja uma interrupção substancial no fluxo sanguíneo, pode haver sinais de alerta. O bloqueio parcial das artérias coronárias pode causar dor torácica ocasional, condição conhecida como angina de peito (*angina pectoris*). É mais provável que a dor seja sentida quando o coração estiver trabalhando sob estresse; isso sinaliza que parte do coração não está recebendo O_2 suficiente. Uma artéria obstruída pode ser tratada cirurgicamente, pela inserção de um tubo denominado *stent* para expandir a artéria **(Figura 42.20)** ou pelo transplante de um vaso sanguíneo saudável do peito ou de um membro para desviar do bloqueio.

Fatores de risco e tratamento de doenças cardiovasculares

O colesterol é transportado no plasma sanguíneo, principalmente em partículas que consistem em milhares de moléculas de colesterol e outros lipídeos ligados a uma proteína. Um tipo de partícula – a **lipoproteína de baixa densidade (LDL)** – fornece colesterol às células para a produção de membranas. Outro tipo —a **lipoproteína de alta densidade (HDL)** – recolhe o colesterol excedente para

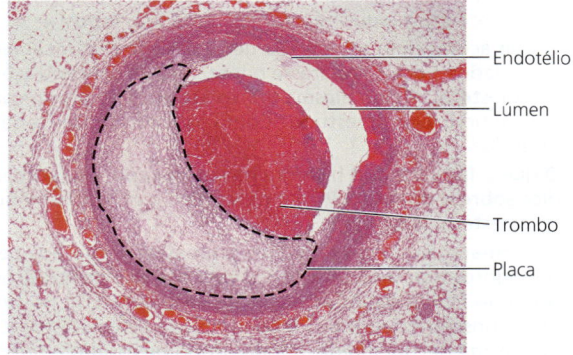

▲ **Figura 42.19 Aterosclerose.** Na aterosclerose, o espessamento de uma parede arterial por formação de placa pode restringir o fluxo sanguíneo pela artéria. Se uma placa se romper, um trombo pode se formar, restringindo o fluxo sanguíneo. Fragmentos de uma placa rompida também podem ser transportados pela corrente sanguínea e ficar alojados em outras artérias. Se o bloqueio for em uma artéria que abastece o coração ou o cérebro, a consequência pode ser um infarto do miocárdio ou um AVC, respectivamente.

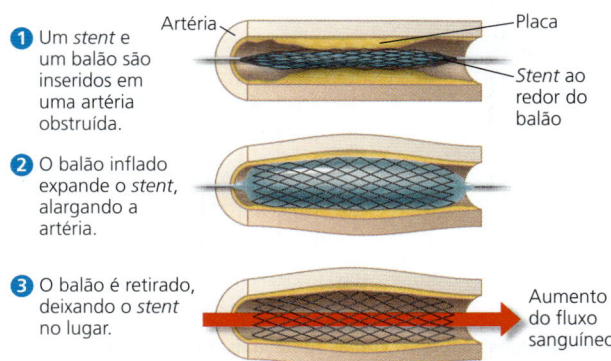

▲ **Figura 42.20** Inserindo um *stent* para alargar uma artéria obstruída.

retornar ao fígado. Os indivíduos com razão alta entre LDL e HDL têm um aumento substancial do risco de aterosclerose.

Embora a tendência para o desenvolvimento de doenças cardiovasculares seja hereditária, o estilo de vida também tem uma influência muito forte. Os exercícios físicos diminuem a razão LDL/HDL, reduzindo o risco de doença cardiovascular. Em contrapartida, o consumo de certos óleos vegetais processados, chamados de gorduras *trans*, e o tabagismo aumentam a razão LDL/HDL. Para muitos indivíduos em alto risco, o tratamento com fármacos chamados estatinas pode baixar os níveis de LDL e, então, reduzir o risco de infartos. No **Exercício de habilidades científicas**, você pode interpretar o efeito de uma mutação genética no nível de LDL sanguíneo.

Exercício de habilidades científicas

Elaboração e interpretação de histogramas

A inativação da enzima PCSK9 reduz os níveis de LDL? Pesquisadores interessados em fatores genéticos que afetam a suscetibilidade a doenças cardiovasculares examinaram o DNA de 15.000 indivíduos. Foi verificado que 3% dos indivíduos tinham uma mutação que inativa uma cópia do gene para PCSK9, uma enzima hepática. Como as mutações que *aumentam* a atividade da PCSK9 são conhecidas por *aumentar* os níveis de colesterol LDL no sangue, os pesquisadores formularam a hipótese de que a *inativação* de mutações nesse gene *diminuiria* os níveis de LDL. Neste exercício, você interpretará os resultados de um experimento que eles realizaram para testar essa hipótese.

Como o experimento foi realizado Os pesquisadores mediram o nível de colesterol LDL no plasma sanguíneo de 85 indivíduos com uma cópia do gene *PCSK9* inativada (o grupo de estudo) e de 3.278 indivíduos com duas cópias funcionais do gene (o grupo-controle).

Dados do experimento

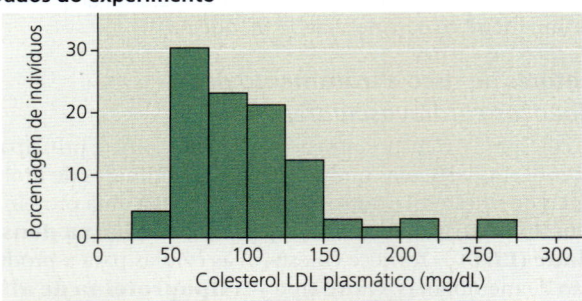

Indivíduos com uma mutação inativadora em uma cópia do gene *PCSK9* (grupo de estudo)

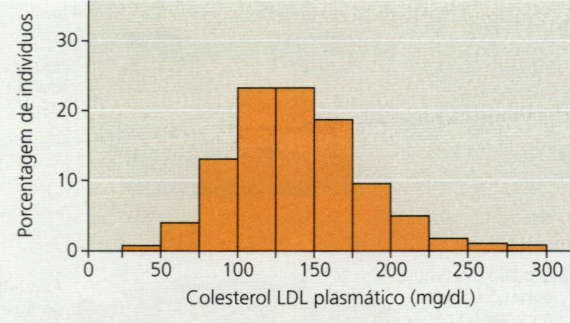

Indivíduos com duas cópias funcionais do gene *PCSK9* (grupo-controle)

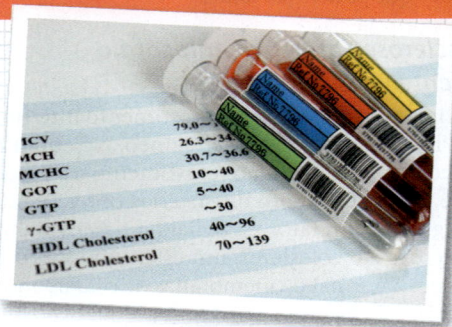

INTERPRETE OS DADOS

1. Os resultados são apresentados usando uma variante de um gráfico de barras chamado de *histograma*. Em um histograma, a variável no eixo *x* é agrupada em faixas. A altura de cada barra nesse histograma reflete a porcentagem de amostras que caem em uma faixa especificada no eixo *x* para aquela barra. Por exemplo, no histograma superior, cerca de 4% dos indivíduos estudados tinham níveis plasmáticos de colesterol LDL na faixa de 25 a 50 mg/dL (miligramas por decilitro). Some as porcentagens das barras relevantes para calcular a porcentagem de indivíduos no grupo de estudo e no grupo-controle que têm um nível de colesterol LDL de 100 mg/dL ou menos. (Para mais informações sobre histogramas, ver a Revisão de habilidades científicas no Apêndice D.)

2. Compare os dois histogramas. Há evidências de apoio para a hipótese dos pesquisadores? Explique sua resposta.

3. O que aconteceria se, em vez de representar graficamente os dados, você comparasse o intervalo de concentrações do colesterol LDL no plasma (baixo até alto) no grupo-controle e no grupo de estudo? Como suas conclusões teriam diferido?

4. O que o fato dos dois histogramas se sobreporem tanto indica sobre o quanto a PCSK9 determina o nível plasmático de colesterol LDL?

5. A comparação desses dois histogramas permitiu aos pesquisadores tirar uma conclusão sobre o efeito de mutações no gene *PCSK9* sobre os níveis de colesterol LDL no sangue. Considere dois indivíduos com nível de colesterol LDL no plasma de 160 mg/dL, um do grupo de estudo e um do grupo-controle. (a) O que você prevê quanto ao risco relativo de desenvolvimento de doença cardiovascular? (b) Explique como você chegou a essa predição. Que papel os dois histogramas tiveram na sua predição?

Dados de J. C. Cohen et al., Sequence variations in *PCSK9*, low LDL, and protection against coronary heart disease, *New England Journal of Medicine* 354:1264-1272 (2006).

O reconhecimento de que a inflamação exerce um papel central na aterosclerose e na formação de trombos também exerce influência no tratamento de doenças cardiovasculares. Por exemplo, o ácido acetilsalicílico, que inibe a resposta inflamatória, auxilia na prevenção da recorrência de infartos do miocárdio e AVC.

A **hipertensão** (pressão sanguínea alta) é outro fator que contribui para a ocorrência de infarto do miocárdio e AVC. De acordo com uma hipótese, a hipertensão crônica danifica o endotélio que reveste as artérias, promovendo a formação de placas. A definição habitual de hipertensão em adultos é de pressão sistólica acima de 140 mmHg ou pressão diastólica acima de 90 mmHg. Felizmente, a hipertensão pode, com frequência, ser prevenida e controlada pelo abandono do tabaco, por mudanças na dieta, aumento de atividade física e medicação, ou por uma combinação dessas abordagens.

REVISÃO DO CONCEITO 42.4

1. Explique por que um médico pode solicitar a contagem de leucócitos para um paciente com sintomas de uma infecção.
2. Os coágulos em artérias podem causar infarto do miocárdio e AVC. Por que, então, faz sentido tratar pessoas com hemofilia introduzindo fatores de coagulação no seu sangue?
3. **E SE?** A nitroglicerina (ingrediente fundamental da dinamite) é, às vezes, prescrita para pacientes com doenças cardíacas. Dentro do corpo, a nitroglicerina é convertida em óxido nítrico (ver Conceito 42.3). Por que você esperaria que a nitroglicerina aliviasse a dor no peito (angina) causada pelo estreitamento das artérias cardíacas?
4. **FAÇA CONEXÕES** Como as células-tronco da medula óssea de um adulto diferem das células-tronco embrionárias (ver Conceito 20.3)?

Ver as respostas sugeridas no Apêndice A.

CONCEITO 42.5

As trocas gasosas ocorrem através de superfícies respiratórias especializadas

No restante deste capítulo, discutiremos o processo das **trocas gasosas**. Embora muitas vezes chamado de trocas respiratórias ou respiração, esse processo não deveria ser confundido com as transformações de energia da respiração celular. A troca gasosa é a captação de O_2 molecular do ambiente e a liberação de CO_2 para o ambiente.

Gradientes de pressão parcial na troca gasosa

Para compreender as forças propulsoras da troca gasosa, devemos considerar a **pressão parcial**, que é simplesmente a pressão exercida por determinado gás em uma mistura de gases. A determinação de pressões parciais nos permite predizer o movimento líquido de um gás em uma superfície de troca: um gás sempre passa por uma difusão líquida de uma região de pressão parcial mais alta para uma região de pressão parcial mais baixa.

Para calcular as pressões parciais, precisamos conhecer a pressão que uma mistura de gases exerce e a fração da mistura representada por um determinado gás. Vamos considerar o O_2 como exemplo: ao nível do mar, a atmosfera exerce força para baixo igual àquela de uma coluna de mercúrio (Hg) de 760 mm de altura. Portanto, a pressão atmosférica ao nível do mar é de 760 mmHg. Uma vez que a atmosfera tem 21% de O_2 por volume, a *pressão parcial* de O_2 é de 0,21 × 760, ou cerca de 160 mmHg. Esse valor é chamado de pressão parcial de O_2 (P_{O_2}) porque ele é a parte da pressão atmosférica contribuída por O_2. A pressão parcial de CO_2 (P_{CO_2}) é muito menor, somente de 0,29 mmHg ao nível do mar.

A pressão parcial também se aplica para gases dissolvidos em um líquido, como a água. Quando a água está exposta ao ar, um estado de equilíbrio é alcançado, de maneira que a pressão parcial de cada gás na água se iguala à pressão parcial daquele gás no ar. Portanto, a água exposta ao ar ao nível do mar tem uma P_{O_2} de 160 mmHg, a mesma que na atmosfera. Contudo, as *concentrações* de O_2 no ar e na água diferem substancialmente, porque o O_2 é muito menos solúvel na água do que no ar **(Tabela 42.1)**. Além disso, quanto mais quente e mais salgada for a água, menos O_2 dissolvido ela pode conter.

Tabela 42.1 Comparando ar e água como meios respiratórios

	Ar (nível do mar)	Água (20°C)	Proporção ar-água
Pressão parcial	160 mm	160 mm	1:1
Concentração de O_2	210 mL/L	7 mL/L	30:1
Densidade	0,0013 kg/L	1 kg/L	1:770
Viscosidade	0,02 cP	1 cP	1:50

Meios respiratórios

As condições para as trocas gasosas variam consideravelmente, dependendo se o meio respiratório – a fonte de O_2 – é o ar ou a água. Como já mencionado, o O_2 é abundante no ar, constituindo cerca de 21% do volume da atmosfera da Terra. Conforme mostrado na Tabela 42.1, o ar é muito menos denso e menos viscoso do que a água, de modo que ele se move mais facilmente por passagens estreitas. Como resultado, respirar ar é relativamente fácil, e a troca não precisa ser particularmente eficiente. Os humanos, por exemplo, extraem apenas 25% do O_2 do ar inspirado.

A água é um meio que demanda muito mais troca gasosa do que o ar. A quantidade de O_2 dissolvido em um determinado volume de água varia, mas é sempre menor do que em um volume equivalente de ar. A água em muitos hábitats marinhos e de água doce contém somente cerca de 7 mL de O_2 dissolvido por litro, uma concentração em torno de 30 vezes menor do que no ar. A água com conteúdo de O_2 mais baixo, densidade mais alta e viscosidade mais alta força os animais aquáticos – como peixes e lagostas – a gastarem consideravelmente mais energia para realizar as trocas gasosas.

No contexto desses desafios, várias adaptações evoluíram, permitindo que a maioria dos animais aquáticos seja bastante eficiente nas trocas gasosas. Muitas dessas adaptações envolvem a organização das superfícies destinadas às trocas.

Superfícies respiratórias

A especialização para trocas gasosas é aparente na estrutura da superfície respiratória, a parte do corpo do animal onde ocorrem as trocas gasosas. Como todas as células vivas, as células que realizam trocas gasosas têm uma membrana plasmática que deve estar em contato com uma solução aquosa. Por isso, as superfícies respiratórias são sempre úmidas.

O movimento de O_2 e CO_2 através das superfícies respiratórias ocorre por difusão. A taxa de difusão líquida é proporcional à área de superfície através da qual ela ocorre e inversamente proporcional ao quadrado da distância pela qual as moléculas devem se mover. Em outras palavras, a troca gasosa é rápida quando a área para difusão é grande e o trajeto para difusão é curto. Por isso, as superfícies respiratórias tendem a ser grandes e finas.

Em alguns animais relativamente simples, como esponjas, cnidários e platelmintos, toda célula do corpo está bem próxima do ambiente externo, de forma que os gases podem difundir-se rapidamente entre qualquer célula e o ambiente. Em muitos animais, no entanto, a maior parte das células do corpo não tem acesso imediato ao ambiente. Nesses animais, a superfície respiratória é um epitélio fino e úmido que constitui um órgão respiratório.

Para minhocas, bem como para alguns anfíbios e outros animais, a pele atua como um órgão respiratório. Uma densa rede de capilares logo abaixo da pele facilita a troca de gases entre o sistema circulatório e o ambiente. A superfície corporal da maioria dos animais, entretanto, não tem área suficiente para as trocas gasosas do organismo inteiro. A solução evolutiva para essa limitação é um órgão respiratório amplamente dobrado ou ramificado, aumentando, assim, a área de superfície disponível para as trocas gasosas. Brânquias, traqueias e pulmões são exemplos desses órgãos.

Brânquias em animais aquáticos

As brânquias são evaginações da superfície do corpo que estão suspensas na água. Como ilustrado na **Figura 42.21** (e na Figura 42.1), a distribuição de brânquias sobre o corpo pode variar de maneira considerável. Independentemente da sua distribuição, as brânquias com frequência têm uma área de superfície total muito maior do que o restante do exterior do corpo.

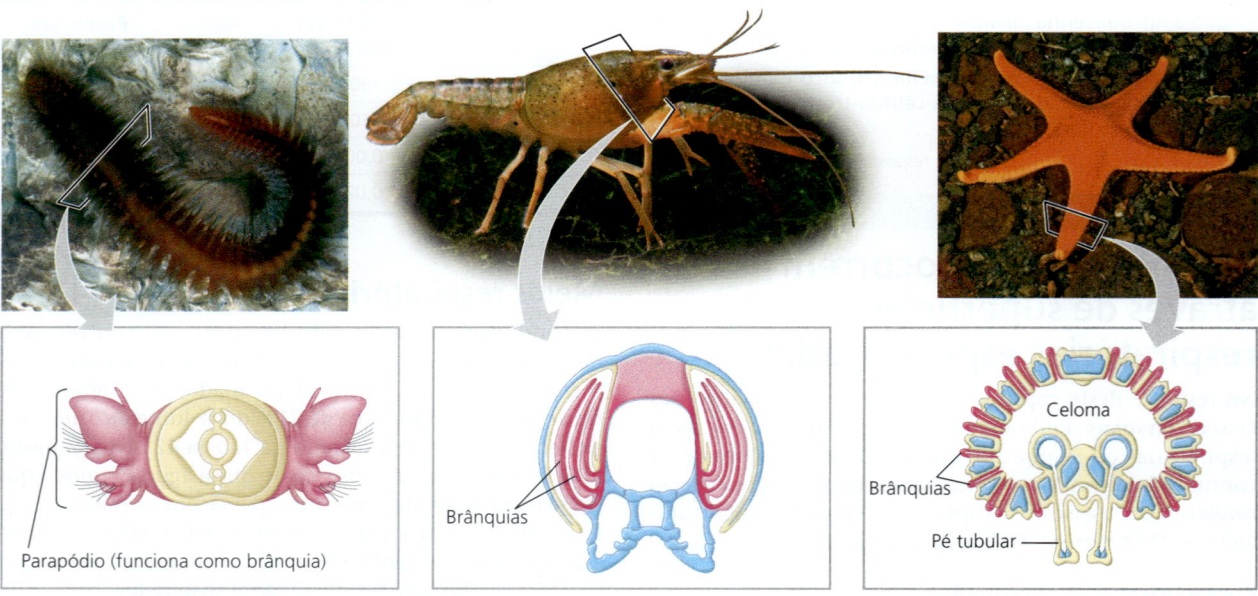

(a) **Verme marinho.** Muitos poliquetos (vermes marinhos do filo Annelida) têm um par de apêndices achatados denominados parapódios em cada segmento do corpo. Os parapódios servem como brânquias e também funcionam para rastejar e nadar.

(b) **Lagostim.** O lagostim e outros crustáceos possuem brânquias longas e plumosas, cobertas por exoesqueleto. Apêndices corporais especializados criam uma corrente de água nas superfícies das brânquias.

(c) **Estrela-do-mar.** As brânquias de uma estrela-do-mar são simples projeções tubulares da pele. O centro oco de cada brânquia é uma extensão do celoma (cavidade do corpo). As trocas gasosas ocorrem por difusão através das superfícies branquiais; o líquido no celoma circula dentro e fora das brânquias, auxiliando no transporte gasoso. As superfícies dos pés também atuam nas trocas gasosas.

▲ **Figura 42.21** Diversidade na estrutura das brânquias, superfícies externas do corpo que atuam nas trocas gasosas.

O movimento do meio respiratório sobre a superfície de respiração, processo chamado de **ventilação**, mantém os gradientes de pressão parcial (necessários para as trocas gasosas) de O_2 e CO_2 através das brânquias. Para promover a ventilação, a maioria dos animais portadores de brânquias as movimenta pela água ou move a água sobre elas. Por exemplo, os lagostins e as lagostas têm apêndices semelhantes a remos que acionam a corrente de água para as brânquias, enquanto os mexilhões e os mariscos movem a água com cílios. Polvos e lulas ventilam suas brânquias ao tomar e ejetar água, com um benefício adicional significativo de se locomover por propulsão a jato. Os peixes utilizam o movimento do nado ou os movimentos coordenados da boca e das coberturas branquiais para ventilar suas brânquias. Em ambos os casos, uma corrente de água entra pela boca do peixe, passa pelas fendas na faringe, flui para as brânquias e então sai do corpo **(Figura 42.22)**.

Em peixes, a eficiência do intercâmbio gasoso é maximizada pela **troca contracorrente**, a troca de uma substância ou de calor entre dois líquidos que fluem em sentidos opostos. Na brânquia de peixe, os dois líquidos são o sangue e a água. Como o sangue flui no sentido oposto ao da água que passa pelas brânquias, em cada ponto da sua trajetória, ele é menos saturado de O_2 do que a água que ele encontra (ver Figura 42.22). À medida que entra em um capilar branquial, o sangue encontra água que está completando a sua passagem através da brânquia. Esgotada de muito do seu O_2 dissolvido, essa água tem uma P_{O_2} superior ao do sangue que está entrando, ocorrendo a transferência. À medida que o sangue continua passando, sua P_{O_2} aumenta continuamente, mas o mesmo acontece com a da água que ele encontra, pois cada posição sucessiva na trajetória do sangue corresponde a uma posição anterior na passagem da água pelas brânquias. O resultado é um gradiente de pressão parcial que favorece a difusão de O_2 da água para o sangue ao longo de todo o capilar.

Os mecanismos de troca contracorrente são muito eficientes. Nas brânquias dos peixes, mais de 80% do O_2 dissolvido na água é removido à medida que ela passa pela superfície respiratória. Em outras configurações, mecanismos de contracorrente contribuem para a regulação da temperatura e para o funcionamento dos rins dos mamíferos (ver Conceitos 40.3 e 44.4).

Sistemas traqueais em insetos

Na maioria dos animais terrestres, as superfícies respiratórias são localizadas no interior do corpo e expõem-se à atmosfera apenas mediante tubos estreitos. Embora o exemplo mais familiar dessa disposição seja o pulmão, o mais comum é o **sistema traqueal** dos insetos, uma rede de tubos de ar que se ramificam por todo o corpo. Os tubos maiores,

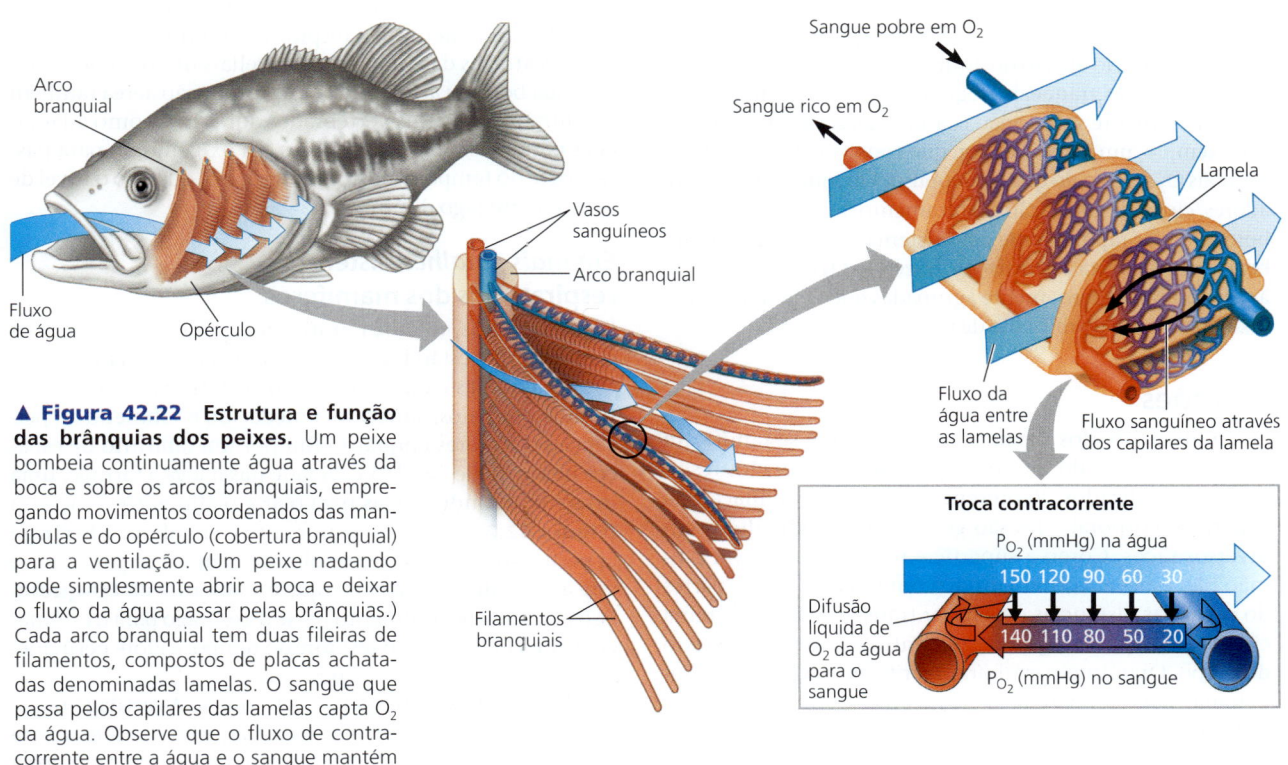

▲ **Figura 42.22 Estrutura e função das brânquias dos peixes.** Um peixe bombeia continuamente água através da boca e sobre os arcos branquiais, empregando movimentos coordenados das mandíbulas e do opérculo (cobertura branquial) para a ventilação. (Um peixe nadando pode simplesmente abrir a boca e deixar o fluxo da água passar pelas brânquias.) Cada arco branquial tem duas fileiras de filamentos, compostos de placas achatadas denominadas lamelas. O sangue que passa pelos capilares das lamelas capta O_2 da água. Observe que o fluxo de contracorrente entre a água e o sangue mantém um gradiente de pressão parcial que promove a difusão líquida de O_2 da água para o sangue ao longo do capilar.

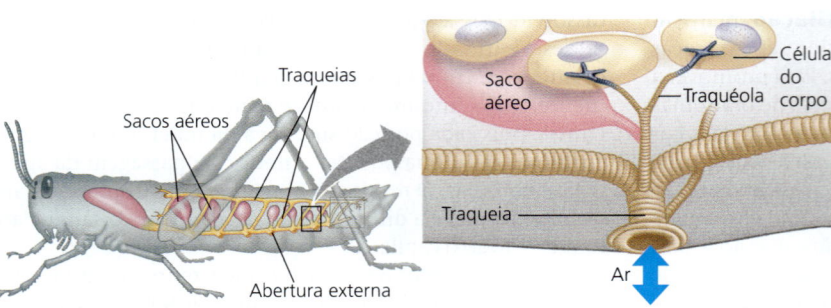

(a) O sistema respiratório de um inseto consiste em tubos internos ramificados. Os tubos maiores – as traqueias – conectam as aberturas externas distribuídas ao longo da superfície do corpo do inseto. Os sacos aéreos, formados de porções ampliadas das traqueias, são encontrados próximos aos órgãos que necessitam de um grande fornecimento de oxigênio.

(b) Anéis de quitina mantêm as traqueias abertas, permitindo que o ar entre e passe para os tubos menores denominados traquéolas. As traquéolas ramificadas fornecem ar diretamente para as células por todo o corpo. As traquéolas têm extremidades fechadas preenchidas de líquido (azul-acinzentado). Quando o animal está ativo e utilizando mais O_2, a maior parte do líquido é distribuída para o corpo. Isso aumenta a área de superfície das traquéolas preenchidas com ar em contato com as células.

(c) A imagem de MET acima mostra secções transversais de traquéolas em um pequeno pedaço do músculo de asa de inseto. Cada uma das numerosas mitocôndrias das células musculares situa-se a aproximadamente 5 μm de uma traquéola.

▲ **Figura 42.23** **Um sistema traqueal.**

chamados de traqueias, se abrem para o lado de fora **(Figura 42.23)**. Nas extremidades dos ramos mais finos, um revestimento epitelial úmido permite a troca gasosa por difusão. Como o sistema traqueal traz o ar a distâncias muito curtas de praticamente todas as células do corpo de um inseto, a troca eficiente de O_2 e CO_2 não requer a participação do sistema circulatório aberto do animal.

Os sistemas traqueais frequentemente exibem adaptações diretamente relacionadas à bioenergética. Considere, por exemplo, um inseto voador, que consome de 10 a 200 vezes mais O_2 em voo do que em repouso. Em muitos insetos voadores, ciclos de contração e relaxamento de músculos de voo bombeiam ar rapidamente pelo sistema traqueal. Esse bombeamento melhora a ventilação, trazendo O_2 em abundância às mitocôndrias densamente agrupadas que sustentam a alta taxa metabólica do músculo de voo (ver Figura 42.23).

Pulmões

Diferentemente dos sistemas traqueais, que se ramificam por todo o corpo do inseto, os **pulmões** são órgãos respiratórios localizados. Representando uma invaginação da superfície corporal, eles são geralmente subdivididos em diversos sacos. Como a superfície respiratória de um pulmão não está em contato direto com todas as outras partes do corpo, as distâncias devem ser transpostas pelo sistema circulatório, que transporta gases entre os pulmões e o resto do corpo. Os pulmões evoluíram tanto em organismos com sistemas circulatórios abertos – como aranhas e caracóis terrestres – como em vertebrados.

Entre os vertebrados destituídos de brânquias, o emprego dos pulmões para as trocas gasosas varia. Os anfíbios são amplamente dependentes da difusão através de superfícies corporais externas, como a pele, para realizar trocas gasosas; os pulmões, se presentes, são relativamente pequenos. Por outro lado, a maioria dos répteis, todas as aves e todos os mamíferos dependem inteiramente dos pulmões para as trocas gasosas. As tartarugas são uma exceção; elas suplementam a respiração pulmonar com trocas gasosas através das superfícies epiteliais úmidas contínuas com sua boca ou ânus. Pulmões e respiração aérea também evoluíram em alguns vertebrados aquáticos como adaptações para viver em águas pobres em oxigênio ou para passar parte do tempo expostos ao ar (p. ex., quando o nível de água em um lago diminui).

Em mais detalhes: sistemas respiratórios dos mamíferos

Em mamíferos, ductos ramificados conduzem ar para os pulmões, que estão localizados na *cavidade torácica*, envoltos por costelas e diafragma. O ar penetra pelas narinas, é filtrado por pelos, aquecido, umedecido e submetido à percepção de odores enquanto flui por um labirinto de espaços na cavidade nasal. A cavidade nasal leva à faringe, uma intersecção onde as vias para o ar e o alimento se cruzam **(Figura 42.24)**. Quando o alimento é engolido, a **laringe** (a parte superior do trato respiratório) move-se para cima e vira a epiglote sobre a glote, que é a abertura da **traqueia**. Isso permite que o alimento passe do esôfago para o estômago (ver Figura 41.9). No restante do tempo, a glote permanece aberta, permitindo a respiração.

Da laringe, o ar passa para a traqueia. A cartilagem que reforça as paredes da laringe e da traqueia mantém aberta essa parte da passagem do ar. Dentro da laringe da maioria dos mamíferos, o ar expirado passa rápido por um par de faixas elásticas de músculo denominadas dobras vocais (pregas

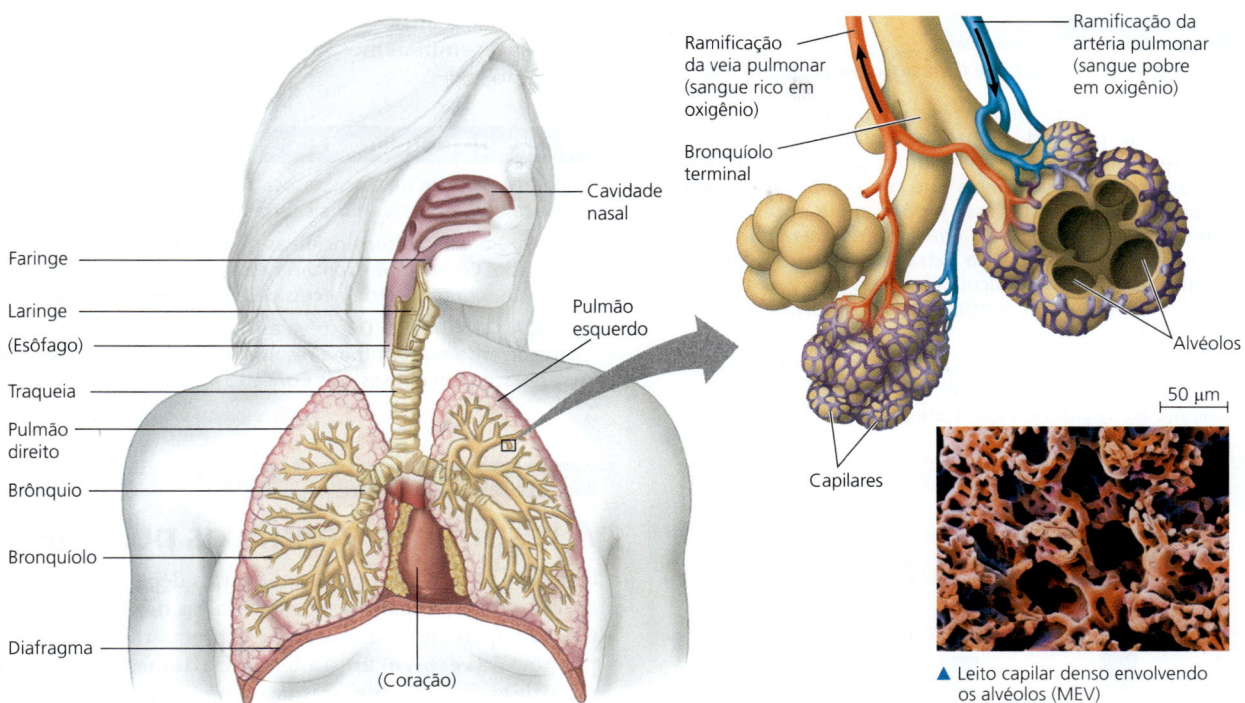

▲ **Figura 42.24 Sistema respiratório dos mamíferos.** A partir da cavidade nasal e da faringe, o ar inspirado passa através de laringe, traqueia e brônquios até os bronquíolos, que terminam em alvéolos microscópicos revestidos por um epitélio fino e úmido. As ramificações das artérias pulmonares transportam sangue pobre em oxigênio para os alvéolos; as ramificações das veias pulmonares transportam sangue rico em oxigênio dos alvéolos de volta ao coração.

vocais, em humanos). Os sons são produzidos quando os músculos da laringe são estendidos, esticando as pregas, que vibram. Os sons agudos resultam das pregas rigidamente esticadas vibrando rapidamente; os sons graves são produzidos com pregas menos tensas vibrando lentamente.

A traqueia se ramifica em dois **brônquios**, cada um dando acesso a um dos pulmões. No interior dos pulmões, os brônquios se ramificam repetidamente em tubos cada vez mais finos chamados de **bronquíolos**. O sistema de ductos de ar tem o aspecto geral de uma árvore invertida, com o tronco sendo a traqueia. O epitélio que reveste os ramos principais dessa árvore respiratória é coberto por cílios e uma camada fina de muco. O muco retém poeira, pólen e outros contaminantes particulados; o batimento dos cílios move o muco para cima, em direção à faringe, onde pode ser engolido pelo esôfago. Esse processo, às vezes chamado de "escada rolante do muco", desempenha um papel fundamental na limpeza do sistema respiratório.

Nos mamíferos, a troca gasosa ocorre nos **alvéolos** (ver Figura 42.24), sacos de ar agrupados nas pontas dos bronquíolos menores. Os pulmões humanos contêm milhões de alvéolos, que, juntos, têm uma área de superfície de cerca de 100 m² – 50 vezes maior do que a da pele. O oxigênio do ar entra nos alvéolos e se dissolve na camada úmida que reveste suas superfícies internas. Em seguida, ele se difunde com rapidez pelo epitélio para a rede de capilares que circunda cada alvéolo. A difusão líquida de dióxido de carbono ocorre no sentido oposto: dos capilares, através do epitélio dos alvéolos, para o espaço de ar.

Na falta de cílios ou de correntes de ar expressivas para remover partículas da sua superfície, os alvéolos são altamente suscetíveis à contaminação. Os leucócitos monitoram os alvéolos, englobando as partículas estranhas. No entanto, se material particulado em demasia alcançar os alvéolos, as defesas podem ser superadas, levando à inflamação e a dano irreversível. Por exemplo, partículas de fumaça ou de fumo entram nos alvéolos e podem causar uma redução permanente na capacidade pulmonar. Nos mineiros de carvão, a inalação de grandes quantidades de pó de carvão pode provocar silicose, doença pulmonar incapacitante e irreversível que, às vezes, é letal.

A película de líquido que reveste os alvéolos está sujeita à tensão superficial, uma força de atração que tem o efeito de minimizar a área de superfície de um líquido (ver Conceito 3.2). Devido ao seu diâmetro muito pequeno (cerca de 0,25 mm), se esperaria que os alvéolos colapsassem sob alta tensão superficial. Acontece, porém, que esses sacos de ar produzem uma mistura de fosfolipídeos e proteínas chamada de **surfactante**, agente tensoativo que cobre os alvéolos e reduz a tensão superficial.

Na década de 1950, Mary Allen Avery realizou o primeiro experimento associando a deficiência de surfactantes à *síndrome da angústia respiratória* (SAR), uma doença que ameaça a vida em recém-nascidos que, naquela época,

▼ Figura 42.25 Pesquisa

O que causa a síndrome da angústia respiratória?

Experimento Mary Ellen Avery, uma pesquisadora na Universidade de Harvard, hipotetizou que a síndrome da angústia respiratória (SAR) em crianças prematuras é causada pela falta de uma substância que reduz a tensão superficial nos alvéolos. Para testar essa hipótese, ela obteve amostras de necrópsia de pulmões de crianças que haviam morrido de SAR ou de outras causas. Ela extraiu material das amostras e deixou-o formar uma película na água. Avery, então, mediu a tensão (em dinas por centímetro) na superfície da água de cada amostra.

Resultados Avery observou um padrão quando ela separou amostras de bebês com massa corporal abaixo de 1.200 g, a massa média de um feto em gestação de 29-30 semanas.

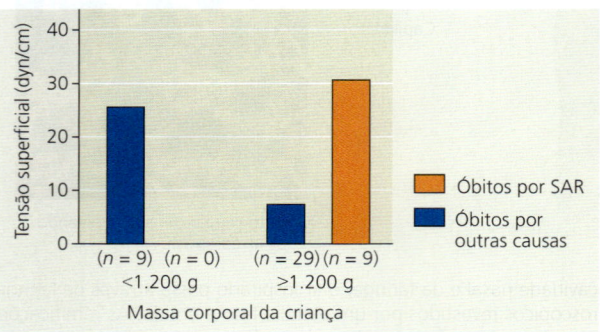

Dados de M. E. Avery e J. Mead, Surface properties in relation to atelectasis and hyaline membrane disease. *American Journal of Diseases of Children* 97:517-523 (1959).

Conclusão Em bebês com massa corporal de 1.200 g ou mais, amostras daqueles que tinham morrido de SAR exibiam uma tensão superficial muito maior do que amostras daqueles que tinham morrido por outras causas. Avery inferiu que os pulmões de crianças normalmente contém uma substância redutora de tensão superficial (agora chamada de surfactante) e que a SAR ocorre quando essa substância está ausente. Os resultados de crianças com massa corporal menor do que 1.200 g eram similares aos de crianças que morreram de SAR, sugerindo que o surfactante não é normalmente produzido até que o feto atinja esse tamanho.

E SE? *Se os pesquisadores tivessem medido a quantidade de surfactante em amostras de pulmão de crianças, que relação você esperaria entre a quantidade de surfactante e a massa corporal da criança?*

matava 10.000 bebês anualmente nos Estados Unidos **(Figura 42.25)**. A SAR é a síndrome mais comum entre bebês nascidos antes de 32 semanas de gravidez. (O tempo total da gestação humana é, em média, de 38 semanas.) Mais tarde, estudos revelaram que o surfactante costuma aparecer nos pulmões após 33 semanas de desenvolvimento. Surfactantes artificiais são atualmente usados para tratar bebês prematuros, e bebês tratados cuja massa corporal é maior que 900 g ao nascimento geralmente sobrevivem sem problemas de saúde prolongados. Por suas contribuições, Avery recebeu a Medalha Nacional de Ciência.

Após estudarmos a rota que o ar percorre quando respiramos, examinaremos, a seguir, o próprio processo da respiração.

REVISÃO DO CONCEITO 42.5

1. Por que tecidos de troca gasosa com localização interna são vantajosos para os animais terrestres?
2. Após uma chuva torrencial, as minhocas sobem para a superfície. Como você explicaria esse comportamento das minhocas, em termos de necessidades de trocas gasosas?
3. **FAÇA CONEXÕES** Descreva as similaridades na troca contracorrente que facilita a respiração nos peixes e a termorregulação em gansos (ver Conceito 40.3).

Ver as respostas sugeridas no Apêndice A.

CONCEITO 42.6

A respiração ventila os pulmões

Como os peixes, vertebrados terrestres dependem da ventilação para manter concentrações altas de O_2 e baixas de CO_2 na superfície de troca gasosa. O processo que ventila os pulmões é a **respiração**, a alternância de inspiração e expiração de ar. Diversos mecanismos evoluíram para mover o ar para dentro e para fora dos pulmões, como veremos considerando a respiração em anfíbios, aves e mamíferos.

Como um anfíbio respira

Um anfíbio, por exemplo, uma rã, ventila seus pulmões por **respiração com pressão positiva**, inflando os pulmões com fluxo de ar forçado. A inalação começa quando os músculos abaixam a base da cavidade oral, puxando ar através de suas narinas. A seguir, com as narinas e a boca fechadas, a parte inferior da cavidade oral se levanta, forçando a passagem do ar pela traqueia. A expiração segue com o ar expelido pela contração elástica dos pulmões e pela compressão da parede muscular do corpo. Quando os machos de rãs ficam inflados em demonstração de agressividade ou de corte, eles interrompem o ciclo respiratório e retêm o ar várias vezes sem permitir qualquer liberação.

Como uma ave respira

Quando uma ave respira, o ar passa sobre a superfície de troca gasosa em um único sentido. Sacos de ar situados de cada lado dos pulmões atuam como foles que direcionam o fluxo de ar pelos pulmões. Dentro dos pulmões, pequenos canais chamados *parabrônquios* servem como sítios de troca gasosa. A passagem de ar por todo o sistema – sacos de ar e pulmões – requer dois ciclos de inspiração e expiração **(Figura 42.26)**.

A ventilação em aves é altamente eficiente. Uma razão para isso é que as aves passam ar sobre a superfície de troca gasosa em somente um sentido durante a respiração. Além disso, o ar fresco que entra não se mistura com o ar que já foi transportado para troca gasosa, maximizando a diferença de pressão parcial com sangue fluindo pelos pulmões.

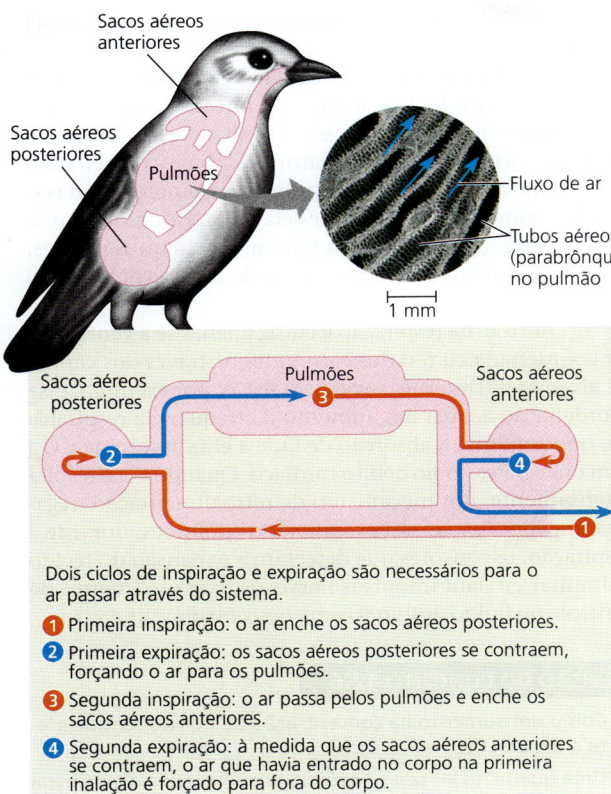

▲ **Figura 42.26 Sistema respiratório das aves.** Este diagrama acompanha a passagem do ar pelo sistema respiratório de uma ave.

Dois ciclos de inspiração e expiração são necessários para o ar passar através do sistema.

❶ Primeira inspiração: o ar enche os sacos aéreos posteriores.
❷ Primeira expiração: os sacos aéreos posteriores se contraem, forçando o ar para os pulmões.
❸ Segunda inspiração: o ar passa pelos pulmões e enche os sacos aéreos anteriores.
❹ Segunda expiração: à medida que os sacos aéreos anteriores se contraem, o ar que havia entrado no corpo na primeira inalação é forçado para fora do corpo.

Como um mamífero respira

Para compreender como um mamífero respira, imagine-se enchendo uma seringa. Puxando o êmbolo para trás, você diminui a pressão na seringa, puxando gás ou líquido através da agulha para dentro da câmara da seringa. De modo semelhante, os mamíferos empregam a **respiração com pressão negativa** – puxando, ao invés de empurrar, o ar para dentro dos pulmões **(Figura 42.27)**. Usando a contração muscular para expandir ativamente a cavidade torácica, os mamíferos diminuem a pressão do ar nos pulmões a um nível abaixo da pressão fora do corpo. Como o gás flui de uma região de alta pressão para outra de baixa pressão, a pressão de ar reduzida nos pulmões faz o ar ser impelido através das narinas e boca e descer para os tubos respiratórios até os alvéolos.

A expansão da cavidade torácica durante a inspiração envolve os músculos intercostais e o **diafragma**, uma lâmina de músculo esquelético que forma a parede inferior dessa cavidade. A contração dos músculos das costelas as puxa para cima e o esterno para fora, expandindo a parede frontal da caixa torácica. Ao mesmo tempo, o diafragma se contrai, expandindo a cavidade torácica para baixo. É esse movimento descendente do diafragma que é análogo a um êmbolo sendo puxado de uma seringa.

Enquanto a inspiração é sempre ativa e requer trabalho, a expiração é geralmente passiva. Durante a expiração, os

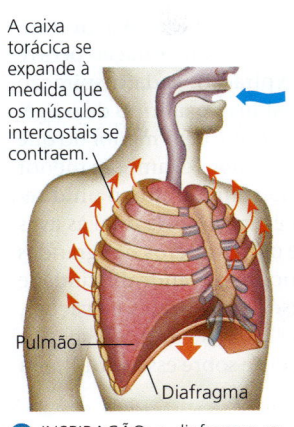
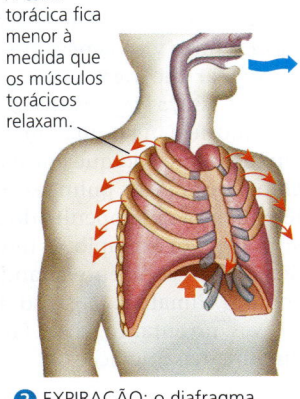

❶ INSPIRAÇÃO: o diafragma se contrai (movimento para baixo).
❷ EXPIRAÇÃO: o diafragma relaxa (movimento para cima).

▲ **Figura 42.27 Respiração por pressão negativa.** Um mamífero respira pela mudança da pressão do ar nos pulmões em relação à pressão da atmosfera externa.

E SE? *As paredes dos alvéolos contêm fibras elásticas, o que permite sua expansão e contração a cada respiração. Se os alvéolos perdessem sua elasticidade, como isso afetaria as trocas gasosas nos pulmões?*

músculos controlam o relaxamento da cavidade torácica, e o volume dela é reduzido. O aumento da pressão do ar nos alvéolos força o ar a subir pelos tubos respiratórios e sair do corpo.

Dentro da cavidade torácica, uma membrana dupla envolve os pulmões. A camada interna dessa membrana adere-se ao lado externo dos pulmões, e a camada externa adere-se à parede da cavidade torácica. As duas camadas são separadas por um espaço estreito preenchido com líquido. Devido à tensão superficial no líquido, as duas camadas permanecem juntas, como duas placas de vidro separadas por uma película de água. As camadas podem deslizar suavemente uma sobre a outra, mas não podem ser facilmente separadas. Assim, o volume da cavidade torácica e o volume dos pulmões mudam em uníssono.

Os músculos intercostais e o diafragma são suficientes para alterar o volume dos pulmões quando um mamífero está em repouso. Durante o exercício, outros músculos do pescoço, das costas e do peito aumentam o volume da cavidade torácica pela elevação da caixa torácica. Nos cangurus e em alguns outros mamíferos, a locomoção provoca um movimento rítmico de órgãos abdominais, incluindo o estômago e o fígado. O resultado lembra o movimento de uma bomba tipo pistão que empurra e puxa o diafragma, aumentando o volume de ar que entra e sai dos pulmões.

O volume de ar inspirado e expirado com cada respiração, chamado de **volume corrente**, é em média cerca de 500 mL em humanos em repouso. O volume corrente durante inspiração e expiração máxima é a **capacidade vital**, de cerca de 3,4 L e 4,8 L para mulheres e homens jovens, respectivamente. O ar que permanece após uma expiração forçada é o **volume residual**. Com a idade, o pulmão perde sua resiliência, e o volume residual aumenta em detrimento da capacidade vital.

Como os pulmões dos mamíferos não se esvaziam completamente em cada respiração e como a inspiração ocorre nas mesmas vias aéreas que a expiração, cada inspiração mistura ar que ingressa com ar residual, exaurido de oxigênio. Por isso, a P_{O_2} nos alvéolos é sempre bem menor do que na atmosfera. A P_{O_2} máxima nos pulmões é também menor em mamíferos do que em aves, que têm um fluxo unidirecional de ar pelos pulmões. Essa é a razão pela qual as aves têm melhor desempenho do que os mamíferos nas grandes altitudes. Por exemplo, os humanos têm grande dificuldade de obter O_2 suficiente quando escalam grandes elevações, como o Himalaia. O ganso *Anser indicus* e outras espécies de aves, no entanto, voam facilmente sobre essa cordilheira durante suas migrações.

Controle da respiração nos humanos

Embora você possa voluntariamente prender o ar ou respirar mais rápido e mais intensamente, na maior parte do tempo a respiração é regulada por mecanismos involuntários. Esses mecanismos de controle garantem que as trocas gasosas sejam coordenadas com a circulação sanguínea e com a demanda metabólica.

Os neurônios responsáveis pela regulação da respiração estão no bulbo, perto da base do cérebro (Figura 42.28). Os circuitos neurais no bulbo formam um par de *centros de controle da respiração* que estabelecem o ritmo respiratório.

Na regulação da respiração, o bulbo utiliza o pH do líquido no qual é banhado como um indicador da concentração de CO_2 no sangue. O pH pode ser usado dessa maneira porque o CO_2 sanguíneo é o principal determinante do pH do líquido cerebrospinal (LCS), também chamado de líquido cefalorraquidiano ou líquor, que envolve o cérebro e a medula espinal. O dióxido de carbono se difunde do sangue para o LCS, onde reage com a água e forma ácido carbônico (H_2CO_3). O H_2CO_3 pode, então, se dissociar em um íon bicarbonato (HCO_3^-) e um íon hidrogênio (H^+):

$$CO_2 + H_2O \leftrightarrow H_2CO_3 \leftrightarrow HCO_3^- + H^+$$

Considere o que acontece quando a atividade metabólica aumenta, por exemplo, durante o exercício. O metabolismo aumentado eleva a concentração de CO_2 no sangue e no LCS. Pelas reações mostradas anteriormente, a concentração mais alta de CO_2 leva a um aumento da concentração de H^+, diminuindo o pH. Os sensores no bulbo e nos vasos sanguíneos principais detectam essa alteração no pH. Em resposta, os circuitos de controle do bulbo aumentam a profundidade e a frequência de respiração (ver Figura 42.28). Ambas permanecem altas, até que o excesso de CO_2 seja eliminado no ar expirado e o pH retorne ao valor normal.

Em geral, o nível de O_2 no sangue tem pouco efeito nos centros de controle da respiração. Contudo, quando o nível de O_2 fica muito baixo (p. ex., nas altitudes), os sensores de O_2 na aorta e nas artérias carótidas no pescoço enviam sinais para os centros de controle da respiração, que respondem aumentando a frequência respiratória. A regulação da respiração é modulada por outros circuitos neurais, principalmente na ponte, uma parte do cérebro próxima ao bulbo.

O controle da respiração é eficaz apenas se a ventilação for coordenada com o fluxo sanguíneo através dos capilares alveolares. Durante o exercício físico, por exemplo, essa coordenação acopla um aumento da frequência respiratória, que aumenta a absorção de O_2 e a eliminação de CO_2, com uma elevação no débito cardíaco. Quando você respira intensamente, um mecanismo de retroalimentação negativa impede a expansão excessiva dos pulmões: durante a inspiração, os sensores que detectam a expansão do tecido pulmonar enviam impulsos nervosos para os circuitos de controle no bulbo, inibindo uma nova inspiração.

REVISÃO DO CONCEITO 42.6

1. Como um aumento na concentração de CO_2 no sangue afeta o pH do LCS?
2. Uma queda no pH sanguíneo causa aumento na frequência cardíaca. Qual é a função desse mecanismo de controle?
3. **E SE?** Se uma lesão abrisse um pequeno orifício nas membranas que envolvem seus pulmões, que efeito você esperaria no funcionamento pulmonar?

Ver as respostas sugeridas no Apêndice A.

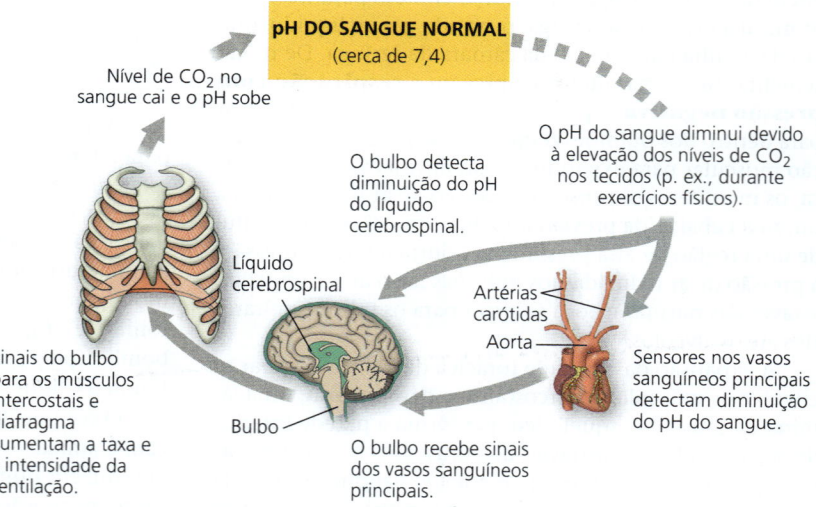

Figura 42.28 Controle homeostático da respiração.

HABILIDADES VISUAIS *Suponha que uma pessoa começasse a respirar muito rapidamente enquanto em repouso. Traçando uma rota ao longo deste circuito de controle por retroalimentação negativa, descreva o efeito no nível de CO_2 no sangue e as etapas pelas quais a homeostase seria restaurada.*

CONCEITO 42.7

As adaptações para as trocas gasosas incluem pigmentos que ligam e transportam gases

As altas demandas metabólicas de muitos animais necessitam da troca de grandes quantidades de O_2 e CO_2. Aqui, vamos examinar como os pigmentos respiratórios — moléculas presentes no sangue — facilitam as trocas mediante interações com O_2 e CO_2. Vamos, também, investigar as adaptações fisiológicas que permitem aos animais manterem-se ativos sob condições de alta carga metabólica ou P_{O_2} muito limitada. Como base para explorar esses tópicos, vamos resumir os circuitos básicos de troca gasosa em humanos.

Coordenação da circulação da troca gasosa

Para verificar como os sistemas de troca gasosa e circulatório atuam juntos, vamos seguir a variação na pressão parcial de O_2 e CO_2 por esses sistemas **(Figura 42.29)**. ❶ Durante a inspiração, o ar que ingressa se mistura com o ar remanescente nos pulmões. ❷ A mistura resultante formada nos alvéolos tem uma P_{O_2} maior que o sangue fluindo pelos capilares dos alvéolos. Como consequência, favorecida pelo gradiente da pressão parcial, existe uma difusão líquida de O_2 do ar nos alvéolos para o sangue. Ao mesmo tempo, a presença de uma P_{CO_2} nos alvéolos maior nos capilares do que no ar promove a difusão líquida de CO_2 do sangue para o ar. ❸ No momento em que o sangue deixa os pulmões nas veias pulmonares, suas P_{O_2} e P_{CO_2} se igualam os valores aos do ar nos alvéolos. Após retornar ao coração, esse sangue é bombeado pelo circuito sistêmico.

❹ Nos capilares sistêmicos, os gradientes de pressão parcial favorecem a difusão líquida de O_2 para fora do sangue e de CO_2 para dentro. Esses gradientes existem porque a respiração celular nas mitocôndrias das células próximas a cada capilar remove O_2 e adiciona CO_2 ao líquido intersticial circundante. ❺ Tendo liberado O_2 e carregado CO_2, o sangue retorna ao coração e é novamente bombeado para os pulmões. ❻ Nos pulmões, a troca ocorre através dos capilares alveolares, resultando no ar expirado enriquecido de CO_2 e parcialmente exaurido de O_2.

Pigmentos respiratórios

A solubilidade baixa do O_2 na água (e, portanto, no sangue) representa um problema para os animais que dependem do sistema circulatório para transportá-lo. Por exemplo, uma pessoa necessita de quase 2 L de O_2 por minuto durante um exercício intenso; todo esse O_2 deve ser transportado no sangue, a partir dos pulmões para os tecidos em atividade. Entretanto, sob temperatura corporal e pressão atmosférica normais, apenas 4,5 mL de O_2 conseguem dissolver-se em 1 L de sangue nos pulmões. Mesmo se 80% do O_2 dissolvido fosse transportado aos tecidos, o coração ainda precisaria bombear 555 L de sangue por minuto!

Na verdade, os animais transportam a maior parte do seu O_2 ligado a proteínas chamadas **pigmentos respiratórios**. Os pigmentos respiratórios circulam no sangue ou na hemolinfa e, muitas vezes, estão no interior de células especializadas. Os pigmentos aumentam bastante a quantidade de O_2 que pode ser transportada no líquido circulatório (de 4,5 até cerca de 200 mL de O_2 por litro no sangue de mamíferos). No nosso exemplo de uma pessoa se exercitando com taxa de fornecimento de 80% de O_2, a presença de um pigmento respiratório reduz o débito cardíaco necessário para o transporte de O_2 a um volume viável de 12,5 L de sangue por minuto.

Uma diversidade de pigmentos respiratórios evoluiu nos animais. Com algumas exceções, essas moléculas têm uma cor característica (por isso o termo *pigmento*) e consistem em um metal ligado a uma proteína. Um exemplo é o pigmento azul *hemocianina*, que tem o cobre como componente de ligação ao oxigênio e é encontrado em artrópodes e muitos moluscos.

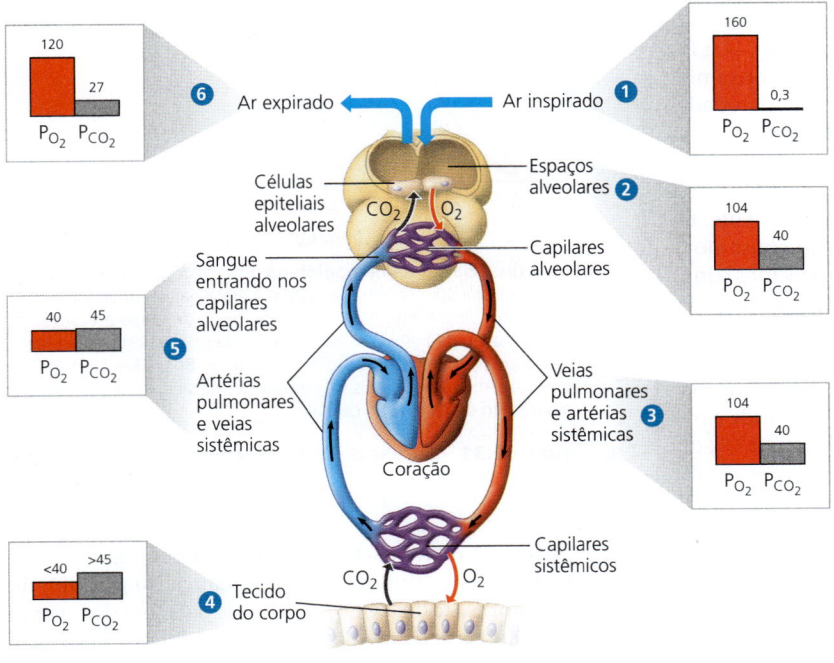

▲ **Figura 42.29 Carga e descarga de gases respiratórios.** As pressões parciais de O_2 e CO_2 são dadas em mmHg.

E SE? *Se você conscientemente forçasse mais ar para fora dos pulmões a cada momento que expirasse, como isso afetaria os valores mostrados na figura?*

O pigmento respiratório de muitas espécies de invertebrados e quase todas as espécies de vertebrados é a hemoglobina (ver Conceito 42.4). Em vertebrados, ela está contida nos eritrócitos e tem quatro subunidades. Cada uma consiste em um polipeptídeo e um grupo heme, um cofator que tem um átomo de ferro central (Figura 42.30). Cada átomo de ferro se liga a uma molécula de O_2, de modo que uma molécula de hemoglobina pode transportar quatro moléculas de O_2. Como todos os pigmentos respiratórios, a hemoglobina se liga reversivelmente ao O_2, captando-o nos pulmões ou nas brânquias e liberando-o em outras partes do corpo. Esse processo é intensificado pela cooperação entre as subunidades de hemoglobina (ver Conceito 8.5). Quando O_2 se liga a uma subunidade, as outras mudam levemente de conformação, aumentando a afinidade por O_2. Quando quatro moléculas de O_2 são ligadas e uma subunidade descarrega seu O_2, as outras três subunidades descarregam mais prontamente O_2 por uma mudança associada à forma que diminui sua afinidade por O_2.

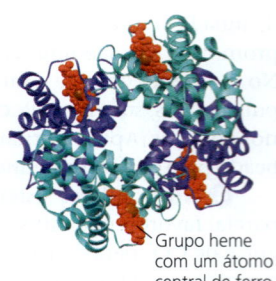

▲ **Figura 42.30** Modelo em fita da hemoglobina. Grupo heme com um átomo central de ferro.

A cooperação na ligação e na liberação de O_2 se acentua na curva de dissociação da hemoglobina **(Figura 42.31a)**. Acima da faixa de P_{O_2} onde a curva de dissociação tem uma subida abrupta, mesmo uma leve mudança na P_{O_2} faz a hemoglobina carregar ou descarregar uma quantidade substancial de O_2. A parte íngreme da curva corresponde à faixa de P_{CO_2} encontrada em tecidos do corpo. Quando as células de um determinado local começam a trabalhar mais intensamente – durante um exercício físico, por exemplo —, a P_{O_2} diminui na sua proximidade à medida que o O_2 é consumido na respiração celular. Devido à cooperação das subunidades, uma leve queda na P_{O_2} provoca um aumento relativamente grande na quantidade de O_2 que o sangue libera.

A hemoglobina é especialmente eficiente na liberação de O_2 para tecidos que o estão consumindo ativamente. Entretanto, essa grande eficiência não resulta do consumo de O_2, mas da produção de CO_2. À medida que os tecidos consomem O_2 na respiração celular, eles também produzem CO_2. Como já vimos, o CO_2 reage com a água, formando ácido carbônico, que diminui o pH do seu entorno. O pH baixo diminui a afinidade da hemoglobina por O_2, um efeito chamado **efeito de Bohr (Figura 42.31b)**. Assim, onde a produção de CO_2 é maior, a hemoglobina libera mais O_2, que pode, então, ser usado para sustentar mais respiração celular.

A hemoglobina também auxilia no tamponamento do sangue, isto é, impedindo mudanças prejudiciais do pH. Além disso, ela tem um papel menor no transporte de CO_2, tópico que será explorado a seguir.

Transporte do dióxido de carbono

Apenas cerca de 7% do CO_2 liberado pelas células em respiração é transportado em solução no plasma sanguíneo. O restante se difunde do plasma para os eritrócitos e reage com a água (reação catalisada pela enzima anidrase carbônica), formando H_2CO_3. O H_2CO_3 prontamente se dissocia em

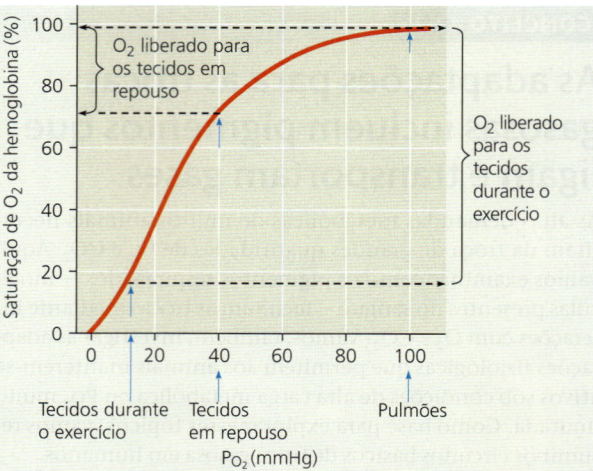

(a) P_{O_2} e dissociação da hemoglobina em pH 7,4. A curva mostra as quantidades relativas de O_2 ligado à hemoglobina exposta a soluções com diferente P_{O_2}. Em uma P_{O_2} de 100 mmHg, típica nos pulmões, a hemoglobina está saturada com aproximadamente 98% de O_2. Em uma P_{O_2} de 40 mmHg, comum nos tecidos em repouso, a hemoglobina está saturada com aproximadamente 70%, tendo liberado quase um terço do seu O_2. Conforme mostrado no gráfico acima, a hemoglobina pode liberar muito mais O_2 para os tecidos metabolicamente ativos, como os tecidos musculares durante o exercício físico.

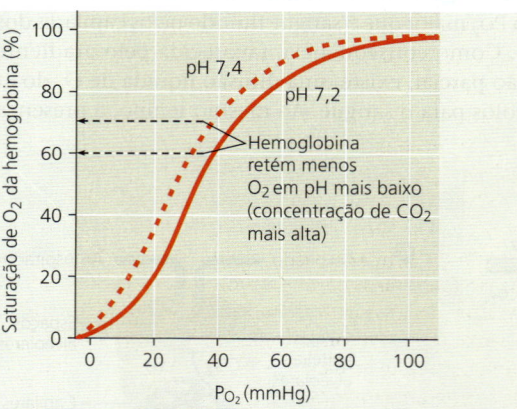

(b) pH e dissociação da hemoglobina. Em tecidos muito ativos, o CO_2 da respiração celular reage com a água para formar ácido carbônico, diminuindo o pH. Como os íons hidrogênio afetam a conformação da hemoglobina, uma queda no pH desloca a curva de dissociação de O_2 para a direita (efeito de Bohr). Em certa P_{O_2}, a hemoglobina libera mais O_2 em um pH mais baixo, sustentando o aumento da respiração celular.

▲ **Figura 42.31** Curvas de dissociação para a hemoglobina a 37°C.

H^+ e HCO_3^-. A maior parte do H^+ se liga à hemoglobina e a outras proteínas, minimizando a mudança no pH sanguíneo. A maior parte do HCO_3^- se difunde para fora dos eritrócitos e é transportada no plasma para os pulmões. O HCO_3^- restante, representando cerca de 5% do CO_2, se liga à hemoglobina e é transportado nos eritrócitos.

Quando o sangue passa pelos pulmões, as pressões parciais relativas de CO_2 favorecem a difusão líquida de CO_2 para fora do sangue. À medida que o CO_2 se difunde para dentro dos alvéolos, a quantidade de CO_2 no sangue diminui. Esse decréscimo altera o equilíbrio químico em favor da conversão de HCO_3^- em CO_2, permitindo a difusão líquida de CO_2 para dentro dos alvéolos. Em geral, o gradiente de P_{CO_2} é suficiente para levar a uma redução de 10 a 15% na P_{CO_2} durante a passagem do sangue pelos pulmões (ver Figura 42.29).

Adaptações respiratórias de mamíferos mergulhadores

EVOLUÇÃO Os animais variam consideravelmente quanto à sua capacidade de passar um tempo em ambientes onde não há acesso ao seu meio respiratório normal – por exemplo, quando um mamífero de respiração aérea mergulha. Enquanto a maioria dos humanos é incapaz de mergulhar a mais do que 20 m de profundidade ou segurar a respiração por mais do que 2 a 3 minutos, a foca-de-weddell da Antártica rotineiramente mergulha de 200 a 500 m e mantém-se lá por um período desde 20 minutos até mais do que 1 hora **(Figura 42.32)**. Outro mamífero mergulhador, a baleia-bico-de-ganso, *Ziphius cavirostris*, pode alcançar profundidades de 2.900 m e permanecer submersa por mais de 2 horas! O que os capacita a essas incríveis proezas?

Uma adaptação evolutiva de mamíferos mergulhadores para possibilitá-los permanecer longos períodos sob a água é a capacidade de armazenar grandes quantidades de O_2 em seus corpos. O volume de sangue por quilograma de massa corporal em uma foca-de-weddell é cerca de duas vezes o de um humano. Além disso, os músculos de focas e outros mamíferos mergulhadores contêm alta concentração de uma proteína armazenadora de oxigênio chamada **mioglobina**. Por isso, comparada com os humanos, a foca-de-weddell consegue armazenar aproximadamente o dobro de O_2 por quilograma da massa corporal.

Os mamíferos mergulhadores não só têm um estoque de O_2 relativamente grande, como também apresentam adaptações que o conservam. Eles nadam com pouco esforço muscular e deslizam passivamente por períodos prolongados. Durante um mergulho, sua frequência cardíaca e taxa de consumo de O_2 decrescem, e a maior parte do sangue é dirigida para tecidos vitais: o cérebro, a medula espinal, os olhos, as glândulas adrenais e, em focas gestantes, a placenta. O suprimento de sangue para os músculos é restrito ou, durante mergulhos longos, interrompido completamente. Durante esses mergulhos, os músculos da foca-de-weddell esgotam o O_2 armazenado na mioglobina e passam a obter seu ATP da fermentação em vez de da respiração (ver Conceito 9.5).

Como essas adaptações poderiam ter surgido ao longo da evolução? Todos os mamíferos, incluindo os humanos, têm um reflexo de mergulhador desencadeado por um mergulho ou uma queda na água. Quando o rosto entra em contato com a água fria, a frequência cardíaca decresce imediatamente e ocorre uma redução do fluxo sanguíneo para as extremidades do corpo. Mudanças genéticas que reforçaram esse reflexo teriam proporcionado uma vantagem seletiva para os ancestrais das focas em forrageio debaixo d'água. Da mesma forma, variações genéticas que aumentaram atributos como o volume de sangue ou a concentração de mioglobina teriam melhorado a capacidade de mergulho e, por isso, sido favorecidas durante a seleção ao longo de muitas gerações.

▲ **Figura 42.32** Uma foca-de-weddell, adaptada a mergulhos longos e profundos.

REVISÃO DO CONCEITO 42.7

1. O que determina se O_2 e CO_2 sofrem difusão líquida para dentro ou para fora dos capilares? Explique sua resposta.
2. Como o efeito de Bohr auxilia no suprimento de O_2 para tecidos muito ativos?
3. **E SE?** Um médico pode administrar bicarbonato (HCO_3^-) a um paciente que está respirando muito rapidamente. O que o médico está supondo a respeito da situação química do sangue do paciente?

Ver as respostas sugeridas no Apêndice A.

42 Revisão do capítulo

RESUMO DOS CONCEITOS-CHAVE

CONCEITO 42.1

Os sistemas circulatórios conectam as superfícies de trocas com células em todo o corpo (p. 922-926)

- Nos animais com planos corporais simples, uma **cavidade gastrovascular** medeia as trocas entre o ambiente e as células que podem ser alcançadas por **difusão**. Como em distâncias longas a difusão é lenta, os animais mais complexos têm um sistema circulatório que movimenta o líquido entre as células e os órgãos que realizam as trocas com o ambiente. Os artrópodes e a maioria dos moluscos apresentam um **sistema circulatório aberto**, no qual a **hemolinfa** banha os órgãos diretamente. Os vertebrados têm um **sistema circulatório fechado**, no qual o **sangue** circula em uma rede fechada de bombas e vasos.
- O sistema circulatório fechado dos vertebrados consiste em sangue, vasos sanguíneos e um **coração** com 2 a 4 câmaras. O sangue bombeado por um **ventrículo** cardíaco passa para as **artérias** e, então, para os **capilares**, locais de trocas químicas

entre o sangue e o líquido intersticial. As **veias** trazem o sangue de volta dos capilares para um **átrio**, que transfere o sangue para um ventrículo. Os peixes ósseos, as arraias e os tubarões têm uma única bomba em sua circulação. Os vertebrados com respiração aérea possuem duas bombas combinadas em um único coração. As variações no número e na separação dos ventrículos refletem adaptações a diferentes ambientes e necessidades metabólicas.

❓ *Com relação à distância percorrida, à direção percorrida e à força motriz, como o fluxo de um líquido em um sistema circulatório fechado difere do movimento de moléculas entre células e o seu ambiente?*

CONCEITO 42.2

Ciclos coordenados de contração cardíaca regulam a circulação dupla nos mamíferos (p. 926-929)

- O ventrículo direito bombeia sangue para os pulmões, onde ele obtém O_2 e libera CO_2. O sangue rico em oxigênio (arterial) procedente dos pulmões entra no átrio esquerdo do coração e é bombeado para os tecidos do corpo pelo ventrículo esquerdo. O sangue, então, retorna ao coração pelo átrio direito.

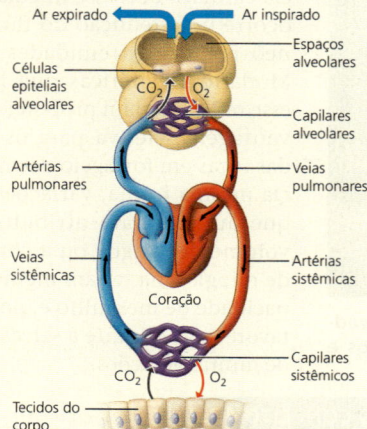

- O **ciclo cardíaco**, uma sequência completa do bombeamento e do preenchimento do coração, consiste em um período de contração, denominado **sístole**, e um período de relaxamento, denominado **diástole**. O funcionamento do coração pode ser avaliado pela medição da **pulsação** (número de vezes que o coração bate por minuto) e do **débito cardíaco** (volume de sangue bombeado por cada ventrículo por minuto).
- O batimento cardíaco se origina com impulsos no **nó sinoatrial (SA)** (marca-passo) do átrio direito. Eles desencadeiam a contração atrial e são retardados no **nó atrioventricular (AV)**; a seguir, são conduzidos por ramos do feixe e fibras de Purkinje, desencadeando a contração ventricular. O sistema nervoso, os hormônios e a temperatura corporal afetam a atividade do marca-passo.

❓ *Que mudanças no funcionamento cardíaco você poderia esperar após a substituição cirúrgica de uma válvula defeituosa?*

CONCEITO 42.3

Os padrões de pressão e de fluxo arteriais refletem a estrutura e a organização dos vasos sanguíneos (p. 929-934)

- Os vasos sanguíneos têm estruturas bem adaptadas às funções. Os capilares apresentam diâmetros estreitos e paredes finas que facilitam as trocas gasosas. As artérias contêm paredes elásticas espessas que mantêm a pressão sanguínea. As veias contêm válvulas unidirecionais que contribuem para o retorno do sangue ao coração.
- A velocidade do fluxo sanguíneo é menor nos leitos capilares como consequência de sua grande área total em secção transversal. A pressão sanguínea é alterada por mudanças no débito cardíaco e por constrição variável das arteríolas.

- O líquido vaza para fora dos capilares e é devolvido ao sangue pelo **sistema linfático**, que também atua na defesa contra infecções.

❓ *Se, enquanto fica de pé, você colocasse seu antebraço sobre sua cabeça, como sua pressão sanguínea no braço se alteraria? Explique sua resposta.*

CONCEITO 42.4

Os componentes sanguíneos atuam nas trocas, no transporte e na defesa (p. 934-939)

- O sangue total consiste em células e fragmentos celulares (**plaquetas**) suspensos em uma matriz líquida denomina **plasma**. As proteínas plasmáticas influenciam o pH do sangue, a pressão osmótica e a viscosidade; elas atuam, também, no transporte de lipídeos, na imunidade (anticorpos) e na coagulação sanguínea (fibrinogênio). Os **eritrócitos**, ou glóbulos vermelhos, transportam O_2. Cinco tipos de **leucócitos**, ou glóbulos brancos, atuam na defesa contra microrganismos e substâncias estranhas no sangue. As plaquetas atuam na coagulação do sangue, uma cascata de reações que converte o fibrinogênio plasmático em fibrina.
- Uma diversidade de doenças prejudica o funcionamento do sistema circulatório. Na **anemia falciforme**, um tipo aberrante de **hemoglobina** altera a forma e a função de eritrócitos, provocando o bloqueio de vasos sanguíneos pequenos e um decréscimo na capacidade de transporte de oxigênio pelo sangue. Na doença cardiovascular, a inflamação do revestimento arterial aumenta o depósito de lipídeos e células, resultando no potencial de dano ao coração ou ao cérebro, com ameaça à vida.

❓ *Na ausência de infecção, que porcentagem de células do sangue humano é de leucócitos?*

CONCEITO 42.5

As trocas gasosas ocorrem através de superfícies respiratórias especializadas (p. 939-944)

- Em todos os locais de **trocas gasosas**, um gás passa por difusão líquida de onde sua **pressão parcial** é mais alta para onde ela é mais baixa. O ar tem maior tendência a realizar trocas gasosas do que a água, pois apresenta conteúdo maior de O_2, além de densidade e viscosidade mais baixas.
- A estrutura e a organização das superfícies respiratórias diferem entre as espécies animais. As brânquias são evaginações da superfície do corpo especializadas para trocas gasosas na água. A eficácia das trocas gasosas em algumas brânquias, incluindo as dos peixes, é aumentada por **ventilação** e por **troca contracorrente** entre o sangue e a água. As trocas gasosas em insetos dependem de um **sistema traqueal**, uma rede ramificada de tubos que trazem O_2 diretamente para as células. As aranhas, os caracóis e a maioria dos vertebrados terrestres têm **pulmões** internos. Nos mamíferos, o ar inspirado pelas narinas passa pela faringe até a **traqueia**, os **brônquios**, **bronquíolos** e **alvéolos**, onde ocorrem as trocas gasosas.

❓ *Por que a altitude quase não tem efeito sobre a capacidade de um animal em livrar-se do CO_2 por meio da troca gasosa?*

CONCEITO 42.6

A respiração ventila os pulmões (p. 944-946)

- Os mecanismos de **respiração** variam substancialmente entre os vertebrados. Um anfíbio ventila seus pulmões por **respiração com pressão positiva**, que força a passagem do ar pela traqueia. As aves utilizam um sistema de sacos de ar que atuam como foles, para manter o ar fluindo ao longo dos pulmões em um único sentido, impedindo a mistura do ar que chega com o que sai. Os mamíferos ventilam seus pulmões por **respiração com pressão negativa**, que puxa o ar para os pulmões quando os músculos intercostais e o **diafragma** se contraem. O ar que ingressa se mistura com o que sai, diminuindo a eficiência da ventilação.

- Sensores detectam o pH do LCS (refletindo a concentração de CO_2 no sangue) e um centro de controle no cérebro ajusta a frequência e a intensidade respiratórias para adequar às demandas metabólicas. Uma contribuição adicional ao centro de controle é proporcionada por sensores na aorta e nas artérias carótidas que monitoram os níveis sanguíneos de O_2 e CO_2 (via pH do sangue).

? *Como o ar nos pulmões difere do ar que entra no corpo durante a inspiração?*

CONCEITO 42.7

As adaptações para as trocas gasosas incluem pigmentos que ligam e transportam gases *(p. 947-949)*

- Nos pulmões, gradientes da pressão parcial favorecem a difusão líquida de O_2 para dentro do sangue e de CO_2 para fora dele. A situação oposta ocorre no restante do corpo. **Pigmentos respiratórios** como a hemocianina e a hemoglobina se ligam ao O_2, aumentando bastante a quantidade de O_2 transportado pelo sistema circulatório.
- Adaptações evolutivas permitem que alguns animais satisfaçam demandas extraordinárias de O_2. Os mamíferos mergulhadores profundos estocam O_2 no sangue e em outros tecidos e o consomem devagar.

? *Como se assemelham as funções de um pigmento respiratório e de uma enzima?*

TESTE SEU CONHECIMENTO

Níveis 1-2: Relembre/Entenda

1. Qual dos seguintes sistemas respiratórios é independente de um sistema circulatório baseado em líquido?
   (A) os pulmões de um vertebrado
   (B) as brânquias de um peixe
   (C) o sistema traqueal de um inseto
   (D) a pele de uma minhoca

2. O sangue retornando ao coração de um mamífero por meio de uma veia pulmonar drena primeiramente para o
   (A) átrio esquerdo.
   (B) átrio direito.
   (C) ventrículo esquerdo.
   (D) ventrículo direito.

3. A pulsação é uma medida direta da(o)
   (A) pressão sanguínea.
   (B) volume sistólico.
   (C) débito cardíaco.
   (D) frequência cardíaca.

4. Quando você prende a respiração, qual das seguintes alterações gasosas no sangue é a primeira a acionar o impulso de respirar?
   (A) elevação de O_2
   (B) diminuição de O_2
   (C) elevação de CO_2
   (B) diminuição de CO_2

5. Uma característica que anfíbios e humanos têm em comum é
   (A) o número de câmaras cardíacas.
   (B) uma separação completa de circuitos para circulação.
   (C) o número de circuitos para circulação.
   (D) uma baixa pressão sanguínea no circuito sistêmico.

Níveis 3-4: Aplique/Analise

6. Uma molécula de CO_2 liberada para dentro do sangue em seu polegar esquerdo pode ser expirada pelo seu nariz sem passar por qual das seguintes estruturas?
   (A) a veia pulmonar
   (B) a traqueia
   (C) o átrio direito
   (D) o ventrículo direito

7. Comparado com o líquido intersticial que banha as células musculares em atividade, o sangue que alcança essas células nas arteríolas tem
   (A) maior P_{O_2}
   (B) maior P_{CO_2}
   (C) maior concentração de bicarbonato
   (D) pH mais baixo

Níveis 5-6: Avalie/Crie

8. **DESENHE** Faça um gráfico da pressão sanguínea em relação ao tempo para um ciclo cardíaco em humanos, desenhando linhas separadas para a pressão na aorta, no ventrículo esquerdo e no ventrículo direito. Abaixo do eixo do tempo, adicione uma seta vertical apontando para o momento em que você espera a ocorrência de um pico na pressão sanguínea atrial.

9. **CONEXÃO EVOLUTIVA** Um oponente do monstro do filme Godzilla é Mothra, uma criatura em forma de mariposa com uma envergadura das asas de várias dezenas de metros. Os maiores insetos já conhecidos foram as libélulas paleozoicas, com meio metro de envergadura. Com foco na respiração e nas trocas gasosas, explique por que os insetos gigantes são improváveis.

10. **PESQUISA CIENTÍFICA • INTERPRETE OS DADOS** A hemoglobina de um feto humano difere da hemoglobina de um adulto. Compare as curvas de dissociação das duas hemoglobinas no gráfico à direita. Descreva como elas diferem e proponha uma hipótese para explicar o benefício dessa diferença.

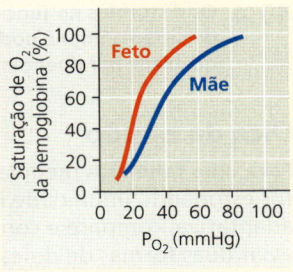

11. **CIÊNCIA, TECNOLOGIA E SOCIEDADE** Centenas de estudos associaram o tabagismo a doenças cardiovasculares e pulmonares. De acordo com a maioria das autoridades de saúde, fumar é a principal causa de óbitos prematuros evitáveis nos Estados Unidos. Quais são alguns argumentos a favor da proibição total da publicidade de cigarros? Quais são os argumentos dos oposicionistas? Você é a favor ou contra essa proibição? Explique sua resposta.

12. **ESCREVA SOBRE UM TEMA: INTERAÇÕES** Alguns atletas se preparam para competição no nível do mar dormindo em uma tenda na qual a P_{O_2} é mantida baixa. Quando escalam montanhas elevadas, alguns montanhistas respiram com o uso de tubos de O_2 puro. Em um texto sucinto (100-150 palavras), relacione esses comportamentos ao mecanismo de transporte de O_2 no corpo humano e às interações fisiológicas com nosso ambiente gasoso.

13. **SINTETIZE SEU CONHECIMENTO**

A aranha-mergulhadora (*Argyroneta aquatica*) armazena ar embaixo d'água em uma rede de seda. Explique por que essa adaptação seria mais vantajosa do que ter brânquias, levando em consideração diferenças nos ambientes e nos órgãos de trocas gasosas entre os animais.

Ver respostas selecionadas no Apêndice A.

43 Sistema imune

CONCEITOS-CHAVE

43.1 Na imunidade inata, o reconhecimento e a resposta dependem de características comuns aos grupos de patógenos *p. 953*

43.2 Na imunidade adaptativa, os receptores proporcionam reconhecimento específico dos patógenos *p. 957*

43.3 A imunidade adaptativa protege contra infecções das células e dos líquidos corporais *p. 963*

43.4 Os distúrbios no funcionamento do sistema imune podem provocar ou exacerbar doenças *p. 970*

Dica de estudo

Faça uma tabela: À medida que for estudando imunidade inata e adaptativa, compare e contraste essas duas formas de defesa imune, continuando a preencher esta tabela.

Mecanismo de defesa	Papel--chave na defesa inata?	Papel--chave na defesa adaptativa?	Efeito sobre o patógeno	Exemplo de célula envolvida
Barreira	Sim	Não	Impedimento da entrada nos tecidos do hospedeiro	Célula epitelial
Fagocitose				
Moléculas secretadas				
Destruição de células infectadas				

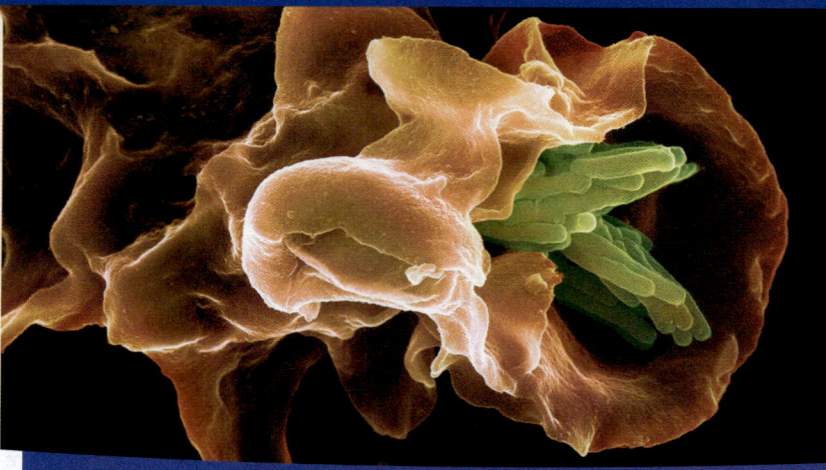

Figura 43.1 Células imunes dedicadas na maioria dos animais interagem com patógenos, agentes causadores de doenças como bactérias ou vírus, e os atacam. Aqui, uma célula imune denominada macrófago (marrom) está englobando bactérias (verde).

Como as células imunes reconhecem patógenos?

Reconhecimento inato Cada um de um pequeno conjunto de receptores reconhece uma molécula ausente de animais, mas comum a um tipo de patógeno, como mostrado nestes exemplos.

Patógeno: Vírus / Bactéria / Fungo

Exemplo de molécula reconhecida: dsRNA (ácido nucleico no genoma) / Flagelina (proteína nos flagelos) / Manana (oligossacarídeo na parede celular)

Reconhecimento adaptativo Cada um de um vasto número de receptores é específico para uma determinada parte de uma proteína em um patógeno, como uma proteína de superfície do vírus da influenza (gripe comum). Neste exemplo, um receptor imune adaptativo diferente reconheceria cada uma das cepas de influenza com base nas sequências de aminoácidos das proteínas, que diferem nas posições destacadas em laranja.

Vírus influenza da cepa 1: Ser Tyr Pro Lys Leu Lys Asn
Vírus influenza da cepa 2: Leu Tyr Pro Asn Leu Ser Asn
Vírus influenza da cepa 3: Ser Tyr Pro Asn Leu Lys Lys

O **reconhecimento** por qualquer um dos tipos de imunidade desencadeia uma **resposta** que pode eliminar ou inativar o patógeno, protegendo o animal infectado.

CONCEITO 43.1

Na imunidade inata, o reconhecimento e a resposta dependem de características comuns aos grupos de patógenos

Para um **patógeno** – uma bactéria, um fungo, um vírus ou outro agente causador de doença —, o ambiente interno de um animal oferece uma fonte de nutrientes, um abrigo e um meio de transporte para novos ambientes. No entanto, para o animal, a situação não é tão ideal. Felizmente, ao longo da evolução, surgiram adaptações que protegem os animais de muitos patógenos. As defesas do corpo compõem o **sistema imune**, que permite a um animal evitar ou limitar muitas infecções. (Observe que uma molécula ou célula estranha não precisa ser patogênica para provocar uma resposta imune, mas vamos focar no papel do sistema imune na defesa contra patógenos).

As primeiras linhas de defesa oferecidas pelos sistemas imunes ajudam a impedir que os patógenos penetrem no corpo. Por exemplo, uma cobertura externa, como a pele ou uma concha, bloqueia a entrada de muitos patógenos. Contudo, a vedação completa da superfície do corpo é impossível, pois as trocas gasosas, a nutrição e a reprodução requerem aberturas para o ambiente. As secreções que retêm ou matam micróbios protegem as entradas e saídas do corpo, enquanto os revestimentos do trato digestório, das vias aéreas e de outras superfícies de trocas proporcionam outras barreiras às infecções.

Se um patógeno rompe as barreiras de defesas e penetra no corpo, o problema de evitar o ataque muda substancialmente. Uma vez hospedado nos líquidos e nos tecidos corporais, o invasor não é mais uma ameaça externa. Para combater infecções, o sistema imune de um animal deve detectar partículas e células estranhas dentro do corpo. Em outras palavras, um sistema imune funcionando adequadamente distingue o não próprio do próprio. Como ele consegue fazer isso? As células do sistema imune produzem moléculas receptoras que se ligam especificamente às moléculas das células estranhas ou dos vírus e ativam as respostas de defesa. A ligação específica de receptores do sistema imune a moléculas estranhas é um tipo de *reconhecimento molecular* e é o evento central na identificação de moléculas, partículas e células estranhas.

Dois tipos de defesa imune são encontrados entre os animais. Esse conceito foca na **imunidade inata**, o conjunto de defesas imunes comuns a todos os animais. O restante do capítulo explora a **imunidade adaptativa**, um conjunto de defesas moleculares e celulares encontrado somente nos vertebrados.

Imunidade inata de invertebrados

O grande sucesso dos insetos em hábitats terrestres e de água doce com uma enorme diversidade de patógenos destaca a eficácia da imunidade inata dos invertebrados. Uma parte dessa defesa é um conjunto de defesas por barreiras, incluindo o exoesqueleto dos insetos. Composto principalmente pelo polissacarídeo quitina, o exoesqueleto proporciona uma barreira física contra a maioria dos patógenos. A quitina também reveste o intestino do inseto, onde ela bloqueia infecções por muitos patógenos. No sistema digestório, a **lisozima**, uma enzima que decompõe as paredes de células bacterianas, age como uma barreira química contra quaisquer patógenos ingeridos com o alimento.

Qualquer patógeno que rompa as defesas de barreira de um inseto encontra defesas imunes internas. Células imunes dos insetos produzem um conjunto de proteínas de reconhecimento, cada uma das quais se liga a uma molécula comum a uma ampla classe de patógenos. Muitas dessas moléculas são componentes das paredes celulares de fungos ou bactérias. Como essas moléculas não são normalmente encontradas em células animais, elas funcionam como "etiquetas de identidade" para o reconhecimento do patógeno. Uma vez ligada a uma molécula do patógeno, uma proteína de reconhecimento provoca uma resposta imune inata.

Em insetos, as principais células imunes são chamadas de *hemócitos*. Como as amebas, alguns hemócitos são células fagocíticas. Eles ingerem e decompõem microrganismos por um processo conhecido como **fagocitose (Figura 43.2)**. Uma classe de hemócitos produz um tipo de molécula de defesa que ajuda a capturar patógenos maiores, como *Plasmodium*, um parasito unicelular de mosquitos que causa a malária em humanos. Muitos outros hemócitos liberam *peptídeos antimicrobianos*, que circulam pelo corpo do inseto e inativam ou matam bactérias ou fungos pelo rompimento de suas membranas plasmáticas.

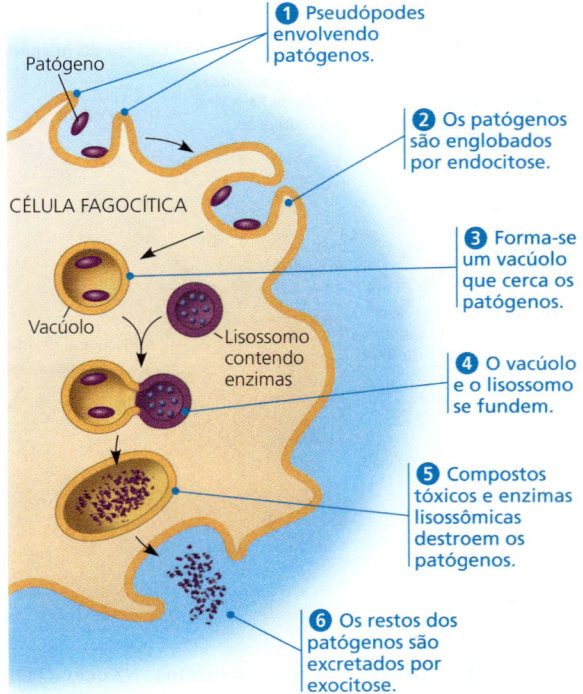

▲ **Figura 43.2 Fagocitose.** Este diagrama exibe eventos na ingestão e na destruição de patógenos por uma célula fagocítica típica.

A resposta imune inata de insetos é específica para classes particulares de patógenos. Por exemplo, se um fungo infeta um inseto, a ligação de proteínas de reconhecimento a moléculas da parede celular do fungo ativa um receptor transmembrana chamado de Toll. O Toll, por sua vez, ativa a produção e a secreção de peptídeos antimicrobianos que matam especificamente células de fungos. Notavelmente, células fagocíticas dos mamíferos utilizam proteínas receptoras muito similares ao receptor tipo Toll para reconhecer componentes de vírus, fungos e bactérias, uma descoberta reconhecida com o Prêmio Nobel de Fisiologia ou Medicina em 2011.

Insetos também têm defesas específicas que os protegem contra infecções virais. Muitos vírus que infectam insetos têm um genoma consistindo em uma fita simples de RNA. Quando o vírus se replica na célula hospedeira, essa fita de RNA é o molde para a síntese do RNA dupla-fita. Como os animais não produzem RNA dupla-fita, sua presença pode desencadear uma defesa específica contra o vírus invasor, como ilustrado na **Figura 43.3**.

Imunidade inata de vertebrados

Nos vertebrados com mandíbulas, as defesas imunes inatas coexistem com o sistema de imunidade adaptativa evoluído mais recentemente. Como a maioria das descobertas recentes sobre a imunidade inata de vertebrados vem de estudos com camundongos e humanos, vamos focar aqui nos mamíferos. Nesta seção, vamos considerar as defesas inatas que são semelhantes àquelas encontradas entre os invertebrados – defesas de barreira, fagocitose e peptídeos antimicrobianos —, bem como algumas que são exclusivas dos vertebrados, como as células NK (do inglês *natural killer cells*), as interferonas e a resposta inflamatória.

Defesas de barreira

As defesas de barreira de mamíferos, as quais bloqueiam a entrada de muitos patógenos, incluem as membranas mucosas e a pele. As membranas mucosas que revestem os tratos digestório, respiratório, urinário e reprodutivo produzem *muco*, um líquido viscoso que captura patógenos e outras partículas. Na via aérea, células epiteliais ciliadas varrem para fora o muco e qualquer material retido, ajudando a impedir infecção dos pulmões. A saliva, as lágrimas e as secreções mucosas que banham vários epitélios expostos promovem uma ação de lavagem que também inibe a colonização por fungos e bactérias.

Além do seu papel físico na inibição da entrada de micróbios, as secreções do corpo criam um ambiente hostil a muitos patógenos. A lisozima nas lágrimas, na saliva e em secreções mucosas destrói as paredes celulares de bactérias suscetíveis à medida que penetram nas aberturas ao redor dos olhos ou do trato respiratório superior. Os patógenos no alimento ou na água e os presentes no muco engolido também precisam lidar com o ambiente ácido do estômago (pH 2), que mata a maioria deles antes que possam entrar no intestino. De maneira semelhante, as secreções de glândulas sebáceas e sudoríparas conferem à pele humana um pH que varia de 3 a 5, suficientemente ácido para impedir o crescimento de muitas bactérias.

Defesas celulares inatas

Em mamíferos, assim como em insetos, há células imunes inatas fagocíticas dedicadas a detectar, devorar e destruir patógenos. Para o reconhecimento de componentes virais,

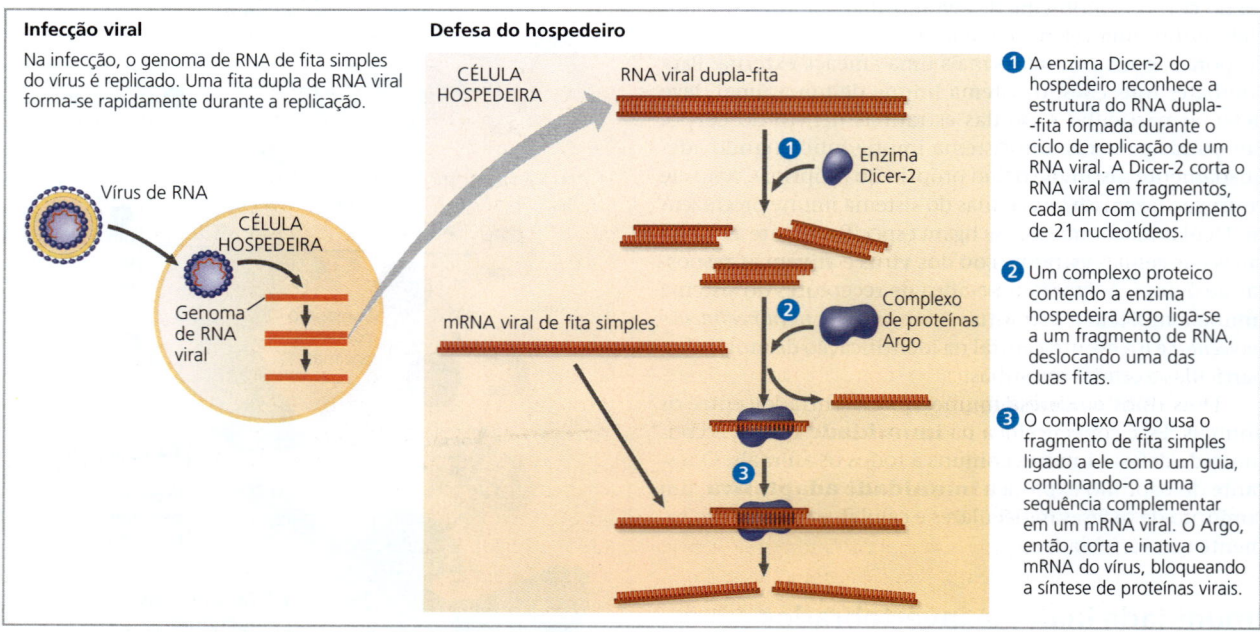

▲ **Figura 43.3 Defesa antiviral em insetos.** Na defesa contra um vírus de RNA infectante, uma célula de inseto volta o genoma viral contra o próprio vírus, cortando o genoma viral em pequenos fragmentos que são então utilizados como moléculas-guia para encontrar e destruir RNAs mensageiros (mRNAs) virais.

HABILIDADES VISUAIS Compare e contraste a especificidade das enzimas Dicer-2 e Argo em termos de tamanho, número de fitas e sequência de moléculas de RNA a que cada uma delas se liga ou atua.

fúngicos ou bacterianos, as células fagocíticas dos mamíferos contam com vários tipos de receptores. Como mencionado anteriormente, alguns são muito similares ao receptor imune inato Toll dos insetos. Cada **receptor do tipo Toll** (TLR, do inglês "*Toll-like receptor*") nos mamíferos se une a fragmentos de moléculas características de um conjunto de patógenos **(Figura 43.4)**. Por exemplo, o TLR3, na superfície interna de vesículas formadas por endocitose, liga-se ao RNA dupla-fita, uma forma de ácido nucleico produzido por certos vírus. Da mesma forma, o TLR4, localizado nas membranas plasmáticas de células do sistema imune, reconhece o lipopolissacarídeo, um tipo de molécula encontrado na superfície de muitas bactérias, e o TLR5 reconhece a flagelina, a principal proteína de flagelos bacterianos.

Os dois principais tipos de células fagocíticas dos mamíferos são os neutrófilos e os macrófagos. Os **neutrófilos**, que circulam no sangue, são atraídos por sinais de tecidos infectados e, após, engolfados e destruídos por patógenos infectantes. Os **macrófagos** ("comedores grandes"), semelhantes ao mostrado na Figura 43.1, são células fagocíticas maiores. Algumas migram pelo corpo, ao passo que outras residem permanentemente em órgãos e tecidos onde provavelmente encontrarão patógenos. Por exemplo, alguns macrófagos localizam-se no baço, onde os patógenos do sangue são, muitas vezes, retidos. Macrófagos e neutrófilos são ambos componentes-chave da resposta inflamatória, como discutido brevemente. Além dessas células, alguns tipos de célula mais especializados também contribuem para defesas imunológicas inatas:

- As **células dendríticas** povoam principalmente tecidos, como a pele, que mantêm contato com o ambiente. Elas estimulam a imunidade adaptativa contra patógenos que elas engolfam.
- Os **eosinófilos**, frequentemente encontrados abaixo de um epitélio, são importantes na defesa contra invasores multicelulares, como vermes parasitas. Ao encontrar esses parasitas, os eosinófilos liberam enzimas destrutivas.
- As **células NK** circulam pelo corpo e detectam as proteínas de superfície anormais encontradas em algumas células infectadas por vírus ou cancerosas. As células NK não englobam células abaladas. Em vez disso, elas liberam substâncias químicas que levam as células doentes à morte, inibindo a propagação do vírus ou do câncer.
- Os **mastócitos** são encontrados no tecido conectivo e têm contribuição fundamental na resposta inflamatória, descrita a seguir, bem como em alergias, discutidas mais adiante.

Resposta inflamatória local

Quando uma lasca ou espinho se aloja sob sua pele, a área em volta torna-se inchada e quente. Como ilustrado na **Figura 43.5**, ambas as mudanças refletem uma **resposta inflamatória** local, um conjunto de eventos provocados por moléculas sinalizadoras liberadas por ferimento ou infecção.

Uma resposta inflamatória local começa quando macrófagos ativados descarregam *citocinas*, moléculas sinalizadoras que recrutam neutrófilos para o local do ferimento ou

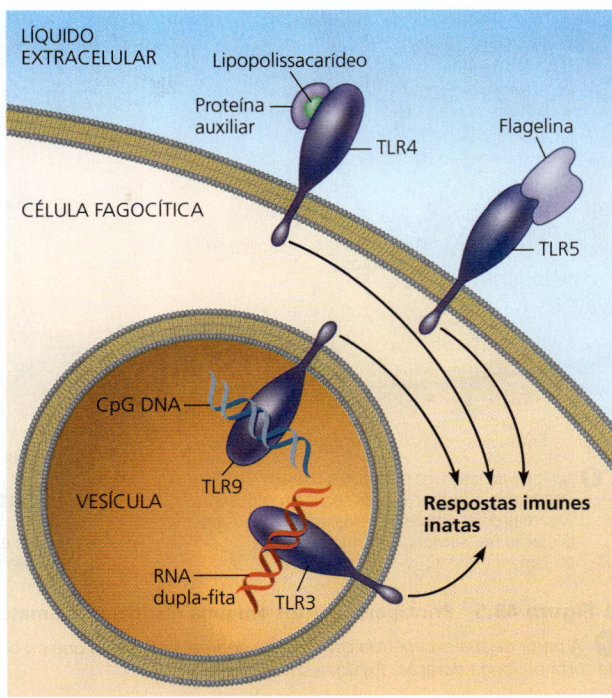

▲ **Figura 43.4 Sinalização TLR** Cada receptor tipo Toll (TLR) de mamíferos reconhece um padrão molecular compartilhado por um grupo de patógenos. Lipopolissacarídeos, flagelina, CpG DNA (DNA contendo sequências CG não metiladas) e RNA dupla-fita são encontrados em bactérias, fungos ou vírus, mas não em células animais. Uma vez ligadas a essa molécula de patógeno, as proteínas TLR provocam defesas imunes inatas internas, incluindo a produção de citocinas e peptídeos antimicrobianos.

HABILIDADES VISUAIS *Observe as localizações das proteínas TLR e então sugira um possível benefício de sua distribuição.*

infecção. Além disso, mastócitos liberam a molécula sinalizadora **histamina** nos locais do dano. A histamina faz os vasos sanguíneos próximos se dilatarem e se tornarem mais permeáveis. O aumento resultante no fornecimento de sangue localizado produz a vermelhidão e a elevação da temperatura da pele, típicas da resposta inflamatória (do latim *inflammare*, atear fogo).

Ciclos de sinalização e resposta continuam o processo de inflamação. Proteínas do sistema complemento ativadas promovem mais liberação de histamina, atraindo mais células fagocíticas para o local de ferimento e infecção. Ao mesmo tempo, o fluxo sanguíneo aumentado ajuda a liberar mais peptídeos microbianos, os quais, como em insetos, tipicamente matam ou inativam patógenos por romper a integridade da membrana. O resultado é o acúmulo de pus, líquido rico em leucócitos, patógenos mortos e restos celulares do tecido lesado.

No final da resposta inflamatória local, o pus e o fluido em excesso são levados como linfa, o líquido transportado na rede de vasos conhecida como sistema linfático **(Figura 43.6)**. Pequenos órgãos chamados *linfonodos* espalhados pelo sistema linfático contêm macrófagos, que engolfam patógenos do líquido intersticial que entram na linfa. As células dendríticas residem fora do sistema linfático, mas

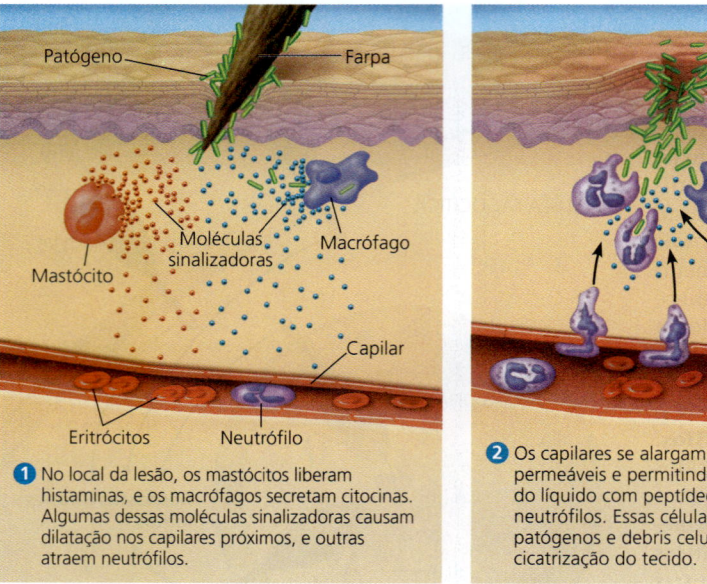

▲ **Figura 43.5** Principais eventos em uma resposta inflamatória local.

❓ *A partir da sua experiência com farpas, deduza se os sinais que medeiam uma resposta inflamatória são de curta ou longa duração. Explique sua resposta.*

Inflamação sistêmica e crônica

Uma pequena lesão ou inflamação causa uma resposta inflamatória localizada, mas um dano ou uma infecção mais extensa pode levar a uma resposta sistêmica (por todo o corpo). Muitas vezes, as células em tecidos lesados ou infectados secretam moléculas que estimulam a liberação de neutrófilos adicionais da medula óssea. No caso de uma infecção grave, como meningite ou apendicite, o número de leucócitos na corrente sanguínea pode aumentar várias vezes em apenas algumas horas.

Uma resposta inflamatória sistêmica algumas vezes envolve febre. Em resposta a certos patógenos, as substâncias liberadas por macrófagos ativados fazem o termostato do corpo se reajustar para uma temperatura mais alta (ver Conceito 40.3). Os benefícios da febre resultante ainda são um tema de debate. Uma hipótese é que uma temperatura corporal elevada pode aumentar a

migram para os linfonodos após a interação com os patógenos. Dentro dos linfonodos, as células dendríticas interagem com outras células do sistema imune, estimulando a imunidade adaptativa.

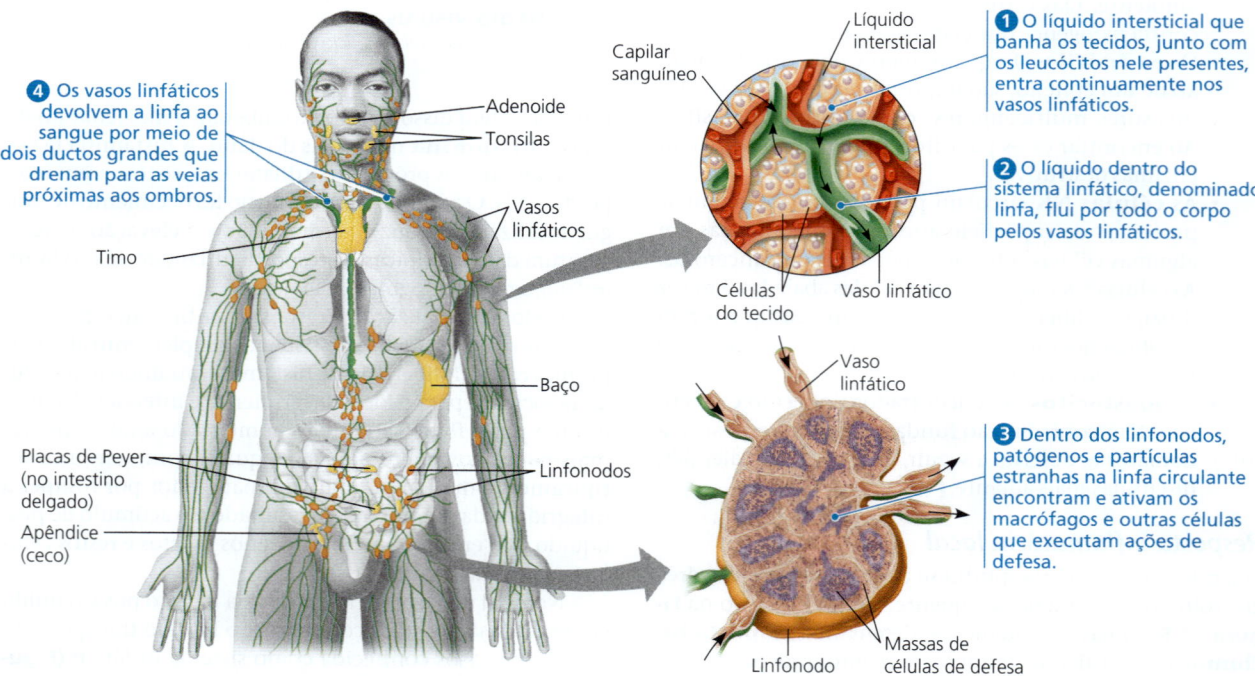

▲ **Figura 43.6 Sistema linfático humano.** O sistema linfático consiste em vasos linfáticos (mostrados em verde), pelos quais circula a linfa, e em estruturas que capturam substâncias estranhas. Essas estruturas incluem os linfonodos (laranja) e os órgãos linfoides (amarelo): adenoides, tonsilas, timo, baço, placas de Peyer e apêndice. As etapas de 1 a 4 traçam o fluxo da linfa e ilustram o papel dos linfonodos na ativação da imunidade adaptativa. (O Conceito 42.3 descreve a relação entre os sistemas linfático e circulatório.)

fagocitose e, pelo aumento de reações químicas, acelerar o reparo do tecido.

Algumas infecções bacterianas podem induzir uma resposta inflamatória sistêmica impressionante, levando a uma condição potencialmente fatal chamada de *choque séptico*. Caracterizado por febre muito alta, pressão sanguínea baixa e pouco fluxo sanguíneo nos capilares, o choque séptico é mais frequente em pessoas muito velhas ou muito jovens. Ele é fatal em mais de um terço dos casos e mata mais de 200.000 pessoas anualmente nos Estados Unidos.

A inflamação crônica (contínua) também pode ameaçar a saúde humana. Por exemplo, milhões de indivíduos no mundo todo são afetados pela doença de Crohn e por colite ulcerativa, distúrbios geralmente debilitantes nos quais uma resposta inflamatória desregulada interrompe a função intestinal.

Proteínas e peptídeos antimicrobianos

Nos mamíferos, o reconhecimento de patógenos desencadeia a produção e a liberação de uma diversidade de peptídeos e proteínas que os atacam ou impedem sua reprodução. Alguns, incluindo interferonas e proteínas do sistema complemento, são únicos aos sistemas imunes dos vertebrados.

As **interferonas** são proteínas que proporcionam a defesa inata ao interferir nas infecções virais. Células do corpo infectadas por vírus secretam proteínas interferona que induzem células não infectadas próximas a produzir substâncias que inibem a replicação viral. Dessa maneira, essas interferonas limitam a propagação célula a célula dos vírus no corpo, auxiliando a controlar infecções virais como resfriados e influenza. Alguns leucócitos secretam um tipo diferente de interferona que ajuda a ativar macrófagos, melhorando sua capacidade fagocítica. Atualmente, a indústria farmacêutica utiliza a tecnologia de DNA recombinante, visando à produção em massa de interferonas para auxiliar no tratamento de certas infecções virais, como a hepatite C.

O **sistema complemento** que combate infecções é composto de cerca de 30 proteínas no plasma sanguíneo. Essas proteínas circulam em um estado inativo e são ativadas por substâncias na superfície de muitos patógenos. A ativação resulta em uma cascata de reações bioquímicas que pode provocar a lise (ruptura da membrana plasmática) das células invasoras. O sistema complemento também atua na resposta inflamatória, bem como nas defesas adaptativas discutidas mais adiante neste capítulo.

Fuga da imunidade inata pelos patógenos

Alguns patógenos desenvolveram adaptações que os possibilitam evitar a destruição por fagocitose. Por exemplo, a cápsula externa que envolve certas bactérias interfere no reconhecimento molecular e na fagocitose. Uma bactéria assim, *Streptococcus pneumoniae*, é uma causa importante de pneumonia e meningite em humanos (ver Conceito 16.1).

Algumas bactérias são reconhecidas, mas resistem à decomposição depois de serem engolfadas por uma célula hospedeira. Um exemplo é *Mycobacterium tuberculosis*, a bactéria mostrada na Figura 43.1. Em vez de ser destruída, essa bactéria cresce e se reproduz dentro das células hospedeiras, escondida efetivamente das defesas imunológicas do corpo. O resultado dessa infecção é a tuberculose (TB), uma doença que ataca os pulmões e outros tecidos. A TB mata mais de 1 milhão de pessoas por ano no mundo todo.

REVISÃO DO CONCEITO 43.1

1. O pus é tanto um sinal de infecção quanto um indicador de defesas imunológicas em ação. Explique.
2. **FAÇA CONEXÕES** Como as moléculas que ativam a via de transdução de sinal do TLR dos vertebrados diferem dos ligantes na maioria das outras vias de sinalização (ver Conceito 11.2)?
3. **E SE?** Vespas parasitoides injetam seus ovos dentro de larvas hospedeiras de outros insetos. Se o sistema imune do hospedeiro não mata o ovo da vespa, a larva da vespa eclode e devora a larva do hospedeiro como alimento. Sugira algo que explique por que algumas espécies de insetos iniciam uma resposta imune inata a um ovo de vespa, mas outras não conseguem.

Ver as respostas sugeridas no Apêndice A.

CONCEITO 43.2

Na imunidade adaptativa, os receptores proporcionam reconhecimento específico dos patógenos

Os vertebrados são únicos por terem imunidade adaptativa e imunidade inata. Na imunidade adaptativa, o reconhecimento molecular depende de um vasto arsenal de receptores, cada qual reconhecendo uma característica encontrada geralmente apenas em uma parte específica de determinada molécula de um patógeno específico. Por isso, o reconhecimento e a resposta na imunidade adaptativa ocorrem com tremenda especificidade.

A resposta imune adaptativa, também conhecida como resposta imune adquirida, é ativada após a resposta imune inata e se desenvolve mais lentamente. Diferentemente da imunidade inata, a resposta adaptativa é melhorada pela exposição prévia ao patógeno infectante. A **Figura 43.7** destaca essa e outras semelhanças e diferenças fundamentais entre a imunidade adaptativa e a inata.

A imunidade adaptativa conta com células T e B, que são um tipo de leucócito chamado de **linfócito (Figura 43.8)**. Como todas as células sanguíneas, os linfócitos se originam das células-tronco na medula óssea. Alguns migram da medula óssea para o **timo**, órgão localizado na cavidade torácica acima do coração (ver Figura 43.6). Esses linfócitos diferenciam-se em **células T**. Os linfócitos que permanecem e se diferenciam na medula óssea desenvolvem-se em **células B**. (Linfócitos de um terceiro tipo permanecem no sangue e tornam-se as células NK ativas na imunidade inata.)

Antígenos como os desencadeadores da imunidade adaptativa

Qualquer substância que incita uma resposta por parte das células B ou T é chamada de **antígeno**. Na imunidade adaptativa, o reconhecimento ocorre quando uma célula B ou uma célula T se liga a um antígeno – como uma proteína

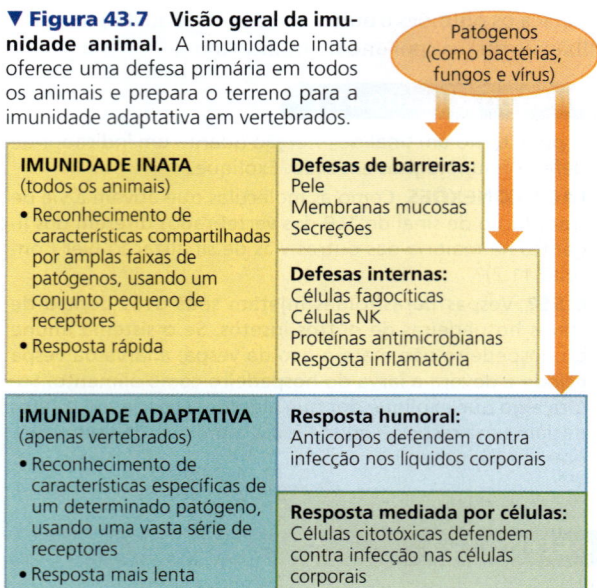

▼ **Figura 43.7** **Visão geral da imunidade animal.** A imunidade inata oferece uma defesa primária em todos os animais e prepara o terreno para a imunidade adaptativa em vertebrados.

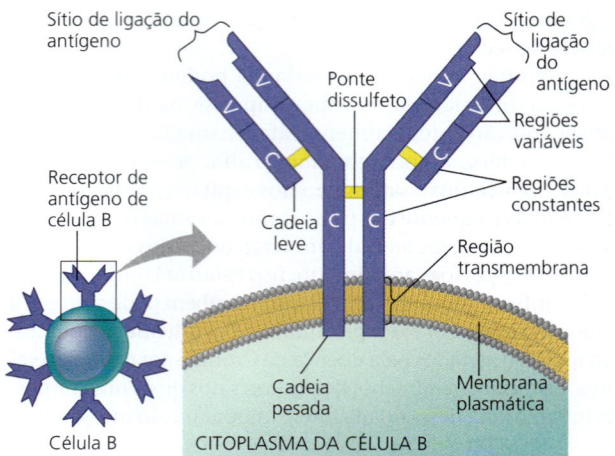

▲ **Figura 43.9** Estrutura de um receptor de antígeno de célula B.

bacteriana ou viral – por meio de uma proteína denominada **receptor de antígeno**. Cada receptor de antígeno se liga a apenas uma parte de uma molécula de um patógeno específico, como uma espécie de bactéria ou uma cepa de vírus.

As células do sistema imune produzem milhões de diferentes receptores de antígenos. Um dado linfócito, no entanto, produz somente uma variedade; todos os receptores de antígenos feitos por uma única célula B ou T são idênticos. A infecção por um vírus, bactéria ou outro patógeno desencadeia a ativação das células B ou T com receptores de antígenos específicos para partes daquele patógeno. Embora desenhos das células B e T geralmente incluam uns poucos receptores de antígeno, uma única célula B ou T, na verdade, tem cerca de 100.000 desses receptores em sua superfície.

Em geral, os antígenos são moléculas estranhas e grandes, sejam proteínas ou polissacarídeos. Muitos antígenos destacam-se da superfície de células estranhas ou vírus. Outros antígenos, como as toxinas secretadas por bactérias, são liberadas no líquido extracelular.

Uma porção pequena acessível de um antígeno que se liga a um receptor de antígeno é chamada **epítopo**. Um exemplo é um grupo de aminoácidos em uma proteína específica. Um único antígeno geralmente tem vários epítopos, cada um se ligando a um receptor com uma especificidade diferente. Como todos os receptores de antígenos produzidos por uma única célula B ou célula T são idênticos, eles se ligam ao mesmo epítopo. Portanto, cada célula B ou célula T exibe *especificidade* para um epítopo específico, capacitando-a a responder a qualquer patógeno que produz moléculas contendo tal epítopo.

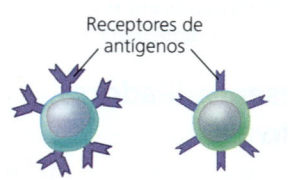

▲ **Figura 43.8** Linfócitos B e T.

Os receptores de antígenos de células B e células T têm componentes similares, mas encontram os antígenos de maneiras diferentes. Vamos analisar os dois processos separadamente.

Reconhecimento de antígenos por células B e anticorpos

Cada receptor de antígeno da célula B é uma proteína em forma de Y consistindo em quatro cadeias de polipeptídeos: duas **cadeias pesadas** idênticas e duas **cadeias leves** idênticas **(Figura 43.9)**. Pontes dissulfeto ligam as cadeias.

Cada cadeia leve ou pesada tem uma *região constante (C)*, onde sequências de aminoácidos variam pouco entre os receptores nas diferentes células B. A região constante de cadeias pesadas contém uma região transmembrana, que ancora o receptor na membrana plasmática da célula. Como mostrado na Figura 43.9, cada cadeia leve ou pesada também possui uma *região variável (V)*, assim chamada porque sua sequência de aminoácidos varia extensamente de uma célula B para outra. Juntas, as partes da região V de uma cadeia pesada e as da região V de uma cadeia leve formam um sítio assimétrico de ligação para um antígeno. Portanto, cada receptor de antígeno da célula B tem dois sítios idênticos de ligação de antígenos.

A ligação de um receptor de antígeno de célula B a um antígeno é uma etapa inicial na ativação da célula B, levando à formação de células que secretam uma forma solúvel do receptor **(Figura 43.10a)**. Essa proteína secretada é chamada de **anticorpo**, também conhecida como **imunoglobulina (Ig)**. Os anticorpos têm a mesma estrutura em forma de Y dos receptores de antígeno da célula B, mas não possuem um sítio de fixação na membrana. Como você verá adiante, os anticorpos fornecem uma defesa direta contra patógenos nos líquidos corporais.

O sítio de ligação ao antígeno de um receptor ligado à membrana ou ao anticorpo tem uma forma única que proporciona um ajuste de "chave e fechadura" para um epítopo

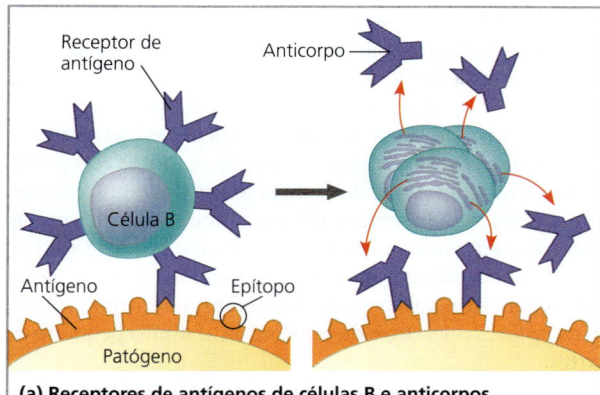

(a) Receptores de antígenos de células B e anticorpos.
Um receptor de antígeno de célula B se liga a um epítopo, uma parte específica de um antígeno. Depois da ligação, a célula B dá origem a células que secretam uma forma solúvel do receptor de antígeno. Esse receptor solúvel, chamado de anticorpo, é específico para o mesmo epítopo do receptor de antígeno original.

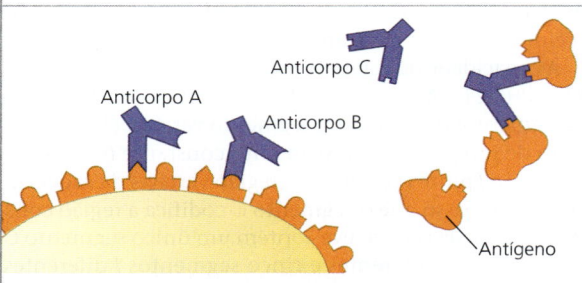

(b) Especificidade do receptor de antígeno. Anticorpos diferentes podem reconhecer epítopos distintos no mesmo antígeno. Além disso, os anticorpos conseguem reconhecer antígenos livres e também antígenos na superfície do patógeno.

▲ **Figura 43.10** Reconhecimento de antígeno por células B e anticorpos.

FAÇA CONEXÕES *As interações mostradas aqui envolvem uma ligação altamente específica entre antígeno e receptor (ver também a Figura 5.17). O quão similar é esse tipo de interação a uma interação enzima-substrato (ver Figura 8.15)?*

específico. Essa interação estável envolve muitas ligações não covalentes entre um epítopo e a superfície do sítio de ligação. Diferenças nas sequências de aminoácidos de regiões variáveis fornecem a variação em superfícies de ligação que permite a essa ligação ser altamente específica.

Os receptores de antígenos de células B e os anticorpos se ligam a antígenos intactos no sangue e na linfa. Conforme ilustrado na **Figura 43.10b** para anticorpos, eles podem ligar-se aos antígenos na superfície de patógenos ou livres nos líquidos corporais.

Reconhecimento de antígenos por células T

Para uma célula T, o receptor de antígeno consiste em duas cadeias de polipeptídeos diferentes, uma *cadeia α* e uma *cadeia β*, ligadas por uma ponte dissulfeto **(Figura 43.11)**. Próximo da base do receptor de antígeno da célula T (geralmente chamado simplesmente de receptor da célula T) está uma região transmembrana que ancora a molécula na

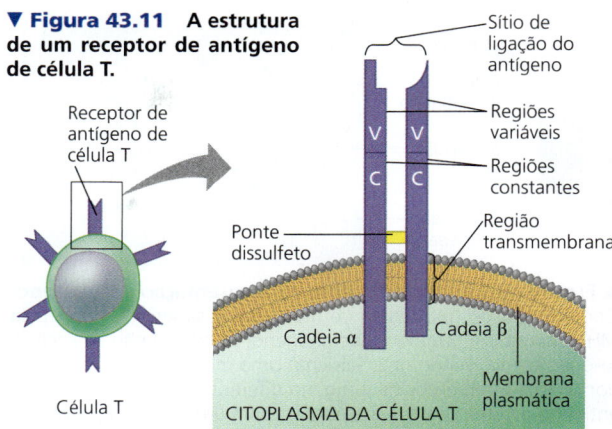

▼ **Figura 43.11** A estrutura de um receptor de antígeno de célula T.

membrana plasmática da célula. Na extremidade externa da molécula, as regiões variáveis (V) das cadeias α e β formam, juntas, um único sítio de ligação do antígeno. O restante da molécula é formado pelas regiões constantes (C).

Enquanto os receptores de antígeno das células B se ligam a epítopos de antígenos *intactos* que se salientam de patógenos ou circulam livres em líquidos corporais, receptores de antígeno das células T se ligam somente a fragmentos de antígeno que são exibidos, ou apresentados, na superfície de células hospedeiras. A proteína do hospedeiro que expõe o fragmento de antígeno na superfície celular é chamada de **molécula do complexo principal de histocompatibilidade** (**MHC**, de *major histocompatibility complex*). Exibindo fragmentos de antígenos, moléculas MHC são essenciais para o reconhecimento do antígeno por células T.

A exposição de antígenos de proteína ocorre quando um patógeno infecta uma célula do animal hospedeiro ou quando uma célula imune engloba proteínas do patógeno ou o patógeno inteiro **(Figura 43.12)**. No interior da célula animal, enzimas quebram cada antígeno em fragmentos,

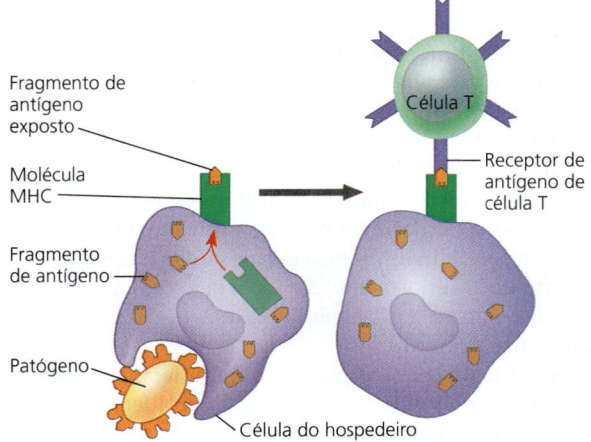

▲ **Figura 43.12** Reconhecimento de antígeno por células T. Dentro da célula hospedeira, um fragmento de antígeno de um patógeno se liga a uma molécula MHC e é trazido para a superfície celular, onde é exposto. A combinação de molécula MHC e fragmento de antígeno é reconhecida por uma célula T.

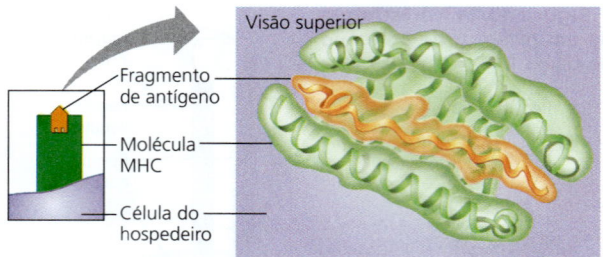

▲ **Figura 43.13** **Mais detalhes da apresentação do antígeno.** Como mostrado no modelo de fita, a parte superior da molécula MHC segura um fragmento de antígeno, como um pão de cachorro-quente envolvendo uma salsicha. Uma molécula MHC pode expor muitos fragmentos de antígeno diferentes, mas o receptor de antígeno de uma célula T é específico para um único fragmento de antígeno.

que são peptídeos pequenos. Cada fragmento de antígeno se liga a uma molécula MHC, que transporta o peptídeo ligado para a superfície celular. O resultado é a **apresentação do antígeno**, a exposição do fragmento de antígeno em um sulco exposto da proteína MHC.

A **Figura 43.13** mostra uma visão ampliada da apresentação de antígeno. Efetivamente, apresentações de antígeno informam que uma célula hospedeira contém uma substância estranha ao corpo. Se a célula apresentadora de um fragmento de antígeno encontrar uma célula T com a especificidade correta, o receptor de antígeno na célula T pode ligar-se ao fragmento de antígeno e à molécula MHC. Essa interação de uma molécula MHC, um fragmento e um receptor de antígeno provoca uma resposta imune adaptativa, como vamos explorar no Conceito 43.3.

Desenvolvimento das células B e das células T

Agora que você sabe como as células B e as células T reconhecem os antígenos, vamos considerar quatro características principais da imunidade adaptativa. Primeiro, o imenso repertório de linfócitos e receptores permite a detecção de antígenos e patógenos nunca antes encontrados. Segundo, a imunidade adaptativa geralmente tem autotolerância, a ausência de reatividade contra as próprias moléculas e células de um animal. Terceiro, a proliferação celular desencadeada por ativação aumenta consideravelmente o número de células B e T específicas para um antígeno. Quarto, existe uma resposta mais intensa e mais rápida a um antígeno encontrado anteriormente, devido a uma característica conhecida como *memória imunológica*, que discutiremos mais adiante neste capítulo.

A diversidade de receptores e a autotolerância surgem à medida que um linfócito amadurece. A proliferação celular e a formação de memória imunológica ocorrem mais tarde, depois que um linfócito maduro encontra e se liga a um antígeno específico. Consideraremos essas quatro características na ordem em que elas se desenvolvem.

A base da diversidade de células B e T

Cada pessoa produz mais de 1 milhão de receptores de antígenos de células B diferentes e 10 milhões de receptores de antígenos de células T diferentes. No entanto, no genoma humano existem apenas cerca de 20 mil genes codificadores de proteínas. Como, então, nós geramos tantos receptores de antígeno diferentes? A resposta reside nas combinações. Pense, por exemplo, em escolher um modelo de telefone celular que vem em três tamanhos e seis cores; há 18 (3×6) combinações para escolher. De modo semelhante, ao combinar elementos variáveis, o sistema imune forma milhões de receptores diferentes de um conjunto muito pequeno de partes.

Para entender a origem da diversidade dos receptores, vamos considerar um gene de imunoglobulina (Ig) que codifica a cadeia leve de receptores de antígenos de células B ligados à membrana e de anticorpos secretados (imunoglobulinas). Será analisado um único gene de Ig de cadeia leve, mas todos os genes de receptores de antígenos de células B e de células T passam por transformações muito semelhantes.

A capacidade de gerar diversidade baseia-se na estrutura dos genes de Ig. A cadeia leve de receptores é codificada por três segmentos de genes: um segmento variável (V), um segmento de junção (J) e um segmento constante (C). Os segmentos V e J juntos codificam a região variável da cadeia do receptor, ao passo que o segmento C codifica a região constante. O gene da cadeia leve contém um único segmento C, 40 segmentos V diferentes e cinco segmentos J diferentes. As cópias alternativas dos segmentos V e J são dispostas ao longo do gene em uma série **(Figura 43.14)**. Como um gene funcional é formado de uma cópia de cada tipo de segmento, as partes podem ser combinadas de 200 modos diferentes ($40\ V \times 5\ J \times 1\ C$). O número de diferentes combinações de cadeias leves é ainda maior, resultando em ainda mais diversidade.

Rearranjo do gene do receptor de antígeno

A montagem de um gene de Ig funcional requer o rearranjo do DNA. No início do desenvolvimento das células B, um complexo enzimático denominado *recombinase* liga um segmento de gene V a um segmento de gene J. Esse evento de recombinação elimina a longa fita de DNA entre os segmentos, formando um único éxon que é parte V e parte J.

A recombinase atua aleatoriamente, ligando um dos 40 segmentos de gene V a um dos cinco segmentos de gene J. Os genes de cadeia pesada passam por um rearranjo semelhante. Em determinadas células, no entanto, apenas um alelo de um gene de cadeia leve e um alelo de um gene de cadeia pesada são rearranjados. Além disso, os rearranjos são permanentes e passados para as células-filhas quando os linfócitos se dividem.

Após os genes de cadeia leve e de cadeia pesada terem sido rearranjados, os receptores de antígenos podem ser sintetizados. Os genes rearranjados são transcritos e processados para tradução. Após a tradução, as cadeias leves e pesadas se reúnem, formando um receptor de antígeno (ver Figura 43.14). Cada par de cadeias leve e pesada rearranjadas

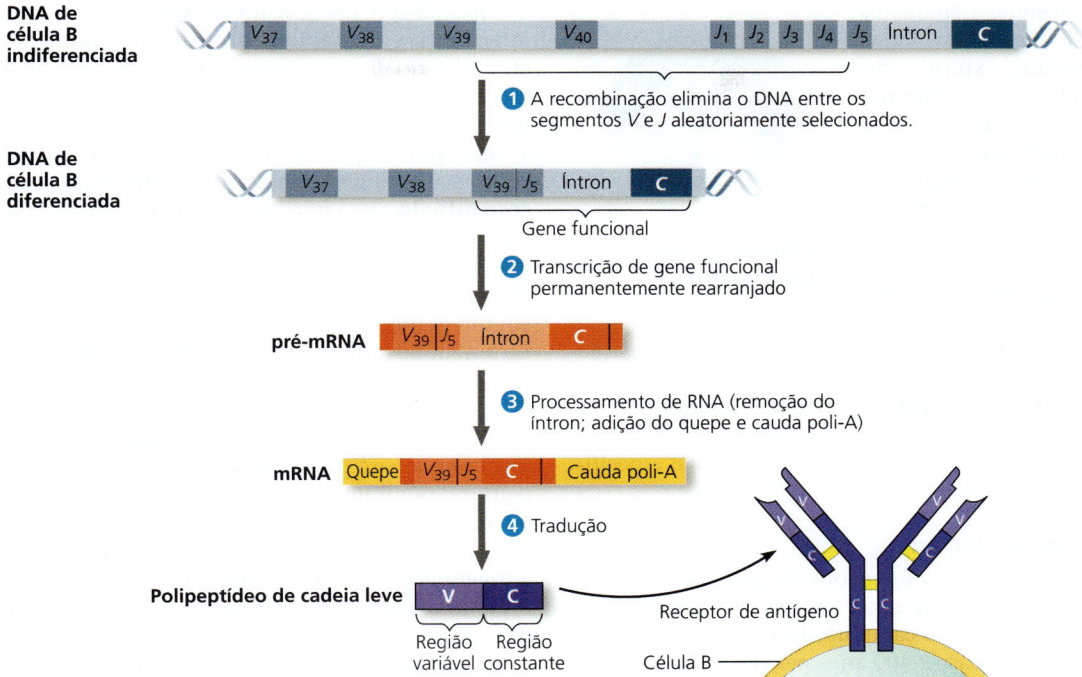

▲ **Figura 43.14 Rearranjo do gene da imunoglobulina (anticorpo).** A junção de segmentos de gene *V* e *J* aleatoriamente selecionados (V_{39} e J_5 no exemplo mostrado) resulta em um gene funcional que codifica o polipeptídeo de cadeia leve do receptor de antígeno de uma célula B. A transcrição, o *splicing* e a tradução resultam em uma cadeia leve que combina com um polipeptídeo produzido a partir de um gene de uma cadeia pesada rearranjado independentemente para formar um receptor funcional. As células B (e células T) maduras são exceções para a generalização de que todas as células diploides do corpo têm exatamente o mesmo DNA.

FAÇA CONEXÕES *Tanto o splicing alternativo quanto a união dos segmentos V e J por recombinação geram produtos gênicos diversos a partir de um conjunto limitado de segmentos de gene (ver Figura 18.14). Como esses processos diferem?*

aleatoriamente resulta em um sítio de ligação do antígeno diferente. Para a população total de células B no corpo humano, o número dessas combinações foi calculado como de $3,5 \times 10^6$. Além disso, as mutações introduzidas durante a recombinação *VJ* adicionam mais variação, tornando o número de especificidades de ligação de antígenos ainda maior.

Origem da autotolerância

Na imunidade adaptativa, como o corpo distingue o que é próprio do que é estranho? Visto que os genes de receptores de antígenos são rearranjados aleatoriamente, alguns linfócitos imaturos produzem receptores específicos para epítopos das próprias moléculas do corpo. Se esses linfócitos autorreativos não fossem eliminados ou inativados, o sistema imune não poderia distinguir o próprio do não próprio e atacaria proteínas, células e tecidos do corpo. Em vez disso, à medida que amadurecem na medula óssea ou no timo, seus receptores de antígenos são testados para autorreatividade. Algumas células B e T com receptores específicos para as moléculas próprias do corpo são destruídas por *apoptose*, que é uma morte celular programada (ver Conceito 11.5). Os linfócitos autorreativos remanescentes geralmente tornam-se não funcionais, ficando apenas aqueles que reagem a moléculas estranhas. Uma vez que o corpo normalmente carece de linfócitos maduros que podem reagir contra seus próprios componentes, diz-se que o sistema imune exibe *autotolerância*.

Proliferação de células B e de células T

Apesar da enorme variedade de receptores de antígenos, apenas uma fração diminuta é específica para determinado epítopo. Como, então, pode desenvolver-se uma resposta adaptativa eficaz? Primeiro, um antígeno é apresentado a uma corrente constante de linfócitos nos linfonodos (ver Figura 43.6), até que a compatibilidade seja atingida. Um encontro bem-sucedido entre um receptor de antígeno e um epítopo inicia os eventos que ativam o linfócito contendo o receptor.

Uma vez ativada, uma célula B ou célula T passa por múltiplas divisões celulares. Para cada célula ativada, o resultado dessa proliferação é um clone, uma população de células idênticas à célula original. Algumas delas tornam-se **células efetoras**, em sua maioria células de vida curta que imediatamente entram em ação contra o antígeno e quaisquer patógenos que produzem tal antígeno.

Para células B, as formas efetoras são *plasmócitos* **(Figura 43.15)**, que secretam anticorpos. Para células T, as formas efetoras são células T auxiliares e células T citotóxicas, cujas funções vamos explorar no Conceito 43.3. As células remanescentes no clone tornam-se **células de memória**, células de vida longa que originam as células efetoras se o mesmo antígeno for encontrado mais tarde na vida do animal.

A **Figura 43.16** resume a proliferação de linfócitos dentro em um clone de células que ocorre em resposta à ligação a um antígeno, usando células B como exemplo. O processo é chamado **seleção clonal**, porque um encontro com um antígeno *seleciona* quais linfócitos irão dividir-se para produzir uma população *clonal* de milhares de células específicas para um determinado epítopo.

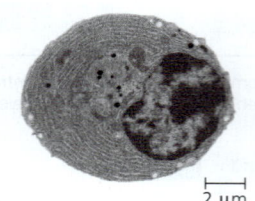

▲ Figura 43.15 Um plasmócito.

Memória imunológica

A memória imunológica é responsável pela proteção de longo prazo que uma infecção prévia proporciona contra muitas doenças, como a catapora. Esse tipo de proteção foi constatado há quase 2.400 anos pelo historiador grego Tucídides. Ele observou que indivíduos recuperados da enfermidade podiam cuidar daqueles que estavam doentes ou agonizantes de forma segura, "pois o mesmo homem nunca fora atacado duas vezes – pelo menos jamais fatalmente".

A exposição prévia a um antígeno altera a velocidade, a intensidade e a duração de uma resposta imune. As células efetoras formadas por clones de linfócitos após uma exposição inicial a um antígeno produzem uma **resposta imune primária**. O pico da resposta primária ocorre cerca de 10-17 dias após a exposição inicial. Se o mesmo antígeno é encontrado novamente mais tarde, há uma **resposta imune secundária**, uma resposta que é mais rápida (tipicamente atingindo o pico em 2 a 7 dias após a exposição), de maior magnitude e mais prolongada. Essas diferenças entre as respostas imunes primária e secundária são facilmente visíveis em um gráfico da concentração de anticorpos específicos no sangue ao longo do tempo **(Figura 43.17)**.

A resposta imune secundária depende do reservatório de células de memória T e B geradas após a exposição inicial a um antígeno. Por serem de vida longa, essas células fornecem a base para a memória imunológica, que pode perdurar por muitas décadas. (A maioria das células efetoras tem tempo de vida muito mais curto, pois a resposta imune diminui após uma infecção ser superada.) Se um antígeno for novamente encontrado, células de memória específicas para ele permitem a rápida formação de clones de milhares de células efetoras, também específicas para ele, gerando, assim, uma defesa imune consideravelmente aumentada.

Embora os processos de reconhecimento de antígenos, seleção clonal e memória imunológica sejam semelhantes para as células B e as células T, essas duas classes de linfócitos

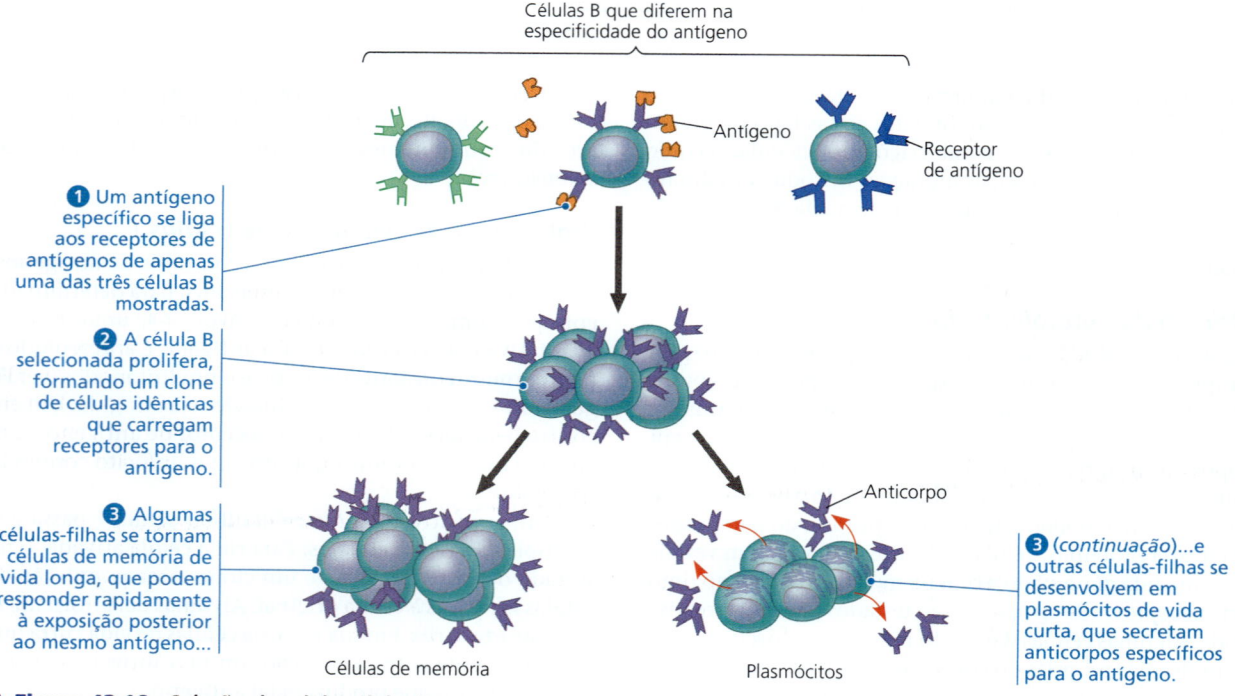

▲ Figura 43.16 Seleção clonal de células B.

HABILIDADES VISUAIS *Para fins de ilustração, esta figura mostra somente uns poucos de cada tipo de célula ou molécula. Com base no que você leu no Conceito 43.2, forneça estimativas do número de diferentes células B e o número de receptores de antígeno em cada uma dessas células.*

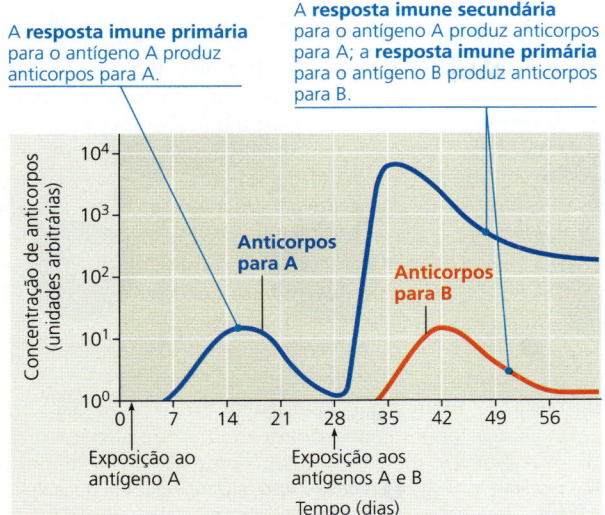

▲ **Figura 43.17 Especificidade da memória imunológica.** Células de memória de longo prazo que são geradas na resposta primária ao antígeno A originam uma resposta secundária estendida para o mesmo antígeno, mas não afetam a resposta primária para outro antígeno (B).

INTERPRETE OS DADOS Pressuponha que, em média, 1 de cada 10^5 células B no corpo é específica para o antígeno A no 16º dia e que o número de células B produzindo um anticorpo específico é proporcional à concentração daquele anticorpo. O que você preveria para a frequência de células B específicas para o antígeno A no 36º dia?

combatem a infecção de maneiras diferentes e em circunstâncias diferentes, como examinaremos no Conceito 43.3.

REVISÃO DO CONCEITO 43.2

1. **DESENHE** Faça um esboço de um receptor de antígeno de célula B. Identifique as regiões V e C das cadeias leve e pesada. Onde estão localizados os sítios de ligação de antígeno, as pontes dissulfeto e a região transmembrana em relação a essas regiões?
2. Explique como as células de memória fortalecem a resposta imune quando um patógeno é encontrado pela segunda vez.
3. **E SE?** Se as cópias de um gene de cadeia leve e de um gene de cadeia pesada recombinassem em cada célula B (diploide), como seriam afetados o desenvolvimento e o funcionamento da célula B?

Ver as respostas sugeridas no Apêndice A.

CONCEITO 43.3

A imunidade adaptativa protege contra infecções das células e dos líquidos corporais

Tendo considerado como os clones de linfócitos surgem, vamos examinar agora como essas células ajudam a combater infecções e minimizar danos causados por patógenos.

As defesas proporcionadas por linfócitos B e T podem ser divididas em respostas imunes humorais e mediadas por células. A **resposta imune humoral** protege o sangue e a linfa (antigamente chamados *humores* corporais, ou fluidos). Nessa resposta, anticorpos ajudam a neutralizar ou eliminar toxinas e patógenos nos líquidos corporais. Na **resposta imune mediada por células**, células T especializadas destroem células do hospedeiro infectadas. Tanto a imunidade humoral quanto a celular podem incluir uma resposta imune primária e uma secundária, com células de memória permitindo a resposta secundária.

Células T auxiliares: ativando a imunidade adaptativa

Um tipo de célula T chamado **célula T auxiliar** ativa respostas imunes humorais e mediadas por células. Para que isso possa acontecer, entretanto, duas condições precisam ser atendidas. Primeiro, deve haver a presença de uma molécula estranha que possa ligar-se especificamente ao receptor de antígeno de célula T. Segundo, esse antígeno deve estar exposto na superfície de uma **célula apresentadora de antígeno**, a qual pode ser uma célula dendrítica, um macrófago ou uma célula B.

Como as células imunes, as células infectadas podem exibir antígenos estranhos em sua superfície. O que, então, distingue as células apresentadoras de antígeno das células infectadas? A resposta está em dois tipos, ou *classes*, distintos de moléculas MHC. A maioria das células do corpo tem apenas moléculas MHC de classe I, mas as células apresentadoras de antígenos têm moléculas MHC de classes I e II. As moléculas de classe II fornecem uma assinatura molecular pela qual uma célula apresentadora de antígeno é reconhecida.

Uma célula T auxiliar e a célula apresentadora de antígeno expondo seu epítopo específico têm uma interação complexa. Os receptores de antígenos na superfície da célula T auxiliar ligam-se ao fragmento de antígeno e à molécula MHC de classe II que expõe esse fragmento na célula apresentadora de antígeno **(Figura 43.18)**. Ao mesmo tempo, uma proteína acessória denominada CD4 na superfície da célula T auxiliar se liga à molécula MHC de classe II, ajudando a manter as células juntas. À medida que as duas células interagem, sinais são trocados sob a forma de citocinas. Por exemplo, as citocinas secretadas de uma célula dendrítica atuam na combinação com o antígeno para estimular a célula T auxiliar, levando-a a produzir seu próprio conjunto de citocinas. O extenso contato entre superfícies celulares também permite mais troca de informações.

As células apresentadoras de antígeno interagem com células T auxiliares em vários contextos diferentes. A apresentação de antígeno por uma célula dendrítica ou por um macrófago ativa uma célula T auxiliar, que então prolifera, formando um clone de células ativadas. Por outro lado, as células B apresentam antígenos às células T auxiliares *já* ativadas, que, por sua vez, ativam as próprias células B. As células T auxiliares ativadas também ajudam a estimular as células T citotóxicas, conforme discutiremos a seguir.

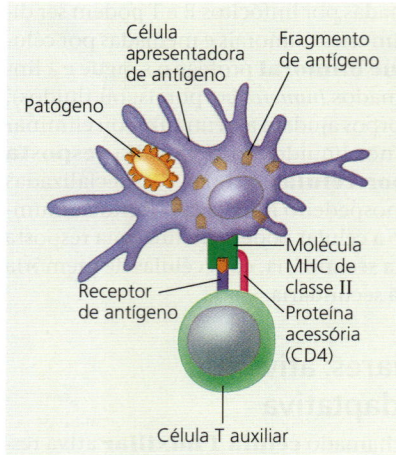 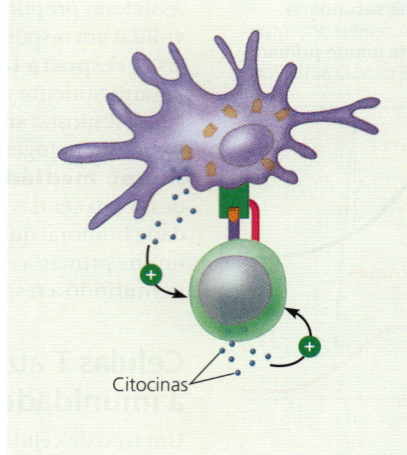 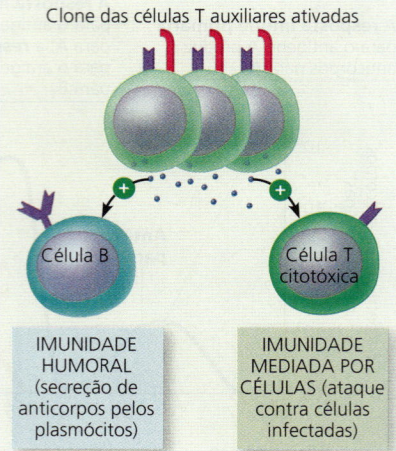

① Uma célula apresentadora de antígeno engolfa um patógeno, degrada-o e expõe, na superfície celular, fragmentos de antígenos complexados com moléculas MHC de classe II. Uma célula T auxiliar específica liga-se a esse complexo por meio do seu receptor de antígeno e uma proteína acessória (denominada CD4).

② A ligação da célula T auxiliar promove a secreção de citocinas pela célula apresentadora de antígeno. Essas citocinas, junto com as citocinas da própria célula T auxiliar, ativam a célula T auxiliar e estimulam sua proliferação.

③ A proliferação celular produz um clone de células T auxiliares ativadas. Todas as células do clone têm receptores para o mesmo antígeno. Essas células secretam outras citocinas, que ajudam a ativar células B e células T citotóxicas com a mesma especificidade de antígeno.

▲ **Figura 43.18** O papel central das células T auxiliares em respostas humorais e mediadas por células. Aqui, uma célula T auxiliar responde a uma célula dendrítica expondo um antígeno.

Células B e anticorpos: uma resposta a patógenos extracelulares

A secreção de anticorpos por células B selecionadas clonalmente é a marca da resposta imune humoral. Ela começa com a ativação das células B.

Ativação das células B

Conforme ilustra a **Figura 43.19**, a ativação das células B envolve tanto as células T auxiliares quanto as proteínas sobre a superfície dos patógenos. Estimulada por um antígeno e por citocinas, a célula B prolifera e se diferencia em células B de memória e plasmócitos secretores de anticorpos.

A via para o processamento e a exposição dos antígenos nas células B difere daquela de outras células apresentadoras de antígenos. Um macrófago ou uma célula dendrítica pode apresentar fragmentos de uma ampla diversidade de antígenos proteicos, ao passo que uma célula B apresenta apenas o antígeno ao qual ela se liga especificamente. Quando um antígeno primeiro se liga a receptores sobre a superfície de uma célula B, a célula capta algumas moléculas estranhas por endocitose mediada por receptores (ver Figura 7.19). A proteína MHC de classe II da célula B apresenta, então, um fragmento de antígeno a uma célula T auxiliar. Esse contato direto célula a célula é geralmente crítico para a ativação da célula B (ver etapa 2 na Figura 43.19).

A ativação da célula B leva a uma resposta imune humoral robusta: uma única célula B ativada origina milhares de plasmócitos idênticos. Esses plasmócitos interrompem a expressão de um antígeno ligado à membrana e começam a produzir e secretar anticorpos (ver etapa 3 na Figura 43.19). Cada plasmócito secreta cerca de 2 mil anticorpos por segundo durante seus 4 a 5 dias de vida, totalizando quase 1 trilhão de moléculas de anticorpos. Além disso, a maioria dos antígenos reconhecidos pelas células B contém epítopos múltiplos. Por isso, uma exposição a um único antígeno normalmente ativa uma diversidade de células B, que originam diferentes plasmócitos produtores de anticorpos dirigidos contra diferentes epítopos no antígeno comum.

Funcionamento dos anticorpos

Os anticorpos não matam diretamente os patógenos, mas, pela ligação aos antígenos, eles interferem na atividade dos patógenos ou os marcam por diferentes mecanismos, visando à sua inativação ou destruição. Considere, por exemplo, a *neutralização*, um processo em que os anticorpos se ligam a proteínas na superfície de um vírus **(Figura 43.20a)**. Os anticorpos ligados impedem a infecção de uma célula hospedeira, neutralizando, assim, o vírus. De modo semelhante, os anticorpos às vezes se ligam a toxinas liberadas nos líquidos corporais, impedindo que elas penetrem nas células.

Na *opsonização*, os anticorpos ligados aos antígenos em bactérias não bloqueiam a infecção, mas, em vez disso, apresentam uma estrutura prontamente reconhecida pelos macrófagos ou neutrófilos, promovendo, desse modo, a

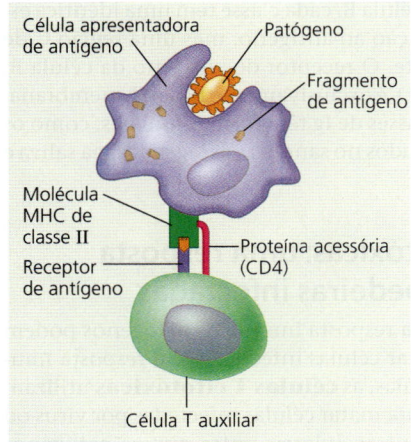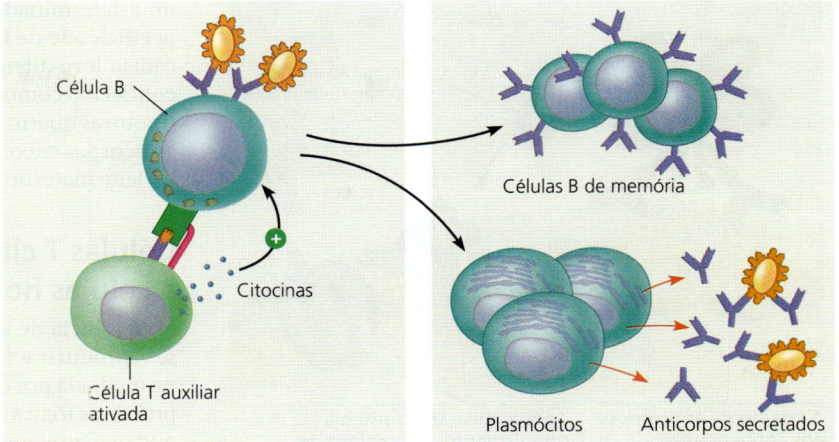

1 Após engolfar e degradar um patógeno, uma célula apresentadora de antígeno expõe um fragmento de antígeno complexado com uma molécula MHC de classe II. Uma célula T auxiliar que reconhece o complexo é ativada com a ajuda de citocinas secretadas da célula apresentadora de antígeno.

2 Quando uma célula B com receptores para o mesmo epítopo internaliza o antígeno, ela expõe um fragmento de antígeno sobre a superfície celular em um complexo com uma molécula MHC de classe II. Uma célula T auxiliar ativada carregando receptores específicos para o fragmento exposto liga-se à célula B e a ativa.

3 A célula B ativada prolifera e se diferencia em células B de memória e plasmócitos secretores de anticorpos. Os anticorpos secretados são específicos para o mesmo antígeno que iniciou a resposta.

▲ **Figura 43.19 Ativação de uma célula B na resposta imune humoral.** A maioria dos antígenos proteicos requer células T auxiliares ativadas para desencadear uma resposta humoral. Um macrófago (mostrado aqui) ou uma célula dendrítica pode ativar uma célula T auxiliar, que, por sua vez, pode estimular uma célula B a dar origem aos plasmócitos secretores de anticorpos.

? Observando as etapas nesta figura, proponha uma função para os receptores de antígeno de superfície celular das células B de memória.

fagocitose **(Figura 43.20b)**. Como cada anticorpo tem dois sítios de ligação ao antígeno, os anticorpos também podem facilitar a fagocitose, ao se ligarem a células bacterianas, vírus ou outras substâncias estranhas em agregados.

Quando os anticorpos facilitam a fagocitose, como na opsonização, eles também ajustam a resposta imune humoral. Lembre-se de que a fagocitose permite que os macrófagos e as células dendríticas apresentem os antígenos às células T auxiliares e as estimulem. As células T auxiliares, por sua vez, estimulam as próprias células B cujos anticorpos contribuem para a fagocitose. Essa retroalimentação positiva entre imunidades inata e adaptativa contribui para uma resposta coordenada e eficaz contra a infecção.

Os anticorpos, algumas vezes, atuam junto com as proteínas do sistema complemento **(Figura 43.21)**. (O nome *complemento* se refere ao fato de que essas proteínas aumentam a eficácia de ataques dirigidos por anticorpos contra as bactérias.) A ligação de uma proteína do complemento a um complexo antígeno-anticorpo sobre uma célula estranha desencadeia eventos que levam à formação de um poro na membrana da célula. Íons e água passam para dentro da célula, causando intumescimento e lise.

Embora os anticorpos sejam os fundamentos da resposta nos líquidos corporais, existe, também, um mecanismo pelo qual eles podem provocar a morte de células do corpo infectadas. Quando um vírus utiliza uma maquinaria

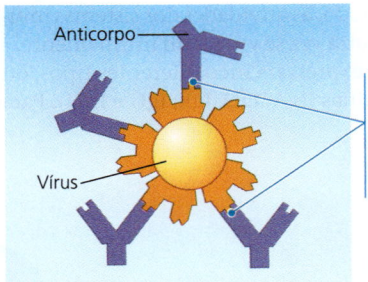

(a) Neutralização

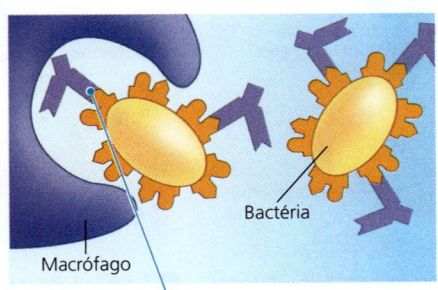

(b) Opsonização

▲ **Figura 43.20 Dois mecanismos de funcionamento do anticorpo.**

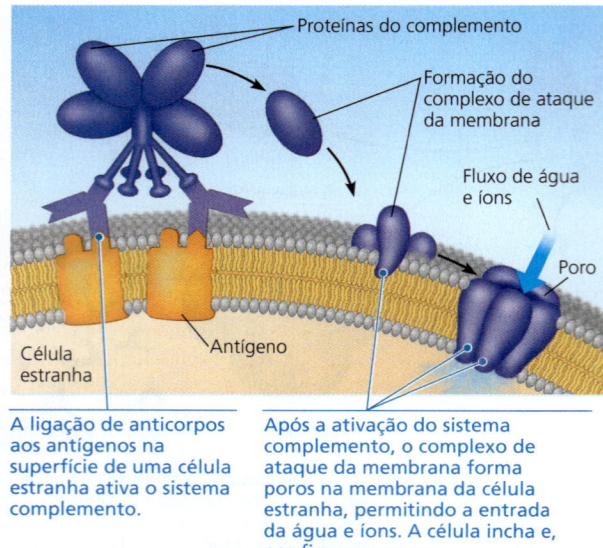

▲ **Figura 43.21** Ativação do sistema complemento e formação de poro.

biossintética da célula para produzir proteínas virais, esses produtos podem aparecer na superfície celular. Se anticorpos específicos para epítopos nessas proteínas virais ligarem-se às proteínas expostas, a presença de anticorpos na superfície celular pode recrutar uma célula NK. Em seguida, a célula NK libera proteínas que levam a célula infectada a sofrer apoptose. Desse modo, as atividades dos sistemas imunes inato e adaptativo outra vez se vinculam intimamente.

As células B podem expressar cinco diferentes tipos, ou classes, de imunoglobulinas (IgA, IgD, IgE, IgG e IgM). Para uma determinada célula B, cada classe tem uma idêntica especificidade de ligação ao antígeno, mas uma região C de cadeia leve diferente. O receptor de antígeno da célula B, conhecido como IgD, é exclusivamente ligado à membrana. As outras quatro classes de Ig têm formas solúveis, como os anticorpos encontrados no sangue, nas lágrimas, na saliva e no leite materno.

Células T citotóxicas: uma resposta a células hospedeiras infectadas

Na ausência de uma resposta imune, os patógenos podem se reproduzir e matar células infectadas. Na resposta imune mediada por células, as **células T citotóxicas** utilizam proteínas tóxicas para matar células infectadas por vírus ou outros patógenos intracelulares, antes que os patógenos amadureçam completamente **(Figura 43.22)**. Para se tornarem ativas, as células T citotóxicas necessitam de sinais das células T auxiliares e da interação com uma célula apresentadora de antígeno. Fragmentos de proteínas estranhas produzidas em células hospedeiras infectadas se associam com moléculas MHC de classe I e são exibidas na superfície celular, onde elas podem ser reconhecidas por células T citotóxicas ativadas. Como as células T auxiliares, as células T citotóxicas têm uma proteína acessória que pode ligar-se a uma molécula MHC. A interação dessa proteína acessória, chamada CD8, com uma molécula MHC de classe I exibindo antígeno tem como alvo a célula infectada pela atividade da célula T citotóxica.

A destruição dirigida de uma célula hospedeira infectada por uma célula T citotóxica envolve a secreção de proteínas que desfazem a integridade da membrana e desencadeiam a morte celular (apoptose; ver Figura 43.22). A morte da célula infectada não só priva o patógeno de um local para

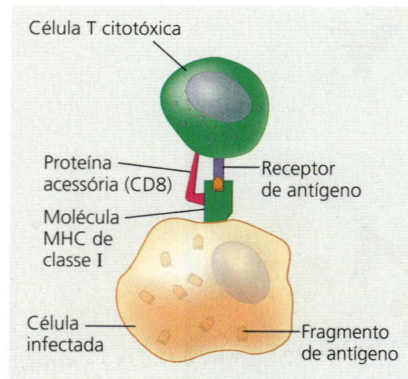

❶ Uma célula T citotóxica ativada liga-se a um complexo (molécula MHC de classe I e um fragmento de antígeno) sobre uma célula infectada, por meio do seu receptor de antígeno e uma proteína acessória (denominada CD8).

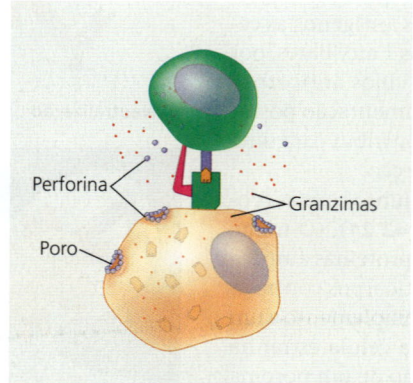

❷ A célula T libera moléculas de perforina, que formam poros na membrana da célula infectada, e granzimas, enzimas que decompõem proteínas. As granzimas penetram na célula infectada por endocitose.

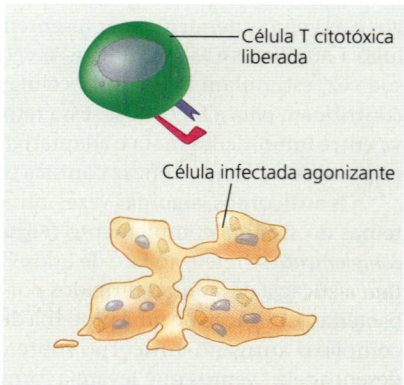

❸ As granzimas iniciam a apotose dentro da célula infectada, levando à fragmentação do núcleo e citoplasma e, por fim, à morte celular. A célula T citotóxica liberada pode atacar outras células infectadas.

▲ **Figura 43.22** Ação de destruição das células T citotóxicas sobre uma célula hospedeira infectada. Uma célula T citotóxica ativada libera moléculas que fazem poros na membrana de uma célula infectada e enzimas decompositoras de proteínas, promovendo a morte celular.

multiplicação, mas também expõe os conteúdos celulares aos anticorpos circulantes, que marcam os antígenos liberados para descarte.

Resumo das respostas imunes humoral e mediada por células

Como observado anteriormente, ambas as imunidades humoral e a mediada por células podem incluir respostas imunes primárias e secundárias. As células de memória de cada tipo – célula T auxiliar, célula B e célula T citotóxica – permitem a resposta secundária. Por exemplo, quando os líquidos corporais são reinfectados por um patógeno encontrado anteriormente, as células B de memória e as células T auxiliares de memória iniciam uma resposta humoral secundária. A **Figura 43.23** resume a imunidade adaptativa, revisa os eventos que iniciam as respostas humoral e mediada por células, destaca a diferença na resposta a patógenos nos fluidos corporais *versus* em células do corpo e enfatiza o papel central da célula T auxiliar.

Imunização

A proteção obtida por uma segunda resposta imune é a base da **imunização**, o uso de antígenos introduzidos artificialmente no corpo para gerar uma resposta imune adaptativa e a formação de células de memória. Em 1796, Edward Jenner observou que as pessoas que ordenhavam vacas e que tinham varíola bovina, doença leve geralmente encontrada apenas em bovinos, não contraíam a varíola, doença muito mais perigosa. Na primeira imunização (ou *vacinação*, do latim *vacca*, vaca) documentada, Jenner usou

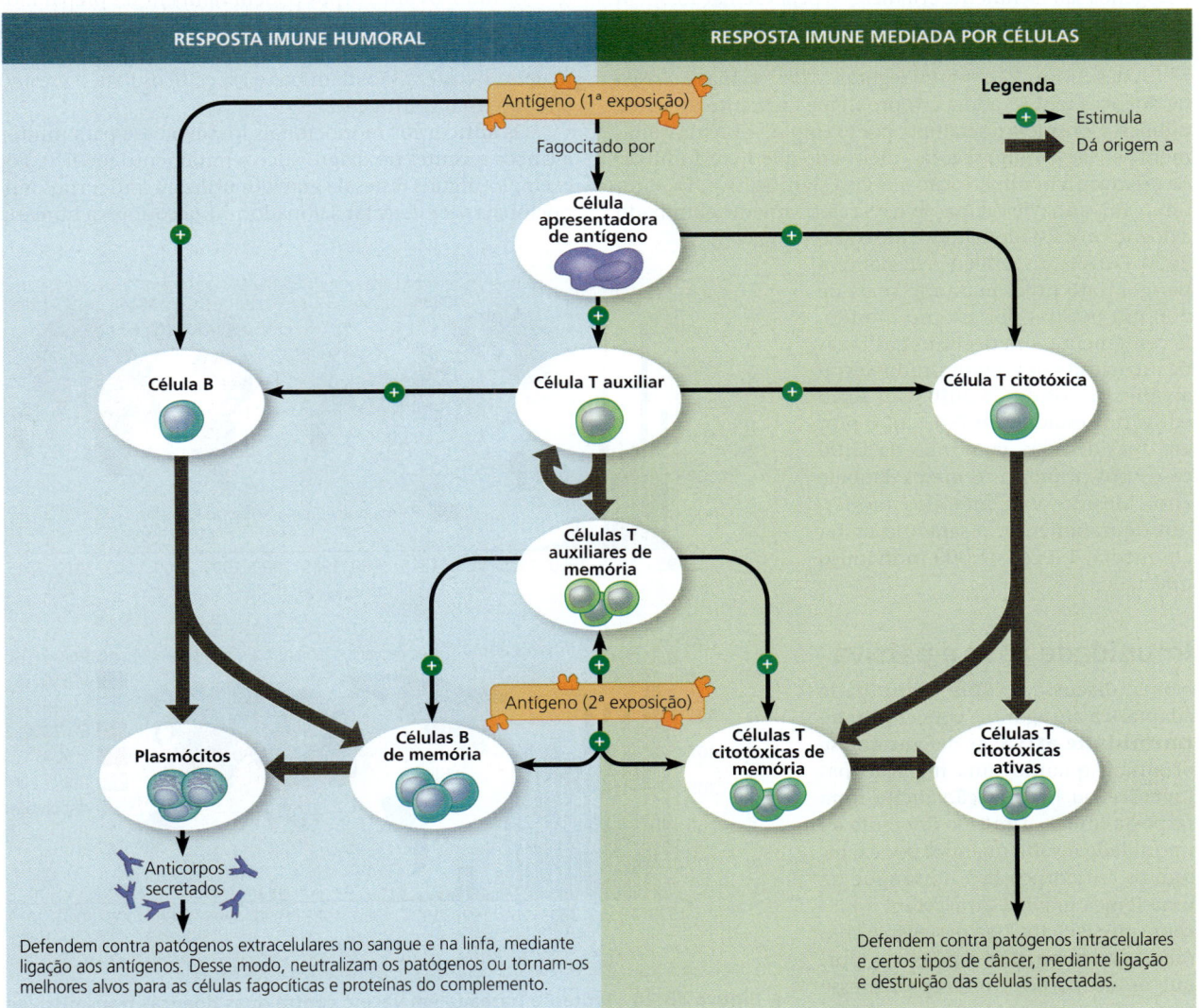

▲ **Figura 43.23** **Visão geral da resposta imune adaptativa.**
HABILIDADES VISUAIS *Identifique cada seta como parte representante da resposta primária ou da resposta secundária.*

o vírus da varíola bovina para induzir a imunidade adaptativa contra o parente próximo: o vírus causador da varíola. As *vacinas* utilizadas para imunizações atualmente podem ser feitas de toxinas bacterianas inativadas, patógenos mortos ou enfraquecidos, ou até genes codificadores de proteínas microbianas. Uma vez que todos esses agentes induzem resposta imune primária e memória imunológica, um encontro com o patógeno do qual a vacina foi derivada desencadeia uma resposta imune secundária rápida e intensa (ver Figura 43.17).

Os programas de vacinação foram eficazes contra muitas doenças infecciosas que já mataram ou incapacitaram um grande número de pessoas. Uma campanha mundial de vacinação levou à erradicação da varíola no final da década de 1970. Em nações industrializadas, a imunização periódica de bebês e crianças reduziu drasticamente a incidência de doenças algumas vezes devastadoras, como a poliomielite e o sarampo **(Figura 43.24)**. Infelizmente, nem todos os patógenos são facilmente erradicados pela vacinação. Além disso, algumas vacinas não estão prontamente disponíveis nas áreas menos desenvolvidas do mundo.

A desinformação sobre a segurança das vacinas e o risco de doenças tem levado a um problema crescente de saúde pública. Considere o sarampo, por exemplo. A vacina é altamente eficaz e muito segura – menos do que 1 em 1 milhão de crianças tem uma reação alérgica significativa. De fato, uma campanha de vacinação havia efetivamente eliminado a doença nos Estados Unidos até o ano 2000. Entretanto, a doença se mantém perigosa até hoje, matando mais de 200 mil pessoas por ano no mundo. Recentemente, um declínio nas taxas de vacinação nos Estados Unidos levou a vários surtos desde 2010. Um surto em vários estados em 2019 foi o pior em duas décadas, com mais de 1.100 casos nos primeiros 6 meses daquele ano. Mesmo com métodos modernos de tratamento, o sarampo mata, em média, 1 a cada 1.000 indivíduos infectados.

Imunidade ativa e passiva

Nossa discussão sobre imunidade adaptativa até agora se concentrou na **imunidade ativa**, as defesas que se originam quando uma infecção patogênica ou imunização incita uma resposta imune. Um tipo diferente de imunidade resulta quando, por exemplo, os anticorpos IgG no sangue de uma fêmea grávida atravessam a placenta até seu feto. Essa proteção é chamada de **imunidade passiva**, porque os anticorpos no receptor (nesse caso, o feto) são produzidos por outro indivíduo (a mãe). Os anticorpos IgA presentes no leite materno fornecem imunidade passiva adicional ao trato digestório do bebê enquanto seu sistema imune se desenvolve. A imunidade passiva persiste somente até os últimos anticorpos serem transferidos (até uns poucos meses).

Na imunização passiva artificial, os anticorpos de um animal imune são injetados em um animal não imune. Por exemplo, humanos mordidos por serpentes venenosas são, às vezes, tratados com antídoto, soro de ovelhas ou de cavalos que foram imunizados contra o veneno de uma serpente. Quando o soro é injetado imediatamente após a picada, os anticorpos do antídoto podem neutralizar toxinas do veneno antes que elas causem danos massivos.

Anticorpos como ferramentas

Os anticorpos que um animal produz após exposição a um antígeno são os produtos de muitos clones diferentes de plasmócitos, cada um específico para um epítopo diferente. Contudo, os anticorpos podem também ser preparados a partir de um único clone de células B obtidas de cultura. Os **anticorpos monoclonais** produzidos por uma cultura dessa natureza são idênticos e específicos para o mesmo epítopo em um antígeno.

Os anticorpos monoclonais foram a base para muitos avanços recentes no diagnóstico e tratamento médico. Por exemplo, alguns testes de gravidez utilizam anticorpos monoclonais para detectar a gonadotrofina coriônica humana

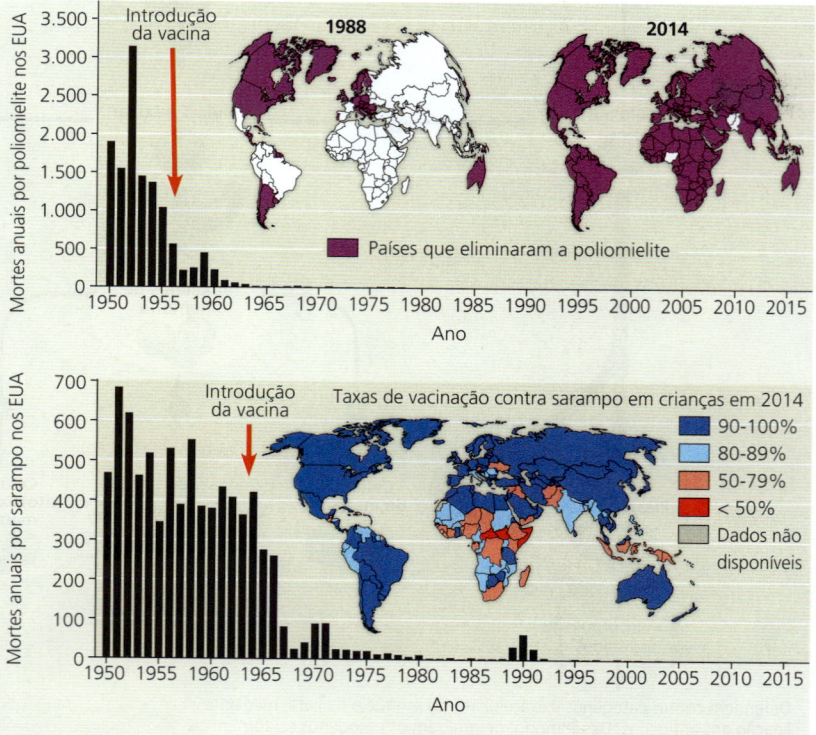

▲ **Figura 43.24** Proteção baseada em vacina contra duas doenças transmissíveis potencialmente fatais. Os gráficos mostram mortes por ano nos Estados Unidos causadas por poliomielite e sarampo. O mapa mostra exemplos do progresso global contra essas duas doenças.

(hCG). Como a hCG é produzida assim que o embrião se implanta no útero (ver Conceito 46.5), a presença desse hormônio na urina da mulher é um indicador confiável de um estágio bem inicial de gravidez. Anticorpos monoclonais são também utilizados como terapia para um número crescente de doenças humanas, incluindo muitos cânceres.

Uma ferramenta de anticorpo recentemente desenvolvida utiliza uma única gota de sangue para identificar todos os vírus que uma pessoa encontrou devido à infecção ou à vacinação **(Figura 43.25)**. Para detectar anticorpos formados contra esses vírus, os pesquisadores geraram um conjunto de quase 100 mil bacteriófagos, cada um exibindo um diferente peptídeo de um dos aproximadamente 200 vírus que infectam humanos.

Rejeição imune

Assim como os patógenos, células de outras pessoas podem ser reconhecidas como estranhas e atacadas pelas defesas imunes. Por exemplo, a pele transplantada de uma pessoa para uma pessoa não idêntica geneticamente parecerá saudável por mais ou menos 1 semana, mas após será destruída (rejeitada) pela resposta imune do receptor. Acontece que as moléculas MHC são uma causa primária de rejeição. Por quê? Cada um de nós expressa proteínas MHC de mais de uma dúzia de genes MHC diferentes. Além disso, há mais de 100 diferentes versões, ou alelos, de genes MHC humanos. Como consequência, o conjunto de proteínas MHC nas superfícies celulares é, provavelmente, diferente entre duas pessoas, exceto entre gêmeos idênticos (univitelinos). Essas diferenças podem estimular uma resposta imune no receptor de um transplante ou enxerto, causando rejeição. Para minimizar a rejeição de um transplante ou enxerto, os cirurgiões usam tecido do doador contendo moléculas MHC com o máximo de compatibilidade possível com aquelas do receptor. Além disso, o receptor usa medicamentos que suprimem as respostas imunes (mas esse procedimento torna o receptor mais suscetível a infecções).

Grupos sanguíneos

No caso de transfusões de sangue, o sistema imune do receptor pode reconhecer glicoproteínas na superfície das células sanguíneas como estranhas, provocando uma reação imediata e devastadora. Para evitar esse perigo, os chamados grupos sanguíneos ABO do doador e receptor devem ser levados em conta. Os eritrócitos são designados como do tipo A se possuírem o carboidrato A em sua superfície. De modo similar, o carboidrato B é encontrado na superfície de eritrócitos do tipo B; os carboidratos A e B são encontrados nos eritrócitos do tipo AB; e nenhum carboidrato é encontrado nos eritrócitos do tipo O (ver Figura 14.11).

Por que o sistema imune reconhece açúcares específicos nos eritrócitos? Acontece que nós estamos frequentemente expostos a determinadas bactérias que têm epítopos muito similares aos carboidratos nas células sanguíneas. Uma pessoa com sangue tipo A vai responder ao epítopo bacteriano similar ao carboidrato B e produzir anticorpos que reagirão com qualquer carboidrato B encontrado em uma transfusão. Entretanto, aquela mesma pessoa não produz anticorpos contra o epítopo bacteriano similar ao carboidrato

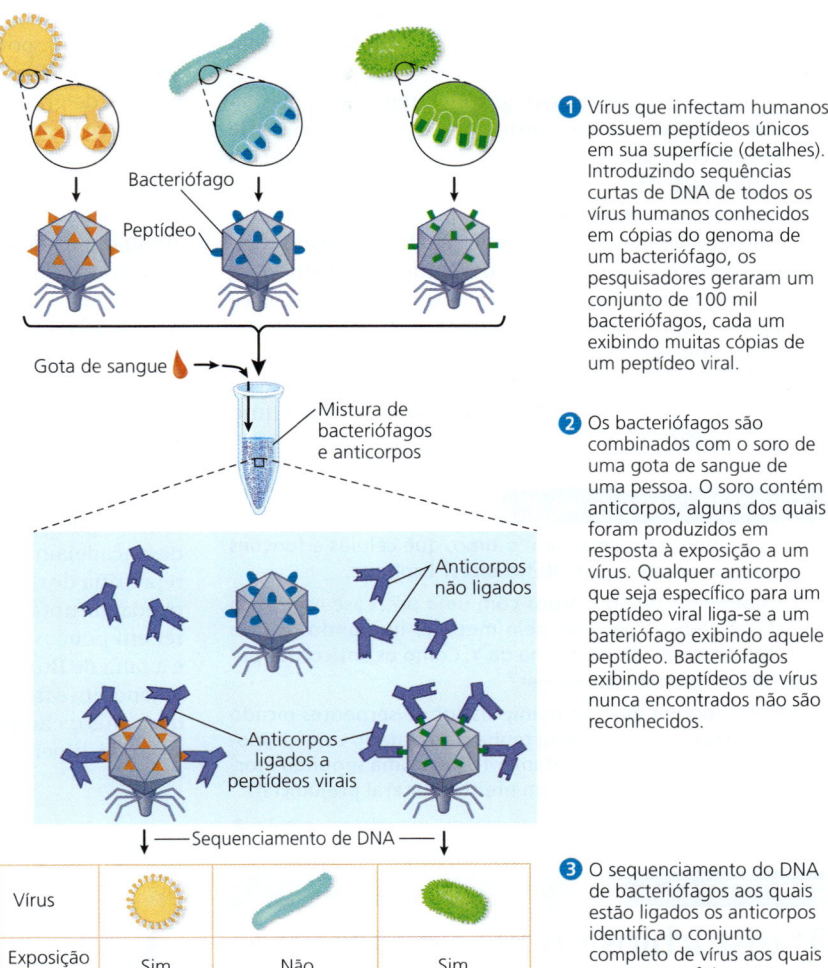

① Vírus que infectam humanos possuem peptídeos únicos em sua superfície (detalhes). Introduzindo sequências curtas de DNA de todos os vírus humanos conhecidos em cópias do genoma de um bacteriófago, os pesquisadores geraram um conjunto de 100 mil bacteriófagos, cada um exibindo muitas cópias de um peptídeo viral.

② Os bacteriófagos são combinados com o soro de uma gota de sangue de uma pessoa. O soro contém anticorpos, alguns dos quais foram produzidos em resposta à exposição a um vírus. Qualquer anticorpo que seja específico para um peptídeo viral liga-se a um bacteriófago exibindo aquele peptídeo. Bacteriófagos exibindo peptídeos de vírus nunca encontrados não são reconhecidos.

③ O sequenciamento do DNA de bacteriófagos aos quais estão ligados os anticorpos identifica o conjunto completo de vírus aos quais uma pessoa foi exposta.

▲ **Figura 43.25 Um teste abrangente para exposição prévia a vírus.** Combinando o poder do sequenciamento de DNA com a especificidade do reconhecimento de antígenos por anticorpos, os pesquisadores podem identificar todos os vírus que o sistema imune de uma pessoa encontrou durante a sua vida.

E SE? *Todos os anticorpos são mostrados com somente um sítio de ligação de antígeno ocupado. Se um único anticorpo se ligasse a dois bacteriófagos, como isso afetaria os resultados?*

A porque os linfócitos que seriam reativos com as células e moléculas do próprio corpo foram inativados ou eliminados durante o desenvolvimento.

Para compreender como os grupos sanguíneos ABO afetam as transfusões, vamos considerar a seguir o exemplo de uma pessoa com sangue tipo A recebendo uma transfusão de sangue tipo B. Os anticorpos anti-B da pessoa causariam a lise dos eritrócitos transfundidos, provocando calafrios, febre, choque e talvez insuficiência renal. Ao mesmo tempo, os anticorpos anti-A no sangue doado tipo B atuariam contra os eritrócitos do receptor. Aplicando a mesma lógica a uma pessoa tipo O, podemos ver que tais interações causariam um problema com a transfusão de qualquer outro tipo de sangue. Felizmente, a descoberta de enzimas capazes de quebrar os carboidratos A e B dos eritrócitos podem eliminar esse problema no futuro.

REVISÃO DO CONCEITO 43.3

1. Se uma criança nascesse sem o timo, que células e funções do sistema imune seriam deficientes? Explique.
2. O tratamento de anticorpos com uma protease específica corta as cadeias pesadas pela metade, liberando os dois braços da molécula em forma de Y. Como os anticorpos poderiam continuar a funcionar?
3. **E SE?** Suponha que um manipulador de serpentes picado por uma serpente venenosa tenha sido tratado com antídoto. Por que um mesmo tratamento para uma segunda mordida do mesmo tipo teria um efeito colateral prejudicial?

Ver as respostas sugeridas no Apêndice A.

CONCEITO 43.4

Os distúrbios no funcionamento do sistema imune podem provocar ou exacerbar doenças

Embora a imunidade adaptativa proteja contra muitos patógenos, ela não é livre de falhas. Aqui, examinaremos primeiro os distúrbios e as doenças que surgem quando a imunidade adaptativa é bloqueada ou desregulada. Após, abordaremos algumas das adaptações evolutivas de patógenos que diminuem a eficácia da resposta imune adaptativa no hospedeiro.

Respostas imunes exageradas, autodirecionadas e diminuídas

A interação altamente regulada entre linfócitos, outras células do corpo e substâncias estranhas gera uma resposta imune que proporciona extraordinária proteção contra muitos patógenos. Quando distúrbios alérgicos, autoimunes ou de imunodeficiência alteram esse delicado equilíbrio, em geral os efeitos são graves.

Alergias

As alergias são respostas exageradas (hipersensíveis) a certos antígenos denominados *alérgenos*. As alergias mais comuns envolvem anticorpos da classe IgE. A febre do feno (uma rinite alérgica), por exemplo, ocorre quando os plasmócitos secretam anticorpos IgE específicos para antígenos da superfície de grãos de pólen **(Figura 43.26)**. Alguns anticorpos IgE se fixam pela sua base aos mastócitos nos tecidos conectivos. Os grãos de pólen que entram no corpo mais tarde se fixam aos sítios de ligação de antígeno desses anticorpos IgE. Essa fixação conecta moléculas de IgE adjacentes, induzindo o mastócito a liberar histamina e outras substâncias químicas inflamatórias. Agindo sobre uma diversidade de tipos celulares, essas substâncias químicas produzem sintomas de alergia típicos: espirros, coriza, olhos lacrimejantes e contrações da musculatura lisa dos pulmões que podem inibir a respiração eficiente. Os fármacos conhecidos como anti-histamínicos bloqueiam os receptores de histamina, diminuindo os sintomas de alergia (e a inflamação).

Uma resposta alérgica aguda às vezes provoca uma reação de ameaça à vida chamada de *choque anafilático*. As substâncias químicas inflamatórias liberadas das células imunes desencadeiam a contração dos bronquíolos e a dilatação repentina dos vasos sanguíneos periféricos, causando uma queda abrupta da pressão sanguínea. A morte pode ocorrer em poucos minutos, devido à incapacidade de respirar e à falta de fluxo sanguíneo. Veneno de abelha, penicilina, amendoim e frutos do mar estão entre as substâncias que podem causar choque anafilático em indivíduos alérgicos. Pessoas com hipersensibilidade severa geralmente carregam um

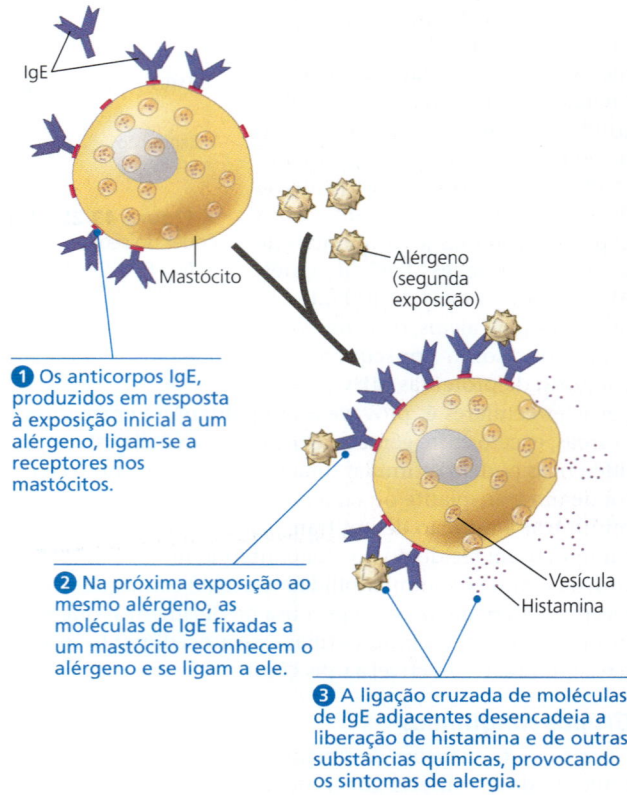

❶ Os anticorpos IgE, produzidos em resposta à exposição inicial a um alérgeno, ligam-se a receptores nos mastócitos.

❷ Na próxima exposição ao mesmo alérgeno, as moléculas de IgE fixadas a um mastócito reconhecem o alérgeno e se ligam a ele.

❸ A ligação cruzada de moléculas de IgE adjacentes desencadeia a liberação de histamina e de outras substâncias químicas, provocando os sintomas de alergia.

▲ **Figura 43.26 Mastócitos, IgE e a resposta alérgica.** Neste exemplo, os grãos de pólen atuam como alérgenos.

autoinjetor contendo o hormônio epinefrina (adrenalina). Uma injeção de epinefrina neutraliza rapidamente essa resposta alérgica, contraindo os vasos sanguíneos periféricos, reduzindo o inchaço na garganta e relaxando os músculos pulmonares para auxiliar a respiração (ver Figura 45.20b).

Doenças autoimunes

Em algumas pessoas, o sistema imune é ativo contra determinadas moléculas do corpo, causando uma **doença autoimune**. Essa perda de autotolerância tem muitas formas. No lúpus eritematoso sistêmico, comumente chamado de *lúpus*, o sistema imune gera anticorpos contra histonas e DNA liberados pela degradação normal de células do corpo. Esses anticorpos autorreativos causam rachaduras na pele, febre, artrite e disfunção renal. Outros alvos da autoimunidade incluem as células beta do pâncreas produtoras de insulina (no diabetes tipo 1) e as bainhas de mielina que envolvem muitos neurônios (na esclerose múltipla).

Hereditariedade, sexo e ambiente influenciam a suscetibilidade aos distúrbios autoimunes. Por exemplo, os membros de certas famílias mostram maior suscetibilidade a determinados distúrbios autoimunes. Além disso, muitas doenças autoimunes afetam mais frequentemente mulheres do que homens. Em relação aos homens, as mulheres têm probabilidade nove vezes maior de sofrer de lúpus e três vezes maior de desenvolver *artrite reumatoide*, uma inflamação danosa e dolorida das cartilagens e dos ossos nas articulações **(Figura 43.27)**. A causa dessa tendência sexual e do aumento da frequência de doenças autoimunes em países industrializados é uma área de pesquisa e debate ativos.

Outro foco da pesquisa atual em distúrbios autoimunes é a atividade de *células T reguladoras*, abreviadas como Tregs. Essas células T especializadas ajudam a modular a atividade do sistema imune e a impedir a resposta aos antígenos próprios.

Esforço, estresse e o sistema imune

Muitas formas de esforço e estresse influenciam o funcionamento do sistema autoimune. Por exemplo, o esforço físico moderado melhora o funcionamento do sistema imune e reduz significativamente a suscetibilidade a um resfriado comum e a outras infecções do trato respiratório superior. Por outro lado, o exercício até o ponto da exaustão leva a infecções mais frequentes e sintomas mais graves. O estresse psicológico, da mesma forma, perturba a regulação do sistema imune, alterando a interação dos sistemas hormonal, nervoso e imune (ver Figura 45.20). Pesquisas também mostraram que o descanso é importante para a imunidade: adultos que dormem em média menos de 7 horas adoecem com frequência três vezes maior quando expostos ao vírus do resfriado, em comparação com os que dormem em média pelo menos 8 horas.

Imunodeficiências

Um distúrbio em que a resposta do sistema imune aos antígenos é deficiente ou ausente é chamado de imunodeficiência. Independente de suas causa e natureza, uma imunodeficiência pode levar a infecções frequentes e recorrentes e aumentar a suscetibilidade a certos tipos de câncer.

Uma *imunodeficiência inata* resulta de um defeito genético ou de desenvolvimento na produção de células do sistema imune ou de proteínas específicas, como anticorpos ou proteínas do sistema complemento. Dependendo do defeito específico, a defesa inata ou a adaptativa – ou ambas – podem estar debilitadas. Na imunodeficiência combinada severa (IDCS), os linfócitos funcionais são raros ou inexistem. Sem uma resposta imune adaptativa, pacientes com IDCS são suscetíveis a infecções que podem causar a morte na infância, como pneumonia e meningite. Os tratamentos incluem os transplantes de medula óssea e de células-tronco.

Ao longo da vida, a exposição a agentes químicos ou biológicos pode causar uma *imunodeficiência adquirida*. Os fármacos usados para combater doenças autoimunes ou impedir a rejeição de transplante inibem o sistema imune, levando a um estado de imunodeficiência. Certos tipos de câncer também inibem o sistema imune, especialmente a doença de Hodgkin, que compromete o sistema linfático. As imunodeficiências adquiridas variam desde estados temporários que podem surgir do estresse psicológico até a devastadora síndrome da imunodeficiência adquirida (Aids), que discutiremos na próxima seção.

Adaptações evolutivas de patógenos subjacentes à fuga do sistema imune

EVOLUÇÃO Da mesma forma que os sistemas imunes que afastam patógenos evoluíram nos animais, mecanismos para impedir as respostas imunes evoluíram nos patógenos. Usando patógenos humanos como exemplos, examinaremos alguns mecanismos comuns: variação antigênica, latência e ataque direto ao sistema imune.

Variação antigênica

Um mecanismo para escapar das defesas do corpo envolve uma alteração em como o patógeno aparenta ao sistema imune. Se um patógeno muda os epítopos que ele expressa

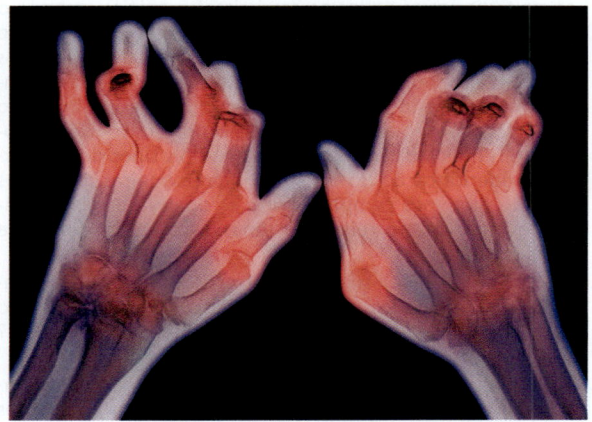

▲ **Figura 43.27** Raio X de mãos deformadas pela artrite reumatoide.

para aqueles que um hospedeiro não encontrou antes, ele pode reinfectar ou permanecer no hospedeiro sem provocar a resposta rápida e intensa mediada pelas células de memória. Essas alterações na expressão do epítopo são chamadas de *variação antigênica*. O parasito que causa a doença do sono (tripanossomíase) é um exemplo extremo, mudando periodicamente ao acaso entre 1.000 versões diferentes da proteína encontrada sobre toda a sua superfície. No **Exercício de habilidades científicas**, você vai interpretar dados sobre essa forma de variação antigênica e a resposta do corpo.

A variação antigênica é a principal razão pela qual o vírus da influenza, ou "gripe," permanece um problema importante de saúde pública. À medida que se replica de um hospedeiro humano após o outro, o vírus da gripe humana sofre mutações frequentes. Por conseguinte, a cada ano uma nova vacina contra a influenza deve ser desenvolvida,

Exercício de habilidades científicas

Comparação de duas variáveis em um eixo x comum

Como o sistema imune responde a um patógeno mutante? A seleção natural favorece parasitos capazes de manter um nível baixo de infecção em um hospedeiro por um período prolongado. O *Trypanosoma*, o parasito unicelular causador da doença do sono, é um exemplo. As glicoproteínas que cobrem a superfície de um tripanossomo são codificadas por um gene que é duplicado mais de mil vezes no genoma do organismo. Toda cópia é levemente diferente. Por mudanças periódicas entre esses genes, os tripanossomos podem expor uma série de glicoproteínas de superfície com estruturas moleculares diferentes. Neste exercício, você vai interpretar dois conjuntos de dados para explorar hipóteses sobre os benefícios dados ao tripanossoma pela sua superfície de glicoproteínas sempre mutante para evitar a resposta imune do hospedeiro.

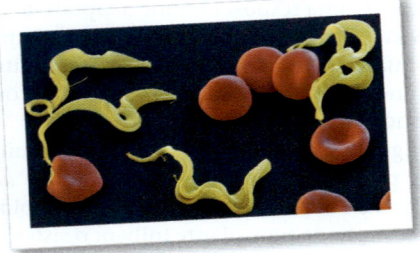

Dados dos estudos O estudo A mediu a abundância de parasitos no sangue de um paciente humano durante algumas de suas primeiras semanas de uma infecção crônica. Os resultados são mostrados na segunda coluna da tabela de dados. Muitas décadas depois de os cientistas terem observado pela primeira vez o padrão da abundância de *Trypanosoma* ao longo de uma infecção, pesquisadores identificaram anticorpos específicos para diferentes formas da glicoproteína de superfície do parasito. A terceira e a quarta colunas da tabela listam a abundância relativa desses anticorpos durante o período inicial de infecção crônica, usando um índice que varia de 0 (ausente) a 1.

Parte A: **INTERPRETE OS DADOS**
1. Qual das duas primeiras colunas representa a variável independente e qual representa a variável dependente? Coloque os dados do Estudo A como um gráfico linear, colocando a variável independente no eixo x. (Para mais informações sobre gráficos, ver a Revisão de habilidades científicas no Apêndice D).
2. A visualização dos dados em um gráfico pode ajudar a evidenciar padrões nesses dados. Descreva alguns padrões revelados pelo seu gráfico.
3. Assuma que uma queda na abundância de parasitos reflete uma resposta imune eficaz pelo hospedeiro. Formule uma hipótese para explicar um padrão que você descreveu na questão 2.

Dia da infecção	Estudo A: Milhões de parasitos/mL de sangue	Estudo B: Anticorpo específico para variante A	Estudo B: Anticorpo específico para variante B
4	0,1	0	0
6	0,3	0	0
8	1,2	0,2	0
10	0,2	0,5	0
12	0,2	1	0
14	0,9	1	0,1
16	0,6	1	0,3
18	0,1	1	0,9
20	0,7	1	1
22	1,2	1	1
24	0,2	1	1

Dados de L. J. Morrison et al., Probabilistic order in antigenic variation of *Trypanosoma brucei*, *International Journal for Parasitology* 35:961–972 (2005); e L. J. Morrison et al., Antigenic variation in the African trypanosome: molecular mechanisms and phenotypic complexity, *Cellular Microbiology* 1:1724–1734 (2009).

Parte B: **INTERPRETE OS DADOS**
4. Observe que os dados para o Estudo B foram coletados no mesmo período de infecção (dias 4-24) dos dados de abundância do parasito no Estudo A. Portanto, você pode incorporar esses novos dados ao seu primeiro gráfico, usando o mesmo eixo x. No entanto, como os dados sobre níveis de anticorpos são medidos de maneira diferente daquela dos dados sobre abundância de parasitos, adicione um segundo conjunto de identificações do eixo y no lado direito do seu gráfico. A seguir, usando cores ou conjuntos de símbolos diferentes, adicione os dados dos dois tipos de anticorpos. A identificação do eixo y de duas maneiras diferentes permite que você compare como as duas variáveis dependentes mudam em relação a uma variável independente compartilhada.
5. Descreva quaisquer padrões que você observa pela comparação dos dois conjuntos de dados durante o mesmo período. Esses padrões apoiam sua hipótese da questão 3? Eles a provam? Explique.
6. Hoje, os cientistas podem distinguir a abundância de tripanossomos reconhecidos especificamente pelos anticorpos do tipo A e do tipo B. Como a incorporação dessa informação mudaria seu gráfico?

produzida e distribuída. Além disso, o vírus da influenza humana ocasionalmente forma novas cepas mediante permuta de genes com outros vírus da influenza que infectam animais domésticos, como porcos ou galinhas. Quando essa troca de genes ocorre, a nova cepa pode não ser reconhecida por nenhuma das células de memória na população humana. O surto resultante pode ser mortal: em 1918-1919, o surto de influenza matou mais de 20 milhões de pessoas.

Latência

Alguns vírus evitam uma resposta imune mediante infecção das células e, após, entram em um longo estado de inatividade denominado *latência*. Na latência, a produção da maior parte das proteínas virais e de vírus livres cessa; como resultado, vírus latentes não provocam uma resposta imune adaptativa. Todavia, o genoma viral persiste nos núcleos das células infectadas, seja como molécula de DNA separada, seja como cópia integrada ao genoma do hospedeiro. Em geral, a latência persiste até que surjam condições favoráveis para a transmissão viral ou desfavoráveis para a sobrevivência do hospedeiro, como quando o hospedeiro é infectado por outro patógeno. Essas circunstâncias desencadeiam a síntese e a liberação de vírus livres que podem infectar novos hospedeiros.

Os vírus da herpes simples fornecem um bom exemplo de latência. Alguns desses herpes-vírus infectam somente humanos e causam sintomas que variam de leves a potencialmente fatais **(Tabela 43.1)**. O herpes-vírus tipo 1 causa a maioria das infecções de herpes labial, enquanto o herpes-vírus tipo 2, transmitido sexualmente, é responsável pela maioria dos casos de herpes genital. Pessoas infectadas com o herpes-vírus tipo 1 ou o tipo 2 muitas vezes não apresentam nenhum sintoma. Em vez disso, esses vírus permanecem latentes em determinados neurônios até que um estímulo como febre, estresse emocional ou uma alteração hormonal associada ao ciclo menstrual reative o vírus. A ativação do herpes-vírus tipo 1 pode resultar no aparecimento de bolhas ao redor da boca. Infecções do herpes-vírus tipo 2 constituem uma ameaça grave aos bebês de mães infectadas e podem aumentar a transmissão de HIV.

Ataque ao sistema imune: HIV

O **vírus da imunodeficiência humana (HIV)**, o patógeno que causa a Aids escapa da resposta imune adaptativa e a ataca. O HIV infecta células T auxiliares com grande eficiência pela ligação específica à proteína acessória CD4. O HIV também infecta alguns tipos de células com níveis baixos de CD4, como os macrófagos e as células cerebrais. No interior das células, o genoma de RNA do HIV apresenta transcrição reversa, e o DNA resultante é integrado ao genoma da célula do hospedeiro (ver Figura 19.8). Dessa forma, o genoma viral pode dirigir a produção de novos vírus.

Embora o corpo responda ao HIV com resposta imune suficiente para eliminar a maioria das infecções virais, algum HIV invariavelmente escapa. Uma razão da persistência do HIV é que ele tem taxa de mutação muito alta. As proteínas alteradas na superfície de alguns vírus mutados reduzem a interação com anticorpos e células T citotóxicas. Esses vírus replicam e se modificam ainda mais. Assim, o HIV evolui dentro do corpo do hospedeiro.

Ao longo do tempo, uma infecção por HIV não tratada não apenas evita a resposta imune adaptativa, mas também a suprime **(Figura 43.28)**. A replicação viral e a morte celular desencadeada pelo vírus levam à perda de células T auxiliares, prejudicando a resposta imune humoral e a resposta imune mediada por células. O resultado é a **síndrome da imunodeficiência adquirida (Aids)**, uma debilidade nas respostas imunes que deixa o corpo suscetível a infecções e cânceres que um sistema imune saudável geralmente derrotaria. Por exemplo, *Pneumocystis jirovecii*, um fungo comum que não causa doença em indivíduos saudáveis, pode provocar pneumonia grave em pessoas com Aids. Essas doenças oportunistas, bem como dano no sistema nervoso

Tabela 43.1 Latência como uma característica compartilhada entre herpes-vírus humanos		
Herpes-vírus humano	Principais locais de latência	Doenças ou distúrbios associados
Herpes-vírus simples 1 (HSV-1)	Agrupamentos de neurônios em nervos espinais	Herpes labial
Herpes-vírus simples 2 (HSV-2)	Agrupamentos de neurônios em nervos espinais	Úlceras genitais
Vírus varicela-zóster (VZV)	Agrupamentos de neurônios em nervos espinais	Catapora, herpes
Vírus Epstein-Barr (EBV)	Células B de memória	Alguns linfomas, mononucleose
Citomegalovírus (CMV)	Monócitos e linfócitos	Desenvolvimento fetal anormal
Herpes-vírus humano 8 (HHV-8)	Células B	Sarcoma de Kaposi

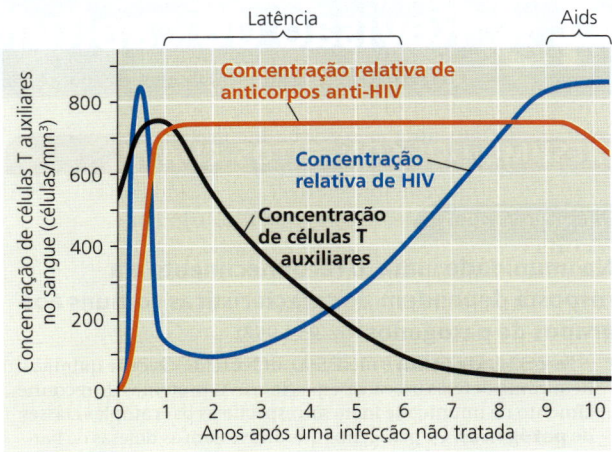

▲ **Figura 43.28** Progresso de uma infecção por HIV não tratada.

e perda de massa corporal, são as causas principais de morte por Aids, e não o próprio HIV.

A transmissão do HIV requer a transferência de partículas virais ou de células infectadas de pessoa para pessoa, por meio de líquidos corporais como sêmen, sangue ou leite materno. As relações sexuais sem proteção (sem preservativo) e a transmissão por agulhas contaminadas pelo HIV (geralmente entre usuários de drogas intravenosas) causam a imensa maioria das infecções pelo HIV. O vírus pode entrar no corpo pelo revestimento mucoso da vagina, vulva, pênis ou reto durante a relação sexual ou pela boca durante o sexo oral. As pessoas infectadas com HIV podem transmitir a doença já nas primeiras semanas de infecção, *antes* de produzirem anticorpos específicos para o HIV que possam ser detectáveis em um teste sanguíneo. Embora não tenha sido encontrada cura para a infecção por HIV, estão disponíveis medicamentos que podem diminuir significativamente a replicação viral e a progressão para Aids.

Câncer e imunidade

Quando a imunidade adaptativa está inativada, a frequência de certos cânceres aumenta drasticamente. Por exemplo, o risco de desenvolvimento do sarcoma de Kaposi é 20 mil vezes maior em pacientes com Aids não tratada do que em pessoas saudáveis. Essa observação foi, inicialmente, intrigante. Se o sistema imune reconhece apenas o estranho, ele não conseguiria reconhecer o crescimento incontrolado de células próprias, que é a marca distintiva do câncer. No entanto, acontece que os vírus estão envolvidos em cerca de 15 a 20% de todos os cânceres humanos. Uma vez que o sistema imune consegue reconhecer as proteínas virais como estranhas, ele pode atuar como defesa contra vírus causadores de câncer e contra células cancerosas que abrigam vírus.

Os cientistas já identificaram seis tipos de vírus que podem causar câncer em humanos. O herpes-vírus do sarcoma de Kaposi é um deles (ver Tabela 43.1). O vírus da hepatite B, que pode desencadear câncer de fígado, é outro. A vacina contra o vírus da hepatite B, introduzida em 1986, foi a primeira a comprovar prevenção a um câncer humano específico. O rápido progresso no desenvolvimento de vacinas para cânceres induzidos por vírus continua. Em 2006, o lançamento de uma vacina específica para o papilomavírus humano (HPV) marcou uma grande vitória contra o câncer de colo do útero, bem como cânceres orais que estão se tornando cada vez mais comuns entre homens. A imagem em computação gráfica de uma partícula de HPV na **Figura 43.29** ilustra as cópias abundantes da proteína do capsídeo (amarelo) que é usada como o antígeno na vacinação.

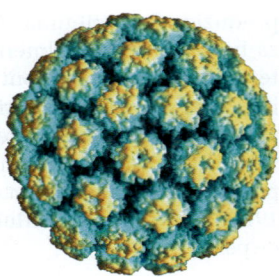

▲ **Figura 43.29** Papilomavírus humano.

REVISÃO DO CONCEITO 43.4

1. Na condição conhecida como miastenia grave, os anticorpos se ligam a certos receptores e os bloqueiam nas células musculares, impedindo a contração muscular. Que tipo de doença é a miastenia grave?
2. Muitas vezes, as pessoas com herpes-vírus simples tipo 1 apresentam inflamações na boca quando têm um resfriado ou infecção similar. Como esse local poderia beneficiar o vírus?
3. **E SE?** Como uma deficiência de macrófagos provavelmente afetaria as defesas inata e adaptativa de uma pessoa?

Ver as respostas sugeridas no Apêndice A.

43 Revisão do capítulo

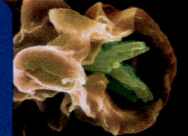

RESUMO DOS CONCEITOS-CHAVE

CONCEITO 43.1

Na imunidade inata, o reconhecimento e a resposta dependem de características comuns aos grupos de patógenos (p. 953-957)

- A **imunidade inata** é mediada por barreiras físicas e químicas, bem como defesas baseadas em células. As proteínas de reconhecimento na imunidade inata são específicas para amplas classes de **patógenos**. Os patógenos que atravessam as defesas de barreira são ingeridos por células fagocíticas, que em vertebrados incluem **macrófagos** e **células dendríticas**. As defesas celulares adicionais incluem as **células NK**, que induzem a morte de células infectadas por vírus. Proteínas do **sistema complemento**, **interferonas** e outros peptídeos antimicrobianos também atuam contra patógenos. Na **resposta inflamatória**, as **histaminas** e outras substâncias químicas liberadas no sítio da lesão promovem alterações nos vasos sanguíneos que aumentam o acesso e a ação das células imunes.
- Os patógenos às vezes escapam das defesas imunes inatas. Por exemplo, algumas bactérias têm uma cápsula externa que impede seu reconhecimento, enquanto outras são resistentes à degradação dentro de lisossomos.

? *De que maneiras a imunidade inata protege o trato digestório dos mamíferos?*

CONCEITO 43.2

Na imunidade adaptativa, os receptores proporcionam reconhecimento específico dos patógenos (p. 957-963)

- A **imunidade adaptativa** conta com dois tipos de **linfócitos**: as **células B** e as **células T**. Os linfócitos têm **receptores de antígeno** na superfície celular para moléculas estranhas (**antígenos**). As proteínas receptoras em uma única célula B ou célula T são as mesmas, mas existem milhões de células B e T no corpo que diferem quanto às moléculas estranhas que seus receptores reconhecem. Em uma infecção, as células B e T específicas para o patógeno são ativadas. Algumas células T auxiliam outros linfócitos; outras matam as células hospedeiras infectadas. As células B chamadas de **plasmócitos** produzem proteínas solúveis denominadas **anticorpos** que se ligam a moléculas e células estranhas. As **células de memória** B e T promovem a defesa contra infecções posteriores pelo mesmo patógeno.

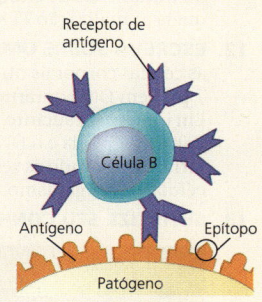

- O reconhecimento de moléculas estranhas pelas células B e T envolve a ligação de regiões variáveis de receptores a um **epítopo**, uma pequena região de um antígeno. As células B e os anticorpos reconhecem epítopos na superfície de antígenos circulando no sangue ou na linfa. As células T reconhecem epítopos de proteína em pequenos fragmentos de antígeno (peptídeos) que são expostos na superfície de células hospedeiras por **moléculas do complexo principal de histocompatibilidade (MHC)**. Essa interação ativa a célula T, capacitando-a a participar na imunidade adaptativa.
- As quatro características principais do desenvolvimento das células B e T são: geração de diversidade celular, autotolerância, proliferação e memória imunológica. Proliferação e memória são baseadas em **seleção clonal**, ilustrada aqui para células B:

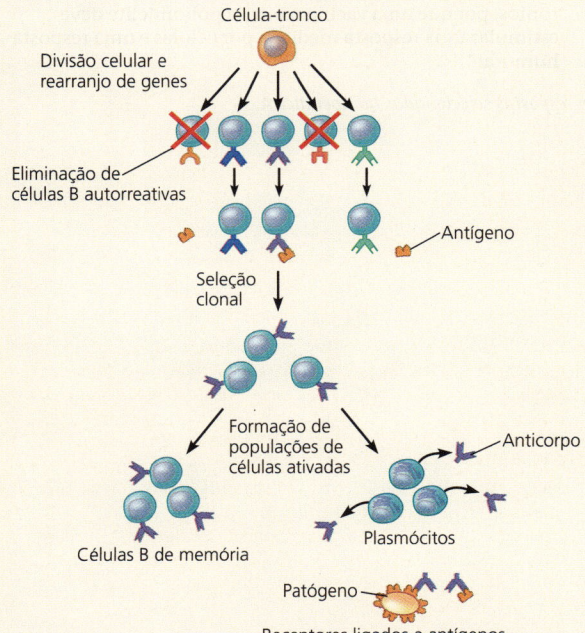

? Por que a resposta imune adaptativa a uma infecção inicial é mais lenta do que a resposta inata?

CONCEITO 43.3

A imunidade adaptativa protege contra infecções das células e dos líquidos corporais (p. 963-970)

- As **células T auxiliares** interagem com fragmentos de antígenos expostos por moléculas MHC de classe II na superfície de **células apresentadoras de antígenos**: células dendríticas, macrófagos e células B. As células T auxiliares ativadas secretam citocinas que estimulam outros linfócitos. Na **resposta imune humoral**, os anticorpos ajudam a eliminar antígenos pela facilitação da fagocitose e da lise mediada pelo complemento. Na **resposta imune mediada por células**, **células T citotóxicas** ativadas desencadeiam a destruição de células infectadas.
- A **imunidade ativa** se desenvolve em resposta à infecção ou à **imunização**. A transferência de anticorpos na **imunidade passiva** proporciona uma proteção imediata, de curta duração.
- Os tecidos ou as células transferidas de uma pessoa para outra estão sujeitos à rejeição imune. Nos enxertos de tecidos e transplantes de órgãos, moléculas MHC estimulam a rejeição. Os linfócitos nos transplantes de medula óssea podem causar uma reação de enxerto *versus* hospedeiro.

? A memória imunológica após uma infecção é fundamentalmente diferente da memória imunológica após a vacinação? Explique sua resposta.

CONCEITO 43.4

Os distúrbios no funcionamento do sistema imune podem provocar ou exacerbar doenças (p. 970-974)

- Nas alergias, como a febre do feno, a interação de anticorpos e alérgenos induz as células imunes a liberar histaminas e outros mediadores que causam alterações vasculares e sintomas de alergia. A perda da autotolerância pode levar a **doenças autoimunes**, como a esclerose múltipla. Imunodeficiências inatas resultam de defeitos que interferem nas defesas inata, humoral ou mediada por células. A **Aids** é uma imunodeficiência adquirida causada pelo vírus **HIV**.
- Variação antigênica, latência e ataque direto ao sistema imune permitem que alguns patógenos fujam das respostas imunes.

? Estar infectado com HIV é o mesmo que ter Aids? Explique.

TESTE SEU CONHECIMENTO

Níveis 1-2: Relembre/Entenda

1. Qual das seguintes opções está ausente da imunidade de insetos?
   (A) enzimas digestórias antibacterianas
   (B) ativação de células NK
   (C) fagocitose pelos hemócitos
   (D) produção de peptídeos antimicrobianos

2. Um epítopo associa-se com que parte de um receptor de antígeno ou anticorpo?
   (A) a cauda
   (B) apenas regiões constantes de cadeias pesadas
   (C) as regiões variáveis de uma cadeia pesada e uma cadeia leve combinadas
   (D) apenas regiões constantes de cadeias leves

3. Que afirmação melhor descreve a diferença entre respostas de células B efetoras (plasmócitos) e de células T citotóxicas?
   (A) As células B conferem imunidade ativa; as células T citotóxicas conferem imunidade passiva.
   (B) As células B respondem ao primeiro contato com um patógeno; as células T citotóxicas respondem aos contatos seguintes.

(C) As células B secretam anticorpos contra um patógeno; as células T citotóxicas matam as células infectadas por patógenos.
(D) As células B realizam a resposta mediada por células; as células T citotóxicas realizam a resposta humoral.

Níveis 3-4: Aplique/Analise

4. Quais das seguintes afirmações é verdadeira?
   (A) Um anticorpo tem um sítio de ligação ao antígeno.
   (B) Um linfócito tem receptores para um único antígeno.
   (C) Cada antígeno tem um único epítopo.
   (D) Uma célula muscular ou hepática produz dois tipos de molécula MHC.

5. Qual das seguintes características seria a mesma em gêmeos idênticos?
   (A) o grupo de anticorpos produzidos
   (B) o grupo de moléculas MHC produzidas
   (C) o grupo de receptores de antígenos de células T produzidos
   (D) o grupo de células imunes eliminadas como autorreativas

Níveis 5-6: Avalie/Crie

6. A vacinação aumenta o número de
   (A) receptores diferentes que reconhecem um patógeno.
   (B) linfócitos com receptores que podem se ligar a um patógeno.
   (C) epítopos que o sistema imune pode reconhecer.
   (D) moléculas de MHC que podem apresentar um antígeno.

7. Qual dos seguintes é o menos provável de ajudar um vírus a evitar o desencadeamento de uma resposta imune adaptativa?
   (A) ter mutações frequentes em genes para proteínas de superfície
   (B) infectar células que produzem muito poucas moléculas MHC
   (C) produzir proteínas muito similares àquelas de outros vírus
   (D) infectar e matar células T auxiliares

8. **DESENHE** Considere uma proteína em forma de lápis com dois epítopos: Y (a extremidade "borracha") e Z (a extremidade "ponta"). Eles são reconhecidos pelos anticorpos A1 e A2, respectivamente. Faça um desenho, mostrando e identificando anticorpos que se ligam a proteínas em um complexo que poderia desencadear a endocitose por um macrófago.

9. **FAÇA CONEXÕES** Compare a seleção clonal com a ideia de Lamarck para a herança de características adquiridas (ver Conceito 22.1).

10. **CONEXÃO EVOLUTIVA** Descreva um mecanismo dos invertebrados de defesa contra patógenos e discuta como ele é uma adaptação evolutiva mantida em vertebrados.

11. **PESQUISA CIENTÍFICA** Uma causa importante de choque séptico é a presença no sangue de lipopolissacarídeos (LPS) de bactérias. Suponha que você tenha LPS purificado disponível e várias linhagens de camundongos, cada uma com uma mutação que inativa um gene TLR específico. Explique como você poderia usar esses camundongos para testar a viabilidade do tratamento de choque séptico com uma droga que bloqueia a sinalização TLR.

12. **ESCREVA SOBRE UM TEMA: INFORMAÇÃO** Entre todas as células corporais nucleadas, apenas as células B e as células T perdem DNA durante seu desenvolvimento e maturação. Em um ensaio sucinto (100-150 palavras), discuta a relação entre essa perda e o DNA como informação biológica hereditária, focalizando as semelhanças entre gerações nos níveis da célula e do organismo.

13. **SINTETIZE SEU CONHECIMENTO**

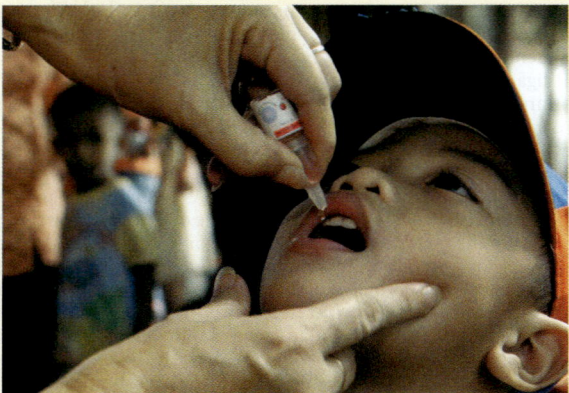

Esta criança está recendo vacina oral contra a poliomielite, uma doença causada por um vírus que infecta neurônios. Como o corpo não consegue substituir a maioria dos neurônios, por que uma vacina contra a poliomielite deve estimular uma resposta mediada por células e uma resposta humoral?

Ver respostas selecionadas no Apêndice A.

44 Osmorregulação e excreção

CONCEITOS-CHAVE

44.1 A osmorregulação equilibra a absorção e a perda de água e de solutos *p. 978*

44.2 Os resíduos nitrogenados de um animal refletem sua filogenia e seu hábitat *p. 982*

44.3 Os diversos sistemas excretores são variações de uma estrutura tubular *p. 983*

44.4 O néfron é organizado para o processamento gradual de sangue filtrado *p. 987*

44.5 Os circuitos hormonais vinculam a função renal, o equilíbrio hídrico e a pressão sanguínea *p. 994*

Dica de estudo

Faça uma tabela: À medida que ler o Conceito 44.2, complete uma tabela como esta para ajudá-lo a organizar as informações sobre as principais formas de resíduo nitrogenado. Nas primeiras três linhas, use os termos "alta", "média" ou "baixa" para descrever as propriedades relevantes dessas formas.

Atributo do resíduo	Produto de excreção		
	Amônia	Ureia	Ácido úrico
Toxicidade			
Custo energético para produzir			
Perda de água durante a excreção			
Exemplo de organismo que excreta esse produto			

Figura 44.1 Com uma envergadura de 3,5 m, o albatroz (*Diomedea exulans*) é a maior de todas as aves atuais. Ele permanece dia e noite no mar durante o ano todo, retornando à terra apenas para se reproduzir. Apesar de beber somente água do mar, o albatroz mantém seus sais e água do corpo em equilíbrio.

Como os animais regulam as concentrações de sal e água em seus tecidos?

Sem um meio para bombear água através das membranas celulares, os animais transportam sais e, assim, direcionam o movimento de água para dentro e para fora das células por **osmose**, em que a água sofre difusão líquida de uma área de maior concentração de H_2O livre (menor concentração de soluto) para uma área de menor concentração de H_2O livre (maior concentração de soluto).

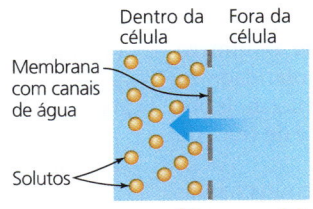
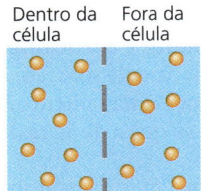
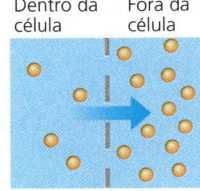

A célula é **hiperosmótica** em relação ao seu entorno; **movimento líquido de água** para dentro da célula

A célula é **isosmótica** em relação ao seu entorno; sem movimento líquido de água

A célula é **hiposmótica** em relação ao seu entorno; **movimento líquido de água** para fora da célula

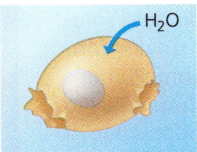
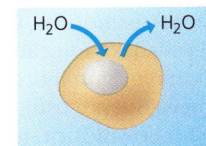
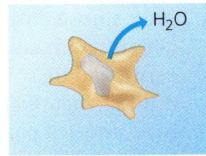

A célula sofre lise

Célula em equilíbrio osmótico

A célula murcha

Como você verá, sistemas excretores não somente mantêm o equilíbrio de sais e água, mas também livram o corpo de **resíduos que contêm nitrogênio**.

Para um albatroz e um humano, a manutenção do equilíbrio hídrico requer que as concentrações relativas de água e solutos sejam mantidas dentro de limites estreitos. Além disso, íons como sódio e cálcio devem ser mantidos em concentrações que permitam a atividade normal de músculos, neurônios e outras células do corpo. Portanto, a homeostase requer **osmorregulação**, o termo geral para os processos pelos quais os animais controlam as concentrações de solutos e o equilíbrio de ganho e perda de água.

Na proteção dos seus líquidos internos, os animais precisam lidar com a amônia, um metabólito tóxico produzido pela degradação de moléculas *nitrogenadas* (contendo nitrogênio), principalmente proteínas e ácidos nucleicos. Vários mecanismos evoluíram para livrar o corpo de metabólitos nitrogenados e outros subprodutos metabólicos, um processo chamado de **excreção**. Como os sistemas de excreção e osmorregulação são ligados estrutural e funcionalmente em muitos animais, neste capítulo vamos tratar desses dois processos.

CONCEITO 44.1

A osmorregulação equilibra a absorção e a perda de água e de solutos

A osmorregulação requer movimentos controlados de água e solutos através da membrana plasmática. Em última análise, a força que controla o movimento de água e de solutos é um gradiente de concentração de um ou mais solutos através da membrana.

Osmose e osmolaridade

A água entra e sai das células por osmose, a qual ocorre quando duas soluções separadas por uma membrana diferem na concentração total de solutos. A unidade de medida da concentração de solutos é a **osmolaridade**, o número de mols dos solutos por litro de solução. A osmolaridade do sangue humano é de aproximadamente 300 miliosmols por litro (mOsm/L), ao passo que a da água do mar é de cerca de 1.000 mOsm/L.

Duas soluções com a mesma osmolaridade são chamadas *isosmóticas*. Se uma membrana seletivamente permeável separa as soluções, as moléculas de água irão atravessar continuamente a membrana em velocidades iguais e em ambos os sentidos. Assim, não há um movimento de água *líquido* por osmose entre soluções isosmóticas. Quando duas soluções diferem em osmolaridade, a solução com a maior concentração de solutos é dita *hiperosmótica;* e a solução mais diluída, *hiposmótica*. A água flui por osmose de uma solução hiposmótica para uma hiperosmótica, reduzindo, então, a diferença de concentração de solutos e água livre (ver o diagrama na primeira página deste capítulo).

Neste capítulo, empregamos os termos *isosmótico, hiposmótico* e *hiperosmótico*, que se referem especificamente à osmolaridade, em vez de *isotônico, hipotônico* e *hipertônico*. O último conjunto de termos se aplica à resposta de células animais — se elas incham ou murcham — em soluções com concentrações de solutos conhecidas.

Desafios e mecanismos osmorreguladores

Um animal pode manter o equilíbrio hídrico de duas maneiras. Uma delas é ser um **osmoconformador**: ser isosmótico com o seu entorno. Todos os osmoconformadores são animais marinhos. Uma vez que a osmolaridade interna de um osmoconformador é igual à do seu ambiente, não há tendência de ganhar ou perder água. Muitos osmoconformadores vivem em água com composição estável e, por isso, têm uma osmolaridade interna constante.

A segunda maneira para manter o balanço hídrico é ser um **osmorregulador**: controlar a osmolaridade interna independentemente daquela do ambiente externo. Em um ambiente hiposmótico, um osmorregulador deve descarregar o excesso de água; já em um ambiente hiperosmótico, ele deve absorver água para compensar a perda osmótica. A osmorregulação permite que os animais vivam em ambientes inabitáveis para os osmoconformadores — como os hábitats de água doce e os terrestres — ou se desloquem entre ambientes marinhos e de água doce **(Figura 44.2)**.

Sejam osmoconformadores ou osmorreguladores, a maioria dos animais não consegue tolerar mudanças substanciais na osmolaridade externa e são chamados de *estenoalinos* (do grego *stenos*, estreito, e *halos*, sal). Por outro lado, os animais *eurialinos* (do grego *eurys*, amplo) conseguem suportar grandes flutuações na osmolaridade externa. Osmoconformadores eurialinos incluem as cracas e os mexilhões em estuários que são expostos alternadamente à água doce e à salgada; osmorreguladores eurialinos incluem o robalo listrado e as várias espécies de salmão (ver Figura 44.2).

A seguir, examinaremos algumas adaptações para a osmorregulação que evoluíram em animais marinhos, de água doce e terrestres.

Animais marinhos

A maioria dos invertebrados marinhos é osmoconformadora. Sua osmolaridade é a mesma da água do mar. Portanto, eles não enfrentam grandes desafios em relação ao balanço hídrico. No entanto, transportam ativamente solutos *específicos* que eles mantêm em níveis diferentes daqueles

▲ **Figura 44.2** Salmão-vermelho (*Oncorhynchus nerka*), osmorregulador que migra entre os rios e o oceano.

no oceano. Por exemplo, mecanismos homeostáticos na lagosta-do-atlântico (*Homarus americanus*) mantêm uma concentração de íon magnésio (Mg^{2+}) na hemolinfa (líquido circulatório) inferior a 9 mM (milimolar, ou 10^{-3} mol/L), muito abaixo da concentração de 50 mM de Mg^{2+} no seu ambiente.

Duas estratégias osmorreguladoras evoluíram entre os vertebrados marinhos que enfrentam os desafios de um ambiente altamente desidratante. Uma delas é encontrada entre os "peixes ósseos" marinhos, um grupo que inclui os peixes com nadadeiras raiadas (actinopterígeos, *Actinopterygii*) e os com nadadeiras lobadas (sarcopterígeos, *Sarcopterygii*). A outra é encontrada em tubarões e na maioria dos outros peixes cartilaginosos (*Chondrichthyes*, ver Conceito 34.3).

O bacalhau, mostrado na **Figura 44.3a**, e outros peixes ósseos marinhos perdem constantemente água por osmose. Eles equilibram a perda de água ingerindo bastante água do mar. Os sais em excesso ingeridos com a água do mar são eliminados por meio das brânquias e rins.

Como os peixes ósseos, tubarões têm uma concentração interna de sal muito inferior à da água do mar. Entretanto, os tecidos do tubarão têm uma concentração alta de vários outros solutos, incluindo ureia e outra molécula orgânica, o óxido de trimetilamina (TMAO). Como a concentração total de solutos é um pouco superior a 1.000 mOsm/L, a água *entra* lentamente por osmose no corpo do tubarão e com o alimento (tubarões não bebem água).

O pequeno influxo de água para dentro do corpo do tubarão é eliminado na urina produzida pelos rins. A urina também remove parte do sal que se difunde para dentro do corpo do tubarão; o restante é perdido nas fezes ou secretado por uma glândula especializada.

Animais de água doce

Os problemas de osmorregulação dos animais de água doce são opostos aos dos animais marinhos. Os líquidos corporais dos animais de água doce devem ser hiperosmóticos, pois as células desses animais não conseguem tolerar concentrações de sais tão baixas quanto às da água de lagos ou de rios. Como animais de água doce possuem líquidos internos com uma osmolaridade superior à de seu entorno, eles enfrentam o problema de ganhar água por osmose. Para a perca e muitos outros animais de água doce, o balanço de água depende da excreção de grandes quantidades de uma urina muito diluída e da ingestão de quase nenhuma água **(Figura 44.3b)**. Além disso, os sais perdidos por difusão e na urina são repostos pela alimentação e pela absorção de sal através das brânquias.

O salmão e outros peixes eurialinos que migram entre a água doce e a água do mar passam por mudanças drásticas no estado osmorregulatório. Enquanto vive em rios e riachos, o salmão tem osmorregulação como os outros peixes de água doce, produzindo grandes quantidades de urina diluída e, por meio de suas brânquias, absorvendo sal do ambiente diluído. Quando eles migram para o oceano, o salmão se aclimata (ver Conceito 40.2). Eles produzem mais do hormônio esteroide cortisol, que aumenta o número e o tamanho de células especializadas secretoras de sal. Essas e outras mudanças fisiológicas permitem ao salmão em água salgada excretar o excesso de sal de suas brânquias e produzir somente pequena quantidade de urina – exatamente como os peixes ósseos que passam sua vida inteira no mar.

Animais que vivem em águas temporárias

A desidratação extrema ou *dessecação* é fatal para a maioria dos animais. Contudo, alguns invertebrados aquáticos que vivem em lagoas temporárias e em películas de água ao redor de partículas do solo podem perder quase toda a água do seu corpo e sobreviver. Esses animais entram em estado de dormência quando seus hábitats secam, uma adaptação denominada **anidrobiose** ("vida sem água"). Entre os exemplos mais marcantes estão os tardígrados, ou ursos-d'água, invertebrados diminutos com menos de 1 mm de comprimento **(Figura 44.4)**. No seu estado ativo e hidratado, a água representa aproximadamente 85% do seu peso, mas eles conseguem desidratar até o ponto de menos de 2% de água e sobreviver por uma década ou mais em estado inativo e seco, em meio à poeira. Adicione água, e, dentro de algumas horas, os tardígrados reidratados estarão se movendo e se alimentando.

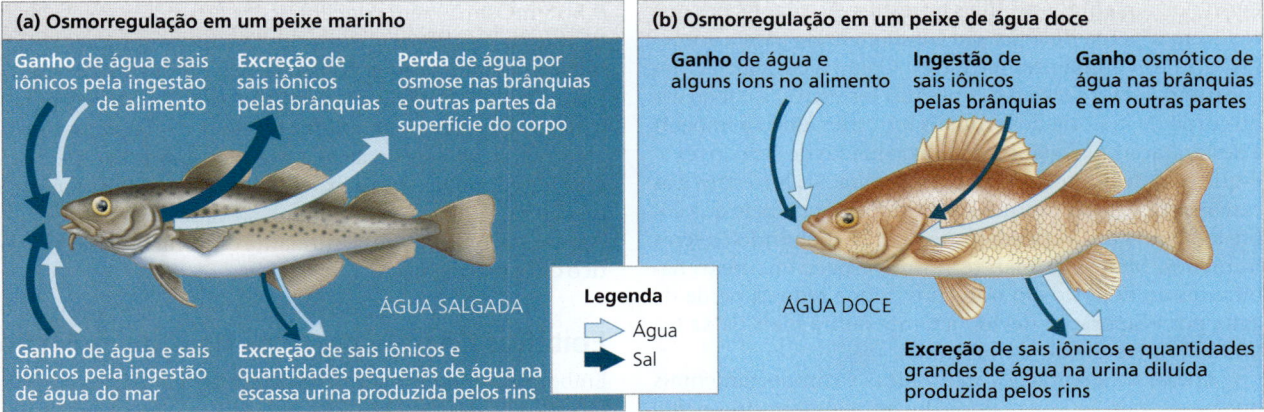

▲ **Figura 44.3** Osmorregulação em peixes ósseos marinhos e de água doce: uma comparação.

▲ **Figura 44.4 Anidrobiose.** Quando hidratados, tardígrados (imagens em MEV) habitam lagos temporários, bem como gotas de água no solo e sobre plantas úmidas.

A anidrobiose requer adaptações que mantenham as membranas celulares intactas. Os cientistas estão apenas começando a aprender como os tardígrados sobrevivem desidratados, mas estudos com nematelmintos (filo Nematoda; ver Conceito 33.4) anidrobióticos mostram que indivíduos desidratados contêm grandes quantidades de açúcares. Em especial, um dissacarídeo denominado trealose parece proteger as células mediante substituição da água normalmente associada a proteínas e lipídeos de membrana. Muitos insetos que sobrevivem ao congelamento no inverno também utilizam a trealose como protetor de membrana, assim como o fazem algumas plantas resistentes à dessecação.

Recentemente, os cientistas começaram a aplicar lições aprendidas no estudo de anidrobiose para a preservação de materiais biológicos. Tradicionalmente, amostras de proteína, DNA e células eram mantidas em ultracongeladores (−80°C), consumindo grandes quantidades de energia. Atualmente, a produção de materiais utilizando espécies anidrobióticas como modelo permitem o armazenamento de tais amostras em temperatura ambiente.

Animais terrestres

A ameaça de desidratação é um importante problema regulatório para plantas e animais terrestres. As adaptações que reduzem a perda de água são fundamentais para a sobrevivência nos ambientes terrestres. Como a cutícula cerosa contribui para o sucesso das plantas terrestres, a cobertura do corpo da maioria dos animais terrestres ajuda a impedir a desidratação. Os exemplos são as camadas de cera dos exoesqueletos de insetos, as conchas de caracóis terrestres e as camadas de células mortas e queratinizadas na pele que cobre a maioria dos vertebrados terrestres, incluindo os seres humanos. Muitos animais terrestres, especialmente os habitantes do deserto, são noturnos, o que reduz a perda de água por evaporação devido à temperatura mais baixa e à umidade mais alta do ar noturno.

Apesar de adaptações anatômicas e comportamentais que conservam água, a maioria dos animais terrestres perde água por meio de várias vias: na urina e nas fezes, através da pele e da superfície epitelial de órgãos e por vias de troca gasosa. Os animais terrestres mantêm o equilíbrio hídrico bebendo e comendo alimentos úmidos, bem como produzindo água metabolicamente mediante respiração celular.

Vários animais de deserto são tão bem adaptados para minimizar a perda de água que conseguem sobreviver longos períodos sem beber. Os camelos, por exemplo, toleram uma elevação da temperatura corporal de 7°C, reduzindo grandemente a quantidade de água perdida na produção do suor. Eles também podem perder 25% da água do corpo e sobreviver. (Por outro lado, um ser humano que perde a metade dessa quantidade de água do corpo morrerá por insuficiência cardíaca.) No **Exercício de habilidades científicas**, você pode examinar o equilíbrio hídrico em outra espécie do deserto: o camundongo-da-areia.

Energética da osmorregulação

A manutenção de uma diferença de osmolaridade entre o corpo de um animal e seu ambiente externo implica um custo energético. Como a difusão tende a igualar as concentrações em um sistema, os osmorreguladores precisam gastar energia para manter os gradientes osmóticos que provocam ganho ou perda de água. Ao fazê-lo, eles utilizam o transporte ativo para manipular as concentrações dos solutos em seus líquidos corporais.

O custo energético da osmorregulação depende de quanto a osmolaridade de um animal difere do seu entorno, do quão facilmente a água e os solutos podem mover-se pela superfície do animal e de quanto trabalho é necessário para bombear solutos através da membrana. A osmorregulação é responsável por pelo menos 5% da taxa metabólica em repouso de muitos peixes. Para o camarão-de-água-salgada, pequeno crustáceo que vive em lagos extremamente salgados, o gradiente entre osmolaridades interna e externa é muito grande, e o custo da osmorregulação é correspondentemente alto — até 30% da taxa metabólica em repouso.

O custo energético para um animal manter os equilíbrios hídrico e salino é minimizado pela existência de líquidos corporais que são adaptados à salinidade do hábitat do animal. Assim, os líquidos corporais da maioria dos animais que vivem na água doce (com osmolaridade de 0,5-15 mOsm/L) têm concentrações de solutos mais baixas do que os líquidos corporais dos seus parentes mais próximos que vivem na água do mar (1.000 mOsm/L). Por exemplo, enquanto os moluscos marinhos têm líquidos corporais com concentrações de solutos de cerca de 1.000 mOsm/L, alguns moluscos de água doce mantêm a osmolaridade dos seus líquidos corporais a exatamente 40 mOsm/L. Em cada caso, a minimização da diferença osmótica entre líquidos corporais e o ambiente circundante diminui o custo energético da osmorregulação.

Epitélios de transporte na osmorregulação

Embora a principal função da osmorregulação seja controlar as concentrações de solutos nas células, a maior parte dos

Exercício de habilidades científicas

Descrição e interpretação de dados quantitativos

Como os camundongos do deserto mantêm a homeostase osmótica? O camundongo-da-areia (agora conhecido cientificamente como *Pseudomys hermannsburgensis*) é um mamífero do deserto australiano que pode sobreviver indefinidamente com uma dieta de sementes desidratadas, sem beber água. Para estudar as adaptações dessa espécie aos seus ambientes áridos, os pesquisadores conduziram um experimento de laboratório em que controlaram o acesso à água. Neste exercício, você analisará alguns dados do experimento.

Como o experimento foi realizado Nove camundongos capturados foram mantidos em uma sala ambientalmente controlada e alimentados com sementes para aves (10% de água por peso). Na parte A do estudo, os camundongos tiveram acesso ilimitado a água da torneira; na parte B do estudo, os camundongos foram submetidos a condições similares ao seu ambiente natural, não bebendo água durante 35 dias. No final das partes A e B, os pesquisadores mediram a osmolaridade e a concentração de ureia da urina e do sangue de cada camundongo. Os camundongos também foram pesados três vezes por semana.

Dados do experimento

Acesso à água	Osmolaridade média (mOsm/L)		Concentração média de ureia (mM)	
	Urina	Sangue	Urina	Sangue
Parte A: ilimitado	490	350	330	7,6
Parte B: nenhum	4.700	320	2.700	11

Na parte A, os camundongos beberam cerca de 33% do seu peso a cada dia. A mudança no peso corporal durante o estudo foi insignificante para todos os camundongos.

INTERPRETE OS DADOS

1. Descreva como os dados diferem entre as condições com água ilimitada e sem água para: **(a)** osmolaridade da urina, **(b)** osmolaridade do sangue, **(c)** concentração de ureia na urina, **(d)** concentração de ureia no sangue. **(e)** Esse conjunto de dados fornece evidências de regulação homeostática? Explique.
2. **(a)** Calcule a razão entre a osmolaridade da urina e a osmolaridade do sangue para os camundongos com acesso ilimitado à água. **(b)** Calcule essa razão para os camundongos sem acesso à água. **(c)** A que conclusão você pode chegar a partir dessas taxas?
3. Se você soubesse que a quantidade de urina produzida na parte A era diferente daquela na parte B, como isso afetaria seus cálculos? Explique.

Dados de R. E. MacMillen et al., Water economy and energy metabolism of the sandy inland mouse, *Leggadina hermannsburgensis*, Journal of Mammalogy 53:529-539 (1972).

---

animais faz isso indiretamente, regulando o conteúdo de solutos no líquido corporal que banha as células. Nos insetos e em outros animais com um sistema circulatório aberto, o líquido que envolve as células é a hemolinfa. Em vertebrados e outros animais com sistema circulatório fechado, as células são banhadas em um líquido intersticial que contém uma mistura de solutos controlada indiretamente pelo sangue. A manutenção da composição desses líquidos depende de estruturas que vão desde células individuais que regulam o movimento de solutos até órgãos complexos, como os rins dos vertebrados.

Na maioria dos animais, a osmorregulação e o descarte dos resíduos metabólicos depende de **epitélios de transporte** — uma ou mais camadas de células epiteliais especializadas no transporte de solutos específicos em quantidades controladas e em direções específicas. Os epitélios de transporte são dispostos geralmente em redes tubulares com áreas de superfície extensas. Alguns epitélios de transporte estão em contato direto com o ambiente externo, ao passo que outros revestem canais conectados com o exterior por uma abertura na superfície do corpo.

O epitélio de transporte que capacita o albatroz e outras aves marinhas a sobreviver em água salgada permaneceu desconhecido por muitos anos. Para desvendá-lo, pesquisadores forneceram a aves marinhas em cativeiro somente água do mar para beber. Embora muito pouco sal tenha aparecido na urina das aves, testes revelaram que o líquido que pingava da extremidade de seus bicos era uma solução concentrada de sal (NaCl). A origem dessa solução revelou ser um par de glândulas de sal nasais envoltas por epitélios de transporte (**Figura 44.5**). As glândulas de sal, também encontradas em tartarugas e iguanas-marinhas, utilizam o transporte ativo de íons para secretar um líquido muito mais salgado do que o mar. Ainda que a ingestão de água do mar leve muito sal para o interior do animal, a glândula de sal possibilita que esses vertebrados marinhos tenham um ganho líquido de água. Por outro lado, os seres humanos que bebem determinado volume de água do mar precisam empregar um volume *maior* de água para excretar a carga de sal, tendo como consequência a sua desidratação.

Os epitélios de transporte que atuam na manutenção do equilíbrio hídrico muitas vezes também funcionam no descarte de resíduos metabólicos. Veremos exemplos desse funcionamento coordenado a seguir na discussão sobre sistemas excretores de minhocas e insetos, bem como sobre rins dos vertebrados.

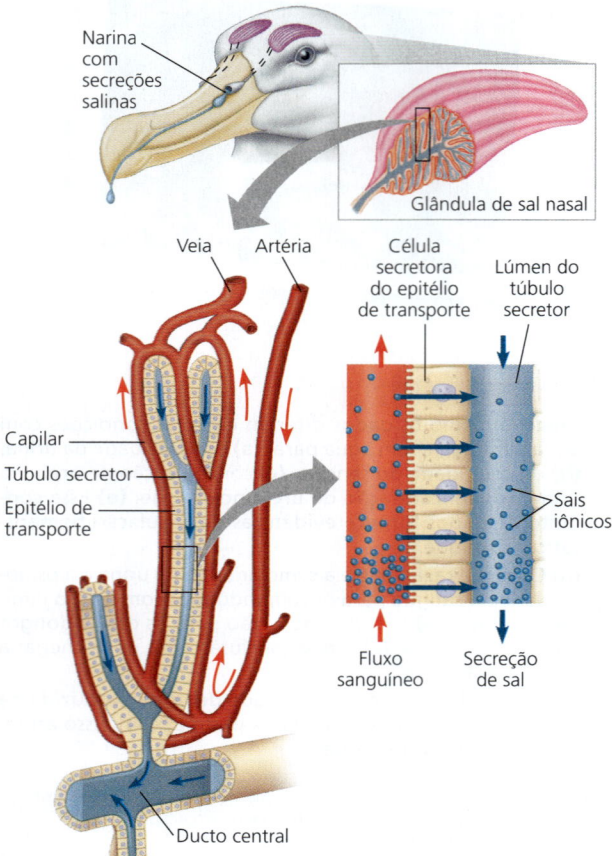

▲ **Figura 44.5** **Secreção de sal nas glândulas nasais de uma ave marinha.** Um epitélio de transporte move o sal do sangue para o interior de túbulos secretores, os quais drenam em ductos centrais que levam às narinas.

REVISÃO DO CONCEITO 44.1

1. O movimento do sal da água do entorno para o sangue de um peixe de água doce requer o gasto de energia sob forma de ATP. Por quê?
2. Por que não há animais de água doce osmoconformadores?
3. **E SE?** Pesquisadores constataram que um camelo ao sol precisava de muito mais água quando seu pelo estava raspado, embora sua temperatura corporal fosse a mesma. O que você pode concluir sobre a relação entre a osmorregulação e o isolamento que a pelagem proporciona?

Ver as respostas sugeridas no Apêndice A.

CONCEITO 44.2

Os resíduos nitrogenados de um animal refletem sua filogenia e seu hábitat

Na regulação e proteção dos seus líquidos internos, os animais precisam lidar com a **amônia**, um metabólito tóxico produzido pela degradação de moléculas *nitrogenadas* (contendo nitrogênio), principalmente proteínas e ácidos nucleicos. Vários mecanismos evoluíram para livrar o corpo da amônia e de outros resíduos metabólicos, em um processo chamado de **excreção**. Como a maior parte dos resíduos metabólicos deve ser dissolvida na água para ser excretada pelo corpo, o tipo e a quantidade de produtos residuais de um animal podem ter grande impacto no seu equilíbrio hídrico.

Formas de resíduo nitrogenado

Embora algumas espécies de animais excretem amônia diretamente, outras excretam formas alternativas de resíduo nitrogenado, seja ureia ou ácido úrico **(Figura 44.6)**. Essas diferentes formas variam significativamente quanto à sua toxicidade, à sua solubilidade e aos custos energéticos para sua produção.

Amônia

A amônia é muito tóxica, em parte porque seu íon amônio (NH_4^+) pode interferir na fosforilação oxidativa. Como a amônia somente pode ser tolerada em concentrações muito baixas, animais que a excretam precisam ter acesso a muita água. Por isso, a excreção da amônia é mais comum em espécies aquáticas. As moléculas altamente solúveis da amônia, que se interconvertem entre NH_3 e NH_4^+, passam facilmente através de membranas e são rapidamente perdidas por difusão para a água do entorno. Em muitos invertebrados, a liberação da amônia ocorre por toda a superfície do corpo.

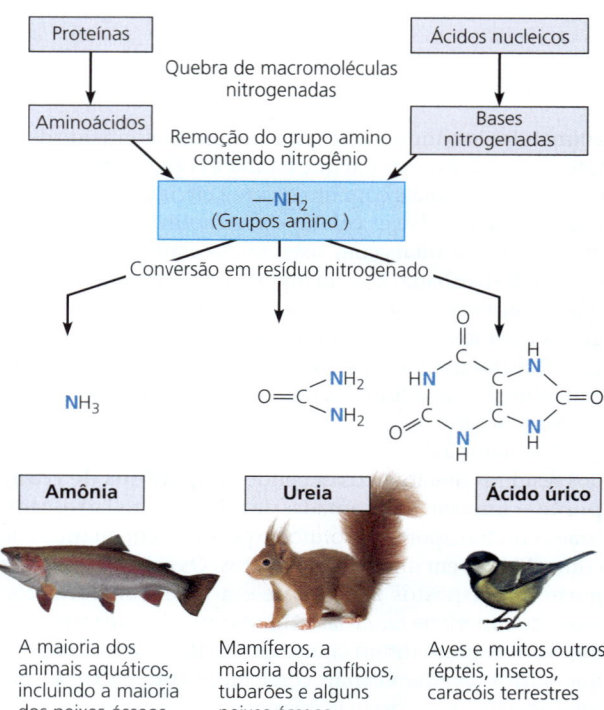

▲ **Figura 44.6** Variações nas formas de resíduo nitrogenado entre as espécies animais.

Ureia

Embora a excreção da amônia funcione bem em muitas espécies aquáticas, ela não é adequada para animais terrestres. A amônia é tão tóxica que ela somente pode ser transportada com segurança pelo corpo e para fora dele em grandes volumes de soluções muito diluídas. A maioria dos animais terrestres e muitas espécies marinhas simplesmente não têm acesso a água suficiente para excretar amônia rotineiramente. Em vez disso, elas excretam principalmente um resíduo nitrogenado diferente, a **ureia**. Em vertebrados, a ureia é o produto de um ciclo metabólico consumidor de energia que combina amônia com dióxido de carbono no fígado.

As principais vantagens da ureia como resíduo nitrogenado são sua toxicidade muito baixa e sua alta solubilidade em água. A principal desvantagem é o seu custo energético: os animais precisam gastar energia para produzir ureia a partir da amônia. Do ponto de vista bioenergético, poderíamos prever que animais que passam parte das suas vidas na água e parte na terra oscilariam entre a excreção de amônia (portanto, economizando energia) e a excreção de ureia (reduzindo a perda de água). De fato, muitos anfíbios excretam principalmente amônia quando estão na fase aquática de girino e mudam substancialmente para ureia quando se tornam habitantes adultos na terra.

Ácido úrico

Insetos, caracóis terrestres e muitos répteis, incluindo aves, excretam **ácido úrico** como seu principal resíduo nitrogenado **(Figura 44.7)**. O ácido úrico é relativamente atóxico e não se dissolve facilmente na água. Por isso, ele pode ser excretado como uma pasta semissólida com pouquíssima perda de água. No entanto, o ácido úrico é energeticamente ainda mais dispendioso do que a ureia, necessitando de muito ATP para a síntese a partir da amônia.

Embora não sejam primariamente produtores de ácido úrico, humanos e alguns outros animais geram uma pequena quantidade de ácido úrico a partir do metabolismo. Doenças que alteram esse processo refletem problemas que podem surgir quando um resíduo metabólico é insolúvel. Por exemplo, um defeito genético predispõe cães da raça Dálmata a formarem cálculos de ácido úrico em sua bexiga. Em seres humanos, indivíduos masculinos são particularmente suscetíveis à *gota*, uma inflamação dolorida nas articulações causada por depósitos de cristais de ácido úrico. Alguns dinossauros parecem ter sido similarmente afetados: ossos fossilizados de *Tyrannosaurus rex* exibem lesões articulares características da gota.

▼ **Figura 44.7** O guano (excremento de aves) é rico em ácido úrico.

Influência da evolução e do ambiente nos resíduos nitrogenados

EVOLUÇÃO Como resultado da seleção natural, o tipo e a quantidade de resíduo nitrogenado que uma espécie produz são adaptados a seu ambiente. Um fator-chave em um hábitat é a disponibilidade de água. Por exemplo, as tartarugas terrestres (que muitas vezes vivem em áreas secas) excretam principalmente ácido úrico, ao passo que as tartarugas aquáticas excretam ureia e amônia.

Em alguns casos, um ovo de um animal é o ambiente imediato de relevância para o tipo de resíduo nitrogenado excretado. Em um ovo de anfíbio, que não tem casca, a amônia ou ureia pode simplesmente se difundir para fora do ovo. De modo similar, resíduos solúveis produzidos por um embrião de mamífero podem ser transportados para fora pelo sangue da mãe. No caso de aves e outros répteis, entretanto, o ovo é envolto por uma casca que é permeável a gases, mas não a líquidos. Assim, quaisquer resíduos nitrogenados solúveis liberados pelo embrião ficariam presos dentro do ovo e poderiam se acumular em níveis perigosos. Por essa razão, o uso de ácido úrico como um produto de excreção insolúvel oferece uma vantagem seletiva aos répteis. Armazenado dentro do ovo como um sólido inofensivo, o ácido úrico é deixado para trás quando o animal eclode.

Independentemente do tipo de resíduo nitrogenado, a quantidade produzida está vinculada ao orçamento energético do animal. Os endotermos, que utilizam energia em taxas elevadas, consomem mais alimento e produzem mais resíduos nitrogenados do que os ectotermos. A quantidade de resíduos nitrogenados também está ligada à dieta. Os predadores, que obtêm grande parte da energia a partir de proteínas, excretam mais nitrogênio do que os animais que dependem principalmente de lipídeos ou carboidratos como fontes de energia.

Após apresentarmos as formas de resíduos nitrogenados e suas relações com hábitat e consumo de energia, vamos abordar os processos e os sistemas que os animais utilizam para excretar esses e outros resíduos.

REVISÃO DO CONCEITO 44.2

1. Que vantagem o ácido úrico oferece como resíduo nitrogenado em ambientes áridos?
2. **E SE?** Suponha que uma ave e um ser humano sofram de gota. Por que a redução de purina nas suas dietas ajuda mais o humano do que a ave?

Ver as respostas sugeridas no Apêndice A.

CONCEITO 44.3

Os diversos sistemas excretores são variações de uma estrutura tubular

Eliminando os resíduos metabólicos e controlando a composição do líquido corporal, os sistemas excretores têm um papel central na homeostase. Os processos excretórios

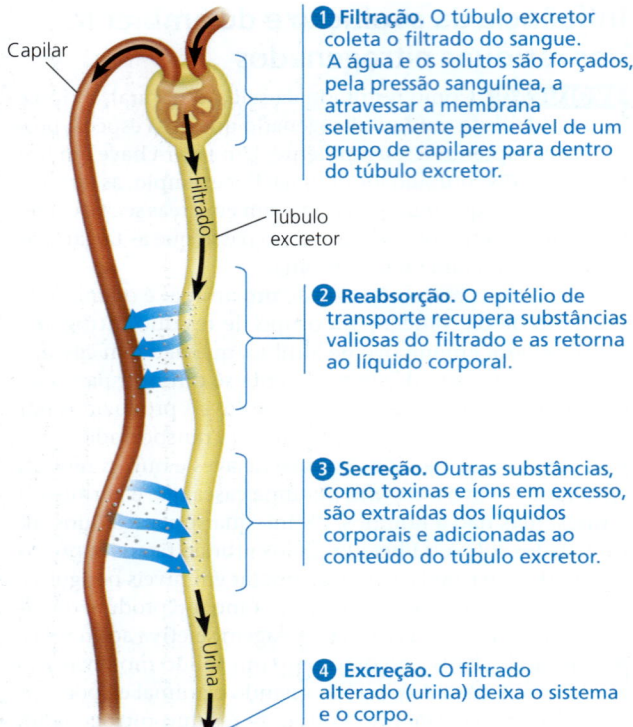

▲ **Figura 44.8** Etapas-chave no funcionamento do sistema excretor: uma visão geral. A maioria dos sistemas excretores produz um filtrado pela filtração por pressão dos líquidos corporais e, em seguida, modifica o conteúdo do filtrado. Este diagrama baseia-se no sistema excretor de vertebrados.

processado contendo resíduos nitrogenados é eliminado do corpo como um resíduo líquido chamado de urina.

Estudo dos sistemas excretores

Os sistemas que executam as funções excretoras básicas esquematizadas na Figura 44.8 variam amplamente entre os grupos de animais. Contudo, eles são geralmente formados por uma rede complexa de túbulos que proporciona uma área de superfície grande para a troca de água e solutos, incluindo os resíduos nitrogenados. Examinaremos os sistemas excretores de vermes planos (platelmintos), minhocas, insetos e vertebrados como exemplos de variações evolutivas das redes de túbulos.

Protonefrídios

Como ilustrado na **Figura 44.9**, vermes planos (filo Platyhelminthes), destituídos de um celoma ou cavidade corporal, têm sistemas excretores chamados de **protonefrídios**, os quais consistem em uma rede de túbulos de fundo cego que se ramificam pelo corpo. Unidades celulares chamadas de bulbos-flama cobrem cada ramo. Cada bulbo-flama, consistindo em uma célula tubular e uma célula de cobertura, possui um tufo de cílios que se projetam para dentro do túbulo.

Durante a filtração, o batimento dos cílios puxa a água e os solutos do líquido intersticial para o bulbo-flama, liberando o filtrado para dentro da rede de túbulos. (O nome *bulbo-flama* deriva do movimento dos cílios, que lembra o de uma flama de fogo.) O filtrado processado se move para

começam quando o líquido corporal – sangue, fluido celômico ou hemolinfa – é posto em contato com a membrana seletivamente permeável de um epitélio de transporte **(Figura 44.8)**. Na maioria dos casos, a pressão hidrostática (pressão sanguínea em muitos animais) aciona um processo de **filtração**. As células, bem como as proteínas e outras moléculas grandes, não conseguem atravessar a membrana epitelial e permanecem no líquido corporal. Por outro lado, a água e solutos pequenos – sais, açúcares, aminoácidos e resíduos nitrogenados – atravessam a membrana, formando uma solução chamada **filtrado**.

O filtrado é convertido em um resíduo líquido pelo transporte específico de materiais para dentro e para fora do filtrado. O processo de **reabsorção** seletiva recupera moléculas úteis e água a partir do filtrado e as retorna ao líquido corporal. Solutos valiosos – incluindo glicose, certos sais, vitaminas, hormônios e aminoácidos – são reabsorvidos por transporte ativo. Solutos não essenciais e resíduos são deixados no filtrado ou são adicionados a ele por **secreção** seletiva, que também ocorre por transporte ativo. O bombeamento de vários solutos, por sua vez, determina se a água se move por osmose para dentro ou para fora do filtrado. Na última etapa – a excreção –, o filtrado

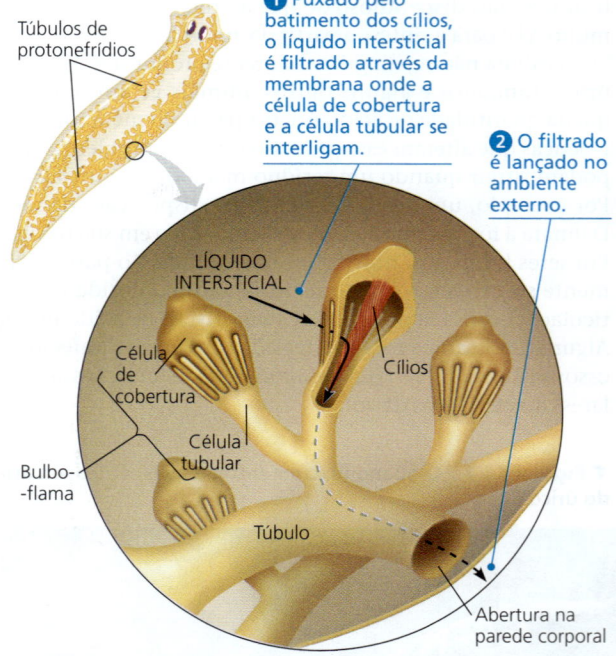

▲ **Figura 44.9** Protonefrídios em uma planária.

fora através dos túbulos e esvazia-se em forma de urina via aberturas externas. Como a urina excretada por vermes planos de água doce é baixa em solutos, sua produção ajuda a equilibrar a captação de água do ambiente.

Os protonefrídios são encontrados também em rotíferos, alguns anelídeos, larvas de moluscos e anfioxos (ver Figura 34.4). Nos vermes planos de água doce, os protonefrídios atuam primordialmente na osmorregulação. A maior parte dos resíduos metabólicos difunde-se para fora do animal pela superfície corporal ou é excretada na cavidade gastrovascular e eliminada pela boca (ver Figura 33.9). Em contrapartida, vermes planos parasitas, que são isosmóticos aos líquidos circundantes do seu hospedeiro, possuem protonefrídios que atuam primariamente na excreção de resíduos nitrogenados. A seleção natural, portanto, adaptou os protonefrídios a diferentes tarefas em ambientes distintos.

Metanefrídios

A maioria dos anelídeos, como as minhocas, possui **metanefrídios**, órgãos excretores que coletam líquido diretamente do celoma **(Figura 44.10)**. Um par de metanefrídios é encontrado em cada segmento de um anelídeo, onde estão imersos em líquido celômico e envolto por uma rede de capilares. Um funil ciliado circunda a abertura interna de cada metanefrídio. À medida que os cílios batem, o líquido é puxado para um túbulo coletor, o qual inclui uma bexiga de armazenamento que se abre para o exterior.

As minhocas habitam solos úmidos e, portanto, geralmente realizam a captação de água por osmose através da pele. Seus metanefrídios equilibram a entrada de água pela produção de urina diluída (hiposmótica em relação aos líquidos do corpo). Ao produzir um filtrado hiposmótico, o epitélio de transporte reabsorve a maior parte dos solutos e os devolve para o sangue nos capilares. Os resíduos nitrogenados,

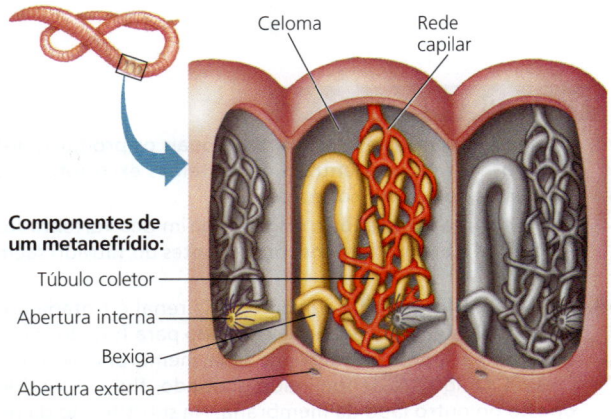

▲ **Figura 44.10 Metanefrídios de uma minhoca.** Cada segmento do anelídeo contém um par de metanefrídios, que coletam o líquido celomático do segmento anterior adjacente. A região destacada em amarelo ilustra a organização de um metanefrídio de um par; o outro estaria atrás dele.

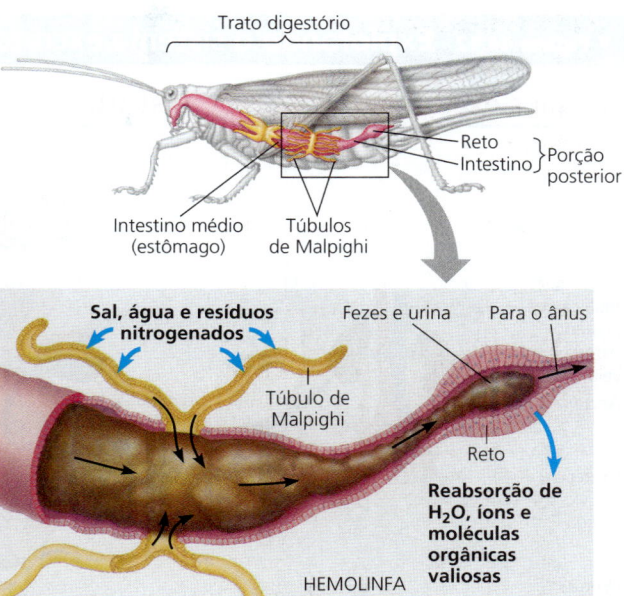

▲ **Figura 44.11 Túbulos de Malpighi de insetos.** Os túbulos de Malpighi são evaginações do trato digestório que removem os resíduos nitrogenados e atuam na osmorregulação.

porém, permanecem no túbulo e são excretados para o ambiente. Os metanefrídios de uma minhoca, portanto, servem tanto para excreção como para osmorregulação.

Túbulos de Malpighi

Os insetos e outros artrópodes terrestres possuem órgãos denominados **túbulos de Malpighi**, que removem os resíduos nitrogenados e atuam na osmorregulação **(Figura 44.11)**. Os túbulos de Malpighi se estendem desde as extremidades com fundo cego imersas na hemolinfa até as aberturas no interior do trato digestório. A etapa de filtração comum a outros sistemas excretores inexiste. Em vez disso, o epitélio de transporte que reveste os túbulos secreta certos solutos — incluindo resíduos nitrogenados — a partir da hemolinfa para dentro do lúmen do túbulo. A água segue os solutos dentro do túbulo por osmose.

À medida que o líquido passa dos túbulos para dentro do reto, a maioria dos solutos é bombeada de volta para a hemolinfa; segue-se a reabsorção de água por osmose. Os resíduos nitrogenados — principalmente ácido úrico insolúvel — são eliminados praticamente como matéria seca junto com as fezes. O sistema excretor dos insetos é capaz de conservar água de maneira muito eficaz, uma adaptação fundamental que contribuiu para o enorme sucesso dos insetos no meio terrestre.

Rins

Nos vertebrados e em alguns outros cordados, um órgão especializado denominado **rim** atua na osmorregulação e na excreção. Assim como os órgãos excretores da maioria dos filos animais, os rins consistem em túbulos. Os túbulos dos

▼ Figura 44.12 **Explorando o sistema excretor dos mamíferos**

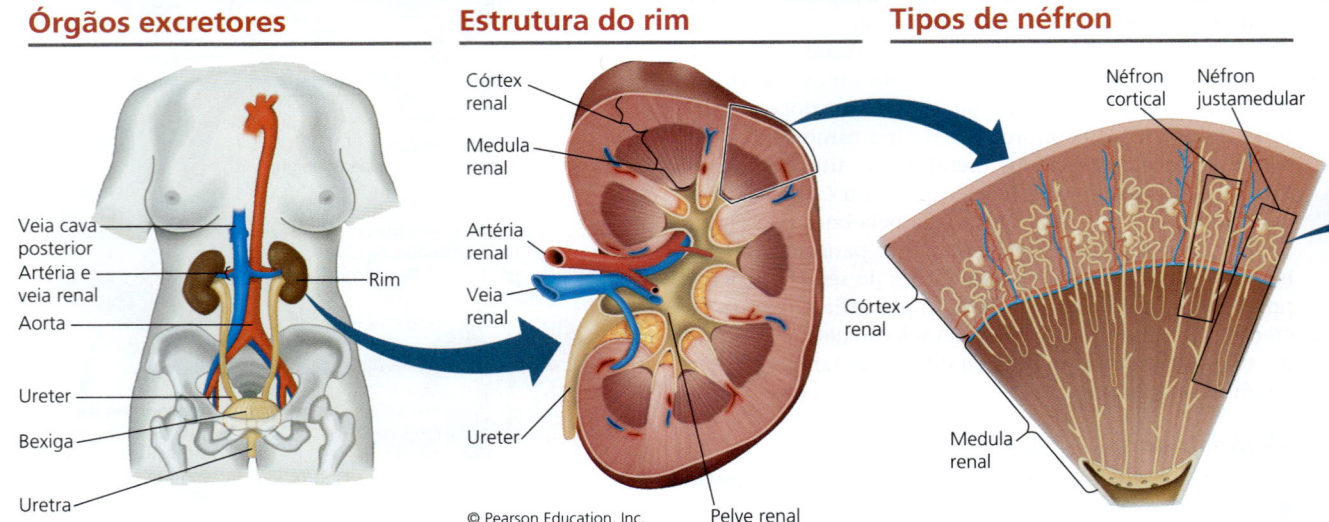

Nos seres humanos, o sistema excretor consiste em um par de **rins** (cada um com cerca de 10 cm de comprimento), bem como órgãos para transportar e armazenar a urina. A urina produzida por cada rim sai por um ducto denominado **ureter**; os dois ureteres drenam para um saco comum chamado de **bexiga**. Durante a micção, a urina é expelida da bexiga pelo tubo denominado **uretra**, que se abre para o exterior perto da vagina nas fêmeas e pelo pênis nos machos. Os músculos do esfíncter, próximos à junção da uretra com a bexiga, regulam a micção.

Cada rim tem um **córtex renal** externo e uma **medula renal** interna. Essas duas regiões são supridas de sangue por uma artéria renal e drenadas por uma veia renal. Dentro do córtex e da medula encontram-se túbulos excretores compactados e vasos sanguíneos associados. Os túbulos excretores carregam e processam um filtrado produzido pelo sangue que entra no rim. Quase todo o líquido do filtrado é reabsorvido para dentro dos vasos sanguíneos circundantes e sai do rim pela veia renal. O líquido restante deixa os túbulos excretores como urina, é coletado na **pelve renal** interna e sai do rim via ureter.

Entrelaçado para trás e para frente do córtex e da medula estão os **néfrons**, as unidades funcionais do rim dos vertebrados. Dos cerca de 1 milhão de néfrons de um rim humano, 85% são **néfrons corticais**, que alcançam apenas uma pequena distância para dentro da medula. Os restantes — os **néfrons justamedulares** — estendem-se profundamente na medula. Os néfrons justamedulares são essenciais para a produção da urina que é hiperosmótica em relação aos líquidos sanguíneos, uma adaptação fundamental para a conservação de água nos mamíferos.

rins são arranjados de uma maneira altamente organizada e estão intimamente associados à rede de capilares. O sistema excretor dos vertebrados também inclui ductos e outras estruturas que transportam urina dos túbulos para fora dos rins e, por fim, do corpo.

Em geral, os rins dos vertebrados não são segmentados. Contudo, os peixes-bruxa (*Myxini*), que são vertebrados sem mandíbula (ver Conceito 34.2), têm rins com túbulos excretores segmentados. Como os peixes-bruxa e outros vertebrados compartilham um mesmo ancestral cordado, é possível que as estruturas excretoras dos ancestrais vertebrados também fossem segmentadas.

Concluiremos esta introdução aos sistemas excretores explorando a anatomia do rim de mamíferos e de estruturas associadas **(Figura 44.12)**. Familiarizar-se com os termos e diagramas nesta figura dará a você uma base sólida para aprender sobre o processamento do filtrado no rim, o foco da próxima seção deste capítulo.

REVISÃO DO CONCEITO 44.3

1. Compare e contraste as rotas pelas quais os produtos dos resíduos metabólicos entram nos sistemas excretores dos vermes planos, anelídeos e insetos.
2. Onde e como o filtrado se origina no rim dos vertebrados e por qual das duas rotas os componentes do filtrado saem do rim?
3. **E SE?** Com frequência, a insuficiência renal é tratada por hemodiálise, em que o sangue desviado para fora do corpo é filtrado e, após, passado por uma membrana semipermeável. O líquido, denominado dialisado, flui em sentido oposto no outro lado da membrana. Na substituição da reabsorção e da secreção de solutos em um rim funcional, a composição do dialisado inicial é crucial. Que composição inicial de soluto funcionaria bem?

Ver as respostas sugeridas no Apêndice A.

Organização do néfron

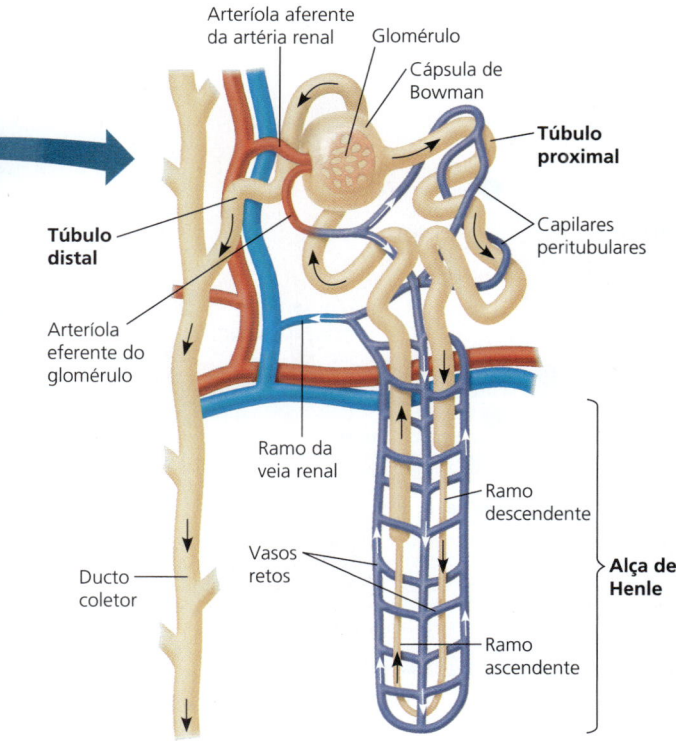

Cada néfron consiste em um único túbulo longo e uma bola de capilares denominada **glomérulo**. A extremidade cega do túbulo, expandida em forma de taça, denomina-se **cápsula de Bowman** e envolve o glomérulo. O filtrado é formado quando a pressão sanguínea força o líquido do sangue no glomérulo para dentro do lúmen da cápsula de Bowman. O processamento ocorre à medida que o filtrado passa pelas três regiões principais do néfron: o **túbulo proximal**, a **alça de Henle** (uma volta em forma de grampo com um ramo descendente e um ramo ascendente) e o **túbulo distal**. Um **ducto coletor** recebe o filtrado processado de muitos néfrons e o transporta para a pelve renal.

Cada néfron é abastecido de sangue por uma *arteríola aferente*, um desdobramento da artéria renal que se ramifica e forma os capilares do glomérulo. Os capilares convergem à medida que deixam o glomérulo, formando uma *arteríola eferente*. As ramificações desse vaso formam os **capilares peritubulares**, que circundam os túbulos proximal e distal. Outras ramificações prolongam-se para baixo e formam os **vasos retos** (*vasa recta*), capilares em forma de grampo que servem a medula renal, incluindo a longa alça de Henle de néfrons justamedulares.

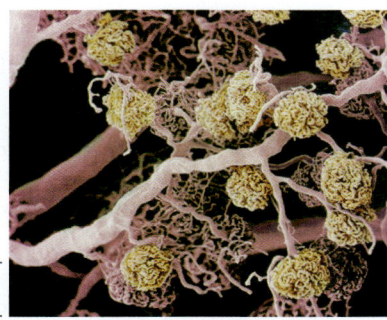

▶ Nesta imagem de MEV de vasos sanguíneos de um rim humano densamente compactados, as arteríolas e os capilares peritubulares têm cor rosada, e os glomérulos têm cor amarela.

CONCEITO 44.4

O néfron é organizado para o processamento gradual de sangue filtrado

No rim humano, o filtrado se forma quando o líquido passa da corrente sanguínea para o lúmen da cápsula de Bowman. Os capilares glomerulares e as células especializadas da cápsula de Bowman retêm células sanguíneas e moléculas grandes, como proteínas plasmáticas, mas são permeáveis à água e a pequenos solutos. Assim, o filtrado produzido na cápsula contém sais, glicose, aminoácidos, vitaminas, resíduos nitrogenados e outras moléculas pequenas. Visto que essas moléculas passam livremente entre os capilares glomerulares e a cápsula de Bowman, as concentrações dessas substâncias no filtrado inicial são as mesmas das existentes no sangue.

Sob condições normais, aproximadamente 1.600 L de sangue fluem através de um par de rins humanos por dia, produzindo cerca de 180 L de filtrado inicial. O volume e a composição do filtrado mudam acentuadamente no decorrer do processamento. Aproximadamente 99% da água e quase todos os açúcares, aminoácidos, vitaminas e outros nutrientes orgânicos são reabsorvidos para o sangue, deixando apenas cerca de 1,5 L de urina para ser transportado até a bexiga.

Em mais detalhes: do filtrado sanguíneo até a urina

Para explorar como o filtrado é processado para urina, vamos segui-lo ao longo do seu trajeto no néfron. Cada número circulado no texto e na figura refere-se ao processamento

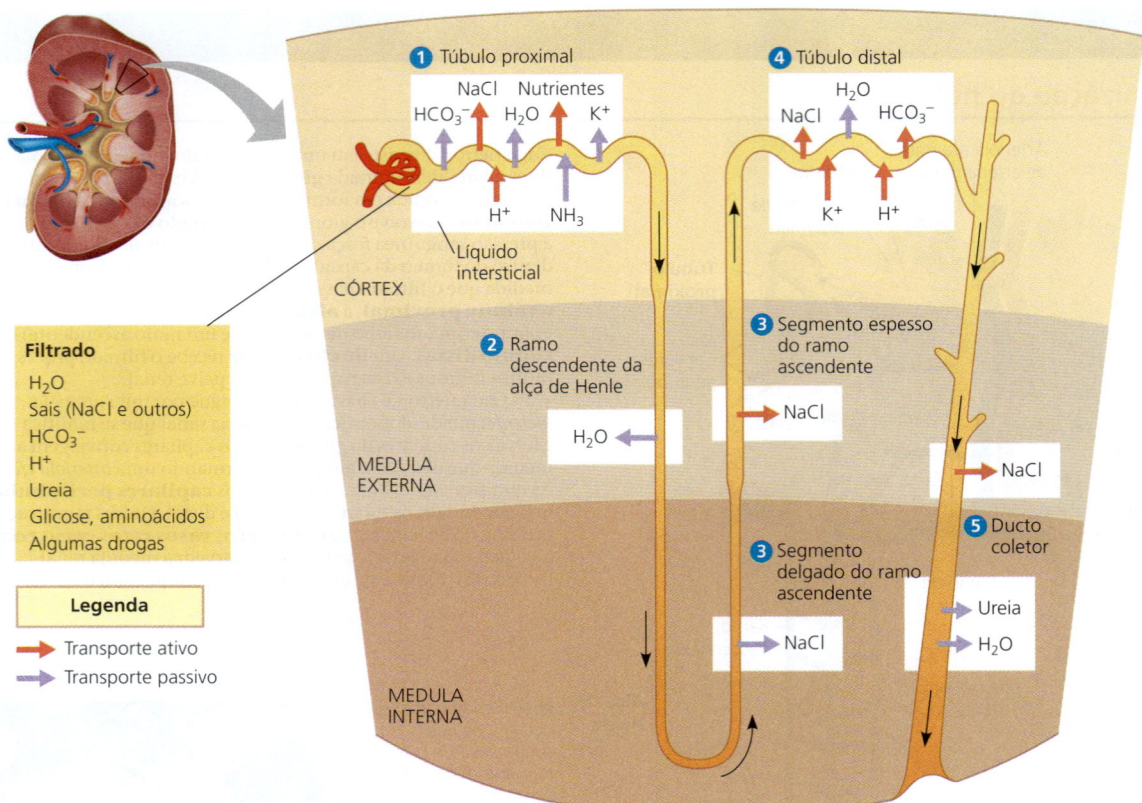

▲ **Figura 44.13 Néfron e ducto coletor: funções por região do epitélio de transporte.** As regiões numeradas neste diagrama estão associadas aos números circulados na discussão sobre função renal no texto.

❓ *Algumas células que revestem os túbulos no rim mantêm seu volume normal mediante síntese de solutos orgânicos. Onde no rim você esperaria encontrar essas células? Explique.*

nos epitélios de transporte à medida que o filtrado se move através do córtex e da medula renal **(Figura 44.13)**.

❶ **Túbulo proximal.** A reabsorção no túbulo proximal é crucial para a recaptura de íons, água e nutrientes importantes a partir do enorme volume do filtrado inicial. O NaCl (sal) no filtrado entra nas células do epitélio de transporte por difusão facilitada e mecanismos de cotransporte. Lá, íons Na^+ são transferidos para o líquido intersticial por transporte ativo (ver Conceito 7.4). Essa transferência de carga positiva do túbulo regula o transporte passivo de Cl^-.

À medida que o sal se move do filtrado para o líquido intersticial, a água segue por osmose, reduzindo consideravelmente o volume do filtrado. O sal e a água que saem do filtrado se difundem do líquido intersticial para os capilares peritubulares. Glicose, aminoácidos, íons potássio (K^+) e outras substâncias essenciais são também transportadas ativa ou passivamente do filtrado para o líquido intersticial e, a seguir, para os capilares peritubulares.

O processamento do filtrado no túbulo proximal ajuda a manter um pH relativamente constante nos líquidos do corpo. As células do epitélio de transporte secretam H^+ para o lúmen do túbulo, mas também sintetizam e secretam amônia, que atua como tampão para reter H^+ na forma de íons amônio (NH_4^+). Quanto mais ácido for o filtrado, mais amônia as células produzem e secretam, e a urina de um mamífero geralmente contém parte da amônia proveniente dessa fonte (ainda que a maior parte do resíduo nitrogenado seja excretada como ureia). Os túbulos proximais também reabsorvem cerca de 90% do tampão bicarbonato (HCO_3^-) do filtrado, contribuindo ainda mais para o equilíbrio do pH nos líquidos do corpo.

À medida que o filtrado passa pelo túbulo proximal, os materiais a serem excretados tornam-se concentrados. Muitos resíduos deixam os líquidos do corpo durante o processo não seletivo de filtração e permanecem no filtrado enquanto água e sais são reabsorvidos. A ureia, por exemplo, é reabsorvida a uma taxa muito inferior à do sal e da água. Além disso, alguns materiais são secretados ativamente dos tecidos circundantes para o filtrado. Por exemplo, drogas e toxinas processadas no fígado passam dos capilares peritubulares para o líquido intersticial. Essas moléculas, então, são secretadas ativamente pelo epitélio de transporte para dentro do lúmen do túbulo proximal.

② Ramo descendente da alça de Henle. Ao deixar o túbulo proximal, o filtrado entra na alça de Henle, a qual, então, reduz o volume do filtrado por meio de diferentes estágios de movimento de água e sal. Na primeira porção da alça, o ramo descendente, diversos canais de água formados pela proteína **aquaporina** tornam o epitélio de transporte permeável à água. Em contrapartida, quase não há canais para sais e outros solutos pequenos, resultando em uma permeabilidade muito baixa para essas substâncias.

Para que a água se desloque para fora do túbulo por osmose, é necessário que o líquido intersticial que banha o túbulo seja hiperosmótico para o filtrado. Essa condição é obtida ao longo de todo o ramo descendente porque a osmolaridade do líquido intersticial aumenta progressivamente do córtex até a medula. Por conseguinte, o filtrado perde água e aumenta em concentração de solutos em cada ponto da sua trajetória no ramo descendente. A osmolaridade mais alta (cerca de 1.200 mOsm/L) ocorre no cotovelo da alça de Henle.

③ Ramo ascendente da alça de Henle. O filtrado alcança a ponta da alça e, então, retorna ao córtex no ramo ascendente. Diferente do ramo descendente, o ramo ascendente possui um epitélio de transporte sem canais de água. Consequentemente, no ramo ascendente, a membrana epitelial em contato com o filtrado é impermeável à água.

O ramo ascendente tem duas regiões especializadas: um segmento delgado próximo à ponta da alça e um segmento espesso adjacente ao túbulo distal. À medida que o filtrado ascende no segmento delgado, o NaCl, que ficou concentrado no ramo descendente, difunde-se para fora do túbulo permeável, para o líquido intersticial. Esse movimento de NaCl para fora do túbulo ajuda a manter a osmolaridade do líquido intersticial na medula.

No segmento espesso do ramo ascendente, o movimento de NaCl para fora do filtrado continua. Aqui, no entanto, o epitélio transporta ativamente NaCl para o líquido intersticial. Em razão da perda de sal, mas não de água, o filtrado se torna progressivamente mais diluído à medida que se move para o córtex na alça do ramo ascendente.

Embora a alça de Henle tenha um pequeno efeito líquido na composição do filtrado, ela é um sítio importante para a recuperação de água (alça descendente) e sal (alça ascendente) do filtrado. Essa recuperação é a base da conservação de água em vertebrados terrestres, como vamos explorar brevemente.

④ Túbulo distal. O túbulo distal exerce um papel-chave na regulação da concentração de K^+ e de NaCl nos líquidos do corpo. Essa regulação envolve a variação na quantidade de K^+ secretada para o filtrado, assim como na quantidade de NaCl reabsorvida do filtrado. O túbulo distal também contribui para a regulação do pH pelo controle da secreção de H^+ e reabsorção de HCO_3^-.

⑤ Ducto coletor. O ducto coletor processa o filtrado para a urina e o transporta para a pelve renal (ver Figura 44.12). À medida que o filtrado passa pelo epitélio de transporte do ducto coletor, o controle hormonal da permeabilidade e do transporte determina até que ponto a urina se torna concentrada.

Quando os rins estão conservando água, os canais de aquaporina no ducto coletor permitem que as moléculas de água atravessem o epitélio. Ao mesmo tempo, o epitélio permanece impermeável ao sal e, no córtex renal, à ureia. À medida que o ducto coletor atravessa o gradiente de osmolaridade no rim, o filtrado se torna cada vez mais concentrado, perdendo mais e mais água por osmose para o líquido intersticial hiperosmótico. Na medula interna, o ducto torna-se permeável à ureia. Devido à alta concentração de ureia no filtrado nesse ponto, parte dela se difunde para fora do ducto e para o líquido intersticial. Junto com o NaCl, essa ureia contribui para a elevada osmolaridade do líquido intersticial na medula. O resultado é a urina hiperosmótica em relação aos líquidos corporais gerais.

Quando está produzindo urina diluída em vez de concentrada, o ducto coletor absorve sais sem permitir que a água entre junto por osmose. A essa altura, o epitélio carece de canais de aquaporina, e o NaCl é transportado ativamente para fora do filtrado. Como veremos, a presença de canais de água no epitélio do ducto coletor é controlada por hormônios que regulam a pressão, o volume e a osmolaridade do sangue.

Gradientes de solutos e conservação de água

A capacidade do rim dos mamíferos de conservar água é uma adaptação fundamental para hábitats terrestres. Nos seres humanos, a osmolaridade do sangue é de aproximadamente 300 mOsm/L, mas o rim pode excretar urina até quatro vezes mais concentrada – cerca de 1.200 mOsm/L. Alguns mamíferos podem fazer ainda mais: os camundongos-saltadores australianos, pequenos marsupiais que vivem em regiões desérticas, podem produzir urina com osmolaridade de 9.300 mOsm/L, 25 vezes mais concentrada do que a do sangue do animal.

No rim de um mamífero, a produção de urina hiperosmótica só é possível devido ao gasto considerável de energia para o transporte ativo de solutos contra os gradientes de concentração. Os néfrons – especialmente as alças de Henle – podem ser considerados máquinas consumidoras de energia que produzem um gradiente de osmolaridade adequado para extrair água do filtrado no ducto coletor. Os principais solutos que afetam a osmolaridade são o NaCl, que é concentrado na medula renal pela alça de Henle, e a ureia, que atravessa o epitélio do ducto coletor na medula interna.

Concentração de urina no rim de mamíferos

Para compreender a fisiologia do rim de mamíferos como um órgão conservador de água, vamos reconstruir o fluxo do filtrado pelo túbulo excretor. Dessa vez, vamos focar em

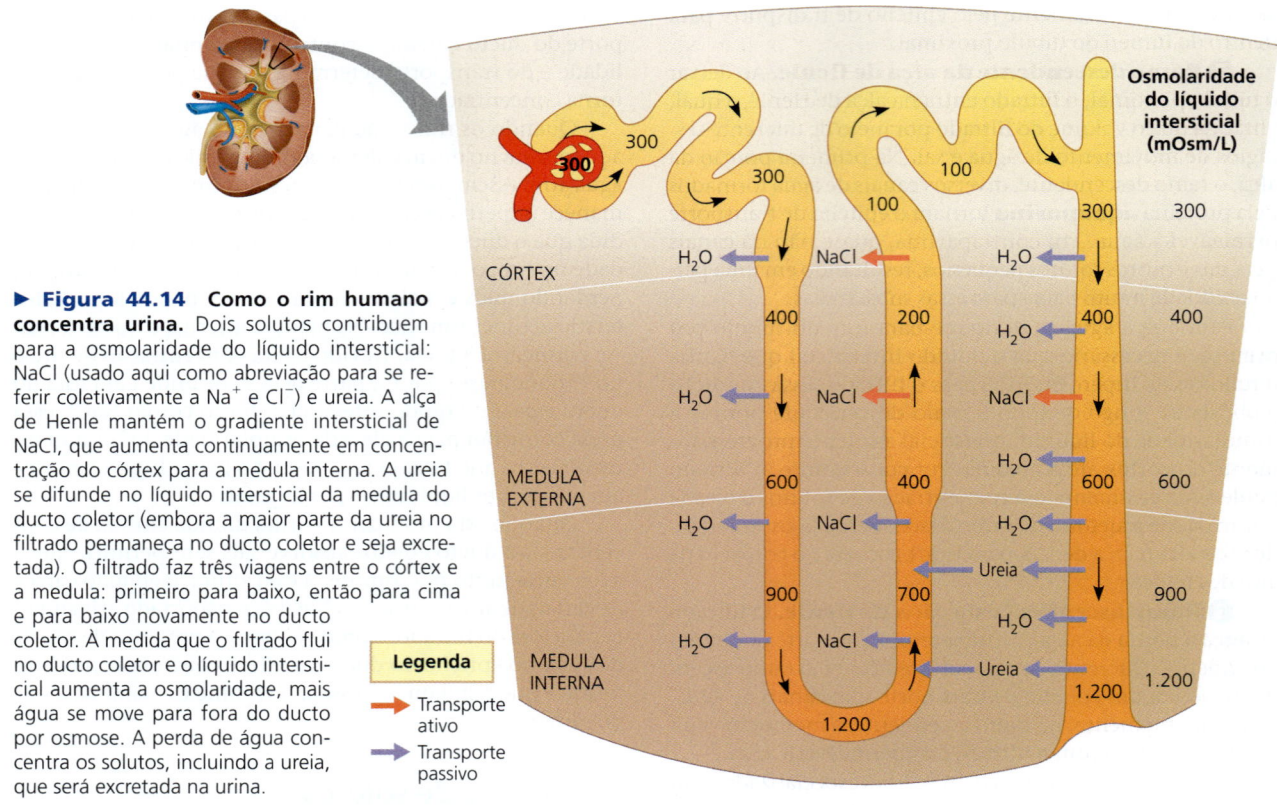

▶ **Figura 44.14 Como o rim humano concentra urina.** Dois solutos contribuem para a osmolaridade do líquido intersticial: NaCl (usado aqui como abreviação para se referir coletivamente a Na^+ e Cl^-) e ureia. A alça de Henle mantém o gradiente intersticial de NaCl, que aumenta continuamente em concentração do córtex para a medula interna. A ureia se difunde no líquido intersticial da medula do ducto coletor (embora a maior parte da ureia no filtrado permaneça no ducto coletor e seja excretada). O filtrado faz três viagens entre o córtex e a medula: primeiro para baixo, então para cima e para baixo novamente no ducto coletor. À medida que o filtrado flui no ducto coletor e o líquido intersticial aumenta a osmolaridade, mais água se move para fora do ducto por osmose. A perda de água concentra os solutos, incluindo a ureia, que será excretada na urina.

E SE? O medicamento furosemida bloqueia o cotransporte de Na^+ e Cl^- no ramo ascendente da alça de Henle. Que efeito esse fármaco teria no volume da urina?

---

como os néfrons justamedulares mantêm um gradiente de osmolaridade nos tecidos que circundam a alça de Henle e como eles utilizam esse gradiente para excretar uma urina hiperosmótica **(Figura 44.14)**. O filtrado que passa da cápsula de Bowman ao túbulo proximal tem aproximadamente a mesma osmolaridade do sangue. Uma grande quantidade de água *e* de sal é reabsorvida do filtrado, à medida que ele flui pelo túbulo proximal no córtex renal. Por isso, o volume do filtrado decresce substancialmente, mas sua osmolaridade permanece quase a mesma.

À medida que o filtrado flui do córtex para a medula no ramo descendente da alça de Henle, a água deixa o túbulo por osmose. Os solutos, incluindo o NaCl, tornam-se mais concentrados, aumentando a osmolaridade do filtrado. A difusão de sal para fora do túbulo é máxima quando o filtrado faz a curva e entra no ramo ascendente da alça, o qual é permeável ao sal, mas não à água. O NaCl que se difunde do ramo ascendente ajuda a manter uma alta osmolaridade no líquido intersticial da medula renal.

A alça de Henle e os capilares do seu entorno atuam com um sistema do tipo contracorrente para gerar o elevado gradiente osmótico entre a medula e o córtex. Lembre-se de que alguns endotermos têm um trocador contracorrente de calor que reduz a perda de calor e que a troca gasosa em contracorrente nas brânquias de peixes maximiza a absorção de oxigênio (ver Figuras 40.13 e 42.21). Nesses casos, os mecanismos contracorrentes envolvem o movimento passivo ao longo de um gradiente de concentrações de oxigênio ou de um gradiente térmico. Em contrapartida, o sistema em contracorrente da alça de Henle envolve transporte ativo e, portanto, um gasto energético. O transporte ativo de NaCl do filtrado na parte superior do ramo descendente da alça mantém uma alta concentração de sal no interior do rim, capacitando esse órgão a produzir urina concentrada. Esses sistemas contracorrentes, que gastam energia para criar gradientes de concentração, são denominados **sistemas multiplicadores contracorrentes**.

O que impede os capilares dos vasos retos de dissipar o gradiente mediante eliminação da elevada concentração de NaCl no líquido intersticial da medula? Conforme mostra a Figura 44.12, os vasos descendentes e ascendentes dos vasos retos transportam sangue em sentidos opostos ao longo do gradiente de osmolaridade do rim. À medida que o vaso descendente transporta o sangue na direção da medula interna, água é perdida do sangue e NaCl é incorporado por difusão. Esses fluxos líquidos são revertidos quando o sangue flui para o córtex no vaso ascendente dos vasos retos, com água entrando novamente no sangue e o sal se difundindo para fora. Desse modo, os vasos retos podem fornecer aos rins nutrientes e outras substâncias importantes transportadas pelo sangue, sem interferir no gradiente de osmolaridade nas medulas interna e externa.

As características de contracorrente da alça de Henle e dos vasos retos ajudam a gerar um acentuado gradiente osmótico entre a medula e o córtex. Entretanto, a difusão finalmente eliminará qualquer gradiente osmótico no interior do tecido animal, a menos que energia seja gasta para manter esse gradiente. No rim, o gasto energético ocorre em grande parte no segmento espesso do ramo ascendente da alça de Henle, onde o NaCl é transportado ativamente para fora do túbulo. Mesmo com os benefícios da troca contracorrente, esse processo – junto com outros sistemas de transporte renal ativo – consome quantidade considerável de ATP. Portanto, para o seu tamanho, o rim é o órgão com uma das taxas metabólicas mais altas.

Como consequência do transporte ativo de NaCl para fora do segmento espesso do ramo ascendente, o filtrado é, na verdade, hiposmótico em relação aos líquidos corporais quando ele chega ao túbulo distal. A seguir, o filtrado desce novamente na direção da medula, dessa vez no ducto coletor, que é permeável à água, mas não ao sal. Por isso, a osmose extrai a água do filtrado à medida que ele passa do córtex para a medula e encontra o líquido intersticial de osmolaridade crescente. Esse processo concentra sal, ureia e outros solutos no filtrado. Parte da ureia sai da porção inferior do ducto coletor e contribui para a alta osmolaridade intersticial da medula interna. (Essa ureia é reciclada por difusão para dentro da alça de Henle, mas o vazamento contínuo a partir do ducto coletor mantém uma alta concentração intersticial da ureia.) Quando o rim concentra a urina ao máximo, ela atinge 1.200 mOsm/L, a osmolaridade do líquido intersticial na medula interna. Embora *isosmótica* em relação ao líquido intersticial da medula interna, a urina é *hiperosmótica* em relação ao sangue e ao líquido intersticial em qualquer outro lugar do corpo. Essa osmolaridade elevada permite que os solutos permaneçam na urina a ser excretada do corpo com mínima perda de água.

Adaptações do rim dos vertebrados a ambientes diversos

EVOLUÇÃO Os vertebrados ocupam hábitats que variam de florestas pluviais a desertos e de alguns dos corpos d'água mais salgados até águas quase puras de lagos de montanhas. A comparação dos vertebrados entre diferentes ambientes revela variações adaptativas na estrutura e na função do néfron. No caso dos mamíferos, por exemplo, a presença de néfrons justamedulares é uma adaptação importante que os permite descartar sais e resíduos nitrogenados sem desperdiçar água. As diferenças entre espécies quanto ao comprimento da alça de Henle nos néfrons justamedulares e aos números relativos de néfrons justamedulares e corticais ajudam a fazer o ajuste fino da osmorregulação para hábitats particulares.

Mamíferos

Os mamíferos que excretam urina mais hiperosmótica, como os camundongos-saltadores australianos, os ratos-cangurus da América do Norte e outros mamíferos de desertos, têm muitos néfrons justamedulares com alças de Henle que se estendem profundamente na medula. As alças longas mantêm gradientes osmóticos acentuados no rim, resultando em urina muito concentrada à medida que ela passa do córtex para a medula renal nos ductos coletores.

Por outro lado, os castores, os ratos-almiscarados e outros mamíferos aquáticos, que passam a maior parte do tempo na água doce e raramente enfrentam problemas de desidratação, têm principalmente néfrons corticais, resultando em uma capacidade muito menor de concentrar a urina. Os mamíferos terrestres que vivem em condições úmidas têm alças de Henle de comprimento intermediário e a capacidade de produzir urina de concentração intermediária à produzida por mamíferos de água doce e de deserto.

Estudo de caso: *função renal no morcego-vampiro*

O morcego-vampiro da América do Sul mostrado na **Figura 44.15** ilustra a versatilidade do rim de mamíferos. Essa espécie alimenta-se à noite de sangue de aves e mamíferos grandes. O morcego utiliza seus dentes afiados para fazer uma pequena incisão na pele da presa e, após, bebe o sangue da ferida (normalmente, a presa não é gravemente ferida). Anticoagulantes na saliva do morcego impedem que o sangue coagule.

Um morcego-vampiro consegue procurar durante horas e voar grandes distâncias para localizar uma vítima adequada. Quando encontra a presa, ele se beneficia do consumo da máxima quantidade de sangue possível. Muitas vezes, por ingerir mais da metade da sua massa corporal, o morcego corre o risco de ficar demasiadamente pesado para voar. À medida que o morcego se alimenta, entretanto, seu rim excreta grandes volumes de urina diluída, de até 24% da massa corporal por hora. Tendo perdido peso suficiente para alçar voo, o morcego pode voar de volta a seu abrigo em uma caverna ou árvore oca, onde passa o dia.

No abrigo, o morcego enfrenta um problema de regulação diferente. A maior parte da nutrição que ele obtém do sangue está sob forma de proteína. A digestão de proteínas gera grandes quantidades de ureia, mas nos abrigos os

▶ **Figura 44.15** Um morcego-vampiro (*Desmodus rotundus*), um mamífero com desafios excretores únicos.

morcegos não têm a água necessária para diluí-la. Em vez disso, seus rins passam a produzir quantidades pequenas de urina altamente concentrada (com até 4.600 mOsm/L), ajuste que elimina a carga de ureia e conserva o máximo possível de água. A capacidade do morcego-vampiro de alternar rapidamente entre produzir quantidades grandes de urina diluída e quantidades pequenas de urina bastante hiperosmótica é uma parte essencial da sua adaptação a uma fonte alimentar incomum.

Aves e outros répteis

A maioria das aves, incluindo o albatroz (ver Figura 44.1) e o avestruz **(Figura 44.16)**, vive em ambientes desidratantes. Assim como os mamíferos, mas nenhuma outra espécie, as aves têm rins com néfrons justamedulares. No entanto, os néfrons de aves têm alças de Henle que se aprofundam menos na medula do que as dos mamíferos. Assim, os rins das aves não conseguem concentrar urina de osmolaridades altas, como fazem os dos mamíferos. Embora as aves consigam produzir urina hiperosmótica, sua principal adaptação para conservação da água é ter o ácido úrico como molécula de resíduo nitrogenado.

Os rins de outros répteis possuem somente néfrons corticais, produzindo urina isosmótica ou hiposmótica em relação aos líquidos corporais. Contudo, o epitélio da cloaca, por onde a urina e as fezes saem do corpo, conserva o líquido mediante absorção da água desses resíduos. Como as aves, a maioria dos outros répteis excretam seus resíduos nitrogenados como ácido úrico.

Peixes de água doce e anfíbios

Hiperosmóticos em relação ao seu entorno, os peixes de água doce produzem grandes volumes de urina muito diluída. Seus rins, que são preenchidos com néfrons corticais, produzem filtrado a uma alta taxa. A conservação de sal depende da reabsorção de íons do filtrado nos túbulos distais.

Os rins dos anfíbios funcionam de maneira muito semelhante aos dos peixes de água doce. Quando as rãs estão na água doce, seus rins excretam urina diluída, enquanto sua pele acumula certos sais da água por transporte ativo. Na terra, onde a desidratação é o problema de osmorregulação mais premente, as rãs conservam o líquido corporal mediante reabsorção da água pelo epitélio da bexiga.

Peixes ósseos marinhos

Comparados aos peixes de água doce, os néfrons dos peixes marinhos são menos numerosos e menores, além de não apresentarem túbulo distal. Além disso, seus rins possuem glomérulos pequenos ou nenhum glomérulo. Em concordância com essas características, as taxas de filtração são baixas e muito pouca urina é excretada.

A principal função dos rins em peixes ósseos marinhos é descartar íons bivalentes (aqueles com carga 2+ ou 2−), tais como cálcio (Ca^{2+}), magnésio (Mg^{2+}) e sulfato (SO_4^{2-}). Os peixes marinhos absorvem os íons bivalentes pela ingestão contínua de água do mar. Eles eliminam esses íons secretando-os para os túbulos proximais dos néfrons e excretando-os na urina. A osmorregulação nos peixes ósseos marinhos também depende de *células de cloreto* especializadas nas brânquias. Pelo estabelecimento de gradientes iônicos que permitem a secreção de sal (NaCl) para a água do mar, as células de cloreto mantêm os níveis adequados de íons monovalentes (carga de 1+ ou 1−), como Na^+ e Cl^-.

A geração de gradientes iônicos e o movimento de íons através de membranas são fundamentais para o equilíbrio salino e hídrico em peixes ósseos marinhos. Esses eventos, no entanto, são de modo algum exclusivos a esses organismos ou à homeostase. Conforme ilustrado pelos exemplos na **Figura 44.17**, a osmorregulação por células de cloreto é um dos muitos processos fisiológicos governados pelo movimento de íons através de uma membrana.

REVISÃO DO CONCEITO 44.4

1. O que o número e o comprimento dos néfrons do rim de um peixe indicam sobre o seu hábitat? Como essas características se correlacionam com a taxa de produção de urina?
2. Muitos medicamentos tornam o epitélio do ducto coletor menos permeável à água. Como a ingestão desse tipo de medicamento afetaria a produção renal?
3. **E SE?** Se a pressão sanguínea na arteríola aferente levasse a um decréscimo dos glomérulos, como a taxa de filtração do sangue na cápsula de Bowman seria afetada? Explique.

Ver as respostas sugeridas no Apêndice A.

▲ **Figura 44.16** Um avestruz (*Struthio camelus*), animal bem adaptado a seu ambiente seco.

▼ Figura 44.17

FAÇA CONEXÕES

Movimento e gradientes de íons

O transporte de íons através da membrana plasmática é uma atividade fundamental de todos os animais e, na verdade, de todos os seres vivos. Pela geração de gradientes iônicos, o transporte de íons proporciona a energia potencial que impulsiona os processos que variam desde a regulação de sais e gases nos líquidos internos de um organismo até a percepção e a locomoção no seu ambiente.

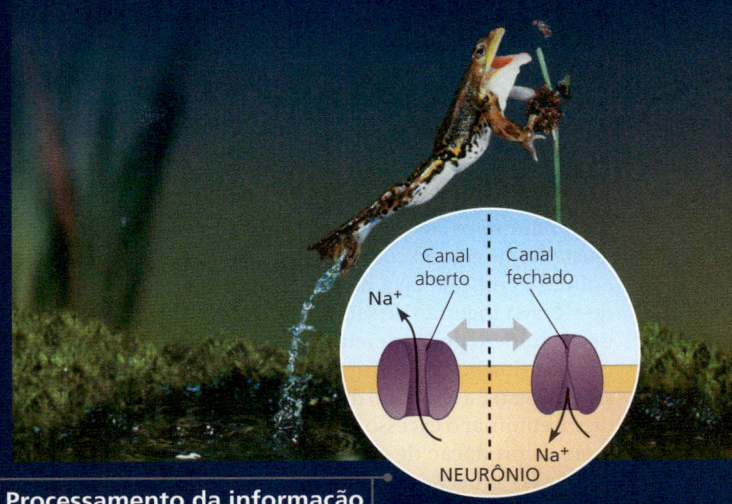

Processamento da informação

Nos neurônios, a abertura e o fechamento de canais seletivos para o sódio e outros íons fundamentam a transmissão de informação como impulsos nervosos. Esses sinais permitem aos sistemas nervosos receber e processar a entrada (*input*), bem como direcionar apropriadamente a saída (*output*), como este salto de uma rã capturando uma presa. (Ver Conceito 48.3 e Conceito 50.5.)

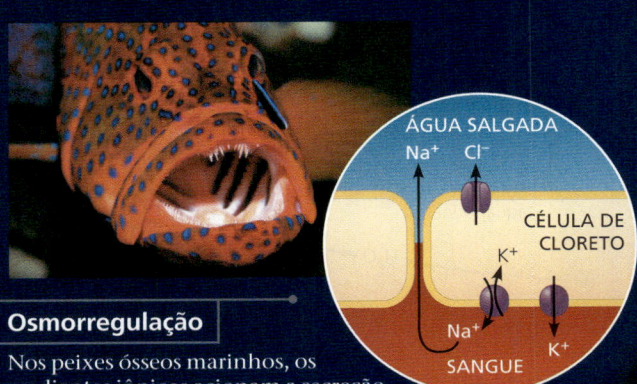

Osmorregulação

Nos peixes ósseos marinhos, os gradientes iônicos acionam a secreção de sal (NaCl), um processo essencial para evitar a desidratação. Dentro das brânquias, as bombas, cotransportadores e canais de células de cloreto especializadas atuam conjuntamente para conduzir o sal do sangue através do epitélio das brânquias e para a água salgada circundante. (Ver Figura 44.3.)

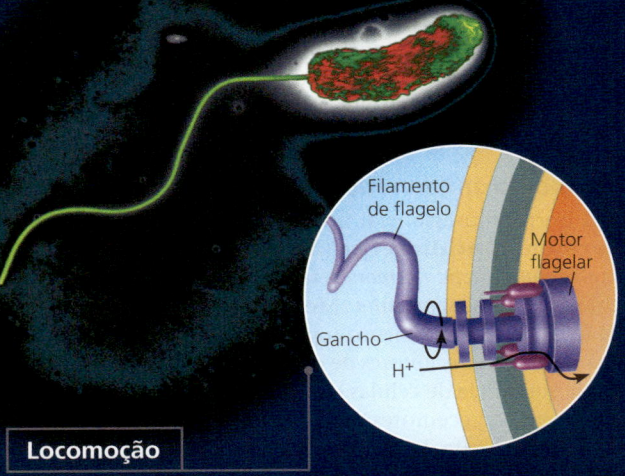

Locomoção

Um gradiente de íons H⁺ propulsiona o flagelo bacteriano. Uma cadeia de transporte de elétrons gera esse gradiente, criando uma concentração mais alta de H⁺ fora da célula bacteriana. Os prótons que reingressam na célula fornecem uma força que provoca a rotação do motor flagelar. O motor em rotação gira o gancho curvado, fazendo o filamento fixado impulsionar a célula. (Ver Conceito 9.4 e Figura 27.7.)

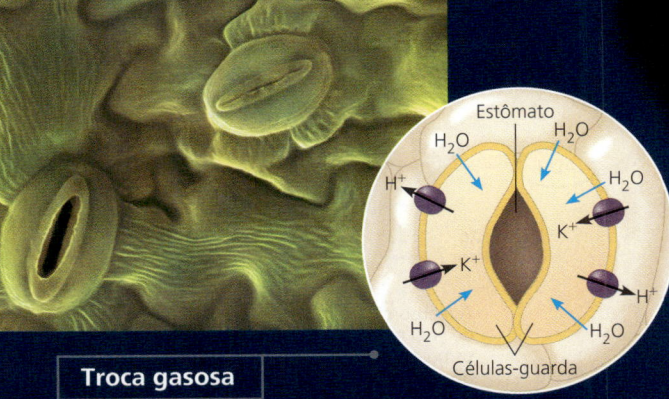

Troca gasosa

Os gradientes iônicos fornecem a base para a abertura dos estômatos (estruturas epidérmicas vegetais) pelas células-guarda adjacentes. O transporte ativo de H⁺ fora de uma célula-guarda gera uma voltagem (potencial de membrana) que direciona o movimento para dentro de íons K⁺. Essa captação de íons pelas células-guarda desencadeia um afluxo osmótico de água que altera a forma celular. Desse modo, as células-guarda ficam curvadas para fora, e o estômato se abre. (Ver Conceito 36.4.)

FAÇA CONEXÕES

Explique por que o conjunto de forças que regula o movimento através da membrana plasmática de uma célula é descrito como um gradiente eletroquímico (elétrico e químico) (ver Conceito 7.4).

CONCEITO 44.5

Os circuitos hormonais vinculam a função renal, o equilíbrio hídrico e a pressão sanguínea

Nos mamíferos, o volume e a osmolaridade da urina são ajustados de acordo com o equilíbrio hídrico e de sais de um animal e com sua taxa de produção de ureia. Nas situações de elevada ingestão de sais e baixa disponibilidade de água, um mamífero pode excretar ureia e sais em volumes pequenos de urina hiperosmótica com perda mínima de água. Se o sal é escasso e a absorção de líquido é alta, o rim pode, em vez disso, eliminar o excesso de água com pouca perda de sal por meio da produção de grandes volumes de urina hiposmótica. Nessas situações, a urina pode ser diluída a 70 mOsm/L, menos de um quarto da osmolaridade do sangue humano.

Como o volume e a osmolaridade da urina são regulados de maneira tão eficiente? Nesta parte final do capítulo, exploraremos os dois principais circuitos de controle que respondem a diferentes estímulos e juntos restabelecem e mantêm o equilíbrio hídrico e de sais normal.

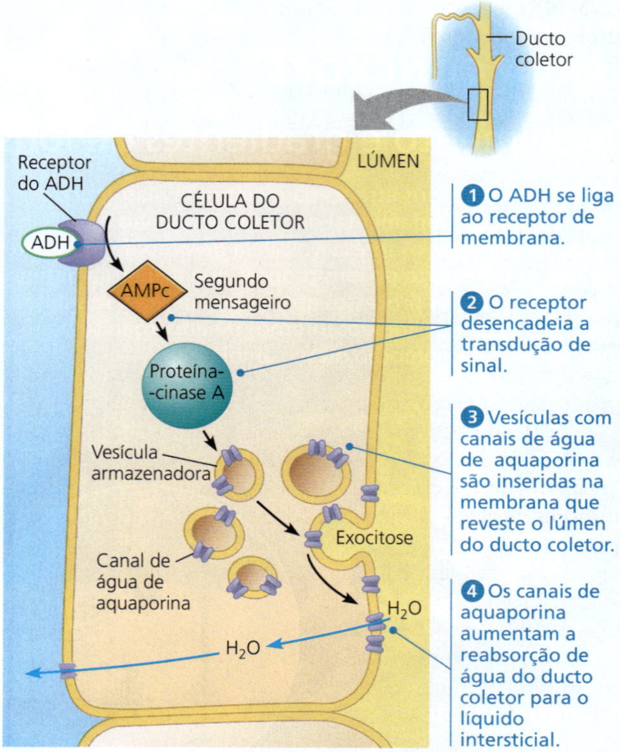

Regulação homeostática do rim

Uma combinação de controles nervosos e hormonais comanda a função osmorreguladora do rim dos mamíferos. Por meio dos seus efeitos sobre a quantidade e a osmolaridade de urina, esses controles contribuem para a homeostase da pressão e do volume sanguíneos.

▲ **Figura 44.18** Controle da permeabilidade do ducto coletor pelo hormônio antidiurético (ADH).

Hormônio antidiurético

Um hormônio essencial no rim é o **hormônio antidiurético** (**ADH**, do inglês *antidiuretic hormone*), também chamado de *vasopressina*. Moléculas de ADH liberadas da neuro-hipófise se ligam e ativam receptores de membrana na superfície de células dos ductos coletores. Os receptores ativados iniciam uma cascata de transdução de sinal que direciona a inserção de proteínas aquaporinas para a membrana que reveste o ducto coletor **(Figura 44.18)**. Mais canais de aquaporina resultam em mais reabsorção de água, reduzindo o volume da urina (um alto nível de produção de urina é chamado de diurese; o ADH é, portanto, chamado de hormônio *anti*diurético).

Para compreender o circuito regulador baseado no ADH, vamos considerar primeiro o que ocorre quando a osmolaridade sanguínea se eleva, como após a ingestão de alimento salgado ou após perder água pelo suor **(Figura 44.19)**. Quando a osmolaridade sobe acima da faixa normal

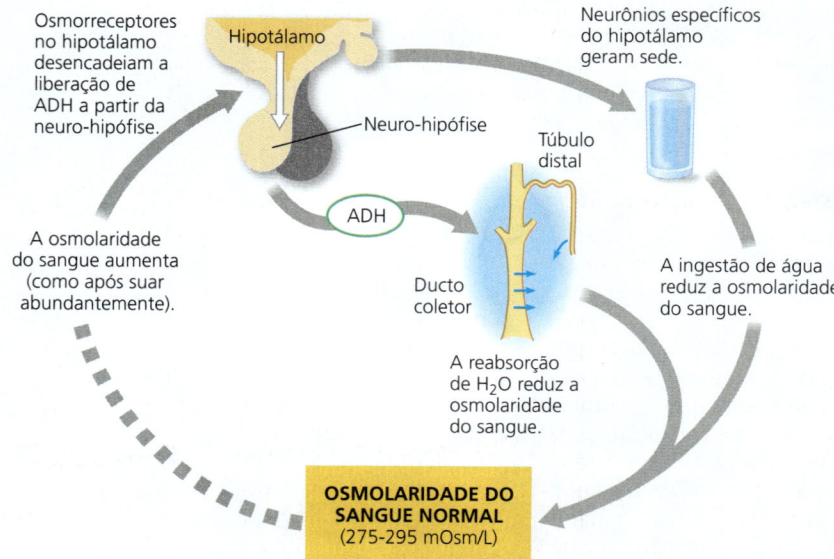

▲ **Figura 44.19 Regulação da retenção de líquido no rim.** Os osmorreceptores no hipotálamo monitoram a osmolaridade do sangue por meio dos seus efeitos sobre a difusão de água para dentro ou para fora das células receptoras. Quando a osmolaridade do sangue aumenta, sinais dos osmorreceptores provocam liberação de ADH da neuro-hipófise e geram sede. A reabsorção de água no ducto coletor e a ingestão de água restabelecem a osmolaridade sanguínea, inibindo a secreção de ADH.

(275-295 mOsm/L), células osmorreceptoras no hipotálamo provocam o aumento na liberação de ADH da neuro-hipófise. O aumento resultante na reabsorção de água no ducto coletor concentra a urina, reduz o seu volume e diminui a osmolaridade para a faixa normal. À medida que a osmolaridade no sangue cai, um mecanismo de retroalimentação negativa reduz a atividade da célula osmorreceptora no hipotálamo, e a secreção de ADH é reduzida.

O que acontecerá se, em vez de ingerir sal ou suar em abundância, você beber uma quantidade grande de água? A osmolaridade do sangue diminui para abaixo da faixa normal, causando uma queda na secreção de ADH até um nível muito baixo. O decréscimo resultante na permeabilidade dos ductos coletores reduz a reabsorção de água, resultando na descarga de grandes volumes de urina diluída.

Contrariamente ao senso comum, bebidas com cafeína não aumentam a produção de urina em um grau superior à água em volume comparável: diversos estudos com consumidores de café e de chá não encontraram efeito diurético pela cafeína.

A osmolaridade do sangue, a liberação do ADH e a reabsorção de água no rim são normalmente ligadas em um circuito de retroalimentação que contribui para a homeostase. Qualquer distúrbio imposto a esse circuito pode interferir no equilíbrio hídrico. Por exemplo, o álcool inibe a liberação do ADH, levando a uma perda excessiva de água urinária e desidratação (que pode causar alguns dos sintomas de uma ressaca).

Mutações que impedem a produção do ADH ou que inativam o gene do receptor do ADH desorganizam a homeostase pelo bloqueio da inserção de canais de aquaporina adicionais à membrana do ducto coletor. O distúrbio resultante pode causar desidratação grave e desequilíbrio de solutos devido à produção de urina copiosa e diluída. Esses sintomas dão nome à doença diabetes insípido (do grego para "atravessar" e "sem sabor"). Mutações em um gene da aquaporina poderiam ter um efeito similar? A **Figura 44.20** descreve uma abordagem experimental que trata dessa questão.

Sistema renina-angiotensina-aldosterona

A liberação de ADH é uma resposta a um aumento na osmolaridade do sangue, como quando o corpo está desidratado pela perda excessiva de água ou pela ingestão inadequada de água. Contudo, uma perda excessiva de sal ou de líquidos corporais – causada, por exemplo, por um ferimento grave ou uma diarreia intensa – reduzirá o volume de sangue *sem* aumentar a osmolaridade. Considerando que isso não afetará a liberação de ADH, como o corpo responde? Acontece que um circuito endócrino denominado **sistema renina-angiotensina-aldosterona (SRAA)** também regula a função renal. O SRAA responde à queda no volume e na pressão do sangue aumentando a reabsorção de água e Na⁺.

O SRAA envolve o **aparato justaglomerular (AJG)**, um tecido especializado consistindo em células ao redor da arteríola aferente, a qual fornece sangue ao glomérulo. Quando a pressão sanguínea ou o volume sanguíneo cai na arteríola aferente (p. ex., como consequência de

▼ **Figura 44.20** Pesquisa

Mutações na aquaporina podem causar diabetes?

Experimento Pesquisadores estudaram um paciente com diabetes insípido que tinha um gene receptor de ADH normal, mas dois alelos mutantes (A e B) do gene aquaporina-2. As alterações resultantes são mostradas abaixo em um alinhamento de sequências proteicas que inclui outras espécies.

Fonte da sequência gênica de aquaporina-2	Aminoácidos 183-191* na proteína codificada	Aminoácidos 212-220* na proteína codificada
Rã (*Xenopus laevis*)	MNPARSFAP	GIFASLIYN
Lagarto (*Anolis carolinensis*)	MNPARSFGP	AVVASLLYN
Galinha (*Gallus gallus*)	MNPARSFAP	AAAASIIYN
Humano (*Homo sapiens*)	MNPARSLAP	AILGSLLYN
Resíduos conservados	MNPARS-P	-S-YN
Gene do paciente: alelo A	MNPACSLAP	AILGSLLYN
Gene do paciente: alelo B	MNPARSLAP	AILGPLLYN

*Os números são baseados na sequência da proteína aquaporina-2 humana.

Cada mutação alterou a sequência proteica em uma posição altamente conservada. Para testar a hipótese de que as mudanças afetam a função, os pesquisadores usaram oócitos de rã, células que expressarão RNA mensageiro estranho e podem ser coletadas facilmente de uma fêmea de rã adulta.

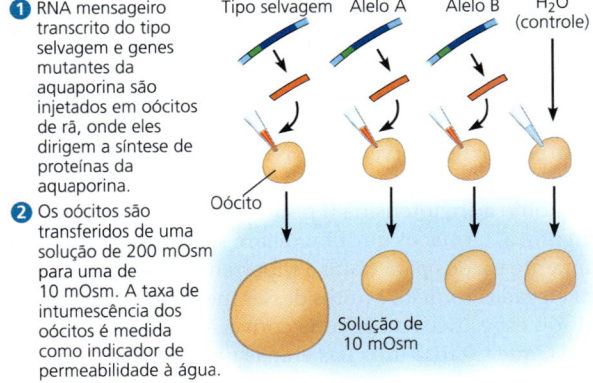

❶ RNA mensageiro transcrito do tipo selvagem e genes mutantes da aquaporina são injetados em oócitos de rã, onde eles dirigem a síntese de proteínas da aquaporina.

❷ Os oócitos são transferidos de uma solução de 200 mOsm para uma de 10 mOsm. A taxa de intumescência dos oócitos é medida como indicador de permeabilidade à água.

Resultados

Fonte de mRNA injetado	Taxa de dilatação (μm/s)
Tipo selvagem humano	196
Alelo A do paciente	17
Alelo B do paciente	18
Nenhum (controle H₂O)	20

Conclusão Como cada mutação torna a aquaporina inativa como um canal de água, os pesquisadores concluíram que essas mutações provocam o distúrbio comum aos pacientes.

Dados de: P. M. Deen et al., Requirement of human renal water channel aquaporin-2 for vasopressin-dependent concentration of urine, *Science* 264:92-95 (1994).

E SE? *Se você medisse os níveis de ADH em pacientes com mutações nos receptores de ADH e em pacientes com mutações na aquaporina, o que esperaria encontrar, em comparação com indivíduos do tipo selvagem?*

▶ **Figura 44.21** A regulação do volume e da pressão sanguíneos pelo sistema renina-angiotensina-aldosterona (SRAA).

HABILIDADES VISUAIS *Identifique cada seta que representa a secreção de um hormônio.*

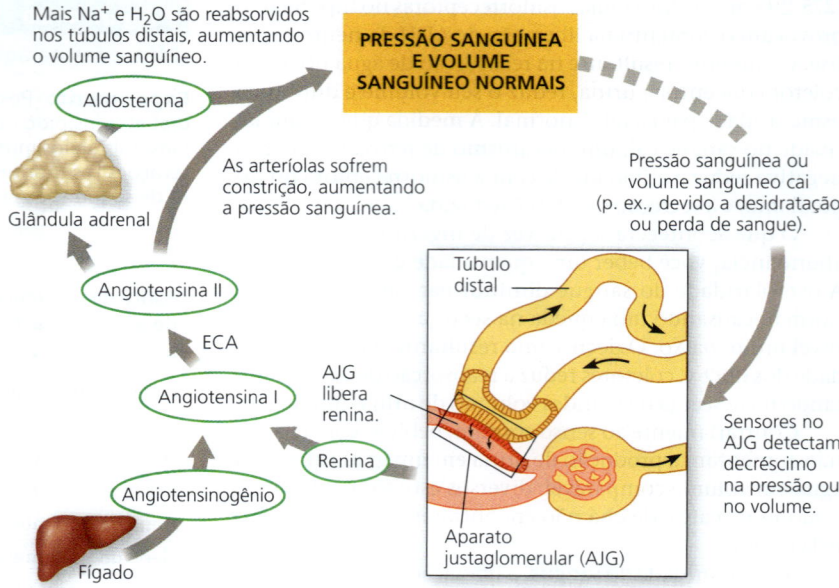

desidratação), o AJG libera a enzima renina. A renina inicia uma sequência de etapas que decompõem uma proteína plasmática chamada de angiotensinogênio, produzindo um peptídeo chamado *angiotensina II* **(Figura 44.21)**.

Atuando como um hormônio, a angiotensina II provoca vasoconstrição, aumentando a pressão sanguínea e diminuindo o fluxo de sangue para os capilares no rim (e nos outros órgãos). A angiotensina II também estimula as glândulas adrenais a liberar um hormônio denominado *aldosterona*. Esse hormônio faz os túbulos distais dos néfrons e o ducto coletor reabsorverem mais Na^+ e água, aumentando o volume e a pressão sanguíneos.

Como a angiotensina II resulta no aumento da pressão sanguínea, fármacos que bloqueiam sua produção são amplamente usados para tratar a hipertensão (pressão sanguínea elevada crônica). Muitos desses medicamentos são inibidores específicos da enzima conversora de angiotensina (ECA), que catalisa uma das etapas na produção de angiotensina II.

O SRAA opera como um circuito de retroalimentação. Uma queda na pressão sanguínea e no volume sanguíneo desencadeia a liberação de renina. A produção resultante de angiotensina II e a liberação de aldosterona causam um aumento na pressão e no volume sanguíneos, reduzindo a liberação de renina do AJG.

Regulação coordenada do balanço de sal e de água

O ADH e o SRAA aumentam a reabsorção de água no rim. Entretanto, embora o ADH sozinho diminuiria a concentração sanguínea de Na^+ por meio da reabsorção de água no rim, o SRAA ajuda a manter a osmolaridade do líquido corporal dentro da faixa normal ao estimular a reabsorção de Na^+.

Outro hormônio, o **peptídeo natriurético atrial** (**ANP**, do inglês *atrial natriuretic peptide*), opõe-se ao SRAA. As paredes dos átrios do coração liberam ANP em resposta a um aumento do volume e da pressão sanguíneos. O ANP inibe a liberação de renina do AJG, inibe a reabsorção de NaCl pelos ductos coletores e reduz a liberação de aldosterona das glândulas adrenais. Essas ações diminuem o volume e a pressão sanguíneos. Portanto, ADH, SRAA e ANP proporcionam um sistema elaborado de verificações e ajustes que regulam a capacidade do rim de controlar a osmolaridade, a concentração de sais, além do volume e da pressão sanguíneos.

A sede exerce um papel fundamental no controle do balanço hídrico e de sais. Recentemente, pesquisadores identificaram neurônios no hipotálamo dedicados à regulação da sede. O estímulo de um conjunto de neurônios em camundongos causa um intenso comportamento de beber água, mesmo se o animal estiver plenamente hidratado. A estimulação de um segundo conjunto causa uma imediata interrupção no consumo de água, mesmo em animais desidratados. Estudos de acompanhamento são focados na identificação das vias celulares e moleculares que ligam esses neurônios às respostas comportamentais.

REVISÃO DO CONCEITO 44.5

1. Como o álcool afeta a regulação do equilíbrio hídrico no corpo?
2. Por que pode ser perigoso beber uma quantidade muito grande de água em um período de tempo curto?
3. **E SE?** A síndrome de Conn é uma condição causada por tumores do córtex adrenal que secretam quantidades elevadas de aldosterona de maneira desregulada. Qual seria o principal sintoma dessa doença?

Ver as respostas sugeridas no Apêndice A.

44 Revisão do capítulo

RESUMO DOS CONCEITOS-CHAVE

CONCEITO 44.1

A osmorregulação equilibra a absorção e a perda de água e de solutos (p. 978-982)

Animal	Influxo/efluxo	Urina
Peixe de água doce. Vive na água menos concentrada do que os líquidos corporais; o peixe tende a ganhar água e perder sal.	Não bebe água. Absorção de sal (transporte ativo pelas brânquias). Absorção de H_2O. Saída de H_2O.	▶ Volume grande de urina ▶ A urina é menos concentrada do que os líquidos corporais
Peixe ósseo marinho. Vive na água mais concentrada do que os líquidos corporais; o peixe tende a perder água e ganhar sal.	Ingere água. Absorção de sal. Saída de H_2O. Saída de sal (transporte ativo pelas brânquias).	▶ Volume pequeno de urina ▶ A urina é um pouco menos concentrada do que os líquidos corporais
Vertebrado terrestre. Ambiente terrestre; tende a perder água do corpo para o ar.	Ingere água. Ingere sal (pela boca). Saída de H_2O e de sal.	▶ Volume moderado de urina ▶ A urina é mais concentrada do que os líquidos corporais

- As células equilibram o ganho e a perda de água por meio da **osmorregulação**, processo com base no movimento controlado de solutos entre os líquidos internos e o ambiente externo, assim como no movimento de água, que ocorre por osmose.
- Os **osmoconformadores** são isosmóticos com seu ambiente marinho e não regulam sua **osmolaridade**. Por outro lado, os **osmorreguladores** controlam a ingestão e a perda de água em um ambiente hiposmótico ou hiperosmótico, respectivamente. Os órgãos excretores conservadores de água ajudam os animais terrestres a evitar a dessecação, que pode ameaçar a vida. Os animais que vivem em águas temporárias podem entrar em um estado dormente denominado **anidrobiose** quando seus hábitats secam.
- Os **epitélios de transporte** contêm células epiteliais especializadas que controlam os movimentos de solutos necessários para a eliminação de resíduos e a osmorregulação.

? *Sob que condições ambientais a água se move para dentro de uma célula por osmose?*

CONCEITO 44.2

Os resíduos nitrogenados de um animal refletem sua filogenia e seu hábitat (p. 982-983)

- O metabolismo de proteínas e de ácidos nucleicos gera a **amônia**, que é excretada pela maioria dos animais aquáticos. Os mamíferos e a maioria dos anfíbios adultos convertem amônia em **ureia**, menos tóxica, que é excretada com uma mínima perda de água. Os insetos e muitos répteis, incluindo as aves, convertem amônia em **ácido úrico**, um resíduo pouco solúvel excretado em uma urina pastosa.
- O tipo de resíduo nitrogenado excretado depende do hábitat do animal, enquanto a quantidade excretada está associada ao seu balanço energético e à ingestão de proteína da dieta.

FAÇA CONEXÕES *O metabolismo de carboidratos e gorduras requer várias moléculas contendo nitrogênio, como NAD^+/NADH (ver Figura 9.12), mas não é uma fonte significativa de resíduo nitrogenado. Por quê?*

CONCEITO 44.3

Os diversos sistemas excretores são variações de uma estrutura tubular (p. 983-987)

- A maioria dos sistemas excretores realiza **filtração**, **reabsorção**, **secreção** e **excreção**. Os sistemas excretores dos invertebrados abrangem os **protonefrídios** de vermes planos, os **metanefrídios** de anelídeos e os **túbulos de Malpighi** de insetos. Os **rins** atuam na excreção e na osmorregulação dos vertebrados.
- Os túbulos excretores (que consistem em **néfrons** e **ductos coletores**) e os vasos sanguíneos compactam o rim dos mamíferos. A pressão sanguínea força o líquido do sangue no **glomérulo** para dentro do lúmen da **cápsula de Bowman**. Após a reabsorção e a secreção, o **filtrado** flui para o ducto coletor. O **ureter** conduz urina da **pelve renal** para a **bexiga**.

? *Qual é a função da etapa de filtração nos sistemas excretores?*

CONCEITO 44.4

O néfron é organizado para o processamento gradual de sangue filtrado (p. 987-993)

- No interior dos néfrons, a secreção e a reabsorção seletivas no **túbulo proximal** alteram o volume e a composição do filtrado. O ramo descendente da **alça de Henle** é permeável à água, mas não ao sal; a água se move por osmose para o líquido intersticial. O ramo ascendente é permeável ao sal, mas não à água; o sal sai por difusão e por transporte ativo. O **túbulo distal** e o ducto coletor regulam os níveis de K^+ e NaCl nos líquidos corporais.
- Nos mamíferos, um **sistema multiplicador contracorrente** que envolve a alça de Henle mantém o gradiente de concentração salina no interior do rim. A ureia que sai do ducto coletor contribui para o gradiente osmótico do rim.
- A seleção natural moldou a forma e a função dos néfrons em vários vertebrados para os desafios osmorreguladores dos hábitats dos animais. Por exemplo, os mamíferos de deserto, que secretam uma urina mais hiperosmótica, possuem alças de Henle que se estendem profundamente na **medula renal**, ao passo que os mamíferos em hábitats úmidos têm alças mais curtas e excretam urina mais diluída.

? *Como os néfrons cortical e justamedular diferem quanto à reabsorção de nutrientes e à concentração de urina?*

CONCEITO 44.5

Os circuitos hormonais vinculam a função renal, o equilíbrio hídrico e a pressão sanguínea (p. 994-996)

- A neuro-hipófise libera **hormônio antidiurético (ADH)** quando a osmolaridade do sangue se eleva acima da faixa normal, como quando a ingestão de água é insuficiente. O ADH aumenta a permeabilidade à água dos ductos coletores mediante aumento do número de canais epiteliais de **aquaporina**.
- Quando a pressão sanguínea ou o volume sanguíneo na arteríola aferente cai, o **aparato justaglomerular** libera renina. A angiotensina II, formada em resposta à renina, provoca constrição das arteríolas e desencadeia a liberação do hormônio aldosterona, elevando a pressão sanguínea e reduzindo a liberação de renina. Esse **sistema renina-angiotensina-aldosterona** tem funções que coincidem com as do ADH e se opõem ao **peptídeo natriurético atrial**.

? *Por que apenas alguns pacientes com diabetes insípido podem ser tratados de maneira eficaz com ADH?*

TESTE SEU CONHECIMENTO

Níveis 1-2: Relembre/Entenda

1. *Distintamente* dos metanefrídios de um verme plano, o néfron dos mamíferos:
   (A) está intimamente associado à rede capilar.
   (B) atua na osmorregulação e na excreção.
   (C) recebe filtrado do sangue, em vez de líquido celômico.
   (D) tem um epitélio de transporte.
2. Qual processo no néfron é o *menos* seletivo?
   (A) Filtração
   (B) Reabsorção
   (C) Transporte ativo
   (D) Secreção
3. Qual dos seguintes animais geralmente tem o menor volume de produção de urina?
   (A) Morcego-vampiro
   (B) Salmão na água doce
   (C) Peixe ósseo marinho
   (D) Verme plano de água doce

Níveis 3-4: Aplique/Analise

4. A alta osmolaridade da medula renal é mantida por qual dos seguintes modos?
   (A) Pelo transporte ativo de sal da região superior do ramo ascendente
   (B) Pelo agrupamento frouxo de néfrons justamedulares
   (C) Pela difusão de ureia para o ducto coletor
   (D) Pela difusão de sal a partir do ramo descendente da alça de Henle
5. Em qual das seguintes espécies a seleção natural deveria favorecer a proporção maior de néfrons justamedulares?
   (A) Uma lontra de rio
   (B) Uma espécie de rato de floresta decídua temperada
   (C) Uma espécie de rato de deserto
   (D) Um castor
6. Peixes pulmonados africanos, com frequência encontrados em pequenos lagos estagnados de água doce, produzem ureia como resíduo nitrogenado. Qual é a vantagem dessa adaptação?
   (A) A síntese da ureia requer menos energia do que a da amônia.
   (B) Os pequenos lagos estagnados não fornecem água suficiente para diluir a amônia, que é tóxica.
   (C) A ureia forma um precipitado insolúvel.
   (D) A ureia torna os tecidos dos peixes pulmonados hiposmóticos em relação ao lago.

Níveis 5-6: Avalie/Crie

7. **INTERPRETE OS DADOS** (a) Use os dados abaixo para desenhar quatro gráficos de pizza para o ganho e a perda diários médios de água em um rato-canguru e um humano.

	Rato-canguru	Humano
Ganho médio de água (mL/dia)		
Ingerida no alimento	0,2	750
Ingerida em líquido	0	1.500
Derivada do metabolismo	1,8	250
Perda média de água (mL/dia)		
Urina	0,45	1.500
Fezes	0,09	100
Evaporação	1,46	900

(b) Que rotas de ganho e perda de água constituem uma porção muito maior do total em um rato-canguru do que em um ser humano?

8. **CONEXÃO EVOLUTIVA** Ratos-canguru-de-merriam (*Dipodomys merriami*) vivem na América do Norte em hábitats que variam desde florestas úmidas e frias até desertos quentes. Com base na hipótese de que há diferenças adaptativas na conservação de água entre populações de *D. merriami*, preveja como as taxas de perda de água por evaporação difeririam entre populações de ambientes úmidos e secos. Proponha um teste para sua predição, usando um sensor de umidade para detectar perda de água por evaporação por ratos-canguru.

9. **PESQUISA CIENTÍFICA** Você está explorando a função renal em ratos-canguru. Você mede o volume de urina e a osmolaridade, bem como a quantidade de íon cloreto (Cl⁻) e ureia na urina. Se a fonte de água fornecida aos animais fosse trocada de água potável para uma solução de NaCl a 2%, indique que mudança na osmolaridade da urina seria esperada. Como você determinaria se essa mudança se deveu mais provavelmente a uma mudança na excreção de Cl⁻ ou de ureia?

10. **ESCREVA SOBRE UM TEMA: ORGANIZAÇÃO** Em um ensaio sucinto (100-150 palavras), compare como as estruturas de membrana na alça de Henle e no ducto coletor do rim de mamífero permitem que água seja recuperada do filtrado no processo de osmorregulação.

11. **SINTETIZE SEU CONHECIMENTO**

A iguana-marinha (*Amblyrhynchus cristatus*), que passa longos períodos sob a água alimentando-se de plantas marinhas, depende de glândulas de sal e rins para manter a homeostase de seus líquidos internos. Descreva como esses dois órgãos juntos satisfazem os desafios osmorreguladores específicos do ambiente desse animal.

Ver respostas selecionadas no Apêndice A.

45 Hormônios e o sistema endócrino

CONCEITOS-CHAVE

45.1 Hormônios e outras moléculas de sinalização se ligam a receptores-alvo, desencadeando vias de resposta específicas *p. 1000*

45.2 A regulação por retroalimentação e a coordenação com o sistema nervoso são comuns em vias hormonais *p. 1004*

45.3 Glândulas endócrinas respondem a diversos estímulos na regulação da homeostase, do desenvolvimento e do comportamento *p. 1011*

Dica de estudo

Faça um fluxograma: Muitos hormônios, como a insulina, o paratormônio (ou hormônio da paratireoide) e a adrenalina (ou epinefrina), têm múltiplos efeitos fisiológicos em um único organismo. Para acompanhar a ação e a função de cada um desses hormônios, faça um fluxograma como este. Use setas para indicar como diferentes efeitos hormonais contribuem para um resultado global no organismo.

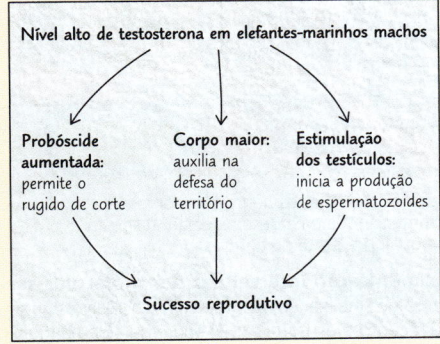

Figura 45.1 Elefantes-marinhos machos e fêmeas (*Mirounga angustirostris*) diferem grandemente em aparência e comportamento. O macho é muito maior, e somente ele tem a probóscide proeminente pela qual a espécie é nomeada. O macho é também muito mais territorial, usando a probóscide para emitir rugidos altos durante a época de acasalamento. Na base dessas diferenças está um único hormônio – a testosterona. Como todos os hormônios, a testosterona é uma molécula sinalizadora endócrina que circula no sangue pelo corpo.

Quais variáveis moldam o efeito de um hormônio sobre o corpo e o comportamento de um animal?

Concentração do hormônio no corpo: A testosterona está presente em mamíferos machos e fêmeas, mas geralmente em um nível muito mais alto em machos.

Presença do receptor de hormônio em uma célula: Um hormônio circula na corrente sanguínea, mas as células somente respondem a ele se elas possuírem um receptor que se liga especificamente àquele hormônio.

Resposta da célula quando o receptor se liga ao hormônio: Células em tecidos diferentes podem responder de modo diferente ao mesmo hormônio.

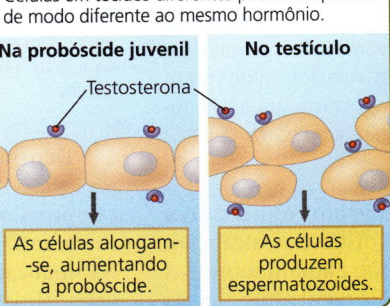

▼ Machos de elefante-marinho enfrentando-se

CONCEITO 45.1

Hormônios e outras moléculas de sinalização se ligam a receptores-alvo, desencadeando vias de resposta específicas

Um **hormônio** (do grego *horman*, excitar) é uma molécula secretada que circula pelo corpo e estimula células específicas. Embora um dado hormônio alcance todas as células do corpo, ele somente obtém uma resposta – tal como uma mudança no metabolismo – em *células-alvo* determinadas, aquelas que têm um receptor que se liga especificamente ao hormônio. As células sem o receptor para aquele hormônio não são afetadas.

A sinalização química por hormônios é a função do **sistema endócrino**, um dos dois sistemas básicos para comunicação e regulação no corpo animal. O outro principal sistema de comunicação e controle é o **sistema nervoso**, uma rede de células especializadas, os neurônios, que transmitem sinais ao longo de vias exclusivas. Esses sinais, por sua vez, regulam os neurônios, as células musculares e as células endócrinas. Como a sinalização pelos neurônios pode regular a liberação de hormônios, os sistemas endócrino e nervoso muitas vezes sobrepõem suas funções.

Como uma base para nossa exploração seguinte do sistema endócrino, iniciaremos com um panorama das diversas maneiras que as células animais utilizam sinais químicos para se comunicar.

Fluxo de informação intercelular

A comunicação entre células animais por sinais secretados é, muitas vezes, classificada por dois critérios: o tipo de célula secretora e a via utilizada pelo sinal para alcançar seu alvo. A **Figura 45.2** ilustra cinco formas de sinalização diferenciadas dessa forma.

Sinalização endócrina

Na sinalização endócrina (ver Figura 45.2a), os hormônios secretados no líquido extracelular pelas células endócrinas alcançam as células-alvo pela corrente sanguínea (ou hemolinfa). Uma das funções da sinalização endócrina é manter a homeostase. Os hormônios regulam propriedades que incluem pressão e volume sanguíneos, metabolismo e alocação de energia e concentrações de soluto nos líquidos corporais. A sinalização endócrina também intervém nas respostas a estímulos ambientais, regula o crescimento e o desenvolvimento e desencadeia mudanças físicas e comportamentais relacionadas à maturidade sexual e à reprodução (ver Figura 45.1).

Sinalização parácrina e autócrina

Muitos tipos de células produzem e secretam **reguladores locais**, moléculas que agem em curtas distâncias, alcançam suas células-alvo unicamente por difusão e atuam sobre elas em segundos ou até milissegundos. Os reguladores locais exercem funções em muitos processos fisiológicos, incluindo regulação da pressão sanguínea, funcionamento do sistema nervoso e reprodução.

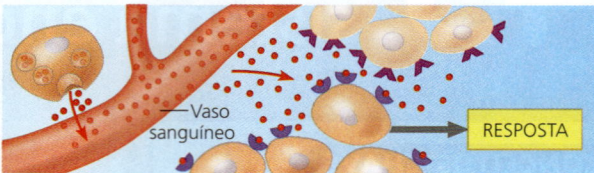

(a) Na **sinalização endócrina**, moléculas secretadas se difundem pela corrente sanguínea e desencadeiam respostas nas células-alvo em qualquer parte do corpo.

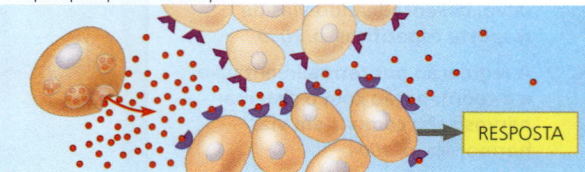

(b) Na **sinalização parácrina**, as moléculas secretadas se difundem localmente e desencadeiam uma resposta nas células vizinhas.

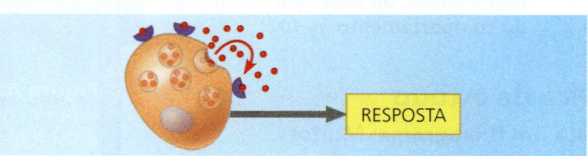

(c) Na **sinalização autócrina**, as moléculas secretadas se difundem localmente e desencadeiam uma resposta nas células que as secretam.

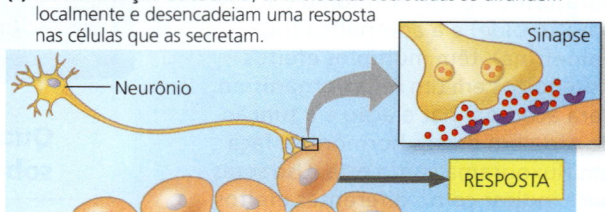

(d) Na **sinalização sináptica**, os neurotransmissores se difundem pelas sinapses e desencadeiam respostas nos tecidos-alvo (neurônios, músculos ou glândulas).

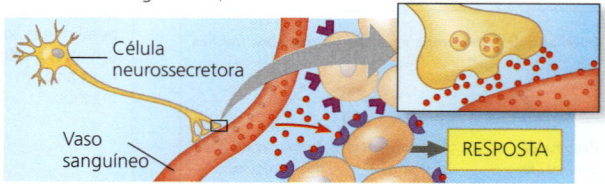

(e) Na **sinalização neuroendócrina**, os neuro-hormônios se difundem pela corrente sanguínea e desencadeiam respostas nas células-alvo em qualquer parte do corpo.

▲ **Figura 45.2 Comunicação intercelular por moléculas secretadas.** Em cada tipo de sinalização, as moléculas secretadas (●) se ligam a uma proteína receptora específica (❤) expressa pelas células-alvo. Alguns receptores estão localizados dentro das células, mas aqui, para simplificar, todos foram desenhados sobre a superfície das células.

Dependendo da célula-alvo, a sinalização por reguladores locais é, em geral, parácrina ou autócrina. Na sinalização **parácrina** (do grego *para*, ao lado de), as células-alvo se encontram próximas à célula secretora (ver Figura 45.2b). Na sinalização **autócrina** (do grego *auto*, próprio), as próprias células secretoras são as células-alvo (ver Figura 45.2c).

Um grupo de reguladores locais é formado pelas **prostaglandinas**, que são produzidas pelo corpo e têm funções diversas. No sistema imune, por exemplo, as prostaglandinas provocam a inflamação e a sensação de dor em resposta a uma lesão. Fármacos que bloqueiam a síntese da prostaglandina, como o ácido acetilsalicílico e o ibuprofeno, impedem essas atividades, produzindo efeitos anti-inflamatórios e analgésicos.

As prostaglandinas são ácidos graxos modificados. Muitos outros reguladores locais são polipeptídeos, incluindo citocinas, que permitem a comunicação de células imunes (ver Figuras 43.16 e 43.17) e fatores de crescimento, que promovem o crescimento, a divisão e o desenvolvimento celular.

Alguns reguladores locais, como o **óxido nítrico (NO)**, são gases. Quando o nível de oxigênio no sangue diminui, as células endoteliais nas paredes dos vasos sanguíneos sintetizam e liberam NO. Após difundir-se para as células musculares lisas ao redor, o NO ativa uma enzima que relaxa as células. O resultado é a vasodilatação, que aumenta o fluxo sanguíneo para os tecidos.

Nos homens, a capacidade do NO de promover a vasodilatação permite a função sexual ao aumentar o fluxo sanguíneo para o pênis, produzindo uma ereção. O tratamento com o fármaco sildenafila para disfunção erétil mantém a ereção ao prolongar a atividade da via de resposta ao NO.

Sinalização sináptica e neuroendócrina

As moléculas secretadas são essenciais para o funcionamento do sistema nervoso. Os neurônios se comunicam com células-alvo, como outros neurônios e células musculares, via junções especializadas chamadas de sinapses. Na maioria das sinapses, os neurônios secretam moléculas denominadas **neurotransmissores** que se difundem em uma distância muito curta (uma fração de um diâmetro celular) e se ligam a receptores nas células-alvo (ver Figura 45.2d). Essa *sinalização sináptica* é central para a sensação, a memória, a cognição e o movimento (como vamos explorar nos Capítulos 48-50).

Na *sinalização neuroendócrina*, neurônios chamados células neurossecretoras secretam **neuro-hormônios** que se difundem a partir dos terminais das células nervosas para a corrente sanguínea (ver Figura 45.2e). Um exemplo de um neuro-hormônio é o hormônio antidiurético (ADH), que atua na função renal e no equilíbrio hídrico, bem como no comportamento de corte. Muitos neuro-hormônios regulam a sinalização endócrina, como discutiremos adiante neste capítulo.

Sinalização por feromônios

Nem todas as moléculas sinalizadoras secretadas atuam dentro do corpo. Membros de uma determinada espécie animal algumas vezes se comunicam via **feromônios**, compostos químicos que são liberados para o ambiente externo. Por exemplo, quando uma formiga forrageira descobre uma nova fonte de alimento, ela marca seu caminho de volta ao ninho com um feromônio. As formigas também utilizam feromônios para orientação quando uma colônia migra para um novo local **(Figura 45.3)**.

Os feromônios têm uma ampla variedade de funções que incluem defesa de território, aviso sobre predadores e atração de potenciais parceiros sexuais. A mariposa *Antheracea polyphemus* fornece um exemplo notável: o feromônio sexual liberado no ar por uma fêmea permite que ela atraia um macho da espécie que esteja a até 4,5 km de distância. Você poderá ler mais sobre a função dos feromônios quando estudarmos o tópico de comportamento animal no Capítulo 51.

Classes químicas de hormônios

Os hormônios são divididos em três classes principais: polipeptídeos, esteroides e aminas **(Figura 45.4)**. O hormônio insulina, por exemplo, é um polipeptídeo que contém duas cadeias na sua forma ativa. Hormônios esteroides, como o cortisol, são lipídeos que contêm quatro anéis de carbono

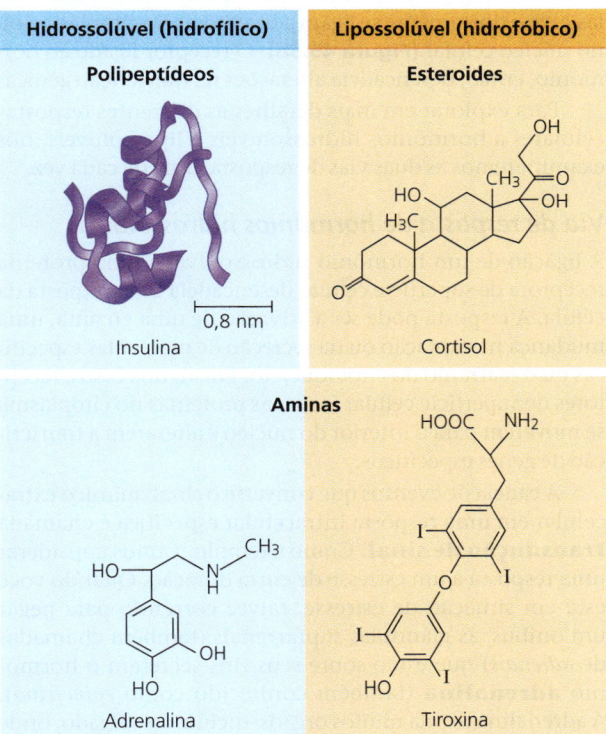

▲ **Figura 45.4** Variação na estrutura e na solubilidade hormonais.

FAÇA CONEXÕES As células sintetizam epinefrina a partir do aminoácido tirosina. Na estrutura da adrenalina mostrada acima, desenhe um círculo em volta da porção da molécula correspondente ao grupo R de tirosina (ver Figura 5.14).

▼ **Figura 45.3 Sinalização por feromônios.** Usando suas antenas abaixadas, estas formigas asiáticas (*Leptogenys distinguenda*) transportam pupas e larvas ao longo de uma trilha marcada por feromônio até o local de um novo ninho.

fusionados; todos são derivados do colesterol esteroide (ver Figura 5.12). A adrenalina e a tiroxina são hormônios amina, cada um sintetizado a partir de um único aminoácido, tirosina ou triptofano.

Como indicado na Figura 45.4, os hormônios variam sua solubilidade em meios aquosos ou ricos em lipídeos. Os polipeptídeos e a maioria dos hormônios amina são hidrossolúveis, enquanto os hormônios esteroides e outros hormônios muito apolares (hidrofóbicos), como a tiroxina, são lipossolúveis.

Vias de resposta hormonal e celular

Hormônios hidrossolúveis e lipossolúveis diferem em suas vias de resposta. Uma diferença fundamental é a localização das proteínas receptoras nas células-alvo. Os hormônios hidrossolúveis são secretados por exocitose e viajam livremente na corrente sanguínea. Quando insolúveis em lipídeos, os hormônios não podem se difundir pelas membranas plasmáticas das células-alvo. Em vez disso, esses hormônios se ligam a receptores da superfície celular, induzindo alterações nas moléculas citoplasmáticas e alterando, algumas vezes, a transcrição gênica **(Figura 45.5a)**. Em contrapartida, hormônios lipossolúveis saem das células endócrinas por difusão através das membranas. Eles, então, se ligam a proteínas de transporte, que os mantêm solúveis no sangue. Após circularem no sangue, eles se difundem para o interior das células-alvo e tipicamente se ligam a receptores no citoplasma ou no núcleo celular **(Figura 45.5b)**. O receptor ligado ao hormônio, então, desencadeia alterações na transcrição gênica.

Para explorar em mais detalhes as diferentes respostas celulares a hormônios hidrossolúveis e lipossolúveis, nós examinaremos as duas vias de resposta, uma de cada vez.

Via de resposta de hormônios hidrossolúveis

A ligação de um hormônio hidrossolúvel a uma proteína receptora de superfície celular desencadeia uma resposta da célula. A resposta pode ser a ativação de uma enzima, uma mudança na captação ou na secreção de moléculas específicas ou o rearranjo do citoesqueleto. Em alguns casos, receptores de superfície celular fazem as proteínas no citoplasma se moverem para o interior do núcleo e alterarem a transcrição de genes específicos.

A cadeia de eventos que converte o sinal químico extracelular em uma resposta intracelular específica é chamada **transdução de sinal**. Como exemplo, vamos considerar uma resposta a um estresse de curta duração. Quando você está em situação de estresse, talvez correndo para pegar um ônibus, as glândulas suprarrenais (também chamadas de *adrenais*) que estão sobre seus rins secretam o hormônio **adrenalina** (também conhecido como *epinefrina*). A adrenalina regula muitos órgãos, incluindo o fígado, onde ela se liga a um receptor acoplado à proteína G na membrana plasmática de células-alvo. Como mostrado na **Figura 45.6**, essa interação desencadeia uma cascata de eventos envolvendo a síntese de AMP cíclico (AMPc) como um *segundo mensageiro* de curta duração. A ativação da proteína-cinase A pelo AMPc leva à ativação de uma enzima necessária para a decomposição do glicogênio em glicose, bem como à inativação de uma enzima necessária para a síntese de glicogênio.

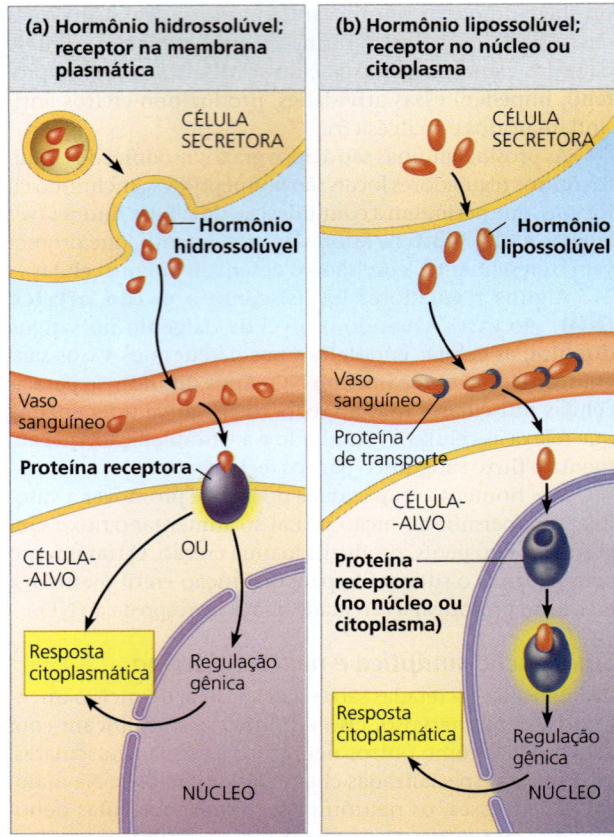

▲ **Figura 45.5** Variação na localização do receptor de hormônio.

E SE? *Suponha que você esteja estudando a resposta celular a um determinado hormônio. Você observa que a célula produz a mesma resposta ao hormônio com ou sem o tratamento com um composto químico que bloqueia a transcrição. O que você pode supor sobre o hormônio e seu receptor?*

Observe que há três enzimas nessa cascata de transdução de sinal — adenililciclase (que converte AMP para sua forma cíclica), proteína-cinase A e, por exemplo, a enzima que quebra glicogênio em glicose. Cada etapa catalisada por enzima na cascata proporciona uma oportunidade para a amplificação de sinal: uma molécula de enzima pode catalisar muitas reações, gerando, assim, múltiplos sinais em cada etapa da cascata. Além disso, como as três enzimas agem em diferentes etapas na mesma via, o efeito líquido pode ser enorme. Se, por exemplo, cada enzima produzisse 1.000 reações, a ligação de uma molécula de adrenalina a seu receptor desencadearia a clivagem de 1 bilhão ($10^3 \times 10^3 \times 10^3$) de moléculas de glicogênio. O resultado líquido é que o fígado libera uma quantidade

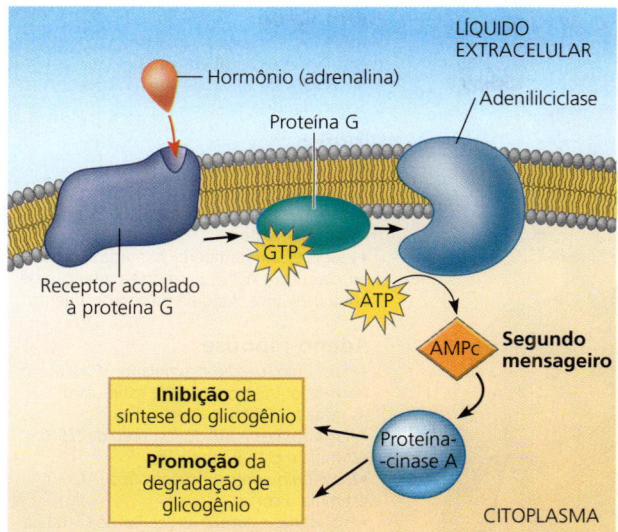

▲ **Figura 45.6** Transdução de sinal desencadeada por um receptor de hormônio da superfície celular.

HABILIDADES VISUAIS *Uma série de setas representa as etapas que ligam a adrenalina à proteína-cinase A. Como o evento representado pela seta entre o ATP e o AMPc difere dos outros quatro?*

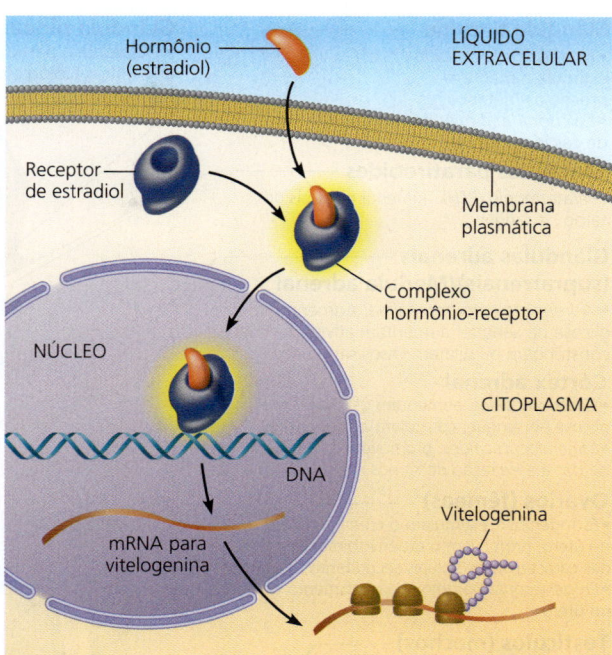

▲ **Figura 45.7** Regulação direta da expressão gênica por um receptor de hormônio esteroide.

substancial de glicose na corrente sanguínea, provendo rapidamente o corpo com combustível extra.

Via de resposta de hormônios lipossolúveis

Receptores intracelulares para os hormônios lipossolúveis realizam toda a tarefa de transduzir um sinal dentro da célula-alvo. O hormônio ativa o receptor, que então desencadeia diretamente a resposta celular. Na maioria dos casos, a resposta a um hormônio lipossolúvel é uma alteração na expressão gênica.

A maioria dos receptores de hormônios esteroides fica localizada no citosol antes de se ligar a um hormônio. A ligação de um hormônio esteroide a seu receptor citosólico forma um complexo que se move para o interior do núcleo (ver Figura 11.9). Lá, a porção receptora do complexo interage com uma proteína de ligação ao DNA específica ou com um elemento de resposta no DNA, alterando a transcrição de genes particulares. (Em alguns tipos de células, os hormônios esteroides desencadeiam mais respostas por meio de sua interação com outros tipos de proteínas receptoras localizadas na superfície celular.)

Entre os receptores de hormônios esteroides mais bem caracterizados estão aqueles que se ligam aos estrogênios, hormônios esteroides necessários para função reprodutiva das fêmeas nos vertebrados. Por exemplo, nas fêmeas de aves e rãs, o estradiol, uma forma do estrogênio, se liga a um receptor citoplasmático específico nas células hepáticas. A ligação de estradiol a esse receptor ativa a transcrição do gene da vitelogenina **(Figura 45.7)**. Logo após a tradução do RNA mensageiro (mRNA), a vitelogenina é secretada e transportada pelo sangue ao sistema reprodutor, onde é usada para produzir a gema do ovo.

A tiroxina, a vitamina D e outros hormônios lipossolúveis que não são esteroides têm geralmente receptores no núcleo. Esses receptores se ligam a moléculas de hormônios que se difundem a partir da corrente sanguínea para a membrana plasmática e o envelope nuclear. Uma vez ligado a um hormônio, o receptor se liga a sítios específicos no DNA da célula e estimula a transcrição de determinados genes.

Respostas múltiplas a um único hormônio

Embora os hormônios se liguem a receptores específicos, um dado hormônio pode ter efeitos diversos. Um hormônio pode promover respostas distintas em células-alvo específicas se aquelas células diferirem no tipo de receptor ou na molécula que produz a resposta. Assim, um único hormônio pode desencadear uma gama de atividades que, juntas, provocam uma resposta coordenada a um estímulo. Por exemplo, os efeitos múltiplos da adrenalina formam a base para a resposta de "luta ou fuga", uma resposta rápida ao estresse que abordaremos no Conceito 45.3.

Tecidos e órgãos endócrinos

Algumas células endócrinas são encontradas em órgãos que compõem outros sistemas de órgãos. Por exemplo, o estômago contém células endócrinas isoladas que ajudam a regular os processos digestórios por meio da secreção do hormônio gastrina. Mais frequentemente, as células endócrinas são agrupadas em órgãos sem ductos chamados de

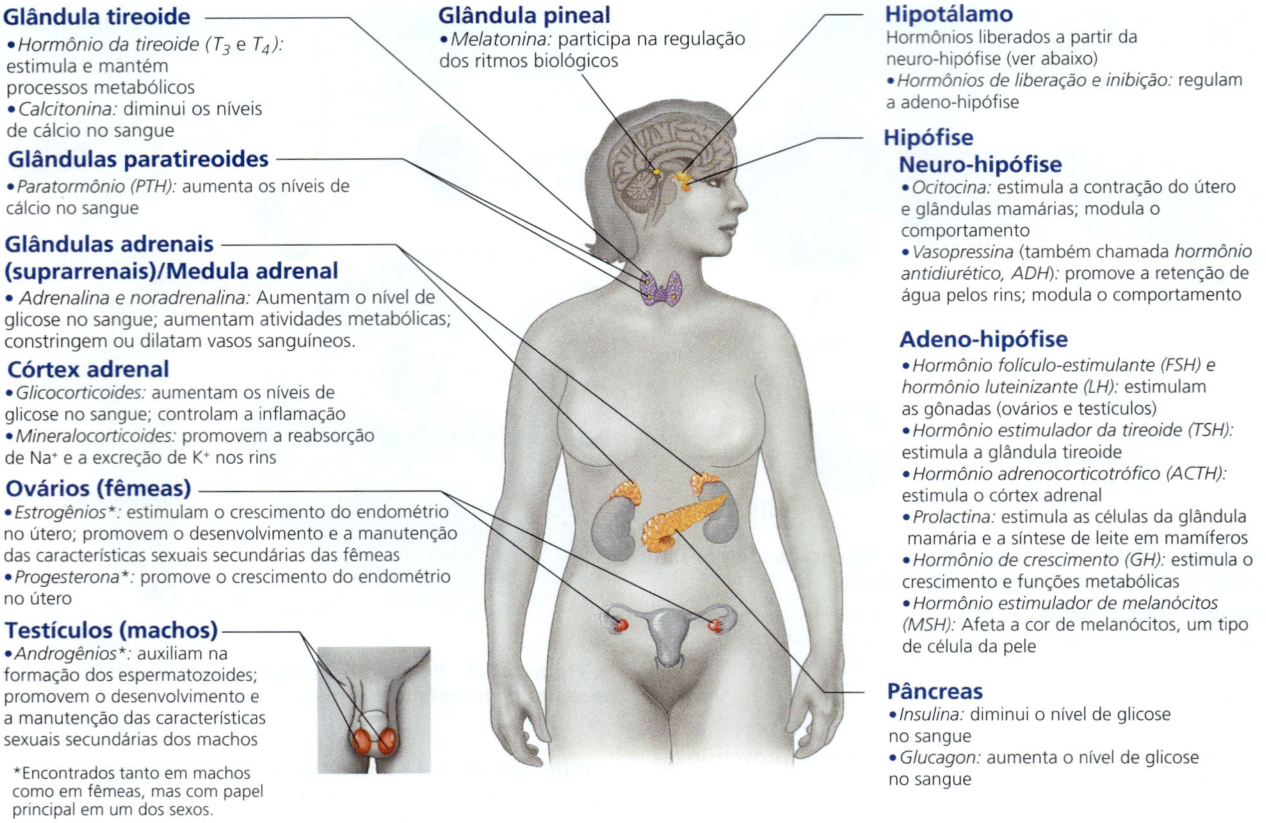

Glândula tireoide
• *Hormônio da tireoide (T₃ e T₄):* estimula e mantém processos metabólicos
• *Calcitonina:* diminui os níveis de cálcio no sangue

Glândulas paratireoides
• *Paratormônio (PTH):* aumenta os níveis de cálcio no sangue

Glândulas adrenais (suprarrenais)/Medula adrenal
• *Adrenalina e noradrenalina:* Aumentam o nível de glicose no sangue; aumentam atividades metabólicas; constringem ou dilatam vasos sanguíneos.

Córtex adrenal
• *Glicocorticoides:* aumentam os níveis de glicose no sangue; controlam a inflamação
• *Mineralocorticoides:* promovem a reabsorção de Na⁺ e a excreção de K⁺ nos rins

Ovários (fêmeas)
• *Estrogênios*:* estimulam o crescimento do endométrio no útero; promovem o desenvolvimento e a manutenção das características sexuais secundárias das fêmeas
• *Progesterona*:* promove o crescimento do endométrio no útero

Testículos (machos)
• *Androgênios*:* auxiliam na formação dos espermatozoides; promovem o desenvolvimento e a manutenção das características sexuais secundárias dos machos

*Encontrados tanto em machos como em fêmeas, mas com papel principal em um dos sexos.

Glândula pineal
• *Melatonina:* participa na regulação dos ritmos biológicos

Hipotálamo
Hormônios liberados a partir da neuro-hipófise (ver abaixo)
• *Hormônios de liberação e inibição:* regulam a adeno-hipófise

Hipófise
Neuro-hipófise
• *Ocitocina:* estimula a contração do útero e glândulas mamárias; modula o comportamento
• *Vasopressina* (também chamada *hormônio antidiurético, ADH*): promove a retenção de água pelos rins; modula o comportamento

Adeno-hipófise
• *Hormônio folículo-estimulante (FSH)* e *hormônio luteinizante (LH):* estimulam as gônadas (ovários e testículos)
• *Hormônio estimulador da tireoide (TSH):* estimula a glândula tireoide
• *Hormônio adrenocorticotrófico (ACTH):* estimula o córtex adrenal
• *Prolactina:* estimula as células da glândula mamária e a síntese de leite em mamíferos
• *Hormônio de crescimento (GH):* estimula o crescimento e funções metabólicas
• *Hormônio estimulador de melanócitos (MSH):* Afeta a cor de melanócitos, um tipo de célula da pele

Pâncreas
• *Insulina:* diminui o nível de glicose no sangue
• *Glucagon:* aumenta o nível de glicose no sangue

▲ **Figura 45.8 Glândulas endócrinas humanas e seus hormônios.** Esta figura destaca a localização e algumas funções das principais glândulas endócrinas humanas. Células e tecidos endócrinos também estão localizados no timo, coração, fígado, estômago, rins e intestino delgado.

glândulas endócrinas, como as glândulas tireoide e paratireoide e as gônadas, ou testículos nos machos e ovários nas fêmeas **(Figura 45.8)**.

Observe que as glândulas endócrinas secretam hormônios diretamente no líquido ao redor. Em contrapartida, as *glândulas exócrinas* possuem ductos que transportam substâncias secretadas, como suor ou saliva, para superfícies ou cavidades corporais. Essa distinção se reflete no nome das glândulas: as palavras gregas *endo* (dentro) e *exo* (fora) se referem a secreções para dentro ou fora dos líquidos corporais, ao passo que *crine* (do grego para "separado") se refere ao movimento para fora da célula secretora. No caso do pâncreas, os tecidos endócrino e exócrino são encontrados na mesma glândula: os tecidos desprovidos de ductos secretam hormônios, enquanto os tecidos com ductos secretam enzimas e bicarbonato.

REVISÃO DO CONCEITO 45.1

1. Como os mecanismos de resposta nas células-alvo diferem para hormônios hidrossolúveis e lipossolúveis?
2. Que tipo de glândula você esperaria que secretasse feromônios? Explique sua resposta.
3. **E SE?** Preveja o que aconteceria se você injetasse um hormônio hidrossolúvel diretamente no citosol de uma célula-alvo.

Ver as respostas sugeridas no Apêndice A.

CONCEITO 45.2

A regulação por retroalimentação e a coordenação com o sistema nervoso são comuns em vias hormonais

Tendo explorado a estrutura, o reconhecimento e a resposta hormonais, vamos considerar agora como vias reguladoras que controlam a secreção de hormônios são organizadas.

Vias endócrinas simples

Em uma *via endócrina simples*, as células endócrinas respondem diretamente a um estímulo interno ou do ambiente, secretando um determinado hormônio. O hormônio viaja pela corrente sanguínea até as células-alvo, onde interage com receptores específicos. A transdução de sinal dentro das células-alvo resulta em uma resposta fisiológica.

A atividade das células endócrinas no duodeno, a primeira parte do intestino delgado, fornece um bom exemplo de uma via endócrina simples. Durante a digestão, o

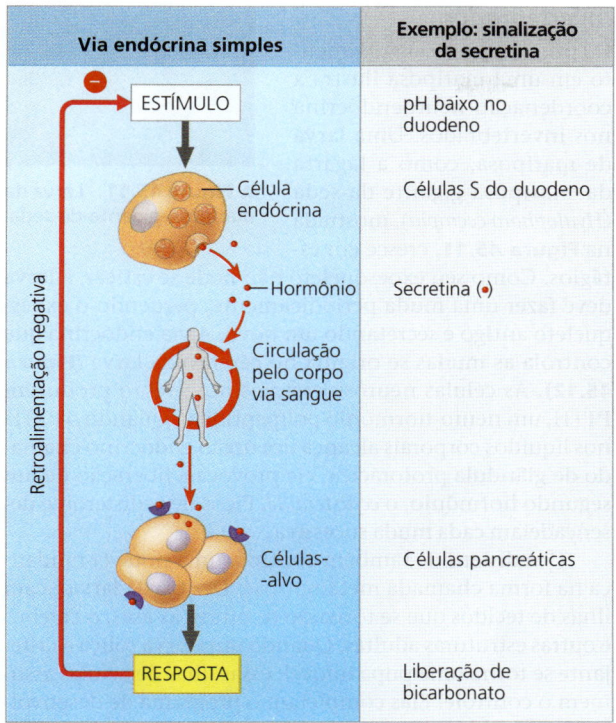

▲ **Figura 45.9 Via endócrina simples.** Células endócrinas respondem a uma mudança em alguma variável interna ou externa – o estímulo – secretando moléculas de hormônio que se ligam a uma proteína receptora específica expressa pelas células-alvo, desencadeando uma determinada resposta. No caso da sinalização da secretina, a via endócrina simples é autolimitante, pois a resposta à secretina (liberação de bicarbonato) reduz o estímulo (baixo pH) por retroalimentação negativa.

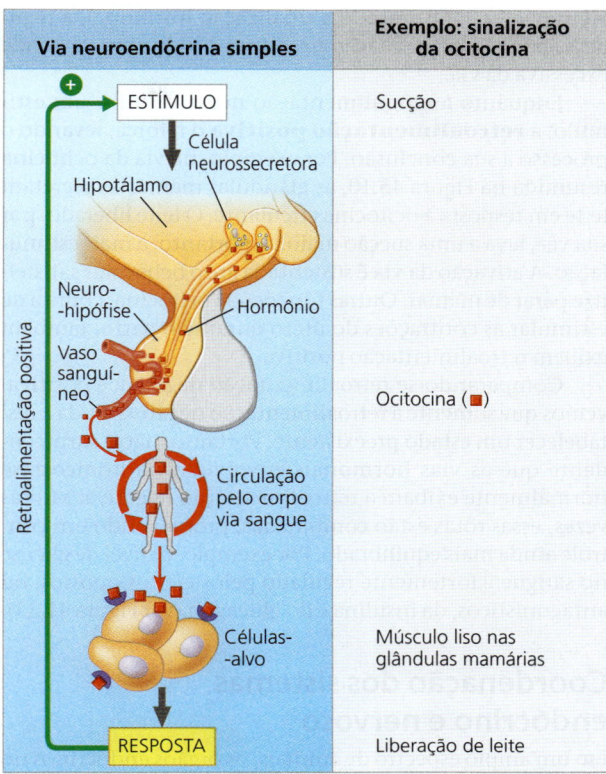

▲ **Figura 45.10 Via neuroendócrina simples.** Neurônios sensoriais respondem a um estímulo enviando impulsos nervosos para uma célula neurossecretora, provocando a secreção de um neuro-hormônio. Quando alcança a célula-alvo, o neuro-hormônio se liga a seu receptor, desencadeando uma resposta específica. Na sinalização da ocitocina, a resposta aumenta o estímulo, formando uma alça de retroalimentação positiva que amplifica a sinalização.

alimento parcialmente processado que entra no duodeno contém sucos digestivos altamente ácidos secretados pelo estômago. Antes que a digestão continue, essa mistura ácida deve ser neutralizada. A **Figura 45.9** esquematiza a via endócrina simples que garante que a neutralização efetivamente ocorra.

O pH baixo do alimento parcialmente digerido que entra no intestino delgado é detectado por células S, que são células endócrinas do revestimento do duodeno. Em resposta, as células S secretam o hormônio *secretina*, o qual se difunde para a corrente sanguínea. Viajando pelo sistema circulatório, a secretina alcança o pâncreas. Células exócrinas-alvo no pâncreas têm receptores para secretina e respondem liberando bicarbonato dentro dos ductos que levam ao duodeno. Na última etapa dessa via, o bicarbonato liberado dentro do duodeno eleva o pH, neutralizando o ácido do estômago.

Vias neuroendócrinas simples

Em uma *via neuroendócrina simples*, o estímulo é recebido por um neurônio sensorial em vez de um tecido endócrino. O neurônio sensorial, por sua vez, estimula uma célula neurossecretora. Em resposta, a célula neurossecretora secreta um neuro-hormônio. Como outros hormônios, o neuro-hormônio se difunde na corrente sanguínea e viaja na circulação até as células-alvo.

Como um exemplo de uma via neuroendócrina simples, considere a regulação da liberação de leite durante a amamentação em mamíferos **(Figura 45.10)**. Quando um bebê mama, ele estimula neurônios sensoriais nos mamilos, gerando impulsos nervosos que chegam ao hipotálamo. Isso provoca a secreção do neuro-hormônio **ocitocina** da neuro-hipófise. A ocitocina, então, causa a contração das células da glândula mamária, impelindo leite dos reservatórios para a glândula.

Regulação por retroalimentação

Um ciclo de retroalimentação ligando uma resposta de volta a um estímulo inicial é uma característica de muitas vias de controle. Frequentemente, esse ciclo envolve **retroalimentação negativa**, na qual a resposta reduz o estímulo inicial. Por exemplo, o bicarbonato liberado em resposta à secretina aumenta o pH no intestino, eliminando o estímulo e interrompendo, assim, a liberação de secretina (ver

Figura 45.9). Diminuindo a sinalização hormonal, a regulação por retroalimentação negativa impede uma atividade excessiva da via.

Enquanto a retroalimentação negativa inibe um estímulo, a **retroalimentação positiva** o reforça, levando o processo à sua conclusão. Por exemplo, na via da ocitocina resumida na Figura 45.10, as glândulas mamárias secretam leite em resposta à ocitocina circulante. O leite liberado, por sua vez, leva a uma sucção maior e, portanto, a mais estimulação. A ativação da via é sustentada até o bebê estar satisfeito e parar de mamar. Outras funções da ocitocina, como a de estimular as contrações do útero durante o parto, também exibem retroalimentação positiva.

Comparando-se retroalimentação negativa e positiva, vemos que somente a retroalimentação negativa ajuda a restabelecer um estado preexistente. Portanto, não é surpreendente que as vias hormonais envolvidas na homeostase normalmente exibam a retroalimentação negativa. Muitas vezes, essas rotas estão combinadas, promovendo um controle ainda mais equilibrado. Por exemplo, o nível de glicose no sangue é fortemente regulado pelos efeitos opostos, ou antagonísticos, da insulina e do glucagon (ver Figura 41.23).

Coordenação dos sistemas endócrino e nervoso

Em um amplo espectro de animais, os órgãos endócrinos no cérebro integram a função do sistema endócrino com aquela do sistema nervoso. Exploraremos os princípios básicos dessa integração nos vertebrados e invertebrados.

Invertebrados

O controle do desenvolvimento em uma mariposa ilustra a coordenação neuroendócrina nos invertebrados. Uma larva de mariposa, como a lagarta da mariposa-gigante-da-seda (*Hyalophora cecropia*), mostrada na **Figura 45.11**, cresce em estágios. Como seu exoesqueleto não pode se esticar, a larva deve fazer uma muda periodicamente, perdendo o exoesqueleto antigo e secretando um novo. A via endócrina que controla as mudas se origina no cérebro da larva **(Figura 45.12)**. As células neurossecretoras no cérebro produzem PTTH, um neuro-hormônio polipeptídico. Quando o PTTH nos líquidos corporais alcança um órgão endócrino chamado de glândula protorácica, ele provoca a liberação de um segundo hormônio, o *ecdisteroide*. Picos de ecdisteroide desencadeiam cada muda sucessiva.

▲ Figura 45.11 Larva da mariposa-gigante-da-seda.

O ecdisteroide também controla uma notável mudança na forma chamada metamorfose. Dentro da larva ficam ilhas de tecidos que se tornarão os olhos, as asas, o cérebro e outras estruturas adultas. Quando uma larva roliça e rastejante se torna uma pupa imóvel, essas ilhas de células assumem o controle. Elas completam o programa de desenvolvimento, enquanto muitos tecidos das larvas sofrem morte celular programada. O resultado final é a transformação da lagarta rastejante em uma mariposa voadora.

Uma vez que o ecdisteroide pode causar mudas ou metamorfose, o que determina qual dos processos vai ocorrer?

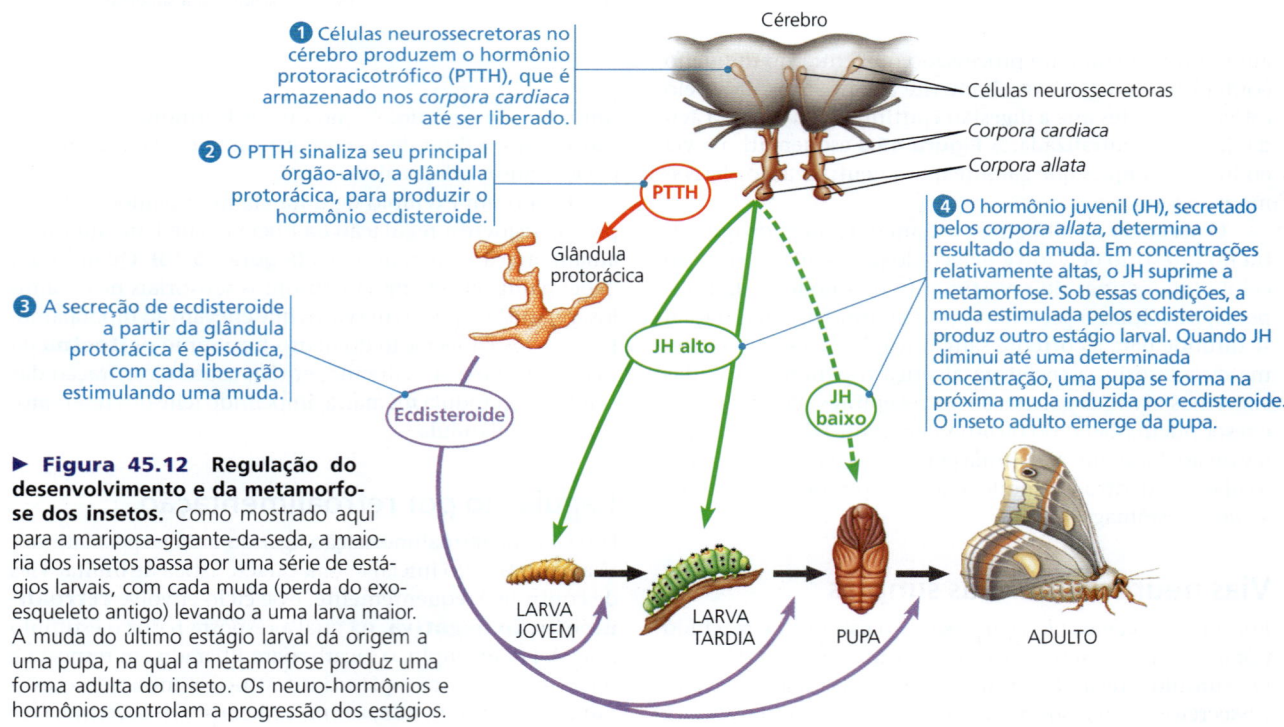

▶ **Figura 45.12 Regulação do desenvolvimento e da metamorfose dos insetos.** Como mostrado aqui para a mariposa-gigante-da-seda, a maioria dos insetos passa por uma série de estágios larvais, com cada muda (perda do exoesqueleto antigo) levando a uma larva maior. A muda do último estágio larval dá origem a uma pupa, na qual a metamorfose produz uma forma adulta do inseto. Os neuro-hormônios e hormônios controlam a progressão dos estágios.

A resposta é um outro sinal, o hormônio juvenil (JH), secretado por um par de glândulas endócrinas atrás do cérebro. O JH modula a atividade do ecdisteroide. Quando o nível de JH nos líquidos corporais é alto, o ecdisteroide estimula a muda (e, portanto, mantém o estado larval "juvenil"). Quando o nível do JH decai, o ecdisteroide induz a formação de uma pupa, momento em que ocorre a metamorfose.

O conhecimento da coordenação entre o sistema nervoso e o sistema endócrino em insetos forneceu uma base para novos métodos de controle de pragas agrícolas. Por exemplo, uma alternativa para controlar insetos-praga é o emprego de uma substância química que se liga ao receptor de ecdisteroide, levando as larvas do inseto a fazerem a muda prematuramente e morrerem.

Vertebrados

Em vertebrados, a coordenação da sinalização endócrina depende, em grande parte, do **hipotálamo (Figura 45.13)**. O hipotálamo recebe informação a partir dos nervos do corpo e, em resposta, inicia a sinalização neuroendócrina apropriada para as condições ambientais. Em vários vertebrados, por exemplo, os sinais nervosos a partir do encéfalo passam informações sensoriais para o hipotálamo sobre as alterações sazonais. O hipotálamo, por sua vez, regula a liberação de hormônios da reprodução necessários durante a época de acasalamento.

Sinais a partir do hipotálamo viajam para a **hipófise**, localizada na base do hipotálamo (ver Figura 45.13). Aproximadamente do tamanho e da forma de um feijão, a hipófise é formada por duas glândulas que se fusionaram durante o desenvolvimento, mas que se mantêm como partes ou lobos independentes, posterior e anterior, e desempenham funções muito diferentes. A **neuro-hipófise** (hipófise posterior) é uma extensão do tecido neural do hipotálamo. Os axônios hipotalâmicos que chegam a ela secretam neuro-hormônios sintetizados no hipotálamo. Por outro lado, a **adeno-hipófise** (hipófise anterior) é uma glândula endócrina que sintetiza e secreta hormônios em resposta a hormônios do hipotálamo.

Hormônios da neuro-hipófise As células neurossecretoras do hipotálamo sintetizam os dois hormônios da neuro-hipófise: o hormônio antidiurético (ADH) e a ocitocina. Após viajar para a neuro-hipófise dentro dos longos axônios das células neurossecretoras, esses neuro-hormônios são armazenados, sendo liberados na corrente sanguínea em resposta a impulsos nervosos transmitidos pelo hipotálamo **(Figura 45.14)**.

O **hormônio antidiurético** (**ADH**), ou *vasopressina*, regula a função renal. O ADH circulante aumenta a retenção de água nos rins, auxiliando a manter a osmolaridade sanguínea em níveis normais (ver Conceito 44.5). O ADH também tem um papel importante no comportamento social (ver Conceito 51.4).

A ocitocina possui múltiplas funções relacionadas à reprodução. Como vimos, nas fêmeas de mamíferos, a ocitocina controla a secreção de leite pelas glândulas mamárias e regula as contrações uterinas durante o parto. Além disso, a ocitocina possui alvos no cérebro, onde influencia

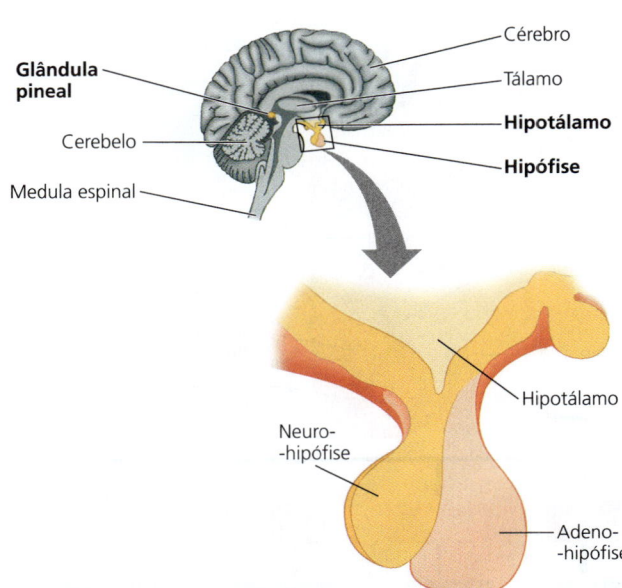

▲ **Figura 45.13 Glândulas endócrinas no encéfalo humano.** Esta visão lateral do encéfalo indica a posição do hipotálamo, da hipófise e da glândula pineal. (A glândula pineal tem um papel na regulação dos ritmos biológicos.)

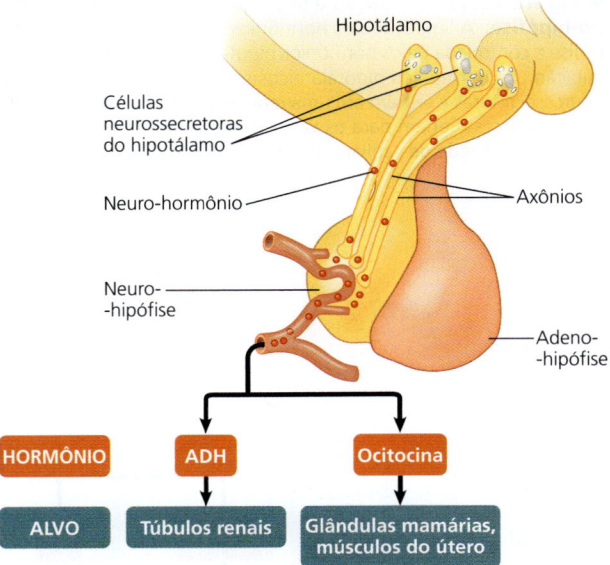

▲ **Figura 45.14 Produção e liberação de hormônios da neuro-hipófise.** A neuro-hipófise é uma extensão do hipotálamo. Certas células neurossecretoras no hipotálamo produzem hormônio antidiurético (ADH) e ocitocina, que são transportados para a neuro-hipófise, onde são armazenados. Os sinais nervosos a partir do cérebro desencadeiam a liberação desses neuro-hormônios.

o comportamento relacionado ao cuidado materno, ao vínculo de casal e à atividade sexual.

Hormônios da adeno-hipófise Os hormônios secretados pela adeno-hipófise controlam diferentes processos no corpo humano, incluindo metabolismo, osmorregulação e reprodução. Como ilustrado na **Figura 45.15**, muitos hormônios da adeno-hipófise, porém não todos, regulam glândulas ou tecidos endócrinos.

Os hormônios secretados pelo hipotálamo controlam a liberação de todos os hormônios da adeno-hipófise. Cada hormônio hipotalâmico que regula a liberação de um ou mais hormônios pela adeno-hipófise é chamado de hormônio *de liberação* ou *de inibição*. O *hormônio de liberação da prolactina*, por exemplo, é um hormônio hipotalâmico que estimula a adeno-hipófise a secretar **prolactina**, a qual possui atividades que incluem a estimulação da produção de leite. Cada hormônio da adeno-hipófise é controlado por pelo menos um hormônio de liberação. Alguns, como a prolactina, têm tanto um hormônio de liberação como um de inibição.

Os hormônios hipotalâmicos de liberação e inibição são secretados próximos aos capilares na base do hipotálamo. Os capilares drenam para dentro de vasos sanguíneos curtos, chamados de vasos portais, que se subdividem em um segundo leito capilar dentro da adeno-hipófise. Portanto, os hormônios de liberação e inibição têm acesso direto à glândula que eles controlam.

Em vias neuroendócrinas, conjuntos de hormônios do hipotálamo, da adeno-hipófise e de uma glândula endócrina-alvo são frequentemente organizados em uma *cascata hormonal*, uma forma de regulação na qual múltiplos órgãos endócrinos e sinais atuam em série. Sinais enviados ao cérebro estimulam o hipotálamo a secretar um hormônio que estimula ou inibe a liberação de um hormônio específico da adeno-hipófise. O hormônio da adeno-hipófise, por sua vez, estimula outro órgão endócrino a secretar ainda outro hormônio, o qual afeta tecidos-alvo específicos. Na reprodução, por exemplo, o hipotálamo sinaliza a adeno-hipófise a liberar os hormônios folículo-estimulante (FSH) e luteinizante (LH), que regulam a secreção do hormônio pelas gônadas (ovários ou testículos).

Em certo sentido, as vias de cascata hormonal redirecionam os sinais a partir do hipotálamo para outras glândulas endócrinas. Por essa razão, os hormônios da adeno-hipófise em tais vias são chamados hormônios *tróficos*, ou trofinas, e diz-se que têm um efeito *trófico* (do grego *trope*, voltar). Portanto, o FSH e o LH são gonadotrofinas porque conduzem sinais do hipotálamo para as gônadas. Para aprender mais sobre hormônios tróficos e as vias de cascata hormonal, veremos a regulação e a função da glândula tireoide.

Regulação da tireoide: uma via de cascata hormonal

Em mamíferos, o **hormônio da tireoide** regula a bioenergética; ajuda a manter normais a pressão sanguínea, a frequência cardíaca e o tônus muscular; e regula funções digestórias e reprodutivas. A **Figura 45.16** fornece uma visão

▶ **Figura 45.15 Produção e liberação de hormônios da adeno-hipófise.** A liberação dos hormônios sintetizados na adeno-hipófise é controlada pelos hormônios hipotalâmicos de liberação e de inibição. Os hormônios hipotalâmicos são secretados pelas células neurossecretoras e entram em uma rede de capilares no hipotálamo. Esses capilares drenam para os vasos portais que se conectam com uma segunda rede de capilares na adeno-hipófise.

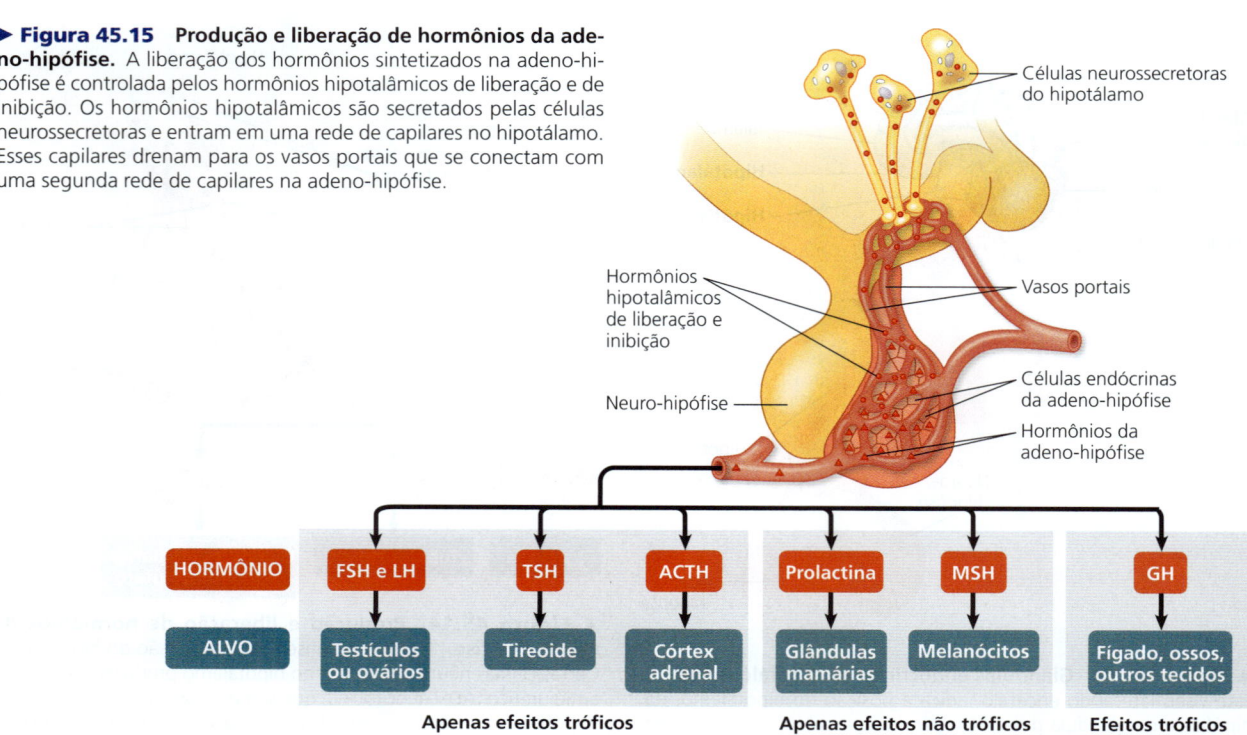

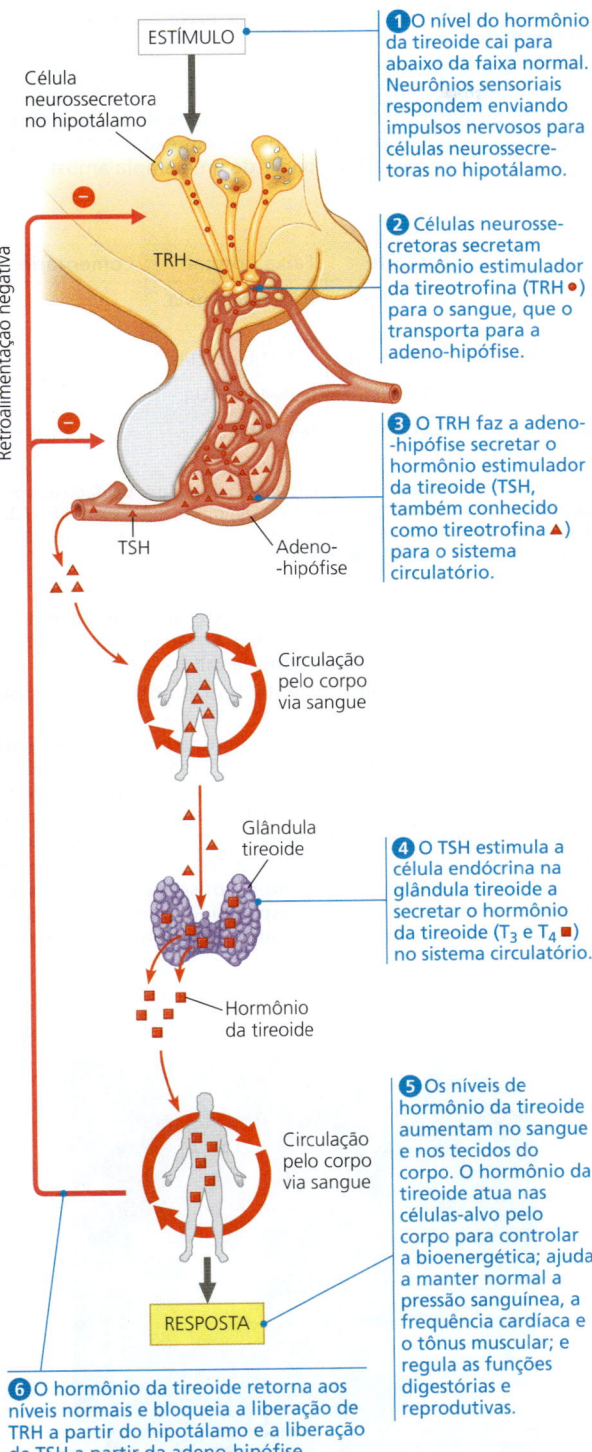

▲ **Figura 45.16** Regulação da secreção do hormônio da tireoide: uma via de cascata hormonal.

geral da via de cascata hormonal que regula a liberação do hormônio da tireoide. Se o nível de hormônio da tireoide no sangue cair, o hipotálamo secreta o hormônio liberador de tireotrofina (TRH), o que faz a adeno-hipófise secretar tireotrofina, um hormônio trófico também conhecido como hormônio estimulador da tireoide (TSH). O TSH, por sua vez, estimula a **glândula tireoide**, um órgão consistindo em dois lobos sobre a superfície ventral da traqueia, no pescoço. A glândula tireoide responde secretando hormônio da tireoide, que eleva a taxa metabólica.

Como com outras vias de cascata hormonal, a regulação por retroalimentação frequentemente ocorre em vários níveis. Por exemplo, o hormônio da tireoide exerce retroalimentação negativa sobre o hipotálamo e sobre a adeno-hipófise, em cada um dos casos bloqueando a liberação do hormônio que promove sua produção (ver Figura 45.16).

Distúrbios na função e na regulação da tireoide

A desregulação na produção do hormônio da tireoide pode resultar em distúrbios graves. Um desses distúrbios reflete a composição química incomum do hormônio da tireoide, a única molécula contendo iodo sintetizada no corpo. O *hormônio da tireoide* é, na verdade, um par de moléculas muito similares derivadas do aminoácido tirosina. A *tri-iodotironina* (T_3) contém três átomos de iodo, enquanto a tetraiodotironina, ou *tiroxina* (T_4), contém quatro (ver Figura 45.4).

Embora o iodo seja facilmente obtido de frutos do mar ou do sal iodado, pessoas em muitas partes do mundo não obtêm iodo suficiente em sua dieta para sintetizar quantidades adequadas do hormônio da tireoide. Com um nível baixo de hormônio tireoidiano, a hipófise não recebe retroalimentação negativa e continua a secretar TSH. Um nível elevado de TSH, por sua vez, provoca aumento do tamanho da glândula tireoide, resultando no bócio, uma dilatação acentuada do pescoço.

Regulação hormonal do crescimento

O **hormônio do crescimento** (**GH**), secretado pela adeno-hipófise, estimula o crescimento por meio de efeitos tróficos e não tróficos. O principal alvo, o fígado, responde ao GH por meio da liberação de *fatores de crescimento semelhantes à insulina* (IGFs, do inglês *insulin-like growth factors*), que circulam no sangue e estimulam diretamente o crescimento dos ossos e de cartilagens. (IGFs também parecem ter um papel-chave no envelhecimento de muitas espécies de animais.) Na ausência do GH, o esqueleto de um animal imaturo para de crescer. O GH também exerce diversos efeitos metabólicos que tendem a elevar a glicemia sanguínea, se opondo, assim, aos efeitos da insulina.

A produção anormal de GH nos seres humanos pode resultar em alguns distúrbios, dependendo de quando o problema ocorre e do tipo: hipersecreção (excesso de GH) ou a hipossecreção (deficiência de GH). A hipersecreção de GH durante a infância pode levar ao gigantismo, no qual a

EXERCÍCIO DE RESOLUÇÃO DE PROBLEMAS

A regulação da tireoide é normal neste paciente?

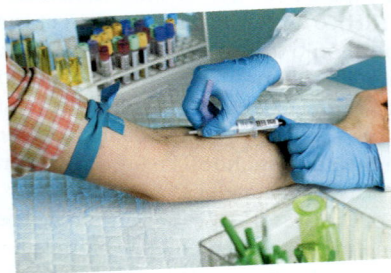

A saúde normal necessita da regulação adequada da glândula tireoide. O hipotireoidismo, a secreção de uma quantidade muito pequena de hormônio da tireoide (T_3 e T_4), pode causar ganho de peso, letargia e intolerância ao frio em adultos. Por outro lado, a secreção excessiva do hormônio da tireoide, conhecida como hipertireoidismo, pode levar a temperaturas corporais elevadas, sudorese abundante, perda de peso, fraqueza muscular, irritabilidade e hipertensão. O hormônio estimulador da tireoide (TSH) estimula a tireoide a liberar hormônio da tireoide. A determinação dos níveis de T_3, T_4 e TSH no sangue pode auxiliar no diagnóstico de diversas condições médicas.

Neste exercício, você vai determinar se um homem de 35 anos que chegou ao setor de emergência com episódios de paralisia apresenta problemas na tireoide.

Sua abordagem Como um médico emergencista, você pede um conjunto de exames sanguíneos, incluindo quatro que medem a função tireoidiana. Para determinar se a atividade tireoidiana de seu paciente está normal, você vai comparar os resultados de seus exames de sangue com as faixas normais, determinadas a partir de uma ampla amostragem de pessoas saudáveis.

Seus dados

N	Teste*	Paciente	Faixa normal	Comentários
1	Tri-iodotironina total (T_3)	2,93 nmol/L	0,89-2,44 nmol/L	
2	Tiroxina livre (T_4)	27,4 pmol/L	9,0-21,0 pmol/L	
3	TSH	5,55 mU/L	0,35-4,94 mU/L	
4	Autoanticorpo receptor de TSH	0,2 U/mL	0-1,5 U/mL	

*Os níveis de T_3 e T_4 são medidos como o número de moléculas por unidade de volume: aqui, nanomols (nmol, 10^{-9} mols) ou picomols (pmol, 10^{-12} mols) por litro (L). Os níveis de TSH e o autoanticorpo contra seu receptor são medidos como atividade, expressos em unidades (U) ou miliunidades (mU) por unidade de volume.

Sua análise

1. Para cada teste, determine se o valor do teste do paciente é alto, baixo ou normal em relação à faixa normal. Então escreva *alto*, *baixo* ou *normal* na coluna de comentários da tabela.
2. Com base nos testes 1-3, seu paciente tem hipotireoidismo ou hipertireoidismo?
3. O teste 4 mede o nível de autoanticorpos (anticorpos autorreativos) que se ligam ao receptor de TSH no corpo, ativando-o. Um alto valor de autoanticorpos provoca a produção contínua de hormônio da tireoide e o distúrbio autoimune chamado de doença de Graves. É provável que seu paciente tenha essa doença? Explique sua resposta.
4. Um tumor na tireoide aumenta a massa de células que produzem T_3 e T_4, enquanto um tumor na adeno-hipófise aumenta a massa de células secretoras de TSH. Você esperaria alguma dessas condições, com base nos valores observados no exame de sangue? Explique sua resposta.

---

pessoa cresce de forma anormal, mas mantém as proporções do corpo relativamente normais **(Figura 45.17)**. A produção excessiva de GH nos adultos estimula o crescimento ósseo nas poucas partes do corpo que ainda respondem ao hormônio, principalmente face, mãos e pés. O resultado é um supercrescimento das extremidades chamado de acromegalia (do grego *acros*, extremo, e *mega*, grande).

A hipossecreção do GH na infância retarda o crescimento dos ossos longos e pode levar ao nanismo hipofisário. Indivíduos com esse distúrbio são proporcionais em sua maioria, mas geralmente atingem altura de apenas 1,2 m. Se diagnosticado antes da puberdade, o nanismo hipofisário pode ser tratado com sucesso utilizando hormônio de crescimento humano (HGH). O tratamento com HGH produzido pela tecnologia de DNA recombinante é comum.

Enquanto os efeitos de níveis alterados do GH são prontamente associados a alterações na altura do adulto, a desregulação de algumas vias endócrinas pode ter efeitos que não parecem relacionados ao funcionamento da via normal. O **Exercício de resolução de problemas** explora um exemplo como esse, de uma questão médica de difícil diagnóstico com base somente em sintomas.

▲ **Figura 45.17 Efeito da produção em excesso do hormônio do crescimento.** Mostrado aqui com sua família, Robert Wadlow cresceu até a altura de 2,7 metros aos 22 anos de idade, tornando-se o homem mais alto na história. Sua altura deve-se ao excesso de secreção do hormônio de crescimento por sua hipófise.

REVISÃO DO CONCEITO 45.2

1. Quais são as funções da ocitocina e da prolactina na regulação das glândulas mamárias?
2. Como as duas glândulas fusionadas da hipófise diferem em função?
3. **E SE?** Proponha uma explicação de por que defeitos em uma determinada cascata hormonal observada em pacientes geralmente afetam a última glândula da via e não o hipotálamo ou a hipófise.
4. **E SE?** Exames laboratoriais de dois pacientes, cada um diagnosticado com produção excessiva do hormônio da tireoide, revelaram níveis elevados de TSH em um deles, mas não no outro. O diagnóstico de um deles estava incorreto? Explique sua resposta.

Ver as respostas sugeridas no Apêndice A.

CONCEITO 45.3

Glândulas endócrinas respondem a diversos estímulos na regulação da homeostase, do desenvolvimento e do comportamento

No restante deste capítulo, abordaremos a função endócrina na homeostase, no desenvolvimento e no comportamento. Iniciaremos com outro exemplo de uma via hormonal simples, a regulação da concentração de íons cálcio no sistema circulatório.

Paratormônio e vitamina D: controle do cálcio no sangue

Como os íons cálcio (Ca^{2+}) são essenciais para o funcionamento normal de todas as células, o controle homeostático do nível de cálcio no sangue é vital. Se o nível sanguíneo de Ca^{2+} cair substancialmente, os músculos esqueléticos começam a se contrair de modo convulsivo, uma condição potencialmente fatal. Se o nível sanguíneo de Ca^{2+} elevar-se substancialmente, precipitados de fosfato de cálcio podem se formar nos tecidos do corpo, levando a danos generalizados nos órgãos.

Nos mamíferos, as **glândulas paratireoides**, um conjunto de quatro estruturas pequenas embebidas na superfície posterior da tireoide (ver Figura 45.8), têm um papel fundamental na regulação do Ca^{2+} no sangue. Quando o nível de Ca^{2+} cai abaixo do nível normal, de cerca de 10 mg/100 mL, essas glândulas liberam o hormônio da paratireoide, ou **paratormônio (PTH)**.

O PTH eleva o nível de Ca^{2+} no sangue por meio de efeitos diretos nos ossos e rins e de efeitos indiretos nos intestinos **(Figura 45.18)**. Nos ossos, o PTH degrada a matriz mineralizada, liberando Ca^{2+} no sangue. Nos rins, o PTH estimula diretamente a reabsorção de Ca^{2+} pelos túbulos renais. Além disso, o PTH eleva indiretamente os níveis de Ca^{2+} no sangue ao estimular a produção de vitamina D. Uma forma precursora de vitamina D é obtida do alimento ou é sintetizada pela pele exposta à luz do sol. A conversão desse precursor em vitamina D ativa inicia no fígado. O PTH atua nos rins para estimular o término do processo de conversão. A vitamina D, por sua vez, atua nos intestinos, estimulando a absorção de Ca^{2+} a partir do alimento. À medida que os níveis de Ca^{2+} no sangue aumentam, uma alça de retroalimentação negativa inibe a liberação adicional de PTH a partir das glândulas paratireoides (não mostrado na Figura 45.18).

A glândula tireoide também pode contribuir para a homeostase do cálcio. Se os níveis de Ca^{2+} no sangue aumentarem acima do nível normal, a glândula tireoide libera **calcitonina**, um hormônio que inibe a reabsorção óssea e aumenta a excreção de Ca^{2+} pelos rins. Em peixes, roedores e alguns outros animais, a calcitonina é necessária para homeostase do Ca^{2+}. Nos seres humanos, entretanto, a calcitonina parece ser necessária somente durante o grande crescimento ósseo na infância.

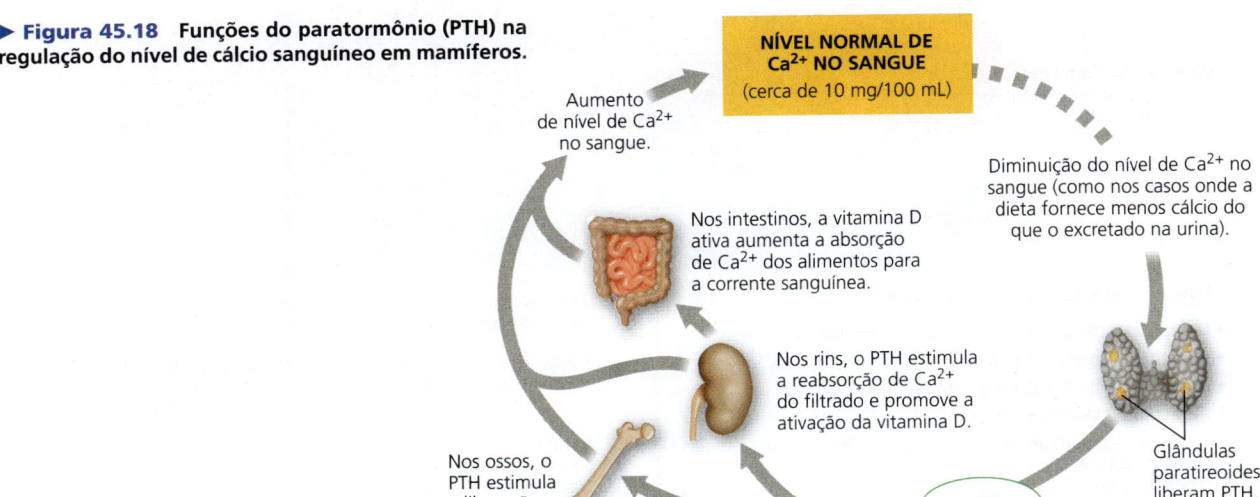

▶ **Figura 45.18** Funções do paratormônio (PTH) na regulação do nível de cálcio sanguíneo em mamíferos.

Hormônios adrenais: resposta ao estresse

As glândulas suprarrenais de vertebrados têm um papel fundamental na resposta ao *estresse*, um estado de homeostase ameaçada. Localizada sobre os rins (os órgãos *renais*), cada **glândula adrenal** é, na realidade, composta de duas glândulas com tipos celulares, funções e origens embrionárias diferentes: o *córtex* adrenal, que é a porção externa, e a *medula* adrenal, a porção central **(Figura 45.19)**. O córtex suprarrenal consiste em células endócrinas verdadeiras, ao passo que as células secretoras da medula adrenal se desenvolvem a partir de tecido neural. Dessa forma, assim como a hipófise, cada glândula adrenal é uma fusão de uma glândula endócrina e uma neuroendócrina.

Função da medula adrenal

Imagine que enquanto caminha em uma floresta à noite você ouve um rugido por perto. "Uma onça?", você pensa. Seu coração bate mais rápido, sua respiração acelera, seus músculos ficam tensos e seus pensamentos ficam mais rápidos. Essas e outras respostas rápidas para perceber o perigo compreendem a resposta de "luta ou fuga". Esse conjunto coordenado de alterações fisiológicas é desencadeado por dois hormônios da medula adrenal, a adrenalina (epinefrina) e a noradrenalina (norepinefrina). Ambas são *catecolaminas*, uma classe de hormônios amina sintetizados a partir do aminoácido tirosina. Ambas as moléculas também atuam como neurotransmissores, conforme você lerá no Conceito 48.4.

Como hormônios, a adrenalina e a noradrenalina aumentam a quantidade de energia química disponível para uso imediato (ver Figura 45.19a). As duas catecolaminas aumentam a taxa de quebra de glicogênio no fígado e nos músculos do esqueleto e promovem a liberação de glicose pelas células hepáticas e de ácidos graxos pelos adipócitos. A glicose e os ácidos graxos liberados circulam no sangue e podem ser usados pelas células do corpo como fonte de energia.

As catecolaminas também exercem efeitos profundos nos sistemas cardiovascular e respiratório. Por exemplo, elas aumentam a frequência cardíaca e o volume sistólico e dilatam os bronquíolos nos pulmões, ações que aumentam a taxa de fornecimento de oxigênio às células do corpo. Por essa razão, os médicos podem prescrever adrenalina como estimulante cardíaco ou para abrir as vias aéreas durante uma crise asmática. As catecolaminas também alteram o fluxo sanguíneo, provocando a constrição de alguns vasos sanguíneos e a dilatação de outros. O efeito geral é o desvio do sangue da pele, dos órgãos digestórios e dos rins, para aumentar o fornecimento de sangue para o coração, o cérebro e os músculos esqueléticos.

***Em mais detalhes:* múltiplos efeitos da adrenalina** Como a adrenalina consegue coordenar uma resposta ao estresse

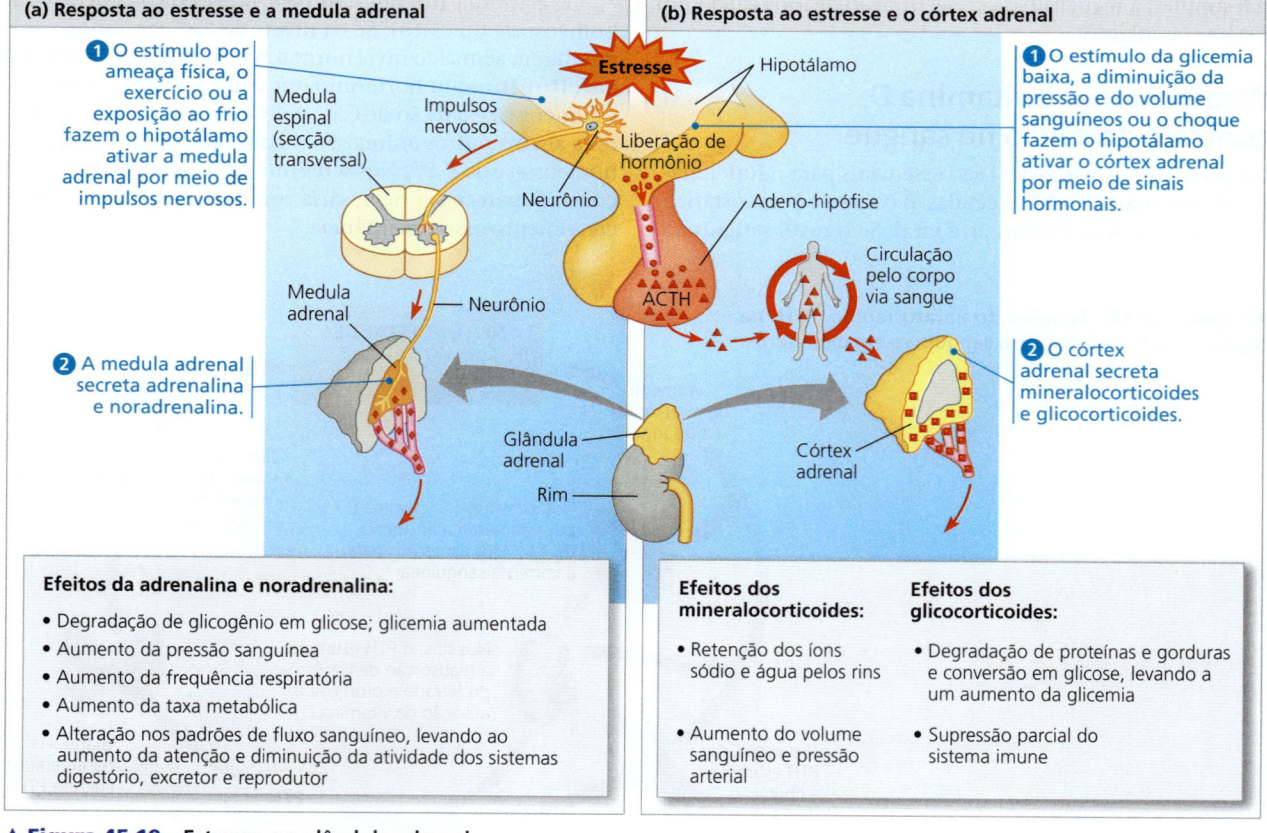

▲ **Figura 45.19** Estresse e a glândula adrenal.

que envolve uma gama de efeitos diversos em tecidos individuais? Nós podemos responder essa questão examinando as diferentes vias de resposta **(Figura 45.20)** em uma gama de células-alvo:

- Nos hepatócitos, a adrenalina se liga a um receptor do tipo β na membrana plasmática. Esse receptor ativa a enzima proteína-cinase A, que, por sua vez, regula enzimas do metabolismo do glicogênio, causando a liberação de glicose para o sangue (ver Figura 45.20a). Observe que essa é a via de transdução de sinal ilustrada na Figura 45.6.
- Nas células de músculo liso que revestem os vasos sanguíneos irrigando o músculo esquelético, a mesma cinase ativada pelo mesmo receptor de adrenalina inativa uma enzima músculo-específica. O resultado é o relaxamento do músculo liso, levando à vasodilatação e ao consequente aumento no fluxo sanguíneo para os músculos esqueléticos (ver Figura 45.20b).
- Nas células dos músculos lisos que revestem os vasos sanguíneos dos intestinos, a adrenalina se liga a um receptor do tipo α (ver Figura 45.20c). Esse receptor desencadeia uma via de sinalização que envolve outras enzimas que não a proteína-cinase A e que provoca contração em vez de relaxamento. A vasoconstrição resultante reduz o fluxo sanguíneo para os intestinos, facilitando o redirecionamento do sangue para o músculo esquelético ativo.

Assim, a adrenalina provoca múltiplas respostas se suas células-alvo diferem na proteína receptora que elas expressam ou nas moléculas ativadas pelo receptor ligado ao hormônio. Como ilustrado nesses exemplos, essa variação na resposta tem um papel fundamental na capacidade da adrenalina de provocar um conjunto de atividades que, juntas, permitem uma resposta rápida coordenada a um estímulo estressante.

Função do córtex adrenal

Como a medula adrenal, o córtex adrenal medeia uma resposta coordenada ao estresse (ver Figura 45.19b). As duas porções da glândula adrenal diferem, contudo, nos tipos de estresse que desencadeiam uma resposta e nos alvos dos hormônios liberados.

O córtex adrenal torna-se ativo sob condições estressantes que incluem a hipoglicemia, a diminuição do volume e da pressão sanguíneos e o choque. Esses estímulos fazem o hipotálamo secretar um hormônio liberador que estimula a adeno-hipófise a liberar o hormônio adrenocorticotrófico (ACTH), um hormônio trófico. Quando o ACTH atinge o córtex adrenal via corrente sanguínea, ele estimula as células endócrinas a sintetizarem e secretarem uma família de esteroides chamados *corticosteroides*. Os dois tipos principais de corticosteroides são os glicocorticoides e os mineralocorticoides.

Os **glicocorticoides**, como o cortisol (ver Figura 45.4), disponibilizam mais glicose como combustível pela promoção da síntese da glicose a partir de fontes que não o carboidrato, como as proteínas. Os glicocorticoides também atuam no músculo esquelético, provocando a quebra das proteínas musculares em aminoácidos. Os aminoácidos são transportados ao fígado e aos rins, convertidos em glicose e liberados no sangue. A síntese de glicose pela quebra de proteínas musculares fornece energia circulante quando o corpo requer mais glicose do que o fígado pode mobilizar a partir de seus estoques de glicogênio.

Se os glicocorticoides forem introduzidos no corpo em um nível superior ao normal, eles suprimem alguns componentes do sistema imune. Por essa razão, os glicocorticoides são, algumas vezes, usados para tratar doenças inflamatórias como a artrite. Entretanto, seu uso em longo prazo pode ter efeitos colaterais graves no metabolismo. Fármacos anti-inflamatórios não esteroides (AINEs), como o ácido acetilsalicílico e o ibuprofeno, são, portanto, geralmente preferidos para o tratamento de condições inflamatórias crônicas.

Os **mineralocorticoides** atuam principalmente na manutenção do equilíbrio hídrico e de sais. Por exemplo, o mineralocorticoide aldosterona

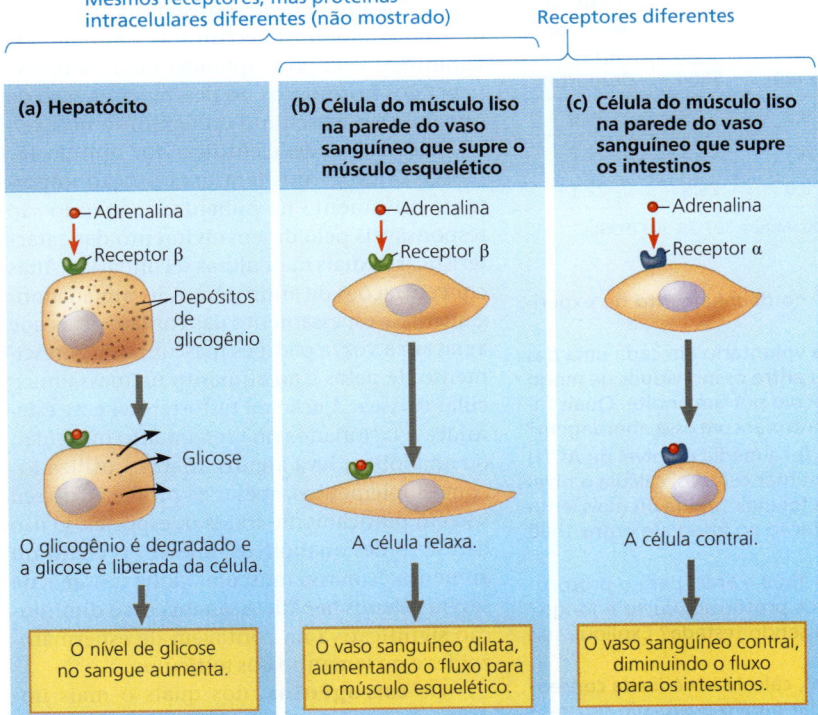

▲ **Figura 45.20 Um hormônio, diferentes efeitos.** A adrenalina, o principal hormônio de "luta ou fuga", produz diferentes respostas em diferentes células-alvo. As células-alvo com o mesmo receptor exibem diferentes respostas se tiverem diferentes vias de transdução de sinal ou proteínas efetoras; compare **(a)** com **(b)**. Células-alvo com diferentes receptores para o hormônio frequentemente exibem diferentes respostas; compare **(b)** com **(c)**.

Exercício de habilidades científicas

Delineamento de um experimento controlado

Como a secreção noturna de ACTH está relacionada com a duração esperada do sono? Seres humanos secretam quantidades maiores do hormônio adrenocorticotrófico (ACTH) durante os estágios tardios do sono normal, com o pico da secreção ocorrendo no momento do acordar espontâneo. Como o ACTH é liberado em resposta ao estímulo de estresse, os cientistas hipotetizaram que a secreção de ACTH antes do acordar poderia ser uma resposta antecipada ao estresse associado à transição do sono para um estado mais ativo. Nesse caso, a expectativa de um indivíduo de acordar em um determinado momento poderia influenciar o momento da secreção de ACTH. Como essa hipótese poderia ser testada? Neste exercício, você analisará como os pesquisadores delinearam um experimento controlado para estudar o papel da expectativa.

Como o experimento foi realizado Os pesquisadores estudaram 15 voluntários saudáveis com idade aproximada de 25 anos durante três noites. A cada noite, era dito ao voluntário a que horas ele seria acordado: 6h00 ou 9h00. Os participantes iam dormir à meia-noite. Participantes nos grupos de protocolo "curto" ou "longo" eram acordados na hora esperada (6h00 ou 9h00, respectivamente). Participantes no grupo de protocolo "surpresa" eram avisados que seriam despertados às 9h00, mas eram, na realidade, despertados 3 horas mais cedo, às 6h00. Em horários determinados, amostras de sangue eram coletadas para determinar os níveis plasmáticos de ACTH. Para determinar a variação (Δ) na concentração de ACTH depois de acordar, os pesquisadores compararam as amostras coletadas ao acordar e 30 minutos depois.

Dados do experimento

Protocolo de sono	Hora esperada do despertar	Hora real do despertar	Nível médio de ACTH plasmático (pg/mL)		Δ nos 30 minutos após o despertar
			1h00	6h00	
Curto	6h00	6h00	9,9	37,3	10,6
Longo	9h00	9h00	8,1	26,5	12,2
Surpresa	9h00	6h00	8,0	25,5	22,1

Dados de J. Born, et al., Timing the end of nocturnal sleep, *Nature* 397:29-30 (1999).

INTERPRETE OS DADOS

1. Descreva o papel do protocolo "surpresa" no delineamento do experimento.
2. Foi dado um protocolo diferente para cada voluntário em cada uma das três noites, e a ordem dos protocolos variou entre os indivíduos de modo que um terço fosse submetido a cada protocolo por uma noite. Quais fatores os pesquisadores estavam tentando controlar com essa abordagem?
3. Para os indivíduos no protocolo curto, qual foi a média do nível de ACTH ao acordar? Utilizando os dados das duas últimas colunas, calcule o nível médio após 30 minutos. A taxa de mudança foi mais rápida ou mais lenta naquele período de 30 minutos em comparação ao intervalo entre 1h00 e 6h00?
4. Como a alteração nos níveis de ACTH entre 1h00 e 6h00 para o protocolo surpresa se compara àquela alteração dos protocolos curto e longo? Esse resultado sustenta a hipótese que está sendo testada? Explique sua resposta.
5. Utilizando os dados das duas últimas colunas, calcule a média da concentração de ACTH 30 minutos depois de acordar para o protocolo surpresa e compare com sua resposta para a questão 3. O que os seus resultados sugerem sobre a resposta fisiológica de uma pessoa logo após acordar?
6. Cite algumas variáveis que não foram controladas neste experimento e que poderiam ser exploradas em um próximo estudo.

---

funciona na homeostase de íons e da água do sangue (ver Figura 44.21). Como os glicocorticoides, os mineralocorticoides não somente mediam as respostas ao estresse, mas também participam na regulação homeostática do metabolismo. No **Exercício de habilidades científicas**, você pode explorar um experimento que investiga alterações na secreção de ACTH quando as pessoas acordam do sono.

Hormônios sexuais

Os hormônios sexuais afetam o crescimento, o desenvolvimento, o ciclo reprodutivo e o comportamento sexual. Embora as glândulas adrenais secretem pequenas quantidades desses hormônios, as gônadas (testículos nos machos e ovários nas fêmeas) são sua principal fonte. As gônadas produzem e secretam três tipos principais de hormônios sexuais esteroides: androgênios, estrogênios e progesterona. Os três são encontrados tanto em machos como em fêmeas, mas em diferentes proporções.

Os testículos sintetizam principalmente os **androgênios**, sendo o principal a **testosterona**. Em humanos, a testosterona funciona primeiro nos embriões machos (XY), promovendo o desenvolvimento das estruturas reprodutivas masculinas **(Figura 45.21)**. Em embriões fêmeas (XX), a ausência de testosterona permite o desenvolvimento de estruturas reprodutivas femininas. Você pode aprender mais sobre esse papel dos hormônios no desenvolvimento de um embrião masculino ou feminino no Exercício de habilidades científicas do Capítulo 46.

Os androgênios têm uma função importante novamente na puberdade, quando são responsáveis pelo desenvolvimento das características sexuais masculinas secundárias. Altas concentrações de androgênios levam ao alongamento e espessamento das cordas vocais que agravam a voz, a padrões masculinos de crescimento de pelos e ao aumento na massa muscular e óssea. A ação da testosterona e de esteroides relacionados no crescimento muscular, ou anabólico, leva alguns atletas a utilizá-los como suplementos, apesar da proibição do seu uso em praticamente todos os esportes. O uso de esteroides anabólicos, apesar do efeito no aumento de massa muscular, pode causar acne severa e danos hepáticos, assim como diminuição significativa na contagem de espermatozoides e no tamanho dos testículos.

Os **estrogênios**, dos quais o mais importante é o **estradiol**, são responsáveis pela manutenção do sistema reprodutor feminino e pelo desenvolvimento das características sexuais femininas secundárias. Em contrapartida, a **progesterona** está envolvida na

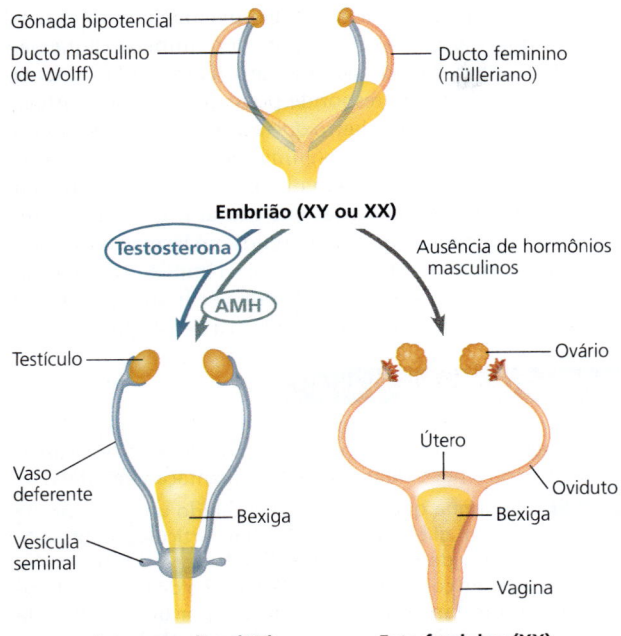

▲ **Figura 45.21** Os hormônios sexuais regulam a formação das estruturas reprodutivas internas no desenvolvimento humano. Em um embrião macho (XY), as gônadas bipotenciais (gônadas que podem desenvolver-se em qualquer uma das duas formas) tornam-se os testículos, que secretam testosterona e hormônio antimülleriano (AMH). A testosterona direciona a formação de ductos que carregam os espermatozoides (vasos deferentes e vesículas seminais), enquanto o AMH provoca a degeneração dos ductos femininos. Na ausência desses hormônios dos testículos, os ductos masculinos degeneram e as estruturas femininas se formam, incluindo o oviduto, o útero e a vagina.

HABILIDADES VISUAIS *Observando esta figura, explique por que o adjetivo* bipotencial *é usado somente para descrever a gônada.*

preparação e na manutenção de tecidos do útero dos mamíferos necessários para sustentar o crescimento e o desenvolvimento de um embrião.

Androgênios, estrogênios e progesterona provenientes das gônadas são componentes de vias de cascatas hormonais. A síntese desses hormônios é controlada principalmente por duas gonadotrofinas da adeno-hipófise, o FSH e o LH (ver Figura 45.15). A secreção de gonadotrofina, por sua vez, é controlada pelo hormônio liberador de gonadotrofina (GnRH), a partir do hipotálamo. Examinaremos em detalhes as relações de retroalimentação que regulam a secreção de hormônio gonadal no Capítulo 46.

Desreguladores endócrinos

Entre 1938 e 1971, foi prescrito um estrogênio sintético chamado dietilestilbestrol (DES) para algumas mulheres grávidas com gestações de risco. O que não se sabia até 1971 era que a exposição ao DES podia alterar o desenvolvimento do sistema reprodutor no feto. As filhas de mulheres que usaram DES desenvolveram mais frequentemente certas anormalidades reprodutivas, incluindo câncer vaginal e do colo uterino, alterações estruturais nos órgãos reprodutivos e risco aumentado de abortos espontâneos. Atualmente, o DES é reconhecido como um *desregulador endócrino*, uma molécula estranha que interrompe a função normal da via hormonal.

Nos anos recentes, alguns cientistas criaram hipóteses de que algumas moléculas no ambiente também atuam como desreguladores endócrinos. Por exemplo, o bisfenol A, composto utilizado na produção de plásticos, foi estudado por sua potencial interferência na reprodução e no desenvolvimento normais. Além disso, foi sugerido que algumas moléculas semelhantes a estrogênios, como aquelas presentes nos produtos da soja e em outros produtos comestíveis de plantas, têm o efeito benéfico de diminuir o risco de câncer de mama. O esclarecimento desses efeitos, danosos ou benéficos, é bastante difícil, em parte porque enzimas no fígado alteram as propriedades dessas moléculas quando entram no organismo pelo sistema digestório.

Hormônios e ritmos biológicos

Ainda existe muito para ser estudado sobre o hormônio **melatonina**, um aminoácido modificado que regula as funções relacionadas à luz e às estações. A melatonina é produzida pela **glândula pineal**, uma pequena massa de tecido próxima ao centro do cérebro de mamíferos (ver Figura 45.13).

Embora a melatonina afete a pigmentação da pele em vários vertebrados, seus principais efeitos estão relacionados aos ritmos biológicos associados à reprodução e aos níveis de atividade diária (ver Figura 40.9). A melatonina é secretada à noite, e a quantidade liberada depende da duração da noite. No inverno, por exemplo, quando os dias são curtos e as noites são longas, mais melatonina é secretada. Também existem evidências de que aumentos noturnos nos níveis de melatonina exercem um papel significativo na promoção do sono.

A liberação de melatonina pela glândula pineal é controlada por um grupo de neurônios no hipotálamo chamado de núcleo supraquiasmático (NSQ). O NSQ funciona como um relógio biológico e recebe estímulos de neurônios especializados sensíveis à luz na retina dos olhos. Embora o NSQ regule a produção de melatonina durante as 24 horas do ciclo claro/escuro, a melatonina também influencia a atividade do NSQ. Vamos estudar ritmos biológicos mais adiante no Conceito 49.2, no qual analisamos experimentos no funcionamento do NSQ.

Evolução da função hormonal

EVOLUÇÃO No decorrer da evolução, as funções de um determinado hormônio frequentemente divergem entre as espécies. Um exemplo é o hormônio da tireoide, que, através de muitas linhagens evolutivas, tem um papel na regulação metabólica (ver Figura 45.16). Nas rãs, porém, o hormônio da tireoide tiroxina (T_4) assumiu uma função aparentemente única: estimular a reabsorção da cauda do girino durante a metamorfose **(Figura 45.22)**.

O hormônio *prolactina* tem um leque especialmente amplo de atividades. A prolactina estimula o crescimento da glândula mamária e a produção de leite nos mamíferos, regula o metabolismo de gorduras e a reprodução em aves, atrasa a metamorfose nos anfíbios e regula o equilíbrio hídrico e de

▲ Girino

▲ Rã adulta

▲ **Figura 45.22 Função especializada de um hormônio na metamorfose da rã.** O hormônio tiroxina é responsável pela reabsorção da cauda do girino à medida que a rã se desenvolve em sua forma adulta.

sais nos peixes de água doce. Esses diversos papéis indicam que a prolactina é um hormônio antigo com funções que se diversificaram durante a evolução dos grupos vertebrados.

O **hormônio estimulador de melanócitos (MSH)**, secretado pela adeno-hipófise, é outro exemplo de um hormônio com funções distintas em linhagens evolutivamente diferentes. Nos anfíbios, peixes e répteis, o MSH regula a cor da pele por meio do controle da distribuição de pigmento nas células da pele chamadas melanócitos. Nos mamíferos, o MSH funciona no apetite e no metabolismo, além da coloração da pele.

A ação especializada do MSH que evoluiu no cérebro dos mamíferos poderá revelar-se de importância médica peculiar. Muitos pacientes com câncer em estágio avançado, Aids, tuberculose e algumas doenças do envelhecimento desenvolvem uma condição devastadora denominada caquexia. Caracterizada por perda de peso, atrofia muscular e perda de apetite, a caquexia responde pouco às terapias existentes. Entretanto, foi descoberto que a ativação de receptor do cérebro para o MSH produz algumas das mesmas mudanças observadas na caquexia. Além disso, em experimentos com camundongos com mutações que causam câncer e, consequentemente, caquexia, o tratamento com fármacos que bloqueavam o receptor cerebral para o MSH impediu a caquexia. A possibilidade de esses fármacos serem utilizados para tratar a caquexia em seres humanos é uma área de estudo ativa.

REVISÃO DO CONCEITO 45.3

1. Se uma via hormonal produzir uma resposta transitória a um estímulo, como o encurtamento da duração do estímulo afetaria a necessidade de retroalimentação negativa?
2. **E SE?** Suponha que você tenha recebido uma injeção de cortisona, um glicocorticoide, em uma articulação inflamada. Qual atividade do glicocorticoide você estaria explorando? Se um comprimido de glicocorticoide também fosse eficaz no tratamento da inflamação, por que ainda seria preferível a aplicação do fármaco localmente?
3. **FAÇA CONEXÕES** Que paralelos você consegue identificar nas propriedades e nos efeitos da epinefrina e do hormônio vegetal auxina (ver Conceito 39.2) quanto a seus efeitos em diferentes tecidos-alvo?

Ver as respostas sugeridas no Apêndice A.

45 Revisão do capítulo

RESUMO DOS CONCEITOS-CHAVE

CONCEITO 45.1

Hormônios e outras moléculas de sinalização se ligam a receptores-alvo, desencadeando vias de resposta específicas (p. 1000-1004)

- As formas de sinalização entre células animais diferem no tipo de célula secretora e na via tomada pelo sinal até seu alvo. Os sinais **endócrinos**, ou **hormônios**, são secretados para o líquido extracelular pelas células endócrinas ou glândulas sem ductos e alcançam as células-alvo por meio dos líquidos circulatórios. Lá, a ligação de um hormônio a um receptor específico para aquele hormônio particular desencadeia uma resposta celular. Os sinais **parácrinos** atuam nas células vizinhas, ao passo que os sinais **autócrinos** atuam na própria célula secretora. Os **neurotransmissores** também atuam localmente, mas os **neuro-hormônios** podem atuar por todo o organismo. Os **feromônios** são liberados no ambiente para comunicação entre animais da mesma espécie.
- Os **reguladores locais**, que realizam a sinalização parácrina e a autócrina, incluem as citocinas e os fatores de crescimento (polipeptídeos), as **prostaglandinas** (ácidos graxos modificados) e o **óxido nítrico** (um gás).
- Polipeptídeos, esteroides e aminas compreendem as principais classes de hormônios animais. Dependendo se forem hidrossolúveis ou lipossolúveis, os hormônios ativam diferentes vias de

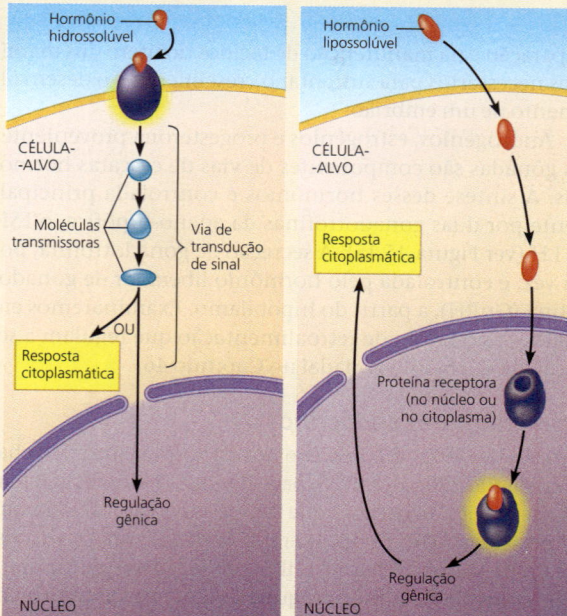

FAÇA CONEXÕES *Que formas de sinalização ativam uma célula T auxiliar em respostas imunes (ver Figura 43.18)?*

respostas. As células endócrinas que secretam hormônios são geralmente localizadas em glândulas dedicadas parcial ou integralmente à sinalização endócrina.

CONCEITO 45.2

A regulação por retroalimentação e a coordenação com o sistema nervoso são comuns em vias hormonais (p. 1004-1011)

- Em uma via endócrina simples, as células endócrinas respondem diretamente a um estímulo. Em contrapartida, em uma via neuroendócrina simples, um neurônio sensorial recebe o estímulo.
- Vias hormonais podem incluir **retroalimentação negativa**, que diminui o estímulo e então limita a resposta, ou **retroalimentação positiva**, que amplifica o estímulo e leva à efetivação da resposta.

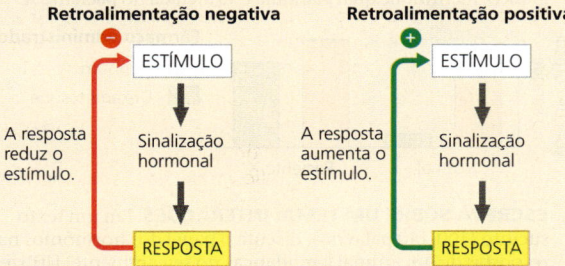

- Nos insetos, as mudas e o desenvolvimento são controlados por três hormônios: PTTH; ecdisteroide, cuja liberação é desencadeada pelo PTTH; e hormônio juvenil. A coordenação de sinais a partir dos sistemas nervoso e endócrino e a modulação da atividade de um hormônio por outro geram a sequência de estágios do desenvolvimento que levam a uma forma adulta.
- Nos vertebrados, as células neurossecretoras no **hipotálamo** produzem dois hormônios que são secretados pela **neuro-hipófise** e que atuam diretamente nos tecidos não endócrinos: **ocitocina**, que induz as contrações uterinas e libera leite a partir das glândulas mamárias, e o **hormônio antidiurético (ADH)**, que aumenta a reabsorção de água pelos rins.
- Outras células hipotalâmicas produzem hormônios que são transportados para a **adeno-hipófise**, onde estimulam ou inibem a liberação de determinados hormônios.
- Muitas vezes, os hormônios da adeno-hipófise atuam em uma cascata. Por exemplo, a secreção do hormônio estimulador da tireoide (TSH) é regulada pelo hormônio liberador de tireotrofina (TRH). O TSH, por sua vez, induz a **glândula tireoide** a secretar o **hormônio da tireoide**, uma combinação de hormônios contendo iodo, T_3 e T_4. O hormônio da tireoide estimula o metabolismo e influencia o desenvolvimento e a maturação.

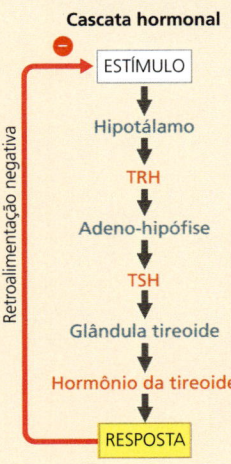

- A maioria dos hormônios da adeno-hipófise consiste em hormônios tróficos, atuando nos tecidos endócrinos ou nas glândulas para regular a secreção de hormônios. Os hormônios tróficos da adeno-hipófise incluem TSH, hormônio folículo-estimulante (FSH), hormônio luteinizante (LH) e hormônio adrenocorticotrófico (ACTH). O **hormônio do crescimento (GH)** tem efeitos tanto tróficos como não tróficos. Ele promove o crescimento diretamente, afeta o metabolismo e estimula a produção de fatores de crescimento por outros tecidos.

? *Quais dos principais órgãos endócrinos descritos na Figura 45.8 são regulados independentemente do hipotálamo e da hipófise?*

CONCEITO 45.3

Glândulas endócrinas respondem a diversos estímulos na regulação da homeostase, do desenvolvimento e do comportamento (p. 1011-1016)

- O **paratormônio (PTH)**, secretado pelas **glândulas paratireoides**, induz os ossos a liberarem Ca^{2+} para o sangue e estimula a reabsorção de Ca^{2+} nos rins. O PTH também estimula os rins a ativarem a vitamina D, que promove a absorção intestinal de Ca^{2+} proveniente do alimento. A **calcitonina**, secretada pela tireoide, tem os efeitos contrários do PTH nos ossos e rins. A calcitonina é importante para a homeostase do cálcio nos adultos de alguns vertebrados, mas não nos seres humanos.
- Em resposta ao estresse, as células neurossecretoras na medula adrenal liberam **adrenalina** e **noradrenalina**, que fazem a mediação de várias respostas de luta ou fuga. O córtex adrenal libera **glicocorticoides**, como o cortisol, que influenciam no metabolismo da glicose e no sistema imune. Também libera os **mineralocorticoides**, principalmente a aldosterona, que ajudam a regular o equilíbrio hídrico e de sais.
- Os hormônios sexuais regulam o crescimento, o desenvolvimento, a reprodução e o comportamento sexual. Embora o córtex adrenal produza pequenas quantidades desses hormônios, as gônadas (testículos e ovários) servem como principal fonte. Os três tipos, **androgênios**, **estrogênios** e **progesterona**, são produzidos em machos e fêmeas, mas em proporções diferentes.
- A **glândula pineal**, localizada no cérebro, secreta **melatonina**, que funciona nos ritmos biológicos relacionados à reprodução e ao sono. A liberação de melatonina é controlada pelo NSQ, região do cérebro que funciona como um relógio biológico.
- Os hormônios adquiriram papéis distintos em diferentes espécies ao longo da evolução. A **prolactina** estimula a produção de leite nos mamíferos, mas possui diversos efeitos em outros vertebrados. O **hormônio estimulador de melanócitos (MSH)** influencia o metabolismo de gorduras nos mamíferos e a pigmentação da pele em outros vertebrados.

? *O ADH e a adrenalina atuam como hormônios quando liberados na corrente sanguínea e como neurotransmissores quando liberados nas sinapses entre os neurônios. O que é semelhante nas glândulas endócrinas que produzem essas duas moléculas?*

TESTE SEU CONHECIMENTO

Níveis 1-2: Relembre/Entenda

1. Qual afirmação é correta?
   (A) Hormônios que diferem no efeito alcançam suas células-alvo por diferentes vias pelo corpo.
   (B) Pares de hormônios que têm o mesmo efeito têm funções antagonísticas.
   (C) Os hormônios muitas vezes são regulados por ciclos de retroalimentação.
   (D) Os hormônios da mesma classe química normalmente têm a mesma função.

2. O hipotálamo:
   (A) sintetiza todos os hormônios produzidos pela hipófise.
   (B) influencia a função de apenas um lóbulo da hipófise.
   (C) produz apenas hormônios inibidores.
   (D) regula tanto a reprodução como a temperatura corporal.
3. Fatores de crescimento são reguladores locais que:
   (A) são produzidos pela adeno-hipófise.
   (B) são ácidos graxos modificados que estimulam o crescimento dos ossos e da cartilagem.
   (C) são encontrados na superfície de células cancerosas e estimulam a divisão celular anormal.
   (D) se ligam a receptores da superfície celular e estimulam o crescimento e o desenvolvimento de células-alvo.
4. Qual hormônio está corretamente pareado com sua ação?
   (A) Ocitocina – estimula as contrações uterinas durante o nascimento.
   (B) Tiroxina – inibe processos metabólicos.
   (C) ACTH – inibe a liberação de glicocorticoides pelo córtex adrenal.
   (D) Melatonina – eleva o nível de cálcio no sangue.

Níveis 3-4: Aplique/Analise

5. O que esteroides e hormônios peptídicos geralmente têm em comum?
   (A) Sua solubilidade nas membranas celulares
   (B) Sua necessidade de viajar pela corrente sanguínea
   (C) A localização de seus receptores
   (D) Sua dependência da transdução de sinais na célula
6. Qual dos seguintes itens é a explicação mais provável para o hipotireoidismo em um paciente cujo nível de iodo é normal?
   (A) Maior produção de T_3 do que de T_4
   (B) Hipossecreção de TSH
   (C) Hipersecreção de MSH
   (D) Diminuição na secreção de calcitonina pela tireoide
7. A relação entre os hormônios ecdisteroide e PTTH de insetos é um exemplo de:
   (A) uma interação dos sistemas endócrino e nervoso.
   (B) homeostase obtida por retroalimentação positiva.
   (C) homeostase mantida por hormônios antagonistas.
   (D) inibição competitiva de um receptor hormonal.
8. **DESENHE** Em mamíferos, a produção de leite pelas glândulas mamárias é controlada pela prolactina e pelo hormônio liberador de prolactina. Desenhe um esquema simples para essa via, incluindo glândulas, tecidos, hormônios, vias para o movimento de hormônios e efeitos.

Níveis 5-6: Avalie/Crie

9. **CONEXÃO EVOLUTIVA** Os receptores intracelulares utilizados por todos os hormônios esteroides e da tireoide são suficientemente similares em sua estrutura para serem considerados membros de uma "superfamília" de proteínas. Proponha uma hipótese para como os genes que codificam esses receptores possam ter evoluído. (Dica: ver a Figura 21.13.) Explique como você poderia testar sua hipótese usando dados de sequências de DNA.
10. **PESQUISA CIENTÍFICA • INTERPRETE OS DADOS** Um nível cronicamente elevado de glicocorticoides pode resultar em obesidade, fraqueza muscular e depressão, uma combinação de sintomas chamada de síndrome de Cushing. A atividade excessiva da hipófise ou da glândula adrenal pode ser a causa. Para determinar qual glândula possui atividade anormal em determinado paciente, os médicos utilizam a dexametasona, um glicocorticoide sintético que bloqueia a liberação de ACTH. Com base no gráfico, identifique qual glândula está afetada no paciente X.

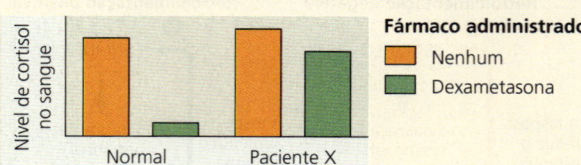

11. **ESCREVA SOBRE UM TEMA: INTERAÇÕES** Em um texto sucinto (100-150 palavras), discuta o papel dos hormônios nas respostas de um animal a mudanças no seu ambiente. Utilize exemplos específicos.
12. **SINTETIZE SEU CONHECIMENTO**

A rã à esquerda foi injetada com MSH, causando uma mudança na cor de sua pele em minutos devido à rápida redistribuição de grânulos de pigmento em células especializadas da pele. Aplicando o que você sabe sobre a sinalização neuroendócrina, explique como uma rã poderia utilizar MSH para combinar a cor de sua pele com a do seu meio ambiente.

Ver respostas selecionadas no Apêndice A.

46 Reprodução animal

CONCEITOS-CHAVE

46.1 Tanto a reprodução sexuada quanto a assexuada ocorrem no reino animal *p. 1020*

46.2 A fertilização depende de mecanismos que unem espermatozoides e óvulos da mesma espécie *p. 1022*

46.3 Os órgãos reprodutores produzem e transportam os gametas *p. 1025*

46.4 A interação entre hormônios tróficos e hormônios sexuais regula a reprodução em mamíferos *p. 1030*

46.5 Nos mamíferos placentários, um embrião desenvolve-se completamente dentro do útero da mãe *p. 1034*

Dica de estudo

Faça uma tabela: Para ajudá-lo a memorizar os papéis dos hormônios tróficos nos sistemas reprodutivos dos mamíferos, faça uma tabela como a mostrada aqui. Complete a última célula para GnRH e preencha as linhas para FSH e LH.

Hormônio	Fonte	Em machos: alvo/efeito	Em fêmeas: alvo/efeito
GnRH = hormônio liberador de gonadotrofina	Hipotálamo	Adeno-hipófise/ promove a liberação de FSH e LH	
FSH =			
LH =			

Figura 46.1 Esta colônia de pólipos de coral está se reproduzindo. Pequenas esferas amarelas contendo óvulos e espermatozoides saem dos pólipos, emergindo na superfície do mar, e se rompem. Lá, os óvulos e espermatozoides formam embriões que se tornam larvas, as quais, por fim, submergem e estabelecem novas colônias de coral.

De que maneiras diferentes os animais se reproduzem?

Reprodução assexuada
Sem fusão de um espermatozoide com um óvulo.

Reprodução sexuada
A fusão de um espermatozoide com um óvulo forma um zigoto.

Hermafroditismo
Um animal individual produz gametas masculinos e femininos.

Sexos separados
O macho produz espermatozoides e a fêmea produz óvulos.

Fertilização externa
Um óvulo encontra o espermatozoide fora do trato reprodutivo da fêmea.

Fertilização interna
Um óvulo encontra o espermatozoide dentro do trato reprodutivo feminino. Em alguns animais, incluindo a maioria dos mamíferos, o embrião desenvolve-se internamente e nasce do corpo da mãe.

CONCEITO 46.1

Tanto a reprodução sexuada quanto a assexuada ocorrem no reino animal

Existem dois modos de reprodução animal – sexuada e assexuada. Na **reprodução sexuada**, a fusão de gametas haploides forma uma célula diploide, o **zigoto**. Por sua vez, o animal que se desenvolve do zigoto pode originar gametas por meiose (ver Figura 13.8). O gameta feminino, o **óvulo**, é grande e imóvel, ao passo que o gameta masculino, o **espermatozoide**, é geralmente muito menor e móvel. Na **reprodução assexuada**, novos indivíduos são gerados sem a fusão do óvulo e do espermatozoide. Para a maioria dos animais assexuados, a reprodução ocorre inteiramente por divisão celular mitótica. Tanto a reprodução assexuada quanto a sexuada são comuns entre os animais.

Mecanismos de reprodução assexuada

Entre os animais, várias formas simples de reprodução assexuada são encontradas exclusivamente em invertebrados. Uma delas é o *brotamento*, em que novos indivíduos surgem a partir de crescimentos de outro indivíduo já existente (ver Figura 13.2). Nos corais pétreos, por exemplo, brotos se formam e permanecem aderidos aos pais. O resultado é a formação de uma colônia com mais de 1 m de comprimento, consistindo em milhares de indivíduos conectados. Também comum entre os invertebrados é a **fissão**, que consiste na divisão e separação de um organismo parental em dois indivíduos com aproximadamente o mesmo tamanho.

A reprodução assexuada nos invertebrados também pode ocorrer por *fragmentação*, a quebra do corpo em vários pedaços, seguida por *regeneração*, o novo crescimento das partes do corpo perdidas. Se mais de uma parte crescer e se tornar um animal completo, o efeito é a reprodução. Por exemplo, certos anelídeos podem se dividir em vários fragmentos, cada um regenerando um animal completo. Diversos corais, esponjas, cnidários e tunicados também se reproduzem por fragmentação e regeneração.

Uma gama de espécies animais se reproduzem assexuadamente por **partenogênese**, na qual um óvulo se desenvolve sem ter sido fertilizado. Entre os invertebrados, a partenogênese ocorre em algumas espécies de abelhas, vespas e formigas. A prole pode ser haploide ou diploide. No caso das abelhas, os machos (zangões) são adultos haploides férteis que surgem por partenogênese. Em contrapartida, as fêmeas das abelhas, incluindo as trabalhadoras estéreis e as rainhas férteis, são adultos diploides que evoluem a partir de óvulos fertilizados.

Nos vertebrados, a partenogênese é considerada uma resposta rara a uma baixa densidade populacional. Por exemplo, foi observado que fêmeas de dragões-de-komodo, de tubarões-martelo e de tubarões-zebra produzem prole quando mantidas em cativeiro, separadas de machos de suas espécies. Em 2015, a análise do DNA de um grupo de peixes-serra de um rio da Flórida, Estados Unidos, identificou espécimes que tinham duas cópias idênticas de todos os *loci* testados, uma evidência de partenogênese em vertebrados na natureza.

Variação nos padrões de reprodução sexuada

Em muitas espécies animais, incluindo humanos, a reprodução sexuada envolve o acasalamento de uma fêmea e de um macho. Em algumas circunstâncias, contudo, encontrar um parceiro para reprodução pode ser um desafio. Adaptações que surgiram durante a evolução de algumas espécies superaram esse desafio ao diminuir a distinção entre macho e fêmea. Essa adaptação é particularmente comum entre animais sésseis (que não se movem), como mexilhões; animais fossoriais, como mariscos; e alguns parasitos, incluindo vermes planos. Essa adaptação é o **hermafroditismo**, no qual cada indivíduo tem ambos os sistemas reprodutores masculino e feminino (o termo *hermafrodita* combina os nomes de Hermes e Afrodite, um deus e uma deusa gregos). Animais sésseis têm uma oportunidade muito limitada de encontrar um parceiro, mas como cada hermafrodita se reproduz tanto como um macho quanto como uma fêmea, *quaisquer* dois indivíduos podem acasalar. Os dois animais doam e recebem espermatozoides durante o acasalamento, como mostrado para um par de lesmas-do-mar na **Figura 46.2**. Em algumas espécies, incluindo muitos corais, os hermafroditas podem, também, se autofertilizar, possibilitando uma forma de reprodução sexuada que não requer um parceiro.

▲ **Figura 46.2 Reprodução entre hermafroditas.** Nesta cópula de lesmas-do-mar, ou nudibrânquios (*Nembrotha chamberlaini*), cada hermafrodita está fornecendo espermatozoides para fertilizar os óvulos do parceiro.

O peixe gudião-azul (*Thalassoma bifasciatum*) fornece um exemplo bastante diferente de variação na reprodução sexuada. Esse peixe vive em haréns, que consistem em um macho e várias fêmeas. Quando o único macho morre, a chance de reprodução sexuada parece perdida. Porém, após 1 semana, a maior fêmea no harém se transforma em um macho e começa a produzir espermatozoides em vez de óvulos. Que pressão seletiva na evolução desse peixe resultou na reversão sexual da fêmea com o maior corpo? Como é o macho que defende o harém contra intrusos, o maior tamanho pode ser particularmente importante para o macho garantir sucesso reprodutivo.

Algumas espécies de ostras também sofrem reversão sexual. Nesse caso, indivíduos reproduzem-se como machos e mais tarde como fêmeas, quando seu tamanho é maior. Uma vez que o número de gametas produzidos geralmente aumenta com o tamanho muito mais para as fêmeas do que para os machos, a reversão sexual nessa direção maximiza a produção de gametas. O resultado é um maior sucesso reprodutivo: como as ostras são animais sedentários e liberam seus gametas na água circulante em vez de acasalarem diretamente, liberar mais gametas tende a resultar em mais prole.

Ciclos reprodutivos

A maioria dos animais, sejam sexuados ou assexuados, exibem ciclos na atividade reprodutiva frequentemente relacionados às trocas de estações. Esses ciclos são controlados por hormônios, cuja secreção é, por sua vez, regulada por estímulos ambientais. Desse modo, os animais somente consomem recursos para a reprodução quando fontes de energia suficientes estão disponíveis e quando as condições ambientais favorecem a sobrevivência da prole. Por exemplo, as ovelhas têm um ciclo reprodutivo que dura 15 a 17 dias. A **ovulação**, a liberação de óvulos maduros, ocorre na metade de cada ciclo. Para as ovelhas, os ciclos reprodutivos ocorrem geralmente durante o outono e o início do inverno, e a duração de cada gestação é de 5 meses. Assim, muitos cordeiros nascem no início da primavera, quando suas chances de sobrevivência são maiores.

Como a temperatura sazonal é geralmente um estímulo importante para a reprodução, a mudança climática pode diminuir o sucesso reprodutivo. Pesquisadores descobriram esse efeito no caribu (rena selvagem) na Groenlândia. Na primavera, o caribu migra a terrenos de parto para comer plantas em brotamento, dar à luz e cuidar de seus filhotes. Antes de 1993, a chegada dos caribus aos terrenos de parto coincidia com o curto período em que as plantas eram nutritivas e digeríveis. Em 2006, porém, as temperaturas médias da primavera nos terrenos de parto tinham aumentado em mais de 4°C, e as plantas haviam brotado 2 semanas mais cedo. Como a migração dos caribus é desencadeada pelo comprimento do dia, não pela temperatura, uma dessincronização ocorreu entre o período do crescimento de novas plantas e o período de nascimento dos filhotes. Sem nutrição adequada para as fêmeas prenhes, a produção da prole de caribus declinou em mais de 75% desde 1993. Para aprender mais sobre os efeitos das mudanças climáticas no caribu e em outros organismos, ver "Faça conexões" na Figura 56.31.

Ciclos reprodutivos também são encontrados entre animais que podem se reproduzir tanto sexuada quanto assexuadamente. Considere, por exemplo, a pulga-d'água (gênero *Daphnia*). Uma fêmea de *Daphnia* pode produzir óvulos de dois tipos. Um tipo de óvulo requer fertilização para se desenvolver, mas o outro não requer e desenvolve-se inteiramente por partenogênese. *Daphnia* reproduz-se assexuadamente quando as condições ambientais são favoráveis e sexuadamente durante épocas de estresse ambiental. Assim, a alternância entre reprodução sexuada e assexuada está fortemente associada à estação.

Para algumas espécies animais assexuadas, um ciclo de comportamento reprodutivo parece refletir um passado evolutivo sexuado. Na espécie partenogênica de lagarto *Aspidoscelis uniparens*, a reprodução é assexuada, e todos os indivíduos são fêmeas. Mesmo assim, esses lagartos apresentam comportamentos de cortejo e acasalamento muito similares aos da espécie sexuada de *Aspidoscelis*. Um membro de cada par em acasalamento passa por **ovulação**, a produção e a liberação de óvulos maduros. A outra fêmea mimetiza um macho **(Figura 46.3a)**. Ao longo do período de acasalamento, os dois lagartos alternam papéis duas ou três vezes.

(a) Ambos os lagartos nesta fotografia são fêmeas de *A. uniparens*. O animal por cima está fazendo papel de macho. Os indivíduos alternam de papel sexual de duas a três vezes durante a época de acasalamento.

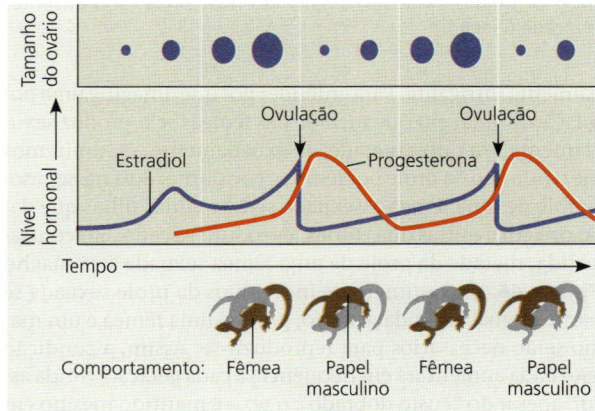

(b) As mudanças no comportamento sexual de um indivíduo da espécie *A. uniparens* estão relacionadas com os ciclos de ovulação e com mudanças nos níveis hormonais de estradiol e progesterona. Esses desenhos representam as mudanças no tamanho dos ovários, nos níveis hormonais e no comportamento sexual de um lagarto fêmea (mostrado em marrom).

▲ **Figura 46.3 Comportamento sexual em lagartos partenogênicos.** O lagarto-do-deserto (*Aspidoscelis uniparens*) é uma espécie formada apenas por fêmeas. Esses répteis reproduzem-se por partenogênese, o desenvolvimento de um óvulo não fertilizado, mas a ovulação é estimulada pelo comportamento de acasalamento.

INTERPRETE OS DADOS *Se você construísse um gráfico com os níveis de hormônio no lagarto mostrados em cinza, como o seu gráfico diferiria do gráfico na parte (b)?*

Um indivíduo adota o comportamento feminino antes da ovulação, quando a concentração do hormônio estradiol é alta, e então troca para o comportamento masculino após a ovulação, quando a concentração do hormônio progesterona é alta **(Figura 46.3b)**. Uma fêmea ovulará mais provavelmente se acasalar no momento crítico de seu ciclo hormonal; lagartos isolados colocam menos ovos do que os que passam por rituais sexuais. Essas descobertas corroboram a hipótese de que esses lagartos partenogênicos evoluíram de espécies tendo dois sexos e ainda requerem certo estímulo sexual para o máximo sucesso reprodutivo.

Reprodução sexuada: um enigma evolutivo

EVOLUÇÃO Embora nossa espécie e muitas outras se reproduzam sexuadamente, a existência de reprodução sexuada é

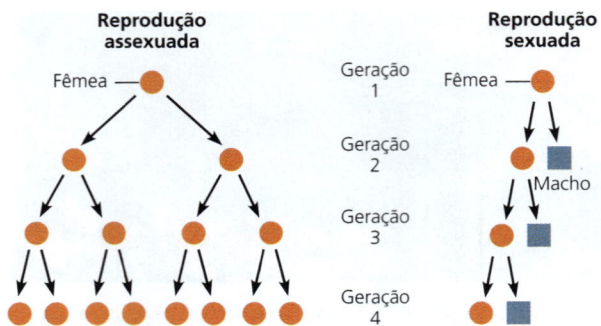

▲ **Figura 46.4** A "deficiência reprodutiva" de sexo. Esses diagramas comparam a reprodução assexuada com a sexuada ao longo de quatro gerações, assumindo duas proles sobreviventes para cada fêmea.

realmente intrigante. Para entender por que, imagine uma população animal em que metade das fêmeas se reproduz sexuadamente, e a outra metade, assexuadamente. Assumiremos que o número da prole por fêmea é constante, dois nesse caso. A prole de uma fêmea assexuada serão as duas filhas que darão origem a outras duas filhas reprodutivas cada. Em contrapartida, metade da prole de uma fêmea sexuada será macho **(Figura 46.4)**. O número de indivíduos da prole sexuada se manterá igual em toda geração, porque uma fêmea e um macho serão necessários para reproduzir-se. Assim, a condição assexuada aumentará em frequência a cada geração. Ainda assim, apesar do "custo dobrado", o sexo é mantido mesmo em espécies animais que podem reproduzir-se assexuadamente.

Que vantagem a reprodução sexuada proporciona que compensa seu custo dobrado? A resposta permanece incerta. Muitas hipóteses destacam as combinações únicas de genes parentais formadas durante a recombinação mitótica e a fertilização. Ao produzir prole com diferentes genótipos, a reprodução sexuada deve melhorar o sucesso reprodutivo dos pais quando fatores ambientais, como patógenos, mudarem relativamente rápido. Em contrapartida, espera-se que a reprodução assexuada seja mais vantajosa em ambientes estáveis e favoráveis porque ela consegue perpetuar com precisão genótipos de sucesso.

Há várias razões para que as combinações gênicas formadas durante a reprodução sexuada sejam vantajosas. Uma delas é que a combinação de genes benéficos surgidos da recombinação deve acelerar a adaptação. Apesar dessa ideia parecer simples, a vantagem teórica é significativa apenas quando a taxa de mutações benéficas é alta e o tamanho da população é pequeno. Outra ideia é que o embaralhamento gênico durante a reprodução sexuada permitiria que a população se livrasse de conjuntos de genes nocivos mais rapidamente.

REVISÃO DO CONCEITO 46.1

1. Compare os resultados da reprodução assexuada e da sexuada.
2. A partenogênese é a forma mais comum de reprodução assexuada nos animais que, em outros tempos, se reproduziam sexuadamente. Quais características da partenogênese explicariam essa observação?
3. **E SE?** Se um hermafrodita se autofecundasse, a prole seria idêntica ao progenitor? Explique sua resposta.
4. **FAÇA CONEXÕES** Que exemplos de reprodução vegetal são mais similares à reprodução assexuada em animais? (Ver Conceito 38.2.)

Ver as respostas sugeridas no Apêndice A.

CONCEITO 46.2

A fertilização depende de mecanismos que unem espermatozoides e óvulos da mesma espécie

A união de espermatozoide e óvulo – a **fertilização** ou fecundação – pode ser externa ou interna. Nas espécies com *fertilização externa*, a fêmea libera os óvulos no meio ambiente, onde o macho os fertiliza posteriormente **(Figura 46.5)**. Em espécies com *fertilização interna*, os espermatozoides depositados dentro ou perto do trato reprodutivo feminino fertilizam os óvulos dentro do trato. (Discutiremos detalhes celulares e moleculares da fertilização no Conceito 47.1.)

Um hábitat úmido é quase sempre necessário para a fertilização externa, tanto para prevenir os gametas da desidratação quanto para permitir que os espermatozoides nadem até os óvulos. Muitos invertebrados aquáticos simplesmente lançam seus espermatozoides e óvulos no ambiente, e a fertilização ocorre sem que os progenitores tenham contato físico. Entretanto, a sincronia é crucial para assegurar que os espermatozoides e os óvulos maduros se encontrem.

Entre algumas espécies com fertilização externa, os indivíduos agrupados na mesma área liberam seus gametas na água ao mesmo tempo, em um processo conhecido como *desova*. Em alguns casos, sinais químicos que um indivíduo gera ao lançar seus gametas levam os outros a também liberarem os seus. Em outros casos, fatores ambientais como temperatura e duração do dia levam uma população inteira

▲ **Figura 46.5 Fertilização externa.** Muitas espécies de anfíbios reproduzem-se por fertilização externa. Na maioria dessas espécies, adaptações comportamentais garantem a presença do macho quando a fêmea libera os óvulos. Aqui, a fêmea (embaixo) liberou uma massa de óvulos em resposta ao abraço de um macho. O macho liberou os espermatozoides (não visíveis) ao mesmo tempo, e a fertilização externa já ocorreu na água.

a liberar seus gametas no mesmo momento. Por exemplo, o poliqueto palolo do Pacífico Sul, como o coral na Figura 46.1, sincroniza sua desova com a estação do ano e o ciclo lunar. Na primavera, quando a lua está em seu quarto minguante, o poliqueto palolo divide-se ao meio, liberando segmentos da cauda repletos de espermatozoides e óvulos. Esses pacotes sobem à superfície do oceano e se rompem em um número tão grande que o mar se torna leitoso com a presença dos gametas. Os espermatozoides rapidamente fertilizam os óvulos flutuantes e, em poucas horas, o frenesi reprodutivo do palolo, que ocorre uma vez ao ano, está completo.

Quando a fertilização externa não é sincronizada em toda a população, os indivíduos devem apresentar comportamento de "cortejo", levando à fertilização dos óvulos de uma fêmea por um macho (ver Figura 46.5). Ao desencadear a liberação dos espermatozoides e óvulos, esses comportamentos aumentam a probabilidade do sucesso da fertilização.

A fertilização interna é uma adaptação que permite ao espermatozoide alcançar um óvulo mesmo quando o ambiente está seco. Ela geralmente requer sistemas reprodutivos sofisticados e compatíveis, assim como um comportamento cooperativo que leve à copulação. O órgão copulador do macho libera o esperma e, muitas vezes, o trato reprodutivo da fêmea apresenta receptáculos para armazenar e liberar os espermatozoides aos óvulos maduros.

Seja qual for o modelo de fertilização, os casais de animais devem fazer uso de *feromônios*, substâncias químicas liberadas por um organismo que podem influenciar a fisiologia e o comportamento de outros indivíduos da mesma espécie. Os feromônios são moléculas pequenas, voláteis ou hidrossolúveis, que se dispersam no ambiente e são ativas em concentrações muito baixas (ver Conceito 45.1). Muitos feromônios funcionam como atrativos de acasalamento. Por exemplo, os feromônios permitem a algumas fêmeas de insetos serem detectadas por machos em distâncias superiores a 1 km.

Evidências de feromônios humanos permanecem controversas. Já foi defendido que mulheres compartilhando um mesmo quarto produzem feromônios que desencadeiam uma sincronia nos respectivos ciclos menstruais, mas análises estatísticas posteriores não encontraram suporte a esse achado.

Garantindo a sobrevivência da prole

Geralmente, animais que fertilizam seus óvulos internamente produzem menos gametas do que espécies com fertilização externa, mas uma fração maior de seus zigotos sobrevive. A maior sobrevivência de zigotos ocorre, em parte, em decorrência de que os óvulos fertilizados internamente estão protegidos de predadores potenciais. No entanto, a fertilização interna também é associada com mais frequência a mecanismos que produzem maior proteção dos embriões e cuidado parental dos filhotes. Por exemplo, os ovos fertilizados internamente de pássaros e outros répteis têm cascas e membranas internas que protegem contra perda de água e dano físico durante o desenvolvimento externo dos ovos (ver Figura 34.26). Em contrapartida, os ovos de peixes e anfíbios têm apenas um revestimento gelatinoso e carecem de membranas internas.

▲ **Figura 46.6 Cuidado parental em um invertebrado.** Comparadas a muitos outros insetos, as baratas-d'água do gênero *Belostoma* produzem relativamente poucos descendentes, mas oferecem cuidado parental muito maior. Após a fertilização interna, a fêmea adere seus óvulos fertilizados ao dorso do macho. O macho (mostrado aqui) carrega os ovos por dias, frequentemente agitando água sobre eles para mantê-los úmidos, aerados e livres de parasitas.

Em vez de secretar casca protetora nos ovos, alguns animais retêm o embrião durante parte de seu desenvolvimento dentro do trato reprodutivo da fêmea. Os filhotes dos mamíferos marsupiais, como cangurus e gambás, passam apenas um curto período dentro do útero como embriões; após, eles se arrastam para fora e completam o desenvolvimento ligados a uma glândula mamária na bolsa materna. Embriões de mamíferos eutérios (placentários), como as zebras e os humanos, permanecem dentro do útero durante o desenvolvimento fetal. Lá, eles são nutridos pelo suprimento sanguíneo da mãe através de um órgão temporário, a placenta. Os embriões de alguns peixes e tubarões também completam seu desenvolvimento internamente.

Quando o caribu ou o canguru nasce ou quando um filhote de águia eclode de um ovo, o recém-nascido ainda não é capaz de existir independentemente. Assim, os mamíferos amamentam sua prole, e aves adultas alimentam seus filhotes. O cuidado parental de ovos ou da prole é, de fato, comum entre os animais, incluindo até mesmo alguns invertebrados **(Figura 46.6)**.

Produção e liberação de gametas

A reprodução sexuada nos animais conta com um conjunto de células precursoras de óvulos e espermatozoides. Muitas vezes, as células dedicadas a essa função são estabelecidas no início da formação do embrião e permanecem inativas enquanto o corpo toma forma. Após, os ciclos de crescimento e a mitose aumentam, ou *amplificam*, o número de células disponíveis para produzir gametas – óvulos ou espermatozoides.

Ao produzirem gametas a partir das células precursoras amplificadas e torná-las disponíveis para a fertilização, os animais empregam uma variedade de sistemas reprodutivos. As **gônadas**, órgãos que produzem gametas, são encontradas em muitos animais, mas não em todos. Exceções incluem o palolo, discutido anteriormente. O palolo e muitos outros poliquetos (filo Annelida) têm sexos separados, mas não possuem gônadas diferentes; em vez disso, os óvulos e espermatozoides desenvolvem-se de células indiferenciadas que revestem o celoma (cavidade do corpo). À medida que os gametas amadurecem, eles são liberados da parede do corpo e preenchem o celoma. Dependendo da espécie, os gametas maduros nesses anelídeos podem ser liberados pela abertura excretora, ou a massa de ovos pode romper uma parte do corpo, liberando os ovos no ambiente.

Sistemas reprodutores mais elaborados incluem uma série de tubos acessórios e glândulas que transportam, nutrem e protegem os gametas e, às vezes, os embriões em desenvolvimento. Por exemplo, moscas-da-fruta e a maioria dos outros insetos têm sexos separados com sistemas reprodutores complexos **(Figura 46.7)**. Em muitas espécies de insetos, o sistema reprodutor feminino inclui uma ou mais **espermatecas**, sacos nos quais os espermatozoides podem ser mantidos vivos e armazenados por longos períodos – um ano ou mais em alguns casos. Como a fêmea libera gametas masculinos da espermateca e então fertiliza seus óvulos somente em resposta a estímulos apropriados, a fertilização ocorre sob as condições provavelmente mais adequadas para a sobrevivência da prole.

Os sistemas reprodutores dos vertebrados exibem variações limitadas, porém importantes. Em alguns vertebrados, o útero é dividido em duas câmaras; em outros, incluindo humanos e pássaros, ele é uma estrutura única. Em muitos vertebrados não mamíferos, os sistemas digestório, excretório e reprodutor têm uma abertura comum, a **cloaca**, estrutura provavelmente presente nos ancestrais de todos os vertebrados. Sem um pênis bem desenvolvido, machos dessas espécies liberam esperma virando a cloaca de dentro para fora. Em contrapartida, os mamíferos geralmente não têm cloaca e apresentam aberturas separadas para o trato digestório. Além disso, a maioria das fêmeas dos mamíferos apresenta aberturas separadas para os sistemas excretório e reprodutor.

Apesar de a fertilização envolver a união de um único óvulo com o espermatozoide, os animais frequentemente acasalam com mais de um membro do outro sexo. A monogamia, a relação duradoura de apenas dois indivíduos, é rara

▼ **Figura 46.8 Pesquisa**

Por que há um viés na utilização dos espermatozoides quando a fêmea da mosca-da-fruta acasala duas vezes?

Experimento Quando uma fêmea de mosca-da-fruta acasala duas vezes, 80% da prole resulta do segundo acasalamento. Cientistas formularam a hipótese de que a ejaculação do segundo acasalamento deslocava os espermatozoides armazenados do primeiro. Para testar essa hipótese, Rhonda Snook, da Universidade de Sheffield, e David Hosken, da Universidade de Zurique, usaram machos mutantes com sistema reprodutor alterado. Machos "sem ejaculação" acasalavam, mas não transferiam espermatozoides ou fluido às fêmeas. Machos "sem espermatozoide" acasalavam e ejaculavam, mas não produziam espermatozoides. Os pesquisadores permitiram que as fêmeas copulassem primeiro com o macho tipo selvagem e depois com os machos sem ejaculação ou com os machos sem espermatozoides. Como controle, algumas fêmeas acasalaram apenas uma vez (com os machos selvagens). Após, os cientistas dissecaram cada fêmea sob o microscópio e registraram se os espermatozoides estavam ausentes da espermateca, o principal órgão de armazenamento de espermatozoide.

Resultados

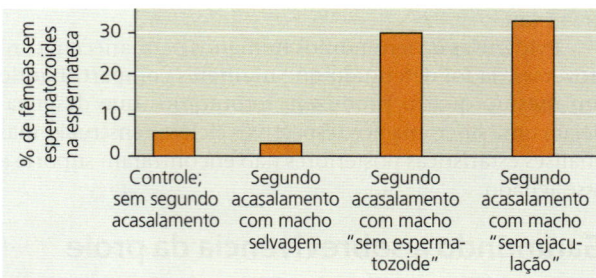

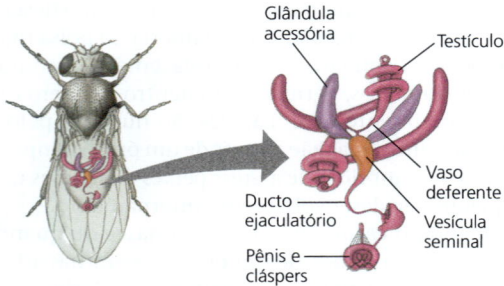

(a) Macho de mosca-da-fruta. Os espermatozoides formam-se nos testículos, passam pelos ductos espermáticos (vasos deferentes) e são estocados na vesícula seminal. O macho ejacula o esperma junto com o líquido das glândulas acessórias. (Os machos de algumas espécies de inseto e de outros artrópodes têm apêndices chamados de cláspers, que seguram a fêmea durante a cópula.)

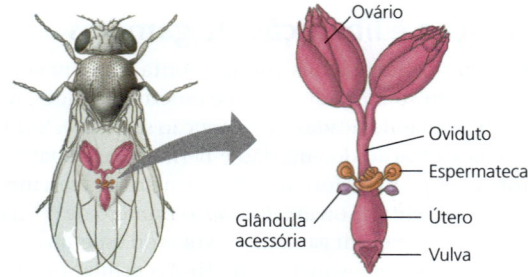

(b) Fêmea da mosca-da-fruta. Os ovos desenvolvem-se nos ovários e então passam dos ovidutos para o útero. Após o acasalamento, o esperma é armazenado na espermateca, que é conectada ao útero por ductos curtos. A fêmea usa o esperma armazenado para fertilizar cada ovo assim que ele entra no útero, antes que ela ponha o ovo pela vulva.

▲ **Figura 46.7** Exemplo de anatomia reprodutiva de inseto.

HABILIDADES VISUAIS *Estude as duas ilustrações e então descreva o movimento do espermatozoide da mosca-da-fruta desde a sua formação até a fertilização.*

Conclusão Como o segundo acasalamento reduz os espermatozoides armazenados quando não ocorre transferência de espermatozoides ou de fluido, a hipótese de que a ejaculação do segundo acasalamento desloca os espermatozoides armazenados está incorreta. Em vez disso, parece que as fêmeas eliminam o esperma armazenado em resposta ao segundo acasalamento, talvez para permitir a substituição dos espermatozoides armazenados que tenham diminuído a sua atividade por espermatozoides novos.

Dados de R. R. Snook e D. J. Hosken, Sperm death and dumping in *Drosophila*, *Nature* 428:939–941 (2004).

E SE? *Suponha que os machos no primeiro acasalamento tivessem um alelo mutante que resultasse em olhos menores como uma característica dominante. Qual é o percentual de fêmeas que produziriam somente descendentes com olhos pequenos?*

entre os animais, incluindo a maioria dos mamíferos. No entanto, houve evolução de mecanismos que aumentam o sucesso reprodutivo do macho com uma única fêmea e diminuem as chances de essa fêmea acasalar com sucesso com outro parceiro. Por exemplo, alguns insetos machos transferem secreções que reduzem a receptividade da fêmea ao cortejo, reduzindo a probabilidade de que ela venha a copular de novo.

As fêmeas também influenciam o sucesso reprodutivo relativo de seus pares? Essa questão intrigou dois colaboradores científicos na Europa. Estudando as fêmeas das moscas-da-fruta que copulavam com um macho e depois com outro, os pesquisadores rastrearam o destino dos espermatozoides transferidos na primeira cópula. Conforme mostrado na **Figura 46.8**, as fêmeas desempenham um papel importante na determinação do resultado das múltiplas cópulas. Os processos pelos quais gametas e indivíduos competem durante a reprodução permanecem uma área de pesquisa interessante.

REVISÃO DO CONCEITO 46.2

1. Como a fertilização interna facilita a vida no ambiente terrestre?
2. Quais mecanismos evoluíram em animais com (a) fertilização externa e (b) fertilização interna que ajudam a prole a sobreviver até a idade adulta?
3. **FAÇA CONEXÕES** Quais são as funções compartilhadas e distintas entre o útero de um inseto e o ovário de uma planta com flor? (Ver Figura 38.6.)

Ver as respostas sugeridas no Apêndice A.

CONCEITO 46.3

Os órgãos reprodutores produzem e transportam os gametas

Após comentar algumas das características gerais da reprodução animal, no restante do capítulo abordaremos os seres humanos, começando com a anatomia reprodutiva de cada sexo.

Anatomia do sistema reprodutor masculino

Os órgãos reprodutores externos dos homens são o escroto e o pênis. Já os órgãos reprodutores internos consistem em gônadas que produzem tanto os espermatozoides quanto os hormônios reprodutivos, as glândulas acessórias que secretam produtos essenciais para a movimentação do

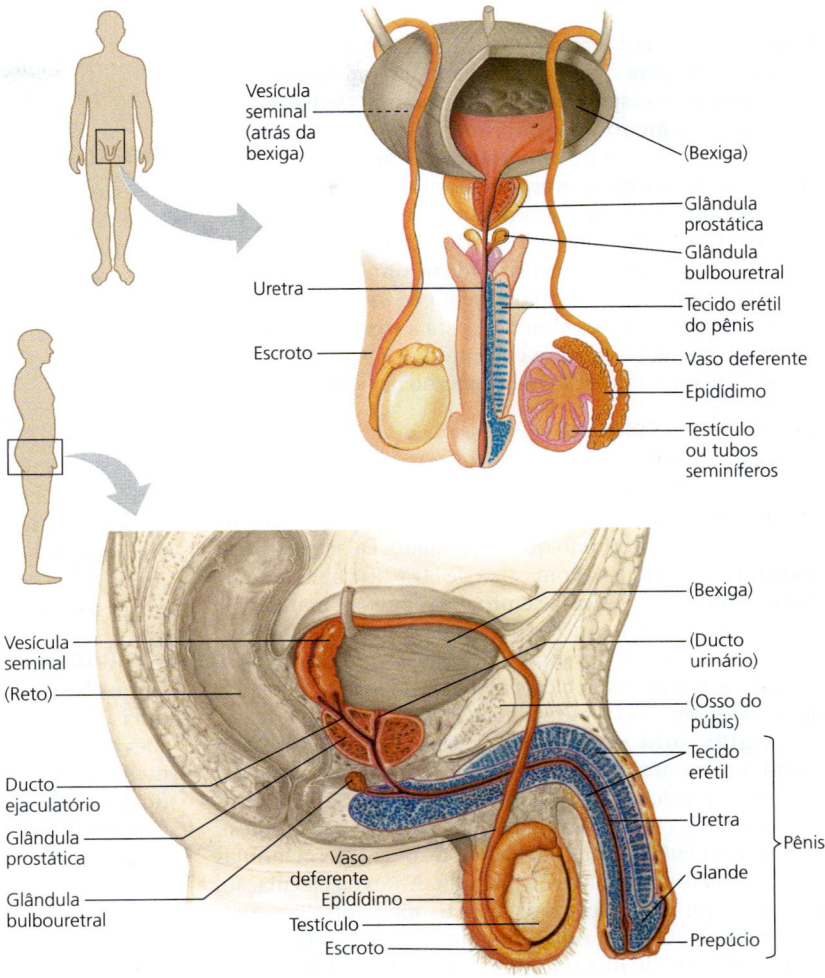

▲ **Figura 46.9 Anatomia reprodutiva do homem.** O texto entre parênteses identifica estruturas não reprodutoras, mostradas para fins de orientação.

espermatozoide, ductos que conduzem os espermatozoides e glândulas secretoras **(Figura 46.9)**.

Testículos

As gônadas masculinas, ou **testículos**, produzem espermatozoides em tubos altamente enrolados chamados de **túbulos seminíferos**. A maioria dos mamíferos produz espermatozoides adequadamente apenas quando os testículos estão mais frios do que o resto do corpo. Nos humanos e em muitos outros mamíferos, a temperatura dos testículos é mantida a aproximadamente 2°C abaixo da temperatura do **escroto**, uma dobra da parede do corpo.

Os testículos desenvolvem-se na cavidade abdominal e descem para o escroto pouco antes do nascimento. Em muitos roedores, os testículos ficam recolhidos na cavidade abdominal entre as épocas de reprodução, interrompendo a maturação dos espermatozoides. Alguns mamíferos cuja temperatura do corpo é baixa o suficiente para permitir a maturação dos espermatozoides – como as baleias e os elefantes – retêm os testículos na cavidade abdominal durante todo o tempo.

Ductos

A partir dos túbulos seminíferos de um testículo, o espermatozoide passa para o ducto espiralado de um **epidídimo**. Nos humanos, os espermatozoides demoram 3 semanas para percorrer os 6 metros de comprimento desse ducto, tempo em que eles completam a maturação e tornam-se móveis. Durante a **ejaculação**, os espermatozoides são impelidos de cada epidídimo por meio de um ducto muscular, o **vaso deferente**. Cada vaso deferente (um de cada epidídimo) estende-se ao redor e atrás da bexiga, onde se junta a um ducto da vesícula seminal, formando um pequeno *ducto ejaculatório*. Os ductos ejaculatórios abrem-se para a **uretra**, o tubo de saída para o sistema excretor e o reprodutor. A uretra percorre todo o pênis e abre-se ao meio externo na ponta do pênis.

Glândulas acessórias

Três conjuntos de glândulas acessórias – as vesículas seminais, a glândula prostática e as glândulas bulbouretrais – produzem secreções que se misturam com o esperma para formar o **sêmen**, o fluido que é ejaculado. Duas **vesículas seminais** contribuem com cerca de 60% do volume do sêmen. O fluido da vesícula seminal é espesso, amarelado e alcalino. Ele contém muco, o açúcar da frutose (que fornece a maioria da energia dos espermatozoides), uma enzima coaguladora, o ácido ascórbico e reguladores locais chamados de prostaglandinas (ver Conceito 45.1).

A **glândula prostática** secreta seus produtos diretamente na uretra por meio de pequenos ductos. Ralo e leitoso, o fluido dessas glândulas contém enzimas anticoagulantes e citrato (nutriente para os espermatozoides). As *glândulas bulbouretrais* são um par de pequenas glândulas ao longo da uretra, abaixo da próstata. Antes da ejaculação, elas secretam um muco transparente que neutraliza qualquer resíduo ácido da urina remanescente na uretra. Existem evidências de que o líquido bulbouretral leva alguns espermatozoides liberados antes da ejaculação, o que deve contribuir para o elevado índice de falha do método de coito interrompido para controle de natalidade.

Pênis

O **pênis** humano contém a uretra e três cilindros de tecido esponjoso erétil. Durante a excitação sexual, o tecido erétil enche-se de sangue das artérias. À medida que esse tecido enche, a pressão aumentada fecha as veias que drenam o pênis, causando, assim, o preenchimento com sangue. A ereção resultante permite que o pênis seja inserido na vagina. O consumo de álcool e de algumas drogas, fatores emocionais e o envelhecimento podem causar certa inabilidade para ativar uma ereção (disfunção erétil). Para indivíduos com disfunção erétil de longo prazo, fármacos como a sildenafila promovem a ação vasodilatadora do regulador local óxido nítrico (NO; ver Conceito 45.1); o relaxamento resultante da musculatura lisa dos vasos sanguíneos do pênis melhora o fluxo de sangue aos tecidos eréteis. Apesar de todos os mamíferos dependerem da ereção peniana para o acasalamento, o pênis de guaxinins, morsas, baleias e muitos outros mamíferos também contém um osso, o báculo, que enrijece ainda mais o pênis para o acasalamento.

O eixo principal do pênis é coberto por uma pele relativamente fina. A cabeça do pênis, a **glande** masculina, tem uma camada externa muito mais fina e é mais sensível à estimulação. Uma dobra de pele chamada de *prepúcio* cobre a glande de humanos. O prepúcio masculino, ou pele anterior, é removido se um homem é circuncidado.

Anatomia do sistema reprodutor feminino

As estruturas reprodutoras externas da mulher são o clitóris e dois conjuntos de lábios, que encobrem o clitóris e a abertura vaginal. Os órgãos internos consistem em gônadas, que produzem os óvulos e os hormônios reprodutivos, e um sistema de ductos e câmaras, que recebem e transportam os gametas e abrigam o embrião e o feto **(Figura 46.10)**.

Ovários

As gônadas femininas são um par de **ovários** que flanqueiam o útero e são sustentados em sua posição na cavidade abdominal por ligamentos. A camada externa de cada ovário é preenchida com **folículos**, cada um consistindo em um **oócito**, um óvulo parcialmente desenvolvido, rodeado por células auxiliares. As células circundantes nutrem e protegem o oócito durante grande parte de sua formação e seu desenvolvimento.

Ovidutos e útero

Um **oviduto**, ou **tuba uterina**, estende-se do útero até uma abertura em forma de funil em cada ovário. As dimensões desse tubo variam ao longo de sua extensão, com o diâmetro interior próximo do útero sendo tão fino quanto um fio de cabelo humano. Na ovulação, cílios no revestimento epitelial do oviduto começam a bater. Esse movimento drena fluido da cavidade do corpo para o interior do oviduto, trazendo junto o óvulo. Mais movimentos ciliares, juntamente com contrações em ondas do oviduto, fazem o óvulo descer pelo ducto até o útero.

O **útero** é um órgão espesso e muscular que pode se expandir durante a gravidez para acomodar um feto de 4 kg. A camada interior do útero, o **endométrio**, é ricamente vascularizada. A cérvix, ou **colo do útero**, abre-se para a vagina.

Vagina e vulva

A **vagina**, uma câmara muscular e elástica, é o local de inserção do pênis e depósito do esperma durante a cópula. A vagina, que também serve como canal de parto por onde o bebê nasce, abre-se para o exterior na **vulva**, termo coletivo para a genitália externa feminina.

Um par de lábios exteriores espessos e carnudos, os **lábios maiores**, circunda e protege o restante da vulva. A abertura vaginal e a abertura separada da uretra estão localizadas dentro da cavidade corporal delimitada por um par de pregas finas de pele, os **lábios menores**. Uma fina porção de tecido chamada de *hímen* cobre a abertura vaginal em humanos no nascimento, mas se torna mais fina ao longo do tempo e geralmente se desgasta com atividade física. Localizado acima dos lábios menores, o **clitóris** consiste em um tecido erétil apoiando uma glande arredondada, ou cabeça, coberta por uma pequena capa de pele, o prepúcio. Durante a excitação sexual, o clitóris, a vagina e os lábios menores preenchem-se de sangue e aumentam de tamanho. Com muitas terminações nervosas, o clitóris é um dos pontos mais sensíveis à estimulação sexual. A excitação sexual também induz as glândulas vestibulares próximas da vagina a secretarem muco lubrificante, facilitando a relação sexual.

Glândulas mamárias

As **glândulas mamárias** estão presentes em ambos os sexos, mas normalmente produzem leite apenas nas mulheres. Embora não façam parte do sistema reprodutor, as glândulas mamárias femininas são importantes para a reprodução. Dentro das glândulas, pequenos sacos de tecido epitelial secretam leite, que é drenado em uma série de ductos que se abrem no mamilo. As mamas contêm tecido conectivo e adiposo, além das glândulas mamárias.

Gametogênese

Com essa visão geral da anatomia reprodutiva em mente, vamos focar agora na **gametogênese**, a produção de gametas. Tanto em machos quanto em fêmeas, há uma relação próxima entre a estrutura das gônadas e sua função. Como mostrado na **Figura 46.11**, há muitos paralelos entre a **espermatogênese** – a produção de espermatozoides – e a **oogênese** – a produção de oócitos (óvulos). Ambos os processos geram gametas haploides por meio de divisões meióticas de um conjunto de células diploides exclusivas. Além disso, células auxiliares na gônada exercem um papel essencial tanto na espermatogênese quanto na oogênese. Entretanto, há várias diferenças significativas na gametogênese entre machos e fêmeas humanos:

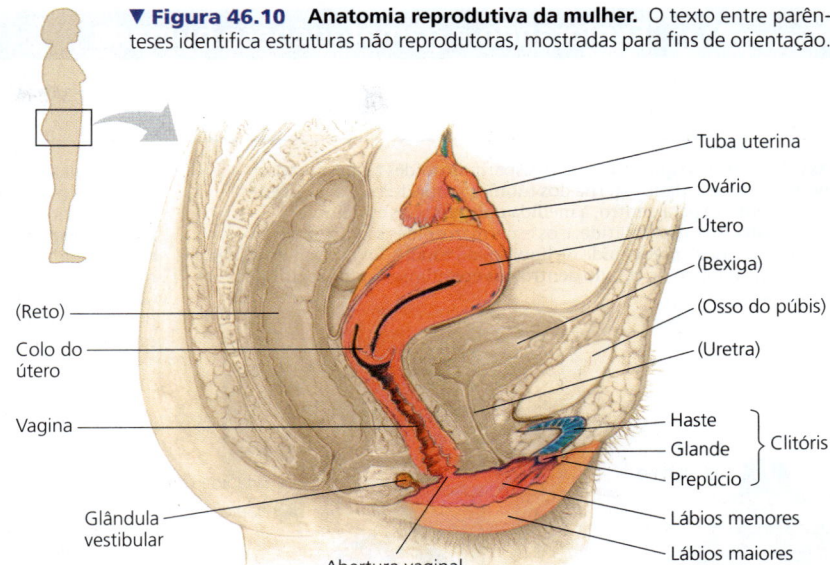

▼ **Figura 46.10 Anatomia reprodutiva da mulher.** O texto entre parênteses identifica estruturas não reprodutoras, mostradas para fins de orientação.

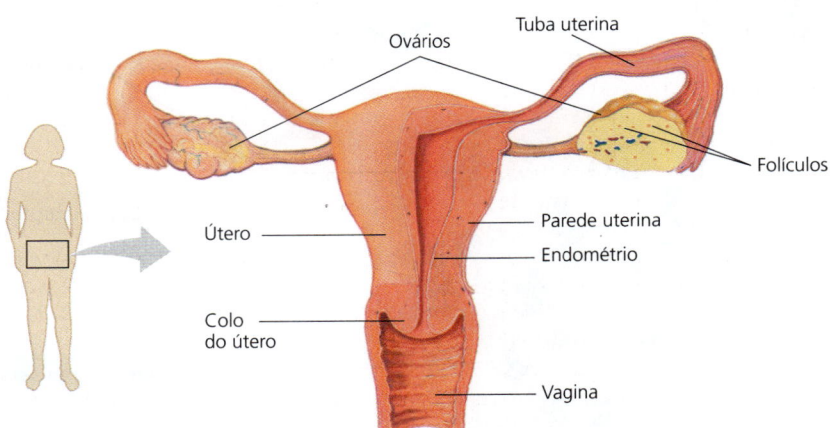

- A espermatogênese é contínua em homens adultos. São produzidos centenas de milhões de espermatozoides por dia, e a divisão e a maturação celular ocorrem ao longo dos túbulos seminíferos. Para um único espermatozoide, o processo leva cerca de 7 semanas. Em contrapartida, a oogênese é um processo longo na mulher. Óvulos imaturos formam-se no ovário do embrião feminino, e apenas completam seu desenvolvimento anos e, às vezes, décadas mais tarde.
- Na espermatogênese, os quatro produtos da meiose se desenvolvem em gametas maduros. Na oogênese, a citocinese durante a meiose não é igual, com quase todo o citoplasma segregado para uma única célula-filha. Essa célula grande está destinada a formar o óvulo; os outros produtos da meiose, células menores conhecidas como corpos polares, degeneram.
- A espermatogênese ocorre em toda a adolescência e a vida adulta. Em contrapartida, acredita-se que as divisões mitóticas, que ocorrem na oogênese nas mulheres, sejam concluídas antes do nascimento, e a produção de gametas maduros cessa por volta dos 50 anos de idade.
- A espermatogênese produz espermatozoides maduros a partir de células precursoras em uma sequência contínua, enquanto a oogênese tem longas interrupções.

REVISÃO DO CONCEITO 46.3

1. Por que o uso frequente de banheira com água quente tornaria mais difícil para um casal conceber um filho?
2. O processo de oogênese costuma ser descrito como a produção de um óvulo haploide por meiose, mas, em alguns animais, incluindo humanos, essa descrição não é totalmente correta. Explique.
3. **E SE?** Se cada vaso deferente em um homem fosse selado cirurgicamente, quais mudanças você esperaria na resposta sexual e na composição da ejaculação?

Ver as respostas sugeridas no Apêndice A.

▼ **Figura 46.11** **Explorando a gametogênese humana**

Espermatogênese

As células-tronco que originam os espermatozoides ficam situadas perto da extremidade externa dos túbulos seminíferos. Sua progênie movimenta-se para dentro, à medida que passa aos estágios de espermatócito e espermátide, e os espermatozoides são liberados no lúmen (cavidade preenchida de líquido) do túbulo. Os espermatozoides trafegam ao longo do túbulo dentro dos epidídimos, onde se tornam móveis.

As células-tronco são originadas a partir da divisão e da diferenciação das células germinativas primordiais nos testículos embrionários. Nos testículos maduros, dividem-se por mitose para formar a **espermatogônia**, que por sua vez gera espermatócitos por mitose. Cada espermatócito dá origem a quatro espermátides por meiose, reduzindo o número de cromossomos de diploide ($2n = 46$ em humanos) a haploide ($n = 23$). As espermátides passam por amplas mudanças enquanto se diferenciam até formar o espermatozoide.

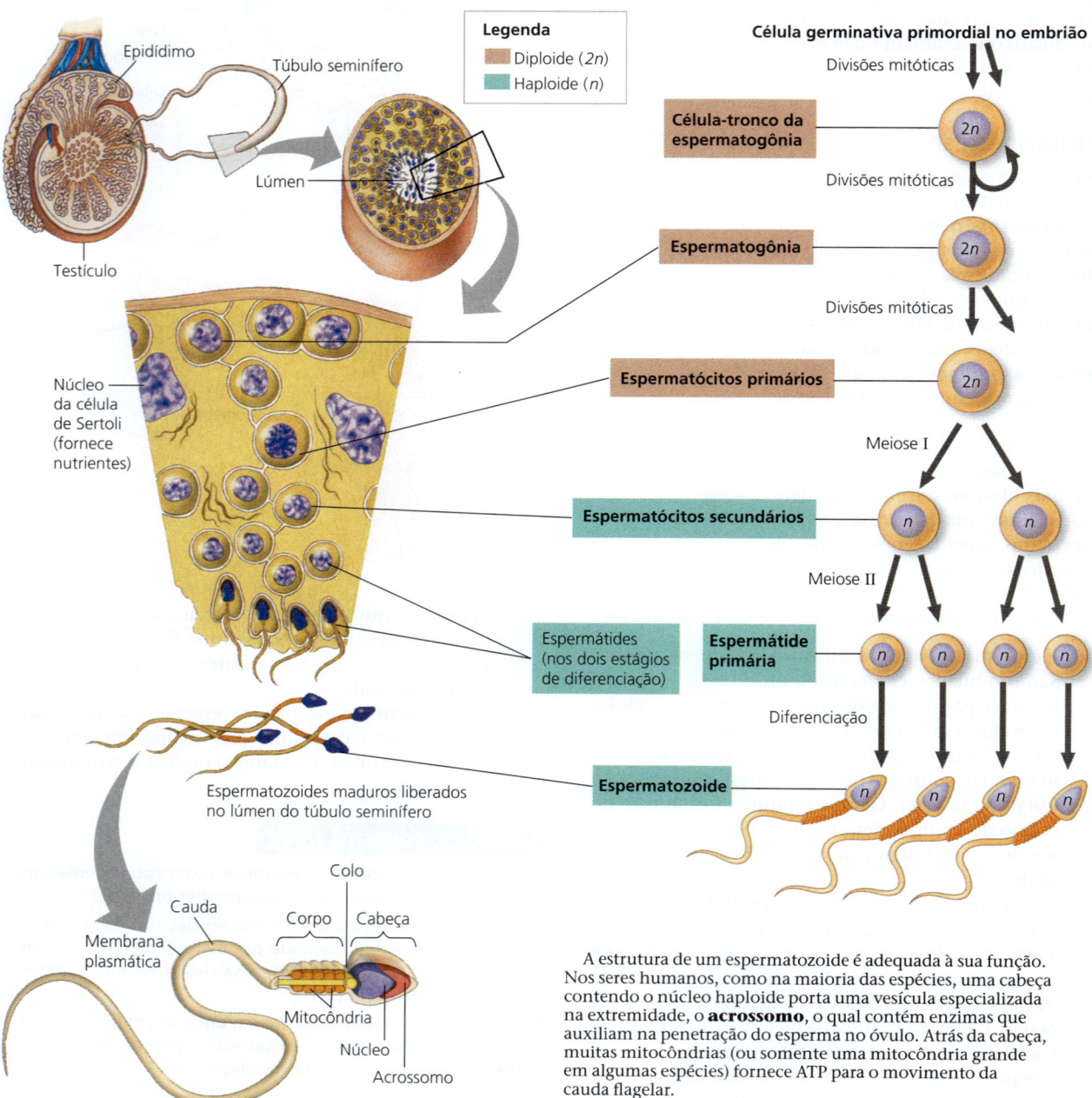

A estrutura de um espermatozoide é adequada à sua função. Nos seres humanos, como na maioria das espécies, uma cabeça contendo o núcleo haploide porta uma vesícula especializada na extremidade, o **acrossomo**, o qual contém enzimas que auxiliam na penetração do esperma no óvulo. Atrás da cabeça, muitas mitocôndrias (ou somente uma mitocôndria grande em algumas espécies) fornece ATP para o movimento da cauda flagelar.

Oogênese

A oogênese inicia-se no embrião feminino com a produção da **oogônia** a partir das células germinativas primordiais. A oogônia divide-se por mitose para gerar células que iniciam a meiose, mas cessam o processo em prófase I antes do nascimento. Essas células com desenvolvimento suspenso, são os **oócitos primários**, cada um situado dentro de um pequeno folículo, uma cavidade revestida com células de proteção. No nascimento, os dois ovários juntos contêm cerca de 1 a 2 milhões de oócitos primários, e cerca de 500 alcançam a maturação completa entre a puberdade e a menopausa.

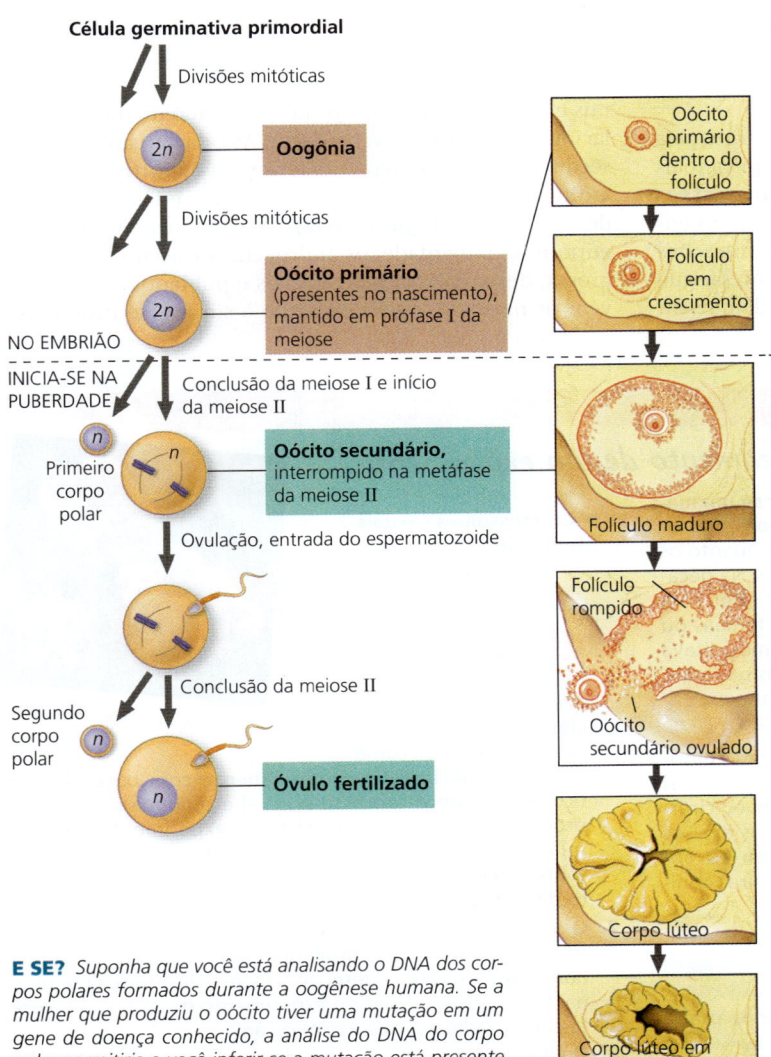

Iniciando na puberdade, o hormônio folículo-estimulante (FSH) periodicamente estimula um pequeno grupo de folículos a retomar o crescimento e o desenvolvimento. Em geral, apenas um folículo amadurece totalmente por mês, com o seu oócito primário completando a meiose I. A segunda divisão meiótica inicia-se, mas interrompe-se na metáfase. Assim, mantido em meiose II, o **oócito secundário** é liberado na ovulação, por ocasião da abertura do folículo. Apenas se um espermatozoide penetrar no oócito a meiose II é retomada. (Em outras espécies animais, o espermatozoide entra no oócito antes ou depois.) Cada uma das duas divisões meióticas envolve citocineses diferentes, com as células menores tornando-se corpos polares que, por fim, degeneram-se (o primeiro corpo polar pode ou não dividir-se novamente). Assim, o produto funcional da oogênese completa é um único óvulo maduro contendo a cabeça de um espermatozoide. A fertilização é definida estritamente como a fusão do núcleo haploide do espermatozoide e do oócito secundário, apesar de, muitas vezes, o termo ser utilizado erroneamente para significar a entrada da cabeça do espermatozoide no óvulo.

O folículo rompido restante após a ovulação desenvolve-se em **corpo lúteo**. O corpo lúteo secreta estradiol assim como progesterona, um hormônio que auxilia a manter o revestimento uterino durante a gravidez. Se o óvulo não for fertilizado, o corpo lúteo degenera-se, e um novo folículo amadurece durante o próximo ciclo.

E SE? Suponha que você está analisando o DNA dos corpos polares formados durante a oogênese humana. Se a mulher que produziu o oócito tiver uma mutação em um gene de doença conhecido, a análise do DNA do corpo polar permitiria a você inferir se a mutação está presente no oócito maduro? Explique.

CONCEITO 46.4

A interação entre hormônios tróficos e hormônios sexuais regula a reprodução em mamíferos

A reprodução nos mamíferos é governada pelas ações coordenadas de hormônios do hipotálamo, da adeno-hipófise e das gônadas. O controle endócrino da reprodução inicia com o hipotálamo, que secreta o *hormônio liberador da gonadotrofina* (*GnRh*). Esse hormônio faz a adeno-hipófise secretar as gonadotrofinas **hormônio folículo-estimulante (FSH)** e **hormônio luteinizante (LH)** (ver Figura 45.15). Ambos são hormônios tróficos, o que significa que eles regulam a atividade de células ou glândulas endócrinas. Eles são chamados de *gonadotrofinas* porque atuam sobre as gônadas masculinas e femininas. O FSH e o LH sustentam a gametogênese, em parte por estimular a produção de hormônio sexual pelas gônadas.

As gônadas produzem e secretam três tipos principais de hormônios sexuais esteroides: *andrógenios*, principalmente **testosterona**; *estrogênios*, principalmente **estradiol**; e **progesterona**. Todos os três hormônios são encontrados em machos e fêmeas, mas em concentrações bem diferentes. A concentração de testosterona no sangue é aproximadamente 10 vezes maior em machos do que em fêmeas. Em contrapartida, o nível sanguíneo de estradiol é cerca de 10 vezes maior em fêmeas do que em machos; o pico do nível de progesterona no sangue é também muito superior em fêmeas. Embora as gônadas sejam a principal fonte de hormônios sexuais, as glândulas suprarrenais também secretam hormônios sexuais em pequenas quantidades.

Em mamíferos, a função do hormônio sexual na reprodução começa no embrião. Em particular, os andrógenios produzidos em embriões masculinos comandam o surgimento das características sexuais primárias masculinas, as estruturas diretamente envolvidas na reprodução. Isso inclui as vesículas seminais e os ductos associados, bem como as estruturas reprodutivas externas. No **Exercício de habilidades científicas**, você pode interpretar os resultados de um experimento sobre o desenvolvimento das estruturas reprodutoras nos mamíferos.

Durante a maturação sexual, hormônios sexuais em homens e mulheres induzem à formação de características sexuais secundárias, as diferenças físicas e comportamentais entre machos e fêmeas que não estão diretamente relacionadas ao sistema reprodutor. As características sexuais secundárias frequentemente levam ao dimorfismo sexual, a diferença na aparência entre machos e fêmeas adultos de uma espécie **(Figura 46.12)**. Quando machos humanos entram na puberdade, os andrógenios tornam a voz mais grossa, desenvolvem pelos faciais e pubianos e desenvolvem os músculos (pelo estímulo à síntese de proteínas).

Exercício de habilidades científicas

Formulação de inferências e delineamento de um experimento

Que papel os hormônios exercem para determinar se um mamífero será macho ou fêmea? Nos mamíferos não produtores de ovos, as fêmeas têm dois cromossomos X, enquanto os machos têm um cromossomo X e um cromossomo Y. Na década de 1940, o fisiologista francês Alfred Jost questionou se o desenvolvimento dos embriões de mamíferos em fêmeas ou machos de acordo com seu conjunto de cromossomos ditava a forma que os hormônios seriam produzidos pelas gônadas. Neste exercício, você interpretará os resultados de um experimento realizado por Jost para responder essa questão.

Como o experimento foi realizado Trabalhando com embriões de coelho ainda no útero da mãe, em um estágio antes das diferenças sexuais serem observáveis, Jost removeu cirurgicamente a parte de cada embrião que formaria os ovários ou testículos. Quando os filhotes de coelhos nasceram, ele observou o sexo cromossômico associado às suas estruturas genitais para determinar se eram machos ou fêmeas.

Dados do experimento

Conjunto cromossômico	Aparência da genitália	
	Sem cirurgia	Gônada embrionária removida
XY (macho)	Masculina	Feminina
XX (fêmea)	Feminina	Feminina

Dados de A. Jost, Recherches sur la differenciation sexuelle de l'embryon de lapin, *Archives d'Anatomie Microscopique et de Morphologie Experimentale* 36:271–316 (1947).

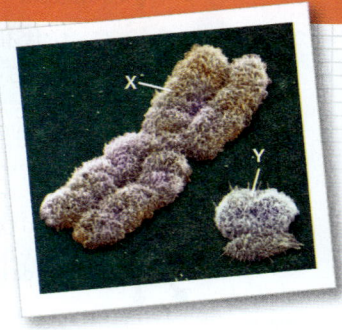

▶ Cromossomos sexuais humanos em metáfase (duplicados)

INTERPRETE OS DADOS

1. Este experimento é um exemplo de abordagem científica em que os cientistas inferem como alguma coisa funciona normalmente com base no que ocorre quando o processo normal é bloqueado. (a) Qual processo normal foi bloqueado no experimento de Jost? (b) A partir dos resultados, qual inferência você pode fazer sobre o papel das gônadas no controle do desenvolvimento da genitália dos mamíferos?

2. Os dados do experimento de Jost poderiam ser explicados se algum aspecto da cirurgia que não a remoção das gônadas tivesse causado o desenvolvimento da genitália feminina. Se você fosse repetir o experimento de Jost, como você testaria a validade dessa explicação?

3. Qual resultado Jost teria obtido se o desenvolvimento das fêmeas também necessitasse de um sinal vindo das gônadas?

4. Delineie outro experimento para determinar se o sinal que controla o desenvolvimento dos machos é um hormônio. Identifique sua hipótese, a previsão, o plano de coleta de dados e os controles.

▲ **Figura 46.12 Anatomia e comportamento androgênio-dependentes em um macho de alce.** O macho e a fêmea neste casal de alces (*Alces alces*) diferem na anatomia e na fisiologia. Altos níveis de testosterona no macho são responsáveis pelo aparecimento de características sexuais secundárias, como a galhada, e pelo comportamento de cortejo e territorial.

Os androgênios também promovem comportamentos sexuais específicos e o desejo sexual, bem como um aumento na agressividade em geral. Os estrogênios, da mesma forma, têm múltiplos efeitos nas mulheres. Na puberdade, o estradiol estimula o desenvolvimento das mamas e dos pelos pubianos. O estradiol também influencia o comportamento sexual feminino, induz a deposição de gordura nas mamas e nos quadris, aumenta a retenção de líquidos e altera o metabolismo do cálcio.

Sexo biológico, identidade de gênero e orientação sexual na sexualidade humana

A um bebê recém-nascido é atribuído um "sexo biológico" que geralmente reflete os órgãos genitais presentes no nascimento e os cromossomos da criança. Em mamíferos, o cromossomo Y porta um gene chamado *SRY* que comanda o desenvolvimento da gônada em um testículo. Em embriões XX, que não possuem o Y e, portanto, nem o *SRY*, a gônada se torna um ovário. Embora a maioria dos indivíduos nasça macho ou fêmea, aproximadamente 1 a cada 100 é intersexo, tendo características biológicas tanto masculinas quanto femininas. Por exemplo, indivíduos intersexo podem ter um conjunto cromossômico fora do padrão (como XXY) ou podem diferir nas vias reguladas por hormônios que controlam o desenvolvimento sexual.

Embora geralmente confundida com o sexo atribuído, a identidade de gênero é diferente e se refere ao senso interno de uma pessoa de ser macho, fêmea, uma combinação dos sexos ou nenhum deles. O termo *cisgênero* descreve uma pessoa que tem uma identidade de gênero alinhada com seu sexo atribuído. Em contrapartida, uma pessoa *transgênero* experimenta uma divergência entre sua identidade de gênero e seu sexo atribuído. Assim, por exemplo, um indivíduo pode ter um sexo atribuído feminino, mas uma identidade de gênero masculina.

Enquanto a identidade de gênero é sobre a própria pessoa, a orientação sexual identifica o gênero de pessoas por quem um indivíduo é atraído romanticamente, emocionalmente e sexualmente. Membros de uma população humana podem ter uma orientação sexual que é heterossexual, homossexual (lésbica ou *gay*), bissexual ou assexual. Como essas definições deixam claro, a sexualidade humana varia consideravelmente.

Controle hormonal do sistema reprodutor masculino

Quando os mamíferos atingem a maturidade sexual, os hormônios sexuais e as gonadotrofinas exercem papéis essenciais na gametogênese. Ao explorarmos esse controle hormonal da reprodução, vamos começar com o sistema relativamente simples encontrado nos machos.

No controle da espermatogênese, o FSH e o LH atuam sobre dois tipos de células nos testículos **(Figura 46.13)**. O FSH estimula as *células de Sertoli*, localizadas no interior dos túbulos seminíferos, a nutrir os espermatozoides em desenvolvimento (ver Figura 46.11). Com a ação do LH, as *células de Leydig*, dispersas no tecido conectivo entre os túbulos, produzem testosterona e outros androgênios, que promovem a espermatogênese nos túbulos.

Dois mecanismos de retroalimentação negativa controlam a produção dos hormônios sexuais masculinos (ver Figura 46.13). A testosterona regula a concentração sanguínea de GnRH, FSH e LH por meio de efeitos inibidores no hipotálamo e na adeno-hipófise. Além disso, a *inibina*, hormônio que nos homens é produzido pelas células de Sertoli, age na adeno-hipófise para reduzir a secreção de FSH. Juntos, esses circuitos de retroalimentação negativa mantêm o nível de androgênio dentro da faixa normal.

As células de Leydig têm outros papéis além de produzir testosterona. De fato, elas secretam quantidades menores de vários outros hormônios e reguladores locais, incluindo ocitocina, renina, angiotensina, fator liberador de corticotrofina, fatores de crescimento e prostaglandinas. Esses sinais coordenam a atividade da reprodução com o crescimento, o metabolismo, a homeostase e o comportamento.

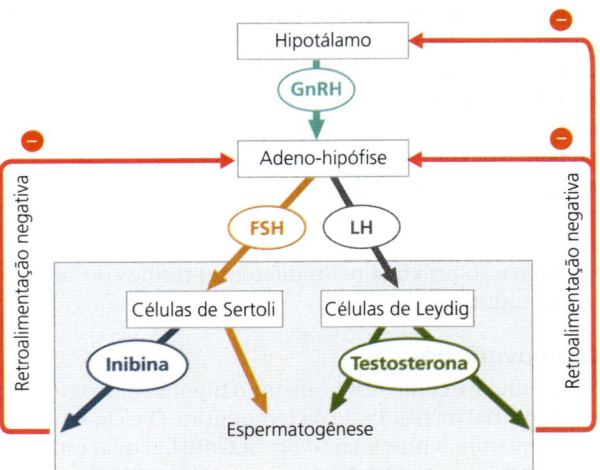

▲ **Figura 46.13 Controle hormonal dos testículos.**

Controle hormonal dos ciclos reprodutivos femininos

Enquanto os espermatozoides são produzidos continuamente nos homens, há dois ciclos reprodutivos proximamente relacionados nas mulheres. Ambos são controlados por padrões cíclicos de sinalização endócrina.

Eventos cíclicos nos ovários definem o **ciclo ovariano**: uma vez por ciclo, um folículo amadurece e um oócito é liberado. Mudanças no útero definem o **ciclo uterino**, que em humanos e alguns outros primatas é um ciclo menstrual. Em cada **ciclo menstrual**, o endométrio (revestimento do útero) se espessa e desenvolve uma rica vascularização, antes de ser descartado pelo colo do útero e pela vagina se a gravidez não ocorrer. Ligando os ciclos ovariano e uterino, a atividade hormonal sincroniza a ovulação com a formação de um revestimento uterino capaz de sustentar a implantação e o desenvolvimento do embrião.

Se um oócito não for fecundado e a gravidez não ocorrer, o revestimento uterino é descartado, e outro par de ciclos ovariano e uterino inicia. A descamação cíclica do endométrio do útero, processo que ocorre em um fluxo pelo colo do útero e a vagina, é chamada de **menstruação**. Os ciclos menstruais (e ovariano) duram, em média, 28 dias, mas podem variar de cerca de 20 até 40 dias. A **Figura 46.14** utiliza a média de 28 dias para destacar os principais eventos de um ciclo ovariano e um ciclo uterino, ilustrando a coordenação próxima pelos diferentes tecidos do sistema reprodutivo.

Ciclo ovariano

Nas mulheres, como nos homens, o hipotálamo exerce um papel central na regulação da reprodução. O ciclo ovariano inicia quando o hipotálamo libera GnRH, o qual estimula a adeno-hipófise a secretar pequenas quantidades de FSH e LH. O hormônio folículo-estimulante (como o nome

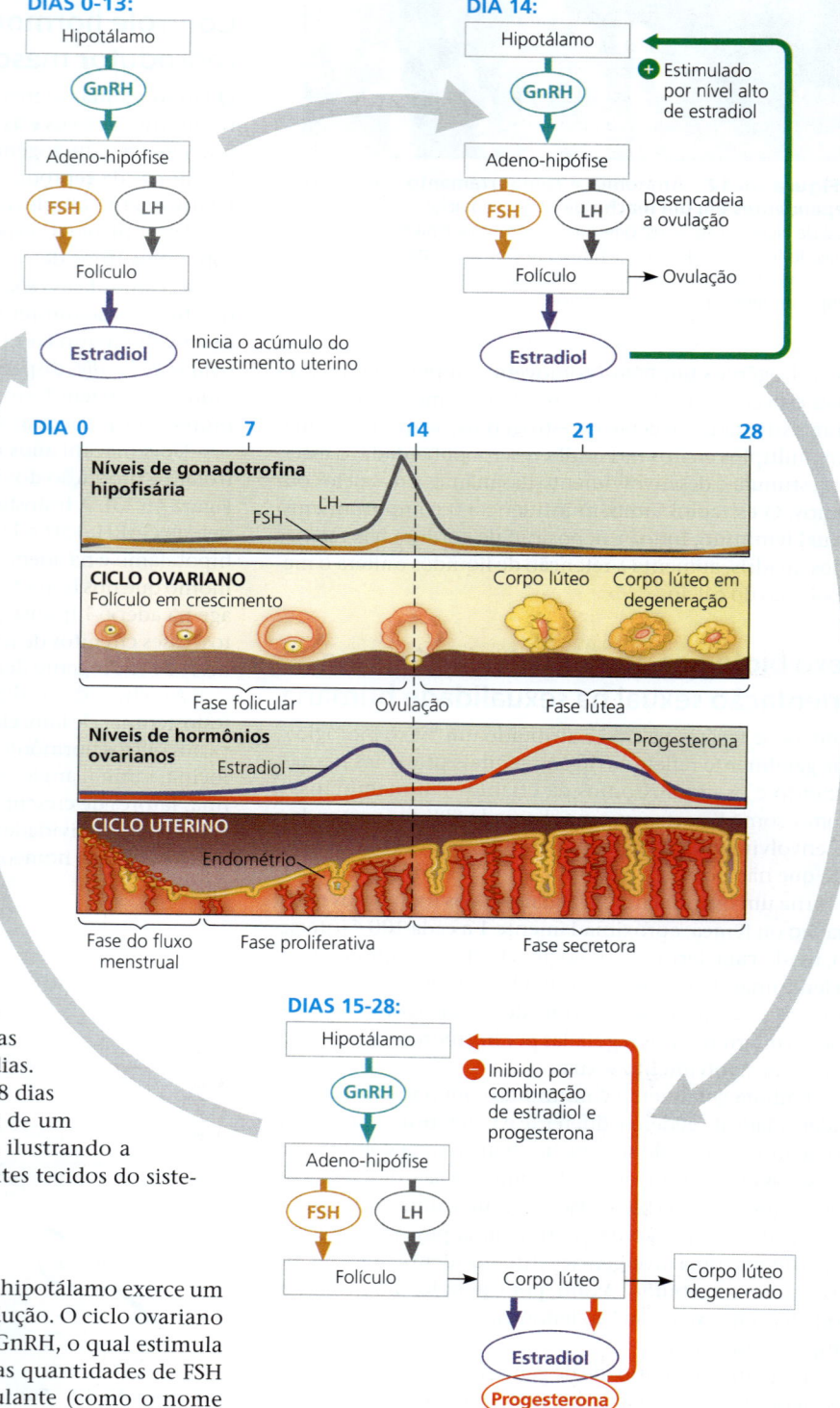

▼ **Figura 46.14 Ciclos reprodutivos da mulher.** Esta figura mostra como os ciclos ovariano e uterino (menstrual) são regulados por mudanças nos níveis sanguíneos de hormônios.

indica) estimula o crescimento do folículo, auxiliado pelo LH, e as células do folículo em crescimento começam a produzir estradiol. A concentração de estradiol se eleva lentamente durante a maior parte da *fase folicular* (dias 0-14), a parte do ciclo ovariano durante a qual os folículos crescem e os oócitos tornam-se maduros. (Vários folículos começam a crescer a cada ciclo, mas normalmente apenas um amadurece; os outros se desintegram.) Uma baixa concentração de estradiol inibe a secreção dos hormônios hipofisários, mantendo as concentrações de FSH e LH relativamente baixas. Nessa porção do ciclo, a regulação dos hormônios reprodutivos é paralela à regulação em homens.

Quando a secreção do estradiol pelo folículo começa a aumentar de maneira brusca, os níveis de FSH e LH aumentam acentuadamente. Por quê? Enquanto um baixo nível de estradiol inibe a secreção de gonadotrofinas hipofisárias, uma concentração elevada tem o efeito oposto: ele estimula a secreção de gonadotrofina fazendo o hipotálamo a aumentar a liberação de GnRH. Uma alta concentração de estradiol também aumenta a sensibilidade ao GnRH das células liberadoras de LH na hipófise, aumentando ainda mais o nível de LH.

O folículo em maturação, contendo uma cavidade preenchida por líquido, aumenta, formando uma protuberância na superfície do ovário. A fase folicular termina na ovulação (dia 14), cerca de um dia após o LH se elevar. Em resposta ao FSH e ao pico do nível de LH, o folículo e a parede adjacente do ovário rompem-se, liberando o oócito secundário. Durante ou perto do momento da ovulação, as mulheres podem sentir uma dor no baixo ventre, no mesmo lado do ovário que liberou o oócito.

A *fase lútea* (dias 15-28) do ciclo ovariano sucede a ovulação. O LH estimula o tecido folicular remanescente a formar o corpo lúteo, uma estrutura glandular. Estimulado pelo LH, o corpo lúteo secreta progesterona e estradiol, que em combinação exercem retroalimentação negativa no hipotálamo e na hipófise. Essa retroalimentação reduz grandemente a secreção de LH e FSH, impedindo a maturação de outro óvulo quando uma gravidez pode estar progredindo.

Se a gravidez não ocorrer, os baixos níveis de gonadotrofina no final da fase lútea fazem o corpo lúteo desintegrar-se, desencadeando um declínio acentuado nas concentrações de estradiol e de progesterona. Esse declínio libera o hipotálamo e a hipófise da retroalimentação negativa. A hipófise pode, então, secretar FSH suficiente para estimular o crescimento de novos folículos, iniciando um novo ciclo ovariano.

Ciclo uterino (menstrual)

Antes da ovulação, os hormônios esteroides ovarianos estimulam o útero a preparar-se para receber o embrião. A secreção de estradiol em quantidades crescentes pelo folículo em crescimento sinaliza o espessamento do endométrio. Dessa maneira, a fase folicular do ciclo ovariano é coordenada com a *fase proliferativa* (dias 6-14) do ciclo uterino. Após a ovulação, o estradiol e a progesterona secretados pelo corpo lúteo estimulam a manutenção e o posterior desenvolvimento do revestimento uterino, incluindo a dilatação das artérias e o crescimento das glândulas do endométrio. Essas glândulas secretam um líquido nutritivo que pode sustentar um embrião inicial antes mesmo de ele se implantar no revestimento uterino. Então, a fase lútea do ciclo ovariano é coordenada com a *fase secretora* (dias 15-28) do ciclo uterino.

Uma vez que o corpo lúteo tenha se desintegrado, a queda rápida na concentração de hormônio ovariano causa a constrição das artérias no endométrio. Privado de circulação, o revestimento uterino desintegra-se em sua maior parte, eliminando sangue junto com tecido endometrial e líquido. O resultado é a menstruação – a *fase do fluxo menstrual* (dias 1-5) do ciclo uterino. Durante essa fase, que geralmente dura poucos dias, um novo grupo de folículos ovarianos começa a crescer. Por convenção, o primeiro dia de fluxo menstrual é designado o dia 1 do novo ciclo uterino (e ovariano).

Cerca de 7% das mulheres em idade fértil sofrem de um distúrbio chamado **endometriose**, em que algumas células do revestimento uterino migram para um local no abdome que é anormal, ou **ectópico** (do grego *ektopos*, fora de lugar). Após terem migrado para um local como oviduto, ovário ou intestino grosso, o tecido ectópico responde a hormônios na corrente sanguínea. Como o endométrio uterino, o tecido ectópico incha e descama durante cada ciclo ovariano, resultando em dor pélvica e sangramentos no interior do abdome. Pesquisadores ainda não determinaram por que a endometriose ocorre, mas terapia hormonal ou cirurgia podem ser usadas para diminuir o desconforto.

Menopausa

Após aproximadamente 500 ciclos, a mulher entra na **menopausa**, o fim da ovulação e da menstruação. Em geral, a menopausa ocorre entre as idades de 46 e 54 anos. Durante esse intervalo, os ovários perdem sensibilidade ao FSH e ao LH, resultando no declínio da produção de estradiol.

A menopausa é um fenômeno incomum. Na maioria das outras espécies, fêmeas e machos podem reproduzir-se por toda a vida. Existe uma explicação evolutiva para a menopausa? Uma hipótese intrigante propõe que, durante o início da evolução humana, entrar na menopausa depois de ter vários filhos permitiria à mãe cuidar melhor de seus filhos e netos, aumentando, assim, as chances de sobrevivência dos indivíduos que compartilhassem muitos de seus genes.

Ciclo menstrual versus ciclo estral

Nas fêmeas de mamíferos, o endométrio engrossa antes da ovulação, mas apenas humanos e alguns outros primatas apresentam ciclo menstrual. Em outros mamíferos, tanto domesticados quanto selvagens, o útero reabsorve o endométrio na ausência de gravidez, e nenhum fluxo extenso de líquido ocorre. Para esses animais, as mudanças cíclicas no útero ocorrem como parte de um **ciclo estral** que também controla a receptividade sexual de fêmeas: embora as mulheres sejam capazes de realizar a atividade sexual durante o ciclo menstrual, mamíferos com ciclos estrais geralmente copulam apenas no período próximo da ovulação. Esse período, chamado de cio ou estro (do latim *oestrus*, frenesi ou, paixão), é o único momento em que a fêmea é receptiva ao acasalamento. Em inglês, um dos termos que designa o estro é *heat* (calor) e, de fato, a temperatura feminina aumenta ligeiramente.

A duração, a frequência e a natureza dos ciclos estrais variam. Os ursos e os lobos apresentam um cio por ano; os elefantes apresentam vários. Os ratos têm cios ao longo do ano todo, cada um durando somente 5 dias. O inimigo do rato, o gato doméstico, ovula somente com a cópula.

Resposta sexual humana

Nos humanos, a excitação sexual é complexa, envolvendo uma variedade de fatores psicológicos e físicos. Embora as estruturas reprodutivas das mulheres e dos homens difiram na aparência, algumas apresentam função semelhante na excitação, refletindo a origem evolutiva compartilhada por eles. Por exemplo, os mesmos tecidos embrionários originam o escroto e os lábios maiores, a pele do pênis e dos lábios menores, a glande do pênis e do clitóris. Além disso, o padrão geral da resposta sexual humana é semelhante em homens e mulheres. Dois tipos de reações fisiológicas predominam em ambos os sexos: *vasocongestão*, o preenchimento de um tecido com sangue, e *miotonia*, o aumento da tensão muscular.

O ciclo de resposta sexual pode ser dividido em quatro fases: excitação, platô, orgasmo e resolução. Uma função importante da fase de excitação é preparar a vagina e o pênis para o *coito* (relação sexual). Durante essa fase, a vasocongestão é particularmente evidente na ereção do pênis e do clitóris e no aumento de testículos, lábios e mamas. A vagina lubrifica-se, e ocorre a miotonia, evidente na ereção dos mamilos ou na tensão dos membros.

Na fase do platô, as respostas sexuais continuam como resultado da estimulação contínua da genitália. Nas mulheres, o terço externo da vagina torna-se vasocongestionado, enquanto os dois terços internos expandem-se ligeiramente. Essa mudança, aliada com a elevação do útero, forma uma depressão para receber o esperma no fundo da vagina. A respiração e a frequência cardíaca aumentam, alcançando, algumas vezes, 150 batimentos por minuto – não só em resposta ao esforço físico da atividade sexual, mas como reação involuntária por estimulação do sistema nervoso autônomo (ver Figura 49.9).

O *orgasmo* é caracterizado por contrações rítmicas involuntárias das estruturas reprodutivas em ambos os sexos. O orgasmo masculino tem dois estágios. O primeiro, a emissão, ocorre quando as glândulas e os ductos do trato reprodutivo se contraem, forçando o sêmen para dentro da uretra. A expulsão, ou ejaculação, ocorre quando a uretra se contrai e o sêmen é expelido. Durante o orgasmo feminino, o útero e a vagina externa contraem, mas os primeiros dois terços da vagina não. O orgasmo, a fase mais curta do ciclo de resposta sexual, geralmente dura apenas poucos segundos. Em ambos os sexos, as contrações ocorrem em intervalos de cerca de 0,8 segundo e envolvem também o esfíncter anal e vários músculos do abdome.

A fase de resolução completa o ciclo e reverte as respostas dos estágios iniciais. Os órgãos vasocongestionados retornam ao tamanho e à cor normais, e os músculos relaxam. A maioria dessas mudanças completa-se em 5 minutos, mas algumas podem levar 1 hora. Após o orgasmo, o homem geralmente entra no período refratário, com duração de poucos minutos a horas, quando a ereção e o orgasmo não podem ser ativados. As mulheres não têm período refratário, possibilitando orgasmos múltiplos em um curto período de tempo.

REVISÃO DO CONCEITO 46.4

1. Como as funções do FSH e do LH nas mulheres e nos homens são semelhantes?
2. Como o ciclo estral difere do ciclo menstrual? Em quais animais os dois tipos de ciclo são encontrados?
3. **E SE?** Se uma mulher começar a tomar estradiol e progesterona imediatamente após o início de um novo ciclo menstrual, como a ovulação será afetada? Explique.
4. **FAÇA CONEXÕES** Uma coordenação de eventos é característica do ciclo reprodutivo das fêmeas de humanos e do ciclo replicativo do RNA de um vírus (ver Figura 19.8). Qual é a natureza da coordenação de cada um desses ciclos?

Ver as respostas sugeridas no Apêndice A.

CONCEITO 46.5

Nos mamíferos placentários, um embrião desenvolve-se completamente dentro do útero da mãe

Após conhecer os ciclos ovariano e uterino das mulheres, abordaremos agora a própria reprodução, iniciando com os eventos que transformam um óvulo em um embrião em desenvolvimento.

Concepção, desenvolvimento embrionário e nascimento

Durante a cópula humana, centenas de milhões de espermatozoides são transferidos em 2-5 mL de sêmen. Logo após ser ejaculado, o sêmen coagula, o que aparentemente mantém a ejaculação no local até que o espermatozoide alcance o colo do útero. Logo em seguida, anticoagulantes liquefazem o sêmen, e os espermatozoides nadam pelo colo do útero até os ovidutos. A fertilização – também chamada **concepção** nos seres humanos – ocorre quando o espermatozoide fusiona com um óvulo (oócito maduro) em um oviduto **(Figura 46.15)**.

O zigoto inicia uma série de divisões celulares chamadas clivagem cerca de 24 horas após a fertilização, e, após mais 4 dias, produz um **blastocisto**, uma esfera de células ao redor de uma cavidade central. Poucos dias depois, o embrião implanta-se no endométrio do útero. A condição de abrigar um ou mais embriões no útero é chamada de **gravidez** ou **gestação**. A gravidez humana dura em média 266 dias (38 semanas) a partir da fertilização do óvulo, ou 40 semanas do início do último ciclo menstrual. Em comparação, a gestação dura em média 21 dias na maioria dos roedores, 280 dias nas vacas e mais de 600 dias nos elefantes. Os aproximadamente 9 meses da gestação humana são divididos em três *trimestres* de igual duração.

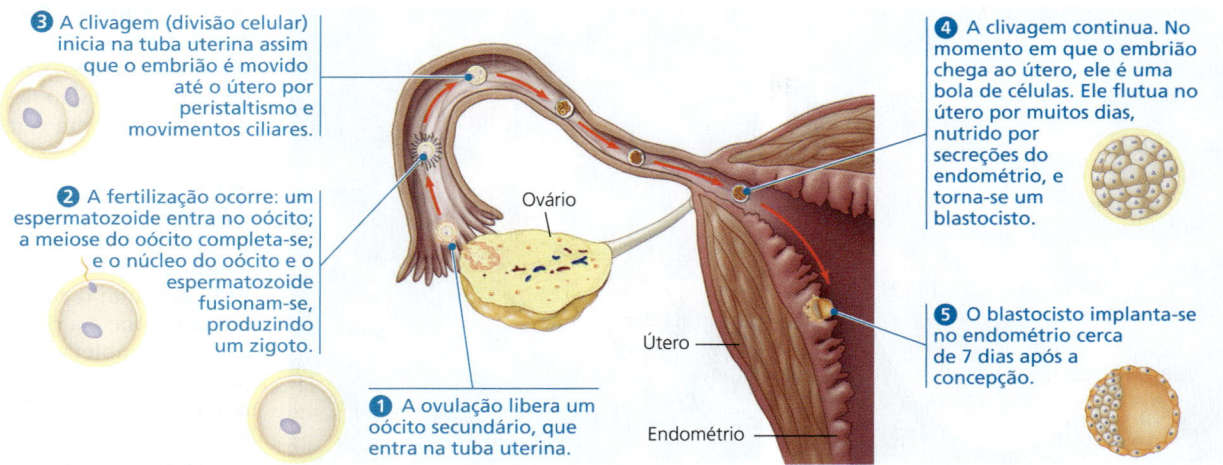

▲ **Figura 46.15** Formação de um zigoto humano e primeiros eventos pós-fertilização.

HABILIDADES VISUAIS Se os óvulos de uma mulher necessitam ser fertilizados in vitro, eles podem ser prontamente introduzidos no útero, mas não no oviduto, extremamente estreito. Com base nesta ilustração, proponha condições para cultivar um óvulo fertilizado que você prevê que otimizará a probabilidade de uma gravidez bem-sucedida.

Primeiro trimestre

Durante o primeiro trimestre, o embrião implantado secreta hormônios que sinalizam sua presença e regulam o sistema reprodutor da mãe. Um hormônio embrionário, a *gonadotrofina coriônica humana (hCG)*, atua como o LH secretado pela hipófise ao manter a secreção de progesterona e estrogênios pelo corpo lúteo durante os primeiros meses da gestação. O hCG passa do sangue materno para a urina, onde pode ser detectado pela maioria dos testes rápidos de gravidez.

Durante as primeiras 2 a 4 semanas de desenvolvimento, o embrião obtém nutrientes diretamente do endométrio. Enquanto isso, a camada externa do blastocisto, chamada de **trofoblasto**, cresce para fora e se funde com o endométrio, ajudando a formar a **placenta (Figura 46.16)**. Esse órgão em forma de disco contém vasos sanguíneos da mãe e do embrião. A troca entre os sistemas circulatórios materno e embrionário fornece nutrientes, proporciona proteção imune, troca gases respiratórios e remove os

▶ **Figura 46.16 Circulação placentária.** O sangue materno entra na placenta por artérias, flui por reservatórios de sangue no endométrio e sai pelas veias. O sangue embrionário ou fetal, que permanece nos vasos, entra na placenta pelas artérias e passa por capilares em vilosidades coriônicas digitiformes, onde o oxigênio e os nutrientes são armazenados. O sangue fetal deixa a placenta por veias, retornando para o feto.

E SE? *Em um raro distúrbio genético, a ausência de uma determinada enzima leva ao aumento da produção de testosterona. Quando o feto tem esse distúrbio, a mãe desenvolve um padrão masculino de pelos corporais durante a gestação. Explique por quê.*

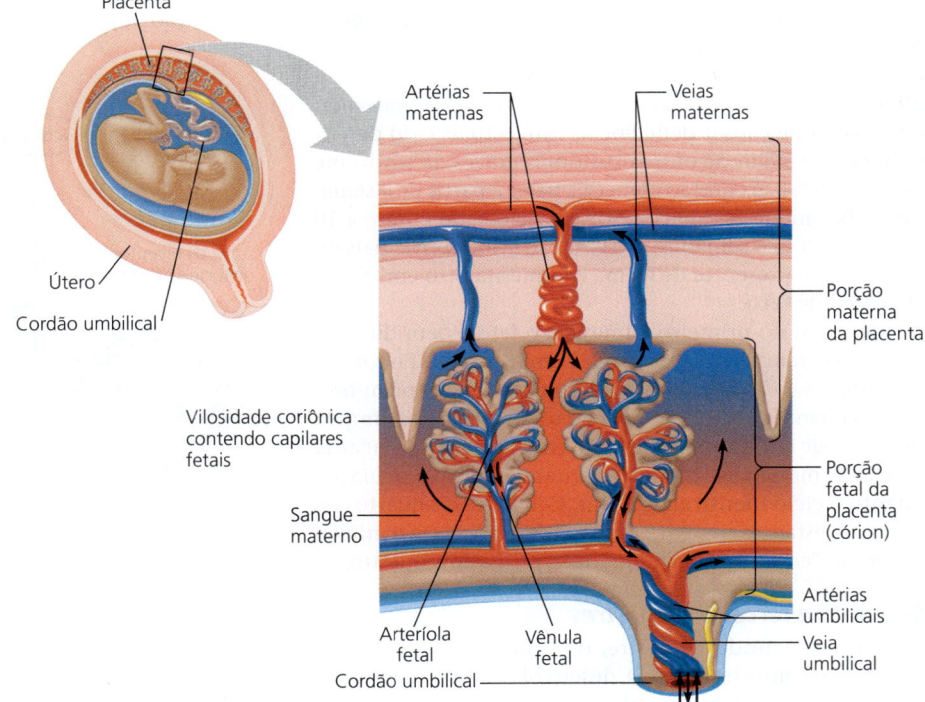

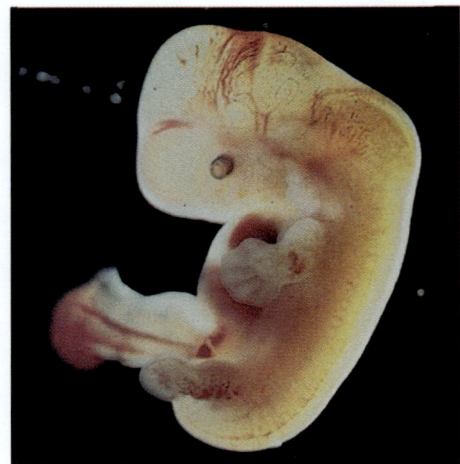

(a) **5 semanas.** Brotos dos membros, olhos, coração, fígado e rudimentos de todos os outros órgãos já começaram a desenvolver-se no embrião, que tem apenas cerca de 1 cm de comprimento.

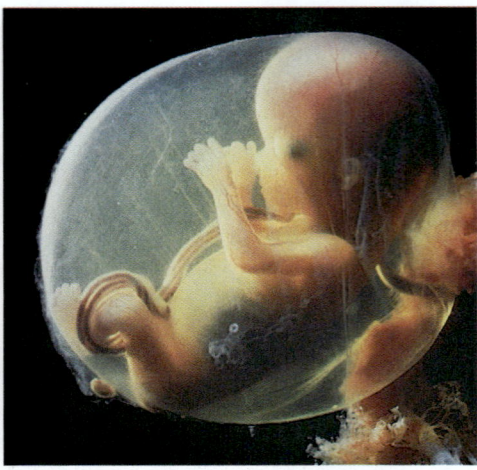

(b) **14 semanas.** Crescimento e desenvolvimento da prole, agora chamada de feto, continuam durante o segundo trimestre. Este feto tem cerca de 6 cm de comprimento.

▲ **Figura 46.17** Alguns estágios do desenvolvimento humano durante o primeiro e segundo trimestres.

orelhas **(Figura 46.17b)**. A mãe pode sentir os movimentos do feto a partir do primeiro mês do segundo trimestre e, em geral, a atividade fetal é visível na parede do abdome de 1 a 2 meses depois. Os níveis hormonais estabilizam assim que a secreção de hCG diminui; o corpo lúteo deteriora; e a placenta assume completamente a produção de progesterona, o hormônio que mantém a gravidez.

Durante o terceiro trimestre, o feto passa para cerca de 3 a 4 kg de peso e 50 cm de comprimento. A atividade fetal deve diminuir de acordo com o preenchimento do espaço disponível pelo feto. À medida que o feto cresce e o útero se expande em razão disso, os órgãos abdominais da mãe ficam comprimidos e deslocados, culminando com bloqueios digestivos e a necessidade de urinar com frequência.

resíduos metabólicos do embrião. O sangue do embrião viaja para a placenta pelas artérias do cordão umbilical e retorna pela veia umbilical.

Ocasionalmente, um embrião divide-se no primeiro mês de gestação, resultando em gêmeos idênticos, ou *monozigóticos* (um óvulo). Em contrapartida, gêmeos bivitelinos, ou *dizigóticos*, originam-se quando dois folículos amadurecem em um único ciclo, seguido por fertilização independente e implantação de dois embriões geneticamente distintos.

O primeiro trimestre é o período principal da **organogênese**, o desenvolvimento dos órgãos do corpo **(Figura 46.17a)**. Durante a organogênese, o embrião é particularmente suscetível a danos. Por exemplo, o álcool que passa através da placenta e alcança o sistema nervoso central do embrião pode causar deficiências intelectuais e do desenvolvimento, além de outros sintomas graves da síndrome alcoólica fetal. O coração começa a bater a partir de 4 semanas; o batimento cardíaco pode ser detectado com 8 a 10 semanas. Com 8 semanas, todas as estruturas principais do adulto estão presentes de forma rudimentar, e o embrião é chamado de **feto**.

Ao final do primeiro trimestre, o feto é bem diferenciado, mas tem somente 5 cm de comprimento. Enquanto isso, um nível elevado de progesterona provoca rápidas mudanças na mãe: o muco no colo do útero forma um tampão que protege contra infecções, a parte materna da placenta cresce, as mamas e o útero aumentam, e tanto a ovulação quanto o ciclo menstrual cessam. Cerca de três quartos de todas as gestantes sentem náuseas, popularmente conhecidas como "enjoo matinal", durante o primeiro trimestre.

Segundo e terceiro trimestres

Durante o segundo trimestre, o feto cresce até cerca de 30 cm de comprimento. O desenvolvimento continua, incluindo a formação de unhas, órgãos sexuais externos e

O processo de nascimento inicia com o *trabalho de parto*, uma série de contrações uterinas fortes e ritmadas que empurram o feto e a placenta para fora do corpo. Uma vez que o trabalho de parto inicia, reguladores locais (prostaglandinas) e hormônios (principalmente estradiol e ocitocina) induzem e regulam mais contrações uterinas **(Figura 46.18)**. É fundamental para essa regulação a retroalimentação positiva (ver Conceito 45.2), em que contrações

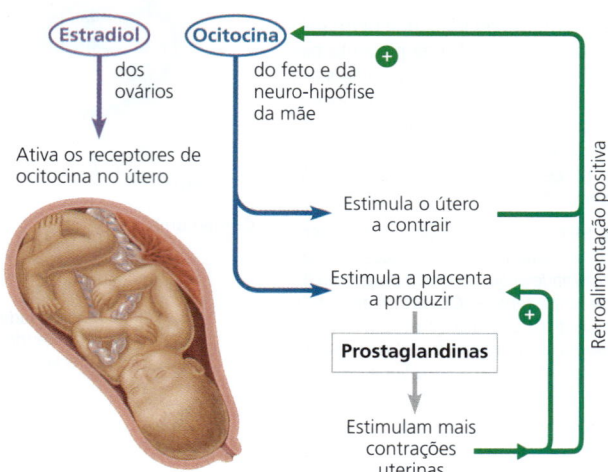

▲ **Figura 46.18** Retroalimentação positiva no trabalho de parto.

HABILIDADES VISUAIS *Com base nos circuitos de retroalimentação mostrados, preveja o efeito de uma única dose de ocitocina em uma mulher grávida ao final de 39 semanas de gestação.*

uterinas estimulam a secreção de ocitocina, a qual, por sua vez, estimula as próximas contrações.

Normalmente, o trabalho de parto é descrito em três estágios **(Figura 46.19)**. O primeiro estágio consiste na abertura e no afinamento do colo do útero. O segundo estágio é a expulsão do bebê. Contrações fortes e contínuas forçam o feto para fora do útero pela vagina. O estágio final do trabalho de parto é a expulsão da placenta.

O humano ou outro mamífero recém-nascido recebe nutrientes na forma de leite materno. Em resposta à sucção pelo recém-nascido e a mudanças nos níveis de estradiol após o nascimento, o hipotálamo sinaliza a adeno-hipófise para secretar prolactina, a qual estimula as glândulas mamárias a produzirem leite. A sucção também estimula a secreção de ocitocina pela neuro-hipófise, o que desencadeia a liberação do leite das glândulas mamárias (ver Figura 45.15).

Tolerância imune materna ao embrião e ao feto

A gravidez é um quebra-cabeça imunológico. A metade dos genes do embrião é herdada do pai; muitos dos marcadores químicos presentes na superfície do embrião são estranhos para a mãe. Por que, então, a mãe não rejeita o embrião como um corpo estranho, como ela faria com um órgão ou tecido transplantado de outra pessoa? Um indício importante vem da relação entre alguns distúrbios autoimunes e a gravidez. Por exemplo, os sintomas da artrite reumatoide, doença autoimune das articulações, tornam-se menos graves durante a gestação. Essas observações sugerem que a regulação geral do sistema imune muda durante a gestação. O entendimento dessas mudanças e de como isso deve proteger o desenvolvimento do feto é uma área de pesquisa de interesse para imunologistas.

Contracepção e aborto

A **contracepção**, a prevenção deliberada da gravidez, pode ser alcançada de muitas formas. Alguns métodos contraceptivos impedem que o gameta se desenvolva ou que seja liberado pelas mulheres ou pelas gônadas masculinas; outros impedem a fertilização mantendo o espermatozoide e o óvulo separados; outros ainda previnem a implantação do embrião. Consulte informações completas sobre métodos contraceptivos com um profissional da saúde. A breve introdução à biologia dos métodos mais comuns e o diagrama correspondente na **Figura 46.20** não têm a pretensão de ser um manual de contracepção.

A fertilização pode ser prevenida pela abstinência sexual ou por qualquer outro tipo de barreira que mantenha os espermatozoides vivos longe do óvulo. A abstinência temporária, às vezes chamada de *planejamento familiar natural*, depende da abstinência sexual quando a concepção é mais provável. Como o óvulo pode sobreviver no oviduto por 24 a 48 horas, e o espermatozoide, por mais de 5 dias, um casal mantendo abstinência temporária não deveria relacionar-se sexualmente por um número significativo de dias antes e após a ovulação. Além disso, como o período da ovulação pode variar significativamente, o casal precisa conhecer os indicadores fisiológicos associados com a ovulação, como as mudanças no muco cervical. Observe também que, em geral, uma taxa de gravidez de 10 a 20% é frequente em casais que praticam o planejamento familiar natural. (Nesse contexto, a taxa de gravidez é a porcentagem de mulheres que engravidaram em 1 ano enquanto utilizavam esse método de prevenção da gravidez.)

Como método que previne a fertilização, o *coito interrompido* (retirada do pênis da vagina antes da ejaculação) não é confiável. Os espermatozoides de uma ejaculação prévia podem ser transferidos em secreções que precedem

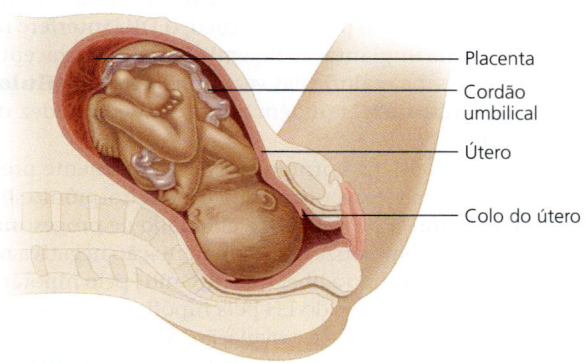
❶ Dilatação do colo do útero

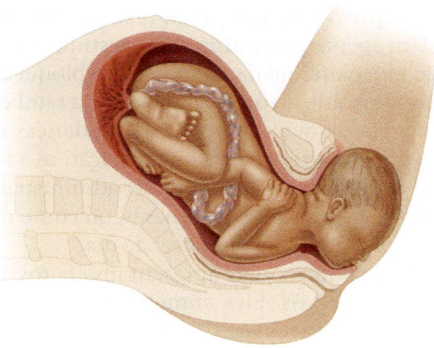
❷ Expulsão: saída do bebê

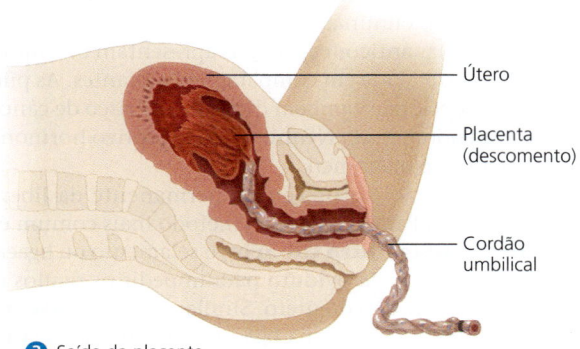
❸ Saída da placenta

▲ **Figura 46.19** Os três estágios do trabalho de parto.

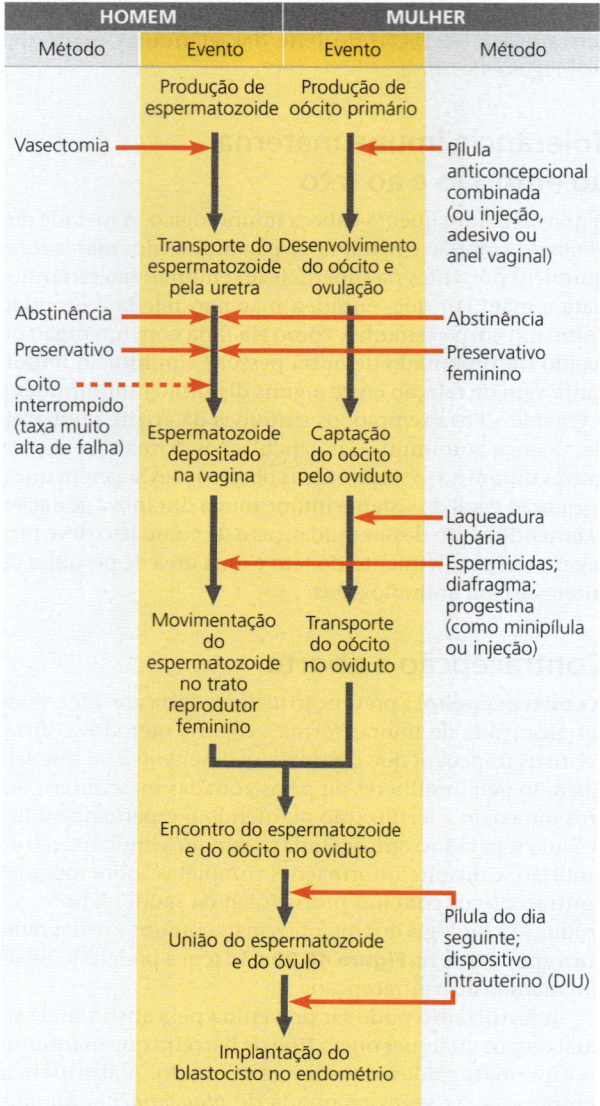

▲ **Figura 46.20 Mecanismos de vários métodos contraceptivos.** As setas vermelhas indicam onde esses métodos, dispositivos ou produtos interferem nos eventos desde a produção do espermatozoide e do oócito primário até a implantação de um embrião em desenvolvimento.

a ejaculação. Além disso, o lapso de uma fração de segundo no tempo ou na vontade pode resultar em dezenas de milhões de espermatozoides sendo transferidos antes da remoção.

Usados apropriadamente, muitos métodos de contracepção que impedem o espermatozoide de encontrar o óvulo têm taxas de gravidez menores que 10%. O *preservativo* ("camisinha") é um fino envoltório de látex ou membrana natural que se ajusta ao pênis para coletar o sêmen. Para indivíduos sexualmente ativos, preservativos de látex são os únicos contraceptivos altamente eficazes na prevenção da Aids e de outras *doenças sexualmente transmissíveis (DSTs)*, também conhecidas como *infecções sexualmente transmissíveis (ISTs)*. Essa proteção não é absoluta, no entanto. Outro dispositivo comum de barreira é o *diafragma*, uma tampa de borracha em forma de cúpula inserida na porção superior da vagina antes da relação sexual. Esses dois dispositivos apresentam baixas taxas de gravidez quando usados em conjunto com espermicida (agente que mata espermatozoides) em gel ou em espuma. Outros dispositivos de barreira incluem a bolsa vaginal, também chamada de "preservativo feminino".

Com exceção da abstinência sexual completa ou da vasectomia (discutida adiante), os meios mais efetivos de controle natal são o dispositivo intrauterino (DIU) e os contraceptivos hormonais. O DIU tem uma taxa de gravidez de 1% ou menos e é o método reversível mais comumente usado para controle de natalidade nos Estados Unidos. Inserido no útero por um médico, o DIU interfere na fertilização e na implantação do embrião. Os contraceptivos hormonais, na maioria das vezes em forma de **pílulas anticoncepcionais**, também têm taxa de gravidez de 1% ou menos.

Os contraceptivos hormonais mais comumente prescritos contêm um estrogênio sintético e um hormônio sintético semelhante à progesterona chamado de progestina. Essa combinação mimetiza a retroalimentação negativa no ciclo ovariano, inibindo a liberação de GnRH pelo hipotálamo e, portanto, do FSH e do LH pela hipófise. A prevenção da liberação do LH bloqueia a ovulação. Além disso, a inibição da secreção de FSH por meio da baixa dose de estrogênios nas pílulas evita que os folículos se desenvolvam.

Outro contraceptivo hormonal com taxa muito baixa de gravidez contém apenas progestina. A progestina causa o espessamento do muco uterino da mulher, e isso bloqueia a entrada do espermatozoide no útero. A progestina também diminui a frequência da ovulação e leva a mudanças no endométrio que podem interferir na implantação se a fertilização ocorrer. Esse contraceptivo pode ser administrado como injeção, durando em torno de 3 meses, ou como um comprimido (minipílula) tomado uma vez ao dia.

Os contraceptivos hormonais apresentam efeitos adversos positivos e negativos. Eles aumentam o risco de algumas doenças cardiovasculares, levemente para não fumantes e substancialmente (3 a 10 vezes mais) para mulheres que fumam regularmente. Ao mesmo tempo, os contraceptivos orais eliminam os riscos da gravidez; mulheres que usam pílulas anticoncepcionais apresentam metade do índice de mortalidade em comparação a gestantes. As pílulas anticoncepcionais também diminuem o risco de câncer ovariano e endometrial. Nenhum contraceptivo hormonal está disponível para homens.

A esterilização é a prevenção permanente da liberação de gametas. Para mulheres, o método mais comum é a **ligação** ou **laqueadura tubária**, o selamento ou ligação de uma parte de cada oviduto para impedir os óvulos de migrarem para dentro do útero. Similarmente, a **vasectomia** nos homens consiste na ligadura e na excisão de cada vaso deferente para impedir que os espermatozoides sejam liberados pela uretra. A secreção de hormônios sexuais e a função sexual não são afetadas por nenhum dos processos, e não há alteração no ciclo menstrual das mulheres ou no volume de ejaculação dos homens. Apesar de a laqueadura tubária e a vasectomia serem consideradas permanentes, os dois procedimentos podem ser revertidos em muitos casos por microcirurgia.

A interrupção de uma gestação em andamento é chamada de **aborto**. O *aborto espontâneo* é muito comum; ocorre em pelo menos um terço de todas as gestações, algumas vezes antes mesmo de a mulher saber que estava grávida. Além disso, a cada ano, 700 mil mulheres nos Estados Unidos escolhem abortar por meio de um procedimento médico.

Um fármaco chamado mifepristona, ou RU486, pode interromper a gravidez sem procedimento cirúrgico dentro das 7 primeiras semanas. A mifepristona bloqueia os receptores de progesterona do útero e, assim, impede que a progesterona mantenha a gestação. Ele é tomado com uma pequena quantidade de prostaglandina para induzir contrações uterinas.

Tecnologias reprodutivas modernas

Avanços científicos e tecnológicos recentes possibilitaram resolver muitos problemas reprodutivos, incluindo doenças genéticas e infertilidade.

Infertilidade e fertilização in vitro

A infertilidade – incapacidade de conceber filhos – é bem comum, afetando cerca de 1 a cada 10 casais nos Estados Unidos e no mundo todo. A probabilidade de infertilidade é quase a mesma para homens e mulheres, e as causas variam. Para as mulheres, entretanto, o risco de dificuldades reprodutivas, bem como de anormalidades do feto, aumenta constantemente após os 35 anos. Evidências sugerem que o prolongado período de tempo que os oócitos levam em meioses é majoritariamente responsável por esse aumento no risco.

Entre as causas preveníveis de infertilidade, as infecções sexualmente transmissíveis (ISTs) são as mais importantes. Nas mulheres de 15 a 25 anos, cerca de 830 mil casos de clamídia e gonorreia são relatados anualmente nos Estados Unidos. O número verdadeiro de mulheres infectadas com as bactérias da clamídia ou da gonorreia é consideravelmente alto, porque a maioria das mulheres com essas infecções não apresenta sintomas e não fica sabendo que está infectada.

Até 40% das mulheres que permanecem sem tratamento para clamídia ou gonorreia desenvolvem uma doença inflamatória que pode deixar cicatrizes no oviduto, aumentando substancialmente o risco de uma gravidez tubária ou ectópica. Em vez de se implantar no útero, o embrião se aloja no oviduto (tuba uterina), onde a fertilização ocorreu. Essas gestações não podem ser mantidas e podem romper o oviduto, resultando em hemorragia interna grave.

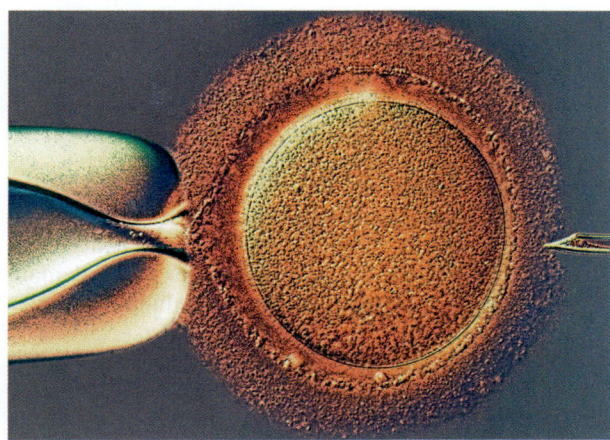

▲ **Figura 46.21** **Fertilização in vitro (FIV).** Nesta forma de FIV, um técnico posiciona o óvulo com a pipeta (à esquerda) e usa uma agulha muito fina para injetar um espermatozoide no citoplasma do óvulo (MO colorida).

Algumas formas de infertilidade são tratáveis. A hormonioterapia pode, algumas vezes, aumentar a produção de espermatozoides e de óvulos, e uma cirurgia pode geralmente corrigir ductos malformados ou que se tornaram bloqueados. Em alguns casos, os médicos recomendam a **fertilização *in vitro* (FIV)**, que envolve a combinação de oócitos e espermatozoides em laboratório. Óvulos fertilizados são incubados até formarem oito ou mais células e então implantados no útero da mãe. Se os espermatozoides maduros forem defeituosos ou em pouco número, um espermatozoide inteiro ou o núcleo da espermátide é injetado diretamente no oócito **(Figura 46.21)**. Embora tenha custo elevado e nem sempre seja bem-sucedida, a FIV permitiu a mais de 1 milhão de casais conceberem filhos.

Detectando doenças durante a gravidez

Muitos problemas de desenvolvimento e doenças genéticas podem agora ser diagnosticados enquanto o feto está no útero. A ultrassonografia, que gera imagens usando frequências do som acima da faixa de audição normal, é comumente utilizada para analisar o tamanho e a condição do feto. Na amniocentese e na biópsia de vilosidades coriônicas, uma agulha é utilizada para coletar células do feto a partir do líquido ou do tecido ao redor do embrião; essas células, posteriormente, fornecem a base para análises genéticas (ver Figura 14.19).

Uma nova tecnologia reprodutiva utiliza o sangue da gestante para analisar o genoma de seu feto. Como discutido no Conceito 14.4, o sangue da mulher gestante contém DNA do embrião em crescimento. Como isso é possível? O sangue da mãe alcança o feto através da placenta. Quando as células produzidas pelo embrião se tornam velhas, morrem ou se rompem no interior da placenta, o DNA liberado entra na corrente sanguínea da mãe. Apesar de o sangue também conter fragmentos de DNA materno, cerca de 10 a 15% do DNA circulante no sangue é do feto. Tanto a reação em cadeia de polimerase (PCR) quanto o sequenciamento de alto rendimento podem converter os fragmentos de DNA do feto em informação útil.

Infelizmente, quase todas as doenças detectáveis permanecem intratáveis no útero, e muitas não podem ser revertidas nem mesmo após o nascimento. Os testes genéticos podem deixar os pais com a difícil decisão sobre interromper a gestação ou criar uma criança que pode ter anomalias do desenvolvimento graves e uma expectativa de vida curta. Essas são questões complexas que demandam cuidado, esclarecimento e aconselhamento genético competente.

Em um futuro próximo, os pais terão acesso a ainda mais informações genéticas e terão que confrontar outras questões. De fato, em 2012, nasceu a primeira criança cujo genoma havia sido inteiramente sequenciado antes do nascimento. Apesar disso, um sequenciamento genômico completo não assegura informações completas. Considere, por exemplo, a síndrome de Klinefelter, em que os homens têm um cromossomo X extra. Essa síndrome é bem comum, afetando 1 a cada 1.000 homens, e pode causar redução nos níveis de testosterona, aparência feminilizada e infertilidade. Entretanto, enquanto alguns homens com cromossomo X extra apresentam distúrbio debilitante, outros apresentam sintomas tão leves que nem sabem de sua condição. No caso de outras doenças, como diabetes, doença cardíaca ou câncer, o sequenciamento do genoma pode apenas indicar o grau de risco. De que forma os pais utilizarão essas e outras informações na geração e na criação de um filho é uma questão sem respostas claras.

REVISÃO DO CONCEITO 46.5

1. Por que o teste de hCG (gonadotrofina coriônica humana) funciona como teste de gravidez no estágio inicial e não no final? Qual é a função do hCG na gestação?
2. Em quais aspectos a laqueadura tubária e a vasectomia se assemelham?
3. **E SE?** Se o núcleo do espermatozoide for injetado dentro de um oócito, quais etapas da gametogênese e da concepção seriam puladas?

Ver as respostas sugeridas no Apêndice A.

46 Revisão do capítulo

RESUMO DOS CONCEITOS-CHAVE

CONCEITO 46.1

Tanto a reprodução sexuada quanto a assexuada ocorrem no reino animal (p. 1020-1022)

- A **reprodução sexuada** exige a fusão dos gametas do macho e da fêmea, formando um **zigoto** diploide. Exemplos de **reprodução assexuada** – a produção de prole sem fusão de gametas – incluem brotamento, **fissão** e fragmentação com regeneração. Variações no modo de reprodução são obtidas por **partenogênese**, **hermafroditismo** e reversão sexual. Os hormônios e os fatores ambientais controlam os ciclos reprodutivos.

? *Dois indivíduos haploides produzidos por partenogênese seriam geneticamente idênticos? Explique.*

CONCEITO 46.2

A fertilização depende de mecanismos que unem espermatozoides e óvulos da mesma espécie (p. 1022-1025)

- A **fertilização** (ou fecundação) ocorre externamente, quando o espermatozoide e o óvulo são liberados para fora do corpo, ou internamente, quando o espermatozoide depositado pelo macho fertiliza um óvulo dentro do sistema reprodutor da fêmea. Em ambos os casos, a fertilização exige ações coordenadas, que podem ser mediadas por estímulos ambientais, feromônios ou comportamento de cortejo. Com frequência, a fertilização interna está associada a menor número de descendentes e maior proteção da prole pelos pais.
- Os sistemas para produção e liberação de gametas variam de células indiferenciadas na cavidade do corpo até sistemas complexos que incluem **gônadas**, as quais produzem gametas, e tubos e glândulas acessórias, os quais protegem ou transportam os gametas e os embriões. Apesar de a reprodução sexuada envolver uma parceria, de alguma forma, ela também fornece uma oportunidade para competição entre indivíduos e entre gametas.

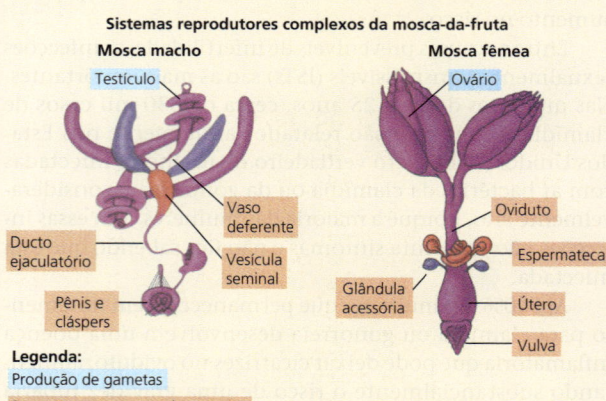

? *Identifique quais das seguintes características são exclusivas dos mamíferos (se houver alguma): útero na fêmea, vaso deferente no macho, desenvolvimento interno longo e cuidado parental de recém-nascidos.*

CONCEITO 46.3

Os órgãos reprodutores produzem e transportam os gametas (p. 1025-1029)

- Nos homens, os **espermatozoides** são produzidos nos **testículos**, que ficam suspensos fora do corpo dentro do **escroto**. Ductos conectam os testículos às glândulas acessórias e ao **pênis**. O sistema reprodutor da mulher consiste em **lábios** menores e maiores e a **glande** do **clitóris** externamente, e em **vagina**, **útero**, **tubas uterinas** (ovidutos) e **ovários** internamente. Os **óvulos** são produzidos nos ovários e, após a fecundação, se desenvolvem no útero.
- A **gametogênese**, ou produção de gametas, consiste no processo de **espermatogênese** nos homens e **oogênese** nas mulheres. A espermatogênese humana é contínua e produz quatro espermatozoides por meiose. A oogênese humana é descontínua e cíclica, gerando um óvulo por meiose.

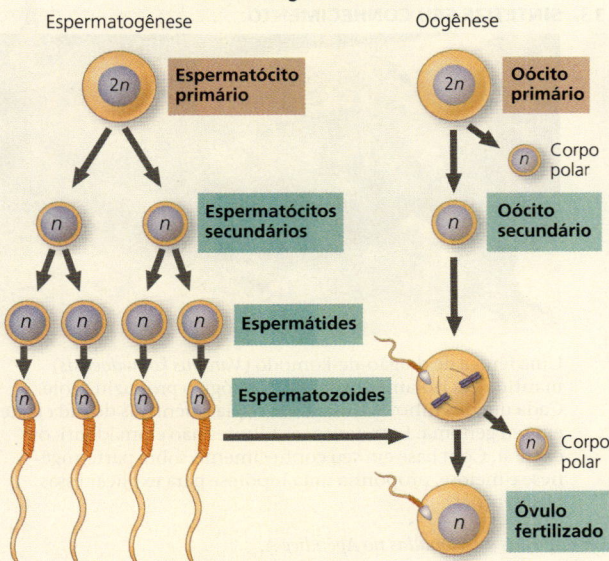

? Como a diferença em tamanho e conteúdo celular entre espermatozoide e óvulo relaciona-se às suas funções específicas na reprodução?

CONCEITO 46.4

A interação entre hormônios tróficos e hormônios sexuais regula a reprodução em mamíferos (p. 1030-1034)

- A sexualidade humana, que inclui sexo biológico, identidade de gênero e orientação sexual, exibe uma variação considerável.
- Nos mamíferos, o GnRH secretado pelo hipotálamo regula a liberação de dois hormônios, o **FSH** e **LH**, a partir da adeno-hipófise. Nos homens, o FSH e o LH controlam a secreção de androgênios (principalmente **testosterona**) e a produção de espermatozoides. Nas mulheres, a secreção cíclica do FSH e do LH orquestra os **ciclos ovariano** e **uterino** via estrogênios (principalmente o **estradiol**) e a **progesterona**. O **folículo** em desenvolvimento e o **corpo lúteo** também secretam hormônios, que ajudam a coordenar os ciclos ovariano e uterino por retroalimentação positiva e negativa.

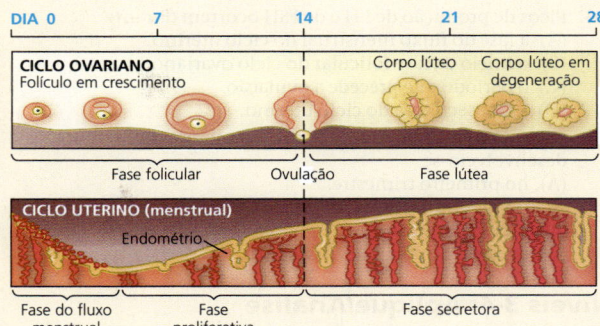

- Nos **ciclos estrais (cios)**, o revestimento do **endométrio** é reabsorvido, e a receptividade sexual é limitada ao período do cio. As estruturas reprodutoras com uma origem compartilhada no desenvolvimento explicam muitos fatores da excitação sexual humana e o orgasmo, que é comum para homens e mulheres.

? Por que anabolizantes esteroides levam à redução do número de espermatozoides?

CONCEITO 46.5

Nos mamíferos placentários, um embrião desenvolve-se completamente dentro do útero da mãe (p. 1034-1040)

- Após a fertilização e a meiose completa no oviduto, o zigoto passa por uma série de divisões celulares e transforma-se em um **blastocisto** antes da sua implantação no endométrio. Todos os órgãos principais começam a desenvolver-se por volta de 8 semanas. A aceitação pela mulher grávida de seu descendente "estranho" reflete parcialmente uma supressão da resposta imune materna.
- A **contracepção** impede a liberação dos gametas maduros das gônadas, a fertilização ou a implantação do embrião. O **aborto** é a interrupção da gestação em curso.
- As tecnologias reprodutivas podem ajudar a detectar problemas antes do nascimento e podem auxiliar casais inférteis. A infertilidade pode ser tratada com hormonioterapia ou por **fertilização in vitro**.

? Qual seria a rota do oxigênio no fluxo sanguíneo materno para chegar às células corporais do feto?

TESTE SEU CONHECIMENTO

Níveis 1-2: Relembre/Entenda

1. Qual das afirmações a seguir caracteriza a partenogênese?
   - (A) Um indivíduo deve mudar seu sexo durante a vida.
   - (B) Grupos especializados de células desenvolvem-se em novos indivíduos.
   - (C) Um organismo é primeiro macho e depois fêmea.
   - (D) Um óvulo desenvolve-se sem ser fertilizado.
2. Nos mamíferos machos, os sistemas reprodutor e excretor compartilham
   - (A) os vasos deferentes.
   - (B) a uretra.
   - (C) a vesícula seminal.
   - (D) a próstata.
3. Qual das alternativas a seguir corresponde ao pareamento correto?
   - (A) túbulos seminíferos – colo do útero
   - (B) vaso deferente – tuba uterina
   - (C) corpo lúteo – célula de Sertoli
   - (D) escroto – clitóris

4. Picos de produção de LH e de FSH ocorrem durante
   (A) a fase do fluxo menstrual do ciclo uterino.
   (B) o início da fase folicular do ciclo ovariano.
   (C) o período que precede a ovulação.
   (D) a fase secretora do ciclo uterino.
5. Durante a gestação humana, rudimentos de todos os órgãos desenvolvem-se
   (A) no primeiro trimestre.
   (B) no segundo trimestre.
   (C) no terceiro trimestre.
   (D) durante o estágio de blastocisto.

Níveis 3-4: Aplique/Analise

6. Qual das opções a seguir é uma afirmativa verdadeira?
   (A) Todos os mamíferos têm ciclo menstrual.
   (B) O revestimento do endométrio descama nos ciclos menstruais, mas é reabsorvido em ciclos estrais (cios).
   (C) O cio é mais frequente do que os ciclos menstruais.
   (D) A ovulação ocorre antes do espessamento do endométrio no cio.
7. Para qual das opções a seguir o número é o mesmo para homens e mulheres?
   (A) Interrupções em divisões meióticas
   (B) Gametas funcionais produzidos pela meiose
   (C) Divisões meióticas necessárias para produzir cada gameta
   (D) Diferentes tipos celulares produzidos por meiose
8. Qual afirmativa a seguir é verdadeira sobre a reprodução humana?
   (A) A fertilização ocorre na vagina.
   (B) Tanto a espermatogênese quanto a oogênese requerem temperatura normal do corpo.
   (C) Um oócito completa a meiose após o espermatozoide penetrá-lo.
   (D) Os estágios iniciais da espermatogênese ocorrem próximo ao lúmen dos túbulos seminíferos.

Níveis 5-6: Avalie/Crie

9. **DESENHE** Na espermatogênese humana, a mitose de uma célula-tronco origina uma célula que permanece como célula-tronco e outra célula que se torna uma espermatogônia. (a) Desenhe quatro ciclos da mitose a partir da célula-tronco e indique as células-filhas. (b) A partir de uma espermatogônia, desenhe as células que seriam produzidas em um ciclo de mitose seguido por meiose. Indique as células-filhas, a mitose e a meiose. (c) Explique o que aconteceria se células-tronco se dividissem como espermatogônias.
10. **CONEXÃO EVOLUTIVA** O hermafroditismo é geralmente encontrado em animais que ficam fixados a uma superfície. As espécies que se movimentam apresentam menos hermafroditismo. Explique por quê.
11. **PESQUISA CIENTÍFICA** Suponha que você descubra uma nova espécie de verme ovipositora. Você disseca quatro adultos e encontra tanto oócitos quanto espermatozoides em cada um. As células ao redor das gônadas contêm cinco pares de cromossomos. Sem variantes genéticas, explique como você determinaria se os vermes são capazes de se autofertilizar.
12. **ESCREVA SOBRE UM TEMA: ENERGIA E MATÉRIA** Em um texto curto (100-150 palavras), discuta como os diferentes tipos de investimento energético das fêmeas contribuem para o sucesso reprodutivo de uma rã, de uma galinha e de um ser humano.
13. **SINTETIZE SEU CONHECIMENTO**

Uma fêmea de dragão-de-komodo (*Varanus komodoensis*) mantida em isolamento em um zoológico produziu prole. Cada um dos filhotes tinha duas cópias idênticas de cada gene em seu genoma. Entretanto, os filhotes não eram idênticos entre si. Com base em seu conhecimento sobre partenogênese e meiose, proponha uma hipótese para explicar essas observações.

Ver respostas selecionadas no Apêndice A.

47 Desenvolvimento animal

CONCEITOS-CHAVE

47.1 A fertilização e a clivagem iniciam o desenvolvimento embrionário *p. 1044*

47.2 A morfogênese nos animais envolve mudanças específicas no formato, na posição e na sobrevivência celular *p. 1049*

47.3 Determinantes citoplasmáticos e sinais indutivos regulam o destino da célula *p. 1057*

Dica de estudo

Use as raízes das palavras para aprender vocabulário: As raízes das palavras fornecem dicas para o significado de termos biológicos. Estude esta lista de raízes de palavras e seu significado para ajudá-lo a inferir e recordar as definições de palavras do vocabulário deste e de outros capítulos.

Raiz da palavra — significado		
blasto – grupo de células imaturas	poli – muitos	endo – interno
trofo – mudança	derme – tecido	meso – meio
cele – cavidade	gênese – origem	ecto – externo
morfo – forma	diplo – dois	
	triplo – três	

Termo — definição
blastocele – cavidade em uma bola de células imaturas
diploblasto
triploblasto
trofoblasto
endoderme
morfogênese

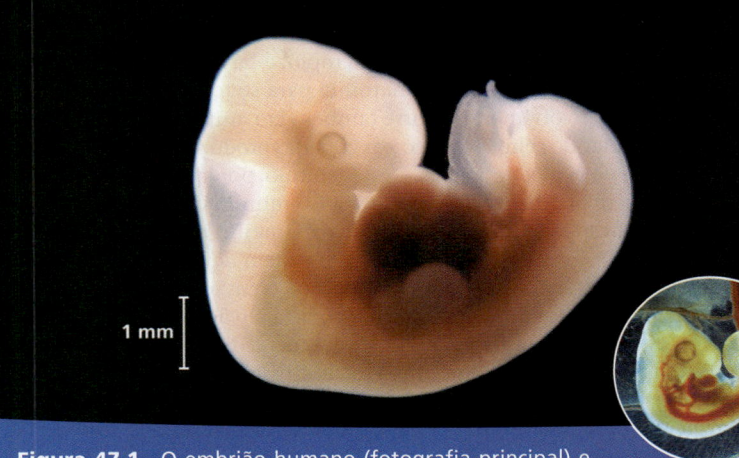

Figura 47.1 O embrião humano (fotografia principal) e o embrião de galinha (detalhe) mostrados são bem diferentes em idade (41 vs. 3,5 dias), mas notavelmente parecidos. Os olhos, o coração e o trato digestório em desenvolvimento são reconhecíveis, da mesma forma que os blocos repetidos de tecido que formarão as vértebras. Essas similaridades refletem o fato de que estágios iniciais do desenvolvimento embrionário são compartilhados entre muitos animais, originando um plano básico corporal que é posteriormente transformado em formas distintas e especializadas.

Que processos transformam um ovo em um embrião com estruturas reconhecíveis?

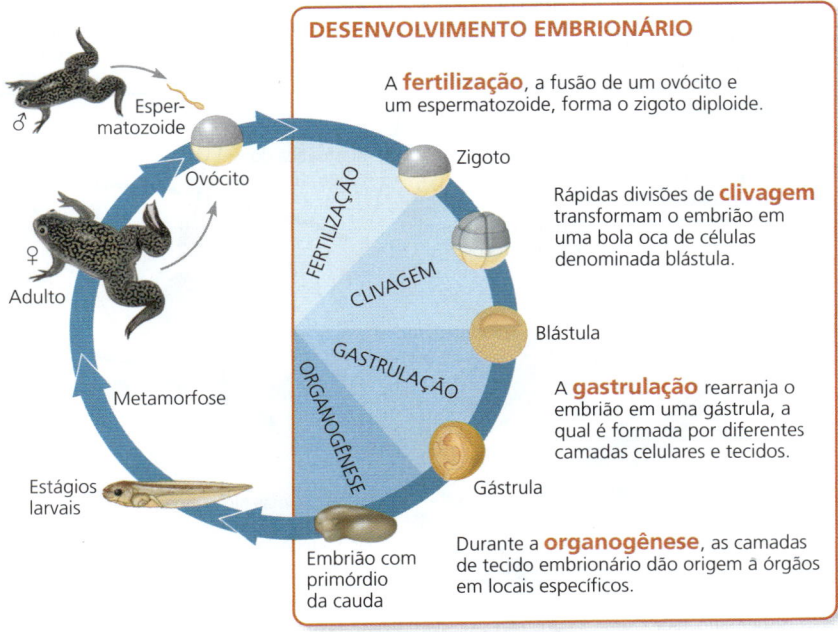

DESENVOLVIMENTO EMBRIONÁRIO

A **fertilização**, a fusão de um ovócito e um espermatozoide, forma o zigoto diploide.

Rápidas divisões de **clivagem** transformam o embrião em uma bola oca de células denominada blástula.

A **gastrulação** rearranja o embrião em uma gástrula, a qual é formada por diferentes camadas celulares e tecidos.

Durante a **organogênese**, as camadas de tecido embrionário dão origem a órgãos em locais específicos.

CONCEITO 47.1

A fertilização e a clivagem iniciam o desenvolvimento embrionário

O desenvolvimento ocorre em múltiplos momentos do ciclo de vida do animal. Em uma rã, por exemplo, a larva (girino) sofre extensas mudanças na anatomia para se tornar um adulto. O desenvolvimento ocorre também em animais adultos, como quando células-tronco nas gônadas produzem espermatozoides e óvulos (gametas). Neste capítulo, porém, é abordado o desenvolvimento durante o estágio embrionário.

Em muitas espécies animais, o desenvolvimento embrionário envolve estágios comuns em uma ordem definida. A primeira é a fertilização (ou fecundação), a fusão do espermatozoide e do óvulo. Em seguida, ocorre a clivagem, uma série de divisões celulares que dividem, ou clivam, o embrião em muitas células. Essas divisões de clivagem, que geralmente são rápidas e não acompanham o crescimento celular, geram uma bola oca de células chamada de blástula. Na gastrulação, essa blástula dobra-se sobre si mesma, rearranjando-se em um embrião com várias camadas, a gástrula. Então, durante a organogênese, mudanças locais na forma celular e alterações em larga escala na localização de células geram os órgãos rudimentares.

Como o desenvolvimento embrionário tem muitas características em comum em todo o reino animal, as lições aprendidas do estudo de um animal podem frequentemente ser aplicadas de maneira ampla. Por essa razão, o estudo do desenvolvimento adapta-se bem à utilização de **organismos-modelo**, espécies escolhidas pela facilidade com que podem ser estudadas. O ouriço-do-mar (filo *Echinodermata*), por exemplo, é útil para estudar os eventos de superfície celular que ocorrem durante a fertilização. Os gametas de ouriços-do-mar são facilmente coletados e a fertilização ocorre externamente ao corpo. Como resultado, os pesquisadores podem observar a fertilização e o desenvolvimento em laboratório simplesmente combinando óvulos e espermatozoides em água do mar.

Neste capítulo, vamos nos concentrar no ouriço-do-mar e em quatro outros organismos-modelo: a mosca-da-fruta, a rã, a galinha e o nematódeo (verme cilíndrico). Também vamos explorar alguns aspectos do desenvolvimento embrionário humano. Vamos começar com os eventos relacionados à **fertilização**, a formação de um zigoto diploide a partir de um óvulo e um espermatozoide haploides.

Fertilização

Quando os ouriços-do-mar liberam seus gametas na água, a cobertura gelatinosa ao redor dos óvulos libera moléculas solúveis que atraem os espermatozoides, que nadam em direção ao óvulo.

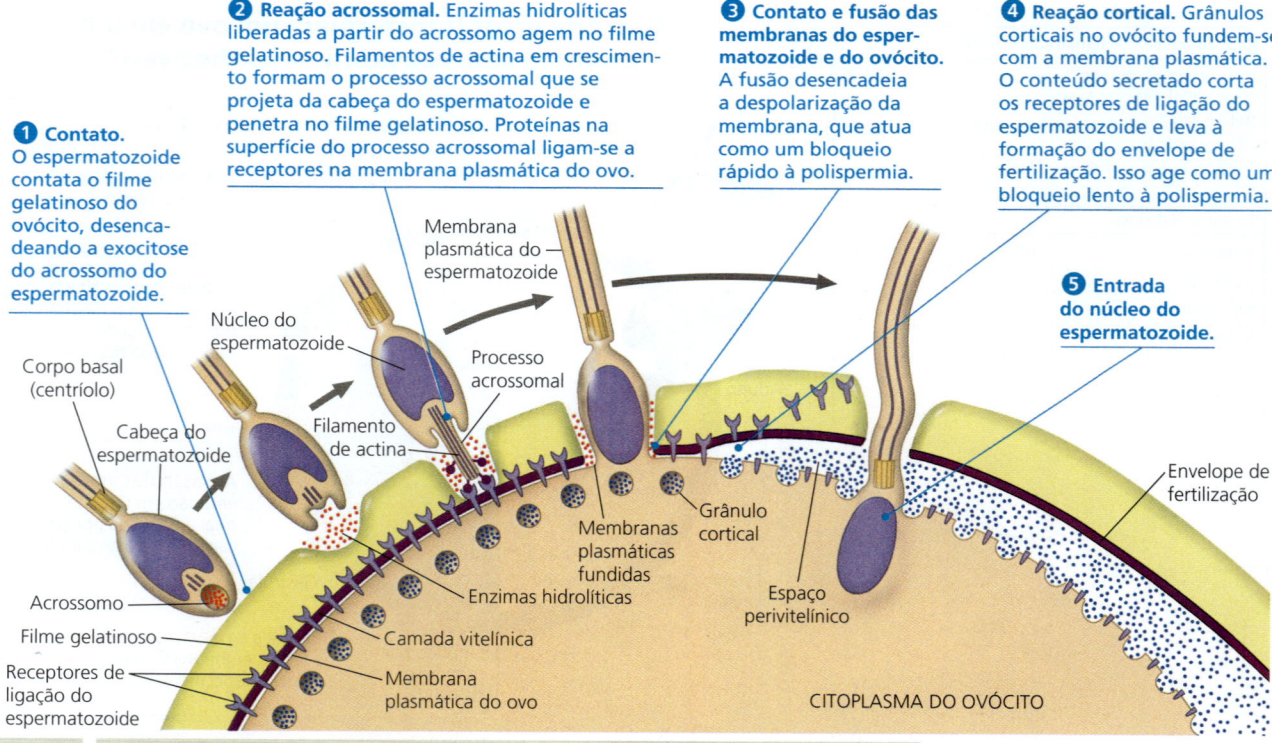

▲ **Figura 47.2** Reações cortical e acrossomal durante a fertilização no ouriço-do-mar.

Reação acrossomal

Como detalhado na **Figura 47.2**, quando a cabeça de um espermatozoide contata a superfície do óvulo, moléculas na cobertura gelatinosa desencadeiam a **reação acrossomal** no espermatozoide. Essa reação inicia com a descarga de enzimas hidrolíticas do **acrossomo**, uma vesícula especializada na ponta do espermatozoide. Essas enzimas digerem parcialmente a cobertura gelatinosa, permitindo que uma estrutura do espermatozoide chamada de *processo acrossomal* se forme, alongue-se e penetre no filme. Moléculas proteicas na ponta do processo acrossomal se ligam a proteínas específicas na membrana plasmática do óvulo. Esse reconhecimento do tipo "chave e fechadura" é especialmente importante para ouriços-do-mar e outras espécies com fertilização externa porque a água na qual espermatozoides e óvulos são liberados pode conter gametas de outras espécies (ver, por exemplo, a Figura 24.3h).

O evento de reconhecimento entre o espermatozoide e o óvulo desencadeia a fusão de suas membranas plasmáticas. O núcleo do espermatozoide entra no citoplasma do óvulo assim que os canais iônicos se abrem na membrana plasmática do óvulo. Íons sódio se difundem para o interior do óvulo e provocam despolarização, um decréscimo na diferença de carga, ou potencial, através da membrana plasmática (ver Conceito 7.4).

Uma vez que a despolarização acontece, outros espermatozoides não conseguem fundir-se com a membrana plasmática do óvulo. Dessa maneira, a despolarização age como uma barreira à **polispermia**, a entrada de vários espermatozoides no óvulo. Se a polispermia ocorresse, o número anormal de cromossomos resultante seria letal para o embrião. Como a despolarização ocorre 1 a 3 segundos após um espermatozoide se ligar a um óvulo, ela atua como um *bloqueio rápido à polispermia*.

Reação cortical

Embora a despolarização da membrana em ouriços-do-mar dure apenas cerca de 1 minuto, existe uma mudança de longa duração que também impede a polispermia. Esse *bloqueio lento à polispermia* é feito por vesículas na parte externa, ou córtex, do citoplasma. Segundos após um espermatozoide se ligar a um óvulo, essas vesículas, chamadas de grânulos corticais, fundem-se com a membrana plasmática do ovo (ver Figura 47.2). Os conteúdos dos grânulos corticais são liberados dentro do espaço entre a membrana plasmática e a camada vitelínica ao redor, uma estrutura formada pela matriz extracelular do ovo. Então, os conteúdos de enzimas e outros grânulos desencadeiam uma *reação cortical*, que levanta a camada vitelínica do ovo e a endurece em um envelope protetor de fertilização.

A formação do envelope de fertilização requer uma alta concentração de íons cálcio (Ca^{2+}) no ovo. Como descrito na **Figura 47.3**, os pesquisadores queriam saber se uma mudança na concentração de Ca^{2+} desencadearia a reação

▼ Figura 47.3 Pesquisa

A distribuição de Ca^{2+} no ovo está correlacionada com a formação do envelope de fertilização?

Experimento Pesquisadores misturaram ovócitos e espermatozoides de ouriços-do-mar, esperaram 10 a 60 segundos e, então, adicionaram um fixador químico, paralisando as estruturas celulares. Quando fotomicrografias de cada amostra são ordenadas de acordo com o tempo de fixação, elas mostram os estágios na formação de uma membrana de fertilização para um único ovo.

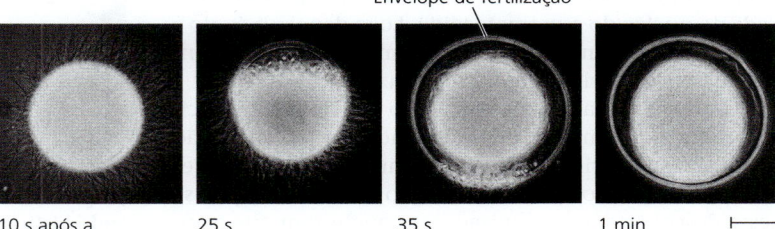

10 s após a fertilização | 25 s | 35 s | 1 min | 500 μm

A sinalização de íons cálcio (Ca^{2+}) controla a fusão de vesículas com a membrana plasmática durante a liberação do neurotransmissor, a secreção de insulina e a formação do tubo polínico vegetal. Os pesquisadores levantaram a hipótese de que a sinalização por Ca^{2+} exerce um papel similar na formação do envelope de fertilização. Para testar essa hipótese, eles rastrearam a liberação de Ca^{2+} livre nos ovos de ouriço-do-mar depois da ligação ao espermatozoide. Um corante fluorescente que brilha quando ligado a Ca^{2+} livre foi injetado em óvulos de ouriços-do-mar não fertilizados. Então, os cientistas adicionaram espermatozoides de ouriço-do-mar e utilizaram fluorescência para produzir os resultados mostrados aqui.

Resultados Uma elevação na concentração de Ca^{2+} no citosol iniciou perto de onde o espermatozoide havia entrado e espalhou-se em uma onda. Logo após a onda ter passado, o envelope de fertilização surgiu da superfície do ovo.

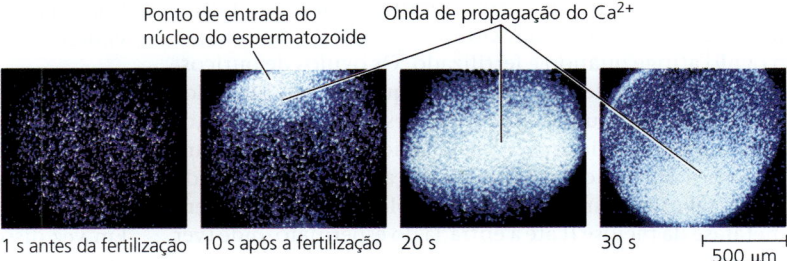

1 s antes da fertilização | 10 s após a fertilização | 20 s | 30 s | 500 μm

Conclusão A liberação de Ca^{2+} está correlacionada com a formação do envelope de fertilização, apoiando a hipótese dos pesquisadores de que um aumento no nível de Ca^{2+} desencadeia a fusão de grânulos corticais.

Dados de R. Steinhardt et al., Intracellular calcium release at fertilization in the sea urchin egg, *Developmental Biology* 58:185-197 (1977); M. Hafner et al., Wave of free calcium at fertilization in the sea urchin egg visualized with Fura-2, *Cell Motility and the Cytoskeleton* 9:271-277 (1988).

E SE? *Suponha que uma determinada molécula pudesse entrar no ovócito e ligar-se ao Ca^{2+}, bloqueando sua função. Como você usaria essa molécula para depois testar a hipótese de que uma elevação no nível de Ca^{2+} desencadeia a fusão dos grânulos corticais?*

cortical. Usando um corante sensível ao cálcio, eles descobriram como o Ca^{2+} é distribuído no óvulo antes e durante a fertilização. Eles descobriram que o Ca^{2+} se espalhava pelo óvulo em uma onda correlacionada ao aparecimento do envelope de fertilização.

Estudos posteriores demonstraram que a ligação do espermatozoide ao óvulo aciona a via de transdução de sinal que desencadeia a liberação de Ca^{2+} no citosol a partir do retículo endoplasmático. A elevação resultante dos níveis de Ca^{2+} leva os grânulos corticais a se fundirem com a membrana plasmática. Uma reação cortical desencadeada pelo Ca^{2+} também ocorre em vertebrados como os peixes e os mamíferos.

Ativação do ovo

A fertilização inicia e acelera as reações metabólicas que provocam o início do desenvolvimento embrionário, "ativando" o ovo. Por exemplo, a respiração celular e a síntese de proteínas no óvulo aceleram acentuadamente após a entrada do núcleo do espermatozoide. Logo depois, o óvulo e o núcleo do espermatozoide se fundem totalmente, e a síntese de DNA e a divisão celular começa.

O que desencadeia a ativação do ovo? A pista principal veio de experimentos demonstrando que os óvulos não fertilizados de ouriços-do-mar e de muitas outras espécies podem ser ativados por uma injeção de Ca^{2+}. Com base nessa descoberta, os pesquisadores concluíram que o aumento na concentração de Ca^{2+} que causa a reação cortical leva à ativação do ovo. Experimentos seguintes revelaram que uma ativação artificial é possível mesmo que o núcleo já tenha sido removido do ovo. Esses achados depois indicaram que as proteínas e o mRNA necessários para a ativação já estão presentes no citoplasma dos óvulos não fertilizados.

Cerca de 20 minutos após o núcleo do espermatozoide entrar no óvulo de ouriço-do-mar, ocorre a fusão dos núcleos do espermatozoide e do óvulo. Então, a síntese de DNA é iniciada. A primeira divisão celular, que ocorre depois de cerca de 90 minutos, marca o fim do estágio da fertilização.

A fertilização em outras espécies compartilha muitas características com o processo nos ouriços-do-mar. Entretanto, existem diferenças, como o estágio da meiose que o óvulo atinge quando é fertilizado. Os óvulos de ouriços-do-mar já completaram a meiose quando são liberados pela fêmea. Em muitas outras espécies, os óvulos são mantidos em um estágio específico da meiose e não completam as divisões meióticas até que a cabeça do espermatozoide entre. Óvulos humanos, por exemplo, são mantidos em metáfase da meiose II até a entrada do espermatozoide (ver Figura 46.11).

Fertilização em mamíferos

Ao contrário dos ouriços-do-mar e da maioria dos outros invertebrados marinhos, os animais terrestres, incluindo mamíferos, fertilizam os óvulos internamente. As células de suporte dos folículos em desenvolvimento ficam ao redor do óvulo dos mamíferos antes e depois da fertilização.

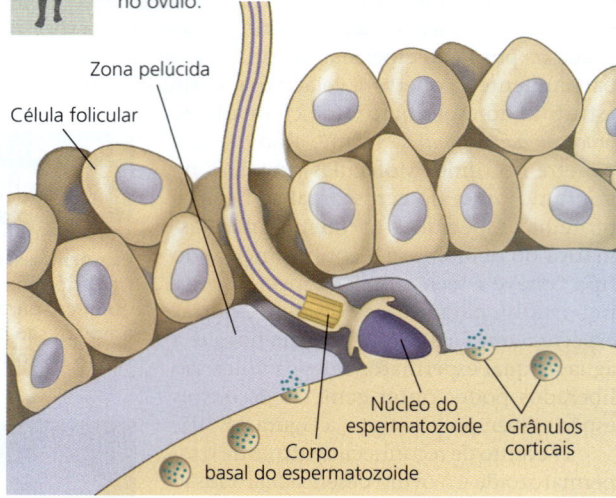

▼ **Figura 47.4** **Fertilização em mamíferos.** O espermatozoide mostrado aqui viajou pelas células foliculares e pela zona pelúcida e fundiu-se com o óvulo. A reação cortical começou, iniciando eventos que asseguram que apenas um núcleo de espermatozoide entre no óvulo.

Zona pelúcida
Célula folicular
Núcleo do espermatozoide
Corpo basal do espermatozoide
Grânulos corticais

Como mostrado na **Figura 47.4**, o espermatozoide deve viajar por essa camada de células foliculares até atingir a **zona pelúcida**, a matriz extracelular do óvulo. Assim, a ligação do espermatozoide ao seu receptor induz uma reação acrossomal, facilitando a sua entrada.

Como em ouriços-do-mar, a ligação do espermatozoide desencadeia uma reação cortical, a liberação de enzimas dos grânulos corticais para fora da célula. Essas enzimas catalisam mudanças na zona pelúcida, que então funciona como o bloqueio lento à polispermia. (Nenhum bloqueio rápido à polispermia é conhecido em mamíferos.)

Em geral, o processo de fertilização é muito mais lento nos mamíferos do que nos ouriços-do-mar: a primeira divisão celular ocorre dentro de 12 a 36 horas após a ligação do espermatozoide nos mamíferos, comparado com cerca de 1,5 hora nos ouriços-do-mar. Essa divisão celular marca o final da fertilização e o início da próxima etapa do desenvolvimento, a clivagem.

Clivagem

O único núcleo em um óvulo recém-fertilizado tem muito pouco DNA para produzir a quantidade de mRNA requerida para suprir as necessidades da célula por novas proteínas. Em vez disso, o desenvolvimento inicial é conduzido por mRNA e proteínas depositados no óvulo durante a oogênese. Contudo, ainda há a necessidade de restabelecer um equilíbrio entre o tamanho da célula e seu conteúdo de DNA. O processo que responde a esse desafio é a **clivagem**, uma série de rápidas divisões celulares durante o início do desenvolvimento **(Figura 47.5)**.

Durante a clivagem, o ciclo celular consiste principalmente nas fases S (síntese de DNA) e M (mitose) (ver Figura

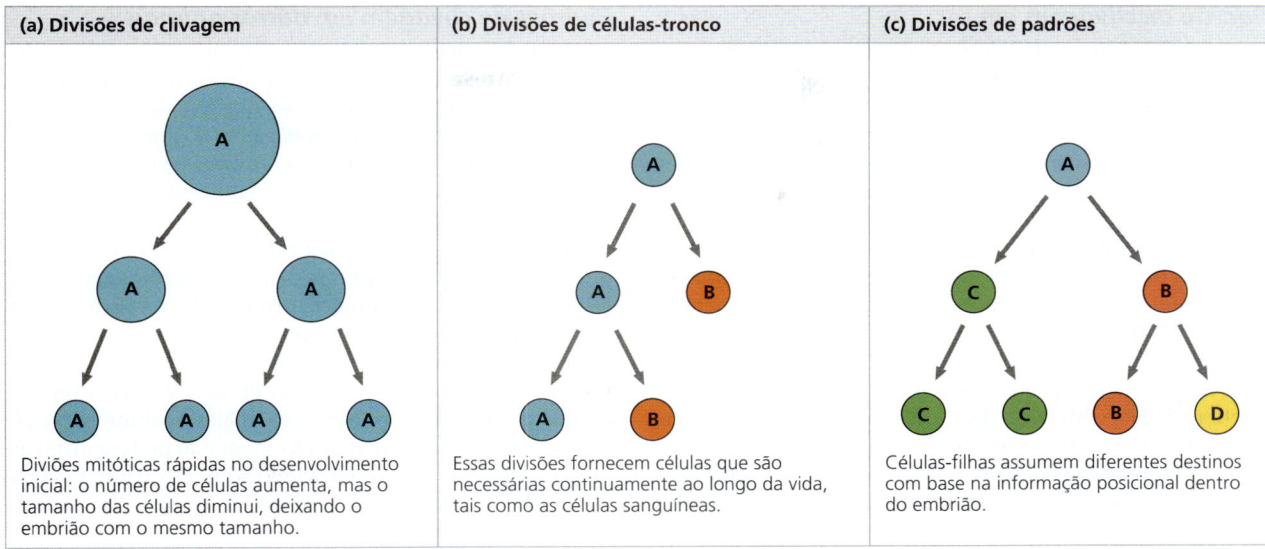

▲ **Figura 47.5 Variação na divisão celular mitótica no desenvolvimento embrionário.** Círculos representam células embrionárias, com letras e cores indicando diferentes tipos celulares (destinos).

12.6 para uma revisão do ciclo celular). As fases G_1 e G_2 (primeiro e segundo intervalos, ou interfases) são essencialmente puladas, e não há aumento de massa. Em vez disso, a clivagem divide o citoplasma do grande óvulo fertilizado em muitas células menores chamadas **blastômeros**. Como cada blastômero é muito menor do que o ovo inteiro, seu núcleo pode produzir RNA suficiente para programar o desenvolvimento seguinte.

As primeiras 5 a 7 clivagens produzem uma bola oca de células, a **blástula**, envolvendo uma cavidade preenchida por líquido chamada **blastocele**. Em algumas espécies, incluindo ouriços-do-mar e outros equinodermos, o padrão de divisão é uniforme em todo o embrião **(Figura 47.6)**. Em outras, incluindo as rãs, o padrão é assimétrico, com regiões do embrião diferindo tanto no número quanto no tamanho das novas células formadas.

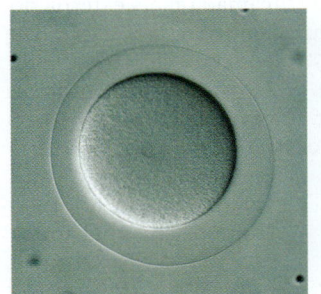
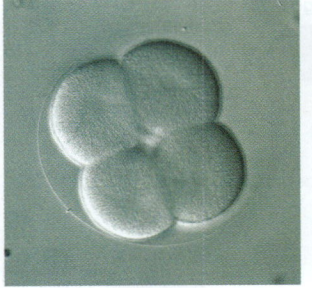
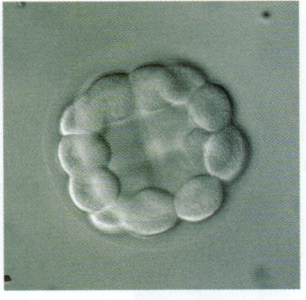
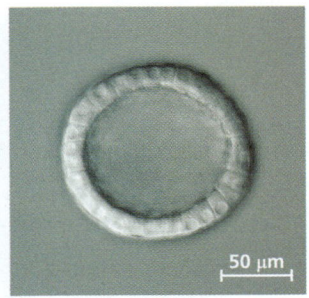

(a) Ovo fertilizado. Este é o zigoto pouco antes da primeira divisão de clivagem, circundado pelo envelope de fertilização.

(b) Estágio de 4 células. Remanescentes do fuso mitótico podem ser vistos entre os dois pares de células que acabaram de completar a segunda divisão de clivagem.

(c) Blástula inicial. Após muitas divisões de clivagem, o embrião é uma bola multicelular. A blastocele começou a formar-se no centro.

(d) Blástula tardia. Uma única camada de células circunda a grande blastocele. Ocorre a morfogênese, e depois disso o embrião eclode do envelope de fertilização e começa a nadar.

 ▲ **Figura 47.6 Clivagem em um embrião de equinodermo.** A clivagem é uma série de divisões celulares mitóticas que transformam o ovo em blástula, uma bola oca composta por células chamadas blastômeros. Estas micrografias ópticas mostram os estágios de clivagem de um embrião de bolachas-do-mar, que são praticamente idênticos aos de ouriços-do-mar. As imagens são de cima do embrião, como plano focal e, consequentemente, as células que estão visíveis, no equador.

HABILIDADES VISUAIS Se o embrião em (c) ou (d) fosse fotografado em um plano focal a meia distância entre o equador e um dos polos, quais características visíveis mudariam?

Padrão de clivagem em rãs

Nos ovos de rãs (e muitos outros animais), nutrientes armazenados chamados **vitelo** estão concentrados em um dos polos, o **polo vegetal**, e distantes do polo oposto, o **polo animal**. A distribuição assimétrica de vitelo não somente dá às duas metades do ovo – os hemisférios animal e vegetal – cores diferentes, como também influencia o padrão das divisões da clivagem, por razões que exploraremos em seguida.

Quando uma célula animal se divide, uma indentação chamada de *sulco de clivagem* forma-se na superfície da célula à medida que a citocinese divide a célula pela metade **(Figura 47.7)**. No embrião de rã, os dois primeiros sulcos de clivagem formam-se paralelamente à linha (ou meridiano) conectando os dois polos. Durante essas divisões, o denso vitelo retarda a conclusão da citocinese. Por isso, o primeiro sulco de clivagem ainda está dividindo o citoplasma do vitelo no hemisfério vegetal quando a segunda divisão celular inicia. Por fim, quatro blastômeros de igual tamanho estendem-se do polo animal ao polo vegetal.

Durante a terceira divisão, o vitelo começa a afetar o tamanho relativo das células produzidas nos dois hemisférios. Essa divisão é equatorial (perpendicular à linha conectando os polos) e produz um embrião de oito células. Entretanto, à medida que cada um dos quatro blastômeros inicia sua divisão, o vitelo perto do polo vegetal desloca o aparato mitótico e o sulco de clivagem do equador do ovo para o polo animal. O resultado é um blastômero menor no hemisfério animal do que no vegetal. Esse efeito de deslocamento do vitelo persiste nas divisões seguintes, levando a blastocele a formar-se inteiramente no hemisfério animal (ver Figura 47.7).

Padrões de clivagem em outros animais

Apesar de o vitelo afetar onde a divisão ocorre no ovo das rãs e de outros anfíbios, o sulco de clivagem ainda passa inteiramente pelo ovo. Então, diz-se que a clivagem no desenvolvimento dos anfíbios é *holoblástica* (do grego *holos*, completo). A clivagem holoblástica também é vista em muitos outros grupos animais, incluindo equinodermos, mamíferos e anelídeos. Nos animais em que os ovos contêm relativamente pouco vitelo, a blastocele forma-se centralmente e os blastômeros são, muitas vezes, de tamanhos semelhantes, em especial nas primeiras divisões de clivagem (ver Figura 47.6). Esse é o caso dos seres humanos.

O vitelo é mais abundante e tem seu efeito mais pronunciado na clivagem dos ovos de aves e outros répteis, muitos peixes e insetos. Nesses animais, o volume de vitelo é tão grande que os sulcos de clivagem não podem ultrapassá-lo, e apenas a região sem vitelo sofre clivagem. Essa clivagem incompleta de um ovo rico em vitelo é chamada de *meroblástica* (do grego *meros*, parcial).

Para galinhas e outras aves, a parte do ovo que comumente chamamos de gema (ou vitelo) é, na verdade, a célula ovo inteira. As divisões celulares são limitadas a uma pequena área esbranquiçada no polo animal. Essas divisões produzem uma cápsula de células que se distribui nas camadas superiores e inferiores. A cavidade entre essas duas camadas é a versão da blastocele nas aves.

Em *Drosophila* e na maioria dos outros insetos, o vitelo é encontrado em todo o ovo. No início do desenvolvimento, rodadas múltiplas de mitose ocorrem sem citocinese. Em outras palavras, nenhuma membrana celular forma-se ao redor do núcleo jovem. As primeiras centenas de núcleos espalham-se pelo vitelo e, mais tarde, migram para a camada mais externa do embrião. Após diversas rodadas adicionais de mitose, uma membrana plasmática forma-se ao redor de cada núcleo, e o embrião, agora o equivalente a uma blástula, consiste em uma única camada de cerca de 6 mil células circundando uma massa de vitelo (ver Figura 18.22). Visto que o número de divisões de clivagem varia entre os animais, qual mecanismo determina o final do estágio de clivagem? O **Exercício de habilidades científicas** explora um dos estudos mais importantes que tratam dessa questão.

▼ **Figura 47.7** **Clivagem em um embrião de rã.** Os planos de clivagem na primeira e na segunda divisão estendem-se do polo animal ao polo vegetal, mas a terceira clivagem é perpendicular ao eixo polar. Em algumas espécies, a primeira divisão bifurca o crescente cinza, uma região mais clara que aparece em posição oposta ao local de entrada do espermatozoide.

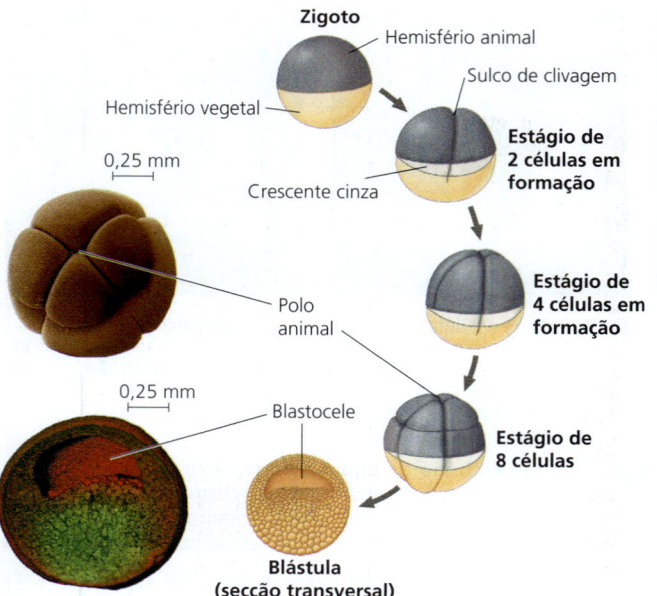

Estágio de 8 células (visão do polo animal). O grande montante de vitelo desloca a terceira clivagem em direção ao polo animal, formando duas camadas de células. As quatro células próximas ao polo animal (aproximado, nesta visão) são menores que as outras quatro células (MEV colorida).

Blástula (no mínimo 128 células). Assim que a clivagem continua, uma cavidade preenchida por fluido, a blastocele, forma-se dentro do embrião. Devido a uma divisão desigual, a blastocele fica localizada no hemisfério animal. Tanto o desenho quanto as micrografias (originadas de imagens de fluorescência) mostram secções transversais da blástula com cerca de 4 mil células.

Exercício de habilidades científicas

Interpretação de uma mudança na inclinação

O que determina o fim da clivagem em um embrião de rã?
Para um embrião de rã no estágio de clivagem, o ciclo celular consiste principalmente nas fases S (síntese de DNA) e M (mitose). Entretanto, após a 12ª divisão celular, as fases G_1 e G_2 aparecem e as células crescem, produzindo proteínas e organelas citoplasmáticas. O que desencadeia essa mudança?

Como os experimentos foram realizados Pesquisadores testaram a hipótese de que um mecanismo de contagem das divisões celulares determina quando a clivagem termina. Eles deixaram embriões de rãs absorverem nucleosídeos marcados radioativamente, sendo timidina (para medir a síntese de DNA) ou uridina (para medir a síntese de RNA). Então, eles repetiram os experimentos na presença de citocalasina B, uma substância química que impede a divisão celular pelo bloqueio da formação do sulco de clivagem e da citocinese.

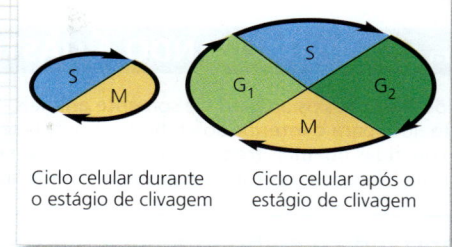

Ciclo celular durante o estágio de clivagem Ciclo celular após o estágio de clivagem

Dados dos experimentos

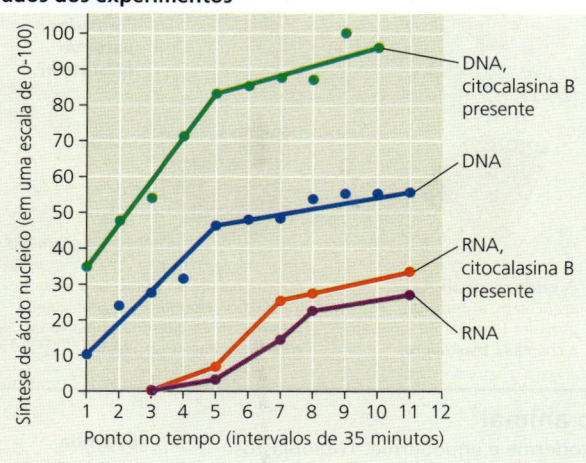

INTERPRETE OS DADOS

1. Como o uso de determinados nucleosídeos marcados permite a medição independente da síntese de DNA e de RNA?
2. Descreva as mudanças na síntese que ocorrem ao final da clivagem (o ponto de tempo 5 corresponde à 12ª divisão celular).
3. Comparando a taxa de síntese de DNA com e sem a citocalasina B, os pesquisadores levantaram a hipótese de que a toxina aumenta a difusão de timidina para os embriões. Explique a sua lógica.
4. Os dados corroboram a hipótese de que o momento do término da clivagem depende da contagem de divisões celulares? Explique.
5. Em um experimento separado, os pesquisadores interromperam o bloqueio à polispermia, gerando embriões com 7 a 10 núcleos espermáticos. Ao final da clivagem, esses embriões tinham a mesma proporção citoplasma-núcleo que os embriões selvagens, mas a clivagem parou na 10ª divisão celular em vez de na 12ª divisão celular. O que esses resultados indicam sobre o momento do final da clivagem?

Dados de J. Newport e M. Kirschner, A major developmental transition in early *Xenopus* embryos: I. Characterization and timing of cellular changes at the midblastula stage, *Cell* 30:675-686 (1982).

REVISÃO DO CONCEITO 47.1

1. Como o envelope de fertilização é formado nos ouriços-do-mar? Qual é sua função?
2. **E SE?** O que aconteceria se Ca^{2+} fosse injetado dentro de um oócito não fertilizado de ouriço-do-mar?
3. **FAÇA CONEXÕES** Reveja a Figura 12.16 sobre controle do ciclo celular. Você esperaria que a atividade do MPF (fator promotor de maturação) permanecesse estável durante a clivagem? Explique.

Ver as respostas sugeridas no Apêndice A.

CONCEITO 47.2

A morfogênese nos animais envolve mudanças específicas no formato, na posição e na sobrevivência celular

Os processos celulares e baseados em tecidos que são chamados de **morfogênese** pelos quais o corpo animal toma forma, ocorrem nos últimos dois estágios do desenvolvimento embrionário. Durante a **gastrulação**, um conjunto de células próximo ou na superfície da blástula move-se para uma localização interior, camadas celulares são estabelecidas, e um tubo digestório primitivo é formado. Transformações posteriores ocorrem durante a **organogênese**, a formação dos órgãos. Discutiremos esses dois estágios, um de cada vez.

Gastrulação

A gastrulação é uma drástica reorganização da blástula oca em um embrião de 2 ou 3 camadas chamado de **gástrula**. As células se movem durante a gastrulação, assumindo novas posições e geralmente adquirindo novos "vizinhos". A **Figura 47.8** ajudará você a visualizar essas mudanças tridimensionais complexas. As camadas celulares produzidas são coletivamente chamadas **folhetos germinativos** embrionários (do latim *germen*, brotar ou germinar). Na gástrula madura, a **ectoderme** forma a camada externa, e a **endoderme** forma o revestimento do trato digestório. Em alguns animais radialmente simétricos, somente essas duas camadas germinativas formam-se durante a gastrulação. Esses animais são chamados diploblásticos. Em contrapartida, vertebrados e outros

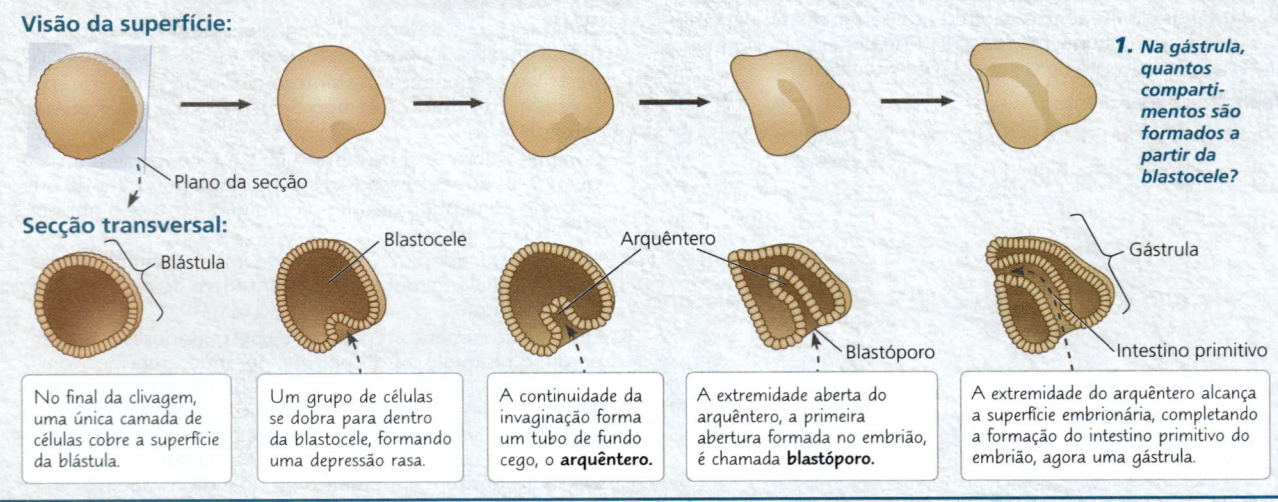

▼ Figura 47.8 VISUALIZANDO A GASTRULAÇÃO

animais bilateralmente simétricos são triploblásticos: nesses animais, uma terceira camada germinativa, a **mesoderme**, forma-se entre a ectoderme e a endoderme.

Gastrulação em rãs

Cada camada germinativa embrionária contribui para um conjunto diferente de estruturas no animal adulto, como mostrado na **Figura 47.9**. A organização embrionária das camadas germinativas é geralmente refletida no adulto: a ectoderme forma o sistema nervoso e a camada externa do corpo, a mesoderme dá origem aos músculos e ao esqueleto, e a endoderme reveste vários órgãos e ductos. Porém, há várias exceções.

A **Figura 47.10** detalha a gastrulação em uma rã. A blástula de rãs e de outros triploblastos tem um lado dorsal (superior) e um lado ventral (inferior), um lado esquerdo e um

ECTODERME (camada externa)	MESODERME (camada do meio)	ENDODERME (camada interna)
• A epiderme da pele e seus derivados (incluindo as glândulas sudoríparas e folículos capilares) • Sistemas nervoso e sensorial • Hipófise, medula adrenal • Maxilas e dentes	• Sistemas esquelético e muscular • Sistemas circulatório e linfático • Sistemas excretor e reprodutor (exceto células germinativas) • Derme da pele • Córtex adrenal	• Revestimento epitelialdo trato digestório e órgãos associados • Revestimento epitelial dos tratos e ductos respiratório, excretor e reprodutor • Timo, tireoide e paratireoides

▲ **Figura 47.9** Principais derivados das três camadas germinativas embrionárias em vertebrados.

① A gastrulação inicia-se quando as células no lado dorsal invaginam para formar um vinco recuado, o blastóporo. A parte acima do vinco é chamada **lábio dorsal**. Enquanto o blastóporo está se formando, uma camada de células começa a espalhar-se para fora do hemisfério animal, involucra-se sob o lábio dorsal (involução) e move-se para o interior (identificado pela seta tracejada). No interior, essas células formarão a endoderme e a mesoderme, com a camada endodérmica por dentro. Entretanto, as células no polo animal mudam o formato e começam a distribuir-se pela superfície externa.

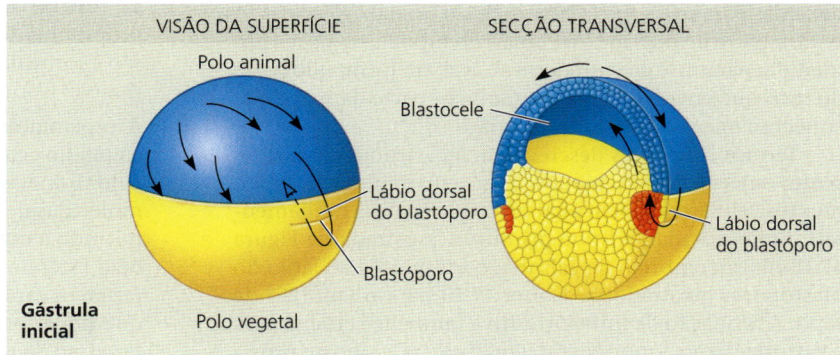

② O blastóporo estende-se por ambos os lados do embrião à medida que mais células se invaginam. Quando as extremidades se encontram, o blastóporo forma um círculo que se torna menor à medida que a ectoderme se estende para baixo sobre a superfície. Internamente, a involução continua e expande a endoderme e a mesoderme; o arquêntero é formado e cresce enquanto a blastocele se encolhe e, por fim, desaparece.

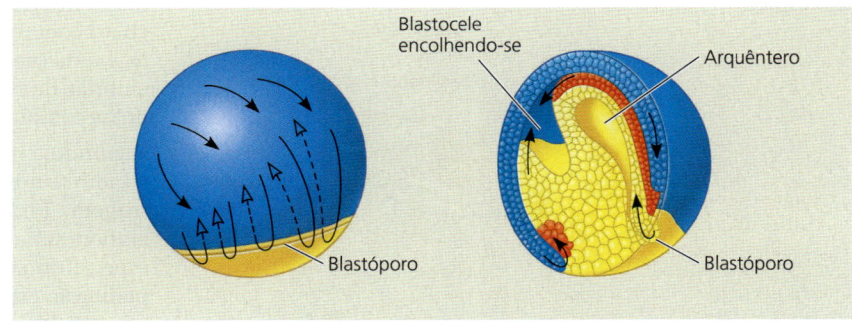

③ Posteriormente na gastrulação, as células remanescentes na superfície transformam-se na ectoderme. A endoderme é a camada mais interna, e a mesoderme está entre a ectoderme e a endoderme. O blastóporo circular fica ao redor do plugue de células preenchido por vitelo.

Legenda
■ Futura ectoderme
■ Futura mesoderme
■ Futura endoderme

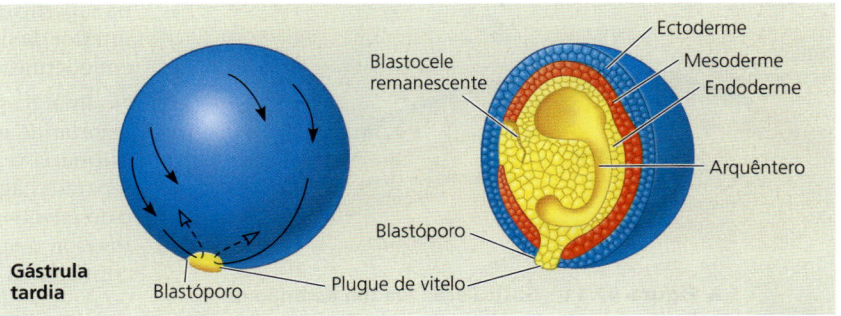

▲ **Figura 47.10 Gastrulação em um embrião de rã.** Na blástula da rã, a blastocele é deslocada em direção ao polo animal e é circundada por uma parede com espessura de várias células.

lado direito, e uma extremidade anterior (frontal) e uma extremidade posterior. Os movimentos celulares que iniciam a gastrulação ocorrem no lado dorsal, oposto ao lado onde o espermatozoide entrou no óvulo. O ânus da rã desenvolve-se a partir do blastóporo, e, por fim, a boca irrompe na extremidade oposta do arquêntero.

Gastrulação em galinhas

No início da gastrulação em galinhas, uma camada superior e uma camada inferior de células – o *epiblasto* e o *hipoblasto* – estão estendidos sobre uma massa de vitelo. Todas as células que formarão o embrião se originam do epiblasto. Durante a gastrulação, algumas células do epiblasto movem-se em direção à linha média, separam-se e movem-se para dentro em direção ao vitelo **(Figura 47.11)**. O acúmulo de células movendo-se para o interior na linha média produz um espessamento visível chamado de *linha primitiva*. Algumas dessas células se movem para baixo e formam a endoderme, deslocando células do hipoblasto, ao passo que outras migram lateralmente e formam a mesoderme. As células deixadas para trás sobre a superfície ao final da gastrulação se tornarão a ectoderme. As células do hipoblasto posteriormente separam-se da endoderme e acabam formando parte do saco que envolve o vitelo e também parte da haste que conecta a massa de vitelo ao embrião.

Termos diferentes descreverem a gastrulação em diferentes espécies de vertebrados, mas os rearranjos e os movimentos celulares exibem algumas semelhanças fundamentais. Em particular, a linha primitiva, mostrada na Figura 47.11 em um embrião de galinha, corresponde ao lábio do blastóporo, mostrado na Figura 47.10 para o embrião de sapo. A formação da linha primitiva também é crucial para a gastrulação em embriões de seres humanos – nosso próximo tópico.

Gastrulação em humanos

Diferentemente dos ovos grandes e com vitelo de muitos vertebrados, os óvulos de seres humanos são particularmente pequenos, armazenando poucas reservas de alimento. A fertilização ocorre no oviduto (tuba uterina), e o desenvolvimento inicia enquanto o embrião completa sua jornada percorrendo o oviduto até o útero (ver Figura 46.15).

A **Figura 47.12** delineia o desenvolvimento do embrião humano, começando por volta de 6 dias após a fertilização. Essa representação baseia-se principalmente em observações de embriões de outros mamíferos, como o camundongo, e de embriões humanos muito jovens depois de sua fertilização *in vitro*.

❶ No final da clivagem, o embrião tem mais de 100 células organizadas ao redor de uma cavidade central e já chegou ao útero. Nesse estágio, o embrião é chamado de **blastocisto**, a versão de uma blástula dos mamíferos. Concentrado em uma extremidade da cavidade do blastocisto, está um grupo de células chamado de **massa celular interna**, que se desenvolverá no embrião propriamente dito. As células da massa celular interna são a fonte das linhagens de células-tronco embrionárias (ver Conceito 20.3).

❷ A implantação do embrião é iniciada pelo **trofoblasto**, o epitélio externo do blastocisto. As enzimas secretadas pelo trofoblasto durante a implantação decompõem as moléculas do endométrio, revestimento do útero, permitindo a invasão pelo blastocisto. O trofoblasto também estende projeções semelhantes a dedos, as quais fazem os capilares no endométrio extravasarem sangue que pode ser capturado pelos tecidos do trofoblasto. Próximo do momento em que o embrião se implanta, a massa interna de células do blastocisto forma um disco chato com uma camada interna de células, o *hipoblasto*, e uma camada externa, o *epiblasto*. Como ocorre no embrião de aves, o embrião dos humanos desenvolve-se quase completamente a partir das células do epiblasto.

❸ Seguindo a implantação, o trofoblasto continua a expandir-se no endométrio, e quatro novas membranas surgem. Essas **membranas extraembrionárias**, embora surjam a partir do embrião, anexam estruturas especializadas localizadas fora dele. Assim que a implantação está completa, a gastrulação se inicia. Algumas células epiblásticas permanecem como ectoderme na superfície, enquanto outras se movem em direção ao interior da linha primitiva e formam a mesoderme e a endoderme, como ocorre na galinha (ver Figura 47.11).

❹ No final da gastrulação, as camadas germinativas embrionárias estão formadas. A mesoderme extraembrionária e as quatro membranas extraembrionárias separadas agora circundam o embrião. À medida que o desenvolvimento prossegue, as células do trofoblasto invasor, o epiblasto e o tecido adjacente endometrial contribuem para a formação da placenta. Esse órgão vital controla as trocas de nutrientes, gases e resíduos nitrogenados entre o embrião em desenvolvimento e a mãe (ver Figura 46.16).

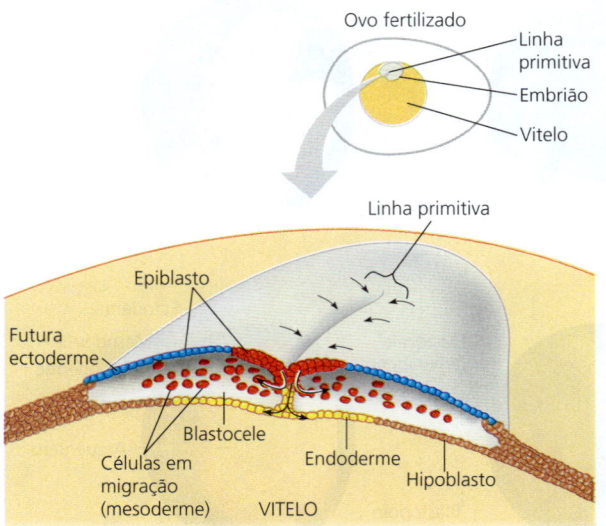

 ▲ **Figura 47.11 Gastrulação em um embrião de galinha.** Esta é uma secção transversal de um embrião em gastrulação, olhando-se para a extremidade anterior.

Adaptações do desenvolvimento de amniotas

EVOLUÇÃO Durante o desenvolvimento embrionário, mamíferos e répteis (incluindo aves) formam quatro membranas extraembrionárias: córion, alantoide, âmnio e saco vitelínico **(Figura 47.13)**. Em todos esses grupos, essas membranas fornecem um sistema que mantém a vida para o desenvolvimento posterior. Por que essa adaptação surgiu na história evolutiva dos répteis e dos mamíferos, mas não em outros vertebrados, como peixes e anfíbios? Podemos formular uma hipótese razoável considerando alguns fatos básicos sobre o desenvolvimento embrionário. Todos os embriões de vertebrados necessitam de um ambiente aquático para o seu desenvolvimento. Os embriões de peixes e de anfíbios normalmente desenvolvem-se no mar ou lagoa circundantes e não necessitam de um microambiente especializado preenchido com água. Entretanto, a extensa colonização terrestre pelos vertebrados só foi possível após a evolução de estruturas especializadas que permitiram a reprodução em ambientes secos. Duas dessas estruturas existem hoje: (1) os ovos com casca das aves e de outros répteis, bem como de alguns mamíferos (os monotremados), e (2) o útero dos mamíferos marsupiais e eutérios. Dentro da casca ou do útero, o embrião desses animais é envolto por líquido dentro de um saco formado por uma das membranas extraembrionárias, o âmnio. Desse modo, os mamíferos e os répteis, incluindo as aves, são chamados de **amniotas** (ver Conceito 34.5).

Em sua maioria, as membranas extraembrionárias têm funções similares em mamíferos e répteis, o que é coerente com uma origem evolutiva em comum (ver Figura 34.25). O córion é o local de trocas gasosas, e o líquido dentro do

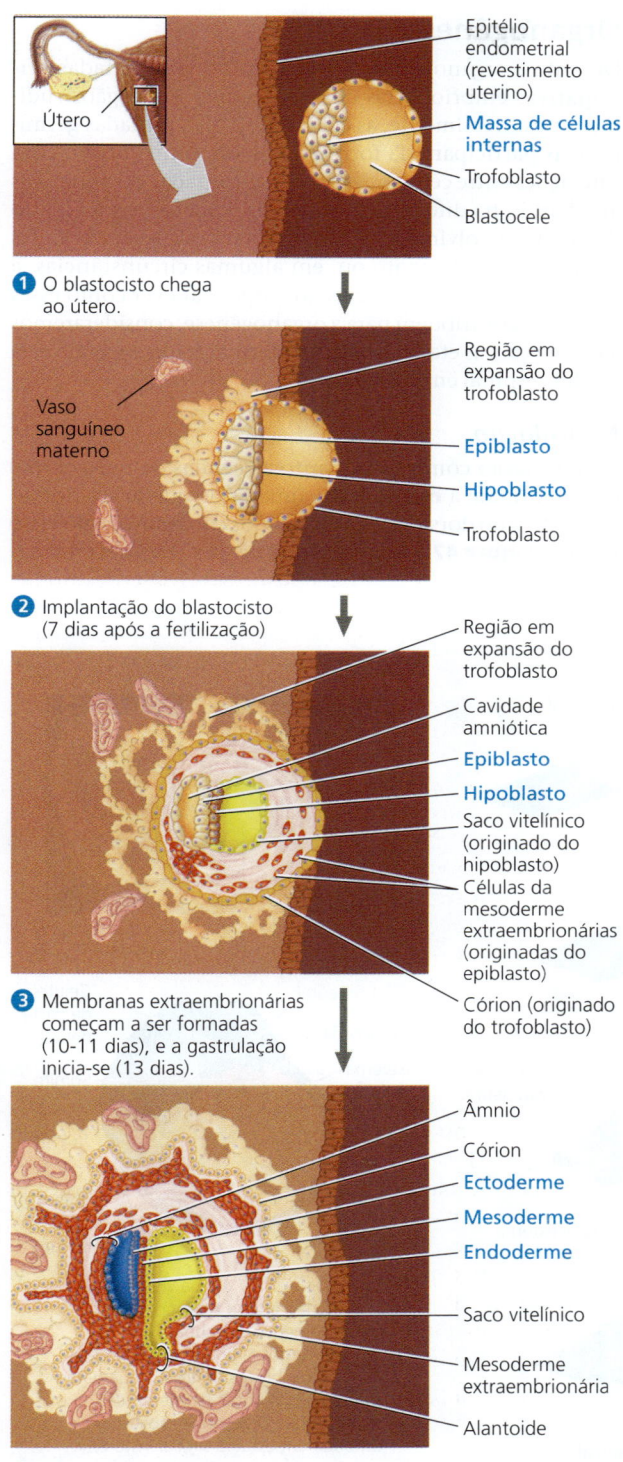

▲ **Figura 47.12 Quatro estágios no desenvolvimento embrionário inicial de um humano.** Os nomes dos tecidos que se desenvolvem no embrião propriamente dito estão indicados em azul.

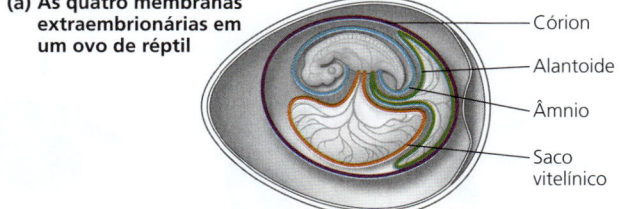

(a) As quatro membranas extraembrionárias em um ovo de réptil

(b) Um filhote de serpente corredora-de-cauda-vermelha (*Gonyosoma oxycephala*) eclodindo de seu ovo protetor

▲ **Figura 47.13** Ovo com casca de répteis.

âmnio protege fisicamente o embrião em desenvolvimento. (Esse líquido amniótico é liberado pela vagina quando a bolsa da mulher grávida se rompe antes do parto.) O alantoide, que descarta os resíduos nos ovos dos répteis, é incorporado no cordão umbilical nos mamíferos. Lá, ele forma vasos sanguíneos que transportam oxigênio e nutrientes da placenta para o embrião e remove dióxido de carbono e resíduos nitrogenados do embrião. A quarta membrana extraembrionária, o saco vitelínico, engloba o vitelo dentro do ovo dos répteis. Nos mamíferos, esse é o local de formação inicial dos vasos sanguíneos, que mais tarde migram para o embrião propriamente dito. Assim, as membranas extraembrionárias comuns aos répteis e aos mamíferos exibem adaptações específicas ao desenvolvimento dentro do ovo com casca ou do útero.

Depois que a gastrulação está completa e todas as membranas extraembrionárias estão formadas, o próximo estágio do desenvolvimento embrionário começa: a organogênese – formação dos órgãos.

Organogênese

Durante a organogênese, as regiões das três camadas germinativas embrionárias desenvolvem-se em órgãos rudimentares. Geralmente, as células de 2 ou 3 camadas germinativas participam da formação de um único órgão, com interações entre células de diferentes camadas germinativas auxiliando na diferenciação celular. Por sua vez, a adoção de um desenvolvimento em particular pode levar as células a mudarem de formato ou, em algumas circunstâncias, a migrarem para outros locais do corpo. Para ver como esses processos contribuem para a organogênese, consideraremos a *neurulação*, as etapas iniciais na formação do encéfalo e da medula espinal em vertebrados.

Neurulação

A neurulação começa enquanto as células da mesoderme dorsal formam a **notocorda**, um bastão que se estende ao longo do lado dorsal dos embriões dos cordados, como visto na rã da **Figura 47.14a**. Moléculas de sinalização secretadas

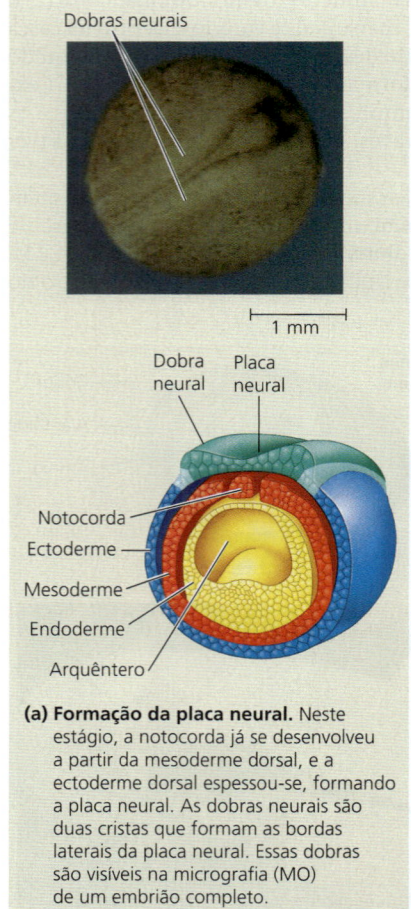

(a) **Formação da placa neural.** Neste estágio, a notocorda já se desenvolveu a partir da mesoderme dorsal, e a ectoderme dorsal espessou-se, formando a placa neural. As dobras neurais são duas cristas que formam as bordas laterais da placa neural. Essas dobras são visíveis na micrografia (MO) de um embrião completo.

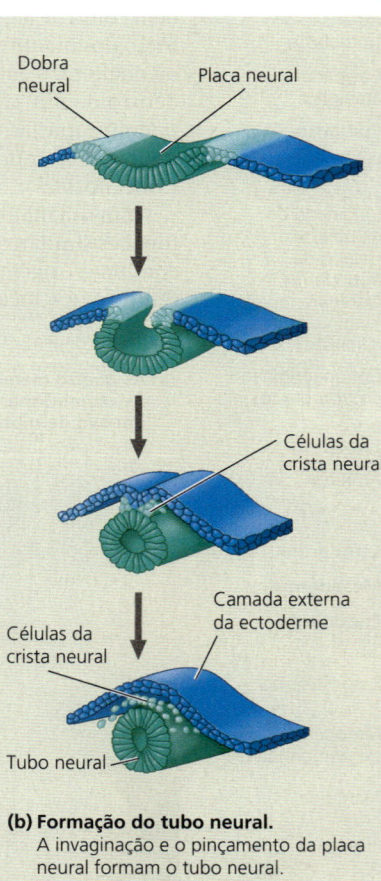

(b) **Formação do tubo neural.** A invaginação e o pinçamento da placa neural formam o tubo neural.

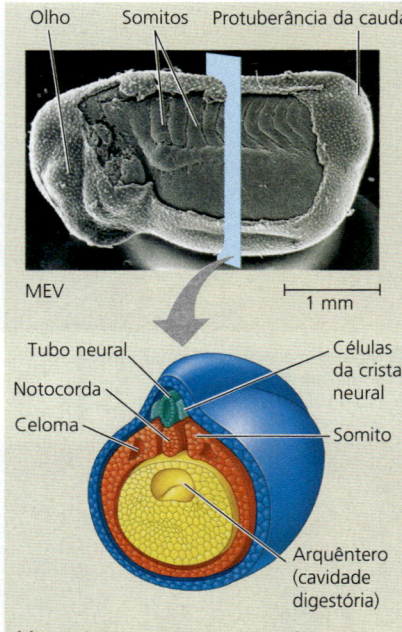

(c) **Somitos.** A MEV é uma visão lateral do embrião inteiro todo no estágio de brotamento da cauda. Parte da ectoderme foi removida para revelar os somitos, blocos de tecido que darão origem a estruturas segmentares como as vértebras. O desenho mostra um embrião em estágio similar visto em secção transversal. Os somitos, formados a partir da mesoderme, encontram-se nos lados da notocorda.

 ▲ **Figura 47.14** Neurulação em um embrião de sapo.

por essas células da mesoderme e outros tecidos levam a ectoderme sobre a notocorda a tornar-se a *placa neural*. Assim, a formação da placa neural é um exemplo de **indução**, processo em que um grupo de células ou tecidos influencia no desenvolvimento de outro grupo por meio de interações próximas (ver Figura 18.17b).

Após a placa neural estar formada, suas células mudam de formato, curvando a estrutura para dentro. Desse modo, a placa neural enrola-se em torno de si mesma, originando o **tubo neural**, que se estende ao longo do eixo anteroposterior do embrião **(Figura 47.14b)**. O tubo neural se tornará o encéfalo na cabeça e a medula espinal ao longo do resto do corpo. Em contrapartida, a notocorda desaparece antes do nascimento, embora partes dela persistam nas porções internas dos discos da coluna vertebral do adulto. (Estes são os discos que podem apresentar hérnia ou se romper, causando dores nas costas.)

Às vezes, a neurulação é imperfeita, como pode ocorrer com outros estágios do desenvolvimento. A *espinha bífida*, por exemplo, a malformação congênita mais comum nos Estados Unidos, ocorre quando uma parte do tubo neural não se desenvolve ou não se fecha corretamente. A abertura na coluna vertebral que permanece provoca danos nervosos, resultando em graus variados de paralisia das pernas. Embora a abertura possa ser corrigida cirurgicamente logo após o nascimento, o dano nos nervos é permanente.

Migração celular na organogênese

Durante a organogênese, algumas células passam por uma migração de longo alcance, incluindo dois conjuntos de células que se desenvolvem próximo ao tubo neural dos vertebrados. O primeiro conjunto é chamado **crista neural**, um conjunto de células que se desenvolve ao longo das bordas onde o tubo neural comprime a ectoderme (ver Figura 47.14b). Depois, as células da crista neural migram para muitas partes do embrião, formando uma variedade de tecidos que incluem nervos periféricos bem como partes dos dentes e ossos cranianos.

Um segundo conjunto de células migratórias é formado quando grupos de células da mesoderme laterais à notocorda se separam em blocos chamados de **somitos (Figura 47.14c)**. Os somitos desempenham um papel significativo na organização da estrutura segmentada do corpo dos vertebrados. Partes dos somitos se dissociam em células mesenquimais. Alguns formam as vértebras; outros formam os músculos associados à coluna vertebral e às costelas.

Ao contribuírem para a formação de vértebras, costelas e músculos associados, os somitos formam estruturas repetidas no adulto. Assim, os cordados, incluindo os seres humanos, são segmentados, embora na forma adulta a segmentação seja muito menos óbvia do que nos camarões e em outros invertebrados segmentados.

Organogênese em galinhas e insetos

A organogênese inicial nas galinhas é bastante parecida com a das rãs. Por exemplo, as bordas da blastoderme do embrião de galinha dobram-se para baixo e se unem, pressionando o embrião para dentro de um tubo de três camadas unido ao vitelo abaixo da metade do corpo **(Figura 47.15a)**. Em um embrião de galinha com 56 horas, os rudimentos dos principais órgãos, incluindo o encéfalo, os olhos e o coração, estão bastante aparentes **(Figura 47.15b)**.

A comparação da organogênese de invertebrados com a de vertebrados geralmente revela similaridades fundamentais no mecanismo que são mascaradas por diferenças em padrão e aparência. Considere, por exemplo, a neurulação. Em insetos, os tecidos do sistema nervoso são formados no lado ventral do embrião, e não no lado dorsal. Entretanto, a ectoderme ao longo do eixo anteroposterior se enrola em um tubo dentro do embrião, exatamente como na neurulação de vertebrados. Além disso, as vias de sinalização molecular que provocam esses eventos similares em diferentes locais têm muitas etapas em comum, evidenciando uma história evolutiva compartilhada.

Como a gastrulação, a organogênese em vertebrados e invertebrados depende substancialmente de mudanças

▶ **Figura 47.15** Organogênese em um embrião de galinha.

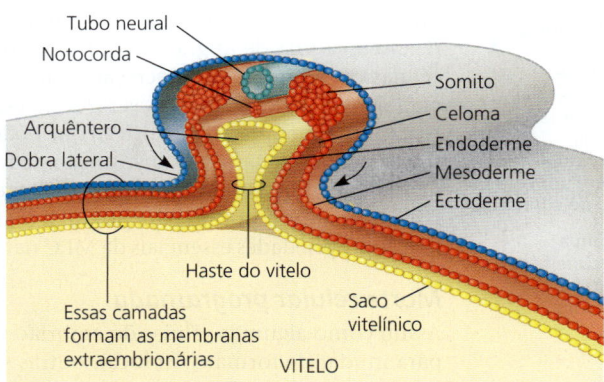

(a) Organogênese inicial. O arquêntero forma-se quando as dobras laterais fecham-se e removem o embrião do vitelo. O embrião permanece aberto para o vitelo, conectado pela haste do vitelo, como mostrado nesta secção transversal.

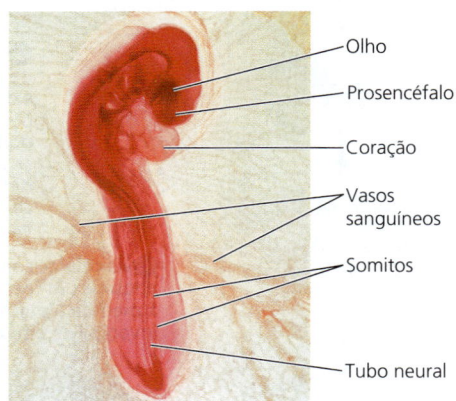

(b) Organogênese tardia. Os rudimentos da maioria dos órgãos principais já se formaram neste embrião de galinha com 56 horas de vida. Vasos sanguíneos que se estendem a partir do embrião suprem as membranas extraembrionárias, como visto nesta MO.

no formato e na localização celular. Agora, vamos explorar como essas mudanças ocorrem.

Citoesqueleto na morfogênese

Em animais, o movimento de partes de uma célula pode causar mudanças no formato celular ou permitir a uma célula migrar de um local para outro dentro do embrião. Um conjunto de componentes celulares essenciais a esses eventos é a série de microtúbulos e microfilamentos que compõem o citoesqueleto (ver Tabela 6.1).

Mudanças no formato celular na morfogênese

A reorganização do citoesqueleto é uma importante causa de mudança no formato celular durante o desenvolvimento. Como exemplo, voltaremos ao tópico da neurulação. No início da formação do tubo neural, os microtúbulos orientados dorsoventralmente em um folheto de células da ectoderme auxiliam a alongar as células ao longo desse eixo **(Figura 47.16)**. Na extremidade apical de cada célula está um feixe de filamentos de actina (microfilamentos) dispostos transversalmente. Esses filamentos de actina se contraem, dando às células um formato de cunha que dobra a camada de ectoderme para dentro.

A geração de células em formato de cunha pela constrição apical de filamentos de actina é um mecanismo comum no desenvolvimento pela invaginação de uma camada celular. Por exemplo, durante a gastrulação da mosca-da-fruta (*Drosophila melanogaster*), a formação de células cuneiformes ao longo da superfície ventral controla a geração do tubo de células que forma a mesoderme.

O citoesqueleto também direciona o movimento morfogenético chamado de **extensão convergente**, um rearranjo que causa o estreitamento (convergência) e o alongamento (extensão) de um folheto celular. Esse tipo de alongamento e estreitamento de células ocorre frequentemente na gastrulação, incluindo a formação da linha primitiva no ovo fertilizado da galinha (ver Figura 47.11) e o alongamento do arquêntero no embrião do ouriço-do-mar (ver Figura 47.8). A extensão convergente também é importante durante a involução na gástrula de rã. Nesse caso, a extensão convergente muda a gastrulação do embrião de um formato esférico para um formato retangular arredondado, visto na Figura 47.14c.

Os movimentos celulares durante a extensão convergente são bem simples: as células alongam-se, com suas extremidades apontando na direção em que se se moverão, e depois se encaixam umas nas outras para formar menos colunas de células **(Figura 47.17)**. É como uma multidão de pessoas entrando em um teatro, movendo-se para a frente e ao mesmo tempo se juntando para formar uma fila única.

Migração celular na morfogênese

O citoesqueleto é responsável não apenas por mudanças no formato celular, mas também pela migração das células. Durante a organogênese nos vertebrados, as células da crista neural e dos somitos migram para diversos locais no embrião. As células "rastejam" no interior do embrião usando as fibras do citoesqueleto para estender e contrair projeções celulares. Esse tipo de motilidade é semelhante ao movimento ameboide (ver Figura 6.26b). As glicoproteínas transmembrana chamadas *moléculas de adesão celular* desempenham um papel-chave na migração celular ao promoverem interações entre pares de células. A migração celular também envolve a *matriz extracelular* (*MEC*), uma rede de glicoproteínas e outras macromoléculas secretadas que ficam do lado de fora das membranas plasmáticas das células (ver Figura 6.28).

A MEC ajuda a guiar as células em muitos tipos de movimentos, como a migração de células individuais e a mudança do formato de camadas celulares. As células que revestem as vias de migração controlam o movimento das células em migração pela secreção de moléculas específicas para dentro da MEC. Por essas razões, pesquisadores estão tentando gerar uma MEC artificial que pode servir como estrutura para o reparo ou substituição de tecidos ou órgãos danificados. Uma abordagem promissora envolve o uso de fabricação de nanofibras para produzir materiais que simulem as propriedades essenciais da MEC natural.

Morte celular programada

Assim como algumas células do embrião são programadas para mudar de formato ou local, outras são programadas para morrer. Em vários momentos no desenvolvimento, células individuais, conjuntos de células ou tecidos inteiros cessam seu desenvolvimento, morrem e são engolfados pelas células vizinhas. A *morte celular programada*, também chamada **apoptose**, é, portanto, um traço comum do desenvolvimento animal.

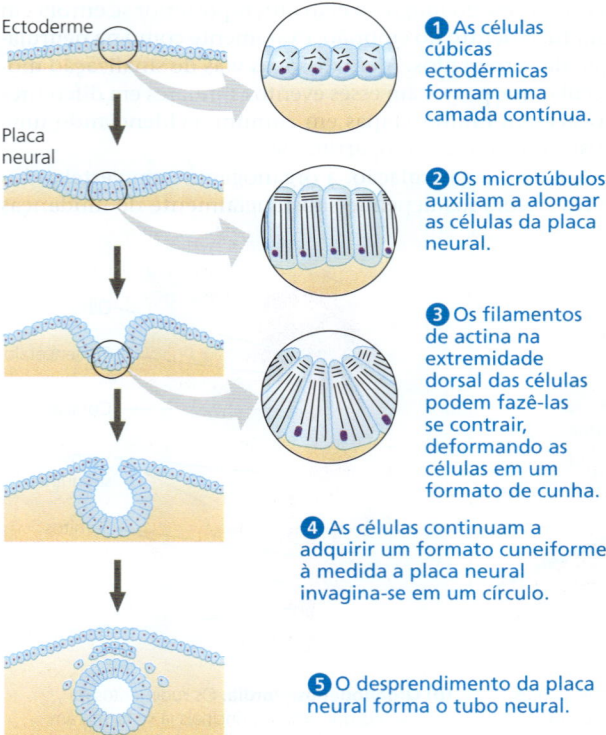

▲ **Figura 47.16** **Mudança no formato celular durante a morfogênese.** A reorganização do citoesqueleto está associada a mudanças morfogenéticas em tecidos embrionários, como mostrado aqui.

① As células cúbicas ectodérmicas formam uma camada contínua.

② Os microtúbulos auxiliam a alongar as células da placa neural.

③ Os filamentos de actina na extremidade dorsal das células podem fazê-las se contrair, deformando as células em um formato de cunha.

④ As células continuam a adquirir um formato cuneiforme à medida a placa neural invagina-se em um círculo.

⑤ O desprendimento da placa neural forma o tubo neural.

▶ **Figura 47.17 Extensão convergente de uma camada de células.** Neste diagrama simplificado, as células alongam-se de forma coordenada em uma determinada direção e se encaixam umas nas outras (convergência) à medida que a camada se torna mais longa e estreita (extensão).

Convergência
As células alongam-se e encaixam-se umas nas outras.

Extensão
A camada de células torna-se mais longa e estreita.

Uma circunstância para a morte celular programada ocorre quando uma estrutura funciona somente na forma larval ou imatura do organismo. Um exemplo familiar é a cauda do girino, o estágio larval livre-natante de um sapo ou rã. A cauda se forma durante o desenvolvimento inicial, permite a locomoção durante o crescimento larval e é, então, eliminada durante a metamorfose para a forma adulta (ver Figura 45.22).

A apoptose pode ocorrer quando um grande conjunto de células é formado, mas somente um subconjunto tem as propriedades necessárias para a função. Esse é o caso no desenvolvimento dos sistemas nervoso e imune. No sistema nervoso dos invertebrados, por exemplo, muitos mais neurônios são produzidos durante o desenvolvimento do que os que existem no adulto. Os neurônios que fazem conexões funcionais com outros geralmente sobrevivem; muitos dos restantes sofrem apoptose. De modo similar, no sistema imune adaptativo, células autorreativas – células com potencial para atacar o próprio animal em vez de patógenos invasores – são geralmente eliminadas por apoptose.

Algumas células que sofrem apoptose não parecem ter qualquer função. Por que essas células se formam? A resposta pode ser encontrada ao considerarmos a evolução de anfíbios, aves e mamíferos. Quando esses grupos começaram a divergir durante a evolução, a programação básica de desenvolvimento para formar o corpo de um vertebrado já estava traçado. As diferenças nas formas corporais atuais surgiram por meio da modificação daquela programação de desenvolvimento compartilhada. Por exemplo, o programa de desenvolvimento compartilhado gera membranas entre os dedos embrionários, mas, em muitas aves e mamíferos, incluindo os seres humanos, as membranas são eliminadas por apoptose (ver Figura 11.21). Essa é uma razão por que tantas formas adultas diferentes se originam de embriões vertebrados que são tão parecidos.

Como você já viu, o comportamento celular e os mecanismos moleculares envolvidos são cruciais para a morfogênese do embrião. Na próxima seção, você aprenderá alguns modos pelos quais processos celulares e genéticos compartilhados garantem que células de tipos específicos acabem, cada uma, no lugar certo.

REVISÃO DO CONCEITO 47.2

1. No embrião de rãs, a extensão convergente alonga a notocorda. Explique como as palavras *convergente* e *extensão* são aplicadas a esse processo.
2. **E SE?** O que ocorreria se, logo após a formação do tubo neural, você tratasse embriões de rã com um fármaco que entrasse em todas as células do embrião e bloqueasse a função dos microfilamentos?
3. **FAÇA CONEXÕES** Diferentemente de outros tipos de anomalias do desenvolvimento, defeitos do tubo neural podem ser prevenidos. Explique (ver Figura 41.4).

Ver as respostas sugeridas no Apêndice A.

CONCEITO 47.3

Determinantes citoplasmáticos e sinais indutivos regulam o destino da célula

Durante o desenvolvimento embrionário, células surgem por divisão, assumem locais específicos no corpo e tornam-se especializadas em estrutura e função. Onde a célula reside, com que ela se parece e o que ela faz definem seu destino no desenvolvimento. Os biólogos do desenvolvimento usam o termo **determinação** para se referir ao processo pelo qual uma célula ou grupo de células tornam-se comprometidas com um destino em particular, e o termo **diferenciação** para se referir à especialização resultante em estrutura e função. Uma analogia útil é pensar que a determinação é equivalente a escolher um curso de graduação, e a diferenciação é comparável a fazer as disciplinas necessárias para graduar-se.

Toda célula diploide formada durante o desenvolvimento animal tem o mesmo genoma. Com exceção de certas células imunes maduras, o conjunto de genes presentes em uma determinada célula é o mesmo durante toda a vida dessa célula. Como, então, as células tomam diferentes destinos? Como discutido no Conceito 18.4, determinados tecidos e, algumas vezes, células dentro de tecidos diferenciam-se uns dos outros ao expressar diferentes conjuntos de genes de seu genoma compartilhado.

Mesmo animais que apresentam planos corporais extremamente diferentes compartilham muitos mecanismos básicos de desenvolvimento e, geralmente, usam um conjunto comum de genes reguladores. Por exemplo, o gene que determina onde os olhos se formam no embrião de vertebrados tem uma contraparte muito próxima e com uma função quase idêntica na mosca-da-fruta (*Drosophila melanogaster*). De fato, quando o gene de um camundongo é experimentalmente introduzido no embrião de uma mosca, o gene do camundongo comanda a formação do olho onde quer que ele seja expresso na mosca.

O foco principal da biologia do desenvolvimento é desvendar os mecanismos determinantes das diferenças na expressão gênica que estão envolvidos nos destinos do desenvolvimento. Para avançar nesse objetivo, muitas vezes os cientistas tentam induzir tecidos ou tipos celulares a voltar à sua versão original no embrião inicial.

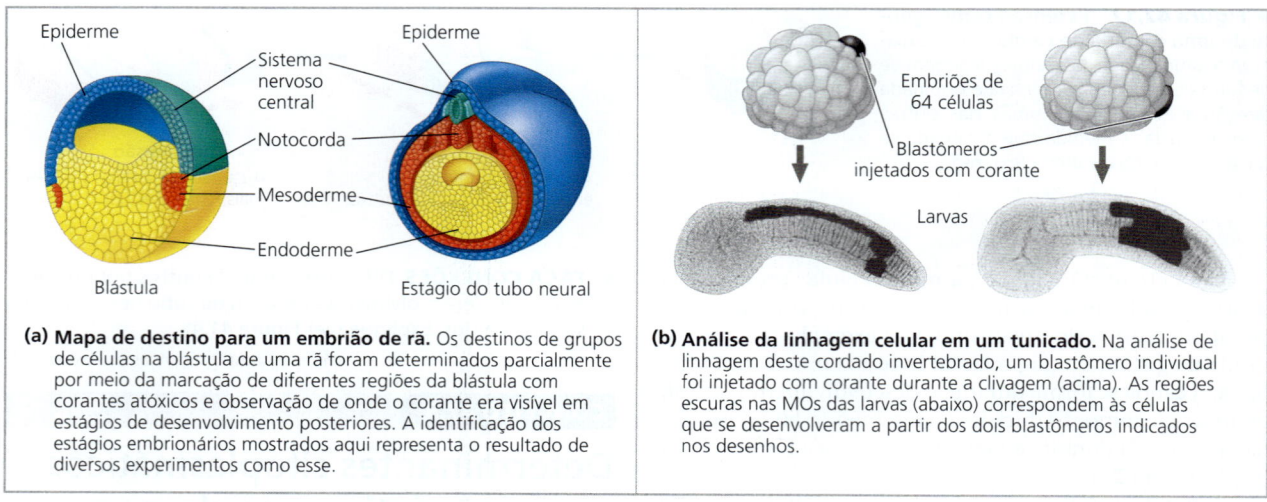

(a) **Mapa de destino para um embrião de rã.** Os destinos de grupos de células na blástula de uma rã foram determinados parcialmente por meio da marcação de diferentes regiões da blástula com corantes atóxicos e observação de onde o corante era visível em estágios de desenvolvimento posteriores. A identificação dos estágios embrionários mostrados aqui representa o resultado de diversos experimentos como esse.

(b) **Análise da linhagem celular em um tunicado.** Na análise de linhagem deste cordado invertebrado, um blastômero individual foi injetado com corante durante a clivagem (acima). As regiões escuras nas MOs das larvas (abaixo) correspondem às células que se desenvolveram a partir dos dois blastômeros indicados nos desenhos.

▲ **Figura 47.18** Mapeamento de destino para dois cordados.

Mapeamento de destino

Uma maneira de rastrear a ancestralidade das células embrionárias é a observação direta ao microscópio. Esses estudos produziram os primeiros **mapas de destino**, diagramas mostrando as estruturas surgindo em cada parte de um embrião. Nos anos 1920, o embriologista alemão Walther Vogt usou essa abordagem para determinar onde grupos de células da blástula apareciam na gástrula **(Figura 47.18a)**. Posteriormente, outros pesquisadores desenvolveram técnicas que lhes permitiam marcar um único blastômero durante a clivagem e, então, seguir o marcador à medida que fosse distribuído por todos os descendentes mitóticos daquela célula **(Figura 47.18b)**.

Uma abordagem muito mais abrangente para o mapeamento de destino foi desenvolvida com o nematódeo de solo *Caenorhabditis elegans*, como mostrado na **Figura 47.19**. Esse verme tem cerca de 1 mm de comprimento, corpo simples e transparente com apenas alguns poucos tipos celulares, e torna-se um adulto hermafrodita em apenas 3,5 dias em laboratório. Esses atributos permitiram que Sydney Brenner, Robert Horvitz e John Sulston determinassem a história completa do desenvolvimento, ou *linhagem*, de todas as células de *C. elegans*. Eles descobriram que cada adulto hermafrodita tem exatamente 959 células somáticas, que surgem do

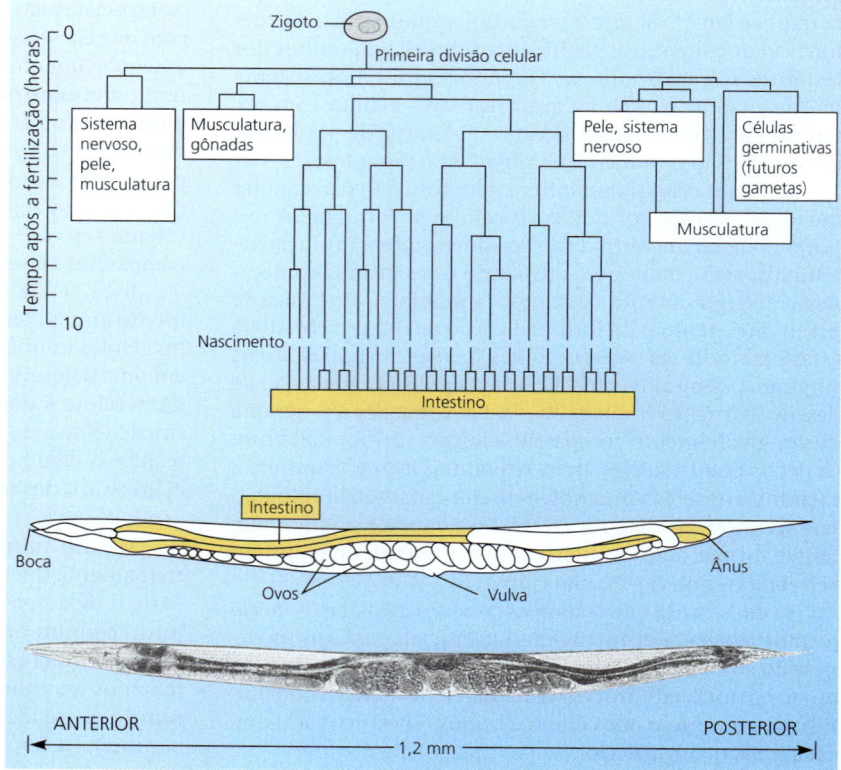

 ▲ **Figura 47.19** Linhagem celular em *Caenorhabditis elegans*. O embrião de *C. elegans* é transparente, possibilitando que os pesquisadores sigam a linhagem de cada célula, do zigoto ao verme adulto (MO). O diagrama mostra uma linhagem detalhada apenas para o intestino, que é derivado exclusivamente de uma das primeiras quatro células formadas a partir do zigoto.

HABILIDADES VISUAIS *O padrão de divisões é exatamente o mesmo em cada embrião de C. elegans. Quantas divisões do ovo fertilizado dão origem à célula intestinal mais próxima da boca do verme?*

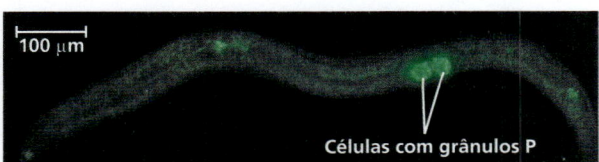

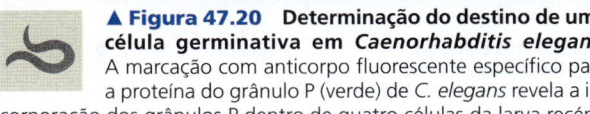

▲ **Figura 47.20 Determinação do destino de uma célula germinativa em *Caenorhabditis elegans*.** A marcação com anticorpo fluorescente específico para a proteína do grânulo P (verde) de *C. elegans* revela a incorporação dos grânulos P dentro de quatro células da larva recém-formada (2 das 4 células estão visíveis nesta imagem).

ovo fertilizado praticamente da mesma maneira para todos os indivíduos. Observações microscópicas cuidadosas dos vermes em todos os estágios de desenvolvimento, somadas a experimentos em que determinadas células ou grupos de células foram destruídos por feixes de *laser* ou por mutações, resultaram no diagrama da linhagem celular mostrado na Figura 47.19. Usando esse diagrama, você pode identificar todos os descendentes de uma única célula, como se fosse usar o histórico familiar para rastrear os descendentes de, por exemplo, um tataravô.

Como exemplo específico de destino celular, vamos considerar as *células germinativas* – células especializadas que originam os óvulos ou os espermatozoides. Em todos os animais estudados, complexos de RNA e proteínas direcionam determinadas células a se tornarem células germinativas. Em *C. elegans*, esses complexos, chamados de *grânulos P*, podem ser detectados em quatro células da larva recém-formada **(Figura 47.20)** e, mais tarde, nas células da gônada adulta que produz o espermatozoide ou o óvulo.

O rastreio da posição dos grânulos P fornece uma ilustração impressionante de como as células adquirem um destino específico durante o desenvolvimento. Como mostrado na **Figura 47.21**, os grânulos P estão distribuídos por todo o ovo recém-fertilizado, mas se movem para a extremidade posterior do zigoto antes da primeira divisão de clivagem. Por isso, apenas a extremidade posterior das duas células formadas pela primeira divisão contém grânulos P. Os grânulos P continuam a ser repartidos assimetricamente durante as divisões seguintes. Assim, os grânulos P atuam como determinantes citoplasmáticos (ver Conceito 18.4), definindo o destino da célula germinativa no estágio mais inicial do desenvolvimento de *C. elegans*.

O mapeamento de destino em *C. elegans* abriu caminho para descobertas importante relacionadas à morte celular programada. As análises de linhagem demonstraram que exatamente 131 células morrem durante o desenvolvimento normal de *C. elegans*. Nos anos 1980, os pesquisadores descobriram que uma mutação inativando um único gene permite que todas as 131 células sobrevivam. Pesquisas posteriores revelaram que esse gene faz parte da via que controla e executa a apoptose em uma gama de animais, incluindo os seres humanos. Em 2002, Brenner, Horvitz e Sulston receberam juntos o Prêmio Nobel pelo uso do mapa de destino de *C. elegans* em estudos da morte celular programada e da organogênese.

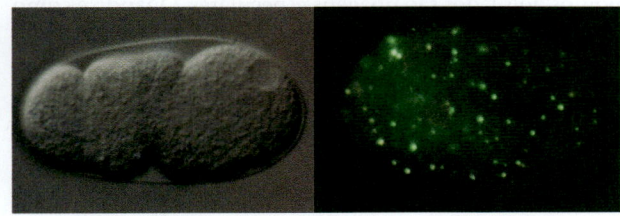

❶ Ovo recém-fertilizado

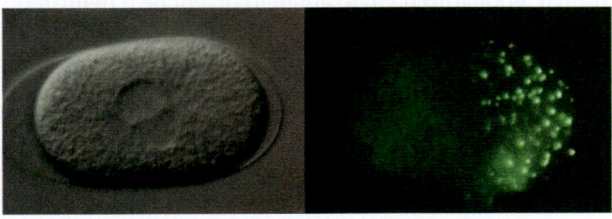

❷ Zigoto antes da primeira divisão

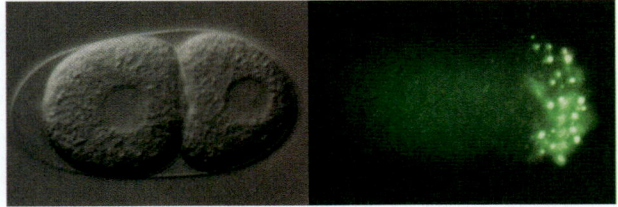

❸ Embrião de 2 células

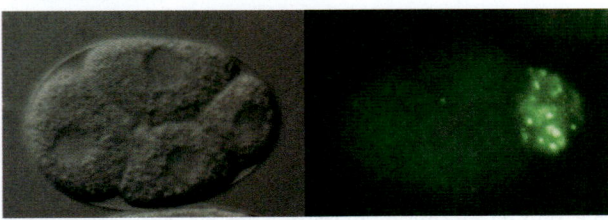

❹ Embrião de 4 células

▲ **Figura 47.21 Divisão de grânulos P durante o desenvolvimento de *C. elegans*.** As micrografias de contraste de interferência diferencial (à esquerda) destacam os limites do núcleo e as células durante as primeiras duas divisões celulares. As micrografias de fluorescência (à direita) mostram embriões em estágios idênticos marcados com anticorpo fluorescente específico para proteína de grânulo P.

Após estabelecer os mapas de destino para o desenvolvimento inicial, os cientistas estavam aptos a responder questões sobre mecanismos básicos, como de que maneira os eixos básicos do embrião são estabelecidos, um processo conhecido como formação dos eixos.

Formação dos eixos

Um plano corporal com simetria bilateral é encontrado em uma gama de animais, incluindo nematódeos, equinodermos e vertebrados (ver Conceito 32.4). Esse plano corporal exibe assimetria ao longo dos eixos dorsoventral e anteroposterior, como mostrado para um girino de rã na

Figura 47.22a. O eixo direita-esquerda é muito simétrico, pois os dois lados são imagens especulares. Quando e como esses três eixos são estabelecidos? Começaremos a responder essa questão considerando a rã.

Formação dos eixos na rã

Na rã, a futura posição do eixo anteroposterior é determinada durante a oogênese. A assimetria no ovo é aparente na formação de dois hemisférios distintos: os grânulos escuros de melanina são incorporados ao córtex do hemisfério animal, enquanto o vitelo amarelo preenche o hemisfério vegetal. Essa assimetria animal-vegetal determina onde o eixo anteroposterior se forma no embrião. Observe que, no entanto, os eixos anteroposterior e animal-vegetal não são os mesmos; isto é, a cabeça do embrião não coincide com o polo animal.

Surpreendentemente, o eixo dorsoventral do embrião de rã é determinado de maneira aleatória. Especificamente, o local onde o espermatozoide entra no hemisfério animal determina onde o eixo dorsoventral se forma. Assim que ocorre a fusão do espermatozoide e do óvulo, a superfície do ovo – a membrana plasmática e o córtex associado – gira em relação ao citoplasma interno, um movimento chamado de *rotação cortical*. Da perspectiva do polo animal, essa rotação é sempre em direção ao ponto de entrada do espermatozoide **(Figura 47.22b)**. As interações resultantes entre moléculas no córtex vegetal e no citoplasma interno do hemisfério animal ativam proteínas reguladoras. Uma vez ativadas, essas proteínas direcionam a expressão de um conjunto de genes nas regiões dorsais e de outro conjunto nas regiões ventrais.

Formação dos eixos em aves, mamíferos e insetos

Há muitos processos diferentes pelos quais embriões animais estabelecem seus eixos corporais. Em mamíferos, o espermatozoide parece contribuir para a formação dos eixos, mas não da mesma maneira que em rãs. Em particular, a orientação dos núcleos do óvulo e do espermatozoide, antes de se fusionarem, influencia na localização do primeiro plano de clivagem. Em embriões de galinhas, o eixo anteroposterior é estabelecido por ação da gravidade durante o período em que o ovo que está para ser posto está se deslocando pelo oviduto da galinha. Em peixes-zebra, sinais no interior do embrião estabelecem gradualmente o eixo anteroposterior ao longo de um dia. Em insetos, ocorrem ainda outros mecanismos, em que gradientes de fatores de transcrição ativos pelo corpo estabelecem os eixos anteroposterior e dorsoventral (ver Conceito 18.4).

Uma vez que os eixos anteroposterior e dorsoventral estejam estabelecidos, a posição do eixo lateral (direita-esquerda) é determinada. Não obstante, mecanismos moleculares específicos devem estabelecer qual lado é o esquerdo e qual é o direito. Nos vertebrados, existem diferenças grandes entre os lados na localização dos órgãos internos, bem como na organização e na estrutura do coração e do encéfalo. Pesquisas recentes revelaram um papel importante para os cílios na determinação da assimetria lateral, como discutiremos no final deste capítulo.

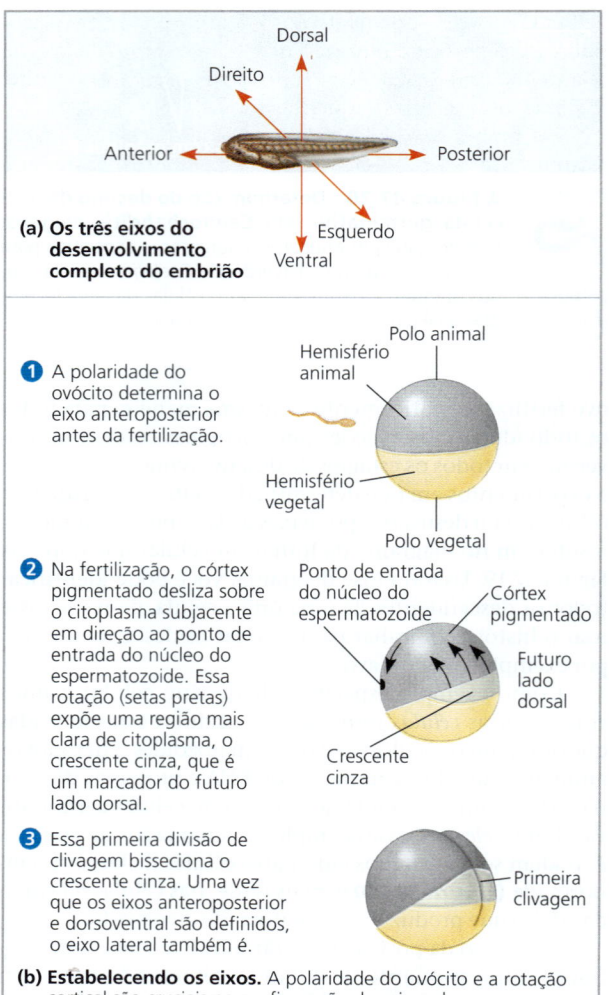

(a) Os três eixos do desenvolvimento completo do embrião

❶ A polaridade do ovócito determina o eixo anteroposterior antes da fertilização.

❷ Na fertilização, o córtex pigmentado desliza sobre o citoplasma subjacente em direção ao ponto de entrada do núcleo do espermatozoide. Essa rotação (setas pretas) expõe uma região mais clara de citoplasma, o crescente cinza, que é um marcador do futuro lado dorsal.

❸ Essa primeira divisão de clivagem bisseciona o crescente cinza. Uma vez que os eixos anteroposterior e dorsoventral são definidos, o eixo lateral também é.

(b) Estabelecendo os eixos. A polaridade do ovócito e a rotação cortical são cruciais na configuração dos eixos do corpo.

 ▲ **Figura 47.22 Os eixos corporais e seu estabelecimento em um anfíbio.** Os três eixos são estabelecidos antes do início da clivagem no zigoto.

E SE? *Quando os pesquisadores permitiram que a rotação cortical normal ocorresse, e depois forçaram a rotação oposta, o resultado foi um embrião com duas cabeças. Como você poderia explicar esse achado, considerando como a reação cortical influencia na formação dos eixos do corpo?*

Restringindo o potencial de desenvolvimento

Anteriormente descrevemos a determinação em termos de comprometimento com um determinado destino celular. O ovo fertilizado dá origem a todos os destinos celulares. Por quanto tempo durante o desenvolvimento as células retêm essa habilidade? O zoólogo alemão Hans Spemann respondeu essa questão em 1938. Ao manipular embriões alterando seu desenvolvimento normal e então examinando o destino celular após a manipulação, ele foi capaz de acessar o *potencial de desenvolvimento* celular, a gama de estruturas às quais a célula pode dar origem **(Figura 47.23)**. O trabalho de Spemann e de outros demonstraram que os primeiros dois blastômeros do embrião de rã são **totipotentes**, ou seja, têm a capacidade de se transformar em todos os diferentes tipos de células daquela espécie.

Em mamíferos, as células embrionárias permanecem totipotentes até o estágio de 8 células, muito mais tempo do que em muitos outros animais. Um trabalho recente, no entanto, indicou que, na verdade, as células muito iniciais (até mesmo as duas primeiras) não são equivalentes em um embrião normal. Em vez disso, a sua totipotência, quando isoladas, aparentemente significa que as células conseguem regular seu destino em resposta ao seu ambiente embrionário. Uma vez que o estágio de 16 células é alcançado, as células dos mamíferos são determinadas para formar o trofoblasto ou a massa de células internas. Embora as células tenham um potencial de desenvolvimento limitado desse ponto em diante, seu núcleo permanece totipotente, como demonstrado em experimentos de transplante e clonagem (ver Figuras 20.17 e 20.18).

A totipotência das células na embriogênese inicial de humanos é a razão pela qual você ou um colega pode ter um gêmeo idêntico. Os gêmeos idênticos (monozigóticos) resultam quando as células ou um grupo de células de um único embrião se separam. Se a separação ocorrer antes de o trofoblasto e a massa de células internas se diferenciarem, dois embriões crescem, cada um com seu próprio córion e âmnio. Este é o caso de cerca de um terço dos gêmeos idênticos. No restante, os dois embriões que se desenvolvem compartilham um córion e, em alguns casos muito raros em que a separação é especialmente tardia, também um âmnio.

Independentemente do quanto as células embrionárias iniciais são uniformes ou variadas em uma determinada espécie, a restrição progressiva do potencial de desenvolvimento é uma característica geral no desenvolvimento de todos os animais. Geralmente, esses destinos tecido-específicos das células estão fixados em uma gástrula tardia, mas nem sempre na gástrula inicial. Por exemplo, se a ectoderme dorsal de uma gástrula inicial de anfíbio for experimentalmente substituída por ectoderme de alguma outra localização da mesma gástrula, o tecido transplantado forma a placa neural. Mas se o mesmo experimento for feito em uma gástrula em estágio posterior, a ectoderme transplantada não responde ao seu novo ambiente e não forma a placa neural.

Determinação do destino celular e formação de padrões por sinais indutivos

À medida que o desenvolvimento embrionário continua, as células influenciam o destino umas das outras por indução. Em nível molecular, a resposta a um sinal indutivo consiste geralmente em ativar um conjunto de genes que induzem as células receptoras a se diferenciarem em um tipo celular ou tecido específico. Aqui, vamos examinar exemplos desse importante processo de desenvolvimento organizando o plano corporal básico de um embrião e direcionando o desenvolvimento tridimensional de um membro de vertebrado.

▼ **Figura 47.23** Pesquisa

Como a distribuição do crescente cinza afeta o potencial de desenvolvimento das duas primeiras células-filhas?

Experimento Hans Spemann, da University of Freiburg, na Alemanha, desenvolveu o seguinte experimento em 1938 para testar se substâncias eram localizadas assimetricamente no crescente cinza.

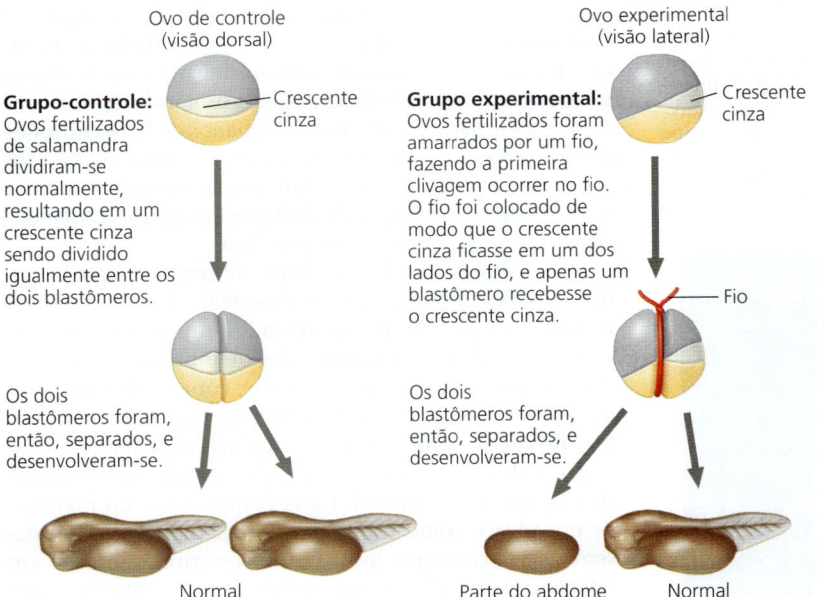

Resultados Os blastômeros que receberam metade ou todo o material no crescente cinza desenvolveram-se em embriões normais, mas o blastômero que não recebeu o crescente cinza originou um embrião anormal sem estruturas dorsais. Spemann chamou esse embrião de "parte do abdome".

Conclusão O potencial de desenvolvimento dos dois blastômeros normalmente formados durante a primeira divisão de clivagem depende da aquisição dos determinantes citoplasmáticos localizados no crescente cinza.

Dados de H. Spemann, *Embryonic Development and Induction*, Yale University Press, New Haven, CT (1938).

DESENHE Trace linhas para mostrar o plano da primeira divisão celular que ocorreria nos ovos fertilizados acima se não houvesse qualquer manipulação.

E SE? Em um experimento semelhante, 40 anos antes, o embriologista Wilhelm Roux permitiu que a primeira clivagem ocorresse e depois usou uma agulha para matar apenas um blastômero. O embrião que se desenvolveu do blastômero remanescente (mais o restante da célula morta) foi anormal, resultando em meio embrião. Como a presença das moléculas da célula morta explicaria por que o resultado diferenciou do resultado de controle no experimento de Spemann?

O "organizador" de Spemann e Mangold

Antes dos seus estudos de totipotência no ovo fertilizado de rã, Spemann investigou a determinação do destino celular durante a gastrulação. Nesses experimentos, ele e sua aluna Hilde Mangold transplantaram tecidos entre gástrulas iniciais. No seu experimento mais famoso, resumido na **Figura 47.24**, eles fizeram uma grande descoberta. Não apenas um lábio dorsal transplantado do blastóporo continuou a ser um lábio do blastóporo, mas ele também desencadeou a gastrulação dos tecidos adjacentes. Eles concluíram que o lábio dorsal do blastóporo na gástrula inicial funciona como um "organizador" do plano corporal do embrião, induzindo mudanças em tecidos adjacentes que direcionam a formação da notocorda, do tubo neural e de outros órgãos.

Quase um século depois, biólogos do desenvolvimento ainda estão estudando as bases da indução por meio do que hoje é chamado *organizador de Spemann*. Uma pista importante veio dos estudos de um fator de crescimento chamado proteína morfogenética óssea 4 (BMP-4). Uma função importante do organizador parece ser a inativação da BMP-4 no lado dorsal. A inativação da BMP-4 capacita as células no lado dorsal a fazerem estruturas dorsais, como a notocorda e o tubo neural. As proteínas relacionadas à BMP-4 e seus inibidores são encontradas também em invertebrados como a mosca-da-fruta, onde também funcionam na regulação do eixo dorsoventral.

Formação dos membros nos vertebrados

Os sinais indutivos desempenham um papel importante na **formação de padrões**, o processo que controla a disposição dos órgãos e dos tecidos em seus lugares característicos no espaço tridimensional. Os sinais moleculares que controlam a formação de padrões, chamados de **informações posicionais**, informam à célula sua posição em relação aos eixos do corpo animal e ajudam a determinar como ela e suas descendentes responderão à sinalização molecular durante o desenvolvimento embrionário.

No Conceito 18.4, discutimos sobre a formação de padrões no desenvolvimento de *Drosophila*. Para o estudo da formação de padrões nos vertebrados, um sistema-modelo clássico é o desenvolvimento dos membros em uma galinha. As asas e as pernas dos pintos, como todos os membros dos vertebrados, começam como brotos de membros (ver Figura 47.1). Essas protuberâncias consistem em tecido mesodérmico coberto por uma camada de ectoderme (ver Figura 47.1, detalhe). Cada componente do membro de um pinto, como um osso ou músculo específico, desenvolve-se com uma localização e orientação precisa em relação aos três eixos: proximal-distal (do ombro à ponta dos dedos), anteroposterior (do polegar ao dedo mínimo) e dorsoventral (da articulação à palma), como mostrado na **Figura 47.25**.

Duas regiões em um broto de membro têm profundos efeitos em seu desenvolvimento. Uma das regiões é a **crista ectodérmica apical** (CEA), uma área espessa da ectoderme na ponta do broto (ver Figura 47.25a). A remoção cirúrgica da CEA bloqueia o crescimento do membro ao longo do eixo proximal-distal. Por quê? A CEA secreta uma proteína sinalizadora chamada de fator de crescimento dos fibroblasto (FGF), que promove o crescimento do broto do membro. Se a CEA for substituída por brotos embebidos com FGF, um membro praticamente normal se desenvolverá.

A segunda importante região reguladora do broto do membro é a **zona de atividade polarizadora** (ZAP), um bloco de tecido mesodérmico especializado (ver Figura

▼ Figura 47.24 Pesquisa

O lábio dorsal do blastóporo é capaz de induzir as células de outra parte do embrião de anfíbio a mudarem seu destino celular?

Experimento Em 1924, Hans Spemann e Hilde Mangold, da Universidade de Freiburg, na Alemanha, investigaram a capacidade indutiva do lábio dorsal da gástrula. Utilizando salamandras, eles transplantaram um fragmento do lábio dorsal de uma gástrula para o lado ventral de uma segunda gástrula. Como o embrião doador era albino e, portanto, não tinha pigmentação, os pesquisadores puderam visualizar como o material transplantado alterava o destino do embrião receptor.

Resultados A fotografia nesta figura documenta uma repetição desse experimento clássico, usando a rã *Xenopus laevis*. O girino na parte superior desenvolveu-se de uma gástrula de controle. Quando uma gástrula experimental recebeu o transplante de um lábio dorsal de um doador albino (parte inferior, à esquerda), o embrião receptor formou uma segunda notocorda e tubo neural na região do transplante. Finalmente, a maior parte de um segundo embrião desenvolveu-se, produzindo um girino gêmeo (parte inferior, à direita).

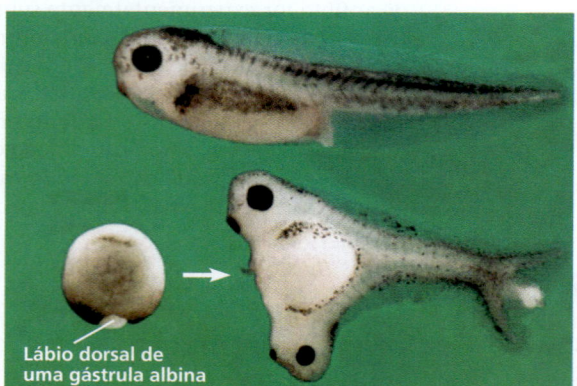

Conclusão O lábio dorsal transplantado foi capaz de induzir células em uma região diferente do receptor a formar estruturas diferentes do seu destino celular normal. Assim, o lábio dorsal transplantado "organizou" o desenvolvimento posterior de outro embrião inteiro.

Dados de H. Spemann e H. Mangold, Induction of embryonic primordia by implantation of organizers from a different species, Trans. V. Hamburger (1924). Reimpresso em *International Journal of Developmental Biology* 45:13-38 (2001); e E.M. De Robertis e H. Kuroda, Dorsal-ventral patterning and neural induction in *Xenopus* embryos, *Annual Review of Cell and Developmental Biology* 20:285-308 (2004).

E SE? *Como o transplante levou o tecido receptor a tornar-se algo que normalmente não teria se tornado, um sinal deve ter sido passado a partir do lábio dorsal. Se você identificasse uma proteína candidata a molécula sinalizadora, como a injeção dela dentro de células ventrais da gástrula testaria sua função?*

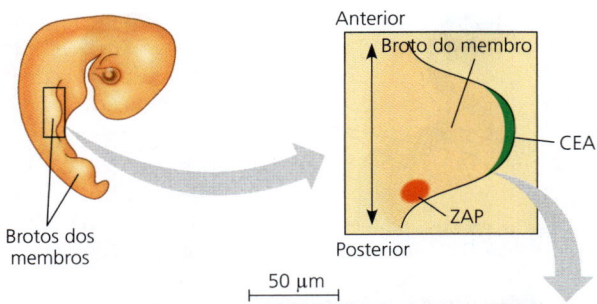
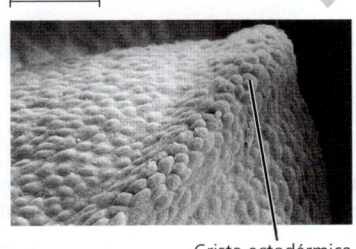

(a) Regiões organizadoras. Os membros de vertebrados desenvolvem-se a partir de protrusões chamadas brotos de membros. Duas regiões em cada broto de membro, a crista ectodérmica apical (CEA, mostrada nessa MEV) e a zona de atividade polarizadora (ZAP), desempenham papéis fundamentais como organizadoras na formação de padrões dos membros.

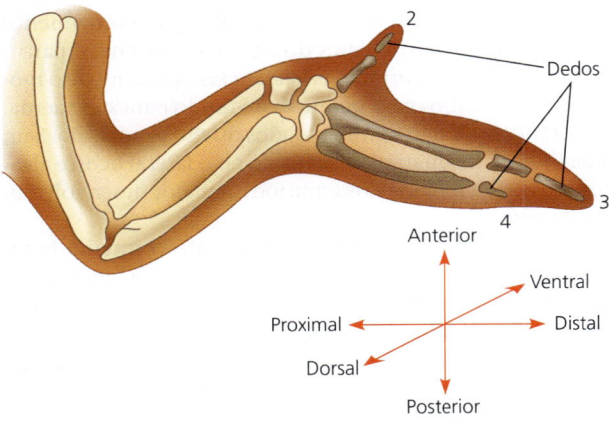

(b) Asa de um embrião de galinha. Cada célula embrionária recebe informação posicional, indicando sua localização ao longo dos três eixos do membro. A CEA e a ZAP secretam moléculas que ajudam a fornecer essa informação. (Os números são atribuídos aos dedos com base em uma convenção estabelecida para membros de vertebrados. A asa de galinha tem apenas quatro dedos; o primeiro dedo aponta para trás e não está mostrado no diagrama.)

▲ **Figura 47.25** Regulação do desenvolvimento de um membro de vertebrado por regiões organizadoras.

▼ **Figura 47.26 Pesquisa**

Que papel a zona de atividade polarizadora (ZAP) desempenha na formação de padrões dos membros de vertebrados?

Experimento Em 1985, pesquisadores estavam muito interessados em investigar a natureza da ZAP. Eles transplantaram o tecido da ZAP de um embrião de galinha doador sob a ectoderme da margem anterior de um broto de membro em outra galinha (o receptor).

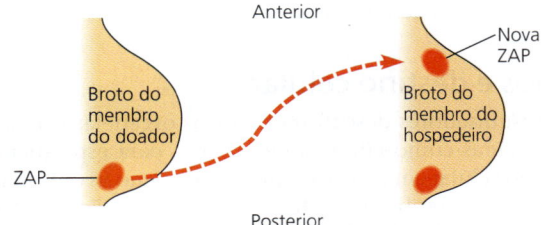

Resultados O broto do membro do receptor desenvolveu dedos extras a partir do tecido receptor em uma organização espelhada aos dedos normais, os quais também se formaram (compare com a Figura 47.25b, que mostra uma asa de galinha normal).

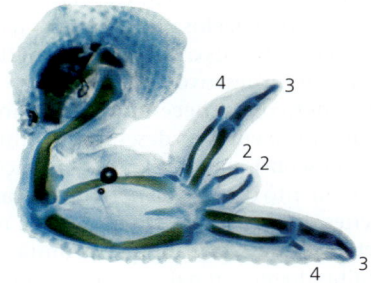

Conclusão A duplicação em imagem espelhada observada nesse experimento sugere que as células da ZAP secretam um sinal que se difunde da sua origem e transmite informação posicional indicando "posterior". À medida que a distância da ZAP aumenta, a concentração do sinal diminui e, portanto, mais dedos anteriores desenvolvem-se.

Dados de L.S. Honig e D. Summerbell, Maps of strength of positional signaling activity in the developing chick wing bud, *Journal of Embryology and Experimental Morphology* 87:163-174 (1985).

E SE? Suponha que você tenha aprendido que a ZAP se forma após a CEA, o que leva você a desenvolver a hipótese de que a CEA é necessária à formação da ZAP. Se você removesse a CEA e procurasse a expressão de Sonic hedgehog, como isso testaria sua hipótese?

47.25a). A ZAP regula o desenvolvimento ao longo do eixo anteroposterior do membro. As células mais próximas da ZAP formam as estruturas posteriores, como a maioria dos dígitos posteriores da galinha (equivalentes ao nosso dedo mínimo); as células mais afastadas da ZAP formam as estruturas anteriores, incluindo o dedo mais anterior (como o nosso polegar).

Como a CEA, a ZAP influencia no desenvolvimento pela secreção de uma proteína sinalizadora. O sinal secretado pela ZAP é chamado de Sonic hedgehog, batizado com o nome do personagem de *videogame* e de uma proteína semelhante em *Drosophila* que também regula o desenvolvimento. O implante de células geneticamente modificadas para produzir Sonic hedgehog na região anterior de um broto normal provoca a formação de um membro em imagem espelhada – exatamente como se uma ZAP tivesse sido enxertada lá **(Figura 47.26)**. Além disso, experimentos com camundongos revelaram que a produção de Sonic hedgehog em partes do broto do membro onde normalmente é ausente pode resultar em dedos extras.

A CEA e a ZAP regulam os eixos de um broto de membro, mas o que determina se o broto gera um membro anterior ou posterior? Essa informação é dada por padrões espaciais dos genes *Hox*, que especificam os destinos diferentes do desenvolvimento em regiões particulares do corpo (ver Figura 21.20).

As proteínas BMP-4, FGF, Sonic hedgehog e Hox são exemplos de um grupo muito maior de moléculas que comandam o destino celular nos animais. Tendo mapeado muitas das funções básicas dessas moléculas no desenvolvimento embrionário, os pesquisadores estão agora desvendando seus papéis na organogênese, concentrando-se particularmente no desenvolvimento do encéfalo.

Cílios e destino celular

Os pesquisadores descobriram que as organelas celulares conhecidas como cílios são essenciais para especificar o destino celular em embriões humanos. Como os outros mamíferos, os seres humanos têm cílios estacionários e móveis (ver Figura 6.24). Os cílios primários estacionários, ou *monocílios*, projetam-se da superfície de praticamente todas as células, um por célula. Em contrapartida, os cílios móveis são restritos às células que apresentam líquido sobre sua superfície, como as células epiteliais das vias aéreas, e aos espermatozoides (como flagelos que permitem o movimento do espermatozoide). Ambos os cílios estacionários e móveis têm papéis cruciais no desenvolvimento.

Estudos genéticos forneceram pistas fundamentais para o papel dos monocílios no desenvolvimento. Em 2003, pesquisadores descobriram que algumas mutações alterando o desenvolvimento do sistema nervoso no camundongo afetam os genes que atuam na formação dos monocílios. Outros geneticistas descobriram que as mutações responsáveis por muitas doenças renais em camundongos alteram um gene importante para o transporte de materiais pelos monocílios. Além disso, mutações em seres humanos que bloqueiam a função dos monocílios foram relacionadas a doença renal cística.

Como os monocílios atuam no desenvolvimento? Evidências indicam que os monocílios atuam como antenas sobre a superfície celular, recebendo sinais de múltiplas proteínas sinalizadoras, incluindo Sonic hedgehog. Mecanismos que regulam quais tipos de proteínas receptoras estão presentes sintonizam os cílios para determinados sinais. Quando os monocílios são defeituosos, a sinalização é interrompida.

A visão sobre o papel de cílios móveis no desenvolvimento aumentou a partir de estudos sobre a síndrome de Kartagener, um conjunto de condições médicas que geralmente aparecem juntas. Essas condições incluem infertilidade masculina devido a imobilidade do espermatozoide e infecções dos seios nasais e dos brônquios tanto nos homens quanto nas mulheres. Um traço distintivo da síndrome de Kartagener é o *situs inversus*, uma reversão da assimetria esquerda-direita normal dos órgãos no tórax e no abdome **(Figura 47.27)**. O coração, por exemplo, está no lado direito em vez de no lado esquerdo. (Isoladamente, o *situs inversus* não leva a problemas médicos significativos.)

Os cientistas que estavam estudando a síndrome de Kartagener se deram conta de que todas as condições associadas resultam de um defeito que torna os cílios imóveis.

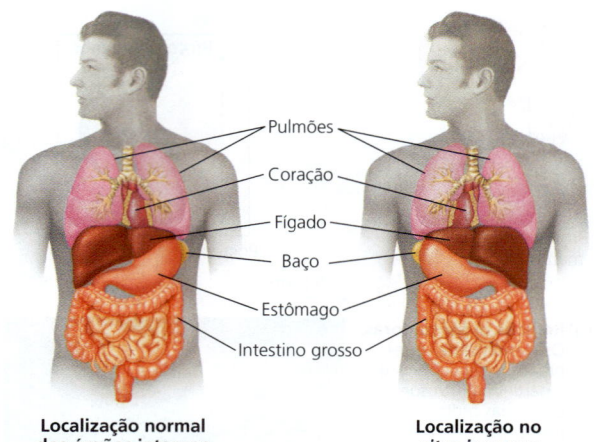

▲ **Figura 47.27** *Situs inversus*, uma reversão da assimetria esquerda-direita normal no tórax e no abdome.

Sem motilidade, a cauda do espermatozoide não pode bater e as células das vias aéreas não podem expelir o muco e os micróbios da via aérea. Mas o que causa *situs inversus* nesses indivíduos? O modelo atual propõe que o movimento ciliar em partes particulares do embrião é essencial para o desenvolvimento normal. As evidências indicam que o movimento dos cílios gera um fluxo de fluido para a esquerda, quebrando a simetria entre os lados direito e esquerdo. Sem esse fluxo, a assimetria ao longo do eixo lateral ocorre aleatoriamente, e metade dos embriões afetados desenvolve *situs inversus*.

Se considerarmos o desenvolvimento como um todo, vemos uma sequência de eventos marcada por ciclos de sinalização e diferenciação. As assimetrias celulares iniciais permitem que diferentes tipos de células influenciem uns aos outros, resultando na expressão de um conjunto de genes específico. Então, os produtos desses genes direcionam as células a se diferenciarem em tipos específicos. Por meio de formação de padrões e morfogênese, as células diferenciadas ao final produzem uma complexa organização de tecidos e órgãos, cada qual funcionando em sua localização apropriada e em coordenação com outras células, tecidos e órgãos por todo o organismo.

REVISÃO DO CONCEITO 47.3

1. Como se diferenciam a formação dos eixos e a formação de padrões?
2. **FAÇA CONEXÕES** De que modo o gradiente morfogênico difere dos determinantes citoplasmáticos e das interações indutivas em relação ao grupo de células que ele afeta (ver Conceito 18.4)?
3. **E SE?** Se as células ventrais de uma gástrula inicial de rã fossem experimentalmente induzidas a expressar grandes quantidades de proteína que inibe a BMP-4, um segundo embrião poderia se desenvolver? Explique.
4. **E SE?** Se você removesse a ZAP de um broto do membro e depois colocasse uma conta embebida em Sonic hedgehog no meio do broto, qual seria o resultado mais provável?

Ver as respostas sugeridas no Apêndice A.

47 Revisão do capítulo

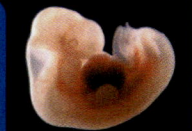

RESUMO DOS CONCEITOS-CHAVE

CONCEITO 47.1

A fertilização e a clivagem iniciam o desenvolvimento embrionário (p. 1044-1049)

- A **fertilização** (ou fecundação) forma um zigoto diploide e inicia o desenvolvimento embrionário. A **reação acrossomal** libera enzimas hidrolíticas da cabeça do espermatozoide que digerem o conteúdo ao redor do óvulo.

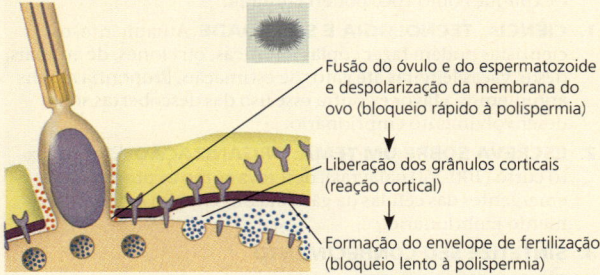

Fusão do óvulo e do espermatozoide e despolarização da membrana do ovo (bloqueio rápido à polispermia)

Liberação dos grânulos corticais (reação cortical)

Formação do envelope de fertilização (bloqueio lento à polispermia)

Na fertilização dos mamíferos, a reação cortical modifica a **zona pelúcida**, agindo como um bloqueio lento à polispermia.

- A fertilização é seguida pela **clivagem**, um período de divisões rápidas sem crescimento, produzindo um grande número de células chamadas de **blastômeros**. A quantidade e a distribuição do **vitelo** influenciam fortemente o padrão de clivagem. Em muitas espécies, a finalização do estágio de clivagem gera uma **blástula** contendo uma cavidade preenchida por líquido, a **blastocele**.

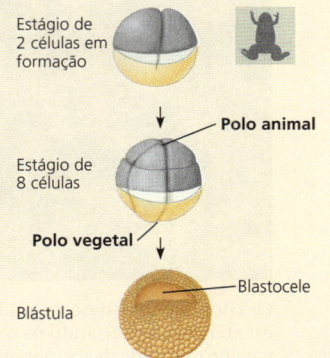

Estágio de 2 células em formação

Polo animal

Estágio de 8 células

Polo vegetal

Blastocele

Blástula

? *Qual evento de superfície celular provavelmente falharia se o espermatozoide entrasse em contato com um óvulo de outra espécie?*

CONCEITO 47.2

A morfogênese nos animais envolve mudanças específicas no formato, na posição e na sobrevivência celular (p. 1049-1057)

- A **gastrulação** converte a blástula em uma **gástrula**, que tem uma cavidade digestória primitiva e três **camadas germinativas**: a **ectoderme** (em azul), que forma a camada externa do embrião, a **mesoderme** (em vermelho), que forma a camada intermediária, e a **endoderme** (em amarelo), que dá origem aos tecidos mais internos.

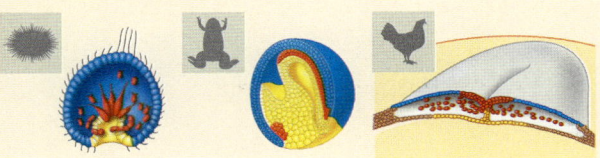

- A gastrulação e a organogênese em mamíferos assemelham-se aos processos em répteis, incluindo aves. Após a fertilização e a clivagem inicial no oviduto, o **blastocisto** implanta-se no útero. O **trofoblasto** inicia a formação da porção fetal da placenta, e o embrião propriamente dito desenvolve-se a partir de uma camada celular, o epiblasto, dentro do blastocisto.
- Os embriões de aves, de outros répteis e dos mamíferos desenvolvem-se dentro de um saco preenchido de líquido que fica contido dentro de uma casca ou do útero. Nesses organismos, os três folhetos embrionários produzem quatro **membranas extraembrionárias**: o âmnio, o cório, o saco vitelínico e o alantoide.
- Os órgãos do corpo animal desenvolvem-se a partir de porções específicas dos folhetos germinativos embrionários. Os eventos iniciais da **organogênese** em vertebrados incluem a neurulação: formação da **notocorda** pelas células da mesoderme dorsal e desenvolvimento do **tubo neural** pela invaginação da placa neural ectodérmica.

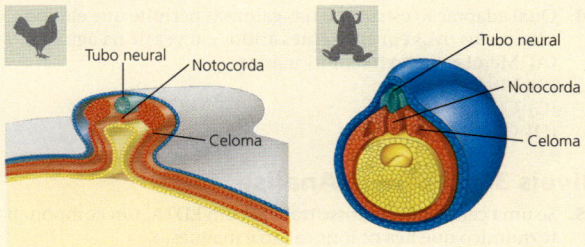

Tubo neural, Notocorda, Celoma

- Rearranjos do citoesqueleto causam mudanças no formato celular que delineiam os movimentos celulares na gastrulação e na organogênese, incluindo invaginações e **extensão convergente**. O citoesqueleto também está envolvido na migração celular, que se baseia nas moléculas de adesão celular e na matriz extracelular para auxiliar as células a chegarem aos seus destinos específicos. As células migratórias surgem tanto da crista neural quanto dos **somitos**.
- Alguns processos no desenvolvimento animal requerem **apoptose**, a morte celular programada.

? *Cite algumas funções da apoptose no desenvolvimento.*

CONCEITO 47.3

Determinantes citoplasmáticos e sinais indutivos regulam o destino da célula (p. 1057-1064)

- **Mapas de destino** derivados de experimentos com embriões mostraram que regiões específicas do zigoto ou da blástula se desenvolvem em partes específicas de embriões mais velhos. A linhagem celular completa foi desvendada para *C. elegans*, revelando que a morte celular programada contribui para o desenvolvimento animal. Em todas as espécies, o potencial de desenvolvimento das células torna-se progressivamente mais limitado à medida que o desenvolvimento embrionário progride.
- As células em um embrião em desenvolvimento recebem e respondem a **informação posicional** que varia conforme a localização. Essa informação está disponível geralmente na forma de moléculas sinalizadoras secretadas por células em regiões específicas do embrião, como o lábio dorsal do blastóporo na gástrula de anfíbios e a **crista ectodérmica apical** e a **zona de atividade polarizadora** do broto de membros de vertebrados.

? *Suponha que você encontrasse duas classes de mutações em camundongo: uma que afetasse apenas o desenvolvimento dos membros e outra que afetasse tanto o desenvolvimento de membros quanto o de rins. Qual classe mais provavelmente alteraria a função dos monocílios? Explique.*

TESTE SEU CONHECIMENTO

Níveis 1-2: Relembre/Entenda

1. A reação cortical dos ovos de ouriço-do-mar funciona diretamente na
   (A) formação do envelope de fertilização.
   (B) produção do bloqueio rápido à polispermia.
   (C) geração de um impulso elétrico pelo ovo.
   (D) fusão do ovo e do núcleo do espermatozoide.

2. Qual das seguintes opções é comum ao desenvolvimento dos mamíferos e das aves?
   (A) Clivagem holoblástica
   (B) Epiblasto e hipoblasto
   (C) Trofoblasto
   (D) Crescente cinza

3. O arquêntero transforma-se em
   (A) mesoderme.
   (B) endoderme.
   (C) placenta.
   (D) lúmen do trato digestório.

4. Qual adaptação estrutural nas galinhas permite que elas ponham seus ovos em ambientes áridos em vez de na água?
   (A) Membranas extraembrionárias
   (B) Vitelo
   (C) Clivagem
   (D) Gastrulação

Níveis 3-4: Aplique/Analise

5. Se uma célula do ovo fosse tratada com EDTA, um componente químico que liga os íons cálcio e magnésio,
   (A) a reação acrossomal seria bloqueada.
   (B) a fusão dos núcleos do espermatozoide e do óvulo seria bloqueada.
   (C) o bloqueio rápido à polispermia não ocorreria.
   (D) o envelope de fertilização não seria formado.

6. Nos seres humanos, gêmeos idênticos existem porque
   (A) as células extraembrionárias interagem com o núcleo do zigoto.
   (B) a extensão convergente ocorre.
   (C) blastômeros iniciais podem formar um embrião completo se isolado.
   (D) o cinza crescente divide o eixo dorsoventral em novas células.

7. Células transplantadas do tubo neural de um embrião de rã para a parte ventral de outro embrião desenvolvem-se em tecidos do sistema nervoso. Esse resultado indica que as células transplantadas eram
   (A) totipotentes.
   (B) determinadas.
   (C) diferenciadas.
   (D) mesenquimais.

8. **DESENHE** Cada círculo azul na figura a seguir representa uma célula em uma linhagem celular. Desenhe duas versões modificadas da linhagem celular, cada versão produzindo três células. Use a apoptose em uma das versões, marcando qualquer célula morta com um X.

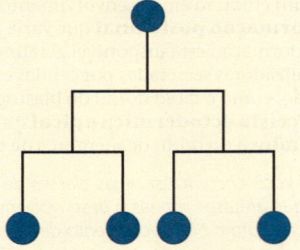

Níveis 5-6: Avalie/Crie

9. **CONEXÃO EVOLUTIVA** A evolução nos insetos e nos vertebrados envolveu a duplicação repetida de segmentos do corpo, seguida pela fusão de alguns segmentos e especialização de suas estruturas e funções. Em vertebrados, quais características anatômicas refletem a segmentação?

10. **PESQUISA CIENTÍFICA** A região do "focinho" de uma salamandra tem uma estrutura em formato de bigode chamada de haltere, enquanto um girino de rã não a tem. Quando você transplanta tecido da lateral de um embrião jovem de salamandra para o focinho de um embrião de rã, o girino desenvolve um haltere. Se você usar um embrião de salamandra ligeiramente mais velho como doador, nenhum haltere se forma. Proponha uma hipótese para explicar esses resultados e explique como você poderia testá-la.

11. **CIÊNCIA, TECNOLOGIA E SOCIEDADE** Atualmente, os cientistas podem fazer cópias idênticas, ou clones, de animais, desde vacas leiteiras até gatos de estimação. Proponha alguns argumentos a favor e contra esse uso das descobertas sobre desenvolvimento embrionário.

12. **ESCREVA SOBRE UM TEMA: ORGANIZAÇÃO** Em um texto curto (100-150 palavras), descreva como as propriedades emergentes das células da gástrula direcionam o desenvolvimento embrionário.

13. **SINTETIZE SEU CONHECIMENTO**

Ocasionalmente, nascem animais com duas cabeças, como esta tartaruga. Pensando na ocorrência de gêmeos idênticos e na propriedade de totipotência, explique como isso poderia ocorrer.

Ver respostas selecionadas no Apêndice A.

48 Neurônios, sinapses e sinalização

CONCEITOS-CHAVE

48.1 A organização e a estrutura dos neurônios refletem sua função na transferência de informações *p. 1068*

48.2 As bombas de íons e os canais iônicos estabelecem o potencial de repouso de um neurônio *p. 1069*

48.3 Os potenciais de ação são os sinais conduzidos por axônios *p. 1072*

48.4 Os neurônios comunicam-se com outras células por meio de sinapses *p. 1077*

Dica de estudo

Faça uma tabela: O termo *potencial* é central para compreender a sinalização neuronal, pois ele fornece a força que comanda as sinalizações elétrica e química. Preencha esta tabela enquanto lê o capítulo ajudá-lo a distinguir características de *potencial de repouso*, *potencial graduado* e *potencial de ação*, bem como potenciais químicos para concentrações de íons sódio e íons potássio.

Potenciais de membrana de um neurônio		Ocorre no corpo celular?	Ocorre no axônio?	Intensidade variável?
Elétrico	Repouso	Sim	Sim	Não
Elétrico	Graduado			
Elétrico	Ação			
Químico	[Na$^+$]			
Químico	[K$^+$]			

Figura 48.1 Este caramujo *Conus geographus* move-se lentamente, mas é um caçador perigoso. Liberando veneno com um dente oco, em forma de arpão, ele pode paralisar um peixe quase instantaneamente. Mergulhadores com SCUBA que capturaram um caramujo *Conus* morreram com apenas uma inoculação do veneno. Na base dessa rápida ação, a natureza letal do veneno deve-se à sua capacidade de bloquear a transferência de informação por neurônios, células especializadas do sistema nervoso.

Como um neurônio transmite informação?

Um neurônio recebe a informação e a transmite ao longo de uma extensão chamada de **axônio** e, então, para outras células por meio de junções especializadas chamadas **sinapses**.

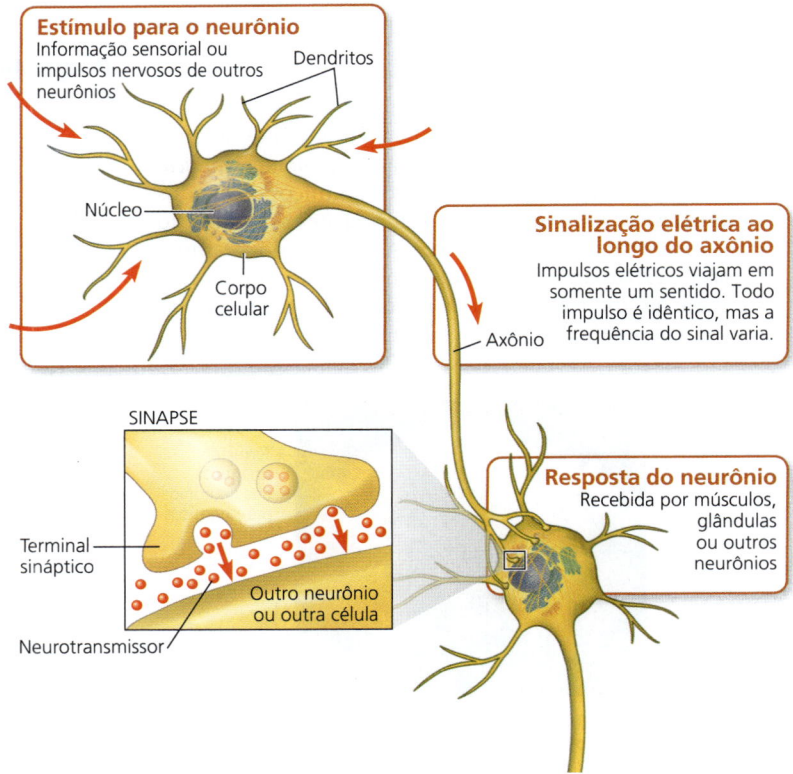

CONCEITO 48.1

A organização e a estrutura dos neurônios refletem sua função na transferência de informações

Nosso ponto de partida para explorar o sistema nervoso é o **neurônio**, um tipo celular que exemplifica o ajuste preciso entre forma e função que muitas vezes surge ao longo da evolução.

Estrutura e função do neurônio

A capacidade de um neurônio de receber e transmitir informação se baseia na organização celular altamente especializada mostrada no diagrama da página anterior. A maioria das organelas de um neurônio, incluindo seu núcleo, está localizada no **corpo celular**. Em um neurônio típico, o corpo celular é provido com inúmeras extensões altamente ramificadas chamadas **dendritos** (do grego *dendron*, árvore). Junto com o corpo celular, os dendritos *recebem* sinais de outros neurônios.

Um neurônio típico tem um único **axônio**, a extensão que *transmite* sinais para outras células. Em geral, os axônios são muito mais longos que os dendritos, e alguns, como aqueles que ligam a medula espinal de uma girafa às células musculares em sua pata, têm mais de 1 metro de comprimento. A estrutura especializada dos axônios permite a eles usarem pulsos de corrente elétrica para transmitir informação, mesmo a longas distâncias. É no cone de implantação, a base em formato de cone do axônio, que os sinais do axônio são gerados. Próximo da sua outra extremidade, o axônio normalmente se divide em várias ramificações.

Cada extremidade ramificada de um axônio transmite informações para outra célula em uma junção chamada **sinapse (Figura 48.2)**. A parte de cada ramo do axônio que forma essa junção especializada é o *terminal sináptico*. Na maioria das sinapses, mensageiros químicos chamados **neurotransmissores** passam informações do neurônio transmissor para a célula receptora. A peçonha do caramujo *Conus* é particularmente potente porque ela interfere não somente na sinalização elétrica ao longo dos axônios, mas também na sinalização química entre sinapses.

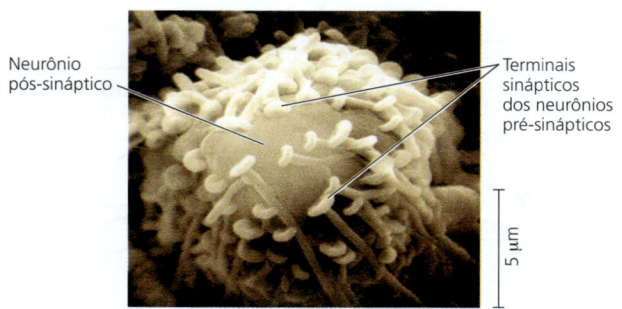

▲ **Figura 48.2** Terminais sinápticos no corpo celular de um neurônio pós-sináptico (MEV colorida).

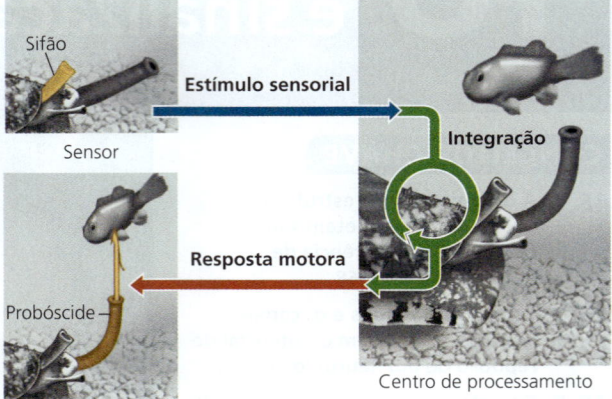

▲ **Figura 48.3** Resumo do processamento de informação. O sifão do caramujo *Conus* atua como um sensor, transferindo informação para processamento nos circuitos neuronais na cabeça do caramujo. Quando uma presa é detectada, esses circuitos emitem comandos motores – sinais que controlam a atividade muscular. Neste exemplo, comandos motores desencadeiam a liberação de um dente em forma de arpão da probóscide, perfurando a presa.

Introdução ao processamento de informações

O processamento de informações pelo sistema nervoso ocorre em três estágios: estímulo sensorial, integração e resposta motora. Como exemplo, vamos considerar o caramujo *Conus*, abordando as etapas envolvidas na identificação e no ataque à sua presa. Para gerar estímulo sensorial ao sistema nervoso, o caramujo inspeciona seu ambiente por meio de sensores em seu sifão em forma de tubo, amostrando odores que podem revelar um peixe nas proximidades **(Figura 48.3)**. Durante esse estágio de integração, redes de neurônios no cérebro do caramujo processam essa informação para determinar se um peixe está de fato presente, e, nesse caso, onde ele está localizado. Então, a resposta motora do centro de processamento inicia o ataque, ativando neurônios que desencadeiam a liberação do dente em forma de arpão em direção à presa.

Em todos os animais, exceto nos mais simples, populações especializadas de neurônios lidam com cada estágio do processamento de informações.

- **Neurônios sensoriais**, como aqueles no sifão do caramujo, transmitem informações sobre estímulos externos (como luz, toque ou cheiro) e condições internas (como pressão sanguínea ou tensão muscular).
- **Interneurônios** formam os circuitos locais conectando neurônios no cérebro ou nos gânglios. Os interneurônios são responsáveis pela integração (análise e interpretação) do estímulo sensorial.
- **Neurônios motores** transmitem sinais para as células musculares, causando sua contração. Outros neurônios adicionais que se estendem para fora dos centros de processamento desencadeiam atividade glandular.

Todos os neurônios transmitem sinais elétricos dentro da célula de maneira idêntica. Assim, um neurônio que detecta um odor transmite a informação ao longo de seu comprimento da mesma maneira que um neurônio que controla o movimento de uma parte do corpo. As conexões específicas feitas pelo neurônio ativo fazem a distinção entre os tipos de informação transmitida. Portanto, a interpretação dos impulsos nervosos envolve diversas vias e conexões neuronais.

Como mostrado na **Figura 48.4**, a forma de um neurônio pode variar de simples a muito complexa, dependendo de seu papel no processamento da informação. Neurônios que possuem dendritos altamente ramificados, como alguns interneurônios, podem receber estímulos de dezenas de milhares de sinapses. De modo semelhante, neurônios que transmitem informação para muitas células-alvo fazem isso por meio de axônios extremamente ramificados. Quando agrupados, os axônios de neurônios formam os agregados que chamamos de **nervos**.

Em muitos animais, os neurônios que realizam a análise, o processamento e a integração estão organizados em um **sistema nervoso central** (**SNC**), o qual pode incluir um **encéfalo** ou agrupamentos mais simples denominados **gânglios**. Os neurônios que transportam a informação para dentro e para fora do SNC constituem o **sistema nervoso periférico** (**SNP**). Neurônios do SNC e do SNP necessitam de células de apoio chamadas de células gliais, ou **glias** (da palavra grega para "aderir") **(Figura 48.5)**.

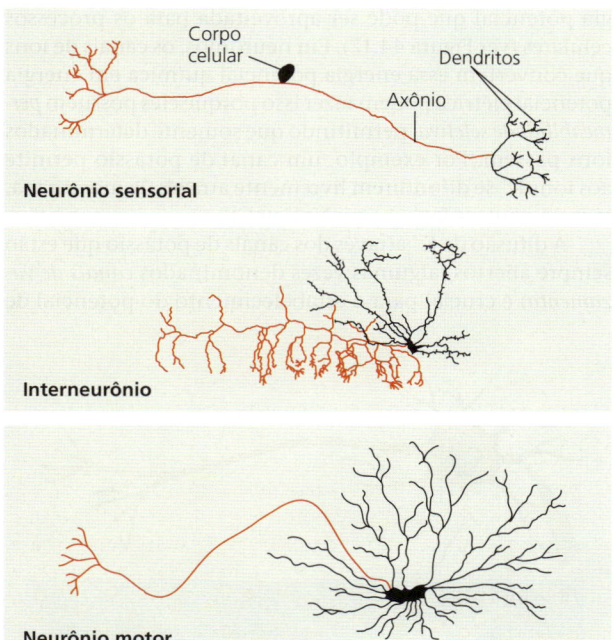

▲ **Figura 48.4 Diversidade estrutural de neurônios.** Nestes desenhos de neurônios, os corpos celulares e os dendritos estão em preto, e os axônios, em vermelho.

REVISÃO DO CONCEITO 48.1

1. Compare a estrutura e a função de axônios e dendritos.
2. Descreva a rota básica do fluxo de informações pelos neurônios que faz você virar a cabeça quando alguém chama o seu nome.
3. **E SE?** Como o aumento da ramificação de um axônio pode ajudar a coordenar respostas a sinais comunicados pelo sistema nervoso?

Ver as respostas sugeridas no Apêndice A.

CONCEITO 48.2

As bombas de íons e os canais iônicos estabelecem o potencial de repouso de um neurônio

Agora, vamos abordar o papel essencial dos íons na sinalização neuronal. Nos neurônios, como em outras células, os íons são distribuídos de modo desigual entre o interior das células e o líquido circundante (ver Conceito 7.4). Por isso, o interior da célula é carregado negativamente em relação ao exterior. Essa diferença de carga, ou *voltagem*, através da membrana plasmática é chamada de **potencial de membrana**, refletindo o fato de que a atração de cargas opostas através da membrana plasmática é uma fonte de energia potencial. Para um neurônio em repouso – que não está enviando um sinal –, o potencial de membrana é denominado **potencial de repouso** e está geralmente entre -60 e -80 milivolts (mV).

Quando um neurônio recebe um estímulo, o potencial de membrana muda. Alterações rápidas no potencial de membrana são o que nos permite ver a estrutura intrincada de uma teia de aranha, ouvir uma música ou andar de bicicleta. Essas mudanças, conhecidas como *potenciais de ação*, serão discutidas no Conceito 48.3. Para compreender como eles conduzem a informação, precisamos explorar as maneiras como os potenciais de membrana são formados, mantidos e alterados.

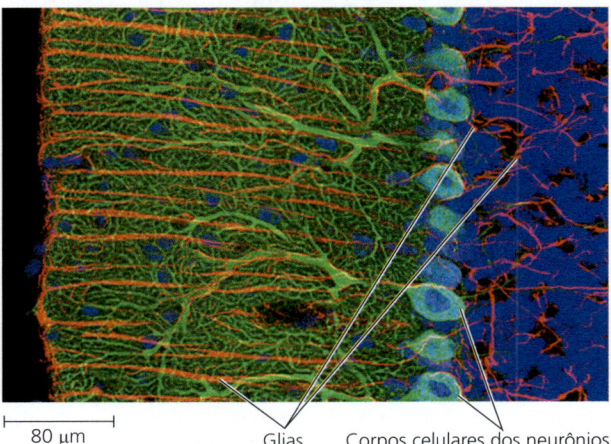

▲ **Figura 48.5 Glia no cérebro dos mamíferos.** Esta micrografia confocal em *laser* marcada com fluorescência mostra uma região do cérebro de um rato repleta de glias e interneurônios. As glias estão marcadas em vermelho, o DNA nos núcleos está marcado em azul, e os dendritos do neurônio estão marcados em verde.

Formação do potencial de repouso

Os íons potássio (K⁺) e os íons sódio (Na⁺) desempenham um papel essencial na formação do potencial de repouso. Cada um desses íons apresenta um gradiente de concentração através da membrana plasmática de um neurônio **(Tabela 48.1)**. Na maioria dos neurônios, a concentração de K⁺ é maior dentro da célula, enquanto a concentração de Na⁺ é maior fora dela. Os gradientes de concentração de Na⁺ e K⁺ são mantidos pela **bomba de sódio-potássio**. Essa bomba utiliza a energia da hidrólise de ATP para transportar ativamente Na⁺ para fora da célula e K⁺ para dentro dela. (Também existem gradientes de concentração para o cloro, Cl⁻ e outros ânions, como mostrado na Tabela 48.1, mas por enquanto podemos ignorá-los.)

A bomba de sódio-potássio transporta 3 Na⁺ para fora da célula para cada 2 K⁺ que ela transporta para dentro **(Figura 48.6)**. Embora esse bombeamento gere uma exportação líquida de carga positiva, a bomba atua vagarosamente. Portanto, a mudança resultante no potencial de membrana é muito pequena – somente alguns milivolts. Então, por que há um potencial de membrana de −60 a −80 mV em um neurônio em repouso? A resposta está no movimento de íons pelos **canais iônicos**, poros formados por agrupamentos de proteínas especializadas que atravessam a membrana. Os canais iônicos permitem que os íons difundam-se para dentro e para fora através da membrana. À medida que os íons se difundem por meio de canais, eles carregam consigo unidades de cargas elétricas. Além disso, os íons podem se mover bem rapidamente pelos canais de íons. Quando isso ocorre, a corrente resultante – um movimento *líquido* de carga positiva ou negativa – gera um potencial de membrana, ou voltagem, através da membrana.

Os gradientes de concentração de íons através da membrana plasmática representam uma forma química de energia potencial que pode ser aproveitada para os processos celulares (ver Figura 44.17). Em neurônios, os canais de íons que convertem essa energia potencial química em energia potencial elétrica podem fazer isso porque eles possuem *permeabilidade seletiva*, permitindo que somente determinados íons passem. Por exemplo, um canal de potássio permite aos íons K⁺ se difundirem livremente através da membrana, mas não outros íons, como Na⁺ ou Cl⁻.

A difusão de K⁺ através dos canais de potássio que estão sempre abertos (algumas vezes denominados *canais de vazamento*) é crucial para o estabelecimento do potencial de

Tabela 48.1	Concentrações iônicas dentro e fora dos neurônios de mamíferos	
Íon	Concentração intracelular (mM)	Concentração extracelular (mM)
Potássio (K⁺)	140	5
Sódio (Na⁺)	15	150
Cloro (Cl⁻)	10	120
Ânions grandes (A⁻), como proteínas, dentro da célula	100	Não aplicável

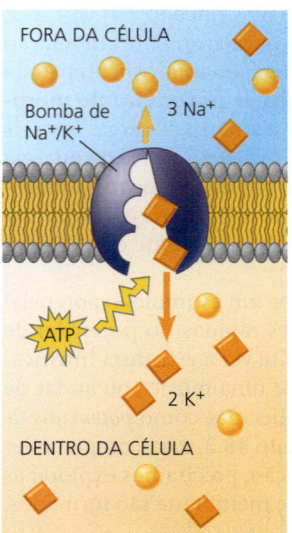

◀ **Figura 48.6 Resumo do transporte ativo pela bomba de sódio-potássio.** Você pode encontrar uma descrição passo a passo da atividade da bomba na Figura 7.15.

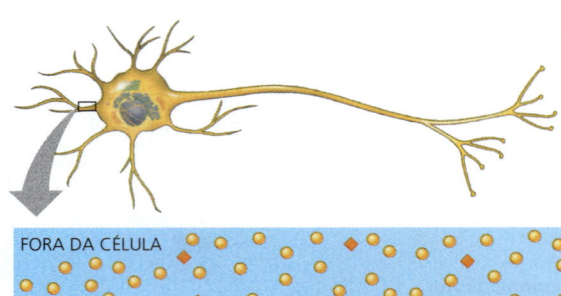

▲ **Figura 48.7 A base do potencial de membrana.** A bomba de sódio-potássio gera e mantém os gradientes de concentração de Na⁺ e de K⁺ mostrados na Tabela 48.1. O gradiente [Na⁺] resulta em muito pouca difusão líquida de Na⁺ em um neurônio em repouso porque poucos canais de sódio estão abertos. Em contrapartida, os muitos canais de potássio abertos permitem uma saída significativa de K⁺. Como a membrana é fracamente permeável para o cloro e outros ânions, essa saída de K⁺ resulta em uma carga líquida negativa dentro da célula.

❓ *Os canais de potássio e sódio possuem aproximadamente a mesma estrutura geral, como mostrado. Como essas proteínas diferem para permitir a passagem de apenas um determinado íon?*

repouso (**Figura 48.7**). A concentração de K⁺ é de 140 milimolares (mM) no interior da célula, mas de somente 5 mM fora dela. Assim, o gradiente de concentração química favorece a saída líquida de K⁺. Também, um neurônio em repouso tem muitos canais de potássio abertos, mas poucos canais de sódio abertos. Como o Na⁺ e outros íons não conseguem atravessar a membrana prontamente, a saída de K⁺ resulta em carga negativa líquida dentro da célula. Essa formação de carga negativa dentro de um neurônio é a maior fonte do potencial de membrana.

O que cessa a formação de carga negativa? O excesso de carga negativa dentro da célula exerce uma força atrativa que se opõe ao fluxo adicional de íons potássio carregados positivamente para fora da célula. Então, a separação de cargas (voltagem) resulta em um gradiente elétrico, que contrabalança o gradiente de concentração química de K⁺.

Modelando o potencial de repouso

O fluxo líquido de K⁺ para fora do neurônio ocorre até que as forças químicas e elétricas estejam em equilíbrio. Podemos modelar esse processo, considerando um par de câmaras separadas por uma membrana artificial. Para iniciar, imagine que a membrana contém muitos canais de íon abertos, dos quais todos permitem somente a difusão transmembrana de K⁺ (**Figura 48.8a**). Para produzir um gradiente de concentração de K⁺ como aquele do neurônio de mamíferos, colocamos uma solução de 140 mM de cloreto de potássio (KCl) na câmara interna e 5 mM de KCl na câmara externa. O gradiente de concentração de K⁺ se difundirá para a câmara externa. Contudo, como os íons cloro (Cl⁻) não podem passar pela membrana, haverá excesso de carga negativa na câmara interna.

Quando o nosso modelo de neurônio alcança o equilíbrio, o gradiente elétrico equilibra-se de forma exata com o gradiente químico, e então nenhuma difusão líquida de K⁺ ocorre através da membrana. A magnitude da voltagem de membrana em equilíbrio para um íon em particular é chamada de **potencial de equilíbrio iônico ($E_{íon}$)**. Para uma membrana permeável a um único tipo de íon, o $E_{íon}$ pode ser calculado usando a *equação de Nernst*. Na temperatura do corpo humano (37 °C) e para um íon com carga líquida de 1+, como o K⁺ ou o Na⁺, a equação de Nernst é

$$E_{íon} = 62\,mV \left(\log \frac{[íon]_{externa}}{[íon]_{interna}} \right)$$

Ao inserir as concentrações de K⁺ na equação de Nernst, revela-se que o potencial de equilíbrio para K⁺ (E_K) é −90 mV (ver Figura 48.8a). O sinal de menos indica que o K⁺ está em equilíbrio quando o interior da membrana estiver 90 mV mais negativo do que o exterior.

Enquanto o potencial de equilíbrio para K⁺ é −90 mV, o potencial de repouso de um neurônio de mamífero é um pouco menos negativo. Essa diferença reflete o movimento pequeno, mas constante, de Na⁺ pelos poucos canais de sódio abertos em um neurônio em repouso. O gradiente de concentração do Na⁺ tem direção oposta ao do K⁺ (ver Tabela 48.1). Portanto, o Na⁺ difunde-se para dentro da célula, tornando o seu interior menos negativo. Se modelarmos uma membrana na qual os únicos canais abertos são seletivamente permeáveis a Na⁺, vemos que uma concentração 10 vezes mais alta de Na⁺ na câmara externa resulta em um potencial de equilíbrio (E_{Na}) de +62 mV (**Figura 48.8b**). Em um neurônio real, o potencial de repouso (−60 a −80 mV) é muito mais próximo ao E_K do que ao E_{Na}, porque há muitos canais de potássio abertos, mas somente um pequeno número de canais de sódio abertos.

Como nem K⁺ nem Na⁺ estão em equilíbrio em um neurônio em repouso, há um fluxo líquido de cada íon através da membrana. O potencial de repouso permanece constante, o que significa que essas correntes de K⁺ e Na⁺ são iguais e opostas. As concentrações iônicas em ambos os

▶ **Figura 48.8 Modelando um neurônio de mamífero.** Neste modelo do potencial de membrana de um neurônio em repouso, uma membrana artificial divide cada compartimento em duas câmaras. Os canais iônicos permitem livre difusão de íons específicos, resultando no fluxo de íons representado por setas. **(a)** A presença de canais de potássio abertos torna a membrana seletivamente permeável a K⁺, e a câmara interna contém uma quantidade 28 vezes maior de K⁺ do que a câmara externa; em equilíbrio, o interior da membrana é −90 mV em relação ao exterior. **(b)** A membrana é seletivamente permeável a Na⁺, e a câmara interna contém uma concentração 10 vezes menor de Na⁺ do que a câmara externa; em equilíbrio, o interior da membrana é +62 mV em relação ao exterior.

E SE? *Como a adição de canais de potássio ou cloreto à membrana em (b) afetaria o potencial de membrana?*

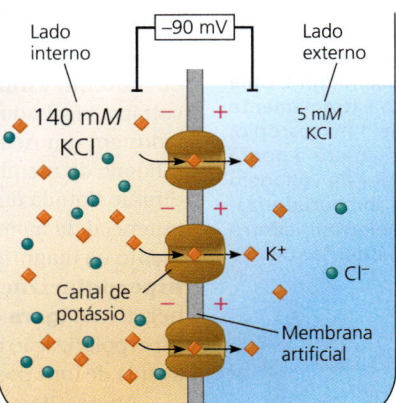

(a) Membrana seletivamente permeável ao K⁺

Equação de Nerst para o potencial de equilíbrio do K⁺ a 37°C:

$$E_K = 62\,mV \left(\log \frac{5\,mM}{140\,mM} \right) = -90\,mV$$

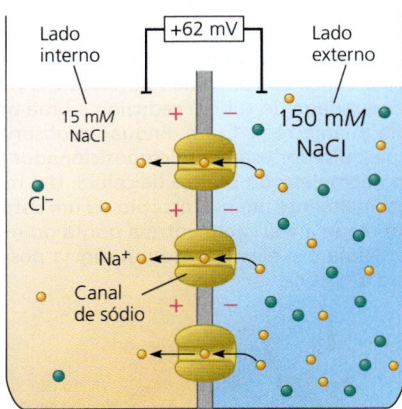

(b) Membrana seletivamente permeável ao Na⁺

Equação de Nerst para o potencial de equilíbrio do Na⁺ a 37°C:

$$E_{Na} = 62\,mV \left(\log \frac{150\,mM}{15\,mM} \right) = +62\,mV$$

lados da membrana também permanecem constantes. Por quê? O potencial de repouso surge do movimento líquido de muito menos íons do que seriam necessários para alterar os gradientes de concentração.

Se é permitido ao Na^+ atravessar a membrana mais rapidamente, o potencial de membrana move-se em direção a E_{Na} e afasta-se de E_K. Como você verá, isso acontece na geração de um impulso nervoso.

REVISÃO DO CONCEITO 48.2

1. Sob quais circunstâncias os íons poderiam fluir por um canal iônico de uma região de uma concentração iônica menor para uma região de concentração iônica maior?
2. **E SE?** Suponha que o potencial de membrana de uma célula mude de −70 mV para −50 mV. Quais alterações na permeabilidade celular de K^+ ou Na^+ poderiam causar essa mudança?
3. **FAÇA CONEXÕES** Revise a Figura 7.11, que ilustra a difusão de moléculas de corante através de uma membrana. A difusão pode eliminar o gradiente de concentração de um corante que tem uma carga líquida? Explique.

Ver as respostas sugeridas no Apêndice A.

CONCEITO 48.3

Os potenciais de ação são os sinais conduzidos por axônios

Quando um neurônio responde a um estímulo, o potencial de membrana muda. Utilizando registro intracelular, pesquisadores podem monitorar essas mudanças em função do tempo **(Figura 48.9)**. Como você verá, esses registros foram

▼ **Figura 48.9** Método de pesquisa

Registro intracelular

Aplicação Eletrofisiologistas utilizam o método de registro intracelular para medir o potencial de membrana de neurônios e outras células.

Técnica Um microeletrodo é feito de um tubo capilar de vidro preenchido com uma solução salina eletrocondutora. Uma extremidade do tubo é reduzida a uma ponta extremamente fina (diâmetro < 1 μm). Enquanto observa pelo microscópio, o pesquisador usa um microposicionador para inserir a ponta do microeletrodo dentro da célula. Um medidor de voltagem (normalmente um osciloscópio ou um sistema computadorizado) mede a voltagem entre a ponta do microeletrodo dentro da célula e o eletrodo de referência posicionado na solução fora da célula.

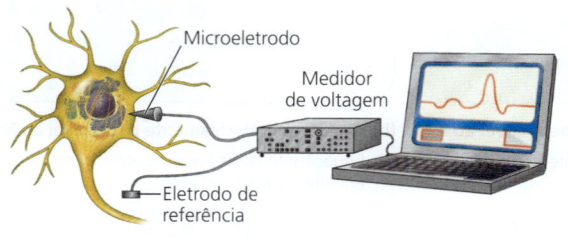

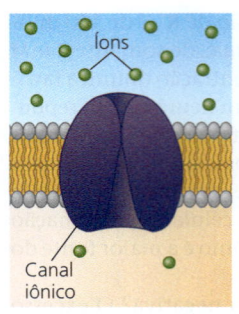

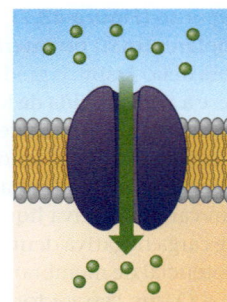

Canal fechado: Sem fluxo iônico na membrana.

Canal aberto: Fluxo iônico no canal.

▲ **Figura 48.10** Canal iônico controlado por voltagem. Uma mudança no potencial de membrana em uma direção (seta sólida) abre o canal controlado por voltagem. A mudança oposta (seta tracejada) fecha o canal.

HABILIDADES VISUAIS *Os canais iônicos controlados permitem o fluxo iônico em qualquer direção. Utilizando a informação visual desta figura, explique por que há movimento iônico líquido quando o canal abre.*

fundamentais para o estudo da transferência de informações por neurônios.

Como um estímulo altera o potencial de membrana? Certos canais de íons dentro de um neurônio, chamados de **canais iônicos controlados**, abrem ou fecham em resposta a estímulos. Quando um canal iônico controlado abre ou fecha, ele altera a permeabilidade da membrana a determinados íons **(Figura 48.10)**. O resultado é um rápido fluxo de íons através da membrana, alterando o potencial de membrana.

Determinados tipos de canais controlados respondem a diferentes estímulos. Por exemplo, a Figura 48.10 ilustra um **canal iônico controlado por voltagem**, um canal que abre ou fecha em resposta a uma alteração na voltagem através da membrana plasmática do neurônio. Mais adiante neste capítulo, discutiremos canais localizados em neurônios que são regulados por sinais químicos.

Hiperpolarização e despolarização

Vamos considerar agora o que acontece em um neurônio quando um estímulo faz canais iônicos controlados por voltagem fechados se abrirem. Se canais de potássio controlados em um neurônio em repouso se abrirem, a permeabilidade da membrana ao K^+ aumenta. Como resultado, a difusão líquida de K^+ fora do neurônio se eleva, alterando o potencial de membrana para E_K (−90 mV a 37 °C). Esse aumento na magnitude do potencial de membrana, chamado **hiperpolarização**, torna o interior da membrana mais negativo **(Figura 48.11a)**. Em um neurônio em repouso, a hiperpolarização resulta de qualquer estímulo que aumenta a saída de íons positivos ou a entrada de íons negativos.

Apesar da abertura dos canais de potássio em um neurônio em repouso causar hiperpolarização, a abertura de alguns outros tipos de canais iônicos tem efeito oposto, tornando o interior da membrana menos negativo **(Figura 48.11b)**. Uma redução na magnitude do potencial de membrana é uma **despolarização**. Nos neurônios, a

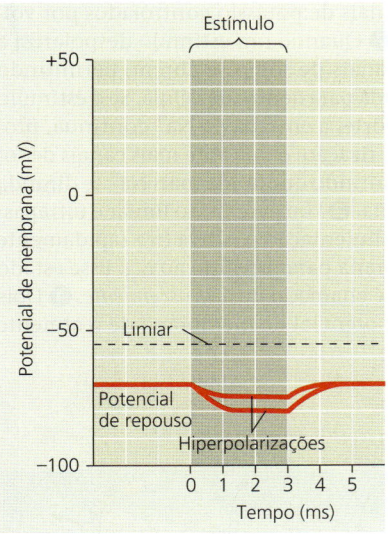 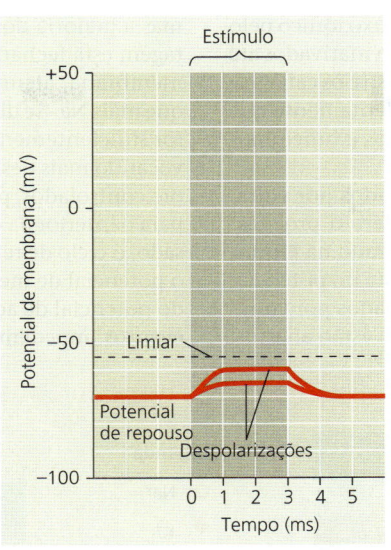 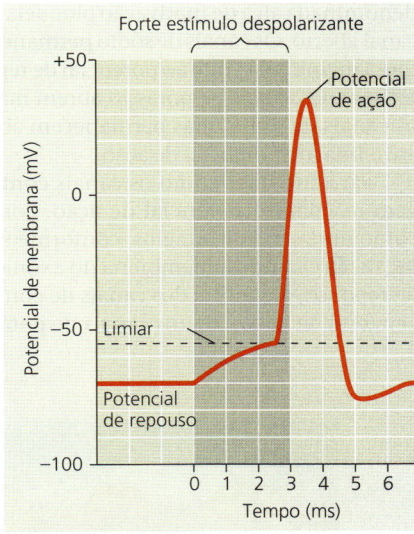

(a) **Hiperpolarizações graduadas produzidas por dois estímulos que aumentam a permeabilidade da membrana ao K⁺.** O maior estímulo produz uma hiperpolarização maior.

(b) **Despolarizações graduadas produzidas por dois estímulos que aumentam a permeabilidade da membrana ao Na⁺.** O maior estímulo produz uma despolarização maior.

(c) **Potencial de ação desencadeado por uma despolarização que atinge o limiar.**

▲ **Figura 48.11** Potenciais graduados e um potencial de ação em um neurônio.

DESENHE Redesenhe o gráfico em (c), estendendo o eixo y. Então, marque as posições de E_K e E_{Na}.

despolarização geralmente envolve canais de sódio controlados. Se um estímulo levar à abertura de canais de sódio controlados, a permeabilidade da membrana ao Na⁺ aumenta. O Na⁺ difunde-se para dentro da célula ao longo do seu gradiente de concentração, causando uma despolarização assim que o potencial de membrana mudar em direção ao E_{Na} (+62 mV a 37 °C).

Potenciais graduados e potenciais de ação

Algumas vezes, a resposta à hiperpolarização ou à despolarização é simplesmente uma mudança no potencial de membrana. Essa mudança, chamada de **potencial graduado**, tem uma magnitude que varia com a força do estímulo: um estímulo maior causa uma mudança maior no potencial de membrana (ver Figuras 48.11a e 48.11b). Potenciais graduados induzem uma pequena corrente elétrica que se dissipa à medida que percorre a membrana. Então, os potenciais graduados decaem com o tempo e com a distância a partir de sua origem.

Se uma despolarização mudar o potencial de membrana suficientemente, o resultado é uma mudança massiva na voltagem da membrana chamada de **potencial de ação**. Ao contrário dos potenciais graduados, os potenciais de ação têm magnitude constante e podem regenerar-se em regiões adjacentes da membrana. Portanto, os potenciais de ação podem espalhar-se ao longo dos axônios, adequando-os para transmitir um sinal por longas distâncias.

Os potenciais de ação surgem porque alguns dos canais iônicos em neurônios são controlados por voltagem (ver Figura 48.10). Se uma despolarização elevar o potencial de membrana a um nível chamado de **limiar**, os canais de sódio controlados por voltagem se abrem. O fluxo resultante de Na⁺ para dentro do neurônio resulta em mais despolarização. Como os canais de sódio são controlados por voltagem, a despolarização aumentada abre mais canais de sódio, levando a uma corrente de fluxo ainda maior. O resultado é um processo de retroalimentação positiva que desencadeia a abertura muito rápida de muitos canais de sódio controlados por voltagem e a mudança temporária acentuada no potencial de membrana que define um potencial de ação **(Figura 48.11c)**.

A alça de retroalimentação positiva de abertura e despolarização do canal provoca um potencial de ação sempre que o potencial de membrana atinge o limiar, de aproximadamente −55 mV em muitos mamíferos. Uma vez iniciado, o potencial de ação tem uma magnitude independente da força do estímulo desencadeador. Como os potenciais de ação ou ocorrem completamente ou não ocorrem, eles representam uma resposta *tudo ou nada* ao estímulo.

Em mais detalhes: geração de potenciais de ação

A forma característica do gráfico de potencial de ação na Figura 48.11c reflete as mudanças no potencial de membrana resultantes do movimento iônico pelos canais de sódio e de potássio controlados por voltagem. A despolarização abre ambos os tipos de canais, mas eles respondem de forma independente e sequencial. Os canais de sódio abrem primeiro, iniciando o potencial de ação. À medida que o potencial de ação ocorre, os canais de sódio permanecem abertos, mas se tornam *inativados*: uma parte da proteína do canal denominada alça de inativação bloqueia o fluxo iônico pelo canal aberto. Os canais de sódio permanecem inativados até que a membrana volte ao potencial de repouso e os canais se fechem. Os canais de potássio abrem mais lentamente que os canais de sódio, mas permanecem abertos e funcionais até o final do potencial de ação.

Para entender como os canais controlados por voltagem moldam o potencial de ação, considere o processo como uma série de estágios, conforme ilustrado na **Figura 48.12**. ❶ Quando a membrana do axônio está no potencial de repouso, a maioria dos canais de controlados por voltagem está fechada. Alguns canais de potássio estão abertos, mas a maioria dos canais de potássio controlados por voltagem está fechada. ❷ Quando um estímulo despolariza a membrana, alguns canais de sódio se abrem, permitindo que mais Na^+ se difunda para dentro da célula. Se o estímulo for suficientemente forte, a entrada de Na^+ continua, provocando mais despolarização, o que abre mais canais de sódio controlados, permitindo que ainda mais Na^+ se difunda para o interior da célula. ❸ Uma vez que o limiar é ultrapassado, o ciclo de retroalimentação positiva traz rapidamente o potencial de membrana para próximo ao E_{Na}. Esse estado do potencial de ação é chamado de *fase ascendente*. ❹ Dois eventos impedem o potencial de membrana de realmente

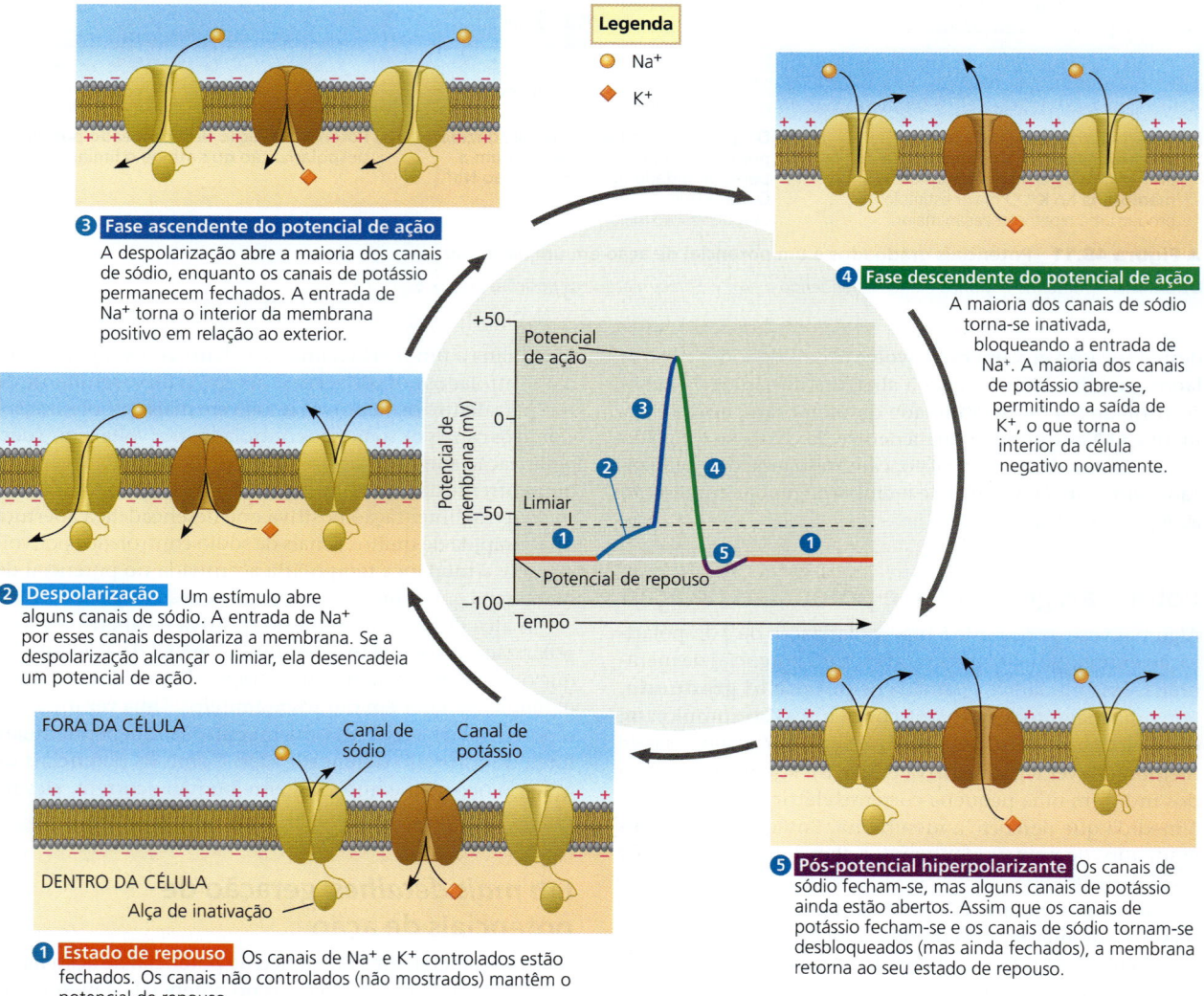

▲ **Figura 48.12 Papel de canais iônicos controlados por voltagem na geração de um potencial de ação.** Os números circulados no gráfico no centro e as cores das fases do potencial de ação correspondem aos cinco diagramas mostrando os canais de sódio e potássio controlados por voltagem na membrana plasmática do neurônio.

DESENHE *Desenhe um diagrama simples mostrando como a retroalimentação positiva é subjacente à fase de elevação do potencial de ação. Seu diagrama deve incluir estes três eventos: (1) mudança no potencial de membrana; (2) fluxo de íons; e (3) abertura, fechamento ou inativação de um canal.*

atingir o E_{Na}: canais de sódio controlados por voltagem inativam-se logo após a abertura, interrompendo o fluxo de Na^+ para a célula, e a maioria dos canais de potássio controlados por voltagem se abre, causando uma rápida saída de K^+. Ambos os eventos levam o potencial de membrana rapidamente a aproximar-se do E_K. Esse estado é chamado de *fase descendente*. ❺ Na fase final de um potencial de ação, chamado de *potencial hiperpolarizante*, a permeabilidade da membrana ao K^+ é maior que no repouso; assim, o potencial de membrana está mais próximo do E_K do que quando está no potencial de repouso. Por fim, os canais de potássio controlados se fecham, e o potencial de membrana retorna ao potencial de repouso.

Por que é necessária a inativação de canais durante um potencial de ação? Como são controlados por voltagem, os canais de sódio abrem-se quando o potencial de membrana atinge o limiar de −55 mV e não se fecham até que o potencial de repouso seja restaurado. Eles são, portanto, abertos pelo potencial de ação. Entretanto, o potencial de repouso não pode ser restaurado a menos que o fluxo de Na^+ para a célula pare. Isso é obtido por inativação. Os canais de sódio permanecem no estado "aberto", mas íons sódio param de fluir quando a inativação ocorre. A interrupção da entrada de Na^+ permite que a saída de K^+ repolarize a membrana.

Os canais de sódio permanecem inativos durante a fase descendente e a fase inicial do pós-potencial hiperpolarizante. Por isso, se um segundo estímulo despolarizante ocorrer durante esse período, ele não conseguirá desencadear um potencial de ação. O período "ocioso", quando um segundo potencial de ação não pode ser iniciado, é chamado de **período refratário**. Observe que o período refratário ocorre devido à inativação dos canais de sódio, e não devido a uma mudança nos gradientes de concentração iônica na membrana plasmática. O fluxo de partículas carregadas durante um potencial de ação envolve muito poucos íons para mudar significativamente a concentração em qualquer lado da membrana.

Condução de potenciais de ação

Após descrever os eventos de um único potencial de ação, exploraremos a seguir como uma série de potenciais de ação move um sinal ao longo de um axônio. No local onde um potencial de ação é iniciado (normalmente no cone de implantação do axônio), a entrada de Na^+ durante a fase ascendente cria uma corrente elétrica que despolariza a região vizinha da membrana do axônio **(Figura 48.13)**. A despolarização é grande o suficiente para atingir o limiar, causando um potencial de ação na região vizinha. Esse processo é repetido muitas vezes ao longo do comprimento do axônio. Como um potencial de ação é um evento tudo ou nada, a magnitude e a duração do potencial de ação são os mesmos em cada posição ao longo do axônio. O resultado líquido é o movimento do impulso nervoso do corpo celular aos terminais sinápticos, muito semelhante aos eventos em cascata desencadeados ao se derrubar o primeiro dominó em uma fileira de dominós.

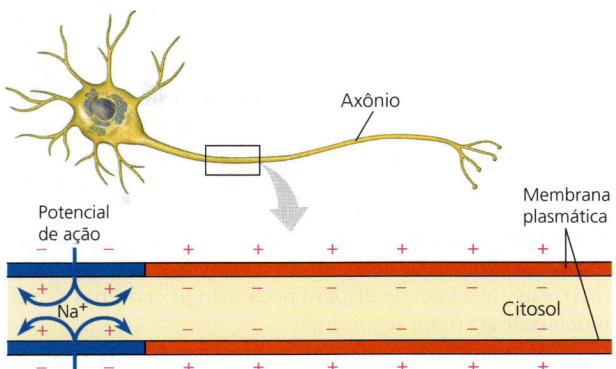

❶ Um potencial de ação é gerado conforme o Na^+ entra pela membrana em uma região.

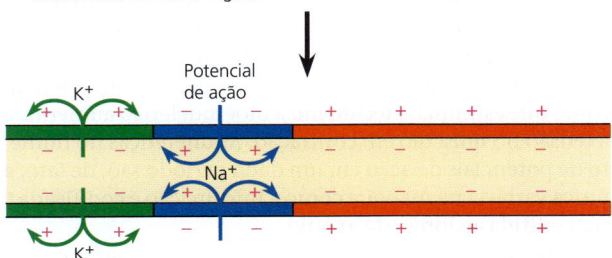

❷ A despolarização de um potencial de ação espalha-se para a região vizinha da membrana, onde reinicia o potencial de ação. À esquerda dessa região, a membrana repolariza à medida que o K^+ flui para fora.

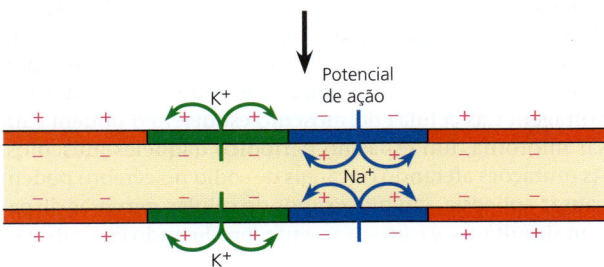

❸ O processo de despolarização-repolarização é repetido na região seguinte da membrana. Nesse sentido, correntes locais de íons *através* da membrana plasmática levam o potencial de ação a ser propagado *ao longo* do comprimento do axônio.

▲ **Figura 48.13 Condução de um potencial de ação.** Esta figura mostra eventos em três momentos sucessivos à medida que o potencial de ação passa da esquerda para a direita. Em cada ponto ao longo do axônio, os canais iônicos controlados por voltagem passam pelas mudanças mostradas na Figura 48.9. As cores da membrana correspondem às fases de potencial de ação naquela figura.

DESENHE *Para o segmento de axônio mostrado, considere um ponto na extremidade esquerda, um ponto no meio e um ponto na extremidade direita. Desenhe um gráfico para cada ponto mostrando a mudança ao longo do tempo no potencial de membrana naquele ponto à medida que um único impulso nervoso se move da esquerda para a direita ao longo do segmento.*

Um potencial de ação que inicia no cone de implantação do axônio move-se ao longo do axônio somente em direção aos terminais sinápticos. Por quê? Imediatamente atrás da zona de despolarização em curso, os canais de sódio mantêm-se inativados, tornando a membrana temporariamente refratária (não responsiva) a mais entradas de íons. Assim, o influxo que despolariza a membrana do axônio *à frente* do potencial de ação não consegue produzir outro potencial de ação *atrás* dele. É por isso que potenciais de ação não se deslocam para trás em direção ao corpo celular.

Depois que o período refratário se completa, a despolarização do cone de implantação do axônio até o limiar desencadeará um novo potencial de ação. Em muitos neurônios, potenciais de ação duram menos de 2 milissegundos (ms), e assim a taxa de disparo pode atingir centenas de potenciais de ação por segundo.

A frequência de potenciais de ação conduz informação: a taxa na qual potenciais de ação são produzidos em um determinado neurônio é proporcional à intensidade da entrada de sinais. Na audição, por exemplo, sons mais altos resultam em potenciais de ação mais frequentes nos neurônios que conectam o ouvido ao cérebro. De maneira semelhante, a frequência aumentada de potenciais de ação em um neurônio que estimula o tecido musculoesquelético aumentará a tensão no músculo em contração. As diferenças no número de potenciais de ação em um dado período são, de fato, a única variável na maneira como a informação é codificada e transmitida ao longo do axônio.

Os canais iônicos controlados e os potenciais de ação têm um papel central na atividade do sistema nervoso. Em consequência, mutações em genes que codificam as proteínas dos canais iônicos podem causar distúrbios que afetam os nervos ou o cérebro – ou os músculos ou o coração, dependendo muito da parte do corpo em que o gene para aquela proteína de canal iônico é expresso. Por exemplo, as mutações afetando os canais de sódio controlados por voltagem nas células do músculo esquelético podem causar miotonia, um espasmo periódico daqueles músculos. As mutações afetando os canais de sódio no cérebro podem causar epilepsia, em que grupos de células nervosas disparam simultânea e excessivamente, produzindo convulsões.

Adaptações evolutivas da estrutura do axônio

EVOLUÇÃO A taxa em que os axônios dentro dos nervos conduzem os potenciais de ação controla quão rapidamente o animal pode reagir ao perigo ou a uma oportunidade. Em razão disso, muitas vezes a seleção natural resulta em adaptações anatômicas que aumentam a velocidade de condução. Uma dessas adaptações é um axônio mais largo. Da mesma forma que uma mangueira larga oferece menos resistência ao fluxo de água que uma mangueira estreita, um axônio largo cria menos resistência à corrente associada a um potencial de ação do que um axônio estreito.

Em invertebrados, a velocidade de condução varia de vários centímetros por segundo em axônios muito estreitos a aproximadamente 30 m/s nos axônios gigantes de alguns artrópodes e moluscos. Esses axônios gigantes (até 1 mm de diâmetro) funcionam em respostas comportamentais rápidas, como a contração muscular que impulsiona uma lula caçadora em direção à sua presa.

Os axônios de vertebrados têm diâmetros estreitos, mas ainda assim podem conduzir potenciais de ação em altas velocidades. Como isso é possível? A adaptação evolutiva que permite a condução rápida em axônios de vertebrados é o isolamento elétrico, análogo ao isolamento plástico que envolve muitos fios elétricos. O isolamento faz a corrente despolarizante associada a um potencial de ação viajar mais longe no interior do axônio, trazendo regiões mais distantes ao limiar mais cedo.

O isolamento elétrico que circunda os axônios dos vertebrados é chamado de **bainha de mielina (Figura 48.14)**. Bainhas de mielina são produzidas por glias: **oligodendrócitos** no SNC e **células de Schwann** no SNP. Durante o desenvolvimento, essas glias especializadas envolvem os axônios em muitas camadas de membrana. As membranas formando essas camadas são, em sua maioria, lipídeos, que são condutores fracos de corrente elétrica; logo, eles atuam como um bom isolante.

Em axônios mielinizados, os canais de sódio controlados por voltagem são restritos aos espaços na bainha de mielina chamados de **nódulos de Ranvier** (ver Figura 48.14). Além disso, o líquido extracelular está em contato com a membrana do axônio apenas nos nódulos. Assim, os potenciais de ação não são gerados nas regiões entre os nódulos. Em vez disso, a corrente interna produzida durante a fase

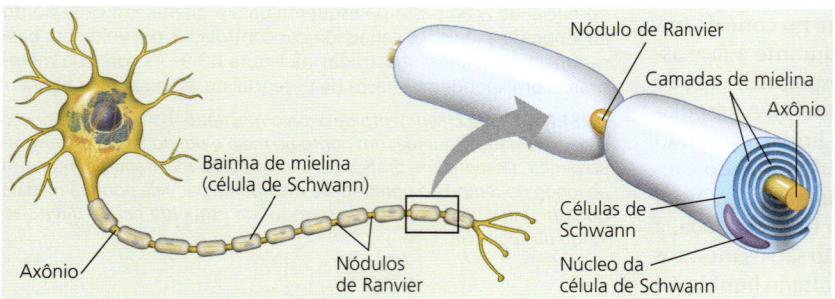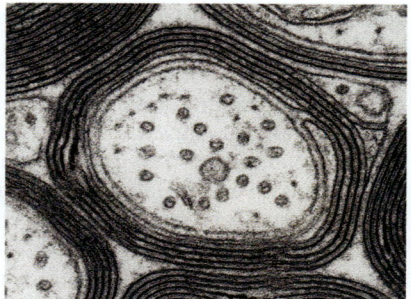

▲ **Figura 48.14 Células de Schwann e a bainha de mielina.** No sistema nervoso periférico, as glias chamadas de célula de Schwann envolvem os axônios, formando camadas de mielina. Espaços entre as células de Schwann adjacentes são chamados de nódulos de Ranvier. A MET mostra uma secção transversal de um axônio mielinizado.

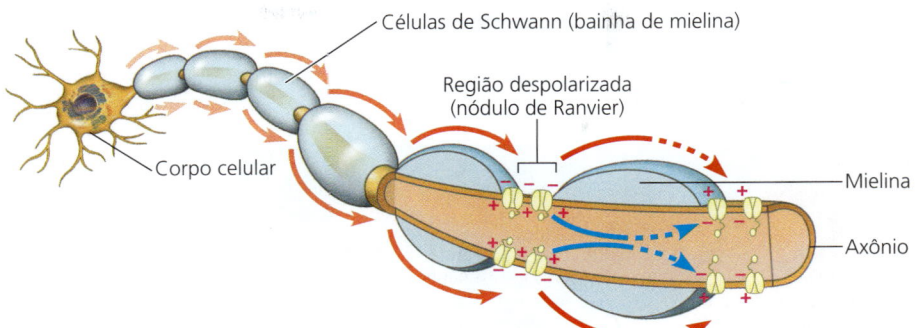

▲ **Figura 48.15** **Propagação de potenciais de ação em axônios mielinizados.** Em um axônio mielinizado, a corrente de despolarização durante um potencial de ação em um nódulo de Ranvier espalha-se ao longo do interior do axônio até o próximo nódulo (setas azuis), onde os canais de sódio controlados por voltagem permitem que ela reinicie. Dessa forma, o potencial de ação parece saltar de nódulo em nódulo à medida que viaja ao longo do axônio (setas vermelhas).

ascendente do potencial de ação em um nódulo viaja dentro do axônio por todo o trajeto até o próximo nódulo. Lá, a corrente despolariza a membrana e regenera o potencial de ação **(Figura 48.15)**.

Os potenciais de ação propagam-se mais rapidamente nos axônios mielinizados porque o processo demorado de abertura e fechamento dos canais iônicos ocorre apenas em um número limitado de posições ao longo do axônio. Esse mecanismo para propagação dos potenciais de ação é denominado **condução saltatória** (do latim *saltare*, pular), pois o potencial de ação parece saltar de nódulo a nódulo ao longo do axônio.

A principal vantagem seletiva da mielinização é a sua eficiência de espaço. Um axônio mielinizado de 20 μm de diâmetro tem velocidade de condução maior que um axônio gigante de lula com um diâmetro 40 vezes maior. Por conseguinte, mais de 2 mil desses axônios mielinizados cabem no espaço ocupado por apenas um axônio gigante.

Para qualquer axônio, mielinizado ou não, a condução do potencial de ação à extremidade do axônio prepara o terreno para a próxima etapa da sinalização neuronal – a transferência de informação para outra célula. Essa transmissão de informação ocorre nas sinapses, nosso próximo tópico.

REVISÃO DO CONCEITO 48.3

1. Qual é a diferença entre os potenciais de ação e os potenciais graduados?
2. Na esclerose múltipla (do grego *skleros*, duro), a bainha de mielina endurece e deteriora. Como isso afetaria a função do sistema nervoso?
3. Como as retroalimentações positiva e negativa contribuem para as mudanças no potencial de membrana durante o potencial de ação?
4. **E SE?** Suponha que uma mutação fizesse os canais de sódio controlados permanecerem inativados por mais tempo após um potencial de ação. Como isso afetaria a frequência com que os potenciais de ação poderiam ser gerados? Explique.

Ver as respostas sugeridas no Apêndice A.

CONCEITO 48.4

Os neurônios comunicam-se com outras células por meio de sinapses

A transmissão de informação dos neurônios para outras células ocorre nas sinapses. As sinapses podem ser elétricas ou químicas.

As *sinapses elétricas* contêm junções comunicantes (ver Figura 6.30) que permitem à corrente elétrica passar diretamente de um neurônio a outro. Essas sinapses frequentemente atuam na sincronização da atividade de neurônios que direcionam comportamentos rápidos e invariáveis. Por exemplo, as sinapses elétricas associadas aos axônios gigantes de lulas e lagostas facilitam a rápida execução de respostas de fuga. Sinapses elétricas também são encontradas no coração e no encéfalo de vertebrados.

A maioria das sinapses são *sinapses químicas*, as quais dependem da liberação de um neurotransmissor químico pelo neurônio pré-sináptico para transferir informação para a célula-alvo. Enquanto está em repouso, o neurônio pré-sináptico sintetiza o neurotransmissor em cada terminal sináptico, empacotando-o em múltiplos compartimentos envoltos por membrana chamados de *vesículas sinápticas*. Quando um potencial de ação chega na sinapse química, ele despolariza a membrana plasmática no terminal sináptico, abrindo canais controlados por voltagem que permitem a entrada de Ca^{2+}. A concentração de Ca^{2+} no terminal se eleva, fazendo as vesículas sinápticas se fusionarem com a membrana do terminal e liberarem o neurotransmissor.

Os neurotransmissores liberados do terminal sináptico se difundem pela *fenda sináptica*, o espaço que separa o neurônio pré-sináptico da célula pós-sináptica. O tempo de difusão é muito curto porque o espaço é menor que 50 nm. Ao atingir a membrana pós-sináptica, o neurotransmissor liga-se ao receptor específico na membrana e o ativa. Essa série de eventos na sinapse está resumida na **Figura 48.16**.

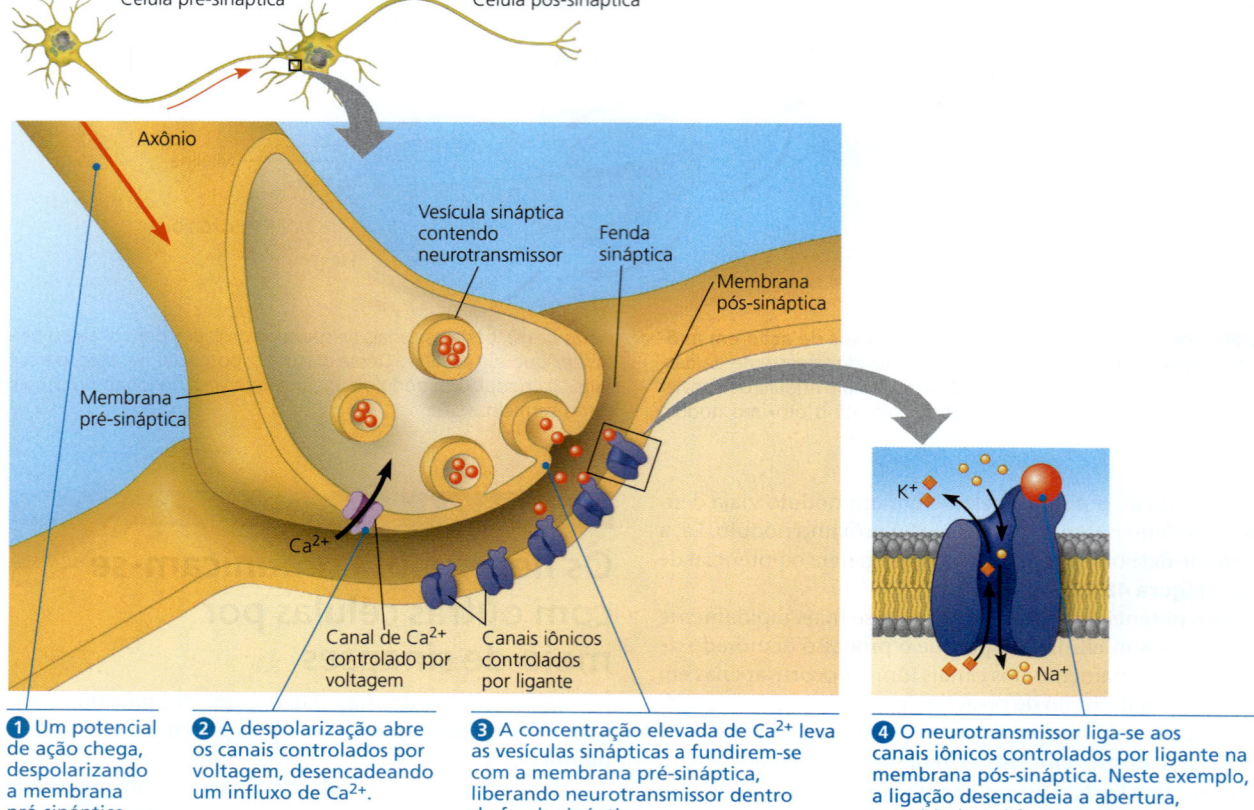

▲ **Figura 48.16** **Sinapse química.** Esta figura ilustra a sequência de eventos que transmite um sinal através de uma sinapse química. Em resposta à ligação do neurotransmissor, canais iônicos controlados por ligante na membrana pós-sináptica abrem-se (como mostrado aqui) ou, menos comumente, fecham-se. A transmissão sináptica termina quando o neurotransmissor se difunde para fora da fenda sináptica, é recaptado pelo terminal sináptico ou por outra célula, ou é degradado por uma enzima.

E SE? *Se todo o Ca^{2+} no líquido circundante de um neurônio fosse removido, como isso afetaria a transmissão da informação dentro e entre os neurônios?*

A transferência de informação nas sinapses químicas pode ser modificada pela alteração na quantidade de neurotransmissor que é liberada ou pela responsividade da célula pós-sináptica. Essas modificações fundamentam a capacidade do animal de alterar seu comportamento em resposta a mudanças e também formam as bases do aprendizado e da memória, como veremos no Conceito 49.4.

Geração de potenciais pós-sinápticos

Em muitas sinapses químicas, a proteína receptora que se liga e responde aos neurotransmissores é um **canal iônico controlado por ligante**, algumas vezes chamado *receptor ionotrópico*. Esses receptores estão agrupados na membrana da célula pós-sináptica, em direção oposta ao terminal sináptico. A ligação do neurotransmissor (o ligante do receptor) a uma determinada parte do receptor abre o canal e permite que íons específicos se difundam pela membrana pós-sináptica. O resultado é o *potencial pós-sináptico*, um potencial graduado na célula pós-sináptica.

Em algumas sinapses químicas, os canais iônicos controlados por ligante são permeáveis tanto ao K^+ quanto ao Na^+ (ver Figura 48.16). Quando esses canais abrem, o potencial de membrana despolariza para um valor aproximadamente intermediário entre E_K e E_{Na}. Como essa despolarização traz o potencial de membrana em direção ao limiar, ela é chamada **potencial pós-sináptico excitatório (PPSE)**.

Em outras sinapses químicas, os canais iônicos controlados por ligante são seletivamente permeáveis somente a K^+ ou Cl^-. Quando esses canais abrem, a membrana pós-sináptica hiperpolariza. Uma hiperpolarização produzida dessa maneira é um **potencial pós-sináptico inibitório (PPSI)** porque move o potencial de membrana para longe do limiar.

Somação de potenciais pós-sinápticos

A interação entre múltiplos estímulos excitatórios e inibitórios é a essência da integração no sistema nervoso. O corpo celular e os dendritos de um neurônio pós-sináptico podem receber estímulos de sinapses químicas formadas por centenas ou até milhares de terminais sinápticos (ver Figura 48.2). Como tantas sinapses contribuem para a transferência de informação?

O estímulo de uma sinapse individual é geralmente insuficiente para desencadear uma resposta em um neurônio pós-sináptico. Para entender o porquê, considere um PPSE originando-se em uma única sinapse. Como um potencial graduado, o PPSE torna-se menor à medida que ele se espalha a partir da sinapse. Portanto, quando um único PPSE alcança o cone de implantação do axônio, ele é normalmente muito pequeno para desencadear um potencial de ação **(Figura 48.17a)**.

Em algumas ocasiões, potenciais pós-sinápticos individuais combinam-se para produzir um potencial pós-sináptico maior, em um processo chamado de **somação**. Por exemplo, dois PPSEs podem ocorrer em uma única sinapse em uma rápida sucessão. Se o segundo PPSE surgir antes de o potencial de membrana pós-sináptico retornar a seu valor de repouso, os PPSEs se juntam por meio de *somação temporal*. Se os potenciais pós-sinápticos somados despolarizarem a membrana do cone de implantação do axônio, o resultado é um potencial de ação **(Figura 48.17b)**. A somação também pode envolver múltiplas sinapses no mesmo neurônio pós-sináptico. Se essas sinapses estiverem ativas ao mesmo tempo, os PPSEs resultantes podem se juntar por meio de *somação espacial* **(Figura 48.17c)**.

A somação aplica-se também aos PPSIs: dois ou mais PPSIs ocorrendo praticamente de forma simultânea nas sinapses na mesma região ou em rápida sucessão na mesma sinapse têm um efeito hiperpolarizante maior que um único PPSI. Por meio de somação, um PPSI também pode contrabalançar o efeito de um PPSE **(Figura 48.17d)**.

O cone de implantação do axônio é o centro de integração do neurônio, a região onde o potencial de membrana a qualquer instante representa o efeito somado de todos os PPSEs e PPSIs. Sempre que o potencial de membrana no cone de implantação do axônio alcança o limiar, um potencial de ação é gerado e viaja ao longo do axônio até seu terminal sináptico. Após o período refratário, o neurônio pode produzir outro potencial de ação, fazendo o potencial de membrana no cone de implantação do axônio atingir outra vez o limiar.

Terminação da sinalização do neurotransmissor

Depois que uma resposta é desencadeada, a sinapse química retorna a seu estado de repouso. Como isso acontece? O principal passo é remover as moléculas do neurotransmissor da fenda sináptica. Alguns neurotransmissores são inativados por hidrólise enzimática **(Figura 48.18a)**.

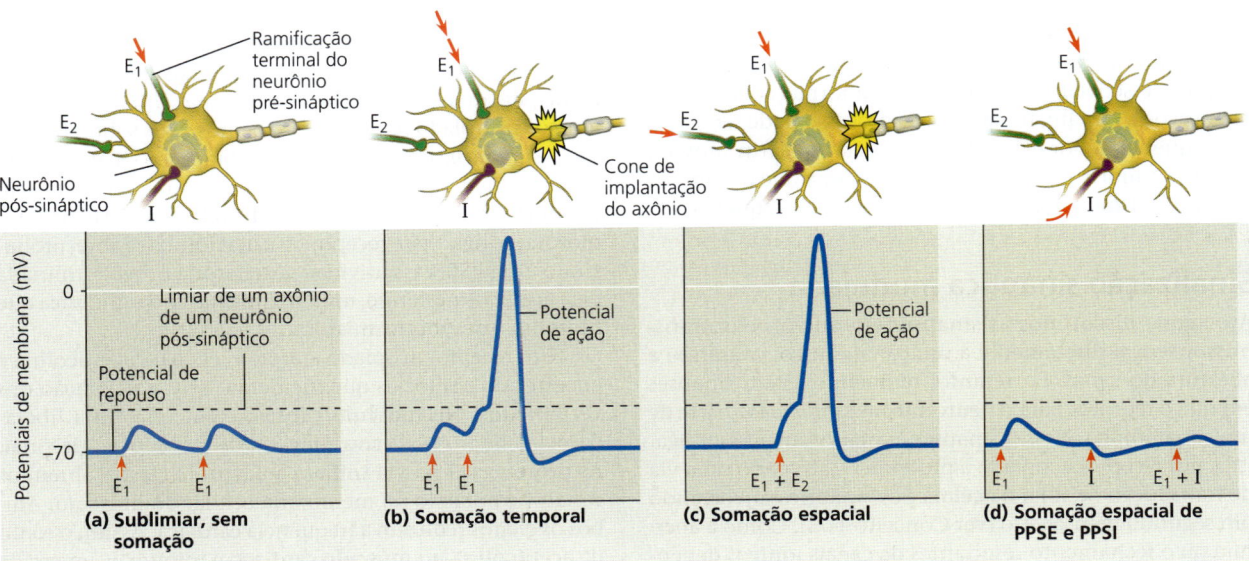

▲ **Figura 48.17 Somação de potenciais pós-sinápticos.** Estes gráficos traçam as mudanças no potencial de membrana no cone de implantação do neurônio pós-sináptico. As setas vermelhas indicam períodos em que potenciais pós-sinápticos ocorrem em duas sinapses excitatórias (E_1 e E_2, em verde nos diagramas acima dos gráficos) e em uma sinapse inibitória (I, em roxo). Como a maioria dos PPSEs, aqueles produzidos em E_1 ou E_2 não alcançam o limiar no cone de implantação do axônio sem a somação.

HABILIDADES VISUAIS *Usando estes desenhos, proponha um argumento de que toda a somação seja, em certo sentido, temporal.*

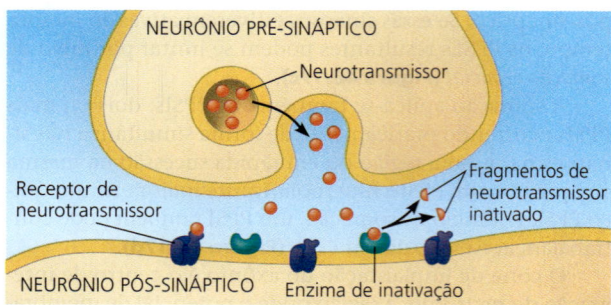

(a) Degradação enzimática de um neurotransmissor na fenda sináptica

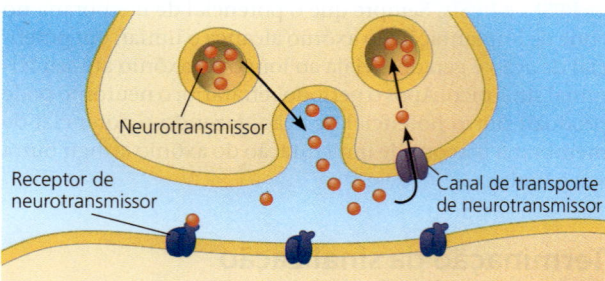

(b) Recaptação de um neurotransmissor por um neurônio pré-sináptico

▲ **Figura 48.18** Dois mecanismos para o término da neurotransmissão.

Outros neurotransmissores são recapturados no neurônio pré-sináptico **(Figura 48.18b)**. Uma vez que essa recaptação ocorre, os neurotransmissores são empacotados outra vez nas vesículas sinápticas ou transferidos à glia para o metabolismo ou reciclagem para neurônios.

A remoção de neurotransmissores da fenda sináptica é um passo essencial na transmissão de informação pelo sistema nervoso. De fato, bloquear esse processo pode ter graves consequências. Por exemplo, o gás nervoso sarin provoca paralisia e morte porque ele inibe a enzima que decompõe o neurotransmissor que controla os músculos esqueléticos.

Sinalização sináptica modulada

Até agora, discutimos as sinapses em que o neurotransmissor se liga diretamente a um canal iônico, causando a abertura do canal. Entretanto, também existem sinapses em que o receptor para o neurotransmissor *não* faz parte de um canal iônico. Nessas sinapses, o neurotransmissor liga-se a um receptor acoplado à proteína G, ativando uma via de transdução de sinal na célula pós-sináptica envolvendo um segundo mensageiro (ver Conceito 11.3). Como a abertura ou o fechamento resultantes de canais iônicos dependem de uma ou mais etapas metabólicas, esses receptores acoplados à proteína G são também chamados *receptores metabotrópicos*.

Os receptores acoplados à proteína G modulam a responsividade e a atividade de neurônios pós-sinápticos de diversas maneiras. Considere, por exemplo, o receptor metabotrópico para o neurotransmissor noradrenalina. A ligação de noradrenalina a seu receptor acoplado à proteína G ativa a proteína G, que, por sua vez, ativa a adenililciclase, enzima que converte ATP em AMPc (ver Figura 11.11). O AMPc ativa a proteína-cinase A, que fosforila proteínas de canais iônicos específicas na membrana pós-sináptica, causando sua abertura ou fechamento. Devido ao efeito amplificador da via de transdução de sinal, a ligação de uma molécula de noradrenalina pode desencadear a abertura ou o fechamento de muitos canais.

Muitos neurotransmissores possuem receptores ionotrópicos e metabotrópicos. Comparados com os potenciais pós-sinápticos produzidos por canais controlados por ligante, os efeitos das vias da proteína G geralmente têm um início mais lento, mas duram mais.

Neurotransmissores

A sinalização na sinapse acarreta uma resposta que depende tanto do neurotransmissor liberado da membrana pré-sináptica quanto do receptor produzido na membrana pós-sináptica. Um único neurotransmissor pode se ligar especificamente a mais de uma dúzia de receptores diferentes. De fato, um determinado neurotransmissor pode excitar células pós-sinápticas expressando um receptor e inibir células pós-sinápticas expressando um outro receptor. Como exemplo, vamos examinar a **acetilcolina**, um neurotransmissor comum tanto em invertebrados quanto em vertebrados.

Acetilcolina

A acetilcolina é vital para as funções do sistema nervoso que incluem a estimulação dos músculos, a formação de memórias e o aprendizado. Nos vertebrados, existem duas classes principais de receptores de acetilcolina. Uma é um canal iônico controlado por ligante. Sabemos mais sobre sua função na *junção neuromuscular* de vertebrados, o local onde um neurônio motor forma uma sinapse com uma célula musculoesquelética. Quando a acetilcolina liberada por neurônios motores se liga a esse receptor, o canal iônico se abre, produzindo um PPSE. Essa atividade excitatória é logo terminada pela acetilcolinesterase, uma enzima na fenda sináptica que hidrolisa o neurotransmissor.

Um receptor acoplado à proteína G para acetilcolina é encontrado em locais que incluem o SNC e o coração dos vertebrados. No músculo cardíaco, a acetilcolina liberada pelos neurônios ativa uma via de transdução de sinal. As proteínas G na via inibem a adenililciclase e abrem os canais de potássio na membrana celular do músculo. Ambos os efeitos reduzem a frequência cardíaca. Assim, o efeito da acetilcolina no músculo cardíaco é inibitório em vez de excitatório.

Várias substâncias químicas com efeitos profundos no sistema nervoso mimetizam ou alteram a função da acetilcolina. A nicotina, um composto químico encontrado no tabaco e na fumaça do cigarro, atua como estimulante ao ligar-se a um receptor ionotrópico de acetilcolina no SNC. Como discutido anteriormente, o gás nervoso sarin bloqueia a clivagem enzimática da acetilcolina. Um terceiro exemplo é a toxina botulínica, que inibe a liberação pré-sináptica de acetilcolina. O resultado é uma forma de intoxicação alimentar chamada de botulismo. Como os músculos necessários à respiração não conseguem contrair-se quando a liberação de acetilcolina é bloqueada, o botulismo não tratado é geralmente fatal. Atualmente, injeções de toxina botulínica, conhecida pelo nome comercial Botox, são usadas cosmeticamente para minimizar rugas ao redor dos olhos ou da boca, ao inibirem a transmissão sináptica para determinados músculos faciais.

Apesar de a acetilcolina ter muitos papéis, ela é apenas um de mais de 100 neurotransmissores conhecidos. Como mostrado pelos exemplos na **Tabela 48.2**, os outros neurotransmissores classificam-se em quatro classes: aminoácidos, aminas biogênicas, neuropeptídeos e gases.

Aminoácidos

O *glutamato* é um dos vários aminoácidos que podem agir como um neurotransmissor. Nos invertebrados, o glutamato, e não a acetilcolina, é o neurotransmissor na junção neuromuscular. Nos vertebrados, o glutamato é o neurotransmissor mais comum no SNC. As sinapses nas quais o glutamato é o neurotransmissor têm um papel-chave na formação da memória de longo prazo, como você verá no Conceito 49.4.

Dois aminoácidos atuam como neurotransmissores inibitórios no SNC. A *glicina* atua nas sinapses inibitórias em partes do SNC que ficam fora do encéfalo. Dentro do encéfalo, o aminoácido *ácido gama-aminobutírico* (*GABA*) é o neurotransmissor da maioria das sinapses inibitórias. A ligação do GABA aos receptores nas células pós-sinápticas aumenta a permeabilidade da membrana ao Cl^-, resultando em um PPSI. O fármaco amplamente prescrito diazepam reduz a ansiedade por meio da ligação a um sítio em um receptor GABA, aumentando a resposta ao GABA.

Aminas biogênicas

Os neurotransmissores agrupados como *aminas biogênicas* são sintetizados a partir de aminoácidos e incluem a *noradrenalina*, que é feita de tirosina. A noradrenalina é um neurotransmissor excitatório no sistema nervoso autônomo, uma ramificação do SNP. Fora do sistema nervoso, a noradrenalina tem funções distintas, mas relacionadas, como um hormônio, assim como a *adrenalina*, uma amina biogênica quimicamente semelhante (ver Conceito 45.3).

A amina biogênica *dopamina*, feita de tirosina, e a *serotonina*, feita de triptofano, são liberadas em muitos locais no cérebro e afetam o sono, o humor, a atenção e o aprendizado. Algumas drogas psicoativas, como o LSD e a mescalina, aparentemente produzem seus efeitos alucinógenos pela ligação a receptores cerebrais para esses neurotransmissores.

As aminas biogênicas têm um papel central em alguns distúrbios do sistema nervoso e no seu respectivo tratamento (ver Conceito 49.5). O distúrbio degenerativo denominado doença de Parkinson está associado à falta de dopamina no cérebro. Além disso, a depressão é frequentemente tratada com medicamentos que aumentam as concentrações cerebrais de aminas biogênicas. A fluoxetina, por exemplo, aumenta o efeito da serotonina ao inibir sua reabsorção depois que ela é liberada por neurônios pré-sinápticos.

Neuropeptídeos

Vários **neuropeptídeos**, cadeias relativamente curtas de aminoácidos, agem como neurotransmissores que operam por meio de receptores acoplados à proteína G. Em geral, esses peptídeos são produzidos pela clivagem de precursores de proteínas muito maiores. O neuropeptídeo *substância P* é um transmissor excitatório fundamental que controla nossa percepção da dor. Outros neuropeptídeos, chamados de **endorfinas**, funcionam como analgésicos naturais, diminuindo a percepção da dor.

As endorfinas são produzidas no cérebro durante os momentos de estresse físico e emocional, como no parto.

Tabela 48.2 Principais neurotransmissores

Neurotransmissor	Estrutura
Acetilcolina	$H_3C-\overset{\overset{O}{\|\|}}{C}-O-CH_2-CH_2-\overset{\overset{CH_3}{\|}}{\underset{\underset{CH_3}{\|}}{N^+}}-CH_3$
Aminoácidos	
Glutamato	$H_2N-\overset{\underset{COOH}{\|}}{CH}-CH_2-CH_2-COOH$
GABA (ácido gama-aminobutírico)	H_2N-CH_2-COOH
Glicina	$H_2N-CH_2-CH_2-CH_2-COOH$
Aminas biogênicas	
Noradrenalina	HO-, HO-, benzeno, $CH(OH)-CH_2-NH_2$
Dopamina	HO-, HO-, benzeno, $CH_2-CH_2-NH_2$
Serotonina	HO-indol, $C-CH_2-CH_2-NH_2$
Neuropeptídeos (grupo muito diverso; apenas dois deles estão mostrados aqui)	
Substância P	Arg—Pro—Lys—Pro—Gln—Gln—Phe—Phe—Gly—Leu—Met
Metencefalina (uma endorfina)	Tyr—Gly—Gly—Phe—Met
Gases	
Óxido nítrico	N=O

Exercício de habilidades científicas

Interpretação de dados expressos em notação científica

O cérebro tem um receptor proteico específico para opiáceos? Os pesquisadores estavam procurando por receptores de opiáceos no cérebro de mamíferos. Sabendo que o medicamento naloxona bloqueia os efeitos analgésicos dos opioides, eles hipotetizaram que a naloxona age se ligando fortemente aos receptores de opiáceos sem ativá-los. Neste exercício, você interpretará os resultados de um experimento para testar essa hipótese.

Como o experimento foi realizado Os pesquisadores incubaram naloxona radioativa em uma mistura proteica preparada a partir de cérebros de roedores. Se a mistura contivesse receptores de opiáceos ou outras proteínas com potencial de se ligar à naloxona, a radioatividade ficaria estável na mistura. Para determinar se a ligação ocorreu devido aos receptores de opiáceos específicos, eles testaram outros medicamentos, opiáceos e não opiáceos, quanto à sua capacidade para bloquear a ligação da naloxona.

Dados do experimento

Substância	Opiáceo	Concentração mais baixa que bloqueou a ligação de naloxona
Morfina	Sim	6×10^{-9} M
Metadona	Sim	2×10^{-8} M
Levorfanol	Sim	2×10^{-9} M
Fenobarbital	Não	Sem efeito em 10^{-4} M
Atropina	Não	Sem efeito em 10^{-4} M
Serotonina	Não	Sem efeito em 10^{-4} M

Dados de C.B. Pert e S.H. Snyder, Opiate receptor: demonstration in nervous tissue, *Science* 179:1011-1014 (1973).

INTERPRETE OS DADOS

1. Os dados acima estão expressos em notação científica: um fator numérico vezes uma potência de 10. Lembre-se de que uma potência negativa de 10 significa um número menor do que 1. Por exemplo, 10^{-1} M (molar) também pode ser escrito como 0,1 M. Escreva as concentrações na tabela para a morfina e a atropina neste formato alternativo.
2. Compare as concentrações listadas na tabela para a metadona e para o fenobarbital. Qual concentração é maior? Por qual diferença?
3. O fenobarbital, a atropina ou a serotonina teriam bloqueado a ligação da naloxona a uma concentração de 10^{-5} M? Explique.
4. **(a)** Quais medicamentos bloqueiam a ligação da naloxona neste experimento? **(b)** O que esses resultados indicam sobre os receptores cerebrais para naloxona?
5. Quando os pesquisadores usaram tecidos dos músculos intestinais em vez de tecido cerebral, eles não encontraram ligação de naloxona. O que isso sugere sobre receptores de opiáceos no músculo de mamíferos?

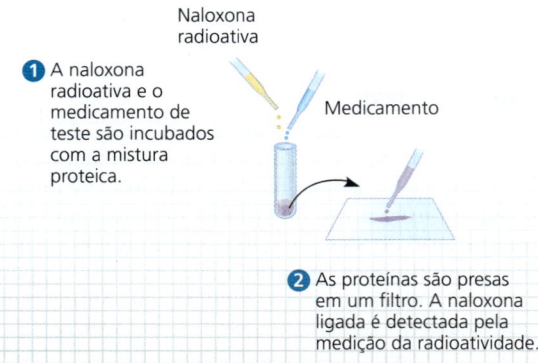

❶ A naloxona radioativa e o medicamento de teste são incubados com a mistura proteica.

❷ As proteínas são presas em um filtro. A naloxona ligada é detectada pela medição da radioatividade.

Além do alívio da dor, elas reduzem a excreção de urina, diminuem a respiração e produzem euforia, bem como outros efeitos emocionais. Como os opiáceos (substâncias como a morfina e a heroína) ligam-se às mesmas proteínas receptoras que as endorfinas, eles mimetizam as endorfinas e produzem muitos dos mesmos efeitos fisiológicos (ver Figura 2.16). No **Exercício de habilidades científicas**, você pode interpretar dados de um experimento delineado para pesquisar receptores de opiáceos no cérebro.

Gases

Alguns neurônios de vertebrados liberam gases dissolvidos como neurotransmissores. Nos homens, por exemplo, certos neurônios liberam óxido nítrico (NO) dentro dos tecidos eréteis do pênis durante a excitação sexual. O relaxamento resultante do músculo liso das paredes dos vasos sanguíneos do tecido esponjoso erétil permite que o tecido se encha de sangue, produzindo a ereção. O medicamento para disfunção erétil sildenafila funciona pela inibição de uma enzima que acaba com a ação do NO.

Ao contrário da maioria dos neurotransmissores, o NO não é estocado nas vesículas citoplasmáticas; em vez disso, é sintetizado de acordo com a demanda. O NO difunde-se para as células-alvo vizinhas, produz mudanças e é degradado – tudo em poucos segundos. Em muitos dos seus alvos, incluindo as células de músculo liso, o NO funciona como muitos hormônios, estimulando uma enzima a sintetizar um segundo mensageiro que afeta diretamente o metabolismo celular.

Embora o gás monóxido de carbono (CO) seja mortalmente tóxico se inalado, os vertebrados produzem pequenas quantidades de CO como um neurotransmissor. Por exemplo, o CO sintetizado no cérebro regula a liberação de hormônios do hipotálamo.

No próximo capítulo, consideraremos como os mecanismos celulares e bioquímicos que discutimos contribuem para o funcionamento do sistema nervoso em nível sistêmico.

REVISÃO DO CONCEITO 48.4

1. Como é possível para um determinado neurotransmissor produzir efeitos opostos em diferentes tecidos?
2. Alguns pesticidas inibem a acetilcolinesterase, enzima que decompõe a acetilcolina. Explique como essas toxinas afetariam os PPSEs produzidos pela acetilcolina.
3. **FAÇA CONEXÕES** Cite uma ou mais atividades da membrana que ocorrem tanto na fertilização de um óvulo quanto na neurotransmissão através de uma sinapse (ver Figura 47.3).

Ver as respostas sugeridas no Apêndice A.

48 Revisão do capítulo

RESUMO DOS CONCEITOS-CHAVE

CONCEITO 48.1

A organização e a estrutura dos neurônios refletem sua função na transferência de informações *(p. 1068-1069)*

- A maioria dos **neurônios** tem **dendritos** ramificados que recebem sinais de outros neurônios e um **axônio** que transmite sinais a outras células nas **sinapses**. Os neurônios dependem da **glia** para funções que incluem nutrição, isolamento e regulação.

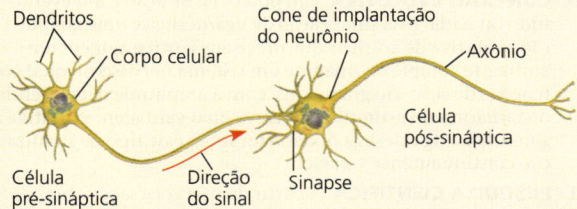

- Um **sistema nervoso central** (**SNC**) e um **sistema nervoso periférico** (**SNP**) processam informações em três estágios: estímulo sensorial, integração e resposta motora às células efetoras.

? *Como o rompimento de um axônio afetaria o fluxo das informações em um neurônio?*

CONCEITO 48.2

As bombas de íons e os canais iônicos estabelecem o potencial de repouso de um neurônio *(p. 1069-1072)*

- Gradientes de concentração iônica geram uma diferença de voltagem, ou **potencial de membrana**, através da membrana plasmática das células. A concentração de Na^+ é maior no exterior do que no interior da célula; o contrário é verdadeiro para o K^+. Nos neurônios em repouso, a membrana plasmática tem muitos canais de potássio abertos, mas poucos canais de sódio abertos. A difusão de íons, principalmente K^+, por meio de canais, gera um **potencial de repouso**, com o interior mais negativo que o exterior.

? *Suponha que você colocou um neurônio isolado em uma solução similar a líquido extracelular e mais tarde transferiu o neurônio para uma solução sem nenhum íon Na^+. Qual mudança você esperaria no potencial de repouso?*

CONCEITO 48.3

Os potenciais de ação são os sinais conduzidos por axônios *(p. 1072-1077)*

- Os neurônios têm **canais iônicos controlados** que abrem ou fecham em resposta a um estímulo, levando a mudanças no potencial de membrana. Um aumento na magnitude do potencial de membrana é uma **hiperpolarização**; uma diminuição é uma **despolarização**. As mudanças no potencial de membrana que variam continuamente com a força de um estímulo são conhecidas como **potenciais graduados**.
- Um **potencial de ação** é uma despolarização breve, tudo ou nada, da membrana plasmática de um neurônio. Quando a despolarização graduada traz o potencial de membrana para o **limiar**, muitos **canais iônicos controlados por voltagem** se abrem, desencadeando um influxo de Na^+ que traz rapidamente o potencial de membrana para um valor positivo. Um potencial de membrana negativo é restaurado pela inativação dos canais de sódio e pela abertura de muitos canais de potássio controlados por voltagem, o que aumenta a saída de K^+. Segue-se um **período refratário**, correspondendo ao intervalo em que os canais de sódio estão inativados.

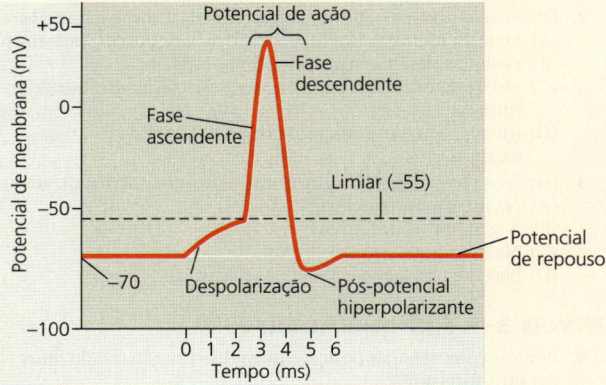

- Um impulso nervoso viaja do cone de implantação do axônio para os terminais sinápticos pela propagação de uma série de potenciais de ação ao logo do axônio. A velocidade de condução aumenta com o diâmetro do axônio e, em muitos axônios de vertebrados, com a mielinização. Potenciais de ação em axônios mielinizados parecem pular de um **nódulo de Ranvier** para outro, em um processo chamado de **condução saltatória**.

INTERPRETE OS DADOS *Assumindo um período refratário igual em comprimento ao potencial de ação (ver o gráfico acima), qual é a frequência máxima por unidade de tempo na qual um neurônio poderia disparar potenciais de ação?*

CONCEITO 48.4

Os neurônios comunicam-se com outras células por meio de sinapses *(p. 1077-1082)*

- Na sinapse elétrica, a corrente elétrica flui diretamente de uma célula para outra. Na sinapse química, a despolarização faz as vesículas sinápticas se fundirem com a membrana terminal e liberarem o **neurotransmissor** dentro da fenda sináptica.
- Em muitas sinapses, o neurotransmissor liga-se a **canais iônicos controlados por ligante** na membrana pós-sináptica, produzindo um **potencial pós-sináptico excitatório** ou **inibitório** (**PPSE** ou **PPSI**). Então, o neurotransmissor se difunde para fora da fenda, é recaptado pelas células adjacentes ou é degradado por enzimas. Um único neurônio tem muitas sinapses em seus dendritos e corpo celular. A **somação** temporal e espacial dos PPSEs e PPSIs no cone de implantação do axônio determina quando o neurônio gera um potencial de ação.
- Diferentes receptores para o mesmo neurotransmissor produzem efeitos diferentes. Alguns receptores de neurotransmissores ativam vias de transdução de sinal, que podem produzir mudanças de longa duração nas células pós-sinápticas. Os principais neurotransmissores incluem a **acetilcolina**; os aminoácidos GABA, glutamato e glicina; as aminas biogênicas; os **neuropeptídeos**; e gases como o NO.

? *Por que muitos medicamentos que são usados para tratar distúrbios do sistema nervoso ou para afetar funções do cérebro são destinados a receptores específicos em vez de algum neurotransmissor?*

TESTE SEU CONHECIMENTO

Níveis 1-2: Relembre/Entenda

1. O que acontece quando a membrana de um neurônio em repouso despolariza?
   (A) Ocorre uma difusão líquida de Na⁺ para fora da célula.
   (B) O potencial de equilíbrio para K⁺ (E_K) torna-se mais positivo.
   (C) A voltagem da membrana do neurônio torna-se mais positiva.
   (D) O interior da célula torna-se mais negativo que o exterior.

2. Uma característica comum dos potenciais de ação é que eles
   (A) levam a membrana a hiperpolarizar e depois despolarizar.
   (B) podem sofrer somação temporal e espacial.
   (C) são desencadeados por uma despolarização que atinge o limiar.
   (D) movem-se na mesma velocidade ao longo de todos os axônios.

3. Onde os receptores dos neurotransmissores estão localizados?
   (A) Na membrana nuclear
   (B) Nos nódulos de Ranvier
   (C) Na membrana pós-sináptica
   (D) Nas membranas das vesículas sinápticas

Níveis 3-4: Aplique/Analise

4. Por que os potenciais de ação normalmente são conduzidos em uma direção?
   (A) Os íons podem fluir ao longo do axônio em apenas uma direção.
   (B) O breve período refratário evita a reabertura dos canais de Na⁺ controlados por voltagem.
   (C) O cone de implantação do axônio tem um potencial de membrana mais elevado do que os terminais do axônio.
   (D) Canais controlados por voltagem para Na⁺ e para K⁺ abrem-se somente em uma direção.

5. Qual das opções a seguir é o resultado mais *direto* da despolarização da membrana pré-sináptica de um terminal de axônio?
   (A) Os canais de cálcio controlados por voltagem na membrana abrem-se.
   (B) As vesículas sinápticas fundem-se com a membrana.
   (C) Os canais controlados por ligante se abrem, permitindo aos neurotransmissores entrar na fenda sináptica.
   (D) Um PPSE ou PPSI é gerado na célula pós-sináptica.

6. Suponha que um neurotransmissor em particular cause um PPSI na célula pós-sináptica X e um PPSE na célula pós-sináptica Y. Uma explicação provável é que
   (A) o valor do limiar na membrana pós-sináptica para a célula X é diferente daquela para a célula Y.
   (B) o axônio da célula X é mielinizado, mas o da célula Y não.
   (C) apenas a célula Y produz uma enzima que cessa a atividade do neurotransmissor.
   (D) as células X e Y expressam diferentes moléculas receptoras para esse neurotransmissor em particular.

Níveis 5-6: Avalie/Crie

7. **E SE?** A ouabaína, substância vegetal usada por alguns povos para envenenar flechas de caça, desabilita a bomba de sódio-potássio. Qual mudança no potencial de repouso você esperaria ver se tratasse um neurônio com ouabaína? Explique.

8. **E SE?** Se uma droga mimetizar a atividade do GABA no SNC, qual efeito geral no comportamento você esperaria? Explique.

9. **DESENHE** Suponha que um pesquisador insira eletrodos em duas posições ao longo da área mediana de um axônio dissecado de uma lula. Aplicando um estímulo despolarizante, o pesquisador leva a membrana plasmática de ambos os locais até o limiar. Utilizando o desenho a seguir como modelo, crie um ou mais desenhos que ilustrem onde cada potencial de ação terminaria.

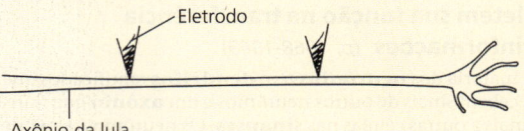

10. **CONEXÃO EVOLUTIVA** Um potencial de ação é um evento tudo ou nada. Essa sinalização de liga/desliga é uma adaptação evolutiva de animais que precisam sentir e agir em um ambiente complexo. Imagine um sistema nervoso no qual potenciais de ação são graduados, com a amplitude dependendo do tamanho do estímulo. Descreva qual vantagem evolutiva a sinalização liga/desliga poderia ter sobre esse tipo de sinalização continuamente variável.

11. **PESQUISA CIENTÍFICA** A partir do que você sabe sobre potenciais de ação e sinapses, proponha duas hipóteses para como vários anestésicos poderiam bloquear a dor.

12. **ESCREVA SOBRE UM TEMA: ORGANIZAÇÃO** Em um texto sucinto (100-150 palavras), descreva como as propriedades estruturais e elétricas de um neurônio de vertebrado refletem semelhanças e diferenças com outras células animais.

13. **SINTETIZE SEU CONHECIMENTO**

A cascavel-dorso-de-diamante (*Crotalus atrox*) alerta inimigos sobre sua presença com um guizo – um conjunto de escamas modificadas na ponta de sua cauda. Descreva os papéis de canais iônicos controlados na inibição e no transporte de um sinal ao longo do nervo da cabeça da serpente até sua cauda e, então, ao músculo que agita seu guizo.

Ver respostas selecionadas no Apêndice A.

49 Sistemas nervosos

CONCEITOS-CHAVE

49.1 O sistema nervoso consiste em circuitos de neurônios e células de apoio p. 1086

49.2 O encéfalo dos vertebrados tem regiões especializadas p. 1091

49.3 O córtex cerebral controla os movimentos voluntários e as funções cognitivas p. 1096

49.4 Mudanças nas conexões sinápticas formam a base da memória e da aprendizagem p. 1099

49.5 Muitos distúrbios do sistema nervoso podem ser hoje explicados em termos moleculares p. 1102

Dica de estudo

Pense em pares: A especialização regional envolve muitos exemplos de estruturas ou circuitos pareados. Preencha as funções complementares ou recíprocas desses pares para ajudá-lo a compreender seus papéis no cérebro ou no sistema nervoso.

Estrutura A/*Função*	Estrutura B/*Função*
SNC (encéfalo e medula espinal) *Integração da informação*	SNP (gânglios e nervos periféricos) *Transferência de informação do/para o SNC*
Divisão simpática do sistema nervoso autônomo	Divisão parassimpática do sistema nervoso autônomo
Hemisfério esquerdo do cérebro	Hemisfério direito do cérebro
Hipocampo (função na memória)	Córtex cerebral (função na memória)

Figura 49.1 Neurocientistas manipularam geneticamente camundongos para expressarem uma combinação aleatória de quatro proteínas fluorescentes em cada célula do cérebro. O resultado, mostrado aqui, é um "arco cerebral", com cada neurônio exibindo 1 de 90 diferentes combinações de cores. Essa tecnologia de arco cerebral é promissora para o estudo de determinadas vias no cérebro de camundongo. Em última análise, porém, o objetivo é compreender nosso próprio cérebro, que contém cerca de 10^{11} (100 bilhões) neurônios e 10^{14} (100 trilhões) conexões.

Como os bilhões de neurônios estão organizados para executar tarefas complexas?

Especialização regional: tarefas complexas, como responder a uma questão oral, envolvem funções escalonadas de diferentes regiões do cérebro.

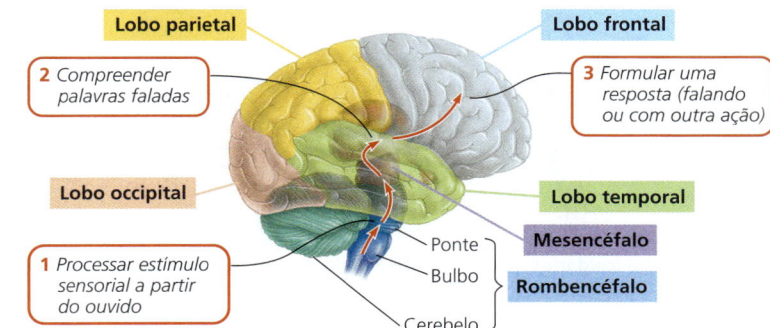

Formação da memória: a informação é armazenada por padrões de reforço de conexões ativas (sinapses) entre determinados neurônios.

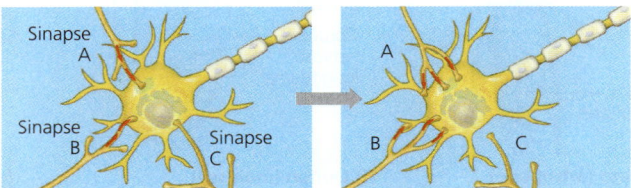

Sinapses que estão ativas simultaneamente (A e B) são reforçadas. Sinapses que não são parte de um circuito ativo (C) são enfraquecidas ou perdidas.

CONCEITO 49.1

O sistema nervoso consiste em circuitos de neurônios e células de apoio

A capacidade de sentir e reagir se originou há bilhões de anos nos procariotos, aumentando a sobrevivência e o sucesso reprodutivo em ambientes que mudam de modo dinâmico. Mais tarde na evolução, modificações de processos simples de reconhecimento e resposta forneceram uma base para a comunicação entre as células no corpo animal. Na época da explosão do Cambriano, há mais de 500 milhões de anos (ver Conceito 32.2), sistemas nervosos especializados haviam surgido, permitindo aos animais perceberem seu entorno e responder rapidamente.

As hidras, as medusas e outros cnidários são os animais mais simples com sistemas nervosos. Na maioria dos cnidários, neurônios interconectados formam uma *rede nervosa* difusa **(Figura 49.2a)**, que controla a contração e a expansão da cavidade gastrovascular. Nos animais mais complexos, os axônios de vários neurônios são frequentemente agrupados, formando **nervos**. Essas estruturas fibrosas canalizam o fluxo de informação por rotas específicas pelo sistema nervoso. Por exemplo, as estrelas-do-mar têm uma série de nervos radiais conectados a um anel nervoso central **(Figura 49.2b)**. No interior de cada braço da estrela-do-mar, o nervo radial está ligado a uma rede nervosa da qual recebe estímulos e para a qual envia sinais que controlam a contração muscular.

Animais com corpos alongados e bilateralmente simétricos possuem sistemas nervosos ainda mais especializados. Em particular, eles exibem *cefalização*, uma tendência evolutiva para o agrupamento de interneurônios e neurônios sensoriais na parte anterior (frontal) do corpo. Nervos que se estendem para a extremidade posterior capacitam esses neurônios da parte anterior a se comunicarem com células em todo o corpo.

Em muitos animais, os neurônios que executam a integração formam um **sistema nervoso central** (**SNC**) e neurônios que conduzem a informação para dentro e para fora do SNC formam um **sistema nervoso periférico** (**SNP**). Em vermes não segmentados, como a planária mostrada na **Figura 49.2c**, um pequeno cérebro e cordões nervosos longitudinais constituem o mais simples SNC claramente definido. Em alguns vermes não segmentados, todo o sistema nervoso é formado a partir de apenas um pequeno número de células, como no caso do nematódeo *Caenorhabditis elegans*. Nessa espécie, um verme adulto (hermafrodita) tem exatamente 302 neurônios – nem mais, nem menos. Invertebrados mais complexos, como vermes segmentados (anelídeos; **Figura 49.2d**) e artrópodes **(Figura 49.2e)**, têm muito mais neurônios. Seu comportamento é regulado por cérebros mais complexos e por cordões nervosos contendo **gânglios**, agrupamentos de neurônios segmentalmente arranjados que agem como pontos de retransmissão da informação.

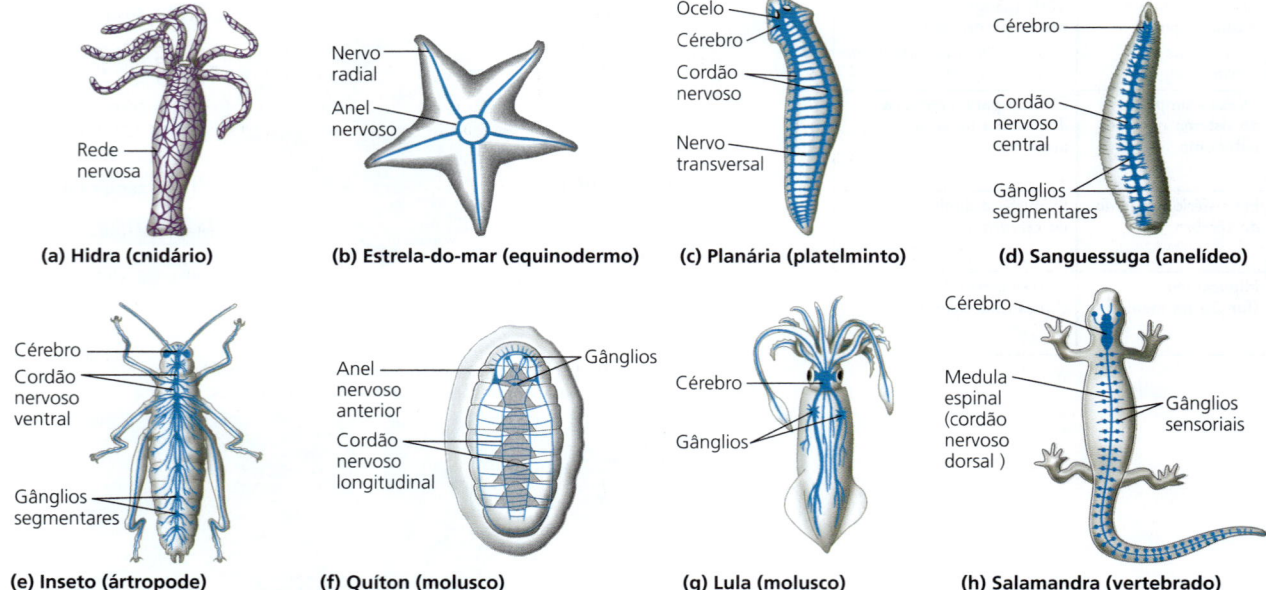

▲ **Figura 49.2 Organização do sistema nervoso. (a)** Uma hidra contém neurônios individuais (em roxo), organizados em uma rede nervosa difusa. **(b-h)** Animais com sistema nervoso mais sofisticado contêm grupos de neurônios (em azul) organizados em nervos e, frequentemente, gânglios e um cérebro.

Dentro de um grupo animal, a organização do sistema nervoso frequentemente está correlacionada com o estilo de vida. Entre os moluscos, por exemplo, espécies sésseis ou de movimentação lenta, como mexilhões e quítons (moluscos da classe dos poliplacóforos), têm órgãos sensoriais relativamente simples e pouca ou nenhuma cefalização **(Figura 49.2f)**. Em contrapartida, moluscos predadores ativos, como polvos e lulas **(Figura 49.2g)**, possuem os sistemas nervosos mais sofisticados de todos os invertebrados. Com seus olhos bem-desenvolvidos, capazes de formar imagens, e um cérebro contendo milhões de neurônios, polvos podem aprender a discriminar padrões visuais e executar tarefas complexas, como abrir um frasco para se alimentar de seu conteúdo.

Em vertebrados como uma salamandra **(Figura 49.2h)** ou um humano **(Figura 49.3)**, o encéfalo e a medula espinal formam o SNC; nervos e gânglios são os elementos-chave do SNP. Especializações regionais são características de ambos os sistemas, como veremos ao longo deste capítulo.

Organização do sistema nervoso de vertebrados

Durante o desenvolvimento embrionário nos vertebrados, o SNC desenvolve-se a partir da cavidade dorsal do cordão nervoso – uma característica dos cordados (ver Figura 34.3).

A cavidade do cordão nervoso dá origem ao estreito *canal central* da medula espinal, assim como aos *ventrículos* do cérebro. O canal e os ventrículos são preenchidos com *líquido cerebrospinal (LCS)* (também chamado de líquido cefalorraquidiano ou líquor), o qual é formado no cérebro pela filtragem do sangue arterial **(Figura 49.4)**. O LCS fornece nutrientes e hormônios ao SNC e remove resíduos metabólicos, circulando pelos ventrículos e canal central antes de drenar para dentro de veias.

Além dos espaços preenchidos por fluido, o cérebro e a medula espinal contêm substância cinzenta e substância branca. A **substância cinzenta** é composta principalmente por corpos celulares de neurônios. A **substância branca** consiste em axônios agrupados. Na medula espinal, a substância branca forma a camada mais externa, refletindo seu papel na ligação entre o SNC e os neurônios motores e sensoriais do SNP. No cérebro, a substância branca está predominantemente no interior, onde a sinalização entre neurônios atua na aprendizagem, na percepção de emoções, no processamento de informações sensoriais e na geração de comandos.

Em vertebrados, a medula espinal se estende no interior da coluna vertebral. A medula espinal conduz a informação para o cérebro e dele para outras regiões, gerando padrões básicos de locomoção. Também atua independentemente do cérebro, como parte de circuitos nervosos simples que produzem **reflexos**, respostas automáticas do corpo a certos estímulos.

Os reflexos protegem o corpo ao fornecer respostas rápidas e involuntárias a determinados estímulos. Reflexos são rápidos porque a informação sensorial é utilizada para ativar neurônios motores sem que a informação tenha primeiro que viajar da medula espinal até o cérebro e voltar. Se você acidentalmente põe sua mão em uma superfície quente, um reflexo puxa sua mão para trás antes mesmo que seu cérebro processe a dor. De modo similar, o reflexo de dobrar o joelho (reflexo patelar) fornece uma resposta protetora imediata quando você pega um objeto inesperadamente pesado. Se sua perna dobrar, a tensão sobre os seus joelhos desencadeia a contração do seu músculo da coxa (quadríceps),

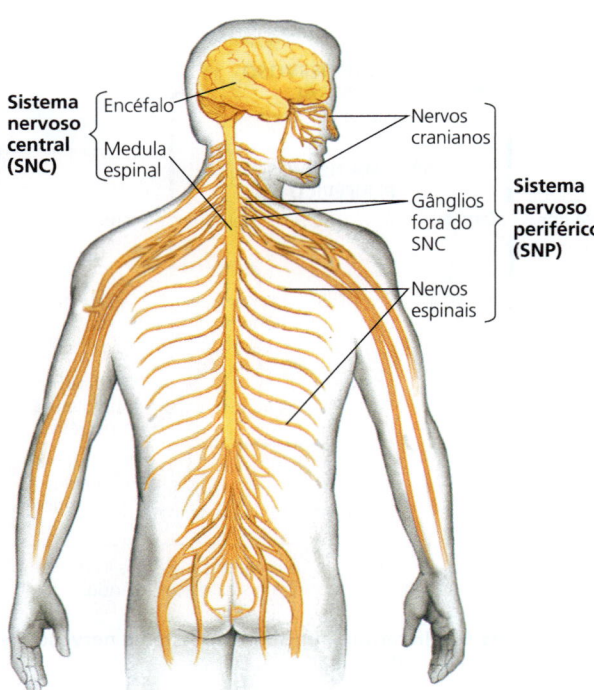

▲ **Figura 49.3 Sistema nervoso dos vertebrados.** O sistema nervoso central consiste no encéfalo e na medula espinal (em amarelo). À esquerda e à direita, pares de nervos cranianos, nervos espinais e gânglios compõem a maior parte do sistema nervoso periférico (em laranja).

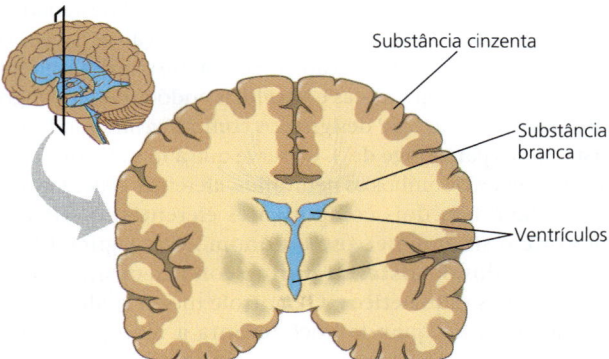

▲ **Figura 49.4 Ventrículos, substância cinzenta e substância branca.** Os ventrículos, localizados profundamente no interior do encéfalo, contêm líquido cerebrospinal. No córtex cerebral, a maior parte da substância cinzenta está sobre a superfície, envolvendo a substância branca.

▶ **Figura 49.5 Reflexo patelar.** Muitos neurônios estão envolvidos nesse reflexo, mas, para simplificar, apenas alguns neurônios são mostrados.

FAÇA CONEXÕES *Utilizando os sinais nervosos para os músculos isquiotibiais e quadríceps nesse reflexo como exemplo, proponha um modelo para a regulação da atividade do músculo liso no esôfago durante o reflexo de deglutição (ver Figura 41.9).*

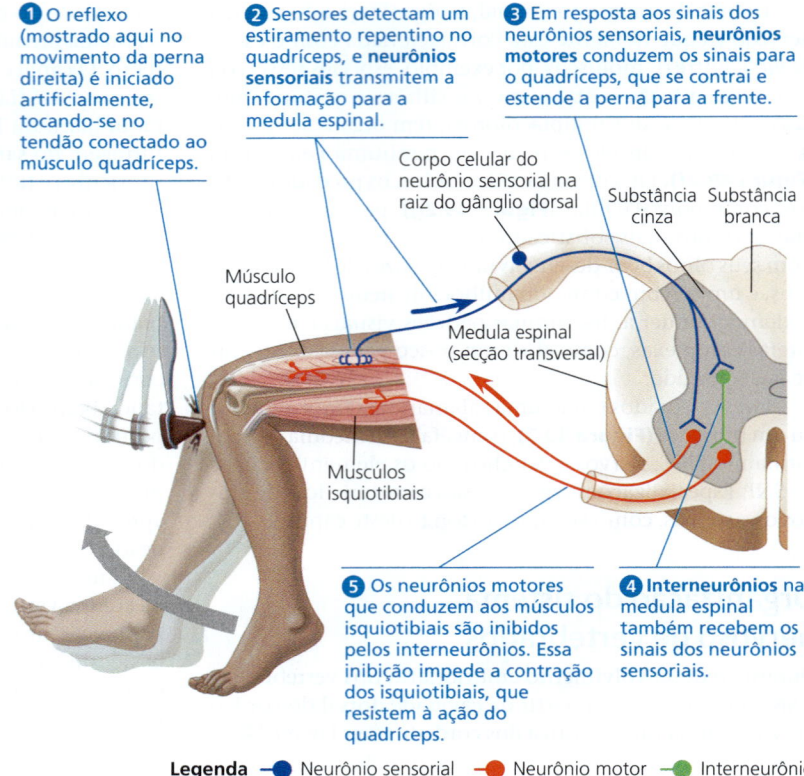

❶ O reflexo (mostrado aqui no movimento da perna direita) é iniciado artificialmente, tocando-se no tendão conectado ao músculo quadríceps.

❷ Sensores detectam um estiramento repentino no quadríceps, e **neurônios sensoriais** transmitem a informação para a medula espinal.

❸ Em resposta aos sinais dos neurônios sensoriais, **neurônios motores** conduzem os sinais para o quadríceps, que se contrai e estende a perna para a frente.

❹ **Interneurônios** na medula espinal também recebem os sinais dos neurônios sensoriais.

❺ Os neurônios motores que conduzem aos músculos isquiotibiais são inibidos pelos interneurônios. Essa inibição impede a contração dos isquiotibiais, que resistem à ação do quadríceps.

Legenda: — Neurônio sensorial — Neurônio motor — Interneurônio

ajudando você a ficar em pé e suportar a carga. Durante um exame físico, o médico pode desencadear o reflexo patelar com um martelo triangular para ajudar a avaliar o funcionamento do sistema nervoso **(Figura 49.5)**.

Sistema nervoso periférico

O SNP transmite informação para o SNC e exerce um importante papel na regulação do movimento e do ambiente interno de um animal **(Figura 49.6)**. A informação sensorial chega ao SNC por meio de neurônios do SNP designados como *aferentes* (do latim para "levar em direção a"). Após o processamento da informação no SNC, as instruções seguem aos músculos, às glândulas e às células endócrinas ao longo dos neurônios do SNP designados como *eferentes* (do latim para "levar para longe de"). Observe que a maioria dos nervos são feixes de ambos os neurônios, aferentes e eferentes.

O SNP tem dois componentes eferentes: o sistema motor e o sistema nervoso autônomo (ver Figura 49.8). Os neurônios do **sistema motor** conduzem sinais para os músculos esqueléticos. O controle motor pode ser voluntário, como quando você levanta a mão para fazer uma pergunta, ou involuntário, como no reflexo patelar controlado pela medula espinal. Em contrapartida, a regulação dos músculos lisos e cardíaco pelo **sistema nervoso autônomo** é, em geral, involuntária. As divisões

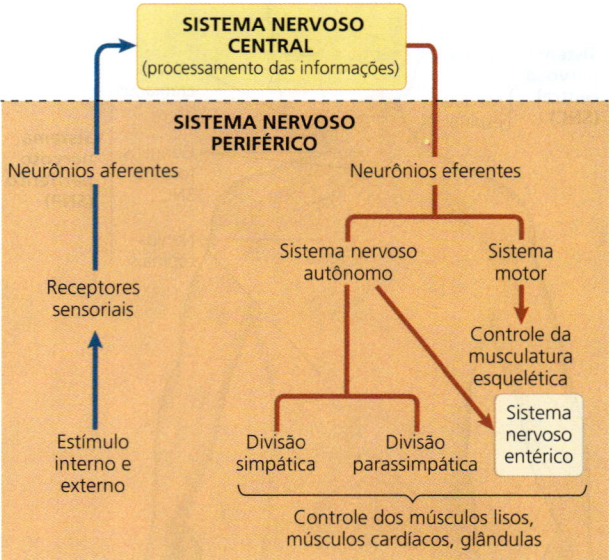

▲ **Figura 49.6 Hierarquia funcional do sistema nervoso periférico dos vertebrados.**

simpática e parassimpática do sistema nervoso autônomo regulam órgãos dos sistemas cardiovascular, excretor e endócrino. Uma rede distinta de neurônios conhecida agora

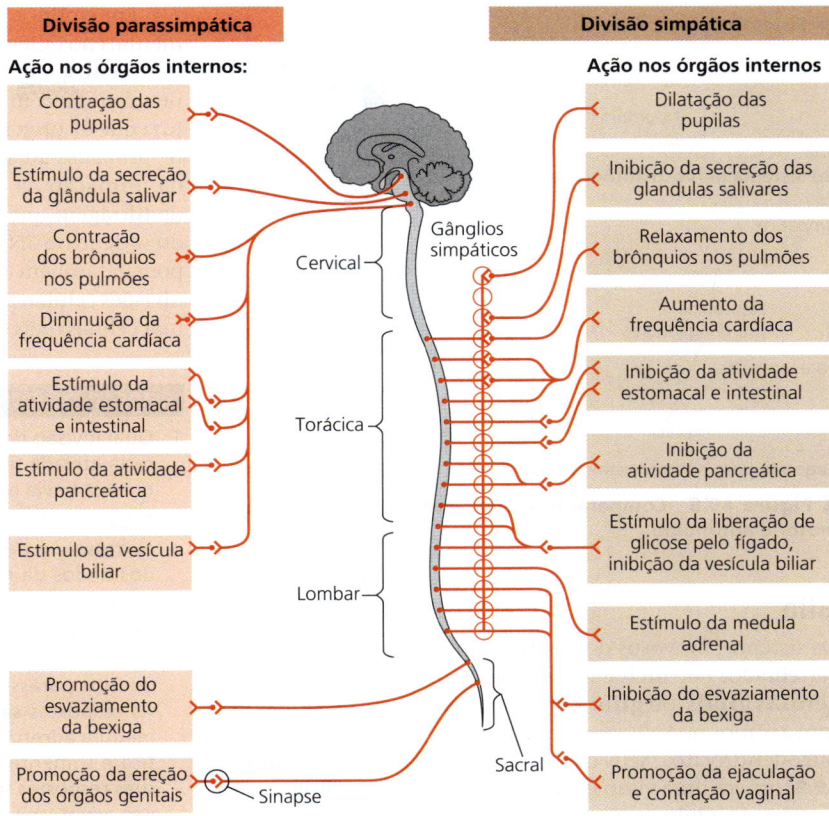

► **Figura 49.7** **Divisões parassimpática e simpática do sistema nervoso autônomo.** A maioria das vias em cada divisão envolve dois neurônios conectando o SNC a órgãos-alvo. O axônio do primeiro neurônio se estende a partir de um corpo celular do SNC ao conjunto de neurônios do SNP cujos corpos celulares estão agrupados em um gânglio. Os axônios desses neurônios do SNP transmitem instruções aos órgãos internos, onde formam sinapses com músculo liso, músculo cardíaco ou células glandulares.

como **sistema nervoso entérico** exerce controle direto e parcialmente independente sobre o trato digestório, o pâncreas e a vesícula biliar.

A homeostase depende frequentemente da cooperação entre o sistema nervoso motor e o sistema nervoso autônomo. Em resposta a uma queda na temperatura corporal, por exemplo, o hipotálamo sinaliza ao sistema motor para causar o tremor, o que aumenta a produção de calor. Ao mesmo tempo, o hipotálamo sinaliza ao sistema nervoso autônomo para contrair os vasos sanguíneos superficiais, reduzindo a perda de calor.

As divisões simpática e parassimpática do sistema nervoso autônomo têm, em grande parte, funções antagônicas (opostas) na regulação do funcionamento dos órgãos **(Figura 49.7)**. A ativação da **divisão simpática** corresponde à excitação e à geração de energia (resposta de "luta ou fuga"). Por exemplo, o coração bate mais rápido, a digestão é inibida, o fígado converte glicogênio em glicose e a medula adrenal aumenta a secreção de adrenalina (epinefrina). A ativação da **divisão parassimpática** geralmente ocasiona respostas opostas que promovem o relaxamento e a volta às funções basais ("descanso e digestão"). Assim, a frequência cardíaca diminui, a digestão é aumentada e a produção de glicogênio é aumentada. Entretanto, na regulação da atividade reprodutiva, uma função que não é homeostática, a divisão parassimpática complementa em vez de antagonizar a divisão simpática, como mostrado na parte inferior da Figura 49.7.

As duas divisões diferem não somente na função geral, mas também na organização e nos sinais liberados. Os nervos parassimpáticos saem do SNC na base do cérebro ou medula espinal e formam sinapses em gânglios próximos ou dentro de um órgão interno. Em contrapartida, nervos simpáticos geralmente saem do SNC no meio da medula espinal e formam gânglios localizados próximos à medula.

Em ambas as divisões simpática e parassimpática, a via do fluxo de informação geralmente envolve um neurônio pré-ganglionar e um pós-ganglionar. Os *neurônios pré-ganglionares* possuem corpos celulares no SNC e liberam acetilcolina como neurotransmissor (ver Conceito 48.4). No caso dos *neurônios pós-ganglionares*, aqueles da divisão parassimpática liberam acetilcolina, enquanto quase todos os seus correspondentes na divisão simpática liberam noradrenalina. É essa diferença de neurotransmissores que permite às divisões simpática e parassimpática produzirem efeitos opostos em órgãos como pulmões, coração, intestino e bexiga. Uma comparação dessas vias no sistema nervoso autônomo, juntamente com uma via do sistema motor, é mostrada na **Figura 49.8**.

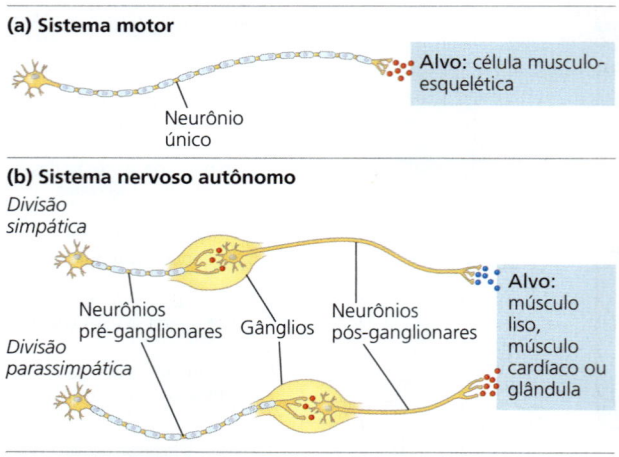

▲ **Figura 49.8** Comparação de vias nos sistemas nervosos motor e autônomo.

Glia

Os sistemas nervosos dos vertebrados e da maioria dos invertebrados não incluem somente neurônios, mas também **células gliais**, ou **glia**. As células de Schwann que mielinizam axônios no SNP são um exemplo de glia, assim como os oligodendrócitos, seus correspondentes no SNC. A **Figura 49.9** fornece uma visão geral dos principais tipos de glias no vertebrado adulto e as maneiras como elas nutrem, sustentam e regulam o funcionamento de neurônios.

Em embriões, dois tipos de glia exercem papéis fundamentais no desenvolvimento do sistema nervoso: glia radial e astrócitos. A *glia radial* forma caminhos ao longo dos quais neurônios recém-formados migram do tubo neural, a estrutura que dá origem ao SNC (ver Figura 47.14). Posteriormente, *astrócitos* adjacentes aos capilares cerebrais participam da formação da *barreira hematencefálica*, um mecanismo de filtragem que impede a entrada de muitas substâncias do sangue no SNC. Tanto a glia radial quanto os astrócitos podem também atuar como células-tronco, as quais sofrem divisões celulares ilimitadas para autorrenovação e para formar células mais especializadas.

REVISÃO DO CONCEITO 49.1

1. Qual divisão do sistema nervoso autônomo provavelmente seria ativada se uma estudante descobrisse que uma prova que ela havia esquecido começaria em 5 minutos? Explique.
2. **E SE?** Suponha que uma pessoa tivesse um acidente que cortasse um pequeno nervo necessário para mover alguns dos dedos da mão direita. Você também esperaria algum efeito na sensação desses dedos?
3. **FAÇA CONEXÕES** A maioria dos tecidos regulados pelo sistema nervoso autônomo recebe estímulos tanto simpáticos quanto parassimpáticos dos neurônios pós-ganglionares. As respostas são geralmente locais. Em contrapartida, a medula adrenal recebe estímulos apenas da divisão simpática e somente de neurônios pré-ganglionares, ainda que suas respostas sejam observadas por todo o corpo. Por que isso acontece? (Ver Figura 45.19.)

Ver as respostas sugeridas no Apêndice A.

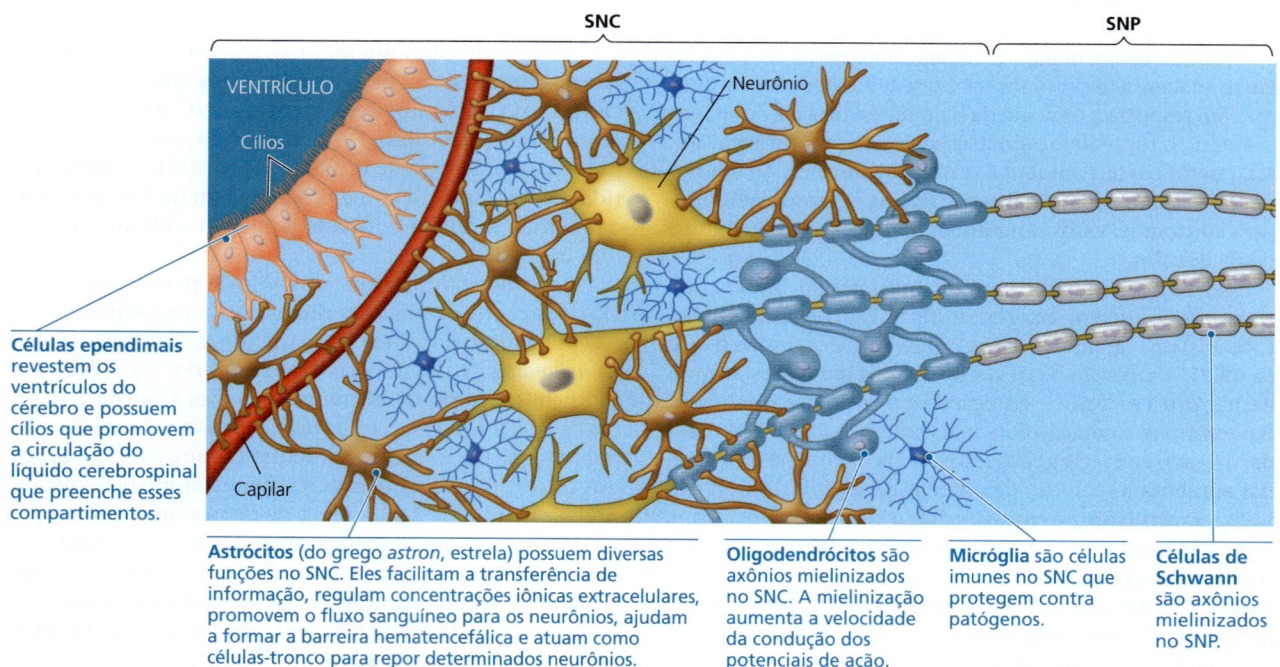

▲ **Figura 49.9** Glia no sistema nervoso de vertebrados.

CONCEITO 49.2

O encéfalo dos vertebrados tem regiões especializadas

Passamos agora ao encéfalo dos vertebrados, que apresenta três grandes regiões: prosencéfalo, mesencéfalo e rombencéfalo (mostradas aqui para um peixe actinopterígeo).

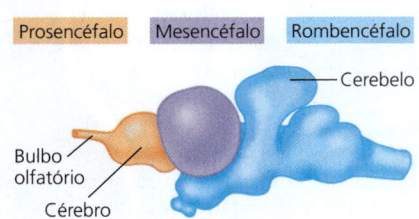

Cada região é especializada conforme sua função. O **prosencéfalo**, que contém o *bulbo olfatório* e o *cérebro*, tem atividades que incluem processamento de informações olfativas (odores), regulação do sono, aprendizagem e qualquer processamento complexo. O **mesencéfalo**, centralmente localizado no cérebro, coordena o fluxo de informações sensoriais. O **rombencéfalo**, parte do qual forma o *cerebelo*, controla atividades involuntárias, como a circulação sanguínea, e coordena atividades motoras, como a locomoção.

EVOLUÇÃO Comparando vertebrados em uma árvore filogenética, nota-se que os tamanhos relativos de regiões particulares do cérebro diferem **(Figura 49.10)**. Além disso, essas diferenças de tamanho refletem diferenças na importância de determinadas funções do cérebro. Considere, por exemplo, os peixes actinopterígeos, que exploram o ambiente utilizando o olfato, a visão e um sistema de linha lateral que detecta correntes de água, estímulos elétricos e a posição do corpo. O bulbo olfatório, que detecta odores na água, é relativamente grande nesses peixes. Assim também é o mesencéfalo, que processa a informação visual e os sistemas de linhas laterais. Em contrapartida, o córtex cerebral, necessário para o processamento complexo e a aprendizagem, é relativamente pequeno.

A correlação entre o tamanho e a função de regiões do cérebro também pode ser observada considerando-se o cerebelo. Peixes actinopterígeos de nado livre, como o atum, controlam o movimento em três dimensões na água aberta e apresentam um cerebelo relativamente grande. Em comparação, o cerebelo é muito menor em espécies que não sabem nadar ativamente, como a lampreia. Então, a evolução resultou em uma estreita correspondência entre estrutura e função, com o tamanho de determinadas regiões do cérebro correlacionadas à sua importância para a espécie no funcionamento do sistema nervoso e, portanto, na sua sobrevivência e reprodução.

Se compararmos aves e mamíferos com grupos que divergiram do ancestral comum dos vertebrados no início da evolução, duas tendências são evidentes. Em primeiro lugar, o prosencéfalo de aves e mamíferos ocupa uma fração maior do cérebro comparado ao de anfíbios, peixes e outros vertebrados. Em segundo lugar, as aves e os mamíferos apresentam cérebros muito maiores em relação ao tamanho do corpo do que os outros grupos. De fato, a relação do tamanho do cérebro com o peso corporal para aves e mamíferos é 10 vezes maior do que a de seus ancestrais. Essas diferenças no tamanho total do cérebro e o tamanho relativo do prosencéfalo refletem a maior capacidade de aves e mamíferos para a cognição, bem como um raciocínio superior, características que abordaremos adiante neste capítulo.

No caso dos humanos, os 100 bilhões de neurônios no cérebro fazem 100 trilhões de conexões. Como há tantas células e ligações organizadas em circuitos e redes que podem executar processamento altamente sofisticado de informação, armazenamento e recuperação? Ao abordar essa questão, vamos começar com a **Figura 49.11**, que explora a arquitetura geral do cérebro humano. Você pode usar essa figura para traçar como estruturas cerebrais surgem durante o desenvolvimento embrionário; para usar como referência de tamanho, formato e localização dessas estruturas no cérebro adulto; e como introdução às suas funções mais bem compreendidas.

Para saber mais sobre como a estrutura particular do cérebro e sua organização geral se relacionam com a função cerebral em seres humanos, consideraremos primeiro os ciclos de atividade do cérebro e a base fisiológica da emoção. Em seguida, no Conceito 49.3, mudaremos nosso foco para a especialização regional no córtex cerebral.

▲ **Figura 49.10 Estrutura e evolução do encéfalo de vertebrados.** Estes exemplos de encéfalos de vertebrados são desenhados nas mesmas dimensões gerais para evidenciar as diferenças no tamanho relativo das principais estruturas. Essas diferenças em tamanho relativo, que surgiram ao longo da evolução dos vertebrados, estão correlacionadas com a importância de determinadas funções para determinados grupos de vertebrados.

▼ Figura 49.11 Explorando a organização do encéfalo humano

O encéfalo é o órgão mais complexo do corpo humano. Rodeado pelos ossos densos do crânio, o encéfalo é dividido em um conjunto de estruturas distintas, algumas das quais são visíveis na ressonância magnética (RM) da cabeça de um adulto mostrada à direita. O diagrama abaixo traça o desenvolvimento dessas estruturas no embrião. Suas principais funções são explicadas no texto principal do capítulo.

Desenvolvimento do encéfalo humano

À medida que se desenvolve no embrião humano, o tubo neural forma três protuberâncias anteriores – prosencéfalo, mesencéfalo e rombencéfalo – que, em conjunto, formam o cérebro adulto. O mesencéfalo e porções do rombencéfalo dão origem ao **tronco encefálico**, um pedúnculo que se une com a medula espinal na base do cérebro. A parte remanescente do rombencéfalo origina o **cerebelo**, que se situa atrás do tronco encefálico. Enquanto isso, o prosencéfalo desenvolve-se no diencéfalo, incluindo os tecidos neuroendócrinos do encéfalo, e no telencéfalo, que se torna o **cérebro**. Devido ao crescimento rápido e expansivo do telencéfalo durante o segundo e o terceiro meses, a porção externa, ou córtex, do cérebro se estende para fora e forma a maior parte do encéfalo.

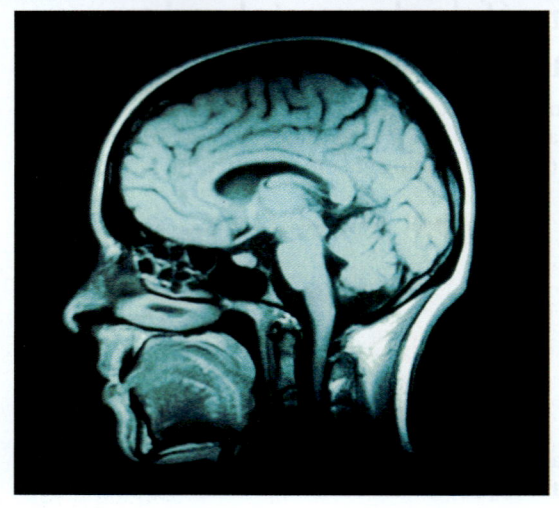

Regiões embrionárias do encéfalo		Estruturas encefálicas da criança e do adulto
Prosencéfalo	Telencéfalo	Cérebro (inclui o córtex cerebral e os núcleos da base)
Prosencéfalo	Diencéfalo	Diencéfalo (tálamo, hipotálamo, epitálamo)
Mesencéfalo	Mesencéfalo	Mesencéfalo (parte do tronco encefálico)
Rombencéfalo	Metencéfalo	Ponte (parte do tronco encefálico), cerebelo
Rombencéfalo	Mielencéfalo	Bulbo (parte do tronco encefálico)

Embrião de 1 mês: Mesencéfalo, Rombencéfalo, Prosencéfalo

Embrião de 5 semanas: Mesencéfalo, Metencéfalo, Mielencéfalo, Diencéfalo, Telencéfalo, Medula espinal

Criança: Cérebro, Diencéfalo, Mesencéfalo, Ponte, Bulbo, Cerebelo, Medula espinal, Tronco encefálico

Cérebro

O **cérebro** controla a contração do músculo esquelético e é o centro de aprendizagem, emoção, memória e percepção. Ele é dividido em *hemisférios cerebrais* direito e esquerdo. A camada externa do cérebro é chamada **córtex cerebral**, sendo vital para a percepção, o movimento voluntário e a aprendizagem. O lado esquerdo do córtex cerebral recebe informações e controla os movimentos do lado direito do corpo e vice-versa. Uma banda espessa de axônios conhecida como **corpo caloso** permite que os hemisférios direito e esquerdo se comuniquem. No interior da substância branca, conjuntos de neurônios chamados de *núcleos da base* servem como centros de planejamento e aprendizado de sequências de movimentos. Os danos a esses locais durante o desenvolvimento fetal podem resultar em paralisia cerebral, distúrbio que resulta na perda da transmissão de comando motor aos músculos.

Cerebelo

O cerebelo coordena o movimento e o equilíbrio e ajuda na aprendizagem e na lembraça de habilidades motoras. O cerebelo recebe informação sensorial sobre as posições das articulações e os comprimentos dos músculos, bem como estímulos auditivos (audição) e sistemas visuais. Ele também monitora os comandos motores emitidos pelo cérebro. O cerebelo integra essas informações, já que realiza a coordenação e a verificação de erros durante as funções motoras e perceptivas. A coordenação olho-mão é um exemplo de controle cerebelar; se o cerebelo for danificado, os olhos podem acompanhar um objeto em movimento, mas não vão parar no mesmo lugar que o objeto. O movimento das mãos em direção ao objeto também será prejudicado.

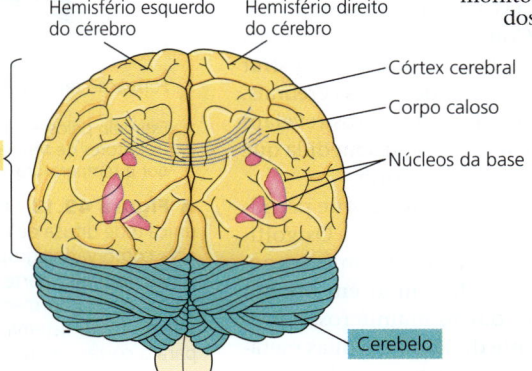

Encéfalo adulto em vista posterior

Diencéfalo

O diencéfalo dá origem ao tálamo, hipotálamo e epitálamo. O **tálamo** é o principal centro de entrada para informação sensorial indo para o cérebro. Informações que chegam de todos os sentidos, assim como do córtex cerebral, são classificadas no tálamo e enviadas aos centros cerebrais apropriados para futuro processamento. O tálamo é formado por duas massas, cada qual com o tamanho e o formato de uma noz. Uma estrutura muito menor, o **hipotálamo**, constitui um centro de controle que inclui o termostato do corpo, bem como o relógio biológico central. Pela regulação da hipófise, o hipotálamo controla a fome e a sede, desempenha um papel em comportamentos sexuais e de acasalamento, e inicia a resposta de luta ou fuga. O hipotálamo é também a fonte de hormônios da neuro-hipófise e da liberação de hormônios que atuam sobre a adeno-hipófise. O *epitálamo* inclui a glândula pineal, a fonte de melatonina.

Tronco encefálico

O tronco encefálico consiste em mesencéfalo, **ponte** e **bulbo**. O mesencéfalo recebe e integra vários tipos de informações sensoriais e as envia para regiões específicas do prosencéfalo. Todos os axônios sensoriais envolvidos na audição residem no mesencéfalo ou passam por ele em seu caminho para o cérebro. Além disso, o mesencéfalo coordena reflexos visuais, como o reflexo da visão periférica: a cabeça se volta para um objeto que se aproxima pela lateral, sem que o cérebro tenha formado uma imagem do objeto. Uma das principais funções da ponte e do bulbo é a transferência de informações entre o SNP e o mesencéfalo e prosencéfalo. A ponte e o bulbo também auxiliam na coordenação em grande escala dos movimentos do corpo, como corrida e escalada. A maioria dos axônios que carregam instruções sobre esses movimentos cruzam de uma região do SNC para outra no bulbo. Assim, o lado direito do cérebro controla a maior parte do movimento do lado esquerdo do corpo e vice-versa. Outra função do bulbo é o controle de várias funções automáticas para a homeostase, incluindo respiração, atividades dos vasos sanguíneos e coração, deglutição, vômito e digestão. A ponte também participa de algumas dessas atividades, como a regulação dos centros respiratórios no bulbo.

Vigília e sono

Se você já adormeceu enquanto ouve uma palestra (ou lê um livro), você sabe que a sua atenção e agilidade mental podem mudar rapidamente. Essas transições são regulamentadas pelo tronco encefálico e pelo cérebro, que controlam a vigília e o sono. A vigília é um estado de consciência do mundo externo. O sono é um estado em que os estímulos externos são recebidos, mas não conscientemente percebidos.

Contrariamente às aparências, o sono é um estado ativo, ao menos para o cérebro. Com o auxílio de eletrodos colocados em várias regiões da cabeça, é possível registrar padrões de atividade elétrica chamados de ondas cerebrais, em um eletrencefalograma (EEG). Esses registros revelam que as frequências de ondas cerebrais mudam à medida que o cérebro passa pelos diferentes estágios de sono.

Alguns animais têm adaptações evolutivas que permitem uma atividade substancial durante o sono. Os golfinhos-nariz-de-garrafa, por exemplo, nadam durante o sono, subindo à superfície para respirar de tempo em tempo. Como isso é possível? Como em outros mamíferos, o prosencéfalo é física e funcionalmente dividido em duas metades, os hemisférios direito e esquerdo. Observando que os golfinhos dormem com um olho aberto e o outro fechado, pesquisadores sugeriram a hipótese de que apenas um dos lados do cérebro adormece de cada vez. Registros de EEG de cada hemisfério de golfinhos em sono apoiam essa hipótese (**Figura 49.12**).

Embora o sono seja essencial para a sobrevivência, ainda sabemos muito pouco sobre a sua função. Uma hipótese é que o sono e os sonhos estão envolvidos na consolidação da aprendizagem e da memória. Evidências que sustentam essa hipótese incluem o achado de que sujeitos em teste que são mantidos acordados por 36 horas apresentam uma capacidade reduzida para se lembrar de quando determinados eventos ocorreram, mesmo quando inicialmente "animados" com cafeína. Outras experiências mostram que as regiões do cérebro que são ativadas durante uma tarefa de aprendizagem podem se tornar ativas novamente durante o sono.

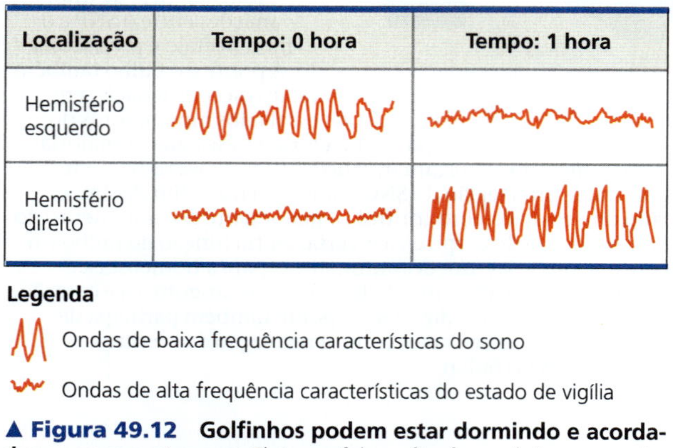

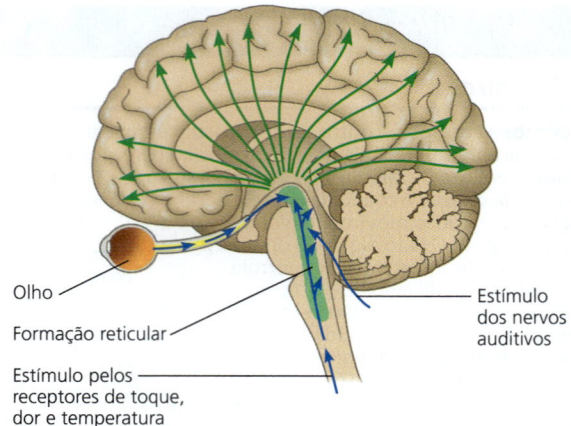

▲ **Figura 49.13 Formação reticular.** Antes considerada uma única rede difusa de neurônios, a formação reticular hoje é reconhecida como vários grupos distintos de neurônios. Esses aglomerados funcionam, em parte, para filtrar estímulos sensoriais (setas azuis), bloqueando informações familiares e repetitivas que constantemente entram no sistema nervoso antes do envio da informação filtrada para o córtex cerebral (setas verdes).

Vigília e sono são controlados, em parte, pela *formação reticular*, uma rede difusa formada principalmente por neurônios do mesencéfalo e pela ponte (**Figura 49.13**). Esses neurônios controlam os períodos do sono caracterizados por movimentos rápidos dos olhos (REMs, do inglês *rapid eye movements*) e por sonhos vívidos. O sono também é regulado pelo relógio biológico, discutido a seguir, e por regiões do prosencéfalo que regulam a intensidade e a duração do sono.

Regulação do relógio biológico

Os ciclos de sono e de vigília são exemplos do ritmo circadiano, um ciclo diário de atividade biológica. Esses ciclos, que ocorrem em organismos que vão desde bactérias a humanos, dependem de um **relógio biológico**, um mecanismo molecular que comanda a expressão gênica e a atividade celular periódica. Embora os relógios biológicos sejam normalmente sincronizados para o ciclo de claro e escuro no meio ambiente, também podem manter um ciclo de cerca de 24 horas mesmo na ausência de estímulos ambientais (ver Figura 40.9). Por exemplo, em um ambiente constante, os seres humanos exibem um ciclo sono-vigília de 24,2 horas, com pouca variação entre indivíduos.

O que normalmente liga o relógio biológico aos ciclos ambientais de claro e escuro no entorno de um animal? Em mamíferos, os ritmos circadianos são coordenados por agrupamentos de neurônios no hipotálamo (ver Figura 49.11). Esses neurônios formam uma estrutura chamada de **núcleo supraquiasmático** (**NSQ**). (Alguns grupos de neurônios no SNC são chamados de "núcleos".) Em resposta a informações sensoriais dos olhos, o NSQ atua como um marca-passo, sincronizando o relógio biológico nas células de todo o corpo com os ciclos naturais da duração do dia. No **Exercício de habilidades científicas**, é possível interpretar

Localização	Tempo: 0 hora	Tempo: 1 hora
Hemisfério esquerdo	∿∿∿∿∿	⌇⌇⌇⌇⌇
Hemisfério direito	⌇⌇⌇⌇⌇	∿∿∿∿∿

Legenda

∿ Ondas de baixa frequência características do sono

⌇ Ondas de alta frequência características do estado de vigília

▲ **Figura 49.12 Golfinhos podem estar dormindo e acordados ao mesmo tempo.** Eletrencefalografias foram feitas separadamente nos dois lados do cérebro de um golfinho. Em cada período de tempo, uma atividade de baixa frequência característica de sono foi registrada em um hemisfério, enquanto uma atividade de alta frequência, típica da vigília, foi registrada no outro hemisfério.

Exercício de habilidades científicas

Delineamento de experimento com mutantes genéticos

O NSQ pode controlar o ritmo circadiano em *hamsters*? Ao remover cirurgicamente o NSQ de mamíferos de laboratório, os cientistas demonstraram que ele é necessário para os ritmos circadianos. No entanto, esses experimentos não revelaram se os ritmos circadianos têm origem no NSQ. Para responder a essa pergunta, os pesquisadores realizaram um experimento de transplante de NSQ de *hamsters* do tipo selvagem e *hamsters* mutantes (*Mesocricetus auratus*). Enquanto *hamsters* do tipo selvagem têm um ciclo circadiano que dura cerca de 24 horas na ausência de estímulos externos, *hamsters* homozigotos com mutação τ (tau) possuem um ciclo de apenas cerca de 20 horas. Neste exercício, você vai avaliar esse desenho experimental e vai propor experimentos adicionais para obter mais *insights*.

Como o experimento foi realizado Os pesquisadores removeram cirurgicamente o NSQ de *hamsters* selvagens e de *hamsters* mutantes τ. Várias semanas mais tarde, cada um desses *hamsters* recebeu um transplante de NSQ de um *hamster* do genótipo oposto. Para determinar a periodicidade da atividade rítmica para os *hamsters* antes da cirurgia e após os transplantes, os pesquisadores mediram os níveis de atividade ao longo de um período de 3 semanas. Eles plotaram os dados coletados para cada dia, conforme mostrado na Figura 40.9a e, em seguida, calcularam o período de ciclo circadiano.

Dados do experimento Em 80% dos *hamsters* dos quais o NSQ havia sido removido, o transplante de um NSQ de outro *hamster* restaurou a atividade rítmica. Para os *hamsters* nos quais um transplante de NSQ restaurou o ritmo circadiano, está representado graficamente no canto superior direito o efeito líquido dos dois procedimentos (remoção e substituição do NSQ) no período do ciclo circadiano. Cada linha vermelha liga os dois pontos dos dados para um *hamster* individual.

INTERPRETE OS DADOS

1. Em um experimento controlado, pesquisadores manipulam uma variável de cada vez. **(a)** Qual foi a variável manipulada neste estudo? **(b)** Por que os pesquisadores usaram mais de um *hamster* para cada procedimento? **(c)** Quais características individuais dos *hamsters* foram provavelmente mantidas constantes entre os grupos de tratamento?

Dados de M.R. Ralph et al., Transplanted suprachiasmatic nucleus determines circadian period, *Science* 247:975-978 (1990).

2. Para os *hamsters* do tipo selvagem que receberam transplantes de NSQ dos *hamsters* τ, qual teria sido um controle experimental apropriado?
3. **(a)** Qual tendência geral o gráfico acima revela sobre o período do ciclo circadiano dos receptores de transplante? **(b)** Essas tendências são diferentes para os receptores do tipo selvagem e para os do tipo τ? **(c)** Com base nesses dados, o que você pode concluir sobre o papel do NSQ na determinação do período do ritmo circadiano?
4. **(a)** Em 20% dos *hamsters*, não houver estabelecimento da atividade rítmica após o transplante de NSQ. Quais são as possíveis razões para esse achado? **(b)** Quão confiante você está sobre sua conclusão a respeito do papel do NSQ, com base em dados de 80% dos *hamsters*?
5. Suponha que os pesquisadores identificaram um *hamster* mutante que não tinha atividade rítmica; isto é, o seu ciclo de atividade circadiano não apresentava um padrão regular. Proponha um experimento de transplante de NSQ utilizando esse mutante, junto com *hamsters* **(a)** do tipo selvagem e **(b)** do tipo τ. Preveja os resultados desses experimentos, levando em conta a sua conclusão na Questão 3(b).

os dados de um experimento e propor experiências para testar o papel do NSQ nos ritmos circadianos dos *hamsters*.

Emoções

Enquanto uma única estrutura no cérebro controla o relógio biológico, a geração e a experiência de emoções dependem de muitas estruturas cerebrais, incluindo a amígdala, o hipocampo e partes do tálamo. Como mostrado na **Figura 49.14**, essas estruturas fazem fronteira com o tronco encefálico em mamíferos e são, portanto, chamadas de *sistema límbico* (do latim *limbus*, fronteira).

Uma maneira pela qual o sistema límbico contribui para nossas emoções é armazenando experiências emocionais como memórias que podem ser recordadas por circunstâncias similares. É por isso que, por exemplo, uma situação que faz você lembrar de um evento assustador pode provocar uma frequência cardíaca mais rápida, produção de suor ou medo, mesmo que não haja, nesse momento, nada assustador ou

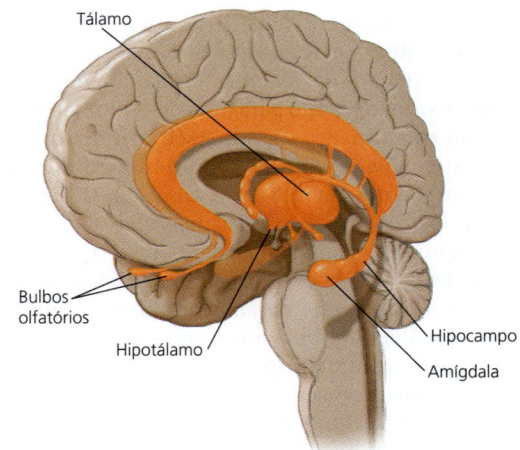

▲ **Figura 49.14 Sistema límbico do cérebro humano.** Este diagrama mostra o cérebro e o tronco encefálico, com o hemisfério cerebral esquerdo removido.

ameaçador em seu entorno. Esse armazenamento e a recordação de memória emocional são especialmente dependentes da função da **amígdala**, uma estrutura cerebral em formato de amêndoa perto da base do córtex cerebral.

Frequentemente, a geração e a experiência de emoções requerem interações entre regiões diferentes do cérebro. Por exemplo, tanto rir quanto chorar envolvem a interação do sistema límbico com áreas sensoriais do prosencéfalo. Da mesma forma, estruturas do prosencéfalo atribuem "sentimentos" emocionais para funções relacionadas com a sobrevivência controladas pelo tronco encefálico, incluindo agressão, alimentação e sexualidade.

Para estudar a função da amígdala humana, algumas vezes os pesquisadores apresentam a pessoas adultas uma imagem seguida de uma experiência desagradável, como um leve choque elétrico. Após diversos testes, os participantes do estudo experimentam *excitação autonômica* – medida pelo aumento da frequência cardíaca ou por transpiração – ao ver a imagem novamente. Indivíduos com danos cerebrais restritos à amígdala podem recordar a imagem porque sua memória explícita está intacta. No entanto, eles não apresentam excitação autonômica, indicando que os danos à amígdala resultaram em uma capacidade reduzida para a memória emocional.

Imagem funcional do encéfalo

Em anos recentes, os cientistas começaram a estudar a amígdala e outras estruturas cerebrais com técnicas de imagem funcional. Ao examinar o cérebro enquanto o indivíduo executa uma função particular, como formar uma imagem mental da face de uma pessoa, os pesquisadores são capazes de relacionar determinadas funções à atividade de áreas cerebrais específicas.

Várias abordagens de imagem funcional estão disponíveis. A primeira técnica utilizada foi a tomografia por emissão de pósitrons (PET, do inglês *positron-emission tomography*), na qual uma injeção de glicose radioativa permite uma exibição de atividade metabólica. Hoje, a abordagem mais frequentemente utilizada é a ressonância magnética funcional (RMf). Na RMf, o indivíduo deita-se e posiciona sua cabeça no centro de um grande ímã em formato de rosquinha. A atividade cerebral é detectada por um aumento no fluxo de sangue rico em oxigênio para uma determinada região.

Em um experimento usando RMf, pesquisadores mapearam a atividade cerebral enquanto indivíduos ouviam músicas que eles descreviam como tristes ou alegres **(Figura 49.15)**. Os achados foram surpreendentes: diferentes regiões cerebrais estavam associadas com a experiência de cada uma dessas emoções opostas. Os indivíduos que ouviram música triste aumentaram a atividade na amígdala. Ouvir música alegre levou a um aumento da atividade no *nucleus accumbens*, uma importante estrutura do cérebro para a percepção do prazer.

A imagem funcional possui um número crescente de aplicações. Hospitais utilizam a RMf, por exemplo, para monitorar a recuperação de um acidente vascular cerebral (AVC), mapear anormalidades em enxaquecas e aumentar a efetividade de neurocirurgias.

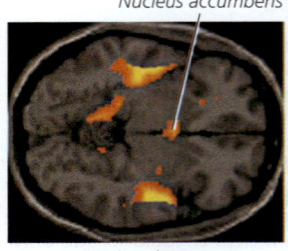 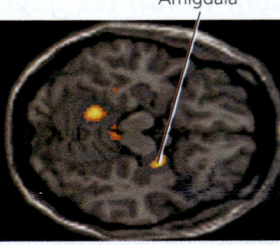

▲ **Figura 49.15 Imagem funcional do cérebro em atividade.** Estas imagens foram obtidas utilizando ressonância magnética funcional (RMf) para mostrar a atividade cerebral associada a músicas que ouvintes descreviam como alegres ou tristes. (Cada vista mostra a atividade em um único plano do cérebro, visto de cima.)

HABILIDADES VISUAIS *As duas imagens revelam atividade em diferentes planos horizontais através do cérebro. O que você poderia dizer a partir destas duas fotografias? O que você pode concluir sobre a localização do nucleus accumbens e da amígdala?*

REVISÃO DO CONCEITO 49.2

1. Quando você acena com a mão direita, qual parte do seu cérebro inicia a ação?
2. As pessoas que estão alcoolizadas têm dificuldade em tocar o seu nariz com os olhos fechados. De acordo com essa observação, qual região do cérebro é uma das prejudicadas pelo álcool?
3. **E SE?** Suponha que você examine dois grupos de indivíduos com lesão do SNC. Em um grupo, o dano resultou em coma (prolongado estado de inconsciência). No outro grupo, causou paralisia (perda na função do músculo esquelético por todo o corpo). Em relação à posição do mesencéfalo e da ponte, onde é o local provável da lesão em cada grupo? Explique.

Ver as respostas sugeridas no Apêndice A.

CONCEITO 49.3

O córtex cerebral controla os movimentos voluntários e as funções cognitivas

Passamos agora ao córtex cerebral, a parte do encéfalo essencial para a linguagem, a cognição, a memória, a consciência e a percepção do nosso entorno. Conforme revelado na Figura 49.11, o cérebro é a maior estrutura do encéfalo humano. Como o encéfalo em geral, o cérebro apresenta especializações regionais. Em sua maioria, as funções cognitivas residem no córtex, a camada externa do cérebro. Dentro desse córtex, *áreas sensoriais* recebem e processam informações sensoriais, *áreas de associação* integram a informação e *áreas motoras* transmitem instruções a outras partes do corpo.

Na discussão sobre a localização de funções específicas do córtex cerebral, neurobiólogos costumam usar quatro regiões, ou *lobos*, como pontos de referência físicos. Os lobos – frontal, temporal, occipital e parietal – são denominados por ossos do crânio próximos, e cada um é o foco de atividades cerebrais específicas **(Figura 49.16)**.

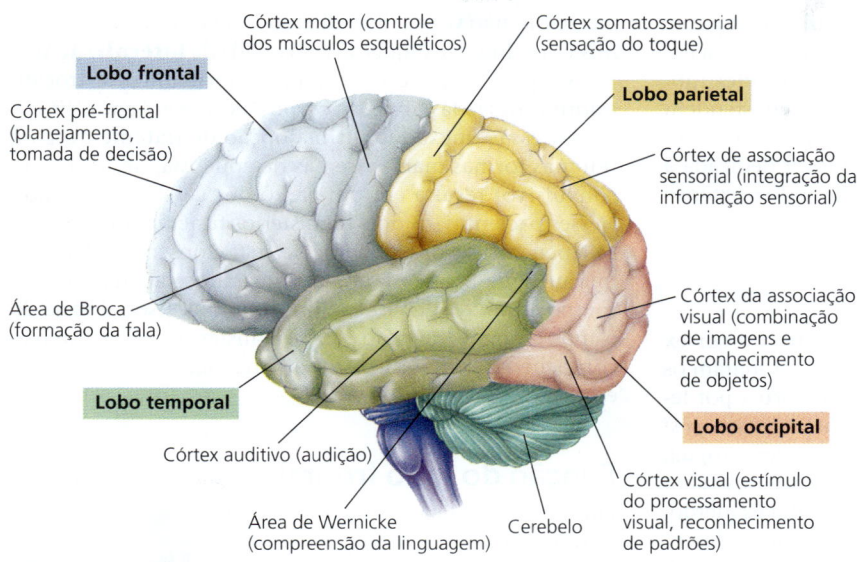

▲ **Figura 49.16 Córtex cerebral humano.** Cada um dos quatro lobos do córtex cerebral tem funções especializadas, algumas das quais são listadas aqui. Algumas áreas do lado esquerdo do cérebro (mostrado aqui) têm funções diferentes daquelas do lado direito (não mostrado).

Processamento da informação

De forma ampla, o córtex cerebral humano recebe informação sensorial de duas fontes. Alguns estímulos sensoriais originam-se em receptores individuais nas mãos, no couro cabeludo e em outras regiões no corpo. Esses receptores, denominados sensores somáticos ou *somatossensoriais* (do grego *soma*, corpo), fornecem informações relativas ao toque, à dor, à pressão, à temperatura e à posição de músculos e membros. Alguns estímulos sensoriais vêm de receptores agrupados em órgãos sensoriais, como olhos e nariz.

A maioria das informações sensoriais que ingressam no córtex é direcionada por meio do tálamo para as áreas sensoriais primárias nos lobos cerebrais. As informações recebidas em áreas sensoriais primárias são repassadas para áreas de associação próximas, que processam características particulares no estímulo sensorial. No lobo occipital, por exemplo, alguns grupos de neurônios primários na área visual são especificamente sensíveis aos raios de luz orientados em determinada direção. Na área de associação visual, informações relacionadas com essas características são combinadas em uma região dedicada ao reconhecimento de imagens complexas, como rostos.

Depois de processada, a informação sensorial passa ao córtex pré-frontal, que ajuda a planejar ações e movimentos. Então, o córtex cerebral pode gerar comandos motores que causam certos comportamentos – movimento de um membro ou dizer "oi", por exemplo. Esses comandos são formados por potenciais de ação produzidos pelos neurônios no córtex motor, que fica na região posterior do lobo frontal (ver Figura 49.16). O potencial de ação é transmitido ao longo de axônios do tronco encefálico e da medula espinal, onde eles excitam neurônios motores, que, por sua vez, estimulam as células do músculo esquelético.

No córtex somatossensorial e no córtex motor, os neurônios são dispostos de acordo com a parte do corpo que gera o estímulo sensorial ou recebe os comandos motores **(Figura 49.17)**. Por exemplo, os neurônios que processam as informações sensoriais das pernas e dos pés encontram-se na região do córtex somatossensorial mais próxima à linha média. Os neurônios que controlam os músculos nas pernas e nos pés estão localizados na região correspondente do córtex motor. Observe, na Figura 49.17, que a área da superfície cortical dedicada a cada

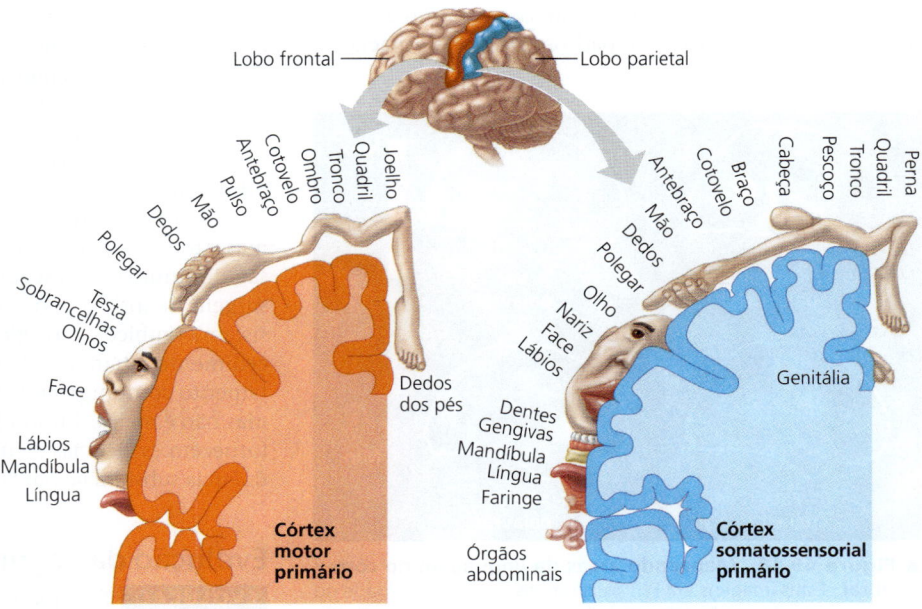

▲ **Figura 49.17 Representação de parte do corpo nos córtices primários motor e somatossensorial.** Nestes mapas em corte transversal dos córtices, a área de superfície cortical dedicada para cada parte do corpo está representada pela dimensão relativa das partes referidas nos desenhos.

HABILIDADES VISUAIS *Por que a mão é maior do que o antebraço em ambas as partes desta figura?*

parte do corpo não é proporcional ao tamanho dessa parte. Em vez disso, a área da superfície correlaciona-se com a extensão do controle neuronal necessário (para o córtex motor) ou com o número de neurônios sensoriais que estendem axônios para aquela parte (para o córtex somatossensorial). Portanto, a área de superfície do córtex motor dedicada à face é proporcionalmente bem grande, refletindo o extenso envolvimento dos músculos faciais na comunicação.

Língua e fala

O mapeamento das funções cognitivas dentro do córtex começou nos anos 1800, quando os médicos estudaram os efeitos de danos a determinadas regiões do córtex por lesões, AVCs ou tumores. Pierre Broca conduziu exames *post mortem* de pacientes que eram capazes de entender a língua, mas incapazes de falar. Ele descobriu que muitos possuíam defeitos em uma pequena região do lobo frontal esquerdo, agora conhecida como *área de Broca*. Karl Wernicke descobriu que danos à porção posterior do lobo temporal esquerdo, agora chamada *área de Wernicke*, extinguiam a capacidade de compreender a fala, mas não a capacidade de falar. Os estudos de PET confirmaram atividade na área de Broca durante a geração de fala e na área de Wernicke quando a fala é ouvida **(Figura 49.18)**.

Lateralização da função cortical

Tanto a área de Broca quanto a área de Wernicke estão localizadas no hemisfério cerebral esquerdo, refletindo o papel mais importante do lado esquerdo do cérebro do que do lado direito na linguagem. O hemisfério esquerdo também é mais dedicado a operações matemáticas e lógicas. Em contrapartida, o hemisfério direito parece ser dominante no reconhecimento de rostos e padrões, relações espaciais e raciocínio não verbal. Essa diferença na função entre os hemisférios direito e esquerdo é chamada de **lateralização**.

Os dois hemisférios cerebrais normalmente trocam informações pelas fibras do corpo caloso (ver Figura 49.11). Cortar essa conexão (a última opção de tratamento para tratar as formas mais extremas de epilepsia, um distúrbio convulsivo) resulta em um efeito de "cérebro separado". Nesses pacientes, os dois hemisférios funcionam de forma independente. Por exemplo, eles não conseguem ler nem mesmo uma palavra familiar que aparece apenas em seu campo esquerdo de visão: a informação sensorial viaja do campo esquerdo de visão para o hemisfério direito, mas não consegue alcançar os centros da linguagem no hemisfério esquerdo.

Função do lobo frontal

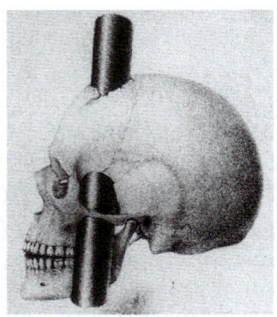

▲ **Figura 49.19** Dano no crânio de Phineas Gage.

Em 1848, um acidente terrível mostrou o papel do córtex pré-frontal no temperamento e na tomada de decisão. Phineas Gage chefiava uma equipe de construção de ferrovias quando uma explosão lançou uma barra de ferro que atravessou a sua cabeça. A haste, com mais de 3 cm de diâmetro em uma das extremidades, trespassou o crânio logo abaixo do olho esquerdo e saiu acima da cabeça, danificando grandes porções do lobo frontal **(Figura 49.19)**. Gage recuperou-se, mas a sua personalidade mudou drasticamente. Ele tornou-se emocionalmente desapegado, impaciente e instável em seu comportamento, fornecendo evidências do papel do córtex pré-frontal no temperamento e na tomada de decisão.

Dois conjuntos de observações posteriores apoiam a hipótese de que o dano cerebral de Gage e sua mudança de personalidade informam sobre a função do lobo frontal. Primeiramente, tumores do lobo frontal causam sintomas semelhantes. O intelecto e a memória parecem intactos, mas a tomada de decisão é falha e as respostas emocionais são diminuídas. Em segundo lugar, os mesmos problemas surgem quando a conexão entre o córtex pré-frontal e o sistema límbico é cirurgicamente interrompida. (Esse procedimento, chamado de lobotomia frontal, já foi um tratamento comum para distúrbios comportamentais graves, mas não é mais utilizado.) Em conjunto, essas observações fornecem evidências de que os lobos frontais têm uma influência substancial nas "funções executivas".

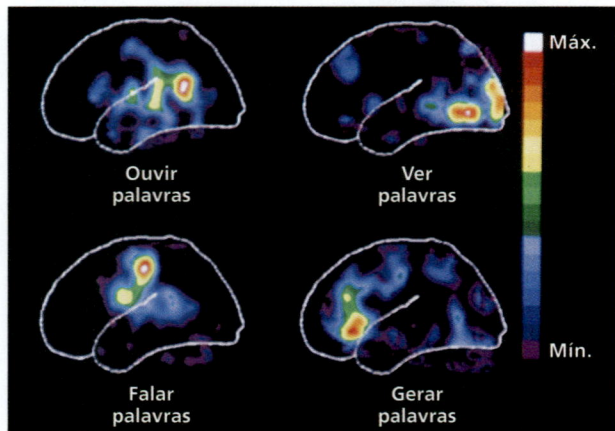

▲ **Figura 49.18** Mapeando áreas da linguagem no córtex cerebral. Estas imagens em PET mostram os níveis de atividade no lado esquerdo do cérebro de um indivíduo durante quatro atividades, todas relacionadas à fala. Observam-se aumentos na atividade: na área de Wernicke, ao ouvir palavras; na área de Broca, ao falar palavras; no córtex visual, ao ver palavras; e no lobo frontal, ao gerar palavras (sem lê-las).

Evolução da cognição em vertebrados

EVOLUÇÃO Em quase todos os vertebrados, o cérebro tem as mesmas estruturas básicas (ver Figura 49.10). Dada essa organização uniforme, como uma capacidade para a cognição avançada, a percepção e o raciocínio que constituem o conhecimento se desenvolveram em certas espécies?

Por muitos anos, pesquisadores eram favoráveis à hipótese de que o raciocínio superior dos vertebrados necessitou de um córtex cerebral extremamente complexo, como o encontrado em humanos, outros primatas e cetáceos (baleias, golfinhos e toninhas). Em humanos, por exemplo, o córtex cerebral representa cerca de 80% da massa total do cérebro.

Aves não possuem um córtex cerebral complexo, e por muito tempo se pensou que possuíam uma capacidade intelectual muito inferior à de primatas e cetáceos. Entretanto, experimentos recentes refutaram essa ideia: uma espécie de gaio (*Aphelocoma californica*), uma ave da América do Norte, pode lembrar-se de quais itens alimentares escondeu primeiro. Os corvos-da-nova-caledônia (*Corvus moneduloides*) são altamente hábeis em fazer e usar ferramentas, capacidade antes documentada apenas para os seres humanos e alguns outros primatas. Além disso, os papagaios-cinzentos africanos (*Psittacus erithacus*) entendem conceitos numéricos e abstratos, como "igual", "diferente" e "nenhum".

Quais estruturas cerebrais capacitam algumas aves a ter processamentos de informação tão sofisticados? A resposta parece ser uma organização nuclear (agrupada) de neurônios dentro do *pálio*, a parte superior ou externa do cérebro **(Figura 49.20a)**. Observe que essa disposição é diferente daquela do córtex cerebral humano **(Figura 49.20b)**, onde seis camadas paralelas de neurônios são dispostas tangencialmente à superfície. Portanto, a evolução dos vertebrados resultou em dois tipos diferentes de organização da parte externa cerebral que podem sustentar funções complexas e flexíveis.

Como surgiram o pálio das aves e o córtex cerebral humano durante a evolução? O consenso atual é de que o ancestral comum de aves e mamíferos tinha um pálio em que neurônios foram organizados em núcleos, como ainda se encontra em aves. No início da evolução dos mamíferos, essa organização em feixes foi transformada em camadas. No entanto, a conectividade foi mantida de tal modo que, por exemplo, o tálamo retransmite os estímulos sensoriais da visão, da audição e do tato ao pálio nas aves e ao córtex cerebral nos mamíferos.

O processamento sofisticado de informações depende não apenas da organização geral de um encéfalo, mas também de mudanças em escalas muito pequenas que permitem a aprendizagem e a codificação da memória. Vamos analisar essas mudanças no contexto de seres humanos na próxima seção.

REVISÃO DO CONCEITO 49.3

1. Como o estudo de indivíduos com danos em uma região particular do cérebro pode fornecer uma percepção sobre a função normal dessa região?
2. Como as funções da área de Broca e da área de Wernicke se relacionam com a atividade do córtex de entorno?
3. **E SE?** Se uma mulher com um corpo caloso dividido visse uma fotografia de um rosto familiar, primeiramente em seu campo esquerdo de visão e, em seguida, em seu campo direito, por que ela teria dificuldade de reconhecer a pessoa?

Ver as respostas sugeridas no Apêndice A.

CONCEITO 49.4

Mudanças nas conexões sinápticas formam a base da memória e da aprendizagem

A formação do sistema nervoso ocorre em etapas. Primeiro, a expressão gênica regulada e a transdução de sinal determinam onde os neurônios se formam no embrião em desenvolvimento. Em seguida, os neurônios competem por sobrevivência. Cada neurônio requer fatores de apoio ao crescimento, os quais são produzidos em quantidades limitadas por tecidos que comandam o seu crescimento. Os neurônios que não atingem os locais apropriados não conseguem receber esses fatores e sofrem morte celular programada. O efeito líquido é a sobrevivência preferencial de neurônios que estão em um local apropriado. A competição é tão rigorosa que metade dos neurônios formados no embrião é eliminada.

Na fase final de organização do sistema nervoso, ocorre a eliminação de sinapses. Durante o desenvolvimento, cada neurônio forma inúmeras sinapses, mais do que é necessário para seu funcionamento apropriado. Uma vez que o neurônio começa a funcionar, sua atividade estabiliza algumas sinapses e desestabiliza outras. Quando o embrião completa o desenvolvimento, mais da metade de todas as sinapses foram eliminadas. Em humanos, essa eliminação de conexões desnecessárias, um processo chamado de poda sináptica, continua após o nascimento e durante a infância.

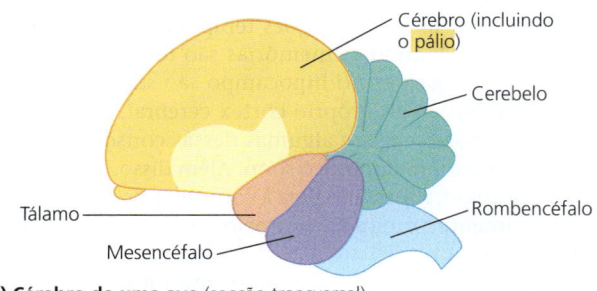

(a) **Cérebro de uma ave** (secção transversal)

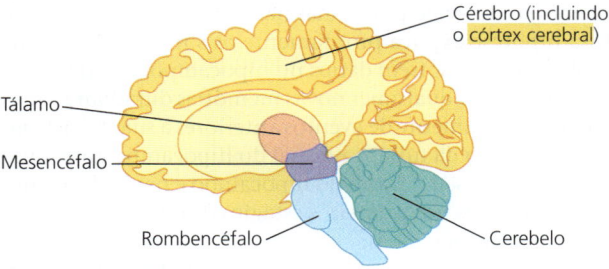

(b) **Encéfalo humano** (secção transversal)

▲ **Figura 49.20 Comparação entre regiões de cognição superior em cérebros de aves e de humanos.** Embora estruturalmente diferentes, **(a)** o pálio do cérebro de um pássaro cantor e **(b)** o córtex cerebral do encéfalo humano têm papéis semelhantes em atividades cognitivas superiores e fazem muitas conexões similares com outras estruturas cerebrais.

Juntos, o desenvolvimento do neurônio, sua morte e a eliminação de sinapses estabelecem a rede básica de células e conexões do sistema nervoso que são necessárias durante toda a vida.

Plasticidade neuronal

Embora a organização geral do SNC seja estabelecida durante o desenvolvimento embrionário, as conexões entre neurônios podem ser modificadas. Essa capacidade do sistema nervoso de ser remodelado, especialmente em resposta à sua própria atividade, é chamada de **plasticidade neuronal**.

A maior parte da remodelação do sistema nervoso ocorre nas sinapses. As sinapses pertencentes a circuitos que ligam informação útil são mantidas, enquanto aquelas que conduzem fragmentos de informação sem um contexto podem ser perdidas. Especificamente, quando a atividade de uma sinapse coincide com a de outras sinapses, podem ocorrer alterações que reforçam aquela conexão sináptica. Em contrapartida, quando a atividade de uma sinapse não coincide com a de outras sinapses, a conexão sináptica algumas vezes torna-se mais fraca.

A **Figura 49.21a** ilustra como eventos atividade-dependentes podem desencadear o ganho ou a perda de uma sinapse. Se você pensar nos sinais do sistema nervoso como o tráfego em uma rodovia, essas mudanças são comparáveis à adição ou à remoção de uma rampa de entrada. O efeito líquido é aumentar a sinalização entre determinados pares de neurônios e diminuir a sinalização entre outros pares. A sinalização em uma sinapse pode também ser reforçada ou enfraquecida, como mostrado na **Figura 49.21b**. Na nossa analogia com tráfego, isso seria equivalente ao alargamento ou estreitamento de uma rampa de entrada.

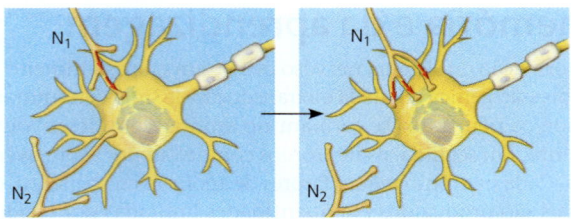

(a) Atividade de alto nível na sinapse do neurônio N_1 com o neurônio pós-sináptico leva ao recrutamento de outras terminações axoniais desse neurônio. A falta de atividade na sinapse com o neurônio N_2 leva à perda de ligações funcionais com esse neurônio.

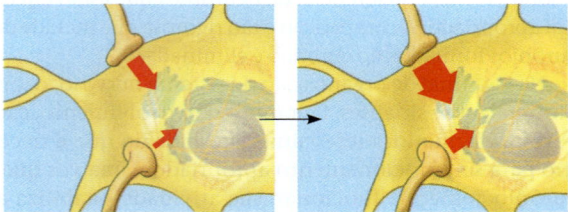

(b) Se duas sinapses na mesma célula pós-sináptica estão frequentemente ativas ao mesmo tempo, a força de ambas as respostas pode aumentar.

▲ **Figura 49.21 Plasticidade neuronal.** Conexões sinápticas podem mudar ao longo do tempo, sendo reforçadas ou enfraquecidas em resposta ao nível de atividade na sinapse.

Um defeito na plasticidade neuronal pode estar na base do *transtorno do espectro autista*, que resulta em comunicação e interação social prejudicadas, bem como comportamentos estereotipados e repetitivos que iniciam precocemente infância. Há uma evidência crescente de que o transtorno do espectro autista envolva uma alteração na remodelagem atividade-dependente nas sinapses. Ao mesmo tempo, pesquisas extensas descartaram qualquer ligação com conservantes de vacinas, antes apontada como um fator de risco em potencial com base em dados fraudulentos.

Embora as causas do autismo sejam desconhecidas, existe uma forte contribuição genética para esse distúrbio e outros relacionados. Além disso, a compreensão da alteração associada ao autismo na plasticidade sináptica pode ajudar nos esforços para compreender e tratar essa doença.

Memória e aprendizagem

A plasticidade neuronal é essencial à formação da memória. Estamos constantemente verificando o que está acontecendo em comparação com o que aconteceu há pouco. Somos capazes de manter informações por um período na **memória de curto prazo** e, quando elas se tornam irrelevantes, descartamos essas informações. Se desejarmos reter o conhecimento de um nome, número de telefone ou outro fato, os mecanismos de **memória de longo prazo** são ativados. Caso necessitarmos mais tarde recordar o nome ou o número, buscamos a partir da memória de longo prazo e reenviamos à memória de curto prazo.

Tanto a memória de curto prazo quanto a de longo prazo envolvem o armazenamento de informações no córtex cerebral. Na memória de curto prazo, essas informações são acessadas por meio de ligações temporárias formadas no hipocampo. Quando as memórias são formadas em longo prazo, as ligações no hipocampo são substituídas por conexões dentro do próprio córtex cerebral. Como já foi discutido, cogita-se que algumas dessas consolidações da memória ocorram durante o sono. Além disso, a reativação do hipocampo, necessária para a consolidação da memória, provavelmente forma a base de pelo menos alguns dos nossos sonhos.

De acordo com a nossa compreensão atual sobre a memória, o hipocampo é essencial para a aquisição de novas memórias de longo prazo, mas não para a sua manutenção. Essa hipótese explica prontamente os sintomas de alguns indivíduos que sofrem danos no hipocampo: eles não conseguem formar quaisquer novas memórias duradouras, mas recordam facilmente de eventos anteriores à sua lesão. Com efeito, a perda da função normal do hipocampo aprisiona-os em seu passado. Dano no hipocampo e perda de memória são comuns nos primeiros estágios da doença de Alzheimer (ver Conceito 49.5).

Qual vantagem evolutiva poderia ser oferecida pela organização distinta das memórias de curto prazo e de longo prazo? Uma hipótese é a de que o atraso na formação de conexões no córtex cerebral permite que memórias de longo prazo sejam integradas gradualmente dentro do armazenamento existente de conhecimento e experiência, fornecendo uma base para as associações mais significativas.

Consistente com essa hipótese, a transferência de informações a partir da memória de curto prazo para a memória de longo prazo é melhorada pela associação de novos dados com os dados previamente aprendidos e armazenados na memória de longo prazo. Por exemplo, é mais fácil aprender um novo jogo de cartas se você já tem "noção de cartas" pelo fato de jogar outros jogos de cartas.

As habilidades motoras, como amarrar os sapatos ou escrever, são geralmente aprendidas por repetição. Você pode executar essas habilidades sem recordar conscientemente das etapas individuais necessárias para fazer essas tarefas de modo correto. Aprender habilidades e procedimentos como os necessários para andar de bicicleta parece envolver mecanismos celulares muito semelhantes aos responsáveis pelo crescimento e desenvolvimento do cérebro. Nesses casos, os neurônios realmente fazem novas conexões. Por outro lado, a memorização de números de telefone, fatos e lugares – que pode ser muito rápida e exigir apenas uma exposição à informação – pode depender, sobretudo, de mudanças na durabilidade das conexões neuronais existentes. Em seguida, vamos considerar uma maneira pela qual essas mudanças na durabilidade podem ocorrer.

Potenciação de longa duração

Na busca da base fisiológica da memória, os pesquisadores têm concentrado sua atenção em processos que podem alterar uma conexão sináptica, tornando o fluxo de comunicação mais eficiente ou menos eficiente. Aqui, vamos nos concentrar na **potenciação de longa duração** (**PLD**), um aumento duradouro na força da transmissão sináptica. Dados sugerem que a PLD representa um processo fundamental para armazenamento da memória e aprendizado.

Primeiramente caracterizada em cortes histológicos do hipocampo, a PLD envolve um neurônio pré-sináptico que libera o neurotransmissor excitatório glutamato. A PLD envolve dois tipos de receptores de glutamato, cada um nomeado por uma molécula – NMDA ou AMPA –, que podem ser utilizados para ativar artificialmente aquele receptor específico. Como mostrado na **Figura 49.22**, o conjunto de receptores presente na membrana pós-sináptica se altera quando duas condições são atendidas: uma série rápida de potenciais de ação no neurônio pré-sináptico e um estímulo despolarizante em algum lugar na célula pós-sináptica. O resultado é a PLD – um aumento constante no tamanho dos potenciais pós-sinápticos em uma sinapse cuja atividade coincide com a de outro estímulo.

REVISÃO DO CONCEITO 49.4

1. Cite dois mecanismos pelos quais o fluxo de informações entre dois neurônios em um adulto pode aumentar.
2. Indivíduos com danos cerebrais localizados são muito úteis no estudo de diversas funções cerebrais. Por que isso é improvável no caso da consciência?
3. **E SE?** Suponha que uma pessoa com danos no hipocampo seja incapaz de adquirir novas memórias de longo prazo. Por que a aquisição de memórias de curto prazo também seria prejudicada?

Ver as respostas sugeridas no Apêndice A.

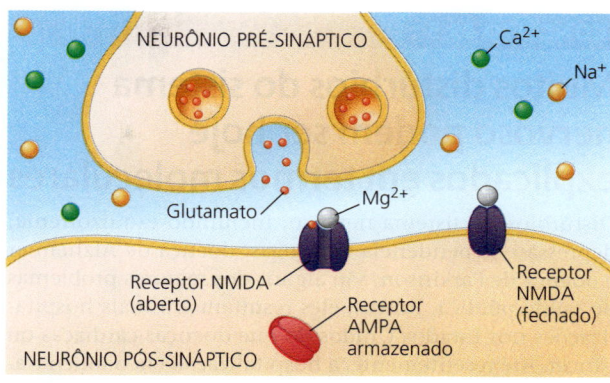

(a) Sinapse antes da potenciação de longa duração (PLD). Os receptores glutamérgicos NMDA se abrem em resposta ao glutamato, mas são bloqueados por Mg^{2+}.

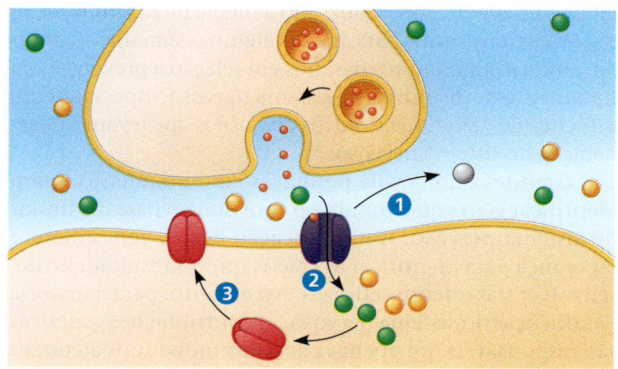

(b) Estabelecendo a PLD. Atividade em sinapses próximas (não mostrado) despolariza a membrana pós-sináptica, causando ❶ a liberação de Mg^{2+} a partir de receptores NMDA. Os receptores não bloqueados respondem ao glutamato permitindo ❷ um influxo de Na^+ e Ca^{2+}. O influxo de Ca^{2+} desencadeia ❸ a inserção de receptores glutamérgicos AMPA armazenados na membrana pós-sináptica.

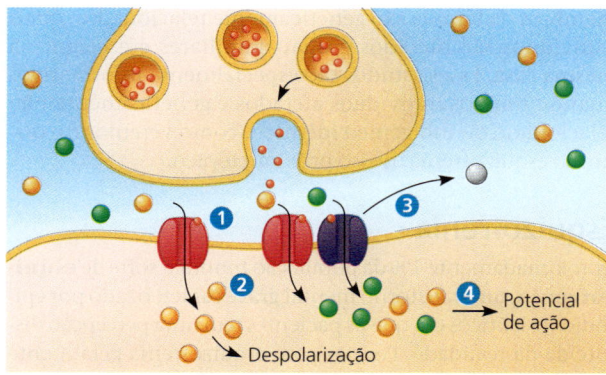

(c) Sinapse exibindo PLD. A liberação de glutamato ativa ❶ os receptores de AMPA que desencadeiam ❷ a despolarização. A despolarização desbloqueia ❸ os receptores NMDA. Juntos, os receptores AMPA e NMDA desencadeiam potenciais pós-sinápticos fortes o suficiente para iniciar ❹ potenciais de ação sem a formação de outras sinapses. Outros mecanismos (não mostrados) contribuem com a PLD, incluindo a modificação do receptor por proteínas-cinases.

▲ **Figura 49.22** Potenciação de longa duração no cérebro.

CONCEITO 49.5

Muitos distúrbios do sistema nervoso podem ser hoje explicados em termos moleculares

Distúrbios do sistema nervoso, incluindo esquizofrenia, depressão, dependência de drogas, doença de Alzheimer e doença de Parkinson, são alguns dos maiores problemas de saúde pública. Juntos, eles resultam em mais hospitalizações nos Estados Unidos do que doenças cardíacas ou câncer. Até recentemente, a hospitalização era o único tratamento disponível, e muitos indivíduos afetados eram hospitalizados para o resto de suas vidas. Hoje, muitas doenças que alteram o humor ou o comportamento podem ser tratadas com medicação, reduzindo a média de hospitalização por esses transtornos para apenas algumas semanas. Contudo, ainda restam muitos desafios em relação a prevenção ou tratamento de distúrbios do sistema nervoso, especialmente a doença de Alzheimer e outros distúrbios que levam à degeneração do sistema nervoso.

Grandes esforços de pesquisas em andamento visam identificar genes que causam ou contribuem para distúrbios do sistema nervoso. A identificação desses genes oferece esperança para identificar as causas, prever resultados e desenvolver tratamentos eficazes. No entanto, para a maioria das doenças do sistema nervoso, as contribuições genéticas são responsáveis por apenas parte dos indivíduos afetados. A outra contribuição significativa para a doença vem de fatores ambientais. Infelizmente, essas contribuições ambientais são geralmente muito difíceis de identificar.

Para distinguir entre variáveis genéticas e ambientais, os cientistas muitas vezes realizam estudos em famílias. Nesses estudos, os pesquisadores acompanham como os membros da família são geneticamente relacionados, quais indivíduos são afetados e quais familiares cresceram na mesma casa. Esses estudos são especialmente informativos quando um dos indivíduos afetados é geneticamente não relacionado ou um gêmeo idêntico, como veremos no distúrbio esquizofrenia, nosso próximo tópico.

Esquizofrenia

Aproximadamente 1% da população mundial sofre de **esquizofrenia**, um transtorno mental grave caracterizado por episódios psicóticos em que os pacientes têm uma percepção distorcida da realidade. Pessoas com esquizofrenia geralmente experimentam alucinações (como "vozes" que só elas podem ouvir) e delírios (p. ex., a ideia de que os outros estão conspirando para prejudicá-las). Estudos com famílias revelaram um componente genético bastante forte para a esquizofrenia. No entanto, conforme mostrado na **Figura 49.23**, a doença também está sujeita a influências ambientais, uma vez que um indivíduo que compartilha 100% de seus genes com um gêmeo esquizofrênico tem apenas 48% de chances de desenvolver a doença. Apesar de ser uma ideia amplamente aceita, a esquizofrenia não necessariamente resulta em múltiplas personalidades. Pelo contrário, o nome *esquizofrenia* (do grego

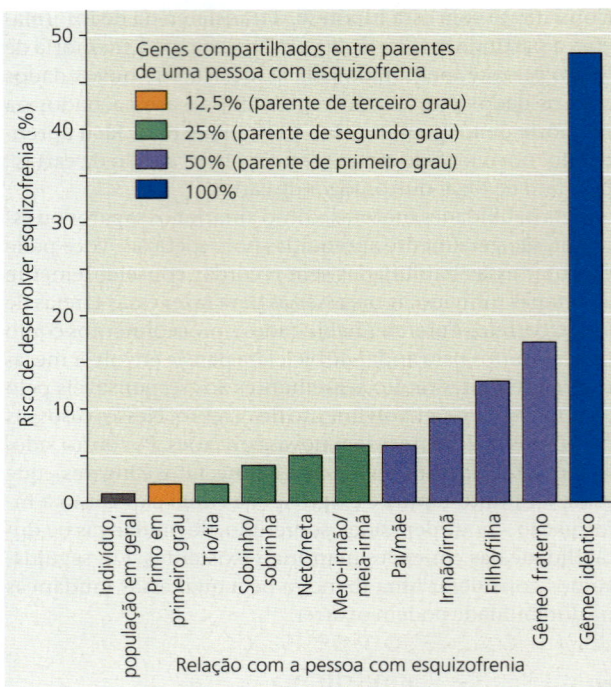

▲ **Figura 49.23 Contribuição genética para a esquizofrenia.** Primos em primeiro grau, tios e tias de uma pessoa com esquizofrenia apresentam duas vezes mais risco de desenvolver a doença em comparação com membros sem parentesco. Os riscos para os familiares mais próximos são muito maiores.

INTERPRETE OS DADOS *Qual é a probabilidade de uma pessoa desenvolver esquizofrenia se o distúrbio afetar seu irmão gêmeo ou irmã gêmea? Qual seria a alteração na probabilidade se o sequenciamento do DNA mostrasse que os gêmeos compartilham as variantes genéticas que contribuem para a doença?*

esquizo, dividir, e *phren*, mente) refere-se à fragmentação das funções do cérebro que são normalmente integradas.

Uma hipótese atual é que vias neuronais que usam dopamina como neurotransmissor são afetadas na esquizofrenia. Evidências de apoio vêm do fato de que muitas substâncias que aliviam os sintomas de esquizofrenia bloqueiam os receptores de dopamina. Além disso, a substância anfetamina ("*speed*"), que estimula a liberação de dopamina, pode produzir o mesmo conjunto de sintomas que a esquizofrenia. Estudos genéticos recentes sugerem uma ligação entre esquizofrenia e determinadas formas da proteína complemento C4, um componente do sistema imune.

Depressão

A depressão é um transtorno caracterizado por humor deprimido, bem como alterações no sono, no apetite e no nível de energia. Duas grandes formas de doença depressiva são conhecidas: transtorno depressivo maior e transtorno bipolar. Os indivíduos afetados pelo **transtorno depressivo maior** passam por períodos depressivos, geralmente persistindo por vários meses, durante os quais atividades antes agradáveis deixam de ser prazerosas e interessantes. Um dos mais comuns transtornos do sistema nervoso, a depressão maior afeta cerca de 1 a cada 7 adultos em algum momento da vida, e acomete duas vezes mais mulheres do que homens.

O **transtorno bipolar**, ou transtorno maníaco-depressivo, envolve oscilações extremas de humor e afeta cerca de 1% da população mundial. A fase maníaca é caracterizada por autoestima elevada, aumento de energia, fluxo de ideias, aumento na fala e em assumir riscos. Em suas formas mais leves, essa fase é por vezes associada a muita criatividade, e alguns artistas, músicos e escritores bastante conhecidos (p. ex., Vincent van Gogh, Robert Schumann, Virginia Woolf e Ernest Hemingway) tiveram períodos muito produtivos durante a fase maníaca. A fase depressiva vem com motivação, autoestima e habilidade para sentir prazer diminuídos, bem como perturbações do sono. Esses sintomas podem ser tão graves a ponto de os indivíduos afetados tentarem o suicídio.

Os transtornos depressivo maior e bipolar estão entre os distúrbios do sistema nervoso para os quais terapias eficazes estão disponíveis. Muitos medicamentos usados para tratar a doença depressiva, incluindo a fluoxetina, aumentam a atividade das aminas biogênicas no cérebro.

Sistema de recompensa do cérebro e a drogadição

As emoções são influenciadas fortemente por um circuito neuronal no cérebro chamado de *sistema de recompensa*. O sistema de recompensa fornece motivação para as atividades que aumentam a sobrevivência e a reprodução, como comer em resposta à fome, beber quando se tem sede e envolver-se em atividade sexual quando excitado. Estímulos para o sistema de recompensa são recebidos por neurônios na *área tegmental ventral (ATV)*, uma região localizada dentro do mesencéfalo (ver Figura 49.11). Quando ativados, esses neurônios liberam o neurotransmissor dopamina de seus terminais sinápticos **(Figura 49.24)**. Os alvos dessa sinalização por dopamina incluem o *nucleus accumbens* e o córtex pré-frontal.

O sistema de recompensa do cérebro é afetado drasticamente pela drogadição, distúrbio caracterizado pelo consumo compulsivo de uma droga e por perda de controle para o consumo limitado. Drogas que causam adição variam de sedativos a estimulantes e incluem álcool, cocaína e nicotina, bem como opioides, como heroína, fentanila e oxicodona. Todas aumentam a atividade da via de dopamina (ver Figura 49.24). Conforme a dependência se desenvolve, há também mudanças de longa duração no circuito de recompensa. O resultado é um desejo pela droga que independe de qualquer prazer associado com o consumo. Em 2018, o Centers for Disease Control and Prevention reportou que uma média de 130 estadunidenses morrem de *overdose* de opiáceos a cada dia.

Animais de laboratório são altamente valiosos na modelagem e no estudo da adição. Ratos, por exemplo, proverão a si próprios com heroína, cocaína ou anfetamina quando essas substâncias são oferecidas em um *dispenser* ligado a uma alavanca em sua gaiola. Além disso, eles exibem um comportamento aditivo, continuando a se autoadministrar a droga em vez de procurar alimento, mesmo quando chegam a um ponto de fome extrema.

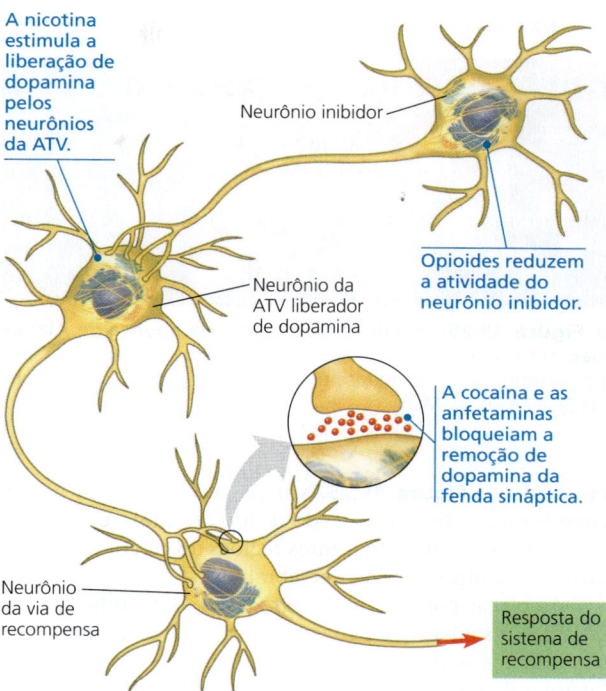

▲ **Figura 49.24** **Efeito de substâncias causadoras de dependência no sistema de recompensa do cérebro de mamíferos.** Substâncias causadoras de dependência alteram a transmissão de sinais na via formada pelos neurônios da área tegmental ventral (ATV), uma região localizada perto da base do cérebro.

FAÇA CONEXÕES *Revise a despolarização no Conceito 48.3. Qual efeito você esperaria se despolarizasse os neurônios na ATV? Explique.*

À medida que os cientistas ampliam seus conhecimentos sobre o sistema de recompensa do cérebro e as várias formas de dependência, há esperança de que a sua compreensão conduza à prevenção e ao tratamento mais eficazes.

Doença de Alzheimer

A condição agora conhecida como **doença de Alzheimer** é uma deterioração mental, ou demência, caracterizada por confusão e perda de memória. Sua incidência é relacionada com a idade, desde cerca de 10% aos 65 anos a cerca de 35% aos 85 anos. De maneira geral, a doença de Alzheimer representa aproximadamente 2 a cada 3 casos de demência. É também a sexta causa mais comum de morte entre adultos nos Estados Unidos, e já afetou indivíduos como o ex-presidente Ronald Reagan, o escritor E.B. White e a líder dos direitos civis Rosa Parks.

A doença de Alzheimer é progressiva; os pacientes tornam-se gradualmente menos capazes e, ao final, necessitam ser vestidos, banhados e alimentados por outros. Indivíduos com doença de Alzheimer geralmente perdem sua capacidade de reconhecer pessoas e podem tratar até membros próximos da família com desconfiança e hostilidade.

O exame dos cérebros de indivíduos que morreram de doença de Alzheimer revela dois traços característicos: placas amiloides e emaranhados neurofibrilares, como

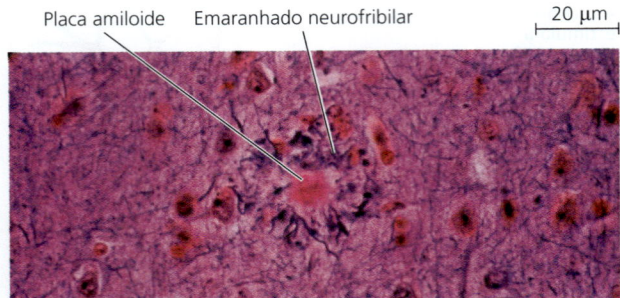

▲ **Figura 49.25 Sinais microscópicos da doença de Alzheimer.** Uma característica da doença de Alzheimer no tecido cerebral é a presença de emaranhados neurofibrilares, circundados por placas de β-amiloide (MO).

mostrado na **Figura 49.25**. Muitas vezes, também há um encolhimento significativo do tecido cerebral, refletindo a morte de neurônios em muitas regiões do cérebro, incluindo o hipocampo e o córtex cerebral.

As placas consistem em agregados de β-amiloide, um peptídeo insolúvel que é clivado a partir da porção extracelular de uma proteína de membrana encontrada nos neurônios. Enzimas da membrana, chamadas de secretases, catalisam a clivagem, causando o acúmulo de β-amiloide em placas no lado externo dos neurônios. Essas placas parecem desencadear a morte dos neurônios circundantes.

Os emaranhados neurofibrilares observados na doença de Alzheimer são essencialmente constituídos pela proteína tau. (Essa proteína não está relacionada com a mutação tau que afeta o ritmo circadiano em *hamsters*.) A proteína tau normalmente ajuda a montar e manter os microtúbulos que transportam nutrientes ao longo dos axônios. Na doença de Alzheimer, a tau sofre alterações que causam a sua própria ligação, resultando nos emaranhados neurofibrilares. Há evidências de que alterações na proteína tau estão associadas à doença de Alzheimer de início precoce, um transtorno relativamente menos comum que afeta indivíduos jovens. No presente, não há tratamento disponível que bloqueie a progressão da doença de Alzheimer.

O acúmulo da proteína tau também é característico de uma doença degenerativa cerebral encontrada em atletas, veteranos militares e outros com um histórico de concussão ou outro trauma cerebral repetitivo. (Uma concussão é um dano cerebral causado por um golpe ou sacudida na cabeça ou uma pancada no corpo que sacode o cérebro.) Conhecida como *encefalopatia traumática crônica* (ETC), essa doença foi descrita pela primeira vez no início dos anos 2000 e foi detectada no diagnóstico *post mortem* de mais de 100 homens que tinham jogado futebol americano profissional na liga nacional (NFL) dos Estados Unidos, entre outros.

Doença de Parkinson

Os sintomas da **doença de Parkinson**, um distúrbio motor, incluem tremores musculares, falta de equilíbrio, postura fletida e andar arrastado. Os músculos faciais tornam-se rígidos, limitando a capacidade dos doentes de variarem as suas expressões. Defeitos cognitivos também podem ser desenvolvidos. Como a doença de Alzheimer, a doença de Parkinson é uma doença progressiva do cérebro e é mais comum em idades avançadas. A incidência da doença de Parkinson é de cerca de 1% aos 65 anos e cerca de 5% aos 85 anos. Nos Estados Unidos, aproximadamente 1 milhão de pessoas têm doença de Parkinson.

A doença de Parkinson envolve a morte de neurônios do mesencéfalo que normalmente liberam a dopamina em sinapses nos núcleos da base. Como na doença de Alzheimer, agregados de proteína acumulam-se. A maioria dos casos de doença de Parkinson não tem causa identificável; no entanto, uma forma rara da doença que aparece em adultos relativamente jovens tem base genética clara. Estudos moleculares de mutações ligadas a esse diagnóstico precoce da doença de Parkinson revelam a alteração de genes necessários a determinadas funções mitocondriais. Os pesquisadores estão investigando se defeitos mitocondriais também contribuem para a forma mais comum e mais tardia da doença.

Atualmente, a doença de Parkinson pode ser tratada, mas não curada. As abordagens utilizadas para administrar os sintomas incluem neurocirurgia, estimulação cerebral profunda e um fármaco associado à dopamina, a levodopa (L-dopa). Diferentemente da dopamina, a L-dopa atravessa a barreira hematencefálica. Dentro do cérebro, a enzima dopa-descarboxilase converte o fármaco em dopamina, reduzindo a gravidade dos sintomas da doença de Parkinson:

$$\text{L-dopa} \xrightarrow{\text{Dopa-descarboxilase}} \text{Dopamina}$$

Perspectivas na pesquisa sobre o cérebro

Em 2014, o governo dos Estados Unidos lançou um projeto para 12 anos, a iniciativa BRAIN (*Brain Research through Advancing Innovative Neurotechnologies* [pesquisa sobre o cérebro para o avanço de neurotecnologias inovadoras]). O objetivo é desenvolver tecnologias inovadoras e direcionar avanços científicos, de modo similar aos principais projetos que permitiram colocar uma pessoa na lua e mapear o genoma humano. Objetivos específicos da iniciativa BRAIN são mapear os circuitos cerebrais, medir a atividade desses circuitos e descobrir como essa atividade é traduzida em raciocínio e comportamento.

REVISÃO DO CONCEITO 49.5

1. Compare a doença de Alzheimer com a doença de Parkinson.
2. Como a atividade da dopamina se relaciona com a esquizofrenia, a drogadição e a doença de Parkinson?
3. **E SE?** Se você pudesse detectar a fase inicial da doença de Alzheimer, você esperaria ver mudanças cerebrais que são semelhantes, embora em menor extensão, às observadas em doentes que morreram dessa doença? Explique.

Ver as respostas sugeridas no Apêndice A.

49 Revisão do capítulo

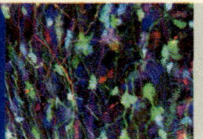

RESUMO DOS CONCEITOS-CHAVE

CONCEITO 49.1

O sistema nervoso consiste em circuitos de neurônios e células de apoio *(p. 1086-1090)*

- Os sistemas nervosos de invertebrados variam em complexidade, desde redes nervosas simples até sistemas nervosos altamente centralizados, com cérebros complexos e cordões nervosos ventrais.

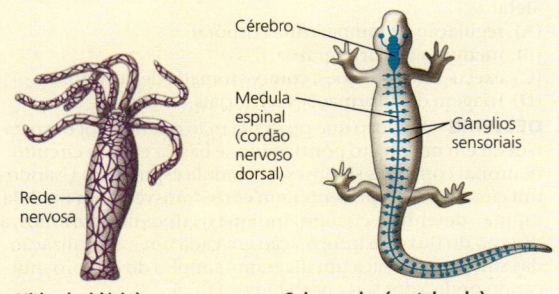

Hidra (cnidário) Salamandra (vertebrado)

- Em vertebrados, o **sistema nervoso central** (**SNC**), que consiste em encéfalo e medula espinal, integra a informação, enquanto os **nervos** do **sistema nervoso periférico** (**SNP**) transmitem os sinais sensoriais e motores entre o SNC e o resto do corpo. Os circuitos mais simples controlam os **reflexos**, nos quais o estímulo sensorial está ligado ao processamento da resposta motora sem o envolvimento do cérebro.

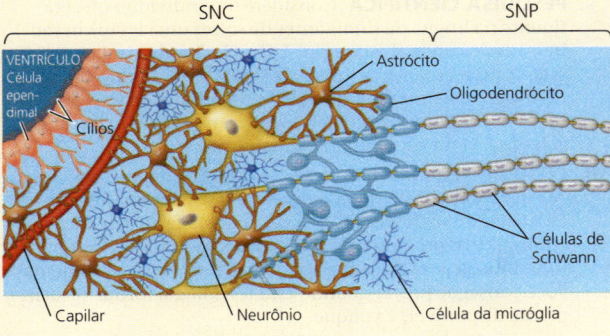

- Os neurônios aferentes transportam os sinais sensoriais para o SNC. Neurônios eferentes funcionam no **sistema motor**, que transporta sinais para os músculos esqueléticos, ou no **sistema nervoso autônomo**, que regula os músculos lisos e cardíacos. As **divisões simpática** e **parassimpática** do sistema nervoso autônomo exercem efeitos antagônicos sobre um conjunto diversificado de órgãos-alvo, enquanto o **sistema nervoso entérico** controla a atividade de muitos órgãos digestórios.
- As células da **glia**, incluindo astrócitos, oligodendrócitos e células de Schwann, dão suporte para os neurônios dos vertebrados. Algumas células da glia servem como células-tronco que podem se diferenciar em neurônios maduros.

? *Como o circuito de um reflexo facilita uma resposta rápida?*

CONCEITO 49.2

O encéfalo dos vertebrados tem regiões especializadas *(p. 1091-1096)*

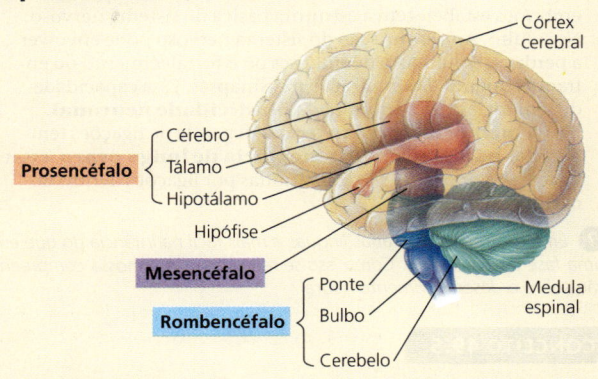

- O cérebro tem dois hemisférios, e cada um deles consiste em **substância cinzenta** cortical que recobre a **substância branca** e em núcleos da base. Os núcleos da base são importantes nos mecanismos de planejamento e de aprendizagem. A **ponte** e o **bulbo** são estações retransmissoras para informação que viaja entre o SNP e o cérebro. A formação reticular, uma rede de neurônios no interior do **tronco encefálico**, regula o sono e a excitação sexual. O **cerebelo** ajuda a coordenar as funções motoras, perceptivas e cognitivas. O **tálamo** é o centro principal por onde a informação sensorial passa ao **cérebro**. O **hipotálamo** regula a homeostase e comportamentos básicos de sobrevivência. Dentro do hipotálamo, um grupo de neurônios chamado de **núcleo supraquiasmático** (**NSQ**) atua como marca-passo para os ritmos circadianos. A **amígdala** tem um papel fundamental no reconhecimento e na memória de uma série de emoções.

? *Quais papéis o mesencéfalo, o cerebelo, o tálamo e o cérebro exercem nas atividades da visão e nas respostas a estímulos visuais?*

CONCEITO 49.3

O córtex cerebral controla os movimentos voluntários e as funções cognitivas *(p. 1096-1099)*

- Cada lado do **córtex cerebral** tem quatro lobos – frontal, temporal, occipital e parietal –, que contêm áreas sensoriais primárias e áreas de associação. As áreas de associação integram informações de diferentes áreas sensoriais. A área de Broca e a área de Wernicke são essenciais para a geração e a compreensão da linguagem. Essas funções são concentradas no hemisfério cerebral esquerdo, assim como as operações matemáticas e lógicas. O hemisfério direito parece estar mais relacionado ao reconhecimento de padrões e ao pensamento não verbal.
- No córtex somatossensorial e no córtex motor, os neurônios são distribuídos de acordo com a parte do corpo que gera estímulos sensoriais ou recebe comandos motores.
- Primatas e cetáceos, que são capazes de uma cognição superior, apresentam córtex cerebral extremamente complexo. Nas aves, uma região do cérebro chamada de pálio contém grupos de núcleos que executam funções semelhantes às realizadas pelo córtex cerebral de mamíferos. Algumas aves podem resolver problemas e compreender abstrações em um modo que indica uma cognição elevada.

? *Um paciente tem dificuldade com a linguagem e tem paralisia em um lado do corpo. Qual lado provavelmente estaria paralisado? Por quê?*

CONCEITO 49.4

Mudanças nas conexões sinápticas formam a base da memória e da aprendizagem (p. 1099-1101)

- Durante o desenvolvimento, são formados mais neurônios e sinapses do que os encontrados em indivíduos adultos. A morte programada de neurônios e a eliminação de sinapses nos embriões estabelecem a estrutura básica do sistema nervoso. No adulto, a reformulação do sistema nervoso pode envolver a perda ou o aumento de sinapses ou o fortalecimento ou enfraquecimento da sinalização nas sinapses. Essa capacidade de remodelação é denominada **plasticidade neuronal**. Nossa **memória de curto prazo** depende de ligações temporárias no hipocampo. Na **memória de longo prazo**, essas ligações temporárias são substituídas por ligações dentro do córtex cerebral.

? *Em geral, aprender várias línguas é mais fácil na infância do que em uma fase tardia da vida. Como isso se relaciona com a nossa compreensão sobre o desenvolvimento neural?*

CONCEITO 49.5

Muitos distúrbios do sistema nervoso podem ser hoje explicados em termos moleculares (p. 1102-1104)

- A **esquizofrenia**, a qual é caracterizada por alucinações, delírios e outros sintomas, afeta vias neuronais que usam a dopamina como neurotransmissor. Os fármacos que aumentam a atividade de aminas biogênicas no cérebro podem ser utilizados para o tratamento de **transtorno bipolar** e **transtorno depressivo maior**. O uso compulsivo de drogas que caracteriza adição reflete uma atividade alterada do sistema de recompensa do cérebro, que normalmente fornece motivação para ações que favoreçam a sobrevivência ou a reprodução.
- A **doença de Alzheimer** e a **doença de Parkinson** são neurodegenerativas e, em geral, relacionadas com o avanço da idade. A doença de Alzheimer é uma demência na qual emaranhados neurofibrilares e placas amiloides se formam no cérebro. A doença de Parkinson é um distúrbio motor causado pela morte de neurônios secretores de dopamina e associado à presença de agregados de proteínas.

? *O fato de a anfetamina e a fenciclidina (PCP) apresentarem efeitos semelhantes aos sintomas da esquizofrenia sugere uma base potencialmente complexa para essa doença. Explique.*

TESTE SEU CONHECIMENTO

Níveis 1-2: Relembre/Entenda

1. A ativação do ramo parassimpático do sistema nervoso autônomo
   (A) aumenta a frequência cardíaca.
   (B) melhora a digestão.
   (C) desencadeia a liberação de adrenalina.
   (D) causa a conversão de glicogênio em glicose.

2. Qual das seguintes estruturas ou regiões está incorretamente relacionada com sua função?
   (A) Sistema límbico – controle motor da fala
   (B) Bulbo – controle homeostático
   (C) Cérebro – coordenação do movimento e equilíbrio
   (D) Amígdala – memória de curto prazo

3. Pacientes com danos na área de Wernicke têm dificuldade de
   (A) coordenar os movimentos dos membros.
   (B) gerar fala.
   (C) reconhecer rostos.
   (D) compreender a linguagem.

4. O córtex cerebral tem um papel fundamental
   (A) na memória emocional.
   (B) na coordenação entre mãos e olhos.
   (C) no ritmo circadiano.
   (D) em conter a respiração.

Níveis 3-4: Aplique/Analise

5. Depois de sofrer um acidente vascular cerebral (AVC), um paciente consegue ver objetos em qualquer lugar à frente dele, mas presta atenção apenas a objetos em seu campo de visão direito. Quando lhe pediram para descrever esses objetos, ele apresentou dificuldades para julgar seu tamanho e distância. Qual parte do cérebro foi provavelmente danificada pelo AVC?
   (A) Lobo frontal esquerdo (C) Lobo parietal direito
   (B) Lobo frontal direito   (D) Corpo caloso

6. A lesão localizada no hipotálamo tem mais probabilidade de afetar a
   (A) regulação da temperatura corporal.
   (B) memória de curto prazo.
   (C) execução de funções, como a tomada de decisão.
   (D) triagem de informações sensoriais.

7. **DESENHE** O reflexo que puxa sua mão quando você espeta o dedo em um objeto pontiagudo se baseia em um circuito neuronal com duas sinapses na medula espinal. (a) Usando um círculo para representar um corte transversal da medula espinal, desenhe o circuito. Indique os tipos de neurônios, a direção do fluxo de informação em cada um e a localização das sinapses. (b) Faça um diagrama simples do cérebro indicando onde a dor seria percebida ao final.

Níveis 5-6: Avalie/Crie

8. **CONEXÃO EVOLUTIVA** Os cientistas frequentemente utilizam medidas de "pensamento de ordem superior" para aferir a inteligência em outros animais. Por exemplo, considera-se que as aves têm processos de pensamento sofisticados, porque elas conseguem utilizar ferramentas e fazer uso de conceitos abstratos. Identifique problemas que você percebe ao definir a inteligência desses modos.

9. **PESQUISA CIENTÍFICA** Considere um indivíduo que era fluente na língua de sinais antes de sofrer uma lesão em seu hemisfério cerebral esquerdo. Após a lesão, ele ainda conseguia compreender essa língua de sinais, mas não era capaz de reproduzir facilmente sinais que representassem seus pensamentos. Proponha *duas* hipóteses que poderiam explicar esse achado. Como você poderia diferenciá-las?

10. **CIÊNCIA, TECNOLOGIA E SOCIEDADE** Com métodos cada vez mais sofisticados para escanear a atividade cerebral, os cientistas estão desenvolvendo a capacidade de detectar as emoções e os processos de pensamento de um determinado indivíduo de fora do seu corpo. Quais benefícios e problemas você consegue prever quando essa tecnologia tornar-se facilmente disponível? Explique.

11. **ESCREVA SOBRE UM TEMA: INFORMAÇÃO** Em um texto curto (100-150 palavras), explique como a especificação do sistema nervoso adulto pelo genoma é incompleta.

12. **SINTETIZE SEU CONHECIMENTO**

Imagine que você está de pé com um microfone em frente a uma multidão. Verificando suas anotações, você começa a falar. Utilizando as informações deste capítulo, descreva a série de eventos em regiões específicas do seu cérebro que permitem que você diga a primeira palavra.

Ver respostas selecionadas no Apêndice A.

50 Mecanismos sensoriais e motores

CONCEITOS-CHAVE

50.1 Receptores sensoriais fazem a transdução da energia do estímulo e transmitem sinais para o sistema nervoso central *p. 1108*

50.2 Na audição e no equilíbrio, mecanorreceptores detectam líquido em movimento ou partículas de sedimentação *p. 1112*

50.3 Os diversos receptores visuais de animais dependem de pigmentos que absorvem a luz *p. 1117*

50.4 Os sentidos do paladar e do olfato dependem de um conjunto semelhante de receptores sensoriais *p. 1123*

50.5 A interação física dos filamentos proteicos é necessária para a função muscular *p. 1125*

50.6 Sistemas esqueléticos transformam a contração muscular em locomoção *p. 1132*

Dica de estudo

Faça o diagrama de um processo: Para ajudá-lo a compreender o mecanismo de filamentos deslizantes da contração muscular, preencha as demais etapas do processo. Para cada etapa, desenhe a posição da cabeça de miosina e liste 1) a forma de ATP ou seus componentes ligados; 2) o estado de energia (baixa/alta); e 3) se uma ponte cruzada se forma nessa etapa.

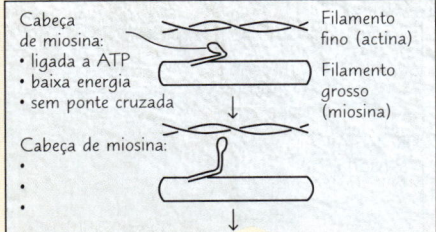

Figura 50.1 Cavando túneis sob as áreas úmidas norte-americanas, a toupeira-nariz-de-estrela (*Condylura cristata*) encontra sua presa em uma escuridão quase total. Para fazer isso, a toupeira depende de um grupo de apêndices em formato de estrela, cada um com 25.000 receptores táteis. Retransmitindo sinais para o cérebro da toupeira, os receptores iniciam o processamento da informação que capacita o animal a capturar e ingerir sua presa em uma fração de segundos.

Quais etapas ligam os estímulos sensoriais à atividade animal?

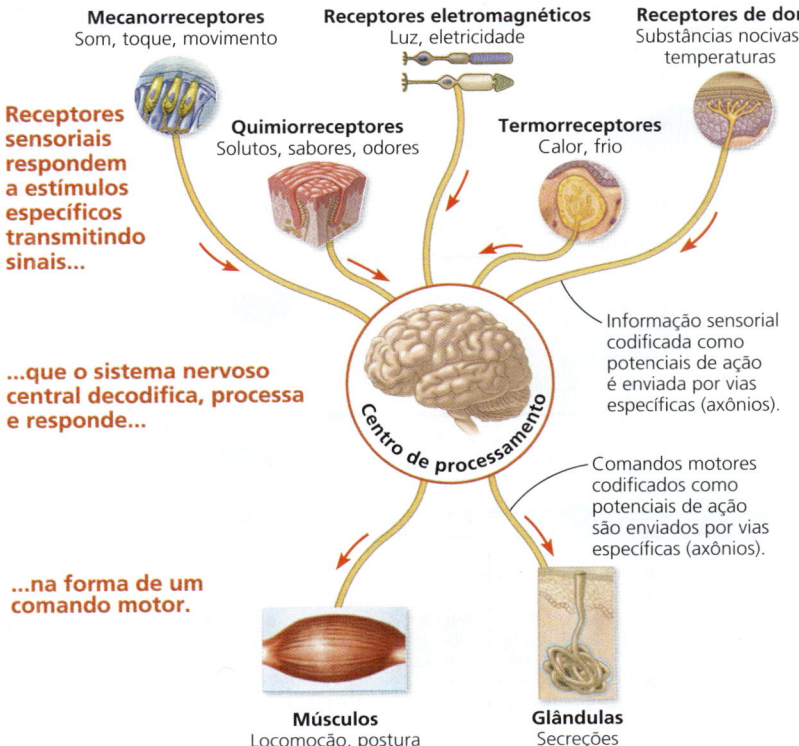

CONCEITO 50.1

Receptores sensoriais fazem a transdução da energia do estímulo e transmitem sinais para o sistema nervoso central

Todos os processos sensoriais começam com estímulos, e todos os estímulos representam formas de energia. Um receptor converte a energia do estímulo em uma mudança no potencial de membrana, regulando a produção de potenciais de ação para o sistema nervoso central (SNC). A decodificação dessas informações dentro do SNC resulta na sensação.

Quando um estímulo é recebido e processado pelo sistema nervoso, uma resposta motora pode ser gerada. Um dos circuitos mais simples de estímulo-resposta é o reflexo, como o reflexo patelar mostrado na Figura 49.5. Para muitos outros comportamentos, o estímulo sensorial sofre processamento mais elaborado. Como exemplo, vamos considerar como a toupeira-nariz-de-estrela na Figura 50.1 busca por alimento, ou forrageia, dentro de um túnel. Quando o nariz da toupeira encontra um objeto, receptores de toque no nariz são ativados **(Figura 50.2)**. Esses receptores transmitem informação sensorial sobre o objeto, como se o objeto está em movimento, ao cérebro da toupeira. Circuitos no cérebro integram o estímulo e iniciam uma de duas vias de resposta. Se uma presa ou outro alimento for detectado, o cérebro envia comandos motores de resposta aos músculos esqueléticos que fazem as mandíbulas morderem. Se nenhum alimento for detectado, o cérebro manda instruções para os músculos esqueléticos continuarem o movimento pelo túnel.

Com esse panorama em mente, examinaremos a organização geral e a atividade de sistemas sensoriais animais. Vamos nos concentrar em quatro funções básicas comuns às vias sensoriais: recepção sensorial, transdução, transmissão e percepção.

Recepção sensorial e transdução

Uma via sensorial começa com a **recepção sensorial**, a detecção de um estímulo por células sensoriais. Cada célula sensorial é um neurônio ou uma célula que regula um neurônio **(Figura 50.3)**. Algumas células sensoriais são únicas; outras são reunidas dentro de órgãos sensoriais, como o nariz em formato de estrela da toupeira na Figura 50.1.

O termo **receptor sensorial** descreve uma célula ou órgão sensorial, bem como a estrutura subcelular que detecta estímulos. Alguns receptores sensoriais respondem a estímulos de dentro do corpo, como pressão sanguínea ou posição do corpo. Outros receptores detectam estímulos externos ao corpo, como calor, luz, pressão ou substâncias químicas. Alguns desses receptores são sensíveis à menor unidade possível de estímulo. A maioria dos receptores de luz, por exemplo, pode detectar um único *quantum* (fóton) de luz.

Embora os animais usem uma gama de receptores sensoriais para detectar estímulos diferentes, o efeito em todos os casos é abrir ou fechar canais iônicos. A mudança resultante no fluxo iônico através da membrana altera o

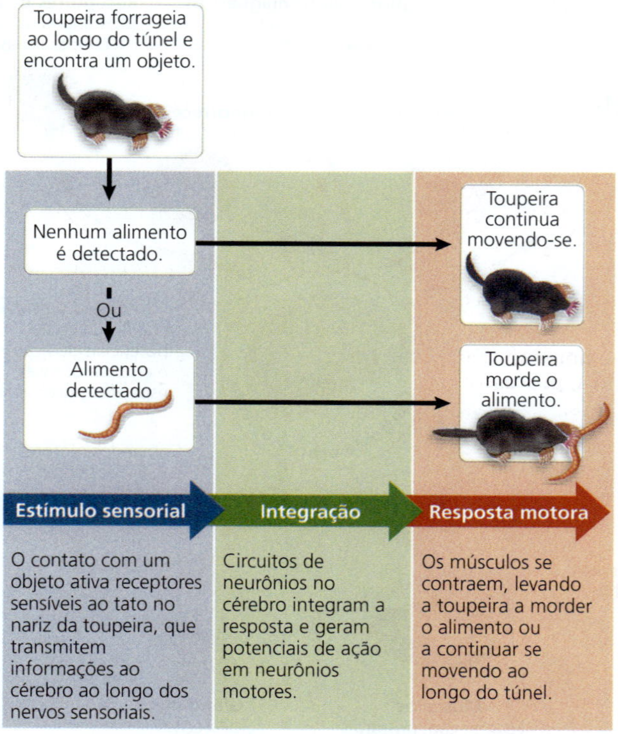

▲ **Figura 50.2** Uma via de resposta simples: forrageio por uma toupeira-nariz-de-estrela.

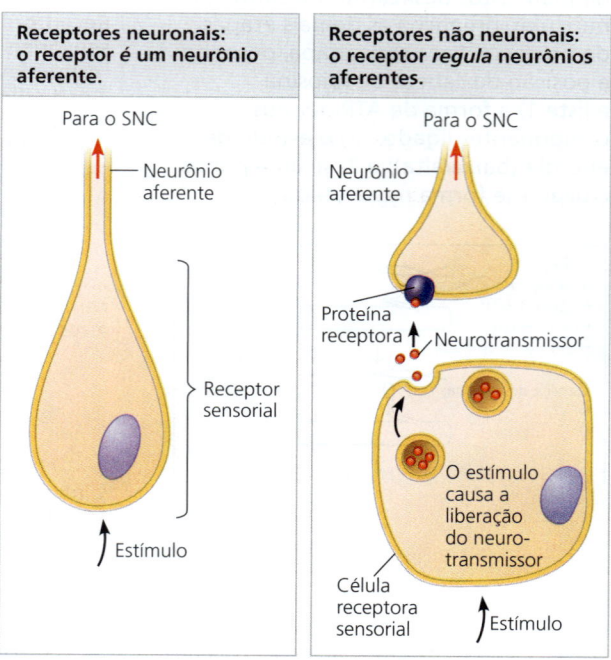

▲ **Figura 50.3** Receptores sensoriais neuronais e não neuronais.

potencial de membrana. A mudança no potencial de membrana é chamada de **potencial receptor**, e a conversão do estímulo em um potencial receptor é conhecida como **transdução sensorial**. Observe que potenciais receptores são potenciais graduados: sua magnitude varia com a intensidade do estímulo.

Transmissão

A informação sensorial viaja pelo sistema nervoso como potenciais de ação. Um receptor sensorial que é também um neurônio gera potenciais de ação, os quais viajam ao longo de um axônio que se estende para dentro do SNC (ver Figura 50.3). Em contrapartida, um receptor sensorial não neuronal não gera, ele próprio, potenciais de ação, mas conduz informação para um neurônio aferente por meio de uma sinapse química. Como essa sinapse química altera a taxa em que os neurônios aferentes produzem potenciais de ação, a informação sensorial gerada entra no SNC na forma de potenciais de ação.

O tamanho de um potencial receptor aumenta com a intensidade do estímulo. Se o receptor é um neurônio sensorial, um potencial receptor maior resulta em potenciais de ação mais frequentes **(Figura 50.4)**. Se o receptor não é um neurônio sensorial, um potencial receptor maior geralmente faz o receptor liberar mais neurotransmissor.

Muitos neurônios sensoriais geram espontaneamente potenciais de ação a uma velocidade lenta. Nesses neurônios, em vez de ligar ou desligar a produção de potenciais de ação, um estímulo muda a *frequência* com que um potencial de ação é produzido, alertando o sistema nervoso para mudanças na intensidade do estímulo.

O processamento de informação sensorial pode ocorrer antes, durante e depois da transmissão do potencial de ação no SNC. Em muitos casos, a *integração* de informação sensorial começa assim que a informação é recebida. Potenciais de ação produzidos por estímulos levados a diferentes partes de um receptor sensorial são integrados por meio de somação, como são os potenciais pós-sinápticos em neurônios que recebem estímulo de múltiplos receptores sensoriais. Como você verá brevemente, estruturas sensoriais como olhos também fornecem altos níveis de integração, e o cérebro posteriormente processa todos os sinais que vão chegar.

Percepção

Quando potenciais de ação alcançam o cérebro via neurônios aferentes, circuitos de neurônios processam essa entrada, gerando a **percepção** do estímulo. Um potencial de ação desencadeado pela luz que incide sobre o olho tem as mesmas propriedades que um potencial de ação desencadeado pela vibração do ar no ouvido. Então, como podemos distinguir imagens, sons e outros estímulos? A resposta está nas conexões que ligam os receptores sensoriais ao cérebro. Os potenciais de ação de receptores sensoriais trafegam ao longo de neurônios que são dedicados a um determinado estímulo; esses neurônios dedicados fazem sinapses com os neurônios específicos no cérebro ou na medula espinal. Por isso, o cérebro distingue estímulos, como imagens ou sons, apenas pela rota ao longo da qual os potenciais de ação chegaram.

Percepções – como cores, odores, sons e sabores – são construções formadas no cérebro e não existem fora dele. Assim, se uma árvore cair e nenhum animal estiver presente para ouvir, o som da queda existe? A árvore que cai certamente produz ondas de pressão no ar, mas se o som é definido como percepção, então não existe nenhum som, a menos que um animal sinta essas ondas e seu cérebro as perceba.

Amplificação e adaptação

A transdução de estímulos por receptores sensoriais está sujeita a dois tipos de modificação – amplificação e adaptação. A **amplificação** refere-se à intensidade de um sinal sensorial durante a transdução. O efeito da amplificação pode ser considerável. Por exemplo, um potencial de ação conduzido do olho ao cérebro humano tem cerca de 100 mil vezes mais energia do que os poucos fótons de luz que o desencadearam.

A amplificação que ocorre em células receptoras sensoriais frequentemente requer transdução de sinal que envolve reações catalisadas por enzimas (ver Conceito 11.3). Como uma única molécula de enzima catalisa a formação de muitas moléculas de produto, essas vias amplificam consideravelmente a intensidade do sinal. A amplificação também pode ocorrer em estruturas acessórias de um órgão do sentido. Por exemplo, o sistema de alavanca formado por três pequenos ossos no ouvido aumenta a pressão associada a ondas sonoras em mais de 20 vezes antes que o estímulo alcance a parte mais interna do ouvido.

Sob estímulo constante, muitos receptores submetem-se a uma diminuição em sua responsividade denominada **adaptação sensorial** (não confundir com o termo *adaptação* usado em evolução). A adaptação sensorial tem papéis muito importantes em nossa percepção de nós mesmos e de nosso entorno. Sem ela, você sentiria cada batida de seu coração e estaria constantemente ciente de cada toque da

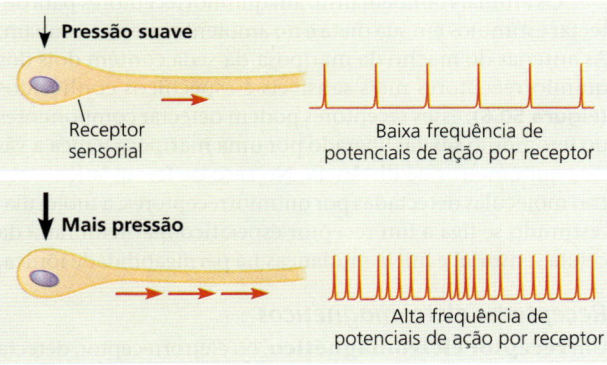

▲ **Figura 50.4** Codificação de intensidade de estímulo por um único receptor sensorial.

roupa em seu corpo. Além disso, a adaptação é essencial para você ver, ouvir e cheirar mudanças em estímulos externos que variam amplamente em intensidade.

Tipos de receptores sensoriais

Receptores sensoriais se enquadram em cinco categorias, com base na natureza dos estímulos que eles transduzem: mecanorreceptores, quimiorreceptores, receptores eletromagnéticos, termorreceptores e receptores de dor.

Mecanorreceptores

Nossos sentidos de audição e equilíbrio, bem como nossas respostas a pressão, toque, extensão e movimento, dependem de receptores sensoriais chamados **mecanorreceptores**, os quais sentem a deformação física causada por formas de energia mecânica. Os mecanorreceptores geralmente consistem em canais iônicos ligados a estruturas que se estendem do lado externo da célula, como "pelos" (cílios), e também ancorados a estruturas celulares internas, como o citoesqueleto. Dobrar ou estirar a estrutura externa gera tensão que altera a permeabilidade do canal iônico. Essa mudança, por sua vez, altera o potencial de membrana, resultando em um potencial receptor – uma despolarização ou uma hiperpolarização.

O receptor de estiramento dos vertebrados, um mecanorreceptor que detecta o movimento do músculo, desencadeia o conhecido reflexo patelar (ver Figura 49.5). Receptores de estiramento em vertebrados são dendritos de neurônios sensoriais que se dispõem em espiral perto do meio de algumas pequenas fibras musculares esqueléticas. Quando as fibras musculares são estiradas, os neurônios sensoriais despolarizam, provocando impulsos nervosos que chegam à medula espinal, ativam neurônios motores e geram uma resposta reflexa.

Os mecanorreceptores que são os dendritos de neurônios sensoriais também são responsáveis pelo sentido do tato em mamíferos. Receptores táteis estão muitas vezes incorporados em camadas de tecido conectivo. A estrutura do tecido conectivo e a localização dos receptores afetam drasticamente o tipo de energia mecânica (toque leve, vibração ou pressão forte) pelo qual são mais estimulados **(Figura 50.5)**. Os receptores que detectam um toque leve ou uma vibração situam-se próximos da superfície da pele; eles transduzem rapidamente a informação de energia mecânica em potenciais receptores. Os receptores que respondem a pressões e vibrações mais fortes são encontrados nas camadas mais profundas da pele.

Alguns animais usam mecanorreceptores para familiarizar-se com seu ambiente. Gatos e muitos roedores, por exemplo, têm mecanorreceptores extremamente sensíveis na base de suas vibrissas (popularmente chamadas de "bigodes"). Como os apêndices na face da toupeira-nariz-de--estrela, as vibrissas agem como órgãos táteis. A flexão de vibrissas diferentes desencadeia potenciais de ação que alcançam diferentes células no cérebro. Como resultado, as vibrissas de um animal permitem ao cérebro compor um "mapa de toque", detalhando a localização de objetos nas proximidades, como alimento ou obstáculos.

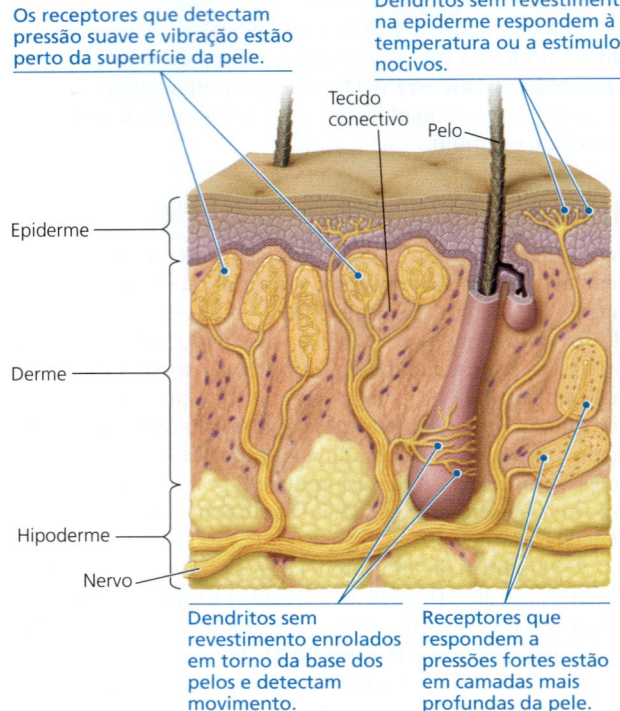

▲ **Figura 50.5 Receptores sensoriais na pele humana.** A maioria dos receptores na derme está revestida por tecido conectivo. Receptores na epiderme são dendritos sem revestimento, assim como os receptores de movimento do pelo que se enrolam ao redor da base dos pelos na derme.

Quimiorreceptores

Quimiorreceptores que monitoram o ambiente interno são divididos em duas amplas categorias. Alguns transmitem informação sobre a concentração total de solutos. Por exemplo, osmorreceptores no cérebro de mamíferos detectam mudanças na concentração total de solutos do sangue e estimulam a sede quando a osmolaridade aumenta (ver Figura 44.19). Outros quimiorreceptores respondem a moléculas específicas nos líquidos corporais, incluindo glicose, oxigênio, dióxido de carbono e aminoácidos.

Os animais também utilizam quimiorreceptores para detectar estímulos em sua dieta e no ambiente que eles ocupam. As antenas do macho da mariposa-da-seda contêm dois dos quimiorreceptores mais sensíveis e específicos conhecidos **(Figura 50.6)**; esses receptores podem detectar componentes do feromônio sexual liberado por uma mariposa fêmea a vários quilômetros de distância. No caso de feromônios e outras moléculas detectadas por quimiorreceptores, a molécula--estímulo se liga a um receptor específico na membrana da célula sensorial e inicia mudanças na permeabilidade iônica.

Receptores eletromagnéticos

Um **receptor eletromagnético**, ou eletrorreceptor, detecta uma forma de energia eletromagnética, como luz, eletricidade e magnetismo. Por exemplo, o ornitorrinco possui eletrorreceptores em seu bico que podem detectar o campo elétrico

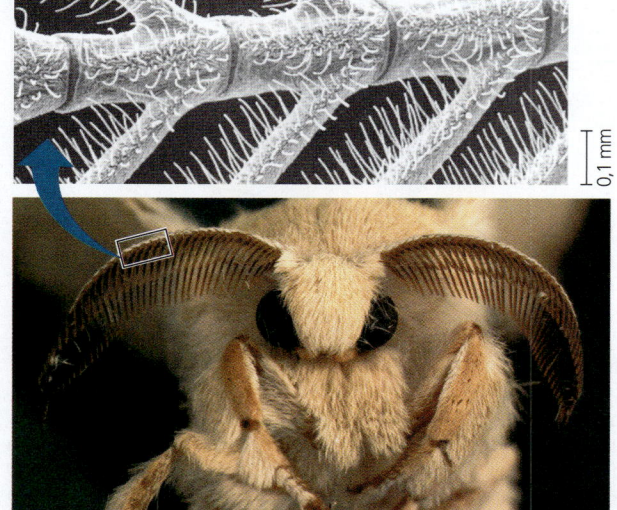

▲ **Figura 50.6 Quimiorreceptores em um inseto.** As antenas do macho da mariposa-da-seda *Bombyx mori* são cobertas por pelos sensoriais, visíveis nesta magnificação de uma MEV. Os pelos possuem quimiorreceptores que são altamente sensíveis ao feromônio sexual liberado pela fêmea.

(a) Alguns animais migratórios, como estas baleias-beluga, aparentemente sentem o campo magnético da Terra e usam a informação, juntamente com outras dicas, para sua orientação.

(b) Esta cascavel e outras víboras possuem um par de órgãos receptores sensíveis ao calor, cada um anterior e logo abaixo de cada olho. Esses órgãos são sensíveis o suficiente para detectar a radiação infravermelha emitida pelo calor da presa a um metro de distância. A cobra move a cabeça de um lado para o outro até que a radiação seja detectada igualmente pelos receptores, indicando que a presa está logo à frente.

▲ **Figura 50.7 Exemplos de recepção eletromagnética e de termorrecepção.**

gerado pelos músculos de crustáceos, pequenos peixes e outras presas. Em alguns casos, o animal que detecta o estímulo também gera o estímulo: alguns peixes geram correntes elétricas e, em seguida, usam eletrorreceptores para localizar as presas ou outros objetos que perturbam essas correntes.

Muitos animais podem usar as linhas do campo magnético da Terra para orientar-se enquanto migram **(Figura 50.7a)**. Em 2015, pesquisadores identificaram um par de proteínas que parecem agir como um sensor para o campo magnético da Terra em muitos animais que podem se orientar com ele, incluindo borboletas-monarca, pombos e baleias-minke. Uma dessas proteínas se liga ao ferro; a outra é um receptor sensível à radiação eletromagnética.

Termorreceptores

Os **termorreceptores** detectam calor e frio. Por exemplo, certas serpentes venenosas contam com termorreceptores para detectar a radiação infravermelha emitida pelo calor da presa. Esses termorreceptores estão localizados em um par de fossas nasais na cabeça da serpente **(Figura 50.7b)**. Em humanos, termorreceptores estão situados na pele e no hipotálamo anterior.

Recentemente, nosso conhecimento sobre a termorrecepção aumentou substancialmente, graças a cientistas com uma predileção por alimentos picantes. A pimenta-jalapenho e a pimenta-caiena, que descrevemos como "quentes", contêm uma substância chamada de capsaicina. Aplicar capsaicina a um neurônio sensorial ocasiona um influxo de íons cálcio. Quando os cientistas identificaram a proteína do receptor em neurônios que se liga à capsaicina, eles fizeram uma descoberta fascinante: o receptor abre um canal de cálcio em resposta não somente à capsaicina, mas também a temperaturas elevadas (42°C ou superiores). Em essência, condimentos apresentam gostos picantes "quentes" porque ativam os mesmos receptores de calor que a sopa e o café quentes.

Os mamíferos têm uma variedade de termorreceptores, cada um específico para uma faixa de temperaturas particular. O receptor de capsaicina e pelo menos cinco outros tipos de termorreceptores pertencem à família TRP (do inglês *transient receptor potential* [potencial receptor transitório]) de proteínas de canal iônico. Da mesma forma que o receptor tipo TRP em alta temperatura é sensível à capsaicina, o receptor para temperaturas inferiores a 28°C pode ser ativado pelo mentol, um produto vegetal cujo sabor percebemos como "gelado".

Receptores de dor

Pressão ou temperatura extrema, bem como certas substâncias químicas, podem danificar os tecidos animais. Para detectar estímulos que refletem essas condições nocivas, os animais contam com **nociceptores** (do latim *nocere*, ferir), também chamados de **receptores de dor**. Ao desencadear reações defensivas, como o recuo perante o perigo, a percepção da dor desempenha uma função importante. O receptor de capsaicina de mamíferos pode detectar temperaturas perigosamente altas, de modo que ele também funciona como um receptor de dor.

Substâncias químicas produzidas no corpo de um animal algumas vezes potencializam a percepção da dor. Por exemplo, tecidos lesados produzem prostaglandinas, que atuam como reguladores locais de processos inflamatórios (ver Conceito 45.1). As prostaglandinas agravam a dor, aumentando a sensibilidade do nociceptor a estímulos nocivos. O ácido acetilsalicílico e o ibuprofeno reduzem a dor pela inibição da síntese de prostaglandinas.

Em seguida, dedicaremos a nossa atenção aos sistemas sensoriais, começando com sistemas para manutenção do equilíbrio e detecção de som.

REVISÃO DO CONCEITO 50.1

1. Qual das cinco categorias de receptores sensoriais é relacionada principalmente a estímulos externos?
2. Por que comer pimentas "quentes" leva uma pessoa a suar?
3. **E SE?** Se você estimulasse eletricamente um neurônio sensorial, como esse estímulo seria percebido?

Ver as respostas sugeridas no Apêndice A.

CONCEITO 50.2

Na audição e no equilíbrio, mecanorreceptores detectam líquido em movimento ou partículas de sedimentação

Na maioria dos animais, o sentido da audição está fortemente associado ao sentido de equilíbrio do corpo. Para ambos os sentidos, células mecanorreceptoras produzem potenciais receptores em resposta à deflexão de estruturas da superfície celular por partículas de sedimentação ou líquido em movimento.

Percepção da gravidade e do som em invertebrados

Para perceber a gravidade e manter o equilíbrio, a maioria dos invertebrados depende de mecanorreceptores localizados em órgãos chamados **estatocistos (Figura 50.8)**. Em um estatocisto típico, os **estatólitos**, grânulos formados por grãos de areia ou outro material denso, acomodam-se livremente em uma câmara revestida por células ciliadas. Cada vez que o animal se reposiciona, os estatólitos se reassentam, estimulando mecanorreceptores em um local inferior da câmara.

Como os pesquisadores testaram a hipótese de que o reassentamento de estatólitos fornece informação sobre a posição do corpo em relação à gravidade da Terra? Em um importante experimento, estatólitos foram substituídos por fragmentos de metal. Em seguida, os pesquisadores "enganaram" lagostins, fazendo-os nadar de cabeça para baixo usando ímãs para atrair os fragmentos até a extremidade superior dos estatocistos na base de suas antenas.

Muitos dos insetos (talvez a maioria) possuem pelos corporais que vibram em resposta a ondas sonoras. Pelos com rigidez e comprimento diferentes vibram em frequências distintas. Por exemplo, pelos finos nas antenas de um mosquito macho vibram de uma maneira específica em resposta

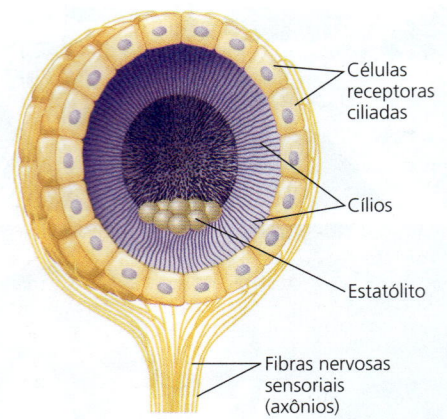

▲ **Figura 50.8 Estatocisto de um invertebrado.** A sedimentação de grânulos chamados estatólitos na porção basal da câmara flexiona os cílios das células receptoras daquela região, fornecendo ao cérebro informações sobre a orientação do corpo em relação à gravidade.

ao zunido produzido pelo bater das asas de uma fêmea voando. A importância desse sistema sensorial na atração de machos a uma potencial companheira pode ser facilmente demonstrada: um diapasão vibrando na mesma frequência que a das asas de uma fêmea, por si só, atrai os machos.

Muitos insetos também detectam o som por meio de órgãos sensíveis à vibração, que consistem em um tipo de membrana timpânica (tímpano) esticada sobre uma câmara de ar interna **(Figura 50.9)**. As baratas carecem de uma membrana timpânica, mas têm órgãos sensíveis à vibração que detectam o movimento do ar, como aquela causada por um pé humano em movimento.

Audição e equilíbrio em mamíferos

Nos mamíferos, como na maioria dos outros vertebrados terrestres, os órgãos sensoriais para audição e equilíbrio estão intimamente associados. A **Figura 50.10** explora a estrutura e a função desses órgãos no ouvido humano.

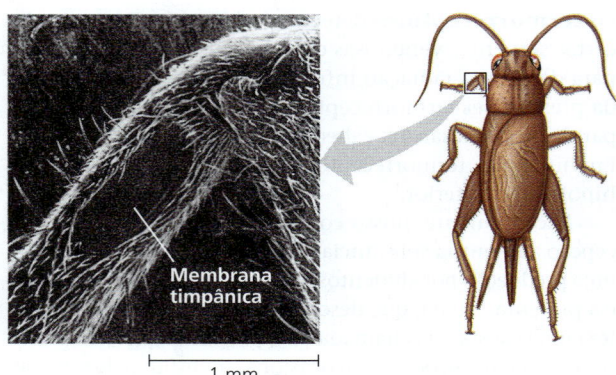

▲ **Figura 50.9 Uma "orelha" de inseto em sua perna.** A membrana timpânica, visível nesta MEV da perna anterior de um grilo, vibra em resposta às ondas sonoras. As vibrações estimulam mecanorreceptores localizados na parte interna da membrana timpânica.

▼ Figura 50.10 Explorando a estrutura da orelha humana

1 Visão geral da estrutura da orelha

A **orelha externa** consiste no pavilhão auricular externo e no canal auditivo, os quais captam as ondas sonoras e as canalizam para a **membrana timpânica** (tímpano), separando a orelha interna da **orelha média**. Na orelha média, três ossos pequenos – martelo, bigorna e estribo – transmitem vibrações para a **janela oval**, a qual é uma membrana debaixo do estribo. A orelha média também se abre na **tuba auditiva**, uma passagem que se conecta à faringe e equaliza a pressão entre a orelha média e a atmosfera. A **orelha interna** consiste em câmaras preenchidas por líquido, incluindo os **canais semicirculares**, os quais participam do equilíbrio, e a **cóclea** (do latim para "caracol"), uma câmara óssea espiralada que está envolvida na audição.

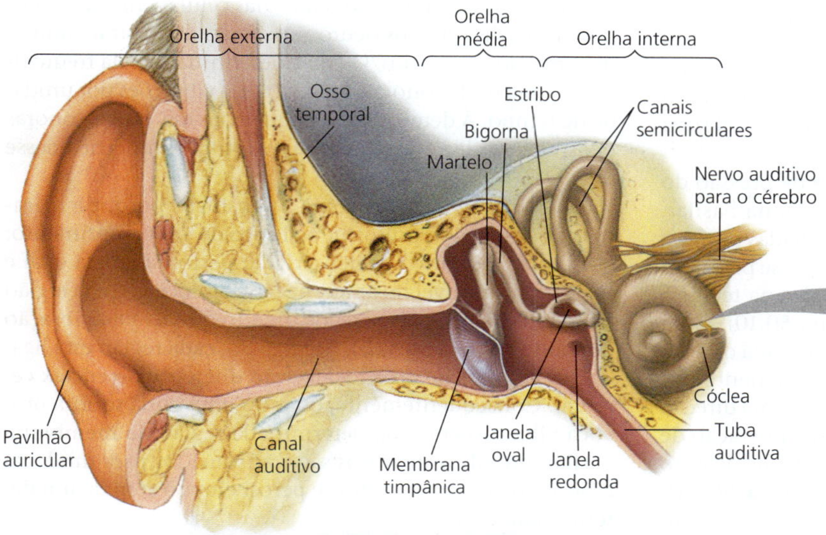

2 Cóclea

A cóclea, mostrada aqui em secção transversal, possui dois grandes canais – um canal vestibular superior e um canal timpânico inferior – separados por um ducto coclear menor. Ambos os canais são preenchidos com líquido.

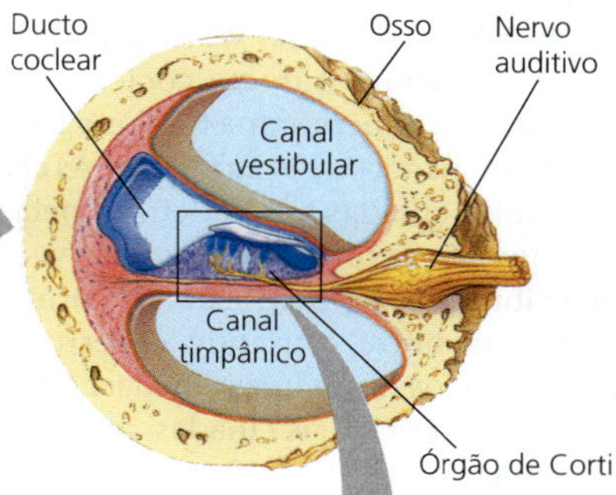

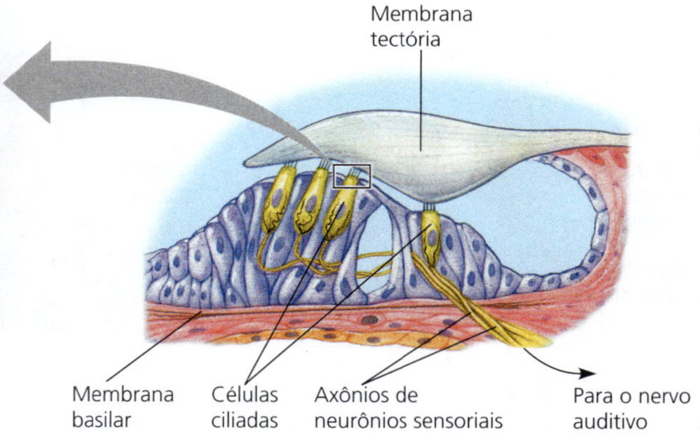

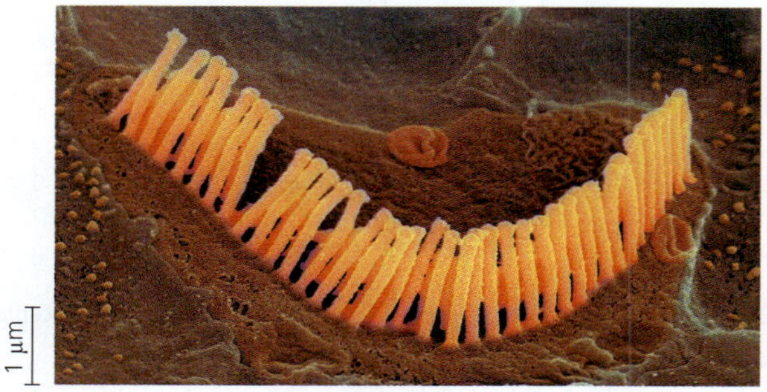

▲ Projeção de cílios a partir de uma única célula ciliada em mamíferos (MEV). Duas pequenas fileiras de cílios encontram-se atrás de cílios compridos em primeiro plano.

4 Células ciliadas

Cada célula ciliada projeta um feixe em forma de bastonete de "pelos", cada um contendo um núcleo de filamentos de actina. A vibração da membrana basilar em resposta ao som eleva e abaixa as células ciliadas, flexionando os cílios contra o líquido que envolve a membrana tectória. Quando os pelos no interior do feixe são deslocados, mecanorreceptores são ativados, alterando o potencial da membrana da célula ciliada.

3 Órgão de Corti

A base do ducto coclear, a membrana basilar, sustenta **o órgão de Corti**, o qual contém os mecanorreceptores da orelha – células ciliadas com cílios projetando-se para dentro do ducto coclear. Muitos cílios estão ligados à membrana tectória, que paira sobre o órgão de Corti como um toldo.

Audição

Objetos em vibração, como uma corda de violão ou as pregas vocais de uma pessoa que está falando, criam ondas de pressão no ar circundante. Na *audição*, o ouvido transduz esse estímulo mecânico (ondas de pressão) em impulsos nervosos que o cérebro percebe como som. Para ouvir falas, música ou outros sons em nosso ambiente, contamos com **células ciliadas**, células sensoriais com projeções semelhantes a pelos que detectam movimento.

Antes que as ondas de vibração alcancem as células ciliadas, elas são amplificadas e transformadas por estruturas acessórias. Os primeiros passos envolvem estruturas na orelha que convertem as vibrações do ar em movimento para ondas de pressão no fluido. O ar em movimento que chega à orelha externa faz vibrar a membrana timpânica. Os três ossículos da orelha média transmitem essas vibrações à janela oval, uma membrana na superfície da cóclea. Quando um desses ossos, o estribo, vibra contra a janela oval, ele cria ondas de pressão no fluido dentro da cóclea.

Ao entrar no canal vestibular, as ondas de pressão do fluido empurram o ducto coclear e a membrana basilar. Em resposta, a membrana basilar e células ciliadas presas a ela vibram para cima e para baixo. As cerdas que se projetam das células ciliadas são defletidas pela membrana tectória fixa, que se encontra logo acima (ver Figura 50.10). Com cada vibração, os cílios flexionam primeiro em uma direção e depois na outra, causando a abertura e o fechamento dos canais iônicos nas células ciliadas. A flexão em uma direção despolariza as células ciliadas, aumentando a liberação de neurotransmissores e a frequência dos potenciais de ação dirigidos ao cérebro pelo nervo auditivo **(Figura 50.11)**. A flexão dos cílios em outra direção hiperpolariza as células ciliadas, reduzindo a liberação de neurotransmissores e a frequência das sensações do nervo auditivo.

O que impede as ondas de pressão de reverberarem dentro da orelha e causarem uma sensação prolongada? Após a propagação pelo canal vestibular, as ondas de pressão passam ao redor do ápice (ponta) da cóclea, dissipando-se conforme atingem a **janela redonda (Figura 50.12a)**. Esse amortecimento de ondas sonoras zera todo o mecanismo para as próximas vibrações que vão chegar.

A orelha capta informações sobre duas variáveis sonoras importantes: volume e tom. O *volume* é determinado pela amplitude, ou altura, da onda sonora. Uma onda de amplitude alta provoca vibração mais vigorosa da membrana basilar, maior flexão dos cílios nas células ciliadas e mais potenciais de ação nos neurônios aferentes que transmitem informação ao cérebro. O *tom* é determinado pela frequência de uma onda sonora e o número de vibrações por unidade de tempo. A detecção das frequências das ondas sonoras ocorre na cóclea e baseia-se na estrutura assimétrica desse órgão.

A cóclea pode distinguir a intensidade porque a membrana basilar não é uniforme ao longo do seu comprimento: ela é relativamente estreita e rígida perto da janela oval e mais larga e flexível no ápice, na base da cóclea. Cada região da membrana basilar percebe uma frequência de vibração diferente **(Figura 50.12b)**. Além disso, cada região está ligada por axônios de uma localização diferente no córtex cerebral. Consequentemente, quando uma onda sonora provoca vibração em uma determinada região da membrana basilar, impulsos nervosos são transduzidos para um local específico em nosso córtex, e percebemos o som de um determinado tom.

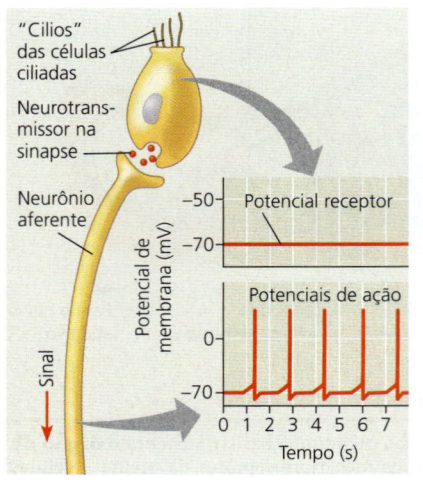 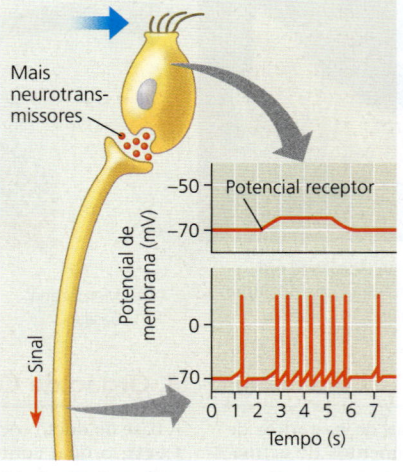 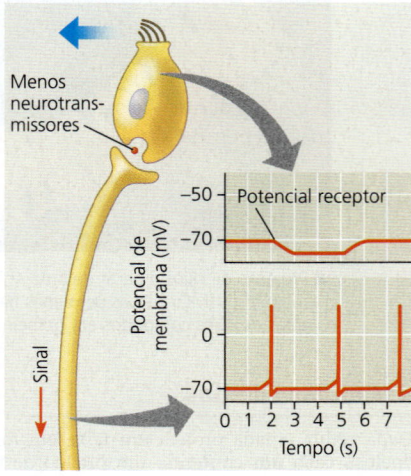

(a) Sem flexão dos cílios (b) Flexão dos cílios em uma direção (c) Flexão dos cílios em outra direção

▲ **Figura 50.11 Recepção sensorial por células ciliadas.** Na audição ou no equilíbrio, cada célula ciliada forma uma sinapse com um neurônio aferente que conduz potenciais de ação para o sistema nervoso central. A flexão dos cílios da célula ciliada em uma direção despolariza a célula. A despolarização aumenta a liberação de neurotransmissores excitatórios, resultando em potenciais de ação mais frequentes no neurônio aferente. A flexão dos cílios na outra direção diminui a liberação de neurotransmissores, reduzindo a frequência do potencial de ação no neurônio aferente.

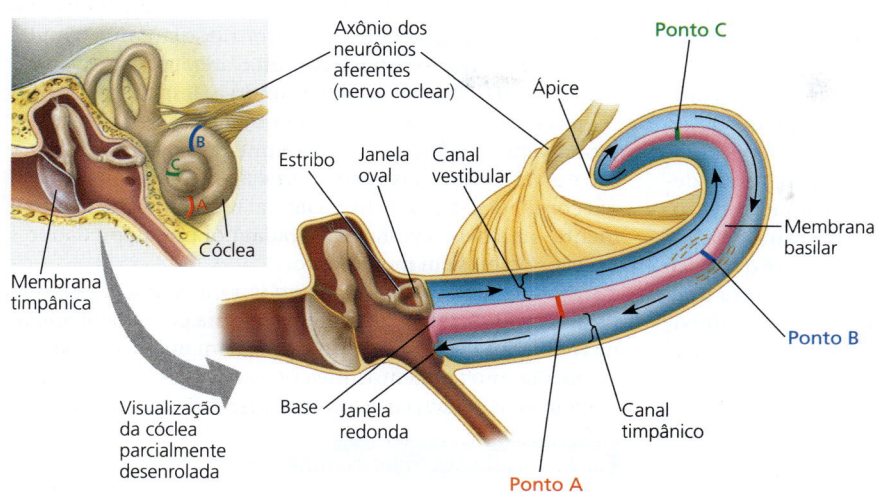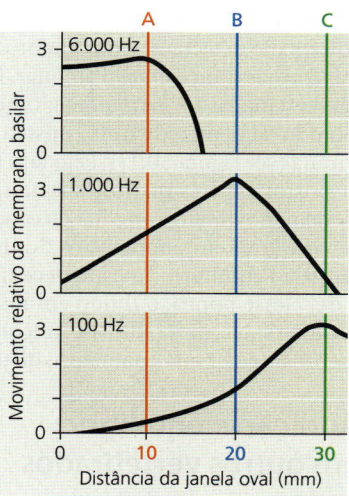

(a) Vibrações do estribo contra a janela oval produzem ondas de pressão (setas pretas) no fluido (perilinfa; azul) da cóclea. (Para fins de ilustração, a cóclea à direita está desenhada parcialmente desenrolada.) As ondas trafegam até o ápice via canal vestibular e retornam para a base pelo canal timpânico. A energia das ondas provoca a vibração da membrana basilar (cor-de-rosa), estimulando as células ciliadas (não mostrado). Uma vez que a membrana basilar varia em rigidez ao longo do seu comprimento, cada ponto ao longo da membrana vibra ao máximo em resposta a uma onda de determinada frequência.

(b) Estes gráficos mostram os padrões da vibração ao longo da membrana basilar para três frequências diferentes, alta (superior), média (meio) e baixa (inferior). Quanto maior a frequência, mais perto está a vibração da janela oval.

▲ **Figura 50.12 Transdução sensorial na cóclea.**

INTERPRETE OS DADOS Um acorde musical consiste em várias notas, cada uma formada por uma onda sonora de frequência distinta. Se um acorde tivesse notas com frequências de 100, 1.000 e 6.000 Hz, o que aconteceria com a membrana basilar? Qual seria o resultado desses acordes na sua audição?

Equilíbrio

Diversos órgãos da orelha interna dos seres humanos e da maioria dos outros mamíferos detectam o movimento do corpo, a posição e o equilíbrio. Por exemplo, as câmaras chamadas de *utrículo* e *sáculo* nos permitem perceber a posição em relação à gravidade, bem como o movimento linear **(Figura 50.13)**. Situadas em uma vesícula atrás da janela oval, cada uma dessas câmaras contém células ciliadas que se projetam para dentro de um material gelatinoso. Dentro desse gel estão pequenas partículas de carbonato de cálcio chamadas de *otólitos* ("pedras do ouvido"). Quando você inclina sua cabeça, os otólitos mudam de posição, contatando um grupo diferente de cílios que se projetam no gel. Os receptores da célula ciliada transformam essa deflexão em uma mudança na saída do neurotransmissor. Isso altera a atividade de neurônios aferentes, sinalizando ao cérebro que sua cabeça está em um ângulo. Os otólitos também são responsáveis pela sua capacidade de perceber aceleração, como quando um carro estacionado no qual você está sentado move-se para a frente.

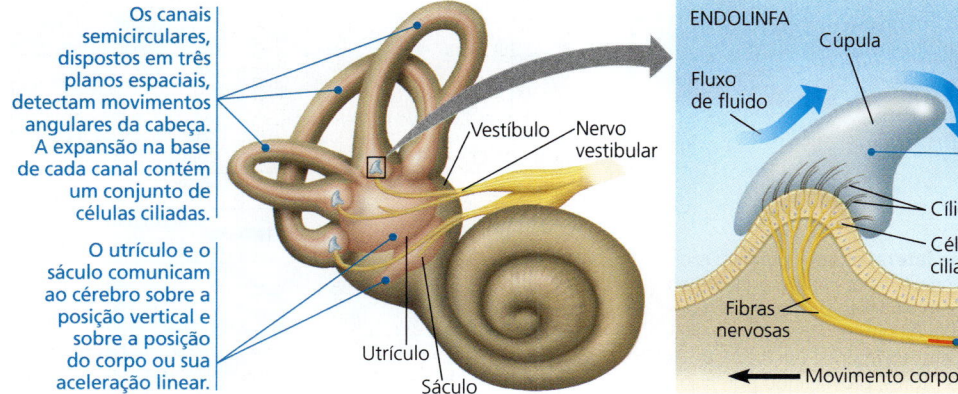

▲ **Figura 50.13 Órgãos de equilíbrio na orelha interna.**

Três canais semicirculares cheios de líquido conectados ao utrículo detectam o movimento rotatório da cabeça e outras formas de aceleração angular. Dentro de cada canal, as células ciliadas formam um aglomerado, com os cílios projetando-se dentro de uma cápsula gelatinosa chamada de cúpula (ver Figura 50.13). Pelo fato de os três canais estarem dispostos em três planos espaciais, eles são capazes de detectar o movimento angular da cabeça em qualquer direção. Se você girar em um plano, o fluido em cada canal por fim chega ao equilíbrio e permanece nesse estado até que você pare. Nesse ponto, o fluido em movimento encontra uma cúpula estacionária, provocando a falsa sensação de movimento angular que chamamos de tontura.

Audição e equilíbrio em outros vertebrados

Os peixes dependem de diversos sistemas de detecção de movimento e vibrações no seu ambiente aquático. Um sistema envolve um par de ouvidos internos que contêm otólitos e células ciliadas. Diferentemente das orelhas de mamíferos, esses ouvidos não possuem tímpano, cóclea ou abertura para o lado de fora do corpo. Em vez disso, as vibrações da água causadas por ondas sonoras são conduzidas para o ouvido interno por meio do esqueleto da cabeça. Alguns peixes também possuem uma série de ossos que conduzem vibrações da bexiga natatória para o ouvido interno.

A maioria dos peixes e dos anfíbios aquáticos é capaz de detectar ondas de baixa frequência por meio de um **sistema de linha lateral** ao longo de ambos os lados do seu corpo **(Figura 50.14)**. Como em nossos canais semicirculares, receptores são formados a partir de um agrupamento de células ciliadas cujos cílios estão contidos em uma cúpula. A água que entra no sistema da linha lateral por meio de vários poros flexiona a cúpula, levando à despolarização das células ciliadas e à produção de potenciais de ação. Dessa forma, o peixe percebe o seu movimento na água ou a direção e a velocidade das correntes de água que fluem sobre o seu corpo. O sistema de linha lateral também detecta movimentos na água ou vibrações geradas por presas, predadores e outros objetos em movimento.

Na orelha de uma rã ou de um sapo, as vibrações sonoras no ar são conduzidas para a orelha interna por uma membrana timpânica na superfície do corpo e um único osso da orelha média. Isso também acontece com as aves e outros répteis, embora eles tenham cóclea como os mamíferos.

REVISÃO DO CONCEITO 50.2

1. Como os otólitos podem ser adaptativos para mamíferos que escavam, como nas toupeiras-nariz-de-estrela?
2. **E SE?** Suponha que uma série de ondas de pressão na sua cóclea faça a membrana basilar vibrar desde o ápice até a sua base. Como o seu cérebro interpretaria esse estímulo?
3. **E SE?** Se o estribo se fusionasse com os outros ossículos do ouvido médio ou com a janela oval, como essa condição afetaria a audição? Explique.
4. **FAÇA CONEXÕES** Plantas utilizam estatólitos para detectar a gravidade (ver Figura 39.22). Como as plantas e os animais diferem em relação ao tipo de compartimento no qual os estatólitos são encontrados e aos mecanismos fisiológicos utilizados para detectar a sua resposta à gravidade?

Ver as respostas sugeridas no Apêndice A.

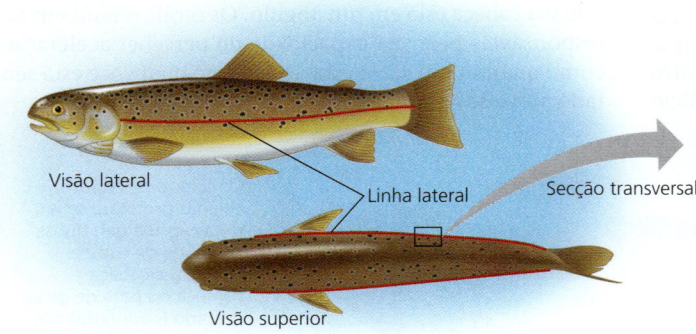
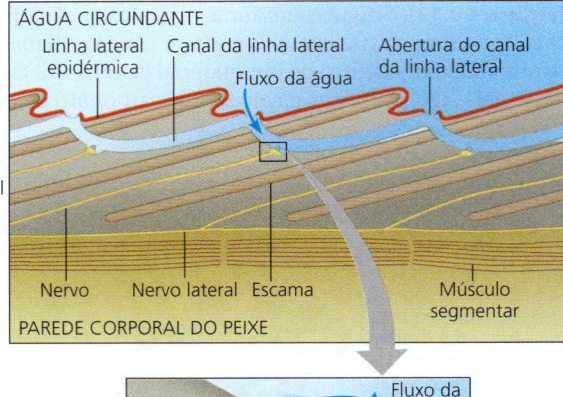
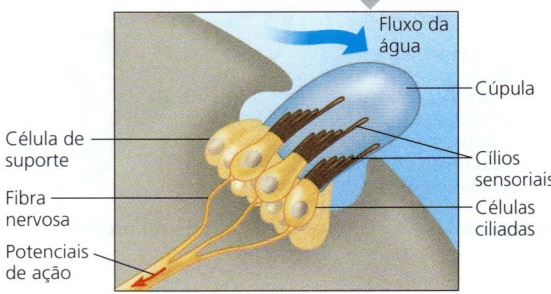

▲ **Figura 50.14 Sistema de linha lateral em um peixe.** Os órgãos sensoriais da linha lateral estendem-se da cabeça à cauda ao longo de ambos os lados do peixe. O movimento da água para dentro e ao longo dos canais da linha lateral empurra a cúpula gelatinosa, flexionando as células ciliadas em seu interior. Em resposta, as células ciliadas geram potenciais receptores, provocando potenciais de ação que são enviados para o cérebro. Essas informações permitem que um peixe monitore as correntes de água, quaisquer ondas de pressão produzidas por objetos em movimento e os sons de baixa frequência conduzidos através da água.

CONCEITO 50.3

Os diversos receptores visuais de animais dependem de pigmentos que absorvem a luz

A capacidade de detectar a luz tem um papel central na interação de quase todos os animais com o seu ambiente. Apesar de os órgãos utilizados para a visão variarem consideravelmente entre os animais, o mecanismo fundamental para a captura de luz é o mesmo, o que sugere uma origem evolutiva comum.

Evolução da percepção visual

EVOLUÇÃO Detectores de luz no reino animal variam desde agrupamentos simples de células que detectam apenas a direção e a intensidade da luz até órgãos complexos que formam imagens. Todos esses diferentes fotodetectores contêm **fotorreceptores**, células sensoriais que contêm moléculas de pigmentos que absorvem luz. Além disso, os genes que especificam onde e quando fotorreceptores surgem durante o desenvolvimento embrionário são compartilhados entre platelmintos, anelídeos, artrópodes e vertebrados. Assim, é muito provável que as bases genéticas de todos os fotorreceptores já estivessem presentes nos primeiros animais bilaterais.

Órgãos fotodetectores

A maioria dos invertebrados tem algum tipo de órgão fotodetector. Um dos mais simples é o das planárias **(Figura 50.15)**. Um par de ocelos, algumas vezes chamados de manchas oculares, está localizado na região da cabeça. Fotorreceptores em cada ocelo recebem luz apenas por uma abertura onde não há células pigmentadas. Por meio da comparação da taxa de potenciais de ação provenientes dos dois ocelos, a planária pode se afastar de uma fonte de luz até chegar em um local sombreado, onde o objeto que produz a sombra pode escondê-la de predadores.

Olhos compostos

Insetos, crustáceos e alguns anelídeos poliquetas possuem **olhos compostos**, cada um consistindo em até vários milhares de fotodetectores chamados de **omatídeos (Figura 50.16)**. Cada uma dessas "facetas" do olho tem sua própria lente focadora de luz, que captura a luz de uma minúscula porção do campo visual (a área total vista quando os olhos estão virados para a frente). Um olho composto é muito eficaz na detecção de movimento, uma adaptação importante para insetos voadores e pequenos animais constantemente ameaçados de predação. Muitos olhos compostos, incluindo os da mosca na Figura 50.16, oferecem um campo muito amplo de visão.

Os insetos têm uma excelente visão das cores e alguns, como as abelhas, podem ver dentro da faixa de luz ultravioleta (UV) do espectro eletromagnético. Como a luz UV é invisível para os humanos, nós não vemos diferenças no ambiente que são detectadas por abelhas e outros insetos. No estudo do comportamento animal, não podemos

(a) O cérebro da planária ordena que o seu corpo se movimente até que a percepção dos dois ocelos seja igual e mínima, afastando o animal da fonte de luz.

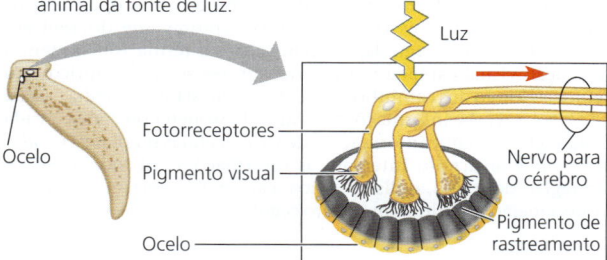

(b) Enquanto a luz incidente na porção anterior do ocelo excita os fotorreceptores, a luz que atinge a parte posterior é bloqueada pelo pigmento de rastreamento. Dessa forma, o ocelo indica a direção da fonte de luz, acionando o comportamento de fuga.

▲ **Figura 50.15** Ocelos e comportamento de orientação de uma planária.

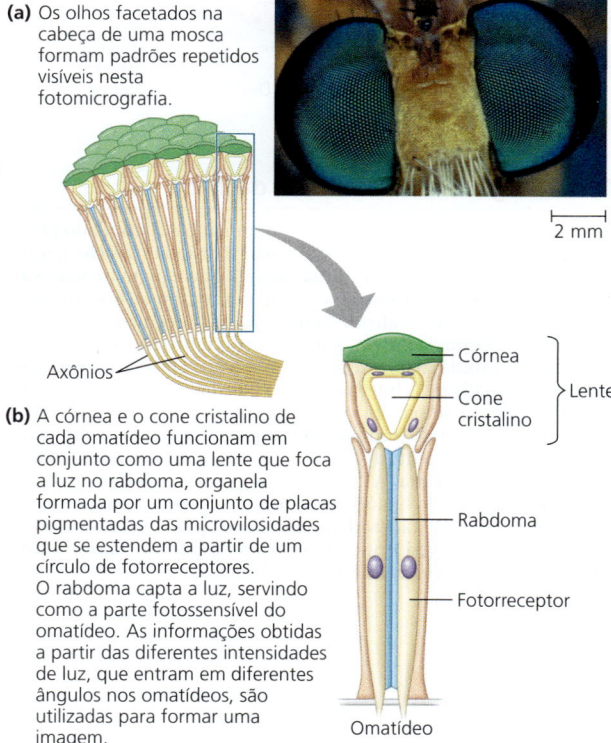

(a) Os olhos facetados na cabeça de uma mosca formam padrões repetidos visíveis nesta fotomicrografia.

(b) A córnea e o cone cristalino de cada omatídeo funcionam em conjunto como uma lente que foca a luz no rabdoma, organela formada por um conjunto de placas pigmentadas das microvilosidades que se estendem a partir de um círculo de fotorreceptores. O rabdoma capta a luz, servindo como a parte fotossensível do omatídeo. As informações obtidas a partir das diferentes intensidades de luz, que entram em diferentes ângulos nos omatídeos, são utilizadas para formar uma imagem.

▲ **Figura 50.16** Olhos compostos.

simplesmente extrapolar nosso mundo sensorial para outras espécies; diferentes animais possuem diferentes sensibilidades e organizações cerebrais.

Olhos com lente única

Entre os invertebrados, **olhos com lente única** são encontrados em invertebrados de corpo mole e alguns anelídeos poliquetas, bem como em muitas aranhas e moluscos. Um olho com lente única funciona de maneira semelhante a uma câmera fotográfica.

O olho de um polvo ou de uma lula, por exemplo, tem uma pequena abertura, a **pupila**, por onde a luz entra. Como a abertura ajustável de uma câmera, a **íris** se contrai ou se expande, alterando o diâmetro da pupila para deixar passar mais ou menos luz. Atrás da pupila, uma única lente (cristalino) direciona a luz sobre uma camada de fotorreceptores. De forma semelhante ao mecanismo de focagem de uma câmera, os músculos nos olhos de lente única de um invertebrado movem o cristalino para frente ou para trás, focando os objetos a distâncias diferentes.

▼ **Figura 50.17 Explorando a estrutura do olho humano**

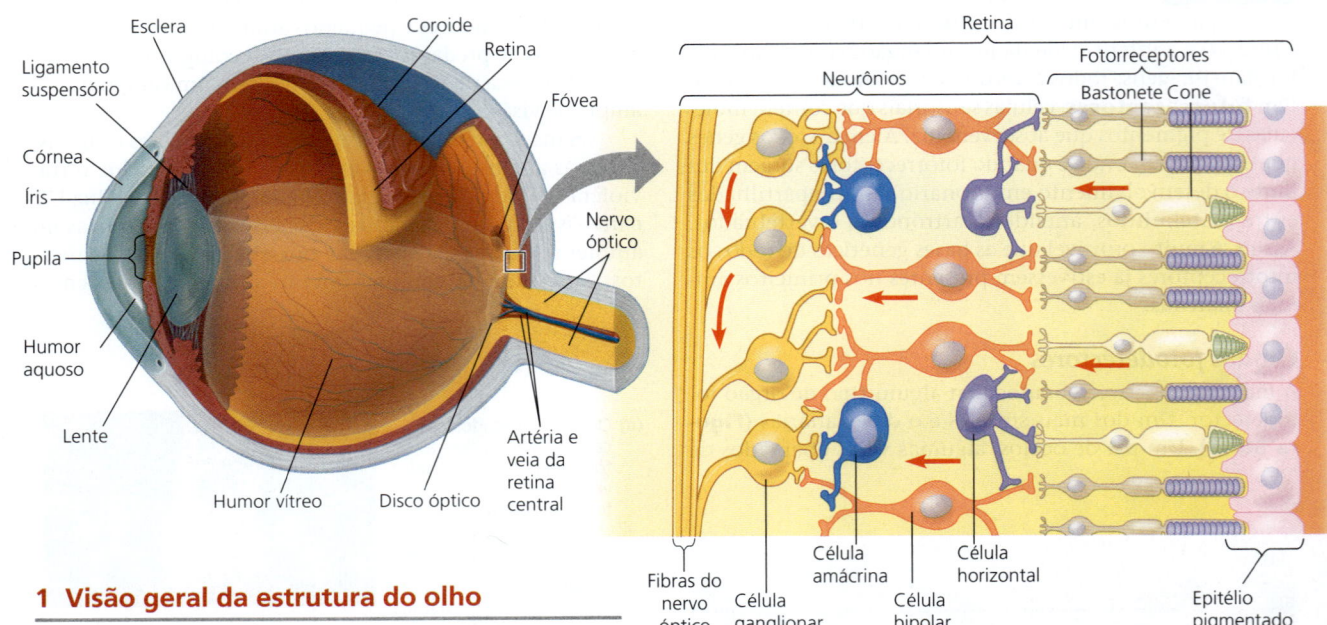

1 Visão geral da estrutura do olho

Começando a partir do exterior, o olho humano é circundado pela conjuntiva, uma membrana mucosa (não mostrada); a esclera, um tecido conectivo; e a coroide, uma camada fina e pigmentada. Na parte frontal, a esclera forma a transparente *córnea*, e a coroide forma a colorida *íris*. Ao alterar o tamanho, a íris regula a quantidade de luz que entra na pupila, a abertura no centro da íris. Logo no interior da coroide, os neurônios e os fotorreceptores da **retina** formam a camada mais interna do globo ocular. O nervo óptico sai do olho a partir do disco óptico.

A **lente**, um disco transparente de proteína, divide o olho em duas cavidades. Na frente da lente encontra-se o *humor aquoso*, uma substância aquosa clara. A obstrução dos canais que drenam esse fluido pode acarretar o glaucoma, condição na qual o aumento da pressão do olho pode causar danos no nervo óptico, ocasionando a perda da visão. Atrás da lente, encontra-se o gelatinoso *humor vítreo* (ilustrado aqui na porção inferior do globo ocular).

2 Retina

A luz (vindo da esquerda no esquema acima) atinge a retina, passando por camadas muito transparentes de neurônios antes de atingir os bastonetes e cones, dois tipos de fotorreceptores que diferem em forma e função. Em seguida, os neurônios da retina transmitem a informação visual captada por fotorreceptores ao nervo óptico e ao cérebro, ao longo dos caminhos mostrados com setas vermelhas. Cada *célula bipolar* recebe informações de vários bastonetes ou cones, e cada *célula ganglionar* reúne informações de várias células bipolares. *Células horizontais* e *amácrinas* integram as informações em toda a retina. Uma região da retina, o disco óptico, carece de fotorreceptores. Por isso, essa região constitui um "ponto cego", onde a luz não é detectada.

Os olhos de todos os vertebrados possuem um só cristalino (lente). Em peixes, o foco ocorre como em invertebrados, com o cristalino se movendo para a frente ou para trás. Em outras espécies, incluindo mamíferos, o foco é alcançado mudando o formato do cristalino.

Sistema visual dos vertebrados

O olho humano servirá como o nosso modelo de visão em vertebrados. Conforme descrito na **Figura 50.17**, a visão começa quando fótons de luz chegam ao olho e colidem com os cones e bastonetes. Lá, a energia de cada fóton é capturada no retinal (ou retinaldeído), a molécula absorvedora de luz no pigmento visual rodopsina.

Embora a detecção de luz no olho seja a primeira etapa da visão, lembre-se de que na verdade é o cérebro que "vê". Assim, para entender a visão, devemos examinar como a captura da luz pelo retinal muda a produção de potenciais de ação e, depois, seguir esses sinais aos centros visuais do cérebro, onde as imagens são percebidas.

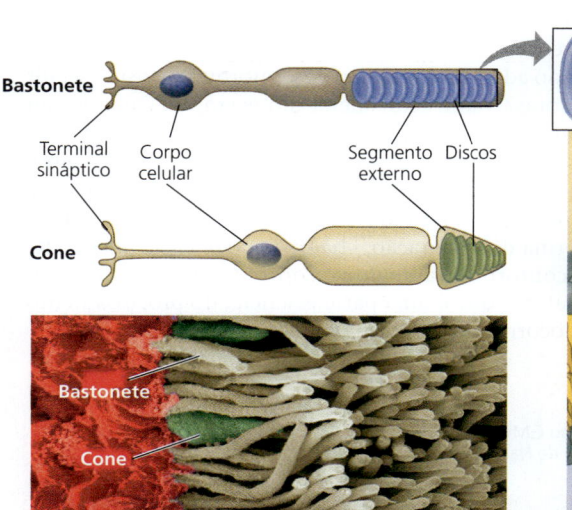

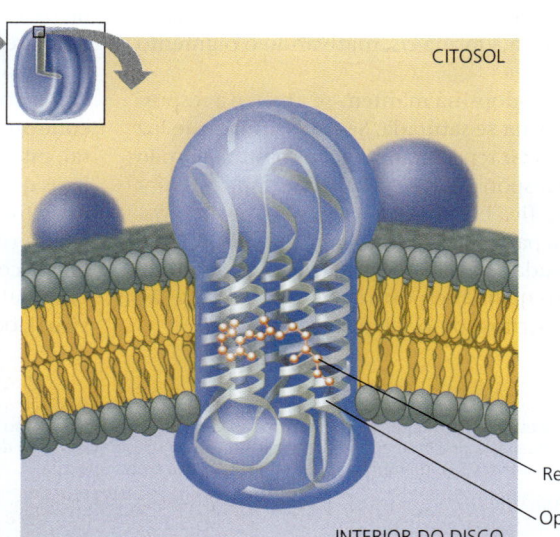

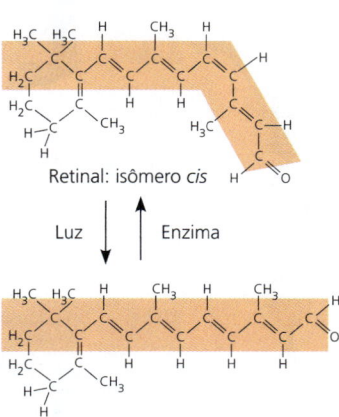

3 Células fotorreceptoras

Os seres humanos possuem dois tipos principais de células fotorreceptoras: os cones e os bastonetes. Dentro do segmento exterior de um bastonete ou cone, encontra-se uma pilha de discos membranosos nos quais estão incorporados *pigmentos visuais*. Os **bastonetes** são mais sensíveis à luz do que os cones, mas não distinguem cores; eles nos permitem ver à noite, mas apenas em preto e branco. Menos sensíveis à luz, os **cones** proporcionam a visão das cores, no entanto contribuem pouco para a visão noturna. Existem três tipos de cones. Cada qual tem uma sensibilidade diferente em todo o espectro visível, proporcionando uma resposta ótima à luz vermelha, verde ou azul.

Na imagem colorida de MEV acima, são mostrados os cones (verde), os bastonetes (marrom-claro) e neurônios adjacentes (vermelho). O epitélio pigmentado, removido nesta preparação, estaria à direita.

4 Pigmentos visuais

Os pigmentos visuais dos vertebrados consistem em uma molécula que absorve luz chamada de **retinal** (um derivado da vitamina A) ligada a uma proteína de membrana chamada de **opsina**. Sete hélices α de cada molécula de opsina atravessam o disco membranoso. O pigmento visual dos bastonetes, mostrado aqui, é chamado de **rodopsina**.

A molécula de retinal existe como dois isômeros. A absorção da luz desloca uma ligação na retinal alterando a sua forma *cis* para *trans*, convertendo a molécula de uma forma angular para uma forma linear. Essa mudança na configuração desestabiliza e ativa a proteína opsina à qual está ligado o retinal.

HABILIDADES VISUAIS *Os isômeros de retinal possuem o mesmo número de átomos e pontes, mas diferem no arranjo espacial em uma ligação dupla carbono-carbono (C=C). Em cada isômero, circule o (C=C). Observando os átomos ao redor daquela ligação, a quais átomos os termos cis (mesmo lado) e trans (lado oposto) se referem?*

Transdução sensorial no olho

A transdução da informação visual para o sistema nervoso inicia com a conversão, induzida pela luz, de *cis*-retinal a *trans*-retinal em bastonetes e cones. Como outros pares *cis-trans*, esses isômeros de retinal diferem no arranjo espacial de átomos em uma ligação dupla carbono-carbono (ver Figura 4.7).

Como mostrado na Figura 50.17, *trans*-retinal e *cis*-retinal diferem no formato. Essa mudança no formato ativa o pigmento visual (nos bastonetes, rodopsina), o qual ativa a proteína G, que por sua vez ativa a enzima fosfodiesterase. O substrato para essa enzima em bastonetes e cones é GMP cíclico (GMPc), que no escuro se liga a canais de íons sódio (Na^+) e os mantém abertos **(Figura 50.18a)**. Quando a enzima hidrolisa o GMPc, os canais de Na^+ se fecham, e a célula torna-se hiperpolarizada **(Figura 50.18b)**. Então, a via de transdução de sinal desliga à medida que as enzimas convertem retinal de volta à forma *cis*, inativando o pigmento visual.

Sob luz forte, a rodopsina mantém-se ativa, e a resposta nos bastonetes torna-se saturada. Se a quantidade de luz entrando nos olhos cair repentinamente, os bastonetes não recuperam a plena responsividade por vários minutos. É por essa razão que você fica brevemente cego se passar rapidamente da luz do sol para uma sala de cinema escura. (Como a ativação da luz muda a cor da rodopsina de roxo para amarelo, bastonetes nos quais a resposta à luz está saturada são frequentemente descritos como "clareados".)

Processamento da informação visual na retina

O processamento da informação visual inicia na própria retina, onde cones e bastonetes fazem sinapses com células bipolares (ver Figura 50.17). No escuro, cones e bastonetes são despolarizados e liberam continuamente o neurotransmissor glutamato nessas sinapses **(Figura 50.19)**. Quando a luz atinge os cones e bastonetes, eles hiperpolarizam, inibindo a liberação de glutamato. Esse decréscimo desencadeia uma mudança no potencial de membrana das células bipolares, alterando a sua regulação do envio do potencial de ação para o cérebro.

O processamento de sinais de bastonetes e cones ocorre por várias vias diferentes na retina. Algumas informações passam diretamente dos fotorreceptores para as células bipolares e para as células ganglionares. Em outros casos, células horizontais transportam sinais vindos de um cone ou bastonete até outros fotorreceptores e para várias células bipolares.

Quão adaptativo é o fato de a informação visual seguir várias rotas? Vamos considerar um exemplo. Quando um cone ou bastonete iluminado estimula uma célula horizontal, esta inibe fotorreceptores mais distantes e células bipolares que não são iluminados. Assim, a fonte de luz parece mais intensa, e os arredores escuros, ainda mais escuros. Essa forma de integração, chamada de *inibição lateral*, delimita contornos e aumenta o contraste na imagem. A inibição lateral, que é uma parte essencial do processamento visual, ocorre tanto no cérebro quanto na retina.

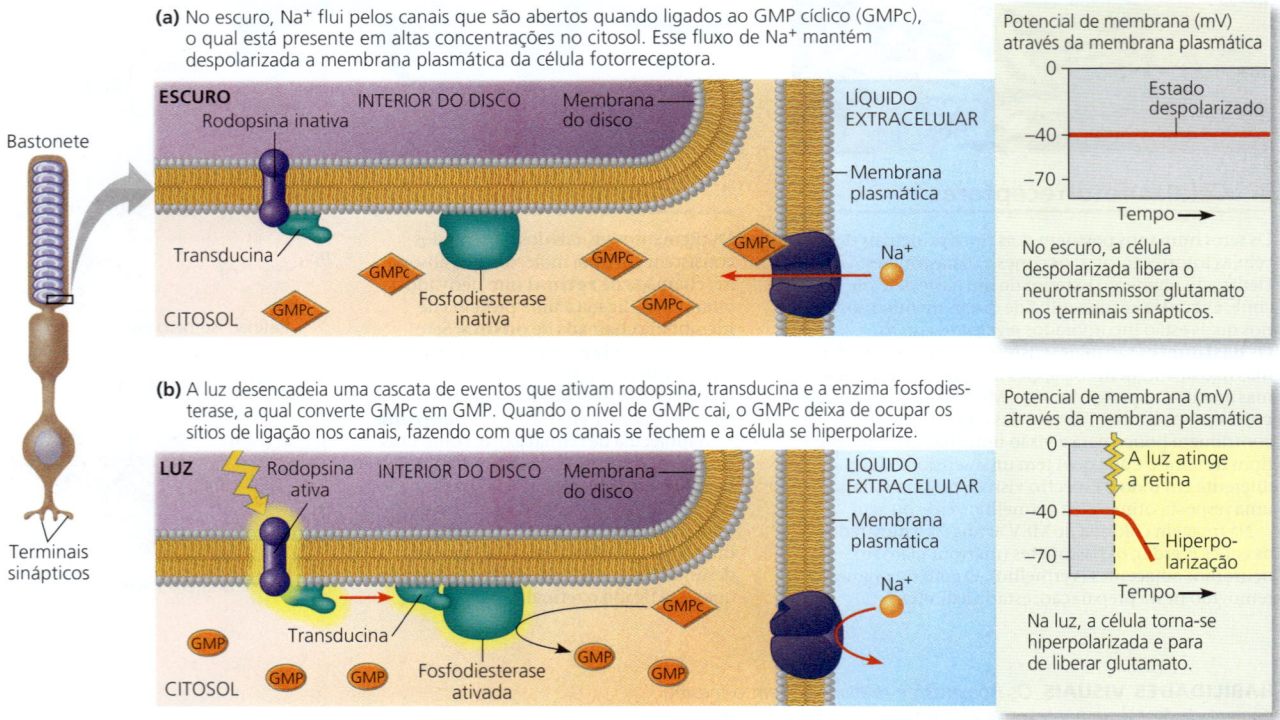

▲ **Figura 50.18 Resposta de uma célula fotorreceptora à luz.** A luz desencadeia um potencial receptor em um bastonete (mostrado aqui) ou cone. Observe que, para fotorreceptores, essa mudança no potencial de membrana é uma hiperpolarização.

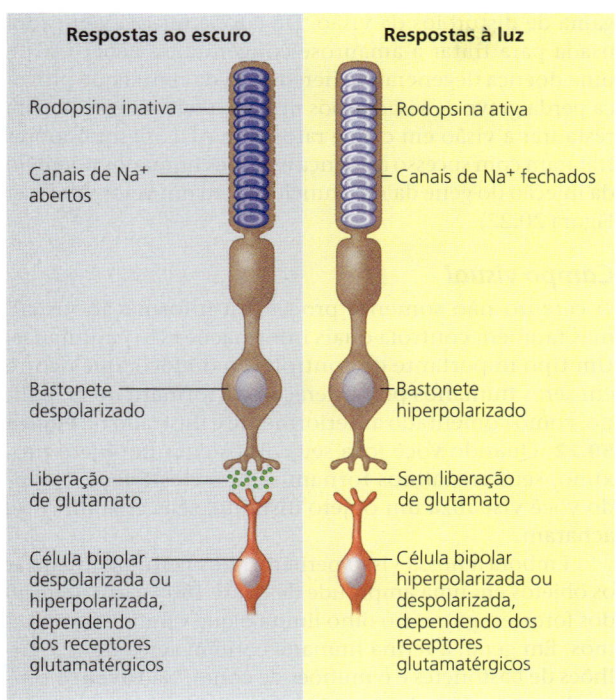

▲ **Figura 50.19** Atividade sináptica de bastonetes na luz e no escuro.

❓ *Assim como os bastonetes, os cones são despolarizados quando suas moléculas de opsina estão inativas. No caso de um cone, por que seria errado chamar isso de resposta ao escuro?*

Uma única célula ganglionar recebe informações oriundas de uma série de cones e bastonetes, cada qual respondendo à luz vinda de um determinado local. Juntos, cones e bastonetes que enviam informações para uma célula ganglionar definem o *campo receptivo* – parte do campo visual à qual a célula ganglionar pode responder. Quanto menor a quantidade de cones e bastonetes suprindo uma única célula ganglionar, menor será o campo receptivo. Um pequeno campo receptivo normalmente resulta em uma imagem mais nítida, porque a informação do local onde a luz atinge a retina é mais precisa.

Processamento da informação visual no cérebro

Os axônios de células ganglionares formam os nervos ópticos que transmitem potenciais de ação dos olhos para o cérebro **(Figura 50.20)**. Os dois nervos ópticos se encontram no *quiasma óptico*, próximo do centro da base do córtex cerebral. Os axônios dos nervos ópticos são invertidos no quiasma óptico, de forma que estímulos vindos do campo visual esquerdo são transmitidos para o lado direito do cérebro, e estímulos provenientes do campo visual direito são transmitidos para o lado esquerdo do cérebro. (Observe que cada campo visual, seja o esquerdo ou direito, envolve estímulos de ambos os olhos.)

No interior do cérebro, a maioria dos axônios de células ganglionares leva aos *núcleos geniculados laterais*, os quais possuem axônios que alcançam o *córtex visual primário* no córtex cerebral. Neurônios adicionais levam a informação

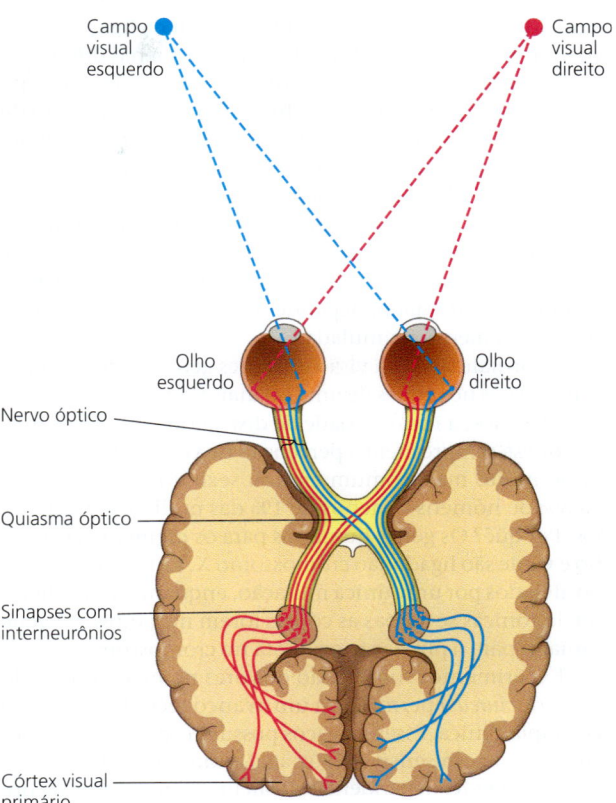

▲ **Figura 50.20 Vias neurais para a visão.** Cada nervo óptico contém cerca de 1 milhão de axônios que fazem sinapse com interneurônios no cérebro. Os núcleos retransmitem sensações para o córtex visual primário, um dos muitos centros cerebrais que cooperam para a construção de nossas percepções visuais.

para centros de integração e processamento visual de ordem superior em outra região do córtex. Pesquisadores estimam que pelo menos 30% do córtex cerebral, compreendendo centenas de milhões de neurônios em talvez dezenas de centros de integração, participam da formulação do que realmente "enxergamos". Determinar como esses centros integram componentes de nossa visão, como cor, movimento, profundidade, formato e detalhe, é o foco de diversas pesquisas interessantes.

Visão em cores

Entre os vertebrados, a maioria dos peixes, dos anfíbios e dos répteis, incluindo aves, possui uma visão muito boa das cores. Os seres humanos e outros primatas também enxergam bem as cores, mas estão entre a minoria de mamíferos com essa capacidade. Para gatos e outros mamíferos que são mais ativos à noite, uma alta proporção de bastonetes na retina é uma adaptação que proporciona uma visão noturna aguçada. A visão colorida entre esses animais noturnos é limitada, e eles provavelmente enxergam um mundo com cores pastel durante o dia.

Nos seres humanos, a percepção da cor baseia-se em três tipos de cones, cada qual com diferentes pigmentos visuais – vermelho, verde ou azul. Os três pigmentos visuais, chamados *fotopsinas*, são formados a partir da ligação do retinal a três proteínas opsina diferentes. Pequenas diferenças nas proteínas opsina são suficientes para que cada fotopsina tenha uma absorção ótima de luz em um comprimento de onda diferente. Embora os pigmentos visuais sejam designados como vermelho, verde ou azul, seus espectros de absorção, na realidade, se sobrepõem. Por essa razão, a percepção do cérebro de tons intermediários depende da estimulação diferencial de duas ou mais classes de cones. Por exemplo, se os cones vermelho e verde são estimulados, enxergamos amarelo ou alaranjado, dependendo de qual classe de cone é mais fortemente estimulada.

Anormalidades na visão em cores geralmente resultam de mutações nos genes de uma ou mais proteínas fotopsina. Em humanos, a incapacidade de distinguir cores (daltonismo) quase sempre afeta a percepção de verde ou vermelho, sendo muito mais comum em um sexo do que em outro: 5 a 8% de homens e menos de 1% das mulheres são afetados. Por quê? Os genes humanos para os pigmentos vermelho e verde são ligados ao cromossomo X. Então, os homens são afetados por uma única mutação, enquanto as mulheres são daltônicas se ambas as cópias forem mutantes. (O gene humano para o pigmento azul está no cromossomo 7.)

Experimentos sobre visão de cores no macaco-esquilo (*Saimiri sciureus*) permitiram um avanço recente no campo da terapia gênica. Esses macacos possuem apenas dois genes para opsina: um sensível à luz azul e um sensível a luz vermelha ou verde, dependendo do alelo. Como o gene da opsina para o vermelho/verde está ligado ao cromossomo X, todos os machos têm apenas a versão sensível ao vermelho ou ao verde, não sendo sensíveis à combinação vermelho-verde. Quando pesquisadores injetaram um vírus contendo o gene para a versão que faltava na retina de macacos machos adultos, após 20 semanas eles evidenciaram a visão completa das cores **(Figura 50.21)**.

Os estudos de terapia gênica com macacos-esquilo demonstraram que os circuitos neurais necessários para processar a informação visual podem ser gerados ou ativados, mesmo em adultos, o que torna possível tratar uma ampla gama de distúrbios da visão. De fato, a terapia gênica foi usada para tratar a amaurose congênita de Leber (ACL), uma doença degenerativa hereditária da retina que provoca perda grave de visão. Após utilizar a terapia gênica para restaurar a visão em cães e ratos com ACL, pesquisadores trataram com sucesso a doença em seres humanos por meio da injeção do gene da ACL funcional em um vetor viral (ver Figura 20.22).

Campo visual

O cérebro não somente processa a informação visual, mas também controla quais informações são capturadas. Um tipo importante de controle é o do foco, que ocorre em seres humanos pela alteração do formato do cristalino, como comentado anteriormente e ilustrado na **Figura 50.22**. Quando você foca seus olhos em um objeto próximo, seus cristalinos tornam-se quase esféricos. Quando você visualiza um objeto distante, seus cristalinos se achatam.

Embora a nossa visão periférica nos permita visualizar os objetos em uma amplitude de quase 180°, a distribuição dos fotorreceptores no olho limita o que vemos e como vemos. Em geral, a retina humana contém cerca de 125 milhões de bastonetes e 6 milhões de cones. Na **fóvea**, o centro do campo visual, não existem bastonetes, mas uma alta densidade de cones – cerca de 150 mil cones por milímetro quadrado. A proporção de cones para bastonetes diminui com a distância da fóvea, e as regiões periféricas contêm

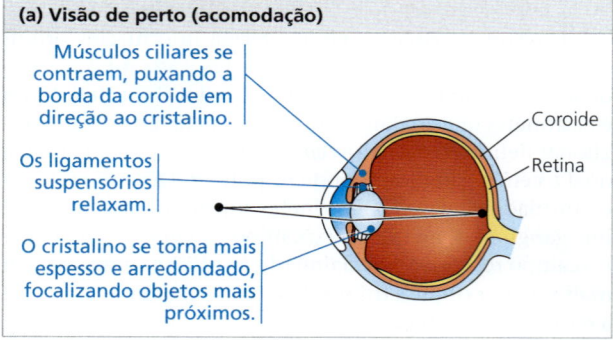

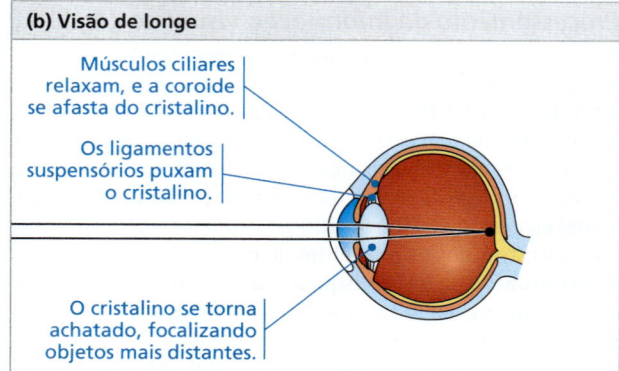

▲ **Figura 50.21 Terapia gênica para a visão.** Antes daltônico, este macaco macho adulto tratado com terapia gênica demonstra sua capacidade de distinguir o vermelho do verde.

FAÇA CONEXÕES *O daltonismo para vermelho e verde é ligado ao X em macacos-esquilo e em humanos (ver Figura 15.7). Por que o padrão de herança em seres humanos não é aparente em macacos-esquilo?*

▲ **Figura 50.22 Foco no olho de mamíferos.** Os músculos lisos ciliares controlam o formato do cristalino, que desvia a luz e a focaliza na retina. Quanto mais espesso o cristalino, mais a luz se desvia.

apenas bastonetes. Na luz do dia, você alcança a sua visão mais nítida olhando diretamente para um objeto, de modo que a luz incida sobre os cones fortemente empacotados em sua fóvea. Durante a noite, olhar diretamente para um objeto pouco iluminado é ineficaz, uma vez que os bastonetes – os receptores mais sensíveis à luz – estão ausentes na fóvea. Por essa razão, você enxergará melhor uma estrela com pouca luminosidade focando um ponto bem ao lado dela.

> **REVISÃO DO CONCEITO 50.3**
>
> 1. Compare os órgãos fotodetectores de planárias e moscas. Como cada órgão se adapta ao estilo de vida do animal?
> 2. Em uma condição chamada de presbiopia, o cristalino dos olhos perde a maior parte de sua elasticidade e mantém uma forma plana. Como você espera que essa condição afete a visão de uma pessoa?
> 3. **E SE?** Nosso cérebro recebe mais potenciais de ação quando nossos olhos são expostos à luz, embora nossos fotorreceptores liberem mais neurotransmissores no escuro. Proponha uma explicação.
> 4. **FAÇA CONEXÕES** Compare a função do retinal no olho com a do pigmento clorofila no fotossistema de uma planta (ver Conceito 10.2).
>
> *Ver as respostas sugeridas no Apêndice A.*

CONCEITO 50.4

Os sentidos do paladar e do olfato dependem de um conjunto semelhante de receptores sensoriais

Os animais utilizam seus sentidos químicos para uma ampla gama de propósitos, incluindo encontrar parceiros sexuais, reconhecer territórios marcados e ajudá-los a navegar durante a migração. Além disso, animais como formigas e abelhas, que vivem em grandes grupos sociais, dependem muito da chamada "comunicação" química.

Em todos os animais, os sentidos químicos são importantes para o comportamento alimentar. As percepções de **gosto** (paladar) e do **olfato** (cheiro) dependem de quimiorreceptores. No caso de animais terrestres, o paladar é a detecção de substâncias químicas chamadas de **saborizantes** que estão presentes em uma solução, e o cheiro é a detecção de **odorantes** que são transportados pelo ar. Nos animais aquáticos, não existe a distinção entre gosto e cheiro.

Em insetos, os receptores de sabor estão localizados dentro de pelos sensoriais localizados nas pernas e nas peças bucais, onde eles são utilizados para a seleção de alimentos. O pelo gustatório contém uma série de quimiorreceptores, cada um especialmente sensível a uma classe determinada de saborizante, como açúcar ou sal. Insetos também são capazes de sentir odores no ar usando pelos olfatórios, geralmente localizados nas antenas (ver Figura 50.6). A substância química DEET (*N,N*-dietil-meta-toluamida), vendida como "repelente" de insetos, na verdade protege de picadas pelo bloqueio do receptor olfativo em mosquitos que detecta o odor de humanos.

Paladar em mamíferos

Os seres humanos e outros mamíferos percebem cinco sabores: doce, azedo, salgado, amargo e umami. O umami (que significa "sabor agradável" em japonês) é causado pelo aminoácido glutamato. Algumas vezes usado como realçador de sabor na forma de glutamato monossódico, ou GMS, o glutamato ocorre naturalmente na carne, nos queijos maturados e em outros alimentos, para os quais ele transmite uma qualidade "saborosa".

Durante décadas, muitos pesquisadores assumiram que uma célula gustativa pode ter mais de um tipo de receptor. Uma ideia alternativa é a de que cada célula gustativa tenha um único tipo de receptor, programando a célula para reconhecer apenas um dos cinco sabores. Para testar essa hipótese, cientistas usaram um clone do receptor de sabor amargo para reprogramar geneticamente o paladar em um camundongo **(Figura 50.23)**. Esse evento de reprogramação, junto com estudos de acompanhamento, revelou que uma célula

▼ **Figura 50.23** Pesquisa

Como os mamíferos detectam diferentes sabores?

Experimento Para investigar a base da percepção do gosto em mamíferos, pesquisadores usaram uma substância química chamada de fenil-β-D-glicopiranosídeo (FBDG). Os humanos consideram o gosto do FBDG extremamente amargo. No entanto, camundongos parecem não possuir um receptor para FBDG. Camundongos evitam beber água contendo outros saborizantes amargos, mas não mostram aversão à água que contém FBDG.

Utilizando uma estratégia de clonagem molecular, os pesquisadores geraram camundongos que expressavam o receptor FBDG humano em células que normalmente expressam um receptor para doce ou um receptor para amargo. Foram dadas duas opções de escolha para os camundongos: uma preenchida com água pura e a outra com água contendo FBDG em diferentes concentrações. Em seguida, os pesquisadores observaram se os camundongos tiveram atração ou aversão ao FBDG.

Resultados

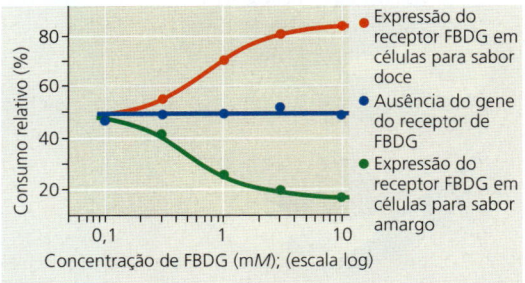

Conclusão Os pesquisadores descobriram que a presença de um receptor de sabor amargo em células para sabor doce é suficiente para atrair os camundongos para uma substância amarga. Eles concluíram que o cérebro de mamíferos deve, portanto, perceber o sabor doce ou amargo apenas com base em quais neurônios aferentes são ativados.

Dados de K.L. Mueller et al., The receptors and coding logic for bitter taste, *Nature* 434:225-229 (2005).

E SE? *Suponha que, em vez do receptor FBDG, os pesquisadores utilizassem um receptor específico para um adoçante que os humanos percebem, mas os camundongos ignoram. Nesse caso, como seriam os resultados desse experimento?*

de paladar individual expressa, de fato, um único tipo de receptor e detecta saborizantes representando somente um dos cinco sabores.

As células receptoras para o paladar em mamíferos são células epiteliais modificadas organizadas em **botões gustatórios**, distribuídos em diversas regiões da língua e da boca **(Figura 50.24)**. A maioria dos botões gustatórios da língua estão associados a projeções denominadas papilas. Qualquer região da língua com botões gustatórios pode detectar qualquer um dos cinco tipos de gosto. (Assim, o "mapa de sabor" frequentemente representado para a língua é impreciso.)

Pesquisadores identificaram as proteínas receptoras para todos esses cinco sabores. As sensações dos sabores doce, umami e amargo requerem um ou mais genes codificando um receptor acoplado à proteína G (GPCR) (ver Figuras 11.7 e 11.8). Os humanos possuem um tipo de receptor doce e um tipo de receptor de umami, cada qual formado a partir de um par diferente de proteínas de GPCR. Em contrapartida, humanos têm mais de 30 receptores diferentes para sabor amargo, e cada receptor é capaz de reconhecer vários saborizantes amargos. Proteínas de GPCR são também críticas para o sentido do olfato, como discutiremos em breve.

O receptor para saborizantes azedos pertence à família TRP e é semelhante ao receptor de capsaicina e outras proteínas termorreceptoras. Nos botões gustatórios, as proteínas TRP do receptor de sabor azedo estão agrupadas dentro de um canal iônico na membrana plasmática da célula gustatória. A ligação de uma substância ácida ou outra substância de sabor azedo ao receptor desencadeia uma alteração do canal iônico. A despolarização ocorre, ativando um neurônio aferente que transmite informação ao SNC, desencadeando a percepção de um sabor azedo.

O receptor para o sabor salgado é um canal de sódio. Como poderia ser esperado, ele detecta especificamente sais de sódio, como o cloreto de sódio (NaCl) que usamos para cozinhar e temperar.

Olfato em humanos

No olfato, diferentemente do paladar, as células sensoriais são neurônios. Células receptoras olfativas estão alinhadas na porção superior da cavidade nasal e enviam impulsos ao longo dos seus axônios para o bulbo olfatório do cérebro **(Figura 50.25)**. As extremidades receptoras das células contêm cílios que se estendem dentro da mucosa que reveste a cavidade nasal. Quando um odorante se difunde para essa região, liga-se a uma proteína específica de GPCR chamada de receptor odorante (RO) na membrana plasmática dos cílios olfatórios. Esses eventos desencadeiam a transdução de sinal que leva à produção de AMP cíclico. Em células olfatórias, o AMP cíclico abre canais na membrana plasmática que são permeáveis ao Na^+ e ao Ca^{2+}. O fluxo desses íons para dentro da célula receptora leva à despolarização da membrana, gerando potenciais de ação.

Mamíferos podem distinguir milhares de odores diferentes, cada qual causado por um odorante estruturalmente distinto. Como essa notável discriminação sensorial é possível? Os pesquisadores norte-americanos Linda Buck e Richard Axel encontraram a resposta – uma família de genes muito grande. Trabalhando com camundongos, Buck e Axel descobriram 1.200 diferentes genes de RO – e foram contemplados com o Prêmio Nobel em 2004. Humanos possuem somente 380 genes de RO, muito menos do que camundongos, mas que ainda assim compõem quase 2% de todos os genes de nosso genoma. A identificação de determinados odores depende de duas propriedades básicas do sistema olfatório. Em primeiro lugar, cada célula receptora olfatória expressa um gene de RO. Em segundo lugar, as células que expressam o mesmo gene para RO transmitem um potencial de ação para a mesma pequena região do bulbo olfatório.

Após a detecção de odorantes, informações a partir dos receptores olfatórios são coletadas e integradas. Estudos genéticos em camundongos, vermes e moscas mostraram que sinais do sistema nervoso regulam esse processo, aumentando ou diminuindo a resposta a odorantes específicos. Por isso, os animais conseguem detectar a localização de fontes

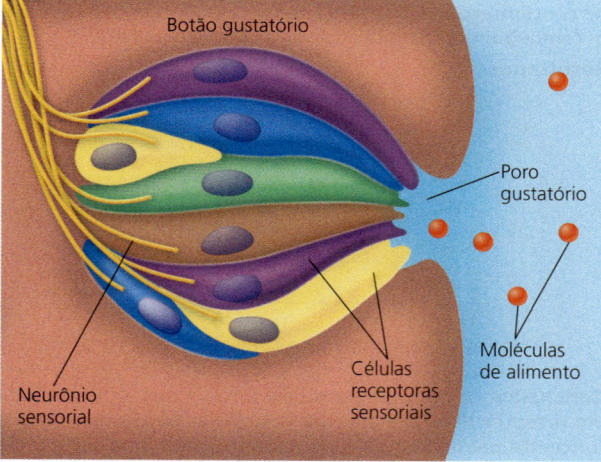

(a) Língua. Pequenas estruturas proeminentes chamadas de papilas cobrem a superfície da língua. A secção transversal ampliada mostra as paredes laterais de um papila revestida com botões gustatórios.

(b) Botão gustatório. Os botões gustatórios em todas as regiões da língua contêm células com receptores sensoriais específicos para cada um dos cinco tipos de sabor.

▲ **Figura 50.24 Receptores do paladar de humanos.**

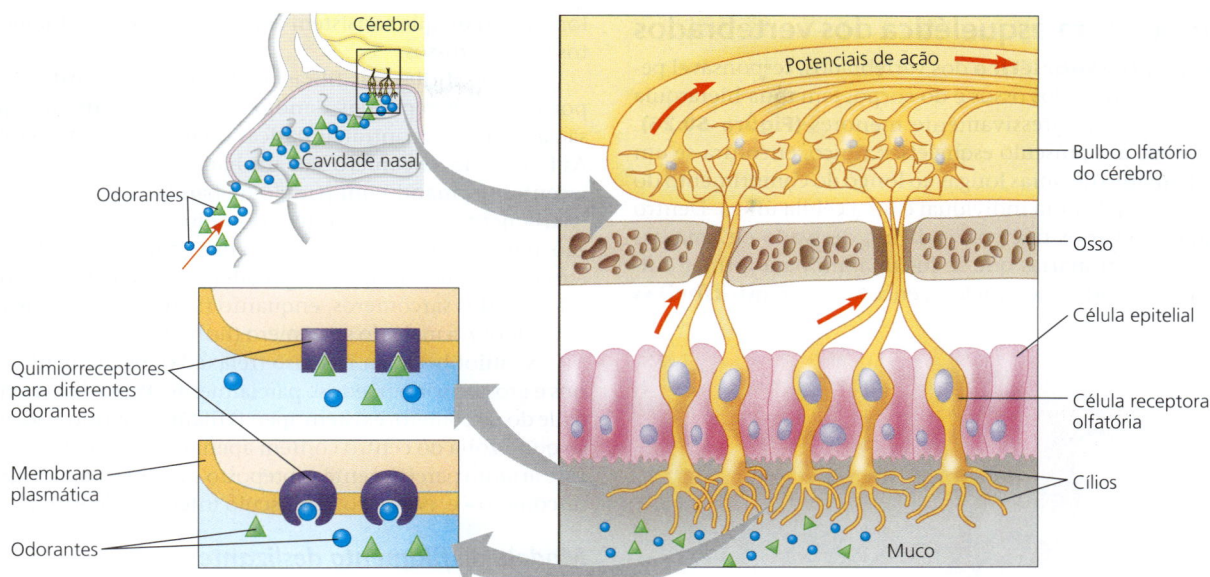

▲ **Figura 50.25 Olfato em humanos.** Moléculas odorantes ligam-se a proteínas quimiorreceptoras específicas na membrana plasmática das células receptoras olfatórias, desencadeando potenciais de ação. Cada célula receptora olfatória tem apenas um tipo de quimiorreceptor. Conforme mostrado, as células que expressam diferentes quimiorreceptores detectam diferentes odorantes.

E SE? *Se você pulverizasse um aromatizador de ambiente em um quarto mofado, você estaria afetando a detecção, a transmissão ou a percepção dos odorantes responsáveis pelo cheiro de mofo?*

alimentares, mesmo se a concentração de um odorante específico for particularmente baixa ou alta.

Estudos em modelos animais também revelam que misturas complexas de odorantes não são processadas como uma soma simples de cada informação. Em vez disso, o cérebro integra as informações olfatórias de diferentes receptores em uma única sensação. Essas sensações contribuem com a percepção do ambiente atual e com a memória de eventos e emoções.

Embora os receptores e as vias neuronais para o paladar e o olfato sejam independentes, ocorre a interação dos dois sentidos. Na verdade, para os humanos, muito da complexa experiência de sentir um sabor quando se come se deve ao nosso sentido de olfato. Se o sistema olfatório for bloqueado, como acontece quando você está resfriado, a percepção do sabor é nitidamente reduzida.

REVISÃO DO CONCEITO 50.4

1. Explique por que algumas células receptoras de paladar e todas as células receptoras olfatórias utilizam receptores acoplados à proteína G, ainda que apenas as células receptoras olfatórias produzam potenciais de ação.
2. Vias envolvendo as proteínas G proporcionam uma oportunidade para o aumento da intensidade do sinal durante a transdução de sinal, uma mudança denominada amplificação. Como isso poderia ser benéfico para o olfato?
3. **E SE?** Se você descobrisse uma mutação em camundongos que inibisse a capacidade de percepção para sabores doce, amargo e umami, mas não para sabores azedo ou salgado, qual seria a sua previsão sobre onde essas mutações atuariam nas vias de sinalização utilizadas por esses receptores?

Ver as respostas sugeridas no Apêndice A.

CONCEITO 50.5

A interação física dos filamentos proteicos é necessária para a função muscular

Na discussão sobre mecanismos sensoriais, vimos como estímulos sensoriais para o sistema nervoso podem resultar em comportamentos específicos: o forrageio guiado pelo toque de uma toupeira-nariz-de-estrela, o nado para cima e para baixo de um lagostim com estatocistos manipulados e as manobras para evitar a luz das planárias. Na base dessas diferentes formas de comportamento, há mecanismos fundamentais comuns: tanto alimentação como nado e rastejo exigem atividade muscular em resposta ao estímulo pelo sistema nervoso motor.

A contração da célula muscular depende da interação entre estruturas de proteínas chamadas de filamentos finos e grossos. O principal componente dos **filamentos finos** é a proteína globular actina. Nesses filamentos, duas fibras de actina polimerizada estão enroladas uma em torno da outra; estruturas semelhantes de actina chamadas de microfilamentos têm função de motilidade celular. Os **filamentos grossos** são arranjos ordenados de moléculas de miosina. A contração muscular é o produto do movimento do filamento alimentado pela energia química; a extensão muscular ocorre apenas passivamente. Para compreender como filamentos provocam a contração muscular, começaremos examinando o músculo esquelético de vertebrados.

Musculatura esquelética dos vertebrados

O **músculo esquelético** dos vertebrados, responsável pelos movimentos dos ossos e do corpo, tem uma hierarquia de unidades progressivamente menores **(Figura 50.26)**. Dentro de um músculo esquelético típico, encontra-se um agrupamento de fibras longas ao longo do comprimento do músculo. Cada fibra individual é uma célula única. Dentro dela, estão vários núcleos, cada um derivado de uma das células embrionárias que se fusionaram para formar a fibra. Envolvendo esses núcleos, encontram-se **miofibrilas** longitudinais, que consistem em agrupamentos de filamentos finos e grossos.

As miofibrilas nas fibras musculares são constituídas por unidades repetidas denominadas **sarcômeros**, que são as unidades contráteis básicas do músculo esquelético. As bordas do sarcômero são alinhadas em miofibrilas adjacentes, formando um padrão de bandas claras e escuras (estriamentos) visíveis ao microscópio óptico. Por essa razão, o músculo esquelético também é chamado de *músculo estriado*. Filamentos finos se prendem às linhas Z nas extremidades dos sarcômeros, enquanto filamentos grossos são ancorados no meio do sarcômero (linha M).

Na miofibrila em repouso (relaxada), os filamentos finos e grossos sobrepõem-se parcialmente. Perto da extremidade do sarcômero, existem apenas filamentos finos, ao passo que a zona do centro contém apenas filamentos grossos. Esse arranjo parcialmente sobreposto é a chave para como o sarcômero – e, portanto, o músculo inteiro – se contrai.

Modelo de filamento deslizante da contração muscular

A contração encurta o músculo, mas os filamentos que provocam a contração permanecem com o mesmo comprimento. Para explicar esse aparente paradoxo, primeiro daremos enfoque a um único sarcômero. Conforme mostra a **Figura 50.27**, os filamentos deslizam uns sobre os outros, de modo muito parecido com os segmentos de um bastão telescópico de suporte. De acordo com o **modelo de filamento deslizante**, os filamentos finos e grossos se ajustam uns aos outros, alimentados por moléculas de miosina.

A **Figura 50.28** ilustra os ciclos de mudança na molécula de miosina que convertem a energia química do ATP no deslizamento longitudinal de filamentos grossos e finos.

Como mostrado na figura, cada molécula de miosina possui uma longa região de "cauda" e uma região de "cabeça" globular. A cauda se adere às caudas de outras moléculas de miosina, juntando o o filamento grosso. A cabeça, projetando-se para o lado, pode ligar-se ao ATP. A hidrólise de ATP ligado converte miosina em uma forma de alta energia que se liga à actina, formando uma ponte cruzada entre a miosina e o filamento fino. A cabeça da miosina, em seguida, retorna à sua forma de baixa energia, tracionando o filamento fino para o centro do sarcômero. Quando uma nova molécula de ATP se liga à cabeça da miosina, a ponte cruzada é afetada, liberando a cabeça de miosina do filamento de actina.

A contração muscular exige ciclos repetidos de ligação e liberação. Durante cada ciclo de cada cabeça de miosina, a cabeça é liberada de uma ponte cruzada, cliva o ATP recém-ligado e se liga novamente à actina. Como o filamento fino se move em direção ao centro do sarcômero em cada ciclo, a cabeça de miosina agora prende-se a um sítio de ligação mais afastado ao longo do filamento fino do que no ciclo anterior. Cada extremidade de um filamento grosso contém aproximadamente 300 cabeças, e cada uma faz e refaz cerca de cinco pontes cruzadas por segundo, fazendo os filamentos finos e grossos passarem um pelo outro.

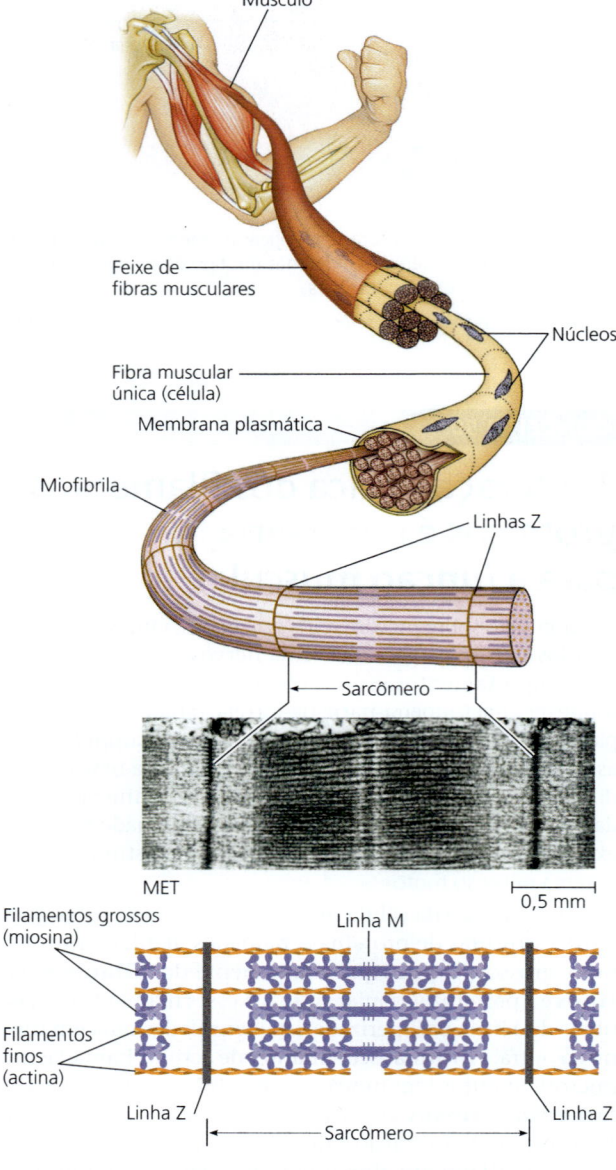

▲ **Figura 50.26** Estrutura do músculo esquelético.

HABILIDADES VISUAIS *Observando esta figura, você diria que há vários sarcômeros por miofibrila ou várias miofibrilas por sarcômero? Explique.*

▶ **Figura 50.27 Modelo de filamentos deslizantes da contração muscular.** Os desenhos à esquerda mostram que os comprimentos dos filamentos grossos (miosina, em roxo) e finos (actina, em laranja) permanecem iguais quando uma fibra muscular se contrai.

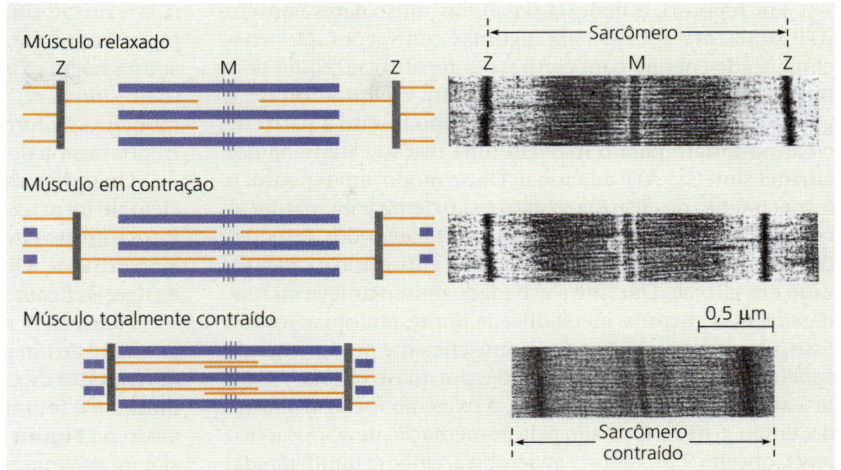

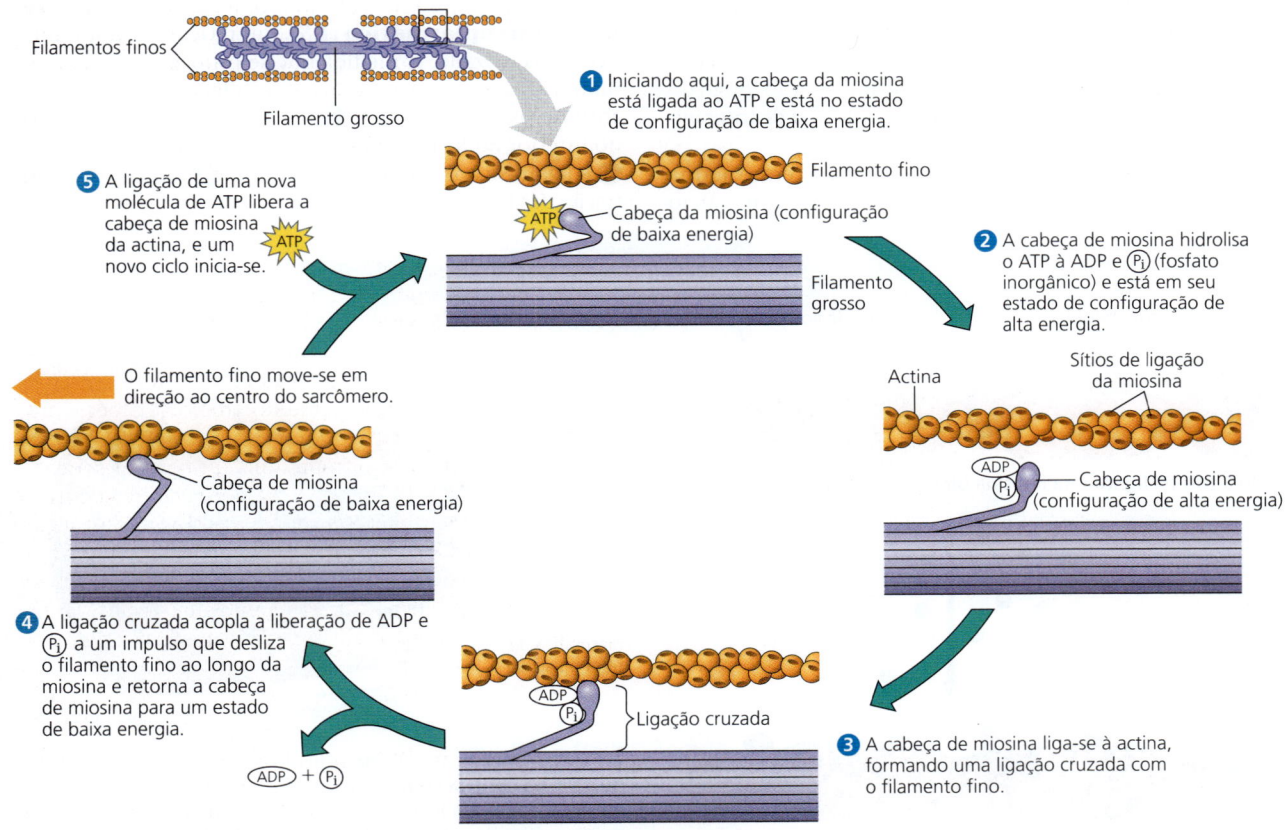

▲ **Figura 50.28** Interações miosina-actina subjacentes à contração da fibra muscular.

? *Quando o ATP se liga à cabeça da miosina, o que impede os filamentos de deslizarem de volta para suas posições originais?*

Em repouso, a maioria das fibras musculares contém ATP suficiente apenas para algumas contrações. O fornecimento de energia para contrações repetitivas requer dois outros compostos de armazenamento: creatina-fosfato e glicogênio. A transferência de um grupo fosfato a partir de creatina-fosfato para o ADP em uma reação catalisada por enzima sintetiza ATP adicional. Desse modo, em repouso, o fornecimento de creatina-fosfato é suficiente para manter as contrações durante aproximadamente 15 segundos. Estoques de ATP também são repostos quando o glicogênio é catabolizado em glicose. Durante a atividade muscular leve ou moderada, essa glicose é metabolizada por respiração aeróbica. Esse processo metabólico altamente eficiente produz energia suficiente para sustentar contrações por quase 1 hora. Durante a atividade muscular intensa, o oxigênio torna-se limitado; então, o ATP é formado pela fermentação de ácido láctico (ver Conceito 9.5). Essa via anaeróbica, embora muito rápida, gera muito menos ATP por molécula de glicose e pode manter contração por cerca de apenas 1 minuto.

Papel do cálcio e das proteínas reguladoras

As proteínas ligadas à actina têm papéis cruciais no controle da contração muscular. Em uma fibra muscular em repouso, a **tropomiosina**, uma proteína reguladora, e o **complexo troponina**, um conjunto adicional de proteínas reguladoras, são ligados a bandas de actina de filamentos finos. A tropomiosina cobre os sítios de ligação de miosina ao longo do filamento fino, impedindo a actina e a miosina de interagirem **(Figura 50.29a)**.

Neurônios motores permitem a interação entre actina e miosina ao desencadearem uma liberação de íons cálcio (Ca^{2+}) no citosol. Uma vez no citosol, o Ca^{2+} liga-se ao complexo troponina, fazendo os sítios de ligação de miosina na actina serem expostos **(Figura 50.29b)**. Observe que o efeito dos íons Ca^{2+} é indireto: a ligação ao Ca^{2+} provoca uma mudança na forma do complexo troponina, desalojando a tropomiosina dos sítios de ligação da miosina.

Quando a concentração de Ca^{2+} aumenta no citosol, o ciclo de formação de pontes cruzadas inicia, os filamentos finos e grossos deslizam uns sobre os outros e a fibra muscular contrai-se. Quando a concentração de Ca^{2+} cai, os sítios de ligação ficam cobertos, e a contração cessa.

Neurônios motores provocam a contração muscular por meio de um processo de várias etapas, desencadeando o movimento de Ca^{2+} no citosol das células musculares. Esse processo é resumido na **Figura 50.30** e é detalhado passo a passo na **Figura 50.31**. Primeiro, a chegada de um potencial de ação no terminal sináptico de um neurônio motor ❶ provoca a liberação do neurotransmissor acetilcolina. A ligação de acetilcolina a receptores na fibra muscular leva à despolarização que inicia um potencial de ação. No interior da fibra muscular, o potencial de ação se difunde profundamente para o interior, seguindo invaginações da membrana plasmática chamadas **túbulos transversos (T)**. ❷ Esses túbulos fazem um estreito contato com o **retículo sarcoplasmático (RS)**, um retículo endoplasmático especializado. À medida que se propaga ao longo dos túbulos T, o potencial de ação desencadeia mudanças no RS, abrindo os canais de Ca^{2+} ❸. Os íons cálcio armazenados no interior do RS fluem pelos canais abertos para o citosol ❹ e ligam-se ao complexo troponina, ❺ iniciando a contração das fibras musculares.

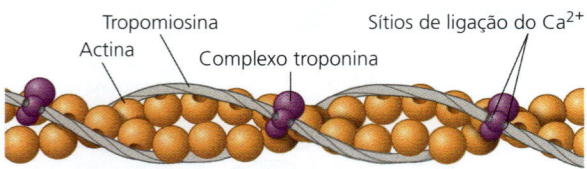

(a) Sítios de ligação da miosina bloqueados pela tropomiosina

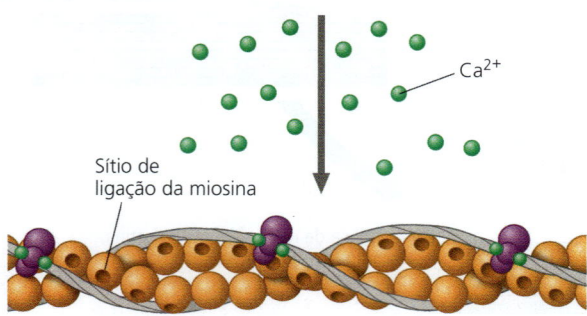

(b) Sítios de ligação da miosina expostos

▲ **Figura 50.29 Papel de proteínas reguladoras e do cálcio na contração da fibra muscular.** Cada filamento fino consiste em duas fitas de actina e proteínas reguladoras associadas: duas moléculas longas de tropomiosina e várias cópias do complexo troponina.

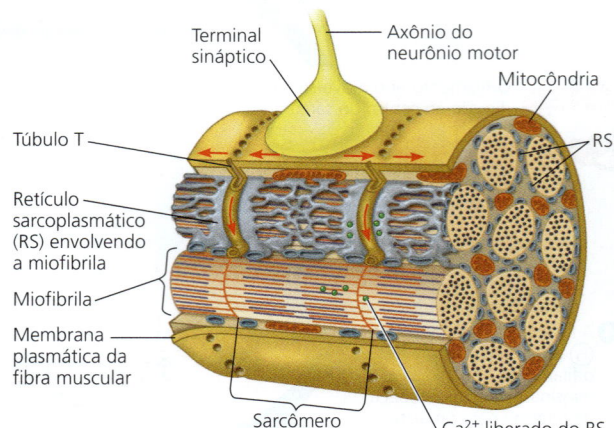

▲ **Figura 50.30 Papéis do retículo sarcoplasmático e dos túbulos T na contração da fibra muscular.** O terminal sináptico de um neurônio motor libera acetilcolina, a qual despolariza a membrana plasmática de uma fibra muscular. A despolarização faz os potenciais de ação (setas vermelhas) se espalharem pela fibra muscular e profundamente para dentro dos túbulos transversos (T). Os potenciais de ação desencadeiam a liberação de cálcio (pontos verdes) do retículo sarcoplasmático para o citosol. O cálcio inicia o deslizamento dos filamentos ao permitir que a miosina se ligue à actina.

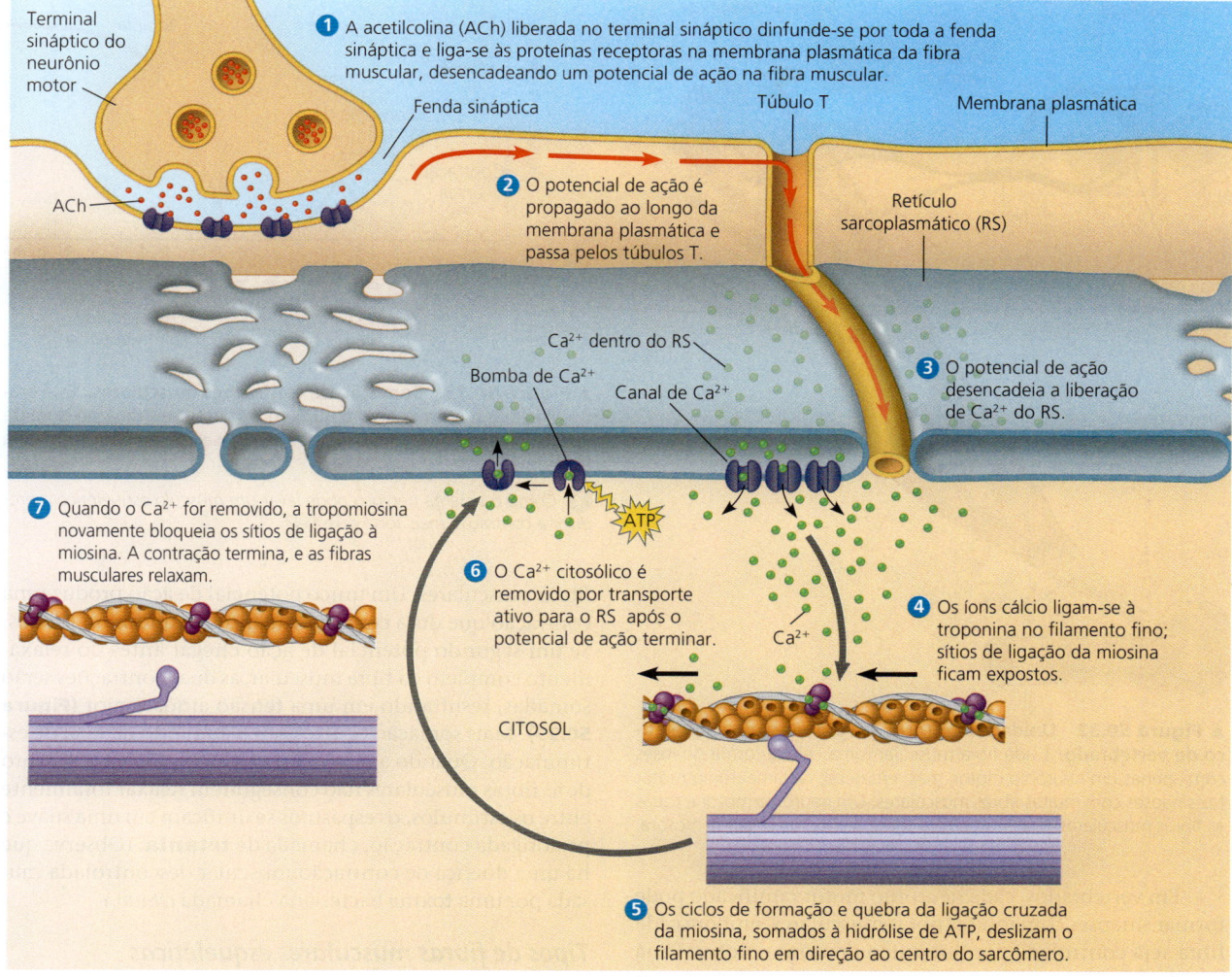

▲ Figura 50.31 Resumo da contração em uma fibra muscular esquelética.

Quando a informação do neurônio motor cessa, os filamentos deslizam de volta à sua posição inicial à medida que o músculo relaxa. O relaxamento começa quando proteínas no RS bombeiam Ca^{2+} de volta para dentro do RS ❻ a partir do citosol. Quando a concentração de Ca^{2+} no citosol cai para um nível baixo, as proteínas reguladoras ligadas ao filamento fino se deslocam para a sua posição inicial, ❼ bloqueando novamente os sítios de ligação da miosina. Ao mesmo tempo, os íons Ca^{2+} bombeados a partir do citosol se acumulam no RS, fornecendo os estoques necessários para responder ao próximo potencial de ação.

Várias doenças causam paralisia por interferir na estimulação das fibras musculares esqueléticas pelos neurônios motores. Na esclerose lateral amiotrófica (ELA), ocorre a degeneração dos neurônios motores da medula espinal e do tronco encefálico, e as fibras dos músculos se atrofiam. A ELA é progressiva e geralmente fatal no prazo de 5 anos após os sintomas aparecerem. Na miastenia grave, uma pessoa produz anticorpos para os receptores de acetilcolina do músculo esquelético. Conforme a doença progride e o número de receptores diminui, a transmissão entre os neurônios motores e as fibras musculares decai. Em geral, a miastenia grave pode ser controlada com medicamentos que inibem a acetilcolinesterase ou suprimem o sistema imune.

Controle nervoso da tensão muscular

A contração de uma única fibra do músculo esquelético é um espasmo breve e sem variação de intensidade, ao passo que a contração de um músculo inteiro, como o bíceps, é gradual; você pode voluntariamente alterar o alcance e a força de sua contração. O sistema nervoso produz contrações graduais de músculos inteiros pela variação (1) do número de fibras musculares que se contraem e (2) da taxa em que as fibras musculares são estimuladas. Vamos considerar cada um desses mecanismos.

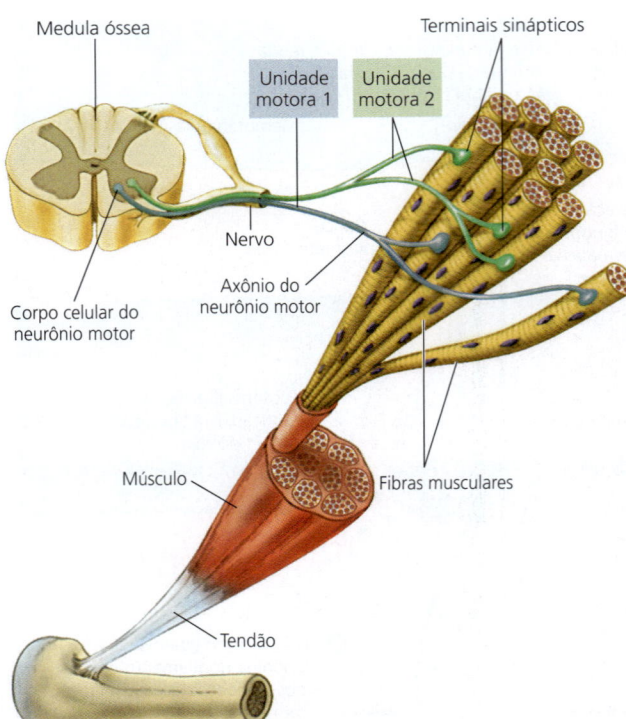

▲ **Figura 50.32 Unidades motoras em um músculo esquelético de vertebrado.** Cada fibra muscular (uma célula) forma sinapses com apenas um neurônio motor, mas, em geral, cada neurônio motor faz sinapses com muitas fibras musculares. Um neurônio motor e todas as fibras musculares que ele controla constituem uma unidade motora.

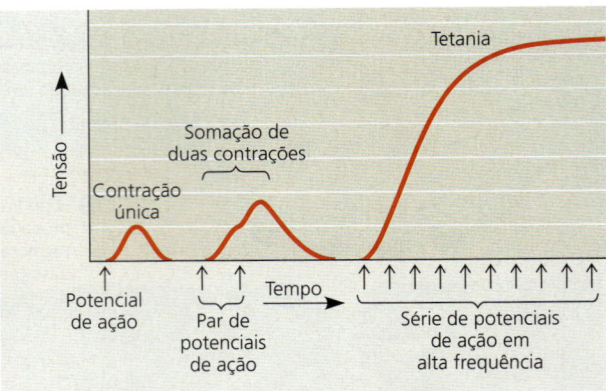

▲ **Figura 50.33 Somação de contrações musculares.** Este gráfico ilustra a maneira como o número de potenciais de ação durante um curto período de tempo influencia a tensão desenvolvida em uma fibra muscular.

? *Como o sistema nervoso pode levar um músculo esquelético a produzir a contração mais forte possível?*

Em vertebrados, cada neurônio motor ramificado pode formar sinapses com muitas fibras musculares, embora cada fibra seja controlada por um único neurônio motor. Uma **unidade motora** consiste em um único neurônio motor e em todas as fibras musculares que ele controla **(Figura 50.32)**. Quando um neurônio motor produz um potencial de ação, todas as fibras musculares na unidade motora se contraem como um grupo. A força da contração resultante depende de quantas fibras musculares são controladas pelo neurônio motor.

Em todo o músculo, pode haver centenas de unidades motoras. À medida que mais e mais dos neurônios motores correspondentes são ativados, um processo chamado de *recrutamento*, a força (tensão) desenvolvida por um músculo aumenta progressivamente. Dependendo do número de neurônios motores que seu cérebro recruta e do tamanho de suas unidades motoras, você pode levantar um garfo ou algo muito mais pesado, como o seu livro de biologia. Alguns músculos, especialmente aqueles que sustentam o corpo e mantêm a postura, estão quase sempre parcialmente contraídos. Nesses músculos, o sistema nervoso pode alternar a ativação entre as unidades motoras, reduzindo o tempo de contração de qualquer conjunto de fibras.

O controle da contração muscular pelo sistema nervoso não ocorre apenas pela ativação das unidades motoras, mas também pela variação da taxa de estimulação das fibras musculares. Um único potencial de ação produz uma contração que dura cerca de 100 milissegundos ou menos. Se um segundo potencial de ação chegar antes do relaxamento completo da fibra muscular, as duas contrações serão somadas, resultando em uma tensão ainda maior **(Figura 50.33)**. Mais somação ocorre com o aumento da taxa de estimulação. Quando a taxa se torna alta o suficiente a ponto de as fibras musculares não conseguirem relaxar totalmente entre os estímulos, os espasmos se unificam em uma suave e prolongada contração, chamada de **tetania**. (Observe que há uma doença de contração muscular descontrolada causada por uma toxina bacteriana chamada *tétano*.)

Tipos de fibras musculares esqueléticas

Até agora, discutimos as propriedades gerais da musculatura esquelética dos vertebrados. Entretanto, existem tipos diferentes de fibras musculares esqueléticas, cada qual adaptada para exercer um determinado conjunto de funções. Normalmente classificamos esses tipos de fibras pela fonte de ATP utilizada para induzir a atividade muscular e pela velocidade da sua contração **(Tabela 50.1)**.

Fibras oxidativas e fibras glicolíticas Fibras que dependem principalmente da respiração aeróbica são chamadas de fibras oxidativas. Essas fibras são especializadas de forma a permitir a utilização de reservas energéticas estáveis: elas possuem muitas mitocôndrias, bom suprimento sanguíneo e uma grande quantidade da proteína armazenadora de oxigênio, chamada de **mioglobina**. A mioglobina, um pigmento vermelho-acastanhado, liga-se ao oxigênio mais fortemente do que a hemoglobina, permitindo a extração do oxigênio da corrente sanguínea de maneira eficiente pelas fibras. Em contrapartida, as fibras glicolíticas têm um maior diâmetro e menos mioglobina. Além disso, as fibras glicolíticas utilizam a glicólise como sua principal fonte de ATP e fadigam mais facilmente do que as fibras oxidativas. Esses dois tipos de fibras são facilmente evidentes nos músculos

Tabela 50.1	Tipos de fibras musculares esqueléticas		
	Contração lenta	Contração rápida	
	Oxidativa	Oxidativa	Glicolítica
Velocidade de contração	Lenta	Rápida	Rápida
Principal fonte de ATP	Respiração aeróbica	Respiração aeróbica	Glicólise
Taxa de fadiga	Lenta	Intermediária	Rápida
Mitocôndrias	Muitas	Muitas	Poucas
Conteúdo de mioglobina	Alto (fibras vermelhas)	Alto (fibras vermelhas)	Baixo (fibras bancas)

de aves e de peixes: a carne escura (músculo vermelho) é composta por fibras oxidativas ricas em mioglobina, e a carne clara (músculo branco) é composta por fibras glicolíticas.

Fibras de contração rápida e de contração lenta As fibras musculares variam quanto à sua velocidade de contração: as **fibras de contração rápida** desenvolvem uma tensão 2 a 3 vezes mais rápida do que as **fibras de contração lenta**. As fibras rápidas permitem contrações breves, rápidas e fortes. Em comparação com uma fibra rápida, a fibra lenta possui menos retículo sarcoplasmático e bombeia o Ca^{2+} mais lentamente. Uma vez que o Ca^{2+} permanece mais tempo no citosol, uma contração muscular em uma fibra lenta dura cerca de cinco vezes mais do que em uma fibra rápida.

A diferença na velocidade da contração entre as fibras de contração lenta e as fibras de contração rápida reflete, principalmente, a taxa na qual as suas cabeças de miosina hidrolisam ATP. No entanto, não há uma relação exata entre a velocidade de contração e a fonte de ATP. Considerando que todas as fibras de contração lenta são oxidativas, as fibras de contração rápida podem ser glicolíticas ou oxidativas.

A maior parte da musculatura esquelética humana contém fibras de contração rápida e fibras de contração lenta, embora os músculos do olho e da mão sejam exclusivamente de contração rápida. Em um músculo que tem as duas fibras, rápidas e lentas, as proporções relativas de cada uma são determinadas geneticamente. Entretanto, se esse músculo for utilizado repetidamente para atividades que exigem alta resistência, algumas fibras rápidas glicolíticas podem se transformar em fibras rápidas oxidativas. Uma vez que as fibras rápidas oxidativas fadigam mais lentamente se comparadas com as fibras rápidas glicolíticas, o músculo terá mais resistência à fadiga.

Alguns vertebrados possuem fibras musculares esqueléticas que se contraem em taxas muito mais rápidas do que qualquer músculo humano. Por exemplo, tanto o som do chocalho de uma cascavel quanto o arrulhar de uma pomba são produzidos por músculos super-rápidos. Ainda mais rápidos são os músculos ao redor da bexiga natatória preenchida com gás do peixe-sapo macho **(Figura 50.34)**. Na produção de seu "apito de barco", um chamado de acasalamento, o peixe-sapo pode contrair e relaxar esses músculos mais de 200 vezes por segundo!

▲ **Figura 50.34 Especialização de músculos esqueléticos.** O peixe-sapo macho (*Opsanus tau*) utiliza músculos super-rápidos para produzir seu som de acasalamento.

Outros tipos de músculo

Apesar de todos os músculos compartilharem o mesmo mecanismo fundamental de contração – filamentos de actina e miosina que deslizam uns pelos outros –, há muitos tipos diferentes de músculos. Os vertebrados, por exemplo, têm o músculo cardíaco e o músculo liso, além do músculo esquelético (ver Figura 40.5).

O **músculo cardíaco** de vertebrados é encontrado somente no coração e, assim como o músculo esquelético, é estriado. Distintamente de células das fibras musculares esqueléticas, algumas células musculares cardíacas são capazes de iniciar despolarização e contração rítmicas sem estímulo do sistema nervoso. Em geral, contudo, células em uma parte do coração agem como um marca-passo para iniciar a contração. Sinais do marca-passo se difundem pelo coração porque regiões especializadas chamadas de *discos intercalados* acoplam eletricamente cada célula muscular cardíaca às células adjacentes. É esse acoplamento que permite que potenciais de ação gerados em uma parte do coração desencadeiem contração por todo o órgão. Embora esses potenciais de ação durem até 20 vezes mais tempo do que aqueles das fibras musculares esqueléticas, um longo período refratário impede somação e tetania.

O **músculo liso** em vertebrados é encontrado nas paredes de órgãos ocos, como vasos e tratos dos sistemas circulatório, digestório e reprodutor. Nesses locais, ele controla o fluxo sanguíneo nas artérias, move alimento pelo trato digestório, executa contrações uterinas durante o trabalho de parto e auxilia na regulação da temperatura dos testículos. O músculo liso também é encontrado nos olhos, onde sua ação controla o foco e o diâmetro da pupila.

As células musculares lisas não apresentam estrias, porque os seus filamentos de actina e miosina não estão organizados de forma regular ao longo do comprimento celular. Em vez disso, os filamentos grossos estão dispersos por todo o citoplasma, e os filamentos finos estão ligados a estruturas denominadas corpos densos, alguns dos quais estão fixos à membrana plasmática. Há menos miosina do que nas fibras de músculos estriados, e a miosina não está associada a filamentos específicos de actina. Algumas células do músculo liso se contraem somente quando estimuladas por neurônios do sistema nervoso autônomo. Outras estão eletricamente acopladas umas às outras e podem gerar potenciais de ação sem o estímulo de neurônios. O músculo liso contrai e relaxa mais lentamente do que o músculo estriado.

Embora os íons Ca^{2+} regulem a contração do músculo liso, as células desse músculo não possuem complexo troponina ou túbulos T, e seu retículo sarcoplasmático não é bem desenvolvido. Durante um potencial de ação, o Ca^{2+} entra no citosol principalmente através da membrana plasmática. Os íons Ca^{2+} promovem a contração ligando-se à proteína calmodulina, que ativa uma enzima que fosforila a cabeça da miosina, permitindo a atividade de ponte cruzada.

Os invertebrados possuem células musculares semelhantes às células dos músculos esquelético e liso dos vertebrados; de fato, nos artrópodes os músculos esqueléticos são quase idênticos aos de vertebrados. Entretanto, como os músculos de voo dos insetos contraem em resposta ao alongamento, as asas de alguns insetos podem realmente bater para cima e para baixo mais rapidamente do que potenciais de ação podem chegar do SNC. Outra adaptação evolutiva interessante foi descoberta nos músculos que mantêm a concha dos moluscos bivalves fechada. A modificação de certas proteínas nesses músculos permite que eles se mantenham contraídos por até 1 mês com apenas uma taxa baixa de consumo energético.

REVISÃO DO CONCEITO 50.5

1. Compare o papel do Ca^{2+} na contração de uma fibra do músculo esquelético e de uma célula do músculo liso.
2. **E SE?** Por que é provável que os músculos de um animal que morreu recentemente estejam rígidos?
3. **FAÇA CONEXÕES** Como a atividade da tropomiosina e da troponina na contração muscular se compara com a atividade de um inibidor competitivo na ação enzimática? (Ver Figura 8.18b.)

Ver as respostas sugeridas no Apêndice A.

CONCEITO 50.6

Sistemas esqueléticos transformam a contração muscular em locomoção

Converter a contração muscular em movimento necessita de um esqueleto – uma estrutura rígida à qual os músculos possam se fixar. Um animal muda o seu formato ou a sua localização pela contração dos músculos que se conectam a duas partes do seu esqueleto. Muitas vezes, os músculos estão ancorados ao osso indiretamente, por meio do tecido conectivo formado em um tendão.

Como os músculos exercem força apenas durante a contração, mover uma parte do corpo para trás e para a frente normalmente requer dois músculos ligados à mesma seção do esqueleto. Podemos observar essa disposição de músculos na porção superior de um braço humano ou na perna de um gafanhoto **(Figura 50.35)**. Embora tenhamos denominado esses músculos de um par antagonista, a sua função é na verdade cooperativa, coordenada pelo sistema nervoso. Por exemplo, quando você estende o braço, os neurônios motores acionam a contração do seu músculo tríceps, enquanto a ausência de estímulo neuronal permite que seu bíceps relaxe.

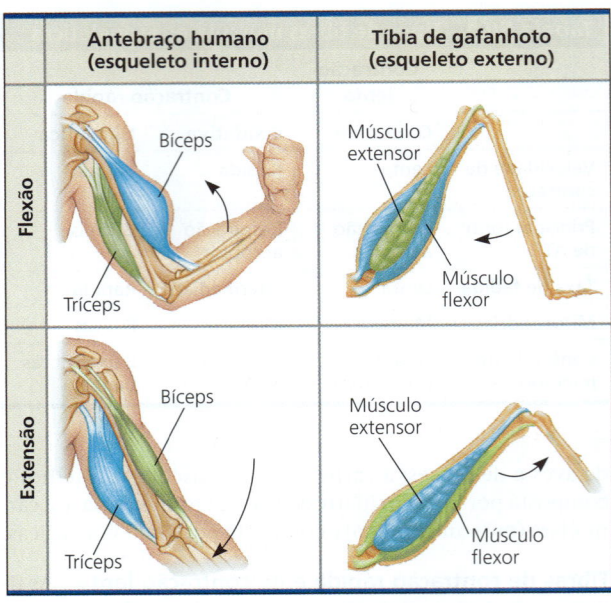

▲ **Figura 50.35 Interação de músculos e esqueletos em movimento.** O movimento de vaivém de uma parte do corpo geralmente é realizado por músculos antagônicos. Essa disposição funciona tanto em esqueletos internos, como em mamíferos, quanto em esqueletos externos, como em insetos.

Vitais para o movimento, esqueletos animais também funcionam no apoio e na proteção. A maioria dos animais terrestres entraria em colapso se não tivesse um esqueleto para apoiar a sua massa. Além disso, um animal que vive na água seria disforme, sem uma estrutura para manter sua forma. Em muitos animais, um esqueleto rígido também protege os tecidos moles. Por exemplo, o crânio em vertebrados protege o cérebro, e as costelas de vertebrados terrestres formam uma caixa em torno do coração, dos pulmões e de outros órgãos internos.

Tipos de sistemas esqueléticos

Embora tenhamos a tendência de pensar no esqueleto apenas como um conjunto de ossos interligados, os esqueletos apresentam muitas formas diferentes. Estruturas de suporte endurecidas podem ser externas (como nos exoesqueletos), internas (como nos endoesqueletos) ou até mesmo ausentes (como nos esqueletos hidrostáticos).

Esqueletos hidrostáticos

Um **esqueleto hidrostático** consiste em um líquido mantido sob pressão em um compartimento corporal fechado. Esse é o principal tipo de esqueleto na maioria dos cnidários, platelmintos, nematódeos e anelídeos (ver Figura 33.2). Esses animais controlam sua forma e movimento usando músculos para alterar o formato de compartimentos preenchidos por fluido. Entre os cnidários, por exemplo, uma hidra alonga seu corpo fechando a boca e utilizando células contráteis em sua parede corporal para constringir a sua cavidade gastrovascular central. Dado que a água mantém o seu volume sob pressão, a cavidade é forçada a se alongar quando o seu diâmetro diminui.

Os vermes realizam a locomoção de várias formas. Em planárias e outros platelmintos, o movimento do corpo resulta principalmente de músculos na parede do corpo aplicando forças localizadas contra o líquido intersticial. Em nematódeos (vermes cilíndricos), os músculos longitudinais se contraem em torno da cavidade corporal preenchida por fluido, movendo o animal para a frente em movimentos ondulatórios chamados de ondulações. Em minhocas e muitos outros anelídeos, músculos circulares e longitudinais atuam em conjunto para alterar o formato de segmentos individuais preenchidos por fluido, que são divididos por septos. Essas mudanças de formato ocasionam o **peristaltismo**, um movimento produzido por ondas rítmicas de contrações musculares que passam de frente para trás **(Figura 50.36)**.

Esqueletos hidrostáticos são bem adaptados para a vida em ambientes aquáticos. Em terra, eles fornecem suporte para o animal rastejar e escavar, e podem amortecer órgãos internos contra choques. No entanto, um esqueleto hidrostático não é capaz de suportar atividades terrestres que exijam que o animal se eleve do chão, como caminhar e correr.

Exoesqueletos

A concha que você encontra em uma praia uma vez serviu como um **exoesqueleto**, um revestimento duro depositado sobre a superfície de um animal. As conchas de ostras e da maioria dos outros moluscos são feitas de carbonato de cálcio secretado pelo manto, uma extensão da parede do corpo (ver Figura 33.15). Moluscos e outros bivalves fecham sua concha articulada utilizando os músculos ligados ao interior desse exoesqueleto. Conforme o animal cresce, sua concha se estende em direção à borda exterior.

Insetos e outros artrópodes possuem um exoesqueleto articulado composto por *cutícula*, uma cobertura secretada pela epiderme. Cerca de 30 a 50% da cutícula do artrópode consistem em **quitina**, um polissacarídeo semelhante à celulose (ver Figura 5.8). As fibrilas de quitina estão embutidas em uma matriz proteica, formando um material composto que combina força e flexibilidade. A cutícula pode ser endurecida com compostos orgânicos e, em alguns casos, com sais de cálcio. Nas partes do corpo que necessitam de flexibilidade, como articulações das pernas, não ocorre o endurecimento da cutícula. Os músculos são ligados a botões e a placas da cutícula que se estendem para o interior do corpo.

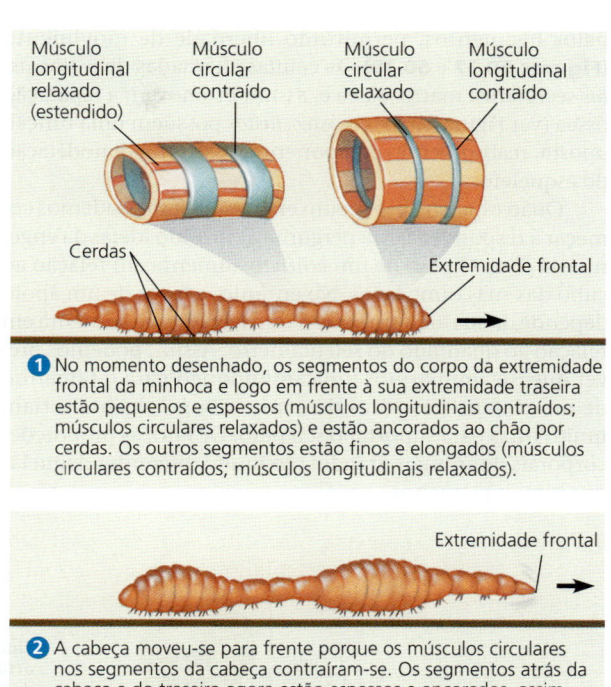

▲ **Figura 50.36 Rastejamento por peristaltismo.** A contração dos músculos longitudinais engrossa e encurta a minhoca; a contração dos músculos circulares constringe e alonga a minhoca.

A cada período de crescimento, um artrópode deve desfazer-se do antigo exoesqueleto (muda ou ecdise), produzindo um novo e maior.

Endoesqueletos

Animais desde esponjas até mamíferos têm um esqueleto interno endurecido, ou **endoesqueleto**, inserido dentro de seus tecidos moles. Em esponjas, o endoesqueleto consiste em estruturas rígidas em forma de agulha compostas por material inorgânico ou fibras feitas de proteína. Os corpos dos equinodermos são reforçados por ossículos, placas duras compostas de cristais de carbonato de magnésio e carbonato de cálcio. Enquanto os ossículos de ouriços-do-mar estão fortemente unidos, nos ossículos de estrelas-do-mar essa união é mais fraca, permitindo que uma estrela-do-mar modifique o formato de seus braços.

Os vertebrados possuem um endoesqueleto constituído de cartilagem, osso ou a combinação desses materiais (ver Figura 40.5). O esqueleto de mamíferos contém mais de 200 ossos, alguns fusionados e outros ligados às articulações pelos ligamentos, permitindo liberdade de movimento (**Figuras 50.37** e **50.38**). As células chamadas de *osteoblastos* secretam a matriz óssea e, assim, promovem a reparação óssea (ver Figura 40.5). Os *osteoclastos* possuem uma função oposta, reabsorvendo componentes ósseos na remodelação do esqueleto.

Quão espesso deve ser um endoesqueleto? Podemos começar a responder a essa pergunta aplicando ideias da engenharia civil. O peso de um edifício aumenta em relação ao cubo das suas dimensões. No entanto, a força de um apoio depende da sua área em secção transversal, que aumenta em relação ao quadrado do seu diâmetro. Assim, podemos prever que, se ampliarmos um camundongo para o tamanho de um elefante, as patas do camundongo gigante seriam muito finas para suportar o seu peso. De fato, as proporções corporais de animais grandes são muito diferentes daquelas de animais pequenos.

Aplicando a analogia do edifício, poderíamos também prever que o tamanho dos ossos da pata deveria ser diretamente proporcional à tensão imposta pelo peso corporal do animal. No entanto, os corpos dos animais são complexos e não rígidos. Para suportar o peso do corpo, verifica-se que a postura do corpo – a posição das patas em relação ao corpo – é mais importante do que o tamanho da pata, pelo menos em mamíferos e aves. Além do mais, músculos e tendões, os quais mantêm as patas de grandes mamíferos relativamente estreitas e posicionadas sob o corpo, suportam efetivamente a maior parte da carga.

Tipos de locomoção

O movimento é uma característica marcante dos animais. Mesmo os animais fixos em uma superfície movem suas partes do corpo: esponjas usam o batimento de flagelos para

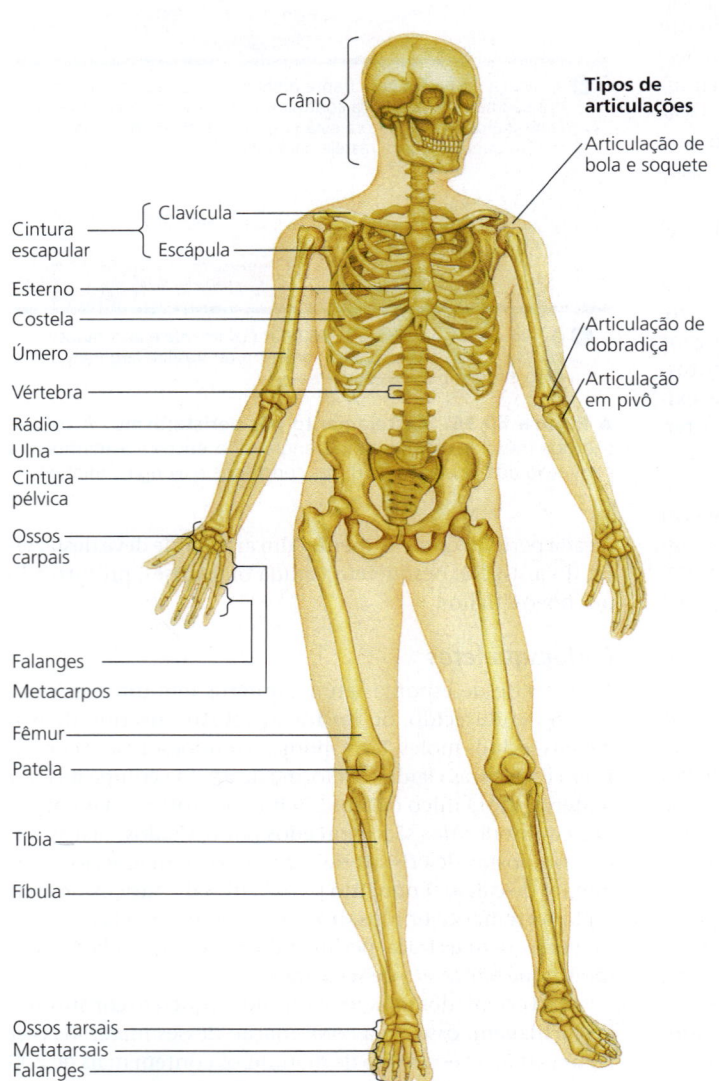

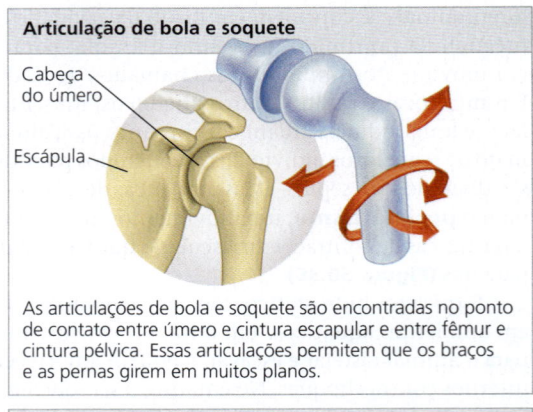

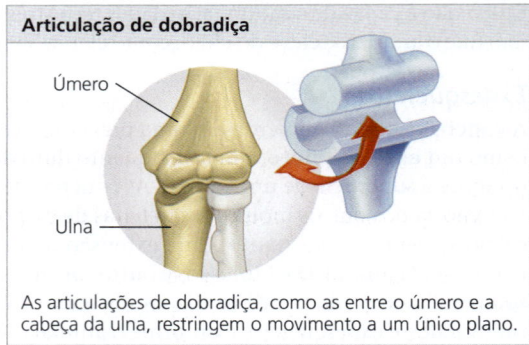

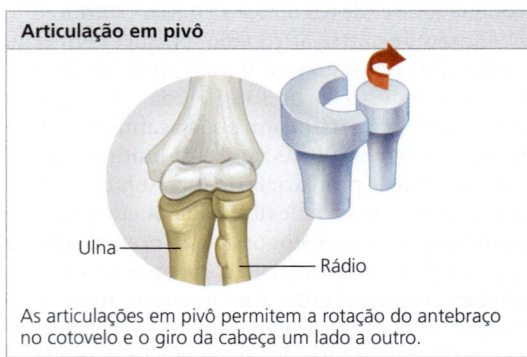

▲ **Figura 50.37** Ossos e articulações do esqueleto humano.

▲ **Figura 50.38** Tipos de articulações.

gerar correntes de água que atraem e prendem pequenas partículas de alimento, e os cnidários sésseis movimentam tentáculos que capturam as presas. No entanto, a maioria dos animais é móvel e passa uma parcela considerável de seu tempo e energia ativamente procurando comida, fugindo de ameaças e buscando parceiros. Essas atividades envolvem **locomoção** – a atividade de deslocamento de um lugar para outro.

O atrito e a gravidade tendem a manter os animais em um estágio estacionário e, portanto, oposto à locomoção. Para se mover, um animal deve gastar energia para superar essas duas forças. Como veremos a seguir, a quantidade de energia necessária para se opor ao atrito ou à gravidade é muitas vezes reduzida para um animal com o corpo adaptado ao movimento em determinado ambiente.

Locomoção terrestre

Na terra, um animal que anda, corre, pula ou rasteja deve ser capaz de se sustentar e se mover contra a gravidade, mas o ar apresenta uma resistência relativamente baixa, pelo menos em velocidades moderadas. Quando um animal terrestre anda, corre ou pula, seus músculos das pernas gastam energia tanto para propulsioná-lo quanto para mantê-lo sem cair. A cada passo, os músculos da perna do animal devem superar a inércia pela aceleração da perna a partir de uma posição de parada. Para mover-se sobre a terra, músculos poderosos e fortes de apoio esquelético são, portanto, mais importantes do que um formato aerodinâmico.

Diversas adaptações para migração em terra evoluíram em vários vertebrados. Por exemplo, os cangurus têm grandes e poderosos músculos nas pernas, adequados à locomoção por meio de saltos **(Figura 50.39)**. Ao aterrissar após cada salto, o canguru armazena momentaneamente energia nos tendões das pernas. Muito semelhante à energia em uma mola comprimida, a energia armazenada nos tendões de um salto é liberada no próximo salto, reduzindo a energia que o animal deve gastar para se locomover. As pernas de um inseto, cão ou ser humano também conservam certa quantidade de energia durante a caminhada ou corrida, embora em uma parcela consideravelmente menor do que as pernas de um canguru.

Manter o equilíbrio é outro pré-requisito para caminhadas, corridas ou saltos. Um gato, cachorro ou cavalo mantêm o equilíbrio mantendo três pés no chão enquanto caminham. Ilustrando o mesmo princípio, animais bípedes, como os humanos e as aves, mantêm parte de ao menos um pé no solo enquanto caminham. Em velocidade de corrida, o impulso, mais do que o contato dos pés, mantém o corpo ereto, permitindo que todos os pés fiquem fora do chão por um breve momento. A grande cauda de um canguru forma um tripé estável com suas patas posteriores quando o animal senta ou se move lentamente e ajuda a equilibrar seu corpo durante seus saltos. Estudos recentes revelam que a cauda também gera força significativa durante o salto, ajudando a impulsionar o movimento do canguru para a frente.

Rastejar impõe um desafio bem diferente. Pelo fato de a maior parte do corpo estar em contato com o solo, um animal rastejante deve exercer um esforço considerável para superar o atrito. Como você já deve ter lido, as minhocas rastejam por meio de movimentos peristálticos.

▲ **Figura 50.39** **Locomoção terrestre energeticamente eficiente.** Membros de uma família de cangurus viajam de um lugar a outro principalmente saltando com suas grandes patas posteriores. A energia cinética armazenada momentaneamente nos tendões após cada salto fornece um impulso para o próximo salto. Na verdade, um canguru grande saltando a 30 km/h não utiliza mais energia por minuto do que aquele que salta a 6 km/h. A grande cauda proporciona força adicional para saltar e ajuda a equilibrar o canguru quando ele salta e também quando ele se senta.

Em contrapartida, muitas serpentes rastejam ondulando o corpo lateralmente. Ondas de curvatura se propagam da cabeça à cauda, com cada parte do corpo seguindo o mesmo caminho ondulante da cabeça e do pescoço. Algumas outras serpentes, como jiboias e pítons, rastejam em linha reta, comandadas por músculos que erguem as escamas ventrais do solo, dobram as escamas para a frente e empurram-nas para trás contra o solo.

Natação

Já que a maioria dos animais é capaz de flutuar razoavelmente na água, superar a gravidade é um problema menor para animais que nadam do que para as espécies que se movem na terra ou no ar. Por outro lado, a água é um meio muito mais denso e mais viscoso do que o ar, e, assim, o arrasto (atrito) é um grande problema para animais aquáticos. Uma forma lisa e fusiforme (forma de torpedo) é uma adaptação comum em animais aquáticos velozes (ver Figura 40.2).

A natação ocorre de diversas formas. Muitos insetos e vertebrados de quatro patas usam as pernas como remos para empurrar a água. Os tubarões e os peixes ósseos nadam movendo seu corpo e cauda lateralmente, enquanto as baleias e os golfinhos se movimentam ondulando seu corpo e cauda verticalmente. Lulas, vieiras e alguns cnidários utilizam a propulsão a jato, pegando a água e empurrando-a para fora em jatos. Em contrapartida, medusas parecem gerar uma região de baixa pressão na água à frente deles, de modo que elas são puxadas para frente em vez de empurradas.

Voo

O voo ativo (em contrapartida a planar para baixo a partir de uma árvore) evoluiu em apenas alguns grupos de animais: insetos, répteis (incluindo aves), e, entre os mamíferos, os morcegos. Um grupo de répteis voadores, os pterossauros, foi extinto há milhões de anos, deixando as aves e os morcegos como os únicos vertebrados voadores.

Para voar, as asas de um animal devem desenvolver sustentação suficiente para sobrepor a força da gravidade para baixo. A chave para vencer esse desafio é o formato da asa. Todas as asas atuam como aerofólios – estruturas que alteram as correntes de ar de maneira a ajudar os animais ou aviões a permanecerem no ar. Quanto ao corpo em que as asas são inseridas, um formato fusiforme ajuda a reduzir o arrasto do ar, como acontece na água.

Exercício de habilidades científicas

Interpretação de um gráfico com escalas logarítmicas

Quais são os custos energéticos da locomoção? Na década de 1960, o fisiologista animal Knut Schmidt-Nielsen, da Universidade de Duke, questionou se princípios gerais regulam os custos de energia de diferentes formas de locomoção entre as diversas espécies de animais. Para responder a essa pergunta, ele se baseou em seus próprios experimentos e de outros pesquisadores. Neste exercício, você analisará os resultados combinados desses estudos e avaliará a justificativa para traçar os dados experimentais em um gráfico com escalas logarítmicas.

Como os experimentos foram realizados Os pesquisadores mediram a taxa de consumo de oxigênio ou a produção de dióxido de carbono em animais que correram em esteiras, nadaram em calhas de água ou voaram em túneis de vento. Por exemplo, um tubo conectado a uma máscara facial plástica coletava gases exalados por um periquito durante o voo (ver fotografia). A partir dessas medidas, Schmidt-Nielsen calculou a quantidade de energia que cada animal utilizava para transportar determinada quantidade de massa corporal por determinada distância [calorias/(kg · metro)].

Dados dos experimentos Schmidt-Nielsen plotou o custo de correr, voar e nadar *versus* a massa corporal em um gráfico simples com escalas logarítmicas (log) para os eixos. Então, ele desenhou um gráfico de linhas de melhor ajuste através dos pontos de dados para cada forma de locomoção. (No gráfico aqui, os pontos de dados individuais não são mostrados.)

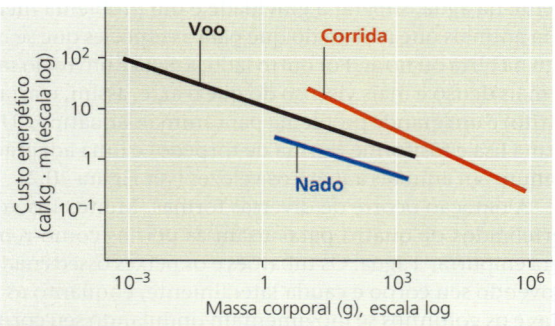

Dados de K. Schmidt-Nielsen, Locomotion: Energy cost of swimming, flying, and running, *Science* 177:222-228 (1972). Reimpresso com permissão de AAAS.

INTERPRETE OS DADOS

1. As massas corporais dos animais usados nesses experimentos variaram de cerca de 0,001 g até 1.000.000 g, e suas taxas de consumo de energia variaram de cerca de 0,1 cal/(kg · m) a 100 cal/(kg · m). Se você plotasse esses dados em um gráfico com escalas lineares em vez de logarítmicas nos eixos, como você desenharia os eixos de modo que todos os dados ficassem visíveis? Qual é a vantagem de usar escalas logarítmicas para plotar os dados com grande intervalo de valores? (Para mais informações sobre gráficos, veja a Revisão de habilidades científicas no Apêndice D.)

2. Com base no gráfico, quão maior é o custo de energia de voo de um animal que pesa 10^{-3} g comparado a um animal que pesa 1 g? Para qualquer forma de locomoção, qual se locomove de forma mais eficiente, um animal maior ou um animal menor?

3. As inclinações das linhas para voo e natação são muito semelhantes. Com base na sua resposta à Questão 2, se o custo de energia de um animal de 2 g for de 1,2 cal/(kg · m), qual é o custo de energia estimado para um animal nadador de 2 kg?

4. Considerando os animais com massa corporal de cerca de 100 g, classifique as três formas de locomoção partindo do maior custo energético para o menor custo energético. Com base em sua própria experiência, você esperava esses resultados? O que poderia explicar o custo energético para a corrida comparado com o de voar ou nadar?

5. Schmidt-Nielsen calculou o custo de nadar em um pato-real e descobriu que ele era quase 20 vezes maior do que o custo de nadar de um salmão da mesma massa corporal. O que poderia explicar essa eficiência de nado no salmão?

Os animais voadores são relativamente leves, com massas corporais variando de menos de 1 g para alguns insetos até cerca de 20 kg para as maiores aves voadoras. A baixa massa corporal de muitos animais voadores deve-se a adaptações estruturais especializadas. As aves, por exemplo, não possuem bexiga ou dentes e têm ossos relativamente grandes com regiões ocas cheias de ar que ajudam a diminuir o peso da ave (ver Figura 34.30).

Cada uma dessas maneiras de locomoção – voar, correr e nadar – impõe diferentes demandas energéticas nos animais. No **Exercício de habilidades científicas**, você pode interpretar um gráfico que compara os custos de energia relativos dessas três formas de locomoção.

REVISÃO DO CONCEITO 50.6

1. Compare a natação e o voo em relação aos problemas que apresentam e às adaptações que permitem a superação desses problemas pelos animais.
2. **FAÇA CONEXÕES** O peristaltismo contribui para a locomoção de muitos anelídeos e para o movimento de alimento no trato digestório (ver Conceito 41.3). Utilizando os músculos de sua mão e um tubo de creme dental como modelo de peristaltismo, como sua demonstração difere para os dois processos?
3. **E SE?** Ao usar os braços para abaixar-se em uma cadeira, você dobra seus braços sem o uso de seu bíceps. Explique como isso é possível. (Dica: pense na gravidade como uma força antagônica.)

Ver as respostas sugeridas no Apêndice A.

50 Revisão do capítulo

RESUMO DOS CONCEITOS-CHAVE

CONCEITO 50.1

Receptores sensoriais fazem a transdução da energia do estímulo e transmitem sinais para o sistema nervoso central *(p. 1108-1112)*

- A detecção de um estímulo precede a **transdução sensorial**, a mudança no potencial de membrana de um **receptor sensorial** em resposta a um estímulo. O **potencial receptor** resultante controla a transmissão de potenciais de ação para o SNC, onde a informação sensorial é integrada para gerar **percepções**. A frequência de potenciais de ação em um axônio e o número de axônios ativados refletem a força do estímulo. A identidade do axônio transportando o sinal codifica a natureza ou a qualidade dos estímulos.
- Os **mecanorreceptores** respondem a estímulos como pressão, tato, estiramento, movimento e som. Os **quimiorreceptores** detectam a concentração total de solutos ou moléculas específicas. Os **receptores eletromagnéticos** detectam diferentes formas de radiação eletromagnética. Os **termorreceptores** sinalizam as temperaturas da superfície e do interior do corpo. A dor é detectada por um grupo de **nociceptores** que respondem ao excesso de calor, pressão ou a classes específicas de produtos químicos.

? *Para simplificar a classificação de receptores sensoriais, por que poderia fazer sentido eliminar nociceptores como uma classe distinta?*

CONCEITO 50.2

Na audição e no equilíbrio, mecanorreceptores detectam líquido em movimento ou partículas de sedimentação *(p. 1112-1116)*

- A maioria dos invertebrados sente sua orientação em relação à gravidade por meio de **estatocistos**. **Células ciliadas** especializadas formam a base para audição e equilíbrio em mamíferos e para detecção de movimento da água em peixes e anfíbios aquáticos. Nos mamíferos, a **membrana timpânica** (tímpano) transmite ondas sonoras para ossos da **orelha média**, que transmitem ondas pela **janela oval** para o fluido em espiral da **cóclea** espiralada da **orelha interna**. Ondas de pressão no fluido vibram a membrana basilar, despolarizando as células ciliadas e desencadeando potenciais de ação que trafegam pelo nervo auditivo até o cérebro. Receptores da orelha interna possuem função no balanço e equilíbrio.

? *Como o tom e o volume da música são codificados em sinais para o cérebro?*

CONCEITO 50.3

Os diversos receptores visuais de animais dependem de pigmentos que absorvem a luz *(p. 1117-1123)*

- Invertebrados possuem uma variedade de fotodetectores, incluindo ocelos simples sensíveis à luz, **olhos compostos** formadores de imagem e **olhos de lente única**. No olho de vertebrado, uma única **lente** é utilizada para focar luz sobre **fotorreceptores** na **retina**. Os **cones** e os **bastonetes** contêm um pigmento o **retinal**, ligado quimicamente a uma proteína (**opsina**). A absorção de luz pelo retinal desencadeia uma via de transdução de sinal que hiperpolariza os fotorreceptores, levando-os a liberar menos neurotransmissores. As sinapses transmitem informação a partir de fotorreceptores de células que integram informações e transmitem-nas ao cérebro ao longo dos axônios que formam o nervo óptico.

? *Como o processamento das informações sensoriais enviadas ao cérebro de vertebrados na visão é diferente daquele da audição ou do olfato?*

CONCEITO 50.4

Os sentidos do paladar e do olfato dependem de um conjunto semelhante de receptores sensoriais *(p. 1123-1125)*

- Gosto (**paladar**) e cheiro (**olfato**) dependem de estimulação dos quimiorreceptores por pequenas moléculas dissolvidas. Nos seres humanos, células sensoriais em **botões gustatórios** expressam um tipo de receptor específico para uma das cinco percepções de gosto: doce, azedo, salgado, amargo e umami (produzida pelo glutamato). As células receptoras olfatórias preenchem a parte superior da cavidade nasal. Centenas de diferentes genes codificam para proteínas de membrana que se ligam a classes específicas de **odorantes**, e cada célula receptora parece expressar somente um desses genes.

? *Por que o sabor do alimento é menos intenso quando você está resfriado?*

CONCEITO 50.5

A interação física dos filamentos proteicos é necessária para a função muscular *(p. 1125-1132)*

- As células musculares (fibras) do **músculo esquelético** de vertebrados contêm **miofibrilas** compostas por **filamentos finos** (principalmente) de actina e **filamentos grossos** de miosina. Esses filamentos são organizados em unidades repetidas denominadas **sarcômeros**. Cabeças de miosina, energizadas pela hidrólise de ATP, ligam-se aos filamentos finos, formam pontes cruzadas e depois liberam o ATP para ligar-se novamente. À medida que esse ciclo se repete, os filamentos grossos e finos deslizam uns sobre os outros, encurtando o sarcômero e contraindo a fibra muscular.

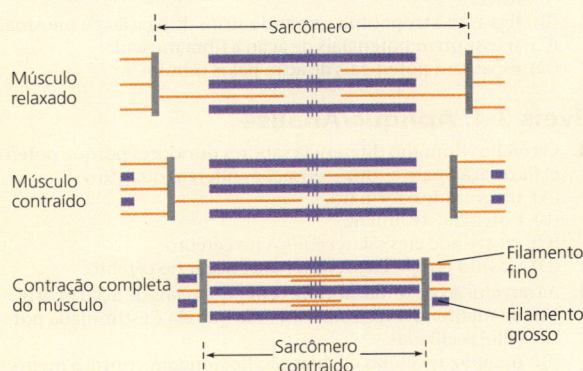

- Os neurônios motores liberam acetilcolina, provocando potenciais de ação nas fibras musculares que estimulam a liberação de Ca^{2+} do **retículo sarcoplasmático**. Quando o Ca^{2+} se liga ao **complexo troponina**, a **tropomiosina** se movimenta, expondo os sítios de ligação da miosina na actina, iniciando a formação da ponte cruzada. Uma **unidade motora** consiste em um neurônio motor e nas fibras musculares que ele controla. Uma contração resulta de um potencial de ação. Fibras musculares esqueléticas são de **contração lenta** ou de **contração rápida** e oxidativas ou glicolíticas.
- O **músculo cardíaco**, encontrado no coração, consiste em células estriadas conectadas eletricamente por discos intercalados. A informação do sistema nervoso controla a taxa em que o coração contrai, mas não é estritamente necessária para a contração do músculo cardíaco. Nos **músculos lisos**, as contrações são iniciadas pelos músculos ou pela estimulação dos neurônios no sistema nervoso autônomo.

? *Quais são as duas principais funções da hidrólise de ATP na atividade muscular esquelética?*

UNIDADE 7 FORMA E FUNÇÃO DOS ANIMAIS

CONCEITO 50.6

Sistemas esqueléticos transformam a contração muscular em locomoção (p. 1132-1136)

- Os músculos esqueléticos, muitas vezes em pares antagônicos, contraem-se e alongam-se contra o esqueleto. Esqueletos podem ser **hidrostáticos** e mantidos pela pressão de um fluido, como em vermes; endurecidos em **exoesqueletos**, como nos insetos; ou sob a forma de **endoesqueletos**, como em vertebrados.
- Cada forma de **locomoção** – nado, movimento terrestre ou voo – apresenta um desafio particular. Por exemplo, os animais nadadores precisam superar atrito considerável, mas, comparados aos animais terrestres e aos que voam, não enfrentam o desafio da gravidade.

? *Explique como a ancoragem microscópica e macroscópica de filamentos musculares permite a você dobrar o cotovelo.*

TESTE SEU CONHECIMENTO

Níveis 1-2: Relembre/Entenda

1. Qual par receptor sensorial/categoria está correto?
   (A) Célula ciliada/nociceptor
   (B) Órgão fossorial da serpente/mecanorreceptor
   (C) Receptor gustatório/quimiorreceptor
   (D) Receptor olfatório/receptor eletromagnético
2. A orelha média converte
   (A) ondas de pressão de ar em ondas de pressão de líquido.
   (B) ondas de pressão de ar em impulsos nervosos.
   (C) ondas de pressão de líquido em impulsos nervosos.
   (D) ondas de pressão em movimentos das células ciliadas.
3. Durante a contração do músculo esquelético de vertebrados, íons cálcio
   (A) quebram pontes cruzadas como um cofator na hidrólise do ATP.
   (B) ligam-se à troponina, expondo sítios de ligação de miosina.
   (C) transmitem potenciais de ação à fibra muscular.
   (D) espalham potenciais de ação pelos túbulos T.

Níveis 3-4: Aplique/Analise

4. O cérebro humano diferencia sabores de odores porque potenciais de ação para as duas sensações diferem quanto a
   (A) magnitude e formato.
   (B) potencial de limiar.
   (C) local onde eles são recebidos no cérebro.
   (D) quanto tempo eles levam para chegar no cérebro.
5. A transdução de ondas sonoras em potenciais de ação ocorre
   (A) na membrana tectória à medida que ela é estimulada por células ciliadas.
   (B) quando as células ciliadas são flexionadas contra a membrana tectória, fazendo-as despolarizar e liberar o neurotransmissor que estimula neurônios aferentes.
   (C) à medida que a membrana basilar vibra em frequências diferentes, em resposta ao volume variado de sons.
   (D) dentro da orelha média, à medida que as vibrações são amplificadas por martelo, bigorna e estribo.

Níveis 5-6: Avalie/Crie

6. Objetos metálicos fazem tubarões direcionarem mal suas mordidas. Tubarões também conseguem encontrar baterias enterradas na areia. Esses fatos sugerem que tubarões seguem sua presa pouco antes de eles a morderem do mesmo modo que
   (A) uma cascavel encontra um rato em sua toca.
   (B) um inseto evita ser pisado.
   (C) uma toupeira-nariz-de-estrela encontra seu alimento em túneis.
   (D) um ornitorrinco localiza sua presa em um rio lamacento.

7. **DESENHE** Com base nas informações do texto, preencha o seguinte gráfico. Use uma linha para bastonetes e outra linha para cones.

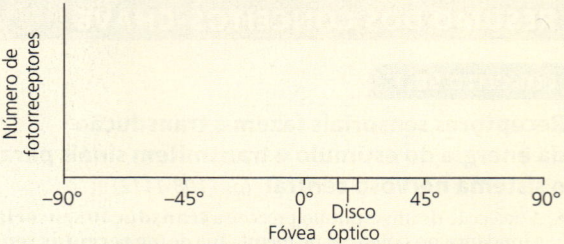

8. **CONEXÃO EVOLUTIVA** Em geral, a locomoção terrestre requer mais energia do que a locomoção na água. Integrando o que você aprendeu sobre a forma e a função dos animais na Unidade 7, discuta algumas das adaptações evolutivas de mamíferos que sustentam as altas demandas de energia para mover-se em terra.

9. **PESQUISA CIENTÍFICA • INTERPRETE OS DADOS** Para demonstrar como a energia é armazenada em tendões durante o salto, um instrutor pediu que estudantes voluntários pulassem em uma frequência que considerassem "natural" e, então, após um descanso, que pulassem exatamente na metade daquela frequência. Os saltos foram feitos a uma altura-padrão, e foram medidos a massa dos voluntários, o consumo de O_2 e produção de CO_2. Aqui está um conjunto representativo de resultados calculados para um estudante.

Frequência (pulos/s)	Energia utilizada (joules/s)
1,85	735
0,92	716

O estudante consumiu 159 joules/s quando parado. Para cada frequência de saltos, subtraia esse valor constante da energia usada durante o salto. Então, divida pela frequência de saltos para calcular o custo energético por salto. Como o custo energético por salto difere nas duas frequências, e como poderia estar relacionado à energia armazenada em tendões?

10. **ESCREVA SOBRE UM TEMA: ORGANIZAÇÃO** Em um texto curto (100-150 palavras), descreva pelo menos três maneiras como a estrutura da lente do olho humano é bem adaptada à sua função na visão.

11. **SINTETIZE SEU CONHECIMENTO**

Cães de caça, que são capazes de seguir uma trilha de odor mesmo que tenha sido deixada há dias, não possuem mais genes receptores olfatórios do que outros cães. Preveja como os sistemas sensorial e nervoso de cães de caça diferem daqueles de outros cães, o que contribui para sua capacidade de farejar.

Ver respostas selecionadas no Apêndice A.

51 Comportamento animal

CONCEITOS-CHAVE

51.1 Diferentes estímulos sensoriais podem desencadear comportamentos simples e complexos *p. 1140*

51.2 A aprendizagem estabelece ligações específicas entre experiência e comportamento *p. 1143*

51.3 A seleção para a sobrevivência e para o sucesso reprodutivo dos indivíduos pode explicar diversos comportamentos *p. 1148*

51.4 Análises genéticas e o conceito de valor adaptativo inclusivo fornecem a base para estudar a evolução do comportamento *p. 1154*

Dica de estudo

Identificando componentes de um delineamento experimental:
O comportamento animal é estudado em campo e em laboratório e envolve abordagens que variam desde observação passiva até intervenção ativa. À medida que ler este capítulo, observe como métodos científicos são aplicados para responder a questões em diferentes contextos, como o forrageio em abelhas (Figura 51.5; ver exemplo iniciado aqui) e moscas-da-fruta (Figura 51.13).

1) Faça observações — quando retornam, abelhas fazem algumas danças diferentes definidas
2) Formule uma hipótese — as danças trazem informações sobre a localização do alimento
3) Faça predições
4) Reúna e analise os dados
5) Tire conclusões

Figura 51.1 Um macho de fragata-magnífica (*Fregata magnificens*) vive principalmente no mar. Ele geralmente alimenta-se por pirataria, fazendo aves mergulhadoras vomitarem suas presas para que ele as consuma. Entretanto, periodicamente, ele desce em uma ilha, aponta seu bico para o céu e infla uma enorme bolsa vermelha na garganta. Batendo seu bico, ele produz um som de tambor que ressoa na bolsa. Se uma fêmea curiosa percebe e aterrissa nas proximidades, segue-se um ritual de acasalamento.

Quais questões os biólogos buscam responder estudando o comportamento animal?

1. Que evento ou estímulo desencadeia o comportamento?

Machos inflam sua bolsa somente se fêmeas estiverem por perto. A intensidade da exibição aumenta quando uma fêmea sobrevoa sua cabeça.

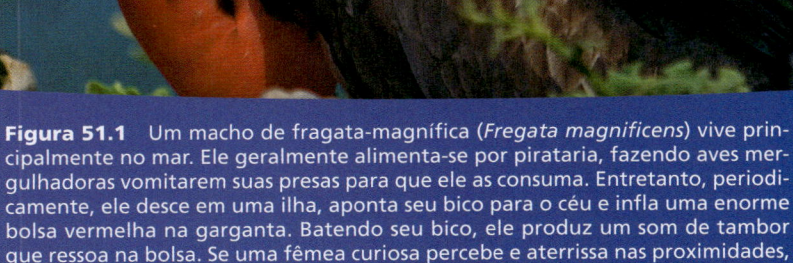

2. Como a experiência durante o crescimento e desenvolvimento influencia o comportamento?

Machos mais velhos possuem bolsas maiores que produzem frequências mais baixas de batidas, o que atrai mais fêmeas.

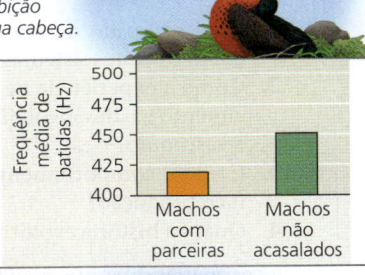

3. Como o comportamento auxilia na sobrevivência e reprodução?

Após o acasalamento, machos e fêmeas cooperam na construção do ninho e na alimentação dos filhotes.

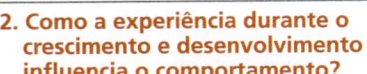

4. Como o comportamento foi moldado por seleção natural?

A bolsa da garganta pode ser inflada extensamente para o acasalamento e, então, desinflada para maximizar a eficiência do voo.

Responder essas questões pode fornecer pistas fundamentais de **como** comportamentos ocorrem e **por que** eles surgem.

CONCEITO 51.1

Diferentes estímulos sensoriais podem desencadear comportamentos simples e complexos

Um **comportamento** é uma ação executada por músculos sob controle do sistema nervoso. Exemplos incluem um animal usando seus músculos da garganta para produzir um canto ou liberando um odor para marcar seu território. O comportamento é essencial para adquirir nutrientes e encontrar um parceiro para reprodução sexuada. O comportamento também contribui para a homeostase, como quando abelhas se amontoam para se manterem aquecidas (ver Conceito 40.3). Em resumo, toda a fisiologia do animal contribui para o comportamento, e o comportamento influencia toda a fisiologia.

Muitos comportamentos, especialmente aqueles envolvidos em reconhecimento e comunicação, dependem de formas ou estruturas corporais especializadas. Por exemplo, a bolsa da garganta de uma fragata macho (ver Figura 51.1) é essencial para a corte. Inflar a bolsa expõe sua superfície vivamente colorida e fornece uma câmara de ressonância que amplifica o chamado do macho. Como esse exemplo mostra, o processo de seleção natural que molda comportamentos também influencia a evolução da anatomia animal.

Qual abordagem os biólogos usam para determinar como os comportamentos surgem e para quais funções eles servem? O cientista holandês Niko Tinbergen, um pioneiro no estudo do comportamento animal, sugeriu que a compreensão de qualquer comportamento precisa responder a quatro questões, as quais são salientadas na Figura 51.1:

1. Qual estímulo desencadeia o comportamento e como os vários sistemas do corpo o produzem?
2. Como a experiência de um animal durante o crescimento e o desenvolvimento influencia a resposta ao estímulo?
3. Como o comportamento ajuda na sobrevivência e na reprodução?
4. Qual é a história evolutiva do comportamento?

As primeiras duas questões abordam a *causa proximal* – *como* um comportamento ocorre ou é modificado. As duas últimas questões abordam a *causa distal* – *por que* um comportamento ocorre no contexto da seleção natural.

Experimentos sobre causas proximais por Tinbergen deram a ele o Prêmio Nobel em 1973. Esses estudos definiram o campo da *etologia*, o estudo do comportamento animal em um ambiente natural. Vamos tratar desses experimentos e outros relacionados na parte inicial deste capítulo. O conceito de causa distal é central na **ecologia comportamental**, o estudo das bases ecológicas e evolutivas para o comportamento animal. Exploraremos essa área vibrante da pesquisa biológica moderna no restante do capítulo.

Padrões fixos de ação

Para responder a primeira questão de Tinbergen, a natureza dos estímulos que desencadeiam o comportamento, começaremos com as respostas comportamentais a estímulos bem-definidos, iniciando com um exemplo de um dos experimentos do próprio Tinbergen.

Como parte de sua pesquisa, Tinbergen manteve tanques contendo peixes esgana-gato (*Gasterosteus aculeatus*), espécie em que os machos têm barrigas vermelhas, mas não as fêmeas. Os esgana-gatos machos atacam outros machos que invadem seus territórios de nidificação **(Figura 51.2)**. Tinbergen observou que seus esgana-gatos machos também apresentavam comportamento agressivo quando avistavam um caminhão vermelho passando nas imediações do aquário. Inspirado por essa observação casual, ele realizou experimentos mostrando que a cor vermelha de um intruso é a causa proximal do comportamento de ataque. Um esgana-gato macho não ataca um peixe sem a coloração vermelha, mas atacará até mesmo modelos irreais se eles contiverem áreas vermelhas. A resposta territorial do esgana-gato macho é um exemplo de um **padrão fixo de ação**, uma sequência de atos não aprendidos ligados diretamente a um estímulo simples. O padrão fixo de ação de algumas mariposas toma a forma de manobras evasivas de voo – alças e espirais – executadas instantaneamente quando ouvem os sons de um morcego que se localiza por ecos ou um silvo ultrassônico na mesma faixa de frequência. Os padrões fixos de ação são essencialmente imutáveis e, uma vez iniciados, normalmente são realizados até o fim. O gatilho para o comportamento é uma pista externa chamada **estímulo-sinal** ou estímulo-chave, como no caso de um objeto vermelho que induz ao comportamento agressivo no esgana-gato macho.

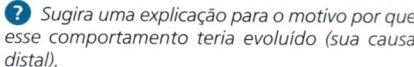
▶ **Figura 51.2** Estímulos-sinal em um padrão fixo de ação clássico. **(a)** Um macho do peixe esgana-gato ataca outro macho da espécie que invade seu território de nidificação. **(b)** Modelos, sejam realistas ou não, podem desencadear comportamento agressivo, mas somente se o lado inferior for vermelho. Os pesquisadores concluíram que a barriga vermelha do macho intruso é um estímulo-sinal que provoca o comportamento agressivo.

❓ *Sugira uma explicação para o motivo por que esse comportamento teria evoluído (sua causa distal).*

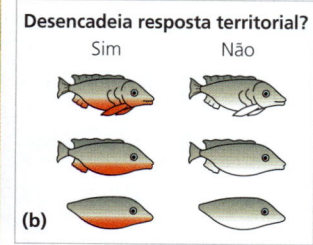

Migração

Os estímulos ambientais não apenas desencadeiam comportamentos, mas também fornecem pistas que o animal usa para realizar os comportamentos. Por exemplo, uma ampla variedade de aves, peixes e outros animais usam pistas ambientais para guiar a **migração** – uma mudança regular de local à longa distância. Durante a migração, muitos animais passam por ambientes que nunca tinham encontrado antes. Então, como eles encontram seu caminho nessas condições estranhas?

Alguns animais migratórios orientam-se pela posição relativa do sol, mesmo que a posição do sol relativa à Terra mude ao longo do dia. Os animais conseguem ajustar-se a essas mudanças por meio de um *relógio circadiano*, um mecanismo interno com periodicidade de 24 horas (ver Conceito 49.2). Por exemplo, experimentos mostraram que as aves migratórias se orientam diferentemente em relação ao sol em momentos distintos do dia. Os animais noturnos podem usar a Estrela Polar, que tem uma posição constante no céu noturno.

Embora o sol e as estrelas forneçam pistas úteis para a navegação, nuvens podem obscurecer esses marcos espaciais. Como os animais migratórios superam esse problema? Um experimento simples com pombos-correio forneceu uma resposta. Em um dia nublado, a colocação de um pequeno ímã na cabeça de um pombo-correio impediu que ele retornasse para o seu local de origem de forma eficiente. Os pesquisadores concluíram que os pombos orientam a sua posição em relação ao campo magnético da Terra e podem, assim, navegar sem pistas solares ou celestes.

Ritmos comportamentais

Apesar de o relógio circadiano exercer um papel pequeno – porém, importante – na navegação de algumas espécies migratórias, ele exerce um papel primordial nas atividades diárias de todos os animais. Conforme discutido nos Conceitos 40.2 e 49.2, o relógio é responsável por um ritmo circadiano, um ciclo diário de repouso e atividade. O relógio é normalmente sincronizado com os ciclos de claro e escuro do ambiente, mas pode manter atividade ritmada mesmo sob condições ambientais constantes, como durante a hibernação.

Alguns comportamentos, como a migração e a reprodução, refletem ritmos biológicos com um ciclo, ou período, mais longo que o ritmo circadiano. Os ritmos comportamentais ligados ao ciclo anual das estações são chamados de *ritmos circanuais*. Apesar de a migração e a reprodução se correlacionarem com a disponibilidade da comida, esses comportamentos não são uma resposta direta a mudanças na ingestão de comida. Ao contrário, os ritmos circanuais, como o ritmo circadiano, são influenciados pelos períodos de luz e escuridão diários do ambiente. Por exemplo, estudos com muitas espécies de aves mostraram que um ambiente artificial com períodos de luz prolongados pode induzir um comportamento migratório fora de época.

Nem todos os ritmos biológicos são ligados aos ciclos de claro e escuro do ambiente. Considere, por exemplo, o comportamento de corte do caranguejo-chama-maré, também

▲ **Figura 51.3** Exibição de corte do caranguejo-chama-maré macho.

chamado de caranguejo-uçá (gênero *Uca*), que é ligado ao ciclo lunar. Provido de quelas (pinças) de tamanhos muito diferentes, o macho do caranguejo-chama-maré acena a quela maior para atrair uma potencial parceira para acasalamento **(Figura 51.3)**. A sincronização desse comportamento de corte de acenar a quela com a lua nova ou cheia ajuda no desenvolvimento da prole. Como? Caranguejos-chama-maré iniciam sua vida como larvas habitando áreas lodosas. A maré dispersa as larvas para as águas mais profundas, onde elas completam seu desenvolvimento inicial em segurança relativa antes de retornarem para as planícies de maré. Fazendo a corte na época da lua nova ou cheia, o caranguejo liga sua reprodução aos períodos de maior movimento da maré.

Sinais e comunicação animal

O aceno da quela pelo caranguejo-chama-maré durante o comportamento de corte é um exemplo de um animal (o caranguejo macho) gerando um estímulo que guia o comportamento de outro animal (o caranguejo fêmea). O estímulo transmitido de um organismo para outro é chamado de **sinal**. A transmissão e a recepção de sinais entre animais constituem a **comunicação**, que geralmente exerce um papel na causa proximal do comportamento.

Formas de comunicação animal

Vamos considerar o comportamento de corte da mosca-da-fruta, *Drosophila melanogaster*, como introdução aos quatro modos comuns de comunicação animal: visual, química, tátil e auditiva.

A corte da mosca-da-fruta constitui uma *cadeia estímulo-resposta*, na qual a própria resposta a um estímulo é um estímulo para o próximo comportamento. No primeiro passo, um macho detecta uma fêmea em seu campo de visão e orienta seu corpo em direção a ela. Para confirmar que ela pertence à sua espécie, ele usa o sistema olfatório para detectar componentes químicos que ela libera no ar. Então, o macho se aproxima e toca a fêmea com uma perna anterior **(Figura 51.4)**. Esse toque, ou comunicação tátil, alerta a fêmea sobre a presença do macho. No terceiro estágio, o macho estende e vibra uma asa, produzindo um som de corte. Essa comunicação auditiva informa à fêmea se ele é da sua espécie. Apenas se todas essas formas de comunicação tiverem sucesso, a fêmea permitirá que o macho tente copular.

Em geral, a forma de comunicação que evolui está fortemente relacionada ao estilo de vida e ao ambiente de um animal. Por exemplo, a maioria dos mamíferos terrestres é noturna, o que torna a exibição visual relativamente ineficiente. Em vez disso, essas espécies usam os sinais olfatórios e auditivos, que funcionam tão bem no escuro quanto no claro. Em contrapartida, a maioria das aves é diurna (ativas principalmente durante o dia) e comunica-se majoritariamente por sinais visuais e auditivos. Os seres humanos também são diurnos e, como as aves, privilegiam a comunicação visual e auditiva. Podemos, assim, detectar e apreciar os sons e as cores vívidas usados por aves para se comunicarem, mas não percebemos muitas pistas químicas em que outros mamíferos baseiam seu comportamento.

O conteúdo informativo da comunicação animal varia consideravelmente. Um dos mais marcantes exemplos é a linguagem simbólica das abelhas europeias (*Apis mellifera*), descoberta no início de 1900 pelo pesquisador australiano Karl von Frisch. Usando colmeias de observação com paredes de vidro, ele e seus alunos passaram várias décadas observando as abelhas. As gravações metódicas dos movimentos das abelhas permitiram a von Frisch decifrar uma "linguagem de dança" usada pelas operárias que retornam para informar às outras abelhas sobre a distância e a direção do caminho para uma fonte de néctar.

Quando uma forrageadora bem-sucedida retorna à colmeia, seus movimentos, assim como sons e odores, tornam-se rapidamente o centro de atenção para outras abelhas, chamadas de seguidoras. Movendo-se ao longo da parede vertical do favo, a forrageadora executa uma "dança do requebrado" que comunica às abelhas seguidoras a direção e a distância da fonte de alimento em relação à colmeia (**Figura 51.5**). Executando essa dança, a abelha percorre um semicírculo em uma direção, uma corrida reta durante a qual ela requebra seu abdome e um semicírculo na outra direção. O que von Frisch e colegas deduziram foi que o ângulo da corrida reta relativamente à superfície vertical do ninho indica o ângulo horizontal do alimento em relação ao sol. Por exemplo, se a abelha dançarina corre a um ângulo de 30° à

▲ **Figura 51.4** Mosca-da-fruta macho tocando a fêmea com a perna anterior.

direita da vertical, as abelhas seguidoras deixam a colmeia voando a 30° à direita da direção horizontal do sol.

Como essa dança comunica a distância da fonte de néctar? Acontece que uma dança com uma corrida reta mais longa – e, portanto, mais requebrados por corrida – indica uma distância maior do alimento encontrado pela forrageadora. Quando as abelhas seguidoras deixam a colmeia, elas voam quase diretamente até a área indicada pelo requebrado. Usando o odor das flores e outras pistas, elas localizam a fonte de néctar dentro dessa área.

Se a fonte de alimento estiver próxima da colmeia (menos de 50 m de distância), a dança do requebrado assume uma forma ligeiramente diferente que avisa principalmente a disponibilidade de néctar nas proximidades. Nessa forma de dança, que von Frisch chamou de "redonda", a abelha dançarina move-se em pequenos círculos, enquanto move seu abdome de um lado para o outro. Em resposta, as abelhas seguidoras deixam a colmeia e buscam flores próximas ricas em néctar em todas as direções.

Feromônios

Animais que se comunicam por odores ou sabores emitem substâncias químicas chamadas de **feromônios**. Os feromônios são especialmente comuns entre os mamíferos e entre

(a)
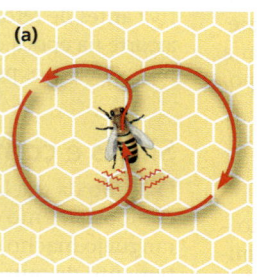 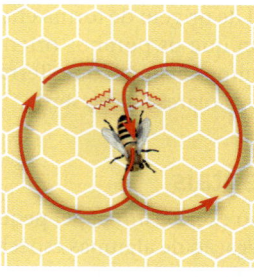 

Localização **A**: a fonte de alimento está na mesma direção do sol.

Localização **B**: a fonte de alimento está na direção oposta ao sol.

Localização **C**: a fonte de alimento está 30° à direita do sol.

A dança do requebrado, executada quando o alimento está distante, lembra uma figura em oito. A distância é indicada pelo número de requebrados do abdome executados na parte da corrida em linha reta da dança. A dança fornece essa informação às operárias agrupadas ao redor da abelha dançarina, direcionando-as ao alimento em uma determinada localização.

 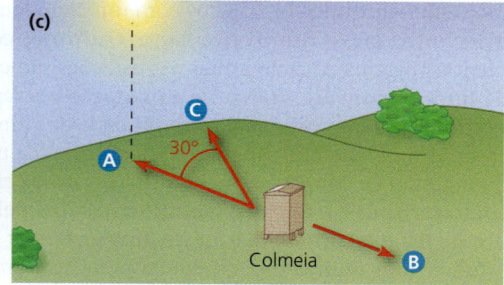

▲ **Figura 51.5 Linguagem da dança das abelhas.** As abelhas que retornam à colmeia comunicam a localização das fontes de alimento por meio da linguagem simbólica de uma dança.

HABILIDADES VISUAIS *Qual informação (se houver) poderia ser transmitida pelas partes da dança do requebrado entre as corridas em linha reta? Explique.*

insetos e, frequentemente, estão relacionados ao comportamento reprodutivo. Por exemplo, neurônios são a base para a comunicação química na corte da mosca-da-fruta (ver Figura 51.4). Os feromônios, contudo, não são limitados à sinalização em curtas distâncias. Mariposas-da-seda machos têm receptores que podem detectar o feromônio de uma mariposa fêmea a muitos quilômetros de distância (ver Figura 50.6).

Na colônia das abelhas melíferas, os feromônios produzidos pela rainha e por suas filhas, as operárias, mantêm a complexa ordem social da colmeia. Um feromônio (antes chamado de substância da rainha) tem uma gama particularmente vasta de efeitos. Ele atrai as operárias à rainha, inibe o desenvolvimento dos ovários nas operárias e atrai os machos (zangões) à rainha durante seus voos de acasalamento fora da colmeia.

Os feromônios também podem servir como sinais de alerta. Por exemplo, quando um pequeno peixe ciprinídeo (família Cyprinidae) é ferido, uma substância liberada da sua pele dispersa na água, induzindo uma resposta de pânico em outros peixinhos na área. Os peixes próximos se tornam mais vigilantes e, muitas vezes, formam cardumes bastantes coesos próximos do fundo do rio ou do lago, onde estão mais seguros de ataques **(Figura 51.6)**. Os feromônios podem ser muito eficientes em concentrações surpreendentemente baixas. Por exemplo, apenas 1 cm² de pele de um peixe ciprinídeo da espécie *Pimephales promelas* contém quantidades suficientes de substância de alerta para induzir uma reação em 58.000 L de água.

Até aqui, neste capítulo, exploramos os tipos de estímulos que provocam comportamentos – a primeira parte da primeira questão de Tinbergen. A segunda parte da questão – os mecanismos fisiológicos que medeiam as respostas – envolve os sistemas nervoso, muscular e esquelético explorados em outros capítulos nesta unidade: os estímulos ativam os sistemas sensoriais, são processados no sistema nervoso central (SNC) e resultam em respostas motoras que constituem o comportamento. Assim, estamos prontos para abordar a segunda questão de Tinbergen – como as experiências influenciam o comportamento.

REVISÃO DO CONCEITO 51.1

1. Se um ovo rolar para fora de um ninho de ganso-cinzento, a mãe ganso irá recuperá-lo, cutucando-o com seu bico e cabeça. Se pesquisadores removerem o ovo ou o substituírem por uma bola durante esse processo, a gansa continua curvando seu bico e cabeça enquanto volta para o ninho. Explique como e por que esse comportamento ocorre.
2. **E SE?** Suponha que você tenha exposto várias espécies de peixes do mesmo ambiente do peixe ciprinídeo *Pimephales promelas* à substância de alerta deste ciprinídeo. Pensando sobre a seleção natural, sugira por que algumas espécies podem responder como esses ciprinídeos, algumas talvez aumentem sua atividade e outras talvez não apresentem alteração.
3. **FAÇA CONEXÕES** Como o ritmo de corte ligado à lua do caranguejo-chama-maré é semelhante em mecanismo e função à sincronização sazonal do florescimento das plantas? (Ver Conceito 39.3.)

Ver as respostas sugeridas no Apêndice A.

CONCEITO 51.2

A aprendizagem estabelece ligações específicas entre experiência e comportamento

Alguns comportamentos – como um padrão fixo de ação, uma cadeia estímulo-resposta na corte, ou sinalização por feromônio – são sempre executados por todos os indivíduos da mesma maneira. O comportamento que é fixado no desenvolvimento dessa maneira é conhecido como **comportamento inato**. Considere, por exemplo, a construção de uma teia de aranha. Embora uma teia de aranha seja bem complexa, a construção da teia é inata, não é aprendida. Porém, muitos outros comportamentos variam consideravelmente com a experiência.

▶ Uma aranha da família Theridiidae tecendo uma teia

① Os peixes estão muito dispersos em um aquário antes de uma substância alarme ser introduzida.

② Poucos segundos após a substância alarme ter sido introduzida, os peixes se agrupam próximos do fundo do aquário e diminuem a sua movimentação.

▲ **Figura 51.6** Peixes ciprinídeos (*Pimephales promelas*) respondendo à presença de uma substância de alerta.

Experiência e comportamento

A segunda questão de Tinbergen pergunta como as experiências de um animal durante o crescimento e o desenvolvimento influenciam a resposta a estímulos. Uma abordagem

Tabela 51.1 Influência da criação cruzada em camundongos machos*			
Espécie	Agressão contra um invasor	Agressão em situação neutra	Comportamento paterno
Camundongos-da-califórnia criados por camundongos-de-patas-brancas	Reduzida	Sem diferença	Reduzido
Camundongos-de-patas-brancas criados por camundongos-da-califórnia	Sem diferença	Aumentada	Sem diferença

*As comparações foram feitas com camundongos criados por pais de sua própria espécie.

informativa para essa questão é um *estudo de criação cruzada*, no qual os jovens de uma espécie são colocados sob o cuidado de adultos de uma outra espécie no mesmo ambiente ou em um ambiente similar. A extensão em que o comportamento da prole muda nessa situação fornece uma medida de como o ambiente social e físico influencia o comportamento.

Certas espécies de camundongo têm comportamentos adequados para estudos de criação cruzada. Os camundongos-da-califórnia machos (*Peromyscus californicus*) são altamente agressivos com outros camundongos e apresentam cuidado parental extenso. Em contrapartida, os camundongos-de-pata-branca machos (*Peromyscus leucopus*) são menos agressivos e pouco engajados no cuidado parental. A criação cruzada – colocar filhotes no ninho de outra espécie – alterou alguns comportamentos de ambas as espécies **(Tabela 51.1)**. Por exemplo, camundongos-da-califórnia machos criados por camundongos-de-pata-branca eram menos agressivos com intrusos. Assim, a experiência durante o desenvolvimento pode influenciar fortemente o comportamento agressivo nesses roedores.

Um dos achados mais importantes dos experimentos da criação cruzada com camundongos foi que a influência da experiência no comportamento pode ser passada para os descendentes: quando os camundongos-da-califórnia da criação cruzada tornaram-se pais, eles passaram menos tempo buscando filhotes que se afastavam do que os camundongos-da-califórnia criados por sua própria espécie. Logo, a experiência durante o desenvolvimento pode modificar a fisiologia de uma maneira que altera o comportamento parental, estendendo a influência ambiental à geração seguinte.

Para os seres humanos, a influência da genética e do ambiente no comportamento pode ser explorada pelo *estudo com gêmeos*, em que os pesquisadores comparam o comportamento de gêmeos idênticos criados separados um do outro com o comportamento daqueles criados no mesmo lar. Estudos com gêmeos foram instrumentais no estudo de distúrbios que alteram o comportamento humano, como transtorno de ansiedade, esquizofrenia e alcoolismo.

▲ Gêmeas idênticas que foram criadas separadamente

Aprendizagem

Uma poderosa maneira pela qual o ambiente do animal pode influenciar seu comportamento é por meio da **aprendizagem**, a modificação do comportamento como resultado de determinadas experiências. A capacidade para aprender depende da organização do sistema nervoso estabelecida durante o desenvolvimento seguindo instruções codificadas no genoma. A aprendizagem em si envolve a formação de memórias por mudanças específicas na conectividade neuronal (ver Conceito 49.4). Portanto, o desafio fundamental para a pesquisa em aprendizagem não consiste em decidir entre natureza e educação, mas em explorar as contribuições de *ambas* – natureza (genes) e educação (ambiente) – na moldagem do aprendizado e, de maneira mais ampla, do comportamento.

Vínculo

Em algumas espécies, a habilidade da prole de reconhecer os pais e ser reconhecida por eles é essencial para a sobrevivência. Nos jovens, essa aprendizagem com frequência toma a forma de **vínculo**, o estabelecimento de uma resposta comportamental de longa duração a um indivíduo ou objeto em particular. O vínculo pode ocorrer apenas durante um período específico do desenvolvimento, chamado **período sensível**. Entre as gaivotas, por exemplo, o período sensível para os pais se ligarem a seus filhotes dura de 1 a 2 dias. Durante o período sensível, o jovem se vincula aos pais e aprende comportamentos básicos, enquanto os pais aprendem a reconhecer sua prole. Se a conexão não ocorrer, os pais não cuidarão da sua prole, causando a morte da prole e uma diminuição no sucesso reprodutivo parental.

Como o jovem sabe a quem – ou ao que – se vincular? Experimentos com muitas espécies de aves aquáticas indicam que as aves jovens não têm reconhecimento inato da "mãe". Em vez disso, identificam-se com o primeiro objeto que encontram que tenha algumas características-chave. Nos anos 1930, experimentos mostraram que o principal estímulo para o vínculo no ganso-cinzento (*Anser anser*) é um objeto próximo que está se movendo para longe dos jovens. Quando filhotes de ganso criados em incubadora passaram suas primeiras horas com um humano em vez de um ganso, eles vincularam-se ao humano e prontamente passaram a seguir aquela pessoa dali em diante **(Figura 51.7)**. Além disso, eles mostraram não reconhecer sua mãe biológica.

O vínculo tornou-se um importante componente de esforços para salvar animais em extinção, como o grou (*Grus americana*). Os cientistas tentaram criar grous em cativeiro usando garças (*Grus canadensis*) como pais adotivos. Entretanto, como o grou se vinculou com seus pais adotivos, nenhum formou um casal (ligação forte) com outro grou. Para evitar esses problemas, programas de reprodução em cativeiro agora isolam os grous jovens, expondo-os à visão e aos sons dos membros da sua própria espécie.

Até recentemente, cientistas faziam uso do vínculo também para ensinar grous nascidos em cativeiro a migrar

(Figura 51.8). Manipulando objetos ao redor da entrada do ninho, ele demonstrou que as vespas-escavadoras são capazes de aprendizagem espacial. Esse experimento foi tão simples e informativo que pôde ser resumido de maneira muito concisa. De fato, com 32 páginas, a tese de doutorado de Tinbergen, de 1932, ainda é a mais sucinta de todas as já aprovadas na Universidade de Leiden.

▼ Figura 51.8 Pesquisa

A vespa-escavadora usa marcos de referência para encontrar seu ninho?

Experimento Uma vespa-escavadora fêmea cobre a entrada de seu ninho enquanto forrageia por alimento, mas encontra facilmente o ninho correto quando retorna, após 30 minutos ou mais. Niko Tinbergen quis testar sua hipótese de que a vespa aprende marcos de referência visuais que identificam seu ninho antes de sair em sua busca por alimento. Primeiro, ele marcou um ninho com um círculo de pinhas enquanto a vespa estava na toca. Após deixar a toca para forragear, a vespa retornou ao ninho com sucesso.

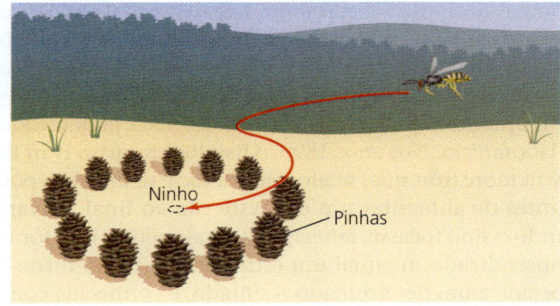

Após 2 dias, a vespa saiu novamente, e Tinbergen afastou o círculo de pinhas do ninho. Depois, ele esperou para observar o comportamento da vespa.

Resultados Quando a vespa retornou, ela voou para o centro do círculo de pinhas em vez das proximidades do ninho. Repetindo o experimento com muitas vespas, Tinbergen obteve os mesmos resultados.

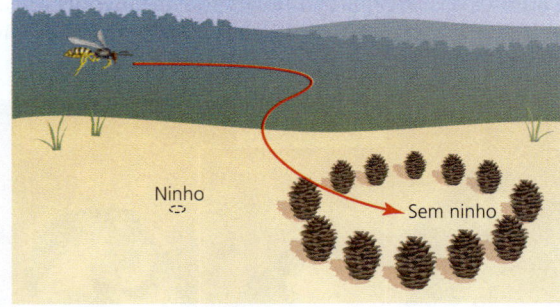

Conclusão O experimento apoiou a hipótese de que as vespas-escavadoras usam marcos de referência para identificar seus ninhos.

Dados de N. Tinbergen, *The Study of Instinct*, Clarendon Press, Oxford (1951).

E SE? *Suponha que a vespa-escavadora tivesse retornado ao local do seu ninho original, apesar de as pinhas terem sido movidas. Quais hipóteses alternativas você proporia a respeito de como a vespa encontra seu ninho e por que as pinhas não desorientaram a vespa?*

▲ **Figura 51.7 Vínculo.** Gansos-cinzentos jovens vinculados a um homem.

E SE? *Suponha que esses gansos gerem uma prole. Como seu vínculo a um humano pode afetar sua prole? Explique.*

por rotas seguras. Grous jovens foram vinculados a humanos com "fantasias" de grous e, então, permitia-se que eles seguissem esses "pais quando estes voavam em ultraleves ao longo de rotas migratórias selecionadas. Iniciados em 2016, os esforços mudaram para um foco em minimizar a intervenção humana como parte de uma estratégia geral, visando criar populações autossustentáveis de grous.

Aprendizagem espacial e mapas cognitivos

Todo ambiente natural tem variação espacial, como na localização de sítios de nidificação, resíduos, alimento e parceiros potenciais. Portanto, o valor adaptativo de um organismo pode ser melhorado pela capacidade de **aprendizagem espacial**, o estabelecimento de uma memória que reflete a estrutura espacial do ambiente.

A ideia de aprendizagem espacial intrigou Tinbergen enquanto era estudante de pós-graduação na Holanda. Naquele tempo, ele estava estudando fêmeas de uma espécie de vespa-escavadora (*Philanthus triangulum*) que nidificam em pequenos orifícios cavados em dunas arenosas. Quando uma vespa deixa seu ninho para caçar, ela esconde a entrada de potenciais intrusos, cobrindo-a com areia. Contudo, quando retorna, ela voa diretamente para o seu ninho escondido, apesar da presença de outras centenas de tocas na areia. Como ela consegue fazer isso? Tinbergen hipotetizou que a vespa localiza seu ninho aprendendo sua posição relativa a pontos de referência visíveis. Para testar a sua hipótese, ele realizou um experimento no hábitat natural da vespa

Em alguns animais, a aprendizagem espacial envolve a formulação de um **mapa cognitivo**, uma representação no sistema nervoso do animal das relações espaciais entre objetos ao seu redor. Um exemplo notável é encontrado no quebra-nozes-de-clark (*Nucifraga columbiana*), espécie da família de aves que inclui corvos, gralhas e gaios. No outono, os quebra-nozes escondem sementes de pinheiro para recuperar durante o inverno. Variando experimentalmente a distância entre pontos de referência no ambiente das aves, os pesquisadores descobriram que as aves acompanhavam o ponto intermediário do caminho entre pontos de referência, em vez de uma distância fixa, para encontrar as suas fontes de alimento escondidas.

Aprendizagem associativa

Muitas vezes, a aprendizagem envolve fazer associações entre experiências. Considere, por exemplo, uma gralha-azul (*Cyanocitta cristata*) que ingere uma borboleta-monarca colorida (*Danaus plexippus*). As substâncias que a monarca acumula de plantas do gênero *Asclepia* levam a gralha-azul a vomitar quase imediatamente **(Figura 51.9)**. Após essas experiências, as gralhas-azuis evitam atacar monarcas e borboletas de aparência semelhante. A capacidade de associar uma característica ambiental (como a cor) com outra (como um sabor desagradável) é chamada **aprendizagem associativa**.

A aprendizagem associativa é adequada para estudos em laboratório. Nos anos 1890, o fisiologista russo Ivan Pavlov demonstrou que, se ele sempre tocasse um sino pouco antes de alimentar um cão, este cão ao final salivaria quando o sino tocasse, antecipando o alimento. Essa forma de aprendizado, na qual um estímulo arbitrário torna-se associado a um determinado resultado, é conhecida como *condicionamento clássico*. Quatro décadas mais tarde, o pesquisador norte-americano B.F. Skinner explorou como um rato aprende por meio de tentativa e erro para obter alimento ao pressionar uma alavanca. Esse aprendizado, no qual o comportamento torna-se associado a uma recompensa ou punição, é conhecido como aprendizagem por tentativa e erro ou condicionamento operante (ver Figura 51.9).

Estudos revelam que os animais podem aprender a ligar muitos pares de características em seu ambiente, mas não de todos os tipos. Por exemplo, os pombos podem aprender a associar o perigo a um som, mas não a uma cor. No entanto, conseguem aprender a associar a cor com alimentos. O que isso significa? O desenvolvimento e a organização do sistema nervoso do pombo, aparentemente, restringem as associações que podem ser formadas. Além disso, essas restrições não se limitam às aves. Os ratos, por exemplo, podem aprender a evitar alimentos indutores de doença com base em odores, mas não com base em imagens ou sons.

Se considerarmos como o comportamento evolui, o fato de alguns animais não conseguirem aprender a fazer determinadas associações parece lógico. Em geral, as associações que um animal pode rapidamente formar refletem relações prováveis de ocorrer na natureza. Por outro lado, as associações que não podem ser formadas são aquelas improváveis de constituir uma vantagem seletiva em um ambiente nativo. No caso da dieta de um rato no ambiente natural, por exemplo, é muito mais provável que um alimento prejudicial seja associado a um odor do que a um som.

Cognição e resolução de problemas

As formas mais complexas de aprendizagem envolvem a **cognição** – processo de conhecimento que envolve a consciência, o raciocínio, a memória e o julgamento. Apesar de ter sido uma vez argumentado que apenas os primatas e alguns mamíferos marinhos têm processos de pensamento superiores, muitos outros grupos de animais, incluindo insetos, parecem apresentar cognição em estudos controlados de laboratório. Por exemplo, um experimento usando labirintos em forma de Y forneceu evidências de raciocínio abstrato em abelhas. Um labirinto tinha cores diferentes, enquanto outro tinha diferentes estampas listradas em preto e branco, tanto barras verticais quanto horizontais. Dois grupos de abelhas foram treinados no labirinto de cores. Ao entrar, uma abelha veria uma amostra de cor e poderia, então, escolher entre um braço do labirinto com a mesma cor ou um braço com uma cor diferente. Apenas um braço continha uma recompensa alimentar. O primeiro grupo de abelhas foi recompensado por voar para o braço com a *mesma* cor que a amostra **(Figura 51.10, ❶)**; o segundo grupo foi recompensado por escolher o braço com a cor *diferente*. A seguir, as abelhas de cada grupo foram testadas no labirinto de barras, que não tinha recompensa alimentar. Após encontrarem uma amostra de estampas listradas em preto e branco, uma abelha poderia escolher um braço com a mesma estampa ou um braço com uma estampa diferente. As abelhas do primeiro grupo quase sempre escolheram o braço com a mesma estampa **(Figura 51.10, ❷)**, enquanto aquelas do segundo grupo normalmente escolheram o braço com a estampa diferente.

Os experimentos com os labirintos forneceram forte evidência experimental para a hipótese de que as abelhas conseguem distinguir com base em características "iguais" e "diferentes". Incrivelmente, a pesquisa publicada em 2010 indica que as abelhas também conseguem aprender a distinguir rostos humanos.

A capacidade de processamento de informação do sistema nervoso também pode ser revelada na **resolução de problemas**, a atividade cognitiva de elaborar um método

▲ **Figura 51.9 Aprendizagem associativa.** Após ingerir e vomitar uma borboleta-monarca, a gralha-azul provavelmente aprendeu a evitar essa espécie.

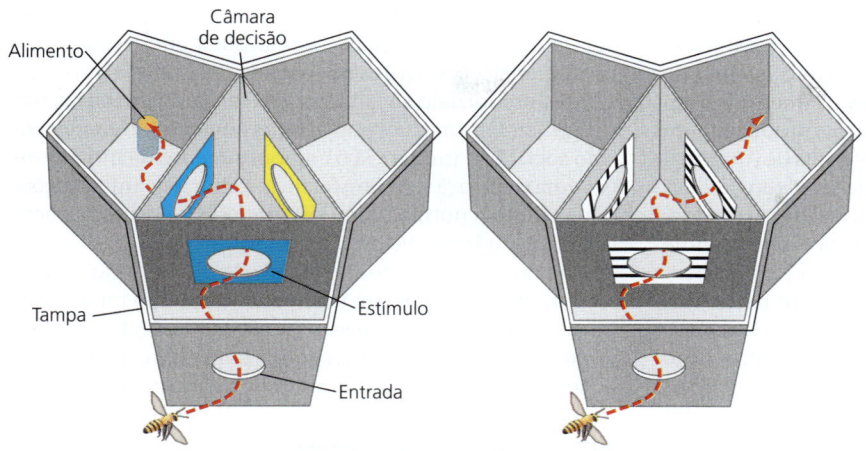

① **As abelhas foram treinadas em um labirinto colorido.** Como mostrado aqui, um grupo foi recompensado por escolher as cores iguais às do estímulo.

② **As abelhas foram testadas em um labirinto com estampa.** Se recompensadas previamente por escolher a mesma cor, as abelhas quase sempre escolheram as barras orientadas do mesmo modo que o estímulo.

▲ **Figura 51.10** **Teste do labirinto: raciocínio abstrato em abelhas.** Esses labirintos foram projetados para testar se as abelhas podem distinguir o "igual" do "diferente".

HABILIDADES VISUAIS *Descreva como você construiria o padrão do labirinto para testar uma preferência herdada a favor ou contra uma determinada orientação das barras pretas.*

para prosseguir de uma condição para outra diante de obstáculos reais ou aparentes. Por exemplo, se um chimpanzé for colocado em uma sala com várias caixas no chão e uma banana pendurada no alto fora de alcance, ele pode avaliar a situação e empilhar as caixas, o que lhe permite alcançar o alimento. O comportamento de resolução de problemas é altamente desenvolvido em alguns mamíferos, especialmente em primatas e golfinhos. Exemplos notáveis também foram observados em algumas espécies de aves. Em um estudo, corvos foram confrontados com alimento pendurado em um galho por uma corda. Depois de não conseguir pegar a comida voando, um corvo voou para o ramo e, de maneira alternada, puxou para cima e pisou na corda até que o alimento estivesse dentro do alcance. Por fim, uma série de outros corvos chegou a soluções semelhantes. No entanto, alguns corvos não conseguiram resolver o problema, indicando que o sucesso de resolução de problemas nesta espécie, como em outras, varia de acordo com a experiência e as habilidades individuais.

Desenvolvimento de comportamentos aprendidos

A maioria dos comportamentos aprendidos que discutimos desenvolve-se em um tempo relativamente curto. Alguns comportamentos desenvolvem-se de forma mais gradual. Por exemplo, algumas espécies de aves aprendem canções em etapas. No caso do pardal-de-coroa-branca (*Zonotrichia leucophrys*), a primeira etapa de aprendizagem do canto ocorre no início da vida, quando o pardal filhote o ouve pela primeira vez. Se um filhote é impedido de ouvir pardais reais ou gravações de cantos de pardal durante os primeiros 50 dias de vida, ele não consegue desenvolver o canto de adultos de sua espécie.

Embora um pardal jovem não cante durante o período sensível, ele memoriza a canção de sua espécie, ouvindo outros pardais-de-coroa-branca cantarem. Durante o período sensível, filhotes gorjeiam mais em resposta aos cantos de sua própria espécie do que aos cantos de outras espécies. Assim, embora jovens pardais-de-coroa-branca aprendam os cantos que cantarão mais tarde, essa aprendizagem parece estar ligada a preferências geneticamente controladas.

O período sensível, quando o pardal-de-coroa-branca memoriza os sons de sua espécie, é seguido por uma segunda fase de aprendizagem, quando o pássaro juvenil canta notas de prática chamadas de subcanto. O pássaro juvenil ouve seu próprio canto e o compara com o som memorizado durante o período sensível. Uma vez que o som do próprio pardal combina com aquele que ele memorizou, o som "cristaliza" como o canto final, e o pássaro canta apenas esse som de adulto para o resto da vida.

A aprendizagem do canto é um dos muitos exemplos de como os animais aprendem com outros membros de sua espécie. Finalizando a nossa exploração da aprendizagem, vamos ver vários outros exemplos que refletem o fenômeno mais geral da aprendizagem social.

Aprendizagem social

Muitos animais aprendem a solucionar problemas observando o comportamento de outros indivíduos. Aprender observando e interpretando comportamentos e suas consequências é o que chamamos de **aprendizagem social**. Os chimpanzés selvagens jovens, por exemplo, aprendem como quebrar nozes com duas pedras, copiando chimpanzés experientes **(Figura 51.11)**.

▲ **Figura 51.11** Um jovem chimpanzé (*Pan troglodytes*) aprende a quebrar nozes observando um indivíduo mais velho.

Outro exemplo de como a aprendizagem social pode modificar o comportamento vem dos estudos com macacos-vervet (*Cercopithecus aethiops*) no Parque Nacional de Amboseli, no Quênia. Os macacos-vervet, que têm o tamanho aproximado de um gato doméstico, produzem um complexo conjunto de gritos de alerta. Vervets de Amboseli fazem chamados de alerta diferentes para leopardos, águias e serpentes. Quando um macaco-vervet avista um leopardo, ele emite um latido alto; quando ele avista uma águia, emite uma tosse de duas sílabas; e o grito de alerta para serpente é um chiado. Ao ouvir um grito de alerta em particular, outros macacos-vervet do grupo comportam-se da maneira apropriada: eles sobem nas árvores ao ouvirem o grito de alerta para leopardo (os macacos-vervet são mais ágeis que os leopardos nas árvores); olham para cima sob gritos de alerta para águia; e olham para baixo sob gritos de alerta para serpente **(Figura 51.12)**.

Os macacos-vervet juvenis emitem gritos de alerta, mas de modo relativamente indiscriminado. Por exemplo, eles emitem o alerta de "águia" quando avistam uma ave, incluindo aves amigáveis, como os comedores-de-abelhas. Com a idade, os macacos melhoram a sua precisão. De fato, os macacos-vervet adultos dão o alerta de águia apenas ao visualizar uma águia pertencente a uma das duas espécies que comem vervets. Os filhotes provavelmente aprendem como emitir o grito correto observando os outros membros do grupo e ao receber a confirmação social. Por exemplo, se o filhote emitir o grito na ocasião correta – digamos, um alerta de águia quando há uma águia sobrevoando –, outro membro do grupo também dará o alerta de águia. Mas se o filhote der a chamada quando um comedor-de-abelha sobrevoar, os adultos do grupo ficarão em silêncio. Assim, os macacos-vervet têm uma tendência inicial não aprendida de dar gritos ao ver objetos potencialmente ameaçadores no ambiente.

▲ **Figura 51.12 Macacos-vervet aprendendo o uso correto de chamados de alerta.** Ao ver uma píton (em primeiro plano), os macacos-vervet emitem um grito distintivo de alerta para "serpente" (detalhe), e os membros do grupo levantam-se imediatamente e olham para baixo.

A aprendizagem aperfeiçoa os gritos para que os vervets adultos os emitam apenas em resposta a um perigo real, e pode aperfeiçoar os gritos de alerta da próxima geração.

O aprendizado social forma as raízes da **cultura**, um sistema de informações transferidas por aprendizado ou ensino social que influencia o comportamento de indivíduos em uma população. A transferência cultural de informações pode alterar fenótipos comportamentais e, assim, influenciar o valor adaptativo dos indivíduos.

As mudanças no comportamento que resultam da seleção natural ocorrem em uma escala de tempo muito mais longa do que a aprendizagem. No Conceito 51.3, examinaremos a relação entre certos comportamentos e os processos de seleção relacionados com a sobrevivência e a reprodução.

REVISÃO DO CONCEITO 51.2

1. Como a aprendizagem associativa pode explicar por que diferentes espécies de insetos desagradáveis ou com ferrões têm cores semelhantes?
2. **E SE?** Como você pode posicionar e manipular alguns objetos em um laboratório para testar se um animal consegue usar um mapa cognitivo para lembrar a localização de uma fonte de alimento?
3. **FAÇA CONEXÕES** Como um comportamento aprendido pode contribuir para a especiação? (Ver Conceito 24.1.)

Ver as respostas sugeridas no Apêndice A.

CONCEITO 51.3

A seleção para a sobrevivência e para o sucesso reprodutivo dos indivíduos pode explicar diversos comportamentos

EVOLUÇÃO Agora, vamos abordar a terceira questão de Tinbergen – como o comportamento melhora a sobrevivência e a reprodução em uma população. Então, o foco muda da causa proximal – as questões "como" – para a causa distal – as questões "por quê". Começaremos considerando a atividade de coleta de alimento. O comportamento de obtenção de alimento, ou **forrageio**, inclui não apenas comer, mas também qualquer atividade que um animal usa para buscar, reconhecer e capturar itens alimentares.

Evolução do comportamento de forrageio

A mosca-da-fruta nos permite examinar uma maneira como o comportamento de forrageio pode ter evoluído. A variação de um gene chamado de *forager* (*for*) determina quão longe as larvas de *Drosophila* se deslocam durante o forrageio. Em média, larvas contendo o alelo for^R ("Rover") se deslocam quase duas vezes mais longe durante o forrageio do que larvas com o alelo for^s ("sitter").

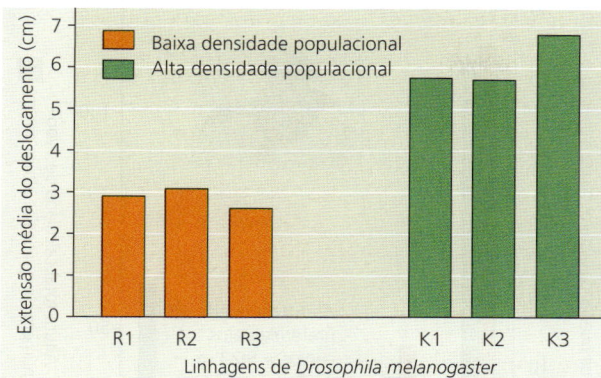

▲ **Figura 51.13** **Evolução do comportamento de forrageio em populações de *Drosophila melanogaster* de laboratório.** Após 74 gerações vivendo em baixa densidade populacional, larvas de *Drosophila* (populações R1-R3) seguiram forrageando trilhas significativamente mais curtas que as larvas de *Drosophila* que tinham vivido em populações com alta densidade (populações K1-K3).

INTERPRETE OS DADOS *Qual hipótese alternativa apresenta menos probabilidade de ter três linhas R e três linhas K, em vez de uma de cada?*

Os alelos for^R e for^S estão presentes em populações naturais. Quais circunstâncias poderiam favorecer um ou outro alelo? Uma resposta tornou-se aparente em experiências que mantiveram moscas em densidades populacionais baixas ou altas por muitas gerações. As larvas mantidas em populações de baixa densidade forragearam em distâncias mais curtas do que as mantidas em populações de alta densidade **(Figura 51.13)**. Além disso, o alelo for^S aumentou em frequência nas populações de baixa densidade e o alelo for^R aumentou sua frequência no grupo com alta densidade. Essas mudanças fazem sentido. Em uma baixa densidade populacional, os recursos alimentares de forrageio de curta distância são suficientes, e o forrageio de longa distância resultaria em um gasto de energia desnecessário. Sob condições de superpopulação, o forrageio de longa distância permite que as larvas se movam para além das áreas sem alimento. Assim, uma mudança evolutiva interpretável no comportamento ocorreu no decorrer desse experimento.

Modelo de forrageio ótimo

Para estudar a causa distal das estratégias de forrageio, biólogos, por vezes, aplicam um tipo de análise custo-benefício utilizada em economia. Essa ideia propõe que o comportamento de forrageio é um equilíbrio entre os benefícios da nutrição e os custos de obtenção de alimentos. Esses custos podem incluir a energia gasta no forrageio bem como o risco de ser comido enquanto forrageia. De acordo com esse **modelo de forrageio ótimo**, a seleção natural deve favorecer um comportamento de forrageio que minimize os custos de forragear e maximize os benefícios. O **Exercício de habilidades científicas** fornece um exemplo de como esse modelo pode ser aplicado a animais no ambiente natural.

Equilibrando risco e recompensa

Um dos mais significativos custos potenciais para um forrageador é o risco de predação. Maximizar o ganho energético e minimizar o custo energético são de pouca utilidade se o comportamento de forrageio tornar o animal uma provável refeição para um predador. Parece lógico, portanto, que esse risco predatório influencie o comportamento de forrageio. Esse parece ser o caso para o veado-mula (*Odocoileus hemionus*), que vive nas montanhas do oeste da América do Norte. Os pesquisadores constataram que o alimento disponível para o veado era bastante uniforme em todas as áreas potenciais de forrageio, embora um pouco menos em áreas abertas não florestadas. Em contrapartida, o risco de predação diferia bastante; o leão-da-montanha (*Puma concolor*), seu principal predador, matava um grande número de veados-mula nas bordas de florestas e apenas um pequeno número em áreas abertas e nos interiores da floresta.

Como o comportamento de forrageio dos veados-mula reflete as diferenças do risco de predação em determinadas áreas? Os veados-mula se alimentam predominantemente em áreas abertas. Assim, parece que o comportamento de forrageio dos veados-mula reflete a grande variação no risco de predação e não a variação menor na disponibilidade de alimentos. Esse resultado ressalta que o comportamento normalmente reflete um equilíbrio entre pressões seletivas concorrentes.

Comportamento de acasalamento e escolha do parceiro

Assim como forragear é crucial para a sobrevivência individual, o comportamento de acasalamento e a escolha do parceiro desempenham um papel importante na determinação do sucesso reprodutivo. Esses comportamentos incluem procurar ou atrair parceiros, escolher entre os parceiros em potencial, competir por parceiros e cuidar dos filhotes.

Sistemas de acasalamento e dimorfismo sexual

Para humanos e outras espécies animais, há considerável variação nos padrões de contato sexual. No contexto da reprodução, os biólogos descrevem diferenças em *sistemas de acasalamento*, a duração e o número de relacionamentos entre machos e fêmeas. Em algumas espécies de animais, o acasalamento é *promíscuo*, sem casais fortemente ligados. Em outros, parceiros formam um relacionamento relativamente durável que é **monogâmico** (um macho acasalando com uma fêmea) ou **poligâmico** (um indivíduo de um sexo acasalando com vários de outro). As relações poligâmicas envolvem a *poliginia*, um único macho e muitas fêmeas, ou a *poliandria*, uma única fêmea e vários machos.

A extensão na qual machos e fêmeas diferem em aparência, uma característica conhecida como *dimorfismo sexual*, geralmente varia com o tipo de sistema de acasalamento. Entre as espécies monogâmicas, machos e fêmeas frequentemente são muito parecidos. Em contrapartida, entre espécies poligâmicas, o sexo que atrai múltiplos parceiros de acasalamento é geralmente mais chamativo e

Exercício de habilidades científicas

Testagem de hipótese com um modelo quantitativo

Os corvos mostram comportamento de forrageio ótimo? Em ilhas da Colúmbia Britânica, no Canadá, corvos (*Corvus caurinus*) procuram piscinas rochosas naturais para encontrar caracóis marinhos chamados de búzios. Depois de encontrar um búzio, o corvo pega-o em seu bico, voa alto e larga-o na direção das rochas. Se a queda for bem-sucedida, a concha quebra e o corvo pode jantar as partes moles do búzio. Caso contrário, o corvo levanta voo novamente e larga o búzio de novo e de novo, até que a concha se quebre. O que determina o quão alto o corvo voa? Se considerações energéticas tiverem dominado a seleção para o comportamento de forrageio do corvo, a altura média da queda pode refletir uma compensação entre o custo de voar mais alto e o benefício do sucesso mais frequente. Neste exercício, você testará quão bem esse modelo de forrageio ótimo prevê a altura média da queda observada na natureza.

Como os experimentos foram realizados O experimento teve duas partes. Primeiro, o pesquisador mediu a altura das quedas feitas por corvos na natureza, usando como referência um mastro graduado colocado nas proximidades. Em segundo lugar, o pesquisador construiu um dispositivo que deixava cair um búzio sobre as rochas a partir de uma plataforma fixa. Para cada búzio, ele acompanhava o número de quedas executadas antes de o búzio se quebrar e abrir. Calculando a média de vários testes com o dispositivo e combinando os dados para cada altura da plataforma, ele calculou uma altura de "voo" total prevista: a altura da plataforma vezes o número médio de quedas necessárias para abrir o búzio.

Dados do experimento O gráfico resume os resultados do experimento, comparando o comportamento de corvos na natureza com as medições usando o dispositivo de jogar búzios.

Dados de R. Zach, Shell-dropping: Decision-making and optimal foraging in northwestern crows, *Behavior* 68:106-117 (1979).

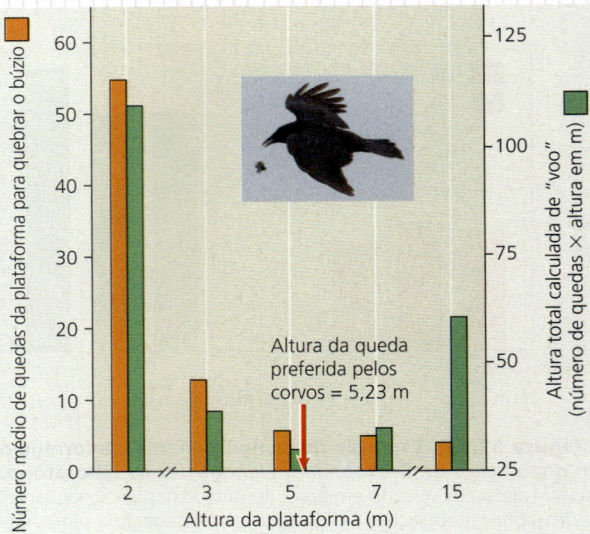

INTERPRETE OS DADOS

1. Como o número médio de quedas necessárias para quebrar um búzio depende da altura da plataforma para uma queda de 5 metros ou menos? E para quedas de mais de 5 metros?
2. A altura total do voo pode ser considerada como uma medida da energia total necessária para quebrar um búzio. Por que esse valor é mais baixo para uma plataforma de 5 metros do que para uma de 2 ou 15 metros?
3. Compare a altura de queda preferida por corvos com o gráfico da altura total do voo para a queda da plataforma. Os dados comprovam a hipótese de forrageio ótimo? Explique.
4. Ao testar o modelo de forrageio ótimo, assumiu-se que a mudança da altura da queda mudou apenas a energia total necessária. Você acha que essa é uma limitação realista, ou outros fatores além da energia total podem ser afetados pela altura?
5. Os pesquisadores observaram que os corvos só bicam e largam os búzios maiores. Cite algumas razões para os corvos favorecerem búzios maiores.
6. Descobriu-se que a probabilidade de um búzio quebrar era a mesma para um búzio largado pela primeira vez em comparação a um búzio largado várias vezes anteriormente. Se, em vez disso, a probabilidade de ruptura aumentasse, qual mudança você poderia prever no comportamento do corvo?

---

maior do que o sexo oposto **(Figura 51.14)**. Vamos discutir a base evolutiva dessas diferenças em breve.

Sistemas de acasalamento e cuidado parental

As necessidades dos jovens são um importante fator limitante da evolução dos sistemas de acasalamento. A maioria das aves recém-nascidas, por exemplo, não pode cuidar de si. Em vez disso, elas exigem uma grande e contínua oferta de alimentos, uma necessidade que é difícil para apenas um dos pais atender. Nesses casos, um macho que permanece e ajuda a parceira pode vir a ter filhos mais viáveis do que teria abandonando-a para procurar outras parceiras. Isso pode explicar por que muitas espécies de aves são monogâmicas. Em contrapartida, para aves com filhotes jovens que podem se alimentar e cuidar de si quase que imediatamente após a eclosão, os machos obtêm menos benefício em ficar com a sua parceira. Os machos dessas espécies, como faisões e codornas, maximizam o sucesso reprodutivo buscando outras companheiras, e a poligamia é relativamente comum nessas aves. No caso dos mamíferos, a fêmea lactante é muitas vezes a única fonte de alimento para os filhotes, e os machos geralmente não desempenham um papel na criação da prole. Em espécies de mamíferos em que os machos protegem as fêmeas e os filhotes, como os leões, um macho ou um grupo pequeno de machos normalmente cuida de um harém com muitas fêmeas.

Outro fator que influencia o comportamento de acasalamento e o cuidado parental é a *certeza da paternidade*. Os jovens nascidos ou ovos postos de uma fêmea definitivamente contêm genes daquela fêmea. Porém, mesmo se há um casal fortemente ligado, um outro macho que não seja o parceiro usual da fêmea pode eventualmente ser o pai daquela prole. A certeza da paternidade é relativamente baixa na maioria das espécies com fecundação interna, porque os atos de acasalamento e nascimento (ou do acasalamento e da postura de ovos) são distantes no tempo. Essa poderia ser uma razão pela qual o cuidado parental exclusivamente pelo macho é raro em espécies de aves e mamíferos. No entanto, os machos de muitas espécies com fecundação interna se envolvem em comportamentos que parecem aumentar a sua certeza da paternidade. Esses comportamentos incluem fazer guarda das fêmeas, remover qualquer esperma do trato reprodutor da fêmea antes da cópula e introduzir grandes quantidades de espermatozoides que deslocam os espermatozoides de outros machos.

A certeza da paternidade é elevada quando a postura dos ovos e o acasalamento ocorrem juntos, como na fertilização externa. Isso pode explicar por que o cuidado parental em invertebrados aquáticos, peixes e anfíbios, se é que acontece, é tão provável de acontecer por machos quanto por fêmeas (**Figura 51.15**; ver também a Figura 46.6). Entre os peixes e os anfíbios, o cuidado parental ocorre em menos de 10% das espécies com fecundação interna, mas em mais da metade das espécies com fecundação externa.

É importante ressaltar que a certeza da paternidade não significa que os animais estejam cientes desses fatores quando se comportam de determinada maneira. O comportamento parental correlacionado com a certeza da paternidade existe porque foi reforçado ao longo de gerações por meio da seleção natural. A intrigante relação entre a certeza da paternidade e cuidado parental por machos continua sendo uma área ativa de pesquisa.

Seleção sexual e escolha do parceiro

O dimorfismo sexual resulta da seleção sexual, uma forma de seleção natural em que as diferenças no sucesso reprodutivo entre indivíduos são uma consequência das diferenças no sucesso do acasalamento (ver Conceito 23.4). A seleção sexual pode assumir a forma de *seleção intersexual*, em que os membros de um sexo escolhem parceiros com base nas características do outro sexo, como sons de

(a) Monogamia (um macho, uma fêmea)
Em espécies monogâmicas, como essas gaivotas-ocidentais (*Larus occidentalis*), os machos e as fêmeas são difíceis de se distinguir usando apenas características externas.

(b) Poligamia (um macho, múltiplas fêmeas)
Entre as espécies poligâmicas, como o cervo (*Cervus canadenses*), o macho (à direita) é muitas vezes bem ornamentado.

(c) Poliandria (uma fêmea, múltiplos machos)
Nas espécies poliândricas, como esses falaropos-de-bico-fino (*Phalaropus lobatus*), as fêmeas (à direita) são geralmente mais ornamentadas que os machos.

▲ **Figura 51.14** Relação entre o sistema de acasalamento e as formas de machos e fêmeas.

▲ **Figura 51.15 Cuidado paterno por um macho do peixe-mandíbula-da-cabeça-amarela (*Opistognathus aurifrons*).** O macho de *Opistognathus*, que vive em ambientes marinhos tropicais, guarda os ovos que fertilizou na boca, mantendo-os arejados e protegidos dos predadores até que os jovens eclodam.

corte, ou *seleção intrassexual*, que envolve a competição entre os membros de um sexo por parceiros.

Escolha do parceiro por fêmeas
Preferências de parceiro podem ter um papel central na evolução do comportamento e na anatomia do macho por meio de seleção intersexual. Considere, por exemplo, o comportamento de corte das moscas-de-olhos-pedunculados. Os olhos desses insetos estão nas pontas de pedúnculos, que são mais longos nos machos do que nas fêmeas. Durante a corte, um macho se aproxima primeiro da cabeça da fêmea. Os pesquisadores mostraram que as fêmeas são mais propensas a acasalar com machos que possuem pedúnculos oculares relativamente longos. Por que as fêmeas favoreceriam essa característica aparentemente arbitrária? Em geral, os ornamentos (como longos pedúnculos oculares nessas moscas e a coloração vívida em aves) correlacionam-se com saúde e vitalidade. Uma fêmea cujo parceiro escolhido é um macho saudável tende a produzir mais descendentes que sobrevivam para se reproduzir. Por isso, os machos podem competir uns com os outros em rituais de disputa para atrair a atenção de uma fêmea **(Figura 51.16)**. Em enfrentamentos entre machos de moscas-de-olhos-pedunculados, os machos cujos pedúnculos oculares são mais curtos geralmente retiram-se de maneira pacífica.

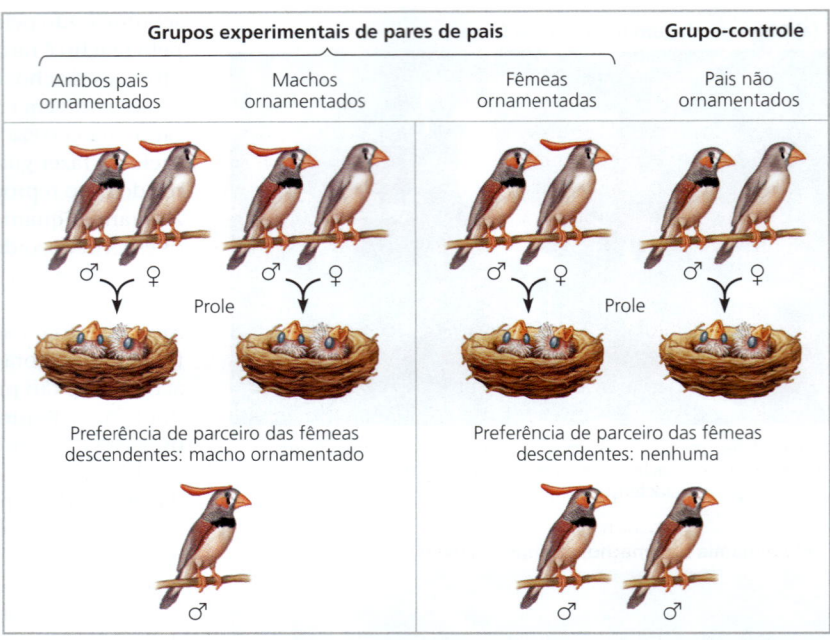

▲ **Figura 51.18** Seleção sexual influenciada por vínculo. Experimentos demonstraram que as fêmeas de filhotes de tentilhão-zebra que tinham se vinculado a pais ornamentados artificialmente preferiram machos ornamentados como parceiros adultos. Para todos os grupos experimentais, a prole de machos não mostrou preferência por parceiras ornamentadas nem por não ornamentadas.

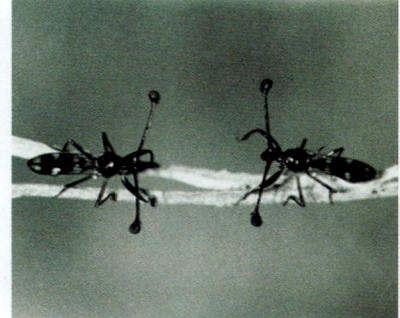

▶ **Figura 51.16** Enfrentamento entre machos da mosca-de-olhos-pedunculados (*Cyrtodiopsis whitei*) competindo pela atenção da fêmea.

▶ **Figura 51.17** Aparência de tentilhões-zebra na natureza. O tentilhão-zebra macho (à direita) tem um padrão mais marcado e colorido do que a fêmea (à esquerda).

A escolha do parceiro também pode ser influenciada por vínculo, como revelado por experimentos executados com tentilhões-zebra (*Taeniopygia guttata*). Os tentilhões macho e fêmea normalmente não têm nenhuma crista de penas na cabeça **(Figura 51.17)**. Para explorar se a aparência parental afeta a preferência do acasalamento da prole independentemente de qualquer influência genética, os pesquisadores adicionaram aos tentilhões uma ornamentação artificial. A pena vermelha de 2,5 cm de comprimento foi presa com as penas da testa de um ou de ambos os tentilhões quando seus filhotes tinham 8 dias de idade, aproximadamente 2 dias antes de eles abrirem os olhos. Um grupo-controle de tentilhões-zebra foi criado com pais sem adornos. Quando os filhotes amadureciam, eram apresentados a parceiros potenciais que foram artificialmente ornamentados com pena vermelha ou não ornamentados **(Figura 51.18)**. Os machos não mostraram preferência. As fêmeas criadas por um progenitor macho que não foi ornamentado também não mostraram preferência. No entanto, as fêmeas criadas por um macho ornamentado preferiram machos ornamentados para serem seus parceiros. Assim, os tentilhões fêmeas aparentemente usam pistas de seus pais na escolha do parceiro.

A **cópia da escolha de parceiro**, comportamento em que os indivíduos de uma população copiam dos outros a escolha do parceiro, foi estudada nos peixes lebistes ou barrigudinhos (*Poecilia reticulata*). Quando uma fêmea de lebiste escolhe entre machos sem outras fêmeas presentes, a fêmea quase sempre escolhe o macho com coloração mais alaranjada. Para explorar se o comportamento de outras fêmeas poderia influenciar essa preferência, um experimento foi criado usando duas fêmeas reais e fêmeas-modelo artificiais **(Figura 51.19)**. Se uma fêmea de lebiste observar a modelo "cortejar" um macho com menos marcações extensas alaranjadas, ela muitas vezes copia a preferência da fêmea-modelo. Isto é, a fêmea escolhe o macho que tinha sido apresentado em associação a uma fêmea-modelo em vez de um alternativo mais alaranjado. As exceções também foram informativas. A cópia da escolha do parceiro geralmente não mudava quando a diferença em coloração era particularmente grande; isto é, a fêmea de lebiste escolhia o macho com a coloração muito mais forte mesmo se a fêmea-modelo estivesse associada com um macho menos alaranjado. Assim, a cópia da escolha de parceiro pode mascarar a preferência geneticamente controlada da fêmea abaixo de um determinado limiar de diferença, neste caso, para a coloração do macho.

A cópia da escolha de parceiro, uma forma de aprendizagem social, também foi observada em muitas outras espécies de peixes e aves. Qual é a pressão seletiva para esse mecanismo? Uma possibilidade é que a fêmea que acasala com machos que são atraentes a outras fêmeas aumenta a probabilidade de a prole de machos dela também ser atraente e ter alto sucesso reprodutivo.

Competição de machos por parceiras Os exemplos anteriores mostram como a escolha da fêmea pode selecionar para o melhor tipo de macho em uma determinada situação, resultando em baixa variação entre machos. Da mesma forma, a competição de machos por parceiras pode reduzir a variação entre eles. Essa competição pode envolver *comportamento agonístico*, uma competição, geralmente ritualizada, que determina qual dos competidores ganha acesso ao recurso, como alimento ou uma parceira (**Figura 51.20**; ver também Figura 51.16).

Apesar do potencial da competição entre machos para selecionar uma variação reduzida, variações comportamentais e morfológicas nos machos são extremamente elevadas em algumas espécies de vertebrados, incluindo espécies de peixes e veados, bem como em uma ampla variedade de invertebrados. Em algumas espécies, a seleção sexual levou à evolução do comportamento de acasalamento e morfologia alternativos nos machos. Como os cientistas analisam situações em que mais de um comportamento de acasalamento pode resultar em uma reprodução bem-sucedida? Uma abordagem baseia-se nas regras que controlam os jogos.

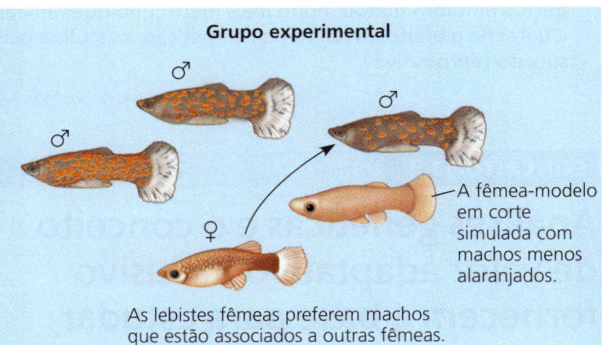

▲ **Figura 51.19 Cópia da escolha do parceiro por fêmeas de lebiste (*Poecilia reticulata*).** Na ausência de outras fêmeas (grupo-controle), as fêmeas de lebistes geralmente escolhem machos com coloração mais alaranjada. Entretanto, quando uma fêmea-modelo é colocada perto de um dos machos (grupo experimental), as fêmeas de lebiste frequentemente copiam a escolha do parceiro aparente de uma modelo, mesmo se o macho for menos colorido que os outros. As fêmeas de lebistes ignoram a escolha do parceiro da modelo apenas se um macho alternativo tiver coloração muito mais alaranjada.

▲ **Figura 51.20 Interação agonística.** Machos de cangurus-gigantes (*Macropus giganteus*) muitas vezes "lutam boxe" em disputas que determinam qual macho tem mais chances de acasalar com uma fêmea disponível. Normalmente, um macho ronca alto e ataca o outro com as patas dianteiras. Se o macho sob ataque não recuar, a luta pode se transformar em agarramento ou os dois machos equilibram-se em suas caudas enquanto tentam chutar um ao outro com as unhas afiadas de suas patas traseiras.

Aplicando a teoria dos jogos

Muitas vezes, a adequação de um fenótipo comportamental particular é influenciada por outros fenótipos comportamentais na população. Ao estudar essas situações, os ecologistas comportamentais usam várias ferramentas, incluindo a teoria dos jogos. Desenvolvida pelo matemático norte-americano John Nash e outros para modelar o comportamento econômico humano, a **teoria dos jogos** avalia estratégias alternativas em situações em que o resultado depende das estratégias de todos os indivíduos envolvidos.

Como exemplo de aplicação da teoria dos jogos para o comportamento de acasalamento, vamos considerar o lagarto-pintado (*Uta stansburiana*) da Califórnia. Variações genéticas originam machos com gargantas nas cores laranja, azul ou amarela **(Figura 51.21)**. Seria de se esperar que a seleção natural favorecesse uma das três cores, porém todas as três ainda persistem. Por quê? A resposta parece estar no fato de que cada cor de garganta é associada a um diferente padrão de comportamento: machos de garganta de cor laranja são os mais agressivos e defendem grandes territórios que contêm muitas fêmeas. Os machos de garganta azul também são territoriais, mas defendem territórios menores e com menos fêmeas. Aqueles de garganta amarela são machos não territoriais que imitam as fêmeas e usam táticas "sorrateiras" para conseguir acasalar.

Evidências indicam que o sucesso do acasalamento de cada tipo de lagarto macho é influenciado pela abundância relativa dos outros tipos, um exemplo de seleção dependente de frequência. Em um estudo populacional, a cor de garganta mais frequente mudou ao longo de um período de vários anos de azul para laranja e para amarelo e de volta para o azul.

Ao comparar a competição entre machos de lagartos-pintados com o jogo das crianças de pedra-papel-tesoura, os cientistas desenvolveram uma explicação para os ciclos de variação da população de lagartos. No jogo, papel derrota a pedra, a pedra vence a tesoura, e a tesoura derrota o papel. Assim, cada símbolo feito com a mão ganha um confronto, mas perde o outro. De modo similar, cada tipo de lagarto macho tem uma vantagem sobre um dos dois outros tipos:

- Quando os de garganta azul são abundantes, eles podem defender as poucas fêmeas em seus territórios dos avanços dos machos furtivos de garganta amarela. No entanto, os lagartos de garganta azul não podem defender seus territórios contra os hiperagressivos de garganta laranja.
- Uma vez que os lagartos de garganta laranja se tornam os mais abundantes, o grande número de fêmeas em cada território oferece a oportunidade para os de garganta amarela terem maior sucesso no acasalamento.
- Os lagartos de garganta amarela tornam-se mais frequentes, mas depois dão lugar aos de garganta azul, cuja tática de guardar pequenos territórios, mais uma vez, permite-lhes o maior sucesso.

Assim, acompanhando a população ao longo do tempo, nota-se uma persistência de todos os três tipos de cor e uma mudança periódica na qual cada tipo é mais prevalente.

A teoria dos jogos fornece uma maneira de pensar sobre problemas evolutivos complexos em que o desempenho relativo (o sucesso reprodutivo em relação a outros fenótipos), e não o desempenho absoluto, é a chave para a compreensão da evolução do comportamento. Isso faz da teoria dos jogos uma ferramenta importante porque o desempenho relativo de um fenótipo em comparação com os outros é uma medida de valor adaptativo darwiniano.

REVISÃO DO CONCEITO 51.3

1. Por que o modo de fertilização se correlaciona com a presença ou ausência de cuidado parental do macho?
2. **FAÇA CONEXÕES** Equilibrar a seleção pode manter variação em um *locus* (ver Conceito 23.4). Com base nos experimentos de forrageio descritos neste capítulo, construa uma hipótese simples para explicar a presença dos alelos for^R e for^S em populações naturais de moscas.
3. **E SE?** Suponha que uma infecção em uma população de lagartos-pintados matou muito mais machos do que fêmeas. Qual seria o efeito imediato na competição masculina pelo sucesso reprodutivo?

Ver as respostas sugeridas no Apêndice A.

CONCEITO 51.4

Análises genéticas e o conceito de valor adaptativo inclusivo fornecem a base para estudar a evolução do comportamento

EVOLUÇÃO Agora, vamos explorar tópicos relacionados à quarta questão de Tinbergen – a história evolutiva dos comportamentos. Primeiro, vamos analisar o controle genético de um comportamento. Em seguida, vamos examinar a variação genética subjacente à evolução de comportamentos específicos. Por fim, veremos como a expansão da definição de valor adaptativo além da sobrevivência do indivíduo pode ajudar a explicar o comportamento "altruísta".

▲ **Figura 51.21 Polimorfismo masculino no lagarto-pintado comum (*Uta stansburiana*).** Um macho de garganta laranja, à esquerda; um macho de garganta azul, no centro; um macho de garganta amarela, à direita.

Base genética do comportamento

Explorando a base genética do comportamento, começaremos com o comportamento de corte do macho da mosca-da-fruta. Durante a corte, a mosca macho realiza uma complexa série de ações em resposta a múltiplos estímulos sensoriais. Estudos genéticos revelaram que um único gene chamado de *fru* controla todo esse ritual de corte. Se o gene *fru* sofre mutação para uma forma inativa, os machos não cortejam ou acasalam com as fêmeas. (O nome *fru* é a abreviatura de "*fruitless*" [infrutífero], refletindo a ausência de descendência dos machos mutantes.) As moscas-da-fruta machos e fêmeas normais expressam diferentes formas do gene *fru*. Quando as fêmeas são geneticamente manipuladas para expressar a forma masculina do *fru*, elas cortejam outras fêmeas, fazendo o papel que normalmente é feito por machos.

Como o gene *fru* controla tantas ações diferentes? Experimentos realizados cooperativamente em vários laboratórios demonstraram que *fru* é um gene regulador mestre que direciona a expressão e a atividade de muitos genes de funções mais específicas. Juntos, os genes que são controlados pelo gene *fru* realizam o desenvolvimento sexo-específico do sistema nervoso das moscas. De fato, *fru* programa a mosca para o comportamento de corte masculino supervisionando uma via do SNC específica do macho.

Em muitos casos, diferenças no comportamento não surgem da inativação de um gene, mas da variação na atividade ou na quantidade de um produto gênico. Um exemplo marcante vem do estudo de duas espécies de arganazes, pequenos roedores semelhantes ao rato. Machos de arganazes-do-prado (*Microtus pennsylvanicus*) são solitários e não formam relacionamentos duradouros com parceiros. Após o acasalamento, eles dão pouca atenção a seus filhotes. Em contrapartida, arganazes-do-campo (*Microtus ochrogaster*) machos formam um casal com uma única fêmea após o acasalamento **(Figura 51.22)**. Os machos de arganazes-do-campo cuidam de seus filhotes jovens, cobrindo-os, lambendo-os e transportando-os, e agem agressivamente contra intrusos.

Um neurotransmissor liberado durante o acasalamento é crítico para o comportamento de companheirismo e cuidado parental de arganazes machos. Conhecido como **hormônio antidiurético** (**ADH**) ou **vasopressina** (ver Conceito 44.5), esse peptídeo é liberado durante o acasalamento e se liga a um receptor específico no SNC. Quando machos de arganazes-do-campo recebem uma substância que inibe o receptor no cérebro que detecta a vasopressina, eles não formam casais após o acasalamento.

O gene do receptor da vasopressina é muito mais expresso no cérebro de arganazes-do-campo do que no cérebro de arganazes-do-prado. Testando a hipótese de que o nível do receptor de vasopressina no cérebro regula o comportamento pós-acasalamento, pesquisadores inseriram o gene do receptor da vasopressina de arganazes-do-campo no genoma de arganazes-do-prado. Os arganazes-do-prado machos portadores desse gene não só desenvolveram cérebros com níveis mais elevados do receptor da vasopressina, como também mostraram muitos dos mesmos comportamentos

▲ **Figura 51.22** Um par de arganazes-do-campo (*Microtus ochrogaster*) amontoando-se. Entre os arganazes-do-campo norte-americanos, os machos associam-se intimamente com suas parceiras, como mostrado aqui, e contribuem substancialmente para os cuidados da prole.

de acasalamento que os arganazes-do-campo machos, como a ligação do casal. Portanto, embora muitos genes influenciem na ligação do casal e no cuidado parental em arganazes-machos, uma alteração no nível de expressão do receptor da vasopressina é suficiente para alterar o desenvolvimento desses comportamentos.

Variação genética e evolução do comportamento

As diferenças de comportamento entre espécies estreitamente aparentadas, como o arganaz-do-campo e o arganaz-do-prado, são comuns. Diferenças significativas de comportamento também podem ser encontradas *dentro* de uma espécie, mas muitas vezes são menos óbvias. Quando a variação comportamental entre populações de uma espécie correlaciona-se com a variação das condições ambientais, isso pode refletir seleção natural.

Estudo de caso: *variação na seleção da presa*

Um exemplo de variação comportamental com base na genética dentro de uma espécie envolve a seleção de presas pela serpente-de-liga-ocidental (*Thamnophis elegans*). A dieta natural dessa espécie difere amplamente em toda a sua área de distribuição na Califórnia. Populações costeiras alimentam-se predominantemente de lesmas-banana (*Ariolimax californicus*). As populações do interior alimentam-se de rãs, sanguessugas e peixes, mas não de lesmas-banana. Na verdade, as lesmas-banana são raras ou ausentes nos hábitats do interior.

Quando os pesquisadores ofereceram lesmas-banana para serpentes coletadas de cada população selvagem, a

▲ **Figura 51.23 Serpente-de-liga-ocidental de um hábitat costeiro comendo uma lesma-banana.** Experimentos mostram que a preferência dessas serpentes por lesmas-banana pode ser influenciada mais pela genética do que pelo meio.

maioria das serpentes costeiras as comeu rapidamente **(Figura 51.23)**. Em contrapartida, serpentes do interior tenderam a recusar esse alimento. Em que medida a variação genética entre indivíduos dessa serpente contribui para o gosto por lesmas-banana? Para responder essa questão, pesquisadores coletaram serpentes grávidas de populações selvagens costeiras e do interior e as colocaram em gaiolas separadas no laboratório. Enquanto a prole ainda era muito jovem, foi oferecido a cada filhote um pequeno pedaço de lesma-banana durante 10 dias consecutivos. Mais de 60% das jovens serpentes nascidas de mães costeiras comeram lesmas-banana em 8 ou mais dos 10 dias. Em contrapartida, menos de 20% das jovens serpentes nascidas de mães do interior comeram um pedaço de lesma-banana pelo menos uma vez. Talvez não seja surpreendente que as lesmas-banana pareçam ser uma predileção adquirida geneticamente.

Como uma diferença de preferência alimentar geneticamente determinada pode coincidir tão bem com os hábitats das serpentes? Acontece que as duas populações também variam quanto à sua habilidade de reconhecer e responder às moléculas de odor produzidas por lesmas-banana. Os pesquisadores hipotetizam que, quando as serpentes do interior colonizaram hábitats costeiros há mais de 10 mil anos, algumas delas podiam reconhecer as lesmas-banana pelo cheiro. Como essas serpentes tiveram vantagem por causa dessas fontes de alimento, elas tiveram valor adaptativo maior do que as serpentes da população que ignorava as lesmas. Ao longo de centenas ou milhares de gerações, a capacidade de reconhecer as lesmas como presas aumentou em frequência na população costeira. A ampla variação no comportamento observada hoje entre as populações costeiras e do interior pode ser uma prova dessa mudança evolutiva do passado.

Estudo de caso: *variação em padrões migratórios*

Outra espécie adequada para o estudo da variação comportamental é a toutinegra (*Sylvia atricapilla*), uma pequena ave migratória. Toutinegras que se reproduzem na Alemanha geralmente migram ao sudoeste para a Espanha e depois para ao sul para a África no inverno. Na década de 1950, algumas toutinegras começaram a passar o inverno na Grã-Bretanha, e ao longo do tempo a população de toutinegras que invernava na Grã-Bretanha cresceu para muitos milhares. As anilhas das patas mostraram que alguns desses pássaros haviam migrado para o oeste vindas da da região central da Alemanha. Essa mudança no padrão de migração foi resultado da seleção natural? Se assim fosse, os pássaros que invernavam na Grã-Bretanha deveriam ter uma diferença hereditária no comportamento migratório. Para testar essa hipótese, pesquisadores do Instituto Max Planck de Ornitologia, em Radolfzell, na Alemanha, elaboraram uma estratégia para estudar a orientação migratória em laboratório **(Figura 51.24)**. Os resultados demonstraram que os dois padrões de migração – para o oeste e para o sudoeste – de fato refletem diferenças genéticas entre as duas populações.

O estudo da toutinegra da Europa Ocidental indicou que a mudança em seu comportamento migratório ocorreu recente e rapidamente. Antes do ano 1950, não havia toutinegras que migravam para o oeste conhecidas na Alemanha. Na década de 1990, toutinegras com migração para o oeste representavam 7 a 11% das populações de toutinegras da Alemanha. Uma vez que a migração para o oeste começou, ela persistiu e aumentou em frequência, talvez devido ao uso generalizado de alimentadores de pássaros no inverno na Grã-Bretanha, bem como a distâncias menores de migração.

Altruísmo

Nós geralmente pressupomos que comportamentos são egoístas; isto é, eles beneficiam um indivíduo em detrimento de outros, especialmente competidores. Por exemplo, a capacidade superior de forragear de um indivíduo pode deixar menos comida para os outros. O problema vem com comportamentos "não egoístas". Como esses comportamentos surgem por meio da seleção natural? Para responder a essa pergunta, vamos olhar mais de perto alguns exemplos de comportamento altruísta e considerar como eles podem surgir.

Ao discutir abnegação, usaremos o termo **altruísmo** para descrever um comportamento que reduz o valor adaptativo individual de um animal, mas aumenta o valor adaptativo de outros indivíduos na população. Considere, por exemplo, o esquilo-de-belding (*Urocitellus beldingi*), que vive no oeste dos Estados Unidos e é vulnerável a predadores, como coiotes e gaviões. Um esquilo que vê a aproximação de um predador muitas vezes emite um alarme estridente para alertar os indivíduos desatentos a recuarem para suas tocas. Avisando outros, contudo, esse esquilo atrai atenção para sua localização e, portanto, aumenta seu próprio risco de ser morto.

Outro exemplo de comportamento altruísta ocorre nas sociedades de abelhas, em que as operárias são estéreis. As próprias operárias nunca se reproduzem, mas trabalham em prol de uma única rainha fértil. Além disso, as operárias ferroam os intrusos, um comportamento que ajuda a defender a colmeia, mas resulta na morte dessas operárias.

▼ Figura 51.24 Pesquisa

As diferenças na orientação migratória dentro de uma mesma espécie são geneticamente determinadas?

Experimento Aves conhecidas como toutinegras migram para outros lugares durante o inverno na Alemanha. A maioria migra para a Espanha e a África, mas algumas voam para a Grã-Bretanha, onde encontram alimento deixado por moradores. O cientista alemão Peter Berthold e colegas se perguntaram se essa mudança tinha uma base genética. Para testar essa hipótese, eles capturaram toutinegras passando o inverno na Grã-Bretanha e as criaram na Alemanha em uma gaiola ao ar livre. Eles também coletaram jovens de toutinegras de ninhos na Alemanha e as criaram em gaiolas. No outono, as toutinegras capturadas na Grã-Bretanha e as aves criadas em gaiola foram colocadas em grandes gaiolas em funil cobertas com vidro. Quando os funis foram cobertos com papel escuro e colocados do lado de fora à noite, as aves moveram-se no entorno, fazendo marcas no papel que indicavam a direção para a qual elas estavam tentando "migrar".

Resultados As aves adultas capturadas no inverno da Grã-Bretanha e os seus descendentes criados em laboratório tentaram migrar para o oeste. Em contrapartida, as aves jovens capturadas de ninhos no sul da Alemanha tentaram migrar para o sudoeste.

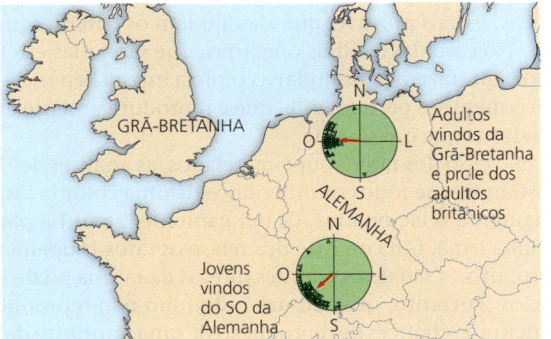

Conclusão As jovens toutinegras britânicas e as jovens toutinegras da Alemanha (o grupo-controle) foram criadas sob condições semelhantes, mas mostraram orientações migratórias muito diferentes, indicando que sua orientação migratória tem base genética.

Dados de P. Berthold et al., Rapid microevolution of migratory behavior in a wild bird species, *Nature* 360:668-690 (1992).

E SE? Suponha que as aves não mostrassem uma diferença na orientação migratória nesses experimentos. Seria possível concluir que o comportamento não tem base genética? Explique.

▲ **Figura 51.25** Ratos-toupeira-pelados, uma espécie de mamífero colonial que exibe comportamento altruísta. Uma rainha amamenta a prole enquanto é rodeada por outros membros da colônia.

O altruísmo também é observado em ratos-toupeira-pelados (*Heterocephalus glaber*), roedores altamente sociais que vivem em câmaras e túneis subterrâneos no sul e no nordeste da África. O rato-toupeira-pelado, que é quase sem pelos e quase cego, vive em colônias de 20 a 300 indivíduos **(Figura 51.25)**. Cada colônia tem apenas uma fêmea reprodutora, a rainha, que acasala com 1 a 3 machos, chamados de reis. O resto da colônia consiste em fêmeas e machos não reprodutores que, às vezes, sacrificam-se para proteger a rainha ou os reis de serpentes ou outros predadores que invadem a colônia.

Valor adaptativo inclusivo

Com esses exemplos de esquilos terrestres, abelhas e ratos-toupeira em mente, vamos voltar à questão de como o comportamento altruísta surge durante a evolução. O caso mais fácil a considerar é o de os pais sacrificarem-se por sua prole. Quando os pais sacrificam o seu próprio bem-estar e produzem e cuidam de sua prole, esse ato aumenta o valor adaptativo dos pais porque maximiza a sua representação genética na população. Por essa lógica, o comportamento altruísta pode ser mantido pela evolução, mesmo que não melhore a sobrevivência e o sucesso reprodutivo dos indivíduos que se sacrificam.

O que dizer das circunstâncias em que indivíduos ajudam outros que não são seus descendentes? Ao considerar um grupo maior de parentes que não apenas pais e filhos, o biólogo William Hamilton encontrou uma resposta. Ele começou propondo que um animal poderia aumentar sua representação genética na próxima geração ao ajudar parentes próximos que não seus próprios descendentes. Como pais e filhos, irmãos têm metade de seus genes em comum. Portanto, a seleção também pode favorecer a ajudar irmãos ou ajudar os pais a produzir mais irmãos. Esse pensamento levou Hamilton à ideia de **valor adaptativo inclusivo**, o efeito total que um indivíduo tem sobre a proliferação de seus genes ao produzir a sua própria prole e *também* ao ajudar parentes próximos a produzirem seus descendentes.

Regra de Hamilton e a seleção de parentesco

O poder da hipótese de Hamilton foi que ela forneceu uma maneira de medir, ou quantificar, o efeito do altruísmo no valor adaptativo. De acordo com Hamilton, as três variáveis-chave em um ato de altruísmo são os benefícios para o receptor, o custo para o altruísta e o coeficiente de parentesco. O benefício, B, é o número médio de descendentes *extras* que o receptor de um ato altruísta produz. O custo, C, é quantos descendentes *a menos* o altruísta produz. O **coeficiente de parentesco**, r, é igual à fração de genes que, em média, são compartilhados. A seleção natural favorece o altruísmo quando o benefício para o receptor multiplicado pelo coeficiente de parentesco excede o custo para o altruísta – em outras palavras, quando $rB > C$. Esse enunciado é chamado de **regra de Hamilton**.

Para entender a regra de Hamilton, vamos aplicá-la a uma população humana em que cada indivíduo tem, em média, dois filhos. Vamos imaginar que um jovem está perto de se afogar em ondas fortes, e sua irmã arrisca sua vida para tirá-lo do mar, puxando seu irmão para um local seguro. Se o jovem tivesse se afogado, seu resultado reprodutivo teria sido zero; mas agora, se usarmos a média, ele pode ser pai de dois filhos. O benefício para o homem é, então, de dois descendentes ($B = 2$). Qual o custo para a sua irmã? Digamos que ela tenha 25% de chance de afogamento na tentativa de resgate. O custo do ato altruísta para a irmã é, então, 0,25 vezes 2, o número esperado de descendentes que ela teria se tivesse ficado na praia ($C = 0,25 \times 2 = 0,5$). Por fim, observamos que um irmão e uma irmã compartilham metade de seus genes, em média ($r = 0,5$). Uma maneira de ver isso é em termos de segregação dos cromossomos homólogos que ocorre durante a meiose dos gametas (**Figura 51.26**; ver também Figura 13.7).

Agora, podemos usar nossos valores de B, C e r para avaliar se a seleção natural favoreceria o ato altruísta no nosso cenário imaginário. Para o resgate do afogamento, $rB = 0,5 \times 2 = 1$, enquanto $C = 0,5$. Como rB é maior que C, a regra de Hamilton é cumprida; assim, a seleção natural favoreceria esse ato altruísta.

Fazendo a média ao longo de muitos indivíduos e gerações, qualquer gene particular em uma irmã na situação descrita será passado para mais descendentes se ela arriscar o resgate do que se ela não o fizer. Entre os genes propagados dessa maneira, pode estar algum que contribua para o comportamento altruísta. Assim, a seleção natural que favorece o altruísmo melhorando o sucesso reprodutivo dos parentes é chamada de **seleção de parentesco**.

A seleção de parentesco enfraquece com a distância hereditária. Irmãos têm um r de 0,5, mas entre uma tia e sua sobrinha, $r = 0,25$ (¼), e entre primos de primeiro grau, $r = 0,125$ (⅛). Observe que, à medida que o grau de parentesco diminui, o termo rB na desigualdade de Hamilton também diminui. A seleção natural favoreceria o resgate de um primo? Apenas se as ondas fossem menos traiçoeiras. Para as condições originais, $rB = 0,125 \times 2 = 0,25$, o que é somente a metade do valor de C (0,5). O geneticista britânico J.B.S. Haldane parece ter antecipado essas ideias quando, em tom de brincadeira, afirmou que ele não colocaria sua vida em risco por um irmão, mas faria por 2 irmãos ou 8 primos.

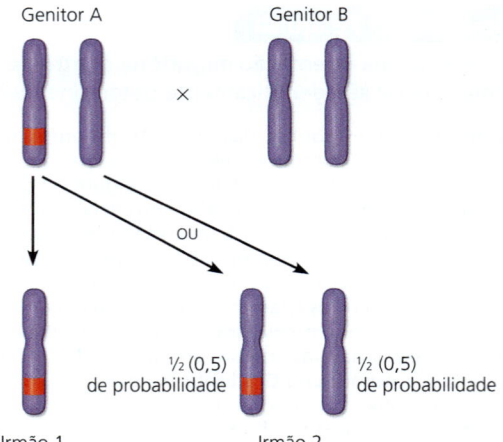

▲ **Figura 51.26 Coeficiente de parentesco entre irmãos.** A faixa vermelha indica um determinado alelo (versão de um gene) presente em um cromossomo, mas não o seu homólogo, no genitor A. O irmão 1 herdou o alelo do genitor A. Há uma probabilidade de ½ de que o irmão 2 também herde esse alelo do genitor A. Qualquer alelo presente em um cromossomo de um dos genitores se comportará de forma semelhante. O coeficiente de parentesco entre os dois irmãos é, portanto, ½, ou 0,5.

E SE? *O coeficiente de parentesco de um indivíduo com um irmão (não gêmeo) ou com qualquer um dos pais é o mesmo: 0,5. Esse valor também é verdadeiro em casos de poliandria e poliginia?*

Se a seleção de parentesco explica o altruísmo, então os exemplos de um comportamento não egoísta que se observam entre diversas espécies de animais deveriam envolver parentes próximos. Isso parece ser verdade, mas às vezes de maneiras complexas. Como a maioria dos mamíferos, a fêmea dos esquilos-de-belding fica próxima de seu local de nascimento, e os machos vão para locais distantes **(Figura 51.27)**. Como quase todos os gritos de alerta são dados por fêmeas, é mais provável que elas ajudem os parentes próximos. No caso das abelhas operárias, que são todas estéreis, tudo o que fazem para ajudar a colmeia inteira beneficia um único membro permanente, que é reprodutivamente ativo – a rainha, que é a sua mãe.

No caso dos ratos-toupeira-pelados, as análises de DNA mostraram que todos os indivíduos de uma colônia são intimamente relacionados. Geneticamente, a rainha parece ser uma irmã, filha ou mãe dos reis, e os ratos-toupeira não reprodutivos são descendentes diretos da rainha ou de seus irmãos. Portanto, quando um indivíduo não reprodutivo aumenta as chances de reprodução de uma rainha ou de um rei, o altruísta aumenta a chance de que alguns genes idênticos aos seus sejam passados à próxima geração.

Altruísmo recíproco

Alguns animais ocasionalmente comportam-se de forma altruísta para com os outros que não são parentes. Um babuíno pode ajudar um parceiro não relacionado em uma luta, ou um lobo pode oferecer alimento para o outro lobo, embora eles não compartilhem parentesco. Esse tipo de comportamento pode ser adaptativo se o indivíduo auxiliado retribuir o favor posteriormente. Esse tipo de troca de

▲ **Figura 51.27 Seleção de parentesco e altruísmo em esquilos-de-belding.** Este gráfico ajuda a explicar a diferença entre macho e fêmea no comportamento altruísta de esquilos-de-belding. Uma vez desmamado (os filhotes são amamentados durante cerca de 1 mês), as fêmeas são mais propensas do que os machos a viver perto de parentes próximos. Os gritos de alarme que alertam esses parentes aumentam o valor adaptativo inclusivo da fêmea altruísta.

ajuda, chamado de **altruísmo recíproco**, é comumente invocado para explicar o altruísmo que ocorre entre humanos não relacionados. O altruísmo recíproco é raro em outros animais; é bastante limitado às espécies (como os chimpanzés) com grupos sociais estáveis o suficiente para que os indivíduos tenham muitas chances de trocar ajuda. Em geral, considera-se que esse comportamento ocorre quando os indivíduos são suscetíveis a se encontrarem novamente e quando haveria consequências negativas associadas a não retribuir favores a indivíduos que tinham sido úteis no passado, um padrão de comportamento que os ecologistas comportamentais chamam de "trapaça".

Como a trapaça pode beneficiar o trapaceiro substancialmente, como poderia o altruísmo recíproco evoluir? A teoria dos jogos fornece uma possível resposta sob a forma de uma estratégia comportamental chamada de *olho por olho*. Na estratégia olho por olho, um indivíduo trata outro da mesma forma como foi tratado da última vez que se encontraram. Indivíduos que adotam esse comportamento são sempre altruístas, ou cooperativos, no primeiro encontro com outro indivíduo, e a situação permanecerá assim enquanto seu altruísmo for recíproco. Quando sua cooperação não é recíproca, no entanto, os indivíduos que empregam a estratégia de olho por olho vão retaliar imediatamente, mas voltarão ao comportamento cooperativo assim que o outro indivíduo tornar-se cooperativo. A estratégia de olho por olho foi usada para explicar as poucas interações aparentemente altruístas recíprocas observadas em animais, que vão desde a partilha de sangue entre morcegos hematófagos não relacionados até o aliciamento social em primatas.

Evolução e cultura humana

Como animais, os seres humanos exibem comportamentos (e, às vezes, maus comportamentos). Assim como os seres humanos variam amplamente em características anatômicas, há variações substanciais no comportamento. O ambiente intervém no caminho do genótipo ao fenótipo nas características físicas, mas atua de maneira mais profunda nas características comportamentais. Além disso, como consequência da nossa notável capacidade para a aprendizagem, os seres humanos são, provavelmente, mais capazes do que qualquer outro animal de adquirir novos comportamentos e habilidades **(Figura 51.28)**.

Algumas atividades humanas têm uma função menos facilmente definida na sobrevivência e reprodução do que, por exemplo, o forrageio ou a corte. Uma dessas atividades é brincar, que às vezes é definida como um comportamento que parece sem propósito. Reconhecemos as brincadeiras em crianças e o que achamos que é brincadeira em jovens de outros vertebrados. Os biólogos comportamentais descrevem "brincadeira com objeto", como chimpanzés brincando com folhas, "brincadeira locomotora", como as acrobacias de um antílope, e "brincadeira social", como as interações e as travessuras de filhotes de leão. Essas categorias, no entanto, trazem poucas informações sobre a função de brincar. Uma ideia é que, em vez de gerar habilidades específicas ou experiência, a brincadeira serve como preparação para eventos inesperados e circunstâncias que não podem ser controladas.

O comportamento e a cultura humana estão relacionados com a teoria evolutiva na disciplina de *sociobiologia*. A premissa principal da sociobiologia é que certas características comportamentais existem porque são expressões de genes que se perpetuaram pela seleção natural. Em seu livro seminal de 1975 intitulado *Sociobiologia: a nova síntese*, E.O. Wilson especulou sobre as bases evolutivas de certos tipos de comportamento social. Incluindo alguns exemplos da cultura humana, ele iniciou um debate que continua até hoje.

▲ **Figura 51.28** Aprendendo um novo comportamento.

Ao longo da nossa recente história evolutiva, construímos sociedades estruturadas com governos, leis, valores culturais e religiões que definem o que é um comportamento aceitável e o que não é, mesmo quando comportamentos inaceitáveis podem melhorar um valor adaptativo individual darwiniano. Talvez sejam as nossas instituições sociais e culturais que nos tornem distintos e forneçam aquelas qualidades que às vezes tornam menos aparente o contínuo entre os seres humanos e os outros animais. Uma dessas qualidades, nossa considerável capacidade para o altruísmo recíproco, será essencial à medida que enfrentarmos novos desafios, incluindo a mudança climática global, em que os interesses individuais e coletivos frequentemente parecem estar em conflito.

REVISÃO DO CONCEITO 51.4

1. Explique por que a variação geográfica na escolha da presa da serpente-de-liga pode indicar que o comportamento evoluiu por seleção natural.
2. Suponha que um organismo individual ajude na sobrevivência e no sucesso reprodutivo da prole de seu irmão. Como esse comportamento poderia resultar na seleção indireta de alguns genes portados por esse indivíduo?
3. **E SE?** Suponha que você usou a lógica de Hamilton para uma situação em que um indivíduo já tenha passado da idade reprodutiva. Poderia, ainda, haver seleção para um ato altruísta?

Ver as respostas sugeridas no Apêndice A.

51 Revisão do capítulo

RESUMO DOS CONCEITOS-CHAVE

CONCEITO 51.1

Diferentes estímulos sensoriais podem desencadear comportamentos simples e complexos (p. 1140-1143)

- O **comportamento** é a soma das respostas de um animal a estímulos externos e internos. Em estudos de comportamento, questões proximais, ou de "como", têm foco nos estímulos que desencadeiam um comportamento e nos mecanismos genéticos, fisiológicos e anatômicos subjacentes a um ato comportamental. As questões distais, ou de "por quê", abordam a importância evolutiva.
- Um **padrão fixo de ação** é um comportamento bastante invariável desencadeado por uma pista simples conhecida como **estímulo-sinal**.
- Os movimentos **migratórios** envolvem a navegação, que pode ser baseada na orientação em relação ao sol, às estrelas ou ao campo magnético da Terra. O comportamento animal é frequentemente sincronizado com o ciclo circadiano de luz e escuro no ambiente ou com as estações.
- A transmissão e a recepção de **sinais** constituem a **comunicação** animal. Os animais usam sinais visuais, auditivos, químicos e táteis. Substâncias químicas chamadas de **feromônios** transmitem informações espécie-específicas entre membros de uma espécie em comportamentos que vão desde o forrageio até a corte.

? *Por que a migração com base em ritmos circanuais é pouco adequada para adaptação às mudanças climáticas globais?*

CONCEITO 51.2

A aprendizagem estabelece ligações específicas entre experiência e comportamento (p. 1143-1148)

- Estudos de criação cruzada podem ser usados para medir a influência do ambiente social e de experiências sobre o comportamento.
- A **aprendizagem**, a modificação de comportamento como resultado de experiência, pode ter muitas formas, como resumido no diagrama a seguir.

? *Como o vínculo em gansos e o desenvolvimento do canto em pardais diferem no que diz respeito ao comportamento resultante?*

CONCEITO 51.3

A seleção para a sobrevivência e para o sucesso reprodutivo dos indivíduos pode explicar diversos comportamentos (p. 1148-1154)

- Experimentos controlados de laboratório podem dar origem a mudanças evolutivas interpretáveis no comportamento.

- Um **modelo de forrageio ótimo** se baseia na ideia de que a seleção natural deve favorecer o comportamento de **forrageio** que minimiza os custos de forragear e maximiza seus benefícios.
- O dimorfismo sexual está correlacionado com os tipos de relações de acasalamento, que incluem sistemas de acasalamento **monogâmicos** ou **poligâmicos**. Variações no sistema de acasalamento e no modo de fertilização afetam a certeza de paternidade, que, por sua vez, por meio da evolução, influencia o comportamento de acasalamento e o cuidado parental.
- A **teoria dos jogos** fornece uma maneira de pensar sobre a evolução em situações em que a adequação de um fenótipo comportamental particular é influenciada por outros fenótipos comportamentais na população.

? *Em algumas espécies de aranha, a fêmea come o macho imediatamente após a cópula. Como você explicaria esse comportamento a partir de uma perspectiva evolutiva?*

CONCEITO 51.4

Análises genéticas e o conceito de valor adaptativo inclusivo fornecem a base para estudar a evolução do comportamento (p. 1154-1160)

- Estudos genéticos em insetos revelaram a existência de genes reguladores mestres que controlam comportamentos complexos. Dentro da hierarquia subjacente, vários genes influenciam comportamentos específicos, como um canto de corte. Pesquisas em arganazes ilustram como a variação em um único gene pode determinar diferenças em comportamentos complexos.
- A variação comportamental em uma mesma espécie que corresponde à variação ambiental pode ser evidência de evolução passada.
- O **altruísmo** pode ser explicado pelo conceito de **valor adaptativo inclusivo**, o efeito que um indivíduo produz na proliferação de seus genes pela produção de sua própria descendência *e* por fornecer ajuda que permite que parentes próximos se reproduzam. O **coeficiente de parentesco** e a **regra de Hamilton** fornecem uma forma de medir a força das pressões seletivas que favorecem o altruísmo contra o custo potencial do comportamento "altruísta". A **seleção de parentesco** favorece o comportamento altruísta, aumentando o sucesso reprodutivo de parentes.

? *Qual conceito sobre a base genética do comportamento emerge ao estudamos os efeitos das mutações de corte em moscas-da-fruta e de ligação entre casais em arganazes?*

TESTE SEU CONHECIMENTO

Níveis 1-2: Relembre/Entenda

1. Qual das opções a seguir é verdadeira sobre comportamentos inatos?
   (A) Sua expressão é apenas fracamente influenciada por genes.
   (B) Eles ocorrem com ou sem estímulos ambientais.
   (C) Eles são expressos na maioria dos indivíduos em uma população.
   (D) Eles ocorrem em invertebrados e em alguns vertebrados, mas não em mamíferos.

2. De acordo com a regra de Hamilton,
   (A) a seleção natural não favorece comportamento altruísta que cause a morte do altruísta.
   (B) a seleção natural favorece atos altruístas quando o benefício resultante para o receptor, corrigido pelo parentesco, excede o custo para o altruísta.
   (C) a seleção natural favorece mais provavelmente o comportamento altruísta que beneficia uma prole do que o comportamento altruísta que beneficia um irmão.
   (D) os efeitos da seleção de parentesco são maiores do que os efeitos da seleção natural direta em indivíduos.

3. A fêmea do maçarico-pintado corteja agressivamente os machos e, depois do acasalamento, deixa a ninhada de jovens para o macho incubar. Essa sequência pode ser repetida várias vezes com diferentes machos até não restarem machos disponíveis, forçando a fêmea a incubar a sua última ninhada. Qual dos termos a seguir melhor descreve esse comportamento?
   (A) Poliginia
   (B) Poliandria
   (C) Promiscuidade
   (D) Certeza da paternidade

Níveis 3-4: Aplique/Analise

4. Uma região do prosencéfalo do canário encolhe durante a temporada não reprodutiva e aumenta quando começa a época de reprodução. Essa alteração é provavelmente associada ao evento anual de
   (A) adição de novas sílabas ao repertório de canto do canário.
   (B) cristalização dos subcantos em cantos de adultos.
   (C) período sensível em que os canários pais vinculam com a nova geração.
   (D) eliminação do modelo memorizado de cantos emitidos no ano anterior.

5. Apesar de muitos chimpanzés viverem em ambientes contendo nogueiras, só membros de poucas populações usam pedras para quebrar as nozes. A explicação provável é que
   (A) a diferença de comportamento é causada por diferenças genéticas entre populações.
   (B) os membros de diferentes populações têm diferentes necessidades nutricionais.
   (C) a tradição cultural de usar pedras para quebrar nozes surgiu em apenas algumas populações.
   (D) os membros de diferentes populações diferem na capacidade de aprendizagem.

6. Qual das opções a seguir *não* é necessária para o traço comportamental evoluir pela seleção natural?
   (A) Em cada indivíduo, a forma do comportamento é determinada inteiramente por genes.
   (B) O comportamento varia entre os indivíduos.
   (C) O sucesso reprodutivo individual depende, em parte, de como o comportamento é executado.
   (D) Algum componente do comportamento é geneticamente herdado.

Níveis 5-6: Avalie/Crie

7. **DESENHE** Você está considerando dois modelos de forrageio ótimo para o comportamento de uma ave costeira comedora de mexilhões, o catador-de-ostra. No modelo A, a recompensa energética aumenta apenas com o tamanho do mexilhão. No modelo B, você leva em consideração que os mexilhões maiores são mais difíceis de abrir. Desenhe um gráfico de recompensa (benefício de energia em uma escala de 0-10) *versus* o comprimento do mexilhão (escala de 0-70 mm) para cada modelo. Suponha que os mexilhões com menos de 10 mm não ofereçam nenhum benefício e sejam ignorados pelas aves. Também assuma que os mexilhões se tornam difíceis de abrir quando chegam a 40 mm de comprimento e impossíveis de abrir quando chegam a 70 mm de comprimento. Considerando os gráficos que você desenhou, indique quais observações e medições você faria no hábitat dessa ave costeira para ajudá-lo a determinar qual modelo é mais acurado.

8. **CONEXÃO EVOLUTIVA** Geralmente explicamos nosso comportamento em termos de sentimentos, motivações ou razões subjetivas, mas explicações evolutivas são baseadas no valor

adaptativo reprodutivo. Podem ambos os tipos de explicação ser válidos? Por exemplo, uma explicação para um comportamento "apaixonado" é incompatível com uma explicação evolutiva?

9. **PESQUISA CIENTÍFICA** Cientistas estudando aves da espécie *Aphelocoma californica* descobriram que "ajudantes" geralmente auxiliam casais dessa ave, buscando alimento para os filhotes do casal. (a) Proponha uma hipótese para explicar qual vantagem pode haver para os ajudantes se engajarem nesse comportamento em vez de buscarem seus próprios territórios e parceiros. (b) Explique como você testaria sua hipótese. Se ela estiver correta, quais resultados você esperaria do seu teste?

10. **CIÊNCIA, TECNOLOGIA E SOCIEDADE** Pesquisadores estão muito interessados em estudar gêmeos idênticos separados no nascimento e criados afastados um do outro. Até agora, os dados revelam que esses gêmeos muitas vezes têm personalidades, trejeitos, hábitos e interesses semelhantes. Qual questão geral você acha que os pesquisadores esperam responder ao estudar esses gêmeos? Por que os gêmeos idênticos são bons sujeitos para essa pesquisa? Quais são as possíveis armadilhas dessa pesquisa? Quais abusos podem ocorrer se os estudos não forem criticamente avaliados? Explique seu raciocínio.

11. **ESCREVA SOBRE UM TEMA: INFORMAÇÃO** A aprendizagem é definida como uma mudança no comportamento como resultado de experiência. Em um texto curto (100-150 palavras), descreva como a informação hereditária contribui para a aquisição da aprendizagem, usando alguns exemplos de vínculo e aprendizagem associativa.

12. **SINTETIZE SEU CONHECIMENTO**

Pica-paus-das-bolotas (*Melanerpes formicivorus*) escondem bolotas em buracos de armazenamento que eles perfuram em árvores. Quando esses pica-paus se reproduzem, a prole dos anos anteriores muitas vezes ajuda com os deveres parentais. As atividades desses ajudantes não reprodutores incluem a incubação de ovos e a defesa de bolotas armazenadas. Proponha algumas questões que um biólogo comportamental poderia se perguntar sobre a causa proximal e distal desses comportamentos.

Ver respostas selecionadas no Apêndice A.

Unidade 8   ECOLOGIA

Conheça Chelsea Rochman, pesquisadora internacionalmente conhecida e pioneira no estudo dos efeitos ecológicos da poluição por microplásticos. Depois de graduar-se em Biologia na Universidade da Califórnia (UC) San Diego, a Dra. Rochman concluiu um programa conjunto de Ph.D. em Ecologia entre a UC Davis e a Universidade Estadual de San Diego. Como Professora Assistente no Departamento de Ecologia e Biologia Evolutiva da Universidade de Toronto, Canadá, Dra. Rochman e seus alunos estão estudando como os resíduos plásticos e outros contaminantes afetam organismos individuais, populações, comunidades e ecossistemas. Dra. Rochman também trabalhou com lideranças da indústria e do governo para delinear políticas baseadas na ciência, incluindo o *Microbead-Free Waters Act* (Lei das Águas Livres de Microesferas) nos Estados Unidos e o *G7 Ocean Plastics Charter* liderado pelo Canadá.

ENTREVISTA COM
Chelsea Rochman

Como você se interessou por ecologia e pelo impacto dos poluentes plásticos?

Iniciei meus estudos de graduação no Santa Monica College, uma faculdade comunitária perto de Los Angeles. Inicialmente, eu estava muito interessada nas artes cênicas e nas artes plásticas. Mas depois eu tive uma aula de biologia marinha e gostei muito. Mudei para uma ênfase em biologia e depois de um ano me transferi para a UC San Diego. Lá tive a oportunidade de estudar no exterior, na Universidade de Queensland, Austrália. Enquanto cursava uma disciplina de ecologia, fomos para uma ilha praticamente deserta. Embora houvesse poucas pessoas lá, encontrei detritos por toda a praia e tartarugas marinhas lesadas pelo plástico que haviam ingerido. Foi a primeira vez que percebi que havia muito plástico no oceano e que ele estava impactando a vida marinha. Nunca mais olhei para trás – estou trabalhando nessa área desde então.

O que são microplásticos e o que a atraiu para trabalhar com eles?

Microplásticos são pedaços pequenos de detritos plásticos com tamanho de até 5 mm. Eles podem já ter sido produzidos como microplásticos, como as microesferas em produtos para higiene facial, por exemplo, ou podem ser fragmentos de itens plásticos maiores, como garrafas ou sacolas. Em 2009, fiz minha primeira viagem à Grande Ilha de Lixo do Pacífico. Mas ela não se parecia com uma ilha de lixo da forma como a mídia a descreve. Ela é na verdade uma sopa de partículas plásticas minúsculas, do tamanho de uma ervilha ou menor. Percebi que aquelas pequenas partículas de plástico poderiam se infiltrar em todos os níveis da cadeia alimentar. E assim, enquanto começava meu trabalho de pós-graduação, concentrei esforços nas partes pequenas, influenciada pelo que eu tinha visto.

Como os poluentes plásticos afetam a vida no oceano?

A poluição por plásticos está em todos os lugares e afeta a vida marinha em todos os níveis de organização biológica. Os efeitos dos microplásticos podem ser complexos, dependendo de seu tamanho e do tipo de polímero utilizado na fabricação. Alguns microplásticos causam tumores de fígado, outros danificam o sistema endócrino, e outros afetam a quantidade de descendentes gerados ou suas chances de sobrevivência. Pedaços grandes de plástico também causam muitos problemas. Um animal pode morrer depois de ingerir um pedaço grande de plástico, ou ficar preso nele. Pedaços grandes também podem disseminar doenças ou sufocar partes de um recife de coral, prejudicando a comunidade de organismos que vive ali. Além disso, animais (ou seus ovos) presos a pedaços grandes de plástico também podem ser transportados por distâncias longas, levando-os a novos lugares onde podem impactar comunidades existentes.

Qual foi a descoberta mais surpreendente que você já fez?

A maior surpresa veio gradualmente ao longo da minha carreira: resíduos de microplásticos estão literalmente por toda a parte. As pessoas perguntam: existem microplásticos nos alimentos que comemos ou na água que bebemos? Eu era cética. Na primeira vez que alguém me perguntou sobre plástico na água que bebemos, eu disse: "Não vamos encontrar nada". Para conferir, filtrei um pouco de água da torneira e examinei o filtro ao microscópio. Claro que encontramos. Eu moro perto dos Grandes Lagos, e aqui podemos encontrar mais de 100 pedaços de microplástico em apenas um peixe. Está no ar, na água da torneira, na água engarrafada, na poeira e nos alimentos que comemos. E recentemente descobrimos que os microplásticos estão nos humanos – eles estão presentes nas fezes humanas. Agora estamos tentando aprender como os microplásticos que comemos, bebemos e respiramos afetam a saúde humana. Atualmente, não sabemos.

O que as pessoas podem fazer para reduzir a poluição por plásticos?

O primeiro passo é lidar com o fato de que o plástico é um recurso valioso. É feito de petróleo. Não é algo que deva ser usado como um material descartável. Uma vez que percebemos isso, há muitas coisas que podemos fazer. Como indivíduos, escolhemos as coisas que compramos. Podemos nos recusar a comprar plásticos de uso único, como canudos, copos ou lâminas de barbear de plástico. No nível governamental, precisamos criar uma corrente de manejo de materiais onde o plástico que usamos realmente seja reciclado. Hoje usamos muitos produtos plásticos que vão direto para o lixo, e boa parte acaba contaminando o ambiente. Para resolver essa situação, precisamos de acordos locais, nacionais e internacionais para reduzir a uma determinada quantidade o plástico que contamina o ambiente, e oferecer apoio e incentivos para que isso ocorra.

> "A poluição por plásticos está em todos os lugares e afeta a vida marinha em todos os níveis de organização biológica."

▼ Coleta de amostras de resíduos plásticos

52 Introdução à ecologia e à biosfera

CONCEITOS-CHAVE

52.1 O clima da Terra varia com a latitude e a estação e está mudando rapidamente p. 1167

52.2 A distribuição dos biomas terrestres é controlada pelo clima e pelos distúrbios p. 1171

52.3 Os biomas aquáticos são sistemas diversos e dinâmicos que cobrem a maior parte da Terra p. 1177

52.4 As interações entre os organismos e o ambiente limitam a distribuição das espécies p. 1178

52.5 Mudança ecológica e evolução afetam uma à outra por períodos de tempo longos e curtos p. 1187

Dica de estudo

Faça uma tabela: Enquanto lê o capítulo, construa uma tabela listando os fatores que influenciam a distribuição das espécies em ambientes terrestres e aquáticos. Adicione números de figuras ou números de páginas que dêem exemplos desses fatores em cada tipo de ambiente.

Tipo de ambiente	Fatores que afetam quais espécies vivem nesse ambiente	Exemplo
Lago	Quantidade de luz solar que alcança os organismos	As plantas e algas fotossintetizantes vivem em margens rasas e superfícies ensolaradas (Figs. 52.14 e 52.16)

Figura 52.1 Com o tamanho de uma moeda de 10 centavos, esta pequena rã (*Paedophryne switoforum*) foi descoberta em uma expedição a Papua-Nova Guiné. Todo o gênero *Paedopryne* é conhecido apenas em uma única península na parte oriental do país. As rãs desse gênero têm cerca de 8 mm de comprimento e estão entre os menores vertebrados adultos da Terra.

O que determina onde vive uma espécie como esta pequena rã?

O clima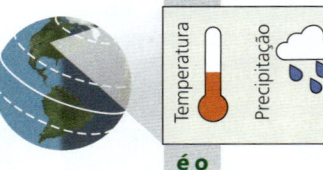

é o que mais influencia

onde os organismos terrestres vivem.

Luz e disponibilidade de nutrientes

são dois fatores que influenciam fortemente

onde os organismos aquáticos vivem.

Dispersão e **interações entre organismos**, como a competição, afetam também onde as espécies são encontradas.

Quando estudam uma espécie na natureza, os cientistas frequentemente começam perguntando: que fatores ambientais limitam onde a espécie é encontrada? Como as variações no suprimento de alimento de um organismo ou nas interações com outras espécies, tais como predadores, afetam o tamanho de suas populações?

Perguntas como essas são o tema da **ecologia**, o estudo científico das interações entre os organismos e o ambiente. (Observe que aqui e ao longo deste texto, o termo *meio ambiente* refere-se a outros organismos, assim como aos aspectos físicos no entorno de um organismo.) As interações estudadas pelos ecólogos podem ser organizadas em uma hierarquia, cuja variação se estende de um único organismo até escala de planeta **(Figura 52.2)**. Nós começaremos nosso estudo de ecologia considerando como o clima da Terra e outros fatores determinam a localização das principais zonas de vida no ambiente terrestre e nos oceanos.

▼ Figura 52.2 Explorando o escopo da pesquisa ecológica

Os ecólogos trabalham em diferentes níveis da hierarquia biológica, desde os organismos individuais até o planeta. Apresentamos aqui uma amostra de perguntas de pesquisa para cada nível da hierarquia biológica.

Ecologia do organismo

A **ecologia do organismo**, que inclui as subdisciplinas de ecologia fisiológica, evolutiva e comportamental, está interessada na maneira como a estrutura, a fisiologia e o comportamento de um organismo enfrentam os desafios impostos pelo seu ambiente.

◀ Como os flamingos selecionam um parceiro?

Ecologia de populações

Uma **população** é um grupo de indivíduos da mesma espécie vivendo em uma área. A **ecologia de populações** analisa os fatores que afetam o tamanho populacional e como e por que ele muda ao longo do tempo.

◀ Que fatores ambientais afetam a taxa de reprodução de flamingos?

Ecologia de comunidades

Uma **comunidade** é um grupo de populações de espécies diferentes de uma área. A **ecologia de comunidades** examina de que modo as interações entre espécies, como a predação e a competição, afetam a estrutura e a organização das comunidades.

◀ Que fatores influenciam a diversidade de espécies que interagem nesse lago africano?

Ecologia de ecossistemas

Um **ecossistema** é o conjunto de organismos de uma área e os fatores físicos com os quais eles interagem. A **ecologia de ecossistemas** enfatiza o fluxo de energia e a ciclagem química entre os organismos e o ambiente.

◀ Que fatores controlam a produtividade fotossintética nesse ecossistema aquático?

Ecologia de paisagem

Uma **paisagem** (terrestre ou marinha) é um mosaico de ecossistemas conectados. A pesquisa em **ecologia de paisagem** aborda os fatores que controlam as trocas de energia, de materiais e de organismos entre múltiplos ecossistemas.

◀ Até que ponto os nutrientes de ecossistemas terrestres afetam os organismos no lago?

Ecologia global

A **biosfera** é o ecossistema global – a soma de todos os ecossistemas e paisagens do planeta. A **ecologia global** examina como a troca regional de energia e de materiais influencia o funcionamento e a distribuição de organismos na biosfera.

◀ Como os padrões globais de circulação de ar afetam a distribuição de organismos?

▼ Figura 52.3 Explorando os padrões climáticos globais

Variação latitudinal na intensidade da luz solar

A forma curvada da Terra causa variação latitudinal na intensidade da luz solar. Como a luz solar atinge os trópicos (regiões situadas entre 23,5° de latitude norte e 23,5° de latitude sul) mais diretamente, mais quantidade de calor e de luz por unidade de área de superfície é liberada nessas regiões. Nas latitudes mais altas, a luz solar atinge a Terra em ângulo oblíquo e, desse modo, a energia luminosa é mais difusa na superfície da Terra.

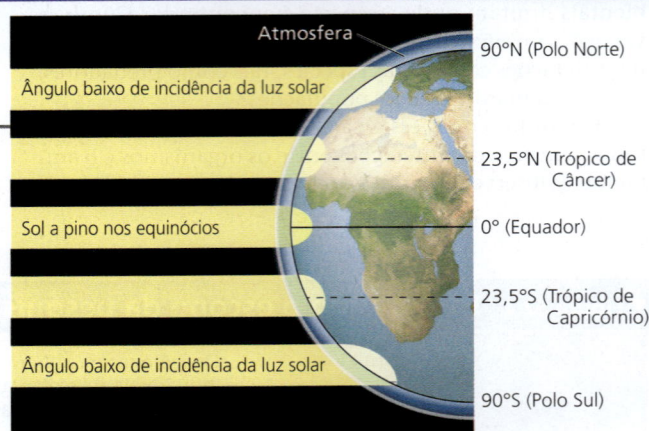

Padrões globais de circulação do ar e de precipitação

A radiação solar intensa próximo ao equador inicia um padrão global de circulação do ar e de precipitação. As temperaturas elevadas nos trópicos evaporam a água da superfície da Terra e causam a ascensão das massas de ar quente e úmido (setas azuis) e a sua dispersão em direção aos polos. À medida que as massas de ar ascendentes se expandem e esfriam, elas liberam grande parte do seu conteúdo de água, gerando precipitação abundante nas regiões tropicais. As massas de ar de altitudes elevadas, agora secas, descem (setas amarelas) em direção à Terra, nas latitudes de aproximadamente 30° norte e sul, absorvendo umidade do solo e criando um clima árido que conduz ao desenvolvimento de desertos comuns nessas latitudes. Em seguida, parte do ar descendente flui em direção aos polos. Nas latitudes em torno de 60° norte e sul, as massas de ar novamente sobem e liberam precipitação abundante (embora menos intensa do que nos trópicos). Parte do ar frio e seco ascendente, então, flui para os polos, onde desce e se dirige de novo ao equador, absorvendo umidade e criando os climas comparativamente sem chuva e extremamente frios das regiões polares.

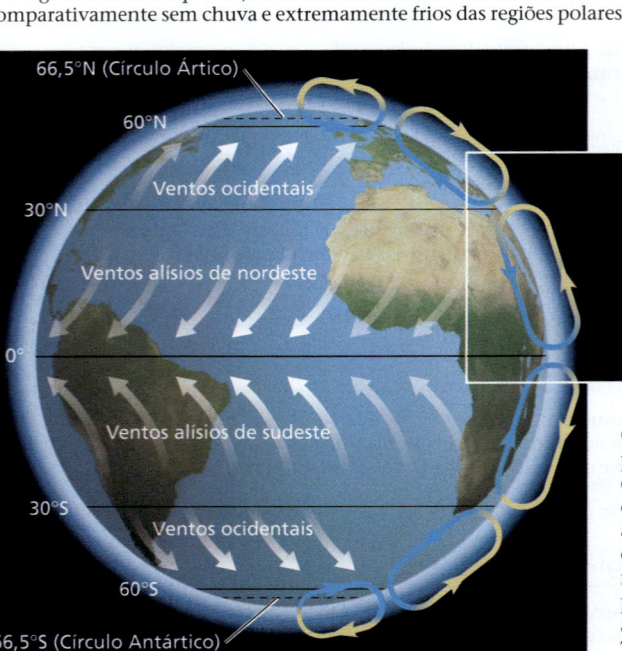

O ar fluindo junto à superfície da Terra cria padrões globais previsíveis de vento. À medida que a Terra gira em torno do seu eixo, a área próximo ao equador se move mais rapidamente do que a dos polos, desviando os ventos das rotas verticais (mostradas acima) e criando fluxos mais ao leste e ao oeste (mostrados à esquerda). Os ventos alísios mais frios sopram do leste para o oeste nos trópicos; ventos ocidentais predominantes sopram do oeste para o leste nas zonas temperadas. Essas zonas são definidas como as regiões entre o Trópico de Câncer e o Círculo Ártico e entre o Trópico de Capricórnio e o Círculo Antártico.

CONCEITO 52.1

O clima da Terra varia com a latitude e a estação e está mudando rapidamente

A influência mais significativa na distribuição dos organismos nos ambientes terrestres é o **clima** – as condições meteorológicas predominantes em longo prazo em uma dada área. Quatro fatores físicos – temperatura, precipitação, luz solar e vento – são componentes principais do clima. Para começar a entender como o clima – e as mudanças climáticas – afetam a vida na Terra, começaremos examinando os padrões do clima nos níveis global, regional e local.

Padrões climáticos globais

Os padrões climáticos globais são determinados em grande parte pelo aporte de energia solar e pelo movimento da Terra no espaço. O sol aquece a atmosfera, a superfície terrestre e a água. Esse aquecimento estabelece as variações de temperatura, os movimentos do ar e da água e a evaporação da água, que causam as variações latitudinais drásticas no clima. A **Figura 52.3** resume os padrões climáticos da Terra e como eles são formados.

Efeitos regionais e locais no clima

O clima varia sazonalmente e pode ser modificado por outros fatores, como grandes corpos de água e cadeias de montanhas. Examinaremos cada um desses fatores em mais detalhes.

Sazonalidade

Em latitudes médias a altas, o eixo de rotação inclinado da Terra e sua passagem anual ao redor do sol causam fortes ciclos sazonais na duração do dia, na radiação solar e na temperatura **(Figura 52.4)** A mudança do ângulo do sol ao longo do ano afeta também os ambientes locais. Por exemplo, os cinturões de ar quente e seco de cada lado do equador deslocam-se levemente para o norte e para o sul com a variação no ângulo do sol, produzindo estações acentuadamente úmidas e secas entre 20° de latitude norte e sul, onde muitas florestas tropicais decíduas crescem. Além disso, as mudanças sazonais nos padrões do vento alteram as correntes oceânicas, causando, às vezes, ressurgência de água fria a partir das camadas oceânicas profundas. Essa água rica em nutrientes estimula o crescimento do fitoplâncton de superfície e dos organismos que dele se alimentam. Embora essas zonas de ressurgência constituam apenas uma porcentagem pequena da área do oceano, elas são a fonte de mais de 25% de todos os peixes capturados globalmente.

▼ **Figura 52.4** **Variação sazonal na intensidade da luz solar.** Como a Terra está inclinada sobre seu eixo em relação ao seu plano de órbita ao redor do Sol, a intensidade da radiação solar varia sazonalmente. Essa variação é menor nos trópicos e aumenta em direção aos polos.

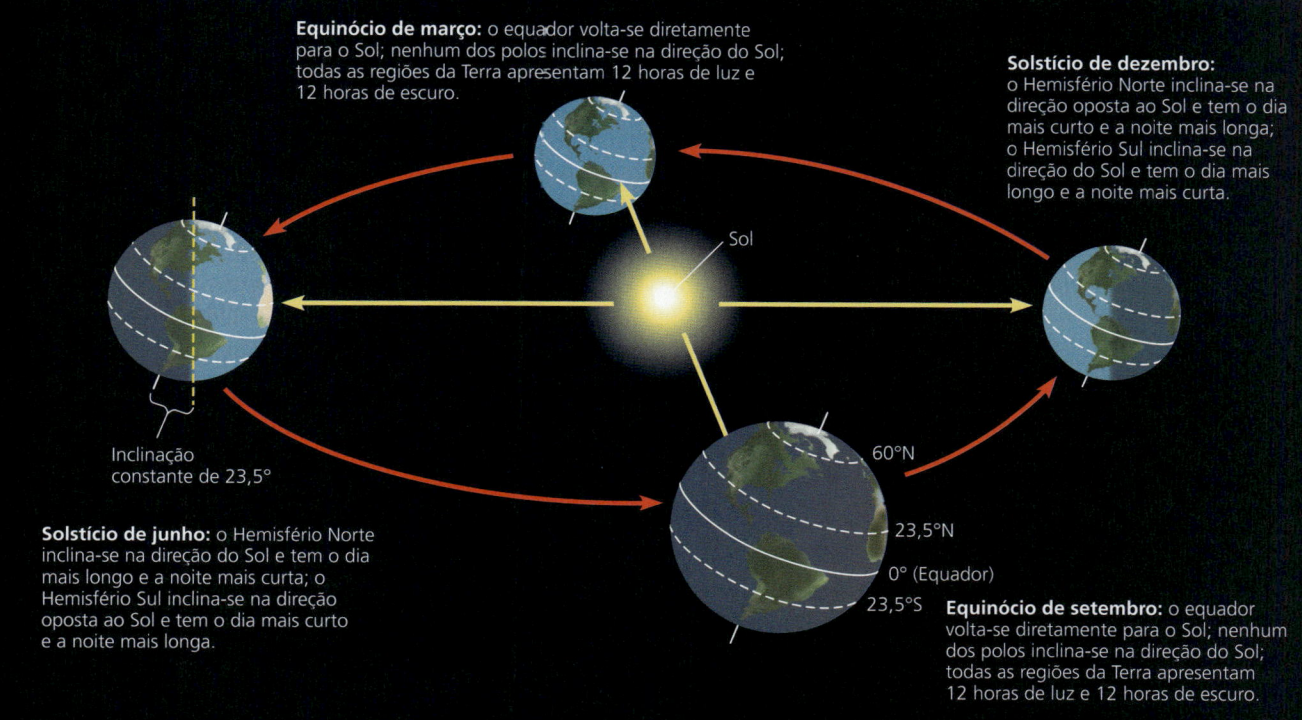

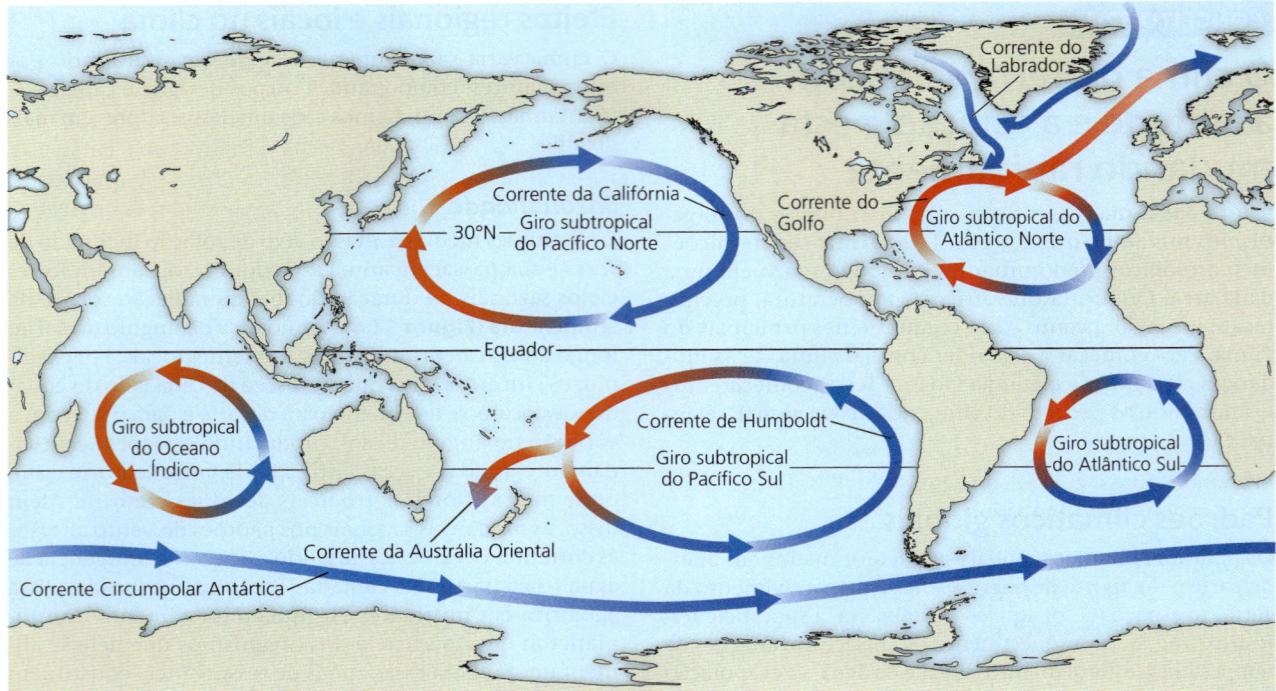

▲ **Figura 52.5 Circulação global da água superficial nos oceanos.** A água é aquecida no equador e flui para o norte e para o sul em direção aos polos, onde esfria. Observe as semelhanças entre a direção da circulação da água nos giros e a direção dos ventos alísios na Figura 52.3.

Corpos de água

As correntes oceânicas influenciam o clima ao longo das costas dos continentes mediante aquecimento ou resfriamento das massas de ar sobrejacentes, que atravessam a superfície terrestre. Em geral, as regiões costeiras também são mais úmidas do que as áreas interiores na mesma latitude. O clima frio e enevoado produzido pela corrente fria da Califórnia, que flui para o sul ao longo do oeste da América do Norte, sustenta um ecossistema de floresta pluvial de coníferas ao longo de grande parte da costa do Pacífico e bosques grandes de sequoias mais ao sul. Por outro lado, a costa oeste do norte da Europa tem clima ameno, porque a corrente do Golfo carrega a água quente do equador para o Atlântico Norte **(Figura 52.5)**. Em razão disso, o noroeste da Europa é mais quente durante o inverno do que o sudeste do Canadá, que está situado bem mais ao sul, mas é esfriado pela corrente do Labrador, que flui para o sul a partir da costa da Groenlândia.

Devido ao calor específico elevado da água (ver Conceito 3.2), os oceanos e os grandes lagos tendem a moderar o clima do ambiente terrestre próximo. Durante um dia quente, quando o ambiente terrestre está mais aquecido do que a água, o ar sobre a terra se aquece e sobe, provocando uma brisa fria da água para o ambiente terrestre **(Figura 52.6)**. Por outro lado, como à noite as temperaturas diminuem mais rapidamente sobre a terra do que sobre a água, o ar sobre a água agora mais quente sobe, levando ar mais frio da terra de volta para cima da água, substituindo-o pelo ar mais quente na costa. Contudo, essa moderação localizada do clima pode ser limitada à própria costa. Em regiões como o sul da Califórnia e o sudoeste da Austrália, brisas oceânicas frias e secas no verão são aquecidas quando entram em contato com o continente, absorvendo umidade e criando um clima quente e árido a apenas poucos quilômetros da costa (ver Figura 3.5). Esse padrão climático também ocorre ao redor do Mar Mediterrâneo, o que dá o nome ao *clima mediterrâneo*.

Montanhas

Como os corpos de água grandes, as montanhas influenciam o fluxo de ar sobre a terra. Quando se aproxima de uma montanha, o ar quente e úmido sobe e esfria, liberando umidade a barlavento do pico (ver Figura 52.6). A sotavento, o ar mais frio e seco desce, absorve umidade e produz uma "sombra de chuva". Essas sombras de chuva a sotavento determinam a existência de muitos desertos, incluindo o Deserto de Mojave, no oeste da América do Norte, e o Deserto de Gobi, na Ásia.

As montanhas também afetam a quantidade de luz solar que atinge uma área e, portanto, a temperatura e a precipitação locais. No Hemisfério Norte, as encostas das montanhas voltadas para o sul recebem mais luz solar do que as encostas voltadas para o norte e são, por isso, mais secas e quentes. Essas diferenças físicas influenciam localmente a distribuição de espécies. Em muitas montanhas do oeste da América do Norte, espruce e outras coníferas ocupam as encostas mais frias voltadas para o norte, mas as plantas arbustivas e resistentes à seca habitam as encostas voltadas para o sul. Além disso, cada aumento de 1.000 metros em altitude produz uma queda média de 6°C na temperatura, equivalente à variação produzida por um aumento de 880 km na latitude. Esta é uma das razões pelas quais as comunidades de plantas de altitudes elevadas próximas ao equador, por

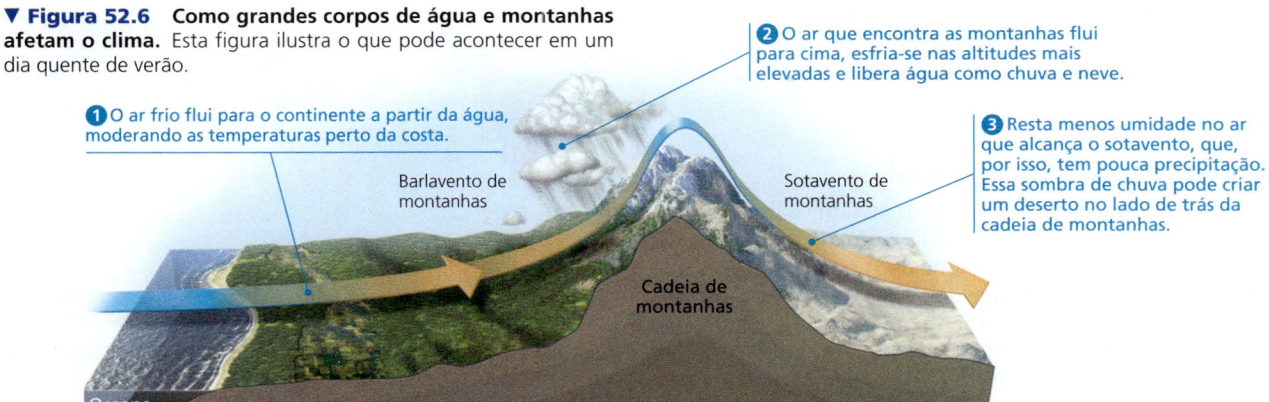

Figura 52.6 Como grandes corpos de água e montanhas afetam o clima. Esta figura ilustra o que pode acontecer em um dia quente de verão.

① O ar frio flui para o continente a partir da água, moderando as temperaturas perto da costa.

② O ar que encontra as montanhas flui para cima, esfria-se nas altitudes mais elevadas e libera água como chuva e neve.

③ Resta menos umidade no ar que alcança o sotavento, que, por isso, tem pouca precipitação. Essa sombra de chuva pode criar um deserto no lado de trás da cadeia de montanhas.

Barlavento de montanhas | Sotavento de montanhas | Cadeia de montanhas | Oceano

exemplo, podem ser similares àquelas de altitude mais baixa de áreas distantes do equador.

Efeitos da vegetação no clima

O clima afeta onde os organismos terrestres conseguem viver, mas os organismos também afetam o clima. Isso ocorre especialmente no caso das florestas, que podem afetar o clima em escalas locais e até mesmo regionais.

Quando visualizada de cima, uma floresta apresenta cor mais escura do que um deserto ou um campo. Como consequência, uma floresta absorve mais (e reflete menos) energia solar do que um deserto ou um campo, contribuindo, assim, para o aquecimento da superfície da Terra em áreas florestadas. Esse efeito de aquecimento, no entanto, é mais do que compensado pela *transpiração*, a perda por evaporação de água de uma planta que resfria a sua superfície – semelhante a como o seu corpo é resfriado, quando você sua. A perda de água por evaporação é muito maior em florestas do que em outros sistemas, o que faz as florestas afetarem o clima de duas maneiras principais: elas reduzem a temperatura da superfície da Terra e aumentam as taxas de precipitação **(Figura 52.7)**. Como documentado em regiões em todo o mundo, o clima se torna mais quente e seco em áreas onde os humanos desmataram áreas grandes e se torna mais frio e úmido onde os humanos restauraram áreas grandes de floresta.

Microclima

Em uma escala menor ainda está o **microclima**, com padrões específicos de condições climáticas locais. Muitas características ambientais influenciam o microclima pelo sombreamento, pela alteração da evaporação do solo ou pela mudança dos padrões de vento. Por exemplo, as árvores em uma floresta costumam moderar o clima abaixo delas. Por isso, as clareiras exibem, geralmente, temperaturas extremas mais acentuadas do que no interior de florestas, devido à maior radiação solar e às correntes de vento que surgem pelos rápidos aquecimento e esfriamento da superfície terrestre aberta. No interior de uma floresta, um estrato baixo é geralmente mais úmido do que um estrato mais alto e tende a ser ocupado por espécies arbóreas diferentes. Um tronco ou uma rocha grande pode abrigar organismos como salamandras, vermes e insetos, protegendo-os de temperatura e umidade extremas.

Todo ambiente da Terra exibe diferenças em pequena escala em atributos químicos e físicos, como temperatura, luz, água e nutrientes. Mais tarde, examinaremos como esses fatores **abióticos**, ou não vivos, influenciam a distribuição e a

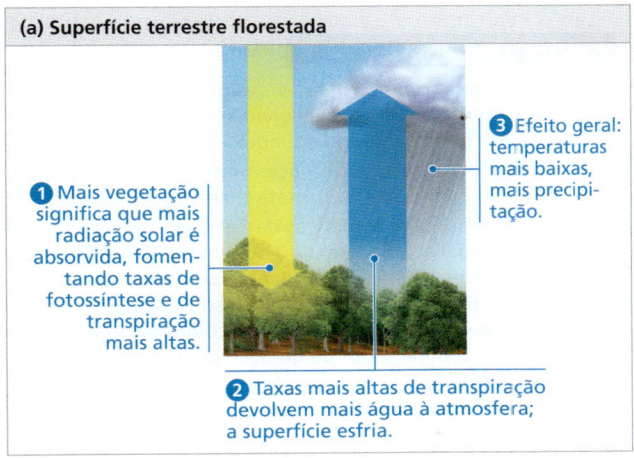

(a) Superfície terrestre florestada

① Mais vegetação significa que mais radiação solar é absorvida, fomentando taxas de fotossíntese e de transpiração mais altas.

② Taxas mais altas de transpiração devolvem mais água à atmosfera; a superfície esfria.

③ Efeito geral: temperaturas mais baixas, mais precipitação.

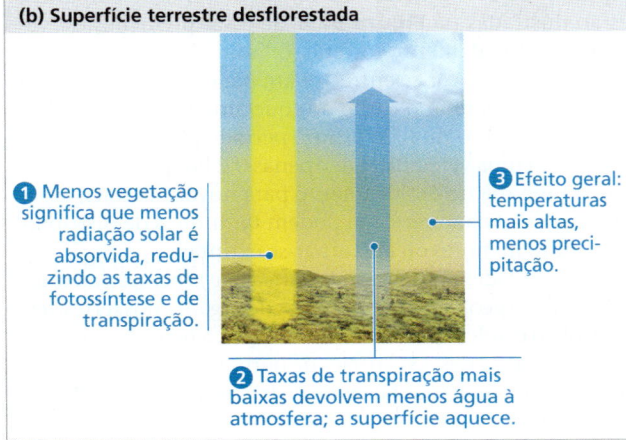

(b) Superfície terrestre desflorestada

① Menos vegetação significa que menos radiação solar é absorvida, reduzindo as taxas de fotossíntese e de transpiração.

② Taxas de transpiração mais baixas devolvem menos água à atmosfera; a superfície aquece.

③ Efeito geral: temperaturas mais altas, menos precipitação.

▲ **Figura 52.7** Como a remoção de uma floresta afeta o clima regional.

abundância dos organismos. Similarmente, todos os fatores **bióticos**, ou vivos – os outros organismos que fazem parte do ambiente de um indivíduo – influenciam também na distribuição e na abundância de vida sobre a Terra.

Mudança climática global

Uma vez que as variáveis climáticas afetam os limites geográficos da maioria das plantas e dos animais, qualquer mudança em grande escala no clima da Terra afeta profundamente a biosfera. De fato, um "experimento" climático em grande escala está em andamento: a queima de combustíveis fósseis e o desmatamento estão aumentando a concentração de dióxido de carbono e outros gases do efeito estufa na atmosfera. Isso causou a **mudança climática**, uma alteração direcional no clima global nas últimas três décadas ou mais (diferente das mudanças no tempo de curto prazo). Como será explorado mais detalhadamente no Conceito 56.4, a Terra aqueceu, em média, 0,9°C desde 1900, e é previsto um novo aquecimento de 1-6°C até o ano de 2100. Os padrões de vento e precipitação também estão mudando, e eventos climáticos extremos (como grandes tempestades e secas) estão ocorrendo com mais frequência.

Como essas mudanças afetarão a distribuição dos organismos? Uma maneira de responder a essa pergunta é examinar as mudanças que ocorreram desde o fim da última glaciação. Até cerca de 16.000 anos atrás, as geleiras continentais cobriam grande parte da América do Norte e da Eurásia. À medida que o clima se aquecia e as geleiras recuavam, a distribuição das espécies arbóreas se expandia para o norte. O registro de pólen fóssil mostra que, enquanto algumas espécies moveram-se rapidamente para o norte, outras o fizeram mais lentamente, com sua expansão geográfica atrasada em milhares de anos em relação à mudança no hábitat adequado.

As plantas e outros organismos serão capazes de acompanhar o aquecimento muito mais rápido projetado para este século? Considere a faia-americana, *Fagus grandifolia*. Modelos ecológicos predizem que o limite norte de distribuição da faia poderá mover-se entre 700 e 900 km no próximo século, e seu limite sul de distribuição se deslocará ainda mais. As distribuições geográficas atual e prevista dessa espécie, sob dois cenários diferentes de variação climática, estão ilustradas na **Figura 52.8**. Se essas predições estiverem aproximadamente corretas, o limite de distribuição da faia deverá deslocar-se entre 7-9 km para o norte por ano, a fim de acompanhar o ritmo de aquecimento do clima. Entretanto, desde o final do último período glacial, a faia tem migrado a uma velocidade de apenas 0,2 km por ano. Sem a ajuda humana no deslocamento para novos hábitats, espécies como a faia-americana podem ter limites de distribuição muito menores ou até tornar-se extintas.

Na verdade, a mudança climática que *já* ocorreu afetou a distribuição geográfica de centenas de organismos terrestres, marinhos e dulciaquícolas. Por exemplo, à medida que o clima aquecia, 22 das 35 espécies de borboletas europeias estudadas deslocaram suas faixas de distribuição para 35-240 km mais ao norte nas últimas décadas. No oeste da América do Norte, aproximadamente 200 espécies de plantas se deslocaram para altitudes mais baixas, provavelmente em resposta

(a) Distribuição atual   (b) 4,5°C de aquecimento durante o próximo século   (c) 6,5°C de aquecimento durante o próximo século

▲ **Figura 52.8** Distribuição atual e futura para a faia-americana, sob dois cenários de mudança climática.

❓ *A distribuição prevista em cada cenário baseia-se apenas em fatores climáticos. Que outros fatores poderiam alterar a distribuição dessa espécie?*

ao decréscimo de chuva e neve nas altitudes mais elevadas. Outra pesquisa mostrou que uma espécie de diatomácea do Oceano Pacífico, *Neodenticula seminae,* recentemente colonizou o Oceano Atlântico pela primeira vez em 800.000 anos. Nesse e em muitos outros casos, quando a mudança climática possibilita ou causa a movimentação de uma espécie para uma área geográfica nova, outros organismos que lá vivem podem ser prejudicados (ver Figura 56.31).

Além disso, à medida que o clima muda, algumas espécies estão enfrentando uma escassez de hábitat adequado, enquanto outras não conseguem migrar com rapidez suficiente. Por exemplo, um estudo recente revelou que, em média, as áreas geográficas de 67 espécies de abelhas mamangavas **(Figura 52.9)** no Hemisfério Norte estavam diminuindo: elas estavam reduzindo a sua distribuição desde os limites ao sul, porém sem conseguir expandir seus limites para o norte. De modo geral, as mudanças climáticas estão fazendo as populações de muitas espécies diminuirem em tamanho ou desaparecerem (ver Figura 1.12).

▲ **Figura 52.9** A mamangava (*Bombus affinis*).

REVISÃO DO CONCEITO 52.1

1. Explique como o aquecimento desigual da superfície terrestre pelo sol leva ao desenvolvimento de desertos ao redor de 30° a norte e sul do equador.
2. Quais são algumas das diferenças microclimáticas entre um campo não cultivado e uma mata ciliar nas proximidades?
3. **E SE?** As mudanças climáticas da Terra no final do último período glacial aconteceram gradualmente, levando centenas a milhares de anos. Se o planeta continuar aquecendo na velocidade rápida atual, como isso deve afetar a evolução de árvores de vida longa em comparação a plantas anuais, que têm períodos de geração muito mais curtos?
4. **FAÇA CONEXÕES** Considerando apenas os efeitos da temperatura, você esperaria que a distribuição global de plantas C_4 se expandisse ou recuasse à medida que a Terra se torna mais quente? Por quê? (Ver Conceito 10.4.)

Ver as respostas sugeridas no Apêndice A.

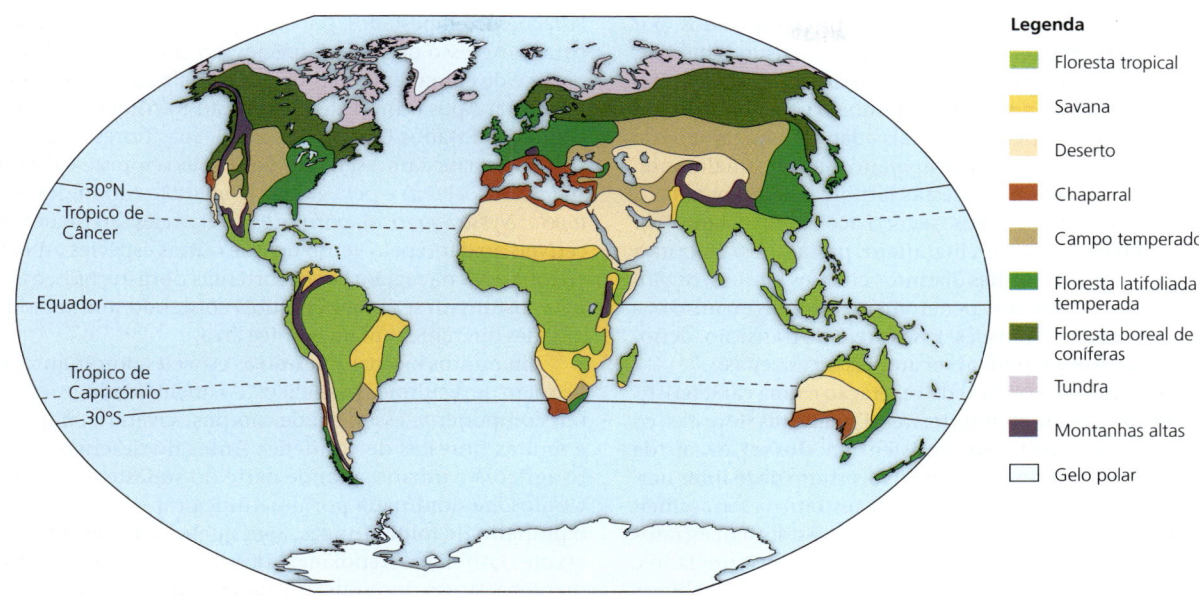

▲ **Figura 52.10** Distribuição dos principais biomas terrestres.

CONCEITO 52.2

A distribuição dos biomas terrestres é controlada pelo clima e pelos distúrbios

A vida na Terra é distribuída em grande escala nos **biomas**, principais zonas de vida caracterizadas pelo tipo de vegetação em biomas terrestres (ou pelas condições físicas em biomas aquáticos). Em terra, o que determina onde os biomas estão localizados?

Clima e biomas terrestres

Por exercer uma forte influência na distribuição das espécies vegetais, o clima é um fator importante na determinação das localizações dos biomas terrestres **(Figura 52.10)**. A importância do clima sobre a distribuição dos biomas pode ser evidenciada em um **climográfico**, uma representação gráfica das médias anuais da temperatura e da precipitação em determinada região. A **Figura 52.11** é um climográfico para alguns biomas norte-americanos. Observe, por exemplo, que a faixa de precipitação para as florestas de coníferas e as temperadas é similar, mas as temperaturas para as florestas temperadas são geralmente mais altas. Os campos são normalmente mais secos do que qualquer tipo de floresta, e os desertos são ainda mais secos.

Outros fatores além da temperatura e da precipitação desempenham também um papel na determinação dos locais dos biomas. Algumas áreas na América do Norte com uma combinação especial de temperatura e precipitação mantêm uma floresta latifoliada temperada, mas outras áreas com valores semelhantes para essas variáveis sustentam uma floresta de coníferas (ver a sobreposição na Figura 52.11). Uma razão para essa variação é que os climográficos são baseados nas *médias*

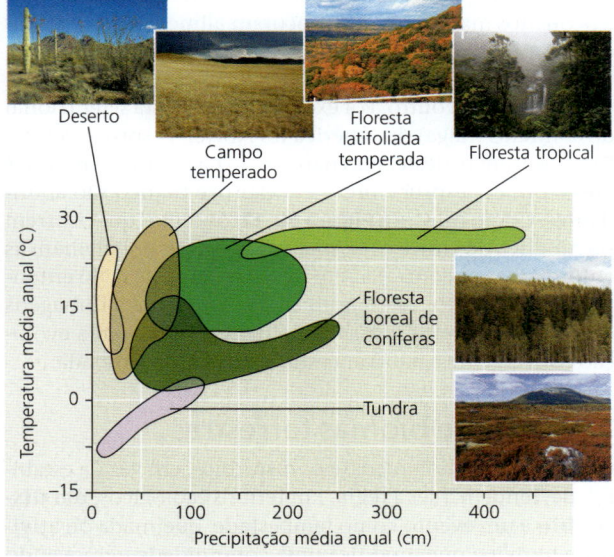

▲ **Figura 52.11 Um climográfico para alguns dos principais biomas da América do Norte.** As áreas plotadas aqui abrangem as faixas de temperatura e precipitação médias anuais dos biomas.

INTERPRETE OS DADOS *Alguns ecossistemas de tundra ártica recebem tanta chuva quanto os desertos, mas têm vegetação muito mais densa. Que fator climático poderia explicar essa diferença? Explique.*

anuais, mas o *padrão* da variação climática é frequentemente tão importante quanto o clima médio. Por exemplo, algumas áreas podem receber precipitação regular durante o ano, ao passo que outras podem ter estações úmidas e secas distintas.

Características gerais de biomas terrestres

Em sua maior parte, os biomas terrestres são denominados segundo suas principais características físicas ou climáticas e sua vegetação predominante. Os campos temperados, por exemplo, são geralmente encontrados em latitudes médias, onde o clima é moderado, e são dominados por várias espécies de gramíneas. Cada bioma é também caracterizado por microrganismos, fungos e animais adaptados ao ambiente em particular. Os campos temperados são, normalmente, mais propensos do que florestas latifoliadas temperadas a serem povoados por fungos micorrízicos arbusculares (ver Figura 37.14) e por grandes mamíferos pastadores. Embora a Figura 52.10 mostre limites distintos entre os biomas, os biomas terrestres geralmente penetram nos biomas vizinhos, às vezes por grandes extensões. Essas áreas de transição, denominadas **ecótonos**, podem ser amplas ou estreitas.

A estratificação vertical da vegetação é uma característica importante de biomas terrestres. Em muitas florestas, os estratos de cima para baixo consistem em: **dossel**, estrato de árvores baixas, sub-bosque arbustivo, estrato de plantas herbáceas junto ao solo, chão da floresta (estrato da serrapilheira) e estrato das raízes. Os biomas não florestais têm estratos semelhantes, embora geralmente menos pronunciados. A estratificação da vegetação proporciona muitos hábitats diferentes para os animais, que, às vezes, constituem grupos alimentares bem definidos, desde aves e morcegos insetívoros, que forrageiam acima do dossel, até vermes, artrópodes e pequenos mamíferos que procuram alimento nos estratos da serrapilheira e das raízes.

A composição de espécies de cada tipo de bioma varia de um local para outro. Por exemplo, na floresta setentrional de coníferas (taiga) da América do Norte, o espruce vermelho é comum no leste, mas não ocorre na maioria das outras áreas, onde o espruce preto e o espruce branco são abundantes. Como mostra a **Figura 52.12**, os cactos que ocorrem na América do Norte e na América do Sul se assemelham às euforbiáceas encontradas em desertos da África. No entanto, como os cactos e as euforbiáceas pertencem a linhagens evolutivas diferentes, suas semelhanças se devem à evolução convergente e não à ancestralidade compartilhada.

Distúrbios e biomas terrestres

Os biomas são dinâmicos, e os distúrbios, em vez da estabilidade, tendem a ser a regra. Em termos ecológicos, um **distúrbio** é um evento como tempestade, queimada ou atividade humana que modifica uma comunidade, removendo organismos ou alterando a disponibilidade de recursos.

Furacões e tempestades, por exemplo, podem criar clareiras para o ingresso de novas espécies em muitas florestas tropicais e de clima temperado, podendo alterar a composição florística. Após o impacto do furacão Katrina na Costa do Golfo dos Estados Unidos, em 2005, suas florestas paludosas mistas passaram a ser dominadas pelo cipreste-calvo (*Taxodium distichum*) e pela goma-de-algodão (do inglês *water tupelo*; *Nyssa aquatica*), porque essas espécies são menos suscetíveis ao dano pelo vento do que outras espécies arbóreas encontradas na região. Em decorrência de distúrbios, os biomas costumam ser fragmentados, contendo muitas comunidades diferentes em uma única área.

Em muitos biomas, mesmo as espécies dominantes dependem de distúrbios periódicos. As queimadas naturais são um componente essencial de campos, savanas, chaparrais e muitas florestas de coníferas. Antes do desenvolvimento agrícola e urbano, grande parte do sudeste dos Estados Unidos era dominada por uma única espécie de conífera, o pinheiro de folhas longas. Sem queimadas periódicas, as árvores latifoliadas tendiam a substituir os pinheiros. Atualmente, gestores florestais utilizam o fogo como ferramenta para ajudar a manter muitas florestas de coníferas.

A **Figura 52.13** resume as principais características dos biomas terrestres. Ao ler sobre as características de cada bioma, lembre-se de que o ser humano alterou grande parte da superfície terrestre, substituindo comunidades naturais por ambientes urbanos e agrícolas. O centro dos Estados Unidos, por exemplo, é classificado como campo e outrora continha áreas extensas de pradaria altas. Muito pouco da pradaria original permanece hoje, tendo sido, entretanto, convertida em área agrícola.

REVISÃO DO CONCEITO 52.2

1. Com base no climográfico da Figura 52.11, o que diferencia, principalmente, o campo temperado da floresta latifoliada temperada?
2. Usando a Figura 52.13, identifique o bioma natural em que você vive e resuma suas características abióticas e bióticas. Elas refletem o seu ambiente atual? Explique.
3. **E SE?** Se as temperaturas médias da Terra aumentarem em 4°C neste século, prediga qual bioma tem maior probabilidade de substituir a tundra em alguns locais como uma consequência. Explique.

Ver as respostas sugeridas no Apêndice A.

▼ **Figura 52.12** **Evolução convergente em um cacto e uma euforbiácea.** Os cactos do gênero *Cereus* são encontrados nas Américas; *Euphorbia canariensis*, euforbiácea nativa nas Ilhas Canárias, ao longo da costa noroeste da África.

▼ Figura 52.13 Explorando biomas terrestres

Floresta tropical

Distribuição A floresta tropical ocorre em regiões equatoriais e subequatoriais.

Precipitação Nas **florestas pluviais tropicais**, a precipitação é relativamente constante, com aproximadamente 2.000 a 4.000 mm por ano. Nas **florestas secas tropicais**, a precipitação é altamente sazonal, com cerca de 1.500 a 2.000 mm por ano e 6 a 7 meses de estação seca.

Temperatura É alta em todo o ano, com média de 25 a 29°C e com variação sazonal pequena.

Plantas As florestas tropicais são estratificadas verticalmente e a competição por luz é intensa. As camadas nas florestas pluviais incluem árvores que crescem acima do dossel fechado (as emergentes), as árvores do dossel, um ou dois estratos de árvores abaixo do dossel e estratos de arbustos e ervas (plantas de pequeno porte, não lenhosas). Nas florestas secas tropicais, geralmente existem menos estratos. As árvores perenifólias latifoliadas são dominantes nas florestas pluviais tropicais, ao passo que muitas árvores de florestas secas tropicais perdem suas folhas durante a estação seca. As epífitas, como as bromélias e as orquídeas, geralmente cobrem as árvores das florestas tropicais, mas são menos abundantes nas florestas secas. Os arbustos espinhosos e as plantas suculentas são comuns em algumas florestas secas tropicais.

Animais As florestas tropicais são o hábitat de milhões de espécies, incluindo uma estimativa de 5 a 30 milhões de espécies ainda não

Floresta pluvial tropical na Costa Rica

descritas de insetos, aranhas e outros artrópodes. Na verdade, a diversidade animal é mais alta nas florestas tropicais do que em qualquer outro bioma terrestre. Esses animais, abrangendo anfíbios, aves e outros répteis, mamíferos e artrópodes, são adaptados aos ambientes verticalmente estratificados e com frequência imperceptíveis.

Impacto humano Os seres humanos há muito estabeleceram comunidades prósperas em florestas tropicais. Atualmente, muitas florestas tropicais estão sendo derrubadas e convertidas em terras agrícolas, áreas urbanas e outros tipos de uso da terra.

Deserto

Distribuição Os **desertos** ocorrem em faixas próximas dos 30° de latitude norte e sul ou em outras latitudes no interior de continentes (p. ex., o Deserto de Gobi no norte da Ásia Central).

Precipitação A precipitação é baixa e altamente variável, em geral menos de 300 mm por ano.

Temperatura A temperatura apresenta variação sazonal e diária. A temperatura do ar máxima nos desertos quentes pode ser superior a 50°C; nos desertos frios, ela pode cair abaixo de –30°C.

Plantas As paisagens de desertos são dominadas por vegetação baixa e amplamente esparsa; a proporção de solo descoberto é alta em comparação com outros biomas terrestres. As plantas abrangem as suculentas com cactos e euforbiáceas, arbustos profundamente enraizados e ervas que crescem durante os períodos úmidos infrequentes. As adaptações das plantas de deserto incluem a tolerância ao calor e à dessecação, o armazenamento de água e a redução da área de superfície foliar. As defesas físicas, como os espinhos, e as defesas químicas, como as toxinas nas folhas dos arbustos, são comuns. Muitas das plantas exibem tipos fotossintéticos C_4 ou MAC.

Animais Os animais comuns nos desertos incluem serpentes, lagartos, escorpiões, formigas, besouros, aves migratórias e residentes e roedores granívoros. Muitas espécies são noturnas. A conservação da água é uma adaptação comum, com algumas espécies sobrevivendo apenas da água obtida da decomposição de carboidratos das sementes.

Impacto humano O transporte de água por longas distâncias e os mananciais hídricos profundos permitem aos humanos manter consideráveis populações nos desertos. A urbanização e a conversão para a agricultura irrigada reduziu a biodiversidade natural de alguns desertos.

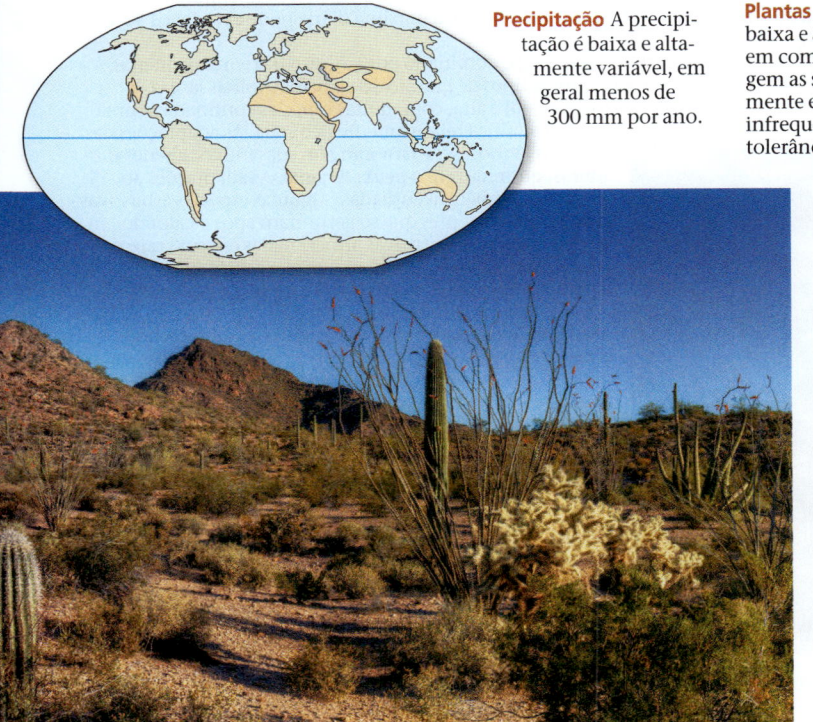

Cacto-de-tubo-de-órgão, Monumento Nacional, Arizona

Continua na próxima página

▼ Figura 52.13 Explorando biomas terrestres (continuação)

Savana

Distribuição As savanas ocorrem em regiões equatoriais e subequatoriais.

Precipitação A precipitação é sazonal e sua média varia de 300 a 500 mm por ano. A estação seca pode durar até 8 ou 9 meses.

Temperatura A **savana** é quente durante todo o ano, com média entre 24 e 29°C, mas apresenta variação sazonal maior do que nas florestas tropicais.

Plantas As árvores esparsas encontradas em densidades diferentes na savana muitas vezes são espinhosas e têm folhas pequenas, evidente adaptação às condições relativamente secas. As queimadas são comuns na estação seca, e as espécies vegetais dominantes são adaptadas ao fogo e tolerantes à seca sazonal. Gramíneas e ervas de folhas largas, responsáveis pela maior parte da cobertura do solo, crescem rapidamente em resposta às chuvas sazonais e são tolerantes ao pastejo pelos mamíferos de grande porte e outros herbívoros.

Uma savana no Quênia

Animais Os grandes mamíferos pastejadores, como os gnus e as zebras, e predadores, como os leões e as hienas, são habitantes comuns. No entanto, os herbívoros dominantes são, na verdade, os insetos, especialmente os cupins. Durante as secas sazonais, os mamíferos pastejadores muitas vezes migram para partes da savana com mais forragem e reservatórios de água esparsos.

Impacto humano Os primeiros seres humanos talvez tenham vivido nas savanas. As queimadas praticadas pelos seres humanos podem ajudar a manter esse bioma, embora em demasia reduzam a regeneração arbórea pela morte de plântulas e de árvores jovens. A pecuária e a caça excessiva provocaram declínios nas populações de mamíferos de grande porte.

Chaparral

Distribuição Este bioma ocorre em regiões costeiras de latitudes médias de vários continentes, e seus muitos nomes refletem sua ampla distribuição: **chaparral** na América do Norte, *matorral* na Espanha e no Chile, *garigue* e *maquis* no sul da França; e *fynbos* na África do Sul.

Precipitação A precipitação é altamente sazonal, com invernos chuvosos e verões secos. A precipitação anual geral fica entre 300 e 500 mm.

Temperatura O outono, o inverno e a primavera são frios, com temperaturas médias na faixa de 10 a 12°C. A temperatura média no verão pode chegar a 30°C, e a máxima diária pode exceder os 40°C.

Plantas O chaparral é dominado por arbustos e árvores pequenas, junto com muitos tipos de gramíneas e ervas de folhas largas. A diversidade vegetal é alta, com muitas espécies confinadas a uma área geográfica relativamente pequena. As adaptações das plantas lenhosas à seca abrangem suas folhas perenes e duras, que reduzem a perda de água. As adaptações ao fogo são também acentuadas. Algumas espécies arbustivas produzem sementes que só germinam após o calor do fogo; as reservas nutritivas armazenadas em suas raízes resistentes ao fogo permitem que elas rebrotem rapidamente e utilizem os nutrientes liberados pelo fogo.

Animais A fauna nativa inclui os pastejadores, como veados e cabras, que consomem os ramos e as gemas da vegetação lenhosa, e uma alta diversidade de mamíferos menores. As áreas de chaparral também sustentam muitas espécies de anfíbios, aves e outros répteis e insetos.

Impacto humano As áreas de chaparral foram intensamente ocupadas e reduzidas mediante a conversão para a agricultura e a urbanização. Os seres humanos contribuem com as queimadas que se expandem pelo chaparral.

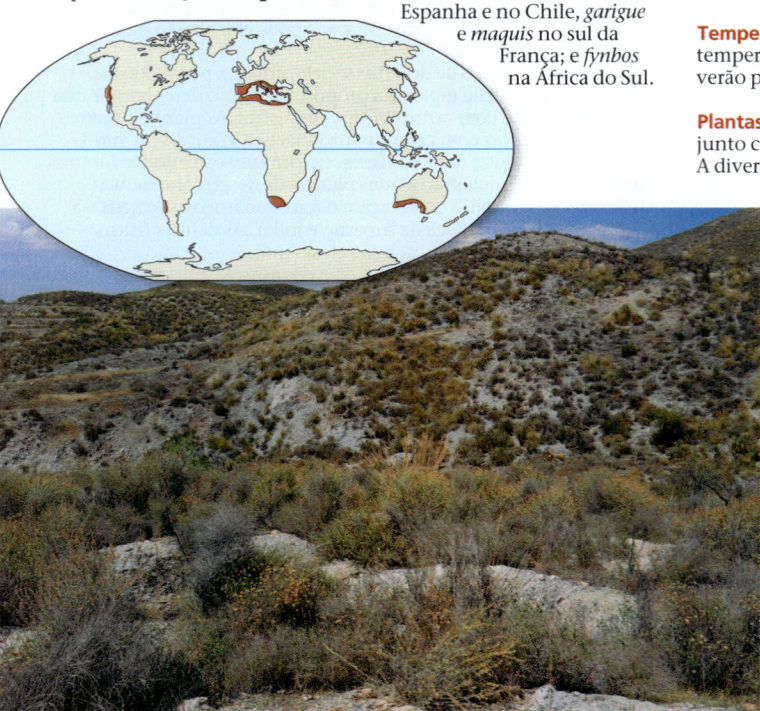
Área de chaparral na Califórnia

Campo temperado

Distribuição Os *veldts* da África do Sul, os *puszta* of Hungary, da Hungria, os pampas da Argentina, Uruguai e sul do Brasil, as estepes da Rússia e as campinas e pradarias do centro da América do Norte são exemplos de **campos temperados**.

Precipitação A precipitação é com frequência altamente sazonal, com invernos relativamente secos e verões úmidos. A precipitação anual geralmente fica entre 300 e 1.000 mm. A seca periódica é comum.

Temperatura Os invernos são geralmente frios, com temperaturas médias situando-se abaixo de –10°C. Os verões são quentes e as temperaturas médias com frequência se aproximam de 30°C.

Plantas As plantas dominantes são gramíneas e espécies de folhas largas, com alturas variando de poucos centímetros até 2 m em campos altos. Muitas espécies dos campos exibem adaptações que as ajudam a sobreviver às secas periódicas e prolongadas e ao fogo. As gramíneas, por exemplo, podem brotar rapidamente após uma queimada. O pastejo por grandes mamíferos ajuda a impedir o estabelecimento de espécies lenhosas (arbustos e árvores).

Animais A fauna nativa abrange pastejadores grandes, como os bisões e os cavalos selvagens. Os campos temperados também são habitados por uma ampla diversidade de mamíferos escavadores, como os cães-da-pradaria da América do Norte.

Um campo na Mongólia

Impacto humano Os solos férteis e profundos tornam os campos temperados locais ideais para a agricultura, especialmente para o cultivo de cereais. Como consequência, a maioria dos campos da América do Norte e muitos da Eurásia foram convertidos em lavouras. Em alguns campos mais secos, o gado e outros pastejadores degradaram muitas partes do bioma.

Floresta boreal de coníferas

Distribuição A **floresta boreal de coníferas**, ou *taiga*, é o maior bioma terrestre do planeta, que se estende em uma faixa ampla do norte da América do Norte e Eurásia até o limite da tundra ártica.

Precipitação A precipitação anual geralmente varia de 300 a 700 mm, sendo comuns as secas periódicas. Contudo, algumas florestas costeiras do noroeste do Pacífico dos Estados Unidos são florestas pluviais temperadas que podem receber mais de 3.000 mm de precipitação anual.

Temperatura Os invernos são geralmente frios; os verões podem ser quentes. Em geral, algumas áreas de floresta de coníferas na Sibéria variam de –50°C no inverno até mais de 20°C no verão.

Plantas As florestas setentrionais de coníferas são dominadas por espécies arbóreas como pinheiro, espruce, abeto e tsuga-do-canadá, algumas das quais dependem do fogo para regenerar. A forma cônica de muitas coníferas impede que a neve se acumule em demasia e quebre seus ramos, e suas folhas aciculares ou escamosas reduzem a perda de água. A diversidade de espécies nos estratos arbustivo e herbáceo dessas florestas é menor do que nas florestas latifoliadas temperadas.

Animais Ao mesmo tempo que muitas espécies de aves migratórias nidificam nas florestas boreais de coníferas, outras são residentes durante todo o ano. Os mamíferos do bioma, incluindo os alces, os ursos-pardos e os tigres-siberianos, são diversos. As explosões populacionais periódicas de insetos herbívoros podem matar trechos grandes de florestas.

Impacto humano Embora não tenham sido intensamente ocupadas por populações humanas, as florestas boreais de coníferas estão sendo desmatadas em um ritmo alarmante, e os remanescentes florestais mais antigos com essas árvores podem logo desaparecer.

Floresta de coníferas na Noruega

Continua na próxima página

▼ Figura 52.13 Explorando biomas terrestres (continuação)

Floresta latifoliada temperada

Distribuição A floresta latifoliada temperada é encontrada principalmente nas latitudes médias do Hemisfério Norte, com áreas menores no Chile, África do Sul, Austrália e Nova Zelândia.

Precipitação A precipitação anual pode variar de aproximadamente 700 até mais de 2.000 mm. Registram-se quantidades significativas de precipitação durante todas as estações, incluindo as chuvas de verão e, em algumas florestas, a neve de inverno.

Temperatura As temperaturas de inverno ficam próximas de 0°C. Os verões, com temperatura máxima chegando a 35°C, são quentes e úmidos.

Plantas Uma **floresta latifoliada temperada** madura tem estratos verticais distintos, incluindo um dossel fechado, um ou dois estratos de árvores do sub-bosque, um estrato de arbustos e um estrato herbáceo. Existem poucas epífitas. As plantas dominantes no Hemisfério Norte são árvores decíduas, que perdem as folhas antes do inverno, quando as temperaturas baixas reduzem a fotossíntese e tornam difícil a absorção de água do solo congelado. Na Austrália, espécies perenifólias de eucalipto dominam essas florestas.

Animais No Hemisfério Norte, muitos mamíferos hibernam no inverno, enquanto muitas espécies de aves migram para climas mais quentes. Os mamíferos, as aves e os insetos usam todos os estratos verticais da floresta.

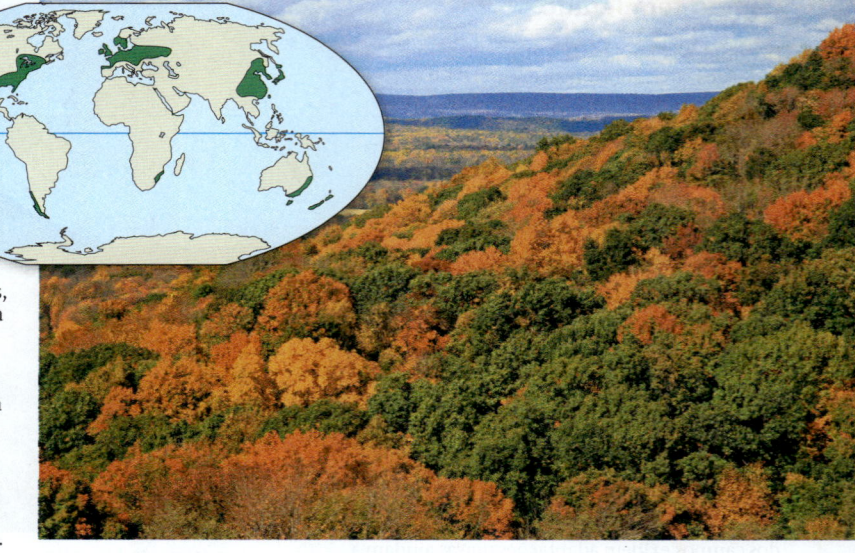

Uma floresta latifoliada temperada em Nova Jersey

Impacto humano A floresta latifoliada temperada foi intensamente ocupada em todos os continentes. O desmatamento e a preparação da terra para a agricultura e a expansão urbana alteraram praticamente todas as florestas decíduas originais na América do Norte. No entanto, por causa da sua capacidade de recuperação, essas florestas estão retornando em muitas partes de sua área de distribuição anterior.

Tundra

Distribuição A **tundra** cobre área extensas do Ártico, totalizando até 20% da superfície terrestre do planeta. Ventos fortes e temperaturas baixas produzem comunidades vegetais semelhantes, chamadas de *tundras alpinas*, no topo de montanhas muito altas em todas as latitudes, inclusive nos trópicos.

Precipitação A precipitação anual varia de 200 a 600 mm na tundra ártica, mas pode atingir 1.000 mm na tundra alpina.

Temperatura Os invernos são frios, com médias inferiores a –30°C, em algumas áreas. As temperaturas médias de verão geralmente ficam abaixo de 10°C.

Plantas A vegetação da tundra é principalmente herbácea, consistindo em uma mistura de musgos, gramíneas e ervas de folhas largas, junto com alguns arbustos, árvores anãs e liquens. Uma camada de solo permanentemente gelada, denominada *permafrost* (pergelissolo), restringe o crescimento de raízes.

Animais Os grandes bois-almiscarados pastejadores são residentes, ao passo que os caribus e as renas são migratórios. Entre os predadores, estão os ursos, os lobos e as raposas. Muitas espécies de aves migram para a tundra para nidificar no verão.

Impacto humano A tundra é esparsamente ocupada, mas nos últimos anos tornou-se alvo de significativa exploração mineral, inclusive de petróleo.

Outono no Parque Nacional de Dovrefjell-Sunndalsfjella, Noruega

CONCEITO 52.3

Os biomas aquáticos são sistemas diversos e dinâmicos que cobrem a maior parte da Terra

Diferentemente dos biomas terrestres, os biomas aquáticos são caracterizados principalmente pelo seu ambiente físico e químico. Eles também mostram muito menos variação latitudinal, sendo todos os tipos encontrados pelo globo. Por exemplo, os biomas marinhos geralmente apresentam concentrações salinas de aproximadamente 3%, ao passo que os biomas de água doce costumam ser caracterizados por uma concentração salina inferior a 0,1%.

Os oceanos constituem o maior bioma marinho, cobrindo cerca de 75% da superfície terrestre. Devido ao seu vasto tamanho, eles impactam consideravelmente a biosfera. A água evaporada dos oceanos fornece a maior parte das chuvas do planeta. As algas marinhas e as bactérias fotossintetizantes fornecem muito do oxigênio mundial e consomem grandes quantidades de dióxido de carbono atmosférico. As temperaturas oceânicas têm um efeito importante sobre o clima global e os padrões de vento (ver Figura 52.3), e, junto com os grandes lagos, os oceanos tendem a moderar o clima do ambiente terrestre próximo.

Os biomas de água doce estão intimamente vinculados aos solos e aos componentes bióticos do bioma terrestre adjacente. As características particulares de um bioma de água doce são também influenciadas pelos padrões e pela velocidade do fluxo de água e pelo clima ao qual o bioma está exposto.

Zonação nos biomas aquáticos

Muitos biomas aquáticos são física e quimicamente estratificados (em camadas), vertical e horizontalmente, como ilustrado na **Figura 52.14** para um lago e um ambiente marinho. A luz é absorvida pela água e pelos organismos fotossintetizantes, de modo que a sua intensidade decresce rapidamente com a profundidade. A **zona eufótica** superior é a região onde há luz suficiente para a fotossíntese, enquanto a **zona afótica** inferior é a região onde penetra pouca luz. As zonas eufótica e afótica juntas constituem a **zona pelágica**. Nas profundezas da zona afótica encontra-se a **zona abissal**, a parte do oceano 2.000 a 6.000 m abaixo da superfície. No fundo de todas essas zonas aquáticas, profunda ou rasa, está a **zona bentônica**. Formada por areia e sedimentos orgânicos e inorgânicos, a zona bentônica é ocupada por comunidades de organismos coletivamente denominados **bentos**. Uma fonte de alimento importante para muitas espécies bentônicas é a matéria orgânica morta chamada de **detrito**, que "precipita" no fundo a partir de águas produtivas superficiais da zona eufótica.

A energia térmica proveniente do sol aquece as águas superficiais até a profundidade que a luz penetra, mas as águas mais profundas permanecem bem frias. Nos oceanos e na maioria dos lagos, uma camada estreita de mudança abrupta de temperatura chamada de **termoclina** separa a camada superior mais uniformemente quente das águas mais profundas uniformemente frias. Os lagos tendem a ser particularmente estratificados com relação à temperatura, sobretudo durante o verão e o inverno, mas muitos lagos temperados experimentam uma mistura semianual

(a) Zonação em um lago

O ambiente de um lago é geralmente classificado com base em três critérios físicos: penetração da luz (zonas eufótica e afótica), distância da margem e profundidade da água (zonas litorânea e limnética) e se o ambiente é aberto (zona pelágica) ou de fundo (zona bentônica).

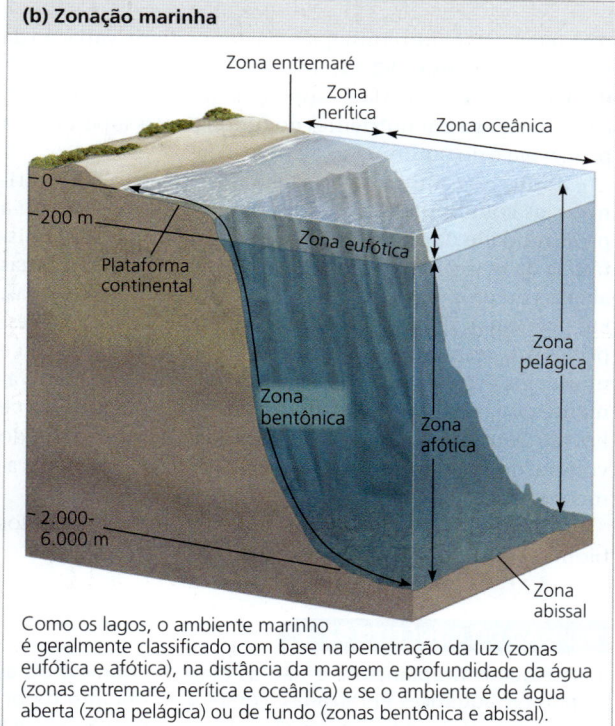

(b) Zonação marinha

Como os lagos, o ambiente marinho é geralmente classificado com base na penetração da luz (zonas eufótica e afótica), na distância da margem e profundidade da água (zonas entremaré, nerítica e oceânica) e se o ambiente é de água aberta (zona pelágica) ou de fundo (zonas bentônica e abissal).

▲ **Figura 52.14** Zonação dos biomas aquáticos.

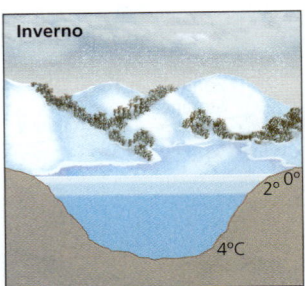 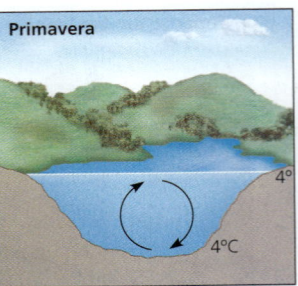 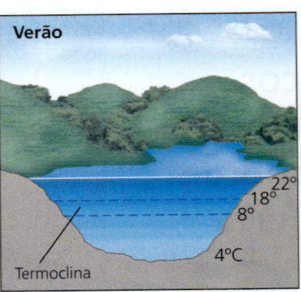 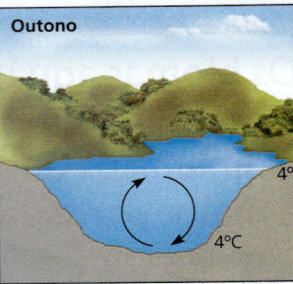

❶ No inverno, a água mais fria do lago (0°C) fica logo abaixo da superfície congelada, a água torna-se progressivamente mais quente nos níveis mais profundos do lago, geralmente 4°C no fundo.

❷ Na primavera, a água superficial se aquece a 4°C e se mistura com as camadas subjacentes, eliminando a estratificação térmica. Os ventos da primavera ajudam a misturar a água, levando oxigênio para o fundo e nutrientes para a superfície.

❸ No verão, o lago recupera o perfil térmico característico, com a água superficial quente separada da água fria do fundo por uma estreita zona vertical de mudança abrupta de temperatura, denominada termoclina.

❹ No outono, a água superficial esfria rapidamente e afunda além das camadas subjacentes, ocorrendo uma remistura da água até que a superfície comece a congelar e o perfil térmico de inverno seja restabelecido.

▲ **Figura 52.15** *Turnover* **sazonal em lagos com cobertura de gelo no inverno.** O *turnover* sazonal deixa as águas do lago bem oxigenadas em todas as profundidades na primavera e no outono; no inverno e no verão, quando o lago estiver estratificado pela temperatura, a concentração de oxigênio decresce com a profundidade.

das suas águas como consequência dos perfis da variação de temperatura **(Figura 52.15)**. Esse ***turnover***, como é chamado, leva água oxigenada da superfície para o fundo do lago e traz água rica em nutrientes do fundo para a superfície na primavera e no outono.

Tanto nos ambientes de água doce quanto nos marinhos, as comunidades estão distribuídas de acordo com a profundidade da água, o grau de penetração da luz, a distância da margem e o fato de serem encontradas em águas abertas ou próximas do fundo. As comunidades marinhas, em particular, ilustram as limitações na distribuição de espécies que resultam desses fatores abióticos. O plâncton e muitas espécies de peixes vivem na zona eufótica relativamente rasa (ver Figura 52.14b). Uma vez que a água absorve luz tão bem e o oceano é tão profundo, a maior parte do volume do oceano é escura (zona afótica) e abriga relativamente pouca vida.

A **Figura 52.16** explora as principais características dos biomas aquáticos mais importantes.

REVISÃO DO CONCEITO 52.3

1. Por que o fitoplâncton, e não as algas bentônicas ou as plantas aquáticas enraizadas, compõe o conjunto de organismos fotossintetizantes dominantes da zona pelágica oceânica? (Ver Figura 52.16.)
2. **FAÇA CONEXÕES** Muitos organismos estuarinos vivenciam condições de água doce e de água salgada, com o avanço e o recuo diário das marés. Explique como essas condições variáveis desafiam a sobrevivência desses organismos (Ver Conceito 44.1).
3. **FAÇA CONEXÕES** Como visto na Figura 52.16, a adição de nutrientes em um lago pode causar a proliferação de algas. Quando essas algas morrem, moléculas complexas em seus corpos são quebradas por decompositores usando respiração aeróbica. Explique por que isso pode reduzir os níveis de oxigênio do lago (ver Conceito 9.1).

Ver as respostas sugeridas no Apêndice A.

CONCEITO 52.4

As interações entre os organismos e o ambiente limitam a distribuição das espécies

Em termos gerais, a distribuição das espécies é uma consequência de fatores ambientais e história evolutiva. Considere os cangurus, encontrados na Austrália e em nenhum outro lugar. Evidências fósseis indicam que cangurus e seus parentes próximos originaram-se na Austrália há aproximadamente 5 milhões de anos. Naquela época, a Austrália já havia se deslocado até próximo da sua localização atual (por deriva continental; ver Conceito 25.4) e não estava conectada com outras massas continentais. Logo, os cangurus ocorrem apenas na Austrália em parte devido a um acidente histórico: a linhagem desses animais teve origem em algum momento em que o continente estava geograficamente isolado.

Porém, fatores ecológicos também são importantes. Até o momento, os cangurus não se dispersaram (por meios próprios) para outros continentes; portanto estão restritos ao continente no qual se originaram. E dentro da Austrália os cangurus são encontrados em alguns hábitats, mas não em outros. O canguru-vermelho, por exemplo, ocorre nos campos áridos da Austrália central, mas não nas florestas altas e abertas do leste do país. Além disso, cangurus não são incomuns nesse respeito – todas as espécies são encontradas em alguns hábitats, mas não em outros. Portanto, os ecólogos questionam não somente *onde* as espécies ocorrem, mas também *por que* as espécies ocorrem onde ocorrem: que fatores ecológicos – bióticos ou abióticos – determinam a sua distribuição?

Em muitos casos, tanto os fatores bióticos quanto os abióticos afetam a distribuição de uma espécie, como no caso do saguaro (*Carnegiea gigantea*, cactácea). Saguaros são encontrados quase exclusivamente no Deserto de Sonora, no

▼ Figura 52.16 Explorando biomas aquáticos

Lagos

Ambiente físico Os corpos de água parada variam de reservatórios com alguns metros quadrados de área até lagos cobrindo milhares de quilômetros quadrados. A luz diminui com a profundidade, criando uma estratificação. Os lagos temperados podem ter uma termoclina sazonal; os lagos tropicais de planícies apresentam uma termoclina ao longo do ano.

Ambiente químico A salinidade, a concentração de oxigênio e a quantidade de nutrientes diferem bastante entre os lagos e podem variar entre as estações. Os **lagos oligotróficos** são pobres em nutrientes e geralmente ricos em oxigênio; os **lagos eutróficos** são ricos em nutrientes e, com frequência, pobres em oxigênio na zona mais profunda durante o verão e se cobertos de gelo no inverno. A quantidade de matéria orgânica decomposta nos sedimentos é baixa nos lagos oligotróficos e alta nos lagos eutróficos; as taxas elevadas de decomposição nas camadas mais profundas dos lagos eutróficos provocam depleção periódica do oxigênio.

Características geológicas Os lagos oligotróficos podem tornar-se mais eutróficos ao longo do tempo, à medida que o escoamento adiciona sedimento e nutrientes. Em relação à sua profundidade, eles tendem a ter menos área de superfície do que os lagos eutróficos.

Lago oligotrófico no Parque Nacional de Jasper, Alberta

Organismos fotossintetizantes Plantas aquáticas enraizadas e plantas flutuantes vivem na **zona litorânea**, as águas rasas e transparentes junto à margem. Mais distante da margem, onde a água é profunda demais para sustentar plantas aquáticas enraizadas, a **zona limnética** é habitada por uma diversidade de organismos fitoplanctônicos, incluindo cianobactérias.

Heterótrofos Na zona limnética, pequenos heterótrofos flutuantes, ou zooplâncton, alimentam-se de fitoplâncton. A zona bentônica é habitada por invertebrados agrupados, cuja composição de espécies depende parcialmente dos níveis de oxigênio. Os peixes vivem em todas as zonas com oxigênio suficiente.

Lago eutrófico no delta do Okavango, Botswana

Impacto humano Os fertilizantes agrícolas e as descargas de resíduos levam ao enriquecimento de nutrientes, que podem provocar floração de algas, depleção do oxigênio e mortandade de peixes.

Áreas úmidas

Ambiente físico Uma **área úmida** é um hábitat submetido à inundação ao menos em parte do tempo e sustenta plantas adaptadas ao solo saturado de água. Algumas áreas úmidas são inundadas em todas as épocas, ao passo que em outras as inundações são infrequentes.

Ambiente químico Devido à produção orgânica elevada pelas plantas e decomposição pelos micróbios e outros organismos, a água e os solos periodicamente apresentam pouco oxigênio dissolvido. As áreas úmidas têm alta capacidade de filtrar nutrientes dissolvidos e poluentes químicos.

Características geológicas As *áreas úmidas de bacia* (*basin wetlands*) se desenvolvem em bacias rasas, variando de depressões de planalto até lagos e reservatórios assoreados. As *áreas úmidas ribeirinhas* (*riverine wetlands*) se desenvolvem ao longo de margens de rios e riachos rasos e periodicamente inundados. As *áreas úmidas de orlas* (*fringe wetlands*) ocorrem ao longo das costas de grandes lagos e mares, onde a água flui para dentro e para fora devido à elevação dos níveis da água ou da ação das ondas. Portanto, as áreas úmidas de orlas abrangem biomas de água doce e marinhos.

Organismos fotossintetizantes As áreas úmidas estão entre os biomas mais produtivos da Terra. Os seus solos saturados de água favorecem o crescimento de plantas como lírios-d'água (flutuantes) e taboas (emergentes), ciperáceas, cipreste-calvo e espruce-negro, dotados de adaptações que possibilitam o crescimento na água ou em solos periodicamente anaeróbicos devido à presença de água não oxigenada. As plantas lenhosas dominam a vegetação dos pântanos, ao passo que as turfeiras são dominadas por musgos do gênero *Sphagnum*.

Heterótrofos As áreas úmidas são o hábitat de uma comunidade diversificada de invertebrados, aves e muitos outros organismos. Os herbívoros, desde crustáceos e larvas de insetos aquáticos até os ratos-almiscarados, consomem algas, plantas de maior porte e detritos. Os carnívoros também são diversos e podem incluir libélulas, lontras, rãs, jacarés e garças.

Impacto humano As áreas úmidas ajudam a purificar a água e a reduzir alagamentos. As drenagens e os aterros já destruíram cerca de 90% das áreas úmidas na Europa.

Área úmida de bacia no Reino Unido

Continua na próxima página

▼ Figura 52.16 **Explorando biomas aquáticos (continuação)**

Riachos e rios

Ambiente físico A característica física mais pronunciada dos riachos e rios é a velocidade e o volume do seu fluxo. As nascentes dos riachos geralmente são frias, claras, turbulentas e velozes. A jusante, onde inúmeros tributários podem se unir formando um rio, a água é geralmente mais quente e mais turva devido aos sedimentos em suspensão. Os riachos e rios são estratificados em zonas verticais.

Ambiente químico O conteúdo de sais e de nutrientes de riachos e rios aumenta das nascentes para a foz. As nascentes são geralmente ricas em oxigênio. A jusante, a água também pode conter uma quantidade substancial de oxigênio, exceto onde tem havido enriquecimento orgânico. Uma grande parte da matéria orgânica presente nos rios consiste em material dissolvido ou altamente fragmentado carregado pela corrente de riachos florestados.

Características geológicas Os canais das nascentes dos riachos com frequência são estreitos, têm um fundo rochoso e alternam trechos rasos e mananciais mais profundos. As extensões de rios a jusante são geralmente mais largas e sinuosas. Com frequência, os fundos dos rios são assoreados pelos sedimentos depositados durante muito tempo.

Nascente de um riacho em Washington

Organismos fotossintetizantes As nascentes dos riachos que atravessam campos ou desertos podem ser ricas em fitoplâncton ou plantas aquáticas enraizadas.

Heterótrofos Uma grande diversidade de peixes e invertebrados habita rios e riachos não poluídos, distribuídos de acordo com zonas verticais e ao longo delas. Nos riachos que correm através de florestas temperadas ou tropicais, a matéria orgânica da vegetação terrestre é a fonte principal de alimento para consumidores aquáticos.

Rio Loire na França, longe das suas nascentes

Impacto humano A poluição urbana, agrícola e industrial degrada a qualidade da água e mata organismos aquáticos. Represamentos e controle de inundações prejudicam o funcionamento natural de ecossistemas de riachos e de rios e ameaçam espécies migratórias como o salmão.

Estuários

Ambiente físico Um **estuário** é uma área de transição entre rio e mar. A água do mar avança para o canal do estuário durante a maré alta e recua durante a maré baixa. Com frequência, a água do mar de densidade mais alta ocupa o fundo do canal e se mistura pouco com a água do rio de densidade mais baixa na superfície.

Ambiente químico A salinidade varia espacialmente dentro dos estuários, desde aquela encontrada na água doce até aquela de água salgada. A salinidade também varia com a elevação e a descida das marés. Os nutrientes dos rios tornam os estuários, bem como as áreas úmidas, os biomas mais produtivos.

Características geológicas Os padrões de fluxo estuarino, combinados com os sedimentos transportados pelas águas de rios e marés, criam uma rede complexa de canais de maré, ilhas, diques naturais e estirâncios (planícies de maré).

Organismos fotossintetizantes Gramíneas e algas de marismas, incluindo o fitoplâncton, são os principais produtores nos estuários.

Heterótrofos Os estuários sustentam uma abundância de vermes, ostras, caranguejos e muitas espécies de peixes consumidas pelos seres humanos. Muitos invertebrados e peixes marinhos usam os estuários para reprodução ou migram através deles para os hábitats de água doce a montante. Os estuários também são áreas de alimentação cruciais para aves aquáticas e alguns mamíferos marinhos.

Impacto humano Assoreamento, dragagem e poluição originada a montante alteraram os estuários no mundo inteiro.

Estuário no sul da Espanha

Zonas entremarés

Ambiente físico Uma **zona entremaré** é periodicamente submersa e exposta pelas marés, duas vezes ao dia na maioria das costas marinhas. As zonas superiores submetem-se a exposições mais longas ao ar e a maiores variações de temperatura e salinidade. As alterações nas condições físicas das zonas entremarés superiores para as zonas inferiores limitam as distribuições de muitos organismos a determinados estratos, como mostrado na fotografia.

Ambiente químico Os níveis de oxigênio e nutrientes, geralmente altos, são renovados com cada ciclo das marés.

Características geológicas Os substratos das zonas entremarés, que geralmente são rochosos ou arenosos, selecionam comportamento particular e anatomia específica nos organismos. A configuração das baías ou das linhas costeiras influencia a magnitude das marés e a exposição relativa dos organismos à ação das ondas.

Organismos fotossintetizantes Uma alta diversidade e biomassa de algas marinhas fixas habita as zonas entremarés rochosas, especialmente na zona inferior. Nas zonas entremarés arenosas expostas à ação vigorosa das ondas geralmente inexistem angiospermas e algas fixas, ao passo que as zonas entremarés arenosas em baías ou lagoas protegidas com frequência sustentam leitos ricos em angiospermas (*seagrass*, ervas marinhas) e algas.

Heterótrofos Muitos dos animais nos ambientes entremarés rochosos apresentam adaptações estruturais que possibilitam sua fixação ao substrato duro. A composição, a densidade e a diversidade de animais se alteram acentuadamente entre as zonas entremarés superior e inferior. Muitos dos animais das zonas entremarés arenosas ou lamacentas, como vermes, mariscos e crustáceos predadores, se esconderam e se alimentam à medida que as marés proporcionam fontes de alimento. Outros animais comuns são as esponjas, as anêmonas-do-mar, os equinodermos e peixes pequenos.

Impacto humano A poluição por petróleo impactou muitas áreas entremarés. A construção de barreiras e muros de pedras para reduzir a erosão provocada por ondas e torrentes tem transtornado essa zona em algumas regiões.

Zona entremaré rochosa na costa do Oregon

Zona pelágica oceânica

Ambiente físico A **zona pelágica oceânica** é um vasto domínio de água azul aberta, constantemente misturada pelas correntes oceânicas deslocadas pelo vento. Devido à maior transparência da água, a zona eufótica se estende até profundidades maiores do que nas águas marinhas litorâneas.

Ambiente químico Os níveis de oxigênio são geralmente altos. As concentrações de nutrientes são mais baixas do que nas águas litorâneas. Por serem termicamente estratificadas ao longo do ano, algumas áreas tropicais da zona pelágica oceânica têm concentrações de nutrientes mais baixas do que os oceanos temperados. O *turnover* entre o outono e a primavera renova os nutrientes nas zonas eufóticas das áreas oceânicas temperadas de latitudes elevadas.

Características geológicas Este bioma cobre aproximadamente 70% da superfície da Terra e tem profundidade média de quase 4.000 m. O ponto mais profundo no oceano situa-se a mais de 10.000 m abaixo da superfície.

Organismos fotossintetizantes Os organismos fotossintetizantes dominantes são fitoplânctons, incluindo bactérias fotossintetizantes, que são arrastados pelas correntes oceânicas. O *turnover* de primavera renova os nutrientes nos oceanos temperados, produzindo um aumento expressivo no crescimento do fitoplâncton. Devido à grande extensão desse bioma, o plâncton fotossintetizante representa cerca da metade da atividade fotossintética na Terra.

Heterótrofos Os heterótrofos mais abundantes nesse bioma são zooplânctons. Esses protistas, vermes, copépodes, krill (crustáceo), mães-d'água (águas-vivas) e pequenas larvas de invertebrados e peixes forrageiam o plâncton fotossintetizante.

A zona pelágica oceânica abrange também inúmeros animais de vida livre, como grandes lulas, peixes, tartarugas-marinhas e mamíferos marinhos.

Impacto humano A pesca excessiva tem esgotado os estoques pesqueiros em todos os oceanos da Terra, que, além disso, são impactados pela poluição, acidificação oceânica e aquecimento global.

Continua na próxima página

Alto-mar perto da Islândia

▼ **Figura 52.16** **Explorando biomas aquáticos (continuação)**

Recifes de corais

Ambiente físico Os **recifes de corais** são formados em grande parte a partir do carbonato de cálcio dos esqueletos de corais. Os corais formadores de recifes em águas rasas vivem na zona eufótica de ambientes marinhos tropicais relativamente estáveis com transparência alta da água, principalmente perto de ilhas e ao longo das costas de alguns continentes. Eles são sensíveis a temperaturas abaixo de 18 a 20°C e acima de 30°C. Recifes de corais de mares profundos, encontrados entre 200 e 1.500 m de profundidade, são menos conhecidos do que seus correspondentes de águas rasas, mas sua diversidade é tão grande quanto a de muitos recifes rasos.

Ambiente químico Os corais necessitam de níveis elevados de oxigênio e são excluídos por aportes altos de água doce e nutrientes.

Características geológicas Os corais necessitam de um substrato sólido para fixação. Um recife de corais típico começa como uma *franja de recife* em uma ilha alta e jovem, formando uma *barreira de recife* mais tarde na história da ilha e tornando-se um *atol de corais* à medida que a ilha mais antiga submerge.

Organismos fotossintetizantes Algas unicelulares vivem dentro dos tecidos dos corais, estabelecendo uma relação mutualística que fornece moléculas orgânicas a eles. Diversas algas multicelulares vermelhas e verdes que crescem no recife também contribuem substancialmente para a fotossíntese.

Heterótrofos Os corais, um grupo diversificado de cnidários, são os animais predominantes nos recifes. Contudo, a diversidade de peixes e invertebrados é excepcionalmente alta. No geral, a diversidade dos recifes de corais rivaliza com a das florestas tropicais.

Recife de corais no Mar Vermelho

Impacto humano A coleta de esqueletos de corais e a pesca excessiva reduziram as populações de corais e de peixes de recifes. O aquecimento global e a poluição podem contribuir para a morte de corais em grande escala. A exploração de manguezais para a aquicultura também diminuem as áreas de desova de muitas espécies de peixes de recifes.

Zona bentônica marinha

Ambiente físico A **zona bentônica marinha** consiste no fundo do mar abaixo das águas de superfície da zona litorânea, ou **nerítica**, e na zona de mar aberto, ou **pelágica**. Excetuando as áreas rasas próximas da costa, a zona bentônica marinha não recebe luz solar. A temperatura da água diminui com a profundidade, enquanto a pressão aumenta. Como consequência, os organismos da zona bentônica muito profunda, ou abissal, são adaptados ao frio contínuo (abaixo de 3°C) e pressão muito alta da água.

Ambiente químico Exceto em áreas de enriquecimento orgânico, o oxigênio está geralmente presente em concentrações suficientes para sustentar uma diversidade de vida animal.

Características geológicas Sedimentos macios cobrem a maior parte da zona bentônica. Entretanto, existem áreas de substrato rochoso nos recifes, montanhas submarinas e crosta oceânica nova.

Autótrofos Os organismos fotossintetizantes, principalmente algas, são limitados às áreas bentônicas rasas com luz suficiente para sustentá-los. Assembleias de organismos exclusivas são encontradas próximas de **fontes hidrotermais** de profundidade em cristas oceânicas. Nesses ambientes escuros e quentes, os produtores de alimento são procariotos quimioautotróficos, que obtêm energia pela oxidação de H_2S formado por uma reação da água quente com sulfato dissolvido (SO_4^{2-}).

Heterótrofos As comunidades bentônicas neríticas abrangem inúmeros invertebrados e peixes. Além da zona eufótica, a maioria dos consumidores depende completamente da matéria orgânica proveniente da superfície. Entre os animais das comunidades de fontes hidrotermais de profundidade estão poliquetas tubícolas gigantes (mostrados na fotografia à esquerda), alguns com mais de 1 m de comprimento. Eles são nutridos por procariotos quimioautotróficos que vivem como simbiontes dentro de seus corpos. Muitos outros invertebrados, incluindo artrópodes e equinodermos, também são abundantes junto às fontes hidrotermais.

Impacto humano A pesca excessiva dizimou importantes populações de peixes bentônicos, como o bacalhau dos Grandes Bancos de Terranova. A descarga de resíduos orgânicos cria áreas bentônicas depletadas de oxigênio.

Comunidade de fonte hidrotermal de profundidade

sudoeste dos Estados Unidos e noroeste do México (**Figura 52.17**). Para o norte, sua distribuição é limitada por um fator abiótico: temperatura. Os indivíduos dessa espécie toleram temperaturas de congelamento apenas por pouco tempo, em geral menos de um dia, e não podem sobreviver sob temperaturas abaixo de −4°C. Pela mesma razão, eles raramente são encontrados em altitudes acima de 1.200 m.

No entanto, apenas a temperatura não explica totalmente a distribuição de saguaros, nem por que eles inexistem na porção oeste do Deserto de Sonora. A disponibilidade de água é importante porque a sobrevivência das plântulas normalmente requer anos consecutivos de condições úmidas, o que pode ocorrer apenas algumas vezes em cada século. Os fatores bióticos quase certamente também influenciam sua distribuição. Camundongos e pastejadores como as cabras comem as plântulas, e os morcegos polinizam as flores brancas e grandes que abrem à noite. Os saguaros são também vulneráveis a uma doença bacteriana letal. Portanto, para o saguaro, como para a maioria de outras espécies, os ecólogos precisam considerar múltiplos fatores e hipóteses alternativas quando tentam explicar a distribuição de uma espécie.

Para ver como os ecólogos podem chegar a tal explicação, vamos examinar os fatores ecológicos destacados pelas perguntas no fluxograma da **Figura 52.18**.

Dispersão e distribuição

Um fator que contribui imensamente para a distribuição global dos organismos é a **dispersão**, o movimento de indivíduos ou de gametas para longe da sua área de origem ou dos centros de densidade populacional alta. Por exemplo, embora os cangurus terrestres não tenham chegado à África por seus próprios meios, outros organismos que se dispersam mais rapidamente, como algumas aves, o fizeram. A dispersão dos organismos é fundamental para a compreensão do papel do isolamento geográfico na evolução (ver Conceito 24.2) e dos padrões da distribuição das espécies observados atualmente, incluindo o das diatomáceas no Pacífico, discutido anteriormente neste capítulo.

Expansões das distribuições naturais e irradiação adaptativa

A importância da dispersão é mais evidente quando os organismos chegam a uma área onde não ocorriam anteriormente, caracterizando uma *expansão da área de distribuição*.

▲ **Figura 52.17 Distribuição do cacto saguaro na América do Norte.** As temperaturas de congelamento limitam fortemente a distribuição dessa espécie, mas outros fatores abióticos e bióticos também são importantes.

Por exemplo, há 200 anos, a garça-vaqueira (*Bubulcus ibis*) era encontrada apenas na África e no sudoeste da Europa. No entanto, no final dos anos 1800, algumas dessas aves atravessaram o Oceano Atlântico e colonizaram o nordeste da América do Sul. A partir daí, as garças-vaqueiras gradualmente se dispersaram para o sul e para o norte, através da América Central, até a América do Norte, chegando à Flórida em 1960 (**Figura 52.19**). Atualmente, elas têm populações reprodutivas no extremo oeste da costa do Pacífico, nos Estados Unidos, bem como no extremo norte e no sul do Canadá.

Em casos raros, essa dispersão de longa distância pode levar à irradiação adaptativa, a evolução rápida de uma espécie ancestral em espécies novas que ocupam muitos nichos ecológicos. A diversidade das espadas-de-prata havaianas é um exemplo de irradiação adaptativa que foi possível apenas com a dispersão de longa distância de uma asterácea ancestral (*tarweed*) procedente da América do Norte (ver Figura 25.22).

As expansões das áreas de distribuição naturais mostram claramente a influência da dispersão sobre a distribuição. No entanto, as oportunidades para observar diretamente essas dispersões são raras, de modo que os ecólogos com frequência usam métodos experimentais para entender melhor o papel da dispersão na limitação da distribuição de espécies.

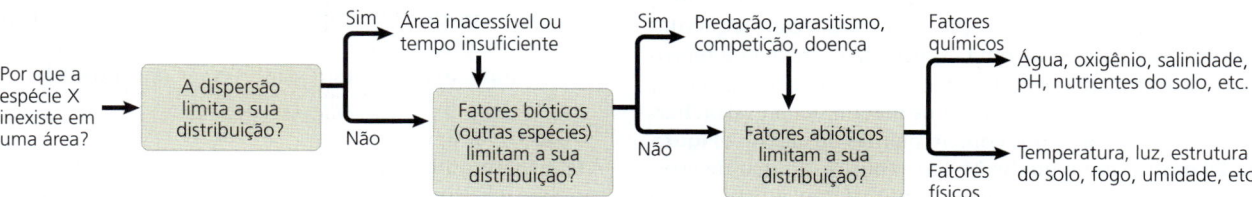

▲ **Figura 52.18 Fluxograma dos fatores limitantes da distribuição geográfica.** Um ecólogo que estude os fatores limitantes de uma espécie deve considerar questões como essas. Como sugerido pelas setas que partem das respostas "Sim", o ecólogo responderia a todas essas perguntas, pois mais de um fator pode limitar a distribuição de uma espécie.

❓ *Como a importância de vários fatores abióticos poderia diferir entre ecossistemas aquáticos e terrestres?*

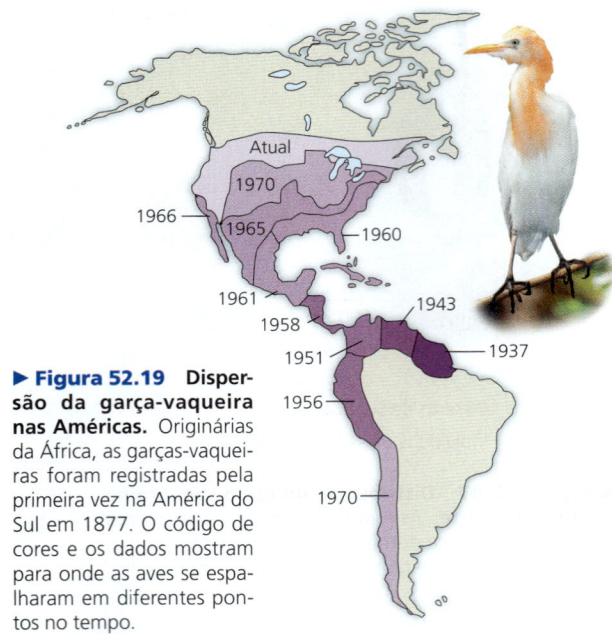

▶ **Figura 52.19** **Dispersão da garça-vaqueira nas Américas.** Originárias da África, as garças-vaqueiras foram registradas pela primeira vez na América do Sul em 1877. O código de cores e os dados mostram para onde as aves se espalharam em diferentes pontos no tempo.

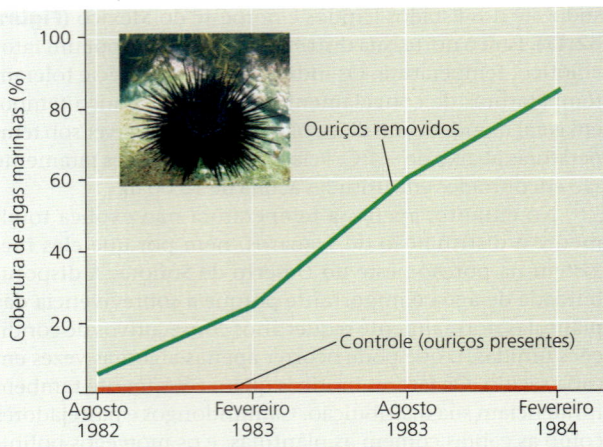

▲ **Figura 52.20** **Efeitos do forrageio dos ouriços-do-mar na distribuição das algas marinhas macroscópicas.** A abundância de algas marinhas em áreas nas quais o ouriço-do-mar-de espinho--longo (*Centrostephanus rodgersii*) foi removido era muito mais alta do que em áreas adjacentes ou de controle, das quais o ouriço não foi removido.

Introduções de espécies

Para determinar se a dispersão é um fator-chave limitante na distribuição de uma espécie, os ecólogos podem observar os resultados de suas introduções intencionais ou acidentais em áreas onde anteriormente ela inexistia. Para a introdução ser bem-sucedida, alguns indivíduos devem não apenas sobreviver na nova área, mas reproduzir-se nela de maneira sustentável. Se uma introdução for bem-sucedida, podemos concluir que a distribuição *potencial* da espécie é maior do que a sua distribuição *real*; em outras palavras, a espécie *poderia* viver em determinadas áreas onde atualmente não vive.

Em alguns casos, espécies introduzidas em novas áreas geográficas perturbam as comunidades e os ecossistemas nos quais foram inseridas (ver Conceito 56.1). Por consequência, os ecólogos raramente introduzem espécies em novas regiões geográficas. Em vez disso, eles registram de outras maneiras o resultado quando uma espécie atinge uma região nova, como nos casos em que um predador é introduzido para controlar uma espécie-praga, ou naqueles em que uma espécie foi introduzida acidentalmente na área.

Fatores bióticos

Nossa próxima pergunta é se fatores bióticos, ou seja, outras espécies, limitam a distribuição de uma espécie. Frequentemente a capacidade de uma espécie de sobreviver e reproduzir-se é reduzida pela sua interação com outras espécies, como predadores (organismos que matam sua presa) ou herbívoros (organismos que comem plantas ou algas). A **Figura 52.20** mostra como um herbívoro, o ouriço-do-mar-de-espinho-longo (*Centrostephanus rodgersii*), afetou a distribuição de uma espécie-presa. Em certos ecossistemas marinhos, frequentemente há uma relação inversa entre a abundância de ouriços-do-mar e a de algas marinhas macroscópicas (algas multicelulares, como as algas pardas). Nos locais onde os ouriços que consomem as algas macroscópicas e outras algas são comuns, não se estabeleceram agrupamentos grandes de algas macroscópicas. Conforme descrito na Figura 52.20, pesquisadores australianos testaram se *C. rodgersii* é um fator biótico limitante para a distribuição de algas marinhas. Quando os ouriços foram removidos de parcelas experimentais, a cobertura de algas macroscópicas aumentou drasticamente, mostrando que *C. rodgersii* limitou sua distribuição.

Além da predação e da herbivoria, a presença ou ausência de polinizadores, recursos alimentares, parasitas, patógenos e organismos competidores pode atuar como uma limitação biótica sobre a distribuição de espécies. Essas limitações bióticas são comuns na natureza.

Fatores abióticos

A última pergunta no fluxograma da Figura 52.18 considera se fatores abióticos, como temperatura, água, oxigênio, salinidade, luz solar ou solo, podem limitar a distribuição de uma espécie. Uma espécie será encontrada em um local se as condições físicas do ambiente permitirem sua sobrevivência e reprodução. Ao longo dessa discussão, lembre-se de que a maioria dos fatores abióticos varia substancialmente no espaço e no tempo. As flutuações diárias e anuais dos fatores abióticos podem obscurecer ou acentuar as diferenças regionais. Além disso, mediante comportamentos como a dormência ou a hibernação, os organismos podem evitar algumas condições temporariamente estressantes (ver Conceito 40.4).

Temperatura

A temperatura ambiental é um fator importante na distribuição dos organismos devido ao seu efeito sobre os processos biológicos. Células podem romper se a água no seu interior congelar (em temperaturas inferiores a 0°C), e as proteínas da maioria dos organismos desnaturam em temperaturas acima de 45°C. Os organismos normalmente funcionam melhor

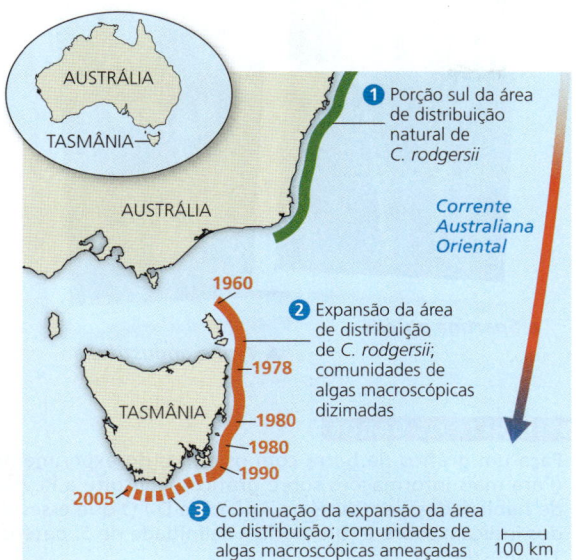

▲ **Figura 52.21 Alcance territorial de um "ouriço-do-mar".** Desde a década de 1950, a temperatura da água na costa da Tasmânia tem aumentado, permitindo a expansão da área territorial de *C. rodgersii* para o sul. O texto em laranja-escuro indica os anos nos quais *C. rodgersii* foi observado colonizando essas localizações. Uma vez que a população está estabelecida em uma nova área, *C. rodgersii* eliminou a comunidade local de algas pardas.

dentro de uma faixa específica de temperatura ambiental. As temperaturas fora dessa faixa podem forçar alguns animais a gastarem energia na regulação da sua temperatura interna, como fazem os mamíferos e as aves (ver Figura 40.16). Adaptações extraordinárias permitem que certos organismos, como os procariotos termofílicos, vivam fora da faixa de temperatura habitável para outras formas de vida.

Como mencionado anteriormente, a mudança climática já fez centenas de espécies alterarem suas áreas geográficas. Uma alteração na distribuição de uma espécie pode causar efeitos profundos na distribuição de outras espécies. Considere como o aumento das temperaturas do mar afetou a distribuição geográfica de *C. rodgersii*. Desde 1950, a temperatura ao longo da costa da Tasmânia, uma ilha ao sul da Austrália continental, aumentou de 11,5 para 12,5°C. Isso permitiu que *C. rodgersii*, cujas larvas não se desenvolvem apropriadamente se as temperaturas caírem abaixo de 12°C, expandisse sua distribuição para o sul **(Figura 52.21)** O ouriço é um voraz consumidor de algas pardas (macroscópicas) e outras algas. Como resultado, comunidades de algas que antes abrigavam uma rica diversidade de outras espécies foram completamente dizimadas em regiões onde o ouriço se tornou bem estabelecido (denotadas pela linha laranja sólida na Figura 52.21).

Água e oxigênio

A variação drástica na disponibilidade de água entre os hábitats é outro fator importante na distribuição das espécies. As espécies que vivem na costa ou em áreas úmidas sob influência das marés podem dessecar quando a maré baixa. Os organismos terrestres enfrentam quase constantemente a ameaça de dessecação, e a sua distribuição reflete a capacidade de obter e conservar a água. Muitos anfíbios, como a rã minúscula na Figura 52.1, são particularmente vulneráveis à dessecação, pois utilizam sua pele úmida e delicada para as trocas gasosas. Os organismos de deserto exibem uma diversidade de adaptações para obtenção e conservação da água em ambientes secos, como descrito no Conceito 44.4.

A água afeta a disponibilidade de oxigênio em ambientes aquáticos e em solos inundados. Nesses ambientes, a difusão lenta do oxigênio na água pode limitar a respiração celular e outros processos fisiológicos. As concentrações de oxigênio podem ser especialmente baixas em águas profundas, de oceanos e lagos, bem como nos sedimentos em que a matéria orgânica é abundante. Os solos das áreas úmidas inundadas podem também ter conteúdo baixo de oxigênio. Os mangues e outras árvores têm raízes especializadas, que se projetam acima da água e ajudam o sistema de raízes a obter oxigênio (ver Figura 35.4). Diferentemente de muitas áreas úmidas inundadas, as águas superficiais de riachos e rios tendem a ser bem oxigenadas devido ao intercâmbio rápido de gases com a atmosfera.

Salinidade

A concentração de sal na água do ambiente afeta o equilíbrio hídrico dos organismos através da osmose. A maioria dos organismos aquáticos está restrita a hábitats de água doce ou salgada devido à sua capacidade limitada de osmorregulação (ver Conceito 44.1). A maior parte dos organismos terrestres consegue excretar o excesso de sais através de glândulas especializadas, ou nas fezes e na urina. Entretanto, as concentrações de sal em alguns hábitats (como nas salinas) são tão altas que poucas espécies de plantas ou animais podem sobreviver neles **(Figura 52.22)**. No **Exercício de habilidades científicas**, você pode interpretar dados de um experimento que investigou a influência da salinidade nas distribuições de plantas.

Os indivíduos do salmão que se deslocam entre riachos de água doce e o oceano utilizam mecanismos comportamentais e fisiológicos para osmorregular. Eles equilibram o seu conteúdo salino mediante ajuste da quantidade de água que bebem e mudança nas suas brânquias da absorção de sal na água doce e para excreção de sal no oceano.

Luz solar

A luz solar fornece a energia que governa a maioria dos ecossistemas, e a escassez de luz pode limitar a distribuição das espécies fotossintetizantes. Nos ecossistemas florestais, o sombreamento pelas folhas torna a competição pela luz muito intensa, especialmente para as plântulas crescendo no chão da floresta. Nos ambientes aquáticos, cada metro de profundidade da água absorve cerca de 45% da luz

▼ **Figura 52.22 Salar de Uyuni, na Bolívia, o maior deserto de sal do mundo.** Além dos flamingos que se reproduzem lá anualmente, poucos animais ou plantas habitam a vasta extensão de sal branco.

Exercício de habilidades científicas

Construção de um gráfico de barra e um gráfico de linhas para interpretar dados

Como a salinidade e a competição afetam a distribuição de plantas em um estuário? As observações de campo demostram que *Spartina patens* (gramínea de marisma) é uma espécie dominante em pântanos salgados (marismas) e que *Typha angustifolia* (taboa) é a espécie vegetal dominante em pântanos de água doce. Neste exercício, você representará graficamente e interpretará dados de um experimento que examinou a influência de um fator abiótico (salinidade) e um fator biótico (competição) no crescimento dessas duas espécies.

Como o experimento foi realizado Pesquisadores cultivaram *S. patens* e *T. angustifolia* em pântanos salgados e de água doce, com e sem plantas vizinhas. Após duas estações de crescimento (um ano e meio), eles mediram a biomassa de cada espécie em cada tratamento. Os pesquisadores cultivaram também as duas espécies em uma casa de vegetação, em seis níveis de salinidade, e mediram a biomassa em cada nível após 8 semanas.

▲ *Spartina patens*

▲ *Typha angustifolia*

Dados do experimento de campo (médias de 16 amostras replicadas)

	Biomassa média (g/100 cm²)			
	Spartina patens		Typha angustifolia	
	Pântanos salgados	Pântanos de água doce	Pântanos salgados	Pântanos de água doce
Com plantas vizinhas	8	3	0	18
Sem plantas vizinhas	10	20	0	33

Dados do experimento em casa de vegetação

Salinidade (partes por mil)	0	20	40	60	80	100
% máxima de biomassa (*S. patens*)	77	40	29	17	9	0
% máxima de biomassa (*T. angustifoliada*)	80	20	10	0	0	0

Dados de C. M. Crain et al., Physical and biotic drivers of plant distribution across estuarine salinity gradients, *Ecology* 85:2539-2549 (2004).

INTERPRETE OS DADOS

1. Faça um gráfico de barra com os dados do experimento. (Para mais informações sobre gráficos, consulte a Revisão de habilidades científicas no Apêndice D.) O que esses dados indicam sobre a tolerância à salinidade de *S. patens* e *T. angustifolia*?
2. O que os dados do experimento de campo indicam a respeito do efeito da competição sobre o crescimento dessas duas espécies? Qual espécie foi mais limitada pela competição?
3. Faça um gráfico de linhas dos dados do experimento na casa de vegetação. Decida quais valores constituem as variáveis dependente e independente e utilize esses valores para estabelecer os eixos do seu gráfico.
4. (a) No campo, *S. patens* geralmente inexiste em pântanos de água doce. Com base nos dados, isso parece ser decorrente da salinidade ou da competição? Explique sua resposta. (b) *T. angustifolia* não cresce em pântanos salgados. Isso parece ser decorrente da salinidade ou da competição? Explique sua resposta.

---

vermelha e cerca de 2% da luz azul que passa através dela. Portanto, a maior parte da fotossíntese ocorre relativamente próximo da superfície da água.

O excesso de luz também pode limitar a sobrevivência dos organismos. Em alguns ecossistemas, como os desertos, os níveis elevados de luz podem aumentar o estresse térmico se os animais e as plantas forem incapazes de evitar a luz ou de reduzir a temperatura corporal por evaporação (ver Figura 40.12). Nas altitudes elevadas, há mais probabilidade de que os raios solares danifiquem o DNA e as proteínas, pois a atmosfera é mais tênue e absorve menos radiação ultravioleta (UV). O dano causado pela UV, combinado com outros estresses abióticos, impede a sobrevivência das árvores acima de certa altitude, resultando no surgimento de uma linha das árvores nas encostas das montanhas **(Figura 52.23)**.

Rochas e solo

O pH, a composição mineral e a estrutura física das rochas e do solo limitam a distribuição das plantas e, portanto, dos animais que as consomem, contribuindo para a fragmentação dos ecossistemas terrestres. O pH do solo pode limitar diretamente a distribuição dos organismos, através de condições bastante ácidas ou alcalinas, ou indiretamente, afetando a solubilidade de toxinas e de nutrientes. O fósforo no solo, por exemplo, é relativamente insolúvel em solos alcalinos e precipita em formas indisponíveis para as plantas.

Em um rio, a composição das rochas e do solo que constituem o substrato (leito do rio) pode afetar a química da água, que, por sua vez, influencia os organismos residentes. Em ambientes de água doce e marinhos, a estrutura do substrato determina os organismos que nele podem se fixar ou se abrigar.

▼ **Figura 52.23 Linha das árvores alpina no Parque Nacional de Banff, Canadá.** Os organismos que vivem em altitudes elevadas são expostos não apenas a níveis altos de radiação ultravioleta, mas a temperaturas de congelamento, déficits de umidade e ventos fortes. Acima da linha das árvores, a combinação desses fatores restringe o crescimento e a sobrevivência das árvores.

REVISÃO DO CONCEITO 52.4

1. Descreva ações humanas que poderiam expandir a área de distribuição de uma espécie, alterando (a) sua dispersão ou (b) suas interações bióticas.
2. **E SE?** Você suspeita que os veados estão restringindo a distribuição a uma espécie arbórea por consumirem preferencialmente as plântulas dessa espécie. Como você poderia testar essa hipótese?
3. **FAÇA CONEXÕES** As espadas-de-prata havaianas submeteram-se a uma extraordinária irradiação adaptativa após seu ancestral ter chegado ao Havaí, enquanto as ilhas ainda eram jovens (ver Figura 25.23). Você esperaria que a garça-vaqueira experimentasse uma irradiação adaptativa similar nas Américas (ver Figura 52.19)? Explique.

Ver as respostas sugeridas no Apêndice A.

CONCEITO 52.5

Mudança ecológica e evolução afetam uma à outra por períodos de tempo longos e curtos

Biólogos sabem há muito tempo que as interações ecológicas podem causar mudança evolutiva e vice-versa **(Figura 52.24)**. A história da vida inclui muitos exemplos desses efeitos recíprocos ocorrendo por longos períodos de tempo. Considere a origem e a diversificação das plantas. Como descrito no Conceito 29.3, a origem evolutiva das plantas alterou o ciclo químico do carbono, levando à remoção de quantidades grandes de dióxido de carbono da atmosfera. À medida que a irradiação adaptativa das plantas continuou ao longo do tempo, o surgimento de espécies novas de plantas propiciou novos hábitats e novas fontes de alimento para insetos e outros animais. Por sua vez, a disponibilidade de novos hábitats e novas fontes de alimento estimulou surtos de especiação em animais, levando a mudanças ecológicas adicionais. Aqui, como em muitos outros exemplos, mudanças ecológicas e evolutivas tiveram efeitos contínuos e importantes umas sobre as outras.

A reciprocidade entre mudanças ecológicas e evolutivas ilustrada pela origem das plantas ocorreu ao longo de milhões de anos. Os efeitos recíprocos "ecoevolutivos" que ocorreram ao longo de séculos ou milhares de anos estão igualmente bem documentados, como nos exemplos do peixe-mosquito e da mosca-da-maçã discutidos no Conceito 24.2. Mas esses

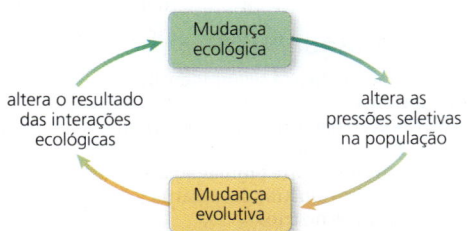

▲ **Figura 52.24 Efeitos recíprocos das mudanças ecológicas e evolutivas.** Uma mudança ecológica, como a expansão territorial de um predador, pode alterar as pressões seletivas enfrentadas pela população-presa. Isso poderia causar mudanças evolutivas, como um aumento na frequência de um mecanismo defensivo novo em uma população-presa; essa alteração, por sua vez, poderia modificar o resultado das interações ecológicas.

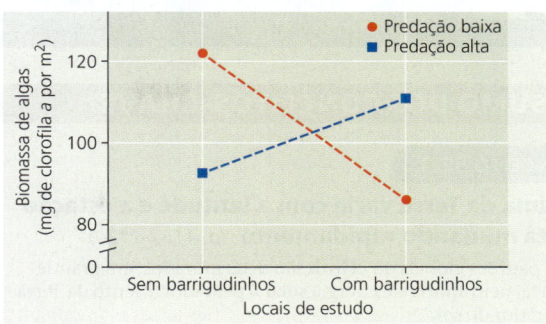

▲ **Figura 52.25 Evolução rápida pode causar mudança ecológica rápida.** As linhas pontilhadas conectam a abundância de algas em locais de controle (sem barrigudinhos) à abundância de algas em locais próximos, nos mesmos riachos habitados por barrigudinhos, que evoluíram sob níveis baixo ou alto de predação.

efeitos conjuntos são comuns em períodos de tempo ainda mais curtos? Como vimos em capítulos anteriores, mudanças ecológicas podem causar mudança evolutiva ao longo de poucos anos a décadas; exemplos incluem a evolução do comprimento do bico em percevejos-do-saboeiro (ver Figura 22.13) e a formação de espécies novas de girassol (ver Figura 24.18).

Estudos recentes mostram que a causalidade pode ocorrer em ambos os sentidos. Evolução rápida pode causar mudança ecológica rápida. Por exemplo, as populações do peixe barrigudinho (*Poecilia reticulata*), de Trinidad, evoluem rapidamente quando os predadores são removidos. O padrão de cores do barrigudinho, a morfologia da mandíbula e as preferências alimentares mudam em poucos anos. Em 2017, pesquisadores mostraram que essas mudanças evolutivas rápidas afetam os ecossistemas de córregos nos quais os barrigudinhos vivem. Por exemplo, barrigudinhos que evoluíram sob diferentes níveis de predação tiveram efeitos contrastantes sobre a abundância de algas **(Figura 52.25)**. Barrigudinhos que evoluíram sob baixa predação se alimentaram principalmente de algas (reduzindo, assim, a abundância de alga), enquanto os barrigudinhos que evoluíram sob alta predação alimentaram-se principalmente de invertebrados (tendendo, assim, a aumentar a abundância de algas, porque alguns invertebrados comem algas). Como produtores, as algas são componentes-chave do ecossistema: outros organismos na comunidade dependem delas para alimento, tanto diretamente (ao consumi-las) como indiretamente (ao consumirem um organismo que consumiu algas). No geral, este e outros estudos mostram que a mudança ecológica e a evolução têm o potencial de exercer efeitos de retroalimentação rápidos uma sobre a outra.

REVISÃO DO CONCEITO 52.5

1. Descreva um cenário mostrando como a mudança ecológica e a evolução podem afetar uma à outra.
2. **FAÇA CONEXÕES** A pesca tem como alvo exemplares de bacalhaus maiores e mais velhos. Com isso, os bacalhaus que se reproduzem com menos idade e tamanho menor são favorecidos pela seleção natural. O bacalhau mais jovem e menor tem menos descendentes do que o bacalhau mais velho. Prediga como a evolução em resposta à pesca afetaria a capacidade de uma população de bacalhaus de se recuperar da pesca excessiva. Que outros efeitos ecoevolutivos recíprocos podem ocorrer? (Ver Conceito 23.3.)

Ver as respostas sugeridas no Apêndice A.

52 Revisão do capítulo

RESUMO DOS CONCEITOS-CHAVE

CONCEITO 52.1

O clima da Terra varia com a latitude e a estação e está mudando rapidamente (p. 1167-1170)

- Os padrões globais do **clima** são determinados, em grande parte, pelo aporte de energia solar e pelo movimento da Terra ao redor do sol.
- O ângulo variável do sol ao longo do ano, os corpos de água e as montanhas exercem efeitos sazonais, regionais e locais sobre o clima.
- O clima afeta onde as plantas podem viver, mas esses efeitos manifestam-se em ambos os sentidos: a vegetação pode alterar o clima local e o regional.
- Diferenças em escala menor em fatores **abióticos** (não vivos), como a luz solar e a temperatura, determinam o **microclima**.
- Concentrações crescentes de gases de efeito estufa no ar estão aquecendo a Terra e alterando a distribuição de muitas espécies. Algumas não serão capazes de mudar suas distribuições de maneira suficientemente rápida para alcançar hábitats adequados no futuro.

? *Suponha que a circulação global do ar repentinamente se inverta, com a maior parte do ar subindo a 30° nas latitudes norte e sul e descendo ao nível do equador. Nesse cenário, em qual latitude você encontraria desertos com maior probabilidade?*

CONCEITO 52.2

A distribuição dos biomas terrestres é controlada pelo clima e pelos distúrbios (p. 1171-1176)

- Os **climográficos** mostram que a temperatura e a precipitação estão correlacionadas com os **biomas**. Os biomas se sobrepõem, pois outros fatores também exercem papéis em sua localização.
- Os biomas terrestres são, com frequência, denominados com base em importantes fatores físicos ou químicos e na sua vegetação predominante. A estratificação vertical é uma característica importante dos biomas terrestres.
- O **distúrbio**, natural ou induzido pelo homem, influencia o tipo de vegetação encontrada nos biomas. Os seres humanos alteraram grande parte da superfície da Terra, substituindo as comunidades terrestres naturais, descritas na Figura 52.13 por sistemas urbanos e agrícolas.
- O padrão de variação climática é tão importante quanto o clima médio na determinação dos locais de ocorrência dos biomas.

? *De que formas os distúrbios são importantes para os ecossistemas de savana e as plantas neles presentes?*

CONCEITO 52.3

Os biomas aquáticos são sistemas diversos e dinâmicos que cobrem a maior parte da Terra (p. 1177-1178)

- Os biomas aquáticos são caracterizados principalmente pelo seu ambiente físico, em vez de pelo clima; eles são frequentemente estratificados quanto à penetração da luz, à temperatura e à estrutura das comunidades. Os biomas marinhos apresentam concentrações salinas mais altas do que os biomas de água doce.
- No oceano e na maioria dos lagos, uma mudança abrupta da temperatura, chamada de **termoclina**, separa uma camada superior mais uniformemente quente das águas profundas mais uniformemente frias.
- Muitos lagos temperados experimentam um **turnover**, ou a mistura de água, na primavera e no outono, que lança para a superfície a água profunda rica em nutrientes e para as camadas profundas a água superficial rica em oxigênio.

? *Em quais biomas aquáticos você encontraria uma zona afótica?*

CONCEITO 52.4

As interações entre os organismos e o ambiente limitam a distribuição das espécies (p. 1178-1187)

Os ecólogos querem saber não apenas onde as espécies ocorrem, mas também por que elas ocorrem nesses locais.

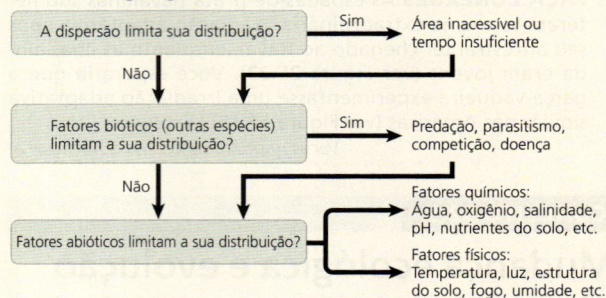

HABILIDADES VISUAIS *Se fosse um ecólogo estudando os limites químicos e físicos das distribuições de espécies, como você poderia reorganizar o fluxograma acima?*

CONCEITO 52.5

Mudança ecológica e evolução afetam uma à outra por períodos de tempo longos e curtos (p. 1187)

- Interações ecológicas podem causar mudança evolutiva, como quando predadores promovem a seleção natural em uma população-presa.
- Da mesma forma, uma mudança evolutiva, tal como um aumento na frequência de um mecanismo de defesa novo em uma população-presa, pode alterar o resultado das interações ecológicas.

? *Suponha que humanos tenham introduzido uma espécie em um continente onde ela tenha poucos predadores ou parasitas. Como isso pode levar a uma retroalimentação de efeitos ecoevolutivos?*

TESTE SEU CONHECIMENTO

Níveis 1-2: Relembre/Entenda

1. Qual das seguintes áreas de estudo enfoca as trocas de energia, de organismos e de materiais entre ecossistemas?
   (A) Ecologia do organismo
   (B) Ecologia de paisagem
   (C) Ecologia de ecossistemas
   (D) Ecologia de comunidades

2. Que zona não estaria presente em um lago muito raso?
   (A) Zona bentônica   (C) Zona pelágica
   (B) Zona afótica   (D) Zona litorânea

Níveis 3-4: Aplique/Analise

3. Qual das características a seguir identifica a maioria dos biomas terrestres?
   (A) Distribuição determinada quase inteiramente por padrões de rochas e de solos
   (B) Limites nítidos entre biomas adjacentes
   (C) Vegetação demonstrando estratificação vertical
   (D) Meses de inverno frios

4. Os oceanos afetam a biosfera pela
   (A) absorção de uma quantidade significativa de oxigênio da biosfera.
   (B) regulação do pH dos biomas de água doce e da água subterrânea.
   (C) diminuição das temperaturas no inverno da costa dos biomas terrestres costeiros.
   (D) remoção do dióxido de carbono da atmosfera.

5. Qual das afirmativas sobre dispersão é verdadeira?
   (A) A dispersão não é um componente dos ciclos de vida da maioria dos vegetais e animais.
   (B) A dispersão ocorre apenas em uma escala de tempo evolutiva.
   (C) A colonização de áreas devastadas após inundações ou erupções vulcânicas depende da dispersão.
   (D) A capacidade de dispersão não afeta a distribuição geográfica de uma espécie.

6. Ao escalar uma montanha, você pode observar transições nas comunidades biológicas que são análogas a mudanças
   (A) nos biomas em latitudes diferentes.
   (B) nas profundidades diferentes no oceano.
   (C) em uma comunidade durante as diferentes estações.
   (D) em um ecossistema que evolui ao longo do tempo.

7. Suponha que o número de espécies de aves seja determinado principalmente pelo número de estratos verticais encontrados no ambiente. Assim, em qual dos biomas a seguir você encontraria o maior número de espécies de aves?
   (A) Floresta pluvial tropical
   (B) Savana
   (C) Deserto
   (D) Floresta latifoliada temperada

Níveis 5-6: Avalie/Crie

8. **E SE?** Se a direção da rotação da Terra se invertesse, o efeito mais previsível seria
   (A) uma mudança grande no comprimento do ano.
   (B) os ventos soprarem do oeste para leste ao longo do equador.
   (C) uma perda de variação sazonal nas latitudes elevadas.
   (D) a eliminação de correntes oceânicas.

9. **INTERPRETE OS DADOS** Após examinar a Figura 52.20, você decide estudar as relações alimentares entre lontras-do-mar, ouriços-do-mar e algas pardas macroscópicas. Você sabe que as lontras-do-mar predam ouriços-do mar e que ouriços comem algas pardas. Em quatro locais costeiros, você mede a abundância de algas. A seguir, você passa um dia em cada local e anota se as lontras estão presentes ou não em intervalos de 5 minutos durante o dia. Faça um gráfico da abundância de algas pardas (sobre o eixo *y*) *versus* densidade de lontras (sobre o eixo *x*), usando os dados a seguir. Então, formule uma hipótese para explicar o padrão observado.

Local	Densidade de lontras (nº de avistamentos por dia)	Abundância de algas pardas (% cobertura)
1	98	75
2	18	15
3	85	60
4	36	25

10. **CONEXÃO EVOLUTIVA** Discuta como a distribuição de uma espécie pode ser afetada, tanto por sua história evolutiva, como por fatores ecológicos. Poderia uma mudança evolutiva, em andamento, também afetar a sua distribuição? Explique.

11. **PESQUISA CIENTÍFICA** Jens Clausen e colaboradores, do Instituto Carnegie de Washington, estudaram como o tamanho de indivíduos de mil-folhas (*Achillea lanulosa*), crescendo nas encostas de Serra Nevada, variou com a altitude. Eles constataram que os indivíduos de altitudes baixas eram geralmente mais altos do que os indivíduos de altitudes elevadas, conforme mostrado no diagrama.

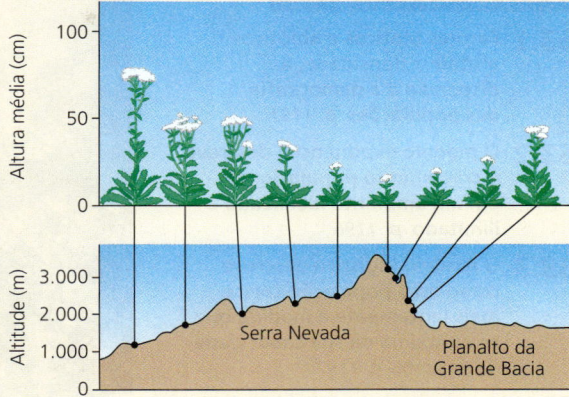

Dados de J. Clausen et al., Experimental studies on the nature of species. III. Environmental responses of climatic races of *Achillea*, Carnegie Institution of Washington Publication No. 581 (1948).

Clausen e colaboradores propuseram duas hipóteses para explicar essa variação na mesma espécie. (1) Existem diferenças genéticas entre as populações de plantas encontradas em altitudes diferentes. (2) A espécie tem flexibilidade de desenvolvimento e pode assumir formas de crescimento altas ou baixas, dependendo dos fatores abióticos locais. Se você tivesse sementes de plantas de mil-folhas encontrados em altitudes altas e baixas, como testaria essas hipóteses?

12. **ESCREVA SOBRE UM TEMA: INTERAÇÕES** O aquecimento global está ocorrendo rapidamente em ecossistemas árticos, marinhos e terrestres. A neve branca brilhante e a cobertura de gelo estão derretendo rápida e extensamente, expondo a água oceânica de coloração mais escura, plantas e rochas. Em um texto breve (100-150 palavras), explique como esse processo poderia exemplificar uma retroalimentação positiva.

13. **SINTETIZE SEU CONHECIMENTO**

Se você escalasse o Monte Kilimanjaro, na Tanzânia, passaria por vários hábitats, incluindo savana no sopé, floresta nas encostas e tundra alpina perto do topo. Explique como esses diferentes hábitats podem ser encontrados em um local próximo ao equador.

Ver respostas selecionadas no Apêndice A.

53 Ecologia de populações

CONCEITOS-CHAVE

53.1 Fatores bióticos e abióticos afetam a densidade, a dispersão e a demografia das populações p. 1191

53.2 O modelo exponencial descreve o crescimento populacional em um ambiente idealizado e ilimitado p. 1196

53.3 O modelo logístico descreve como uma população cresce mais lentamente à medida que se aproxima da sua capacidade de suporte p. 1197

53.4 As características da história de vida são produtos da seleção natural p. 1200

53.5 Fatores dependentes da densidade regulam o crescimento populacional p. 1202

53.6 A população humana não está mais em crescimento exponencial, mas ainda está crescendo rapidamente p. 1207

Dica de estudo

Faça anotações em um gráfico: Este capítulo contém diversos *gráficos de dispersão*, gráficos nos quais cada medição ou observação é traçada como um único ponto. Para ter certeza de que você sabe ler um gráfico de dispersão, selecione um ponto e descreva o que ele representa, como mostrado aqui para a Figura 53.8. Faça isso para as Figuras 53.4, 53.8, 53.10, 53.16 e 53.18.

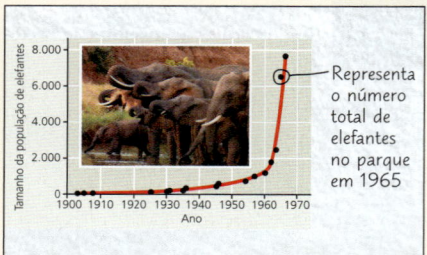

Figura 53.1 Embora já tenha sido comum ao longo da Costa Atlântica, em 1985 as perspectivas pareciam sombrias para a batuíra-melodiosa (*Charadrius melodus*). Desde então, a proteção do local de nidificação permitiu que o número de batuíras-melodiosas aumentasse, e pesquisas recentes encontraram 1.400 a 4.000 adultos nos últimos anos. Essa variação é típica de populações naturais, que variam em número (tamanho) ao longo do tempo.

O que afeta o tamanho de uma população e como ela muda ao longo do tempo?

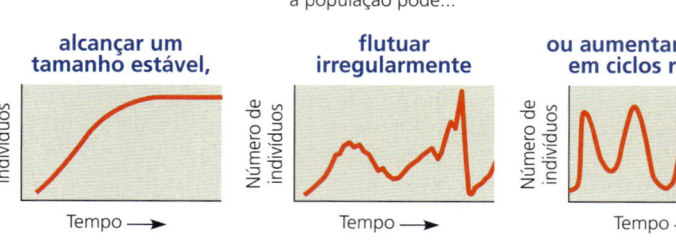

CONCEITO 53.1

Fatores bióticos e abióticos afetam a densidade, a dispersão e a demografia das populações

Uma **população** é um grupo de indivíduos de uma única espécie vivendo na mesma área geral. Os membros de uma população dependem dos mesmos recursos, são influenciados por fatores ambientais similares e provavelmente interagem e procriam uns com os outros.

Muitas vezes, as populações são descritas pelos seus limites e tamanho (número de indivíduos vivendo dentro desses limites). Em geral, os ecólogos começam investigando uma população pela definição dos limites apropriados ao organismo em estudo e das perguntas a serem formuladas. Os limites de uma população podem ser naturais, como no caso de uma ilha ou de um lago, ou ser definidos arbitrariamente por um pesquisador – por exemplo, um condado específico de Minnesota para estudar indivíduos de carvalho.

Neste capítulo, exploraremos como os ecólogos descrevem e analisam as populações e os fatores que podem determinar a abundância dos organismos. Em seguida, examinaremos as tendências recentes no tamanho e na composição da população humana.

Densidade e dispersão

A **densidade** de uma população é o número de indivíduos por unidade de área ou volume: o número de carvalhos no condado de Minnesota ou o número de bactérias *Escherichia coli* por milímetro em um tubo de ensaio. A **dispersão** é o padrão de espaçamento entre indivíduos dentro dos limites da população.

Densidade: uma perspectiva dinâmica

Em alguns casos, o tamanho e a densidade da população podem ser determinados pela contagem de todos os indivíduos dentro dos limites da população. Poderíamos contar todas as estrelas-do-mar em uma piscina de maré, por exemplo. Grandes mamíferos que vivem em manadas, como os elefantes, podem às vezes ser contados com exatidão sobrevoando sua área de ocorrência.

Na maioria dos casos, no entanto, é impraticável ou impossível contar todos os indivíduos de uma população. Nessas situações, os ecólogos utilizam diferentes técnicas de amostragem para estimar as densidades ou os tamanhos populacionais totais. Eles podem contar o número de carvalhos em várias parcelas de 100 × 100 m localizadas aleatoriamente, calcular a densidade média nas parcelas e, após, ampliar a estimativa para o tamanho populacional na área inteira. Essas estimativas são mais acuradas quando há muitas parcelas de amostragem e quando o hábitat é bastante homogêneo. Em outros casos, em vez de contar os organismos individualmente, os ecólogos de populações estimam a densidade a partir de um indicador do tamanho populacional, como o número de ninhos, tocas, trilhas ou fezes. Os ecólogos empregam também o **método de marcação e recaptura** para estimar o tamanho de populações de animais selvagens **(Figura 53.2)**.

▼ **Figura 53.2 Método de pesquisa**

Determinação do tamanho populacional usando o método de marcação e recaptura

Aplicação Os ecólogos não conseguem contar todos os indivíduos de uma população se os organismos se movem muito rápido ou se estão fora do campo de visão. Nesses casos, costuma-se usar o método de marcação e recaptura para estimar o tamanho da população. Andrew Gormley e colaboradores da Universidade de Otago aplicaram esse método em uma população ameaçada de golfinhos-de-hector (*Cephalorhynchus hectori*) próximo à Península de Banks, na Nova Zelândia.

▲ Golfinhos-de-hector

Técnica Os cientistas geralmente começam capturando uma amostra aleatória de indivíduos em uma população. Eles etiquetam ou "marcam" cada indivíduo e, a seguir, o soltam. Em algumas espécies, os pesquisadores conseguem identificar os indivíduos sem capturá-los fisicamente. Por exemplo, Gormley e colaboradores identificaram 180 golfinhos-de-hector fotografando, a bordo de um barco, suas nadadeiras dorsais características.

Após esperar os indivíduos marcados ou identificados se misturarem de volta na população, geralmente alguns dias ou semanas, os cientistas capturam ou amostram um segundo conjunto de indivíduos. Na Península de Banks, a equipe de Gormley encontrou 44 golfinhos na sua segunda amostragem, 7 dos quais já tinham fotografado. O número de animais marcados capturados na segunda amostragem (x) dividido pelo número total de animais capturados na segunda amostragem (n) deveria igualar-se ao número de indivíduos marcados e soltos na primeira amostragem (s) dividido pelo tamanho populacional estimado (N).

$\frac{x}{n} = \frac{s}{N}$ ou, resolvendo para o tamanho populacional, $N = \frac{sn}{x}$

O método assume que os indivíduos marcados e não marcados têm a mesma probabilidade de serem capturados ou amostrados e que os organismos marcados se misturam completamente de volta na população; assume, também, que não houve nascimento, morte, imigração nem emigração de indivíduos durante o intervalo das amostragens.

Resultados Com base nos dados iniciais, o tamanho estimado da população de golfinhos-de-hector na Península de Banks seria de 180 × 44/7 = 1.131 indivíduos. A repetição da amostragem por Gormley e colaboradores sugeriu um tamanho populacional real próximo a 1.100.

Dados de A. M. Gormley et al., Capture-recapture estimates of Hector's dolphin abundance at Banks Peninsula, New Zealand, *Marine Mammal Science* 21:204–216 (2005).

INTERPRETE OS DADOS *Suponha que nenhum dos 44 golfinhos encontrados na segunda amostragem tivesse sido fotografado antes. Você seria capaz de resolver a equação para N? O que você poderia concluir a respeito do tamanho populacional nesse caso?*

A densidade não é uma propriedade estática, mas muda à medida que indivíduos são adicionados ou removidos de uma população. Como visto na página de abertura deste capítulo, as adições ocorrem mediante nascimentos (que definimos aqui como todas as formas de reprodução) e **imigração**, o influxo de novos indivíduos provenientes de outras áreas. Os fatores que removem indivíduos de uma população são mortes (mortalidade) e **emigração**, o movimento de indivíduos para fora de uma população em direção a outros locais.

Da mesma forma que as taxas de nascimento e morte influenciam a densidade de todas as populações, a imigração e a emigração também podem ter efeitos substanciais. Por exemplo, os estudos de uma população de golfinhos-de-hector (ver Figura 53.2) na Nova Zelândia mostraram que a imigração foi responsável por aproximadamente 15% do tamanho populacional total a cada ano. A emigração também foi importante, em geral ocorrendo durante a estação de inverno, quando os golfinhos se movem para longe da margem. Em geral, tanto a imigração como a emigração representam fatores importantes, afetando as populações de muitas espécies. A emigração, por exemplo, não apenas reduz a densidade da população original, mas pode resultar no estabelecimento de populações novas em regiões de hábitat favorável, como será discutido mais adiante neste capítulo.

Padrões de dispersão

Dentro dos limites de uma população, o espaçamento entre os indivíduos pode diferir substancialmente, criando padrões contrastantes de dispersão. Essas diferenças no espaçamento podem fornecer pistas sobre os fatores bióticos e abióticos que afetam os indivíduos da população.

O padrão de dispersão mais comum é o *agregado*, em que os indivíduos são agrupados. Os vegetais e os fungos são, com frequência, agregados onde as condições do solo e outros fatores ambientais favorecem a germinação e o crescimento. Cogumelos, por exemplo, podem agregar-se nas partes interna e externa de um tronco podre. Insetos e salamandras podem estar agregados sob o mesmo tronco devido à umidade mais alta nesse local. Os agregados de animais também podem estar associadas ao comportamento de acasalamento. As estrelas-do-mar agrupam-se em piscinas de marés, onde o alimento está facilmente disponível e elas podem se reproduzir **(Figura 53.3a)**. A agregação de indivíduos em grupos pode aumentar a eficácia de predação ou defesa; por exemplo, uma matilha de lobos tem mais chances do que um único lobo de subjugar um alce, e um bando de aves tem mais probabilidade do que uma única ave de prevenir um potencial ataque.

Um padrão *uniforme* (ou igualmente espaçado) de dispersão pode resultar de interações diretas entre indivíduos na população. Algumas espécies vegetais secretam substâncias químicas inibidoras da germinação e do crescimento de indivíduos próximos que poderiam competir por recursos. Muitas vezes, os animais exibem dispersão uniforme, em

(a) Agregado. As estrelas-do-mar se agrupam onde o alimento é abundante.

(b) Uniforme. Pinguins-reis e outras aves que nidificam em pequenas ilhas costumam exibir espaçamento uniforme, mantido por interações agressivas entre vizinhos.

(c) Aleatório. Os dentes-de-leão crescem de sementes dispersadas pelo vento que se distribuem ao acaso e depois germinam.

▲ **Figura 53.3** Padrões de dispersão dentro dos limites geográficos de uma população.

❓ *Os padrões de dispersão podem depender da escala. Qual seria a aparência da dispersão dos pinguins vista de um avião sobrevoando o oceano?*

consequência de interações sociais antagônicas, como a **territorialidade** – a defesa de um espaço físico limitado contra a invasão de outros indivíduos **(Figura 53.3b)**.

Na dispersão *aleatória* (espaçamento imprevisível), a posição de cada indivíduo em uma população é independente dos outros indivíduos. Esse padrão ocorre na ausência de fortes atrações ou repulsões entre indivíduos ou onde fatores físicos ou químicos fundamentais são relativamente constantes ao longo da área de estudo. As plantas estabelecidas por sementes dispersadas pelo vento, como o dente-de-leão, podem ser distribuídas aleatoriamente em um hábitat bastante uniforme **(Figura 53.3c)**.

Demografia

Os fatores bióticos e abióticos que influenciam os padrões de densidade e dispersão também influenciam outras características das populações, incluindo as taxas de nascimento, morte e migração. A **demografia** é o estudo dessas características-chave das populações e de como elas se modificam ao longo do tempo. Uma maneira conveniente de resumir as informações demográficas de uma população é organizar uma tabela de vida.

Tabelas de vida

Uma **tabela de vida** resume as taxas de sobrevivência e reprodução de indivíduos em grupos etários específicos, dentro de uma população. Para construir uma tabela de vida, os pesquisadores costumam seguir a trajetória de uma **coorte**, um grupo de indivíduos da mesma idade, desde o nascimento até a morte de todos os indivíduos. A construção de uma tabela de vida requer a determinação da proporção da coorte que sobrevive de um grupo etário para o outro. Também é necessário monitorar o número de nascimentos por fêmeas em cada grupo etário.

Demógrafos que estudam espécies que se reproduzem sexuadamente com frequência ignoram os machos e se concentram nas fêmeas de uma população, porque somente elas geram descendentes. Empregando essa abordagem, uma população é vista em termos de fêmeas dando origem a novas fêmeas. A **Tabela 53.1** é uma tabela de vida construída dessa forma, para fêmeas dos esquilos-terrestres-de-belding (*Urocitellus beldigi*) de uma população localizada nas Montanhas de Sierra Nevada, Califórnia. A seguir, veremos mais de perto alguns dos dados apresentados em uma tabela de vida.

Curvas de sobrevivência

Os dados da taxa de sobrevivência em uma tabela de vida podem ser representados como uma **curva de sobrevivência**, um gráfico da proporção ou dos números em uma coorte ainda viva em cada idade. Como exemplo, vamos utilizar os dados para fêmeas dos esquilos-terrestres-de-belding na Tabela 53.1 para construir uma curva de sobrevivência. Frequentemente, uma curva de sobrevivência começa com uma coorte de tamanho adequado – por exemplo, mil indivíduos. Para obter os outros pontos na curva para a população de esquilos terrestres, multiplicamos a proporção de indivíduos vivos no início de cada ano (a terceira coluna da Tabela 53.1) por 1.000 (coorte inicial hipotética). O resultado é o número de vivos no início de cada ano. O confronto desses números com a idade de

Tabela 53.1 Tabela de vida para fêmeas do esquilo-terrestre-de-belding (Tioga Pass, nas Montanhas de Sierra Nevada, Califórnia)

Idade (anos)	Número de vivos no início do ano	Proporção de vivos no início do ano*	Taxa de mortalidade†	Número médio de descendentes femininos por fêmea
0-1	653	1,000	0,614	0,00
1-2	252	0,386	0,496	1,07
2-3	127	0,197	0,472	1,87
3-4	67	0,106	0,478	2,21
4-5	35	0,054	0,457	2,59
5-6	19	0,029	0,526	2,08
6-7	9	0,014	0,444	1,70
7-8	5	0,008	0,200	1,93
8-9	4	0,006	0,750	1,93
9-10	1	0,002	1,00	1,58

Dados de P. W. Sherman and M. L. Morton, Demography of Belding's ground squirrel, *Ecology* 65:1617–1628 (1984).
*Indica a proporção da coorte original de 653 indivíduos que ainda estão vivos no início de um intervalo de tempo.
†A taxa de mortalidade é a proporção de indivíduos vivos no início de um intervalo de tempo que morrem ao longo desse intervalo de tempo.

▲ Pesquisadores trabalhando com um esquilo-terrestre-de-belding.

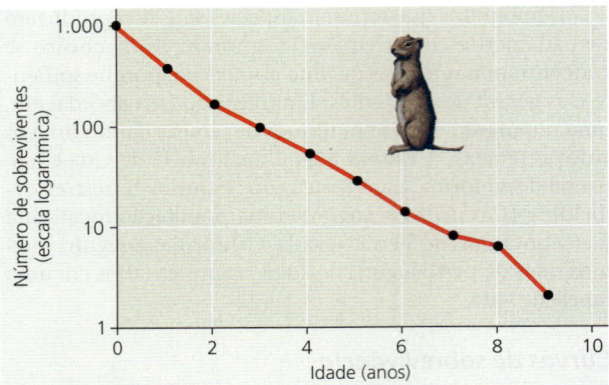

▲ **Figura 53.4** Curva de sobrevivência para fêmeas esquilo-terrestre-de-belding. A escala logarítmica no eixo *y* permite que o número de sobreviventes seja visível em toda a extensão do gráfico (2-1.000 indivíduos).

❓ *Com base neste gráfico, qual é a porcentagem de fêmeas de esquilos-terrestres-de-belding que sobrevive até os 3 anos de idade?*

esquilos-terrestres-de-belding fêmeas produz a **Figura 53.4**. A linha aproximadamente reta no gráfico indica uma taxa de mortalidade relativamente constante.

A Figura 53.4 representa apenas um dos muitos padrões de sobrevivência exibidos por populações naturais. Embora diferentes, as curvas de sobrevivência podem ser classificadas em três tipos gerais **(Figura 53.5)**. Uma curva do tipo I é horizontal no começo, refletindo as baixas taxas de mortalidade durante o início e a metade da vida; após, ela cai acentuadamente, à medida que as taxas de mortalidade aumentam entre os grupos etários mais velhos. Muitos mamíferos de grande porte, incluindo humanos e elefantes, que produzem proles pequenas, mas lhes fornecem bons cuidados, exibem esse tipo de curva.

Por outro lado, a curva do tipo III cai abruptamente no começo, refletindo taxas de mortalidade muito altas para os jovens, mas horizontaliza à medida que as taxas de mortalidade diminuem para os poucos indivíduos que sobrevivem ao período inicial de risco. Esse tipo de curva está, geralmente, associado a organismos que produzem números muito grandes de descendentes, mas proporcionam pouco ou nenhum cuidado, como plantas de vida longa, muitos peixes e a maioria dos invertebrados marinhos. Uma ostra, por exemplo, pode liberar milhões de ovos, mas a maioria das suas larvas morre por predação ou outras causas. Os poucos descendentes que sobrevivem o suficiente para vincular-se a um substrato adequado e começam a formar uma concha dura tendem a viver por um tempo relativamente longo. As curvas do tipo II são intermediárias, com uma taxa de mortalidade constante ao longo do tempo de vida do organismo. Esse tipo de sobrevivência ocorre nos esquilos-terrestres-de-belding e em alguns outros roedores, invertebrados, lagartos e algumas plantas anuais.

Muitas espécies se enquadram em algum lugar entre esses tipos básicos de sobrevivência ou mostram padrões mais complexos. Em aves, a mortalidade costuma ser alta entre os indivíduos mais jovens (como em curvas do tipo III), mas consideravelmente constante entre adultos (como em curvas do tipo II). Alguns invertebrados, como caranguejos, podem exibir curva em formato de "escada", com breves períodos de aumento da mortalidade durante as mudas, seguidos por períodos de mortalidade mais baixa, quando seu exoesqueleto protetor está duro. Além dessa variação entre as espécies, as curvas de sobrevivência também podem diferir entre as populações de uma única espécie.

Em populações que vivenciam níveis baixos de imigração e emigração, a sobrevivência é um dos dois fatores fundamentais na determinação de mudanças no tamanho populacional. O outro fator-chave que afeta como a população muda ao longo do tempo é a taxa de reprodução.

Taxas de reprodução

Como mencionado anteriormente, os demógrafos com frequência ignoram os machos e se concentram nas fêmeas de uma população, porque somente elas geram descendentes. Portanto, os demógrafos observam as populações em termos de fêmeas gerando novas fêmeas. A maneira mais simples de descrever o padrão reprodutivo de uma população é identificar como o produto da reprodução varia com o número de fêmeas reprodutoras e suas idades.

Como os ecólogos estimam o número de fêmeas reprodutoras em uma população? As possíveis abordagens incluem a contagem direta e o método de marcação e recaptura (ver Figura 53.2). Cada vez mais, os ecólogos também empregam ferramentas moleculares. Por exemplo, cientistas trabalhando no estado da Geórgia, Estados Unidos, coletaram amostras de pele de 198 fêmeas da tartaruga-cabeçuda, entre 2005 e 2009. A partir dessas amostras, eles amplificaram as repetições curtas em *tandem* em 14 *loci*, usando a técnica da reação em cadeia da polimerase (PCR), e produziram um perfil genético para cada fêmea **(Figura 53.6)**. Após, eles extraíram o DNA de uma casca de ovo de cada ninho

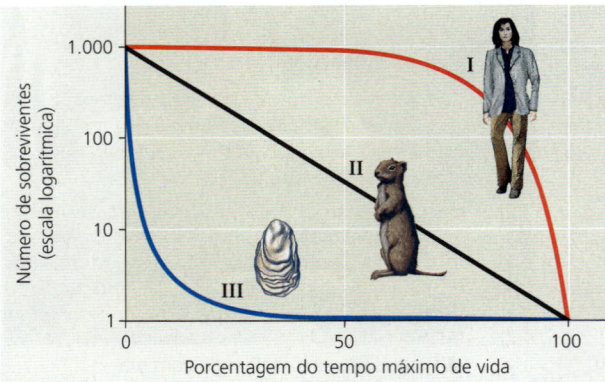

▲ **Figura 53.5** Curvas de sobrevivência idealizadas: tipos I, II e III. O eixo *y* é logarítmico e o eixo *x* está numa escala relativa, de modo que espécies com longevidade amplamente variável possam ser apresentadas juntas, no mesmo gráfico.

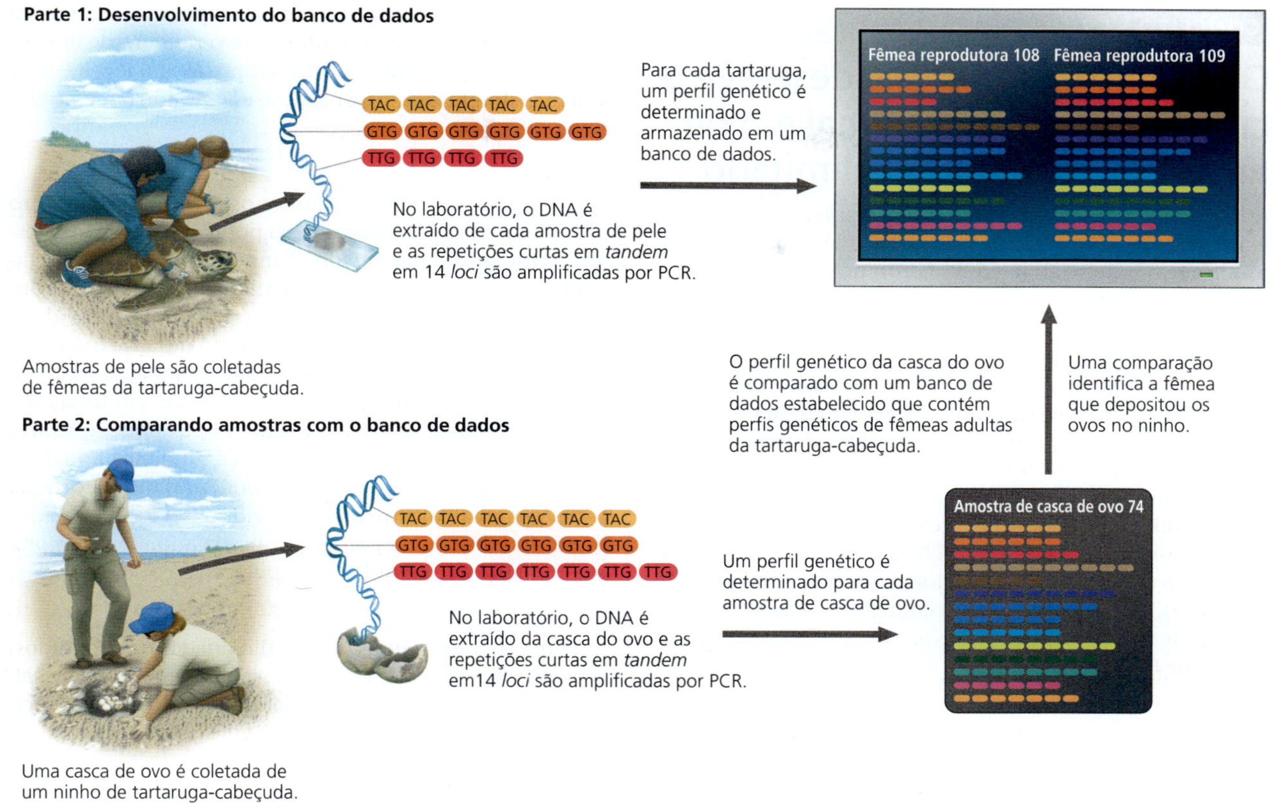

Parte 1: Desenvolvimento do banco de dados

Amostras de pele são coletadas de fêmeas da tartaruga-cabeçuda.

No laboratório, o DNA é extraído de cada amostra de pele e as repetições curtas em *tandem* em 14 *loci* são amplificadas por PCR.

Para cada tartaruga, um perfil genético é determinado e armazenado em um banco de dados.

Parte 2: Comparando amostras com o banco de dados

Uma casca de ovo é coletada de um ninho de tartaruga-cabeçuda.

No laboratório, o DNA é extraído da casca do ovo e as repetições curtas em *tandem* em 14 *loci* são amplificadas por PCR.

Um perfil genético é determinado para cada amostra de casca de ovo.

O perfil genético da casca do ovo é comparado com um banco de dados estabelecido que contém perfis genéticos de fêmeas adultas da tartaruga-cabeçuda.

Uma comparação identifica a fêmea que depositou os ovos no ninho.

▲ **Figura 53.6** Uso de perfis genéticos da casca de ovos de tartarugas-cabeçudas para identificar qual fêmea botou os ovos.

HABILIDADES VISUAIS *Use os perfis exibidos na figura para determinar qual fêmea reprodutora colocou ovos no ninho de onde a amostra #74 foi coletada.*

de tartaruga nas praias que estudaram e, usando o banco de dados dos perfis genéticos, confrontaram o ninho com uma fêmea específica. Essa abordagem permitiu que determinassem quantas das 198 fêmeas estavam procriando – e quantos descendentes cada fêmea gerou – sem ter que perturbá-las durante a postura dos ovos.

O resultado reprodutivo de organismos sexuados, como aves e mamíferos, é normalmente medido como o número médio de filhotes fêmeas produzidos pelas fêmeas de determinada faixa etária. Para alguns organismos, o número de crias de cada fêmea pode ser mensurado diretamente; como alternativa, métodos moleculares podem ser usados (ver Figura 53.6). Pesquisadores contaram diretamente as crias do esquilo-terrestre-de-belding, que iniciam a reprodução com 1 ano de idade. A reprodução de esquilos atinge o pico entre 4-5 anos de idade e, após, diminui gradualmente nas fêmeas mais velhas (ver Tabela 53.1).

As taxas reprodutivas específicas por idade variam consideravelmente por espécie. Os esquilos, por exemplo, têm uma ninhada de dois a seis filhotes uma vez ao ano por menos de uma década, ao passo que os carvalhos produzem milhares de bolotas (frutos) por ano, durante dezenas ou centenas de anos. Os mexilhões e outros invertebrados podem liberar milhões de óvulos e espermatozoides em um ciclo reprodutivo. No entanto, uma taxa de reprodução alta não leva a um crescimento populacional rápido, a menos que as condições sejam próximas às ideais para o crescimento e a sobrevivência da prole, conforme examinaremos na próxima seção.

REVISÃO DO CONCEITO 53.1

1. **DESENHE** Cada fêmea de uma determinada espécie de peixe produz milhões de óvulos por ano. Desenhe a curva de sobrevivência mais provável para essa espécie, identificando as variáveis envolvidas, e explique a sua escolha.
2. **E SE?** Suponha que você está construindo uma tabela de vida para uma população de esquilos-terrestres-de-belding (ver Tabela 53.1). Se 485 indivíduos estão vivos no início do ano 0-1 e 218 ainda estão vivos no início do ano 1-2, qual será a proporção de vivos no início de cada um desses anos (ver coluna 3 da Tabela 53.1)?
3. **FAÇA CONEXÕES** Um macho do peixe esgana-gata ataca outros machos que invadem o seu território de formação de ninho (ver Figura 51.2a). Prediga o provável padrão de dispersão dos machos dessa espécie e explique o seu raciocínio.

Ver as respostas sugeridas no Apêndice A.

CONCEITO 53.2

O modelo exponencial descreve o crescimento populacional em um ambiente idealizado e ilimitado

As populações de todas as espécies têm o potencial para uma expansão ampla quando os recursos são abundantes. Para examinar o potencial de crescimento de uma população, considere uma bactéria que pode reproduzir-se por fissão a cada 20 minutos sob condições ideais de laboratório. Haveria duas bactérias após 20 minutos, quatro após 40 minutos e oito após 60 minutos. Se a reprodução continuasse nessa velocidade durante um dia e meio e sem qualquer mortalidade, haveria bactérias suficientes para formar uma camada de 30 cm de espessura em todo o globo. No entanto, o crescimento ilimitado não ocorre por longo tempo na natureza; os indivíduos geralmente têm acesso a menos recursos à medida que uma população cresce. Não obstante, os ecólogos estudam o crescimento populacional em ambientes ideais e ilimitados, para revelar a rapidez com que as populações são capazes de crescer e as condições sob as quais o crescimento rápido, de fato, poderia ocorrer.

Mudanças no tamanho populacional

Imagine uma população constituída de alguns indivíduos vivendo em um ambiente ideal e ilimitado. Sob essas condições, não há limites externos sobre as capacidades dos indivíduos de captar energia, crescer e reproduzir-se. O tamanho da população aumentará com cada nascimento e com a imigração de indivíduos de outras populações, e diminuirá com cada morte e com a emigração de indivíduos. Assim, podemos definir uma mudança no tamanho da população durante um intervalo de tempo fixo com a seguinte equação verbal:

Mudança no tamanho da população = Nascimentos + Imigrantes entrando na população − Mortes − Emigrantes deixando a população

Por enquanto, simplificaremos nossa discussão ignorando os efeitos da imigração e da emigração.

Podemos usar notação matemática para expressar essa relação simplificada de modo mais conciso. Se N representa o tamanho da população e t representa o tempo, então ΔN é a mudança no tamanho da população e Δt é o intervalo de tempo (apropriado ao tempo de vida ou ao tempo de geração da espécie) sobre os quais estamos avaliando o crescimento populacional. (A letra grega delta, Δ, indica variação, como a variação no tempo.) Usando B (de *birth*, nascimento) para o número de nascimentos na população durante o intervalo de tempo e D (de *death*, morte) para o número de mortes, podemos reescrever a equação verbal:

$$\frac{\Delta N}{\Delta t} = B - D$$

Ecólogos que trabalham com populações geralmente estão mais interessados em mudanças no tamanho da população – o número de indivíduos que é adicionado a uma população ou subtraído dela durante um determinado intervalo de tempo, simbolizado por R. Aqui, R representa a *diferença* entre o número de nascimentos (B) e o número de mortes (D) que ocorrem no intervalo de tempo. Assim, $R = B - D$, e podemos simplificar nossa equação escrevendo o seguinte:

$$\frac{\Delta N}{\Delta t} = R$$

A seguir, podemos converter nosso modelo em um no qual as mudanças no tamanho da população sejam expressas por indivíduo (*per capita*). A mudança *per capita* no tamanho da população ($r_{\Delta t}$) representa a contribuição que um membro médio da população dá ao número de indivíduos adicionados ou subtraídos da população durante um intervalo de tempo Δt. Se, por exemplo, uma população de 1.000 indivíduos aumentar em 16 por ano, então, em uma base *per capita*, a mudança anual no tamanho da população será de 16/1.000, ou 0,016. Se soubermos a mudança anual *per capita* no tamanho da população, podemos usar a fórmula $R = r_{\Delta t}N$ para calcular quantos indivíduos serão adicionados (ou subtraídos) a uma população a cada ano. Por exemplo, se $r_{\Delta t}$ for 0,016 e o tamanho da população for 500,

$$R = r_{\Delta t}N = 0{,}016 \times 500 = 8 \text{ por ano}$$

Uma vez que os indivíduos (adicionados ou subtraídos) da população (R) podem ser expressos em uma base *per capita* como $R = r_{\Delta t}N$, podemos revisar nossa equação de crescimento populacional para levar isso em consideração:

$$\frac{\Delta N}{\Delta t} = r_{\Delta t}N$$

Lembre-se de que a nossa equação é para um intervalo de tempo específico (frequentemente um ano). Entretanto, os ecólogos preferem utilizar o cálculo diferencial para expressar o crescimento populacional como uma taxa de mudança *a cada instante no tempo*:

$$\frac{dN}{dt} = rN$$

Nesse caso, r representa a mudança *per capita* no tamanho da população, que ocorre a cada instante no tempo (enquanto $r_{\Delta t}$ representava a mudança *per capita* ocorrida durante o intervalo de tempo Δt). Se você ainda não estudou cálculo, não se impressione pela última equação; ela é similar à anterior, exceto que os intervalos de tempo Δt são muito pequenos e expressos na equação como dt. Na verdade, à medida que Δt se torna mais curto, $r_{\Delta t}$ e r se tornam cada vez mais próximos um do outro em valor.

Crescimento exponencial

Anteriormente, descrevemos uma população cujos membros tinham acesso a alimento abundante e podiam se reproduzir segundo sua capacidade fisiológica. Em alguns casos, uma população que vivencia condições ideais aumenta em tamanho em uma proporção constante a cada intervalo de tempo. Quando isso ocorre, o padrão de crescimento que resulta é chamado de **crescimento populacional exponencial**. A equação para o crescimento exponencial é apresentada no final da seção anterior, a saber:

$$\frac{dN}{dt} = rN$$

CAPÍTULO 53 ECOLOGIA DE POPULAÇÕES 1197

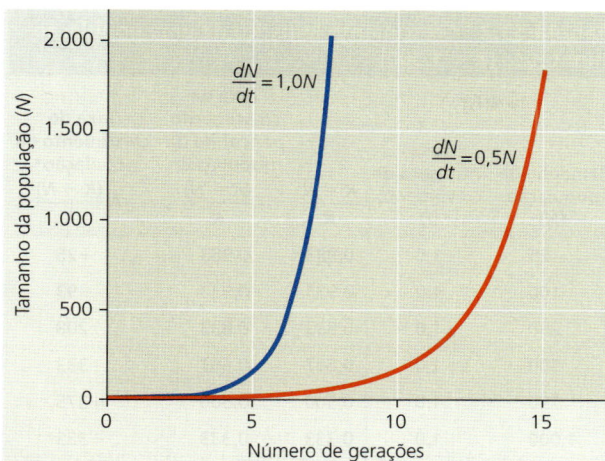

▲ **Figura 53.7** Crescimento populacional previsto pelo modelo exponencial. Este gráfico compara o crescimento entre duas populações, sendo uma representada pela curva azul com $r = 1,0$, e a outra pela curva vermelha, com $r = 0,5$.

? *Quantas gerações essas populações precisam para atingir o tamanho de 1.500 indivíduos?*

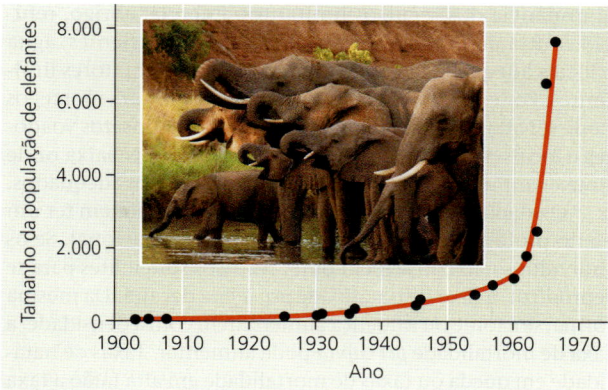

▲ **Figura 53.8** Crescimento exponencial na população de elefantes africanos do Parque Nacional Kruger, África do Sul.

Nessa equação, dN/dt representa a taxa em que a população está aumentando em tamanho a cada momento de tempo, semelhante a observar o velocímetro de um carro que revela a velocidade naquele instante de tempo. Como visto na equação, dN/dt é igual ao tamanho da população atual, N, multiplicado por uma constante, r. Os ecólogos referem-se a r como a **taxa intrínseca de crescimento**, a taxa *per capita* na qual um crescimento exponencial da população aumenta em tamanho a cada instante de tempo.

O tamanho de uma população em crescimento exponencial aumenta em uma taxa constante por indivíduo, resultando em uma curva de crescimento em forma de J quando o tamanho populacional é plotado ao longo do tempo **(Figura 53.7)**. Embora a taxa *per capita* de crescimento populacional seja constante (e igual a r), mais indivíduos novos são adicionados por unidade de tempo quando a população é grande do que quando ela é pequena; portanto, as curvas na Figura 53.7 tornam-se progressivamente mais íngremes ao longo do tempo. Isso acontece porque o crescimento populacional depende tanto de N quanto de r, e, portanto, mais indivíduos são adicionados a populações maiores do que as pequenas que crescem na mesma taxa *per capita*. Ao observar a Figura 53.7, também fica claro que uma população com uma taxa intrínseca de crescimento mais alta ($dN/dt = 1,0 N$) crescerá mais rapidamente do que outra com uma taxa intrínseca de crescimento mais baixa ($dN/dt = 0,5 N$).

A curva de crescimento exponencial em forma de J é característica de algumas populações introduzidas em um ambiente novo ou cujos números foram reduzidos por um evento catastrófico e estão se recompondo. Por exemplo, a população de elefantes no Parque Nacional Kruger, na África do Sul, cresceu exponencialmente por cerca de 60 anos após terem sido protegidos da caça pela primeira vez **(Figura 53.8)**. O número progressivamente maior de elefantes acabou causando tanto dano à vegetação do parque que um colapso no seu suprimento alimentar tornou-se provável. Para proteger outras espécies e o ecossistema do parque antes que o colapso acontecesse, os gestores começaram a limitar a população de elefantes, mediante controle da natalidade por meio de medicação contraceptiva e exportação de elefantes para outros países.

REVISÃO DO CONCEITO 53.2

1. Explique por que uma taxa de crescimento *per capita* constante (r) para uma população produz uma curva em forma de J.
2. Onde é mais provável o crescimento exponencial por uma população vegetal – em uma área onde uma floresta foi destruída pelo fogo ou em uma floresta madura não perturbada? Por quê?
3. **E SE?** Em 2018, os Estados Unidos tinham uma população de 327 milhões de pessoas. Se a mudança anual *per capita* no tamanho da população ($r_{\Delta t}$) foi de 0,005, quantas pessoas foram adicionadas à população naquele ano (ignorando imigração e emigração)? O que você precisaria saber para determinar se os Estados Unidos estão vivendo, atualmente, um crescimento exponencial?

Ver as respostas sugeridas no Apêndice A.

CONCEITO 53.3

O modelo logístico descreve como uma população cresce mais lentamente à medida que se aproxima da sua capacidade de suporte

O modelo de crescimento exponencial assume que os recursos permanecem abundantes, o que raramente corresponde ao mundo real. À medida que a densidade populacional aumenta, cada indivíduo tem acesso a menos recursos. Por fim, existe um limite no número de indivíduos que pode ocupar um hábitat. Os ecólogos definem a **capacidade de suporte**, simbolizada por K, como o tamanho máximo de uma população que um determinado ambiente pode sustentar. A capacidade de suporte varia no espaço e no tempo com a abundância dos recursos limitantes. Energia, abrigo, refúgio contra predadores, disponibilidade de nutrientes, água e locais adequados para nidificação podem ser fatores limitantes. Por exemplo, a capacidade de suporte para morcegos pode ser alta em um hábitat com abundantes insetos voadores e locais para repouso (poleiros), porém mais baixa onde houver alimento abundante, mas menos abrigos adequados.

O adensamento e a limitação de recursos podem ter um efeito profundo na taxa de crescimento populacional. Se os indivíduos não conseguem obter recursos suficientes para se reproduzir, a taxa de natalidade *per capita* decairá. Da mesma forma, se a fome ou a doença aumentarem com a densidade, a taxa de mortalidade *per capita* pode aumentar. Taxas de natalidade em queda ou taxas de mortalidade em alta farão a taxa de crescimento *per capita* da população cair, uma situação bem diferente da taxa de crescimento constante (r) observada em uma população que está crescendo exponencialmente.

Modelo de crescimento logístico

Podemos modificar nosso modelo matemático para que a taxa de crescimento *per capita* da população diminua à medida que N aumenta. No modelo de **crescimento populacional logístico**, a taxa *per capita* de aumento populacional se aproxima de zero, à medida que o tamanho da população se aproxima da sua capacidade de suporte (K).

Para construir o modelo logístico, começamos com o modelo de crescimento populacional exponencial e acrescentamos uma expressão que reduz a taxa de aumento *per capita* à medida que N cresce. Se a capacidade de suporte é K, então $K - N$ é o número de indivíduos adicionais que o ambiente pode sustentar, e $(K - N)/K$ é a fração de K que ainda está disponível para o crescimento da população. Ao multiplicar a taxa de crescimento exponencial rN por $(K - N)/K$, modificamos a alteração no tamanho da população à medida que N aumenta:

$$\frac{dN}{dt} = rN\frac{(K - N)}{K}$$

Quando N é pequeno se comparado a K, o termo $(K - N)/K$ está próximo de 1. Nesse cenário, a taxa *per capita* de crescimento populacional, $r[(K - N)/K]$, estará perto de (mas ligeiramente inferior a) r, a taxa intrínseca de crescimento observada no crescimento populacional exponencial. No entanto, quando N é grande e os recursos são limitantes, $(K - N)/K$ está próximo de zero, e a taxa de crescimento *per capita* é pequena. Quando N se iguala a K, a população para de crescer. A **Tabela 53.2** mostra os cálculos da taxa de crescimento populacional para uma população hipotética crescendo de acordo com o modelo logístico, com $r = 1,0$ por indivíduo por ano. Observe que a taxa de crescimento populacional total é mais alta (+ 375 indivíduos por ano) quando o tamanho da população é 750, ou metade da capacidade de suporte. Em uma população de 750, a taxa de crescimento *per capita* permanece relativamente alta (metade do valor de r), e há mais indivíduos reprodutores (N) na população do que em populações menores.

Como mostrado na **Figura 53.9**, o modelo logístico de crescimento populacional produz uma curva de

Tabela 53.2 Crescimento logístico de uma população hipotética ($K = 1.500$)

Tamanho da população (N)	Taxa intrínseca de crescimento (r)	$\frac{K - N}{K}$	Taxa de crescimento *per capita* da população, $r\frac{(K - N)}{K}$	Taxa de crescimento da população*, $rN\frac{(K - N)}{K}$
25	1,0	0,983	0,983	+25
100	1,0	0,933	0,933	+93
250	1,0	0,833	0,833	+208
500	1,0	0,667	0,667	+333
750	1,0	0,500	0,500	+375
1.000	1,0	0,333	0,333	+333
1.500	1,0	0,000	0,000	0

*Arredondada para o número inteiro mais próximo.

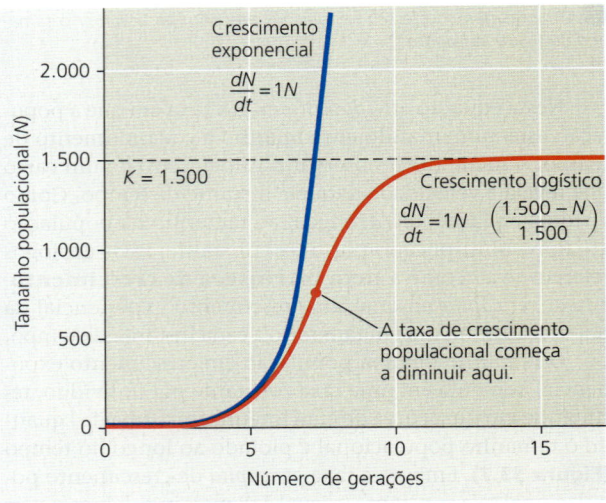

▲ **Figura 53.9 Crescimento populacional previsto pelo modelo logístico.** A taxa de crescimento populacional diminui à medida que o tamanho da população (N) se aproxima da capacidade de suporte (K) do ambiente. A linha vermelha mostra o crescimento logístico de uma população, onde $r = 1,0$ e $K = 1.500$ indivíduos. Para comparação, a linha azul ilustra uma população continuando a crescer exponencialmente com o mesmo r.

crescimento sigmoide (em forma de S) quando N é plotado ao longo do tempo (linha vermelha). Indivíduos novos são adicionados à população mais rapidamente em tamanhos populacionais intermediários quando há não apenas uma população reprodutora de tamanho substancial, mas muitos espaços disponíveis e outros recursos no ambiente. O número de indivíduos adicionados a uma população decresce drasticamente quando N se aproxima de K. Como consequência, a taxa de crescimento populacional (dN/dt) também cai quando N se aproxima de K.

Observe que ainda não comentamos sobre *por que* a taxa de crescimento populacional diminui à medida que

N se aproxima de *K*. Para que a taxa de crescimento populacional diminua, a taxa de nascimentos deve diminuir, a taxa de mortes deve aumentar, ou ambos devem ocorrer. Adiante no capítulo, consideraremos alguns dos fatores que afetam essas taxas, incluindo a ocorrência de doença, predação e quantidades limitadas de alimento e outros recursos.

Modelo logístico e populações reais

O crescimento em laboratório de populações de alguns animais pequenos, como besouros e crustáceos, e de alguns microrganismos, como bactérias, *Paramecium* e leveduras, ajusta-se muito bem a uma curva em forma de S sob condições de recursos limitados **(Figura 53.10a)**. Essas populações estão crescendo em ambiente constante, sem predadores e espécies competidoras que podem reduzir o crescimento das populações, o que raramente ocorre na natureza.

Populações na natureza raramente correspondem às previsões do modelo logístico da mesma forma que algumas populações de laboratório, como a de *Paramecium* na Figura 53.10a. Isso não é surpreendente, uma vez que alguns dos pressupostos inerentes ao modelo logístico claramente não se aplicam a todas as populações. O modelo logístico assume que as populações se ajustam instantaneamente ao crescimento e se aproximam facilmente da capacidade de suporte. Na verdade, com frequência existe um atraso antes que sejam percebidos os efeitos negativos de uma população em crescimento. Se o alimento se torna limitante para uma população, por exemplo, a reprodução por fim declinará, mas as fêmeas podem usar suas reservas de energia para continuar se reproduzindo por um período curto. Isso pode levar a população a exceder temporariamente sua capacidade de suporte, como mostrado para as pulgas-d'água na **Figura 53.10b**. No **Exercício de habilidades científicas**, você consegue modelar o que pode acontecer a essa população quando *N* se torna maior do que *K*. Outras populações flutuam muito, tornando difícil até mesmo definir a capacidade de suporte. Adiante neste capítulo, examinaremos algumas possíveis razões para essas flutuações.

O modelo logístico fornece um ponto de partida proveitoso para pensar sobre como as populações crescem e para construir modelos mais complexos. Como tal, seu papel é semelhante ao desempenhado pela equação de Hardy-Weinberg para pensar sobre a evolução das populações. O modelo logístico também é importante na biologia da conservação para prever o quão rapidamente uma determinada população pode aumentar numericamente após ter sido reduzida a um tamanho pequeno, e para estimar taxas de exploração sustentáveis em populações selvagens. Os biólogos da conservação também podem empregar o modelo para estimar o tamanho crítico abaixo do qual as populações de certos organismos, como a subespécie de rinocerontes-brancos do norte (*Ceratotherium simum*), podem se tornar extintas **(Figura 53.11)**.

▲ **Figura 53.11 Mãe e filhote de rinoceronte-branco.** Os dois animais mostrados pertencem à subespécie do sul, que tem uma população superior a 20 mil indivíduos. A subespécie do norte está criticamente ameaçada, com poucos indivíduos conhecidos.

▶ **Figura 53.10** Até que ponto essas populações se ajustam ao modelo de crescimento logístico? Em cada gráfico os pontos pretos representam o crescimento medido da população, e a curva vermelha é o crescimento previsto pelo modelo logístico.

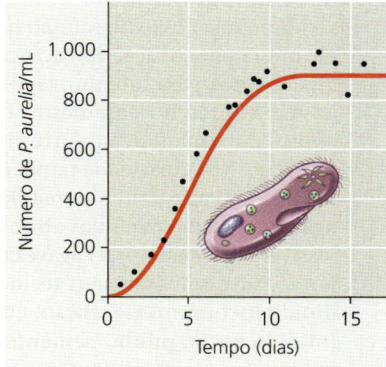

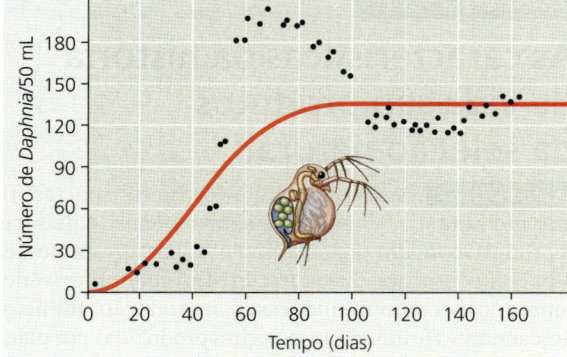

(a) **População de *Paramecium aurelia* no laboratório.** O crescimento (pontos pretos) de *P. aurelia* em uma cultura pequena se aproxima bastante do crescimento logístico, se o pesquisador mantiver um ambiente constante.

(b) **População de *Daphnia* no laboratório.** O crescimento (pontos pretos) de uma população de pulgas-d'água (*Daphnia*) em uma cultura pequena de laboratório não corresponde bem ao modelo logístico. Essa população ultrapassa a capacidade de suporte do seu ambiente artificial, antes de alcançar um tamanho aproximadamente estável.

Exercício de habilidades científicas

Uso da equação logística no modelo de crescimento populacional

O que acontece ao tamanho de uma população quando ela ultrapassa a sua capacidade de suporte? No modelo logístico de crescimento populacional, a taxa de crescimento populacional *per capita* se aproxima de zero à medida que o tamanho da população (N) se aproxima da capacidade de suporte (K). Sob certas condições, no entanto, uma população no laboratório ou no campo pode ultrapassar K, ao menos temporariamente. Se o alimento se tornar limitante para uma população, por exemplo, pode haver um atraso antes do declínio da reprodução, e N pode brevemente exceder K. Neste exercício, você empregará a equação logística para modelar o crescimento da população hipotética na Tabela 53.2 quando $N > K$.

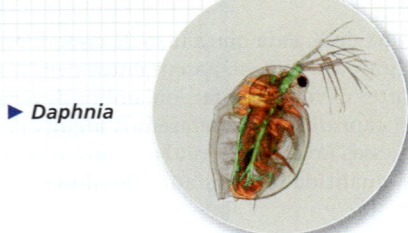

▶ *Daphnia*

INTERPRETE OS DADOS

1. Considerando que $r = 1,0$ e $K = 1.500$, calcule a taxa de crescimento populacional para quatro casos em que o tamanho da população (N) é maior do que a capacidade de suporte (K): $N = 1.510, 1.600, 1.750$ e 2.000 indivíduos. Para isso, primeiro formule a equação para a taxa de crescimento da população apresentada na Tabela 53.2. Insira os valores para cada um dos quatro casos, começando por $N = 1.510$, e resolva a equação para cada um. Qual tamanho populacional tem a taxa de crescimento mais alta?
2. Se r for duplicado, prediga como as taxas de crescimento populacional mudarão para os quatro tamanhos de população propostos na pergunta 1. Agora, calcule a taxa de crescimento populacional para os mesmos quatro casos, desta vez assumindo que $r = 2,0$ (e com K ainda = 1.500).
3. Agora, observe como o crescimento de uma população real de *Daphnia* corresponde a esse modelo. Em que momentos na Figura 53.10b a população de *Daphnia* está mudando em aspectos que correspondam aos valores que você calculou? Suponha por que a população diminui um pouco abaixo da capacidade de suporte no final do experimento.

REVISÃO DO CONCEITO 53.3

1. Explique por que uma população que se ajusta ao modelo de crescimento logístico aumenta mais rapidamente em um tamanho intermediário do que em tamanhos relativamente pequenos e grandes.
2. **E SE?** Dadas as diferenças latitudinais na intensidade de luz solar (ver Figura 52.3), qual a sua expectativa sobre a capacidade de suporte de espécies vegetais encontradas ao nível do equador em comparação com a de espécies vegetais encontradas em latitudes elevadas?
3. **FAÇA CONEXÕES** Suponha que uma mudança repentina nas condições ambientais tenha causado uma queda substancial na capacidade de suporte de uma população. Prediga como a seleção natural e a deriva genética poderiam afetar essa população. (Ver Conceito 23.3.)

Ver as respostas sugeridas no Apêndice A.

CONCEITO 53.4

As características da história de vida são produtos da seleção natural

EVOLUÇÃO A seleção natural favorece características que melhoram as chances de sobrevivência e de sucesso reprodutivo de um organismo. Em todas as espécies, existem compensações entre características de sobrevivência e reprodução, como frequência de reprodução, número de descendentes (número de sementes produzidas por plantas; tamanho da prole ou da ninhada, para os animais) e investimento no cuidado parental. As características que afetam o programa de reprodução e sobrevivência de um organismo constituem sua **história de vida**. As características da história de vida de um organismo são desfechos evolutivos refletidos no seu desenvolvimento, na sua fisiologia e no seu comportamento.

Diversidade de histórias de vida

Abordaremos três componentes principais da história de vida de um organismo: quando ele inicia a reprodução (idade da primeira reprodução ou idade da maturidade), com que frequência o organismo se reproduz e quantos descendentes são gerados por episódio reprodutivo. A ideia fundamental de que a evolução é responsável pela diversidade de vida manifesta-se em uma gama dessas características de história de vida na natureza. Por exemplo, a idade em que a reprodução inicia varia consideravelmente entre as espécies. Uma tartaruga-cabeçuda típica tem cerca de 30 anos de idade quando rasteja pela primeira vez até a praia para desovar. Por outro lado, o salmão-coho (*Oncorhynchus kisutch*) em geral tem apenas 3 ou 4 anos de idade quando procria.

Os organismos variam também na frequência com que se reproduzem. O salmão-coho é um exemplo de organismo que passa pelo padrão de "tiro-único" de reprodução, ou **semelparidade** (do latim *semel*, uma vez, e *parere*, gerar). Após a eclosão do salmão nas nascentes de um riacho, ele migra para o Oceano Pacífico, onde geralmente requer alguns anos para amadurecer. Por fim, o salmão retorna ao mesmo riacho para desovar, produzindo milhares de óvulos em uma única oportunidade reprodutiva antes de morrer. A semelparidade também ocorre em algumas plantas, como o agave ou piteira (**Figura 53.12a**). Em geral, os agaves crescem em climas áridos com precipitações imprevisíveis e solos pobres. O agave cresce durante anos, acumulando nutrientes em seus tecidos, até que ocorra um ano úmido incomum. Ele, então, emite um enorme escapo da inflorescência, produz sementes e morre. Essa história de vida parece ser uma adaptação ao ambiente desértico severo do agave.

O contrário da semelparidade é a **iteroparidade** (do latim *iterare*, repetir), ou reprodução repetida. Uma tartaruga-cabeçuda fêmea, por exemplo, produz quatro desovas, totalizando cerca de 300 ovos por ano. Após, ela espera dois a três anos antes de desovar mais ovos; presumivelmente,

▼ **Figura 53.12** Semelparidade e iteroparidade.

(a) Semelparidade: reprodução em uma única vez. O agave (*Agave americana*) é um exemplo de semelparidade. As folhas da planta são visíveis na base do enorme escapo (da inflorescência), que é produzido apenas no final da vida da espécie.

(b) Iteroparidade: reprodução repetida. Os organismos que se reproduzem repetidamente, como o carvalho (*Quercus macrocarpa*), passam por iteroparidade. Um indivíduo de carvalho pode produzir milhares de bolotas (destaque) por ano ao longo de muitas décadas.

baixa a expectativa de sobrevivência dos progenitores **(Figura 53.13)**. Em outro estudo, na Escócia, os pesquisadores constataram que fêmeas de veado-vermelho que se reproduziram em determinado verão apresentaram maior probabilidade de morrer no próximo inverno do que as fêmeas que não se reproduziram.

As pressões seletivas influenciam a compensação entre o número e o tamanho dos descendentes. Plantas e animais cujos jovens têm chance baixa de sobrevivência frequentemente produzem muitos filhotes pequenos. Por exemplo, plantas que colonizam ambientes impactados geralmente produzem muitas sementes pequenas, das quais apenas algumas conseguem alcançar um hábitat adequado. O tamanho pequeno também pode aumentar a chance de estabelecimento das plântulas, permitindo que as sementes sejam transportadas por distâncias mais longas para um espectro mais amplo de hábitats **(Figura 53.14a)**. Os animais que sofrem taxas

as tartarugas não dispõem de recursos suficientes para produzir muitos ovos a cada ano. Uma tartaruga madura pode pôr ovos durante 30 anos após a primeira desova. Cavalos e outros mamíferos de grande porte também se reproduzem repetidamente, como muitos peixes, ouriços-do-mar e árvores longevas, como bordos e carvalhos **(Figura 53.12b)**.

Finalmente, organismos variam também na quantidade de descendentes eles produzem. Algumas espécies, como os rinocerontes brancos (ver Figura 53.11), produzem um único filhote, enquanto a maioria dos insetos e muitas plantas produzem grande número de descendentes. Essa variação no número de descendentes tem outras consequências; como você verá, uma espécie que produza um ou poucos descendentes pode provê-los melhor do que uma espécie que produz muitos descendentes.

Compensações (*trade-offs*) e histórias de vida

Nenhum organismo poderia gerar milhares de descendentes e prover cada um deles tão bem quanto um rinoceronte cuidaria do seu único filhote. Existe uma compensação entre o número de descendentes e a quantidade de recursos que os progenitores podem dedicar a cada filhote. Essas compensações ocorrem porque os organismos não têm acesso a quantidades ilimitadas de recursos. Como resultado, o uso de recursos para uma função (como reprodução) pode reduzir os recursos disponíveis para dar suporte a outra função (como sobrevivência). Nos falcões da Eurásia, por exemplo, cuidar de um número maior de animais jovens

▼ **Figura 53.13** **Pesquisa**

Como o cuidado da prole afeta a sobrevivência parental em falcões?

Experimento Cor Dijkstra e colaboradores, na Holanda, estudaram durante 5 anos os efeitos do cuidado parental em falcões da Eurásia. Os pesquisadores transferiram filhotes entre os ninhos para produzir ninhadas reduzidas (3 ou 4 filhotes), ninhadas normais (5 ou 6) e ninhadas aumentadas (7 ou 8). Após, eles mediram a porcentagem de progenitores machos e fêmeas que sobreviveram ao inverno seguinte. (Tanto os machos quanto as fêmeas cuidam dos filhotes.)

Resultados

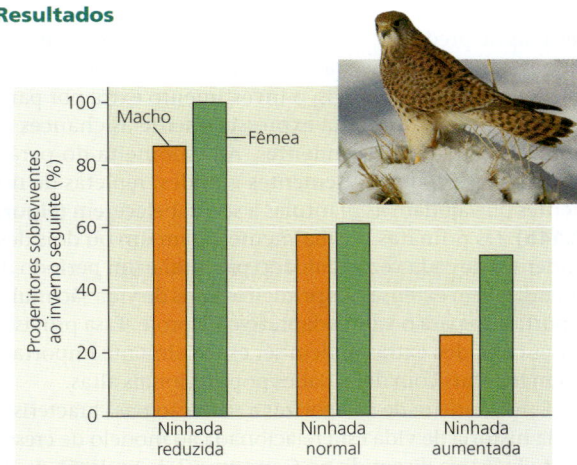

Conclusão As taxas de sobrevivência menores de falcões com ninhadas maiores indicam que o cuidado dedicado a mais descendentes afeta negativamente a sobrevivência dos progenitores.

Dados de C. Dijkstra et al., Brood size manipulations in the kestrel (*Falco tinnunculus*): effects on offspring and parent survival, *Journal of Animal Ecology* 59:269-285 (1990).

INTERPRETE OS DADOS *Os machos de algumas espécies de aves não realizam cuidado parental. Se isso fosse verdadeiro para os falcões da Eurásia, como os resultados experimentais difeririam dos mostrados acima?*

(a) Os dentes-de-leão crescem rapidamente e liberam um grande número de frutos diminutos, cada qual contendo uma única semente. A produção de inúmeras sementes garante que pelo menos algumas delas se tornem plantas adultas, as quais, por fim, produzirão suas próprias sementes.

(b) Algumas plantas, como a castanheira-do-pará (à direita), produzem um número moderado de sementes grandes em cápsula (acima). O endosperma grande de cada semente fornece nutrientes para o embrião, adaptação que ajuda uma fração relativamente grande de descendentes a sobreviver.

▲ **Figura 53.14** Variação no número e no tamanho de sementes nas plantas.

elevadas de predação, como codornas, sardinhas e camundongos, tendem também a produzir muitos descendentes.

Em outros organismos, o investimento extra por parte dos progenitores aumenta expressivamente as chances de sobrevivência dos descendentes. A castanheira-do-pará e as nogueiras produzem sementes grandes, repletas de nutrientes que ajudam as plântulas a se estabelecerem **(Figura 53.14b)**. Os primatas normalmente geram um ou dois descendentes de cada vez; o cuidado parental e um período de aprendizagem extensa nos primeiros anos de vida são muito importantes para o valor adaptativo da prole. Essa provisão e esses cuidados extras podem ser especialmente importantes em hábitats com densidades populacionais altas.

Uma maneira de categorizar a variação nas características da história de vida está relacionada ao modelo de crescimento logístico discutido no Conceito 53.3. A seleção de características que são vantajosas em densidades altas é referida como **seleção K**. Por outro lado, a seleção de atributos que maximizam o sucesso reprodutivo em ambientes não adensados (densidades baixas) é denominada **seleção r**. Esses nomes resultam das variáveis da equação logística. Diz-se que a seleção K opera em populações que vivem em uma densidade próxima ao limite imposto pelos seus recursos (capacidade de suporte, K), onde a competição entre os indivíduos é mais intensa. Árvores maduras crescendo em uma floresta antiga são um exemplo de organismos K-seletivos (K-estrategistas).

Em contrapartida, diz-se que a seleção r maximiza r, a taxa intrínseca de crescimento, e ocorre em ambientes nos quais as densidades populacionais estão bem abaixo da capacidade de suporte ou em que os indivíduos enfrentam pouca competição. Muitas vezes, essas condições são encontradas em hábitats alterados que estão sendo recolonizados. Plantas herbáceas que crescem em um campos agrícolas abandonados são um exemplo de organismos r-seletivos.

Os conceitos de seleções K e r representam dois extremos em um espectro de histórias de vida reais. O modelo de seleção r/K, baseado na ideia de capacidade de suporte, também se relaciona com a pergunta importante a que aludimos anteriormente: por que a taxa de crescimento populacional diminui à medida que o tamanho da população se aproxima da capacidade de suporte? A resposta a essa pergunta é o foco da próxima seção.

REVISÃO DO CONCEITO 53.4

1. Identifique três características-chave da história de vida e dê exemplos de organismos que variam amplamente em cada uma dessas características.
2. No peixe denominado bodião-pavão (*Symphodus tinca*), as fêmeas dispersam amplamente alguns dos seus ovos e depositam outros ovos em um ninho. Apenas os últimos recebem cuidado parental. Explique as compensações reprodutivas que esse comportamento ilustra.
3. **E SE?** Os camundongos que passam por estresses, como a escassez de alimento, às vezes abandonam seus filhotes. Explique como esse comportamento pode ter evoluído no contexto das compensações reprodutivas e da história de vida.

Ver as respostas sugeridas no Apêndice A.

CONCEITO 53.5

Fatores dependentes da densidade regulam o crescimento populacional

Que fatores ambientais impedem as populações de crescer indefinidamente? Por que algumas populações são suficientemente estáveis em tamanho, enquanto outras não são?

As respostas a essas perguntas podem ser importantes em aplicações práticas. Os agricultores podem querer reduzir a abundância de insetos-praga ou impedir o crescimento de uma planta invasora que se encontra em rápida propagação. Os ecólogos que trabalham com conservação necessitam saber quais fatores ambientais criam hábitats favoráveis à alimentação ou à reprodução de espécies ameaçadas, como o rinoceronte-branco e o grou-americano. De modo geral, seja buscando reduzir o tamanho de uma população indesejada ou aumentando o tamanho de outra que esteja em perigo, é relevante entender os fatores que afetam a abundância populacional.

Mudança populacional e densidade populacional

Para entender por que uma população para de crescer quando atinge um certo tamanho, os ecólogos estudam como as taxas de natalidade, morte, imigração e emigração mudam à medida que a densidade populacional aumenta. Se imigração e emigração se equilibram, uma população cresce quando a taxa de natalidade excede a taxa de mortalidade e diminui quando a taxa de mortalidade excede a taxa de natalidade.

Uma taxa de natalidade ou de mortalidade que não muda com a densidade populacional é considerada **independente da densidade**. Por exemplo, pesquisadores descobriram que a mortalidade da gramínea de dunas *Vulpia fasciculata* deve-se, principalmente a fatores físicos que matam proporções similares de uma população local, independentemente da sua densidade. O estresse hídrico que se manifesta quando as raízes dessa gramínea são descobertas pelo movimento da areia é um fator independente da densidade que pode matar essas plantas. Em contrapartida, uma taxa de mortalidade que aumenta com a densidade populacional ou uma taxa de natalidade que cai com a elevação da densidade é considerada **dependente da densidade**. Pesquisadores constataram que a reprodução da população de *V. fasciculata* diminui à medida que a densidade populacional aumenta, em parte porque a água ou os nutrientes tornam-se mais escassos. Assim, os principais fatores que afetam a taxa de natalidade nessa população são dependentes da densidade, ao passo que a taxa de mortalidade é amplamente determinada por fatores independentes da densidade. Para situações em que a imigração e a emigração se compensam, a **Figura 53.15** mostra como a combinação da reprodução dependente da densidade e a mortalidade independente da densidade pode deter o crescimento da população (em espécies como *V. fasciculata*.)

A variação de fatores independentes da densidade, como temperatura e precipitação, pode causar mudanças drásticas no tamanho da população. Por exemplo, uma seca ou onda de calor pode causar um aumento acentuado nas taxas de mortalidade, fazendo com que a abundância de uma população diminua vertiginosamente. Observe, no entanto, que um fator independente da densidade não pode sempre fazer uma população diminuir de tamanho quando for grande ou aumentar quando for pequena – apenas um fator dependente da densidade pode causar essas mudanças de forma consistente. Com isso em mente, uma população é dita *regulada* quando um ou mais fatores dependentes da densidade a diminuam (quando ela é grande) ou a aumentem (quando ela é pequena).

Mecanismos de regulação populacional dependente da densidade

Sem algum tipo de retroalimentação negativa entre a densidade populacional e as taxas de natalidade e de mortalidade, uma população nunca pararia de crescer. No entanto, nenhuma população pode aumentar de tamanho indefinidamente. Em última análise, em populações de grande porte, a retroalimentação negativa é fornecida pela regulação dependente da densidade, que interrompe o crescimento populacional por meio de mecanismos que reduzem as taxas de natalidade ou aumentam as taxas de mortalidade. Por exemplo, um estudo sobre as populações de uma espécie de perca (*Brachystius frenatus*, "kelp-perch") mostrou que a taxa de mortalidade do peixe aumentou proporcionalmente com o aumento da sua densidade **(Figura 53.16)**. Isso ocorreu porque em densidades altas, os peixes ficaram sem espaços seguros nas algas macroscópicas (*kelp*) para se esconderem dos predadores. Diversos outros mecanismos que podem causar a regulação dependente da densidade são descritos na **Figura 53.17**.

Esses vários exemplos de regulação da população por retroalimentação negativa mostram como o aumento da densidades faz as taxas de crescimento populacional diminuírem, afetando a reprodução, o crescimento e a sobrevivência. Embora a retroalimentação negativa ajude a explicar por que populações param de crescer, ela não responde por que algumas populações flutuam drasticamente enquanto outras permanecem relativamente estáveis.

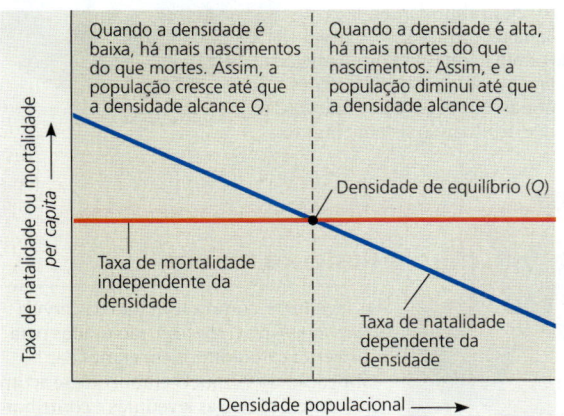

▲ **Figura 53.15 Determinando o equilíbrio da densidade populacional.** Neste exemplo, a taxa de natalidade muda com a densidade populacional, enquanto a taxa de mortalidade é constante; as taxas de imigração e emigração são consideradas iguais. Na densidade de equilíbrio (*Q*), as taxas de natalidade e de mortalidade são iguais. Como resultado, o número de indivíduos adicionados à população é igual ao número de removidos dela, e a população para de alterar o seu tamanho.

DESENHE *Redesenhe esta figura para a situação em que as taxas de natalidade e de mortalidade sejam dependentes da densidade, como ocorre para muitas espécies.*

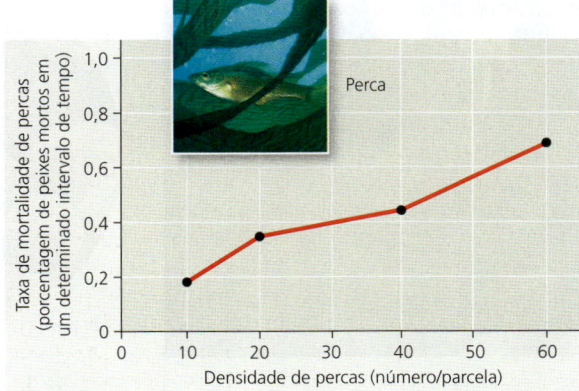

▲ **Figura 53.16 Um exemplo de regulação dependente da densidade.** Em altas densidades populacionais, a taxa de mortalidade das percas aumentou porque elas ficaram sem espaço para se esconder dos predadores.

▼ Figura 53.17 Explorando mecanismos de regulação dependente da densidade

À medida que a densidade populacional aumenta, mecanismos dependentes da densidade podem retardar ou deter o crescimento populacional mediante decréscimo das taxas de natalidade ou aumento das taxas de mortalidade.

Competição por recursos

O aumento da densidade populacional leva à competição por nutrientes e outros recursos, reduzindo as taxas reprodutivas. Os agricultores minimizam o efeito da competição por recursos sobre o crescimento do trigo (*Triticum aestivum*) e outras culturas, mediante aplicação de fertilizantes para reduzir as limitações de nutrientes no rendimento agrícola.

Territorialidade

A territorialidade pode limitar a densidade populacional, quando o espaço torna-se o recurso pelo qual os indivíduos competem. Os guepardos (*Acinonyx jubatus*) utilizam um marcador químico na urina para alertar outros guepardos de seus limites territoriais. A presença de indivíduos excedentes, ou não reprodutores, é um bom indicativo que a territorialidade está restringindo o crescimento populacional.

Doenças

Se a taxa de transmissão de uma doença aumentar à medida que uma população tornar-se mais adensada, o impacto da doença é dependente da densidade. Em seres humanos, doenças respiratórias como a influenza (gripe) e a tuberculose são propagadas pelo ar quando uma pessoa infectada espirra ou tosse. Essas duas doenças atingem uma porcentagem maior de pessoas em cidades densamente povoadas do que em áreas rurais.

Fatores intrínsecos

Os fatores fisiológicos intrínsecos (aqueles que operam dentro de um organismo) às vezes regulam o tamanho populacional. As taxas reprodutivas do camundongo-de-pata-branca (*Peromyscus leucopus*) em um cercado no campo podem cair, mesmo quando o alimento e o abrigo sejam abundantes. Essa queda na reprodução sob densidade populacional alta está associada a interações agressivas e alterações hormonais que retardam a maturação sexual e debilitam o sistema imune.

Resíduos tóxicos

As leveduras, como a levedura da cerveja (*Saccharomyces cerevisiae*), são usadas para converter carboidratos em etanol na fabricação do vinho. O etanol que se acumula no vinho é tóxico às leveduras e contribui para a regulação (dependente da densidade) do tamanho da sua população. O conteúdo de álcool no vinho geralmente é inferior a 13%, pois essa é a concentração máxima de etanol que a maioria das células de leveduras produtoras de vinho pode tolerar.

5 μm

Dinâmica populacional

Como a batuíra-melodiosa (ver Figura 53.1), todas as populações mostram alguma flutuação no tamanho. Essas flutuações populacionais de ano para ano, ou de lugar para lugar, chamadas de **dinâmica populacional**, são influenciadas por muitos fatores e, por sua vez, afetam outras espécies. Por exemplo, as flutuações em populações de peixes afetam as populações de aves que comem peixe. O estudo da dinâmica de população focaliza nas interações complexas entre fatores bióticos e abióticos que causam variação nos tamanhos populacionais.

Estabilidade e flutuação

Populações de mamíferos grandes eram consideradas relativamente estáveis, mas estudos de longo prazo desafiaram essa ideia. Por exemplo, a população de alces da ilha Royale no Lago Superior tem flutuado substancialmente desde aproximadamente de 1900. Naquela época, alces do continente de Ontário (a 25 km) colonizaram a ilha, talvez atravessando o lago quando ele estava congelado. Os lobos, que dependem dos alces para compor a maior parte da sua dieta, chegaram à ilha em 1950, caminhando sobre o lago congelado. O lago congela desde o início de 1950, e, desde então, ambas as populações parecem se manter isoladas de imigração e emigração. Apesar desse isolamento, a população de alces vivenciou dois grandes aumentos e colapsos durante os últimos 50 anos **(Figura 53.18)**.

Que fatores causam mudanças tão drásticas no tamanho da população dos alces? Clima severo, particularmente com invernos frios e neve pesada, podem debilitar os alces e reduzir a disponibilidade de alimento, diminuindo o tamanho populacional. Quando as quantidades de alces são baixas e o clima é ameno, o alimento fica facilmente disponível, e a população cresce rapidamente. Inversamente, quando as quantidades de alces são altas, fatores como a predação e um aumento na densidade de carrapatos e outros parasitas provocam diminuição da população. Os efeitos de alguns desses fatores podem ser vistos na Figura 53.18. O primeiro grande colapso coincidiu com um pico nos números de lobos de 1975 a 1980. O segundo grande colapso, em torno de 1995, coincidiu com o clima de inverno severo, que aumentou as necessidades energéticas dos alces e tornou mais difícil para eles encontrarem alimento sob a neve profunda.

Pesquisa científica: *ciclos populacionais*

Enquanto muitas populações oscilam em intervalos imprevisíveis, outras passam por ciclos de altos e baixos regulares. Alguns pequenos mamíferos herbívoros, como arganazes e lemingues, tendem a ter ciclos de 3 a 4 anos, enquanto algumas aves, como perdizes e ptármigas, têm ciclos de 9 a 11 anos.

Um exemplo marcante de ciclos populacionais é o de aproximadamente 10 anos da lebre-americana (*Lepus americanus*) e do lince (*Lynx canadenses*) nas longínquas florestas boreais do Canadá e do Alasca. Os linces são predadores que se alimentam predominantemente de lebres americanas, de modo que se pode esperar que o número de predadores aumente e diminua com o número de presas **(Figura 53.19)**. Mas por que o número de lebres cresce e diminui em ciclos de aproximadamente 10 anos? Duas hipóteses principais foram propostas. Primeiro, os ciclos podem ser causados por escassez de alimento durante o inverno. No inverno, as lebres consomem os ramos terminais de pequenos arbustos, como o salgueiro e a bétula, embora o motivo pelo qual essa reserva de alimento possa ter intervalos cíclicos de 10 anos seja incerto. Segundo, os ciclos podem ser atribuídos às interações predador-presa. Além do lince, muitos outros

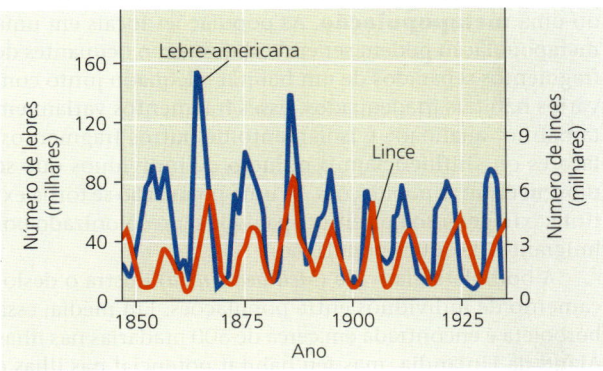

▲ **Figura 53.19** Ciclos populacionais da lebre-americana e do lince. As contagens das populações baseiam-se no número de peles vendidas por caçadores para a Companhia Hudson Bay.

INTERPRETE OS DADOS *O que você observa nos momentos relativos dos picos nos números do lince e da lebre americana? O que pode explicar essa observação?*

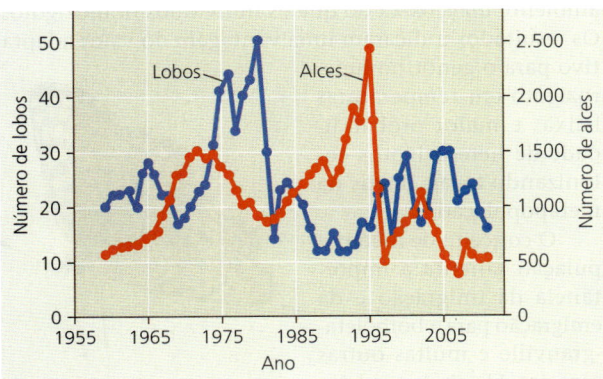

▲ **Figura 53.18** Flutuações no tamanho populacional de alces e de lobos na ilha Royale, 1959-2011.

predadores consomem lebres e podem explorar excessivamente suas presas.

Vamos considerar as evidências dessas duas hipóteses. Se os ciclos da lebre fossem decorrentes da escassez de alimento no inverno, então os ciclos deveriam parar se o alimento extra fosse fornecido a uma população de campo. Os pesquisadores conduziram esses experimentos em Yukon durante 20 anos – abrangendo dois ciclos das lebres. Eles constataram que as populações de lebres nas áreas com alimento extra aumentaram aproximadamente três vezes em densidade, mas continuaram a exibir o ciclo da mesma maneira que as populações-controle (sem alimento extra). Portanto, apenas os suprimentos de alimento não causam os ciclos da lebre apresentados na Figura 53.19, de modo que podemos rejeitar a primeira hipótese.

Para estudar os efeitos da predação, os ecólogos usaram coleiras com transmissores para rastrear as lebres individualmente, a fim de determinar por que elas morrem. Nesses estudos, os predadores, incluindo linces, coiotes, falcões e corujas, mataram 95% das lebres. Nenhuma das lebres aparentou ter morrido de fome. Esses dados sustentam a segunda hipótese. Quando os ecólogos usavam cercas elétricas para excluir predadores de certas áreas, o colapso na sobrevivência, que em geral ocorria na fase de declínio do ciclo, era praticamente eliminado. Desse modo, a exploração excessiva pelos predadores parece ser uma parte essencial dos ciclos das lebres-americanas; sem predação, é improvável que as populações de lebres apresentassem ciclos no norte do Canadá.

Imigração, emigração e metapopulações

Até aqui, nossa discussão da dinâmica populacional tratou principalmente das contribuições dos nascimentos e das mortes. No entanto, a imigração e a emigração também influenciam as populações. Quando uma população se torna adensada e a competição por recursos se acentua, a emigração costuma aumentar.

Imigração e emigração são especialmente importantes quando várias populações locais estão conectadas, formando uma **metapopulação**. As populações locais em uma metapopulação podem ser entendidas como ocupantes de fragmentos separados de um hábitat adequado junto com vários hábitats inadequados. Esses fragmentos variam em tamanho, qualidade e isolamento de outros fragmentos, fatores que influenciam o número de indivíduos que se movem entre as populações. Se uma população se torna extinta, o fragmento que ela ocupa pode ser recolonizado por imigrantes de outras populações.

A borboleta-glanville (*Melitaea cinxia*) ilustra o deslocamento de indivíduos entre populações. Em média, essa borboleta é encontrada em cerca de 500 pradarias nas ilhas Åland da Finlândia, mas seu hábitat potencial nas ilhas é muito maior, cerca de 4 mil fragmentos adequados. Populações novas de borboletas aparecem regularmente, e populações existentes se tornam extintas, mudando constantemente as localizações dos 500 fragmentos colonizados **(Figura 53.20)**. A espécie persiste em um equilíbrio entre extinções locais e recolonizações.

A capacidade de um indivíduo de mover-se entre populações depende de vários fatores, incluindo sua

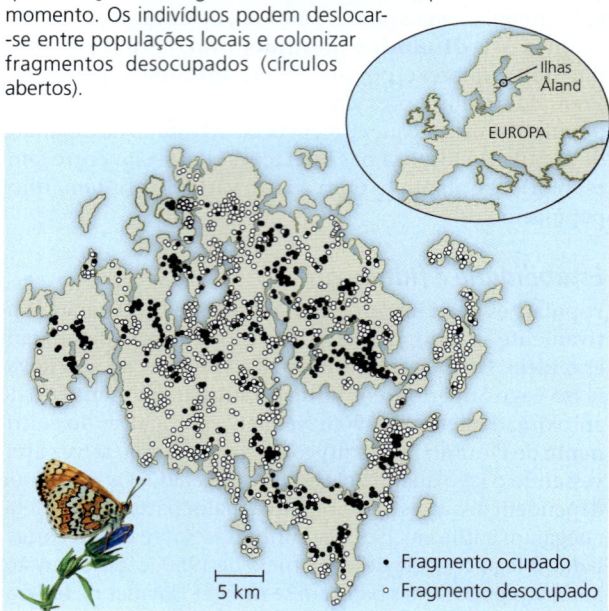

▶ **Figura 53.20** A borboleta-glanville (*Melitaea cinxia*): uma metapopulação. Nas ilhas Åland, as populações locais dessa borboleta (círculos preenchidos) são encontradas em apenas uma pequena fração dos fragmentos de hábitats adequados em um dado momento. Os indivíduos podem deslocar-se entre populações locais e colonizar fragmentos desocupados (círculos abertos).

- Fragmento ocupado
- Fragmento desocupado

constituição genética. Um gene que tem um efeito forte sobre a capacidade de movimentação da borboleta-glanville é o *Pgi*, que codifica a enzima fosfoglicoisomerase. Essa enzima catalisa a segunda etapa da glicólise (ver Figura 9.8), e sua atividade se correlaciona com a taxa de produção de CO_2 pela respiração nas borboletas. Os ecólogos estudaram borboletas heterozigotas ou homozigotas para um polimorfismo de nucleotídeo único em *Pgi*. Eles rastrearam os movimentos de borboletas individuais usando radar e transmissores-receptores, fixados a elas, os quais emitem um sinal identificador. Os movimentos das borboletas variaram amplamente, de 10 m até 4 km, em períodos de 2 horas. Os indivíduos heterozigotos voaram mais que o dobro de distância pela manhã e sob temperatura ambiente mais baixa do que os indivíduos homozigotos. Os resultados indicaram uma vantagem do valor adaptativo para o genótipo heterozigoto em temperaturas baixas e maior probabilidade de heterozigotos colonizando locais novos na metapopulação.

O conceito de metapopulação salienta a importância da imigração e da emigração para a borboleta-granville e muitas outras espécies. Ele ajuda também os ecólogos a entenderem a dinâmica populacional e o fluxo gênico em hábitats fragmentados, fornecendo

▲ Uma borboleta-granville (*Melitaea cinxia*) com um transmissor-receptor acoplado ao seu corpo.

um modelo para a conservação de espécies que vivem em uma rede de fragmentos de hábitats e reservas.

REVISÃO DO CONCEITO 53.5

1. Descreva três atributos de fragmentos de hábitat que poderiam afetar a densidade populacional e as taxas de imigração e emigração.
2. **DESENHE** Circule a parte da curva vermelha na Figura 53.9 na qual a regulação populacional dependente da densidade provavelmente teria os efeitos mais pronunciados.
3. **E SE?** Suponha que você estivesse estudando uma espécie que tem um ciclo populacional de aproximadamente 10 anos. Quanto tempo você necessitaria para estudar a espécie, visando a determinar se o seu tamanho populacional estava em declínio? Explique.
4. **FAÇA CONEXÕES** A retroalimentação negativa é um processo que regula sistemas biológicos (ver Conceito 40.2). Explique como a taxa de nascimentos dependente da densidade de *Vulpia fasciculata* (gramínea de dunas) exemplifica a retroalimentação negativa.

Ver as respostas sugeridas no Apêndice A.

CONCEITO 53.6

A população humana não está mais em crescimento exponencial, mas ainda está crescendo rapidamente

Nos últimos séculos, a população humana cresceu a uma taxa sem precedentes, mais similar à população de elefantes no Parque Nacional Kruger (ver Figura 53.8) do que às flutuações populacionais vistas no Conceito 53.5. Contudo, nenhuma população pode crescer indefinidamente. Nesta seção do capítulo, aplicaremos os conceitos de dinâmica de populações ao caso específico da população humana.

População humana global

A população humana cresceu de forma explosiva nos últimos quatro séculos **(Figura 53.21)**. Em 1650, cerca de 500 milhões de pessoas habitavam a Terra. Nossa população duplicou para 1 bilhão nos dois séculos seguintes, duplicou novamente para 2 bilhões em 1930 e dobrou novamente, chegando a 4 bilhões em 1975. Observe que o tempo que a população levou para dobrar de tamanho diminuiu de 200 para 45 anos em 1930. Logo, historicamente, a população cresceu ainda *mais rápido* do que o crescimento exponencial, que tem uma taxa constante de aumento e, portanto, um tempo constante de duplicação.

Hoje, a população global é superior a 7,6 bilhões de pessoas e cresce cerca de 80 milhões por ano. Isso se traduz em mais de 200.000 pessoas a cada dia, o equivalente a adicionar uma cidade do tamanho de Amarillo, Texas. Nesse ritmo, são necessários apenas aproximadamente 4 anos para acrescentar à população mundial o equivalente a um

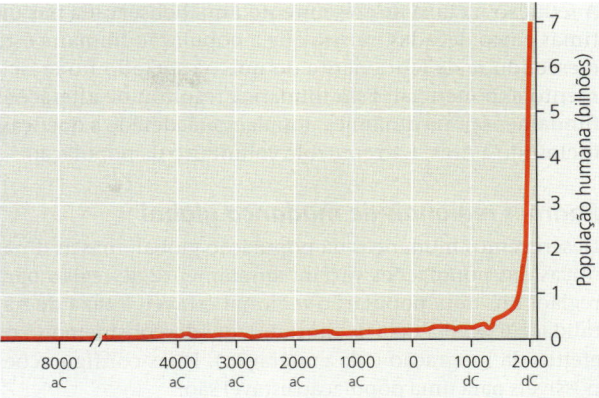

▲ **Figura 53.21 Crescimento da população humana (dados de 2018).** A população humana global cresceu quase continuamente ao longo da história, mas disparou após a Revolução Industrial.

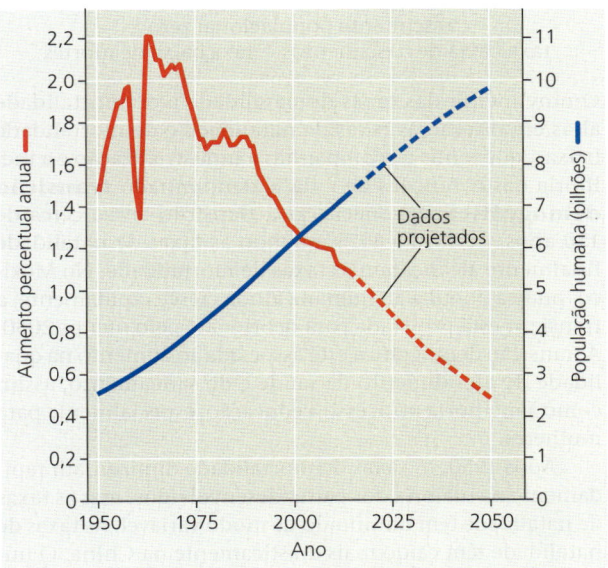

▲ **Figura 53.22 Aumento percentual anual e crescimento recente da população humana.** A queda acentuada da taxa de aumento, por volta de 1960, se deve, principalmente, à fome na China, onde cerca de 60 milhões de pessoas morreram. (Dados de 2018).

HABILIDADES VISUAIS *A curva azul nesta figura parece contar uma história diferente sobre o crescimento da população humana do que a curva na Figura 53.21, mas ambas as curvas são precisas. Resuma o que cada curva transmite sobre o crescimento recente da população humana e explique como ambas podem estar corretas.*

país como os Estados Unidos. A previsão dos ecólogos é de uma população mundial de 9,8 bilhões de pessoas na Terra por volta de 2050.

Embora a população global continue crescendo, a taxa de crescimento começou a diminuir na década de 1960 **(Figura 53.22)**. A taxa anual de aumento na população global chegou a 2,2% em 1962, mas foi de apenas 1,1% em 2018. Os modelos atuais projetam uma taxa de crescimento de 0,5% em 2050, que adicionaria 49 milhões de pessoas por ano se a população subir para os 9,8 bilhões projetados.

A redução na taxa de crescimento anual observada nas últimas cinco décadas mostra que a população humana está crescendo mais lentamente do que o esperado no crescimento exponencial. Essa mudança resultou de alterações fundamentais na dinâmica populacional devido a doenças, incluindo a Aids, e ao controle voluntário da população.

Padrões regionais de mudança global

Descrevemos mudanças na população global, mas as dinâmicas das populações variam amplamente de região para região. Em uma população regional estável, a taxa de natalidade é igual à taxa de mortalidade (desconsiderando os efeitos da imigração e da emigração). Duas configurações possíveis para uma população estável são:

Crescimento populacional zero =
taxa alta de nascimentos − taxa alta de mortes

ou

Crescimento populacional zero =
taxa baixa de nascimentos − taxa baixa de mortes

O movimento das taxas de natalidade e de mortalidade altas em direção às taxas de natalidade e de mortalidade baixas, que tende a acompanhar a industrialização e a melhoria das condições de vida, é denominado **transição demográfica**. Na Suécia, essa transição levou cerca de 150 anos, de 1810 a 1975, quando as taxas de natalidade finalmente alcançaram as taxas de mortalidade. No México, onde a população humana ainda cresce rapidamente, a transição está projetada para ocorrer até pelo menos 2050. A transição demográfica está associada ao aumento na qualidade do atendimento da saúde e do saneamento, assim como à melhoria no acesso à educação, especialmente para mulheres.

Após 1950, as taxas de mortalidade diminuíram rapidamente na maioria dos países desenvolvidos, mas as taxas de natalidade têm diminuído de modo variável. As taxas de natalidade têm caído mais drasticamente na China. O número esperado de filhos por mulher ao longo da vida na China diminuiu de 5,9 em 1970 para 1,6 em 2011, em grande parte devido à rígida política governamental do "filho único". Em alguns países da África, a transição para taxas de natalidade mais baixas também foi rápida, embora as taxas de natalidade permaneçam altas na maioria da África Subsaariana.

Como essas taxas de natalidade variáveis afetam o crescimento da população do mundo? Nas nações industrializadas, as populações aproximam-se do equilíbrio, com taxas reprodutivas perto do nível de reposição de 2,1 crianças por mulher (ao longo da vida). Em muitos países industrializados, incluindo Estados Unidos, Canadá, Alemanha, Japão e Reino Unido, as taxas reprodutivas estão, na verdade, *abaixo* do nível de reposição. Por fim, essas populações diminuirão se não houver imigração e se as taxas de natalidade não mudarem. Na realidade, a população já está diminuindo em muitos países do centro e do leste da Europa. A maior parte do crescimento populacional global atual ocorre em países menos industrializados, onde vivem cerca de 80% das pessoas do mundo.

Uma característica única do crescimento populacional humano é a nossa capacidade de controlar os tamanhos familiares por meio de planejamento e contracepção voluntária. A mudança social e as crescentes aspirações educacionais e profissionais das mulheres em muitas culturas as estimulam a protelar o casamento e adiar a maternidade. O adiamento da reprodução ajuda a diminuir as taxas de crescimento populacional e a mover a sociedade em direção ao crescimento populacional zero, sob condições de taxas de natalidade e de mortalidade baixas. No entanto, existe muita divergência sobre quanto apoio deveria ser proporcionado para os esforços de planejamento familiar global.

Estrutura etária

Outro fator importante que pode afetar o crescimento da população é a **estrutura etária** de um país, o número relativo de indivíduos de cada idade na população. Em geral, a estrutura etária é representada graficamente como "pirâmides" **(Figura 53.23)**. No caso da Zâmbia, a pirâmide é larga na base e vai estreitando em direção aos indivíduos jovens que crescerão e talvez sustentem um crescimento explosivo com sua própria reprodução. A estrutura etária dos Estados Unidos é relativamente regular até as idades mais avançadas, pós-reprodutivas. Embora a taxa reprodutiva total atual nos Estados Unidos seja de 1,8 criança por mulher – abaixo da taxa de reposição –, projeta-se um crescimento lento da população até 2050, como consequência da imigração. Para a Itália, a pirâmide tem uma base pequena, indicando que os indivíduos mais jovens do que os da idade reprodutiva estão relativamente pouco representados na população. Essa situação contribui para a projeção de um decréscimo populacional futuro na Itália.

Os diagramas de estruturas etárias não apenas predizem as tendências de crescimento de uma população, mas podem esclarecer condições sociais. Com base nos diagramas da Figura 53.23, podemos predizer que as oportunidades de emprego e educação continuarão a ser um problema para Zâmbia no futuro próximo. Nos Estados Unidos e na Itália, uma proporção decrescente de jovens em idade ativa logo estará sustentando uma população crescente de aposentados. Essa característica demográfica tornou o futuro da previdência social e da saúde um tema político relevante nos Estados Unidos. A compreensão das estruturas etárias é necessária para planejar o futuro.

Mortalidade infantil e expectativa de vida

A *mortalidade infantil*, o número de mortes de crianças por 1.000 nascidos vivos, e a *expectativa de vida ao nascimento*, a duração média de vida prevista no nascimento, variam bastante em diferentes países. Em 2015, por exemplo, a taxa de mortalidade infantil foi de 71 (7,1%) na Angola, mas apenas de 2 (0,2%) no Japão. A expectativa de vida ao nascimento foi de 59 anos na Angola, mas de 85 anos no Japão. Essas

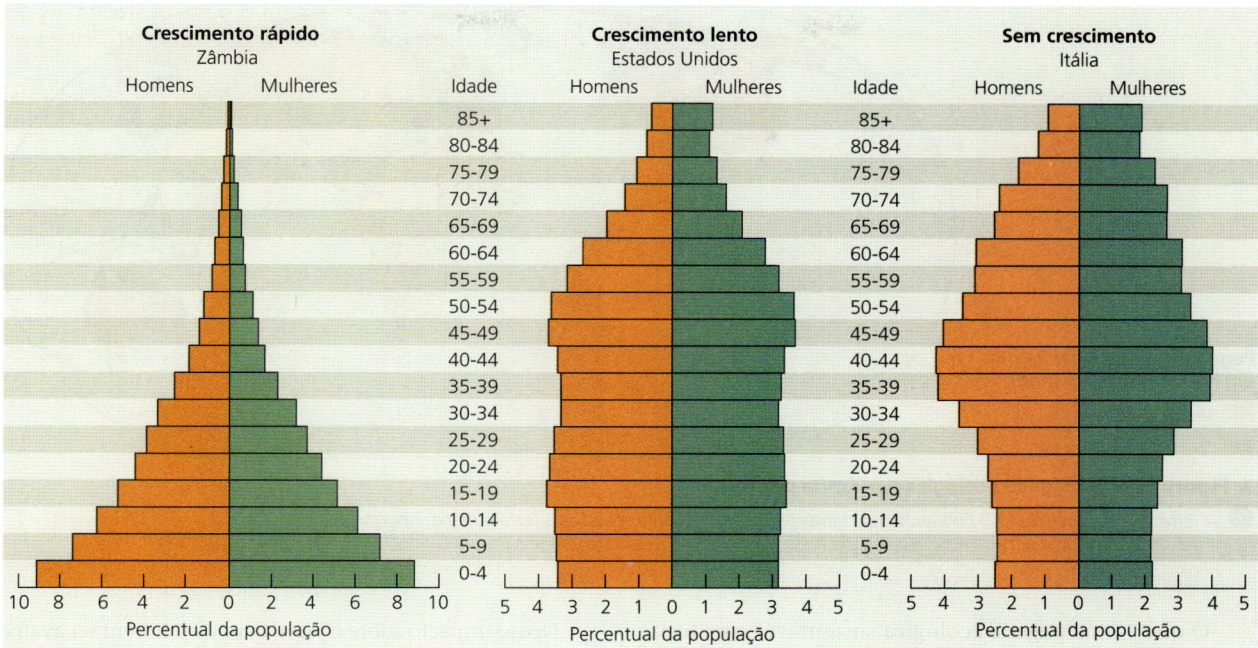

▲ **Figura 53.23** **Pirâmides de estrutura etária da população humana de três países.** A taxa de crescimento anual foi de aproximadamente 2,8% na Zâmbia, 1% nos Estados Unidos e 0% na Itália. Observe que a pirâmide da Zâmbia tem uma escala diferente para o seu eixo x em comparação às das outras duas pirâmides. (Dados de 2010.)

diferenças refletem a qualidade de vida enfrentada pelas crianças no nascimento e influenciam as escolhas reprodutivas feitas pelos pais. Se a mortalidade infantil for alta, os pais provavelmente terão mais filhos para garantir que alguns deles alcancem a maturidade.

Embora esteja crescendo desde a década de 1950, a expectativa de vida global caiu recentemente em muitas regiões, incluindo países da antiga União Soviética e na África Subsaariana. Nessas regiões, convulsões sociais, decadência da infraestrutura e doenças infecciosas (como Aids e tuberculose) estão reduzindo a expectativa de vida.

Capacidade de suporte global

Nenhuma questão ecológica é mais importante do que o tamanho futuro da população humana. Conforme observado anteriormente, os ecólogos populacionais projetam uma população global de cerca de 9,8 bilhões de pessoas em 2050. Isso significa que mais de 2 bilhões de pessoas serão adicionadas à população nas próximas quatro décadas devido à dinâmica do crescimento populacional. No entanto, exatamente quantos seres humanos a biosfera consegue suportar? O mundo estará superpovoado em 2050? O mundo *já está* superpovoado?

Estimativas da capacidade de suporte

Ao longo de três séculos, os cientistas têm tentado estimar a capacidade de suporte da Terra para seres humanos.

A primeira estimativa conhecida, 13,4 bilhões de pessoas, foi feita em 1679 por Anton van Leeuwenhoek (um cientista holandês que descobriu também os protistas). Desde então, as estimativas variaram de menos de 1 bilhão a mais de 1.000 bilhões (1 trilhão).

A capacidade de suporte é difícil de estimar, e os cientistas empregam diferentes métodos para produzir suas estimativas. Alguns pesquisadores atuais usam curvas como aquelas produzidas pela equação logística (ver Figura 53.9) para predizer o máximo futuro da população humana. Outros generalizam a partir de uma densidade populacional "máxima" existente e multiplicam esse número pela área de terra habitável. Outros, ainda, baseiam suas estimativas em um único fator limitante, como o alimento, e consideram variáveis como a quantidade de terras agrícolas, a produtividade média das safras, a dieta predominante – vegetariana ou à base de carne – e o número de calorias necessárias por pessoa por dia.

Limites no tamanho da população humana

Uma abordagem mais abrangente para estimar a capacidade de suporte da Terra é reconhecer que os seres humanos têm restrições múltiplas: precisamos de alimento, água, combustível, materiais de construção e outros recursos, como roupas e transporte. O conceito de **pegada ecológica** resume a área conjunta de terra e água necessária a cada pessoa, cidade ou nação para produzir todos os recursos que consome e absorver todos os resíduos que gera.

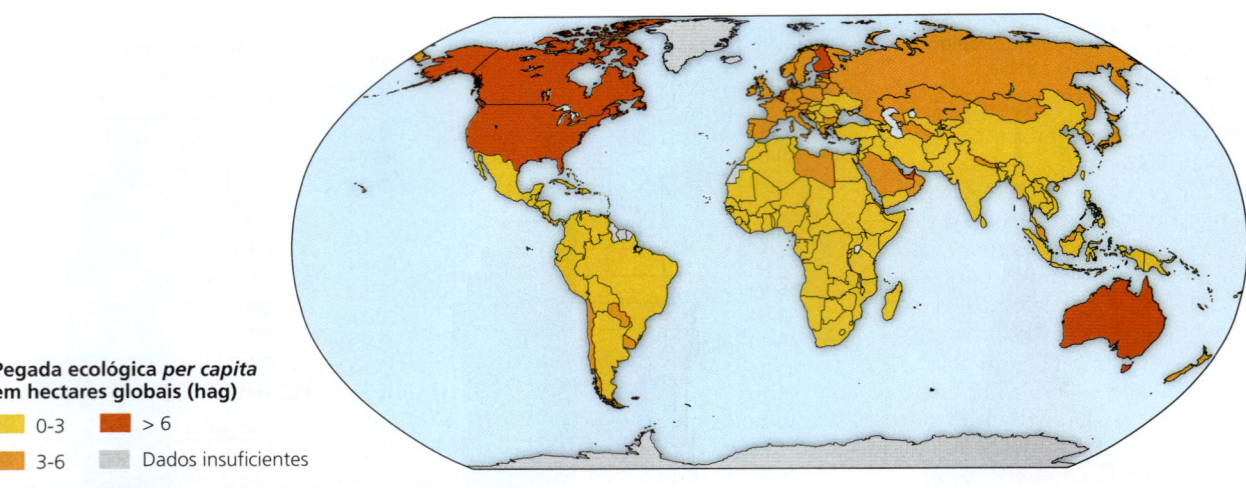

Pegada ecológica *per capita* em hectares globais (hag)
- 0-3
- 3-6
- > 6
- Dados insuficientes

▲ **Figura 53.24** Pegada ecológica *per capita* por país.

❓ *A Terra tem um total de 11,9 bilhões hag de terras produtivas. Quantas pessoas a Terra poderia suportar de forma sustentável se a pegada ecológica média fosse de 8 hag por pessoa (como nos Estado Unidos)?*

O que é uma pegada ecológica sustentável para toda a população humana? Uma forma de estimar essa pegada é somar todas as terras ecologicamente produtivas e dividir pelo tamanho da população humana. Normalmente, essa estimativa é feita usando *hectares globais*, em que um hectare global (hag) representa um hectare de terra ou água com uma produtividade igual à média de todas as áreas biologicamente produtivas da Terra. Esse cálculo resulta em um lote de 1,7 hag por pessoa – a referência para comparar pegadas ecológicas reais. Qualquer pessoa que consuma recursos que requerem mais de 1,7 hag para produzir está usando uma parcela insustentável dos recursos da Terra, como é o caso de cidadãos de muitos países **(Figura 53.24)**. Por exemplo, uma pegada ecológica típica de uma pessoa nos Estados Unidos é de aproximadamente 8 hag. Globalmente, a pegada média é de 2,7 hag por pessoa, mais de 50% do uso sustentável (1,7 hag por pessoa) dos recursos da Terra.

Nosso impacto sobre o planeta pode também ser avaliado usando diferentes bens da área, como o uso da energia. O uso médio da energia varia muito nas diferentes regiões do mundo **(Figura 53.25)**. Uma pessoa típica nos Estados Unidos, Canadá ou Noruega consome aproximadamente 30 vezes mais energia do que uma pessoa na África central. Além disso, os combustíveis fósseis, como petróleo, carvão e gás natural, representam a fonte de 80% ou mais da energia usada na maioria das nações desenvolvidas. Como o Conceito 56.4 discute em mais detalhe, essa dependência insustentável de combustíveis fósseis está mudando o clima da Terra e aumentando a quantidade de resíduos que cada um de nós produz. Por fim, a combinação do uso de recursos por pessoa e densidade populacional determinam a nossa pegada ecológica global.

Que fatores, em última análise, limitarão o crescimento da população humana? Talvez o alimento seja o principal fator limitante. A desnutrição e a fome são comuns

▶ **Figura 53.25 A desigual eletrificação no planeta.** Esta imagem da superfície da Terra durante a noite, tirada do espaço, ilustra a densidade variada de luzes elétricas no mundo todo, um aspecto do uso de energia pelos humanos.

em algumas regiões, mas elas resultam principalmente da distribuição desigual dos alimentos, não da produção insuficiente. Até agora, os avanços tecnológicos na agricultura permitiram que as provisões de alimento acompanhassem o crescimento populacional global. Em contrapartida, as demandas de muitas populações já têm excedido as reservas locais e até mesmo regionais de um recurso renovável – água doce. Mais de 1 bilhão de pessoas não têm acesso a água suficiente para satisfazer suas necessidades básicas de saneamento. É possível, também, que a população humana seja limitada pela capacidade do ambiente de absorver seus resíduos. Sendo assim, os atuais ocupantes humanos da Terra poderiam, em longo prazo, diminuir a capacidade de suporte do planeta para futuras gerações.

A tecnologia aumentou substancialmente a capacidade de suporte da Terra, mas nenhuma população pode crescer indefinidamente. Após ler este capítulo, você deve perceber que não há uma única capacidade de suporte. A quantidade de pessoas que nosso planeta pode sustentar depende da qualidade de vida que cada um de nós tem e da distribuição de riqueza entre pessoas e nações, tópicos de grande preocupação e debate político. Podemos decidir se o crescimento populacional zero será alcançado mediante mudanças sociais com base nas escolhas humanas ou, em vez disso, por meio do aumento da mortalidade devido à limitação de recursos, pragas, guerras e degradação ambiental.

REVISÃO DO CONCEITO 53.6

1. Como a estrutura etária de uma população afeta sua taxa de crescimento?
2. Como a taxa e o número de pessoas adicionadas à população humana a cada ano mudaram nas últimas décadas?
3. **E SE?** Digite "Calculadora de pegada ecológica" em um mecanismo de busca e use um dos resultados calculados para estimar sua pegada. Seu atual estilo de vida é sustentável? Se não, que escolhas você pode fazer para influenciar sua própria pegada ecológica?

Ver as respostas sugeridas no Apêndice A.

53 Revisão do capítulo

RESUMO DOS CONCEITOS-CHAVE

CONCEITO 53.1

Fatores bióticos e abióticos afetam a densidade, a dispersão e a demografia das populações (p. 1191-1195)

- A **densidade** populacional – número de indivíduos por unidade de área ou volume – reflete a interação de nascimentos, mortes, imigração e emigração. Fatores ambientais e sociais influenciam a **dispersão** dos indivíduos.

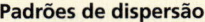
Padrões de dispersão

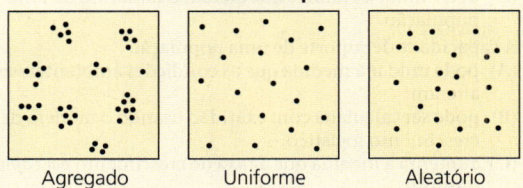
Agregado — Uniforme — Aleatório

- As populações aumentam pelos nascimentos e pela **imigração** e diminuem pelas mortes e pela **emigração**. As **tabelas de vida** e as **curvas de sobrevivência** resumem as tendências específicas na **demografia**.

? As baleias-cinzentas (*Eschrichtius robustus*) reúnem-se no inverno perto da Baixa Califórnia para parir. Como esse comportamento pode tornar mais fácil para os ecólogos estimar as taxas de natalidade e de mortalidade dessa espécie?

CONCEITO 53.2

O modelo exponencial descreve o crescimento populacional em um ambiente idealizado e ilimitado (p. 1196-1197)

- Se a imigração e a emigração forem ignoradas, a taxa de crescimento *per capita* de uma população é igual à sua taxa de natalidade menos sua taxa de mortalidade.
- A equação de **crescimento exponencial** $dN/dt = rN$ representa o crescimento de uma população quando os recursos são relativamente abundantes, onde r é a **taxa intrínseca de crescimento** e N é o número de indivíduos na população.

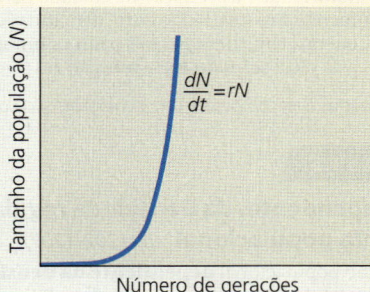

? Suponha que uma população tenha uma r duas vezes maior do que a r de outra população. Qual é o tamanho máximo que as duas populações alcançarão ao longo do tempo, com base no modelo exponencial?

CONCEITO 53.3

O modelo logístico descreve como uma população cresce mais lentamente à medida que se aproxima da sua capacidade de suporte (p. 1197-1200)

- O crescimento exponencial não pode ser sustentado em nenhuma população. Um modelo populacional mais realístico limita o crescimento incorporando a **capacidade de suporte** (K), o tamanho populacional máximo que o ambiente pode sustentar.
- De acordo com a equação de **crescimento logístico** $dN/dt = rN(K - N)/K$, o crescimento estabiliza à medida que o tamanho da população se aproxima da capacidade de suporte.

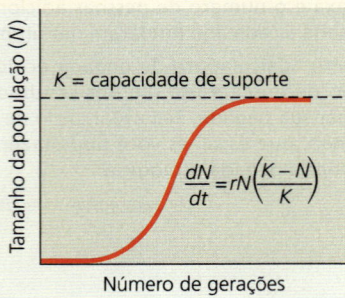

- O modelo logístico não se ajusta perfeitamente às populações reais, mas ele é utilizável para a estimativa do crescimento possível.

? *Como ecólogo que atua na gestão de uma unidade de conservação da vida selvagem, você deseja aumentar a capacidade de suporte da reserva para uma espécie específica ameaçada. Como você poderia alcançar esse objetivo?*

CONCEITO 53.4

As características da história de vida são produtos da seleção natural (p. 1200-1202)

- As características da **história de vida** são produtos evolutivos refletidos no desenvolvimento, na fisiologia e no comportamento dos organismos.
- Os organismos que apresentam **semelparidade** se reproduzem uma vez e morrem. Os organismos que apresentam **iteroparidade** produzem descendentes repetidamente.
- Características da história de vida, como o tamanho da ninhada, a idade na maturidade e a prestação de cuidado parental, representam compensações (*trade-offs*) entre demandas conflitantes por tempo, energia e nutrientes. Dois padrões hipotéticos de história de vida são a **seleção K** e a **seleção r**.

? *Explique por que as compensações ecológicas são comuns.*

CONCEITO 53.5

Fatores dependentes da densidade regulam o crescimento populacional (p. 1202-1207)

- Na regulação populacional **dependente da densidade**, as taxas de mortalidade crescem e as taxas de natalidade diminuem com o aumento da densidade. Uma taxa de natalidade ou de mortalidade que não varia com a população é considerada **independente da densidade**.
- As mudanças nas taxas de natalidade e de mortalidade dependentes da densidade controlam o aumento populacional por meio da retroalimentação negativa e podem, por fim, estabilizar uma população perto de sua capacidade de suporte. Os fatores limitantes dependentes da densidade incluem a competição intraespecífica por alimento ou espaço limitado, aumento da predação, doenças e fatores fisiológicos intrínsecos.
- As mudanças periódicas nas condições ambientais perturbam as populações, razão pela qual elas exibem algumas flutuações de tamanho. Muitas populações passam por ciclos de altos e baixos que são influenciados por interações complexas entre fatores bióticos e abióticos. Uma **metapopulação** é um grupo de populações conectadas por imigração e emigração.

? *Cite um exemplo de um fator biótico e de um abiótico que contribuem para flutuações anuais no tamanho da população humana.*

CONCEITO 53.6

A população humana não está mais em crescimento exponencial, mas ainda está crescendo rapidamente (p. 1207-1211)

- Desde aproximadamente 1650, a população humana global tem crescido exponencialmente, mas nos últimos 50 anos a taxa de crescimento caiu pela metade. As diferenças na **estrutura etária** mostram que as populações de algumas nações estão crescendo rapidamente e as de outras estão estáveis ou diminuindo em tamanho. As taxas de mortalidade infantil e a expectativa de vida, no nascimento, variam bastante em diferentes países.
- A **pegada ecológica** é a área conjunta de terra e água necessária para produzir todos os recursos que uma pessoa ou grupo de pessoas consome e para absorver todos os seus resíduos. É um parâmetro de quanto estamos próximos da capacidade de suporte da Terra, que é incerta. Com uma população mundial superior a 7,6 bilhões de pessoas, já estamos usando muitos recursos de maneira insustentável.

? *Como os seres humanos diferem de outras espécies quanto à capacidade de "escolher" uma capacidade de suporte para o seu ambiente?*

TESTE SEU CONHECIMENTO

Níveis 1-2: Relembre/Entenda

1. Os ecólogos de populações acompanham a trajetória de coortes da mesma idade para
   (A) determinar a capacidade de suporte de uma população.
   (B) determinar a taxa de natalidade e a taxa de mortalidade de cada grupo em uma população.
   (C) determinar se uma população é regulada por processos dependentes de densidade.
   (D) determinar os fatores que afetam o tamanho de uma população.

2. A capacidade de suporte de uma população
   (A) pode mudar à medida que as condições ambientais se alteram.
   (B) pode ser calculada com exatidão usando o modelo de crescimento logístico.
   (C) aumenta à medida que a taxa de crescimento *per capita* diminui.
   (D) jamais pode ser ultrapassada.

3. O estudo científico dos ciclos populacionais da lebre-americana e do seu predador, o lince, revelou que
   (A) a predação é o fator dominante que afeta o ciclo populacional da presa.
   (B) as lebres e os linces são tão mutuamente dependentes que uma espécie não consegue sobreviver sem a outra.
   (C) os tamanhos das populações, tanto de lebres quanto de linces, são afetados principalmente por fatores abióticos.
   (D) a população de lebres é r-seletiva e a de linces é K-seletiva.

4. A análise das pegadas ecológicas revela que
   (A) a capacidade de suporte da Terra aumentaria se o consumo de carne *per capita* aumentasse.
   (B) a demanda atual por recursos nos países industrializados é muito menor do que a pegada ecológica desses países.
   (C) por avanços tecnológicos, não é possível aumentar a capacidade de suporte da Terra para seres humanos.
   (D) a pegada ecológica dos Estados Unidos é grande porque o uso de recursos *per capita* é alto.

5. Com base nas taxas de crescimento atuais, a população humana da Terra em 2019 será mais próxima de:
   (A) 2,5 milhões.
   (B) 4,5 bilhões.
   (C) 7,8 bilhões.
   (D) 10,5 bilhões.

Níveis 3-4: Aplique/Analise

6. A observação de que os membros de uma população estão distribuídos uniformemente sugere que:
   (A) os recursos estão distribuídos regularmente.
   (B) os membros da população estão competindo por acesso a um recurso.
   (C) os membros da população não são atraídos nem repelidos uns pelos outros.
   (D) a densidade da população é baixa.

7. De acordo com a equação de crescimento logístico
   $$\frac{dN}{dt} = rN\frac{(K - N)}{K}$$
   (A) o número de indivíduos adicionados por unidade de tempo é maior quando N está próximo de zero.
   (B) a taxa de crescimento *per capita* da população aumenta à medida que N se aproxima de K.
   (C) o crescimento populacional é zero quando N é igual a K.
   (D) a população cresce exponencialmente quando K é pequena.

8. Durante o crescimento exponencial, uma população sempre
   (A) tem uma taxa de crescimento populacional *per capita* constante.
   (B) rapidamente alcança sua capacidade de suporte.
   (C) tem comportamento cíclico ao longo do tempo.
   (D) perde alguns indivíduos por emigração.

9. Qual das seguintes afirmativas sobre populações humanas em países industrializados está incorreta?
   (A) As taxas de natalidade e mortalidade são altas.
   (B) O tamanho médio familiar é relativamente grande.
   (C) A população passou por transição demográfica.
   (D) A curva de sobrevivência é do tipo II.

Níveis 5-6: Avalie/Crie

10. **INTERPRETE OS DADOS** Para estimar qual coorte etária em uma população de fêmeas produz a maioria da descendência feminina, você necessita de informação sobre o número de descendentes produzidos *per capita* dentro da coorte e o número de indivíduos vivos na coorte. Faça essa estimativa para os esquilos-de-belding, multiplicando o número de fêmeas vivas no início do ano (coluna 2 na Tabela 53.1) pelo número médio de descendentes femininos produzidos por fêmea (coluna 5 na Tabela 53.1). Construa um gráfico de barras com a idade das fêmeas em anos no eixo x (0-1, 1-2 e assim por diante) e o número total de descendentes femininos produzidos por cada coorte etária no eixo y. Que coorte de fêmeas de esquilos-de-belding produz a maioria das jovens fêmeas?

11. **CONEXÃO EVOLUTIVA** Compare as pressões seletivas atuando sobre populações de densidade alta (aquelas próximas da capacidade de suporte, K) versus populações de densidade baixa.

12. **PESQUISA CIENTÍFICA** Você está testando a hipótese de que o crescimento da densidade populacional de determinada espécie vegetal aumenta a taxa em que um fungo patogênico infecta a planta. Você pode determinar facilmente se uma planta está infectada, pois o fungo causa cicatrizes visíveis nas folhas. Monte um experimento para testar sua hipótese. Descreva seus grupos experimental e controle, como você coletaria seus dados e quais resultados obteria se sua hipótese estiver correta.

13. **CIÊNCIA, TECNOLOGIA E SOCIEDADE** Muitas pessoas consideram o crescimento populacional rápido de países menos industrializados como nosso problema ambiental mais grave. Outros acreditam que o crescimento populacional em países industrializados, embora menor, seja realmente a maior ameaça ambiental. Que problemas resultam do crescimento populacional em (a) países menos industrializados e (b) nações industrializadas? Qual você acredita que seja a maior ameaça e por quê?

14. **ESCREVE SOBRE UM TEMA: INTERAÇÕES** Em um texto sucinto (100-150 palavras), identifique o(s) fator(es) na Figura 53.17 que, em última análise, você considera que possa(m) ser o(s) mais importante(s) para a regulação populacional dependente da densidade em seres humanos e explique seu raciocínio.

15. **SINTETIZE SEU CONHECIMENTO**

Locustas (gafanhotos da família Acrididae) experimentam surtos populacionais cíclicos, levando a enxames enormes como este nas Ilhas Canárias, na costa oeste da África. Dos mecanismos de regulação dependente da densidade mostrados na Figura 53.17, escolha dois que você considera os mais aplicáveis aos enxames de gafanhotos e explique por quê.

Ver respostas selecionadas Apêndice A.

54 Ecologia de comunidades

CONCEITOS-CHAVE

54.1 As interações das espécies podem ajudar, prejudicar ou não causar efeitos sobre os indivíduos envolvidos p. 1215

54.2 A diversidade e a estrutura trófica caracterizam as comunidades biológicas p. 1222

54.3 Os distúrbios influenciam a diversidade e a composição de espécies p. 1228

54.4 Fatores biogeográficos afetam a diversidade das comunidades p. 1231

54.5 Patógenos alteram local e globalmente a estrutura das comunidades p. 1234

Dica de estudo

Faça uma tabela: Conforme você lê o capítulo, construa uma tabela listando os fatores que podem afetar a estrutura da comunidade. Adicione números de figuras ou de páginas que deem exemplos desses fatores.

Fator afetando a estrutura da comunidade	Qual aspecto da estrutura da comunidade é afetado?	Exemplo
Competição	Locais onde uma espécie consegue viver em uma comunidade	Competição entre duas espécies de craca (Figura 54.3)

Figura 54.1 Embora esta moreia pudesse comer facilmente o bodião-limpador, ela permanece imóvel, permitindo que ele coma os parasitas que vivem em sua boca. O bodião e a moreia – e os parasitas da boca da moreia – vivem juntos em uma comunidade, um grupo de populações de diferentes espécies vivendo em proximidade suficiente para interagir.

Quais são alguns fatores que influenciam a estrutura de uma comunidade?

Espécies fundadoras
Espécies grandes ou abundantes, como os corais que formam este recife, podem afetar a estrutura da comunidade ao disponibilizar hábitat e alimento para outros organismos, como o peixe-papagaio abaixo.

Interações entre espécies
A predação e outras interações afetam o número de espécies em uma comunidade e, em particular, quais espécies estão presentes. As interações podem ser classificadas em três categorias:

- **Competição**: afeta negativamente os dois organismos envolvidos
- **Exploração**: beneficia um organismo e prejudica o outro
- **Interações positivas**: beneficia um ou ambos os organismos, sem prejudicar nenhum deles

Distúrbios
Ondas de calor marinhas (resultando na descoloração de corais acima), atividades humanas e outros distúrbios podem afetar a comunidade, removendo organismos ou alterando a disponibilidade de recursos.

Na interação mostrada na **Figura 54.1**, ambos os organismos se beneficiam. O bodião-limpador tem acesso ao suprimento de comida, e a moreia fica livre de parasitos que podem enfraquecê-la ou propagar doenças. No entanto, outras interações entre membros de espécies diferentes podem prejudicar um dos participantes, e outras, ainda, podem reduzir a reprodução e a sobrevivência de ambos os participantes. Começaremos esse capítulo examinando as interações ecológicas entre os membros de espécies diferentes que vivem juntos em uma comunidade. Em seguida, voltaremos para os fatores que afetam a **estrutura da comunidade** – o número de espécies encontradas em uma comunidade, as espécies particulares que estão presentes e sua abundância relativa.

CONCEITO 54.1

As interações das espécies podem ajudar, prejudicar ou não causar efeitos sobre os indivíduos envolvidos

Algumas relações fundamentais na vida de um organismo são suas interações com indivíduos de outras espécies na comunidade. Essas **interações interespecíficas** incluem competição, predação, herbivoria, parasitismo, mutualismo e comensalismo. Nesta seção, definiremos e descreveremos cada uma dessas interações, agrupando-as de acordo com seus efeitos positivos (+) ou negativos (−) sobre a sobrevivência e a reprodução de indivíduos participantes na interação.

A predação, por exemplo, é uma interação +/−, com efeito positivo sobre a sobrevivência e a reprodução de membros da população predadora e efeito negativo sobre membros da população de presas. O mutualismo é uma interação +/+ na qual a sobrevivência e a reprodução dos indivíduos de cada espécie são aumentadas na presença da outra espécie. Um zero (0) indica que os membros de uma espécie não são afetados pela interação.

Vamos considerar três grandes categorias de interações ecológicas: competição (−/−), exploração (+/−) e interações positivas (+/+ ou +/0). Ao estudar exemplos dessas interações, tenha em mente que seus efeitos podem mudar com o tempo. Por exemplo, uma interação que normalmente beneficia indivíduos de ambas as espécies pode, às vezes, continuar a beneficiar um deles enquanto prejudica ou não tem efeito sobre o outro.

Competição

A **competição** é uma interação −/− que ocorre quando indivíduos de diferentes espécies competem por um recurso que limita a sobrevivência e a reprodução em ambos os indivíduos. (Conforme descrito na Figura 53.18, a competição por recursos pode também ocorrer entre membros da mesma espécie; esse caso é, às vezes, distinguido como *competição intraespecífica*.) As ervas indesejáveis que crescem em um jardim competem por nutrientes e água com as plantas cultivadas. Os linces e as raposas nas florestas boreais do Alasca e do Canadá competem por presas como as lebres-americanas.

Por outro lado, alguns recursos, como o oxigênio, raramente são escassos na natureza; a maioria das espécies terrestres usa esse recurso, mas geralmente não compete por ele.

Exclusão competitiva

O que acontece em uma comunidade quando indivíduos de duas espécies competem por recursos limitados? Em 1934, o ecólogo russo G. F. Gause estudou essa questão usando experimentos de laboratório com duas espécies de ciliados intimamente relacionadas: *Paramecium aurelia* e *Paramecium caudatum* (ver Figura 28.19a). Ele cultivou as espécies em condições estáveis, adicionando diariamente uma quantidade constante de alimento. Quando Gause cultivou as duas espécies separadamente, cada população cresceu rápido e, em seguida, estabilizou-se na aparente capacidade de suporte da cultura (ver na Figura 53.10a uma ilustração sobre o crescimento logístico de uma população de *Paramecium*). Todavia, quando Gause cultivou as duas espécies juntas, *P. caudatum* tornou-se extinta na cultura. Gause inferiu que *P. aurelia* tinha uma vantagem competitiva na obtenção de alimento. De maneira geral, seus resultados levaram-no a concluir que duas espécies nas quais os membros competem pelos mesmos recursos limitantes não podem coexistir permanentemente no mesmo local. Na ausência de distúrbios, uma espécie utilizará os recursos de modo mais eficiente e se reproduzirá mais rapidamente do que a outra. Mesmo uma vantagem reprodutiva leve no final conduzirá à eliminação local do competidor inferior, resultado denominado **exclusão competitiva**.

Nichos ecológicos e seleção natural

EVOLUÇÃO A competição por recursos limitados pode causar mudança evolutiva nas populações. Uma forma de examinar como isso ocorre é focalizar o **nicho ecológico** de um organismo, o conjunto específico de recursos bióticos e abióticos que o organismo usa em seu ambiente. O nicho de um lagarto tropical arborícola, por exemplo, abrange a amplitude térmica que ela tolera, o tamanho dos ramos nos quais ela se agarra, o período do dia em que está ativo, além dos tamanhos e dos tipos de insetos que ele come. Esses fatores definem o nicho do lagarto ou seu papel ecológico – como ele se ajusta a um ecossistema.

Podemos usar o conceito de nicho para redefinir o princípio da exclusão competitiva: duas espécies não podem coexistir permanentemente em uma comunidade se seus nichos forem idênticos. No entanto, espécies ecologicamente semelhantes *podem* coexistir em uma comunidade se, ao longo do tempo, surgir uma ou mais diferenças significativas em seus nichos. Como resultado da evolução por seleção natural, uma das espécies pode usar um conjunto diferente de recursos ou recursos semelhantes em períodos distintos do dia ou ano. A diferenciação de nichos que permite a coexistência de espécies semelhantes em uma comunidade é denominada **partição de recursos (Figura 54.2)**.

Em consequência da competição, o *nicho fundamental* de uma espécie, que é o nicho potencialmente ocupado por ela, muitas vezes é diferente do seu *nicho realizado*, a porção do nicho fundamental que ela realmente ocupa. Os ecólogos podem identificar o nicho fundamental de uma espécie testando a gama de condições em que ela cresce e se

A. distichus agarra-se em mourões de cercas e outras superfícies ensolaradas.

A. insolitus agarra-se em ramos sombreados.

A. ricordi
A. aliniger
A. distichus
A. insolitus
A. christophei
A. cybotes
A. etheridgei

▲ **Figura 54.2 Partição de recursos entre lagartos da República Dominicana.** Sete espécies de lagartixas do gênero *Anolis* vivem muito próximas e todas se alimentam de insetos e de outros pequenos artrópodes. No entanto, a competição por alimento é reduzida, pois cada espécie de lagarto tem um substrato preferido diferente para agarrar-se, ocupando, assim, um nicho distinto.

reproduz na ausência de competidores. Também podem testar se um competidor em potencial limita o nicho realizado de uma espécie mediante remoção do competidor e observação se a primeira espécie se expande para o espaço recentemente disponível. O experimento clássico exibido na **Figura 54.3** mostrou claramente que a competição entre indivíduos de duas espécies de cracas privou uma delas de ocupar parte do seu nicho fundamental.

As espécies podem apresentar partição de nichos não apenas em espaço, como fazem os lagartos e as cracas, mas também quanto ao tempo. O camundongo-espinhoso-comum (*Acomys cahirinus*) e o camundongo-espinhoso-dourado (*A. russatus*; **Figura 54.4**) vivem em hábitats rochosos no Oriente Médio e na África, usando micro-hábitats e fontes alimentares semelhantes. Onde eles coexistem, *A. cahirinus* é noturno (ativo à noite) e *A. russatus* é diurno (ativo durante o dia). Surpreendentemente, uma pesquisa em laboratório mostrou que *A. russatus* é naturalmente noturno. Para ser ativo durante o dia, ele precisa desconsiderar o seu relógio biológico na presença de *A. cahirinus*. Quando pesquisadores em Israel removeram todos os indivíduos de *A. cahirinus* de um local no hábitat natural da espécie, os indivíduos de *A. russatus* naquele local se tornaram noturnos, o que foi coerente com os resultados de laboratório. Essa mudança comportamental sugere que esses indivíduos estavam competindo por recursos e que a partição do seu tempo ativo os ajuda a coexistirem.

◀ **Figura 54.4** O camundongo-espinhoso-dourado (*Acomys russatus*).

▼ **Figura 54.3 Pesquisa**

O nicho de uma espécie pode ser influenciado pela competição?

Experimento O ecólogo Joseph Connell estudou duas espécies de cracas – *Chthamalus stellatus* e *Balanus balanoides* – que têm distribuição estratificada sobre rochas ao longo da costa da Escócia. *Chthamalus stellatus* é geralmente encontrada em partes mais altas do que *B. balanoides*. Para determinar se a distribuição de *C. stellatus* resulta da competição interespecífica com *B. balanoides*, Connell removeu *B. balanoides* das rochas em vários locais.

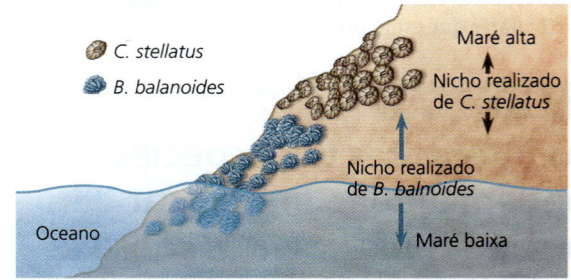

Resultados *Chthamalus stellatus* propaga-se para a região anteriormente ocupada por *B. balanoides*.

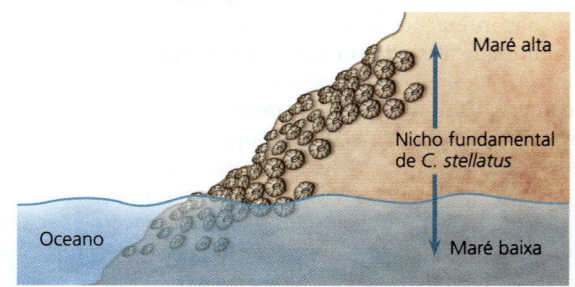

Conclusão A competição torna o nicho realizado de *C. stellatus* muito menor do que o seu nicho fundamental.

Dados de J. H. Connell, The influence of interspecific competition and other factors on the distribution of the barnacle *Chthamalus stellatus*, *Ecology* 42:710–723 (1961).

E SE? *Outras observações mostraram que* B. balanoides *não consegue sobreviver na parte alta das rochas porque ela seca durante as marés baixas. Como seria a comparação do nicho realizado de* B. balanoides *com o seu nicho fundamental?*

Deslocamento de caráter

Espécies intimamente relacionadas, cujas populações são às vezes alopátricas (separadas geograficamente; ver Conceito 24.2) e às vezes simpátricas (sobrepostas geograficamente) fornecem evidências adicionais de como a competição afeta as comunidades. Em alguns casos, as populações alopátricas dessas espécies são semelhantes morfologicamente e usam recursos similares. Por outro lado, as populações simpátricas, que potencialmente competiriam por recursos, mostram diferenças nas estruturas corporais e nos recursos que usam. Essa tendência de características divergirem mais em populações simpátricas do que em alopátricas de duas espécies é chamada de **deslocamento de caráter**. Um exemplo de deslocamento de caráter pode ser visto em duas espécies de tentilhões de Galápagos, *Geospiza fuliginosa* e

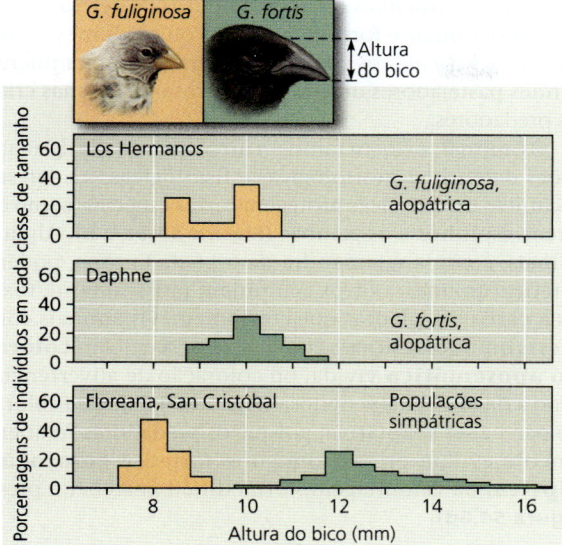

▲ **Figura 54.5 Deslocamento de caráter: evidência indireta de competição no passado.** As populações alopátricas de *Geospiza fuliginosa* e *Geospiza fortis* nas Ilhas Los Hermanos e Daphne, respectivamente, têm morfologias de bico semelhantes (dois gráficos superiores) e presumivelmente comem sementes de tamanhos semelhantes. Contudo, onde as duas espécies são simpátricas sobre Floreana e San Cristóbal, *G. fuliginosa* tem bico menor e mais baixo e *G. fortis* tem um bico maior e mais alto (gráfico inferior), adaptações que favorecem o consumo de sementes com tamanhos diferentes.

E SE? *Se* G. fuliginosa *fosse extinto em Floreana, prediga como a profundidade do bico mudaria ao longo do tempo na população de* G. fortis *de Floreana. Explique.*

G. fortis: a altura dos bicos nessas espécies são similares em populações alopátricas, mas divergiram consideravelmente em populações simpátricas **(Figura 54.5)**.

Exploração

Todos os organismos não fotossintetizantes devem comer, e todos os organismos correm o risco de serem comidos. Como consequência, muito do drama na natureza envolve a **exploração**, um termo para qualquer tipo de interação +/– na qual os indivíduos de uma espécie se beneficiam ao se alimentar (e portanto, prejudicar) de indivíduos de outra. Interações de exploração incluem predação, herbivoria e parasitismo.

Predação

Predação é uma interação +/– na qual um indivíduo de uma espécie, o predador, mata e come um indivíduo de outra espécie, a presa. Embora o termo *predação* geralmente evoque imagens como a de um leão atacando e devorando um antílope, ele se aplica a uma gama de interações. Um rotífero (pequeno animal aquático que é menor do que muitos protistas unicelulares) que mata um protista ao comê-lo também pode ser considerado um predador. Uma vez que comer e evitar ser comido são pré-requisitos para o sucesso reprodutivo, as adaptações de predadores e de presas tendem a ser aprimoradas pela seleção natural. No **Exercício de habilidades científicas**, você

Exercício de habilidades científicas

Elaboração de um gráfico de barras e um gráfico de dispersão

Uma espécie predadora nativa consegue adaptar-se rapidamente a uma espécie-presa introduzida? O sapo-boi, também conhecido como sapo-cururu (*Bufo marinus*), foi introduzido na Austrália em 1935, em uma tentativa frustrada para controlar um inseto-praga. Desde então, os sapos expandiram-se pelo nordeste do país, com população atual superior a 200 milhões. Esses sapos têm glândulas que produzem uma toxina venenosa para serpentes e outros potenciais predadores. Neste exercício, você construirá gráficos e interpretará os dados de um experimento de duas partes, conduzido para saber se os predadores australianos nativos desenvolveram resistência à toxina do sapo-boi.

Como o experimento foi realizado Na parte 1, os pesquisadores coletaram 12 serpentes-negras-de-barriga-vermelha (*Pseudechis porphyriacus*) de áreas em que o sapo-boi existiu durante 40 a 60 anos e outras 12 de áreas sem sapo-boi. Eles registraram o percentual de serpentes de cada área em que comeram uma rã nativa recém-morta (*Lymnodinastes peronii*, uma espécie que as serpentes frequentemente comem) ou um sapo-boi recém-morto do qual a glândula da toxina fora removida (tornando-o não venenoso). Na parte 2, os pesquisadores coletaram serpentes de áreas em que o sapo-boi esteve presente durante 5 a 60 anos. Para avaliar como a toxina do sapo-boi afetou a atividade fisiológica dessas serpentes, eles injetaram quantidades pequenas dessa substância nos estômagos das serpentes e mediram a velocidade com que elas nadavam em uma piscina pequena.

Dados do Experimento, parte 1

Tipo de presa oferecida	% de serpentes de cada área que comeram cada tipo de presa	
	Área com sapo-boi presente por 40-60 anos	Área sem sapo-boi
Rã nativa	100	100
Sapo-boi	0	50

Dados do experimento, parte 2

Número de anos em que o sapo-boi esteve presente na área	5	10	10	20	50	60	60	60	60	60
% de redução na velocidade de nado das serpentes	52	19	30	30	5	5	9	11	12	22

Dados de B. L. Philips e R. Shine, An invasive species induces rapid adaptive change in a native predator: cane toads and black snakes in Australia, *Proceedings of the Royal Society* B 273:1545-1550 (2006).

INTERPRETE OS DADOS

1. Elabore um gráfico de barras com os dados da parte 1. (Ver mais informações sobre gráficos na Revisão de habilidades científicas no Apêndice D.)
2. O que os dados representados no gráfico sugerem a respeito dos efeitos dos sapos-boi sobre o comportamento predatório das serpentes-negras nas áreas em que eles são e não são atualmente encontrados?
3. Suponha que uma nova enzima que desative a toxina do sapo-boi evolua nas populações de serpentes expostas a esse sapo. Se os pesquisadores repetissem a parte 1 desse estudo, prediga como os resultados mudariam.
4. Identifique as variáveis dependentes e independentes na parte 2 e faça um gráfico de dispersão. Que conclusão você tiraria sobre a possibilidade de a exposição aos sapos-bois ter um efeito seletivo nas serpentes-negras? Explique.
5. Explique por que um gráfico de barras é apropriado para apresentação dos dados na parte 1 e um gráfico de dispersão é apropriado para os dados na parte 2.

pode interpretar os dados sobre o impacto da seleção natural para uma interação predador-presa específica.

Muitas adaptações alimentares importantes de predadores são óbvias e familiares. A maioria dos predadores tem sentidos aguçados, o que lhes permite encontrar e identificar uma presa em potencial. Espécies de cascavel e de outras víboras, por exemplo, encontram suas presas com um par de órgãos sensíveis ao calor localizados entre os olhos e as narinas (ver Figura 50.7b). As corujas têm olhos grandes característicos que ajudam a enxergar as presas à noite. Muitos predadores também têm adaptações como garras, dentes pontiagudos ou veneno que os ajudam a capturar e subjugar sua fonte de alimento. Os predadores que perseguem suas presas são geralmente rápidos e ágeis, enquanto os que atacam em emboscada com frequência se disfarçam em seus ambientes.

Assim como os predadores têm adaptações para a captura de presas, as presas em potencial exibem adaptações que as ajudam a evitar serem comidas. Em animais, essas adaptações incluem os comportamentos de defesa, como se esconder, fugir e formar rebanhos ou cardumes. A autodefesa ativa é menos comum, embora alguns mamíferos grandes pastejadores defendam vigorosamente suas crias dos predadores.

Os animais exibem também uma diversidade de adaptações defensivas morfológicas e fisiológicas. As defesas mecânicas ou químicas protegem certas espécies, como os porcos-espinhos e os gambás **(Figura 54.6a** e **b)**. Alguns animais, como a salamandra-de-fogo da Europa, podem sintetizar toxinas; outros acumulam passivamente toxinas a partir das plantas que consomem. Os animais com defesas químicas eficazes com frequência exibem **coloração aposemática** vívida, ou coloração de advertência, como a da rã-flecha-venenosa **(Figura 54.6c)**. Essa coloração parece ser adaptativa, porque os predadores frequentemente evitam presas com cores fortes. A **coloração críptica**, ou camuflagem, torna difícil perceber a presa **(Figura 54.6d)**.

▲ **Figura 54.6** Exemplos de adaptações defensivas em animais.

FAÇA CONEXÕES *Explique como a seleção natural pode aumentar a semelhança entre uma espécie inofensiva e uma prejudicial remotamente relacionadas. Além da seleção, o que mais poderia explicar uma espécie inofensiva semelhante a uma espécie nociva intimamente relacionada? (Ver Conceito 22.2.)*

Algumas espécies de presas são protegidas pela sua semelhança com outras espécies. Por exemplo, no **mimetismo batesiano**, uma espécie palatável ou inofensiva imita uma espécie desagradável ou prejudicial à qual não está intimamente relacionada. A larva da mariposa-falcão (*Hemeroplanes ornatus*) infla sua cabeça e seu tórax quando perturbada, assemelhando-se à cabeça de uma serpente pequena venenosa **(Figura 54.6e)**. Nesse caso, o mimetismo envolve, inclusive, o comportamento; a larva move sua cabeça para trás e para a frente e emite um som como serpente. Acredita-se que esses casos de mimetismo batesiano resultem da seleção natural, pois os indivíduos das espécies inofensivas que, por acaso, se assemelham mais à nociva são evitados por predadores que aprenderam a não comer os nocivos. Com o passar do tempo, a semelhança cada vez mais próxima com as espécies nocivas evolui. No **mimetismo mülleriano**, duas ou mais espécies não palatáveis, como a abelha-cuco e a vespa-jaqueta-amarela, se assemelham **(Figura 54.6f)**. Presumivelmente, quanto mais presas não palatáveis existirem, mais rápido os predadores aprendem a evitar presas com aquela aparência específica. O mimetismo também evolui em muitos predadores. O polvo mimético *Thaumoctopus mimicus* **(Figura 54.7)** pode assumir a aparência e o movimento de mais de uma dúzia de animais marinhos, incluindo caranguejos, estrelas-do-mar, serpentes-do-mar, peixes e arraias. Esse polvo utiliza sua habilidade mímica para se aproximar da presa – por exemplo, imitando um caranguejo para se aproximar de outro caranguejo e comê-lo. O polvo pode também se defender de predadores por meio do mimetismo. Quando atacado pelo peixe-donzela, o polvo imita uma serpente marinha listrada, um predador conhecido do peixe.

Herbivoria

Herbivoria é uma interação exploradora (+/–) na qual um organismo – um herbívoro – come partes de uma planta ou alga, prejudicando-a, mas normalmente não matando-a. Embora os mamíferos herbívoros de grande porte, como bovinos, ovinos e búfalos, possam ser mais familiares, os herbívoros são, na maioria, invertebrados, como gafanhotos, lagartas e besouros. No oceano, os herbívoros abrangem ouriços, alguns peixes tropicais e certos mamíferos **(Figura 54.8)**.

Como os predadores, os herbívoros têm muitas adaptações especializadas. Muitos insetos herbívoros apresentam sensores químicos nas pernas que lhes permitem distinguir plantas, com base em sua toxicidade ou valor nutricional. Alguns mamíferos herbívoros, como as cabras, usam o sentido do olfato para examinar as plantas, rejeitando algumas e consumindo outras. Eles também podem comer apenas uma parte específica de uma planta, como as flores. Muitos herbívoros também têm dentes especializados ou sistemas digestórios adaptados para processar vegetais (ver Conceito 41.4).

Diferentemente dos animais, as plantas não podem fugir para evitar a ação dos herbívoros. Em vez disso, o arsenal das plantas contra herbívoros pode exibir toxinas químicas ou estruturas como espinhos e acúleos. Entre os compostos vegetais que servem como defesas químicas estão o veneno estricnina, produzido pela liana tropical *Strychnos toxifera*; a nicotina, do tabaco; e taninos, de uma diversidade de espécies vegetais. Compostos atóxicos para seres humanos, mas que podem ser repugnantes para muitos herbívoros, são responsáveis pelos sabores familiares da canela, do cravo-da-índia e da hortelã-pimenta. Certas plantas produzem

▲ **Figura 54.7 O polvo mimético. (a)** Após esconder seis dos seus tentáculos em um buraco no fundo do mar, o polvo move seus outros dois tentáculos para mimetizar uma serpente marinha. **(b)** Achatando seu corpo e dispondo seus tentáculos para trás, o polvo mimetiza um linguado (peixe achatado). **(c)** Ele consegue mimetizar uma arraia mediante achatamento da maior parte dos seus tentáculos junto ao corpo, enquanto deixa um tentáculo estender-se para trás.

▲ **Figura 54.8 Um mamífero marinho herbívoro.** Este peixe-boi das Índias Ocidentais (*Trichechus manatus*) na Flórida está pastando *Hydrilla*, uma espécie de planta introduzida.

substâncias químicas que provocam desenvolvimento anormal de alguns insetos que as consomem. Para mais exemplos de como as plantas se defendem, ver "Faça conexões", Figura 39.27.

Parasitismo

O **parasitismo** é uma interação exploradora +/− na qual um organismo, o parasito, obtém sua nutrição de outro organismo, seu **hospedeiro**, que é prejudicado no processo. Os parasitos que vivem no interior do corpo de seu hospedeiro, como as solitárias, são denominados **endoparasitos**; os parasitos que se alimentam na superfície externa de um hospedeiro, como os carrapatos e os piolhos, são conhecidos como **ectoparasitos**. Alguns ecólogos estimaram que pelo menos um terço de todas as espécies sobre a Terra são parasitos. Em um tipo especial de parasitismo, insetos parasitoides – geralmente vespas pequenas – depositam os ovos sobre ou dentro de hospedeiros vivos. As larvas, então, alimentam-se do corpo do hospedeiro, provocando a sua morte.

Muitos parasitos têm ciclos de vida complexos, envolvendo múltiplos hospedeiros. O esquistossomo, que hoje infecta aproximadamente 200 milhões de pessoas no mundo, requer dois hospedeiros em épocas distintas do seu desenvolvimento: seres humanos e caramujos de água doce (ver Figura 33.10). Alguns parasitos modificam o comportamento do seu hospedeiro atual de maneira a aumentar a probabilidade de alcançarem seu próximo hospedeiro. Por exemplo, crustáceos parasitados por vermes acantocéfalos (cabeça espinhosa) deixam a cobertura protetora e se deslocam para locais abertos, em que há maior probabilidade de serem comidos pelas aves, o segundo hospedeiro no ciclo de vida do verme.

Direta ou indiretamente, os parasitas podem afetar significativamente a sobrevivência, a reprodução e a densidade da população do hospedeiro. Por exemplo, carrapatos que se alimentam como ectoparasitos em alces enfraquecem seus hospedeiros pela retirada de sangue, causando ruptura e perda de pelagem. Em estado debilitado, o alce tem maior chance de morrer de estresse pelo frio ou de ser predado por lobos.

Interações positivas

A natureza está repleta de exemplos dramáticos de interações de exploração, mas as comunidades ecológicas também são fortemente influenciadas por **interações positivas**, um termo que se refere à interação +/+ ou +/0 entre membros de duas espécies, em que pelo menos um indivíduo se beneficia e nenhum é prejudicado. Interações positivas incluem mutualismo e comensalismo. Como veremos, as interações positivas podem afetar a diversidade de espécies encontradas em uma comunidade ecológica.

Mutualismo

Mutualismo é uma interação +/+ que beneficia indivíduos de ambas as espécies participantes. Mutualismos são comuns na natureza, como ilustrado por exemplos vistos em capítulos anteriores, incluindo digestão da celulose por microrganismos em sistemas digestivos de térmites e mamíferos ruminantes, animais que polinizam flores ou dispersam sementes, troca de nutrientes entre fungos e raízes de plantas em micorrizas e fotossíntese pelas algas unicelulares em corais. Em alguns mutualismos, como o da acácia e das formigas mostrado na **Figura 54.9**, cada um dos indivíduos interagindo depende do outro para sua sobrevivência e reprodução. Em outros mutualismos, no entanto, ambos os indivíduos podem sobreviver por conta própria.

Normalmente, ambos os parceiros no mutualismo incorrem em custos e em benefícios. Nas micorrizas, por exemplo, a planta frequentemente transfere carboidratos para os fungos, e os fungos transferem nutrientes limitantes, como fósforo, para a planta. Ambos os parceiros se beneficiam, mas ambos também têm um custo: eles transferem material que poderia ser usado para sustentar seu próprio

(a) Certas espécies de acácia (gênero *Acacia*) nas Américas Central e do Sul têm espinhos ocos (não mostrados) que abrigam formigas picadoras do gênero *Pseudomyrmex*. As formigas se alimentam do néctar produzido pela árvore e de intumescências (em amarelo) ricas em proteínas localizadas nos ápices dos folíolos.

(b) A acácia se beneficia porque as formigas agressivas, que atacam qualquer coisa em contato com a árvore, removem esporos de fungos, herbívoros pequenos e detritos. Elas cortam também a vegetação que cresce junto à acácia.

▲ **Figura 54.9** Mutualismo entre indivíduos de acácia e formigas.

metabolismo e crescimento. Para uma interação ser considerada mutualismo, os benefícios de cada parceiro devem exceder os custos. Quando esse não é o caso, o mutualismo tende a se desfazer, pelo menos temporariamente. Em algumas micorrizas, por exemplo a planta deve cessar seu suprimento de carboidrato para o parceiro fungo quando os nutrientes do solo forem abundantes – uma mudança que ocorre porque o custo de sustentar um fungo tornou-se maior do que os benefícios que o fungo pode fornecer.

Comensalismo

Uma interação que beneficia os indivíduos de uma espécie, mas que não prejudica nem ajuda os indivíduos da outra espécie, é denominada **comensalismo** (+/0). Assim como o mutualismo, os comensalismos são comuns na natureza. Por exemplo, muitas flores silvestres que crescem melhor em níveis mais baixos de luz são encontradas apenas em ambientes sombreados no chão da floresta. Esses especialistas tolerantes à sombra dependem inteiramente das árvores que se erguem acima deles – as árvores fornecem seu hábitat sombrio. No entanto, a sobrevivência e a reprodução dessas árvores não são afetadas por essas flores silvestres. Portanto, essas espécies estão envolvidas em uma interação +/0 na qual as flores silvestres se beneficiam e as árvores não são afetadas.

Em outro exemplo de comensalismo, as garças-vaqueiras se alimentam de insetos expostos no pasto por bisões, gado, cavalos e outros herbívoros pastadores **(Figura 54.10)**. Por aumentarem suas taxas de forrageio quando seguem os herbívoros, as aves se beneficiam claramente da associação. Na maior parte do tempo, os herbívoros não são afetados pelas aves. Às vezes, porém, os herbívoros também podem obter algum benefício; por exemplo, as aves podem remover e comer carrapatos e outros ectoparasitas da pele dos herbívoros ou podem alertá-los sobre a aproximação de um predador. Esse exemplo fornece uma ilustração de um ponto-chave sobre as interações ecológicas: seus efeitos podem

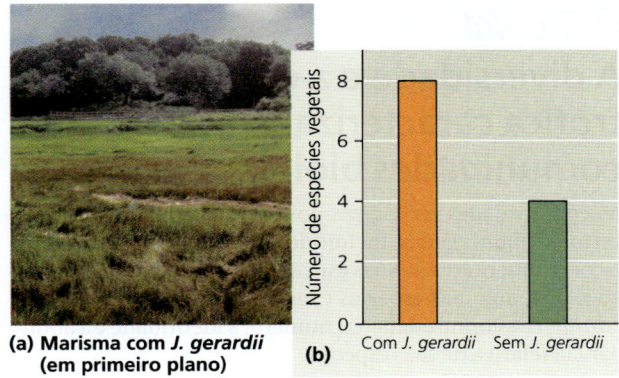

(a) Marisma com *J. gerardii* (em primeiro plano) (b)

▲ **Figura 54.11 Interações positivas em marismas na Nova Inglaterra, Estados Unidos.** Quando o junco-negro (*Juncus gerardii*) está presente, as concentrações de sal caem e o nível de oxigênio aumenta no solo, aumentando o número de espécies de plantas que podem viver em marismas.

mudar ao longo do tempo. Nesse caso, as interações cujos efeitos são tipicamente +/0 (comensalismo) podem, às vezes, se tornar +/+ (mutualismo).

Interações positivas podem ter maiores efeitos sobre as comunidades ecológicas. Por exemplo, o junco-negro (*Juncus gerardii*) altera as condições do solo de forma a beneficiar outras espécies de plantas em marismas da Nova Inglaterra, nos Estados Unidos **(Figura 54.11a)**. *Juncus gerardii* sombreia a superfície do solo, o que reduz a evaporação e, portanto, diminui a concentração de sal no solo. A presença de *J. gerardii* também aumenta os níveis de oxigênio no solo; isso ocorre porque algum oxigênio vaza para o solo enquanto *J. gerardii* transporta oxigênio para os tecidos subterrâneos. Em um estudo, quando *J. gerardii* foi removido das áreas de marisma, elas suportaram 50% menos espécies de plantas **(Figura 54.11b)**.

Assim como as interações positivas, a competição e a exploração (predação, herbivoria e parasitismo) também podem afetar fortemente as comunidades ecológicas, como mostram os exemplos no restante deste capítulo.

REVISÃO DO CONCEITO 54.1

1. Explique como a competição, a predação e o mutualismo diferem em seus efeitos sobre os membros de duas espécies que interagem.

2. De acordo com o princípio da exclusão competitiva, qual é o resultado esperado quando duas espécies com nichos idênticos competem por um recurso? Por quê?

3. **FAÇA CONEXÕES** A Figura 24.14 ilustra como uma zona de hibridação pode mudar ao longo do tempo. Imagine que duas espécies de tentilhões colonizam uma nova ilha e são capazes de hibridação (acasalando e produzindo descendentes viáveis). A ilha contém duas espécies vegetais, uma com sementes grandes e outra com sementes pequenas, crescendo em hábitats isolados. Se as duas espécies de tentilhões se especializarem em comer espécies vegetais diferentes, as barreiras reprodutivas seriam reforçadas, enfraquecidas ou inalteradas nessa zona de hibridação? Explique.

Ver as respostas sugeridas no Apêndice A.

▲ **Figura 54.10 Comensalismo entre garças-vaqueiras e búfalos africanos.**

CONCEITO 54.2

A diversidade e a estrutura trófica caracterizam as comunidades biológicas

As comunidades ecológicas podem ser caracterizadas por certos atributos gerais, incluindo o quão diversas são e as relações alimentares de suas espécies. Em alguns casos, como você lerá, algumas espécies exercem forte controle sobre a *estrutura* da comunidade – o número, a identidade e a abundância relativa de suas espécies.

Diversidade de espécies

A **diversidade de espécies** de uma comunidade – a variedade de tipos diferentes de organismos que constituem a comunidade – tem dois componentes. Um é a **riqueza de espécies**, o número de espécies distintas na comunidade; o outro é a **abundância relativa** das diferentes espécies, a proporção de cada espécie em relação a todos os indivíduos na comunidade.

Imagine duas comunidades florestais pequenas, cada uma com 100 indivíduos distribuídos entre quatro espécies arbóreas (A, B, C e D), como a seguir:

Comunidade 1: 25A, 25B, 25C, 25D
Comunidade 2: 80A, 5B, 5C, 10D

A riqueza de espécies é a mesma para as duas comunidades, porque elas contêm quatro espécies arbóreas, mas a abundância relativa é muito diferente **(Figura 54.12)**. Você observaria, facilmente, as quatro espécies de árvores na comunidade 1, mas poderia ver apenas a espécie abundante A na segunda floresta. A maioria dos observadores descreveria intuitivamente a comunidade 1 como a mais diversa das duas comunidades.

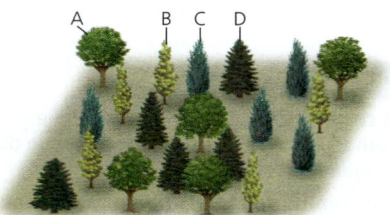

Comunidade 1
A: 25% B: 25% C: 25% D: 25%

Comunidade 2
A: 80% B: 5% C: 5% D: 10%

▲ **Figura 54.12 Qual floresta é mais diversa?** Os ecólogos diriam que a comunidade 1 tem maior diversidade de espécies, uma medida que abrange a riqueza de espécies e a abundância relativa.

Os ecólogos usam muitas ferramentas para comparar a diversidade de comunidades. Eles com frequência calculam os índices de diversidade com base na riqueza de espécies e na abundância relativa. Um índice bastante empregado é o **índice de diversidade de Shannon** (H):

$$H = -(p_A \ln p_A + p_B \ln p_B + p_C \ln p_C + ...)$$

onde A, B, C... são as espécies na comunidade, p é a abundância relativa de cada espécie, e ln é o seu logaritmo natural; o ln de cada valor de p pode ser determinado usando a chave "ln" em uma calculadora científica. Um valor mais alto de H indica uma comunidade mais diversa. Vamos usar essa equação para calcular o índice de diversidade de Shannon das duas comunidades na Figura 54.12. Para a comunidade 1, $p = 0,25$ para cada espécie, então

$$H = -4(0,25 \ln 0,25) = 1,39$$

Para a comunidade 2,

$$H = -[0,8 \ln 0,8 + 2(0,05 \ln 0,05) + 0,1 \ln 0,1] = 0,71$$

Esses cálculos confirmam nossa descrição intuitiva da comunidade 1 como a mais diversa.

A determinação do número e da abundância relativa de espécies em uma comunidade pode ser desafiadora. Como a maioria das espécies é relativamente rara em uma comunidade, pode ser difícil obter um tamanho de amostra suficientemente grande para ser representativo. Também pode ser difícil identificar algumas das espécies na comunidade. Se um organismo desconhecido não puder ser identificado somente pela morfologia, é adequado comparar todo ou parte do seu genoma com um banco de dados de referência de sequências de DNA de organismos conhecidos. Por exemplo, embora as duas amostras de algas vermelhas mostradas na **Figura 54.13** possam parecer duas espécies diferentes, a comparação da sequência de um curto segmento padronizado de DNA ("*código de barras*" do DNA) a um banco de dados de referência mostrou que elas pertencem à mesma espécie. Os pesquisadores estão utilizando cada vez mais o sequenciamento de DNA para a identificação de espécies, à medida que essa técnica se torna menos onerosa e as sequências de DNA de mais organismos são adicionadas aos bancos de dados comparativos.

Pode ser difícil também fazer o censo de membros de alta mobilidade ou menos visíveis nas comunidades, como microrganismos, criaturas submarinas e espécies noturnas. O tamanho diminuto dos microrganismos os torna particularmente difíceis de amostrar, então os ecólogos costumam empregar ferramentas moleculares para auxiliar na determinação da diversidade microbiana **(Figura 54.14)**.

▲ **Figura 54.13** Duas amostras de uma espécie, a alga vermelha *Chondracanthus harveyanus*.

▼ Figura 54.14 Método de pesquisa
Determinação da diversidade microbiana empregando ferramentas moleculares

Aplicação Os ecólogos estão empregando cada vez mais técnicas moleculares para determinar a diversidade e a riqueza microbiana em amostras ambientais. Uma dessas técnicas produz um perfil do DNA para táxons microbianos, com base nas variações da sequência no DNA que codifica a subunidade de RNA ribossômico. Pesquisadores usaram esse método para comparar a diversidade das bactérias do solo em 98 hábitats ao longo das Américas do Norte e do Sul e ajudar a identificar variáveis ambientais associadas à diversidade bacteriana.

Técnica Os pesquisadores primeiramente extraíram e purificaram DNA da comunidade microbiana em cada amostra. Eles utilizaram a reação em cadeia da polimerase (PCR; ver Figura 20.7) para amplificar o DNA ribossômico e marcar o DNA com um corante fluorescente. A seguir, enzimas de restrição cortam o DNA amplificado e marcado em fragmentos de comprimentos diferentes, que são separados por eletroforese em gel. (Um gel é mostrado aqui; ver também a Figura 20.6.) O número e a abundância desses fragmentos caracterizam o perfil de DNA da amostra, que foi usado para calcular o índice de diversidade de Shannon (H) de cada amostra. Pesquisadores buscaram uma correlação entre H e diversas variáveis ambientais, incluindo o tipo de vegetação, as médias anuais de temperatura e de precipitações, e a acidez do solo.

Resultado A diversidade de comunidades bacterianas foi relacionada ao pH do solo, com índice de diversidade de Shannon sendo mais alto em solos neutros (pH 7) e mais baixo em solos muito ácidos (pH < 5). As florestas pluviais amazônicas, com diversidades vegetal e animal extremamente altas, têm os solos mais ácidos e a menor diversidade bacteriana das amostras testadas.

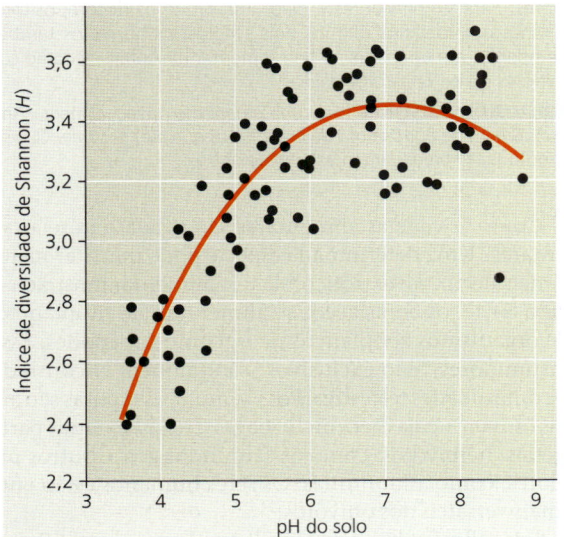

Dados de N. Fierer and R. B. Jackson, The diversity and biogeography of soil bacterial communities, *Proceedings of the National Academy of Sciences USA* 103:626–631 (2006).

► **Figura 54.15** Parcelas de estudo na Reserva Científica do Ecossistema de Cedar Creek, local de experimentos de longa duração sobre manipulação da diversidade vegetal.

Diversidade e estabilidade da comunidade

Além de medir a diversidade de espécies, os ecólogos manipulam a diversidade em comunidades experimentais na natureza e no laboratório. Muitos experimentos examinam os benefícios potenciais da diversidade, incluindo o aumento da produtividade e a estabilidade de comunidades biológicas.

Pesquisadores na Reserva Científica do Ecossistema de Cedar Creek, em Minnesota, Estados Unidos, manipulam a diversidade de plantas em comunidades experimentais há mais de três décadas **(Figura 54.15)**. As comunidades com diversidade mais alta geralmente são mais produtivas e mais capazes de resistir e de recuperar-se de estresses ambientais, como as secas. As comunidades mais diversas são, também, mais estáveis quanto à sua produtividade de um ano para outro. Em um experimento com uma década de duração, os pesquisadores em Cedar Creek estabeleceram 168 parcelas, cada uma contendo 1, 2, 4, 8 ou 16 espécies campestres perenes. As parcelas mais diversas produziram sempre mais **biomassa** (o total de massa de todos os organismos em um hábitat) em cada ano do que as parcelas de uma única espécie.

Comunidades com diversidade mais alta são, frequentemente, mais resistentes a *espécies introduzidas*, que consistem em organismos que os humanos moveram para regiões fora da sua distribuição natural. Em pesquisas conduzidas na costa de Connecticut, Estados Unidos, os cientistas criaram comunidades de diferentes níveis de diversidade com invertebrados marinhos sésseis, incluindo tunicados (ver Figura 34.5). Eles examinaram o quão vulneráveis essas comunidades experimentais eram à introdução de um tunicado e constataram que o tunicado introduzido tinha quatro vezes mais probabilidade de sobreviver nas comunidades de diversidade mais baixa do que naquelas de diversidade mais alta. Os pesquisadores concluíram que comunidades relativamente diversas capturaram mais recursos disponíveis no sistema, deixando menos recursos para as espécies introduzidas, e, assim, diminuindo sua sobrevivência.

Estrutura trófica

Além da diversidade de espécies, a estrutura e a dinâmica de uma comunidade também dependem das relações alimentares entre organismos – a **estrutura trófica** da comunidade. A transferência de energia química desde sua fonte em plantas e outros autótrofos (produtores primários) por meio dos herbívoros (consumidores primários) para os carnívoros (consumidores secundários, terciários e quaternários) e, por fim,

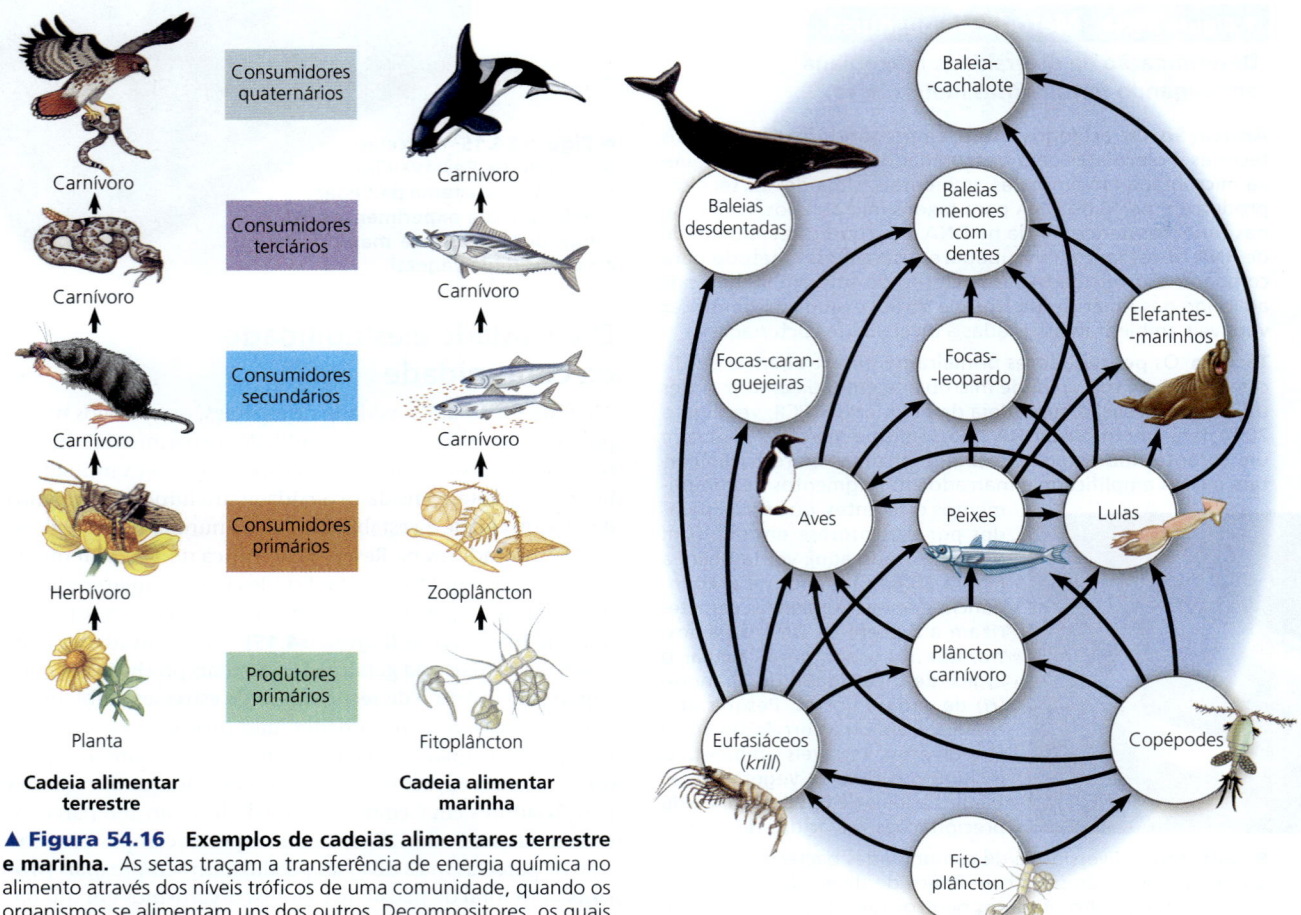

▲ **Figura 54.16 Exemplos de cadeias alimentares terrestre e marinha.** As setas traçam a transferência de energia química no alimento através dos níveis tróficos de uma comunidade, quando os organismos se alimentam uns dos outros. Decompositores, os quais consomem os restos de organismos de todos os níveis tróficos, não são mostrados aqui.

HABILIDADES VISUAIS *Suponha que a abundância de carnívoros que comem zoôplâncton aumente muito. Use este diagrama para inferir como isso pode afetar a abundância de fitoplâncton.*

para decompositores é referida como uma **cadeia alimentar (Figura 54.16)**. A posição que um organismo ocupa em uma cadeia alimentar é chamada de **nível trófico**.

Teias alimentares

Uma cadeia trófica não é uma unidade isolada, separada de outras relações alimentares em uma comunidade. Ao contrário, um grupo de cadeias alimentares ligam-se umas às outras para formar uma **teia alimentar**. Os ecólogos diagramam as relações tróficas de uma comunidade usando setas que ligam as espécies de acordo com quem se alimenta de quem. Em uma comunidade pelágica antártica, por exemplo, os produtores primários são o fitoplâncton, que serve de alimento para o zooplâncton dominante, especialmente *krill* e copépodes, ambos crustáceos **(Figura 54.17)**. Essas espécies zooplanctônicas são, por sua vez, consumidas por carnívoros variados, incluindo outros organismos planctônicos, pinguins, focas, peixes e baleias desdentadas. As lulas, carnívoros que se alimentam de peixes e de zooplâncton, são outro importante vínculo nessas teias alimentares, pois são consumidas por focas e baleias com dentes.

▲ **Figura 54.17 Uma teia alimentar marinha na Antártica.** As setas acompanham a transferência da energia química dos alimentos, desde os produtores (fitoplâncton) até os níveis tróficos superiores. Para simplificar, este diagrama omite os decompositores. Em várias ocasiões nos últimos dois séculos, os humanos também desempenharam um papel na teia alimentar da Antártica como consumidores de peixes, *krill* e baleias.

HABILIDADES VISUAIS *Para cada organismo na teia alimentar, indique o número de outros tipos de organismos que ele consome. Quais os dois grupos são predador e presa um do outro?*

Como as cadeias alimentares são ligadas em teias alimentares? Uma determinada espécie pode transitar na teia em mais de um nível trófico. Na teia alimentar mostrada na Figura 54.17, os eufasiáceos se alimentam de fitoplâncton e de organismos zooplanctônicos, como copépodes. Esses consumidores "não exclusivos" são também encontrados em comunidades terrestres. Por exemplo, as raposas são animais onívoros cuja dieta inclui bagas (frutos) e outras partes vegetais, herbívoros, como os camundongos, e outros predadores, como as doninhas. Os seres humanos estão entre os mais versáteis dos onívoros.

Teias alimentares complicadas podem ser simplificadas para um estudo mais fácil em duas maneiras. Primeiro, as espécies com relações tróficas semelhantes em uma determinada comunidade podem ser reunidas em grupos funcionais amplos. Na Figura 54.17, mais de 100 espécies de

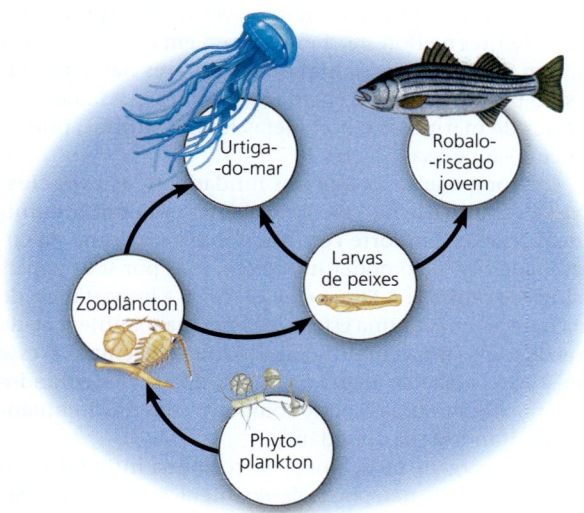

▲ **Figura 54.18** Teia alimentar parcial para o estuário da Baía de Chesapeake. A urtiga-do-mar (*Chrysaora quinquecirrha*) e o robalo-riscado jovem (*Morone saxatilis*) são os principais predadores de larvas de peixes.

HABILIDADES VISUAIS *Baseado nesta teia alimentar, identifique os organismos que funcionam como consumidores primários, secundários ou terciários.*

fitoplâncton são agrupadas como produtores primários na teia alimentar. Uma segunda maneira de simplificar uma teia alimentar é isolar uma parte da teia que interage muito pouco com o restante da comunidade. A **Figura 54.18** ilustra uma teia alimentar parcial para urtigas-do-mar (um tipo de cnidário) e robalos-riscados jovens no estuário da Baía de Chesapeake, na costa Atlântica dos Estados Unidos.

Limites no comprimento da cadeia alimentar

Cada cadeia alimentar dentro de uma teia alimentar geralmente tem apenas algumas ligações. Na teia antártica da Figura 54.17, raramente há mais de sete ligações desde os produtores até qualquer predador de topo, e a maioria das cadeias nessa teia tem menos ligações. Na verdade, a maior parte das teias alimentares estudadas tem cadeias de cinco ou menos ligações.

Por que as cadeias alimentares são relativamente curtas? A explicação mais comum, conhecida como a **hipótese energética**, sugere que o comprimento de uma cadeia alimentar é limitado pela ineficiência de transferência de energia ao longo dela. Em média, apenas cerca de 10% da energia armazenada na matéria orgânica de cada nível trófico é convertida em matéria orgânica no próximo nível trófico (ver Conceito 55.3). Portanto, um nível de produtor consistindo em 100 kg de material vegetal pode sustentar aproximadamente 10 kg de biomassa herbívora e 1 kg de biomassa carnívora. A hipótese energética prediz que as cadeias alimentares deveriam ser relativamente mais longas em hábitats caracterizados por maior produção fotossintética, uma vez que a quantidade de energia armazenada nos produtores primários é maior do que aquela em hábitats com produção fotossintética mais baixa.

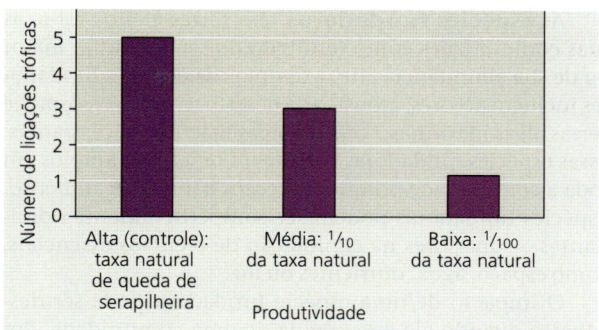

▲ **Figura 54.19 Teste da hipótese energética para a restrição do comprimento da cadeia alimentar.** Os pesquisadores manipularam a produtividade de comunidades experimentais de buracos de árvores em Queensland, Austrália, mediante aporte de serrapilheira em três níveis. A redução do aporte de energia diminuiu o comprimento da cadeia alimentar, resultado coerente com a hipótese energética.

Ecólogos testaram a hipótese energética em experimentos que imitaram as comunidades de "buracos de árvores" encontradas nas florestas tropicais. Muitas árvores têm cicatrizes da queda de ramos pequenos que apodrecem, estabelecendo-se buracos nos troncos. Os buracos acumulam água e proporcionam um hábitat para comunidades diminutas de microrganismos e insetos que se alimentam na serrapilheira, assim como insetos predadores. A **Figura 54.19** mostra os resultados do experimento, no qual os pesquisadores manipularam a produtividade variando a quantidade de serrapilheira em um experimento utilizando buracos de árvores artificiais (vasos cheios de água ao redor das árvores); estudos anteriores haviam demonstrado que as comunidades que colonizaram esses vasos eram semelhantes àquelas em buracos de árvores naturais. Conforme previsto pela hipótese energética, os buracos com a maior parte da serrapilheira e, portanto, com o maior suprimento alimentar total no nível de produtor, sustentaram as cadeias alimentares mais longas.

Outro fator que pode limitar o comprimento da cadeia alimentar é que os carnívoros tendem a ser maiores em níveis tróficos sucessivos. O tamanho de um carnívoro limita o tamanho do alimento que ele consegue abocanhar. Com exceção de alguns casos, os carnívoros grandes não podem viver de itens alimentares muito pequenos, pois não conseguem obter alimento suficiente em determinado tempo para satisfazer suas necessidades metabólicas. Entre as exceções estão as baleias desdentadas, enormes consumidores filtradores com adaptações que lhes permitem se alimentar de grandes quantidades de eufasiáceos (*krill*) e outros organismos pequenos (ver Figura 41.5).

Espécies com grande impacto

Certas espécies têm impacto especialmente grande sobre a estrutura de comunidades inteiras porque são altamente abundantes ou exercem um papel central na dinâmica da comunidade. O impacto dessas espécies ocorre por meio de interações tróficas e sua influência sobre o ambiente físico.

As **espécies fundadoras** têm fortes efeitos sobre as suas comunidades como resultado do seu tamanho maior ou de sua abundância alta. Exemplos de espécies fundadoras incluem árvores, arbustos de deserto, como o creosoto, e certas algas marinhas, como as algas macroscópicas pardas. Essas espécies fundadoras costumam ter efeitos amplos em toda a comunidade porque fornecem hábitat ou alimento. Espécies fundadoras podem ser competitivamente dominantes – superiores na exploração de recursos essenciais, como espaço, água, nutrientes ou luz.

O impacto de uma espécie fundadora pode ser descoberto quando ela é removida de uma comunidade. Por exemplo, a castanheira-americana era uma espécie arbórea dominante em florestas decíduas do leste da América do Norte antes de 1910, representando mais de 40% das árvores maduras. Então, com o uso de mudas importadas da Ásia, os seres humanos introduziram acidentalmente na cidade de Nova York, o cancro da castanheira, uma doença fúngica. Entre 1910 e 1950, o fungo matou quase todas as castanheiras no leste da América do Norte. Nesse caso, a remoção da espécie fundadora teve um impacto relativamente pequeno sobre algumas espécies, mas grandes efeitos sobre outras.

Carvalhos, nogueiras, faias e bordos-vermelhos, que já estavam presentes na floresta, aumentaram em número e substituíram as castanheiras. Mamíferos ou aves não parecem ter sido prejudicados pela perda das castanheiras, mas sete espécies de mariposas e borboletas foram extintas, pois se alimentavam dessas árvores.

Em comparação às espécies fundadoras, as **espécies-chave** geralmente não são abundantes em uma comunidade. Elas exercem forte controle sobre a estrutura da comunidade não pelo poder numérico, mas por seus papéis ecológicos centrais. A **Figura 54.20** realça a importância de uma espécie-chave, uma estrela-do-mar, na manutenção da diversidade de uma comunidade da zona entremaré. Nesse caso, a estrela-do-mar afeta a sua comunidade alimentando-se do mexilhão – uma espécie competitivamente dominante – e limitando a sua abundância.

Outros organismos, ainda, exercem sua influência em uma comunidade não por meio de interações tróficas, mas por alteração do seu ambiente físico. As espécies que criam ou alteram drasticamente o seu ambiente são chamadas de **engenheiros do ecossistema**. Um engenheiro do ecossistema conhecido é o castor **(Figura 54.21)**. Os efeitos dos engenheiros do ecossistema sobre outras espécies podem ser positivos ou negativos, dependendo das necessidades das outras espécies. Algumas espécies fundadoras, como as árvores, também podem ser consideradas engenheiras do ecossistema, em razão de sua presença modificar os ambientes físicos de forma a criar hábitats dos quais outras espécies dependem.

▼ **Figura 54.20** Pesquisa

Pisaster ochraceus é uma espécie-chave?

Experimento Em comunidades de rochas da zona entremaré no oeste da América do Norte, a relativamente incomum estrela-do-mar *Pisaster ochraceus* preda mexilhões como *Mytilus californianus*, um competidor dominante por espaço. Robert Paine, da Universidade de Washington, removeu *Pisaster* de uma área na zona entremaré e examinou o efeito sobre a riqueza de espécies.

Resultados Na ausência de *Pisaster*, a riqueza de espécies diminuiu à medida que os mexilhões monopolizaram a superfície rochosa e eliminaram a maioria dos outros invertebrados e algas. Em uma área-controle em que *Pisaster* não fora removida, a riqueza de espécies se alterou muito pouco.

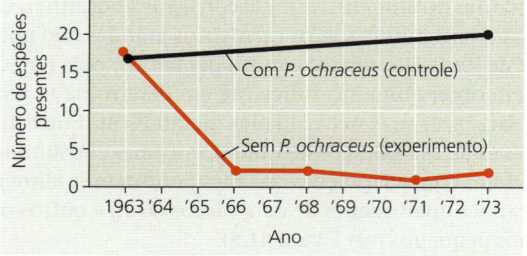

Conclusão *Pisaster* atua como espécie-chave, exercendo influência sobre a comunidade que não se reflete na sua abundância.

Dados de R. T. Paine, Food web complexity and species diversity, *American Naturalist* 100:65–75 (1966).

E SE? Suponha que um fungo invasor matasse a maioria dos indivíduos de M. californianus nesses locais. Prediga como a riqueza de espécies seria afetada se P. ochraceus fosse, então, removida.

▲ **Figura 54.21** Castores como engenheiros do ecossistema. Pela derrubada de árvores, construção de diques e criação de açudes, os castores podem transformar áreas grandes de florestas em terras úmidas alagadas.

Controles de baixo para cima e de cima para baixo

As maneiras pelas quais os níveis tróficos adjacentes afetam uns aos outros podem ser apropriadas para descrever a organização da comunidade. Esses efeitos ocorrem em duas maneiras gerais: os organismos podem ser controlados pelo que comem (controle "de baixo para cima") ou pelo que os come (controle "de cima para baixo").

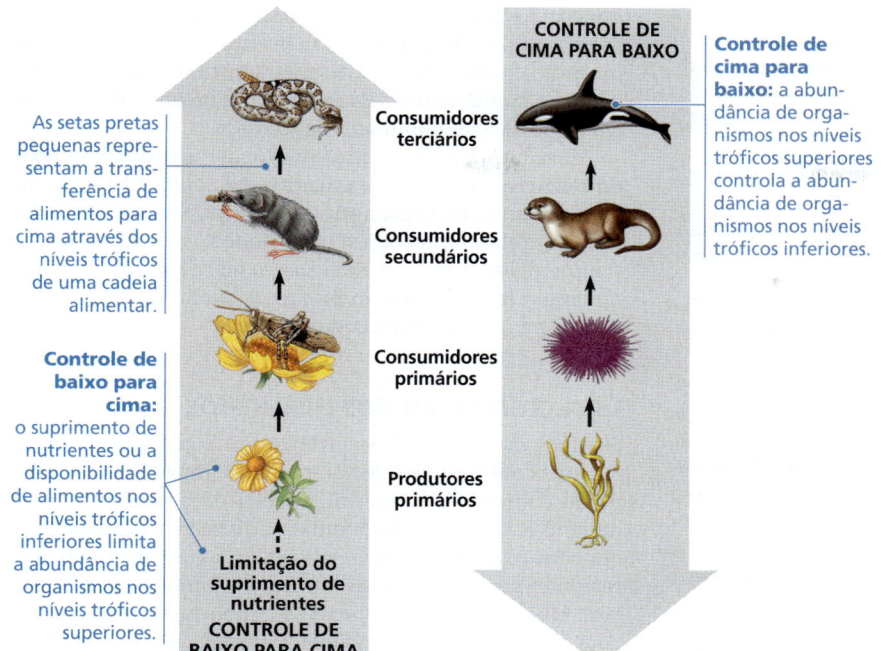

▲ **Figura 54.22 Controle de baixo para cima e de cima para baixo.** A abundância de organismos em cada nível trófico pode ser controlada de baixo para cima (pela disponibilidade de alimentos ou nutrientes) ou de cima para baixo (pelas taxas de consumo nos níveis tróficos superiores). Setas grandes cinzas indicam a direção do controle. Setas pequenas pretas mostram a transferência de alimentos através de uma cadeia alimentar.

No **controle de baixo para cima**, a abundância de organismos que cada nível trófico é limitada pelo suprimento de nutrientes ou pela disponibilidade de alimentos em níveis tróficos inferiores. Nesse caso, o suprimento de nutrientes controla o número de plantas, que, por sua vez, controla o número de predadores (**Figura 54.22**, lado esquerdo). Para mudar a estrutura de baixo para cima em uma comunidade, você precisaria alterar a biomassa ou a abundância de organismos nos níveis tróficos inferiores, permitindo que as mudanças se propagassem pela teia alimentar. Por exemplo, se você adicionar nutrientes minerais para estimular o crescimento vegetal, então cada um dos níveis tróficos superiores também deve aumentar em biomassa. Entretanto, se você alterar a abundância de predadores, o efeito não deveria estender-se para baixo em direção aos níveis tróficos inferiores.

No **controle de cima para baixo**, a abundância de organismos de cada nível trófico é controlada pela abundância de consumidores nos níveis tróficos superiores. Assim, no controle de cima para baixo, os predadores limitam os herbívoros, e os herbívoros limitam as plantas (Figura 54.22, lado direito). Em uma comunidade lacustre com quatro níveis tróficos, ao se remover os carnívoros de topo, deve-se aumentar a abundância de carnívoros primários, diminuir o número de herbívoros e aumentar a abundância de fitoplâncton. Portanto, os efeitos descem na estrutura trófica, como efeitos alternados +/−.

Ecólogos aplicaram o controle de cima para baixo para melhorar a qualidade da água em lagos com abundância alta de algas. Por exemplo, em lagos com três níveis tróficos, a remoção de peixes deveria melhorar a qualidade da água mediante aumento da densidade do zooplâncton, diminuindo, desse modo, as populações das algas **(Figura 54.23)**. Em lagos com quatro níveis tróficos, a adição de predadores de topo deveria ter o mesmo efeito.

Ecólogos na Finlândia usaram biomanipulação para ajudar a purificar o Lago Vesijärvi, um grande lago que estava poluído com esgoto urbano e resíduos de águas industriais até 1976. Depois que o controle da poluição reduziu esses aportes, a qualidade da água do lago começou a melhorar. Em 1986, entretanto, começaram a ocorrer florações de cianobactérias. Essas florações coincidiram com o aumento da população de peixe "roach", uma espécie que se alimenta de zooplâncton e que mantém as cianobactérias sob controle. Para reverter essas alterações, os ecólogos removeram quase 1 milhão de quilogramas de peixes do lago entre 1989 e 1993, reduzindo a sua abundância em cerca de 80%. Ao mesmo tempo, adicionaram um quarto nível trófico, povoando o lago com o lúcio-perca, peixe predador que se alimenta do peixe "roach". A água tornou-se clara e a última floração de cianobactérias ocorreu em 1989. Os ecólogos continuam a monitorar o lago, para verificar a proliferação de cianobactérias e a disponibilidade baixa de oxigênio, mas o lago permaneceu limpo, embora a remoção do peixe "roach" tenha terminado em 1993.

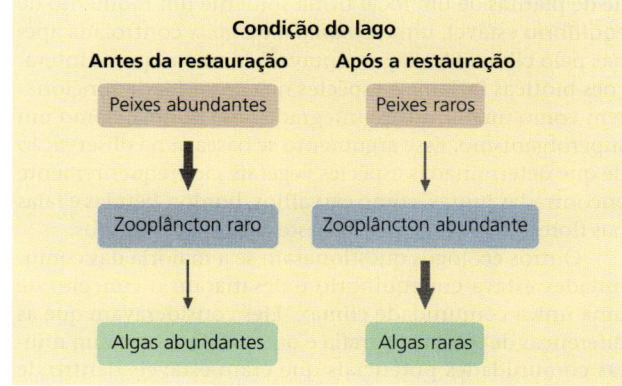

▲ **Figura 54.23 Restaurando a qualidade da água em um lago com controle de cima para baixo.** A diminuição da abundância de peixes que se alimentam de zoôplancton resulta no decréscimo de biomassa de algas, melhorando a qualidade da água. A espessura da seta indica a força relativa de cada controle de cima para baixo.

> **REVISÃO DO CONCEITO 54.2**
>
> 1. Quais são os dois componentes que contribuem para a diversidade de espécies? Explique como duas comunidades com o mesmo número de espécies podem diferir quanto à diversidade de espécies.
> 2. Qual a diferença entre uma cadeia alimentar e uma teia alimentar?
> 3. **E SE?** Considere um campo com cinco níveis tróficos: plantas herbáceas, camundongos, serpentes, guaxinins e linces. Se você liberasse linces adicionais nas pastagens, como a biomassa das gramíneas mudaria se o controle de baixo para cima fosse aplicado? E se o controle de cima para baixo fosse aplicado?
> 4. **FAÇA CONEXÕES** O aumento do nível de O_2 leva à acidificação (ver Figura 3.12) e a temperaturas mais altas do oceano, dois fatores que podem reduzir a abundância de *krill*. Prediga como uma queda na abundância de *krill* pode afetar outros organismos na cadeia alimentar mostrada na Figura 54.17. Quais organismos estão especialmente em risco? Explique.
>
> *Ver as respostas sugeridas no Apêndice A.*

CONCEITO 54.3

Os distúrbios influenciam a diversidade e a composição de espécies

Há décadas, a maioria dos ecólogos pensava que as comunidades biológicas estavam em equilíbrio mais ou menos estável, a não ser que tivessem sido seriamente impactadas por atividades humanas. Essa visão de "equilíbrio da natureza" focalizava a competição como um fator-chave para determinar a composição e a estabilidade das comunidades. Nesse contexto, a *estabilidade* se refere a uma tendência da comunidade em alcançar e manter uma composição de espécies relativamente constante.

Os defensores dessa visão pensavam que a comunidade de plantas de um local tinha somente um momento de equilíbrio estável, uma *comunidade clímax* controlada apenas pelo clima. Eles argumentavam também que as interações bióticas faziam as espécies na comunidade funcionarem como uma unidade integrada – na prática, como um superorganismo. Esse argumento se baseava na observação de que determinadas espécies vegetais são frequentemente encontradas juntas, como carvalhos, bordos, bétulas e faias nas florestas decíduas do nordeste dos Estados Unidos.

Outros ecólogos questionaram se a maioria das comunidades estava em equilíbrio e desafiaram o conceito de uma única comunidade clímax. Eles consideravam que as diferenças de solo, topografia e outros fatores criaram muitas comunidades potenciais que eram estáveis dentro de uma região. Em vez de funcionar como uma unidade integrada, as comunidades podiam ser vistas como assembleias aleatórias de espécies encontradas juntas porque tinham demandas abióticas semelhantes, como temperatura, precipitação e tipo de solo. Além disso, evidências mostram que o distúrbio impede muitas comunidades de alcançarem um estado de equilíbrio na diversidade ou na composição de espécies. O **distúrbio** é um evento, como tempestade, incêndio, inundação, seca ou atividade humana, que modifica uma comunidade pela remoção de organismos ou pela alteração da disponibilidade de recursos.

Essa ênfase na mudança produziu o **modelo de não equilíbrio**, que descreve a maioria das comunidades como em constante alteração após o distúrbio. Mesmo as comunidades relativamente estáveis podem ser rapidamente transformadas em comunidades em não equilíbrio. Examinaremos algumas das maneiras pelas quais os distúrbios influenciam a estrutura da comunidade.

Caracterização dos distúrbios

Os tipos de distúrbios, sua frequência e gravidade variam entre as comunidades. As tempestades impactam quase todas as comunidades, mesmo aquelas oceânicas, pela ação das ondas. O fogo é um distúrbio significativo; na verdade, o chaparral e alguns biomas campestres requerem queimadas regulares para manter suas estrutura e composição de espécies. Muitos riachos e represas são impactados por inundações e secas sazonais. Em geral, um nível alto de distúrbio resulta de impacto frequente *e* intenso, ao passo que níveis baixos de distúrbio podem resultar de uma frequência baixa ou de uma intensidade baixa de impacto.

A **hipótese do distúrbio intermediário** postula que níveis moderados de distúrbios fomentam uma diversidade maior de espécies do que os níveis altos ou baixos. Níveis altos de distúrbios reduzem a diversidade pela criação de estresses ambientais que excedem as tolerâncias de muitas espécies ou impactam a comunidade com tanta frequência que as espécies de crescimento lento ou de colonização lenta são excluídas. No outro extremo, os níveis baixos de distúrbios podem reduzir a diversidade de espécies ao permitir que as competitivamente dominantes excluam as menos competitivas. Enquanto isso, os níveis intermediários de distúrbios promovem diversidade maior de espécies por meio da abertura de hábitats para a ocupação de espécies menos competitivas. Esses níveis intermediários de distúrbios raramente criam condições tão severas que excedam as tolerâncias ambientais ou as taxas de recuperação de membros potenciais da comunidade.

A hipótese do distúrbio intermediário é respaldada por muitos estudos terrestres e aquáticos. Em um desses estudos, ecólogos na Nova Zelândia compararam a riqueza de invertebrados vivendo em leitos de riachos expostos a diferentes frequências e intensidades de inundações **(Figura 54.24)**. Quando as inundações ocorriam com muita frequência ou raramente, a riqueza de invertebrados era baixa. As inundações frequentes dificultaram o estabelecimento de algumas espécies no leito do riacho, ao passo que as inundações raras resultaram na substituição de espécies por competidores superiores. A riqueza de invertebrados atingiu o máximo nos riachos com frequência ou intensidade de inundação intermediária, conforme previsto pela hipótese.

Embora os níveis moderados de distúrbio pareçam maximizar a diversidade de espécies em alguns casos, distúrbios pequenos e grandes também podem ter efeitos importantes na estrutura da comunidade. Os distúrbios de pequena escala

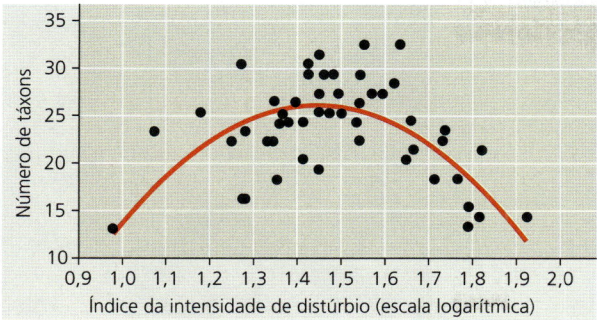

▲ **Figura 54.24 Testando a hipótese do distúrbio intermediário.** Os pesquisadores identificaram os táxons (espécie ou gênero) de invertebrados em dois locais em cada um dos 27 riachos da Nova Zelândia. Eles avaliaram a intensidade da inundação em cada local usando um índice de distúrbio do leito do riacho. O número de táxons de invertebrados atingiu seu máximo onde a intensidade de inundação tinha níveis intermediários.

(a) Logo após o incêndio. Enquanto todas as árvores no primeiro plano desta fotografia foram mortas pelo fogo, árvores não queimadas podem ser vistas em outros locais.

(b) Um ano após o incêndio. A comunidade começou a se recuperar. Espécies herbáceas, diferentes daquelas na floresta original, cobrem a superfície do solo.

▲ **Figura 54.25 Recuperação após um distúrbio de grande escala.** Em 1988, incêndios no Parque Nacional de Yellowstone queimaram amplas áreas florestais dominadas por indivíduos do pinheiro *Pinus contorta*.

podem gerar fragmentos de hábitats diferentes ao longo de uma paisagem, que ajudam a manter a diversidade em uma comunidade. Os distúrbios de grande escala também são um componente natural de muitas comunidades. Grande parte do Parque Nacional de Yellowstone, por exemplo, é dominada pelo pinheiro *Pinus contorta*, espécie arbórea que necessita da influência rejuvenescedora de incêndios periódicos. Os cones desse pinheiro permanecem fechados até serem expostos ao calor intenso. Quando um incêndio florestal queima as árvores, os cones se abrem e as sementes são liberadas. A nova geração de pinheiros pode, então, beneficiar-se dos nutrientes liberados das árvores queimadas e da luz solar, não mais interceptada pelas árvores mais altas.

No verão de 1988, áreas extensas do Parque Yellowstone queimaram durante uma seca acentuada **(Figura 54.25a)**. Em 1989, muitas áreas queimadas no parque estavam amplamente cobertas com uma nova vegetação, sugerindo que as espécies nessa comunidade estão adaptadas à rápida recuperação após o fogo **(Figura 54.25b)**. De fato, há milhares de anos, incêndios de grande escala se alastram periodicamente pelas florestas de *P. contorta* do Parque de Yellowstone e outras áreas ao norte. Por outro lado, florestas de pinheiro mais ao sul foram historicamente afetadas por incêndios frequentes, mas de intensidade baixa. Nessas florestas, um século de intervenções humanas para reprimir incêndios pequenos permitiu o acúmulo não natural de material combustível em alguns locais e elevou o risco de incêndios grandes e severos, aos quais as espécies não estão adaptadas.

Os estudos da comunidade florestal do Parque de Yellowstone e de muitas outras indicam que elas não estão em equilíbrio, mudando continuamente devido aos distúrbios naturais e aos processos internos de crescimento e reprodução. O aumento de evidências sugere que as condições de não equilíbrio são, na verdade, a regra para a maioria das comunidades.

Sucessão ecológica

As alterações na composição de comunidades terrestres são mais evidentes após um distúrbio intenso, como uma erupção vulcânica ou uma geleira, que retira toda a vegetação existente. A área impactada pode ser colonizada por uma diversidade de espécies, que são gradualmente substituídas por outras, as quais, por sua vez, são substituídas por outras espécies – processo denominado **sucessão ecológica**. Quando esse processo começa em uma área praticamente sem vida, como uma ilha vulcânica recente ou sobre pedregulhos (morenas) deixados pelo recuo de uma geleira, é chamado de **sucessão primária**.

Durante a sucessão primária, as únicas formas de vida inicialmente presentes são, com frequência, procariotos e protistas. Liquens e musgos, que crescem a partir de esporos dispersados pelo vento, são geralmente os primeiros organismos fotossintetizantes macroscópicos a colonizar essas áreas. O solo se desenvolve gradualmente à medida que as rochas sofrem intemperismo e a matéria orgânica se acumula a partir da decomposição de restos dos primeiros colonizadores. Com a presença de solo, os liquens e os musgos são geralmente cobertos por plantas herbáceas, arbustos e árvores que brotam de sementes dispersadas pelo vento a partir de áreas vizinhas ou carregadas por animais. Por fim, uma área é colonizada por plantas que se tornam a forma de vegetação dominante da comunidade. A produção de uma comunidade por meio da sucessão primária pode levar centenas ou milhares de anos.

▲ **Figura 54.26** Recuo glacial e sucessão secundária próximo da costa da Baía dos Glaciares, Alasca. Os diferentes tons de azul no mapa são baseados nas informações históricas de como a área coberta pela Baía dos Glaciares aumentou ao longo do tempo devido ao recuo das geleiras desde 1760.

As espécies pioneiras e as que chegam mais tarde podem ser ligadas por um de três processos-chave. As primeiras a chegar podem *facilitar* o surgimento das espécies posteriores ao tornarem o ambiente mais favorável – por exemplo, pelo aumento da fertilidade do solo. De outra forma, as espécies pioneiras podem *inibir* o estabelecimento das espécies posteriores, de modo que a colonização bem-sucedida pelas espécies posteriores ocorre a despeito das atividades das espécies pioneiras e não por causa delas. Por fim, as espécies pioneiras podem ser completamente independentes das espécies posteriores, que *toleram* as condições criadas inicialmente na sucessão, mas não são ajudadas nem impedidas pelas espécies pioneiras.

Os ecólogos conduziram algumas das mais extensas pesquisas sobre sucessão primária na Baía dos Glaciares, no sudeste do Alasca, onde as geleiras retraíram mais de 100 km desde 1760 **(Figura 54.26)**. Ao estudar as comunidades de diferentes distâncias da foz da baía – com as áreas expostas mais recentemente sendo as mais distantes –, os ecólogos podem examinar estágios diferentes de sucessão. À medida que as geleiras recuaram, a sequência seguinte de eventos ocorreu em áreas acima da linha de água da baía. ❶ A morena glacial exposta é colonizada primeiro por espécies pioneiras que incluem hepáticas, musgos, indivíduos esparsos de *Dryas* (arbusto formador de tapete) e salgueiros. ❷ Após cerca de três décadas, *Dryas* domina a comunidade. ❸ Algumas décadas depois, a área é ocupada pelo amieiro, que forma bosques densos de até 9 m de altura. ❹ Nos próximos dois séculos, esses bosques de amieiro são suplantados primeiro por espruce-de-sitka (*Picea sitchensis*) e mais tarde pela cicuta-ocidental (*Tsuga heterophylla*) e cicuta-da-montanha (*Tsuga mertensiana*). Em áreas mal drenadas, o chão dessa floresta de espruces e cicutas é ocupado por esfagno (*Sphagnum*, um musgo), que retém água e acidifica o solo, o que, por fim, mata as árvores. Desse modo, em cerca de 300 anos após a retração glacial, a vegetação consiste em turfeiras de esfagno nas áreas planas pobremente drenadas e em floresta de espruces e cicutas nos declives bem drenados.

A sucessão nas morenas glaciais está relacionada a mudanças nos nutrientes do solo e outros fatores ambientais causados por transições na vegetação. Como o conteúdo de nitrogênio do solo exposto após o recuo glacial é baixo, quase todas as espécies vegetais pioneiras iniciam a sucessão com crescimento deficiente e folhas amarelas devido ao fornecimento limitado de nitrogênio. As exceções são *Dryas* e o amieiro, onde as raízes hospedam bactérias simbióticas que fixam nitrogênio atmosférico (ver Figura 37.12). O conteúdo de nitrogênio do solo aumenta rapidamente durante o estágio de sucessão com amieiro e continua crescendo durante o estágio de espruce (*Picea sitchensis*) **(Figura 54.27)**. Alterando as propriedades do solo, as espécies vegetais pioneiras podem facilitar a colonização por novas espécies vegetais durante a sucessão.

Em contrapartida à sucessão primária, a **sucessão secundária** envolve a recolonização de uma área depois que uma grande perturbação removeu a maioria dos organismos em uma comunidade, como em Yellowstone após

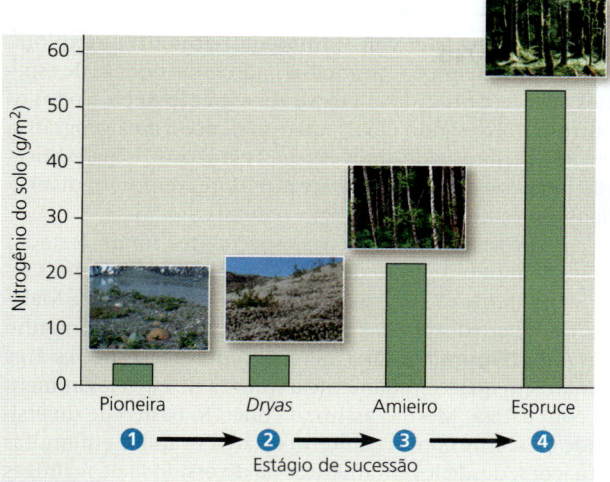

▲ **Figura 54.27** Mudanças no conteúdo de nitrogênio do solo durante a sucessão na Baía dos Glaciares.

FAÇA CONEXÕES *A Figura 37.11 ilustra dois tipos de fixação do nitrogênio atmosférico por procariotos. No estágio mais precoce da sucessão primária, antes de quaisquer plantas estarem presentes em um local, que tipo de fixação de nitrogênio ocorreria e por quê?*

▲ **Figura 54.28** **Distúrbio no fundo oceânico pela pesca de arrasto.** Essas fotografias mostram o fundo do mar no noroeste da Austrália antes e depois da passagem das embarcações de arrasto.

os incêndios de 1988 (ver Figura 54.25.) Após o distúrbio, a área pode retornar a um estado semelhante ao original. Por exemplo, em uma área florestada que foi desmatada para agropecuária e mais tarde abandonada, as plantas do início da recolonização são, com frequência, espécies herbáceas que crescem a partir de sementes transportadas pelo vento ou por animais. Se a área não foi queimada ou intensamente pastejada, com o tempo arbustos lenhosos podem substituir a maioria das espécies herbáceas, e as árvores florestais podem finalmente substituir a maioria dos arbustos.

Distúrbio por ações humanas

A sucessão ecológica é uma resposta ao distúrbio do ambiente, e alguns desses distúrbios mais fortes resultam de atividades humanas. O desenvolvimento agrícola alterou profundamente vastas áreas de campo da América do Norte. As florestas pluviais tropicais estão desaparecendo rapidamente como consequência de desmatamentos para retirada de madeira, pecuária de bovinos e agricultura. Séculos de distúrbios provocados pelo pastejo excessivo e pela agricultura contribuem para a fome em partes da África devido à transformação de campos sazonais em vastas áreas estéreis.

As ações humanas impactam os ecossistemas marinhos tanto quanto os terrestres. Os efeitos da pesca de arrasto nos oceanos, na qual os barcos arrastam pesadas redes pelo fundo do mar, são semelhantes aos do desmatamento de uma floresta ou aos da aração de um campo. Os arrastos raspam e limpam os corais e outras formas de vida no fundo do mar **(Figura 54.28)**. Em um ano típico, navios exploram por arrasto uma área aproximadamente do tamanho da América do Sul, 150 vezes maior do que a área de florestas derrubadas por ano.

Muitas vezes, o distúrbio por atividades humanas é intenso, e, por isso, reduz a diversidade de espécies em muitas comunidades. No Capítulo 56, veremos em mais detalhes como os distúrbios causados pelos seres humanos estão afetando a diversidade de vida.

REVISÃO DO CONCEITO 54.3

1. Por que níveis altos e baixos de distúrbios geralmente reduzem a diversidade de espécies? Por que um nível intermediário de distúrbios promove a diversidade de espécies?
2. Durante a sucessão, como as espécies pioneiras podem facilitar a chegada de outras espécies?
3. **E SE?** A maioria das pradarias sofre incêndios regulares, geralmente em períodos de poucos anos. Se esses distúrbios forem relativamente modestos, como a diversidade de espécies de uma pradaria provavelmente seria afetada se nenhuma queimada ocorresse por 100 anos? Explique.

Ver as respostas sugeridas no Apêndice A.

CONCEITO 54.4

Fatores biogeográficos afetam a diversidade das comunidades

Até agora, examinamos fatores locais ou de escala relativamente pequena que influenciam a diversidade das comunidades, incluindo os efeitos das interações de espécies, espécies fundadoras e muitos tipos de distúrbios. Fatores biogeográficos de grande escala contribuem também para o imenso espectro de diversidade observado em comunidades biológicas. Dois fatores biogeográficos em particular – a latitude de uma comunidade e a área que ela ocupa – foram investigados por mais de um século.

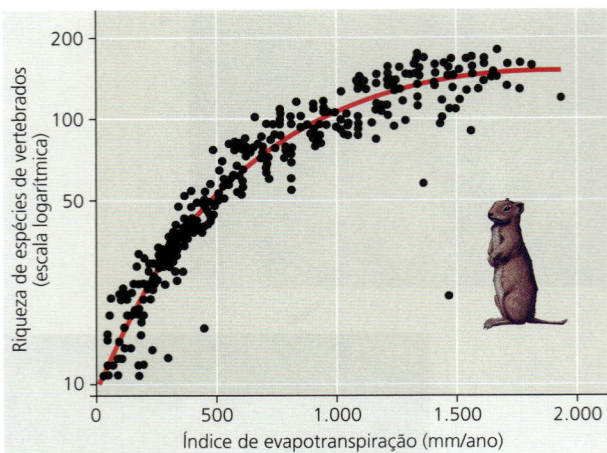

▲ **Figura 54.29 Energia, água e riqueza de espécies.** A riqueza de vertebrados na América do Norte aumenta com um índice de evapotranspiração, expresso como equivalentes de precipitação (mm/ano).

Gradientes latitudinais

Na década de 1850, Charles Darwin e Alfred Wallace salientaram que a vida de plantas e de animais era geralmente mais abundante e diversa nos trópicos do que em outras partes do globo. Desde aquela época, muitos pesquisadores confirmaram essa observação. Um estudo mostrou que um lote de 6,6 hectares (1 ha = 10.000 m²) na Malásia tropical continha 711 espécies arbóreas, ao passo que uma parcela de 2 ha de floresta decídua em Michigan normalmente contínua apenas 10 a 15 espécies arbóreas. Muitos grupos de animais exibem gradientes latitudinais similares. Por exemplo, existem mais de 200 espécies de formigas no Brasil, mas apenas sete no Alasca.

Dois fatores-chave que podem afetar os gradientes latitudinais de riqueza de espécies são a história evolutiva e o clima. Ao longo do curso da evolução, uma série de eventos de especiação poderia promover o aumento da riqueza específica em uma comunidade (ver Conceito 24.2.) Em geral, as comunidades tropicais são mais antigas do que as comunidades de climas temperados ou polares, as quais repetidamente "recomeçaram" após distúrbios grandes, como as glaciações. Como consequência, a diversidade de espécies pode ser mais alta nos trópicos, simplesmente porque houve mais tempo para a especiação ocorrer em comunidades tropicais do que em comunidades temperadas ou polares.

O clima é outro fator-chave que pode afetar os gradientes latitudinais de riqueza e diversidade. Em comunidades terrestres, os dois principais fatores climáticos correlacionados com a diversidade são a luz solar e a precipitação, e ambos ocorrem em níveis elevados nos trópicos. Esses fatores podem ser considerados juntos pela medida do nível de **evapotranspiração** de uma comunidade, isto é, a evaporação da água do solo mais a transpiração pelas plantas. A evapotranspiração, uma função de radiação solar, temperatura e disponibilidade de água, é muito mais alta em áreas quentes com chuvas abundantes do que em áreas com temperaturas baixas ou pouca precipitação. A riqueza de espécies de plantas e animais se correlaciona com as medidas de evapotranspiração, conforme mostrado para vertebrados na **Figura 54.29**.

Efeitos de área

Em 1807, Alexander von Humboldt, naturalista e explorador, descreveu um dos primeiros padrões de riqueza de espécies a ser reconhecido: a **curva de espécie-área**. Todos os outros fatores sendo iguais, quanto maior a área geográfica de uma comunidade, mais espécies ela possui. Uma explicação para essa relação é que áreas maiores oferecem diversidade maior de hábitats e micro-hábitats.

As previsões das relações espécie-área foram testadas examinando o número de animais e plantas em muitas regiões diferentes. Como exemplo, nas Ilhas Sunda, na Malásia, o número de espécies de aves aumentou com o tamanho das ilhas **(Figura 54.30)**. Diferentes curvas de espécies-área variam em quão rapidamente a riqueza de espécies aumenta com a área. Mesmo assim, o conceito básico de diversidade crescente com o aumento da área se aplica em muitas situações, desde levantamentos da diversidade de formigas na Nova Guiné até estudos de riqueza de espécies vegetais em ilhas de tamanhos diferentes.

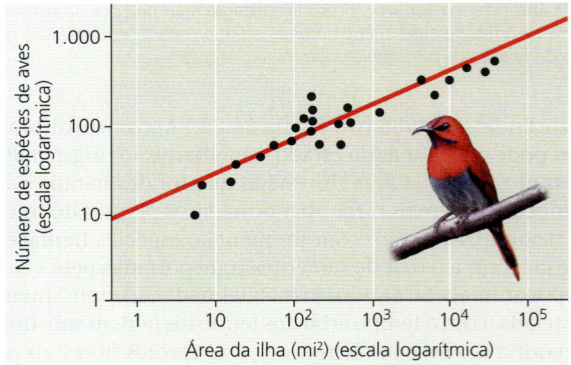

▲ **Figura 54.30 Riqueza de espécies e área insular.** O número de espécies de aves sobre as ilhas Sunda da Malásia aumenta com o tamanho da ilha.

Modelo do equilíbrio de Ilha

Em razão do isolamento e tamanho limitado, as ilhas fornecem excelentes oportunidades para estudar como a área e outros fatores afetam a diversidade de espécies nas comunidades. Por "ilhas" referenciamos não somente as ilhas oceânicas, mas também ilhas de hábitat sobre o continente, como lagos, picos de montanhas ou fragmentos de hábitat – qualquer pedaço cercado por um ambiente não adequado para espécies da "ilha".

Reconhecendo essas oportunidades que o estudo de ilhas oferece, Robert MacArthur e E. O. Wilson desenvolveram um método para prever a diversidade de espécies das ilhas **(Figura 54.31)**. Em sua abordagem, o número de espécies em uma ilha representa um balanço entre a imigração de espécies novas para a ilha e a extinção das espécies já existentes lá.

Na Figura 54.31, observe que a taxa de imigração *diminui* à medida que o número de espécies na ilha fica maior, enquanto a taxa de extinção *aumenta*. Para ver por que isso acontece, considere uma ilha oceânica recentemente formada que recebe espécies colonizadoras oriundas de uma área

▲ **Figura 54.31 Modelo de equilíbrio de ilha de MacArthur e Wilson.** O número de espécies em uma ilha representa um equilíbrio entre a imigração de espécies novas (curva vermelha) e a extinção das espécies já existentes lá (curva preta). O ponto em que essas curvas se cruzam mostra o número de espécies em equilíbrio (Q).

E SE? *Suponha que o aumento do nível do mar diminua o tamanho da ilha. Como isso afetaria (a) o tamanho da população das espécies já existentes na ilha, (b) a curva de extinção mostrada acima, e (c) o número de equilíbrio previsto para as espécies?*

▶ **Figura 54.32 Ilha de manguezais.** As ilhas que os pesquisadores estudaram eram pequenas, cada uma com um ou alguns indivíduos de mangue.

continental distante. A qualquer momento, as taxas de imigração e extinção em uma ilha são afetadas pelo número de espécies já presentes. À medida que o número de espécies que já estão na ilha aumenta, a taxa de imigração de espécies novas decresce, pois qualquer indivíduo que chegue à ilha tem menos probabilidade de representar uma espécie que ainda não esteja presente. Além disso, à medida que mais espécies habitam uma ilha, as taxas de extinção na ilha aumentam devido à maior probabilidade de exclusão competitiva.

O tamanho de uma ilha e sua distância do continente também são importantes. As ilhas pequenas geralmente exibem taxas de imigração mais baixas, porque é menos provável que os colonizadores potenciais alcancem uma ilha pequena do que uma grande. As ilhas pequenas têm também taxas de extinção mais altas, porque geralmente contêm menos recursos, têm menos diversidade de hábitats e tamanhos populacionais menores. Com relação à distância, uma ilha mais próxima do continente geralmente tem uma taxa de imigração mais alta e uma taxa de extinção mais baixa do que uma ilha mais distante. Os colonizadores que chegam aumentam a abundância de uma espécie em uma ilha próxima, reduzindo, assim, a chance de extinção da espécie.

O modelo de MacArthur e Wilson é denominado *modelo do equilíbrio de ilhas* porque um equilíbrio será enfim alcançado quando a taxa de imigração de espécies se igualar à taxa de extinção de espécies. O número de espécies nesse ponto de equilíbrio está correlacionado com o tamanho da ilha e a sua distância do continente. Embora o número de espécies deva se estabilizar em um nível constante, a imigração e a extinção continuam, e, portanto, a composição exata das espécies na ilha pode mudar ao longo do tempo.

Pesquisadores testaram o modelo de equilíbrio de ilhas em um experimento em seis ilhas pequenas de manguezal em Florida Keys **(Figura 54.32)**. Para fazer isso, eles primeiro identificaram e contaram meticulosamente todas as espécies de artrópodes em cada ilha. Conforme previsto pelo modelo, eles encontraram mais espécies nas ilhas maiores e mais próximas ao continente. Após, eles fumigaram quatro ilhas com brometo de metila para matar todos os artrópodes. Como também previsto pelo modelo, o número de espécies de artrópodes nas ilhas aumentou, ao longo do tempo, para próximo dos seus valores pré-fumigação **(Figura 54.33)**. A ilha mais próxima ao continente se recuperou primeiro, ao passo que a ilha mais distante teve a recuperação mais lenta. O número de espécies de artrópodes nas duas ilhas restantes – que não foram fumigadas, e, portanto, serviram como controles – permaneceu aproximadamente constante durante o estudo.

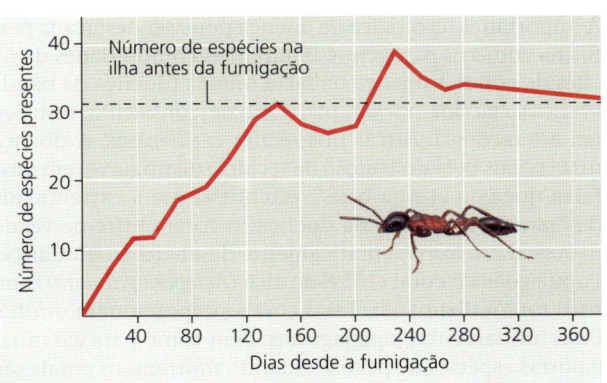

▲ **Figura 54.33 Testando o modelo do equilíbrio de ilha.** O gráfico mostra os resultados para uma das ilhas estudadas. O número de artrópodes aumentou com o passar do tempo; com 140 dias, atingiu níveis semelhantes aos encontrados na ilha antes do início do experimento.

REVISÃO DO CONCEITO 54.4

1. Descreva duas hipóteses quanto ao motivo pelo qual a diversidade de espécies é maior nos trópicos do que nas regiões temperadas e polares.
2. Descreva como o tamanho de uma ilha e a sua distância do continente afetam a riqueza de espécies nesse hábitat insular.
3. **E SE?** Com base no modelo do equilíbrio de ilhas de MacArthur e Wilson, prediga como a abundância de aves em uma ilha se compara à de serpentes e lagartos?

Ver as respostas sugeridas no Apêndice A.

CONCEITO 54.5

Patógenos alteram local e globalmente a estrutura das comunidades

Agora que já examinamos vários fatores importantes que estruturam as comunidades biológicas, terminaremos o capítulo examinando as interações da comunidade envolvendo **patógenos**, microrganismos causadores de doenças, vírus, viroides ou príons. (Viroides e príons são moléculas infecciosas de RNA e proteínas, respectivamente; ver Conceito 19.3.) Como você verá, os patógenos têm fortes efeitos nas comunidades ecológicas.

Os patógenos produzem efeitos especialmente claros quando são introduzidos em novos hábitats, como no caso do fungo que causa cancro na castanheira (ver Conceito 54.2). Um patógeno pode ser especialmente virulento em um hábitat novo, porque novas populações de hospedeiros não tiveram uma chance de se tornarem resistentes a ele por meio da seleção natural. O fungo invasor que causa o cancro da castanheira teve efeitos muito mais intensos sobre a castanheira-americana, por exemplo, do que teve sobre espécies asiáticas de castanheira no hábitat nativo do fungo.

Efeitos na estrutura da comunidade

A importância ecológica da doença pode ser destacada pela forma como os patógenos afetaram as comunidades de recifes de coral. A doença da faixa branca (doença da banda branca), causada por um patógeno desconhecido, resultou em alterações drásticas nos recifes caribenhos. A doença mata corais pela destruição de tecidos, distinguível em uma faixa que começa na base e estende-se até a extremidade dos ramos. Em razão da doença, o coral chifre-de-veado (*Acropora cervicornis*) praticamente desapareceu do Caribe. Populações do coral chifre-de-alce (*Acropora palmata*) também foram dizimadas. Esses corais proporcionam um hábitat fundamental para lagostas, bem como para caranhas e outras espécies de peixes. Quando morrem, os corais são rapidamente cobertos por algas. O peixe-cirurgião e outros herbívoros que se alimentam de algas chegam para dominar a comunidade dos peixes. Por fim, os corais tombam devido aos danos provocados por tempestades e outras perturbações. A complexa estrutura tridimensional do recife desaparece, e a diversidade decresce rapidamente.

Os patógenos influenciam também a estrutura de comunidades em ecossistemas terrestres. Considere a morte súbita do carvalho (MSC), uma doença recentemente descoberta que é causada pelo protista *Phytophtora ramorum* (ver Conceito 28.6.) A MSC foi descrita pela primeira vez na Califórnia em 1995, quando andarilhos observaram árvores morrendo ao redor da Baía de São Francisco. Por volta de 2014, ela havia se propagado por mais de 1.000 km, desde a costa central da Califórnia até o sul do Oregon, e matado mais de 1 milhão de carvalhos e outras árvores. A perda desses carvalhos levou ao decréscimo da abundância de, pelo menos, cinco espécies de aves, incluindo o pica-pau e o chapim-do-carvalho, que dependem do carvalho para alimentação e hábitat. Embora atualmente não haja cura para a MSC, recentemente, cientistas sequenciaram o genoma de *P. ramorum* na esperança de encontrar uma forma de combater o patógeno.

As atividades humanas estão transportando patógenos pelo mundo em taxas sem precedentes. Análises genéticas usando o sequenciamento de DNA sugerem que *P. ramorum* provavelmente chegou à América do Norte procedente da Europa por meio do mercado de horticultura. Similarmente, os patógenos que causam doenças humanas são propagados pela nossa economia global. H1N1, o vírus que causa a gripe suína em seres humanos, foi detectado pela primeira vez em Veracruz, México, no início de 2009. Ele se alastrou rapidamente pelo mundo, quando infectou pessoas em viagens aéreas para outros países. No final do surto em 2011, essa gripe teve um número confirmado de mortes de mais de 18.000 pessoas. O número real pode ser muito maior, já que muitas pessoas com sintomas semelhantes aos da gripe e que morreram não foram testadas para o H1N1.

Ecologia de comunidades e zoonoses

Três quartos das doenças humanas emergentes e muitas das doenças mais devastadoras estabelecidas são causadas por **patógenos zoonóticos** – aqueles que são transferidos para os seres humanos a partir de outros animais, seja por contato direto com um animal infectado ou por uma espécie intermediária, chamada de **vetor**. Os vetores que propagam doenças zoonóticas são, com frequência, parasitos, incluindo carrapatos, piolhos e mosquitos.

A identificação da comunidade de hospedeiros e vetores de um patógeno pode ajudar a prevenir doenças, como a doença de Lyme, que é transmitida por carrapatos. Durante anos, os cientistas consideraram que o hospedeiro primário do patógeno de Lyme fosse o camundongo-de-patas-brancas, porque os camundongos são fortemente parasitados por carrapatos jovens. No entanto, quando os pesquisadores vacinaram camundongos contra a doença de Lyme e os liberaram na natureza, o número de carrapatos infectados mudou muito pouco. Uma investigação posterior em Nova York revelou que duas espécies inconspícuas de musaranhos eram a fonte de mais da metade dos carrapatos coletados no campo (**Figura 54.34**). A identificação dos hospedeiros importantes para um patógeno fornece informação que pode ser empregada para controlar os hospedeiros de forma mais eficiente na propagação de doenças.

Os ecólogos usam também seu conhecimento sobre interações de comunidades para monitorar a propagação de doenças zoonóticas. A gripe aviária, por exemplo, é causada por um vírus altamente contagioso transmitido pela saliva e por fezes de aves (ver Conceito 19.3). A maioria desses vírus afeta aves selvagens de maneira leve, mas eles com frequência provocam sintomas mais fortes em aves domesticadas, a fonte mais comum de infecções humanas. Desde 2003, uma cepa viral em especial, denominada H5N1, matou centenas de milhões de aves domésticas e mais de 400 pessoas.

Os programas de controle que colocam em quarentena aves domésticas ou rastreiam seu transporte podem ser

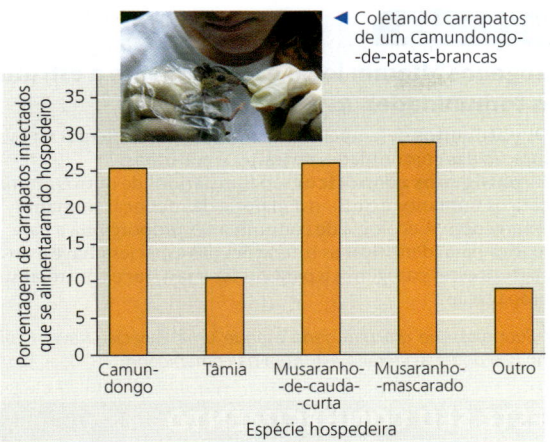

▲ **Figura 54.34** **Hospedeiros inesperados do patógeno da doença de Lyme.** Uma combinação de dados ecológicos e análises genéticas permitiu aos cientistas mostrar que mais da metade dos carrapatos portadores do patógeno de Lyme foi infectada ao se alimentar do musaranho-de-cauda-curta (*Blarina brevicauda*) ou do musaranho-mascarado (*Sorex cinereus*).

FAÇA CONEXÕES O Conceito 23.1 discute a importância da variabilidade genética entre as populações. Como a variação genética em populações de musaranhos em locais diferentes pode afetar o número de carrapatos infectados?

ineficazes caso a gripe aviária se propague naturalmente pelos deslocamentos das aves selvagens. De 2003 a 2006, a cepa H5N1 se propagou rapidamente do sudeste da Ásia para a Europa e a África. O local mais provável para que aves selvagens infectadas entrem nas Américas é o Alasca, o ponto de ingresso de patos, gansos e aves limícolas que a cada ano migram da Ásia pelo Mar de Bering. Os ecólogos estão estudando a propagação do vírus mediante captura e teste de aves migratórias e residentes no Alasca **(Figura 54.35)**.

▶ **Figura 54.35** **Rastreando a gripe aviária.** Um estudante de pós-graduação coloca uma anilha em um jovem gerifalte (*Falco*), como parte de um projeto de monitoramento da propagação da gripe aviária.

Embora nossa ênfase aqui tenha sido na ecologia de comunidade, os patógenos também são muito influenciados por mudanças no ambiente físico. Para controlar os patógenos e as doenças que eles causam, os cientistas necessitam de uma perspectiva de ecossistema – o conhecimento profundo de como os patógenos interagem com outras espécies e com todos os aspectos do seu ambiente. Os ecossistemas são o tema do Capítulo 55.

REVISÃO DO CONCEITO 54.5

1. O que são patógenos?
2. **E SE?** A raiva, uma doença viral em mamíferos, não é encontrada hoje nas Ilhas Britânicas. Se você estivesse encarregado do controle da doença, que abordagens práticas poderia empregar para impedir que o vírus da raiva alcançasse essas ilhas?

Ver as respostas sugeridas no Apêndice A.

54 Revisão do capítulo

RESUMO DOS CONCEITOS-CHAVE

CONCEITO 54.1

As interações das espécies podem ajudar, prejudicar ou não causar efeitos sobre os indivíduos envolvidos (p. 1215-1221)

- As **interações interespecíficas** afetam a sobrevivência e a reprodução dos indivíduos que nelas se envolvem. Conforme mostrado na tabela, essas interações podem ser agrupadas em três categorias amplas: competição, exploração e interações positivas.
- A **exclusão competitiva** estabelece que duas espécies cujos membros competem pelo mesmo recurso não podem coexistir permanentemente no mesmo lugar. A **partição de recursos** é a diferenciação de **nichos ecológicos** que permite às espécies a coexistência em uma **comunidade**.

? *Para cada interação listada na tabela, dê um exemplo de um par de espécies que exibem a interação.*

Interação	Descrição
Competição (−/−)	Indivíduos de diferentes espécies usam um recurso limitado, reduzindo a sobrevivência e a reprodução de ambos os indivíduos.
Exploração (+/−)	Os membros de uma espécie se beneficiam alimentando-se (e, portanto, prejudicando) dos membros da outra espécie. A exploração inclui o seguinte:
Predação	Um indivíduo de uma espécie, o predador, mata e come um indivíduo de outra espécie, a presa.
Herbivoria	Um herbívoro come parte de uma planta ou alga.
Parasitismo	O parasito obtém a sua nutrição de um segundo organismo, o hospedeiro.
Interações positivas (+/+ ou 0/+)	Membros de uma espécie se beneficiam, enquanto os membros da outra espécie se beneficiam ou não são prejudicados. Interações positivas incluem o seguinte:
Mutualismo (+/+)	Membros de ambas as espécies se beneficiam da interação.
Comensalismo (+/0)	Membros de uma espécie se beneficiam, enquanto os membros da outra espécie não são afetados.

1236 UNIDADE 8 ECOLOGIA

CONCEITO 54.2

A diversidade e a estrutura trófica caracterizam as comunidades biológicas *(p. 1222-1228)*

- A **diversidade de espécies** é afetada tanto pelo número de espécies em uma comunidade – sua **riqueza de espécies** – e sua **abundância relativa**.
- Comunidades mais diversas geralmente produzem mais **biomassa** e mostram menos variação de crescimento de ano para ano do que comunidades menos diversas, e são mais resistentes a espécies introduzidas.
- A **estrutura trófica** é um fator fundamental na dinâmica da comunidade. As **cadeias alimentares** ligam os níveis tróficos de produtores aos carnívoros de topo. A ramificação das cadeias tróficas e as complexas interações tróficas formam **teias alimentares**.
- As **espécies fundadoras** são membros grandes ou abundantes de uma comunidade que fornecem alimento ou hábitat. As **espécies-chave** geralmente são menos abundantes e exercem uma influência desproporcional sobre a estrutura da comunidade. Os **engenheiros do ecossistema** influenciam a estrutura da comunidade por meio dos seus efeitos sobre o ambiente físico.
- No **controle de baixo para cima**, a abundância de organismos em cada nível trófico é limitada pelo suprimento de nutrientes, ou pela disponibilidade de alimentos. No **controle de cima para baixo**, cada nível trófico é controlado pela abundância de consumidores de níveis tróficos superiores.

? *Com base em índices como o índice da diversidade de Shannon, uma comunidade com maior riqueza de espécies é sempre mais diversa do que uma comunidade com menor riqueza de espécies? Explique.*

CONCEITO 54.3

Os distúrbios influenciam a diversidade e a composição de espécies *(p. 1228-1231)*

- Cada vez mais, as evidências sugerem que o **distúrbio** e a falta de equilíbrio, em vez da estabilidade e do equilíbrio, são a regra para a maioria das comunidades. De acordo com a **hipótese do distúrbio intermediário**, os níveis moderados de distúrbio podem fomentar diversidade mais alta de espécies do que níveis de distúrbio baixos ou altos.
- **Sucessão ecológica** é a sequência de alterações na comunidade e no ecossistema após um distúrbio. A **sucessão primária** ocorre em uma área praticamente sem vida, ao passo que a **sucessão secundária** ocorre após o distúrbio que removeu a maior parte dos organismos de uma comunidade.

? *No distúrbio ilustrado na Figura 54.28, é mais provável que inicie uma sucessão primária ou secundária? Explique.*

CONCEITO 54.4

Fatores biogeográficos afetam a diversidade das comunidades *(p. 1231-1233)*

- A riqueza de espécies geralmente diminui ao longo de um gradiente latitudinal desde os trópicos até os polos. O clima influencia o gradiente de diversidade através da energia (calor e luz) e da água. A idade mais avançada dos ambientes tropicais talvez também contribua para sua maior riqueza de espécies.
- A riqueza de espécies está diretamente relacionada ao tamanho geográfico de uma comunidade, um princípio formalizado na **curva de espécie-área**.
- A riqueza de espécies em ilhas depende dos seus tamanhos e da distância do continente. O modelo do equilíbrio de ilhas sustenta que a riqueza de espécies em uma ilha ecológica atinge um equilíbrio onde novas imigrações são equilibradas pelas extinções.

? *Como os períodos de glaciação influenciaram os padrões latitudinais de diversidade?*

CONCEITO 54.5

Patógenos alteram local e globalmente a estrutura das comunidades *(p. 1234-1235)*

- Os **patógenos** desempenham um papel fundamental na estruturação das comunidades terrestres e marinhas.
- Os **patógenos zoonóticos** são transferidos de outros animais para os humanos e causam a maioria das doenças humanas emergentes. A ecologia de comunidades proporciona a base teórica para identificar as interações das espécies-chave associadas a esses patógenos e para ajudar a rastrear e controlar sua propagação.

? *Suponha que um patógeno ataque uma espécie-chave. Explique como isso poderia alterar a estrutura da comunidade.*

TESTE SEU CONHECIMENTO

Níveis 1-2: Relembre/Entenda

1. As relações alimentares entre as espécies em uma comunidade determinam
   (A) sua sucessão secundária.
   (B) seu nicho ecológico.
   (C) sua riqueza de espécies.
   (D) sua estrutura trófica.

2. O princípio da exclusão competitiva estabelece que
   (A) duas espécies não podem coexistir no mesmo hábitat.
   (B) a competição entre duas espécies sempre causa extinção ou emigração de uma delas.
   (C) duas espécies que tenham exatamente o mesmo nicho não podem coexistir em uma comunidade.
   (D) duas espécies param de se reproduzir até que uma delas deixe o hábitat.

3. Com base na hipótese do distúrbio intermediário, a diversidade de espécies de uma comunidade é aumentada por
   (A) distúrbios intensos frequentes.
   (B) condições estáveis sem distúrbios.
   (C) níveis moderados de distúrbios.
   (D) intervenção humana para eliminar os distúrbios.

4. De acordo com o modelo do equilíbrio de ilha, a riqueza de espécies seria maior em uma ilha
   (A) grande e distante.
   (B) pequena e distante.
   (C) grande e próxima de um continente.
   (D) pequena e próxima de um continente.

Níveis 3-4: Aplique/Analise

5. Os predadores que são espécies-chave podem manter a diversidade de espécies em uma comunidade se eles
   (A) excluírem competitivamente outros predadores.
   (B) predarem competidores dominantes da comunidade.
   (C) reduzirem o número de distúrbios na comunidade.
   (D) predarem espécies menos abundantes na comunidade.

6. As cadeias alimentares tendem a ser curtas porque
   (A) apenas uma única espécie de herbívoro se alimenta de cada espécie vegetal.
   (B) a extinção local de uma espécie causa extinção das outras espécies na sua cadeia alimentar.
   (C) a maior parte da energia em um nível trófico é perdida à medida que ela passa para o nível superior seguinte.
   (D) a maioria dos produtores não é comestível.

7. Qual das seguintes afirmativas poderia caracterizar um controle de cima para baixo em uma comunidade campestre?
   (A) Limitação da biomassa vegetal pela quantidade de chuvas
   (B) Influência da temperatura na competição entre plantas
   (C) Influência dos nutrientes do solo sobre a abundância das ervas *versus* flores silvestres
   (D) Efeito do pastejo por bisões sobre a diversidade de espécies de plantas

8. A hipótese mais plausível para explicar por que a riqueza de espécies é maior em regiões tropicais do que nas temperadas é que
   (A) as comunidades tropicais são mais jovens.
   (B) as regiões tropicais geralmente têm água disponível e níveis mais elevados de radiação solar.
   (C) as temperaturas mais altas causam especiação mas rápida.
   (D) a diversidade aumenta à medida que a evapotranspiração decresce.

9. A comunidade 1 contém 100 indivíduos distribuídos entre quatro espécies: 5A, 5B, 85C e 5D. A comunidade 2 contém 100 indivíduos distribuídos entre três espécies: 30A, 40B e 30C. Calcule o índice de diversidade de Shannon (H) para cada comunidade. Qual comunidade é mais diversa?

Níveis 5-6: Avalie/Crie

10. **DESENHE** No estuário da Baía de Chesapeake, o caranguejo – azul é um omnívoro que come zostera e outros produtores primários, além de mariscos. Ele é também um canibal. Por outro lado, os caranguejos são comidos por seres humanos e pela tartaruga marinha Kemp's Ridley, uma espécie ameaçada. Com base nessas informações, construa uma teia alimentar que inclua o caranguejo-azul. Assumindo que o controle ocorre de cima para baixo nesse sistema, o que aconteceria à abundância de indivíduos de zostera se os seres humanos parassem de consumir caranguejos-azuis?

11. **CONEXÃO EVOLUTIVA** Explique por que as adaptações de determinados organismos à competição interespecífica podem não necessariamente representar exemplos de deslocamento de caráter. O que um pesquisador teria que demonstrar sobre duas espécies competitivas para elaborar um caso convincente de deslocamento de caráter?

12. **PESQUISA CIENTÍFCA** Uma ecóloga, ao estudar plantas do deserto, realizou o seguinte experimento. Ela demarcou duas parcelas idênticas contendo indivíduos de artemísia e pequenas espécies herbáceas silvestres anuais. Ela encontrou as mesmas cinco espécies herbáceas, em quantidades mais ou menos iguais, em ambas as parcelas. A seguir, ela cercou uma das parcelas para excluir os ratos-canguru, os granívoros mais comuns da região. Após 2 anos, quatro das espécies herbáceas anuais não estavam mais presentes na parcela cercada, mas uma espécie tornou-se muito mais abundante. A diversidade de espécies não se alterou na parcela de controle. Usando os princípios da ecologia de comunidades, proponha uma hipótese para explicar seus resultados. Que evidência adicional respaldaria sua hipótese?

13. **ESCREVE SOBRE UM TEMA: INTERAÇÕES** No mimetismo batesiano, uma espécie palatável adquire proteção imitando uma espécie não palatável. Imagine que indivíduos de uma espécie palatável de mosca, com cores vívidas, estejam ocupando três ilhas distantes. A primeira ilha não tem predadores dessa espécie; a segunda tem predadores, mas nenhuma espécie não palatável, de coloração similar; a terceira ilha tem predadores e uma espécie não palatável, de coloração similar. Em um texto curto (100-150 palavras), prediga o que pode acontecer à coloração das espécies palatáveis, em cada ilha, ao longo do tempo, se a coloração for uma característica geneticamente controlada. Explique suas predições.

14. **SINTETIZE SEU CONHECIMENTO**

Descreva dois tipos de interações ecológicas que podem estar ocorrendo entre as três espécies mostradas nesta foto. (Observe atentamente para ver as três espécies: uma flor, uma abelha e uma aranha!) Qual adaptação morfológica pode ser vista na espécie que se situa no nível trófico mais alto nesta ilustração?

Ver respostas selecionadas no Apêndice A.

55 Ecossistemas e ecologia da restauração

CONCEITOS-CHAVE

55.1 As leis da física governam o fluxo de energia e a ciclagem química nos ecossistemas *p. 1239*

55.2 A energia e outros fatores limitantes controlam a produção primária nos ecossistemas *p. 1241*

55.3 A transferência de energia entre os níveis tróficos geralmente tem apenas 10% de eficiência *p. 1246*

55.4 Os processos biológicos e geoquímicos realizam ciclagem de nutrientes e de água nos ecossistemas *p. 1248*

55.5 Os ecólogos da restauração devolvem os ecossistemas degradados a um estado mais natural *p. 1253*

Dica de estudo

Faça um fluxograma: Para conectar os processos mostrados nas Figuras 55.4 e 55.14 a eventos reais em um ecossistema, faça um fluxograma como o iniciado aqui. Ele deve mostrar como um átomo de carbono exalado como CO_2 por um esquilo pode finalmente entrar em outro esquilo após passar pelos decompositores, um pássaro pequeno, grama, um falcão, um carvalho e um gafanhoto (não nessa ordem).

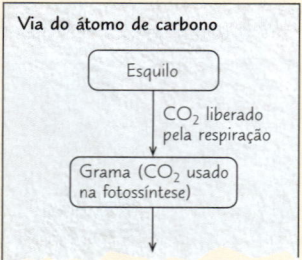

Via do átomo de carbono

Esquilo → CO_2 liberado pela respiração → Grama (CO_2 usado na fotossíntese) →

Figura 55.1 Esta raposa-do-ártico (*Vulpes lagopus*) obterá nutrientes químicos e energia quando comer a ave marinha que matou. Antes de morrer, a ave marinha comeu peixes do mar e excretou resíduos que forneceram nutrientes para as plantas desta ilha no Alasca. Essas interações ilustram um pouco dos muitos modos que substâncias químicas e a energia se movem através dos ecossistemas.

Quais são as dinâmicas da energia e dos nutrientes químicos em um ecossistema?

Existe um fluxo unidirecional de **energia** através de um ecossistema, enquanto as **substâncias químicas** apresentam ciclagem dentro do ecossistema.

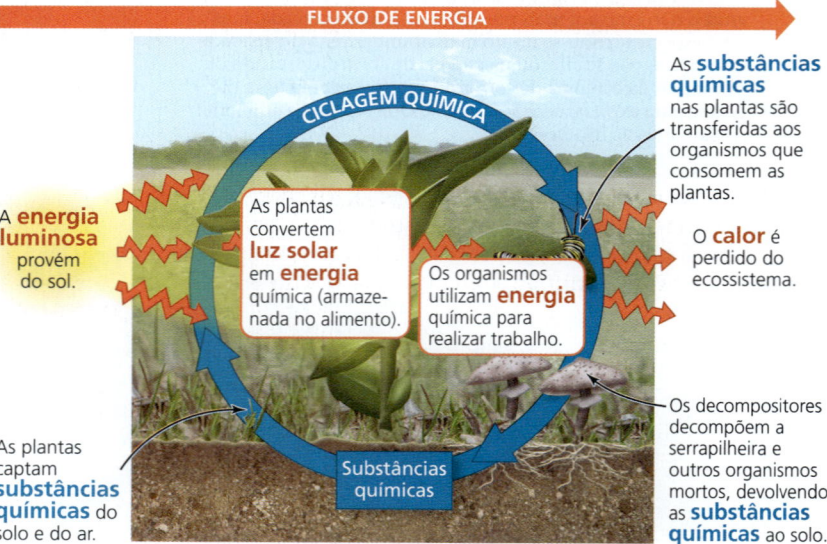

FLUXO DE ENERGIA

CICLAGEM QUÍMICA

A **energia luminosa** provém do sol.

As plantas convertem **luz solar** em **energia** química (armazenada no alimento).

Os organismos utilizam **energia** química para realizar trabalho.

As plantas captam **substâncias químicas** do solo e do ar.

Substâncias químicas

As **substâncias químicas** nas plantas são transferidas aos organismos que consomem as plantas.

O **calor** é perdido do ecossistema.

Os decompositores decompõem a serrapilheira e outros organismos mortos, devolvendo as **substâncias químicas** ao solo.

CONCEITO 55.1

As leis da física governam o fluxo de energia e a ciclagem química nos ecossistemas

A ilha da raposa na Figura 55.1 e sua comunidade de organismos são um exemplo de um **ecossistema**, a soma de todos os organismos vivos em uma determinada área e os fatores abióticos com os quais eles interagem. Um ecossistema pode abranger uma área grande, como lago, floresta ou ilha, ou um microcosmo, como o espaço sob um tronco caído ou uma pequena fonte de água no deserto **(Figura 55.2)**. Como acontece com as populações e comunidades, os limites dos ecossistemas nem sempre são nítidos. Muitos ecólogos consideram a biosfera inteira como um ecossistema global, composto de todos os ecossistemas locais na Terra.

Fluxo de energia e ciclagem química

Um ecossistema, qualquer que seja seu tamanho, tem duas propriedades emergentes fundamentais: fluxo de energia e ciclagem química (ver Figura 55.1.) A energia entra na maioria dos ecossistemas como luz solar. Essa energia luminosa é convertida em energia química pelos autótrofos, transferida aos heterótrofos nos compostos orgânicos do alimento e dissipada como calor.

Quanto à ciclagem química, elementos como carbono e nitrogênio são passados através dos componentes bióticos e abióticos do ecossistema. Organismos fotossintetizantes e os quimiossintetizantes captam esses elementos na forma inorgânica a partir do ar, do solo e da água e os incorporam em composto orgânicos, dos quais alguns são consumidos pelos animais. Os elementos são devolvidos ao ambiente sob forma inorgânica, por meio do metabolismo dos organismos e pela decomposição de resíduos orgânicos e organismos mortos, realizada pelos decompositores.

Tanto a energia quanto as substâncias químicas são transformadas nos ecossistemas através da fotossíntese e das relações alimentares. Contudo, ao contrário das substâncias químicas, a energia não pode ser reciclada. Um ecossistema requer um influxo contínuo de energia de uma fonte externa – na maioria dos casos, o sol. Como veremos, a energia tem um fluxo unilateral através dos ecossistemas, enquanto as substâncias químicas podem ser cicladas dentro deles.

Conservação de energia

As células transformam energia e matéria, sujeitas às leis da termodinâmica (ver Conceito 8.1). Os biólogos celulares estudam essas transformações dentro de organelas e células e medem as quantidades de energia e compostos químicos que cruzam os limites celulares. Ecólogos de ecossistemas fazem a mesma coisa, embora, no caso deles, a "célula" é um ecossistema inteiro. Ao estudar as relações alimentares entre os organismos e como os organismos interagem com seu ambiente físico, ecólogos podem seguir as transformações de energia em um ecossistema e mapear os movimentos dos elementos químicos.

Para estudar o fluxo energético e a ciclagem química, ecólogos usam abordagens baseadas nas leis da física e da química. A primeira lei da termodinâmica estabelece que a energia não pode ser criada ou destruída, apenas transferida ou transformada (ver Conceito 8.1). As plantas e outros organismos fotossintetizantes convertem energia solar em energia química, mas a quantidade total de energia não se altera. A quantidade de energia armazenada em moléculas orgânicas deve igualar-se à energia solar total interceptada pela planta menos as quantidades refletidas e dissipadas como calor. Os ecólogos de ecossistemas medem as transferências de energia dentro dos ecossistemas e entre eles, em parte para entender quantos organismos um hábitat pode suportar e a quantidade de alimentos que os humanos podem colher de um local.

A segunda lei da termodinâmica afirma que toda troca de energia aumenta a entropia do universo. Uma implicação dessa lei é que as conversões de energia são ineficientes. Parte da energia é sempre perdida como calor. Como consequência, cada unidade de energia que entra no ecossistema, por fim, sai como calor. Assim, a energia flui dentro dois ecossistemas – ela não pode ser ciclada dentro deles por longos períodos. Uma vez que a energia que flui através dos ecossistemas é perdida na forma de calor, a maioria dos ecossistemas desapareceria se o sol não fornecesse continuamente energia para a Terra.

Conservação da massa

Assim como a energia, a matéria não pode ser criada, nem destruída. Essa **lei de conservação da massa** é tão importante para os ecossistemas quanto as leis da termodinâmica. Já que a massa é conservada, podemos determinar quanto de um elemento químico apresenta ciclagem dentro de um ecossistema ou é ganho ou perdido por esse ecossistema ao longo do tempo.

Diferentemente da energia, os elementos químicos apresentam reciclagem contínua dentro dos ecossistemas. Por exemplo, um átomo de carbono no CO_2 pode ser liberado do solo por um decompositor, absorvido por uma folha de erva através da fotossíntese, consumido por um animal pastejador e devolvido ao solo nos resíduos do animal.

Além de serem ciclados dentro dos ecossistemas, os elementos podem se obtidos ou perdidos por um ecossistema.

▲ **Figura 55.2** Uma fonte de água, como exemplo de ecossistema no deserto.

Por exemplo, uma floresta ganha nutrientes minerais – os elementos essenciais que as plantas obtêm do solo – que entram como poeira ou como solutos dissolvidos na água da chuva ou lixiviados da rocha no substrato. O nitrogênio é fornecido também pelo processo biológico de fixação desse elemento (ver Figura 37.11). Em termos de perdas, alguns elementos retornam à atmosfera como gases, enquanto outros são retirados do ecossistema pelo movimento da água ou pelo vento. Assim como os organismos, os ecossistemas são sistemas abertos, absorvendo energia e massa e liberando calor e produtos residuais.

Os ganhos e perdas para os ecossistemas são, na maioria, pequenos em comparação às quantidades que são cicladas dentro deles. Mesmo assim, o equilíbrio entre as entradas e saídas é importante porque determina se um ecossistema armazena ou perde um determinado elemento. Em especial, se as saídas de um nutriente excederem suas entradas, esse nutriente acabará limitando a produção nesse ecossistema. As atividades humanas, muitas vezes, alteram consideravelmente o equilíbrio de entradas e saídas, como veremos a seguir neste capítulo e no Conceito 56.4.

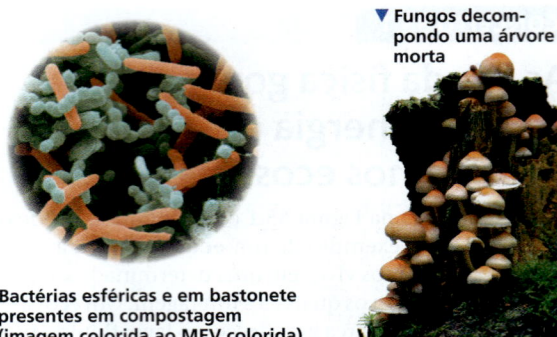

▲ Bactérias esféricas e em bastonete presentes em compostagem (imagem colorida ao MEV colorida)

▼ Fungos decompondo uma árvore morta

▲ **Figura 55.3** Decompositores.

Energia, massa e níveis tróficos

Os ecólogos agrupam as espécies em um ecossistema segundo níveis tróficos, baseados nas relações alimentares (ver Conceito 54.2). O nível trófico que, em última análise, sustenta todos os outros são os autótrofos, também chamados de **produtores primários** do ecossistema. Os autótrofos, na maioria, são organismos fotossintetizantes que utilizam a energia luminosa para sintetizar açúcares e outros compostos orgânicos, que eles empregam como combustível para respiração e como matéria-prima para o crescimento. Os autótrofos mais comuns são as plantas, algas e procariotos fotossintetizantes. No entanto, os procariotos quimiossintetizantes são os produtores primários em alguns ecossistemas, como fontes hidrotermais do mar profundo (ver Figura 52.16) e locais nas profundezas do solo ou do gelo.

Os organismos de níveis tróficos acima dos produtores primários são heterótrofos (consumidores), que dependem direta ou indiretamente da produção dos produtores primários como sua fonte de energia. Os herbívoros, que consomem plantas e outros produtores primários, são os **consumidores primários**. Os carnívoros que se alimentam de herbívoros são **consumidores secundários**, e os carnívoros que comem outros carnívoros são **consumidores terciários**.

Outro grupo de heterótrofos consiste nos **decompositores**, consumidores que obtêm sua energia de detritos. **Detrito** é material orgânico não vivo, como os restos de organismos mortos, fezes e folhas caídas. Embora alguns animais se alimentem de detritos, como as minhocas, os principais decompositores são procariotos e fungos **(Figura 55.3)**. Esses organismos secretam enzimas que digerem matéria orgânica e, então, absorvem os produtos da decomposição. Muitos decompositores, por sua vez, são comidos por consumidores secundários e terciários. Em uma floresta, por exemplo, as aves comem minhocas que se alimentaram da serrapilheira e organismos associados (procariotos e fungos). Como resultado, os produtos químicos, originalmente sintetizados pelas plantas, passam delas para a serrapilheira, para os decompositores e para as aves.

Ao reciclar elementos químicos para os produtores, os decompositores exercem também um papel nas relações tróficas de um ecossistema **(Figura 55.4)**. Os decompositores convertem matéria orgânica de todos os níveis tróficos em compostos inorgânicos utilizáveis pelos produtores primários. Quando os decompositores excretam produtos de resíduos ou morrem, tais compostos orgânicos retornam ao solo.

▶ **Figura 55.4 Visão geral da dinâmica da energia e dos nutrientes em um ecossistema.** A energia entra, flui através do ecossistema e sai dele, enquanto os nutrientes químicos seguem um ciclo dentro dele. A energia (setas em laranja) proveniente do sol como radiação é transferida como energia química através da teia alimentar; cada uma dessas unidades de energia, por fim, sai como calor irradiado para o espaço. A maioria das transferências de nutrientes (setas azuis) através da teia alimentar leva, finalmente, aos detritos; os nutrientes retornam aos produtores primários.

HABILIDADES VISUAIS *Neste diagrama, uma seta azul leva à caixa com o rótulo "Consumidores primários" e três setas azuis saem dela. Para cada uma dessas setas, descreva um exemplo de transferência de nutrientes que a seta poderia representar, usando organismos específicos e outros componentes de um ecossistema em sua resposta.*

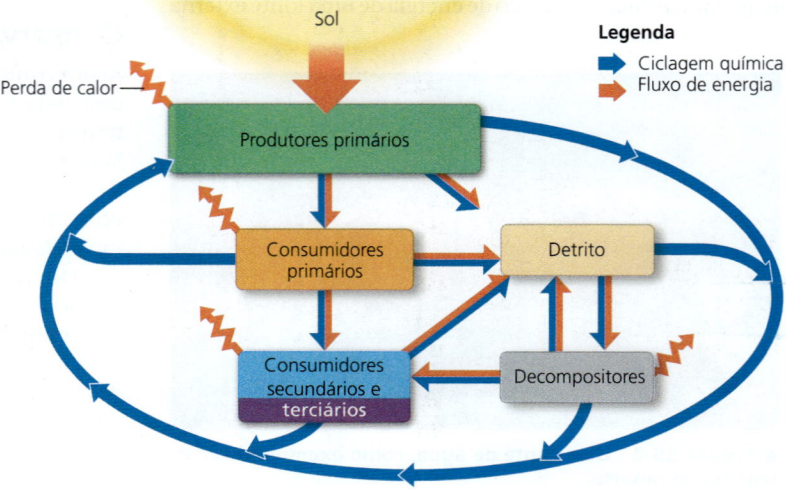

Os produtores podem, então, absorver esses elementos e usá-los para sintetizar compostos orgânicos. Se a decomposição parasse, a vida como nós a conhecemos cessaria à medida que os detritos fossem acumulados e o suprimento de ingredientes necessários à síntese de matéria orgânica fosse esgotado.

> **REVISÃO DO CONCEITO 55.1**
>
> 1. Por que a transferência de energia em um ecossistema é chamada de fluxo de energia e não de ciclagem de energia?
> 2. **E SE?** Você está estudando a ciclagem do nitrogênio na Planície do Serengeti, na África. Durante seu experimento, uma manada migrante de gnus pasteja em sua parcela de estudo. O que você necessitaria saber para medir o efeito sobre o balanço do nitrogênio na parcela?
> 3. **FAÇA CONEXÕES** Use a segunda lei da termodinâmica para explicar por que o suprimento de energia de um ecossistema deve ser continuamente reabastecido (ver Conceito 8.1).
>
> *Ver as respostas sugeridas no Apêndice A.*

CONCEITO 55.2

A energia e outros fatores limitantes controlam a produção primária nos ecossistemas

O tema da transferência de energia fundamenta todas as interações biológicas (ver Conceito 1.1). Na maioria dos ecossistemas, a quantidade de energia luminosa convertida em energia química – na forma de compostos orgânicos – pelos autótrofos durante certo período de tempo é a **produção primária** do ecossistema. Nos ecossistemas onde os produtores primários são quimioautótrofos, o aporte inicial de energia é químico, e os produtos iniciais são os compostos orgânicos sintetizados pelos microrganismos.

Orçamentos energéticos do ecossistema

Na maioria dos ecossistemas, os produtores primários usam energia luminosa para sintetizar moléculas orgânicas ricas em energia; os consumidores adquirem seus combustíveis orgânicos de segunda mão (ou mesmo de terceira ou quarta mão) ao longo das teias alimentares (ver Figura 54.17). Portanto, a quantidade total de produção fotossintética estabelece o "limite de gastos" para todo o orçamento energético do ecossistema.

Orçamento energético global

Diariamente, a atmosfera da Terra é bombardeada por aproximadamente 10^{22} joules de radiação solar (1 J = 0,239 cal). Essa energia é suficiente para suprir as demandas de toda a população humana por 19 anos nos níveis de consumo de 2013. A intensidade da energia solar que atinge a Terra varia com a latitude, sendo que os trópicos recebem o aporte maior (ver Figura 52.3). Cerca de 50% da radiação solar que chega é absorvida, dispersada ou refletida pelas nuvens e pela poeira na atmosfera. A quantidade de radiação solar que finalmente alcança a superfície da Terra limita a produção fotossintética possível dos ecossistemas.

Entretanto, somente uma fração pequena da luz solar que chega à superfície terrestre é efetivamente empregada na fotossíntese. Grande parte da radiação atinge materiais que não realizam fotossíntese, como gelo e solo. Da radiação que alcança os organismos fotossintetizantes, somente certos comprimentos de onda são absorvidos pelos pigmentos fotossintéticos (ver Figura 10.9); o resto é transmitido, refletido ou perdido como calor. Por conseguinte, apenas aproximadamente 1% da luz visível que atinge os organismos fotossintetizantes é convertida em energia química. Apesar disso, os produtores primários da Terra geram cerca de 150 bilhões de toneladas métricas ($1,50 \times 10^{14}$ kg) de material orgânico a cada ano.

Produção bruta e líquida

A produção primária total em um ecossistema é conhecida como a sua **produção primária bruta (PPB)** – a quantidade de energia luminosa (ou substâncias químicas, em sistemas quimioautótrofos) convertida em energia química de moléculas orgânicas por unidade de tempo. Nem toda essa produção é armazenada como matéria orgânica nos produtores primários, porque eles usam algumas das moléculas como combustível em sua própria respiração celular. A **produção primária líquida (PPL)** é igual à produção primária bruta menos a energia empregada pelos produtores primários (autótrofos) para sua respiração celular (R_a, onde "a" significa autótrofos):

$$PPL = PPB - R_a$$

Em média, a PPL é cerca de metade da PPB. Para os ecólogos, a PPL é a medida fundamental, porque representa a armazenagem de energia química que estará disponível aos consumidores no ecossistema. Usando a analogia de contracheque, você pode pensar na PPL como o pagamento líquido, que é igual à PPB, o pagamento bruto, menos a respiração (R_a), os tributos.

A PPL pode ser expressa como energia por unidade de área por unidade de tempo [J/(m² · ano)] ou como biomassa (massa de vegetação) adicionada por unidade de tempo [g/(m² · ano)]. (Observe que a biomassa é geralmente expressa em termos de massa seca de matéria orgânica.) A PPL de um ecossistema não deve ser confundida com a biomassa total de autótrofos fotossintetizantes presentes. A PPL é a quantidade de biomassa *nova* adicionada em um período de tempo determinado. Embora a biomassa total de uma floresta seja grande, sua PPL pode ser menor do que a de alguns campos; os campos não acumulam tanta biomassa quanto as florestas, porque os animais consomem rapidamente as plantas e porque as plantas herbáceas se decompõem mais depressa do que as árvores.

Os satélites proporcionam uma ferramenta poderosa para o estudo de padrões globais de produção primária. As imagens produzidas a partir de dados de satélites mostram que ecossistemas diferentes variam consideravelmente quanto à PPL. Por exemplo, florestas pluviais tropicais estão entre os ecossistemas terrestres mais produtivos e contribuem com uma parcela grande da PPL do planeta **(Figura 55.5)**. Os estuários e os recifes de corais também têm PPLs muito altas, mas sua contribuição ao total global é menor, pois esses ecossistemas cobrem apenas cerca de um décimo

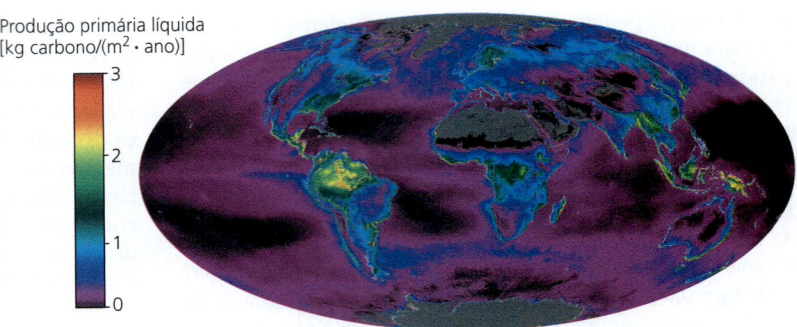

▶ **Figura 55.5 Produção primária líquida global.** O mapa baseia-se em dados coletados de satélites, como a quantidade de luz solar absorvida pela vegetação. Observe que as áreas tropicais terrestres têm as taxas mais altas de produção (amarelo a vermelho).

HABILIDADES VISUAIS *Este mapa reflete com precisão a importância de zonas úmidas, recifes de coral e zonas costeiras, todos hábitats altamente produtivos? Explique.*

Produção primária líquida [kg carbono/(m² · ano)]

da área coberta pelas florestas pluviais tropicais. Por outro lado, embora os oceanos abertos sejam relativamente improdutivos, juntos eles representam uma vasta área, contribuindo para a PPL global tanto quanto os sistemas terrestres.

Enquanto a PPL pode ser definida como a quantidade de biomassa nova adicionada pelos produtores em um determinado período de tempo, a **produção líquida do ecossistema (PLE)** é uma medida do acúmulo de biomassa pelos produtores *e* consumidores durante aquele período. A PLE é definida como a produção primária bruta menos a respiração total de todos os organismos no sistema (R_T) – não apenas produtores primários, como para o cálculo da PPL, mas também decompositores e outros heterótrofos:

$$PLE = PPB - R_T$$

A PLE é útil aos ecólogos porque seu valor determina se um ecossistema está ganhando ou perdendo carbono ao longo do tempo. Uma floresta pode ter uma PPL positiva, mas ainda perder carbono se os heterótrofos o liberam como CO_2 mais rapidamente do que os produtores primários o incorporam em compostos orgânicos.

A maneira mais comum de estimar a PLE é medir o fluxo líquido de entrada ou saída de CO_2 ou de O_2 do ecossistema. Se entrar mais CO_2 do que sai, o sistema está armazenando carbono. Como a liberação de O_2 está diretamente associada à fotossíntese e à respiração (ver Figura 9.1), um sistema emitindo O_2 também está armazenando carbono. Em ambientes terrestres, os ecólogos geralmente medem apenas o fluxo líquido de CO_2 dos ecossistemas, porque é difícil detectar alterações pequenas no fluxo de O_2 em um *pool* atmosférico grande desse gás.

A seguir, examinaremos os fatores que limitam a produção nos ecossistemas, focalizando primeiro os ecossistemas aquáticos.

Produção primária em ecossistemas aquáticos

Em ecossistemas aquáticos (marinhos e de água doce), tanto a luz quanto os nutrientes são importantes no controle da produção primária.

Limitação da luz

Uma vez que a radiação solar impulsiona a fotossíntese, você esperaria que a luz fosse uma variável essencial no controle da produção primária em oceanos. De fato, a profundidade da penetração da luz afeta a produção primária por toda a zona eufótica de um oceano ou lago (ver Figura 52.14). Cerca da metade da radiação solar é absorvida nos primeiros 15 m da água. Mesmo em água "límpida", apenas 5 a 10% da radiação pode alcançar uma profundidade de 75 m.

Se a luz fosse a principal variável limitante da produção primária no oceano, seria esperado que a produção aumentasse ao longo de um gradiente desde os polos em direção ao equador, que recebe a maior intensidade de luz. No entanto, você pode ver, na Figura 55.5, que tal gradiente não existe. Que outro fator influencia fortemente a produção primária no oceano?

Limitação de nutrientes

Mais do que a luz, os nutrientes limitam a produção primária na maioria dos oceanos e lagos. Um **nutriente limitante** é o elemento que deve ser adicionado para a produção aumentar. Os nutrientes que mais frequentemente limitam a produção marinha são o nitrogênio e o fósforo. Em geral, as concentrações desses nutrientes são baixas na zona eufótica porque eles são absorvidos rapidamente pelo fitoplâncton e porque os detritos tendem a afundar.

Em um estudo, detalhado na **Figura 55.6**, os experimentos de enriquecimento com nutrientes confirmaram que o nitrogênio era limitante do crescimento de fitoplâncton na costa sul de Long Island, Nova York. Além disso, como também pode ser visto na Figura 55.6, a produção primária pode aumentar drasticamente quando o *status* de um ecossistema mudar de pobre para rico em nutrientes, um processo conhecido como **eutrofização** (do grego *eutrophos*, bem nutrido). Uma aplicação prática desse trabalho está na prevenção da proliferação (floração) de algas causada pelo escoamento excessivo de nitrogênio que fertiliza o fitoplâncton. A prevenção de tais proliferações é crucial, porque sua ocorrência pode levar à formação de grandes "zonas mortas" marinhas, regiões nas quais as concentrações de oxigênio caem a níveis que são fatais para muitos organismos (ver Figura 56.24).

Os macronutrientes nitrogênio e fósforo não são os únicos nutrientes que limitam a produção aquática. Muitas áreas grandes do oceano têm densidades baixas de fitoplâncton, apesar das concentrações de nitrogênio relativamente altas. O Mar dos Sargaços, uma região subtropical do Oceano Atlântico, tem algumas das águas mais claras do mundo devido à densidade baixa de fitoplâncton. Experimentos de enriquecimento com nutrientes revelaram que a disponibilidade do micronutriente ferro limita a produção primária nesse ambiente **(Tabela 55.1)**. A poeira soprada pelo vento do continente fornece a maior parte do ferro para os

▼ Figura 55.6 Pesquisa

Qual nutriente limita a produção de fitoplâncton ao longo da costa de Long Island?

Experimento A poluição das fazendas de criação de patos perto da Baía de Moriches adiciona nitrogênio e fósforo às águas costeiras de Long Island, Nova York. Para determinar qual nutriente limita o crescimento de fitoplâncton nessa área, John Ryther e William Dunstan, do Instituto Oceanográfico Woods Hole, cultivaram *Nannochloris atomus* (espécie fitoplanctônica) com água coletada de diversos locais (identificados como A a G). Eles adicionaram amônio (NH_4^+) ou fosfato (PO_4^{3-}) a algumas das culturas.

Resultados A adição de amônio causou grande crescimento de fitoplâncton nas culturas, mas a adição de fósforo não.

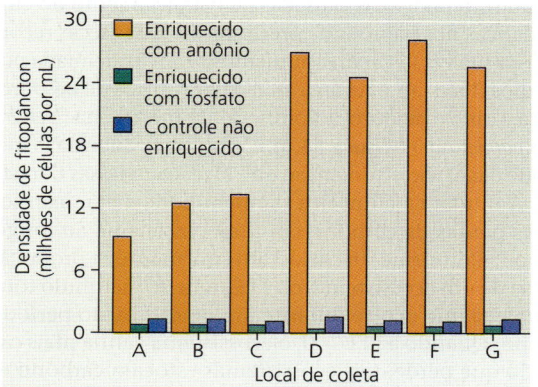

Conclusão Nitrogênio é o nutriente que limita o crescimento de fitoplâncton nesse ecossistema. A adição de fósforo não aumentou o crescimento de *Nannochloris atomus*, ao passo que a adição de nitrogênio aumentou drasticamente a densidade de fitoplâncton.

Dados de J. H. Ryther and W. M. Dunstan, Nitrogen, phosphorus, and eutrophication in the coastal marine environment, *Science* 171:1008–1013 (1971).

E SE? Prediga como os resultados mudariam se as amostras de água fossem retiradas de áreas onde as novas fazendas de criação de patos aumentaram muito a quantidade de poluição na água. Explique.

Tabela 55.1 Experimento de enriquecimento com nutrientes no Mar dos Sargaços

Nutrientes adicionados à cultura experimental	Absorção relativa de ^{14}C pelas culturas*
Nenhum (controle)	1,00
Apenas nitrogênio (N) + fósforo (P)	1,10
N + P + metais, excetuando o ferro (Fe)	1,08
N + P + metais, incluindo Fe	12,90
N + P + Fe	12,00

*A absorção de ^{14}C pelas culturas mede a produção primária.

Dados de D. W. Menzel e J. H. Ryther, Nutrients limiting the production of phytoplankton in the Sargasso Sea, with special reference to iron, *Deep Sea Research* 7:276-281 (1961).

INTERPRETE OS DADOS O elemento molibdênio (Mo) é outro micronutriente que pode limitar a produção primária nos oceanos. Se os pesquisadores encontrassem os seguintes resultados por adição de Mo, o que você concluiria sobre a sua importância relativa para o crescimento?

N + P + Mo: 6,0   N + P + Fe + Mo: 72,0

crescimento de produtores primários. Quando os produtores primários morrem, seus corpos são decompostos por decompositores aeróbicos. Isso acarreta uma perda grande ou total do oxigênio da água, matando um grande número de peixes e causando a perda de muitas espécies de peixes dos lagos.

Para evitar a morte desses peixes, os cientistas precisam saber qual é o nutriente responsável. Enquanto o nitrogênio raramente limita a produção primária nos lagos, muitos experimentos em lagos mostraram que a disponibilidade de fósforo limitava o crescimento de cianobactérias. Essa e outras pesquisas ecológicas levaram ao emprego de detergentes livres de fosfato e outras mudanças na qualidade da água.

Produção primária em ecossistemas terrestres

Nas escalas regional e global, a temperatura e a umidade são os principais fatores que controlam a produção primária em ecossistemas terrestres. A produção primária é maior em ecossistemas mais úmidos, como mostrado para a parcela de PPL e precipitação anual na **Figura 55.7**. A PPL também aumenta com temperatura e a quantidade de energia solar

oceanos, mas é relativamente escassa no Mar dos Sargaços e em certas regiões comparada aos oceanos como um todo.

Do outro lado, as áreas de *ressurgência*, onde águas profundas e ricas em nutrientes circulam para a superfície do oceano, têm produtividade primária excepcionalmente alta. Esse fato sustenta a hipótese de que a disponibilidade de nutrientes determina a produção primária marinha. Como a ressurgência estimula o crescimento do fitoplâncton que forma a base das teias alimentares marinhas, as áreas de ressurgência costumam apresentar ecossistemas diversos e altamente produtivos, além de serem locais principais de pesca. As maiores áreas de ressurgência ocorrem no Oceano Austral (também denominado Oceano Antártico), ao longo do equador e nas águas costeiras do Peru, Califórnia e partes da África Ocidental.

A limitação de nutrientes é comum também em águas dulciaquícolas de lagos. Durante a década de 1970, os cientistas mostraram que o esgoto e o escoamento de fertilizantes de propriedades rurais e de gramados adicionavam grande quantidade de nutrientes aos lagos, promovendo o

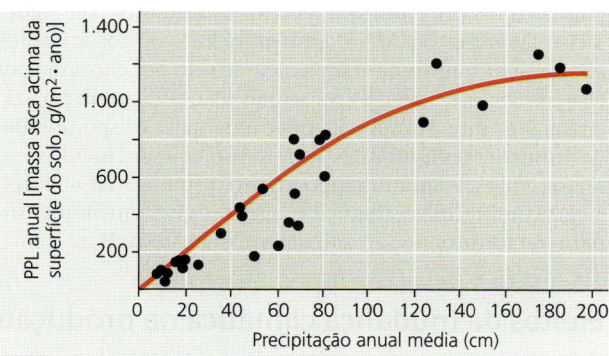

▲ **Figura 55.7** Relação global entre PPL e precipitação anual média para ecossistemas terrestres.

disponível para impulsionar a evaporação e a transpiração. Como consequência, as florestas pluviais tropicais, com suas condições quentes e úmidas que promovem o crescimento vegetal, são os ecossistemas terrestres mais produtivos. Por outro lado, os sistemas com produtividade baixa geralmente são quentes e secos, como muitos desertos, ou frios e secos, como a tundra ártica. Entre esses extremos, situam-se os ecossistemas campestres e de floresta temperada, com climas moderados e produtividade intermediária.

Os nutrientes também podem afetar a PPL em ecossistemas terrestres. Um exemplo dramático ocorreu depois que a raposa-do-ártico (ver Figura 55.1) foi introduzida nas ilhas próximas do Alasca. A presença das raposas teve efeito surpreendente ao converter campos em tundra, reduzindo assim a PPL. As raposas se alimentaram vorazmente das aves marinhas das ilhas, diminuindo sua densidade em quase 100 vezes. Uma menor quantidade de aves marinhas significa menos guano (resíduos de fezes), uma fonte primária de nutrientes essenciais para as plantas nas ilhas. Os pesquisadores suspeitaram que a escassez de nutrientes reduziu o crescimento de gramíneas exigentes de nutrientes, favorecendo, em vez disso, as plantas de crescimento mais lento, típicas de tundra. Para testar essa explicação, eles adicionaram fertilizantes a parcelas de tundra em uma das ilhas com infestação de raposas. Três anos mais tarde, as parcelas fertilizadas retornaram ao estado de campo.

Limitações de nutrientes e adaptações que as reduzem

EVOLUÇÃO Como em sistemas aquáticos, o nitrogênio e o fósforo são os nutrientes que mais comumente limitam a produção terrestre. Globalmente, o nitrogênio é o que mais limita o crescimento vegetal. As limitações de fósforo são comuns em solos mais antigos, onde as moléculas de fosfato foram lixiviadas pela água, como em muitos ecossistemas tropicais. Observe que a adição de um nutriente não limitante, mesmo um que seja escasso, não estimulará a produção. Por outro lado, adicionando mais do nutriente limitante, a produção aumentará, até que outro nutriente se torne limitante.

Várias adaptações evoluíram nas plantas para aumentar a sua absorção de nutrientes limitantes. Uma adaptação importante é o mutualismo entre as raízes das plantas e as bactérias fixadoras de nitrogênio. Outra adaptação é a associação micorrízica entre raízes e fungos que fornecem às plantas o fósforo e outros elementos limitantes (ver Figura 37.14). As raízes possuem também pelos e outros atributos anatômicos que aumentam a área de solo em contato com elas (ver Figuras 33.8 e 35.3). Muitas plantas liberam no solo enzimas e outras substâncias que aumentam a disponibilidade de nutrientes limitantes; essas substâncias incluem as fosfatases, que clivam um grupo fosfato de moléculas maiores, e certas moléculas (chamadas agentes quelantes) que tornam micronutrientes, como o ferro, mais solúveis no solo.

Efeitos da mudança climática na produção

Como vimos, fatores climáticos como temperatura e precipitação afetam a PPL terrestre. Portanto, poderíamos esperar que as mudanças climáticas afetassem a produção em ecossistemas terrestres – e afetam. Por exemplo, dados de satélite mostraram que de 1982 a 1999, a PPL aumentou 6% nos ecossistemas terrestres. Quase metade desse aumento ocorreu nas florestas tropicais da Amazônia, onde a mudança nos padrões climáticos causou diminuição na cobertura de nuvens, aumentando, assim, a disponibilidade de energia solar para os produtores primários. Desde 2000, entretanto, esses ganhos em PPL têm sido desfeitos. Essa reversão foi afetada por outro aspecto na mudança climática: uma série de grandes secas no Hemisfério Sul.

Os efeitos da mudança climática na PPL também podem ser vistos no impacto de "secas mais quentes" em incêndios florestais e surtos de insetos. Considere as florestas no sudeste dos Estados Unidos. Nas últimas décadas, as florestas dessa região sofreram secas causadas pelo aquecimento do clima e mudanças nos padrões de precipitação. Essas secas recorrentes, por sua vez, levaram a aumentos na área queimada por incêndios florestais e na área afetada por surtos de besouros da casca, como o besouro-do-pinheiro-da-montanha (*Dendroctomus ponderosae*) **(Figura 55.8)**. Como consequência, a mortalidade das árvores aumentou e a PPL decaiu nessas florestas.

A mudança climática também pode afetar as reservas ou as perdas de carbono em um ecossistema ao longo do tempo. Conforme discutido anteriormente, a produção líquida de um ecossistema, ou PLE, reflete o acúmulo total de biomassa que ocorre durante um determinado período de tempo. Quando a PLE > 0, o ecossistema ganha mais carbono do que perde; tais ecossistemas estocam carbono e são

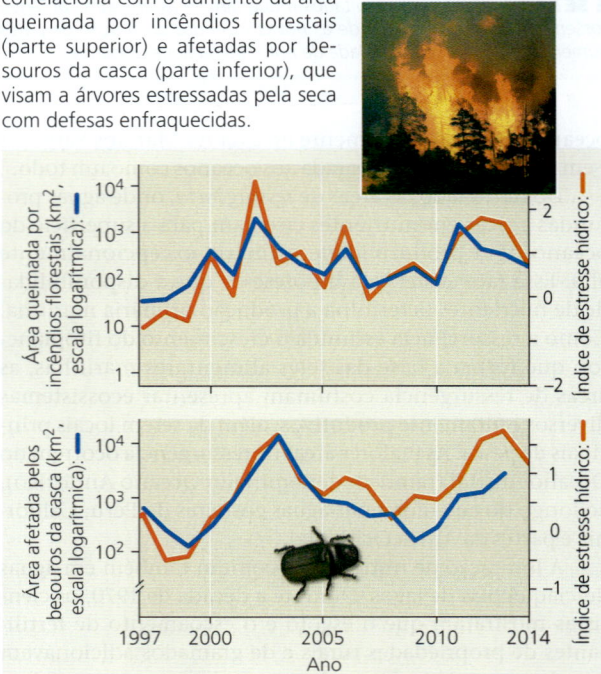

▼ **Figura 55.8** **Mudança climática, incêndios florestais e surtos de insetos.** As florestas no sudoeste dos Estados Unidos estão passando por secas mais quentes, causadas pelo aumento das temperaturas no verão e pela redução da queda de neve no inverno. O índice de estresse hídrico indica o quanto as árvores estão exauridas por essas condições; os valores crescentes desse índice correspondem ao aumento da seca. O estresse hídrico mais alto se correlaciona com o aumento da área queimada por incêndios florestais (parte superior) e afetadas por besouros da casca (parte inferior), que visam a árvores estressadas pela seca com defesas enfraquecidas.

EXERCÍCIO DE RESOLUÇÃO DE PROBLEMAS

Um surto de insetos pode ameaçar a capacidade de absorção atmosférica de uma floresta?

Uma forma de combater as mudanças climáticas é plantar árvores, pois as árvores absorvem quantidades grandes de CO_2 da atmosfera, convertendo-o em biomassa por meio da fotossíntese. Mas o que acontece com o carbono armazenado como biomassa nas árvores quando uma população de insetos explode numericamente? Esses surtos de insetos tornaram-se mais frequentes com a mudança climática.

Uma árvore com dezenas de "pitch-tubes", indicações de um surto prejudicial do besouro-do-pinheiro-da-montanha (detalhe).

Neste exercício você testará se um surto do besouro-do-pinheiro-da-montanha (*Dendroctonus ponderosae*) altera a quantidade de CO_2 que um ecossistema florestal absorve e libera na atmosfera.

Sua abordagem O princípio que orienta sua investigação é que todo ecossistema absorve e libera CO_2. A produção líquida do ecossistema (PLE) indica se um ecossistema é um dreno de carbono (absorvendo mais CO_2 da atmosfera do que o libera; isso ocorre quando PLE > 0) ou uma fonte de carbono (liberando mais CO_2 do que absorve; PLE < 0). Para descobrir se o besouro-do-pinheiro-da-montanha afeta a PLE, você determinará a PLE de uma floresta antes e depois de um surto recente desse inseto.

Seus dados De 2000 a 2006 um surto do besouro-do-pinheiro-da-montanha matou milhões de árvores na Colúmbia Britânica, no Canadá. O impacto de tais surtos sobre se as florestas ganham carbono (PLE > 0) ou perdem carbono (PLE < 0) foi mal compreendido. Para averiguar, os ecólogos estimaram produção primária líquida (PPL) e a respiração celular pelos decompositores e outros heterótrofos (R_h), antes e depois do surto. Esses dados permitem que a PLE na floresta seja calculada pela equação PLE = PPL − R_h.

	PPL [g/(m² · ano)]	R_h [g/(m² · ano)]	PLE [g/(m² · ano)]
Antes do surto	440	408	
Após o surto	400	424	

Sua análise

1. Complete a tabela calculando os valores de PLE antes e depois do surto. Antes do surto, a floresta era um dreno ou uma fonte de carbono? E após o surto?
2. A PLE é frequentemente definida como PLE = PPB − R_T, onde PPB é a produção primária bruta e R_T é igual à respiração celular por autótrofos (R_a) *mais* a respiração celular por heterótrofos (R_h). Use a relação PPL = PPB − R_a para mostrar que as duas equações para PLE apresentadas neste exercício são equivalentes.
3. Com base nos resultados da pergunta 1, prediga se o surto do besouro-do-pinheiro-da-montanha pode ter efeitos de retroalimentação no clima global. Explique.

---

ditos *drenos* de carbono. Em contrapartida, quando PLE < 0, o ecossistema perde mais carbono do que ele ganha; tais ecossistemas são uma *fonte* de carbono.

Pesquisas recentes demonstram que as mudanças climáticas podem fazer com que um ecossistema mude de um dreno do carbono para uma fonte de carbono. Por exemplo, em alguns ecossistemas árticos, o aquecimento climático aumentou as atividades metabólicas dos microrganismos de solo, causando um aumento nos compostos de CO_2 produzidos na respiração celular. Nesses ecossistemas, a quantidade total de CO_2 produzido na respiração celular agora excede o que é absorvido na fotossíntese. Consequentemente, esses ecossistemas – que eram drenos de carbono – são agora fonte de carbono. Quando isso acontece, um ecossistema pode contribuir para as mudanças climáticas ao liberar mais CO_2 do que absorve. De fato, um estudo de 2017 descobriu que, com o aquecimento climático, regiões grandes de tundra no Alasca agora liberam mais CO_2 do que absorvem – e nos anos de 2013 e 2014, todo o estado do Alasca liberou mais CO_2 do que absorveu. No **Exercício de resolução de problemas**, você pode examinar como os surtos de uma população de insetos podem afetar a PLE dos ecossistemas florestais.

REVISÃO DO CONCEITO 55.2

1. Por que apenas uma porção pequena da energia solar que atinge a atmosfera terrestre é armazenada pelos produtores primários?
2. Como os ecólogos conseguem determinar experimentalmente o fator que limita a produção primária em um ecossistema?
3. **E SE?** Suponha que uma floresta tenha sido fortemente queimada por um incêndio florestal. Prediga como a PLE dessa floresta mudaria ao longo do tempo.
4. **FAÇA CONEXÕES** Explique como o nitrogênio e o fósforo, os nutrientes que mais frequentemente limitam a produção primária, são necessários para que o ciclo de Calvin funcione na fotossíntese (ver Conceito 10.3).

Ver as respostas sugeridas no Apêndice A.

CONCEITO 55.3

A transferência de energia entre os níveis tróficos geralmente tem apenas 10% de eficiência

A quantidade de energia química nos alimentos dos consumidores que é convertida em sua própria biomassa durante um determinado período é chamada de **produção secundária** do ecossistema. Considere a transferência de matéria orgânica dos produtores primários para os herbívoros, os consumidores primários. Na maioria dos ecossistemas, os herbívoros comem apenas uma fração pequena do material vegetal produzido; globalmente, eles consomem somente cerca de um sexto do total da produção vegetal. Além disso, eles não conseguem digerir todo o material vegetal que *comem*, o que pode ser comprovado por qualquer um que tenha caminhado por um campo onde o gado pastava. A maior parte da produção de um ecossistema é, por fim, consumida por decompositores. Vamos analisar o processo de transferência de energia mais de perto.

Eficiência de produção

Nós iniciaremos examinando a produção secundária em um organismo – uma lagarta. Quando uma lagarta se alimenta de uma folha, apenas aproximadamente 33 J de 200 J, ou um sexto da energia potencial na folha, são utilizados para a produção secundária, ou crescimento **(Figura 55.9)**. A lagarta armazena parte da energia restante em compostos orgânicos, que serão empregados para a respiração celular, e passa o resto para suas fezes. A energia nas fezes permanece temporariamente no ecossistema, mas a maior parte é perdida como calor após elas serem consumidas pelos decompositores. Por fim, a energia utilizada para a respiração da lagarta também é perdida do ecossistema como calor. Apenas a energia química armazenada pelos herbívoros como biomassa – mediante crescimento ou produção de descendentes – fica disponível como alimento para os consumidores secundários.

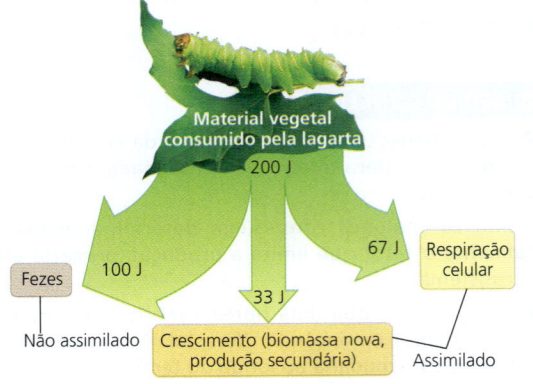

▲ **Figura 55.9** Partição da energia dentro de um elo da cadeia alimentar.

INTERPRETE OS DADOS *Qual percentual da energia no alimento da lagarta é, efetivamente, utilizado para produção secundária (crescimento)?*

Conseguimos medir a eficiência de animais como transformadores de energia empregando a seguinte equação:

$$\text{Eficiência de produção} = \frac{\text{Produção secundária líquida} \times 100\%}{\text{Assimilação da produção primária}}$$

A produção secundária líquida é a quantidade de energia que um organismo consumiu e usou para o crescimento e a reprodução. A assimilação consiste na quantidade total de energia que um organismo consumiu e usou para o crescimento, a reprodução e a respiração. A **eficiência de produção**, portanto, é a porcentagem de energia armazenada de alimentos assimilados que é usada para crescimento e reprodução, *não* para respiração. Para a lagarta na Figura 55.9, a eficiência de produção é 33%; 67 J dos 100 J da energia assimilada são usados para respiração. (Não contam para assimilação os 100 J da energia perdidos como material não digerido nas fezes.) Em geral, as aves e os mamíferos têm eficiências de produção baixas, na faixa de 1-3%, porque utilizam grande parte da energia na manutenção de uma temperatura corporal alta e constante. Os peixes, que são principalmente ectotérmicos (ver Conceito 40.3), têm eficiências de produção ao redor de 10%. Os insetos e os microrganismos são mais eficientes ainda, com eficiências de produção médias de 40% ou mais.

Eficiência trófica e pirâmides ecológicas

Agora, vamos dimensionar a eficiência de produção dos consumidores individuais pelo fluxo de energia ao longo dos níveis tróficos.

A **eficiência trófica** é a porcentagem de produção transferida de um nível trófico para o próximo. As eficiências tróficas devem sempre ser menores do que as eficiências de produção, porque levam em conta não apenas a energia perdida pela respiração e contida nas fezes, mas também a energia na matéria orgânica em um nível trófico inferior e que não é consumida no nível trófico seguinte. As eficiências tróficas variam de cerca de 5% a 20% em diferentes ecossistemas, mas em média são apenas cerca de 10%. Em outras palavras, 90% da energia disponível em um nível trófico *não* é transferida para o próximo. Essa perda é multiplicada ao longo da cadeia alimentar. Se 10% da energia disponível for transferida dos produtores primários para os consumidores primários (como as lagartas) e 10% dessa energia for transferida para os consumidores secundários (carnívoros), então apenas 1% da produção primária líquida fica disponível para os consumidores secundários (10% de 10%). No **Exercício de habilidades científicas**, você pode calcular a eficiência trófica e outras medidas de fluxo de energia em um ecossistema de marisma.

A perda de energia ao longo de uma cadeia alimentar limita a abundância de carnívoros de topo que um ecossistema pode sustentar. Apenas cerca de 0,1% da energia química fixada pela fotossíntese pode fluir através de uma teia alimentar até um consumidor terciário, como uma serpente ou um tubarão. Isso ajuda a explicar por que a maioria das teias alimentares inclui apenas cerca de quatro ou cinco níveis tróficos (ver Figura 54.17).

A perda de energia com cada transferência em uma cadeia alimentar pode ser representada por uma *pirâmide de*

Exercício de habilidades científicas

Interpretação de dados quantitativos

O quão eficiente é a transferência de energia em um ecossistema de marisma? Em um experimento clássico, John Teal estudou o fluxo de energia pelos produtores, consumidores e decompositores de um marisma. Neste exercício, você usará os dados desse estudo para calcular algumas medidas de transferência de energia entre níveis tróficos nesse ecossistema.

Como o estudo foi realizado Teal mediu a quantidade de radiação solar que entrou em um marisma na Geórgia durante 1 ano. Mediu também a biomassa dos produtores primários dominantes acima da superfície do solo (plantas herbáceas), bem como dos consumidores dominantes (insetos, aranhas e caranguejos) e dos detritos que saíam do marisma para as águas costeiras próximas. Para determinar a quantidade de energia em cada unidade de biomassa, ele secou-a, queimou-a em um calorímetro e mediu a quantidade de calor produzido.

INTERPRETE OS DADOS

1. Que porcentagem de energia solar é incorporada ao marisma como produção primária bruta? E como produção primária líquida?

Dados do estudo

Formas de energia	Quantidade [kcal/(m² · ano)]
Radiação solar	600.000
Produção bruta de plantas herbáceas	34.580
Produção líquida de plantas herbáceas	6.585
Produção bruta de insetos	305
Produção líquida de insetos	81
Detrito saindo do marisma	3.671

Dados de J. M. Teal, Energy flow in the salt marsh ecosystem of Georgia, *Ecology* 43:614–624 (1962).

2. Quanta energia é perdida pelos produtores primários como respiração nesse ecossistema? Qual é a perda por respiração pela população de insetos?

3. Se todo o detrito que sai do marisma for matéria vegetal, qual a porcentagem de toda a produção primária líquida que deixa esse ecossistema como detrito anualmente?

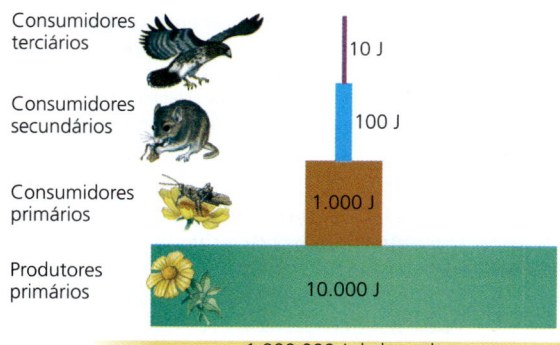

▲ **Figura 55.10 Uma pirâmide de energia idealizada.** Nesse exemplo, assume-se uma eficiência trófica de 10% para cada elo da cadeia alimentar. Observe que os produtores primários convertem em produção primária líquida apenas cerca de 1% da energia disponível para eles.

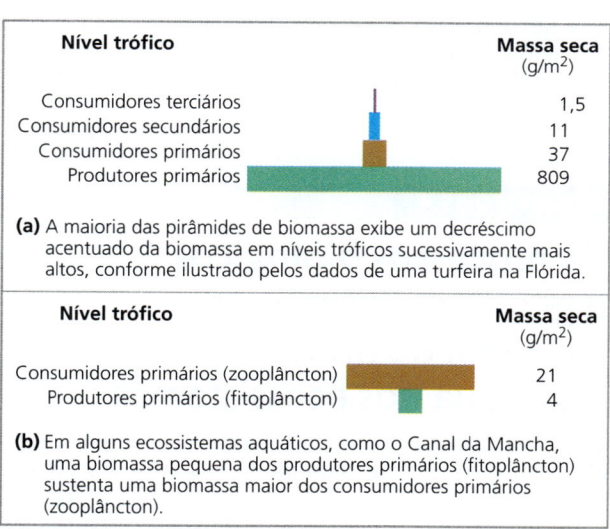

▲ **Figura 55.11 Pirâmides de biomassa.** Os números denotam a massa seca de todos os organismos em cada nível trófico.

energia, na qual as produções líquidas de níveis tróficos diferentes estão dispostas em camadas **(Figura 55.10)**. A largura de cada camada é proporcional à produção líquida (expressa em joules) de cada nível trófico. O nível mais alto, que representa os predadores de topo, contém relativamente poucos indivíduos. O tamanho populacional pequeno típico de espécies predadoras de topo é um motivo pelo qual elas tendem a ser vulneráveis à extinção (e às consequências evolutivas do tamanho populacional pequeno; ver Conceito 23.3).

Uma consequência ecológica das eficiências tróficas baixas está representada na *pirâmide de biomassa*, em que cada camada representa o total de massa seca de todos os organismos em um nível trófico. A maioria das pirâmides de massa estreita-se acentuadamente desde os produtores primários na base até os carnívoros de topo no ápice, porque as transferências de energia entre os níveis tróficos são muito ineficientes **(Figura 55.11a)**. Certos ecossistemas aquáticos, entretanto, inverteram a pirâmide de biomassa, na qual os consumidores primários pesam mais que os produtores **(Figura 55.11b)**.

Essas pirâmides de biomassa invertidas ocorrem porque os produtores – fitoplânctons – crescem, reproduzem-se e são consumidos tão rapidamente pelo zooplâncton que sua biomassa total permanece em níveis comparativamente baixos. No entanto, como o fitoplâncton substitui continuamente sua biomassa em uma taxa rápida, ele pode sustentar uma biomassa de zooplâncton maior do que sua própria biomassa. Da mesma forma, como o fitoplâncton se reproduz tão rapidamente e tem uma produção muito maior do que o zooplâncton, a pirâmide de *energia* para esse ecossistema ainda é mais larga na base, semelhante à da Figura 55.10.

A dinâmica do fluxo de energia através dos ecossistemas tem implicações para os consumidores humanos. Por exemplo, comer carne é uma forma relativamente ineficiente de explorar a produção fotossintética. O mesmo quilo de soja que uma pessoa poderia comer para obter proteína produz um quinto de quilo de carne ou menos quando dado a um bovino. A agricultura em todo mundo poderia, de fato, alimentar muito mais pessoas e exigir menos terra se todos nos alimentássemos com mais eficiência – como consumidores primários, comendo vegetais.

REVISÃO DO CONCEITO 55.3

1. Qual é a produção secundária líquida de um inseto que come sementes de plantas contendo 100 J de energia, dos quais 30 J são usados para respiração e 50 J excretados nas fezes? Qual é sua eficiência de produção?
2. As folhas de tabaco contêm nicotina, composto venenoso que é energeticamente oneroso para a planta que a elabora. Que vantagem a planta pode obter utilizando alguns dos seus recursos para produzir nicotina?
3. **E SE?** Decompositores são consumidores que obtêm sua energia de detritos. Quantos joules de energia estão potencialmente disponíveis aos decompositores no ecossistema representado na Figura 55.10?

Ver as respostas sugeridas no Apêndice A.

CONCEITO 55.4

Os processos biológicos e geoquímicos realizam ciclagem de nutrientes e de água nos ecossistemas

Embora a maioria dos ecossistemas receba energia solar abundante, os elementos químicos estão disponíveis apenas em quantidades limitadas. Por isso, a vida depende da reciclagem de elementos químicos essenciais. Grande parte do estoque químico de um organismo é substituída continuamente, à medida que nutrientes são assimilados e produtos residuais são liberados. Quando um organismo morre, os átomos do seu corpo retornam à atmosfera, à água ou ao solo pela ação dos decompositores. Ao liberar nutrientes da matéria orgânica, a decomposição reabastece os *pools* de nutrientes inorgânicos que as plantas e outros autótrofos utilizam para formar sua nova matéria orgânica.

Taxas de decomposição e de ciclagem de nutrientes

Decompositores são heterótrofos que obtêm sua energia de detritos. Seu crescimento é controlado pelos mesmos fatores que limitam a produção primária nos ecossistemas, incluindo temperatura, umidade e disponibilidade de nutrientes. Em geral, os decompositores crescem com maior rapidez e

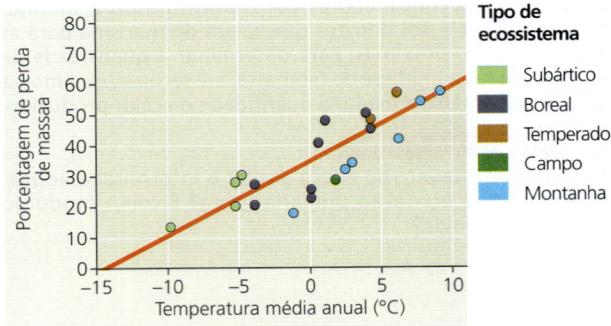

▼ **Figura 55.12** Pesquisa

Como a temperatura afeta a decomposição da serrapilheira em um ecossistema?

Experimento Pesquisadores junto ao Serviço Florestal Canadense colocaram amostras idênticas de matéria orgânica – serrapilheira – no solo de 21 locais em todo o Canadá. Três anos depois, eles retornaram para verificar quanto de cada amostra tinha decomposto.

Resultados A massa de serrapilheira do ecossistema mais quente diminuiu quatro vezes mais rápido do que no ecossistema mais frio.

Conclusão A taxa de decomposição aumenta com a temperatura em grande parte do Canadá.

Dados de J. A. Trofymow and the CIDET Working Group, The Canadian Intersite Decomposition Experiment: Project and Site Establishment Report (Information Report BC-X-378), Natural Resources Canada, Canadian Forest Service, Pacific Forestry Centre (1998) and T. R. Moore et al., Litter decomposition rates in Canadian forests, Global Change Biology 5:75–82 (1999).

E SE? *Quais fatores além da temperatura também podem ter variado nesses 21 locais? Como essa variação pode ter afetado a interpretação dos resultados?*

decompõem a matéria mais depressa em ecossistemas mais quentes **(Figura 55.12)**. Em florestas pluviais tropicais, a maior parte da matéria orgânica decompõe-se em alguns meses até alguns anos, ao passo que nas florestas temperadas a decomposição leva em média de 4 a 6 anos. A diferença resulta em grande parte das temperaturas mais altas e das precipitações mais abundantes nas florestas pluviais tropicais.

Como a decomposição em uma floresta pluvial tropical é rápida, relativamente pouca matéria orgânica se acumula como serrapilheira no chão da floresta; cerca de 75% dos nutrientes do ecossistema estão presentes nos troncos lenhosos das árvores e apenas 10% estão contidos no solo. Portanto, as concentrações relativamente baixas de alguns nutrientes no solo de florestas pluviais tropicais resultam de um período curto de ciclagem, não da falta desses elementos no ecossistema. Nas florestas temperadas, onde a decomposição é muito mais lenta, o solo pode conter até 50% de toda a matéria orgânica do ecossistema. Nas florestas temperadas, os nutrientes podem permanecer durante anos nos detritos e no solo antes de serem assimilados pelas plantas.

A decomposição no solo também é mais lenta quando as condições são demasiadamente secas para os decompositores desenvolverem-se ou demasiadamente úmidas para supri-los de oxigênio suficiente. O crescimento de decompositores é especialmente lento em ecossistemas frios e úmidos, como as turfeiras. Como resultado, a produção primária líquida excede em muito a taxa de decomposição em tais ecossistemas, fazendo com que eles armazenem quantidades grandes de matéria orgânica.

Em ecossistemas aquáticos, a decomposição nos lodos anaeróbicos pode levar 50 anos ou mais. Os sedimentos de fundo são comparáveis à camada de detritos nos ecossistemas terrestres, mas, em geral, as algas e as plantas aquáticas assimilam nutrientes diretamente dessa água. Portanto, os sedimentos muitas vezes constituem um dreno de nutrientes, e os ecossistemas aquáticos são muito produtivos apenas quando existe intercâmbio entre as camadas profundas da água e as águas superficiais (como ocorre nas regiões de ressurgência antes descritas).

Ciclos biogeoquímicos

Por envolverem tanto componentes bióticos quanto abióticos, os ciclos dos nutrientes são chamados de **ciclos biogeoquímicos**. Podemos reconhecer duas escalas gerais de ciclos biogeoquímicos: global e local. As formas gasosas de carbono, oxigênio, enxofre e nitrogênio ocorrem na atmosfera, e os ciclos desses elementos são essencialmente globais. Por exemplo, uma parte dos átomos de carbono que uma planta obtém do ar como CO_2 pode ter sido liberada na atmosfera pela respiração de um organismo em um local distante. Outros elementos – incluindo fósforo, potássio e cálcio – são demasiadamente pesados para ocorrerem como gases na superfície da Terra, embora sejam transportados como poeira. Nos ecossistemas terrestres, esses elementos apresentam ciclagem mais localizada, são absorvidos do solo pelas raízes e finalmente retornam ao solo pelos decompositores. Em sistemas aquáticos, no entanto, eles apresentam ciclagem mais ampla como formas dissolvidas transportadas nas correntes.

Vejamos primeiro um modelo geral de ciclagem de nutrientes que inclui reservatórios onde existem elementos e processos que transferem elementos entre eles **(Figura 55.13)** Os nutrientes em organismos vivos e detritos (reservatório A) estão disponíveis para outros organismos quando os consumidores se alimentam e quando consomem matéria orgânica inanimada. Os baixos níveis de pH e oxigênio encontrados nos sedimentos alagados nos pântanos podem inibir a decomposição, levando à formação de turfa. Quando isso ocorre, os materiais orgânicos de organismos mortos podem ser transferidos do reservatório A para o reservatório B; por fim, a turfa pode ser convertida em combustíveis fósseis como carvão ou petróleo. Materiais inorgânicos dissolvidos na água ou presentes no solo ou ar (reservatório C) estão disponíveis para uso. Embora a maioria dos organismos não consiga explorar diretamente os elementos presos nas rochas (reservatório D), esses nutrientes podem se tornar lentamente disponíveis por meio de intemperismo e erosão.

A **Figura 55.14** fornece uma visão detalhada dos ciclos da água, carbono, nitrogênio e fósforo. Quando você estudar cada ciclo, considere que etapas são acionadas

▼ Figura 55.13 **VISUALIZANDO CICLOS BIOGEOQUÍMICOS**

▼ Figura 55.14 Explorando os ciclos da água e dos nutrientes

Examine cada ciclo cuidadosamente, considerando os principais reservatórios de água, carbono, nitrogênio e fósforo, bem como os processos que acionam cada ciclo. As larguras das setas nos diagramas refletem aproximadamente a contribuição relativa de cada processo ao movimento da água ou de um nutriente na biosfera.

Ciclo da água

Importância biológica A água é essencial para todos os organismos, e sua disponibilidade influencia as taxas dos processos ecossistêmicos, especialmente a produção primária e a decomposição nos ecossistemas terrestres.

Formas disponíveis à vida Todos os organismos são capazes de trocar água diretamente com seu ambiente. A fase física primária de utilização da água é a líquida, embora alguns organismos possam captar vapor d'água. O congelamento da água no solo pode limitar sua disponibilidade para as plantas terrestres.

Reservatórios Os oceanos contêm 97% da água na biosfera. Aproximadamente 2% estão presentes nas geleiras e calotas polares, e o 1% restante está nos lagos, rios e água subterrânea. Uma quantidade insignificante está na atmosfera.

Processos-chave Os principais processos que acionam o ciclo da água são a evaporação da água líquida pela energia solar, a condensação do vapor d'água nas nuvens e a precipitação. A transpiração pelas plantas terrestres também move grandes volumes de água para a atmosfera. O fluxo superficial e subterrâneo pode devolver a água aos oceanos, completando o ciclo.

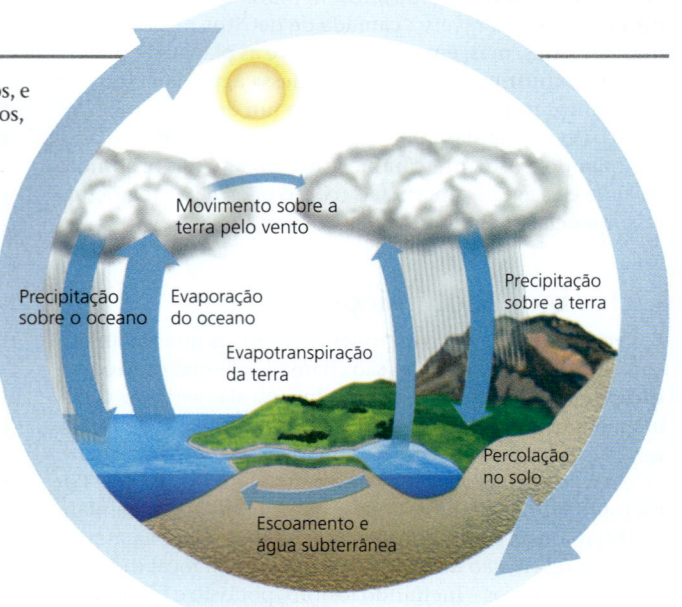

Ciclo do carbono

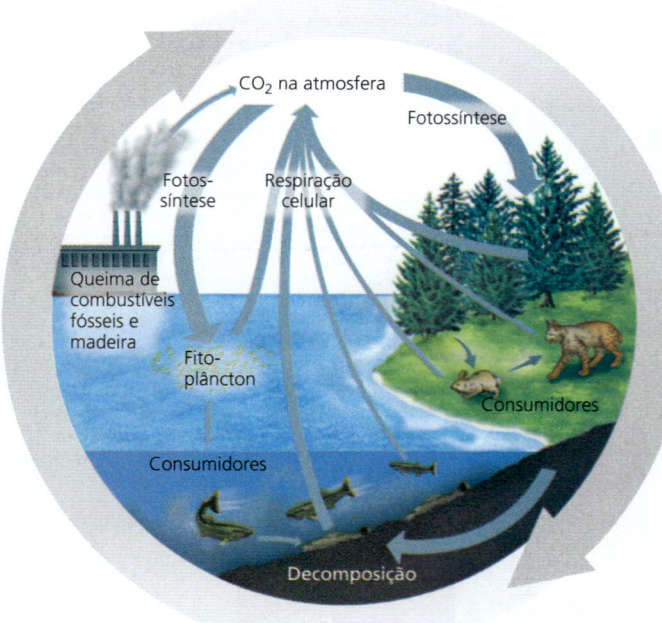

Importância biológica O carbono forma a estrutura das moléculas orgânicas essenciais para todos os organismos.

Formas disponíveis à vida Os organismos fotossintetizantes utilizam CO_2 durante a fotossíntese e convertem o carbono em formas orgânicas usadas pelos consumidores, abrangendo animais e fungos, bem como protistas heterotróficos e procariotos.

Reservatórios Os principais reservatórios de carbono incluem os combustíveis fósseis, os solos, os sedimentos de ecossistemas aquáticos, os oceanos (compostos de carbono dissolvidos), a biomassa vegetal e animal e a atmosfera (CO_2). O maior reservatório é constituído de rochas sedimentares, como as rochas calcárias; contudo, o carbono permanece nesse *pool* por períodos longos de tempo. Através da respiração, todos os organismos são capazes de devolver o carbono diretamente para o seu ambiente, em sua forma original (CO_2).

Processos-chave A fotossíntese pelas plantas e pelo fitoplâncton remove anualmente quantidades substanciais de CO_2 atmosférico. Essa quantidade é aproximadamente igual à quantidade de CO_2 adicionado à atmosfera por meio da respiração celular pelos produtores e consumidores. A queima de combustíveis fósseis e madeira está acrescentando quantidades significativas de CO_2 adicional à atmosfera. Ao longo do tempo geológico, os vulcões são também uma fonte substancial de CO_2.

Ciclo do nitrogênio

Importância biológica O nitrogênio faz parte de aminoácidos, proteínas, ácidos nucleicos e, muitas vezes, é um nutriente vegetal limitante.

Formas disponíveis à vida As plantas conseguem assimilar (usar) duas formas inorgânicas de nitrogênio – amônio (NH_4^+) e nitrato (NO_3^-) – e algumas formas orgânicas, como os aminoácidos. Diversas bactérias podem utilizar todas essas formas, assim como o nitrito (NO_2^-). Os animais conseguem usar apenas as formas orgânicas de nitrogênio.

Reservatórios O principal reservatório de nitrogênio é a atmosfera, constituída por 80% de gás nitrogênio livre (N_2). Os outros reservatórios de compostos inorgânicos e orgânicos de nitrogênio são os solos e os sedimentos de lagos, rios e oceanos; a água superficial e a água subterrânea; e a biomassa dos organismos vivos.

Processos-chave A principal via de entrada de nitrogênio no ecossistema é pela sua *fixação*, ou seja, a conversão de N_2 em formas que podem ser usadas para sintetizar compostos orgânicos nitrogenados. Certas bactérias, relâmpagos e atividades vulcânicas fixam nitrogênio naturalmente. Hoje, as atividades humanas fornecem aos solos aportes de nitrogênio maiores do que os aportes naturais. Os dois principais contribuintes são os fertilizantes produzidos industrialmente e as lavouras de leguminosas que fixam nitrogênio por meio das bactérias presentes nos nódulos de suas raízes. Outras bactérias no solo convertem nitrogênio em diferentes formas. Os exemplos abrangem as bactérias nitrificantes, que convertem amônio em nitrato, e as bactérias desnitrificantes, que convertem nitrato em gás nitrogênio. As atividades humanas também liberam na atmosfera grandes quantidades de gases reativos de nitrogênio, como os óxidos de nitrogênio.

Ciclo do fósforo

Importância biológica Os organismos necessitam de fósforo como um componente importante de ácidos nucleicos, fosfolipídeos, ATP e outras moléculas armazenadoras de energia, e como um constituinte mineral de ossos e dentes.

Formas disponíveis à vida A forma inorgânica de fósforo mais importante biologicamente é o fosfato (PO_4^{3-}), que as plantas absorvem e utilizam na síntese de compostos orgânicos.

Reservatórios Os maiores acúmulos de fósforo estão nas rochas sedimentares de origem marinha. Existem também quantidades grandes de fósforo no solo, nos oceanos (sob forma dissolvida) e em organismos. A reciclagem do fósforo tende a ser completamente localizada nos ecossistemas, pois as partículas do solo se ligam ao PO_4^{3-}.

Processos-chave O intemperismo das rochas adiciona gradualmente PO_4^{3-} ao solo; parte chega até a água subterrânea e água superficial e pode finalmente alcançar o oceano. O fosfato absorvido pelos produtores e incorporado às moléculas biológicas pode ser ingerido pelos consumidores. O fosfato retorna ao solo ou à água pela decomposição da biomassa ou pela excreção dos consumidores. Uma vez que não há gases significativos contendo fósforo, apenas quantidades relativamente pequenas desse elemento se movem na atmosfera, em geral nas formas de poeira e gotículas de água do mar pulverizadas.

principalmente por processos biológicos. Para o ciclo do carbono, por exemplo, os vegetais, os animais e outros organismos controlam a maioria das etapas fundamentais, incluindo a fotossíntese e a decomposição. Para o ciclo da água, entretanto, processos puramente físicos controlam muitas etapas fundamentais, como a evaporação a partir dos oceanos. Observe, também, que as ações humanas, como queima de combustíveis fósseis e a produção de fertilizantes, tiveram efeitos importantes no ciclo global de carbono e nitrogênio.

Estudo de caso: ciclagem de nutrientes na Floresta Experimental Hubbard Brook

Desde 1963, o ecólogo Gene Likens e colaboradores vêm estudando a ciclagem de nutrientes na Floresta Experimental Hubbard Brook, nas Montanhas Brancas de New Hampshire, Estados Unidos. Seu local de pesquisa é uma floresta decídua que cresce em seis vales pequenos, cada um drenado por um único riacho. A base rochosa impermeável está subjacente ao solo da floresta.

Primeiramente, a equipe de pesquisadores determinou os recursos minerais para cada um dos seis vales pela medição da entrada e da saída de vários nutrientes-chave. Eles coletaram a chuva em diversos locais, para medir a quantidade de água e minerais dissolvidos adicionados ao ecossistema. Para monitorar a perda de água e minerais, eles construíram uma pequena represa de concreto com vertedouro em forma de V ao longo do riacho no fundo de cada vale **(Figura 55.15a)**. Eles constataram que aproximadamente 60% da água adicionada ao ecossistema como chuva e neve saía pelo riacho, e os 40% restantes eram perdidos por evapotranspiração.

Estudos preliminares confirmaram que a ciclagem interna conservava no sistema a maior parte dos nutrientes minerais. Por exemplo, apenas cerca de 0,3% a mais de cálcio (Ca^{2+}) sai do vale pelo seu riacho do que é adicionado pela água da chuva; essa pequena perda líquida provavelmente é reposta pela decomposição química da rocha-matriz. Na maioria dos anos, a floresta até registra pequenos ganhos líquidos de alguns nutrientes minerais, incluindo o nitrogênio.

O desmatamento experimental de uma bacia hidrográfica aumentou drasticamente o fluxo de água e de minerais que saiu dela **(Figura 55.15b)**. Ao longo de 3 anos, o escoamento de água da bacia hidrográfica recentemente desmatada foi 30 a 40% maior do que em uma bacia hidrográfica-controle, aparentemente porque não existiam plantas para absorver e transpirar água do solo. Mais notável foi a perda de nitrato, cuja concentração no riacho aumentou 60 vezes, alcançando níveis considerados perigosos para água potável **(Figura 55.15c)**. O estudo do desmatamento em Hubbard Brook mostrou que a quantidade de nutrientes que sai de um ecossistema florestal intacto é controlada principalmente pelas plantas. A retenção de nutrientes em um ecossistema ajuda a manter a produtividade do sistema, bem como a evitar problemas em outros lugares, como a proliferação de algas, causada pelo excesso de escoamento de nutrientes que entra em um ecossistema a jusante.

REVISÃO DO CONCEITO 55.4

1. **DESENHE** Para cada um dos quatro ciclos biogeoquímicos apresentados na Figura 55.14, desenhe um diagrama simples que mostre uma possível rota para um átomo daquela substância química de um reservatório abiótico para um biótico e vice-versa.

(a) Diques de concreto e açudes foram construídos ao longo dos riachos, no fundo das bacias hidrográficas, permitindo que os pesquisadores monitorassem a vazão de água e nutrientes do ecossistema.

(b) Uma bacia hidrográfica foi desmatada para estudar os efeitos da perda de vegetação na drenagem e ciclagem de nutrientes. Todo o material vegetal cortado foi deixado no local para decomposição.

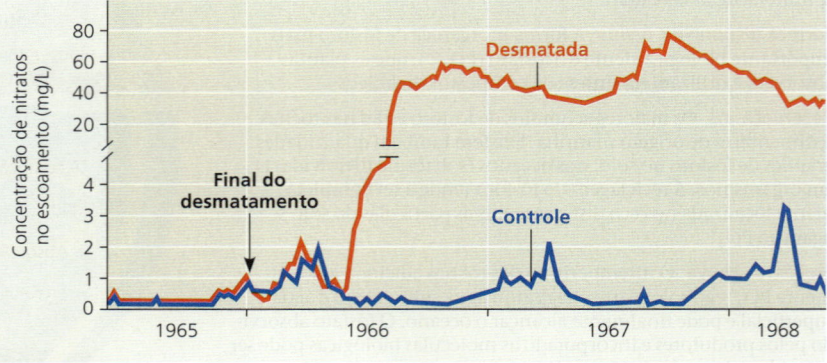

(c) A concentração de nitratos no escoamento da bacia hidrográfica desmatada foi 60 vezes maior do que em uma bacia hidrográfica-controle (não desmatada).

▲ **Figura 55.15** Ciclagem de nutrientes na Floresta Experimental Hubbard Brook.

HABILIDADES VISUAIS Se este gráfico fosse redesenhado para que o eixo y tivesse uma escala consistente, quais informações seriam enfatizadas em comparação com o gráfico acima? Que informações poderiam passar despercebidas ou serem mais difíceis de ver? Explique.

2. Por que o desmatamento de uma bacia hidrográfica aumenta a concentração de nitratos em riachos que drenam a bacia?
3. **E SE?** Por que a disponibilidade de nutrientes em uma região pluvial tropical é especialmente vulnerável ao desmatamento?

Ver as respostas sugeridas no Apêndice A.

CONCEITO 55.5

Os ecólogos da restauração devolvem os ecossistemas degradados a um estado mais natural

Os ecossistemas podem recuperar-se naturalmente de muitos distúrbios (inclusive do desmatamento experimental em Hubbard Brook) por meio de estágios da sucessão ecológica (ver Conceito 54.3). Às vezes, no entanto, essa recuperação leva séculos, principalmente quando os humanos degradaram o meio ambiente. As áreas tropicais que são alteradas para ocupação agrícola podem rapidamente se tornar improdutivas por causa das perdas de nutrientes. Atividades de mineração podem durar várias décadas, e as terras são com frequência abandonadas em um estado degradado. Os ecossistemas podem também ser impactados por sais que se acumulam nos solos devido à irrigação ou por substâncias químicas tóxicas ou vazamentos de petróleo. Cada vez mais, os biólogos são solicitados para ajudar a restaurar ou reparar ecossistemas degradados.

Os ecólogos da restauração procuram iniciar ou acelerar a restauração de ecossistemas degradados. Uma das premissas básicas é que o dano ambiental é, pelo menos, parcialmente reversível. Essa visão otimista deve ser equilibrada por uma segunda premissa – a de que os ecossistemas não são infinitamente resilientes. Portanto, os ecólogos da restauração trabalham para identificar e manipular os processos que mais limitam a recuperação de ecossistemas de distúrbios. Nos locais onde o distúrbio é tão intenso que a restauração ambiental completa é impraticável, os ecólogos tentam recuperar o máximo possível de um hábitat ou processo ecológico, dentro dos limites do tempo e recursos financeiros disponíveis.

Em casos extremos, é possível que a estrutura física de um ecossistema necessite de restauração antes que possa ocorrer a restauração biológica. Se um riacho foi retificado para canalizar água rapidamente em um subúrbio, os ecólogos podem reconstruir um canal serpenteante para reduzir a velocidade do fluxo de água que erode as margens desse riacho. Para restaurar uma área minerada aberta, os engenheiros podem nivelar o local com equipamento pesado para restabelecer uma declividade suave, espalhando a camada superficial do solo (*topsoil*) quando a inclinação estiver estabelecida **(Figura 55.16)**.

Após a conclusão de qualquer restauração física do ecossistema, o próximo passo é a restauração biológica. O objetivo da restauração em longo prazo é devolver um ecossistema o mais próximo possível do seu estado pré-distúrbio. A **Figura 55.17** explora quatro projetos de restauração ambiciosos e bem-sucedidos. Esses e muitos outros projetos semelhantes em todo o mundo costumam empregar duas estratégias principais: biorremediação e incremento biológico.

Biorremediação

O emprego de organismos – geralmente procariotos, fungos ou vegetais – para desintoxicar ecossistemas poluídos é conhecido como **biorremediação**. Alguns vegetais e líquens adaptados a solos contendo metais pesados conseguem acumular em seus tecidos concentrações altas de metais tóxicos como chumbo e cádmio. Os ecólogos da restauração podem introduzir esses organismos nos locais poluídos pela mineração e outras atividades humanas e, após, coletá-los para remover os metais desses ecossistemas. Pesquisadores no Reino Unido, por exemplo, descobriram uma espécie de líquen que cresce em solo poluído com rejeito de urânio deixado pela mineração. O líquen concentra urânio em um pigmento escuro, tornando-o apropriado como indicador biológico e potencial remediador.

(a) Em 1991, antes da restauração **(b)** Em 2010, vários anos após a restauração

▲ **Figura 55.16** Uma área de mineração de saibro e argila em Nova Jersey, antes e depois da restauração.

Figura 55.17 Explorando a ecologia da restauração no mundo inteiro

Os exemplos destacados nesta página são apenas alguns dos muitos projetos de ecologia da restauração ocorrendo ao redor do mundo.

Rio Kissimmee, Flórida, Estados Unidos

O Rio Kissimmee foi convertido de uma condição sinuosa em um canal de 90 km, para controlar inundações. Essa canalização desviou a água da planície de inundação, secando as áreas úmidas e ameaçando muitas populações de peixes e aves. A restauração do Rio Kissimmee assoreou 12 km do canal de drenagem e restabeleceu 24 km dos 167 km originais de leito natural de rio. Aqui é mostrado um trecho do canal do Kissimmee que foi colmatado (faixa clara e larga no lado direito da fotografia), desviando o fluxo para os canais restantes do rio (centro da fotografia). O projeto também restaurará os padrões naturais de fluxo, que fomentarão populações autossustentáveis de aves de terras úmidas e de peixes.

Karoo Suculento, África do Sul

Nessa região desértica do sul da África, como em muitas regiões áridas, o excesso de pastejo por animais domésticos tem danificado áreas imensas. Os proprietários de terras e agências governamentais na África do Sul estão restaurando áreas grandes dessa região singular, revegetando os solos e empregando um manejo de recursos mais sustentável. A fotografia exibe uma amostra pequena da excepcional diversidade vegetal do Karoo Suculento; suas 5.000 espécies vegetais incluem a mais alta diversidade de suculentas no mundo.

Maungatautari, Nova Zelândia

Doninhas, ratos, porcos e outras espécies introduzidas representam uma séria ameaça às plantas e aos animais nativos da Nova Zelândia, incluindo os kiwis, que constituem um grupo de espécies de aves sem voo potente. O objetivo do projeto de restauração de Maungatautari é excluir todos os mamíferos exóticos de uma reserva de 3.400 hectares localizada em um cone vulcânico florestado. Uma cerca especial ao redor da reserva elimina a necessidade de continuar instalando armadilhas e de usar venenos que podem prejudicar a fauna nativa. Em 2006, um casal de takahe (espécie de ave sem voo potente, criticamente ameaçada) foi solto na reserva, na esperança do restabelecimento de uma população reprodutora dessa ave colorida na Ilha do Norte da Nova Zelândia.

Costa da Indonésia

Algas marinhas macroscópicas e ervas marinhas são berçários importantes para uma diversidade ampla de peixes e frutos do mar. Antes extensos, mas agora reduzidos pelo desenvolvimento, esses leitos estão sendo restaurados em áreas costeiras da Indonésia. A técnica abrange a construção de um hábitat de fundo marinho apropriado, semeadura manual e transplante de algas marinhas macroscópicas e ervas marinhas (mostrado nesta fotografia) procedentes de leitos naturais.

Os ecólogos já utilizam muitos procariotos para realizar biorremediação de solos e da água. Os cientistas sequenciaram os genomas de no mínimo dez espécies de procariotos especificamente pelo seu potencial de emprego na biorremediação. Uma das espécies, a bactéria *Shewanella oneidensis*, parece particularmente promissora. Ela consegue metabolizar uma dúzia ou mais de elementos sob condições aeróbicas e anaeróbicas. Assim, ela converte formas solúveis de urânio, cromo e nitrogênio em formas insolúveis que têm menor probabilidade de alcançar os riachos ou a água subterrânea. Pesquisadores do Laboratório Nacional de Oak Ridge, no Tennessee, Estados Unidos, estimularam o crescimento de *S. oneidensis* e outras bactérias redutoras de urânio mediante a adição de etanol à água subterrânea contaminada com urânio; as bactérias conseguem utilizar etanol como fonte de energia. Em apenas 5 meses, a concentração de urânio solúvel no ecossistema decresceu aproximadamente 80% **(Figura 55.18)**.

Incremento biológico

Diferentemente da biorremediação, que é uma estratégia para remoção de substâncias prejudiciais de um ecossistema, o **incremento biológico** utiliza organismos para *adicionar* materiais essenciais a um ecossistema degradado. Para incrementar os processos ecossistêmicos, o ecólogo da restauração necessita determinar quais fatores, como os nutrientes químicos, estão sendo perdidos ou estão limitando a recuperação do sistema.

O estímulo ao crescimento das plantas que se desenvolvem em solos pobres em nutrientes muitas vezes acelera a sucessão e a recuperação do ecossistema. Em ecossistemas alpinos do oeste dos Estados Unidos, plantas fixadoras de nitrogênio (como os tremoços) são com frequência cultivadas para elevar as concentrações de nitrogênio em solos impactados pela mineração e outras atividades. Uma vez estabelecidas essas plantas fixadoras de nitrogênio, outras espécies nativas têm melhores condições de obter nitrogênio suficiente do solo para sobreviver. Em outros sistemas onde o solo foi severamente impactado ou onde sua camada superficial do solo inexiste totalmente, as raízes das plantas podem carecer de simbiontes micorrízicos que as ajudem a satisfazer suas necessidades nutricionais (ver Conceito 31.1). No trabalho de restauração de uma pradaria alta em Minnesota, Estados Unidos, os ecólogos reconheceram essa limitação e incrementaram a recuperação de espécies nativas adicionando simbiontes micorrízicos ao solo que semearam.

A restauração da estrutura física e da comunidade vegetal de um ecossistema nem sempre assegura que as espécies animais recolonizem um local e nele persistam. Uma vez que os animais fornecem serviços ecossistêmicos essenciais, incluindo a polinização e a dispersão de sementes, os ecólogos da restauração às vezes ajudam a vida selvagem a alcançar e utilizar os ecossistemas restaurados. Eles podem soltar animais em um local ou estabelecer corredores de hábitats que conectam um local restaurado a ambientes onde os animais são encontrados. Eles podem construir poleiros para as aves, por exemplo. Esses e outros esforços podem aumentar a biodiversidade de ecossistemas restaurados e ajudam a comunidade a persistir.

(a) Por mais de 30 anos, resíduos contendo urânio foram despejados nessas quatro covas sem revestimento, contaminando solos e água subterrânea.

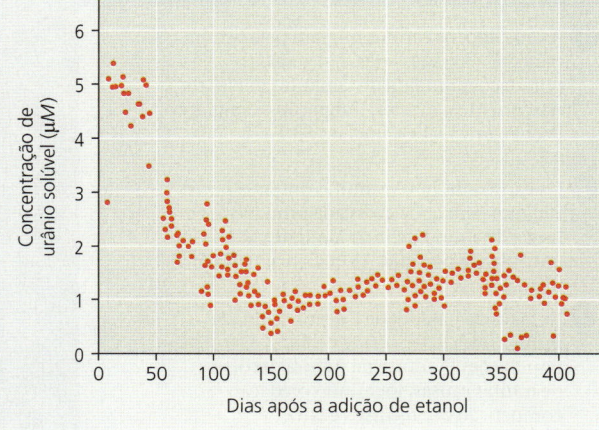

(b) Após a adição de etanol, a atividade microbiana diminuiu a concentração de urânio solúvel na água subterrânea perto das covas.

▲ **Figura 55.18** **Biorremediação de água subterrânea contaminada com urânio no Laboratório Nacional Oak Ridge.**

Revisando: ecossistemas

A **Figura 55.19** ilustra a transferência de energia, a ciclagem de nutrientes e outros processos-chave para um ecossistema de tundra ártica. Observe as semelhanças conceituais entre essa figura e a Figura 10.22 "Faça Conexões". As escalas das duas figuras são diferentes, mas as leis da física e as regras biológicas que governam a vida aplicam-se igualmente a ambos os sistemas.

REVISÃO DO CONCEITO 55.5

1. Identifique o principal objetivo da ecologia da restauração.
2. Como a biorremediação e o incremento biológico diferem?
3. **E SE?** De que modo o projeto do Rio Kissimmee é uma restauração ecológica mais completa do que a do projeto Maungatautari (ver Figura 55.17)?

Ver as respostas sugeridas no Apêndice A.

Figura 55.19

FAÇA CONEXÕES

Ecossistema em funcionamento

Este ecossistema de tundra ártica se enche de vida na curta estação de crescimento de 2 meses em cada verão. Nos ecossistemas, os organismos interagem uns com os outros de diversas maneiras, incluindo aquelas ilustradas nesta figura.

As populações são dinâmicas (Capítulo 53)

1. A cada ano, os caribus migram pela tundra para dar à luz suas crias. Em geral, as populações mudam de tamanho mediante nascimentos, mortes, imigração e emigração. (Ver Figura 53.1 e Conceito 53.1.)

2. Os gansos-da-neve e muitas outras espécies migram para o Ártico a cada primavera, em busca da abundância de alimento lá encontrada no verão. (Ver Conceito 53.5.)

3. As taxas de natalidade e de mortalidade influenciam a densidade de todas as populações. A morte na tundra decorre de muitas causas, incluindo predação, competição por recursos e falta de alimento no inverno. (Ver Figura 53.17.)

As espécies interagem de diversas maneiras (Capítulo 54)

4. Na predação, um indivíduo de uma espécie mata e come outro. (Ver Conceito 54.1.)

5. Na herbivoria, um indivíduo de uma espécie consome parte de uma planta ou outro produtor primário, como um caribu se alimentando de um líquen. (Ver Conceito 54.1.)

6. No mutualismo, indivíduos de duas espécies interagem, sendo ambos beneficiados. Em alguns mutualismos, os parceiros vivem em contato direto, formando uma simbiose; por exemplo, um líquen é um mutualismo simbiótico entre um fungo e uma alga ou uma cianobactéria. (Ver Conceito 54.1 e Figuras 31.22 e 31.23.)

7. Na competição, os indivíduos de duas espécies procuram obter os mesmos recursos limitantes. Por exemplo, o ganso-da-neve e o caribu se alimentam de erióforo (*Eriophorum*, Cyperaceae). (Ver Conceito 54.1.)

55 Revisão do capítulo

RESUMO DOS CONCEITOS-CHAVE

CONCEITO 55.1

As leis da física governam o fluxo de energia e a ciclagem química nos ecossistemas (p. 1239-1241)

- Um **ecossistema** consiste em todos os organismos em uma comunidade e todos os fatores abióticos com os quais eles interagem. A energia é conservada, mas liberada como calor durante os processos ecossistêmicos. Como consequência, a energia flui através dos ecossistemas (em vez de ser reciclada).
- Os elementos químicos entram no ecossistema e saem, além de apresentarem ciclagem dentro dele, o que é objeto da **lei de conservação da massa**. As entradas e saídas são geralmente pequenas em comparação às quantidades recicladas, mas seu equilíbrio determina se o ecossistema ganha ou perde um elemento ao longo do tempo.

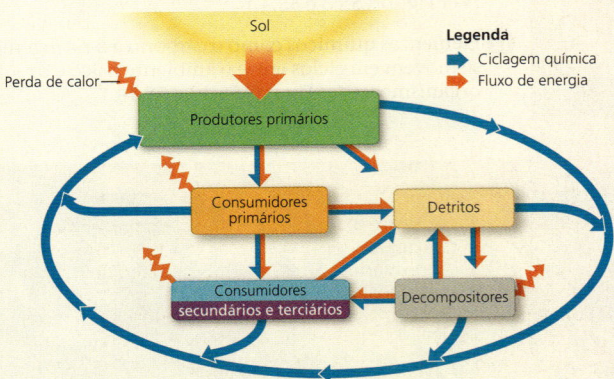

? Considerando a segunda lei da termodinâmica, você esperaria que a biomassa típica de produtores primários de um ecossistema fosse maior ou menor do que a biomassa de consumidores no sistema? Explique.

CONCEITO 55.2

A energia e outros fatores limitantes controlam a produção primária nos ecossistemas (p. 1241-1245)

- A **produção primária** estabelece o limite de gastos dos recursos energéticos globais. A **produção primária bruta** é a energia total assimilada por um ecossistema em um determinado período. A **produção primária líquida**, a energia acumulada na biomassa autótrofa, é igual à produção primária bruta menos a energia utilizada pelos produtores primários para a respiração. A **produção líquida do ecossistema** é a biomassa total nele acumulada, definida como a diferença entre a produção primária bruta e a respiração total no ecossistema.
- Em ecossistemas aquáticos, a luz e os nutrientes limitam a produção primária. Em ecossistemas terrestres, fatores primários como a temperatura e a umidade afetam a produção primária em grandes escalas, mas um nutriente do solo muitas vezes é localmente o fator limitante.

? Se você conhece a PPL de um ecossistema, qual variável adicional você precisa conhecer para estimar a PLE? Por que a medição dessa variável pode ser difícil em uma amostra de água oceânica, por exemplo?

CONCEITO 55.3

A transferência de energia entre os níveis tróficos geralmente tem apenas 10% de eficiência (p. 1246-1248)

- A quantidade de energia disponível para cada nível trófico é determinada pela produção primária líquida e pela **eficiência de produção**, a eficiência na qual a energia química (armazenada nos alimentos) é convertida em biomassa em cada elo da cadeia alimentar.
- A porcentagem de energia transferida de um nível trófico para o próximo, denominada **eficiência trófica**, é geralmente de 10%. As pirâmides energia e biomassa refletem a eficiência trófica baixa.

? Por que os corredores teriam uma eficiência de produção mais baixa ao fazerem uma corrida de longa distância do que quando estão sedentários?

CONCEITO 55.4

Os processos biológicos e geoquímicos realizam ciclagem de nutrientes e de água nos ecossistemas (p. 1248-1253)

- A água se move em um ciclo global acionado pela energia solar. O ciclo do carbono reflete primordialmente os processos recíprocos de fotossíntese e respiração celular. O nitrogênio ingressa nos ecossistemas mediante deposição atmosférica e pela fixação por procariotos.
- A proporção de um nutriente em uma forma específica varia entre os ecossistemas, em grande parte em razão de diferenças na taxa de decomposição.
- A ciclagem de nutrientes é fortemente regulada pela vegetação. O estudo de caso em Hubbard Brook mostrou que o desmatamento aumenta o escoamento de água e pode causar perdas grandes de minerais.

? Se os decompositores geralmente crescem mais rápido e decompõem a matéria mais depressa em ecossistemas mais quentes, por que a sua decomposição em desertos quentes é relativamente lenta?

CONCEITO 55.5

Os ecólogos da restauração devolvem os ecossistemas degradados a um estado mais natural (p. 1253-1257)

- Os ecólogos da restauração utilizam organismos para desintoxicar ecossistemas poluídos por meio do processo de **biorremediação**.
- No **incremento biológico**, os ecólogos usam organismos para adicionar matérias essenciais aos ecossistemas.

? Na preparação de um local para mineração a céu aberto e posterior restauração, por que os engenheiros separam a camada superficial das camadas profundas do solo, em vez de remover todo o solo de uma vez e misturá-lo em uma única pilha?

TESTE SEU CONHECIMENTO

Níveis 1-2: Relembre/Entenda

1. Qual dos seguintes organismos está corretamente pareado com um nível trófico?
   (A) cianobactéria – consumidor secundário
   (B) gafanhoto – consumidor primário
   (C) zooplâncton – produtor primário
   (D) grama— decompositor

2. Qual desses ecossistemas tem a produção primária *mais baixa* por metro quadrado?
   (A) um marisma
   (B) um oceano aberto
   (C) um recife de corais
   (D) uma floresta pluvial tropical

3. A disciplina que aplica princípios ecológicos para devolver ecossistemas degradados a um estado mais natural é conhecida como
   (A) ecologia da restauração.
   (B) termodinâmica.
   (C) eutrofização.
   (D) biogeoquímica.

Níveis 3-4: Aplique/Analise

4. As bactérias nitrificantes participam do ciclo do nitrogênio principalmente pela
   (A) conversão do gás nitrogênio em amônia.
   (B) liberação de amônio de compostos orgânicos, devolvendo-o, assim, ao solo.
   (C) conversão de amônio em nitrato, que a planta absorve.
   (D) incorporação de nitrogênio em aminoácidos e compostos orgânicos.

5. Qual dos seguintes tem o maior efeito na taxa de ciclagem química em um ecossistema?
   (A) a taxa de decomposição no ecossistema.
   (B) a eficiência de produção dos consumidores do ecossistema.
   (C) a eficiência trófica do ecossistema.
   (D) a localização dos reservatórios de nutrientes no ecossistema.

6. Qual das alternativas a seguir foi um resultado do experimento de desmatamento da bacia hidrográfica de Hubbard Brook?
   (A) A maioria dos minerais não foi reciclada dentro do ecossistema florestal intacto.
   (B) Os níveis de cálcio permaneceram altos no solo das áreas desmatadas.
   (C) O desmatamento aumentou o escoamento de água.
   (D) A concentração de nitratos nas águas que drenam a área desmatada tornou-se perigosamente alta.

7. Qual das alternativas a seguir é exemplo de biorremediação?
   (A) Adição de microrganismos fixadores de nitrogênio a um ecossistema degradado para aumentar a disponibilidade desse elemento
   (B) Uso de escavadeira para realizar uma mineração
   (C) Reconfiguração do canal de um rio
   (D) Adição de sementes de uma planta acumuladora de cromo ao solo contaminado por esse elemento

8. Se você aplicasse um fungicida a uma lavoura de milho, o que esperaria acontecer com a taxa de decomposição e a produção líquida do ecossistema (PLE)?
   (A) A taxa de decomposição e a PLE decresceriam.
   (B) Nenhuma delas sofreria alteração.
   (C) A taxa de decomposição aumentaria e a PLE diminuiria.
   (D) A taxa de decomposição diminuiria e a PLE aumentaria.

Níveis 5-6: Avalie/Crie

9. **DESENHE** (a) Desenhe um ciclo da água global simplificado, mostrando: oceano, terra, atmosfera e o escoamento da terra para o oceano. Identifique seu desenho com estes fluxos anuais de água:
   - Evaporação do oceano, 425 km^3
   - Evaporação do oceano que retorna ao oceano como precipitação, 385 km^3
   - Evaporação do oceano que cai como precipitação na terra, 40 km^3
   - Evapotranspiração de plantas e solo que cai como precipitação na terra, 70 km^3
   - Escoamento para os oceanos, 40 km^3

   (b) Qual é a razão da evaporação do oceano que cai como precipitação sobre a terra, comparada com o escoamento da terra para o oceano? (c) Como essa razão mudaria durante o período glacial e por quê?

10. **CONEXÃO EVOLUTIVA** Alguns biólogos sugeriram que os ecossistemas são sistemas emergentes "vivos" capazes de evoluir. Uma manifestação dessa ideia é a hipótese Gaia, do ambientalista James Lovelock, que concebe a Terra como entidade homeostática viva – um tipo de superorganismo. Os ecossistemas são capazes de evoluir? Se sim, isso seria uma forma de evolução darwiniana? Por que ou por que não? Explique.

11. **PESQUISA CIENTÍFICA** Usando dois lagos pequenos vizinhos em uma floresta como seu local de estudo, projete um experimento controlado para medir o efeito das folhas que caem sobre a produção primária líquida em um lago.

12. **ESCREVA SOBRE UM TEMA: ENERGIA E MATÉRIA**
    A decomposição costuma ocorrer rapidamente em florestas tropicais úmidas. No entanto, a saturação de água no solo de algumas florestas tropicais úmidas resulta, ao longo do tempo, no acúmulo de matéria orgânica denominada "turfa". Em um texto sucinto (100-150 palavras), discuta a relação da produção primária líquida, produção líquida do ecossistema e a decomposição para um ecossistema desse tipo. É provável que a PPL e a PLE sejam positivas? O que você acha que aconteceria à PLE se um proprietário drenasse a água de uma turfeira tropical, expondo a matéria orgânica ao ar?

13. **SINTETIZE SEU CONHECIMENTO**

Este besouro-do-esterco (do gênero *Scarabaeus*) está enterrando uma pelota de esterco que ele coletou de um mamífero herbívoro grande no Quênia. Explique por que esse processo é importante para a ciclagem de nutrientes e para a produção primária.

Ver respostas selecionadas no Apêndice A.

56 Biologia da conservação e mudança global

CONCEITOS-CHAVE

56.1 As atividades humanas ameaçam a biodiversidade da Terra p. 1261

56.2 A conservação de populações se concentra no tamanho populacional, na diversidade genética e nos hábitats críticos p. 1266

56.3 A conservação regional e da paisagem ajuda a sustentar a biodiversidade p. 1270

56.4 A Terra está mudando rapidamente como consequência de ações humanas p. 1274

56.5 O desenvolvimento sustentável pode melhorar vidas humanas enquanto conserva a biodiversidade p. 1284

Dica de estudo

Faça uma tabela: Conforme ler o capítulo, preencha a tabela como o modelo mostrado para organizar o que você aprendeu sobre as atividades humanas que têm efeitos importantes no meio ambiente. Descreva a atividade; resuma o impacto; e liste as ações nos níveis pessoal e governamental que poderiam reduzir os efeitos prejudiciais da atividade.

Atividade	Efeitos prejudiciais	Escolha pessoal/ação governamental
Desmatamento de florestas tropicais (muitas vezes para criação de gado)	Destrói hábitats de espécies tropicais; contribui para elevação dos níveis de CO_2	Consumir menos carne para reduzir a demanda/ estabelecer áreas de conservação

Figura 56.1 Pesquisadores descobriram esse réptil colorido, a "lagartixa-psicodélica" (*Cnemaspis psychedelica*), durante uma expedição à região do Grande Mekong, no sudeste da Ásia. De fato, entre 2000 e 2010, mais de 1.000 espécies foram descobertas somente nessa região. Infelizmente, a sobrevivência dessa lagartixa e de muitas outras espécies recém-descobertas está ameaçada pelo desmatamento e por outras atividades humanas.

Como podemos proteger as muitas espécies ameaçadas por atividades humanas?

As maneiras de proteger a diversidade da vida incluem:

Restaurar ou preservar hábitats que espécies ameaçadas precisam para sobreviver

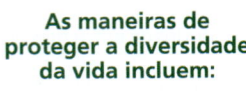
Acabar com a exploração excessiva de espécies cujas populações estão em declínio

Combater as mudanças climáticas e outras alterações ambientais globais causadas por atividades humanas

Estabelecer redes regionais de áreas de proteção

Proteger *hotspots*, áreas relativamente pequenas com biodiversidade elevada

CONCEITO 56.1

As atividades humanas ameaçam a biodiversidade da Terra

Por toda a biosfera, as atividades humanas estão alterando os distúrbios naturais, as estruturas tróficas, o fluxo de energia e a ciclagem química – processos ecossistêmicos dos quais nós e todas as outras espécies dependem. Alteramos fisicamente quase a metade da superfície terrestre no nosso planeta e utilizamos mais da metade de toda a superfície de água doce acessível. Nos oceanos, os estoques da maioria das espécies dos peixes importantes estão diminuindo devido à exploração excessiva. Segundo algumas estimativas, podemos estar levando mais espécies à extinção do que o asteroide que desencadeou a extinção em massa do Cretáceo, há 66 milhões de anos (ver Figura 25.18).

Neste capítulo, examinaremos as mudanças que acontecem em todo o planeta, focalizando a **biologia da conservação**, uma disciplina que integra ecologia, fisiologia, biologia molecular, genética e biologia evolutiva para a conservação da diversidade da vida na Terra. Os esforços para sustentar os processos ecossistêmicos e deter a extinção de espécies conectam também as ciências da vida com as ciências sociais, econômicas e humanas.

A extinção é um fenômeno natural que ocorre desde o começo da evolução da vida; é a *taxa* alta de extinção que preocupa. Mais de 1.000 espécies foram extintas nos últimas 400 anos, uma taxa que é de 100 a 1.000 vezes a taxa de extinção "basal", ou típica, vista no registro fóssil (ver Conceito 25.4). Essa comparação indica que a taxa de extinção atual é alta e que as atividades humanas ameaçam a biodiversidade da Terra em todos os níveis.

Três níveis de biodiversidade

A biodiversidade – ou diversidade biológica – pode ser considerada em três níveis principais: diversidade genética, diversidade de espécies e diversidade de ecossistemas **(Figura 56.2)**.

Diversidade genética

A diversidade genética compreende não apenas a variação genética individual *dentro* de uma população, mas também as diferenças genéticas *entre* as populações – diferenças que frequentemente estão associadas a adaptações às condições locais. Se uma população for extinta, a espécie pode, então, perder parte da diversidade genética que torna possível a microevolução. Essa erosão da diversidade genética, por sua vez, reduz o potencial adaptativo da espécie.

Diversidade de espécies

A percepção pública sobre a crise da biodiversidade está centrada na diversidade de espécies – o número de espécies em um ecossistema ou em toda a biosfera. Até agora, os cientistas descreveram e denominaram formalmente cerca de 1,8 milhão de espécies de organismos. Além dessas espécies

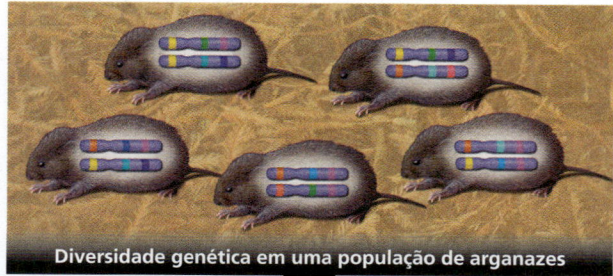

▲ **Figura 56.2 Três níveis de biodiversidade.** Os cromossomos ampliados no diagrama superior simbolizam a variação genética dentro da população.

nomeadas, muitas outras ainda precisam ser descobertas: as estimativas para o número de espécies que existem atualmente variam de 5 milhões a 100 milhões.

As espécies em perigo ou ameaçadas de extinção são de interesse especial. Uma **espécie em perigo** é aquela que está em perigo de extinção em toda ou em grande parte de sua distribuição **(Figura 56.3)**, enquanto uma **espécie ameaçada** é considerada suscetível a estar em perigo em um futuro próximo. A seguir, são apresentados alguns dados estatísticos que ilustram o problema da perda de espécies:

- De acordo com a União Internacional para a Conservação da Natureza (IUCN), 13% das 10.000 espécies de aves conhecidas e 22% das 5.500 espécies de mamíferos conhecidas estão ameaçadas.
- Um levantamento do Centro de Conservação da Flora mostrou que, das quase 20.000 espécies vegetais conhecidas nos Estados Unidos, 200 foram extintas desde que esses registros são mantidos e 730 estão em perigo ou ameaçadas.
- Na América do Norte, pelo menos 123 espécies animais de água doce foram extintas desde 1900 e centenas de

▲ **Figura 56.4** O morcego raposa-voadora das Marianas (*Pteropus mariannus*), um polinizador importante em risco de extinção.

▲ **Figura 56.3** **A cem batimentos cardíacos da extinção.** Estes são dois membros do "Hundred Heartbeat Club" (clube dos cem batimentos cardíacos), denominação dada pelo biólogo E. O. Wilson, da Universidade de Harvard, ao grupo de espécies com menos de 100 indivíduos remanescentes na Terra. O golfinho-do-rio yangtze talvez esteja extinto, mas alguns indivíduos foram supostamente avistados em 2007.

❓ *Para documentar que uma espécie foi de fato extinta, quais fatores você necessitaria considerar?*

outras espécies estão ameaçadas. A taxa de extinções da fauna de água doce da América do Norte é em torno de cinco vezes mais alta do que a dos animais terrestres.

As populações locais de uma espécie também podem ser levadas à extinção; por exemplo, uma espécie pode ser perdida em um sistema de rios, mas sobreviver em um sistema adjacente. A extinção global de uma espécie significa que ela foi perdida em *todos* os ecossistemas em que vivia, deixando-os permanentemente empobrecidos.

Diversidade de ecossistemas

A variedade dos ecossistemas da biosfera é o terceiro nível de diversidade biológica. Devido às muitas interações entre membros de espécies diferentes em um ecossistema, a extinção de populações de uma espécie pode ter impacto negativo sobre outras espécies no ecossistema (ver Figura 54.20). Por exemplo, os morcegos denominados "raposas-voadoras" são importantes polinizadores e dispersores de sementes nas Ilhas do Pacífico, onde são cada vez mais caçados como iguaria **(Figura 56.4)**. Os biólogos da conservação temem que a extinção das "raposas-voadoras" prejudique, também, as plantas nativas das Ilhas Samoa, onde quatro quintos das espécies arbóreas dependem desses animais para a polinização ou dispersão de sementes.

Alguns ecossistemas já foram muito afetados por ações humanas e outros estão sendo alterados em ritmo acelerado. Desde o início da colonização europeia, mais da metade das áreas úmidas contíguas aos Estados Unidos foi drenada e transformada para usos agrícolas e outras atividades. Na Califórnia, no Arizona e no Novo México, aproximadamente 90% das comunidades ripárias nativas (matas ciliares) foram afetadas por pastejo excessivo, controle de inundações, desvios das águas, abaixamento do lençol freático e invasão de plantas exóticas (não nativas).

Biodiversidade e bem-estar humano

Por que deveríamos nos preocupar com a perda da biodiversidade? Uma razão básica diz respeito ao nosso senso humano de conexão com a natureza e todas as formas de vida, denominada *biofilia*. Além disso, a crença de que as outras espécies têm direito à vida é um tema difundido em muitas religiões, e a base de um argumento moral de que deveríamos proteger a biodiversidade. Existe, também, uma preocupação com as futuras gerações humanas. Parafraseando um antigo provérbio, G. H. Brundtland, ex-primeiro ministro da Noruega, disse: "Devemos considerar que nosso planeta foi emprestado por nossos filhos, em vez de ter sido presenteado pelos nossos ancestrais". Além dessas justificativas filosóficas e morais, a diversidade de espécies e a diversidade genética nos trazem muitos benefícios práticos.

Benefícios da diversidade de espécies e da diversidade genética

Muitas espécies ameaçadas têm o potencial de fornecer medicamentos, alimento e fibras para uso humano, tornando a biodiversidade um recurso natural crucial. Produtos desde ácido acetilsalicílico até os antibióticos foram derivados originalmente de recursos naturais. Se perdermos as populações silvestres de plantas intimamente relacionadas com espécies cultivadas, perdemos recursos genéticos que poderiam ser usados para melhorar características dos cultivares, como a resistência a doenças. Por exemplo, na década de 1970, os agricultores responderam aos surtos devastadores de um vírus no arroz (*Oriza sativa*) rastreando 7.000 populações dessa espécie e de seus parentes próximos para entender a resistência ao vírus. Constatou-se que uma população de uma única espécie próxima, o arroz-indiano (*Oryza nivara*), era resistente ao vírus, e os cientistas introduziram a característica de resistência nas variedades comerciais do arroz. Hoje, a população original resistente à doença aparentemente está extinta na natureza.

Nos Estados Unidos, cerca de 25% das prescrições médicas elaboradas em farmácias contêm substâncias originalmente derivadas de vegetais. Por exemplo, pesquisadores descobriram que a vinca-rósea, que cresce em Madagascar, contém alcaloides que inibem o crescimento de células cancerosas **(Figura 56.5)**. Essa descoberta levou ao tratamento de duas formas letais de câncer, o linfoma de Hodgkin e um tipo de leucemia infantil, resultando em remissão na maioria dos casos. Madagascar é, também, o local de ocorrência de cinco outras espécies de vinca, uma das quais está próxima da extinção. A perda dessas espécies significaria perder todos os possíveis benefícios medicinais que elas podem oferecer.

▲ **Figura 56.5** Vinca-rósea (*Catharanthus roseus*), uma planta que salva vidas.

Toda espécie extinta significa a perda de genes únicos, alguns dos quais podem codificar proteínas extremamente importantes. A enzima Taq-polimerase foi extraída inicialmente de uma bactéria, *Thermus acquaticus*, encontrada em fontes termais no Parque Nacional de Yellowstone. Essa enzima é essencial para a reação em cadeia da polimerase (PCR), pois é estável sob as temperaturas altas necessárias à PCR automatizada (ver Figura 20.8). O DNA de muitas outras espécies de procariotos, vivendo em uma diversidade de ambientes, é utilizado na produção em massa de proteínas para novos medicamentos, alimentos, substitutos do petróleo, produtos químicos industriais e outros produtos. Contudo, como muitas espécies de procariotos e outros organismos talvez sejam extintos antes de serem descobertos, podemos perder o valioso potencial genético mantido em suas bibliotecas únicas de genes.

Serviços ecossistêmicos

Os benefícios que espécies individuais proporcionam ao homem são substanciais, mas a salvação dessas espécies é apenas uma parte do motivo para salvar os ecossistemas. Os seres humanos evoluíram nos ecossistemas da Terra, e dependemos desses sistemas e de seus habitantes para nossa sobrevivência. Os **serviços ecossistêmicos** englobam todos os processos pelos quais os ecossistemas naturais ajudam a sustentar a vida humana. Os ecossistemas purificam nosso ar e nossa água. Eles desintoxicam e decompõem nossos resíduos e reduzem os impactos de extremos climáticos e de inundações extremas. Os organismos nos ecossistemas polinizam nossas culturas e controlam pragas, bem como criam e preservam nossos solos. Além disso, esses diversos serviços são fornecidos de graça.

Se tivéssemos que pagar por eles, quanto valeriam os serviços dos ecossistemas naturais? Em 1997, os cientistas estimaram o valor dos serviços ecossistêmicos da Terra em 33 trilhões de dólares por ano, quase o dobro do produto interno bruto de todos os países no mundo naquela época (18 trilhões de dólares). Pode ser mais realista fazer essa contabilidade em uma escala menor. Por exemplo, a cidade de Nova York investiu 1,5 bilhão de dólares para comprar terras e restaurar hábitats nas Montanhas Catskill, a fonte da maior parte da água doce consumida na cidade. Esse investimento foi estimulado pela crescente poluição da água por esgoto, pesticidas e fertilizantes. Ao aproveitar os serviços ecossistêmicos para purificar naturalmente sua água, a cidade evitou gastar 2 bilhões de dólares para construir novas estações de tratamento de água e 300 milhões de dólares por ano para o funcionamento dessas estações.

Existem cada vez mais evidências de que o funcionamento dos ecossistemas e, portanto, a sua capacidade de prestar serviços estão vinculados à biodiversidade. À medida que as atividades humanas reduzem a biodiversidade, estamos diminuindo a capacidade dos ecossistemas do planeta de desempenhar processos cruciais para a nossa própria sobrevivência.

Ameaças à biodiversidade

Muitas atividades humanas diferentes ameaçam a biodiversidade em escalas local, regional e global. As ameaças impostas por essas atividades incluem quatro tipos principais: perda de hábitats, espécies introduzidas, exploração excessiva e mudança global.

Perda de hábitats

A alteração de hábitats pelo homem é a maior ameaça à biodiversidade em toda a biosfera. A perda de hábitats é produzida por fatores como agricultura, expansão urbana, plantio de árvores monoespecíficas, mineração e poluição. Conforme será discutido adiante neste capítulo, a mudança climática global também está alterando hábitats hoje e terá um efeito maior ainda no final deste século. Quando não há hábitat alternativo disponível ou uma espécie é incapaz de se deslocar, a perda do hábitat pode significar extinção. A IUCN considera a destruição dos hábitats como uma causa que contribuiu para que 73% das espécies fossem extintas, em perigo, vulneráveis ou raras nas últimas centenas de anos.

A perda e a fragmentação de hábitats podem ocorrer em regiões imensas. Cerca de 98% das florestas tropicais secas da América Central e do México foram desmatadas. A derrubada da floresta pluvial tropical no estado de Veracruz, México, principalmente para a pecuária bovina, resultou na perda de mais de 90% da floresta original, restando manchas florestais relativamente pequenas e isoladas. Muitos outros hábitats naturais foram fragmentados por atividades humanas **(Figura 56.6)**.

A fragmentação de hábitat frequentemente reduz o número de espécies em uma região porque as populações menores em fragmentos de hábitat têm maior probabilidade de extinção. As pradarias cobriam cerca de 800.000 hectares no sul do estado de Wisconsin, nos Estados Unidos, quando os primeiros europeus chegaram, mas hoje ocupam apenas 800 hectares; a maior parte das pradarias originais nessa área é atualmente utilizada para o cultivo de plantas de lavoura. Os levantamentos da diversidade vegetal de 54 remanescentes de pradarias em Wisconsin, realizados em 1948-1954 e 1987-1988, mostraram que esses locais perderam de 8 a 60% de suas espécies vegetais no período entre os dois levantamentos.

A perda de hábitats é, também, uma ameaça importante à biodiversidade aquática. Cerca de 70% dos recifes

▲ **Figura 56.6** Fragmentação de hábitat no sopé de Los Angeles. A ocupação nos vales pode confinar os organismos que habitam as estreitas faixas da encosta.

▲ **Figura 56.7** Kudzu, uma espécie introduzida, proliferando no sudeste dos Estados Unidos.

de corais, entre as comunidades aquáticas mais ricas em espécies da Terra, foram danificados por atividades humanas. Na velocidade atual de destruição, 40 a 50% dos recifes – hábitat de um terço das espécies de peixes marinhos – poderiam desaparecer nos próximos 30 a 40 anos. Os hábitats de água doce também estão sendo perdidos, muitas vezes como consequência de barragens, reservatórios, modificação de canais e regulação de fluxo que hoje afetam a maioria dos rios do mundo. Por exemplo, as mais de 30 barragens e eclusas construídas ao longo da bacia do Rio Mobile, no sudeste dos Estados Unidos, alteraram a profundidade e o fluxo do rio. Ao mesmo tempo em que proporcionaram os benefícios da usina hidrelétrica e aumentaram o tráfego de navios, essas barragens e eclusas ajudaram a levar à extinção mais 80 espécies de mexilhões e caracóis.

Espécies introduzidas

Espécies introduzidas – às vezes chamadas de espécies invasoras, não nativas ou exóticas – são aquelas que os humanos movem intencionalmente ou acidentalmente dos locais onde elas são nativas para novas regiões geográficas. As viagens dos seres humanos por navio e avião aceleraram a introdução de espécies. Livres de predadores, herbívoros, patógenos ou competidores que limitam suas populações aos seus hábitats nativos, essas espécies introduzidas podem se expandir rapidamente por uma nova região.

Algumas espécies introduzidas transtornam sua nova comunidade, muitas vezes predando organismos nativos ou competindo com eles por recursos. Por exemplo, a serpente-arborícola-marrom foi introduzida acidentalmente na ilha de Guam, a partir de outras partes do Pacífico Sul, como "passageiro clandestino" em um cargueiro militar após a Segunda Guerra Mundial. Desde então, 12 espécies de aves e seis espécies de lagartos foram extintas de Guam devido à predação pelas serpentes. Em 1988, o devastador mexilhão-zebra, espécie de molusco que se alimenta de material em suspensão, foi descoberto nos Grandes Lagos da América do Norte, provavelmente introduzido na água de lastro de navios procedentes da Europa. Os mexilhões-zebra formam colônias densas e impactam ecossistemas de água doce, ameaçando espécies aquáticas nativas. Eles também obstruem estruturas de captação de água, causando prejuízo de bilhões de dólares aos sistemas doméstico e industrial de abastecimento de água.

Com boas intenções, mas com efeitos desastrosos, os seres humanos introduziram deliberadamente muitas espécies. Uma planta asiática denominada kudzu, introduzida pelo Departamento de Agricultura dos Estados Unidos no sul do país para ajudar a controlar a erosão, ocupou áreas grandes da paisagem regional **(Figura 56.7)**. O estorninho-europeu foi trazido intencionalmente para o Central Park, em Nova York, em 1890, por um grupo de cidadãos, com a intenção de introduzir todos os vegetais e animais mencionados nas peças de Shakespeare. Ele rapidamente se expandiu pela América do Norte, onde sua população atual é superior a 100 milhões de indivíduos, desalojando muitas aves canoras nativas.

As espécies introduzidas são um problema mundial, contribuindo com aproximadamente 40% das extinções registradas desde 1750 e custando anualmente bilhões de dólares em danos e esforços para o controle. Só nos Estados Unidos, existem mais de 50.000 espécies introduzidas.

Exploração excessiva

A *exploração excessiva* refere-se, geralmente, à coleta de organismos nativos em taxas que excedem a capacidade de recuperação de suas populações. As espécies com hábitats restritos, como as ilhas pequenas, são especialmente vulneráveis à exploração excessiva. Uma dessas espécies foi o arau-gigante, ave marinha sem voo potente encontrada em ilhas do Atlântico Norte. Para satisfazer a demanda de penas, ovos e carne, já na década de 1840 o homem havia caçado o arau-gigante até a extinção.

Organismos grandes com taxas reprodutivas baixas, como os elefantes, as baleias e os rinocerontes, também são suscetíveis à exploração excessiva. O declínio dos maiores animais terrestres, os elefantes-africanos, é um exemplo clássico do impacto da caça excessiva. Em grande parte devido ao comércio do marfim, nos últimos 50 anos, as populações de elefantes têm sido reduzidas na maior parte da África. Uma proibição internacional da venda de marfim provocou o aumento da caça ilegal, de modo que essa proibição teve pouco efeito em grande parte do centro e do leste da África.

De 2006 a 2015, o número de elefantes caiu em 110.000, um declínio de 22% (de 525.000 a 415.000). Apenas na África do Sul, onde manadas antes dizimadas vinham sendo protegidas por quase um século, as populações de elefantes se estabilizaram ou aumentaram (ver Figura 53.8). Se essa proteção não for estendida para outras regiões, os elefantes podem ser extintos da natureza na maior parte da África.

Os biólogos da conservação cada vez mais empregam as ferramentas da genética molecular para rastrear as origens de tecidos coletados de espécies em perigo de extinção. Por exemplo: pesquisadores utilizaram DNA isolado de amostras de esterco de elefante para construir um mapa de referência de DNA para o elefante-africano (*Loxodonta africana*). Por comparação desse mapa de referência com DNA isolado do marfim obtido ilegalmente ou por caçadores clandestinos, com a precisão de algumas centenas de quilômetros, os pesquisadores conseguiram determinar onde os elefantes foram mortos **(Figura 56.8)**. Esse trabalho feito na Zâmbia sugeriu que as taxas de caça ilegal eram 30 vezes maiores do que fora estimado anteriormente, uma descoberta que estimulou melhores esforços anticaça por parte do governo do país. De maneira similar, utilizando análises filogenéticas do DNA mitocondrial (mtDNA), os biólogos demonstraram que parte da carne de baleia vendida nos mercados japoneses provinha de espécies exploradas ilegalmente, incluindo a baleia-comum e a baleia-jubarte, que estão em perigo de extinção (ver Figura 26.6).

Muitas populações de peixes comercialmente importantes, outrora consideradas inesgotáveis, foram dizimadas pela sobrepesca. A demanda de uma população humana crescente por alimentos ricos em proteínas, associada a novas tecnologias de exploração, como a pesca com espinhéis e as modernas redes de arrasto, reduziram essas populações de peixes a níveis que não podem mais sustentar explorações futuras. Até as últimas décadas, o atum-azul do

▲ **Figura 56.8 Ecologia forense e caça ilegal de elefante.** Estas presas cortadas faziam parte de carregamento ilegal de marfim interceptado na sua rota da África para Singapura, em 2002. As evidências baseadas no DNA mostraram que os milhares de elefantes mortos para a retirada de presas provinham de uma faixa estreita no sentido leste-oeste centrada em Zâmbia, e não de toda a África.

FAÇA CONEXÕES *A Figura 26.6 descreve um exemplo similar no qual os biólogos da conservação usaram análises de DNA para comparar amostras coletadas da carne de baleia, com um banco de dados de DNA de referência. De que modo esses exemplos são semelhantes e como eles são diferentes? Que limitações poderiam existir usando esses métodos forenses em outros casos suspeitos de caça ilegal?*

▲ **Figura 56.9 Exploração excessiva.** O atum-azul do Atlântico Norte é leiloado em um mercado de peixes japonês.

Atlântico era apreciado para pesca esportiva e considerado de pouco valor comercial – apenas alguns centavos por quilo, para uso na ração de gatos. Na década de 1980, no entanto, os atacadistas começaram a enviar atum fresco para o Japão para produção de *sushi* e *sashimi*. Nesse mercado, o peixe pode, agora, render mais de 1.000 dólares por quilo **(Figura 56.9)**. Com a crescente exploração estimulada por preços tão altos, levou apenas 10 anos para a população do atum-azul do Atlântico ocidental ser reduzida a menos de 20% do seu tamanho em 1980.

Mudança global

A quarta ameaça à biodiversidade, a mudança global, altera a estrutura de ecossistemas da Terra em escalas regional a global. A mudança global abrange alterações no clima, na química da atmosfera e em sistemas ecológicos amplos que reduzem a capacidade da Terra de sustentar a vida.

Um dos primeiros tipos de mudança global a causar preocupação foi a *precipitação ácida*, que é chuva, neve ou neblina com pH inferior a 5,2. A queima de madeira e combustíveis fósseis libera óxidos de enxofre e nitrogênio que reagem com a água no ar, formando ácidos sulfúrico e nítrico. Os ácidos, por fim, caem sobre a superfície da Terra, onde causam reações químicas que diminuem o fornecimento de nutrientes e aumentam as concentrações de metais tóxicos. Essas mudanças no solo e na água prejudicam alguns organismos terrestres e aquáticos.

Na década de 1960, os ecólogos constataram que organismos habitantes de lagos no leste do Canadá estavam morrendo em razão da precipitação ácida causada pela poluição do ar de fábricas no meio-oeste dos Estados Unidos. A truta de lago recém-desovada, por exemplo, morre quando o pH diminui abaixo de 5,4. Similarmente, lagos e riachos no sul da Noruega e da Suécia estavam perdendo peixes devido à poluição gerada na Grã-Bretanha e na Europa Central. Em 1980, o pH da precipitação em grandes áreas na América do Norte e na Europa alcançou a média de 4,0 a 4,5 e, às vezes, caiu para 3,0. (Para revisar o pH, ver o Conceito 3.3.)

Em décadas recentes, as regulamentações ambientais e as tecnologias novas permitiram que muitos países reduzissem as emissões de dióxido de enxofre. Nos Estados Unidos,

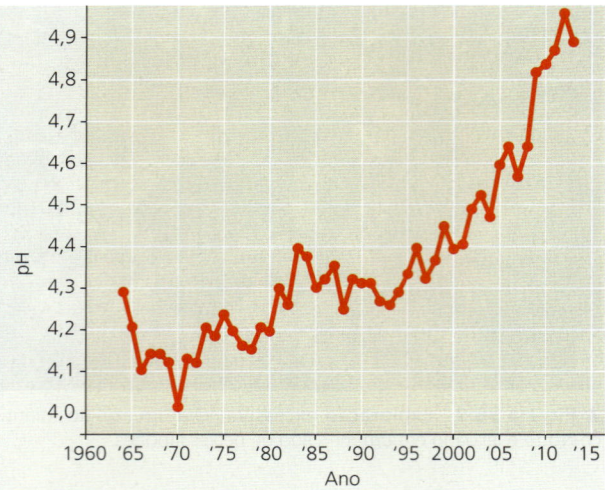

▲ **Figura 56.10** Mudanças no pH da precipitação na Floresta Experimental Hubbard Brook, New Hampshire, Estados Unidos.

FAÇA CONEXÕES *Descreva a relação entre pH e acidez. (ver Conceito 3.3). No geral, a precipitação nesta floresta está se tornando mais ácida ou menos ácida?*

as emissões de dióxido de enxofre diminuíram mais em de 75% entre 1990 e 2013, reduzindo gradualmente a acidez da precipitação **(Figura 56.10)**. Todavia, os ecólogos estimam que serão necessárias décadas para os ambientes aquáticos se recuperarem. Enquanto isso, as emissões de óxidos de nitrogênio estão aumentando nos Estados Unidos e as emissões de dióxido de enxofre e a precipitação ácida continuam a danificar florestas no centro e leste europeus.

Exploraremos a importância da mudança global para a biodiversidade da Terra mais detalhadamente no Conceito 56.4, onde serão examinados fatores como a mudança climática e a depleção do ozônio.

Espécies extintas podem ser ressuscitadas?

Até onde sabemos, a extinção sempre foi permanente. No entanto, alguns cientistas estão tentando usar técnicas de clonagem (ver Conceito 20.3) para ressuscitar espécies que foram extintas. Por exemplo, os pesquisadores usaram essa abordagem na tentativa de reverter a extinção do íbex-dos-pirineus, *Capra pyrenaica pyrenaica*. Em 1999, os pesquisadores retiraram uma amostra de pele do último indivíduo vivo, uma fêmea, e a congelaram. Quando esse indivíduo morreu, um ano depois, os cientistas usaram as células congeladas para produzir mais íbex. Por fim, um íbex nasceu em 2009. Lamentavelmente, ele viveu por apenas 7 minutos antes de sucumbir por defeitos pulmonares semelhantes aos observados em outros animais clonados.

Mais recentemente, os pesquisadores deram um passo inicial em direção ao possível uso da clonagem para evitar a extinção do rinoceronte-branco-do-norte (*Ceratotherium sium cottoni*). O último exemplar de *C. simum cottoni* macho morreu em 2018 – condenando o rinoceronte-branco-do-norte à extinção em um futuro próximo. Naquele mesmo ano, pesquisadores criaram embriões híbridos com sucesso, usando espermatozoides de rinocerontes-brancos-do-norte e óvulos de rinocerontes-brancos-do-sul intimamente relacionados, *C. simum simum* (as poucas fêmeas vivas da subespécie do norte tinham problemas reprodutivos graves).

Muitas etapas ainda são necessárias antes que o rinoceronte-branco-do-norte possa ser considerado ressuscitado da extinção. Além disso, mesmo que os cientistas finalmente possam ressuscitar uma ou poucas espécies, essa abordagem não resolve a crise de extinção que enfrentamos hoje. Para fazer isso, devemos tomar medidas para limpar o ambiente e proteger o hábitat natural das milhares de espécies atualmente ameaçadas de extinção.

> **REVISÃO DO CONCEITO 56.1**
>
> 1. Explique por que é limitado definir a crise da biodiversidade simplesmente como perda de espécies.
> 2. Identifique as quatro principais ameaças à biodiversidade e explique como cada uma prejudica a diversidade.
> 3. **E SE?** Imagine duas populações de uma espécie de peixe: uma no Mar Mediterrâneo e a outra no Mar do Caribe. Agora, imagine dois cenários: (1) As populações reproduzem-se separadamente e (2) os adultos das duas populações migram todos os anos ao Atlântico Norte para acasalar. Qual cenário resultaria em perda maior de diversidade genética, se a população mediterrânea fosse explorada até a extinção? Explique sua resposta.
>
> *Ver as respostas sugeridas no Apêndice A.*

CONCEITO 56.2

A conservação de populações se concentra no tamanho populacional, na diversidade genética e nos hábitats críticos

Os biólogos que trabalham com conservação nos níveis de população e de espécie empregam duas abordagens principais. Uma abordagem focaliza as populações pequenas e, portanto, vulneráveis, enquanto a outra enfatiza o hábitat crítico.

Riscos de extinção em populações pequenas

As populações pequenas são particularmente vulneráveis à exploração excessiva, à perda de hábitats e a outras ameaças à biodiversidade estudadas no Conceito 56.1. Após esses fatores terem reduzido o tamanho de uma população a um número pequeno de indivíduos, o tamanho pequeno, por si só, pode levar a população à extinção.

Vórtice de extinção: implicações evolutivas do tamanho populacional pequeno

EVOLUÇÃO Uma população pequena é vulnerável ao endocruzamento e à deriva genética, o que pode arrastar a

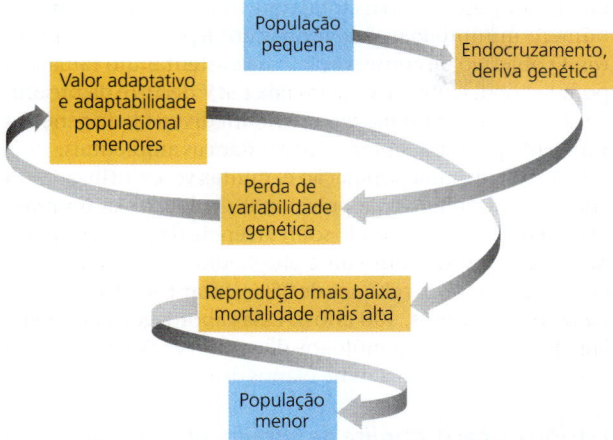

▲ **Figura 56.11** Processos que acionam um vórtice de extinção.

população para um **vórtice de extinção** em direção a um tamanho populacional cada vez menor, até que nenhum indivíduo sobreviva **(Figura 56.11)**. Um fator-chave que impulsiona o vórtice de extinção é a perda da variabilidade genética, que permite respostas evolutivas às mudanças ambientais, como o aparecimento de cepas novas de patógenos. Tanto o endocruzamento quanto a deriva genética podem causar uma perda de variabilidade genética (ver Conceito 23.3), e seus efeitos tornam-se mais prejudiciais à medida que uma população diminui. O endocruzamento com frequência reduz o valor adaptativo (*fitness*) porque os descendentes têm maior probabilidade de serem homozigotos para características recessivas deletérias.

Nem todas as populações pequenas são fadadas à extinção pela diversidade genética baixa, e a variabilidade genética baixa não conduz automaticamente a populações permanentemente pequenas. Por exemplo, a caça excessiva de elefantes-marinhos-do-norte na década de 1890 diminuiu a espécie para apenas 20 indivíduos – claramente um gargalo com variabilidade genética reduzida. Desde aquela época até hoje, entretanto, as populações dessa espécie subiram para cerca de 150.000 indivíduos, embora sua variabilidade genética permaneça relativamente baixa.

Estudo de caso: tetraz-das-pradarias e o vórtice de extinção

Quando os europeus chegaram à América do Norte, o tetraz-das-pradarias (*Tympanuchus cupido*) era comum da Nova Inglaterra até a Virgínia e nas pradarias no oeste do continente. O cultivo agrícola fragmentou as populações da espécie, e sua abundância diminuiu rapidamente (ver Figura 23.11). No século XIX, o estado de Illinois tinha milhões de tetrazes-das-pradarias, mas menos de 50 indivíduos em 1993. Os pesquisadores constataram que o declínio na população de Illinois estava associado à redução da variabilidade genética e ao decréscimo na fertilidade. Para testar a hipótese do vórtice de extinção, os cientistas aumentaram a variabilidade genética mediante importação de 271 aves de populações maiores de outros lugares **(Figura 56.12)**.

▼ **Figura 56.12** Pesquisa

O que causou o declínio drástico da população do tetraz-das-pradarias do estado de Illinois?

Experimento Os pesquisadores tinham observado que o colapso populacional refletia em uma redução na fertilidade, medida pela taxa de eclosão dos ovos. A comparação de amostras do DNA da população do Condado de Jasper, Illinois, com o DNA de penas de espécimes de museu mostrou que a variabilidade genética tinha diminuído na população de estudo (ver Figura 23.11). Em 1992, pesquisadores começaram a translocar tetrazes-das-pradarias de estados vizinhos, em uma tentativa de aumentar a variabilidade genética.

Resultados Após a translocação (seta preta), a viabilidade dos ovos aumentou rapidamente e a população se recuperou.

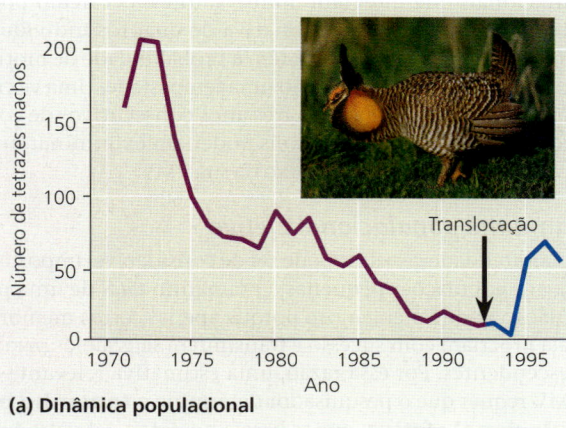

(a) Dinâmica populacional

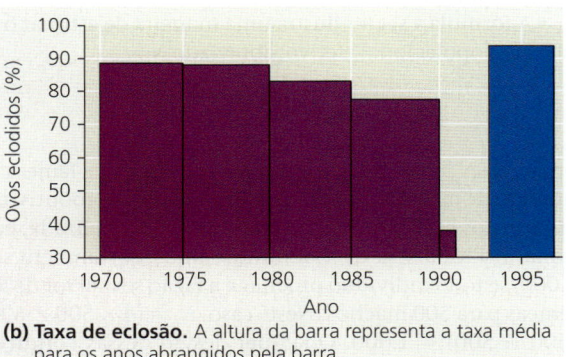

(b) Taxa de eclosão. A altura da barra representa a taxa média para os anos abrangidos pela barra.

Conclusão A variabilidade genética reduzida estava levando a população de tetrazes-das-pradarias do Condado de Jasper para um vórtice de extinção.

Dados de R. L. Westemeier et al., Tracking the long-term decline and recovery of an isolated population, *Science* 282:1695–1698 (1998). © 1998 by AAAS. Reimpressa com permissão.

E SE? *Considerando o sucesso do emprego de aves translocadas como ferramenta para aumentar a porcentagem de ovos eclodidos em Illinois, você translocaria imediatamente mais aves para Illinois? Por quê?*

A população de Illinois se recuperou, indicando que ela estava em vias de extinção até ser salva pela transfusão de variabilidade genética.

Tamanho populacional mínimo viável

Que tamanho uma população deve atingir para entrar em um vórtice de extinção? A resposta depende do tipo de organismo e de outros fatores. Predadores grandes que ocupam o topo da cadeia alimentar geralmente necessitam de áreas individuais extensas, resultando em densidades populacionais baixas. Essas espécies podem ser raras, mas pouco preocupantes para os biólogos da conservação. Todas as populações, no entanto, precisam ter um tamanho mínimo para se manterem viáveis.

O tamanho populacional mínimo em que uma espécie é capaz de sustentar seus membros é conhecido como **população mínima viável (PMV)**. A PMV é geralmente estimada para determinada espécie, usando modelos computacionais que integram muitos fatores. O cálculo pode incluir, por exemplo, a estimativa de quantos indivíduos em uma população pequena têm a probabilidade de morrer por catástrofes naturais, como uma tempestade. Uma vez no vórtice de extinção, dois ou três anos consecutivos de condições climáticas desfavoráveis poderiam exterminar uma população que já estiver abaixo da sua PMV.

Tamanho populacional efetivo

A variabilidade genética pode ser de considerável importância em populações pequenas. O tamanho *total* de uma população pode ser enganoso porque apenas certos membros dela procriam com sucesso e transmitem seus alelos para os descendentes. Por essa razão, uma estimativa relevante da PMV requer que o pesquisador determine o **tamanho populacional efetivo**, que se baseia no potencial reprodutivo da população.

A fórmula a seguir ilustra uma maneira de estimar o tamanho populacional efetivo, abreviado N_e:

$$N_e = \frac{4N_f N_m}{N_f + N_m}$$

onde N_f e N_m são, respectivamente, o número de fêmeas e o número de machos que apresentam sucesso reprodutivo. Se aplicarmos essa fórmula a uma população idealizada, cujo tamanho total seja de 1.000 indivíduos, N_e também será 1.000, se todo indivíduo procriar e a razão sexual for de 500 fêmeas para 500 machos. Neste caso, $N_e = (4 \times 500 \times 500)/(500 + 500) = 1.000$. Qualquer desvio dessas condições (nem todos os indivíduos reproduzem ou não há uma razão sexual de 1:1) reduz o N_e. Por exemplo, se o tamanho total da população for 1.000, mas apenas 400 fêmeas e 400 machos procriarem, então $N_e = (4 \times 400 \times 400)/(400 + 400) = 1.000$ ou 80% do tamanho total da população. Inúmeros fatores podem influenciar o N_e. Como consequência, fórmulas alternativas para estimar o N_e foram desenvolvidas para levar em conta fatores como idade na maturação, parentesco genético entre os membros da população, os efeitos do fluxo gênico e flutuações populacionais.

Em estudos de populações reais, o N_e é sempre uma fração da população total. Assim, simplesmente determinar o número total de indivíduos de uma população não fornece, necessariamente, uma boa medida para saber se a população é suficientemente grande para evitar a extinção. Sempre que possível, os programas de conservação tentam sustentar tamanhos populacionais totais que incluem, pelo menos, o número mínimo viável de indivíduos *reprodutivamente ativos*. O objetivo de conservação para sustentar um tamanho populacional efetivo (N_e) acima da PMV decorre da preocupação de que as populações retenham diversidade genética suficiente para se adaptarem às mudanças ambientais.

A PMV de uma população é, muitas vezes, utilizada em análises de viabilidade populacional. O objetivo dessa análise é predizer as chances de sobrevivência da população, geralmente expressa como uma probabilidade de sobrevivência específica (p. ex., chance de 95%) durante certo intervalo de tempo (digamos, 100 anos). Essas abordagens de modelagem permitem aos biólogos da conservação explorar as consequências potenciais de planos de manejo alternativos.

Estudo de caso: *análise de populações do urso-pardo*

Uma das primeiras análises de viabilidade populacional foi conduzida em 1978 por Mark Shaffer, como parte de um estudo de longo prazo com ursos-pardos no Parque Nacional de Yellowstone e em áreas adjacentes **(Figura 56.13)**. O urso-pardo (*Ursus arctos horribilis*), espécie ameaçada nos Estados Unidos, hoje é encontrado em apenas 4 dos 48 estados contíguos do país. Nesses estados, suas populações foram drasticamente reduzidas e fragmentadas. Estima-se que, em 1800, havia 100.000 ursos-pardos ocupando cerca de 500 milhões de hectares de hábitat, ao passo que hoje existem apenas 1.000 indivíduos em seis populações relativamente isoladas, distribuídos em menos de 5 milhões de hectares.

Shaffer tentou determinar os tamanhos viáveis para a população de ursos-pardos em Yellowstone. Utilizando dados de história de vida obtidos de indivíduos de Yellowstone durante um período de 12 anos, ele simulou os efeitos de fatores ambientais na sobrevivência e na reprodução. Seu modelo prediz que, em um hábitat adequado, uma população de 70 a 90 indivíduos de ursos-pardos em Yellowstone teria uma chance de sobrevivência nos próximos 100 anos de aproximadamente 95%. Uma população de 100 ursos teria uma chance de sobrevivência de 95% pelo dobro do tempo, cerca de 200 anos.

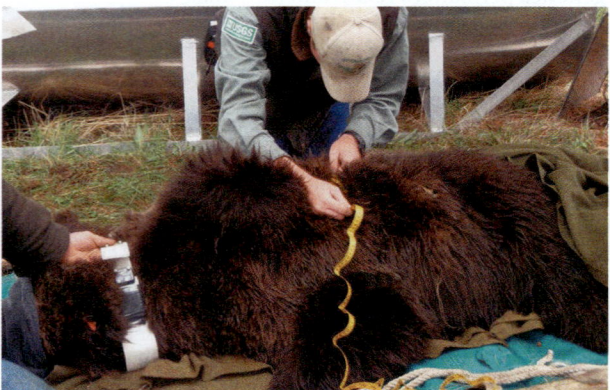

▲ **Figura 56.13 Monitorando uma população de ursos-pardos.** Um cientista mede um urso que foi anestesiado e equipado com um colar de radiotelemetria, para que seus movimentos possam ser comparados com os de outros ursos-pardos da população no Parque Nacional de Yellowstone.

Como o tamanho real da população de ursos-pardos em Yellowstone se compara com a PMV prevista por Shaffer? Uma estimativa atual avalia a população total de ursos-pardos no grande ecossistema de Yellowstone em aproximadamente 700 indivíduos. A relação dessa estimativa com o tamanho populacional efetivo (N_e) depende de vários fatores. Em geral, apenas alguns machos dominantes procriam, podendo ser difícil para eles localizar fêmeas, uma vez que os indivíduos habitam áreas grandes. Além disso, as fêmeas podem se reproduzir somente quando há abundância de alimento. Como consequência, N_e é apenas cerca de 25% do tamanho populacional total, ou cerca de 175 ursos.

Como as populações pequenas tendem a perder variabilidade genética ao longo do tempo, pesquisadores usaram proteínas, DNA mitocondrial e repetições curtas em *tandem* (ver Conceito 21.4) para avaliar a variabilidade genética na população de ursos-pardos de Yellowstone. Todos os resultados até o momento indicam que a população em Yellowstone tem menos variabilidade genética do que outras populações de ursos-pardos na América do Norte.

Como os biólogos da conservação poderiam aumentar o tamanho efetivo e a variabilidade genética da população de ursos-pardos em Yellowstone? A migração entre populações isoladas de ursos-pardos poderia aumentar os tamanhos efetivo e total da população. Modelos computacionais predizem que a introdução de apenas dois ursos não aparentados a cada década em uma população de 100 indivíduos reduziria para mais ou menos a metade a perda de variabilidade genética. Para o urso-pardo, e provavelmente para muitas outras espécies com populações pequenas, a descoberta de mecanismos para promover a dispersão entre populações pode ser uma das necessidades mais urgentes de conservação.

Este estudo de caso e o do tetraz-das-pradarias mostram como a compreensão das consequências ecológicas e evolutivas de populações pequenas pode ter aplicações práticas na conservação. A seguir, examinaremos uma abordagem alternativa para entender a biologia da extinção.

Hábitat crítico

A perda do hábitat crítico pode fazer com que as populações ameaçadas ou em perigo mostrem uma tendência de queda, mesmo que a população esteja bem acima do seu tamanho mínimo viável. O foco na importância do hábitat crítico se concentra nos fatores ambientais que causaram o declínio da população em primeira instância. Se, por exemplo, uma área é desmatada, as espécies que dependem das árvores diminuirão em abundância, retendo ou não variabilidade genética. O estudo de caso a seguir ilustra como a abordagem de hábitat crítico foi aplicada à conservação de espécies em perigo de extinção.

Estudo de caso: *declínio do pica-pau-de-topete-vermelho*

O pica-pau-de-topete-vermelho (*Picoides borealis*) é encontrado apenas no sudeste dos Estados Unidos. Ele requer florestas de pinheiro maduras como hábitat, preferencialmente as dominadas pelo pinheiro-de-folha-longa (*Pinus palustris*). Um fator de hábitat crítico para o pica-pau-de-topete-vermelho é

(a) As florestas que podem sustentar os pica-paus apresentam sub-bosque baixo.

(b) As florestas que não podem sustentar os pica-paus têm sub-bosque alto e denso que interfere no acesso desses animais às áreas de forrageio.

▲ **Figura 56.14** Necessidades de hábitat do pica-pau-de-topete-vermelho.

❓ *Como o distúrbio do hábitat é absolutamente necessário para a sobrevivência a longo prazo do pica-pau-de-topete-vermelho?*

que o sub-bosque ao redor dos troncos dos pinheiros deve ser baixo **(Figura 56.14a)**. As aves reprodutoras tendem a abandonar os ninhos quando a vegetação dos pinheiros é densa e mais alta que 4,5 m **(Figura 56.14b)**; as aves parecem precisar de um caminho de voo desimpedido entre as árvores onde habitam e as áreas de alimentação vizinhas. Os incêndios periódicos têm, historicamente, varrido as florestas de pinheiro-de-folha-longa, mantendo o sub-bosque baixo.

Além disso, embora a maioria dos pica-paus faça ninhos em árvores mortas, o pica-pau-de-topete-vermelho faz seus ninhos em pinheiros maduros e vivos. Ele também abre buracos pequenos ao redor da entrada do ninho, fazendo a resina da árvore escorrer pelo tronco. A resina parece repelir predadores, como as serpentes-do-milho, que comem os ovos e os filhotes.

Um fator que leva ao declínio do pica-pau-de-topete-vermelho é a destruição ou fragmentação de hábitats adequados pela extração de madeira e agricultura **(Figura 56.15)**. Mediante o reconhecimento dos fatores-chave do hábitat, a proteção de algumas florestas do pinheiro-de-folha-longa e o uso de incêndios controlados para reduzir o sub-bosque, os gestores de conservação ambiental têm ajudado a restaurar os locais que podem sustentar populações viáveis.

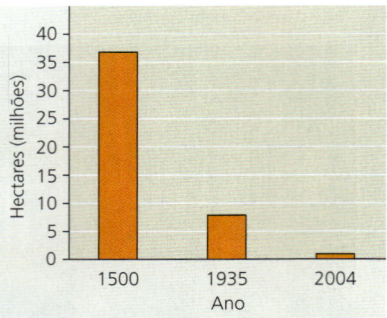

▲ **Figura 56.15** Declínio das florestas de pinheiro-de-folha-longa. A supressão por incêndios, a exploração madeireira, o desenvolvimento urbano e outras atividades humanas reduziram as florestas de pinheiro-de-folha-longa a 3% da sua área original; a área de cobertura não aumentou desde 2004.

Às vezes, os gestores de conservação ambiental podem ajudar espécies a colonizar hábitats restaurados. Como os pica-paus levam meses para escavar as cavidades para os ninhos, os pesquisadores realizaram um experimento para verificar se a disponibilização de cavidades para as aves aumentaria a probabilidade de utilização do local por elas. Os pesquisadores construíram cavidades em pinheiros de 20 locais. Os resultados foram notáveis. As cavidades de 18 dos 20 locais foram colonizadas por pica-paus, e novos grupos reprodutores formaram-se apenas nesses locais. Com base nesse experimento, os conservacionistas iniciaram um programa de manutenção de hábitats que incluiu queimada controlada e construção de novas cavidades para ninhos, permitindo que essa espécie em perigo de extinção comece a se recuperar.

Ponderando demandas conflitantes

A determinação do tamanho populacional e das necessidades de hábitat é apenas uma parte da estratégia para salvar uma espécie. Os cientistas também precisam comparar as necessidades de uma espécie com outras demandas conflitantes. A biologia da conservação com frequência destaca a relação entre ciência, tecnologia e sociedade. Por exemplo, um debate atual, às vezes acirrado, no oeste dos Estados Unidos coteja a preservação de hábitats para populações do lobo, do urso-pardo e da truta com as oportunidades de trabalho no campo e nas indústrias de extração de recursos. Os programas de reposição de lobos para o Parque Nacional de Yellowstone permanecem controversos para as pessoas preocupadas com a segurança humana e para os pecuaristas preocupados com a perda potencial de seus animais próximos ao parque.

Vertebrados grandes e que chamam a atenção nem sempre são o ponto central desses conflitos, mas o uso do hábitat quase sempre é o tema. Deve-se prosseguir com as obras de uma nova ponte rodoviária que beneficia a economia local, mas destrói o único hábitat remanescente de uma espécie de mexilhão de água doce? Se você fosse o proprietário de um cafezal cujas variedades se desenvolvem em ambientes bem ensolarados, estaria disposto a mudar para variedades tolerantes à sombra que produzem menos café por hectare, mas que crescem sob árvores que sustentam muitas aves canoras? Esforços de conservação bem-sucedidos geralmente buscam um resultado que beneficie ambas as partes: proteger as espécies ameaçadas *e* os empregos ou outros aspectos da economia de uma região.

Outra consideração importante é o papel ecológico de uma espécie. Uma vez que somos incapazes de salvar todas as espécies em perigo de extinção, devemos determinar quais delas são mais importantes para a conservação da biodiversidade como um todo. A identificação de espécies-chave e a descoberta de mecanismos para sustentar suas populações podem ser centrais para a manutenção de comunidades e de ecossistemas. Na maioria das situações, os biólogos da conservação devem, também, olhar além de uma única espécie e considerar o todo da comunidade e do ecossistema como uma importante unidade de biodiversidade.

REVISÃO DO CONCEITO 56.2

1. Como a diversidade genética reduzida de populações pequenas as torna mais vulneráveis à extinção?
2. Se houvesse 100 tetrazes-das-pradarias em uma população, e 30 fêmeas e 10 machos procriando, qual seria o tamanho populacional efetivo (N_e)?
3. **E SE?** Em 2005, pelo menos dez ursos-pardos foram mortos no grande ecossistema de Yellowstone em razão do contato com as pessoas. A maioria das mortes resultou de três fatores: colisões com automóveis, caçadores (de outros animais) que atiram quando atacados por fêmeas de urso-pardo com filhotes nas proximidades e gestores ambientais matando ursos que atacaram, repetidamente, animais domésticos. Se você fosse gestor ambiental, que ações adotaria para minimizar esses contatos em Yellowstone?

Ver as respostas sugeridas no Apêndice A.

CONCEITO 56.3

A conservação regional e da paisagem ajuda a sustentar a biodiversidade

Embora os esforços de conservação historicamente tenham focalizado o salvamento de espécies individuais, os esforços atuais geralmente buscam sustentar a biodiversidade de comunidades, ecossistemas e paisagens. Uma visão tão ampla requer a aplicação não apenas de princípios ecológicos, mas também de aspectos da dinâmica e da economia da população humana.

Estrutura e biodiversidade da paisagem

A biodiversidade de uma determinada paisagem é fortemente influenciada por suas características físicas, ou *estrutura*. A compreensão da estrutura da paisagem é criticamente importante na conservação, pois muitas espécies utilizam mais de um tipo de ecossistema e muitas vivem nos limites entre ecossistemas.

Fragmentação e bordas

Os limites, ou *bordas*, entre ecossistemas – como entre um lago e uma floresta circundante ou entre terras agrícolas e

▲ **Figura 56.16** Bordas naturais entre ecossistemas na Sibéria.
HABILIDADES VISUAIS *Quais bordas entre ecossistemas você observa nesta fotografia?*

▲ **Figura 56.17** Fragmentos de floresta pluvial amazônica criados como parte do Projeto Dinâmica Biológica de Fragmentos Florestais.

áreas residenciais suburbanas – são características definidoras de paisagens **(Figura 56.16)**. Uma borda apresenta seu próprio conjunto de condições físicas, que diferem daquelas presentes em cada lado. A superfície do solo de uma borda entre um fragmento florestal e uma área queimada recebe mais luz solar e geralmente é mais quente e mais seca do que o interior da floresta, mas é mais fria e mais úmida do que a superfície do solo na área queimada.

Alguns organismos desenvolvem-se em comunidades de borda porque obtêm recursos das duas áreas adjacentes. O tetraz-de-colar (*Bonassa umbellus*) é uma ave que necessita de hábitat florestal para fazer ninho, obter alimento no inverno e se abrigar, mas precisa também de aberturas na floresta com densa vegetação arbustiva e herbácea para alimentar-se no verão.

Os ecossistemas em que as bordas se originam de alterações humanas frequentemente têm biodiversidade reduzida e uma preponderância de espécies adaptadas a esses ambientes. Por exemplo, o veado-de-cauda-branca (*Odocoileus virginianus*) prolifera em hábitats de borda, onde pode se alimentar de arbustos lenhosos; as populações de veado muitas vezes se expandem quando as florestas são derrubadas e mais bordas são geradas. O chupim-de-cabeça-castanha (*Molothrus ater*) é uma espécie adaptada à borda que deposita seus ovos nos ninhos de outras aves, com frequência aves canoras migratórias. Os chupins necessitam de florestas, onde podem parasitar os ninhos de outras aves, e campos abertos, onde forrageiam sementes e insetos. Por conseguinte, suas populações crescem onde as florestas são derrubadas e fragmentadas, criando mais hábitats de borda e áreas abertas. O aumento do parasitismo dos chupins e a perda de hábitats estão correlacionados com o declínio de várias de suas espécies hospedeiras.

A influência da fragmentação na estrutura de comunidades é acompanhada desde 1979 no Projeto Dinâmica Biológica de Fragmentos Florestais. Localizada no coração da bacia do rio Amazonas, a área de estudo consiste em fragmentos isolados de floresta pluvial tropical separados da floresta contínua circundante por distâncias de 80 a 1.000 m **(Figura 56.17)**. Inúmeros pesquisadores que trabalham nesse projeto documentaram claramente os efeitos dessa fragmentação em organismos que variam desde briófitas até besouros e aves. Eles verificaram consistentemente que as espécies adaptadas ao interior das florestas exibem os maiores declínios nos fragmentos menores, sugerindo que as paisagens dominadas por fragmentos pequenos sustentarão menos espécies.

Corredores que conectam fragmentos de hábitat

Em hábitats fragmentados, a presença de um **corredor de deslocamento**, uma faixa estreita ou uma série de pequenos aglomerados de hábitat conectando fragmentos isolados, pode ser importante para a conservação da biodiversidade. As matas ciliares muitas vezes servem de corredores e, em algumas nações, a política governamental proíbe a alteração desses hábitats. Em áreas de uso humano intenso, às vezes são construídos corredores artificiais. Pontes ou túneis, por exemplo, podem reduzir o número de animais mortos que tentam atravessar rodovias **(Figura 56.18)**.

Os corredores de deslocamento podem, também, promover a dispersão e diminuir o endocruzamento em populações

▲ **Figura 56.18 Um corredor artificial.** Este viaduto rodoviário na Holanda ajuda animais a atravessarem uma barreira criada pelos humanos.

em declínio. Foi demonstrado que os corredores aumentam a troca de indivíduos em populações de muitas espécies, incluindo borboletas, ratos e plantas aquáticas. Os corredores são especialmente importantes para espécies que migram sazonalmente entre hábitats diferentes. No entanto, os corredores podem ser prejudiciais – por exemplo, ao permitirem a propagação de doenças. Em um estudo realizado em 2003, um cientista da Universidade de Zaragoza, na Espanha, demonstrou que corredores de hábitat facilitam o deslocamento de carrapatos vetores de doenças entre fragmentos florestais no norte do país. Ainda não são compreendidos todos os efeitos dos corredores, e seu impacto é uma área de pesquisa ativa.

Estabelecendo áreas de proteção

Até agora, os governos já destinaram cerca de 7% das terras do mundo para várias modalidades de unidades de conservação. A escolha sobre onde estabelecer e como delimitar unidades de conservação impõe muitos desafios. Uma unidade de conservação deve ser manejada para minimizar os riscos de incêndio e predação a uma espécie ameaçada? Ou ela deve ser deixada no estado mais natural possível, permitindo que processos como os incêndios desencadeados por raios desempenhem seu papel? Esse é apenas um dos debates que se originam entre pessoas que compartilham o interesse na saúde de parques nacionais e outras áreas protegidas.

Preservando hotspots de biodiversidade

Para decidir sobre quais áreas são de prioridade máxima para conservação, os biólogos com frequência concentram-se nos *hotspots* de biodiversidade. Um **hotspot da biodiversidade** é uma área relativamente pequena, com inúmeras espécies endêmicas (não encontradas em outras partes do mundo) e um número grande de espécies em perigo e ameaçadas de extinção **(Figura 56.19)**. Quase 30% de todas as espécies de aves podem ser encontradas em *hotspots*, que representam apenas cerca de 2% da superfície terrestre do nosso planeta. Juntos, os *hotspots* de biodiversidade terrestres mais representativos totalizam menos de 1,5% das terras do planeta, mas abrigam mais de um terço de todas as espécies de plantas, anfíbios, répteis (incluindo aves) e mamíferos. Os ecossistemas aquáticos também têm *hotspots*, como os recifes de corais e certos sistemas fluviais.

Os *hotspots* de biodiversidade são boas escolhas para o estabelecimento de unidades de conservação, mas a sua identificação nem sempre é simples. Um problema é que um *hotspot* para um grupo taxonômico, como o das borboletas, pode não ser um *hotspot* para outro grupo taxonômico, como o das aves. A designação de uma área como *hotspot* de biodiversidade muitas vezes pende a salvação de vertebrados e plantas, dedicando menos atenção aos invertebrados e microrganismos. Alguns biólogos se preocupam também com a possibilidade de que a estratégia dos *hotspots* enfatize demais uma fração pequena da superfície da Terra.

A mudança climática torna a tarefa de preservação dos *hotspots* ainda mais desafiadora, porque as condições que favorecem uma comunidade em particular podem não ocorrer lá, no futuro. O *hotspot* de biodiversidade no canto do sudoeste da Austrália (ver Figura 56.19) comporta milhares de espécies de plantas endêmicas (únicas para aquela área) e muitos vertebrados endêmicos. Recentemente, os pesquisadores concluíram que entre 5 e 25% das espécies vegetais que examinaram podem ser extintas por volta de 2080, pois essas espécies não serão capazes de tolerar o aumento da seca previsto para essa região.

Filosofia das unidades de conservação

As unidades de conservação são "ilhas" de biodiversidade protegidas em um mar de hábitat alterado ou degradado por atividades humanas. Uma política anterior – segundo a qual as áreas protegidas deveriam ser destinadas a permanecer inalteradas para sempre – baseava-se no conceito de que os ecossistemas são unidades equilibradas e autorreguláveis. Entretanto, distúrbios são comuns em todos os ecossistemas (ver Conceito 54.3). As políticas de manejo que ignoram os distúrbios ou tentam impedi-los em geral fracassaram. Por exemplo, o isolamento de uma comunidade dependente do fogo (p. ex., uma porção de uma pradaria alta, de um chaparral ou de uma floresta seca de pinheiros) com a intenção de salvá-la não é realista se a queimada periódica for excluída. Sem o distúrbio dominante, as espécies adaptadas ao fogo geralmente perdem a competição e a biodiversidade é reduzida.

Uma pergunta importante sobre conservação é: devemos criar inúmeras unidades pequenas ou menos unidades maiores? As unidades de conservação pequenas e não conectadas podem retardar a propagação de doença entre as populações. Um argumento a favor das unidades de conservação grandes é o de que animais de grande porte com áreas de vida grandes e densidades populacionais baixas, como o urso-pardo, necessitam de hábitats extensos. As unidades de conservação grandes têm perímetros proporcionalmente menores do que as unidades pequenas, razão pela qual são menos afetadas pelas bordas.

À medida que aprendem mais sobre as exigências para se alcançar populações mínimas viáveis para espécies em perigo de extinção, os biólogos da conservação percebem que os parques nacionais e outras unidades de conservação são,

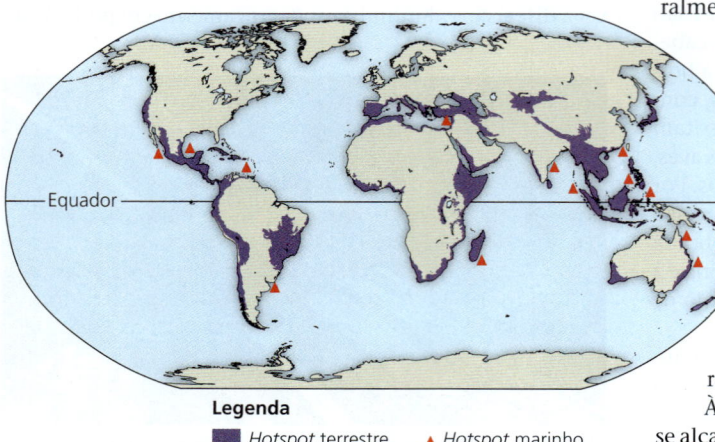

▲ **Figura 56.19** *Hotspots* de biodiversidade marinha (■) e terrestre (▲) da Terra.

na maioria, demasiadamente pequenos. A área necessária para a sobrevivência a longo prazo da população do urso-pardo de Yellowstone, por exemplo, é mais de 11 vezes a área do Parque Nacional de Yellowstone. Áreas privadas e públicas no entorno das unidades de conservação provavelmente terão de contribuir para a conservação da biodiversidade.

Unidades de conservação zoneadas

Várias nações adotaram uma abordagem do zoneamento de unidades de conservação para o manejo de paisagens. Uma **unidade de conservação zoneada** é uma região extensa que abrange áreas relativamente não perturbadas por ações humanas circundadas por áreas que foram alteradas por ações humanas, e são utilizadas visando a um ganho econômico. O desafio-chave da abordagem do zoneamento de unidades de conservação é desenvolver um clima social e econômico nas terras circunvizinhas compatível com a viabilidade de longo prazo do núcleo protegido. Essas áreas adjacentes continuam a sustentar atividades humanas, mas seguindo regras que impedem os tipos de alterações extensas que provavelmente prejudicam a área protegida. Em razão disso, os hábitats do entorno servem como zonas tampão (de amortecimento) contra a intromissão na área sem distúrbio.

A nação centro-americana da Costa Rica tornou-se líder mundial no estabelecimento de reservas zoneadas. Um acordo iniciado em 1987 reduziu a dívida externa da Costa Rica em troca da preservação ambiental no país. O país está dividido atualmente em 11 áreas de conservação, que incluem parques nacionais e outras áreas protegidas, no continente e no oceano **(Figura 56.20)**. A Costa Rica está progredindo no manejo das suas unidades de conservação; as zonas tampão proporcionam um suprimento constante e duradouro de produtos florestais, água e energia hidrelétrica, além de manterem agricultura e turismo sustentáveis, ambas as atividades com emprego de pessoas do local.

A Costa Rica depende do seu sistema de unidades de conservação zoneadas para manter pelo menos 80% das suas espécies nativas, mas esse sistema não está isento de problemas. Uma análise de 2003 sobre a mudança na cobertura do solo entre 1960 e 1997 mostrou um desmatamento não significativo dentro dos parques nacionais e um ganho na cobertura florestal na zona tampão de 1 km de largura no entorno dos parques. Contudo, nas zonas tampão de 10 km de largura no entorno de todos os parques, foram descobertas perdas significativas na cobertura florestal, o que ameaça transformar essas unidades de conservação em ilhas de hábitat isoladas.

▲ **Figura 56.21** Mergulhador medindo corais no Santuário Marinho Nacional de Flórida Keys.

Embora os ecossistemas marinhos também tenham sido intensamente afetados pela exploração humana, as unidades de conservação no oceano são muito menos comuns do que as continentais. Muitas populações de peixes pelo mundo entraram em colapso à medida que equipamentos cada vez mais sofisticados colocam quase todas as áreas com potencial pesqueiro ao alcance do homem. Em resposta, cientistas propuseram a criação de reservas marinhas ao redor do mundo que seriam totalmente livres da pesca. Eles apresentaram fortes evidências de que um mosaico de reservas marinhas pode servir como uma estratégia para aumentar as populações de peixes no seu interior e incrementar o sucesso pesqueiro em áreas próximas. O sistema proposto por eles é uma aplicação moderna de práticas seculares adotadas nas Ilhas Fiji, onde algumas áreas historicamente permaneceram fechadas à pesca – um exemplo tradicional do conceito de unidade de conservação zoneada.

Os Estados Unidos adotaram essa modalidade de sistema ao estabelecerem um conjunto de 13 santuários marinhos nacionais, incluindo o Santuário Marinho Nacional de Flórida Keys, que foi criado em 1990 **(Figura 56.21)**. As populações de organismos marinhos, incluindo peixes e lagostas, se recuperaram rapidamente após a proibição da pesca nos 9.500 km² da reserva. Peixes maiores e mais abundantes agora produzem larvas que ajudam a repovoar os recifes e incrementam a pesca fora do santuário. O aumento da vida marinha dentro do santuário o torna também um local favorito para o mergulho recreativo, aumentando o valor econômico dessa unidade de conservação zoneada.

Ecologia urbana

As unidades de conservação zoneadas que você acabou de estudar combinam hábitats relativamente inalterados por atividades humanas com aqueles que são amplamente

▲ **Figura 56.20 Áreas protegidas na Costa Rica.** Os limites das 11 áreas de conservação são indicados pelo contorno preto.

usados para o ganho econômico das pessoas. Cada vez mais, os ecólogos estão considerando a preservação de espécies, mesmo no contexto das cidades. O campo da **ecologia urbana** examina os organismos e o seu ambiente em circunstâncias urbanas.

Pela primeira vez na história, mais da metade das pessoas vive nas cidades. Por volta de 2030, as projeções apontam para uma população de 5 bilhões de pessoas vivendo em ambientes urbanos. À medida que as cidades se expandem em número e tamanho, as áreas protegidas, antes localizadas fora dos limites das cidades, tornam-se incorporadas às paisagens urbanas. Os ecólogos estão agora estudando as cidades como laboratórios ecológicos, buscando harmonizar a preservação de espécies e outras necessidades ecológicas com as necessidades das pessoas.

Uma área crítica de pesquisa está centrada nos riachos urbanos, incluindo a qualidade e o fluxo de suas águas e os organismos que nelas vivem. Após a chuva, os riachos urbanos tendem a elevar-se e a baixar mais rapidamente do que os riachos naturais. Essa mudança rápida no nível da água ocorre em razão do concreto e de outras superfícies impermeáveis nas cidades, bem como dos sistemas de drenagem que direcionam a água para fora das cidades o mais rápido possível para evitar alagamento. Os riachos urbanos também tendem a ter concentrações mais altas de nutrientes e de contaminantes, além de serem, muitas vezes, retificados ou canalizados subterraneamente.

Próximo a Vancouver, Canadá, ecólogos e voluntários trabalharam para restaurar um córrego urbano, Guichon Creek. Eles estabilizaram suas margens, removeram as plantas introduzidas e plantaram árvores e arbustos nativos ao longo do riacho **(Figura 56.22)**. Com esses esforços, o fluxo da água retornou e as comunidades de invertebrados e de peixes atingiram níveis próximos aos registrados há 50 anos, antes de o riacho tornar-se degradado. Há alguns anos, os ecólogos restabeleceram com êxito no riacho a truta (*Oncorhynchus clarki*), que, agora, está proliferando.

As cidades continuam a expandir-se para as paisagens do entorno, e a compreensão dos efeitos ecológicos dessa expansão aumentará em importância. A pesquisa e a conservação dos hábitats urbanos continuarão a crescer.

▲ **Figura 56.22** Voluntários trabalhando para remover espécies invasoras ao longo do riacho urbano Guichon Creek.

REVISÃO DO CONCEITO 56.3

1. O que é um *hotspot* de biodiversidade?
2. Como as unidades de conservação zoneadas proporcionam incentivos econômicos para a conservação a longo prazo de áreas protegidas?
3. **E SE?** Suponha que um empreendedor tenha proposto a derrubada de uma floresta que serve como corredor entre dois parques. Como medida compensatória, o empreendedor também propôs adicionar a mesma área de floresta a um dos parques. Na condição de ecólogo profissional, como você poderia argumentar para a manutenção do corredor?

Ver as respostas sugeridas no Apêndice A.

CONCEITO 56.4

A Terra está mudando rapidamente como consequência de ações humanas

Conforme discutimos, a conservação regional e de paisagens ajuda a proteger hábitats e a preservar espécies. Contudo, as mudanças ambientais resultantes de atividades humanas estão criando novos desafios. Como consequência de mudanças climáticas causadas pelo homem, por exemplo, o lugar onde uma espécie vulnerável é encontrada hoje pode não ser o mesmo que é necessário para a sua preservação no futuro. O que aconteceria se *muitos* hábitats na Terra mudassem tão rapidamente que os locais de preservação atuais se tornassem inadequados para as suas espécies em 10, 50 ou 100 anos? Esse cenário é cada vez mais possível.

O restante desta seção descreve quatro tipos de mudanças ambientais que os seres humanos estão produzindo: enriquecimento de nutrientes, acúmulo de toxinas, mudanças climáticas e depleção do ozônio. Os impactos dessas e de outras mudanças são evidentes não apenas em ecossistemas dominados pelo homem, como as cidades e as propriedades rurais, mas também nos mais remotos ecossistemas da Terra.

Enriquecimento de nutrientes

As atividades humanas muitas vezes retiram nutrientes de uma parte da biosfera e os adicionam em outras. Uma pessoa comendo brócolis em Washington, DC, consome nutrientes que poucos dias antes estavam no solo da Califórnia; pouco tempo depois, parte desses nutrientes estará no rio Potomac, tendo passado pelo sistema digestório da pessoa e por uma estação de tratamento de esgoto local. Da mesma forma, os nutrientes do solo da fazenda podem escoar para riachos e lagos, esgotando os nutrientes em uma área, aumentando-os em outra e alterando os ciclos químicos em ambas.

A agricultura ilustra como as atividades humanas podem levar ao enriquecimento de nutrientes. Após a remoção da vegetação de uma área, a reserva de nutrientes no solo se esgota com o tempo, porque muitos desses nutrientes são exportados da área na biomassa das plantas cultivadas. Quanto tempo isso leva varia consideravelmente. Quando as primeiras áreas de pradaria na América do Norte foram aradas, boas safras puderam ser produzidas durante décadas, porque a reserva grande de matéria orgânica no solo continuava a decompor-se e fornecer nutrientes. Por outro lado, parte das terras desmatadas nos trópicos pode ser cultivada por apenas 1 ou 2 anos, pois muito pouco do estoque de nutrientes do ecossistema está contido no solo. Apesar dessas variações, a reserva natural de nutrientes, por fim, se esgota.

Considere o nitrogênio, o principal nutriente perdido na agricultura (ver Figura 55.14). A aração mistura o solo e acelera a decomposição da matéria orgânica, liberando nitrogênio que é então removido quando as lavouras são colhidas. Fertilizantes contendo nitratos e outras formas de nitrogênio que as plantas conseguem absorver são usados para repor o nitrogênio que é perdido. No entanto, depois que as safras são colhidas, poucas plantas permanecem para absorver os nitratos do solo. Conforme mostrado na Figura 55.15, sem plantas para absorvê-los, os nitratos são frequentemente lixiviados do ecossistema.

Estudos recentes indicam que as atividades humanas mais do que duplicaram na superfície da Terra o suprimento de nitrogênio fixado disponível para os produtores primários. Os fertilizantes industriais representam a maior fonte de nitrogênio adicional. A queima de combustíveis fósseis libera também óxidos de nitrogênio, que penetram na atmosfera e se dissolvem na água da chuva; por fim, o nitrogênio entra no ecossistema como nitrato. O aumento do cultivo de leguminosas, com seus simbiontes fixadores de nitrogênio, é uma terceira via pela qual o homem aumenta a quantidade de nitrogênio fixado no solo.

Um problema surge quando o nível de nutrientes em um ecossistema excede a **carga crítica**, ou seja, a quantidade de nutrientes adicionados (geralmente nitrogênio ou fósforo) que pode ser absorvida pelas plantas sem prejuízos à integridade do ecossistema. Por exemplo, os minerais nitrogenados no solo que excedem a carga crítica por fim percolam para a água subterrânea ou escoam para os ecossistemas de água doce e marinhos, contaminando o abastecimento hídrico e causando eutrofização nos ecossistemas aquáticos (ver Conceito 55.2). As concentrações de nitratos na água subterrânea estão aumentando na maioria das regiões agrícolas, às vezes atingindo níveis perigosos para consumo.

Muitos rios contaminados com nitratos e amônio, oriundos de escoamento agrícola, e as águas residuais drenam para o Oceano Atlântico, sendo os aportes mais altos provenientes do norte da Europa e do centro dos Estados Unidos. O rio Mississipi transporta a poluição de nitrogênio para o Golfo do México, municiando uma floração de fitoplâncton a cada verão. Quando o fitoplâncton morre, sua decomposição por organismos aeróbios cria uma "zona morta" extensa de níveis baixos de oxigênio ao longo da costa **(Figura 56.23)**. Quando isso ocorre, peixes e outros animais marinhos desaparecem de algumas das áreas mais importantes economicamente dos Estados Unidos. Para reduzir o tamanho da zona morta, os agricultores começaram a usar os fertilizantes de modo mais eficiente, e os gestores estão restaurando áreas úmidas na bacia hidrográfica do rio Mississipi.

O escoamento de nutrientes pode também levar à eutrofização de lagos. A floração e o posterior declínio repentino de algas e cianobactérias e o esgotamento de oxigênio resultante são semelhantes ao que ocorre em uma zona morta marinha. Essas condições ameaçam a sobrevivência de muitos organismos. Por exemplo, a eutrofização do lago Erie e a pesca excessiva exterminaram peixes comercialmente importantes, como o lúcio-azul, o peixe-branco (*Coregonus clupeaformis*) e a truta, na década de 1960. Desde então, regras mais rigorosas sobre o despejo de esgoto no lago permitiram a recuperação de algumas populações de peixes, mas muitas espécies nativas de peixes e de invertebrados não se recuperaram.

Toxinas no ambiente

O homem libera na natureza uma diversidade imensa de substâncias químicas tóxicas, incluindo milhares de compostos sintéticos antes desconhecidos, com pouca consideração às consequências ecológicas. Os organismos captam substâncias tóxicas do ambiente junto com nutrientes e água. Alguns venenos são metabolizados ou excretados, mas outros se acumulam em tecidos específicos, frequentemente na gordura. Uma das razões de as toxinas acumuladas serem especialmente prejudiciais é que elas se tornam mais concentradas em níveis tróficos sucessivos de uma teia alimentar. Esse fenômeno, conhecido como **biomagnificação**, ocorre porque a biomassa em algum determinado nível trófico é produzida a partir de uma biomassa muito maior ingerida do nível abaixo (ver Conceito 55.3). Portanto, os carnívoros de topo tendem a ser mais gravemente afetados por compostos tóxicos no ambiente. Discutiremos três tipos de toxinas ambientais: compostos industriais e pesticidas, produtos farmacêuticos e resíduo plástico.

▶ **Figura 56.23 Uma zona morta decorrente da poluição por nitrogênio na bacia do Mississipi.** A cada ano, uma grande zona morta (uma região onde os níveis de O_2 dissolvidos são menores que 2,0 mg/L se forma no Golfo do México.

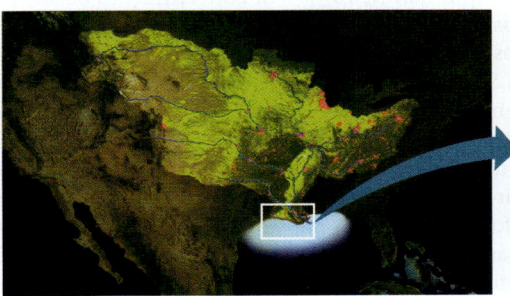

(a) Os nutrientes drenam das terras agrícolas (verde) e das cidades (vermelho) pela vasta bacia hidrográfica do Mississipi até o Golfo do México.

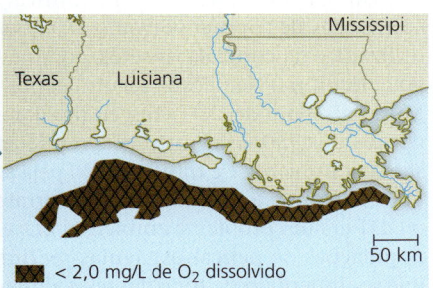

(b) A zona morta de 2017, representada aqui, foi a maior já medida. Ela ocupou 22.730 km² uma área um pouco maior do que Nova Jersey.

▲ **Figura 56.24** Biomagnificação de PCB em uma teia alimentar dos Grandes Lagos (ppm = partes por milhão).

❓ Calcule quanto a concentração de PCB aumentou em cada etapa da teia trófica.

Compostos industriais e pesticidas

Os hidrocarbonetos clorados constituem uma classe de compostos sintetizados industrialmente que demonstraram biomagnificação. Os hidrocarbonetos clorados incluem as substâncias químicas industriais denominadas PCB (bifenilas policloradas) e muitos pesticidas, como o DDT. A pesquisa atual envolve muito desses compostos em distúrbios do sistema endócrino em várias espécies animais, incluindo os seres humanos. A biomagnificação dos PCBs foi constatada na teia alimentar dos Grandes Lagos, onde a concentração dessas substâncias nos ovos de gaivotas, no topo da teia alimentar, é quase 5.000 vezes maior do que no fitoplâncton, na base **(Figura 56.24)**.

Um caso terrível de biomagnificação que danificou carnívoros de topo envolveu o DDT, substância química utilizada para controlar insetos, como mosquitos e pragas, na agricultura. Na década seguinte após a Segunda Guerra Mundial, o uso de DDT cresceu rapidamente. Por volta da década de 1950, os cientistas aprenderam que o DDT persiste no ambiente e é transportado pela água para áreas distantes de onde é aplicado. Um dos primeiros sinais de que o DDT era um problema ambiental grave foi o declínio nas populações de pelicanos, águias-marinhas e águias, aves que se alimentam no topo das teias alimentares. O acúmulo de DDT (e DDE, produto da sua decomposição) nos tecidos dessas aves interferiu na deposição de cálcio nas cascas dos seus ovos. Quando as aves tentaram incubar seus ovos, o peso dos progenitores rompeu as cascas dos ovos afetados, resultando no declínio catastrófico das taxas de reprodução das aves. O livro de Rachel Carson, *Primavera silenciosa*, ajudou a trazer o problema para a atenção pública na década de 1960 **(Figura 56.25)**, e o DDT foi banido dos Estados Unidos em 1971. Depois disso, houve uma recuperação expressiva nas populações das espécies das aves afetadas.

▶ **Figura 56.25 Rachel Carson.** A bióloga e autora Rachel Carson ajudou a promover uma nova ética ambiental, por meio de sua escrita e seu testemunho perante o Congresso dos Estados Unidos. Seus esforços levaram à proibição do uso do DDT nos Estados Unidos e a controles mais rígidos no emprego de outras substâncias químicas.

Em grande parte dos trópicos, o DDT ainda é empregado para controlar os mosquitos transmissores da malária e de outras doenças. Nesses locais, as sociedades enfrentam um dilema entre salvar vidas humanas e proteger outras espécies. Além disso, a resistência ao DDT evoluiu em muitas espécies de insetos, complicando ainda mais seu uso (para um exemplo específico, consulte a questão 7 na Revisão do Capítulo 22.) No geral, a melhor abordagem parece estar na aplicação moderada do DDT e na combinação de seu uso com mosquiteiros e outras soluções de baixa tecnologia.

Produtos farmacêuticos

Os produtos farmacêuticos constituem outro grupo de toxinas no ambiente, provocando uma crescente preocupação entre os ecólogos. A venda direta de medicamentos sem prescrição aumentou nos últimos anos, especialmente nos países industrializados. As pessoas que consomem esses produtos excretam substâncias químicas residuais e também podem descartar medicamentos não usados adequadamente no vaso sanitário na pia. Os medicamentos não decompostos em estações de tratamento de esgoto podem, então, penetrar em rios e lagos com o material descarregado por essas estações. Os medicamentos promotores do crescimento aplicados em animais nas propriedades rurais podem também chegar aos rios e lagos com o escoamento agrícola. Por isso, muitos produtos farmacêuticos estão se propagando em concentrações baixas pelos ecossistemas de água doce do mundo **(Figura 56.26)**.

Entre os produtos farmacêuticos que os ecólogos estão estudando, encontram-se os esteroides sexuais, incluindo formas de estrogênio usadas para controle de natalidade. Algumas espécies de peixes são tão sensíveis a certos estrogênios que concentrações de algumas partes por trilhão na água podem alterar a diferenciação sexual e mudar a razão sexual entre fêmeas e machos, em direção às fêmeas. Pesquisadores em Ontário, no Canadá, conduziram um experimento de 7 anos no qual aplicaram em um lago concentrações muito baixas (5 a 6 ng/L) do estrogênio sintético usado em anticoncepcionais. Eles constataram que a exposição crônica de uma espécie de peixe (*Pimephales promelas*) ao

▲ **Figura 56.26** Fontes e deslocamentos de produtos farmacêuticos no ambiente.

estrogênio levou à feminilização de machos e à quase extinção da população dessa espécie no lago.

Resíduos plásticos

Plásticos são compostos sintéticos tipicamente feitos de produtos de petróleo, como óleo ou gás natural. Estima-se que 4,8 a 12,7 toneladas métricas de resíduos plásticos entrem no oceano a cada ano, tornando os plásticos o tipo mais comum de lixo marinho.

Com o tempo, pedaços maiores de resíduos plásticos são decompostos em pedaços sucessivamente menores pela ação das ondas e dos raios UV, os quais quebram as ligações que mantêm os compostos plásticos juntos. Como consequência, os oceanos são contaminados por grandes pedaços de plástico e por **microplásticos**, partículas plásticas menores de 5 mm de tamanho. Dados sugerem que os resíduos plásticos podem persistir no ambiente por centenas a milhares de anos.

A quantidade enorme de resíduos plásticos nos oceanos tem efeitos abrangentes. Por exemplo, aves, mamíferos marinhos, tartarugas e peixes podem morrer após confundir restos de plástico com comida **(Figura 56.27)**. Um estudo de 2018 documentou outro efeito: recifes de coral contaminados por resíduos plásticos tiveram taxas muito mais altas de doenças do que os recifes sem resíduos plásticos **(Figura 56.28)**. O que causa esse aumento dramático nos níveis de doenças? Patógenos bacterianos podem "pegar carona" nos resíduos plásticos – assim, pedaços de resíduos plásticos podem introduzir novos patógenos em um recife de coral ou aumentar a abundância de patógenos já presentes. Além disso, os resíduos plásticos que ficam emaranhados em um recife podem danificar os corais ou privá-los de luz e oxigênio, tornando-os mais suscetíveis a patógenos.

Quanto aos microplásticos, essas pequenas partículas agora contaminam todos os oceanos do mundo. Microplásticos são encontrados em organismos de todos os tipos de cadeia alimentar marinha, e seus efeitos nocivos foram documentados em alguns peixes e invertebrados. Os microplásticos também podem representar uma ameaça à saúde humana. Estudos recentes revelaram que 25% dos peixes de supermercado na Indonésia e nos Estados Unidos continham microplástico em seus intestinos. Os mariscos vendidos em supermercados também continham microplástico. Embora se saiba menos sobre a extensão na qual os microplásticos contaminam os ecossistemas terrestres e dulciaquícolas, as evidências atuais indicam que eles estão igualmente generalizados – foram encontrados em lagos, riachos, solos, invertebrados, aves e peixes de água doce. Algumas evidências indicam que os microplásticos podem ser transportados na atmosfera, permitindo que sejam depositados em locais remotos.

A pesquisa sobre a extensão e os efeitos dos resíduos plásticos ainda está nos estágios iniciais. Mesmo assim, está claro que os resíduos plásticos são um problema ambiental considerável e crescente; isso exigirá maneiras novas e inovadoras de reduzir a quantidade de resíduos plásticos que geramos e quanto desses resíduos é mal gerenciado, contaminando, portanto, os ecossistemas naturais.

▶ **Figura 56.27 Uma vítima dos resíduos plásticos.** Encontrado em um refúgio da vida silvestre no Havaí, este filhote de albatroz-de-laysan (*Phoebastria immutabilis*) morreu após consumir grandes quantidades de detritos plásticos.

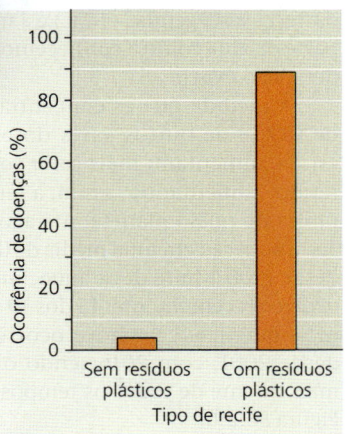

▶ **Figura 56.28 Resíduos plásticos e doenças em corais.** Um estudo de 2018 descobriu que a porcentagem de corais doentes aumenta 20 vezes em recifes contaminados por resíduos plásticos. A foto mostra resíduos plásticos em coral em um dos locais de estudo.

Gases do efeito estufa e mudança climática

As atividades humanas liberam uma série de produtos residuais gasosos. As pessoas pensavam que a vasta atmosfera poderia absorver esses materiais indefinidamente, mas, agora sabemos que nossas ações podem levar à **mudança climática**, uma mudança direcional no clima global que dura três décadas ou mais (em oposição a mudanças de curto prazo no clima).

Elevação dos níveis de CO_2 atmosférico

Para ver como as ações humanas podem causar mudanças climáticas, considere os níveis de CO_2 atmosférico. Nos últimos 170 anos, a concentração de CO_2 na atmosfera tem aumentado em consequência da queima de combustíveis fósseis e do desmatamento. Os cientistas estimam que a concentração média de CO_2 na atmosfera antes de 1850 era de 274 ppm. Em 1958, uma estação de monitoramento começou a fazer medições acuradas no pico Mauna Loa, no Havaí, um local distante das cidades e suficientemente alto para a atmosfera ser bem homogênea. Naquela época, a concentração média de CO_2 era de 315 ppm **(Figura 56.29)**. Em 2018, o nível ultrapassava 410 ppm, um aumento de mais de 50% desde a metade do século XIX. No **Exercício de habilidades científicas**, você pode confeccionar um gráfico e interpretar alterações nas concentrações de CO_2 que ocorrem ao longo de três períodos de 10 anos.

O aumento na concentração atmosférica de CO_2 nos últimos 170 anos preocupa os cientistas por causa do seu vínculo com a elevação da temperatura global. Grande parte da radiação solar que atinge o planeta é emitida em direção ao espaço como radiação infravermelha (conhecida informalmente como "radiação térmica"). Embora CO_2, metano, vapor d'água e outros gases do efeito estufa na atmosfera sejam transparentes à luz visível, eles interceptam e absorvem grande parte da radiação infravermelha que a Terra emite, irradiando a maior parte dela de volta para a Terra. Esse processo, chamado de **efeito estufa**, retém parte do calor solar **(Figura 56.30)**. Se não fosse por esse efeito estufa, a média da temperatura do ar na superfície da Terra seria gélida (−18°C) e a maior parte da vida como a conhecemos poderia não existir.

À medida que as concentrações de CO_2 e de outros gases do efeito estufa aumentam, mais calor solar é retido, aumentando, assim, a temperatura do nosso planeta. Até agora, a Terra aqueceu em uma média de 0,9°C desde 1900. Muito desse aquecimento ocorreu recentemente: 18 dos 19 anos mais quentes registrados ocorreram desde 2001, com 2016 sendo o ano mais quente de todos os tempos (ver Figura 56.29).

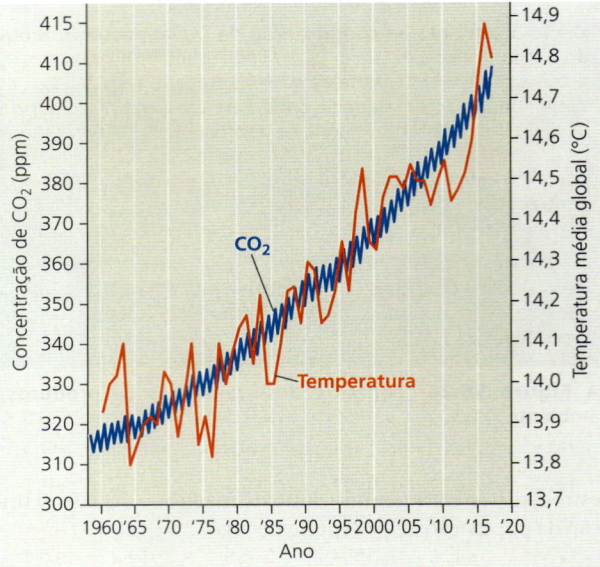

▲ **Figura 56.29 Aumento na concentração de dióxido de carbono atmosférico em Mauna Loa, Havaí, e temperaturas médias globais.** Além das flutuações sazonais normais, a concentração de CO_2 (curva azul) aumentou de maneira constante desde 1958. Embora as temperaturas médias globais (curva vermelha) tenham oscilado muito ao longo do período, há uma tendência clara de aquecimento.

À medida que nosso planeta aquece, o clima também muda de outras formas. Os padrões de vento e precipitação estão mudando, e eventos climáticos extremos (como secas, ondas de calor e furacões) estão ocorrendo com mais frequência. Como essas mudanças no clima global estão afetando a vida na Terra?

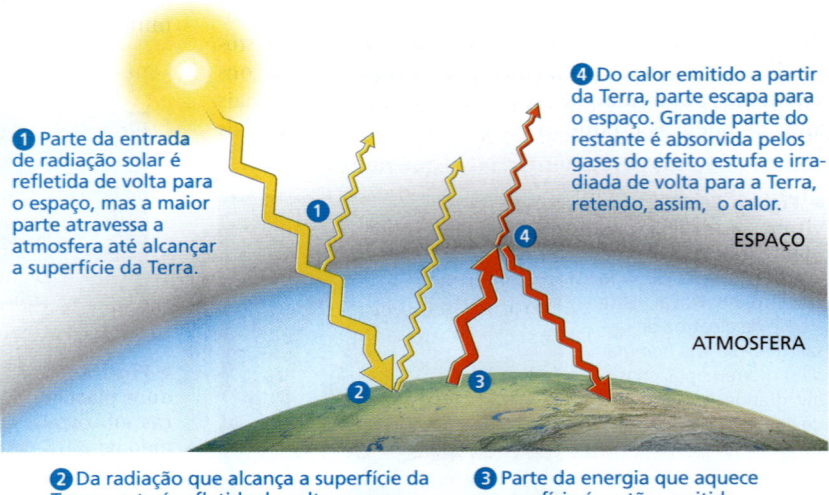

▲ **Figura 56.30 Efeito estufa.** O dióxido de carbono e outros gases do efeito estufa na atmosfera absorvem o calor emitido pela superfície da Terra e, após, irradiam muito desse calor de volta ao planeta.

Exercício de habilidades científicas

Avaliação de evidências em gráficos de dados

Como o aumento da concentração de CO_2 atmosférico mudou ao longo do tempo? A curva azul na Figura 56.29 mostra como a concentração de CO_2 da atmosfera da Terra mudou ao longo de um período de mais de 50 anos. Para cada ano nesse período, os cientistas coletaram dados de concentração de CO_2 diários e os usaram para calcular o nível médio para aquele ano. Neste exercício, você representará representará graficamente as concentrações de CO_2 médias para três períodos de 10 anos e analisará como essas concentrações mudaram ao longo do tempo.

▶ Um pesquisador amostrando o ar na estação de monitoramento em Mauna Loa, Havaí.

Dados do estudo Os dados na tabela abaixo são as médias de concentrações de CO_2 (em partes por milhão, ou ppm) na estação de monitoramento Mauna Loa para cada um dos anos indicados.

1969	324,6	1989	353,1	2009	387,4
1970	325,7	1990	354,4	2010	389,9
1971	326,3	1991	355,6	2011	391,7
1972	327,5	1992	356,5	2012	393,9
1973	329,7	1993	357,1	2013	396,5
1974	330,2	1994	358,8	2014	398,7
1975	331,1	1995	360,8	2015	400,8
1976	332,0	1996	362,6	2016	404,2
1977	333,8	1997	363,7	2017	406,6
1978	335,4	1998	366,7	2018	408,5

Dados de National Oceanic & Atmospheric Administration, Earth System Research Laboratory, Global Monitoring Division

INTERPRETE OS DADOS

1. Registre os dados para cada período de 10 anos em um gráfico, onde o eixo *x* vai do ano 1 ao ano 10 (produzindo três curvas); essa abordagem pode ajudar a comparar como o nível de CO_2 mudou durante as três décadas. Selecione um tipo de gráfico que seja apropriado para esses dados e escolha uma escala de eixo vertical que permita ver claramente como a concentração mudou de ano para ano e de um período de 10 anos para o outro. (Ver mais informações sobre gráficos na Revisão de habilidades científicas no Apêndice D.)

2. Para cada período de 10 anos, qual é o padrão de mudança na concentração de CO_2? As curvas que você desenhou sugerem que o padrão mudou de década para década?

3. Calcule a taxa anual na qual a concentração de CO_2 aumentou durante cada período de 10 anos. Execute esses cálculos conforme mostrado aqui para os dados de 1959 e 1968 (não na tabela): em 1959 a concentração era de 316 ppm, enquanto em 1968 era de 323. Assim, de 1959 até 1968, a concentração de CO_2 aumentou a uma taxa média anual de

$$\frac{323 - 316}{9}$$

ou 0,8 ppm por ano (dividimos por 9 porque, durante um período de 10 anos, há 9 mudanças de concentração de CO_2 ano a ano.)

4. (a) Se o aumento anual na concentração de CO_2 permanecer no nível observado para 2009-2018, preveja a concentração de CO_2 em 2100. (b) Use seus resultados para avaliar a eficácia dos esforços para reduzir as emissões.

Efeitos biológicos da mudança climática

Muitos organismos, sobretudo plantas que não podem se dispersar rapidamente por distâncias longas, talvez não sejam capazes de sobreviver ao aquecimento rápido e às mudanças nos padrões de precipitação projetados para ocorrer no próximo século. Além disso, hoje muitos hábitats estão mais fragmentados do que nunca, limitando ainda mais a capacidade migratória de muitos organismos. De fato, a mudança climática que ocorreu até o momento *já alterou* a distribuição geográfica de centenas de espécies, em alguns casos levando ao declínio do tamanho das populações e à redução das áreas de distribuição (ver Conceito 52.1). Por exemplo, um estudo de 2015 sobre 67 espécies de abelhas revelou que, em média, as áreas geográficas desses polinizadores importantes diminuíram à medida que o clima esquentou, desde 1900. Vários outros efeitos observados nas mudanças climáticas são discutidos na **Figura 56.31**.

Os ecossistemas onde o clima mais mudou incluem os do extremo norte, particularmente as florestas boreais de coníferas e a tundra. À medida que a neve e o gelo derretem e revelam superfícies mais escuras e mais absorventes, esses sistemas refletem menos radiação de volta à atmosfera, retendo calor (Figura 56.30). Os dados de satélite mostram que a área coberta pelo gelo marinho do Ártico no verão está diminuindo desde 1979 (o primeiro ano em que os dados estiveram disponíveis). Nas taxas atuais de declínio, dentro de algumas décadas talvez não exista gelo no verão de lá, diminuindo o hábitat de ursos-polares, focas e aves marinhas. Além disso, como discutido no Conceito 55.2, o aumento das temperaturas fez algumas regiões árticas deixarem de ser um *dreno* de CO_2 (absorvendo mais CO_2 da atmosfera do que libera) para ser uma *fonte* de CO_2 (liberando mais CO_2 do que absorve) – uma mudança preocupante que poderia contribuir para um aquecimento adicional do clima.

As florestas de coníferas no oeste da América do Norte também foram duramente atingidas, nesse caso por uma combinação de temperaturas mais altas, diminuição da queda de neve no inverno e prolongamento do período de seca no verão. Desde a metade do século XX, florestas saudáveis têm experimentado um aumento constante na porcentagem de árvores que morrem a cada ano. Temperaturas mais altas e secas mais frequentes aumentam também as chances de incêndios (ver Figura 55.8.) Nas florestas boreais do oeste da América do Norte e da Rússia, por exemplo, os

▼ Figura 56.31

FAÇA CONEXÕES

A mudança climática tem efeitos em todos os níveis de organização biológica

A queima de combustíveis fósseis pelos seres humanos causa um aumento intenso nas concentrações atmosféricas de dióxido de carbono e outros gases do efeito estufa (ver Figura 56.29). Isso, por sua vez, está mudando o clima da Terra: a temperatura média do planeta aumentou cerca de 1°C desde 1900, e eventos climáticos extremos estão ocorrendo com mais frequência em algumas regiões do globo. Como essas mudanças estão afetando a vida na Terra atualmente?

Efeitos nas células

A temperatura afeta as taxas de reações enzimáticas (ver Figura 8.17). Consequentemente, as taxas de replicação do DNA, divisão celular e outros processos fundamentais nas células são afetadas pelo aumento das temperaturas.

O aquecimento global e outros aspectos da mudança climática também prejudicaram algumas respostas de defesa do organismo em nível celular. Por exemplo, nas vastas florestas de coníferas do oeste da América do Norte, a mudança climática reduziu a capacidade dos pinheiros de defender-se contra ataques do besouro-do-pinheiro-da-montanha (*Dendroctonus ponderosae*).

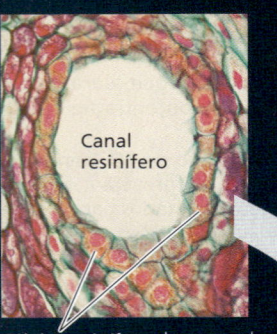

Células resiníferas ⊢——⊣ 100 μm

◄ As defesas dos pinheiros incluem células resiníferas especializadas que secretam uma substância pegajosa (resina), que retém e mata os besouros dos pinheiros. Essas células secretoras produzem menos resina em árvores estressadas pela elevação das temperaturas e condições de seca.

▶ Quando superam as defesas celulares de uma árvore, os besouros produzem uma grande quantidade de descendentes que perfuram a madeira, causando danos consideráveis. A elevação das temperaturas diminui o período reprodutivo dos besouros, resultando em ainda mais besouros. Os besouros podem também infectar a árvore com um fungo prejudicial, que se manifesta como manchas azuis na madeira.

◄ Esta vista aérea mostra o alcance da destruição em uma floresta da América do Norte provocada pelo besouro-do-pinheiro-da-montanha; as árvores mortas apresentam cores laranja e vermelha.

Efeitos nos organismos individuais

Os organismos devem manter as condições internas relativamente constantes (ver Conceito 40.3); por exemplo, um indivíduo morrerá se sua temperatura corporal tornar-se demasiadamente alta. O aquecimento global aumentou o risco de superaquecimento em algumas espécies, levando à redução da ingestão de alimento e falha reprodutiva.

Por exemplo, o ocotonídeo *Ochotona princeps* morrerá se sua temperatura corporal aumentar apenas 3°C acima da sua temperatura de repouso – e isso pode acontecer rapidamente em regiões onde a mudança climática já causou aquecimento significativo.

▶ Com o aumento das temperaturas no verão, os indivíduos de *O. princeps* estão ficando mais tempo em suas tocas para escapar do calor. Logo, eles têm menos tempo para forragear. A falta de alimento provocou aumento nas taxas de mortalidade e queda nas taxas de natalidade. As populações dessa espécie diminuíram, algumas ao ponto de extinção. (Ver outro exemplo na Figura 1.11.)

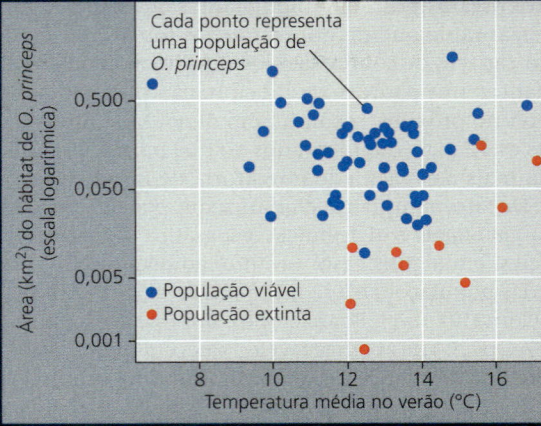

▲ Este gráfico representa as condições, em 2015, nos 67 locais que anteriormente sustentaram uma população de *O. princeps*; as populações em 10 desses locais foram extintas. A maioria das extinções ocorreu em locais com temperaturas altas no verão e uma área de hábitat pequena. Como as temperaturas continuam aumentando, são esperadas mais extinções.

Efeitos nas populações

A mudança climática causou aumento no tamanho de algumas populações, enquanto outras diminuíram (ver Conceito 1.1 e Conceito 46.1). Em especial, com a mudança climática, algumas espécies se ajustaram quanto ao crescimento, reprodução ou migração – mas outras não, fazendo com que suas populações enfrentem escassez de alimento e redução da sobrevivência ou do sucesso reprodutivo.

Em um exemplo, os pesquisadores documentaram uma ligação entre o aumento das temperaturas e o declínio de populações do caribu (*Rangifer tarandus*) no Ártico.

▲ As populações de caribu migram para o norte na primavera, para procriar e consumir plantas tenras.

▶ A morugem-alpina (*chickweed*) é uma espécie de floração precoce da qual o caribu depende.

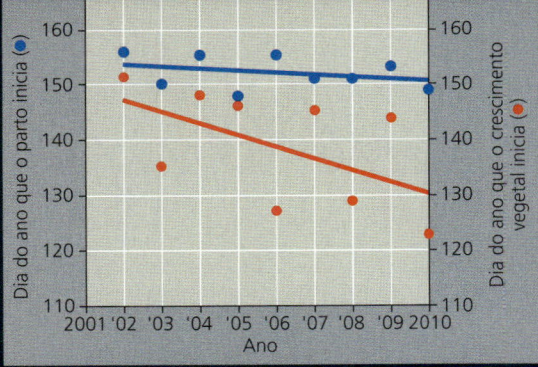

▲ À medida que o clima esquentou, as plantas das quais o caribu depende emergiram mais cedo na primavera. O caribu não tem mudanças similares no tempo de migração e procriação. Como consequência, há escassez de alimento e a queda na produção de descendentes quadruplicou.

Efeitos nas comunidades e nos ecossistemas

O clima afeta onde as espécies vivem (ver Figura 52.8). A mudança climática provocou o deslocamento de centenas de espécies para locais novos, levando em alguns casos a mudanças drásticas nas comunidades ecológicas. A mudança climática alterou também a produção primária (ver Figura 28.25) e a ciclagem de nutrientes nos ecossistemas.

No exemplo que discutimos aqui, o aumento das temperaturas permitiu ao ouriço-do-mar invadir regiões meridionais ao longo da costa da Austrália, causando mudanças catastróficas nas comunidades marinhas locais.

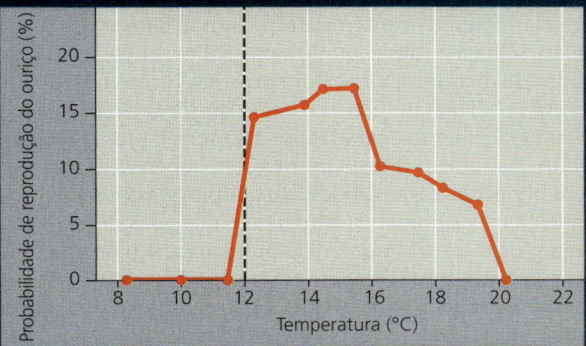

▲ O ouriço-do-mar *Centrostephanus rodgersii* requer temperaturas da água acima de 12°C para se reproduzir com êxito, conforme mostrado neste gráfico. Com o aumento da temperatura das águas dos oceanos acima desse valor crítico, o ouriço foi capaz de expandir sua área de distribuição para o sul, destruindo bancos de algas macroscópicas à medida que se move para novas regiões.

▲ À medida que expandiu sua área de distribuição para o sul, o ouriço destruiu comunidades de algas macroscópicas com diversidade alta, deixando regiões despovoadas (as chamadas "estéreis do ouriço") em seu rastro.

FAÇA CONEXÕES

Além de contribuir para a mudança climática, as concentrações crescentes de CO_2 também contribuem para a acidificação dos oceanos (ver Figura 3.12). Explique como a acidificação pode afetar organismos individualmente, e, com isso, por sua vez, causar mudanças profundas nas comunidades ecológicas.

incêndios atingiram o dobro da área habitual nas últimas décadas, novamente levando à mortalidade generalizada de árvores. À medida que o clima continua a aquecer, outras mudanças na distribuição geográfica da precipitação são prováveis, como as áreas agrícolas do centro dos Estados Unidos se tornarem muito mais secas.

A mudança climática já afetou muitos outros ecossistemas. Na Europa e na Ásia, por exemplo, as plantas estão produzindo folhas mais cedo na primavera, enquanto nas regiões tropicais, o crescimento e a sobrevivência de algumas espécies de coral diminuem, à medida que a temperatura da água aumenta. Recentemente, a Grande Barreira de Corais da Austrália teve um declínio catastrófico: os efeitos combinados de duas ondas de calor marinhas (uma em 2016, outra em 2017) mataram tantos corais que dois terços do recife foram gravemente degradados – tão degradados que alguns cientistas temem que ele nunca se recupere. Uma mensagem importante a partir desses exemplos é que um determinado efeito na mudança climática pode, por sua vez, causar uma série de outras mudanças biológicas. A natureza exata desses efeitos biológicos em cascata pode ser difícil de prever, mas está claro que quanto mais nosso planeta aquece, mais gravemente seus ecossistemas serão afetados.

Modelando a mudança climática

Nas taxas atuais em que as atividades humanas estão adicionando CO_2 e outros gases de efeito estufa à atmosfera, os modelos globais preveem que a temperatura da Terra aumentará mais 3°C até o final do século XXI. Que dados são usados para construir tais modelos? Essas previsões são precisas?

Modelos globais são construídos usando dados sobre os fatores que afetam a absorção da radiação solar na superfície da Terra. Esses dados são cruciais porque a temperatura global aumenta quando mais radiação solar é absorvida pela superfície da Terra e, naturalmente, cai quando menos radiação é absorvida pela superfície. Os fatores naturais que afetam a absorção da radiação solar incluem um ciclo solar de 11 anos e explosões vulcânicas. Durante cada etapa do ciclo solar, o total de energia emitida pelo sol aumenta e decai de forma regular, contribuindo, assim, para uma subida ou queda bem compreendida das temperaturas globais em diferentes momentos. Explosões vulcânicas emitem gases e partículas minúsculas que bloqueiam a entrada de radiação solar, contribuindo, assim, para uma queda temporária nas temperaturas globais. (Mudanças na órbita da Terra em torno do sol também contribuem para aumentar ou decair as temperaturas globais, mas essas mudanças ocorrem gradualmente ao longo de dezenas de milhares de anos, e, portanto, não são a causa da mudança climática recente.)

Os cientistas coletaram também grandes quantidades de dados sobre como as atividades humanas afetam a absorção de radiação solar. Quando queimamos combustível fóssil na geração de eletricidade, calor e transporte, nós causamos a liberação de CO_2 e de outros gases de feito estufa na atmosfera. Como mostrado na Figura 56.30, a adição de CO_2 e outros gases de efeito estufa na atmosfera aumenta a absorção de radiação solar, levando ao aquecimento global. Outras atividades humanas diminuem a absorção de radiação solar, tendendo, assim, a diminuir as temperaturas globais. Por exemplo, a poeira liberada pela aração dos campos e a emissão de gases como dióxido de enxofre (SO_2) diminuem a absorção de energia solar, reduzindo, assim, as temperaturas globais.

Cada um desses tipos de dados fornece uma única peça de um grande quebra-cabeça – como a temperatura da Terra é afetada por uma combinação de fatores naturais e humanos. Os cientistas usam modelos de computador para juntar as peças desse quebra-cabeça. A cada ano, grandes quantidades de dados sobre fatores naturais e humanos que afetam a absorção da radiação solar são inseridas no modelo, que então soma seus efeitos para prever a temperatura da Terra. Com o tempo, as previsões desses modelos tornaram-se cada vez mais precisas. Os modelos climáticos globais agora podem reproduzir as mudanças observadas, como o aumento do aquecimento global que ocorreu desde a década de 1950 **(Figura 56.32)** e o resfriamento global que resulta das erupções vulcânicas.

Mas por que se dar ao trabalho de desenvolver modelos quando a temperatura da Terra pode ser mensurada a cada ano? A razão é que temos apenas uma Terra e, portanto, não podemos realizar experimentos para determinar como a emissão de diferentes quantidades de CO_2 afeta a temperatura de nosso planeta. Em vez disso, como sabemos que os modelos climáticos globais produzem previsões precisas, podemos usá-los para realizar experimentos mentais "se-então": *se* adicionarmos certa quantidade de CO_2 à atmosfera, *então* as temperaturas globais aumentarão em certo número de graus.

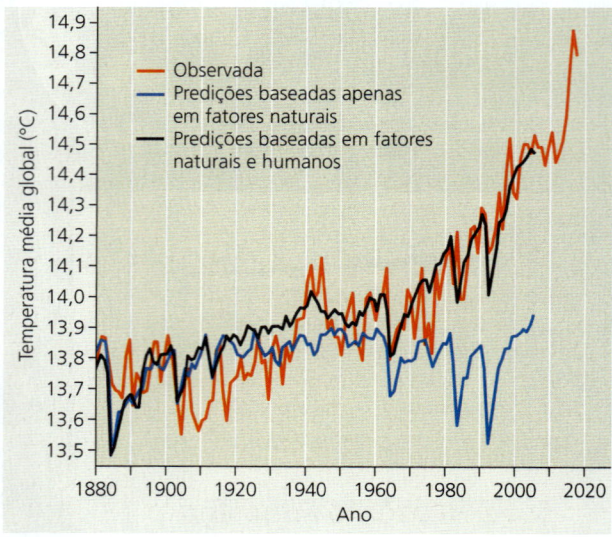

▲ **Figura 56.32 Fatores que contribuem para o aumento das temperaturas globais.** Os cientistas têm mensurado a temperatura de nosso planeta desde 1880. Estas temperaturas observadas (vermelho) podem ser comparadas aos resultados dos modelos climáticos que incorporam somente fatores naturais, os quais afetam as temperaturas globais (azul), e de modelos que incorporam ambos fatores naturais e humanos (preto).

HABILIDADES VISUAIS *Descreva como os resultados mostrados nas curvas azul e preta correspondem às mudanças de temperatura observadas ao longo do tempo. Use esses resultados para avaliar se as atividades humanas, como a queima de combustíveis fósseis, contribuíram para as mudanças de temperatura observadas ao longo do tempo.*

As previsões são preocupantes. Se continuarmos agindo da mesma forma, em que as emissões de CO_2 continuam nos níveis atuais, em 2100 a temperatura da Terra provavelmente será 4°C mais alta do que era em 1900 – um aumento que teria efeitos terríveis para todas as espécies da Terra, incluindo a nossa. Além disso, mesmo se todas as emissões parassem imediatamente, a temperatura do nosso planeta continuaria a subir 0,6°C, tornando-se 1,5°C mais alta em 2100 do que em 1900. A Terra continuará a aquecer muito depois de cessarem as emissões, porque leva décadas para que o CO_2 já emitido aqueça os oceanos e, portanto, muito tempo para que o efeito total das emissões passadas seja percebido.

Encontrando soluções para enfrentar a mudança climática

Precisaremos de muitas abordagens para desacelerar o aquecimento global e outros aspectos da mudança climática. Progressos rápidos podem ser feitos usando energia de modo mais eficiente e substituindo combustíveis fósseis por energias renováveis, como a solar e a eólica, e, de forma mais controversa, por energia nuclear. Hoje, carvão, gasolina, madeira e outros combustíveis orgânicos permanecem centrais nas sociedades industrializadas e não podem ser queimados sem liberar CO_2. A estabilização das emissões de CO_2 exigirá um esforço conjunto internacional e mudanças nos estilos de vida individuais e nos processos industriais.

O progresso para encontrar soluções para lidar com a mudança climática foi feito em 2015, quando todas as nações concordaram, pela primeira vez, em tomar medidas para reduzir as emissões de CO_2 e limitar a extensão de aumento das temperaturas globais. Esse esforço internacional, conhecido como o Acordo de Paris, foi ratificado por 169 nações, incluindo China, Estados Unidos e todas as outras nações que emitem quantidades substanciais de CO_2 e outros gases do efeito estufa. No entanto, a eficácia do acordo foi recentemente questionada, quando os Estados Unidos anunciaram sua intenção de se retirar do acordo em 2020. Esse retrocesso destaca uma diferença potencial entre o que nós sabemos e o que nós escolhemos fazer. Uma quantidade avassaladora de evidências indica que a mudança climática é real, que o aumento das temperaturas globais desde a década de 1950 foi causado, principalmente, por ações humanas, e que terá consequências negativas para as sociedades humanas e toda a vida na Terra, a menos que façamos algo agora. O que escolhemos fazer com essas informações depende de nós.

Depleção do ozônio atmosférico

Como o dióxido de carbono e outros gases de efeito estufa, a concentração do ozônio atmosférico (O_3) também tem mudado em decorrência de atividades humanas. A vida na Terra é protegida dos efeitos danosos da radiação ultravioleta (UV) por uma camada de ozônio localizada na estratosfera, situada a 17-25 km acima da superfície da Terra. Contudo, estudos da atmosfera realizados com satélites mostram que a camada de ozônio sobre a Antártica na primavera tem ficado substancialmente mais delgada desde a metade da década de 1970 **(Figura 56.33)**. A destruição do ozônio atmosférico resulta sobretudo do acúmulo de clorofluorcarbonos (CFCs), substâncias químicas antes largamente utilizadas na refrigeração e em fábricas. Na estratosfera, os átomos de cloro liberados dos CFCs reagem com o ozônio, reduzindo-o ao O_2 molecular. As reações químicas seguintes liberam cloro, permitindo sua reação com outras moléculas de ozônio em uma reação catalítica em cadeia.

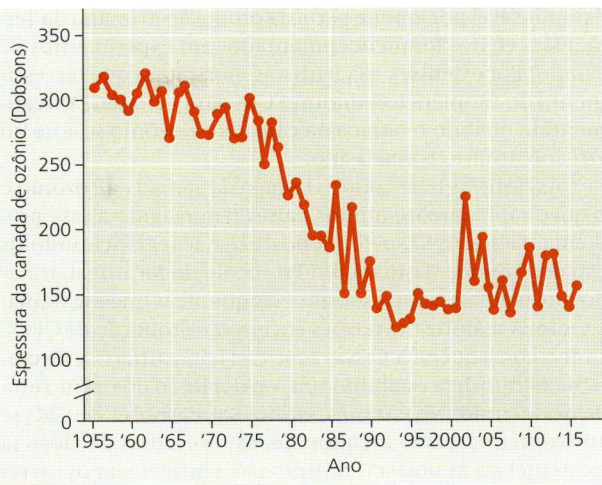

▲ **Figura 56.33** Espessura da camada de ozônio sobre a Antártica em outubro, em unidades denominadas Dobsons.

O afinamento da camada de ozônio é mais aparente sobre a Antártica na primavera, quando o ar frio e estável permite a continuidade da reação em cadeia **(Figura 56.34)**. A magnitude do esgotamento do ozônio e o tamanho do buraco na camada de ozônio foram ligeiramente menores nos anos recentes do que a média para os últimos 20 anos; contudo, o buraco, às vezes, ainda se estende até regiões tão distantes como partes ao sul da Austrália, Nova Zelândia e América do Sul. Nas latitudes médias mais densamente povoadas, os níveis de ozônio decresceram de 2 a 10% durante os últimos 20 anos.

Níveis diminuídos de ozônio na estratosfera aumentam a intensidade dos raios UV que atingem a superfície da Terra. As consequências da depleção do ozônio podem ser graves para plantas, animais e microrganismos. Alguns cientistas esperam aumentos de câncer de pele e catarata em humanos, bem como efeitos imprevisíveis em culturas agrícolas e comunidades naturais, especialmente no fitoplâncton, que

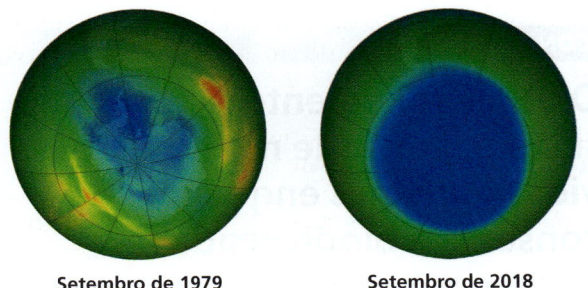

Setembro de 1979   Setembro de 2018

▲ **Figura 56.34 Erosão da camada de ozônio da Terra.** O buraco da camada de ozônio sobre a Antártica é visível como uma mancha azul-escura nestas imagens com base em dados atmosféricos.

é responsável por grande parte da produção primária da Terra. Esses efeitos foram documentados em experimentos de campo. Por exemplo, os cientistas mostraram que o crescimento do fitoplâncton diminui e os danos no seu DNA aumentam quando o buraco na camada de ozônio se abre no Oceano Antártico a cada ano.

As notícias boas sobre o buraco da camada de ozônio é o quão rapidamente muitos países têm reagido a esse problema. Desde 1987, pelo menos 197 nações, incluindo os Estados Unidos, assinaram o Protocolo de Montreal, tratado que regula o uso de substâncias químicas que esgotam o ozônio. A maioria das nações encerrou a produção de CFCs. Como consequência dessas ações, as concentrações de cloro na estratosfera estabilizaram, e a depleção do ozônio está desacelerando. No entanto, embora as emissões de CFC se aproximem do zero atualmente, as moléculas de cloro já existentes na atmosfera continuarão a influenciar os níveis estratosféricos do ozônio por, no mínimo, 50 anos.

A destruição parcial da camada de ozônio da Terra é mais um exemplo do quanto os seres humanos são capazes de prejudicar a dinâmica de ecossistemas e da biosfera. Ela destaca também nossa capacidade de resolver problemas ambientais quando colocamos nossas mentes a serviço dessa causa. No entanto, em 2018 pesquisadores detectaram um aumento inesperado nos níveis atmosféricos de CFC, sugerindo que uma nova produção desses compostos, não relatada, pode estar acontecendo. Portanto, uma vez que as regulamentações ambientais estejam em vigor, não podemos considerá-las como garantia – monitoramento e fiscalização contínuos são necessários.

REVISÃO DO CONCEITO 56.4

1. Como a adição de nutrientes minerais em excesso a um lago pode ameaçar sua população de peixes?
2. **FAÇA CONEXÕES** Existem vastas reservas de matéria orgânica contendo carbono nos solos de florestas boreais de coníferas e de tundra ao redor do mundo. Sugira por que os cientistas que estudam o aquecimento global estão monitorando de perto esses reservatórios de carbono (ver Figura 55.14).
3. **FAÇA CONEXÕES** Mutagênicos são agentes químicos e físicos que induzem mutações no DNA (ver Conceito 17.5). Como a redução da concentração de ozônio na atmosfera aumenta a probabilidade de mutações em vários organismos?

Ver as respostas sugeridas no Apêndice A.

CONCEITO 56.5

O desenvolvimento sustentável pode melhorar vidas humanas enquanto conserva a biodiversidade

Com a crescente perda e fragmentação de hábitats, mudanças no ambiente físico e no clima da Terra e o aumento da população humana (ver Conceito 53.6), enfrentamos dilemas difíceis no manejo dos recursos do mundo. Preservar todos os tipos de hábitats não é viável, de modo que os biólogos devem ajudar as sociedades a estabelecer prioridades na conservação, identificando quais fragmentos de hábitats são mais cruciais, ao mesmo tempo melhorando a qualidade de vida das pessoas locais. Os ecólogos empregam o conceito de *sustentabilidade* como ferramenta para estabelecer prioridades de conservação de longo prazo.

Desenvolvimento sustentável

Precisamos entender as interconexões da biosfera para proteger espécies da extinção e melhorar a qualidade de vida humana. Para essa finalidade, muitos países, sociedades científicas e outros grupos adotaram o conceito de **desenvolvimento sustentável**, desenvolvimento econômico que satisfaz as necessidades atuais das pessoas sem limitar a capacidade das gerações futuras de satisfazerem as suas próprias necessidades.

A conquista do desenvolvimento sustentável é uma meta ambiciosa. Para sustentar os processos ecossistêmicos e conter a perda da biodiversidade, devemos conectar a ciência da vida com as ciências sociais, a economia e as humanidades. Devemos, também, reavaliar nossos valores pessoais. Aqueles que vivem em países mais ricos têm uma pegada ecológica maior do que as pessoas que habitam países em desenvolvimento (ver Conceito 53.6). Ao incluir os custos de consumo de longo prazo em nossos processos de tomada de decisão, podemos aprender a valorizar os serviços ecossistêmicos que nos sustentam.

Estudo de caso: *desenvolvimento sustentável na Costa Rica*

O sucesso da conservação na Costa Rica, discutido anteriormente, exigiu uma parceria entre o governo, organizações não governamentais (ONGs) e a iniciativa privada. Muitas reservas naturais estabelecidas por indivíduos foram reconhecidas como reservas nacionais da vida selvagem e receberam benefícios fiscais expressivos. No entanto, a conservação e a restauração constituem apenas uma faceta do desenvolvimento sustentável; a outra é a melhoria da condição humana.

Como as condições de vida das pessoas da Costa Rica mudaram à medida que o país perseguiu suas metas de conservação? Conforme representado na **Figura 56.35**, dois indicadores fundamentais das condições de vida são a taxa de mortalidade infantil e a expectativa de vida (ver Conceito 53.6). De 1930 a 2010, a taxa de mortalidade infantil na Costa Rica caiu de 170 para 9 óbitos por 1.000 nascidos vivos; no mesmo período, a expectativa de vida aumentou de aproximadamente 43 anos para 79 anos. Outro indicador das condições de vida é a taxa de alfabetização. A taxa de alfabetização em 2011 na Costa Rica foi de 96%, comparada à média de 82% nos outros seis países da América Central. Essas estatísticas mostram que as condições de vida na Costa Rica melhoraram muito ao mesmo tempo que o país se dedicou à conservação e à restauração. Embora isso não prove que a conservação causa melhoria no bem-estar humano, podemos dizer, com certeza, que o desenvolvimento na Costa Rica tem atendido à natureza *e* às pessoas.

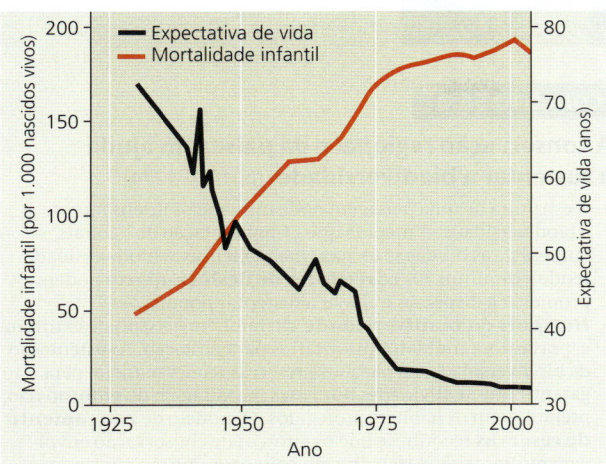

▲ **Figura 56.35** Mortalidade infantil e expectativa de vida ao nascimento na Costa Rica.

▼ **Figura 56.36** Biofilia, passado e presente.

(a) Detalhe de animais em uma pintura rupestre de 17 mil anos, em Lascaux, França

(b) Uma escultura de 30 mil anos feita no marfim representando uma ave aquática, encontrada na Alemanha

(c) Amantes da natureza em uma excursão para observação da vida selvagem

Futuro da biosfera

As vidas humanas modernas são muito diferentes das dos nossos ancestrais, que caçavam e coletavam para sobreviver. Sua reverência pela natureza é evidente nas pinturas rupestres primitivas da vida selvagem em cavernas **(Figura 56.36a)** e nas visões da vida que esculpiram em osso e marfim **(Figura 56.36b)**.

Nossas vidas refletem resquícios de nosso apego ancestral à natureza e à diversidade da vida – o conceito de *biofilia* apresentado no início deste capítulo. Evoluímos em ambientes naturais ricos em biodiversidade e ainda temos uma afinidade por esses cenários **(Figura 56.36c e d)**. Na verdade, nossa biofilia pode ser inata, um produto evolutivo da seleção natural agindo em uma espécie inteligente, cuja sobrevivência depende de uma conexão estreita com o ambiente e uma apreciação prática de plantas e animais.

Nossa apreciação da vida orienta o campo da biologia atualmente. Celebramos a vida decifrando o código genético que torna única cada espécie. Abraçamos a vida ao usar fósseis e DNA para descrever a evolução ao longo do tempo. Preservamos a vida mediante esforços para classificar e proteger os milhões de espécies na Terra. Respeitamos a vida usando a natureza com responsabilidade e reverência para melhorar o bem-estar humano.

A biologia é a expressão científica do nosso desejo de conhecer a natureza. É mais provável proteger o que apreciamos e é mais provável valorizar o que entendemos. Ao aprender sobre os processos e a diversidade da vida, nos tornamos mais conscientes do nosso lugar na biosfera. Esperamos que este livro tenha sido útil para você nessa aventura de uma vida inteira.

REVISÃO DO CONCEITO 56.5

1. O que se pretende dizer com a expressão *desenvolvimento sustentável*?
2. Como a biofilia pode nos influenciar a conservar espécies e restaurar ecossistemas?
3. **E SE?** Suponha que um novo recurso pesqueiro foi descoberto e você é encarregado de desenvolver sua exploração com sustentabilidade. De quais dados ecológicos sobre população de peixes você pode precisar? Quais critérios você usaria para o desenvolvimento da atividade pesqueira?

Ver as respostas sugeridas no Apêndice A.

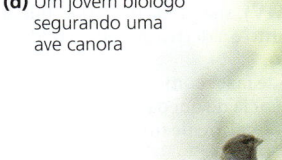

(d) Um jovem biólogo segurando uma ave canora

56 Revisão do capítulo

RESUMO DOS CONCEITOS-CHAVE

CONCEITO 56.1

As atividades humanas ameaçam a biodiversidade da Terra (p. 1261-1266)

- A biodiversidade pode ser considerada em três níveis principais:

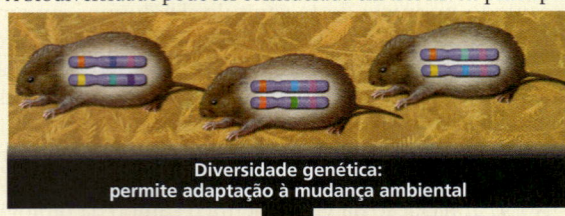

Diversidade genética: permite adaptação à mudança ambiental

Diversidade de espécies: mantém comunidades e teias alimentares

Diversidade de ecossistemas: fornece serviços que sustentam a vida

- Nossa biofilia nos permite reconhecer o valor da biodiversidade para o seu próprio bem. Outras espécies abastecem também os seres humanos de alimento, fibra, medicamentos e **serviços ecossistêmicos**.
- Quatro ameaças importantes à biodiversidade são: perda de hábitats, **espécies introduzidas**, exploração excessiva e mudança global.

? *Apresente pelo menos três exemplos de serviços ecossistêmicos fundamentais que a natureza proporciona às pessoas.*

CONCEITO 56.2

A conservação de populações se concentra no tamanho populacional, na diversidade genética e nos hábitats críticos (p. 1266-1270)

- Quando uma população diminui abaixo do tamanho de uma **população mínima viável (PMV)**, sua perda de variabilidade genética, devido ao endocruzamento e à deriva genética, pode levá-la a um **vórtice de extinção**.
- Uma perda de hábitats críticos pode fazer com que as populações ameaçadas apresentem uma tendência de queda, mesmo que a população esteja bem acima do tamanho de uma população mínima viável.
- A conservação de espécies muitas vezes requer a solução de conflitos entre as necessidades dos hábitats de **espécies em perigo** e as demandas humanas.

? *Por que o tamanho da população mínima viável é menor para uma população com diversidade genética do que para uma população menos diversa geneticamente?*

CONCEITO 56.3

A conservação regional e da paisagem ajuda a sustentar a biodiversidade (p. 1270-1274)

- A estrutura de uma paisagem pode influenciar intensamente a biodiversidade. À medida que a fragmentação de hábitats aumenta e as bordas se tornam mais extensas, a biodiversidade tende a diminuir. Os **corredores de deslocamento** podem promover a dispersão e ajudar a sustentar populações.
- *Hotspots* da biodiversidade são também *hotspots* de extinção e, portanto, candidatos prioritários para proteção. A sustentação da biodiversidade em parques e reservas requer manejo, para garantir que as atividades humanas na paisagem do entorno não prejudiquem os hábitats protegidos. O modelo de **zoneamento de reservas** reconhece que os esforços de conservação envolvem muitas vezes o trabalho em paisagens que são enormemente afetadas pela atividade humana.
- **Ecologia urbana** é o estudo de organismos e seu ambiente em circunstâncias principalmente urbanas.

? *Apresente dois exemplos que mostrem como a fragmentação de hábitats pode prejudicar espécies no longo prazo.*

CONCEITO 56.4

A Terra está mudando rapidamente como consequência de ações humanas (p. 1274-1284)

- A agricultura retira nutrientes vegetais dos ecossistemas, de modo que geralmente há necessidade de uma grande suplementação. Os nutrientes em fertilizantes podem poluir a água subterrânea e a água superficial de ecossistemas aquáticos (eutrofização), onde podem estimular o crescimento excessivo de algas.
- A liberação de compostos industriais, pesticidas, farmacêuticos e resíduos plásticos polui o meio ambiente com substâncias nocivas que, muitas vezes, persistem por longos períodos e se tornam cada vez mais concentradas em níveis tróficos sucessivamente mais altos das teias alimentares (**biomagnificação**).
- Por causa da queima de combustíveis fósseis e de outras atividades humanas, a concentração atmosférica de CO_2 e outros gases de efeito estufa tem aumentado constantemente. Esses aumentos causaram **mudança climática**, incluindo aquecimento global significativo e mudanças nos padrões de precipitação. A mudança climática já afetou muitos ecossistemas.
- A camada de ozônio reduz a penetração da radiação UV através da atmosfera. As atividades humanas, especialmente a liberação de poluentes contendo cloro, têm erodido a camada de ozônio, mas as políticas governamentais estão ajudando a resolver o problema.

? *Pensando na biomagnificação de toxinas, é mais saudável alimentar-se em um nível trófico mais baixo ou mais alto? Explique.*

CONCEITO 56.5

O desenvolvimento sustentável pode melhorar vidas humanas enquanto conserva a biodiversidade (p. 1284-1285)

- O **desenvolvimento sustentável** refere-se ao desenvolvimento econômico que atende às necessidades das pessoas hoje, sem limitar a capacidade das gerações futuras de atender às suas necessidades.
- O sucesso da Costa Rica quanto à conservação da biodiversidade tropical envolveu a parceria entre governo, outras organizações e iniciativa privada. As condições de vida das pessoas na Costa Rica melhoraram junto com a conservação ecológica.

? *Por que a sustentabilidade é uma meta importante para os biólogos da conservação?*

TESTE SEU CONHECIMENTO

Níveis 1-2: Relembre/Entenda

1. Uma característica que distingue uma população em um vórtice de extinção da maioria das outras populações é que
   (A) seus membros são raros predadores de topo de cadeia.
   (B) seu tamanho populacional efetivo é menor do que o seu tamanho populacional total.
   (C) sua diversidade genética é muito baixa.
   (D) ela não é bem adaptada às condições de borda.

2. A principal causa do aumento da quantidade de CO_2 na atmosfera da Terra nos últimos 170 anos é
   (A) o aumento da produção primária mundial.
   (B) o aumento da produção mundial de fertilizantes.
   (C) o aumento da absorção de radiação infravermelha pela atmosfera.
   (D) a queima de combustíveis fósseis e o desmatamento.

3. Qual é a maior ameaça à biodiversidade?
   (A) Exploração excessiva de espécies importantes comercialmente
   (B) Alteração, fragmentação e destruição de hábitats
   (C) Espécies introduzidas que competem com espécies nativas
   (D) Novos patógenos

Níveis 3-4: Aplique/Analise

4. Qual das alternativas a seguir é uma consequência da biomagnificação?
   (A) As substâncias químicas tóxicas no ambiente representam um risco maior aos predadores de topo do que aos consumidores primários.
   (B) As populações de predadores de topo geralmente são menores do que populações de consumidores primários.
   (C) A biomassa dos produtores em um ecossistema geralmente é maior do que a de consumidores primários.
   (D) Apenas uma porção pequena da energia capturada pelos produtores é transferida para os consumidores.

5. Qual das seguintes estratégias aumentaria mais rapidamente a diversidade genética de uma população em um vórtice de extinção?
   (A) Estabelecer uma reserva que proteja o hábitat da população.
   (B) Introduzir novos indivíduos transportados de outras populações da mesma espécie.
   (C) Esterilizar os indivíduos menos adaptados na população.
   (D) Controlar populações dos predadores e competidores da população em perigo.

6. Quais das seguintes afirmações sobre áreas protegidas estabelecidas para preservar a biodiversidade é verdadeira?
   (A) Hoje, cerca de 25% das áreas de terras do planeta estão protegidas.
   (B) Os parques nacionais são o único tipo de área protegida.
   (C) A gestão de uma área protegida não precisa ser coordenada com a gestão da área circundante.
   (D) É especialmente importante proteger os *hotspots* da biodiversidade.

Níveis 5-6: Avalie/Crie

7. **DESENHE** Suponha que você esteja manejando uma reserva florestal e que uma de suas metas seja proteger populações de aves residentes do parasitismo pelo chupim-de-cabeça-castanha. Você sabe que as fêmeas do chupim não se arriscam mais do que cerca de 100 m para o interior da floresta e que o parasitismo de ninhos é reduzido quando as aves residentes fazem ninhos longe das bordas florestais. A reserva se estende por volta de 6.000 m de leste para oeste e 3.000 m do norte para o sul. Ela é circundada por uma área de pastagem a oeste, uma lavoura por 500 m no canto sudoeste e por uma floresta intacta no restante da divisa. Você precisa construir na reserva uma estrada de 10 m por 3.000 m, de norte a sul, e construir um prédio de apoio de até 100 m^2. Desenhe um mapa da reserva, mostrando onde você colocaria a estrada e o prédio para minimizar a intrusão do chupim-de-cabeça-castanha ao longo das bordas.

8. **CONEXÃO EVOLUTIVA** O registro fóssil indica que houve cinco eventos de extinção em massa nos últimos 500 milhões de anos (ver Conceito 25.4). Muitos ecólogos acreditam que estamos à beira de outra. Discuta brevemente a história das extinções em massa e o tempo que normalmente leva para que a diversidade de espécies se recupere por meio da evolução. Explique por que isso deveria nos motivar a retardar a perda de biodiversidade atual.

9. **ESCREVA SOBRE UM TEMA: INTERAÇÕES** Um fator que favorece o crescimento populacional rápido de uma espécie introduzida é a ausência de predadores, parasitos e patógenos que controlavam sua população na região onde ela evoluiu. Em um texto sucinto (100-150 palavras), explique como a evolução por seleção natural influenciaria a taxa em que predadores, parasitas e patógenos nativos atacam uma espécie introduzida.

10. **SINTETIZE SEU CONHECIMENTO**

Grandes felinos, como o tigre-siberiano (*Panthera tigres altaica*), constituem um dos grupos de mamíferos mais ameaçados no mundo. Com base no que você aprendeu neste capítulo, discuta algumas abordagens que usaria para ajudar a preservá-los.

Ver respostas selecionadas no Apêndice A.

APÊNDICE A Respostas

Capítulo 1
Questões das figuras
Figura 1.4 Dividindo o comprimento da célula procariótica pelo comprimento da barra de escala, o comprimento da célula procariótica é de cerca de 1,4 barra de escala. Cada barra de escala representa 1 μm, então a célula procariótica tem cerca de 1,4 μm de comprimento. Dividindo o diâmetro da célula eucariótica pelo comprimento da barra de escala, o diâmetro da célula eucariótica é de cerca de 8,2 barras de escala, que é 8,2 μm. **Figura 1.10** A resposta à insulina é a captação de glicose pelas células e o armazenamento de glicose nas células hepáticas. O estímulo inicial é um alto nível de glicose, que é reduzido quando a glicose é absorvida pelas células.

Figura 1.18

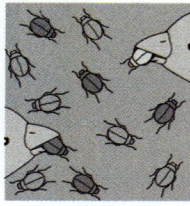

À medida que o solo se torna gradativamente cinza mais claro, os besouros que combinam com a cor do solo não serão vistos pelas aves e, portanto, não serão comidos. Por exemplo, quando o solo é de coloração média, será mais fácil para as aves ver e comer os besouros mais escuros e mais claros de uma população (a maioria ou todos os besouros mais claros terão sido comidos antes, mas novos besouros claros surgirão devido à variação nas novas gerações da população). Assim, com o tempo, a população ficará mais clara à medida que o solo se torna mais claro.

❺ Mudança ambiental resultando na sobrevivência de organismos com características diferentes

Revisão do Conceito 1.1
1. Exemplos: Uma molécula consiste em *átomos* ligados entre si. Cada organela tem um arranjo ordenado de *moléculas*. As células vegetais fotossintéticas possuem *organelas* chamadas cloroplastos. Um tecido consiste em um grupo de *células* semelhantes. Órgãos como o coração são formados a partir de vários *tecidos*. Um organismo multicelular complexo, como uma planta, possui vários tipos de *órgãos*, como folhas e raízes. Uma população é um conjunto de *organismos* da mesma espécie. Uma comunidade consiste em *populações* de várias espécies que habitam uma área específica. Um ecossistema consiste em uma *comunidade* biológica junto com os fatores não vivos importantes para a vida, como ar, solo e água. A biosfera é composta por todos os *ecossistemas* da Terra. **2.** (a) Novas propriedades surgem em níveis sucessivos de organização biológica: estrutura e função estão correlacionadas. (b) Os processos da vida envolvem a expressão e transmissão de informações genéticas. (c) A vida requer a transferência e transformação de energia e matéria. **3.** Exemplos de respostas: *Organização (Propriedades emergentes)*: A capacidade de um coração humano de bombear sangue requer um coração intacto; não é uma capacidade de qualquer um dos tecidos ou células do coração trabalhar sozinho. *Organização (Estrutura e função)*: Os dentes fortes e afiados de um lobo são adequados para agarrar e desmembrar sua presa. *Informação*: A cor dos olhos humanos é determinada pela combinação de genes herdados dos pais. *Energia e Matéria*: Uma planta, como uma grama, absorve energia do sol e a transforma em moléculas que agem como combustível armazenado. Os animais podem comer partes da planta e usar o alimento como energia para realizar suas atividades. *Interações (Moléculas)*: Quando seu estômago está cheio, ele sinaliza ao cérebro para diminuir o apetite. *Interações (Ecossistemas)*: Um camundongo come alimentos, como nozes ou gramíneas, e deposita parte do material alimentar como resíduos (fezes e urina). A construção de um ninho reorganiza o ambiente físico e pode acelerar a degradação de alguns de seus componentes. O camundongo também pode servir de alimento para um predador.

Revisão do Conceito 1.2
1. A variação hereditária que ocorre naturalmente em uma população é "editada" pela seleção natural porque os indivíduos com características mais adaptadas ao ambiente sobrevivem e se reproduzem com mais sucesso do que os outros, e essas características são passadas para a próxima geração com mais frequência. Com o tempo, indivíduos mais adaptados persistem e sua porcentagem na população aumenta, enquanto indivíduos menos adaptados tornam-se menos prevalentes – um tipo de edição populacional. **2.** Aqui está uma explicação possível: a espécie ancestral do tentilhão-toutinegra verde viveu em uma ilha onde os insetos eram uma fonte abundante de alimento. Entre os indivíduos da população ancestral, provavelmente havia variação na forma e no tamanho do bico. Indivíduos com bicos delgados e afiados provavelmente eram mais bem-sucedidos em pegar insetos para se alimentar. Estando bem nutridos, deram origem a mais descendentes do que aves com bicos grossos e curtos. Seus muitos descendentes herdaram bicos delgados e afiados (por causa da informação genética sendo passada de geração em geração, embora Darwin não soubesse disso). Em cada geração, as aves descendentes com bicos de um formato mais eficaz para pegar insetos comeriam mais e teriam mais descendentes. Portanto, o tentilhão-toutinegra verde de hoje tem um bico delgado que se combina (adapta) muito bem à sua fonte de alimento, os insetos.

3.

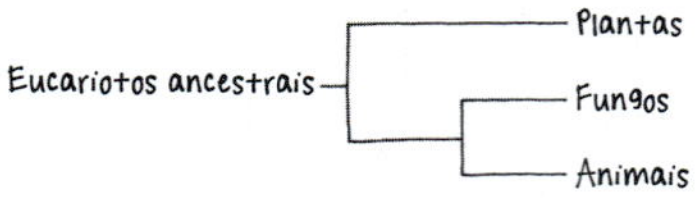

```
                        ┌─── Plantas
Eucariotos ancestrais ──┤
                        ├─── Fungos
                        └─── Animais
```

Revisão do Conceito 1.3
1. A cor da pelagem do camundongo combina com o ambiente para as populações da praia e do continente. **2.** O raciocínio indutivo deriva generalizações de casos específicos; o raciocínio dedutivo prevê resultados específicos a partir de premissas gerais. **3.** Comparada a uma hipótese, uma teoria científica é normalmente mais geral e fundamentada por uma quantidade muito maior de evidências. A seleção natural é uma ideia explicativa que se aplica a todos os tipos de organismos e é apoiada por uma vasta quantidade de evidências de vários tipos. **4.** Com base na coloração do camundongo na Figura 1.25, você poderia esperar que os camundongos que vivem no solo arenoso seriam mais claros e os que vivem na rocha de lava seriam muito mais escuros. E, de fato, foi isso que os pesquisadores descobriram. Você poderia prever que cada cor de camundongo seria menos predada em seu hábitat nativo do que em outro hábitat (os resultados da pesquisa também apoiam essa previsão). Você poderia repetir o experimento de Hoekstra com modelos coloridos, pintados para se assemelhar a esses dois tipos de camundongo. Ou você poderia tentar transferir um pouco de cada população para seu hábitat não nativo e contar quantas você pode recapturar nos próximos dias e, em seguida, comparar as quatro amostras como foi feito no experimento de Hoekstra (os modelos pintados são mais fáceis de recapturar, é claro!). No experimento de transferência de camundongo vivo, você teria que usar controles para eliminar a variável representada pelos camundongos transferidos estando em um território novo e desconhecido. Você poderia controlar o processo de transferência ao transferir alguns camundongos escuros de uma área de rocha de lava para uma muito distante, e alguns camundongos claros de uma área de solo arenoso para uma área distante.

Revisão do Conceito 1.4
1. A ciência visa compreender os fenômenos naturais e os mecanismos subjacentes que os afetam, enquanto a tecnologia envolve a aplicação de descobertas científicas para um propósito particular ou para resolver um problema específico. **2.** A seleção natural pode estar operando. A malária está presente na África Subsaariana, então pode haver uma vantagem para as pessoas com o gene da doença das células falciformes, que as torna mais capazes de sobreviver e transmitir seus genes para seus descendentes. Entre os afrodescendentes que vivem nos Estados Unidos, onde a malária está ausente, não haveria vantagem, de modo que eles seriam fortemente selecionados contra, resultando em menos indivíduos com o gene da doença falciforme.

Questões do Resumo dos conceitos-chave
1.1 Os movimentos dos dedos dependem da coordenação dos muitos componentes estruturais da mão (músculos, nervos, ossos etc.), cada um dos quais é composto por elementos de níveis inferiores de *organização* biológica (células, moléculas). O desenvolvimento da mão depende da *informação* genética codificada nos cromossomos encontrados nas células de todo o corpo. Para fornecer energia para os movimentos dos dedos que resultam em uma mensagem de texto, as células musculares e nervosas requerem *energia* química que se transforma em contrações musculares de força ou na propagação de impulsos nervosos. Mensagens de texto são, em essência, comunicação, uma *interação* que veicula informações entre organismos, neste caso da mesma espécie. **1.2** Os ancestrais do camundongo da praia podem ter apresentado variações na cor de sua pelagem. Por causa da prevalência de predadores visuais, os camundongos mais bem camuflados (mais claros) no hábitat da praia podem ter sobrevivido por mais tempo e foram capazes de produzir mais descendentes. Com o tempo, uma proporção cada vez maior de indivíduos na população teria se adaptado a ter pelos mais claros que agiam para camuflar o camundongo no hábitat da praia. **1.3** Coletar e interpretar dados são atividades centrais no processo científico e são afetadas por, e, por sua vez, afetam, três outras arenas do processo científico: exploração e descoberta, análise e crítica da comunidade e benefícios e impactos sociais. **1.4** Diferentes abordagens adotadas pelos cientistas que estudam fenômenos naturais em diferentes níveis se complementam, de modo que se aprende mais sobre cada problema que está sendo estudado. A diversidade de experiências entre os cientistas pode levar a ideias frutíferas, da mesma forma que inovações importantes frequentemente surgem onde uma mistura de culturas coexiste, devido a vários pontos de vista diferentes.

Teste seu conhecimento
1. B **2.** C **3.** C **4.** B **5.** C **6.** A **7.** D **8.** Sua figura deve mostrar o seguinte: (1) para a biosfera, a Terra com uma flecha saindo de um oceano tropical; (2) para o ecossistema, uma visão distante de um recife de coral; (3) para a comunidade, uma coleção de animais de recife e algas, com corais, peixes, algumas algas marinhas e quaisquer outros organismos que você possa imaginar; (4) para a população, um grupo de peixes da mesma espécie; (5) para o organismo, um peixe de sua população; (6) para o órgão, o estômago do peixe; (7) para um tecido, um grupo de células semelhantes do estômago; (8) para uma célula, uma célula do tecido, mostrando seu núcleo e algumas outras organelas; (9) para uma organela, o núcleo, onde a maior parte do DNA da célula está localizada; e (10) para uma molécula, uma dupla hélice de DNA. Seus esboços podem bem grosseiros!

Capítulo 2
Questões das figuras
Figura 2.7 Número atômico = 12; 12 prótons, 12 elétrons; três camadas de elétrons; 2 elétrons de valência

Figura 2.14 Uma possível resposta:

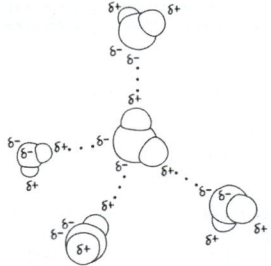

Figura 2.17

eletronegativo. **2.4** A concentração dos produtos iria aumentar na medida que os reagentes fossem convertidos em produtos. Finalmente, um equilíbrio seria novamente alcançado onde as reações direta e inversa prosseguiriam na mesma velocidade, e as concentrações relativas de reagentes e produtos retornariam para onde estavam antes da adição de mais reagentes.

Teste seu conhecimento
1. D **2.** A **3.** B **4.** A **5.** D **6.** B **7.** C **8.** D
9. a.

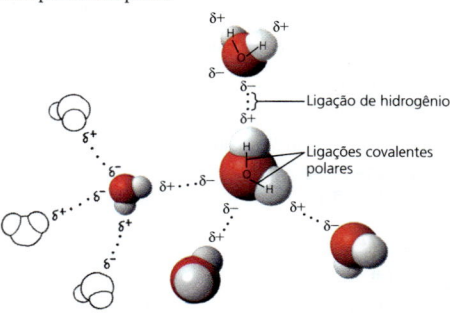

Capítulo 3
Questões das figuras
Figura 3.2 Uma possível resposta:

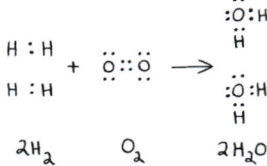

Figura 3.8 O aquecimento da solução faria a água evaporar mais rápido do que sua evaporação a temperatura ambiente. A determinado momento, não haveriam moléculas de água suficientes para dissolver os íons de sal. O sal começaria a sair da solução e formar cristais novamente. Finalmente, toda a água evaporaria, deixando para trás uma pilha de sal igual à pilha original. **Figura 3.12** A adição de excesso de CO_2 aos oceanos finalmente reduz a velocidade na qual a calcificação (por organismos) pode ocorrer.

Revisão do Conceito 3.1
1. A eletronegatividade é a atração de um átomo por elétrons de uma ligação covalente. Como o oxigênio é mais eletronegativo do que o hidrogênio, o átomo de oxigênio na H_2O puxa os elétrons na sua direção, resultando em duas cargas negativas parciais no átomo de oxigênio e uma carga positiva parcial em cada átomo de hidrogênio. Os átomos nas moléculas de água vizinhas com cargas parciais opostas são atraídos uns pelos outros, formando uma ligação de hidrogênio. **2.** Devido às suas duas ligações covalentes polares, uma molécula de água possui regiões de carga negativa parcial no átomo. Isso permite que ele forme ligações de hidrogênio com átomos de hidrogênio nas moléculas de água vizinhas, e regiões de carga positiva parcial nos átomos H permitem que ele forme ligações de hidrogênio com átomos de oxigênio nas moléculas de água vizinhas. **3.** Os átomos de hidrogênio de uma molécula, com suas cargas parciais positivas, iriam repelir os átomos de hidrogênio da molécula adjacente. **4.** As ligações covalentes das moléculas de água não seriam polares, assim, nenhuma região da molécula carregaria cargas parciais, e as moléculas de água não formariam ligações de hidrogênio umas com as outras.

Revisão do Conceito 3.2
1. As ligações de hidrogênio mantêm moléculas de água vizinhas unidas. Essa coesão ajuda que cadeias de moléculas de água se movam contra a gravidade nas células condutoras de água na medida em que a água evapora das folhas. A adesão entre as moléculas de água e as paredes das células condutoras de água também ajudam a contrapor a gravidade. **2.** A alta umidade atrapalha o resfriamento por meio da supressão da evaporação do suor. **3.** Na medida em que a água congela, ela se expande, pois as moléculas de água se afastam mais na formação dos cristais de gelo. Quando existe água na fenda de uma rocha, a expansão devido ao congelamento pode quebrar a rocha. **4.** A substância hidrofóbica repele a água, ajudando a evitar que as extremidades das patas sejam cobertas por água e passem pela superfície. Se as patas fossem cobertas com uma substância hidrofílica, a água as cobriria, possivelmente tornando mais difícil que o inseto caminhe sobre a água.

Revisão do Conceito 3.3
1. 10^5, ou 100.000. **2.** $[H^+]$ = 0,01 $M = 10^{-2}$ M; assim, pH = 2. **3.** $CH_3COOH \rightarrow CH_3COO^- + H^+$. CH_3COOH é o ácido (o doador de H^+), e CH_3COO^- é a base (o aceptor de H^+). **4.** O pH da água deveria diminuir de 7 para cerca de 2 (como mencionado no texto); o pH da solução de ácido acético diminuirá apenas um pouco, pois, como um ácido fraco, ele atua (assim como o ácido carbônico) como um tampão. A reação mostrada na pergunta 3 deslocará para esquerda, com CH_3COO^- aceitando o influxo de H^+ e se tornando moléculas de CH_3COOH.

Revisão do Conceito 2.1
1. O sal de cozinha (cloreto de sódio) é constituído de sódio e cloro. Podemos comer o composto, o que mostra que ele tem propriedades diferentes das de um metal (sódio) e um gás venenoso (cloro). **2.** Sim. Um organismo requer elementos-traço, ainda que apenas em quantidades pequenas. **3.** Uma pessoa com deficiência de ferro provavelmente apresentará fadiga e outros efeitos de um baixo nível de oxigênio no sangue (a condição é chamada de anemia e também pode resultar de poucos eritrócitos ou hemoglobina anormal). **4.** Plantas ancestrais variantes que poderiam tolerar níveis elevados dos elementos em solos de serpentina poderiam crescer e reproduzir nesses locais (das plantas bem adaptadas a solos não serpentinizados, não se esperaria a sobrevivência em áreas serpentinizadas). A descendência das variantes também variaria, com as mais capazes de se desenvolver em solos de serpentina tendo melhor crescimento e mais produção. Ao longo de muitas gerações, esse comportamento provavelmente levou as espécies adaptadas aos solos de serpentina que conhecemos hoje.

Revisão do Conceito 2.2
1. 7 **2.** $^{15}_{7}N$ **3.** 9 elétrons, duas camadas de elétrons; $1s$, $2s$, $2p$ (três orbitais); 1 elétron é necessário para preencher a camada de valência. **4.** Os elementos em uma fileira têm o mesmo número de camadas de elétrons. Todos os elementos em uma coluna têm o mesmo número de elétrons nas suas camadas de valência.

Revisão do Conceito 2.3
1. Nesta estrutura, cada átomo de carbono possui apenas três ligações covalentes ao invés das quatro necessárias. **2.** A atração entre íons de cargas opostas, formando ligações iônicas. **3.** Se você pudesse sintetizar moléculas que mimetizem estas formas, você poderia ser capaz de tratar doenças ou condições causadas pela incapacidade dos indivíduos afetados em sintetizar tais moléculas – ou bloquear a função de tais moléculas se a superprodução for a causa da desordem.

Revisão do Conceito 2.4
1.

H : H + :Ö::Ö: → :Ö:H / H / :Ö:H
2H₂   O₂   2H₂O

2. Em equilíbrio, as reações direta e inversa ocorrem com a mesma velocidade. **3.** $C_6H_{12}O_6 + 6 O_2 \rightarrow 6 CO_2 + 6 H_2O$ + Energia. A glicose e o oxigênio reagem e formam dióxido de carbono e água, liberando energia. Inalamos oxigênio porque necessitamos dele para que essa reação ocorra e exalamos dióxido de carbono porque ele é um subproduto dessa reação (essa reação é chamada de respiração celular, e você aprenderá mais a respeito dela no Capítulo 9).

Questões do Resumo dos conceitos-chave
2.1 Um composto é formado de dois ou mais elementos combinados em uma proporção fixa, enquanto um elemento é uma substância que não pode ser quebrada em outras substâncias.
2.2

Tanto o neônio como argônio completaram as camadas de valência, contendo 8 elétrons. Eles não possuem elétrons não pareados que poderiam participar nas ligações químicas. **2.3** Os elétrons são compartilhados igualmente entre os dois átomos em uma ligação covalente apolar. Em uma ligação covalente polar, os elétrons são atraídos para perto do átomo mais eletronegativo. Na formação dos íons, um elétron é completamente transferido de um átomo para outro átomo muito mais

Questões do Resumo dos conceitos-chave
3.1

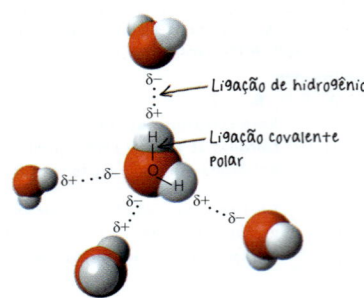

Não. Uma ligação covalente é uma ligação forte na qual os elétrons são compartilhados entre dois átomos. Uma ligação de hidrogênio é uma ligação fraca, que não envolve o compartilhamento de elétrons; é simplesmente uma atração entre duas cargas parciais em átomos vizinhos. **3.2** Os íons se dissolvem na água quando moléculas polares de água formam uma cápsula de hidratação em torno deles, com regiões parcialmente carregadas de moléculas de água sendo atraídas pelos íons de carga oposta. As moléculas polares se dissolvem na medida em que as moléculas de água formam ligações de hidrogênio com elas e as circundam. As soluções são misturas homogêneas de soluto e solvente. **3.3** A concentração de íons de hidrogênio (H^+) seria 10^{-11}, e o pH da solução seria 11.

Teste seu conhecimento
1. C **2.** D **3.** C **4.** A **5.** D
6.

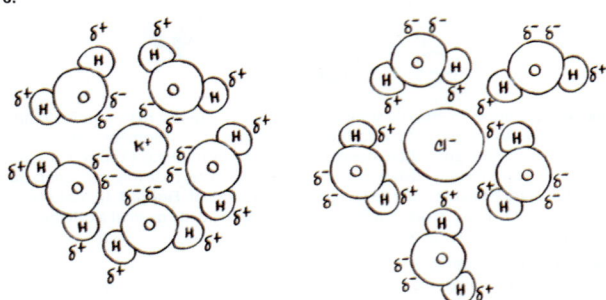

7. Devido às ligações intermoleculares de hidrogênio, a água possui um calor específico alto (a quantidade de calor necessária para aumentar a temperatura da água em 1°C). Quando a água é aquecida, parte do calor é absorvido na quebra das ligações de hidrogênio antes que as moléculas de água aumentem seu movimento e a temperatura se eleve. Ao contrário, quando a água é resfriada, muitas ligações H são formadas, que liberam uma quantidade significativa de calor. Essa liberação de calor pode fornecer alguma proteção contra o congelamento das folhas das plantas, protegendo, assim, as células de danos. **8.** Tanto o aquecimento global quanto a acidificação dos oceanos são causados pelo aumento nos níveis de dióxido de carbono na atmosfera, o resultado da queima de combustíveis fósseis.

Capítulo 4
Questões das figuras
Figura 4.2 Como a concentração dos reagentes influencia o equilíbrio (conforme discutido no Conceito 2.4), pode ter havido mais HCN em relação ao CH_2O, pois haveria uma concentração mais alta do gás reagente contendo nitrogênio.
Figura 4.4

Na· ·S̈i· ·P̈· ·S̈: ·C̈l:

Figura 4.6 As caudas das gorduras contêm apenas ligações carbono-hidrogênio, que são relativamente apolares. Como as caudas ocupam a maior parte de uma molécula de gordura, elas tornam a molécula apolar como um todo e, portanto, incapaz de formar ligações de hidrogênio com a água.

Figura 4.7

```
      H
      |
    H-C-H
      |   H
  H   |   |
H-C — C — C-H
  |   |   H
  H   |
    H-C-H
      |
      H
```

Revisão do Conceito 4.1
1. As faíscas forneceram a energia necessária para as moléculas inorgânicas na atmosfera reagirem umas com as outras (você aprenderá mais sobre energia e reações químicas no Capítulo 8).

Revisão do Conceito 4.2
1.

a. H   H   b. H   Cl
     \\   //   \\   //
      C = C   C = C
     /   \\   /   \\
    H   H   Cl   H

2. As formas de C_4H_{10} em (b) são isômeros estruturais, assim como os butenos (formas de C_4H_8) em (c). **3.** Ambos consistem principalmente de cadeias de hidrocarbonetos, que fornecem combustível – gasolina para motores e gorduras para embriões de plantas e animais. As reações de ambos os tipos de moléculas liberam energia. **4.** Não. Não há diversidade suficiente nos átomos de propano. Não pode formar isômeros estruturais porque há apenas uma maneira de três carbonos se ligarem uns aos outros (em uma linha). Não há ligações duplas, portanto isômeros *cis-trans* não são possíveis. Cada carbono tem pelo menos dois hidrogênios ligados a ele, então a molécula é simétrica e não pode ter enantiômeros.

Revisão do Conceito 4.3
1. Um aminoácido possui um grupo amino (—NH_2), que o torna uma amina, e um grupo carboxila (—COOH), que o torna um ácido carboxílico. **2.** A molécula de ATP perde um fosfato, tornando-se ADP.
3.

```
    O    H    O
    ‖    |    ‖
    C — C — C
   /    |     \
  HO   CH₂    OH
        |
        SH
```

Um grupo químico que pode atuar como uma base foi substituído por um grupo que pode atuar como um ácido, aumentando as propriedades ácidas da molécula. A forma da molécula também mudaria, provavelmente mudando as moléculas com as quais ela pode interagir. A molécula de cisteína original tem um carbono assimétrico no centro. Após a substituição do grupo amino por um grupo carboxila, esse carbono não é mais assimétrico.

Questões do Resumo dos conceitos-chave
4.1 Miller mostrou que as moléculas orgânicas podem se formar sob as condições físicas e químicas que se estima terem existido na Terra primitiva. Essa síntese abiótica de moléculas orgânicas teria sido um primeiro passo na origem da vida. **4.2** A acetona e o propanal são isômeros estruturais. O ácido acético e a glicina não têm carbonos assimétricos, enquanto o fosfato de glicerol tem um. Portanto, o fosfato de glicerol pode existir na forma de enantiômeros, mas o ácido acético e a glicina, não. **4.3** O grupo metila é apolar e não reativo. Os outros seis grupos são chamados de grupos funcionais porque podem participar de reações químicas. Além disso, todos, exceto o grupo sulfidrila, são hidrofílicos, aumentando a solubilidade dos compostos orgânicos em água.

Teste seu conhecimento
1. B **2.** B **3.** C **4.** C **5.** A **6.** B **7.** A
8. A molécula à direita; o carbono do meio é assimétrico.
9.

·S̈i·   O silício tem 4 elétrons de valência, o mesmo número do carbono. Portanto, o silício seria capaz de formar longas cadeias, incluindo ramos, que poderiam atuar como esqueletos para grandes moléculas. Claramente faria isso muito melhor do que o neônio (sem elétrons de valência) ou alumínio (com 3 elétrons de valência).

Capítulo 5
Questões das figuras
Figura 5.3 A glicose e a frutose são isômeros estruturais.
Figura 5.4

```
Forma linear          Anel em formação         Forma em anel
```

Quatro carbonos estão no anel da frutose, e dois não estão (os dois últimos carbonos estão ligados aos carbonos 2 e 5, que estão no anel). O anel da frutose difere do anel da glicose, que tem cinco carbonos no anel e um que não está (observe que a orientação desta molécula de frutose está virada horizontalmente em relação à da Figura 5.5b; observe também que o oxigênio no carbono 5 perdeu seu próton e que o oxigênio no carbono 2, que era o oxigênio carbonílico, ganhou um próton).

Figura 5.5

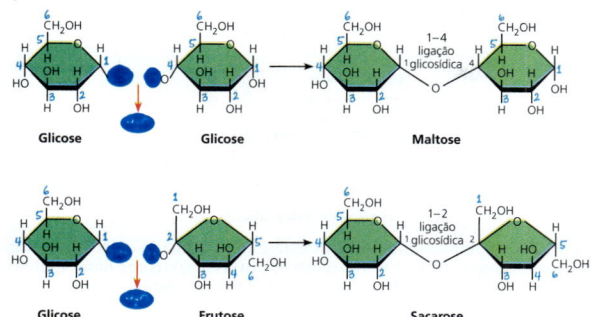

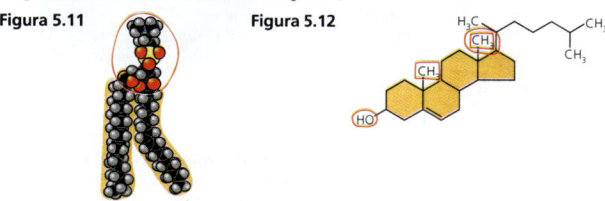

(a) Na maltose, a ligação é chamada de ligação glicosídica 1-4 porque o carbono número 1 no monossacarídeo da esquerda (glicose) está ligado ao carbono 4 no monossacarídeo da direita (também glicose). (b) Na sacarose, a ligação é chamada de ligação glicosídica 1-2 porque o carbono número 1 no monossacarídeo da esquerda (glicose) está ligado ao carbono 2 no monossacarídeo da direita (frutose) (observe que a molécula de frutose está orientada de forma diferente da glicose nas Figuras 5.4 e 5.5b, onde o carbono 2 está à direita. Na frutose da Figura 5.5b e aqui, o carbono 2 da frutose está à esquerda).

Figura 5.11 **Figura 5.12**

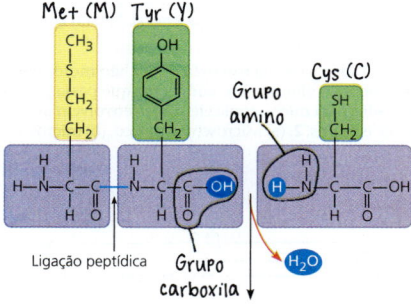

Figura 5.15

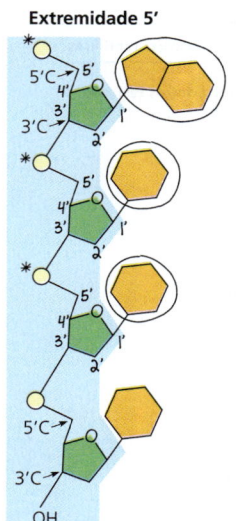

Figura 5.16 (1) O esqueleto do polipeptídeo é mais facilmente reproduzido no modelo de fitas.

(2) 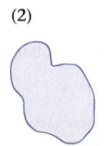 (3) O objetivo deste esquema é mostrar que uma célula do pâncreas secreta proteínas de insulina, portanto, a forma não é importante para o processo que está sendo ilustrado. **Figura 5.17** Podemos ver que suas formas complementares permitem que as duas proteínas se encaixem de forma bastante precisa. **Figura 5.19** O grupo R no ácido glutâmico é ácido e hidrofílico, enquanto, na valina, é apolar e hidrofóbico. Portanto, é improvável que a valina e o ácido glutâmico participem das mesmas interações intramoleculares. Uma mudança nessas interações causaria (e causa) uma ruptura da estrutura molecular. **Figura 5.26** O uso de uma abordagem genômica nos permite utilizar as sequências dos genes para identificar espécies e aprender sobre as relações evolutivas entre quaisquer duas espécies. Isso porque todas as espécies estão relacionadas por sua história evolutiva, e a evidência está nas sequências de DNA. A proteômica – que olha para as proteínas que são expressas – nos permite aprender sobre como os organismos ou células estão funcionando em um determinado momento ou em uma associação com outra espécie.

Revisão do Conceito 5.1
1. As quatro classes principais são proteínas, carboidratos, lipídeos e ácidos nucleicos. Os lipídeos não são polímeros. **2.** Nove, com uma molécula de água necessária para hidrolisar cada conexão entre os monômeros adjacentes. **3.** Os aminoácidos da proteína do peixe devem ser liberados nas reações de hidrólise e incorporados a outras proteínas nas reações de desidratação.

Revisão do Conceito 5.2
1. $C_3H_6O_3$ **2.** $C_{12}H_{22}O_{11}$ **3.** É provável que o tratamento com antibióticos tenha matado os procariotos que digerem a celulose no intestino da vaca. A ausência destes procariotos dificultaria a capacidade da vaca de obter energia dos alimentos e poderia levar à perda de peso e possivelmente à morte. Assim, as espécies procarióticas são reintroduzidas, em combinações apropriadas, na cultura intestinal dada às vacas tratadas.

Revisão do Conceito 5.3
1. Ambos têm uma molécula de glicerol ligada a ácidos graxos. O glicerol de uma gordura tem três ácidos graxos ligados, enquanto o glicerol de um fosfolipídeo está ligado a dois ácidos graxos e um grupo fosfato. **2.** Os hormônios sexuais humanos são esteroides, um tipo de composto que é hidrofóbico e, portanto, classificado como um lipídeo. **3.** A membrana de gotículas de óleo poderia consistir em uma única camada de fosfolipídeos em vez de uma bicamada, pois um arranjo no qual as caudas hidrofóbicas dos fosfolipídeos da membrana estivessem em contato com as regiões de hidrocarbonetos das moléculas de óleo seria mais estável.

Revisão do Conceito 5.4
1. A estrutura secundária envolve ligações de hidrogênio entre os átomos do esqueleto polipeptídico. A estrutura terciária envolve interações entre os átomos das cadeias laterais das subunidades dos aminoácidos. **2.** As duas formas de anel de glicose são chamadas α e β, dependendo de como a ligação glicosídica dita a posição de um grupo hidroxila. As proteínas têm α-hélices e folhas-β pregueadas, dois tipos de estruturas repetidas encontradas em polipeptídeos devido às interações entre os constituintes repetitivos da cadeia (não as cadeias laterais). A molécula de hemoglobina é composta por dois tipos de polipeptídeos: ela contém duas moléculas, cada uma com α-globina e β-globina. **3.** Durante a formação de um polipeptídeo pela polimerização dos aminoácidos, o grupo amino de um aminoácido reage com o grupo carboxílico do próximo, formando uma ligação peptídica. Portanto, em um polipeptídeo, há apenas um grupo amino na porção N-terminal e um grupo carboxílico na porção C-terminal, juntamente com quaisquer grupos carboxílicos ou grupos amino localizados nas cadeias laterais dos aminoácidos (grupos R). **4.** Todos estes são aminoácidos apolares e hidrofóbicos, portanto é de se esperar que esta região esteja localizada no interior do polipeptídeo enovelado, onde não entrariam em contato com o ambiente aquoso dentro da célula.

Revisão do Conceito 5.5
1. **2.**
5'–T A G G C C T–3'
3'–A T C C G G A–5'

Revisão do Conceito 5.6
1. O DNA de um organismo codifica todas as suas proteínas, e as proteínas são as moléculas que realizam o trabalho das células, quer um organismo seja unicelular ou multicelular. Conhecendo a sequência de DNA de um organismo, os cientistas poderiam também catalogar as sequências de proteínas. **2.** Em última análise, a sequência de DNA traz as informações necessárias para fazer as proteínas que determinam os traços de uma determinada espécie. Como as características das duas espécies são semelhantes, seria de se esperar que as proteínas também fossem semelhantes, e, portanto, as sequências dos genes também deveriam ter um alto grau de similaridade.

Questões do Resumo dos conceitos-chave

5.1 Os polímeros de grandes carboidratos (polissacarídeos), proteínas e ácidos nucleicos são construídos a partir de três tipos diferentes de monômeros (monossacarídeos, aminoácidos e nucleotídeos, respectivamente). **5.2** Tanto o amido quanto a celulose são polímeros de glicose, mas os monômeros de glicose estão na configuração α no amido e na configuração β na celulose. As ligações glicosídicas têm, portanto, geometrias diferentes, dando aos polímeros formas diferentes e, portanto, propriedades diferentes. O amido é um composto de armazenamento de energia nas plantas; a celulose é um componente estrutural das paredes celulares das plantas. Os humanos podem hidrolisar o amido para fornecer energia, mas não podem hidrolisar a celulose. A celulose ajuda na passagem dos alimentos pelo trato digestivo. **5.3** Os lipídeos não são polímeros porque não existem como uma cadeia de monômeros ligados. Eles não são considerados macromoléculas porque não atingem o tamanho gigante de muitos polissacarídeos, proteínas e ácidos nucleicos. **5.4** Um polipeptídeo, que pode consistir de centenas de aminoácidos em uma sequência específica (estrutura primária), tem regiões de espirais e pregas (estrutura secundária), que são então enoveladas em conformações irregulares (estrutura terciária) e podem ser associadas de forma não covalente com outros polipeptídeos (estrutura quaternária). A ordem linear dos aminoácidos, com as propriedades variáveis das suas cadeias laterais (grupos R), determina que estruturas secundárias e terciárias se formarão para produzir uma proteína. As formas tridimensionais únicas das proteínas resultantes são a chave para suas funções específicas e diversificadas. **5.5** O pareamento de bases complementares das duas fitas de DNA torna possível a replicação precisa do DNA toda vez que uma célula se divide, assegurando que a informação genética seja transmitida fielmente. Em alguns tipos de RNA, o pareamento de bases complementares permite que as moléculas de RNA assumam formas tridimensionais específicas que facilitam diversas funções. **5.6** Seria de se esperar que a sequência do gene humano fosse mais semelhante à do rato (outro mamífero), depois à do peixe (outro vertebrado) e menos semelhante à da mosca-da-fruta (um invertebrado).

Teste seu conhecimento
1. D **2.** A **3.** B **4.** A **5.** B **6.** B **7.** C
8.

	Monômeros ou componentes	Polímero ou molécula maior	Tipo de ligação
Carboidratos	Monossacarídeos	Polissacarídeos	Ligações glicosídicas
Lipídeos	Ácidos graxos	Triacilgliceróis	Ligações éster
Proteínas	Aminoácidos	Polipeptídeos	Ligações peptídicas
Ácidos nucleicos	Nucleotídeos	Polinucleotídeos	Ligações fosfodiéster

9.

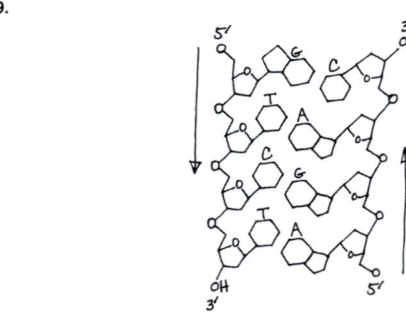

Capítulo 6
Questões das figuras

Figura 6.3 Os cílios na porção inferior da MET estavam orientados ao comprido no plano de corte, enquanto aqueles na porção superior da MET estavam orientados perpendicularmente ao plano de corte. Portanto, os cílios na porção inferior foram cortados longitudinalmente e os cílios da porção superior foram cortados transversalmente. **Figura 6.4** Você usaria o sedimento da fração final, rico em ribossomos. Estes são os locais de tradução de proteínas. **Figura 6.6** As faixas escuras no MET correspondem às cabeças hidrofílicas dos fosfolipídeos, enquanto as faixas claras correspondem às caudas de ácidos graxos hidrofóbicos dos fosfolipídeos. **Figura 6.9** O DNA em um cromossomo dita a síntese de uma molécula de RNA mensageiro (mRNA), que então se desloca para o citoplasma. Lá, a informação é utilizada para a produção, nos ribossomos, de proteínas que realizam as funções celulares. **Figura 6.10** Qualquer um dos ribossomos ligados (ligados ao retículo endoplasmático) poderia ser circulado, pois qualquer um poderia estar produzindo uma proteína que será secretada. **Tabela 6.1** Três dímeros. **Figura 6.22** Cada centríolo possui 9 conjuntos de 3 microtúbulos; dessa forma, o centrossomo como um todo (2 centríolos) possui 54 microtúbulos. Cada microtúbulo consiste em um arranjo em hélice de dímeros de tubulina (como mostrado na Tabela 6.1).

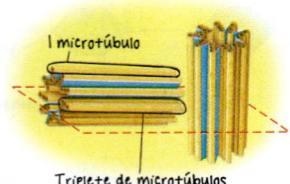

Figura 6.24 Os dois microtúbulos centrais terminam acima do corpo basal, assim eles não estão presentes no nível da secção transversal pelo corpo basal, indicado pelo retângulo vermelho inferior mostrado na ME à esquerda.

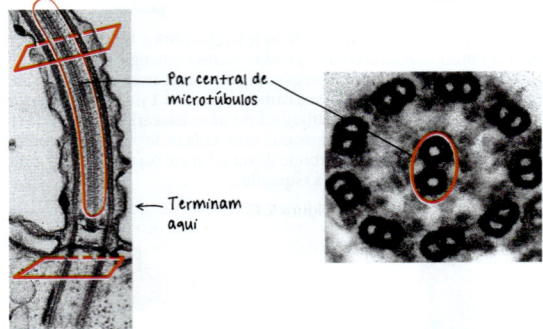

Figura 6.32 (1) Poro nuclear, ribossomo, bomba de prótons, cyt *c*. (2) Como mostrado na figura, a enzima RNA-polimerase se move ao longo do DNA, transcrevendo a informação genética em moléculas de mRNA. Dado que a RNA-polimerase é um pouco maior do que um nucleossomo, a enzima não seria capaz de se encaixar entre as proteínas histonas do nucleossomo e o próprio DNA. Portanto, o grupo de proteínas histonas deve ser separado ou movido ao longo do DNA de alguma forma para que a enzima RNA-polimerase acesse o DNA. (3) Uma mitocôndria.

Revisão do Conceito 6.1
1. Os corantes utilizados para microscopia óptica são moléculas coloridas que se ligam a componentes celulares, afetando a luz que passa por eles, enquanto os corantes utilizados para microscopia eletrônica envolvem metais pesados que afetam os feixes de elétrons. **2.** (a) Microscópio óptico, (b) microscópio eletrônico de varredura.

Revisão do Conceito 6.2
1. Ver Figura 6.8.
2.

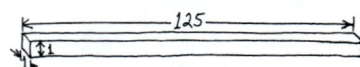

Esta célula teria o mesmo volume das células nas colunas 2 e 3 na Figura 6.7, mas, proporcionalmente, com mais área de superfície do que na coluna 2 e menos do que na coluna 3. Assim, a proporção entre superfície e volume deveria ser maior do que 1,2, mas menor do que 6. Para obter a área de superfície, você teria que somar a área dos seis lados (superior, inferior, laterais e pontas): 125 + 125 + 125 + 125 + 1 + 1 = 502. A proporção entre superfície e volume é igual a 502 dividida por um volume de 125, ou aproximadamente 4,0.

Revisão do Conceito 6.3
1. Os ribossomos no citoplasma traduzem a mensagem genética, carregada a partir do DNA no núcleo pelo mRNA para a cadeia polipeptídica. **2.** O nucléolo consiste em DNA e RNAs ribossômicos (rRNAs) sintetizados de acordo com seus genes no DNA, assim como de proteínas importadas do citoplasma. Juntos, os rRNAs e as proteínas são arranjadas em subunidades ribossômicas maior e menor. (Estas são exportadas através dos poros nucleares para o citoplasma, onde participam da síntese polipeptídica.) **3.** Cada cromossomo consiste em uma molécula de DNA longa ligada a várias moléculas proteicas, uma combinação chamada de cromatina. Quando uma célula inicia a divisão, cada cromossomo se torna "condensado" à medida que sua massa difusa de cromatina se enrola.

Revisão do Conceito 6.4
1. A principal diferença entre o RE rugoso e o RE liso é a presença de ribossomos ligados no RE rugoso. Ambos os tipos de RE produzem fosfolipídeos, mas as proteínas de membrana e as proteínas secretoras são produzidas pelos ribossomos no RE rugoso. O RE liso também funciona na detoxificação, no metabolismo de carboidratos e no armazenamento de íons cálcio. **2.** Vesículas de transporte movem membranas e substâncias que elas envolvem por meio de outros componentes do sistema de endomembranas. **3.** O mRNA é sintetizado no núcleo e, então, passa para fora pelo poro nuclear para o citoplasma, onde é traduzido em um ribossomo ligado, unido ao RE rugoso. A proteína é sintetizada no lúmen do

RE e pode ser modificada ali. Uma vesícula de transporte carrega a proteína para o complexo de Golgi. Após mais modificações no Golgi, outra vesícula de transporte a carrega de volta para o RE, onde ela realizará sua função celular.

Revisão do Conceito 6.5
1. Ambas as organelas estão envolvidas na transformação de energia, as mitocôndrias, na respiração celular, e os cloroplastos, na fotossíntese. Ambas possuem múltiplas membranas que separam seus interiores em compartimentos. Em ambas as organelas, as membranas mais internas – cristas, ou dobramentos da membrana interna nas mitocôndrias e membranas tilacoides nos cloroplastos – possuem grandes áreas de superfície com enzimas embebidas que realizam suas principais funções. **2.** Sim. Células vegetais são capazes de produzir seu próprio açúcar pela fotossíntese, mas as mitocôndrias nessas células vegetais (que são eucarióticas) são as organelas que são capazes de gerar moléculas de ATP para serem usadas para geração de energia a partir de açúcares, uma função necessária em todas as células. **3.** As mitocôndrias e os cloroplastos não são derivados do RE, nem estão conectados fisicamente ou via vesículas de transporte nas organelas do sistema de endomembranas. As mitocôndrias e os cloroplastos são diferentes estruturalmente das vesículas derivadas do RE, que estão ligadas por uma única membrana.

Revisão do Conceito 6.6
1. Os braços de dineína, movidos por ATP, movem duplas vizinhas de microtúbulos, um em relação ao outro. Como eles estão ancorados dentro do flagelo ou dos cílios e um em relação ao outro, as duplas encurvam ao invés de deslizar uma pela outra. O curvamento sincronizado das nove duplas de microtúbulos causa o curvamento dos cílios e dos flagelos. **2.** Esses indivíduos possuem defeitos no movimento baseado em microtúbulos dos cílios e flagelos. Dessa forma, o espermatozoide não pode se mover por causa do mau funcionamento ou da ausência do flagelo, e as vias aéreas estão comprometidas porque os cílios que revestem a traqueia não funcionam ou não existem, e, dessa forma, o muco não pode ser eliminado dos pulmões.

Revisão do Conceito 6.7
1. A diferença mais óbvia é a presença de conexões citoplasmáticas diretas entre células vegetais (plasmodesmos) e animais (junções comunicantes). Essas conexões resultam na continuidade do citoplasma entre as células adjacentes. **2.** A célula não seria capaz de funcionar de forma apropriada e provavelmente morreria logo, uma vez que a parede celular ou a MEC deve estar permeável para permitir a troca de material entre a célula e seu meio externo. As moléculas envolvidas na produção de energia e seu uso devem ter permissão para entrar, assim como aquelas que fornecem informação sobre o ambiente celular. Outras moléculas, como os produtos sintetizados pela célula para exportação e os subprodutos da respiração celular, devem ter permissão para sair. **3.** Espera-se que as partes da proteína voltadas para as regiões aquosas tenham aminoácidos polares ou carregados (hidrofílicos), enquanto as partes que atravessam a membrana tenham aminoácidos apolares (hidrofóbicos). Você poderia predizer aminoácidos polares ou carregados em cada extremidade (cauda), na região da alça citoplasmática e nas regiões das duas alças extracelulares. Você poderia predizer aminoácidos apolares nas quatro regiões que passam através da membrana entre as caudas e as alças.

Revisão do Conceito 6.8
1. *Colpidium colpoda* move-se na água doce usando cílios, projeções a partir da membrana plasmática que envolvem microtúbulos em um arranjo "9 + 2". As interações entre as proteínas motoras e os microtúbulos fazem os cílios se flexionarem em sincronia, empurrando a célula pela água. Isso é energizado pelo ATP, obtido via quebra de açúcares a partir do alimento em um processo que ocorre na mitocôndria. *C. colpoda* obtém bactérias como sua fonte de alimento, talvez pelo mesmo processo (envolvendo filopódios) que os macrófagos usam na Figura 6.31. Esse processo utiliza filamentos de actina e outros elementos do citoesqueleto para ajudar a ingerir a bactéria. Uma vez ingeridas, as bactérias são degradadas por enzimas nos lisossomos. As proteínas envolvidas em todos esses processos são codificadas por genes no DNA no núcleo de *C. colpoda*.

Questões do Resumo dos conceitos-chave
6.1 Tanto a microscopia óptica como a microscopia eletrônica permitem que as células sejam estudadas visualmente, ajudando-nos a compreender a estrutura celular interna e o arranjo dos componentes celulares. As técnicas de fracionamento celular separam diferentes grupos de componentes celulares que podem, então, ser analisados bioquimicamente para determinar sua função. O uso da microscopia na mesma fração celular ajuda a correlacionar a função bioquímica da célula com o componente celular responsável. **6.2** A separação das diferentes funções em diferentes organelas possui algumas vantagens. Reagentes e enzimas podem ser concentrados em uma área ao invés de espalhar-se pela célula. Reações que necessitam de condições específicas, como um pH mais baixo, podem ser compartimentalizadas. Enzimas para reações específicas muitas vezes estão embebidas nas membranas que envolvem ou separam uma organela. **6.3** O núcleo contém material genético da célula na forma de DNA, que codifica RNA mensageiro, que, por sua vez, fornece instruções para a síntese de proteínas (incluindo as proteínas que fazem parte dos ribossomos). O DNA também codifica RNAs ribossômicos, que são combinados com proteínas no nucléolo nas subunidades dos ribossomos. Dentro do citoplasma, os ribossomos se unem com o mRNA para construir polipeptídeos, usando a informação genética no mRNA. **6.4** Vesículas de transporte movem proteínas e membranas sintetizadas pelo RE rugoso para o Golgi para processamento adicional e, então, para a membrana plasmática, os lisossomos ou outros locais na célula, incluindo a volta para o RE. **6.5** De acordo com a teoria endossimbionte, as mitocôndrias se originaram de uma célula procariótica que utiliza oxigênio que foi englofada por uma célula ancestral às células eucarióticas. Com o tempo, o hospedeiro e o endossimbionte evoluíram para um único organismo unicelular contendo uma mitocôndria. Os cloroplastos se originaram quando pelo menos uma dessas células eucarióticas contendo mitocôndrias englofou e, então, conservou um procarioto que realiza fotossíntese, que finalmente evoluiu para um cloroplasto. **6.6** Dentro da célula, as proteínas motoras interagem com componentes do citoesqueleto para mover partes celulares. As proteínas motoras movem as vesículas ao longo dos microtúbulos. O movimento do citoplasma dentro de uma célula envolve interações das proteínas motoras miosina e microfilamentos (filamentos de actina). Células inteiras podem ser movidas pela flexão rápida dos flagelos ou dos cílios, que é causada pelo deslizamento, energizado pelas proteínas motoras, dos microtúbulos dentro dessas estruturas. O movimento celular também pode ocorrer quando os pseudópodos se formam em uma extremidade da célula (causada pela polimerização da actina em uma rede filamentosa), seguida pela contração da célula na direção daquela extremidade; esse movimento ameboide é energizado por interações dos microfilamentos com miosina. As interações das proteínas motoras e dos microfilamentos nas células musculares podem causar a contração muscular que pode propulsar organismos inteiros (p. ex., caminhando ou nadando). **6.7** Uma parede celular vegetal é composta principalmente por microfibrilas de celulose embebidas em outros polissacarídeos e proteínas. A MEC das células animais é composta principalmente por colágeno e outras fibras proteicas, como fibronectinas e outras glicoproteínas. Essas fibras estão embebidas em uma rede de proteoglicanos ricos em carboidratos. A parede celular vegetal fornece suporte estrutural para a célula e, coletivamente, para o corpo da planta. Além de dar o suporte, a MEC de uma célula animal permite a comunicação de mudanças ambientais para dentro da célula. **6.8** O núcleo abriga os cromossomos; cada um é feito de proteínas e uma única molécula de DNA. Os genes que existem ao longo do DNA carregam a informação genética necessária para produzir proteínas envolvidas na digestão da célula bacteriana, como os microfilamentos de actina que formam os pseudópodos, as proteínas nas mitocôndrias responsáveis por fornecer o ATP necessário, e as enzimas presentes nos lisossomos que farão a digestão da célula bacteriana.

Teste seu conhecimento
1. B **2.** C **3.** B **4.** A **5.** D **6.** Ver Figura 6.8.

Capítulo 7
Questões das figuras
Figura 7.2

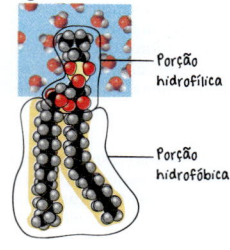

A porção hidrofílica está em contato com um meio aquoso (citosol ou fluido extracelular), e a porção hidrofóbica está em contato com as porções hidrofóbicas de outros fosfolipídeos no interior da bicamada. **Figura 7.4** Você não pode descartar o movimento de proteínas dentro das membranas das mesmas espécies. Você pode propor que os lipídeos e proteínas da membrana de uma espécie não são capazes de se misturar com aqueles de outras espécies devido a alguma incompatibilidade. **Figura 7.7** Uma proteína transmembrana como o dímero em (f) pode mudar sua forma quando se ligar a uma determinada molécula da matriz extracelular (MEC). A nova forma pode permitir que a porção interior da proteína se ligue a uma segunda, proteína citoplasmática que transmitiria a mensagem para o interior da célula, como mostrado em (c). **Figura 7.8** A forma de uma proteína na superfície do HIV é provavelmente complementar à forma do receptor (CD4) e também do correceptor (CCR5). Uma molécula com uma forma similar à da proteína de superfície do HIV poderia se ligar a CCR5, bloqueando a ligação do HIV. (Outra resposta seria que se uma molécula se ligasse a CCR5 e mudasse a sua forma, ela não poderia mais se ligar ao HIV; de fato, é assim que o maraviroque funciona.)
Figura 7.9

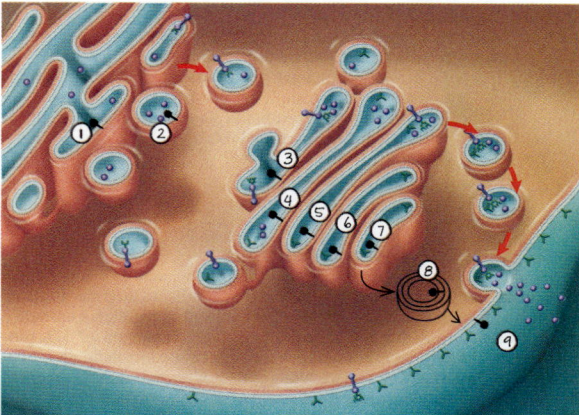

A proteína faria contato com o fluido extracelular. (Como uma extremidade da proteína está na membrana do RE, nenhuma parte da proteína se estende para o citoplasma.) A parte da proteína que não está na membrana se estende para dentro do lúmen do RE. Uma vez que a vesícula se fusiona com a membrana plasmática, a parte "interna" da membrana do RE, voltada para o lúmen, ficará voltada para a parte "externa" da membrana plasmática, voltada para o fluido extracelular. **Figura 7.12** O corante laranja seria distribuído uniformemente pela solução em ambos os lados da membrana. Os níveis da solução não seriam afetados, pois o corante laranja pode difundir pela membrana e equilibrar sua concentração. Portanto, não ocorreria osmose adicional em nenhuma direção. Neste exemplo, a membrana representa a membrana plasmática de uma célula. **Figura 7.13** As células captam água e se tornam túrgidas, fazendo o talo perder sua fraqueza e se tornar crocante. **Figura 7.16** A concentração dos íons sódio ($[Na^+]$) é baixa dentro da célula e alta fora dela, enquanto a concentração dos íons potássio ($[K^+]$) é baixa fora da célula e alta dentro dela. Três íons Na^+ são movidos para fora da célula e dois íons K^+ para dentro da célula a cada ciclo. **Figura 7.17** Os solutos em forma de diamante estão se movendo para dentro da célula, e os solutos circulares estão se movendo para fora da célula; cada um se move contra seu gradiente de concentração. **Figura 7.21** (a) Na micrografia da célula de alga, o diâmetro da alga é cerca de 2,3 vezes mais longo do que a barra de escala, que representa 5 μm; então, o diâmetro da célula de alga é cerca de 11,5 μm. (b) Na micrografia da vesícula coberta, o diâmetro da vesícula coberta é cerca de 1,2 vez mais longo do que a barra de escala, que representa 0,25 μm; então, o diâmetro da vesícula coberta é cerca de 0,3 μm. (c) Portanto, o vacúolo alimentar em torno da célula de alga será 40 vezes maior do que a vesícula coberta.

Revisão do Conceito 7.1
1. Eles estão dentro da membrana da vesícula de transporte. **2.** Espera-se que as gramíneas de regiões mais frias tenham mais ácidos graxos insaturados nas suas membranas, pois esses ácidos graxos permanecem fluidos em temperaturas mais baixas. Espera-se que as gramíneas que vivem próximo aos gêiseres tenham mais ácidos graxos saturados, o que permitiria que os ácidos graxos se ajustassem de maneira mais compacta, tornando as membranas menos fluidas e, assim, ajudando-as a se manter intactas a temperaturas mais altas. (Nas plantas, o colesterol geralmente não é usado para moderar os efeitos da temperatura na fluidez da membrana, pois é encontrado em níveis imensamente mais baixos nas membranas das células vegetais do que nas células animais.)

Revisão do Conceito 7.2
1. O O_2 e o CO_2 são moléculas apolares pequenas que podem facilmente passar pelo interior hidrofóbico de uma membrana. **2.** A água é uma molécula polar; dessa forma, ela pode passar rapidamente através da região hidrofóbica no meio de uma bicamada fosfolipídica. **3.** O íon hidrônio é carregado, enquanto glicerol não é. A carga provavelmente é mais significativa do que o tamanho como base para exclusão pelos canais de aquaporina.

Revisão do Conceito 7.3
1. CO_2 é uma molécula apolar que pode difundir pela membrana plasmática. Enquanto ela se difundir de uma maneira que a concentração permaneça baixa fora da célula, ela continuará a sair da célula dessa forma. (Este é o oposto do caso para o O_2, descrito nesta seção do texto.) **2.** O vacúolo contrátil de *Paramecium* se tornará menos ativo. O vacúolo bombeia para fora o excesso de água que se acumula na célula; esse acúmulo ocorre apenas em um meio hipotônico.

Revisão do Conceito 7.4
1. Estas bombas utilizam ATP. Para estabelecer uma voltagem, os íons devem ser bombeados contra seus gradientes, o que requer energia. **2.** Cada íon está sendo transportado contra seu gradiente eletroquímico. Se algum íon for transportado a favor do seu gradiente eletroquímico, isto *seria* considerado um cotransporte. **3.** O meio interno de um lisossomo é ácido; logo, ele tem uma concentração mais alta de H^+ do que o citoplasma. Portanto, podemos esperar que a membrana do lisossomo tenha uma bomba de prótons, como a mostrada na Figura 7.18 para bombear H^+ para dentro do lisossomo.

Revisão do Conceito 7.5
1. Exocitose. Quando uma vesícula de transporte fusiona com a membrana plasmática, a membrana da vesícula se torna parte da membrana plasmática.
2.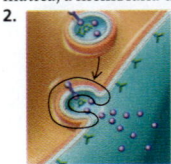
3. A glicoproteína é sintetizada no lúmen do RE, move-se através do complexo de Golgi e, então, viaja em uma vesícula para a membrana plasmática, onde sofre exocitose e se torna parte da MEC.

Questões do Resumo dos conceitos-chave
7.1 As membranas plasmáticas definem as células ao separar os componentes celulares do ambiente externo. Isso permite que as condições internas da célula sejam controladas pelas proteínas da membrana, as quais regulam a entrada e a saída de moléculas e até mesmo as funções celulares (ver Figura 7.7). Os processos vitais podem ser executados dentro do ambiente controlado da célula; portanto, as membranas são cruciais. Nos eucariotos, as membranas também subdividem o citoplasma em diferentes compartimentos, onde processos distintos podem ocorrer, mesmo sob condições diferentes, como pH baixo ou alto.

7.2 As aquaporinas são canais de proteínas que aumentam muito a permeabilidade da membrana para moléculas de água, que são polares e, portanto, não se difundem facilmente pelo interior hidrofóbico da membrana. **7.3** Haverá uma difusão de água para fora da célula para dentro de uma solução hipertônica. A concentração de água livre é mais alta no interior da célula do que na solução (onde nem todas as moléculas de água estão livres, pois muitas estão agregadas ao redor das numerosas partículas de soluto). **7.4** Um dos solutos movimentados pelo cotransportador é ativamente transportado contra seu gradiente de concentração. A energia para esse transporte vem do gradiente de concentração do outro soluto que foi estabelecido por uma bomba eletrogênica que usa energia para transportar os outros solutos através da membrana. Como a energia é necessária para dirigir esse processo em geral (pois o ATP é utilizado para estabelecer o gradiente de concentração), ela é considerada transporte ativo. **7.5** Na endocitose mediada por receptor, moléculas específicas se ligam a receptores na membrana plasmática em uma região onde um poço revestido se desenvolve. A célula pode adquirir grandes quantidades dessas moléculas específicas quando o poço revestido forma uma vesícula e carrega as moléculas aderidas ao interior da célula.

Teste seu conhecimento
1. B **2.** C **3.** A **4.** C **5.** B
6. (a)

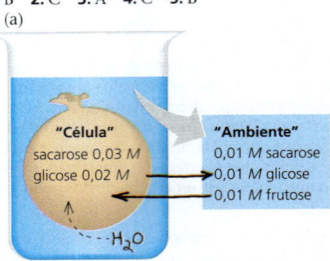

(b) A solução externa é hipotônica. Ela tem menos sacarose, que é um soluto não penetrante. (c) Ver a resposta para (a). (d) A célula artificial se tornará mais túrgida. (e) Finalmente, as duas soluções terão as mesmas concentrações de soluto. Mesmo que a sacarose não possa se mover pela membrana, o fluxo de água (osmose) levará a condições isotônicas.

Capítulo 8
Questões das figuras
Figura 8.5 Com uma bomba de prótons (Figura 7.18), a energia armazenada no ATP é usada para bombear prótons através da membrana e acumular uma concentração maior (não predominante) fora da célula, de modo que esse processo resulta em maior energia livre. Quando moléculas de soluto (análogas aos íons hidrogênio) são distribuídas uniformemente, semelhantemente à distribuição aleatória na parte inferior de (b), o sistema tem menos energia livre do que na parte superior de (b). O sistema na parte inferior não pode fazer nenhum trabalho. Como o gradiente de concentração criado por uma bomba de prótons (Figura 7.18) representa uma maior energia livre, esse sistema tem potencial para fazer trabalho, uma vez que haja uma maior concentração de prótons em um lado da membrana (como você verá na Figura 9.15). **Figura 8.10** O ácido glutâmico (Glu) tem um grupo carboxílico no final do seu grupo R. A glutamina (Gln) tem exatamente a mesma estrutura que o ácido glutâmico, exceto pelo fato de que há um grupo amina no lugar de —O^- no grupo R. (Este átomo de O no grupo R é retirado durante a reação de síntese.) Assim, nesta figura, a Gln é desenhada como um Glu com um NH_2 anexado.
Figura 8.13

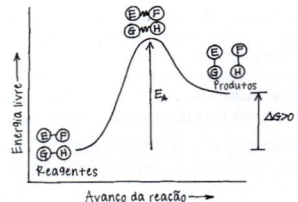

Figura 8.16

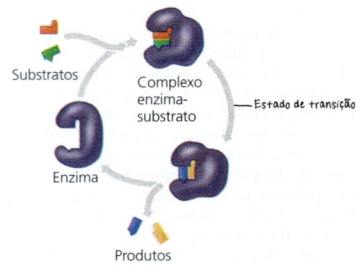

Revisão do Conceito 8.1
1. A segunda lei é a tendência para a randomização, ou entropia crescente. Quando as concentrações de uma substância em ambos os lados de uma membrana são iguais, a distribuição é mais aleatória do que quando elas são desiguais.

A difusão de uma substância para uma região onde ela é inicialmente menos concentrada aumenta a entropia, tornando-a um processo energeticamente favorável (espontâneo), como descrito pela segunda lei. Isso explica o processo visto na Figura 7.11. **2.** A maçã tem energia potencial em sua posição pendurada na árvore, e os açúcares e outros nutrientes que ela contém têm energia química. A maçã tem energia cinética ao cair da árvore em direção ao solo. Finalmente, quando a maçã é digerida e suas moléculas quebradas, parte da energia química é usada para fazer trabalho, e o resto é perdido como energia térmica. **3.** Os cristais de açúcar tornam-se menos ordenados (a entropia aumenta) à medida que se dissolvem e se espalham aleatoriamente pela água. Com o tempo, a água evapora, e os cristais se formam novamente porque o volume de água é insuficiente para mantê-los em solução. Ainda que o reaparecimento de cristais de açúcar possa representar um aumento "espontâneo" na ordem (diminuição da entropia), ele é equilibrado pela diminuição na ordem (aumento da entropia) das moléculas de água, que mudaram de um arranjo relativamente compacto como água líquida para uma forma muito mais dispersa e desordenada como vapor de água.

Revisão do Conceito 8.2
1. A respiração celular é um processo espontâneo e exergônico. A energia liberada pela glicose é usada para fazer trabalho na célula ou é perdida como calor. **2.** O catabolismo quebra as moléculas orgânicas, liberando sua energia química e resultando em produtos menores com mais entropia, como quando se move de cima para baixo na Figura 8.5c. O anabolismo consome energia para sintetizar moléculas maiores a partir de moléculas mais simples, como quando se move da parte inferior para a parte superior em (c). **3.** A reação é exergônica porque libera energia – neste caso, sob a forma de luz. (Esta é uma versão não biológica da bioluminescência vista na Figura 8.1.)

Revisão do Conceito 8.3
1. O ATP geralmente transfere energia para um processo endergônico por meio da fosforilação (adicionando um grupo fosfato em) de outra molécula. (Processos exergônicos, por sua vez, fosforilam o ADP para regenerar o ATP.) **2.** Um conjunto de reações acopladas pode transformar a primeira combinação na segunda. Como este é um processo exergônico em geral, a ΔG é negativa e a primeira combinação deve ter mais energia livre (ver Figura 8.10). 3. Transporte ativo: o soluto está sendo transportado contra seu gradiente de concentração, que requer energia, fornecida pela hidrólise do ATP.

Revisão do Conceito 8.4
1. Uma reação espontânea é uma reação que é exergônica. Entretanto, se ela tiver uma energia de ativação alta que raramente é atingida, a taxa de reação pode ser baixa. **2.** O_2 é necessário como um substrato para reagir com o gás. Existe O_2 no ar do laboratório, razão pela qual o bico de Bunsen tem uma chama acima da abertura de fornecimento de gás, mas não há O_2 na tubulação de borracha ou no fornecimento de gás. **3.** Na presença de malonato, aumente a concentração do substrato normal (succinato) e veja se a taxa de reação aumenta. Se isso acontecer, o malonato é um inibidor competitivo.
4.

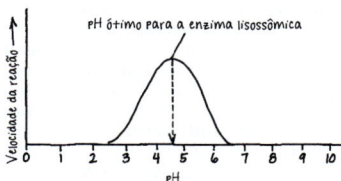

Revisão do Conceito 8.5
1. O ativador se liga de tal forma que estabiliza a forma ativa de uma enzima, enquanto o inibidor estabiliza a forma inativa. **2.** Uma via catabólica quebra as moléculas orgânicas, gerando energia que é armazenada em moléculas de ATP. Na inibição por retroalimentação dessa via, o ATP (um produto) atuaria como um inibidor alostérico de uma enzima que catalisa uma etapa inicial no processo catabólico. Quando o ATP estiver em abundância, o caminho será desativado e não será mais feito.

Questões do Resumo dos conceitos-chave
8.1 O processo de "ordenação" da estrutura de uma célula é acompanhado por um aumento da entropia (desordem) do universo. Por exemplo, uma célula animal absorve moléculas orgânicas altamente ordenadas como fonte de matéria e energia utilizadas para construir e manter suas estruturas. No mesmo processo, entretanto, a célula libera calor e as moléculas simples de CO_2 e H_2O para o ambiente. O aumento na entropia do último processo compensa a diminuição na entropia do primeiro. **8.2** Uma reação espontânea tem uma ΔG negativa e é exergônica. Para que uma reação química prossiga com uma liberação efetiva de energia livre ($-\Delta G$), a entalpia ou energia total do sistema deve diminuir ($-\Delta H$), e/ou a entropia ou desordem deve aumentar (resultando em um termo mais negativo, $-T\Delta S$). Reações espontâneas fornecem a energia para realizar o trabalho da célula. **8.3** A energia livre liberada pela hidrólise de ATP pode impulsionar reações endergônicas por meio da transferência de um grupo fosfato para uma molécula reagente, formando um intermediário fosforilado mais reativo. A hidrólise do ATP também energiza o trabalho mecânico e de transporte de uma célula, muitas vezes por meio de mudanças de forma em proteínas motoras importantes.

A respiração celular, a quebra catabólica da glicose, fornece a energia para a regeneração endergônica do ATP a partir de ADP e 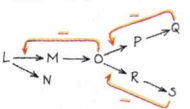. **8.4** As barreiras da energia de ativação impedem que as moléculas complexas da célula, que são ricas em energia livre, decomponham-se espontaneamente em moléculas menos ordenadas e mais estáveis. As enzimas permitem um metabolismo regulado por meio da ligação a substratos específicos e da formação de complexos enzima-substrato que reduzem seletivamente a E_A para as reações químicas em uma célula. **8.5** Uma célula regula rigorosamente suas vias metabólicas em resposta às necessidades flutuantes de energia e materiais. A ligação de ativadores ou inibidores a sítios reguladores em enzimas alostéricas estabiliza a forma ativa ou inativa das subunidades. Por exemplo, a ligação do ATP a uma enzima catabólica em uma célula com excesso de ATP inibiria essa via. Esses tipos de inibição por retroalimentação preservam os recursos químicos dentro de uma célula. Se os suprimentos de ATP estiverem esgotados, a ligação do ADP ao sítio regulatório de enzimas catabólicas ativaria essa via, gerando mais ATP.

Teste seu conhecimento
1. B **2.** C **3.** B **4.** A **5.** C **6.** D **7.** C

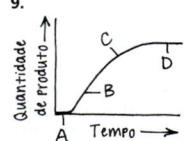

9.

A. As moléculas do substrato estão entrando nas células pancreáticas, portanto nenhum produto está sendo feito ainda.
B. Há substrato suficiente, de modo que a reação está avançando em um ritmo máximo.
C. À medida que o substrato é utilizado, a taxa diminui (a inclinação é menos acentuada).
D. A linha é plana porque não resta nenhum substrato novo e, portanto, não aparece nenhum produto novo.

Capítulo 9
Questões das figuras
Figura 9.2 O átomo de C está oxidado. Os elétrons que antes eram compartilhados igualmente com os átomos de H no metano estão agora muito mais próximos dos átomos de O no CO_2 do que estão dos átomos de C. **Figura 9.3** A forma reduzida tem um hidrogênio extra, juntamente com 2 elétrons, ligados ao carbono mostrado na parte superior da nicotinamida (oposto ao N). Há diferentes números e posições de ligações duplas nas duas formas: a forma oxidada tem três ligações duplas no anel, enquanto a forma reduzida tem apenas duas. (Na química orgânica, você pode ter aprendido, ou irá aprender, que três ligações duplas em um anel são capazes de "fazer ressonância", ou agir como um anel de elétrons. Ter três ligações duplas ressonantes significa estar mais "oxidado" do que ter apenas duas ligações duplas no anel.) Na forma oxidada, há uma carga + sobre o N (porque ele está compartilhando 4 pares de elétrons), enquanto na forma reduzida ele está compartilhando apenas 3 pares de elétrons (tendo um par de elétrons para si mesmo). **Figura 9.6** Como não há fonte externa de energia para a reação, ela deve ser exergônica, e os reagentes devem estar em um nível de energia mais alto do que os produtos. **Figura 9.8** A remoção provavelmente interromperia a glicólise, ou pelo menos a desaceleraria, já que empurraria o equilíbrio para a etapa 5 em direção ao DHAP (em direção à parte inferior dessa figura). Se houvesse menos (ou nenhum) gliceraldeído-3-fosfato disponível, a etapa 6 desaceleraria (ou seria incapaz de ocorrer). **Figura 9.12** Os elétrons do NADH estão em uma ligação C—H (lado direito da Figura 9.3). Em H_2O, os elétrons estão em uma ligação O—H. Como as eletronegatividades do C e do H são semelhantes, os elétrons são igualmente compartilhados no NADH. A eletronegatividade do O é muito maior do que a do C ou do H; portanto, os elétrons estão muito mais próximos do O na H_2O e "caíram" em energia potencial. **Figura 9.14** A princípio, seria possível fazer algum ATP, uma vez que o transporte de elétrons poderia prosseguir até o complexo III, e um pequeno gradiente H^+ poderia ser criado. Porém, nenhum outro elétron poderia ser passado logo para o complexo III porque não poderia ser reoxidado ao passar seus elétrons para o complexo IV. **Figura 9.15** Primeiramente, existem 2 NADH da oxidação do piruvato mais 6 NADH do ciclo do ácido cítrico; 8 NADH × 2,5 ATP/NADH = 20 ATP. Em segundo lugar, existem 2 $FADH_2$ do ciclo do ácido cítrico; 2 $FADH_2$ × 1,5 ATP/$FADH_2$ = 3 ATP. Em terceiro lugar, os 2 NADH da glicólise entram na mitocôndria mediante um dos dois tipos de transporte. Eles passam seus elétrons para 2 FAD, que se tornam $FADH_2$ e resultam em 3 ATP, ou para 2 NAD^+, que se tornam NADH e resultam em 5 ATP. Assim, 20 + 3 + 3 = 26 ATP, ou 20 + 3 + 5 = 28 ATP de todos os NADH e $FADH_2$.

Revisão do Conceito 9.1
1. Ambos os processos incluem a glicólise, o ciclo do ácido cítrico e a fosforilação oxidativa. Na respiração aeróbica, o receptor final de elétrons é o oxigênio molecular (O_2); na respiração anaeróbica, o receptor final de elétrons é uma substância diferente. **2.** $C_4H_6O_5$ seria oxidado e NAD^+ seria reduzido.

Revisão do Conceito 9.2
1. NAD^+ atua como agente oxidante na etapa 6, aceitando elétrons do gliceraldeído-3-fosfato (G3P), que age como agente redutor.

Revisão do Conceito 9.3
1. NADH e FADH$_2$; um ATP é produzido durante a fosforilação em nível de substrato na etapa 5. **2.** O CO$_2$ que exalamos é produzido pela oxidação do piruvato e pelo ciclo do ácido cítrico. **3.** Em ambos os casos, a molécula precursora perde uma molécula de CO$_2$ e depois doa elétrons a um carreador de elétrons em uma etapa de oxidação. Além disso, o produto foi ativado devido à fixação de um grupo CoA pelo seu átomo S.

Revisão do Conceito 9.4
1. A fosforilação oxidativa pararia completamente, resultando em nenhuma produção de ATP neste processo. Sem oxigênio para "puxar" os elétrons pela cadeia transportadora de elétrons, o H$^+$ não seria bombeado para o espaço intermembranas da mitocôndria e a quimiosmose não ocorreria. **2.** Diminuir o pH significa adicionar H$^+$. Isso estabeleceria um gradiente de prótons mesmo sem a função da cadeia transportadora de elétrons, e esperaríamos que a ATP-sintase funcionasse e sintetizasse o ATP. (Na verdade, foram experimentos como este que deram suporte à quimiosmose como um mecanismo de acoplamento de energia.) **3.** Um dos componentes da cadeia transportadora de elétrons, a ubiquinona (Q), deve ser capaz de se difundir para dentro da membrana. Isso não aconteceria se os componentes da membrana estivessem rigidamente fixados no lugar.

Revisão do Conceito 9.5
1. Um derivado do piruvato, como o acetaldeído durante a fermentação do álcool, ou o próprio piruvato durante a fermentação do ácido láctico; O$_2$; outro receptor de elétrons no final de uma cadeia transportadora de elétrons, como o sulfato (SO$_4^{2-}$). **2.** A célula precisaria consumir glicose a uma taxa aproximada de 16 vezes a taxa de consumo no ambiente aeróbico (2 ATP são gerados pela fermentação vs. até 32 ATP pela respiração celular).

Revisão do Conceito 9.6
1. A gordura é muito mais reduzida; ela tem muitas unidades —CH$_2$—, e em todas essas ligações os elétrons são igualmente compartilhados. Os elétrons presentes em uma molécula de carboidrato já estão um pouco reduzidos (compartilhados de forma desigual nas ligações; há mais ligações C—O e O—H), já que muitos deles estão ligados ao oxigênio. Os elétrons que são igualmente compartilhados, como na gordura, têm um nível de energia mais alto do que os elétrons que são compartilhados de forma desigual, como nos carboidratos. Assim, a gordura é um combustível muito melhor do que o carboidrato. **2.** Quando você consome mais alimentos do que o necessário para os processos metabólicos, seu corpo sintetiza gordura como uma forma de armazenar energia para uso posterior. **3.** O AMP acumulará, estimulando a fosfofrutoquinase e aumentando a taxa de glicólise. Como o oxigênio não está presente, a célula converterá mais piruvato em lactato, proporcionando um suprimento de ATP. **4.** Quando O$_2$ está presente, as cadeias de ácidos graxos contendo a maior parte da energia de uma gordura são oxidadas e incorporadas no ciclo do ácido cítrico e na cadeia transportadora de elétrons. Durante exercício intenso, porém, o O$_2$ se torna escasso nas células musculares, portanto o ATP deve ser gerado somente pela glicólise. Uma parte muito pequena da molécula de gordura, o esqueleto de glicerol, pode ser oxidada via glicólise, mas a quantidade de energia liberada por essa porção é insignificante em comparação com a quantidade liberada pelas cadeias de ácidos graxos. (Por isto o exercício moderado, permanecendo abaixo de 70% de frequência cardíaca máxima, é melhor para queimar gordura – porque o O$_2$ permanece disponível em quantidade suficiente para os músculos.)

Questões do Resumo dos conceitos-chave
9.1 A maior parte do ATP produzido na respiração celular vem da fosforilação oxidativa, na qual a energia liberada pelas reações redox em uma cadeia transportadora de elétrons é utilizada para produzir ATP. Na fosforilação em nível de substrato, uma enzima transfere diretamente um grupo fosfato para o ADP a partir de um substrato intermediário. Toda a produção de ATP na glicólise ocorre pela fosforilação em nível de substrato; essa forma de produção de ATP também ocorre em uma etapa do ciclo do ácido cítrico. **9.2** A oxidação do açúcar de três carbonos, gliceraldeído-3-fosfato, produz energia. Nessa oxidação, elétrons e H$^+$ são transferidos para NAD$^+$, formando NADH, e um grupo fosfato é anexado ao substrato oxidado. Então, o ATP é formado pela fosforilação em nível de substrato quando esse grupo fosfato é transferido para o ADP. **9.3** A liberação de seis moléculas de CO$_2$ representa a oxidação completa da glicose. Durante o processamento de dois piruvatos em acetil-CoA, os grupos carboxílicos totalmente oxidados (—COO$^-$) são liberados como 2 CO$_2$. Os quatro carbonos restantes são liberados como CO$_2$ no ciclo do ácido cítrico, já que o citrato é oxidado de volta a oxalacetato. **9.4** O fluxo de H$^+$ através do complexo ATP-sintase faz o rotor e a haste acoplada girarem, expondo sítios catalíticos na parte do botão que produz ATP a partir de ADP e P$_i$. As ATP-sintases são encontradas na membrana mitocondrial interna, na membrana plasmática dos procariotos e nas membranas dentro dos cloroplastos. **9.5** A respiração anaeróbica produz mais ATP. Os 2 ATP produzidos pela fosforilação em nível de substrato na glicólise representam o rendimento energético total da fermentação. O NADH passa seus elétrons de "alta energia" para o piruvato ou um derivado do piruvato, reciclando NAD$^+$ e permitindo que a glicólise continue. Na respiração anaeróbica, o NADH produzido durante a glicólise, assim como moléculas adicionais de NADH produzidas quando o piruvato é oxidado, são usados para gerar moléculas de ATP. Uma cadeia transportadora de elétrons captura a energia dos elétrons no NADH por meio de uma série de reações redox; no final, os elétrons são transferidos para um átomo eletronegativo em uma molécula que não seja o oxigênio. **9.6** O ATP produzido pelas vias catabólicas é utilizado para impulsionar as vias anabólicas. Além disso, muitos dos intermediários da glicólise e do ciclo do ácido cítrico são utilizados na biossíntese das moléculas de uma célula.

Teste seu conhecimento
1. C **2.** C **3.** A **4.** B **5.** D **6.** A **7.** B
8. Uma vez que o processo da glicólise como um todo resulta na produção de ATP, faria sentido que o processo desacelerasse quando os níveis de ATP tivessem aumentado substancialmente. Assim, esperaríamos que o ATP inibisse alostericamente a fosfofrutoquinase. **9.** A bomba de prótons nas Figuras 7.18 e 7.19 está realizando o transporte ativo, usando a hidrólise do ATP para bombear os prótons contra seu gradiente de concentração. Como o ATP é necessário, este é um transporte ativo de prótons. A ATP-sintase na Figura 9.13 está utilizando o fluxo de prótons que seguem seu gradiente de concentração para energizar a síntese de ATP. Como os prótons estão se movendo de acordo com seu gradiente de concentração, não é necessária energia, e se trata de transporte passivo.
10.

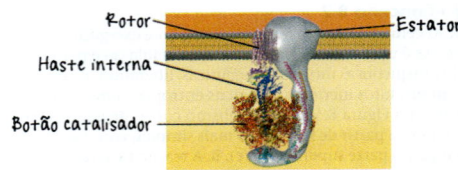

Rotor — Estator
Haste interna
Botão catalisador

12.

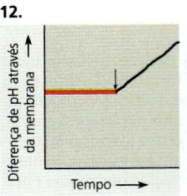

Diferença de pH através da membrana / Tempo

H$^+$ continuaria a ser bombeado através da membrana para o espaço intermembranas, aumentando a diferença entre o pH da matriz e o pH do espaço intermembranas. H$^+$ não seria capaz de fluir de volta através da ATP-sintase, uma vez que a enzima é inibida pelo veneno; portanto, ao invés de manter uma diferença constante através da membrana, a diferença continuaria a aumentar. (Durante um longo período, a concentração de H$^+$ no espaço intermembranas seria tão alta que nenhum outro H$^+$ seria capaz de ser bombeado contra o gradiente. Isto não foi perguntado na questão, mas se o seu gráfico estiver nivelado do lado direito e este for o seu raciocínio, sua resposta está correta.)

Capítulo 10
Questões das figuras
Figura 10.11 Na folha, a maior parte dos elétrons da clorofila, excitados pela absorção dos fótons, é utilizada para promover as reações da fotossíntese. **Figura 10.15** A pessoa no topo da torre do fotossistema I não iria se deslocar para a sua esquerda e jogar o seu elétron dentro do balde de NADPH. Em vez disso, ela jogaria o elétron no topo da rampa à sua direita, próximo da torre do fotossistema II. Então, o elétron rolaria pela rampa, receberia a energia de um fóton e retornaria para a pessoa. Esse ciclo continuaria enquanto houvesse disponibilidade de luz. (Por esse motivo é chamado de fluxo cíclico de elétrons). **Figura 10.16** Você (a) diminuiria o pH fora da mitocôndria (aumentando, assim, a concentração de H$^+$) e (b) aumentaria o pH no estroma do cloroplasto (diminuindo a concentração de H$^+$). Em ambos os casos, isso geraria um gradiente através da membrana que faria a ATP-sintase sintetizar ATP. **Figura 10.17** Etapas que aumentam [H$^+$] no espaço tilacoide ou diminuem [H$^+$] no estroma contribuem para o gradiente de concentração de [H$^+$] através da membrana tilacoide. Na etapa 2, a água é quebrada no espaço tilacoide, liberando 2 H$^+$ e aumentando [H$^+$]. Na etapa 3, à medida que os elétrons viajam pela cadeia de transporte de elétrons, 4 H$^+$ são bombeados para dentro do espaço tilacoide, aumentando [H$^+$]. Na etapa 5, a formação de NADPH utiliza um H$^+$ do estroma, diminuindo [H$^+$] no estroma. **Figura 10.22** O gene que codifica a hexoquinase faz parte do DNA cromossômico do núcleo celular. Lá, o gene é transcrito em mRNA, o qual é transportado para o citoplasma, onde ele é traduzido em um ribossomo livre em um polipeptídeo. O polipeptídeo dobra-se em uma proteína funcional com estrutura secundária e terciária. Estando funcional, essa enzima realiza a primeira reação da glicólise no citoplasma.

Revisão do Conceito 10.1
1. Como os heterótrofos não podem fazer fotossíntese, eles não podem capturar a energia luminosa e produzir compostos ricos em energia como os açúcares, assim como os autótrofos. Os açúcares são oxidados pela respiração celular, fornecendo energia (sob a forma de ATP) para processos celulares. Sem essa capacidade, os heterótrofos dependem de autótrofos para fornecer açúcares como moléculas alimentares que alimentam os seus processos vitais. **2.** O principal produto da combustão de combustíveis fósseis (p. ex., por carros) é CO$_2$. A colocação de contentores de algas perto de fontes de emissão faz sentido porque as algas precisam de CO$_2$ para realizar a fotossíntese. Quanto maior for a concentração de CO$_2$, maior será a taxa de fotossíntese de algas. (Ao mesmo tempo, as algas estariam reduzindo a concentração de CO$_2$ nessas áreas, o que de outra forma contribuiria para as alterações climáticas; ver Conceito 1.1.)

Revisão do Conceito 10.2
1. O CO$_2$ entra nas folhas pelos estômatos e, como é uma molécula apolar, pode atravessar a membrana celular da folha e as membranas do cloroplasto para chegar ao estroma do cloroplasto. **2.** Utilizando ^{18}O como marcador, um isótopo

pesado do oxigênio, pesquisadores foram capazes de confirmar a hipótese de Niel, segundo a qual os átomos de oxigênio no O_2 produzido durante a fotossíntese provêm da H_2O e não do CO_2. **3.** As reações luminosas *não* podem permanecer produzindo NADPH e ATP sem o $NADP^+$, o ADP e o P_i, que são formados pelo ciclo de Calvin. Os dois ciclos são interdependentes.

Revisão do Conceito 10.3
1. Verde, pois a luz é principalmente refletida e transmitida - e não absorvida - pelos pigmentos fotossintéticos. **2.** A água (H_2O) é o doador inicial de elétrons; o $NADP^+$ é o aceptor de elétrons no final na cadeia de transporte de elétrons, reduzindo-se a NADPH. **3.** Neste experimento, a taxa de síntese de ATP seria reduzida e, por fim, pararia. Devido ao fato de o composto adicionado não permitir o aumento do gradiente de prótons através da membrana, a ATP-sintase não poderia catalisar a produção de ATP.

Revisão do Conceito 10.4
1. 6, 18, 12. **2.** Quanto maior a energia potencial e o poder redutor que a molécula armazena, maior a energia e o poder redutor necessários para formar essa molécula. A glicose é uma valiosa fonte de energia por ser altamente reduzida (possui muitas ligações C—H), armazenando um grande potencial de energia em seus elétrons. Para reduzir CO_2 em glicose, muita energia e poder redutor são necessários na forma de muitas moléculas de ATP e NADPH, respectivamente. **3.** Sim, inibiria as reações escuras. As reações luminosas necessitam de ADP e $NADP^+$, os quais não seriam formados em quantidades suficientes, a partir de ATP e NADPH, se o ciclo de Calvin parasse.
4.

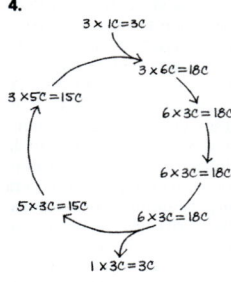

A cada três voltas no ciclo de Calvin, o número total de átomos de carbono permanece constante pois três carbonos entram como partes de moléculas de CO_2, recolocando os três que saíram como parte de uma molécula G3P. **5.** Na glicólise, G3P atua como um intermediário. O açúcar de seis carbonos frutose-1,6-bifosfato é quebrado em dois açúcares de três carbonos, e um deles é G3P. O outro é um isômero chamado de di-hidroxiacetona-fosfato (DHAP), que pode ser convertido em G3P por uma isomerase. Como o G3P é o substrato para a próxima enzima, ele é constantemente removido, e o equilíbrio da reação é empurrado na direção da conversão de DHAP a mais G3P. O G3P age como intermediário e produto no ciclo de Calvin. Para cada três moléculas de CO_2 que entram no ciclo, seis moléculas de G3P são formadas, e cinco delas devem permanecer no ciclo e ser rearranjadas para regenerar três RuBP, uma molécula de 5 carbonos. O G3P remanescente é um produto, o qual pode ser considerado um resultado da "redução" de três moléculas de CO_2 que entraram no ciclo como um açúcar de 3 carbonos que pode, posteriormente, ser utilizado para gerar energia.

Revisão do Conceito 10.5
1. A fotorrespiração diminui a produção fotossintética devido à adição de O_2, em vez do CO_2, ao ciclo de Calvin. Assim, nenhum açúcar é gerado (nenhum carbono é fixado), e o O_2 é utilizado em vez de ser formado. **2.** Sem PS II, nenhum O_2 é formado nas células da bainha do feixe. Isso evita o problema de o O_2 competir com o CO_2 na ligação a rubisco nessas células. **3.** Ambos os problemas são causados pela drástica mudança da atmosfera da Terra devido à queima de combustíveis fósseis. O aumento da concentração do CO_2 afeta a química dos oceanos ao reduzir o pH, afetando, assim, a calcificação de organismos marinhos. Em terra, as alterações da concentração de CO_2 e da temperatura do ar são condições às quais as plantas devem se adaptar, e alterações nessas características tem um efeito forte sobre a fotossíntese vegetal. Assim, alterações nesses dois fatores fundamentais podem ter efeitos críticos em todos os organismos em todo o planeta e em todos os diferentes hábitats. **4.** Você esperaria que as espécies C_4 e MAC substituíssem muitas espécies C_3.

Revisão do Conceito 10.6
1. As plantas podem degradar o açúcar que elas produzem (na forma de glicose) pela respiração celular, produzindo ATPs para vários processos celulares, como as reações químicas endergônicas, o transporte de substâncias através das membranas e o movimento de moléculas na célula. ATPs também são usados para o movimento dos cloroplastos durante o fluxo celular em algumas células vegetais (ver Figura 6.26).

Questões do Resumo dos conceitos-chave
10.1 Autótrofos fotossintetizantes são chamados de produtores pois usam a luz solar como energia para produzir suas próprias moléculas orgânicas (incluindo açúcares) a partir de CO_2 e H_2O. Os heterótrofos são chamados de consumidores pois não podem produzir seu próprio alimento e, portanto, devem se alimentar de outros organismos, sejam eles autótrofos ou outros heterótrofos. Os heterótrofos que consumem os restos de organismos mortos são chamados de decompositores. A fotossíntese permite que quase todos os organismos sobrevivam, pois ela produz alimento para autótrofos fotossintetizantes, os quais, por sua vez, são alimento para a maioria dos heterótrofos. **10.2** CO_2 e H_2O são produtos da respiração celular; eles são os reagentes na fotossíntese. Na respiração, a glicose é oxidada a CO_2, e elétrons são transferidos ao longo de uma cadeia de transporte de elétrons a partir da glicose até o O_2, produzindo H_2O. Na fotossíntese, H_2O é a fonte de elétrons, os quais são energizados pela luz, temporariamente armazenados em NADPH e utilizados na redução do CO_2 em carboidrato. **10.3** O espectro de ação da fotossíntese indica que os comprimentos de onda da luz que não são absorvidos pela clorofila *a* ainda são efetivos na promoção da fotossíntese. Os complexos coletores de luz dos fotossistemas contêm pigmentos acessórios como a clorofila *b* e os carotenoides, os quais absorvem diferentes comprimentos de onda e transferem a energia para a clorofila *a*, ampliando o espectro da luz utilizada pela fotossíntese.
10.4

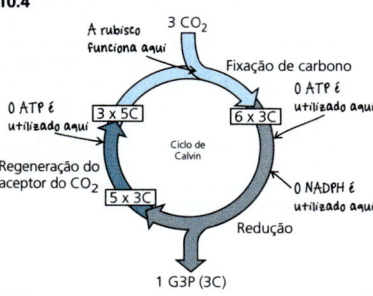

Na fase de redução no ciclo de Calvin, o ATP fosforila um composto de três carbonos, e, então, o NADPH reduz esse composto a G3P. O ATP também é utilizado na fase de regeneração, quando cinco moléculas de G3P são convertidas em três moléculas de RuBP, com cinco carbonos cada. A rubisco catalisa a primeira etapa da fixação de carbono – a adição de CO_2 na RuBP.

10.5 Tanto a fotossíntese C_4 quanto a MAC envolvem a fixação inicial do CO_2, produzindo um composto de quatro carbonos (nas células do mesofilo das plantas C_4 e durante a noite nas plantas MAC). Então, esses compostos são quebrados para liberar o CO_2 (nas células da bainha do feixe nas plantas C_4 e durante o dia nas plantas MAC). O ATP é necessário para reciclar a molécula que inicialmente é utilizada para combinar com CO_2. Essas vias evitam a fotorrespiração que consome ATP e reduz a produtividade fotossintética de plantas C_3 quando estas fecham seus estômatos em dias quentes, secos e claros. Assim, climas quentes e áridos favoreceriam plantas C_4 e MAC. **10.6** A sacarose produzida nas folhas das plantas é transportada pelas nervuras até as partes não fotossintetizantes da planta, onde parte dela é oxidada pela respiração celular, produzindo ATP para os processos celulares. Outras moléculas de açúcar entram nas vias anabólicas, onde são usadas para síntese de proteínas, lipídeos e polissacarídeos como celulose, o principal componente das paredes celulares. O excesso de açúcar é armazenado como subunidades de glicose do polissacarídeo amido.

Teste seu conhecimento
1. D **2.** B **3.** C **4.** A **5.** A **6.** B **7.** C
10.

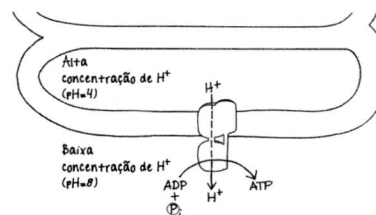

O ATP terminaria fora do tilacoide. Os tilacoides são capazes de produzir ATP no escuro pois os pesquisadores estabeleceram um gradiente de concentração de prótons artificial através da membrana tilacoide; assim as reações luminosas não são necessárias para estabelecer o gradiente de H^+ necessário para síntese de ATP pela ATP-sintase.

Capítulo 11
Questões das figuras
Figura 11.6 A adrenalina é uma molécula sinalizadora fora da célula; presumidamente, ela se liga à proteína receptora da superfície celular e, portanto, faz parte da etapa de recepção de sinal. **Figura 11.8** Este é um exemplo de transporte passivo. O íon está se movendo a favor do seu gradiente de concentração, e nenhuma energia é necessária. **Figura 11.9** A molécula de aldosterona, um esteroide, não necessita de uma proteína receptora - ela é hidrofóbica e, portanto, pode passar diretamente pela bicamada lipídica hidrofóbica da membrana plasmática para dentro da célula. (Moléculas hidrofílicas não conseguem fazer isso.) **Figura 11.10** O conjunto da cascata de fosforilação não funcionaria. Independentemente de estar ou não ligada à molécula sinalizadora, a proteína-cinase 2 seria sempre inativa e não seria capaz de ativar a proteína de cor púrpura que conduz à resposta celular. **Figura 11.11** A molécula sinalizadora (AMPc) permaneceria em sua forma ativa e continuaria o sinal; a via continuaria ativa mesmo na ausência do ligante, pois o AMPc persistiria.
Figura 11.12

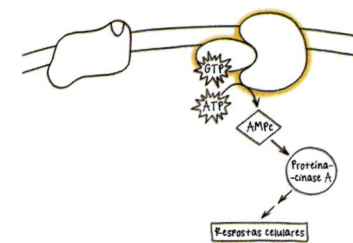

Figura 11.14 A bomba de Ca^{2+} mostrada na Figura 11.13 está realizando transporte ativo de íons Ca^{2+} contra seu gradiente de concentração, usando ATP como energia. Essas bombas ajudam a manter $[Ca^{2+}]$ significativamente mais baixa no citoplasma do que fora da célula e dentro do RE. As proteínas do canal de Ca^{2+} vistas na Figura 11.14 estão facilitando a difusão de Ca^{2+} a favor do seu gradiente de concentração; aqui, o Ca^{2+} está se movendo de dentro do RE, onde ele está mais concentrado, para o citoplasma. Como o íon está se movendo a favor do seu gradiente de concentração, nenhuma energia é necessária. **Figura 11.16** 100.000.000 (100 milhões, ou 10^8) de moléculas de glicose são liberadas de apenas uma adrenalina que se liga ao receptor. A primeira etapa resulta em uma amplificação de 100× (uma adrenalina ativa 100 proteínas G); a etapa seguinte não amplifica a resposta; a etapa seguinte é uma amplificação de 100× (10^2 moléculas ativas de adenilato-ciclase para 10^4 de AMPs cíclicos); a próxima etapa não amplifica; as próximas duas etapas são amplificações de 10×; e a etapa final é uma amplificação de 100×. **Figura 11.17** A via de sinalização mostrada na Figura 11.14 leva à divisão de PIP_2 nos segundos mensageiros DAG e IP_3, que produzem diferentes respostas. (A resposta desencadeada por DAG é mencionada, mas não é mostrada.) A via mostrada para célula B é semelhante no sentido de que se ramifica e conduz a duas respostas.

Revisão do Conceito 11.1
1. Cada uma das duas células do tipo de acasalamento oposto (**a** e **α**) secretam uma molécula sinalizadora única, a qual pode ser ligada somente pelos receptores carregados pelas células do tipo de acasalamento oposto. Assim, o fator sexual **a** não pode ligar-se a outra célula **a** e induzir seu crescimento na direção da primeira célula **a**. Apenas uma célula **α** pode "receber" a molécula sinalizadora e responder pelo crescimento direcionado. **2.** A glicogênio-fosforilase atua na terceira fase, a resposta celular à sinalização da adrenalina. **3.** A glicose-1-fosfato não seria gerada, porque a ativação da enzima requer uma célula intacta, com um receptor intacto na membrana e uma via de transdução de sinal intacta. A enzima não pode ser ativada diretamente pela interação com a molécula sinalizadora na mistura livre de células.

Revisão do Conceito 11.2
1. NGF é solúvel em água (hidrofílico), de modo que não pode atravessar a membrana lipídica para alcançar os receptores intracelulares, como os hormônios esteroides conseguem. Portanto, espera-se que o receptor de NGF esteja na membrana plasmática – de fato, isso acontece. **2.** A célula com o receptor defeituoso não seria capaz de responder de forma adequada à molécula de sinalização, quando estivesse presente. Isso provavelmente teria consequências desastrosas para a célula, uma vez que a regulação das atividades da célula por esse receptor não poderia ocorrer de forma adequada. **3.** A ligação de um ligante a um receptor muda a conformação do receptor, alterando a capacidade do receptor de transmitir um sinal. A ligação de um regulador alostérico em uma enzima altera a conformação da enzima, promovendo ou inibindo a atividade da enzima.

Revisão do Conceito 11.3
1. A proteína-cinase é uma enzima que transfere um grupo fosfato do ATP para uma proteína, em geral ativando aquela proteína (frequentemente um segundo tipo de proteína-cinase). Muitas vias de transdução de sinal incluem uma série dessas interações, na qual cada proteína-cinase fosforilada, por sua vez, fosforila a próxima proteína-cinase na série. Essas cascatas de fosforilação transportam um sinal a partir do exterior da célula para a(s) proteína(s) celular(es) que realiza(m) a resposta. **2.** As proteínas-fosfatase revertem os efeitos das cinases pela desfosforilação, e, a menos que a molécula sinalizadora esteja a uma concentração alta suficiente que esteja continuamente religando o receptor, as moléculas cinases regressam todas aos seus estados inativos por meio das fosfatases. **3.** O sinal que está sendo transduzido é a *informação* de que uma molécula sinalizadora está ligada ao receptor da superfície celular. A informação é transduzida por meio de interações sequenciais entre proteínas que alteram a conformação de proteínas, fazendo-as funcionar de modo a passarem o sinal (a informação) adiante. **4.** O canal controlado por IP_3 abriria, permitindo que os íons cálcio fluam para fora do RE e para dentro do citoplasma, o que aumentaria a concentração citosólica de Ca^{2+}.

Revisão do Conceito 11.4
1. Em cada etapa na cascata de ativações sequenciais, uma molécula ou íon pode ativar diversas moléculas que funcionam na etapa seguinte. Isso faz a resposta ser amplificada em cada uma dessas etapas e resulta em uma grande amplificação do sinal original. **2.** As proteínas de sustentação mantêm os componentes moleculares da via de sinalização em um complexo uma com a outra. Diferentes proteínas de sustentação poderiam agrupar diferentes coleções de proteínas, facilitando as diferentes interações moleculares e levando a respostas celulares diferentes nas duas células. **3.** O mau funcionamento da proteína-fosfatase não seria capaz de desfosforilar um determinado receptor ou uma proteína de transmissão. Como resultado, a via de sinalização, uma vez ativada, não seria capaz de ser terminada. (De fato, um estudo encontrou proteínas-fosfatases alteradas nas células de 25% dos tumores colorretais.) **4.** As proteínas nas duas células são diferentes; com isso, a resposta celular é diferente. Nas células musculares cardíacas, a via mostrada na Figura 11.16 permite que glicose energize mais rápido as contrações musculares e a frequência cardíaca. Nos músculos respiratórios, as proteínas de transmissão devem ser diferentes, de modo que o efeito seja bloquear a contração muscular. (De fato, as etapas são as mesmas pela proteína-cinase A (PKA), mas nas células musculares respiratórias, a PKA fosforila uma proteína necessária para a contração muscular – e, neste caso, a fosforilação *inativa* essa proteína. Assim, a contração muscular não ocorre.)

Revisão do Conceito 11.5
1. Na formação das mãos ou das patas nos mamíferos, as células nas regiões entre os dígitos estão programadas para sofrer apoptose. Isso serve para moldar os dígitos da mão ou da pata para que elas não sejam palmadas. (A falta de apoptose nessas regiões em aves aquáticas resulta nos pés palmados.) **2.** Se uma proteína receptora para uma molécula sinalizadora de morte estiver defeituosa a ponto de ser ativa mesmo na ausência do sinal de morte, isso levaria à apoptose em circunstâncias nas quais a apoptose normalmente não ocorreria. Defeitos similares em qualquer das proteínas da via de sinalização teriam o mesmo efeito se as proteínas defeituosas ativassem proteínas de transmissão ou de resposta na ausência da interação com a proteína anterior ou o segundo mensageiro na via. Por outro lado, se qualquer proteína na via estiver defeituosa na sua capacidade de responder a uma interação com uma proteína inicial ou outras moléculas ou íons, a apoptose não ocorreria quando normalmente deveria. Por exemplo, uma proteína receptora para um ligante de sinal de morte pode não ser capaz de ser ativada, mesmo quando o ligante estiver ligado. Isso pararia a transdução do sinal para dentro da célula.

Questões do Resumo dos conceitos-chave
11.1 Uma célula é capaz de responder a um hormônio somente se possuir uma proteína receptora na superfície celular ou no interior da célula que pode ligar-se ao hormônio. A resposta a um hormônio depende da via de transdução de sinal específica dentro da célula, a qual conduzirá a uma resposta celular específica. A resposta pode variar para diferentes tipos de células. **11.2** GPCRs e RTKs têm um sítio de ligação extracelular para uma molécula sinalizadora (ligante) e uma ou mais regiões α-helicoidais do polipeptídeo que atravessa a membrana. O GPCR funciona individualmente, enquanto os RTKs tendem a dimerizar ou formar grupos maiores de RTKs. Os GPCRs normalmente disparam uma única via de transdução, enquanto as múltiplas tirosinas ativadas em um dímero de RTK podem desencadear várias vias de transdução diferentes ao mesmo tempo. **11.3** Uma proteína-cinase é uma enzima que adiciona um grupo fosfato a outra proteína. As proteínas-cinase frequentemente fazem parte de uma cascata de fosforilação que transduz um sinal. Um segundo mensageiro é uma molécula não proteica pequena ou íon que se difunde rapidamente e transmite um sinal pela célula. As proteínas-cinase e os segundos mensageiros podem operar na mesma via. Por exemplo, o segundo mensageiro AMPc muitas vezes ativa a proteína-cinase A, que, então, fosforila outras proteínas. **11.4** Nas vias acopladas à proteína G, a parte da GTPase de uma proteína G converte GTP em GDP, inativando a proteína G. As proteínas-fosfatase removem grupos fosfato de proteínas ativadas, parando, assim, a cascata de fosforilação das proteínas-cinase. A fosfodiesterase converte o AMPc em AMP, reduzindo o efeito do AMPc na via de transdução de sinal. **11.5** O mecanismo básico de suicídio celular controlado se desenvolveu cedo na evolução de eucariotos, e a base genética para essas vias foi conservada ao longo da evolução animal. Esse mecanismo é essencial para o desenvolvimento e a manutenção de todos os animais.

Teste seu conhecimento
1. D **2.** A **3.** B **4.** A **5.** C **6.** C **7.** C **8.** Este é um dos possíveis desenhos da via. (Desenhos similares também estariam corretos.)

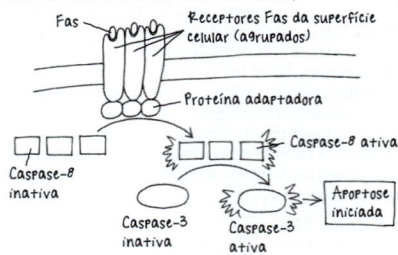

Capítulo 12
Questões das figuras
Figura 12.4

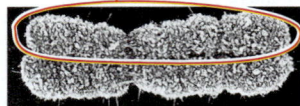

Circular as outras cromátides também estaria correto. **Figura 12.5** O cromossomo possui quatro braços. O cromossomo único (duplicado) em ● se torna dois cromossomos (não duplicados) em ❸. O cromossomo duplicado na etapa 2 é considerado um único cromossomo.
Figura 12.7 12; 2; 2; 1

Figura 12.8

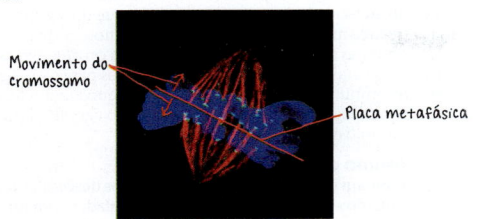

Figura 12.9 O marcador deve ter se movido em direção ao polo mais próximo. O comprimento dos microtúbulos fluorescentes entre o polo e o marcador deve ter diminuído, ao passo que o comprimento entre os cromossomos e a marca deve ter permanecido o mesmo. **Figura 12.14** Nos dois casos, o núcleo em G_1 permaneceria em G_1 até o momento em que ele naturalmente entrasse na fase S. A condensação dos cromossomos e a formação do fuso não teriam ocorrido até que as fases S e G_2 tivessem sido concluídas. **Figura 12.16** A passagem pelo ponto de verificação em G_2, no diagrama, corresponde ao início do eixo do "Tempo" no gráfico, e a entrada na fase mitótica (fundo amarelo no diagrama) corresponde ao pico da atividade do MPF e da concentração de ciclina no gráfico (ver a faixa amarela M sobre os picos). Durante as fases G_1 e S no diagrama, Cdk está presente sem a ciclina; portanto, tanto a concentração da ciclina quanto a atividade do MPF são baixas no gráfico. A seta curva roxa do gradiente no diagrama indica o aumento da concentração da ciclina, observada no gráfico durante o final da fase S e por toda a fase G_2. Então, o ciclo celular inicia novamente. **Figura 12.17** A célula se dividiria sob condições inadequadas para isso. Se as células-filhas e suas descendentes também ignorarem os pontos de verificação e se dividirem, logo se tornarão uma massa de células anormais. (Esse tipo de divisão celular inadequada pode contribuir para o desenvolvimento do câncer.) **Figura 12.18** As células nos vasos com PDGF serão incapazes de responder ao sinal dos fatores de crescimento e, portanto, não se dividirão. Assim, a cultura se comportará como aquela sem a adição de PDGF.

Revisão do Conceito 12.1
1. 1; 1; 2 **2.** 39; 39; 78

Revisão do Conceito 12.2
1. 6 cromossomos; estão duplicados; 12 cromátides. **2.** Após a mitose, a citocinese resulta em duas células-filhas geneticamente idênticas tanto nas células animais quanto nas células vegetais. Entretanto, o mecanismo de divisão do citoplasma é diferente nos animais e nas plantas. Na célula animal, a citocinese ocorre pela clivagem, que divide a célula parental em duas por meio de um anel contrátil de filamentos de actina. Na célula vegetal, a placa celular é formada no meio da célula e cresce até sua membrana se fusionar com a membrana plasmática da célula parental. Uma nova parede celular cresce no interior da placa celular, por fim entre as duas novas células. **3.** Do final da fase S na interfase até o final da metáfase na mitose. **4.** Durante a divisão celular eucariótica, a tubulina está envolvida na formação do fuso e no movimento dos cromossomos, enquanto a actina funciona durante a citocinese. Na fissão binária bacteriana, ocorre o oposto: acredita-se que moléculas semelhantes à actina movam os cromossomos-filhos bacterianos para extremidades opostas da célula, e que moléculas semelhantes à tubulina atuem na separação das células-filhas. **5.** Um cinetocoro conecta o fuso (um motor; observe que ele possui proteínas motoras) a um cromossomo (a carga que ele movimentará). **6.** Microtúbulos constituídos por tubulina, nas células, formam as "estradas" ao longo das quais as vesículas e outras organelas podem viajar, com base nas interações das proteínas motoras com as tubulinas nos microtúbulos. Nas células musculares, a actina dos microfilamentos interage com os filamentos de miosina, causando a contração muscular.

Revisão do Conceito 12.3
1. O núcleo da direita estava originalmente na fase G_1, portanto, ainda não duplicou seus cromossomos. O núcleo da esquerda estava na fase M, e já havia duplicado seus cromossomos. **2.** Deve haver uma quantidade suficiente de MPF para que a célula passe do ponto de verificação G_2. Isso ocorre por meio do acúmulo de proteínas ciclina, que se associam com Cdk para formar MPF (ativo). Então, MPF fosforila outras proteínas, iniciando a mitose. **3.** O receptor intracelular (p. ex., um receptor de estrogênio), uma vez ativado, seria capaz de atuar como um fator de transcrição no núcleo, ativando genes capazes de fazer a célula passar do ponto de verificação e se dividir. O receptor RTK, quando ativado por um ligante, formaria um dímero e cada subunidade do dímero fosforilaria a outra. Isso levaria a uma série de etapas de transdução de sinais, culminando com a ativação de genes no núcleo. Como no caso do receptor de estrogênio, os genes codificariam proteínas necessárias para fazer a célula passar um ponto de verificação e se dividir.

Questões do Resumo dos conceitos-chave
12.1 O DNA de uma célula eucariótica é empacotado em estruturas denominadas *cromossomos*. Cada cromossomo é uma longa molécula de DNA que carrega centenas a milhares de genes, com proteínas associadas que mantêm a estrutura dos cromossomos e ajudam a controlar a atividade gênica. Esse complexo DNA-proteína é chamado de *cromatina*. A cromatina de cada cromossomo é longa e fina quando a célula não está em divisão. Antes da divisão celular, cada cromossomo é duplicado, e as *cromátides*-irmãs resultantes são ligadas umas às outras por proteínas nos centrômeros e, para muitas espécies, ao longo de todo o seu comprimento (um fenômeno chamado de coesão de cromátides-irmãs). **12.2** Um cromossomo existe como uma molécula de DNA única em G_1 da interfase e na anáfase e telófase da mitose. Durante a fase S, a replicação do DNA produz duas cromátides-irmãs por cromossomo, que persistem durante a G_2 da interfase e pela prófase, prometáfase e metáfase da mitose. **12.3** Os pontos de verificação permitem que os mecanismos de sobrevivência celular determinem se a célula está preparada para seguir para o próximo estágio. Sinais internos e externos fazem a célula passar por esses pontos de verificação. O ponto de verificação G_1 determina se a célula seguirá adiante no ciclo celular ou mudará para a fase G_0. Os sinais para ultrapassar esse ponto de verificação são externos, como os fatores de crescimento. A passagem pelo ponto de verificação de G_2 requer um número suficiente de complexos MPF ativos, que, por sua vez, coordenarão diversos eventos mitóticos. O MPF também inicia a degradação de seus componentes ciclinas, finalizando a fase M. A fase M não começará novamente até que ciclina suficiente seja produzida durante as próximas fases S e G_2. O sinal para ultrapassar o ponto de verificação da fase M não será ativado até que todos os cromossomos estejam ligados às fibras do cinetocoro e alinhados na placa metafásica. Somente neste ponto ocorrerá a separação das cromátides-irmãs.

Teste seu conhecimento
1. B **2.** A **3.** C **4.** C **5.** A **6.** B **7.** A **8.** D **9.** Ver Figura 12.7 para uma descrição dos principais eventos. Apenas uma célula está indicada para cada estágio, mas outras respostas corretas também estão presentes nesta micrografia.

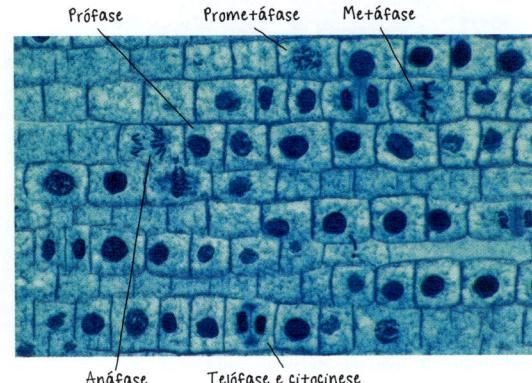

10.

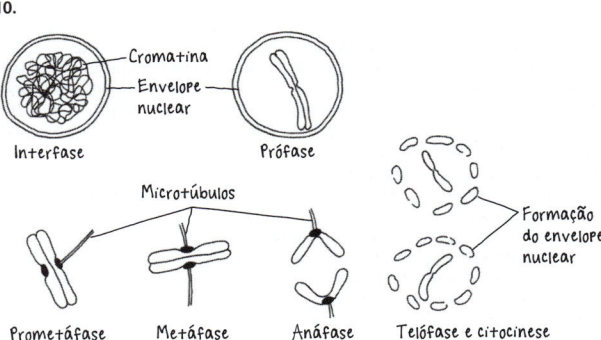

Capítulo 13
Questões das figuras
Figura 13.3 Os cromossomos em um cariótipo são fotografados quando estão mais condensados, na metáfase, a qual ocorre durante a fase M do ciclo celular. Neste ponto, os cromossomos já foram duplicados durante a fase S, de modo que cada cromossomo existe como duas cromátides-irmãs. **Figura 13.4** Dois conjuntos de cromossomos estão presentes. Três pares de cromossomos homólogos estão presentes. Um cromossomo longo estaria em vermelho (materno) e um em azul (paterno); um cromossomo médio seria vermelho e um azul; um cromossomo curto seria vermelho e um seria azul. **Figura 13.6** Em (a), células haploides não sofrem mitose. Em (b), esporos haploides sofrem mitose para formar o gametófito, e as células haploides do gametófito sofrem mitose para formar os gametas. Em (c), as células haploides sofrem mitose para formar um organismo haploide multicelular ou um novo organismo haploide unicelular, e essas células haploides sofrem mitose para formar gametas.

Figura 13.7

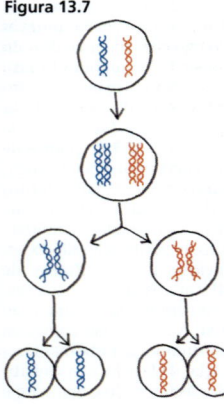

(Um fita curta de DNA é mostrada aqui para simplificar, mas cada cromossomo ou cromátide contém uma molécula de DNA muito longa, dobrada e enrolada.)

Figura 13.8 Se uma célula com seis cromossomos sofre dois turnos de mitose, cada uma das quatro células resultantes terá seis cromossomos, enquanto as quatro células resultantes da meiose na Figura 13.8 terão três cromossomos cada. Na mitose, a replicação do DNA (e, portanto, a duplicação cromossômica) precede cada prófase, assegurando que as células-filhas tenham o mesmo número de cromossomos que as células parentais. Em contrapartida, na meiose, a replicação de DNA ocorre apenas antes da prófase I (não antes da prófase II). Dessa forma, em dois turnos de mitose, os cromossomos duplicaram duas vezes e se dividiram duas vezes, enquanto, na meiose, os cromossomos se duplicaram uma vez e se dividiram duas.

Figura 13.9

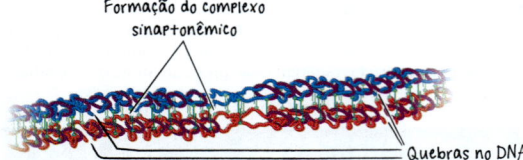

Figura 13.10 Sim. Cada um dos seis cromossomos (três por célula) mostrados na telófase I possui uma cromátide não recombinante e uma cromátide recombinante. Portanto, podem ser gerados oito possíveis conjuntos de cromossomos (2 possibilidades para o primeiro cromossomo × 2 para o segundo × 2 para o terceiro) para a célula da esquerda e oito para a célula da direita.

Revisão do Conceito 13.1
1. Os pais passam seus genes para seus descendentes; pela determinação da produção de RNAs mensageiros (mRNAs), os genes programam as células para produzir enzimas específicas e outras proteínas, cuja ação cumulativa produz as características herdadas de um indivíduo. **2.** Esses organismos se reproduzem por mitose, que gera descendentes cujos genomas são cópias exatas do genoma dos pais (na ausência de mutações). **3.** Ela deveria cloná-lo (gerar um clone). O cruzamento com outra planta geraria descendentes que possuem variação adicional, que ela não quer mais agora que obteve sua orquídea ideal.

Revisão do Conceito 13.2
1. Cada um dos seis cromossomos está duplicado, assim cada um contém duas moléculas de DNA (duplas-hélices), então são 12 moléculas de DNA na célula. O número haploide, n, é 3. Um conjunto sempre é haploide. **2.** Existem 23 pares de cromossomos e dois conjuntos. **3.** Uma célula humana teria 23 "pares de sapatos". Uma célula haploide teria 23 "sapatos", um de cada par. **4.** Este organismo tem o ciclo de vida mostrado na Figura 13.6c, uma vez que o zigoto não sofre mitose mas sofre meiose imediatamente. Assim, ele deve ser um fungo ou um protista, talvez uma alga.

Revisão do Conceito 13.3
1. Os cromossomos são similares pois cada um é composto por duas cromátides-irmãs, e os cromossomos individuais estão posicionados similarmente na placa metafásica. Os cromossomos diferem pois, em uma célula que se divide por mitose, as cromátides-irmãs de cada cromossomo são geneticamente idênticas, mas, em uma célula que se divide por meiose, as cromátides-irmãs são geneticamente distintas devido ao *crossing over* na meiose I. Além disso, os cromossomos em metáfase de mitose podem ser um conjunto diploide ou um conjunto haploide, mas os cromossomos em metáfase de meiose II sempre consistem em um conjunto haploide. **2.** Se o *crossing over* não ocorrer, os dois homólogos não estariam associados de qualquer forma. Isso porque cada cromátide-irmã teria DNA todo materno ou todo paterno, e, portanto, a molécula de DNA única não teria sido unida ao DNA de uma cromátide não irmã, mantendo o complexo unido. A ausência de associação de homólogos poderia resultar facilmente no arranjo incorreto de homólogos durante a metáfase I (p. ex., ambos poderiam migrar para o mesmo polo) e, por fim, formar gametas com um número anormal de cromossomos.

Revisão do Conceito 13.4
1. Mutações em um gene levam a diferentes versões (alelos) daquele gene. **2.** Sem o *crossing over*, a segregação independente dos cromossomos durante a meiose I teoricamente pode gerar 2^n gametas haploides, e a fertilização aleatória pode produzir $2^n \times 2^n$ possíveis zigotos diploides. Como o número haploide (n) de gafanhotos é 23 e o de moscas-da-fruta é 4, esperaria-se que dois gafanhotos produzissem uma variedade maior de zigotos do que duas moscas-da-fruta. **3.** Se os segmentos das cromátides materna e paterna que sofrem *crossing over* são geneticamente idênticos e, portanto, têm os mesmos dois alelos para cada gene, então os cromossomos recombinantes serão geneticamente equivalentes aos cromossomos parentais. O *crossing over* contribui para a variação genética apenas quando ele envolve o rearranjo de alelos diferentes.

Questões do Resumo dos conceitos-chave
13.1 Os genes programam características específicas, e os descendentes herdam seus genes de cada um dos pais, contabilizando similaridades com um ou outro progenitor na sua aparência. Os humanos se reproduzem sexuadamente, o que assegura novas combinações de genes (e, assim, características) nos descendentes. Consequentemente, os descendentes não são clones dos seus pais (o que seria o caso se humanos se reproduzissem de maneira assexuada). **13.2** Tanto plantas como animais se reproduzem sexuadamente, alternando meiose com fertilização. Ambos possuem gametas haploides que se unem para formar um zigoto diploide, que então se divide por mitose, formando um organismo multicelular diploide. Nos animais, as células haploides se tornam gametas e não sofrem mitose, enquanto, nas plantas, as células haploides resultantes da meiose sofrem mitose para formar um organismo multicelular haploide, o gametófito. Então, esse organismo gera gametas haploides. (Em plantas como árvores, o gametófito é bastante reduzido em tamanho e não tão óbvio para um observador casual.) **13.3** No final da meiose I, os dois membros de um par homólogo terminam em diferentes células, assim não podem parear e sofrer *crossing over* durante a prófase II. **13.4** Primeiro, durante a segregação independente na metáfase I, cada par de cromossomos homólogos se alinha independentemente um do outro na placa metafásica; assim, uma célula-filha da meiose I herda randomicamente um cromossomo materno ou paterno de cada par. Segundo, devido ao *crossing over*, cada cromossomo não é exclusivamente materno ou paterno, mas inclui regiões nas extremidades da cromátide a partir de uma cromátide não irmã (a cromátide do outro homólogo). (O segmento não irmão também pode ser uma região interna da cromátide se um segundo entrecruzamento ocorrer além do primeiro antes da extremidade da cromátide.) Isso gera muita diversidade adicional na forma de novas combinações de alelos. Terceiro, a fertilização aleatória assegura ainda mais variação, uma vez que qualquer espermatozoide de um número maior contendo muitas combinações genéticas possíveis pode fertilizar qualquer óvulo de um número grande similar de combinações possíveis.

Teste seu conhecimento
1. A **2.** B **3.** A **4.** D **5.** C
6. (a) Uma resposta possível:

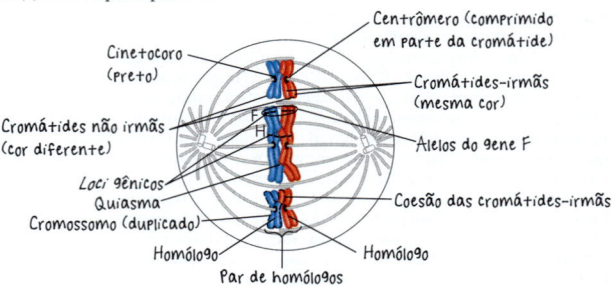

(b) Um conjunto haploide é composto por um cromossomo longo, um médio e um curto, independentemente das combinações de cores. Por exemplo, um cromossomo vermelho longo, um azul médio e um vermelho curto compõem um conjunto haploide. (Nos casos em que os entrecruzamentos ocorreram, um conjunto haploide de uma cor pode incluir segmentos de cromátides da outra cor.) Todos os cromossomos vermelhos e azuis compõem um conjunto diploide. (c) Metáfase I. **7.** Essa célula deve estar sofrendo meiose, pois os dois homólogos de um par de homólogos estão associados um com o outro na placa metafásica; isso não ocorre na mitose. Além disso, os quiasmas estão claramente presentes, significando que o *crossing over* ocorreu, outro processo único da meiose.

Capítulo 14
Questões das figuras
Figura 14.3 Todos os descendentes teriam flores roxas. (A proporção de flores roxas para brancas deveria ser de 1 roxa: 0 branca.) As plantas da geração P são puras. Assim, o cruzamento de duas plantas com flores roxas produz o mesmo resultado da autopolinização: todos os descendentes têm a mesma característica. Se Mendel tivesse parado após a geração F_1, ele poderia ter concluído que o fator branco desapareceu totalmente e nunca mais reapareceria.

Figura 14.8

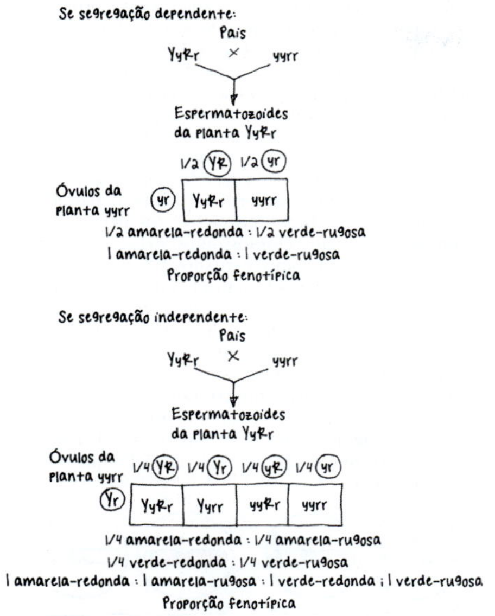

Se segregação dependente:
Pais
YyRr × yyrr
Espermatozoides da planta YyRr
1/2 YR 1/2 yr
Óvulos da planta yyrr
yr
YyRr
yyrr
1/2 amarela-redonda : 1/2 verde-rugosa
1 amarela-redonda : 1 verde-rugosa
Proporção fenotípica
Se segregação independente:
Pais
YyRr × yyrr
Espermatozoides da planta YyRr
Óvulos da planta yyrr
1/4 YR 1/4 Yr 1/4 yR 1/4 yr
yr
YyRr
Yyrr
yyRr
yyrr
1/4 amarela-redonda : 1/4 amarela-rugosa
1/4 verde-redonda : 1/4 verde-rugosa
1 amarela-redonda : 1 amarela-rugosa : 1 verde-redonda : 1 verde-rugosa
Proporção fenotípica

Sim, esse cruzamento teria permitido a Mendel fazer predições diferentes para as duas hipóteses, permitindo que ele distinguisse a correta. **Figura 14.10** Seu colega provavelmente apontaria que os híbridos da geração F_1 apresentam um fenótipo intermediário entre aquele dos pais homozigotos, que dá suporte à hipótese da mistura. Você poderia responder que o cruzamento dos híbridos F_1 resulta no reaparecimento do fenótipo branco, em vez dos descendentes cor-de-rosa, o que não dá suporte à ideia de mistura de características durante a herança. A hipótese da mistura prediz que a característica branca teria sido perdida após a geração F_1. **Figura 14.11** Os alelos I^A e I^B são dominantes para o alelo *i* pois o alelo *i* resulta na ausência de ligação de carboidratos. Os alelos I^A e I^B são codominantes; ambos são expressos no fenótipo dos heterozigotos I^AI^B, cujo tipo sanguíneo é AB. **Figura 14.12** Nesse cruzamento, o "3" e o "1" finais de um cruzamento-padrão são unidos como um único fenótipo. Isso ocorre pois nos cães que são *ee*, nenhum pigmento é depositado, assim os três cães que possuem um *B* no seu genótipo (normalmente preto) não podem ser distinguidos do cão que é *bb* (normalmente marrom). **Figura 14.16** No quadro de Punnett, dois dos três indivíduos com coloração normal são portadores, então a probabilidade é ⅔. (Note que você deve levar em consideração tudo que sabe quando você calcula a probabilidade: Você sabe que ela não é *aa*, então só existem três genótipos possíveis a serem considerados.)

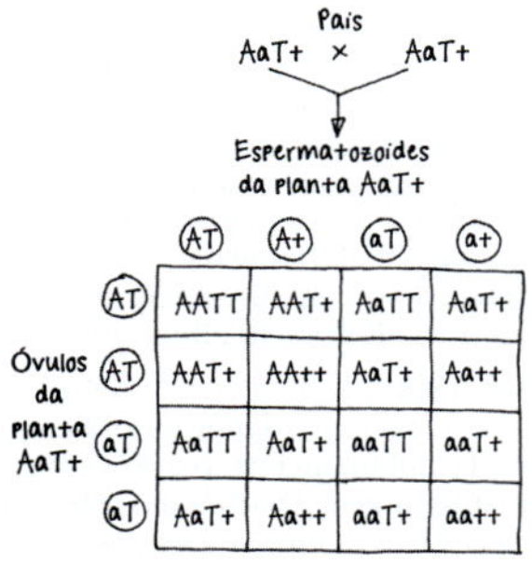

Pais
AaTt × AaTt
Espermatozoides da planta AaTt
AT At aT at
Óvulos da planta AaTt
AATT AATt AaTT AaTt
AATt AAtt AaTt Aatt
AaTT AaTt aaTT aaTt
AaTt Aatt aaTt aatt

Revisão do Conceito 14.1

1. De acordo com a lei da segregação independente, é predito que 25 plantas (1/16 dos descendentes) são *aatt*, ou recessivas para ambos os caracteres. O resultado provavelmente difere levemente desse valor. **2.** A planta poderia produzir oito gametas diferentes (*YRI*, *YRi*, *YrI*, *Yri*, *yRI*, *yRi*, *yrI* e *yri*). Para que todos os gametas possíveis em uma autopolinização se encaixem, o quadro de Punnett necessitaria de 8 fileiras e 8 colunas. Ele teria espaço para 64 uniões possíveis de gametas nos descendentes. **3.** A autopolinização é uma reprodução sexuada, pois a meiose está envolvida na formação dos gametas, que se unificam durante a fertilização. Como resultado, na autopolinização os descendentes são geneticamente diferentes dos pais. (Como mencionado na nota de rodapé próximo do início do Conceito 14.1, simplificamos a explicação nos referindo a uma única planta de ervilha como progenitora. Tecnicamente, os gametófitos na flor são os dois "progenitores".)

Revisão do Conceito 14.2

1. ½ dominante homozigoto (*AA*), 0 homozigoto recessivo (*aa*) e ½ heterozigoto (*Aa*). **2.** ¼ *BBDD*; ¼ *BbDD*; ¼ *BBDd*; ¼ *BbDd*. **3.** Os genótipos que preenchem essas condições são *ppyyll*, *ppyyli*, *ppYYii*, *ppYyii*, *Ppyyii* e *ppyyii*. Utilize a regra da multiplicação para encontrar a probabilidade de conseguir cada genótipo, e então use a regra da adição para encontrar a probabilidade geral de encontrar as condições deste problema:

ppyyII	½ (probabilidade de pp) × ¼ (yy) × ¼ (II)	= 1/32
ppyyIi	½ (pp) × ¼ (yy) × ½ (Ii)	= 1/16 = 2/32
ppYYii	½ (pp) × ¼ (YY) × ¼ (ii)	= 1/32
ppYyii	½ (pp) × ½ (Yy) × ¼ (ii)	= 1/16 = 2/32
Ppyyii	½ (Pp) × ¼ (yy) × ¼ (ii)	= 1/32
ppyyii	½ (pp) × ¼ (yy) × ¼ (ii)	= 1/32
Fração prevista para ser homozigota recessiva em pelo menos duas das três características		8/32 = 1/4

Revisão do Conceito 14.3

1. A dominância incompleta descreve a relação entre dois alelos de um único gene, enquanto a epistasia está relacionada com a relação genética entre dois genes (e os alelos respectivos de cada um). **2.** Se esperaria que metade das crianças tivessem o tipo sanguíneo A, e metade, o tipo B. **3.** Os alelos pretos e brancos são incompletamente dominantes, com heterozigotos sendo de cor cinza. Um cruzamento entre um galo cinza e uma galinha preta geraria aproximadamente números iguais de descendentes de cor cinza e de cor preta.

Revisão do Conceito 14.4

1. 1/9 (Como a fibrose cística é causada por um alelo recessivo, os irmãos de Lucia e Jared que têm fibrose cística precisam ser homozigotos recessivos. Portanto, cada um dos pais deve ser portador do alelo recessivo. Como nem Lucia nem Jared têm fibrose cística – e, portanto, não são *cc* [usando *C*/*c* como alelos para o gene FC] –, isso significa que cada um tem chance de ⅔ de ser portador. Se ambos forem portadores, existe uma chance de ¼ de eles terem uma criança com fibrose cística; ⅔ × ⅔ × ¼ = 1/9.); praticamente 0 (Tanto Lucia como Jared teriam que ser portadores para gerar uma criança com a doença, a não ser que uma mutação [alteração] muito rara ocorresse no DNA das células que produzem os óvulos ou espermatozoides em um não portador, o que resultaria no alelo FC.) **2.** Na hemoglobina normal, o sexto aminoácido é o ácido glutâmico (Glu), que é ácido (possui carga negativa na sua cadeia lateral). Na hemoglobina da célula falciforme, Glu é substituído por valina (Val), que é um aminoácido apolar, muito diferente de Glu. A estrutura primária de uma proteína (sua sequência de aminoácidos) finalmente determina o formato da proteína e, assim, a sua função. A substituição de Val por Glu permite que as moléculas de hemoglobina interajam umas com as outras e formem longas fibras, levando à função deficiente da proteína e à deformação das hemácias. **3.** O genótipo de Juanita é *Dd*. Como o alelo para polidactilia (*D*) é dominante para o alelo de cinco dígitos por membro (*d*), a característica é expressa em pessoas com genótipo *DD* ou *Dd*. Mas como o pai de Juanita não tem polidactilia, seu genótipo deve ser *dd*, o que significa que Juanita herdou um alelo *d* dele. Portanto, Juanita, que tem a característica, deve ser heterozigota. **4.** No cruzamento monoíbrido que envolve a cor da flor, a proporção é de 3,15 roxas : 1 branca, enquanto na família humana mostrada na árvore genealógica a proporção na terceira geração é de 1 que sente o gosto da PTC : 1 que não sente o gosto da PTC. A diferença deve-se ao pequeno tamanho de amostras (dois descendentes) na família humana. Se o casal da segunda geração nesta árvore genealógica fosse capaz de ter 929 descendentes como no cruzamento da planta de ervilha, a proporção provavelmente seria mais próxima a 3:1. (Note que nenhum cruzamento das plantas de ervilha na Tabela 14.1 gerou uma proporção *exata* de 3:1.)

Questões do Resumo dos conceitos-chave

14.1 Versões alternativas de genes, chamadas de alelos, são passadas dos pais para os descendentes durante a reprodução sexuada. Em um cruzamento entre pais homozigotos para flores roxas e brancas, todos os descendentes F_1 são heterozigotos, cada um herdando um alelo para flor roxa de um dos pais e um alelo para flor branca do outro. Como o alelo para flor roxa é dominante, ele determina que o fenótipo para os descendentes F_1 seja de flores roxas, e a expressão do alelo recessivo para flor branca é mascarado. Apenas na geração F_2 é possível que alguns dos descendentes sejam homozigotos recessivos, o que faz a característica branca ser expressa.
14.2

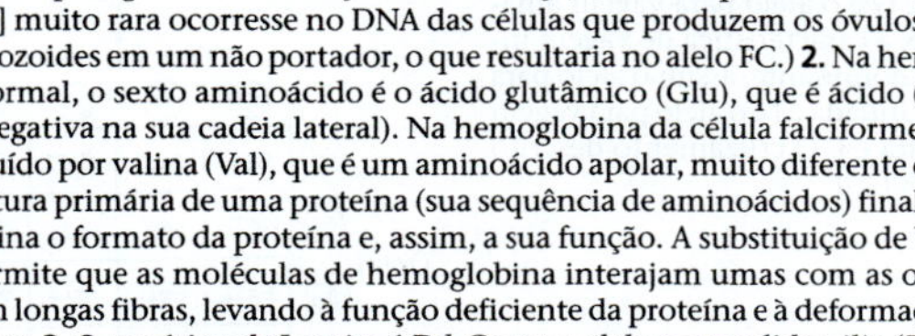

Espermatozoides
1/2 Y 1/2 y
Óvulos
1/2 Y
1/2 y
YY Yy
Yy yy
3/4 amarelas
1/4 verde
Espermatozoides
1/2 R 1/2 r
Óvulos
1/2 R
1/2 r
RR Rr
Rr rr
3/4 redondas
1/4 rugosa

3/4 amarela × 3/4 redonda = 9/16 amarela-redonda
3/4 amarela × 1/4 rugosa = 3/16 amarela-rugosa
1/4 verde × 3/4 redonda = 3/16 verde-redonda
1/4 verde × 1/4 rugosa = 1/16 verde-rugosa
= 9 amarela-redonda : 3 amarela-rugosa : 3 verde-redonda : 1 verde-rugosa

14.3 O grupo sanguíneo ABO é um exemplo de alelos múltiplos, pois este gene único tem mais do que dois alelos (I^A, I^B e i). Dois dos alelos, I^A e I^B, exibem codominância, uma vez que ambos os carboidratos (A e B) estão presentes quando esses dois alelos existem juntos em um genótipo. I^A e I^B exibem dominância completa sobre o alelo *i*. Essa situação não é um exemplo de dominância incompleta, pois cada alelo afeta o fenótipo de maneira distinta, de modo que o resultado não é intermediário entre os dois fenótipos. Como essa situação envolve um único gene, ela não é um exemplo de epistasia ou herança poligênica. **14.4** A chance de uma quarta criança ter fibrose cística é de ¼, a mesma para cada uma das outras crianças, pois cada nascimento é um evento independente. Já sabemos que ambos os pais são portadores; então, o fato de as três primeiras crianças serem ou não portadoras não influencia na probabilidade de a próxima criança ter a doença. Os genótipos dos pais fornecem a única informação relevante.

Teste seu conhecimento

1. Um cruzamento de *Ii* × *ii* geraria descendentes com uma proporção genotípica de 1 *Ii* : 1 *ii* (2:2 é uma resposta equivalente) e uma proporção fenotípica de 1 inflada : 1 constrita (2:2 é equivalente).

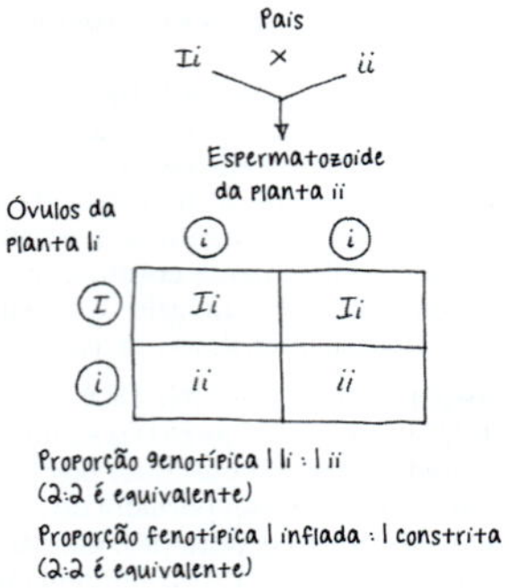

2. Homem I^Ai; mulher I^Bi; criança *ii*. Os genótipos para crianças futuras são preditos como ¼ I^AI^B, ¼ I^Ai, ¼ I^Bi, ¼ *ii*. **3.** ½.

4. A característica de vagem verde é dominante, assim o alelo para vagem verde é *G* e o alelo para vagem amarela é *g*; a característica de vagem inflada é dominante, assim o alelo para vagem inflada é *I* e o alelo para vagem constrita é *i*. O cruzamento descrito é *GgIi* × *GgIi*.

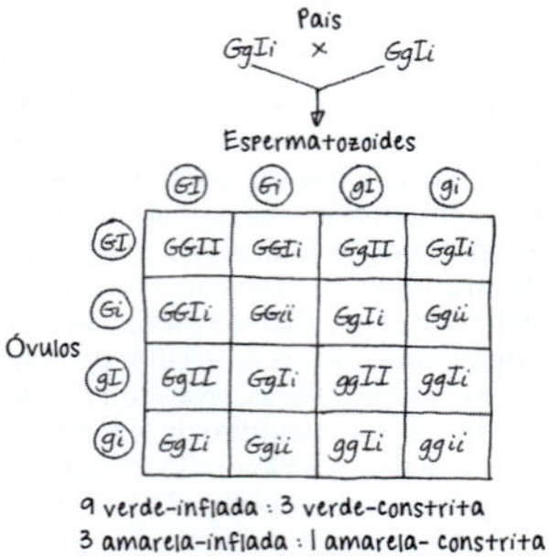

5. (a) $\frac{1}{64}$; (b) $\frac{1}{64}$; (c) $\frac{1}{8}$; (d) $\frac{1}{32}$ **6.** (a) $\frac{3}{4} \times \frac{3}{4} \times \frac{3}{4} = \frac{27}{64}$; (b) $1 - \frac{27}{64} = \frac{37}{64}$; (c) $\frac{1}{4} \times \frac{1}{4} \times \frac{1}{4} = \frac{1}{64}$; (d) $1 - \frac{1}{64} = \frac{63}{64}$ **7.** (a) $\frac{1}{256}$; (b) $\frac{1}{16}$; (c) $\frac{1}{256}$; (d) $\frac{1}{64}$; (e) $\frac{1}{128}$ **8.** (a) 1; (b) $\frac{1}{32}$; (c) $\frac{1}{8}$; (d) ½ **9.** (a) $\frac{1}{9}$

10. Cruzamentos do gato mutante original com gatos puros sem orelhas enroladas produzirão descendentes F_1 com e sem orelhas enroladas se o alelo para orelha enrolada for dominante, mas apenas descendentes de orelhas não enroladas se o alelo para orelha enrolada for recessivo. Seja a característica de orelha enrolada dominante ou recessiva, você obteria alguma descendência pura homozigota para o alelo de orelha enrolada a partir de acasalamentos entre gatos F_1 resultantes dos cruzamentos originais entre orelhas enroladas × orelhas não enroladas. Se for dominante, você não seria capaz de diferenciar os descendentes homozigotos puros dos heterozigotos sem cruzamentos adicionais. Você sabe que os gatos são puros quando cruzamentos de gatos com orelhas enroladas × orelhas enroladas produzem apenas descendentes com orelhas enroladas. Como resultado, o alelo que causa as orelhas enroladas é dominante. **11.** 25%, ou ¼, serão estrábicos; todos os descendentes estrábicos (100%) também serão brancos. **12.** O alelo dominante *I* é epistático para o *locus P*/*p*; portanto, a proporção genotípica para a geração F_1 será 9 *I-P-* (sem cor) : 3 *I-pp* (sem cor) : 3 *iiP-* (roxo) : 1 *iipp* (vermelho). No geral, a proporção fenotípica é 12 sem cor : 3 roxos : 1 vermelho. **13.** Recessivo. Todos os indivíduos com alcaptonúria (Ariana, Benito, Elena e Carlota) são homozigotos recessivos *aa*. Jorge é *Aa*, uma vez que alguns dos seus filhos com Ariana têm alcaptonúria. Diego, Carmem, Hector e Julio são *Aa*, uma vez que são todos crianças não afetadas com um dos pais afetados. Miguel também é *Aa*, uma vez que ele tem uma filha afetada (Carlota) com sua esposa heterozigota Carmen. Mariposa, Paloma e Roberto podem ter genótipo *AA* ou *Aa*. **14.** $\frac{1}{6}$

Capítulo 15

Questões das figuras

Figura 15.3 Cerca de ¾ dos descendentes F_2 teriam olhos vermelhos e cerca de ¼ teria olhos brancos. Uma vez que os cromossomos sexuais não estão envolvidos na determinação da cor dos olhos neste cruzamento hipotético, cerca de metade das moscas com olhos brancos seria fêmea e a outra metade seria macho. (Note que autossomos com alelos para cor dos olhos teriam o mesmo formato no quadrado de Punnett – diferentemente dos cromossomos X e Y – e cada descendente herdaria dois alelos. O sexo das moscas seria determinado separadamente pela herança dos cromossomos sexuais. Dessa forma, seu quadrado de Punnett F_2 teria quatro combinações possíveis nos espermatozoides e duas nos óvulos; teria oito quadrados ao todo.) **Figura 15.4** A proporção seria 1 amarela redonda : 1 verde redonda : 1 amarela rugosa : 1 verde rugosa. (Isso é semelhante a um cruzamento-teste.) **Figura 15.7** Todos os machos seriam daltônicos, e todas as fêmeas seriam portadoras. (Outra forma de expressar isso é dizer que ½ dos descendentes seria de machos daltônicos e ½ dos descendentes seria de fêmeas portadoras.) **Figura 15.9** As duas maiores classes ainda seriam os descendentes com os fenótipos das moscas puras da geração P, mas agora elas seriam de cor cinza, vestigiais, e pretas normais, que agora é o "tipo parental", pois estas eram as combinações alélicas específicas na geração P (os alelos ligados aos seus cromossomos). **Figura 15.10** Os dois cromossomos no lado esquerdo do esquema a seguir são como os dois cromossomos herdados pela fêmea F_1, um de cada mosca da geração P. Eles são passados pela fêmea F_1 intactos para os descendentes e, portanto, são chamados de cromossomos "parentais". Os outros dois cromossomos resultam do *crossing over* durante a meiose na fêmea F_1. Como eles possuem combinações de alelos não vistas em nenhum dos cromossomos de fêmeas F_1, eles podem ser chamados de cromossomos "recombinantes". (Note que, neste exemplo, as combinações dos alelos nos cromossomos recombinantes, b^+ vg^+ e *b vg*, são as combinações alélicas que estão nos cromossomos parentais no cruzamento mostrado nas Figuras 15.9 e 15.10. A base para chamá-los de cromossomos parentais é o fato de terem a combinação de alelos que estava presente nos cromossomos da geração P.)

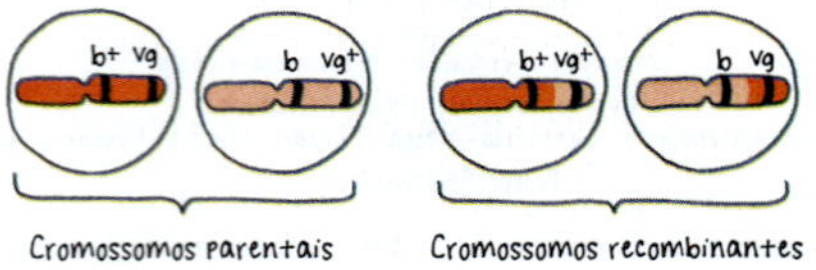

Revisão do Conceito 15.1

1. Para mostrar o fenótipo mutante, um macho precisa ter apenas um alelo mutante. Se este gene estiver em um par de autossomos, um indivíduo teria apresentado o fenótipo recessivo apenas se os dois alelos fossem mutantes, uma situação muito menos provável. **2.** A lei da segregação descreve a herança de alelos para um único caractere. A lei da segregação independente dos alelos descreve a herança dos alelos para dois caracteres. **3.** A base física para lei da segregação é a separação dos homólogos na anáfase I. A base física para lei da segregação independente é o arranjo alternativo de todos os diferentes pares de cromossomos homólogos na metáfase I.

Revisão do Conceito 15.2

1. Como o gene para esse caractere de cor dos olhos está localizado no cromossomo X, todas as descendentes fêmeas terão olhos vermelhos e serão heterozigotas ($X^{w^+}X^w$); todos os descendentes machos herdarão um cromossomo Y do pai e terão olhos brancos (X^wY). (Outra maneira de expressar isso é dizer que ½ dos descendentes serão fêmeas heterozigotas [portadoras] com olhos vermelhos e ½ serão machos com olhos brancos.) **2.** ¼ (½ de chance de a criança herdar um cromossomo Y do pai e ser menino × ½ de chance de herdar o X que carrega o alelo da doença de sua mãe). Se a criança for um menino, existe ½ de chance de ter a doença; uma menina teria zero chance (mas ½ de chance de ser portadora). **3.** Em uma desordem causada por um alelo dominante, não existe um "portador", uma vez que aqueles que têm o alelo têm a doença. Como o alelo é dominante, as fêmeas perdem qualquer "vantagem" em ter dois cromossomos X, uma vez que um alelo associado à doença é suficiente para resultar na desordem. Todos os pais que têm o alelo dominante o passarão adiante para *todas* as suas filhas, que também terão a desordem. Uma mãe que possui o alelo (e, assim, a desordem) o passará para metade dos seus filhos e metade das suas filhas.

Revisão do Conceito 15.3

1. O *crossing over* durante a meiose I no progenitor heterozigoto produz alguns gametas com genótipos recombinantes para os dois genes. Os descendentes com um fenótipo recombinante surgem a partir da fertilização dos gametas recombinantes por gametas recessivos homozigotos a partir do progenitor duplo mutante. **2.** Em cada caso, os alelos contribuídos pela progenitora fêmea (no óvulo) determinam o fenótipo dos descendentes porque o macho neste cruzamento contribui apenas com alelos recessivos. Dessa forma, a identificação do fenótipo dos descendentes nos diz quais alelos estarão nos óvulos da mãe (as fêmeas di-híbridas). **3.** Não. A ordem poderia ser *A-C-B* ou *C-A-B*. Para determinar qual possibilidade é a correta, você precisa saber a frequência de recombinação entre *B* e *C*.

Revisão do Conceito 15.4

1. Na meiose, um cromossomo 14-21 combinado se comportará como um cromossomo. Se um gameta recebe o cromossomo 14-21 combinado e uma cópia normal do cromossomo 21, ocorrerá a trissomia do 21 quando esse gameta combinar com um gameta normal (com seu próprio cromossomo 21) durante a fertilização. **2.** Não. A criança pode ser I^AI^Ai ou I^Aii. Um espermatozoide de genótipo I^AI^A poderia resultar de uma não disjunção no pai durante a meiose II, enquanto um óvulo com genótipo *ii* poderia resultar da não disjunção na mãe durante a meiose I ou a meiose II. **3.** A ativação deste gene poderia levar à produção de uma grande quantidade desta cinase. Se a cinase estiver envolvida em uma via de sinalização que aciona a divisão celular, muito dessa cinase poderia acionar uma divisão celular sem restrições, que, por sua vez, poderia contribuir para o desenvolvimento de câncer (neste caso, um câncer de um tipo de leucócito).

Revisão do Conceito 15.5
1. A inativação de um cromossomo X em fêmeas e a impressão genômica. Por causa da inativação do X, a dose efetiva dos genes no cromossomo X é a mesma nos machos e nas fêmeas. Como resultado da impressão genômica, apenas um alelo de certos genes é expresso fenotipicamente. **2.** Os genes para cor das folhas estão localizados em plastídeos dentro do citoplasma. Normalmente, apenas o progenitor materno transmite os genes de plastídeos para os descendentes. Uma vez que os descendentes variegados são produzidos apenas quando a progenitora fêmea é da variedade B, podemos concluir que a variedade B contém alelos do tipo selvagem e alelos mutantes dos genes para pigmentação, produzindo folhas variegadas. (A variedade A deve conter apenas o alelo do tipo selvagem para genes de pigmentação.) **3.** Cada célula contém numerosas mitocôndrias, e, nos indivíduos afetados, a maioria das células contém uma mistura variável de mitocôndrias normais e mutantes. As mitocôndrias normais realizam respiração celular suficiente para a sobrevivência. (Essa situação é similar para os cloroplastos.)

Questões do Resumo dos conceitos-chave
15.1 Como os cromossomos sexuais são diferentes uns dos outros e determinam o sexo da prole, Morgan poderia usar o sexo dos descendentes como uma característica fenotípica para seguir os cromossomos paternos. (Ele também poderia tê-los observado sob um microscópio, uma vez que os cromossomos X e Y se parecem diferentes.) Ao mesmo tempo, ele poderia registrar a cor dos olhos para seguir os alelos para a cor dos olhos. **15.2** Os machos possuem apenas um cromossomo X, junto com um cromossomo Y, enquanto as fêmeas possuem dois cromossomos X. O cromossomo Y possui poucos genes nele, enquanto o cromossomo X possui cerca de 1.000. Quando um alelo recessivo ligado ao X, que causa uma desordem, é herdado por um macho pelo X de sua mãe, não existe um segundo alelo presente no Y (machos são hemizigotos), então o macho tem a doença. Como as fêmeas possuem dois cromossomos X, elas devem herdar dois alelos recessivos para ter a doença, um acontecimento raro. **15.3** O *crossing over* resulta em novas combinações de alelos. O *crossing over* é um acontecimento ao acaso, e, quanto maior for a distância entre dois genes, maiores são as chances de o *crossing over* ocorrer, levando a uma nova combinação de alelos. **15.4** Nas inversões e translocações recíprocas, o mesmo material genético está presente na mesma quantidade relativa, mas organizado de forma diferente. Na aneuploidia, nas duplicações, nas deleções e nas translocações recíprocas, o equilíbrio de material genético é perturbado, uma vez que segmentos grandes são perdidos ou estão presentes em mais de uma cópia. Aparentemente, esse tipo de desequilíbrio é muito danoso ao organismo. (Embora não seja letal no embrião em desenvolvimento, a translocação recíproca que produz o cromossomo Filadélfia pode levar a uma condição grave, o câncer, por alterar a expressão de genes importantes.) **15.5** Nestes casos, o sexo do progenitor que contribuiu com o alelo afeta o padrão de herança. Para genes impressos, tanto o alelo paterno como o materno são expressos, dependendo da impressão. Para genes mitocondriais e de cloroplastos, apenas a contribuição materna afetará o fenótipo dos descendentes, pois a prole herda essas organelas da mãe, pelo citoplasma do óvulo.

Teste seu conhecimento
1. 0; ½; 1/16. **2.** Recessiva; se a desordem for dominante, ela afetaria no mínimo um dos pais de uma criança nascida com a desordem. A herança da desordem é ligada ao sexo, pois é observada apenas em meninos. Para que uma menina tenha a desordem, ela deveria herdar alelos recessivos a partir de *ambos* os pais. Isso seria muito raro, uma vez que machos com o alelo recessivo no seu cromossomo X morrem cedo na adolescência. **3.** 17%; sim, são consistentes. Na Figura 15.9, a frequência de recombinação também foi de 17%. (Você esperaria que este fosse o caso, já que estes dois são os mesmos genes e a distância entre eles não mudaria de um experimento para outro.)

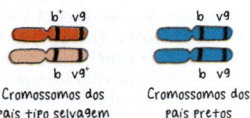

4. Entre *T* e *A*, 12%; entre *A* e *S*, 5%. **5.** Entre *T* e *S*, 16%; a sequência dos genes é *T-A-S*. **6.** 6%; tipo selvagem heterozigoto para asas normais e olhos vermelhos × recessivo homozigoto para asas vestigiais e olhos roxos. **7.** Cinquenta por cento dos descendentes apresentarão fenótipos resultantes de entrecruzamentos. Esses resultados seriam os mesmos daqueles de um cruzamento em que *A* e *B não* estão no mesmo cromossomo, e você interpretaria os resultados como se os genes não estivessem ligados. (Outros cruzamentos envolvendo outros genes entre *A* e *B* no mesmo cromossomo revelariam a ligação gênica e mapeariam as distâncias.) **8.** 450 de cada azul/oval e branca/redonda (parentais) e 50 de cada azul/redonda e branca/oval (recombinantes). **9.** A cerca de ⅓ da distância do *locus* para asas vestigiais até o *locus* para olhos marrons, no cromossomo. **10.** Como as bananeiras são triploides, os pares homólogos não podem se alinhar durante a meiose. Portanto, não é possível gerar gametas que podem se fundir para produzir um zigoto com o número triploide de cromossomos. **12.** (a) Para cada par de genes, você teria que gerar uma mosca di-híbrida F_1; usaremos os genes *A* e *B* como exemplo. Você obteve moscas parentais homozigotas, a primeira com alelos dominantes dos dois genes (*AABB*) e a segunda com alelos recessivos (*aabb*), ou a primeira com alelos dominantes do gene *A* e alelos recessivos do gene *B* (*AAbb*) e a segunda com alelos recessivos do gene *A* e alelos dominantes do gene *B* (*aaBB*). O cruzamento de algum desses pares de moscas da geração P gerou um di-híbrido F_1, que foi usado para um cruzamento-teste com uma mosca duplamente recessiva homozigota (*aabb*). Você classificou os descendentes como parentais ou recombinantes, com base nos genótipos dos pais da geração P (qualquer um dos dois pares descritos anteriormente). Depois, você somou o número de tipos recombinantes e, então, os dividiu pelo número total de descendentes. Isso lhe deu a porcentagem de recombinação (neste caso, 8%), que você pode traduzir em unidades de mapa (8 unidades de mapa) para construir seu mapa.

(b)

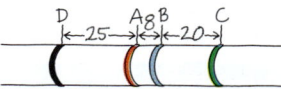

Capítulo 16
Questões das figuras
Figura 16.2 As células S vivas encontradas na amostra de sangue foram capazes de se reproduzir para produzir mais células S, indicando que a característica S é uma mudança permanente e hereditária, em vez de apenas um uso único das cápsulas das células S mortas. **Figura 16.4** A radioatividade teria sido encontrada no sedimento quando as proteínas fossem marcadas (lote 1) porque as proteínas teriam que entrar nas células bacterianas para programá-las com instruções genéticas. É difícil para nós imaginar agora, mas o DNA pode ter desempenhado um papel estrutural que permitiu que algumas das proteínas fossem injetadas enquanto permaneciam fora da célula bacteriana (assim, não seria encontrada radioatividade no sedimento do lote 2). **Figura 16.7** (1) Os nucleotídeos em uma única fita de DNA são mantidos juntos por ligações covalentes entre um oxigênio no carbono 3' de um nucleotídeo e o grupo fosfato no carbono 5' do próximo nucleotídeo da cadeia. Em vez de ligações covalentes, as ligações que mantêm as duas fitas juntas são ligações de hidrogênio entre uma base nitrogenada em uma fita e a base nitrogenada complementar na outra fita. As ligações de hidrogênio são mais fracas que as ligações covalentes, mas há tantas ligações de hidrogênio em uma dupla-hélice de DNA que, juntas, elas são suficientes para manter as duas fitas unidas. (2) Uma das extremidades, a 5', tem um grupo fosfato, que está ligado ao carbono 5' do açúcar, aquele que não está no anel. A outra extremidade, a 3', tem um grupo —OH ligado ao carbono 3' do açúcar; esse carbono está no anel. O diagrama à esquerda mostra mais detalhes. Ele mostra que cada esqueleto de açúcar-fosfato é formado por açúcares (pentágonos azuis) e fosfatos (círculos amarelos) unidos por ligações covalentes (linhas pretas). O diagrama do meio não mostra nenhum detalhe no esqueleto. Tanto o diagrama à esquerda quanto o diagrama do meio identificam as bases e representam sua complementaridade por meio das formas complementares nas extremidades das bases (curvaturas/indentações para G/C ou V's/entalhes para T/A). O diagrama à direita é o menos detalhado, o que implica que os pares de bases formam um par, mas mostrando todas as bases com a mesma forma, não incluindo as informações sobre especificidade e complementaridade visíveis nos outros dois diagramas. Os diagramas à esquerda e à direita mostram que a fita à esquerda foi sintetizada mais recentemente, como indicado pela cor azul-clara. Todos os três diagramas mostram as extremidades 5' e 3' das fitas. **Figura 16.12** O tubo da primeira replicação teria o mesmo aspecto, com uma banda média de DNA híbrido ^{15}N-^{14}N, mas o segundo tubo não teria a banda superior de moléculas de DNA composta por duas fitas azul-claras. Em vez disso, teria uma faixa inferior de DNA composta por duas fitas azul-escuras, como a faixa inferior no resultado previsto após uma replicação no modelo conservativo. **Figura 16.13** Na bolha no topo da micrografia em (b), devem ser desenhadas setas apontando para a esquerda e para a direita para indicar as duas forquilhas de replicação. **Figura 16.15**

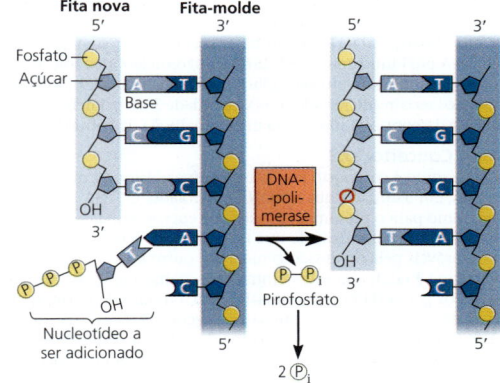

Figura 16.18

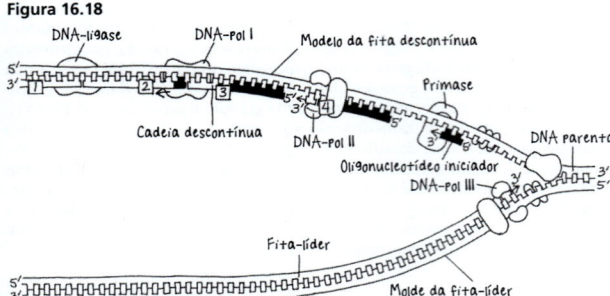

Figura 16.19

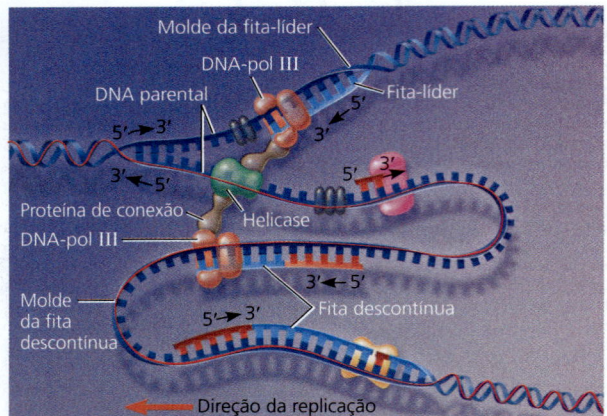

Figura 16.24 Os dois membros de um par homólogo (que seria da mesma cor) estariam firmemente associados na placa metafásica durante a metáfase I da meiose I. Na metáfase da mitose, porém, cada cromossomo seria alinhado individualmente, de modo que os dois cromossomos da mesma cor estariam em locais diferentes na placa metafásica.

Revisão do Conceito 16.1
1. Para saber qual é a extremidade 5', você precisa saber qual extremidade tem um grupo fosfato no carbono 5' (a extremidade 5') e/ou qual extremidade tem um grupo —OH no carbono 3' (a extremidade 3'). **2.** Griffith esperava que o camundongo injetado com a mistura de células S inativadas por calor e células R vivas sobreviveria, já que nenhum dos dois tipos de célula por si só mataria o camundongo.

Revisão do Conceito 16.2
1. O pareamento de bases complementares garante que as duas moléculas-filhas sejam cópias exatas da molécula parental. Quando as duas fitas da molécula parental se separam, cada uma serve como um molde no qual os nucleotídeos são dispostos pelas regras de pareamento de base; então, eles serão polimerizados pelas enzimas em novas fitas complementares. **2.** A DNA-pol III liga covalentemente os nucleotídeos a novas fitas de DNA e revisa cada nucleotídeo adicionado para um pareamento correto de bases. **3.** No ciclo celular, a síntese de DNA ocorre durante a fase S, entre as fases G_1 e G_2 da interfase. Portanto, a replicação de DNA está completa antes do início da fase mitótica. **4.** A síntese da fita contínua é iniciada por oligonucleotídeo iniciador de RNA, que deve ser removido e substituído por DNA, uma tarefa que não poderia ser realizada se a DNA-pol I da célula não fosse funcional. No quadro Visão geral na Figura 16.18, à esquerda da origem da replicação do topo, uma DNA-pol I funcional substituiria o oligonucleotídeo iniciador de RNA da fita contínua (mostrado em vermelho) por nucleotídeos de DNA (em azul). Os nucleotídeos seriam adicionados na extremidade 3' do primeiro fragmento de Okazaki da fita descontínua superior (a metade à direita da bolha de replicação).

Revisão do Conceito 16.3
1. Um nucleossomo é composto por oito proteínas histonas, duas de quatro tipos diferentes, em torno das quais o DNA é enrolado. O DNA de ligação vai de um nucleossomo para o próximo. **2.** A fibra de eucromatina de 10 nm é menos compactada durante a interfase do que na mitose e é acessível às proteínas celulares responsáveis pela expressão gênica. Por outro lado, a fibra de 10 nm da heterocromatina é relativamente compactada (densamente disposta) durante a interfase, e os genes da heterocromatina são, em grande parte, inacessíveis às proteínas necessárias para a expressão dos genes. **3.** A lâmina nuclear é um conjunto de filamentos proteicos em forma de rede que fornece suporte mecânico apenas dentro do envelope nuclear e, assim, mantém a forma do núcleo.

Evidências importantes também sustentam a existência de uma matriz nuclear, uma estrutura de fibras proteicas que se estende por todo o interior do núcleo.

Questões do Resumo dos conceitos-chave
16.1 Cada fita da dupla-hélice tem uma polaridade; a extremidade com um grupo fosfato sobre o carbono 5' do açúcar é chamada de extremidade 5', e a extremidade com um grupo —OH sobre o carbono 3' do açúcar é chamada de extremidade de 3'. As duas fitas correm em sentidos opostos, uma correndo no sentido 5' → 3' e a outra ao lado dela correndo no sentido 3' → 5'. Assim, cada extremidade da molécula tem uma extremidade 5' e uma 3', uma em cada fita da dupla-hélice. Esse arranjo é chamado de antiparalelo. Se as fitas fossem paralelas, ambas teriam o sentido 5' → 3' na mesma direção, de modo que uma extremidade da molécula teria duas extremidades 5' ou duas extremidades 3'. **16.2** Tanto na fita contínua como na fita descontínua, a DNA-polimerase adiciona na extremidade 3' de um oligonucleotídeo iniciador de RNA sintetizado pela primase, sintetizando o DNA no sentido 5' → 3'. Como as fitas parentais são antiparalelas, no entanto, somente na fita contínua a síntese prossegue continuamente na forquilha de replicação. A fita descontínua é sintetizada pouco a pouco na direção contrária da forquilha como uma série de fragmentos de Okazaki mais curtos, que mais tarde são unidos pela DNA-ligase. Cada fragmento é iniciado pela síntese de um oligonucleotídeo iniciador de RNA pela primase, assim que um determinado trecho de um molde de fita simples é exposto. Embora ambas as fitas sejam sintetizadas ao mesmo ritmo, a síntese da fita descontínua é atrasada porque a síntese de cada fragmento começa apenas quando uma quantidade suficiente de fita-molde está disponível. **16.3** A cromatina em um núcleo interfásico está presente como uma fibra de 10 nm, seja de forma bastante frouxa na eucromatina ou mais densamente disposta na heterocromatina (como nos centrômeros e nos telômeros). A eucromatina também é subdividida em compartimentos maiores e domínios em formato de laço menores. Essa organização pode refletir diferenças na expressão gênica que ocorrem nessas regiões.

Teste seu conhecimento
1. C **2.** C **3.** B **4.** D **5.** A **6.** D **7.** B **8.** A **9.** Assim como as histonas, espera-se que as proteínas de *E. coli* contenham muitos aminoácidos básicos (com carga positiva), como lisina e arginina, que podem formar ligações fracas com os grupos fosfato com carga negativa no esqueleto de açúcar-fosfato da molécula de DNA.

11.1

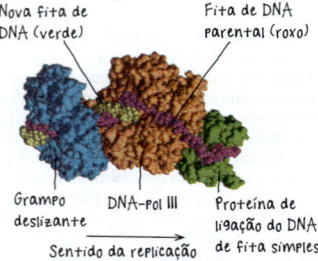

Capítulo 17
Questões das figuras
Figura 17.3 A via anteriormente presumida teria sido errada. Os novos resultados apoiariam esta via: precursor → citrulina ornitina → arginina. Eles também indicariam que os mutantes de classe I têm um defeito na segunda etapa e os mutantes de classe II têm um defeito na primeira etapa. **Figura 17.5** A sequência de mRNA (5'-UGGUUUGGCUCA-3') é a mesma que a sequência da fita de DNA não molde (5'-TGGTTTGGCTCA-3'), exceto pelo fato de que haverá uma U no mRNA onde houver uma T no DNA. A fita não molde é provavelmente usada para representar uma sequência de DNA porque se assemelha muito à sequência de mRNA, que contém os códons. (Por isso ela é chamada de fita codificadora.) **Figura 17.6** Arg (ou R)-Glu (ou E)-Pro (ou P)-Arg (ou R). **Figura 17.8** Os processos são similares, pois as polimerases formam polinucleotídeos complementares a uma fita-molde de DNA antiparalela. Na replicação, porém, ambas as fitas atuam como moldes, enquanto na transcrição apenas uma fita de DNA atua como molde. Isso reflete, é claro, o fato de que a replicação resulta em um produto com fita dupla (DNA), enquanto a transcrição resulta em um produto de fita simples (um RNA). **Figura 17.9** A RNA-polimerase se ligaria diretamente ao promotor, em vez de depender da ligação prévia de fatores de transcrição. **Figura 17.12**

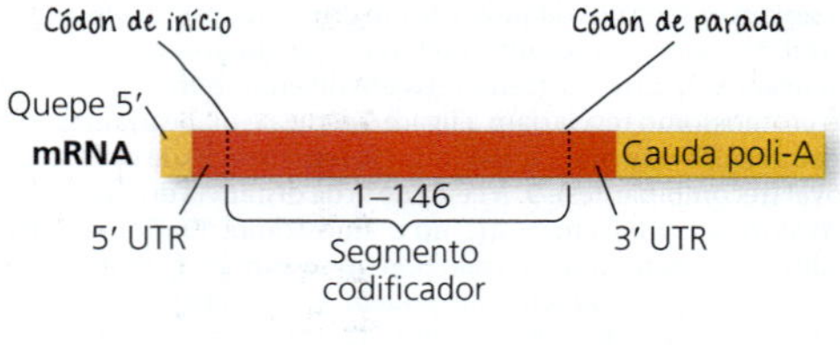

Figura 17.16 O anticódon no tRNA é 3'-AAG-5', portanto se ligaria ao códon do mRNA 5'-UUC-3'. Esse códon codifica a fenilalanina (Phe ou F), que é o aminoácido que esse tRNA transportaria. **Figura 17.22** Ela seria embalada em uma vesícula, transportada para o complexo de Golgi para ser processada posteriormente e depois transportada através de uma vesícula para a membrana plasmática. A vesícula se fundiria com a membrana, liberando a proteína para fora da célula. **Figura 17.24** O mRNA mais distante à direita (o mais longo) começou a transcrição primeiro. O ribossomo no topo, mais próximo do DNA, começou a traduzir primeiro e, portanto, tem o polipeptídeo mais longo.

Revisão do Conceito 17.1
1. Recessivo. **2.** Um polipeptídeo formado por 10 aminoácidos de Gly (glicina).
3.

"Sequência não molde" (a partir da sequência molde da questão escrita, no sentido 3'→5'): 3'-ACGACTGAA-5'

Caso fosse usada como molde, sequência de mRNA: 5'-UGCUGACUU-3'

Tradução: Cys-STOP

Se a sequência da fita não molde pudesse ter sido usada como molde para transcrever o mRNA, a proteína traduzida a partir do mRNA teria uma sequência de aminoácidos completamente diferente, de modo que não seria capaz de funcionar como a proteína original (traduzida de um mRNA que foi transcrito a partir da fita-molde). Também seria mais curta por causa do sinal de parada UGA mostrado na sequência do mRNA anteriormente – e, possivelmente, de outros no início da sequência do mRNA.

Revisão do Conceito 17.2
1. Um promotor é a região do DNA na qual a RNA-polimerase se liga para iniciar a transcrição. Ele está na extremidade a montante do gene (unidade de transcrição). **2.** Em uma célula bacteriana, parte da RNA-polimerase reconhece o promotor do gene e se liga a ele. Em uma célula eucariótica, os fatores de transcrição devem se ligar primeiro ao promotor, e depois a RNA-polimerase se liga a eles. Em ambos os casos, as sequências no promotor determinam a ligação precisa da RNA-polimerase, de modo que a enzima esteja no local e na orientação corretos. **3.** O fator de transcrição que reconhece a sequência TATA seria incapaz de se ligar, portanto a RNA-polimerase não poderia se ligar e a transcrição desse gene muito provavelmente não ocorreria.

Revisão do Conceito 17.3
1. Devido ao *splicing* (processamento) alternativo dos éxons, cada gene pode resultar em múltiplos mRNAs diferentes e, portanto, pode direcionar a síntese de múltiplas proteínas diferentes. **2.** Ao assistir a um programa de televisão pré-gravado, você assiste a segmentos do próprio programa (éxons) e avança rapidamente pelos comerciais, que são, portanto, como os íntrons. Entretanto, ao contrário dos íntrons, os comerciais permanecem na gravação, enquanto os íntrons são cortados da transcrição do RNA durante o processamento do RNA. **3.** Uma vez que o mRNA tenha saído do núcleo, o quepe evita que ele seja degradado por enzimas hidrolíticas e facilita sua ligação aos ribossomos. Se o quepe fosse removido de todos os mRNAs, a célula não seria mais capaz de sintetizar quaisquer proteínas e provavelmente morreria.

Revisão do Conceito 17.4
1. Primeiramente, cada aminoacil-tRNA-sintetase reconhece especificamente um único aminoácido e o prende somente a um tRNA apropriado. Em segundo lugar, um tRNA carregado com seu aminoácido específico liga-se apenas ao códon do mRNA para esse aminoácido. **2.** Um peptídeo-sinal na extremidade anterior (aminoterminal, ou N-terminal) do polipeptídeo que está sendo sintetizado é reconhecido por uma partícula de reconhecimento de sinal que traz o ribossomo para a membrana do RE. Lá, o ribossomo se liga à síntese do polipeptídeo, depositando-o no lúmen do RE. **3.** Devido ao efeito de oscilação, o tRNA poderia se ligar ao 5'-GCA-3' ou 5'-GCG-3', ambos codificando para alanina (Ala, ou A). A alanina estaria anexada ao tRNA (ver diagrama, parte superior à direita). **4.** Quando um ribossomo termina a tradução e se dissocia, as duas subunidades ficam muito próximas do quepe. Isso poderia facilitar sua religação e dar início à síntese de um novo polipeptídeo, aumentando a eficiência da tradução.

Revisão do Conceito 17.5
1. No mRNA, a fase de leitura a jusante da deleção é deslocada, levando a uma longa sequência de aminoácidos incorretos no polipeptídeo, e, na maioria dos casos, um códon de parada surgirá, levando a uma terminação prematura. É muito provável que o polipeptídeo não seja funcional. **2.** Indivíduos heterozigotos, que possuem o traço da anemia falciforme, têm uma cópia de cada um dos alelos: do alelo do tipo selvagem e do alelo da anemia falciforme. Ambos os alelos serão expressos, de modo que esses indivíduos terão tanto moléculas de hemoglobina normal quanto falciforme. Aparentemente, ter uma mistura das duas formas de globina-β não tem efeito na maioria das condições, mas durante períodos prolongados de baixo oxigênio no sangue (como em altitudes mais elevadas), esses indivíduos podem apresentar alguns sinais de anemia falciforme.

3.

Sequência normal de DNA (fita-molde na parte superior):	3'-TACTTGTCCGATATC-5' 5'-ATGAACAGGCTATAG-3'
Sequência de mRNA:	5'-AUGAACAGGCUAUAG-3'
Sequência de aminoácidos:	Met-Asn-Arg-Leu-STOP
Sequência de DNA com mutação (fita-molde na parte superior):	3'-TACTTGTCCGATATC-5' 5'-ATGAACAGGCTATAG-3'
Sequência de mRNA:	5'-AUGAACAGGUUAUAG-3'
Sequência de aminoácidos:	Met-Asn-Arg-Leu-STOP

Nenhum efeito: a sequência de aminoácidos é Met-Asn-Arg-Leu, tanto antes como depois da mutação, porque os códons 5'-CUA-3' e 5'-UUA-3' do mRNA codificam para Leu. (O quinto códon é um códon de término.) **4.** Um complexo Cas9–RNA-guia poderia ser sintetizado de forma complementar à sequência mutante, e esse complexo Cas9–RNA-guia poderia ser injetado em uma célula com a mutação. Uma região de DNA fita dupla com a sequência correta também seria fornecida. A Cas9 cortaria a sequência mutante, e o sistema de reparo do DNA na célula repararia o DNA, usando a sequência correta como molde. Com base na resposta à Questão 3, porém, isso não valeria a pena porque não há mudança de aminoácidos na proteína codificada, de forma que a função da proteína codificada pelo gene mutado é normal.

Questões do Resumo dos conceitos-chave
17.1 Um gene contém informações genéticas sob a forma de uma sequência nucleotídica. O gene é primeiramente transcrito em uma molécula de RNA, e uma molécula de mRNA é finalmente traduzida em um polipeptídeo. O polipeptídeo constitui parte ou a totalidade de uma proteína, que desempenha uma função na célula e contribui para o fenótipo do organismo. **17.2** Tanto os genes bacterianos quanto os eucarióticos têm promotores, regiões onde a RNA-polimerase se liga e começa a transcrição. Nas bactérias, a RNA-polimerase liga-se diretamente ao promotor; nos eucariotos, os fatores de transcrição ligam-se primeiro ao promotor, e depois a RNA-polimerase liga-se aos fatores de transcrição e ao promotor juntos. **17.3** Tanto o quepe 5' como a cauda poli-A 3' ajudam na saída do mRNA do núcleo e depois, no citoplasma, ajudam a garantir a estabilidade do mRNA e permitem que ele se ligue aos ribossomos. **17.4** No contexto do ribossomo, os tRNAs funcionam como tradutores entre a linguagem baseada em nucleotídeos do mRNA e a linguagem baseada em aminoácidos dos polipeptídeos. Um tRNA carrega um aminoácido específico, e o anticódon no tRNA é complementar ao códon no mRNA que codifica para esse aminoácido. No ribossomo, o tRNA se liga ao sítio A. Em seguida, o polipeptídeo que está sendo sintetizado (atualmente no tRNA no sítio P) se une ao novo aminoácido, que se torna a nova extremidade (C-terminal) do polipeptídeo. Depois, o tRNA no sítio A se desloca para o sítio P. Após o polipeptídeo ser transferido para o novo tRNA, adicionando o novo aminoácido, o tRNA agora vazio passa do sítio P para o sítio E, de onde sai do ribossomo. **17.5** Quando uma base do nucleotídeo é alterada quimicamente, suas características de pareamento de base podem ser alteradas. Quando isso acontece, é provável que um nucleotídeo incorreto seja incorporado à fita complementar durante a próxima replicação do DNA, e as sucessivas rodadas de replicação perpetuam a mutação. Uma vez que o gene é transcrito, o códon mutado pode codificar para um aminoácido diferente que inibe ou altera a função da proteína. Entretanto, se a mudança química na base for detectada e reparada pelo sistema de reparo de DNA antes da próxima replicação, não haverá nenhuma mutação.

Teste seu conhecimento
1. B **2.** C **3.** A **4.** B **5.** B **6.** C **7.** D **8.** Não. Transcrição e tradução são separadas no espaço e no tempo em uma célula eucariótica, em decorrência da membrana nuclear da célula eucariótica.
9.

Tipo de RNA	Funções
RNA mensageiro (mRNA)	Transporta a informação que especifica sequências de aminoácidos de proteína, do DNA para os ribossomos
RNA transportador (tRNA)	Atua como molécula tradutora na síntese de proteínas, traduz os códons de mRNA em aminoácidos
RNA ribossômico (rRNA)	No ribossomo, tem um papel estrutural; como ribozima, tem um papel catalítico (catalisa a formação das ligações peptídicas)
Transcrito primário	É a molécula precursora do mRNA, rRNA ou tRNA, antes do seu processamento; algumas sequências de RNA dos íntrons atuam como ribozimas, catalisando seu próprio processamento
Pequenos RNA no spliceossomo	Desempenham papel estrutural e catalítico nos spliceossomos, os complexos de proteína e RNA que realizam o splicing em pré-mRNA

Capítulo 18
Questões das figuras
Figura 18.3 À medida que a concentração de triptofano nas células diminui, finalmente não haverá nenhum ligado às moléculas repressoras de *trp*. Então, isso modificará as moléculas para seu formato inativo e dissociará do operador, permitindo que a transcrição do óperon ocorra. As enzimas para síntese de triptofano serão produzidas e sintetizarão novamente triptofano na célula. **Figura 18.10** Cada um dos dois polipeptídeos possui duas regiões – uma que compõe parte do domínio de ligação ao DNA de MyoD e uma que compõe parte do domínio de ativação de MyoD. Cada domínio funcional na proteína MyoD completa é composto por partes de ambos os polipeptídeos. **Figura 18.12** Em ambos os tipos de células, o estimulador do gene para albumina possui os três elementos-controle coloridos de amarelo, cinza e vermelho. As sequências nas células hepáticas e do cristalino seriam idênticas, uma vez que as células estão no mesmo organismo. **Figura 18.18** Mesmo que a proteína MyoD mutante não pudesse ativar o gene *myoD*, ela ainda poderia ligar os genes para as outras proteínas na via (outros fatores de transcrição, que ligariam os genes para proteínas músculo-específicas, p. ex.). Portanto, alguma diferenciação ocorreria. Porém, a menos que houvesse outros ativadores que pudessem compensar a perda da ativação da proteína MyoD do gene *myoD*, a célula não seria capaz de manter seu estado diferenciado. **Figura 18.22** A proteína Bicoid normal seria feita na extremidade anterior e compensaria a presença de mRNA *bicoid* mutante colocado no ovo pela mãe. O desenvolvimento deveria ser normal, com uma cabeça presente. (Isso é o que foi observado). **Figura 18.25** É provável que a mutação seja recessiva porque é mais provável que tenha um efeito se ambas as cópias do gene forem mutantes e codificarem as proteínas não funcionais. Se uma cópia normal do gene estiver presente, seu produto pode inibir o ciclo celular. (Entretanto, também há casos conhecidos de mutações *p53* dominantes, e o gene para HNPCC, discutido mais tarde, é uma mutação dominante em uma via supressora de tumores.) **Figura 18.27** O câncer é uma doença em que a divisão celular ocorre sem sua regulação usual. A divisão celular pode ser estimulada por fatores de crescimento (ver Figura 12.18) que se ligam aos receptores de superfície celular (ver Figura 11.8). As células cancerosas escapam desses controles normais e podem muitas vezes se dividir na ausência de fatores de crescimento (ver Figura 12.19). Isso sugere que as proteínas receptoras ou alguns outros componentes em uma via de sinalização são anormais de alguma forma (veja, por exemplo, a proteína Ras mutante na Figura 18.24) ou são expressas em níveis anormais, como visto para os receptores nesta figura. Em algumas circunstâncias, no corpo dos mamíferos, os hormônios esteroides como o estrogênio e a progesterona também podem promover a divisão celular. Essas moléculas também utilizam vias de sinalização celular, como descrito no Conceito 11.2 (ver Figura 11.9). Como os receptores de sinalização estão envolvidos em desencadear a divisão celular, não é surpreendente que genes alterados que codificam essas proteínas possam desempenhar um papel significativo no desenvolvimento do câncer. Os genes podem ser alterados por meio de uma mutação que altera a função do produto proteico ou uma mutação que faz o gene ser expresso em níveis anormais que perturbam a regulação geral da via de sinalização.

Revisão do Conceito 18.1
1. A ligação pelo correpressor *trp* (triptofano) ativa o repressor *trp*, que se liga ao operador *trp*, desligando a transcrição do óperon *trp*. A ligação do indutor *lac* (alolactose) inativa o repressor *lac*, de modo que ele não possa mais se ligar ao operador *lac*, levando à transcrição do óperon *lac*. **2.** Quando a glicose está escassa, AMPc está ligado a CRP e CRP está ligada ao promotor *lac*, favorecendo a ligação da RNA-polimerase. Entretanto, na ausência de lactose, o repressor *lac* está ligado ao operador *lac*, bloqueando a transcrição dos genes do óperon *lac* pela RNA-polimerase. **3.** A célula produziria continuamente a β-galactosidase e duas outras enzimas para utilizar lactose, mesmo na ausência de lactose, desperdiçando, assim, as reservas da célula.

Revisão do Conceito 18.2
1. A acetilação das histonas geralmente está associada com a expressão gênica, enquanto a metilação do DNA geralmente está associada à falta de expressão. **2.** As mesmas enzimas não poderiam metilar tanto a histona como uma base de DNA. As enzimas são muito específicas quanto à estrutura, e uma enzima que pudesse metilar um aminoácido de uma proteína não seria capaz de se encaixar na base de um nucleotídeo de DNA no mesmo sítio ativo. **3.** Os fatores gerais de transcrição funcionam na montagem do complexo de iniciação da transcrição nos promotores de todos os genes. Os fatores específicos de transcrição se ligam a elementos-controle associados a um determinado gene e, uma vez ligados, aumentam (ativadores) ou diminuem (repressores) a transcrição daquele gene. **4.** A regulação do início da transcrição, a degradação do mRNA, a ativação da proteína (por modificação química, p. ex.) e a degradação proteica. **5.** Os três genes devem ter algumas sequências similares ou idênticas nos elementos-controle de seus estimuladores. Por causa dessa similaridade, os mesmos fatores específicos de transcrição que estão presentes nas células musculares poderiam se ligar aos estimuladores dos três genes e estimular sua expressão de forma coordenada.

Revisão do Conceito 18.3
1. miRNAs e siRNAs são pequenos RNAs de fita simples que se associam a um complexo de proteínas e, então, podem formam pares de base com os mRNAs que possuem uma sequência complementar. Esse pareamento de bases leva à degradação do mRNA ou ao bloqueio da sua tradução. Em algumas leveduras, os siRNAs associados a proteínas em um complexo diferente podem se ligar de volta à cromatina centromérica, recrutando enzimas que causam a condensação dessa cromatina em heterocromatina. miRNAs e siRNAs são processados a partir de precursores de RNA fita dupla, mas têm variações sutis na estrutura desses precursores. **2.** O mRNA persistiria e seria traduzido na proteína promotora da divisão celular e a célula provavelmente se dividiria. Se o miRNA intacto for necessário para inibir a divisão celular, então a divisão dessa célula pode ser inadequada. A divisão celular não controlada poderia levar à formação de uma massa de células (tumor) que impede o funcionamento adequado do organismo e poderia contribuir para o desenvolvimento do câncer. **3.** O RNA *XIST* é transcrito a partir do gene *XIST* no cromossomo X que será inativado. e então, ele se liga a esse cromossomo e induz a formação de heterocromatina. Um modelo provável é que o RNA *XIST* de alguma forma recruta enzimas de modificação da cromatina que levam à formação de heterocromatina.

Revisão do Conceito 18.4
1. As células sofrem diferenciação durante o desenvolvimento embrionário, tornando-se diferentes umas das outras. Portanto, o organismo adulto é composto por muitos tipos de células altamente especializadas que são diferentes umas das outras. **2.** Ao ligar-se a um receptor na superfície da célula receptora e desencadear uma via de transdução de sinal, envolvendo moléculas intracelulares como segundos mensageiros e fatores de transcrição que afetam a expressão gênica. **3.** Os produtos dos genes de efeito materno, feitos e depositados no ovo pela mãe, determinam as extremidades da cabeça e da cauda, assim como as costas e o ventre, do ovo e do embrião (e, por fim, a mosca adulta). **4.** A célula inferior está sintetizando moléculas de sinalização porque o gene que as codifica está ativado, o que significa que os fatores específicos de transcrição apropriados estão ligados ao estimulador do gene. Os genes que codificam esses fatores específicos de transcrição também estão sendo expressos nessa célula porque os ativadores do fator de transcrição que podem ativá-los foram expressos no precursor dessa célula. Uma explicação semelhante também se aplica às células que expressam as proteínas receptoras. Esse cenário começou com determinantes citoplasmáticos específicos, localizados em regiões específicas do ovo. Esses determinantes citoplasmáticos foram distribuídos de forma desigual às células-filhas, resultando em células que seguiram caminhos de desenvolvimento diferentes.

Revisão do Conceito 18.5
1. Uma mutação causadora de câncer em um proto-oncogene geralmente torna o produto gênico hiperativo, enquanto uma mutação causadora de câncer em um gene supressor de tumor geralmente torna o produto gênico não funcional. **2.** Quando um indivíduo herda um oncogene ou um alelo mutante de um gene supressor de tumor. **3.** A apoptose é sinalizada pela proteína p53 quando uma célula tem danos extensos ao DNA; portanto, a apoptose tem um papel protetor na eliminação de uma célula que pode contribuir para o câncer. Se mutações nos genes da via apoptótica bloqueassem a apoptose, uma célula com esses danos poderia continuar a se dividir e poderia levar à formação de tumores.

Questões do Resumo dos conceitos-chave
18.1 O correpressor e o indutor são pequenas moléculas que se ligam à proteína repressora em um óperon, fazendo o repressor mudar de forma. No caso de um correpressor (como o triptofano), essa mudança de forma permite que o repressor se ligue ao operador, bloqueando a transcrição. Em contrapartida, um indutor faz o repressor se dissociar do operador, permitindo que a transcrição comece. **18.2** Nesse tipo específico de célula, a cromatina não deve ser bem condensada, pois deve ser acessível aos fatores de transcrição. Os fatores de transcrição específicos apropriados (ativadores), que são feitos nesse tipo de célula, devem se ligar aos elementos-controle no estimulador do gene, enquanto os repressores não devem ser ligados. O DNA deve ser dobrado por uma proteína de dobra para que os ativadores possam contatar as proteínas mediadoras e formar um complexo com fatores gerais de transcrição no promotor. Então, a RNA-polimerase deve se ligar e iniciar a transcrição. **18.3** Os miRNAs não "codificam" os aminoácidos de uma proteína – eles nunca são traduzidos. Cada miRNA associa-se com um grupo de proteínas para formar um complexo. A ligação do complexo a um mRNA com uma sequência complementar faz o mRNA ser degradado ou bloquear sua tradução. Isso é considerado regulação gênica porque controla a quantidade de um mRNA particular que pode ser traduzida em uma proteína funcional. **18.4** O primeiro processo envolve determinantes citoplasmáticos, incluindo mRNAs e proteínas, colocados em locais específicos no óvulo pelas células maternas. As células embrionárias que são formadas a partir de diferentes regiões do óvulo durante as primeiras divisões celulares terão diferentes proteínas nelas, o que direciona diferentes programas de expressão gênica. O segundo processo envolve a célula em questão respondendo às moléculas de sinalização secretadas pelas células vizinhas (indução). A via de sinalização na célula de resposta também leva a um padrão diferente de expressão gênica. A coordenação desses dois processos resulta em cada célula seguindo um caminho único no embrião em desenvolvimento. **18.5** O produto proteico de um proto-oncogene está normalmente envolvido em uma via que estimula a divisão celular. O produto proteico de um gene supressor de tumor está normalmente envolvido em uma via que inibe a divisão celular.

Teste seu conhecimento
1. C **2.** A **3.** B **4.** C **5.** C **6.** D **7.** A **8.** C **9.** B **10.** D

11. (a)

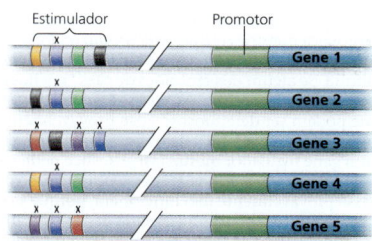

As proteínas ativadoras roxas, azuis e vermelhas estariam presentes.
(b)

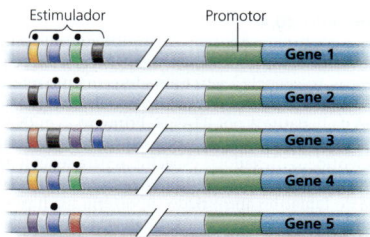

Somente o gene 4 seria transcrito.
(c) Nas células nervosas, os ativadores amarelos, azuis, verdes e pretos teriam que estar presentes, ativando a transcrição dos genes 1, 2, e 4. Nas células da pele, os ativadores vermelhos, pretos, roxos e azuis teriam que estar presentes, ativando os genes 3 e 5.

Capítulo 19
Questões das figuras
Figura 19.2 Beijerinck poderia ter concluído que o agente era uma toxina produzida pela planta que era capaz de passar por um filtro, mas que se tornou cada vez mais diluída. Neste caso, ele teria concluído que o agente infeccioso não poderia se replicar.
Figura 19.4

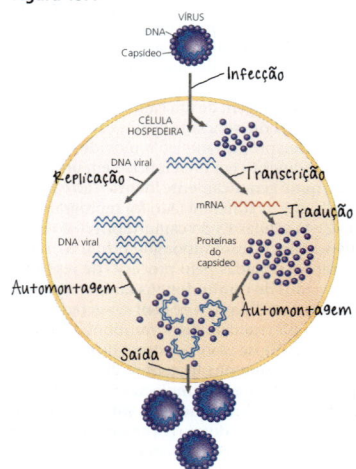

Figura 19.9 A principal proteína na superfície celular na qual o HIV se liga é chamada de CD4. Entretanto, o HIV também requer um "correceptor", que, em muitos casos, é uma proteína chamada de CCR5. O HIV se liga a essas duas proteínas conjuntamente e depois é levado para dentro da célula. Os pesquisadores descobriram essa exigência ao estudar indivíduos que pareciam ser resistentes à infecção pelo HIV, apesar de terem múltiplas exposições. Esses indivíduos acabaram sofrendo mutações no gene que codifica o CCR5, de forma que a proteína aparentemente não pode agir como correceptora e, assim, o HIV não pode entrar e infectar as células.

Revisão do Conceito 19.1
1. Ambos os vírus contêm RNA como material genético, associado a proteínas. Entretanto, o TMV consiste em uma molécula de RNA circundada por um conjunto helicoidal de proteínas, enquanto o vírus da gripe tem oito moléculas de RNA, cada uma associada a proteínas e enrolada em uma dupla-hélice. Outra diferença entre os vírus é que o vírus da gripe tem um envelope externo e o TMV não. **2.** Os fagos T2 foram uma excelente escolha para uso no experimento de Hershey-Chase porque consistem apenas em DNA cercado por uma camada de proteína, e DNA e proteína eram os dois candidatos a macromoléculas que transportavam as informações genéticas. Hershey e Chase foram capazes de marcar radioativamente cada tipo de molécula isoladamente e segui-la durante infecções independentes de células de *E. coli* com T2. Somente o DNA entrou na célula bacteriana durante a infecção, e somente o DNA marcado apareceu em alguns dos fagos da progênie. Hershey e Chase concluíram que o DNA deve carregar a informação genética necessária para que o fago reprograme a célula e produza fagos descendentes.

Revisão do Conceito 19.2
1. Os fagos líticos só podem realizar a lise da célula hospedeira, enquanto os fagos lisogênicos podem tanto lisar a célula hospedeira quanto integrar-se ao cromossomo hospedeiro. Neste último caso, o DNA viral (prófago) é simplesmente replicado junto com o cromossomo hospedeiro. Sob certas condições, um prófago pode sair do cromossomo hospedeiro e iniciar um ciclo lítico. **2.** Tanto o sistema CRISPR-Cas quanto os miRNAs envolvem moléculas de RNA ligadas em um complexo proteico, e atuam como "dispositivos de localização" que permitem que o complexo se ligue a uma sequência complementar. Entretanto, os miRNAs estão envolvidos na regulação da expressão gênica (afetando os mRNAs) e o sistema CRISPR-Cas protege as células bacterianas contra invasores estranhos – fagos infectantes. Assim, o sistema CRISPR-Cas é mais como um sistema imunológico do que o sistema de miRNA. **3.** Tanto a RNA-polimerase viral como a RNA-polimerase na Figura 17.10 sintetizam uma molécula de RNA complementar a uma fita-molde. Entretanto, a RNA-polimerase na Figura 17.10 usa uma das fitas da dupla-hélice do DNA como molde, enquanto a RNA-polimerase viral usa o RNA do genoma viral como molde. **4.** O HIV é chamado de retrovírus porque sintetiza DNA usando seu genoma de RNA como modelo. Este é o inverso ("retro") do fluxo de informação usual DNA → RNA. **5.** Há muitas etapas que podem ser interceptadas: a ligação do vírus à célula, a função de transcriptase reversa, a integração no cromossomo da célula hospedeira, a síntese do genoma (neste caso, transcrição do RNA do provírus integrado), a montagem do vírus dentro da célula e a liberação do vírus. (Muitas delas, se não todas, são alvos de estratégias medicamentosas reais para bloquear o progresso da infecção em pessoas infectadas pelo HIV.)

Revisão do Conceito 19.3
1. As mutações podem levar a uma nova cepa de um vírus que não pode mais ser efetivamente combatida pelo sistema imunológico, mesmo que um animal tenha sido exposto à cepa original; um vírus pode saltar de uma espécie para um novo hospedeiro; e um vírus raro pode se espalhar se uma população hospedeira se tornar menos isolada. **2.** Na transmissão horizontal, uma planta é infectada por uma fonte externa de vírus, que entra através de uma fissura na epiderme da planta devido a danos causados por herbívoros ou outros agentes. Na transmissão vertical, uma planta herda os vírus de seus genitores por meio de sementes infectadas (reprodução sexuada) ou por meio de uma estaca infectada (reprodução assexuada). **3.** Os seres humanos não estão dentro da especificidade de hospedeiros do TMV, portanto, não podem ser infectados pelo TMV. (O TMV não pode se ligar a receptores de células humanas e infectá-las.)

Questões do Resumo dos conceitos-chave
19.1 Os vírus normalmente são considerados não vivos porque não são capazes de se replicar fora de uma célula hospedeira e são incapazes de realizar as reações de transferência de energia do metabolismo. Para se reproduzir e realizar o metabolismo, eles dependem completamente das enzimas e dos recursos do hospedeiro. **19.2** Os vírus de RNA de fita simples requerem uma RNA-polimerase que possa fazer RNA usando um molde de RNA. (As RNA-polimerases celulares fazem o RNA usando um molde de DNA.) Os retrovírus necessitam de transcriptases reversas para fazer o DNA usando um molde de RNA. (Uma vez feita a primeira fita de DNA, a mesma enzima pode promover a síntese da segunda fita de DNA.) **19.3** A taxa de mutação dos vírus de RNA é maior do que a dos vírus de DNA porque a RNA-polimerase não tem função de revisão; portanto, os erros na replicação não são corrigidos. Sua maior taxa de mutação é uma das razões pelas quais os vírus de RNA mudam mais rapidamente do que os vírus de DNA, fazendo eles serem capazes de ter uma especificidade de hospedeiros diferente e escapar das defesas imunológicas em possíveis hospedeiros.

Teste seu conhecimento
1. C **2.** D **3.** C **4.** D **5.** B
6. Como mostrado a seguir, o genoma viral seria traduzido diretamente em proteínas do capsídeo e glicoproteínas do envelope, e não depois que uma cópia complementar do RNA fosse feita. No entanto, ainda seria feita uma fita complementar de RNA que poderia ser usada como molde para muitas cópias novas do genoma viral.

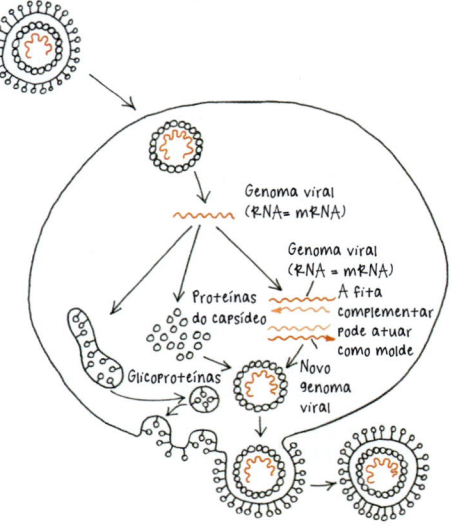

Capítulo 20
Questões das figuras
Figura 20.5

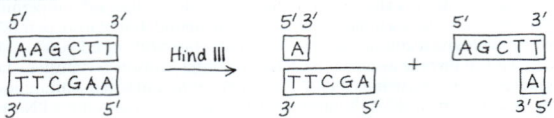

Figura 20.16 Nenhum dos óvulos com núcleo transplantado a partir dos embriões de quatro células no topo à esquerda teria se desenvolvido em um girino. Além disso, o resultado poderia incluir apenas alguns tecidos de um girino, que poderia diferir, dependendo de qual núcleo foi transplantado. (Isso pressupõe que havia alguma forma de distinguir as quatro células, como se pode fazer em algumas espécies de rãs.) **Figura 20.21** O uso de células iPS convertidas não teria o mesmo risco, o que é sua maior vantagem. Como as células doadoras viriam do paciente, elas combinariam perfeitamente. O sistema imune do paciente as reconheceria como células "próprias" e não montariam um ataque (o que levaria à rejeição). Por outro lado, as células que estão se dividindo rapidamente podem ter o risco de induzir alguns tipos de tumores ou contribuir para o desenvolvimento de câncer.

Revisão do Conceito 20.1
1. As ligações covalentes açúcar-fosfato das fitas de DNA. **2.** Sim, *PvuI* cortará a molécula (na posição indicada pela linha tracejada vermelha).

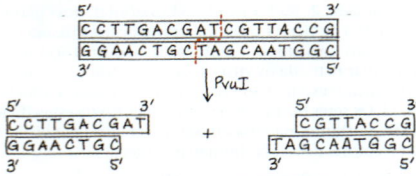

3. Alguns genes eucarióticos são muito grandes para serem incorporados nos plasmídeos bacterianos. As células bacterianas carecem dos meios para processar transcritos de RNA em mRNA, e mesmo que a necessidade de processamento de RNA seja evitada pelo uso de cDNA, as bactérias carecem de enzimas para catalisar o processamento pós-traducional que muitas proteínas eucarióticas requerem para funcionar adequadamente. (Este é frequentemente o caso das proteínas humanas, que são um foco da biotecnologia.) **4.** Durante a replicação das extremidades das moléculas lineares de DNA (ver Figura 16.21), um oligonucleotídeo iniciador de RNA é usado na extremidade 5′ de cada novo filamento. O RNA deve ser substituído por nucleotídeos de DNA, mas a DNA-polimerase é incapaz de começar do zero na extremidade 5′ de uma nova fita de DNA. Durante a PCR, os oligonucleotídeos iniciadores são feitos de nucleotídeos de DNA, portanto não precisam ser substituídos – eles apenas permanecem como parte de cada nova fita. Portanto, não há problema com a replicação final durante a PCR, e os fragmentos não diminuem com cada replicação.

Revisão do Conceito 20.2
1. O pareamento complementar de bases está envolvido na síntese de cDNA, que é necessária para as três técnicas: RT-PCR, análise de microarranjo de DNA e sequenciamento de RNA. A transcriptase reversa usa o mRNA como molde para sintetizar a primeira fita de cDNA, adicionando nucleotídeos complementares aos do mRNA. O pareamento de bases complementares também está envolvido quando a DNA-polimerase sintetiza a segunda fita do cDNA. Além disso, na RT-PCR, os iniciadores devem fazer o pareamento com suas sequências-alvo na mistura de DNA, localizando uma região específica entre muitas. Além disso, a DNA-polimerase (p. ex., *Taq*-polimerase) utilizada em PCR se baseia no pareamento de bases complementares à fita-molde para adicionar novos nucleotídeos durante a síntese dos fragmentos. A análise de microarranjo de DNA, a sonda de cDNA marcada se liga apenas à sequência-alvo específica devido à hibridização de ácido nucleico complementar (hibridização DNA-DNA). No RNA-seq, ao sequenciar os cDNAs, a complementaridade de base desempenha um papel no processo de sequenciamento. **2.** Como pesquisador interessado em como o câncer se desenvolve, você gostaria de estudar os genes representados por pontos que são verdes ou vermelhos porque estes são genes para os quais o nível de expressão difere entre os dois tipos de tecido. Alguns desses genes podem ser expressos de forma diferente como resultado do câncer, enquanto outros podem desempenhar um papel na causa do câncer; portanto, ambos seriam de interesse.

Revisão do Conceito 20.3
1. O estado de modificação da cromatina no núcleo da célula intestinal era, sem dúvida, menos semelhante ao de um núcleo de um óvulo fertilizado, explicando por que muito menos desses núcleos puderam ser reprogramados. Em contrapartida, a cromatina em um núcleo de uma célula no estágio de quatro células teria sido muito mais parecida com a de um núcleo de um óvulo fertilizado e, portanto, muito mais facilmente programada para o desenvolvimento direto. **2.** Não, principalmente devido a diferenças sutis (e talvez não tão sutis) no ambiente onde o clone se desenvolve e vive em comparação com aquele em que o animal de estimação original viveu (veja as diferenças observadas na Figura 20.18). Isso provoca questões éticas. Para produzir Dolly, também um mamífero, várias centenas de embriões foram clonados, mas apenas um sobreviveu até a idade adulta. Se algum dos embriões de cães "rejeitados" sobrevivesse até o nascimento como cães defeituosos, eles seriam mortos? É ético produzir animais vivos que podem ser defeituosos? Você provavelmente também pode pensar em outras questões éticas. **3.** Dado que a diferenciação das células musculares envolve um gene regulador mestre (*MyoD*), você pode começar introduzindo a proteína MyoD ou um vetor de expressão carregando o gene *MyoD* nas células-tronco. (Isso provavelmente não funcionará, porque a célula precursora embrionária da Figura 18.18 é mais diferenciada do que as células-tronco com as quais você está trabalhando, e algumas outras mudanças teriam que ser introduzidas também. Mas é uma boa maneira de começar! E você pode ser capaz de pensar em outras.)

Revisão do Conceito 20.4
1. As células-tronco continuam a se reproduzir, assegurando que o produto gênico corretivo continuará a ser feito. **2.** Resistência a herbicidas, resistência a pragas, resistência a doenças, resistência à seca e amadurecimento retardado. **3.** Como a hepatite A é um vírus de RNA, você poderia isolar o RNA do sangue e tentar detectar cópias do RNA da hepatite A por RT-PCR. Primeiro, o mRNA sanguíneo seria transcrito para o cDNA e, em seguida, seria usada a PCR para amplificar o cDNA, usando oligonucleotídeos iniciadores específicos para sequências de hepatite A. Se, em seguida, você submetesse os produtos a uma eletroforese em gel, a presença de uma banda do tamanho apropriado suportaria sua hipótese. Alternativamente, você poderia usar RNA-seq para sequenciar todos os RNAs no sangue de seu paciente e ver se alguma das sequências coincide com a da hepatite A. (Já que você está procurando apenas uma sequência, porém, é provável que RT-PCR seja uma escolha melhor.)

Questões do Resumo dos conceitos-chave
20.1 Um vetor plasmidial e uma fonte de DNA estranho a ser clonado são ambos cortados com a mesma enzima de restrição, gerando fragmentos de restrição com extremidades coesivas. Esses fragmentos são misturados, ligados e reintroduzidos em células bacterianas. O plasmídeo tem um gene de resistência a um antibiótico. Esse antibiótico é adicionado às células hospedeiras, e somente as células que captam um plasmídeo crescerão. (Outra técnica permite aos pesquisadores selecionar apenas as células que têm um plasmídeo recombinante, em vez do plasmídeo original sem um gene inserido.) **20.2** Os genes que são expressos em um determinado tipo de tecido ou célula determinam as proteínas (e RNAs não codificadores) que são a base da estrutura e das funções desse tipo de tecido ou célula. Compreender quais grupos de genes que interagem estabelecem estruturas particulares e realizam certas funções nos ajudará a aprender como as partes de um organismo trabalham em conjunto. Também seremos mais capazes de tratar doenças que ocorrem quando a expressão defeituosa dos genes leva a tecidos com mau funcionamento. **20.3** (1) A clonagem de um camundongo envolve o transplante de um núcleo de uma célula diferenciada de um camundongo para um óvulo de camundongo que teve seu próprio núcleo removido. Ativar a célula do óvulo e promover seu desenvolvimento em um embrião em uma mãe substituta resulta em um camundongo que é geneticamente idêntico ao camundongo que doou o núcleo. Nesse caso, o núcleo diferenciado foi reprogramado por fatores no citoplasma do óvulo. (2) As células ES do camundongo são geradas a partir de células internas em blastocistos de camundongos; portanto, nesse caso, as células são "naturalmente" reprogramadas pelo processo de reprodução e desenvolvimento. (Embriões clonados de camundongos também podem ser usados como fonte de células ES.) (3) As células iPS podem ser geradas sem o uso de embriões de uma célula adulta diferenciada de camundongo, adicionando certos fatores de transcrição à célula. Nesse caso, os fatores de transcrição estão reprogramando as células para se tornarem pluripotentes. **20.4** Primeiro, a doença deve ser causada por um único gene, e a base molecular do problema deve ser compreendida. Em segundo lugar, as células que serão introduzidas no paciente devem ser células que se integrarão aos tecidos do corpo e continuarão a se multiplicar (e fornecer o produto gênico necessário). Terceiro, o gene deve ser capaz de ser introduzido nas células em questão de forma segura, já que houve casos de câncer resultantes de alguns testes de terapia gênica. (Note que isso exigirá o teste do procedimento em camundongos; além disso, os fatores que determinam um vetor seguro ainda não são bem compreendidos. Talvez um de vocês resolverá este problema!

Teste seu conhecimento
1. D **2.** B **3.** C **4.** B **5.** C **6.** A **7.** B **8.** Você usaria a PCR para amplificar o gene. Isso poderia ser feito a partir do DNA genômico. Alternativamente, o mRNA poderia ser isolado das células da lente e transcrito por transcriptase reversa para fazer o cDNA. Então, esse cDNA poderia ser usado para PCR. Em ambos os casos, o gene seria inserido em um vetor de expressão para que se pudesse produzir a proteína e estudá-la. **9.** O *crossing over*, que causa a recombinação, é um evento aleatório. A chance de ocorrer o *crossing over* entre dois *loci* aumenta conforme a distância entre eles aumenta. Se um SNP estiver localizado muito próximo a um alelo associado a uma doença, diz-se que ele está geneticamente ligado. O *crossing over* raramente ocorrerá entre o SNP e o alelo; portanto, o SNP pode ser usado como um marcador genético indicando a presença do alelo em particular.

10.

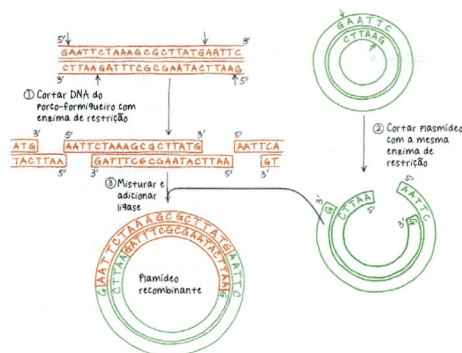

Capítulo 21
Questões das figuras
Figura 21.2 Na etapa 2 desta figura, a ordem dos fragmentos em relação uns aos outros não é conhecida e será determinada posteriormente pelo computador. A natureza desordenada dos fragmentos é refletida por sua disposição dispersa no diagrama. **Figura 21.8** O transpóson seria cortado do DNA no local original em vez de ser copiado, de modo que a figura mostraria o trecho original do DNA sem o transpóson depois que o transpóson móvel tivesse sido cortado. **Figura 21.10** Os transcritos de RNA que se estendem do DNA em cada unidade de transcrição são mais curtos à esquerda e mais longos à direita. Isso significa que a RNA-polimerase deve estar começando na extremidade esquerda da unidade e se movendo para a direita.

Figura 21.13

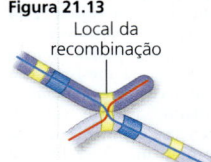

Figura 21.14 Pseudogenes não são funcionais. Eles poderiam ter surgido por qualquer mutação na segunda cópia que tornasse o produto gênico incapaz de funcionar. Alguns exemplos são mudanças de base que introduzem códons de parada na sequência, alteram aminoácidos ou mudam uma região do promotor do gene para que o gene não possa mais ser expresso. **Figura 21.15** Na posição 5, há um R (arginina) na lisozima e um K (lisina) na lactoalbumina α; ambos são aminoácidos básicos. **Figura 21.16** Digamos que um elemento transponível (ET) existia no íntron à esquerda do éxon EGF indicado no gene do EGF, e o mesmo ET estava presente no íntron à direita do éxon F indicado no gene da fibronectina. Durante a recombinação meiótica, esses ETs poderiam fazer cromossomos homólogos se emparelharem incorretamente, como mostrado na Figura 21.13. Um gene pode acabar com um éxon F ao lado de um éxon EGF. Outros erros no emparelhamento ao longo de muitas gerações podem resultar na separação desses dois éxons do resto do gene e na sua inserção ao lado de um éxon K único ou duplicado. Em geral, a presença de sequências repetidas nos íntrons e entre os genes facilita esses processos porque permite o emparelhamento incorreto de cromátides não irmãs, levando a novas combinações de éxons. **Figura 21.18** Como você sabe que os chimpanzés não falam, mas os humanos falam, você provavelmente gostaria de saber quantas diferenças de aminoácidos existem entre a proteína FOXP2 humana do tipo selvagem e a do chimpanzé e se essas mudanças afetam a função da proteína. (Como explicamos mais adiante no texto, existem duas diferenças de aminoácidos.) Você sabe que os humanos com mutações neste gene têm um grave problema de linguagem. Você gostaria de aprender mais sobre as mutações humanas, verificando se elas afetam os mesmos aminoácidos no produto gênico que as diferenças de sequência de chimpanzés afetam. Se assim for, esses aminoácidos podem desempenhar um papel importante na função da proteína na linguagem. Indo mais além, você poderia analisar as diferenças entre as proteínas FOXP2 do chimpanzé e do camundongo. Talvez você possa perguntar: eles são mais parecidos que as proteínas humanas e do chimpanzé? (Acontece que as proteínas do chimpanzé e do camundongo têm apenas uma diferença de aminoácidos e, portanto, são mais semelhantes do que as proteínas do chimpanzé e as proteínas humanas, que têm duas diferenças, e também são mais semelhantes do que as proteínas humanas e as proteínas do camundongo, que têm três diferenças.)

Revisão do Conceito 21.1
1. Na abordagem *shotgun* de sequenciamento de genomas completos, fragmentos curtos são gerados pela clivagem do genoma com múltiplas enzimas de restrição. Esses fragmentos são clonados, sequenciados e depois ordenados por programas de computador que identificam regiões sobrepostas.

Revisão do Conceito 21.2
1. A internet permite a centralização de bancos de dados como o GenBank e outros programas como o BLAST, tornando-os de livre acesso. Ter todos os dados em um banco de dados central, facilmente acessível pela internet, minimiza a possibilidade de erros e de pesquisadores trabalhando com dados diferentes. Ela agiliza o processo da ciência, uma vez que todos os pesquisadores são capazes de usar os mesmos programas, em vez de cada um ter que obter o seu próprio, e possivelmente diferente, programa de computador. Ela acelera a divulgação dos dados e garante, na medida do possível, que erros sejam corrigidos de maneira adequada. Estas são apenas algumas respostas; provavelmente você pode pensar em mais algumas. **2.** O câncer é uma doença causada por múltiplos fatores. O foco em um único gene ou em um único defeito significaria ignorar outros fatores que podem influenciar o câncer e até mesmo o comportamento do único gene que está sendo estudado. A abordagem pela biologia de sistemas, que leva em conta muitos fatores ao mesmo tempo, é mais provável que resulte em uma compreensão das causas e dos tratamentos mais eficazes para o câncer. **3.** Parte da região transcrita é explicada pela presença de íntrons. O restante é transcrito em RNAs não codificantes, incluindo pequenos RNAs, como micro-RNAs (miRNAs), siRNAs, e piRNAs. Alguns desses RNAs ajudam a regular a expressão gênica ao bloquear a tradução, causando a degradação do mRNA, ao se ligar ao promotor, reprimindo a transcrição, ou ao causar a reestruturação da estrutura cromatina. Os RNAs longos não codificadores (lncRNAs) também podem contribuir para a regulação gênica ou para a reestruturação da estrutura cromatina. **4.** Os estudos de associação de genomas utilizam a abordagem de biologia de sistemas para analisar a correlação de muitos polimorfismos de nucleotídeos únicos (SNPs) com doenças particulares, como doenças cardíacas e diabetes, em uma tentativa de encontrar padrões de SNPs que se correlacionam com cada doença.

Revisão do Conceito 21.3
1. O *splicing* alternativo de transcritos de RNA de um gene e o processamento pós-traducional de polipeptídeos. **2.** No topo da página da *web*, você pode ver o número de genomas concluídos e aqueles considerados como esboços permanentes em um gráfico de barras por ano. Rolando para baixo, você pode ver o número de projetos completos e incompletos de sequenciamento por ano, o número de projetos por domínio por ano (os genomas dos vírus e metagenomas também são contados, mesmo que estes não sejam "domínios"), a distribuição filogenética dos projetos de genoma bacteriano, e os projetos por centro de sequenciamento. Finalmente, na parte inferior, você pode ver um gráfico do "Project Relevance of Bacterial Genome Projects" (Projeto Relevância dos Projetos de Genomas Bacterianos), que mostra que cerca de 58,6% têm relevância médica. (Esse número pode variar ao longo do tempo.) A página da *web* termina com outro gráfico que mostra os centros de sequenciamento com projetos relacionados a bactérias e arqueias. **3.** Uma célula procariótica é geralmente menor que uma célula eucariótica, e os procariotos se reproduzem por fissão binária. O processo evolutivo envolvido é a seleção natural para uma reprodução mais rápida das células: quanto mais rápido eles puderem replicar seu DNA e se dividir, maior a probabilidade de dominarem uma população de procariotos. Quanto menos DNA eles tiverem que replicar, mais rápido eles se reproduzirão.

Revisão do Conceito 21.4
1. O número de genes é maior nos mamíferos, e a quantidade de DNA não codificante também é maior. Além disso, a presença de íntrons nos genes dos mamíferos os torna maiores, em média, do que os genes procarióticos. **2.** O mecanismo de copiar e colar dos transpósons e a retrotransposição. **3.** Na família dos genes dos rRNAs, unidades de transcrição idênticas, cada uma contendo genes para os três diferentes produtos de RNA, estão presentes em longos conjuntos, repetidos um após o outro. O grande número de cópias dos genes de rRNA permite que os organismos produzam rRNA em quantidade suficiente para os ribossomos realizarem a síntese de proteínas ativas, e a única unidade de transcrição para os três rRNAs garante que as quantidades relativas das diferentes moléculas de rRNA produzidas estejam corretas – sempre que um rRNA é feito, uma cópia de cada um dos outros dois também é feita. Ao invés de numerosas unidades idênticas, cada família de genes das globinas consiste em um número relativamente pequeno de genes não idênticos. As diferenças nas proteínas da globina codificadas por esses genes resultam na produção de moléculas de hemoglobina adaptadas a estágios específicos do desenvolvimento do organismo. **4.** Os éxons seriam classificados como éxons (1,5%); a região do acentuador que contém os elementos de controle remoto, a região mais perto do promotor que contém os elementos de controle proximal e o próprio promotor seriam classificados como sequências regulatórias (5%); e os íntrons seriam classificados como íntrons (20%).

Revisão do Conceito 21.5
1. Se a meiose for defeituosa, duas cópias do genoma completo podem acabar em uma única célula. Erros na permuta gênica (*crossing over*) durante a meiose podem levar à duplicação de um segmento enquanto outro é eliminado. Durante a replicação do DNA, o deslizamento para trás ao longo da fita-molde pode resultar na duplicação do segmento. Além disso, um elemento transponível do tipo "copiar e colar" poderia copiar e colar um segmento de DNA, resultando em uma duplicação desse segmento (e do próprio elemento transponível). **2.** Para ambos os genes, um erro na permuta gênica durante a meiose poderia ter ocorrido entre as duas cópias desse gene, de forma que uma delas acabaria com um éxon duplicado. (A outra cópia teria acabado com um éxon eliminado.) Isso poderia ter acontecido várias vezes, resultando em múltiplas cópias de um éxon em particular em cada gene. **3.** Elementos transponíveis homólogos espalhados

pelo genoma fornecem locais onde pode ocorrer recombinação entre diferentes cromossomos. O movimento desses elementos para sequências codificadoras ou reguladoras pode alterar a expressão dos genes, o que pode afetar o fenótipo de uma maneira que está sujeita à seleção natural. Elementos transponíveis também podem carregar genes com eles, levando à dispersão de genes e, em alguns casos, a diferentes padrões de expressão. O transporte de um éxon durante a transposição e sua inserção em um gene podem acrescentar um novo domínio funcional à proteína originalmente codificada, um tipo de embaralhamento de éxons. (Para que qualquer uma dessas mudanças seja hereditária, elas devem acontecer nas células germinativas, as células que darão origem aos gametas.) **4.** Como mais descendentes nascem de mulheres que têm esta inversão, ela deve proporcionar alguma vantagem durante o processo de reprodução e desenvolvimento. Como há proporcionalmente mais descendentes com essa inversão, esperaríamos que ela persistisse e se espalhasse na população. (Na realidade, as evidências do estudo permitiram que os pesquisadores concluíssem que ela vem aumentando em proporção na população. Você aprenderá mais sobre a genética de populações na próxima unidade.)

Revisão do Conceito 21.6
1. Uma vez que tanto os humanos quanto os macacos são primatas, espera-se que seus genomas sejam mais parecidos do que o genoma dos macacos em comparação ao genoma dos camundongos. A linhagem dos camundongos divergiu da linhagem dos primatas antes que as linhagens dos humanos e dos macacos divergissem. **2.** Os genes homeóticos diferem em suas sequências que *não* fazem parte do homeobox, as quais determinam as interações dos produtos gênicos homeóticos com outros fatores de transcrição e, portanto, quais genes são regulados pelos genes homeóticos. Essas sequências que não fazem parte do homeobox diferem entre as duas espécies, assim como os padrões de expressão dos genes homeobox. **3.** Por alguma razão, os elementos *Alu* sofreram uma transposição mais ativa no genoma humano. O aumento de seus locais de inserção pode ter permitido mais erros de recombinação no genoma humano, resultando em mais, ou diferentes, duplicações. A divergência da organização ou do conteúdo dos dois genomas supostamente tornou os cromossomos de cada genoma menos similares aos do outro, acelerando a divergência das duas espécies e tornando os acasalamentos cada vez menos prováveis de resultar em descendentes férteis devido ao desajuste das informações genéticas.

Questões do Resumo dos conceitos-chave
21.1 Um dos focos do Projeto Genoma Humano era melhorar a tecnologia de sequenciamento, a fim de acelerar o processo. Durante o projeto, muitos avanços na tecnologia de sequenciamento permitiram que as reações e a detecção de produtos fossem mais rápidas e, portanto, menos dispendiosas. **21.2** A descoberta mais significativa é que mais de 75% do genoma humano parece ser transcrito em algum momento em pelo menos um dos tipos de células estudados. Além disso, pelo menos 80% do genoma contém um elemento que é funcional, que participa da regulação gênica ou que de alguma forma mantém a estrutura da cromatina. O projeto foi ampliado para incluir outras espécies para investigar mais profundamente as funções desses elementos de DNA que são transcritos. É necessário realizar esse tipo de análise sobre os genomas das espécies que podem ser utilizadas em experimentos de laboratório. **21.3** (a) Em geral, as bactérias e as arqueias têm genomas menores, um menor número de genes e uma maior densidade de genes do que os eucariotos. (b) Entre os eucariotos, não há uma aparente relação sistemática entre o tamanho do genoma e o fenótipo. O número de genes é geralmente menor do que se esperaria para o tamanho do genoma – em outras palavras, a densidade de genes é muitas vezes menor em genomas maiores. (Humanos são um bom exemplo.) **21.4** As sequências relacionadas aos elementos transponíveis podem se mover de um lugar para outro no genoma, e algumas dessas sequências fazem uma nova cópia de si mesmas quando fazem algum movimento. Assim, não surpreende que eles representem uma porcentagem significativa do genoma, e é de se esperar que essa porcentagem aumente ao longo da evolução. **21.5** Os rearranjos cromossômicos dentro de uma espécie levam alguns indivíduos a terem um arranjo cromossômico diferente. Cada um desses indivíduos ainda poderia sofrer meiose e produzir gametas, e a fertilização envolvendo gametas com arranjos cromossômicos diferentes poderia resultar em descendentes viáveis. Entretanto, durante a meiose dos descendentes, os cromossomos maternos e paternos podem não ser capazes de formar pares, causando a formação de gametas com conjuntos incompletos de cromossomos. Na maioria das vezes, quando os zigotos são produzidos a partir desses gametas, eles não sobrevivem. Por fim, uma nova espécie poderia se formar se dois arranjos cromossômicos diferentes se tornassem predominantes dentro de uma população e os indivíduos pudessem acasalar com sucesso apenas com outros indivíduos que tivessem o mesmo arranjo. **21.6** A comparação dos genomas de duas espécies intimamente relacionadas pode revelar informações sobre eventos evolutivos mais recentes, talvez eventos que resultaram nas características particulares das duas espécies. Comparar os genomas de espécies muito distantes evolutivamente pode nos contar sobre eventos evolutivos que ocorreram há muito tempo. Por exemplo, os genes que são compartilhados entre duas espécies distantemente relacionadas devem ter surgido antes que as duas espécies se divergissem.

Teste seu conhecimento
1. B **2.** A **3.** C **4.** Respostas de (a) a (c):

```
Chimpanzé    PKSSD ... TSSTT ... NARRD
Camundongo   PKSSE ... TSSTT ... NARRD
Gorila       PKSSD ... TSSTT ... NARRD
Humano       PKSSD ... TSSNT ... SARRD
Macaco-rhesus PKSSD ... TSSTT ... NARRD
```

(d) Há uma diferença entre a sequência do camundongo e a sequência do chimpanzé, do gorila e do macaco-rhesus. Há duas diferenças entre a sequência humana e a sequência do chimpanzé, do gorila e do macaco-rhesus. Esses fatos podem levar à hipótese de que o gene *FOXP2* tem evoluído mais rapidamente na linhagem humana do que em outros primatas: duas diferenças entre humanos e outros primatas ocorreram durante os 6 milhões de anos desde que eles divergiram, mas apenas uma diferença ocorreu durante o período muito mais longo de 65 milhões de anos desde que os roedores e os primatas divergiram. No entanto, como descrito no texto, análises posteriores que incluíam mais genomas que eram mais diversos falharam em sustentar essa hipótese.

Capítulo 22
Questões das figuras
Figura 22.6 Você deve ter circundado o ramo localizado mais à esquerda na Figura 1.20. Embora três dos descendentes (*Certhidea olivacea*, *Camarhynchus pallidus* e *Camarhynchus parvulus*) desse ancestral comum consumam insetos, as outras três espécies descendentes desse ancestral não são insetívoras. **Figura 22.8** O ancestral comum viveu há cerca de 5,5 milhões de anos. **Figura 22.13** Esses resultados mostram que o fato de ser originado de um estágio de ovo sobre uma espécie vegetal ou outra não determina que o adulto tenha um comprimento de bico apropriado para aquele hospedeiro; em vez disso, os comprimentos dos bicos dos adultos foram determinados principalmente pela população da qual os ovos foram obtidos. Uma vez que um ovo de uma população de balõezinhos provavelmente tenha genitores de bico longo, enquanto um ovo de uma população de árvores-da-chuva-dourada provavelmente tenha genitores de bico curto, esses resultados indicam que o comprimento do bico é uma característica herdada. **Figura 22.14** Ambas as estratégias devem aumentar o tempo que leva para *S. aureus* tornar-se resistente a um novo medicamento. Se um medicamento não prejudica outras bactérias, a seleção natural não favorecerá a resistência a esse medicamento nessas outras espécies. Isso diminuiria a chance de *S. aureus* adquirir genes de resistência de outras bactérias, retardando, assim, a evolução da resistência. Da mesma forma, a seleção para resistência a um medicamento que retarda o crescimento, mas não elimina *S. aureus*, é muito mais fraca do que a seleção para resistência a um medicamento que elimina *S. aureus* – novamente retardando a evolução da resistência. **Figura 22.17** Com base nesta árvore evolutiva, os crocodilos são mais estreitamente relacionados às aves do que aos lagartos, pois eles partilham um ancestral comum mais recente com aves (ancestral ❺) do que com lagartos (ancestral ❹). **Figura 22.20** A estrutura dos membros posteriores mudou primeiro. *Rodhocetus* não tinha cauda, mas seus ossos pélvicos e membros posteriores mudaram substancialmente, em comparação com a sua forma e disposição encontradas em *Pakicetus*. Por exemplo, em *Rodhocetus*, a pelve e os membros posteriores parecem ser orientados para patinhar, enquanto em *Pakicetus*, eles eram orientados para caminhar.

Revisão do Conceito 22.1
1. Hutton e Lyell propuseram que eventos geológicos no passado foram causados pelos mesmos processos que operam atualmente, no mesmo ritmo gradual. Esse princípio sugeriu que a Terra devia ser muito mais antiga do que alguns milhares de anos, idade que era amplamente aceita no começo do século XIX. As ideias de Hutton e Lyell estimularam também Darwin a cogitar que a acumulação lenta de mudanças pequenas pode, por fim, produzir as mudanças profundas documentadas no registro fóssil. Nesse contexto, a idade de Terra era importante para Darwin, pois, a menos que a Terra fosse muito antiga, ele não poderia vislumbrar que tempo teria sido suficiente para a ocorrência da evolução. **2.** Por esse critério, tanto a explicação de Cuvier para o registro fóssil como a hipótese de Lamarck sobre evolução são científicas. Cuvier admitia que as espécies não evoluíam ao longo do tempo. Ele sugeriu também que eventos repentinos e catastróficos causaram extinções em áreas específicas e que tais regiões foram mais tarde repovoadas por um conjunto diferente de espécies imigradas de outras áreas. Essas asserções podem ser testadas cotejando com o registro fóssil. O princípio de Lamarck do uso e desuso pode ser empregado para realizar predições testáveis para fósseis de grupos como os ancestrais de baleias, à medida que se adaptaram a um hábitat novo. O princípio de Lamarck do uso e desuso e seu princípio (associado ao primeiro) da herança de características adquiridas podem também ser testados diretamente em organismos vivos.

Revisão do Conceito 22.2
1. Os organismos compartilham características (a unidade da vida) porque eles compartilham ancestrais comuns; a grande diversidade de vida acontece porque espécies novas se formaram reiteradamente quando os organismos descendentes gradualmente se adaptaram a ambientes diferentes, tornando-se, assim, diferentes dos seus ancestrais. **2.** As espécies de mamíferos fósseis (ou seus ancestrais) mais provavelmente teriam colonizado os Andes no interior da América do Sul, enquanto é mais provável que os ancestrais de mamíferos encontrados

atualmente em montanhas asiáticas teriam colonizados esses ambientes a partir de outras partes da Ásia. Como consequência, as espécies fósseis andinas compartilham um ancestral comum mais recente com mamíferos na América do Sul do que com mamíferos na Ásia. Portanto, por muitas de suas características, as espécies de mamíferos fósseis provavelmente se assemelhassem mais aos mamíferos que vivem nas florestas da América do Sul do que aos mamíferos que vivem nas montanhas da Ásia. É possível também que, por algumas de suas características, as espécies de mamíferos fósseis dos Andes poderiam lembrar bastante um mamífero das montanhas da Ásia. Isso poderia acontecer porque ambientes similares selecionaram para adaptações semelhantes (embora a espécie fóssil e a asiática tivessem um parentesco apenas distante). **3.** Enquanto o fenótipo branco (codificado pelo genótipo *pp*) continuar a ser favorecido por seleção natural, a proporção de indivíduos brancos na população deveria aumentar ao longo do tempo em relação à proporção de indivíduos roxos (codificados pelos genótipos *PP* e *Pp*). Em consequência, a frequência do alelo *p* na população provavelmente aumentaria ao longo do tempo.

Revisão do Conceito 22.3
1. Um fator ambiental, como um medicamento, não cria novas características, tal como a resistência ao medicamento, mas, sim, seleciona para características entre as que já estão presentes na população. **2.** (a) A despeito de suas funções distintas, os membros anteriores de mamíferos diferentes são estruturalmente similares, pois todos eles representam modificações de uma estrutura encontrada no ancestral comum; desse modo, eles são estruturas homólogas. (b) Neste caso, as estruturas similares desses mamíferos representam características análogas que surgiram por evolução convergente. As semelhanças entre petauro-do-açúcar e esquilo voador indicam que ambientes similares selecionam para adaptações similares, apesar da ancestralidade diferente. **3.** Na época em que os dinossauros se originaram, as massas terrestres formavam um único grande continente: Pangeia. Uma vez que muitos dinossauros eram grandes e móveis, é provável que os membros primitivos desses grupos viveram em muitas partes diferentes da Pangeia. Quando a Pangeia dividiu-se, os fósseis desses organismos teriam sido movidos com as rochas nas quais foram depositados. Como consequência, poderíamos predizer que fósseis de dinossauros primitivos teriam uma distribuição geográfica ampla (essa predição foi confirmada).

Questões do Resumo dos conceitos-chave
Conceito 22.1 Darwin admitiu que a descendência com modificação ocorresse como um processo gradual, passo a passo. Para Darwin, a idade da Terra era importante, pois, se ela tivesse apenas alguns milhares de anos (como o conhecimento convencional sugeria), não haveria tempo suficiente para uma mudança evolutiva expressiva. **Conceito 22.2** Todas as espécies têm o potencial para super-reproduzir, ou seja, produzir mais descendentes do que o ambiente pode suportar. Isso garante que ocorra o que Darwin chamou de "luta pela existência," em que muitos dos descendentes serão predados, famintos, doentes ou incapazes de se reproduzirem por uma série de outras razões. Os membros de uma população exibem uma gama de variações herdáveis, algumas das quais tornam provável que seus portadores deixem mais descendentes do que outros indivíduos (por exemplo, o portador pode escapar de predadores mais eficazmente ou ser mais tolerante às condições físicas do ambiente). Ao longo do tempo, a seleção natural resultante de fatores como predadores, falta de alimento ou condições físicas do ambiente pode aumentar a proporção de indivíduos com características favoráveis em uma população (adaptação evolutiva). **Conceito 22.3** A hipótese de que os cetáceos se originaram de um mamífero terrestre e são estreitamente relacionados aos ungulados com número par de dedos é sustentada por várias linhas de evidência. Por exemplo, os fósseis documentam que os cetáceos primitivos tinham membros posteriores, como é esperado para organismos que descenderam de um mamífero terrestre; esses fósseis mostram também que os membros posteriores dos cetáceos se tornaram reduzidos ao longo do tempo. Outros fósseis mostram que os cetáceos primitivos tinham um tipo de osso do tornozelo que é encontrado apenas em ungulados com número par de dedos, fornecendo uma evidência forte que esses ungulados são os mamíferos terrestres com parentesco mais próximo dos cetáceos. Os dados de sequência de DNA indicam também que os ungulados com número par de dedos são os mamíferos terrestres aos quais os cetáceos relacionam-se mais estreitamente.

Teste seu conhecimento
1. C **2.** D **3.** C **4.** A **5.** B
7. (a)

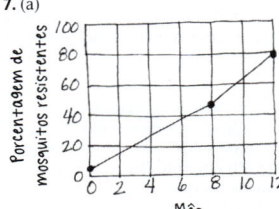

(b) O aumento rápido na porcentagem de mosquitos resistentes ao DDT foi mais provavelmente causado por seleção natural, em que os mosquitos resistentes ao DDT poderiam sobreviver e se reproduzir enquanto outros mosquitos não tinham essa capacidade. (c) Na Índia – onde pela primeira vez apareceu a resistência ao DDT –, a seleção natural, ao longo do tempo, teria provocado o crescimento da frequência de mosquitos resistentes. Se os mosquitos resistentes, a seguir, migraram da Índia (por exemplo, transportados pelo vento ou em aviões, trens ou navios) para outras partes do mundo, a frequência de resistência ao DDT igualmente aumentaria. Além disso, se a resistência ao DDT crescesse independentemente em populações de mosquitos fora da Índia, essas populações experimentariam também um aumento na frequência de resistência ao DDT.

Capítulo 23
Questões das figuras
Figura 23.4 O código genético é redundante, significando que mais do que um códon pode especificar o mesmo aminoácido. Como consequência, uma substituição em um determinado sítio de uma região codificante do gene *Adh* pode mudar o códon, mas não o aminoácido traduzido e, portanto, não a proteína resultante codificada pelo gene. Uma maneira de uma inserção em um éxon não afetar o gene produzido é se ela ocorrer em uma região do éxon não traduzida (esse é o caso da inserção na posição 1.703). **Figura 23.7** Deve haver 24 bolas vermelhas. **Figura 23.8** As frequências previstas são 36% $C^R C^R$, 48% $C^R C^W$ e 16% $C^W C^W$. **Figura 23.9** Em geral, ao acaso a frequência do alelo C^W inicialmente aumenta na geração 2 e, após, diminui até zero na geração 3, fazendo com que o alelo C^R se torne fixado (alcança uma frequência de 100%). **Figura 23.12** A frequência de padrões listrados em populações insulares provavelmente aumentaria no ano imediatamente após a tempestade. Já que as populações continentais não diminuem em tamanho, o número de indivíduos migrantes do continente para as ilhas provavelmente não diminuiria também. Em consequência, após o decréscimo no tamanho das populações insulares (devido à tempestade), os alelos codificadores do padrão listrado transferidos do continente incluiriam uma proporção maior do *pool* gênico nas populações insulares. Isso causaria um aumento na frequência de padrões listrados nas populações insulares. **Figura 23.13** Seleção direcional. As sementes da árvore-da-chuva-dourada são enterradas menos profundamente do que as sementes do hospedeiro nativo, o balãozinho. Assim, nas populações do percevejo-do-saboeiro que forrageiam na árvore-da-chuva-dourada, os percevejos com bicos mais curtos têm vantagem, resultando na seleção direcional para o menor comprimento do bico. **Figura 23.16** O cruzamento de óvulos de uma única fêmea com espermatozoides de machos CC e CL permitiu aos pesquisadores comparar diretamente os efeitos da contribuição dos machos para a próxima geração, já que ambos os grupos de descendentes tiveram a mesma contribuição materna. Esse isolamento do impacto do macho possibilitou aos pesquisadores tirar conclusões sobre as diferenças em "qualidade" genética entre machos CC e CL. **Figura 23.18** Sob condições de oxigenação baixa, alguns dos glóbulos vermelhos de um heterozigoto podem sofrer falcização, levando a efeitos deletérios. Isso não ocorre em indivíduos com dois alelos da hemoglobina do tipo selvagem, sugerindo que pode haver seleção contra heterozigotos em regiões livres de malária (onde não ocorre vantagem heterozigótica). Contudo, como os heterozigotos são sadios sob a maioria das condições, é improvável que a seleção contra eles seja forte.

Revisão do Conceito 23.1
1. Dentro de uma população, as diferenças genéticas entre indivíduos fornecem a matéria-prima sobre a qual a seleção natural e outros mecanismos podem atuar. Sem essas diferenças, as frequências alélicas não poderiam mudar ao longo do tempo, e, portanto, a população não poderia evoluir. **2.** Muitas mutações ocorrem em células somáticas, que não produzem gametas, e, desse modo, são perdidas quando o organismo morre. Das mutações que acontecem em linhagens celulares produtoras de gametas, muitas não apresentam um efeito genotípico sobre o qual a seleção natural pode atuar. Outras têm um efeito prejudicial e, portanto, provavelmente não aumentam na frequência, pois reduzem o sucesso reprodutivo dos seus portadores. **3.** Sua variabilidade genética (se medida ao nível do gene ou ao nível de sequências nucleotídicas) provavelmente cairia ao longo do tempo. Durante a meiose, o *crossing over* e a segregação independente dos cromossomos geram muitas combinações novas de alelos. Além disso, uma população contém um número vasto de possíveis combinações de cruzamentos, e a fecundação reúne os gametas de indivíduos com antecedentes genéticos distintos. Portanto, via *crossing over*, segregação independente dos cromossomos e fecundação, a reprodução sexuada reposiciona alelos em combinações novas a cada geração. Sem reprodução sexuada, a taxa de formação de combinações novas de alelos seria enormemente reduzida, provocando uma queda na magnitude geral de variabilidade genética.

Revisão do Conceito 23.2
1. Existem 700 indivíduos na população: 85 de genótipo *AA*, 320 de genótipo *Aa* e 295 de genótipo *aa*. As frequências genotípicas são, portanto, 0,12 (85/700) para o genótipo *AA*, 0,46 (320/700) para o genótipo *Aa* e 0,42 (295/700) para o genótipo *aa*. Cada indivíduo possui dois alelos, de modo que o número total de alelos é 1.400. Para calcular a frequência do alelo *A*, observe que cada um dos 85 indivíduos do genótipo *AA* tem dois alelos *A*, cada um dos 320 indivíduos do genótipo *Aa* possui um alelo *A* e cada um dos 295 indivíduos do genótipo *aa* não possui alelo *A*. Assim, a frequência (*p*) do alelo *A* é

$$p = \frac{(2 \times 85) + (1 \times 320) + (0 \times 295)}{1.400} = 0,35$$

Existem somente dois alelos (*A* e *a*) em nossa população, de modo que a frequência do alelo *a* deve ser $q = 1 - p = 0,65$. **2.** Uma vez que a frequência do alelo *a* é 0,45, a frequência do alelo *A* deve ser 0,55. Portanto, as frequências genotípicas esperadas para os genótipos são $p^2 = 0{,}3025$ para o genótipo *AA*, $2pq = 0{,}495$ para o genótipo *Aa* e $q^2 = 0{,}2025$ para o genótipo *aa*. **3.** Há 120 indivíduos na população, de modo que existem 240 alelos. Desses, há 124 alelos *V*: 32 dos 16 indivíduos *VV* e 92 dos 92 indivíduos *Vv*. Desse modo, a frequência do alelo *V* é $p = 124/240 = 0{,}52$; por isso, a frequência do alelo *v* é $q = 0{,}48$. Com base na equação de Hardy-Weinberg, se a população não estivesse evoluindo, a frequência do genótipo *VV* deveria ser $p^2 = 0{,}52 \times 0{,}52 = 0{,}27$; a frequência do genótipo *Vv* deveria ser $2pq = 2 \times 0{,}52 \times 0{,}48 = 0{,}5$; e a frequência do genótipo *vv* deveria ser $q^2 = 0{,}48 \times 0{,}48 = 0{,}23$. Em uma população de 120 indivíduos, essas frequências genotípicas esperadas nos levam a predizer que existiriam 32 indivíduos *VV* ($0{,}27 \times 120$), 60 indivíduos *Vv* ($0{,}5 \times 120$) e 28 indivíduos *vv* ($0{,}23 \times 120$). Os números reais para a população (16 *VV*, 92 *Vv*, 12 *vv*) desviam dessas expectativas (menos homozigotos e mais heterozigotos do que o esperado). Isso indica que a população não está em equilíbrio de Hardy-Weinberg e, por isso, talvez esteja evoluindo neste *locus*.

Revisão do Conceito 23.3

1. A seleção natural é mais "previsível" na medida em que altera as frequências alélicas de uma maneira não aleatória: ela tende a elevar a frequência de alelos que aumentam o sucesso reprodutivo do organismo em seu ambiente e a reduzir a frequência de alelos que diminuem o sucesso reprodutivo do organismo. Os alelos sujeitos à deriva genética aumentam ou diminuem em frequência ao acaso, sejam eles vantajosos ou não. **2.** A deriva genética resulta de eventos ao acaso que fazem as frequências alélicas flutuarem aleatoriamente de geração a geração; em uma população, esse processo tende a diminuir a variabilidade genética ao longo do tempo. O fluxo gênico transfere alelos entre populações, um processo que pode introduzir alelos novos em uma população e, dessa forma, talvez aumente a variabilidade genética (embora levemente, uma vez que as taxas de fluxo gênico são geralmente baixas). **3.** A seleção não é importante neste *locus*; além disso, as populações não são pequenas e, portanto, os efeitos da deriva genética não devem ser pronunciados. O fluxo gênico está ocorrendo através da dispersão dos grãos de pólen e das sementes. Assim, as frequências alélicas e genotípicas nessas populações devem tornar-se mais similares ao longo do tempo, como consequência do fluxo gênico.

Revisão do Conceito 23.4

1. O valor adaptativo relativo de uma mula é zero, porque ele abrange a contribuição reprodutiva para a geração seguinte, e a mula estéril não consegue produzir descendentes. **2.** Embora o fluxo gênico e a deriva genética possam aumentar a frequência de alelos vantajosos em uma população, eles também podem diminuir a frequência de alelos vantajosos ou aumentar a frequência de alelos prejudiciais. Somente a seleção natural resulta *sempre* em um aumento na frequência de alelos que melhoram a sobrevivência ou a reprodução. Portanto, a seleção natural é o único mecanismo que leva sempre à evolução adaptativa. **3.** As três modalidades de seleção natural (direcional, estabilizadora e disruptiva) são definidas em termos da vantagem seletiva de *fenótipos* diferentes, não de genótipos diferentes. Portanto, o tipo de seleção representado pela vantagem heterozigótica depende do fenótipo dos heterozigotos. Nesta questão, uma vez que os indivíduos heterozigotos apresentam um fenótipo mais extremo do que qualquer homozigoto, a vantagem heterozigótica representa seleção direcional.

Questões do Resumo dos conceitos-chave

23.1 Grande parte da variabilidade nucleotídica em um *locus* genético ocorre dentro de íntrons. A variabilidade nucleotídica nesses sítios geralmente não afeta o fenótipo porque os íntrons não codificam para o produto proteico do gene (observação: em certas circunstâncias, é possível que uma alteração em um íntron possa afetar o processamento do RNA e, em última análise, ter algum efeito fenotípico no organismo, mas tais mecanismos não são abordados neste texto introdutório). Existem também numerosos sítios nucleotídicos variáveis dentro de éxons. Entretanto, a maioria desses sítios variáveis reflete mudanças para a sequência do DNA, o que não altera a sequência de aminoácidos codificados pelo gene (e, portanto, talvez não afete o fenótipo). **23.2** Não, este não é um exemplo de raciocínio circular. O cálculo de *p* e *q* a partir das sequências genotípicas não indica que essas sequências devem estar em equilíbrio de Hardy-Weinberg. Por exemplo, considere uma população que tem 195 indivíduos com genótipo *AA*, 10 com genótipo *Aa* e 195 com genótipo *aa*. O cálculo de *p* e *q* a partir desses valores produz $p = q = 0{,}5$. Usando a equação de Hardy-Weinberg, as frequências de equilíbrio previstas são $p^2 = 0{,}25$ para o genótipo *AA*, $2pq = 0{,}5$ para o genótipo *Aa* e $q^2 = 0{,}25$ para o genótipo *aa*. Como existem 400 indivíduos na população, essas frequências genotípicas previstas indicam dever haver 100 indivíduos *AA*, 200 indivíduos *Aa* e 100 indivíduos *aa*, números que diferem expressivamente dos valores que usamos para calcular *p* e *q*. **23.3** É improvável que essas duas populações evoluíssem de maneiras similares. Uma vez que seus ambientes são muito distintos, os alelos favorecidos pela seleção natural provavelmente difeririam entre as duas populações. Embora possa ter efeitos importantes em cada uma dessas populações pequenas, a deriva genética provoca mudanças imprevisíveis nas frequências alélicas; portanto, é improvável que a deriva leve as populações a evoluírem de formas semelhantes. As duas populações estão geograficamente isoladas, sugerindo que pouco fluxo gênico ocorre entre elas (novamente, tornando menos provável que elas evoluíssem de maneiras similares). **23.4** Comparadas aos machos, é provável que as fêmeas dessa espécie sejam maiores, mais coloridas, dotadas de ornamentação mais elaborada (por exemplo, um atributo morfológico vistoso como a cauda de pavão) e mais aptas a adotar comportamentos direcionados a atrair parceiros ou a evitar que outras fêmeas tenham acesso a parceiros.

Teste seu conhecimento

1. D **2.** C **3.** B **4.** A **5.** C

Capítulo 24

Questões das figuras

Figura 24.7 Se isso não tivesse sido feito, a forte preferência de "moscas criadas com amido" e "moscas criadas com maltose" por cruzamento com moscas adaptadas ao mesmo meio de cultura poderia ter ocorrido, simplesmente porque as moscas podem detectar (por exemplo, pelo sentido do olfato) o que seus parceiros potenciais tinham consumido quando larvas – e preferir cruzar com o que tinha um odor similar ao seu. **Figura 24.11** *Tragopogon dubius* e *T. pratensis* são as espécies parentais da espécie poliploide *T. miscellus*. *Tragopogon dubius* e *T. porrifolius* são as espécies parentais da outra espécie poliploide, *T. mirus*. **Figura 24.12** Em águas turvas, onde as fêmeas distinguem pouco as cores, muitas vezes fêmeas de cada espécie podem acasalar com machos da outra espécie. Logo, já que híbridos entre essas espécies são viáveis e férteis, os *pools* gênicos das duas espécies podem tornar-se mais semelhantes ao longo do tempo. **Figura 24.13** O gráfico indica que houve fluxo gênico de alguns alelos do sapo-barriga-de-fogo para a área de ocorrência do sapo-de-barriga-amarela. Caso contrário, todos os indivíduos localizados à esquerda da porção da zona híbrida do gráfico teriam frequências de alelos iguais a 1. **Figura 24.15** Uma vez que as populações apenas recém começaram a divergir uma da outra neste ponto do processo, é provável que quaisquer barreiras à reprodução, já existentes, enfraqueçam ao longo do tempo. **Figura 24.19** Ao longo do tempo, os cromossomos dos híbridos experimentais passaram a se assemelhar aos de *H. anomalus*. Isso ocorreu embora as condições no laboratório diferissem bastante das condições no campo, onde *H. anomalus* é encontrada, sugerindo que a seleção das condições de laboratório não foi forte. Portanto, é improvável que o aumento observado na fertilidade dos híbridos experimentais seja devido à seleção para vida sob condições de laboratório. **Figura 24.20** A presença de indivíduos de *M. cardinalis* que carregam o alelo *yup* de *M. lewisii* tornaria mais provável que mangangás transferissem pólen entra as duas espécies de flor-de-macaco. Como consequência, seria de se esperar um aumento no número de descendentes híbridos.

Revisão do Conceito 24.1

1. (a) Todos, exceto o conceito biológico de espécie, podem ser aplicados às espécies assexuadas e sexuadas, pois definem espécie tendo por base outras características que não a capacidade de reprodução. Por outro lado, o conceito biológico de espécie pode ser aplicado apenas para espécies sexuadas. (b) O conceito mais antigo de espécie com aplicação no campo seria o conceito morfológico porque ele é baseado apenas na aparência do organismo. Informação adicional a respeito de hábitats ou reprodução não é exigida. **2.** Uma vez que essas aves vivem em ambientes bastante semelhantes e podem cruzar com êxito em cativeiro, a barreira reprodutiva na natureza provavelmente é pré-zigótica; considerando as diferenças das espécies quanto à preferência de hábitats, essa barreira poderia resultar do isolamento de hábitats.

Revisão do Conceito 24.2

1. Na especiação alopátrica, uma espécie nova se forma enquanto em isolamento geográfico de suas espécies parentais; na especiação simpátrica, uma espécie nova se forma na ausência de isolamento geográfico. O isolamento geográfico reduz enormemente o fluxo gênico entre populações, ao passo que o fluxo gênico permanente é mais provável em populações simpátricas. Em consequência, a especiação alopátrica é mais comum do que a especiação simpátrica. **2.** O fluxo gênico entre subconjuntos de uma população que vivem na mesma área pode ser reduzido de diversas maneiras. Em algumas espécies, especialmente vegetais, as mudanças no número cromossômico podem bloquear o fluxo gênico e estabelecer o isolamento reprodutivo já em uma geração. O fluxo gênico também pode ser reduzido em populações simpátricas por diferenciação de hábitats (conforme visto na mosca da maçã, *Rhagoletis*) e seleção sexual (como visto nos ciclídeos do Lago Vitória). **3.** A especiação alopátrica seria menos provável de ocorrer em uma ilha próxima ao continente do que em uma ilha mais isolada do mesmo tamanho. Nós esperamos esse resultado porque o fluxo gênico continuado entre populações continentais e as de uma ilha próxima reduz a chance de surgimento de divergência genética suficiente para a ocorrência de especiação alopátrica. **4.** Se todos os homólogos não se separarem durante a anáfase I da meiose, alguns gametas acabariam com um conjunto extra de cromossomos (e outros acabariam sem cromossomos). Se um gameta com um conjunto extra de cromossomos se fundisse com um gameta normal, resultaria em um triploide; se dois gametas com um conjunto extra de cromossomos se fundisse, resultaria em um tetraploide.

Revisão do Conceito 24.3

1. Zonas de hibridação são regiões nas quais membros de espécies diferentes se encontram e cruzam, produzindo alguns descendentes de ancestralidade mista. Tais regiões podem ser vistas como "laboratórios naturais" para estudos de especiação, pois os cientistas conseguem observar diretamente fatores que causam (ou não causam) isolamento reprodutivo. **2.** (a) Se híbridos sobrevivessem sempre e reproduzissem pouco em comparação com a descendência de cruzamentos intraespecíficos, poderia ocorrer reforço. Se não, a seleção natural causaria barreiras pré-zigóticas à reprodução entre as espécies parentais para fortalecimento ao longo do tempo, decrescendo a produção de híbridos inaptos e levando à finalização do processo de especiação. Se não ocorrer reforço, os híbridos talvez continuem a ser produzidos, embora eles sofram seleção contrária (como na zona de hibridação de *Bombina*). (b) Se a prole híbrida sobrevivesse e reproduzisse tanto quanto a prole de cruzamentos intraespecíficos, o cruzamento indiscriminado entre as espécies parentais levaria à produção de um grande número de descendentes híbridos. À medida que esses híbridos cruzassem entre si e com membros de ambas as espécies parentais, os *pools* gênicos das espécies parentais se fundiriam ao longo do tempo, revertendo o processo de especiação.

Revisão do Conceito 24.4
1. O período entre eventos de especiação abrange (1) a duração de tempo necessária para populações de uma espécie recém-formada começar a divergir reprodutivamente de uma outra e (2) o tempo de que ela precisa para completar a especiação tão logo inicie a divergência. Embora a especiação possa ocorrer rapidamente assim que as populações tenham começado a divergir de uma outra, talvez leve milhões de anos para a divergência começar. **2.** Pesquisadores transferiram alelos no *locus yup* (que influencia a cor das flores) de cada espécie parental para a outra. Indivíduos de *M. lewisii* com um alelo *yup* de *M. cardinalis* receberam muito mais visitas de beija-flores do que o habitual; os beija-flores costumeiramente polinizam *M. cardinalis*, mas evitam *M. lewisii*. Do mesmo modo, indivíduos de *M. cardinalis* com um alelo *yup* de *M. lewisii* receberam muito mais visitas de mangangás do que o habitual; os mangangás habitualmente polinizam *M. lewisii* e evitam *M. cardinalis*. Assim, os alelos no *locus yup* podem influenciar a escolha do polinizador, que nessas espécies proporciona a barreira primária ao cruzamento interespecífico. Contudo, o experimento não comprova que o *locus yup* sozinho controla barreiras à reprodução entre *M. lewisii* e *M. cardinalis*; outros genes podem acentuar o efeito do *locus yup* (modificando a cor das flores) ou provocar barreiras à reprodução inteiramente diferentes (por exemplo, isolamento gamético ou uma barreira pós-zigótica). **3.** *Crossing over*. Se não ocorresse *crossing over*, cada cromossomo em um híbrido experimental permaneceria como na geração F_1: composto inteiramente de DNA de uma espécie parental ou de outra.

Questões do Resumo dos conceitos-chave
24.1 De acordo com o conceito biológico de espécie, uma espécie é um grupo de populações cujos membros cruzam e produzem prole viável e fértil; portanto, o fluxo gênico ocorre entre populações de uma espécie. Por outro lado, membros de espécies diferentes não cruzam, e, por conseguinte, não ocorre fluxo gênico entre suas populações. No geral, então, no conceito biológico de espécie, a espécie pode ser vista como identificada pela *ausência* de fluxo gênico – tornando o fluxo gênico de importância central para o conceito biológico de espécie. **24.2** A especiação simpátrica pode ser promovida por fatores como poliploidia, seleção sexual e modificações nos hábitats; todos esses fatores podem reduzir o fluxo gênico entre subpopulações de uma população maior. Desses fatores, a seleção sexual e as modificações nos hábitats podem também ocorrer em populações alopátricas e, portanto, também promover especiação alopátrica. **24.3** Se os híbridos sofrerem seleção contrária, a zona de hibridação pode persistir se os indivíduos das espécies parentais se deslocarem para a zona, onde cruzam e produzem prole híbrida. Se os híbridos não sofrerem seleção contrária, não há custo para a produção continuada de híbridos e grandes quantidades de descendentes híbridos talvez sejam produzidas. No entanto, a seleção natural para viver em ambientes diferentes pode manter distintos os *pools* gênicos das duas, evitando, assim, a perda (por fusão) das espécies parentais e novamente provocando a estabilidade da zona de hibridação ao longo do tempo. **24.4** Como a planta barba-de-bode, o peixe-mosquito das Bahamas e mosca da maçã ilustram, a especiação continua acontecendo atualmente. Uma espécie nova pode começar a se formar sempre que o fluxo gênico seja reduzido entre populações das espécies parentais. Tais reduções no fluxo gênico podem ocorrer de muitas maneiras: uma população nova, isolada geograficamente, pode ser formada por alguns colonizadores; alguns membros das espécies parentais podem começar a utilizar um hábitat novo; ou a seleção sexual pode isolar populações ou subpopulações anteriormente conectadas. Esses e muitos outros eventos estão acontecendo atualmente.

Teste seu conhecimento
1. B **2.** C **3.** B **4.** A **5.** D **6.** C
8. Aqui está uma possibilidade:

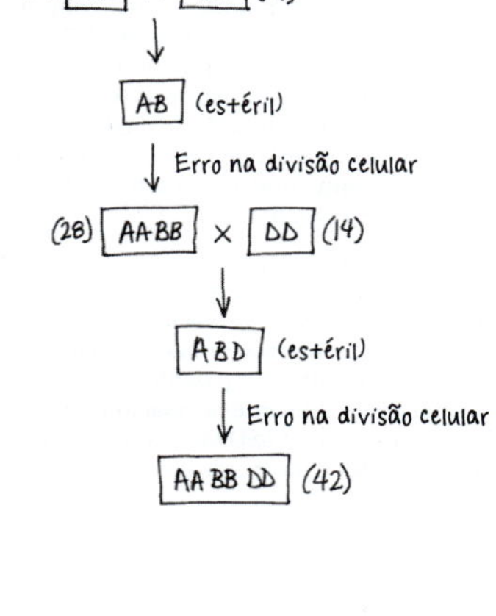

(14) AA × BB (14)
↓
AB (estéril)
↓ Erro na divisão celular
(28) AABB × DD (14)
↓
ABD (estéril)
↓ Erro na divisão celular
AABBDD (42)

Capítulo 25
Questões das figuras
Figura 25.2 As proteínas são quase sempre compostas dos mesmos 20 aminoácidos mostrados na Figura 5.14. Contudo, muitos outros aminoácidos poderiam potencialmente se formar neste ou em qualquer outro experimento. Por exemplo, qualquer molécula que tivesse um grupo R que diferisse daqueles listados na Figura 5.14 seria ainda assim um aminoácido, desde que ele contivesse um carbono, um grupo amino e um grupo carboxila, mas essa molécula não seria um dos 20 aminoácidos comumente encontrados na natureza. **Figura 25.4** As regiões hidrofóbicas de tais moléculas são atraídas pela outra e excluídas da água, enquanto as regiões hidrofílicas têm uma afinidade à água. Com consequência, as moléculas podem formar uma bicamada, em que as regiões hidrofílicas situam-se no lado externo da bicamada (voltadas para a água em cada lado da bicamada) e as regiões hidrofóbicas ficam frente a frente (isto é, voltadas para o interior da bicamada). **Figura 25.6** Uma vez que o urânio-238 tem uma meia-vida de 4,5 bilhões de anos, o eixo x seria renomeado como 4,5, 9, 13,5 e 18. **Figura 25.8** (1) A evidência direta de vida mais antiga vem de fósseis de procariotos, que datam de 3,5 bilhões de anos atrás. A evidência fóssil mostra também que, para os 2 bilhões de anos seguintes (3,5 bilhões de anos a 1,5 bilhão de anos atrás), a vida na Terra consistia inteiramente de organismos unicelulares. Na verdade, de 3,5 bilhões de anos até 1,8 bilhão de anos atrás, todos os organismos na Terra eram procariotos; há cerca de 1,8 bilhão de anos, esses procariotos unicelulares se uniram aos eucariotos unicelulares (os eucariotos multicelulares surgiram há aproximadamente 1,3 bilhão de anos). (2) Exemplo de resposta: Na Figura 25.12, existem duas barras horizontais hachuradas no eixo x. Essas barras representam grandes intervalos de tempo. A menos que seja suficientemente amplo para mostrar inteiramente esses intervalos de tempo, o gráfico omite detalhes fundamentais da figura, como quando os grupos animais selecionados apareceram pela primeira vez no registro fóssil. (3) A escala de tempo horizontal indica que os procariotos se originaram há 3,5 bilhões de anos e que a colonização do ambiente terrestre ocorreu há 500 milhões de anos. Em uma escala de tempo de 1 hora, isso indica que os procariotos surgiram há cerca de 46 minutos, enquanto a colonização do ambiente terrestre ocorreu há menos de 7 minutos. **Figura 25.12** Você deveria ter circulado a dicotomia, mostrada no diagrama em árvore, há aproximadamente 635 milhões de anos (mya), que leva à linhagem equinodermos/cordados e à linhagem que originou os braquiópodes, anelídeos, moluscos e artrópodes. Para determinar uma estimativa mínima da idade do ancestral representado por essa dicotomia, observe que o ancestral comum mais recente de cordados e anelídeos deve ser, pelo menos, tão antigo quanto qualquer de seus descendentes. Como os moluscos fósseis datam de aproximadamente 560 milhões de anos, o ancestral comum representado pela dicotomia assinalada dever ter, ao menos, 560 milhões de anos. **Figura 25.14** Existem dois eventos de especiação e cinco extinções na linhagem A, ao passo que há cinco eventos de especiação e uma extinção na linhagem B durante os últimos 2 milhões de anos. **Figura 25.17** A direção do movimento atual da placa australiana é mais ou menos similar à direção nordeste que o continente se deslocou nos últimos 66 milhões de anos. **Figura 25.27** A sequência de codificação do gene *Pitx1* seria diferente entre populações marinhas e lacustres, mas os padrões de expressão gênica não seriam.

Revisão do Conceito 25.1
1. A hipótese que as condições na Terra primitiva teriam permitido a síntese de moléculas orgânicas a partir de ingredientes inorgânicos. **2.** Ao contrário da mistura aleatória de moléculas em uma solução aberta, a segregação de sistemas moleculares por membranas poderia concentrar moléculas orgânicas, auxiliando as reações químicas. **3.** Atualmente, a informação genética geralmente flui do DNA para o RNA, como quando a sequência do DNA de um gene é utilizada como um modelo para sintetizar o mRNA codificante de uma proteína específica. Entretanto, o ciclo de vida de retrovírus como HIV mostra que a informação genética pode fluir no sentido inverso (do RNA para o DNA). Nesses vírus, a enzima transcriptase reversa utiliza RNA como um modelo para a síntese de DNA. Isso sugere que uma enzima similar poderia ter desempenhado um papel-chave na transição de um mundo do RNA para um mundo do DNA.

Revisão do Conceito 25.2
1. O registro fóssil demonstra que grupos distintos de organismos dominaram a vida na Terra em momentos diferentes e que muitos organismos são agora extintos; exemplos específicos desses momentos podem ser observados na Figura 25.5. O registro fóssil indica também que grupos novos de organismos podem surgir pela modificação gradual de organismos já existentes, conforme ilustrado por fósseis que documentam a origem de mamíferos a partir dos seus ancestrais cinodontes (ver Figura 25.7). **2.** 22.920 anos (quatro meias-vidas: 5.730 × 4).

Revisão do Conceito 25.3
1. O oxigênio ataca ligações químicas, podendo inibir enzimas e causar danos a células. Em consequência, o surgimento do oxigênio na atmosfera provavelmente fez com que muitos procariotos, desenvolvidos em ambientes anaeróbicos, sobrevivessem e se reproduzissem precariamente, provocando, por fim, a extinção de muitas dessas espécies. **2.** Todos os eucariotos possuem mitocôndrias ou remanescentes dessas organelas, mas nem todos têm plastídios. **3.** Um registro fóssil de vida atual incluiria muitos organismos com partes corporais duras (como os vertebrados e muitos invertebrados marinhos); por outro lado, talvez não incluísse algumas espécies aparentadas com tais organismos, como aquelas com distribuições geográficas restritas e/ou de populações pequenas (por exemplo, espécies ameaçadas como o panda gigante, o tigre e várias espécies de rinocerontes).

Revisão do Conceito 25.4

1. A teoria da tectônica de placas descreve o movimento de placas continentais da Terra, que altera a geografia física e o clima do nosso planeta, bem como o grau em que os organismos são isolados geograficamente. Uma vez que esses fatores afetam as taxas de extinção e especiação, a tectônica de placas tem um impacto considerável sobre a vida na Terra. **2.** Extinções em massa; inovações evolutivas expressivas; diversificação de outro grupo de organismos (que talvez forneça novas fontes de alimento); migração para locais novos, onde existem poucas espécies competidoras. **3.** Evidências de extinções em massa anteriores indicam que a diversidade de vida na Terra não restabeleceria, durante milhões de anos, o que teria sido antes desses eventos – um período de tempo muito maior do que o da existência de nossas espécies (cerca de 200.000 anos). Embora novos eventos de especiação finalmente ensejassem a recuperação do número total de espécies na Terra, muitas espécies e linhagens evolutivas levadas à extinção desapareceriam para sempre, mudando, assim, o curso da evolução no nosso planeta. Além disso, evidências passadas sugerem que uma sexta extinção em massa reduziria comunidades ecológicas complexas e em desenvolvimento (como florestas e recifes de coral) tão expressivamente que elas lembrariam muito pouco o que são atualmente. Uma sexta extinção em massa alteraria também os tipos de organismos que vivem em comunidades ecológicas e como esses organismos interagem uns com outros. Por fim, uma sexta extinção em massa prepararia o caminho para novas radiações adaptativas em alguns dos grupos que sobrevivam à extinção.

Revisão do Conceito 25.5

1. A heterocronia pode causar uma diversidade de mudanças morfológicas. Por exemplo, uma alteração no momento do começo da maturidade sexual pode resultar na retenção de características juvenis (pedomorfose). A pedomorfose pode ser causada por alterações genéticas pequenas que resultam em mudanças morfológicas grandes, como visto no axolote (espécie de salamandra). **2.** Em embriões animais, os genes *Hox* influenciam o desenvolvimento de estruturas como membros e apêndices sugadores. Como consequência, mudanças nesses genes – ou na regulação desses genes – provavelmente tenham efeitos importantes na morfologia. **3.** Da genética, sabemos que a regulação gênica é alterada pelo modo como os fatores de transcrição se ligam às sequências de DNA não codificante denominadas elementos de controle. Portanto, se as alterações na morfologia são muitas vezes causadas por mudanças na regulação gênica, as porções de DNA não codificante que contêm elementos de controle podem vir a ser fortemente afetadas por seleção natural.

Revisão do Conceito 25.6

1. Estruturas complexas não evoluíram todas de uma vez, mas gradualmente, com a seleção natural selecionando variantes adaptativas das primeiras versões. **2.** Embora o vírus da mixomatose seja altamente letal, inicialmente alguns dos coelhos são resistentes (0,2% dos coelhos infectados não são mortos). Desse modo, assumindo que a resistência é uma característica hereditária, poderíamos esperar que a população de coelhos mostrasse uma tendência de aumento da resistência ao vírus. Nós poderíamos esperar também que o vírus mostrasse uma tendência evolutiva direcionada para a redução da letalidade. Nós poderíamos esperar essa tendência porque um coelho infectado com um vírus menos letal teria maior probabilidade de uma vida suficientemente longa para um mosquito picá-lo e, portanto, potencialmente transmitir o vírus para outro coelho (um vírus que mata seu hospedeiro coelho antes de um mosquito transmiti-lo para outro coelho morre com o hospedeiro).

Questões do Resumo dos conceitos-chave

Conceito 25.1 Partículas da argila montmorilonita talvez tenham proporcionado superfície sobre as quais moléculas orgânica tornarem-se concentradas e, portanto, ficaram mais suscetíveis de reagir entre si. As partículas de montmorilonita podem também ter facilitado o transporte de moléculas fundamentais, tais como segmentos pequenos de RNA, para dentro de vesículas. Essas vesículas conseguem se formar espontaneamente a partir de moléculas precursoras simples, "reproduzem" e "crescem" independentemente e mantêm concentrações internas de moléculas que diferem daquelas presentes no ambiente contíguo. Essas características de vesículas representam etapas-chave na emergência dos protobiontes e (em última análise) das primeiras células vivas. **Conceito 25.2** Um desafio é que os radioisótopos com meias-vidas muito longas não são utilizados pelos organismos para elaborar seus ossos ou carapaças. Em consequência, os fósseis mais antigos que 75.000 anos não podem ser diretamente datados. Os fósseis são muitas vezes encontrados em rocha sedimentar, mas essas rochas geralmente contêm sedimentos de idades diferentes, implicando novamente em desafio quando se tenta datar fósseis antigos. Para contornar esses desafios, os geólogos empregam radioisótopos com meias-vidas longas para datar camadas de rocha vulcânica que envolvem fósseis antigos. Essa abordagem proporciona estimativas mínima e máxima para as idades de fósseis comprimidos entre duas camadas de rocha vulcânica. **Conceito 25.3** A "explosão cambriana" se refere a um intervalo de tempo relativamente breve (há 535-525 milhões de anos), durante o qual formas grandes de muitos filos de animais atuais apareceram pela primeira vez no registro fóssil. As mudanças evolutivas que ocorreram durante essa época, como o surgimento de predadores grandes e presas bem defendidas, foram importantes porque elas estabelecem o cenário para muitos dos eventos fundamentais na história da vida durante os últimos 500 milhões de anos. **Conceito 25.4** As mudanças evolutivas amplas documentadas pelo registro fóssil refletem a ascensão e a queda dos principais grupos de organismos. A ascensão ou queda de qualquer grupo específico, por sua vez, resulta de um equilíbrio entre taxas de especiação e extinção. Um grupo aumenta em tamanho quando a taxa em que seus membros produzem espécies novas é maior do que a taxa em que suas espécies são perdidas por extinção, enquanto um grupo diminui em tamanho se as taxas de extinção são maiores do que as taxas de especiação. **Conceito 25.5** Uma mudança na sequência ou regulação de um gene do desenvolvimento pode produzir alterações morfológicas expressivas. Em alguns casos, tais mudanças morfológicas talvez permitam que os organismos cumpram funções novas ou vivam em ambientes novos – portanto, potencialmente induzindo uma radiação adaptativa e formação de um grupo novo de organismos. **Conceito 25.6** A mudança evolutiva resulta de interações entre os organismos e os seus ambientes atuais. Nenhum objetivo está envolvido nesse processo. À medida que os ambientes se alteram ao longo do tempo, as características dos organismos favorecidas pela seleção natural talvez também mudem. Quando isso acontece, o que antes talvez parecia um "objetivo" da evolução (por exemplo, aprimoramento na função de uma característica anteriormente favorecida por seleção natural) pode deixar de ser benéfica ou pode até ser prejudicial.

Teste seu conhecimento

1. B **2.** A **3.** D **4.** B **5.** D **6.** C **7.** A

Capítulo 26

Questões das figuras

Figura 26.5 (1) Nesta árvore, os sapos estão mais estreitamente relacionados a um grupo que consiste em lagartos, chimpanzés e humanos. (2) Você deve ter circulado o ponto de ramificação que separa a linhagem do sapo da linhagem que leva aos lagartos, chimpanzés e humanos. (3) Quatro: chimpanzés-humanos, lagartos-chimpanzés/humanos; sapos-lagartos/chimpanzés/humanos; e peixes-sapos/lagartos/chimpanzés/humanos.

(4)

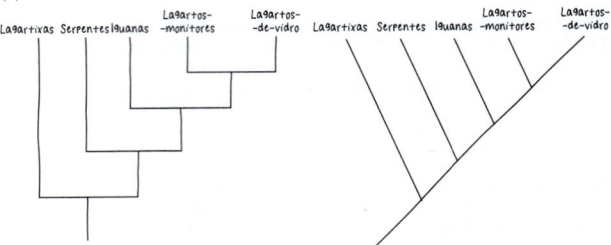

(5)

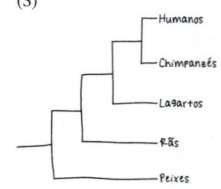

Cada uma das três árvores identifica os chimpanzés e os lagartos como os dois parentes mais próximos dos seres humanos nessas árvores porque são os grupos com os quais compartilhamos os dois ancestrais comuns mais recentes. **Figura 26.6** O desconhecido 1b (uma parte da amostra 1) e os desconhecidos 9–13 teriam que estar localizados no ramo da árvore que atualmente leva a Minke (hemisfério sul) e aos desconhecidos 1a e 2–8. **Figura 26.9** Existem quatro bases possíveis (A, C, G, T) em cada posição de nucleotídeo. Se a base em cada posição depender do acaso, não da descendência comum, esperaríamos que aproximadamente um em cada quatro (25%) deles fosse o mesmo. **Figura 26.11** Você deve ter circulado o ponto de ramificação que está mais à esquerda (o ancestral comum de todos os táxons mostrados). Tanto os cetáceos quanto as focas descendem de linhagens terrestres de mamíferos, indicando que o ancestral comum cetáceo-foca não tinha uma forma corporal hidrodinâmica e, portanto, não faria parte do grupo cetáceo-foca. **Figura 26.12** Mandíbulas articuladas são um caractere ancestral comum para o grupo que inclui robalos, rãs, tartarugas e leopardos. Assim, você deve ter circulado as linhagens de robalo, rã, tartaruga e leopardo, junto com o ancestral comum deles mais recente. **Figura 26.16** Os crocodilianos são o táxon irmão do clado dos dinossauros (que inclui aves) porque os crocodilianos e o clado dos dinossauros compartilham um ancestral comum imediato que não é compartilhado por nenhum outro grupo. **Figura 26.21** Esta árvore indica que as sequências de rRNA e de outros genes mitocondriais estão mais estreitamente relacionadas às das proteobactérias, enquanto as sequências dos genes do cloroplasto estão mais estreitamente relacionadas às das cianobactérias. Essas relações de sequência de genes são o que seria previsto a partir da teoria endossimbionte, que postula que tanto as mitocôndrias quanto os cloroplastos se originaram como células procarióticas englobadas.

Revisão do Conceito 26.1

1. Na Figura 26.4, os leopardos são o táxon irmão de um grupo que consiste na família Mustelidae (que inclui texugos) e na família Canidae (que inclui lobos). Uma vez que os membros de um grupo irmão são parentes mais próximos uns dos outros, os leopardos são igualmente parentes dos texugos e dos lobos. **2.** A árvore em (c) mostra um padrão diferente de relacionamentos evolutivos. Em (c), C e B são táxons irmãos, enquanto C e D são táxons-irmãos em (a) e (b). **3.** A versão redesenhada da Figura 26.4 é mostrada a seguir.

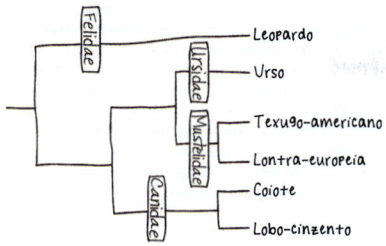

Revisão do Conceito 26.2
1. (a) Analogia, uma vez que porcos-espinhos e cactos não estão estreitamente relacionados e uma vez que a maioria dos outros animais e plantas não têm estruturas semelhantes; (b) homologia, uma vez que gatos e seres humanos são mamíferos e têm membros anteriores homólogos, dos quais a mão e a pata são a parte inferior; (c) analogia, visto que corujas e vespas não estão estreitamente relacionadas e que a estrutura de suas asas é muito diferente. **2.** As espécies B e C são mais propensas a estar estreitamente relacionadas. Pequenas alterações genéticas (como entre as espécies B e C) podem gerar aparências físicas divergentes, mas, se diversos genes divergiram muito (como nas espécies A e B), então as linhagens provavelmente estiveram separadas por muito tempo.

Revisão do Conceito 26.3
1. Não; cabelo é um caractere ancestral comum a todos os mamíferos e, portanto, não é útil na distinção de diferentes subgrupos de mamíferos. **2.** O princípio da parcimônia máxima afirma que a hipótese sobre a natureza que investigamos primeiro deve ser a explicação mais simples considerada consistente com os fatos. As relações evolutivas reais podem diferir daquelas inferidas pela parcimônia devido a fatores complicadores, como a evolução convergente.
3.

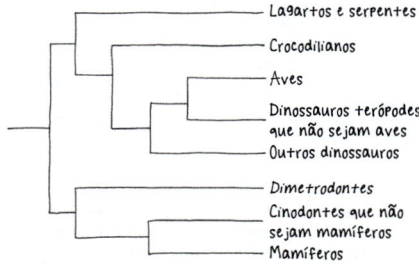

A classificação tradicional fornece uma correspondência pobre com a história evolutiva, violando, assim, o princípio básico da cladística – que a classificação deve ser baseada na descendência comum. Tanto as aves quanto os mamíferos se originaram de grupos tradicionalmente designados como répteis, tornando os répteis (como tradicionalmente delineado) um grupo parafilético. Esses problemas podem ser resolvidos removendo-se o *Dimetrodonte* e os cinodontes dos répteis e considerando as aves como um grupo de répteis (especificamente, como um grupo de dinossauros).

Revisão do Conceito 26.4
1. As proteínas são produtos genéticos. Suas sequências de aminoácidos são determinadas pelas sequências de nucleotídeos do DNA que as codifica. Assim, as diferenças entre proteínas comparáveis em duas espécies refletem diferenças genéticas subjacentes que se acumularam à medida que as espécies divergiram uma da outra. Como resultado, as diferenças entre as proteínas podem refletir a história evolutiva das espécies. **2.** Genes ortólogos são genes homólogos nos quais a homologia resulta de um evento de especiação e, portanto, ocorre entre genes encontrados em espécies diferentes. Genes parálogos são genes homólogos em que a homologia resulta da duplicação do gene. Genes ortólogos devem ser usados para inferir a filogenia, uma vez que as diferenças entre eles refletem a história de eventos de especiação. **3.** No processamento de RNA, os éxons ou regiões codificantes de um gene podem ser unidos de diferentes maneiras, gerando diferentes mRNAs e, portanto, diferentes produtos de proteína. Como resultado, diferentes proteínas poderiam ser potencialmente produzidas a partir do mesmo gene em diferentes tecidos, permitindo que o gene desempenhasse diferentes funções nesses diferentes tecidos.

Revisão do Conceito 26.5
1. Um relógio molecular é um método de estimar o tempo real de eventos evolutivos com base no número de alterações de base em genes ortólogos. Isso é baseado no pressuposto de que as regiões dos genomas que estão sendo comparadas evoluem a taxas constantes. **2.** Existem muitas partes do genoma que não codificam genes; as mutações que alteram a sequência de bases em tais regiões podem se acumular através da deriva genética sem afetar o valor adaptativo de um organismo (*fitness*). Mesmo nas regiões codificantes do genoma, algumas mutações podem não ter um efeito crítico nos genes ou proteínas.

Revisão do Conceito 26.6
1. O reino Monera incluía bactérias e arqueias, mas agora sabemos que esses organismos estão em domínios separados. Reinos são subconjuntos de domínios, portanto, um único reino (como Monera) que inclui táxons de diferentes domínios não é válido. **2.** Por causa da transferência horizontal de genes, alguns genes em eucariotos estão mais estreitamente relacionados às bactérias, enquanto outros estão mais estreitamente relacionados às arqueias; assim, dependendo de quais genes são usados, as árvores filogenéticas construídas a partir de dados de DNA podem produzir resultados conflitantes. **3.** Acredita-se que os eucariotos tenham se originado quando um procarioto heterotrófico (uma célula hospedeira – arqueia) englobou uma bactéria que mais tarde se tornaria uma organela encontrada em todos os eucariotos – a mitocôndria. Com o tempo, ocorreu uma fusão de organismos à medida que a célula hospedeira (arqueia) e seu endossimbionte bacteriano evoluiu para se tornar um único organismo. Como resultado, esperaríamos que a célula de um eucarioto incluísse tanto o DNA de arqueia quanto o DNA bacteriano, tornando a origem dos eucariotos um exemplo de transferência horizontal de genes.

Questões do Resumo dos conceitos-chave
26.1 O fato de seres humanos e chimpanzés serem espécies irmãs indica que compartilhamos um ancestral comum mais recente com os chimpanzés do que com qualquer outra espécie viva de primata. Mas isso não significa que os seres humanos evoluíram dos chimpanzés ou vice-versa; em vez disso, indica que tanto os seres humanos quanto os chimpanzés são descendentes desse ancestral comum. **26.2** Caracteres homólogos resultam de ancestrais compartilhados. À medida que os organismos divergem com o tempo, alguns de seus caracteres homólogos também divergem. Os caracteres homólogos de organismos que divergiram há muito tempo normalmente diferem mais do que os caracteres homólogos de organismos que divergiram mais recentemente. Como resultado, diferenças em caracteres homólogos podem ser usadas para inferir a filogenia. Em contraste, caracteres análogos resultam de evolução convergente, não de ancestralidade compartilhada e, portanto, podem fornecer estimativas enganosas de filogenia. **26.3** Todas as características dos organismos surgiram em algum momento da história da vida. No grupo em que uma nova característica surgiu pela primeira vez, essa característica é um caractere derivado compartilhado que é exclusivo para aquele clado. O grupo no qual cada caractere derivado compartilhado apareceu pela primeira vez pode ser determinado, e o padrão aninhado resultante pode ser usado para inferir a história evolutiva. **26.4** Genes ortólogos devem ser usados; para tais genes, a homologia resulta da especiação e, portanto, reflete a história evolutiva. **26.5** Uma premissa-chave dos relógios moleculares é que as substituições de nucleotídeos ocorrem em taxas fixas, e, portanto, o número de diferenças de nucleotídeos entre duas sequências de DNA é proporcional ao tempo desde que as sequências divergiram uma da outra. Algumas limitações dos relógios moleculares: nenhum gene marca o tempo com precisão completa; a seleção natural pode favorecer certas alterações no DNA em detrimento de outras; as taxas de substituição de nucleotídeos podem mudar ao decorrer de longos períodos de tempo (fazendo com que as estimativas do relógio molecular de quando os eventos no passado distante ocorreram sejam altamente incertas); e o mesmo gene pode evoluir em taxas diferentes em organismos diferentes. **26.6** Dados genéticos indicaram que muitos procariotos diferiam tanto uns dos outros quanto dos eucariotos. Isso indicou que os organismos deveriam ser agrupados em três "super-reinos", ou domínios (Archaea, Bacteria, Eukarya). Esses dados também demonstraram que o reino anterior Monera (que continha todos os procariotos) não fazia sentido biológico e deveria ser abandonado. Dados genéticos e morfológicos posteriores também indicaram que o antigo reino Protista (que continha principalmente organismos unicelulares) deveria ser abandonado porque alguns protistas estão mais intimamente relacionados a plantas, fungos ou animais do que a outros protistas.

Teste seu conhecimento
1. A **2.** C **3.** B **4.** C **5.** B **6.** A **7.** D
9.

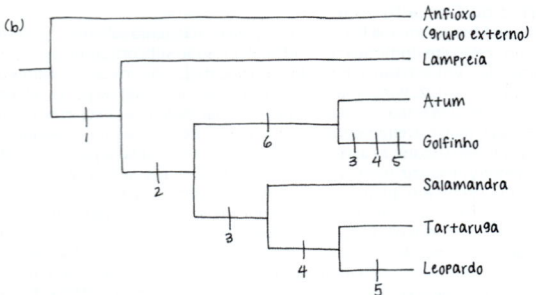

(c) A árvore em (a) requer sete mudanças evolutivas, enquanto a árvore em (b) requer nove mudanças evolutivas. Assim, a árvore em (a) é mais parcimoniosa, pois requer menos mudanças evolutivas.

Capítulo 27
Questões das figuras
Figura 27.7 O anel superior, ao qual o gancho está preso, está embutido na porção hidrofóbica interna da bicamada lipídica da membrana externa, sugerindo que o anel superior é hidrofóbico. Da mesma forma, o terceiro anel, de cima para baixo, está incorporado na porção hidrofóbica da bicamada lipídica da membrana plasmática, sugerindo que este anel também é hidrofóbico. **Figura 27.9** O terceiro plasmídeo é o pequeno *loop* torcido separado, localizado logo acima e à esquerda da linha que aponta para o rótulo "Cromossomo". **Figura 27.10** É provável que a expressão ou sequência de genes que afetam o metabolismo da glicose tenham mudado; genes para processos metabólicos que não são mais necessários à célula também podem ter mudado. **Figura 27.11** A transdução resulta na transferência horizontal de genes quando um fago carregando, acidentalmente, um fragmento de DNA bacteriano infecta outra bactéria e injeta o DNA bacteriano adquirido da primeira bactéria (doadora), e esse fragmento é incorporado ao DNA da bactéria receptora através de *crossing over*. **Figura 27.16** Eukarya **Figura 27.18** Os termófilos vivem em ambientes muito quentes, então é provável que suas enzimas possam continuar a funcionar normalmente em temperaturas muito mais altas do que as enzimas de outros organismos. Em baixas temperaturas, entretanto, as enzimas dos termófilos podem não funcionar tão bem quanto as enzimas de outros organismos. **Figura 27.19** A partir do gráfico, a absorção pela planta pode ser estimada em 0,72, 0,62 e 0,96 mg K^+ para as cepas 1, 2 e 3, respectivamente. A média desses valores é de 0,77 mg K^+. Se as bactérias não tivessem efeito, a absorção média de K^+ pelas cepas 1, 2 e 3 deveria ser próxima a 0,51 mg K^+, o valor observado para plantas cultivadas em solo livre de bactérias. **Figura 27.22** Penicilina

Revisão do Conceito 27.1
1. As adaptações incluem a cápsula (protege os procariotos do sistema imunológico do hospedeiro) e os endósporos (permitem que as células sobrevivam a condições adversas e revivam quando o ambiente se torna favorável). **2.** As células procarióticas não possuem a complexa compartimentalização associada com organelas envoltas por membranas de células eucarióticas. Os genomas procarióticos têm muito menos DNA do que os genomas eucarióticos, e a maior parte desse DNA está contida em um único cromossomo circular localizado no nucleoide, em vez de dentro de um núcleo verdadeiro fechado por membrana. Além disso, muitos procariotos também têm plasmídeos, pequenas moléculas de DNA circulares contendo alguns genes. **3.** Acredita-se que plastídios como os cloroplastos tenham evoluído de um procarioto fotossintetizante endossimbionte. Mais especificamente, a árvore filogenética mostrada na Figura 26.21 indica que os plastídios estão intimamente relacionados às cianobactérias. Portanto, podemos supor que as membranas tilacoides dos cloroplastos se assemelham às das cianobactérias porque os cloroplastos evoluíram de uma cianobactéria endossimbionte.

Revisão do Conceito 27.2
1. Os procariotos podem ter populações extremamente grandes, em parte porque geralmente têm tempos de geração curtos. O grande número de indivíduos em populações procarióticas torna provável que, em cada geração, haverá muitos indivíduos com novas mutações em qualquer gene específico, adicionando, assim, considerável diversidade genética à população. **2.** Na transformação, o DNA exógeno livre no ambiente é absorvido por uma célula bacteriana. Na transdução, os fagos carreiam genes bacterianos de uma célula bacteriana para outra. Na conjugação, uma célula bacteriana transfere diretamente um plasmídeo ou DNA cromossômico para outra célula por meio de uma ponte de acasalamento que conecta temporariamente as duas células. **3.** Sim. Os genes para resistência a antibióticos podem ser transferidos (por transformação, transdução ou conjugação) da bactéria não patogênica para uma bactéria patogênica; isso poderia tornar o patógeno uma ameaça ainda maior à saúde humana. Em geral, transformação, transdução e conjugação tendem a aumentar a disseminação de genes de resistência.

Revisão do Conceito 27.3
1. Um fototrófico obtém sua energia da luz, enquanto um quimiotrófico obtém sua energia de fontes químicas. Um autotrófico obtém seu carbono de CO_2, HCO_3^- ou compostos relacionados, enquanto um heterotrófico obtém seu carbono de nutrientes orgânicos, como a glicose. Assim, existem quatro modos nutricionais: fotoautotrófico, fotoheterotrófico (exclusivo para procariotos), quimioautotrófico (exclusivo para procariotos) e quimioheterotrófico. **2.** Quimioheterotrofia; a bactéria deve contar com fontes químicas de energia, uma vez que não é exposta à luz, e deve ser heterotrófica se precisar de uma fonte de carbono diferente de CO_2 (ou um composto relacionado, como HCO_3^-). **3.** Se os humanos pudessem fixar o nitrogênio, poderíamos construir proteínas usando a atmosfera e, portanto, não precisaríamos comer alimentos ricos em proteínas, como carne, peixe ou soja. Nossa dieta, entretanto, precisaria incluir uma fonte de carbono, junto com minerais e água. Assim, uma refeição típica pode consistir em carboidratos como fonte de carbono, junto com frutas e vegetais para fornecer minerais essenciais (e carbono adicional).

Revisão do Conceito 27.4
1. Estudos sistemáticos moleculares indicam que alguns organismos uma vez classificados como bactérias estão mais intimamente relacionados aos eucariotos e pertencem a um domínio próprio: Archaea. Esses estudos também mostraram que a transferência horizontal de genes é comum e desempenha um papel importante na evolução dos procariotos. Por não exigir que os organismos sejam cultivados em laboratório, os estudos metagenômicos revelaram uma imensa diversidade de espécies procarióticas até então desconhecidas. Com o tempo, a descoberta contínua de novas espécies por análises metagenômicas pode alterar muito a nossa compreensão da filogenia procariótica. **2.** Os três domínios mostrados na Figura 27.16 não são válidos sob essa suposição porque o domínio Eukarya seria aninhado no domínio Archaea. Como tal, Eukarya seria um subconjunto de Archaea, não um domínio separado próprio.

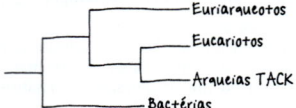

Revisão do Conceito 27.5
1. Embora os procariotos sejam pequenos, seu grande número e habilidades metabólicas permitem que desempenhem papéis importantes nos ecossistemas, decompondo resíduos, reciclando produtos químicos e afetando as concentrações de nutrientes disponíveis para outros organismos. **2.** As cianobactérias produzem oxigênio quando a molécula de água é quebrada nas reações de luz da fotossíntese. O ciclo de Calvin incorpora o CO_2 do ar em moléculas orgânicas, as quais são convertidas em açúcar.

Revisão do Conceito 27.6
1. Exemplos de respostas: comer alimentos fermentados, como iogurte, pão de massa fermentada ou queijo; receber água limpa do tratamento de esgoto; tomar medicamentos produzidos por bactérias. **2.** Essa informação revela que a toxina é uma exotoxina pois esta toxina é secretada e bactéria permanece viva, podendo ser disseminada para outro hospedeiro. A endotoxina só é liberada quando a bactéria morre, logo o sintoma causado por esta toxina não auxiliaria na disseminação da bactéria para outro hospedeiro. **3.** Algumas das muitas espécies diferentes de procariotos que vivem no intestino humano competem entre si por recursos (da comida que você ingere). Como diferentes espécies procarióticas têm diferentes adaptações, uma mudança na dieta pode alterar quais espécies podem crescer mais rapidamente, alterando, assim, a abundância das espécies.

Questões do Resumo dos conceitos-chave
27.1 As características estruturais específicas que permitem que procariotos prosperem em diversos ambientes incluem suas paredes celulares (que fornecem forma e proteção), flagelos (que funcionam em movimento direcionado) e capacidade de formar cápsulas ou endósporos (ambos os quais podem proteger contra condições adversas). Os procariotos também possuem adaptações bioquímicas para crescimento em condições variadas, como aquelas que os permitem tolerar ambientes extremamente quentes ou salgados. **27.2** Muitas espécies procarióticas podem se reproduzir com extrema rapidez e suas populações podem chegar a trilhões. Como resultado, embora as mutações sejam raras, todos os dias são produzidos muitos descendentes que apresentam novas mutações em *loci* de genes específicos. Além disso, embora os procariotos se reproduzam assexuadamente e, portanto, a grande maioria dos descendentes sejam geneticamente idênticos a seus pais, a variação genética de suas populações pode ser aumentada por transdução, transformação e conjugação. Cada um desses processos (não reprodutivos) pode aumentar a variação genética por meio da transferência de DNA de uma célula para outra – mesmo entre células de espécies diferentes. **27.3** Os procariotos têm uma gama excepcionalmente ampla de adaptações metabólicas. Como um grupo, os procariotos realizam todos os quatro modos de nutrição (fotoautotrofia, quimioautotrofia, fotoheterotrofia e quimioheterotrofia), enquanto os eucariotos realizam apenas dois deles (fotoautotrofia e quimioheterotrofia). Os procariotos também são capazes de metabolizar o nitrogênio em uma ampla variedade de formas (novamente ao contrário dos eucariotos) e frequentemente cooperam com outras células procarióticas da mesma espécie ou de espécies diferentes. **27.4** Critérios fenotípicos como forma, motilidade e modo nutricional não fornecem uma imagem clara da história evolutiva dos procariotos. Em contraste, os dados moleculares elucidaram as relações entre os principais grupos de procariotos. Os dados moleculares também permitiram aos pesquisadores coletar amostras de genes diretamente do ambiente; o uso de tais genes para construir filogenias levou à descoberta de novos grupos importantes de procariotos. **27.5** Os procariotos desempenham

papéis importantes nos ciclos químicos dos quais a vida depende. Por exemplo, procariotos são decompositores importantes, degradando organismos mortos e resíduos, liberando, assim, nutrientes para o meio ambiente, onde podem ser usados por outros organismos. Os procariotos também convertem compostos inorgânicos em formas que outros organismos podem usar. Com respeito às suas interações ecológicas, muitos procariotos vivem em mutualismo com outras espécies como forma de sobrevivência. Em alguns casos, como comunidades de fontes hidrotermais, as atividades metabólicas dos procariotos fornecem uma fonte de energia da qual dependem centenas de outras espécies; na ausência dos procariotos, a comunidade entraria em colapso. **27.6** O bem-estar humano depende de nossas associações com procariotos mutualistas, como as muitas espécies que vivem em nossos intestinos e digerem alimentos que não digerimos. Os humanos também podem aproveitar as notáveis capacidades metabólicas dos procariotos para produzir uma ampla gama de produtos úteis e realizar serviços essenciais, como a biorremediação. Os efeitos negativos dos procariotos resultam principalmente de patógenos bacterianos que causam doenças.

Teste seu conhecimento
1. D **2.** A **3.** B **4.** C **5.** D **6.** A

Capítulo 28
Questões das figuras
Figura 28.3 O diagrama mostra que um único evento de endossimbiose secundária deu origem aos estramenópilos e alvéolos – portanto, esses grupos podem rastrear sua ancestralidade até um único protista heterotrófico (mostrado em amarelo) que ingeriu uma alga vermelha. Em contraste, euglenoides e cloraracniófitos descendem cada um de um protista heterotrófico diferente (um dos quais é mostrado em cinza, o outro, em marrom). Portanto, é provável que estramenópilos e alveolados estejam mais intimamente relacionados do que euglenoides e cloraracniófitos.
Figura 28.5

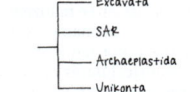

Figura 28.14 Os gametas masculinos no diagrama são produzidos pela divisão assexuada (mitótica) de células em um único gametófito masculino que, por sua vez, foi produzida pela divisão assexuada (mitótica) de um único zoósporo. Assim, os gametas masculinos são todos derivados de um único zoósporo e, portanto, são geneticamente idênticos uns aos outros. **Figura 28.18** Os merozoítos são produzidos pela divisão celular assexuada (mitótica) de esporozoítos haploides; da mesma forma, os gametócitos são produzidos pela divisão celular assexuada dos merozoítos. Portanto, é provável que indivíduos nesses três estágios tenham o mesmo complemento de genes e que diferenças morfológicas entre eles resultem de mudanças na expressão gênica. **Figura 28.19** Esses eventos têm um efeito geral semelhante à fertilização. Em ambos os casos, núcleos haploides originários de duas células geneticamente diferentes se fundem para formar um núcleo diploide. **Figura 28.25** O seguinte estágio deve ser circulado: etapa 6, onde uma célula madura sofre mitose e forma quatro ou mais células-filhas. Na etapa 7, os zoósporos eventualmente crescem em células haploides maduras, mas não produzem novas células-filhas. Da mesma forma, na etapa 2, uma célula madura se desenvolve em um gameta, mas não produz novas células-filhas.
Figura 28.26

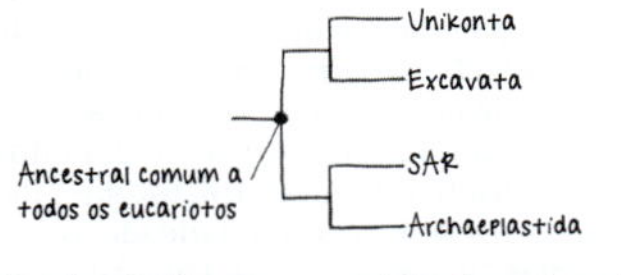

Figura 28.28 Elas seriam haploides porque originalmente cada uma dessas células era uma ameba haploide solitária.

Revisão do Conceito 28.1
1. Exemplo de resposta: protistas incluem organismos unicelulares, coloniais e multicelulares; fotoautótrofos, heterótrofos e mixotróficos; espécies que se reproduzem assexuadamente, sexualmente ou de ambas as maneiras; e organismos com diversas formas físicas e adaptações. **2.** Fortes evidências mostram que os eucariotos adquiriram mitocôndrias depois que uma célula hospedeira (seja uma arqueia ou uma célula estreitamente relacionada à arqueia) primeiro englobou e, em seguida, formou uma associação endossimbiótica com uma alfa-proteobactéria. Da mesma forma, os cloroplastos nas algas vermelhas e verdes parecem ter descendido de uma cianobactéria fotossintetizante que foi englobada por um antigo eucarioto heterotrófico. A endossimbiose secundária também desempenhou um papel importante: várias linhagens de protista adquiriram plastídios englobando algas verdes ou vermelhas unicelulares. **3.** Quatro. O primeiro (e primitivo) genoma é o DNA localizado no núcleo do cloraracniófito. Um cloraracniófito também contém restos de DNA nuclear de uma alga verde, localizada no nucleomorfo. Finalmente, as mitocôndrias e os cloroplastos contêm DNA das (diferentes) bactérias das quais evoluíram. Esses dois genomas procarióticos compreendem o terceiro e o quarto genomas contidos em um cloraracniófito.

Revisão do Conceito 28.2
1. Suas mitocôndrias não possuem uma cadeia de transporte de elétrons e, portanto, não podem funcionar na respiração aeróbica. **2.** Uma vez que o protista desconhecido está mais estreitamente relacionado aos diplomonadídeos do que aos euglenoides, ele deve ter se originado após a linhagem que conduziu aos diplomonadídeos e aos parabasalídeos divergindo dos euglenozoários. Além disso, uma vez que a espécie desconhecida tem mitocôndrias totalmente funcionais – mas tanto diplomonadídeos quanto parabasalídeos não têm – é provável que a espécie desconhecida tenha se originado *antes* do último ancestral comum dos diplomonadídeos e parabasalídeos.

Revisão do Conceito 28.3
1. Como as tecas dos foraminíferos são endurecidas com carbonato de cálcio, elas formam fósseis de longa duração em sedimentos marinhos e rochas sedimentares. **2.** O DNA de plastídio provavelmente seria mais semelhante ao DNA cromossômico de cianobactérias com base na hipótese bem sustentada de que os plastídios eucarióticos (como aqueles encontrados nos grupos eucarióticos listados) se originaram em um evento de endossimbiose em que um eucarioto englobou uma cianobactéria. **3.** Figura 13.6b. Algas e plantas com alternância de gerações possuem um estágio multicelular haploide *e* um estágio multicelular diploide. Nos outros dois ciclos de vida, tanto o estágio haploide como o estágio diploide são unicelulares. **4.** Durante a fotossíntese, as algas aeróbicas produzem O_2 e utilizam CO_2. O O_2 é produzido como um subproduto das reações de luz, enquanto o CO_2 é usado como uma entrada para o ciclo de Calvin (cujos produtos finais são açúcares). As algas aeróbicas também realizam a respiração celular, que utiliza O_2 como substrato e produz CO_2 como resíduo.

Revisão do Conceito 28.4
1. Muitas algas vermelhas contêm um pigmento fotossintético chamado ficoeritrina, que lhes dá uma cor avermelhada e permite que realizem a fotossíntese em águas costeiras relativamente profundas. Também ao contrário das algas pardas, as algas vermelhas não têm estágios flagelados em seu ciclo de vida e devem depender das correntes de água para reunir os gametas para a fertilização. **2.** *Ulva* contém muitas células, e seu corpo é diferenciado em lâminas semelhantes a folhas e um rizoide semelhante a uma raiz. O corpo de *Caulerpa* é composto de filamentos multinucleados sem paredes transversais, por isso, é essencialmente uma grande célula. **3.** As algas vermelhas não têm estágios flagelados em seu ciclo de vida e, portanto, dependem das correntes de água para reunir seus gametas. Essa característica de sua biologia pode aumentar a dificuldade de reprodução no ambiente terrestre. Em contraste, os gametas das algas verdes são flagelados, o que lhes permite nadar em finas películas de água. Além disso, uma variedade de algas verdes contém compostos em seu citoplasma, parede celular ou revestimento zigoto que protegem contra a luz solar intensa e outras condições terrestres. Esses compostos podem ter aumentado a chance de que descendentes de algas verdes sobrevivessem na terra.

Revisão do Conceito 28.5
1. Amebozoários têm pseudópodos em forma de lóbulo ou tubo, ao passo que foraminíferos têm pseudópodos filiformes. **2.** Os bolores limosos são semelhantes aos fungos, pois produzem corpos frutíferos que auxiliam na dispersão dos esporos e são semelhantes aos animais, pois são móveis e ingerem alimentos. No entanto, os bolores limosos estão mais estreitamente relacionados com tubulinídeos e entamoebas do que com fungos ou animais. **3.** Os genes usados para estimar a árvore mostrada na Figura 28.26 foram transferidos de uma alfa-proteobactéria para um eucarioto primitivo. Com base nas sequências desses genes, os eucariotos deveriam estar mais estreitamente relacionados às alfa-proteobactérias do que a qualquer outra linhagem de procariotos. Assim, alfa-proteobactérias são adequadas como um grupo externo para os eucariotos (o grupo de espécies cujas relações estamos tentando determinar).

Revisão do Conceito 28.6
1. Como os protistas fotossintetizantes constituem a base das teias alimentares aquáticas, muitos organismos aquáticos dependem deles para alimentação, direta ou indiretamente (além disso, uma porcentagem substancial do oxigênio produzido pela fotossíntese é feita por protistas fotossintetizantes). **2.** Os protistas formam associações mutualísticas e parasitárias com outros organismos. Os exemplos incluem dinoflagelados fotossintetizantes que formam uma simbiose mutualística com pólipos de coral; parabasalídeos que formam uma simbiose mutualística com térmites; e o estramenópilo *Phytophthora ramorum*, um parasita dos carvalhos. **3.** Os corais dependem de seus simbiontes dinoflagelados para se alimentarem, então o branqueamento dos corais pode causar a morte dos corais. À medida que os corais morrem, menos comida ficaria disponível para peixes e outras espécies que comem coral. Como resultado, as populações dessas espécies podem diminuir, e isso, por sua vez, pode fazer com que as populações de seus predadores diminuam. **4.** As duas abordagens diferem nas mudanças

evolutivas que podem provocar. Uma cepa de *Wolbachia* que confere resistência à infecção por *Plasmodium* e não faz mal aos mosquitos se espalharia rapidamente pela população de mosquitos. Nesse caso, a seleção natural favoreceria qualquer indivíduo de *Plasmodium* que pudesse superar a resistência à infecção conferida por *Wolbachia*. Se forem usados inseticidas, os mosquitos que são resistentes ao inseticida seriam favorecidos pela seleção natural. Portanto, o uso de *Wolbachia* pode causar evolução em populações de *Plasmodium*, enquanto o uso de inseticidas pode causar evolução em populações de mosquitos.

Questões do Resumo dos conceitos-chave
28.1 Exemplos de resposta: protistas, plantas, animais e fungos são semelhantes no sentido de que suas células têm um núcleo e outras organelas envoltas por membrana, ao contrário das células dos procariotos. Essas organelas envoltas por membrana tornam as células dos eucariotos mais complexas do que as células dos procariotos. Protistas e outros eucariotos também diferem dos procariotos por terem um citoesqueleto bem desenvolvido que os permite ter formas assimétricas e mudar de forma à medida que se alimentam, se movem ou crescem. Com relação às diferenças entre protistas e outros eucariotos, a maioria dos protistas são unicelulares, ao contrário de animais, das plantas e da maioria dos fungos. Os protistas também têm maior diversidade nutricional do que outros eucariotos. **28.2** Características únicas do citoesqueleto são compartilhadas por muitos excavata. Além disso, alguns membros de Excavata possuem uma ranhura de alimentação "escavada", que deu o nome ao grupo. Além disso, estudos genômicos recentes apoiam a monofilia do supergrupo excavata. **28.3** Supõe-se que os estramenópilos e os alveolados tenham se originado por endossimbiose secundária. Sob essa hipótese, podemos inferir que o ancestral comum desses dois grupos possuía um plastídio, neste caso, de origem de algas vermelhas. Assim, esperaríamos que os apicomplexos (e protistas alveolados ou estramenópilos) teriam plastídios ou teriam perdido seus plastídios ao longo da evolução. **28.4** Algas vermelhas, algas verdes e plantas são colocadas no mesmo supergrupo porque evidências consideráveis indicam que todos esses organismos descendem do mesmo ancestral, um antigo protista heterotrófico que adquiriu um endossimbionte cianobacteriano. **28.5** Os unicontes são um grupo diverso de eucariotos que inclui muitos protistas, juntamente com animais e fungos. A maioria dos protistas em Unikonta são amebozoários, um clado de amebas que têm pseudópodos em forma de lóbulo ou tubo (em oposição aos pseudópodos filiformes dos Rhizaria). Outros protistas em Unikonta incluem vários grupos estreitamente relacionados a fungos e vários outros grupos estreitamente relacionados a animais. **28.6** Exemplos de resposta: protistas ecologicamente importantes incluem dinoflagelados fotossintetizantes que fornecem fontes essenciais de energia para seus parceiros simbióticos, os corais que constroem os recifes de coral. Outros protistas simbiontes importantes incluem aqueles que permitem às térmites digerir madeira e *Plasmodium*, o patógeno que causa a malária. Os protistas fotossintetizantes, como as diatomáceas, estão entre os produtores mais importantes nas comunidades aquáticas; como tal, muitas outras espécies em ambientes aquáticos dependem deles para alimentação.

Teste seu conhecimento
1. D   **2.** B   **3.** B   **4.** D   **5.** D   **6.** C
7.

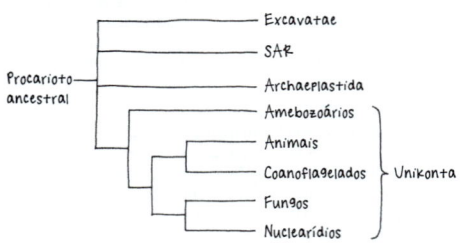

Patógenos que compartilham um ancestral comum relativamente recente com humanos provavelmente também compartilharão características metabólicas e estruturais com humanos. Como as drogas têm como alvo o metabolismo ou a estrutura do patógeno, o desenvolvimento de drogas que prejudiquem o patógeno, mas não o paciente, deve ser mais difícil para os patógenos com os quais compartilhamos a história evolutiva mais recente. Trabalhando para trás no tempo, podemos usar a árvore filogenética para determinar a ordem em que os humanos compartilharam um ancestral comum com patógenos em diferentes táxons. Esse processo leva à previsão de que deveria ser mais difícil desenvolver drogas para combater patógenos animais, seguido por patógenos coanoflagelados, patógenos fúngicos e nuclearídios, amebozoários, outros protistas e, finalmente, procariotos.

Capítulo 29
Questões das figuras
Figura 29.5 Os ciclos de vida de plantas e algumas algas, mostrados na Figura 13.6b, têm alternância de gerações; outros ciclos de vida não têm. Diferentemente do ciclo de vida animal (Figura 13.6a), nos ciclos de vida vegetal/algáceo, a meiose produz esporos, não gametas. Em seguida, esses esporos haploides se dividem repetidamente por mitose, formando por fim um indivíduo haploide multicelular que produz gametas. Não há estágio haploide multicelular no ciclo de vida animal. Um ciclo de vida com alternância de gerações possui também um estágio diploide multicelular, ao passo que o ciclo de vida da maioria dos fungos e alguns protistas mostrado na Figura 13.6c não tem. **Figura 29.10** Plantas, plantas vasculares e plantas com sementes são monofiléticas porque cada um desses grupos abrange o ancestral comum do grupo e todos os descendentes daquele ancestral comum. As outras duas categorias de plantas – as plantas avasculares e as plantas vasculares sem sementes – são parafiléticas. Esses grupos não incluem todos os descendentes do ancestral comum mais recente do grupo. **Figura 29.11** Sim. Conforme mostrado no diagrama, espermatozoide e oosfera que se fusionam resultaram da divisão mitótica de esporos produzidos pelo mesmo esporófito. Contudo, esses esporos diferem geneticamente entre si porque foram produzidos por meiose, um processo de divisão celular que gera variabilidade genética entre as células descendentes. **Figura 29.14** Uma vez que o musgo reduz a perda de nitrogênio do ecossistema, as espécies que tipicamente colonizam os solos depois dele provavelmente têm níveis mais altos de nitrogênio no solo do que, de outro modo, teriam. O aumento da disponibilidade de nitrogênio resultante talvez beneficie essas espécies porque ele é um nutriente essencial muitas vezes escasso. **Figura 29.17** Uma samambaia com espermatozoide dispersado pelo vento não necessitaria de água para fecundação, afastando, assim, uma dificuldade que essas plantas enfrentam quando vivem em ambientes áridos. A samambaia também estaria sob forte pressão seletiva para produzir espermatozoide acima do solo (ao contrário da situação atual, em que alguns gametófitos de samambaias localizam-se abaixo do solo).

Revisão do Conceito 29.1
1. As plantas compartilham algumas características-chave somente com as carófitas: anéis de complexos sintetizadores de celulose e similaridade na estrutura do gameta masculino. Comparações de sequências de DNA nuclear, cloroplastídico e mitocondrial também indicam que certos grupos de carófitas (como *Zygnema*) são os parentes vivos mais próximos de plantas. **2.** As respostas possíveis abrangem paredes endurecidas por esporopolenina (protege contra condições ambientais adversas); embriões multicelulares dependentes (fornecem nutrientes e proteção ao embrião em desenvolvimento); cutícula (reduz a perda de água); estômatos (controlam o intercâmbio gasoso e reduzem a perda de água). **3.** O estágio diploide multicelular do ciclo de vida não produziria gametas. Em vez disso, machos e fêmeas produziriam esporos haploides por meiose. Esses esporos originariam estágios haploides multicelulares masculinos e femininos – uma mudança expressiva em relação aos estágios haploides unicelulares (espermatozoides e oosferas) que atualmente temos. Os estágios haploides multicelulares produziriam gametas e se reproduziriam sexualmente. Um indivíduo no estágio haploide multicelular do ciclo de vida humano poderia se parecer a nós ou poderia ser completamente diferente.

Revisão do Conceito 29.2
1. As briófitas, na maioria, não têm um sistema vascular, e o seu ciclo de vida é dominado por gametófitos em vez de esporófitos. **2.** As respostas podem incluir o seguinte: a área de superfície grande do protonema aumenta a absorção de água e minerais; os arquegônios em forma de vaso protegem as oosferas durante a fecundação e transportam nutrientes para os embriões via células de transferência da placenta; a seta do tipo pedúnculo conduz nutrientes do gametófito para a cápsula, onde os esporos são produzidos; o peristômio permite a descarga gradual de esporos; os estômatos possibilitam o intercâmbio de CO_2/O_2, enquanto minimizam a perda de água; os esporos leves são facilmente dispersados pelo vento. **3.** Os efeitos do aquecimento global sobre as turfeiras poderiam resultar em retroalimentação positiva, que ocorre quando um produto final de um processo aumenta a sua própria produção. Nesse caso, é esperado que o aquecimento global reduza os níveis da água de algumas turfeiras. Isso exporia a turfa ao ar e causaria a sua decomposição, liberando, portanto, para a atmosfera o CO_2 armazenado. A liberação de mais CO_2 armazenado poderia causar um aquecimento global adicional, que, por sua vez, poderia provocar quedas adicionais nos níveis de água, a liberação de ainda mais CO_2 para a atmosfera, aquecimento adicional e assim por diante: um exemplo de retroalimentação positiva.

Revisão do Conceito 29.3
1. As licófitas têm microfilos, ao passo que as plantas com sementes e monilófitas (samambaias e seus parentes) têm megafilos. Monilófitas e plantas com sementes também compartilham outras características não encontradas nas licófitas, como a iniciação de ramificações novas de raízes em diferentes pontos ao longo do comprimento de uma raiz já existente. **2.** Tanto as plantas vasculares sem sementes quanto as briófitas têm espermatozoides flagelados que necessitam de umidade para a fecundação; essa similaridade compartilhada implica em desafios para essas plantas em regiões áridas. Em relação às diferenças-chave, as plantas vasculares sem sementes têm sistema vascular lignificado bem-desenvolvido, uma característica que permite ao esporófito crescer em altura e que transformou a vida na Terra (através da formação de florestas). As plantas vasculares sem sementes possuem também folhas e raízes verdadeiras, que, quando comparadas com briófitas, proporcionam aumento da área de superfície para a fotossíntese e melhoram sua capacidade de extrair nutrientes do solo. **3.** Três mecanismos contribuem para a geração de variabilidade genética na reprodução sexuada: segregação independente de cromossomos, *crossing over* e fecundação aleatória. Se a fecundação ocorre entre gametas do mesmo gametófito, toda a sua prole seria geneticamente idêntica. Isso aconteceria porque todas as células produzidas por um gametófito – incluindo seus gametas masculinos e femininos

– descendem de um único esporo e, portanto, são geneticamente idênticas. Embora o *crossing over* e a segregação independente dos cromossomos continuassem a gerar variabilidade genética durante a produção de esporos (que, por fim, originam os gametófitos), a magnitude global de variabilidade genética produzida por reprodução sexuada diminuiria.

Questões do Resumo dos conceitos-chave
29.1

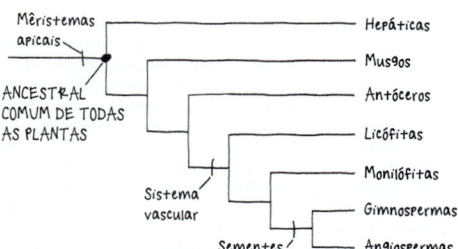

29.2 Alguns musgos colonizam solos arenosos descobertos, levando ao aumento da retenção de nitrogênio nesses ambientes carentes desse elemento. Outros musgos abrigam cianobactérias fixadoras de nitrogênio que aumentam a disponibilidade desse elemento no ecossistema. O musgo do gênero *Sphagnum* é muitas vezes o principal componente dos depósitos de turfa (material orgânico parcialmente decomposto). Regiões pantanosas com camadas espessas de turfa, conhecidas como turfeiras, cobrem amplas regiões geográficas e contêm grandes reservatórios de carbono. Ao armazenarem grandes quantidades de carbono – na verdade, removendo o CO_2 da atmosfera –, as turfeiras afetam o clima global, o que as torna de importância ecológica considerável. **29.3** O sistema vascular lignificado proporcionou a resistência necessária para sustentar uma planta alta contra a gravidade, assim como um mecanismo de transporte de água e nutrientes para as partes vegetais localizadas bem acima do solo. As raízes foram outra característica fundamental, fixando as plantas ao substrato e proporcionando um suporte estrutural adicional para o seu crescimento em altura. As plantas altas poderiam sombrear as plantas mais baixas, suplantando-as, portanto, na competição pela luz. Uma vez que os esporos de uma planta alta, por dispersão, alcançam distâncias maiores do que os esporos de uma planta baixa, é também provável que as plantas altas poderiam colonizar hábitats novos mais rapidamente do que as plantas baixas.

Teste seu conhecimento
1. B **2.** D **3.** C **4.** A **5.** C
6. (a) diploide; (b) haploide; (c) haploide; (d) diploide
7. Com base em nossa compreensão atual da evolução dos principais grupos vegetais, a filogenia tem os quatro pontos de ramificação (dicotomias) mostrados aqui:

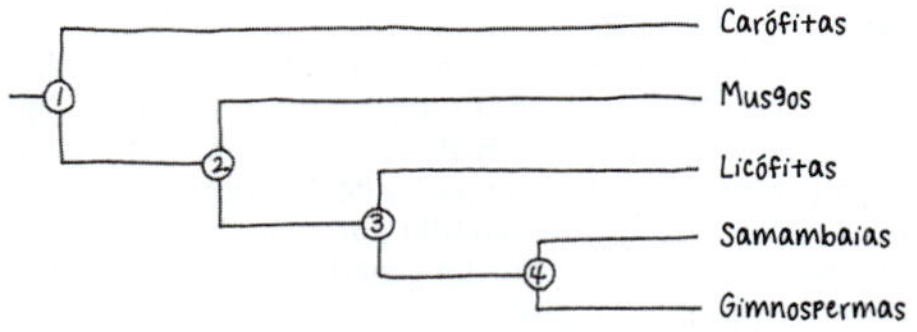

Os caracteres derivados exclusivos ao clado das carófitas e das plantas (indicado pelo ponto de ramificação 1) abrangem anéis de complexos sintetizadores de celulose e estrutura de espermatozoide flagelado. Os caracteres derivados exclusivos do clado das plantas (ponto de ramificação 2) incluem alternância de gerações; embriões dependentes multicelulares; esporos com paredes produzidos em esporângios; e meristemas apicais. Os caracteres derivados exclusivos ao clado das plantas vasculares (ponto de ramificação 3) abrangem ciclos de vida com esporófitos dominantes, sistemas vasculares complexos (xilema e floema), bem como raízes e folhas bem-desenvolvidas. Caracteres derivados exclusivos ao clado das monilófitas e das plantas com sementes (ponto de ramificação 4) incluem megafilos e raízes que podem se ramificar em diferentes pontos ao longo do comprimento de uma raiz já existente.

Capítulo 30
Questões das figuras
Figura 30.2 Ao ficar retido dentro do esporófito, o gametófito (onde se encontra a oosfera) é protegido da radiação UV. A radiação UV é um mutagênio. Portanto, seria de esperar a ocorrência de menos mutações nas oosferas produzidas por um gametófito retido dentro do corpo de um esporófito. As mutações são, na maioria, deletérias. Desse modo, o valor adaptativo (*fitness*) dos embriões deve aumentar porque menos embriões trariam consigo mutações deletérias. **Figura 30.3** A semente contém células de três gerações: (1) o esporófito presente (células de ploidia 2*n*, encontradas na casca da semente e remanescente de megasporângio que envolve a parede do esporo), (2) o gametófito feminino (células de ploidia *n*, encontradas no suprimento alimentar) e (3) o esporófito da próxima geração (células de ploidia 2*n*, encontradas no embrião). **Figura 30.4** Mitose. Um único megásporo haploide se divide por mitose, produzindo um gametófito feminino multicelular haploide (da mesma forma, um único micrósporo haploide se divide por mitose, produzindo um gametófito masculino multicelular).

Figura 30.9

Figura 30.12 O número máximo de sementes que essa flor poderia produzir é seis. É possível fazer essa inferência porque a flor mostrada tem seis óvulos e cada um deles pode se tornar uma única semente. Pelo menos seis grãos de pólen germinariam para produzir seis sementes. **Figura 30.14** Não. A ordem de ramificação mostrada poderia estar correta se as linhagens que levam às angiospermas basais e magnolídeas fossem originadas antes de 150 milhões de anos, mas os fósseis da idade dessa linhagem ainda não tinham sido descobertos. Nessa situação, a referência de 140 milhões de anos de idade para a origem das angiospermas apresentada na filogenia seria incorreta.

Revisão do Conceito 30.1
1. Para alcançar as oosferas, os espermatozoides flagelados das plantas sem sementes devem nadar em uma película de água, por uma distância geralmente inferior a alguns centímetros. Por outro lado, as células espermáticas de plantas com sementes não necessitam de água, pois são produzidas no interior de grãos de pólen que podem percorrer distâncias longas, transportados pelo vento ou por animais polinizadores. Embora flagelados em algumas espécies, os gametas masculinos de plantas com sementes não requerem mobilidade, uma vez que os tubos polínicos os conduzem desde o local em que o grão de pólen é depositado (perto dos óvulos) diretamente para as oosferas. **2.** Os gametófitos reduzidos de plantas com sementes são nutridos pelos esporófitos e protegidos de estresses, como as condições de seca e radiação UV. Os grãos de pólen apresentam paredes contendo esporopolenina que fornece proteção durante o transporte pelo vento ou animais. As sementes possuem uma ou duas camadas de tecido protetor, a casca da semente, que beneficia a sobrevivência ao proporcionar mais proteção de estresses ambientais do que as paredes dos esporos. As sementes contêm também um suprimento alimentar armazenado, que disponibiliza nutrientes para o crescimento após a quebra da dormência e a emergência do embrião como plântula. **3.** Se uma semente não pudesse entrar em dormência, o embrião continuaria a crescer após a fecundação. Como consequência, o embrião pode rapidamente tornar-se demasiadamente grande para ser dispersado, limitando, assim, o transporte. A chance de sobrevivência do embrião talvez seja também reduzida porque ele não poderia retardar o crescimento até que as condições fiquem favoráveis.

Revisão do Conceito 30.2
1. O ciclo de vida do pinheiro ilustra a heterosporia, pois os cones ovulíferos produzem megásporos e os cones polínicos produzem micrósporos. Os gametófitos reduzidos são evidentes na forma dos grãos de pólen microscópicos que se desenvolvem de micrósporos e no gametófito feminino microscópico que se desenvolve do megásporo. A oosfera é mostrada se desenvolvendo dentro de um óvulo, o tubo polínico é exibido transportando a célula espermática. A figura ilustra também as características protetoras e nutritivas de uma semente. **2.** Nos pinheiros, a polinização ocorre quando um grão de pólen é transferido para uma escama ovulífera, a parte de um pinheiro que contém óvulos. A fecundação ocorre quando um núcleo espermático se une ao núcleo de uma oosfera, formando um zigoto (diploide). Embora a polinização seja necessária para a fecundação, existem eventos separados: nos pinheiros, a polinização geralmente ocorre mais de um ano antes da fecundação.
3.

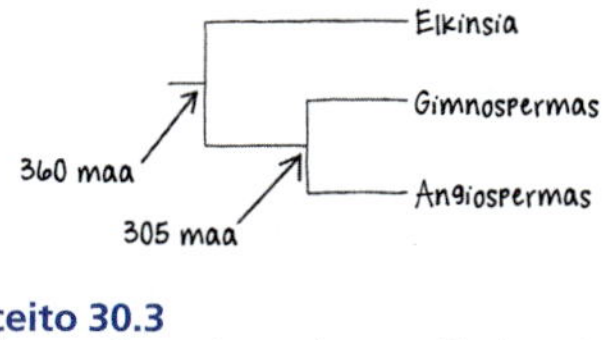

Revisão do Conceito 30.3
1. No ciclo de vida do carvalho, a árvore (o esporófito) produz flores, que contém gametófitos nos grãos de pólen e óvulos; as oosferas nos óvulos são fecundadas; os ovários maduros se desenvolvem em frutos secos, denominados bolotas. Nós podemos visualizar o ciclo de vida do carvalho quando as sementes da bolota germinam, resultando em embriões que originam plântulas e, por fim, árvores maduras, as quais produzem flores – e, em seguida, mais bolotas. **2.** Os cones e as flores de pinheiros possuem esporofilos, folhas modificadas que produzem esporos. Os pinheiros têm cones polínicos (com grãos de pólen) separados dos cones ovulíferos (com óvulos, dentro das escamas do cone). Nas flores, os grãos de pólen são produzidos pelas anteras (nos estames); os óvulos estão dentro dos ovários (nos carpelos). Diferentemente dos cones dos pinheiros, muitas flores produzem tanto grãos de pólen quanto óvulos. **3.** O fato de que o clado com flores de simetria bilateral teve mais espécies estabelece uma correlação entre o aumento nas taxas de especiação e a taxa de especiação vegetal. A forma da flor não necessariamente é responsável pelo resultado final porque a forma (isto é, simetria bilateral ou radial) pode ter sido correlacionada com outro fator que seja a causa real do resultado observado. Contudo, observe que a forma da flor estava associada ao aumento nas taxas de especiação quando as médias foram calculadas em 19 pares diferentes de linhagens vegetais. Uma vez que esses 19 pares de linhagens eram independentes entre si, essa associação sugere – mas não estabelece – que as diferenças na forma da flor causam as diferenças nas taxas de especiação. Em geral, a

forte evidência de causalidade pode provir de experimentos manipuladores controlados, mas tais experimentos habitualmente não são possíveis para estudos de eventos evolutivos.

Revisão do Conceito 30.4
1. A diversidade vegetal pode ser considerada um recurso porque as plantas proporcionam muitos benefícios importantes para os seres humanos; como um recurso, a diversidade vegetal não é renovável, uma vez que, se uma espécie é perdida por extinção, essa perda é permanente. **2.** Uma filogenia detalhada das plantas com sementes identificaria muitos grupos monofiléticos diferentes. Empregando essa filogenia, os pesquisadores poderiam examinar clados que contivessem espécies nas quais compostos medicinais proveitosos já tivessem sido descobertos. A identificação desses clados permitiria aos pesquisadores concentrar sua busca por novos compostos medicinais entre os membros do clado – em vez de procurar compostos novos compostos em espécies que foram selecionadas ao acaso das mais de 290.000 espécies de plantas com sementes existentes.

Questões do Resumo dos conceitos-chave
30.1 O tegumento de um óvulo se transforma na casca protetora de uma semente. O megásporo do óvulo se transforma em um gametófito feminino haploide, e duas partes da semente são relacionada a esse gametófito: o suprimento de alimento da semente é derivado de células do gametófito (haploide) e o embrião da semente se desenvolve após a oosfera do gametófito feminino ser fecundada por uma célula espermática. Um remanescente do megasporângio do óvulo envolve a parede do esporo que encerra o suprimento de alimento da semente e o embrião. **30.2** As gimnospermas surgiram há cerca de 305 milhões de anos, tornando-as um grupo bem-sucedido em termos de longevidade evolutiva. As gimnospermas apresentam os cinco traços derivados comuns a todas as plantas com sementes (gametófitos reduzidos, heterosporia, óvulos, grãos de pólen e sementes), tornando-as bem adaptadas à vida no ambiente terrestre. Por fim, uma vez que atualmente as gimnospermas dominam regiões imensas, o grupo também é altamente bem-sucedido quanto à distribuição geográfica. **30.3** Baseado nos fósseis conhecidos durante sua existência, Darwin estava intrigado com o surgimento relativamente repentino e geograficamente generalizado das angiospermas nos registros fósseis. As evidências fósseis recentes revelam que as angiospermas surgiram e começaram a se diversificar por um período de 20-30 milhões de anos, um evento muito menos rápido do que fora sugerido pelos fósseis conhecidos durante o tempo de Darwin. As descobertas fósseis também evidenciaram linhagens extintas de plantas lenhosas com sementes consideradas como sendo mais intimamente relacionadas às angiospermas do que às gimnospermas; um desses grupos, Bennettitales, tinha estruturas parecidas com flores que talvez tenham sido polinizadas por insetos. Além disso, análises filogenéticas identificaram uma espécie lenhosa, *Ambrorella trichopoda*, como a linhagem mais basal de angiospermas existentes. O fato de que tanto os ancestrais de angiospermas extintas como o táxon mais basal de angiospermas existentes serem lenhosos sugere que o ancestral comum de angiospermas também era lenhoso. **30.4** É possível que a perda de florestas tropicais contribua para o aquecimento global (que teria efeitos negativos em muitas sociedades humanas). As pessoas dependem também da biodiversidade da Terra para diversos produtos e serviços; logo, elas seriam prejudicadas pela perda de espécies que ocorreria se as florestas tropicais remanescentes fossem derrubadas. Em relação a uma possível extinção em massa, as florestas tropicais abrigam pelo menos 50% das espécies da Terra. Se as florestas tropicais remanescentes fossem destruídas, muitas dessas espécies poderiam ser levadas à extinção, equiparando-se, assim, às perdas ocorridas nos cinco eventos de extinção em massa documentados no registro fóssil.

Teste seu conhecimento
1. C **2.** B **3.** A **4.** D **5.** C
6.

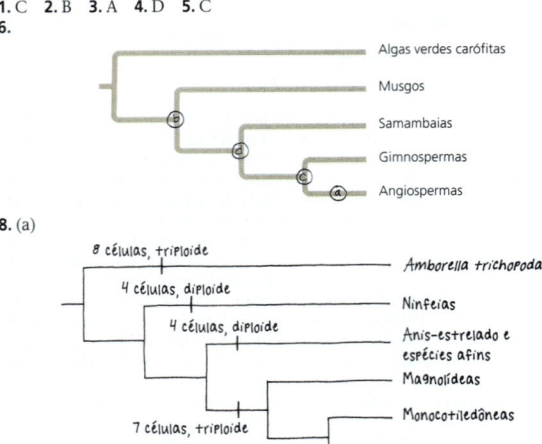

8. (a)

(b) A filogenia indica que as angiospermas basais diferiram das outras angiospermas quanto ao número de células nos gametófitos femininos e à ploidia do endosperma. O estado ancestral das angiospermas não pode ser determinado somente a partir desses dados. É possível que o ancestral comum das angiospermas tivesse gametófitos femininos com sete células e endosperma triploide; portanto, as condições de oito e quatro células constatadas nas angiospermas basais representam traços derivados dessas linhagens. Alternativamente, a condição de oito células ou a de quatro células pode representar o estado ancestral.

Capítulo 31
Questões das figuras
Figura 31.2 O DNA de cada um desses cogumelos seria idêntico se cada cogumelo fizesse parte de uma única rede de hifas, como é provável. **Figura 31.5** Os esporos haploides produzidos na parte sexuada do ciclo de vida se desenvolvem a partir de núcleos haploides que foram produzidos por meiose; como a recombinação genética ocorre durante a meiose, esses esporos serão geneticamente diferentes uns dos outros. Em contraste, os esporos haploides produzidos na parte assexuada do ciclo de vida se desenvolvem a partir de núcleos produzidos por mitose; como resultado, esses esporos são geneticamente idênticos um ao outro. **Figura 31.17** Um ou ambos os itens a seguir se aplicam a cada espécie: as análises de DNA revelariam que ele é um membro do clado ascomiceto, ou aspectos de seu ciclo de vida sexuada indicariam que ele é um ascomiceto (por exemplo, produziria asco e ascósporos). **Figura 31.18** A hifa é composta de células haploides (n), conforme indicado pela seta azul atrás dela. **Figura 31.20** O cogumelo é um basidiocarpo, ou corpo de frutificação, do micélio dicariótico, e, portanto, uma célula de seu pedúnculo seria dicariótica ($n + n$). **Figura 31.22** Dois controles possíveis seriam E-P- e E+P-. Os resultados do controle E-P- podem ser comparados com os resultados do experimento E-P+, e os resultados do controle E+P- podem ser comparados com os resultados do experimento E+P+. Juntas, essas duas comparações indicariam se a adição do patógeno causa um aumento na mortalidade foliar. Os resultados de um experimento E-P- também podem ser comparados com os resultados do segundo controle (E+P-) para determinar se a adição de endófitos do fungo tem um efeito negativo na planta.

Revisão do Conceito 31.1
1. Tanto um fungo quanto um ser humano são heterótrofos. Muitos fungos digerem seus alimentos externamente, secretando enzimas nos alimentos e, em seguida, absorvendo as pequenas moléculas que resultam da digestão. Outros fungos absorvem essas pequenas moléculas diretamente do seu ambiente. Em contraste, os humanos (e a maioria dos outros animais) ingerem porções relativamente grandes de comida e digerem a comida dentro de seus corpos. **2.** Os ancestrais de tal mutualista provavelmente secretaram enzimas poderosas para digerir o corpo de seu inseto hospedeiro. Uma vez que tais enzimas prejudicariam um hospedeiro vivo, é provável que o mutualista não produzisse tais enzimas ou restringisse sua secreção e uso. **3.** O carbono que entra na planta através dos estômatos é fixado em açúcar por meio da fotossíntese. Alguns desses açúcares são absorvidos pelo fungo que faz parceria com a planta para formar micorrizas; outros são transportados dentro do corpo da planta e usados na planta. Assim, o carbono pode ser depositado no corpo da planta ou no corpo do fungo.

Revisão do Conceito 31.2
1. A maior parte do ciclo de vida do fungo é passada no estágio haploide, enquanto a maior parte do ciclo de vida humano é passado no estágio diploide. **2.** Os dois cogumelos podem ser estruturas reprodutivas do mesmo micélio (o mesmo organismo). Ou podem ser partes de dois organismos separados que surgiram de um único organismo parental por meio da reprodução assexuada (por exemplo, de dois esporos assexuados geneticamente idênticos) e, portanto, carregam a mesma informação genética.

Revisão do Conceito 31.3
1. Evidências de DNA indicam que fungos, animais e seus parentes protistas formam um clado, os opistocontes. Além disso, quitrídeos e outros fungos considerados membros de linhagens basais têm flagelos posteriores, como a maioria dos outros opistocontes. Isso sugere que outras linhagens de fungos perderam seus flagelos após divergir de ancestrais que tinham flagelos. **2.** As micorrizas formam extensas redes de hifas através do solo, permitindo que os nutrientes sejam absorvidos com mais eficiência do que uma planta sozinha; isso é verdade hoje, e associações semelhantes foram provavelmente muito importantes para as plantas primitivas (que não tinham raízes). Evidências para a antiguidade de associações micorrízicas incluem fósseis mostrando micorrizas arbusculares na planta primitiva *Aglaophyton* e resultados moleculares mostrando que os genes necessários para a formação de micorrizas estão presentes em hepáticas e outras linhagens vegetais basais. **3.** Os fungos são heterotróficos. Antes da colonização do ambiente terrestre pelas plantas, os fungos terrestres teriam vivido onde outros organismos (ou seus restos) estiveram presentes e forneceram uma fonte de alimento. Assim, se os fungos colonizaram a terra antes das plantas, eles poderiam ter se alimentado de procariotos ou protistas que viviam no ambiente terrestre ou na beira da água – mas não nas plantas ou animais de que muitos fungos se alimentam hoje.

Revisão do Conceito 31.4
1. Esporos flagelados; evidências moleculares também sugerem que os quitrídeos incluem espécies pertencentes a linhagens que divergiram de outros fungos no início da história do grupo. **2.** As respostas possíveis incluem o seguinte: nos mucoromicetos, o robusto zigosporângio de paredes espessas pode resistir a condições adversas e, então, sofrer cariogamia e meiose quando o ambiente é favorável

para a reprodução. Em um grupo de mucoromicetos, os glomeromicetos, as hifas têm uma morfologia especializada que permite aos fungos formar micorrizas arbusculares com raízes de plantas. Nos ascomicetos, os esporos assexuados (conídios) são frequentemente produzidos em cadeias ou aglomerados nas pontas dos conidióforos, onde são facilmente dispersos pelo vento. Os ascocarpos, muitas vezes em forma de taça, abrigam o asco formador de esporos sexuais. Em basidiomicetos, o basidiocarpo suporta e protege uma grande área de superfície de basídios, da qual os esporos são dispersos. **3.** Essa mudança no ciclo de vida de um ascomiceto reduziria o número e a diversidade genética de ascósporos que resultam de um evento de acasalamento. O número de ascósporos cairia porque um evento de acasalamento levaria à formação de apenas um asco. A diversidade genética dos ascósporos também diminuiria porque, nos ascomicetos, um evento de acasalamento leva à formação de ascos por muitas células dicarióticas diferentes. Como resultado, a recombinação genética e a meiose ocorrem independentemente muitas vezes – o que não poderia acontecer se apenas um único asco fosse formado. Também é provável que, se esse ascomiceto formasse um ascocarpo, a forma do ascocarpo seria consideravelmente diferente daquela encontrada em seus parentes próximos.

Revisão do Conceito 31.5
1. Um ambiente adequado para o crescimento, retenção de água e minerais, proteção contra luz solar intensa e proteção contra predação. **2.** Um estágio de esporo resistente permite a dispersão para organismos hospedeiros por meio de uma variedade de mecanismos; sua capacidade de crescer rapidamente em um novo ambiente favorável permite que eles se beneficiem dos recursos do hospedeiro. **3.** Muitos resultados diferentes poderiam ter ocorrido. Os organismos que atualmente formam mutualismos com fungos poderiam ter adquirido a capacidade de realizar as tarefas atualmente realizadas por seus parceiros fúngicos ou podem ter formado mutualismos semelhantes com outros organismos (como bactérias). Alternativamente, organismos que atualmente formam mutualismos com fungos poderiam ser menos eficazes em viver em seus ambientes atuais. Por exemplo, a colonização do ambiente terrestre por plantas poderia ter sido mais difícil. E, se as plantas eventualmente tivessem colonizado o ambiente terrestre sem os fungos mutualistas, a seleção natural poderia ter favorecido as plantas que formaram sistemas mais altamente ramificados e extensos de raízes (em parte substituindo as micorrizas).

Questões do Resumo dos conceitos-chave
31.1 O corpo de um fungo multicelular normalmente consiste em filamentos finos chamados hifas. Esses filamentos formam uma massa entrelaçada (micélio) que penetra no substrato no qual o fungo cresce e se alimenta. Como os filamentos individuais são finos, a relação superfície/volume do micélio é maximizada, tornando a absorção de nutrientes altamente eficiente.
31.2

31.3 Análises filogenéticas mostram que os fungos e os animais estão mais estreitamente relacionados entre si do que com outros eucariotos multicelulares (como plantas ou algas multicelulares). Essas análises também mostram que os fungos estão mais estreitamente relacionados aos protistas unicelulares chamados nucleariídeos do que aos animais, enquanto os animais estão mais estreitamente relacionados a um grupo diferente de protistas unicelulares, os coanoflagelados, do que aos fungos. Em combinação, esses resultados indicam que a multicelularidade evoluiu em fungos e animais de forma independente, a partir de diferentes ancestrais unicelulares.
31.4

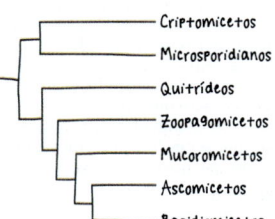

31.5 Como decompositores, os fungos decompõem os corpos dos organismos mortos, reciclando, assim, os elementos entre os ambientes vivos e não vivos. Sem as atividades dos decompositores fúngicos e bacterianos, os nutrientes essenciais permaneceriam presos à matéria orgânica, e a vida como a conhecemos cessaria. Como exemplo de seu papel fundamental como mutualistas, os fungos formam associações micorrízicas com as plantas. Essas associações melhoram o crescimento e a sobrevivência das plantas, afetando indiretamente muitas outras espécies (incluindo os humanos) que dependem das plantas. Como patógenos, os fungos prejudicam outras espécies. Em alguns casos, os patógenos fúngicos causaram o declínio de suas populações hospedeiras em amplas regiões geográficas, como no caso da castanha americana.

Teste seu conhecimento
1. B **2.** D **3.** A **4.** D

Capítulo 32
Questões das figuras
Figura 32.3 Como descrito em ❶ e ❷, coanoflagelados e uma ampla gama de animais possuem células de colar. Como tais células nunca foram observadas em plantas, fungos ou protistas não coanoflagelados, isso sugere que coanoflagelados podem ser mais proximamente relacionados a animais do que a outros eucariontes. Se coanoflagelados são mais proximamente relacionados a animais do que a qualquer outro grupo de eucariontes, coanoflagelados e animais deveriam compartilhar outras características que não são encontradas em outros eucariontes. Os dados descritos em ❸ são consistentes com esta predição. **Figura 32.8** (1) Qualquer fatia imaginária através do eixo central de um animal radial divide seu corpo em imagens espelhadas. Como resultado, um animal radial não possui lados anterior e posterior, nem direito e esquerdo.
(2)

Figura 32.11 Cnidaria é o grupo-irmão nesta árvore.

Revisão do Conceito 32.1
1. Na maioria dos animais, o zigoto sofre clivagem, a qual leva à formação da blástula. Em seguida, na gastrulação, uma extremidade do embrião se dobra para dentro, produzindo camadas de tecido embrionário. À medida que as células dessas camadas se diferenciam, uma ampla variedade de formas animais é produzida. Apesar da diversidade de formas animais, o desenvolvimento animal é controlado por um conjunto similar de genes *Hox* em uma ampla gama de táxons.
2. A planta imaginária iria necessitar de tecidos compostos de células que fossem análogas às células nervosas e musculares encontradas em animais: tecido "muscular" seria necessário para a planta perseguir a presa, e tecido "nervoso" seria requerido para a planta coordenar seus movimentos durante a perseguição. Para digerir a presa capturada, a planta necessitaria ou secretar enzimas para dentro de uma ou mais cavidades digestórias (que poderiam ser folhas modificadas, como em uma planta carnívora) ou secretar enzimas para fora de seu corpo e alimentar-se por absorção. Para extrair nutrientes do solo – e ainda ser capaz de perseguir a presa –, a planta necessitaria de algo diferente de raízes fixas, talvez raízes "retráteis" ou uma maneira de ingerir solo. Para fazer fotossíntese, a planta iria requerer cloroplastos. De modo geral, tal planta imaginária seria muito similar a um animal que tivesse cloroplastos e raízes retráteis.

Revisão do Conceito 32.2
1. c, b, a, d **2.** A parte em vermelho da árvore representa ancestrais de animais que viveram entre 1 bilhão de anos e 770 milhões de anos atrás. Embora esses ancestrais sejam mais proximamente relacionados a animais do que a fungos, eles não seriam classificados como animais. Um exemplo de um ancestral representado pela parte em vermelho da árvore é o ancestral comum mais recente compartilhado por coanoflagelados e animais (ver Figura 32.3). O ancestral comum não era um animal (ou um coanoflagelado), mas era um ancestral direto dos animais. **3.** Na descendência com modificação, um organismo compartilha características com seus ancestrais (devido à sua ancestralidade comum), porém também difere deles (porque organismos acumulam diferenças ao longo do tempo, à medida que se adaptam ao seu ambiente). Como um exemplo, considere a evolução de proteínas caderinas de animais, um passo fundamental na origem dos animais multicelulares. Essas proteínas ilustram ambos esses aspectos de descendência com modificação: proteínas caderinas animais compartilham muitos domínios proteicos com uma proteína similar à caderina encontrada em seus ancestrais coanoflagelados, ainda que elas também tenham um domínio "CCD" único, que não é encontrado em coanoflagelados.

Revisão do Conceito 32.3
1. Um caracol tem um padrão de clivagem espiral e determinado; um humano possui uma clivagem radial e indeterminada. Em um caracol, a cavidade celômica é formada pela divisão de massas de mesoderme; em um humano, o celoma forma-se de dobras do arquêntero. Em um caracol, a boca forma-se do blastóporo; em um humano, o ânus desenvolve-se do blastóporo. **2.** Animais que não possuem uma cavidade corporal tendem a ter corpos finos e achatados. Tais animais não necessitam de um sistema de transporte interno: com corpos que possuem somente algumas células de espessura, a troca de nutrientes, gases e resíduos metabólicos pode ocorrer através de toda a superfície corporal. **3.** A maioria dos triploblastos possui duas aberturas em seu trato digestório, uma boca e um ânus. Como tais, seus corpos possuem uma estrutura análoga à de uma rosquinha. O trato digestório (o buraco da rosquinha) estende-se da boca ao ânus e é envolto

por vários tecidos (a parte sólida da rosquinha). A analogia da rosquinha é mais óbvia em estágios iniciais do desenvolvimento (ver Figura 32.10c).

Revisão do Conceito 32.4
1. Cnidários possuem tecidos, enquanto esponjas não. Também diferentemente de esponjas, cnidários exibem simetria corporal, embora esta seja radial e não bilateral como na maioria dos outros filos animais.
2.

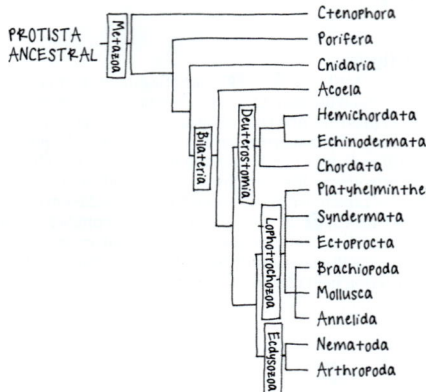

Sob a hipótese de que ctenóforos são metazoários basais, esponjas (que não possuem tecidos) estariam agrupadas dentro de um clado no qual todos os demais membros possuem tecidos. Como resultado, um grupo composto de animais com tecidos não formaria um clado. **3.** A filogenia na Figura 32.11 indica que moluscos são membros de Lophotrochozoa, um dos três grupos principais de bilatérios (os outros sendo Deuterostomia e Ecdysozoa). Como visto na Figura 25.11, o registro fóssil mostra que moluscos estavam presentes dezenas de milhões de anos antes da explosão do Cambriano. Portanto, muito antes da explosão do Cambriano, o clado lofotrocozoário tinha se formado e estava evoluindo independentemente das linhagens evolutivas levando aos Deuterostomia e Ecdysozoa. Com base na filogenia da Figura 32.11, nós também podemos concluir que as linhagens levando a Deuterostomia e Ecdysozoa eram independentes uma da outra antes da explosão do Cambriano. Como as linhagens que levaram aos três principais clados de bilatérios estavam evoluindo independentemente uma da outra antes da explosão do Cambriano, essa explosão poderia ser vista, de fato, como consistindo de três "explosões", não apenas uma.

Questões do Resumo dos conceitos-chave
32.1 Diferentemente de animais, os quais são heterótrofos que ingerem seu alimento, plantas são autótrofos, e fungos são heterótrofos que crescem sobre seu próprio alimento, o qual é absorvido. Os animais não possuem paredes celulares, as quais são encontradas em plantas e fungos. Animais também têm tecido muscular e tecido nervoso, os quais não são encontrados em plantas nem em fungos. Além disso, o espermatozoide e o óvulo de animais são células produzidas por divisão meiótica, diferentemente do que ocorre em plantas e fungos (onde células reprodutivas como espermatozoides e óvulos são originadas por divisão mitótica). Por fim, animais regulam o desenvolvimento da forma corporal com genes *Hox*, um grupo único de genes que não é encontrado em plantas ou fungos. **32.2** Hipóteses atuais sobre a causa da explosão do Cambriano incluem novas relações predador-presa, um aumento no oxigênio atmosférico e um aumento na flexibilidade desenvolvimental proporcionada pela origem dos genes *Hox* e outras mudanças genéticas. **32.3** Planos corporais fornecem um modo útil de comparar e contrastar características fundamentais de organismos. Contudo, análises filogenéticas mostram que planos corporais semelhantes surgiram independentemente em diferentes grupos de organismos. Assim, planos corporais similares podem ter surgido por evolução convergente e, portanto, podem não ser informativos para elucidar relações evolutivas. **32.4** Listados em ordem do clado mais para o menos inclusivo, humanos pertencem a Metazoa, Eumetazoa, Bilateria, Deuterostomia e Chordata.

Teste seu conhecimento
1. A **2.** D **3.** C **4.** C

Capítulo 33
Questões das figuras
Figura 33.7 *Obelia* é um animal, e seu ciclo de vida é, de fato, muito similar ao ciclo de vida generalizado de animais (Figura 13.6a). Em *Obelia*, tanto o pólipo quanto a medusa são organismos diploides. Como em outros animais, em *Obelia*, somente os gametas unicelulares são haploides. Em contrapartida, plantas e algumas algas (Figura 13.6b) têm uma geração multicelular haploide e uma geração multicelular diploide. *Obelia* também difere de fungos e alguns protistas (Figura 13.6c) pelo fato de o estágio diploide destes organismos ser unicelular. **Figura 33.8** Possíveis exemplos incluem o complexo de Golgi (achatamento; aumenta a área para receber e transportar proteínas), as cristas mitocondriais (dobramento; aumenta a área de superfície disponível para respiração celular),

o sistema cardiovascular (ramificação; aumenta a área para troca de materiais dentro de tecidos) e os pelos nas raízes (projeções; aumenta a área para absorção). **Figura 33.10** A adição de fertilizantes ao suprimento de água provavelmente aumentaria a abundância de algas, o que, por sua vez, provavelmente aumentaria a abundância de caramujos (que se alimentam de algas). Se a água também fosse contaminada com fezes ou urina humanos, um aumento do número de caramujos levaria provavelmente a um aumento na abundância de trematódeos (que necessitam de caramujos como seus hospedeiros intermediários). Como resultado, a ocorrência de esquistossomose poderia aumentar. **Figura 33.21** A extinção de bivalves de água doce poderia levar a um aumento na abundância de protistas e bactérias fotossintéticos. Como esses organismos estão na base de teias alimentares aquáticas, elevações na sua abundância poderiam ter grandes efeitos sobre comunidades aquáticas (incluindo tanto aumento quanto decréscimo na abundância de outras espécies). **Figura 33.29** Tal resultado seria consistente com a hipótese de que a origem dos genes *Hox Ubx* e *abd-A* desempenhou um papel fundamental no aumento da diversidade de segmentação corporal em artrópodes, ao longo da evolução. Entretanto, observe que esse resultado mostraria simplesmente que a presença dos genes *Hox Ubx* e *abd-A* correlacionou-se com um aumento na diversidade de segmentos corporais em artrópodes; ele não fornece evidência experimental direta de que a origem de tais genes *causou* o aumento nessa diversidade. **Figura 33.35** Você deveria ter circulado o clado que inclui os insetos, remipédios e outros crustáceos, junto com o ponto da ramificação que representa seu ancestral comum mais recente.

Revisão do Conceito 33.1
1. Os flagelos de coanócitos drenam água através de seus colares, os quais capturam partículas de alimento. As partículas são engolfadas por fagocitose e digeridas por coanócitos ou amebócitos. **2.** As células de colar das esponjas mostram uma semelhança surpreendente com a célula de coanoflagelados. Isso sugere que o ancestral comum mais recente de animais e seu grupo-irmão protista pode ter sido semelhante a um coanoflagelado. Entretanto, mesomicetozoários ainda poderiam ser o grupo-irmão desses animais. Se este for o caso, a falta de células-colar em mesomicetozoários indicaria que, ao longo do tempo, sua estrutura evoluiu de maneira a que perdesse sua semelhança com uma célula coanoflagelada. É possível também que a semelhança entre coanoflagelados e células de colar das esponjas seja resultado de evolução convergente.

Revisão do Conceito 33.2
1. Pólipos e medusas são compostos de uma epiderme externa e uma gastroderme interna, separadas por uma camada gelatinosa, a mesogleia. O pólipo é uma forma cilíndrica que se adere ao substrato por sua extremidade aboral; a medusa é uma forma achatada, com a boca na superfície inferior, que se move livremente na água. **2.** Tanto um pólipo alimentar quanto uma medusa são diploides, como indicado pela seta cor-de-rosa no diagrama. O estágio de medusa produz gametas haploides. **3.** A evolução não é orientada por uma meta; portanto, não seria correto arguir que cnidários não são "altamente evoluídos" simplesmente porque sua forma mudou relativamente pouco nos últimos 560 milhões de anos. Em vez disso, o fato de que cnidários têm persistido por centenas de milhões de anos indica que o plano corporal cnidário é muito bem-sucedido.

Revisão do Conceito 33.3
1. Platelmintos podem absorver alimento de seu ambiente e liberar amônia para seu ambiente através de sua superfície corporal, porque sua forma é muito plana, devido, em parte, à falta de uma cavidade corporal. **2.** O tubo interno é o canal alimentar, que se estende ao longo do corpo. O tubo externo é a parede do corpo. Os dois tubos são separados pelo celoma. **3.** Todos os moluscos herdaram um pé muscular de seu ancestral comum. Entretanto, em diferentes grupos de moluscos, a estrutura do pé modificou-se ao longo do tempo por seleção natural. Em gastrópodes, o pé é utilizado como um apoio ou para o movimento lento sobre o substrato. Em cefalópodes, o pé foi modificado em parte dos tentáculos e em um sifão exalante, pelo qual a água é propelida (resultando em um movimento na direção oposta).

Revisão do Conceito 33.4
1. Nematódeos não possuem segmentos no corpo nem celoma; anelídeos têm ambos. **2.** O exoesqueleto artrópode, o qual já havia evoluído no oceano, permite às espécies terrestres reter água e sustentar seu corpo sobre o substrato. As asas permitem aos insetos dispersarem rapidamente para novos hábitats em busca de alimento e de parceiros sexuais. O sistema traqueal permite uma troca gasosa eficiente apesar da presença de um exoesqueleto. **3.** Sim. Sob a hipótese tradicional, nós esperaríamos que a segmentação do corpo fosse controlada por genes *Hox* similares em anelídeos e artrópodes. Contudo, se anelídeos estão em Lophotrocozoa e artrópodes em Ecdysozoa (como a evidência atual sugere), a segmentação corporal pode ter evoluído independentemente nesses dois grupos. Nesse caso, nós poderíamos esperar que genes *Hox* diferentes controlariam o desenvolvimento da segmentação corporal nos dois clados.

Revisão do Conceito 33.5
1. Cada pé ambulacral consiste de uma ampola e um pódio. Quando a ampola se contrai, ela força água para dentro do pódio, o que faz o pódio se expandir e contatar a superfície. Substâncias químicas adesivas são, então, secretadas da base do pódio, fixando o pódio ao substrato. **2.** Insetos e nematódeos são membros de Ecdysozoa, um dos três clados principais de bilatérios. Portanto, uma característica compartilhada por *Drosophila* e *Caenorhabditis* pode ser informativa para outros membros de seu clado – mas não necessariamente para membros

de Deuterostomia. Em vez disso, a Figura 33.2 sugere que uma espécie dentro de Echinodermata ou Chordata pode ser um organismo modelo invertebrado mais apropriado do qual podemos obter inferências sobre humanos e outros vertebrados. **3.** Equinodermos incluem espécies com uma ampla gama de formas corporais. Porém, mesmo equinodermos que parecem muito diferentes entre si, como estrelas-do-mar e pepinos-do-mar, compartilham características exclusivas de seu filo, incluindo um sistema vascular aquífero e pés ambulacrais. As diferenças entre espécies de equinodermos ilustram a diversidade da vida, enquanto as características compartilhadas por elas demonstram a unidade da vida. A combinação entre organismos e seus ambientes pode ser vista nessas características de equinodermos, como os estômagos reversíveis de estrelas-do-mar (capacitando-as a digerir presas maiores que sua boca) e a complexa estrutura em forma de mandíbula utilizada por ouriços-do-mar para comer algas marinhas.

Questões do Resumo dos conceitos-chave

33.1 O corpo da esponja consiste de duas camadas de células, ambas as quais estão em contato com a água. Consequentemente, a troca gasosa e a remoção de resíduos metabólicos ocorrem por difusão das substâncias para dentro e para fora das células do corpo. Coanócitos e amebócitos ingerem partículas de alimento da água do entorno. Coanócitos também liberam partículas de alimento para amebócitos, os quais, então, as digerem e levam os nutrientes para outras células. **33.2** O plano corporal cnidário consiste de um saco com um compartimento digestório central, a cavidade gastrovascular. A abertura única para este compartimento serve tanto como boca quanto como ânus. As duas principais variações nesse plano corporal são pólipos sésseis (os quais se aderem ao substrato pela extremidade do corpo oposta à boca/ânus) e medusas móveis (que se movem livremente na água e lembram versões achatadas dos pólipos, com a boca na superfície inferior). **33.3** Não. Alguns lofotrocozoários possuem uma coroa de tentáculos ciliados que atuam na alimentação (denominado lofóforo), enquanto outros passam por um estágio do desenvolvimento distinto, conhecido como larva trocófora. Muitos outros lofotrocozoários não possuem nenhuma dessas características. Assim, o clado é definido principalmente por similaridades no DNA, e não por similaridades morfológicas. **33.4** Muitas espécies de nematódeos vivem no solo e em sedimentos do fundo de corpos d'água. Essas espécies de vida livre exercem importantes papéis na decomposição e ciclagem de nutrientes. Outros nematódeos são parasitas, incluindo muitas espécies que atacam raízes de plantas e algumas que atacam animais (incluindo humanos). Artrópodes têm efeitos profundos em todos os aspectos ecológicos. Em ambientes aquáticos, crustáceos têm funções fundamentais como pastejadores (de algas), necrófagos e predadores, e algumas espécies, como o krill, são importantes fontes de alimento para baleias e outros vertebrados. No ambiente terrestre, é difícil pensar em características do mundo natural que não sejam afetadas, de alguma maneira, por insetos e outros artrópodes, como aranhas e ácaros. Há mais de 1 milhão de espécies de insetos, muitas das quais exercem importantes efeitos ecológicos como herbívoros, predadores, parasitos, decompositores e vetores de doenças. Insetos são também fontes fundamentais de alimento para muitos organismos, incluindo humanos em algumas regiões do mundo. **33.5** Equinodermos e cordados são ambos membros de Deuterostomia, um dos três clados principais de animais bilatérios. Como tais, cordados (incluindo humanos) são mais proximamente relacionados a equinodermos do que nós somos a animais de qualquer outro filo abordado neste capítulo. Entretanto, equinodermos e cordados evoluíram independentemente ao longo de mais de 500 milhões de anos. Essa afirmação não contradiz a relação próxima de equinodermos e cordados, mas torna claro que "próximo" é um termo relativo, indicando que esses dois filos são mais proximamente relacionados entre si do que cada um deles a filos animais fora de Deuterostomia.

Teste seu Conhecimento
1. A **2.** C **3.** B **4.** C **5.** C **6.** D

Capítulo 34
Questões das figuras
Figura 34.2

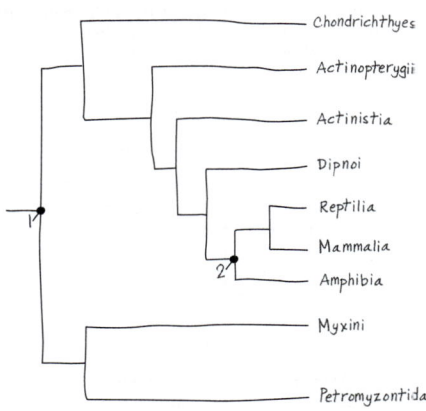

A árvore redesenhada mostra mamíferos (incluindo humanos) posicionados perto do meio da árvore evolutiva de vertebrados. Mostrar a árvore vertebrada desta maneira ilustra o fato de que a história evolutiva de vertebrados não consistiu de uma série de passos "levando aos" humanos. **Figura 34.6** Os padrões nestas figuras sugerem que genes *Hox* específicos, bem como a ordem em que eles são expressos, têm sido altamente conservados ao longo da evolução. **Figura 34.20** *Tiktaalik* foi um peixe com nadadeiras lobadas que possuía caracteres de peixes e de tetrápodes. Como um peixe, *Tiktaalik* tinha nadadeiras, escamas e brânquias. Como descrito pelo conceito de Darwin de descendência com modificação, tais caracteres compartilhados podem ser atribuídos à descendência de uma espécie ancestral – neste caso, a descendência de *Tiktaalik* de ancestrais peixes. *Tiktaalik* também possuía caracteres distintos dos de um peixe, mas semelhantes aos de um tetrápode, incluindo um crânio achatado, um pescoço, um conjunto completo de costelas e a estrutura esquelética de sua nadadeira. Esses caracteres ilustram a segunda parte da descendência com modificação, mostrando como características ancestrais se tornaram modificadas ao longo do tempo. **Figura 34.21** Em algum momento entre 350 e 340 milhões de anos atrás. Nós podemos inferir isso porque anfíbios devem ter se originado após o ancestral comum mais recente de anfíbios e amniotas (e esse ancestral é mostrado como tendo vivido há 350 milhões de anos), mas não mais tarde do que os fósseis mais antigos conhecidos de anfíbios (mostrados na figura como 340 milhões de anos). **Figura 34.25** Pterossauros não descenderam do ancestral comum de todos os dinossauros; assim, pterossauros não são dinossauros. Entretanto, aves são descendentes do ancestral comum dos dinossauros. Como resultado, um clado monofilético de dinossauros deve incluir aves. Nesse sentido, aves são dinossauros. **Figura 34.37** Em uma via catabólica, como os processos aeróbicos de respiração celular, a água é liberada como um subproduto quando um composto orgânico como a glicose é misturado com oxigênio. O rato-canguru pode reter e utilizar essa água, reduzindo sua necessidade de ingerir água. **Figura 34.38** Em geral, o processo de exaptação ocorre à medida que uma estrutura que tinha uma função adquire uma função diferente por meio de uma série de estágios intermediários. Cada um desses estágios intermediários geralmente tem alguma função no organismo em que é encontrado. A incorporação dos ossos articular e quadrado no ouvido mamaliano ilustra exaptação porque esses ossos originalmente evoluíram como parte da mandíbula, onde eles funcionavam como a articulação mandibular, mas ao longo do tempo tornaram-se co-optados para uma outra função, a transmissão de som. **Figura 34.44** Conforme mostrado nesta filogenia, chimpanzés e humanos representam as extremidades de ramos separados de evolução. Assim, as linhagens de humanos e chimpanzés evoluíram independentemente após terem divergido de seu ancestral comum – um evento que ocorreu há aproximadamente 8 milhões de anos. Portanto, é incorreto dizer que humanos evoluíram de chimpanzés (ou vice-versa). Se os humanos tivessem descendido de chimpanzés, por exemplo, a linhagem humana estaria posicionada dentro da linhagem chimpanzé, assim como aves estão posicionadas dentro do clado réptil (ver Figura 34.25).

Revisão do Conceito 34.1
1. Os quatro caracteres são uma notocorda; um cordão nervoso dorsal oco; fendas faríngeas; e uma cauda pós-anal muscular. **2.** Em humanos, esses caracteres estão presentes somente no embrião. A notocorda torna-se discos intervertebrais; a corda nervosa oca dorsal desenvolve-se no cérebro e medula espinal; as fendas faríngeas desenvolvem-se em várias estruturas do adulto, e a cauda é quase totalmente perdida. **3.** Você esperaria que os grupos vertebrados Actinopterygii, Actinistia, Dipnoi, Amphibia, Reptilia e Mammalia tenham pulmões ou seus derivados. Todos esses grupos originaram-se para a direita (evoluíram depois) da marca hachurada indicando o aparecimento deste caráter derivado em sua linhagem.

Revisão do Conceito 34.2
1. Lampreias parasíticas têm uma boca redonda e áspera, a qual elas utilizam para se prender aos peixes. Lampreias não parasíticas alimentam-se somente na fase larval; suas larvas lembram anfioxos e, como eles, são alimentadoras de suspensão. Conodontos possuíam dois conjuntos de elementos dentários mineralizados, os quais eram usados para transfixar a presa e cortá-la em pedaços menores. **2.** Esse achado sugere que organismos primitivos com uma cabeça foram favorecidos por seleção natural em várias linhagens evolutivas diferentes. Entretanto, enquanto é lógico argumentar que ter uma cabeça era vantajoso, os fósseis isoladamente não constituem prova. **3.** Em vertebrados amandibulados com carapaça, o osso servia como uma armadura que podia ter provido proteção contra predadores. Algumas espécies também tinham peças bucais mineralizadas, as quais poderiam ser utilizadas para predação ou para necrofagia.

Revisão do Conceito 34.3
1. Ambos são gnatostomados e possuem mandíbulas, quatro grupos de genes *Hox*, prosencéfalos desenvolvidos e sistemas de linha lateral. Esqueletos de tubarão consistem principalmente de cartilagem, enquanto atuns possuem esqueletos ósseos. Tubarões também têm uma válvula espiral. Atuns possuem um opérculo e uma bexiga natatória, bem como raios flexíveis sustentando suas nadadeiras. **2.** Gnatostomados aquáticos possuem mandíbulas (uma adaptação para alimentação), nadadeiras pareadas e uma cauda (adaptações para natação). Os gnatostomados aquáticos, geralmente, também possuem corpos aerodinâmicos para natação eficiente e bexigas natatórias ou outros mecanismos (como armazenamento de óleo em tubarões) para flutuação.

3.

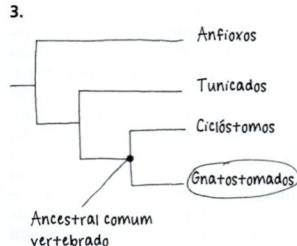

4. Sim, isso poderia ter acontecido. Os apêndices pares de gnatostomados aquáticos que não os peixes com nadadeiras lobadas serviram como um ponto de partida para a evolução de membros. A colonização do ambiente terrestre por outros gnatostomados aquáticos que não os peixes com nadadeiras lobadas pode ter sido facilitada em linhagens que possuíam pulmões, pois isso teria capacitado aqueles organismos a respirar em terra.

Revisão do Conceito 34.4
1. Considera-se que os tetrápodes se originaram há cerca de 365 milhões de anos, quando as nadadeiras de alguns peixes com nadadeiras lobadas evoluíram para os membros de tetrápodes. Além de seus quatro membros com dedos – uma característica derivada fundamental pela qual o grupo é denominado –, outras características derivas de tetrápodes incluem um pescoço (consistindo de vértebras que separam a cabeça do resto do corpo) e uma cintura pélvica que é fusionada à coluna vertebral. **2.** Algumas espécies inteiramente aquáticas são pedomórficas, retendo caracteres larvais para a vida na água como adultos. Espécies que vivem em ambientes secos podem evitar desidratação cavando tocas ou vivendo sob folhas úmidas, e elas protegem seus ovos com ninhos de espuma, viviparidade e outras adaptações. **3.** Muitos anfíbios passam parte de seu ciclo de vida em ambientes aquáticos e parte em ambientes terrestres. Assim, eles podem ser expostos a uma ampla gama de problemas ambientais, incluindo poluição da água e do ar e a perda de hábitats aquáticos e/ou terrestres. Além disso, anfíbios têm pele altamente permeável, que fornece relativamente baixa proteção a condições externas, e seus ovos não possuem uma casca protetora.

Revisão do Conceito 34.5
1. O ovo amniótico provê proteção ao embrião e permite a ele se desenvolver em ambiente terrestre, eliminando a necessidade de um ambiente com água para reprodução. Uma outra adaptação fundamental é a ventilação pela caixa torácica, que amplia a eficiência da entrada de ar e pode ter permitido aos primeiros amniotas a dispensarem a respiração através de sua pele. Por fim, não respirar através da pele permitiu aos amniotas desenvolver uma pele relativamente impermeável e, portanto, conservar água. **2.** Sim. Embora serpentes não tenham membros, elas descenderam de lagartos com patas. Algumas serpentes mantêm vestígios de ossos pélvicos e das patas, o que fornece evidência de sua descendência de um ancestral com patas. **3.** As aves possuem modificações que diminuem seu peso, incluindo a ausência de dentes, de bexiga urinária e de um segundo ovário nas fêmeas. As asas e penas são adaptações que facilitam o voo, assim como são os sistemas circulatório e respiratório eficientes para sustentar uma alta taxa metabólica. **4.** (a) sinapsídeos, (b) tuataras, (c) tartarugas

Revisão do Conceito 34.6
1. Monotremados põem ovos. Marsupiais produzem filhotes muito pequenos que se prendem a um mamilo na bolsa da mãe (marsúpio), onde eles completam seu desenvolvimento. Eutérios concebem filhotes mais desenvolvidos. **2.** Mãos e pés adaptados para agarrar, unhas planas, cérebro desenvolvido, olhos voltados para a frente em uma face plana, cuidado parental e polegar e dedo grande do pé, móveis. **3.** Mamíferos são endotérmicos, os que os capacita a viver em uma ampla variedade de hábitats. O leite fornece ao filhote um conjunto balanceado de nutrientes, e os pelos e uma camada de gordura sob a pele ajudam os mamíferos a reter calor. Os mamíferos possuem dentes diferenciados, permitindo a eles comerem muitos tipos diferentes de alimento. Mamíferos também têm cérebros relativamente grandes, e muitas espécies são capazes de aprender. Após a extinção em massa no final do período Cretáceo, a ausência de grandes dinossauros terrestres pode ter aberto muitos novos nichos ecológicos aos mamíferos, promovendo uma radiação adaptativa. A deriva continental também isolou muitos grupos de mamíferos uns dos outros, causando a formação de muitas espécies novas.

Revisão do Conceito 34.7
1. Os hominíneos compõem um clado dentro do clado dos grandes macacos que inclui humanos e todas as espécies mais proximamente relacionadas aos humanos do que aos outros grandes macacos. Os caracteres derivados de hominíneos incluem locomoção bípede e cérebros relativamente maiores. **2.** Em hominíneos, a locomoção bípede evoluiu muito antes do aumento do tamanho cerebral. *Homo ergaster*, por exemplo, era completamente ereto, bípede e tão alto quanto os humanos atuais, mas seu cérebro era significativamente menor do que o destes. **3.** Sim, ambos podem estar corretos. *Homo sapiens* pode ter estabelecido populações fora da África tão cedo quanto 180.000 anos atrás, como indicado pelos registros fósseis. Contudo, aquelas populações podem ter deixado poucos ou nenhum descendentes hoje. Em vez disso, todos os humanos atuais podem ter descendido de africanos que se dispersaram a partir da África há cerca de 50.000 anos, como indicado por dados genéticos.

Questões do Resumo dos conceitos-chave
34.1 Anfioxos são o grupo mais basal de cordados atuais, e como adultos eles possuem caracteres derivados fundamentais de cordados. Isso sugere que o ancestral comum dos cordados pode ter se assemelhado a um anfioxo, tendo uma extremidade anterior com uma boca, juntamente com quatro caracteres derivados: uma notocorda; um cordão nervoso dorsal, oco; fendas faríngeas; e uma cauda pós-anal muscular. **34.2** Conodontes, entre os vertebrados mais antigos nos registros fósseis, foram muito abundantes por 300 milhões de anos. Embora desprovidos de mandíbulas, seus dentes bem desenvolvidos fornecem sinais evidentes de formação de osso. Outras espécies de vertebrados sem mandíbula desenvolveram uma armadura externa ao corpo, a qual provavelmente ajudava a protegê-los de predadores. Como as lampreias, essas espécies tinham nadadeiras pares para locomoção e um ouvido interno com canais semicirculares que proviam equilíbrio. Houve muitas espécies desses vertebrados amandibulados com carapaça, mas todos eles tornaram-se extintos ao final do período Devoniano, há 359 milhões de anos. **34.3** A origem das mandíbulas alterou o modo como gnatostomados fósseis obtinham alimento, o que, por sua vez, teve grandes efeitos em interações ecológicas. Predadores podiam usar suas mandíbulas para agarrar presas ou retirar pedaços de carne, favorecendo a evolução de meios progressivamente sofisticados de defesa em espécies de presas. Evidências para essas mudanças podem ser encontradas nos registros fósseis, que incluem fósseis de predadores de 10 m de comprimento com mandíbulas notavelmente poderosas, bem como linhagens de espécies de presa capazes de defenderem-se adequadamente, cujos corpos eram cobertos por placas protetoras. **34.4** Os anfíbios requerem água para reprodução; seus corpos podem perder água rapidamente através de sua pele úmida e altamente permeável; ovos de anfíbios não possuem casca e, portanto, são vulneráveis à dessecação. **34.5** Aves descendem de dinossauros terópodes, e dinossauros são agrupados dentro da linhagem dos arcossauros, uma das duas principais linhagens de répteis. Assim, os outros répteis arcossauros atuais, os crocodilianos, são mais proximamente relacionados às aves do que eles são a répteis não arcossauros, como os lagartos. Consequentemente, aves são consideradas répteis (observe que, se répteis fossem definidos excluindo-se as aves, eles não formariam um clado; em vez disso, os répteis seriam um grupo parafilético). **34.6** Os mamíferos são membros de um grupo de amniotas chamados sinapsídeos. Os primeiros (não mamalianos) sinapsídeos punham ovos e tinham um caminhar amplo. A evidência fóssil mostra que as características mamalianas surgiram gradualmente ao longo de um período de mais de 100 milhões de anos. Por exemplo, a mandíbula foi modificada ao longo do tempo em sinapsídeos não mamalianos, eventualmente vindo a se assemelhar àquela de um mamífero. Por volta de 180 milhões de anos atrás, os primeiros mamíferos surgiram. Havia muitas espécies de mamíferos primitivos, mas a maioria delas era pequena, e elas não eram muito abundantes ou membros dominantes de sua comunidade. Os mamíferos não chegaram à dominância ecológica até depois da extinção dos dinossauros. **34.7** O registro fóssil mostra que de 4,5 a 2,5 milhões de anos atrás, uma ampla gama de espécies de hominíneos caminhava ereta, mas tinha tamanhos cerebrais relativamente pequenos. Há cerca de 2,5 milhões de anos, os primeiros membros do gênero *Homo* surgiram. Essas espécies usavam ferramentas e possuíam cérebros maiores do que os dos primeiros hominíneos. Evidências fósseis indicam que múltiplos membros de nosso gênero estavam vivos em um dado ponto no tempo. Além disso, até cerca de 1,3 milhão de anos atrás, essas várias espécies de *Homo* também coexistiram com membros de linhagens hominíneas mais antigas, tal como *Paranthropus*. Os diferentes hominíneos vivos nos mesmo períodos de tempo variavam em tamanho, forma do corpo, tamanho do cérebro, morfologia dentária e capacidade para uso de ferramentas. Por fim, exceto para *Homo sapiens*, todas essas espécies tornaram-se extintas. De modo geral, a evolução humana pode ser vista como uma árvore evolutiva com muitos ramos – dos quais a única linhagem sobrevivente é a nossa própria.

Teste seu conhecimento
1. D **2.** C **3.** B **4.** C **5.** D **6.** A

8. (a) Como o tamanho do cérebro tende a aumentar consistentemente nessas linhagens, podemos concluir que a seleção natural favoreceu a evolução de cérebros maiores e, portanto, os benefícios superaram os custos. (b) Considerando que os benefícios de cérebros que são grandes em relação ao tamanho do corpo são maiores que os custos, cérebros maiores conseguem evoluir. A seleção natural pode favorecer a evolução de cérebros grandes em relação ao tamanho do corpo porque esses cérebros conferem uma vantagem na obtenção de parceiros para acasalamento e/ou uma vantagem na sobrevivência.

(c)

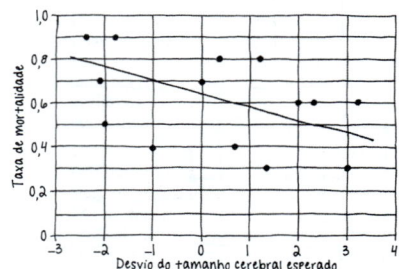

A mortalidade tende a ser menor em aves com cérebros maiores.

Capítulo 35
Questões das figuras
Figura 35.5 Os três exemplos têm nós, pois todos eles são caules. Os nós são os locais onde as gemas axilares surgem.
Figura 35.11
(1)

(2)

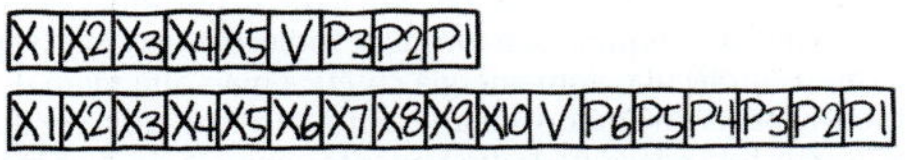

| X1 | X2 | X3 | X4 | X5 | V | P3 | P2 | P1 |
| X1 | X2 | X3 | X4 | X5 | X6 | X7 | X8 | X9 | X10 | V | P6 | P5 | P4 | P3 | P2 | P1 |

Como consequência da adição de células de xilema secundário, o câmbio vascular é deslocado mais para o exterior.
Figura 35.15

Raiz original
Raiz lateral

Figura 35.17 Medula e córtex são definidos como o sistema fundamental interno e o sistema fundamental externo, respectivamente, em relação ao sistema vascular. Uma vez que os feixes vasculares em caules de monocotiledôneas são dispersos no sistema fundamental, não há uma distinção nítida entre interno e externo, tendo como referência o sistema vascular. **Figura 35.19** O câmbio vascular promove o crescimento que aumenta o diâmetro de um caule ou de uma raiz. Os tecidos externos ao câmbio vascular não conseguem acompanhar o ritmo de crescimento porque suas células já não se dividem. Em consequência, esses tecidos se rompem. **Figura 35.23** Periderme (principalmente o felema e o felogênio), floema primário, floema secundário, câmbio vascular, xilema secundário (alburno e cerne), xilema primário e medula. Na base da sequoia-vermelha antiga com muitos séculos de idade, os remanescentes do crescimento primário (floema primário, xilema primário e medula) seriam bastante insignificantes. **Figura 35.30** Toda a célula epidérmica de raiz desenvolveria um pelo. **Figura 35.32** Outro exemplo de mutação gênica homeótica é a mutação em um gene *Hox*, fazendo com que, em *Drosophila*, as pernas se formem no lugar de antenas (ver Figura 18.20).
Figura 35.33
(a)

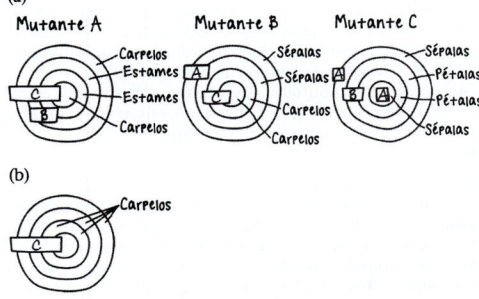

(b)

Revisão do Conceito 35.1
1. O sistema de tecidos vasculares conecta folhas e raízes. Isso permite que os açúcares se movam das folhas para as raízes através do floema e a água e os nutrientes minerais se movam para as folhas no xilema. **2.** Para obter energia suficiente da fotossíntese, necessitaríamos de muita área de superfície exposta ao sol. Essa grande razão superfície-volume, no entanto, criaria um problema novo – perda de água evaporativa. Nós teríamos que estar conectados permanentemente a uma fonte de água – o solo, também nossa fonte de nutrientes minerais. Em resumo, provavelmente seríamos muito semelhantes às plantas, em aparência e comportamento. **3.** À medida que aumentam, as células vegetais geralmente formam um enorme vacúolo central que contém uma seiva aquosa, diluída. O vacúolo central permite que as células vegetais se tornem grandes com um investimento mínimo de citoplasma novo. A orientação das microfibrilas de celulose nas paredes das células vegetais afeta o padrão de crescimento celular.

Revisão do Conceito 35.2
1. Sim. Em uma planta lenhosa, o crescimento secundário está ocorrendo nas partes mais antigas do caule e da raiz, enquanto o crescimento primário está ocorrendo nas extremidades da raiz e do caule. **2.** As folhas maiores e mais antigas estariam nas partes mais baixas do caule. Como provavelmente seriam fortemente sombreadas, essas folhas fariam pouca fotossíntese apesar do seu tamanho. O crescimento determinado beneficia a planta, pois evita o investimento em quantidades sempre crescentes de recursos em órgãos cujo produto fotossintético é pequeno. **3.** Não. As raízes de cenoura provavelmente serão menores no final do segundo ano porque os nutrientes armazenados nesses órgãos serão usados para produzir flores, frutos e sementes.

Revisão do Conceito 35.3
1. Nas raízes, o crescimento primário ocorre em três estágios sucessivos, partindo da extremidade da raiz: zonas de divisão celular, alongamento e diferenciação. Nos caules, ele ocorre na extremidade das gemas apicais, com os primórdios foliares surgindo ao longo dos lados de um meristema apical. A maior parte do crescimento em comprimento ocorre nos entrenós mais velhos abaixo do ápice do caule. **2.** O fóssil provavelmente é de uma folha flutuante, pois a presença de estômatos exclusivamente na face superior seria uma adaptação insuficiente para uma planta de deserto, uma vez que ela sofreria perda de água. Uma folha flutuante, por outro lado, seria beneficiada por ter estômatos na sua face superior, pois somente essa face está em contato com o ambiente gasoso. **3.** Os pelos das raízes são extensões celulares que ampliam a área de superfície da epiderme da raiz, intensificando, portanto, a absorção de nutrientes minerais e água. As microvilosidades são extensões que aumentam a absorção de nutrientes mediante ampliação da área de superfície do intestino.

Revisão do Conceito 35.4
1. A placa estará ainda 2 m acima do solo porque essa parte da árvore não está crescendo mais em comprimento (crescimento primário); agora ela está crescendo apenas em espessura (crescimento secundário). **2.** Os estômatos devem ser capazes de fechar, pois a evaporação é muito mais intensa a partir das folhas do que dos troncos de árvores lenhosas, como consequência da razão superfície-volume mais elevada em folhas. **3.** Como ocorre variação térmica pequena nos trópicos, seria difícil distinguir os anéis de crescimento de uma árvore tropical, a menos que ela procedesse de uma área com estações acentuadamente quentes e secas. **4.** A árvore morreria lentamente. Pelo anelamento, retira-se um anel inteiro de floema secundário (parte da casca), impedindo completamente o transporte de carboidratos das partes aéreas para as raízes. Após várias semanas, as raízes teriam utilizado todas as suas reservas de carboidratos armazenados e morreriam.

Revisão do Conceito 35.5
1. Embora todas as células vegetativas de uma planta tenham o mesmo genoma, elas desenvolvem formas e funções diferentes devido à expressão gênica diferencial. **2.** As plantas exibem crescimento indeterminado; fases juvenil e adulta são encontradas no mesmo indivíduo vegetal; e a diferenciação celular em plantas é mais dependente da posição final do que da linhagem. **3.** Uma hipótese é que as tépalas surgem se a atividade do gene *B* estiver presente em todos os três verticilos externos da flor.

Questões do Resumo dos conceitos-chave
35.1 Aqui estão alguns exemplos: a cutícula de folhas e caules protege da dessecação essas estruturas. As células de colênquima e esclerênquima têm paredes espessas que proporcionam sustentação para as plantas. Sistemas de raízes ramificados e fortes ajudam a fixar as plantas ao solo. **35.2** O crescimento primário origina-se dos meristemas apicais e abrange a produção e o alongamento de órgãos. O crescimento secundário origina-se dos meristemas laterais e aumenta o diâmetro de raízes e caules. **35.3** As raízes laterais originam-se do periciclo e rompem células vegetais à medida que emergem. Em caules, os ramos originam-se de gemas axilares e não rompem quaisquer células. **35.4** Com a evolução do crescimento secundário, as plantas puderam ficar mais altas e sombrear os competidores. **35.5** A orientação das microfibrilas de celulose nas camadas mais internas da parede celular causa o crescimento ao longo de um eixo. Os microtúbulos na zona mais externa do citoplasma desempenha um papel-chave na regulação do eixo da expansão celular, pois é sua orientação que determina a orientação das microfibrilas de celulose.

Teste seu conhecimento
1. D **2.** C **3.** C **4.** A **5.** D **6.** C **7.** D **8.** B **9.** D **10.** D
11.

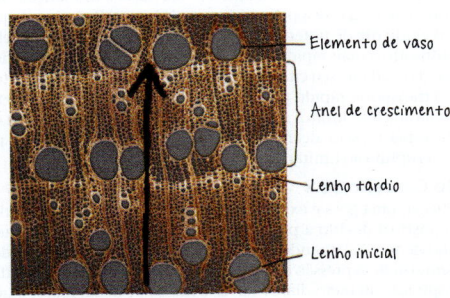

12. As folhas de chá e íris diferem na disposição das células fotossintetizantes do mesofilo. Na folha de chá, as células do mesofilo encontram-se em dois tipos de tecidos: a parte inferior do mesofilo é ocupada por um parênquima esponjoso com grandes espaços aeríferos, e a parte superior apresenta um parênquima paliçádico de células compactamente dispostas. As células do mesofilo na folha de íris, ao contrário, são distribuídas regularmente, sem espaços aeríferos grandes.

Essas diferenças são associadas com a orientação natural das folhas dessas duas espécies. As folhas de chá são orientadas horizontalmente e têm mais probabilidade de receber luz na face superior, de modo que as células do mesofilo estão concentradas no parênquima paliçádico para absorver luz com eficácia. Por outro lado, as folhas de íris são orientadas verticalmente, com ambas as faces mais ou menos igualmente iluminadas durante o dia, de modo que as células do mesofilo se distribuem regularmente. Em ambas as faces, a estrutura se ajusta à função porque a disposição das células do mesofilo maximiza a fotossíntese. **13.** Brincalhões devem ter colocado a bicicleta bem alto na árvore, arremessando-a sobre um ramo lenhoso jovem. O crescimento primário não ergueu a bicicleta do chão. Ao longo do tempo, o crescimento secundário na região do entalhe da árvore envolveu a bicicleta.

Capítulo 36
Questões das figuras
Figura 36.2 Não haveria referência à fotossíntese porque ela cessa à noite. Além disso, os sentidos das setas de CO_2 e O_2 associadas com as folhas seriam invertidos, pois à noite apenas o intercâmbio gasoso relacionado à respiração está ocorrendo. **Figura 36.3** As folhas estão sendo produzidas em uma espiral no sentido anti-horário. O próximo primórdio foliar emergirá aproximadamente entre e para o interior das folhas 8 e 13. **Figura 36.4** Um índice de área foliar mais alto não necessariamente aumentará a fotossíntese porque as folhas superiores sombreiam as folhas inferiores. **Figura 36.6** O inibidor da bomba de prótons despolarizaria (aumento) o potencial de membrana, pois menos íons hidrogênio seriam bombeados através da membrana plasmática. O efeito imediato de um inibidor do transportador de H^+/sacarose seria a hiperpolarização (decréscimo) do potencial de membrana, pois menos íons hidrogênio estariam vazando de volta para dentro da célula por meio desses cotransportadores. Um inibidor do cotransportador de H^+/NO_3^- não teria efeito sobre o potencial de membrana, uma vez que o cotransporte simultâneo de um íon carregado positivamente e um íon carregado negativamente não tem efeito líquido na diferença de cargas através da membrana. Um inibidor dos canais de íons potássio decresceria o potencial de membrana porque íons adicionais carregados positivamente não estariam se acumulando fora da célula. **Figura 36.8** Poucas células do mesofilo, quando muito, correspondem a mais de três células de uma nervura. **Figura 36.9** A estria de Caspary bloqueia o movimento da água e nutrientes minerais entre as células endodérmicas ou o movimento em torno de uma célula endodérmica via parede celular. Por isso, a água e nutrientes minerais devem atravessar a membrana plasmática de uma célula endodérmica. **Figura 36.13** Um corte de 500 por 300 μm é igual a 150.000 μm² ou 0,0015 cm². Uma vez que há cinco estômatos visíveis em 0,0015 cm², a densidade estomática dessa folha de feijoeiro é aproximadamente 3.333 estômatos por centímetro quadrado de superfície foliar. **Figura 36.18** Uma vez que o xilema está sob pressão negativa (tensão), a excisão de um estilete que fora inserido em uma traqueíde ou em um elemento de vaso provavelmente introduz ar na célula. Não haveria exsudação de seiva do xilema, a menos que predominasse a pressão positiva da raiz.

Revisão do Conceito 36.1
1. As plantas vasculares necessitam transportar água e minerais absorvidos pelas raízes a todas as outras partes da planta. Elas também necessitam transportar açúcares desde os locais de produção até os locais de utilização. **2.** O acréscimo no alongamento do caule ergueria as folhas superiores da planta. Folhas eretas e ramificação lateral reduzida tornariam a planta menos sujeita ao sombreamento pelas competidoras vizinhas. **3.** A poda das extremidades do caule elimina a dominância apical, resultando no crescimento de ramos laterais a partir das gemas axilares (ver Conceito 35.3). Essa ramificação produz uma planta de hábito arbustivo com índice de área foliar mais alto.

Revisão do Conceito 36.2
1. O ψ_P da célula é 0,7 MPa. Em uma solução com um ψ de −0,4 MPa, o ψ_P em equilíbrio seria 0,3 MPa. **2.** A célula ainda se ajustaria a mudanças em seu ambiente osmótico, mas suas respostas seriam mais lentas. Embora as aquaporinas não afetem o gradiente de potencial hídrico através de membranas, elas permitem ajustes osmóticos mais rápidos. **3.** Se as traqueídes e os elementos de vaso fossem vivos na maturidade, seu citoplasma impossibilitaria o movimento da água, impedindo o transporte rápido por distância longa. **4.** O protoplasto romperia. Como o citoplasma tem muitos solutos dissolvidos, a água penetraria continuamente no protoplasto, sem alcançar o equilíbrio (quando presente, a parede celular impede a ruptura ao limitar a expansão do protoplasto).

Revisão do Conceito 36.3
1. Ao amanhecer, uma gota é exsudada do coto enraizado porque o xilema está sob pressão positiva devido à pressão de raiz. Ao meio-dia, o xilema está sob pressão negativa (tensão) quando é cortado; a seiva do xilema é puxada de volta para o coto enraizado. A pressão de raiz não consegue acompanhar o aumento da taxa de transpiração ao meio-dia. **2.** Talvez a massa de raízes maior ajude a compensar a menor permeabilidade à água das membranas plasmáticas. **3.** A estria de Caspary e as junções aderentes impedem o movimento de líquido entre as células.

Revisão do Conceito 36.4
1. A abertura estomática ao amanhecer é controlada principalmente pela luz, concentração de CO_2 e um ritmo circadiano. Estresses ambientais – como a seca, a temperatura elevada e o vento – podem estimular o fechamento dos estômatos durante o dia. A deficiência hídrica durante o pico diário pode desencadear a liberação do ácido abscísico, um fitormônio, que sinaliza às células-guarda para fechar os estômatos. **2.** A ativação das bombas de prótons das células estomáticas causaria a absorção de K^+ pelas células-guarda. O aumento do turgor das células-guarda manteria os estômatos abertos e levaria à evaporação extrema pela folha. **3.** Após o corte dos caules, a transpiração de quaisquer folhas e das pétalas (que são folhas modificadas) continuará a deslocar água do xilema. Se as plantas cortadas forem transferidas diretamente para um vaso, bolhas de ar nas células condutoras do xilema impedem o transporte de água do vaso para as flores. O corte de caules novamente debaixo d'água, alguns centímetros do corte original, separará o xilema acima da bolha de ar. As gotículas de água evitam a formação de bolhas de ar enquanto as plantas são transferidas para um vaso. **4.** As moléculas de água estão em movimento constante, deslocando-se em velocidades diferentes. Se as moléculas de água obtiverem energia suficiente, as moléculas mais energéticas perto da superfície do líquido terão velocidade suficiente e, portanto, energia cinética suficiente para deixar o líquido sob forma de moléculas gasosas (vapor d'água). À medida que as moléculas com energia cinética mais alta saem do líquido, a energia cinética média do líquido remanescente decresce. Uma vez que a temperatura de um líquido está relacionada diretamente à energia cinética média de suas moléculas, a temperatura diminui à medida que a evaporação prossegue.

Revisão do Conceito 36.5
1. Em ambos os casos, o transporte por distância longa é um fluxo de massa impulsionado por uma diferença de pressão nas extremidades opostas dos tubos. A pressão é gerada na extremidade da fonte de um tubo crivado por carregamento de açúcar e o resultante fluxo osmótico de água para o floema; essa pressão *empurra* a seiva da extremidade da fonte para a extremidade do dreno do tubo. A transpiração, ao contrário, gera um potencial de pressão negativa (tensão) que *puxa* a seiva ascendente do xilema. **2.** As principais fontes são as folhas completamente crescidas (produção de açúcar pela fotossíntese) e os órgãos de reserva completamente desenvolvidos (produção de açúcar pela decomposição de amido). Raízes, gemas, caules, folhas em expansão e frutos são drenos potentes porque estão crescendo ativamente. Um órgão de reserva pode ser um dreno no verão, quando acumula carboidratos, mas uma fonte na primavera, quando ocorre a decomposição do amido em açúcar para os ápices dos caules em crescimento. **3.** A pressão positiva, seja no xilema quando a pressão da raiz predomina ou nos elementos de tubo crivado (floema), requer transporte ativo. A maior parte do transporte por distância longa no xilema depende do fluxo de massa impulsionado pelo potencial de pressão negativa gerada, em última análise, pela evaporação da água da folha e não requer células vivas. **4.** O corte em espiral impede o fluxo de massa máximo da seiva do floema para os drenos das raízes. Por isso, mais seiva do floema pode mover-se das folhas (fontes) para os drenos dos frutos, tornando-os mais doces.

Revisão do Conceito 36.6
1. Os plasmodesmos, ao contrário das junções comunicantes, têm capacidade de transferir RNA, proteínas e vírus de célula para célula. **2.** A sinalização por distância longa é crucial para o funcionamento integrado de todos os organismos grandes. Porém, a velocidade dessa sinalização é muito menos crucial para as plantas, pois suas respostas ao ambiente, ao contrário das respostas dos animais, geralmente não envolvem movimentos rápidos. **3.** Embora essa estratégia eliminaria a propagação sistêmica de infecções virais, ela também impactaria severamente o desenvolvimento das plantas.

Questões do Resumo dos conceitos-chave
36.1 Em geral, plantas com partes aéreas altas e copas foliares elevadas tiveram vantagem sobre os competidores de menor porte. Uma consequência da pressão seletiva para as partes aéreas altas foi a separação posterior das folhas em relação às raízes. Essa separação criou problemas para o transporte de materiais entre os sistemas de raízes e de partes aéreas. As plantas com células de xilema tiveram mais êxito no suprimento das suas partes aéreas com recursos do solo (água e nutrientes minerais). Da mesma forma, as plantas com células de floema tiveram mais êxito no abastecimento dos drenos de açúcar com carboidratos. **36.2** A seiva do xilema é puxada para a parte superior da planta pela transpiração com mais frequência do que é empurrada para cima por pressão de raiz. **36.3** As ligações de hidrogênio são necessárias para a coesão entre as moléculas de água e para a adesão da água a outros materiais, como as paredes celulares. Adesão e coesão das moléculas de água são envolvidas na ascensão da seiva do xilema sob condições de pressão negativa. **36.4** Embora sejam responsáveis pela maior parte da perda de água pelas plantas, os estômatos são necessários para o intercâmbio de gases – por exemplo, para a captação de dióxido de carbono necessário para a fotossíntese. A perda de água através dos estômatos impulsiona também o transporte de água por distância longa que leva nutrientes do solo desde as raízes até o restante da planta. **36.5** Embora o movimento da seiva do floema dependa do fluxo de massa, o gradiente de pressão que impulsiona o transporte no floema depende da absorção osmótica de água em resposta ao carregamento de açúcares para os elementos de tubo crivado nas fontes de açúcar. O carregamento do floema depende de processos de cotransporte de H^+ que, em última análise, dependem de gradientes de H^+ estabelecidos por bombeamento ativo de K^+. **36.6** Sinalização elétrica, pH citoplasmático, concentração de Ca^{2+} no citoplasma e proteínas de movimentos virais afetam a comunicação simplástica, à medida que provocam mudanças de desenvolvimento no número de plasmodesmos.

Teste seu conhecimento
1. A **2.** B **3.** B **4.** C **5.** B **6.** C **7.** A **8.** D

Capítulo 37
Questões das figuras
Figura 37.3 Cátions. Em pH baixo, haveria mais prótons (H^+) para deslocar cátions minerais das partículas do solo carregadas negativamente para a solução do solo. **Figura 37.4** O horizonte A, que consiste na camada superior do solo. **Tabela 37.1** Durante a fotossíntese, CO_2 é fixado em carboidratos, que contribuem para a massa seca. Na respiração celular, O_2 é reduzido a H_2O e não contribui para a massa seca. **Figura 37.9** Alguns outros exemplos de mutualismo são as seguintes relações. *Peixe-lanterna e bactérias bioluminescentes*: As bactérias obtêm nutrientes e proteção do peixe, enquanto a bioluminescência atrai presas e parcerias de acasalamento para o peixe. *Plantas com flores e polinizadores*: Os animais transferem o pólen e são recompensados com uma refeição de néctar ou pólen. *Herbívoros vertebrados e algumas bactérias no sistema digestório*: Os microrganismos no canal alimentar decompõem celulose em glicose e, em alguns casos, fornecem vitaminas ou aminoácidos aos animais. Em contrapartida, os microrganismos têm um suprimento constante de alimento e um ambiente quente. *Seres humanos e algumas bactérias no sistema digestório*: Algumas bactérias abastecem os seres humanos de vitaminas, enquanto elas obtêm nutrientes do alimento digerido. **Figura 37.11** Aos dois, amônio e nitrato. Um animal em decomposição liberaria aminoácidos no solo, que seriam convertidos em amônio por bactérias amonificantes. Parte desse amônio poderia ser usada diretamente pela planta. Uma grande parte do amônio, no entanto, seria convertida por bactérias nitrificantes, para formar íons nitrato que poderiam ser também absorvidos pelo sistema de raízes da planta. **Figura 37.12** As leguminosas se beneficiam porque as bactérias fixam nitrogênio que é absorvido pelas suas raízes. As bactérias se beneficiam porque obtêm produtos da fotossíntese provenientes das plantas. **Figura 37.13** Todos os três sistemas de tecidos vegetais são afetados. Os pelos das raízes (sistema dérmico) são modificados para permitir a penetração do *Rhizobium*. O córtex (sistema fundamental) e o periciclo (sistema vascular) proliferam durante a formação dos nódulos. O sistema vascular do nódulo conecta-se ao cilindro vascular da raiz para possibilitar um intercâmbio de nutrientes eficiente.

Revisão do Conceito 37.1
1. A Irrigação excessiva priva as raízes de oxigênio. A fertilização excessiva é desperdiçadora e pode provocar salinização do solo e poluição da sua água. **2.** À medida que as aparas de gramado se decompõem, elas restituem os nutrientes minerais ao solo. Se elas forem removidas, os minerais que o solo perdeu devem ser repostos por fertilização. **3.** Devido ao seu tamanho pequeno e carga negativa, as partículas de argila elevariam o número de sítios de ligação para cátions e moléculas de água, aumentando, portanto, a troca catiônica e a retenção de água no solo. **4.** Devido às ligações de hidrogênio entre as moléculas de água, esta se expande quando congela, o que causa fratura mecânica das rochas. A água se une também a muitos objetos, e essa coesão combinada com outras forças, como a gravidade, pode ajudar arrastar partículas da rocha. Por fim, a água, por ser polar, é um excelente solvente, permitindo que muitas substâncias, incluindo íons, tornem-se dissolvidas em solução.

Revisão do Conceito 37.2
1. Não. Embora os macronutrientes sejam requeridos em quantidades maiores, todos os elementos essenciais são necessários para uma planta completar seu ciclo de vida. **2.** Não. O fato de a adição de um elemento resultar em aumento na taxa de crescimento de uma cultura vegetal não significa que esse elemento seja absolutamente necessário para a planta completar seu ciclo de vida. **3.** A aeração inadequada das raízes de plantas cultivadas em cultura hidropônica promove a fermentação alcoólica, que emprega mais energia e pode levar à acumulação de etanol, um subproduto tóxico da fermentação.

Revisão do Conceito 37.3
1. A rizosfera é a zona no solo imediatamente adjacente às raízes vivas. Ela abriga muitas rizobactérias com as quais os sistemas de raízes estabelecem relações benéficas. Algumas produzem antibióticos que protegem as raízes de doenças. Outras absorvem metais tóxicos ou aumentam a disponibilidade de nutrientes para as raízes. Outras ainda convertem nitrogênio gasoso em formas utilizáveis pela planta ou elaboram substâncias químicas que estimulam o crescimento vegetal. **2.** As bactérias do solo e as micorrizas incrementam a nutrição vegetal ao tornarem certos minerais mais disponíveis às plantas. Por exemplo, muitas bactérias do solo estão envolvidas no ciclo do nitrogênio, e as hifas das micorrizas proporcionam uma área de superfície grande para a absorção de nutrientes, especialmente íons fosfato. **3.** A mixotrofia refere-se à estratégia de utilizar a fotossíntese e a heterotrofia para a nutrição. Os euglenóides são protistas mixotróficos bem conhecidos. **4.** Uma precipitação saturante pode exaurir o solo de oxigênio. A falta de oxigênio inibiria a fixação do nitrogênio pelos nódulos da raiz do amendoim e diminuiria a disponibilidade desse elemento para as plantas. Por outro lado, uma chuva torrencial pode lixiviar nitratos do solo. Um sintoma de deficiência de nitrogênio é o amarelecimento de folhas mais velhas.

Questões do Resumo dos conceitos-chave
37.1 O termo *ecossistema* refere-se às comunidades de organismos em uma determinada área e suas interações com o ambiente adjacente. O solo está repleto de muitas comunidades de organismos, incluindo bactérias, fungos, animais e sistemas de raízes de plantas. O vigor dessas comunidades individuais depende de fatores não vivos no ambiente do solo, como nutrientes minerais, oxigênio e água, bem como de interações positivas e negativas entre diferentes comunidades de organismos. **37.2** Não. As plantas conseguem completar seu ciclo de vida quando cultivadas em cultura hidropônica, ou seja, em soluções salinas aeradas contendo as proporções adequadas de todos os minerais necessários a elas. **37.3** Não. Algumas plantas parasitas obtêm sua energia extraindo nutrientes com carbono de outros organismos.

Teste seu conhecimento
1. B **2.** B **3.** A **4.** D **5.** B **6.** B **7.** D **8.** C **9.** D **10.**

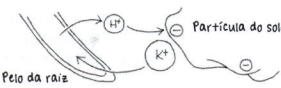

Capítulo 38
Questões das figuras
Figura 38.4 É mais eficiente ter um polinizador específico porque menos grãos de pólen são transportados às flores de espécies inadequadas. No entanto, esta é também uma estratégia de risco. Se a população do polinizador sofrer um grau incomum de predação, doença ou mudança climática, a planta então talvez não seja capaz de produzir sementes. **Figura 38.6** A parte do ciclo de vida das angiospermas caracterizada pela maioria das divisões mitóticas é a etapa entre a germinação da semente e o esporófito maduro. **Figura 38.8 Faça conexões** Além da presença de um único cotilédone, as monocotiledôneas têm folhas com nervuras paralelas, feixes vasculares dispersos nos caules, sistema de raízes fasciculadas, peças florais em três ou múltiplos de três e grãos de pólen com apenas uma abertura. Por outro lado, as eudicotiledôneas têm dois cotilédones, venação foliar reticulada, feixes vasculares dispostos em anel, raízes pivotantes, peças florais em quatro ou cinco ou múltiplos desses números e grãos de pólen com três aberturas. **Habilidades visuais** A semente do feijão de jardim carece de endosperma na maturidade. Seu endosperma foi consumido durante o desenvolvimento da semente, e seus nutrientes foram armazenados de novo nos cotilédones. **Figura 38.9** Os feijões de jardim usam o gancho no hipocótilo para abrir caminho no solo. As folhas delicadas e o meristema apical do caule também são protegidos por ficarem comprimidos entre dois cotilédones grandes. O coleóptilo das plântulas do milho ajuda a proteger as folhas emergentes.

Revisão do Conceito 38.1
1. Em angiospermas, a polinização é a transferência de pólen de uma antera para um estigma. A fecundação é a fusão da oosfera e da célula espermática, para formar o zigoto; ela só pode ocorrer após o crescimento do tubo polínico a partir do grão de pólen. **2.** Estiletes longos ajudam a eliminar grãos de pólen geneticamente inferiores e incapazes de desenvolver satisfatoriamente tubos polínicos longos. **3.** Não. A geração haploide (gametófito) de plantas é multicelular e surge a partir de esporos. A fase haploide dos ciclos de vida dos animais é um gameta de uma célula única (óvulo ou espermatozoide) que surge diretamente da meiose: não há esporos.

Revisão do Conceito 38.2
1. As angiospermas podem evitar a autopolinização mediante autoincompatibilidade, tendo flores estaminadas e pistiladas em plantas separadas (espécies dioicas) ou tendo estames e estiletes de alturas diferentes em plantas separadas. **2.** Culturas agrícolas propagadas assexuadamente carecem de diversidade genética. Populações geneticamente diversas têm menos probabilidade de se tornarem extintas diante de uma epidemia, pois existe uma maior chance de alguns indivíduos na população serem resistentes. **3.** No curto prazo, a autofecundação pode ser vantajosa em uma população que é tão dispersa e esparsa que o transporte de grãos de pólen é incerto. No longo prazo, no entanto, a autofecundação é um beco sem saída evolutivo, pois ela leva a uma perda de diversidade genética que pode impossibilitar a evolução adaptativa.

Revisão do Conceito 38.3
1. O cruzamento tradicional e a engenharia genética envolvem a seleção artificial de características desejadas. Entretanto, as técnicas de engenharia genética facilitam a transferência mais rápida de genes e não estão limitadas à transferência de genes entre variedades ou espécies intimamente relacionadas. **2.** O milho *Bt* sofre menos danos por insetos; por isso, indivíduos de milho *Bt* são menos suscetíveis à infecção por fungos produtores de fumonisina que penetram nas plantas através de lesões. **3.** Nessa espécie, a transferência do transgene para o DNA do cloroplasto não impediria seu escape no pólen; tal método exige que o DNA do cloroplasto seja encontrado apenas na oosfera. Portanto, seria necessário um método completamente diferente de impedir o escape do transgene, como a macho-esterilidade, apomixia ou autopolinização em flores fechadas.

Questões do Resumo dos conceitos-chave
38.1 Após a polinização e a fecundação, uma flor se transforma em um fruto. Geralmente, as pétalas, sépalas e estames se desprendem da flor. O estigma murcha, e o ovário começa a intumescer. Os óvulos (sementes embrionárias) começam a maturar dentro do ovário. **38.2** A reprodução assexuada pode ser vantajosa em um ambiente estável, pois as plantas bem adaptadas a esse ambiente transmitem todos os seus genes aos descendentes. Ademais, a reprodução assexuada habitualmente gera descendentes menos frágeis do que as plântulas produzidas por reprodução sexuada. No entanto, a reprodução sexuada oferece vantagem da dispersão de sementes resistentes. Além disso, a reprodução sexuada produz variabilidade genética, o que pode ser vantajoso em um ambiente instável. É mais

provável que pelo menos uma progênie de reprodução sexuada sobreviverá em um ambiente modificado. **38.3** O arroz dourado ("Golden Rice"), embora ainda não produzido em escala comercial, foi concebido para produzir mais vitamina A, elevando, portanto, o valor nutricional desse cereal. Um gene da protoxina, procedente de uma bactéria do solo, foi introduzido no milho *Bt*. Essa protoxina é letal para invertebrados, mas inofensiva para vertebrados. As culturas agrícolas *Bt* requerem menos pulverização com pesticidas e apresentam níveis mais baixos de infecção fúngica e toxinas fúngicas. O valor nutricional da mandioca está sendo aumentado de várias maneiras por engenharia genética. Níveis enriquecidos de ferro e betacaroteno (precursor da vitamina A) têm sido alcançados, bem como as substâncias químicas produtoras de cianeto foram praticamente eliminadas de suas raízes.

Teste seu conhecimento
1. A **2.** C **3.** C **4.** C **5.** D **6.** D **7.** D
8.

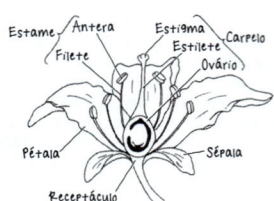

Capítulo 39
Questões das figuras
Figura 39.4 A representação B na Figura 11.17 mostra uma via de transdução de sinais ramificante que lembra a via dependente do fitocromo envolvida no desestiolamento. **Figura 39.5** Para determinar quais comprimentos de onda da luz são mais eficientes no fototropismo, você poderia usar um prisma de vidro para decompor a luz branca em suas cores componentes e observar quais delas provocam a curvatura mais rápida (a resposta é azul; ver Figura 39.15). **Figura 39.6** Não. O transporte polar de auxina depende da distribuição das proteínas transportadoras de auxina nas extremidades basais das células. **Figura 39.13** Não. Como a mutação simples *ein* torna a plântula "cega" ao etileno, o aumento da produção de etileno mediante adição de uma mutação *eto* não teria efeito no fenótipo, em comparação com a mutação simples. **Figura 39.16** Sim. A luz branca, que contém luz vermelha, estimularia a germinação das sementes em todos os tratamentos. **Figura 39.20** Uma vez que a luz vermelho-distante, como o escuro, causa acúmulo da forma de fitocromo absorvente de luz vermelha (F_v), *flashes* isolados de luz vermelho-distante à noite não teriam efeito no florescimento além do que teriam os períodos escuros sozinhos. **Figura 39.21** Se isso fosse verdade, o florígeno seria um inibidor do florescimento, não um indutor. **Figura 39.27** As adaptações fotossintéticas podem ocorrer em nível molecular, como é o caso das plantas C_3 que utilizam a rubisco para fixação inicial de dióxido de carbono, ao passo que as plantas C_4 e CAM usam a PEP carboxilase. Uma adaptação em nível de tecido é aquela em que as plantas possuem densidades estomáticas diferentes, com base no seu genótipo e condições ambientais. Em nível de organismo, as plantas alteram as arquiteturas de suas partes aéreas para tornar a fotossíntese mais eficiente. Por exemplo, o autodesbaste (desbaste natural) remove ramos e folhas que respiram mais do que fotossintetizam.

Revisão do Conceito 39.1
1. As plântulas cultivadas no escuro são estioladas. Elas têm caules longos, sistemas de raízes subdesenvolvidos, folhas não expandidas e suas partes aéreas carecem de clorofila. O crescimento estiolado é benéfico para a germinação das sementes sob condições de escuro que elas encontrariam no subsolo. Ao destinar mais energia para o alongamento do caule e menos para a expansão foliar e crescimento da raiz, uma planta aumenta a chance de a parte aérea alcançar a luz solar antes que seus alimentos armazenados acabem. **2.** A cicloheximida deve inibir o desestiolamento ao impedir a síntese de proteínas novas necessárias para que ele ocorra. **3.** Não. A aplicação de Viagra, como a injeção de GMP cíclico conforme descrito no texto, deve causar uma resposta de desestiolamento apenas parcial. O desestiolamento completo exigiria a ativação do ramo de cálcio da via de transdução de sinais.

Revisão do Conceito 39.2
1. A capacidade da fusicocina de causar um aumento na atividade de bombas de H^+ na membrana plasmática tem um efeito semelhante ao da auxina e promove o alongamento de células-tronco. **2.** A planta exibirá uma resposta tríplice constitutiva. Como a cinase que normalmente impede a resposta tríplice é disfuncional, a planta experimentará a resposta tríplice, independente se o etileno está presente ou o receptor de etileno é funcional. **3.** Uma vez que o etileno com frequência estimula sua própria síntese, ele está sob regulação por retroalimentação positiva.

Revisão do Conceito 39.3
1. Não necessariamente. Muitos fatores ambientais, como a temperatura e a luz, mudam durante um período de 24 horas no campo. Para determinar se a enzima está sob controle circadiano, um cientista teria que demonstrar que sua atividade oscila, mesmo quando as condições ambientais são mantidas constantes. **2.** É impossível dizer. Para confirmar que essa espécie é uma planta de dias curtos, seria necessário definir o comprimento crítico da noite para o florescimento e que essa espécie floresça apenas quando a noite for mais longa do que esse comprimento. **3.** De acordo com o espectro de ação da fotossíntese, as luzes vermelha e azul são as mais eficientes fotossinteticamente. Assim, não surpreende que as plantas verifiquem seu ambiente luminoso usando fotorreceptores que absorvem as luzes vermelha e azul.

Revisão do Conceito 39.4
1. Uma planta com superprodução de ABA experimentaria menos resfriamento evaporativo porque seus estômatos não abririam amplamente. **2.** As plantas próximas dos corredores talvez estejam mais sujeitas a estresses mecânicos causados pelo deslocamento dos funcionários da floricultura e pelas correntes de ar. As plantas mais próximas do centro da bancada talvez sejam mais altas também como consequência do sombreamento e menos estresse evaporativo. **3.** Não. Como as coifas estão envolvidas na percepção da gravidade, as raízes que têm suas coifas retiradas são quase completamente insensíveis à gravidade.

Revisão do Conceito 39.5
1. Uma infecção pode desencadear a resposta hipersensível, que provoca um anel de células mortas ao redor do local infectado, isolando, assim, o patógeno das células vivas do hospedeiro e impedindo uma infecção sistêmica. **2.** O dano mecânico rompe a primeira linha de defesa da planta contra a infecção, seu sistema dérmico protetor. **3.** Não. Os patógenos que matam seus hospedeiros logo ficariam sem eles e poderiam ser extintos. **4.** Talvez a aragem dilua a concentração local de um composto volátil de defesa que as plantas produzem.

Questões do Resumo dos conceitos-chave
39.1 As vias de transdução de sinais muitas vezes ativam proteínas cinase, enzimas que fosforilam outras proteínas. As proteínas cinase podem ativar diretamente certas enzimas preexistentes fosforilando-as ou podem regular a transcrição gênica (e a produção de enzimas) mediante fosforilação de fatores de transcrição específicos. **39.2** Sim, existe verdade no velho ditado que uma maçã podre estraga o conjunto inteiro. O etileno, um hormônio gasoso que estimula o amadurecimento, é produzido por frutos danificados, infectados ou apodrecidos. O etileno pode difundir-se para um fruto saudável no conjunto e estimular seu amadurecimento rápido. **39.3** Os fisiologistas vegetais propuseram a existência de um fator promotor do florescimento (florígeno) baseados no fato de que uma planta induzida a florescer poderia induzir o florescimento de uma segunda planta à qual ela estava enxertada, embora a segunda planta não estivesse em um ambiente que normalmente pudesse induzir o seu florescimento. **39.4** As plantas sujeitas ao estresse pela seca são muitas vezes mais resistentes ao estresse por congelamento porque os dois tipos de estresses são bastante similares. O congelamento da água nos espaços extracelulares causa um decréscimo das concentrações de água livre no exterior da célula. Isso, por sua vez, provoca a saída de água livre da célula por osmose, levando à desidratação do citoplasma, muito semelhante ao se observa no estresse pela seca. **39.5** Os insetos mastigadores tornam as plantas mais suscetíveis à invasão de patógenos pela ruptura da cutícula cerosa das partes aéreas, criando, portanto, uma abertura para a infecção. Além disso, as substâncias liberadas das células danificadas podem servir como nutrientes para os patógenos invasores.

Teste seu conhecimento
1. B **2.** C **3.** D **4.** C **5.** B **6.** B **7.** C
8.

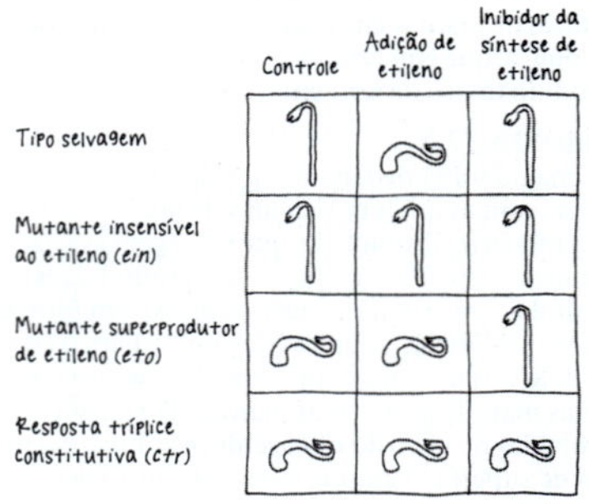

Capítulo 40
Questões das figuras
Figura 40.4 Tais superfícies de troca são internas, no sentido de que elas estão dentro do corpo. Entretanto, elas também são contínuas com aberturas na superfície externa do corpo que está em contato com o ambiente. **Figura 40.6** Sinais no sistema nervoso sempre viajam em uma via direta entre a célula emissora e a célula receptora. Por outro lado, hormônios que alcançam células-alvo têm efeito independentemente do caminho pelo qual eles chegaram ou de quantas vezes eles viajaram pelo sistema circulatório. **Figura 40.8** Os estímulos (linhas descontínuas em cinza) são a temperatura da sala aumentando no ciclo superior e diminuindo no ciclo inferior. As respostas poderiam incluir o aquecedor desligando e a temperatura decrescendo no ciclo superior e o aquecedor ligando e a temperatura aumentando no ciclo inferior. O sensor/centro de controle é o termostato. O ar condicionado formaria um segundo circuito de controle, resfriando

a casa quando a temperatura do ar excedesse o ponto programado. Esses pares de circuitos de controle opostos, ou antagonistas, aumentam a efetividade de um mecanismo homeostático. **Figura 40.12** As setas de condução estariam no sentido oposto, transferindo calor do pinguim para o gelo, porque o pinguim é mais quente do que o gelo. **Figura 40.16** Se uma píton-birmanesa não estivesse incubando ovos, seu consumo de oxigênio diminuiria com o decréscimo da temperatura, como para qualquer outro ectotermo. **Figura 40.17** A água gelada resfriaria tecidos dentro de sua cabeça, incluindo o sangue que então circularia pelo seu corpo. Esse efeito aceleraria o retorno a uma temperatura corporal normal. Se, porém, a água gelada alcançasse o tímpano e esfriasse o vaso sanguíneo que alimenta o hipotálamo, o termostato hipotalâmico responderia inibindo o suor e contraindo vasos sanguíneos na pele, retardando o esfriamento no restante do corpo. **Figura 40.18** O transporte de nutrientes através de membranas e a síntese de RNA e proteína estão ligados à hidrólise de ATP. Esses processos continuam espontaneamente porque há uma queda geral na energia livre, com o excesso de energia liberado como calor. De modo semelhante, menos da metade da energia livre em glicose é capturada nas reações acopladas de respiração celular. O restante da energia é liberado como calor. **Figura 40.22** Nada. Embora genes que mostram uma variação circadiana em expressão durante a eutermia exibam níveis constantes de RNA durante a hibernação, um gene que mostra expressão constante durante a hibernação pode também mostrar expressão constante durante a eutermia. **Figura 40.23** Em ambientes quentes, tanto plantas quanto animais experimentam esfriamento evaporativo como um resultado de transpiração (em plantas) ou banho, suor e ofegação (em animais); plantas e animais sintetizam proteínas de choque térmico, que protegem outras proteínas do estresse por calor; animais também utilizam várias respostas comportamentais para minimizar a absorção de calor. Em ambientes frios, plantas e animais aumentam a proporção de ácidos graxos insaturados em seus lipídeos de membrana e utilizam proteínas anticongelamento que impedem ou limitam a formação de cristais de gelo intracelulares; plantas aumentam os níveis citoplasmáticos de solutos específicos que ajudam a reduzir a perda de água intracelular durante o congelamento extracelular; e animais aumentam produção de calor metabólico e utilizam isolamento, adaptações circulatórias, como troca contracorrente, e respostas comportamentais para minimizar a perda de calor.

Revisão do Conceito 40.1
1. Todos os tipos de epitélios consistem em células que revestem uma superfície, são firmemente agrupadas e situadas sobre uma lâmina basal, formando uma interface ativa e protetora com o ambiente externo. **2.** Uma molécula de oxigênio deve atravessar uma membrana plasmática ao entrar no corpo em uma superfície de troca no sistema respiratório, entrando e saindo do sistema circulatório, e ao mover-se do fluido intersticial para o citoplasma da célula corporal. **3.** Você precisa do sistema nervoso para perceber o perigo e provocar uma resposta muscular em uma fração de segundo para impedi-lo de cair. O sistema nervoso, entretanto, não faz uma conexão direta com vasos sanguíneos ou células armazenadoras de glicose no fígado. Em vez disso, o sistema nervoso provoca a liberação de um hormônio (chamado epinefrina ou adrenalina) pelo sistema endócrino, provocando uma mudança nesses tecidos em poucos segundos.

Revisão do Conceito 40.2
1. Na termorregulação, o resultado da via (uma mudança na temperatura) diminui a atividade da via metabólica por meio da redução do estímulo. Em um processo biossintético catalizado por enzima, o produto da via metabólica (neste caso, isoleucina) inibe a via que o gerou. **2.** Você gostaria de colocar o termostato próximo de onde você estaria passando o tempo, onde ele iria protegê-lo de perturbações ambientais, como luz solar direta, e não bem no caminho da saída do sistema de aquecimento. De modo semelhante, os sensores para homeostase localizados no cérebro humano estão separados de influências ambientais e podem monitorar condições em um tecido vital e sensível. **3.** Na evolução convergente, a mesma característica biológica surge independentemente em duas ou mais espécies. A análise gênica pode fornecer evidência para uma origem independente; em especial, se os genes responsáveis pelo atributo em uma espécie não têm similaridade significativa na sequência para os genes correspondentes em outra espécie, os cientistas concluem que há uma base genética separada para aquela característica nas duas espécies e, portanto, uma origem independente. No caso dos ritmos circadianos, os genes do relógio em cianobactérias parecem não relacionados àqueles nos humanos.

Revisão do Conceito 40.3
1. A sensação térmica pelo vento envolve perda de calor por convecção, pois o ar em movimento contribui para a perda de calor pela superfície da pele. **2.** O beija-flor, sendo um endotermo muito pequeno, tem uma taxa metabólica muito alta. Se pela absorção da luz do sol certas flores aquecem seu néctar, um beija-flor alimentando-se nessas flores economiza o gasto energético de aquecer o néctar para a sua temperatura corporal. **3.** Para elevar a temperatura do corpo para uma faixa mais alta de febre, o hipotálamo provoca geração de calor por contrações musculares, ou tremor. A pessoa com febre pode, de fato, dizer que sente frio, mesmo que sua temperatura esteja acima da normal.

Revisão do Conceito 40.4
1. O camundongo consumiria oxigênio a uma taxa maior porque ele é um endotermo, assim sua taxa metabólica basal é superior à taxa metabólica padrão de um lagarto ectotermo. **2.** O gato doméstico; animais menores têm taxa metabólica mais alta e maior necessidade de alimento por unidade de massa corporal. **3.** A temperatura corporal do crocodilo diminuiria junto com a temperatura do ar. Sua taxa metabólica, portanto, também diminuiria, porque as reações químicas seriam mais lentas. Em contrapartida, a temperatura do corpo do leão não mudaria. Sua taxa metabólica aumentaria porque ele tremeria e produziria calor para manter constante a temperatura do seu corpo.

Questões do Resumo dos conceitos-chave
40.1 Os animais trocam materiais com seu ambiente através da sua superfície corporal, e uma forma esférica tem a mínima área de superfície por unidade de volume. À medida que o tamanho do corpo aumenta, a razão de área de superfície pelo volume do corpo decresce. **40.2** Não; o ambiente interno de um animal flutua levemente em torno de pontos desejados ou dentro de faixas normais. Homeostase é um estado dinâmico. Além disso, há, algumas vezes, mudanças programadas em pontos desejados, como aquelas que resultam em aumentos radicais nos níveis de hormônio em determinados períodos do desenvolvimento. **40.3** A troca de calor através da pele é um mecanismo primário para a regulação da temperatura interna do corpo, com o resultado de que a pele é mais fria do que a parte interior do corpo. **40.4** Pequenos animais têm maior TMB por unidade de massa e, portanto, também consomem mais oxigênio por unidade de massa do que animais grandes. Uma taxa mais elevada de respiração é requerida para sustentar esse consumo aumentado de oxigênio.

Teste seu conhecimento
1. B **2.** C **3.** A **4.** B **5.** C **6.** B **7.** D
8.

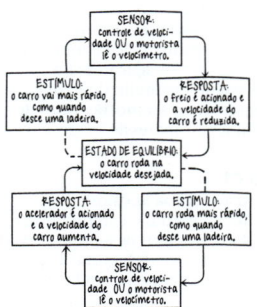

Capítulo 41
Questões das figuras
Figura 41.6 Seu diagrama deveria mostrar o alimento entrando na boca da hidra e sendo transformado em nutrientes na parte ampla da cavidade gastrovascular. Os nutrientes então se difundem para dentro de extensões da cavidade que se estende no interior dos tentáculos. Lá, os nutrientes seriam absorvidos por células da gastroderme e transportados para células da epiderme de um tentáculo. **Figura 41.9** A via respiratória deve ser aberta para permitir a expiração. Se a epiglote está para cima, a água que entra pela garganta a partir da boca encontra o ou empurrado para fora pelos pulmões e é transportada para dentro da cavidade nasal e para fora do nariz. **Figura 41.11** Como enzimas são proteínas e proteínas são hidrolisadas no intestino delgado, as enzimas digestórias naquele compartimento precisam ser resistentes a outras clivagens enzimáticas, que não as necessárias para ativá-las. **Figura 41.12** Nenhuma. Como a digestão é completada no intestino delgado, vermes planos simplesmente absorvem nutrientes pré-digeridos através de sua grande superfície corporal. **Figura 41.13** Sim. A saída dos quilomícrons envolve exocitose, um processo ativo que consome energia na forma de ATP. Ao contrário, a entrada de monoglicerídeos e ácidos graxos para dentro das células por difusão é um processo passivo que não consome energia. **Figura 41.23** A insulina e o glucagon estão envolvidos em circuitos de retroalimentação negativa.

Revisão do Conceito 41.1
1. Os únicos aminoácidos essenciais são aqueles que o animal não consegue sintetizar a partir de outras moléculas. **2.** Muitas vitaminas servem como cofatores enzimáticos, os quais, como as próprias enzimas, não são mudados pelas reações químicas nas quais eles participam. Portanto, somente quantidades muito pequenas de vitaminas são necessárias. **3.** Para identificar o nutriente essencial que está faltando na dieta de um animal, um pesquisador poderia suplementar a dieta com nutrientes isolados, um de cada vez, e determinar qual nutriente elimina os sinais de má nutrição.

Revisão do Conceito 41.2
1. Uma cavidade gastrovascular é uma bolsa digestória com uma única abertura que atua tanto na ingestão quanto na eliminação; um canal alimentar é um tubo digestivo com boca e ânus separados, em extremidades opostas. **2.** Como os nutrientes estão dentro da cavidade do canal alimentar, eles estão em um compartimento que é contínuo com o ambiente do lado de fora via boca e ânus e não tiveram que atravessar uma membrana para entrar no corpo. **3.** Em ambos os casos, combustíveis de alta energia são consumidos, moléculas complexas são decompostas em outras mais simples, e produtos de excreção são eliminados. Além disso, a gasolina, como o alimento, é decomposta em um compartimento especializado, de maneira que as estruturas circundantes são protegidas da decomposição.

Finalmente, assim como o alimento e os produtos de excreção permanecem fora do corpo em um trato digestório, nem a gasolina, nem seus produtos de combustão entram no compartimento dos passageiros do automóvel.

Revisão do Conceito 41.3
1. Como células parietais no estômago bombeiam íons de hidrogênio no lúmen estomacal, onde eles se combinam com os íons de cloro para formar ácido clorídrico (HCl), um inibidor da bomba de próton reduz a acidez do quimo e, por consequência, a irritação que ocorre quando o quimo entra no esôfago. **2.** Ácidos biliares atuam como emulsificantes, desmanchando grandes glóbulos em gotículas de gordura. As superfícies lipossolúveis dos ácidos biliares se ligam às gotículas de gordura, e as superfícies hidrossolúveis desses ácidos interagem com os líquidos digestórios. Como resultado, a tensão de superfície é reduzida e as gotículas são estabilizadas, facilitando a digestão enzimática de gorduras pelas lipases. **3.** Proteínas seriam desnaturadas e decompostas em peptídeos. A posterior digestão para aminoácidos individuais iria requerer secreções enzimáticas encontradas no intestino delgado. Nenhuma digestão de carboidratos ou lipídeos ocorreria.

Revisão do Conceito 41.4
1. O tempo maior para o trânsito pelo canal alimentar permite um processamento mais extenso e a área de superfície aumentada do canal fornece maior oportunidade para absorção. **2.** O sistema digestório de um mamífero proporciona a organismos mutualísticos um ambiente que é protegido por saliva e sucos gástricos contra outros microrganismos; mantido em uma temperatura favorável à ação enzimática; e que fornece uma fonte regular de nutrientes. **3.** Para a tratamento com o iogurte ser efetivo, as bactérias do iogurte teriam que estabelecer uma relação mutualística com o intestino delgado, onde os dissacarídeos são decompostos e os açúcares absorvidos. As condições no intestino delgado são provavelmente muito diferentes daquelas em uma cultura de iogurte. As bactérias poderiam ser mortas antes de alcançarem o intestino delgado, ou elas poderiam ser incapazes de crescer em números suficientes para auxiliar na digestão.

Revisão do Conceito 41.5
1. A longo prazo, o corpo armazena as calorias em excesso na gordura, sejam essas calorias provenientes de gordura, carboidrato ou proteína do alimento. **2.** Na maioria dos indivíduos, os níveis de leptina caem durante o jejum. Os indivíduos no grupo com níveis baixos de leptina são provavelmente incapazes de produzi-la, então os seus níveis permanecem baixos, mesmo com ingestão de alimento. Os indivíduos no grupo com níveis altos de leptina são provavelmente incapazes de responder a ela, mas eles ainda poderiam interromper a produção de leptina à medida que os estoques de gordura acabassem. **3.** O excesso de produção de insulina irá diminuir o nível de glicose sanguínea abaixo dos níveis fisiológicos normais. Isso irá, também, ativar a síntese de glicogênio no fígado, reduzindo o nível de glicose no sangue. Contudo, um baixo nível de glicose no sangue irá estimular a liberação de glucagon pelas células alfa no pâncreas, o que irá provocar a decomposição de glicogênio. Então, haverá efeitos antagonísticos no fígado.

Questões do Resumo dos conceitos-chave
41.1 Como o cofator é necessário em todos os animais, aqueles que não o obtêm em sua dieta devem ser capazes de sintetizá-lo a partir de outras moléculas orgânicas. **41.2** Uma dieta líquida contendo glicose, aminoácidos e outros componentes estruturais poderia ser ingerida e absorvida sem a necessidade de digestão mecânica ou química. **41.3** O intestino delgado tem uma área de superfície muito maior do que a do estômago. **41.4** O conjunto de dentes em nossa boca e o comprimento curto de nosso ceco sugere que os sistemas digestórios de nossos ancestrais não eram especializados para digerir matéria vegetal. **41.5** Quando o horário da refeição chega, estímulos nervosos do cérebro sinalizam ao estômago para se preparar para a digestão por meio de secreções e agitação.

Teste seu conhecimento
1. B **2.** A **3.** B **4.** B **5.** B **6.** D **7.** B
8.

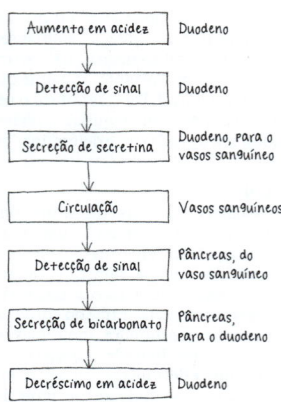

Capítulo 42
Questões das figuras
Figura 42.2 Embora as trocas gasosas possam ser otimizadas por um fluxo estável e unidirecional de líquido, haveria provavelmente tempo insuficiente para o alimento ser digerido e os nutrientes absorvidos se o líquido fluísse pela cavidade dessa maneira. **Figura 42.5** Dois leitos capilares. A molécula de dióxido de carbono necessitaria entrar em um leito capilar no polegar antes de retornar ao átrio e ao ventrículo direitos, então viajar para o pulmão e entrar em um capilar de onde ela poderia se difundir para dentro do alvéolo e estar disponível para ser expirada. **Figura 42.8** Cada traço da gravação do ECG, tal como o pico pronunciado para cima, ocorre uma vez por ciclo cardíaco. Utilizar o eixo x para medir o tempo em segundos entre picos sucessivos e dividir esse número por 60 forneceria a frequência cardíaca como o número de ciclos por minuto. **Figura 42.25** A redução na tensão superficial resulta da presença de surfactante. Portanto, para todos os bebês que tinham morrido de SAR, você esperaria uma quantidade de surfactante próxima de zero. Para crianças que tinham morrido de outras causas, você esperaria uma quantidade de surfactante próxima de zero para massas corporais abaixo de 1.200 g, mas muito acima de zero para massas corporais acima de 1.200 g. **Figura 42.27** Como a expiração é, em grande parte, passiva, o recolhimento das fibras elásticas nos alvéolos ajuda a forçar o ar para fora dos pulmões. Quando os alvéolos perdem sua elasticidade, como ocorre na doença enfisema pulmonar, menos ar é expirado. Como menos ar é deixado nos pulmões, menos ar fresco pode ser inspirado. Com um volume menor de ar trocado, há um decréscimo no gradiente de pressão parcial que promove a troca gasosa. Respirar a uma frequência maior que a necessária para atender à demanda metabólica (hiperventilação) baixaria o nível sanguíneo. Sensores nos vasos sanguíneos principais e na medula sinalizariam ao centro de controle da respiração para diminuir a frequência de contração dos músculos do diafragma e nas costelas, diminuindo a frequência respiratória e restaurando o nível normal no sangue e em outros tecidos. **Figura 42.29** O aumento resultante no volume tidal aumentaria a ventilação dentro dos pulmões, aumentando P_{O_2} e diminuindo P_{CO_2} nos alvéolos.

Revisão do Conceito 42.1
1. Tanto em um sistema circulatório aberto quanto em um chafariz, o líquido é bombeado por meio de um tubo e então retorna para a bomba depois de coletado em uma piscina. **2.** A habilidade para interromper o suprimento de sangue para os pulmões quando o animal está submerso. **3.** O conteúdo de O_2 seria anormalmente baixo porque algum sangue esgotado de oxigênio retornado ao átrio direito a partir do circuito sistêmico se misturaria com o sangue rico em oxigênio no átrio esquerdo.

Revisão do Conceito 42.2
1. As veias pulmonares transportam sangue que acabou de passar pelos leitos capilares nos pulmões, onde ele acumulou O_2. As veias cavas transportam sangue que recém passou pelos leitos capilares no resto do corpo, onde ele perdeu O_2 para os tecidos. **2.** O retardo permite aos átrios esvaziarem completamente, enchendo plenamente os ventrículos antes de eles se contraírem. **3.** O coração, como qualquer outro músculo, torna-se mais forte com o exercício regular. Você esperaria que um coração mais forte tivesse um maior volume sistólico, o que possibilitaria a diminuição na frequência cardíaca.

Revisão do Conceito 42.3
1. A grande área de secção transversal total dos capilares. **2.** Um aumento na pressão sanguínea e no débito cardíaco, combinado com o direcionamento de mais sangue aos músculos do esqueleto, aumentaria a capacidade de ação por meio do aumento da taxa de circulação sanguínea e da liberação de mais O_2 e nutrientes para esses músculos. **3.** Corações extras poderiam ser usados para melhorar o retorno de sangue das pernas. Entretanto, poderia ser difícil coordenar a atividade de múltiplos corações e manter um fluxo sanguíneo adequado para corações afastados dos órgãos de troca gasosa.

Revisão do Conceito 42.4
1. Um aumento no número de células brancas do sangue (leucócitos) pode indicar que a pessoa está combatendo uma infecção. **2.** Fatores coagulantes não iniciam a coagulação, mas são etapas essenciais no processo. **3.** A angina (dor no peito) resulta do fluxo inadequado de sangue nas artérias coronárias. A vasodilatação promovida pelo óxido nítrico da nitroglicerina aumenta o fluxo sanguíneo, provendo oxigênio extra para o músculo cardíaco e, então, aliviando a dor. **4.** Células-tronco embrionárias são pluripotentes em vez de multipotentes, significando que elas podem dar origem a muitos e não a uns poucos diferentes tipos de células.

Revisão do Conceito 42.5
1. Sua posição interna auxilia os tecidos de troca gasosa a permanecerem úmidos. Se as superfícies respiratórias dos pulmões se estendessem no ambiente terrestre, elas rapidamente se ressecariam, e a difusão de O_2 e CO_2 através dessas superfícies pararia. **2.** As minhocas precisam manter sua pele úmida para as trocas gasosas, mas elas necessitam de ar do lado de fora dessa camada úmida. Se elas permanecem em seus túneis inundados de água depois de uma chuva forte, irão sufocar-se, porque não podem obter tanto O_2 da água como do ar. **3.** Em peixes, a água passa sobre as brânquias na direção oposta à que o sangue flui através dos capilares branquiais, maximizando a extração de oxigênio da água ao longo da superfície respiratória. De modo similar, nas extremidades de alguns vertebrados, o sangue flui em direções opostas em veias e artérias vizinhas; esse arranjo em contracorrente maximiza a recaptura de calor do sangue que está deixando o centro do corpo em artérias, o que é importante para a termorregulação em ambientes frios.

Revisão do Conceito 42.6
1. Um aumento na concentração sanguínea de CO_2 provoca um aumento na taxa de difusão dentro do LCS, onde o CO_2 se combina com água para formar ácido carbônico. A dissociação do ácido carbônico libera íons hidrogênio, diminuindo o pH do LCS. 2. A frequência cardíaca aumentada eleva a taxa na qual o sangue rico em CO_2 é entregue para os pulmões, onde o CO_2 é removido. 3. Um orifício permitiria a entrada de ar no espaço entre as camadas interna e externa da dupla membrana, resultando em uma condição chamada de pneumotórax. As duas camadas não iriam mais permanecer unidas, e o pulmão no lado com o orifício colapsaria e pararia de funcionar.

Revisão do Conceito 42.7
1. Diferenças na pressão parcial entre os capilares e os tecidos ou meio de entorno; a difusão líquida de um gás ocorre de uma região de pressão parcial mais alta para uma região de pressão parcial mais baixa. 2. O efeito Bohr faz a hemoglobina liberar mais O_2 em um pH mais baixo, como é encontrado na vizinhança de tecidos com altas taxas de respiração celular e liberação de CO_2. 3. O médico está assumindo que a respiração rápida é a resposta do corpo ao baixo pH do sangue. A acidose metabólica, a diminuição do pH sanguíneo resultante do metabolismo, pode ter muitas causas, incluindo complicações de determinados tipos de diabetes, choque (pressão sanguínea extremamente baixa) e envenenamento.

Questões do Resumo dos conceitos-chave
42.1 Em um sistema circulatório fechado, uma bomba muscular ativada por adenosina trifosfato (ATP) geralmente move os fluidos em uma direção em uma escala de milímetros a metros. A troca entre as células e seu ambiente depende de difusão, o que envolve movimentos aleatórios de moléculas; gradientes de concentração de moléculas através de superfícies de troca podem promover difusão líquida rápida em uma escala de 1 mm ou menos. **42.2** A substituição de uma válvula defeituosa aumentaria o volume sistólico. Uma baixa frequência cardíaca seria, portanto, suficiente para manter o mesmo débito cardíaco. **42.3** A pressão sanguínea no braço cairia até 25-30 mmHg, a mesma diferença que é normalmente vista entre o seu coração e seu cérebro. **42.4** Um microlitro de sangue contém cerca de 5 milhões de eritrócitos e 5.000 leucócitos, então leucócitos representam somente cerca de 0,1% das células na ausência de infecção. **42.5** Como o CO_2 é uma fração muito pequena do gás atmosférico (0,29 mmHg/760 mmHg, ou menos do que 0,04%), o gradiente de pressão parcial de CO_2 entre a superfície respiratória e o ambiente sempre favorece marcadamente a liberação de CO_2 para a atmosfera. **42.6** Como os pulmões não esvaziam completamente com cada respiração, o ar que está entrando e o que está saindo se misturam. Os pulmões, então, contêm uma mistura de ar fresco e de ar viciado. **42.7** Uma enzima acelera uma reação sem alterar o equilíbrio e sem ser consumida. De modo semelhante, um pigmento respiratório acelera a troca de gases entre o corpo e o ambiente externo sem mudar o estado de equilíbrio e sem ser consumido.

Teste seu conhecimento
1. C 2. A 3. D 4. C 5. C 6. A 7. A
8.

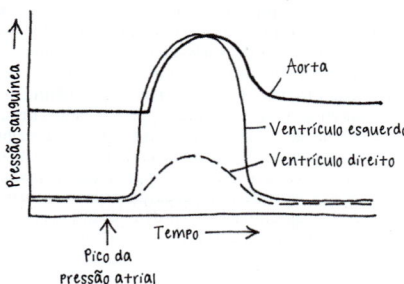

Capítulo 43
Questões das figuras
Figura 43.3 A Dicer-2 se liga ao RNA dupla-fita sem levar em conta o tamanho ou a sequência e, então, corta aquele RNA em fragmentos, cada um com comprimento de 21 pares de bases. O complexo Argo se liga a fragmentos de RNA dupla-fita, cada um com comprimento de 21 pares de bases, desloca uma fita e então usa a fita restante para se combinar a uma sequência-alvo específica em um mRNA de fita única. **Figura 43.4** Os TLRs da superfície celular reconhecem moléculas na superfície de patógenos, enquanto TLRs em vesículas reconhecem moléculas internas de patógenos após estes terem sido rompidos. **Figura 43.5** Como a dor de uma farpa em sua pele para quase imediatamente quando você a remove, você pode deduzir corretamente que os sinais que medeiam a resposta inflamatória são de vida bem curta. **Figura 43.10** Parte da enzima ou receptor de antígeno fornece uma "espinha dorsal" estrutural que mantém a forma geral, enquanto a interação ocorre na superfície com um ajuste preciso ao substrato ou antígeno. O efeito combinado de interações não covalentes múltiplas no sítio ativo ou sítio de ligação é uma interação de alta afinidade e extremamente específica. **Figura 43.14** Após a recombinação gênica, um linfócito e suas células-filhas produzem uma única versão do antígeno receptor. Em contrapartida, o *splicing* alternativo não é herdável e pode dar origem a produtos gênicos diversos em uma única célula. **Figura 43.16** Uma única célula B possui mais de 100.000 receptores de antígeno em sua superfície, não quatro, e há mais de 1 milhão de células B que diferem na sua especificidade ao antígeno, não três. **Figura 43.19** Esses receptores permitem às células de memória expor o antígeno na sua superfície celular a uma célula T auxiliar. Essa exposição do antígeno é necessária para ativar as células de memória em uma resposta imune secundária. **Figura 43.23** Resposta primária: setas estendendo-se de antígeno (primeira exposição), célula apresentadora de antígeno, célula T auxiliar, célula B, plasmócitos, célula T citotóxica e células T citotóxicas ativas; resposta secundária: setas estendendo-se de antígeno (segunda exposição), células T auxiliares de memória, células B de memória, células T citotóxicas de memória, plasmócitos e células T citotóxicas ativas. **Figura 43.25** Não haveria mudança nos resultados. Como os dois sítios de ligação de antígeno de um anticorpo têm a mesma especificidade, os dois bacteriófagos ligados teriam que expor o mesmo peptídeo viral.

Revisão do Conceito 43.1
1. Como o pus contém leucócitos, líquido e restos celulares, ele indica uma resposta inflamatória ativa e pelo menos parcialmente bem-sucedida contra patógenos invasores. 2. Enquanto o ligante para o receptor TLR é uma molécula estranha, o ligante para muitas vias de transdução de sinal é uma molécula produzida pelo próprio organismo. 3. Construir uma resposta imune iria requerer o reconhecimento de algum atributo molecular do ovo da vespa, não encontrado no hospedeiro. Pode ser que somente hospedeiros potenciais tenham um receptor com a especificidade necessária.

Revisão do Conceito 43.2
1. Ver Figura 43.9. As regiões transmembrana ficam dentro das regiões C, as quais também formam as pontes de dissulfeto. Em contrapartida, os sítios de ligação de antígeno estão nas regiões V. 2. A geração de células de memória assegura que um receptor específico para um dado epítopo estará presente e que haverá mais linfócitos com essa especificidade do que em um hospedeiro que nunca tivesse encontrado o antígeno. 3. Se cada célula B produzisse duas cadeias leves e pesadas diferentes para seu receptor de antígeno, diferentes combinações fariam quatro receptores diferentes. Se qualquer uma fosse autorreagente, o linfócito seria eliminado na geração de autotolerância. Por esse motivo, muito mais células B seriam eliminadas, e aquelas que pudessem responder a um antígeno estranho seriam menos efetivas devido à variedade de receptores (e anticorpos) que elas expressam.

Revisão do Conceito 43.3
1. Uma criança sem o timo não teria células T funcionais. Sem células T auxiliares para ajudar a ativar células B, a criança seria incapaz de produzir anticorpos contra bactérias extracelulares. Além disso, sem células T citotóxicas ou células T auxiliares, o sistema imune da criança seria incapaz de destruir células infectadas por vírus. 2. Como o sítio de ligação de antígeno está intacto, os fragmentos de anticorpos poderiam neutralizar vírus e aumentar a suscetibilidade de bactérias. 3. Se o portador desenvolvesse imunidade a proteínas no antídoto, outra injeção poderia provocar uma resposta imune grave.

Revisão do Conceito 43.4
1. A miastenia grave é considerada uma doença autoimune porque o sistema imune produz anticorpos contra as próprias moléculas (certos receptores nas células musculares). 2. Uma pessoa com um resfriado provavelmente produzirá secreções nasais e orais que facilitam a transferência viral. Além disso, como a doença pode causar incapacidade ou morte, um vírus programado para sair do hospedeiro quando há um estresse fisiológico tem a oportunidade para encontrar um novo hospedeiro em um momento em que o hospedeiro atual pode deixar de funcionar. 3. Uma pessoa com deficiência de macrófagos teria infecções frequentes. As causas seriam respostas inatas fracas, devido à fagocitose e à inflamação reduzidas, e respostas adaptativas também fracas, devido à falta de macrófagos para exibir antígenos às células T auxiliares.

Questões do Resumo dos conceitos-chave
43.1 A lisozima na saliva destrói as paredes celulares bacterianas; a viscosidade do muco ajuda a capturar bactérias; o pH ácido no estômago mata muitas bactérias e a disposição bem ajustada das células que revestem o intestino proporciona uma barreira física à infecção. **43.2** Números suficientes de células para mediar uma resposta imune inata estão sempre presentes, enquanto uma resposta adaptativa requer seleção e proliferação de uma população inicialmente muito pequena, específica para o patógeno infectante. **43.3** Não. A memória imunológica após uma infecção natural e aquela após a vacinação são muito semelhantes. Pode haver pequenas diferenças nos antígenos específicos possíveis de serem reconhecidas em uma infecção subsequente. **43.4** Não, a AIDS se refere à perda da função imunológica que pode ocorrer ao longo do tempo em um indivíduo infectado com HIV. Entretanto, certas combinações multidrogas ("coquetéis") ou variações genéticas raras geralmente impedem a progressão para AIDS em pessoas infectadas por HIV.

Teste seu conhecimento
1. B 2. C 3. C 4. B 5. B 6. B 7. C
8. Uma possível resposta:

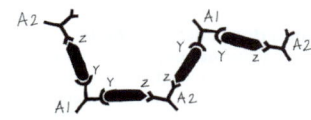

9. A ideia desacreditada de Lamarck era que organismos mudavam sua forma para enfrentar desafios e, então, de alguma maneira, passavam aquelas mudanças adiante para seus descendentes. Na seleção clonal, diferenças herdáveis que dão origem à variação surgem antes de qualquer desafio. Um encontro com um dado antígeno resulta na proliferação das variantes mais bem adaptadas para reconhecer e responder àquele desafio.

Capítulo 44
Questões das figuras
Figura 44.13 Você esperaria encontrar essas células revestindo os túbulos onde eles passam através da medula renal. Como o fluido extracelular da medula renal tem uma osmolaridade muito alta, a produção de solutos orgânicos por células do túbulo nessa região mantém a osmolaridade intracelular alta, fazendo com que essas células mantenham o volume normal. **Figura 44.14** A furosemida aumenta o volume da urina. A ausência de transporte de íons no ramo ascendente deixa o filtrado muito concentrado pela redução substancial de volume no túbulo distal e no ducto coletor. **Figura 44.17** Quando a concentração de um íon difere através de uma membrana plasmática, a diferença na concentração de íons do lado de dentro e de fora da membrana representa energia química potencial, enquanto a diferença resultante de carga do lado de fora e de dentro representa energia elétrica potencial. **Figura 44.20** Os níveis de ADH seriam provavelmente elevados em ambos os conjuntos de pacientes com mutações, porque qualquer dos defeitos impede a reabsorção de água que restabelece a osmolaridade do sangue para níveis normais. **Figura 44.21** Setas que seriam identificadas como "secreção" são as setas indicando secreção de aldosterona, angiotensinogênio e renina.

Revisão do Conceito 44.1
1. Porque o sal é transportado contra seu gradiente de concentração, de concentração baixa (água doce) para alta concentração (sangue). **2.** Um osmoconformador de água doce teria os conteúdos corporais muito diluídos para desempenhar seus processos vitais. **3.** Sem uma camada de pele isolante, o camelo deve usar o efeito resfriador da perda de água por evaporação para manter a temperatura do corpo, unindo, então, termorregulação e osmorregulação.

Revisão do Conceito 44.2
1. Como o ácido úrico é insolúvel em água, ele pode ser excretado como uma pasta semissólida, reduzindo, então, a perda de água de um animal. **2.** Os humanos produzem ácido úrico pela quebra da purina, e reduzir a purina na dieta geralmente diminui a gravidade da gota. Aves, entretanto, produzem ácido úrico como um subproduto do metabolismo geral de nitrogênio. Elas necessitariam, portanto, de uma dieta reduzida em todos os compostos nitrogenados, não somente em purinas.

Revisão do Conceito 44.3
1. Em vermes planos, células ciliadas drenam fluidos intersticiais contendo resíduos para dentro dos protonefrídios. Em anelídeos, produtos de excreção passam dos líquidos intersticiais para o interior do celoma. De lá, cílios movem os resíduos para os metanefrídios através de um funil ao redor de uma abertura interna para os metanefrídios. Em insetos, os túbulos de Malpighi bombeiam fluidos a partir da hemolinfa, a qual recebe produtos de excreção durante a troca com células na circulação. **2.** O filtrado é formado quando o glomérulo filtra o sangue da artéria renal no interior da cápsula de Bowman. Alguns dos conteúdos do filtrado são recuperados, entram nos capilares e saem na veia renal; o restante se mantém no filtrado e sai do rim no ureter. **3.** A presença de Na^+ e outros íons (eletrólitos) no dialisado limitaria a extensão em que eles seriam removidos do filtrado durante a diálise. O ajuste dos eletrólitos no dialisado pode, então, levar à restauração das concentrações adequadas de eletrólitos no plasma. De modo semelhante, a ausência de ureia e outros produtos de excreção no dialisado inicial facilita sua remoção do filtrado.

Revisão do Conceito 44.4
1. Os numerosos néfrons e os glomérulos bem desenvolvidos de peixes de água doce produzem urina a uma taxa elevada, ao passo que o pequeno número de néfrons e os glomérulos menores de peixes marinhos produzem urina em uma taxa baixa. **2.** A medula renal absorveria menos água; assim, o fármaco aumentaria a quantidade de água perdida na urina. **3.** Um declínio na pressão sanguínea da arteríola aferente reduziria a taxa de filtração por mover menos material pelos vasos.

Revisão do Conceito 44.5
1. O álcool inibe a liberação de ADH, causando um aumento na perda de água pela urina e aumentando a chance de desidratação. **2.** O consumo de uma quantidade muito grande de água em um curto período de tempo, juntamente com uma falta de ingestão de solutos, pode reduzir os níveis de sódio no sangue abaixo de níveis toleráveis. Essa condição, chamada de hiponatremia, leva à desorientação e, algumas vezes, à dificuldade respiratória. Isso tem ocorrido em alguns maratonistas que bebem água em vez de bebidas energéticas. (E, também, tem causado a morte de estudantes por trotes com água e a morte de desafiantes em competições de beber o máximo de água.) **3.** Hipertensão.

Questões do Resumo dos conceitos-chave
44.1 A água se move para dentro de uma célula por osmose quando o líquido do lado de fora das células é hiposmótico (tem uma concentração de solutos inferior à do citosol). **44.2** Como cofatores para as enzimas que catalisam o metabolismo, moléculas nitrogenadas, como $NAD^+/NADH$, são "recicladas" durante a respiração celular. Elas, então, não são decompostas e seus componentes não são absorvidos ou excretados. **44.3** A filtração produz um fluido para processos de troca que é livre de células e de moléculas grandes, as quais são benéficas para o animal e não poderiam ser rapidamente reabsorvidas. **44.4** Ambos os tipos de néfrons têm túbulos proximais que podem reabsorver nutrientes, mas somente os néfrons justamedulares têm alças de Henle que se estendem profundamente para dentro da medula renal. Então, somente rins contendo néfrons justamedulares podem produzir urina mais concentrada do que o sangue. **44.5** Pacientes que não produzem ADH têm os sintomas aliviados com o tratamento com o hormônio, mas muitos pacientes com diabetes insípido não possuem receptores para o ADH.

Teste seu conhecimento
1. C **2.** A **3.** C **4.** D **5.** C **6.** B

Capítulo 45
Questões das figuras
Figura 45.4

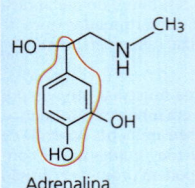
Adrenalina

Figura 45.5 O hormônio é hidrossolúvel e tem um receptor de superfície celular. Tais receptores, distintamente dos lipídeos lipossolúveis, podem causar mudanças observáveis em células sem transcrição de gene hormônio-dependente. **Figura 45.6** O ATP é enzimaticamente convertido para AMPc. Os outros passos representam reações de ligação. **Figura 45.21.** A gônada embrionária pode se tornar um testículo ou um ovário. Em contrapartida, os ductos formam uma determinada estrutura ou degeneram, e a bexiga se forma em machos e fêmeas.

Revisão do Conceito 45.1
1. Hormônios hidrossolúveis, que não conseguem penetrar na membrana plasmática, se ligam a receptores de superfície celular. Essa interação desencadeia uma via de transdução de sinal que altera a atividade de uma proteína preexistente no citoplasma e/ou altera a transcrição de genes específicos no núcleo. Hormônios esteroides são lipossolúveis e podem atravessar a membrana plasmática para o interior da célula, onde se ligam a receptores localizados no citosol ou no núcleo. O complexo hormônio-receptor funciona, então, diretamente como um fator de transcrição que altera a transcrição de genes específicos. **2.** Uma glândula exócrina, porque feromônios não são secretados no líquido intersticial, e sim tipicamente liberados na superfície do corpo ou no ambiente. **3.** Como os receptores para hormônios hidrossolúveis estão localizados na superfície celular, de frente para o espaço extracelular, injetar o hormônio no citosol não desencadearia uma resposta.

Revisão do Conceito 45.2
1. A prolactina regula a produção, e a ocitocina a liberação de leite. **2.** A neuro-hipófise, uma extensão do hipotálamo que contém os axônios de células neurossecretoras, é o sítio de armazenamento e liberação para dois neuro-hormônios, a ocitocina e o hormônio antidiurético (ADH). A adeno-hipófise contém células endócrinas que produzem pelo menos seis diferentes hormônios. O secreção da adeno-hipófise é controlada por hormônios hipotalâmicos que viajam via vasos sanguíneos até a adeno-hipófise. **3.** O hipotálamo e as glândulas hipofisárias atuam em muitas vias endócrinas diferentes. Muitos defeitos nessas glândulas, como aqueles que afetam seu crescimento ou organização, desregulariam, portanto, muitas vias hormonais. Somente um defeito muito específico, como uma mutação afetando um receptor de hormônio em particular, alteraria apenas uma via endócrina. A situação é bem diferente para a glândula final em uma via, como a glândula tireoide. Nesse caso, uma gama de defeitos que desregulassem a função glandular iria desregular somente a via ou um pequeno conjunto de vias nas quais a glândula atua. **4.** Ambos os diagnósticos poderiam estar corretos. Em um caso, a glândula tireoide pode produzir excesso de hormônio tireoidiano, apesar do suprimento normal de hormônios do hipotálamo e adeno-hipófise. No outro, o suprimento de hormônio anormalmente elevado (um nível elevado de TSH) pode ser a causa da glândula da tireoide excessivamente ativa.

Revisão do Conceito 45.3
1. Se a função da via é prover uma resposta temporária, um estímulo de curta duração seria menos dependente da retroalimentação negativa. **2.** Você estaria explorando a atividade anti-inflamatória de glicocorticoides. A injeção local evita os efeitos que ocorreriam no metabolismo da glicose se os glicocorticoides fossem tomados oralmente e transportados pelo corpo na corrente sanguínea. **3.** Ambos os hormônios produzem efeitos opostos em diferentes tecidos-alvo. Na resposta luta ou fuga, a adrenalina aumenta o fluxo sanguíneo para os músculos esqueléticos e reduz o fluxo sanguíneo para os músculos lisos no sistema digestório. Estabelecendo dominância apical, a auxina promove o crescimento de brotos apicais e inibe o crescimento de brotos laterais.

Questões do Resumo dos conceitos-chave
45.1 Como mostrado na Figura 43.18, a ativação da célula T auxiliar por citocinas atuando como reguladores locais envolve sinalização autócrina e parácrina. **45.2** Pâncreas, glândulas paratireoides e glândula pineal. **45.3** Ambas as glândulas hipófise e adrenal são formadas pela fusão de tecido neural e não neural. O ADH é secretado pela porção neurossecretora da hipófise, e a adrenalina pela porção neurossecretora da glândula adrenal.

Teste seu conhecimento
1. C 2. D 3. D 4. A 5. B 6. B 7. A
8.

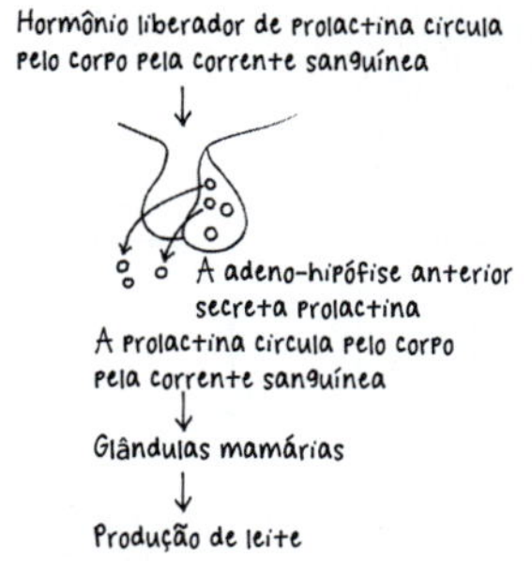

Hormônio liberador de prolactina circula pelo corpo pela corrente sanguínea
↓
A adeno-hipófise anterior secreta prolactina
A prolactina circula pelo corpo pela corrente sanguínea
↓
Glândulas mamárias
↓
Produção de leite

Capítulo 46
Questões das figuras
Figura 46.7 Espermatozoides recém-formados nos testículos entram na vesícula seminal e saem pelo ducto ejaculatório durante a relação sexual. Os espermatozoides entram na espermateca após a cópula e, após armazenamento, são liberados no oviduto para fertilizar um óvulo se movendo dentro do útero. **Figura 46.8** Quando cortejadas adequadamente por um segundo macho, independentemente de seu genótipo, cerca de um terço das fêmeas se livram elas mesmas de todo o esperma da primeira cópula. Assim, dois terços retêm alguns espermatozoides da primeira cópula. Nós prediríamos, portanto, que dois terços daquelas fêmeas teriam membros da sua prole exibindo o mesmo fenótipo "olhos pequenos" da mutação dominante levada pelos machos com os quais elas se acasalaram primeiro. **Figura 46.11** A análise seria informativa porque os corpos polares contêm todos os cromossomos da mãe que não ficaram no óvulo maduro. Por exemplo, encontrar duas cópias de um gene de uma doença nos corpos polares indicaria sua ausência no óvulo. Esse método de testagem genética é, algumas vezes, utilizado quando óvulos coletados de uma fêmea são fertilizados com espermatozoides em uma placa de laboratório. **Figura 46.15** O embrião normalmente se implanta uma semana após a concepção, mas ele leva vários dias no útero antes da implantação, recebendo nutrientes do endométrio. Portanto, o óvulo fertilizado deveria ser cultivado por vários dias no líquido com a mesma temperatura normal do corpo e contendo os mesmos nutrientes daqueles fornecidos pelo endométrio antes da implantação. **Figura 46.16** A testosterona pode passar do sangue fetal para o materno pela circulação placentária, perturbando temporariamente o equilíbrio hormonal da mãe. **Figura 46.18** A ocitocina mais provavelmente induziria o trabalho de parto, iniciando um circuito de retroalimentação positiva que levaria à conclusão do trabalho de parto. A ocitocina sintética, de fato, é frequentemente usada para induzir o trabalho de parto quando uma gravidez prolongada pode por a mãe ou o feto em risco.

Revisão do Conceito 46.1
1. A prole de reprodução sexuada é mais geneticamente diversa. Entretanto, a reprodução assexuada pode produzir mais filhotes em múltiplas gerações. **2.** Distintamente de outras formas de reprodução assexuada, a partenogênese envolve produção de gametas. Ao controlar se óvulos haploides são ou não fertilizados, espécies como as abelhas melíferas podem rapidamente mudar entre reprodução assexuada e sexuada. **3.** Não. Devido à distribuição aleatória de cromossomos durante a meiose, a prole pode receber a mesma cópia ou diferentes cópias de um determinado cromossomo parental do óvulo e do espermatozoide. Além disso, a recombinação genética durante a meiose resultará no rearranjo de genes entre pares de cromossomos parentais. **4.** A fragmentação ocorre em plantas e animais. Adicionalmente, o brotamento em animais e o crescimento de raízes de plantas adventícias envolvem a emergência de novos indivíduos a partir do desenvolvimento de partes do indivíduo parental.

Revisão do Conceito 46.2
1. A fertilização interna permite ao espermatozoide alcançar o óvulo sem que nenhum dos gametas dessegue. **2.** (a) Animais com fertilização externa tendem a liberar muitos gametas de uma vez só, resultando na produção de grande número de zigotos. Isso aumenta as chances de que alguns sobreviverão até a idade adulta. (b) Animais com fertilização interna produzem menos prole, mas geralmente exibem maior cuidado dos embriões e jovens **3.** Assim como o útero de um inseto, o ovário de uma planta é o local da fertilização. Distintamente do ovário vegetal, o útero não é o sítio de produção de óvulos, a qual ocorre no ovário do inseto. Além disso, o óvulo fertilizado do inseto é expelido do útero, enquanto o embrião da planta se desenvolve dentro de uma semente no ovário.

Revisão do Conceito 46.3
1. A espermatogênese ocorre normalmente somente quando os testículos estão mais frios do que a temperatura normal do corpo. O uso prolongado de um banho em água quente (ou cuecas muito apertadas) pode causar uma diminuição na qualidade e no número de espermatozoides. **2.** Em humanos, o oócito secundário se combina com o espermatozoide antes de terminar a segunda divisão meiótica. Portanto, a oogênese é concluída antes, não durante a fertilização. **3.** O único efeito de selar cada vaso deferente é uma ausência de espermatozoides no ejaculado. A resposta sexual e o volume do ejaculado não se alteram. O corte e a selagem desses ductos, uma vasectomia, é um procedimento cirúrgico comum para homens que não desejam produzir mais filhos (ou nenhum filho).

Revisão do Conceito 46.4
1. Nos testículos, o FSH estimula as células de Sertoli, as quais nutrem os espermatozoides em desenvolvimento. O LH estimula a produção de androgênios (principalmente testosterona), que por sua vez estimulam a produção de espermatozoides. Em fêmeas e machos, o FSH promove o crescimento de células que sustentam e nutrem gametas em desenvolvimento (células foliculares em fêmeas e células de Sertoli em machos) e o LH estimula a produção de hormônios sexuais que promovem a gametogênese (estrogênios, principalmente estradiol, em fêmeas, e androgênios, especialmente testosterona, em machos). **2.** Em ciclos estrais (cios), que ocorrem na maioria das fêmeas de mamíferos, o endométrio é reabsorvido (em vez de descartado) se a fertilização não ocorre. Ciclos estrais geralmente ocorrem somente uma vez ou poucas vezes por ano, e a fêmea é usualmente receptiva à cópula somente durante o período próximo à ovulação. Ciclos menstruais são encontrados apenas em humanos e alguns outros primatas. Eles controlam a formação e o desmanche do revestimento uterino, mas não a receptividade sexual. **3.** A combinação de estradiol e progesterona teria um efeito de retroalimentação negativa sobre o hipotálamo, bloqueando a liberação de GnRH. Isso interferiria na secreção de LH pela hipófise, impedindo, então, a ovulação. Esta é, de fato, a base da ação da maioria dos contraceptivos hormonais mais comuns. **4.** No ciclo replicativo viral, a produção de novos genomas virais é coordenada com a expressão da proteína capsídea e com a produção de fosfolipídeos para os revestimentos virais. No ciclo reprodutivo de uma mulher, há coordenação, baseada em hormônios, da maturação do óvulo com o desenvolvimento de tecidos de suporte do útero.

Revisão do Conceito 46.5
1. A secreção de hCG pelo embrião precoce estimula o corpo lúteo a produzir mais progesterona, que ajuda a manter a gravidez. Durante o segundo trimestre, contudo, a produção de hCG cai, o corpo lúteo desintegra-se e a placenta toma conta completamente da produção de progesterona. **2.** A ligação de trompas e a vasectomia bloqueiam, ambas, o movimento de gametas das gônadas para o local onde a fertilização poderia ocorrer. **3.** A introdução de um núcleo de espermatozoide diretamente em um oócito poupa as etapas da aquisição de motilidade do espermatozoide no epidídimo, seu nado até encontrar o óvulo no oviduto e sua fusão com ele.

Questões do Resumo dos conceitos-chave
46.1 Não. Como a partenogênese envolve meiose, a mãe passaria a cada filho uma combinação aleatória e, portanto, geralmente distinta dos cromossomos que ela herdou de sua mãe e de seu pai. **46.2** Nenhum. **46.3** O pequeno tamanho e a falta de citoplasma características de um espermatozoide são adaptações bem concebidas para sua função como um veículo de transporte para o DNA. O tamanho grande e conteúdos citoplasmáticos abundantes de óvulos sustentam o crescimento e o desenvolvimento do embrião. **46.4** A circulação de esteroides anabólicos mimetiza a regulação por retroalimentação da testosterona, desligando a sinalização hipofisária para os testículos e, portanto, bloqueando a liberação de sinais necessários para a espermatogênese. **46.5** O oxigênio no sangue materno difunde-se dos reservatórios no endométrio para os capilares fetais nas vilosidades coriônicas da placenta e de lá viaja pelo sistema circulatório do feto.

Teste seu conhecimento
1. D 2. B 3. B 4. C 5. A 6. B 7. C 8. C
9.

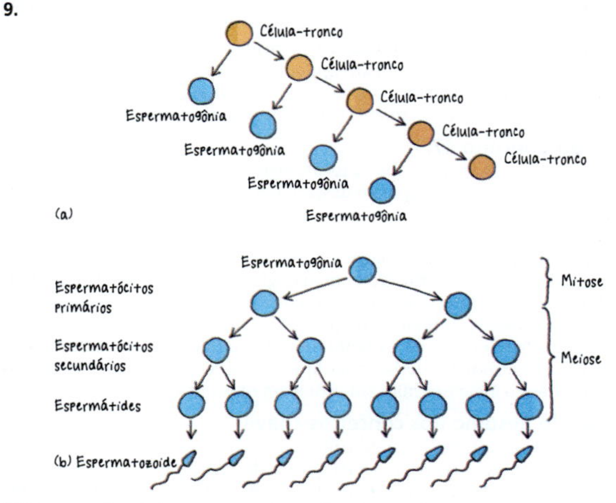

(a) [diagrama mostrando divisões de Célula-tronco originando Espermatogônias]

(b) [diagrama mostrando Espermatogônia → Espermatócitos primários (Mitose) → Espermatócitos secundários → Espermátides → Espermatozoide (Meiose)]

(c) O aporte de células-tronco seria usado por completo, e a espermatogênese não poderia continuar.

Capítulo 47
Questões das figuras
Figura 47.3 Você poderia injetar a substância em um óvulo não fertilizado, expor o óvulo ao espermatozoide e observar se o envelope de fertilização se forma.

Figura 47.6 Haveria menos células, e elas estariam mais próximas umas das outras. **Figura 47.8** (1) A blastocele forma um compartimento único que envolve o intestino, muito semelhante a um pão de cachorro-quente envolvendo uma salsicha. (2) A ectoderme forma a cobertura externa do animal, e a endoderme reveste os órgãos internos, como o trato digestório. A mesoderme preenche a maior parte do espaço entre essas duas camadas. **Figura 47.19** São necessárias 8 divisões celulares para dar origem à célula intestinal mais próxima à boca. **Figura 47.22** Quando os pesquisadores permitiam que a rotação cortical normal ocorresse, os determinantes formadores do lado posterior ("*back forming*") eram ativados. Quando eles forçavam a rotação contrária, a porção posterior era estabelecida também no lado oposto. Como as moléculas no lado normal já estavam ativadas, forçar a rotação oposta aparentemente não "cancelava" o estabelecimento do lado posterior pela primeira rotação.
Figura 47.23 Desenhe

E se? No controle de Spemann, os dois blastômeros eram fisicamente separados, e cada um se desenvolvia em um embrião completo. No experimento de Roux, os restos do blastômero morto ainda estavam em contato com o blastômero vivo, que se desenvolveu em um embrião pela metade. Portanto, moléculas presentes nos restos da célula morta podem ter sinalizado à célula viva, inibindo-a de desenvolver todas as estruturas embrionárias. **Figura 47.24** Você poderia injetar a proteína isolada (ou um mRNA que a codifique) nas células ventrais de uma gástrula inicial. Se estruturas dorsais se formassem no lado ventral, isso apoiaria a ideia de que a proteína é a molécula sinalizadora secretada ou apresentada pelo lábio dorsal. Você também deveria fazer um experimento-controle para ter certeza de que o próprio processo de injeção não causou a formação das estruturas dorsais. **Figura 47.26** Ou o mRNA ou a proteína da Sonic hedgehog pode servir como um marcador da zona de atividade polarizadora (ZAP). A ausência de qualquer uma após a remoção da crista ectodermal apical apoiaria sua hipótese. Você também poderia bloquear a função do fator de crescimento de fibroblasto e observar se a ZAP se formaria (ao procurar por Sonic hedgehog).

Revisão do Conceito 47.1
1. O envelope de fertilização forma-se após os grânulos corticais liberarem seu conteúdo fora do ovo, fazendo a membrana vitelínica crescer e espessar-se. O envelope de fertilização serve como uma barreira à fertilização por mais do que um espermatozoide. **2.** A concentração aumentada de Ca^{2+} no óvulo faria os grânulos corticais se fusionarem com a membrana plasmática, liberando seu conteúdo e provocando a formação do envelope de fertilização, mesmo que nenhum espermatozoide tivesse entrado. Isso impediria a fertilização. **3.** Você esperaria que ela flutuasse. A flutuação do MPF comanda a transição entre a replicação do DNA (fase S) e a mitose (fase M), que ainda é necessária no ciclo celular de clivagem abreviado.

Revisão do Conceito 47.2
1. As células da notocorda migram em direção à linha média do embrião (convergem), rearranjando-se a si mesmas, de modo que há menos células através da notocorda, que então se torna mais longa (estende-se; ver Figura 47.17). **2.** Como os microfilamentos não seriam capazes de se contrair e diminuir o tamanho de uma extremidade da célula, a dobra para dentro no meio do tubo neural e a dobra para fora das regiões de articulação nas extremidades estariam bloqueadas. Portanto, o tubo neural dificilmente se formaria. **3.** A ingestão da vitamina ácido fólico na dieta reduz marcadamente a frequência de defeitos do tubo neural.

Revisão do Conceito 47.3
1. A formação dos eixos estabelece a localização e a polaridade dos três eixos que fornecem as coordenadas para o desenvolvimento. O padrão de formação posiciona determinados tecidos e órgãos no espaço tridimensional definido por aquelas coordenadas. **2.** Os gradientes morfogênicos atuam especificando destinos celulares de uma gama de células pela variação no nível de um determinante. Então, os gradientes morfogênicos atuam mais globalmente do que determinantes citoplasmáticos ou interações indutivas entre pares de células. **3.** Sim, um segundo embrião poderia se desenvolver porque a inibição da atividade da BMP-4 teria o mesmo efeito do que transplantar um organizador. **4.** O membro que se desenvolveu provavelmente teria uma duplicação em espelho, com os dígitos mais posteriores no meio e os mais anteriores em uma ponta.

Questões do Resumo dos conceitos-chave
47.1 A ligação de um espermatozoide a um receptor na superfície do óvulo é muito específica e provavelmente não ocorreria se os dois gametas fossem de espécies diferentes. Sem a ligação do espermatozoide, as membranas do espermatozoide e do óvulo não se fusionariam. **47.2** A apoptose serve para eliminar estruturas requeridas somente em uma forma imatura, células não funcionais de um conjunto maior do que o número necessário, e tecidos formados por uma programação do desenvolvimento que não é adaptativa para o organismo à medida que ele evolui. **47.3** As mutações que afetassem o desenvolvimento do membro e do rim alterariam mais provavelmente a função de monocílios, porque essas organelas são importantes em várias vias de sinalização. Mutações que afetassem o desenvolvimento do membro, mas não do rim, mais provavelmente alterariam uma única via, como a sinalização Hedgehog.

Teste seu conhecimento
1. A **2.** B **3.** D **4.** A **5.** D **6.** C **7.** B
8.

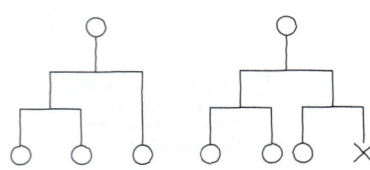

Capítulo 48
Questões das figuras
Figura 48.7 Canais de potássio e sódio devem diferir na estrutura do canal por onde os íons passam. O canal poderia diferir no tamanho da abertura, na distribuição de carga ou em outras propriedades que permitiriam que um tipo de íon, mas não outros, se difundisse através do canal. **Figura 48.8** Adicionar canais de cloreto faria o potencial de membrana menos positivo. Adicionar canais de potássio não teria efeito porque não há íons potássio presentes. **Figura 48.10** Na ausência de outras forças, gradientes de concentração química comandam a difusão líquida. Nesse caso, os íons são mais concentrados fora da célula e se movem para dentro quando o canal se abre.
Figura 48.11

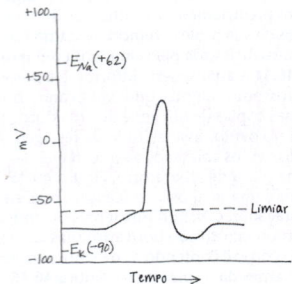

Figura 48.12

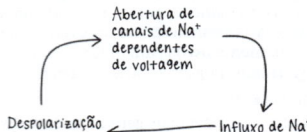

Figura 48.13

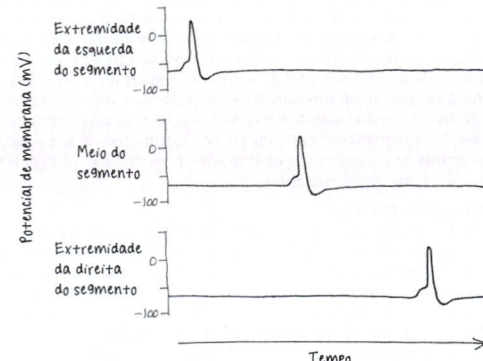

Figura 48.16 A produção e a transmissão de potenciais de ação não seriam afetadas. Entretanto, potenciais de ação chegando a sinapses químicas seriam incapazes de desencadear a liberação de neurotransmissor. Então, a sinalização nessas sinapses seria bloqueada. **Figura 48.17** A somação ocorre somente se as entradas ocorrem simultaneamente ou quase. Assim, a somação espacial, na qual a entrada é recebida de duas fontes distintas, é, na realidade, também somação temporal.

Revisão do Conceito 48.1
1. Um neurônio típico tem múltiplos dendritos e um axônio. Os dendritos transferem informação ao corpo da célula, enquanto axônios transmitem informação

do corpo celular. Tanto axônios quanto dendritos estendem-se do corpo celular e atuam no fluxo de informação. **2.** Sensores em seu ouvido transmitem informação para seu cérebro. Lá, a atividade de interneurônios em centros de processamento permite a você reconhecer seu nome. Em resposta, sinais transmitidos por neurônios motores provocam a contração de músculos em volta do seu pescoço. **3.** O aumento da ramificação permitiria o controle de um maior número de células pós-sinápticas, reforçando a coordenação de respostas aos sinais do sistema nervoso.

Revisão do Conceito 48.2
1. Íons podem fluir contra um gradiente de concentração química se houver um gradiente elétrico oposto de maior magnitude. **2.** Uma redução na permeabilidade a K^+, um aumento na permeabilidade a Na^+, ou ambos. **3.** Moléculas coradas carregadas poderiam equilibrar somente se outras moléculas carregadas também pudessem atravessar a membrana. Se não, um potencial de membrana se desenvolveria, o qual contrabalançaria o gradiente químico.

Revisão do Conceito 48.3
1. Um potencial graduado tem uma magnitude que varia com a força do estímulo, enquanto um potencial de ação tem uma magnitude tudo ou nada que é independente da força do estímulo. **2.** A perda do isolamento proporcionado pelas bainhas mielínicas causa uma perturbação na propagação do potencial de ação ao longo dos axônios. Canais de sódio voltagem-dependentes são restritos aos nódulos de Ranvier e, sem o efeito isolante da mielina, a corrente de entrada produzida em um nodo durante um potencial de ação não consegue despolarizar a membrana até o limiar no próximo nodo. **3.** A retroalimentação positiva é responsável pela rápida abertura de muitos canais de sódio voltagem-dependentes, promovendo a rápida saída de íons sódio responsável pela fase crescente do potencial de ação. À medida que o potencial de ação se torna positivo, canais de potássio voltagem-dependentes abrem-se em uma forma de retroalimentação negativa que ajuda a desencadear a fase decrescente do potencial de ação. **4.** A frequência máxima diminuiria porque o período refratário seria estendido.

Revisão do Conceito 48.4
1. Ele pode se ligar a diferentes tipos de receptores, cada um desencadeando uma resposta específica em células pós-sinápticas. **2.** Essas toxinas prolongariam os PPSEs produzidos pela acetilcolina porque esse neurotransmissor permaneceria mais tempo na fenda sináptica. **3.** Despolarização de membrana, exocitose e fusão de membrana, cada uma ocorrendo na fertilização e na neurotransmissão.

Questões do Resumo dos conceitos-chave
48.1 Isso impediria que a informação fosse transmitida para adiante do corpo celular ao longo do axônio. **48.2** Há muito poucos canais de sódio abertos em um neurônio em repouso; assim o potencial de repouso não se alteraria ou se tornaria ligeiramente mais negativo (hiperpolarização). **48.4** Um dado neurotransmissor pode ter muitos receptores que diferem em sua localização e atividade. Fármacos focados na atividade receptora, em vez da liberação ou estabilidade neurotransmissora, provavelmente exibem maior especificidade e têm potencialmente menos efeitos colaterais indesejáveis.

Teste seu conhecimento
1. C **2.** C **3.** C **4.** B **5.** A **6.** D
7. A atividade da bomba de sódio-potássio é essencial para manter o potencial de repouso. Com a bomba inativada, os gradientes de concentração de sódio e potássio iriam gradualmente desaparecer, resultando em um potencial de repouso muito reduzido. **8.** Como GABA é um neurotransmissor inibitório no SNC, seria esperado que esse fármaco diminuísse a atividade cerebral. Seria esperado que uma redução na atividade cerebral retardasse ou reduzisse a atividade comportamental. Muitos fármacos sedativos atuam dessa maneira. **9.** Como mostrado nestes dois desenhos, um par de potenciais de ação se moveria para fora em ambas as direções de cada um dos eletrodos. (Potenciais de ação são unidirecionais somente se iniciam em uma extremidade de um axônio.) Entretanto, devido ao período refratário, os dois potenciais de ação entre os eletrodos param onde eles se encontram. Assim, somente um potencial de ação alcança os terminais sinápticos.

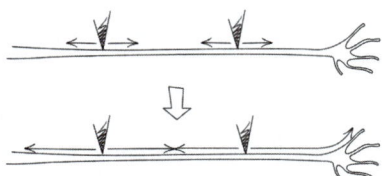

Capítulo 49
Questões das figuras
Figura 49.5 Durante a deglutição, músculos ao longo do esôfago contraem e relaxam alternadamente, resultando em peristaltismo. Um modelo para explicar essa alternância é que cada seção de músculo recebe impulsos nervosos que se alternam entre excitação e inibição, assim como os quadríceps e os isquiotibiais recebem sinais opostos no reflexo patelar. **Figura 49.15** As áreas cinza têm um formato e padrão diferentes, sugerindo planos distintos através do cérebro. Isso indica que o *nucleus accumbens* e a amígdala estão em planos diferentes. **Figura 49.17** A mão é mostrada maior que o antebraço porque ela recebe mais inervação para o estímulo sensorial para o cérebro e para a resposta motora do cérebro. **Figura 49.24** Se a despolarização traz o potencial de membrana até o limiar ou ultrapassando deste, ele deveria iniciar potenciais de ação que provocam a liberação de dopamina dos neurônios na ATV. Isso deveria imitar a estimulação natural do sistema de recompensa do cérebro, resultando em sensações positivas e até prazerosas.

Revisão do Conceito 49.1
1. A divisão simpática provavelmente seria ativada. Ela media a resposta de "luta ou fuga" em condições estressantes. **2.** Nervos contêm feixes de axônios, alguns pertencentes aos neurônios motores, os quais enviam sinais para fora do SNC, e alguns pertencentes aos neurônios sensoriais, que levam sinais para o SNC. Portanto, você esperaria efeitos tanto no controle motor quanto na sensação. **3.** As células neurossecretoras da medula adrenal secretam os hormônios adrenalina e noradrenalina em resposta ao estímulo pré-ganglionar de neurônios simpáticos. Esses hormônios viajam na circulação pelo corpo, desencadeando respostas em muitos tecidos.

Revisão do Conceito 49.2
1. O córtex cerebral no lado esquerdo do cérebro inicia o movimento voluntário do lado direito do corpo. **2.** O álcool diminui a função do cerebelo. **3.** Um coma reflete a alteração nos ciclos de sono e vigília regulados pela comunicação entre mesencéfalo e ponte (formação reticular) e o córtex cerebral. Você esperaria que este grupo tivesse danificado o mesencéfalo, a ponte, o córtex cerebral ou qualquer parte do cérebro entre essas estruturas. A paralisia reflete uma inabilidade para executar comandos motores transmitidos a partir do córtex cerebral para a medula espinal. Você esperaria que este grupo tivesse danificado a porção do SNC que se estende da medula espinal para cima, mas não incluindo o mesencéfalo e a ponte.

Revisão do Conceito 49.3
1. O dano cerebral que afeta comportamento, cognição, memória ou outras funções fornece evidências de que a parte do cérebro afetada pelo dano é importante para a atividade normal que é bloqueada ou alterada. **2.** A área de Broca, que é ativa durante a geração da fala, está localizada perto do córtex motor, o qual controla os músculos esqueléticos, incluindo aqueles da face. A área de Wernicke, que é ativa quando a fala é ouvida, está localizada na parte posterior do lobo temporal, que está envolvida na audição. **3.** Cada hemisfério cerebral é especializado para diferentes partes dessa tarefa – o direito para o reconhecimento da face e o esquerdo para a linguagem. Sem um corpo caloso intacto, nenhum dos hemisférios pode obter vantagem das capacidades de processamento do outro.

Revisão do Conceito 49.4
1. Pode haver um aumento no número de sinapses entre os neurônios ou um reforço nas conexões sinápticas existentes. **2.** Se a consciência é uma propriedade emergente resultante da interação de muitas regiões diferentes do cérebro, então é improvável que um dano localizado no cérebro tenha um efeito detectável na consciência. **3.** O hipocampo é responsável por organizar a informação recentemente adquirida. Sem função no hipocampo, as ligações necessárias para recuperar a informação do córtex cerebral faltarão e nenhuma memória funcional, de curto ou longo prazo, será formada.

Revisão do Conceito 49.5
1. Ambas são doenças cerebrais progressivas cujo risco aumenta com a idade avançada. Ambas resultam da morte de neurônios cerebrais e estão associadas com o acúmulo de agregados de proteína ou peptídeos. **2.** Os sintomas da esquizofrenia podem ser mimetizados por um fármaco que estimule neurônios liberadores de dopamina. O sistema de recompensa do cérebro, envolvido na dependência de drogas, é composto por neurônios liberadores de dopamina que conectam a ATV a regiões no córtex cerebral. A doença de Parkinson é resultante da morte de neurônios liberadores de dopamina. **3.** Não necessariamente. Pode ser que as placas, os emaranhados e as regiões faltantes do cérebro vistos na morte refletam efeitos secundários, consequência de outras alterações não observadas que sejam realmente as responsáveis pelas alterações na função cerebral.

Questões do Resumo dos conceitos-chave
49.1 Como circuitos reflexos envolvem somente uns poucos neurônios – o mais simples consiste em um neurônio sensorial e um neurônio motor –, o caminho para a transferência de informação é curto e simples, aumentando a velocidade da resposta. **49.2** O mesencéfalo coordena reflexos visuais; o cerebelo controla a coordenação do movimento que depende de estímulo visual; o tálamo serve como um centro distribuidor para informação visual; e o córtex cerebral é essencial para converter o estímulo visual em uma imagem. **49.3** Você esperaria que o lado direito do corpo fosse paralisado porque ele é controlado pelo hemisfério cerebral esquerdo, onde estão localizadas a elaboração e a interpretação da linguagem. **49.4** Aprender uma nova língua provavelmente requer a manutenção de sinapses que são formadas durante o desenvolvimento inicial, mas que perdem prioridade na idade adulta. **49.5** Enquanto a anfetamina estimula a liberação de dopamina, a PCP bloqueia os receptores de glutamato, sugerindo que a esquizofrenia não reflete um defeito na função de somente um neurotransmissor.

Teste seu conhecimento
1. B **2.** A **3.** D **4.** D **5.** C **6.** A

7.

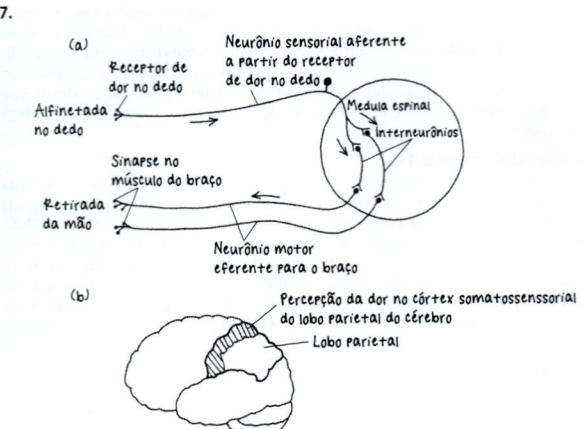

Capítulo 50
Questões das figuras
Figura 50.17

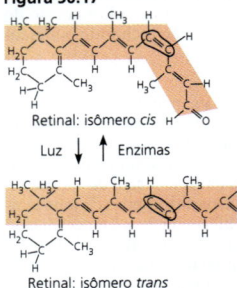

Figura 50.19 Cada um dos três tipos de cones é mais sensível a um diferente comprimento de onda de luz. Um cone poderia ser completamente despolarizado quando há luz se a luz for de um comprimento de onda distante de seu ótimo. **Figura 50.21** Em humanos, um cromossomo X com um defeito no gene opsina vermelho ou verde é muito menos comum que um cromossomo X do tipo selvagem. A cegueira para cores, portanto, geralmente pula uma geração, pois um alelo defeituoso passa de um homem afetado para uma filha portadora e de novo para um neto afetado. Em macacos-esquilo, nenhum cromossomo X pode conferir a visão plena das cores. Como resultado, todos os machos são cegos para cores e nenhum padrão incomum de herança é observado. **Figura 50.23** Os resultados do experimento teriam sido idênticos. O que importa é a ativação de conjuntos particulares de neurônios, não a maneira como são ativados. Qualquer sinal de uma célula para amargo será interpretado pelo cérebro como um sabor amargo, não importando a natureza do composto e do receptor envolvidos. **Figura 50.25** Somente percepção. A ligação de um odorante a seu receptor fará potenciais de ação serem enviados ao cérebro. Embora um excesso de odorante pudesse causar uma resposta diminuída por adaptação, outro odorante pode mascarar o primeiro somente no nível de percepção do cérebro. **Figura 50.26** Ambos. Uma fibra muscular contém muitas miofibrilas agrupadas e divididas longitudinalmente em muitos sarcômeros. Um sarcômero é uma unidade contrátil composta por porções de muitas miofibrilas, e cada miofibrila é uma parte de muitos sarcômeros. **Figura 50.28** Centenas de cabeças de miosina participam do deslizamento de cada par de filamentos fino e grosso um pelo outro. Como a formação e a quebra da ponte cruzada não são sincronizadas, muitas cabeças de miosina estão exercendo força sobre os filamentos finos em todos os momentos da contração muscular. **Figura 50.33** Fazendo todos os neurônios motores que controlam o músculo gerarem potenciais de ação em uma taxa alta o suficiente para produzir tétano em todas as fibras musculares.

Revisão do Conceito 50.1
1. Receptores eletromagnéticos em geral detectam somente estímulos externos. Receptores não eletromagnéticos, como quimiorreceptores ou mecanorreceptores, podem atuar como sensores internos ou externos. **2.** A capsaicina presente nas pimentas ativa um termorreceptor para altas temperaturas. Em resposta à alta temperatura percebida, o sistema nervoso desencadeia a formação de suor para obter um resfriamento evaporativo. **3.** Você perceberia o estímulo elétrico como se os receptores sensoriais que regulam aquele neurônio tivessem sido ativados. Por exemplo, a estimulação elétrica do neurônio sensorial controlado pelo termorreceptor ativado por mentol seria provavelmente percebida como um resfriamento local.

Revisão do Conceito 50.2
1. Otólitos detectam a orientação de um animal em relação à gravidade, provendo informação que é essencial em ambientes como os túneis, hábitat da toupeira-nariz-de-estrela, onde os estímulos luminosos estão ausentes. **2.** Como um som que muda gradualmente de um tom muito baixo para um muito alto. **3.** O estribo e os outros ossos da orelha média transmitem vibrações da membrana timpânica para a janela oval. A fusão desses ossos (como ocorre na doença chamada de otosclerose) bloquearia essa transmissão e o resultado seria a perda da audição. **4.** Em animais, os estatolitos são extracelulares. Em contrapartida, os estatolitos de vegetais são encontrados dentro de uma organela intracelular. Os métodos para detectar sua localização também diferem. Em animais, a detecção se dá por meio de mecanorreceptores em células ciliadas. Em plantas, o mecanismo parece envolver sinalização por cálcio.

Revisão do Conceito 50.3
1. As planárias possuem ocelos que não são capazes de formar imagens, mas que podem sentir a intensidade e a direção da luz, fornecendo informação suficiente para permitir que elas encontrem proteção em locais sombreados. Moscas têm olhos compostos que formam imagens e são excelentes na detecção de movimentos. **2.** A pessoa pode focar objetos distantes, mas não objetos próximos (sem óculos), porque o foco para perto requer que o cristalino seja quase esférico. O problema é comum após os 50 anos de idade. **3.** O sinal produzido por bastonetes e cones é o glutamato, e sua liberação de glutamato diminui sob exposição à luz. Porém, uma redução na produção de glutamato faz outras células retinais aumentarem a taxa em que os potenciais de ação são enviados para o cérebro, assim o cérebro recebe mais potenciais de ação no claro do que no escuro. **4.** A absorção de luz pelo retinal converte-o de seu isômero *cis* para seu isômero *trans*, iniciando o processo de detecção de luz. Em contrapartida, um fóton absorvido por clorofila não provoca isomerização, mas, em vez disso, impulsiona um elétron para um nível energético mais alto, iniciando o fluxo de elétrons que gera ATP e NADPH.

Revisão do Conceito 50.4
1. As células gustativas e as células olfativas têm proteínas receptoras em sua membrana plasmática que se ligam a determinadas substâncias, levando à despolarização da membrana por meio de uma via de transdução de sinal envolvendo uma proteína G. Contudo, células olfativas são neurônios sensoriais, enquanto células gustativas não são. **2.** Como animais dependem de sinais químicos para comportamentos que incluem encontrar parceiros, marcar territórios e evitar substâncias perigosas, é adaptativo para o sistema olfatório ter uma resposta robusta a um número muito pequeno de moléculas de um determinado odorante. **3.** Como os sabores doce, amargo e umami envolvem proteínas de GPCR, mas o sabor azedo não, você poderia prever que a mutação está em uma molécula que atua na via de transdução de sinal comum às diferentes GPCRs.

Revisão do Conceito 50.5
1. Na fibra muscular esquelética, o Ca^{+2} se liga ao complexo troponina, o qual move a tropomiosina para fora dos sítios de ligação à miosina na actina e permite a formação de pontes cruzadas. Na célula de músculo liso, o Ca^{+2} liga-se à calmodulina, a qual ativa uma enzima que fosforila a cabeça de miosina e, então, permite a formação da ponte cruzada. **2.** *Rigor mortis*, uma expressão em latim que significa "rigidez cadavérica", resulta da depleção completa de ATP no músculo esquelético. Como o ATP é necessário para liberar a miosina da actina e bombear o Ca^{+2} para fora do citosol, os músculos tornam-se permanentemente contraídos a partir de 3 a 4 horas após a morte. **3.** Um inibidor competitivo liga-se ao mesmo sítio como o substrato para a enzima. Em contrapartida, a troponina e o complexo tropomiosina mascaram, mas não se ligam, aos sítios de ligação de miosina na actina.

Revisão do Conceito 50.6
1. O maior problema na natação é o atrito; um corpo fusiforme minimiza o atrito da água. O principal problema em voar é sobrepor a gravidade; asas em forma de aerofólios permitem levantar voo, e adaptações como ossos preenchidos por ar reduzem a massa corporal. **2.** Modelando o peristaltismo, você apertaria o tubo de creme dental em diferentes pontos ao longo do seu comprimento, usando sua mão para envolver o tubo e espremê-lo concentricamente. Para demonstrar o movimento do alimento pelo trato digestório, você destamparia o tubo de creme dental; por outro lado, você o tamparia para mostrar como o peristaltismo contribui para a locomoção da minhoca. **3.** Quando você agarra os lados da cadeira, você está usando uma contração dos tríceps para manter seus braços estendidos contra a força da gravidade sobre o seu corpo. À medida que você se abaixa lentamente na cadeira, você gradualmente diminui o número de unidades motoras em que os tríceps estão contraídos. A contração de seu bíceps empurraria você para baixo, pois você não estaria mais se opondo à gravidade.

Questões do Resumo dos conceitos-chave
50.1 Nociceptores sobrepõem-se a outras classes de receptores quanto ao tipo de estímulo que eles detectam. Eles diferem de outros receptores somente em relação a como um determinado estímulo é percebido. **50.2** O volume é codificado pela frequência de potenciais de ação transmitidos pelo cérebro; o tom é codificado por quais axônios estão transmitindo os potenciais de ação. **50.3** A principal diferença é que neurônios na retina integram a informação de vários receptores sensoriais (fotorreceptores) antes de transmitir essa informação ao SNC. **50.4** Nosso sentido do olfato é responsável pela maior parte do que descrevemos como sabores distintos. Um resfriado ou outra fonte de congestão bloqueia o acesso do odorante aos receptores que revestem partes da cavidade nasal. **50.5** A hidrólise de ATP é necessária para converter miosina em uma configuração de alta energia para a ligação à actina e para energizar a bomba de Ca^{+2} que remove o Ca^{+2} do citosol durante o relaxamento muscular. **50.6** Os movimentos do corpo humano dependem da contração de músculos ancorados a um endoesqueleto rígido. Os tendões prendem os músculos aos ossos, que, por sua vez, são compostos por fibras construídas da mesma unidade organizacional básica, o sarcômero. Os filamentos finos e grossos possuem pontos de fixação separados no sarcômero. Em resposta à informação motora do sistema nervoso, a formação e a quebra de pontes cruzadas entre cabeças de miosina e actina fazem

os filamentos finos e grossos passarem um pelo outro. Como os filamentos estão ancorados, esse deslizamento encurta as fibras musculares. Além disso, como as próprias fibras são parte dos músculos presos em cada extremidade a ossos, a contração muscular move ossos do corpo entre si. Dessa maneira, a ancoragem estrutural de músculos e filamentos permite a função muscular, como dobrar um cotovelo por contração do bíceps.

Teste seu conhecimento
1. C **2.** A **3.** B **4.** C **5.** B **6.** D
7.

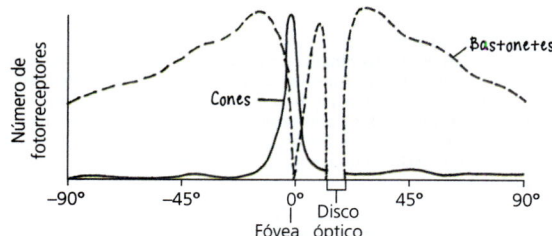

Posição ao longo da retina (em graus de distância da fóvea)

A resposta mostra a distribuição real de bastonetes e cones no olho humano. Seu gráfico pode diferir, mas deve ter as seguintes propriedades: somente cones na fóvea; menos cones e mais bastonetes em ambas as extremidades do eixo x; nenhum fotorreceptor no disco óptico.

Capítulo 51
Questões das figuras
Figura 51.2 O padrão fixo de ação baseado no estímulo de sinal de um esgana-gato assegura que o macho expulsará qualquer macho invasor de sua espécie. Expulsando esses machos, o defensor diminui a chance de que outro macho fertilize óvulos depositados em seu território de nidificação. **Figura 51.5** A parte da corrida em linha reta conduz dois elementos de informação: direção, pelo ângulo da corrida em relação à parede da colmeia, e distância, pelo número de requebrados executados durante a corrida reta. No mínimo, as porções entre as corridas retas identificam a atividade como uma dança do requebrado. Como elas também proporcionam contato com operárias a um lado e a outro, podem assegurar a transmissão a um número maior de outras abelhas. **Figura 51.7** Não haveria nenhum efeito. Vínculo é um comportamento inato que é executado outra vez a cada geração. Assumindo que o ninho não foi perturbado, a prole dos gansos vinculada a um humano iria vincular-se à sua mãe ganso. **Figura 51.8** Talvez a vespa não use pistas visuais. Também pode ser que essas vespas reconheçam objetos nativos em seu ambiente, mas não objetos de fora, como as pinhas. Tinbergen abordou essas ideias antes de fazer o estudo com as pinhas. Quando ele varreu as bolotas e gravetos ao redor do ninho, as vespas não conseguiram mais encontrar seus ninhos. Se ele mudava os objetos naturais em sua disposição natural, a mudança nos marcos de referência alterava o sítio ao qual as vespas retornavam. Finalmente, se objetos naturais ao redor do ninho eram substituídos com pinhas enquanto a vespa estava em sua toca, a vespa, contudo, encontrava seu caminho de volta para o local do ninho. **Figura 51.10** A troca das orientações de todos os três labirintos testaria a preferência inerente para ou contra uma determinada orientação. Se não houvesse preferência inerente ou viés, o experimento deveria funcionar igualmente bem após a troca. **Figura 51.24** É possível que as aves requeiram estímulos durante o voo para exibir sua preferência migratória. Se isso fosse verdade, as aves mostrariam a mesma orientação no experimento do funil apesar de sua programação genética distinta. **Figura 51.26** É verdadeiro para alguns, mas não para todos os indivíduos. Se um dos pais tem mais que um parceiro reprodutivo, a prole de diferentes parceiros terá um coeficiente de parentesco menor do que 0,5.

Revisão do Conceito 51.1
1. É possível que a explicação proximal para este padrão fixo de ação seja que as cutucadas e emboladas são iniciadas pelo estímulo de sinal de um objeto fora do ninho, e o comportamento, uma vez iniciado, é levado até sua completude. A explicação distal pode ser que, garantindo que os ovos permaneçam no ninho, aumenta a chance de produzir uma prole saudável. **2.** Pode haver pressão seletiva para outro peixe presa detectar um peixe ferido porque a fonte do ferimento também pode ameaçá-los. Entre predadores, pode haver seleção para aqueles que são atraídos pela substância de alerta porque eles provavelmente encontrariam a presa ferida. Peixes com defesas adequadas podem não mostrar alteração porque eles possuem uma vantagem seletiva se não gastam energia respondendo à substância de alerta. **3.** Em ambos os casos, a detecção de variação periódica no ambiente resulta em um ciclo reprodutivo sincronizado com as condições ambientais que otimizam a oportunidade de sucesso.

Revisão do Conceito 51.2
1. A seleção natural tenderia a favorecer convergência no padrão de coloração porque um predador aprendendo a associar um padrão com uma ferroada ou um gosto ruim evitaria todos os outros indivíduos com o mesmo padrão de cor, independentemente de espécie. **2.** Você poderia mover objetos em volta para estabelecer uma regra abstrata, como "após o ponto de referência A, a mesma distância de A é do ponto de partida", e ao mesmo tempo mantendo um mínimo de relações métricas fixas, isto é, evitar ter o alimento diretamente adjacente a ou a uma distância estipulada de um marco de referência. Como você pode imaginar, delinear um experimento informativo desse tipo não é uma tarefa fácil. **3.** O comportamento aprendido, bem como o comportamento inato, pode contribuir para o isolamento reprodutivo e, portanto, para a especiação. Por exemplo, cantos de aves aprendidos contribuem para o reconhecimento da espécie durante a corte, ajudando, portanto, a assegurar que somente os membros daquela mesma espécie acasalem.

Revisão do Conceito 51.3
1. A certeza da paternidade é maior com fertilização externa. **2.** A seleção do equilíbrio poderia manter os dois alelos no *locus forrageador* se a densidade populacional flutuasse de uma geração para outra. Em períodos de baixa densidade populacional, as larvas assistentes que conservam energia (portadoras do alelo *for^s*) seriam favorecidas, enquanto em alta densidade populacional, as larvas Rover mais móveis (portadoras do alelo *for^R*) teriam uma vantagem seletiva. **3.** Como as fêmeas estariam agora presentes em números muito maiores do que machos, todos os três tipos de macho deveriam ter algum sucesso reprodutivo. Contudo, como a vantagem da qual os de garganta azul dependem – um número limitado de fêmeas em seu território – estará ausente, os de garganta amarela provavelmente aumentariam em frequência no curto prazo.

Revisão do Conceito 51.4
1. Como essa variação geográfica corresponde a diferenças na disponibilidade de presas entre os dois hábitats da serpente-de-liga, parece provável que serpentes com características que permitem que elas se alimentem de presa abundante em seu local aumentariam sua sobrevivência e seu sucesso reprodutivo. Desse modo, a seleção natural teria resultado em comportamentos de forrageio divergentes. **2.** O fato de que o indivíduo compartilha alguns genes com a prole de seu irmão (no caso dos humanos, com o sobrinho ou a sobrinha do indivíduo) significa que o sucesso reprodutivo daquele sobrinho ou sobrinha aumenta a representação daqueles genes na população (seleciona-os). **3.** O indivíduo mais velho não pode ser o beneficiário porque ele ou ela não podem ter outra prole. Contudo, o custo é baixo para um indivíduo mais velho executar o ato altruísta porque aquele indivíduo já se reproduziu (mas talvez ainda esteja cuidando de um filho ou neto). Portanto, pode haver seleção para um ato altruísta de um indivíduo pós-reprodutivo que beneficia um parente jovem.

Questões do Resumo dos conceitos-chave
51.1 Ritmos circanuais são, de maneira geral, baseados nos ciclos de claro e escuro no ambiente. À medida que o clima global muda, animais que migram em resposta a esses ritmos podem mudar para um local antes ou após as condições ambientais locais estarem ótimas para sua reprodução e sobrevivência. **51.2** Para os gansos, tudo que é adquirido é um objeto ao qual o comportamento é dirigido. No caso do pardal, o aprendizado é o que dará forma ao próprio comportamento. **51.3** Tendo em vista que a alimentação da fêmea provavelmente aumentará seu sucesso reprodutivo, os genes do macho sacrificado provavelmente aparecerão em um maior número de descendentes. **51.4** Estudar a base genética desses comportamentos revela que mudanças em um único gene podem ter efeitos de larga escala mesmo em comportamentos complexos.

Teste seu conhecimento
1. C **2.** B **3.** B **4.** A **5.** C **6.** A
7.

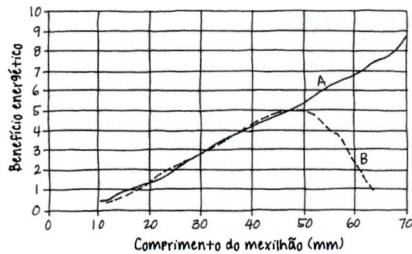

Você poderia medir o tamanho dos mexilhões que os catadores-de-ostra conseguem abrir e comparar com a distribuição do tamanho no hábitat.

Capítulo 52
Questões das figuras
Figura 52.8 A distribuição das espécies pode ser alterada por limitações na dispersão, pelas atividades humanas (como a conversão, em larga escala, de florestas em lavouras ou colheita seletiva) ou por muitos outros fatores, incluindo aqueles a serem discutidos posteriormente neste capítulo (ver Figura 52.18.)
Figura 52.18 Alguns fatores, como o fogo, são relevantes somente para sistemas terrestres. À primeira vista, a disponibilidade de água também é, principalmente, um fator terrestre. No entanto, as espécies que vivem ao longo da zona de entremarés nos oceanos ou ao longo das margens dos lagos também sofrem dessecação. O estresse por salinidade é importante para as espécies em alguns sistemas terrestres e aquáticos. A disponibilidade de oxigênio é um fator importante, primordialmente, para espécies de sistemas aquáticos e em solo e sedimentos.

Revisão do Conceito 52.1
1. Nos trópicos, as temperaturas altas evaporam a água e fazem o ar quente e a umidade subir. O ar ascendente esfria e libera grande parte da sua água em forma de chuva sobre os trópicos. O ar seco remanescente desce, aproximadamente, 30° ao norte e ao sul, causando desertos. **2.** O microclima perto do riacho será mais frio, úmido e sombreado do que perto de um campo não cultivado. **3.** Árvores que requerem um tempo longo para alcançar a idade reprodutiva, normalmente, evoluem mais lentamente do que plantas anuais, em resposta à mudança climática, restringindo a capacidade potencial dessas árvores em responder às mudanças climáticas rápidas. **4.** Em plantas com metabolismo C_4, a fotossíntese, provavelmente, expandirá seu alcance global à medida que aumenta a temperatura da Terra. A fotossíntese C_4 minimiza a fotorrespiração e aumenta a produção de açúcar, uma vantagem que é especialmente utilizada em regiões quentes, onde as plantas C_4 são encontradas hoje.

Revisão do Conceito 52.2
1. A maior diferença entre dois biomas é a quantidade maior de chuva que a floresta recebe. **2.** As respostas vão variar conforme a localização, mas devem ser baseadas nas informações e mapas da Figura 52.13. O quanto a sua área local tem sido alterada, desde seu estado natural, vai influenciar o quanto isso reflete as características esperadas de seus biomas, particularmente as plantas e os animais esperados. **3.** A floresta boreal de coníferas, provavelmente, substituirá a tundra ao longo da fronteira entre esses biomas. Para ver por que, observe que a floresta boreal de coníferas é adjacente à tundra ao longo da América do Norte, o norte da Europa e a Ásia (ver Figura 52.10) e que a variação de temperatura para esse tipo de floresta é um pouco acima daquela para a tundra.

Revisão do Conceito 52.3
1. Na zona pelágica oceânica, o fundo do oceano situa-se abaixo da zona eufótica, de modo que há muito pouca luz para sustentar algas bentônicas ou plantas enraizadas. **2.** Organismos aquáticos ganham ou perdem água por osmose se a osmolaridade de seu ambiente for diferente da sua osmolaridade interna. O ganho de água pode inchar as células e a perda de água pode causar o seu encolhimento. Para evitar excessivas mudanças no volume celular, os organismos que vivem em estuários devem ser capazes de compensar o ganho de água (sob condições dulciaquícolas) e a perda de água (sob condições salinas). **3.** O oxigênio age como um reagente quado os decompositores quebram os corpos de algas mortas usando a respiração aeróbica. Seguindo a proliferação de algas, há muitas algas mortas; portanto, os decompositores podem usar muito oxigênio para quebrar os corpos das algas mortas, reduzindo o nível de oxigênio do lago.

Revisão do Conceito 52.4
1. (a) Humanos podem transportar uma espécie para uma área nova onde naturalmente ela não chegaria devido a uma barreira geográfica. (b) Humanos podem eliminar uma espécie de predador ou herbívoro, como "ouriços-do-mar", de uma área. **2.** Um teste seria construir uma cerca em torno de uma área de terra onde haja árvores daquela espécie, excluindo todos os cervos do terreno. Você pode, então, comparar a abundância de plântulas da espécie arbórea dentro e fora da área cercada, ao longo do tempo. **3.** Como o ancestral da "espada-de-prata" chegou isolado ao Havaí, no início da formação das ilhas, provavelmente encontrou pouca competição e foi capaz de ocupar muitos nichos. A "garça-vaqueira", em contrapartida, chegou às Américas só recentemente, e teve de competir com grupos de espécies muito bem estabelecidas. Portanto, suas oportunidades para uma radiação adaptativa, provavelmente, têm sido muito mais limitadas.

Revisão do Conceito 52.5
1. Mudanças em como os organismos interagem um com o outro e seu ambiente podem causar mudança evolutiva. Por sua vez, uma mudança evolutiva, como uma melhoria na capacidade de um predador em detectar sua presa, pode alterar as interações ecológicas. **2.** Como o bacalhau se adaptou à pressão da pesca comercial, reproduzindo-se cada vez mais jovem e em tamanhos menores, o número de descendentes a cada ano será mais baixo. Isso pode causar o declínio da população, ao longo do tempo, reduzindo sua capacidade de recuperação. Se isso acontecer, à medida que a população se torna menor ao longo do tempo, os efeitos da deriva genética se tornam cada vez mais importantes. A deriva poderia, por exemplo, levar à fixação de alelos nocivos, o que prejudicaria ainda mais a capacidade da população de bacalhau de se recuperar da pesca excessiva.

Questões do Resumo dos conceitos-chave
52.1 Como o ar seco descerá até o equador, em vez de 30° de latitude norte e sul (onde existem os desertos hoje), é mais provável que os desertos venham a existir ao longo do equador (Ver Figura 52.3.) **52.2** As plantas dominantes nos ecossistemas de savana tendem a ser adaptadas ao fogo e tolerantes à seca. O bioma savana é mantido pelo fogo periódico, tanto natural como provocado pelos humanos, mas os humanos também estão removendo as savanas para fins agrícolas e outros usos. **52.3** É mais provável que uma zona afótica seja encontrada em águas profundas de um lago, na zona pelágica oceânica ou na zona bentônica marinha. **52.4** Você pode organizar um fluxograma que inicie com as limitações abióticas – primeiro determinando as condições físicas e químicas sob as quais uma espécie pode sobreviver – e depois avançar pelos outros fatores listados no fluxograma. **52.5** Como a espécie introduzida tinha poucos predadores ou parasitas, ela poderia superar as espécies nativas e, assim, aumentar em número e expandir sua área de distribuição no novo local. À medida que a espécie introduzida aumenta em abundância, a seleção natural deve causar evolução em populações de espécies concorrentes, favorecendo os indivíduos com características que os tornam competidores mais eficazes em relação à espécie introduzida. A seleção também poderia causar evolução em espécies potencialmente predadoras ou parasitas, neste caso favorecendo indivíduos com caraterísticas que lhes permitissem aproveitar essa nova fonte potencial de alimento. Essas mudanças evolutivas podem modificar o resultado das interações ecológicas, levando potencialmente a mais mudanças evolutivas e assim por diante.

Teste seu conhecimento
1. B **2.** B **3.** C **4.** D **5.** C **6.** A **7.** A **8.** B

Capítulo 53
Questões das figuras
Figura 53.3 A dispersão dos pinguins, provavelmente, pareceria agregada se você sobrevoasse ilhas densamente povoadas e oceanos escassamente povoados. **Figura 53.4** Dez por cento (100/1.000) das fêmeas sobrevive até os 3 anos de idade. **Figura 53.6** 109 **Figura 53.7** A população com $r = 1,0$ (curva azul) atinge 1.500 indivíduos em cerca de 7,5 gerações, enquanto a população com $r = 0,5$ (curva vermelha) atinge 1.500 indivíduos em cerca de 14,5 gerações.
Figura 53.15

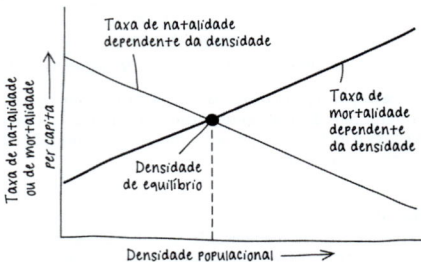

Figura 53.22 Com base na Figura 53.21, que destaca o crescimento explosivo de longo prazo da população humana, pode-se concluir (erroneamente) que a taxa de crescimento da população humana não diminuiu nas últimas décadas. No entanto, a taxa de crescimento da população humana diminuiu, *sim*, nas últimas décadas – uma desaceleração que é evidente na curva azul mostrada na Figura 53.22 Ambas as curvas são precisas, mas transmitem mensagens diferentes, porque diferem na escala de tempo em que o tamanho da população humana é representado. O período de tempo coberto pela Figura 53.21 é tão longo (mais de 6.000 anos na parte "contínua" do eixo x à direita da marca hachurada) que a recente desaceleração na velocidade de crescimento da população humana não é visualmente aparente. Em contrapartida, a Figura 53.22 cobre somente 100 anos, um período de tempo curto o bastante para mostrar o recente decréscimo na taxa de crescimento da população humana. **Figura 53.24** Se a pegada ecológica média fosse de 8 hag por pessoa, a Terra poderia sustentar cerca de 1,5 bilhão de pessoas de forma sustentável. Essa estimativa é obtida dividindo-se a quantidade total de terras produtivas da Terra (11,9 bilhões de hag) pelo número de hectares globais usados por pessoa (8 hag), o que rende 1,49 bilhão de pessoas.

Revisão do Conceito 53.1
1.

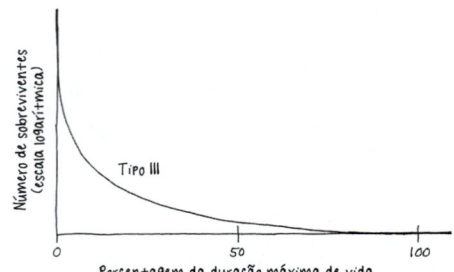

A curva de sobrevivência do tipo III é a mais plausível, porque, provavelmente, poucos jovens sobreviverão.
2. A proporção viva no início do ano 0-1 é 485/485. A proporção viva no início do ano 1-2 é 218/485 = 0,449. **3.** "Esgana-gato" machos, provavelmente, teriam um padrão uniforme de dispersão com interações antagônicas mantendo um espaço entre eles relativamente constante.

Revisão do Conceito 53.2
1. Embora r seja constante, o tamanho da população (N) está aumentando. À medida que r é aplicado a um N cada vez maior, o crescimento populacional acelera (rN), produzindo uma curva em forma de J. **2.** O crescimento exponencial é mais provável em área onde uma floresta foi destruída pelo fogo. As primeiras plantas que encontrassem hábitat adequado lá, encontrariam abundância de espaço, nutrientes e luz. Na floresta intacta, a competição entre as plantas por esses recursos seria intensa. **3.** A equação para o número de pessoas

adicionadas à população, a cada ano, é $\Delta N/\Delta t = r_{\Delta t}N$. Portanto, o crescimento líquido da população em 2018 foi de

$$\Delta N/\Delta t = 0,005 \times 327.000.000 = 1.635.000$$

ou, aproximadamente, 1,6 milhão de pessoas. Para determinar se a população está crescendo exponencialmente, você precisa determinar se $r > 0$ e se ela é constante ao longo do tempo (ao longo de muitos anos).

Revisão do Conceito 53.3
1. Quando N (tamanho da população) é pequeno, existem, relativamente, poucos indivíduos produzindo descendentes. Quando N é grande, próximo da capacidade de suporte, a taxa de crescimento *per capita* é relativamente pequena porque é limitada pelos recursos disponíveis. A parte mais íngreme da curva de crescimento logístico corresponde a uma população com um número substancial de indivíduos reproduzindo-se, mas ainda não perto da capacidade de suporte. **2.** Se todo o resto for igual, seria esperado que uma espécie de planta tivesse uma capacidade de suporte maior no equador do que em latitudes altas, porque há mais luz solar incidente perto do equador. **3.** A mudança repentina nas condições ambientais pode alterar as características fenotípicas favorecidas pela seleção natural. Supondo que os traços recentemente favorecidos fossem codificados, pelo menos em parte, por genes, a seleção natural poderia alterar as frequências gênicas nessa população. Além disso, uma queda substancial na capacidade de suporte da população pode fazer o seu tamanho diminuir consideravelmente. Se isso ocorresse, os efeitos da deriva genética poderiam se tornar mais pronunciados – e isso, por sua vez, poderia levar à fixação de alelos prejudiciais, dificultando a capacidade da população de se recuperar em tamanho.

Revisão do Conceito 53.4
1. Três características-chave principais da história de vida são quando a reprodução começa, com que frequência ela ocorre e quantos descendentes são produzidos por episódio reprodutivo. Os organismos diferem amplamente para cada um desses traços. Por exemplo, a idade para a primeira reprodução é tipicamente entre 3-4 anos no "salmão-prateado" e de 30 anos nas "tartarugas-cabeçudas". Da mesma forma, uma agave se reproduz apenas uma vez durante a sua vida, enquanto o carvalho se reproduz muitas vezes. Finalmente, o rinoceronte branco produz um único filhote quando se reproduz, ao passo que a maioria dos insetos produz muitos descendentes. **2.** Ao investir, preferencialmente, nos ovos que tem no ninho, o bodião aumenta a chance de sobrevivência desses ovos. Os ovos que ele dispersa amplamente e não cuida têm menos probabilidade de sobreviver, pelo menos em parte, mas requerem um investimento menor por parte dos adultos. (Nesse sentido, os adultos evitam o risco de colocar todos os ovos em em um mesmo ninho.) **3.** Se a sobrevivência de algum dos pais é grandemente comprometida ao gerar filhotes, durante períodos de estresse, o valor adaptativo (*fitness*) do animal pode aumentar se ele abandonar seus filhotes atuais e sobreviver para produzir filhotes mais saudáveis posteriormente.

Revisão do Conceito 53.5
1. Três atributos são o tamanho, a qualidade e o isolamento dos fragmentos. Um fragmento que é maior ou tem qualidade superior tem mais probabilidade de atrair outros indivíduos e ser uma fonte para outras áreas. Um fragmento que seja relativamente isolado sofrerá menos trocas com outros fragmentos. **2.** Você deve ter circulado a parte da curva onde ela está perto de K (após a geração 10). **3.** Você precisaria estudar a população por mais de um ciclo (mais de 10 anos e, provavelmente, menos de 20) antes de ter dados suficientes para examinar as mudanças ao longo do tempo. Caso contrário, seria impossível saber se uma diminuição observada no tamanho da população refletiu uma tendência de longo prazo ou fazia parte do ciclo normal. **4.** Na regulação por retroalimentação negativa, a saída ou o produto de um processo regula o próprio processo. Em populações com taxa de natalidade dependente da densidade, como em *Vulpia fasciculata* (gramínea de dunas), um acúmulo de produto (mais indivíduos, resultando em uma densidade populacional maior) retarda o processo (crescimento populacional) ao diminuir a taxa de natalidade.

Revisão do Conceito 53.6
1. Uma estrutura etária larga na base, com um número desproporcional de jovens, prenuncia o crescimento contínuo da população, à medida que esses jovens começam a reproduzir. Em contrapartida, uma estrutura etária distribuída de maneira mais uniforme prevê um tamanho populacional mais estável, e uma estrutura etária larga no topo prevê um decréscimo no tamanho populacional, porque, relativamente, poucos jovens estão se reproduzindo. **2.** A taxa de crescimento da população humana na Terra caiu pela metade desde a década de 1960, de 2,2% em 1962 para 1,1% hoje. No entanto, o aumento anual do tamanho da população não desacelerou tanto, porque a taxa de crescimento menor é contrabalanceada pelo aumento da população; portanto, o número de pessoas adicionadas à Terra a cada ano permanece enorme – aproximadamente 80 milhões de pessoas. **3.** Cada aluno vai calcular sua própria pegada ecológica. Cada um de nós influencia nossa pegada ecológica pelo modo como vivemos – o que comemos, quanta energia usamos e o total de resíduos que geramos – bem como pelo número de filhos que temos. Fazer escolhas que reduzem nossa demanda por recursos diminui nossa pegada ecológica.

Questões do Resumo dos conceitos-chave
53.1 Os ecólogos podem estimar a taxa de natalidade contando o número de jovens nascidos a cada ano e podem estimar a taxa de mortalidade ao verificar como o número de adultos muda a cada ano. **53.2** No modelo exponencial, ambas as populações continuarão a crescer até o tamanho infinito, independentemente do valor específico de r (ver Figura 53.7) **53.3** Há muitas coisas que você pode fazer para aumentar a capacidade de suporte de uma espécie, incluindo o aumento do seu suprimento alimentar, protegendo-a de predadores, e provendo mais ambientes para nidificação ou reprodução. **53.4** As compensações (*trade-offs*) ecológicas são comuns porque os organismos não têm acesso a quantidades ilimitadas de energia e recursos. Como resultado, o uso da energia ou de recursos para uma função (como reprodução) pode reduzir a energia ou as fontes disponíveis para dar suporte a outra função (como crescimento e sobrevivência). **53.5** Um exemplo de fator biótico é uma doença causada por um patógeno; desastres naturais, como terremotos e enchentes, são exemplos de fatores abióticos. **53.6** Nós, humanos, somos únicos em nossa capacidade potencial de reduzir a população global por meio da contracepção e do planejamento familiar. Os humanos também são capazes de escolher, conscientemente, sua dieta e seu modo de vida, e essas escolhas influenciam no número de pessoas que a Terra pode suportar.

Teste seu conhecimento
1. B **2.** A **3.** A **4.** D **5.** C **6.** B **7.** C **8.** A **9.** C

Capítulo 54
Questões das figuras
Figura 54.3 Seus nichos realizados e fundamentais são similares, diferentemente daqueles de *Chthamalus stellatus*. **Figura 54.5** A profundidade do bico, na população de *G. fortis*, provavelmente, decresceria com o tempo. Com a extinção de *G. fullginosa*, as sementes pequenas comidas por aquela espécie aumentarão em abundância. Como resultado, a seleção natural favoreceria indivíduos de *G. fortis* com bicos menores, porque esses indivíduos comem sementes pequenas com mais eficiência do que os indivíduos de *G. fortis* com bicos maiores. **Figura 54.6** Indivíduos de uma espécie inofensiva que se assemelha a uma espécie nociva, com relações de parentesco distantes, podem ser atacados por predadores com menor frequência do que outros indivíduos que não se assemelham à espécie nociva. Como consequência, indivíduos de espécies inofensivas que se assemelhavam a uma espécie nociva tenderiam a contribuir com mais descendentes para a próxima geração do que outros indivíduos da espécie inofensiva. Ao longo do tempo, como a seleção natural por predadores continuaria a favorecer os indivíduos das espécies inofensivas que mais se assemelhavam às espécies prejudiciais, a semelhança entre as espécies inofensivas e as espécies prejudiciais aumentaria. No entanto, a seleção não é o único processo que pode fazer uma espécie inofensiva se assemelhar a uma espécie nociva, intimamente relacionada. Nesse caso, as duas espécies também podem ser semelhantes, porque descendem de um ancestral comum recente e, portanto, compartilham muitos traços (incluindo uma semelhança entre si). **Figura 54.16** Um aumento na abundância de carnívoros que comem zooplâncton pode causar redução na abundância de zooplâncton, fazendo aumentar a abundância de fitoplâncton. **Figura 54.17** O número de tipos de organismos predados é zero para fitoplâncton, um para copépodes, focas comedoras de caranguejos e baleias-de-barbatanas; dois para krill, plâncton carnívoro, elefantes marinhos e cachalotes; três para lulas, peixes e focas-leopardo; e cinco para aves e baleias menores com dentes. Os dois grupos que consomem e são consumidos um pelo outros são peixes e lulas. **Figura 54.18** Os organismos zooplanctônicos são consumidores primários do fitoplâncton. Larvas de peixes são consumidores secundários de zooplâncton. As urtigas-do-mar funcionam como consumidores secundários quando comem zooplâncton, mas como consumidores terciários quando comem larvas de peixes. O robalo-riscado juvenil é um consumidor terciário de larvas de peixes. **Figura 54.20** A morte de indivíduos de *Mytilus californianus*, uma espécie competitiva dominante, deve abrir espaço para indivíduos de outras espécies e assim aumentar a riqueza de espécies, mesmo na ausência de *Pisaster ochraceus*. **Figura 54.27** Nos primeiros estágios da sucessão primária, procariotos de vida livre no solo reduziriam o N_2 atmosférico para NH_3. A fixação simbiótica de nitrogênio não poderia ocorrer até que as plantas estivessem presentes no local. **Figura 54.31** Seria de se esperar que (a) o tamanho da população diminuísse por haver menos recursos e hábitat pouco adequado; (b) a curva de extinção aumentaria mais rapidamente à medida que o número de espécies na ilha aumentasse, porque as ilhas pequenas, geralmente, têm menos recursos, menor diversidade de hábitat e populações em tamanhos menores; e (c) o número previsto de espécies em equilíbrio seria menor do que o mostrado na Figura 54.31. **Figura 54.34** Populações de musaranhos, em diferentes localizações e hábitats, podem apresentar uma substancial variabilidade genética em sua suscetibilidade para o patógeno de Lyme. Como consequência, pode haver menos carrapatos infectados onde as populações de musaranhos são menos suscetíveis ao patógeno Lyme, e mais carrapatos infectados onde os musaranhos são mais suscetíveis.

Revisão do Conceito 54.1
1. A competição tem efeitos negativos sobre ambas as espécies (–/–). Na predação, os membros da população de predadores se beneficiam matando e comendo os membros da população de presas; isto é um exemplo de exploração (+/–). Mutualismo é uma interação na qual os indivíduos de ambas as espécies se beneficiam (+/+). **2.** Uma das espécies competidoras se tornará localmente extinta devido ao maior sucesso reprodutivo do competidor mais eficiente. **3.** Por se especializarem em comer sementes de diferentes espécies de plantas, os indivíduos das duas espécies de tentilhões podem ter menos probabilidade de entrar em contato em hábitats separados, reforçando, assim, uma barreira reprodutiva à hibridização.

Revisão do Conceito 54.2
1. A riqueza de espécies, o número de espécies na comunidade e a abundância relativa, isto é, as proporções da comunidade representadas pelas várias espécies, contribuem para a diversidade de espécies. Comparada a uma comunidade com uma proporção muito alta de uma única espécie, uma comunidade com uma proporção mais uniforme de espécies é considerada mais diversa. **2.** Uma cadeia alimentar apresenta um conjunto de transferências unilaterais de energia alimentar para níveis tróficos sucessivamente mais elevados. Uma teia alimentar documenta como as cadeias alimentares estão interligadas, com muitas espécies tecendo na teia em mais de um nível trófico. **3.** No controle de baixo para cima, adicionar predadores extras teria pouco efeito nos níveis tróficos mais baixos, particularmente na vegetação. Se o controle de cima para baixo fosse aplicado, o aumento do número de linces diminuiria o número de guaxinins, aumentaria o número de serpentes, diminuiria o número de ratos e aumentaria a biomassa de grama. **4.** Um decréscimo na abundância de *krill* deve aumentar a abundância dos organismos que ele come (fitoplâncton e copépodes), enquanto diminui a abundância de organismos que comem o *krill* (baleias-de-barbatanas, focas comedoras de caranguejos, aves, peixes e plâncton carnívoro); baleias-de-barbatanas e focas comedoras de caranguejos podem estar, particularmente, em risco porque comem apenas *krill*. No entanto, muitas dessas possíveis mudanças também podem iniciar outras alterações, tornando o resultado geral difícil de prever. Por exemplo, um decréscimo na abundância de *krill* pode causar um aumento na abundância de copépodes – mas um aumento na abundância de copépodes pode neutralizar alguns efeitos do decréscimo da abundância de *krill* (uma vez que, assim como *krill*, copépodes comem fitoplâncton e são comidos pelos peixes e plâncton carnívoro).

Revisão do Conceito 54.3
1. Altos níveis de distúrbio são, geralmente, tão impactantes que eliminam muitas espécies de comunidades, deixando-as dominadas por algumas poucas espécies tolerantes. Baixos níveis de distúrbio permitem que espécies competitivamente dominantes excluam outras espécies da comunidade. Por outro lado, níveis moderados de distúrbio podem facilitar a coexistência de um grande número de espécies em uma comunidade, evitando que aquelas competitivamente dominantes se tornem abundantes o suficiente para eliminar outras espécies da comunidade. **2.** As espécies pioneiras podem facilitar a chegada de outras espécies de muitas formas, incluindo pelo aumento da fertilidade ou pela capacidade de retenção de água dos solos ou, ainda, pelo fornecimento de abrigo do vento e da luz solar intensa para as plântulas. **3.** A ausência de fogo por 100 anos representaria uma mudança para um nível baixo de distúrbio. De acordo com a hipótese do distúrbio intermediário, essa mudança pode causar o declínio da diversidade, à medida que as espécies dominantes competitivamente ganham tempo suficiente para excluir as espécies menos competitivas.

Revisão do Conceito 54.4
1. Os ecólogos propõem que a maior riqueza de espécies de regiões tropicais é o resultado de sua história evolutiva mais longa e maior aporte de energia solar e disponibilidade de água em áreas tropicais. **2.** A imigração de espécies para as ilhas decai com a distância do continente e aumenta com a área da ilha. A extinção de espécies é menor em ilhas maiores e em ilhas menos isoladas. Uma vez que o número de espécies nas ilhas é largamente determinado pela diferença entre as taxas de imigração e extinção, o número de espécies será maior em ilhas grandes próximas do continente e menor em ilhas pequenas e distantes do continente. **3.** Devido à sua grande mobilidade, as aves se dispersam para as ilhas mais frequentemente do que serpentes e lagartos, então aves devem ter maior riqueza.

Revisão do Conceito 54.5
1. Patógenos são microrganismos, vírus, viroides ou príons que causam doenças. **2.** Para manter o vírus da raiva fora, você pode banir a importação de todos os mamíferos, incluído animais de estimação. Potencialmente você também pode vacinar todos os cães nas ilhas Británicas contra o vírus. Uma abordagem mais prática seria colocar em quarentena todos os animais de estimação trazidos para o país que são potenciais portadores da doença, abordagem que o governo britânico realmente adota.

Questões do Resumo dos conceitos-chave
54.1 Nota: Seguem exemplos de respostas; outras respostas também podem estar certas. Competição: uma raposa e um lince competindo pela presa. Predação: uma orca comendo uma lontra-do-mar. Herbivoria: um bisão comendo grama. Parasitismo: uma vespa parasitoide que põe seus ovos sobre uma lagarta. Mutualismo: um fungo e uma alga que formam um líquen. Comensalismo: uma flor silvestre que cresce em uma árvore em uma floresta de bordo. **54.2** Não necessariamente se a comunidade mais rica em espécies é dominada por apenas uma ou algumas espécies. **54.3** Semelhante a derrubar uma floresta ou arar um campo, algumas espécies estariam presentes inicialmente. Como consequência, o distúrbio iniciaria uma sucessão secundária, apesar de sua aparência ruim. **54.4** Glaciações são os principais distúrbios que podem destruir completamente as comunidades encontradas em regiões temperadas e polares. Como consequência, as comunidades tropicais podem ser mair antigas do que as comunidades polares ou temperadas. Isso pode fazer com que a diversidade de espécies seja alta nos trópicos simplesmente porque houve mais tempo para a especiação ocorrer. **54.5** Uma espécie-chave é aquela com papel ecológico fundamental. Consequentemente um patógeno que reduza a abundância de (ou prejudique de outra forma) uma espécie-chave pode alterar muito a estrutura da comunidade.

Por exemplo, se um novo patógeno levasse a espécie-chave a uma extinção local, poderiam ocorrer mudanças drásticas na diversidade de espécies.

Teste seu conhecimento
1. D **2.** C **3.** C **4.** C **5.** B **6.** C **7.** D **8.** B
9. Comunidade 1: $H = -(0,05 \ln 0,05 + 0,05 \ln 0,05 + 0,85 \ln 0,85 + 0,05 \ln 0,05) = 0,59$. Comunidade 2: $H = -(0,30 \ln 0,30 + 0,40 \ln 0,40 + 0,30 \ln 0,30) = 1,1$. Comunidade 2 é mais diversa. **10.** O número de caranguejos deve aumentar, reduzindo a abundância de *Zostera*.

Capítulo 55
Questões das figuras
Figura 55.4 A seta azul que leva aos *consumidores primários* pode representar um gafanhoto se alimentando de uma planta. A seta azul que vai dos *consumidores primários* aos *detritos* pode representar os restos de um consumidor primário morto (como um gafanhoto) tornando-se parte dos detritos encontrados no ecossistema. A seta azul que vai dos *consumidores primários* até os *secundários* e *terciários* pode representar uma ave (o consumidor secundário) comendo um gafanhoto (o consumidor primário). Finalmente, a seta azul que vai dos *consumidores primários* aos *produtores primários* pode representar o CO_2 liberado por um gafanhoto na respiração celular. **Figura 55.5** O mapa não reflete com precisão a produtividade de zonas úmidas, recifes de coral e zonas costeiras porque esses hábitats cobrem áreas que são muito pequenas para aparecer claramente em mapas globais. **Figura 55.6** Novas fazendas de criação de patos adicionariam nitrogênio e fósforo extras às amostras de água usadas no experimento. Seria esperado que o fósforo extra dessas novas fazendas de criação de patos não alterasse os resultados (porque no experimento original, os níveis de fósforo já eram tão altos que a adição de fósforo não aumentou o crescimento do fitoplâncton). No entanto, as novas fazendas de criação de patos podem aumentar os níveis de nitrogênio ao ponto que, ao adicionar nitrogênio extra em um experimento, isso não aumentou a densidade de fitoplâncton. **Figura 55.12** A disponibilidade de água e a exposição à luz são outros fatores que podem ter variado entre os locais. Fatores como esses que não estão incluídos no delineamento experimental podem tornar os resultados mais difíceis de interpretar. Vários fatores também podem ser correlacionados entre si na natureza, portanto, os ecólogos devem ter cuidado para que o fator que estão estudando esteja realmente causando a resposta observada e não apenas correlacionado com ela. **Figura 55.13** (1) Se a taxa de decomposição diminuísse, mais materiais orgânicos seriam transferidos do reservatório A para o B; finalmente, isso pode fazer com que mais material orgânico se torne fossilizado em combustíveis fósseis. Além disso, uma diminuição na taxa de decomposição faria com que menos materiais inorgânicos se tornassem disponíveis como nutrientes no reservatório C, o que acabaria por retardar as taxas de absorção de nutrientes e fotossíntese pelos organismos vivos. (2) Os materiais entram e saem do reservatório A em uma escala de tempo muito mais curta do que se movem para o reservatório B. Os materiais podem permanecer no reservatório B por muito tempo, ou os humanos podem removê-los em um ritmo rápido, escavando e queimando combustíveis fósseis. **Figura 55.15** Se o eixo *y* tivesse uma escala condizente sem interrupção, a mudança na concentração de nitratos, no escoamento de um ponto para o próximo, permaneceria constante em todo o eixo. Por exemplo, se o eixo *y* fosse redesenhado para ter uma escala condizente que fosse de 0 a 80 mg/L com nove marcas de escala, uniformemente espaçadas, a concentração de nitratos aumentaria em 10 mg/L de cada marca da escala para a próxima. Desenhar o gráfico com uma escala condizente enfatizaria o aumento drástico na concentração de nitratos que ocorreu em 1966, mas seria mais difícil ver outras mudanças comparativamente pequenas que ocorreram de 1965 a 1968 em áreas de controle e desmatadas. **Figura 55.19** As populações evoluem à medida que os organismos interagem entre si e com as condições físicas e químicas de seu ambiente. Como consequência, qualquer ação humana que altere o meio ambiente tem o potencial de causar mudanças evolutivas. Especificamente, uma vez que as mudanças climáticas afetaram consideravelmente os ecossistemas árticos, seria esperado que elas causassem evolução nas populações da tundra ártica.

Revisão do Conceito 55.1
1. A energia passa por um ecossistema, entrando como luz solar e saindo como calor. Não é reciclado dentro do ecossistema. **2.** Você precisaria saber quanta biomassa os gnus comeram de sua parcela e quanto nitrogênio estava contido nessa biomassa. Você também precisa saber quanto nitrogênio é depositado em urina ou fezes. **3.** A segunda lei afirma que em qualquer transferência ou transformação de energia, parte dela é dissipada para o ambiente como calor. Para que o ecossistema permaneça intacto, essa "fuga" de energia do ecossistema deve ser compensada pelo influxo contínuo de radiação solar.

Revisão do Conceito 55.2
1. Apenas uma fração da radiação solar atinge plantas ou algas, apenas uma parte dessa fração tem comprimentos de onda adequados para a fotossíntese, e muita

energia é refletida ou perdida na forma de calor. **2.** Ao manipular o nível de fatores de interesse, tais como a disponibilidade de fósforo ou umidade do solo, e medir as respostas dos produtores primários. **3.** É provável que a PLE diminua após o incêndio. Para ver o porquê, lembre-se de que PLE = PPB − R_T, onde PPB é a produção primária bruta e R_T é a quantidade total de respiração celular no ecossistema. Ao matar árvores e outras plantas, o fogo causaria a diminuição do PPB ao seu nível anterior, de antes do fogo. Além disso, os decompositores fragmentariam os restos de árvores mortas pelo fogo, e a quantidade total de respiração celular (R_T) no ecossistema pode aumentar (por causa do aumento da respiração celular pelos decompositores). **4.** A enzima rubisco, que catalisa a primeira etapa do ciclo de Calvin, é a proteína mais abundante na Terra. Como todas as proteínas, rubisco contém nitrogênio, e como os organismos fotossintetizantes requerem muito rubisco, também requerem uma quantidade considerável de nitrogênio para produzi-las. O fósforo também é necessário como componente de vários metabólitos no ciclo de Calvin e como componente tanto do ATP quanto do NADPH (ver Figura 10.19.)

Revisão do Conceito 55.3
1. 20 J; 40%. **2.** Nicotina protege as plantas dos herbívoros. **3.** A produção primária líquida global é 10.000 + 1.000 + 100 + 10 J = 11.110 J. Esta é a quantidade de energia teoricamente disponível para os decompositores.

Revisão do Conceito 55.4
1. Por exemplo, para o ciclo de carbono:

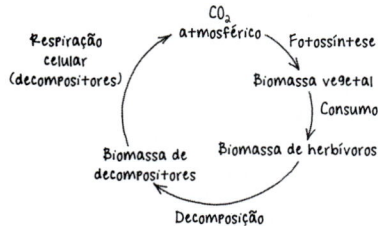

2. A remoção das árvores interrompe a absorção de nitrogênio do solo, permitindo que o nitrato se acumule nele. O nitrato é lixiviado pela chuva e entra nos riachos. **3.** A maioria dos nutrientes em uma floresta pluvial tropical está contida nas árvores, portanto retirá-los por meio da extração de madeira rapidamente esgota os nutrientes do ecossistema. Os nutrientes que permanecem no solo são rapidamente levados para os riachos e lençol freático pela precipitação abundante.

Revisão do Conceito 55.5
1. O objetivo principal é restaurar ecossistemas degradados a um estado mais natural. **2.** A biorremediação usa organismos – geralmente procariotos, fungos ou plantas – para desintoxicar ou remover poluentes dos ecossistemas. O incremento biológico usa organismos, como plantas fixadoras de nitrogênio, para adicionar materiais essenciais aos ecossistemas degradados. **3.** O projeto do rio Kissimmee retorna o fluxo de água ao canal original e restaura o fluxo natural, um resultado autossustentável. Ecólogos da reserva Maungatautari precisarão manter a integridade da cerca indefinidamente, um resultado que não é autossustentável a longo prazo.

Questões do Resumo dos conceitos-chave
55.1 Como as conversões de energia são ineficientes, com alguma energia inevitavelmente perdida na forma de calor, seria de se esperar que uma determinada massa de produtores primários sustentasse uma biomassa menor de consumidores. **55.2** Se você conhece a PPL e quer estimar a PLE, você deve ser capaz de determinar quanto da respiração total (R_T) resulta de heterótrofos e quanto resulta de autótrofos. Em uma amostra de água do oceano, os produtores primários e outros organismos estão, geralmente, misturados, tornando difícil separar suas respectivas respirações. **55.3** Os corredores usam muito mais energia na respiração quando estão correndo do que quando estão sedentários, reduzindo sua eficiência de produção. **55.4** Outros fatores além da temperatura, incluindo a escassez de água e nutrientes, retardam a decomposição em desertos quentes. **55.5** Se a camada superficial e a camada mais profunda do solo forem mantidas separadas, os engenheiros podem devolver a camada mais profunda ao primeiro local e depois aplicar a camada superficial mais fértil para incrementar o sucesso da revegetação e outros esforços de restauração.

Teste seu entendimento
1. B **2.** B **3.** A **4.** C **5.** A **6.** D **7.** D **8.** D
9. (a)

(b) Em média, a razão é 1, com quantidades iguais de água movendo-se do oceano para a terra como precipitação, e movendo-se da terra para o oceano por escoamento. Durante o período glacial, a quantidade de evaporação do oceano caindo na terra como precipitação seria maior do que a quantidade que retorna aos oceanos no escoamento; portanto a razão seria de 71. A diferença se acumularia em terra, como gelo.

Capítulo 56
Questões das figuras
Figura 56.3 Você precisaria saber a abrangência completa da espécie e o que está faltando a ela. Você também precisa ter certeza de que a espécie não está oculta, como pode ser o caso do animal que está hibernando no subsolo ou uma planta que está presente na forma de sementes ou esporos. **Figura 56.8** Os dois exemplos são semelhantes no sentido de que segmentos de DNA das amostras coletadas foram analisados e comparados com segmentos de espécimes de origem conhecida. Uma diferença é que os pesquisadores de baleias investigaram parentesco em nível de espécies e populações para determinar se a atividade ilegal havia ocorrido, enquanto os pesquisadores de elefantes determinaram parentesco em nível de população para obter pistas sobre a localização precisa da caça ilegal. Outra diferença é que o mtDNA foi usado para o estudo das baleias, enquanto o DNA nuclear foi usado para o estudo dos elefantes. As principais limitações de tais abordagens são a necessidade de ter (ou gerar) um banco de dados de referência e o requisito de que os organismos tenham variação suficiente, no seu DNA, para revelar a afinidade das amostras. **Figura 56.10** Quanto maior o pH, menor a acidez. Assim, a precipitação nesta floresta está se tornando menos ácida. **Figura 56.12** As respostas podem variar, mas há duas razões para não apoiar o transplante de aves adicionais. Primeiro, a população de aves de Illinois tem uma composição genética diferente daquelas aves em outras regiões, e pretende-se manter o máximo possível a frequência de genes ou alelos benéficos, encontrados apenas na população de Illinois. Segundo, a transposição de aves de outros estados já fez a porcentagem de ovos incubados aumentar drasticamente, indicando que a transposição de aves adicionais não é necessária. **Figura 56.14** O regime de distúrbio natural neste hábitat inclui incêndios frequentes que eliminam a vegetação rasteira, mas não matam os pinheiros maduros. Sem esses incêndios, a vegetação rasteira rapidamente cresce e o hábitat se torna inadequado para o pica-pau-de-topete-vermelho. **Figura 56.16** A foto mostra bordas entre os ecossistemas de floresta e campo, e ecossistemas de campo e rio. **Figura 56.24** A concentração de PCB aumentou em um fator de 4,9 do fitoplâncton para o zooplâncton, 41,6 do fitoplâncton para o eperlano, 8,5 do zooplâncton para o eperlano, 4,6 do eperlano para a truta-de-lago, 119,2 do eperlano para os ovos de gaivota-prateada, e 25,7 da truta-de-lago para ovos de gaivota-prateada. **Figura 56.31** A acidificação do oceano reduz a disponibilidade de íons carbonato (CO_3^{2-}). Corais e muitos outros organismos marinhos requerem íons carbonato para construir suas conchas. Como os organismos construtores de conchas dependem delas para sobreviver, cientistas têm previsto que a acidificação dos oceanos causará a morte de muitos desses organismos. Por sua vez, o aumento das taxas de mortalidade de organismos construtores de conchas causará muitas outras mudanças nas comunidades ecológicas. Por exemplo, o aumento das taxas de mortalidade de corais prejudicaria muitas outras espécies que buscam proteção nos recifes de coral ou que se alimentam das espécies que vivem ali. **Figura 56.32** O modelo resulta na curva azul (somente fatores naturais), e os resultados na curva preta (fatores naturais e humanos) fornecem uma boa correspondência para mudanças de temperatura observadas até cerca de 1960. Depois de 1960, entretanto, os resultados na curva azul apresentam uma fraca correspondência em relação às mudanças de temperatura observadas, enquanto os resultados da curva preta continuam fornecendo uma boa correspondência. Esses resultados sugerem que as atividades humanas como a queima de combustíveis fósseis contribuíram para o aumento das temperaturas globais, especialmente, para o período de 1960 até hoje.

Revisão do Conceito 56.1
1. Além da perda de espécies, a crise da biodiversidade inclui a perda da diversidade genética dentro das populações e espécies, e a degradação de ecossistemas inteiros. **2.** A destruição de hábitats, como o desmatamento, a canalização dos rios ou a conversão de ecossistemas naturais em áreas agrícolas ou cidades, privam as espécies de lugares para viver. Espécies introduzidas, que são transportadas pelos humanos para regiões fora de sua distribuição nativa, frequentemente reduzem o tamanho populacional das espécies nativas por meio da competição ou alimentando-se delas (como predadores, herbívoros ou patógenos). A exploração excessiva tem reduzido as populações de plantas e animais ou as levado à extinção. Finalmente, a mudança global está alterando o meio ambiente à medida que reduz a capacidade da Terra de sustentar a vida. **3.** Se ambas as populações se reproduzissem separadamente, o fluxo gênico entre as populações não ocorreria e as diferenças genéticas entre elas seriam maiores. Como consequência, a perda da diversidade genética seria maior do que se as populações cruzassem.

Revisão do Conceito 56.2
1. A variabilidade genética reduzida diminui a capacidade de uma população de evoluir diante de mudanças. **2.** O tamanho efetivo da população, N_e, seria de 4(30 × 10)/(30 + 10) = 30 aves. **3.** Como milhões de pessoas usam o grande ecossistema Yellowstone a cada ano, seria impossível eliminar todo o contato entre pessoas e ursos. Em vez disso, você pode tentar reduzir os tipos de encontros em que os ursos são mortos. Você pode recomendar limites de velocidade mais

baixos nas estradas no parque, ajustar o tempo e as estações de caça (onde a caça é permitida fora do parque) para minimizar o contato com ursas-mães e filhotes, e proporcionar incentivos financeiros para os proprietários de gado tentarem meios alternativos para proteger seus animais, como usar cães de guarda.

Revisão do Conceito 56.3
1. Uma área pequena que sustenta numerosas espécies endêmicas, bem como um número grande de espécies em perigo ou ameaçadas de extinção. **2.** As reservas zoneadas podem fornecer suprimentos sustentáveis de produtos florestais, água, energia hidrelétrica, oportunidades educacionais e renda advinda do turismo. **3.** Os corredores de hábitat podem aumentar a taxa de deslocamento ou dispersão de organismos entre fragmentos de hábitat e, portanto, a taxa de fluxo gênico entre subpopulações. Eles, portanto, ajudam a evitar uma diminuição no valor adaptativo (*fitness*) atribuível ao endocruzamento. Eles também podem minimizar as interações entre organismos e humanos à medida que os organismos se dispersam; em casos envolvendo os predadores potenciais, como ursos ou grandes felinos, é desejável minimizar tais interações.

Revisão do Conceito 56.4
1. A adição de nutrientes causa explosões populacionais de algas e organismos que se alimentam delas. O aumento da respiração por algas e consumidores, incluindo decompositores, esgota o oxigênio do lago, de que os peixes necessitam. **2.** Decompositores são consumidores que usam a matéria orgânica não viva como combustível para sua respiração celular, que libera CO_2 como um subproduto. Como as temperaturas mais altas levam a uma decomposição mais rápida, a matéria orgânica, nesses solos, poderia ser decomposta em CO_2 mais rapidamente, acelerando o aquecimento global. **3.** As concentrações reduzidas de ozônio na atmosfera aumentam o total de radiação ultravioleta que atinge a superfície da Terra e os organismos viventes nela. A radiação ultravioleta pode causar mutações ao produzir dímeros disruptivos de timina no DNA.

Revisão do Conceito 56.5
1. O desenvolvimento sustentável é uma abordagem do desenvolvimento que visa à prosperidade a longo prazo, das sociedades humanas e dos ecossistemas que as sustentam, o que requer o vínculo das ciências biológicas com as ciências sociais, econômicas e humanidades. **2.** Biofilia, nosso senso de conexão com a natureza e todas as formas de vida, pode atuar como uma motivação para o desenvolvimento de uma ética ambiental que se comprometa em não permitir que espécies se extingam e ecossistemas sejam destruídos. Essa ética é necessária para nos tornarmos guardiães mais atentos do meio ambiente. **3.** No mínimo, você gostaria de saber o tamanho da população e a taxa reprodutiva média dos indivíduos nela. Para desenvolver a pesca de forma sustentável, você deve buscar uma taxa de exploração que mantenha a população perto do seu tamanho original e maximize sua exploração a longo prazo, e não em curto prazo.

Questões do Resumo dos conceitos-chave
56.1 A natureza nos fornece muitos serviços benéficos, incluindo o fornecimento de água limpa, a produção de alimentos e fibras, além da diluição e desintoxicação de nossos poluentes. **56.2** Uma população geneticamente mais diversa é melhor capacitada a resistir às pressões de doenças ou mudanças ambientais, tornando menos provável a sua extinção em um determinado período de tempo. **56.3** A fragmentação de hábitat pode isolar populações, levando ao endocruzamento e à deriva genética, e pode tornar as populações mais suscetíveis a extinções locais resultantes do efeito de borda, incluindo uma mudança nas condições físicas, e um aumento na competição ou predação com espécies adaptadas às bordas. **56.4** É mais saudável se alimentar em um nível trófico mais baixo porque a biomagnificação aumenta a concentração de toxinas em níveis mais altos. **56.5** Um dos objetivos da biologia da conservação é preservar o maior número possível de espécies. São necessárias abordagens sustentáveis que mantenham a qualidade de hábitats para a sobrevivência a longo prazo dos organismos.

Teste seu conhecimento
1. C **2.** D **3.** B **4.** A **5.** B **6.** D
7.

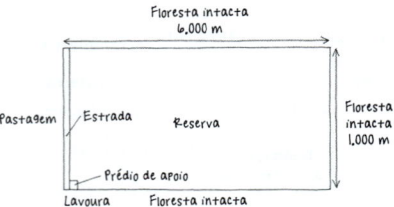

Para minimizar a área de floresta na qual as aves colhereiras penetram, você deve localizar a rodovia ao longo da borda oeste da reserva (uma vez que essa borda confina com pastagens desflorestadas e uma lavoura). Qualquer outro local aumentaria a área de hábitat afetada. Similarmente, o prédio de apoio deve estar no canto sudoeste da reserva para minimizar a área suscetível aos chupins.

APÊNDICE B Classificação da vida

Este apêndice apresenta uma classificação taxonômica dos principais grupos de organismos atuais discutidos neste texto; não estão incluídos todos os filos. A classificação aqui apresentada baseia-se no sistema de três domínios, que coloca os dois principais grupos de procariotos, bactérias e arqueias, em domínios separados (com eucariotos formando o terceiro domínio).

Vários esquemas de classificação alternativos são discutidos na Unidade V deste livro. A discussão taxonômica inclui debates sobre o número e os limites dos reinos e sobre o alinhamento da hierarquia da classificação linneana com as descobertas das análises cladísticas modernas.

DOMÍNIO BACTERIA

- **Proteobactérias**
- **Clamídias**
- **Espiroquetas**
- **Bactérias Gram-positivas**
- **Cianobactérias**

DOMÍNIO ARCHAEA

- **Euryarchaeota**
- **Thaumarchaeota**
- **Aigarchaeota**
- **Crenarchaeota**
- **Korarchaeota**

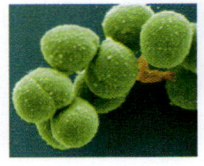

DOMÍNIO EUKARYA

Na hipótese filogenética que apresentamos no Capítulo 28, os clados principais de eucariotos estão agrupados em quatro "supergrupos", indicados em azul a seguir. Anteriormente, todos os eucariotos geralmente chamados de protistas eram agrupados em um único reino, Protista. Entretanto, avanços na sistemática tornaram claro que alguns protistas apresentam uma relação mais próxima com plantas, fungos ou animais do que com outros protistas. Por isso, o reino Protista foi abandonado.

Excavata
- Diplomonadida (diplomonadídeos)
- Parabasala (parabasalídeos)
- Euglenozoa (euglenozoários)
  - Kinetoplastida (cinetoplastídeos)
  - Euglenophyta (euglenoides)

SAR
- Stramenopila (estramenópilos)
  - Oomycota (oomicetos)
  - Phaeophyta (algas pardas)
  - Bacillariophyta (diatomáceas)

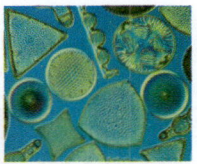

- Alveolata (alveolados)
  - Dinoflagellata (dinoflagelados)
  - Apicomplexa (apicomplexos)
  - Ciliophora (ciliados)
- Rhizaria (rizárias)
  - Radiolaria (radiolários)
  - Foraminifera (foraminíferos)
  - Cercozoa (cercozoários)

Archaeplastida
- Rhodophyta (algas vermelhas)
- Chlorophyta (algas verdes: clorófitas)
- Charophyta (algas verdes: carofíceas)
- Plantae
  - Filo Hepatophyta (hepáticas) ⎫
  - Filo Bryophyta (musgos)   ⎬ Plantas avasculares (briófitas)
  - Filo Anthocerophyta (antóceros) ⎭
  - Filo Lycophyta (licófitas) ⎫ Plantas vasculares
  - Filo Monilophyta (samambaias, cavalinhas, *Psilotum*) ⎬ sem sementes
  - Filo Ginkgophyta (gingko)   ⎫
  - Filo Cycadophyta (cicas)   ⎬ Gimnospermas ⎫
  - Filo Gnetophyta (gnetófitos) ⎪   ⎬ Plantas
  - Filo Coniferophyta (coníferas) ⎭   ⎪ com sementes
  - Filo Anthophyta (plantas floríferas) ⎬ Angiospermas ⎭

DOMÍNIO EUKARYA, continuação

Unikonta (também chamado Amorphea)
- Amoebozoa (amebozoários)
    - Tubulinea (tubulinídeos)
    - Myxogastrida (bolores limosos plasmodiais)
    - Dictyostelida (bolores limosos celulares)
    - Entamoeba (entamoebas)
- Nucleariida (nucleariídeos)
- Fungi
    - Filo Cryptomycota (criptomicetos)
    - Filo Microsporidia (microsproridianos)
    - Filo Chytridiomycota (quitrídeos)
    - Filo Zoopagomycota (zoopagomicetos)
    - Filo Mucoromycota (mucoromicetos)
    - Filo Ascomycota (ascomicetos)
    - Filo Basidiomycota (basidiomicetos)

- Choanoflagellata (coanoflagelados)
- Animalia
    - Filo Porifera (esponjas)
    - Filo Ctenophora (ctenóforos)
    - Filo Cnidaria (cnidários)
        - Medusozoa (hidrozoários, águas-vivas, vespas-do-mar)
        - Anthozoa (anêmonas-do-mar e a maioria dos corais)
    - Filo Acoela (vermes acelos)
    - Filo Placozoa (placozoários)
    - Lophotrochozoa (lofotrocozoários)
        - Filo Platyhelminthes (vermes planos)
            - Catenulida (vermes em cadeia)
            - Rhabditophora (planárias, fascíola, tênias)
        - Filo Nemertea (vermes nemertinos)
        - Filo Ectoprocta (ectoproctos)
        - Filo Brachiopoda (braquiópodes)
        - Filo Syndermata (rotíferos e vermes espinhosos)
        - Filo Gastrotricha (gastrótricos)
        - Filo Cycliophora (ciclióforos)
        - Filo Mollusca (moluscos)
            - Polyplacophora (quítons)
            - Gastropoda (gastrópodes)
            - Bivalvia (bivalves)
            - Cephalopoda (cefalópodes)
        - Filo Annelida (vermes segmentados)
            - Errantia (poliquetas)
            - Sedentaria (sedentárias)

Ecdysozoa (ecdisozoários)
- Filo Loricifera (loricíferos)
- Filo Priapula (priapulídeos)
- Filo Nematoda (nematódeos)
- Filo Arthropoda (Esta revisão agrupa os artrópodes em um único filo, mas alguns zoólogos atualmente dividem os artrópodes em vários filos.)
    - Chelicerata (límulos, aracnídeos)
    - Myriapoda (milípedes, centípedes)
    - Pancrustacea (crustáceos, insetos)
- Filo Tardigrada (tardígrados)
- Filo Onychophora (vermes de veludo)

Deuterostomia (deuterostômios)
- Filo Hemichordata (hemicordados)
- Filo Echinodermata (equinodermos)
    - Asteroidea (estrelas-do-mar, margaridas-do-mar)
    - Ophiuroidea (estrelas-serpente)
    - Echinoides (ouriços-do-mar, bolachas-do-mar)
    - Crinoidea (lírios-do-mar)
    - Holothuroidea (pepinos-do-mar)
- Filo Chordata (cordados)
    - Cephalochordata (cefalocordados: anfioxos)
    - Urochordata (urocordados: tunicados)
    - Cyclostomata (ciclostomados) ⎫
        - Myxini (peixes-bruxa) ⎪
        - Petromyzontida (lampreias) ⎪
    - Gnathostomata (gnatostomados) ⎬ Vertebrados
        - Chondrichthyes (tubarões, arraias, quimeras) ⎪
        - Actinopterygii (peixes com nadadeiras raiadas) ⎪
        - Actinistia (celacantos) ⎪
        - Dipnoi (peixes pulmonados) ⎪
        - Amphibia (anfíbios: rãs, salamandras, cecílias) ⎪
        - Reptilia (répteis: tuataras, lagartos, serpentes, tartarugas, crocodilianos, aves) ⎪
        - Mammalia (mamíferos) ⎭

APÊNDICE C Comparação entre microscópio óptico e microscópio eletrônico

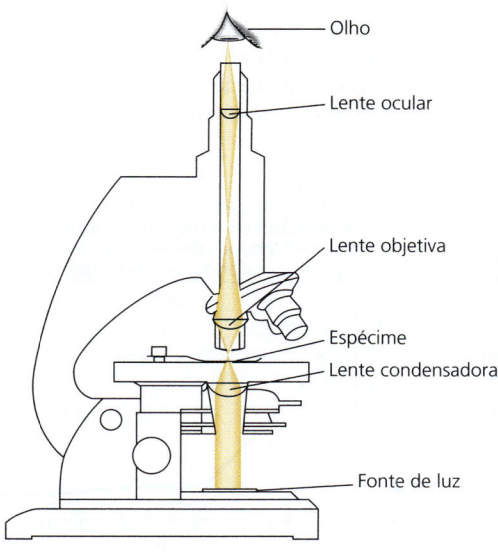
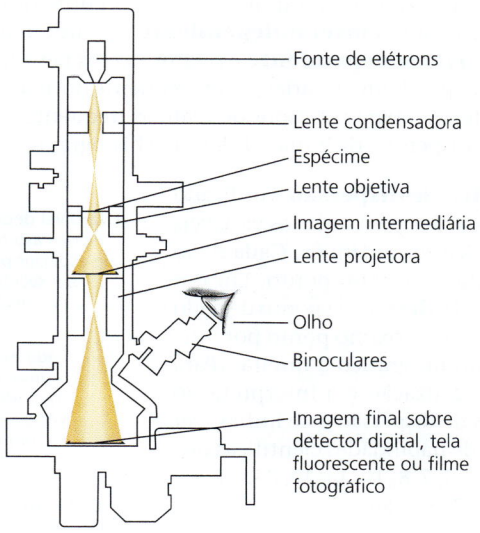

Microscópio óptico

Na microscopia óptica, a luz é focalizada sobre um espécime por meio da lente condensadora de vidro; a imagem é então ampliada por uma lente objetiva e uma lente ocular para projeção nos olhos, em câmeras digitais, em câmeras de vídeo digital ou em filmes fotográficos.

Microscópio eletrônico

Na microscopia eletrônica, um feixe de elétrons (parte superior do microscópio) é usado em vez de luz, e eletroímãs em vez de lentes de vidro. O feixe de elétrons é focalizado sobre o espécime pela lente condensadora; a imagem é amplificada por uma lente objetiva e uma lente projetora para projeção em detector digital, tela fluorescente ou filme fotográfico.

APÊNDICE D Revisão de habilidades científicas

Gráficos

Os gráficos fornecem uma representação visual de dados numéricos. Podem revelar padrões ou tendências nos dados que não seriam fáceis de visualizar em uma tabela. O gráfico é um diagrama que mostra como uma variável em um conjunto de dados está relacionada (ou não) com outra variável. A **variável independente** é o fator manipulado ou alterado pelos pesquisadores. A **variável dependente** é o fator que os pesquisadores estão medindo em relação à variável independente. A variável independente normalmente é inserida no eixo x, e a variável dependente, no eixo y. Os tipos de gráficos frequentemente utilizados em biologia incluem gráficos de dispersão, de linhas, de barras e histogramas.

▶ O **gráfico de dispersão** é utilizado quando os dados para todas as variáveis são numéricos e contínuos. Cada dado é representado por um ponto. Em um **gráfico de linhas**, cada ponto de dado é conectado ao próximo ponto por uma linha, como no gráfico à direita. (Para praticar a realização e a interpretação de gráficos de dispersão e de linhas, ver Exercícios de habilidades científicas nos Capítulos 2, 3, 7, 8, 10, 13, 19, 24, 34, 43, 47, 49, 50, 52, 54 e 56.)

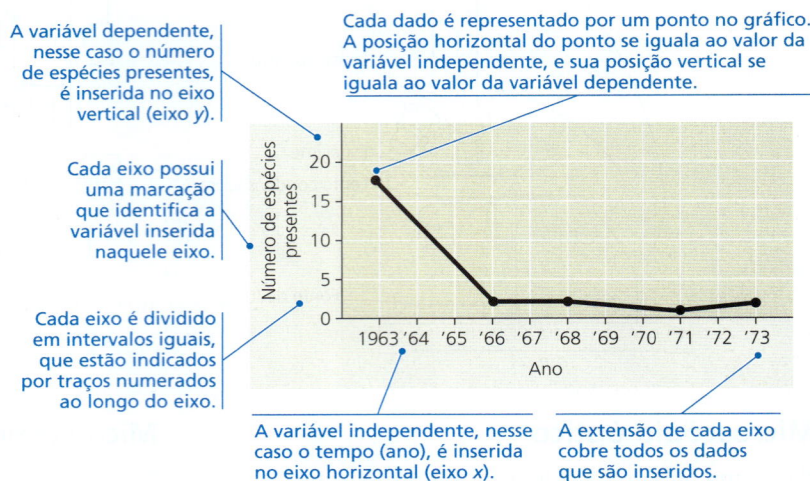

A variável dependente, nesse caso o número de espécies presentes, é inserida no eixo vertical (eixo y).

Cada eixo possui uma marcação que identifica a variável inserida naquele eixo.

Cada eixo é dividido em intervalos iguais, que estão indicados por traços numerados ao longo do eixo.

Cada dado é representado por um ponto no gráfico. A posição horizontal do ponto se iguala ao valor da variável independente, e sua posição vertical se iguala ao valor da variável dependente.

A variável independente, nesse caso o tempo (ano), é inserida no eixo horizontal (eixo x).

A extensão de cada eixo cobre todos os dados que são inseridos.

▼ Dois ou mais conjuntos de dados podem ser inseridos no mesmo gráfico de linhas para mostrar como duas variáveis dependentes estão relacionadas a uma mesma variável independente. (Para praticar a realização e a interpretação de gráficos de linhas com dois ou mais conjuntos de dados, ver Exercícios de habilidades científicas nos Capítulos 7, 43, 47, 49, 50, 52 e 56.)

Os conjuntos de dados são identificados por textos no gráfico (como mostrado aqui) ou por uma legenda.

Cores ou estilos diferentes distinguem os diversos conjuntos de dados no mesmo gráfico.

A variável dependente para um conjunto de dados é inserida no eixo vertical à esquerda.

Caso o segundo grupo de dados tenha uma variável dependente diferente ou unidades distintas, estes dados podem ser inseridos no eixo vertical à direita.

Como ambos os grupos de dados possuem a mesma variável independente, existe apenas um eixo horizontal.

▼ Em alguns gráficos de dispersão, uma linha reta ou curva é traçada ao longo do conjunto inteiro de dados para mostrar a tendência geral dos dados. A linha reta mais bem adequada matematicamente aos dados é chamada de *linha de regressão*. De outra forma, uma função matemática que mais se encaixa nos dados pode descrever uma linha curva, muitas vezes chamada de *curva de melhor ajuste*. (Para praticar a realização e a interpretação de linhas de regressão, ver Exercícios de habilidades científicas nos Capítulos 3, 10 e 34.)

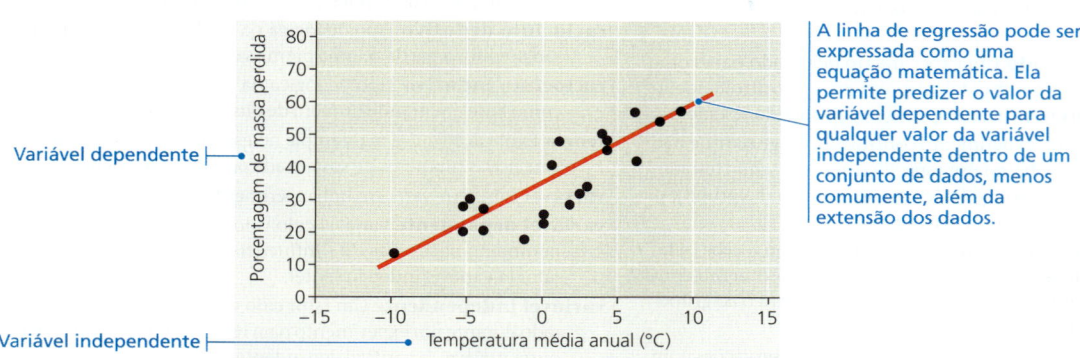

▼ O **gráfico de barras** é um tipo de gráfico no qual a variável independente representa grupos ou categorias não numéricas, e os valores da variável dependente são mostrados em barras. (Para praticar a realização e a interpretação de gráfico de barras, ver Exercícios de habilidades científicas nos Capítulos 1, 9, 18, 22, 25, 29, 33, 35, 39, 51, 52 e 54.)

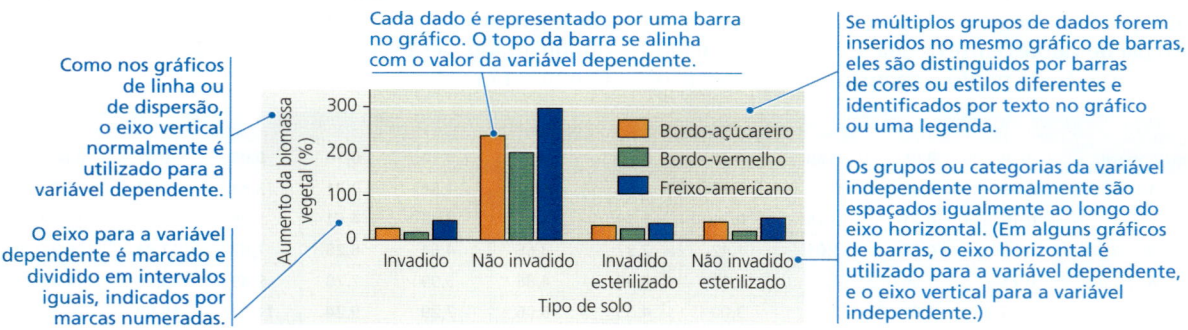

▶ Uma variação do gráfico de barras chamada de **histograma** pode ser produzida a partir de dados numéricos agrupando-se primeiro a variável inserida no eixo *x* em intervalos de mesma largura. O grupo pode ser inteiro ou séries de números. No histograma à direita, os intervalos tem 25 mg/dL de largura. A altura de cada barra apresenta a porcentagem (ou, de outra forma, o número) de temas experimentais cujas características podem ser descritas por um dos intervalos inseridos no eixo *x*. (Para praticar a realização e interpretação de histogramas, ver Exercícios de habilidades científicas nos Capítulos 12, 14 e 42.)

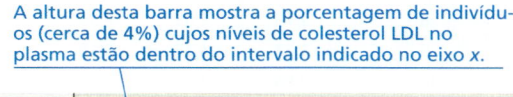
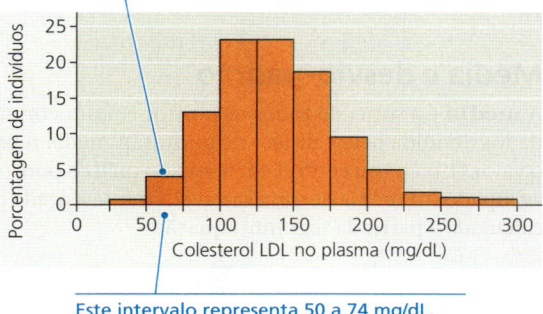

Glossário dos termos de pesquisa científica

No Conceito 1.3, você encontra discussões mais aprofundadas sobre o processo de pesquisa científica.

dados Observações registradas.

experimento Um teste científico. Frequentemente realizado sob condições controladas, envolvendo a manipulação de um ou mais fatores em um sistema com o objetivo de revelar os efeitos de alterar esses fatores.

experimento controlado Um experimento delineado para comparar um grupo experimental com um grupo-controle; idealmente, os dois grupos diferem apenas no fator sendo testado.

grupo-controle Em um experimento controlado, é o grupo que não tem (ou que não recebe) o fator específico que está sendo testado. Idealmente, o grupo-controle deveria ser idêntico ao grupo experimental em relação a outros parâmetros.

grupo experimental Conjunto de temas que tem (ou recebe) o fator específico que está sendo testado em um experimento controlado. Idealmente, o grupo experimental é idêntico ao grupo-controle em todos os outros fatores.

hipótese Explicação testável para um conjunto de observações com base nos dados disponíveis e guiada pelo raciocínio indutivo. Uma hipótese é mais limitada no escopo do que uma teoria.

modelo Representação física ou conceitual de um fenômeno natural.

pesquisa A busca por informação e explicação, muitas vezes focada em questões específicas.

predição No raciocínio dedutivo, uma previsão que segue a partir de uma hipótese. Ao testar as predições, os experimentos podem permitir que certas hipóteses sejam rejeitadas.

raciocínio dedutivo Tipo de lógica na qual resultados específicos são preditos a partir de uma premissa geral.

raciocínio indutivo Tipo de lógica na qual as generalizações tem como base um grande número de observações específicas.

teoria Explicação que é mais ampla no escopo do que uma hipótese, gera novas hipóteses e é sustentada por muitas evidências.

variável Fator que varia em um experimento.

variável dependente Variável cujo valor é medido durante um experimento para ver se ela é influenciada por alterações em outro fator (a variável independente).

variável independente Um fator cujo valor é manipulado ou alterado durante um experimento para revelar efeitos possíveis sobre outra variável (a variável dependente).

Tabela de distribuição do qui-quadrado (χ^2)

Para usar a tabela, localize a linha que corresponde aos graus de liberdade em seu conjunto de dados. (O grau de liberdade é o número de categorias de dados menos 1.) Acompanhe a linha até o par de valores entre os quais seu valor calculado de χ^2 se encontra. Neste ponto, acompanhe a coluna até o topo onde se encontram as probabilidades para o seu valor de χ^2. Uma probabilidade de 0,05 ou menos geralmente é considerada significativa. (Para praticar o uso do teste do qui-quadrado, ver Exercícios de habilidades científicas no Capítulo 15.)

Graus de liberdade (gl)	Probabilidade										
	0,95	0,90	0,80	0,70	0,50	0,30	0,20	0,10	0,05	0,01	0,001
1	0,004	0,02	0,06	0,15	0,45	1,07	1,64	2,71	3,84	6,64	10,83
2	0,10	0,21	0,45	0,71	1,39	2,41	3,22	4,61	5,99	9,21	13,82
3	0,35	0,58	1,01	1,42	2,37	3,66	4,64	6,25	7,82	11,34	16,27
4	0,71	1,06	1,65	2,19	3,36	4,88	5,99	7,78	9,49	13,28	18,47
5	1,15	1,61	2,34	3,00	4,35	6,06	7,29	9,24	11,07	15,09	20,52
6	1,64	2,20	3,07	3,83	5,35	7,23	8,56	10,64	12,59	16,81	22,46
7	2,17	2,83	3,82	4,67	6,35	8,38	9,80	12,02	14,07	18,48	24,32
8	2,73	3,49	4,59	5,53	7,34	9,52	11,03	13,36	15,51	20,09	26,12
9	3,33	4,17	5,38	6,39	8,34	10,66	12,24	14,68	16,92	21,67	27,88
10	3,94	4,87	6,18	7,27	9,34	11,78	13,44	15,99	18,31	23,21	29,59

Média e desvio-padrão

A **média** é a soma de todos os pontos em um conjunto de dados dividida pelo número de pontos. A média representa o valor "típico" ou central em torno do qual os pontos estão agrupados. A média de uma variável x (representada por $\bar{x}$) é calculada a partir da seguinte equação:

$$\bar{x} = \frac{\sum_{i=1}^{n} x_i}{n}$$

Nesta fórmula, n é o número de observações e i em x_i representa o número daquela observação da variável x; o símbolo "$\sum$" indica que os valores n de x_i serão somados. (Para praticar o cálculo da média, ver Exercícios de habilidades científicas nos Capítulos 27, 32 e 34.)

O **desvio-padrão** fornece uma medida da variação encontrada em um conjunto de pontos de dados. O desvio-padrão (s) de uma variável x é calculado a partir da seguinte equação:

$$s = \sqrt{\frac{\sum_{i=1}^{n} (x_i - \bar{x})^2}{n - 1}}$$

Nesta fórmula, n é o número de observações, i em x_i representa o número daquela observação da variável x e $\bar{x}$ é a média de x; o símbolo "$\sum$" indica que os valores n de $(x_i - \bar{x})^2$ serão somados. (Para praticar o cálculo do desvio-padrão, ver Exercícios de habilidades científicas nos Capítulos 27, 32 e 34.)

Fazendo um teste-*t*

Uma maneira de avaliar se os resultados de um experimento são estatisticamente significativos é realizar um teste-*t*. Considere um experimento no qual um grupo de plantas leguminosas foi tratado com fertilizante, enquanto um grupo-controle não foi. Antes do início do experimento, os pesquisadores trabalhavam com a hipótese de que o fertilizante não afetaria a altura da planta (o fertilizante não aumentaria nem diminuiria a altura da planta).

Quando o experimento foi concluído, as plantas que receberam fertilizante pareciam ter crescido mais do que as plantas que não receberam – ou seja, a altura média das plantas com fertilizante era maior do que a altura média das plantas sem fertilizante. Esse resultado sugere que o fertilizante de fato teve um efeito e que por isso as duas médias não são iguais. Entretanto, também é possível que as médias diferentes nos dois grupos de estudo tivessem resultado de uma variação natural da altura das plantas dentro dos dois grupos, especialmente se o número total de plantas for pequeno. Como podemos estabelecer a probabilidade de que as diferenças observadas são relevantes e consequentemente indicar que o fertilizante teve um efeito? O teste-*t* oferece uma maneira padronizada para determinar se o fertilizante teve um efeito significativo na altura média da planta.

Para realizar um teste-*t*, o primeiro passo é calcular o valor *T* (assim denominado para "teste-*t*"):

$$T = \frac{\bar{x}_1 - \bar{x}_2}{\sqrt{\frac{(s_1^2 + s_2^2)}{n}}}$$

Nessa equação, $\bar{x}_1$ é a média para o grupo experimental (plantas com fertilizante), $\bar{x}_2$ é a média para o grupo-controle (plantas sem fertilizante), s_1 é o desvio-padrão para o grupo experimental e s_2 é o desvio-padrão para o grupo-controle. Por último, n é o número de observações em cada grupo. [Nota: a fórmula mostrada aqui é válida quando os grupos experimental e controle apresentam o mesmo número de observações (n). Uma fórmula diferente seria utilizada se os dois grupos tivessem números diferentes de observações.]

Para calcular *T*, insira os valores para $\bar{x}_1$, $\bar{x}_2$, s_1, s_2 e n. *T* estará perto de zero quando as médias $\bar{x}_1$ e $\bar{x}_2$ forem quase iguais, e *T* estará mais longe de zero (vai diferir mais de zero) quando as médias forem consideravelmente diferentes.

O valor calculado de *T* é diferente de zero o suficiente para rejeitar a hipótese de que as duas médias são iguais? Essa decisão é baseada na probabilidade (p) de que uma diferença observada entre duas médias poderia ter ocorrido simplesmente ao acaso (assumindo que a hipótese inicial estava correta, ou seja, que as duas médias são iguais). O valor de p pode ser determinado utilizando uma distribuição de *t* que tenha $2(n - 1)$ graus de liberdade, onde n é o número de observações. Quando p é pequeno (normalmente menor do que 0,05), rejeitamos a hipótese de que as médias $\bar{x}_1$ e $\bar{x}_2$ são iguais. O valor de p pode ser obtido a partir de uma calculadora *online* ou buscado em tabelas de distribuições de *t* em livros de estatística.

Créditos

Créditos das fotografias

Imagem da capa nenúfar Rohrbaugh Photography.

Páginas iniciais p. v autores Josh Frost, Pearson Education, **Neil Campbell** Pearson Education; **entrevistas p. xxviii Olden** CUNY; **Bautista** Mark Joseph Hanson; **Mojica** University of Alicante; **Extavour** Kris Snibbe; **Chisholm** Gretchen Ertl; **Gonsalves** Cortesia de Dennis Gonsalves; **Strathdee** UCSD Health; **Rochman** Cortesia de Chelsea Rochman;

Capítulo 1 1.1 parte superior J.B. Miller/Florida Department of Environmental Protection; **parte inferior à esquerda** Hopi Hoekstra/Harvard University; **parte inferior à direita** Shawn P. Carey/Migration Productions; **1.2 girassol** John Foxx/ImageState Media Partners; **cavalo-marinho** R. Dirscherl/OceanPhoto/Frank Lane Picture Agency; **coelho** Joe McDonald/Encyclopedia/Corbis; **borboleta** Louise Docker Sydney Australia/Moment/Getty Images; **plântula** Frederic Didillon/Garden Picture Library/Getty Images; **vênus-papa-moscas** Maximilian Weinzierl/Alamy Stock Photo; **girafa** Malcolm Schuyl/Frank Lane Picture Agency; **1.3 biosfera** Leonello Calvetti/Stocktrek Images/Getty Images; **ecossistemas** Terry Donnelly/Alamy Stock Photo; **comunidades, populações** Floris van Breugel/naturepl.com; **organismos** Greg Vaughn/Alamy Stock Photo; **órgãos** Pat Burner/Pearson Education; **tecidos** Photo Researchers/Science Source; **células** Andreas Holzenburg, University of Texas Rio Grande Valley; **organelas** Jeremy Burgess/Science Source; **p. 6 beija-flor** Jim Zipp/Science Source; **1.4 esquerda** Steve Gschmeissner/Science Source; **1.5** Conly L. Rieder, Wadsworth Center, Albany, NY; **1.6** Gelpi/Fotolia; **1.8a** Carol Yepes/Moment/Getty Images; **detalhe** Ralf Dahm/Max Planck Institute of Neurobiology; **1.11** James Balog/Aurora/Getty Images; **1.12** Kefca/Shutterstock; **1.13a, b** Eye of Science/Science Source; **1.13c Plantae** John Delapp/Design Pics/Getty Images; **Fungi** daksel/Fotolia; **Animalia** Anup Shah/naturepl.com; **Protistas** M. I. Walker/Science Source; **1.14 lago** Basel101658/Shutterstock; ***Paramecium*** SPL/Science Source; **cílio** Dartmouth College Electron Microscope Facility; **cílios** Steve Gschmeissner/Science Source; **1.15** Robert Clark/National Geographic Image Collection; **1.16 esquerda** G. Richmond/FineArt/Alamy Stock Photo; **1.16 direita** Origin of Species/Charles Darwin, 1859. Murray edition; **1.17 gavião** jhayes44/E+/Getty Images; **pisco-de-peito-ruivo** Sebastian Knight/Shutterstock; **flamingo** zhaoyan/Shutterstock; **pinguim** Volodymyr Goinyk/Shutterstock; **1.19** Dorling Kindersley ltd/Alamy Stock Photo; **1.21** Michael Nichols/National Geographic Image Collection; **p. 17 Jane Goodall** Jim Dallas/Alamy Stock Photo; **1.23 parte superior** Martin Shields/Alamy Stock Photo; **parte central** xpacifica/Getty Images; **parte inferior à esquerda** Rolf Hicker Photography/All Canada Photos/Alamy Stock Photo; **parte inferior à direita** Maureen Spuhler/Pearson Education; **1.24 esquerda** HildeAnna/Shutterstock; **detalhe** Cortesia de Hopi Hoekstra/Harvard University; **direita** Sacha Vignieri; **detalhe** Shawn P. Carey, Migration Productions; **1.25** De: The selective advantage of cryptic coloration in mice. Vignieri, S. N., J. Larson, and H. E. Hoekstra. 2010. *Evolution* 64:2153–2158. Fig. 1; **p. 21 Hoekstra** Josh Frost/Pearson Education; **Exercício de habilidades científicas** Rolf Nussbaumer Photography/Alamy Stock Photo; **1.26 esquerda** John Amis/AP Images; **parte superior** Don Heupel/AP Images; **direita** LBJ Presidential Library/Alamy Stock Photo; **parte inferior** McClatchy-Tribune/Tribune Content Agency LLC/Alamy Stock Photo; **p. 26 lagarto rugoso** Chris Mattison/Alamy Stock Photo.

Entrevista da Unidade 1 CUNY.

Capítulo 2 2.1 parte superior www.pqpictures.co.uk/Alamy Stock Photo; **parte inferior** Nature Picture Library/Alamy Stock Photo; **2.2 esquerda** sciencephotos/Alamy Stock Photo; **parte central e à direita** Stephen Frisch/Pearson Education; **p. 29 Olden** CUNY; **2.3 comunidade** Richard Wong/Alamy Stock Photo; **planta** Tom Hilton; **rocha** Andrew Alden; **2.5** National Library of Medicine; **Exercício de habilidades científicas** Pascal Goetgheluck/Science Source; **2.13** Stephen Frisch/Pearson Education; **p. 39 lagartixa** nico99/Shutterstock; **pelos** Andrew Syred/Science Source; **p. 40 Pert** Photo 12/Alamy Stock Photo; **2.17** Nigel Cattlin/Science Source; **p. 43 parte superior** Rolf Nussbaumer Photography/Alamy Stock Photo; **parte inferior** De: Spray aiming in the bombardier beetle: photographic evidence. T. Eisner et al. *Proc Natl Acad Sci U S A* 1999 Aug 17;96(17):9705-9. Fig. 1.

Capítulo 3 3.1 parte superior Hemis Morales/agefotostock; **parte inferior** Paul Nicklen/National Geographic Image Collection; **3.3** Alasdair James/E+/Getty Images; **3.4** N.C Brown Center for Ultrastructure Studies, SUNY-ESF, Syracuse, NY; **3.6** Four Oaks/Shutterstock; **p. 48 Solomon** Justina Thorsen; **3.10** JPL/University of Arizona/NASA; **3.11 limão** Paulista/Fotolia; **formiga** Nature Picture Library/Alamy Stock Photo; **células sanguíneas** SCIEPRO/SPL/AGE Fotostock; **alvejante** Beth Van Trees/Shutterstock; **Exercício de habilidades científicas** Vlad61/Shutterstock; **p. 55 gato** Eric Guilloret/Biosphoto/Science Source.

Capítulo 4 4.1 Florian Möllers/Nature Picture Library; **p. 57 Miller** Robin Heyden, Pearson Education; **Exercício de habilidades científicas** Mandeville Special Collections Library; **frascos** Jeffrey Bada/Scripps Institution of Oceanography/University of California San Diego; **p. 60 Gordon** Stuart Brinin; **4.6a** David M. Phillips/Science Source; **p. 65 leões** George Sanker/Nature Picture Library.

Capítulo 5 5.1 Mark J. Winter/Science Source; **5.6a braço** Dougal Waters/Getty Images; **plastídeos** Omikron/Science Source; **5.6b** Mediscan/Alamy Stock Photo; **5.6c célula** John Durham/Science Source; **microfibras** Biophoto Associates/Science Source; **5.8** blickwinkel/Alamy Stock Photo; **5.10a** Vincent Giordano Photo/Shutterstock; **5.10b** Bamorgan91/Shutterstock; **p. 75 Jones** Cortesia de Lovell Jones; **5.13 ovos** Andrey Stratilatov/Shutterstock; **músculo, colágeno** Nina Zanetti/Pearson Education; **5.16 modelo estrutural** Clive Freeman, The Royal Institution/Science Source; **5.17** Peter M. Colman; **5.18 aranha** Dieter Hopf/imageBROKER/AGE Fotostock; **células sanguíneas** SCIEPRO/SPL/AGE Fotostock; **5.19** Eye of Science/Science Source; **p. 82 Pauling** James W. Behnke/Pearson Education; **5.21 parte superior** Dsrjsr; **parte inferior** Laguna Design/Science Source; **5.25** Centers for Disease Control and Prevention (CDC); **5.26 DNA** Alfred Pasieka/Science Source; **neandertal** Mark Thiessen/National Geographic/Alamy Stock Photo; **hipopótamo** Frontline Photography/Alamy Stock Photo; **baleia** WaterFrame_mus/Alamy Stock Photo; **5.26 médica** Chassenet/BSIP/Alamy Stock Photo; **elefantes** Villiers Steyn/Shutterstock; **raízes** D.J. Read, Department of Animal and Plant Sciences, University of Sheffield; **Exercício de habilidades científicas, humano** lanych/Shutterstock; **macaco** David Bagnall/Alamy Stock Photo; **gibão** Eric Isselee/Shutterstock; **Exercício de resolução de problemas** Cindy Hopkins/Alamy Stock Photo; **p. 91 pinto** Africa Studio/Shutterstock.

Entrevista da Unidade 2 parte superior Mark Joseph Hansen; **parte inferior** Robin Heyden.

Capítulo 6 6.1 M. I. Walker/Science Source; **6.3 campo claro, contraste de fase, Nomarski** Elisabeth Pierson/Pearson Education; **fluorescência** Michael W. Davidson/The Florida State University Research Foundation; **confocal** Karl Garsha; **desconvolução** Hans van der Voort SVI; **super-resolução** Muthugapatti K. Kandasamy, Biomedical Microscopy Core, University of Georgia; **MEV, MET** Steve Gschmeissner/Science Source; **crio-ME** Veronica Falconieri e Siriam Subramaniam, National Cancer Institute; **6.5b** CNRI/Science Source; **6.6a** Don W. Fawcett/Science Source; **Exercício de habilidades científicas** Kelly Tatchell; **6.8 células humanas** S. Cinti/Science Source; **leveduras MEV** SPL/Science Source; **leveduras MET** A. Barry Dowsett/Science Source; **erva-de-pato** Biophoto Associates/Science Source; **alga MEV** SPL/Science Source; **alga MET** De: Flagellar microtubule dynamics em *Chlamydomonas*: cytochalasin D induces periods of microtubule shortening and elongation; and colchicine induces disassembly of the distal, but not proximal, half of the flagellum. W. L. Dentler et al. *J Cell Biol.* 1992 Jun;117(6):1289-98. Fig. 10d; **p. 102 núcleo** Thomas Deerinck/Mark Ellisman/NCMIR; **6.9 envelope nuclear** Biophoto Associates/Science Source; **complex do poro** Don W. Fawcett/Science Source; **lâmina nuclear** Ueli Aebi; **6.10 esquerda** Don W. Fawcett/Science Source; **direita** Harry Noller; **p. 103 Ramakrishnan** Cortesia de Venki Ramakrishnan; **6.11** R. W. Bolender; Don W. Fawcett/Science Source; **6.12** Don W. Fawcett/Science Source; **6.13a** Steve Gschmeissner/Science Source; **6.13b** Don W. Fawcett/Science Source; **6.14** Eldon H. Newcomb; **6.17a** Keith R. Porter/Science Source; **6.17c** De: The shape of mitochondria and the number of mitochondrial nucleoids during the cell cycle of *Euglena gracilis*. Y. Hayashi and K. Ueda. *Journal of Cell Science*, 93:565-570, fig. 3. Copyright © 1989 por Company of Biologists; **6.18a** Jeremy Burgess/Mary Martin/Science Source; **6.18b** Ed Reschke/Photolibrary/Getty Images; **6.19** Eldon H. Newcomb; **6.20** Albert Tousson; **p. 113 Langford** Syracuse University; **6.21b** Bruce J. Schnapp; **Tabela 6.1 da esquerda para a direita** Gopal Murti/Science Source, Nikon MicroscopyU (www.microscopyu.com), Mark Ladinsky; **6.22** Kent L. McDonald; **6.23a** Biophoto Associates/Science Source; **6.23b** Oliver Meckes, Nicole Ottawa/Eye of Science/Science Source; **6.24a** Omikron/Science Source; **6.24b** Dartmouth College Electron Microscope Facility; **6.24c** Richard W. Linck; **6.25** De: Organization of actin, myosin, and intermediate filaments in the brush border of intestinal epithelial cells. Hirokawa et al. *J Cell Biol.* 1982 Aug;94(2):425-43. Fig. 1. The Rockefeller University Press; **6.26a** Clara Franzini-Armstrong/University of Pennsylvania; **6.26b** M. I. Walker/Science Source; **6.26c** Michael Clayton/University of Wisconsin; **6.27** G. F. Leedale/Science Source; **6.29** Eldon H. Newcomb, University of Wisconsin, Department of Botany; **6.30 parte superior** Reproduzida com autorização de: *Freeze-Etch Histology*, by L. Orci and A. Perrelet, Springer-Verlag, Heidelberg, 1975. Plate 32. Page 68. Copyright 1975 por Springer-Verlag GmbH & Co KG; **6.30 centro** De: Fine structure of desmosomes, hemidesmosomes, and an adepidermal globular layer in developing newt epidermis. DE Kelly. *J Cell Biol.* 1966 Jan; 28(1):51-72. Fig. 7. Reproduzida com autorização de Rockefeller University Press; **parte inferior** De: Low resistance junctions in crayfish. Structural changes with functional uncoupling. C. Peracchia and A. F. Dulhunty, *The Journal of Cell Biology*. 1976 Aug; 70(2 pt 1):419-39. Fig. 6. Reproduzida com autorização de Rockefeller University Press; **6.31** Eye of Science/Science Source; **p. 125 célula epitelial** Susumu Nishinaga/Science Source.

Capítulo 7 7.1 David Goodsell; **p. 129 mosaico** camerawithlegs/Fotolia; **7.10** Utilizada com autorização de B. L. de Groot. Relacionada ao trabalho realizado para: Water Permeation Across Biological Membranes: Mechanism and Dynamics of Aquaporin-1 and GlpF. B. L de Groot, H. Grubmüller. *Science* 294:2353-2357 (2001); **p. 132 aquaporina** Sam Kittner, Pearson Education; **7.14** Michael Abbey/Science Source; **p. 135 canal iônico** De: Crystal structure of a mammalian voltage-dependent Shaker family K^+ channel. S. B. Long et al. *Science*. 2005 Aug 5;309(5736):897-903. Epub 2005 Jul 7. Imagem de capa; **p. 135 Serrano** Darren Phillips/New Mexico State University; **Exercício de habilidades científicas** Photo Fun/Shutterstock; **7.21 esquerda** Biophoto Associates/Science Source; **centro** Don W. Fawcett/Science Source; **direita** De: M.M. Perry and A.B. Gilbert, *Journal of Cell Science* 39: 257–272, Figs. 11 e 13 (1979). © 1979 The Company of Biologists Ltd.; **p. 142 *spray*** Kristoffer Tripplaar/Alamy Stock Photo.

Capítulo 8 8.1 Biosphoto/Alamy Stock Photo; **8.2** Stephen Simpson/Getty Images; **8.3** Robert N. Johnson/RnJ Photography; **8.4a** De: Micromechanical properties of biological silica in skeletons of deep-sea sponges. Alexander Woesz et al. *J. Mat. Res.* Volume 21, Issue 8, August 2006, pp. 2068-2078. Fig. 1; **8.4b** Neale Clark Agency/robertharding/Alamy Stock Photo; **8.15** Thomas Steitz; **Exercício de habilidades científicas** Fer Gregory/Shutterstock; **8.17** Jack Dykinga/Nature Picture Library/Alamy Stock Photo; **8.22** Keith R. Porter/Science Source; **p. 163 pinguins** Flickr/Getty Images.

Capítulo 9 9.1 Tierfotoagentur/Alamy Stock Photo; **9.3** Dionisvera/Fotolia; **9.9** Z. Hong Zhou, University of California, Los Angeles; **Exercício de habilidades científicas** Thomas Kitchin & Victoria Hurst/Design Pics/Alamy Stock Photo; **p. 180 cacau** Aedka Studio/Shutterstock; **p. 186 modelo** Medical Research Council; **CoQ10** Stephen Rees/Shutterstock.

Capítulo 10 10.1 árvore Rolf Roeckl/mauritius images GmbH/Alamy Stock Photo; **larva de mariposa** blickwinkel/Alamy Stock Photo; **10.2a** STILLFX/Shutterstock; **10.2b** NatalieJean/Shutterstock; **10.2c** M. I. Walker/Science Source; **10.2d** Michael Abbey/Science Source; **10.2e** Heide N. Schulz-Vogt, Leibniz Institute for Baltic Sea Research Warnemuende; **10.3 parte superior, 10.21** Andreas Holzenburg, University of Texas Rio Grande Valley; **parte inferior** Jeremy Burgess/Science Source; **p. 194 *C. thermalis*** Dennis Nürnberg; **10.11b** Christine L. Case; **Exercício de habilidades científicas** The Ohio State University; **10.20a** Doukdouk/Alamy Stock Photo; **10.20b** Keysurfing/Shutterstock; **p. 211 neve** Gary Yim/Shutterstock.

Capítulo 11 11.1 parte superior, 11.5c Federico Veronesi/Gallo Images/Alamy Stock Photo; **parte inferior** Nature Picture Library/Alamy Stock Photo; **11.2a–c** A. Dale Kaiser/Stanford University; **11.2d** Michiel Vos; **Exercício de resolução de problemas** Bruno Coignard and Jeff Hageman, CDC; **p. 214 Bassler** Alena Soboleva; **11.7** De: High-resolution crystal structure of an engineered human beta2-adrenergic G protein-coupled receptor. V. Cherezov, et al. *Science*. 2007 Nov 23;318(5854):1258-65. Epub 2007 Oct 25; **p. 220 Bautista** Mark Joseph Hanson; **11.19** Gopal Murti/Science Source; **11.21** William Wood; **p. 233 salgadinhos** Maureen Spuhler/Seelevel.com.

Capítulo 12 12.1 George von Dassow; **12.2a, c** Biophoto/Science Source; **12.2b** Biology Pics/Science Source; **12.3** Andrew S. Bajer, University of Oregon, Eugene; **12.4, 12.5** Biophoto/Science Source; **12.7** Conly L. Rieder, Wadsworth Center, Albany, NY; **12.8 esquerda** Jane Stout e Claire Walczak, Indiana University; **direita** Matthew J. Schibler; **12.10a** Don W. Fawcett/Science Source; **12.10b** B. A. Palevitz e E. H. Newcomb, University of Wisconsin; **12.11** Elizabeth Pierson, Pearson Education; **p. 246 enfermeira** Zach Veilleux, Rockefeller University; **12.18** Guenter Albrecht-Buehler; **12.19** Lan Bo Chen; **12.20** Nature's Geometry/Science Source; **Exercício de habilidades científicas** Molecular Expressions; **p. 250 Alberts** Photo by Tom Kochel, cortesia de Department of Biochemistry and Biophysics, The University of California San Francisco. Gitschier J. (2012) "Scientist Citizen: An Interview with Bruce Alberts". *PLoS Genetics* 8(5): e1002743. doi:10.1371/journal.pgen.1002743. Figura 1; **p. 252 células de cebola** Scenics & Science/Alamy Stock Photo; **células HeLa** Steve Gschmeissner/Science Source.

Entrevista da Unidade 3 Mojica, frasco, placa de Petri University of Alicante; **lago** Richard Brown/Alamy Stock Photo.

Capítulo 13 13.1 PeopleImages/DigitalVision/Getty Images; **p. 255 espermatozoide** Don W. Fawcett/Science Source; **13.2a** Roland Birke/Okapia/Science Source; **13.2b** George Ostertag/Alamy Stock Photo; **13.3 parte superior** Ermakoff/Science Source; **parte inferior** CNRI/Science Source; **Exercício de habilidades científicas** SciMAT/Science Source; **13.12** Mark Petronczki e Maria Siomos; **13.13** John Walsh, Micrographia.com; **p. 268 bananas** Randy Ploetz.

Capítulo 14 14.1 John Swithinbank/Agefotostock; **14.14a** Maximilian Weinzierl/Alamy Stock Photo; **14.14b** Paul Dymond/Alamy Stock Photo; **Exercício de habilidades científicas** Apomares/E+/Getty Images; **14.15** Barbara Bowman, Pearson Education; **14.16** Patricia Willocq; **14.18** Michael Ciesielski Photography; **p. 287 Wexler** Ron Galella, Ltd./Getty Images; **14.19** CNRI/Science Source; **p. 293 gato** Arco Images GmbH/Alamy Stock Photo; **família** Rene MALTETE/Gamma-Rapho/Getty Images.

Capítulo 15 15.1 Cortesia de Peter Lichter; **15.2** Martin Shields/Alamy Stock Photo; **15.5** Andrew Syred/Science Source; **15.6b** Li Jingwang/E+/Getty Images; **15.6c** Kosam/Shutterstock; **15.6d** Creative images/Fotolia; **15.8** Jagodka/Shutterstock; **Exercício de habilidades científicas** Oliver911119/Shutterstock; **p. 306 Orr-Weaver** Maria Nemchuk; **15.15 esquerda** CNRI/Science Source; **direita** Denys_Kuvaiev/Fotolia; **p. 311 Tilghman** Denise Applewhite, Office of Communications, Princeton University; **15.18** Phomphan/Shutterstock; **p. 313 borboleta** James K Adams.

Capítulo 16 16.1 4X-image/E+/Getty Images; **16.3** Oliver Meckes/Eye of Science/Science Source; **Exercício de habilidades científicas** Marevision Agency/AGE Fotostock/Alamy Stock Photo; **16.6a** Library of Congress; **16.6b** Science Source; **16.13a** Jerome Vinograd; **16.13b** De: Enrichment and visualization of small replication units from cultured mammalian cells. D. J. Burks et al. *J Cell Biol*. 1978 Jun;77(3):762-73. Fig. 6A; **16.22** Peter Lansdorp; **16.23 fita de DNA** Gopal Murti/Science Source; **nucleossomo** Victoria E. Foe; **cromossomo** Biophoto/Science Source; **16.24a** Thomas Reid, Genetics Branch/CCR/NCI/NIH; **16.24b** Michael R. Speicher/Medical University of Graz; **p. 334 modelos** Thomas A. Steitz/Yale University.

Capítulo 17 17.1 AFP/Getty Images; **17.7a** Keith V. Wood; **17.7b** Sinclair Stammers/Science Source; **p. 346 Steitz** National Science Foundation; **17.18** Joachim Frank; **17.23b** Barbara Hamkalo; **17.24** Oscar Miller/Science Source; **17.26** Eye of Science/Science Source; **Exercício de resolução de problemas** Duplass/Shutterstock; **p. 360 Mojica** University of Alicante; **p. 364 gato** Vasiliy Koval/Shutterstock.

Capítulo 18 18.1 parte superior gallimaufry/Shutterstock; **18.1 parte inferior** Andreas Werth; **18.8a** Autorizações de utilização concedidas por Randy Jirtle, Professor of Epigenetics, NC State University, Raleigh, NC; **18.8b** History and Art Collection/Alamy Stock Photo; **Exercício de habilidades científicas** hidesy/E+/Getty Images; **18.13** Michael Speicher and Nigel Carter, Medical University of Graz; **p. 381 Lin** Cortesia de Haifan Lin; **18.16** Mike Wu; **18.20** F. Rudolf Turner, Indiana University; **18.21** Wolfgang Driever, University of Freiburg, Freiburg, Germany; **p. 387 Hopkins** Cortesia de Cold Spring Harbor Laboratory Archives; **18.22** Ruth Lahmann, The Whitehead Institution; **18.27** Bloomberg/Getty Images; **p. 394 King** © University of Washington; **p. 397 peixe** Peter Herring/Image Quest Marine.

Capítulo 19 19.1 Thomas Deerinck, NCMIR/Science Source; **19.2** Peter von Sengbusch, Botanik; **19.3a** Science Source; **19.3b** Linda M. Stannard, University of Cape Town/Science Source; **19.3c** Hazel Appleton, Health Protection Agency Centre for Infections/Science Source; **19.3d** Ami Images/Science Source; **19.7** molekuul.be/Fotolia; **p. 404 Mojica** University of Alicante; **19.9 parte superior** Charles Dauguet/Science Source; **parte inferior** Petit Format/Science Source; **19.10a** CDC; **19.10b** grupos de pesquisa Kuhn e Rossmann, Purdue University; **19.10c** Cynthia Goldsmith, CDC; **p. 410 Satcher** Cortesia de David Satcher; **Exercício de habilidades científicas** Dong yanjun/Imaginechina/AP Images; **19.11** Olivier Asselin/Alamy Stock Photo; **detalhe** James Gathany, CDC; **19.12** Nigel Cattlin/Alamy Stock Photo; **p. 414 oseltamivir** Nelson Hale/Shutterstock.

Capítulo 20 20.1 Ian Derrington; **20.2** P. Morris, Garvan Institute of Medical Research; **20.6b** Scott Sinklier/Alamy Stock Photo; **20.9** Ethan Bier; **20.13** George S. Watts and Bernard W. Futscher, University of Arizona Cancer Center; **20.14** Stephen McNally, UC Berkeley; **p. 427 Rotimi** National Human Genome Research Institute; **20.17** Roslin Institute; **20.18** Pat Sullivan/AP Images; **20.19** Steve Gschmeissner/Science Photo Library/Alamy Stock Photo; **20.23** Brad DeCecco/Redux; **20.24** Steve Helber/AP Images; **p. 439 Suzuki** dpa picture alliance archive/Alamy Stock Photo; **p. 441 fonte termal** Galyna Andrushko/Shutterstock.

Capítulo 21 21.1 tubarão-elefante Image Quest Marine; **cavalo-marinho** Rich Cary/Shutterstock; **21.4** University of Toronto Lab; **21.5** Affymetrix; **21.7 esquerda** AP Images; **direita** Virginia Walbot; **p. 451 Walbot** Cortesia de Virginia Walbot; **21.10a** Oscar L. Miller Jr., Dept. of Biology, University of Virginia; **p. 455 Lander** Justin Knight Photography; **21.18 camundongos** Francois Gohier/Science Source; **células cerebrais** De: Altered ultrasonic vocalization in mice with a disruption in the *Foxp2* gene. W. Shu et al. *Proc Natl Acad Sci U S A*. 2005 Jul 5;102(27):9643-8. Epub 2005 Jun 27. Fig. 3; **p. 463 Rotimi** National Human Genome Research Institute; **p. 464 ouriços-do-mar** WaterFrame/Alamy Stock Photo; **p. 466 membracídeo** Patrick Landmann/Science Source.

Entrevista da Unidade 4 parte superior Kris Snibbe; **parte inferior** Cortesia de Cassandra Extavour.

Capítulo 22 22.1 Lighthouse/UIG/AGE Fotostock; **22.2 fóssil de rinoceronte** *Recherches sur les ossemens fossiles*. G. Cuvier. Atlas, pl. 17 (1836); **iguana** Wayne Lynch/All Canada Photos/AGE Fotostock; **rã** The Natural History Museum, London/Alamy Stock Photo; **Alfred Russel Wallace** The Natural History Museum/Alamy Stock Photo; ***A origem das espécies*** edição de 1859 publicada pela Murray do livro *The Origin of Species* por Charles Darwin; **22.4** Karen Moskowitz/Stone/Getty Images; **22.5 esquerda** Derek Bayes/Lebrecht Music and Arts Photo Library/Alamy Stock Photo; **direita** Photo Researchers/Science History Images/Alamy Stock Photo; **22.6a** Michel Gunther/Science Source; **22.6b** David Hosking/Frank Lane Picture Agency; **22.6c** David Hosking/Alamy Stock Photo; **22.7** Darwin, C. R. Notebook B: Transmutation of species (1837-1838), p. 36. CUL-DAR121; **22.9 couve-de-bruxelas** Arena Photo UK/Fotolia; **couve-crespa** Željko Radojko/Fotolia; **repolho** Guy Shapira/Shutterstock; **mostarda-silvestre** Martin Fowler/Alamy Stock Photo; **brócoli** YinYang/E+/Getty Images; **couve-rábano** Motorolka/Shutterstock; **22.10** Robert Hamilton/Alamy Stock Photo; **22.11** Kichigin/Shutterstock; **22.12a** William Mullins/Alamy Stock Photo; **22.12b** Chris Mattison/Alamy Stock Photo; **22.13** Scott P. Carroll; **22.16 esquerda** Keith Wheeler/Science Source; **direita** Omikron/Science Source; **22.18 esquerda** ANT Photo Library/Science Source; **direita** Joe McDonald/Steve Bloom Images/Alamy Stock Photo; **22.19** Chris Linz, Thewissen lab, Northeastern Ohio Universities College of Medicine (NEOUCOM); **p. 485 formiga-pote-de-mel** © Joel Sartore/National Geographic Image Collection.

Capítulo 23 23.1 Sylvain Cordier/Science Source; **p. 487 Grants** Robin Heyden; **23.3** Juniors Bildarchiv GmbH/Alamy Stock Photo; **23.5** Erick Greene; **23.6 esquerda** Edward Bennett Agency/Design Pics Inc/Alamy Stock Photo; **direita** Patrick Valkenburg/Alaska Department of Fish and Game; **Exercício de habilidades científicas** DLeonis/Fotolia; **23.11** Bruce Montagne/Dembinsky Photo Associates/Alamy Stock Photo; **23.12 parte superior** Kristin Stanford, Stone Laboratory, Ohio State University; **parte inferior** Kent Bekker, United States Fish and Wildlife Service; **23.14** Anthony Bannister/NHPA/Photoshot/Newscom; **23.15** Dave Blackey Agency/All Canada Photos/Alamy Stock Photo; **23.18 células sanguíneas** Eye of Science/Science Source; **médica com criança** Caroline Penn/Alamy Stock Photo; **mosquito** James Gathany e Frank Collins, University of Notre Dame, CDC; **23.19a** De: Camouflage mismatch in seasonal coat color due to decreased snow duration. L. S. Mills, et al. *Proc Natl Acad Sci U S A*. 2013 Apr 30;110(18):7360-5. Fig. 1; **23.19b** L. Scott Mills; **p. 505 lago** Thomas/Pat Leeson/Science Source.

Capítulo 24 24.1 Joel Sartore/National Geographic Image Collection; **24.2a esquerda** Malcolm Schuyl/Alamy Stock Photo; **direita** Wave RF/Getty Images; **24.2b parte superior esquerda** Robert Kneschke/Kalium/AGE Fotostock; **parte superior central** Justin Horrocks/E+/Getty Images; **parte superior direita** Ryan Mcvay/Getty Images; **parte inferior esquerda** Dragon Images/Shutterstock; **parte inferior central** arek_malang/Shutterstock; **parte inferior direita** Jaki good photography – celebrating the art of life/Moment Open/Getty Images; **24.3a** Phil Huntley-Franck; **24.3b** Jerry A. Payne, USDA Agricultural Research Service, Bugwood.org; **24.3c** Hogle Zoo; **24.3d** USDA; **24.3e** Imagebroker/Alamy Stock Photo; **24.3f, g** Takahiro Asami; **24.3h** Larry Geddis/Alamy Stock Photo; **24.3i** Chuck Brown/Science Source; **24.3j** mivod/Shutterstock; **24.3k** Bagicat/Fotolia; **24.3l** FreeReinDesigns/Fotolia; **24.3m** Kazutoshi Okuno; **24.4 parte superior** CLFProductions/Shutterstock; **direita** Boris Karpinski/Alamy Stock Photo; **parte inferior** Troy Maben/AP Images; **24.6a** Cortesia de Brian Langerhans; **24.8 mapas** NASA EOS Earth Observing System; **camarões** Arthur Anker, Florida Museum of Natural History; **Exercício de habilidades científicas** John Shaw/Avalon/Photoshot/Alamy Stock Photo; **24.11** Pam and Doug Soltis; **24.12** Ole Seehausen; **24.13** Jeroen Speybroeck, Research Institute for Nature and Forest; **24.14a** Steve Byland/Shutterstock; **24.14b** Bonnie Taylor Barry/Shutterstock; **Exercício de resolução de problemas** Philimon Bulawayo/Reuters; **24.16** Ole Seehausen; **p. 521 Gould** Ulf Andersen/Hulton Archive/Getty Images; **24.18** Jason Rick and Loren Rieseberg; **24.20** Reproduzida com autorização de *Nature*. De: Allele substitution at a flower colour locus produces a pollinator shift in monkeyflowers. H. D. Bradshaw et al. *Nature*. 2003 November 12; 426(6963):176-8. Fig. 1. © 2003. Macmillan Magazines Limited; **p. 524 rã** Rolf Nussbaumer Photography/Alamy Stock Photo.

Capítulo 25 25.1 Juergen Ritterbach/Alamy Stock Photo; **25.2** Stringer/Chile/Reuters/Newscom; **25.3 esquerda** NASA; **direita** Deborah S. Kelley; **25.4b** De: Chemically-Induced Birthing and Foraging in Vesicle Systems. F. M. Menger, and Kurt Gabrielson. *J. Am. Chem. Soc.*, February 1994, 116 (4), pp 1567–1568. Fig. 1; **25.4c** Jack W. Szostak; **p. 528 Szostak** Li Huang/Cortesia de Jack Szostak; **25.5a** John Cancalosi/Alamy Stock Photo Image; **25.5b** Jerome Gorin/PhotoAlto sas/Alamy Stock Photo; **25.5c** Michael Lockley; **25.5d** Iolanda Astor/AGE Fotostock/Alamy Stock

Photo; **25.5e** Government of Yukon; **25.8 estromatólitos** Biosphoto/Alamy Stock Photo; **estromatólito (detalhe)** Sinclair Stammers/Science Source; **microfóssil** David Lamb; ***Coccosteus*** Roger Jones; ***Tiktaalik*** Ted Daeschler/Academy of Natural Sciences; ***Archaefructus*** David L. Dilcher and Ge Sun; **25.11a** Xunlai Yuan; **25.11b** De: The most probable Eumetazoa among late Precambrian macrofossils. A.Y. Ivantsov. *Invertebrate Zoology*. Vol.14. No.2: 127–133 [in English], 2017. Fig 2; **25.13a** De: Four hundred-million-year-old vesicular arbuscular mycorrhizae. W. Remy et al. *Proc Natl Acad Sci USA*. 1994 Dec 6;91(25):11841-3. Figura 1; **detalhe** De: Four hundred-million-year-old vesicular arbuscular mycorrhizae. Remy W1, Taylor TN, Hass H, Kerp H. *Proc Natl Acad Sci U S A*. 1994 Dec 6;91(25):11841-3. Figura 4; **p. 537 Vermeij** Cortesia de Geerat J. Vermeij; **Exercício de habilidades científicas** Biophoto Associates/Science Source; **25.23 *Dubautia laxa, Argyroxiphium sandwicense, Dubautia waialealae, Dubautia scabra, Dubautia linearis*** Gerald D. Carr; ***Carlquistia muirii*** Bruce G. Baldwin; **25.24** Jean Kern; **25.25** Juniors Bildarchiv GmbH/Alamy Stock Photo; **25.27 parte superior** David Horsley; **parte inferior** De: Genetic and developmental basis of evolutionary pelvic reduction in threespine sticklebacks. MD Shapiro et al. *Nature*. Erratum. 2006 February 23; 439(7079):1014; **25.28** Sinclair Stammers/Science Source; **p. 547 Extavour** Kris Snibbe; **p. 551 vulcão** Solent News/Splash News/Newscom.

Entrevista da Unidade 5 parte superior Gretchen Ertl; **parte inferior** Steven J. Biller.

Capítulo 26 26.1 blickwinkel/Alamy Stock Photo; **26.17a** Mick Ellison; **26.17b** Julius T. Csotonyi/Science Source; **26.22** Gary Crabbe/Enlightened Images/Alamy Stock Photo; **detalhe** Gerald Schoenknecht; **Exercício de habilidades científicas** Nigel Cattlin/Alamy Stock Photo; **p. 570 Moran** Cortesia de Nancy Moran; **p. 572 peixe-boi** David Fleetham/Alamy Stock Photo.

Capítulo 27 27.1 parte superior Zastolskiy Viktor/Shutterstock; **parte central à direita** Janice Haney Carr, CDC; **parte inferior à esquerda** Irina Sen/Shutterstock; **parte inferior à direita** Oliver Meckes/Eye of Science/Science Source; **27.2a** Janice Haney Carr, CDC; **27.2b** CDC; **27.2c** Stem Jems/Science Source; **27.3** L. Brent Selinger/Pearson; **27.4** Immo Rantala/SPL/Science Source; **27.5** Oliver Meckes/Eye of Science/Science Source; **27.6** Kwangshin Kim/Science Source; **27.7** David DeRosier; **27.8a** De: Taxonomic Considerations of the Family Nitrobacteraceae Buchanan: Requests for Opinions. Stanley W. Watson, *IJSEM (International Journal of Systematic and Evolutionary Microbiology* formerly (in 1971) *Intl. Journal of Systematic Bacteriology*), July 1971 vol. 21 no. 3, 254-270. Fig. 14; **27.8b** De: Light-dependent governance of cell shape dimensions in cyanobacteria. B. L. Montgomery. *Front Microbiol*. 2015 May 26;6:514. doi: 10.3389/fmicb.2015.00514. eCollection 2015. Fig. 1. CC BY 4.0; **27.9** Huntington Potter; **27.12** Charles C. Brinton, Jr; **27.14** John Walsh/Science Source; **27.15** Paul Gunning/Science Source; **27.17 espiroquetas** Cnri/SPL/Science Source; **proteobactérias** Yuichi Suwa; **cianobactérias** Michael Abbey/Science Source; **clamídias** Moredon Animal Health/SPL/Science Source; **bactérias Gram-positivas** Paul Alan Hoskisson; **27.18** Irina Sen/Shutterstock; **27.19** Pascale Frey-Klett; **27.20** WaterFrame/Alamy Stock Photo; **p. 587 Chisholm** Gretchen Ertl **27.21 esquerda** Steve Heap Agency/Zoonar GmbH/Alamy Stock Photo; **centro** David M. Phillips/Science Source; **direita** James Gathany, CDC; **Exercício de habilidades científicas** Slava Epstein; **27.24** De: RNA-directed gene editing specifically eradicates latent and prevents new HIV-1 infection. W. Hu et al. *Proc Natl Acad Sci U S A*. 2014 Aug 5;111(31):11461-6. Fig. 3D; **27.25** De: Synthesis of High-Molecular-Weight Polyhydroxyalkanoates by Marine Photosynthetic Purple Bacteria. M. Higuchi-Takeuchi et al. *PLoS One*. 2016 Aug 11;11(8):e0160981. doi: 10.1371/journal.pone.0160981. eCollection 2016. Fig. 2; **27.26** Accent Alaska/Alamy Stock Photo; **p. 592 alfinete** Biophoto Associates/Science Source.

Capítulo 28 28.1, 28.2 Brian S. Leander; **Exercício de habilidades científicas** Shutterstock; **28.4** Ken Ishida; **28.5 *Giardia*** Tony Brain/Science Source; **diatomáceas** M I Walker/NHPA/Photoshot/Newscom; ***Volvox*** Frank Fox/Science Source; ***Volvox* (detalhe)** David J. Patterson; ***Globigerina*** Howard Spero, University of California Davis; ***Globigerina* (detalhe)** National Oceanic and Atmospheric Administration (NOAA); **ameba** Michael Abbey/Science Source; **28.6a** The Natural History Museum, London/Science Source; **28.6b** CSIRO; **28.7** David M. Phillips/Science Source; **28.8** David J. Patterson; **28.9** Oliver Meckes/Science Source; **28.10** David J. Patterson; **28.11** CDC; **28.12** Steve Gschmeissner/Science Source; **28.13** Colin Bates; **28.14** Paul Kay/Oxford Scientific/Getty Images; **28.15a** Jennifer L. Matthews; **28.15b** Noble Proctor/Science Source; **28.16** Guy Brugerolle; **28.17a** David M. Phillips/Science Source; **28.17b** Science Source; **28.18** ©1979 Rockefeller University Press. *Journal of Experimental Medicine*. 149:172-184. doi:10.1084/jem.149.1.172; **28.19a** M. I. Walker/Science Source; **28.20** Perennou Nuridsany/Science Source; **28.21** Nature Picture Library/Alamy Stock Photo; **28.22** Eva Nowack; **28.23 *Bonnemaisonia hamifera*** D. P. Wilson/Science Source; ***Palmaria palmata*** Andrew J. Martinez/Science Source; ***Nori*** Biophoto Associates/Science Source; **sushi** Dorling Kindersley ltd/Alamy Stock Photo; **28.24a** Michael Abbey/Science Source; **28.24b** Laurie Campbell/Photoshot; **28.24c** David L. Ballantine; **28.25** William L. Dentler; **28.27** Ken Hickman; **28.28** Robert Kay; **28.29** Patrick Keeling; **28.30** David Rizzo; **p. 617 *Didinium*** Greg Antipa/Biophoto Associates/Science Source.

Capítulo 29 29.1 Exactostock/SuperStock; **29.2** De: Cellulose Biosynthesis: Exciting Times for a Difficult Field of Study, *Annual Review of Plant Physiology and Plant Molecular Biology* Vol. 50:245-276 (Volume publication date June 1999) Fig. 1; **29.3** M. I. Walker/Science Source; **29.5 esquerda** Linda Graham/University of Wisconsin-Madison; **direita** Karen S. Renzaglia; **29.6** Johan De Meester/Arterra Picture Library/Alamy Stock Photo; **detalhe** Brian King, cortesia de Nancy Smith-Huerta, Miami University; **29.7** Ed Reschke/Getty Images; **29.8** Charles H. Wellman; **29.9** De: The early evolution of land plants, from fossils to genomics: a commentary on Lang (1937) 'On the plant-remains from the Downtonian of England and Wales'. D. Edwards and P. Kenrick. *Philos Trans R Soc Lond B Biol Sci*. 2015 Apr 19;370(1666). pii: 20140343. doi: 10.1098/rstb.2014.0343; **29.11** Custom Life Science Images/Alamy Stock Photo; **29.12** Bill Malcolm & Nancy Malcolm; **29.13 hepática "talosa"** Alvin E. Staffan/Science Source; **esporófito** Linda E. Graham; **hepática "folhosa"** The Hidden Forest; **musgos** Tony Wharton/Fundamental Photographs; **29.15a** John Warburton-Lee Photography/Alamy Stock Photo; **29.15b** Thierry Lauzun/Iconotec/Alamy Stock Photo; **29.16** Hans Kerp; **Exercício de habilidades científicas** Richard Becker/Fundamental Photographs; **29.18 parte superior** Michael Sundue, Ferns of the World; **parte inferior** FloralImages/Alamy Stock Photo; **29.19 selaginela** Purdue University; **quillevort** Murray Fagg/Australian National Botanic Gardens; **licopódio** Helga and Kurt Rasbach; **samambaia** John Martin/Alamy Stock Photo; **cavalinhas** Stephen P. Parker/Science Source; **psiloto** Francisco Javier Yeste Garcia; **29.20** Christian Jegou/Publiphoto/Science Source; **p. 634** Ed Reschke/Getty Images; **p. 635 estômatos** © W. Barthlott, lotus-salvinia.de.

Capítulo 30 30.1 Lyn Topinka, USGS; **detalhe** Marlin Harms; **Exercício de habilidades científicas** Guy Eisner; **30.5** Rudolph Serbet, Natural History and Biodiversity Institute, University of Kansas; **30.6** Claus Habfast; **30.7 *Cycas revoluta*** Warren Price Photography/Shutterstock; **sementes de ginkgo** www.biolib.de; ***Ginkgo biloba*** Travis Amos/Pearson Education; ***Welwitschia*** Jeroen Peys/Getty Images; **cones de *Welwitschia*** Francesco Tomasinelli/Science Source; ***Gnetum*** Michael Clayton; ***Ephedra*** Bob Gibbons/Frank Lane Picture Agency Limited; **abeto-de-douglas** vincentlouis/Fotolia; **zimbro-comum** Svetlana Tikhonova/Shutterstock; **lariço-europeu** Adam Jones/Getty Images; **sequoia** Daniel Acevedo/AGE Fotostock/Alamy Stock Photo; **fossil de *Wollemi*** Jaime Plaza/Royal Botanic Gardens Sydney; **floresta de *Wollemi*** Wildlight Photo Agency/Alamy Stock Photo; **pinheiro-de-bristlecone** Russ Bishop/Alamy Stock Photo; **30.9 parte superior** Silver Spiral Arts/Shutterstock; **parte inferior** Paul Atkinson/Shutterstock; **30.10 tomates** Tim UR/Shutterstock; **pomelo** almandreev/Shutterstock; **nectarina** Ines Behrens-Kunkel/Shutterstock; **avelãs** Diana Taliun/Fotolia; **oficial-de-sala** Maria Dryfhout/123RF; **30.11 semente explosiva** Mike Davis; **fruto alado** Pixtal/AGE Fotostock; **camundongo com fruto** Eduard Kyslynskyy/Shutterstock; **carrapicho** Nataly Studio/Shutterstock; **cão com carrapichos** Scott Camazine/Science Source; **30.13a** David L. Dilcher; **30.15** Nuridsany et Perennou/Science Source; **30.17 ninfeia** Dorling Kindersley ltd/Alamy Stock Photo; **anis-estrelado** Floridata.com; ***Amborella trichopoda*** Joel McNeal; ***Magnolia grandiflora*** Dorling Kindersley ltd/Alamy Stock Photo; **orquídea** PS-I/Alamy Stock Photo; **cevada** kenjii/Fotolia; **tamareira-anã** Kanok Chantong/Shutterstock; **vagem** Maria Dattola/Getty Images; **rosa-brava** Glam/Shutterstock; **carvalho** Dorling Kindersley ltd/Alamy Stock Photo; **30.18** NASA; **p. 653 asclépia** Howard Sandler/Shutterstock.

Capítulo 31 31.1 parte superior Arie v.d. Wolde/Shutterstock; **parte inferior** Ted M. Kinsman/Science Source; **31.2 parte superior** Nata-Lia/Shutterstock; **parte inferior** Fred Rhoades; **parte inferior (detalhe)** George L. Barron; **31.4a** Biophoto Associates/Science Source; **Exercício de habilidades científicas** U.S. Department of Energy/DOE Photo; **31.6** Olga Popova/123RF; **detalhe** Biophoto Associates/Science Source; **31.7** Mediscan/Alamy Stock Photo; **31.9** Martin R. Smith; **31.11** Tim James; **31.12** Electron micrograph taken by Leon White. CC by 2.5; **31.13** William E. Barstow; **31.14** Clarence Holmes Wildlife/Alamy Stock Photo; **31.15 pão** Antonio D'Albore/Getty Images; ***Rhizopus*** Culture Collection of Fungi (CCF); **esporângios** George L. Barron; **zigosporângio** Ed Reschke/Getty Images; **31.16** Sava Krstic; **31.17 esquerda** Bryan Eastham/Fotolia; **direita** Science Source; **31.19 parte superior** Frank Paul/Alamy Stock Photo; **centro** kichigin19/Fotolia; **parte inferior** Fletcher and Baylis/Science Source; **31.20** Biophoto Associates/Science Source; **31.21** Stephen Dorey Creatively/Alamy Stock Photo; **31.23** Mark Bowler/Science Source; **31.24 parte superior** Ralph Lee Hopkins/National Geographic/Getty Images; **centro** Don Johnston/AGE Fotostock/Alamy Stock Photo; **parte inferior** Eye of Science/Science Source; **31.25** Eye of Science/Science Source; **31.26a** Scott Camazine/Alamy Stock Photo; **31.26b esquerda** Christian Hatter/imageBROKER/Alamy Stock Photo; **direita** Sabena Jane Blackbird/Alamy Stock Photo; **31.26c** Hecker-Sauer/AGE Fotostock; **31.27** Vance T. Vredenburg; **31.28** Gary Strobel; **p. 672 vespa** Erich G Vallery/USDA Forest Service.

Capítulo 32 32.1 camaleão Rolf Nussbaumer Photography/Alamy Stock Photo; **coala** Tom Brakefield/Stockbyte/Getty Images; **neurônio** James Cavallini/Science Source; **músculo** Nina Zanetti/Pearson Education; **p. 676 King** Josh Frost, Pearson Education; **32.5a** Lisa-Ann Gershwin; **32.5b** De: The most probable Eumetazoa among late Precambrian macrofossils. A.Yu. Ivantsov. *Invertebrate Zoology*. Vol.14. No.2: 127–133 [in English], 2017. Fig 2; **32.6** De: Predatorial borings in late precambrian mineralized exoskeletons. S. Bengtson and Y. Zhao. *Science*. 1992 Jul 17;257(5068):367-9. Fig. 3. Reproduzida com autorização de AAAS; **32.7** John Sibbick/Science Source; **detalhe** Chip Clark; **32.12a** Blickwinkel/Alamy Stock Photo; **p. 685 animal** WaterFrame/Alamy Stock Photo.

Capítulo 33 33.1 Paul Anthony Stewart; **33.2 esponja** Andrew J. Martinez/Science Source; **medusa** Helmut Comeli/Alamy Stock Photo; **Acoela** Teresa Zuberbühler; **placozoário** De: Global diversity of the Placozoa. M. Eitel et al. *PLoS One*. 2013;8(4):e57131. doi: 10.1371/journal.pone.0057131. Epub 2013 Apr 2. Fig. 1; **ctenóforo** Gregory G. Dimijian/Science Source; **platelminto marinho** Robinson Ed/Perspectives/Getty Images; **rotífero** M. I. Walker/Science Source; **ectoproctos** blickwinkel/Alamy Stock Photo; **braquiópode** Image Quest Marine; **gastrótrico** Sinclair Stammers/Nature Picture Library; **nemertino** Sue Daly/NaturePL; **ciclióforo** Peter Funch; **anelídeo** cbimages/Alamy Stock Photo; **polvo** Photonimo/Shutterstock; **loricífero** Reinhart Mobjerg Kristensen; **priapulídeo** Andreas Altenburger/Alamy Stock Photo; **onicóforo** Thomas Stromberg; **nematódeo** London Scientific Films/Oxford Scientific/Getty Images; **tardígrados** Andrew Syred/Science Source; **aranha** Reinhard Hölzl/ImageBROKER/AGE Fotostock; **enteropneusto** Leslie Newman & Andrew Flowers/Science Source; **tunicado** Ethan Daniels/Stocktrek Images/Alamy Stock Photo; **ouriço-do-mar** Louise Murray/robertharding/Alamy Stock Photo; **33.3** Andrew J. Martinez/Science Source; **33.6a esquerda** Helmut Corneli/Alamy Stock Photo; **direita** David Doubilet/National Geographic; **33.6b esquerda** Neil G. McDaniel/Science Source; **direita** Mark Conlin/V&W/Image Quest Marine; **33.7** Biophoto Associates/Science Source; **33.8 parte superior esquerda** blickwinkel/

Alamy Stock Photo; **parte inferior esquerda** Amar and Isabelle Guillen – Guillen Photo LLC/Alamy Stock Photo; **parte superior direita** Eldon H. Newcomb; **parte inferior direita** Science Photo Library/Alamy Stock Photo; **33.10** CDC; **33.11** Eye of Science/Science Source; **33.11** Eye of Science/Science Source; **33.12** M. I. Walker/Science Source; **33.13** Holger Herlyn, University of Mainz, Germany; **33.14a** blickwinkel/ Alamy Stock Photo; **33.14b** Image Quest Marine; **33.16** Image Quest Marine; **33.17a** Lubos Chlubny/Fotolia; **33.17b** Terry Moore/Stocktrek Images/Alamy Stock Photo; **Exercício de habilidades científicas** Christophe Courteau/Water Rights/Alamy Stock Photo; **33.18** Andrew J. Martinez/Science Source; **33.20 parte superior** Mark Conlin/VWPics/Alamy Stock Photo; **centro** Photonimo/Shutterstock; **parte inferior** SeaTops/Alamy Stock Photo; **33.21 esquerda** Dave Clarke/Zoological Society of London; **direita** The U.S. Bureau of Fisheries; **33.22** Fredrik Pleijel; **33.23** Wolcott Henry/National Geographic; **33.24** Astrid Michler; Hanns-Frieder Michler/Science Source; **33.25** Wayne Taylor/The AGE/Fairfax Media via Getty Images; **33.26** London Scientific Films/Oxford Scientific/Getty Images; **33.27** Power and Syred/Science Source; **33.28** Dan Cooper; **33.29b** Cortesia de Sean B. Carroll; **33.31** Mark Newman/Frank Lane Picture Agency; **33.32 parte superior** Tim Flach/The Image Bank/Getty Images; **centro** Andrew Syred/Science Source; **parte inferior** Reinhard Hölzl/ImageBROKER/ AGE Fotostock; **33.34a** Premaphotos/Nature Picture Library; **33.34b** Tom McHugh/ Science Source; **33.36** Maximilian Weinzierl/Alamy Stock Photo; **33.37** Peter Herring/ Image Quest Marine; **33.38** Peter Parks/Image Quest Marine; **33.40** André Skonieczny/ F1online digitale Bildagentur GmbH/Alamy Stock Photo; **33.41a, b, d, e** Cathy Keifer/ Shutterstock; **33.41c** Jim Zipp/Science Source; **33.42 Archaeognatha** Kevin Murphy; **Zygentoma** Denis Crawford/Alamy Stock Photo; **Coleoptera** Premaphotos/Nature Picture Library; **Diptera** Bruce Marlin; **Hymenoptera** John Cancalosi/Nature Picture Library; **Lepidoptera** Hans Christoph Kappel/Nature Picture Library; **Hemiptera** Dante Fenolio/Science Source; **Orthoptera** Chris Mattison/Alamy Stock Photo; **33.43** Andrey Nekrasov/Image Quest Marine; **33.44** Daniel Janies; **33.45** Jeff Rotman/Science Source; **33.46** Louise Murray/robertharding/Alamy Stock Photo; **33.47** Jurgen Freund/ Nature Picture Library; **33.48** Hal Beral/Corbis; **p. 717 besouros** Lucy Arnold.

Capítulo 34 **34.1 de cima para baixo** Derek Siveter, Tom McHugh/Science Source, Gino Santa Maria/Shutterstock; Digital Vision/Photodisc/Getty Images, Arnaz Mehta, Tom McHugh/Science Source, Rolf Nussbaumer Photography/Alamy Stock Photo, Visceralimage/Fotolia; **34.4** Natural Visions/Alamy Stock Photo; **34.5c** Ethan Daniels/Stocktrek Images/Alamy Stock Photo; **34.8** Tom McHugh/Science Source; **34.9** Marevision/AGE Fotostock; **detalhe** Hartl/blickwinkel/Alamy Stock Photo; **34.10** Junyuan Chen/Nanjing Institute of Geology and Palaeontology, Chinese Academy of Sciences; **34.14** Field Museum Library/Premium Archive/Getty Images; **34.15a** Gino Santa Maria/Shutterstock; **34.15b** Masa Ushioda/Image Quest Marine; **34.15c** RGB Ventures/SuperStock/Alamy Stock Photo; **34.17 atum** James D. Watt/Image Quest Marine; **peixe-leão** Teigler/blickwinkel/Alamy Stock Photo; **cavalo-marinho** George Grall/National Geographic; **moreia** Fred McConnaughey/Science Source; **34.18** Reproduzida com autorização de Macmillan Publishers Ltd: De: The oldest articulated osteichthyan reveals mosaic gnathostome characters. M. Zhu. *Nature*. 2009 Mar 26;458(7237):469-74. doi: 10.1038/nature07855. Fig. 2; **34.19** Arnaz Mehta/SeaPics; **34.20 fóssil, costelas, escamas** Ted Daeschler/Academy of Natural Sciences/Vireo; **nadadeira** Kalliopi Monoyios Studio; **34.22a** Alberto Fernández/AGE Fotostock/ Alamy Stock Photo; **34.22b** Anneka/Shutterstock; **34.22c** Zeeshan Mirza/ephotocorp/ Alamy Stock Photo; **34.23a** DP Wildlife Vertebrates/Alamy Stock Photo; **34.23b** FLPA/ Alamy Stock Photo; **34.23c** John Cancalosi/Photolibrary/Getty Images; **34.24** Hinrich Kaiser, Victor Valley College; **Exercício de resolução de problemas** Joel Sartore/ National Geographic; **34.27** Nobumichi Tamura; **34.28** Chris Mattison/Alamy Stock Photo; **p. 736 Sereno** Paul Sereno Fossil Lab; **34.29a** Natural Visions/Alamy Stock Photo; **34.29b** Lee T. Matt; **34.29c** Nick Garbutt/Nature Picture Library; **34.29d** Juniors Bildarchiv/AGE Fotostock; **34.29e** Carl & Ann Purcell/Corbis NX/Getty Images; **34.30a** Visceralimage/Fotolia; **34.30b** The Natural History Museum/Alamy Stock Photo; **34.32** Boris Karpinski/Alamy Stock Photo; **34.33** DLILLC/Corbis/VCG/Getty Images; **34.34** Mariusz Blach/Fotolia; **34.35** The Africa Image Library/Alamy Stock Photo; **detalhe** mychicport/Shutterstock; **34.36** Gianpiero Ferrari/Frank Lane Picture Agency Limited; **34.39** Clearviewstock/Shutterstock; **detalhe** Commonwealth Scientific and Industrial Research Organization; **34.40a** John Cancalosi/Alamy Stock Photo; **34.40b** Martin Harvey/Alamy Stock Photo; **34.40c** Rick & Nora Bowers/Alamy Stock Photo; **34.43** ImageBroker/Alamy Stock Photo; **34.45a** Kevin Schafer/AGE Fotostock; **34.45b** J & C Sohns/Picture Press/Getty Images; **34.46a** Morales/AGE Fotostock; **34.46b** Tim Laman/NaturePL; **34.46c** T.J. Rich/Nature Picture Library; **34.46d** E.A. Janes/AGE Fotostock; **34.46e** Martin Harvey/Photolibrary/Getty Images; **34.48** T. White/David L. Brill Photography; **34.49a** John Reader/Science Source; **34.49b** Mauricio Anton/ Science Source; **Exercício de habilidades científicas** Golfx/Shutterstock; **34.50** Danita Delimont/Alamy Stock Photo; **34.52a** Erik Trinkaus; **34.52b** Tom Higham, University of Oxford; **34.53** David L. Brill Photography; **34.54** De: *Homo naledi*, a new species of the genus *Homo* from the Dinaledi Chamber, South Africa. L. R. Berger et al. *eLife* 2015;4:e09560. Fig. 6; **34.55** C. Henshilwood; **p. 756 animal** Tony Heald/Nature Picture Library.

Entrevista da Unidade 6 Cortesia de Dennis Gonsalves.

Capítulo 35 **35.1 árvore** Raimund Linke/Photodisc/Getty Images; **plântula** Beata Becia/Shutterstock; **secção da folha** P&R Fotos/AGE Fotostock/Alamy Stock Photo; **cloroplastos** John Durham/Science Source; **células tubiformes** Science Photo Library/Alamy Stock Photo; **pelos nas raízes** Scenics & Science/Alamy Stock Photo; **35.3** Jeremy Burgess/Science Source; **35.4 raízes tabulares** Karl Weidmann/ Science Source; **raízes aéreas** Natalie Bronstein; **beterraba** Rob Walls/Alamy Stock Photo; **pneumatóforos** Bjorn Svensson/AGE Fotostock/Alamy Stock Photo; **raízes estranguladoras** Dana Tezarr/Photodisc/Getty Images; **35.5 parte superior** Maureen Spuhler/Seelevel.com; **centro** Dorling Kindersley ltd/Alamy Stock Photo; **parte inferior** Toshihiko Watanabe/Aflo/Alamy Stock Photo; **35.7 gavinhas** Neil Cooper/Alamy Stock Photo; **espinhos** Martin Ruegner/Photodisc/Getty Images; **folhas de reserva** Dmytro Skorobogatov/123RF; **folhas reprodutivas** Godunova Tatiana/ Shutterstock; **Exercício de habilidades científicas** Dorling Kindersley ltd/Alamy Stock Photo; **35.9** Steve Gschmeissner/SPL/AGE Fotostock; **35.10 parênquima** M I (Spike) Walker/Alamy Stock Photo; **35.10 colênquima** Keith Wheeler/Science Source; **esclereides** Graham Kent/Pearson Education; **fibras** Graham Kent/Pearson Education; **traqueídes e vasos** N.C Brown Center for Ultrastructure Studies; **elementos de tubo crivado (MET)** De: *Plant Cell Biology* on DVD: Information for students and a resource for teachers Springer-Verlag 2009, by B Gunning; **elementos de tubo crivado (MO)** Ray F. Evert; **placa crivada** Graham Kent/Pearson Education; **35.13** De: ABA-mediated ROS in mitochondria regulate root meristem activity by controlling PLETHORA expression in *Arabidopsis*. Yang L. *PLoS Genet.* 2014 Dec 18;10(12):e1004791. doi: 10.1371/journal.pgen.1004791. eCollection 2014 Dec. Figura 6G; **35.14a, b** Ed Reschke; **35.14a centro** Chuck Brown/Science Source; **35.15, 35.16** Michael Clayton; **35.17, 35.18** Ed Reschke; **35.20 esquerda** Michael Clayton; **direita** Alison W. Roberts; **35.23** University of Southern California; **35.25** Edu Boer, NVWA, NL; **35.26** De: Natural variation in *Arabidopsis*: from molecular genetics to ecological genomics. D. Weigel. *Plant Physiol.* 2012 Jan;158(1):2-22. doi: 10.1104/pp.111.189845. Epub 2011 Dec 6. Fig. 1; **p. 776 Chory** Micheline Pelletier/Cortesia de Joanne Chory; **35.28** De: Microtubule plus-ends reveal essential links between intracellular polarization and localized modulation of endocytosis during division-plane establishment in plant cells. P. Dhonukshe. *BMC Biol.* 2005 Apr 14;3:11. Fig4B; **35.28 (detalhe)** B. Wells and K. Roberts; **35.29** De: The making of a compound leaf: genetic manipulation of leaf architecture in tomato. D. Hareven. *Cell.* 1996 Mar 8;84(5):735-44. Fig. 1; **35.30** De: A common position-dependent mechanism controls cell-type patterning and GLABRA2 regulation in the root and hypocotyl epidermis of *Arabidopsis*. C. Y. Hung et al. *Plant Physiol.* 1998 May;117(1):73-84. Fig. 2g; **p. 778 Benfey** Jie Huang/Duke University; **35.31** Lawrence Jensen; **35.32** De: Genetic interactions among floral homeotic genes of *Arabidopsis*. JL Bowman, DR Smyth, EM Meyerowitz. *Development.* 1991 May;112(1):1-20; Fig. 1A; **p. 780 Walbot** Cortesia de Virginia Walbot; **p. 782 eudicotiledônea lenhosa** De: Anatomy of the vessel network within and between tree rings of *Fraxinus lanuginosa* (Oleaceae). P. B. Kitin et al. *American Journal of Botany*. 2004;91:779-788. Fig. 1; **p. 783 folhas de chá** Volodymyr Burdiak/Shutterstock; **secção de folha de chá** Keith Wheeler/Science Source; **folhas de íris** Rob Stark/Shutterstock; **secção de folha de íris** www.willemsmicroscope.com; **bicicleta** Janet Horton/Alamy Stock Photo; ***Hakea purpurea*** Biophoto Associates/Science Source.

Capítulo 36 **36.1** velislava/Alamy Stock Photo; **36.3** Rolf Rutishauser and Evelin Pfeifer; **p. 790 planta** Nigel Cattlin/Alamy Stock Photo; **36.8** Benjamin Blonder and David Elliott; **36.10** Scott Camazine/Science Source; **36.13** AGE Fotostock/Alamy Stock Photo; **36.14** Power and Syred/Science Source; **36.15 *Fouquieria splendens*** mike lane/Alamy Stock Photo; ***Fouquieria splendens* verde** Rick & Nora Bowers/ Alamy Stock Photo; ***Fouquieria splendens* detalhe** Mint Images/SuperStock; **espirradeira, secção** Natalie Bronstein; **flor** SutidaS/Shutterstock; **cacto** Danita Delimont/Alamy Stock Photo; **36.18** M. H. Zimmerman/Harvard Forest; **36.19** De: A coiled-coil interaction mediates cauliflower mosaic virus cell-to-cell movement. L. Stavolone et al. *Proc Natl Acad Sci U S A.* 2005 Apr 26;102(17):6219-24. Epub 2005 Apr 18. Fig. 5c; **p. 802 Zambryski** Noah Berger Photography; **p. 804 floresta** Catalin Petolea/ Alamy Stock Photo.

Capítulo 37 **37.1** Visuals Stock/Alamy Stock Photo; **37.2** ARS/USDA; **37.4** National Oceanic and Atmospheric Administration (NOAA); **37.5** Menlo Park/USGS; **37.6** Kevin Horan/The Image Bank/Getty Images; **p. 811 Coruzzi** Cortesia de Gloria M. Coruzzi; **37.8 saudável** View Stock RF/AGE Fotostock; **deficiência de nitrogênio** Guillermo Roberto Pugliese/International Plant Nutrition Institute (IPNI); **deficiência de fósforo** C. Witt/IPNI; **deficiência de potássio** M.K. Sharma and P. Kumar/IPNI; **Exercício de habilidades científicas** Nigel Cattlin/Science Source; **37.9 líquen** David T. Webb, University of Montana; **secção de líquen** Cortesia de Ralf Wagner; **peixe** Andrey Nekrasov/Pixtal/AGE Fotostock; ***Azolla*** Daniel L Nickrent; **37.9 formiga** Juan Carlos Vindas/Moment Open/Getty Images; **jardim de fungos** Martin Dohrn/Nature Picture Library; **raiz** Yoshihiro Kobae; **néctar** Oxford Scientific/Getty Images; **37.10** Sarah Lydia Lebeis; **37.12** Scimat/Science Source; **37.14 bainha** Hugues B. Massicotte/University of Northern British Columbia Ecosystem and Management Program, Prince George, BC, Canada; **células, arbúsculos** Mark Brundrett; **37.15 epífita** David Wall/Alamy Stock Photo; **erva-de-passarinho** Peter Lane/Alamy Stock Photo; **cipó-chumbo** Emilio Ereza/Alamy Stock Photo; **cachimbo-indiano** Martin Shields/Alamy Stock Photo; **planta-jarro** Dorling Kindersley ltd/Alamy Stock Photo; **formiga sobre planta-jarro** Paul Zahl/Science Source; **drósera** Fritz Polking/ Frank Lane Picture Agency Limited W. Rolfes/Arco Images GmbH/Alamy Stock Photo; **vênus-papa-mosca** Chris Mattison/Nature Picture Library; **p. 821 pegada** Mode Images/Alamy Stock Photo.

Capítulo 38 **38.1** blickwinkel/Alamy Stock Photo; **detalhe** Nicolas J. Vereecken; **38.4 carpelo** Friedhelm Adam/imageBROKER/Getty Images; **estame** Wildlife GmbH/Alamy Stock Photo; **dente-de-leão** © Bjørn Rørslett/NN/Samfoto/Sipa USA; **mariposa** Doug Backlund/WildPhotosPhotography.com; **mosca-varejeira** Kjell B. Sandved/Science Source; **morcego** Rolf Nussbaumer/imageBROKER/AGE Fotostock; **beija-flor** Rolf Nussbaumer/Nature Picture Library; **38.5** W. Barthlott and W.Rauh/ Nees Institute for Biodiversity of Plants; **38.6 parte superior** Michael Clayton/Botany Dept., University of Wisconsin; **parte inferior** Ed Reschke/Photolibrary/Getty Images; **38.10** Blickwinkel/Alamy Stock Photo; **38.12 coco** Kevin Schafer/Alamy Stock Photo; ***Alsomitra macrocarpa*** Aquiya/Fotolia; **dente-de-leão** Steve Bloom Images/Alamy Stock Photo; **bordo** Chrispo/Fotolia; ***Salsola* sp.** Nurlan Kalchinov/Alamy Stock Photo; ***Tribulus terrestris*** California Department of Food and Agriculture's Plant Health and Pest Prevention Services; **esquilo** Alan Williams/Alamy Stock Photo; **fezes** Kim A Cabrera; **formiga** Benoit Guénard; **38.13** Dennis Frates/Alamy Stock Photo; **Exercício de habilidades científicas, flor-de-macaco** Ken Barber/Alamy Stock Photo; **beija-flor** Dec Hogan/Shutterstock; **38.14a** Marcel Dorken; **38.14b** Nobumitsu Kawakubo; **38.15** Meriel G. Jones, University of Liverpool School of Biological Sciences; **38.16** Dorling Kindersley ltd/Alamy Stock Photo; **p. 837 Herrera-Estrella** Michael Starghill, Michael Starghill Photography; **38.17** Gary P. Munkvold; **p. 838 Gonsalves**

Cortesia de Dennis Gonsalves; **38.18** ton koene/Alamy Stock Photo; **p. 841 pólen** Dartmouth College Electron Microscope Facility.

Capítulo 39 **39.1** Christopher Ison/Alamy Stock Photo; **39.2** Natalie Bronstein; **39.6** De: Regulation of polar auxin transport by AtPIN1 in *Arabidopsis* vascular tissue. L. Gälweiler et al. *Science.* 1998 Dec 18;282(5397):2226-30; Fig. 4; **39.9a** Richard Amasino; **39.9b** Fred Jensen, Kearney Agricultural Center; **39.11 esquerda** Mia Molvray; **direita** Karen E. Koch; **39.13a** Kurt Stepnitz; **39.13b** Joseph J. Kieber; **39.14** Ed Reschke; **39.16** Nigel Cattlin/Alamy Stock Photo; **39.18** Martin Shields/Alamy Stock Photo; **p. 858 Satter** Robin Heyden/Pearson Education; **39.22** Michael L. Evans/Ohio State University; **39.23** Da capa de *Cell*, Volume 60, Issue 3, 9 February 1990. Janet Braam, Ronald W. Davis. Utilizada com autorização, Copyright ©1990 Cell Press. Imagem cortesia de Elsevier Sciences, Ltd; **39.24** Martin Shields/Alamy Stock Photo; **39.25** J. L. Basq/M. C. Drew; **39.26** New York State Agricultural Experiment Station/Cornell University College of Agriculture and Life Sciences; **p. 867 Dangl** Cortesia de Jeff Dangl; **39.27 papoula** De Meester Johan/Arterra Picture Library/Alamy Stock Photo; **inhame** David T. Webb; **oliveira** Science Photo Library/Alamy Stock Photo; **espinhos de cactos** Susumu Nishinaga/Science Source; **floco-de-neve** Giuseppe Mazza; **folha de maracujá** Lawrence E. Gilbert/University of Texas-Austin; **beija-flor** Danny Kessler; **bambu** Kim Jackson/Mode Images/Alamy Stock Photo; **vespas, casulos** Custom Life Science Images/Alamy Stock Photo; **p. 871 veado** Gary Crabbe/Alamy Stock Photo.

Entrevista da Unidade 7 UCSD Health.

Capítulo 40 **40.1 parte superior** Paul Nicklen/National Geographic/Getty Images; **parte central à esquerda** CNRS/IPEV/IPHC, France; **parte inferior** Nature Picture Library/Alamy Stock Photo; **40.2 foca** Dave Fleetham/Robert Harding World Imagery; **pinguim** WILDLIFE GmbH/Alamy Stock Photo; **atum** Andre Seale/Image Quest Marine; **40.4 intestino** Eye of Science/Science Source; **pulmão, rim** Susumu Nishinaga/Science Source; **40.5 epitélio** Steve Downing/Pearson Education; **tecido conectivo frouxo, tecido adiposo, osso, músculo esquelético** Nina Zanetti/Pearson Education; **40.5 sangue** Jarun Ontakrai/Shutterstock; **cartilagem** Chuck Brown/Science Source; **tecido conectivo fibroso, músculo liso, músculo cardíaco** Ed Reschke/Photolibrary/Getty Images; **neurônio** James Cavallini/Science Source; **glia** Thomas Deerinck; **40.7 lontra** Kaufung Agency/blickwinkel/Alamy Stock Photo; **perca** Roderick Paul Walker/Alamy Stock Photo; **40.10** Meiqianbao/Shutterstock; **40.11a** Paul Souders/Danita Delimont Creative/Alamy Stock Photo; **40.11b** Bill Gozansky/Alamy Stock Photo; **40.14** Mirko Graul/Shutterstock; **40.15** De: Assessment of oxidative metabolism in brown fat using PET imaging. Otto Muzik, Thomas J. Mangner and James G. Granneman. *Front. Endocrinol.*, 08 February 2012 | http://dx.doi.org/10.3389/fendo.2012.00015 Fig. 2; **40.19** Jeff Rotman/Alamy Stock Photo; **40.21** FLPA/Alamy Stock Photo; **p. 893 Bartholomew** Robin Heyden **40.23 plantas** Irin-K/Shutterstock; **lince** Thomas Kitchin/Victoria Hurst/All Canada Photos/AGE Fotostock; **girassóis** Phil_Good/Fotolia; **mosca** WildPictures/Alamy Stock Photo; **brotos** Bogdan Wankowicz/Shutterstock; **muda de pele** Nature's Images/Science Source; **vasos vegetais** Last Refuge/Robert Harding Picture Library Ltd/Alamy Stock Photo; **vasos sanguíneos** Susumu Nishinaga/Science Source; **ervilhas** Scott Rothstein/Shutterstock; **porcos** steven goodier/Alamy Stock Photo; **vilosidades intestinais** David M. Martin/Science Source; **pelos das raízes, mesofilo** Rosanne Quinnell © The University of Sydney. eBot http://hdl.handle.net/102.100.100/1463, http://hdl.handle.net/102.100.100/2574; **alvéolos** David M. Phillips/Science Source; **p. 897 macacos** Yoshiteru Takahashi/Sebun Photo/amana images/Getty Images.

Capítulo 41 **41.1** Milo Burcham/First Light/Getty Images; **41.3** Stefan Huwiler/Rolf Nussbaumer Photography/Alamy Stock Photo; **41.5 baleia** Vicki Beaver/Alamy Stock Photo; **lagarta** Stuart Wilson/Science Source; **mosca** Peter Parks/Image Quest Marine; **serpente** Gunter Ziesler/Photolibrary/Getty Images; **41.16 esquerda** McPhoto/INS Agency/blickwinkel/Alamy Stock Photo; **direita** Tom Brakefield/Stockbyte/Getty Images; **41.19** James Archer, CDC; **p. 913 Strathdee** UCSD Health; **41.21** Peter Batson/Image Quest Marine; **Exercício de habilidades científicas** ORNL/Science Source; **p. 920 coruja** Stefan Huwiler/imageBROKER RF/AGE Fotostock.

Capítulo 42 **42.1** John Cancalosi/Alamy Stock Photo; **42.2a** Reinhard Dirscherl/WaterFrame/Getty Images; **42.2b** Eric Grave/Science Source; **42.9 top** Indigo Instruments; **parte inferior** Ed Reschke/Photolibrary/Getty Images; **p. 931 Yanagisawa** Skeeter Hagler; **42.18** Eye of Science/Science Source; **42.19** Image Source Plus/Alamy Stock Photo; **Exercício de habilidades científicas** cassis/Fotolia; **42.21a** Peter Batson/Image Quest Marine; **42.21b** Olgysha/Shutterstock; **42.21c** Greg Amptman/Shutterstock; **42.23c** Prepared by Dr. Hong Y. Yan, University of Kentucky and Dr. Peng Chai, University of Texas; **42.24** Motta and Macchiarelli, Anatomy Dept., Univ. La Sapienza, Rome/Science Source; **42.26** Hans-Rainer Duncker, Institute of Anatomy and Cell Biology, Justus-Liebig-University Giessen; **42.32** Doug Allan/Nature Picture Library; **p. 951 aranha** CB2/ZOB/WENN.com/Newscom.

Capítulo 43 **43.1 macrófago** SPL/Science Source; **vírus** James Cavallini/BSIP SA/Alamy Stock Photo; **bactéria** Chris Bjornberg/Science Source; **fungo** Callista Images/Cultura Creative (RF)/Alamy Stock Photo; **influenza** Kateryna Kon/Shutterstock; **43.15** Steve Gschmeissner/Science Source; **43.27** CNRI/Science Source; **Exercício de habilidades científicas** Eye of Science/Science Source; **p. 973 Wong-Staal** Bill Branson/NIH; **43.29** Stephen C. Harrison/The Laboratory of Structural Cell Biology/Harvard Medical School; **p. 974 zur Hausen** Tobias Schwerdt; **p. 976 vacina** Tatan Yuflana/AP Images.

Capítulo 44 **44.1** David Wall/Alamy Stock Photo; **44.2** Mark Conlin/VWPICS/Visual&Written SL/Alamy Stock Photo; **44.4** Eye of Science/Science Source; **Exercício de habilidades científicas** Jiri Lochman/Lochman Transparencies; **44.6 esquerda** GeorgePeters/E+/Getty Images; **centro** Eric Isselée/Fotolia; **direito** Maksym Gorpenyuk/Shutterstock; **44.7** Stephane Bidouze/Shutterstock; **44.12** Steve Gschmeissner/Science Source; **44.15** Michael Lynch/Shutterstock; **44.16** v_blinov/Fotolia; **44.17 peixe** Image Quest Marine; **estômato** Eye of Science/Science Source; **rã** F1online digitale Bildagentur GmbH/Alamy Stock Photo; **bactéria** Power and Syred/Science Source; **p. 998 iguana** Steven A. Wasserman.

Capítulo 45 **45.1 parte superior** Phillip Colla/Oceanlight.com; **parte inferior** Craig K. Lorenz/Science Source; **45.3** Volker Witte/Ludwig-Maximilians-Universitat Munchen; **45.11** Cathy Keifer/123rf; **Exercício de resolução de problemas** angellodeco/Fotolia; **45.17** AP Images; **45.22 esquerda** Blickwinkel/Alamy Stock Photo; **direita** Jurgen and Christine Sohns/Frank Lane Picture Agency; **p. 1018 rãs** Eric Roubos.

Capítulo 46 **46.1 coral** Auscape/UIG/Getty Images; **hidra** Roland Birke/Okapia/Science Source; **hermafroditas** Colin Marshall/Frank Lane Picture Agency; **rãs** Andy Sands/Nature Picture Library; **espermatozoide** Don W. Fawcett/Science Source; **cardeais** William Leaman/Alamy Stock Photo; **zebras** Mike Taylor/Alamy Stock Photo; **46.2** Colin Marshall/Frank Lane Picture Agency; **46.3a** P. de Vries/Crews, David; **46.5** Andy Sands/Nature Picture Library; **46.6** John Cancalosi/Alamy Stock Photo; **Exercício de habilidades científicas** Andrew Syred/Science Source; **46.12** Design Pics Inc/Alamy Stock Photo; **46.17** Tidningarnas Telelgrambyra AB; **46.21** M.I. Walker/Science Source; **p. 1042 dragão-de-komodo** Dave Thompson/AP Images.

Capítulo 47 **47.1** Brad Smith/Stamps School of Art & Design, University of Michigan; **detalhe** Oxford Scientific/Getty Images; **47.3 parte superior** Victor D. Vacquier; **parte inferior** De: Wave of free calcium at fertilization in the sea urchin egg visualized with fura-2. M. Hafner et al, *Cell Motil Cytoskeleton.* 1988;9(3):271-7. Fig. 1; **47.6** George von Dassow; **47.7 parte superior** Jürgen Berger/Max Planck Institute for Developmental Biology, Tübingen Germany; **parte inferior** Andrew J. Ewald, Johns Hopkins Medical School; **47.13b** Alejandro Díaz Díez/AGE Fotostock/Alamy Stock Photo; **47.14a** P. Huw Williams and Jim Smith, The Wellcome Trust/Cancer Research UK Gurdon Institute; **47.14c** Thomas Poole, SUNY Health Science Center; **47.15b** Keith Wheeler/Science Source; **47.18b** De: Cell lineage analysis in ascidian embryos by intracellular injection of a tracer enzyme. III. Up to the tissue restricted stage. H. Nishida. *Dev Biol.* 1987 Jun;121(2):526-41. Fig. 1. Reproduzida com autorização de Academic Press; **47.19** De: Post-embryonic cell lineages of the nematode, *Caenorhabditis elegans*. E. Sulston et al. *Dev Biol.* 1977 Mar;56(1):110-56. Fig. 1; **47.20** Susan Strome; **47.21** Susan Strome; **47.24** De: Dorsal-ventral patterning and neural induction in *Xenopus* embryos. E. M. De Robertis and H. Kuroda. *Annu Rev Cell Dev Biol.* 2004;20:285-308. Fig. 1; **47.25a** Kathryn Tosney, University of Michigan; **47.26** Based on Honig and Summerbell, cortesia de Lawrence S. Honig; **p. 1066 tartaruga** James Gerholdt/Getty Images.

Capítulo 48 **48.1** Franco Banfi/Science Source; **48.2** Edwin R. Lewis; **p. 1068 Olivera** De: QnAs with Baldomero M. Olivera. Beth Azar. *PNAS* August 21, 2012 109 (34) 13470; https://doi.org/10.1073/pnas.1211581109. Fig. 1; **48.5** Thomas Deerinck/National Center for Microscopy and Imaging Research, University of California, San Diego; **48.14** Alan Peters; **p. 1084** B.A.E./Alamy Stock Photo.

Capítulo 49 **49.10** Tamily Weissman; **49.11** Larry Mulvehill/Corbis; **49.15** De: A functional MRI study of happy and sad affective states induced by classical music. M. T. Mitterschiffthaler et al. *Hum Brain Mapp.* 2007 Nov. 28(11):1150-62. Fig. 1; **49.18** Marcus E. Raichle, Washington University Medical Center. From research based on "Positron emission tomographic studies of the cortical anatomy of single-word processing". S.E. Petersen et al. *Nature* 331:585-589 (1988); **49.19** National Library of Medicine (NLM); **p. 1099 Jarvis** Walter Oleksy/Alamy Stock Photo; **p. 1103 Heberlein** Matthew Staley; **49.25** Martin M. Rotker/Science Source; **p. 1106 microfone** Eric Delmar/Getty Images.

Capítulo 50 **50.1** Kenneth Catania; **50.6** CSIRO Publishing; **50.7a** Michael Nolan/Robert Harding World Imagery; **50.7b** Grischa Georgiew/Panther Media/AGE Fotostock; **50.9** De: Richard Elzinga, *Fundamentals of Entomology*, 3rd ed. ©1987, p. 185. Reproduzida com autorização de Prentice-Hall, Upper Saddle River, NJ; **50.10** SPL/Science Source; **50.16a** APHIS Animal and Plant Health Inspection Service/USDA; **50.17** Steve Gschmeissner/Science Source; **50.21** Neitz Laboratories; **50.26** Clara Franzini-Armstrong; **50.27** H. E. Huxley; **50.34** Joe Quinn/Alamy Stock Photo; **50.39** Dave Watts/NHPA/Science Source; **p. 1135** Terence Dawson; **Exercício de habilidades científicas** Vance A. Tucker; **p. 1138 cão** Dogs/Fotolia.

Capítulo 51 **51.1** Robert Koss/Shutterstock; **51.3** Manamana/Shutterstock; **51.5b** Scott Camazine/Alamy Stock Photo; **p. 1143** Ian Fletcher/Shutterstock; **p. 1144** Dustin Finkelstein/Getty Images for SXSW; **51.7** Thomas D. McAvoy/The LIFE Picture Collection/Getty Images; **51.9** Lincoln Brower/Sweet Briar College; **51.11** Dr Clive Bromhall/Oxford Scientific/Getty Images; **51.12** Richard Wrangham; **detalhe** Mike Korostelev www.mkorostelev.com/Moment Open/Getty Images; **Exercício de habilidades científicas** Matt Goff; **51.14a** Matt T. Lee; **51.14b** David Osborn/Alamy Stock Photo; **51.14c** David Tipling/Frank Lane Picture Agency Limited; **51.15** Fotograferen.net/Alamy Stock Photo; **51.16** Gerald S. Wilkinson; **51.17** Juniors Bildarchiv/F300/Alamy Stock Photo; **51.20** Martin Harvey/Photolibrary/Getty Images; **51.21** Erik Svensson/Lund University, Sweden; **51.22** Lowell Getz; **51.23** Rory Doolin; **51.25** Jennifer Jarvis, University of Cape Town; **51.27** Fred van Wijk/Alamy Stock Photo; **51.28** Jupiterimages/Creatas/Thinkstock/Getty Images; **p. 1160 Wilson** Michael Dwyer/Alamy Stock Photo; **p. 1162 pica-pau** William Leaman/Alamy Stock Photo.

Entrevista da Unidade 8 Cortesia de Chelsea Rochman.

Capítulo 52 **52.1 parte superior** Christopher Austin; **parte inferior, da esquerda para a direita:** Siepmann/imageBROKER/Alamy Stock Photo, Anton Foltin/123RF, Digital Vision/Photodisc/Getty Images, NOAA Okeanos Explorer Program; **52.2 de cima para baixo:** Luca Nichetti/Shutterstock, Barrie Britton/Nature Picture Library, Oleg Znamenskiy/Fotolia, Bluegreen Pictures/Alamy Stock Photo, Juan Carlos Muñoz, AGE Fotostock/Alamy Stock Photo, 1Xpert/Fotolia; **p. 1170 Davis** Cortesia de Margaret Davis; **52.9** Susan Carpenter; **52.11 deserto** Anton Foltin/123RF; **campo temperado** David Halbakken/AGE Fotostock; **floresta latifoliada temperada** Gary718/Shutterstock; **floresta tropical** Siepmann/ImageBroker/Alamy Stock Photo; **floresta de coníferas** Bent G. Nordeng/Shutterstock; **tundra** Juan Carlos Munoz/Nature Picture Library; **52.12 esquerda** JTB Media Creation, Inc./Alamy Stock Photo; **direita** Krystyna Szulecka/Alamy Stock Photo; **52.13 floresta tropical** Siepmann/imageBROKER/Alamy Stock Photo; **deserto** Anton Foltin/123RF; **savana** Robert

Harding Picture Library/Alamy Stock Photo; **chaparral** blickwinkel/Alamy Stock Photo; **campo temperado** David Halbakken/AGE Fotostock; **floresta conífera** Bent Nordeng/Shutterstock; **floresta latifoliada temperada** Gary718/Shutterstock; **tundra** Juan Carlos Munoz/Nature Picture Library; **52.16 lago oligotrófico** Susan Lee Powell; **lago eutrófico** AfriPics.com/Alamy Stock Photo; **área úmida** David Tipling/Nature Picture Library; **nascente** scubaluna/Shutterstock; **rio Loire** Photononstop/SuperStock; **estuário** Juan Carlos Munoz/AGE Fotostock; **zona entremaré** Stuart Westmorland/Danita Delimont/Alamy Stock Photo; **alto-mar** Tatonka/Shutterstock; **recife de corais** Digital Vision/Photodisc/Getty Images; **zona bentônica** NOAA Okeanos Explorer Program; **52.17** JLV Image Works/Fotolia; **52.19** Sylvain Oliveira/Alamy Stock Photo; **52.20** Scott Ling; **52.22** Sabastien Lecocq/Alamy Stock Photo; **Exercício de habilidades científicas, *Spartina*** John W. Bova/Science Source; ***Typha*** Dave Bevan/Alamy Stock Photo; **52.23** Harold Stiver/Alamy Stock Photo; **p. 1189 girafa** Daryl Balfour/The Image Bank/Getty Images.

Capítulo 53 **53.1 parte superior** Joel Sartore/National Geographic Image Collection; **parte inferior** Villiers Steyn/Shutterstock; **53.2** Todd Pusser/Nature Picture Library; **53.3a** Bernard Castelein/Nature Picture Library/Alamy Stock Photo; **53.3b** Michael S Nolan/AGE Fotostock; **53.3c** Alexander Chaikin/Shutterstock; **Tabela 53.1 parte superior** Kevin Ebi/Alamy Stock Photo; **parte inferior** Jennifer A. Dever; **53.8** Villiers Steyn/Shutterstock; **53.11** Bence Mate/Nature Picture Library/Alamy Stock Photo; **Exercício de habilidades científicas** Lebendkulturen.de/Shutterstock; **53.12a** Stone Nature Photography/Alamy Stock Photo; **53.12b** Kent Foster/Science Source; **detalhe** Robert D. and Jane L. Dorn; **53.13** Dietmar Nill/Nature Picture Library; **53.14a** Steve Bloom Images/Alamy Stock Photo; **53.14b esquerda** Fernanda Preto/Alamy Stock Photo; **direita** Edward Parker/Alamy Stock Photo; **53.16** National Geographic/Alamy Stock Photo; **53.17 trigo** FotoVoyager/E+/Getty Images; **guepardo** Ian Cumming/Axiom/Design Pics/Alamy Stock Photo; **humanos** Jorge Dan/Reuters; **camundongos** Nicholas Bergkessel Jr./Science Source; **leveduras** Andrew Syred/Science Source; **53.19** Alan & Sandy Carey/Science Source; **53.20** Robert Pickett/Papilio/Alamy Stock Photo; **p. 1206 transmissor** De: Tracking butterfly movements with harmonic radar reveals an effect of population age on movement distance. O. Ovaskainen et al. *Proc Natl Acad Sci U S A*. 2008 Dec 9;105(49):19090-5. doi: 10.1073/pnas.0802066105. Epub 2008 Dec 5. Fig. 1; **53.25** NASA; **p. 1213 locustas** Carlos Guevara/Reuters/Newscom.

Capítulo 54 **54.1 enguia** Jeremy Brown/123RF; **recife de coral** Jan Wlodarczyk/Alamy Stock Photo; **peixe-porco** imageBROKER/Alamy Stock Photo; **tubarão** Andrey Armyagov/Alamy Stock Photo; **branqueamento de corais** Reinhard Dirscherl/Alamy Stock Photo; **54.2 esquerda** Joseph T. Collins/Science Source; **direita** National Museum of Natural History/Smithsonian Institution; **54.4** Frank W Lane/Frank Lane Picture Agency Limited; **Exercício de habilidades científicas** Johan Larson/Shutterstock; **54.6a** Tony Heald/Nature Picture Library; **54.6b** Tom Brakefield/Getty Images; **54.6c** Dirk Ercken/Shutterstock; **54.6d** Barry Mansell/Nature Picture Library; **54.6e esquerda** Daniel Janzen/JANZEN.UPENN.EDU/Caters News; **direita** Robert Pickett/Papilio/Alamy Stock Photo; **54.6f esquerda** David J Martin/Shutterstock; **direita** Lightwriter1949/Alamy Stock Photo; **54.7** Roger Steene/Image Quest Marine; **p. 1219 Langkilde** Patrick Mansell/PennState; **54.8** Doug Perrine/NaturePL.com; **54.9a** Bazzano Photography/Alamy Stock Photo; **54.9b** Nicholas Smythe/Science Source; **54.10** Daryl Balfour/Gallo Images/Getty Images; **54.11a** Sally D. Hacker; **54.13** Gary W. Saunders; **54.14** Dung Vo Trung/Science Source; **54.15** Cedar Creek Ecosystem Science Reserve, University of Minnesota; **54.20a** Genny Anderson; **54.21** Adam Welz; **54.25** National Park Service (NPS.gov); **p. 1229 Turner** De: Tracking butterfly movements with harmonic radar reveals an effect of population age on movement distance. O. Ovaskainen et al. *Proc Natl Acad Sci U S A*. 2008 Dec 9;105(49):19090-5. doi: 10.1073/pnas.0802066105. Epub 2008 Dec 5. Fig. 1; **54.26a** Charles D. Winters/Science Source; **54.26b** Keith Boggs; **54.26c** Terry Donnelly/Mary Liz Austin; **54.26d** Glacier Bay National Park and Preserve; **54.27 esquerda para direita** Charles D. Winters/Science Source, Keith Boggs, Terry Donnelly/Mary Liz Austin, Glacier Bay National Park/Preserve; **54.28 parte superior** R. Grant Gilmore/NOAA; **54.28 parte inferior** Lance Horn/National Undersea Research Center/University of North Carolina-Wilmington/NOAA; **54.32** Tim Laman/National Geographic/Getty Images; **54.34** Nelish Pradhan/Bates College/Lewiston, ME; **54.35** Josh Spice; **p. 1237 flor** Jim Holden/Alamy Stock Photo.

Capítulo 55 **55.1** Steven Kazlowski/RGB Ventures/SuperStock/Alamy Stock Photo; **55.2** Stone Nature Photography/Alamy Stock Photo; **55.3 esquerda** Scimat/Science Source; **direita** Justus de Cuveland/imageBROKER/AGE Fotostock; **55.5** MODIS Science Team/Earth Observatory/NASA; **55.8** A. T. Willett/Alamy Stock Photo; **Exercício de resolução de problemas, árvore** Steven Katovich/USDA Forest Service; **besouros da casca** British Columbia Ministry of Forests, Lands and Natural Resource Operations; **55.9** Matt Meadows/Photolibrary/Getty Images; **Exercício de habilidades científicas** David R. Frazier Photolibrary/Science Source; **p. 1252 Likens** Cortesia de Gene Likens; **55.15** Hubbard Brook Research Foundation/USDA Forest Service; **55.16** Mark Gallagher/Princeton Hydro, LLC/Ringoes, NJ; **55.17 de cima para baixo** Kissimmee Division/South Florida Water Management District, Jean Hall/FLPA/Science Source, Tim Day/Xcluder Pest Proof Fencing Company, De: Species richness accelerates marine ecosystem restoration in the Coral Triangle. S. L. Williams et al. *Proc Natl Acad Sci U S A*. 2017 Nov 7;114(45):11986-11991. doi: 10.1073/pnas.1707962114. Epub 2017 Oct 24. Fig. 1a. Fotos cortesia de D. Trockel, University of California, Davis, CA; **55.18** U.S. Department of Energy; **p. 1259 besouro** Dr Eckart Pott/NHPA/Photoshot.

Capítulo 56 **56.1 lagartixa** Phung My Trung, vncreatures.net; **desmatamento** Mason Vranish/Alamy Stock Photo; **presas, 56.8** Benezeth M. Mutayoba; **energia** Ververidis Vasilis/Shutterstock; **parque** Edwin Giesbers/Nature Picture Library; **recife** Matthew Banks/Alamy Stock Photo Image; **56.3 parte superior** Alaz/Shutterstock; **parte inferior** Mark Carwardine/Photolibrary/Getty Images; **56.4** Merlin D. Tuttle/Science Source; **56.5** Scott Camazine/Science Source; **p. 1263 Wilson** Michael Dwyer/Alamy Stock Photo; **56.6** Michael Edwards/The Image Bank/Getty Images; **56.7** Bruce Coleman/Alamy Stock Photo; **56.9** Travel Pictures/Alamy Stock Photo; **56.12** Bruce Montagne/Dembinsky Photo Associates/Alamy Stock Photo; **56.13** Courtesy Interagency Grizzly Bear Study Team, USGS; **56.14a** Chuck Bargeron; **detalhe** William Leaman/Alamy Stock Photo; **56.14b** William D. Boyer/USDA; **56.16** Vladimir Melnikov/Shutterstock; **56.17** Richard O. Bierregaard, Jr.; **56.18** Frans Lemmens/Alamy Stock Photo; **56.21** Mark Chiappone; **56.22** Lyda Bergman, Green Teams of Canada; **56.25** Alfred Eisenstaedt/The LIFE Picture Collection/Getty Images; **56.27** Claire Fackler, NOAA National Marine Sanctuaries; **p. 1277 Rochman** Cortesia de Chelsea Rochman; **56.28** Cortesia de Bette Willis and Joleah Lamb; **Exercício de habilidades científicas** Hank Morgan/Science Source; **56.31 canal de resina** Biophoto Associates/Science Source; **túneis** Ladd Livingston, Idaho Department of Lands, Bugwood.org; **árvores mortas** Dezene Huber; **pika** Chris Ray; **caribu** E.A. Janes/Robert Harding World Imagery; **erva-de-bico** Gilles Delacroix/Garden World Images/AGE Fotostock; **ouriço** Scott Ling; **56.34** NASA Ozone Watch; **56.36a** Serge de Sazo/Science Source; **56.36b** Javier Trueba/MSF/Science Source; **56.36c** Gabriel Rojo/Nature Picture Library; **56.36d** Titus Lacoste/The Image Bank/Getty Images; **p. 1287 tigre** Edwin Giesbers/Nature Picture Library.

Apêndice A **Figura 2.17** Nigel Cattlin/Science Source; **Figura 6.24 esquerda** Omikron/Science Source; **6.24 direita** Dartmouth College Electron Microscope Facility; **Cap. 9 Teste seu conhecimento 10** Medical Research Council; **Figura 12.4** Biophoto/Science Source; **Figura 12.8** Jane Stout and Claire Walczak, Indiana University; **Cap. 12 Teste seu conhecimento 9** Scenics & Science/Alamy Stock Photo; **Cap. 16 Teste seu conhecimento 11** Thomas A. Steitz, Yale University, New Haven; **Figura 30.9** Paul Atkinson/Shutterstock; **Cap. 35 Teste seu conhecimento 11** De: Anatomy of the vessel network within and between tree rings of *Fraxinus lanuginosa* (Oleaceae). Peter B. Kitin, Tomoyuki Fujii, Hisashi Abe and Ryo Funada. *American Journal of Botany*. 2004;91:779-788.

Apêndice B **Bacteria, Archaea** Eye of Science/Science Source; **diatomáceas** M I Walker/NHPA/Photoshot/Newscom; **lírio** Howard Rice/Dorling Kindersley, Ltd./Alamy Stock Photo; **fungo** daksel/fotolia; **chimpanzés** E.A. Janes/AGE Fotostock.

Créditos de textos e ilustrações

Capítulo 1 **1.23** Adaptada de *The Real Process of Science* (2013), Understanding Science website. The University of California Museum of Paleontology, Berkeley, and the Regents of the University of California. Retrieved from http://undsci.berkeley.edu/article/howscienceworks_02; **1.25** Dados de S. N. Vignieri, J. G. Larson, e H. E. Hoekstra, The Selective Advantage of Crypsis in Mice, *Evolution* 64:2153–2158 (2010); **Exercício de habilidades científicas** Dados de D. W. Kaufman, Adaptive Coloration in *Peromyscus polionotus*: Experimental Selection by Owls, *Journal of Mammalogy* 55:271–283 (1974).

Capítulo 2 **Exercício de habilidades científicas** Dados de R. Pinhasi et al., Revised Age of late Neanderthal Occupation and the End of the Middle Paleolithic in the Northern Caucasus, *Proceedings of the National Academy of Sciences USA* 147:8611–8616 (2011). doi 10.1073/pnas.1018938108.

Capítulo 3 **3.7** mapa baseado em NOAA Fisheries, Bowhead Whale (*Balaena mysticetus*); sea ice extent from National Snow and Ice Data Center (https://nsidc.org/arcticseaicenews/); **3.9** Baseada em Simulating Water and the Molecules of Life by Mark Gerstein and Michael Levitt, de *Scientific American*, November 1998; **Exercício de habilidades científicas** Dados de C. Langdon et al., Effect of Calcium Carbonate Saturation State on the Calcification Rate of an Experimental Coral Reef, *Global Biogeochemical Cycles* 14:639–654 (2000).

Capítulo 4 **4.2** Dados de S. L. Miller, A Production of Amino Acids Under Possible Primitive Earth Conditions, *Science* 117:528–529 (1953); **Exercício de habilidades científicas** Dados de E. T. Parker et al., Primordial Synthesis of Amines and Amino Acids in a 1958 Miller H_2S-rich Spark Discharge Experiment, *Proceedings of the National Academy of Sciences USA* 108:5526–5531 (2011). www.pnas.org/cgi/doi/10.1073/pnas.1019191108; **4.7** Adaptada de Becker, Wayne M.; Reece, Jane B.; Poenie, Martin F., *The World of the Cell*, 3rd Ed., ©1996. Reimpressa e reproduzida eletronicamente com autorização de Pearson Education, Inc., Upper Saddle River, New Jersey.

Capítulo 5 **5.11** Adaptada de Wallace/Sanders/Ferl, *Biology: The Science of Life*, 3rd Ed., ©1991. Reimpressa e reproduzida eletronicamente com autorização de Pearson Education, Inc., Upper Saddle River, New Jersey; **5.13** Dados de colágeno de Protein Data Bank ID 1CGD: "Hydration Structure of a Collagen Peptide" by Jordi Bella et al., from *Structure*, September 1995, Volume 3(9); **5.16 modelo de preenchimento de espaço, modelo de fita** Dados de PDB ID 2LYZ: R. Diamond. Real-Space Refinement of the Structure of Hen Egg-white Lysozyme. *Journal of Molecular Biology* 82(3):371–91 (Jan. 25, 1974); **5.18 transtirretina** Dados de PDB ID 3GS0: S.K. Palaninathan, N.N. Mohamedmohaideen, E. Orlandini, G. Ortore, S. Nencetti, A. Lapucci, A. Rossello, J.S. Freundlich, J.C. Sacchettini. Novel Transthyretin Amyloid Fibril Formation Inhibitors: Synthesis, Biological Evaluation, and X-ray Structural Analysis. *Public Library of Science ONE* 4:e6290–e6290 (2009); **5.18 colágeno** Dados de PDB ID 1CGD: J. Bella, B. Brodsky, and H.M. Berman. Hydration Structure of a Collagen Peptide, *Structure* 3:893–906 (1995); **5.18 hemoglobina** Dados de PDB ID 2HHB: G. Fermi, M.F. Perutz, B. Shaanan, R. Fourme. The Crystal Structure of Human Deoxyhaemoglobin at 1.74 Å resolution. *J. Mol. Biol.* 175:159–174 (1984).

Capítulo 6 **6.6** Adaptada de Becker, Wayne M.; Reece, Jane B.; Poenie, Martin F., *The World of the Cell*, 3rd Ed., ©1996. Reimpressa e reproduzida eletronicamente com autorização de Pearson Education, Inc. Upper Saddle River, New Jersey; **6.8 célula animal** Adaptada de Marieb, Elaine N.; Hoehn, Katja, *Human Anatomy and Physiology*, 8th Ed., © 2010. Reproduzida na versão impressa e eletrônica com autorização de Pearson Education, Inc., Upper Saddle River, New Jersey; **6.9–6.13, 6.17, 6.22, 6.24 célula pequena** Adaptada de Marieb, Elaine N.; Hoehn, Katja, *Human Anatomy and Physiology*, 8th Ed., ©2010. Reproduzida na versão impressa e eletrônica com autorização de Pearson Education, Inc., Upper Saddle River, New Jersey; **6.14** Adaptada de Marieb,

Elaine N.; Hoehn, Katja, *Human Anatomy and Physiology*, 8th Ed., ©2010. Reproduzida na versão impressa e eletrônica com autorização de Pearson Education, Inc., Upper Saddle River, New Jersey; **Tabela 6.1** Adaptada de Hardin Jeff; Bertoni Gregory Paul, Kleinsmith, Lewis J., *Becker's World of the Cell,* 8th Edition, © 2012, p. 423. Reimpressa e reproduzida eletronicamente com autorização de Pearson Education, Inc. Upper Saddle River, New Jersey; **6.32** Dados de: Proton pump: PDB ID 3B8C: Crystal Structure of the Plasma Membrane Proton Pump, Pedersen, B.P., Buch-Pedersen, M. J., Morth, J.P., Palmgren, M.G., Nissen, P. (2007) *Nature* 450: 1111–1114; calcium channel: PDB ID 5E1J: Structure of the Voltage-Gated Two-Pore Channel TPC1 from *Arabidopsis thaliana*, Guo, J., Zeng, W., Chen, Q., Lee, C., Chen, L., Yang, Y., Cang, C., Ren, D., Jiang, Y. (2016) *Nature* 531: 196–201; aquaporin: PDB ID 5I32: Crystal Structure of an Ammonia-Permeable Aquaporin, Kirscht, A., Kaptan, S.S., Bienert, G.P., Chaumont, F., Nissen, P., de Groot, B.L., Kjellbom, P., Gourdon, P., Johanson, U. (2016) *Plos Biol.* 14: e1002411–e1002411; BRI1 and SERK1 co-receptors: PDB ID 4LSX: Molecular mechanism for plant steroid receptor activation by somatic embryogenesis co-receptor kinases, Santiago, J., Henzler, C., Hothorn, M. (2013) *Science* 341: 889–892; BRI1 kinase domain: PDB ID 4OAC: Crystal structures of the phosphorylated BRI1 kinase domain and implications for brassinosteroid signal initiation, Bojar, D., Martinez, J., Santiago, J., Rybin, V., Bayliss, R., Hothorn, M. (2014) *Plant J.* 78: 31–43; BAK1 kinase domain: PDB ID 3UIM: Structural basis for the impact of phosphorylation on the activation of plant receptor-like kinase BAK1, Yan, L., Ma, Y.Y., Liu, D., Wei, X., Sun, Y., Chen, X., Zhao, H., Zhou, J., Wang, Z., Shui, W., Lou, Z.Y. (2012) *Cell Res.* 22: 1304–1308; BSK8 pseudokinase: PDB ID: 4I92 Structural Characterization of the RLCK Family Member BSK8: A Pseudokinase with an Unprecedented Architecture, Grutter, C., Sreeramulu, S., Sessa, G., Rauh, D. (2013) *J. Mol. Biol.* 425: 4455–4467; ATP synthase PDB ID 1E79: The Structure of the Central Stalk in Bovine F(1)-ATPase at 2.4 Å Resolution, Gibbons, C., Montgomery, M.G., Leslie, A.G.W., Walker, J.E. (2000) *Nat. Struct. Biol.* 7: 1055; ATP synthase PDB ID 1C17: Structural changes linked to proton translocation by subunit c of the ATP synthase, Rastogi, V.K., Girvin, M.E. (1999) *Nature* 402: 263–268; ATP synthase PDB ID 1L2P: The "Second Stalk" of *Escherichia coli* ATP Synthase: Structure of the Isolated Dimerization Domain, Del Rizzo, P.A., Bi, Y., Dunn, S.D., Shilton, B.H. (2002) *Biochemistry* 41: 6875–6884; ATP synthase PDB ID 2A7U: Structural Characterization of the Interaction of the Delta and Alpha Sub-units of the *Escherichia coli* F(1)F(0)-ATP Synthase by NMR Spectroscopy, Wilkens, S., Borchardt, D., Weber, J., Senior, A.E. (2005) *Biochemistry* 44: 11786–11794; Phosphofructokinase: PDB ID 1PFK: Crystal Structure of the Complex of Phosphofructokinase from *Escherichia coli* with Its Reaction Products, Shirakihara, Y., Evans, P.R. (1988) *J. Mol. Biol.* 204: 973–994; Hexokinase: PDB ID 4QS8: Biochemical and Structural Study of *Arabidopsis* Hexokinase 1, Feng, J., Zhao, S., Chen, X., Wang, W., Dong, W., Chen, J., Shen, J.-R., Liu, L., Kuang, T. (2015) *Acta Crystallogr.*, Sect. D 71: 367–375; Isocitrate dehydrogenase: PDB ID 3BLW: Allosteric Motions in Structures of Yeast NAD+-specific Isocitrate Dehydrogenase, Taylor, A.B., Hu, G., Hart, P.J., McAlister-Henn, L. (2008) *J. Biol. Chem.* 283:10872–10880; NADH-quinone oxidoreduc-tase: PDB ID 3M9S: The architecture of respiratory complex I, Efremov, R.G., Barada-ran, R., Sazanov, L.A. (2010) *Nature* 465: 441–445; NADH-quinone oxidore-ductase: PDB ID 3RKO: Structure of the membrane domain of respiratory complex I, Efremov, R.G., Sazanov, L.A. (2011) *Nature* 476: 414–420; Succinate dehydrogenase: PDB ID 1NEK: Architecture of Succinate Dehydrogenase and Reactive Oxygen Species Generation, Yankovskaya, V., Horsefield, R., Tornroth, S., Luna-Chavez, C., Miyoshi, H., Leger, C., Byrne, B., Cecchini, G., Iwata, S. (2003) *Science* 299: 700–704; Ubiquinone: http://www.proteopedia.org/wiki/index.php/Image: Coenzyme_Q10.pdb; Cytochrome bc1: PDB ID 1BGY: Complete structure of the 11-subunit bovine mitochondrial cytochrome bc1 complex, Iwata, S., Lee, J.W., Okada, K., Lee, J.K., Iwata, M., Rasmussen, B., Link, T.A., Ramaswamy, S., Jap, B.K. (1998) *Science* 281: 64–71; Cytochrome *c*: PDB ID 3CYT: Redox Conformation Changes in Refined Tuna Cytochrome c, Takano, T., Dickerson, R.E. (1980) *Proc. Natl. Acad. Sci. USA* 77: 6371–6375; Cytochrome *c* oxidase: PDB ID 1OCO: Redox-Coupled Crystal Structural Changes in Bovine Heart Cytochrome c Oxidase, Yoshikawa, S., Shinzawa-Itoh, K., Nakashima, R., Yaono, R., Yamashita, E., Inoue, N., Yao, M., Fei, M.J., Libeu, C.P., Mizushima, T., Yamaguchi, H., Tomizaki, T., Tsukihara, T. (1998) *Science* 280: 1723–1729; Rubisco: PDB ID 1RCX: The Structure of the Complex between Rubisco and its Natural Substrate Ribulose 1,5-Bisphosphate, Taylor, T.C., Andersson, I. (1997) *J. Mol. Biol.* 265: 432–444; Photosystem II: PDB ID 1S5L: Architecture of the Photosynthetic Oxygen-Evolving Center, Ferreira, K.N., Iverson, T.M., Maghlaoui, K., Barber, J., Iwata, S. (2004) *Science* 303: 1831–1838; Plastoquinone: http://www.rcsb.org/pdb/ligand/ligandsummary.do?hetId=PL9; Photosystem I: PDB ID 1JB0: Three-Dimensional Structure of Cyanobacterial Photosystem I at 2.5 Å Resolution, Jordan, P., Fromme, P., Witt, H.T., Klukas, O., Saenger, W., Krauss, N. (2001) *Nature* 411: 909–917; Ferredoxin-NADP+ reductase: PDB ID 3W5V: Concentration-Dependent Oligomerization of Cross-Linked Complexes between Ferredoxin and Ferredoxin-NADP(+) Reductase; DNA:PDB ID 1BNA: Structure of a B-DNA Dodecamer: Conformation and Dynamics, Drew, H.R., Wing, R.M., Takano, T., Broka, C., Tanaka, S., Itakura, K., Dickerson, R.E. (1981) *Proc. Natl. Acad. Sci. USA* 78: 2179–2183; RNA polymerase: PDB ID 2E2I: Structural basis of transcription: role of the trigger loop in substrate specificity and catalysis, Wang, D., Bushnell, D.A., Westover, K.D., Kaplan, C.D., Kornberg, R.D. (2006) *Cell* (Cambridge, Mass.) 127: 941–954; Nucleosome: PDB ID 1AOI: Crystal Structure of the Nucleosome Core Particle at 2.8 Å Resolution, Luger, K., Mader, A.W., Richmond, R.K., Sargent, D.F., Richmond, T.J. (1997) *Nature* 389: 251–260; tRNA: PDB ID 4TNA: Further refinement of the structure of yeast tRNAPhe, Hingerty, B., Brown, R.S., Jack, A. (1978) *J. Mol. Biol.* 124: 523–534; Ribosome: PDB ID 1FJF: Structure of the 30S Ribosomal Subunit, Wimberly, B.T., Brodersen, D.E., Clemons Jr., W.M., Morgan-Warren, R.J., Carter, A.P., Vonrhein, C., Hartsch, T., Ramakrishnan, V. (2000) *Nature* 407: 327–339; Ribosome: PDB ID 1JJ2: The Kink-Turn: A New RNA Secondary Structure Motif, Klein, D.J., Schmeing, T.M., Moore, P.B., Steitz, T.A. (2001) *EMBO J.* 20: 4214–4221; Microtubule: PDB ID 3J2U: Structural Model for Tubulin Recognition and Deformation by Kinesin-13 Microtubule Depolymerases, Asenjo, A.B., Chatterjee, C., Tan, D., Depaoli, V., Rice, W.J., Diaz-Avalos, R., Silvestry, M., Sosa, H. (2013) *Cell Rep.* 3: 759–768; Actin microfilament: PDB ID 1ATN: Atomic Structure of the Actin:DNase I Complex. Kabsch, W., Mannherz, H.G., Suck, D., Pai, E.F., Holmes, K.C. (1990) *Nature* 347: 37–44; Myosin: PDB ID 1M8Q: Molecular Modeling of Averaged Rigor Crossbridges from Tomograms of Insect Flight Muscle, Chen, L.F., Winkler, H., Reedy, M.K., Reedy, M.C., Taylor, K.A. (2002) *J. Struct. Biol.* 138: 92–104; Phosphoglucose Isomerase: PDB ID 1IAT: The Crystal Structure of Human Phosphoglucose Isomerase at 1.6 Å Resolution: Implications for Catalytic Mechanism, Cytokine Activity and Haemolytic Anaemia, Read, J., Pearce, J., Li, X., Muirhead, H., Chirgwin, J., Davies, C. (2001) *J. Mol. Biol.* 309: 447–463; Aldolase: PDB ID 1ALD: Activity and Specificity of Human Aldolases, Gamblin, S.J., Davies, G.J., Grimes, J.M., Jackson, R.M., Littlechild, J.A., Watson, H.C. (1991) *J. Mol. Biol.* 219: 573–576; Triosephosphate Isomerase: PDB ID 7TIM: Structure of the Triose-Phosphate Isomerase-Phosphoglycolohydroxamate Complex: An Analogue of the Intermediate on the Reaction Pathway, Davenport, R.C., Bash, P.A., Seaton, B.A., Karplus, M., Petsko, G.A., Ringe, D. (1991) *Biochemistry* 30: 5821–5826; Glyceraldehyde-3-Phosphate Dehydrogenase: PDB ID 3GPD: Twinning in Crystals of Human Skeletal Muscle D-Glyceraldehyde-3-Phosphate Dehydrogenase, Mercer, W.D., Winn, S.I., Watson, H.C. (1976) *J. Mol. Biol.* 104: 277–283; Phosphoglycerate Kinase: PDB ID 3PGK: Sequence and Structure of Yeast Phosphoglycerate Kinase, Watson, H.C., Walker, N.P., Shaw, P.J., Bryant, T.N., Wendell, P.L., Fothergill, L.A., Perkins, R.E., Conroy, S.C., Dobson, M.J., Tuite, M.F. (1982) *EMBO J.* 1: 1635–1640; Phosphoglycerate Mutase: PDB ID 3PGM: Structure and Activity of Phosphoglycerate Mutase, Winn, S.I., Watson, H.C., Harkins, R.N., Fothergill, L.A. (1981) *Philos. Trans. R. Soc. London, Ser. B* 293: 121–130; Enolase: PDB ID 5ENL: Inhibition of Enolase: The Crystal Structures of Enolase-Ca2(+)-2-Phosphoglycerate and Enolase-Zn2(+)-Phosphoglycolate Complexes at 2.2-Å Resolution, Lebioda, L., Stec, B., Brewer, J.M., Tykarska, E. (1991) *Biochemistry* 30: 2823–2827; Pyruvate Kinase: PDB ID 1A49: Structure of the Bis(Mg2+)-ATP-Oxalate Complex of the Rabbit Muscle Pyruvate Kinase at 2.1 Å Resolution: ATP Binding over a Barrel, Larsen, T.M., Benning, M.M., Rayment, I., Reed, G.H. (1998) *Biochemistry* 37: 6247–6255; Citrate Synthase: PDB ID 1CTS: Crystallographic Refinement and Atomic Models of Two Different Forms of Citrate Synthase at 2.7 and 1.7 Å Resolution, Remington, S., Wiegand, G., Huber, R. (1982) *J. Mol. Biol.* 158: 111–152; Succinyl-CoA Synthetase: PDB ID 2FP4: Interactions of GTP with the ATP-Grasp Domain of GTP-Specific Succinyl-CoA Synthetase, Fraser, M.E., Hayakawa, K., Hume, M.S., Ryan, D.G., Brownie, E.R. (2006) *J. Biol. Chem.* 281: 11058-11065; Malate Dehydrogenase: PDB ID 4WLE: Crystal Structure of Citrate Bound MDH2, Eo, Y.M., Han, B.G., Ahn, H.C. To Be Published; **Arte resumida do núcleo, complexo de Golgi e retículo endoplasmático** Adaptada de Marieb, Elaine N.; Hoehn, Katja, *Human Anatomy and Physiology*, 8th Ed., ©2010. Reproduzida na versão impressa e eletrônica com autorização de Pearson Education, Inc., Upper Saddle River, New Jersey.

Capítulo 7 **7.4** Dados de L. D. Frye and M. Edidin, The Rapid Intermixing of Cell Surface Antigens after Formation of Mouse-human Heterokaryons, *Journal of Cell Science* 7:319 (1970); **7.6** Com base em Similar Energetic Contributions of Packing in the Core of Membrane and Water-Soluble Proteins by Nathan H. Joh et al., from *Journal of the American Chemical Society*, Volume 131(31); **Exercício de habilidades científicas** Dados de Figura 1 em T. Kondo and E. Beutler, Developmental Changes in Glucose Transport of Guinea Pig Erythrocytes, *Journal of Clinical Investigation* 65:1–4 (1980).

Capítulo 8 **8 Exercício de habilidades científicas** Dados de S. R. Commerford et al., Diets Enriched in Sucrose or Fat Increase Gluconeogenesis and G-6-pase but not Basal Glucose Production in Rats, *American Journal of Physiology—Endocrinology and Metabolism* 283:E545–E555 (2002); **8.19** Dados de Protein Data Bank ID 3e1f: "Direct and Indirect Roles of His-418 in Metal Binding and in the Activity of Beta-Galactosidase (*E. coli*)" by Douglas H. Juers et al., from *Protein Science*, June 2009, Volume 18(6); **8.20** Dados de Protein Data Bank ID 1MDYO: "Crystal Structure of MyoD bHLH Domain-DNA Complex: Perspectives on DNA Recognition and Implications for Transcriptional Activation" from *Cell*, May 1994, Volume 77(3); **8.22 célula pequena** Adaptada de Marieb, Elaine N.; Hoehn, Katja, *Human Anatomy and Physiology*, 8th Ed., ©2010. Reproduzida na versão impressa e eletrônica com autorização de Pearson Education, Inc., Upper Saddle River, New Jersey.

Capítulo 9 **9.4** Adaptação da Figura 2.69 de *Molecular Biology of the Cell*, 4th Edition, by Bruce Alberts et al. Garland Science/Taylor & Francis LLC; **9.8** Figura adaptada de *Biochemistry*, 4th Edition, by Christopher K. Mathews et al. Pearson Education, Inc.; **Exercício de habilidades científicas** Dados de M. E. Harper and M. D. Brand, The Quantitative Contributions of Mitochondrial Proton Leak and ATP Turnover Reactions to the Changed Respiration Rates of Hepatocytes from Rats of Different Thyroid Status, *Journal of Biological Chemistry* 268:14850–14860 (1993).

Capítulo 10 **10.9** Dados de T. W. Engelmann, Bacterium Photometricum. Ein Beitrag zur Vergleichenden Physiologie des Lichtund Farbensinnes, *Archiv. für Physiologie* 30:95–124 (1883); **10.12b** Dados de Architecture of the Photosynthetic Oxygen-Evolving Center by Kristina N. Ferreira et al., from *Science*, March 2004, Volume 303(5665); **10.14** Adaptação da Figura 4.1 from *Energy, Plants, and Man*, by Richard Walker and David Alan Walker. © 1992 by Richard Walker and David Alan Walker. Reproduzida com autorização de Richard Walker; **Exercício de habilidades científicas** Dados de D. T. Patterson and E. P. Flint, Potential Effects of Global Atmospheric CO_2 Enrichment on the Growth and Competitiveness of C3 and C4 Weed and Crop Plants, Weed *Science* 28(1):71–75 (1980).

Capítulo 11 **Exercício de resolução de problemas** Dados de N. Balaban et al., Treatment of *Staphylococcus aureus* Biofilm Infection by the Quorum-Sensing Inhibitor RIP, *Anti-microbial Agents and Chemotherapy*, 51:2226–2229 (2007); **11.8, 11.12** Adaptada de Becker, Wayne M.; Reece, Jane B.; Poenie, Martin F., *The World of the Cell*, 3rd Edition, © 1996. Reimpressa e reproduzida eletronicamente com autorização de Pearson Education, Inc., Upper Saddle River, New Jersey.

Capítulo 12 **12.9** Dados de G. J. Gorbsky, P. J. Sammak, and G. G. Borisy, Chromosomes Move Poleward in Anaphase along Stationary Microtubules that Coordinately Disassemble from their Kinetochore Ends, *Journal of Cell Biology* 104:9–18 (1987); **12.13** Adaptação da Figura 18.41 de *Molecular Biology of the Cell*, 4th Edition, by Bruce Alberts et al. Garland Science/Taylor & Francis LLC; **12.14** Dados de R. T. Johnson and P. N. Rao, Mammalian Cell Fusion: Induction of Premature Chromosome

Condensation in Interphase Nuclei, *Nature* 226:717–722 (1970); **Exercício de habilidades científicas** Dados de K. K. Velpula et al., Regulation of Glioblastoma Progression by Cord Blood Stem Cells is Mediated by Downregulation of Cyclin D1, *PLoS ONE* 6(3): e18017 (2011).

Capítulo 14 14.3, 14.8 Dados de G. Mendel, Experiments in Plant Hybridization, *Proceedings of the Natural History Society of Brünn* 4:3–47 (1866).

Capítulo 15 15.3 Dados de T. H. Morgan, Sex-limited inheritance in *Drosophila*, *Science* 32:120–122 (1910); 15.9 Com base nos dados de "The Linkage of Two Factors in *Drosophila* That Are Not Sex-Linked" by Thomas Hunt Morgan and Clara J. Lynch, from *Biological Bulletin*, August 1912, Volume 23(3).

Capítulo 16 16.2 Dados de F. Griffith, The Significance of Pneumococcal Types, *Journal of Hygiene* 27:113–159 (1928); 16.4 Dados de A. D. Hershey and M. Chase, Independent Functions of Viral Protein and Nucleic Acid in Growth of Bacteriophage, *Journal of General Physiology* 36:39–56 (1952); **Exercício de habilidades científicas** Dados de diversos artigos por Chargaff: por exemplo, E. Chargaff et al., Composition of the Desoxypentose Nucleic Acids of Four Genera of Sea-urchin, *Journal of Biological Chemistry* 195:155–160 (1952); **pp. 320–321 citação** J. D. Watson and F. H. C. Crick, Genetical Implications of the Structure of Deoxyribonucleic Acid, *Nature* 171:964–967 (1953); 16.11 Dados de M. Meselson and F. W. Stahl, The Replication of DNA in *Escherichia coli*, *Proceedings of the National Academy of Sciences USA* 44:671–682 (1958).

Capítulo 17 17.3 Dados de A. M. Srb and N. H. Horowitz, The Ornithine Cycle in Neurospora and Its Genetic Control, *Journal of Biological Chemistry* 154:129–139 (1944); 17.12 Adaptada de Becker, Wayne M.; Reece, Jane B.; Poenie, Martin F., *The World of the Cell*, 3rd Edition, © 1996. Reimpressa e reproduzida eletronicamente com autorização de Pearson Education, Inc., Upper Saddle River, New Jersey; 17.14 Adaptada de Klein-Smith, Lewis J.; Kish, Valerie M.; *Principles of Cell and Molecular Biology*. Reimpressa e reproduzida eletronicamente com autorização de Pearson Education, Inc., Upper Saddle River, New Jersey; 17.18 Adaptada de Mathews, Christopher K.; Van Holde, Kensal E., *Biochemistry*, 2nd ed., ©1996. Reimpressa e reproduzida eletronicamente com autorização de Pearson Education, Inc. Upper Saddle River, New Jersey; **Exercício de habilidades científicas** Material fornecido por cortesia de Dr. Thomas Schneider, National Cancer Institute, National Institutes of Health, 2012; **Exercício de resolução de problemas** Dados de N. Nishi and K. Nanjo, Insulin Gene Mutations and Diabetes, *Journal of Diabetes Investigation* Vol. 2: 92–100 (2011).

Capítulo 18 18.10 Dados de PDB ID 1MDY: P. C. Ma et al. Crystal structure of MyoD bHLH Domain-DNA Complex: Perspectives on DNA Recognition and Implications for Transcriptional Activation, *Cell* 77:451–459 (1994); **Exercício de habilidades científicas** Dados de J. N. Walters et al., Regulation of Human Microsomal Prostaglandin E Synthase-1 by IL-1b Requires a Distal Enhancer Element with a Unique Role for C/EBPb, *Biochemical Journal* 443:561–571 (2012); 18.26 Adaptada de Becker, Wayne M.; Reece, Jane B.; Poenie, Martin F., *The World of the Cell*, 3rd Edition, © 1996. Reimpressa e reproduzida eletronicamente com autorização de Pearson Education, Inc., Upper Saddle River, New Jersey.

Capítulo 19 19.2 Dados de M. J. Beijerinck, Concerning a Contagium Vivum Fluidum as Cause of the Spot Disease of Tobacco Leaves, *Verhandelingen der Koninkyke Akademie Wettenschappen te Amsterdam* 65:3–21 (1898). Tradução publicada em inglês como Phytopathological Classics Number 7 (1942), American Phytopathological Society Press, St. Paul, MN; **Exercício de habilidades científicas** Dados de J.-R. Yang et al., New Variants and Age Shift to High Fatality Groups Contribute to Severe Successive Waves in the 2009 Influenza Pandemic in Taiwan, *PLoS ONE* 6(11): e28288 (2011).

Capítulo 20 20.7 Adaptada de Becker, Wayne M.; Reece, Jane B.; Poenie, Martin F., *The World of the Cell*, 3rd Edition, © 1996. Reimpressa e reproduzida eletronicamente com autorização de Pearson Education, Inc., Upper Saddle River, New Jersey; 20.16 Dados de J. B. Gurdon et al., The Developmental Capacity of Nuclei Transplanted from Keratinized Cells of Adult Frogs, *Journal of Embryology and Experimental Morphology* 34:93–112 (1975); 20.21 Dados de K. Takahashi et al., Induction of pluripotent stem cells from adult human fibroblasts by defined factors, *Cell* 131:861–872 (2007).

Capítulo 21 21.3 Impressões de tela com base em Mac OS X e a partir dos dados encontrados em NCBI, U.S. National Library of Medicine using Conserved Domain Database, Sequence Alignment Viewer, and Cn3D; 21.8, 21.9 Adaptada de Becker, Wayne M.; Reece, Jane B.; Poenie, Martin F., *The World of the Cell*, 3rd Edition, © 1996. Reimpressa e reproduzida eletronicamente com autorização de Pearson Education, Inc., Upper Saddle River, New Jersey; 21.10 **hemoglobina** Dados de PDB ID 2HHB: G. Fermi, M.F. Perutz, B. Shaanan, and R. Fourme. The Crystal Structure of Human Deoxyhaemoglobin at 1.74 Å resolution. *J. Mol. Biol.* 175:159–174 (1984); 21.15a Desenhada a partir de dados de Protein Data Bank ID 1LZ1: "Refinement of Human Lysozyme at 1.5 Å Resolution Analysis of Non-bonded and Hydrogen-bond Interactions" by P. J. Artymiuk and C. C. Blake, from *Journal of Molecular Biology*, 1981, 152:737–762; 21.15b Desenhada a partir de dados de Protein Data Bank ID 1A4V: "Structural Evidence for the Presence of a Secondary Calcium Binding Site in Human Alpha-Lactalbumin" by N. Chandra et al., from *Biochemistry*, 1998, 37:4767–4772; **Hemoglobina no Exercício de habilidades científicas** PDB ID 2HHB: G. Fermi, M.F. Perutz, B. Shaanan, and R. Fourme. The Crystal Structure of Human Deoxyhaemoglobin at 1.74 Å Resolution. *J. Mol. Biol.* 175:159–174 (1984); **Exercício de habilidades científicas** Compilado utilizando dados de NCBI; 21.18 Dados de W. Shu et al., Altered ultrasonic vocalization in mice with a disruption in the Foxp2 gene, *Proceedings of the National Academy of Sciences USA* 102:9643–9648 (2005); 21.19 Adaptada de *The Homeobox: Something Very Precious That We Share with Flies, From Egg to Adult* by Peter Radetsky, © 1992. Reproduzida com autorização de William McGinnis; 21.20 Adaptação de "Hox Genes and the Evolution of Diverse Body Plans" by Michael Akam, from *Philosophical Transactions of the Royal Society B: Biological Sciences*, September 29, 1995, Volume 349(1329): 313–319. Reproduzida com autorização de The Royal Society.

Capítulo 22 22.8 Ilustração por Utako Kikutani (conforme aparece em "What Can Make a Four-Ton Mammal a Most Sensitive Beast?" by Jeheskel Shoshani, from *Natural History*, November 1997, Volume 106(1), 36–45). Copyright © 1997 by Utako Kikutani. Reproduzida com autorização do ilustrador; 22.13 Dados de "Host Race Radiation in the Soapberry Bug: Natural History with the History" by Scott P. Carroll and Christin Boyd, from *Evolution*, 1992, Volume 46(4); 22.14 Figura criada por Dr. Binh Diep sob pedido de Michael Cain. Copyright © 2011 by Binh Diep. Reproduzida com autorização; **Exercício de habilidades científicas** Dados de J. A. Endler, Natural Selection on Color Patterns in *Poecilia reticulata*, *Evolution* 34:76–91 (1980); **Questão Teste seu conhecimento 7** Dados de C. F. Curtis et al., Selection for and Against Insecticide Resistance and Possible Methods of Inhibiting the Evolution of Resistance in Mosquitoes, *Ecological Entomology* 3:273–287 (1978).

Capítulo 23 23.4 Com base nos dados de *Evolution*, by Douglas J. Futuyma. Sinauer Associates, 2006; and Nucleotide Polymorphism at the Alcohol Dehydrogenase Locus of *Drosophila melanogaster* by Martin Kreitman, from *Nature*, August 1983, Volume 304(5925); 23.11a Mapas adaptados de Figura 20.6 de *Discover Biology*, 2nd Edition, edited by Michael L. Cain, Hans Damman, Robert A. Lue, and Carol Kaesuk Loon. W. W. Norton & Company, Inc.; 23.12 Dados de Joseph H. Camin and Paul R. Ehrlich, Natural Selection in Water Snakes (*Natrix sipedon* L.) on Islands in Lake Erie, *Evolution* 12:504–511 (1958); 23.14 Com base em diversas fontes: *Evolution* by Douglas J. Futuyma. Sinauer Associates 2005; and *Vertebrate Paleontology and Evolution* by Robert L. Carroll. W.H. Freeman & Co., 1988; 23.16 Dados de A. M. Welch et al., Call Duration as an Indicator of Genetic Quality in Male Gray Tree Frogs, *Science* 280:1928–1930 (1998); 23.17 Adaptada de Frequency-Dependent Natural Selection in the Handedness of Scale-Eating Cichlid Fish by Michio Hori, from *Science*, April 1993, Volume 260(5105); **Questão Teste seu conhecimento 7** Dados de R. K. Koehn and T. J. Hilbish, The Adaptive Importance of Genetic Variation, *American Scientist* 75:134–141 (1987).

Capítulo 24 24.6 Gráfico original não-publicado criado por Brian Langerhans; 24.7 Dados de D. M. B. Dodd, Reproductive Isolation as a Consequence of Adaptive Divergence in *Drosophila pseudoobscura*, *Evolution* 43:1308–1311 (1989); **Exercício de habilidades científicas** Dados de S. G. Tilley, A. Verrell, and S. J. Arnold, Correspondence between Sexual Isolation and Allozyme Differentiation: A Test in the Salamander *Desmognathus ochrophaeus*, *Proceedings of the National Academy of Sciences USA* 87:2715–2719 (1990); 24.12 Dados de O. Seehausen and J. J. M. van Alphen, The Effect of Male Coloration on Female Mate Choice in Closely Related Lake Victoria Cichlids (*Haplochromis nyererei* complex), *Behavioral Ecology and Sociobiology* 42:1–8 (1998); 24.13d Com base em *Hybrid Zone and the Evolutionary Process*, edited by Richard G. Harrison. Oxford University Press; 24.19b Dados de Role of Gene Interactions in Hybrid Speciation: Evidence from Ancient and Experimental Hybrids by Loren H. Rieseberg et al., from *Science*, May 1996, Volume 272(5262).

Capítulo 25 25.2 Com base nos dados de The Miller Volcanic Spark Discharge Experiment by Adam P. Johnson et al., from *Science*, October 2008, Volume 322(5900); 25.4 Com base em "Experimental Models of Primitive Cellular Compartments: Encapsulation, Growth, and Division" by Martin M. Hanczyc, Shelly M. Fujikawa, and Jack W. Szostak, from *Science*, October 2003, Volume 302(5645); 25.6 Eicher, D. L, *Geologic Time*, 2nd Ed., ©1976, p. 119. Adaptada e reproduzida eletronicamente com autorização de Pearson Education, Inc., Upper Saddle River, New Jersey; 25.7 **Primeiros quatro crânios** Adaptada de diversas fontes incluindo D.J. Futuyma, *Evolution*, Fig. 4.10, Sunderland, MA: Sinauer Associates, Sunderland, MA (2005) e R.L. Carroll, *Vertebrate Paleontology and Evolution*. W.H. Freeman & Co. (1988); 25.7 **Último crânio** Adaptada de Z. Luo et al., A New Mammaliaform from the Early Jurassic and Evolution of Mammalian Characteristics, *Science* 292:1535 (2001); 25.8 Adaptada de When Did Photosynthesis Emerge on Earth? by David J. Des Marais, from *Science*, September 2000, Volume 289(5485). 25.9 Adaptada de The Rise of Atmospheric Oxygen by Lee R. Kump, from *Nature*, January 2008, Volume 451(7176); **Exercício de habilidades científicas** Dados de T. A. Hansen, Larval Dispersal and Species Longevity in Lower Tertiary Gastropods, *Science* 199:885–887 (1978); 25.16 Com base em *Earthquake Information Bulletin*, December 1977, Volume 9(6), edited by Henry Spall; 25.18 Com base em diversas fontes: D.M. Raup and J. J. Sepkoski, Jr., Mass Extinctions in the Marine Fossil Record, *Science* 215:1501–1503 (1982); J. J. Sepkoski, Jr., A Kinetic Model of Phanerozoic Taxonomic Diversity. III. Post-Paleozoic Families and Mass Extinctions, *Paleobiology* 10:246–267 (1984); and D. J. Futuyma, *The Evolution of Biodiversity*, p. 143, Fig. 7.3a and p. 145, Fig. 7.6, Sinauer Associates, Sunderland, MA; 25.20 Com base nos dados de A Long-Term Association between Global Temperature and Biodiversity, Origination and Extinction in the Fossil Record by P.J. Mayhew, G.B. Jenkins and T.G. Benton, *Proceedings of the Royal Society B: Biological Sciences* 275(1630):47–53. The Royal Society, 2008; 25.21 Adaptada de Anatomical and Ecological Constraints on Phanerozoic Animal Diversity in the Marine Realm by Richard K. Bambach et al., from *Proceedings of the National Academy of Sciences USA*, May 2002, Volume 99(10); 25.26 Com base nos dados de The Miller Volcanic Spark Discharge Experiment by Adam P. Johnson et al., from *Science*, October 2008, Volume 322(5900); 25.27 Dados de Genetic and Developmental Basis of Evolutionary Pelvic Reduction in Threespine Sticklebacks by Michael D. Shapiro et al., from *Nature*, April 2004, Volume 428(6984); 25.29 Adaptações da Figura 3.1 (a–d, f) de *Evolution*, 3rd Edition, by Monroe W. Strickberger. Jones & Bartlett Learning, Burlington, MA.

Capítulo 26 26.6 Dados de C. S. Baker e S. R. Palumbi, Which Whales Are Hunted? A Molecular Genetic Approach to Monitoring Whaling, *Science* 265:1538–1539 (1994); 26.13 Com base em The Evolution of the Hedgehog Gene Family in Chordates: Insights from Amphioxus Hedgehog by Sebastian M. Shimeld, from *Developmental Genes and Evolution*, January 1999, Volume 209(1); 26.19 Com base em *Molecular Markers, Natural History, and Evolution*, 2nd ed., by J.C. Advise. Sinauer Associates, 2004; 26.20 Adaptada de Timing the Ancestor of the HIV-1 Pandemic Strains by B. Korber et al., *Science* 288(5472):1789–1796 (6/9/00); **Exercício de habilidades científicas** Dados de Nancy A. Moran, Yale University. See N. A. Moran and T. Jarvik, Lateral transfer of genes from fungi underlies carotenoid production in aphids, *Science* 328:624–627 (2010); 26.23 Adaptada de Phylogenetic Classification and the Universal Tree by W.F. Doolittle, *Science* 284(5423):2124–2128 (6/25/99).

Capítulo 27 **27.10 gráfico** Dados de V. S. Cooper and R. E. Lenski, The Population Genetics of Ecological Specialization in Evolving *Escherichia coli* Populations, *Nature* 407:736–739 (2000); **27.19** Dados de Root-Associated Bacteria Contribute to Mineral Weathering and to Mineral Nutrition in Trees: A Budgeting Analysis by Christophe Calvaruso et al., *Applied and Environmental Microbiology*, February 2006, Volume 72(2); **27.22** Dados de K. Kupferschmidt, Resistance Fighters. *Science* 352(6287):758-761. 13 May 2016; **Exercício de habilidades científicas** Dados de L. Ling et al. A New Antibiotic Kills Pathogens without Detectable Resistance, *Nature* 517:455–459 (2015); **Questão Teste seu conhecimento 8** Dados de J. J. Burdon et al., Variation in the Effectiveness of Symbiotic Associations between Native Rhizobia and Temperate Australian Acacia: Within Species Interactions, *Journal of Applied Ecology* 36:398–408 (1999).

Capítulo 28 **Exercício de habilidades científicas** Dados de D. Yang et al., Mitochondrial Origins, *Proceedings of the National Academy of Sciences USA* 82:4443–4447 (1985); **28.19** Adaptação de ilustração por Kenneth X. Probst, de *Microbiology* by R.W. Bauman. Copyright © 2004 by Kenneth X. Probst; **28.26** Dados de R. Derelle et al., Bacterial proteins pinpoint a single eukaryotic root, *Proceedings of the National Academy of Sciences USA* 112:E693–699 (2015); **28.32** Com base em Global Phytoplankton Decline over the Past Century by Daniel G. Boyce et al., from *Nature*, July 29, 2010, Volume 466(7306); e comunicação pessoal com autores.

Capítulo 29 **29.14** Dados de "Inputs, Outputs, and Accumulation of Nitrogen in an Early Successional Moss (Polytrichum) Ecosystem" by Richard D. Bowden, from *Ecological Monographs*, June 1991, Volume 61(2); **Exercício de habilidades científicas** Dados de T.M. Lenton et al, First Plants Cooled the Ordovician. *Nature Geoscience* 5:86–89 (2012); **Questão Teste seu conhecimento 8** Dados de O. Zackrisson et al., Nitrogen Fixation Increases with Successional Age in Boreal Forests, *Ecology* 85:3327–3334 (2006).

Capítulo 30 **Exercício de habilidades científicas** Dados de S. Sallon et al, Germination, Genetics, and Growth of an Ancient Date Seed. *Science* 320:1464 (2008); 30.14a Adaptada de "A Revision of Williamsoniella" by T. M. Harris, from *Proceedings of the Royal Society B: Biological Sciences*, October 1944, Volume 231(583): 313–328; **30.14b** Adaptação da Figura 2.3, *Phylogeny and Evolution of Angiosperm*, 2nd Edition, by Douglas E. Soltis et al. (2005). Sinauer Associates, Inc.

Capítulo 31 **Exercício de habilidades científicas** Dados de F. Martin et al., The genome of *Laccaria bicolor* provides insights into mycorrhizal symbiosis, *Nature* 452:88–93 (2008); **31.22** Dados de A. E. Arnold et al., Fungal Endophytes Limit Pathogen Damage in a Tropical Tree, *Proceedings of the National Academy of Sciences USA* 100:15649–15654 (2003); **31.27** Adaptação da Figura 1 de "Reversing Introduced Species Effects: Experimental Removal of Introduced Fish Leads to Rapid Recovery of a Declining Frog" by Vance T. Vredenburg, from *Proceedings of the National Academy of Sciences USA*, May 2004, Volume 101(20). Copyright (2004) National Academy of Sciences, U.S.A.; **Questão Teste seu conhecimento 5** Dados de R. S. Redman et al., Thermotolerance Generated by Plant/Fungal Symbiosis, *Science* 298:1581 (2002).

Capítulo 32 **Exercício de habilidades científicas** Dados de Bradley Deline, University of West Georgia, and Kevin Peterson, Dartmouth College, 2013.

Capítulo 33 **Exercício de habilidades científicas** Dados de R. Rochette et al., Interaction between an Invasive Decapod and a Native Gastropod: Predator Foraging Tactics and Prey Architectural Defenses, *Marine Ecology Progress Series* 330:179–188 (2007); **33.21** Adaptação da Figura 3 de "The Global Decline of Nonmarine Mollusks" by Charles Lydeard et al., from *Bioscience*, April 2004, Volume 54(4). American Institute of Biological Sciences. Oxford University Press; **33.29 árvore** Dados de J. K. Grenier et al., Evolution of the Entire Arthropod Hox Gene Set Predated the Origin and Radiation of the Onychophoran/Arthropod Clade, *Current Biology* 7:547–553 (1997).

Capítulo 34 **34.10** Adaptação da Figura 1a de "Fossil Sister Group of Craniates: Predicted and Found" by Jon Mallatt and Jun-yuan Chen, from *Journal of Morphology*, May 15, 2003, Volume 258(1). John Wiley & Sons, Inc.; **34.12** Adaptada de *Vertebrates: Comparative Anatomy, Function, Evolution* (2002) by Kenneth Kardong. The McGraw-Hill Companies, Inc.; **34.18** Adaptação da Figura 3 de "The Oldest Articulated Osteichthyan Reveals Mosaic Gnathostome Characters" by Min Zhu et al., from *Nature*, March 26, 2009, Volume 458(7237); **34.21** Adaptação da Figura 4 de "The Pectoral Fin of *Tiktaalik roseae* and the Origin of the Tetrapod Limb" by Neil H. Shubin et al., from *Nature*, April 6, 2006, Volume 440(7085). Macmillan Publishers Ltd.; **34.21** *Acanthostega* Adaptação da Figura 27 de "The Devonian Tetrapod *Acanthostega gunnari* Jarvik: Postcranial Anatomy, Basal Tetrapod Relationships and Patterns of Skeletal Evolution" by Michael I. Coates, from *Transactions of the Royal Society of Edinburgh: Earth Sciences*, Volume 87: 398; **34.38a** Com base em diversas fontes incluindo a Figura 4.10 de *Evolution*, by Douglas J. Futuyma. Sinauer Associates, 2005; and *Vertebrate Paleontology and Evolution* by Robert L. Carroll. W.H. Freeman & Co., 1988; **34.47** Com base em diversas fotografias de fósseis. Algumas fontes são: foto *O. tugenensis* em "Early Hominid Sows Division" por Michael Balter, de *Science Now*, Feb. 22, 2001; *A. garhi* e *H. neanderthalensis* com base em *The Human Evolution Coloring Book* por Adrienne L. Zihlman e Carla J. Simmons. Harper Collins, 2001; *K. platyops* com base em foto de "New Hominin Genus from Eastern Africa Shows Diverse Middle Pliocene Lineages" por Meave Leakey et al., from *Nature*, March 2001, Volume 410(6827); *P. boisei* com base em uma foto por David Brill; *H. ergaster* com base em uma foto de www.museumsinhand.com; *S. tchadensis* com base na Figure 1b de "A New Hominid from the Upper Miocene of Chad, Central Africa" por Michel Brunet et al., from *Nature*, July 2002, Volume 418(6894); **Exercício de habilidades científicas** Dados de Dean Falk, Florida State University, 2013; **Questão Teste seu conhecimento 8** Dados de D. Sol et al., Big-Brained Birds Survive Better in Nature, *Proceedings of the Royal Society B* 274:763–769 (2007).

Capítulo 35 **Exercício de habilidades científicas** Dados de D. L. Royer et al., Phenotypic Plasticity of Leaf Shape Along a Temperature Gradient in Acer rubrum, *PLOS ONE* 4(10):e7653 (2009); **35.21** Dados de "Mongolian Tree Rings and 20th-Century Warming" by Gordon C. Jacoby, et al., from *Science*, August 9, 1996, Volume 273(5276): 771–773.

Capítulo 36 **Exercício de habilidades científicas** Dados de J. D. Murphy and D. L. Noland, Temperature Effects on Seed Imbibition and Leakage Mediated by Viscosity and Membranes, *Plant Physiology* 69:428–431 (1982); **36.18** Dados de S. Rogers and A. J. Peel, Some Evidence for the Existence of Turgor Pressure in the Sieve Tubes of Willow (*Salix*), *Planta* 126:259–267 (1975).

Capítulo 37 **37.10b** Dados de D.S. Lundberg et al., Defining the Core *Arabidopsis thaliana* Root Microbiome, *Nature* 488:86–94 (2012).

Capítulo 38 **Exercício de habilidades científicas** Dados de S. Sutherland and R. K. Vickery, Jr. Trade-offs between Sexual and Asexual Reproduction in the Genus *Mimulus*. *Oecologia* 76:330–335 (1998).

Capítulo 39 **39.5** Dados de C. R. Darwin, *The Power of Movement in Plants*, John Murray, London (1880). P. Boysen-Jensen, Concerning the Performance of Phototropic Stimuli on the Avenacoleoptile, *Berichte der Deutschen Botanischen Gesellschaft (Reports of the German Botanical Society)* 31:559–566 (1913); **39.6** Dados de L. Gälweiler et al., Regulation of Polar Auxin Transport by AtPIN1 in *Arabidopsis* Vascular Tissue, *Science* 282:2226–2230 (1998); **39.15a** Com base em *Plantwatching: How Plants Remember, Tell Time, Form Relationships and More* by Malcolm Wilkins. Facts on File, 1988; **39.16** Dados de H. Borthwick et al., A Reversible Photo Reaction Controlling Seed Germination, *Proceedings of the National Academy of Sciences USA* 38:662–666 (1952); **Exercício de resolução de problemas, mapa** Dados de Camilo Mora et al. Days for Plant Growth Disappear under Projected Climate Change: Potential Human and Biotic Vulnerability. *PLoS Biol.* 13(6): e1002167 (2015); **Exercício de habilidades científicas** Dados de O. Falik et al., Rumor Has It ...: Relay Communication of Stress Cues in Plants, *PLoS ONE* 6(11):e23625 (2011).

Capítulo 40 **40.16** Dados de V. H. Hutchison, H. G. Dowling, and A. Vinegar, Thermoregulation in a Brooding Female Indian Python, *Python molurus bivittatus*, *Science* 151:694–696 (1966); **Exercício de habilidades científicas** Com base nos dados de M. A. Chappell et al., Energetics of Foraging in Breeding Adélie Penguins, *Ecology* 74:2450–2461 (1993); M. A. Chappell et al., Voluntary Running in Deer Mice: Speed, Distance, Energy Costs, and Temperature Effects, *Journal of Experimental Biology* 207:3839–3854 (2004); T. M. Ellis and M. A. Chappell, Metabolism, Temperature Relations, Maternal Behavior, and Reproductive Energetics in the Ball Python (*Python regius*), *Journal of Comparative Physiology* B 157:393–402 (1987); **40.22** Dados de F. G. Revel et al., The Circadian Clock Stops Ticking During Deep Hibernation in the European Hamster, *Proceedings of the National Academy of Sciences USA* 104:13816–13820 (2007).

Capítulo 41 **41.4** Dados de R. W. Smithells et al., Possible Prevention of Neural-Tube Defects by Periconceptional Vitamin Supplementation, *Lancet* 315:339–340 (1980); **41.8** Adaptada de Marieb, Elaine; Hoehn, Katja, *Human Anatomy and Physiology*, 8th Edition, 2010, p. 852, Reimpressa e reproduzida eletronicamente com autorização de Pearson Education, Upper Saddle River, New Jersey; **41.17** Adaptada de Ottman N., Smidt H., de Vos W.M. and Belzer C. (2012) The function of our microbiota: who is out there and what do they do? *Front. Cell. Inf. Microbiol.* 2:104. doi: 10.3389/fcimb.2012.00104; **41.24** Republicada com autorização de American Association for the Advancement of Science, from Cellular Warriors at the Battle of the Bulge by Kathleen Sutliff and Jean Marx, from *Science*, February 2003, Volume 299(5608); **Exercício de habilidades científicas** Com base nos dados de D. L. Coleman, Effects of Parabiosis of Obese Mice with Diabetes and Normal Mice, Diabetologia 9:294–298 (1973).

Capítulo 42 **Exercício de habilidades científicas** Dados de J. C. Cohen et al., Sequence Variations in PCSK9, Low LDL, and Protection Against Coronary Heart Disease, *New England Journal of Medicine* 354:1264–1272 (2006); **42.25** Dados de M. E. Avery and J. Mead, Surface Properties in Relation to Atelectasis and Hyaline Membrane Disease, *American Journal of Diseases of Children* 97:517–523 (1959).

Capítulo 43 **43.5** Adaptada de *Microbiology: An Introduction*, 11th Edition, by Gerard J. Tortora, Berdell R. Funke, and Christine L. Case. Pearson Education, Inc.; **43.6** Adaptada de Marieb, Elaine N.; Hoehn, Katja, *Human Anatomy and Physiology*, 8th Ed., © 2010. Reimpressa e reproduzida eletronicamente com autorização de Pearson Education, Inc., Upper Saddle River, New Jersey; **43.24** Com base em diversas fontes: WHO/UNICEF Coverage Estimates 2014 Revision. July 2015. Map Production: Immunization Vaccines and Biologicals (IVB). World Health Organization, 16 July 2015; Our Progress Against Polio, May 1, 2014. CDC; **Exercício de habilidades científicas** Dados de L. J. Morrison et al., Probabilistic Order in Antigenic Variation of *Trypanosoma brucei*, *International Journal for Parasitology* 35:961-972 (2005); and L. J. Morrison et al., Antigenic Variation in the African Trypanosome: Molecular Mechanisms and Phenotypic Complexity, *Cellular Microbiology* 1: 1724–1734 (2009).

Capítulo 44 **Exercício de habilidades científicas** Dados de R. E. MacMillen et al., Water Economy and Energy Metabolism of the Sandy Inland Mouse, *Leggadina hermannsburgensis*, *Journal of Mammalogy* 53:529–539 (1972); **44.6** Adaptada de Mitchell, Lawrence G., *Zoology*, © 1998. Reimpressa e reproduzida eletronicamente com autorização de Pearson Education, Inc., Upper Saddle River, New Jersey; **44.12 Estrutura do rim** Adaptada de Marieb, Elaine N.; Hoehn, Katja, *Human Anatomy and Physiology*, 8th Ed., 2010. Reimpressa e reproduzida eletronicamente com autorização de Pearson Education, Inc., Upper Saddle River, New Jersey; **44.13a Estrutura do rim** Adaptada de Marieb, Elaine N.; Hoehn, Katja, *Human Anatomy and Physiology*, 8th Ed., 2010. Reimpressa e reproduzida eletronicamente com autorização de Pearson Education, Inc., Upper Saddle River, New Jersey; **44.20** Dados nas tabelas de P. M. Deen et al., Requirement of Human Renal Water Channel Aquaporin-2 for Vasopressin-Dependent Concentration of Urine, *Science* 264:92–95 (1994); **Figura Resumo** Adaptada de Beck, *Life: An Introduction to Biology*, 3rd Ed., ©1991, p. 643. Reimpressa e reproduzida eletronicamente com autorização de Pearson Education, Inc., Upper Saddle River, New Jersey; **Questão Teste seu conhecimento 7** Dados de canguru e rato de *Animal Physiology: Adaptation and Environment* by Knut Schmidt-Nielsen. Cambridge University Press, 1991.

Capítulo 45 **Exercício de habilidades científicas** Dados de J. Born et al., Timing the End of Nocturnal Sleep, *Nature* 397:29–30 (1999).

Capítulo 46 **46.8** Dados de R. R. Snook and D. J. Hosken, Sperm Death and Dumping in *Drosophila*, *Nature* 428:939–941 (2004); **Exercício de habilidades científicas**

Dados de A. Jost, Recherches Sur la Differenciation Sexuelle de l'embryon de Lapin (Studies on the Sexual Differentiation of the Rabbit Embryo), *Archives d'Anatomie Microscopique et de Morphologie Experimentale* 36:271–316 (1947); **46.16** Adaptada de Marieb, Elaine N., Hoehn, Katja, *Human Anatomy and Physiology*, 8th Ed., 2010. Reimpressa e reproduzida eletronicamente com autorização de Pearson Education, Inc., Upper Saddle River, New Jersey.

Capítulo 47 **47.3** Dados de "Intracellular Calcium Release at Fertilization in the Sea Urchin Egg" by R. Steinhardt et al., from *Developmental Biology*, July 1977, Volume 58(1); **Exercício de habilidades científicas** Dados de J. Newport and M. Kirschner, A Major Developmental Transition in Early *Xenopus* Embryos: I. Characterization and Timing of Cellular Changes at the Midblastula Stage, *Cell* 30:675–686 (1982); **47.10** Adaptada de Keller, R. E. 1986. The Cellular Basis of Amphibian Gastrulation. In L. Browder (ed.), *Developmental Biology: A Comprehensive Synthesis*, Vol. 2. Plenum, New York, pp. 241–327; **47.14** Com base em "Cell Commitment and Gene Expression in the Axolotl Embryo" by T. J. Mohun et al., from *Cell*, November 1980, Volume 22(1); **47.17** *Principles of Development*, 2nd Edition by Wolpert (2002), Fig. 8.26, p. 275. Com autorização de Oxford University Press; **47.19** Republicada com autorização de Garland Science, Taylor & Francis Group, from *Molecular Biology of the Cell*, Bruce Alberts et al., 4th Edition, © 2002; autorização concedida pelo Copyright Clearance Center, Inc.; **47.23** Dados de H. Spemann, *Embryonic Development and Induction*, Yale University Press, New Haven, CT (1938); **47.24** Dados de H. Spemann and H. Mangold, Induction of Embryonic Primordia by Implantation of Organizers from a Different Species, Trans. V. Hamburger (1924). Reimpressa no *International Journal of Developmental Biology* 45:13–38 (2001); **47.26** Dados de L. S. Honig and D. Summerbell, Maps of strength of positional signaling activity in the developing chick wing bud, *Journal of Embryology and Experimental Morphology* 87:163–174 (1985); **47.27** Adaptada de Marieb, Elaine N.; Hoehn, Katja, *Human Anatomy and Physiology*, 8th Edition, 2010. Reimpressa e reproduzida eletronicamente com autorização de Pearson Education, Inc., Upper Saddle River, New Jersey.

Capítulo 48 **48.12** Gráfico com base na Figura 6-2d de *Cellular Physiology of Nerve and Muscle*, 4th Edition, by Gary G. Matthews. Wiley-Blackwell, 2003; **Exercício de habilidades científicas** Dados de C. B. Pert and S. H. Snyder, Opiate Receptor: Demonstration in Nervous Tissue, *Science* 179:1011–1014 (1973).

Capítulo 49 **49.7** Adaptada de Marieb, Elaine N.; Hoehn, Katja, *Human Anatomy and Physiology*, 8th Ed., © 2010. Reimpressa e reproduzida eletronicamente com autorização de Pearson Education, Inc., Upper Saddle River, New Jersey; **49.12** Com base em "Sleep in Marine Mammals" by L. M. Mukhametov, from *Sleep Mechanisms*, edited by Alexander A. Borberly and J. L. Valatx. Springer; **Exercício de habilidades científicas** Dados de M. R. Ralph et al., Transplanted Suprachiasmatic Nucleus Determines Circadian Period, *Science* 247:975–978 (1990); **49.20** Adaptação da Figura 1c de "Avian Brains and a New Understanding of Vertebrate Brain Evolution" by Erich D. Jarvis et al., from *Nature Reviews Neuroscience*, February 2005, Volume 6(2); **49.23** Adaptação da Figura 10 de *Schizophrenia Genesis: The Origins of Madness* by Irving I. Gottesman. Worth Publishers.

Capítulo 50 **50.12a, 50.13, 50.17 estrutura do olho, 50.24a, 50.26, 50.31** Adaptada de Marieb, Elaine N; Hoehn, Katja, *Human Anatomy and Physiology*, 8th Ed., © 2010 Reimpressa e reproduzida eletronicamente com autorização de Pearson Education, Inc., Upper Saddle River, New Jersey; **50.23** Dados de K. L. Mueller et al., The receptors and coding logic for bitter taste, *Nature* 434:225–229 (2005); **50.35 gafanhoto** Com base em Hickman et al., *Integrated Principles of Zoology*, 9th ed., p. 518, Fig. 22.6, McGraw-Hill Higher Education, NY (1993); **Exercício de habilidades científicas** Dados de K. Schmidt-Nielsen, Locomotion: Energy Cost of Swimming, Flying, and Running, *Science* 177:222–228 (1972).

Capítulo 51 **51.4** Com base em "*Drosophila*: Genetics Meets Behavior" by Marla B. Sokolowski, from *Nature Reviews: Genetics*, November 2001, Volume 2(11); **51.8** Dados de *The Study of Instinct*, N. Tinbergen, Clarendon Press, Oxford (1951); **51.10** Adaptada de "Prospective and Retrospective Learning in Honeybees" by Martin Giurfa and Julie Bernard, from *International Journal of Comparative Psychology*, 2006, Volume 19(3); **51.13** Adaptada de Evolution of Foraging Behavior in *Drosophila* by Density Dependent Selection by Maria B. Sokolowski et al., from *Proceedings of the National Academy of Sciences USA*, July 8, 1997, Volume 94(14); **Exercício de habilidades científicas** Dados de Shell Dropping: Decision-Making and Optimal Foraging in Northwestern Crows by Reto Zach, from *Behaviour*, 1979, Volume 68(1–2); 51; **51.18** Reproduzida com autorização de Klaudia Witte; **51.24 Ilustração** Adaptations of photograph by Jonathan Blair, Figure/PhotoID: 3.14, como aparece em *Animal Behavior: An Evolutionary Approach*, 8th Edition, Editor: John Alcock, p. 88. Reprinted by permission; **51.24 Mapa** Dados de "Rapid Microevolution of Migratory Behaviour in a Wild Bird Species" by P. Berthold et al., from *Nature*, December 1992, Volume 360(6405); **Ilustração do Resumo do Conceito 51.2**: Dados de *The Study of Instinct*, N. Tinbergen, Clarendon Press, Oxford (1951).

Capítulo 52 **52.19** Com base nos dados de *Ecology and Field Biology* by Robert L. Smith. Pearson Education, 1974; and *Sibley Guide to Birds* by David Allen Sibley. Random House, 2000; **52.20** Com base nos dados de W.J. Fletcher, Interactions among Subtidal Australian Sea Urchins, Gastropods and Algae: Effects of Experimental Removals, *Ecological Monographs* 57:89–109 (1987); **52.21** Com base em S. D. Ling et al. Climate-Driven Range Extension of a Sea Urchin: Inferring Future Trends by Analysis of Recent Population Dynamics, *Global Change Biology* (2009) 15, 719–731, doi: 10.1111/j.1 365-2486.2008.01734.x; **Exercício de habilidades científicas** Com base nos dados de C. M. Crain et al., Physical and Biotic Drivers of Plant Distribution Across Estuarine Salinity Gradients, *Ecology* 85:2539–2549 (2004); **Gráfico da questão Teste seu conhecimento 11** Com base nos dados de J. Clausen et al., *Experimental Studies on the Nature of Species. III. Environmental Responses of Climatic Races of Achillea*, Carnegie Institution of Washington Publication No. 581 (1948).

Capítulo 53 **53.2** Dados de A. M. Gormley et al., Capture-Recapture Estimates of Hector's Dolphin Abundance at Banks Peninsula, New Zealand, *Marine Mammal Science* 21:204–216 (2005); **Tabela 53.1** Dados de P. W. Sherman and M. L. Morton, Demography of Belding's Ground Squirrel, *Ecology* 65:1617–1628 (1984); **53.4** Com base em Demography of Belding's Ground Squirrels by Paul W. Sherman and Martin L. Morton, from *Ecology*, October 1984, Volume 65(5); **53.13** Dados de Brood Size Manipulations in the Kestrel (*Falco tinnunculus*): Effects on Offspring and Parent Survival by C. Dijkstra et al., from *Journal of Animal Ecology*, 1990, Volume 59(1); **53.15** Com base em Climate and Population Regulation: The Biogeographer's Dilemma by J. T. Enright, from *Oecologia*, 1976, Volume 24(4); **53.16** Com base nos dados de Predator Responses, Prey Refuges, and Density-Dependent Mortality of a Marine Fish by T.W. Anderson, *Ecology* 82(1):245–257 (2001); **53.18** Com base nos dados fornecidos por Dr. Rolf O. Peterson; **53.21** Com base no U.S. Census Bureau International Data Base; **53.22** Com base no U.S. Census Bureau International Data Base; **53.23** Com base no U.S. Census Bureau International Data Base; **53.24** Com base no Ewing B., D. Moore, S. Goldfinger, A. Oursler, A. Reed, and M. Wackernagel. 2010. *The Ecological Footprint Atlas 2010*. Oakland: Global Footprint Network, p. 33 (www.footprintnetwork.org).

Capítulo 54 **54.1, 54.2** Com base em A. Stanley Rand and Ernest E. Williams. The Anoles of La Palma: Aspects of Their Ecological Relationships, *Breviora*, Volume 327: 1–19. Museum of Comparative Zoology, Harvard University; **54.3** Dados de J. H. Connell, The Influence of Interspecific Competition and Other Factors on the Distribution of the Barnacle *Chthamalus stellatus*, *Ecology* 42:710–723 (1961); **Exercício de habilidades científicas** Com base nos dados de B. L. Phillips and R. Shine, An Invasive Species Induces Rapid Adaptive Change in a Native Predator: Cane Toads and Black Snakes in Australia, *Proceedings of the Royal Society B* 273:1545–1550 (2006); **54.11** Com base nos dados de Sally D. Hacker and Mark D. Bertness, Experimental Evidence for Factors Maintaining Plant Species Diversity in a New England Salt Marsh. *Ecology*, September 1999, Volume 80(6); **54.14 Gráfico** Dados de N. Fierer and R. B. Jackson, The Diversity and Biogeography of Soil Bacterial Communities, *Proceedings of the National Academy of Sciences USA* 103:626–631 (2006); **54.17** Com base em George A. Knox. Antarctic Marine Ecosystems, from *Antarctic Ecology*, Volume 1, edited by Martin W. Holdgate. Academic Press, 1970; **54.18** Adaptada de Denise L. Breitburg et al., Varying Effects of Low Dissolved Oxygen on Trophic Interactions in an Estuarine Food Web. *Ecological Monographs*, November 1997, Volume 67(4). Utilizada com autorização de Ecological Society of America; **54.19** Com base em B. Jenkins et al., Productivity, Disturbance and Food Web Structure at a Local Spatial Scale in Experimental Container Habitats. *OIKOS*, November 1992, Volume 65(2); **54.20 Gráfico** Dados de R. T. Paine, Food web complexity and species diversity, *American Naturalist* 100:65–75 (1966); **54.24** Com base nos dados de C.R. Townsend, M.R. Scarsbrook, and S. Doledec, The Intermediate Disturbance Hypothesis, Refugia, and Biodiversity in Streams, *Limnology and Oceanography* 42:938–949 (1997); **54.26** Com base em Robert L. Crocker and Jack Major. Soil Development in Relation to Vegetation and Surface Age at Glacier Bay, Alaska. *Journal of Ecology*, July 1955, Volume 43(2); **54.27** Adaptada de F. Stuart Chapin et al., Mechanisms of Primary Succession Following Deglaciation at Glacier Bay. *Ecological Monographs*, May 1994, Volume 64(2). Ecological Society of America; **54.29** Adaptada de D. J. Currie. Energy and Large-Scale Patterns of Animal-and Plant-Species Richness. *American Naturalist*, January 1991, Volume 137(1): 27–49; **54.30** Adaptada de Robert H. MacArthur and Edward O. Wilson, An Equilibrium Theory of Insular Zoogeography. *Evolution*, December 1963, Volume 17(4). Society for the Study of Evolution; **54.33** Com base em Daniel S. Simberloff and Edward O. Wilson. 1969. Experimental Zoogeography of Islands: The Colonization of Empty Islands. *Ecology*, Vol. 50, No. 2 (Mar., 1969), pp. 278–296.

Capítulo 55 **55.4** Com base em Figura 1.2 de Donald L. DeAngelis (1992), *Dynamics of Nutrient Cycling and Food Webs*. Taylor & Francis; **55.6** Dados de J. H. Ryther and W. M. Dunstan, Nitrogen, Phosphorus, and Eutrophication in the Coastal Marine Environment, *Science* 171:1008–1013 (1971); **Tabela 55.1** Dados de D. W. Menzel and J. H. Ryther, Nutrients Limiting the Production of Phytoplankton in the Sargasso Sea, with Special Reference to Iron, *Deep Sea Research* 7:276–281 (1961); **55.7** Com base nos dados de Fig. 4.1, p. 82, in R.H. Whittaker (1970), *Communities and Ecosystems*. Macmillan, New York; **55.8** Com base em Fig. 3c e 3d de Temperate Forest Health in an Era of Emerging Megadisturbance, Constance I. Millar and Nathan L. Stephenson, *Science* 349, 823 (2015); doi: 10.1126/science.aaa9933; **Exercício de habilidades científicas** Dados de J. M. Teal, Energy Flow in the Salt Marsh Ecosystem of Georgia, *Ecology* 43:614–624 (1962); **55.12** Dados de J. A. Trofymow and the CIDET Working Group, The Canadian Intersite Decomposition Experiment: Project and Site Establishment Report (Information Report BC-X-378), Natural Resources Canada, Canadian Forest Service, Pacific Forestry Centre (1998) and T. R. Moore et al., Litter decomposition rates in Canadian forests, *Global Change Biology* 5:75–82 (1999); **55.14** Adaptada de Figura 7.4 de Robert E. Ricklefs (2001), *The Economy of Nature*, 5th edition. W.H. Freeman and Company; **55.18b** Com base nos dados de Wei-Min Wu et al. (2006), Pilot-Scale in Situ Bioremediation of Uranium in a Highly Contaminated Aquifer. 2. Reduction of U(VI) and Geochemical Control of U(VI) Bioavailability. *Environmental Science Technology* 40 (12):3986–3995 (5/13/06); **Ilustração do Resumo do conceito 55.1** Com base na Figura 1.2 de Donald L. DeAngelis (1992). *Dynamics of Nutrient Cycling and Food Webs*. Taylor & Francis.

Capítulo 56 **56.10** Com base nos dados de Gene Likens; **56.11** Krebs, Charles J., *Ecology: The Experimental Analysis of Distribution and Abundance*, 5th Ed., © 2001. Reimpressa e reproduzida eletronicamente com autorização de Pearson Education, Inc., Upper Saddle River, New Jersey; **56.13** Dados de "Tracking the Long-Term Decline and Recovery of an Isolated Population" by R.L. Westemeier et al., *Science* Volume 282(5394):1695–1698 (11/27/98), AAAS; **56.19** Adaptada de Norman Myers et al. (2000). Biodiversity Hotspots for Conservation Priorities, *Nature*, February 24, 2000, Volume 403(6772); **56.28** Com base em dados de CO_2 de www.esrl.noaa.gov/gmd/ccgg/trends. Dados de temperatura de www.giss.nasa.gov/gistemps/graphs/Fig. A.lrg.gif; **Exercício de habilidades científicas** Com base nos dados de National Oceanic & Atmospheric Administration, Earth System Research Laboratory, Global Monitoring Division; **56.32** Com base nos dados de "History of the Ozone Hole," do website da NASA, February 26, 2013; e "Antarctic Ozone," do website da British Antarctic Society, June 7, 2013; **56.35** Com base nos dados de Instituto Nacional de Estadistica y Censos de Costa Rica and Centro Centroamericano de Poblacion, Universidad de Costa Rica.

Apêndice A **Figura 5.11** Wallace/Sanders/Ferl, *Biology: The Science of Life*, 3rd Ed., © 1991. Reimpressa e reproduzida eletronicamente com autorização de Pearson Education, Inc., Upper Saddle River, New Jersey.

Glossário

abiótico Não vivo; referente às propriedades físicas e químicas de um ambiente.

abordagem *shotgun* de genoma inteiro Procedimento para sequenciamento do genoma no qual o genoma é cortado de forma aleatória em segmentos curtos sobrepostos que são sequenciados; um programa de computador então monta a sequência completa.

aborto Interrupção de uma gravidez em andamento.

absorção O terceiro estágio do processamento de alimentos em animais: a captação de pequenas moléculas nutritivas pelo corpo de um organismo.

abundância relativa Abundância proporcional de espécies diferentes em uma comunidade.

acantodiano Qualquer grupo de vertebrados aquáticos mandibulados ancestrais dos períodos Siluriano e Devoniano.

aceptor primário de elétrons Na membrana tilacoide de um cloroplasto, ou na membrana de alguns procariotos, é uma molécula especializada que compartilha o complexo do centro de reação com um par de moléculas de clorofila *a* e que recebe um elétron desse par.

acetilação das histonas Ligação de grupos acetila a certos aminoácidos das proteínas histonas.

acetil-CoA Acetilcoenzima A; o composto de entrada para o ciclo do ácido cítrico na respiração celular, formado a partir de um fragmento de dois carbonos de piruvato ligado a uma coenzima.

acetilcolina Um dos neurotransmissores mais comuns; funciona pela ligação aos receptores e pela alteração da permeabilidade da membrana pós-sináptica para íons específicos, seja despolarizando ou hiperpolarizando a membrana.

acidente vascular cerebral Morte do tecido nervoso no encéfalo, geralmente resultante da ruptura ou bloqueio de artérias no pescoço ou na cabeça.

acidificação dos oceanos Processo pelo qual o pH da água oceânica é diminuído (torna-se mais ácido) quando o excesso de CO_2 se dissolve na água do mar e forma ácido carbônico (H_2CO_3).

ácido Substância que aumenta a concentração de íons hidrogênio de uma solução.

ácido abscísico (ABA) Hormônio vegetal que reduz o crescimento e, com frequência, tem ação antagônica aos hormônios de crescimento. Dois dos seus múltiplos efeitos são promover a dormência das sementes e aumentar a tolerância à seca.

ácido desoxirribonucleico (DNA) Molécula de ácido nucleico com a forma de uma dupla-hélice, consistindo em monômeros de nucleotídeos com um açúcar desoxirribose e as bases nitrogenadas adenina (A), citosina (C), guanina (G) e timina (T); são capazes de se replicar e determinar a estrutura hereditária de uma proteína celular.

ácido graxo Ácido carboxílico com uma longa cadeia carbônica. Ácidos graxos variam em comprimento e no número e localização de ligações duplas; três ácidos graxos ligados a uma molécula de glicerol formam uma molécula de gordura, também conhecida como triacilglicerol ou triglicerídeo.

ácido graxo essencial Ácido graxo insaturado que um animal necessita, mas não consegue produzir.

ácido graxo insaturado Ácido graxo que tem uma ou mais ligações duplas entre os carbonos na cadeia hidrocarbonada. Essas ligações reduzem o número de átomos de hidrogênio ligados ao esqueleto de carbono.

ácido graxo saturado Ácido graxo no qual todos os carbonos da cadeia de hidrocarbonetos são unidos por ligações simples, maximizando, assim, o número de átomos de hidrogênio ligados ao esqueleto de carbono.

ácido nucleico Polímero (polinucleotídeo) que consiste em muitos monômeros de nucleotídeos; serve como diagrama para as proteínas e, por meio da ação delas, para todas as atividades celulares. Os dois tipos são DNA e RNA.

ácido ribonucleico (RNA) Tipo de ácido nucleico consistindo em polinucleotídeo composto de monômeros de nucleotídeos com um açúcar ribose e as bases nitrogenadas adenina (A), citosina (C), guanina (G) e uracila (U); geralmente de fita simples; atua na síntese de proteínas, na regulação gênica e como genoma em alguns vírus.

ácido salicílico Molécula sinalizadora em plantas que pode ser parcialmente responsável pela ativação da resistência sistêmica adquirida contra patógenos.

ácido úrico Produto do metabolismo de proteínas e purinas e o principal resíduo nitrogenado de insetos, caracóis terrestres e muitos répteis. O ácido úrico é relativamente atóxico e muito insolúvel em água.

aclimatação Ajuste fisiológico para uma mudança em um fator ambiental.

acoplamento energético No metabolismo celular, o uso da energia liberada de uma reação exotérmica para realizar uma reação endotérmica.

acrossomo Vesícula na extremidade de um espermatozoide contendo enzimas hidrolíticas e outras proteínas que auxiliam o espermatozoide a alcançar o ovócito.

actina Proteína globular que se liga formando cadeias, duas das quais se enrolam entre si em forma de hélice, formando microfilamentos (filamentos de actina) no músculo e em outros tipos celulares.

adaptação Característica herdada de um organismo que aumenta sua sobrevivência e reprodução em ambientes específicos.

adaptação sensorial Tendência de neurônios sensoriais se tornarem menos sensitivos quando são estimulados repetidamente.

adenilato-ciclase Enzima que converte ATP em AMP cíclico em resposta a um sinal extracelular.

adeno-hipófise Porção da glândula hipófise que se desenvolve de tecido não neuronal; consiste em células endócrinas que sintetizam e secretam vários hormônios tróficos e não tróficos.

adenosina-trifosfato Ver ATP (adenosina-trifosfato).

adesão Atração de uma substância à outra, como da água às paredes das células vegetais, nesse caso por meio de ligações de hidrogênio.

adrenalina (epinefrina) Catecolamina que, quando secretada pela medula adrenal, medeia as respostas de "luta ou fuga" a estresses de curta duração; também liberada por alguns neurônios como neurotransmissor.

aeróbio obrigatório Organismo que necessita de oxigênio para respiração celular e não consegue viver sem ele.

agente oxidante O aceptor de elétrons em uma reação redox.

agente redutor O doador de elétron(s) em uma reação redox.

agricultura sustentável Métodos de produção agrícola de longo prazo que são seguros para o ambiente.

Aids (síndrome da imunodeficiência adquirida) Sinais e sintomas presentes durante os últimos estágios da infecção pelo HIV, definidos pela redução específica no número de células T e pelo surgimento de infecções secundárias características.

ajuste induzido Mudança conformacional de um sítio ativo de uma enzima, induzida pela entrada de um substrato, para que ela se ligue mais firmemente ao substrato.

alça de Henle Alça em forma de grampo, com ramos descendentes e ascendentes, entre os túbulos proximais e distais de um rim de vertebrado; funciona na reabsorção de água e sal.

alelo Qualquer uma das formas alternativas de um gene que pode produzir efeitos fenotípicos distintos.

alelo dominante Alelo que é totalmente expressado no fenótipo de um heterozigoto.

alelo recessivo Alelo cujo efeito fenotípico não é observado em um heterozigoto.

alga Termo genérico para qualquer espécie de protistas fotossintéticos, incluindo formas unicelulares e multicelulares. As espécies de algas são incluídas em três supergrupos de eucariontes (Excavata, SAR e Archaeplastida).

alga parda Protista multicelular fotossintetizante de coloração característica marrom ou oliva originada dos carotenoides em seus plastídios. A maioria das algas pardas é marinha, e algumas têm o corpo (talo) semelhante ao das plantas.

alga verde Protista fotossintetizante, assim denominado devido aos cloroplastos verdes que são similares em estrutura e composição de pigmentos aos cloroplastos de plantas. As algas verdes formam um grupo parafilético; alguns membros são mais intimamente relacionados com as plantas do que com as outras algas verdes.

alga vermelha Protista fotossintetizante, denominado por sua cor, que resulta de um pigmento vermelho que mascara o verde da clorofila. A maioria das algas vermelhas é multicelular e marinha.

alopoliploide Indivíduo fértil que tem mais de dois conjuntos de cromossomos como resultado do cruzamento de duas espécies e a combinação de seus cromossomos.

alternância de gerações Ciclo de vida em que se verificam duas formas multicelulares: uma diploide, o esporófito, e outra haploide, o gametófito; característica das plantas e de algumas algas.

altruísmo Abnegação; comportamento que reduz a aptidão de um indivíduo enquanto aumenta a aptidão de outro.

altruísmo recíproco Comportamento altruísta entre indivíduos não aparentados, pelo qual o indivíduo altruísta se beneficia no futuro, por ocasião da retribuição daquele que foi beneficiado.

alveolado Um dos três principais subgrupos do supergrupo eucariótico SAR. Esse clado surgiu por endossimbiose secundária, e seus

GLOSSÁRIO

membros têm sacos envoltos por membranas (alvéolos) localizados logo abaixo da membrana plasmática.

alvéolo Cada um dos sacos aéreos sem saída onde ocorre a troca de gases nos pulmões de mamíferos.

ameba Protistas caracterizados pela presença de pseudópodes.

amebócito Célula semelhante a amebas que se move por pseudópodes e é encontrada na maioria dos animais. Dependendo da espécie, pode digerir e distribuir alimentos, descartar resíduos, formar fibras esqueléticas, combater infecções e se modificar em outros tipos celulares.

amebozoário Protista em um clado que inclui muitas espécies com pseudópodes lobulares ou tubulares.

amido Polissacarídeo de armazenamento em plantas, formado inteiramente de monômeros de glicose unidos por ligações glicosídicas.

amígdala Estrutura no lobo temporal do cérebro dos vertebrados que tem um papel importante no processamento das emoções.

amilase Enzima que hidrolisa o amido (polímero de glicose das plantas) e o glicogênio (polímero de glicose dos animais) em polissacarídeos menores e o dissacarídeo maltose.

aminoácido Molécula orgânica que tem grupos carboxila e amino. Aminoácidos são os monômeros formadores dos polipeptídeos.

aminoácido essencial Aminoácido que um animal não consegue sintetizar sozinho e deve ser obtido do alimento em uma forma pré-fabricada.

aminoacil-tRNA-sintetase Enzima que liga cada aminoácido ao tRNA apropriado.

amniocentese Técnica de diagnóstico pré-natal na qual o líquido amniótico é obtido pela aspiração com uma agulha inserida no interior do útero. O líquido e as células fetais que ele contém são analisados, a fim de detectar determinados defeitos congênitos ou genéticos no feto.

amniota Membro de um clado de tetrápodes denominado a partir de uma característica derivada principal, o ovo amniótico, que contém membranas especializadas, incluindo o âmnio preenchido por líquido, que protege o embrião. Amniotas incluem mamíferos, além de aves e outros répteis.

amônia Pequena molécula muito tóxica (NH_3) produzida pela fixação de nitrogênio ou como resíduo do metabolismo de proteínas e ácidos nucleicos.

amonita Membro de um grupo de cefalópodes com concha que foram importantes predadores marinhos por centenas de milhões de anos, até a sua extinção no fim do período Cretáceo (65,5 milhões de anos atrás).

AMP cíclico (**AMPc**) Adenosina-monofosfato cíclico, assim chamado devido à sua estrutura em anel, é um sinal químico comum que tem uma diversidade de papéis, incluindo o de segundo mensageiro em muitas células eucarióticas e o de regulador de alguns óperons bacterianos.

amplificação Reforço da energia de estimulação durante a transdução.

anaeróbio facultativo Organismo que produz ATP por meio de respiração aeróbica caso o oxigênio esteja presente, mas que realiza respiração anaeróbica ou fermentação na sua ausência.

anaeróbio obrigatório Organismo que realiza somente fermentação ou respiração anaeróbia. Esses organismos são incapazes de utilizar o oxigênio e podem ser intoxicados por ele.

anáfase A quarta fase da mitose, na qual as cromátides de cada cromossomo tenham se separado e os cromossomos-filhos estão migrando para polos opostos da célula.

análise de microarranjos de DNA Método para detectar e medir a expressão de milhares de genes ao mesmo tempo. Pequenas quantidades de um grande número de fragmentos de fita simples de DNA representando diferentes genes são fixadas em uma lâmina de vidro e testadas por hibridização com amostras de cDNA marcadas.

analogia Semelhança entre duas espécies causada pela convergência evolutiva em vez de ser herdada de um ancestral comum com a mesma característica.

análogo Que tem características similares devido a uma convergência evolutiva, e não por homologia.

anatomia A estrutura de um organismo.

androgênio Qualquer hormônio esteroide, como a testosterona, que estimula o desenvolvimento e a manutenção do sistema reprodutor masculino e de características sexuais secundárias.

aneuploidia Aberração cromossômica na qual um ou mais cromossomos estão presentes em cópias extras ou em número diminuído.

anfíbio Membro do clado dos tetrápodes, que inclui salamandras, sapos e cecílias.

anfioxo Membro do clado Cephalochordata, pequenos cordados marinhos em forma de lâmina que não têm esqueleto.

anfipático Que apresenta uma região hidrofóbica e outra hidrofílica.

angiosperma Planta florífera, que forma sementes dentro de uma câmara protetora chamada de ovário.

angiosperma basal Membro de um dos três clados de linhagens de divergência primitiva das plantas com flores. Exemplos são *Amborella*, ninfeias e anis-estrelado e seus parentes.

anidrobiose Estado de dormência que envolve a perda de quase toda a água do corpo.

animal filtrador Animal que se alimenta utilizando um sistema de filtração para capturar pequenos organismos ou partículas de alimento do meio.

ânion Íon com carga negativa.

anotação gênica Análises de sequências genômicas para identificar genes que codificam proteínas e determinar a função de seus produtos.

antera Nas angiospermas, câmara polínica no ápice de um estame, onde se formam grãos de pólen que contêm gametófitos masculinos produtores de gametas.

anterídio Em plantas, o gametângio masculino, uma câmara úmida na qual os gametas se desenvolvem.

anterior Que pertence à frente, ou cabeça, de um animal bilateralmente simétrico.

anticódon Sequência de três nucleotídeos na extremidade de uma molécula de tRNA que reconhece um códon complementar característico em uma molécula de mRNA.

anticorpo Proteína secretada por células plasmáticas (células B diferenciadas) que se liga a um antígeno específico; também chamada de imunoglobulina. Todas as moléculas de anticorpos apresentam a mesma estrutura na forma de Y, formadas por monômeros de duas cadeias pesadas idênticas e duas cadeias leves idênticas.

anticorpo monoclonal Qualquer um dos anticorpos que foram produzidos por um único clone de células cultivadas e, portanto, são todos específicos para o mesmo epítopo.

antígeno Substância que promove uma resposta imune pela ligação a receptores de células B ou T.

antiparalelo Arranjo do esqueleto açúcar-fosfato na dupla-hélice de DNA (corre em direção oposta ao $5' \rightarrow 3'$).

antócero Planta pequena, herbácea e avascular que é um membro do filo Anthocerophyta.

antropoide Membro de um grupo de primatas formado por macacos, símios e hominídeos (gibões, orangotangos, gorilas, chimpanzés, bonobos e seres humanos).

aparato justaglomerular (**AJG**) Tecido especializado nos néfrons que libera a enzima renina em resposta a uma queda na pressão ou volume sanguíneo.

apêndice Pequeno prolongamento com forma de dedo do ceco de vertebrados; contém uma massa de leucócitos que contribui para a imunidade.

apicomplexo Grupo de protistas alveolados, este clado inclui muitas espécies que parasitam animais. Alguns aplicomplexos causam doenças em seres humanos.

apomixia Capacidade de algumas espécies vegetais de se reproduzirem assexuadamente por meio de sementes sem a fecundação por um gameta masculino.

apoplasto À exceção da membrana plasmática, todos os componentes de uma célula vegetal, incluindo as paredes celulares, os espaços intercelulares e o espaço dentro das estruturas mortas como vasos do xilema e traqueídes.

apoptose Tipo de morte celular programada, a qual é provocada pela ativação de enzimas que degradam vários componentes químicos na célula.

apreensório Estrutura semelhante a raízes que fixa as algas marinhas.

aprendizagem Modificação do comportamento com base em experiências específicas.

aprendizagem associativa Habilidade adquirida de associar um aspecto ambiental (como uma cor) com outro (como perigo).

aprendizagem espacial Estabelecimento da memória que reflete a estrutura espacial do ambiente.

aprendizagem social Modificação do comportamento por meio da observação de outros indivíduos.

apresentação de antígeno Processo pelo qual uma molécula de MHC se liga a um fragmento de um antígeno intracelular proteico e o conduz até a superfície celular, onde este é apresentado e pode ser reconhecido por uma célula T.

aquaporina Proteína-canal na membrana celular que especificamente facilita a osmose, a difusão de água livre através da membrana.

aracnídeo Membro de um subgrupo do grande clado Chelicerata de artrópodes. Os aracnídeos têm seis pares de apêndices, incluindo quatro pares de patas, e abrangem aranhas, escorpiões, carrapatos e ácaros.

arbúsculos Hifas ramificadas especializadas que são encontradas em alguns fungos mutualistas e trocam nutrientes com células vegetais vivas.

Archaea Um dos dois domínios dos procariotos, junto com o domínio Bacteria.

Archaeplastida Um de quatro supergrupos de eucariotos propostos em uma hipótese atual da história evolutiva dos eucariotos. Este grupo monofilético, que inclui algas vermelhas, algas verdes e plantas, descende de um ancestral protista primitivo que incorporou uma cianobactéria. *Ver também* Excavata, SAR e Unikonta.

arcossauro Membro do grupo de répteis que inclui crocodilos, jacarés e dinossauros, inclusive aves.

área úmida Hábitat que é inundado por água pelo menos parte do tempo e que sustenta plantas adaptadas a solos encharcados.

arquegônio O gametângio feminino nas plantas, uma câmara úmida na qual os gametas se desenvolvem.

arquêntero Cavidade revestida por endoderme que se desenvolve no trato digestório de um animal, formada durante o processo de gastrulação.

artéria Vaso que transporta sangue do coração para órgãos de todo o corpo.

arteríola Vaso que transporta sangue entre uma artéria e um leito capilar.

artrópode Um ecdisozoário segmentado com exoesqueleto duro e apêndices articulados. Exemplos comuns incluem insetos, aranhas, centopeias e caranguejos.

árvore evolutiva Diagrama ramificado que reflete uma hipótese sobre as relações evolutivas entre grupos de organismos.

árvore filogenética Diagrama ramificado que representa uma hipótese sobre a história evolutiva de um grupo de organismos.

asco Cápsula em forma de saco que armazena esporos, localizada na extremidade de uma hifa dicariótica de um ascomiceto.

ascocarpo O corpo frutífero de um fungo de saco (ascomiceto).

ascomiceto Membro do filo de fungos Ascomycota, comumente chamados de fungos de saco. O nome surgiu da estrutura na forma de saco onde os esporos se desenvolvem.

ataque cardíaco *Ver* infarto do miocárdio

aterosclerose Doença cardiovascular em que depósitos de gordura chamados de placas se desenvolvem nas paredes internas das artérias, obstruindo as artérias e causando seu endurecimento.

ativador Proteína que se liga ao DNA e estimula a transcrição gênica. Em procariotos, o ativador liga-se no promotor ou próximo a ele; em eucariotos, o ativador liga-se a elementos regulatórios nos estimuladores.

átomo A menor unidade da matéria que conserva as propriedades de um elemento.

ATP (adenosina-trifosfato) Nucleosídeo-trifosfato contendo adenina que libera energia livre quando suas ligações fosfato são hidrolisadas. Essa energia é utilizada para impulsionar reações endergônicas nas células.

ATP-sintase Complexo de diversas proteínas de membrana que funciona em quimiosmose com cadeias de transporte de elétrons adjacentes, utilizando a energia de um gradiente de concentração de íons hidrogênio (prótons) para formar ATP. A ATP-sintase é encontrada no interior da membrana mitocondrial das células eucarióticas e na membrana plasmática dos procariotos.

átrio Câmara do coração de vertebrados que recebe sangue das veias e transfere o sangue para um ventrículo.

autócrina Refere-se a uma molécula secretada que age nas células que a produzem.

autoincompatibilidade Habilidade de uma planta com sementes para rejeitar seu próprio pólen e, em alguns casos, o pólen de indivíduos proximamente relacionados.

autopoliploide Indivíduo que tem mais de dois conjuntos de cromossomos originados de uma única espécie.

autossomo Cromossomo que não está envolvido diretamente na determinação do sexo; cromossomo não sexual.

autótrofo Organismo que obtém moléculas orgânicas de alimento sem ingerir outros organismos ou substâncias derivadas de outros organismos. Os organismos autótrofos utilizam energia proveniente do sol ou da oxidação de substâncias inorgânicas para produzir moléculas orgânicas a partir de moléculas inorgânicas.

auxina Termo que se refere principalmente ao ácido indolacético (AIA), hormônio vegetal natural que tem efeitos variados, incluindo alongamento celular, formação de raízes, crescimento secundário e crescimento de frutos.

axônio Extensão, ou processo, geralmente longa de um neurônio que transporta impulsos nervosos do corpo celular para as células-alvo.

Bacteria Um dos dois domínios dos procariotos, junto com o domínio Archaea.

bacteriófago Vírus que infecta bactérias, também chamado de fago.

bacteroide Forma da bactéria *Rhizobium* contida dentro de vesículas formadas pelas células da raiz de um nódulo radicular.

bainha de mielina Cobertura isolante da membrana celular das células de Schwann ou oligodendrócitos ao redor do axônio de um neurônio. É interrompida pelos nódulos de Ranvier, onde potenciais de ação são gerados.

barreira pós-zigótica Barreira reprodutiva que impede que zigotos híbridos produzidos por duas espécies diferentes se desenvolvam em adultos viáveis e férteis.

barreira pré-zigótica Barreira reprodutiva que impede o cruzamento entre espécies ou bloqueia a fertilização se houver tentativa de cruzamento interespecífico.

base Substância que reduz a concentração de íons hidrogênio de uma solução.

basídio Apêndice reprodutivo que produz esporos sexuais nas lamelas dos cogumelos (fungos de taco).

basidiocarpo Corpo frutífero elaborado de um micélio dicariótico de um fungo de taco.

basidiomiceto Membro do filo de fungos Basidiomycota, comumente conhecidos como fungos de taco. O nome surgiu da forma de taco do basídio.

bastonete Célula na forma de bastão da retina do olho dos vertebrados, sensível à luz de baixa intensidade.

bentos As comunidades de organismos que vivem na zona bentônica de um bioma aquático.

betaoxidação Sequência metabólica que converte ácidos graxos em unidades de dois átomos de carbono que entram no ciclo do ácido cítrico como acetil-CoA.

bexiga Bolsa onde a urina é armazenada antes da eliminação.

bexiga natatória Em osteíctes aquáticos, uma bolsa de ar que permite ao animal controlar sua flutuabilidade dentro da água.

bilatério Membro de um clado de animais com simetria bilateral e três camadas germinativas.

bile Mistura de substâncias que é produzida pelo fígado e armazenada na vesícula biliar; permite a formação de gotículas de gordura na água como auxílio na digestão e absorção de gorduras.

binominal Termo comum para o formato latinizado com duas palavras para nomear espécies, formado pelo gênero e o epíteto específico; também chamado binômio.

biocombustível Combustível produzido a partir de biomassa.

bioenergética (1) Fluxo e transformação de energia global em um organismo. (2) O estudo de como a energia flui em organismos vivos.

biofilme Colônia de revestimento de superfície de uma ou mais espécies de organismos unicelulares que participam de cooperação metabólica; os biofilmes mais conhecidos são formados por procariotos.

biogeografia Estudo científico das distribuições das espécies no passado e no presente.

bioinformática Utilização de computadores, programas e modelos matemáticos para processar e integrar informações biológicas contidas em extensos bancos de dados.

biologia O estudo científico da vida.

biologia da conservação O estudo integrado de ecologia, biologia evolutiva, fisiologia, biologia molecular e genética para a manutenção da diversidade biológica em todos os níveis.

biologia de sistemas Abordagem ao estudo em biologia cujo objetivo é modelar o comportamento dinâmico de todos os sistemas biológicos com base em um estudo de interação entre partes do sistema.

bioma Qualquer um dos principais tipos de ecossistemas, geralmente classificados de acordo com a vegetação predominante para biomas terrestres e com o meio físico para biomas aquáticos, e caracterizados pelas adaptações de organismos a esse ambiente particular.

biomagnificação Processo em que substâncias retidas se tornam mais concentradas a cada nível trófico superior de uma cadeia alimentar.

biomassa Massa total de matéria orgânica correspondente a um grupo de organismos em um hábitat específico.

biópsia de vilosidades coriônicas (BVC) Técnica de diagnóstico pré-natal na qual uma pequena amostra de porção fetal da placenta é removida e analisada, a fim de se detectar determinados defeitos genéticos e congênitos no feto.

biorremediação O uso de organismos vivos para desintoxicar e recuperar ecossistemas poluídos e degradados.

biosfera Toda porção do planeta Terra que tenha presença de organismos vivos; a soma de todos os ecossistemas do planeta.

biota ediacarana Grupo de eucariotos multicelulares, em sua maioria de corpo mole, conhecido por meio de fósseis que variam de idade entre 635 e 541 milhões de anos.

biotecnologia Manipulação de organismos ou de suas partes a fim de criar produtos de utilidade.

biótico Relativo aos fatores vivos – os organismos – em um ambiente.

blastocele Cavidade preenchida de líquido que se forma no centro de uma blástula.

blastocisto O estágio de blástula do desenvolvimento embrionário dos mamíferos, formado por uma massa celular interna, uma cavidade e uma camada externa chamada de trofoblasto. Em seres humanos, o blastocisto se forma 1 semana após a fecundação.

blastômero Célula embrionária inicial que surge durante o estágio de clivagem de um embrião inicial.

blastóporo Na gástrula, a abertura do arquêntero que geralmente se desenvolve para formar o ânus nos deuterostômios e a boca nos protostômios.

blástula Bola oca de células que marca o fim do estágio de clivagem durante o desenvolvimento embrionário inicial em animais.

bolo alimentar Massa lubrificada de alimento mastigado.

bomba de prótons Transporte ativo por meio de proteínas na membrana celular que utiliza ATP para transportar íons hidrogênio para fora da célula contra o gradiente de concentração, gerando um potencial de membrana no processo.

bomba de sódio-potássio Proteína transportadora na membrana plasmática de células animais que ativamente transporta sódio para o exterior da célula e potássio para o interior.

bomba eletrogênica Proteína de transporte ativo que gera voltagem através de uma membrana ao bombear íons.

botão gustatório Conjunto de células epiteliais modificadas na língua ou na boca que são receptoras para o sabor em mamíferos.

braquiópode Lofotrocozoário marinho com uma concha dividida nas metades dorsal e ventral; também chamado de concha-lâmpada.

brassinosteroide Hormônio esteroide de plantas que tem efeitos variados, incluindo alongamento celular, retardo na queda das folhas e promoção da diferenciação do xilema.

briófita Nome informal para musgo, hepática ou antócera; planta avascular que vive na terra, mas não tem algumas das adaptações terrestres das plantas vasculares.

brônquio Um de um par de tubos respiratórios que se ramifica da traqueia até os pulmões.

bronquíolo Ramificação fina do brônquio que transporta ar para os alvéolos.

bulbo Porção inferior do cérebro de vertebrados; expansão do rombencéfalo dorsal à medula espinal anterior que controla funções autônomicas homeostáticas, incluindo respiração, atividade do coração e vasos sanguíneos, deglutição, digestão e vômito.

cadeia alimentar Rota pela qual a energia dos alimentos é transferida de um nível trófico para outro, começando pelos produtores.

cadeia leve Um de dois tipos de cadeias de polipeptídeos que formam uma molécula de anticorpo e o receptor de célula B; consiste em uma região variável, que contribui para o sítio de reconhecimento do antígeno, e de uma região constante.

cadeia pesada Um de dois tipos de cadeias de polipeptídeos que formam uma molécula de anticorpo e o receptor de célula B; consiste em uma região variável, que contribui para o sítio de reconhecimento do antígeno, e de uma região constante.

cadeia transportadora de elétrons Sequência de moléculas carreadoras de elétrons (proteínas de membrana) as quais transportam elétrons durante as reações redox que liberam energia utilizada para sintetizar ATP.

caixa TATA Sequência de DNA em promotores eucarióticos essencial na formação do complexo de início da transcrição.

calcitonina Hormônio secretado pela glândula tireoide que reduz o nível de cálcio no sangue ao promover o depósito de cálcio no osso e a excreção de cálcio nos rins; não é essencial para seres humanos adultos.

calo Massa de células indiferenciadas em divisão crescendo no local de um ferimento ou em cultura.

calor Energia térmica na transferência de um corpo de matéria para outro.

calor de vaporização Quantidade de calor que deve ser absorvida para que 1 g de um líquido passe ao estado gasoso.

calor específico Quantidade de calor que deve ser absorvido ou perdido por 1 g de substância para variar em 1°C sua temperatura.

caloria (cal) Quantidade de calor necessária para elevar em 1°C a temperatura de 1 g de água; também a quantidade de calor perdida por 1 g de água quando a temperatura diminui em 1°C. A Caloria (com inicial maiúscula), geralmente utilizada para indicar o conteúdo energético dos alimentos, é uma quilocaloria.

camada de hidratação Região de moléculas de água em torno de cada íon dissolvido.

camada de valência Última camada energética de um átomo, contendo os elétrons de valência envolvidos nas reações químicas desse átomo.

camada eletrônica Nível de energia de elétrons em dada distância média até o núcleo de um átomo.

camada superficial do solo Mistura de partículas derivadas de rochas, organismos vivos e matéria orgânica em decomposição (húmus).

câmbio vascular Cilindro de tecido meristemático em plantas lenhosas que acrescenta camadas de tecido vascular secundário chamado xilema secundário (lenho) e floema secundário.

campo temperado Bioma terrestre localizado em regiões de latitude média dominado por gramíneas e plantas de folha larga.

canais semicirculares Câmara de três partes da orelha interna que funciona na manutenção do equilíbrio.

canal alimentar Trato digestório completo formado de um tubo que atravessa da boca ao ânus.

canal controlado Canal proteico transmembrana que abre ou fecha em resposta a um determinado estímulo.

canal iônico Canal de proteína transmembrana que permite a passagem de um íon específico através da membrana celular a favor de seu gradiente de concentração ou gradiente eletroquímico.

canal iônico controlado Canal que controla a passagem de íons específicos. Pela abertura ou fechamento desses canais, a célula altera seu potencial de membrana.

canal iônico controlado por ligante Proteína transmembrana que contém um poro que abre e fecha quando muda de forma em resposta a uma molécula sinalizadora (ligante), permitindo a passagem ou bloqueando o fluxo de íons específicos; também chamado de receptor ionotrópico.

canal iônico controlado por voltagem Canal iônico especializado que abre ou fecha em resposta a mudanças no potencial da membrana.

capacidade de carga Tamanho máximo de população que pode ser sustentado pelos recursos disponíveis, simbolizado como K.

capacidade vital Volume máximo de ar que um mamífero pode inalar ou exalar a cada respiração.

capilar Vaso sanguíneo microscópico que penetra em tecidos e consiste em uma camada simples de células endoteliais que permite a troca entre o sangue e o líquido intersticial.

capilar peritubular Um dos minúsculos vasos sanguíneos que formam a rede ao redor dos túbulos proximal e distal no rim.

capsídeo Envoltório proteico que reveste o genoma viral. Pode ter forma de bastão, poliedro ou formas mais complexas.

cápsula (1) Em vários procariotos, camada viscosa e bem definida de polissacarídeos ou proteínas que envolve a parede celular, protegendo a célula e auxiliando na adesão da célula a substratos ou outras células. (2) O esporângio de uma briófita (musgo, hepática ou antócero).

cápsula de Bowman Receptáculo em forma de taça nos rins de vertebrados que é o segmento expandido inicial do néfron onde entra o líquido filtrado do sangue.

característica Qualquer variante detectável em um caráter genético.

caráter Característica hereditária observável que pode variar entre os indivíduos.

caráter ancestral compartilhado Caráter compartilhado pelos membros de um clado em particular, que foi originado de um ancestral que não é membro desse clado.

caráter derivado compartilhado Novidade evolutiva que é específica de um clado em particular.

caráter quantitativo Característica hereditária que varia de forma contínua em um espectro em vez de em uma forma "ou esse ou aquele".

carboidrato Um açúcar (monossacarídeo) ou um de seus dímeros (dissacarídeos) ou polímeros (polissacarídeos).

carga crítica Quantidade de nutriente adicionado, geralmente nitrogênio ou fósforo, que pode ser absorvido pelas plantas sem danificar a integridade do ecossistema.

cariogamia Nos fungos, a fusão de núcleos haploides originados dos pais; ocorre como um estágio da reprodução sexuada, precedido pela plasmogamia.

cariótipo Representação dos pares de cromossomos de uma célula organizados por tamanho e forma.

carnívoro Organismo que consome animais para nutrir-se.

carotenoide Pigmento acessório de coloração amarela ou alaranjada presente nos cloroplastos das plantas e em alguns procariotos. Ao absorver comprimentos de onda de luz que os cloroplastos não conseguem absorver, os carotenoides ampliam o espectro de cores que são efetivas na fotossíntese.

carpelo Órgão reprodutivo produtor de óvulos de uma flor, formado por estigma, estilete e ovário.

cartilagem Tecido conectivo flexível com abundância de fibras de colágeno inclusas em sulfato de condroitina.

casca Todos os tecidos externos do câmbio vascular, formados principalmente pelo floema secundário e camadas da periderme.

casca da semente Cobertura externa rígida da semente, formada a partir da cobertura externa do óvulo. Em uma planta florífera, a casca guarda e protege o embrião e o endosperma.

cascata de fosforilação Série de reações químicas durante a sinalização celular mediada por enzimas (cinases), na qual cada cinase fosforila e ativa a próxima, até levar à fosforilação de muitas proteínas.

catalisador Agente químico que aumenta a velocidade de uma reação sem ser consumido pela reação.

catálise Processo pelo qual um agente químico chamado catalisador aumenta seletivamente a velocidade de uma reação sem ser consumido pela reação.

cátion Íon carregado positivamente.

cauda poli-A Sequência de 50 a 250 nucleotídeos de adenina adicionados à extremidade 3' de uma molécula de pré-mRNA.

caule Órgão vegetal das plantas vasculares formado de um sistema alternado de nós e entrenós que sustenta as folhas e estruturas reprodutivas.

cavidade corporal Espaço preenchido por líquido ou ar entre o trato digestório e a parede externa do corpo.

cavidade do manto Câmara preenchida de água que guarda brânquias, ânus e poros excretores de um molusco.

cavidade gastrovascular Cavidade corporal central com forma de saco de alguns animais, incluindo cnidários e vermes chatos, que funciona na digestão e distribuição de nutrientes.

cavidade oral A boca de um animal.

ceco O bolso de fundo cego formando um ramo do intestino grosso.

celoma Cavidade corporal revestida por tecido derivado apenas da mesoderme.

célula Unidade fundamental da vida em estrutura e função; a menor unidade organizada capaz de realizar todas as atividades necessárias para a vida.

célula apresentadora de antígeno Uma célula que, por meio da ingestão de patógenos ou da internalização de proteínas de patógenos, gera fragmentos peptídicos que se ligam a moléculas MHC classe II e posteriormente são apresentados na superfície para células T. Macrófagos, células dendríticas e células B são as principais células apresentadoras de antígenos.

célula ciliada Célula mecanossensorial que altera a resposta do sistema nervoso quando projeções semelhantes a pelos são deslocadas na superfície da célula.

célula companheira Tipo de célula vegetal que fica conectada a um elemento de tubo crivado por muitos plasmodesmas e cujo núcleo e ribossomos podem servir a um ou mais elementos de tubo crivado adjacentes.

célula da bainha do feixe Tipo de célula fotossintetizante das plantas C_4 arranjada em bainhas compactas ao redor do feixe vascular da folha.

célula de memória Uma de um clone de linfócitos de vida longa, formados durante a resposta imune primária, que permanece em um órgão linfoide até ser ativado pela exposição ao mesmo antígeno que ativou sua formação. Células de memória ativadas iniciam a resposta imune secundária.

célula de Schwann Tipo de célula glial que forma bainhas isolantes de mielina ao redor dos axônios dos neurônios no sistema nervoso periférico.

célula dendrítica Célula apresentadora de antígeno, localizada principalmente nos tecidos linfáticos e na pele, especialmente eficiente na apresentação de antígenos para células T auxiliares, iniciando, assim, uma resposta imune primária.

célula diploide Célula contendo dois conjuntos de cromossomos ($2n$), cada conjunto herdado de um dos pais.

célula do colênquima Tipo de célula vegetal flexível que ocorre em faixas ou cilindros e sustenta as partes jovens da planta sem restringir o crescimento.

célula do esclerênquima Tipo de célula vegetal rígida de sustentação geralmente sem protoplasto, que tem paredes secundárias espessas reforçadas pela lignina na maturidade.

célula do parênquima Tipo de célula vegetal relativamente pouco especializada que realiza a maior parte do metabolismo, sintetiza e armazena produtos orgânicos, e se desenvolve em tipos celulares mais diferenciados.

célula efetora (1) Célula muscular ou glandular que realiza a resposta do corpo a um estímulo; responde a sinais do cérebro ou outros centros de processamento do sistema nervoso. (2) Linfócito que sofreu seleção clonal e é capaz de mediar uma resposta imune adquirida.

célula eucariótica Tipo de célula cujo núcleo e organelas são delimitados por uma membrana. Organismos com células eucarióticas (protistas, plantas, fungos e animais), são chamados de eucariotos.

célula haploide Célula que apresenta apenas um conjunto de cromossomos (n).

célula NK (*natural killer*) Tipo de leucócito que pode matar células cancerosas e células infectadas por vírus como parte da imunidade inata.

célula procariótica Tipo de célula cujo núcleo e organelas não são delimitados por membranas. Organismos com células procarióticas (bactérias e arqueias) são chamados procariotos.

célula somática Qualquer célula de um organismo multicelular excetuando-se os espermatozoides e óvulos ou seus precursores.

célula T auxiliar Tipo de células T que, quando ativadas, secretam citocinas que promovem a resposta de células B (resposta humoral) e de células T citotóxicas (resposta celular) contra antígenos.

célula T citotóxica Tipo de linfócito que, quando ativado, destrói células infectadas assim como algumas células cancerígenas e células transplantadas.

células B Linfócitos que completam seu desenvolvimento na medula óssea e se tornam células efetoras da resposta imune humoral.

células T Classe de linfócitos que se diferenciam no timo e que incluem células efetoras para a resposta imune mediada por células e células auxiliares necessárias para ambos os ramos da imunidade adaptativa.

células-guarda As duas células que guardam o poro do estômato e regulam a abertura e fechamento do poro.

célula-tronco Qualquer célula relativamente não especializada capaz de produzir, durante uma única divisão, duas células-filhas idênticas ou outras duas células-filhas mais especializadas que podem sofrer nova diferenciação, ou uma célula de cada tipo.

celulose Polissacarídeo estrutural da parede celular vegetal, consistindo em monômeros de glicose unidos por ligações glicosídicas β.

centríolo Estrutura do centrossomo de uma célula animal constituída de um tipo de cilindro de trincas microtúbulos arranjados em um padrão "9 + 0". Um centrossomo tem um par de centríolos.

centrômero Em um cromossomo duplicado, a região em cada cromátide-irmã onde ela está mais proximamente ligada à sua cromátide-irmã por proteínas que se ligam ao DNA centromérico. Outras proteínas condensam a cromatina naquela região, portanto ele aparece como uma "cintura" estreita no cromossomo duplicado. (Um cromossomo não duplicado tem um único centrômero, identificado pelas proteínas ligadas a ele.)

centrossomo Estrutura presente no citoplasma de células animais, sendo importante durante a divisão celular, funcionando como um centro de organização dos microtúbulos. Um centrossomo tem dois centríolos.

cercozoário Protista ameboide ou flagelado que se alimenta de pseudópodes filiformes.

cerebelo Parte do rombencéfalo de vertebrados localizada dorsalmente; funciona na coordenação inconsciente de movimento e equilíbrio.

cérebro Porção dorsal do prosencéfalo dos vertebrados, composto dos hemisférios esquerdo e direito; o centro integrador de memória, aprendizado, emoções e outras funções altamente complexas do sistema nervoso central.

chaparral Bioma de vegetação cerrada formada de arbustos espinhosos perenes encontrados em latitudes médias ao longo da costa onde circulam correntes oceânicas frias; caracterizado por invernos moderados e chuvosos e verões longos, quentes e secos.

chaperonina Proteína que auxilia no dobramento correto de outras proteínas.

ciclina Proteína celular que ocorre em concentrações variáveis em cada ciclo celular e que exerce um importante papel na sua regulação do ciclo celular.

ciclo biogeoquímico Qualquer um dos vários ciclos químicos que envolvem componentes bióticos e abióticos dos ecossistemas.

ciclo cardíaco Alternância de contrações e relaxamentos do coração.

ciclo celular Sequência ordenada de eventos na vida de uma célula, de sua origem na divisão de uma célula parental até sua própria divisão em duas; o ciclo das células eucarióticas é composto por interfase (incluindo as fases G_1, S e G_2) e a fase M (incluindo mitose e citocinese).

ciclo de Calvin A segunda das duas principais fases da fotossíntese (após as reações luminosas), a qual envolve a fixação do CO_2 atmosférico e a redução do carbono fixado em carboidrato.

ciclo de vida Sequência de estágios geração após geração na história reprodutiva de um organismo.

ciclo do ácido cítrico Ciclo químico envolvendo oito etapas que completam a quebra metabólica das moléculas de glicose, iniciado na glicólise por oxidação de acetil-CoA (derivada do piruvato) em dióxido de carbono; ocorre dentro das mitocôndrias das células eucarióticas e no citosol dos procariotos; junto com a oxidação do piruvato, é a segunda principal etapa da respiração celular.

ciclo do nitrogênio Processo natural pelo qual o nitrogênio da atmosfera ou da matéria orgânica em decomposição é convertido por bactérias do solo em compostos assimilados pelas plantas. Esse nitrogênio incorporado é, então, assimilado por outros organismos e posteriormente liberado, processado por bactérias e novamente disponibilidado para o ambiente.

ciclo estral Ciclo reprodutivo característico em fêmeas de mamíferos, exceto nos seres humanos e em certos primatas, no qual o endométrio é reabsorvido na ausência de gestação, e a resposta sexual ocorre somente durante um ponto na metade do ciclo conhecido como estro.

ciclo lisogênico Tipo de ciclo reprodutivo de fago no qual o genoma viral incorpora-se ao cromossomo do hospedeiro bacteriano como um prófago, é replicado junto com o cromossomo e não mata o hospedeiro.

ciclo lítico Tipo de ciclo replicativo do fago resultando na liberação de novos fagos por meio de lise (e morte) da célula hospedeira.

ciclo menstrual Em humanos e alguns outros primatas, crescimento e desprendimento periódicos do revestimento do útero que ocorrem na ausência de gestação.

ciclo ovariano Recorrência cíclica de fase folicular, ovulação e fase lútea no ovário de mamíferos, regulada por hormônios.

ciclo uterino Alterações cíclicas no endométrio (revestimento interno do útero) de mamíferos que ocorrem na ausência de gestação. Em certos primatas, incluindo os humanos, o ciclo uterino é um ciclo menstrual.

ciclostomado Membro de um dos dois principais clados de vertebrados; ciclostomados caracterizam-se pela ausência de mandíbula e incluem as lampreias e os peixes-bruxa. *Ver também* gnatostômio.

ciência Abordagem para compreender o mundo natural.

ciliado Tipo de protista que se move por meio de cílios.

cílio Apêndice celular curto nas células eucarióticas que contém microtúbulos. Um cílio motor é especializado para locomoção ou mover líquidos; é formado por um núcleo com nove microtúbulos externos duplos e dois microtúbulos internos simples (arranjo "9 + 2") e coberto por uma extensão da membrana plasmática. Um cílio primário geralmente não apresenta motilidade e participa de funções sensoriais e sinalizadoras; não apresenta os dois microtúbulos internos (arranjo "9 + 0").

cinase dependente de ciclina (Cdk) Proteína-cinase que é ativada somente quando ligada a uma ciclina específica.

cinetócoro Estrutura de proteínas ligadas ao centrômero que conecta cada cromátide-irmã ao fuso mitótico.

cinetoplastídeo Um protista, como o tripanossomo, que tem uma mitocôndria única e grande que hospeda uma massa de DNA organizado.

circuito sistêmico Ramo do sistema circulatório que fornece sangue oxigenado para todos os órgãos e tecidos do corpo e retira o sangue não oxigenado.

circulação dupla Sistema circulatório que consiste em circuitos pulmonares e sistêmicos separados, em que o sangue passa pelo coração após completar cada circuito.

circulação simples Sistema circulatório que consiste em somente uma bomba e um circuito, no qual o sangue passa dos locais de trocas de gases para o restante do corpo antes de retornar ao coração.

citocina Qualquer uma de um grupo de pequenas proteínas secretadas por diversos tipos de células, incluindo macrófagos e células T auxiliares, que regulam a função de outras células.

citocinese Divisão do citoplasma para formar duas células-filhas separadas imediatamente após a mitose, meiose I ou meiose II.

citocinina Qualquer uma de uma classe de hormônios vegetais relacionados que retardam o envelhecimento e atuam em conjunto com a auxina para estimular a divisão celular, influenciar a rota de diferenciação e controlar a dominância apical.

citocromo Proteína que contém ferro e que compõe a cadeia transportadora de elétrons nas mitocôndrias e nos cloroplastos das células eucarióticas e nas membranas plasmáticas das células procarióticas.

citoesqueleto Rede de microtúbulos, microfilamentos e filamentos intermediários que se ramifica pelo citoplasma e desempenha funções mecânicas, de transporte e de sinalização.

citoplasma O conteúdo celular delimitado pela membrana plasmática; nos eucariotos, a porção exclusiva do núcleo.

citosol A porção semifluida do citoplasma.

cladística Abordagem à sistemática na qual os organismos são colocados em grupos chamados de clados com base principalmente no descendente comum.

clado Grupo de espécies que inclui uma espécie ancestral e todos os seus descendentes. O clado é equivalente a um grupo monofilético.

classe Na classificação lineana, a categoria taxonômica acima da ordem.

clima As condições do tempo predominantes em uma localidade.

climográfico Gráfico representando a temperatura e a precipitação de uma região determinada.

clitóris Órgão feminino na intersecção superior do lábio menor que é preenchido de sangue e fica ereto durante a excitação sexual.

clivagem (1) Processo de citocinese nas células animais, caracterizado pelo estrangulamento da membrana plasmática. (2) Sucessão de divisões celulares rápidas sem crescimento significativo durante o início do desenvolvimento embrionário que transforma o zigoto em um aglomerado celular.

clivagem determinada Tipo de desenvolvimento embrionário em protostômios que define rigidamente o destino de cada célula no desenvolvimento embrionário muito precocemente.

clivagem espiral Tipo de desenvolvimento embrionário em protostômios em que os planos de divisão celular que transformam o zigoto em uma esfera de células são diagonais ao eixo vertical do embrião. Por isso, as células de cada camada ficam nas saliências entre as células da camada adjacente.

clivagem indeterminada Tipo de desenvolvimento embrionário dos deuterostômios no qual cada célula produzida durante as divisões iniciais mantém a capacidade de se desenvolver em um embrião completo.

clivagem radial Tipo de desenvolvimento embrionário em deuterostômios no qual os planos de divisão celular que transformam o zigoto em uma esfera de células são paralelos ou perpendiculares ao eixo do embrião, que, assim, alinha as camadas de células uma sobre a outra.

cloaca Abertura comum para os tratos digestório, urinário e reprodutivo, encontrado em muitos vertebrados não mamíferos e em alguns poucos mamíferos.

clonagem de DNA Produção de múltiplas cópias de um segmento específico de DNA.

clonagem gênica Produção de múltiplas cópias de um gene.

clonar Fazer uma ou mais réplicas genéticas de um indivíduo ou célula. *Ver também* clonagem gênica.

clone (1) Grupo de indivíduos ou células geneticamente idênticos. (2) Popularmente, um indivíduo geneticamente idêntico a outro.

clorofila a Pigmento fotossintético que participa diretamente das reações luminosas, as quais convertem energia solar em energia química.

clorofila b Pigmento fotossintético acessório que transfere energia para a clorofila *a*.

clorofila Pigmento verde localizado nas membranas no interior dos cloroplastos das plantas e algas e nas membranas de certos procariotos. A clorofila *a* participa diretamente das reações luminosas, as quais convertem energia solar em energia química.

cloroplasto Organela encontrada nas plantas e em protistas fotossintetizantes que absorve a luz solar e a utiliza para impulsionar a síntese de compostos orgânicos a partir de dióxido de carbono e água.

cnidócito Célula especializada exclusiva do filo Cnidaria; contém uma organela na forma de cápsula que abriga um filamento espiralado que, ao ser liberado, é lançado para fora e funciona na captura de presas ou como defesa.

coanócito Célula flagelada de alimentação encontrada em esponjas. Também chamada de célula de colar, ela tem um anel semelhante a um colar que captura partículas de alimento ao redor da base de seus flagelos.

cóclea Órgão espiralado complexo da audição que contém o órgão de Corti.

código de trincas Sistema de informação genética no qual uma série de três nucleotídeos de comprimento especifica uma sequência de aminoácidos para uma cadeia polipeptídica.

codominância Situação na qual os fenótipos de ambos os alelos se expressam no heterozigoto porque afetam o fenótipo de forma separada e distinta.

códon Sequência de três nucleotídeos de DNA ou mRNA que codificam um determinado aminoácido ou sinal de terminação; unidade básica do código genético.

coeficiente de parentesco Fração de genes que, em média, é compartilhada por dois indivíduos.

coenzima Molécula orgânica que serve como cofator. A maioria das vitaminas funciona como coenzimas nas reações metabólicas.

coesão Força de ligação entre moléculas, frequentemente por meio de ligações de hidrogênio.

coevolução A evolução conjunta de duas espécies em interação, uma em resposta à seleção imposta pela outra.

cofator Qualquer íon ou molécula não proteica que é necessário para o funcionamento adequado de uma enzima. Cofatores podem estar permanentemente ligados a um sítio ativo ou podem ligar-se frouxamente de modo reversível, junto com o substrato, durante a catálise.

cognição Processo do conhecimento que pode incluir percepção, raciocínio, memória e julgamento.

coifa Cone de células na extremidade de uma raiz vegetal que protege o meristema apical.

colágeno Glicoproteína presente na matriz extracelular de células animais formando fibras resistentes, encontrada em abundância no tecido conectivo e nos ossos; é a proteína encontrada em maior abundância no reino animal.

coleóptilo A cobertura de um broto jovem do embrião de uma semente de gramínea.

coleorriza A cobertura de uma raiz jovem do embrião de uma semente de gramínea.

colesterol Esteroide que forma um componente essencial das membranas das células animais e atua como molécula precursora para a síntese de outros esteroides biologicamente importantes, como muitos hormônios.

colo do útero Porção inferior do útero, que se abre para a vagina; cérvice.

cólon Maior seção do intestino grosso dos vertebrados; funciona na absorção de água e na formação de fezes.

coloração aposemática Coloração brilhante em animais com defesas físicas ou químicas eficazes que atua como advertência aos predadores.

coloração críptica Camuflagem que dificulta a localização de uma presa no seu ambiente.

coloração de Gram Método de coloração que distingue entre dois tipos de paredes celulares bacterianas; pode ser usado para determinar a resposta médica a uma infecção.

comensalismo Interação ecológica +/0 que beneficia os indivíduos de uma espécie mas não auxilia nem prejudica os indivíduos da outra espécie.

competição Interação −/− que ocorre quando indivíduos de espécies diferentes utilizam um recurso que limita a sobrevivência e a reprodução da outra espécie.

complexo da troponina Proteínas reguladoras que controlam a posição da tropomiosina no filamento fino.

complexo de Golgi Organela das células eucarióticas constituída de pilhas de sacos membranosos achatados que modificam, armazenam e distribuem produtos do retículo endoplasmático, além de sintetizar alguns compostos, principalmente carboidratos que não a celulose.

complexo de início da transcrição Arranjo concluído de fatores de transcrição e RNA-polimerase vinculados ao promotor.

complexo do centro de reação Complexo de proteínas associado com um par especial de moléculas de clorofila *a* e um receptor primário de elétrons. Localizado no centro do fotossistema, esse complexo desencadeia as reações luminosas da fotossíntese. Excitado pela energia luminosa, o par especial de clorofilas doa um elétron ao receptor primário que o transfere para uma cadeia transportadora de elétrons.

complexo do coletor de luz Complexo de proteínas associado a moléculas de pigmentos (incluindo clorofila *a*, clorofila *b* e carotenoides) que captura energia luminosa e a transfere aos pigmentos no centro de reação em um fotossistema.

complexo enzima-substrato Complexo temporário formado quando uma enzima se liga ao substrato.

complexo principal de histocompatibilidade (MHC) Proteína hospedeira que funciona na apresentação de antígeno. Moléculas de MHC estranhas de tecidos transplantados podem ativar respostas por células T que podem levar à rejeição do transplante.

complexo sinaptonêmico Estrutura em forma de zíper composta de proteínas, que conecta fortemente um cromossomo ao seu homólogo, ao longo de seus comprimentos, durante parte da prófase I da meiose.

comportamento Individualmente, uma ação realizada por músculos ou glândulas sob o controle do sistema nervoso em resposta a um estímulo; coletivamente, a soma das respostas de um animal a estímulos externos e internos.

comportamento inato Comportamento animal que está fixado no desenvolvimento e sob forte controle genético. O comportamento inato é exibido de forma praticamente idêntica por todos os indivíduos em uma população, apesar das diferenças internas ou externas durante o desenvolvimento e ao longo de suas vidas.

composto Substância constituída por dois ou mais elementos diferentes combinados em uma proporção fixa.

composto iônico Composto resultante da formação de uma ligação iônica; também chamado de sal.

comprimento de onda Distância entre as cristas das ondas, como aquelas do espectro eletromagnético.

comunicação (1) No comportamento, um processo que envolve a transmissão e a recepção de sinais entre organismos. (2) Transferência de informação de uma célula ou molécula para a outra por meio de sinais físicos ou químicos.

comunidade Todos os organismos que habitam uma região determinada; agrupamento de populações de diferentes espécies vivendo suficientemente perto para ocorrerem potenciais interações.

conceito biológico de espécie Definição de uma espécie como uma população ou grupo de populações cujos membros têm o potencial de se cruzar na natureza e produzir prole fértil e viável, mas não consegue produzir prole fértil e viável com membros de outros grupos.

conceito ecológico de espécie Definição de espécie em termos de nicho ecológico, o resultado de como os membros de uma espécie interagem com as partes bióticas e abióticas de seu ambiente.

conceito morfológico de espécie Definição de espécie segundo critérios anatômicos mensuráveis.

concepção Fecundação de um óvulo por um espermatozoide em seres humanos.

condricte Membro do clado Chondrichthyes, vertebrados com esqueletos feitos essencialmente de cartilagem, como os tubarões e as arraias.

condução saltatória Transmissão rápida de um impulso nervoso ao longo do axônio, resultante dos saltos dos potenciais de ação de um nódulo de Ranvier para outro, passando pelas regiões de bainha de mielina da membrana.

cone Célula em forma de cone na retina do olho dos vertebrados, sensível a cores.

conformador Animal cuja condição interna se ajusta com a mudança de uma variável ambiental (ou seja, muda de acordo com ela).

conídio Esporo haploide produzido na ponta de uma hifa especializada de ascomiceto durante a reprodução assexuada.

conífera Membro do maior filo de gimnospermas. A maioria das coníferas consiste em árvores que produzem cones, como pinheiros e abetos.

conjugação (1) Em procariotos, a transferência direta de DNA entre duas células que ficam temporariamente unidas. Quando as duas células são membros de espécies diferentes, a conjugação resulta na transferência gênica horizontal. (2) Em ciliados, um processo sexuado em que as duas células trocam micronúcleos, mas não se reproduzem.

conodonte Vertebrado primitivo de corpo mole com olhos e elementos dentários proeminentes.

consumidor Organismo que se alimenta de produtores, outros consumidores ou matéria orgânica morta.

consumidor de substrato Animal que vive dentro ou sobre sua fonte alimentar, traçando um caminho através do alimento.

consumidor primário Um herbívoro; organismo que se alimenta de plantas ou de outros autótrofos.

consumidor secundário Carnívoro que se alimenta de herbívoros.

consumidor terciário Carnívoro que se alimenta de outros carnívoros.

consumidores de pedaços grandes Animal que come pedaços relativamente grandes de alimento.

contracepção Prevenção intencional da gestação.

controle de baixo para cima Situação na qual a abundância de organismos em cada nível trófico é limitada pela oferta de nutrientes ou pela disponibilidade de alimento em níveis tróficos mais baixos; assim, a oferta de nutrientes controla a quantidade de plantas, que, por sua vez, controla a quantidade de herbívoros, que, por sua vez, controla a quantidade de predadores.

controle de cima para baixo Situação na qual a abundância de organismos em cada nível trófico é controlada pela abundância de consumidores em níveis tróficos mais altos;

assim, predadores limitam herbívoros, e herbívoros limitam plantas.

cooperatividade Tipo de regulação alostérica por meio da qual a mudança na conformação em uma subunidade de uma proteína causada pela ligação a um substrato é transmitida a todas as outras, facilitando a ligação de outras moléculas de substrato a essas subunidades.

coorte Grupo de indivíduos da mesma idade em uma população.

cópia da escolha de parceiro Comportamento no qual indivíduos em uma população copiam a escolha de parceiros de outros, aparentemente devido ao aprendizado social.

coração Bomba muscular que utiliza energia metabólica para elevar a pressão hidrostática do líquido circulatório (sangue ou hemolinfa). O líquido, então, segue por um gradiente de pressão pelo corpo e finalmente retorna ao coração.

cordado Membro do filo Chordata, animais que em algum momento do desenvolvimento têm notocorda; cordão nervoso oco dorsal; fendas faringianas; e cauda pós-anal.

corpo caloso Feixe grosso de fibras nervosas que liga os hemisférios direito e esquerdo do cérebro em mamíferos, permitindo que os hemisférios processem informações em conjunto.

corpo celular Parte do neurônio que abriga o núcleo e a maioria das outras organelas.

corpo lúteo Tecido secretor no ovário que se forma do folículo colapsado após a ovulação e produz progesterona.

corpúsculo basal Estrutura das células eucarióticas que consiste no arranjo "9 + 0" de trincas de microtúbulos. O corpúsculo basal pode organizar a montagem microtubular de um cílio ou flagelo e é estruturalmente muito similar a um centríolo.

corpúsculo de Barr Objeto denso encontrado dentro do envelope nuclear em células de mamíferos fêmeas, representando o cromossomo X altamente condensado e inativado.

corredor de deslocamento Série de pequenos fragmentos de vegetação ou uma faixa estreita de hábitat (utilizável por organismos) que liga duas regiões isoladas.

corrente citoplasmática Fluxo circular de citoplasma, envolvendo interação de filamentos de miosina e actina, que facilita a distribuição de materiais dentro da célula.

correpressor Pequena molécula que se liga a um sítio repressor de uma proteína bacteriana e muda sua conformação, permitindo que se ligue ao operador e desligue o óperon.

córtex (1) Região periférica do citoplasma de uma célula eucariótica, situada junto à membrana plasmática, sendo mais consistente que as camadas mais internas pela presença de múltiplos microfilamentos. (2) Em plantas, o tecido localizado entre o tecido vascular e o epitelial da raiz ou do caule.

córtex cerebral Superfície do cérebro; a porção maior e mais complexa do encéfalo dos mamíferos, contendo corpos de células nervosas do cérebro; a parte do cérebro dos vertebrados que mais mudou ao longo da evolução.

córtex renal Porção externa do rim dos vertebrados.

cotilédone Folha primordial do embrião de uma angiosperma. Existem algumas espécies com um cotilédone e outras com dois.

cotransporte Transporte de uma substância contra um gradiente eletroquímico por meio de sua conjugação com outra substância que é transportada a favor de seu gradiente eletroquímico.

crescimento determinado Tipo de crescimento característico da maioria dos animais e de alguns órgãos vegetais, cujo crescimento cessa após ser atingido determinado tamanho.

crescimento indeterminado Tipo de crescimento característico de plantas, no qual o organismo continua crescendo por toda sua vida.

crescimento populacional exponencial Crescimento de uma população em um ambiente ideal e ilimitado, representado por uma curva na forma de J quando o tamanho da população é representado graficamente em relação ao tempo.

crescimento populacional logístico Crescimento populacional que estabiliza quando o tamanho da população se aproxima da capacidade de sustentação.

crescimento populacional zero Período de estabilidade no tamanho da população, quando adições à população por nascimentos e imigração estão equilibradas com subtrações por mortes e emigrações.

crescimento primário Crescimento produzido por meristemas apicais, aumentando o comprimento dos caules e das raízes.

crescimento secundário Crescimento produzido por meristemas laterais, espessando raízes e caules de plantas lenhosas.

criptomicota Membro do filo de fungos Cryptomycota, fungos unicelulares que possuem esporos flagelados; criptomicotas e seu táxon-irmão (microsporídeos) são uma linhagem basal de fungos.

crista Prega da membrana mitocondrial interna. A membrana interna abriga as cadeias transportadoras de elétrons e moléculas de enzima que catalisa a síntese de ATP (ATP-sintase).

crista ectodérmica apical (CEA) Área da ectoderme espessa na ponta do botão do membro que promove o seu crescimento.

crista neural Em vertebrados, região localizada ao longo das laterais do tubo neural onde ele se desprende da ectoderme. As células da crista neural migram para várias partes do embrião e formam células pigmentadas na pele e partes do crânio, dentes, glândulas suprarrenais e sistema nervoso periférico.

cristalino Estrutura do olho que focaliza os raios de luz na retina.

cristalografia por raios X Técnica utilizada para estudar a estrutura tridimensional de moléculas. Depende da difração por um feixe de raios X através de átomos individuais de uma molécula cristalizada.

cromátides-irmãs Duas cópias de um cromossomo duplicado ligadas entre si por meio de proteínas no centrômero e, às vezes, uma à outra ao longo dos braços. Enquanto estão unidas, duas cromátides-irmãs compõem um cromossomo. Por fim, as cromátides são separadas durante a mitose ou meiose II.

cromatina O complexo de DNA e proteínas que constituem um cromossomo eucariótico. Quando a célula não está se dividindo, a cromatina se apresenta com sua forma dispersa, como uma massa de fibras delgadas e muito longas que não podem ser visualizadas ao microscópio óptico.

cromossomo Estrutura celular que consiste em uma molécula de DNA e moléculas proteicas associadas. Um cromossomo duplicado possui duas moléculas de DNA. (Em alguns contextos, como no sequenciamento do genoma, o termo pode se referir ao DNA.) Toda célula eucarionte normalmente tem múltiplos cromossomos lineares, que estão localizados no núcleo. Uma célula procarionte normalmente tem um cromossomo circular, que é encontrado no nucleoide, uma região que não é isolada por membrana. Ver também cromatina.

cromossomo recombinante Cromossomo criado quando o *crossing over* associa o DNA dos dois pais em um único cromossomo.

cromossomo sexual Cromossomo responsável pela determinação do sexo de um indivíduo.

cromossomos homólogos Par de cromossomos de igual comprimento, posição do centrômero e padrão de coloração que possuem genes para a mesma característica nos *loci* correspondentes. Um cromossomo homólogo é herdado do pai e o outro da mãe de um organismo. Também chamado de par de homólogos.

crossing over Troca recíproca de material genético entre cromátides não irmãs durante a prófase I da meiose.

cruzamento di-híbrido Cruzamento entre dois organismos que são heterozigotos para ambos os caracteres sendo testados (ou a autopolinização de uma planta que é heterozigota para ambos caracteres).

cruzamento mono-híbrido Cruzamento entre dois organismos que são heterozigotos para o caractere que está sendo estudado (ou a autopolinização de uma planta heterozigota).

cruzamento-teste Cruzamento entre um organismo de genótipo desconhecido com um indivíduo homozigoto recessivo para determinar o seu genótipo. A proporção fenotípica da descendência revelará o genótipo desconhecido.

cultura Sistema de transferência de informações por meio da aprendizagem social ou ensino que influencia o comportamento de indivíduos de uma população.

cultura hidropônica Método no qual as plantas crescem em soluções minerais em vez de no solo.

curva de sobrevivência Gráfico do número de membros de uma coorte que ainda estão vivos a uma certa idade; uma forma de representar a mortalidade em idade específica.

curva espécie-área Padrão de biodiversidade que mostra que quanto maior a área geográfica de uma comunidade, maior o seu número de espécies.

cutícula Qualquer uma das diversas coberturas externas rígidas, flexíveis e não minerais de um organismo, ou partes de um organismo, que oferece proteção.

dados Observações registradas.

dálton Medida de massa para átomos e partículas subatômicas; o mesmo que unidade de massa atômica.

datação radiométrica Método para determinação de idades absolutas de rochas e fósseis, com base na meia-vida de isótopos radioativos.

débito cardíaco Volume de sangue bombeado por minuto por cada ventrículo do coração.

decompositor Organismo que absorve nutrientes de matéria orgânica morta, como carcaças, plantas caídas e dejetos de organismos vivos, e os converte em formas inorgânicas; um detritívoro.

deleção (1) Deficiência no cromossomo resultante da perda de um dos seus segmentos por meio de quebra. (2) Perda por mutação de um ou mais pares de nucleotídeos de um gene.

demografia Estudo de alterações com o tempo nas estatísticas das populações, especialmente nas taxas de natalidade e mortalidade.

dendrito Uma das várias extensões curtas e altamente ramificadas de um neurônio que recebem sinais de outros neurônios.

densidade Número de indivíduos por unidade de área ou volume.

dependência de ancoragem Necessidade de uma célula estar ligada a um substrato para iniciar a divisão celular.

dependente da densidade Referente a qualquer característica que varia de acordo com a densidade populacional.

deriva genética Processo em que os eventos aleatórios causam flutuações imprevisíveis na frequência de alelos de uma geração para a próxima. Os efeitos da deriva genética são mais pronunciados em pequenas populações.

desenvolvimento Eventos envolvidos nas alterações de um organismo de modo gradual, desde uma forma simples até uma mais complexa ou especializada.

desenvolvimento deuterostômio Em animais, um modo de desenvolvimento distinguido pela formação do ânus a partir do blastóporo; frequentemente também caracterizado pela clivagem radial e pela formação de extensões do tecido mesodérmico na cavidade corporal.

desenvolvimento protostômio Em animais, o modo de desenvolvimento característico pelo desenvolvimento da boca a partir do blastóporo; também caracterizado por clivagem espiral e pela formação de cavidade corporal como segmentos, entre massas densas da mesoderme.

desenvolvimento sustentável Desenvolvimento que atende às necessidades das pessoas hoje sem limitar a capacidade das futuras gerações de atender as suas necessidades.

deserto Bioma terrestre caracterizado por precipitações muito baixas.

desestiolamento Mudanças sofridas pelo broto de uma planta em resposta à luz solar.

deslocamento de caráter Tendência de que características sejam mais divergentes em populações simpátricas de duas espécies do que em populações alopátricas das mesmas espécies.

desmossomo Tipo de junção intercelular em células animais que funciona como um rebite, mantendo as células firmemente unidas.

desnaturação Nas proteínas, o processo no qual uma proteína perde sua estrutura original devido à quebra de ligações químicas fracas e de interações, tornando-se inativa biologicamente; no DNA, é a separação das duas fitas da dupla-hélice. A desnaturação ocorre sob condições extremas de pH, salinidade ou temperatura.

desoxirribose Açúcar constituinte dos nucleotídeos de DNA, apresentando uma hidroxila a menos que a ribose, que é o açúcar que compõe os nucleotídeos de RNA.

despolarização Mudança no potencial de membrana celular em que o interior de uma membrana se torna menos negativo em relação ao exterior. Por exemplo, uma membrana de neurônio está despolarizada se um estímulo diminui sua voltagem do potencial de repouso de -70 mV na direção da voltagem zero.

desvio-padrão Medida da variação encontrada em um conjunto de dados.

determinação Restrição progressiva do potencial de desenvolvimento no qual o destino possível de cada célula torna-se mais limitado à medida que o embrião se desenvolve. No final da determinação, a célula está comprometida com seu destino.

determinante citoplasmático Substância materna, como uma proteína ou RNA, localizada em um óvulo e que influencia o curso inicial do desenvolvimento pela regulação da expressão dos genes que afetam o desenvolvimento das células.

detrito Matéria orgânica morta.

deuteromiceto Classificação tradicional para um fungo sem estágio sexual conhecido.

Deuterostomia Uma das três principais linhagens de animais bilaterais. *Ver também* Ecdysozoa e Lophotrochozoa.

diabetes melito Doença endócrina marcada pela incapacidade de manter a homeostasia da glicose. O tipo I resulta da destruição autoimune das células secretoras de insulina; o tratamento geralmente requer injeções diárias de insulina. O tipo II resulta principalmente da sensibilidade reduzida das células-alvo à insulina; obesidade e sedentarismo são fatores de risco.

diacilglicerol (**DAG**) Segundo mensageiro produzido pela clivagem de um certo tipo de fosfolipídeo na membrana plasmática.

diafragma (1) Lâmina muscular que forma a parede inferior da cavidade torácica de mamíferos. A contração do diafragma puxa o ar para dentro dos pulmões. (2) Objeto côncavo de borracha que é encaixado na porção superior da vagina antes da relação sexual. Funciona como barreira física para bloquear a passagem de sêmen para o interior do útero.

diapsídeo Membro de um clado de amniotas diferenciados pelo par de orifícios em cada lado do crânio. Diapsídeos incluem os lepidossauros e os arcossauros.

diástole Estágio do ciclo cardíaco no qual uma câmara do coração que está relaxada é preenchida de sangue.

diatomácea Protista fotossintetizante no clado Estramenopilo; tem uma exclusiva parede celular vítrea feita de dióxido de silicone embebida em uma matriz orgânica.

dicariótico Referente ao micélio fúngico com dois núcleos haploides por célula, uma de cada genitor.

dicotiledônea Termo tradicionalmente utilizado para se referir às plantas floríferas que têm duas folhas embrionárias, ou cotilédones. Evidências moleculares recentes indicam que as dicotiledôneas não formam um clado; espécies anteriormente classificadas como dicotiledôneas são agrupadas atualmente em eudicotiledôneas, magnolídeas e algumas linhagens de angiospermas basais.

diferenciação Processo pelo qual uma célula ou grupo de células se torna especializado em estrutura e função.

difusão Movimento termal randômico de partículas de líquidos, gases ou sólidos. Na presença de um gradiente de concentração ou eletroquímico, a difusão resulta no movimento líquido de uma substância a partir de uma região mais concentrada para uma menos concentrada.

difusão facilitada Passagem de moléculas ou íons a favor do gradiente eletroquímico através de uma membrana biológica por intermédio de proteínas de transporte transmembrana específicas, sem gasto de energia.

digestão O segundo estágio do processamento de alimentos em animais: a decomposição do alimento em moléculas pequenas o suficiente para que o corpo consiga absorver.

di-híbrido Organismo que é heterozigoto com respeito a dois genes de interesse. Toda a descendência do cruzamento entre pais duplamente homozigotos para alelos diferentes é di-híbrida. Por exemplo, pais de genótipos *AABB* e *aabb* produzem um di-híbrido de genótipo *AaBb*.

dimorfismo sexual Diferenças entre as características sexuais secundárias de machos e fêmeas da mesma espécie.

dinâmica populacional Estudo de como as interações complexas entre fatores bióticos e abióticos influenciam nas variações do tamanho da população.

dineína Grande proteína motora que se estende de um par de microtúbulos para o par adjacente em cílios e flagelos. A hidrólise de ATP leva a mudanças na conformação da dineína que levam à curvatura de cílios e flagelos.

dinoflagelado Membro de um grupo constituído principalmente de algas fotossintetizantes unicelulares com dois flagelos situados em sulcos perpendiculares nas placas de celulose que cobrem a célula.

dinossauro Membro de um clado extremamente diverso de répteis que variam na forma do corpo, tamanho e hábitat. As aves são os únicos dinossauros sobreviventes.

dioico Em botânica, que tem as partes reprodutivas masculinas e femininas em indivíduos diferentes da mesma espécie.

diploblástico Que tem duas camadas germinativas.

diplomonadídeo Protista que tem mitocôndrias modificadas, dois núcleos do mesmo tamanho e flagelos múltiplos.

dispersão (1) Movimento de indivíduos ou gametas para longe de sua localização original. Esse movimento às vezes expande a distribuição geográfica de uma população ou espécie. (2) Padrão de espaçamento entre os indivíduos dentro das fronteiras de uma população.

dissacarídeo Um açúcar duplo, consistindo em dois monossacarídeos unidos por uma ligação glicosídica formada por uma reação de desidratação.

distrofia muscular de Duchenne Doença genética humana causada por um alelo recessivo ligado ao sexo; caracterizada por enfraquecimento progressivo e perda de tecido muscular.

distúrbio Evento natural ou causado por seres humanos que modifica uma comunidade biológica e, em geral, elimina organismos dessa comunidade. Distúrbios como queimadas e tempestades desempenham funções essenciais na estruturação de muitas comunidades.

diversidade de espécies Número e abundância relativa das espécies em uma comunidade biológica.

divisão celular A reprodução das células.

divisão parassimpática Divisão do sistema nervoso autônomo; geralmente intensifica as atividades corporais que ganham e conservam energia, como a digestão e a redução da frequência cardíaca.

divisão simpática Divisão do sistema nervoso autônomo; geralmente aumenta o gasto energético e prepara o corpo para ação.

DNA (ácido desoxirribonucleico) Molécula de ácido nucleico, em geral com a forma de uma dupla-hélice, na qual cada fita de polinucleotídeo consiste em monômeros de nucleotídeos com um açúcar desoxirribose e as bases nitrogenadas adenina (A), citosina (C), guanina (G) e timina (T); capaz de se replicar e determinar a estrutura hereditária das proteínas celulares.

DNA complementar (cDNA) Molécula dupla-hélice de DNA produzida *in vitro* usando mRNA como molde e as enzimas transcriptase reversa e DNA-polimerase. Uma molécula de cDNA corresponde aos éxons de um gene.

DNA de sequência simples Sequência de DNA que contém muitas cópias de sequências pequenas e repetidas.

DNA repetitivo Sequências de nucleotídeos, geralmente não codificadoras, que estão presentes em muitas cópias em um genoma eucariótico. As unidades repetidas podem ser curtas e arranjadas em sequência (em série) ou longas e dispersas no genoma.

DNA-ligase Enzima de ligação que é essencial para a replicação do DNA; catalisa a ligação covalente da extremidade 3' de um fragmento de DNA (p. ex., um fragmento de Okazaki) a uma extremidade 5' de outro fragmento de DNA (como uma cadeia de DNA em desenvolvimento).

DNA-polimerase Enzima que catalisa o prolongamento de novas fitas de DNA (p. ex., na forquilha de replicação) pela adição de nucleotídeos na extremidade 3' de uma cadeia. Existem diversas DNA-polimerases diferentes; a DNA-polimerase III e a DNA-polimerase I têm papéis importantes na replicação do DNA em *E. coli*.

doença (anemia) falciforme Distúrbio sanguíneo humano de herança recessiva no qual uma única alteração de nucleotídeo no gene da globina α agrega a hemoglobina, modificando o formato dos eritrócitos e causando múltiplos sintomas nos indivíduos afetados.

doença autoimune Distúrbio imunológico no qual o sistema imune se volta contra o próprio organismo.

doença de Alzheimer Demência (deterioração mental) relacionada à idade avançada, caracterizada por confusão e perda da memória.

doença de Huntington Doença genética humana causada por um alelo dominante; caracterizada por movimentos incontroláveis do corpo e degeneração do sistema nervoso; geralmente fatal 10 ou 20 anos após o início dos sintomas.

doença de Parkinson Doença cerebral progressiva caracterizada pela dificuldade de iniciar movimentos, lentidão dos movimentos e rigidez.

doença de Tay-Sachs Doença genética humana causada por um alelo recessivo para uma enzima disfuncional, levando ao acúmulo de certos lipídeos no cérebro. Convulsões, cegueira e degeneração do desempenho motor e mental geralmente se manifestam poucos meses após o nascimento, seguidas de morte em poucos anos.

dominância apical Tendência de concentração de crescimento na extremidade de um ramo vegetal onde uma gema terminal inibe parcialmente o crescimento das gemas axilares.

dominância completa Situação na qual os fenótipos do heterozigoto e homozigoto dominante são indistinguíveis.

dominância incompleta Situação na qual o fenótipo dos heterozigotos é intermediário entre os fenótipos de homozigotos para um dos alelos.

domínio (1) Categoria taxonômica superior ao nível de reino. Os três domínios são Archaea, Bacteria e Eukarya. (2) Região estrutural e funcional separada de uma proteína.

dormência Condição caracterizada por taxa metabólica extremamente reduzida e suspensão do crescimento e desenvolvimento.

dorsal Em um animal com simetria bilateral, refere-se à face superior (na maioria dos animais) ou posterior (em animais com postura ereta) do corpo.

dossel Estrato superior da vegetação em um bioma terrestre.

dreno de açúcar Órgão vegetal que é um consumidor ou armazenador de açúcar. Raízes em crescimento, gemas, caules e frutos são drenos de açúcar abastecidos pelo floema.

ducto coletor A localização no rim onde o filtrado processado, chamado de urina, é coletado dos túbulos renais.

duodeno A primeira seção do intestino delgado, onde o quimo do estômago se mistura com os sucos digestivos do pâncreas, fígado, vesícula biliar e células glandulares da parede do intestino.

dupla-hélice Forma nativa do DNA, referindo-se às duas fitas de polinucleotídeos adjacentes e antiparalelas entrelaçadas ao redor de um eixo imaginário com formato espiralado.

duplicação Aberração na estrutura do cromossomo devido à fusão com um fragmento de cromossomo homólogo, de modo que parte do cromossomo é duplicada.

Ecdysozoa Uma das três principais linhagens de animais bilaterais; muitos ecdisozoários são animais que fazem muda de exoesqueleto. *Ver também* Deuterostomia e Lophotrochozoa.

ecologia Estudo sobre como os organismos interagem entre si e com seu ambiente.

ecologia comportamental Estudo das interações comportamentais entre indivíduos dentro das populações e comunidades, normalmente em um contexto evolutivo.

ecologia de comunidades O estudo do efeito das interações entre as espécies na estrutura e organização da comunidade.

ecologia de ecossistema Estudo do fluxo de energia e de ciclagem de compostos químicos entre vários componentes bióticos e abióticos de um ecossistema.

ecologia de paisagem Estudo de como o arranjo espacial dos tipos de hábitats afeta a distribuição e a abundância de organismos e os processos do ecossistema.

ecologia de populações Estudo de populações em relação ao seu ambiente, incluindo influências ambientais na densidade e na distribuição da população, estrutura etária e variações no tamanho da população.

ecologia do organismo Ramo da ecologia que diz respeito aos meios morfológicos, fisiológicos e comportamentais utilizados pelos organismos individualmente para enfrentar os desafios impostos por seus ambientes bióticos a abióticos.

ecologia global Estudo do funcionamento e da distribuição de organismos pela biosfera e de como as mudanças regionais de energia e materiais afetam esses organismos.

ecologia urbana Estudo de organismos e seu ambiente nas regiões urbanas e suburbanas.

ecossistema Todos os organismos em determinada área, bem como os fatores abióticos com os quais eles interagem; uma ou mais comunidades e o ambiente físico ao seu redor.

ecótono Transição de um tipo de hábitat ou ecossistema para outro, como na transição entre uma floresta e um campo.

ectoderme A mais externa das três camadas germinativas primárias em embriões animais; origina a cobertura externa e, em alguns filos, o sistema nervoso, a orelha interna e o cristalino do olho.

ectomicorriza Associação de um fungo com um sistema de raiz vegetal em que o fungo envolve as raízes sem causar invaginação na membrana plasmática das células hospedeiras.

ectoparasito Parasito que se alimenta na superfície externa de um hospedeiro.

ectópico Que ocorre em local anormal.

ectoprocto Lofotrocozoário séssil colonial que normalmente é chamado de briozoário.

ectotérmico Referente aos organismos nos quais as fontes externas são a principal fonte de calor para a regulação da temperatura.

edição de genes Alteração de genes de uma forma específica e previsível.

efeito de Bohr Redução da afinidade da hemoglobina por oxigênio, causada pela diminuição do pH. Facilita a liberação de oxigênio das hemoglobinas na proximidade de tecidos ativos.

efeito estufa Aquecimento da Terra devido ao acúmulo de dióxido de carbono e alguns outros gases na atmosfera, os quais absorvem a radiação infravermelha refletida e transferem parte dessa radiação de volta para a Terra.

efeito fundador Deriva genética que ocorre quando alguns poucos indivíduos ficam isolados de uma população maior e formam uma nova população onde a composição do *pool* gênico da nova população não reflete aquela da população original.

efeito gargalo Deriva genética que ocorre quando o tamanho de uma população se reduz, como por decorrência de desastres naturais ou ações humanas. Em geral, a população sobrevivente deixa de ser geneticamente representativa da população original.

efetor Proteína codificada pelo patógeno que inutiliza o sistema imune inato do hospedeiro.

eficiência de produção Porcentagem de energia armazenada no alimento que não é utilizada para a respiração ou é eliminada como resíduo.

eficiência trófica Porcentagem de produção transferida de um nível trófico para o seguinte.

ejaculação Propulsão de sêmen do epidídimo por meio do vaso deferente muscular, do ducto ejaculatório e da uretra.

elemento Qualquer substância que não pode ser decomposta em outra por meio de reações químicas.

elemento de controle Segmento de DNA não codificador que auxilia a regular a transcrição de um gene por meio da sua ligação a um fator de transcrição. Elementos de controle múltiplos estão presentes nos estimuladores de genes dos eucariotos.

elemento de tubo crivado Célula viva que transporta açúcares e outros nutrientes orgânicos no floema das angiospermas; também chamado de membro de tubo crivado. Conectados uns aos outros, eles formam os tubos crivados.

elemento de vaso Célula curta e larga que transporta água, encontrada no xilema da maioria das angiospermas e algumas plantas vasculares não floríferas. Morrendo na maturidade, os elementos-vaso ficam alinhados para formar os microtubos denominados vasos.

elemento essencial Elemento químico necessário para a sobrevivência, o crescimento e a reprodução de um organismo.

elemento transponível Segmento de DNA que pode se mover no genoma de uma célula por meio de um DNA ou RNA intermediário; também chamado de elemento genético transponível.

elemento-traço Elemento indispensável para a vida, mas em quantidade muito pequena.

eletrocardiograma (**ECG**) Registro dos impulsos elétricos que percorrem o músculo cardíaco durante o ciclo cardíaco.

eletroforese em gel Técnica para separar ácidos nucleicos ou proteínas com base no tamanho e na carga elétrica, ambos os quais afetam a sua velocidade de movimento pelo campo elétrico em um gel feito de agarose ou outro polímero.

elétron Partícula subatômica com carga elétrica negativa simples e massa cerca de 2.000 vezes menor que a do nêutron ou próton. Um ou mais elétrons movem-se ao redor do núcleo de um átomo.

elétron de valência Elétron na última camada do átomo.

eletronegatividade A atração de um dado átomo por elétrons de uma ligação covalente.

eletroporação Técnica que introduz DNA recombinante para dentro da célula pela aplicação de um breve pulso elétrico em uma solução onde ela está. O pulso cria um orifício temporário da membrana plasmática da célula, pelo qual o DNA pode entrar.

eliminação O quarto e último estágio do processamento de alimentos em animais; a passagem do material não digerido para fora do sistema digestório.

embebição Captação de água por uma semente ou outra estrutura, resultando em aumento de volume.

embriófita Nome alternativo para as plantas terrestres que se refere ao seu caráter derivado compartilhado de embriões multicelulares dependentes.

emigração Movimento de indivíduos para fora de uma população.

enantiômero Um de dois compostos que é a imagem especular do outro e difere em formato devido à presença de carbono assimétrico.

encéfalo Órgão do sistema nervoso onde as informações são processadas e integradas.

endêmica Referente a uma espécie que está confinada em uma área geográfica específica.

endocitose Captação celular de moléculas biológicas e materiais particulados por meio da formação de vesículas pela membrana plasmática.

endocitose mediada por receptor Movimento de moléculas específicas dentro de uma célula através de uma depressão e formação de vesículas membranosas contendo proteínas com sítios receptores específicos para as moléculas envolvidas; permite que a célula adquira grandes quantidades de substâncias específicas.

endoderme (1) A mais profunda das três camadas germinativas primárias dos embriões de animais; delimita o arquêntero e dá origem ao fígado, ao pâncreas, aos pulmões e ao interior do trato digestório em espécies que têm essas estruturas. (2) A camada mais profunda do córtex de raízes vegetais; um cilindro com uma célula de espessura que forma o limite entre o córtex e o cilindro vascular.

endoesqueleto Esqueleto duro coberto pelos tecidos moles de um animal.

endófito Fungo (ou outro organismo) que vive dentro da folha ou de outra parte da planta ou alga multicelular sem causar dano a ela.

endométrio Revestimento interno do útero, o qual é ricamente vascularizado.

endometriose Condição resultante da presença de tecido endometrial fora do útero.

endoparasito Parasito que vive dentro do hospedeiro.

endorfina Um dos vários hormônios produzidos no cérebro e na adeno-hipófise que inibe a percepção de dor.

endosperma Em angiospermas, tecido rico em nutrientes formado pela união de um gameta masculino com dois núcleos polares durante a dupla fecundação. O endosperma fornece alimento para o embrião em desenvolvimento em sementes de angiospermas.

endósporo Célula resistente de parede espessa produzida por uma célula bacteriana exposta a condições severas.

endossimbiose Relação entre duas espécies na qual um organismo vive dentro da célula ou células de outro organismo. Ver também teoria endossimbionte.

endossimbiose secundária Processo da evolução eucariótica na qual uma célula eucariótica heterotrófica incorporou uma célula eucariótica fotossintetizante, que sobreviveu em uma relação de simbiose no interior da célula heterotrófica.

endossimbiose seriada Hipótese para a origem dos eucariotos que consiste em uma sequência de eventos endossimbióticos nos quais mitocôndrias, cloroplastos e talvez outras estruturas celulares seriam originadas de procariotos menores que teriam sido incorporados por células maiores.

endotélio Camada simples e escamosa de células revestindo o lúmen dos vasos sanguíneos.

endotérmico Referente a organismos que são aquecidos pelo calor gerado pelo seu próprio metabolismo. Este calor normalmente é utilizado para manter o corpo em uma temperatura relativamente estável e superior à temperatura do ambiente externo.

endotoxina Componente tóxico da membrana externa de algumas bactérias gram-negativas que é liberado somente quando a bactéria morre.

energia Capacidade de causar mudança, especialmente realizar trabalho (deslocar matéria contra uma força de oposição).

energia cinética Energia associada ao movimento relativo dos objetos. Um corpo em movimento pode realizar trabalho por transmitir movimento para outro corpo.

energia de ativação Quantidade de energia que os reagentes precisam absorver antes do início de uma reação química; também chamada de energia livre de ativação.

energia livre Porção de energia de um sistema biológico capaz de realizar trabalho quando a temperatura e a pressão são uniformes. A variação na energia livre de um sistema (ΔG) é calculada pela equação $\Delta G = \Delta H - T\Delta S$, onde ΔH é a mudança na entalpia (em sistemas biológicos, equivalente à energia total), ΔT é a temperatura absoluta e ΔS é a mudança na entropia.

energia potencial Energia presente na matéria como resultado de sua posição ou arranjo espacial (estrutura).

energia química Energia disponível nas moléculas para ser liberada em uma reação química; forma de energia potencial.

energia térmica Energia cinética devido ao movimento aleatório de átomos e moléculas; energia na sua forma mais randômica. Ver também calor.

engenharia genética Manipulação direta de genes com finalidades práticas.

engenheiro do ecossistema Organismo que influencia a estrutura da comunidade por causar alterações físicas no meio ambiente.

enraizada Descreve uma árvore filogenética que contém um ponto de ramificação (em geral, aquele mais à esquerda) representando o último ancestral comum a todos os táxons presentes na árvore.

entrenó Segmento do caule da planta entre os pontos de inserção das folhas.

entropia Medida de desordem ou aleatoriedade molecular.

envelope nuclear Na célula eucariótica, dupla membrana que circunda o núcleo, perfurada por poros que regulam o tráfego para o citoplasma. A membrana externa é contínua com o retículo endoplasmático.

envelope viral Membrana derivada de membranas da célula hospedeira que envolve o capsídeo, o qual, por sua vez, contém o genoma viral.

enxerto Ramo enxertado em um porta-enxerto (cavalo) na enxertia.

enzima Macromolécula que serve como catalisador, ou seja, agente químico que altera a velocidade de uma reação sem ser consumido por ela. A maioria das enzimas consiste em proteínas.

enzima de restrição Uma endonuclease (tipo de enzima) que reconhece e corta moléculas de DNA estranhas a uma bactéria (como genomas de fagos). A enzima reconhece e corta sequências específicas de nucleotídeos (sítios de restrição).

eosinófilo Célula do sistema imune que secreta enzimas destrutivas e auxilia na defesa contra patógenos multicelulares.

epicótilo No embrião de uma angiosperma, o eixo embrionário acima do ponto de inserção do(s) cotilédone(s) e abaixo do primeiro par de folhas.

epidemia Surto disseminado de uma doença.

epiderme (1) Tecido dérmico de plantas não lenhosas, geralmente consiste em uma camada simples de células firmemente compactadas. (2) Revestimento externo de células em animais.

epidídimo Túbulo espiralado localizado junto aos testículos dos mamíferos, onde o esperma é armazenado.

epífita Planta que se alimenta por conta própria, mas cresce sobre a superfície de outra planta para obter sustentação, geralmente nos ramos ou troncos de árvores.

epigenética Estudo da herança de características transmitidas por meio de mecanismos que não envolvem a sequência de nucleotídeos.

epistasia Tipo de interação gênica em que a expressão fenotípica de um gene altera a de outro gene que é herdado independentemente.

epitélio Tecido epitelial.

epitélio de transporte Uma ou mais camadas de células epiteliais especializadas que regulam o movimento de solutos.

epítopo Região pequena e acessível de um antígeno no qual um receptor de antígeno ou anticorpo se liga.

equilíbrio de Hardy-Weinberg O estado de uma população no qual as frequências dos alelos e genótipos permanecem constantes de geração em geração, supondo que somente a segregação mendeliana e a recombinação de alelos estejam influenciando.

equilíbrio pontuado No registro fóssil, períodos extensos de aparente estabilidade, onde uma espécie sofre poucas ou nenhuma mudança morfológica, interrompido por períodos curtos de mudança repentina.

equilíbrio químico Na reação química, é o estado no qual a velocidade da reação direta é igual à da reação inversa, de modo que a concentração relativa dos reagentes e produtos se mantém constante.

equinodermo Deuterostômio marinho séssil ou de movimento lento com sistema vascular aquífero e, na fase larval, com simetria bilateral. Equinodermos incluem as estrelas-do-mar, estrelas-serpente, ouriços-do-mar, lírios-do-mar e pepinos-do-mar.

eritrócito Célula sanguínea que contém hemoglobina, a qual transporta oxigênio; também chamado célula vermelha do sangue, glóbulo vermelho ou hemácia.

eritropoietina (EPO) Hormônio que estimula a produção de eritrócitos. É secretado pelos rins quando os tecidos do corpo não recebem oxigênio suficiente.

escroto Bolsa de pele externa ao abdome que armazena os testículos; mantém os testículos em temperaturas necessárias para a espermatogênese.

esfíncter Uma banda de fibras musculares em forma de anel que controla o tamanho da abertura no corpo, como a passagem entre o esôfago e o estômago.

esôfago Tubo muscular que conduz o alimento, por peristaltismo, da faringe para o estômago.

especiação Processo evolutivo em que uma espécie se divide em duas ou mais espécies.

especiação alopátrica Formação de novas espécies em populações que foram isoladas geograficamente.

especiação simpátrica Formação de novas espécies em populações que vivem na mesma área geográfica.

espécie População ou grupo de populações cujos membros têm a possibilidade de cruzar na natureza e produzir prole viável e fértil, mas não produzem prole viável e fértil com membros de outros grupos.

espécie ameaçada Espécie que provavelmente entrará em perigo de extinção em um futuro previsível.

espécie em perigo Espécie que está em perigo de extinção em toda ou parte da extensão do seu território.

espécie introduzida Espécie transferida por seres humanos, seja intencional ou acidentalmente, de sua localização nativa para uma nova região geográfica; às vezes chamada de espécie não nativa, espécie exótica ou espécie invasora.

espécie-chave Espécie que não é necessariamente abundante em uma comunidade, mas que exerce controle intenso na estrutura da comunidade devido à natureza de seu papel ou nicho ecológico.

espécies fundadoras Espécies que têm fortes efeitos sobre as suas comunidades como resultado do seu tamanho maior, de sua alta abundância ou do papel central na dinâmica da comunidade. Espécies fundadoras podem fornecer hábitat ou alimento para outras espécies; elas também podem ser competitivamente dominantes na exploração de recursos essenciais.

espectro de absorção Capacidade de um pigmento para absorver vários comprimentos de onda de luz; gráfico que mostra a distribuição desses comprimentos de onda.

espectro de ação Gráfico que traça o perfil da efetividade relativa de diferentes comprimentos de onda de radiação na condução de um processo particular.

espectro de hospedeiros Número limitado de células hospedeiras que cada tipo de vírus pode infectar.

espectro eletromagnético Espectro total da radiação eletromagnética em comprimentos de onda que vão desde menos de um nanômetro até mais de um quilômetro.

espectrofotômetro Instrumento que mede as proporções de luz de diferentes comprimentos de onda absorvidas e transmitidas pelos pigmentos de uma solução.

espermateca Em muitos insetos, um saco no sistema reprodutor feminino onde o espermatozoide é armazenado.

espermatogênese Produção contínua e abundante de espermatozoides nos testículos.

espermatogônia Célula que se divide mitoticamente para formar espermatócitos.

espermatozoide Gameta masculino.

espongiocele Cavidade central de uma esponja.

esporângio Órgão multicelular de fungos e plantas em que ocorre a meiose e o desenvolvimento de células haploides.

esporo (1) Célula haploide produzida no esporófito por meiose, no ciclo de vida de uma planta ou alga com alternância de gerações. Um esporo pode se dividir por mitose para desenvolver um indivíduo haploide multicelular, o gametófito, sem haver fusão com outra célula. (2) Nos fungos, célula haploide gerada sexuada ou assexuadamente que produz um micélio após a germinação.

esporócito Célula diploide em um esporângio que passa por meiose e gera esporos haploides; também chamada de célula-mãe dos esporos.

esporofilo Folha modificada que tem esporângios e, portanto, é especializada para a reprodução.

esporófito Forma diploide multicelular que resulta da união de gametas em organismos que apresentam alternância de gerações (plantas e algumas algas). A meiose em esporófitos produz esporos haploides que se desenvolvem em gametófitos.

esporopolenina Polímero durável que cobre os zigotos expostos de algas carófitas e forma as paredes dos esporos vegetais, protegendo contra a dessecação.

esqueleto hidrostático Sistema esquelético composto de líquido mantido sob pressão em um compartimento corporal fechado; o esqueleto principal da maioria dos cnidários, vermes chatos, nematódeos e anelídeos.

esquizofrenia Transtorno mental severo caracterizado por episódios psicóticos em que os pacientes têm uma percepção distorcida da realidade.

estabilidade Em biologia evolutiva, o termo refere-se a uma zona de hibridação na qual híbridos continuam sendo produzidos; isso faz com que a zona de hibridação seja "estável" no sentido de persistir ao longo do tempo.

estame Órgão reprodutivo produtor de pólen de uma flor, consiste em uma antera e um filete.

estatocisto Tipo de mecanorreceptor que funciona no equilíbrio de invertebrados pelo uso de estatolitos, que estimula células ciliadas em relação à gravidade.

estatólito (1) Em plantas, um plastídio especializado que contém grânulos densos de amido e podem participar na detecção da gravidade. (2) Em invertebrados, um grão de areia ou outro grânulo denso que assenta em resposta à gravidade e é encontrado nos órgãos sensoriais que funcionam no equilíbrio.

estelo Tecido vascular de um caule ou raiz.

esteroide Tipo de lipídeo caracterizado por um esqueleto de carbono consistindo em quatro anéis fusionados com vários grupos químicos ligados.

estigma Parte adesiva do carpelo de uma flor, que captura grãos de pólen.

estilete Haste do carpelo de uma flor, com o ovário na base e o estigma na extremidade superior.

estimulador Segmento de DNA eucariótico que contém múltiplos elementos-controle, geralmente localizado distante do gene cuja transcrição está sendo regulada.

estímulo Na regulação da retroalimentação, uma flutuação em uma variável que desencadeia uma resposta.

estímulo-sinal Sinal sensorial externo que ativa um padrão de ação fixo por um animal.

estiolamento Adaptações morfológicas das plantas para o crescimento no escuro.

estipe Estrutura semelhante a um caule em algas marinhas.

estômago Órgão do sistema digestório que armazena alimento e realiza etapas preliminares da digestão.

estômato Poro microscópico circundado por células-guarda na epiderme de folhas e caules que possibilita trocas gasosas entre o ambiente e o interior da planta.

estradiol Hormônio esteroide que estimula o desenvolvimento e a manutenção do sistema reprodutivo feminino e das características sexuais secundárias; o principal estrogênio em mamíferos.

estrato Camada de rocha formada quando novas camadas de sedimento cobrem e comprimem as camadas mais antigas.

estria de Caspary Anel de cera impermeável nas células da endoderme da plantas que bloqueia o fluxo passivo de água e solutos para o estelo pelas paredes celulares.

estrigolactona Membro um de uma classe de hormônios que inibem a ramificação do broto, acionam a germinação de sementes de plantas parasitas e estimulam a associação de raízes de plantas com fungos micorrízicos.

estróbilo Termo técnico para um agrupamento de esporofilos comumente conhecido como cone, encontrado na maioria das gimnospermas e algumas plantas vasculares sem sementes.

estrogênio Qualquer hormônio esteroide, como o estradiol, que estimula o desenvolvimento e a manutenção do sistema reprodutivo feminino e das características sexuais secundárias.

estroma Líquido denso no interior do cloroplasto que circunda a membrana dos tilacoides e contém ribossomos e DNA; envolvido na síntese de moléculas orgânicas a partir de dióxido de carbono e água.

estromatólito Rocha sedimentar que resulta da atividade de procariotos que unem camadas finas do sedimento.

estrutura de comunidade O número de espécies encontradas em uma comunidade ecológica, as espécies específicas que estão presentes e a abundância relativa dessas espécies.

estrutura etária O número relativo de indivíduos de cada idade em uma população.

estrutura primária Plano da estrutura proteica que se refere especificamente à sequência de aminoácidos.

estrutura quaternária Configuração particular de um complexo agregado de proteínas, definido pelo arranjo tridimensional característico de suas subunidades constituintes, cada qual sendo um polipeptídeo.

estrutura secundária Espirais ou dobras localizadas e repetitivas da cadeia polipeptídica de uma proteína devido a formações de ligações de hidrogênio entre os constituintes do esqueleto (não as cadeias laterais).

estrutura terciária Forma geral de uma molécula de proteína devido a interações das cadeias laterais de aminoácidos, incluindo interações hidrofóbicas, ligações iônicas, ligações de hidrogênio e pontes dissulfeto.

estrutura trófica As diferentes relações alimentares em um ecossistema, que determina a rota do fluxo de energia e o padrão de ciclagem química.

estrutura vestigial Estrutura com pouca ou nenhuma importância para um organismo. Estruturas vestigiais são remanescentes históricos de estruturas que apresentavam função nos organismos ancestrais.

estruturas homólogas Estruturas em espécies diferentes que apresentam semelhanças devido a uma ancestralidade comum.

estuário Área onde uma corrente de água doce ou rio encontra o oceano.

estudo de adoção interespecífica Estudo do comportamento onde o jovem de uma espécie é colocado sob os cuidados de adultos de uma outra espécie.

estudo de associação genômica ampla Análise em larga escala do genoma de várias pessoas que possuem determinado fenótipo ou doença, com o objetivo de encontrar marcadores genéticos que se correlacionem com aquele fenótipo ou doença.

etileno Hormônio gasoso das plantas envolvido na resposta ao estresse mecânico, na morte celular programada, na abscisão foliar e no amadurecimento de frutos.

eucarioto Organismo unicelular ou multicelular composto por células eucarióticas; eucariotos incluem protistas, plantas, fungos e animais.

eucromatina A forma menos condensada da cromatina nos eucariotos que é geneticamente ativa para a transcrição.

eudicotiledônea Membro de um clado que consiste na ampla maioria das plantas floríferas que tem duas folhas embrionárias na semente, ou cotilédones.

euglenoide Protista, como a *Euglena* ou relacionados, caracterizado por uma bolsa anterior do qual emergem um ou dois flagelos.

euglenozoário Membro de um clado diversificado de protistas flagelados que inclui heterótrofos predadores, autótrofos fotossintetizantes e parasitos patogênicos.

Eukarya O domínio que engloba todos os organismos eucarióticos.

eumetazoário Membro de um clado de animais com tecidos verdadeiros. Todos os animais, exceto as esponjas e alguns outros grupos.

euripterídeo Um quelicerifome carnívoro extinto; também chamado de escorpião aquático.

eutério Mamífero placentário; mamífero cujos filhotes completam seu desenvolvimento embrionário dentro do útero, ligados à mãe pela placenta.

eutroficação Processo pelo qual nutrientes, principalmente fósforo e nitrogênio, tornam-se muito concentrados em um corpo d'água, causando o aumento do crescimento de organismos como algas ou cianobactérias.

evapotranspiração Evaporação total de água de um ecossistema, incluindo evaporação do solo e do exterior das plantas, normalmente medida em milímetros e estimada por ano.

evo-devo Biologia evolutiva do desenvolvimento; área da biologia que compara processos do desenvolvimento de diferentes organismos multicelulares para entender como esses processos podem ter evoluído e como as mudanças podem modificar as características existentes dos organismos ou gerar novos organismos.

evolução Descendência com modificação; o processo pelo qual as espécies acumulam diferenças a partir de seus ancestrais conforme se adaptam aos diferentes ambientes ao longo do tempo; também definida como a mudança na composição genética de uma população de geração para geração.

evolução adaptativa Processo no qual características que melhoram a reprodução ou a sobrevivência tendem a aumentar em frequência ao longo do tempo, resultando em uma melhor combinação entre organismos e seu meio ambiente.

evolução convergente Evolução de características semelhantes em linhagens evolutivas independentes.

Excavata Um de quatro supergrupos de eucariotos propostos em uma hipótese atual da história evolutiva dos eucariotos. Excavatae têm estruturas exclusivas do citoesqueleto, e algumas espécies tem uma fenda de alimentação "escavada" em um lado do corpo celular. *Ver também* SAR, Archaeplastida e Unikonta.

exclusão competitiva Conceito de que, quando populações de duas espécies semelhantes competem pelos mesmos recursos limitados, uma população utilizará os recursos com maior eficiência e terá vantagem reprodutiva, que, por fim, levará à eliminação da outra população.

excreção Eliminação de metabólitos contendo compostos nitrogenados e outros produtos residuais.

exocitose Secreção celular de moléculas biológicas por meio da fusão de vesículas que as contêm com a membrana plasmática.

exoesqueleto Revestimento duro na superfície de um animal, como na concha de um molusco ou na cutícula de um artrópode, que fornece proteção e pontos de fixação para músculos.

éxon Sequência dentro de um transcrito primário que permanece no RNA mesmo após o seu processamento; também se refere à região do DNA a partir da qual essa sequência foi transcrita.

exotoxina Proteína tóxica que é secretada por um procarioto ou outro patógeno e que produz sintomas específicos, mesmo o patógeno não estando mais presente.

expansina Enzima vegetal que rompe as ligações cruzadas (ligações de hidrogênio) entre microfibrilas de celulose e outros componentes da parede celular, afrouxando a estrutura da parede.

experimento Um teste científico, muitas vezes realizado sob condições controladas que envolvem a manipulação de um fator em um sistema com o objetivo de observar os efeitos de modificar esse fator.

experimento controlado Experimento delineado para comparar um grupo experimental com um grupo-controle; o ideal é que os dois grupos sejam diferentes somente quanto ao fator que está sendo testado.

exploração Interação ecológica +/− na qual indivíduos de uma espécie se beneficiam ao se alimentar (e portando causar danos) de indivíduos de outra espécie. Interações de exploração incluem predação, herbivoria e parasitismo.

explosão do Cambriano Período relativamente curto na história geológica em que muitos filos presentes atualmente apareceram pela primeira vez no registro fóssil. Essa explosão de mudança evolutiva ocorreu há aproximadamente 535 a 525 milhões de anos, com o surgimento dos primeiros grandes animais de corpo duro.

expressão gênica Processo pelo qual a informação codificada pelo DNA conduz a síntese de proteínas ou, em alguns casos, de RNAs que não são traduzidos em proteínas e funcionam como RNAs.

expressão gênica diferencial Expressão de diferentes conjuntos de genes em células com o mesmo genoma.

extensão convergente Processo onde as células da camada de um tecido se reorganizam de modo que a camada de células fica mais estreita (converge) e mais longa (se estende).

extinção em massa Eliminação de um grande número de espécies por toda a Terra, resultado de mudanças ambientais globais.

extremidade coesiva Extremidade da fita simples de um fragmento de restrição dupla-fita.

extremófilo Organismo que vive em um ambiente cujas condições são tão extremas que poucas espécies conseguem sobreviver. Extremófilos incluem os halófilos extremos ("que amam sal") e os termófilos extremos ("que amam calor").

fago Vírus que infecta bactérias, também denominado bacteriófago.

fago temperado Fago que é capaz de se reproduzir tanto pelo ciclo lítico como pelo lisogênico.

fago virulento Fago que se reproduz exclusivamente por meio do ciclo lítico.

fagocitose Tipo de endocitose na qual grandes substâncias particuladas ou pequenos organismos são capturados por uma célula. É executada por alguns protistas e por determinadas células do sistema imune de mamíferos (em mamíferos, principalmente macrófagos, neutrófilos e células dendríticas).

família Na classificação lineana, a categoria taxonômica acima de gênero.

família multigênica Conjunto de genes com sequências similares ou idênticas, presumivelmente com origem comum.

faringe (1) Região da garganta de vertebrados onde as passagens de ar e alimento se cruzam. (2) Nos vermes chatos, o tubo muscular que se projeta do lado ventral do verme e termina na boca.

fase de leitura Grupo de três ribonucleotídeos utilizado pelo mecanismo de tradução durante a síntese de polipeptídeos no mRNA.

fase G_0 Estado não divisional apresentado pelas células que saíram do ciclo celular; algumas vezes de forma reversível.

fase G_1 Primeira fase de intervalo, ou fase de crescimento, do ciclo celular, consistindo na parte da interfase que antecede a síntese de DNA.

fase G_2 Segunda fase de intervalo, ou fase de crescimento, do ciclo celular, consistindo na parte da interfase subsequente à síntese de DNA.

fase mitótica (M) Fase do ciclo celular que inclui mitose e citocinese.

fase S A fase de síntese do ciclo celular; a parte da interfase na qual o DNA é replicado.

fator de crescimento (1) Proteína que deve estar presente no ambiente extracelular (meio de cultura ou corpo do animal) para o crescimento e desenvolvimento normal de determinados tipos de células. (2) Regulador local que age em células próximas estimulando a proliferação e a diferenciação celular.

fator de transcrição Proteína reguladora que se liga ao DNA e permite a transcrição de genes específicos.

fator F Em bactérias, o segmento de DNA que confere a habilidade de formar *pili* para conjugação e funções associadas necessárias para a transferência de DNA do doador para o receptor. O fator F pode existir como plasmídeo ou ser integrado ao cromossomo bacteriano.

fecundação União de gametas haploides para formar um zigoto diploide; também chamada de fertilização.

felogênio Cilindro de tecido meristemático em plantas lenhosas que substitui a epiderme com células de cortiça mais espessas e resistentes.

fenda faringiana Em embriões de cordados, uma das aberturas que se formam a partir dos sulcos faringianos e se comunicam com o exterior, posteriormente se desenvolvendo nas fendas branquiais em muitos vertebrados.

fenda hidrotermal Área no fundo oceânico onde água quente e minerais do interior da Terra jorram para dentro da água do mar, produzindo um ambiente escuro, quente e pobre em oxigênio. Os produtores de uma comunidade de fenda hidrotermal são procariotos quimioautotróficos.

fenótipo Características físicas e fisiológicas observáveis de um organismo, as quais são determinadas por sua constituição genética.

fermentação Processo catabólico que sintetiza uma quantidade limitada de ATP a partir da glicose (ou outras moléculas orgânicas) sem uma cadeia de transporte de elétrons e que gera um produto final característico, como álcool etílico ou ácido láctico.

fermentação alcoólica Glicólise seguida pela redução do piruvato em álcool etílico, regenerando NAD^+ e liberando dióxido de carbono.

fermentação do ácido láctico Glicólise seguida da conversão de piruvato em lactato, regenerando NAD^+ sem ocorrer liberação de dióxido de carbono.

feromônio Em animais e fungos, uma pequena molécula liberada no ambiente que funciona na comunicação entre membros da mesma espécie. Em animais, tem ação semelhante a um hormônio, influenciando a fisiologia e o comportamento.

fertilização (1) Adição de nutrientes minerais ao solo. (2) União de gametas haploides para formar um zigoto diploide; também chamada de fecundação.

fertilização dupla Mecanismo de fecundação em angiospermas no qual dois núcleos espermáticos são unidos a duas células do gametófito feminino (saco embrionário) para formar o zigoto e o endosperma.

fertilização in vitro (FIV) Fertilização de oócitos em frascos de laboratório antes da implantação artificial do embrião inicial no útero materno.

feto Mamífero em desenvolvimento que tem todas as principais estruturas de um adulto. Nos seres humanos, o estágio fetal vai da nona semana de gestação até o nascimento.

fezes Os dejetos do trato digestório.

fibra de contração lenta Fibra muscular que pode suportar contrações longas.

fibra de contração rápida Fibra muscular utilizada para contrações rápidas e potentes.

fibroblasto Tipo de célula em tecido conectivo frouxo que secreta proteínas componentes das fibras extracelulares.

fibronectina Glicoproteína extracelular secretada por células animais que as ajuda a se aderirem à matriz extracelular.

fibrose cística Distúrbio genético humano causado por um alelo recessivo da proteína do canal de cloreto; caracterizado pela secreção excessiva de muco e consequente vulnerabilidade a infecções; é fatal se não for tratado.

fígado Órgão interno grande nos vertebrados que realiza várias funções, como produção de bile, manutenção do nível de glicose no sangue e desintoxicação de substâncias venenosas do sangue.

filamento fino Filamento formado por duas fitas de actina e duas fitas de proteínas reguladoras enroladas entre si; um componente das miofibrilas nas fibras musculares.

filamento grosso Filamento composto de um arranjo alternado de moléculas de miosina; um componente das miofibrilas nas fibras musculares.

filamento intermediário Um componente do citoesqueleto que inclui filamentos intermediários em tamanho entre os microtúbulos e os microfilamentos.

filete Em uma angiosperma, a porção peduncular do estame, o órgão reprodutivo produtor de pólen de uma flor.

filo Na classificação linneana, a categoria taxonômica acima de classe.

filogenia História evolutiva de uma espécie ou grupo de espécies relacionadas.

filtração Em sistemas excretores, a extração de água e pequenos solutos, incluindo resíduos metabólicos, do líquido corporal.

filtrado Fluido sem células extraído do líquido corporal pelo sistema excretor.

fímbria Apêndice curto e capilar de uma célula procariótica que ajuda na aderência ao substrato ou a outras células.

fisiologia Processos e funções de um organismo.

fissão binária Método de reprodução assexuada em organismos unicelulares na qual a célula cresce até aproximadamente o dobro de seu tamanho e depois se divide em duas. Em procariotos, a fissão binária não envolve mitose, mas em eucariotos unicelulares que apresentam fissão binária, a mitose faz parte do processo.

fissão Separação de um organismo em dois ou mais indivíduos com aproximadamente o mesmo tamanho.

fita codificadora Fita não molde de DNA que possui a mesma sequência que o mRNA, porém apresenta timina (T) em vez de uracila (U).

fita descontínua Fita de DNA sintetizada descontinuamente que se alonga por meio de fragmentos de Okazaki, cada qual sintetizado na direção $5' \rightarrow 3'$ a partir da forquilha de replicação.

fita-líder A nova fita complementar de DNA sintetizada continuamente ao longo da fita-molde em direção à forquilha de replicação, sempre na direção $5' \rightarrow 3'$.

fita-molde Fita de DNA que serve de modelo para ordenar por pareamento de bases a sequência de nucleotídeos em um transcrito de RNA.

fitocromos Pigmentos de plantas que absorvem principalmente luz vermelha e vermelha distante, e regula muitas respostas de plantas, como germinação de sementes e busca da luz.

fitorremediação Tecnologia emergente não destrutiva que busca recuperar áreas contaminadas aproveitando a capacidade de algumas plantas de extrair metais pesados e outros poluentes do solo e concentrá-los nas partes da planta que podem ser removidas com facilidade.

fixação do carbono Fixação inicial do carbono de CO_2 em um composto orgânico realizada por um organismo autotrófico (planta, outro organismo fotossintetizante ou procarioto quimioautotrófico).

fixação do nitrogênio Conversão de nitrogênio atmosférico (N_2) em amônia (NH_3). A fixação biológica de nitrogênio é realizada por alguns procariotos, alguns dos quais têm relações mutualísticas com plantas.

flácida Frouxa. Sem turgor (firmeza ou dureza), como nas células das plantas onde há tendência de saída de água da célula. (Uma célula com parede se torna flácida se tiver um potencial de água mais alto do que o meio, resultando na perda de água).

flagelo Apêndice celular longo especializado para locomoção. Como os cílios de motilidade, o flagelo dos eucariotos é formado por um conjunto de nove pares de microtúbulos que rodeiam dois outros microtúbulos (arranjo em "9 + 2") embainhados em uma extensão da membrana plasmática. O flagelo dos procariotos e eucariotos diferem em estrutura.

floema Tecido vascular vegetal formado por células vivas organizadas em tubos alongados, responsável pelo transporte de açúcar e outros nutrientes orgânicos na planta.

flor Em angiospermas, um eixo curto com até quatro grupos de folhas modificadas, que sustenta as estruturas que participam da reprodução sexuada.

flor completa Flor que tem todos os quatro órgãos florais básicos: sépalas, pétalas, estames e carpelos.

flor incompleta Flor na qual um ou mais dos quatro órgãos florais básicos (sépalas, pétalas, estames ou carpelos) estão ausentes ou não funcionais.

floresta boreal Bioma terrestre caracterizado por invernos longos e gelados e dominado por coníferas.

floresta latifoliada temperada Bioma localizado em regiões de latitude média onde existe umidade suficiente para o crescimento de árvores decíduas de folhas largas.

floresta pluvial tropical Bioma terrestre caracterizado por níveis relativamente elevados de precipitação e temperaturas por todo o ano.

floresta seca tropical Bioma terrestre caracterizado por níveis relativamente elevados de precipitação e temperatura, mas com um período de seca pronunciada.

florígeno Sinalizador do florescimento, provavelmente uma proteína, que é produzida nas folhas sob certas condições e que viaja até os meristemas apicais dos brotos induzindo-os a passarem de vegetativos para o crescimento reprodutivo.

fluxo cíclico de elétrons Rota de fluxo de elétrons durante as reações luminosas da fotossíntese que envolve apenas o fotossistema I, produzindo ATP, mas não NADPH ou O_2.

fluxo em feixe É o movimento de um líquido decorrente de uma diferença de pressão entre dois locais.

fluxo gênico Transferência de alelos de uma população para outra, causado pela migração de indivíduos férteis ou de seus gametas.

fluxo linear de elétrons Rota de transporte de elétrons durante as reações luminosas da fotossíntese que envolvem os fotossistemas I e II e produz ATP, NADPH e O_2. O fluxo de elétrons líquido ocorre de H_2O para $NADP^+$.

folha O principal órgão fotossintetizante das plantas vasculares.

folha beta (β) preguada Uma forma da estrutura secundária das proteínas na qual a cadeia polipeptídica dobra-se de um lado para outro. Duas regiões da cadeia encontram-se paralelas entre si e são unidas por ligações de hidrogênio entre os átomos do esqueleto polipeptídico (e não entre cadeias laterais).

folheto embrionário Uma das três camadas principais em uma gástrula que forma vários tecidos e órgãos no corpo de um animal.

folículo Estrutura microscópica no ovário que contém o oócito em desenvolvimento e secreta estrogênios.

fonte de açúcar Órgão vegetal onde o açúcar está sendo produzido por fotossíntese ou quebra do amido. Folhas maduras são as principais fontes de açúcar das plantas.

fontes alcalinas Fonte hidrotermal do fundo oceânico que libera água morna (40-90°C), em vez de quente, e com pH alto (básico). Essas fontes consistem em minúsculos poros revestidos de ferro e outros minerais catalíticos. Alguns cientistas acreditam que podem ter sido o local das primeiras sínteses abióticas de compostos orgânicos.

foraminífero Protista aquático que secreta uma carapaça rígida contendo carbonato de cálcio e estende pseudópodes através dos poros dessa carapaça.

força próton-motriz Energia potencial armazenada na forma de um gradiente eletroquímico de prótons, gerado pelo bombeamento de íons hidrogênio (H^+) através de membranas biológicas durante a quimiosmose.

forças de van der Waals Atrações fracas entre moléculas ou partes de moléculas que resultam de cargas parciais locais transitórias.

formação de padrões Desenvolvimento da organização espacial de um organismo multicelular, o arranjo dos órgãos e tecidos em seus locais característicos no espaço tridimensional.

forquilha de replicação Região em forma de Y em uma molécula de DNA onde as fitas parentais se desenrolam e novas fitas se formam.

forrageio A busca e a obtenção do alimento.

fosfolipídeo Lipídeo constituído de glicerol ligado a dois ácidos graxos e a um grupo fosfato. As cadeias hidrocarbonadas dos ácidos graxos atuam como cauda apolar e hidrofóbica, ao passo que o restante da molécula comporta-se como cabeça polar e hidrofílica. Fosfolipídeos formam bicamadas que atuam como membranas biológicas.

fosforilação no nível de substrato Formação de ATP catalisada por enzima transferindo diretamente um grupo fosfato ao ADP a partir de um substrato intermediário no catabolismo.

fosforilação oxidativa Produção de ATP usando a energia derivada de reações redox de uma cadeia transportadora de elétrons; é o terceiro maior estágio da respiração celular.

fóssil Restos ou impressões preservados de um organismo que viveu no passado.

fotoautotrófico Organismo que aproveita a energia luminosa para realizar a síntese de compostos orgânicos a partir do dióxido de carbono.

fotofosforilação Processo de geração de ATP a partir de ADP e fosfato por meio de uma força próton-motriz gerada através da membrana tilacoide do cloroplasto ou da membrana de certos procariotos durante as reações luminosas da fotossíntese.

foto-heterotrófico Organismo que utiliza luz para gerar ATP, mas obtém carbono na forma orgânica.

fotomorfogênese Efeito da luz na morfologia vegetal.

fóton Um *quantum*, ou quantidade distinta, de energia luminosa que se comporta como se fosse uma partícula.

fotoperiodismo Resposta fisiológica ao fotoperíodo, o intervalo de um período de 24 horas durante o qual um organismo é exposto à luz. Um exemplo de fotoperiodismo é a floração.

fotorreceptor Receptor eletromagnético que detecta a radiação conhecida como luz visível.

fotorreceptor de luz azul Qualquer uma das diversas classes de moléculas que absorvem luz e que apresentam efeitos fisiológicos ao serem ativadas por luz azul.

fotorrespiração Via metabólica que consome oxigênio e ATP, libera dióxido de carbono e diminui o rendimento fotossintético. A fotorrespiração geralmente ocorre em dias claros, quentes e secos, quando os estômatos se fecham e a concentração de oxigênio na folha excede a concentração de dióxido de carbono, favorecendo a ligação de O_2 em vez de CO_2 pela rubisco.

fotossíntese Conversão de energia luminosa em energia química, a qual é armazenada em açúcares ou outros compostos orgânicos; ocorre em plantas, algas e certos procariotos.

fotossistema Unidade de captação de luz localizada na membrana tilacoide do cloroplasto, consistindo em um centro de reação circundado por inúmeros complexos de captação de luz. Existem dois tipos de fotossistemas, I e II; eles absorvem melhor a luz em diferentes comprimentos de onda.

fotossistema I (PS I) Uma das duas unidades de captação de luz em uma membrana tilacoide do cloroplasto ou na membrana de alguns procariotos; tem duas moléculas de clorofila *a* P700 em seu centro de reação.

fotossistema II (PS II) Uma das duas unidades de captação de luz em uma membrana tilacoide do cloroplasto ou na membrana de alguns procariotos; tem duas moléculas de clorofila *a* P680 em seu centro de reação.

fototropismo Inclinação ou curvatura de uma planta ou outro organismo em reação à luz, seja em direção à fonte de luz (fototropismo positivo) ou no sentido oposto (fototropismo negativo).

fóvea Centro focal do olho na região da retina com concentração elevada de cones.

fracionamento celular Rompimento de uma célula e a separação de suas organelas por centrifugação em velocidades crescentes.

fragmentação Tipo de reprodução assexuada em que um único genitor se fragmenta em partes que se regeneram em novos indivíduos.

fragmento de Okazaki Segmento curto de DNA sintetizado distante da forquilha de replicação sobre uma fita-molde durante a replicação de DNA. Muitos desses segmentos são reunidos para compor a fita descontínua do DNA recém-sintetizado.

fragmento de restrição Segmento de DNA que resulta do corte da molécula de DNA por uma enzima de restrição.

frequência cardíaca A frequência de contração cardíaca (batimentos por minuto).

fruto O ovário maduro de uma flor. O fruto protege as sementes dormentes e frequentemente auxilia na sua dispersão.

fruto acessório Fruto, ou reunião de frutos, em que as partes carnosas são derivadas em grande parte ou inteiramente de tecidos extraovarianos.

fruto agregado Fruto derivado de uma única flor e que tem mais de um carpelo.

fruto múltiplo Fruto originado de uma inflorescência completa.

fruto simples Fruto originado de um único carpelo ou de vários carpelos fundidos.

fungo cenocítico Fungo que não tem septos e, portanto, o corpo é feito de uma massa citoplasmática contínua que pode conter centenas ou milhares de núcleos.

fungo ectomicorrízico Fungo simbiótico que forma camadas de hifas ao redor da superfície das raízes vegetais e também cresce nos espaços extracelulares do córtex radicular.

fungo micorrízico arbuscular Fungo simbiótico cujas hifas crescem através da parede celular das raízes vegetais e se estendem para o interior das células da raiz (envolvidas por tubos formados pela invaginação da membrana plasmática das células da raiz).

fusão Em biologia evolutiva, processo no qual o fluxo gênico entre duas espécies que podem formar descendentes híbridos enfraquece as barreiras para a reprodução entre as espécies. Esse processo faz com que seus *pools* gênicos tornem-se progressivamente semelhantes e pode causar a fusão das duas espécies em uma só.

fuso mitótico Estrutura formada por microtúbulos e proteínas associadas que está envolvida no movimento dos cromossomos durante a mitose.

gameta Célula reprodutiva haploide, como um óvulo ou um espermatozoide, formada por meiose ou descendente de células formadas por meiose. Gametas se fusionam durante a reprodução sexuada para produzir um zigoto diploide.

gametângio Estrutura multicelular vegetal onde os gametas são formados. O gametângio feminino é chamado de arquegônio, e o gametângio masculino é chamado de anterídio.

gametófito Em organismos que apresentam alternância de gerações (plantas e algumas algas), a forma haploide multicelular que produz gametas haploides por meio de mitose. Os gametas haploides se fusionam e formam esporófitos.

gametogênese Processo pelo qual os gametas são produzidos.

gânglio Um agrupamento (grupo funcional) de corpos de células nervosas.

gástrula Estágio embrionário no desenvolvimento animal envolvendo a formação de três camadas: ectoderme, mesoderme e endoderme.

gastrulação No desenvolvimento animal, uma série de movimentos de células e tecidos na qual o embrião no estágio de blástula se dobra para o interior, produzindo um embrião de três camadas, a gástrula.

gema apical Gema localizada na extremidade de um ramo; também chamada de gema terminal.

gema axilar Estrutura com o potencial de formar um broto lateral ou ramo. A gema surge no ângulo formado entre uma folha e um caule.

gene Unidade separada de informação hereditária consistindo em uma sequência específica de nucleotídeos no DNA (ou RNA, em alguns vírus).

gene de efeito materno Gene que, quando mutante na mãe, resulta em um fenótipo mutante na prole independente de seu genótipo. Genes de efeito materno, também chamados genes de polaridade do ovo, foram identificados pela primeira vez em *Drosophila melanogaster*.

gene homeótico Qualquer um dos genes reguladores principais que controlam a disposição e organização espacial das partes do corpo dos animais, plantas e fungos, por meio do controle da diferenciação de grupos de células.

gene ligado ao sexo Gene localizado em ambos cromossomos sexuais. A maioria dos genes ligados ao sexo está no cromossomo X e mostra padrões distintos de herança; existem pouquíssimos genes no cromossomo Y.

gene ligado ao X Gene localizado no cromossomo X; esses genes mostram um padrão distinto de herança.

gene *p53* Gene supressor de tumores que codifica um fator de transcrição específico que promove a síntese de proteínas que inibem o ciclo celular.

gene *ras* Gene que codifica a Ras, proteína G que aciona um sinal de crescimento de um receptor de fator de crescimento na membrana plasmática a uma cascata de proteína-cinase, resultando basicamente na estimulação do ciclo celular.

gene regulador Gene que codifica uma proteína, tal como um repressor, que controla a transcrição de outro gene ou grupo gênico.

gene supressor de tumor Gene que produz uma proteína que inibe a divisão celular, prevenindo o crescimento desordenado das células que contribuem com o câncer.

gênero Categoria taxonômica acima do nível de espécie, designada pela primeira palavra do nome da espécie no binômio científico.

genes ligados Genes localizados tão próximos no cromossomo que tendem a ser herdados juntos.

genes ortólogos Genes homólogos que são encontrados em diferentes espécies devido à especiação.

genes parálogos Genes homólogos que são encontrados no mesmo genoma como resultado de uma duplicação gênica.

genética O estudo científico da hereditariedade e da variação hereditária.

genética dirigida Processo que provoca viés na herança, de forma que um alelo específico tenha mais chances de ser herdado do que outros alelos, fazendo com que o alelo favorecido seja espalhado ("conduzido") na população.

genoma Material genético de um organismo ou vírus; o complemento dos genes de um organismo ou vírus com suas sequências de ácidos nucleicos não codificadoras.

genoma de referência Sequência completa reconhecida pelos pesquisadores por melhor representar o genoma de uma espécie, obtida pelo sequenciamento de múltiplos indivíduos.

genômica O estudo sistemático de conjuntos inteiros de genes (ou outro DNA) e suas interações dentro da espécie, assim como comparações do genoma entre espécies.

genótipo Composição genética ou conjunto de alelos de um organismo.

geração F_1 Os primeiros descendentes híbridos (heterozigotos) gerados a partir de um cruzamento parental (geração P).

geração F_2 Descendência resultante do intercruzamento (ou autopolinização) da geração híbrida F_1.

geração P Os indivíduos parentais puros por cruzamento (homozigotos) dos quais deriva a descendência híbrida F_1 em estudos de herança genética. (P é a inicial de "parental".)

gestação Gravidez; condição de carregar um ou mais embriões dentro do útero.

giberelina Qualquer um de uma classe de hormônios vegetais relacionados que estimulam o crescimento do caule e folhas, ativam a germinação em sementes, quebram a dormência das gemas e (junto da auxina) estimulam o desenvolvimento dos frutos.

gimnosperma Planta vascular que tem sementes nuas – não envolvidas em câmaras protetoras.

glande Em humanos, a estrutura arredondada na extremidade do pênis (nos homens) ou do clitóris (nas mulheres); a glande é altamente sensível ao estímulo.

glândula adrenal (suprarrenal) Uma das duas glândulas endócrinas localizadas junto ao rim dos mamíferos. Células endócrinas na porção exterior (córtex) respondem ao hormônio adrenocorticotrófico (ACTH) pela secreção de hormônios esteroides que ajudam na manutenção da homeostase em períodos de estresse de longa duração. Células neurossecretoras na porção central (medula) secretam adrenalina e noradrenalina em resposta a estímulos nervosos acionados por estresse de curta duração.

glândula endócrina Glândula sem ductos que secreta hormônios diretamente no líquido intersticial, de onde se difundem para a corrente sanguínea.

glândula paratireoide Qualquer das quatro pequenas glândulas endócrinas inseridas na superfície da glândula tireoide, que secreta o paratormônio.

glândula pineal Glândula pequena na superfície dorsal do prosencéfalo de vertebrados que secreta o hormônio melatonina.

glândula salivar Glândula associada à cavidade oral que secreta substâncias para lubrificar o alimento e iniciar o processo de digestão química.

glândula tireoide Glândula endócrina, localizada na superfície ventral da traqueia, que secreta dois hormônios contendo iodo, tri-iodotironina (T_3) e tiroxina (T_4), além da calcitonina.

glândulas mamárias Glândulas exócrinas que secretam leite para alimentar o filhote. São características dos mamíferos.

glia (células gliais) Células do sistema nervoso que ajudam no funcionamento correto dos neurônios.

gliceraldeído-3-fosfato (G3P) Carboidrato de três carbonos que é o produto direto do ciclo de Calvin; é também um intermediário na glicólise.

glicocorticoide Hormônio esteroide que é secretado pelo córtex adrenal e influencia no metabolismo da glicose e na imunidade.

glicogênio Polissacarídeo de armazenamento de glicose extensamente ramificado encontrado no fígado e no músculo dos animais; o equivalente animal do amido.

glicolipídeo Lipídeo ligado covalentemente a um ou mais carboidratos.

glicólise Série de reações que, por fim, fragmentam a glicose em piruvato. Ocorre em quase todas as células vivas, servindo como ponto de partida para a fermentação ou respiração celular.

glicoproteína Proteína covalentemente ligada a um ou mais carboidratos.

glóbulo branco Ver leucócito.

glóbulo vermelho Ver eritrócito.

glomeromiceto Membro do filo de fungos Glomeromycota, caracterizado por uma forma exclusiva de ramificação da micorriza chamada de micorriza arbuscular.

glomérulo Esfera de capilares envoltas pela cápsula de Bowman no néfron, local onde ocorre a filtração no rim de vertebrados.

glucagon Hormônio secretado pelo pâncreas que eleva os níveis de glicose no sangue. Promove a degradação de glicogênio e a liberação de glicose pelo fígado.

gnatostomado Membro de um dos dois principais clados de vertebrados; gnatostômios têm mandíbulas e incluem tubarões e raias, peixes com nadadeiras radiais, celacantos, peixes pulmonados, anfíbios, répteis e mamíferos. Ver também ciclostomado.

gônada Órgão sexual masculino ou feminino produtor de gametas.

gordura Lipídeo que consiste em três ácidos graxos ligados a uma molécula de glicerol; também chamado de triacilglicerol ou triglicerídeo.

gordura *trans* Gordura insaturada formada artificialmente durante a hidrogenação de óleos, que contém uma ou mais ligações duplas *trans*.

gradiente de concentração Região ao longo da qual a densidade ou a pressão de uma substância química aumenta ou diminui.

gradiente eletroquímico Gradiente de difusão de um íon, o qual é afetado pela diferença de concentração do íon nos dois lados da membrana (força química) e sua tendência a se deslocar devido ao potencial de membrana (força elétrica).

gráfico de barras Gráfico no qual a variável independente representa grupos ou categorias não numéricas, e os valores da variável dependente estão mostrados em barras.

gráfico de dispersão Gráfico no qual cada dado é representado por um ponto. Um gráfico de dispersão é utilizado quando os dados para todas as variáveis são numéricos e contínuos.

gráfico de linhas Gráfico no qual cada ponto de dados é conectado ao próximo ponto do conjunto de dados com uma linha reta.

Gram-negativa Descreve o grupo de bactérias que apresenta uma parede celular estruturalmente mais complexa e contém menos peptideoglicano que a parede celular das bactérias gram-positivas. Em geral, bactérias gram-negativas são mais tóxicas que as bactérias gram-positivas.

Gram-positiva Descreve o grupo de bactérias que apresenta uma parede celular estruturalmente menos complexa e contém mais peptideoglicano que a parede celular das bactérias gram-negativas. Em geral, bactérias gram-positivas são menos tóxicas que as bactérias gram-negativas.

grana (singular, *granum*) Série de tilacoides empilhados e envolvidos por uma membrana nos cloroplastos. Os *grana* têm função nas reações luminosas da fotossíntese.

grão de pólen Em plantas com sementes, estrutura que consiste no gametófito masculino envolvido dentro de uma parede polínica.

gravidez Condição de carregar um ou mais embriões dentro do útero; também chamada de gestação.

gravitropismo Resposta de uma planta ou animal à ação da gravidade.

grupo amino Grupo químico que consiste em um átomo de nitrogênio ligado a dois átomos de hidrogênio; pode atuar como base em solução, aceitando um íon hidrogênio e adquirindo uma carga de 1+.

grupo carbonila Grupo químico presente nos aldeídos e cetonas que consiste em um átomo de carbono formando dupla ligação com um átomo de oxigênio.

grupo carboxila Grupo químico presente nos ácidos orgânicos que consiste em um único átomo de carbono formando dupla ligação com um átomo de oxigênio e também ligação simples a um grupo hidroxila.

grupo experimental Um conjunto de tópicos que tem (ou recebe) um fator específico sendo testado em um experimento controlado. Idealmente, o grupo experimental é idêntico ao grupo-controle em todos os outros aspectos.

grupo externo Espécie ou grupo de espécies de uma linhagem evolutiva que sabidamente divergiram antes da linhagem que contém o grupo de espécies estudadas. Um grupo externo é selecionado de forma que seus membros sejam relacionados ao grupo de espécies estudadas, mas não tão intimamente relacionadas quanto os membros do grupo estudados são entre si.

grupo fosfato Grupo químico que consiste em um átomo de fósforo ligado a quatro átomos de oxigênio; importante na transferência de energia.

grupo funcional Configuração específica de átomos comumente ligados a esqueletos carbônicos de moléculas orgânicas e envolvidos em reações químicas.

grupo hidroxila Grupo químico que consiste em um átomo de oxigênio ligado a um átomo de hidrogênio. Moléculas que têm este grupo são solúveis em água e chamadas de álcoois.

grupo interno Uma espécie ou grupo de espécies cujas relações evolutivas estão sendo examinadas.

grupo metila Grupo químico que consiste em um carbono ligado a três átomos de hidrogênio. O grupo metila pode ser ligado a um carbono ou a um átomo diferente.

grupo sulfidrila Grupo químico formado por um átomo de enxofre ligado a um átomo de hidrogênio.

grupo-controle Em um experimento controlado, um conjunto de temas que não têm (ou não receberam) o fator específico sendo testado. Idealmente, o grupo-controle é idêntico ao grupo experimental em outros aspectos.

gutação Exsudação de gotículas de água causada pela pressão de raiz em algumas plantas.

halófilo extremo Organismo que vive em ambientes altamente salinos, como o Grande Lago Salgado ou o Mar Morto.

helicase Enzima que desenrola a dupla-hélice de DNA nas forquilhas de replicação, separando as duas cadeias e disponibilizando-as como fitas-molde.

hélice alfa (α) Região espiralada constituindo um tipo de estrutura secundária das proteínas, decorrente de um padrão específico de ligação de hidrogênio entre átomos do esqueleto polipeptídico (e não das cadeias laterais).

hemácia Ver eritrócito.

hemocele Cavidade do corpo delimitada por tecido derivado da mesoderme e por tecido derivado da endoderme.

hemofilia Doença genética humana causada por um alelo recessivo ligado ao sexo, resultando na ausência de uma ou mais proteínas de coagulação sanguínea; é caracterizada por sangramento excessivo após ferimento.

hemoglobina Proteína que contém ferro, está presente nos eritrócitos e se liga reversivelmente ao oxigênio.

hemolinfa Em invertebrados com sistema circulatório aberto, o fluido corporal que irriga os tecidos.

hepática Pequena planta herbácea avascular que é membro do filo Hepatophyta.

herança poligênica Efeito aditivo de dois ou mais genes em um único caractere fenotípico.

herbivoria Interação ecológica +/− em que um organismo se alimenta de partes de uma planta ou alga.

herbívoro Animal que se alimenta principalmente de plantas ou algas.

hereditariedade Transmissão de traços de uma geração à outra.

hermafrodita Indivíduo que funciona como macho e fêmea na reprodução sexuada, produzindo espermatozoides e óvulos.

hermafroditismo Condição na qual um indivíduo tem as gônadas masculinas e femininas e participa como macho e fêmea na reprodução sexuada pela produção de espermatozoides e óvulo.

heterocariótico Micélio de fungo que contém dois ou mais núcleos haploides por célula.

heterócito Célula especializada que participa na fixação de nitrogênio em algumas cianobactérias filamentosas; também chamada de heterocisto.

heterocromatina Cromatina dos eucariotos que permanece fortemente condensada durante a interfase e geralmente não é transcrita.

heterocronia Mudança evolutiva na regulação do momento ou da velocidade de desenvolvimento de um organismo.

heteromórfico Relativo à condição no ciclo de vida de plantas e algumas algas em que as gerações de esporófitos e gametófitos diferem morfologicamente.

heterosporada Relativo a uma espécie de plantas que tem dois tipos de esporos: micrósporos, que dão origem aos gametófitos masculinos, e megásporos, que dão origem aos gametófitos femininos.

heterótrofo Organismo que obtém moléculas orgânicas pela ingestão de outros organismos ou de substâncias derivadas deles.

heterozigose Condição de apresentar dois alelos diferentes para um dado gene.

heterozigoto Organismo que tem dois alelos diferentes para um gene (codificando uma característica).

hibernação Estado fisiológico de longo prazo no qual o metabolismo reduz, o coração e sistema respiratório ficam lentos, e a temperatura do corpo é mantida em um nível inferior ao normal.

hibridização Em genética, é o acasalamento, ou cruzamento, de duas variedades puras.

hibridização de ácido nucleico Processo de pareamento de bases de uma fita de ácido nucleico a uma sequência complementar em uma fita de *outra* molécula de ácido nucleico.

hibridização *in situ* Técnica utilizada para detectar a posição de um mRNA específico usando hibridação de ácido nucleico com uma sonda marcada em um organismo intacto.

híbrido Indivíduo que resulta do acasalamento de indivíduos de duas espécies diferentes ou de duas variedades puras por cruzamento da mesma espécie.

hidrocarboneto Molécula orgânica que consiste apenas de carbono e hidrogênio.

hidrofílico Que tem afinidade pela água.

hidrofóbico Que apresenta aversão à água; tende a aglutinar-se e formar gotículas em água.

hidrólise Reação química que quebra ligações entre duas moléculas pela adição de água; funciona na desmontagem de polímeros em monômeros.

hifa Um dos muitos filamentos que formam em conjunto o micélio de um fungo.

hiperpolarização Mudança no potencial de membrana da célula, de modo que o interior da membrana se torna negativo em relação ao exterior. A hiperpolarização reduz a possibilidade de um neurônio vir a transmitir um impulso nervoso.

hipertensão Doença na qual a pressão sanguínea mantém-se anormalmente alta.

hipertônica Referente a uma solução que, quando em torno de uma célula, causa uma perda de água na célula.

hipocótilo No embrião de uma angiosperma, o eixo embrionário abaixo do ponto de adesão do(s) cotilédone(s) e acima da radícula.

hipófise Glândula endócrina na base do hipotálamo; consiste em um lobo posterior (neuro-hipófise), que armazena e libera dois hormônios produzidos pelo hipotálamo, e um lobo anterior (adeno-hipófise), que produz e secreta muitos hormônios que regulam diversas funções do corpo.

hipotálamo Parte ventral do prosencéfalo de vertebrados; funciona na manutenção da homeostase, especialmente na coordenação dos sistemas endócrino e nervoso; secreta hormônio da neuro-hipófise e fatores de liberação que regulam a adeno-hipófise.

hipótese Explicação testável para um conjunto de observações com base nos dados disponíveis e guiada pelo raciocínio indutivo. A hipótese é mais limitada em escopo do que a teoria.

hipótese ABC Modelo de formação floral que identifica três classes de genes de identidade de órgãos que direcionam a formação de quatro tipos de órgãos florais.

hipótese de coesão-tensão Principal explicação sobre a ascensão da seiva xilêmica. A hipótese afirma que a transpiração exerce tração sobre a seiva xilêmica, colocando a seiva sob pressão ou tensão negativa, e que a coesão das moléculas de água transmite essa tração ao longo de todo o comprimento do xilema dos brotos às raízes.

hipótese do distúrbio intermediário O conceito de que níveis moderados de distúrbio podem favorecer o aumento de diversidade mais do que distúrbios em níveis baixos ou altos.

hipótese energética O conceito de que o comprimento de uma cadeia alimentar é limitado pela ineficiência da transferência de energia ao longo da cadeia.

hipotônica Referente a uma solução que, quando em torno de uma célula, causa captação de água na célula.

histamina Substância liberada pelos mastócitos que provoca dilatação e aumento da permeabilização dos vasos sanguíneos durante respostas inflamatórias e alérgicas.

histograma Variante do gráfico de barras feita para dados numéricos em que a variável adicionada ao eixo *x* é primeiramente agrupada em intervalos com larguras iguais. Os grupos podem ser números inteiros ou amplitudes numéricas. A altura de cada barra mostra o percentual ou o número de itens experimentais cujas características podem ser descritas por um dos intervalos adicionados no eixo *x*.

histona Pequena proteína com abundância de aminoácidos carregados positivamente que se liga ao DNA carregado negativamente e participa na organização da estrutura da cromatina.

história de vida Os aspectos que afetam a reprodução e sobrevivência de um organismo.

HIV (vírus da imunodeficiência humana) Agente infeccioso que provoca a Aids. O HIV é um retrovírus.

homeobox Sequência de 180 nucleotídeos dentro de genes homeóticos e outros genes de desenvolvimento que são amplamente conservados em animais. Sequências relacionadas ocorrem em plantas e leveduras.

homeostase Condição fisiológica de equilíbrio estacionário do corpo.

hominíneo Grupo de humanos e espécies extintas que são mais intimamente relacionadas conosco do que com os chimpanzés.

homologia Semelhança em características resultantes de uma ancestralidade comum.

homólogos *Ver* cromossomos homólogos.

homoplasia Estrutura ou sequência molecular similar (análoga) que evoluiu de forma independente em duas espécies.

homosporado Em referência a uma espécie de planta que tem um único tipo de esporo, que costuma se tornar um gametófito bissexual.

homozigose Condição de apresentar dois alelos idênticos para um certo gene.

homozigoto Organismo que tem um par de alelos idênticos para um gene (codificando uma característica).

horizonte do solo Camada do solo que é paralela à superfície terrestre e tem características físicas que diferem das camadas acima e abaixo.

hormônio Em organismos multicelulares, um dos muitos tipos de substâncias químicas secretadas que são formadas em células especializadas, transportadas pelos fluidos corporais e atuam em alvos celulares específicos em outras partes do corpo, alterando seu funcionamento.

hormônio antidiurético (ADH) Hormônio peptídico, também conhecido como vasopressina, que promove a retenção de líquido pelos rins. Produzido no hipotálamo e liberado a partir da neuro-hipófise, o ADH também apresenta atividades no cérebro.

hormônio da tireoide Um dos dois hormônios que contêm iodo (tri-iodotironina e tiroxina) secretados pela glândula tireoide e que ajudam a regular o metabolismo, o desenvolvimento e a maturação nos vertebrados.

hormônio do crescimento (GH) Hormônio que é produzido e secretado pela adeno-hipófise e que tem efeitos diretos (não tróficos) e tróficos em diversos tecidos.

hormônio estimulante dos melanócitos (MSH) Hormônio produzido e secretado pela adeno-hipófise com múltiplas atividades, incluindo a regulação da atividade das células que contêm pigmentos na pele de alguns vertebrados.

hormônio folículo-estimulante (FSH) Hormônio trófico que é produzido e secretado pela adeno-hipófise e que estimula a produção de óvulos pelos ovários e de espermatozoides pelos testículos.

hormônio luteinizante (LH) Hormônio trófico que é produzido e secretado pela adeno-hipófise e que estimula a ovulação em fêmeas e a produção de androgênio em machos.

hospedeiro O participante de maior porte em uma relação simbiótica, servindo de abrigo e fonte de alimento para o simbionte menor.

***hotspot* da biodiversidade** Área relativamente pequena com uma concentração excepcional de espécies endêmicas e geralmente com grande número de espécies ameaçadas e em perigo de extinção.

húmus Matéria orgânica em decomposição que é um componente da camada superior do solo.

imigração Fluxo de entrada de novos indivíduos, provenientes de outras áreas, em uma população.

impressão genômica Fenômeno no qual a expressão de um alelo na descendência depende de ter sido herdado do pai ou da mãe.

imunidade adaptativa Uma defesa específica de vertebrados que é mediada por linfócitos B (células B) e linfócitos T (células T). Ela apresenta especificidade, memória e reconhecimento do não próprio. Também chamada de imunidade adquirida.

imunidade ativa Imunidade de longa duração conferida pela ação de células B e T e as células de memória B e T específicas para um patógeno. A imunidade ativa pode se desenvolver como resultado de infecção natural ou imunização.

imunidade inata Forma de defesa comum a todos os animais que é ativada imediatamente após a exposição a patógenos e que é a mesma independentemente de contato prévio com o patógeno.

imunidade passiva Imunidade de curta duração conferida pela transferência de anticorpos, como ocorre na transferência de anticorpos entre a mãe e o feto ou bebê em amamentação.

imunização Processo de geração de uma condição de imunidade por meios artificiais. Na vacinação, uma forma inativa ou atenuada de um patógeno é administrada, induzindo respostas de células B e T e memória imunológica. Na imunização passiva, anticorpos específicos para um micróbio são administrados, conferindo proteção imediata, porém temporária.

imunoglobulina (Ig) Ver anticorpo.

incremento biológico Abordagem à ecologia da restauração que utiliza organismos para introduzir substâncias essenciais a um ecossistema degradado.

independente da densidade Referente a qualquer característica que não é afetada pela densidade populacional.

índice de diversidade de Shannon Índice de diversidade da comunidade simbolizado por H e representado pela equação $H = -(p_A \ln p_A + p_B \ln p_B + p_C \ln p_C + ...)$, onde A, B, C... são espécies, p é a abundância relativa de cada espécie e ln é o logaritmo natural.

indução Processo no qual um grupo de células ou tecidos influenciam o desenvolvimento de outro grupo por meio de interações próximas.

indutor Pequena molécula específica que se liga à proteína repressora da bactéria e muda sua conformação para que ela não possa ligar-se a um operador, ativando, assim, um óperon.

infarto do miocárdio Dano ou morte do tecido cardíaco resultante do bloqueio prolongado de uma ou mais artérias coronárias.

inflorescência Agrupamento de flores em uma planta.

informação posicional Pistas moleculares que controlam o padrão de formação em uma estrutura embrionária de um animal ou planta por meio da indicação da posição relativa da célula no eixo do corpo do organismo. Essas pistas extraem uma resposta por meio de genes que regulam o desenvolvimento.

ingestão Primeiro estágio de processamento do alimento em animais; o ato de se alimentar.

inibição dependente da densidade Fenômeno observado em células animais normais no qual elas param de se dividir quando entram em contato umas com as outras.

inibição por retroalimentação Método de controle metabólico no qual o produto final de uma via metabólica atua como um inibidor de uma enzima dentro dessa via.

inibidor competitivo Substância que reduz a atividade de uma enzima se ligando ao sítio ativo em lugar do substrato, simulando a sua estrutura.

inibidor não competitivo Substância que reduz a atividade de uma enzima por meio da ligação a um local diferente do centro ativo, alterando a conformação da enzima a fim de que o sítio ativo já não catalise de forma efetiva a conversão de substrato a produto.

inositol-trifosfato (IP_3) Segundo mensageiro que atua como intermediário entre certas moléculas sinalizadoras e um segundo mensageiro subsequente, o Ca^{2+}, causando um aumento na concentração citoplasmática de Ca^{2+}.

inserção Mutação envolvendo a adição de um ou mais pares de nucleotídeos a um gene.

insulina Hormônio secretado pelas células pancreáticas beta que reduz os níveis de glicose no sangue. Promove a absorção de glicose pela maioria das células do corpo e a síntese e armazenamento de glicogênio no fígado, além de estimular a síntese de proteínas e gorduras.

integrina Em células animais, uma proteína transmembrana receptora que interconecta a matriz extracelular e o citoesqueleto.

interação hidrofóbica Tipo de ligação química fraca formada quando moléculas que não se misturam em água se aglutinam para excluí-la.

interação interespecífica Relação entre indivíduos de duas ou mais espécies em uma comunidade.

interação positiva Interação ecológica +/+ ou +/0 entre indivíduos de duas espécies na qual pelo menos um indivíduo se beneficia e nenhum é prejudicado; interações positivas incluem mutualismo e comensalismo.

interfase Período do ciclo celular no qual a célula não está se dividindo. Durante a interfase, a atividade metabólica celular é alta, os cromossomos e organelas são duplicados, e o tamanho da célula pode aumentar. A interfase responde por 90% do ciclo celular.

interferência de RNA (RNAi) Mecanismo para silenciar a expressão de genes específicos. Na RNAi, moléculas de RNA de fita dupla complementares à sequência de um determinado gene são processadas em siRNAs que bloqueiam a tradução ou ativam a degradação do RNA mensageiro do gene. Isso ocorre naturalmente ou pode ser realizado de forma experimental em laboratório.

interferona Proteína que tem funções antivirais e imunorreguladoras. Por exemplo, interferonas secretadas por células infectadas por vírus auxiliam as células próximas a resistirem à infecção viral.

intermediário fosforilado Molécula (muitas vezes um reagente) que apresenta ligação covalente a um grupo fosfato, tornando-a mais reativa (menos estável) do que a molécula não fosforilada.

interneurônio Um neurônio associativo; uma célula nervosa do sistema nervoso central que forma sinapses com neurônios sensoriais e/ou motores e integra informações de entrada sensorial e de saída motora.

intestino delgado Seção mais extensa do canal alimentar, assim denominada devido ao diâmetro reduzido se comparada com o intestino grosso; principal local da hidrólise de macromoléculas alimentares e da absorção de nutrientes.

intestino grosso Porção do canal alimentar dos vertebrados entre o intestino delgado e o ânus; funciona principalmente na absorção de água e na formação das fezes.

íntron Sequência não codificadora interveniente de um transcrito primário que é removida do transcrito durante o processamento do RNA; também se refere à região do DNA de onde essa sequência foi transcrita.

inversão Aberração na estrutura do cromossomo resultante da religação de um fragmento cromossômico em uma posição invertida em relação ao cromossomo do qual ele se originou.

invertebrado Animal sem esqueleto. Os invertebrados correspondem a 95% das espécies de animais.

íon Átomo ou grupo de átomos que ganhou ou perdeu um ou mais elétrons, adquirindo uma carga.

íon hidrogênio Um único próton com carga 1+. A dissociação de uma molécula de água (H_2O) leva à formação de um íon hidróxido (OH^-) e de um íon hidrogênio (H^+); na água, H^+ não é encontrado sozinho, mas associado a uma molécula de água para formar um íon hidrônio.

íon hidrônio Molécula de água que tem um próton extra ligado a ela; H_3O^+, normalmente representado como H^+.

íon hidróxido Molécula de água que perdeu um próton; OH^-.

íris A parte colorida do olho de vertebrados, formada pela porção anterior da corioide.

irradiação adaptativa Período de mudança evolutiva em que grupos de organismos formam muitas espécies novas com adaptações que permitem preencher papéis ecológicos disponíveis em suas comunidades.

isolamento reprodutivo Existência de fatores biológicos (barreiras) que impedem membros de duas espécies de produzir uma prole viável e fértil.

isômero Um dos dois ou mais compostos que apresentam o mesmo número de átomos dos mesmos elementos, mas estruturas diferentes e, portanto, diferentes propriedades.

isômero *cis-trans* Um dos diversos compostos que apresenta a mesma fórmula molecular e ligações covalentes, mas diferem na distribuição espacial dos seus átomos devido à inflexibilidade das ligações duplas; também chamado isômero geométrico.

isômero estrutural Um dos dois ou mais compostos que apresentam a mesma fórmula molecular, mas diferem nos arranjos covalentes de seus átomos.

isomórfica Relativo à alternância de gerações em plantas e algumas algas na qual os esporófitos e gametófitos parecem iguais, apesar de diferirem no número de cromossomos.

isotônica Referente a uma solução que, quando envolvendo uma célula, não afeta o movimento de água para dentro ou para fora da célula.

isótopo Uma das diversas formas atômicas de um elemento, cada qual com o mesmo número de prótons, mas com diferente número de nêutrons, diferindo, assim, na sua massa atômica.

isótopo radioativo Isótopo (forma atômica de um elemento químico) que é instável; o núcleo se desintegra espontaneamente, desprendendo partículas detectáveis e energia.

iteroparidade Reprodução em que adultos produzem descendentes durante muitos anos; também conhecida como reprodução repetida.

janela oval Na orelha dos vertebrados, uma abertura no osso do crânio coberta por uma membrana, onde as ondas sonoras passam da orelha média para a orelha interna.

janela redonda Na orelha dos mamíferos, ponto de contato onde as vibrações do estribo criam uma série de ondas em pressão que atravessam o líquido da cóclea.

jasmonato Qualquer um de uma classe de hormônios vegetais relacionados que regulam uma ampla variedade de processos do desenvolvimento em plantas e têm um papel essencial nas defesas das plantas contra herbívoros.

joule (J) Uma unidade de energia: 1 J = 0,239 cal; 1 cal = 4,184 J.

junção aderente Tipo de junção intercelular em células animais que previne o vazamento de materiais no espaço entre as células; também chamada de junção ocludente.

junção comunicante Tipo de ponte entre células animais que consiste em proteínas em torno de um poro que permite a passagem de material entre as células.

lábio dorsal Região acima do blastóporo no lado dorsal do embrião de anfíbios.

GLOSSÁRIO

lábios maiores Par de lábios de bordas espessas que cobrem e protegem o resto da vulva.

lábios menores Par de dobras cutâneas finas que envolvem a abertura da vagina e da uretra.

lacteal Vaso linfático pequeno que se estende para o interior de uma vilosidade intestinal e serve de destino para os quilomícrons absorvidos.

lago eutrófico Lago que tem taxa elevada de produtividade biológica favorecida por uma taxa elevada de ciclagem de nutrientes.

lago oligotrófico Lago de águas cristalina pobre em nutrientes e com poucas espécies de fitoplâncton.

lama Tipo de solo com maior fertilidade, feito de partes aproximadamente iguais de areia, silte e argila.

lamela média Nas plantas, camada delgada de material adesivo extracelular, principalmente pectinas, encontrada entre as paredes primárias de células jovens adjacentes das plantas.

lâmina (1) Estrutura em forma de folha de uma alga marinha que fornece a maior parte da área superficial para fotossíntese. (2) Porção achatada de uma folha típica.

lâmina nuclear Malha de filamentos de proteína que se alinha à superfície interna do envelope nuclear; ajuda a manter a conformação do núcleo.

lampreia Qualquer dos vertebrados sem mandíbula e com vértebras rudimentares que vivem em ambientes de água doce ou marinha. Quase a metade das lampreias existentes é parasítica e utiliza sua boca redonda e sem mandíbula para fixação na lateral de um peixe vivo; as lampreias não parasíticas são animais filtradores de partículas em suspensão e se alimentam somente no estágio larval.

laringe Porção do trato respiratório que contém as pregas vocais.

larva Forma sexualmente imatura de vida livre no ciclo de vida de alguns animais que pode ser diferente do animal adulto em morfologia, nutrição e hábitat.

larva trocófora Estágio larval distinto observado em alguns animais lofotrocozoários, incluindo alguns anelídeos e moluscos.

lateralização Segregação de funções no córtex dos hemisférios esquerdo e direito do cérebro.

lei da conservação da matéria Lei física que declara que a matéria pode mudar de forma, mas não pode ser criada ou destruída. Em um sistema fechado, a massa do sistema é constante.

lei da segregação Primeira lei de Mendel, que estabelece que dois alelos em um par segregam-se (separam-se) em diferentes gametas durante a formação dos gametas.

lei da segregação independente Segunda lei de Mendel, que estabelece que cada par de alelos se separa, ou se agrupa, independentemente de outros pares durante a formação do gameta; aplica-se quando genes para dois caracteres estão localizados em diferentes pares de cromossomos homólogos ou quando estão longe o suficiente no mesmo cromossomo para se comportar como se estivessem em cromossomos diferentes.

lei de Hamilton O princípio de que para a seleção natural favorecer um ato altruísta, o benefício para o receptor, avaliado por um coeficiente de parentesco, deve exceder o custo para o altruísta.

leito capilar Rede de capilares em um tecido ou órgão.

lenticela Pequena área elevada na casca de caules e raízes que permite trocas gasosas entre as células vivas e o ar exterior.

lepidossauro Membro do grupo de répteis que inclui lagartos, cobras e duas espécies de animais da Nova Zelândia, chamados de tuataras.

letal embrionário Mutação cujo fenótipo leva à morte da larva ou do embrião.

leucócito Célula sanguínea que funciona no combate às infecções; também chamada de célula branca do sangue ou glóbulo branco.

levedura Fungo unicelular. Leveduras se reproduzem assexuadamente por fissão binária ou por pequenos brotos que se projetam da célula parental. Muitas espécies de fungos podem crescer como leveduras ou como uma rede de filamentos; poucas espécies crescem apenas como leveduras.

licófita Nome informal para um membro do filo Lycophyta, que inclui licopódios, *Isoetes* e *Selaginella*.

ligação covalente Tipo de ligação química forte na qual dois átomos compartilham um ou mais pares de elétrons de valência.

ligação covalente apolar Tipo de ligação covalente no qual elétrons são compartilhados uniformemente entre dois átomos com a mesma eletronegatividade.

ligação covalente polar Ligação covalente entre átomos que apresentam diferentes eletronegatividades. Os elétrons compartilhados ficam mais próximos do átomo com maior eletronegatividade, tornando-o fracamente negativo, enquanto o outro átomo fica fracamente positivo.

ligação de hidrogênio Tipo de ligação química fraca que é formada quando o átomo de hidrogênio levemente positivo de uma ligação covalente polar em uma molécula é atraído pelo átomo levemente negativo de uma ligação covalente polar em outra molécula ou em outra região da mesma molécula.

ligação dupla Ligação covalente dupla; compartilhamento de dois pares de elétrons de valência por dois átomos.

ligação glicosídica Ligação covalente formada entre dois monossacarídeos por uma reação de desidratação.

ligação iônica Ligação química resultante da atração entre íons com cargas opostas.

ligação peptídica Ligação covalente entre os grupos carboxila e amino de dois aminoácidos, formada por meio de uma reação de desidratação.

ligação química Atração entre dois átomos resultante do compartilhamento de elétrons da camada mais externa ou da presença de cargas opostas nos átomos. Os átomos ligados ganham a última camada completa de elétrons.

ligação simples Ligação covalente simples; compartilhamento de um par de elétrons de valência por dois átomos.

ligadura tubária Método de esterilização em que as duas tubas uterinas de uma mulher são amarradas para evitar a passagem dos óvulos ao útero.

ligamento Tecido conectivo fibroso que liga os ossos às articulações.

ligante Molécula que se liga especificamente a outra molécula, geralmente maior que ela.

lignina Polímero rígido presente na matriz de celulose da parede celular secundária de plantas vasculares que fornece suporte estrutural em espécies terrestres.

limiar Potencial que uma membrana celular excitável precisa atingir para iniciar um potencial de ação.

linfa Líquido incolor do sistema linfático de vertebrados, derivado do líquido intersticial.

linfócito Tipo de leucócito que participa da imunidade adquirida. As duas classes principais são as células B e T.

linfonodo Órgão localizado ao longo de um vaso linfático. Linfonodos filtram a linfa e contêm células que combatem vírus e bactérias.

linhagem evolutiva Sequência de organismos ancestrais que levam a um táxon em específico; representada por uma ramificação (linha) em uma árvore filogenética.

lipídeo Membro de um grupo de grandes moléculas biológicas, incluindo gorduras, fosfolipídeos e esteroides, que se misturam fracamente ou não se misturam com água.

lipoproteína de alta densidade (HDL) Partícula no sangue formada por milhares de moléculas de colesterol e outros lipídeos ligados a uma proteína. A HDL carrega o excesso de colesterol.

lipoproteína de baixa densidade (LDL) Partícula no sangue formada por milhares de moléculas de colesterol e outros lipídeos ligados a uma proteína. A LDL transporta colesterol do fígado para incorporação nas membranas celulares.

líquen Associação mutualística entre um fungo e uma alga fotossintetizante ou cianobactéria.

líquido intersticial Líquido que preenche os espaços entre as células da maioria dos animais.

lisossomo Saco de enzimas hidrolíticas envolto por membrana encontrado no citoplasma de células animais e de alguns protistas.

lisozima Enzima que destrói a parede celular de bactérias; em mamíferos, é encontrada no suor, na lágrima e na saliva.

locomoção Movimento ativo de um lugar para outro.

locus (plural, *loci*) Posição específica na extensão do cromossomo onde um dado gene está localizado.

lofóforo Em alguns animais lofotrocozoários, incluindo os braquiópodes, uma coroa de tentáculos ciliados ao redor da boca que funciona na alimentação.

Lophotrochozoa Uma das três principais linhagens de animais bilaterais; os lofotrocozoários incluem organismos caracterizados pelos lofóforos ou larva trocófora. *Ver também* Deuterostomia e Ecdysozoa.

luz visível Região do espectro eletromagnético que pode ser detectada como cores diversas pelo olho humano, com comprimentos de onda que variam de 380 a cerca de 740 nm.

macroevolução Mudança evolutiva acima do nível de espécie. Exemplos de mudanças macroevolutivas incluem o surgimento de um novo grupo de organismos por meio de uma série de eventos de especiação e o impacto das extinções em massa na diversidade da vida e sua recuperação posterior.

macrófago Célula fagocítica presente em muitos tecidos que funciona na imunidade inata pela destruição de microrganismos e na imunidade adquirida como célula apresentadora de antígeno.

macromolécula Molécula gigante formada pela união de moléculas menores. Polissacarídeos, proteínas e ácidos nucleicos são macromoléculas.

macronutriente Substância química que um organismo deve obter em quantidades relativamente grandes. *Ver também* micronutriente.

magnolídea Membro do clado das angiospermas mais estreitamente relacionado com os clados eudicotiledôneas e monocotiledôneas combinados. Exemplos existentes são as plantas de pimenta preta, magnólias e louro.

mamífero Membro da classe Mammalia; amniotos com pelos e glândulas mamárias (glândulas que produzem leite).

manto Uma das três partes principais de um molusco; dobra do tecido que cobre a massa visceral do molusco e pode secretar uma concha. *Ver também* pé, massa visceral.

mapa cognitivo Representação neural das relações espaciais abstratas entre objetos no ambiente de um animal.

mapa de ligação Mapa genético que se baseia nas frequências de recombinações entre marcadores durante o *crossing over* de cromossomos homólogos.

mapa do destino Diagrama territorial do desenvolvimento embrionário que exibe os futuros derivados de células e tecidos de um indivíduo.

mapa genético Lista ordenada de *loci* genéticos (genes ou outros marcadores genéticos) ao longo de um cromossomo.

marsupial Mamífero cujo feto termina o desenvolvimento embrionário dentro de uma bolsa materna chamada marsúpio, como o coala, o canguru ou o gambá.

massa atômica Massa total de um átomo, numericamente equivalente à massa em gramas de 1 mol do átomo. (Para um elemento com mais de um isótopo, a massa atômica é a massa média dos isótopos que ocorrem naturalmente, balanceada por sua abundância.)

massa celular interna Agregado interno de células em uma extremidade do blastocisto de mamíferos que dá origem ao próprio embrião e algumas membranas extraembrionárias.

massa molecular Soma das massas de todos os átomos em uma molécula; às vezes, é chamada de peso molecular.

massa visceral Uma das três partes principais de um molusco; parte do molusco que contém a maioria dos órgãos internos. *Ver também* pé; manto.

mastócito Célula do sistema imune que secreta histamina; desempenha um papel na resposta inflamatória e nas alergias.

matéria Qualquer coisa que ocupa espaço e tem massa.

matriz extracelular (MEC) Malha em torno das células animais, que consiste em glicoproteínas, polissacarídeos e proteoglicanos sintetizados e secretados pelas células.

matriz mitocondrial Espaço da mitocôndria delimitado pela membrana interna contendo enzimas e substratos para o ciclo do ácido cítrico, assim como ribossomos e DNA.

máxima parcimônia Princípio em que, quando se consideram múltiplas explicações para uma observação, deve-se investigar primeiro a explicação mais simples que apresentar consistência com os fatos.

máxima verossimilhança Aplicado aos dados de sequências de DNA, um princípio que afirma que quando se consideram múltiplas hipóteses filogenéticas, deve-se observar a hipótese que reflete a sequência de eventos evolutivos mais provável, dadas algumas regras sobre como o DNA muda com o tempo.

mecanorreceptor Receptor sensorial que detecta deformação física no corpo associada a pressões, toques, estiramentos, movimentos ou sons.

média Soma de todos pontos de um conjunto de dados dividida pelo número de pontos de dados.

medicina personalizada Tipo de cuidados médicos no qual o perfil genético específico de cada pessoa pode oferecer informações sobre doenças ou condições às quais a pessoa está sob risco específico, podendo ajudar na tomada de decisões em saúde.

medula Tecido fundamental que fica no interior do tecido vascular do caule; em muitas raízes de monocotiledôneas, células do parênquima que formam a região central de um cilindro vascular.

medula renal Porção interna do rim dos vertebrados, abaixo do córtex renal.

medusa A forma flutuante com a boca voltada para baixo no plano corporal de cnidários. A forma alternada é o pólipo.

megafilo Folha com sistema vascular altamente ramificado, encontrada na ampla maioria das plantas vasculares, mas não nas licófitas. *Ver também* microfilo.

megapascal (Mpa) Unidade de pressão equivalente a cerca de 10 atmosferas.

megásporo Esporo de uma espécie vegetal heterosporada, que origina o gametófito feminino.

meia-vida Quantidade de tempo que leva para o decaimento de 50% de um isótopo em uma amostra.

meiose Tipo modificado de divisão celular que ocorre em organismos com reprodução sexuada, consistindo em duas divisões celulares, mas somente uma replicação do DNA. Resulta em células com a metade do número de cromossomos em relação à célula original.

meiose I A primeira divisão do processo de duas fases da divisão celular que ocorre em organismos com reprodução sexuada, resultando em células com a metade do número de cromossomos em relação à célula original.

meiose II A segunda divisão do processo de duas fases da divisão celular que ocorre em organismos com reprodução sexuada, resultando em células com a metade do número de cromossomos em relação à célula original.

melatonina Hormônio secretado pela glândula pineal que regula funções do corpo relacionadas com o ritmo biológico e com o sono.

membrana extraembrionária Uma das quatro membranas (saco vitelínico, âmnio, córion e alantoide) localizada fora do embrião que auxilia desenvolvimento do embrião em répteis e mamíferos.

membrana plasmática Membrana que limita a célula e que serve como barreira seletiva, regulando a composição química celular.

membrana timpânica Outro nome para o tímpano, a membrana entre a orelha externa e média.

memória de curto prazo A capacidade de guardar informações, antecipações ou metas por um determinado tempo e depois esquecê-las se se tornarem irrelevantes.

memória de longo prazo Habilidade de guardar, associar e relembrar uma informação ao longo da vida.

menopausa O término da ovulação e menstruação, marcando o fim dos anos reprodutivos em uma fêmea humana.

menstruação Desprendimento de porções do endométrio durante um ciclo uterino (menstrual).

meristema Tecido vegetal que permanece embrionário durante toda a vida da planta, permitindo o crescimento indeterminado.

meristema apical Região localizada na extremidade em crescimento no corpo de uma planta, onde uma ou mais células dividem-se repetidamente. A divisão das células no meristema apical permite o crescimento da planta no comprimento.

meristema lateral Meristema que aumenta a espessura das raízes e caules em plantas lenhosas. O câmbio vascular e o felogênio são meristemas laterais.

meristemas primários Os três derivados meristemáticos (protoderme, procâmbio e meristema fundamental) de um meristema apical.

mesencéfalo Uma das três regiões ancestrais e embrionárias do encéfalo dos vertebrados; origina os centros de integração sensorial e de retransmissão que enviam informação sensorial para o cérebro.

mesoderme Camada germinativa intermediária primária em um embrião animal; se desenvolve em notocorda, o revestimento do celoma, músculos, esqueleto, gônadas, rins e a maior parte do sistema circulatório em espécies que têm essas estruturas.

mesofilo Células da folha especializadas na fotossíntese. Nas plantas C_3 e CAM, as células do mesofilo estão localizadas entre as epidermes superior e inferior; nas plantas C_4, estão localizadas entre as células da bainha do feixe e a epiderme.

mesoílo Região gelatinosa entre as duas camadas de células de uma esponja.

metabolismo Conjunto de todas as reações químicas de um organismo, consistindo nas vias catabólica e anabólica, as quais controlam os recursos de matéria e energia da célula.

metabolismo ácido das crassuláceas (MAC) Adaptação para a fotossíntese em condições áridas, tendo sido observada pela primeira vez na família Crassulaceae. Nesse processo a planta absorve CO_2 à noite, o qual é incorporado em ácidos orgânicos; durante o dia, esse CO_2 é utilizado no ciclo de Calvin.

metáfase O terceiro estágio da mitose, no qual o fuso está completo e os cromossomos, ligados pelos microtúbulos dos seus cinetócoros, estão alinhados na placa metafásica.

metagenômica Coleção e sequenciamento de DNA de um grupo de espécies, normalmente uma amostra ambiental de microrganismos. Programas de computador ordenam sequências parciais e as montam em sequências genômicas de espécies individuais compondo a amostra.

metamorfose Transformação no desenvolvimento que modifica uma larva animal em um adulto ou uma forma semelhante a um adulto mas ainda não é sexualmente madura.

metamorfose completa Transformação de uma larva em um adulto de aparência bem distinta e que frequentemente tem atividades diferenciadas em seu ambiente.

metamorfose incompleta Tipo de desenvolvimento de alguns insetos, como os gafanhotos, no qual o jovem (chamado de ninfa) parece com o adulto apesar de ser menor e com diferentes proporções corporais. A ninfa passa por uma série de mudas, parecendo cada vez mais com um adulto, até atingir o tamanho total.

metanefrídio Órgão excretor encontrado em muitos invertebrados que consiste em túbulos que ligam aberturas internas ciliadas com as aberturas externas.

metanogênico Organismo produz metano como resíduo da forma que obtém energia. Todos os metanogênicos conhecidos são do domínio Archaea.

metapopulação Grupo de populações separadas espacialmente de uma espécie que interagem por meio de imigração e emigração.

metástase Propagação de células cancerosas para locais distantes do seu sítio original.

metilação de DNA Presença de grupamentos metila nas bases de DNA (normalmente citosina) de plantas, animais e fungos. (O termo também se refere ao processo de adicionar grupamentos metila às bases de DNA.)

método de marcação e recaptura Técnica de amostragem usada para estimar o tamanho de populações de animais.

micélio Rede densamente ramificada de hifas de um fungo.

micorriza arbuscular Associação de um fungo com um sistema de raízes vegetais na qual o fungo causa a invaginação da membrana plasmática das células do hospedeiro (planta); também chamado endomicorriza.

micorriza Associação mutualística de raízes vegetais com fungos.

micose Termo genérico para uma infecção causada por fungos.

microbioma Conjunto de microrganismos que vivem dentro ou sobre o corpo de um organismo, juntamente com seu material genético.

microclima Padrões do clima em escalas muito pequenas, como as condições climáticas específicas debaixo de um tronco caído.

microevolução Mudança evolutiva abaixo do nível de espécie; mudança na frequência de alelos na população ao longo de gerações.

microfilamento Estrutura delgada constituída de proteínas actina presente no citoplasma de quase todas as células eucarióticas, fazendo parte do citoesqueleto e atuando sozinha ou com miosina na contração celular; também conhecida como filamento de actina.

microfilo Pequena folha, geralmente em forma de espinho, sustentada por um cordão único de tecido vascular, encontrada apenas nas licófitas.

micronutriente Elemento essencial que um organismo precisa em quantidades muito pequenas. *Ver também* macronutriente.

micrópila Um poro no integumento de um óvulo.

microplástico Partícula de plástico com tamanho menor do que 5 mm; os microplásticos contaminaram todos os oceanos do mundo, além de ecossistemas terrestres e de água doce.

micro-RNA (miRNA) Pequena molécula de RNA de fita simples gerada a partir de um RNA precursor dupla-fita. O miRNA associa-se com uma ou mais proteínas em um complexo que pode degradar ou impedir a tradução de um mRNA com uma sequência complementar.

microscópio eletrônico (ME) Microscópio que utiliza um campo magnético para focar um feixe de elétrons sobre ou através de um espécime, resultando em resolução centenas de vezes maior que a do microscópio óptico usando técnicas-padrão. O microscópio eletrônico de transmissão (MET) é utilizado para estudar a estrutura interna de secções muito finas de células. O microscópio eletrônico de varredura (MEV) é utilizado para estudar pequenos detalhes da superfície celular.

microscópio eletrônico de transmissão (MET) Microscópio que atravessa um feixe de elétrons por meio de secções muito finas e é principalmente utilizado para estudar estruturas internas das células.

microscópio eletrônico de varredura (MEV) Microscópio que utiliza um feixe de elétrons para varrer a superfície de uma amostra coberta com átomos de metal, para estudar detalhes da sua topografia.

microscópio óptico (MO) Instrumento óptico que apresenta lentes que refratam (desviam) a luz visível a fim de ampliar imagens de espécimes.

microsporídios Membro do filo de fungos Microsporidia, parasitas unicelulares de protistas e animais; microsporídios e seu táxon-irmão (criptomicotas) são uma linhagem basal de fungos.

micrósporo Esporo de uma espécie vegetal heterosporada que se torna gametófito masculino.

microtúbulo Pequena estrutura cilíndrica oca composta pela proteína tubulina que faz parte do citoesqueleto de todas as células eucarióticas, sendo também encontrada nos cílios e flagelos.

microvilosidade Uma de muitas projeções finas na forma de dedos das células epiteliais no lúmen do intestino delgado que aumenta sua área superficial.

migração Mudança regular para locais distantes.

migração assistida A translocação de uma espécie para um hábitat favorável além da sua área nativa com o propósito de proteger espécies das ameaças causadas por seres humanos.

mimetismo batesiano Tipo de mimetismo no qual uma espécie inofensiva se assemelha a uma espécie venenosa ou perigosa, à qual não é estreitamente relacionada.

mimetismo mülleriano Imitação mútua por duas espécies não palatáveis.

mineral Em nutrição, um nutriente simples que é inorgânico e, portanto, não pode ser sintetizado.

mineralocorticoide Hormônio esteroide que é secretado pelo córtex suprarrenal e regula a homeostase de sal e água.

miofibrila Fibrila organizada em feixes longitudinais nas células musculares (fibras); composta de filamentos finos de actina, filamentos espessos de miosina e uma proteína reguladora.

mioglobina Proteína pigmentada que armazena oxigênio, presente nas células musculares.

miosina Tipo de proteína motora que se associa em filamentos que interagem com filamentos de actina para provocar contração celular.

miriápode Artrópode terrestre com muitos segmentos corporais e um par de patas por cada segmento. Milípedes e centípedes são os dois principais grupos de miriápodes existentes.

mitocôndria Organela das células eucarióticas onde se processa a respiração celular; utiliza oxigênio para quebrar moléculas orgânicas e sintetizar ATP.

mitose Processo de divisão nuclear em células eucarióticas convencionalmente dividido em cinco estágios: prófase, prometáfase, metáfase, anáfase e telófase. A mitose conserva o número cromossômico distribuindo igualmente os cromossomos replicados a cada um dos núcleos-filhos.

mixotrófico Organismo que é capaz de realizar fotossíntese e nutrição heterotrófica.

modelo Representação física ou conceitual de um fenômeno natural.

modelo de forrageio ótimo Base para analisar o comportamento como um meio-termo entre custos e benefícios da alimentação.

modelo de não equilíbrio Modelo que prevê que comunidades mudam constantemente após serem atingidas por distúrbios.

modelo do filamento deslizante Ideia de que a contração muscular baseia-se no movimento de filamentos finos (actina) ao longo dos filamentos espessos (miosina), encurtando o sarcômero, a unidade básica da organização muscular.

modelo do mosaico fluido O modelo da estrutura da membrana celular atualmente aceito, o qual prevê a membrana como um mosaico de moléculas proteicas flutuando lateralmente em uma bicamada fosfolipídica fluida.

modelo semiconservativo Tipo de replicação de DNA no qual a dupla-hélice replicada consiste em uma fita antiga, derivada de uma molécula parental, e de uma fita formada recentemente.

mofo Termo popular para um fungo filamentoso que produz esporos haploides por mitose e forma um micélio visível.

mol Número de gramas de uma substância que iguala sua massa atômica ou molecular em dáltons; 1 mol contém o número de Avogadro de moléculas ou átomos em questão.

molaridade Medida comum de concentração de soluto, relativa ao número de mols de soluto por litro de solução.

molécula Dois ou mais átomos mantidos unidos por ligações covalentes.

molécula de DNA recombinante Molécula de DNA criada *in vitro* a partir de segmentos oriundos de diferentes fontes.

molécula polar Uma molécula (como a água) que apresenta cargas opostas em diferentes extremidades da molécula.

monilofito Nome informal para um membro do filo Monilophyta, que inclui samambaias, cavalinhas e vassourinhas e seus parentes.

monocotiledônea Membro de um clado formado por plantas floríferas que têm apenas uma folha embrionária ou cotilédone.

monofilético Pertencente a um grupo de táxons formado por um ancestral comum e todos os seus descendentes. Um táxon monofilético é equivalente a um clado.

monogâmico Referente ao tipo de relação onde um macho acasala somente com uma fêmea.

mono-híbrido Organismo heterozigoto em relação a um único gene de interesse. Toda a descendência de um cruzamento entre pais homozigotos por diferentes alelos são mono-híbridos. Por exemplo, pais de genótipos *AA* e *aa* produzem um mono-híbrido de genótipo *Aa*.

monômero Subunidade que serve de elemento estrutural para formar um polímero.

monossacarídeo O carboidrato mais simples, ativo sozinho ou servindo como um monômero para dissacarídeos e polissacarídeos. Também conhecidos como açúcares simples, os monossacarídeos têm fórmulas moleculares que geralmente são múltiplas de CH_2O.

monossômica Refere-se à célula diploide que tem somente uma cópia de um cromossomo em particular, em vez de duas, que é o normal.

monotremado Mamífero que coloca ovos, como o ornitorrinco ou a equidna. Como todos os mamíferos, os monotremados têm pelos e produzem leite, mas não têm mamilos.

morfogênese O desenvolvimento da forma de um organismo e de suas estruturas.

morfogênio Substância que fornece informação posicional na forma de um gradiente de concentração ao longo de um eixo embrionário, como a proteína Bicoid em *Drosophila*.

MPF Fator promotor de maturação (ou fator promotor da fase M); complexo de proteína requerido pela célula para avançar do final da interfase para a mitose. A forma ativa consiste em ciclina e uma proteína-cinase.

muco Mistura viscosa e escorregadia de glicoproteínas, células, sais e água que umedece e protege as membranas que cobrem as cavidades do corpo que têm abertura para o exterior.

mucoromiceto Membro do filo de fungos Mucoromycota, caracterizado pela formação de uma estrutura robusta chamada zigosporângio durante a reprodução sexuada.

muda Processo nos ecdisozoários no qual o exoesqueleto se desprende em intervalos, permitindo o crescimento pela produção de um exoesqueleto maior.

mudança climática Mudança direcional na temperatura, na precipitação ou em outros aspectos do clima global que dura três décadas ou mais.

mudança de fase (1) Mudança de uma fase do desenvolvimento para outra. (2) Em plantas, mudança morfológica que surge a partir de uma transição na atividade do meristema apical do broto.

multifatorial Caráter fenotípico que é influenciado por múltiplos genes e por fatores ambientais.

murcha Flacidez das células vegetais, provocando a pendência de folhas e ramos.

músculo cardíaco Tipo de músculo estriado que forma a parede contrátil do coração. Suas células são unidas por discos intercalados que dependem de sinais elétricos que sustentam cada batida do coração.

músculo esquelético Tipo de músculo estriado que geralmente é responsável pelos movimentos voluntários do corpo.

músculo liso Tipo de músculo que não apresenta as estrias verificadas nos músculos esquelético e cardíaco devido à distribuição uniforme de filamentos de miosina na célula;
responsável pelas atividades involuntárias do corpo.

musgo Planta pequena, herbácea e avascular membro do filo Bryophyta.

mutação Mudança na sequência de nucleotídeos do DNA de um organismo ou no DNA ou RNA de um vírus.

mutação de mudança de fase Mutação que ocorre quando o número de nucleotídeos inseridos ou removidos em um gene não é um múltiplo de três, resultando em um agrupamento irregular dos nucleotídeos seguintes em códons.

mutação pontual Mudança de um gene em um único par de nucleotídeos.

mutação sem sentido Mutação *nonsense* que converte um códon que codifica um aminoácido em um dos três códons de término, resultando em uma proteína mais curta e geralmente não funcional.

mutação silenciosa Substituição de um par de nucleotídeos que não tem efeitos observáveis no fenótipo; por exemplo, dentro de um gene, uma mutação que resulta em um códon que codifica o mesmo aminoácido.

mutação troca de sentido Substituição de um par de bases que resulta em um códon que codifica um aminoácido diferente.

mutagênese *in vitro* Técnica utilizada para descobrir a função de um gene por meio de clonagem, introduzindo mudanças específicas em uma sequência de genes clonada, inserindo novamente o gene alterado para dentro da célula e analisando o fenótipo do mutante produzido.

mutagênico Agente químico ou físico que interage com o DNA e provoca uma mutação.

mutualismo Interação ecológica +/+ que beneficia indivíduos das duas espécies que interagem.

NAD$^+$ Forma oxidada da nicotinamida-adenina-dinucleotídeo, uma coenzima que pode aceitar elétrons, tornando-se NADH. O NADH armazena elétrons temporariamente durante a respiração celular.

NADH Forma reduzida da nicotinamida-adenina-dinucleotídeo que armazena elétrons temporariamente durante a respiração celular. O NADH atua como um doador de elétrons na cadeia transportadora de elétrons.

NADP$^+$ Forma oxidada da nicotinamida-adenina-dinucleotídeo-fosfato, um carregador de elétrons que pode aceitar elétrons, tornando-se NADPH. O NADPH temporariamente armazena elétrons energizados produzidos durante as reações luminosas.

NADPH Forma reduzida da nicotinamida-adenina-dinucleotídeo-fosfato; temporariamente armazena elétrons energizados produzidos durante as reações luminosas. O NADPH atua como uma "força de redução" que pode ser transmitida para um aceptor de elétrons, reduzindo-o.

não disjunção Erro na meiose ou na mitose no qual membros de um par de cromossomos homólogos ou cromátides-irmãs não se separam completamente.

néfron Unidade excretora tubular do rim dos vertebrados.

néfron cortical Em mamíferos e aves, um néfron com alça de Henle localizado quase inteiramente no córtex renal.

néfron justamedular Néfron com uma alça de Henle que se estende profundamente na medula renal em mamíferos e aves.

nematocisto Em um cnidócito de um cnidário, uma organela especializada em forma de cápsula que abriga um filamento espiralado que, ao ser liberado, pode penetrar no corpo de uma presa.

nervo Fibra composta principalmente de feixes de axônios de neurônios.

neuro-hipófise Extensão do hipotálamo composta de tecido nervoso que secreta ocitocina e hormônio antidiurético produzidos no hipotálamo; local de armazenamento temporário desses hormônios.

neuro-hormônio Molécula que é secretada por um neurônio, viaja pelos líquidos corporais e atua em uma célula-alvo específica para modificar seu funcionamento.

neurônio Célula nervosa; a unidade fundamental do sistema nervoso, cuja estrutura e propriedades permitem que conduza sinais pelo aproveitamento da carga elétrica através de sua membrana plasmática.

neurônio motor Célula nervosa que transmite sinais do encéfalo ou da medula espinal para os músculos ou glândulas.

neurônio sensorial Célula nervosa que recebe informações dos ambientes interno e externo e transmite estes sinais para o sistema nervoso central.

neuropeptídeo Cadeia de aminoácidos relativamente curta que serve como neurotransmissor.

neurotransmissor Molécula que é liberada do terminal sináptico de um neurônio na sinapse química, difunde-se pela fenda sináptica e se liga na célula pós-sináptica, ativando uma resposta.

neutrófilo O tipo de leucócito mais abundante no sangue. Neutrófilos são fagocíticos e tendem a se autodestruir quando eliminam seus invasores, limitando seu tempo de vida para alguns dias.

nêutron Partícula subatômica que não apresenta carga elétrica (eletricamente neutra), com massa de aproximadamente $1,7 \times 10^{-24}$ g, encontrada no núcleo de um átomo.

nicho ecológico Soma dos recursos bióticos e abióticos utilizados por uma espécie em seu ambiente.

nível trófico Posição que um organismo ocupa em uma cadeia alimentar.

nó Ponto no caule de uma planta de onde partem as folhas.

nó atrioventricular (AV) Região de tecido muscular cardíaco especializado entre os átrios esquerdo e direito onde impulsos elétricos são atrasados em cerca de 0,1 segundo antes de serem transmitidos aos dois ventrículos, causando a sua contração.

nó sinoatrial (SA) Região no átrio direito do coração que ajusta a frequência e a sincronia de contração de todas as células cardíacas; o marca-passo.

nociceptor Receptor sensorial que responde a estímulos nocivos ou dolorosos; também chamado de receptor de dor.

nódulo Intumescimento na raiz de uma leguminosa. Nódulos são constituídos de células vegetais que contêm bactérias fixadoras de nitrogênio do gênero *Rhizobium*.

nódulo de Ranvier Intervalo na bainha de mielina de alguns axônios onde um potencial de ação pode ser gerado. Na condução saltatória, um potencial de ação é regenerado em cada nodo, parecendo "saltar" ao longo do axônio de nódulo em nódulo.

noradrenalina (norepinefrina) Catecolamina que é química e funcionalmente similar à adrenalina e atua como hormônio ou neurotransmissor; também conhecida como norepinefrina.

notocorda Bastão longitudinal flexível feito de células da mesoderme firmemente acondicionadas que segue ao longo do eixo anteroposterior de um cordado na parte dorsal do corpo.

nuclearídeo Membro de um grupo de protistas ameboides unicelulares que são mais intimamente relacionados com os fungos do que com outros protistas.

nuclease Enzima que quebra a molécula de DNA ou RNA, removendo uma ou poucas bases ou hidrolisando o DNA ou o RNA completamente em seus componentes nucleotídicos.

núcleo (1) Região central de um átomo, contendo prótons e nêutrons. (2) Organela de uma célula eucariótica que contém o material genético na forma de cromossomos, feita de cromatina. (3) Grupo de neurônios.

núcleo atômico Porção central e densa do átomo, a qual contém prótons e nêutrons.

núcleo supraquiasmático (NSQ) Grupo de neurônios do hipotálamo de mamíferos que funciona como um relógio biológico.

nucleoide Região não envolvida por membrana em uma célula procariótica, onde seu cromossomo está localizado.

nucléolo Estrutura especializada no núcleo, que consiste em regiões de cromatina que contêm genes de RNA ribossômico (rRNA) juntamente com proteínas ribossômicas importadas do citoplasma; sítio da síntese de rRNA e da reunião de subunidades ribossômicas. *Ver também* ribossomo.

nucleossomo Unidade básica e esférica de empacotamento do DNA em eucariotos, consistindo em um segmento de DNA enrolado ao redor de um grupo central de proteínas compostos por duas cópias de cada um dos quatro tipos de histona.

nucleotídeo Bloco de construção de um ácido nucleico, consistindo em um açúcar de cinco carbonos ligado covalentemente a uma base nitrogenada e a 1-3 grupos fosfato.

número atômico Número de prótons presente no núcleo de um átomo, sendo exclusivo para cada elemento químico e designado no canto inferior esquerdo do seu símbolo químico.

número de massa Número total de prótons e nêutrons no núcleo de um átomo.

nutrição Processo pelo qual um organismo assimila e utiliza as substâncias do alimento.

nutriente essencial Substância que um organismo não pode sintetizar a partir de nenhum outro material e, portanto, deve ser absorvida na forma pré-pronta.

nutriente limitante Elemento que deve ser adicionado para aumentar a produtividade de uma área em particular.

ocitocina Hormônio produzido pelo hipotálamo e liberado da neuro-hipófise. Induz contrações dos músculos uterinos durante o trabalho de parto e causa a liberação de leite das glândulas mamárias durante a amamentação.

odorante Molécula que pode ser detectada por receptores sensoriais do sistema olfatório.

olfato O sentido associado à percepção de odores.

olho composto Tipo de olho multifacetado de insetos e crustáceos que pode conter até centenas de milhares de omatídeos focalizadores e fotodetectores.

olho de lente única Olho semelhante a uma câmera encontrado em medusas, poliquetas, aranhas e muitos moluscos.

oligodendrócito Tipo de célula glial que forma bainhas isolantes de mielina ao redor de axônios dos neurônios no sistema nervoso central.

oligonucleotídeo iniciador (*primer*) Polinucleotídeo curto com uma extremidade 3′ livre, ligado por pareamento da base complementar à fita-molde, que é alongada com nucleotídeos de DNA durante a replicação do DNA.

omatídeo Uma das facetas de um olho composto de artrópodes e alguns vermes poliquetos.

oncogene Gene encontrado em genomas virais ou celulares que está envolvido no desencadeamento de eventos moleculares que podem levar ao câncer.

onívoro Animal que se alimenta regularmente de outros animais, além de plantas ou algas.

oócito Célula do sistema reprodutivo feminino que se diferencia para formar o óvulo.

oócito primário Oócito antes de completar a meiose I.

oócito secundário Oócito que completou a meiose I.

oogênese Processo no ovário que resulta na produção de gametas femininos.

oogônia Célula que se divide mitoticamente para formar oócitos.

operador No DNA bacteriano, uma sequência de nucleotídeos situada próxima ao início de um óperon ao qual um repressor ativo pode se ligar. A ligação do repressor previne que a RNA-polimerase se ligue ao promotor e faça a transcrição dos genes do óperon.

opérculo Nos osteíctes aquáticos, um retalho ósseo protetor que cobre e protege as guelras.

óperon Unidade funcional genética encontrada em bactérias e fagos, consistindo em um promotor, um operador e um grupo de genes coordenadamente regulados, cujos produtos atuam em uma via comum.

opistoconte Membro de um clado extremamente diversificado de eucariotos que inclui fungos, animais e certos protistas.

opsina Proteína de membrana ligada a uma molécula de pigmento que absorve luz.

orbital Espaço tridimensional onde um elétron é encontrado 90% do tempo.

ordem Na classificação linneana, a categoria taxonômica acima do nível de família.

orelha externa Uma das três principais regiões da orelha em répteis, aves e mamíferos; consiste do canal auditivo e, em muitas aves e mamíferos, do pavilhão auricular.

orelha interna Uma das três principais regiões da orelha dos vertebrados; inclui a cóclea (que por sua vez contém o órgão de Corti) e os canais semicirculares.

orelha média Uma das três principais regiões da orelha dos vertebrados; em mamíferos, uma câmara que contém três pequenos ossos (martelo, bigorna e estribo) que transmitem a vibração do tímpano para a janela oval.

organela Qualquer uma das várias estruturas envolvidas por membrana com funções especializadas, suspensas no citosol das células eucarióticas.

organismo Ser vivo individual formado por uma ou mais células.

organismo geneticamente modificado (OGM) Organismo que adquiriu um ou mais genes por meios artificiais.

organismo-modelo Espécie particular escolhida para pesquisa sobre vários princípios biológicos por ser representativa de um grupo maior e geralmente de fácil cultivo em laboratório.

organogênese Processo no qual os órgãos rudimentares se desenvolvem a partir das três camadas germinativas, após a gastrulação.

órgão Centro especializado em uma função do corpo, composto de alguns tipos diferentes de tecidos.

órgão de Corti O verdadeiro órgão de audição da orelha dos vertebrados, localizado na base do ducto coclear na orelha interna; contém as células receptoras (células ciliares) da orelha.

origem de replicação Sítio onde a replicação de uma molécula de DNA inicia, consistindo em uma sequência específica de nucleotídeos.

oscilação Flexibilidade nas regras do pareamento de bases na qual o nucleotídeo da extremidade 5′ de um anticódon do tRNA pode formar ligações de hidrogênio com mais do que um tipo de base na terceira posição (extremidade 3′) de um códon.

ósculo Grande abertura em uma esponja que liga a espongiocele com o ambiente.

osmoconformador Animal que é isosmótico com seu ambiente.

osmolaridade Concentração de um soluto expressa como molaridade.

osmorregulação Regulação das concentrações de soluto e balanço hídrico por uma célula ou organismo.

osmorregulador Animal que controla a osmolaridade interna independente do ambiente externo.

osmose Difusão de água através de uma membrana seletivamente permeável.

osso Tecido conectivo que consiste em células vivas mantidas em uma matriz rígida de fibras de colágeno fixadas em sais de cálcio.

osteícte Membro de um subgrupo de vertebrados com mandíbula e esqueleto principalmente ósseo.

ovário (1) Em flores, a porção do carpelo na qual se desenvolvem os óvulos contendo as oosferas. (2) Em animais, a estrutura que produz gametas femininos e hormônios reprodutivos.

oviduto Tubo que passa do ovário para a vagina em invertebrados ou para o útero em vertebrados, onde também é chamado tuba uterina.

ovíparo Referente a um tipo de desenvolvimento no qual o feto é incubado em ovos no exterior do corpo da mãe.

ovo amniótico Ovo que contém membranas especializadas que funcionam na proteção, na alimentação e nas trocas gasosas. O ovo amniótico foi uma inovação evolutiva importante, possibilitando que os embriões se desenvolvessem em ambiente terrestre, no interior de um saco preenchido de líquido, reduzindo a dependência dos tetrápodes da água para se reproduzir.

ovovivíparo Referente a um tipo de desenvolvimento no qual o feto é incubado em ovos que ficam retidos no útero da mãe.

ovulação Liberação de um óvulo dos ovários. Em seres humanos, um folículo ovariano libera um óvulo a cada ciclo uterino (menstrual).

óvulo (1) Gameta feminino. (2) A estrutura que se desenvolve dentro do ovário de uma planta com semente e contém o gametófito feminino.

oxidação Perda completa ou parcial de elétrons por uma substância envolvida em uma reação redox.

óxido nítrico (NO) Gás produzido por muitos tipos de células que funciona como regulador local e neurotransmissor.

padrão fixo de ação No comportamento animal, uma sequência invariável de atos não aprendidos que, uma vez iniciada, geralmente é realizada até o fim.

padrão molecular associado ao patógeno (PMAP) Sequência molecular específica de um certo patógeno.

paisagem Área contendo vários ecossistemas diferentes interligados por trocas de energia, materiais e organismos.

paladar Sentido relacionado à gustação.

paleoantropologia O estudo das origens e da evolução dos seres humanos.

paleontologia Ciência que estuda os fósseis.

pâncreas Glândula com tecidos exócrinos e endócrinos. A porção exócrina funciona na digestão, secretando enzimas e uma solução alcalina no intestino delgado por um ducto; a porção endócrina sem ducto funciona na homeostase, secretando os hormônios insulina e glucagon no sangue.

pancrustáceo Membro de um clado de artrópodes diverso que inclui lagostas, caranguejos, cirrípedes e outros crustáceos, assim como insetos e seus parentes terrestres de seis patas.

pandemia Uma epidemia global.

Pangeia Supercontinente que se formou no término da era Paleozoica, quando os movimentos de placas uniram todos os continentes terrestres.

par de homólogos Ver cromossomos homólogos.

parabasalídeo Protista, como o *Trichomonas*, com mitocôndria modificada.

parácrina Referente a uma molécula secretada que age em uma célula vizinha.

parafilético Pertencente a um grupo de táxons que consiste em um ancestral comum e alguns, mas não todos, os seus descendentes.

pararréptil Grupo basal de répteis, consistindo principalmente em herbívoros quadrúpedes grandes e fortes. Os pararrépteis foram extintos no final do período Triássico.

parasitismo Interação ecológica +/− na qual um organismo, o parasito, se beneficia ao se alimentar em outro organismo, o hospedeiro, que é prejudicado; alguns parasitos vivem dentro do hospedeiro (alimentando-se de tecidos), enquanto outros se alimentam na superfície externa do hospedeiro.

parasito Organismo que se alimenta dos conteúdos celulares, tecidos ou líquidos corporais de outro organismo (o hospedeiro) quando está sobre o organismo hospedeiro ou no interior dele. Parasitos causam danos, mas geralmente não matam seus hospedeiros.

paratormônio (PTH) Hormônio secretado pelas glândulas paratireoides que aumenta os níveis de cálcio no sangue ao promover a liberação de cálcio dos ossos e a retenção de cálcio pelos rins.

parede celular Camada protetora externa à membrana plasmática nas células de plantas, procariotos, fungos e alguns protistas. Polissacarídeos como a celulose (em plantas e alguns protistas), quitina (em fungos) e peptideoglicanos (em bactérias) são componentes estruturais importantes das paredes celulares.

parede celular primária Em plantas, camada relativamente flexível e fina que envolve a membrana plasmática de uma célula jovem.

parede celular secundária Em células vegetais, uma matriz resistente e duradoura depositada frequentemente em várias camadas laminadas em torno da membrana plasmática, que oferece proteção e sustentação.

partenogênese Reprodução assexuada onde as fêmeas produzem filhotes a partir de de óvulos não fecundados.

partição de recursos Divisão de recursos ambientais pelas espécies coexistentes de forma que o nicho de cada espécie difira por um ou mais fatores significativos dos nichos de todas as espécies coexistentes.

partícula de reconhecimento de sinal (SRP) Complexo RNA-proteína que reconhece um peptídeo-sinal conforme ele emerge de um ribossomo e ajuda a direcionar o ribossomo ao retículo endoplasmático (RE) pela ligação a uma proteína receptora no RE.

patógeno Organismo ou vírus que causa uma doença.

patógeno zoonótico Agente causador de doença que é transmitido para seres humanos a partir de outros animais.

pé (1) Porção de um esporófito de briófitas que armazena açúcares, aminoácidos, água e minerais do gametófito genitor por meio de células de transferência. (2) Uma das três partes principais de um molusco; estrutura muscular geralmente utilizada para o movimento. *Ver também* manto; massa visceral.

pé ambulacral Uma das inúmeras extensões do sistema vascular de um equinodermo aquático. Pés ambulacrais funcionam na locomoção e alimentação.

pecíolo A haste fina de uma folha, que liga a folha a um nó do caule.

pedigree Diagrama de uma árvore familiar apresentando a ocorrência de caracteres herdáveis em progenitores e descendentes ao longo de múltiplas gerações.

pedomorfose Retenção em um organismo adulto de características juvenis dos seus ancestrais evolutivos.

pegada ecológica Área agregada de terra e água necessária para uma pessoa, cidade ou nação produzir todos os recursos que consome e absorver todos os resíduos gerados.

peixe de nadadeira lobada Membro do clado dos osteíctes com nadadeiras musculares em forma de bastão. O grupo inclui celacantos, peixes pulmonados e tetrápodes.

peixe de nadadeira raiada Membro da classe Actinopterygii, osteíctes aquáticos com nadadeiras sustentadas por raios longos e flexíveis, incluindo atum, robalo e arenque.

peixe-bruxa Vertebrado marinho sem mandíbula com vértebras rudimentares e um crânio feito de cartilagem; a maioria dos peixes-bruxa é necrófaga e vive no fundo do mar.

pelo da raiz Minúsculo prolongamento das células epidérmicas da raiz, que cresce logo atrás da extremidade da raiz e aumenta a área superficial para absorção de água e minerais.

pelve renal Câmara em forma de funil que recebe filtrado processado dos dutos coletores do rim de vertebrados, que é drenado pelo ureter.

pênis A estrutura copulatória do macho em mamíferos.

PEP-carboxilase Enzima que adiciona CO_2 ao fosfoenolpiruvato (PEP) para formar oxalacetato em células do mesofilo de plantas C_4. Ela atua anteriormente à fotossíntese.

pepsina Enzima presente no suco gástrico que inicia a hidrólise de proteínas.

pepsinogênio Forma inativa da pepsina que é secretada inicialmente pelas células principais localizadas nas fossas gástricas do estômago.

peptídeo natriurético atrial (ANP) Hormônio peptídico secretado pelas células dos átrios do coração em resposta à pressão arterial elevada. O ANP atua nos rins alterando o movimento de água e íons e, com isso, reduz a pressão sanguínea.

peptideoglicano Tipo de polímero presente em paredes celulares bacterianas que consiste em açúcares modificados interligados com polipeptídeos curtos.

peptídeo-sinal Sequência de cerca de 20 aminoácidos na extremidade aminoterminal de um polipeptídeo ou próximo a ela que o direciona ao retículo endoplasmático ou outra organela na célula eucariótica.

pequeno RNA de interferência (siRNA) Pequena molécula de RNA de fita simples gerada pelo mecanismo celular de uma longa molécula de RNA dupla-fita. O siRNA associa-se a uma ou mais proteínas em um complexo que pode degradar ou evitar a tradução de um mRNA com uma sequência complementar.

percepção Interpretação das informações coletadas pelo sistema sensorial pelo encéfalo.

perfil genético Conjunto exclusivo e individual de marcadores genéticos, hoje detectados ordinariamente por meio de PCR ou, previamente, por eletroforese e sondas de ácidos nucleicos.

periciclo Camada mais externa no cilindro vascular da qual surgem as raízes laterais.

periderme Camada protetora que substitui a epiderme em plantas lenhosas durante o crescimento secundário, formada pelo súber e pelo felogênio.

período refratário Período imediatamente após uma resposta a um estímulo durante o qual uma célula ou órgão não responde a novos estímulos.

período sensível Fase limitada no desenvolvimento de um indivíduo animal em que ocorre o aprendizado de determinados comportamentos; também chamado de período crítico.

peristalse (1) Ondas alternadas de contração e relaxamento no músculo liso que cobre o canal alimentar para empurrar o alimento ao longo do canal. (2) Tipo de locomoção na terra produzido por ondas de contrações musculares que passam da região anterior para a posterior, como em muitos anelídeos.

peristômio Anel de estruturas interligadas em forma de dentes na parte superior de uma cápsula de musgo (esporângio), muitas vezes adaptado para a liberação gradual dos esporos.

permeabilidade seletiva Propriedade das membranas biológicas que lhes permite regular a passagem de substâncias.

peroxissomo Organela que contém enzimas que transferem átomos de hidrogênio (H_2) de vários substratos para o oxigênio (O_2), produzindo e, então, degradando peróxido de hidrogênio (H_2O_2).

pesquisa Busca por informações e explicações, frequentemente centrada em questões específicas.

pétala Folha modificada de uma planta florífera. Pétalas são geralmente as partes coloridas da flor que atraem os insetos e outros polinizadores.

pH Medida de concentração de íons hidrogênio igual a $-\log[H^+]$ com valores que variam entre 0 e 14.

pigmento respiratório Proteína que transporta oxigênio no sangue ou hemolinfa.

pílula anticoncepcional Substância contraceptiva que inibe a ovulação, retarda o desenvolvimento folicular ou altera o muco cervical feminino para impedir a entrada de espermatozoides no útero.

pilus (plural, *pili*) Nas bactérias, uma estrutura que liga uma célula a outra no início da conjugação; também chamada *pilus* sexual ou *pilus* de conjugação.

pinocitose Tipo de endocitose no qual a célula ingere líquido extracelular e seus solutos dissolvidos.

pirimidina Um dos dois tipos de bases nitrogenadas encontradas em nucleotídeos, caracterizada por um anel de seis membros. Citosina (C), timina (T) e uracila (U) são pirimidinas.

pistilo Carpelo isolado (pistilo simples) ou um grupo de carpelos fusionados (pistilo composto).

placa celular Saco achatado envolto por membrana na linha média de uma célula vegetal em divisão, dentro do qual se forma a nova parede celular durante a citocinese.

placa crivada Parede terminal de um elemento de tubo crivado, que facilita o fluxo de seiva nos tubos crivados das angiospermas.

placa metafásica Estrutura imaginária localizada em um plano a meio caminho entre os dois polos de uma célula em metáfase sobre o qual os centrômeros de todos os cromossomos duplicados estão localizados.

placas tectônicas Teoria de que os continentes são parte de grandes placas da crosta terrestre que flutuam sobre a porção quente subjacente do manto. Devido aos movimentos do manto, os continentes se movem lentamente com o tempo.

placenta Estrutura no útero em gestação de um mamífero eutério que nutre um feto com suprimentos do sangue da mãe; formada pelo revestimento uterino e por membranas embrionárias.

placoderme Membro de uma classe extinta de vertebrados semelhantes a peixes que tinham mandíbula e eram cobertos por uma carapaça externa resistente.

planária Verme chato de vida livre encontrado em lagos e córregos.

plano corporal Nos eucariotos multicelulares, conjunto de traços morfológicos e do desenvolvimento que são integrados em uma unidade funcional – o organismo vivo.

planta C_3 Planta que utiliza o ciclo de Calvin nas etapas iniciais de fixação de CO_2 em produtos orgânicos, formando um composto de três carbonos como primeiro intermediário estável.

planta C_4 Tipo de planta em que o ciclo de Calvin é precedido por reações que incorporam CO_2 em um composto de quatro carbonos, do qual o produto final fornece CO_2 para o ciclo de Calvin.

planta MAC Planta que utiliza o metabolismo ácido das crassuláceas, adaptação da fotossíntese para condições áridas. Nesse processo, o CO_2 entra no estômato à noite e é convertido em ácidos orgânicos, que fornecem o CO_2 para o ciclo de Calvin durante o dia, quando os estômatos estão fechados.

planta de dia curto Planta que floresce (geralmente no final do verão, outono ou inverno) apenas quando o período do dia com luz é menor do que um comprimento crítico.

planta de dia longo Planta que floresce (geralmente no final da primavera ou início do verão) apenas quando o período de luz ultrapassa um mínimo crítico.

planta de dia neutro Planta na qual a formação de flores não é controlada pelo fotoperíodo ou duração do dia.

planta vascular Planta com tecido vascular. Plantas vasculares incluem todas as espécies vivas de plantas, exceto musgos, hepáticas e antóceros.

planta vascular sem sementes Nome informal para uma planta que tem tecido vascular, mas não tem sementes. Plantas vasculares sem sementes formam um grupo parafilético que inclui a divisão Lycophyta (licopódios e afins) e Monilophyta (samambaias e afins).

plantio direto Técnica de cultivo que envolve a criação de sulcos, causando distúrbio mínimo ao solo.

plaqueta Fragmentos citoplasmáticos provenientes de células especializadas da medula óssea. Plaquetas circulam no sangue e são importantes para a coagulação sanguínea.

plasma Matriz líquida do sangue na qual as células ficam suspensas.

plasmídeo F A forma de plasmídeo do fator F.

plasmídeo Molécula de DNA dupla-fita pequena e circular que carrega genes acessórios separados daqueles do cromossomo de bactérias; na clonagem de DNA, os plasmídeos são utilizados como vetores que carregam até cerca de 10 mil pares de base (10 kb) de DNA. Os plasmídeos também são encontrados em alguns eucariotos, como as leveduras.

plasmídeo R Plasmídeo bacteriano que transporta genes de resistência a alguns antibióticos.

plasmodesmo Canal aberto na parede celular que conecta o citoplasma de células vegetais adjacentes, permitindo que água, pequenos solutos e algumas moléculas maiores passem entre as células.

plasmogamia Fusão dos citoplasmas das células de dois indivíduos nos fungos; ocorre como um estágio da reprodução sexuada, seguida mais tarde pela cariogamia.

plasmólise Fenômeno que ocorre em células com parede celular no qual o citoplasma murcha, e a membrana plasmática se afasta da parede celular; ocorre quando a célula perde água para um meio hipertônico.

plasticidade neuronal Capacidade de um sistema nervoso de se remodelar em resposta à sua própria experiência.

plastídio Membro de uma família de organelas relacionadas, as quais incluem os cloroplastos, os cromoplastos e os amiloplastos. Plastídios são encontrados em células de eucariotos fotossintetizantes.

pleiotropia Habilidade de um único gene de apresentar múltiplos efeitos.

pluripotente Célula que pode dar origem a muitos, mas não a todos, tecidos de um organismo.

polaridade A ausência de simetria; diferenças estruturais nas extremidades opostas de um organismo ou estrutura, como as extremidades da raiz e da parte aérea em uma planta.

polegar opositor Polegar que consegue tocar a superfície ventral (lado da impressão digital) da ponta de todos os outros quatro dedos da mesma mão com sua superfície ventral.

polifilético Pertencente a um grupo de táxons derivado de dois ou mais ancestrais diferentes, mas não inclui seus ancestrais comuns mais recentes.

polígamo Referente ao tipo de relação na qual um indivíduo de um sexo acasala com vários do outro sexo.

polímero Molécula longa consistindo em inúmeros monômeros idênticos ou similares ligados entre si por ligações covalentes.

polimorfismo de nucleotídeo único (SNP) Sítio com um único par de bases em um genoma onde a variação do nucleotídeo é encontrada em pelo menos 1% da população.

polinização Nas plantas com sementes, a transferência de pólen para a parte da planta que contém os ovócitos, um processo necessário para a fecundação.

polinização cruzada Em angiospermas, a transferência de pólen da antera de uma flor de uma planta para o estigma da flor de outra planta da mesma espécie.

polinucleotídeo Polímero consistindo em vários nucleotídeos em uma cadeia. Os nucleotídeos podem ser aqueles do DNA ou do RNA.

polipeptídeo Polímero de muitos aminoácidos ligados entre si por meio de ligações peptídicas.

poliploidia Alteração cromossômica na qual o organismo tem mais do que dois conjuntos completos de cromossomos. É o resultado de um acidente na divisão celular.

pólipo Variante séssil do plano corporal dos cnidários. A forma alternativa é a medusa.

polirribossomo (polissomo) Grupo de vários ribossomos que se ligam à mesma molécula de mRNA e a traduzem.

polispermia Fertilização de um óvulo por mais de um espermatozoide.

polissacarídeo Polímero de vários monossacarídeos formado por reações de desidratação.

politomia Em uma árvore filogenética, um ponto de ramificação do qual emergem mais de dois táxons descendentes. Uma politomia indica que as relações evolutivas entre os táxons descendentes ainda não foram esclarecidas.

polo animal Ponto da extremidade de um ovo no hemisfério onde existe menor concentração de vitelo; oposto ao polo vegetativo.

polo vegetal Ponto na extremidade de um óvulo no hemisfério onde fica concentrada a maior parte do vitelo; contrário do polo animal.

ponte Porção do encéfalo que participa em algumas funções homeostáticas automáticas, como a regulação dos centros de respiração no bulbo.

ponte dissulfeto Ligação covalente forte formada pela ligação entre dois átomos de enxofre de dois monômeros cisteína.

ponto de início Na transcrição, a posição nucleotídica no promotor onde a RNA-polimerase inicia a síntese de RNA.

ponto de ramificação Representação em uma árvore filogenética da divergência de dois ou mais táxons a partir de um ancestral comum. A maioria dos pontos de ramificação são conhecidos como dicotomias, nas quais um ramo representando a linhagem ancestral se divide (no ponto de ramificação) em dois ramos, um para cada linhagem descendente.

ponto de verificação Ponto de controle do ciclo celular que verifica se a célula está pronta para seguir à próxima fase.

***pool* gênico** Agregado de todas as cópias de todos os tipos de alelos em todos os *loci* de todos os indivíduos de uma população. O termo *pool* gênico também é usado em um sentido restrito como o agregado de alelos para somente um ou alguns *loci* em uma população.

população Grupo de indivíduos da mesma espécie que vivem na mesma área e se reproduzem, produzindo descendentes férteis.

população mínima viável (PMV) O menor tamanho populacional no qual uma espécie é capaz de manter sua população e sobreviver.

portador Na genética, um indivíduo que é heterozigoto em um dado *locus* genético de uma doença de herança recessiva. Em geral, o heterozigoto é fenotipicamente normal para o caráter determinado pelo gene, mas pode passar o alelo recessivo para a sua descendência.

porta-enxerto A planta que fornece o sistema radicular na produção de um enxerto.

posterior Pertencente à parte traseira, ou cauda, de um animal bilateralmente simétrico.

potenciação de longa duração (PLD) Aumento da sensibilidade para um potencial de ação (sinal nervoso) em um neurônio receptor.

potencial de ação Sinal elétrico que se propaga (viaja) ao longo da membrana de um neurônio ou outra célula excitável, como uma despolarização não graduada (tudo ou nada).

potencial de equilíbrio (E_{ion}) Magnitude de voltagem de uma membrana celular em equilíbrio; calculado utilizando a equação de Nernst.

potencial de membrana Diferença de carga elétrica (voltagem) através da membrana plasmática da célula devido à distribuição diferencial de íons. O potencial de membrana afeta a atividade de células excitáveis e o transporte transmembrana de todas as substâncias eletricamente carregadas.

potencial de pressão (Ψ_p) Componente do potencial hídrico que consiste na pressão física em uma solução, que pode ser positiva, nula ou negativa.

potencial de repouso Potencial de membrana característico de uma célula excitável não condutora, com o interior da célula mais negativo que o exterior.

potencial de soluto (Ψ_s) Componente do potencial hídrico que é proporcional ao número de moléculas de soluto dissolvidas em uma solução e que mede o efeito dos solutos na direção do movimento da água; também chamado de potencial osmótico, podendo ter valor nulo ou negativo.

potencial graduado Resposta elétrica de uma célula a um estímulo, consistindo na mudança de voltagem através da membrana proporcional à força do estímulo.

potencial hídrico (Ψ) Propriedade física que prediz a direção do fluxo da água, governada pela concentração de solutos e pressão aplicada.

potencial pós-sináptico excitatório (PPSE) Mudança elétrica (despolarização) na membrana de um neurônio pós-sináptico causada pela ligação de um neurotransmissor excitatório de uma célula pré-sináptica no receptor pós-sináptico; facilita a geração de um potencial de ação pelo neurônio pós-sináptico.

potencial pós-sináptico inibitório (PPSI) Mudança elétrica (normalmente hiperpolarização) na membrana de um neurônio pós-sináptico causada pela ligação de um neurotransmissor inibitório de uma célula pré-sináptica no receptor pós-sináptico; dificulta a geração de um potencial de ação pelo neurônio pós-sináptico.

potencial receptor Potencial graduado que ocorre em uma célula receptora.

predação Interação na qual um indivíduo de uma espécie, a predadora, mata e se alimenta de um indivíduo de outra espécie, a presa.

predição/previsão No raciocínio dedutivo, uma previsão que surge de forma lógica a partir de uma hipótese. Ao testar previsões, os experimentos permitem que algumas hipóteses sejam rejeitadas.

pressão de raiz Pressão exercida nas raízes de plantas como resultado da osmose, causando exsudação a partir de caules cortados e gutação de água a partir das folhas.

pressão de turgor Força dirigida contra a parede celular vegetal após o afluxo de água e o consequente inchaço de uma célula devido à osmose.

pressão diastólica Pressão sanguínea nas artérias quando os ventrículos estão relaxados.

pressão parcial Pressão exercida por um gás específico em uma mistura de gases (como a pressão exercida pelo oxigênio no ar).

pressão sistólica Pressão sanguínea na artéria durante a contração dos ventrículos.

primase Enzima que liga ribonucleotídeos para construir o oligonucleotídeo iniciador (*primer*) durante a replicação do DNA usando a fita de DNA parental como molde.

primeira lei da termodinâmica Princípio da conservação da energia: a energia pode ser transferida ou transformada, mas não pode ser criada ou destruída.

primórdio foliar Projeção na forma de dedo na extremidade de um meristema apical do caule, de onde surge a folha.

príon Agente infeccioso que é uma versão mal enovelada de uma proteína celular normal. Príons parecem aumentar em número pela conversão de proteínas inofensivas em mais príons.

procarioto Organismo unicelular do domínio Bacteria ou Archaea.

processamento do RNA Modificação de transcritos de RNA primários, incluindo descarte de íntrons, ligação de éxons e alteração das extremidades 5′ e 3′.

processo espontâneo Processo que ocorre sem um adicional de energia; um processo que é favorável energicamente.

produção líquida do ecossistema (PLE) Produção primária bruta de um ecossistema subtraindo a energia utilizada por todos os autótrofos e heterótrofos para a respiração.

produção primária Quantidade de luz convertida em energia química (compostos orgânicos) por autótrofos em um ecossistema durante um dado período de tempo.

produção primária bruta (PPB) Produção primária total de um ecossistema.

produção primária líquida (PPL) Produção primária bruta de um ecossistema subtraindo a energia utilizada pelos produtores para a respiração.

produção secundária Quantidade de energia química que os consumidores convertem do alimento para sua própria biomassa durante um dado período de tempo.

produto Material resultante de uma reação química.

produtor Organismo que produz compostos orgânicos a partir do CO_2 por meio da energia capturada da luz (na fotossíntese) ou pela oxidação de compostos inorgânicos (em reações quimiossintéticas realizadas por alguns procariotos).

produtor primário Um autótrofo, geralmente um organismo fotossintetizante. Coletivamente, os autótrofos formam o nível trófico de um ecossistema que sustenta todos os outros níveis.

prófago Genoma do fago que foi inserido no sítio específico de um cromossomo bacteriano.

prófase O primeiro estágio da mitose, no qual a cromatina se condensa em cromossomos separados visíveis ao microscópio óptico, o fuso mitótico começa a se formar e o nucléolo desaparece, porém o núcleo permanece intacto.

progesterona Hormônio esteroide que contribui para o ciclo menstrual e prepara o útero para a gravidez; a principal progestina em mamíferos.

progestina Qualquer hormônio esteroide com atividade semelhante à da progesterona.

Projeto Genoma Humano Projeto de colaboração internacional para mapear e sequenciar o DNA do genoma humano completo.

prolactina Hormônio produzido e secretado pela adeno-hipófise com grande diversidade de efeitos em espécies de vertebrados. Em mamíferos, estimula o crescimento e a produção de leite das glândulas mamárias.

prometáfase O segundo estágio da mitose no qual as duas cromátides-irmãs idênticas do cromossomo surgem, o envelope nuclear se fragmenta e os microtúbulos do fuso se ligam aos cinetócoros dos cromossomos.

promotor Sequência específica de nucleotídeos no DNA que se liga à enzima RNA-polimerase, posicionando-a para iniciar a transcrição do RNA no local apropriado.

propagação vegetativa Reprodução assexuada em plantas que é facilitada ou induzida por seres humanos.

propriedades emergentes Novas propriedades que surgem no decorrer das etapas na hierarquia da vida, devido ao arranjo e interações das partes à medida que a complexidade aumenta.

prosencéfalo Uma das três regiões ancestrais e embrionárias do encéfalo dos vertebrados; origina o tálamo, o hipotálamo e o cérebro.

prostaglandina Membro de um grupo de ácidos graxos modificados que são secretados praticamente por todos os tecidos e realizam uma ampla variedade de funções como reguladores locais.

próstata Glândula em seres humanos do sexo masculino que secreta um componente do sêmen que é neutralizador de ácidos.

protease Enzima que digere proteínas por hidrólise.

proteína Molécula biológica funcional que consiste em um ou mais polipeptídeos que se dobram e se enrolam para formar uma estrutura tridimensional específica.

proteína de choque térmico Proteína que auxilia na proteção de outras proteínas durante um estresse térmico. Proteínas de choque térmico são encontradas em plantas, animais e microrganismos.

proteína de transporte Proteína transmembrana que auxilia uma determinada substância ou uma classe de substâncias relacionadas a atravessar a membrana.

proteína estrutural Tipo de grande proteína de retransmissão a qual várias outras proteínas de retransmissão são simultaneamente ligadas, aumentando a eficiência da transdução de sinal.

proteína G Proteína de ligação ao GTP que transmite os sinais do receptor de sinais da membrana plasmática, conhecido como receptor acoplado à proteína G, para outras proteínas de transdução de sinal no interior da célula.

proteína integral Proteína transmembrana com regiões hidrofóbicas que se estendem para dentro e frequentemente de um lado a outro do interior hidrofóbico da membrana, apresentando regiões hidrofílicas que estão em contato com a solução aquosa nos dois lados da membrana (ou revestindo o canal, no caso de uma proteína-canal).

proteína motora Proteína que interage com elementos do citoesqueleto e outros componentes celulares, produzindo movimento em toda a célula ou em parte dela.

proteína periférica Proteína frouxamente ligada à superfície de uma membrana ou a uma proteína integral e não encaixada na bicamada lipídica.

proteína transmembrana Tipo de proteína integral que atravessa a membrana inteira.

proteína-cinase Enzima que transfere grupos fosfato do ATP para uma proteína e, assim, a fosforila.

proteína-fosfatase Enzima que remove grupos fosfato de proteínas (desfosforilação), frequentemente funcionando com efeito contrário ao da proteína-cinase.

proteínas de ligação de fita simples Proteína que se liga às fitas de DNA não pareadas durante a replicação, estabilizando-as e retendo-as separadamente enquanto elas servem como molde para a síntese das fitas complementares de DNA.

proteoglicano Glicoproteína que consiste em uma pequena proteína central com muitas cadeias de carboidratos ligadas a ela, encontrada na matriz extracelular das células animais. O proteoglicano pode consistir em até 95% de carboidrato.

proteoma O conjunto inteiro de proteínas expressas por uma determinada célula, tecido ou organismo.

proteômica Estudo sistemático de conjuntos de proteínas e suas propriedades, incluindo sua disponibilidade, modificações químicas e interações.

protista Termo informal aplicado para qualquer eucarioto que não é planta, animal ou fungo. A maioria dos protistas é unicelular, apesar de alguns serem coloniais ou multicelulares.

protobionte Precursor abiótico de uma célula viva que tem uma estrutura semelhante à membrana e que manteve uma química interna diferente daquela do seu meio.

próton Partícula subatômica que apresenta carga elétrica positiva única, com massa de cerca de $1,7 \times 10^{-24}$ g, encontrada no núcleo de um átomo.

protonefrídeos Sistema excretor, como o sistema de bulbos-flama dos vermes planos, consiste em uma rede de túbulos fechados sem aberturas internas.

protonema Massa de filamentos verdes ramificados de camada celular simples produzida por esporos de musgos em germinação.

proto-oncogene Gene celular normal que apresenta potencial para se tornar um oncogene.

protoplasto A parte viva de uma célula vegetal, que também inclui a membrana plasmática.

provírus Genoma viral que é permanentemente introduzido em um genoma hospedeiro.

pseudogene Segmento de DNA muito similar a um gene verdadeiro, mas que não gera um produto funcional; segmento de DNA que outrora funcionara como um gene, mas que se tornou inativo em uma determinada espécie devido à mutação.

pseudópode Extensão celular de células ameboides utilizada na movimentação e na alimentação.

pterossauro Réptil com asas que viveu durante a era Mesozoica.

pulmão foliáceo Órgão de troca de gases encontrado nas aranhas, formado por placas empilhadas contidas em uma câmara interna.

pulmão Superfície respiratória em cavidade interna nos vertebrados terrestres, lesmas terrestres ou aranhas, que se conecta com a atmosfera por tubos estreitos.

pulsação Expansão ritmada das paredes arteriais a cada batimento cardíaco.

pupila Abertura na íris que permite a passagem de luz para o interior dos olhos dos vertebrados. Os músculos na íris regulam seu tamanho.

purina Um dos dois tipos de bases nitrogenadas encontradas em nucleotídeos, caracterizada por um anel de seis membros ligado a um anel de cinco membros. Adenina (A) e guanina (G) são purinas.

puro Referente a plantas que produzem uma descendência uniforme por várias gerações quando se autopolinizam.

quadro de Punnett Diagrama usado no estudo da hereditariedade para mostrar os resultados genotípicos previstos das fertilizações ao acaso nos cruzamentos genéticos entre indivíduos de genótipo conhecido.

quelícera Uma de um par de apêndices de alimentação, semelhantes a mandíbulas, característica dos quelicerados.

quelicerado Artrópode que tem quelícera e um corpo dividido em cefalotórax e abdome. Os quelicerados vivos incluem aranhas-do-mar, caranguejos-ferradura, escorpiões, carrapatos e aranhas.

quepe 5' Forma modificada do nucleotídeo guanina adicionada à extremidade 5' de uma molécula de pré-mRNA.

quiasma Região microscopicamente visível em forma de X onde tenha ocorrido *crossing over* anteriormente na prófase I entre cromátides homólogas não irmãs. Os quiasmas se tornam visíveis após o término da sinapse, com as duas homólogas permanecendo associadas devido à coesão das cromátides-irmãs.

quilocaloria (kcal) Equivalente a mil calorias; a quantidade de energia térmica necessária para elevar em 1°C a temperatura de 1 kg de água.

quilomícron Pequeno glóbulo que transporta lipídeos, composto por uma mistura de gorduras e colesterol e cobertos por proteínas.

química orgânica Estudo dos compostos do carbono (compostos orgânicos).

quimioautotrófico Organismo que obtém energia por meio da oxidação de substâncias inorgânicas e requer somente dióxido de carbono como fonte de carbono.

quimio-heterotrófico Organismo que requer moléculas orgânicas para produzir energia e carbono.

quimiorreceptor Receptor sensorial que responde a um estímulo químico, como soluto ou odorante.

quimiosmose Mecanismo de acoplamento de energia que usa energia armazenada na forma de um gradiente de íons hidrogênio através da membrana para impulsionar atividades celulares como a síntese de ATP. Em condições aeróbicas, a maior parte da síntese de ATP ocorre por quimiosmose.

quimo A mistura do alimento parcialmente digerido com os sucos digestórios formados no estômago.

quitina Polissacarídeo estrutural que consiste em monômeros de açúcar amino, encontrados nas paredes celulares de muitos fungos e no exoesqueleto dos artrópodes.

quitrídeo Membro do filo de fungos Chytridiomycota, em sua maioria fungos aquáticos com zoósporos flagelados que representam uma linhagem que divergiu no início da evolução dos fungos.

raciocínio dedutivo Tipo de lógica na qual resultados específicos são inferidos a partir de uma premissa geral.

raciocínio indutivo Tipo de lógica em que as generalizações baseiam-se em um grande número de observações específicas.

radícula Raiz embrionária de uma planta.

radiolário Protista, geralmente marinho, com concha normalmente feita de sílica e pseudópodes que são emitidos do corpo central.

rádula Órgão raspador em forma de fita utilizado por muitos moluscos durante a alimentação.

raiz Órgão das plantas vasculares que fixa a planta e permite a absorção de água e minerais do solo.

raiz axial A principal raiz vertical que se desenvolve a partir de uma radícula e dá origem às raízes laterais.

raiz lateral Raiz que surge do periciclo de uma raiz estabelecida.

ratita Membro do grupo de aves que não voam.

RE liso Parte do retículo endoplasmático que não apresenta ribossomos.

RE rugoso Porção do retículo endoplasmático associada a ribossomos.

reabsorção Nos sistemas excretores, a recuperação de solutos e água do filtrado.

reação acrossomal Liberação de enzimas hidrolíticas a partir do acrossomo, uma vesícula na extremidade de um espermatozoide, quando ele se aproxima ou entra em contato com um ovócito.

reação de desidratação Reação química na qual duas moléculas se ligam covalentemente uma à outra, com liberação de uma molécula de água.

reação em cadeia da polimerase (PCR) Técnica de amplificação de DNA *in vitro* pela adição de oligonucleotídeos iniciadores (*primers*) específicos, de DNA-polimerase resistente ao calor e de nucleotídeos.

reação endergônica Reação química não espontânea, na qual ocorre absorção de energia livre do ambiente.

reação exergônica Reação química espontânea na qual ocorre liberação de energia livre.

reação química Formação ou ruptura de ligações químicas, que leva a mudanças na composição da matéria.

reação redox Reação química que envolve a transferência parcial ou total de um ou mais elétrons de um reagente para outro; forma abreviada para designar uma reação de oxirredução.

reações luminosas O primeiro dos dois principais estágios da fotossíntese (precedendo o ciclo de Calvin). Essas reações, que ocorrem nas membranas tilacoides do cloroplasto ou nas membranas de certos procariotos, convertem energia solar em energia química de ATP e NADPH, liberando oxigênio no processo.

reagente Substância existente no início de uma reação química.

recepção Na comunicação celular, a primeira etapa de uma via de sinalização na qual uma molécula sinalizadora é detectada por uma molécula sobre a célula ou dentro dela.

recepção sensorial Detecção de um estímulo pelas células sensoriais.

receptáculo Base de uma flor; parte do caule onde os órgãos florais são fixados.

receptor acoplado à proteína G (GPCR) Proteína receptora de sinal na membrana plasmática que responde à ligação de uma molécula sinalizadora pela ativação de uma proteína G. Também chamado de receptor ligado à proteína G.

receptor de antígeno Termo geral para uma proteína receptora de superfície, localizada nas células B e T, que se liga aos antígenos, iniciando a resposta imune adquirida. Os receptores de antígenos nas células B são chamados de receptores de células B, e os receptores nas células T são chamados de receptores de células T.

receptor de dor Receptor sensorial que responde a estímulos nocivos ou dolorosos; também chamado de nociceptor.

receptor eletromagnético Receptor de energia eletromagnética, como luz visível, eletricidade ou magnetismo.

receptor semelhante ao Toll (TLR) Receptor de membrana de um leucócito fagocítico que reconhece fragmentos de moléculas comuns a um grupo de patógenos.

receptor sensorial Estrutura especializada ou célula que responde a um estímulo proveniente dos ambientes externo e interno de um animal.

receptor tirosina-cinase (RTK) É uma proteína receptora que atravessa a membrana. A porção citoplasmática (intracelular) catalisa a transferência de um grupo fosfato do ATP para a tirosina de outra proteína. Os RTKs frequentemente respondem à ligação de moléculas de sinalização por meio da dimerização e, então, da fosforilação de uma tirosina na porção citoplasmática de outro receptor no dímero.

recife de coral Em geral, um ecossistema tropical de águas mornas dominado por estruturas esqueléticas rígidas secretadas principalmente pelos corais. Existem também alguns corais em águas frias e profundas.

recombinação genética Termo geral para designar a descendência que apresenta combinações de características diferentes da parental.

redução Adição completa ou parcial de elétrons à substância envolvida em uma reação redox.

reflexo Reação automática para um estímulo, mediada pela medula espinal ou pelo encéfalo inferior.

reforço Na biologia evolutiva, processo em que a seleção natural reforça barreiras pré-zigóticas à reprodução, reduzindo, assim, a formação de híbridos. Esse processo provavelmente ocorre apenas se a prole híbrida for menos adaptada que os membros da espécie parental.

registro geológico Divisão da história da Terra em períodos de tempo, agrupados em quatro éons – Hadeano, Arqueano, Proterozoico e Fanerozoico – e subdivididos em eras, períodos e épocas.

regra da adição Regra de probabilidade que afirma que a probabilidade de um, dois ou mais eventos mutuamente exclusivos ocorrerem pode ser determinada pela adição de suas probabilidades individuais.

regra da multiplicação Regra de probabilidade que estabelece que a probabilidade de dois ou mais eventos independentes ocorrerem juntos pode ser determinada pela multiplicação de suas probabilidades individuais.

regulação alostérica Ligação de uma molécula reguladora em um sítio de uma proteína que afeta a função da proteína em outros sítios.

regulação por retroalimentação Regulação de um processo por seu resultado ou produto final.

regulador Animal que modera, por meio de mecanismos de homeostase, as mudanças internas frente às flutuações externas.

regulador local Molécula que influencia células nas proximidades de onde é secretada.

reino Categoria taxonômica, a segunda mais ampla após o domínio.

relógio biológico Mecanismo interno que controla os ritmos biológicos de um organismo. O relógio biológico marca o tempo com ou sem informações ambientais, mas frequentemente necessita de sinais do ambiente para permanecer ajustado a um período apropriado. *Ver também* ritmo circadiano.

relógio molecular Método para estimar o tempo necessário para certo número de mudanças evolutivas, com base na observação de que algumas regiões do genoma parecem evoluir sob taxas constantes.

reparo de bases malpareadas Processo celular que utiliza enzimas específicas para remover e repor nucleotídeos pareados incorretamente.

reparo por excisão de nucleotídeo Sistema de reparo que remove e substitui corretamente um segmento danificado de DNA utilizando a fita não danificada como guia.

repetição curta em *tandem* (STR) DNA de sequência simples contendo múltiplas unidades repetidas de 2 a 5 nucleotídeos. Variações nos STRs atuam como marcadores genéticos na análise de STR, usados para preparar perfis genéticos.

replicação de DNA Processo pelo qual uma molécula de DNA é copiada; também chamado de síntese de DNA.

repressor Proteína que inibe a transcrição gênica. Em procariotos, os repressores ligam-se ao DNA nos promotores ou próximo a eles. Em eucariotos, repressores podem se ligar a elementos-controle nos estimuladores, a ativadores ou a outras proteínas de modo a impedir a ligação de ativadores com o DNA.

reprodução assexuada Geração de descendentes a partir de um único progenitor, a qual se dá sem a fusão de gametas. Na maioria dos casos, os descendentes são geneticamente idênticos ao progenitor.

reprodução sexuada Reprodução que resulta da fusão de dois gametas.

reprodução vegetativa Reprodução assexuada em plantas.

réptil Membro do clado dos amniotas que inclui tuataras, lagartos e serpentes, tartarugas, crocodilos e aves.

reservatório Em ciclos biogeoquímicos, a localização de um elemento químico, consistindo de materiais orgânicos ou inorgânicos que estão disponíveis ou indireto por organismos ou indisponíveis como nutrientes.

resfriamento evaporativo Processo no qual a superfície de um objeto torna-se mais fria durante a evaporação, devido a uma perda de moléculas com a maior energia cinética para o estado gasoso.

resistência sistêmica adquirida Resposta de defesa em plantas infectadas que ajuda a proteger tecidos saudáveis da invasão de patógenos.

resolução de problema Atividade cognitiva de elaborar um método para prosseguir de uma etapa para outra em virtude de obstáculos reais ou aparentes.

respiração Ventilação dos pulmões pela alternância entre inspiração e expiração.

respiração aeróbica Via catabólica para moléculas orgânicas, usando oxigênio (O_2) como aceptor final de elétrons em uma cadeia de transporte de elétrons, com produção final de ATP. É a via catabólica mais eficiente e ocorre na maioria das células eucarióticas e em muitos organismos procarióticos.

respiração anaeróbica Via catabólica na qual moléculas inorgânicas, exceto o oxigênio, recebem elétrons no final das cadeias de transporte de elétrons.

respiração celular Vias catabólicas da respiração aeróbica e anaeróbica, as quais quebram moléculas orgânicas e utiliza uma cadeia transportadora de elétrons para a produção de ATP.

respiração com pressão negativa Sistema respiratório no qual o ar é puxado para dentro dos pulmões.

respiração com pressão positiva Sistema respiratório no qual o ar é forçado para o interior dos pulmões.

resposta (1) Na comunicação celular, mudança em uma atividade celular específica resultante de uma transdução de sinal proveniente do exterior da célula. (2) Na regulação por retroalimentação, uma atividade fisiológica que auxilia no retorno de uma variável a uma posição determinada.

resposta de hipersensibilidade Resposta localizada de defesa de uma planta contra um patógeno, envolvendo a morte de células ao redor do local da infecção.

resposta imune humoral Ramo da imunidade adquirida que envolve a ativação de células B e leva à produção de anticorpos, atua na defesa contra bactérias e vírus nos fluidos corporais.

resposta imune mediada por células Ramo da imunidade adquirida que envolve a ativação de células T citotóxicas, que atuam na defesa contra células infectadas.

resposta imune primária Resposta inicial da imunidade adquirida contra um antígeno, que surge aproximadamente 10 a 17 dias após a exposição inicial.

resposta imune secundária Resposta imune adquirida provocada pela segunda ou subsequente exposição a um antígeno em particular. A resposta imune secundária é mais rápida, de maior intensidade e de efeitos mais prolongados do que a resposta imune primária.

resposta inflamatória Defesa imune inata acionada por dano físico ou infecção em um tecido. Envolve a liberação de substâncias que promovem edema, aumentam a infiltração de leucócitos e auxiliam no reparo do tecido e destruição de patógenos invasores.

resposta tríplice Estratégia do crescimento de plantas em resposta a um estresse mecânico, envolvendo retardo do alongamento do caule, espessamento do caule e uma curvatura que faz o caule crescer horizontalmente.

retículo endoplasmático (RE) Rede membranosa extensa nas células eucarióticas, contínua com a membrana nuclear externa e composta de regiões com ribossomos (rugoso) e sem ribossomos (liso).

retículo sarcoplasmático (RS) Retículo endoplasmático especializado que regula a concentração de cálcio no citosol das células musculares.

retina Camada mais interna do olho dos vertebrados, contendo células fotorreceptoras (cones e bastonetes) e neurônios; transmite imagens formadas pelo cristalino ao cérebro através do nervo óptico.

retinal Pigmento de absorção da luz nos cones e bastonetes do olho de vertebrados.

reto Porção terminal do intestino grosso onde as fezes ficam armazenadas antes de serem eliminadas.

retroalimentação negativa Forma de regulação na qual o acúmulo de um produto final de um processo diminui o processo; em fisiologia, mecanismo primário da homeostase, por meio do qual uma mudança na variável fisiológica provoca um efeito que neutraliza a alteração inicial.

retroalimentação positiva Forma de regulação na qual o produto final de um processo acelera esse processo; na fisiologia, um mecanismo de controle no qual uma mudança em uma variável aciona uma resposta que reforça ou amplifica a alteração.

retrotranspóson Elemento transponível que se move no genoma por meio de um RNA intermediário, um transcrito do DNA do retrotranspóson.

retrovírus São vírus cujo genoma é constituído por RNA simples que se reproduzem pela transcrição do seu RNA no DNA da célula hospedeira e, então, inserção do DNA dentro do cromossomo celular; importante classe de vírus causadores de câncer.

Rhizaria Um dos três principais subgrupos do supergrupo eucariótico SAR. Muitas espécies nesse clado são amebas caracterizadas por pseudópodes semelhantes a fios.

ribose Açúcar presente nos nucleotídeos do RNA.

ribossomo Complexo de rRNA e moléculas proteicas que funciona como local de síntese proteica no citoplasma; consiste em uma subunidade grande e uma pequena. Em células eucarióticas, cada subunidade é montada no nucléolo. *Ver também* nucléolo.

ribozima Molécula de RNA que funciona como uma enzima, assim como um íntron que catalisa sua própria remoção durante o *splicing* do RNA.

rim Nos vertebrados, um dos dois órgãos secretores onde o filtrado do sangue é formado e processado em urina.

riqueza de espécies Número de espécies em uma comunidade biológica.

ritmo circadiano Ciclo fisiológico de aproximadamente 24 horas que persiste mesmo na ausência de informações externas.

rizobactéria Bactéria do solo cujo tamanho populacional é muito maior no interior da rizosfera, a região do solo próxima das raízes da planta.

rizoide Filamento de células ou uma única célula longa e tubular que fixa as briófitas na superfície. Diferentemente das raízes, os rizoides não são compostos por tecidos, não têm células especializadas em transporte e não exercem um papel principal na absorção de água e nutrientes minerais.

rizosfera Região do solo próxima das raízes vegetais caracterizada pela presença acentuada de atividade microbiana.

RNA longo não codificador (lncRNA) Um RNA variando de 200 a centenas de milhares de nucleotídeos de comprimento que não codifica proteínas, mas é expresso em níveis significativos.

RNA mensageiro (mRNA) Tipo de RNA sintetizado usando um molde de DNA que se liga aos ribossomos no citoplasma e especifica a estrutura primária de uma proteína. (Nos eucariotos, o transcrito primário de RNA deve sofrer o processamento do RNA para se tornar mRNA.)

RNA ribossômico (rRNA) Moléculas de RNA que, juntamente com outras proteínas, constituem os ribossomos; o tipo mais abundante de RNA.

RNA transportador (tRNA) Molécula de RNA que funciona como um tradutor entre as linguagens do ácido nucleico e da proteína ao captar um aminoácido específico e carregá-lo até o ribossomo, onde o tRNA reconhece o códon apropriado no mRNA.

RNA-polimerase Enzima que liga ribonucleotídeos em uma cadeia de RNA crescente durante a transcrição, com base na ligação complementar a nucleotídeos na fita-molde de DNA.

rodopsina Pigmento visual que consiste em retinal e opsina. Após absorver luz, o retinal muda de forma e se dissocia da opsina.

rombencéfalo Uma das três regiões ancestrais e embrionárias do encéfalo de vertebrados; origina o bulbo, a ponte e o cerebelo.

rotação de culturas Prática de cultivo de culturas diferentes em sucessão no mesmo campo principalmente para recuperar a capacidade produtiva do solo.

rubisco Ribulose-bisfosfato (RuBP)-carboxilase-oxigenase, a enzima que catalisa a primeira etapa do ciclo de Calvin (a adição de CO_2 à RuBP). Quando há excesso nos níveis de O_2 ou baixos níveis de CO_2, a rubisco pode se ligar ao oxigênio, resultando na fotorrespiração.

ruminante Animal que mastiga o alimento regurgitado, como a vaca ou a ovelha, e possui múltiplos compartimentos estomacais especializados para uma dieta herbívora.

saborizante Qualquer substância que estimule os receptores sensoriais de um botão gustatório.

saco embrionário O gametófito feminino das angiospermas, formado pelo crescimento e divisão do megásporo em uma estrutura multicelular que geralmente tem oito núcleos haploides.

sal Composto resultante da formação de uma ligação iônica; também chamado de composto iônico.

sangue Tecido conectivo com matriz líquida, chamada de plasma, na qual os eritrócitos, os leucócitos e os fragmentos celulares, chamados de plaquetas, ficam suspensos.

SAR Um de quatro supergrupos de eucariotos propostos em uma hipótese atual da história evolutiva dos eucariotos. Esse supergrupo contém uma coleção grande e extremamente diversa de protistas de três subgrupos principais: estramenópilos, alveolados e rizárias. *Ver também* Excavata, Archaeplastida e Unikonta.

sarcômero Unidade fundamental repetitiva de um músculo estriado esquelético, delimitada pelas linhas Z.

savana Bioma tropical campestre com árvores isoladas e dispersas e grandes herbívoros mantido por queimadas ocasionais e seca.

secreção (1) Descarga de moléculas sintetizadas por uma célula. (2) O transporte ativo de resíduos e outros solutos a partir de um líquido corporal para o filtrado em um sistema excretor.

segunda lei da termodinâmica Princípio que estabelece que toda a transferência ou transformação da energia provoca um aumento da entropia do universo. Formas ordenadas de energia são ao menos parcialmente convertidas em calor.

segundo mensageiro Molécula que retransmite mensagens em uma célula de um receptor para um alvo onde uma ação acontece dentro da célula.

seiva do floema Solução rica em açúcar transportada pelos tubos crivados de vegetais.

seiva do xilema Solução diluída de água e minerais dissolvidos transportada pelos vasos e traqueídes.

seleção artificial Cruzamento seletivo de plantas e animais domesticados para favorecer a ocorrência de características desejáveis.

seleção balanceadora Seleção natural que mantém duas ou mais formas fenotípicas na população.

seleção clonal Processo pelo qual um antígeno se liga seletivamente e ativa somente os linfócitos que possuem receptores específicos para o antígeno. Os linfócitos selecionados se proliferam e se diferenciam em um clone de células efetoras e um clone de células de memória específicas para o antígeno estimulante.

seleção de parentesco Seleção natural que favorece o comportamento altruísta por aumentar o sucesso reprodutivo dos parentes.

seleção dependente de frequência Seleção na qual a aptidão de um fenótipo depende do quão comum ele se tornou na população.

seleção direcional Seleção natural em que indivíduos de um extremo da variação fenotípica sobrevivem ou se reproduzem com mais eficiência do que os outros indivíduos.

seleção disruptiva Seleção natural em que indivíduos dos dois extremos de uma variação fenotípica sobrevivem e se reproduzem com mais eficiência que indivíduos com fenótipos intermediários.

seleção estabilizadora Seleção natural em que os fenótipos intermediários sobrevivem ou se reproduzem com mais sucesso do que os fenótipos extremos.

seleção intersexual Seleção em que indivíduos de um sexo (geralmente fêmeas) são seletivos na escolha de seus parceiros entre os indivíduos do outro sexo; também conhecido como escolha de parceiro.

seleção intrassexual Forma de seleção natural na qual existe competição direta entre indivíduos de um sexo por parceiros do sexo oposto.

seleção K Seleção para características da história de vida que são sensíveis à densidade da população.

seleção natural Processo em que organismos com algumas características herdadas têm mais chance de sobreviverem e se reproduzirem do que organismos com outras características.

seleção r Seleção de traços da história de vida que maximiza o sucesso reprodutivo em ambientes pouco populosos.

seleção sexual Processo no qual indivíduos com certas características herdadas têm mais chance de obter parceiros do que outros indivíduos do mesmo sexo.

semelparidade Reprodução na qual um organismo produz toda sua prole em um único evento; também conhecida como reprodução *big bang*.

sêmen Líquido que é ejaculado pelo macho durante o orgasmo; consiste em espermatozoides e secreções de várias glândulas do trato reprodutor masculino.

semente Adaptação de algumas plantas terrestres que consiste em um embrião acondicionado junto a um estoque de alimento dentro de uma cobertura protetora.

senescência Morte programada de certas células ou órgãos ou do organismo inteiro.

sensor Na homeostase, um receptor que detecta um estímulo.

sépala Folha modificada em angiospermas que envolve e protege o botão floral antes de desabrochar.

septo Uma das paredes cruzadas que dividem uma hifa fúngica em células. Os septos geralmente têm poros suficientemente largos para permitir o fluxo de ribossomos, mitocôndrias e até mesmo de núcleos de uma célula para outra.

sequenciamento de DNA Determinação da sequência completa de DNA de um gene ou segmento de DNA.

sequenciamento de RNA (**RNA-seq**) Método para análise de grandes conjuntos de RNAs que envolve fazer e sequenciar cDNAs.

serviço ecossistêmico Função realizada por um ecossistema que beneficia direta ou indiretamente os seres humanos.

seta Haste alongada do esporófito de uma briófita.

simbionte O participante menor de uma relação simbiótica, vivendo dentro ou sobre o hospedeiro.

simbiose Relação ecológica entre organismos de duas espécies diferentes que vivem juntos em contato íntimo e direto.

simetria bilateral Simetria corporal na qual um plano longitudinal central divide o corpo em duas metades iguais, porém opostas.

simetria radial Característica de um corpo que tem forma de torta ou barril (sem lado esquerdo ou direito) e que pode ser dividido em metades iguais, porém opostas, por qualquer plano através do seu eixo central.

simplasto Nas plantas, o contínuo de citosol conectado por plasmodesmos entre as células.

sinal Qualquer tipo de informação enviada de um organismo para outro, ou de um lugar em um organismo para outro lugar.

sinapse (1) No sistema nervoso, junção onde um neurônio se comunica com outra célula por um espaço estreito via um neurotransmissor ou um acoplamento elétrico. (2) No ciclo celular, pareamento e conexão física de um cromossomo duplicado com seu homólogo durante a prófase I da meiose.

sinapsídeo Membro de um clado amniota distinto por uma única abertura em cada lado do crânio. Sinapsídeos incluem os mamíferos.

síndrome da imunodeficiência adquirida (**Aids**) Sinais e sintomas presentes durante os últimos estágios da infecção pelo HIV, definidos pela redução específica no número de células T e pelo surgimento de infecções secundárias características.

síndrome de Down Doença genética humana causada pela presença de um cromossomo 21 extra; caracterizada por deficiência intelectual, bem como por defeitos cardíacos e outros que geralmente são tratáveis ou não ameaçam a vida.

sistema aéreo Porção aérea de um corpo vegetal, formado por ramos, folhas e (em angiospermas) flores.

sistema cardiovascular Sistema circulatório fechado com um coração e uma rede ramificada de artérias, capilares e veias. O sistema é característico dos vertebrados.

sistema circulatório aberto Sistema circulatório no qual o líquido chamado de hemolinfa banha diretamente os tecidos e órgãos e não existe distinção entre líquido circulante e líquido intersticial.

sistema circulatório fechado Sistema circulatório no qual o sangue fica confinado em vasos e é mantido separado do líquido intersticial.

sistema complemento Grupo de cerca de 30 proteínas do sangue que podem amplificar a resposta inflamatória, intensificar a fagocitose ou provocar diretamente a ruptura de patógenos extracelulares.

sistema CRISPR-Cas9 Técnica de edição de genes em células vivas que envolve uma proteína bacteriana chamada Cas9 associada a um RNA guia complementar a uma sequência de genes de interesse.

sistema de controle do ciclo celular Conjunto de moléculas que operam ciclicamente nas células eucarióticas e juntas desencadeiam e coordenam os eventos-chave no ciclo celular.

sistema de endomembrana Conjunto de membranas que existe dentro e ao redor de uma célula eucariótica, interconectadas por meio de contato físico direto ou por transferência de vesículas membranosas; inclui a membrana plasmática, o envelope nuclear, o retículo endoplasmático liso e rugoso, o complexo de Golgi, os lisossomos, as vesículas e os vacúolos.

sistema de linha lateral Sistema mecanorreceptor que consiste em uma série de poros e unidades receptoras ao longo dos lados do corpo em peixes e anfíbios aquáticos; detecta o movimento da água causado pelo próprio animal ou por outros objetos em movimento.

sistema de órgãos Grupo de órgãos que funcionam em conjunto para a realização de funções vitais do corpo.

sistema de raízes Todas as raízes de uma planta, que fixam a planta ao solo, absorvem e transportam minerais e água e armazenam alimento.

sistema de tecido Um ou mais tecidos organizados em uma unidade funcional que conecta os órgãos de uma planta.

sistema endócrino Em animais, o sistema interno de comunicação que envolve os hormônios, as glândulas sem ductos que secretam hormônios e os receptores moleculares sobre ou dentro das células-alvo que respondem aos hormônios; funciona em conjunto com o sistema nervoso para realizar a regulação interna e manter a homeostase.

sistema imune Sistema de defesa do organismo contra agentes causadores de doenças.

sistema linfático Sistema de vasos e nodos, separado do sistema circulatório, que devolve líquido, proteínas e células ao sangue.

sistema motor Ramo eferente do sistema nervoso periférico de vertebrados, composto do neurônio motor que transmite sinais dos músculos esqueléticos em resposta aos estímulos externos.

sistema multiplicador contracorrente Sistema contracorrente no qual a energia é gasta no transporte ativo para facilitar a troca de materiais e gerar gradientes de concentração.

sistema nervoso Nos animais, sistema interno rápido de comunicação envolvendo receptores sensoriais, redes de células nervosas e conexões com músculos e glândulas que respondem aos sinais nervosos; funciona junto com o sistema endócrino para promover a regulação interna e manutenção da homeostase.

sistema nervoso autônomo Ramificação eferente do sistema nervoso periférico dos vertebrados que regula o ambiente interno; é formado pelas divisões simpática e parassimpática e pelo sistema nervoso entérico.

sistema nervoso central (**SNC**) Porção do sistema nervoso onde ocorre a integração de sinal; nos animais vertebrados, o encéfalo e a medula espinal.

sistema nervoso entérico Dentro do sistema nervoso autônomo, uma rede distinta de neurônios que exerce controle parcialmente independente sobre o trato digestivo, pâncreas e vesícula biliar.

sistema nervoso periférico (SNP) Neurônios sensoriais e motores que se ligam ao sistema nervoso central.

sistema renina-angiotensina-aldosterona (SRAA) Via de cascata hormonal que auxilia na regulação da pressão e volume sanguíneos.

sistema tegumentar A cobertura externa do corpo de mamíferos, incluindo pele, cabelos e unhas, garras ou cascos.

sistema traqueal Em insetos, um sistema de tubos ramificados preenchidos por ar que se estende pelo corpo e transporta oxigênio diretamente para as células.

sistema vascular aquífero Rede de canais hidráulicos específicos de equinodermos que se ramifica em extensões chamadas de pés ambulacrais, que funcionam na locomoção e na alimentação.

sistemática Disciplina científica responsável pela classificação dos organismos e determinação de suas relações evolutivas.

sístole Estágio do ciclo cardíaco no qual uma câmara do coração se contrai e bombeia sangue.

sítio A Um dos três sítios de ligação do ribossomo ao tRNA durante a tradução. O sítio A retém o tRNA carregando o próximo aminoácido a ser adicionado à cadeia polipeptídica (A é a inicial de aminoacil-tRNA).

sítio ativo Região específica de uma enzima na qual o substrato se liga e que forma um bolsão no qual a catálise ocorre.

sítio de restrição Sequência específica sobre uma fita de DNA que é reconhecida e cortada por uma enzima de restrição.

sítio E Um dos três sítios de ligação do ribossomo ao tRNA durante a tradução. O sítio E é o local onde o tRNA descarregado deixa o ribossomo (E vem de *exit*, "saída" em inglês).

sítio P Um dos três sítios de ligação do ribossomo ao tRNA durante a tradução. O sítio P retém o tRNA deslocando a cadeia polipeptídica em formação. (A letra P é a inicial de peptidil-tRNA.)

sociobiologia Estudo do comportamento social com base na teoria da evolução.

solução Líquido que é uma mistura de duas ou mais substâncias.

solução aquosa Solução em que o solvente é a água.

soluto Substância que está dissolvida em uma solução.

solvente Agente dissolvente de uma solução. A água é o solvente mais versátil conhecido.

somação Fenômeno da integração neural no qual o potencial de membrana da célula pós-sináptica é determinado pelo efeito combinado de PPSEs ou PPSIs produzidos em sucessão rápida em uma sinapse ou simultaneamente por sinapses diferentes.

somito Um de uma série de blocos da mesoderme que existe em pares ao lado da notocorda em um embrião de vertebrados.

sonda de ácido nucleico Na tecnologia de DNA, molécula de ácido nucleico de fita simples marcada e usada para localizar uma sequência específica de nucleotídeos em uma amostra de ácido nucleico. Moléculas da sonda fazem ligações de hidrogênio com a sequência complementar onde quer que ela ocorra; um marcador da sonda radioativo, fluorescente ou de outro tipo permite sua localização.

sopro cardíaco Som de assobio geralmente originado do retorno de sangue por meio de uma válvula cardíaca danificada.

sorédio Em liquens, um pequeno agregado de hifas fúngicas contendo algas embutidas.

soro Grupo de esporângios em um esporofilo de samambaia. Soros podem ser organizados em vários padrões, como linhas paralelas ou pontos, que são úteis na identificação de samambaias.

spliceossomo Grande complexo composto de proteínas e moléculas de RNA que cliva o RNA por meio da reação com as terminações de um íntron, liberando-o e unindo os dois éxons adjacentes.

***splicing* alternativo do RNA** Tipo de regulação gênica eucariótica em nível do processamento do RNA no qual diferentes moléculas de mRNA são produzidas a partir do mesmo transcrito primário, dependendo de quais segmentos são tratados como éxons e quais como íntrons.

***splicing* de RNA** Após a síntese de um transcrito primário de RNA eucariótico, a remoção de porções (íntrons) do transcrito que não serão incluídas no mRNA e a ligação das porções remanescentes (éxons).

Stramenopila Um dos três principais subgrupos do supergrupo eucariótico SAR. Esse clado surgiu por endossimbiose secundária e inclui diatomáceas e algas pardas.

substância branca Trajetos de axônios dentro do SNC.

substância cinzenta Regiões contendo dendritos e aglomerados de corpos celulares de neurônios dentro do SNC.

substituição de par de nucleotídeos Tipo de mutação pontual na qual um nucleotídeo em uma fita de DNA e seu parceiro na fita complementar são substituídos por outro par de nucleotídeos.

substrato O reagente no qual uma enzima atua.

sucessão ecológica Transição na composição de espécies de uma comunidade após um distúrbio; o estabelecimento de uma comunidade em uma área praticamente estéril.

sucessão primária Tipo de sucessão ecológica que ocorre em uma área onde originalmente não existiam organismos presentes e onde o solo ainda não havia se formado.

sucessão secundária Tipo de sucessão que ocorre onde uma comunidade existente foi eliminada por algum distúrbio que deixa o solo ou o substrato intacto.

suco gástrico Líquido digestório secretado pelo estômago.

sugador Animal que suga líquidos ricos em nutrientes de outro organismo vivo.

sulco de clivagem Primeiro sinal da clivagem na célula animal; fenda rasa ao redor da célula na superfície celular próximo ao local da placa equatorial da metáfase.

sulco faringiano Em embriões de cordados, um dos sulcos que separa uma série de bolsas ao longo dos lados da faringe e pode dar origem à fenda faringiana.

surfactante Substância secretada pelos alvéolos que reduz a tensão superficial no líquido que cobre os alvéolos.

tabela de vida Resumo das taxas de reprodução e sobrevivência específicas para a idade dos indivíduos em uma população.

tálamo Centro de integração do prosencéfalo de vertebrados. Neurônios com corpos celulares no tálamo transmitem os sinais recebidos para áreas específicas do córtex cerebral e regulam que informação segue para o córtex cerebral.

tamanho efetivo da população Estimativa do tamanho de uma população com base no número de fêmeas e machos que acasalam com sucesso; geralmente menor do que o tamanho da população total.

tampão Substância que consiste em um ácido e sua base conjugada em uma solução e que minimiza as mudanças de pH quando outros ácidos ou bases são adicionados a ela.

taxa intrínseca de aumento (r) Em modelos populacionais, a taxa *per capita* na qual um crescimento exponencial da população aumenta em tamanho a cada instante.

taxa metabólica Quantidade total de energia que um animal usa por unidade de tempo.

taxa metabólica basal (TMB) Taxa metabólica de um organismo endotérmico em repouso, em jejum e não estressado em uma temperatura confortável.

taxa metabólica padrão (TMP) Taxa metabólica de um ectotérmico em repouso, em jejum e não estressado a uma dada temperatura.

taxia Movimento orientado de aproximação ou afastamento de um estímulo.

táxon Unidade taxonômica nomeada em qualquer nível de classificação.

táxon basal Em um grupo específico de organismos, um táxon cuja linhagem evolutiva divergiu cedo na história do grupo.

taxonomia Disciplina científica dedicada a nomear e classificar as diversas formas de vida.

táxons-irmãos Grupos de organismos que compartilham um ancestral comum imediato e, portanto, um é o parente mais próximo do outro.

tecido Grupo integrado de células com funções e/ou estruturas em comum.

tecido adiposo Tecido conectivo que isola o corpo e funciona como reserva de energia; contém células que armazenam gordura, chamadas de células adiposas.

tecido conectivo Tecido animal que funciona principalmente na ligação e sustentação de outros tecidos, apresentando células dispersas em uma matriz extracelular.

tecido dérmico A cobertura protetora externa das plantas.

tecido epitelial Camadas de células firmemente compactadas que revestem órgãos e cavidades do corpo, assim como as superfícies externas.

tecido fundamental Tecido vegetal que não é vascular nem dérmico, realizando funções variadas, como armazenamento, fotossíntese e sustentação.

tecido muscular Tecido que consiste em células musculares longas que podem contrair quando estimuladas por impulsos nervosos.

tecido nervoso Tecido feito de neurônios e células auxiliares.

tecido vascular Tecido vegetal que consiste em células unidas em tubos que transportam água e nutrientes pelo corpo da planta.

tecnologia Aplicação do conhecimento científico para um fim específico, frequentemente envolvendo indústria ou comércio, mas também incluindo usos na pesquisa básica.

tecnologia do DNA Técnicas de manipulação e sequenciamento do DNA.

tegumento Camada do tecido do esporófito que contribui para a estrutura de um óvulo em uma planta com semente.

teia alimentar As relações interconectadas de alimentação em um ecossistema.

telófase O quinto e último estágio da mitose, no qual núcleos-filhos estão em formação e a citocinese geralmente já iniciou.

telômero Fileiras repetitivas de DNA na extremidade de uma molécula do cromossomo eucariótico. Telômeros protegem os genes de serem desgastados durante ciclos sucessivos de replicação. *Ver também* DNA repetitivo.

temperatura Medida de intensidade de calor em graus, refletindo a energia cinética média das moléculas e átomos em um corpo de matéria.

tendão Tecido conectivo fibroso que fixa o músculo ao osso.

tensão superficial Medida de quão difícil é distender ou romper a superfície de um líquido. A água apresenta uma alta tensão superficial devido às ligações de hidrogênio das moléculas da superfície.

teoria Explicação de âmbito mais amplo do que uma hipótese; gera novas hipóteses e é apoiada por várias evidências.

teoria cromossômica da herança Princípio básico em biologia segundo o qual os genes estão localizados em posições específicas (*loci*) nos cromossomos e que o comportamento dos cromossomos durante a meiose é responsável por padrões hereditários.

teoria dos jogos Abordagem para avaliar estratégias alternativas em situações onde o resultado de uma estratégia específica depende das estratégias utilizadas pelos outros indivíduos.

teoria endossimbionte Teoria de que as mitocôndrias e os plastídios se originaram como células procarióticas englobadas por uma célula hospedeira. A célula englobada e sua célula hospedeira, então, evoluíram em um único organismo. *Ver também* endossimbiose.

terapia gênica Introdução de genes em um indivíduo com finalidade terapêutica.

terminador Em bactérias, é uma sequência de nucleotídeos no DNA que marca a extremidade de um gene e sinaliza à RNA-polimerase para liberar a molécula de RNA recém-formada e separá-la do DNA.

termoclina Camada estreita de mudança abrupta de temperatura no oceano e muitos lagos de zonas temperadas.

termodinâmica Estudo das transformações da energia que ocorrem em uma dada porção de matéria. *Ver também* primeira lei da termodinâmica; segunda lei da termodinâmica.

termófilo extremo Organismo que suporta ambientes muito quentes (frequentemente 60-80°C ou mais quentes).

termófilo *Ver* extremófilo.

termorreceptor Receptor estimulado por calor ou frio.

termorregulação Manutenção da temperatura interna do corpo dentro de uma faixa tolerável.

terópode Membro de um grupo dos dinossauros que foram carnívoros bípedes.

territorialidade Comportamento em que um animal defende um espaço físico limitado contra a aproximação de outros indivíduos, geralmente da sua própria espécie.

testículo Órgão reprodutor masculino, ou gônada, onde os espermatozoides e os hormônios reprodutivos são produzidos.

testosterona Hormônio esteroide necessário para o desenvolvimento do sistema reprodutor masculino, espermatogênese e das características sexuais secundárias masculinas; o principal androgênio em mamíferos.

tetania Contração máxima suportada pelo músculo esquelético, causada por potenciais de ação de frequência muito rápida induzidos por estimulação contínua.

tetrápode Clado de vertebrados cujos indivíduos possuem membros com dígitos. Tetrápodes incluem mamíferos, anfíbios e aves e outros répteis.

tigmomorfogênese Resposta em plantas ao estímulo mecânico crônico, que resulta no aumento da produção de etileno. Um exemplo é o espessamento do caule em resposta aos ventos fortes.

tigmotropismo Crescimento direcional de uma planta em resposta a um contato físico.

tilacoide Vesículas membranosas achatadas e internas do cloroplasto. Os tilacoides ocorrem em um sistema interconectado dentro do cloroplasto e contêm o "mecanismo" molecular que permite converter energia luminosa em energia química.

timo Pequeno órgão na cavidade torácica de vertebrados onde termina a maturação das células T.

tipo parental Descendência com um fenótipo que se iguala a um dos fenótipos parentais. Puros por cruzamento (geração P); também se refere ao próprio fenótipo.

tipo recombinante Descendência cujo fenótipo difere daquele dos pais da geração P puros; referente também ao fenótipo propriamente dito.

tipo selvagem Fenótipo observado mais comumente em populações naturais; também referente ao indivíduo com esse fenótipo.

tiroxina (T_4) Um dos dois hormônios que contêm iodo secretado pela glândula tireoide e que ajudam a regular o metabolismo, o desenvolvimento e a maturação nos vertebrados.

tonicidade Capacidade de uma solução que circunda uma célula de causar ganho ou perda de água.

topoisomerase Proteína que quebra, desenrola e religa fitas de DNA. Durante a replicação do DNA, a topoisomerase ajuda a diminuir a tensão na dupla-hélice à frente da forquilha de replicação.

torpor Estágio fisiológico em que a atividade é reduzida e o metabolismo diminui.

totipotente Célula capaz de dar origem a todas as partes de um embrião ou de um adulto, incluindo membranas extraembrionárias nas espécies que as têm.

tradução Síntese de um polipeptídeo utilizando a informação genética codificada em uma molécula de mRNA. Existe uma alteração na "linguagem" de nucleotídeos a aminoácidos.

transcrição Síntese de RNA utilizando um molde de DNA.

transcriptase reversa Enzima codificada por determinados vírus (retrovírus) que utilizam RNA como molde para a síntese de DNA.

transcriptase reversa/reação em cadeia da polimerase (RT-PCR) Técnica para determinar a expressão de um determinado gene. Usa a transcriptase reversa e a DNA-polimerase para sintetizar cDNA a partir de todos os mRNA de uma amostra e, então, submete o cDNA a amplificação por PCR usando oligonucleotídeos iniciadores específicos para o gene de interesse.

transcrito primário Transcrito inicial de RNA de qualquer gene; também chamado de pré-mRNA quando transcrito de um gene codificador de proteínas.

transdução Processo pelo qual os fagos (vírus) transportam DNA bacteriano de uma célula hospedeira para outra. Quando essas duas células são membros de espécies diferentes, a transdução resulta na transferência gênica horizontal. *Ver também* via de transdução de sinal.

transdução de sinal Ligação de um estímulo mecânico, químico ou eletromagnético a uma resposta celular específica.

transdução sensorial Conversão da energia do estímulo em uma alteração no potencial de membrana de uma célula receptora sensorial.

transferência de genes horizontal Transferência de genes de um genoma para outro por meio de mecanismos como elementos transponíveis, troca de plasmídeos, atividade viral e talvez até a fusão de organismos diferentes.

transformação (1) Processo pelo qual uma célula em cultura adquire a capacidade de dividir-se indefinidamente, de forma semelhante à divisão de células cancerosas. (2) Mudança no genótipo e no fenótipo devido à assimilação de DNA externo por uma célula. Quando o DNA externo é de um membro de uma espécie diferente, a transformação resulta na transferência gênica horizontal.

transgene Um gene transferido naturalmente ou por técnica de engenharia genética de um organismo para outro.

transgênico Referente a um organismo cujo genoma contém DNA introduzido de outro organismo da mesma espécie ou de uma espécie diferente.

transição demográfica Mudança de taxas de natalidade e mortalidade altas para taxas de natalidade e mortalidade baixas em uma população estável.

translocação (1) Aberração na estrutura do cromossomo resultante da ligação de um fragmento do cromossomo a outro não homólogo. (2) Durante a síntese proteica, o terceiro estágio no ciclo de alongamento quando o RNA que carrega o polipeptídeo em crescimento se desloca do sítio A ao sítio P do ribossomo. (3) Transporte de nutrientes orgânicos no floema das plantas vasculares.

transpiração Perda de água por evaporação em uma planta.

transporte ativo Movimento de uma substância através da membrana celular, contra um gradiente de concentração ou eletroquímico; mediado por proteínas de transporte específicas e que requer um gasto de energia.

transporte passivo Difusão de uma substância através de uma membrana biológica sem envolver gasto de energia.

transpóson Elemento transponível que se movimenta no genoma por meio de um intermediário de DNA.

transtorno bipolar Doença mental depressiva caracterizada por alterações de humor de alto a baixo; também chamada de transtorno maníaco-depressivo.

transtorno depressivo maior Transtorno do humor caracterizado por sentimentos de tristeza, falta de autovalorização, vazio ou perda de interesse por quase tudo.

traqueia Porção do trato respiratório que segue da laringe até os brônquios.

traqueíde Célula longa e afilada responsável pelo transporte de água no xilema de quase todas as plantas vasculares. Traqueídes funcionais são feitas de células mortas.

triacilglicerol Lipídeo que consiste em três ácidos graxos ligados a uma molécula de glicerol; também chamado de gordura ou triglicerídeo.

tricoma Célula epidérmica altamente especializada, com frequência em forma de pelo, na parte aérea de uma planta.

triploblástico Que tem três camadas germinativas: endoderme, mesoderme e ectoderme. A maioria dos eumetazoários é triploblástica.

trissômica Referente à célula diploide que apresenta três cópias de um determinado cromossomo em vez de duas.

troca catiônica Processo em que os minerais positivamente carregados ficam disponíveis para a planta quando íons hidrogênio no solo deslocam os íons minerais das partículas de argila.

troca contracorrente Troca de uma substância ou calor entre dois líquidos seguindo em direções opostas. Por exemplo, o sangue na guelra de um peixe flui na direção oposta à passagem da água pela mesma guelra, maximizando a difusão de oxigênio para dentro e do dióxido de carbono para fora do sangue.

troca gasosa Captação de um oxigênio molecular do ambiente e a liberação de dióxido de carbono para o ambiente.

trofoblasto Epitélio externo do blastocisto de um mamífero. Forma a parte fetal da placenta, auxiliando no desenvolvimento embrionário, mas não faz parte do embrião propriamente dito.

trombo Coágulo contendo fibrina que se forma em um vaso sanguíneo e bloqueia o fluxo de sangue.

tronco encefálico Conjunto de estruturas no cérebro de vertebrados, incluindo o mesencéfalo, a ponte e o bulbo; tem função na homeostase, na coordenação do movimento e na condução de informações para os centros cerebrais superiores.

trópicos Latitudes entre 23,5° norte e sul.

tropismo Resposta de crescimento que resulta em uma curvatura de todos os órgãos da planta para se aproximar ou distanciar de um estímulo devido a taxas diferenciais do alongamento celular.

tropomiosina Proteína reguladora que bloqueia os sítios de ligação de miosina nas moléculas de actina.

tuba auditiva Tubo que liga a orelha média até a faringe.

tubo neural Tubo de células ectodérmicas curvadas para o interior que segue o eixo anteroposterior de um vertebrado, logo acima da notocorda. Origina o sistema nervoso central.

tubo polínico Tubo formado após a germinação de um grão de pólen que funciona no transporte do espermatozoide até o óvulo.

túbulo distal No rim de vertebrados, a porção de um néfron que ajuda a refinar o filtrado e o esvazia no ducto coletor.

túbulo proximal No rim dos vertebrados, a porção do néfron imediatamente após a cápsula de Bowman que transporta e ajuda a refinar o filtrado.

túbulo seminífero Tubo altamente enrolado no testículo no qual é produzido o sêmen.

túbulo transverso (T) Dobra interna da membrana plasmática das células do músculo esquelético.

túbulos de Malpighi Órgão excretor específico de insetos que descarrega no trato digestório, remove compostos nitrogenados da hemolinfa e funciona na osmorregulação.

tumor benigno Massa de células anormais com alterações genéticas e celulares, de modo que as células não são capazes de sobreviver em um novo local e normalmente permanecem no local de origem do tumor.

tumor maligno Tumor canceroso contendo células que têm significativas alterações genéticas e celulares capazes de invadir e sobreviver em novos locais. Os tumores malignos podem afetar as funções de um ou mais órgãos.

tundra Bioma no limite extremo para o crescimento vegetal. Nos limites do extremo norte é chamado tundra ártica e, em altitudes elevadas, onde os tipos vegetais se limitam a pequenos arbustos ou vegetação rasteira, é chamado tundra alpina.

tunicado Membro do clado Urochordata, cordados marinhos sésseis que não possuem uma coluna vertebral.

turfa Depósitos extensos de matéria orgânica parcialmente decomposta formada principalmente pelo musgo de banhado *Sphagnum*.

túrgido Aumentado ou distendido, como em células vegetais (a célula torna-se túrgida se tiver maior concentração de soluto do que no seu entorno, resultando na entrada de água).

turnover Mistura de águas como resultado da mudança de temperatura nas camadas de água em um lago.

unidade de conservação zoneada Extensas regiões que incluem áreas relativamente intocadas pelo ser humano, circundadas por áreas alteradas pela atividade humana usadas para ganhos econômicos.

unidade de mapa Unidade de medida da distância entre genes. Uma unidade de mapa é equivalente a 1% da frequência de recombinação.

unidade de transcrição Região do DNA que é transcrita em uma molécula de RNA.

unidade motora Um único neurônio motor e todas as fibras musculares que ele controla.

Unikonta Um de quatro supergrupos de eucariotos propostos em uma hipótese atual da história evolutiva dos eucariotos. Este clado, evidenciado por estudos das proteínas miosina e de DNA, consiste em amebozoários e opistocontes. *Ver também* Excavata, SAR e Archaeplastida.

ureia Resíduo nitrogenado solúvel produzido no fígado por um ciclo metabólico que combina amônia com dióxido de carbono.

ureter Ducto que segue dos rins até a bexiga.

uretra Tubo que libera urina do corpo dos mamíferos próximo à vagina em fêmeas e no pênis dos machos; em machos, também funciona como tubo de saída para o sistema reprodutor.

útero Órgão feminino onde os óvulos são fecundados e ocorre o desenvolvimento do feto.

vacina Variante ou derivado inofensivo de um patógeno que estimula o sistema imune do hospedeiro a produzir defesas contra ele.

vacúolo Vesícula envolvida por membrana cuja função varia nos diferentes tipos de células.

vacúolo alimentar Bolsa membranosa formada pela fagocitose de microrganismos ou partículas a serem utilizadas como alimento pela célula.

vacúolo central Estrutura parcialmente esférica presente em células vegetais maduras e isolada do citoplasma por uma membrana, com diversos papéis na reprodução, no armazenamento e no sequestro de substâncias tóxicas.

vacúolo contrátil Bolsa membranosa que auxilia na eliminação do excesso de água de certos protistas de água doce.

vagina Parte do sistema reprodutor feminino entre o útero e a abertura externa; o canal de nascimento dos mamíferos. Durante a cópula, a vagina acomoda o pênis masculino e recebe o esperma.

valência Capacidade de ligação de um dado átomo; o número de ligações covalentes que um átomo pode formar, geralmente igual ao número de elétrons não pareados em sua última camada (valência).

valor adaptativo inclusivo Efeito total que um indivíduo tem na proliferação de seus genes pela produção de sua própria prole e fornecimento de auxílio que permite a outros parentes próximos aumentar a produção de suas proles.

valor adaptativo relativo Contribuição de um indivíduo para o *pool* gênico da próxima geração, relativo às contribuições de outros indivíduos na população.

valor desejado Na homeostase em animais, um valor mantido para uma variável em particular, como a temperatura do corpo ou concentração de soluto.

válvula atrioventricular (AV) Válvula cardíaca localizada entre o átrio e o ventrículo; previne o refluxo de sangue quando o ventrículo se contrai.

válvula semilunar Válvula localizada em cada saída do coração, onde a aorta sai do ventrículo esquerdo e a artéria pulmonar sai do ventrículo direito.

vantagem do heterozigoto Maior sucesso reprodutivo de indivíduos heterozigotos em comparação aos homozigotos; tende a preservar a variação em um *pool* gênico.

variação Diferenças entre membros da mesma espécie.

variação genética Diferenças entre indivíduos na composição de seus genes ou outras sequências de DNA.

variação neutra Variação genética que aparentemente não fornece vantagem ou desvantagem seletiva.

variável Fator que varia em um experimento.

variável dependente Variável cujo valor é medido durante um experimento ou outro teste para verificar se é influenciado por alterações em outro fator (variável independente).

variável independente Fator cujo valor é manipulado ou alterado durante um

vasectomia Corte e fechamento de ambos os vasos deferentes para prevenir a entrada de esperma na uretra.

vaso Microtubo contínuo para transporte de água encontrado na maioria das angiospermas e em algumas plantas vasculares não floríferas.

vaso deferente Em mamíferos, o tubo no sistema reprodutor masculino em que o esperma segue do epidídimo até a uretra.

vasoconstrição Redução no diâmetro dos vasos sanguíneos causada pela contração dos músculos lisos nas paredes dos vasos.

vasodilatação Aumento no diâmetro dos vasos sanguíneos causado pelo relaxamento dos músculos lisos nas paredes dos vasos.

vasopressina *Ver* hormônio antidiurético (ADH).

vasos retos Sistema capilar no rim que sustenta a alça de Henle.

veia (1) Em animais, um vaso que transporta sangue em direção ao coração. (2) Em plantas, um feixe vascular na folha.

veia porta hepática Grande vaso que transporta sangue carregado de nutrientes do intestino delgado para o fígado, que regula a quantidade de nutrientes no sangue.

ventilação Fluxo de ar ou água sobre uma superfície respiratória.

ventral Em um animal com simetria bilateral, refere-se à face inferior (na maioria dos animais) ou frontal (em animais com postura ereta) do corpo.

ventrículo (1) Câmara do coração que bombeia sangue para fora do coração. (2) Espaço no encéfalo de vertebrados preenchido com líquido cerebrospinal.

vênula Vaso que transporta sangue entre um leito capilar e uma veia.

vernalização Uso do tratamento com frio para induzir a floração de plantas.

vertebrado Animal cordado com vértebras, uma série de ossos que formam a coluna vertebral.

vesícula Bolsa membranosa situada dentro ou fora de uma célula.

vesícula biliar Órgão que armazena bile e a libera no intestino delgado quando necessário.

vesícula de transporte Pequeno saco membranoso dentro do citoplasma celular que transporta moléculas produzidas pela célula.

vesícula seminal Glândula em machos que secreta um líquido que compõe o sêmen, lubrificando e nutrindo o esperma.

vetor Organismo que transmite patógenos de um hospedeiro para outro.

vetor de clonagem Em engenharia genética, uma molécula de DNA que pode inserir um DNA diferente para dentro de uma célula hospedeira e replicá-lo nesse local. Vetores de clonagem incluem plasmídeos e cromossomos artificiais bacterianos (BAC), que levam o DNA recombinante do tubo de ensaio de volta para dentro da célula, e vírus que transferem DNA recombinante por meio de infecção.

vetor de expressão Vetor de clonagem que contém o promotor bacteriano requerido antes de um sítio de restrição onde um gene eucariótico pode ser inserido, permitindo que o gene seja expressado em uma célula bacteriana. Também estão disponíveis vetores de expressão que foram modificados geneticamente para uso em tipos específicos de células eucarióticas.

via anabólica Via metabólica que consome energia para sintetizar uma molécula complexa a partir de moléculas mais simples.

via catabólica Via metabólica que libera energia por meio da quebra de moléculas complexas em compostos mais simples.

via de transdução de sinal Série de etapas ligando um estímulo mecânico, químico ou eletromagnético a uma resposta celular específica.

via metabólica Série de reações químicas que sintetizam uma molécula complexa (via anabólica) ou a decompõem em compostos mais simples (via catabólica).

vilosidade (1) Projeção digitiforme na superfície interna do intestino delgado. (2) Uma projeção digitiforme no córion da placenta de mamíferos. Grandes quantidades de vilosidades aumentam a área superficial desses órgãos.

vínculo No comportamento animal, durante um estágio específico da vida, a formação de uma resposta comportamental de longa duração em relação a um indivíduo ou objeto específico. *Ver também* impressão genômica.

vírus Partícula infecciosa incapaz de se replicar fora de uma célula, consistindo em um genoma de RNA ou DNA envolto por uma capa proteica (capsídeo) e, para alguns vírus, um envelope membranoso.

vírus da imunodeficiência humana (HIV) Agente infeccioso que provoca a Aids (síndrome da imunodeficiência adquirida). O HIV é um retrovírus.

vitamina Molécula orgânica necessária na dieta em quantidades muito pequenas. Vitaminas servem principalmente como coenzimas ou como partes de coenzimas.

vitelo Nutrientes armazenados em um ovo.

vivíparo Referente a um tipo de desenvolvimento em que o feto nasce vivo após ter sido alimentado no útero pelo sangue da placenta.

volume corrente Volume de ar inspirado e expirado por um mamífero a cada respiração.

volume residual Quantidade de ar que permanece nos pulmões após a expiração forçada.

volume sistólico Volume de sangue bombeado por um ventrículo do coração em uma única contração.

vórtice da extinção Espiral de redução populacional na qual a reprodução consanguínea e a deriva genética se combinam para forçar a redução de uma população e, a menos que a espiral seja revertida, causar a sua extinção.

vulva Termo coletivo para a genitália externa feminina.

xerófita Planta adaptada a um clima árido.

xilema Tecido vascular vegetal formado principalmente por células tubulares mortas que conduzem a maior parte da água e minerais das raízes ao resto da planta.

zigomiceto Membro do filo de fungos Zygomycota, caracterizado pela formação de uma estrutura robusta chamada zigosporângio durante a reprodução sexuada.

zigosporângio Em fungos zigomicetos, estrutura robusta multinucleada onde ocorre cariogamia e meiose.

zigoto Célula diploide produzida da união de gametas haploides durante a fecundação; óvulo fecundado.

zona abissal A parte da zona bentônica oceânica situada entre 2.000 e 6.000 m de profundidade.

zona afótica Parte do oceano ou lago abaixo da zona fótica, onde não ocorre penetração de luz suficiente para a realização de fotossíntese.

zona bentônica A superfície do fundo de um ambiente aquático.

zona de atividade polarizadora (ZAP) Bloco de mesoderme localizado logo abaixo da endoderme onde o lado posterior de um botão se fixa ao corpo; necessário para a formação do padrão correto pelo eixo anteroposterior de um membro.

zona de hibridação Região geográfica onde membros de espécies diferentes se encontram e acasalam, produzindo pelo menos uma prole de ascendência mista.

zona entremaré Zona rasa do oceano adjacente à terra e entre as linhas de maré alta e baixa.

zona fótica Camada estreita superior de um lago ou oceano, onde a luz penetra o suficiente para que ocorra a fotossíntese.

zona límnica Em um lago, águas de superfície bem iluminadas e distantes da margem.

zona litorânea Em um lago, as águas rasas e bem iluminadas próximas da margem.

zona nerítica Região rasa do oceano que cobre a plataforma continental.

zona pelágica O componente de águas abertas dos biomas aquáticos.

zona pelágica oceânica A maior parte das águas oceânicas, distantes da costa e constantemente misturada pelas correntes oceânicas.

zona pelúcida Matriz extracelular que envolve um óvulo de mamífero.

zoopagomiceto Membro do filo de fungos Zoopagomycota, é um parasito multicelular ou um simbionte comensal de animais; a reprodução sexuada, quando conhecida, envolve a formação de uma estrutura robusta chamada zigosporângio.

zoósporo Esporo flagelado encontrado em fungos quitrídeos e alguns protistas.

Índice

NOTA: Números de página em **negrito** indicam termos destacados e definição de termos; números de página seguidos por *f* indicam uma figura (o tópico também pode estar discutido no texto da página); números de página seguidos por *t* indicam uma tabela (o tópico também pode estar discutido no texto da página).

a (tipo de acasalamento da levedura), 213*f*, 214, 217
α (tipo de acasalamento de levedura), 213*f*, 214, 217
Abacaxi, 206*f*, 831*f*
abd-A, gene, 706*f*
Abdome, insetos, 710*f*
Abelha-cuco, 1218*f*, 1219
Abelhas, 298*f*, 661, 712*f*, 824*f*, 887, 1142*f*, 1143, 1146, 1147*f*, 1156
Abelhas-europeias, 1142*f*
Abeto-de-douglas, 643*f*
Abomaso, 914*f*
Abordagem de sistemas, 425
Abordagem quantitativa de G. Mendel, 270*f*, 271
Aborto, **1039**
 espontâneo, 306
Abscisão foliar, 852, 854*f*
Absorção, **904**
 de água e minerais por células da raiz, 792
 de dióxido de carbono, 1245
 de energia luminosa e produção primária, 1242*f*
 de nutrientes, 895*f*
 em plantas e animais, 895*f*
 no intestino delgado, 909*f*-910*f*
 no intestino grosso, 910
 no processamento de alimentos em animais, 904, 905*f*
Abstinência, 1037, 1038*f*
Abundância relativa de espécies, **1222**. *Ver também* Diversidade de espécies
Acácia, árvores, 10*f*, 1220*f*
Acantocéfalos, 687*f*, 698*f*, 1220
Acantódios, **726**
Ácaros, 707, 708*f*
Acasalamento, comportamento de. *Ver também* Corte, rituais de
 aplicando a teoria dos jogos ao, 1154*f*
 seleção sexual e escolha do parceiro, 1151, 1152*f*-1153*f*, 1154
 sistemas de acasalamento, 1149-1150, 1151*f*
Acasalamento monogâmico, 1024, **1149**-1150, 1151*f*
Acasalamento poligâmico, **1149**-1150, 1151*f*
Acasalamento promíscuo, 1149
Acasalamento. *Ver também* Reprodução
 aleatório, equilíbrio de Hardy-Weinberg, 492*t*
 barreiras reprodutivas ao, 507, 508*f*-509*f*, 510
 ciclos reprodutivos e, 1021*f*
 de plantas de ervilhas, 270*f*, 271
 dispersão agregada e, 1192
 excitação sexual humana e, 1081-1082
 fertilização externa e, 1023
 humano, 1034
 humano, distúrbios genéticos, 285-286
 insetos, 711
 interespecífica, e híbridos, 507*f*
 minhoca, 705
 reprodução animal e, 1020*f*
 seleção sexual e, 499*f*-500*f*
 sinalização celular na levedura, 213*f*, 214
 zonas de hibridação e, 516, 517*f*
Aceptor primário de elétrons, **196***f*
Acetilação da histona, **371***f*
Acetil-CoA (acetil-coenzima A), **171***f*-173*f*
Acetilcolina, **1080**, 1081*t*, 1128, 1129*f*
Acetilcolinesterase, 1080
Acetona, 63*f*
Achatamento, área de superfície corporal e, 695*f*
Achillea lanulosa, 1189
Aciclovir, 409
Acidente vascular cerebral (AVC), **937***f*, 938-939
Acidificação dos oceanos, 53*f*, 54-55
Ácido 2,4-diclorofenoxiacético (2,4-D), 849
Ácido abscísico (ABA), **798**, 846*t*, **852***f*, 863
Ácido acético, 63*f*
Ácido acetilsalicílico, 651, 1001, 1013-1014, 1112
Ácido aspártico, 77*f*
Ácido carbônico, 51, 53*f*, 54, 946
Ácido carboxílico, 63*f*

Ácido clorídrico, 51, 907*f*, 908
Ácido desoxirribonucleico. *Ver* DNA
Ácido fólico, 372*f*
Ácido fórmico, 28*f*
Ácido gama-aminobutírico (GABA), 1081*t*, 1084
Ácido glutâmico, 77*f*, 152*f*, 341*f*
Ácido indolacético (IAA), 848. *Ver também* Auxina
Ácido indolbutírico (IBA), 849
Ácido metilsalicílico, 867*f*
Ácido orgânico, 63*f*
Ácido ribonucleico. *Ver* RNA
Ácido salicílico, **867**
Ácido úrico, 982*f*-**983***f*
Ácidos, **51**
 acidificação dos oceanos e, 53*f*, 54
 aminoácidos como, 76, 77*f*
 escala de pH e, 51, 52*f*
 íons hidrogênio, bases e, 51
 precipitação ácida e, 821, 1265, 1266*f*
 tampões e, 52-53
Ácidos fracos, 51
Ácidos graxos, **72**
 betaoxidação dos, para catabolismo, 182*f*, 183
 essenciais, 899*f*
 gorduras e, 72, 73*f*, 74
Ácidos graxos essenciais, **899***f*
Ácidos graxos insaturados, **73***f*, 74
Ácidos graxos saturados, **73***f*, 74
Ácidos nucleicos, **84**. *Ver também* DNA; RNA
 como macromoléculas, 66
 como material genético, 315. *Ver também* DNA
 como polímeros de nucleotídeos, 85
 componentes, 84, 85*f*
 digestão, 908*f*
 estruturas das moléculas de, 86*f*
 genes, nucleotídeos e, 84*f*. *Ver também* Genes
 papéis dos, na expressão gênica, 84*f*. *Ver também* Expressão gênica
 separação, por eletroforese em gel, 420*f*
 virais, 400, 401*f*-407*f*, 406*t*
Acinetobacter baumannii, 913
Aclimatação, **883***f*, 888
Acoela, 683*f*, 687*f*
Acomodação visual, 1122*f*
Acondroplasia, 287*f*
Aconselhamento genético, 287-288, 293
Acoplamento de energia, **150**, 151*f*-153*f*
Acordo de Paris, 1283
Acromegalia, 1010
Acrossomas, 1028*f*, 1044*f*, **1045**
Actias luna, 43
Actina, 76*f*, **115**, 241, 879*f*
Actinistia, 719*f*, 729*f*
Actinomicetos, 584*f*
Actinopterygii (peixes com nadadeiras raiadas), 719*f*, 728*f*-729*f*
Açúcares. *Ver também* Carboidratos
 como componentes dos ácidos nucleicos, 84, 85*f*
 como produtos da fotossíntese, 191*f*, 192, 201, 202*f*, 206, 207*f*
 condução dos, nas células vegetais, 765*f*
 monossacarídeos e dissacarídeos, 68*f*-69*f*, 70
 no sangue, regulação, 10*f*
 polissacarídeos, 70-72*f*
 translocação de, de fontes para drenos, 799, 800*f*-801*f*
Adaptação para perfurar conchas, 542
Adaptação sensorial, **1109**-1110
Adaptações, **472**. *Ver também* Evolução; Seleção natural
 como propriedade da vida, 3*f*
 como restrições da evolução, 501*f*
 contra herbívoros, 1219-1220
 de músculos lisos, 1132
 de patógenos para escapar dos sistemas imunes, 957, 971-972, 973*f*, 973*t*, 974, 976
 de plantas a elementos tóxicos, 30*f*
 de plantas à mudança climática global, 204-205
 de plantas à vida terrestre, 203
 de plantas com sementes, 653
 de plantas e animais a desafios da vida, 894*f*-895*f*
 espessura e mielinização do axônio como, 1076*f*-1077*f*
 evolução, e, 2*f*, 14*f*-16*f*, 472, 473*f*-476*f*
 florais, para impedir a autofecundação, 834, 835*f*
 no desenvolvimento dos amniotas, 1053*f*, 1054

 padrões de reprodução sexuada como, 1022
 para reduzir limitações nutricionais terrestres, 1244
 para troca de calor nos animais, 873*f*, 885*f*-889*f*
 predador e presa, 1217, 1218*f*-1219*f*, 1237
 procarióticas, 573*f*-577*f*, 578, 581*t*, 582*f*
 terrestres, de fungos e plantas, 619*f*, 621, 660
 terrestres, de plantas com sementes, 637*f*-638*f*, 639
 troca gasosa, 947*f*-949*f*
 vegetais, micorrizas como, 817
Adaptações de troca de calor nos animais, 885*f*-889*f*
Adaptações defensivas, 28*f*, 43, 1217, 1218*f*-1219*f*, 1220, 1237
Adaptações terrestres
 plantas com sementes, 637*f*-638*f*, 639
 vegetais, micorrizas como, 817
Adenililciclase, **223***f*-224*f*
Adenina, 84, 85*f*, 86, 317*f*, 318, 341*f*, 850
Adeno-hipófise, 1004*f*, **1007***f*-1008*f*, 1016, 1030, 1031*f*-1032*f*
Adenosina difosfato. *Ver* ADP
Adenosina trifosfato. *Ver* ATP
Adenovírus, 400*f*
Adesão, **46***f*, 795-796
Adesão, ciclo lítico do fago, 402*f*
Adesivos químicos, equinodermos, 713, 714*f*
ADP (adenosina-difosfato)
 como ativador de enzimas, 160
 hidrólise do ATP a, 151*f*
 no modelo de filamentos deslizantes da contração muscular, 1126, 1127*f*
 síntese de ATP a partir de, 153*f*, 169, 175, 176*f*, 177-178
Adrenalina (epinefrina), **1002**, 1003*f*
 como hormônio hidrossolúvel, 1001*f*
 efeitos múltiplos da, 1004*f*, 1013*f*
 glândulas adrenais e, 1004*f*, 1012*f*-1013*f*
 nas respostas de luta ou fuga, 212*f*, 928
 segundo mensageiro da, 223*f*-224*f*
 via de transdução de sinais, 216, 226, 227*f*, 233
Adubo verde, 817
Adultos não reprodutores, territorialidade e, 1204*f*
Aeróbios obrigatórios, **582**
Afídeo da ervilha (*Acyrthosiphon pisum*), 570
Afídeos, 570, 801*f*
África do Sul, projetos de restauração na, 1254*f*
África, população humana na, 1208, 1209*f*
Africanos
 anemia falciforme em, 286*f*, 287
 genomas de, 462-463
Afro-americanos, anemia falciforme em, 286*f*, 287
Agave, 1200, 1201*f*
Agentes oxidantes, **166***f*
Agentes redutores, **166***f*
Aglaophyton major, 628*f*, 660
agouti, gene, 372*f*
Agricultura sustentável, **808**
 conservação do solo na, 807*f*-809*f*
 nas reservas da Costa Rica, 1273
Agricultura. *Ver também* Culturas agrícolas
 alopoliploidia na, 514*f*-515*f*
 biotecnologia e engenharia genética de plantas na, 836*f*-838*f*, 839-840
 biotecnologia na, 437-439
 clonagem de plantas na, 428
 conservação e sustentabilidade do solo, 807*f*-809*f*, 1273
 cultura de plantas na, 823, 835-837
 distúrbios na comunidade pela, 1231
 efeito do dióxido de carbono atmosférico na produtividade da, 205
 fertilização na. *Ver* Fertilização do solo
 fixação de nitrogênio e, 817
 importância das micorrizas na, 818
 importância dos insetos na, 713
 mudança climática e, 863
 nematódeos como pragas na, 705
 plantas C$_3$ na, 203
 plantas C$_4$ na, 203
 plantas com sementes na, 651
 poluição por nutrientes decorrentes da, 1274, 1275*f*
 produtos derivados de fungos, 670
 propagação vegetativa de plantas na, 835-836
 sistemas de controle vegetal na, 871
 tamanho da população humana global e, 1211
Agrobacterium tumefaciens, 422, 595, 837
Agrupamento filogenético, 564*f*, 572

1396 ÍNDICE

Água
acidificação como ameaça à qualidade da, 53f, 54
adaptações vegetais para reduzir a perda evaporativa de, 798, 799f
arquitetura das raízes e aquisição de, 787
biomanipulação e qualidade da, 1227f
captação de, 898
coesão de moléculas da, 45f-46f
como fator limitante no tamanho da população humana, 1211
como solvente da vida, 49f, 50, 55
condições ácidas e básicas da, e organismos vivos, 51, 52f, 53
condução da, nas células vegetais, 765f
dispersão de frutos e sementes por, 832f
dispersão de sementes por, 645f
distribuição de espécies e disponibilidade de, 1185
divisão de, na fotossíntese, 190f
embebição de, por sementes, 829
evolução de vida nos planetas com, 50f
flutuação do gelo na água líquida, 44, 48f
formas de, 44
formato molecular da, 39f, 40
fotossíntese e equilíbrio com a perda de, 787
ganho e perda de, 998
gradientes latitudinais e evapotranspiração de, 1232f
interação das raízes com, 10f, 11
íons na, 38
irrigação com, 808
ligações covalentes da, 37f, 45f
ligações de hidrogênio e, 39f
maximização da área de superfície corporal e captação de, 695f
moderação da temperatura pela, 46, 47f-48f
moluscos e poluição dos, 702-703
na composição vegetal, 809
no plasma sanguíneo, 934f
propriedades da, 45f-50f
regulação celular da, 142
regulação da transpiração e perda vegetal de, 796, 797f-799f
resposta vegetal à submersão na, 864f
salgada, ingestão pelo albatroz, 977f
transporte, das raízes à parte aérea via xilema, 792, 793f-795f, 796
transporte de, através de membranas plasmáticas vegetais, 788, 789f-791f
transporte vegetal na, 46f
Água do mar, 977f, 979f, 982f
Água salgada, 977f, 979f, 982f
Águas-vivas, 687f, 691f-692f, 922f
Águas-vivas-de-pentes, 687f
Águia, 1262f
Águia-das-filipinas, 1262f
Aguirre-Jarquin, Clemente, 24f
Aids (síndrome da imunodeficiência adquirida), **406**, **973**f, 974. Ver também HIV
coquetéis de medicamentos no tratamento da, 489
emergência da, 410
HIV e, 398f, 406, 407f
hospedeiros na, 401
proteínas de superfície celular e bloqueio do HIV para prevenir, 130f
receptores acoplados à proteína G e, 217f
Aigarchaeota, clado, 586
Ailuropoda melanoleuca, 448t
Ain, Michael C., 287f
Ajuste induzido, 155f, **156**
Álamos (*Populus tremuloides*), 791f, 833f
Alanina, 77f
Alantose, 735f, 1053f, 1054
Albatroz, 977f, 1277f
Albatroz-errante (*Diomedea exulans*), 977f
Albatroz-laysan (*Phoebastria immutabilis*), 1277f
Albinismo, 285f, 335f, 336-337
Albúmen, 735f
Albumina, 377f, 934f
Alça de Henle, **987**f-990f, 998
Alcaloides, 868f
Alcaptonúria, 293, 336
Alças de cromatina, 377, 378f
Alce, 1205f
Álcool, compostos de, 63f
Álcool-desidrogenase, 66f
Aldeído, compostos de, 63f
Aldoses, 68f

Aldosterona, 220, 221f, 995, 996f, 1014
Alelos, **272**. Ver também Genes
como informação, 293
correlacionando o comportamento de pares de cromossomos com, 295, 296f-297f
dominantes, nos distúrbios genéticos, 287f
dominantes vs. recessivos, na herança mendeliana, 272, 273f-276f, 293
falciforme, 502f-503f
frequências de, nos *pools* gênicos das populações, 490f
graus de dominância dos, e fenótipos, 279f, 280
marcadores genéticos para alelos que causam doenças, 427f
maternos ou paternos, impressão genômica dos, 372
microevolução como alteração nas frequências de, nas populações, 487f, 493, 494f-497f
múltiplos, e pleiotropia, 280f
mutações como fontes de, 265, 488-489
nos ciclos de vida sexuada, 259
previsão da combinação de, 268
recessivos, nos distúrbios genéticos, 285f-286f, 287
testagem das frequências, nas populações, 490, 491f, 492-493
transmissão, 269
variação genética pela recombinação de, 305. Ver também Recombinação
variação genética preservada em alelos recessivos, 500
Alelos dominantes, **272**, 273f-276f, 279f, 280, 287f, 293. Ver também Alelos
Alelos fixados, 490, 496
Alelos *lap*, 505
Alelos letais dominantes de ação tardia, 293
Alelos maternos, 372
Alelos parentais, impressão genômica e, 310f, 311
Alelos paternos, 372
Alelos recessivos, **272**, 273f-276f, 280, 285f-286f, 287, 293, 500. Ver também Alelos
Alérgenos, 839, 970f, 971
Alergias, 438, 970f, 971
α-Hélice, **80**f
α-Lactoalbumina, 456, 457f
Alface-do-mar, 610f
Alga vermelha (*Chondracanthus harveyanus*), 1222
Algas, **596**
alternância de gerações nas, 258f, 259
cloroplastos nas, 110, 111f
como eucariotos multicelulares primitivos, 535f
como protistas, 599f, 602
estrutura e organelas das células das, 101f
evolução das algas fotossintetizantes, 596f-597f
evolução das plantas a partir das algas verdes, 617, 618, 619f, 621
fósseis de, 529f, 533f
fotossíntese nas, 188f
fungos e algas, como líquens, 663, 668f-669f
identificação do DNA, 1222
pardas, 602, 603f, 604
proliferação de, 1227f, 1242, 1243f
transferência gênica horizontal nas, 569f
verdes, 101f, 596f-597f, 610f-611f, 614, 617, 618, 619f, 621
vermelhas, 596f-597f, 609f, 610
Algas marinhas, 599f, 602, 603f, 604, 609f, 610, 1184f
Algas pardas, 598f, **602**, 603f, 604
Algas verdes, 101f, 596f, 599f, **610**f-611f, 614, 617, 618, 619f, 621, 663, 668f-669f
Algas vermelhas, 596f, 599f, **609**f, 610
Algina, 603
Algodão, 49, 804
Alho, 836f
Aligátor (*Alligator mississippiensis*), 737f
Alimentação de substrato, **903**f
Alimentação em suspensão, 721f, 727, 903f
Alimentos. Ver também Nutrição animal; Estrutura trófica
calorias dos, 46
ciclos populacionais de, 1205f, 1206
como combustível para catabolismo, 182f, 183
como combustível para respiração celular, 164f, 165
como fator limitante do tamanho da população humana, 1211
de animais, plantas como, 617, 619
digestão dos. Ver Digestão; Sistemas digestórios
humanos, algas pardas, 603

humanos, algas vermelhas, 609f, 610
humanos, fungos, 670
humanos, peixes de nadadeiras raiadas, 728
humano, plantas com sementes, 651
mudança climática e qualidade dos, 812
na bioenergética e taxas metabólicas, 889, 890f
organismos geneticamente modificados (OGM) como, 438-439, 837, 838f, 839-840
processamento pelos animais, 902, 903f-905f
Alliaria petiolata, 818
Alo-hexaploide, 514-515, 524
Alolactose, 368f-396f, 370
Alongamento, estágio de
tradução, 352, 353f
transcrição, 343f-344f
Alongamento, fita de DNA antiparalela, 324, 325f-326f, 327t
Alopoliploides, **514**f-515f
Alpheus, espécies de, 512f, 513
Alpina (*Thlaspi caerulescens*), 809
Alternância de gerações, **258**f, **603**f, 604, **620**f, 621
Altruísmo, **1156**f-1159f, 1162
Altruísmo recíproco, 1158-**1159**
Altura, herança poligênica, 281
Alumínio, intoxicação em plantas, 809
Alveolados, 599f, **604**f-606f
Alvéolos, 604f, **943**f-944f
Amamentação, 1005f-1008f, 1036
Amaurose congênita de Leber (ACL), 1122
Ambiente
adaptação ao, 2f
adaptações procarióticas a condições extremas no, 573f, 574
biotecnologia na limpeza do, 418f, 437
C. Darwin sobre a seleção natural e adaptações ao, 14f-16f. Ver também Adaptações; Evolução; Seleção natural
câncer e fatores do, 394-395
catálise enzimática e fatores do, 157, 158f, 159
ciclos reprodutivos e estímulos do, 1021
como fator na estrutura da folha do bordo-vermelho, 762
como organismos e seus arredores, 469
comportamento e estímulos do, 1140f-1141f
distúrbios do sistema nervoso e, 1102f
diverso, adaptações dos rins de vertebrados ao, 991f-993f
ecologia como a interação entre organismos e o. Ver Ecologia
ecologia de populações como estudo das populações no, 1190f, 1191. Ver também Ecologia de populações
efeito gargalo por alterações no, 495f, 496
estrutura proteica e fatores do, 82f, 83
evolução adaptativa como valor adaptativo ao, pela seleção natural, 494, 498, 499f. Ver também Evolução adaptativa
evolução e, 485
força das ligações iônicas e fatores no, 38
hormônios e, 1018
ilimitado, crescimento populacional em, 1196, 1197f
impacto do, nos fenótipos, 282f
impactos humanos sobre o. Ver Impactos humanos no meio ambiente
indução na expressão gênica diferencial como resposta ao, 382f, 383
influência da evolução e do, sobre os resíduos nitrogenados, 983
interação com o, como tema da biologia, 10f-11f
interações dos organismos com, 1165, 1178, 1183f-1186f
membranas celulares e fatores de, 128f, 129
metagenômica e sequenciamento genômico de grupos de espécies no, 444
primitivo da Terra, e origem da vida, 526f-528f
regulação gênica na resposta ao, 377
resposta ao, como propriedade da vida, 3f
respostas animais e vegetais ao, 894f
respostas vegetais a estresses abióticos devido ao, 797-798, 862-863, 864f, 865
sistema de controle do ciclo celular e fatores do, 247, 248f
troca de calor dos animais com o, 873f, 885f-889f
trocas dos animais com o, 874, 875f, 876
zonas de hibridação e, 517f

Ambiente terrestre
  colonização do, 536, 537f
  deslocamento no, 1135f
  subsidência do solo, 808f
  uso humano global do, 1209
Ambiente/criação vs. natureza, 282f, 762
Ambientes (arredores), sistemas e, 145
Ambientes internos dos animais, 874, 875f, 876, 881f-883f
Amborella trichopoda, 648f, 650f, 653
Amebas, 117f, 235f, 449, 599f, **606**
Amebócitos, **690**f, 691
Amebócitos totipotentes, 691
Amebozoários, **612**f-613f
América do Norte, 743-744
América do Sul, 743-744
Amidos, **70**
  como combustível para o catabolismo, 182f
  como polissacarídeos de armazenamento, 70f, 71
  como produto da fotossíntese, 206, 207f
Amieiro, 1230f-1231f
Amígdala, 1095f-**1096**f
Amilase, **906**
Amilopectina, 70f
Amiloplastos, 111
Amilose, 70f, 111
Amina, compostos, 63f
Aminas, 1001f
Aminas biogênicas, 1081t
Aminoácidos
  ativação, nas células eucarióticas, 356f
  como neurotransmissores, 1081t
  deficiência na dieta humana, 901
  desaminação, para catabolismo, 182
  doença falciforme e, 82f
  especificados por trincas de nucleotídeos na tradução, 347f-350f
  essenciais, 899f
  estrutura, 91
  na catálise enzimática, 156
  na evolução das enzimas, 159f
  nas proteínas, 75, 77f
  nas proteínas de ligação ao DNA, 91
  no ciclo do nitrogênio, 1251f
  no código genético, 340f-342f
  nos polipeptídeos e proteínas, 67, 75, 76f-78f. *Ver também* Polipeptídeos; Proteínas
  sequências de, 444, 445f, 446, 458
  síntese abiótica de, 526f-527f
  usando sequências de, para testar hipóteses na transferência gênica horizontal, 570
Aminoácidos essenciais, **899**f
Aminoacil-tRNA, 349f
Aminoacil-tRNA-sintetases, **349**f
Âmnio, 480, 735f, 1053f
Amniocentese, **288**, 289f, 1039-1040
Amniotas, **734**, **1053**
  adaptações de desenvolvimento dos, 1053f, 1054
  características derivadas dos, 734, 735f
  evolução, 678
  filogenia, 734f
  fósseis e evolução inicial dos, 735f
  mamíferos como, 741
  répteis, 735f-740f
Amônia, **982**
  como base, 51
  como resíduo nitrogenado, 982f, 983, 988
  ligações de hidrogênio e, 39f
Amônio, no ciclo do nitrogênio, 1251f
Amonitas, **702**
Amorphea, 599, 611
AMP (adenosina-monofosfato), 183f, 184, 349f
AMP cíclico (adenosina-monofosfato cíclico, AMPc), **223**f-224f, 233, **369**f, 1002, 1003f, 1080
AMPA, receptores, 1101f
Amplificação do DNA, 420, 421f, 422
Amplificação do sinal, 221, 226-227
Amplificação gênica, gene do câncer, 388, 389f
Amplificação sensorial, **1109**-1110
Ampola, estrela-do-mar, 714f
Anabaena, 582
Anableps anableps, 365f
Anabrus simplex, 449, 712f, 1112f
Anaeróbios facultativos, **181**, **582**
Anaeróbios obrigatórios, **181**, **582**
Anáfase, 252
Anáfase I, 260f, 263f, 266f

Anáfase II, 261f, 266f
Anáfase (mitose), **237**, 239f, 241f, 243f, 263f
Análise de custo-benefício, comportamento, 1149
Análise de genealogia, **284**f, 285
Análise de microarranjo, 392f
Análise genômica pessoal, 433
Analogias, **558**f
Anatomia, 873f-**874**. *Ver também* Forma e função dos animais; Morfologia; Estrutura vegetal
Ancestral comum, 15f-16f, 479f-481f, 555, 556f-560f, 648
Androgênios, 1004f, **1014**, 1015f, 1030, 1031f
Anéis de árvores, 773f
Anéis de crescimento em árvores, 773f
Anel de fadas, cogumelos, 666, 667f
Anel, estruturas em
  de esqueletos de carbono, 60f
  de glicose, 69f
  de proteínas de síntese de celulose, 619f
Anel porfirínico, 194f
Anelídeos, 688f, 703f-704f, 705, 923f, 985f, 1086f
Anemia, 936
Anêmonas-do-mar, 692f-693f
Anestésicos, 1084
Aneuploidias, **307**, 308f, 309
Anfetaminas, 1102, 1103f
Anfíbios, **731**
  adaptações dos rins dos, 992
  audição e equilíbrio nos, 1116f
  circulação dupla nos, 924f, 925
  clivagem nos, 1048f, 1049
  cuidado parental no, 1151
  destino celular e formação de padrões por sinais indutivos nos, 1062f
  distribuições das espécies, 1164f, 1185
  diversidade, 732f-733f
  encéfalos dos, 1091f
  evolução, 678
  fecundação externa nos, 1022f
  filogenia, 719f
  formação de eixos nos, 1060f
  gastrulação nos, 1051f, 1052
  neurulação nos, 1054f, 1055
  parasitos fúngicos nos, 669, 670f
  potencial de desenvolvimento celular nos, 1060, 1061f
  respiração nos, 925, 944
  vacina para, 733
Anfioxos, 689f, 715, 719f, **720**, 721f-722f
Angiospermas, **623**f
  características, 644f-646f, 647
  ciclo de vida das, 646f, 647, 653, 826, 827f, 828
  evolução, 647f-649f
  evolução das sementes, 639
  filogenia, 622t, 648f-650f, 653
  flores, 644f
  fluxo de massa na translocação do açúcar nas, 800, 801f
  frutos, 644, 645f
  mistério evolutivo, para C. Darwin, 477
  origem, 533f
  relações gametófitos-esporófitos nas, 637f, 638
  reprodução. *Ver* Reprodução das angiospermas
  técnicas de cruzamento de G. Mendel, 270f-271f
Angiospermas basais, **649**, 650f
Angiotensina II, 995, 996f
Anidrobiose, **979**, 980f
Animais. *Ver também* Comportamento animal; Desenvolvimento animal; Forma e função dos animais; Hormônios animais; Nutrição animal; Reprodução animal
  adaptações em herbívoros, 477f, 478
  ameaçadas ou em perigo, 1261, 1262f, *1288*
  aquáticos. *Ver* Animais aquáticos
  células, 6f. *Ver também* Células animais
  clonagem, 428, 429f-430f
  colonização do ambiente terrestre por, 533f, 536, 537f
  como consumidores e predadores, 673f
  como opistocontes, 613
  conexões evolutivas entre plantas e, 648, 649f
  correlação da diversidade de miRNAs com a complexidade dos, 678
  desafios e soluções da vida, 894f-895f
  desmatamento de florestas tropicais e extinções dos, 651f, 652
  dispersão de frutos e sementes por, 832f

  dispersão de sementes por, 645f
  estrutura celular e especialização dos tecidos, 674
  extinções, 702f
  filogenia, 682, 683f, 684, 686
  glicogênio como polissacarídeo de armazenamento nos, 70f, 71
  história evolutiva, 675f-677f, 678-679
  latitude e tamanho do, 897
  maximizando a área de superfície corporal, 695f
  mecanismos de defesa, 28f
  microevolução de populações de. *Ver* Microevolução
  mudança climática e, 11f, 1280f-1281f
  mutualismos fúngicos e, 668f
  mutualismos nos reinos e domínios com, 813f
  na interação de ecossistemas, 10f, 11
  neurônios e sistemas nervosos. *Ver* Sistemas nervosos; Neurônios
  no domínio Eukarya, 12f
  no fluxo de energia e ciclagem química, 9f
  nutrição, 12f, 13
  osmorregulação, 978f-980f, 981
  osmorregulação e excreção. *Ver* Sistemas excretores; Osmorregulação
  parasitos fúngicos, 669f-670f
  patógenos zoonóticos e, 1234, 1235f
  polinização das flores por, 824f-825f
  produção de proteínas por animais transgênicos, 436f
  recrutamento vegetal, defesa contra herbívoros, 869f
  relação com protistas uniconos, 611-612
  reprodução e desenvolvimento, 674f, 675
  respiração celular na hibernação, 178
  sistemas circulatórios e de trocas gasosas dos. *Ver* Sistemas cardiovasculares; Sistemas circulatórios; Trocas gasosas
  sistemas imunes. *Ver* Sistemas imunes
  sistemas motores e sensoriais. *Ver* Sistemas motores; Sistemas sensoriais
  vias catabólicas, 182f, 183
Animais aquáticos
  adaptações dos rins dos, 992, 993f
  brânquias para troca gasosa nos, 921f, 940f-941f
  gelo e, 44
  osmorregulação, 979f-980f
  resíduos nitrogenados dos, 982f
Animais basais, 682, 683f, 684, 690
Animais de água doce, 979f, 992
Animais diploblásticos, **680**
Animais estenoalinos, 978
Animais eurialinos, 978
Animais marinhos
  adaptações renais dos, 992, 993f
  extinções em massa e, 541-542
  osmorregulação nos, 978, 979f
Animais reguladores, **881**f
Animais transgênicos, **436**
Animais triploblásticos, **680**, 681f
Ânions, **37**, 38f, 806, 807f, 1070t
Anis-estrelado, 650f, 653
Anotação gênica, **445**-446
Antártica, 1224f
Antenas, 43, 1110, 1111f, 1123
Antera, **644**f, **823**f
Anterídios, 624f, **625**f, 630f
Antheraea polyphemus, 1001
Anthocerophyta (antóceros), 623, 626f
Anthophyta. *Ver* Angiospermas
Antibióticos, fármacos
  bactérias e, 349-
  bactérias Gram-positivas e, 584f
  como inibidores de enzimas, 158-159
  de bactérias do solo, 590
  esponjas e, 691
  evolução da resistência aos, 478f, 592
  fúngicos, 670
  para fibrose cística, 286
  peptidoglicano e, 574-575
  resistência bacteriana a, 213, 581, 588f-589f
  ribossomos procarióticos e, 577
  vírus e, 409
Anticódons, **348**f-349f
Anticoncepcionais, **1038**f, 1039
Anticorpos, **958**
  como ferramentas médicas, 969f
  como proteínas, 76f, 79f

em reações alérgicas, 970f, 971
memória imunológica, 963f
na resposta imune humoral, 963, 964f-967f
nas respostas a patógenos extracelulares, 964, 965f-966f
rearranjo gênico por, 960, 961f
reconhecimento de antígenos por, 958f-959f
Anticorpos IgE, 970f
Anticorpos monoclonais, **969**
Antígeno, 968
Antígenos, **958**, 963f-967f
em reações alérgicas, 970f, 971
reconhecimento pelas células B, 958f-959f
reconhecimento pelas células T, 959f-960f
Anti-histamínicos, 971
Anti-inflamatórios, fármacos, 1013-1014
Anti-inflamatórios não esteroides (AINEs), 1013-1014
Antioxidantes, 195
Antitrombina, 436f
Antivirais, fármacos, 409
Antozoários, 692f-693f
Antraz, 575f, 584f
Antropoides, **746**f-747f
Anuais, 766
Anuros, 732f-733f
Ânus, 911
Aorta, 926f, 930f
Aparato justaglomerular (AJG), **995**, 996f
Apêndice, **911**f
Apêndices, artrópodes, 706, 707f, 708-709
Apicomplexos, **605**, 606f
Apicoplastos, 606f
Ápodes, 732f
Apomixia, **833**
Apoplasto, **787**, 788f, 800f
Apoptose, **229**
autotolerância vs., 961
como morte celular programada, 229f, 230
etileno em resposta a senescência e, 853-854
gene p53 e, 390f
mecanismos moleculares, 230f
na morfogênese, 1056-1057
nas células imunes, 233
propriedades emergentes, 233
resposta de células T citotóxicas e, 966f, 967
resposta vegetal à inundação, 864f
vias de sinalização celular da, 230, 231f
Aprendizagem, **1144**
cognição, resolução de problemas e, 1146, 1147f
desenvolvimento de comportamentos aprendidos, 1147
herança e, 1162
plasticidade neuronal e, 1100, 1101f
sono e, 1094
Aprendizagem associativa, **1146**f
Aprendizagem espacial, 1144, **1145**f
Aprendizagem por tentativa e erro, 1146f
Aprendizagem social, **1147**f-1148f, 1153
Apresentação de antígenos, **959**f-960f
Aptenodytes forsteri, 873f
Aptenodytes patagonicus, 740f, 884f, 1192f
Aquaporinas, **132**, **790**, **989**
difusão da água e papel das, 790-791
difusão facilitada e, 135f
mutações, como causas de diabetes insípido, 995f
na regulação renal e, 994f-995f
permeabilidade seletiva da membrana celular e, 132f
Aquecimento global. *Ver* Mudança climática
como interação no ecossistema, 11
queima de combustíveis fósseis e, 11
Aquíferos, 808
Aquisição de recursos, plantas vasculares, 784f-786f, 787. *Ver também* Transporte nas plantas vasculares; Plantas vasculares
Arabidopsis thaliana
alteração da expressão gênica pelo toque, 862f
como organismo-modelo, 22, 774, 776f, 783
resposta tríplice, 853f
tamanho do genoma, 448t
Aracnídeos, 689f, **708**f
Aranha-mergulhadora (*Argyroneta aquatica*), 951
Aranhas, 45f, 707, 708f, 951
Aranhas-do-mar, 707-708
Arau-gigante, 1264-1265
Arbúsculos, 537f, **656**f

Archaea, **12**f
células procarióticas, 6f, 97. *Ver também* Procariotos; Células procarióticas
domínio, 12f, 568, 569f, 585t, 586
tamanhos dos genomas e número de genes, 448t, 449
Archaefructus sinensis, 533f, 647f
Archaeoglobus fulgidus, 448t
Archaeognatha (traças-saltadoras), 712f
Archaeopteris, 641
Archaeopteryx, 739f
Archaeplastida, 599f, **609**f-610f
Architeuthis dux, 702
Arcossauros, **736**
Ardipithecus ramidus, 748f-749f
Área de Broca, 1098f
Área de superfície
calculando o volume celular e a, 99
maximização, pelos animais, 695f
Área de superfície-volume, relações, 98f
Área de Wernicke, 1098f
Área tegmentar ventral (ATV), 1103f
Áreas de associação, córtex cerebral, 1096
Áreas de conservação, Costa Rica, 1273f
Áreas de proteção, 1272f-1273f
Áreas motoras do córtex cerebral, 1096
Áreas sensoriais do córtex cerebral, 1096, 1097f-1098f
Áreas úmidas, **1179**f, 1262
restauração das, 1254f
Áreas úmidas de bacias, 1179f
Áreas úmidas de orlas, 1179f
Arganaz-avelã (*Muscardinus avellanarius*), 893f
Arganazes, 1155f
Arganazes-do-campo, 1155f
Argila de montmorilonita, 527, 528f
Arginina, 77f, 336f-338f
Argyroneta aquatica, 951
Aristóteles, 470
Arquegônios, 624f, **625**, 630f
Arquêntero, **682**f, **1050**f
Arqueologia, musgo de turfa e, 627f
Arraias, 719f, 726, 727f
Arroz (*Oryza sativa*), 438, 509f, 651, 817, 838, 850-851, 1263
Arroz-indiano, 1263
Arsênico, 29
Arte, humanos e, 754f
Artérias, 924f-926f, 929f-931f, 937f, 939
Arteríola aferente, 987f
Arteríolas, **924**, 929f-932f
Ártico, 48f
Articulação de bola e soquete, 1134f
Articulação de dobradiça, 1134f
Articulação em pivô, 1134f
Articulações de humanos, 1134f
Artiodáctilos, 745f
Artófitas, 632f
Artrite reumatoide, 971f
Artrópodes, **706**. *Ver também* Ecdisozoários
características gerais, 707f, 708
colonização do ambiente terrestre pelos, 536-537
crustáceos e insetos como pancrustáceos, 709f-712f, 713
evolução, 678
exoesqueletos, 1133
filogenia, 689f, 709f
genes Hox e plano corporal, 706f, 707
miriápodes, 707-708, 709f
olhos compostos dos, 1117f, 1118
origens, 706f, 707
quelíceras, 707, 708f
quitina como polissacarídeo estrutural de, 72f
sistemas nervosos de, 1086f
túbulos de Malpighi de, 985f
Árvore da vida
evolução darwiniana e, 15f-16f, 474f. *Ver também* Árvores evolutivas
filogenias na investigação da, 553f-554f, 568, 569f-570f
taxonomia de três domínios da, 568, 569f
Árvore filogenética baseada em sequência no Exercício de habilidades científicas, 411
Árvores
efeitos da mudança climática na absorção de CO_2 pelas, 1245
fotossíntese nas, 187f

interação de ecossistemas por, 10f, 11
petrificadas, 529f
Árvores evolutivas, 474f, **480**f. *Ver também* Árvores filogenéticas
Árvores familiares, 284f, 285
Árvores filogenéticas, **555**. *Ver também* Árvores evolutivas; Filogenias
análise baseada em sequência, para entender a evolução viral, 411
aplicação de, 557f
árvore da vida e, 15f-16f
cladística na construção de, 559, 560f-561f
como hipóteses, 564f, 565
comprimento dos ramos proporcional nas, 561, 562f
de Bilateria, 717
dos animais, 683f
dos cordados, 719f
dos eucariotos, 612f
dos mamíferos, 745f
dos primatas, 746f
dos procariotos, 583f
dos protistas, 598f
dos tetrápodes, 731f
ligação de classificação e filogenia com, 555f-556f
máxima parcimônia e máxima verossimilhança, 562, 563f, 564
visualizando, 556f
Árvores filogenéticas enraizadas, 556f, **557**
Árvores genéticas, 557f
Asas
de aves, 738f, 739
de insetos, 710, 711f-712f
de morcegos, contração muscular e, 1132
de morcegos, como adaptação evolutiva, 15f
de pterossauros, 736
evolução, 679
músculos de voo e, 1136
sementes, 645f
Asclépia, 645f, 653
Ascocarpos, **663**f
Ascomicetos, 660f, **663**f-664f, 665t, 671f
Asma, 62, 217, 933, 1012
Asparagina, 77f
Assimetria corporal, 1059-1060, 1061f, 1064f
Associação genômica ampla, estudos de, **427**, 433
Associações micorrízicas, 760
Áster, 238f, 240f
Asteroidea, 713, 714f
Astrágalo, osso, 481f
Astrobiólogos, 50
Astrócitos, 1090f
Ataque no World Trade Center, 437
Aterosclerose, 74, 75, 139, 141, **937**f, 938-939
Ativação alostérica, 160f, 161
Ativação do ovo, 1046
Ativador do plasminogênio tecidual (TPA), 436, 457f
Ativadores, 160f, **369**f, 374f-375f, 397
Atividade, taxa metabólica dos animais e, 891-892
Atletas
abuso de esteroides anabólicos, 1014
micose, 670
uso de eritropoetina por, 936
Atmosfera
dióxido de carbono na, 11
evolução animal e oxigênio na, 677
fotossíntese e oxigênio na, 533, 534f
mudança climática global e dióxido de carbono na, 1278f, 1279, 1282, 1283f
ozônio na, 1283f, 1284
terrestre inicial, 526f-527f
Atobás-de-pés-azuis, 508f
Atol de corais, 1182f
Átomos, **30**f-36f, 37
ATP (adenosina-trifosfato), **64**, **150**
acoplamento de energia e, 150, 151f-153f
como energia para as proteínas de membrana, 130f
como energia para o transporte ativo, 137f
como fonte de energia para processos celulares, 64
conversão a AMP cíclico, 223f-224f
fosfofrutocinase e, 186
geração de, a cada estágio da respiração celular, 177f, 178
na bioenergética, 890f
na fotossíntese, 191f, 192, 197f-200f, 201, 206, 207f
na regulação por retroalimentação da respiração celular, 183f, 184

na replicação do DNA, 324
na tradução, 349f
na velocidade de contração da fibra muscular, 1131
no modelo de filamentos deslizantes da contração muscular, 1126, 1127f, 1128
regeneração, no ciclo do ATP, 153f
regulação da regeneração, 160
síntese, por fermentação e respiração anaeróbica, 179, 180f, 181
síntese, por respiração celular, 164f, 165, 169. *Ver também* Respiração celular
tilacoides e produção de, 211
trabalho como hidrólise de, 151f, 152
vias catabólicas e produção de, 165
ATP-sintase, **175**f-176f, 177, 186, 311
Atrativo sexual, 43
Átrio direito, 926f-927f
Átrio esquerdo, 926f-927f
Átrios cardíacos, **924**f-927f
Atum, 729f, 874f, 1265f
Atum-azul, 1265f
Audição, 1112f-1116f
Aurea, tomate mutante, 844f, 845
Austrália, 481f, 539-540, 605f, 742-744
Australopitecínios, 749, 750f
Autodesbaste, 786
Autofagia, 107f, 108
Autofecundação, 834, 835f, 840-841, 1042
Autoformação, protobiontes, 527, 528f
Autoincompatibilidade, **834**, 835f, 840-841
Autopolinização, 271f
Autopoliploides, **514**f
Autorreplicantes, moléculas, 526, 527f-528f
Auto-*splicing*, 346
Autossomos, **257**
Autotolerância, 961
Autotróficos, **188**f, 581t, 586, 889, 894f, 1240f
Auxina, 845, 846t, 847f, **848**f, 849f, 850, 854f, 861
Avelã, 645f
Avery, Mary Ellen, 943, 944f
Avery, Oswald, 315
Aves
adaptações dos rins, 992f
adaptações para voos, 1135-1136
ameaçadas ou em perigo, 1261, 1262f
asas das, 739, 740f
atuais, 739, 740f
audição e equilíbrio na, 1116
canais alimentares nas, 905f
caracteres derivados das, 738f, 739
clivagem nas, 1048
como descendentes dos dinossauros, 564f, 565
como polinizadores, 522
comportamentos migratórios das, 1140, 1141f
curvas de espécie-área, 1232f
DDT e, 1276f
declínio do pica-pau-de-topete-vermelho, 1269f-1270f
determinação do sexo das, 298f
encéfalos das, 1091f
evolução, 679
evolução da cognição e dos cérebros das, 1098, 1099f
evolução dos genes nas, 456, 457f
evolução dos tentilhões, 473f, 486f-487f
filogenia, 719f
formação de eixos nas, 1060
formação dos membros nas, 1062, 1063f, 1064
gastrulação nas, 1052f
gripe aviária nas, 1234, 1235f
marinhas, excreção de sal nas, 982f
organogênese nas, 1055f
origem, 739f
polinização das flores por, 825f
populações de, 1190f
resíduos nitrogenados das, 982f, 983f
resíduos plásticos e, 1277f
resolução de problemas, 1147
respiração das, 925, 944f, 945f
termorregulação nas, 886f
tetrazes-das-pradarias, 495f, 496, 1267f
uniformidade e diversidade nas, 14f
variabilidade genética nos padrões de migração das, 1156, 1157f
Aves não voadoras (sem voo potente), 506f, 507, 511, 739, 740f
Avestruz, 992f

Axel, Richard, 1124
Axolotes, 544, 545f, 921f
Axônios, 879f, 1067, **1068**f, 1076f-1077f, 1084, 1086-1087, 1089f, 1090
Azedinha, 835f
Azia, 908
Azidotimidina (AZT), 409
Azolla, 813f, 817
Bacalhau (*Gadus morhua*), 728, 979f
Bacia do rio Mobile, 1264
Bacillus anthracis, 575f, 584f
Bacillus thuringiensis, 837, 838f
Bactérias, **12**f
antibióticos e, 349
biorremediação usando, 1255f
células procarióticas, 6f, 97. *Ver também* Procariotos; Células procarióticas
cólera e, 224
colonização por, 536
coloração de Gram, 574, 575f
como decompositores, 1240f
como organismo-modelo. *Ver Escherichia coli*
como vetores de clonagem de DNA, 418f, 419
conjugação, 579, 580f, 581
defesas vegetais contra, 866
diversidade de, 1223f
do solo, 807
domínio, 12f, 568, 569f, 583f-584f, 585t
empacotamento do DNA nos cromossomos das, 330-331
estrutura celular, 97f
evidências do DNA na pesquisa de, 315f-316f, 317
evolução da divisão celular nas, 242, 243f
evolução da glicólise nas, 182
expressão de genes eucarióticos clonados nas, 422-423
fermentação alcoólica por, 180f
filogenia, 583f-584f, 585
fissão binária, 242, 243f
fixadoras de nitrogênio, e plantas, 814f-816f, 817, 1244
flagelo, movimento das, 993f
fotossíntese, 188f, 189, 199
infecções virais das. *Ver Fagos*
integração celular e, 121f
limitações de nutrientes e, 1244
mutualismo de raízes com, 592
mutualísticas e patogênicas, 587, 588f, 813f
na extinção em massa do Permiano, 540
na reação em cadeia da polimerase, 421, 422f
nos sistemas digestórios, 912, 913f-914f
origem da fotossíntese nas, 533, 534f
origens de mitocôndrias e cloroplastos, 109, 110f
proteína Cas9, 360, 361f
proteínas G e infecções por, 218f
reconhecimento pelo sistema imune, 952f
regulação da transcrição nas, 365f-369f, 370
relação com mitocôndrias, 595
replicação do DNA nas, 322f-327f
resistência aos antibióticos, 478f, 581
respiração anaeróbica e, 179-180
sinalização celular, 213f, 214
tamanhos dos genomas e número de genes, 448t, 449
taxa de reprodução das, 592
tradução nas. *Ver Tradução*
transcrição e tradução nas, 339f, 355f
transcrição nas, 342, 343f-344f
Bactérias desnitrificadoras, 1251f
Bactérias Gram-negativas, **574**, 575f, 584f
Bactérias Gram-positivas, **574**, 575f, 584f
Bactérias intestinais, 912, 913f
Bactérias limosas, 213f
Bactérias nitrificantes, 815f, 1251f
Bactérias recombinantes, 418f
Bactérias sulfurosas púrpuras, 188f
Bactérias USA300, 478f, 589f
Bacteriófagos (fagos), **315**, **401**
capsídeos de, 400f, 401
ciclos replicativos dos, 402f-404f
defesa contra, 404f
na pesquisa do DNA, 315f-316f, 317
na transdução, 579f
no tratamento contra infecções, 872, 931
prófagos e temperados, 402, 403f

proteína Cas9 e, 360, 361f
virulentas, 402f
Bacteriorrodopsina, 129f
Bacteroides, **816**f, 817
Bacteroides thetaiotaomicron, 587
Bada, Jeffrey, 58
Baía dos Glaciares, Alasca, 1230f-1231f
Baiacu, 813f
Bainha de mielina, **1076**f-1077f
Bainha do feixe, 771f
Baker, C. S., 557f
Balanus balanoides, 1216f
Baleia-azul, 719
Baleia-beluga, 1111f
Baleia-jubarte, 904f
Baleias, 88f, 481f-482f, 525f, 526, 557f, 710, 719, 903f, 1111f, 1265
Balonismo, aranhas, 708
Balsas lipídicas, 128
Banana, 268, 313
Banana-cavendish, 268
Banco de Dados de DNA do Japão, 444
Banco de Dados de Proteínas (Protein Data Bank), 444
Baratas-d'água, 1023f
Barbatana, 904f
Barbitúricos, 104-105
Barr, Murray, 300
Barra de escala no Exercício de habilidades científicas, 99
Barreira hematencefálica, 1090
Barreiras de recifes, 1182f
Barreiras geográficas, especiação alopátrica e, 511f-512f, 513
Barreiras pós-zigóticas, 509f, **510**
Barreiras pré-zigóticas, 508f-509f, **510**
Barreiras reprodutivas
isolamento reprodutivo e tipos de, 506-507, 508f-509f, 510
nas zonas de hibridação, 518, 519f, 520
Barrigudinhos (*Poecilia reticulata*), 483, 1152, 1153f, 1187f
Base cromossômica da herança
alterações cromossômicas e distúrbios genéticos na, 306, 307f-309f
como base da herança mendeliana, 294f, 295
descoberta experimental de T. H. Morgan da, 295f-296f
evolução do conceito de gene a partir da, 361
exceções à herança mendeliana na, 310f, 311
genes ligados ao sexo na, 298f-300f
genes ligados e ligação na, 301f-306f
herança de genes de organelas na, 311f
impressão genômica na, 310f, 311
Base molecular da herança
descoberta da estrutura de dupla-hélice do DNA, 314f, 317, 318f-320f
empacotamento de DNA e proteínas na cromatina dos cromossomos eucarióticos, 330-332f
evidência do DNA como material genético, 315f-317f, 318
evolução do conceito de gene a partir da, 361
replicação e reparo do DNA. *Ver Replicação do DNA*
Bases, **51**
aminoácidos como, 76, 77f
escala de pH e, 51, 52f
íons hidrogênio, ácidos e, 51
tampões e, 52-53
Bases de dados
de sequências genômicas, 444, 445f
na estimativa de taxas de reprodução, 1194, 1195f
Bases nitrogenadas, 84, 85f, 317f, 318. *Ver também* Nucleotídeos
Basídio, **665**
Basidiocarpo, **666**f
Basidiomicetos, 657, 660f, **665**f-667f
Basidiósporos, 666f
Basófilos, 934f-935f
Bassham, James, 191
Bastonetes (fotorreceptores), **1119**f-1121f, 1122-1123, 1138
Batata, requeima da, 867
Batata-doce, 651, 837
Batatas, 651, 843f-844f
Batrachochytrium dendrobatidis, 669, 670f
Batuíra-melodiosa (*Charadrius melodus*), 1190f
Bautista, Diana, 92
Beadle, George, 336f-338f

Beagle, HMS, viagem de C. Darwin no, 471, 472*f*
Bebidas alcoólicas, 670
Beija-flor, 6, 522, 740*f*, 825*f*, 869*f*
Beijerinck, Martinus, 399
Bennettitales, 648*f*
Benson, Andrew, 191
Bentos, **1177**
Bergmann, Christian, 897
Berthold, Peter, 1157*f*
Besouro (*Scarabaeus*), 1259
Besouro-bombardeador, 43
Besouro-do-pinheiro-da-montanha (*Dendroctonus ponderosae*), 1244*f*, 1245, 1280*f*
Besouro-farol (*Pyrophorus nyctophanus*), 143*f*
Besouros, 475*f*, 712*f*, 717, 1244*f*, 1245, 1259, 1280*f*
Besouros-da-casca, 1244*f*, 1245, 1280*f*
β-amiloide, 1104
β-galactosidase, 159*f*, 368*f*
β-globina, 87, 89, 357*f*, 358, 364
β-globina, família do gene da, 453*f*
β-queratina, penas de aves e, 738*f*, 739
Betacaroteno, 838*f*
Betaoxidação, **183**
Bexiga, 986*f*
Bexiga natatória, **728***f*
Bianuais, 766
Bicamadas fosfolipídicas, 74*f*, 75, 98*f*, 99, 102, 110, 127*f*, 132
Bico de viúva, análise de árvore filogenética, 284*f*, 285
bicoid, gene, 386*f*-387*f*, 463
Bicos
 de aves, formatos, 740*f*
 percevejos-do-saboeiro, 477*f*, 478
 tentilhões, 473*f*, 486*f*-487*f*
Bifenilas policloradas (PCBs), 1275, 1276*f*
Bilaterais, **677**
 cordados, 719*f*
 deuterostomados, 713
 ecdisozoários, 705
 filogenia, 683*f*, 717
 invertebrados, 686*f*
 lofotrocozoários, 694
 origem dos, 677
Bile, **909**, 915*f*
Binômios (nomenclatura), 470, **554**, 555*f*
Biocombustíveis, 671*f*, **838**
Biodiversidade
 ameaças à, 1260*f*, 1261, 1263, 1264*f*-1266*f*
 angiospermas, 649*f*-650*f*. *Ver também* Angiospermas
 animal. *Ver* Animais
 árvore da vida e, 15*f*-16*f*. *Ver também* Árvores filogenéticas; Filogenias; Árvore da vida
 atividades humanas e, 1262, 1263*f*
 biologia da conservação e, 1261. *Ver também* Biologia da conservação
 classificação, 470
 crise atual de, 1260*f*-1262*f*
 de bactérias e arqueias. *Ver* Archaea; Bacteria
 de fungos. *Ver* Fungos
 de uma mesma espécie, 507*f*
 desenvolvimento sustentável e, 1284, 1285*f*, 1286
 desmatamento tropical como ameaça à, 651*f*, 652
 ecologia de paisagem e conservação regional, 1270, 1271*f*-1274*f*
 efeitos da mudança climática, 1279
 efeitos de extinções em massa, 540*f*-542*f*
 estruturas similares e, 125
 evolução e, 14*f*-16*f*, 473. *Ver também* Evolução
 gimnospermas, 641, 642*f*-643*f*
 invertebrados. *Ver* Invertebrados
 níveis de, 1261*f*-1262*f*
 perda e fragmentação de hábitats, 1263, 1264*f*
 proteção, 1260
 protistas. *Ver* Protistas
 ressurreição de, 1266
 taxonomia e classificação, 12*f*-13*f*
 uniformidade na, 13*f*-14*f*, 26, 469, 473
 vegetal. *Ver* Plantas
 vertebrados. *Ver* Vertebrados
Bioenergética, **144**, **889**. *Ver também* Metabolismo
 alocação e uso de energia na, 889, 890*f*
 alocações energéticas, 892
 custos energéticos do forrageio na, 1149
 da locomoção, 1136
 da osmorregulação, 980
 influências sobre a taxa metabólica na, 891*f*, 892

princípios da, 163
 regulação da tireoide na, 1009
 resíduos de ureia e ácido úrico, 983
 taxas metabólicas e termorregulação na, 890-891
 torpor, hibernação e conservação de energia na, 892, 893*f*
Biofilia, 1262, 1285*f*
Biofilmes, 213, **582***f*
Biofortificação, 838*f*
Biogeografia, **482***f*, 483
Bioinformática, **9**, **87**, **443**
 análise do genoma usando genômica e, 443
 biologia de sistemas e proteômica no estudo de genes e da expressão gênica na, 446, 447*f*-448*f*
 genômica, proteômica e, 86, 87*f*
 identificando genes codificadores de proteínas usando anotação gênica, 445-446
 na análise da estrutura proteica, 83
 no estudo de genomas, 9
 recursos centralizados de, para análise genômica, 444, 445*f*
Biologia, 3
 astrobiologia na, 50*f*
 biodiversidade na. *Ver* Animais; Biodiversidade; Plantas
 biofilia e, 1285*f*
 biologia da conservação na. *Ver* Biologia da conservação
 biologia de sistemas na, 5-6, 446, 447*f*-448*f*
 biologia do desenvolvimento na, 1057
 biologia evolutiva do desenvolvimento (evo-devo) na, 387, 463, 544
 biologia molecular na. *Ver* Biologia molecular
 células na. *Ver* Células
 ciência da, 3, 16, 17*f*-24*f*. *Ver também* Estudos de caso; Figuras "Pesquisa"; Figuras "Método de pesquisa"; Exercícios de habilidades científicas
 classificação na. *Ver* Cladística; Filogenias; Sistemática; Taxonomia
 conexão com a química. *Ver* Química
 ecologia na. *Ver* Ecologia
 evolução como tema da, 2, 3, 11, 12*f*-16*f*. *Ver também* Evolução
 expressão e transmissão de informações genéticas na, 6, 7*f*-8*f*. *Ver também* Genética
 genômica e proteômica na, 86, 87*f*
 interações nos sistemas biológicos, 10*f*-11*f*. *Ver também* Interações
 organização na, 4*f*-5*f*, 6
 propriedades emergentes nos níveis de organização biológica, 4-6, 4*f*-5*f*
 sociobiologia na, 1159-1160
 temas unificadores da, 2*f*-11*f*
 transferência e transformação de energia e matéria na, 9*f*. *Ver também* Energia
Biologia da conservação, **1261**. *Ver também* Ecologia
 biodiversidade e, 1260*f*-1266*f*
 conservação das espécies de moluscos, 702*f*
 conservação de populações na, 1266, 1267*f*-1270*f*
 conservação regional e da paisagem na, 1270, 1271*f*-1274*f*
 curvas de espécie-área de riqueza de espécies na, 1232*f*
 desenvolvimento sustentável na, 1284, 1285*f*, 1286
 genômica e proteômica na, 88*f*
 mudança global e, 1265, 1266*f*, 1274, 1275*f*-1283*f*, 1284
Biologia de sistemas, **5**-6, **446**, 447*f*-448*f*
Biologia do desenvolvimento, 1057
Biologia evolutiva do desenvolvimento (evo-devo), 387, **463**, 467, 544
Biologia molecular
 Arabidopsis thaliana como organismo-modelo na, 774, 776*f*
 determinação da diversidade microbiana usando, 1223*f*
 do desenvolvimento vegetal, 775*f*-780*f*
 importância dos vírus, 400
 medidas da evolução na, 87, 89
 mutantes na, 845
Bioluminescência, 143*f*
Biomagnificação, **1275**, 1276*f*
Biomas, **1171**. *Ver também* Biomas aquáticos; Biosfera; Ecologia global; Biomas terrestres
 aquáticos, 1177*f*-1182*f*
 terrestres, 1171*f*-1176*f*, 1189

Biomas aquáticos
 áreas úmidas, 1179*f*
 cadeias alimentares nos, 1224*f*
 ciclagem de nutrientes, 1250*f*-1251*f*
 decomposição nos, 1248-1249
 estuários, 1180*f*
 eutrofização dos, 1275*f*
 hotspots de biodiversidade nos, 1272*f*
 lagos, 1179*f*
 locomoção nos, 1135
 perda de hábitat, 1264
 precipitação ácida nos, 1265, 1266*f*
 produção primária, 1242, 1243*f*, 1243*t*
 protistas como produtores nos, 614, 615*f*
 recifes de corais, 1182*f*
 resíduo plástico nos, 1277*f*
 riachos e rios, 1180*f*
 termorregulação nos, 881*f*
 zonação nos, 1177*f*-1178*f*
 zonas bentônicas marinhas, 1182*f*
 zonas entremarés, 1181*f*
 zonas pelágicas oceânicas, 1181*f*
Biomas de água doce, 1177*f*-1178*f*
 perda de hábitat nos, 1264
Biomas de chaparral, **1174***f*
Biomas marinhos, 1177*f*, 1178, 1224*f*
 produção primária, 1242, 1243*f*, 1243*t*
Biomas terrestres
 adaptações das plantas aos, 203
 cadeias alimentares nos, 1224*f*
 campos temperados, 1175*f*
 características gerais, 1172*f*
 chaparral, 1174*f*
 ciclagem de nutrientes, 1250*f*-1251*f*
 clima e, 1171*f*
 decomposição nos, 1248*f*
 desertos, 1173*f*
 distribuição global, 1171*f*, 1189
 distúrbios nos, 1172
 efeitos da mudança climática, 1244*f*, 1245
 floresta boreal de coníferas, 1175*f*
 florestas latifoliadas temperadas, 1176*f*
 florestas tropicais, 1173*f*
 hotspots de biodiversidade nos, 1272*f*
 locomoção nos, 1135*f*
 osmorregulação animal nos, 980-981
 perda de hábitat nos, 1263-1264
 produção primária nos, 1243*f*-1244*f*, 1245
 savanas, 1174*f*
 tundra, 1176*f*, 1256*f*-1257*f*
Biomassa, **838**, **1223**, 1241-1242
Biópsia de vilosidades coriônicas (BVC), 289*f*, 1039
Bioquímica, 96
Biorremediação, **591***f*, 809, **1253**
 restauração de ecossistemas usando, 1253, 1255*f*
Biorritmos, melatonina e, 1015
Biosfera, **4***f*, **1165***f*. *Ver também* Terra
 biomas aquáticos da, 1177*f*-1182*f*
 biomas da. *Ver* Biomas aquáticos; Biomas terrestres
 biomas terrestres da, 1171*f*-1176*f*, 1189
 clima da, 1166*f*-1170*f*
 como nível de organização biológica, 4*f*
 ecologia global, 1165*f*. *Ver também* Ecologia global
 fotossíntese como um processo que alimenta a, 188*f*. *Ver também* Fotossíntese
 futuro da, 1285*f*, 1286
 importância das plantas vasculares sem sementes para a, 633-634
 mudança climática global da. *Ver* Mudança climática
 papel ecológico dos procariotos na, 586*f*-587*f*
 população humana, capacidade de suporte e, 1209, 1210*f*, 1211
Biota ediacarana, 535*f*, 536, **676***f*-677*f*
Biotecnologia, **433**
 aplicações práticas, 433, 434*f*-437*f*, 438-439
 ciência, sociedade e, 23, 24*f*
 código genético e, 342*f*, 441
 engenharia genética de plantas, 837, 838*f*, 839-840
 evolução e, 441
 fitorremediação, 809
 nos testes genéticos, 288, 289*f*
 procariotos na, 589, 590*f*-591*f*
 sequenciamento de genomas, 9
 tecnologia de DNA. *Ver* Tecnologia de DNA
Bípedes, animais, 750*f*, 1135
Bisfenol A, 1015

ÍNDICE **1401**

Bivalves, 699, 701f-702f
Blastocele, **1047**f
Blastocistos, 430, 431f, **1034**, 1035f, **1052**, 1053f
Blastômeros, **1047**f
Blastóporos, **682**f, **1050**f, 1062f
Blástula, **674**f, 1044, **1047**f
Bloqueio lento à polispermia, 1045
Bloqueio rápido à polispermia, 1045
Boca, formação da, 1050f
Bocas-de-dragão, 279f
Bócio, 29, 1009
Bodião-limpador, 1214f
Bolhas, 229f-230f
Bolo alimentar, 906f
Bolor limoso celular, 612, 613f
Bolor limoso plasmodial, 612f
Bolsa vaginal, 1038
Bomba de sódio-potássio, 137, **1069**-1070
   como transporte ativo, 136, 137f
   ouabaína e, 1084
   potencial em repouso do neurônio e, 1070f-1071f
Bomba eletrogênica, **138**f
Bombas de íons, 137, 138f, 1070f-1071f
Bombas de prótons, 187f, 788, 789f, 848
Bombina, sapos, 516, 517f, 520
Bombus affinis, 1170f
Bonasa umbellus, 1271
Bonobos, 460, 746f-747f
Borboleta-glanville (*Melitaea cinxia*), 1206f, 1207
Borboletas, 313, 551, 711f-712f, 824f, 839
Borboletas-monarcas (*Danaus plexippus*), 839, 1146f
Borda de escova, 909f
Bordas dos ecossistemas, 1270, 1271f, 1287
Bordo-vermelho, folhas do, 762
Borisy, Gary, 241f
Borrelia burgdorferi, 584f
Botão catalítico, ATP-sintase, 175f
Botões gustatórios, **1124**f
Botox, 1081
Botulismo, 218f, 403, 584f, 588, 1080
Boveri, Theodor, 295
Bowden, Richard, 627f
Boysen-Jensen, Peter, 847f, 848
Brachyistius frenatus, 1203f
Braços de cromátides, 236, 264
Brain Research through Advancing Innovative Neurotechnologies (BRAIN), 1106
Brânquias, 921f, 940f-941f
   anelídeos, 703
   artrópodes, 707
   axolotes, 921f
   crustáceos, 709
   moluscos, 699f
   osmorregulação por, 979f
   peixes, 728f
Braquiópodes, 688f, **698**f, 699, 713
Brassinosteroides, 845, 846t, **854**-855
BRCA1 e *BRCA2*, genes, 392f-393f, 394
Brenner, Sydney, 1058-1059
Briggs, Robert, 428
Brincadeira do objeto, 1159
Brincadeira locomotora, 1159
Brincadeira social, 1159
Brincar, 1159
Briófitas, **622**-623
   como plantas avasculares, 622, 622t
   esporófitos das, 625, 626f
   evolução, 635
   filogenia, 623f
   gametângios das, 625, 626f
   gametófitos das, 624f-626f
   importância ecológica e econômica das, 627f, 628
   musgos, hepáticas e antóceros como, 623, 626f
   relações gametófitos-esporófitos nas, 637f, 638
Briozoários, 687f, 698f
Broca, Pierre, 1098
Bronquíolos, **943**f
Brônquios, **942**, 943f
Brotamento, 100f, 255f, 659f, 1020
Brundtland, G. H., 1262
Bubulcus ibis, 1183, 1184f, 1221f
Buck, Linda, 1124
Bufa-de-lobo, 665f
Búfalo-africano, 1221f
Bulbo, 946f, **1093**f
Bulbo olfatório, 1091f, 1095f, 1124, 1125f
Bulbos-flama, 694, 984

Burkholderia glathei, 586f
Burros, 335f, 337
Buxbaum, Joseph, 462f

Cabeça, insetos, 710f
Cabomba aquatica, 775f
Cabra-montesa (*Rupicapra rupicapra*), 901f
Cabras, 436f
Caça ilegal de elefantes, 1265f
Cacaueiros, 667f, 668
Cachimbo-indiano, 819f
Cacto, 799f, 825f, 1172f, 1178, 1183f
Cacto-saguaro (*Carnegiea gigantea*), 1178, 1183f
Cadeia α, 959f
Cadeia β, 959f
Cadeias alimentares, **1224**f-1225f, 1257f
   biomagnificação nas, 1275, 1276f
   perda de energia ao longo da, 1246, 1247f, 1248
Cadeias laterais apolares, 76, 77f
Cadeias laterais de aminoácidos, 75, 76f-77f
Cadeias laterais eletricamente carregadas, 76, 77f
Cadeias laterais polares, 76, 77f
Cadeias leves, **958**f-961f
Cadeias pesadas, **958**f-961f
Cadeias transportadoras de elétrons, **168**
   na fermentação e respiração aeróbica, 179-180
   na fosforilação oxidativa, 174f, 175
   na quimiosmose, 175, 176f, 177
   na respiração celular, 167f-168f
Caderinas, proteínas, 676f
Caenorhabditis elegans (nematódeo do solo)
   apoptose no, 230
   como organismo-modelo, 22, 705f
   mapeamento do destino, 1058f-1059f
   sistema nervoso do, 1086f, 1087
   tamanho do genoma e número de genes do, 448t, 449
Cães de caça, 1138
Café, 651
Cafeína, 233
Caixas TATA, 343f, **344**, 373
Cálcio, 29t
Cálcio, homeostase, 1011f
Calcitonina, 1004f, **1011**f
Calmodulina, 1132
Calo, **835**-836
Calochortus tiburonensis, 30f
Calor, **46**, 143-**144**
   como subproduto da respiração celular, 178
   difusão e, 132
   dióxido de carbono e, 11
   resposta vegetal ao estresse pelo, 865
   taxa metabólica e perda de, 890f
   temperatura vs., 46
   termófilos e, 585f, 586
   termorreceptores, 1111f
Calor de vaporização, **47**
Calor específico, **46**, 47f
Calorias (cal), **46**, 890
Calorímetros, 890
Calvin, Melvin, 191
Camada limosa, 575
Camada superficial do solo, **806**, 807f
Camadas de hidratação, **49**
Camadas de valência, **35**
Camadas eletrônicas, 32f, **34**, 35f, 36
Camaleão-pantera (*Furcifer pardalis*), 735f
Camaleões, 673f, 735f
Camarão, 464f, 512f, 513, 708-709
Camarão *Artemia*, 464f, 545f, 546
Camarão-pistola, 512f, 513
Câmbio vascular, **766**f, 772f-774f, 849
Camelos, 980
Campo magnético da Terra, 1111f, 1141
Campos, 1175f, 1264
Campos temperados, **1175**f
Camuflagem, 20f-21f, 23, 468f, 476f, 501f, 1218f, 1219
Camundongo, 22
   como organismos-modelo. Ver *Mus musculus*
   comparação do genoma humano com o genoma do, 454, 455f, 460f-462f
   desenvolvimento das patas do, 231f
   do deserto, homeostase osmótica no, 981
   encéfalos do, 1086f
   evolução do gene *FOXP2* no, 461, 462f
   gene *agouti* e, 372f
   genes homeóticos no, 463f

   impressão genômica do fator de crescimento semelhante à insulina, 310f, 311
   modos de seleção natural no, 498f
   orçamentos energéticos no, 892
   regulação da população dependente de densidade, 1204f
   regulação do apetite no, 918
   sequência de genoma completo do, 454, 455f
   transferência de traço genético entre cepas bacterianas no, 315f
Camundongo da praia (*Peromyscus polionotus*), 2f, 20f-21f
Camundongo do continente (*Peromyscus polionotus*), 20f-21f
Camundongo, organismo-modelo, 22
Camundongo (*Peromyscus polionotus*), estudo de caso da camuflagem do, 2f, 20f-21f, 23
Camundongo-da-areia (*Pseudomys hermannsburgensis*), 981
Camundongo-do-deserto, 981
Camundongo-espinhoso-comum, 1216f
Camundongo-espinhoso-dourado, 1216f
Camundongos-da-califórnia, 1143, 1144t
Camundongos-de-pata-branca, 1144t
Cana-de-açúcar, 206f
Canais alimentares, 688f, **697**f, 704f, **905**f, 912f
Canais controlados, **135**
Canais iônicos, **135**, **1070**
   controlados, e potenciais de ação, 1072f-1077f
   nos mecanorreceptores, 1110
   potencial em repouso do neurônio e, 1070f-1071f
Canais iônicos controlados, **1072**f-1077f
Canais iônicos controlados por voltagem, **220**f, **1077**, 1078f, 1079-1080
Canais iônicos, proteínas, 1076
Canais iônicos, receptores, 220f
Canais semicirculares, **1113**f, 1115f, 1116
Canais transportadores de cloreto, 286
Canal central, 1087f
Canal de infecção bacteriana, 816f, 817
Canal de íons potássio, 135
Canal radial, estrela-do-mar, 714f
Câncer
   abordagem da biologia de sistemas ao, 447, 448f
   análise genômica pessoal e, 433
   biotecnologia no tratamento do, 434
   células-tronco e, 431
   de cólon, reparo de malpareamento e, 327
   de mama, genômica, sinalização celular e, 391, 392f-393f, 394
   de pele, 328, 1284
   depleção de ozônio, radiação UV e, 1284
   desreguladores endócrinos e, 1015
   detecção de microarranjos do DNA do, 426
   disposição hereditária e fatores ambientais no, 394
   diversidade genética e de espécies e tratamentos para o, 1263f
   esponjas e, 691
   falha da apoptose no, 231
   falha nos fatores de crescimento no, 226
   falha nos receptores de superfície celular no, 217, 220
   genes supressores de tumor e, 388
   genômica e proteômica no estudo e tratamento do, 88f
   HIV e, 974
   interferências nas vias de sinalização celular normais no desenvolvimento de, 389, 390f, 391
   linfonodos e, 933
   marcadores genéticos do, 428
   medicina personalizada e, 433
   modelo de múltiplas etapas para o desenvolvimento de, 391f, 394
   proteína-cinases anormais no, 222-223
   rastreamento de carcinógenos e, 360
   sistema imune e, 974f
   sistemas de controle do ciclo celular anormais, 248, 249f, 250
   telômeros e prevenção de, 329
   tipos de genes associados com, 388, 389f
   tomografia PET e, 31, 32f
   translocações cromossômicas e, 309
   tratamento com inibidores do ciclo celular, 250
   vírus no, 394-395
Câncer colorretal, 391f, 394
Câncer de cérebro, 250
Câncer de cólon, 327

Câncer de cólon não poliposo hereditário (HNPCC), 394
Câncer de mama, 220, 249f, 391, 392f-393f, 394, 433
Câncer de mama do tipo basal, 393f
Câncer de mama HER2, 220, 250, 392f-393f
Câncer de ovário, 447
Câncer de próstata, 397
Câncer de pulmão, 447
Câncer do colo do útero, 974f
Cancer Genome Atlas, 392f-393f, 394, 447
Cancro do castanheiro, 669, 867, 1226, 1234
Candida albicans, 670
Cangurus, 743, 744f, 1135f, 1153f, 1178
Canibalismo, 413, 1237
Cantos, aprendizagem pelas aves, 1147
Capacidade de suporte global, população humana, 1209, 1210f, 1211
Capacidade de suporte (K), **1197**
   global, da população humana, 1209, 1210f, 1211
   no modelo logístico do crescimento populacional, 1198f-1199f, 1198t, 1200
Capacidade vital, **945**
Capilares, **924**f-926f, 929f-930f, 932f-933f
Capilares peritubulares, **987**f
Capra pyrenaica pyrenaica, 1266
Capsaicina, 1111
Capsídeos, **400**f-401f
Capsômeros, 400f, 402
Cápsula, 97f, **575**f
Cápsula de Bowman, **987**f
Cápsula, esporângio, **625**
Captura da conformação de cromossomos (3C), técnicas de, 377
Caquexia, 1016
Caracóis, 508f, 522, 538, 688f, 699, 700f, 702f, 1067f-1068
Caracóis japoneses, 522
Caracóis marinhos, 538
Caracóis terrestres de ilhas do Pacífico, 702f
Caracóis terrestres, 700f, 702f
Caractere ancestral compartilhado, **560**, 561f
Caracteres, **270**
   ancestrais compartilhados e derivados compartilhados, 560, 561f
   multifatoriais, **282**f
   taxonomia e, 554
   traços dominantes vs. recessivos e, 271f, 272t
   traços e, 270-271
Caracteres ancestrais compartilhados, **560**, 561f
Caracteres derivados compartilhados, **560**, 561f
Caracteres multifatoriais, **282**f
Caracteres quantitativos, **281**, 282f
Caracteres, tabelas, 561f
Características intersexo, 299
Características sexuais intermediárias (intersexo), 299
Caramujo (*Conus geographus*), 1067f-1068
Caramujo peçonhento, 1067f
Caranguejo-azul, 1237
Caranguejo-chama-maré, 1141f
Caranguejo-chama-maré, comportamento de aceno, 1141f
Caranguejo-fantasma, 709f
Caranguejos, 709f
Carboidratos, **68**
   como combustível para o catabolismo, 182f, 183
   como macromoléculas, 66
   como produto da fotossíntese, 206, 207f
   de membrana, papel no reconhecimento célula-célula, 130f-131f
   digestão e absorção de, 908f-909f
   glicoproteínas e, 400-401. *Ver também* Glicoproteínas
   monossacarídeos e dissacarídeos, 68f-69f, 70
   na composição vegetal, 809
   oxidação, durante a respiração celular, 166-167
   polissacarídeos, 70f-72f
Carbono
   como elemento essencial, 29t, 64
   em turfas, 628
   isótopos do, 31-33
   meia-vida do, 33
   na composição vegetal, 809
   nos aminoácidos, 75
   nos compostos orgânicos, 58, 59f, 60. *Ver também* Compostos orgânicos
Carbono alfa (α), 75
Carbono assimétrico, 61f-62f, 68, 75

Carbono-12, 530
Carbono-14, 530
Carcharhinus melanopterus, 727f
Carcinógenos, 360, 388. *Ver também* Câncer
Carga crítica, **1275**
Caribu (*Rangifer tarandus*), 490f, 1021, 1256f-1257f, 1281f
Cáries dentárias, 213
Cariogamia, **658**f, 662f
Cariótipos, **256**f, 289f, 308f, 332f
Carnegiea gigantea, 1178, 1183f
Carnivora, árvore filogenética, 555f, 745f
Carnívoros, **901**
   canais alimentares dos, 912f
   dentição e dieta nos, 911f, 912
   hipótese energética e biomassa dos, 1225f
Carófitas, 610, 619f-620f
Carotenoides, 193, 194f, **195**, 570, 605f
Carpas, 1143f
Carpelos, 270f, 271, **644**f, **823**f
Carrapatos, 588f, 707-708, 1220, 1234, 1235f
Carrapicho, 859
Carson, Rachel, 1276f
Cartilagem, **878**f
Caruru-do-campo, 830f
Carvalho-pardo-das-beiras, 650f
Carvalhos, 614f, 650f, 1201f
Carvão, 633-634. *Ver também* Combustíveis fósseis
Cas, proteína, 404f
Cas9, proteína, 360, 361f. *Ver também* CRISPR-Cas9, sistema
   na edição gênica, 426, 427f, 434-435
   procariotos e, 589, 590f
Casca, 774
Casca da semente, **828**f-829f
Cascata
   hormonal, 1008, 1009f, 1010, 1014
Cascata de fosforilação, **222**f, 226f
Cascavel, 1084, 1111f
Cascavel-dorso-de-diamante (*Crotalus atrox*), 1084
Caseína, 76
Caspases, 230, 233
Castanheira-americana, 1226, 1234
Castanheira-do-pará, 1202f
Castores, 1226f
Catador-de-ostra, 1161
Catalisadores, **75**, **153**. *Ver também* Catálise enzimática
Catálise, **154**, 155f-156f. *Ver também* Catálise enzimática
Catálise enzimática. *Ver também* Enzimas
   barreira de energia de ativação e, 153, 154f
   cofatores e, 158
   da respiração celular, 183f, 184
   diminuição da energia de ativação por enzimas na, 154, 155f
   efeitos da temperatura e do pH na, 157, 158f
   em células vegetais, 208f
   especificidade do substrato de enzimas na, 155f, 156
   evolução de enzimas e, 159f
   gráfico de níveis de glicose no sangue, 157
   inibidores enzimáticos e, 158, 159f
   nos sítios ativos de enzimas, 156f
   por ribozimas, 346
   regulação alostérica da, 160f-161f
   regulação da, 366f-369f, 370
Catapora, 962
Catarata, 1284
Catecolaminas, 1012f
Catenulida, 694
Catharanthus roseus, 1263f
Cátions, **37**, 38f, 806, 807f
Cauda de hidrocarbonetos, clorofila, 194f
Cauda poli-A, **345**f
Caudas de histona, 330f, 371f
Caulerpa, 610f
Caules, 758, **760**
   crescimento primário dos, 769f-771f, 775f
   crescimento primário e secundário dos, 766f-767f
   crescimento secundário dos, 772f-775f
   estrutura, 761f
   etileno na resposta tripla dos, ao estresse mecânico, 853f
   giberelinas no alongamento dos, 851f
   monocotiledôneas vs. eudicotiledôneas, 649f
Caules modificados, 761f

Causa comportamental, 1140
Causa distal, 1140
Causa proximal, 1140
Cavalo-marinho, 729f
Cavalos, 548, 549f
Cavidade do manto, **699**f
Cavidade gastrovascular, **691**f, 696f, **904**f, **922**f, 923
Cavidade oral, **905**, 906f, 908f
Cavidade torácica, 942, 945
Cavidades corporais, **680**, 681f, 717
Caxumba, 409
CC (cópia carbono, gata clonada), 430f
CCR5, gene, 435
CCR5, proteína, 130f
Cdks (cinases dependentes de ciclina), **245**, 246f
Cebola, 252
Cecílias, 732f
Ceco, **911**f
Cedar Creek, Reserva Científica do Ecossistema de, 1223f
Cefalização, 1086-1087
Cefalocordados, 719f, **720**, 721f-722f
Cefalópodes, 699, 701f, 702
Cegueira, 311, 495, 584f, 1122
Celacanto, 719f, 729f
Celera Genomics, 443f
Celoma, **680**, 681f, 698, 704f, 717
Celomados, 681
Célula companheira, **765**f
Célula do tubo, 646f, 826
Célula epitelial secretora de leite, 392f
Célula pulmonar de salamandra, 7f, 238f-239f
Células, **5**f, **759**
   alterações de forma na morfogênese animal, 1056f-1057f
   animais. *Ver* Células animais
   auxina na diferenciação das, 850
   auxina no alongamento das, 848, 849f
   cálculo do volume e da área de superfície das, 99
   células-tronco. *Ver* Células-tronco
   citocininas na divisão e diferenciação das, 850
   como unidades fundamentais da vida, 5f-6f, 93f
   comunicação entre. *Ver* Sinalização celular
   diferenciação. *Ver* Diferenciação celular
   divisão das, fundamental à vida, 235. *Ver também* Ciclo celular; Divisão celular
   do intestino delgado, 125
   efeitos da mudança climática, 1280f
   envelhecimento de proteínas nas, 83f
   eucarióticas vs. procarióticas, 97f-98f, 99. *Ver também* Células eucarióticas; Células procarióticas
   fotossíntese e. *Ver* Fotossíntese
   fracionamento celular no estudo das, 96f, 97
   integração celular das, 121f
   localização de enzimas nas, 161f
   maquinaria molecular nas, 122f-123f
   membranas celulares das. *Ver* Membranas celulares
   metabolismo. *Ver* Metabolismo
   microscópio no estudo das, 94f-95f, 96
   morte programada. *Ver* Apoptose
   na doença falciforme, 502f
   programação, pelo DNA viral, 315f-316f, 317
   protobiontes como as primeiras, 528f
   regulação gênica sequencial na diferenciação das, 383, 384f
   regulação hídrica da, 142
   respiração celular e. *Ver* Respiração celular
   sanguíneas, 934f-936f, 937
   transcrição específica ao tipo de, 374-375, 377f
   uniformidade nas, 13f
   variação de tamanho das, 94f
   vegetais. *Ver* Células vegetais
Células alfa, 916f
Células amácrinas, 1118f
Células animais. *Ver também* Células eucarióticas
   apoptose, 230f-231f
   células-tronco, 430f-431f
   citocinese, 241, 242f
   endocitose, 140f
   equilíbrio hídrico nas, 134f-135f
   estrutura e especialização, 674
   estrutura e organelas, 100f
   junções celulares, 120f
   matriz extracelular, 118, 119f
   meiose nas, 260f-261f
   respiração celular nas. *Ver* Respiração celular

sinalização celular local e de longa distância, 215f, 216
transplante nuclear de células diferenciadas, 428, 429f-430f
Células apresentadoras de antígenos, **963**, 964f
Células B, **958**f-960, 961f-966f
  DNA das, 976
Células basais, 828f
Células beta, 916f
Células bipolares, 1118f, 1120, 1121f
Células cerebrais, 126f
Células ciliadas, 1112, 1113f-**1114**f
Células da bainha do feixe, **203**, 204f
Células da próstata, 397
Células de cloreto, 992, 993f
Células de colar, 675f
Células de levedura, 100f
Células de Leydig, 1031f
Células de Schwann, **1076**f-1077f, 1090f
Células de Sertoli, 1031f
Células de transferência placentária, 620f
Células dendríticas, **955**
Células diploides, **257**
  células haploides vs., 257
  mitose vs. meiose nas, 262, 263f, 264
  nos ciclos da vida sexuada, 258f, 259
  variabilidade genética preservada nos alelos recessivos de, 500
Células, divisão. *Ver* Divisão celular
Células de memória, **962**
Células do colênquima, **764**f, 770
Células do esclerênquima, **764**f, 770
Células do felema, 774
Células do mesênquima, 1055
Células do parênquima, **764**f, 769f, 770
Células efetoras, **961**, 962f
Células ependimais, 1090f
Células eucarióticas, **6**, **97**. *Ver também* Células animais e vegetais, 100f-101f. *Ver também* Células animais; Células vegetais
  células procarióticas vs., 6f, 97f-98f, 99. *Ver também* Células procarióticas
  citoesqueletos de, 112f-117f
  componentes extracelulares e conexões entre, 118f-120f
  controle combinatório da transcrição para os tipos de, 374-375, 377f
  distribuição de cromossomos na divisão celular das, 235f-236f, 237
  empacotamento da cromatina nos cromossomos das, 330f-332f
  evolução da divisão celular nas, 243, 244f
  expressão de genes eucarióticos clonados nas, 422-423
  instruções genéticas no núcleo das, 102, 103f
  integração celular das, 121f
  membranas internas e organelas das, 93f, 98f, 99, 100f-101f
  membranas plasmáticas das, 98f, 99
  mitocôndrias, cloroplastos e peroxissomos das, 109, 110f-112f
  no desenvolvimento embrionário, 381f, 382
  organização de genes típicos nas, 373f
  origens, 534, 535f
  processamento do RNA nas, 345f-347f
  regulação da expressão gênica nas. *Ver* Regulação gênica eucariótica
  replicação de telômeros de DNA das, 328, 329f
  replicação do DNA nas, 322, 323f
  ribossomos como fábricas de proteínas das, 102, 103f, 104
  sistema de endomembranas, 104, 105f-109f
  transcrição e tradução nas, 339f, 342, 343f-344f, 356f
Células fagocíticas, 955f, 956
Células fibrosas, 764f
Células flácidas, **135**, **790**, 791f, 797f
Células ganglionares, 1118f, 1120, 1121f
Células generativas, 646f, 826
Células germinativas
  humanas, 258, 1029f
  mapas de destino e, 1058f-1059f
  telomerase e telômeros nas, 329
Células germinativas primordiais, 1029f
Células haploides, **257**, 258f, 259
Células Hfr, 580f, 581
Células horizontais, 1118f, 1120

Células hospedeiras, endossimbiontes, 534, 535f
Células iniciais, 766
Células, membranas das. *Ver* Membranas celulares
Células monossômicas, **307**
Células mucosas, 907f
Células musculares, 117f, 383, 384f, 673, 915
Células *natural killer* (NK), **955**
Células nervosas, 673
Células parietais, 907f
Células plasmáticas, 961, 962f, 970f
Células pluripotentes, **431**
Células pós-sinápticas, 1068f
Células pré-sinápticas, 1068f
Células procarióticas, **6**, **97**. *Ver também* Células
  células eucarióticas vs., 6f, 97f-98f, 99. *Ver também* Células eucarióticas
  estrutura, 97f
  estruturas de superfície celular das, 574, 575f-576f
  evolução da divisão celular nas, 243, 244f
  programação, pelo DNA viral, 315f-316f, 317
  regulação da transcrição nas, 366f-369f, 370
  replicação do DNA nas, 322f-327f
  transcrição e tradução nas, 337, 339f, 342, 343f-344f, 355f
Células, respiração. *Ver* Respiração celular
Células somáticas, **236**, **255**
Células T, **958**f
  auxiliares, 963, 964f
  citotóxicas, 962, 966f, 967
  desenvolvimento de, 960, 961f-963f
  diversidade de, 960, 961f
  DNA das, 976
  memória imunológica, 963f
  proliferação de, 961-962
  reconhecimento de antígenos por, 959f-960f
  regulatórias, 971
  seleção clonal das, 962f, 963
Células T auxiliares, **963**, 964f
Células T citotóxicas, 962, **966**f, 967
Células T reguladoras, 971
Células terminais, 828f
Células totipotentes, **428**, **1061**
Células trissômicas, **307**
Células túrgidas, 134f, **135**, **790**, 791f, 797f
Células vegetais. *Ver também* Células eucarióticas
  atividades celulares das, 208f-209f
  captação de sacarose por, 142
  clonagem de plantas a partir de uma célula vegetal, 428. *Ver também* Plantas transgênicas
  cloroplastos nas, 109, 110f-111f
  como células eucarióticas, 101f
  destino celular e formação de padrões, 777, 778f
  divisão e expansão das, no crescimento, 776, 777f
  expressão gênica e controle da diferenciação de, 778f
  fluxo citoplasmático nas, 117f
  fotossíntese nas. *Ver* Fotossíntese
  mitose e citocinese nas, 241, 242f-243f
  paredes celulares das, 118f
  plasmodesmos como junções celulares nas, 119f, 120
  sinalização celular nas, 215f
  tipos comuns de, 763, 764f-765f
Células-alvo, hormônios, 1000f-1004f
Células-chefe, 907f
Células-filhas, 234, 235f-236f, 237, 266f
Células-guarda, **763**, 770, 771f, 797f, 798
Células-tronco, **428**, **935**
  adultas e embrionárias de animais, 430, 431f
  geração de células diferenciadas a partir de, 431f
  glia como, 1090f
  na espermatogênese, 1042
  na substituição de componentes sanguíneos, 935f, 936
  pluripotentes induzidas de animais, 431, 432f
  potencial de, 428
  vegetais, 766
Células-tronco do adulto, 430, 431f
Células-tronco embrionárias, 431f
Células-tronco linfoides, 935f
Células-tronco mieloides, 935f
Células-tronco pluripotentes induzidas (iPS), 431, 432f
Celulose, **71**
  água e, 49
  como produto da fotossíntese, 206, 207f
  microfibrilas, 777f
  nas paredes de células vegetais, 70f-71f, 72, 118
  proteínas que sintetizam, 619f

Celulose-sintase, 118
Cenouras, 428
Centopeias, 708, 709f
Centrífuga, 96f, 97
Centrifugação diferencial, 96f, 97
Centríolos, **114**f
Centro de controle homeostático, 882f
Centro de saciedade, 917f
Centro organizador de microtúbulos, 240
Centrômeros, **236**f, 264
Centros de controle da respiração, 946f
Centrossomos, 100f, **114**f, 238f, **240**f
Centrostephanus rodgersii, 1281f
Cepa HIV-1 M, 567, 568f
Ceratotherium simum cottoni, 1266
Cercozoários, **608**f, 609
Cerdas, 703, 704f
Cerebelo, 1091f, **1092**f-1093f
Cérebro, 1091f, **1092**f-1093f, 1094
Cerne, 774f
Certeza da paternidade, 1150, 1151f
Cervo, 1151f
Cetáceos, 481f-482f, 745f
Cetartiodactyla, 745f
Cetoses, 68f
Chá, 651, 783
Chá de mórmon, 642f
Chamerion angustifolium, 636f
Chapim (*Parus major*), 741f
Chapim-da-carolina (*Poecile carolinensis*), 517f
Chapim-de-bico-preto (*Poecile atricapillus*), 517f
Chapins, 517f
Charadrius melodus, 1190f
Chargaff, Edwin, 317f, 318
Charpentier, Emmanuelle, 426
Chase, Martha, 316f, 317
Chifre-de-veado, 819f
Chimpanzés (*Pan troglodytes*)
  aprendizagem social nos, 1147f
  como primatas, 746f-747f
  comparação do genoma humano com o genoma de, 87, 89, 454f-455f, 460f, 461
  crânios de humanos e, 558
  heterocronia e velocidades de crescimento diferenciais do crânio de, 544f
  humanos vs., 748
  pesquisa de J. Goodall sobre, 17f
  resolução de problemas, 1147
  uso de ferramentas pelos, 750
China, 1208
Chip de microarranjo de genes humanos, 447, 448f
Chips de DNA, 426
Chiroptera, 745f
Chisholm, Penny, 552
Chitas, 212f, 1204f
Chlamydomonas, 101f, 610, 611f. *Ver também* Algas verdes
Chlamydomonas nivalis, 211
Chlorarachniophyta, 596f, 609
Chondracanthus harveyanus, 1222
Choque anafilático, 971
Choque séptico, 957, 976
ChromEMT, 330f
Chroococcidiopsis thermalis, 194f, 195
Chthamalus stellatus, 1216f
Chupim-cabeça-castanha (*Molothrus ater*), 1271, 1287
Chuva ácida, 55
Cianobactérias
  cooperação metabólica nas, 582f
  evolução da glicólise na, 182
  florescimento de, 1227f
  fotossíntese por, 188f, 194f, 195, 199, 584f
  fotossintetizantes, endossimbiose dos protistas com, 596f-597f, 608f, 609
  fungos e algas, como liquens, 663, 668f-669f
  mutualismo com, 813f
  origem da fotossíntese nas, 533, 534f
  reciclagem química pelas, 586f
  simbiose de briófitas com, 626f, 627
Cicas, 642f
Ciclagem da água, nos ecossistemas, 1248f-1252f
Ciclagem de nutrientes. *Ver também* Fluxo de energia e ciclagem química
  ciclos biogeoquímicos, 1249f-1252f
  na Floresta Experimental Hubbard Brook, 1252f
  taxas de decomposição e ciclagem de nutrientes na, 1248f, 1249

ÍNDICE

Ciclagem química
  nos ecossistemas, 1238f-1240f, 1241
Ciclagem química, fluxo de energia e. Ver Ciclos
  biogeoquímicos; Fluxo de energia e ciclagem química
Ciclídeos, peixes, 515f, 519f, 520
Ciclina, **245**, 246f
Ciclióforo, 688f
Ciclo cardíaco, **927**f-928f, 930, 951
Ciclo catalítico, 156f
Ciclo celular, **237**. Ver também Sistema de controle do
  ciclo celular; Divisão celular
    bacteriano, fissão binária no, 242, 243f
    citocinese no, 241, 242f-243f
    distribuição de cromossomos em eucariotos, 236f,
      237
    estágios de mitose nas células animais, 238f-239f
    eucariótico, regulação pelo sistema de controle do
      ciclo celular, 244, 245f-249f, 250
    evolução, 252
    evolução da mitose, 243, 244f
    fases mitóticas e interfases, 237f
    fuso mitótico na fase mitótica, 240f-241f
    interpretação de histogramas sobre, 250
    organização celular dos cromossomos no, 235f, 236
    papéis da divisão celular no, 234f-235f
    tratamento do câncer pela inibição do, 250
Ciclo da água, 1250f, 1259
Ciclo de Calvin, **191**f, 192, 201, 202f, 206, 207f
Ciclo de Krebs. Ver Ciclo do ácido cítrico
Ciclo do ácido cítrico, **168**, 169f, 172f-173f, 177f
Ciclo do ácido tricarboxílico. Ver Ciclo do ácido cítrico
Ciclo do carbono, 1250f, 1257f
Ciclo do fósforo, 1251f
Ciclo do nitrogênio, 815f, 821, 1251f, 1257f
Ciclo estral, **1033**-1034
Ciclo lisogênico, **402**, 403f
Ciclo lítico, **402**f, 414
Ciclo menstrual, **1032**f, 1033-1034
Ciclo ovariano, **1032**f, 1033
Ciclo solar, 1282
Ciclo uterino, **1032**f, 1033
Ciclos biogeoquímicos, **1249**f-1252f. Ver também
  Fluxo de energia e ciclagem química
Ciclos biogeoquímicos globais, 1249
Ciclos biogeoquímicos locais, 1249
Ciclos da vida, **256**. Ver também Ciclos da vida sexuada
    da alga parda *Laminaria*, 603f, 604
    da clorófita de alga verde *Chlamydomonas*, 611f
    da *Drosophila melanogaster* (mosca-da-fruta), 385f
    da samambaia como planta vascular sem semente,
      630f
    de angiospermas, 646f, 647, 653, 826, 827f, 828
    de fungos, 658f-659f, 662f, 664f, 666f
    do apicomplexo *Plasmodium*, 606f
    do bolor limoso celular *Dictyostelium*, 613f
    do ciliado *Paramecium caudatum*, 607f
    do hidrozoário *Obelia*, 693f
    do musgo, 624f
    do trematódeo sanguíneo *Schistosoma mansoni*,
      696f
    dos humanos, 257f, 258
    dos pinheiros e gimnospermas, 640f, 641
    eventos de desenvolvimento nos, 1044
    reprodução e, 256
Ciclos da vida sexuada. Ver também Ciclos da vida
    alternância de fertilização e meiose nos, 256f-258f,
      259
    angiospermas, 826, 827f, 828
    base cromossômica da herança mendeliana nos,
      294f, 295. Ver também Base cromossômica da
      herança
    cariótipos dos cromossomos nos, 256f
    conjuntos de cromossomos humanos nos,
      256f-257f, 258
    estágios da meiose nos, 259f-262f
    evolução por variabilidade genética produzida nos,
      265f-267f
    genética da hereditariedade e variabilidade
      genética na, 254-255
    gráfico das alterações do DNA na meiose, 264
    herança de cromossomos e genes nos, 255
    mitose vs. meiose nos, 262, 263f, 264
    protistas, 594
    reprodução assexuada vs., 255f
    variedades dos, 258f, 259
Ciclos de replicação viral
    características gerais, 401f, 402
    de fagos, 402f-404f
    de vírus de animais, 404, 405f, 406t, 407f
Ciclos geoquímicos, 1249f-1252f
Ciclos populacionais, 1205f, 1206
Ciclos reprodutivos, animais, 1021f
Ciclos reprodutivos, humanos, 1032f, 1033-1034
Ciclosporina, 670
Ciclóstomos, **723**
"Cidade perdida", fontes termais, 527f
Ciência, **16**
  abordagem cooperativa e organismos-modelo na,
    22-23, 24f. Ver também Organismos-modelo
  biologia como estudo da vida pela, 3. Ver também
    Biologia
  habilidades. Ver Exercícios de habilidades
    científicas
  médica. Ver Medicina
  métodos. Ver Figuras "Método de pesquisa"
  pontos de vista diversos na, 24
  processo de pesquisa, 17, 18f-21f, 22. Ver também
    Estudos de caso; Figuras "Pesquisa"
  sociedade, tecnologia e, 23, 24f
Ciência forense, 24f, 436, 437f
Ciência, pesquisa na, **16**. Ver também Figuras
  "Pesquisa"; Figuras "Método de pesquisa"; Pesquisa
  científica
Cifozoários, 687f, 691f-692f
Ciliados, 606, 607f, 617
Cilindro vascular, **763**
Cílio primário, 114
Cílios, **114**
    brônquios, 943
    ciliados, 607f
    como microtúbulos, 114, 115f-116f
    destino celular e, 1064f
    eucariotos, arquitetura e uniformidade, 13f
    flagelos vs., 115f
Cílios de motilidade, 1064
Cílios estacionários, 1064
Cinases, 219f, 220. Ver também Proteína-cinases;
  Receptores tirosina-cinases
Cinases dependente de ciclinas (Cdks), **245**, 246f
Cinetocoros, 238f, **240**f-241f
Cinetoplastídeos, **600**, 601f
Cinetoplastos, 600
Cinnabar (*cn*), gene, 305f-306f
Cinodontes, 531f, 532
Cintura das cromátides, 236
Cipó-chumbo (*Cuscuta*), 819f
Circuito pulmocutâneo, 924f, 925
Circuito pulmonar, 924f-926f
Circuito sistêmico, 924f-926f
Circulação dupla, 924f-926f, **925**
Circulação simples, **924**f, 925
Cisteína, 63f, 77f
Cisternas, 104, 106f, 107
Citocinas, 955-956, 1001
Citocinese, **236**
    envelope nuclear durante a, 252
    mitose e, 234, 239f, 241, 242f-243f
    na meiose, 260f-261f
Citocininas, 846t, **850**f
Citocromos, **175**, 199, 230, 566
Citoesqueletos, **112**
    ATP no trabalho mecânicos dos, 152f
    células animais, 100f
    células vegetais, 101f
    escala do, 123f
    estrutura e função, 113t
    filamentos intermediários dos, 113t, 117
    microfilamentos de actina dos, 113t, 115, 116f-117f
    microtúbulos dos, 113t, 114f-116f
    na morfogênese, 1056f-1057f
    papéis de suporte e motilidade dos, 112f-113f
    proteínas de membrana e ligação aos, 130f
Citologia, 96
Citoplasma, **98**
    citocinese e divisão do, 236, 239f, 241, 242f-243f
    de células procarióticas e eucarióticas, 98-99
    respostas de sinalização celular no, 226, 227f
    sinais de controle do ciclo celular no, 244, 245f
Citosina, 84, 85f, 86, 317f, 318, 341f
Citosol, **97**
Citrulina, 338f
Cladística, **559**, 560f, 572. Ver também Sistemática;
  Taxonomia
Clado SAR, 599f, **601**f-608f, 609
Clados, **559**, 560f, 561, 622-623
Clamídias, 584f, 1039
Classes, taxonomia, **554**, 555f
Classificação hierárquica, 554, 555f
Classificação linneana, 554, 555f
Clausen, Jens 1189
Clima, **1167**. Ver também Mudança climática
  biomas terrestres e, 1171f
  deriva continental e mudanças no, 539
  distribuições de espécies e, 1164, 1170f
  efeito de grandes corpos de água no, 47f
  efeitos da vegetação no, 1169f
  efeitos regionais e locais sobre o, 1167f-1169f
  extinção em massa do Permiano e alterações no,
    540
  gases do efeito estufa e, 1278f-1283f
  gradientes latitudinais e, afetando a diversidade de
    comunidades, 1232f
  microclima e, 1169-1170
  padrões globais, 1166f, 1167
  plantas avasculares e alterações no clima no
    Ordoviciano, 629
  usando dendrocronologia para estudar o, 773f
Climográfico, **1171**f
Clitóris, **1026**, 1027f
Clivagem, **241**, **674**, **1046**
  no ciclo celular, 241, 242f-243f
  no desenvolvimento de protostômios e
    deuterostômios, 681, 682f
  no desenvolvimento embrionário animal, 674f,
    1044, 1046, 1047f-1048f, 1049
  no desenvolvimento embrionário humano, 1035f
Clivagem determinada, **681**, 682f
Clivagem espiral, **681**, 682f
Clivagem holoblástica, 1048
Clivagem indeterminada, **681**, 682f
Clivagem meroblástica, 1048
Clivagem radial, **681**, 682f
Cloaca, **727**, **1024**
Clonagem de organismos
  de animais, 428, 429f-430f
  de células-tronco de animais, 428, 430f-432f
  de plantas, 428
Clonagem do DNA, **418**
  amplificação do DNA usando reação em cadeia da
    polimerase na, 420, 421f, 422
  cópia do DNA com clonagem de genes e, 418f, 419
  expressão de genes eucarióticos clonados na,
    422-423
  na terapia gênica, 434f
  usando enzimas de restrição para fazer plasmídeos
    de DNA recombinante para, 419f-420f
Clonagem do tubo de ensaio, 836f
Clonagem gênica, **418**f, 419, 421, 422f
Clonagem reprodutiva, 430f-431f
Clonagem terapêutica, 431
Clone (termo). Ver Clonagem de organismos
Clones, **255**, 1066. Ver também Clonagem de
  organismos
  a partir de cortes de plantas, 835-836, 849
  de espécies extintas, 1266
  fragmentação e, 833f
  no tubo de ensaio ou *in vitro*, 836f
  reprodução assexuada de, 255f
Cloreto de sódio
  como sal de mesa, 29f, 38f, 49f
  dietas humanas e, 901
  eliminação do excesso de, por aves marinhas, 982f
  excessivo, resposta vegetal ao, 865
  no tratamento da diarreia, 139
  osmorregulação do, 992, 993f
  processamento do, pelos rins, 988f-990f, 991
Cloro, 29t, 1283-1284
Clorofila, 5f, **189**f, 190
  estrutura, 194
  excitação luminosa na, 195f
  fluxo cíclico de elétrons na, 198f, 199
  fluxo linear de elétrons na, 197f-198f
  nos fotossistemas, 195, 196f, 197
  quimiosmose, 199, 200f, 201
Clorofila *a*, **193**, 194f, 195-198
Clorofila *a* P680, 196, 197f
Clorofila *a* P700, 196, 197f, 198
Clorofila *b*, **193**, 194f, 196
Clorofila *d*, 194
Clorofila *f*, 194-195
Clorófitas, 610f

ÍNDICE **1405**

Clorofluorcarbonos (CFCs), 1283f, 1284
Cloroplastos, **109**, **189**
  como locais de fotossíntese, 189f, 190, 206, 207f
  como organelas, 5f, 6
  culturas transgênicas e DNA nos, 840
  dobramento dos, 695f
  fotossíntese por, 109-110, 111f, 187
  nas células vegetais, 101f, 209f
  origens evolutivas nos, 109, 110f
  quimiosmose nas mitocôndrias vs. nos, 199f-200f, 201
  quimiosmose nos, 177
  reações luminosas nos. Ver Reações luminosas
Clorose, 810, 812
Clostridium botulinum, 584f, 588
Clostridium difficile, 912
Cloudina, 677f
Clube dos cem batimentos cardíacos, 1262f
Cnemaspis psychedelica, 1260f
Cnidários, 687f, 691f-693f, 1086f
Cnidócitos, **691**f-692f
Coagulação sanguínea, 10, 300, 418f, 436, 703f, 704, 936f, 937
Coalas, 743, 912f
Coanócitos, **690**f
Coanoflagelados, 614, 675f-676f
Cobra-d'água do lago Erie (*Nerodia sipedon*), 496, 497f
Cobra-papagaio-verde, 1218f
Cobras-d'água, 496, 497f
Cocaína, 1103f
Coccidioidomicose, 670
Coccosteus cuspidatus, 533f
Cóclea, **1113**f-1115f
Coco, 828, 832f
"Código de barras" do DNA, 1222
Código genético
  biotecnologia e, 441
  códons e trincas de nucleotídeos como, 340f, 341
  como homologia molecular, 479-480
  como sequência de bases nitrogenadas, 85
  decifrando o, 341f
  do DNA, 7f-8f
  evolução do, 341, 342f
  nas mutações, 357f-358f, 359
  universalidade do, 16
  variabilidade neutra e redundância do, 488-489
Codominância, **279**
Códon de início, 341f, 350
Códons, **340**
  evolução, 364
  na tradução, 347f-350f, 352, 353f
  no código genético, 340f-342f
Códons de parada, 341f, 352, 353f
Códons de terminação, 341f
Coeficiente de correlação, no Exercício de habilidades científicas, 678, 751
Coeficiente de parentesco (r), **1158**f-1159f
Coeficientes de correlação, 678, 751
Coelhos, 914
Coenzima Q (CoQ), 175, 186
Coenzimas, **158**
Coesão, **45**, 46f, 795-796
Coesão das cromátides-irmãs, 236, 259
Coesinas, 236, 240, 262f
Coevolução, **825**f
Cofatores, **158**
Cognição, 1096, 1098, 1099f, **1146**, 1147f
Cogumelos, 654f, 655, 665f-667f, 670. Ver também Fungos
Coifa, raiz, **768**f
Coito humano, 1034
Coito interrompido, 1038f
Colágeno, 76f, 81f, **118**, 119f, 674
Colecistocinina (CCK), 915f
Coleoptera (besouros), 712f
Coleóptilo, **829**f-830f, 847f, 848
Coleorriza, **829**f
Cólera, 218f, 224, 584f, 588
Colesterol, **75**f
  endocitose mediada por receptor e, 139, 141
  metilação do DNA e, 372f
  na gema do ovo, 91
  nas membranas celulares, 127f-128f
  receptores acoplados à proteína G e, 217f
  tipos, no sangue, 937-938
Colistina, 588
Colo do útero, **1026**, 1027f

Cólon, **911**f
Coloração
  adaptação defensiva de presas, 1218f, 1219
  da pele, 1016, 1018
  de cromossomos, 332f
  estudo de caso em camundongos, 20f-21f, 23
Coloração aposemática, 1218f, **1218**
Coloração críptica, 1218f, **1218**
Coloração de Gram, técnica, **574**, 575f
Coloração de pelagem, estudo de caso, 20f-21f, 23
Combustíveis
  bactérias na produção do etanol, 590
  engenharia genética de, usando fungos, 671f
  fósseis. Ver Combustíveis fósseis
  plantas com sementes como, 651
  turfa e carvão, 627f, 633-634
Combustíveis fósseis
  acidificação dos oceanos e, 53f, 54
  ciclagem de nutrientes e, 1249f
  fotossíntese como fonte de, 188
  hidrocarbonetos como, 60
  humanos e queima de, 11
  mudança climática global e, 204-205, 1278, 1280f-1281f, 1282, 1283f
  no ciclo do carbono, 1250f
  pegadas ecológicas e, 1210f, 1211
  plantas vasculares sem sementes e, 633-634
  tecnologia de biocombustível para diminuir a dependência de, 838
Comensalismo, 587, 662, **1221**f
Cometas, extinção em massa por colisão de, 541f
Compensações (*trade-offs*), 501
Compensações (*trade-offs*), história da vida, 1201f-1202f
Competição, **1215**, 1256f-1257f
  interespecífica, 1215, 1216f-1217f, 1237
  nas distribuições de espécies vegetais, 1186
  regulação da população dependente de densidade, 1204f
  sexual, 499f-500f, 1153f
Competição por recursos, regulação da população dependente de densidade por, 1204f
Complexo Argo, 954f
Complexo da troponina, **1128**f
Complexo de ataque à membrana, 966f
Complexo de Golgi, 100f, **105**, 106f, 107, 109f, 131f, 208f, 405f
Complexo de início da tradução, 352f
Complexo de início de transcrição, 343f, **344**, 373f-375f
complexo de replicação do DNA, 326f-327f, 334
Complexo principal de histocompatibilidade (MHC), molécula, **959**f-960f, 963, 964f, 969-970
Complexo sinaptonêmico, **262**f
Complexos do centro de reação, 196f
Complexos do coletor de luz, **196**f
Complexos do poro, 102, 103f
Complexos enzima-substrato, **155**f, 156
Complexos enzimáticos, 161
Complexos multiproteicos, 174f, 175
Componentes inorgânicos da camada superficial do solo, 806, 807f
Comportamento, **1140**. Ver também Comportamento animal
Comportamento agonístico, 1153f
Comportamento altruísta, 1157f
Comportamento animal, 1140
  aprendizagem e, 1144t, 1145f-1148f
  genética, altruísmo e valor adaptativo inclusivo na evolução do, 1154, 1155f-1159f, 1160
  hormônios e, 999f
  na termorregulação, 873f, 887f
  processamento de informações no córtex cerebral e, 1097f, 1098
  simples e complexo, estímulos, 1140f-1143f
  sobrevivência e sucesso reprodutivo na evolução do, 1148, 1149f-1154f, 1161
Comportamento de "trapaça", 1159
Comportamento inato, **1143**
Comportamento social, 1159f, 1160
Comportamentos aprendidos, 1147
Compostos, **29**. Ver também Moléculas biológicas. Ver Moléculas biológicas
  elementos puros vs. 37
  iônicos, 38f
  orgânicos. Ver Compostos orgânicos

propriedades, 28
propriedades emergentes dos, 29f
Compostos de cetona, 63f
Compostos iônicos (sais), **38**f. Ver também Sais
Compostos metilados, 63f
Compostos orgânicos. Ver também Moléculas biológicas
  ATP como, 64
  carbono nos, como esqueleto da vida, 56, 64
  diversidade, 60f-62f
  em células vegetais, 209f
  grupos funcionais químicos e, 62f-63f
  ligação de átomos de carbono nos, 58, 59f, 60
  química orgânica como estudo dos, 57f, 58
  síntese abiótica de, 57f, 58, 526f-527f
  trabalhando com mols e razões molares de, 58
Comprimento da noite, floração e, 859f, 860
Comprimento de ramos, árvore filogenética, 561, 562f
Comprimento, esqueleto de carbono, 60f
Comprimentos de ondas eletromagnéticas, **192**f-194f, 195
Comprovação, hipóteses e, 18
Comunicação animal, 880f, **1141**f-1143f
Comunicação auditiva, 1141-1142
Comunicação celular. Ver Sinalização celular
Comunicação intercelular. Ver Sinalização celular
Comunicação simplástica, 801, 802f
Comunicação tátil, 1141f
Comunicação visual, 1142f
Comunidade vegetal em solo de serpentina, 30f
Comunidades, 4f, **1165**f
  científica, 19f, 24
  como nível de organização biológica, 4f
  distúrbios das, 1214, 1228, 1229f-1231f
  diversidade de espécies e estabilidade das, 1222f-1223f. Ver também Diversidade de espécies
  diversidade nas, 1261f-1262f
  efeitos da mudança climática, 1281f
  estrutura trófica, 1223, 1224f-1227f. Ver também Estrutura trófica
  estrutura, 1214f, 1215, 1234, 1235f
  estudo das, pela ecologia de comunidades, 1165f. Ver também Ecologia de comunidades
  fatores biogeográficos afetando a, 1231, 1232f-1234f
  interações interespecíficas nas, 1214f-1221f, 1237
  patógeno alterando a estrutura das, 1234, 1235f
Comunidades clímax, 1228
Conceito biológico de espécie, **507**f-510f
Conceito ecológico de espécie, **510**
Conceito morfológico de espécie, **510**
Concentrações, reações químicas e, 41
Concepção humana, **1034**, **1035**f
Condensinas, 331f
Condicionamento clássico, 1146
Condicionamento operante, 1146
Condições áridas, 142, 203, 204f-206f, 1166f, 1168
Condições ideais, catálise enzimática, 157, 158f
Condrictes, 719f, **726**, 727f
Condrócitos, 878f
Condução, de potencial de ação, 1075f, 1076
Condução saltatória, **1075**f-1077f
Condução, troca de calor pelos animais e, 885f
Cones (fotorreceptores), **1119**f-1121f, 1122-1123, 1138
Cones ovulados, 640f, 641
Cones polínicos, 640f, 641
Conformador, animal, **881**f
Congelamento, 865
Conídios, **664**f
Coníferas, 623, **640**f, 641, 643f
Coníferas, gimnospermas, 640, 643f
Conjugação, **579**, 580f, 581, **606**, 607f
Connell, Joseph, 1216f
Conodontes, **724**f, 725
Conservação de água
  adaptações renais para, 991f-992f
  papel dos rins na, 989, 990f, 991
Conservação de energia, 145f, 146, 1239
Conservação de energia, animais, 892, 893f
Conservação de massa, 1239-1240
Conservação de populações
  demandas conflitantes na, 1270
  hábitat crítico na, 1269f-1270f
  riscos de extinção em populações pequenas, 1266, 1267f-1268f, 1269
Conservação do solo, 807f-809f
Conservação regional, 1270, 1271f-1274f

1406 ÍNDICE

Conserved Domain Database (CDD), 445f
Constipação, 911
Consumidores, **9**, 188, 673f
　no ciclo do carbono, 1250f
　primários, 1240f, 1246, 1247f, 1248
　secundários, 1240f, 1246, 1247f, 1248
　terciários, 1240f, 1246, 1247f, 1248
Consumidores de pedaços grandes, **904f**
Consumidores primários, **1240f**
　eficiência trófica dos, 1246, 1247f, 1248
Consumidores secundários, **1240f**
　eficiência trófica dos, 1246, 1247f, 1248
Consumidores terciários, **1240f**
　eficiência trófica dos, 1246, 1247f, 1248
Consumo, regulação em animais, 917f, 918
Contato direto, sinalização celular por, 215f
Contração muscular, 1126, 1127f, 1128. *Ver também* Músculo
Contracepção, **1037**, 1038f, 1039, 1208
Contracepção humana, 1037, 1038f, 1039
Contracepção voluntária, crescimento populacional e, 1208
Contraceptivos, como toxinas ambientais, 1276
Contraceptivos de barreira, 1038f
Contraste, 94
Controle
　animal, 880f
Controle de baixo para cima, 1226, **1227f**
Controle de cima para baixo, 1226, **1227f**
Conus geographus, 1067f-1068
Convecção, troca de calor pelos animais e, **885f**
"Conversa cruzada", sinalização celular, 228f
Conversão de dados, 264
Cooper, Vaughn, 578f
Cooperatividade, **160**
　ciência e, 22-23, 24f
　metabólica procariótica, 582f
　na ativação alostérica, 160f
Coordenação
　animal, 880f
Coordenação, resposta de sinalização celular, 227, 228f
Coortes, **1193**
Cópia da escolha de parceiro, **1152**, 1153f
Coprofagia, 914
CoQ (coenzima Q), 175, 186
Coqueluche, 218f
Coquetéis de fármacos, 409, 489
Cor dos cabelos, herança poligênica, 281
Corações, **923**
　ciclo cardíaco dos, 927f-928f, 930, 951
　de insetos, 710f
　de mamíferos, nos sistemas cardiovasculares, 926f-928f
　de moluscos, 699f
　efeitos dos hormônios adrenais, 1012
　hormônio peptídeo natriurético atrial liberado pelos, 996f
　localização, no embrião humano, 1043f
　nos sistemas circulatórios, 923f-924f
　regulação do batimento rítmico dos, 928f
Corais, 692f-693f
Coral chifre-de-alce, 1234
Coral chifre-de-veado, 1234
Cordados, **719**
　anfioxos, 720, 721f-722f
　endoesqueletos nos, 1133, 1134f
　evolução, 722f
　filogenia, 683f
　filogenia e caracteres derivados dos, 719f-720f
　invertebrados, 689f, 715, 719f-722f
　peixes-bruxa e lampreias, 723f, 724
　tunicados, 721f, 722
　vertebrados como, 689f, 715, 719f, 722, 723f-725f
Cordão nervoso, 710f, 720f, 722f
Cordas vocais, 942, 943f
Cordões nervosos ventrais
　minhoca, 704f
　planária, 696f
Corioide, 1118f
Córion, 735f, 1053f
Cormorão não voador (*Phalacrocorax harrisi*), 506f, 507, 511
Córnea, 1118f
Corpo basal, **115**, 116f
Corpo caloso, **1093f**, 1098
Corpo celular, 879f, **1068f**, 1079f

Corpo humano
　bactérias no, 587, 588f
　encéfalo no sistema nervoso do, 1085f, 1091f-1096f. *Ver também* Encéfalos; Sistemas nervosos
　esqueleto do, 1134f
　evolução do olho humano, 547, 548f
　glândulas endócrinas e hormônios do, 1004f, 1007f-1008f. *Ver também* Hormônios animais; Sistemas endócrinos; Sistemas nervosos
　heterocronia e velocidades de crescimento diferenciais do crânio de, 544f
　hipotálamo na termorregulação do, 888, 889f
　homeostase na glicose no, 915, 916f
　locomoção pela interação de músculos e esqueletos, 1132f
　mecanorreceptores na pele do, 1110f
　modelo de dois solutos da função renal, 989, 990f, 991
　olhos do, 1118f-1119f
　orelhas do, 1113f
　osmorregulação do, 980
　regulação do crescimento do, 1009, 1010f
　ritmos circadianos na termorregulação do, 882, 883f
　sistema linfático do, 956f
　sistemas digestórios. *Ver* Sistemas digestórios
　sistemas excretores do, 985, 986f-987f
　subnutrição, obesidade e, 917f, 918
　taxas metabólicas do, 891
Corpo lúteo, **1029f**, 1032f, 1033
Corpos de água, clima e, 1168f-1169f
Corpos frutíferos, 213f, 612f-613f, 663f-664f, 665t
Corpos reprodutivos, 625f
Corpúsculo de Barr, **300f**, 309
Corredores artificiais, 1271f, 1272
Corredores de deslocamento, **1271f**, 1272
Correlações positivas e negativas, no Exercício de habilidades científicas, 834
Correns, Carl, 311f
Corrente Circumpolar Antártica, 1168f
Corrente da Austrália Oriental, 1168f
Corrente da Califórnia, 1168f
Corrente de Humboldt, 1168f
Corrente do Golfo, 1168f
Corrente do Labrador, 1168f
Correntes oceânicas, clima e, 1168f-1169f
Correpressores, **367f**
Corrida, 1135-1136
Corte, rituais de. *Ver também* Acasalamento, comportamento de
　base genética dos, 1155f
　ciclos reprodutivos e, 1021f
　fertilização externa e, 1023
　formas de comunicação dos animais nos, 1141f-1142f
　isolamento comportamental e, 508f
　seleção sexual e, 499f-500f, 1151, 1152f-1153f, 1154
Córtex, **116**, 763, 770f
Córtex adrenal, 1004f, 1013-1014
Córtex cerebral 1093f, 1096, 1097f-1099f, 1100, 1114
Córtex motor, 1097f, 1098
Córtex motor primário, 1097f
Córtex renal, **986f**
Córtex somatossensorial, 1097f, 1098
Córtex somatossensorial primário, 1097f
Córtex visual, 1121f
Córtex visual primário, 1121f
Cortisol, 1001f
Corujas, 920, 1218
Corvos, 1147, 1150
Corvos-da-nova-caledônia, 1099
Corynebacterium diphtheriae, 97f
Costa Rica, 1273f, 1284, 1285f
Cotilédones, **647**, 649f, 828f-830f
Cotovias, 507f
Cotransporte, **138f**, 139
Cracas, 708-709, 710f, 1216f
Crânios, de humanos vs. de chimpanzés, 544f, 558
Cratera de Chicxulub, 541f
Creatina-fosfato, 1128
Crenarchaeota, clado, 586-587
Crescimento. *Ver também* Crescimento vegetal
　como função da divisão celular, 235f, 776, 777f
　como propriedade da vida, 3f
　em plantas e animais, 894f

　heterocronia e taxas diferenciais de, 544f-545f
　regulação hormonal do, 1004f, 1009, 1010f
Crescimento determinado, **766f-767f**
Crescimento indeterminado, **766f-767f**
Crescimento logístico da população, 1197, 1198f-1199f, **1198t**, 1200
Crescimento populacional exponencial, **1196**, 1197f, 1207f, 1208
Crescimento populacional zero, 1208, 1211
Crescimento populacional. *Ver também* Populações
　da população humana, 1207f-1210f, 1211, 1213
　dinâmica populacional e, 1191f, 1192, 1205f-1206f, 1207
　impacto ecológico, 1213
　modelo exponencial, 1196, 1197f, 1207f, 1208
　modelo logístico, 1197, 1198f-1199f, 1198t, 1200
　regulação dependente de densidade, 1202, 1203f-1206f, 1207, 1213
　uso de equação logística para modelar o, 1200
Crescimento primário, plantas, **766**, 783
　de caules lenhosos, 772f, 775f
　de raízes, 768f-769f
　geração de células pelos meristemas para, 766f-767f
Crescimento secundário vegetal, **766**, 783
　câmbio vascular e produção de periderme no, 774
　câmbio vascular e tecido vascular secundário para, 772f-775f
　evolução, 774
　geração de células pelos meristemas para, 766f-767f
Crescimento vegetal
　adaptações, 894f
　desenvolvimento vegetal e, 775-776
　divisão e expansão celular no, 776, 777f
　geração de células pelos meristemas para, 766f-767f
　primário, 768f-771f
　reguladores de. *Ver* Hormônios vegetais
　secundário, 772f-775f
Crescimento vegetativo, 830
Cri du chat, 309
Criação cruzada, estudos, 1143, 1144t
Cricetus cricetus, 893f
Crick, Francis
　descoberta da estrutura molecular do DNA por, 4, 23-24, 314f, 317, 318f-320f
　dogma central de, 339
　modelo da replicação do DNA por, 320, 321f
Crinoidea, clado, 715
Criomicroscopia eletrônica (crio-ME), 95f, 96
Cripta, 799f
Criptocromos, 856
Criptófito, 597f
Criptomicetos, 660f-661f
Crisântemo, 860
CRISPR-Cas9, sistema, **360**, 361f, 380, 404f, **589**
　mutações vegetais e, 776
　na edição gênica, 426, 427f, 434-435
　na identificação de genes, 446
　procariotos no desenvolvimento do, 589, 590f
Crista ectodérmica apical (CEA), **1062f**, 1063f
Crista neural, **722**, 723f, 1054f, **1055**
Cristais de gele, 48f
Cristalino, 377f, 441
Cristalografia por raios X, **83f**, 96, 217, 317, 318f
Cristas, **110**
Crocodilos, 564f, 719f, 737f, 738, 925, 1091f
Cromátides não irmãs, 257f, 262, 264, 266f
Cromátides-irmãs, **236f**, 237, 257f, 260f-263f, 264, 266f
Cromatina, **102**, **235**, **331**
　células animais, 100f
　células vegetais, 101f
　na divisão celular, 235f-236f, 237
　no núcleo de células eucarióticas, 102, 103f
　nos cromossomos eucarióticos, 330f-332f
　regulação da estrutura, em eucariotos, 371f-372f, 373
　remodelação, por siRNAs, 380-381
Cromatografia gasosa, 852
Cromoplastos, 111
Cromossomo Philadelphia, 309f
Cromossomos, **102**, **235**. *Ver também* DNA; Genes
　alelos nos, 272, 273f. *Ver também* Alelos
　alterações nos, 306, 307f-309f, 454f-455f
　bacterianos, 242, 243f
　cariótipos de, 256f
　como informação, 268, 313

conjugação procariótica e transferência de genes entre, 579, 580f, 581
correlacionando o comportamento de alelos com pares de, 295, 296f-297f
distribuição, durante a divisão celular eucariótica, 235f-236f, 237
DNA e empacotamento da cromatina nos, 330f-332f
DNA, genes e, 7f-8f
expressão gênica e interação dos, no núcleo da interfase, 377, 378f
herança de genes e, 255
homólogos, 256f-257f
humanos, 102, 235, 236f, 237, 256f-257f, 258
humanos, marcadores moleculares e cariótipos de, 332f
localizando genes ao longo dos, 295, 296f-297f
mapeando a distância entre genes nos, 305f-306f
movimento dos, nos microtúbulos do cinetocoro, 240, 241f
na base cromossômica da herança mendeliana, 294f, 295. *Ver também* Base cromossômica da herança
na divisão celular, 234f-235f, 244f
na evolução do genoma, 454f-455f
na interfase, 252
na meiose, 254, 259f-263f, 264
nas células cancerosas, 249-250
nas células procarióticas e eucarióticas, 97f, 98, 577f
no núcleo de células eucarióticas, 102, 103f
recombinantes, *crossing over* e, 265, 266f
segregação independente dos, 265f
variabilidade genética devido a mutações nos, 488-489
Cromossomos homólogos, **256**
alelos nos, 259
humanos, 256f-257f
na base cromossômica da herança mendeliana, 294f, 295
na meiose, 260f
na mitose vs. na meiose, 262, 263f, 264
Cromossomos maternos, 265
Cromossomos paternos, 265
Cromossomos, pontos de quebra dos, 454-455
Cromossomos recombinantes, **266f**
Cromossomos sexuais, **257**
aneuploidia dos, 309
humanos, 256f-257f, 258
padrões de herança dos, 298f-300f
Cromossomos X, 256f-257f, 298f-300f, 381, 1030, 1040
Cromossomos Y, 256f-257f, 298f, 299, 313, 1030
Crossing over, **260f**, **302**
alterações cromossômicas durante o, 307, 308f
desigual, duplicação gênica devido a, 455f
evolução e, 313
na meiose, 260f, 262f
recombinação de genes ligados no, 302, 303f
variabilidade genética por, 265, 266f
Crotalus atrox, 1084
CRP (proteína receptora de AMPc), 369f
Crustáceos, 464f, 545f, 546, 689f, 708, 709f-710f
Cruzamento di-híbrido, **275**, 276f
Cruzamento interespecífico, 507f. *Ver também* Acasalamento
Cruzamento monoíbrido, **274**
Cruzamentos consanguíneos humanos, 285-286
Cruzamento-teste, **274**, 275f, 301f-302f
Ctenóforos, 683f, 684
Ctenophora, 687f
C-terminal, 78f, 352
Cubozoários, 692f-693f
Cuidado parental, 1023f, 1150, 1151f, 1200, 1201f-1202f
Culex pipiens, 496
Cultura
como seleção artificial, 474, 475f
de tecidos vegetais, 823, 835-837, 836f
Cultura, **1148**, 1159f, 1160
Cultura hidropônica, **810f**
Cultura *in vitro*, angiospermas, 836
Culturas agrícolas. *Ver também* Agricultura; Plantas
biotecnologia e engenharia genética de, 837, 838f, 839-840
como poliploides, 514-515
efeitos do dióxido de carbono atmosférico, 205

mudança climática e, 863
plantas com sementes como, 651
seleção artificial e melhoramento de, 835-837
transgênicas e geneticamente modificadas, 438-439
Cupins, 143f, 614f, 655
Cúpula, 1116f
Curva de crescimento exponencial em J, 1197f
Curva de crescimento logístico em S, 1198f-1199f
Curva de decaimento de isótopos radioativos no Exercício de habilidades científicas, 33
Curva de espécie-área, **1232f**
Curvas de sobrevivência, **1193**, 1194f
Curvularia, 672
Cuscuta, 819
Cutícula, ecdisozoários, **705**, 707
Cutícula, exoesqueleto, 1133
Cutícula foliar, **763**
Cutícula vegetal, **621**
Cuvier, Georges, 469f, 470-471
Cyanocitta cristata, 1146f

Dados, **17**, 19f, 21-22. *Ver também* Exercícios de habilidades científicas
Dados genômicos no Exercício de habilidades científicas, 657
Dados qualitativos, 17f
Dados quantitativos, 17f. *Ver também* Exercícios de habilidades científicas
DAG (diacilglicerol), **225f**
Dalton, John, 31
Dálton (unidade de massa atômica), **31**, 50
Daltonismo, 299f, 1122f
Daltonismo vermelho-verde, 299f
Danaus plexippus, 839, 1146f
Dança, linguagem das abelhas, 1142f
Dangl, Jeffery, 814f
Danio rerio (peixe-zebra), organismo-modelo, 22
Daphnia pulex, 448t, 1021, 1199f, 1200
D'Arrigo, Rosanne, 773f
Darwin, Charles. *Ver também* Evolução
A origem das espécies por meio da seleção natural, 469, 473, 483-484, 487
coevolução e mutualismo do polinizador das flores, 825
contexto histórico da vida e das ideias de, 469f-471f
cracas, 710
diversidade de espécies nos trópicos, 1232
espécies de ilhas, 483
estudo por, fototropismo nos coleóptilos de gramíneas, 847f
evidências de apoio à teoria de, 476, 477f-482f, 483
evolução dos pulmões a partir de bexigas natatórias, 728
grandeza do processo evolutivo, 484
linha do tempo do trabalho de, 469f
minhocas, 704
mistério da especiação, 506f, 507
mistério das angiospermas, 477, 647, 825
seleção natural, 266, 267f, 487
teoria da descendência com modificação, 14f-16f, 469-470, 473f-476f, 483-484
teoria da especiação, 473, 474f-476f
viagem do *Beagle* e pesquisa de campo, 471, 472f-473f
Darwin, Francis, 847f
Dasyatis americana, 727f
Datação radiométrica, **32**-33, **529**, 530f
dATP, 324
db, gene, 918
DDT, pesticida, 158, 485, 518, 1276f
Débito cardíaco, **927**
Decápodes, 709f, 710
Decomposição, 1240f, 1241, 1248f-1251f, 1259
Decomposição de serrapilheira, 1248f
Decompositores, 188, **586**, **1240f**
fungos como, 654-655, 658f, 661f, 663, 665, 667
liquens como, 669
no fluxo de energia e reciclagem química, 9f, 1240f, 1241
procarióticos, 586
DEET, repelente de insetos, 1123
Defeitos congênitos do tubo neural, humanos, 902f
Defeitos congênitos, humanos, 902f, 1039-1040
Defeitos metabólicos, 336f-338f
Defesa "isca e troca", 600-601
Defesa mecânica, presas, 1218f

Defesa química, presas, 1218f
Defesas contra herbívoros no nível da população (plantas), 869f
Defesas contra herbívoros no nível do organismo (plantas) 869f
Defesas contra herbívoros no nível do órgão (plantas, 868f
Defesas contra herbívoros no nível do tecido (plantas), 868f
Defesas de barreira, 953-954
Defesas imunes inatas da célula, 954, 955f
Defesas imunes vegetais, 866
Defesas vegetais contra herbívoros no nível celular, 868f
Defesas vegetais contra herbívoros no nível de comunidade, 869f
Defesas vegetais contra herbívoros no nível molecular, 868f
Deficiências de iodo, 1009
Deficiências vegetais, 810, 811f, 818
Degeneração macular relacionada à idade, 432
Degradação de proteínas, 379
Degradação híbrida, 509f
DeJac, Lynn, 24f
Deleções cromossômicas, **307**, 308f, 309
Deleções (mutações), 358f, **359**
Demência, 1103, 1104f
Demência senil, 83
Demografia, **1193**. *Ver também* Demografia populacional
Demografia populacional, 1193t, 1194f-1195f
Dendritos, 879f, **1068f**, 1078, 1110f
Dendrobates pumilio, 524
Dendrocronologia, 773f
Dendroctonus ponderosae, 1244f, 1245, 1280f
Dengue, 412
Densidade populacional, **1191f**-1192f, 1193, 1202, 1203f, 1256f
Dente-de-leão, 824f, 832f, 1192f, 1202f
Dentes
dieta e adaptações dos, 911f, 912
mamíferos, 530, 531f, 532, 741
origens de, 725
peças bucais mineralizadas dos conodontes e, 724f, 725
Dentição, 530, 531f, 532, 911f, 912
Dependência de ancoragem, **247**, 248f
Depleção de ozônio, 1283f, 1284
Depressão, 1081, 1102-1103
Derelle, Romain, 612f
Deriva continental, 482-483, 525, 538f-539f, 540
Deriva genética, 492, **494f**-495f, 496, 551
Derramamentos de óleo, 591f. *Ver também* Combustíveis fósseis
DES (dietilestilbestrol), 1015
Desaminação de aminoácidos, 182
Descendência com modificação, teoria da, 14f-16f, 469-470, 473f-476f, 483-484. *Ver também* Evolução
Desenvolvimento, **775**
barreiras pós-zigóticas, 509f, 510
como função da divisão celular, 235f
como propriedade da vida, 3f
do encéfalo, 722f, 1092f, 1099-1100
embrionário. *Ver* Desenvolvimento embrionário
macroevolução, 545f-546f, 547
no ciclo de vida humano, 257f, 258. *Ver também* Desenvolvimento embrionário humano
plantas e animais, 894f. *Ver também* Desenvolvimento animal; Desenvolvimento vegetal
sustentável. *Ver* Desenvolvimento sustentável
Desenvolvimento animal. *Ver também*
Desenvolvimento embrionário
adaptações, 894f
biologia do desenvolvimento e, 1057
comparando processos de, 463f-464f
fecundação e clivagem no, 1044f-1048f, 1049
filogenia animal e, 682, 683f, 684
mapeamento do destino celular no, 1057, 1058f-1064f
morfogênese, 1049, 1050f-1057f
protostômio vs. deuterostômio, 681, 682f
reprodutivo e embrionário, 674f, 675
Desenvolvimento deuterostômio, **681**, 682f

Desenvolvimento embrionário. *Ver também* Expressão gênica diferencial
  análise da expressão de genes únicos no, 423, 424*f*-425*f*
  animal, 674*f*, 675. *Ver também* Desenvolvimento animal
  clivagem no, 1044, 1046, 1047*f*-1048*f*, 1049
  conservação de genes no, 466
  determinantes citoplasmáticos e indução no, 382*f*, 383
  divisão celular, diferenciação celular e morfogênese no, 381*f*, 382
  fecundação no, 1044*f*-1046*f*
  formação de padrões de planos corporais no, 384, 385*f*-387*f*
  humanos. *Ver* Desenvolvimento embrionário humano
  impressão genômica e, 310*f*, 311
  mapeamento do destino celular no, 1057, 1058*f*-1064*f*
  morfogênese no, 1049
  processos de, 1043*f*
  regulação sequencial na regulação do, 383, 384*f*
Desenvolvimento embrionário humano. *Ver também* Desenvolvimento animal
  cílios e destino celular no, 1064*f*
  competição neuronal no, 1099-1100
  concepção, gravidez e nascimento no, 1034, 1035*f*-1037*f*
  encéfalos no, 1092*f*
  gastrulação no, 1052, 1053*f*
  imagem do embrião, 1043*f*
  tolerância imune materna no, 1037
Desenvolvimento embrionário vegetal, 828*f*-829*f*
Desenvolvimento protostômio, **681**, 682*f*, 685
Desenvolvimento sustentável, **1284**, 1285*f*, 1286
Desenvolvimento vegetal
  adaptações, 894*f*
  auxina no, 849
  controle genético da floração no, 779*f*-780*f*
  crescimento, morfogênese e diferenciação celular no, 775*f*, 776
  divisão e expansão celular no crescimento e, 776, 777*f*
  expressão gênica e controle da diferenciação celular no, 778*f*
  morfogênese e formação de padrões no, 777, 778*f*
  mudanças de fase no, 779, 780*f*
  organismos-modelo no estudo do, 774, 776*f*
Deserto, animais de, 980-981
Deserto do Saara, 525*f*, 526
Desertos, 798, 799*f*, 1168, 1169*f*, **1173***f*
Desestiolamento (esverdeamento), **843***f*-844*f*, 845
Desfosforilação de proteínas, 223
Desidratação
  animais, 980
  plantas, 203, 204*f*-206*f*, 536
Desidrogenases, 167*f*, 168
Desintoxicação, 104-105, 112, 809
Deslocamento de caráter, **1216**, 1217*f*, 1237
Desmatamento
  aumento dos níveis atmosféricos de dióxido de carbono por, 1278
  como distúrbio pela comunidade humana, 1231
  das florestas pluviais tropicais, 651*f*, 652, 1263
  efeitos sobre o clima, 1169*f*
  experimental, e ciclagem de nutrientes, 1252*f*
  perda de espécies por, 1260*f*, 1263
Desmognathus ochrophaeus, 513
Desmossomos, 120*f*
Desnaturação, **82***f*, 83
Desnutrição, 837, 838*f*, 901-902
Desordem, entropia e, 146
Desova, 1022-1023
Desoxirribose, **85***f*, 317*f*, 324
Despolarização, **1072***f*-1074*f*
  na fecundação, 1044*f*, 1045
Despolimerização de proteínas, 240
Desreguladores endócrinos, 1015, 1276
Dessecação, 979
Dessincronização, 858-859
Destino celular, 1057-1059*f*, 1061-1064*f*
Detector de luz, euglenoides, 601*f*
Determinação, 383, 384*f*, **1057**
Determinação do sexo, 1030
Determinantes citoplasmáticos, **382***f*, 383
Detrito, **1177**, **1240***f*, 1241

Deuteromicetos, **659**
Deuterostomados, **683***f*, 689*f*, 713, 714*f*-715*f*, 719*f*. *Ver também* Cordados; Equinodermos
Diabetes
  autoimunidade e, 971
  células-tronco para, 431
  engenharia genética da insulina para tratar o, 436
  marcadores genéticos do, 427
  mutações mitocondriais no, 311
  mutações na aquaporina como causa do diabetes insípido, 995*f*
  neonatal, mutações na insulina e, 359
  perturbação da homeostase da glicose no, 916-917
Diabetes insípido, 995*f*
Diabetes insulinodependente, 917
Diabetes melito, **916**-917
Diabetes não insulinodependente, 917
Diabetes neonatal, 359
Diabetes tipo 1, 917
Diabetes tipo 2, 372*f*, 917
Diacilglicerol (DAG), **225***f*
Diacodexis, 482*f*
Diafragma, contracepção, 1038*f*
Diafragma na respiração, **945***f*
Diagnóstico
  anticorpos como ferramentas nos, 969*f*
  biotecnologia no, 433, 434*f*, 435
Diagramas de distribuição de elétrons, 34*f*-35*f*, 37*f*
Diapsídeos, **736**
Diarreia, 139, 224, 588, 598*f*, 911
Diástole, **927***f*
Diatomáceas, 244*f*, 599*f*, **602***f*, 617, 1170
Diazepam, 1081
Dicer-2, **954***f*
Dicotiledôneas, **649**
Dictyostelium discoideum, 613*f*
Didinium, 617
Diencéfalo, 1093*f*
Dietas. *Ver também* Alimento
  adaptações dos sistemas digestórios de vertebrados às, 911*f*-914*f*
  avaliação de necessidades nutricionais nas, 902*f*
  deficiências nas, 901*f*, 902
  fenilcetonúria e, 492
  humanas, catabolismo e, 182*f*, 183
  nutrientes essenciais nas, 899*f*, 900*t*-901*t*, 901*f*
  típicas e oportunistas, 901
  variabilidade não herdável e, 488*f*
  variação genética na seleção de presas e, 1155, 1156*f*
Dietas vegetarianas, 899
Diferenciação, **1057**
Diferenciação celular, **381**
  células-tronco e, 430*f*, 431. *Ver também* Células-tronco
  citocininas na, 850
  como processo do desenvolvimento embrionário, 381*f*, 382. *Ver também* Desenvolvimento embrionário
  desenvolvimento vegetal e, 763, 775-776, 778*f*
  regulação gênica sequencial na, 383, 384*f*
Difteria, 403
Difusão, **132**, **922**
  área de superfície corporal e, 695*f*
  como transporte passivo, 132, 133*f*
  de água através de membranas plasmáticas vegetais, 788, 789*f*-791*f*
  de água e minerais para as células da raiz, 792
  efeitos no balanço hídrico da osmose como, 133*f*-135*f*
  em células vegetais, 209*f*
  extracelular, 768
  facilitada, proteínas e, 135*f*, 136
  interpretando gráficos de dispersão sobre captação de glicose na, 136
  variação de energia livre e, 148*f*
Difusão extracelular, 768
Difusão facilitada, **135***f*, 136, 209*f*
Digestão, **904**
  adaptação dos vertebrados para a, 911*f*-914*f*
  animal, regulação, 915*f*
  compartimentos digestórios na, 902, 903*f*-905*f*
  estrela-do-mar, 713, 714*f*
  extracelular, 904*f*-905*f*
  fúngica, 655, 668
  hidrólise na, 67
  intracelular, 904
  intracelular, lisossomos na, 107*f*, 108

mecanismos alimentares na, 902, 903*f*
  no estômago, 907*f*-908*f*
  no intestino delgado, 908*f*, 909
  no processamento de alimentos em animais, 904*f*-905*f*
  processamento compartimentalizado na, 898
  sistemas digestórios e, 875*f*
Digestão extracelular, 904*f*-905*f*
Digestão intracelular, 904
Digestão química, 907*f*-908*f*, 909
Di-híbridos, **274**-275, 276*f*
Di-hidroxiacetona, 68*f*
Dijkstra, Cor, 1201*f*
Dímeros de timina, 328
Dímeros de tubulina, 114
Dimorfismo sexual, **499***f*, 752, 1149-1150, 1151*f*
Dinâmica populacional, 1191*f*, 1192, **1205***f*-1206*f*, 1207, 1256*f*. *Ver também* Crescimento populacional
Dineínas, **115**, 116*f*
Dinitrofenol (DNP), 186
Dinoflagelados, 244*f*, 594*f*, **604**, 605*f*
Dinossauros, **736**
  como répteis primitivos, 736
  desaparecimento dos, 679
  extinção em massa dos, 541*f*, 542
  na era Mesozoica, 533
  no registro fóssil, 529*f*, 564*f*, 565
  pressão sanguínea dos, 931
  voadores, 1135
Dinossauros *Oviraptor*, 564*f*, 565
Diomedea exulans, 977*f*
Dionaea muscipula, 802, 819*f*, 862
Dióxido de carbono (CO_2)
  atmosférico, 205, 1278*f*, 1279, 1282, 1283*f*
  captura pelas diatomáceas, 602
  combustíveis fósseis, acidificação dos oceanos e, 53*f*, 54
  como estímulo para abertura e fechamento estomáticos, 797-798
  desmatamento da floresta pluvial tropical e, 651*f*, 652
  difusão, através da parede dos capilares, 932
  efeitos dos insetos sobre a absorção de, pela floresta, 1245
  em células vegetais, 209*f*
  em *Sphagnum*, 628
  inibição do amadurecimento de frutos com, 854
  ligação covalente de átomos de carbono no, 59-60
  mudança climática global e, 11, 48, 1170
  na circulação de mamíferos, 926*f*
  na extinção em massa do Permiano, 540
  na fixação do carbono, 191, 201, 202*f*-206*f*
  na fotossíntese, 41*f*
  na interação de ecossistemas, 10*f*, 11
  na mudança climática global, 204-205
  na regulação da respiração humana, 946*f*
  na troca gasosa, 921, 939*t*, 940, 947*f*-949*f*
  no ciclo do carbono, 1250*f*
  plantas avasculares, na mudança climática do período Ordoviciano, 629
  plantas vasculares sem sementes e, 633
  processamento fotossintético, por protistas marinhos, 615*f*
  produção líquida do ecossistema e, 1242, 1245
  qualidade dos alimentos e níveis de, 812
  reciclagem química procariótica do, 586
  rubisco como aceptor de, 201, 202*f*
  taxa metabólica e, 890
Dióxido de enxofre, emissões, 1266
Diplomonadídeos, **600***f*
Dipnoi (peixes pulmonados), 719*f*, 729
Dipodomys merriami, 741*f*, 998
Dipsosaurus dorsalis, 888
Dípteros, 712*f*
Direcionalidade, replicação do DNA, 324, 325*f*-326*f*
Disco central, estrela-do-mar, 714*f*
Disco óptico, 1118*f*
Discos intercalados, 879*f*, 1131
Disenteria amebiana, 613
Disfunção erétil, 1026, 1081-1082
Disparidade, vertebrados, 719
Dispersão, **1183**
  corredores de deslocamento e, 1271*f*, 1272
  de espécies, 1183, 1184*f*
  frutos e sementes, 832*f*
  sementes, 645*f*
Dispersão agregada, 1192*f*

Dispersão aleatória, 1192f, 1193
Dispersão de sementes explosiva, 645f
Dispersão larvar, 538
Dispersão populacional, **1191**f-1192f, 1193
Dispersão uniforme, 1192f
Dispositivos intrauterinos (DIUs), 1038f
Dissacarídeos, 68, **69**f, 70
Dissociação da água, 51
Distribuições de espécies
 clima e, 1164, 1170f
 determinantes da, 1164f
 dispersão na, 1183, 1184f
 evolução e, 1183, 1189
 expansão do alcance, 1183, 1184f
 fatores abióticos na, 1178, 1183f-1186f
 fatores bióticos na, 1178, 1183f-1184f
 nos biomas aquáticos, 1178
Distribuições geográficas de espécies. Ver Distribuições de espécies
Distribuições reais e potenciais, 1184
Distrofia muscular de Duchenne, **299**, 433
Distúrbios (ambientais), **1172**, 1214, **1228**, 1229f-1231f
Distúrbios congênitos, 256f
Distúrbios de grande escala, 1229f
Distúrbios genéticos
 aconselhamento para, 287-288, 293
 alcaptonúria, 336
 biotecnologia no diagnóstico e tratamento de, 433, 434f, 435
 de herança dominante, 287f
 de herança recessiva, 285f-286f, 287
 doença falciforme. Ver Doença falciforme
 ética na testagem de, 24
 fetais, diagnóstico, 1039-1040
 multifatoriais, 287
 mutações e, 357f-358f, 359
 por alterações cromossômicas, 306, 307f-309f
 testes para, 288, 289f, 290
Distúrbios humanos de herança dominante, 287f
Distúrbios humanos de herança recessiva, 285f-286f, 287
Distúrbios humanos multifatoriais, 287
Divergência
 de angiospermas, 647f, 648
 de espécies intimamente relacionadas, 460-461, 462f
 de fungos, 659f, 660
 de unicontes a partir de outros eucariotos, 612f
 especiação alopátrica e, 506, 511f-512f, 513
 nas árvores filogenéticas, 555, 556f, 557
Diversidade. Ver também Biodiversidade
 biológica. Ver Biodiversidade
 células B e células T, 960, 961f
 em uma mesma espécie, 507f
 estruturas similares e, 125
 evolução e, 11, 468f, 469, 473
 na ciência, 24
Diversidade de comunidades, 1261f-1262f
Diversidade de ecossistemas, 1261f-1262f
Diversidade de espécies, **1222**f
 ameaças à, 1260f, 1261, 1263, 1264f-1266f
 benefícios, para humanos, 1262, 1263f
 como nível da biodiversidade, 1261f-1262f
 controles de baixo para cima e de cima para baixo na, 1226, 1227f
 crise de biodiversidade na, 1260f-1262f
 desenvolvimento sustentável e, 1284, 1285f, 1286
 distúrbios influenciando, 1228, 1229f-1231f
 efeitos da mudança climática, 1279
 espécies com grande impacto na, 1225, 1226f
 estabilidade de comunidade e, 1223f
 estrutura trófica e, 1223, 1224f-1227f. Ver também Estrutura trófica
 fatores biogeográficos afetando a, 1231, 1232f-1233f
 impactos humanos na, 1231f
 proteção, 1260
 ressurreição de, 1266
 riqueza de espécies e abundância relativa na, 1222f
Diversidade genética. Ver também Variação genética
 como fator no vórtice de extinção, 1266, 1267f
 em populações pequenas, 1266, 1267f-1268f, 1269
 na biodiversidade, 1261f
 no bem-estar humano, 1262, 1263f
 procariótica, 578f-580f, 581, 583f
Diversidade microbiana, 1223f

Divisão celular, **235**
 bacteriana, 242, 243f
 câncer e interferência das vias de sinalização celular da, 389, 390f, 391
 célula pulmonar de salamandra, 7f
 citocininas na, 850
 como processo do desenvolvimento embrionário, 381f, 382. Ver também Desenvolvimento embrionário
 das células cancerosas HeLa, 252
 determinantes citoplasmáticos e indução na, 382f, 383
 eucariótica, distribuição de cromossomos durante a, 235f-236f, 237
 evolução da, 243, 244f
 na meiose, 259f-262f. Ver também Meiose
 na mitose vs. na meiose, 262, 263f, 264
 no ciclo celular, 234f-235f. Ver também Ciclo celular
 no crescimento vegetal, 776, 777f
 papéis centrais da, 235f
 procariótica, 577-578
Divisão celular assimétrica, 777f
Divisão entérica, sistema nervoso periférico, 915, 1088f-1089f
Divisão parassimpática, sistema nervoso periférico, 928, 1088f-**1089**f
Divisão simpática, sistema nervoso periférico, 928, 1088f-**1089**f
Dixon, Henry, 794
DNA (ácido desoxirribonucleico), **6**, **84**. Ver também Cromossomos; Genes; Genética; Ácidos nucleicos
 amplificação por reação em cadeia da polimerase, 420, 421f, 422
 análise de experimentos de deleção do DNA, 376
 chips de microarranjos de genes humanos contendo, 447, 448f
 código genético do, 340f-342f
 como medida da evolução, 87, 89, 397
 complementar. Ver DNA complementar
 componentes do, 84, 85f
 curvamento do, 374, 375f, 451
 das células B e T, 976
 de sequência simples e de repetição curta em tandem, 452
 depleção do ozônio e dano ao, 1284
 descoberta da estrutura do, 4, 18-19, 23-24, 314f, 317, 318f-320f
 distribuição, durante a divisão celular eucariótica, 235f-236f, 237
 elevação e dano UV no, afetando as distribuições de espécies, 1186f
 em células vegetais, 208f
 em híbridos, 524
 empacotamento de proteínas e, em cromossomos, 330f-332f
 estrutura, 86f
 estrutura do, e herança, 334, 364
 eucariótico, 6f, 97f, 98, 102, 103f
 evidência de, como material genético, 315f-317f, 318
 evolução de genomas por alteração no, 454f-457f, 458-459
 fetal livre de células, 288
 filogenias baseadas em, 554f
 gene p53 e reparo do, 390-391
 genômica, bioinformática e proteômica no estudo do, 9, 86, 87f
 herança de, nos cromossomos e genes, 255
 homeoboxes no, 463f-464f
 homologias moleculares e, 479-480, 558, 559f
 importância evolutiva das mutações no, 328
 metilação do, 371, 372f, 373, 391, 430
 mitocondrial, doenças do, 311f
 mitocondrial, identidade de espécies no, 557f
 mudanças no, na meiose das células de levedura, 264
 na ecologia forense, 1265f
 na expressão e transmissão de informação genética, 6, 7f-8f
 na fissão binária bacteriana, 242, 243f
 na transcrição, 337, 339f
 não codificante, densidade gênica e, 449-450
 não codificante repetitivo, 450f-451f, 452
 nas células cancerosas, 249-250
 papéis na expressão gênica, 84f
 procarióticos, 6f, 97f, 98, 577f, 579f-580f, 581
 recombinante. Ver DNA recombinante

regras de Chargaff sobre a estrutura do, 317f, 318
 replicação. Ver Replicação do DNA
 revisão e reparo do, 327, 328f
 sequenciamento do. Ver Sequenciamento do DNA
 sistema CRISPR-Cas9 e, 360, 361f
 tecnologia. Ver Tecnologia de DNA
 testagem do, na ciência forense, 436, 437f
 variabilidade genética devido a mutações nos, 488-489
 viral, 400f-407f, 406t
 viral, programação de células por, 315f-316f, 317
DNA centromérico, 452
DNA complementar (cDNA), **424**, 425f-426f
DNA de ligação, 330f
DNA fetal livre de células, 288
DNA mitocondrial (mtDNA)
 identidade de espécies no, 557f
 taxa evolutiva de, 565
DNA não codificante, 449, 450f-451f, 452
DNA recombinante, **418**
 hirudina de sanguessugas e, 704
 na clonagem de DNA e de genes, 418f, 419
 questões éticas, 438-439
 uso de enzimas de restrição para fazer, 419f-420f
DNA repetitivo, **450**f
DNA telomérico, 452
DNA-ligases, **325**f-326f, 327t, 328f, 419f, 420
DNA-pol I e pol III, 325, 326f, 327t
DNA-polimerases, **324**f
DNP (dinitrofenol), 186
Dobramento, área de superfície corporal e, 695f
Dobzhansky, Theodosius, 11
Doença cardíaca, 217, 418f, 428, 433, 436. Ver também Doenças cardiovasculares
Doença da banda branca, 1234
Doença da plântula boba, 851
Doença da vaca louca, 83, 412
Doença de Alzheimer, 83, 231, 311, 361, 413, 433, 435, **1103**, 1104f
Doença de Chagas, 600
Doença de Creutzfeldt-Jakob, 412
Doença de Graves, 1010
Doença de Hodgkin, 971, 1263f
Doença de Huntington, **287**, 431-433
Doença de Lyme, 584f, 588f, 1234, 1235f
Doença de Parkinson, 65, 83, 231, 361, 413, 431-432, 671, 1081, **1104**
Doença de Tay-Sachs, **280**
 alelos recessivos na, 285
 como doença do depósito lisossômico, 108
 dominância alélica e, 280
 exames fetais para, 288, 289f
Doença devoradora de carne, 478f
Doença do sono, 65, 600, 601f, 713, 972
Doença do sono africana, 713
Doença falciforme, **82**f, **286**, **935**
 alterações da estrutura primária da proteína e, 82f
 como herança recessiva, 286f, 287
 cooperatividade científica e, 22-23
 diagnóstico genético na, 433
 evolução, 503f
 hemoglobina anormal na, 935
 herança da, 293
 mutações pontuais na, 357f, 488, 502f
 pleiotropia e, 280
 propriedades emergentes, 505
 sistema CRISPR-Cas9 para, 360, 361f
 vantagem do heterozigoto na, 501
Doença pulmonar, 951
Doença renal cística, 1064
Doenças animais
 corredores de deslocamento e disseminação de, 1271f, 1272
 regulação da população dependente de densidade, 1204f
 virais, 400f, 407f, 409f-412f
Doenças autoimunes, **971**f
Doenças cardiovasculares, 74, 311, 937f, 938-939, 951
Doenças do depósito lisossômico, 108
Doenças e distúrbios humanos
 adenovírus e, 400f
 alcaptonúria, 336
 alergias, 970f, 971
 amaurose congênita de Leber, 1122
 asma, 62, 217
 aterosclerose, 74, 75, 139, 141, 937f, 938-939
 autoimunes, 971f

1410 ÍNDICE

bacterianas, 403, 574, 575f-576f, 584f, 587, 588f
biotecnologia no diagnóstico e tratamento de, 433, 434f-436f
câncer. *Ver* Câncer
caquexia, 1016
cariótipos e, 256f
cólera, 224, 584f, 588
cri du chat e leucemia mielocítica crônica, 309f
daltonismo, 299f, 1122f
deficiência de iodo e bócio, 29
desreguladores endócrinos e, 1015
devido a alterações cromossômicas, 306, 307f-309f
diabetes insípido, 995f
diabetes. *Ver* Diabetes
diarreia, 139
disenteria amebiana, 613
disfunção erétil, 1081-1082
distrofia muscular de Duchenne, 299
distúrbios ligados ao X, 299f, 300
do sistema nervoso, 1102f-1104f
doença de Alzheimer, 413, 1103, 1104f
doença de Hodgkin, 971
doença de Huntington, 287
doença de Parkinson, 413, 1081, 1104
doença de Tay-Sachs, depósito lisossômico, 108, 280, 285, 288, 289f
doença devoradora de carne, 478f
doença do sono, 600, 601f
doença falciforme. *Ver* Doença falciforme
doença renal cística, 1064
doenças cardiovasculares, 74, 311, 937f, 938-939, 951
doenças virais emergentes e, 409f-412f
drogadição, 1103f
ecologia de comunidades, patógenos e, 1234, 1235f
endometriose, 1033
epilepsia, 1098
esclerose lateral amiotrófica (ELA), 1129
espinha bífida, 1055
esquizofrenia, 1102f
falha da apoptose no sistema nervoso e, 231
falha nos receptores de superfície celular e, 218f, 220
fenilcetonúria, 492-493
fetais, detecção durante a gestação, 1039-1040
fibrose cística, 286, 293
fúngicos, 670
genéticas. *Ver* Distúrbios genéticos
genômica e proteômica, 88f
gonorreia, 576, 584f
gota, 983
hemofilia, 300
herança dominante, 287f
herança recessiva, 285f-286f, 287
hereditárias, pleiotropia e, 280
hipercolesterolemia, 139
hipertensão, 939
HIV/Aids. *Ver* Aids; HIV
imunização, 968f, 976
imunodeficiência, 971, 972f, 973
infecções sexualmente transmissíveis. *Ver* Infecções sexualmente transmissíveis
influenza, 400f, 410
insetos como transmissores de, 713
intolerância à lactose, 70
malária. *Ver* Malária
mau enovelamento de proteínas e, 83
miastenia grave, 1129
miocardiopatia familiar, 357
miotonia e epilepsia, 1076
mitocondriais, 311
mosaicismo, 300f
multifatoriais, 287
mutações e, 357f-358f, 359
neurodegenerativas, 413
neurotransmissores e, 1080-1082
parasitos e, 696f-697f
parasitos nematódeos e triquinose, 705f, 706
parasitoses. *Ver* Parasitas
perturbações do sistema imune e, 970f-974f, 973t
pneumonia, 315f, 579
polidactilia, 280
por depleção do ozônio, 1284
por resíduos plásticos, 1277
protistas e, 598f-599f
rastreamento fetal, 288, 289f

regulação da população dependente de densidade, 1204f
relacionadas com o crescimento, 1009, 1010f
resistência a antibióticos e, 478f
retinite pigmentosa, 495
síndrome da angústia respiratória, 943, 944f
síndrome de Down, 307, 308f, 309
síndrome de Kartagener, 1064
síndrome de Klinefelter, 309
síndrome de Turner, 309
síndrome de Wiskott-Aldrich, 229
sistema CRISPR-Cas9 para, 360, 361f
sistema linfático e, 933
sopros cardíacos, 928
teste de marcadores genéticos para, 427f
tireoide, 1009
transtorno depressivo maior e transtorno bipolar, 1102-1103
transtorno do espectro autista, 1100
úlceras gástricas e refluxo ácido, 908
vírus chikungunya, 409f
vírus ebola, 409f
vírus Zika, 409f
xeroderma pigmentoso, 328
Doenças emergentes, 409f-412f, 1234
Doenças neurodegenerativas, 413
Doenças respiratórias humanas, 1204f
Doenças sexualmente transmissíveis (DSTs), 600f, 1038-1039. *Ver também* Aids; HIV
Doenças vegetais
 estrutura de comunidade e patógenos nas, 1234
 genes de resistência a doenças e, 866, 867f
 regulação da população dependente de densidade, 1204f
 virais, 399f-400f, 412f
Dogma central, DNA, 339
Dolly (ovelha clonada), 429f
Domesticação de plantas, 651
Dominância apical, **770**, 850f
Dominância completa, **279**
Dominância, graus de, 279f, 280
Dominância incompleta, **279**
Domínio de ligação ao DNA, 374f
Domínios em alça, DNA, 331f, 332
Domínios proteicos, **347**f, 444, 445f, 446, 676f
Domínios simplásticos, 802
Domínios, taxonomia, 12f, 13, 460f, **554**, 555f, 568, 569f, 585t. *Ver também* Archaea; Bacteria; Eukarya, domínio
Domínios topologicamente associados (TADs), 377, 378f
Domínios WD40, 445f, 446
Doninha-malhada (espécies de *Spilogale*), 508f
Dopamina, 56, 1081t, 1102, 1103f, 1104
Doping do sangue com EPO, 936
Doppler, Christian, 270
Dormência, endósporo, 575f
Dormência, sementes, 639, **828**-829, 833-834, 852
Dorsal, lado, 680f
Dossel, **1172**
Doudna, Jennifer, 42f, 361, 426
Doushantuophyton, 535f
Dowling, Herndon, 888f
Dragão-azul (*Glaucus atlanticus*), 686f
Dragão-de-komodo (*Varanus komodoensis*), 1042
Drenagem do sangue, 703f, 704
Dreno de açúcar, **800**
Drogas psicoativas, 1081
Dromaius novaehollandiae, 739, 740f
Drosophila melanogaster (mosca-da-fruta). *Ver também* Moscas-da-fruta
 análise de expressão de gene único na, 423, 424f-425f
 anatomia reprodutiva da, 1024f
 árvores filogenéticas da, 562f
 base genética do comportamento da, 1155
 como organismo-modelo, 22, 295f, 1044
 comportamentos de corte da, 1141f
 densidade gênica de fungos vs., 665t
 formação de padrões do plano corporal da, 384, 385f-387f
 genes de forrageio da, 1148, 1149f
 genes homeóticos na, 463f-464f
 genes ligados e, 301f-303f
 hipótese de um gene-uma enzima, 336
 mapas de ligação da, 305f-306f

mecanismos moleculares de ritmos circadianos na, 883
mudanças nos genes do desenvolvimento da, 545f, 546
números diploides e haploides da, 257
seleção natural e evolução adaptativa, 494
splicing alternativo de RNA na, 378f
tamanho do genoma e número de genes da, 448t, 449
variação genética da, 487, 488f
viés das fêmeas na utilização dos espermatozoides na, 1024f
Dryas, 1230f-1231f
Dubautia, espécies de, 543f
Ducto coletor, **987**f-988f, 989
Ducto ejaculatório, 1025f
Ducto mamário, 392f
Ductos, sistema reprodutor masculino, 1025f
Dulse, 609f
Dunstan, William, 1243f
Duodeno, **909**
Dupla-hélice de DNA, 7f, **86**f, 314f, **318**f-320f, 330f
Duplicações, cromossomos, **307**, 308f, 454f-456f
Duplicações, genes, 489, 565f, 566
"Dust Bowl", Estados Unidos, 807f

Ecdise, 683-684, **705**, 707, 894f
Ecdisozários, 683f, **684**
 artrópodes, 706f-712f, 713. *Ver também* Artrópodes
 filogenia, 688f-689f
 nematódeos, 705f, 706
Ecdisteroide, 1006f, 1007
Echinoidea, 715f
Ecologia, **1165**. *Ver também* Ecologia de comunidades; Biologia da conservação; Ecologia de ecossistemas; Ecologia global; Ecologia de paisagens; Ecologia de organismos; Ecologia de populações
 como interações entre organismos e ambiente, 1165
 crescimento populacional e, 1213
 de fungos, 667f-670f
 de musgos, 627f, 628
 de plantas vasculares sem semente, 633-634
 escopo e campos da, 1165f
 evolução e, 1187f
 fatores da, nas taxas evolutivas, 538
 genômica e proteômica na, 88f
 procariotos na, 586f-591f
 urbana, 1273, 1274f
Ecologia comportamental, **1140**
Ecologia de comunidades, **1165**f. *Ver também* Ecologia
 distúrbios na, 1214, 1228, 1229f-1231f
 diversidade de espécies e estrutura trófica na, 1222f-1227f. *Ver também* Diversidade de espécies; Estrutura trófica
 fatores biogeográficos na, 1231, 1232f-1234f
 influência na estrutura da comunidade e, 1214f, 1215
 interações interespecíficas na, 1214f-1221f, 1237
 limites na comunidade. *Ver* Comunidades
 patógenos na, 1234, 1235f
Ecologia de ecossistemas, **1165**f. *Ver também* Ecologia; Ecossistemas
Ecologia de organismos, **1165**f. *Ver também* Ecologia; Organismos
Ecologia de paisagens, **1165**f. *Ver também* Ecologia
 corredores de deslocamento na, 1271f, 1272
 ecologia urbana e, 1273, 1274f
 filosofia das reservas naturais na, 1272-1273
 fragmentação e bordas da paisagem na, 1270, 1271f
 hotspots da biodiversidade nos, 1272f
 zonação de reservas na, 1273f
Ecologia de populações, **1165**f. *Ver também* Ecologia
 como estudo das populações nos ambientes, 1190f, 1191. *Ver também* Populações
 densidade e dispersão da população, 1191f-1192f, 1193, 1202, 1203f
 determinação do tamanho da população usando o método de marcação e recaptura, 1191f
 dinâmica populacional na, 1191f, 1192, 1205f-1206f, 1207
 estatísticas vitais da demografia populacional na, 1193t, 1194f-1195f
 modelos de crescimento populacional, 1196, 1197f-1199f, 1198t, 1200. *Ver também* Crescimento populacional
 população humana na, 1207f-1210f, 1211, 1213

regulação do crescimento populacional, 1202, 1203f-1206f, 1207
Ecologia de restauração, 1253f
  biomagnificação, 1255
  biomanipulação de níveis tróficos na, 1227f
  biorremediação na, 1253, 1255f
  projetos no mundo inteiro, 1254f
Ecologia forense, 1265f
Ecologia global, **1165**f. *Ver também* Ecologia
  acidificação dos oceanos na, 53f, 54
  biomas aquáticos na, 1177f-1182f
  biomas terrestres na, 1171f-1176f, 1189
  clima global na, 1166f, 1167
  da biosfera. *Ver* Biosfera
  distribuições de espécies nas, 1164, 1170f, 1178, 1183f-1186f
  efeitos das extinções em massa na, 542f
  evolução e, 1187f
  impactos ambientais pelos humanos na. *Ver* Impactos humanos no meio ambiente
  importância das micorrizas na, 818
  questões com o tamanho da população humana na, 1209, 1210f, 1211
Ecologia urbana, 1273, **1274**f
Ecossistema da tundra ártica, 1238f, 1244, 1256f-1257f
Ecossistemas, **4**f, **1165**f, **1239**, 1256f-1257f
  bordas entre, 1270, 1271f, 1287
  ciclos biogeoquímicos nos, 1248f-1252f
  como nível de organização biológica, 4f
  decomposição nos, 1240f, 1241, 1248f, 1249
  degradados, restauração de, 1253f-1255f
  diversidade, 1261f-1262f
  efeitos da mudança climática, 1279, 1281f
  efeitos das extinções e massa nos, 542f
  evolução, 1259
  fluxo de energia e ciclagem química e, 9f, 164-165, 1238f-1240f, 1241, 1256f-1257f
  fungos nos, 667f-670f
  importância das plantas com sementes para os, 636f
  importância das plantas vasculares sem sementes para os, 633-634
  importância dos musgos, 627f, 628
  interações nos, 10f-11f
  metagenômica e sequenciamento de genomas de espécies nos, 444
  orçamentos energéticos dos, 1241, 1242f
  procariotos nos, 586f, 587
  produção primária nos, 1241, 1242f-1244f, 1243t, 1245
  produção secundária nos, 1246f-1247f, 1248
  protistas nos, 614f-615f
Ecótonos, **1172**
Ectoderme, **680**, **1049**, 1050f-1051f
Ectomicorrizas, **817**, 818f
Ectoparasitos, **1220**
Ectoproctos, 688f, **698**f, 713
Edema, 933
Edição de genes, **360**, 361f
Edidin, Michael, 128f
Efeito de Bohr, **948**f
Efeito de "cérebro separado", 1098
Efeito estufa, **1278**f
Efeito fundador, **494**-495
Efeito gargalo, **495**f, 496
Efeitos antienvelhecimento, 850
Efeitos de área, diversidade de comunidade e, 1232f
Efeitos recíprocos ecoevolutivos, 1187f
Efetores, **866**
Eficiência da sinalização celular, 228f, 229
Eficiência de produção, **1246**f
Eficiência trófica, **1246**, 1247f, 1248
Eixo anteroposterior, 1055, 1060f
Eixo central, 680f
Eixo dorsoventral, 1060f
Eixos corporais, 1060f
Ejaculação, **1025**, 1034
Elastina, 76f
Elefantes, 10f, 88f, 474f, 1197f, 1265f
Elefantes-africanos (*Loxodonta africana*), 474f, 1197f, 1265f
Elefantes-asiáticos, 474f
Elefantes-marinhos (*Mirounga angustirostris*), 999f, 1267
Elefantíase, 933
Elementos, **29**, 809
  da vida, 29t

distribuição de elétrons, 34f-35f
  isótopos de, 31
  níveis de energia, 32f, 33-34
  número atômico e massa atômica, 31
  orbitais de elétrons, 35f, 36
  partículas subatômicas nos, 30f, 31
  razão, nos organismos, 43
  tóxicos, 30f
Elementos *Alu*, 452, 459
Elementos de controle combinatório, 375-376, 377f
Elementos de controle distal, 374
Elementos de controle proximal, 374
Elementos de vaso, 648, **765**f
Elementos essenciais, **29**t, 64, 809, **810**f, 811t
Elementos genéticos móveis, evolução de vírus e, 408
Elementos inertes, 35
Elementos puros, 37
Elementos transponíveis, 450f-**451**f, 452, 459
Elementos-controle, **373**f-377f
Elementos-traço, **29**t
Eletrencefalograma (EEG), 1094f
Eletrocardiograma (ECG), **928**f
Eletrofisiologistas, 1072f
Eletroforese em gel, **420**f
Eletrólitos, plasma sanguíneo, 934f
Eletronegatividade, **37**, 45
Elétrons, **30**
  como partículas subatômicas, 30f, 31
  distribuição de, 34f-35f
  em compostos orgânicos, 58, 59f, 60
  em reações redox, 165, 166f
  fluxo cíclico de, nas reações luminosas da fotossíntese, 198f, 199
  fluxo linear de, nas reações luminosas da fotossíntese, 197f-198f
  nas cadeias de transporte de elétrons, 167f-168f
  níveis de energia dos, 32f, 33-34
  orbitais de, 35f, 36, 39f, 40
  propriedades químicas e, 34f, 35
Elétrons de valência, **35**-36
Elétrons não pareados, 36
Eletroporação, **422**
Elevação (altitude)
  clima e, 1169f
  dano por luz ultravioleta (UV) na, 1186f
  genética e, 1189
Eliciadores, 866
Eliminação, **904**, 905f, 911
Elkinsia, 641f
Elodea, 55
Emaranhados neurofibrilares, 1104f
Embaralhamento de éxons, 347f, 457f
Embebição, **829**
Embrião de três progenitores, 311
Embriões. *Ver também* Desenvolvimento embrionário
  homologias anatômicas dos vertebrados, 479f, 480
  monocotiledôneas vs. eudicotiledôneas, 649f
  sobrevivência dos, 1023f
  tolerância imunológica materna, 1037
  vegetais, 620f
Embriófitas, 619f-**620**f, 621
Emigração, **1192**, 1196, 1197f, 1206f, 1207, 1256f
Emoções, 1095f, 1096, 1106
Emu (*Dromaius novaehollandiae*), 739, 740f
Enântiomeros, **61**f-62f, 65
Encefalite, 401, 409
Encefalopatia traumática crônica (ETC), 1104
Encéfalos, **1069**. *Ver também* Sistemas nervosos
  acidente vascular cerebral, 937
  câncer glioblastoma do, 447
  centros de controle da respiração em humanos, 946f
  córtex cerebral e funções cognitivas, 1096, 1097f-1099f
  desenvolvimento, 722f, 1092f, 1099-1100
  distúrbios, 1103, 1104f
  dos primatas, 747-784
  drogadição e sistema de recompensas nos, 1103f
  evolução da cognição no pálio de aves e no encéfalo humano, 1098, 1099f
  evolução dos cordados e vertebrados, 722f
  evolução dos vertebrados, 1091f
  exames de imagem, 1085f, 1096f
  função de sono e excitação nos, 1094f
  função do lobo central dos, 1098
  funções de fala e linguagem, 1098
  funções emocionais, 1095f, 1096

glia nos mamíferos, 1069f
  hipotálamo humano, na termorregulação, 888, 889f
  humano, 748, 1092f-1093f, 1095f-1104f
  lateralização da função cortical, 1098
  mamíferos, 741
  na sinalização neuroendócrina, 1007f-1008f
  neandertais, 752
  neurônios nos, 1068, 1085f, 1091. *Ver também* Neurônios
  nos sistemas nervosos centrais, 1086f, 1087
  nos sistemas sensoriais, 1109
  processamento de informações por, 1096, 1097f-1098f
  processamento de informações visuais nos, 1121f
  receptores opiáceos de mamíferos, 1082
  regiões dos, 1091f-1093f
  regulação do relógio biológico pelos, 1094-1095
  tamanho dos, 756
  tecido nervoso dos, 879f
  vírus zika e, 409
ENCODE (Encyclopedia of DNA Elements), 446, 450
Endocarpo, 832f
Endocitose, 126, **139**, 140f, 141, 208f-209f
Endocitose mediada por receptor, **140**f
Endoderme, **680**, **768**, **792**, 793f, **1049**, 1050f-1051f
Endoesqueletos, 1132f-1134f, **1133**
Endófitos, **667**f, 668, **814**
Endométrio, **1026**, 1027f
Endometriose, **1033**
Endomicorrizas, **656**, 660, 663, **817**, 818f
Endoparasitas, **1220**
Endorfinas, 40f, 78, **1081**t
Endosperma, **647**, 826, **826**, 827f-829f
Endósporos, **575**
Endossimbiose, 109, 110f, **534**, 535f, **594**-595, 596f-597f, 608f, 609, 617
Endossimbiose secundária, **596**f-597f
Endossimbiose sequencial, **534**, 535f
Endotelina, 931
Endotélio, vaso sanguíneo, **929**f
Endotoxinas, **588**
Energia, **32**, **144**
  acoplamento de energia do ATP e, 150, 151f-153f
  alocação e uso de, 889, 890f
  animal. *Ver* Bioenergética
  calor como, 46
  catálise enzimática e. *Ver* Catálise enzimática
  cinética, 46, 144, 145f, 163
  conservação da, 1239
  elétrons e níveis de, 32f, 33-34
  fontes hidrotermais, procariotos e, 592
  formas de, 144, 145f
  leis de transformação da, 145f-146f, 147
  locomoção e, 1135-1136
  luminosa. *Ver* Energia luminosa
  metabolismo e. *Ver* Metabolismo
  na fotossíntese, 41f
  níveis tróficos e, 1240f, 1241, 1246, 1247f, 1248
  no ecossistema de tundra no Ártico, 1256f-1257f
  no fluxo de energia e ciclagem química, 164f, 165
  nos ecossistemas, 1238f-1240f, 1241
  potencial, 32, 144, 145f, 163
  processamento de, como tema da biologia, 2, 3f
  produção primária de, 1241, 1242f-1244f, 1243t, 1245
  produção secundária de, 1246f-1247f, 1248
  química, 144, 889, 890f
  quimiosmose como mecanismo de acoplamento de energia, 175, 176f, 177
  regulação da reserva de, na nutrição animal, 915, 916f, 917
  reserva de, nas gorduras, 74
  tecnologia de biocombustível para reduzir a dependência de combustíveis fósseis, 838
  térmica, 46, 132, 144
  transferência e transformação, como tema da biologia, 9f, 143
  transformação, 109, 110f-111f, 209f
  uso global por humanos, 1210f, 1211
  variação de energia livre e. *Ver* Variação de energia livre
Energia cinética, **46**, **144**, 145f, 163
Energia de ativação, 153, **154**f-155f
Energia e matéria
  bioenergética, 163
  células eucarióticas e, 93f

como tema da biologia, 2, 3
decomposição e, 1259
fotossíntese e, 211
hibernação, 897
sucesso reprodutivo e, 1042
transferência e transformação, 9f
Energia livre, **147**
Energia livre de ativação, 153, 154f
Energia livre de Gibbs, 147. *Ver também* Variação de energia livre
Energia luminosa
bioluminescência como, 143
determinando a produção primária pela absorção de, 1242f
excitação da clorofila pela, 195f
luz solar como, 143, 145, 150
na fotossíntese, 187f, 206, 207f. *Ver também* Reações luminosas
no fluxo de energia e ciclagem química, 9f, 164f, 165, 1240f
orçamento energético global e, 1241
produção primária nos ecossistemas aquáticos e limitações da, 1242
propriedades da, 192f
Energia luminosa, respostas das plantas à
abertura e fechamento estomáticos como, 797-798
arquitetura da parte aérea das plantas e, 785, 786f, 787
fitocromos como fotorreceptores nas, 856, 857f
fotomorfogênese e espectro de ação, 855
fotoperiodismo e respostas sazonais nas, 859f-860f
fotorreceptores de luz azul, 855, 856f
fototropismo e, 847f-848f
germinação e, 871
relógios biológicos e ritmos circadianos nas, 857, 858f, 859
via de transdução de sinal para desestiolamento, 843f-844f, 845
Energia potencial, **32**, **144**, 145f, 163
Energia química, 143-**144**, 145f, 889, 890f. *Ver também* Respiração celular; Fotossíntese
Energia solar
determinando a produção primária pela absorção de, 1242f
na fotossíntese, 41f, 187f
no fluxo energético e ciclagem química, 9f, 1240f
orçamento energético global e, 1241
produção primária nos ecossistemas aquáticos e limitações da, 1242
Energia térmica, **46**, 132, **144**
Engelmann, Theodor W., 193, 194f
Engenharia genética, **416**
biotecnologia vegetal, 837
cultura de tecido vegetal e, 836
de animais transgênicos, 436f
de organismos geneticamente modificados, 438-439. *Ver também* Organismos geneticamente modificados
de plantas. *Ver* Plantas transgênicas
de proteínas anticongelamento, 865
ferramentas de tecnologia de DNA para, 416, 418f-422f, 423
fungos nas, 671
nas vias de transdução de sinal do etileno, 854
oposição à, 839-841
procariotos na, 589, 590f-591f
sistema CRISPR-Cas9, 360, 361f
Engenheiros do ecossistema, **1226**f
Enjoo matinal, 65, 1036
Enovelamento de proteínas, 83
Enovelamento incorreto de proteínas, 83
Enponja-de-vidro, 146f
Enriquecimento de nutrientes global, 1274, 1275f
Ensaios de microarranjo do DNA, 289, **426**f. *Ver também* Chips de microarranjo, genoma humano
Entalpia, 147
Entamoebas, 613
Entomophthora muscae, 662f
Entrada, ciclo lítico do fago, 402f
Entrenós, **761**
Entropia, 143, **146**-147, 1239
Envelhecimento, 233, 289
Envelope de fertilização, 1045f, 1046f
Envelopes nucleares, 100f-101f, **102**, 103f, 109f, 252, 332, 339f, 355
Envelopes virais, **400**f, 401, 405f
Enxerto, plantas, **835**-836

Enxofre, 29t, 64
Enzimas, **67**, **153**. *Ver também* Catálise enzimática
como catalisadores, 153
como proteínas, 75, 76f, 130f
de restrição. *Ver* Enzimas de restrição
determinação das atividades de, 163
do *Thermus aquaticus*, 441
especificidade do substrato das, 155f, 156
evolução, 159f
facilitação da síntese e quebra de polímeros por, 67f
fúngicas, 654-655
hepáticas, diminuição do nível de LDL no plasma pela inativação de, 938
induzíveis e reprimíveis, 367f-368f, 369
lisossomos e, 107f, 108
localizações, nas células, 161f
na digestão química, 907f-908f, 909
na saliva, 906
nas respostas nucleares de sinalização celular, 226, 227f
no suco gástrico, 907f-908f
RE liso e RE rugoso, 104-105
relação de genes com, na síntese de proteínas, 336f-338f
ribozimas como, 346
sítios ativos de, 155f-156f
Enzimas de restrição, **404**, **419**
fazendo plasmídeos de DNA recombinante com, 419f-420f
reação em cadeia da polimerase, na clonagem gênica, 421, 422f
Enzimas de RNA. *Ver* Ribozimas
Enzimas digestivas, 76f
Enzimas hidrolíticas, fungos, 655
Enzimas induzíveis, 368f, 369
Enzimas reprimíveis, 368f, 369
Enzimas saturadas, 156
Éon Arqueano, 530f, 532f-533f
Éon Fanerozoico, 530f, 533f, 539f
Éon Hadeano, 530f, 532f-533f
Eosinófilos, 934f-935f, **955**
Ephedra, 642f
Ephrussi, Boris, 336
Epiblasto, 1052f-1053f
Epicótilo, **829**f-830f
Epidemia, **409**f, 410, 867
Epidemiologia, 902
Epiderme, 5f, **763**f
Epidídimo, **1025**f
Epífitas, 632f, 818, **819**f, 820
Epigenética, 430
Epiglote, 906f
Epilepsia, 1076, 1098
Epinefrina. *Ver* Adrenalina
Epistasia, **281**f
Epitálamo, 1093f
Epitélio colunar, 877f
Epitélio colunar pseudoestratificado, 877f
Epitélio colunar simples, 877f
Epitélio cuboide, 877f
Epitélio escamoso, 877f
Epitélio escamoso estratificado, 877f
Epitélio escamoso simples, 877f
Epitélios de transporte, **981**, 982f, 988f, 989
Epítopos, **958**, 959f, 969, 976
Equação de Hardy-Weinberg, 490-493
Equação de Nernst, 1071f
Equação do potencial do soluto, 804
Equação logística no Exercício de habilidades científicas, 1200
Equidnas, 742, 743f
Equilíbrio
mecanorreceptores para a sensação do, 1112f-1116f
populacional, 1203f
químico. *Ver* Equilíbrio químico
Equilíbrio corporal, 1112f-1116f, 1135
Equilíbrio de Hardy-Weinberg, 489, **490**f-491f, 492t, 493
Equilíbrio hídrico
efeitos da osmose no, 133f-135f
osmorregulação do, 977f-982f
regulação hormonal no, 994f-996f
Equilíbrio químico, **41**
metabolismo e, 148, 149f-150f
nas reações químicas, 41
tampões e, 52-53
variação de energia livre e, 147, 148f

Equilíbrios pontuados, **520**f, 521
Equinócio de março, 1167f
Equinócio de setembro, 1167f
Equinodermos, 689f, **713**, 714f-715f, 719f, 1044f-1047f, 1086f, 1133
Equisetum, 632f, 633
Equus, 548, 549f
Era Cenozoica, 530f, 533f, 539f, 679
Era Mesozoica, 530f, 533f, 539f, 679
Era Neoproterozoica, 530f, 676f-677f
Era Paleozoica, 530f, 533f, 539f, 677f, 678
Erióforo, 1256f
Eritrócitos (glóbulos vermelhos), 82f, 500-501, 502f-503f, 878f, 934f-**935**f
Erosão do solo, 809f
Errantes, 703f
Erros inatos do metabolismo, 336
Erros na replicação do DNA, 327, 328f
Ertropoetina (EPO), **936**
Erva-alheira (*Alliaria petiolata*), 818
Erva-de-fogo, 636f
Erva-de-pato (*Spirodela oligorrhiza*), 101f
Erva-seta, 835f
Ervilha, experimentos de G. Mendel com plantas de, 269f-276f
Erythropsidinium, 594f
Escada rolante do muco, 943
Escala de pH, 51, 52f
Escalas logarítmicas no Exercício de habilidades científicas, 1136
Escamados, 737f, 738
Escamas
de peixes, 728
de répteis, 735
Escape transgênico, problema do, 839-840
Escherichia coli (*E. coli*), bactéria, 595
cepas patogênicas de, 588
clonagem do DNA e de genes da, 418f, 419, 589
como organismo-modelo, 22
empacotamento do DNA nos cromossomos da, 330-331
evolução adaptativa rápida da, 578f, 579
fagos virais na pesquisa do DNA sobre a, 316f, 317
fissão binária, 242, 243f
infecção viral pelo, 401, 402f-403f
recombinação genética e conjugação na, 579, 580f, 581
regulação da expressão gênica na, 366f-369f, 370
replicação e reparo do DNA na, 322f-327f
tamanho do genoma e número de genes da, 448t, 449
Esclera, 1118f
Esclereides, 764f
Esclerênquima, tecido, 868f
Esclerose lateral amiotrófica (ELA), 1129
Esclerose múltipla, 971
Escoamento
experimental, e ciclagem de nutrientes, 1252f
no ciclo da água, 1250f
no ciclo do nitrogênio, 1251f
Escólex, 697f
Escolha de parceiro, 499f-500f, 515f, 519, 1151, 1152f-1153f, 1154
Escorpiões, 707, 708f
Escroto, **1025**f
Escuro
florescimento em plantas de noite longa e, 859f, 860
resposta de estiolamento vegetal ao, 843f
Escutelo, 829f
Esfigmomanômetro, 931f
Esfincter, 906f, **907**
pré-capilar, 932f
Esgana-gata (*Gasterosteus aculeatus*), 481, 546f, 547, 1140f
Esgoto, tratamento de, 585, 591
Esôfago, **906**f, 908f
Espaço cisternal, 104
Espaço do tilacoide, 189f
Espaço intermembrana, 110
Espada-de-prata, plantas, 543f, 558, 1183
Espanha, 573f
Especiação, **507**
alopátrica vs. simpátrica, 511f, 516
como origem de espécies na evolução darwiniana, 506f, 507

ÍNDICE

como ponte conceitual entre micro e macroevolução, 507, 523
de humanos, 524
diferencial, seleção de espécies e, 548-549
genes ortólogos e, 566
genética da, 522*f*, 523
isolamento reprodutivo e conceito biológico de espécie na, 507*f*-510*f*
tempo da, 520*f*-521*f*, 522
teoria darwiniana da, 473, 474*f*-476*f*
zonas de hibridação e isolamento reprodutivo na, 516, 517*f*-519*f*, 520
Especiação alopátrica, **511***f***-512***f*, 513, 539-540
Especiação simpátrica, **513**, 514*f*-515*f*, 516
Espécie, **507**
bordas, 1271
chave, 1226*f*, 1270
classificação, 12*f*-13*f*, 470, 554, 555*f*
com grande impacto, 1225, 1226*f*
comparando genomas de, 459, 460*f*-462*f*
comparando processos de desenvolvimento de, 463*f*-464*f*
comunidades de. *Ver* Comunidades
conceito biológico de, 507*f*-510*f*
conceitos morfológico e ecológico de, 507, 508*f*-509*f*, 510
conhecida, número de, 1261
de anfíbios, perda de, 733
de moluscos, extinção, 702*f*
descoberta de nova, 1164*f*, 1185, 1260*f*
desmatamento de florestas tropicais e extinções de, 651*f*, 652
distribuição geográfica de, 482*f*, 483
distribuições de. *Ver* Distribuições de espécies
diversidade de. *Ver* Diversidade de espécies
em perigo ou ameaçadas, 1261, 1262*f*, 1272*f*, 1288
expressão gênica entre espécies na evolução, 423
extinta, ressurreição, 1266
filogenias como história de, 554*f*-556*f*. *Ver também* Filogenias
fundadora, 1214, 1226
fusão de, 519*f*, 520
genes homólogos na, 565*f*, 566
interações de, 1214*f*-1221*f*, 1237
interações entre. *Ver* Interações interespecíficas
introdução de, 1223, 1264*f*, 1287
metagenômica e sequenciamento do genoma de grupos de, 444
na árvore da vida, 15*f*-16*f*
populações de. *Ver* Populações
sequências de genoma completo de, 448*t*
tamanho do genoma, número de genes, densidade gênica e DNA não codificante de, 448*t*, 449
teoria de C. Darwin da origem e evolução de, 14*f*-16*f*, 473, 474*f*-476*f*. *Ver* Evolução; Especiação
uso de árvores filogenéticas para identificar, da carne de baleia, 557*f*
Espécie heterosporada, **631**, 638
Espécie homosporada, **631**, 638
Espécie invasora, escape transgênico, 839
Espécies ameaçadas, 1199*f*, **1261**, 1262*f*, 1272*f*, 1288
Espécies de ilhas, 483
Espécies, distribuições. *Ver* Distribuições de espécies
Espécies exóticas, 1264*f*
Espécies fundadoras, 1214, **1226**
Espécies introduzidas, 818, 1223, **1264***f*, 1287
Espécies não nativas, 1264*f*
Espécies-chave, **1226**, 1270
Espécies-irmãs, 512*f*
Especificidade
reação em cadeia da polimerase, 421, 422*f*
sinalização celular, 227, 228*f*
substrato de enzima, 155*f*, 156
viral, 401
Especificidade de "fechadura e chave", vírus, 401
Especificidades do hospedeiro, vírus, **401**
Espectro de absorção, **193***f*
Espectro de ação, **193**, 194*f*, **855**
Espectro eletromagnético, **192***f*
Espectrofotômetro, **193***f*
Espectroscopia por ressonância magnética nuclear (RMN), 83
Espermatecas, 711, **1024***f*
Espermátides, 1028*f*
Espermatócitos, 1028*f*
Espermatogênese, **1027**, 1028*f*, 1031*f*, 1042
Espermatogônia, **1028***f*

Espermatozoides, **1020**
concepção e, 1035*f*
determinação do sexo de mamíferos, 298*f*
espermatogênese humana e, 1027, 1028*f*, 1031*f*, 1042
flagelados, em plantas, 619
humanos, cromossomos nos, 236-237
na fecundação, 1022*f*-1024*f*, 1044*f*, 1045
plantas com sementes. *Ver* Pólen, grãos de
viés no uso dos, nas fêmeas de moscas-da-fruta, 1024*f*
Espermatozoide flagelado, 619
Espermicida, 1038*f*
Espinha bífida, 1055
Espinhos, 762*f*
Espinhos, estrela-do-mar, 714*f*
Espiroquetas, 584*f*
Espirradeira, 799*f*
Espongina, 690
Espongiocele, **690***f*
Esponjas
filogenia, 682, 683*f*, 684, 687*f*, 690*f*, 691
Esporângio, **621***f*, 625, 631, 640*f*, 641, 662*f*
Esporângio *Cooksonia*, 622*f*
Esporão-do-centeio, 669*f*
Esporofilos, **631**
Esporófitas, **620***f*, 823
de algas pardas, 603*f*, 604
de briófitas, 625, 626*f*
de plantas, 620*f*-621*f*
de plantas vasculares sem sementes, 628*f*-630*f*
na alternância de gerações, 258*f*
no ciclo da vida dos pinheiros, 640*f*, 641
relações de gametófitos com, nas plantas, 637*f*, 638
Esporopolenina, **619**, 621*f*, 638
Esporos, **620***f*, **657**
algas pardas, 603*f*, 604
bacterianos, sinalização celular e, 213*f*
de plantas, 620*f*-621*f*
fúngicos, 654, 655*f*, 657, 658*f*-659*f*, 662*f*-663*f*
meiose e produção de, 270*n*
na alternância de gerações, 258*f*
plantas fossilizadas, 622*f*
sementes vs., 639
variações, nas plantas vasculares, 631
Esporos com paredes, 621*f*
Esporozoítos, 605, 606*f*
Espruce, 1230*f*-1231*f*
Esqueleto açúcar-fosfato do DNA, 85*f*-86*f*, 317*f*-320*f*, 325*f*-326*f*
Esqueleto de ácido nucleico, 86*f*
Esqueleto de cartilagem, 723-726
Esqueleto de polipeptídeo, 78*f*
Esqueleto polipeptídico, 78*f*
Esqueletos açúcar-fosfato de DNA antiparalelo, **86***f*, 317*f*-320*f*, **318**, 324, 325*f*-327*f*
Esqueletos de carbono, 56, 60*f*-61*f*
Esqueletos hidrostáticos, **1133***f*
Esquilos-de-belding, 1156, 1158, 1159*f*, 1193*t*, 1194*f*, 1195, 1213
Esquilos-do-ártico (*Spermophilus parryii*), 893
Esquilos-terrestres, 893, 1156, 1158, 1159*f*, 1193*t*, 1194*f*, 1195, 1213
Esquilos-voadores, 481*f*, 517
Esquilos-voadores-do-sul (*Glaucomys volans*), 517
Esquistossomose, 696*f*
Esquizofrenia, 372*f*, **1102***f*
Estabilidade, comunidade, 1223*f*, 1228
Estabilidade, equilíbrio como, 147, 148*f*
Estabilidade populacional, 1205*f*, 1208
Estabilidade, zona de hibridação, 519*f*, 520
Estação de monitoramento de Mauna Loa, 1278*f*, 1279
Estado de repouso, potencial de ação, 1074*f*, 1075
Estado de transição, 154
Estados Unidos, pirâmide de estrutura etária, 1209*f*
Estames, 270, 271, **644***f*, 823*f*
Estatinas, 938
Estatística, 17
Estatocistos, **1112***f*
Estatólitos, **861***f*, **1112***f*
Estator, ATP-sintase, 175*f*
Estelo, **763**, 770*f*, 783
Esterilidade
de híbridos, 509*f*, 522-523
de plantas transgênicas, 839-840
Esterilização humana, 1038*f*, 1039

Esteroides, 75
brassinosteroides como, 854-855
como hormônios lipossolúveis, 1001*f*
como toxinas ambientais, 1276
glândula adrenal e, 1012*f*, 1013
hormônios sexuais como, 1014, 1015*f*
no sistema endócrino humano, 1004*f*
receptores de, 1003*f*
Esteroides anabólicos, 1014
Estigma, **644***f*
Estigma, angiospermas, **823***f*
Estilete, flores, **644***f*, **823***f*
Estimuladores, **374***f***-375***f*, 397
Estímulo, **882**
ambiental, 1140*f*-1141*f*
homeostático, 882
nas cadeias estímulo-resposta, 1141*f*, 1142
sensorial, 1108*f*-1109*f*
Estímulo mecânico, respostas vegetais, 861, 862*f*
Estímulo sensorial, 1068*f*, 1096, 1097*f*-1098*f*
Estímulo-sinal, **1140***f*
Estiolamento, **843***f*
Estipe, **602**, 603*f*
Estivação, 893
Estolões, 761*f*
Estômago, **907**
adaptações, 912*f*
bactérias no, 912, 913*f*
digestão no, 907*f*-908*f*
dinâmica do, 908
Estômatos, 189, **621**, **771***f*, 777*f*
ajuste fotossíntese-perda de água, 787
da cavalinha, 635
de plantas MAC, 205, 206*f*
esporófitos, 625
gradientes iônicos e, 993*f*
na fotossíntese, 189
regulação da transpiração pela abertura e fechamento dos, 796, 797*f*-799*f*
transpiração e, 203
vegetais, 622
Estorninho-europeu, 1264
Estradiol, 62*f*, 1003*f*, **1014**, 1015*f*, **1030**, 1032*f*, 1037*f*
Estramenópilos, 599*f*, 602*f*-604*f*
Estratégia olho por olho, 1159
Estratificação vertical, bioma terrestre, 1172
Estratos, **470***f*, 529*f*
Estratos sedimentares, 470*f*, 529*f*
Estrela-serpente, 714*f*, 715
Estrelas-do-mar, 689*f*, 713, 714*f*, 898*f*, 940*f*, 1086*f*, 1192*f*, 1226*f*
Estresse
etileno nas respostas vegetais ao, 853*f*
resposta ao, 1003
resposta da glândula adrenal ao, 1012*f*-1013*f*, 1014
sistemas imunes e, 971
Estresse mecânico, respostas vegetais, 853*f*
Estresse pelo sal, respostas vegetais, 865
Estresses abióticos, plantas, **862**-863, 864*f*, 865
Estresses bióticos, plantas, **862**, 866, 867*f*-869*f*
Estria de Caspary, **792**, 793*f*
Estricnina, 1220
Estrigolactonas, 846*f*, 850, **855**
Estróbilos, **631**
Estrogênios, 62*f*, 376, 397, 1003*f*-1004*f*, **1014**, 1015*f*, 1030, 1032*f*, 1038, 1276
Estroma, **110**, 111*f*, **189***f*, 191*f*, 192, 200*f*, 201
Estromatólitos, 532*f*, **533**
Estrutura da comunidade, 1214*f*, **1215**
alteração por patógenos, 1234, 1235*f*
Estrutura etária, população humana, **1208**, 1209*f*
Estrutura, função e, 6
Estrutura primária de proteínas, **80***f*
Estrutura quaternária de proteínas, **81***f*
Estrutura química, DNA, 319*f*
Estrutura secundária de proteínas, **80***f*
Estrutura terciária de proteínas, **81***f*
Estrutura trófica, **1223**
controles de baixo para cima e de cima para baixo e biomanipulação da, 1226, 1227*f*
espécies com grandes impactos na, 1225, 1226*f*
hipótese energética para a restrição do comprimento da cadeia alimentar, 1225*f*
teia alimentar das cadeias alimentares na, 1224*f*-1225*f*, 1237
Estrutura vegetal
células na, 763, 764*f*-765*f*

crescimento primário das raízes e partes aéreas da, 768f-771f
crescimento secundário de caules e raízes em plantas lenhosas, 772f-775f
desenvolvimento vegetal e, 775f-780f
diversidade na, 759
geração de células pelo meristema para crescimento da, 766f-767f
hierarquia de órgãos, tecidos e células na, 758f-765f
Estruturas análogas, **481**
Estruturas de pontos de Lewis, 36, 37f, 43, 65
Estruturas homólogas, **479**f-481f
Estruturas vestigiais, **479**
Estuários, **1180**f, 1186
Estudos com gêmeos, 1144
Estudos de caso
    ciclagem de nutrientes na Floresta Experimental Hubbard Brook, 1252f
    declínio do pica-pau-de-topete-vermelho, 1269f-1270f
    desenvolvimento sustentável na Costa Rica, 1284, 1285f
    evolução da tolerância a elementos tóxicos, 30f
    função renal nos morcegos-vampiros, 991f, 992
    populações de ursos-cinzentos, 1268f, 1269
    predação e coloração da pelagem de camundongos, 20f-21f
    variação dos padrões migratórios, 1156, 1157f
    variação na seleção de presas, 1155, 1156f
    vórtice de extinção do tetraz-das-pradarias, 1267f
Estudos familiares, 1102f
Estudos sobre a origem da vida, 57f, 58
Estudos. *Ver* Figuras "Pesquisa"
Esverdeamento, plantas, 843f-844f, 845
Etano, 59f
Etanol, 63f, 180f, 590, 1204f
Eteno (etileno), 59f
Ética, questões de
    biotecnologia, 438-439, 839-840
    diagnóstico de doenças genéticas fetais, 1039-1040
    extinções de plantas com sementes, 652
    silenciamento da expressão gênica em humanos, 427
    tecnologia de DNA, 24
    terapia gênica, 435
Etileno, 216, 846t, **852**, 853f-854f, 864f
Eucariotos. *Ver também* Animais; Fungos; Plantas
    árvore filogenética, 612f
    cadeias transportadoras de elétrons nos, 168-169
    células de. *Ver* Células eucarióticas
    cílios em, 13f
    endossimbiose na evolução dos, 594-595, 596f-597f
    Eukarya, domínio, 12f, 568, 569f, 585t, 594
    multicelulares, origens, 533f, 535f-536f
    quimiosmose nos, 175, 176f, 177
    tamanhos dos genomas e número de genes, 448t, 449
    taxonomia, 568, 569f
    unicelulares, fotossíntese, 188f
    unicelulares, origens, 533f-535f
    unicelulares, protistas como, 594. *Ver também* Protistas
    unicontes como os primeiros a divergirem nos, 612f
Eucromatina, 330f, **332**
Eudicotiledôneas, **649**f-650f, 761, 769f-770f, 828f-830f
Euforbiácea, 1172f
Eugenia, 435
Euglenídeos, **601**f
Euglenozoários, **600**f-601f
Euhadra, espécies de, 522
Eukarya, domínio, 12f, 568, 569f, 585t, 594
Eumetazoários, **683**f, 686, 691
Euripterídeos, **708**
European Molecular Biology Laboratory, 444
Euryarchaeota, clado, 586
Eutérios (mamíferos placentários), 481f, 543f, **744**f-747f. *Ver também* Primatas
Eutrofização, 1227f, **1242**, 1275f
Evaporação, 46f, 47, **885**f, 886
    no ciclo da água, 1250f, 1259
Evapotranspiração, **1232**f
    no ciclo da água, 1250f
Evidência
    da evolução, fósseis como, 13f
    dados científicos como, 17f, 19f
    teorias e, 21-22
Evitação à sombra, plantas, 857

Evo-devo. *Ver* Biologia evolutiva do desenvolvimento
Evolução, **11**, **469**. *Ver também* Adaptações; Seleção natural
    agrupamento filogenético e, 572
    alelos letais dominantes de ação tardia, 293
    ambiente e, 485
    análise cladística e, 572
    árvore da vida e, 15f-16f
    árvore filogenética de Bilateria, 717
    biologia evolutiva do desenvolvimento "evo-devo" no estudo da, 387
    classificação da diversidade da vida e, 12f-13f
    coevolução de flores e polinizadores na, 825f
    como propriedade da vida, 3f
    como tema da biologia, 2, 3, 11, 12f-16f
    comparando sequências de genomas para estudar, 459, 460f-464f
    composição elementar dos organismos e, 43
    conservação de genes no, 466
    contexto histórico da teoria darwiniana do, 469f-471f
    convergente. *Ver* Evolução convergente
    da aparência de lagartos, 26
    da ATP-sintase, 186
    da autocompatibilidade vegetal, 841
    da circulação dupla, 925
    da cognição em vertebrados, 1098, 1099f
    da detecção de patógenos por plantas, 866
    da diversidade biológica. *Ver* Biodiversidade
    da espessura do axônio e mielinização, 1076f-1077f
    da estrutura do encéfalo de vertebrados, 1091f
    da função hormonal, 1015f, 1016
    da glicólise, 182
    da inteligência, 1106
    da interferência de RNA, 380
    da lignina, 783
    da locomoção, 1138
    da mastigação durante a respiração, 920
    da memória de curto e de longo prazo, 1100, 1101f
    da mitose, 243, 244f
    da ordem biológica, 147
    da percepção visual, 1117f-1119f
    da reciclagem de nitrogênio em bactérias, 821
    da regulação de água nas células, 142
    da resistência a fármacos, 435, 592
    da reversão sexual, 1020
    da segmentação, 1066
    da simbiose fungo-alga, 672
    da sinalização celular, 213f, 214, 233
    da tolerância a elementos tóxicos, 30f
    da troca gasosa, 947f-949f
    da variação genética nas populações, 266, 267f
    da vida nos planetas com água, 50f
    darwiniana, aspectos teóricos, 483-484
    darwiniana, formulação e testagem de predições, 483
    das angiospermas, 647f-649f
    das briófitas, 635
    das células de transporte nas algas, 804
    das diferenças na composição de lipídeos da membrana celular, 129
    das flores, 825f
    das gimnospermas, 641f
    das membranas extraembrionárias no desenvolvimento dos amniotas, 1053f, 1054
    das plantas vasculares, 628f-631f
    das plantas, 617, 618, 619f, 621, 622t
    das populações de alta densidade, 1213
    das proteínas anticongelamento, 865
    datação radiométrica e, 32-33
    de adaptações para aquisição de recursos em plantas vasculares, 784f-786f, 787
    de características moleculares e anatômicas, 485
    de enzimas, 159f
    de flagelos procarióticos, 576f, 577
    de gnatostomados e mandíbulas, 725f, 726
    de hermafroditismo, 1042
    de íntrons, 346, 347f
    de mecanismos alternativos de fixação do carbono nas plantas, 203
    de micorrizas nas plantas, 817
    de mitocôndrias e cloroplastos, 109, 110f
    de patógenos que escapam do sistema imune, 957, 971-972, 973f, 973t, 974, 976
    de rins, 991, 998
    de sementes nas plantas com sementes, 639
    de traços na história da vida, 1200, 1201f-1202f

de troca do método reprodutivo, 268
de vias bioquímicas, 163
distribuições de espécies e, 1183, 1189
divergência de proteínas e, 91
divergência dos genes da globina humana durante, 458
DNA e proteínas como medidas de, 87, 89, 397
do ciclo celular, 252
do código genético, 341, 342f
do comportamento, variação genética e, 1155f-1157f
do crescimento vegetal secundário, 774
do genoma humano, 524, 566
do tamanho dos insetos, 951
do tamanho e forma animal, 874f
doença falciforme e, 286f, 287
dos amniotas, 735f
dos animais, 675f-677f, 678-679
dos artrópodes, 706f, 707
dos códons, 364
dos comportamentos de forrageio, **1148**, 1149f
dos comportamentos por aprendizagem associativa, 1146
dos cordados, 722f
dos fungos, 659f, 660
dos genes e genomas, 454f-457f, 458-459, 565f, 566
dos mamíferos, 741, 742f
dos músculos lisos, 1132
dos nichos ecológicos, 1215, 1216f
dos peixes, 730
dos potenciais de ação, 1084
dos receptores intracelulares, 1018
dos répteis, 736
dos vírus, 406, 408, 411, 414
dos tetrápodes, 730
ecossistemas, 1259
entrecruzamento e, 313
especiação como ponte conceitual entre macro e microevolução, 507, 523. *Ver também* Macroevolução; Microevolução; Especiação
estruturas celulares na, 125
eucarióticos, endossimbiose na, 594-595, 596f-597f, 608f, 609
evidências em apoio à teoria darwiniana, 476, 477f-482f, 483
exaptação, 783
expressão gênica entre espécies cruzadas na, 423
extinções em massa e, 653, 1287
extremófilos e, 55
filogenias como história da, 554f-556f. *Ver também* Filogenias
fotorrespiração e, 211
genes compartilhados entre organismos, 26
genômica e proteômica no estudo da, 88f
germinação fotossensível, 871
hominíneos e humanos, 748f-754f
imperfeições dos organismos e, 505
influência do ambiente e, sobre os resíduos nitrogenados, 983
mudança ecológica e, 1187f
nucleotídeos de DNA alterados como mutações na, 328
padrão e aspectos do processo de, 470, 483
pesquisa de campo por C. Darwin sobre, 471, 472f-473f
procariótica rápida, 573, 578f, 579
relógios moleculares e taxas de, 566, 567f-568f
reprodução sexuada como enigma da, 1021, 1022f
reversões da, 756
seleção natural e variabilidade genética pela recombinação de alelos e, 305
síntese abiótica de moléculas orgânicas como a origem da vida na Terra, 57f, 58
tamanho populacional pequeno e vórtice de extinção na, 1266, 1267f
taxa de mutações e, 334
tecnologias com base no DNA e, 441
teoria darwiniana da, como descendência com modificação por seleção natural, 14f-16f, 469-470, 473f-476f, 483-484
uniformidade e diversidade na, 13f, 26
usando dados de proteínas para testar hipóteses sobre transferência gênica horizontal, 570
vertebrados primitivos, 724f-725f
vida baseada em silício e, 65
Evolução adaptativa, **494**, 498, 499f, 501. *Ver também* Evolução; Seleção natural

Evolução convergente, **481**
   analogias e, 558f
   de cactos e euforbiáceas, 1172f
   de homologias, 481f
   de marsupiais, 744f
   de nadadores velozes, 874f
   nas filogenias, 553f-554f
Evolução ramificada, 548-549
Exames de imagem cerebrais, 1085f, 1096f
Exaptações, 548, 577, 783
Excavata, **597**, 598f, 600
Excitação
   autônoma, 1096
   funções cerebrais no sono e, 1094f
   sexual humana, 1034, 1081
Excitação autonômica, 1096
Exclusão competitiva, **1215**
Excreção, **978**, **982**, 984f. *Ver também* Sistemas excretores; Osmorregulação
Exercício, sistemas imunes e, 971
Exercícios de habilidades científicas. *Ver* lista, xv
Exercícios de resolução de problemas. *Ver* lista, xv
Exocitose, 126, **139**f, 208f-209f
Exoesqueletos, **693**, **1133**
   animais, 683
   antozoários, 693
   artrópodes, 707f
   ectoproctos, 698f
   na locomoção, 1132f, 1133
   quitina como polissacarídeo estrutural nos, 72f
Exoma, 434
Éxons, 345f-347f, **346**, 449, 456, 457f, 488f
Exotoxinas, **588**
Expansão celular, 777f
Expansão das distribuições de espécies, 1183, 1184f
Expansinas, **848**, 849f
Expectativa de vida no nascimento, 1208-1209, 1284, 1285f
Experimentos, **17-21**. *Ver também* Estudos de caso; Figuras "Pesquisa"; Figuras "Método de pesquisa"; Exercícios de habilidades científicas
Experimentos controlados, **20-21**
   delineamento, no Exercício de habilidades científicas, 1014
Experimentos de deleção do DNA no Exercício de habilidades científicas, 376
Expiração, 944, 945f
Explicações naturais vs. sobrenaturais, 18
Exploração, 17f, **1217**, 1218f-1219f, 1220
Exploração excessiva, 702f, 727-728, 1264, 1265f
Explosão do Cambriano (explosão cambriana), 533f, **536**f, **677**f, 678, 685
Expressão gênica, **8**, **84**, **336**. *Ver também* Genes; Genética
   ácidos nucleicos na, 84f
   auxina e, 848
   código genético na, 340f-342f
   como fluxo de informação genética, 335-336
   como transcrição, 371. *Ver também* Transcrição
   conceito de gene e, 361-362
   controle da diferenciação de células vegetais e, 778f
   de genes eucarióticos clonados, 422-423
   diferencial. *Ver* Expressão gênica diferencial
   DNA, RNA e genes na, 8f
   do hospedeiro, controle pelo nematódeo parasita, 706
   dos genes de desenvolvimento cerebral de anfioxos e vertebrados, 722f
   entre espécies, importância evolutiva, 423
   estágios que podem ser regulados, 370f
   estudo, pela biologia de sistemas, 446, 447f-448f
   evidências, no estudo de defeitos metabólicos, 336f-338f
   experimento com, para a estrutura da folha de bordo-vermelho, 762
   florescimento e, 860f
   interação de grupos na, 425f-426f
   interpretação de logotipos de sequência para identificar sítios de ligação ao ribossomo na, 351
   modificação do RNA após transcrição por células eucarióticas na, 345f-347f
   mudanças na, na macroevolução, 545f-546f, 547
   mutações em, 357f-358f, 359
   princípios básicos de transcrição e tradução, 337, 339f
   regulação da. *Ver* Regulação gênica

   resumo de tradução e transcrição eucariótica na, 356f
   síntese de polipeptídeos via tradução dirigida por RNA, 347f-356f
   síntese de RNA via transcrição dirigida por DNA, 342, 343f-344f
   tecnologia de DNA na análise da, 423, 424f-428f
   tecnologia de DNA no silenciamento da, 427
Expressão gênica diferencial, **370**. *Ver também* Regulação gênica
   determinantes citoplasmáticos e indução na, 382f, 383
   na formação de padrões de planos corporais, 384, 385f-387f
   na regulação gênica, 365f
   na regulação gênica eucariótica, 370f, 371
   nos processos de desenvolvimento embrionário, 381f, 382. *Ver também* Desenvolvimento embrionário
   regulação sequencial da, durante diferenciação celular, 383, 384f
Extavour, Cassandra, 467
Extensão convergente, **1056**, 1057f
Extensão muscular, 1132f
Extinção em massa no Cretáceo, 540, 541f
Extinção em massa no Permiano, 540f, 541
Extinções
   de anfíbios, 733
   de espécies de plantas com sementes, 651f, 652
   de moluscos, 702f
   dos dinossauros, 736
   em massa, 540f-542f, 1287
   especiação e, 520-523
   espécies introduzidas e, 1264f, 1287
   fatores ecológicos afetando as taxas de, 538
   global e local, 1262
   impactos humanos nas, 1261, 1262f
   modelo do equilíbrio de ilhas e, 1232, 1233f
   mudança climática e, 11
   no registro fóssil, 481, 529f
   ressurreição de espécies após, 1266
   riscos de populações pequenas, 1266, 1267f-1268f, 1269
   taxa atual de, 1261, 1262f
   temperatura global e, 541f, 542
Extinções em massa, **540**f-542f, 1287
   dos dinossauros, 736
   especiação e, 522
   evolução e, 653
   potencial, desmatamento tropical e, 651f, 652
   sexta atual, 702f
   vida na terra e, 525
Extinções globais, 1262
Extinções locais, 1262
Extremidade 3' (esqueleto açúcar-fosfato), 85f, 345f, 348f
Extremidade 5' (esqueleto açúcar-fosfato), 85f
Extremidade amino. *Ver* N-terminal
Extremidade carboxila. *Ver* C-terminal
Extremidade caudal, 680f
Extremidade cefálica, 680f
Extremidade coesiva, DNA, **420**
Extremófilos, 55, **585**f, 586

Fábricas de transcrição, 377, 378f
Face *cis*, complexo de Golgi, 106f, 107
FAD (flavina-adenina-dinucleotídeo), 172f-173f, 178
FADH$_2$, 172f-173f, 175, 178
Fadiga muscular, 1131
Fago l, 403, 404f
Fago T2, 316f, 317
Fagocitose, **107**, **140**f, **953**f
   como endocitose, 139, 140f
   integração celular das, 121f
   lisossomos e, 107f
   sistemas imunes e, 953f, 955f, 956, 965f
Fagos, **315**, **401**
   capsídeos de, 400f, 401
   ciclos replicativos de, 402f-404f
   defesa contra, 404f
   na pesquisa do DNA, 315f-316f, 317
   na transdução, 579f
   no tratamento de infecções, 872
   prófagos e temperados, 402, 403f
   proteína Cas9 e, 360, 361f
   virulentas, 402f
Fagos T, 400f-402f, 403

Fagos temperados, **403**f
Fagos virulentos, **402**f
Fagus grandifolia, 1170f
Faia (*Fagus grandifolia*), 1170f
Faia-americana, 1170f
Fala
   função cerebral e, 1098f
   gene *FOXP2* e, 461, 462f
Falcões, 1201f
Falcões-europeus, 1201f
Falha de Santo André, 539
Família do gene da α-globina, 453f
Família, semelhança entre membros e genética, 254f
Famílias de genes, 565f, 566
Famílias multigênicas, 452, **453**f
Famílias, taxonomia, **554**, 555f
Faringe, 696f, **906**f, 908f
Farmacogenética, 434
Fármacos. *Ver também* Medicina; Produtos farmacêuticos
   a partir de esponjas, 691
   adição a, 1103f
   antibióticos. *Ver* Antibióticos
   antivirais, 409
   biotecnologia na produção de, 435, 436f
   como toxinas ambientais, 1276, 1277f
   coquetéis para o tratamento da Aids, 489
   derivados de plantas, 651t, 652
   diversidade de espécies e genética e, 1262, 1263f
   enantiômeros nos, 62f
   forma molecular e, 40f, 78
   fungos e, 670-671
   resistência aos, 478f, 592
   tolerância aos, 104-105
Fas, molécula, 233
Fase ascendente, potencial de ação, 1074f, 1075
Fase de excitação sexual, 1034
Fase de leitura, **341**, 358f
Fase descendente, potencial de ação, 1074f, 1075
Fase folicular, 1032f, 1033
Fase G_0, **246**, 247f
Fase G_1, **237**
Fase G_2, **237**f-238f
Fase lútea, 1032f, 1033
Fase mitótica (M), **237**
Fase proliferativa, 1032f, 1033
Fase S, **237**
Fase secretória, 1032f, 1033
Fator de crescimento derivados das plaquetas (PDGF), 247, 248f
Fator de crescimento dos fibroblastos (FGF), 1062
Fator de crescimento Sonic hedgehog, 1063-1064
Fator F, **580**f, 581
Fator promotor de maturação (MPF), **245**, 246f
Fatores abióticos, **1169**
   microclima e, 1169-1170
   na polinização, 824f
   nas distribuições de espécies, 1178, 1183f-1186f
Fatores biogeográficos, diversidade de comunidades e, 1231, 1232f-1234f
Fatores bióticos, **1170**
   microclima e, 1169-1170
   na polinização, 824f-825f
   nas distribuições de espécies, 1178, 1183f-1184f
Fatores de alongamento, 352, 353f
Fatores de crescimento, **247**
   como reguladores locais na sinalização celular, 215f, 216
   destino celular e, 1062-1064
   indução e, 383
   nas respostas nucleares de sinalização celular, 226f
   no sistema de controle do ciclo celular, 247, 248f
Fatores de crescimento semelhantes à insulina (IGFs), 1009
Fatores de iniciação, 352f
Fatores de início da tradução, 378-379
Fatores de liberação, 352, 353f
Fatores de risco, doença cardiovascular, 938
Fatores de transcrição, 343f, **344**
   na regulação gênica eucariótica, 374f-377f
   na sinalização celular, 221f, 226f
Fatores de transcrição específicos, 374f-375f, 845
Fatores de transcrição gerais, 373-374
Fatores externos, sistema de controle do ciclo celular, 246, 247f-248f
Fatores hereditários, genes como, 269-270, 294f. *Ver também* Genes

1416 ÍNDICE

Fatores internos, sistema de controle do ciclo celular, 246, 247f-248f
Fatores intrínsecos (fisiológicos), regulação da população dependente de densidade por, 1204f
Fd, 198f, 199
Febre, 888, 889f, 956-957
Febre escarlatina, 403
Febre hemorrágica, 409
Febre tifoide, 588
Fecundação dupla, 646f, **647**, **826**, 827f
Fecundação, reprodução, **258**, **826**, **1022**, **1044**. *Ver também* Isolamento reprodutivo
  aleatória, variabilidade por, 266, 305
  autofertilização partenogênica, 1020, 1021f
  barreiras pré-zigóticas e, 508f-509f, 510
  dupla em angiospermas, 646f, 647, 826, 827f. *Ver também* Polinização
  externa *versus* interna, 1022f, 1023
  in vitro, 1039f
  interna vs. externa, cuidado parental, 1151
  mecanismos de prevenção da autofertilização em angiospermas, 834, 835f
  meiose e, 237
  nas variedades de ciclos da vida sexuada, 258f, 259
  no ciclo da vida humana, 254, 257f, 258, 1035f
  no desenvolvimento embrionário animal, 1044f-1046f
  produção e transporte de gametas, 1023f, 1024
  sobrevivência da prole após, 1023f
  vegetal, técnicas de G. Mendel, 270f-271f
Feedback na ciência, 19f
Feijões, 829f-830f, 858f, 899
Feixes vasculares, 763, 770f
Fêmeas
  cromossomos sexuais das, 298f, 299
  cuidado parental pelas, 1151
  de mamíferos, inativação de genes ligados ao X, 300f
  de moscas-da-fruta, viés no uso de espermatozoides, 1024f
  escolha de parceiro pela, 499f-500f, 1151, 1152f-1153f, 1154
  hormônios das, 999f, 1004f, 1007f, 1008, 1014, 1015f
  humanas, anatomia reprodutiva nas, 1026, 1027f
  humanas, doenças autoimunes nas, 971
  humanas, oôgenese nas, 1027, 1029f
  humanas, regulação hormonal dos sistemas reprodutivos, 1032f, 1033-1034
  partenogênese por, 697-698
  taxas reprodutivas nas, 1194, 1195f, 1204f, 1208, 1213
  tolerância imune materna ao embrião e ao feto durante a gestação, 1037
Fenda sináptica, 1077
Fendas faringianas, **720**f
Fendas hidrotermais, **526**f, 585, 587, 592, 914f, **1182**f
Fenestra temporal, 531f, 741
Fenilalanina, 77f, 289-290, 341, 492-493
Fenilcetonúria, 289-290, 492-493
Feniltiocarbamida (PTC), análise de genealogia, 284f, 285
Fenobarbital, 104
Fenólicos, 868f
Fenótipos, **274**
  alelos dominantes e, 279-280
  conceito de gene e, 362
  elaboração de histogramas e análise de padrões de distribuição dos, 283
  expressão gênica como conexão entre genótipos e, 335-336
  genótipos vs., 274f, 282f, 283
  impacto do ambiente nos, 282f
  mapeamento genético e, 305f
  mutantes, 295f-296f, 328
  proteínas e, 335
  transformação do DNA e, 315
  valor adaptativo relativo e, 497
  variação genética e, 487f-488f
Fermentação, **165**
  respiração aeróbica e anaeróbica vs., 179-180
  respiração celular vs., 165, 181f, 182
  tipos e, 180f, 181
Fermentação alcoólica, **180**f
Fermentação láctica, **180**f, 181
Feromônios, **658**, 670, **1001**f, 1023, **1142**, 1143f

Ferramentas computacionais, 9, 444, 445f-448f, 776. *Ver também* Bioinformática
Ferramentas, uso por homininêos, 750
Ferredoxina (Fd), 198f, 199
Ferro
  como fator limitante nos biomas aquáticos, 1243t
  deficiência de, em plantas, 810f
Ferrugem, 665
Fertilidade do híbrido reduzida, 509f
Fertilização. *Ver* Fecundação
Fertilização aleatória, 266, 305
Fertilização do solo, **807**-808, 983, 1244, 1275f
Fertilização externa, 1022f, 1023, 1151
Fertilização *in vitro* (FIV), 436, 1039f
Fertilização interna, 1022-1023, 1151. *Ver também* Fecundação, reprodução
Fertilizantes orgânicos, 808, 983
Fertilizantes, no ciclo do nitrogênio, 1251f
Feto, **1036**
  detecção de distúrbios durante a gravidez, 1039-1040
  gestação e nascimento do, 1035f-1037f
  tolerância imunológica materna, 1037
  vírus zika e, 409
Fezes, 697, 832f, **911**, 1246f
Fibras colágenas, 878f
Fibras de 10 nm, DNA, 330f-331f, 332
Fibras de 30 nm, DNA, 330f
Fibras de contração lenta, **1131**
Fibras de contração rápida, **1131**
Fibras elásticas, 878f
Fibras glicolíticas, 1130-1131
Fibras musculares, 879f, 1130, 1131t
Fibras oxidativas, 1130-1131
Fibras reticulares, 878f
Fibrillanosema crangonycis, 661f
Fibrina, 936f
Fibrinogênio, 936f
Fibroblastos, 113t, 247, **878**f
Fibronectina, **119**f
Fibrose cística, 83, 280, **286**, 433
Ficedula, espécies de, 519
Fierer, Noah, 1223f
Fígado, **909**
  como depósito de energia, 915, 916f
  diminuição dos níveis de LDL plasmática pela inativação de enzima do, 938
  na digestão, 909-910
Figuras "Pesquisa". *Ver* lista, xvi-xvii
Figuras "Faça conexões". *Ver* lista, xvi
Figuras "Método de pesquisa". *Ver* lista, xvii
  determinação do espectro de absorção, 193f
Figuras "Visualizando". *Ver* lista, xvi
  ciclos biogeoquímicos, 1249f
  crescimento primário e secundário, 767f
  DNA, 319f
  escala do tempo geológico, 532f-533f
  gastrulação, 1050f
  maquinaria molecular na célula, 122f-123f
  proteínas, 79f
  relações filogenéticas, 556f
Filamentos, 879f
Filamentos de actina, 113t, 1056f, 1125, 1126f-1127f. *Ver também* Microfilamentos
Filamentos de miosina, 1125, 1126f-1127f
Filamentos espessos, **1125**, 1126f-1127f, 1131-1132
Filamentos finos, **1125**, 1126f-1127f, 1131-1132
Filamentos, flagelo, 576f, 577
Filamentos, flor, **644**f
Filamentos intermediários, 100f-101f, 102, 113t, **117**
Filogenias, **554**
  aplicações práticas, 557f
  como hipóteses, 564f, 565
  construindo árvores filogenéticas para, 559, 560f-564f, 565. *Ver também* Árvores filogenéticas
  de amniotas, 734f
  de angiospermas, 648f-650f, 653
  de animais, 682, 683f, 684
  de cordados, 719f
  de eucariotos, 612f
  de fungos, 660f-667f
  de mamíferos, 745f
  de plantas, 623f
  de primatas, 746f
  de procariotos, 583f
  de protistas, 597, 598f-599f
  de tetrápodes, 731f

do milho, 557
documentação de, nos genomas, 565f, 566
gimnospermas, 641, 642f-643f
inferência a partir de dados morfológicos e moleculares, 558f-559f
investigando a árvore da vida com, 553f-554f, 568, 569f-570f
relógios moleculares e tempo de evolução, 566, 567f-568f
resíduos nitrogenados e, 982f-983f
sistemática e, 554
taxonomia e relações evolutivas e, 554, 555f-556f, 568, 569f
Filos, taxonomia e, **554**, 555f
  angiospermas, 648f
  briófitas, 626f
  gimnospermas, 642f-643f
  plantas, 622t
Filotaxia, 786f, 849
Filotaxia oposta, 786
Filotaxia verticilada, 786
Filtração, **984**f
Filtradores, **690**f, **903**f
Filtrados, **984**f, 987, 988f, 989
Fímbrias, 97f, **575**, 576f
Finlândia, 1227f
Fisiologia, 873f-**874**
Fissão, **1020**
Fissão binária, **242**, 243f, 577-578, 606, 607f
Fita codificadora, **340**f
Fita de DNA não molde, 340f
Fita retardada (descontínua), DNA, **324**, 325f
Fita-líder, DNA, **324**, 325f
Fitas do DNA, 7f-8f, 317, 318f-320f, 340f, 419f, 420. *Ver também* Replicação do DNA
Fitas-molde do DNA, 320, 321f-327f, **340**f
Fitoalexinas, 866
Fitocromos, **856**
  na evitação à sombra pelas plantas, 857, 871
  na germinação de sementes, 856, 857f
  nas vias de transdução de sinal vegetais, 844f
  nos ritmos circadianos, 858-859
Fitoplâncton, 584f. *Ver também* Plâncton
  algas verdes, 610
  dinoflagelados, 605f
  nas pirâmides de biomassa, 1247f, 1248
  no ciclo do carbono, 1250f
  poluição com nitrogênio e florações de, 1275f
  produção primária por, 1242, 1243f, 1243t
  sazonalidade e, 1167
Fitoquímicos, 195
Fitorremediação, **809**
FitzRoy, Robert, 472
Fixação do carbono, **191**f, 192, 201, 202f-206f
Fixação do nitrogênio, **582**, 586, **815**f
  bacteriana, 814f-816f, 817, 821, 1244
  biomagnificação, 1255
  briófitas, 626f, 627
  liquens e, 668-669
  musgo do assoalho de florestas e, 635
  no ciclo do nitrogênio, 1251f
  procariótica, 582, 592
Flagelina, 866
Flagelos, **114**
  bacterianos, movimento dos, 993f
  cílios vs., 115f
  como microtúbulos, 114, 115f-116f
  de dinoflagelados, 605f
  espermatozoide flagelado, 619
  estramenópilo, 602f
  euglenozoários, 600f
  nas células animais, 100f
  nas células de protistas, 101f
  nas células procarióticas, 97f, 575f, 576f, 577
Flamingo (*Phoenicopterus ruber*), 14f, 740f
Flamingo-americano, 14f
Flavina-adenina-dinucleotídeo (FAD), 172f-173f, 178
Flavina-mononucleotídeo (FMN), 175
Flavoproteínas, 175
Flemming, Walther, 237
Flexão muscular, 1132f
Floema, **629**, **763**, **785**
  aquisição de recursos e, 785f
  células condutoras de açúcar do, 765f
  comunicação simplástica através do, 802
  crescimento primário e, 769f
  nos sistemas teciduais vasculares, 763

ÍNDICE

plantas vasculares, 629-630
transporte de açúcar de fontes para drenos de açúcar via, 799, 800f-801f
Florações
  de algas, 1227f, 1242, 1243f
  de diatomáceas, 602
  de dinoflagelados, 605f
  de fitoplânctons, poluição do nitrogênio e, 1275f
Flores, **644**, **823**
  adaptações que impedem a autofecundação, 834, 835f
  coevolução de polinizadores e, 825f
  como propriedade emergente, 841
  controle genético da formação e florescimento das, 779f-780f
  controle hormonal do florescimento das, 860f
  estrutura e função das, 644f, 645, 823f-824f
  fotoperiodismo e florescimento das, 859f-860f
  geneticamente modificadas, prevenindo o escape transgênico, 839-840
  monocotiledôneas vs. eudicotiledôneas, e polinização das, 649f
  polinização, 822f-825f
  tendências da evolução das, 825f, 826
Flores completas, **824**
Flores estaminadas, 834
Flores incompletas, **824**
Flores unissexuais, 824
Florescimento, 830
Flores-de-macaco, 522f, 834
Floresta Amazônica, 1271f
Floresta decídua, ciclagem de nutrientes na, 1252f
Floresta Experimental Hubbard Brook, 1252f, 1266f
Florestas boreais de coníferas, **1175**f
Florestas latifoliadas temperadas, **1176**f
Florestas pluviais tropicais, **1173**f
  decomposição nas, 1248
  desmatamento das, como ameaça à biodiversidade, 651f, 652, 1263
  fragmentação das, 1271f
  mudança climática e fotossíntese de, 211
  produção primária nas, 1244
Florestas secas tropicais, **1173**f, 1263
Florestas temperadas, decomposição na, 1248
Florestas. *Ver também* Desmatamento
  boreal de coníferas, 1175f
  decomposição nas, 1248
  efeitos da mudança climática, 1245, 1282
  efeitos sobre o clima, 1169f
  latifoliada temperada, 1176f
  tropicais, 1173f
Flor-estrela, 825f
Flórida, projetos de restauração na, 1254f
Florígeno, **860**f
FLOWERING LOCUS T (*FT*), gene, 860f
Fluorescência, 195f, 250
Fluoxetina, 1081, 1103
Flutuação do gelo, 48f
Flutuação populacional, 1205f
Fluxo cíclico de elétrons, **198**f, 199
Fluxo citoplasmático, **117**f, 608
Fluxo de energia e ciclagem química, 9f, 164f, 165. *Ver também* Ciclos biogeoquímicos; Produção primária; Produção secundária
Fluxo de informação intercelular, 1000f-1001f
Fluxo de massa, **791**
  como mecanismo de translocação em angiospermas, 800, 801f
  como transporte por longas distâncias, 791f
  de água e minerais das raízes aos caules, 792, 793f-795f, 796
Fluxo energético
  entre níveis tróficos, 1246f-1247f, 1248
  nos ecossistemas, 1238f-1240f, 1241, 1256f-1257f
Fluxo gênico, **496**
  como causa de microevolução, 496, 497f
  conceito de espécies biológicas e, 506-507, 508f-509f, 510f
  entre neandertais e humanos, 752f-753f
  equilíbrio de Hardy-Weinberg e, 492t
  especiação e, 522
  na macroevolução, 551
Fluxo linear de elétrons, **197**f-198f
Fluxo menstrual, fase do, 1032f, 1033
FMN (flavina-mononucleotídeo), 175
Foca-de-weddell, 949f
Focas, 44f, 874f, 949f

Focas-aneladas (*Phoca hispida*), 44f
Foco visual, 1122f, 1123
Folha pregueada β, **80**f
Folhas, **630**, 758, **761**
  ácido abscísico na abscissão de, 852
  anatomia, nas plantas C_4, 204f
  auxina na formação de padrões das, 849
  coloração verde das, 193f
  efeitos da transpiração sobre a murcha e temperatura das, 798
  estrutura das, 761f-762f
  etileno na abscissão das, 854f
  evolução, nas plantas vasculares, 630, 631f
  fotossíntese nas, 189f, 190
  genes *Hox* na formação de, 777, 778f
  índice de área foliar e disposição das, 786f, 787
  interação com o ecossistema, 10f, 11
  monocotiledôneas vs. eudicotiledôneas, 649f
  organização tecidual das, 770, 771f
Folhas compostas, 761f
Folhas de bordo, 762
Folhas de bordos-vermelhos, 762
Folhas de reserva, 762
Folhas modificadas, 762f
Folhas reprodutivas, 762f
Folhas simples, 761f
Folhetos germinativos, 680, **1049**, 1050f-1051f
Folículos, **1026**, 1027f
Fome humana, culturas transgênicas e redução da, 837, 838f
Fonte de água no deserto, 1239f
Fonte de carbono, 1245
Fontes alcalinas, **526**f
Fontes de açúcar, **800**
Fontes hidrotermais do mar profundo, 527f, 1182f
Fontes termais, 585f, 586
Fontes vulcânicas, 585f
forager, gene, 1148, 1149f
Força próton-motriz, 176f, **177**
Forças de van der Waals, **39**, 81f
Forma e função dos animais
  anatomia e fisiologia como, 873f-874f
  bioenergética, 889, 890f-893f
  correlação, em todos os níveis de organização, 874f-880f, 876t
  evolução do tamanho e forma corporal, 874f
  organização hierárquica dos planos corporais, 876t, 877f-879f
  planos corporais, 679, 680f-682f
  regulação, pelos sistemas endócrino e nervoso, 880f
  regulação por retroalimentação da homeostase, 881f-883f
  sistemas de órgãos de mamíferos, 876t
  termorregulação, 884f-889f
  trocas com o ambiente, 874, 875f, 876
Formação de padrões, **384**, 385f-387f, **777**, 778f, 849, **1062**, 1063f-1064f. *Ver também* Morfogênese
Formação dos eixos, 385f-386f, 387, 1059, 1060f
Formação reticular, 1094f
Formas
  celulares, 116-117
  celulares, morfogênese e, 1056f-1057f
  de compostos orgânicos, 59f
  enzimáticas, 155f, 156, 160f-161f
  moleculares, 39f-40f
  polinizadores de insetos e flores, 649f
  procarióticas, 574f
Formiga-pote-de-mel, 485
Formigas, 28f, 298f, 485, 668f, 712f, 813f, 832f, 1001f, 1220f
Formigas asiáticas (*Leptogenys distinguenda*), 1001f
Formigas-cortadeiras, 668f, 813f
Formigas-de-madeira, 28f
Fórmulas estruturais, 36, 37f, 59f, 74f
Fórmulas moleculares, 36, 37f, 59f
Forquilha de replicação, DNA, **323**f
Forrageio, comportamentos de, **1148**, 1149f, 1150, 1161
Fosfatases, 223
Fosfato orgânico, 63f
Fosfatos, no ciclo do fósforo, 1251f
Fosfodiesterase, 229, 233
Fosfofrutocinase, 183f, 184, 186
3-Fosfoglicerato, 201, 202f

Fosfolipídeos, **74**
  complexo de Golgi e, 106
  estrutura, 74f, 75
  movimento, em membranas celulares, 128f, 129
  nas membranas celulares, 102, 110, 127f, 132
  nas membranas plasmáticas, 98f, 99
Fosfolipídeos, bicamada. *Ver* Bicamadas fosfolipídicas
Fosforilação
  na transdução de sinais celulares, 222f, 223
  nas reações luminosas da fotossíntese, 191f
  nas respostas de sinalização celular, 226f
Fosforilação no nível do substrato, 168, **169**f
Fosforilação oxidativa, 168, **169**f, 174f-177f, 186
Fósforo
  como elemento essencial, 29t, 64
  como nutriente limitante, 1242, 1243f, 1243t, 1244
  deficiência de, em plantas, 818
  fertilização do solo e, 805, 808
Fósseis, **470**. *Ver também* Registro fóssil
  amniotas, 735f
  aves, 739f
  biogeografia e, 482-483
  como evidência da evolução darwiniana, 481f-482f
  datação de, 529, 530f
  datação radiométrica de, 32-33
  de gnatostomados, 726f
  de répteis e dinossauros, 736
  de vertebrados primitivos, 724f-725f
  hominíneos, 748f-749f, 750
  Homo sapiens, 753f, 754
  padrões de especiação, 520f, 521
  primeiros *Homo*, 750-751, 752f
  teoria evolutiva e, 470f
  tetrápodes, 730f-731f
  vivos, límulos como, 708f
  vivos, samambaias, 633
Fósseis vivos, 633, 708f
Fóssil de placoderme, 533f
Fóssil *Tiktaalik*, 533f, 730f, 731
Fotoautotróficos, 188f, 581t, 594
Fotofosforilação, **191**
Foto-heterótrofos, 581t
Fotomorfogênese, **855**
Fótons, **192**f, 195f
Fotoperiodismo, **859**f-860f
Fotoproteção, 195, 199
Fotopsinas, 1122
Fotorreceptores, **1117**f-1119f
Fotorreceptores de luz azul, **855**, 856f, 858-859
Fotorrespiração, **203**, 211
Fotossintatos, 759
Fotossíntese, **188**
  algas vermelhas e verdes, 609f-610f
  arquitetura das partes aéreas e, 804
  cercozoários, 608f, 609
  cianobactérias e, 584f
  ciclo de Calvin da, 201, 202f
  cloroplastos na, 5f, 109-110, 111f
  como modo nutricional vegetal, 894f
  como troca gasosa, 895f
  comprometimento da perda de água com, 787
  conversão de energia luminosa em energia química dos alimentos por, 189f-191f
  desenvolvimento da, e oxigênio atmosférico, 533, 534f
  determinação da velocidade de, com satélites, 1242f
  disponibilidade de luz solar e, 1185, 1186f
  dois estágios de, 191f, 192
  escala de, 122f
  estramenópilos, 602
  evolução de adaptações e aquisição de recursos e, 784f-786f, 787
  importância de, 188f, 206, 207f
  liquens na, 188f-669f
  maximizando a área de superfície para, 695f
  mecanismos alternativos de fixação do carbono na, 203, 204f-206f
  mudança climática e, 211
  nas células vegetais em funcionamento, 209f
  nas plantas vasculares, 631
  no ciclo do carbono, 1250f
  no fluxo de energia e ciclagem química, 9f, 164f-165f, 211, 1240f
  nos ecossistemas aquáticos, 1242
  princípios da, 163
  procarióticos, 577f

protistas, 594, 599f-600f, 614, 615f
reações luminosas da. *Ver* Reações luminosas
reações químicas na, 41f
respiração celular vs., 190. *Ver também* Respiração celular
zonação dos biomas aquáticos e, 1177f-1178f
Fotossistema I (PS I), **196**, 197f-198f
Fotossistema II (PS II), **196**, 197f-198f
Fotossistemas, 195, **196**f-198f, 199
Fototróficos, 581t
Fototropina, 856f
Fototropismo, **847**f-848f
Fóvea, **1122**f, 1123
FOXP2, gene, 461, 462f
Fracionamento celular, **96**f, 97, 125
Fragata-magnífica (*Fregata magnificens*), 1139f
Fragmentação de hábitats, 1263, 1264f, 1270, 1271f
Fragmentação reprodutiva, **833**, 1020
Fragmentos de antígenos, 959f-960f
Fragmentos de Okazaki, **324**, 325f
Fragmentos de restrição, **419**-420
Framboesa, 831f
Franjas de recife, 1182f
Franklin, Rosalind, 317, 318f, 320
Fraude com peixes, 89
Fregata magnificens, 1139f
Frequência cardíaca, **927**, 928f
Frequências de recombinação, 305f-306f, 313
Fricção, locomoção e, 1135
Frio
  resposta vegetal ao estresse pelo, 865
  termorreceptores, 1111f
Frondes, 632f
fru, gene, 1155
Fruto da macieira, 831f
Fruto de ervilha, 831f
Frutos, **645**, **830**
  auxina no crescimento dos, 849
  dispersão dos, 832f
  estrutura e função dos, 830f-831f
  etileno no amadurecimento dos, 854
  giberelinas no crescimento dos, 851f
  na interação de ecossistemas, 10f, 11
  sementes de angiospermas como, 644, 645f
Frutos acessórios, **831**f
Frutos agregados, **831**f
Frutos carnosos, 645f
Frutos e sementes alados, 832f
Frutos múltiplos, **831**f
Frutos secos, 645f
Frutos simples, **831**f
Frutose, 68f-69f, 153, 155
Frutose-6-fosfato, 186
Frye, Larry, 128f
Fumonisina, 839
Função de ligação, proteína de membrana, 130f
Função, estrutura e, 6
Funções antagônicas, sistema nervoso autônomo, 1089f
Funções cerebrais executivas, 1098
Fungo da morte da mosca, 662f
Fungo das manchas escuras, 669f
Fungo entomopatogênico, 672
Fungo véu-de-noiva, 665f
Fungos
  adaptações terrestres dos, 660
  ascomicetos, 663f-664f, 665t, 671f
  associações simbióticas, 672
  basidiomicetos, 665f-667f
  células de, 100f
  ciclos de vida sexuada e assexuada, 258f, 259, 657, 658f-659f
  colonização do ambiente terrestre por, 536, 537f
  como decompositores, 188, 1240f
  como opistocontes, 613
  criptomicetos, 661f
  declínio da população de anfíbios devido aos, 733
  estrutura corporal dos, 655f-656f
  expressão de genes eucarióticos clonados nas, 422-423
  filogenia e diversidade, 660f-667f
  limitações de nutrientes e, 1244
  maximizando a área de superfície por, 695f
  micorrizas, 621, 656f, 657, 787, 817, 818f
  microsporídios, 661f
  mucoromicetos, 663
  mutualismos nos reinos e domínios com, 813f

no domínio Eukarya, 12f
origem e evolução, 659f, 660
papéis nutricionais e ecológicos dos, 12f, 13, 655, 667f-670f
quitina nos, 72
quitrídeos, 661f
reconhecimento pelo sistema imune, 952f
relação com protistas unicontes, 611-612
toxina fúngica de vegetais, 839
usos práticos, por humanos, 670, 671f
zoopagomicetos, 662f, 663
Fungos cenocíticos, **656**f
Fungos ectomicorrízicos, **656**
Fungos filamentosos, 659
Furacão Katrina, 1172
Furcifer pardalis, 735f
Fusão, zona de hibridação, 519f, 520
Fusarium, 839
Fusos mitóticos, **240**f-241f
Fynbos, 1174f

G3P, **201**, 202f, 206, 207f
Gado, 914f
Gadus morhua, 728, 979f
Gafanhoto, 464f, 710f, 712f, 905f, 923f, 942f, 1132f
Gage, Phineas, 1098f
Gaivotas, 898f, 1151f
Gaivotas-ocidentais, 1151f
Galactose, 68f, 368f
Galdieria sulphuraria, 569f
Galhas de samambaias, 678
Galinha
  embrião de, 1043f
  formação dos membros na, 1062, 1063f, 1064
  gastrulação na, 1052f
  organogênese na, 1055f
Gälweiler, Leo, 848f
Gambá, 743f
Gambá-da-virgínia, 743f
Gambás, 508f, 1218f
Gambusia hubbsi, 511f, 512
Gametângios, **625**, 626f
Gametas, **236**, **255**
  formação, 269
  gametogênese humana e, 1027, 1028f-1029f
  nos ciclos da vida sexuada, 255, 257
  produção e transporte de, na reprodução animal, 1023f, 1024
  produção, por meiose, 237
Gametófitos, **620**f, 823
  algas pardas, 603f, 604
  angiospermas, 826, 827f
  de plantas, 620f-621f, 624f-626f
  na alternância de gerações, 258f
  relações de esporófitos com, nas plantas, 637f, 638
Gametófitos femininos, angiospermas, 826, 827f
Gametófitos masculinos, angiospermas, 827f
Gametogênese humana, **1027**, 1028f-1029f
Gancho, flagelo, 576f, 577
Gânglios, **1069**, **1086**f
Gânglios cerebrais, 704f-710f
Gânglios, planárias, 696f. *Ver também* Gânglios cerebrais
Ganso-da-neve, 1256f-1257f
Gansos, 886f, 1256f-1257f
Gansos-canadenses, 886f
Garça *Grus canadensis*, 1144
Garça-vaqueira (*Bubulcus ibis*), 1183, 1184f, 1221f
Garigue, 1174f
Garrod, Archibald, 336
Gás de carvão, 852
Gás dos pântanos, 585
Gases, como neurotransmissores, 1081t, 1082
Gases do efeito estufa, 11, 48, 53f, 1170, 1278f-1283f
Gases nervosos, 1081
Gasterosteus aculeatus, 481, 546f, 547, 1140f
Gastrina, 915f
Gastroderme, 691f
Gastrópodes, 542, 699, 700f-701f, 702
Gastroquise, 688f
Gástrula, **674**f, 1044, **1049**, 1050f-1053f, 1066
Gastrulação, **674**f, 680, 1044, **1049**, 1050f-1053f
Gato com orelhas arredondadas, 293
Gatos, 293, 300f, 364, 430f
Gatos "casco-de-tartaruga", 300f
Gatos-siameses, 364
Gause, G. F., 1215

Gavião-de-cauda-vermelha-oriental, 14f
Gavinhas, 762f
Gelo
  como água sólida, 44
  em Marte, 50f
  flutuação do, sobre água líquida, 48f
  fósseis no, 529f
Gema apical, **761**
Gema do ovo, 91
Gemas axilares, **761**
Gêmeos, 1036, 1061, 1162
Gêmeos dizigóticos, 1036
Gêmeos fraternos, 1036
Gêmeos idênticos, 1036, 1061, 1162
Gêmeos monozigóticos, 1036, 1061
GenBank, 444, 445f
Gene de água-viva, 342f
Gene do fator de crescimento semelhante à insulina (*Igf2*), 310f, 311
Gene do vaga-lume, 341, 342f
Genealogia, análise de, **284**f, 285
Genealogia molecular, 87, 89
Gênero, 12, **554**, 555f
Gênero *Homo*, 746f, 750-751, 752f-754f
Genes, **7**, **84**, **255**. *Ver também* Cromossomos; DNA; Genética; Genomas
  ácidos nucleicos e, 84. *Ver também* DNA; Ácidos nucleicos; RNA
  alelos como versões alternativas de, 272. *Ver também* Alelos
  apoptose, 230
  associados a câncer, 388, 389f
  bicoid, efeito materno, polaridade do ovo e, 386f-387f
  calibração dos relógios moleculares dos, 566, 567f
  codificadores de proteínas, identificação de, 445f, 446
  como unidades hereditárias, 255
  conservação de, 466
  de controle coordenado, 366, 375-376
  densidade de, nos genomas, 449
  desenvolvimento animal. *Ver Hox*, genes
  divergência da globina humana, durante a evolução, 458
  diversidade e rearranjo de células B e T dos, 960, 961f
  diversidade genética e, 1263
  do desenvolvimento, efeitos dos, 544f-545f
  duplicação dos, devido a *crossing over* desigual, 455f
  edição de, 426, 427f, 434-435
  especiação e, 522f, 523
  estudo, pela biologia de sistemas, 446, 447f-448f
  eucarióticos típicos, organização dos, 373f
  evolução dos, 455-457f, 461, 462f, 565f, 566
  expressão gênica, e, 7f-8f, 361-362. *Ver também* Expressão gênica
  extensão da herança mendeliana para os, 278, 279f-282f. *Ver também* Herança mendeliana
  famílias multigênicas e, nos genomas eucarióticos, 452, 453f
  fatores de transcrição dos, 221
  fatores hereditários de G. Mendel como, 269-270
  formação das flores, 779f-780f
  forrageio, 1148, 1149f
  genes *Hox*, 1064
  genômica, bioinformática e proteômica no estudo dos, 9, 86, 87f
  herança de organelas, 311f
  homeóticos e *Hox*, 385f, 463f-464f, 545f, 546
  homologias moleculares e, 558, 559f
  homólogos, 479-480
  identidade de meristema e identidade de órgãos, 779f-780f
  impressão genômica e, 310f, 311
  ligação do ativador aos, 397
  ligados, 301f-303f. *Ver também* Genes ligados
  ligados ao sexo, 298f-300f
  ligados ou não ligados, ligação de, 304
  localização, ao longo dos cromossomos, 295, 296f-297f
  mapeamento na distância entre genes nos cromossomos, 305f-306f
  número de, nos genomas, 448t, 449
  olfativos, 1124
  para a visão de cores, 1122f
  pseudogenes, 450
  rearranjo de partes dos, 456, 457f

regulação dos. *Ver* Regulação gênica
regulação do apetite, 918
reguladores, 367*f*
relação de enzimas com, na síntese proteica, 336*f*-338*f*
saltadores. *Ver* Elementos transponíveis
sistema de notação para, 295
splicing, 345*f*-347*f*
tecnologia de DNA na determinação de funções dos, 426, 427*f*, 428
transcrição dos, durante o estágio de resposta da sinalização celular, 226*f*
transferência de genes horizontal, 568, 569*f*-570*f*
transgênicos, 436*f*
transplante, em espécies diferentes, 341, 342*f*
variabilidade genética devido a alterações no número ou na posição dos, 489
variabilidade, na variação genética, 488
Genes altamente conservados, 460
Genes citoplasmáticos, 311
Genes clonados. *Ver também* Clonagem do DNA; Clonagem de genes
  do cristalino, 441
  eucarióticos, expressão de, 422-423
  na terapia gênica, 434*f*
  usos de, 418*f*
Genes controlados de maneira coordenada, 366, 375-376
Genes da globina humana, 453*f*, 455, 456*f*, 458
Genes de efeito materno, **386**
Genes de polaridade do ovo, 386
Genes de receptores olfatórios humanos, 489, 566
Genes do desenvolvimento. *Ver* Genes homeóticos; *Hox*, genes
Genes do relógio, 858
Genes extranucleares, 311
Genes homeóticos, **385***f*, 463*f*-464*f*, **545***f*-546*f*, 547. *Ver também Hox*, genes
Genes homólogos, 565*f*, 566
Genes ligados, **301**
  herança de, 301*f*-302*f*
  identificação, 304
  mapeamento, 305*f*-306*f*
  recombinação genética e, 302, 303*f*
  seleção natural e variabilidade genética pela recombinação de, 305
Genes ligados ao sexo, 298*f*-300*f*, **299**
Genes ligados ao X, **299***f*-300*f*
Genes ligados ao Y, 299
Genes não ligados
  identificação, 304
  mapeamento, 305*f*-306*f*
  recombinação, 302*f*
Genes ortólogos, **565***f*, 566
Genes parálogos, 565*f*, **566**
Genes reguladores, **367***f*
Genes reguladores fundamentais, 545*f*-546*f*, 547. *Ver também* Genes homeóticos; *Hox*, genes
Genes saltadores. *Ver* Elementos transponíveis
Genes "suicidas", 390
Genes supressores de tumor, **388**, 391*f*, 394
Genética, **255**. *Ver também* Variação genética; Herança; Herança mendeliana
  base genética do comportamento animal, 1155*f*
  como estudo da hereditariedade e da variação hereditária, 255
  da doença falciforme, 502*f*
  da especiação, 522*f*, 523
  delineamento de experimentos usando mutantes genéticos, 1095
  dos comportamentos de forrageio, 1148, 1149*f*
  dos distúrbios do sistema nervoso, 1102*f*
  dos níveis sanguíneos de colesterol, 938
  fluxo de informação genética nas células vegetais, 208*f*
  genômica e proteômica na, 86, 87*f*
  herança de cromossomos e genes na, 255
  interpretando dados de experimentos com mutantes genéticos, 918
  na ecologia forense, 1265*f*
  na estimativa de taxas de reprodução, 1194, 1195*f*
  quadro de Punnett como ferramenta na, 273*f*, 274
  resolvendo problemas complexos de, com regras de probabilidade, 277-278
  vocabulário, 274*f*
Genética dirigida, **427**

Genética humana
  análise de genealogia na, 284*f*, 285
  distúrbios de herança dominante na, 287*f*
  doenças de herança recessiva na, 285*f*-286*f*, 287
  doenças multifatoriais na, 287
  marcadores moleculares e cariótipos de cromossomos na, 332*f*
  pigmentação cutânea e, 281, 282*f*
  testes genéticos e aconselhamento, 287-288, 289*f*, 290, 293
Genética molecular, na ecologia forense, 1265*f*
Genética, testes. *Ver* Testes genéticos
Genoma de referência, **443**
Genoma humano
  chips de microarranjo contendo, 448*f*
  comparação dos genomas de outras espécies com o, 454*f*-455*f*, 459, 460*f*-461*f*, 462
  densidade gênica do genoma fúngico vs., 665*t*
  evolução do, 524, 566
  famílias dos genes da α-globina e β-globina no, 453*f*, 455, 456*f*
  função do gene *FOXP2* no, 461, 462*f*
  sequência completa do, 443*f*
  sequenciamento do, 443*f*, 444, 447, 448*f*
  tamanho, número de genes, densidade gênica e DNA não codificante do, 448*t*, 449
  tipos de sequências de DNA no, 450*f*
Genomas, **8**, **235**. *Ver também* Genes
  análise de árvores filogenéticas com base em, para entender a evolução de vírus, 411
  análise pessoal dos, 433
  bioinformática na análise de, 444, 445*f*-448*f*
  comparação de, 459, 460*f*-464*f*, 676*f*
  completos, 665, 722, 776
  de animais, conservação disseminada dos genes de desenvolvimento nos, 463*f*-464*f*
  densidade gênica nos, 665*t*
  espécies com sequências completas de, 448*t*
  estudos de associação genômica ampla, 427*f*, 433
  eucarióticos, DNA não codificante e famílias multigênicas nos, 450*f*-453*f*
  evolução, a partir de duplicação, rearranjo e mutação do DNA, 454*f*-457*f*, 458-459
  fetais, testes genéticos dos, 1039-1040
  filogenia animal e, 682, 683*f*, 684
  gene *p53* como anjo da guarda dos, 390-391
  genômica, proteômica e bioinformático no estudo dos, 9, 86, 87*f*, 443
  história evolutiva nos, 565*f*, 566
  idênticos, expressão gênica diferencial dos, 370*f*, 371. *Ver também* Expressão gênica diferencial
  interpretando dados dos, e gerando hipóteses, 657
  na divisão celular, 235
  procarióticos, 577*f*
  Projeto Genoma Humano e desenvolvimento de técnicas de sequenciamento do DNA, 443*f*, 444
  referência, 443
  sistemas nervosos e, 1106
  transferência de genes horizontal entre, 568, 569*f*-570*f*
  variações em tamanho, número de genes, densidade gênica e DNA não codificante nos, 448*t*, 449
  virais, 400, 401*f*-407*f*, 406*t*
Genomas eucarióticos
  evolução dos, por mudanças no DNA, 454*f*-457*f*, 458-459
  genes e famílias multigênicas nos, 452, 453*f*
  sequências de DNA repetitivas não codificantes, 450*f*-451*f*, 452
  tamanhos e números de genes nos, 448*t*, 449
  transferência gênica horizontal nos, 569, 570*f*
Genômica, **9**, 86, **87**, **443**-444, 583
  análise de sequência de DNA, 8*f*, 9
  contribuições da, 88*f*
  desvendando o código genético, 341*f*
  elementos transponíveis, 450*f*-451*f*, 452
  material genético na, 7*f*-8*f*
  sequência de DNA simples, 452
  sequência-sinal de poliadenilação, 345*f*
  sinalização celular, câncer e, 391, 392*f*-393*f*, 394
  taxonomia e, 12*f*, 13
  terminação da transcrição, 344
Genótipos, **274**
  expressão gênica como conexão entre fenótipos e, 335-336
  fenótipos vs., 274*f*, 282*f*, 283

proteínas e, 335
  transformação do DNA e, 315
  valor adaptativo relativo dos, 497
  vantagem do heterozigoto e, 500
  variação genética e, 487, 488*f*
Geoemyda spengleri, 736*f*
Geospiza fortis, 486*f*-487*f*, 1217*f*
Geospiza fuliginosa, 1217*f*
Geração F$_1$ (primeira geração filial), **271***f*, 524
Geração F$_2$ (segunda geração filial), **271***f*
Geração P (parental), **271***f*
Gerações heteromórficas, **604**
Gerações isomórficas, **604**
Germinação
  desenvolvimento de plântulas após, 829, 830*f*
  estrigolactonas na, 855
  fitocromos na, 856, 857*f*
  giberelinas na, 851*f*
  sensível à luz, 871
Germinação das sementes de alface, 857*f*
Germinação precoce, 852*f*
Gestação, **1034**, 1035*f*-1037*f*
Gestação humana, **1034**
  concepção e trimestres da, 1035*f*-1037*f*
  desreguladores endócrinos e, 1015
  detecção, 969
  detecção de doenças durante a, 1039-1040
  ectópica, 1039
  metilação do DNA e, 372*f*
  prevenção de, 1037, 1038*f*, 1039
Gestações ectópicas, 1039
Gestações tubárias, 1039
Giardia intestinalis, 598*f*, 600
Gibbons, 89, 746*f*-747*f*
Gibbs, J. Willard, 147
Giberelinas, 846*t*, 850, **851***f*
Gigantismo, 1009, 1010*f*
Gimnospermas, **623***f*
  ciclo de vida do pinheiro e, 640*f*, 641
  evolução, 641*f*
  evolução das sementes, 639
  filogenia, 622*t*, 635, 641, 642*f*-643*f*
  óvulos e produção de sementes nas, 638*f*
  relações gametófitos-esporófitos nas, 637*f*, 638
Ginandromorfa, 313
Ginkgos, 642*f*
Girafas, 931
Girassóis, 521*f*, 894*f*
Girinos, 381*f*, 732*f*
Giro, oceano, 1168*f*
Giro subtropical do Atlântico Norte, 1168*f*
Giro subtropical do Atlântico Sul, 1168*f*
Giro subtropical do Oceano Índico, 1168*f*
Giro subtropical do Pacífico Norte, 1168*f*
Giro subtropical do Pacífico Sul, 1168*f*
GLABRA-2, gene, 778*f*
Glaciação
  plantas vasculares sem sementes e, 633
  sucessão ecológica após, 1230*f*-1231*f*
Glande, 1025*f*, **1026**
Glândula hipófise, **1007**, 1030, 1031*f*-1032*f*, 1093*f*
  na regulação renal e, 994*f*-995*f*
  na sinalização neuroendócrina, 1007*f*-1008*f*
  no sistema endócrino humano, 1004*f*
Glândula pineal, 1004*f*, 1007*f*, **1015**, 1093*f*
Glândula tireoide, 1004*f*, 1008, **1009***f*, 1010
Glândulas acessórias, sistema reprodutor masculino, 1025*f*, 1026
Glândulas adrenais, **1012**
  adrenalina e. *Ver* Adrenalina (epinefrina)
  no sistema endócrino humano, 1004*f*
  RE liso e, 104
  respostas das, ao estresse, 1012*f*-1013*f*, 1014
Glândulas bulboretrais, 1025*f*, 1026
Glândulas endócrinas, **1003**. *Ver também glândulas específicas*
  do sistema endócrino humano, 1004*f*
  funções regulatórias das, 1011*f*-1015*f*, 1016
  na sinalização neuroendócrina, 1007*f*-1008*f*
Glândulas exócrinas, 1004
Glândulas gástricas, 907*f*
Glândulas mamárias, 392*f*, 741, 1005*f*-1008*f*, 1016, **1026**-1027
Glândulas nasais, aves marinhas, 982*f*
Glândulas paratireoide, 1004*f*, **1011***f*
Glândulas prostáticas, 1025*f*, **1026**
Glândulas salivares, **905**, 906*f*

1420 ÍNDICE

Glândulas vestibulares, 1027f
Glaucomys volans, 517
Glaucus atlanticus, 686f
Glia (células da glia), **879f, 1069f**, 1076f-1077f, **1090f**
Glia radial, 1090
Gliceraldeído, 68f
Gliceraldeído-3-fosfato (G3P), **201**, 202f, 206, 207f
Glicerol-fosfato, 63f
Glicina, 63f, 77f, 1081t
Glicocálice, 97f
Glicocorticoides, 1004f, 1012f, **1013**, 1018
Glicogênio, **71**
    como polissacarídeo de armazenamento, 70f, 71
    na contração muscular, 1128
    na sinalização celular, 216f, 226, 227f
    no metabolismo da glicose, 915, 916f
Glicogênio-fosforilase, 216-217
Glicolipídeos, **131**
Glicólise, **168**
    como estágio da respiração celular, 168, 169f
    fermentação e, 180f
    importância evolutiva da, 182
    oxidação da glicose a piruvato pela, 170f-171f
    rendimento de ATP na, 177f
Glicoproteínas, **105, 131**
    engenharia genética, usando fungos, 671
    na matriz extracelular, 118, 119f
    na morfogênese animal, 1056
    nas membranas celulares, 127f, 130f, 131
    RE rugoso e, 105
    vírus e, 400f, 405f, 407f
Glicose
    catálise enzimática e, 153, 155, 157
    como combustível para respiração celular, 165-167
    como monossacarídeo, 68f-69f
    glicocorticoides e metabolismo da, 1012f, 1013
    homeostase da, 915, 916f, 917
    na fotossíntese, 41f, 190f, 206, 207f
    na regulação gênica positiva, 369f, 370
    nas vias de transdução de sinais, 216
    no tratamento da diarreia, 139
    oxidação a piruvato pela glicólise, 170f-171f
    regulação pela insulina, 1004f
    sanguínea, regulação, 10f
    transporte de, 132, 136
Glicose-6-fosfatase, 157
Glifosato, 838
Glioblastoma, 250, 447
Glioxissomos, 112
Global, mudança no nível. *Ver* Mudança global
Globigerina, 599f
Glóbulos brancos. *Ver* Leucócitos
Glóbulos vermelhos. *Ver* Eritrócitos
Glomeromicetos, 663
Glomérulo, **987f**
Glote, 906f
Glucagon, **916f**, 917, 1004f
Glutamato, 233, 1081t, 1101f, 1120, 1121f
Glutamato monossódico, 1123
Glutamina, 77f, 152f
GMP cíclico (GMPc), 224, 844f, 845
Gnatostomados, **725**
    caracteres derivados de, 725f, 726
    fósseis, 726f
    peixes de nadadeira raiada e de nadadeira lobada como osteíctes, 728f-729f, 730
    tetrápodes como, 730
    tubarões e arraias como condrictes, 726, 727f
Gnetófitas, 642f, 647
Gnetum, 642f
Golfinho-de-hector, 1191f, 1192
Golfinho-do-rio-yangtze, 1262f
Golfinho-nariz-de-garrafa, 886f, 1094f
Golfinhos, 481f-482f, 886f, 1094f, 1191f, 1192, 1262f
Golfo de Carpentaria, 605f
Golfo do México, zona morta, 1275f
Gônadas, 237, 258, 1004f, 1014, 1015f, **1023**
Gonadotrofina coriônica humana (hCG), 969, 1035
Gonadotrofinas, 1008, 1014, 1015f, 1030, 1031f-1032f, 1033
Gonorreia, 576, 584f, 1039
Gonsalves, Dennis, 757
Gonyosoma oxycephala, 1053f
Goodall, Jane, 17f
Gorduras, **72**
    absorção, no intestino delgado, 910f
    colesterol no sangue e, 938

como combustível para o catabolismo, 182f, 183
como lipídeos, 72, 73f, 74
digestão e absorção de, 908f-910f
gorduras *trans*, 61
hidrocarbonetos nas, 60, 61f
na gema do ovo, 91
nos glioxissomos, 112
oxidação, durante a respiração celular, 166-167
troca de calor pelos animais, 885, 887f
Gorduras insaturadas, 73f, 74, 128f
Gorduras saturadas, 73f, 74, 128f
Gorduras *trans*, 61, **74**, 938
Gorilas, 87, 89, 746f-747f
Gormley, Andrew, 1191f
Gota, 983
GPCRs (receptores acoplados à proteína G), 217f-219f, **218**, 220, 224f, 1124
Gradientes de concentração, **133**f, 136, 137f-138f, 139
Gradientes de morfógenos, 386
Gradientes de prótons, 176f, 177
Gradientes de solutos, 989, 990f, 991
Gradientes eletroquímicos, 137, **138**f
Gradientes latitudinais, diversidade de comunidades e, 1232f
Gráficos nos Exercícios de habilidades científicas
    com escalas logarítmicas, 1136
    comparação de duas variáveis em um mesmo eixo x, 972
    de barras, 23, 179, 376, 483, 590, 629, 700, 762, 864, 1186, 1217
    de linhas, 33, 157, 264, 411, 972, 1049, 1095, 1136, 1186, 1279
    estimando dados quantitativos a partir de, 538
    gráficos de dispersão, 54, 136, 205, 513, 751, 1217
    gráficos de pizza, 892
    histogramas, 250, 283, 938
    interpretando mudanças na curva dos, 1049
    logotipos de sequência, 351
Gralha-azul (*Cyanocitta cristata*), 1146f
Gram, Hans Christian, 574
Grama (unidade), 50
Gramínea de dunas, 1203
Gramínea de marisma (*Spartina patens*), 1186
Gramíneas, fototropismo nos coleóptilos de, 847f, 848
Grana, **110**, 111f, 189f
Grande Barreira de Corais, 1282
Grande Lago Salgado, 142, 585
Grandes lábios, **1026**, 1027f
Grandes macacos, 746f-747f
Grant, Peter e Rosemary, 21, 487
Grânulos P, 1059f
Gravação intracelular, 1072f
Gravidade
    formação de eixos e, 1060
    locomoção e, 1135
    mecanorreceptores para percepção da, 1112, 1115f
    pressão sanguínea e, 931f-932f, 951
    respostas vegetais à, 861f
Gravitropismo, **861**f
Gravitropismo negativo, 861
Gravitropismo positivo, 861f
Grelina, 917f
Griffith, Frederick, 315f
Grilo (*Anabrus simplex*), 449, 712f, 1112f
Gripe aviária, 410, 1234, 1235f
Gripe suína, 410, 1234
Gripe. *Ver* Vírus influenza
Grupo amino, 63f
Grupo carbonila, 63f
Grupo carboxila, 63f
Grupo externo, **561**f, 572
Grupo fosfato, 63f, 84, 85f
Grupo heme, 175
Grupo hidroxila, 63f
Grupo interno, **561**f
Grupo metila, 63f
Grupo sulfidrila, 63f
Grupos controle e experimental, 20, 21f
Grupos de controle, 20, 21f
Grupos de ligação, 306
Grupos experimentais, 20, 21f
Grupos funcionais, **62**f-63f
Grupos monofiléticos, **560**f
Grupos parafiléticos, **560**f
Grupos polifiléticos, **560**f
Grupos protéticos, 175
Grupos R, aminoácidos, 75, 76f-77f

Grupos sanguíneos, 280f, 969-970
Grupos sanguíneos ABO, 280f, 292, 969-970
Grus, espécies de, 1144
GTP (guanosina-trifosfato), 172f-173f, 218f, 352f-353f
GTPase, 229
Guanina, 84, 85f, 86, 317f, 318, 341f
Guano, 983
Guanosina-trifosfato (GTP), 172f-173f, 218f, 352f-353f
Gudião-azul (*Thalassoma bifasciatum*), 1020
Guias de néctar, 824f
Guichon Creek, 1274f
Gurdon, John, 428, 429f, 432
Gutação, **793**f
Gutenberg, Johannes, 24
Gymnothorax dovii, 729f, 1214f

Habilidades científicas. *Ver* Exercícios de habilidades científicas
Hábitat
    capacidade de suporte do, 1197, 1198f-1199f, 1198t, 1200
    crítico, 1269f-1270f
    destruição de, nas florestas pluviais tropicais, 651f, 652
    do pica-pau-de-topete-vermelho, 1269f-1270f
    especiação simpátrica e diferenciação do, 515-516
    fragmentado, 1263, 1264f, 1270, 1271f
    ilhas, 1232, 1233f
    perda de, como ameaça à biodiversidade, 1263, 1264f
    resíduos nitrogenados e, 982f-983f
Haemophilus influenzae, 448t
Haikouella, 724f
Hakea purpurea, 783
Haldane, J. B. S., 526, 1158
Hall, Jeffrey, 883
Hallucigenia, 706f
Halobacterium, 585
Halófilos extremos, **585**-586
Hamilton, William, 1157-1158
Hamster-europeu (*Cricetus cricetus*), 893f
Hamsters, 893f, 1095
Hanseníase, 65, 584f
Haplótipos, 466
Haptófito, 597f
Haustório, 656f
Havaí, ilhas do, 513, 543f, 544
HeLa, células cancerosas, 248-249, 252
Helianthus, espécies de, 521f
Helicases, **323**f, 326f, 327t
Helicobacter pylori, 584f, 912, 913f
Hélio, 30f, 35
Hemaglutinina, gene da, 410-411
Hemicordados, 689f
Hemings, Sally, 437
Hemípteros, 712f
Hemisférios cerebrais, 1093f, 1098, 1106
Hemocele, **681**f, 697, 707, 717
Hemocianina, 947
Hemócitos, 953
Hemocromatose, 920
Hemofilia, **300**, 433, 936
Hemoglobina, **935**
    como medida da evolução, 87, 89
    como proteína, 76f
    cooperatividade como regulação alostérica na, 160-161
    curvas de dissociação da, 948f, 951
    doença falciforme e, 82f, 286f, 287, 500-501, 502f-503f, 505
    estrutura quaternária de proteínas e, 81f
    famílias dos genes da α-globina e β-globina, 453f, 455, 456f
    na circulação e troca gasosa, 947f-948f
    nos eritrócitos, 935
    polipeptídeos na, 337
Hemolinfa, 681, 707, **923**f, 981, 985f
Henslow, John, 472
Hepática folhosa, 626f
Hepática taloide, 626f
Hepáticas, 620f, **623**, 626f. *Ver também* Briófitas
Hepatophyta, 620f, **623**, 626f
Hera, 784f
Herança. *Ver também* Herança mendeliana; Ciclos da vida sexuada
    aprendizagem e, 1162

base cromossômica da. *Ver* Base cromossômica da herança
base molecular da. *Ver* Base molecular da herança
C. Darwin e, 14*f*-16*f*
de cromossomos e genes, 255
de genes ligados ao X, 299*f*, 300
de predisposição ao câncer, 394
dos genes de organelas, 311*f*
epigenética, 372*f*, 373
estrutura do DNA e, 334, 364
expressão e transmissão de informação genética na, 7*f*-8*f*
genética como estudo da, 255. *Ver também* Genética
impressão genômica e, 310*f*, 311
teoria darwiniana sobre a, 475*f*, 476
teoria de Lamarck sobre a, 471
variação genética e, 487
Herança epigenética, **372***f*, 373
Herança materna, 311
Herança mendeliana
abordagem quantitativa experimental de G. Mendel, 270*f*, 271
base cromossômica da, 294*f*, 295
elaboração de histogramas e análise de padrões de distribuição para, 283
evolução do conceito de gene a partir da, 361
exceções à, 310*f*-311*f*
extensão, para genes múltiplos, 281*f*-282*f*
extensão, para um único gene, 278, 279*f*-280*f*
impactos ambientais nos fenótipos e, 282*f*
integração, com propriedades emergentes, 282-283
lei da segregação, 271*f*-275*f*
lei da segregação independente, 274-275, 276*f*
leis da probabilidade governando a, 276, 277*f*, 278
limitações da, 278
padrões humanos de herança e, 284*f*-289*f*, 290
variação genética e, 487
Herança poligênica, **281**, 282*f*, 287
Herbicidas
auxina nos, 849
transgênicos, 837-838
Herbicidas, resistência aos, 438
Herbivoria, 551, **867**, 868*f*-869*f*, **1219***f*, 1220, 1256*f*
Herbívoros, **901**
adaptações digestórias mutualísticas dos, 913, 914*f*
animais como, 673*f*
canais alimentares dos, 912*f*
como fatores bióticos limitando a distribuição de espécies, 1184*f*
conexões evolutivas entre plantas e, 648, 649*f*
defesas vegetais contra, 867, 868*f*-869*f*
dentição e dieta nos, 911*f*, 912
hipótese energética dos, 1225*f*
insetos como, 713
Hereditariedade, **255**, 269-270. *Ver também* Herança; Herança mendeliana
Hermafroditas, **691**, 705
Hermafroditismo, **1020**, 1042
Heroína, 40, 78, 1103*f*
Herpes-vírus, 405, 409, 973*t*
Herpes-vírus do sarcoma de Kaposi, 974
Hershey, Alfred, 316*f*, 317
Heterocistos (heterócitos), **582***f*
Heterocromatina, 330*f*, **332**, 371, 381
Heterocronia, **544***f*-545*f*
Heterótrofos, **188**, 581*t*, 594, 655, 673-674, 889, 894*f*, 1240f
Heterozigoto, **274**
Hexapoda, 710. *Ver também* Insetos
Hexoses, 68*f*
Hibernação, 178, **893***f*, 897
Hibridização, **271**, 518, 837, 839-841
Hibridização de ácidos nucleicos, **416**
Hibridização *in situ*, **423**, 424*f*
Híbridos, **508**
barreiras reprodutivas e esterilidade dos, 509*f*
DNA nos, 524
esterilidade de, 522-523
taxas de especiação e, 521*f*, 522
ursos, 510*f*
Hidras, 255*f*, 687*f*, 691*f*-693*f*, 904*f*, 1086*f*
Hidrocarbonetos, **60**, 61*f*, 671*f*
Hidrocarbonetos clorados, 1276, 1276*f*
Hidrogênio
como elemento essencial, 29*t*, 64
dinitrofenol e, 186

eletronegatividade do, 45
elétrons do, 35
ligação covalente e, 36*f*-37*f*
na composição vegetal, 809
nas gorduras saturadas e insaturadas, 73*f*, 74
nos compostos orgânicos, 59*f*
oxidação de moléculas orgânicas contendo, 166-167
Hidrogenossomos, 600*f*
Hidrólise, **67**
de ATP, 151*f*, 152
desmontagem de polímeros a monômeros por, 67*f*
por lisossomos, 107*f*, 108
Hidrólise enzimática, 904, 908*f*
em vacúolos, 108
neurotransmissão e, 1079, 1080*f*
Hidrozoários, 692*f*-693*f*
Hifas fúngicas, 654, 655*f*-**656***f*, 818
Hímen, 1026
Himenópteros, 712*f*
Hipercolesterolemia, 139
Hipermastigoto, 614*f*
Hiperpolarização, **1072***f*-1073*f*
Hipertensão, **939**
Hipoblasto, 1052*f*-1053*f*
Hipocampo, 1095*f*, 1100, 1101*f*
Hipocótilo, **829***f*-830*f*
Hipopótamo, 88*f*
Hipotálamo, **888**, 1004*f*, **1007**, **1093***f*
na homeostase, 1088-1089
na regulação da reprodução de mamíferos, 1030, 1031*f*-1032*f*
na regulação renal e, 994*f*-995*f*
na sinalização neuroendócrina, 1007*f*-1008*f*
na termorregulação, 888, 889*f*
nas respostas a estresse, 1012*f*
no cérebro humano, 1093*f*
núcleo supraquiasmático (NSQ) na, 893*f*, 1015, 1094-1095
Hipótese ABC de formação floral, **780***f*
Hipótese da inibição direta, 850
Hipótese da "mistura", herança, 271
Hipótese da segregação dependente, 275, 276*f*
Hipótese de coesão-tensão, **794***f*-795*f*, 796
Hipótese de fluxo por pressão, 800, 801*f*
Hipótese de Gaia, 1259
Hipótese de Oparin-Haldane, 526
Hipótese de um gene-um polipeptídeo, 337
Hipótese de um gene-uma enzima, 336-337, 338*f*, 665
Hipótese de um gene-uma proteína, 337
Hipótese do crescimento ácido, 848, 849*f*
Hipótese do distúrbio intermediário, **1228**, 1229*f*
Hipótese energética sobre o comprimento da cadeia alimentar, **1225***f*
Hipóteses, **17**. *Ver também* Figuras "Pesquisa"; Exercícios de habilidades científicas
árvores filogenéticas como, 564*f*, 565
formação e testagem de, na ciência, 17, 18*f*-19*f*
teorias e, 21-22, 483-484
Hipotireoidismo, 1010
Hirudina, 704
Hirudinea, 703
Histamina, 955*f*, **956**, 971
Histidina, 77
Histogramas nos Exercícios de habilidades científicas, 250, 283, 938
Histonas, **330**
Histórias de vida, populações, **1200**, 1201*f*-1202*f*
HIV (vírus da imunodeficiência humana), **406**, **973**. *Ver também* Aids
Aids e, 398*f*
aplicando o relógio molecular à origem do, 567, 568*f*
ataques ao sistema imune pelo, 973*f*, 974
biotecnologia no diagnóstico do, 433
ciclo replicativo do, 407*f*
como retrovírus, 406*t*
como vírus emergente, 409-410
fármacos antivirais e, 409
gene *CCR* e, 435
hospedeiros na, 401
proteínas de superfície celular e bloqueio da entrada do, nas células, 130*f*
receptores acoplados à proteína G e, 217*f*
reprodução rápida do, 489
Hoekstra, Hopi, 20, 21*f*, 22, 26
Holothuroidea, clado, 715*f*

Homarus americanus, 979
Homem de Tollund, 627*f*
Homeoboxes, **463***f*-464*f*, 675
Homeodomínios, 463
Homeostase, **881**. *Ver também* Termorregulação
como regulação por *feedback* no ambiente interno dos animais, 881*f*-883*f*
da glicose, 915, 916*f*, 917, 1004*f*, 1012*f*, 1013
da iguana-marinha, 998
da respiração humana, 946*f*
da tireoide, 1008, 1009*f*, 1010
dos níveis sanguíneos de cálcio, 1011*f*
osmorregulação para a, 977*f*, 978
regulação hormonal dos rins para, 994*f*-996*f*
sistema nervoso periférico, 1088-1089
Homeotermos, 884
Homininéos, **748**
australopitecínios, 749, 750*f*
bipedalismos nos, 750*f*
caracteres derivados dos, 748
Homo sapiens, 753*f*-754*f*
iniciais, gênero *Homo*, 750-751, 752*f*
neandertais, 752*f*-753*f*
primitivos, 748*f*-749*f*
uso de ferramentas nos, 750
Homo erectus, 752-753
Homo ergaster, 752*f*
Homo floresiensis, 754
Homo habilis, 750-752
Homo naledi, 753*f*, 754
Homo sapiens, 554, 665*t*. *Ver também* Humanos
Homogeneização, 96*f*
Homologias, **479***f*-481*f*, **558***f*-559*f*
Homologias anatômicas, 479*f*, 480
Homologias moleculares, 479-480, 558, 559*f*
Homologias morfológicas, 558
Homozigoto, **274**
Hooke, Robert, 94
Horizonte A do solo, 806*f*
Horizonte B do solo, 806*f*
Horizonte C do solo, 806*f*
Horizontes do solo, **806***f*
Hormônio adrenocorticotrófico (ACTH), 1004*f*, 1008*f*, 1012*f*, 1013-1014
Hormônio antidiurético (ADH), 994*f*-995*f*, 1004*f*, **1007***f*, **1155***f*
Hormônio do crescimento (GH), 1004*f*, 1008*f*, **1009**-1010
Hormônio do crescimento humano (HGH), 418*f*, 419, 436, 1009-1010
Hormônio estimulador do melanócito (MSH), 1004*f*, 1008*f*, **1016**, 1018
Hormônio folículo-estimulante (FSH), 1004*f*, 1008*f*, **1030**, 1031*f*-1032*f*, 1033
Hormônio juvenil (JH), 1006*f*, 1007
Hormônio liberador de gonadotrofina (GnRH), 1014, 1030, 1031*f*-1032*f*, 1033
Hormônio liberador de prolactina, 1008
Hormônio liberador de tireotrofina (TRH), 1009*f*
Hormônio luteinizante (LH), 1004*f*, 1008*f*, **1030**, 1031*f*-1032*f*, 1033
Hormônio protoracicotrófico (PTTH), 1006*f*, 1007
Hormônio PYY, 917*f*
Hormônio tireoestimulante (TSH), 1004*f*, 1008*f*-1009*f*, 1010
Hormônios, **215**, **846**, **1000**. *Ver também* Hormônios animais; Hormônios vegetais
ambiente e, 1018
animais vs. vegetais, 215-216, 894*f*. *Ver também* Hormônios animais
como sinais químicos intracelulares, 220, 221*f*
controles coordenados de genes por, 375-376
especificidade de, 227, 228*f*
na sinalização celular de longa distância, 215*f*, 216
nas respostas de luta ou fuga, 212
regulação renal por, 994*f*-996*f*
Hormônios animais, **880**, **1000**. *Ver também* Sistemas endócrinos; Hormônios
classes químicas, 1002*f*, 1003
como sinais químicos do sistema endócrino, 1000*f*-1004*f*
comportamento e, 999*f*
contracepção, **1038***f*, 1039
embrionários, 1035
eritropoetina, 936
evolução, 1015*f*, 1016
glândulas do sistema endócrino e, 1003, 1004*f*

hormônios vegetais vs., 216, 894f
na determinação do sexo, 1030
na regulação da reprodução de mamíferos, 1030, 1031f-1032f, 1033-1034
na regulação dos sistemas digestivos, 915f
na sinalização neuroendócrina, 1000f, 1001, 1006f-1008f. Ver também Sinalização neuroendócrina
na via endócrina simples, 1004, 1005f
na via neuroendócrina simples, 1005f
nas funções regulatórias das glândulas endócrinas, 1011f-1015f, 1016
nas respostas de luta ou fuga, 212
no trabalho de parto e nascimento, 1037f
receptores, 1000f-1004f, 1018
regulação do apetite e consumo por, 917f, 918
regulação por retroalimentação, 1005-1006
sistemas endócrinos e, na sinalização celular, 880f
único, efeitos múltiplos de, 1003
vias de cascata, 1008, 1009f, 1010, 1014
vias de resposta celular, 1002f-1003f
Hormônios da tireoide, 179, 220
Hormônios da tireoide (T$_3$ e T$_4$), 1004f, **1008**, 1009f, 1010, 1015f
Hormônios de liberação, 1004f, 1008
Hormônios esteroides, 75
como lipídeos, 75f
como sinais químicos intracelulares, 220, 221f
controles coordenados de genes por, 375-376
grupos funcionais e, 62f
síntese de, pelo RE liso, 104-105
Hormônios hidrossolúveis, 1001f-1003f
hormônios inibidores, 1004f, 1008
Hormônios lipossolúveis, 1001f-1003f
Hormônios não esteroides, 376
Hormônios sexuais
como esteroides, 75f, 1014, 1015f
como toxinas ambientais, 1276
desreguladores endócrinos e, 1015
grupos funcionais e, 62f
na determinação do sexo, 1030
na regulação da reprodução de mamíferos, 1030, 1031f-1032f, 1033-1034
síntese de, pelo RE liso, 104-105
Hormônios tróficos, 1008f
Hormônios vegetais (reguladores de crescimento vegetal), 846t. Ver também Hormônios
ácido abscísico, 846t, 852f, 863
auxina, 846t, 847f-849f, 850, 854f, 861
brassinosteroides, 845, 846t, 854-855
citocininas, 846t, 850f
como reguladores do crescimento vegetal, 846-847
estrigolactonas, 846t, 850, 855
etileno, 846t, 852, 853f-854f, 864f
florígeno, 860f
giberelinas, 846t, 850, 851f
hormônios animais vs., 216, 894f
jasmonatos, 846t, 855
na sinalização celular de longa distância, 216
nas respostas de desestiolamento, 845
visão geral, 846t
Horowitz, Norman, 336f-338f
Hortênsias, 282f
Horvitz, Robert, 1058-1059
Hosken, David, 1024f
Hospedeiros, parasitas, **1220**, 1234
Hospedeiros, simbiontes, **587**
Hotspots de biodiversidade, **1272f**
Hox, genes. Ver também Genes homeóticos
anfioxos, tunicados e vertebrados, 722f
como genes do desenvolvimento animal, 463f-464f, 675
destino celular e, 1064
mandíbulas e, 725f, 726
na macroevolução do desenvolvimento, 545f-546f, 547
nas plantas, 778f
nos membracídeos, 466
origem dos, 677
plano corporal dos artrópodes e, 706f, 707
Humanos (Homo sapiens). Ver também Corpo humano; Desenvolvimento embrionário humano; Impactos humanos no meio ambiente; Genética humana; Genoma humano; Nutrição humana; População humana; Reprodução humana
algas pardas como alimento dos, 603
algas vermelhas como alimentos dos, 609f, 610

análise de dados de sequências de polipeptídeos para macacos e, 87, 89
apoptose de leucócitos, 229f
área de superfície do intestino delgado para, 695f
árvore filogenética dos primatas e, 746f
biodiversidade e bem-estar dos, 1262, 1263f
caracteres derivados dos, 748
catabolismo e dieta dos, 182f, 183
cílios nas traqueias dos, 13f
clonagem dos, 430
como antropoides, 746-747
como Homo sapiens, 748f, 749
conceito biológico de espécie e, 507f
crânio de chimpanzés e de, 558
cromossomos dos, 102, 235, 236f, 237, 256f-257f, 258
cromossomos sexuais dos, 298f, 299
culturas transgênicas e saúde dos, 839
desenvolvimento sustentável na Costa Rica e condições de vida dos, 1284, 1285f
determinação da função gênica pela análise de genomas dos, 427f, 433-434
elementos essenciais e elementos-traço dos, 29t
ensaios de microarranjo de DNA no tecido dos, 426f
evolução da cultura nos, 1159f, 1160
fluxo de genes com neandertais e, 752f-753f
fósseis dos, 753f, 754
ganho e perda de água nos, 998
genes de receptores olfatórios dos, 489
genômica e proteômica no estudo dos, 86, 87f
glicoproteínas e tipos sanguíneos, 131
impactos dos procariotos nos, 587, 588f-591f
importância das plantas com sementes para o bem-estar dos, 651f, 652
importância dos insetos nos, 713
interação do ecossistema com, 11
modernos, sobreposição de neandertais e, 33
origem dos, 533f, 537
pH do sangue dos, 52f, 53
pressão sanguínea nos, 931f
questões éticas sobre o silenciamento da expressão gênica nos, 427
redução da fome e da desnutrição nos, com culturas transgênicas, 837, 838f
regulação da respiração nos, 946f
regulação das interações musculares nos, 10f, 11
relação dos neandertais e, 752f-753f
resíduos plásticos nos, 1277
sequenciamento do DNA do genoma dos, 415f, 416
sistema digestório dos. Ver Sistemas digestórios
sistemas circulatórios dos. Ver Sistemas cardiovasculares
sistemas linfáticos dos, 933f
urbanos, 1274
usos práticos dos fungos para os, 670, 671f
Humor aquoso, 1118f
Humor vítreo, 1118f
Húmus, **806**-807
Hutton, James, 469f, 471
Hydrolagus colliei, 727f
Hyla versicolor, 500f, 514
Hylonomus, 735f
Hyracoidea, 745f
Hyracotherium, 548, 549f

Íbex-dos-pirineus (Capra pyrenaica pyrenaica), 1266
Ibuprofeno, 62f, 1001, 1013-1014, 1112
Idade materna, síndrome de Down e, 308-309
Idioblastos, 868f
Iguana-do-deserto (Dipsosaurus dorsalis), 888
Iguanas, 888, 998
Íleo, 909
Ilhas Canárias, 1213
Ilhas de mangue, Florida Keys, 1233f
Ilhas Galápagos, 15, 16f, 21, 472f-473f, 506f, 519
Imatinibe, 435
Imigração, **1192**, 1196, 1197f, 1206f, 1207, 1256f
modelo do equilíbrio de ilhas e, 1232, 1233f
Impactos humanos no meio ambiente
acidificação dos oceanos, 53f, 54
ameaças à biodiversidade, 1263, 1264f-1266f
crise de biodiversidade, 1260f-1262f. Ver também Biodiversidade
derretimento do gelo no Ártico, 48f
disseminação de patógenos, 1234, 1235f
distúrbios na comunidade, 1228, 1231f

distúrbios nos biomas, 1172
espécies introduzidas, 1264f
exploração excessiva, 1264, 1265f
fragmentação e perda de hábitat, 1263, 1264f
mudança climática, 1278f-1283f
mudança global, 1265, 1266f, 1274, 1275f-1283f, 1284
na biodiversidade, 1260f, 1261
Impala, 212f, 216-217
Impressão digital, DNA, 436
Impressão genômica, **310f**, 311, 372
Imunidade
ativa e passiva, 968
tolerância imune materna ao embrião e ao feto durante a gravidez, 1037
Imunidade adaptativa, **953**
autotolerância na, 961
células B e anticorpos nas respostas de, 964, 965f-966f
células T auxiliares nas repostas de, 963, 964f
células T citotóxicas nas respostas de, a células infecciosas, 966f, 967
desenvolvimento de células B e T, 960, 961f-963f
ferramentas médicas que usam anticorpos, 969f
imunidade passiva e ativa na, 968
imunização e, 968f, 976
memória imunológica da, 960, 962, 963f
proliferação de células B e T, 961, 962f
reconhecimento de antígenos por células B e anticorpos, 958f-959f
reconhecimento de antígenos por células T, 959f-960f
reconhecimento de patógenos na, 952f, 957f-958f
reconhecimento molecular pela, 957f
rejeição imune e, 969-970
visão geral, 957f, 967f
Imunidade ativa, **968**
Imunidade desencadeada por efetores, 866
Imunidade desencadeada por PAMP, 866
Imunidade inata, **953**
de invertebrados, 953f-954f
de vertebrados, 954f-956f, 957
defesas de barreira da, 953-954
defesas inatas celulares, 954, 955f
evasão de patógenos da, 957
inflamação crônica e sistêmica na, 956-957
peptídeos e proteínas antimicrobianos na, 953-954, 955f, 956-957
reconhecimento de patógenos na, 952f
reconhecimento molecular pela, 953
resposta inflamatória da, 955f-956f
visão geral, 957f
Imunidade passiva, **968**
Imunização, **968f**, 976
Imunodeficiência adquirida, 971, 972f, 973. Ver também Aids
Imunodeficiência combinada severa (IDCS), 434f, 971
Imunodeficiência congênita, 971
Imunodeficiências, 971, 972f, 973
Imunoglobulina (Ig), **958f**-961f, 966
Inativação, sinalização celular, 229
Incêndio, 1172, 1228, 1229f, 1244f
Incêndios florestais, 1228, 1229f, 1244f
Inclinação nos Exercícios de habilidades científicas, 157, 1049
Incremento biológico, **1255**
Índice de área foliar, 786f, 787
Índice de diversidade de Shannon (H), **1222**, 1223f
Indonésia, 1254f
Indução, 382f, **383**, **1054**
Industrialização, crescimento da população humana e, 1207f
Indutores, **368f**, 369
Infartos do miocárdio (ataque cardíaco), 418f, 436, **937f**, 938-939
Infecção
bacteriana, 218f
defesa pela imunidade adaptativa, 963, 964f-969f, 970
fúngica, 670
inflamação na, 956-957
resposta de células T citotóxicas, 966f, 967
Infecções por leveduras, 670
Infecções sexualmente transmissíveis (ISTs), 1038-1039
Inferências, 1030
Infertilidade, 1039f

Inflamação, 937f, 938-939, 1013-1014, 1111-1112
Inflamação crônica, 956-957
Inflamação sistêmica, 956-957
Inflorescências, **824**
Informação
　alelos e, 293
　biotecnologia e, 441
　células B e T e DNA, 976
　como tema da biologia, 2, 3
　cromossomos e, 268, 313
　estrutura do DNA e herança de, 334, 364
　genoma e sistema nervoso, 1106
　genômica, 8-9
　hereditária, 1162
　híbridos F_1, 524
　material genético como, 6, 7f-8f
　na mitose, 252
　nas células eucarióticas, 93f
　reconstrução da filogenia com, 572
Informação posicional, **384**, **1062**, 1063f-1064f
Ingestão, **902**, 903f
Inibição, 158-161f
Inibição dependente de densidade, **247**, 248f
Inibição lateral, 1120
Inibição por retroalimentação, **161**f, 183f, 184, 366f
Inibidores, 160f
Inibidores competitivos, **158**, 159f
Inibidores não competitivos, **158**, 159f
Inibina, 1031f
Iniciação, fase de
　regulação da tradução, 378-379
　regulação da transcrição, 373f-378f, 379
　tradução, 352f
　transcrição, 343f
Inositol-trifosfato (IP$_3$), **225**f
Inserções e deleções de pares de nucleotídeos, 358f
Inserções (mutações), 358f, **359**
Inseticidas, resistência a, 496, 518
Insetos
　absorção de CO_2 e, 1245
　anatomia e características, 710f-711f
　camuflagem dos, 468f, 476f
　canais alimentares nos, 905f
　clivagem nos, 1048
　coordenação neuroendócrina nos, 1006f, 1007
　cromossomos sexuais dos, 298f
　defesas antivirais dos, 954f
　defesas vegetais contra, 867, 868f-869f
　determinação do sexo dos, 298f
　edição gênica e CRISPR-Cas9 dos, 427
　evolução da herbivoria, 551
　evolução por seleção natural, devido a mudanças na fonte alimentar, 477f, 478
　exoesqueletos, 1133
　filogenia e diversidade, 689f, 708, 709f, 712f, 713
　formação de eixos nos, 1060
　genes *Hox* nos, 463f-464f
　importância dos, para os humanos, 713
　imunidade inata, 953f-954f
　incêndios florestais e, 1244f
　infecção por zoopagomicetos, 662f
　malária e, 606f
　mecanismos de defesa, 28f
　mecanorreceptores e audição nos, 1112f
　no registro fóssil, 529f
　olhos compostos dos, 1117f, 1118
　olhos dos, 894f
　organogênese nos, 1055f
　paladar e olfato nos, 1123
　parasitos, 1220
　planos corporais dos, 545f, 546
　polinização de flores por, 649f, 822f-825f
　polinização por, 522, 641f
　produção e transporte de gametas, 1024f
　resistência a inseticidas nos, 496
　sistemas circulatórios abertos dos, 923f
　sistemas nervosos dos, 1086f
　sistemas traqueais para trocas gasosas nos, 941, 942f
　termorregulação nos, 887f
　troca gasosa dos, 951
　túbulos de Malpighi de, 985f
　variabilidade não hereditária nos, 488f
Inspiração, 944, 945f
Instabilidade, variação de energia livre e, 147, 148f
Insulina, **916**, 1004f
　células-tronco e, 431
　como polipeptídeo, 1001f
　como proteína, 76f
　diabetes neonatal e, 359
　exocitose e, 139
　na homeostase da glicose, 916f
　na regulação do apetite e do consumo, 917f
　no diabetes melito, 916-917
　no metabolismo da glicose, 10f, 216
　produção, por biotecnologia, 436
　RE rugoso e, 105
Integração
　celular, 121f
　sensorial, 1068f, 1108f, 1109
Integração viral, 395
Integrinas, **119**f, 129
Inteligência, 1106
Intemperismo, rochas, 629
Interação hidrofóbica, **81**f
Interações
　ambiente físico e evolução, 485
　como tema da biologia, 2, 3, 9
　da célula pancreática, 142
　das plantas com outros reinos, 648, 649f
　diatomáceas e, 617
　ecológicas, com procariotos, 586f, 587
　entre hormônios e ambiente, 1018
　entre organismos e ambiente físico, 10f-11f
　entre reinos e domínios, 813f
　espécies, 1214f-1221f, 1237
　explosão cambriana e regulação por retroalimentação, 685
　fitocromos e crescimento da parte aérea, 871
　interespecíficas. *Ver* Interações interespecíficas
　mecanismos de retroalimentação, 397
　microrrizas, 657
　mudança climática e *feedback* positivo, 1189
　nas células eucarióticas, 93f
　no mesmo organismo, 10f
　transporte do oxigênio, 951
Interações interespecíficas, 1214f, **1215**
　competição, 1215, 1216f-1217f, 1237
　deslocamento de caracteres e, 1216, 1217f, 1237
　exploração, 1217, 1218f-1219f, 1220
　genômica e proteômica nas, 88f
Interações positivas, **1220**f-1221f
Interfase, 234, **237**f-238f, 252
Interferência de RNA (RNAi), **380**, **427**
Interferonas, 957
Intermediários fosforilados, **151**, 152f
Interneurônios, 1068, 1069f, 1088f
Interprete os dados, 21f, 23, 29t, 33, 47f, 50, 54, 58, 89, 99, 136, 157, 158f, 179, 186, 194f, 205, 264, 501f, 505, 540f, 562f, 567f, 592, 635, 717, 773f, 804, 951, 963f, 998, 1018, 1021f, 1083, 1102f, 1115f, 1138, 1149f, 1171f, 1189, 1205f, 1213, 1217, 1243t, 1246f. *Ver também* Exercícios de habilidades científicas
Intestino delgado, 695f, **908**
　absorção no, 909f-910f
　adaptações, 912f
　células do, 125
　digestão no, 908f, 909
Intestino grosso, **910**, 911f-912f
Intestinos, 587, 695f
Intoxicação alimentar, 403, 588, 1080
Íntrons, 345f-347f, **346**, 449, 488f
Inundação, 1228
　respostas vegetais à, 804, 864f
Invaginação, 1050f
Inverno da Fome Holandês, 372f
Inversões cromossômicas, **307**, 308f
Invertebrados, **683**, **687**
　cnidários, 687f, 691f-693f
　cordados, 719f-722f
　cuidado parental nos, 1023f
　deuterostômios, equinodermos e cordados, 689f, 713, 714f-715f
　ecdisozoários e artrópodes, 688f-689f, 705f-712f, 713. *Ver também* Artópodes; Ecdisozoários
　esponjas, 687f, 690f, 691
　esqueletos hidrostáticos dos, 1133f
　filogenia e diversidade, 687f-689f
　imunidade inata, 953f-954f
　lofotrocozoários, 687f-688f, 694, 695f-704f, 705. *Ver também* Lofotrocozoários
　mecanorreceptores nos, para percepção da gravidade, 1112
　organogênese nos, 1055f
　osmorregulação nos, 979, 980f
　produção e transporte de gametas, 1024f
　sinalização neuroendócrina nos, 1006f, 1007
　sistemas digestórios dos, 717
　sistemas nervosos dos, 1086f, 1087
　velocidade de condução do potencial de ação em, 1076
Iodo, 29
Íons, **37**, 38f, 934f, 993f, 1070t
Íons cálcio
　difusão, através de sinapses, 1077, 1078f
　na formação do envelope de fertilização, 1045f, 1046
　na regulação da contração muscular, 1128, 1129f, 1131-1132
　nas vias de transdução de sinais, 224, 225f, 844f, 845
Íons cálcio citosólicos, 844f, 845
Íons carbonato, 53f, 54
Íons cloreto, 1069f, 1070t, 1071f
Íons hidrogênio, **51**, 52f, 53
Íons hidrônio, **51**, 52f, 53
Íons hidróxido, **51**, 52f, 53
Íons potássio, 797f, 798, 1070t, 1071f
Íons sódio, 1070t, 1071f
IP$_3$ (inositol-trifosfato), **225**f
Irídio, 541
Íris, **1118**f
Irradiações adaptativas, 15f-16f, 525, **542**, 543f, 544, 736, 1183, 1184f
　globais, 542, 543f
　regionais, 543f, 544
Irrigação, 142, 808, 821
Irrigação por gotejamento, 808
Isolamento comportamental, 508f
Isolamento de hábitat, 508f
Isolamento gamético, 509f
Isolamento mecânico, 508f
Isolamento morfológico, 508f
Isolamento reprodutivo, **508**
　barreiras reprodutivas no, 506-507, 508f-509f, 510
　escolha do polinizador e, 522f
　especiação alopátrica e, 511f-512f, 513
　seleção sexual e, 515f
　zonas de hibridação e, 516, 517f-519f, 520
Isolamento temporal, 508f
Isolamento, termorregulação animal e, 885
Isoleucina, 77f
Isoleucina, síntese de, 161f
Isômeros, **61**f-62f
Isômeros *cis-trans*, **61**f
Isômeros estruturais, **61**f
Isópodes, 709
Isótopos, **31**, 32f, 33, 190
Isótopos estáveis, 31
Itália, pirâmide de estrutura etária, 1209f
Iteroparidade, **1201**f
Ivanowsky, Dmitri, 399

J. *Ver* Joule
Jacarés, 737f, 738, 925
Jackson, Rob, 1223f
Jacob, François, 366, 547
Jacoby, Gordon C., 773f
Janela oval, 1113f
Janela redonda, **1114**, 1115f
Japão, 1208
Jasmim, 855
Jasmonato de metila, 855
Jasmonatos, 846t, **855**
Jefferson, Thomas, 437
Jejuno, 909
Jenner, Edward, 968
Jirtle, Randy, 372
Joaninhas, 475f
Joly, John, 794
Jost, Alfred, 1030
Joule (J), **46**, 890
Junções aderentes, 120f
Junções celulares
　junções aderentes, desmossomos e junções comunicantes em animais, 120f
　na sinalização celular local, 215f
　plasmodesmos em plantas, 119f, 120
Junções comunicantes, 120f, 215f
Junções de ancoramento, 120f
Junções neuromusculares, 1080
Junco-negro, 1221f

Kaufman, D. W., 22-23
kcal. *Ver* Quilocalorias
Kelps, 603, 804, 1189
Killifish, 483
Kimberella, 535*f*, 536, 694
King, Mary-Claire, 394
King, Thomas, 428
KNOTTED-1, gene, 778*f*
Kombu, 603
Korarchaeota, clado, 586
Krebs, Hans, 172
Krill, 710*f*
Kudzu, 1264*f*
Kuru, 412-413

Lábio dorsal, **1051***f*, 1062*f*
Labirinto, experimentos com, 1146, 1147*f*
Laboratório Nacional Oak Ridge, biorremediação do, 1255*f*
Lacks, Henrietta, 248-249
Lactação, 1036
Lactase, 70
Lactato, 180*f*, 181
Lacteal, 909*f*-**910***f*
Lactose, 69-70, 368*f*, 369
Lado ventral, 680*f*
Lagartas, 488*f*, 871, 897, 903*f*, 1006*f*, 1007, 1246*f*
Lagartas *Malacosoma americanum*, 897
Lagartixa psicodélica (*Cnemaspis psychedelica*), 1260*f*
Lagarto rugoso com cauda em folha, 26
Lagarto-de-vidro, 553*f*-554*f*
Lagarto-diabo-espinhoso-australiano (*Moloch horridus*), 737*f*
Lagarto-pintado, 1154*f*
Lagartos, 26,39, 553*f*-554*f*, 735, 737*f*, 738, 925, 1021*f*, 1154*f*, 1216*f*, 1260*f*
  mudança climática e, 11*f*
Lagartos sem patas, 553*f*-554*f*
Lago Vesijärvi, 1227*f*
Lago Victoria, 515*f*, 519*f*, 520
Lagomorpha, 745*f*
Lagos, 1177*f*-1179*f*, 1275, 1276*f*
  produção primária nos, 1242-1243
Lagos de água doce, produção primária nos, 1242-1243
Lagos eutróficos, **1179***f*
Lagos oligotróficos, **1179***f*
Lagosta-do-atlântico (*Homarus americanus*), 979
Lagostas, 707*f*, 708-709, 979
Lagostim, 709, 940*f*, 1112
Lamarck, Jean-Baptiste de, 469*f*, 471
Lamela média, **118**
Lâmina basal, 929*f*
Lâmina nuclear, **102**, 103*f*, 117, 332
Laminaria, 603*f*, 604
Lâminas, **602**, 603*f*, **761**
Lampreia-marinha, 723*f*, 724
Lampreias, 719*f*, **723***f*, 724, 1091*f*
Laqueadura tubária, 1038*f*, **1038**
Lariço, 643*f*
Lariço-europeu, 643*f*
Laringe, 906*f*, **942**, 943*f*
Larva, **674***f*, 711*f*
Larva de mosquito, 342*f*
Latência viral, 973*t*
Lateralidade, membrana celular, 131*f*
Lateralização, **1098**
Latitude
  intensidade da luz solar e, 1166*f*
  tamanho dos animais e, 897
L-Dopa, 65, 1104
Lebre *Lepus americanus*, 501*f*, 1205*f*
Lebres, 1205*f*
Leeuwenhoek, Anton van, 1209
Leg-hemoblobina, 816
Leguminosas, 815*f*-816*f*, 817
Lei da Não Discriminação da Informação Genética, 288
Lei da segregação, 271*f*-275*f*, **272**-273, 296, 297*f*
Lei de conservação de massa, **1239**
Lei de segregação independente, 274-**275**, 276*f*, 296, 297*f*, 302
Leis da probabilidade, 276, 277*f*, 278
Leis da termodinâmica, 143, 145*f*, 146
Leite de mamíferos, 741-742, 743*f*, 1005*f*-1008*f*, 1016
Leitos capilares, **924**, 932*f*-933*f*
Lêmur *Propithecus verreauxi*, 746*f*

Lêmures, 746*f*
Lenho, 118, 651, 783
Lenski, Richard, 578*f*
Lente, **1118***f*, 1138
Lenticelas, **774**
Leões, 912*f*
Leões-da-montanha, 1149
Leopardos, 554, 555*f*
Lepidópteros, 712*f*
Lepidossauros, **736**, 737*f*, 738
Leptina, 917*f*, 918
Leptogenys distinguenda, 1001*f*
Lepus americanus, 501*f*, 1205*f*
Lesma-banana, 1155, 1156*f*
Lesma-do-mar, 700*f*, 1020*f*
Lesmas, 699-700, 1155, 1156*f*
Letais ao embrião, **386**
Leucemia, 309*f*, 394, 434, 1263*f*
Leucemia mielocítica crônica (LMC), 309*f*, 435
Leucina, 77*f*
Leucócitos (glóbulos brancos), 229*f*, 878*f*, 934*f*-**935***f*
Levedura do pão (levedura do padeiro). *Ver Saccharomyces cerevisiae*
Leveduras, **655**
  divisão celular nas, 244*f*
  expressão de genes eucarióticos clonados nas, 422-423
  fermentação alcoólica por, 180*f*
  fungos como, 655, 670
  organismo-modelo. *Ver Saccharomyces cerevisiae*
  reprodução assexuada nas, 659*f*
  sinalização celular, 213*f*, 214
  usos pelos humanos, 670-671
Lewis, Edward B., 385-386
Libélulas, 887*f*
Liberação, ciclo lítico do fago, 402*f*
Licófitas, **622**, 622*t*, 631, 632*f*, 633, 635
Ligação ao ligante, 217
Ligação intercelular, proteína de membrana, 130*f*
Ligações covalentes, **36**
  de dissacarídeos, 69*f*
  em compostos orgânicos, 58, 59*f*, 60, 64
  formação das, 36*f*
  na estrutura terciária das proteínas, 81*f*
  tipos, 36*f*-37
Ligações covalentes apolares, **37**
Ligações covalentes polares, 37*f*, **45**
Ligações de hidrogênio, **39**
  como ligações químicas fracas, 38, 39*f*
  flutuação do gelo e, 48*f*
  na estrutura do DNA, 86*f*
  nas moléculas de água, 44, 45*f*-46*f*
Ligações duplas, **36**, 37*f*, 60*f*
Ligações glicosídicas, **69**
Ligações iônicas, **37**, 38*f*
Ligações peptídicas, 75, **78***f*, 353*f*
Ligações químicas, **36**
  com carbono, 56, 58, 59*f*, 60
  covalentes, 36*f*-37*f*
  forças de van der Waals, 39
  iônicas, 37, 38*f*
  ligações de hidrogênio, 38, **39***f*
Ligações simples, **36**, 37*f*
Ligamentos, **878***f*
Ligantes, **217**, 223
Lignina, **629**-630, 665, 764*f*, 783
Likens, Gene, 1252*f*
Limiar, **1073**
Limites (bordas)
  ecossistemas, 1270, 1271*f*, 1287
Limites evolutivos, 501*f*
Limpeza ambiental, 418*f*, 437
Lince, 894*f*,1205*f*
Linfa, **933***f*, 956*f*
Linfócitos, 934*f*-935*f*, **958***f*. *Ver também* Células B; Células T
Linfoma de Burkitt, 394
Linfonodos, 933*f*
Linfonodos, **933***f*, 956*f*
Língua, 906*f*, 1124*f*
Língua de sinais, 1106
Linguagem
  função cerebral e, 1098*f*
  gene *FOXP2* e, 461, 462*f*
Linha primitiva, 1052*f*
Linhagem evolutiva, **555**, **556***f*

Linhas de regressão nos Exercícios de habilidades científicas, 54, 205, 751
Linnaeus, Carolus, 470, 554
Lipídeos, 66, **72**
  doença de Tay-Sachs e, 280
  esteroides como, 75*f*
  evolução de diferenças na composição da membrana celular, 129
  fosfolipídeos como, 74*f*, 75
  gorduras como, 72, 73*f*, 74
  nas membranas celulares, 102, 110, 127*f*, 128
  nas membranas plasmáticas, 98*f*, 99
  síntese de, pelo RE liso, 104-105
Lipopolissacarídeos, 574, 976
Lipoproteínas de alta densidade (HDLs), **937**-938
Lipoproteínas de baixa densidade (LDLs), 139, 141, **937**-938
Líquen crostoso, 668*f*, 672
Líquen fruticoso, 668*f*, 672
Liquens, 663, **668***f*-669*f*, 672, 813*f*, 1256*f*-1257*f*
  biorremediação usando, 1253, 1255*f*
Líquido cerebrospinal, 946*f*, 1087*f*
Líquido intersticial, **875***f*, 923, 932, 933*f*, 956*f*, 981, 988-989, 990*f*, 991
Lisina, 77*f*
Lisossomos, 100*f*, **107***f*-109*f*
Lisozimas, 49*f*, 79*f*, 456, 457*f*, **953***f*, 954
Lixiviação, 806
Lobo frontal, 1085, 1097*f*, 1098
Lobo occipital, 1085, 1097*f*
Lobo parietal, 1085, 1097*f*
Lobo temporal, 1085, 1097*f*
Lobos, 529*f*, 1205*f*, 1257*f*, 1270
Lobos cerebrais, 1096, 1097*f*, 1098
Lobotomia frontal, 1098
Locomoção, 756, 993*f*, 1133*f*, **1135***f*, 1136, 1138
Locus, gene, **255**, 272
Locustas, 1213
Lofóforos, 683*f*, **683**, 694, 698*f*, 699
Lofotrocozoários, **683***f*, 684
  anelídeos, 703*f*-704*f*, 705
  características, 694
  ectoproctos e braquiópodes, 698*f*, 699
  filogenia, 687*f*-688*f*
  moluscos, 699*f*-702*f*
  rotíferos, 697*f*, 698
  vermes planos, 694, 695*f*-697*f*
Logaritmos naturais no Exercício de habilidades científicas, 639
Logotipo de sequências no Exercício de habilidades científicas, 351
Lontras, 1189
Lontras-do-rio, 881*f*
Lontras-marinhas, 1189
Loquiarqueotos, 586
Loricíferos, 688*f*
Lóris, 746*f*
Louva-a-deus-orquídea (*Hymenopus coronatus*), 468*f*, 469
Lovelock, James, 1259
Loxodonta africana, 474*f*, 1197*f*, 1265*f*
LSD, 1081
Lula-colossal, 702
Lula-gigante, 702
Lúmen do RE, 104
Luminal A e luminal B, câncer de mama, 393*f*
Lúpus eritematoso sistêmico, 971
lux, genes, 397
Luz solar
  biomas aquáticos e, 1177*f*-1178*f*
  câncer e, 394
  como energia para a vida, 143, 145, 150
  dano ao DNA pela, 328
  determinando a produção primária pela absorção de, 1242*f*
  distribuições de espécies e disponibilidade de, 1185, 1186*f*
  na fotossíntese, 187*f*, 206, 207*f*
  no fluxo de energia e ciclagem química, 9*f*, 164-165, 1240f
  orçamento energético global e, 1241
  produção primária nos ecossistemas aquáticos e limitações da, 1242
  propriedades da, 192*f*
  variação latitudinal na intensidade da, 1166*f*
  variações sazonais na, 1167*f*
Luz vermelha, respostas vegetais à, 856, 857*f*, 860*f*

Luz visível, **192***f*
Lyell, Charles, 469*f*, 471-473
Lyon, Mary, 300*f*

Macaco-esquilo, 1122*f*
Macacos, 56*f*, 87, 89, 746*f*-747*f*, 1122*f*. *Ver também* Chimpanzés
Macacos do Novo Mundo, 746*f*-747*f*
Macacos do Velho Mundo, 746*f*-747*f*
Macacos (*Macaca fuscata*), 897
Macacos-dourados-de-nariz--arrebitado-de-qinling, 56*f*
Macacos-rhesus, 89
Macacos-vervet, 1148*f*
MacArthur, Robert, 1232, 1233*f*
Machos
 competição entre, pelo acasalamento, 1153*f*, 1154
 competição sexual entre, 499*f*-500*f*
 cromossomos sexuais dos, 298*f*, 299
 cuidado parental por, 1151*f*
 escolha do parceiro pelas fêmeas, 1151, 1152*f*-1153*f*, 1154
 hormônios dos, 999*f*, 1014, 1015*f*
 humanos, anatomia reprodutiva dos, 1025*f*, 1026
 humanos, espermatogênese nos, 1027, 1028*f*, 1031*f*, 1042
 regulação hormonal dos sistemas reprodutores dos, 1031*f*
MacLeod, Colin, 315
Macroevolução, **507**, **526**. *Ver também* Evolução
 colonização do ambiente terrestre e, 536, 537*f*
 condições da Terra primitiva para a origem da vida na, 526*f*-528*f*
 do desenvolvimento, 544*f*-546*f*, 547
 especiação e extinção de organismos na, 537*f*-543*f*, 544
 evidências fósseis da, 525*f*, 526, 528, 529*f*-531*f*, 530
 extinções em massa na, 540*f*-542*f*
 fluxo gênico, deriva genética e seleção natural, 551
 irradiações adaptativas na, 542, 543*f*, 544
 novidades e tendências na, 547*f*-549*f*
 origem dos organismos multicelulares na, 533*f*, 535*f*-536*f*
 origem dos organismos unicelulares na, 532*f*-535
 placas tectônicas e, 538*f*-539*f*, 540
 registro geológico dos principais eventos na, 532*f*-533*f*
Macrófagos, 107*f*, 121*f*, **878***f*, **955***f*, 956
Macromoléculas, 66*f*-**67***f*, 526*f*-527*f*, 802
 nos lisossomos, 107*f*, 108
 plasmodesmos e, 846
Macronúcleos, ciliados, 606, 607*f*
Macronutrientes vegetais, **810**, 811*t*
Madreporito, estrela-do-mar, 714*f*
MADS-box, genes, 545, 778*f*
Magnésio, 29*t*, 810
Magnificação, 94
Magnólia, árvore, 650*f*
Magnolídeas, **649**, 650*f*
Malacidina, 589*f*
Malacosoma americanum, 897
Malária, 286*f*, 287, 501, 503*f*, 599*f*, 606*f*, 614, 713
Malásia, 1232
Malthus, Thomas, 469*f*, 475
Maltose, 69*f*
Mamangava (*Bombus affinis*), 1170*f*
Mamão, 757
Mamíferos, **741**
 adaptações dos rins dos, 991*f*, 992
 adaptações para trocas gasosas, 947*f*-949*f*
 caracteres derivados dos, 741*f*
 circulação nos, 924*f*, 925. *Ver também* Sistemas cardiovasculares
 clonagem reprodutiva dos, 430*f*-431*f*
 comparando genomas dos, 454*f*-455*f*, 459, 460*f*-462*f*
 concentrações iônicas no interior e exterior dos neurônios, 1070*t*
 controle dos ritmos circadianos nos, 1094
 corações dos, 926*f*-928*f*
 cromossomos sexuais dos, 298*f*, 299
 em hibernação, relógios circadianos nos, 893*f*
 em perigo ou ameaçados, 1261, 1262*f*, 1288
 encéfalos nos sistemas nervosos dos, 1091*f*. *Ver também* Sistemas nervosos
 estruturas homólogas nos, 479*f*
 evolução, 679
 evolução convergente dos, 481*f*, 744*f*
 evolução do hormônio estimulador dos melanócitos no, 1016
 evolução inicial dos, 741, 742*f*
 fertilização nos, 1046*f*
 filogenia, 719*f*, 745*f*
 formação de eixos nos, 1060
 glia nos cérebros dos, 1069*f*
 hominíneos e humanos como, 748*f*-754*f*
 impressão genômica nos, 310*f*, 311
 inativação dos genes ligados ao X nas fêmeas de, 300*f*
 irradiação adaptativa dos, 542, 543*f*
 marsupiais, 743*f*-744*f*
 mecanorreceptores para audição e equilíbrio nos, 1112*f*-1116*f*
 membranas extraembrionárias dos, 1053*f*, 1054
 modelagem de neurônios nos, 1071*f*
 monotremados, 742, 743*f*
 morcegos como, 15*f*
 origem dos, 530, 531*f*-533*f*
 osmorregulação dos, 980-981
 ovos amnióticos dos, 734, 735*f*
 paladar dos, 1123*f*-1124*f*
 placentários, eutérios e primatas como, 744, 745*f*-747*f*
 receptores de opiáceos nos cérebros de, 1082
 regulação hormonal da reprodução nos, 1030, 1031*f*-1032*f*, 1033-1034. *Ver também* Reprodução animal; Reprodução humana
 relógio molecular dos, 567*f*
 resíduos nitrogenados nos, 982*f*
 respiração celular na hibernação dos, 178
 respiração nos, 925, 945*f*-946*f*
 rins nos sistemas excretores dos, 985, 986*f*-987*f*. *Ver também* Sistemas excretores; Rins
 sistemas cardiovasculares dos. *Ver* Sistemas cardiovasculares
 sistemas de órgãos dos, 876*t*
 sistemas digestórios dos. *Ver* Sistemas digestórios
 sistemas respiratórios dos, 942, 943*f*-946*f*
 termorregulação nos, 881*f*
 terrestres, origem dos cetáceos como, 481*f*-482*f*
Mamíferos mergulhadores, adaptações respiratórias dos, 949*f*
Mamíferos placentários. *Ver* Eutérios (mamíferos placentários)
Mamona, 829
Mamute, 421
Mandíbula e maxila
 mamíferos, 530, 531*f*-533*f*
 serpentes, 498, 499*f*
 vertebrados, 718, 723, 725*f*, 726
Mandioca, 651, 838*f*
Mangold, Hilda, 1062*f*
Manobra de Heimlich, 906
Manto, **699***f*
Mapas citogenéticos, 306
Mapas cognitivos, **1146**
Mapas de destino, **1058***f*-1059*f*
Mapas de ligação, 305*f*-306*f*
Mapas genéticos, **305***f*-306*f*
Mapeamento
 da atividade cerebral, 1096*f*
 ligação, 305*f*-306*f*
Maquis, 1174*f*
Mar dos Sargaços, 1242, 1243*t*
Mar Morto, 585
Maraviroque, 217, 409
Marcações de identificação molecular, 107
Marcadores de sequências expressas (ESTs), 445-446
Marcadores genéticos, 427*f*, 434, 436, 437*f*, 441
Marcadores moleculares, 332*f*
Marcadores radioativos, 31, 32*f*, 190
Marca-passo cardíaco, 928*f*
Marchantia, 620*f*, 626*f*
Maré, 1181*f*
Maré vermelha, 605*f*
Marfim, 1265*f*
Margarida-do-mar, 713, 714*f*
Margas, **806**
Mariposa *Antheraea polyphemus*, 1001
Mariposa-amarela (*Phalera bucephala*), 476*f*
Mariposa-beija-flor, 712*f*
Mariposa-da-seda, 1006*f*, 1007, 1110, 1111*f*
Mariposa-falcão, 825*f*, 869*f*, 1218*f*, 1219
Mariposa-folha-morta (*Oxytenis modestia*), 476*f*
Mariposa-luna (*Actias luna*), 43
Mariposas, 43, 476*f*, 551, 712*f*, 717, 824*f*, 1001, 1006*f*, 1007, 1110, 1111*f*
Mariposa-tigre, 717
Mariscos, 688*f*, 699, 701*f*
Marmota-grisalha (*Marmota caligata*), 164*f*
Marshall, Barry, 912
Marsupiais, 481*f*, 540, 543*f*, **743***f*-745*f*
Marte, 50*f*
Massa, 31
 conservação de, 1239-1240
 níveis tróficos e, 1240*f*, 1241
Massa atômica, **31**
Massa celular interna, **1052**, 1053*f*
Massa molar, 50
Massa molecular, **50**
Massa visceral, **699***f*
Mastigação, 920
Mastócitos, 955*f*, 956, 970*f*
Mastreação (*masting*), 869*f*
Matéria, 2, 3, 9, **29**-30. *Ver também* Energia e matéria
Matéria orgânica mineralizada, 529*f*
Matorral, 1174*f*
Matriz extracelular (MEC), **118**, 119*f*, 130*f*, 1056
Matriz mitocondrial, **110**
Matriz nuclear, 102, 326, 332
Matteuccia, 632*f*
Mayer, Adolf, 399
McCarty, Maclyn, 315
McClintock, Barbara, 451*f*, 459
MEC. *Ver* Matriz extracelular
Mecanismo "Pacman", 241*f*
Mecanismos baseados em linhagem, 777-778
Mecanismos baseados em posição, plantas, 778
Mecanismos de alimentação, 655, 902, 903*f*
Mecanismos de retroalimentação, 397
Mecanorreceptores, **1110***f*, 1112*f*-1116*f*
Medalha Nacional de Ciência (Estados Unidos), 944
Medicina. *Ver também* Fármacos; Produtos farmacêuticos
 anticorpos como ferramentas nos, 969*f*
 aplicação da biologia de sistemas à, 447, 448*f*
 biotecnologia na, 433, 434*f*-436*f*
 bloqueio da entrada do HIV nas células, 130*f*
 células-tronco na, 431-432
 fungos na, 670
 genômica e proteômica na, 88*f*
 marcadores radioativos na, 31, 32*f*
 medicamentos derivados de plantas, 651*t*, 652
 tratamento dos distúrbios do sistema nervoso, 1102
 uso de sanguessugas na, 703*f*, 704
Medicina personalizada, 88*f*, **433**-434
Medicina regenerativa, 432
Mediterrâneo, clima do, 1168
Medula adrenal, 1004*f*, 1012*f*-1013*f*
Medula espinal, 1086*f*-1089*f*
Medula óssea, 235*f*, 434*f*
Medula renal, **986***f*
Medusa, **691***f*, 692
Medusas (água-viva), 692*f*-693*f*
Medusozoários, 692*f*-693*f*
Megafilos, **631***f*, 635
Megapascal (MPa), **789**
Megasporângios, 638*f*
Megasporócitos, 826
Megásporos, **631**, 638*f*, **826**, 827*f*
Meia-vida, **32**, 529, 530*f*
Meio de crescimento completo, 336*f*-338*f*
Meio mínimo, 336*f*-338*f*
Meios respiratórios, 939*t*, 940
Meiose, **258**
 alterações do DNA de células de levedura na, 264
 crossing over e sinapse durante, 260*f*, 262*f*
 erros na, 306, 307*f*-309*f*
 estágios da, 259*f*-262*f*
 evolução humana e erros na, 455*f*-457*f*
 formação de gametas por, nos ciclos da via sexuada, 258
 gametogênese humana e, 1027
 mitose vs., 262, 263*f*, 264
 nas células animais, 260*f*-261*f*
 nas variedades dos ciclos da vida sexuada, 258*f*, 259
 no ciclo de vida humano, 254, 257*f*, 258
 produção de gametas por, 237
 variabilidade genética por alteração gênica durante, 489
Meiose I, **259***f*-260*f*, 262*f*-263*f*, 264

Meiose II, **259**f, 261f, 263f, 264
Melanerpes formicivorus, 1162
Melanina, 337
Melatonina, 883f, 1004f, **1015**
Melitaea cinxia, 1206f, 1207
Membracídeo, 466
Membrana basilar, 1113f
Membrana timpânica, 1112f-**1113**f
Membranas celulares. *Ver também* Membranas plasmáticas
   animais, 674
   carboidratos de membrana no reconhecimento célula-célula por, 130f-131f
   como mosaicos fluidos de lipídeos e proteínas, 127f, 128
   das mitocôndrias, 110, 111f
   envelopes nucleares, 102, 103f
   evolução de diferenças na composição lipídica das, 129
   fluidez das, 128f, 129
   fosfolipídeos nas, 74f, 75
   internas, organelas e, 98f, 99
   interpretando gráficos de dispersão da captação de glicose através das, 136
   na resposta vegetal ao estresse pelo frio, 865
   permeabilidade seletiva das, 127f, 131, 132f
   procarióticas especializadas, 577f
   proteínas de membrana das, 129f-130f, 132
   síntese e lateralidade das, 131f
   transporte ativo através de, 136, 137f-138f, 139
   transporte em massa através das, por exocitose e endocitose, 139, 140f, 141
   transporte passivo como difusão através das, 132, 133f-135f
   vegetais, movimento através das, 209f
Membranas dos tilacoides, 189f, 190, 196f-200f, 201
Membranas extraembrionárias, 734, 735f, **1052**, 1053f, 1054
Membranas extraembrionárias, ovo amniótico, 734, 735f
Membranas plasmáticas, **98**, 109f. *Ver também* Membranas celulares
   celulares vegetais, movimento através das, 209f
   células animais, 100f
   células eucarióticas, 98f, 99
   células procarióticas, 97f
   células vegetais, 101f
   envelopes nucleares como, 102
   gradientes de íons e transporte de íons através de, 993f
   microfilamentos nas, 116f
   procarióticas, cadeias transportadoras de elétrons nas, 168
   procarióticas, quimiosmose nas, 175, 176f, 177
   proteínas receptoras nas, 217f-220f
   receptores hormonais nas, 1003f
   transporte de curta e longa distância através das, 787, 788f-791f
Membros
   como estruturas homólogas, 479f, 480
   formação, nos vertebrados, 1062, 1063f, 1064
   genes para a formação dos, 545f, 546
   tetrápodes, 718, 730, 731f
Membros anteriores, mamíferos, 479f
Memória
   emoção e, 1096
   formação, 1085
   plasticidade neuronal e, 1100, 1101f
   sono e, 1094
Memória de curto prazo, **1100**-1101
Memória de longo prazo, **1100**, 1101f
Memória imunológica, 960, 962, 963f
Mendel, Gregor
   experimentos, abordagem quantitativa de, 270f, 271
   genes como fatores hereditários de, 294f
   lei da segregação de, 271f-275f
   lei da segregação independente de, 274-275, 276f
   modelo particulado da herança de, 487
Menopausa, **1033**
Menstruação, **1032**f
Meristemas, 766f-767f, 830, 849
Meristemas apicais, 621f, 766f-767f
Meristemas florais, 830
Meristemas laterais, **766**f
Meristemas primários, **766**
Merozoítos, 606f

Meselson, Matthew, 322f
Mesencéfalo, 1085, **1091**f-1092f
Mesoderma, **680**, 1050f-**1051**f
Mesófilo, **189**f, 203, 204f, 206f, **771**f
Mesogleia, 691f
Mesoílo, **690**f
Mesonychoteuthis hamiltoni, 702
Metabolismo, **144**. *Ver também* Bioenergética
   acoplamento de energia do ATP para reações endergônicas e exergônicas do, 150, 151f-153f
   animal, bioenergética e taxas metabólicas do, 890f-893f
   animal, termogênese no, 887f-888f
   catabolismo e, 182f, 183
   catálise enzimática de reações no. *Ver* Catálise enzimática
   efeitos de hormônios adrenais no, 1012f, 1013-1014
   evolução de hormônios regulando o, 1016
   formas de energia para o, 144, 145f
   gráfico de reações do, 157
   leis da termodinâmica e, 145f-146f, 147
   marcadores radioativos na pesquisa do, 31-32
   osmorregulação e, 980
   papel das enzimas como catalisadores no, 75, 76f
   procariótico, 581t, 582f, 587
   protobionte, 527, 528f
   regulação da respiração celular e, 183f, 184
   regulação, pela tireoide, 1009, 1015f
   resíduos nitrogenados e, 983
   variação de energia livre, equilíbrio e, 147, 148f-150f
   vias metabólicas do, 144
Metáfase, cromossomos da, 331f-332f
Metáfase I, 260f, 263f
Metáfase II, 261f
Metáfase (mitose), **237**, 239f, 243f, 252, 263f, 331f
Metagenômica, **444**, 583
Metais pesados, biorremediação dos, 1253, 1255f
Metamorfose, 674
   anfíbios, 732f
   anfioxos, 720
   insetos, 711f, 1006f, 1007
   rãs, 1016f
   tunicados, 721
Metamorfose completa, **711**f, 712f
Metamorfose incompleta, **711**, 712f
Metanefrídio, 699f, 704f, **985**f
Metanfetamina, 62
Metano
   carbono e ligações no, 59f
   combustão do, como reação redox, 166f
   formato molecular do, 39f, 40
   ligações covalentes no, 37f
Metanógenos, **585**-586
Metapopulações, **1206**f, 1207
Metástase, **249**f, 447-448
Metazoários (Metazoa), 682, 683f, 684
Meteorito Murchison, 527
Meteoritos, 527
Methanosarcina barkeri, 448t
Meticilina, 478f
Metilação do DNA, **371**, 372f, 373, 391, 430
5-Metilcitosina, 63f
Metionina, 77f, 341f
Método científico, 17, 18f-21f, 22. *Ver também* Estudos de caso; Figuras "Pesquisa"; Figuras "Método de pesquisa"; Exercícios de habilidades científicas
Método de remarcação e recaptura, **1191**f
Metodologia *shotgun* de sequenciamento de genomas completos, **443**f, 444, 447, 448f, 452
Métodos de pesquisa. *Ver* Figuras "Método de pesquisa"
México, 1208
Mexilhão, 505, 701f, 702f, 1264
Mexilhão-zebra, 1264
Mexilhões perolíferos, 702f
MHC (complexo principal de histocompatibilidade), molécula, 959f-960f, 963, 964f, 969-970
Miastenia grave, 1129
Micélio, 655f-659f, **656**, 662f
Micélio heterocariótico, **658**
Micélios dicarióticos, **658**
Micetozoários, 612f-613f
Micorrizas, **656**, **787**, **817**
   análise genômica das interações de, 657
   basidiomicetos nas, 665
   biomagnificação usando, 1255
   como mutualismo raízes-fungos, 787

   como mutualismo, 1220-1221
   estrigolactonas e, 855
   evolução, 660
   hifas especializadas nas, 656f, 657
   limitações de nutrientes e, 1244
   na colonização do ambiente terrestre pelas plantas, 536, 537f
   nutrição vegetal e, 817, 818f
   plantas terrestres e, 621
   raízes vegetais e, 760
Micorrizas arbusculares, **656**, 660, 663, **817**, 818f
Micose, **670**
Micoses sistêmicas, 670
Microarranjo do genoma humano, *chips* de, 448f
Microbiomas, **912**, 913f
Microcefalia, 409
Microclima, **1169**-1170
Microevolução, **487**, **507**. *Ver também* Evolução
   alteração das frequências de alelo por seleção natural, deriva genética e fluxo gênico na, 493, 494f-497f
   da doença falciforme, 503f
   especiação como ponte conceitual entre macroevolução e, 507, 523. *Ver também* Macroevolução
   evolução adaptativa pela seleção natural na, 497, 498f-503f, 504
   populações como as menores unidades da, 486f-487f
   usando a equação de Hardy-Weinberg para testar a, 489, 490f-491f, 492t, 493
   variabilidade genética e, 487f-488f, 489
Microfibrilas
   das paredes de células vegetais, 118
   de celulose, 777f
   nos polissacarídeos estruturais, 70f
Microfilamentos, **115**
   células animais, 100f
   células vegetais, 101f
   estrutura e função, 115, 116f-117f
   estrutura e função do citoesqueleto e, 113t
   na citocinese animal, 241, 242f
   na morfogênese, 1056f
Microfilamentos corticais, 116
Microfilos, **631**f
Micróglia, 1090f
Micronúcleos ciliados, 606, 607f
Micronutrientes vegetais, **810**, 811t
Micrópila, **647**, 826
Microplásticos, 1163, **1277**
Micro-RNAs (miRNAs), **380**f, 391, 678
Microscopia, 94f-95f, 96
Microscopia confocal, 95f, 96
Microscopia de campo claro, 95f
Microscopia de contraste de fase, 95f
Microscopia de deconvolução, 95f, 96
Microscopia de fluorescência, 95f, 96
Microscopia de interferência diferencial, 95f
Microscopia de Nomarski, 95f
Microscopia de super-resolução, 95f, 96
Microscopia eletrônica de transmissão (MET), 95f
Microscopia eletrônica de varredura (MEV), 95f
Microscopia óptica (MO), 94f-95f
Microscópio eletrônico de transmissão (MET), **96**
Microscópio eletrônico de varredura (MEV), **94**, 95f, 96
Microscópio eletrônico (ME), **94**f-95f
Microscópio óptico (MO), **94**
Microsporângios, 638f, 826
Microsporídios, 660f-661f
Microsporócitos, 826
Microsporos, **631**, 638f, **826**, 827f
Microtúbulos, **114**
   centrossomos, centríolos e, 114f
   cílios, flagelos e, 114, 115f-116f
   estrutura e função, 114f-116f
   estrutura e função do citoesqueleto e, 113t
   na célula vegetal, 101f
   na divisão celular, 238f-241f, 244f
   nas células animais, 100f
Microtúbulos do cinetocoro, 238f, 240f-241f, 244f, 252
Microtúbulos não pertencentes ao cinetocoro, 238f, 240f, 241, 252
Microvilosidades, 98-99, 100f, 116f, 695f, **909**f, 910
Mielinização, 1076f-1077f
Mieloma múltiplo, 65

ÍNDICE 1427

Mifepristona (RU486), 1039
Migração, **1140**
    como padrão fixo de ação, 1140, 1141*f*
    corredores de deslocamento e, 1271*f*, 1272
    receptores eletromagnéticos e, 1111*f*
    variações genéticas nos padrões de, 1156, 1157*f*
Migração celular
    na organogênese, 1054*f*, 1055
Mil-folhas (*Achillea lanulosa*), 1189
Milho, 451*f*, 651
    alelos no, 293
    Bt transgênico, saúde, 839
    filogenia, 557
    germinação precoce no, 852*f*
    proteínas no, 899
    seleção artificial do, 836*f*
    sementes, 829*f*-830*f*
Milho (*Zea mays*), 205, 448*t*, 651. *Ver também* Milho
Milípede, 708, 709*f*
Miller, Stanley, 57*f*, 58, 526*f*
Mimetismo
    como adaptação defensiva de presas, 868*f*
    endorfinas, 1081
    molecular, 40*f*, 78
    nas adaptações de presas e predadores, 1218*f*-1219*f*, 1237
Mimetismo batesiano, 1218*f*, **1219**, 1237
Mimetismo mülleriano, 1218*f*, **1219**
Mimivirus, 408
Mimosa pudica, 802, 862*f*
Mimulus, espécies de, 522*f*
Mineração, restauração em áreas de, 1253*f*
Minerais, 899*f*, **900**, 901*t*
    arquitetura das raízes e aquisição de, 787
    deficiências, em plantas, 810, 811*t*, 812
    interação das raízes com, 10*f*, 11
    micorrizas e deficiências vegetais de, 818
    mineralocorticoides e metabolismo dos, 1014
    transpiração de, das raízes às partes aéreas, 792, 793*f*-795*f*, 796
    transporte de, em plantas vasculares, 787, 788*f*-791*f*
Mineralocorticoides, 1004*f*, 1012*f*, **1014**
Minhocas, 688*f*, 704*f*, 705, 807, 905*f*, 923*f*, 985*f*
Miniaturização, gametófitos, 637*f*, 638
Mioblastos, 383, 384*f*
Miocardiopatia familiar, 357
Miofibrilas, **1126***f*
Mioglobina, **949**, **1130**, 1131*t*
Miopatia, 311
Miopatia mitocondrial, 311
Miosina, 76*f*, **117**, 241, 384*f*, 879*f*
Miotonia, 1034, 1076
Miriápodes, **707**-708, 709*f*
Mirounga angustirostris, 999*f*, 1267
Mitchell, Peter, 177
Mitocôndrias, **109**
    ATP-sintase e, 186
    cadeias transportadoras de elétrons nass, 168-169
    célula fúngica, 100*f*
    células animais, 100*f*
    células vegetais, 101*f*, 209*f*
    conversão de energia química por, 109-110, 111*f*
    dinitrofenol e, 186
    enzimas nas, 161*f*
    fracionamento celular para o estudo das, 97
    herança de genes das, 311
    hibernação animal e, 178
    na apoptose, 230*f*, 231
    origem endossimbiótica nas, 534, 535*f*
    origem, na endossimbiose, 595, 596*f*-597*f*
    origens evolutivas nas, 109, 110*f*
    piruvato nas, 171*f*
    protistas, 594
    quimiosmose nas, 175, 176*f*, 177, 199*f*-200*f*, 201
Mitose, **236**. *Ver também* Ciclo celular; Divisão celular
    envelope nuclear durante a, 252
    evolução da, 243, 244*f*
    informação na, 252
    meiose vs., 262, 263*f*, 264
    na espermatogênese, 1042
    nas células animais, 238*f*-239*f*
    nas células vegetais, 241, 242*f*-243*f*
    nas células-filhas, 234
    nas variedades de ciclos da vida sexuada, 258*f*, 259
    no ciclo da vida humana, 257*f*, 258
    no empacotamento da cromatina, 332*f*
    origem do termo, 237

Mitossomos, 600*f*
Mixobactérias, 213*f*
Mixótrofos, **594**
Modelo conservativo, replicação do DNA, 321*f*-322*f*
Modelo de filamento deslizante, **1126**, 1127*f*, 1128
Modelo de fitas, 79*f*
Modelo de forrageio ótimo, **1149***f*
Modelo de maturação de cisterna, 106
Modelo de não equilíbrio, comunidade, **1228**
Modelo de orbitais eletrônicos separados, 35*f*
Modelo de orbitais eletrônicos sobrepostos, 35*f*
Modelo dispersivo, replicação do DNA, 321*f*-322*f*
Modelo do equilíbrio de ilha, 1232, 1233*f*
Modelo do mosaico fluido, **127***f*
Modelo gradual de especiação, 520*f*, 521
Modelo particulado da herança, 487
Modelo semiconservativo, replicação do DNA, **321***f*-322*f*
Modelos
    atômicos, 30*f*
    crescimento exponencial da população, 1196, 1197*f*, 1207*f*, 1208
    crescimento logístico da população, 1197, 1198*f*-1199*f*, 1198*t*, 1200
    de ligações covalentes, 36, 37*f*
    de orbitais de elétrons, 35*f*
    distúrbios da comunidade, 1228, 1229*f*
    equilíbrio de ilhas, 1232, 1233*f*
    forma molecular, 39*f*
    forrageio ótimo, 1149*f*
    processo científico, 19*f*
    quantitativo, testagem de hipóteses no Exercício de habilidades científicas, 1150
Modelos de bola e bastão, 39*f*, 59*f*
Modelos de estrutura de arame, 79*f*
Modelos de preenchimento espacial, 36, 37*f*, 39*f*, 59*f*, 74*f*, 79*f*, 319*f*
Modificações da histona, 371*f*, 372, 391
Modificações epigenéticas, gene do câncer e, 388, 389*f*
Modificações pós-traducionais em proteínas, 354
Mofo do pão. *Ver Neurospora crassa*
Mofo preto do pão, 662*f*, 663
Mofos, **658***f*-659*f*, 662*f*, 663
Moinho, ATP-sintase, 175*f*
Mojica, Francisco, 253
Molaridade, **50**
Moldes, DNA e RNA viral, 405*f*, 406*t*
Moléculas, 5*f*, **36**. *Ver também* Compostos
    autorreplicantes, origem das, 526*f*-528*f*
    biológicas. *Ver* Moléculas biológicas
    como nível de organização biológica, 5*f*
    estrutura de DNA e RNA, 7*f*-8*f*
    forma e função, 39*f*-40*f*, 59*f*
    ligações químicas e formação de. *Ver* Ligações químicas
    orgânicas. *Ver* Compostos orgânicos
    regulação das interações de, 10*f*
Moléculas anfipáticas, **127**
Moléculas biológicas. *Ver também* Compostos orgânicos
    ácidos nucleicos como, 84, 85*f*-86*f*
    análise de dados de sequências de polipeptídeos, 87, 89
    carboidratos como. *Ver* Carboidratos
    como medidas da evolução, 87, 89
    genômica e proteômica no estudo das, 86, 87*f*
    lipídeos como, 72, 73*f*-75*f*
    macromoléculas como polímeros de monômeros e, 66*f*-67*f*
    proteínas como. *Ver* Proteínas
    quatro classes de, 66
Moléculas de adesão celular, 1056
Moléculas polares, 44-**45**
Moléculas sinalizadoras, 215*f*, 216. *Ver também* Hormônios animais; Neuro-hormônios; Neurotransmissores
Moléculas sinalizadoras, sistema endócrino, 1000*f*-1004*f*. *Ver também* Hormônios animais
Moléculas transmissoras, 216*f*, 217
Moloch horridus, 737*f*
Molothrus ater, 1271, 1287
Mols (mol), **50**, 58
Moluscos, 688*f*
    bivalves, 699, 701*f*-702*f*
    cefalópodes, 699, 701*f*, 702
    complexidade dos olhos, de, 547*f*-548*f*

    de água doce e terrestre, proteção contra extinção, 702*f*
    gastrópodes, 542, 699, 700*f*-701*f*, 702
    no período Ediacarano, 535*f*, 536
    plano corporal dos, 699*f*
    quítons, 699*f*
    sistemas nervosos dos, 1086*f*
Monilófitas, **622**, 622*t*
Monocílio, 1064
Monócitos, 934*f*-935*f*
Monocotiledôneas, **649***f*-650*f*, 761, 769*f*-770*f*, 829*f*-830*f*
Monod, Jacques, 366
Monoglicerídeos, 910*f*
Monoíbridos, **274**
Monômeros, 67*f*
Monossacarídeos, **68***f*-69*f*
Monossomia do X, 309
Monotremados, 543*f*, **742**, 743*f*, 745*f*
Monóxido de carbono, 1082
Montagem, ciclo lítico do fago, 402*f*
Montanhas, 1168, 1169*f*
Montanhas Catskill, 1263
Monte Kilimanjaro, 1189
Monte St. Helens, 636*f*, 637
Monterey, Califórnia, 614*f*
Morcego-raposa-voadora (*Pteropus mariannus*), 1262*f*
Morcegos, 15*f*, 717, 825*f*, 991*f*, 992, 1262*f*
Morcegos-vampiros, 991*f*, 992
Moreia (*Gymnothorax dovii*), 729*f*, 1214*f*
Morfina, 40*f*, 78
Morfogênese, 381-**382**, **1049**. *Ver também* Desenvolvimento embrionário; Formação de padrões
    adaptações de desenvolvimento dos amniotas na, 1053*f*, 1054
    apoptose na, 1056-1057
    citoesqueletos na, 1056*f*-1057*f*
    desenvolvimento vegetal e, 776-777, 778*f*
    gastrulação na, 1044, 1049, 1050*f*-1053*f*
    organogênese na, 1044, 1049, 1054*f*-1055*f*
Morfógeno, estrutura da cabeça, 386*f*-387*f*
Morfógenos, **386***f*-387*f*
Morfologia
    conceitos de espécie e, 507
    filogenia animal e, 682, 683*f*, 684
    fungos, 655*f*-656*f*
    macroevolução, 544*f*-546*f*, 547
Morgan, Thomas Hunt, 295*f*-296*f*, 301*f*-303*f*, 315
Mortalidade infantil, 1208-1209, 1284, 1285*f*
Morte celular programada. *Ver* Apoptose
Morte súbita do carvalho, 614*f*, 867, 1234
Mortes
    demografia das, 1193*t*, 1194*f*-1195*f*
    na dinâmica da população humana, 1208-1209
    nas dinâmicas das populações, 1192, 1256*f*
    no crescimento populacional dependente de densidade, 1203*f*-1205*f*
    no crescimento populacional exponencial, 1196, 1197*f*
Morton, Michael, 24*f*
Morugem-alpina, 1281*f*
Mosaicismo, 300*f*
Mosca-da-maçã (*Rhagoletis pomonella*), 508*f*, 515-516
Mosca-da-maçã, 508*f*, 515-516, 903*f*
Mosca-do-mirtilo (*Rhagoletis mendax*), 508*f*
Moscas, 712*f*, 825*f*
Moscas tsé-tsé, 713, 903*f*
Moscas-d´água, 551
Moscas-da-fruta
    comportamento de corte da, 1155
    esterilidade do híbrido de, 522-523
    isolamento reprodutivo das populações alopátricas na, 512*f*
    organismo-modelo. *Ver Drosophila melanogaster*
    relógio molecular das, 567
Moscas-de-olhos-pedunculados, 1152*f*
Mosca-varejeira, 825*f*
Mosquitos, 409, 412*f*, 485, 496, 503*f*, 518, 606*f*, 712*f*, 713
Mostarda selvagem, seleção artificial e, 475*f*
Motilidade celular, 112, 113*t*, 114, 115*f*-117*f*, 1056*f*
Motilidade, procariotos, 576*f*, 577
Motor, flagelo, 576*f*, 577
Movimento ameboide, 117*f*
Movimento gravitacional, energia livre e, 148*f*
Movimento, procariotos, 576*f*, 577
Movimentos de dormir, plantas, 857, 858*f*

Movimentos de turgor, plantas, 862f
Movimentos e gradientes iônicos, nos processos da vida, 993f
Movimentos oculares rápidos (REMs), 1094
MPF (fator promotor de maturação), **245**, 246f
mPGES-1, gene, 376
mRNAs maternos, 387f
MRSA, 214, 478f
Muco, **906**, 907f, 954
Muco, peixe-bruxa, 723f
Mucoromicetos, 660f, **663**f
Muda (ecdise), 683-684, **705**, 707, 894f
Mudança climática, 11, **1170**f, **1278**
    acidificação dos oceanos e, 53f, 54-55
    adaptações das plantas à, 204-205
    como interação no ecossistema, 11
    derretimento do mar Ártico congelado e, 48f
    desmatamento da floresta pluvial tropical e, 651f, 652
    efeitos biológicos da, 1279, 1280f-1281f, 1282
    efeitos da, em protistas marinhos fotossintetizantes, 615f
    exploração excessiva da turfa e, 628
    feedback positivo da, 1189
    focas-aneladas e, 44f
    fotossíntese da floresta pluvial tropical e, 211
    gases do efeito estufa e, 1278f-1283f
    lagartos e, 11f
    lebre-americana e, 501f
    modelos de, 1282, 1283f
    na extinção em massa do Permiano, 540
    pegadas ecológicas, combustíveis fósseis e, 1210f, 1211
    perda de hábitat por, 1263
    plantas avasculares no período Ordoviciano, 629
    plantas vasculares sem sementes, 633-634
    preservação de *hotspot* de biodiversidade e, 1272
    produtividade agrícola e, 863
    qualidade do alimento e, 812
    queima de combustíveis fósseis e, 11
    recifes de corais e, 693
    resposta da produção primária ao, 1244f, 1245
    soluções para a, 1282-1283
    taxas de extinção e, 541f, 542
    transmissão viral e, 412
    usando dendrocronologia para estudar o, 773f
    zonas de hibridação e, 517f
Mudança espontânea, 148f
Mudança global. *Ver também* Mudança climática
    como ameaça à biodiversidade, 1265, 1266f
    depleção de ozônio atmosférico, 1283f, 1284
    enriquecimento de nutrientes na, 1274, 1275f
    gases do efeito estufa e mudança climática na, 1278f-1283f
    impactos na, pelos humanos, 1265, 1266f, 1274, 1275f-1283f, 1284
    toxinas ambientais na, 1275, 1276f-1277f
Mudança na população dependente de densidade, 1202, **1203**f-1206f, 1207, 1213
Mudança na população independente de densidade, **1203**
Mudanças de fases, desenvolvimento vegetal, 778, **780**f
Mulas, 509f
Muller, Hermann, 360
Múmia, "homem de Tollund", 627f
Murcha, **790**, 798, 804, 852, 863
Mus musculus (camundongo), 22. *Ver também* Camundongo
Musaranho, 1234, 1235f
Muscardinus avellanarius, 893f
Músculo
    cardíaco e liso, 1131-1132
    contração do, 1126, 1127f, 1128
    esquelético. *Ver* Músculo esquelético
    regulação da contração, 1128, 1129f-1130f
Músculo cardíaco, **879**f, **1131**
Músculo esquelético, **879**f, **1126**. *Ver também* Músculo
    estrutura do, 1125, 1126f
    fibras musculares do, 1130, 1131t
    locomoção pela contração do, nos sistemas esqueléticos, 1132f-1135f, 1136
    modelo de filamento deslizante da contração do, 1126, 1127f, 1128
    na respiração humana, 945f
    regulação da contração do, 1128f-1130f

Músculo estriado, 879f, 1126. *Ver também* Músculo esquelético
Músculo liso, **879**f, **1131**-1132
Musgo, 626f
Musgos, 621f, **623**, 624f-627f, 628, 635, 637f. *Ver também* Briófitas
Mutações, **357**f
    bolor limoso celular, 613
    como erros na revisão, 327
    como fonte de alelos, 265
    como fontes de variação genética, 488-489
    como letais ao embrião, 386
    CRISPR-Cas9 e edição gênica, 426, 434-435
    de genes de proteínas canais iônicos, 1076
    de genes do desenvolvimento, 545f-546f
    de vírus, 409, 414
    edição gênica para corrigir, 360, 361f
    efeitos, durante a divisão celular, 389f-390f
    elementos transponíveis e, 459
    em aquaporinas, causando diabetes melito, 995f
    equilíbrio de Hardy-Weinberg e, 492t
    evolução das enzimas por, 159f
    evolução do genoma e, 454f-457f, 458-459
    evolução e taxa de, 334
    fenótipos e, 295f-296f, 306f
    genes de câncer e, 388, 389f
    mutações pontuais, 357f-358f, 359
    mutágenos como causa de, 360
    na duplicação de conjuntos inteiros de cromossomos, 454
    na duplicação e divergência das regiões do DNA que contém os genes, 455f-457f
    na duplicação e no embaralhamento de éxons, 456, 457f
    nas alterações da estrutura cromossômica, 454f-455f
    no desenvolvimento do câncer, 391f, 394
    no desenvolvimento floral, 779f-780f
    no DNA mitocondrial, 311
    nos procariotos, 573, 578-579
    plantas e criação de, na biologia molecular, 776
    seleção natural e, 328
    substituições, inserções e deleções de pares de nucleotídeos, 357, 358f, 359
    variação genética a partir de, 305f-306f
    velocidade do relógio molecular e, 566, 567f
Mutações aleatórias. *Ver* Mutações
Mutações de fase de leitura, 358f, **359**
Mutações de troca de sentido, **357**, 358f
Mutações espontâneas, 360, 388
Mutações neutras, 567
Mutações pontuais, **357**f-358f, 359, 388, 389f, 488-489
Mutações sem sentido, **358**f, 359
Mutações silenciosas, **357**, 358f
Mutagênese *in vitro*, **426**
Mutagênicos químicos, 360
Mutágenos, **360**
Mutantes
    genéticos, delineando experimentos com, 1095
    interpretando dados de experimentos com mutantes genéticos, 918
    na biologia molecular, 845
    nutricionais, em experimento da relação gene-enzima, 336f-338f
Mutantes genéticos nos Exercícios de habilidades científicas, 918, 1095
Mutualismo, **587**, **1220**, 1256f-1257f
    bacteriano, 587f
    como interação interespecífica, 1220f, 1221
    entre reinos e domínios, 813f
    fúngico, 655, 661f, 667f-669f. *Ver também* Micorrizas
    limitações de nutrientes e, 1244
    na polinização de flores, 825f
    nos sistemas digestórios de vertebrados, 912, 913f-914f
    planta-bactéria, 813f-816f, 817
    planta-fungo, micorrizas como, 787, 817, 818f
Mycobacterium tuberculosis, 589, 957
Myllokunmingia fengjiaoa, 718f, 724
MyoD, ativador, 374f
myoD, gene, 383, 384f
Myrmecocystus, 485
Mytilus edulis, 505
Myxini (peixes-bruxa), 719f, 723f
Myxococcus xanthus, 213f

NAD$^+$ (nicotinamida-adenina-dinucleotídeo), **167**f-168f, 172f-173f, 178, 180f, 181
Nadadeiras lobadas, 718, **728**, 729f, 730
Nadar, 1135
NADH, 172f-173f, 178, 180f, 181
NADP$^+$ (nicotinamida-adenina--dinucleotídeo-fosfato), **191**f, 192, 206, 207f
NADPH, **191**f, 192, 197f-198f, 206, 207f
Naloxona, 1082
Nanismo, 287f, 436, 1010
Nanismo hipofisário, 1010
Nanoporos, 416
Não disjunção, **307**f, 309
Nascimentos
    demografia, 1193t, 1194f-1195f
    na dinâmica populacional, 1192
    no crescimento populacional dependente de densidade, 1203f-1205f
    no crescimento populacional exponencial, 1196, 1197f
Nascimentos, humanos
    crescimento populacional zero, 1208
    defeitos congênitos, 902f
    efeitos de suplementos vitamínicos nos defeitos do tubo neural, 902f
    estágios do trabalho de parto, 1036, 1037f
    expectativa de vida ao nascer, 1208-1209
    rastreamento do recém-nascido, 289-290
Nash, John, 1154
National Cancer Institute, 447
National Center for Biotechnology Information (NCBI), 444, 445f
National Institutes of Health (NIH), 444, 447
National Library of Medicine (NLM), 444
Nativo-americanos, 565
Natureza vs. ambiente, 282f, 762
Náutilos, 701f, 702
Navalha de Occam, 562
ncRNAs, 379, 380f, 381
Neandertais (*Homo neanderthalensis*), 33, 88f, 461, 752f-753f
Nectarina, 645f
Nectários, 813f
Néfrons, **986**f
    adaptações evolutivas dos, 991f-992f
    cápsula de Bowman nos, 987
    estrutura dos rins de mamíferos e, 986f-987f
    gradientes de soluto e conservação de água nos, 989, 990f, 991
    processamento do filtrado sanguíneo a urina pelos, 987, 988f, 989
Néfrons corticais, **986**f, 991
Néfrons justamedulares, **986**f, 991
Neisseria gonorrhoeae, 576, 584f
Nematocistos, **691**, 692f
Nematódeo, organismo-modelo. *Ver Caenorhabditis elegans*
Nematódeos, 689f, 705f, 706, 1058f-1059f, 1133f
Nemertinos, 688f
Nemoria arizonaria, 488f
Neodenticula seminae (diatomácea), 1170
Neônio, 35f
Neornithes, 739
Nereimyra punctata, 703f
Nerodia sipedon, 496, 497f
Nervos, **1086**
Nervos ópticos, 1121f
Nervura mediana, 761
Nervuras foliares, 189f, **761**, 771f, 849
Neuraminidase, 410, 414
Neuro-hipófise, 1004f, **1007**f, 1008
Neuro-hormônios, 1000f, **1001**, 1005f-1007f
Neurônios, 879f, **1068**
    bombas de íons, canais iônicos e potencial de repouso, 1070f-1071f
    comunicação entre células e, nas sinapses, 1077, 1078f-1080f, 1081t, 1082
    estrutura e função dos, como transferência de informação, 1068f-1069f
    exocitose e, 139
    na recepção sensorial, 1108f-1109f
    na sinalização celular por sistemas nervosos de animais, 880f
    na sinalização neuroendócrina, 1000f, 1001
    no olho humano, 1118f
    nos sistemas nervosos, 1085f, 1086, 1088f, 1089. *Ver também* Sistemas nervosos

olfatórios, 1124, 1125f
organização, 1084
plasticidade, na memória e aprendizagem, 1099, 1100f-1101f
potencial de ação dos, como sinais conduzidos por axônios, 1072f-1077f
sinais químicos e elétricos dos, 1067f, 1068
Neurônios aferentes, 1088f, 1108f
Neurônios eferentes, 1088f
Neurônios motores, 1068, 1069f, **1088f**, 1128, 1129f-1130f
Neurônios pós-ganglionares, 1089
Neurônios pós-sinápticos, 1068f, 1079f, 1101f
Neurônios pré-ganglionares, 1089
Neurônios pré-sinápticos, 1068f, 1079, 1080f, 1101f
Neurônios sensoriais, 1068, 1069f, **1088f**
Neuropatia, 311
Neuropatia óptica hereditária de Leber, 311
Neuropeptídeos, **1081**t
Neurospora crassa (bolor do pão), 336f-338f, 664f, 665t
Neurotransmissores, **1001**, **1068**
  como mensageiros químicos dos neurônios, 1068
  exocitose e, 139
  sinalização sináptica por, 1077, 1078f, 1080
  terminação, mecanismos de, 1080f
  tipos de, 1080-1082, 1081t
Neurulação, 1054f, 1055
Neutralização, 965f
Neutrófilos, 934f-935f, **955f**
Nêutrons, **30**f, 31
"Neve de melancia", 211
Newton, Isaac, 22
Nichos ecológicos, **1215**, 1216f
Nichos fundamentais, 1215, 1216f
Nichos realizados, 1215, 1216f
Nicotina, 1080, 1103f, 1220
Nicotinamida-adenina-dinucleotídeo (NAD$^+$), **167f**-168f, 172f-173f, 178, 180f, 181
Nicotinamida-adenina-dinucleotídeo-fosfato (NADP$^+$), **191**f, 192, 206, 207f
Ninfas, 711
Ninhada, tamanho da, 1200, 1201f-1202f
Ninhos
  aves e dinossauros, 564f, 565
  pica-pau-de-topete-vermelho, 1269f-1270f
Nirenberg, Marshall, 341
Nitratos, 1275f
  efeitos do desmatamento, 1252f
  no ciclo do nitrogênio, 1251f
Nitrificação, 815f
Nitrito, no ciclo do nitrogênio, 1251f
Nitrogênio
  bactérias na aquisição vegetal de, 814f-816f, 817
  como elemento essencial, 29t, 64
  como nutriente limitante, 1242, 1243f, 1243t, 1244
  crescimento de fitoplâncton e, 1242, 1243f
  diminuição da perda de, por briófitas para o solo, 627f
  do solo, na sucessão ecológica, 1230, 1231f
  enriquecimento de nutrientes e poluição por, 1275f
  fertilização do solo e, 805, 808
  nos compostos orgânicos, 59f
  reciclagem química procariótica do, 586
Nitrogênio, resíduos contendo. Ver Resíduos nitrogenados
Níveis tróficos, **1224**, 1257f
  no fluxo de energia e ciclagem de nutrientes do ecossistema, 1240f, 1241
  transferência de energia entre, 1246, 1247f, 1248
NMDA, receptores, 1101f
NO (óxido nítrico), 220, 224, 931, **1001**, 1026, 1081t, 1082
Nó sinoatrial (SA), **928**f
Nociceptores, **1111**-1112
Nódulos, **816**f, 817
Noradrenalina, 1004f, **1012**f-1013f, 1081t
Nori, 609f, 610
Nós atrioventriculares (AV), **928**f
Nós, caule vegetal, **761**
Nós de Ranvier, **1076**f-1077f
Nosema ceranae, 661
Notação científica nos Exercícios de habilidades científicas, 1082
Notocordas, **720**f, **1054**f, 1055
Nova Guiné, 742
Nova York, aquisição da Montanha Catskill por, 1263
Nova Zelândia, projetos de restauração na, 1254f

Novidades evolutivas, 547, 548f
N-terminal, 78f, 352, 371f
Nucifraga columbiana, 1146
Nuclearídeos, 614, **659**
Nucleases, **327**
Núcleo atômico, **30**f, 31
Núcleo, célula, **102**
  células animais, 100f
  células fúngicas, 100f
  células vegetais, 101f
  divisão celular, 236, 243, 244f. Ver também Ciclo celular; Divisão celular
  DNA na célula eucariótica, 97, 102, 103f
  eucariótico, clonagem reprodutiva pelo transplante de, 428, 429f-430f
  receptores hormonais no, 1002f-1003f
  regulação da expressão gênica e arquitetura do, 377, 378f
  respostas de sinalização celular na, 226f
  tipos ciliados de, 606, 607f
Núcleo na interfase, fábricas de transcrição, 377, 378f
Núcleo supraquiasmático (NSQ), 893f, 1015, **1094**-1095
Nucleoides, **97**f, **577**
Nucléolo, 100f-101f, **102**, 103f
Nucleomorfos, 597f
Núcleos basais, 1093f
Núcleos geniculados laterais, 1121f
Nucleosídeos, 84, 85f
Nucleosídeo-trifosfatos, 324
Nucleossomos, **330**f
Nucleotídeos, **84**. Ver também Ácidos nucleicos
  codificantes e não codificantes, 345f-347f
  como componentes dos ácidos nucleicos, 84, 85f
  de DNA alterados, importância evolutiva, 328
  DNA vs. RNA, 337
  genômica e proteômica no estudo das, 86, 87f
  mutações como substituições, inserções e deleções de pares de bases de, 357, 358f, 359
  nas técnicas de sequenciamento de DNA, 415f-417f
  no código genético, 7f-8f, 340f-341f
  nos telômeros, 328, 329f
  razões de, 317f, 318
  variabilidade, na variação genética, 488f
Nucleus accumbens, 1096f, 1103f
Nudibrânquios, 700f, 1020f
Número atômico, **31**
Número cromossômico anormal, distúrbios, 307f
Número de Avogadro, 50
Número de massa, **31**
Nüsslein-Volhard, Christiane, 386, 387f
Nutrição, **899**. Ver também Nutrição animal; Nutrição vegetal
  elementos essenciais e elementos-traço do, 29t
  fungos, 655-656
  procariotos, 581t, 582f
  protistas, 594
  reino Eukarya e, 12f, 13
Nutrição animal. Ver também Nutrição humana
  adaptações dos sistemas digestórios de vertebrados a dietas, 911f-914f
  dietas e necessidades da, 899f-902f, 900t-901t
  etapas do processamento de alimento, 902, 903f-905f
  mecanismos de alimentação, 902, 903f
  modos nutricionais na, 673f, 674, 894f
  processamento compartimentalizado na, 898
  regulação por retroalimentação da digestão, reserva de energia e apetite, 914, 915f-917f, 918
  sistemas digestórios e, 905, 906f-911f
Nutrição humana. Ver também Nutrição animal
  avaliação de necessidades nutricionais, 902f
  bactérias na, 587
  culturas agrícolas transgênicas e, 438-439
  deficiências alimentares, 902f
  nutrientes essenciais, 899f, 900t-901t
Nutrição vegetal
  adaptações incomuns para a, 806, 818, 819f, 820
  aquisição de águas e minerais em plantas vasculares, 787
  elementos essenciais, 809, 810f, 811t
  fotossíntese e modos de, 188f
  modos nutricionais na, 894f
  mutualismos na, 812, 813f-819f, 820
  solo como ecossistema complexo para, 805f-809f
  transporte de águas e minerais em plantas vasculares, 787, 788f-791f

Nutrientes
  absorção, de plantas e animais, 895f
  captação de, 898
  ciclagem. Ver Fluxo de energia e ciclagem química
  essenciais, 899f, 900t-901t, 901f
  experimentos de enriquecimento com, 1242, 1243f, 1243t
  intestino delgado e, 125
  limitantes, 1242, 1243f-1244f, 1243t
  reciclagem procariótica de, 586f
Nutrientes essenciais nos animais, **899**f, 900t-901t, 901f
Nutrientes limitantes, **1242**, 1243f-1244f, 1243t

ob, gene, 918
Obelia, 692f-693f
Obesidade, 372f, 917f, 918, 1018
Observações
  científicas, 17f, 19f
  de mudanças evolutivas, 477f-478f
  no Exercício de habilidades científicas, 812
Oceanos
  acidificação dos, 53f, 54
  clima e correntes dos, 1168f-1169f
  como bioma marinho, 1177f, 1178
  marés, 1181f
  moderação do clima pelos, 47f
  pesca de arrasto, como distúrbio da comunidade, 1231f
  produção primária nos, 1242, 1243f, 1243t
  resíduos de plásticos nos, 1277f
  zonas bentônicas, 1182f
  zonas pelágicas, 1181f
Oceloide, 594f
Ocelos, 601f, 1117f
Ochotona princeps, 1280f
Ocitocina, 1004f-**1005**f, 1007f, 1037f
Ocotillo, 799f
Odocoileus virginianus, 1271
Odorantes, **1123**-1124, 1125f
Olden, Kenneth, 27
Óleo. Ver também Combustíveis fósseis
  conodontes e, 725
Óleo vegetal, 49-50, 74
Olfato, **1123**-1124, 1125f
Olhos. Ver também Sistemas visuais
  compostos de insetos, 712f, 894f
  de vertebrados, 1118f-1122f, 1123
  evolução, 547f-548f
  evolução de órgãos detectores de luz e, 1117f-1119f
  ocelos de euglenoides como, 601f
Olhos com lente única, **1118**f-1119
Olhos complexos, 547, 548f
Olhos compostos, 712f, 894f, **1117**f, 1118
Olhos facetados, artrópodes, 1117f, 1118
Oligodendrócitos, **1076**f-1077f, 1090f
Oligonucleotídeos iniciadores, 323f, **324**
Oligoquetas, 703
Omaso, 914f
Omatídeos, **1117**f
Oncogenes, **388**, 389f, 391f
Oncorhynchus keta, 89
Oncorhynchus kisutch, 89, 1200
Oncorhynchus nerka, 978f
Ondas cerebrais, 1094f
Onívoros, **901**, 911f, 912
Onicóforos, 689f
Oócitos, **1026**, 1027f, 1029f
Oócitos primários, **1029**f
Oócitos secundários, **1029**f
Oogênese, **1027**, 1029f
Oogônia, **1029**f
Oomicetos, 604f
Oparin, A. I., 526
Operadores, **366**, 367f
Opérculo, **728**f
Óperon *lac*, 368f, 369
Óperon, modelo, 366
Óperons, **367**
  conceito básico de, 366, 367f
  induzíveis, 368f, 369
  regulação gênica positiva e, 369f, 370
  repressores, 367f, 368-369
Ophisaurus apodus, 553f-554f
Ophiuroidea, 714f, 715
Ophrys speculum, 822f
Opiáceos, 40f, 78, 1082

Opioides, 1103f
Opistocontes, 613-614, **659**
Opsina, **1119**f, 1122
Opsonização, 965f
Orangotangos, 746f-747f, 750
Orbitais de elétrons, **35**f, 36, **39**f, 40
Orbitais híbridos, **39**f, 40
Orçamento energético
 animais, 892
 ecossistema, 1241, 1242f
Orçamento energético global, 1241
Ordem, como propriedade da vida, 3f, 146f, 147
Ordens, taxonomia, **554**, 555f
Ordoviciano, mudança climática global no período, 629
Orelha externa, **1113**f
Orelha interna, **1113**f
Orelha média, **1113**f
Orelhas. *Ver também* Audição
 de insetos, 1112f
 humanas, 1113f
 ossos de mamíferos, 530, 531f, 532, 741, 742f
Organelas, **5**f, **94**
 como locais de enzimas, 161f
 como nível de organização biológica, 5f
 de células eucarióticas, 97f-101f
 de células procarióticas, 97f, 98
 digestão lisossômica de, 107f, 108
 herança de genes nas, 311f
 plastídios nas células vegetais, 111
 usando microscopia eletrônica para estudar as, 94
Organismos, **4**f. *Ver também* Animais; Fungos; Vida; Plantas
 adaptações, a ambientes, 468f. *Ver também* Adaptações
 carbono nos compostos orgânicos dos, 56, 64
 células como unidades fundamentais dos, 6f, 93f. *Ver também* Células
 clonagem de. *Ver* Clonagem de organismos
 como nível de organização biológica, 4f
 como sistemas abertos, 145
 condições ácidas e básicas afetando, 51, 52f-53f, 54
 distribuições geográficas, 539-540
 DNA herdado e desenvolvimento dos, 7f-8f
 DNA no desenvolvimento dos, 7f-8f
 ecologia como interações entre ambiente e. *Ver* Ecologia
 efeitos da deriva continental, 539-540
 efeitos da doença falciforme, 505
 efeitos da especiação e extinção sobre a diversidade de, 537f
 efeitos da mudança climática, 1280f
 explosão cambriana nos números de, 536f
 genes compartilhados entre, 26
 genômica, bioinformática e proteômica no estudo dos genomas do, 9
 imperfeição dos, e evolução, 505
 interações de, como tema na biologia, 10f-11f
 interações do ambiente com, 1165, 1178, 1183f-1186f
 interações do ecossistema com, 10f-11f
 mamíferos, origem, 530, 531f, 532
 modelo. *Ver* Organismos-modelo
 multicelulares, 5f
 multicelulares, expressão gênica diferencial. *Ver* Expressão gênica diferencial
 multicelulares, origem, 533f, 535f-536f
 na camada superficial do solo, 807
 possíveis efeitos de culturas transgênicas, 839
 razão de elementos nos, 43
 regulação das interações moleculares nos, 10f
 transgênicos. *Ver* Animais transgênicos; Plantas transgênicas
 unicelulares, 5f
 unicelulares, origem, 532f-535f
Organismos ectotérmicos, **736**, **884**f, 885f-887f, 888, 890-892
Organismos endotérmicos, **736**, **884**f, 885f-889f, 890-892
Organismos geneticamente modificados (OGMs), **438**. *Ver também* Animais transgênicos; Plantas transgênicas
 biotecnologia e engenharia genética de plantas, 837, 838f
 clonagem de genes e, 419
 fungos como, 671

 para redução da dependência de combustíveis fósseis, 838
 para redução da fome e da desnutrição, 837, 838f
 questões sobre, 438-439, 839-841
Organismos hemizigotos, 299
Organismos heterozigotos, **274**
Organismos homozigotos, **274**
Organismos multicelulares, 5f, 93, 533f, 535f-536f, 675f-676f
Organismos ovíparos, **727**
Organismos ovovivíparos, **727**
Organismos quimiossintéticos, 1240
Organismos unicelulares, 5f, 93, 532f-535f, 594. *Ver também* Protistas
Organismos vivíparos, **727**
Organismos-modelo, **22**, **1044**. *Ver também* Drosophila melanogaster; Escherichia coli, bactéria
 Arabidopsis thaliana, 22, 774, 776f, 783
 bolor do pão. *Ver Neurospora crassa*
 Caenorhabditis elegans, 22, 705
 camundongo (*Mus musculus*), 22. *Ver também* Camundongo
 cooperatividade científica e, 22-23
 na biologia do desenvolvimento, 1044
 Neurospora crassa, 664f, 665t
 para os experimentos de T. Morgan, 295f
 para pesquisa do DNA, 316f, 317
Organização
 água como solvente versátil e, 55
 apoptose nos, 233
 biológica, níveis de, 4f-5f
 como tema da biologia, 2, 3
 de células, 6f
 de neurônios, 1084
 de relações fúngicas, 672
 do andar e da respiração, 756
 do cabelo e queratina, 920
 do cristalino do olho, 1138
 doença falciforme e, 505
 eficácia dos enantiômeros e, 65
 estrutura do DNA e herança, 334
 estrutura e função viral, 414
 estruturas de aminoácidos e, 91
 evolução da lignina, 783
 flores como propriedade emergente, 841
 fosforilação oxidativa e, 186
 fotossíntese e arquitetura das partes aéreas, 804
 funcionalidade de formas, 551
 invertebrados, tratos digestivos, 717
 na alça de Henle, 998
 no ciclo de vida vegetal, 653
 propriedades emergentes da gástrula, 1066
 propriedades emergentes dos, 4-6
 resíduos químicos e, 43
 vida como propriedade emergente, 125
Organizador de Spemann e Mangold, 1062f
Organogênese, **1036**f, 1044, **1049**, 1054f-1055f
Órgão de Corti, **1113**f
Órgãos, **5**f, **759**, **876**t
 camadas germinativas embrionárias e, 1051f
 como nível de organização biológica, 5f
 detectores de luz, olhos e, 1117f-1119f
 digestórios. *Ver* Sistemas digestórios
 excretores, 985, 986f-987f
 florais, 823f-824f
 humanos, posicionamento inverso (*situs inversus*), 1064f
 músculo liso nos vertebrados, 1131-1132
 organogênese dos, 1044, 1049, 1054f-1055f
 raízes, caules e folhas vegetais como, 759f-762f
 reprodutivos humanos, 1025f-1027f
 sistema endócrino, 1003, 1004f. *Ver também* Glândulas endócrinas
 transplantados, rejeição do sistema imune, 969-970
Órgãos detectores de luz, 1117f
Órgãos reprodutivos humanos
 femininos, 1026, 1027f
 gametogênese e, 1027, 1028f-1029f
 masculinos, 1025f, 1026
Orgasmo, 1034
Orientação
 abelhas, 1142f
 expansão de células vegetais, 777f
 folhas, 787
 migração, 1156, 1157f
Origem das Espécies, A (Darwin, C.), 14f, 469, 473, 483-484, 487

Origem das espécies por meio da seleção natural (Darwin, C.), 14f, 469, 473, 483-484, 487
Origens de replicação, **242**, 243f, **322**, 323f
Ornitina, 338f
Ornitorrinco, 742, 1110-1111
Orquídeas, 650f, 822f, 825f
Orquídeas-de-madagascar, 825f
Orthoptera, 712f
Oryza sativa, 438, 509f, 651, 817, 838, 850-851, 1263
Oscilação, **349**
Ósculo, **690**f
Oseltamivir, 414
Osmoconformadores, **978**
Osmolaridade, **978**, 989, 990f, 991, 998
Osmorreceptores, 1110
Osmorregulação, **134**, **978**
 desafios e mecanismos de, 978f-980f, 981
 energética da, 980
 epitélios de transporte na, 981, 982f
 excreção e. *Ver* Sistemas excretores
 gradientes e movimentos de íons na, 993f
 homeostase por, 977f, 978
 osmose e, 134f-135f
 osmose e osmolaridade na, 978
 salinidade e, 1185f
Osmorreguladores, **978**f
Osmose, **134**, **788**, 977
 difusão da água, através das membranas plasmáticas vegetais, 788, 789f-791f
 efeitos da, no equilíbrio hídrico, 133f-135f
 osmolaridade e, 978
Ossos, 725, **878**f
 da orelha de mamíferos, 530, 531f, 532, 741, 742f
 do esqueleto humano, 1134f
 do tornozelo, 481f
Osteíctes, **728**f-729f, 730. *Ver também* Peixes
Osteoblastos, 878f, 1134
Osteoclastos, 1134
Ósteons, 878f
Ostras, 699, 701f, 1020
Otólitos, 1115f
Ouabaína, 1084
Ouriço-do-mar *Centrostephanus rodgersii*, 1281f
Ouriços-do-mar, 509f, 689f, 713, 715f, 1044f-1047f, 1184f-1185f, 1189
Ovários, angiospermas, **644**f-646f, 647, **823**f-824f, 830f-831f. *Ver também* Frutos
Ovários humanos, 257f, 258, 1004f, 1014, 1015f, **1026**, 1027f
Ovidutos, **1026**, 1027f
Ovo amniótico, 718, **734**, 735f
Ovoalbumina, 76f
Ovos, **1020**
 amnióticos, 718, 734, 735f
 anfíbios, 732, 733f
 aves e dinossauros, 564f, 565
 humanos, 236-237, 1027, 1035f
 monotremados, 742
 na fecundação, 1022f-1024f, 1044f, 1045-1046
 no desenvolvimento embrionário, 381f, 382
 oogênese humana e, 1029f
 óvulos e produção de, nas plantas com sementes, 638f
 resíduos nitrogenados e, 983
 termogênese da píton-birmanesa para incubação dos, 887, 888f
Ovulação, **1021**, 1035f
Óvulos, 636, **638**f, **823**f
Oxidação, 112, 165, **166**f
Óxido de ferro, 534
Óxido de nitrogênio, emissões de, 1266
Óxido de trimetilamina (TMAO), 979
Óxido nítrico (NO), 220, 224, 931, **1001**, 1026, 1081t, 1082
Oxigênio
 atmosférico, desenvolvimento de fotossíntese e, 532f-534f
 atmosférico, na evolução animal, 677
 como elemento essencial, 29t, 64
 como produto da fotossíntese, 188, 206, 207f
 difusão, através da parede dos capilares, 932
 distribuição de espécies e disponibilidade de, 1185
 eletronegatividade do, 37, 45
 em células vegetais, 209f
 extinção em massa no Permiano e baixos níveis de, 540
 hormônio da tireoide e consumo de, 179

ligação covalente e, 36, 37f
na circulação de mamíferos, 926f
na circulação dupla, 924f, 925
na circulação e troca de gases, 947f-949f
na composição vegetal, 809
na fotossíntese, 41f
na interação de ecossistemas, 10f, 11
na oxidação, 166f
na produção líquida do ecossistema, 1242
na respiração humana, 946
na troca de gases, 921, 939t, 940
nos compostos orgânicos, 59f
papel do, no metabolismo procariótico, 582
produção vegetal de, 619
taxa metabólica e, 890f
transporte de, 951
vias catabólicas e, 165

p21, gene, 390
p53, gene, **389**, 390f-391f
Padrão
　evolutivo, 470, 483
　taxonomia baseada em, 470
Padrão fixo de ação, **1140f**
Padrões climáticos globais, 1166f, 1167
Padrões da população humana, regionais, 1208
Padrões de distribuição, análise de, 283
Padrões globais de circulação do ar, 1166f
Padrões moleculares associados ao patógeno (PAMPs), **866**
Paedophryne swiftorum, 1164f
Paine, Robert, 1226f
Paisagens, **1165f**
Pakicetus, 482f
Paladar, 233, **1123f**-1124f
Paleoantropologia, **748**
Paleógeno, período, 538
Paleontologia, 13f, 88f, **470f**, 471
Pálio, aves, 1099f
Palumbi, S. R., 557f
Pampas, 1175f
Pan, gênero, 746f. *Ver também* Chimpanzés
Pan-Cancer Atlas, 448
Pâncreas, **909**, 1004f
　exocitose e, 139
　interações celulares do, 142
　na digestão, 909
　na homeostase da glicose, 916f
　RE rugoso e, 105
Pancrustáceos, **708**, 709f-712f, 713
Panda-gigante (*Ailuropoda melanoleuca*), 448t
Pandemia, **410**
Pandoravirus, 408
Pangeia, **482**-483, **539f**, 551
Pântanos, 1186
Pântanos de água doce, 1186
Pântanos salgados, 1186, 1221f, 1247
Panthera pardus, 554, 555f
Panthera tigris altaica, 1288
Papagaios-cinzentos-africanos, 1099
Papa-moscas, 519
Papa-moscas-de-colarinho (*Ficedula albicollis*), 519
Papa-moscas-preto (*Ficedula hypoleuca*), 519
Papel, 651
Papilas, 1124f
Papilomavírus, 394
Papilomavírus humanos (HPV), 974f
Papo (bolsa esofágica), 905f, 913
Papoula-dormideira, 868f
Pappochelys, 737
Papua-Nova Guiné, 1164f
Parabasalídeo, **600f**
Parabrônquios, 944, 945f
Parahippus, 548, 549f
Paramecium, 13f, 93f, 134, 135f, 607f, 617, 1199f, 1215
Parapódios, 703
Paraquedas, sementes e frutos, 832f
Parasitismo, **587**, **1220**
Parasitos, 584f, **587**, **1220**
　acantocéfalos, 698
　animais como, 673f
　apicomplexos, 605, 606f
　aracnídeos, 708f
　cercozoários, 609
　entamoebas, 613
　fungos como, 655, 660, 663, 665, 669f-670f
　insetos como, 713

lampreias como, 723f, 724
nas doenças zoonóticas, 1234
nematódeos, 705f, 706
plantas como, 818, 819f, 820
protistas, 598f, 600f, 614
variação antigênica e, 972
vermes planos, 696f-697f
Paration, 158
Paratormônio (PTH), 1004f, **1011f**
Parcimônia, 562, 563f, 564
Parcimônia máxima, **562**, 563f, 564
Pareamento de bases, DNA e RNA, 86f, 319f-321f
Paredes celulares, **118**
　células fúngicas, 100f, 661
　células vegetais, 101f, 118f
　celulose, nas plantas, 619
　osmose, equilíbrio hídrico e, 134f-135f
　procarióticas, 97f, 574, 575f
Paredes celulares primárias, **118**
Paredes celulares secundárias, **118**
Parentesco, altruísmo e, 1158f-1159f
Pares de músculos antagônicos, 1132f
Paris japonica, 448t, 449, 843
Partenogênese, **697**-698, **1020**, 1021f
Partes aéreas, 848f
　captura de luz e arquitetura das, 785, 786f, 787
　crescimento primário do caule, 769f-771f
　fitocromos e, 871
　fotossíntese e arquitetura das, 804
　transporte de água e minerais das raízes às, via xilema, 792, 793f-795f, 796
　vegetais, meristemas apicais de, 621f
Partição de recursos, **1215**, 1216f
Partículas de reconhecimento de sinal (SRPs), **354f**
Partículas subatômicas, 30f, 31
Parus major, 740f
Parvovírus canino, 409
Passeriformes, 741f
Pastejo excessivo, 1231
Patella vulgata, 547f-548f
Paternidade
　certeza da, 1150, 1151f
　testes de, 437
Patógenos, **587**, **953**, **1234**
　adaptações para fuga do sistema imune, 957, 971-972, 973f, 973t, 974, 976
　alteração da estrutura da comunidade por, 1234, 1235f
　bacterianos, 315f, 583f-584f, 585, 587, 588f
　defesas vegetais contra, 866, 867f
　extracelulares, células B e anticorpos como respostas a, 964, 965f-966f
　fuga da imunidade inata pelos, 957
　fungos como, 655, 663, 669f-670f
　procarióticos, 587, 588f
　reconhecimento do sistema imune e resposta aos, 952f, 953, 957f-958f
　resposta de células T citotóxicas a células infectadas por, 966f, 967
　vírus como, 398f-400f, 401, 408, 409f-413f
Patógenos zoonóticos, **1234**, 1235f
Paulinella chromatophora, 608f, 609
Pauling, Linus, 317-318
Pavlov, Ivan, 1146
Pavões, 499f
Pax-6, gene, 423
Pc, 198f, 199
PCSK9, enzima, 938
PDGF (fator de crescimento derivado das plaquetas), 247, 248f
Pé, esporófitos, **625**
Pé, moluscos, **699f**
Peças bucais mineralizadas, 724f, 725
Pecilotermos, 884
Pecíolos, **761**
Pectina, 118
Pediastrum, 610f
Pedigree, **284f**, 285
Pedipalpo, 708
Pedomorfose, 544, **545f**, 732
Pegada ecológica, **1209**, 1210f, 1211
Pegadas de Laetoli, 750f
Peixe comedor de escamas (*Perissodus microlepis*), 500, 501f
Peixe quatro-olhos, 365f
Peixe-boi, 572, 1219f
Peixe-boi das Índias (*Trichechus manatus*), 572, 1219f

Peixe-lanterna, 397, 587f
Peixe-leão, 729f
Peixe-leão-vermelho (*Pterois volitans*), 729f
Peixe-mosquito (*Gambusia hubbsi*), 511f, 512
Peixes
　adaptações dos rins dos, 992, 993f
　ameaçados ou em perigo, 1262
　audição e equilíbrio nos, 1116f
　brânquias para trocas gasosas nos, 941f
　circulação simples nos, 924f
　cuidado parental nos, 1151f
　de nadadeiras raiadas e de nadadeiras lobadas, 728f-729f, 730
　descoberta do *Tiktaalik*, 730f, 731
　determinação do sexo dos, 298f
　especiação alopátrica nos, 511f, 512
　expressão gênica diferencial dos, 365f
　farol, 397, 587f
　genes *lux* no, 397
　mudanças na regulação gênica dos, 546f, 547
　na biomanipulação, 1227f
　osmorregulação nos, 979f
　partenogênese nos, 1020
　protistas como patógenos dos, 614
　resíduo plástico e, 1277
　reversão sexual nos, 1020
　seleção dependente de frequência nos, 500, 501f
　termorregulação nos, 881f
　zonas de hibridização dos, 515f, 519f, 520
Peixes de nadadeira raiada, 719f, **728f**-729f, 1091f
Peixes ósseos, 979f, 992, 993f
Peixes pulmonados, 480f, 719f, 729
Peixe-sapo, 1131f
Peixes-bruxa, 719f, **723f**
Peixe-serra, 1020
Peixe-zebra, organismo-modelo, 22
Pele
　câncer de, 328, 1284
　coloração da, 1016, 1018
　humana, mecanorreceptores nas, 1110f
　humana, pigmentação na, 281, 282f
　troca de calor e, nos animais, 885
　troca gasosa e, 924f, 925
Pelos corporais, insetos, 1112f
Pelos da raiz, 758, 759f-**760f**, 778f, 792
Pelos, em mamíferos, 741, 920
Peltigera, 813f
Pelve renal, **986f**
Penas/plumas, 738f, 739
Penicilina, 159, 478, 574-575, 670
Penicillium, 658f
Pênis, 1025f, **1026**, 1034, 1081-1082
Pentoses, 68f
PEP-carboxilase, **203**, 204f
Pepinos-do-mar, 715f
Pepsina, 158f, **907f**
Pepsinogênio, **907f**
Peptídeo natriurético atrial (ANP), **996**
Peptídeos antimicrobianos, 953-954, 955f, 956-957
Peptídeo-sinal, **354f**
Peptidoglicano, **574**, 575f
Pequenos lábios, **1026**, 1027f
Pequenos RNAs de interferência (siRNAs), **380f**
Perca, 881f
Percepção, **1109**, 1121f
Percepção de quórum, 213-214
Percevejo-do-saboeiro, 477f, 478, 1187
Percevejos, 712
Percevejos verdadeiros, 712f
Perenes, 766
Perfis de DNA, 1223f
Perfis genéticos, 434, **436**, 1194, 1195f
Perfuradores de ostras, 542
Pericarpo, 830-831
Periciclo, **768**, 769f
Periderme, **763**, 774
Perilinfa, 1115f
Período refratário, **1075**
Período sensível, **1144**, 1145f
Perissodactyla, 745f
Perissodus microlepis, 500, 501f
Peristalse, **906**, **1133f**, 1135
Peristômio, **625**
Permafrost (pergelissolo), 1176f
Permeabilidade seletiva, **131**, 132f, 1071f
Permease, 368f
Peromyscus polionotus, 2f, 20f-21f, 23

Peróxido de hidrogênio, 112
Peroxissomos, 100f-101f, **112**f
Pés ambulacrais, **713**, 714f
Pés de aves, adaptações para se empoleirar, 740f
Pesca de arrasto
    distúrbios na comunidade por, 1231f
Pesquisa científica, 16-20. *Ver também* Estudos de caso; Figuras "Pesquisa"; Figuras "Método de pesquisa"; Exercícios de habilidades científicas
Pesquisa interdisciplinar, 9
Pesticidas, 1275, 1276f
    DDT, 158
    transgênicos, 837-838
PET, tomografia, 31, 32f
Pétalas, **644**f, **823**f
Petauro-do-açúcar, 481f
Petromyzon marinus, 724
Petromyzontida (lampreias), 719f, 723f, 724
Pévet, Paul, 893f
pH, **52**
    captação de sacarose pelas células vegetais e, 142
    catálise enzimática e, 157, 158f
    desnaturação de proteínas e, 82f, 83
    do líquido cerebrospinal e, 946
    do solo, ajuste do, 808-809
    do solo, distribuições de espécies e, 1186
    e dissociação da hemoglobina, 948f
    escala de pH e, 51, 52f
    precipitação ácida e, 1265, 1266f
    tampões e, 52-53
PHA (poli-hidroxialcanoato), 590, 591f
Phalacrocorax harrisi, 506f, 507, 511
Pharyngolepis, 725f
Phoca hispida, 44f
Phoebastria immutabilis, 1277f
Phoenicopterus ruber, 14f, 740f
Phytophthora, espécies de, 604, 614f, 1234
Pica-pau-de-topete-vermelho (*Picoides borealis*), 1269f-1270f
Pica-paus-das-bolotas (*Melanerpes formicivorus*), 1162
Picoides borealis, 1269f-1270f
Pigmentação
    cutânea, 281, 282f
    de gatos-siameses, 364
    expressão gênica e, 335f, 336
    metilação do DNA e, 372f
    vegetal, 311f
Pigmentos
    como receptores luminosos fotossintéticos, 192, 193f-194f, 195
    nos fotossistemas, 196f-200f, 201
    respiratórios, 947f-948f, 949
    visuais, 1122
Pili, **576**, 580f, 581
Pili sexuais, 576, 580f, 581
Pilobolus, 663f
Pílula do dia seguinte (contracepção de emergência), 1038f
Pimephales promelas, 1276
Pinguim-de-adélia, 892
Pinguim-gentoo, 14f
Pinguim-real (*Aptenodytes patagonicus*), 740f, 884f, 1192f
Pinguins, 14f, 739, 740f, 873f, 874f, 884f, 892, 1192f
Pinguins-imperadores (*Aptenodytes forsteri*), 873f
Pinheiro-de-wollemi, 643f
Pinheiros, 640f, 643f, 1229f, 1244f, 1245, 1280f
Pinocitose, **140**f
Pirâmide de biomassa, 1247f, 1248
Pirâmides
    de energia, 1246, 1247f, 1248
    de estrutura etária, 1209f
    ecológicas, 1246, 1247f, 1248
Pirimidinas, **84**, 85f, 320f
Piruvato
    geração de ATP na oxidação do, 177f
    na fermentação, 181f, 182
    oxidação, a acetil-CoA, 171f-172f
    oxidação, como fase da respiração celular, 168, 169f
    oxidação da glicose a, por glicólise, 170f-171f
Pisaster ochraceus, 1226f
Pisco, 14f
Pistilos, **644**f, **823**f
Pithovirus sibericum, 408
Píton-birmanesa (*Python molurus bivittatus*), 887, 888f
Píton-das-rochas, 903f
Píton-real, 892

Pítons, 887, 888f, 892
Placa celular, **242**, 242f-243f
Placa crivada, **765**f, 799-800
Placa metafásica, 239f-**240**f, 262
Placa neural, 1054f
Placas amiloides, 1104f
Placas arteriais, 937f, 939
Placas tectônicas, **538**f-539f, 540
Placenta, **742**, **1035**f
Placodermos, **726**f
Placozoários, 687f
Planárias, 687f, **694**, 695f-696f. *Ver também* Vermes planos
Plâncton, 608, 710f. *Ver também* Fitoplâncton
Planejamento familiar, 1208
Planejamento familiar natural, 1037, 1038f
Planetas, possível evolução da vida em outros, 50f
Planos corporais, **679**
    angiospermas, 648f
    animais, 679, 680f-682f
    artrópodes, 706f, 707
    correlação da diversidade de miRNAs com a complexidade do animal, 678
    de animais maximização da área de superfície corporal, 695f
    destino celular e. *Ver* Destino celular
    formação de padrões, 384, 385f-387f
    fungos, 655f-656f
    genes homeóticos e, 463f-464f
    humanos. *Ver* Corpo humano
    liquens, 668f-669f
    macroevolução, 544f-546f, 547
    moluscos, 699f
    morfogênese e. *Ver* Morfogênese
    organização hierárquica dos animais, 876t, 877f-879f. *Ver também* Forma e função dos animais
    vegetais, defesa contra herbívoros, 868f
Planos, divisão de células vegetais, 776-777
Planta da mostarda, organismo-modelo. *Ver Arabidopsis thaliana*
Planta japonesa (*Paris japonica*), 448t, 449
Plantas. *Ver também* Angiospermas; Desenvolvimento vegetal; Crescimento vegetal; Hormônios vegetais; Nutrição vegetal; Respostas vegetais; Estrutura vegetal; Plantas com sementes
    adaptações, a elementos tóxicos, 30f
    adaptações defensivas, 1219-1220
    adaptações, que reduzem as limitações de nutrientes terrestres, 1244
    alternância de gerações nos ciclos da vida das, 258f, 620f
    ameaçadas ou em perigo, 1261
    biorremediação usando, 1253, 1255f
    células de, 6f, 208f-209f. *Ver também* Células vegetais
    celulose como polissacarídeo estrutural para, 70f-71f, 72
    clonagem das, 428
    comunicação química por, 845-846
    culturas agrícolas. *Ver* Culturas agrícolas
    doenças de. *Ver* Doenças vegetais
    elementos essenciais e elementos-traço, 29
    elementos na composição de, 809
    estabilidade da comunidade e diversidade de, 1223f
    evolução a partir das algas verdes, 617, 618, 619f, 621
    fóssil de, 529f
    genômica e proteômica no estudo das, 88f
    irradiações adaptativas das, 543f, 544
    mistério evolutivo das angiospermas, para C. Darwin, 477
    mudança climática e, 11, 1279, 1280f-1281f, 1282
    mudança climática global e distribuições de espécies de, 1170, 1170f
    mutualismos de fungos com, 665, 667f, 668, 813f. *Ver também* Micorrizas
    na interação de ecossistemas, 10f, 11
    no domínio Eukarya, 12f
    no supergrupo Archaeplastida, 599f, 609
    patógenos fúngicos das, 663, 669f
    perda de hábitat e, 1263-1264
    relações gametófitos-esporófitos nas, 637f, 638
    resposta imune nas, 866, 867f
    traços derivados, 620f-621f
    transgênicas, engenharia genética das, 418f, 438
Plantas avasculares. *Ver* Briófitas
Plantas C$_3$, **203**, 205
Plantas C$_4$, **203**, 204f-206f

Plantas carnívoras, 818, 819f, 820
Plantas com metabolismo ácido das crassuláceas (MAC), 205, **206**f, 798, 799f
Plantas com sementes. *Ver também* Angiospermas; Gimnospermas; Plantas
    adaptações das, 653
    adaptações terrestres das, 619f, 621
    ameaça à biodiversidade das, 651f, 652
    amido como polissacarídeo de armazenamento das, 70f, 71
    angiospermas, 637f, 638, 644f-650f. *Ver também* Angiospermas
    avasculares, 623, 624f-627f, 628
    colonização do ambiente terrestre por, 536, 537f
    como fotoautótrofos, 188f
    desafios e soluções da vida, 894f-895f
    equilíbrio hídrico das células das, 134f, 135
    especiação simpátrica nas, 514f-515f
    filogenia, 623f
    fotossíntese das. *Ver* Fotossíntese
    gimnospermas, 637f-643f
    herança de genes de organelas nas, 311f
    importância das, para o bem-estar humano, 651f, 652
    importância das, para os ecossistemas da Terra, 636f
    importância dos insetos para as, 713
    introduzidas, 818
    mutualismos nos reinos e domínios com, 813f
    nutrição, 12f, 13
    origem, diversificação e filogenia, 621, 622f-623f, 622t
    parasitas nematódeos das, 705
    patógenos das, 1234
    poliploidia nas, 307
    protistas como patógenos das, 614f
    reprodução. *Ver* Reprodução das angiospermas
    salinidade e distribuição de espécies, 1186
    sementes e grãos de pólen como adaptações terrestres das, 637f-638f, 639
    transporte de água nas, 46f
    vasculares, aquisição de recursos para as, 784f-786f, 787
    vasculares. *Ver* Transporte nas plantas vasculares; Plantas vasculares
Plantas de dia curto, **859**f
Plantas de dia longo, **859**f
Plantas de dia neutro, **859**f
Plantas de noite longa, 859f, 860
Plantas MAC (metabolismo ácido das crassuláceas), 205, **206**f, 798, 799f
Plantas seculares, 1200, 1201f
Plantas sensíveis (*Mimosa pudica*), 802, 862f
Plantas suculentas, 205, 206f
Plantas tolerantes à geada, 865
Plantas totipotentes, **835**-836
Plantas transgênicas, **837**. *Ver também* Organismos geneticamente modificados
    biotecnologia e engenharia genética de, 837, 838f
    questões sobre culturas agrícolas, 438-439, 838-840
Plantas vasculares, **622**. *Ver também* Plantas vasculares sem sementes; Plantas com sementes
    aquisição de recursos, 784f-786f, 787
    filogenia, 622t
    origem e traços, 628f-631f
    sem sementes. *Ver* Plantas vasculares sem sementes
    transporte nas. *Ver* Transporte nas plantas vasculares
Plantas vasculares sem sementes, **622**
    ciclos de vida, 630f
    filogenia das, 622t, 631, 632f, 633
    importância, 633f, 634
    origem e traços, 628f-631f
    relações gametófitos-esporófitos nas, 637f, 638
Plantas virtuais geradas por computador, 776
Plantio em contorno, 809f
Plântulas, desenvolvimento, 829, 830f
Plaquetas, 10, 878f, 934f-**935**f
Plasma, **934**f, 935
Plasmídeos, **418**, **577**
    como DNA recombinante, 418f, 419-420
    evolução de vírus e, 408
    na conjugação bacteriana, 580f, 581
    na resistência a antibióticos em bactérias, 581
    procarióticos, 577f
Plasmídeos F, 580f, **581**
Plasmídeos R, **581**

Plasmodesmos, **119**
    como junções celulares nas plantas, 119f, 120
    em células vegetais, 101f
    macromoléculas e, 846
    na comunicação simplástica, 802f
    na sinalização celular local vegetal, 215f
Plasmodium (protista), 599f, 606f, 614, 713, 953
Plasmogamia, **658**f
Plasmólise, **135**, **790**
Plasticidade do desenvolvimento, 775f
Plasticidade neuronal, **1100**f
Plásticos biodegradáveis, 590, 591f
Plásticos naturais, 590, 591f
Plastídios, **111**
    endossimbiose eucariótica e evolução dos, 596f-597f
    origem endossimbiótica nos, 534, 535f
Plastocianina (Pc), 198f, 199
Plastoquinona (Pq), 198f
Platelmintos, 687f, 696f
Platelmintos (vermes planos). *Ver* Vermes planos
Platô, fase sexual, 1034
PLE. *Ver* Produção líquida no ecossistema
Pleiotropia, 280
Pleurozium schreberi, 635
Pluma-do-mar, 715f
Pneumatóforos, 760f
Pneumocystis jirovecii, 973-974
Pneumonia, 315f, 579
Pódio, estrela-do-mar, 714f
Poecile, espécies de, 517f
Poecilia reticulata (barrigudinhos), 483, 1152, 1153f, 1187f
Polaridade, 877f
Polegar opositor, **744**
Pólen, grãos de, 636, **638**f, 646f, 647, 649f, **826**, 827f, 841
Poliandria, 1149, 1151f
Polidactilia, 280, 292
Poliginia, 1149-1150, 1151f
Polimerase *Pfu*, 421
Polimerase *Taq*, 421, 1263
Polimerases, 401
Polimerização de proteínas, 240
Polímeros, **67**f
Polimorfismos, 427, 433
Polimorfismos de nucleotídeo único (SNPs), **427**f, 428, 433-434, 441, 461-462, 466
Polinização, **638**, **825**
    coevolução de flores e polinizadores na, 825f
    engenharia genética das flores para forçar a autopolinização, 839-840
    flores e angiospermas, 644f
    insetos na, 713
    mecanismos de, 824f-825f
    mecanismos para prevenir o auto, 834, 835f
    plantas com sementes, 638f
    polinização cruzada de angiospermas, 646f, 647
    polinização cruzada para o melhoramento de plantas, 837
    por insetos, 641f
    por insetos, formato das flores e, 649f
    reprodução assexuada vs., 833
    técnicas de G. Mendel de, 270f-271f
Polinização cruzada, **646**
    angiospermas, 646f, 647
    de plantas, 837
    técnicas de G. Mendel de, 270f-271f
Polinizadores
    coevolução de flores e, 825f
    isolamento reprodutivo e escolha do, 522f
Polinucleotídeos, **84**, 85f
Poliomielite, 408-409, 968f, 976
Polipeptídeos, **75**, 1001f
    análise de sequências de dados de, no Exercício de habilidades científicas, 89
    direcionamento a localizações específicas, 354f, 355
    fases da tradução na síntese de, 350f-353f
    hipótese de um gene-um polipeptídeo, 337
    monômeros de aminoácidos dos, 75, 76f-77f
    múltiplos, síntese com polirribossomos na tradução, 355f
    mutações afetando, 357f-358f, 359
    nos polímeros de aminoácidos, 78f
    proteínas compostas de, 78f
    síntese de, na tradução, 337, 339f

Poliploidia, **307**, **514**f-515f
Pólipos, 391f, **691**f, 1019f
Pólipos de coral, 1019f
Polipose adenomatosa do cólon (APC), 391f, 394
Poliqueta-gigante, 914f
Poliquetas, 703
Poliqueto-árvore-de-natal, 703f
Polirribosomos (polissomos), **355**f
Polispermia, **1045**
Polissacarídeos, **70**f-72f, 106
Polissacarídeos de armazenamento, 70f, 71
Polissacarídeos estruturais, 70f-72f
Politomias, 569f
Polo animal, **1048**f
Polo vegetal, **1048**f
Polpa, frutos, 831
Poluição
    acidificação dos oceanos e, 53f, 54
    biomanipulação e, 1227f
    da água, moluscos e, 702-703
    de nutrientes, 1274, 1275f
    plásticos, 1163, 12771f
    procariotos e biorremediação da, 591f
    recifes de corais e, 693
    serviços ecossistêmicos e, 1263
    toxinas, 1275, 1276f-1277f
Polvo, 688f, 699, 701f, 702, 1219f
Polvo mímico, 1219f
Polychaos dubium, 449
Polyplacophora (quítons), 699f
Polytrichum, 626f-627f
Pongo, espécies de, 746f
Ponte, 946, **1093**f
Pontes dissulfeto, **81**f
Ponto de ajuste homeostático, **882**f
Ponto de verificação G$_1$, 245f-247f
Ponto de verificação G$_2$, 245f-247f
Ponto de verificação M, 245f-247f
Pontos de ramificação, **555**, **556**f
Pontos de verificação, sistema de controle do ciclo celular, **245**f-247f
Pontos de vista diversos, ciência e, 24
Pools gênicos, **490**f
População humana
    capacidade de suporte global para a, 1209, 1210f, 1211
    crescimento da, 1207f-1210f, 1211, 1213
    curvas de sobrevivência da, 1194f
    regulação da população dependente de densidade, por doenças, 1204f
População humana global, 1207f-1209f
População mínima viável (PMV), **1268**
População simpátrica, deslocamento de caráter na, 1216, 1217f
Populações, **4**f, **490**, **1165**f, **1191**
    C. Darwin sobre seleção natural e, 14f-16f
    como nível de organização biológica, 4f
    crescimento das. *Ver* Crescimento populacional
    demografia das, 1193t, 1194f-1195f
    densidade e dispersão das, 1191f-1192f, 1193, 1202, 1203f, 1256f
    determinação do tamanho das, pelo método de marcação e recaptura, 1191f
    difusão das, de moléculas, 132
    dinâmica das, 1191f, 1192, 1205f-1206f, 1207, 1256f
    diversidade genética das, 1261f
    ecologia de populações como estudo das, 1190f, 1191. *Ver também* Ecologia de populações
    efeitos da mudança climática, 1281f
    equilíbrio de Hardy-Weinberg e tamanho das, 492t
    evolução da variabilidade genética nas, 266, 267f
    histórias de vida das, 1200, 1201f-1202f
    humanas, 1207f-1210f, 1211, 1213
    pequenas, risco de extinção, 1266, 1267f-1268f, 1269
    pools gênicos das, 490f
    seleção natural e evolução das, 475f, 476
    tamanho efetivo, 1268
    tamanho mínimo viável, 1268
    usando o princípio de Hardy-Weinberg para testar a microevolução nas, 490, 491f, 492-493
Populações alopátricas, deslocamento de caráter nas, 1216, 1217f
Populações pequenas, conservação das, 1266, 1267f-1268f, 1269
Populus tremuloides, 791f, 833f
Porco-espinho, 1218f

Poríferas (esponjas). *Ver* Esponjas
Poros nucleares, 102, 103f, 123f
Poros, plasmodesmos, 802f
Porphyra, 609f, 610
Portadores, distúrbios genéticos, **285**f, 286, 288
Porta-enxerto, **835**-836
Postura ereta, humanos, 748
Potássio, 29t, 805, 808
Potenciação de longa duração (PLD), **1101**f
Potenciais de ação neuronais, **1073**
    adaptações da estrutura do axônio para, 1076f-1077f
    condução, 1075f, 1076
    evolução, 1084
    geração, 1073, 1074f, 1075
    hiperpolarização e despolarização dos potenciais de membrana e, 1072f-1073f
    na potenciação de longa duração, 1101f
    nos sistemas sensoriais, 1109f
    potenciais graduados, canais iônicos controlados por voltagem e, 1073, 1074f
Potenciais de ação, plantas, **862**
Potenciais de membrana, 137, 138f, **1069**, 1070f-1071f. *Ver também* Potenciais de ação neuronais; Potenciais de repouso neuronais
Potenciais de repouso neuronais, **1069**
    formação, 1069, 1070f
    modelagem, 1071f
Potenciais pós-sinápticos, 1077-1078, 1079f
Potencial de desenvolvimento, destino celular e, 1060, 1061f
Potencial de equilíbrio iônico (E_{ion}), **1071**f
Potencial de pressão, **789**
Potencial, desenvolvimento celular, 1060, 1061f
Potencial, distribuição de, 1184
Potencial do receptor, **1109**
Potencial do soluto, **789**, 804
Potencial graduado, **1073**, 1073f, 1078
Potencial hídrico, **788**, 789f-791f
Potencial pós-sináptico excitatório (PPSE), **1078**-1079
Potencial pós-sináptico inibitório (PPSI), **1078**
PPB. *Ver* Produção primária bruta
PPL. *Ver* Produção primária líquida
Pq, 198f
Prazer, atividade cerebral e, 1103f
Precipitação
    climográficos de, 1171f
    evaporação e, 47
    montanhas, sombra de chuva e, 1169f
    mudança climática e, 11
    no ciclo da água, 1250f
    padrões globais de, 1166f
    produção primária e biomas terrestres e, 1243f, 1244, 1244f
Precipitação ácida, 821, 1265, 1266f
Predação, **1217**, 1256f
    camuflagem e, 468f
    ciclos populacionais e, 1205f, 1206
    como interação interespecífica, 1217, 1218f-1219f
    como risco, 1149
    especiação alopátrica e, 511f, 512
    estudos de caso de camuflagem e, 20f-21f, 23
    modelo de cima para baixo do controle trófico e, 1227f
    regulação da população dependente de densidade, 1204f
    variação genética na, 1155, 1156f
Predação coruja-camundongo, estudo, 23
Predadores
    adaptações de, 1217-1218, 1219f, 1237
    animais como, 673f
    animais, evolução de, 677f
    cefalópodes como, 701f, 702
    como fatores bióticos limitando a distribuição de espécies, 1184f
    extinções em massa e, 542
    insetos como, 713
    recrutamento vegetal, defesa de herbívoros, 869f
    seleção natural e papel dos, 26
Predições científicas, 17, 18f, 19f, 493
Predisposição hereditária ao câncer, 394
Pregas vocais, 942, 943f
Prêmio Nobel, laureados com o
    B. Marshall e R. Warren, 912
    B. McClintock, 451
    C. Nüsslein-Volhard, E. Wieschaus e E. Lewis, 386
    pela descoberta dos ncRNAs, 380

pela descoberta dos receptores Toll nos insetos, 954
E. Sutherland, 216
F. Jacob, 547
F. Sanger, 416
G. Beadle e E. Tatum, 337
H. zur Hausen, 974
J. Gurdon e S. Yamanaka, 430, 432
J. Hall, M. Rosbash e M. Young, 883
J. Watson, F. Crick e M. Wilkins, 320
N. Tinbergen, 1140
P. Mitchell, 177
R. Axel e L. Buck, 1124
S. Brenner, R. Horvitz e J. Sulston, 1058-1059
S. Prusiner, 413
Pré-mRNA, 339*f*, 345*f*-346*f*, 373*f*
Prensa móvel, 24
Prepúcio, 1025*f*, 1026
Presas
adaptações defensivas das, 1218*f*-1219*f*, 1237
introduzidas, adaptação de predadores nativos a, 1217
variação genética na seleção das, 1155, 1156*f*
Preservativos, 1038*f*
Preservativos femininos, 1038
Pressão
audição e, 1114
potencial hídrico e, 788-790
radicular, 793*f*, 794
receptores de, 1110*f*
Pressão de raiz, 793*f*, 794
Pressão de turgor, 134*f*, 135, **789**
Pressão diastólica, **930**, 931*f*
Pressão osmótica sanguínea, 933*f*
Pressão parcial, **939**
Pressão sanguínea
gravidade e, 931*f*-932*f*, 951
hipertensão e, 939
mudanças do ciclo cardíaco na, 930, 951
nos sistemas circulatórios fechados, 925
regulação da, 930-931
regulação hormonal na, 994*f*-996*f*
Pressão sistólica, **930**, 931*f*
Previsões científicas, 17, 18*f*, 19*f*, 493
Priapulida, 688*f*
Primases, 323*f*, **324**, 326*f*, 327*t*
Primatas. *Ver também* Humanos
árvore filogenética, 746*f*
atuais, 746*f*-747*f*
caracteres derivados dos, 744, 746
clonagem dos, 430
HIV nos, 567
na filogenia dos mamíferos, 745*f*
Primavera silenciosa (Carson), 1276
Primeira lei da termodinâmica, 143, **145***f*, 146, 1239
Primórdios foliares, 769*f*, **771**, 771*f*
Princípio da conservação de energia, 145*f*, 146
Princípio da herança de características adquiridas, 471
Princípio da verossimilhança máxima, 563
Princípio do uso e desuso de Lamarck, 471
Príons, **412**, 413*f*
Probabilidade
leis da, 276, 277*f*, 278
princípio da verossimilhança máxima, 563
Problemas ambientais. *Ver também* Mudança climática; Ecologia; Poluição
ameaça à diversidade de plantas com sementes, 651*f*, 652
ameaças à biodiversidade, 1260*f*, 1261, 1263, 1264*f*-1266*f*
declínio nas populações de anfíbios, 733
procariotos, biotecnologia e, 589, 590*f*-591*f*
regulação da população dependente de densidade por resíduos tóxicos, 1204*f*
Proboscidea, 745*f*
Procâmbio, 766
Procariotos
adaptações estruturais e funcionais dos, 574*f*-577*f*, 578
adaptações nutricionais e metabólicas dos, 581*t*, 582*f*
arqueias como, 585*f*, 586
bactérias como, 583, 584*f*, 585
benefícios e danos em humanos, 587, 588*f*-591*f*
biorremediação usando, 1255*f*
cadeias transportadoras de elétrons nos, 168
capacidades adaptativas dos, 573*f*, 574
células dos. *Ver* Células procarióticas
como decompositores, 188

como endossimbiontes, 534, 535*f*
diversidade genética nos, 578*f*-580*f*, 581
e colonização por, 536
evolução da glicólise nos, 182
filogenia, 583*f*
fontes hidrotermais, energia e, 592
fotossíntese nos, 188*f*
origem dos, 532*f*-534*f*
papéis ecológicos dos, na biosfera, 586*f*-587*f*
quimiosmose nos, 175, 176*f*, 177
sinalização celular, 213*f*, 214
tamanhos dos genomas e número de genes, 448*t*, 449
taxonomia, 568, 569*f*
transferência gênica horizontal nos, 569, 570*f*
Procariotos aeróbios, 577*f*
Procariotos em forma de bastão, 97*f*, 574*f*
Procariotos esféricos, 574*f*
Procariotos espirais, 574*f*
Processamento compartimentalizado, **898**
Processamento de informações
córtex cerebral no, 1096, 1097*f*
movimentos e gradientes iônicos e, 993*f*
neurônios, 1067-1068, 1069*f*
resolução de problemas e, 1146, 1147*f*
Processamento do RNA, **345**
alteração das extremidades do mRNA no, 345*f*
eucariótico, regulação, 378*f*
eucariótico, resumo, 356*f*
importância evolutiva dos íntrons no, 346, 347*f*
na expressão gênica e síntese de proteínas, 337, 339*f*-340*f*
ribozimas no, 346
splicing do RNA, 345*f*-347*f*
transcrição eucariótica e, 373*f*, 374
Processo evolutivo, 470, 483
Processos espontâneos, **146**
Processos não espontâneos, 146
Prochlorococcus, 552
Produção líquida no ecossistema (PLE), **1242**
efeitos da mudança climática, 1244*f*, 1245
Produção primária, **1241**
bruta e líquida, 1241, 1242*f*
determinação, por satélites, 1242*f*
efeitos da mudança climática, 1244*f*, 1245
global, 1241, 1242*f*
no ecossistema de tundra ártica, 1238*f*, 1244, 1256*f*-1257*f*
nos ecossistemas aquáticos, 1242, 1243*f*, 1243*t*
nos ecossistemas terrestres, 1243*f*-1244*f*, 1245
orçamentos energéticos do ecossistema na, 1241, 1242*f*
Produção primária bruta (PPB), **1241**, 1242*f*
Produção primária líquida (PPL), **1241**, 1242*f*, 1259
efeitos da mudança climática, 1244*f*, 1245
nos ecossistemas terrestres, 1243*f*-1244*f*, 1245
Produção primária líquida global, 1241, 1242*f*
Produção secundária, **1246**
eficiência de produção na, 1246*f*
eficiência trófica e pirâmides ecológicas na, 1246, 1247*f*, 1248
no ecossistema da tundra ártica, 1256*f*-1257*f*
no ecossistema de pântano salgado, 1247
Produtores, **9**, 188*f*, **614**, 615*f*
Produtores primários, **1240***f*, 1257*f*
Produtos, **41**, 651
Produtos farmacêuticos
biotecnologia na produção de, 435, 436*f*. *Ver também* Fármacos; Medicina
como toxinas ambientais, 1276, 1277*f*
diversidade de espécies e genética e, 1262, 1263*f*
fúngica, 670
Prófagos, **403**
Prófase I, 260*f*, 262*f*-263*f*, 266*f*
Prófase II, 261*f*
Prófase (mitose), **237**, 238*f*, 243*f*, 252, 263*f*, 331*f*
Progesterona, 1004*f*, **1014**, 1015*f*, **1030**, 1032*f*
Progestinas, 1014, 1015*f*, 1038
Proglótides, 697*f*
Programa BLAST, 444, 445*f*
Projeções, área de superfície corporal e, 695*f*
Projeto de restauração de Maungatautari, 1254*f*
Projeto de restauração do Karoo Suculento, 1254*f*
Projeto de restauração do Rio Kissimmee, 1254*f*
Projeto de restauração na costa da Indonésia, 1254*f*
Projeto Dinâmica Biológica de Fragmentos Florestais, 1271*f*

Projeto Genoma Humano, 87, 347, **443**-444, 449
Projeto Inocência, 24*f*, 437*f*
Prolactina, 1004*f*, **1008***f*, 1016
Prole
sobrevivência da, 1023*f*
traços da história de vida na sobrevivência da, 1200, 1201*f*-1202*f*
Prole, quantidade, 1200, 1201*f*-1202*f*
Prolina, 77*f*, 341-342
Prometáfase, **237**, 238*f*, 243*f*, 252, 331*f*
Promotores, **342**, 343*f*
Propagação vegetativa, **835**-836, 849
Propanal, 63*f*
Propithecus verreauxi, 746*f*
Propriedades emergentes, **5**
da água. *Ver* Água
da apoptose, 233
da doença falciforme, 505
da função proteica, 78
da gástrula, 1066
de compostos, 29*f*
de flores, 841
integração da herança mendeliana com, 282-283
ligações químicas fracas e, 38
níveis de organização biológica e, 4*f*-6
organização hierárquica dos planos corporais animais e, 876
resíduos químicos e, 43
vida como, 125
Propriedades químicas, 34*f*, 35
Prosencéfalo, **1091***f*-1092*f*
Prospecção genética, 583
Prostaglandinas, **1001**, 1037*f*, 1111-1112
Proteases, **907**
Proteassomos, 379
Proteção do heterozigoto, 488
Proteína fluorescente verde (GFP), 342*f*
Proteína morfogenética óssea 4 (BMP-4), 1062
Proteína receptora de AMPc (CRP), 369*f*
Proteína Tau, 1104
Proteína-cinase A, 223, 224*f*
Proteína-cinases, **222***f*-224*f*, 228*f*, 229
Proteína-fosfatases, **223**
Proteínas, **75**. *Ver também* Aminoácidos
ácidos nucleicos na expressão gênica e síntese de, 84*f*
aminoácidos como, 67, 75, 76*f*-78*f*. *Ver também* Aminoácidos
aminoácidos essenciais nas, 899
antibióticos e síntese procariótica de, 577
anticongelamento, vegetais, 865
anticongelamento, 888
base de dados de domínios conservados das estruturas de, 445*f*
biologia de sistemas no estudo das redes de, 446, 447*f*
biotecnologia na produção de, 435, 436*f*
caderina em coanoflagelados e animais, 676*f*
como combustível para o catabolismo, 182*f*
como macromoléculas, 66
como medidas da evolução, 87, 89
compostas por polipeptídeos, 78*f*. *Ver também* Polipeptídeos
de choque térmico vegetal, 865
deficiência na dieta humana, 901
desnaturação e renaturação de, 82*f*, 83
difusão facilitada e, 135*f*, 136
digestão e absorção de, 908*f*-909*f*
DNA vs., como material genético, 315, 316*f*, 317
dobramento, nas células, 83
domínios de, 347*f*
empacotamento do DNA e, nos cromossomos, 330*f*-332*f*
enovelamento e modificações pós-traducionais, 354
enzimas como, 75, 76*f*, 153, 159*f*
estruturais, 228*f*, 229
estruturas das, 78, 79*f*
evolução de genes para, com funções novas, 456, 457*f*
evolução e divergência da, 91
expressão de genes clonados, 423
expressão gênica e, 7*f*-8*f*
fatores de alongamento da tradução, 352, 353*f*
fatores de início da tradução, 352*f*
fatores de liberação da tradução, 352, 353*f*
fatores de transcrição, 343*f*, 344

ÍNDICE

fenótipos e, 335
florígeno como, 860f
forforilação de, na transdução de sinal celular, 222f, 223
funções dos tipos de, 66f, 76f
genótipos e, 335
hidrossolúveis, 49f
identificando genes que codificam, 445f, 446
infecciosas, príons como, 412, 413f
interações de proteínas com, 221
ligação ao DNA, 91
mediadoras, 374, 375f
modificação pós-traducional das, nas respostas vegetais, 845
motoras. *Ver* Proteínas motoras
movimento de vírus, 802f
na fissão binária bacteriana, 242, 243f
na gema do ovo, 91
na replicação do DNA, 326f, 327t
na replicação dos telômeros de DNA, 328
não enzimáticas, 337
nas cadeias transportadoras de elétrons, 174f, 175
nas membranas celulares, 127f-130f
nas respostas nucleares de sinalização celular, 226f
no transporte e trabalho mecânico, 152f
nos flagelos procarióticos, 576f, 577
nos fotossistemas, 196f-200f, 201
plasma sanguíneo, 934f, 935
produção de, com clonagem de genes, 418f, 419
proteômica no estudo das, 9, 86, 87f, 446
quatro níveis de estrutura das, 79, 80f-81f
receptor de sinalização nuclear, 217f-220f
regulação do processamento eucariótico e degradação de, 378-379
regulatórias, 378-379, 383, 384f
repressoras, 367f
resposta imune inata e, 957
separação de, como eletroforese em gel, 420f
síntese de celulose por, 619f
síntese de. *Ver* Síntese proteica
síntese, nas células vegetais, 208f
transportadoras. *Ver* Proteínas transportadoras
uso de dados em, para testar hipóteses de transferência gênica horizontal, 570
vírus e, 400f, 402f-403f
visualizando, 79f
Proteínas anticongelamento, 865, 888
Proteínas contráteis, 76f
Proteínas da superfície celular, 119f, 130f
Proteínas de armazenamento, 76f
Proteínas de choque térmico, **865**
Proteínas de defesa, 76f
Proteínas de ligação ao DNA, 91
Proteínas de ligação de fita simples, **323**f, 327t
Proteínas de membrana, 105, 127f-130f, 152f
Proteínas de sustentação, **228**f, 229
Proteínas de transporte, 76f, 126, **132**, 135f-137f
 aquaporinas, 790-791
 bombas de íons e, 138
 como cotransportadores, 138f, 139
 difusão de água e, 790-791
 difusão facilitada e, 135f, 136
 no transporte ativo, 136, 137f
 permeabilidade seletiva da membrana celular e, 132f
 transporte de soluto vegetal e, 788, 789f
Proteínas do cristalino, 8f
Proteínas enzimáticas, 76f
Proteínas específicas de tecidos, 383
Proteínas estruturais, 76f
Proteínas fibrosas, 78
Proteínas G, **218**f, 224f
Proteínas globulares, 78
Proteínas hormonais, 76f
Proteínas integrais, **129**
Proteínas mediadoras, 374, 375f
Proteínas motoras, 76f, **113**f, 115, 116f, 123f, 152f, 241f, 252
Proteínas periféricas, **129**
Proteínas receptoras, 76f
Proteínas regulatórias, 378-379, 383, 384f, 1128, 1129f, 1130
Proteínas secretoras, 105
Proteínas transmembrana, **129**f-130f, 217f-220f
Proteínas-canal, 132, 135f, 136
Proteobactérias, 584f
Proteobactérias alfa, 584f, 596

Proteoglicanos, **118**, 119f
Proteomas, **9**, **446**
Proteômica, **9**, 86, **87**f-88f, **446**
Proterozoico, éon, 530f, 533f
Protistas, 12f, **594**
 algas verdes e vermelhas, 599f, 609f-611f
 ciclos da vida sexuada dos, 258f, 259
 clado SAR, 599f, 601f-608f, 609
 como eucariotos unicelulares, 594
 diversidade estrutural e funcional dos, 594f
 endossimbiose na evolução dos, 594-595, 596f-597f, 608f, 609
 Excavata, 597, 598f, 600
 filogenia dos, 597, 598f-599f
 fotossíntese nos, 188f
 no domínio Eukarya, 12f, 13
 origem dos, 593
 origens dos fungos nos, 659f, 660
 simbióticos e fotossintetizantes, papéis ecológicos dos, 614f-615f
 unicontes, 599f, 611, 612f-613f, 614
 vacúolos contráteis dos, 108
 vegetais, 599f, 609. *Ver também* Plantas
Protistas amitocondriados, 597
Protobionte, **526**, 527, 528f
Protocolo de Montreal, 1284
Protoderme, 766
Protonefrídios, **694**, **984**f, 985
Protonema, 624f, **625**
Proto-oncogenes, **388**, 389f, 391f
Protoplastos, **789**
Protrombina, 936f
Prótons, 28, **30**f, 31
Provírus, **406**, 407f
Prusiner, Stanley, 413
Pseudemys hermannsburgensis, 981
Pseudemys nelsoni, 884f
Pseudocelomados, 681
Pseudogenes, **450**, 480
Pseudomonas aeruginosa, 582f
Pseudópodes, **117**, 140f, 599f, **607**, 608f, 690
Psilotum, 632f, 633
Pteraspis, 725f
Pterois volitans, 729f
Pteropus mariannus, 1262f
Pterossauros, **736**, 1135
Puberdade humana, 1030
PubMed, 26
Pulgas-d'água (*Daphnia pulex*), 448t, 1021, 1199f, 1200
Pulmões, 728, **942**
 troca gasosa nos, 924f, 925, 942, 943f-946f
 ventilação nos, 944, 945f-946f
Pulmões foliáceos, **708**f
Pulsação, **930**
Pundamilia, espécies de, 515f, 519f, 520
Punnett, quadro de, **273**f, 274, 281f-282f, 292-293
Pupa, 711f
Pupila, **1118**f
Purinas, **84**, 85f, 320f
Pus, 956
Pyrococcus furiosus, 421, 585, 589
Pyrophorus nyctophanus, 143f
Python molurus bivittatus, 887, 888f

Q (ubiquinona), 175
Quebra-nozes-de-clark (*Nucifraga columbiana*), 1146
Quelicerados, **707**, 708f
Quelíceras, **708**
Quepe 5', **345**f, 348f
Queratina, 76f, 337, 735, 920
Questões "Habilidades visuais", 6f, 10f, 34f, 36, 45, 53f, 58, 62, 64-65, 79f, 95f, 98f, 114f, 127f, 130f-133f, 137f, 139, 140f, 150, 167f, 171, 174f, 177f, 184, 186, 198f, 216f, 227f-228f, 246f, 252, 257f-258f, 259, 280f-281f, 306, 320, 329, 340f-341f, 348f, 355f, 367f, 374f, 377f, 401, 408, 423, 428, 443f, 451f, 453f, 457f, 474f, 480f, 482f, 494f, 504, 536f, 539f, 558, 564f, 572, 576f, 579f, 583f, 596f, 603f, 611f, 613f, 624f, 638f, 648f, 679f, 683f, 722, 734f, 741, 746f, 770f, 772f, 774f, 786f, 791f, 793f, 807f, 815f-816f, 827f, 829f-830f, 853f, 860f, 906f, 910f, 926f, 946f, 954f-955f, 962f, 967f, 996f, 1003f, 1015f, 1024f, 1035f, 1037f, 1072f, 1079f, 1096f-1097f, 1119f, 1126f, 1142f, 1147f, 1188, 1195f, 1224f, 1240f, 1242f, 1252f, 1271f. *Ver também* Questões "Desenhe"
Questões "Desenhe", 15f, 16, 26, 39f, 41f, 42-43, 45f, 54-55, 61f, 62, 64-65, 69f, 74f, 78f, 86, 91, 102, 103f, 116f, 125, 131f, 141-142, 154f, 159, 163, 186,
202, 210, 224f, 233, 236f, 240f, 252, 259f, 263f, 268, 276, 290, 292, 303f, 313, 323f, 326f-327f, 334, 342, 345f, 355, 362, 397, 414, 419f, 423, 441, 466, 485, 491f, 524, 530f, 558f, 560f-561f, 572, 598f, 617, 635, 644f, 653, 709f, 719f, 730, 756, 769f, 780f, 782, 821, 841, 871, 904f, 920, 951, 963, 976, 1018, 1042, 1066, 1073f-1075f, 1084, 1106, 1138, 1161, 1195, 1203f, 1237, 1253, 1259, 1287
Quiasma óptico, 1121f
Quiasmas, **260**f, 262f-263f, 264
Quilocaloria (kcal), **46**, 890
Quilomícrons, **910**f
Quimera-manchada (*Hydrolagus colliei*), 727f
Quimeras, 719f, 726, 727f
Química
 átomos, 30f-36f
 cálculo das curvas de decaimento de radioisótopos padrão, 33
 conexão com a biologia. *Ver* Biologia
 da água. *Ver* Água
 ligação química com o carbono, 58, 59f, 60
 ligação química entre átomos, 36f-41f
 matéria como elementos e compostos na, 29f-30f. *Ver também* Compostos; Moléculas
 moléculas biológicas. *Ver* Moléculas biológicas
 orgânica, como o estudo dos compostos de carbono, 57f, 58. *Ver também* Compostos orgânicos
Química orgânica, **57**f, 58
Quimioautotróficos, 581t
Quimio-heterotróficos, 581t
Quimiorreceptores, **1110**, 1111f, 1123f-1125f
Quimiosmose, 169, 175, **176**f-177f, 191f, 199f-200f, 201
Quimiotaxia, 576
Quimioterapia, 249, 393f
Quimioterapia citotóxica, 393f
Quimiotróficos, 581t
Quimo, **907**, 915f
Quitina, **72**f, **656**, 661, 707, **1133**
Quítons, 699f, 1086f
Quitrídeos, 660f, **661**f, 669, 670f, 733

Rabo-de-andorinha-do-tigre, 313
Raciocínio abstrato, 1146
Raciocínio dedutivo, **18**, 617
Raciocínio indutivo, **17**
Radiação, **885**
 alterações da estrutura cromossômica pela, 307
 câncer e, 388, 394
 como tratamento do câncer, 249
 dano ao DNA por, 328
 mutagênica, 360
 troca de calor nos animais e, 885f
Radiação ultravioleta (UV)
 câncer e, 394
 Chlamydomonas nivalis e, 211
 dano no DNA pela, 328
 depleção do ozônio e, 1283f, 1284
 elevação e, afetando as distribuições de espécies, 1186f
 flores e, 824f
 mutações pela, 360
 na visão dos insetos, 1117-1118
Radícula, **829**f-830f
Radioisótopos, **31**-33, 316f, 317, 529, 530f
Radiolárias, **608**f
Rádula, **699**f
Ráfides, 868f
Rã-flecha-venenosa, 1218f
Raia-prego (*Dasyatis americana*), 727f
Raios vasculares, 773f
Raios X
 câncer e, 388
 mutações por, 360
Raiz pivotante, **759**f-760f
Raízes, **630**, 758-**759**
 arquitetura das, e aquisição de água e minerais, 787
 composição de comunidades bacterianas de, 814f
 crescimento primário das, 768f-769f
 crescimento secundário das, 772f-774f
 de leguminosas, bactérias fixadoras de nitrogênio e, 815f-816f, 817
 de plântulas, 830f
 estrutura das, 759f-760f
 evolução das, nas plantas vasculares, 63
 gravitropismo nas, 861f

ÍNDICE

micorrizas fúngicas e, 787
monocotiledôneas vs. eudicotiledôneas, 649f
mutualismo bacteriano com, 592
respostas das, à seca, 863-864
rizoides vs., 624
textura do solo e, 806
transporte de água e minerais das raízes às partes aéreas via xilema, 792, 793f-795f, 796
vegetais, meristemas apicais de, 621f
vegetais, micorrizas e, 656f, 657
Raízes adventícias, 760f
Raízes aéreas, 760f
Raízes aéreas "estranguladoras", 760f
Raízes de reserva, 760f
Raízes laterais, **759**f, 769f
Raízes modificadas, 760f
Raízes primárias, 759
Raízes-escora, 760f
Raleio (*self-thinning*), 801
Ramificação, área de superfície corporal e, 695f
Ramificação, esqueleto de carbono, 60f
Ramificação, plantas, 770
Ramo ascendente, alça de Henle, 988f, 989
Ramo descendente, alça de Henle, 988f, 989
Rangifer tarandus, 490f, 1021, 1256f-1257f, 1281f
Raposa, 1238f, 1244, 1256f
Raposa-do-ártico, 1238f, 1244, 1256f
Rãs
  arborícolas, seleção de machos entre, 500f
  clivagem nas, 1048f, 1049
  coloração das, 1218f
  como anfíbios, 719f, 732f-733f
  descoberta de novas espécies de, 1164f, 1185
  desenvolvimento embrionário das, 381f
  destino celular e formação de padrões por sinais indutivos nas, 1062f
  fertilização externa das, 1022f
  formação de eixos nos, 1060f
  gastrulação nas, 1051f, 1052
  isolamento reprodutivo nas, 524
  metamorfose das, 1015f
  neurulação nas, 1054f, 1055
  parasitos fúngicos das, 669, 670f
  poliploidia nas, 514
  potencial de desenvolvimento celular nas, 1060, 1061f
  respiração nas, 925
  transplante de núcleo nas, 428, 429f
ras, gene, **389**, 390f-391f
Ras, proteína, 389, 390f
Rãs-arborícolas, 500f
Rãs-arborícolas-cinzentas (*Hyla versicolor*), 500f, 514
Rãs-de-pernas-amarelas, 669, 670f
Rãs-morango, 524
Rastejamento, 1133f, 1135
Rastreamento do recém-nascido, 289-290
Ratitas, **739**, 740f
Rato-canguru (*Dipodomys merriami*), 741f, 998
Ratos-toupeira-pelados, 1157f, 1158
Rato-veadeiro, 498f, 892
Razões molares no Exercício de habilidades científicas, 58
RE de transição, 105f
RE liso, 100f-101f, 104, 105f, 109f
RE rugoso, 100f-101f, 104, 105f, 109f
RE. *Ver* Retículo endoplasmático
Reabsorção, **984**f
Reação de condensação, 67
Reação em cadeia da polimerase (PCR), **420**
  amplificação do DNA *in vitro* usando, 422f
  amplificação do DNA usando, 420, 421f, 422
  arqueias termófilas extremas na, 585, 1263
  bactérias para, 589
  diagnóstico de doenças com, 433-434
  na análise de RT-PCR, 424, 425f
  na análise genômica de fetos, 1040
  na análise procariótica, 583
  na ciência forense, 436, 437f
  na estimativa de taxas de reprodução, 1194, 1195f
  no sequenciamento do microbioma do sistema digestório humano, 912, 913f
Reação em cadeia da polimerase-transcriptase reversa (RT-PCR), **424**, 424, 425f, 433
Reações acrossomais, 1044f, **1045**
Reações corticais, 1045f, 1046
Reações de desidratação, **67**f
Reações endergônicas, 148, **149**f

Reações exergônicas, **148**, 149f, 154f, 165
Reações luminosas, **191**. *Ver também* Fotossíntese
  como estágio da fotossíntese, 191f, 192, 206, 207f
  comprimentos de onda mais eficazes nas, 194f
  determinação do espectro de absorção para as, 193f
  excitação da clorofila pela energia luminosa das, 195f
  fluxo cíclico de elétrons nas, 198f, 199
  fluxo linear de elétrons nas, 197f-198f
  fotossistemas das, 195, 196f-198f, 199
  natureza da luz solar e, 192f
  pigmentos fotossintéticos como receptores luminosos nas, 192, 193f-194f, 195
  quimiosmose das, nos cloroplastos vs. nas mitocôndrias, 199f-200f, 201
Reações químicas, **40**
  barreira de energia de ativação das, 153, 154f-155f
  catálise enzimática nas. *Ver* Catálise enzimática
  endergônicas, 148, 149f
  energia química nas, 144, 145f
  exergônicas, 148, 149f, 154f, 165
  formação e quebra de ligações químicas por, 40f-41f
  metabolismo e. *Ver* Metabolismo
  na fotossíntese, 190f, 191. *Ver também* Reações luminosas
  variação de energia livre e, 147, 148f
Reações redox (oxidação-redução), **165**, 166f-168f, 190-191
Reagentes, **41**
Recepção sensorial, **1108**f, 1109
Recepção, sinalização celular, **216**
  ligantes, ligação ao ligante e proteínas receptoras na, 217
  nas vias de transdução de sinal vegetais, 844f
  proteínas da membrana plasmática como receptores na, 217f-220f
  receptores intracelulares na, 220, 221f
  receptores transmembrana da superfície celular, 217f-220f
  visão geral, 216f
Receptáculo, flores, **823**f
Receptor de estrogênio alfa (ERα), 392f-393f
Receptor de progesterona (PR), 392f-393f
Receptor β₂-adrenérgico, 217f, 220
Receptores
  de antígenos, 958f-961f
  dendritos como, 1068
  glutamato, 1101f
  hormonais, 1000f-1004f, 1018
  opiáceos, 1082
  sensoriais, 1108f-1111f, 1112
  somatossensoriais, 1097f, 1098
  tipo Toll, 955f, 976
Receptores acoplados à proteína G (GPCRs), 217f-219f, **218**, 220, 224f, 1124
Receptores de antígenos, **958**f-961f
Receptores de estiramento, 1110
Receptores de sons, 1110, 1112f-1116f
Receptores eletromagnéticos, **1110**, 1111f
Receptores infravermelhos, 1111f
Receptores intracelulares, sinalização celular, 220, 221f, 1018
Receptores ionotrópicos, 1077, 1078f, 1079-1080
Receptores metabotrópicos, 1080
Receptores odorantes (ORs), 1124, 1125f
Receptores para dor, **1111**-1112
Receptores sensoriais, **1108**f-1111f, 1112
Receptores táteis, 1110f
Receptores tipo Toll (TLRs), **955**f, 976
Receptores tirosina-cinases (RTKs), **219**f, 220, 222, 250
Receptores Toll
  nos insetos, 954
Receptores transmembrana da superfície celular, 217f-220f
Recifes de corais, 53f, 54, 614, **1182**f, 1234, 1264, 1277f, 1282
Recifes, ectoproctos, 698
Recombinação. *Ver também* DNA recombinante
  de genes ligados, 302, 303f
  de genes não ligados, 302f
  mapas de ligação com base na frequência de, 305f-306f
  seleção natural e variação genética por, 305
Recombinação genética, **302**
  de genes ligados no *crossing over*, 302, 303f
  de genes não ligados na segregação independente de cromossomos, 302f

elementos transponíveis e, 459
identificação de genes ligados por, 304
nos procariotos, 579f-580f, 581
seleção natural e variação genética por, 305
Recombinantes, **302**
Recombinase, 960, 961f
Recompensa vs. risco, comportamento de forrageio e, 1149
Reconhecimento célula-célula
  na sinalização celular local, 215f
  por membranas celulares, 130f, 131
Reconhecimento de códons, 352, 353f
Reconhecimento de moléculas, sistema imune, 953, 957f
Reconhecimento de parceiro, 508f
Reconstrução de ecossistemas, 1253f-1254f
Reconstrução física de ecossistemas, 1253f-1254f
Recrutamento de animais predadores, plantas, 869f
Recrutamento, neurônio motor, 1130
Recuperação, plantas com sementes e, 636f
Recursos não renováveis, tamanho da população humana e, 1210f, 1211
Recursos *online* de sequências genômicas, 444, 445f, 446
Redes de interações de proteínas, 446, 447f
Redes nervosas, 692, 1086f
Redução, 165, **166**f, 201, 202f
Reducionismo, 4
Redundância, código genético, 341, 357, 489
Reflexo de deglutição, 906f
Reflexo patelar, 1088f
Reflexos, 906f, **1087**, 1088f
Refluxo ácido, 908
Reforço, zona de hibridação, **518**, 519f
Regeneração, 705, 713-714, 1020
Região constante (C), cadeia leve e pesada, 958f-961f
Região variável (V), cadeia leve e pesada, 958f-961f
Regiões não traduzidas (UTRs), 345f, 378
Registro fóssil. *Ver também* Fósseis
  angiospermas no, 647f, 648
  animais no, 675f-677f, 678-679
  artrópodes no, 706f, 707, 710
  baleias no, 525f, 526
  colonização do ambiente terrestre e, 536, 537f
  como história da vida, 525, 529f
  evidências, da mudança evolutiva, 13f
  evidências, dos dinossauros como ancestrais das aves, 564f, 565
  fatores ecológicos que afetam as taxas evolutivas no, 538
  foraminíferos no, 608f
  fungos no, 659f, 660
  gimnospermas no, 641f
  origem dos mamíferos no, 530, 531f, 532
  origem dos organismos multicelulares no, 533f, 535f-536f
  origem dos organismos unicelulares no, 532f-535f
  origem e diversificação das plantas no, 621, 622f
  plantas vasculares sem sementes no, 628f
  registro geológico e, 532f-533f
  relógios moleculares e, 567
  tendências evolutivas no, 548, 549f
Registro geológico, 530f, 532f-533f
Registros médicos, 448
Regra da adição, **277**f, 278
Regra da multiplicação, **277**f, 278, 491
Regra de Hamilton, **1158**f-1159f
Regras de Chargaff, 317f, 318, 320
Regulação. *Ver também* Osmorregulação
  como propriedade da vida, 3f
  da catálise enzimática, 159, 160f-161f
  da clivagem, 1049
  da contração muscular, 1128, 1129f, 1130
  da expressão gênica. *Ver* Regulação gênica
  da pressão sanguínea, 930-931
  da respiração celular via mecanismos de retroalimentação, 183f, 184
  da respiração humana, 946f
  da tireoide, 1008, 1009f, 1010
  das respostas de sinalização celular, 226-227, 228f, 229
  de digestão, reserva de energia e apetite nos animais, 914, 915f-917f, 918
  de neurônios na recepção sensorial, 1108f
  de relógios biológicos, 1094-1095
  de ritmos biológicos, 1015
  do crescimento, 1004f, 1009, 1010f

do crescimento populacional, 1202, 1203f-1206f, 1207
do ritmo cardíaco, 928f
em plantas e animais, 894f
hormonal, da reprodução sexuada de mamíferos, 1030, 1031f-1032f, 1033-1034
papel da matriz celular na, 119
pelos sistemas nervoso e endócrino de animais, 880f
por glândulas endócrinas, 1011f-1015f, 1016
por retroalimentação, das interações moleculares, 10f
por retroalimentação, dos sistemas endócrinos, 1005-1006
renal, 994f-996f
retroalimentação homeostática, 881f-883f
vias de cascatas hormonais na, 1008, 1009f, 1010, 1014
Regulação alostérica, **160**f-161f
Regulação da temperatura corporal. Ver Termorregulação
Regulação do apetite, 917f, 918
Regulação gênica
análise de experimentos de deleção de DNA, 376
câncer devido a falha no controle do ciclo celular na, 388, 389f-393f, 394-395. Ver também Câncer
da diferenciação de células vegetais, 778f
expressão gênica diferencial e, 365f. Ver também Expressão gênica diferencial
falha na, em animais clonados, 430
hormônios esteroides e, 1003f
mudanças, na macroevolução, 546f, 547
na transcrição bacteriana, 366f-369f, 370
nas células eucarióticas. Ver Regulação gênica eucariótica
nas vias de transdução de sinal vegetais, 845
no membrácideo, 466
RNAs não codificantes na, 379, 380f, 381
Regulação gênica eucariótica. Ver também Regulação gênica
análise de experimentos de deleção do DNA, 376
expressão gênica diferencial na, 365f, 370f, 371. Ver também Expressão gênica diferencial
regulação da estrutura da cromatina, 371f-372f, 373
regulação da iniciação da transcrição, 373f-378f, 379
regulação pós-transcricional na, 377, 378f, 379
Regulação gênica negativa bacteriana, 369
Regulação gênica positiva bacteriana, 369f, 370
Regulação por retroalimentação, **10**. Ver também Regulação
da homeostase animal, 881f-883f
das interações moleculares, 10f
de digestão, reserva de energia e apetite nos animais, 914, 915f-917f, 918
dos sistemas endócrinos, 1005-1006
explosão cambriana e, 685
no crescimento da população dependente de densidade, 1203
Reguladores locais, **1000**f, 1001
Reino Animalia, **12**f, 568
Reino Fungi, **12**f, 568
Reino Monera, 568
Reino Plantae, **12**f, 568, 599f, 609, 619f, 621
Reino Protista, 568, 594
Reinos, taxonomia, 12f, **554**, 555f, 568
Rejeição, sistema imune, 969-970
Relação sexual humana, 1034, 1081-1082
Relações de área de superfície-volume, 98f
Relógio da especiação, 522
Relógio do ciclo celular, 245, 246f
Relógios biológicos, 857, 858f-860f, **1094**-1095. Ver também Ritmos circadianos
Relógios moleculares, **566**, 567f-568f, 659f, 660
Renaturação de proteínas, 82f, 83
Reparo do DNA, 327, 328f
Reparo por excisão de bases, **327**, 328f
Reparos de malpareamento, **327**
Repetições curtas em *tandem* (STRs), **436**, 437f, **452**, 462
Replicação do DNA, **320**
de telômeros, 328, 329f
erros na, e evolução do genoma, 455f-457f
etapas da, 322f-327f
herança e, 7f-8f
importância evolutiva de mutações durante a, 328
informação genética e, 314

na base molecular da herança, 314-315. Ver também Base molecular da herança
pareamento de bases a fitas-molde no modelo semiconservativo da, 320, 321f-322f
revisão e reparo do DNA durante, 327, 328f
Repolarização, 1075
Repressores, **367**f, 374
Reprodução. Ver também Ciclos da vida; Acasalamento; Ciclos da vida sexuada
C. Darwin sobre seleção natural e, 14f-16f
características da história de vida do, 1200, 1201f-1202f
como função da divisão celular, 235f
como propriedade da vida, 3f
de crustáceos, 709
de fungos, 657, 658f-659f
de organismos triploides, 268
evolução do comportamento animal e, 1148, 1149f-1154f, 1161
evolução e sucesso diferencial na, 266, 267f
fissão binária procariótica, 577-578
heterocronia e desenvolvimento reprodutivo diferencial, 544-545f
humana adiada, no crescimento populacional, 1208
humana, distúrbios genéticos por, 285-286
insetos, 711
iteroparidade vs. semelparidade na, 1200, 1201f
plantas e animais, 895f. Ver também Reprodução das angiospermas; Reprodução animal
procariótica rápida, e mutação, 573, 578f, 579
protistas, 594
protobionte, 527, 528f
rápida, como fonte de variabilidade genética nos vírus, 489
regulação da população dependente de densidade por taxas de, 1204f
sexuada, como fonte de variabilidade genética, 489
sexuada vs. assexuada, 255f
superprodução de proles e seleção natural, 475f, 476
tamanho efetivo da população e, 1268f, 1269
taxas de, 1194, 1195f, 1204f, 1208, 1213
velocidade em bactérias, 592
Reprodução, adiamento da, 1208
Reprodução animal. Ver também Reprodução humana
assexuada, 266, 267f, 1020
ciclos de vida sexuada na, 258f. Ver também Ciclos da vida sexuada
ciclos reprodutivos, 1021f
de anfíbios, 732f-733f
de mamíferos, regulação hormonal, 1030, 1031f-1032f, 1033-1034
de peixes, 728
de tubarões e arraias, 727
desenvolvimento e, 674f, 675
diferentes formas de, 1019f
mecanismos de fecundação, 1022f-1024f
sexuada, evolução, 1021, 1022f
sexuada, variação nos padrões, 1020f
Reprodução assexuada, **255**, **833**, **1020**
de organismos triploides, 268
em rotíferos, 697-698
evolução, nos animais, 266, 267f
hereditariedade, 255f
mecanismos, 1020
nas angiospermas, 833f-836f
nas briófitas, 625
nos fungos, 658f-659f
nos liquens, 668f-669f
nos protistas, 594
reprodução sexuada vs., 255f, 833-834, 1021, 1022f. Ver também Reprodução sexuada
troca para, 268
Reprodução assexuada multicelular, 255f
Reprodução das angiospermas
assexuada, 833f-836f
ciclo de vida, 646f, 647, 653, 826, 827f, 828
estrutura e função das flores na, 823f-824f, 830
estrutura e função dos frutos na, 830f-831f
melhoramento e engenharia genética na, 836f-838f, 839-840
mutualismos na, 825f
polinização das flores na, 824f-825f
sementes na, 828f-830f

Reprodução humana. Ver também Reprodução animal
concepção, desenvolvimento embrionário e nascimento na, 1034, 1035f-1037f
contracepção e aborto na, 1037, 1038f, 1039
desreguladores endócrinos e, 1015
gametogênese na, 1027, 1028f-1029f
órgãos reprodutores femininos, 1026, 1027f
órgãos reprodutores masculinos, 1025f, 1026
regulação hormonal na, 1030, 1031f-1032f, 1033-1034
resposta sexual no, 1034
tecnologias reprodutivas e, 1039f, 1040
tolerância imune materna do embrião e do feto, 1037
Reprodução sexuada, **255**. Ver também Ciclos da vida sexuada
como fonte de variabilidade genética, 489
flores e angiospermas, 644f
herança na, 255
microevolução por evolução sexual na, 499f-500f
nas angiospermas. Ver Reprodução das angiospermas
nas briófitas, 623, 624f-627f
nos animais, 674f, 675. Ver também Reprodução animal
nos fungos, 658f
reprodução assexuada vs., 255f, 833-834
troca para, 268
Reprodução sexuada, animais, **1020**. Ver também Reprodução animal; Reprodução humana
ciclos reprodutivos, 1021f
como enigma evolutivo, 1021, 1022f
mecanismos de fecundação, 1022f-1024f
reprodução assexuada vs., 1021, 1022f
variação nos padrões de, 1020f
Reprodução vegetal. Ver Reprodução das angiospermas
Reprodução vegetativa, **833**-834
Répteis, 719f, **735**
adaptações dos rins dos, 992
audição e equilíbrio nos, 1116
aves, 738f-740f
características dos, 735f, 736
crocodilianos, 737f, 738
evolução, 679
lepidossauros, 737f, 738
membranas extraembrionárias dos, 1053f
na era Mesozoica, 533
origem e irradiação evolutiva nos, 736
ovos amnióticos dos, 734, 735f
respiração nos, 925
tartarugas, 737f
termorregulação nos, 887, 888f
Reservas marinhas, 1273f
Reservas naturais
filosofia, 1272-1273
zonação de unidades de conservação e, 1273f
Reservas zoneadas, **1273**f
Reservatórios
água, 1250f
carbono, 1250f
fósforo, 1251f
nitrogênio, 1251f
nutrientes, 1249f
Resfriamento evaporativo, **47**, 48f, 886
Resfriamento global, 633
Resíduo tóxico
biorremediação do, 1253, 1255f
biotecnologia na limpeza de, 418f, 437
regulação da população dependente de densidade, 1204f
Resíduos nitrogenados, 977-978, 982f-983f
Resíduos plásticos, 1163, 1277f
Resina, fósseis em, 529f
Resistência a pragas (plantas), 418f, 438
Resistência sistêmica adquirida, **866**, 867f
Resolução, 94
Resolução de problemas, **1146**, 1147f
Resolução, fase sexual, 1034
Respiração, 756, 920, 925, **944**, 945f-946f
Respiração aeróbica, **165**, 179-181
Respiração anaeróbica, 165, 179-182, **582**
Respiração celular, **165**
biossíntese nas vias anabólicas e, 183
como catabolismo, 144, 165
difusão de oxigênio e, 133
em células vegetais, 209f
enzimas, na mitocôndria, 161f

escala da, 122f
estágios da, 168, 169f
fermentação vs., 165, 179, 180f-181f, 182
fosforilação oxidativa na, 174f-177f
fotossíntese vs., 190. *Ver também* Fotossíntese
fracionamento celular para o estudo da, 97
geração de ATP em cada estágio da, 177f, 178
glicólise na, 170f-171f
gráficos de barra da, 179
importância evolutiva da glicólise na, 182
mitocôndrias na, 109-110, 111f
monossacarídeos na, 69
no ciclo do carbono, 1250f
no fluxo de energia e ciclagem química, 9f, 164f, 165
origem, 534, 535f
oxidação do piruvato e ciclo do ácido cítrico na, 171f-173f
produção de ATP por vias catabólicas e, 165
reação global da, 149
reações redox e, 165, 166f-168f
regulação da, por mecanismos de retroalimentação, 183f, 184
taxa metabólica e, 890f
versatilidade das vias catabólicas e, 182f, 183
Respiração por pressão negativa, 945f, 946
Respiração por pressão positiva, **944**
Respiração, vegetal e animal, 895f
Resposta
 homeostática, **882**
 imune, 952f, 957f, 962, 963f
 inflamatória, 955f-956f
Resposta ao ambiente, 3f, 894f. *Ver também* Ambiente
Resposta de hipersensibilidade em plantas, 866, 867f
Resposta imune
 desencadeamento da, por patógenos, 952f
 fuga da, por tripanossomos, 600-601
 visão geral, 957f
Resposta imune humoral, 957f, **963**, 964f-967f
Resposta imune mediada por células, 957f, **963**, 966f-967f
Resposta imune primária, **962**, 963f
Resposta imune secundária, **962**, 963f
Resposta inflamatória, **955**f-956f
Resposta motora, 1068f
Resposta sexual, humanos, 1034
Resposta, sinalização celular, **217**
 amplificação do sinal na, 226-227
 aumento da eficiência da sinalização na, 228f, 229
 especificidade da sinalização celular e coordenação das respostas na, 227, 228f
 regulação das respostas na, 226-227, 228f, 229
 respostas nucleares e citoplasmáticas na, 226f-227f
 término do sinal na, 229
 visão geral, 216f, 217
Resposta tríplice, vegetal, **853**f
Respostas à luz, bastonetes, 1121f
Respostas ao escuro, bastonetes, 1121f
Respostas citoplasmáticas, sinalização celular, 226, 227f
Respostas de descanso e digestão, 1089
Respostas de luta ou fuga, 212f, 928, 1003, 1012f-1013f, 1089
Respostas nucleares, sinalização celular, 226f
Respostas "tudo ou nada", 1073
Respostas vegetais
 a ataques por patógenos e herbívoros, 866, 867f-869f
 a estímulos mecânicos, 861, 862f
 a estresses ambientais, 862-863, 864f, 865
 à gravidade, 861f
 à luz, 855, 856f-860f
 hormônios vegetais e, 845, 846f, 847f-854f, 855
 vias de transdução de sinal ligando a recepção de sinal a, 843f-844f, 845
Ressonância magnética funcional (RMf), 1096f
Ressurgência, 1243
Ressurreição
 de espécies extintas, 1266
Retículo, 914f
Retículo endoplasmático (RE), **104**, 109f
 células animais, 100f
 como fábrica biossintética, 104, 105f
 direcionamento de polipeptídeos ao, 354f, 355
 no ciclo de replicação dos vírus de RNA, 405f
 ribossomos e, 103f, 104
 síntese de membranas celulares e, 131f

Retículo sarcoplasmático (RS), **1128**f-1129f
Retina, **1118**f, 1122, 1138
Retinal, **1119**f-1120f
Retinite pigmentosa, 495
Reto, **911**
Retroalimentação negativa, **882**, **1005**
 na homeostase, 882
 na regulação por retroalimentação, 10f
 na regulação por retroalimentação do sistema endócrino, 1005-1006
 no crescimento da população dependente de densidade, 1203
Retroalimentação positiva, **882**, **1006**
 na homeostase, 882
 na mudança climática, 1189
 na regulação por retroalimentação, 10
 na regulação por retroalimentação do sistema endócrino, 1006
Retrotranspósons, **451**f
Retrotranspósons *LINE-1*, 452
Retrovírus, **406**t, 407f
Reversão sexual, 1020
Revisão do DNA, 327, 328f
Rhabditophora, 694, 695f-697f, 698
Rhagoletis mendax, 508f
Rhagoletis pomonella, 508f, 515-516
Rhizaria, 599f, **606**-607, 608f, 609
Rhizobium, bactérias, 592, 814f-816f, 817
Rhizopus stolonifer, 662f, 663
Rhodophyta, 609f, 610
Riachos, 1180f, 1274
Ribose, 85
 como monossacarídeo, 68f
 no ATP, 150, 151f
 nos ácidos nucleicos, 85f
Ribossomo, sítios de ligação, 350f
Ribossomos, **102**, **339**
 células animais, 100f
 células vegetais, 101f
 em células vegetais, 208f
 estrutura, 103f, 349, 350f
 identificando sítios de ligação nos, com logotipos de sequências, 351
 na síntese de proteínas, 102, 103f, 104
 na tradução, 337, 339f, 349, 350f, 352f-353f
 nas células eucarióticas e procarióticas, 97f
 no ciclo de replicação dos vírus de RNA, 405f
 polirribosomos e, **355**f
 procarióticos, 577
 RE rugoso e, 105
 síntese de proteínas nos, 84
Ribossomos ligados, 103f, 104, 354f
Ribossomos livres, 103f, 104, 354f
Ribozimas, 153, **346**, **528**
Ribulose, 68f
Rieseberg, Loren, 521f
Rinoceronte, 1199f, 1266
Rinoceronte-branco, 1199f, 1266
Rins, **985**
 de vertebrados, adaptações a ambientes diversos, 741, 991f-993f
 doença renal cística em humanos, 1064
 estrutura, nos sistemas excretores de mamíferos, 985, 986f-987f
 evolução dos, 991, 998
 gradientes de solutos e conservação de água pelos, 989, 990f, 991
 osmorregulação pelos, nos animais aquáticos, 979f
 processamento do filtrado sanguíneo nos néfrons dos, 987, 988f, 989
 regulação homeostática dos, 994f-996f
 regulação hormonal dos, 1007f, 1008
Rio Mississippi, 1275f
Rios, 1180f
Riqueza de espécies, **1222**
 curvas de espécie-área, 1232f
 fatores biogeográficos afetando a, 1231, 1232f-1233f
 na diversidade de espécies, 1222f. *Ver também* Diversidade de espécies
Risco vs. recompensa, comportamento de forrageio e, 1149
Ritmo cardíaco, 928f
Ritmos circadianos, **798**, **858**, **882**. *Ver também* Relógios biológicos
 hibernação e, 893f
 melatonina e, 1015

na abertura e fechamento estomáticos, 798
 na homeostase animal, 882, 883f
 nas respostas vegetais à luz, 857, 858f-860f
 no comportamento animal, 1141
 regulação cerebral dos, 1094-1095
Ritmos circanuais, 1141
Rizobactérias, **814**f-816f, 817
Rizoides, **625**
Rizomas, 761f
Rizosfera, **814**f
RNA (ácido ribonucleico), **84**. *Ver também* RNA mensageiro; Ácidos nucleicos; Processamento do RNA; RNA transportador
 alongamento das fitas do, 344f
 autorreplicativos, desenvolvimento de, 528
 componentes, 84, 85f
 densidade gênica nos genomas e, 449
 em células vegetais, 208f
 estrutura, 86f
 família de genes do RNA ribossômico, 453f
 interpretando sequências de, 595
 modificação pós-transcricional de, 345f-347f
 na expressão gênica, 8f
 na infecção de insetos, 954f
 na regulação da clivagem, 1049
 na replicação do DNA, 323f, 324
 não codificante, na regulação gênica, 379, 380f, 381
 nas células eucarióticas, 102
 nos genes do relógio circadiano durante a hibernação, 893f
 papéis na expressão gênica, 84f
 sequenciamento de, 426f
 síntese de, na transcrição, 337, 339f, 342, 343f-344f
 viral. *Ver* Vírus de RNA
RNA mensageiro (mRNA), **339**. *Ver também* RNA
 alteração das extremidades do, 345f
 bicoid, 387f
 código genético e, 340f, 341
 efeitos de miRNAs e siRNAs sobre o, 380f
 em células vegetais, 208f
 fracionamento celular e, 125
 materno, 387f
 mutações afetando, 357f-358f, 359
 na análise da expressão gênica, 423, 424f-428f
 na expressão gênica, 8f, 84f
 na tradução, 347f-350f, 352f
 na transcrição e tradução, 337, 339f
 no câncer de mama, 392f
 polirribosomos e, 355f
 regulação da degradação do, 379
 síntese, na sinalização celular, 226f
 síntese, na transcrição, 342, 343f-344f
 síntese, no núcleo de células eucarióticos, 102
 viral, 401f, 402, 405f, 406t
RNA ribossômico (rRNA), 349, 350f
 auto-*splicing* na produção de, 346
 família de genes na, 453f
 interpretando comparações de sequências de, 595
 na sistemática molecular, 583
 no núcleo das células eucarióticas, 102
 taxa evolutiva de, 565
RNA transportador (tRNA), **348**. *Ver também* RNA (ácido ribonucleico)
 estrutura, 86f, 348f
 na tradução, 347f-350f, 352, 353f
RNA-polimerases, **342**, 343f-344f, 373f, 374
RNAs de interação com piwi (piRNAs), 380-381
RNAs longos não codificantes (lncRNAs), 380-**381**
RNAs não codificantes (ncRNAs), 379, 380f, 381
Rochas
 datação de, 529, 530f
 distribuições de espécies e, 1186
 intemperismo das, no ciclo do fósforo, 1251f
 plantas avasculares e intemperismos das, na mudança climática do período Ordoviciano, 628
Rochman, Chelsea, 1163
Rodopsina, **1119**f-1121f
Roedores, 745f, 914
Rombencéfalo, 1085, **1091**f-1092f
Rosa-brava, 650f
Rosbash, Michael, 883
Rota apoplástica, 788f, 793f
Rotação cortical, 1060f
Rotação de culturas, **817**
Rotíferas, 687f, 697f, 698
Rotífero bdelóideo, 266, 267f, 698
Rotor, ATP-sintase, 175f

ÍNDICE **1439**

Rótulos de produtos GM, 438-439
Rous, Peyton, 394
Rozella allomycis, 661f
RTKs (receptores tirosina-cinases), **219**f, 220, 222, 250
RT-PCR quantitativa (qRT-PCR), 424-425
RU486 (mifepristona), 1039
Rubéola, 409
RuBP-carboxilase, **201**, 202f
Rúmen, 914f
Ruminantes, 914f
Rupicapra rupicapra, 901f
Ryther, John, 1243f

Sabores amargos, 1123f-1124f
Sabores azedos, 1123f-1124f
Sabores doces, 1123f-1124f
Sabores salgados, 1123f-1124f
Sabores umami, 233, 1123f-1124f
Saborizantes, **1123**f-1124f
Sacarase, 153, 155
Sacarose
  captação por células vegetais, 142
  catálise enzimática e, 153, 155
  como dissacarídeo, 69f
  como produto da fotossíntese, 206, 207f
  massa molecular da, 50
  transporte de, nas plantas vasculares, 799, 800f-801f
Saccharomyces cerevisiae (levedura)
  brotação, 659f
  mudanças no DNA nas células de, na meiose, 264
  rede de interações com proteínas, 447f
  resíduos tóxicos, na produção de vinhos, 1204f
  sinalização celular, 213f, 214
  tamanho do genoma e número de genes do, 448t, 449
  usos humanos da, 670-671
Saco vitelínico, 735f, 1053f, 1054
Sacos aéreos, 942f-945f
Sacos embrionários, **646**f, **826**, 827f
Sáculo, 1115f
Sahelanthropus tchadensis, 748f, 749
Sais (compostos iônicos), **38**f
  difusão de, através da parede de capilares, 932, 933f
  gradientes iônicos e transporte de, 993f
  no plasma sanguíneo, 934f
  osmorregulação dos, 977f-982f
Sal de mesa. *Ver* Cloreto de sódio
Salamandras, 7f, 238f-239f, 509f, 513, 544, 545f, 719, 731, 732f, 927f, 1066, 1086f
Salamandras-escuras (*Desmognathus ochrophaeus*), 513
Salar de Uyuni, Bolívia, 1185f
Salbutamol, 62f
Salicina, 651
Salinidade
  alelos *lap* e, 505
  distribuição de espécies e, 1185f, 1186
  halófilos extremos e, 573f, 585
  osmose, equilíbrio hídrico e, 134
  respostas vegetais à, 142, 865
  salinização do solo e, 808
Saliva, 906
Salmão, 89, 438, 978f, 979, 1200
Salmão-chum (*Oncorhynchus keta*), 89
Salmão-coho (*Oncorhynchus kisutch*), 89, 1200
Salmão-do-atlântico (*Salmo salar*), 89
Salmão-do-pacífico (espécies de *Oncorhynchus*), 89
Salmão-vermelho (*Oncorhynchus nerka*), 978f
Salmo salar, 89
Salmonella, espécies de, 588
Samambaias, 630f-632f, 633, 635, 637f
Sanger, Frederick, 416
Sangue, **878**f, **923**. *Ver também* Pressão sanguínea; Vasos sanguíneos
  apoptose dos leucócitos humanos, 229f
  coagulação, 10, 300, 418f, 436, 703f, 704, 936f, 937
  colesterol no, e aterosclerose, 75
  componentes, 934f-936f, 937
  concentrações de melatonina na concentração sanguínea, 883f
  difusão do, para o líquido intersticial através das paredes dos capilares, 932, 933f
  digestão pelo morcego-vampiro, 991f, 992
  divisão celular das células da medula óssea e, 235f
  doença falciforme e. *Ver* Doença falciforme
  em sistemas circulatórios fechados, 707, 923, 923f. *Ver também* Sistemas cardiovasculares; Sistemas circulatórios fechados
  enzimas e níveis de glicose no, 157
  filtração pelos néfrons, 987, 988f, 989
  glicoproteínas e tipos sanguíneos humanos, 131
  grupos sanguíneos, 969-970
  grupos sanguíneos ABO nos humanos, 280f, 292
  hormônios no, 999
  intestino delgado e, 125
  pH do sangue humano, 52f, 53
  regulação do nível de glicose no, 10f
  regulação dos níveis de cálcio no, 1011f
  rejeição de transfusões pelo sistema imune, 969-970
  sistemas de troca gasosa e componentes do, 947f-949f
  termorregulação animal e, 885, 886f
  velocidade do fluxo de, 930f
Sanguessugas, 703f, 704, 1086f
Sapo-cururu, 1217
Sapo-flecha-de-veneno, 1218f
Sapos, 516, 517f, 520, 732, 1217
Sarampo, 401, 409
Sarcômeros, 879f, **1126**f
Sarcopterygii (peixes de nadadeiras lobadas), 728, 729f, 730
Sarin, 158, 1080
Satélites, determinação da produção primária com, 1242f
Savanas, 750, **1174**f
Sazonalidade, 1167f
Scala naturae (escala da natureza), de Aristóteles, 470
Sceloporus, mudança climática e espécies de, 11f
Schindleria brevipinguis, 719
Schistosoma mansoni, 696f
Schmidt-Nielsen, Knut, 1136
Scr, gene, 545
Scrapie, 412
Seca, 1228, 1244f
  ácido abscísico na tolerância vegetal à, 852
  "Dust Bowl" nos Estados Unidos e, 807f
  mudança climática e, 11
  respostas vegetais ao, 863-864
Secreção protetoras, 898
Secreção, sistema excretor, **984**f
Secreções
  de hormônios em animais, 1001f-1004f
  digestivas, 898, 907f-908f, 909-910, 915f
  protetoras, 898
  sinalização celular e. *Ver* Hormônios animais; Neuro-hormônios
Secreções digestivas, 898, 907f-908f, 909-910, 915f
Secretina, 915f, 1005f
Seda, 80f, 708, 951
Sede, 1110
Sedentários, 703f-704f, 705
Segmentação, 1066
Segregação independente de cromossomos, 265f
Segregação independente, lei de, 274-**275**, 276f, 296, 297f, 302
Segregação, lei da, 271f-275f, 296, 297f
Segunda lei da termodinâmica, 143, 145f, **146**, 1239
Segundos mensageiros, **223**, **844**
  AMP cíclico como, 223f-224f
  íons cálcio, inositol-trifosfato e diacilglicerol como, 224, 225f
  na transdução de sinal vegetal, 844f, 845
  nas vias hormonais, 1002, 1003f
Segurança, questões de
  na biotecnologia, 438-439
  na biotecnologia e engenharia genética de plantas, 839-840
Seiva celular, 108
Seiva do floema, **799**, 800f-801f
Seiva do xilema, **792**, 793f-795f, 796
Seleção artificial, 474, **475**f, 476, 651, 823, 836f, 841, 837
Seleção balanceadora, **500**, 501f-503f
Seleção clonal, **962**f, 963, 976
Seleção de espécies, 548-549
Seleção de parentesco, 1157, **1158**f-1159f
Seleção dependente de frequência, 500, 501f
Seleção direcional, **497**, 498f
Seleção disruptiva, **498**f
Seleção estabilizadora, **498**f
Seleção intersexual, **499**f-500f, 1152
Seleção intrassexual, **499**f, 1152
Seleção K, **1202**
Seleção natural, **14**, **473**. *Ver também* Adaptações; Evolução
  adaptações e, 472, 473f
  de genes do desenvolvimento, 545
  de nichos ecológicos, 1215, 1216f
  de ribozimas, 528
  equilíbrio de Hardy-Weinberg e, 492t
  evolução adaptativa e, 494
  evolução da resistência de fármacos e, 478f
  evolução das enzimas por, 159f
  evolução dos insetos por, devido a alterações nas fontes alimentares, 477f, 478
  função-chave do, na evolução adaptativa, 498, 499f
  limitações, na criação de organismos perfeitos, 501f, 504
  mutações e, 328
  na evolução dos traços da história de vida, 1200, 1201f-1202f
  na macroevolução, 551
  papel de predador na, 26
  reprodução sexuada, variação genética e, 266, 267f
  seleção de espécies como, 548-549
  seleção direcional, disruptiva e estabilizadora na, 497, 498f
  teoria darwiniana da descendência com modificação por, 14f-16f, 469-470, 473f-476f, 483-484
  valor adaptativo relativo e, 497
  variabilidade genética, por recombinação genética, 305
Seleção r, **1202**
Seleção sexual, **499**f-500f, 515f, 1151, 1152f-1153f, 1154
Semelparidade, **1200**, 1201f
Sêmen, **1026**, 1034
Sementes, **622**-623, **636**-**637**, **828**
  ácido abscísico na dormência das, 852
  desenvolvimento, 826, 827f-829f
  desenvolvimento de plântulas a partir de, 828f-830f
  dispersão, 832f
  dormência, 639
  estrigolactonas na germinação de, 855
  fitocromos na germinação de, 856, 857f
  frutos e angiospermas, 645
  giberelinas na germinação das, 851f
  glioxissomos nas, 112
  vantagem evolutiva das, 639
Senescência, **853**-854
Sensores homeostáticos, **882**f
Sépalas, **644**f, **823**f
Separase, 240
Septos, **656**f
Sequência de aminoácidos, no Exercício de habilidades científicas, 458
Sequência de DNA simples, **452**
Sequenciamento de DNA de nova geração, 415f-417f, 443f
Sequenciamento de DNA de terminação de cadeia didesoxirribonucleotídeo (didesóxi), 443
Sequenciamento de DNA didesóxi, 416
Sequenciamento de genoma, 443f, 444, 447, 448f, 657
  genômica, bioinformática, proteômica e, 9
Sequenciamento de terceira geração, 416
Sequenciamento do DNA, 87, **416**
  biologia de sistemas, medicina e, 447, 448f
  do DNA complementar, 426f
  genômica, bioinformática, proteômica e, 86, 87f
  na testagem genética para predisposição ao câncer, 394
  sequenciamento do genoma e, 443f, 444
  sequenciamento do genoma humano por, 415f, 416
  sistema de taxonomia de três domínios, e, 12f, 13
  técnicas padrão vs. de próxima geração, 416f-417f
Sequenciamento do RNA (RNA-seq), **425**f, 426, 448
Sequências de aminoácidos, 444, 445f, 446, 458
Sequências de DNA
  análise de árvores filogenéticas com base em, para entender a evolução viral, 411
  avaliando homologias moleculares no, 558f-559f
  construindo árvores filogenéticas usando, 562, 563f, 564
  éxon e íntron, 345f-347f
  filogenia animal e, 682, 683f, 684
  genes como, 361-362
  interpretando logotipos de sequências de, 351

não codificante, 449-450
promotor e terminador, 342, 343f
registros médicos, 448
tipos, no genoma humano, 450f
Sequências de DNA idênticas, 453f
Sequências de DNA não idênticas, 453f
Sequências de proteínas, 444, 445f, 446
no Exercício de habilidades científicas, 570
Sequências genéticas no Exercício de habilidades científicas, 595
Sequência-sinal de poliadenilação, 345f
Sequoia Wawona, 774f
Sequoiadendron giganteum, 774f
Sequoia-gigante, 774f
Sequoias, árvores, 643f, 774f
Serina, 77f, 222
Serotonina, 1081t
Serpente-corredora-de-cauda-vermelha (*Gonyosoma oxycephala*), 1053f
Serpente-de-liga-ocidental, 1155, 1156f
Serpentes, 498, 499f, 719f, 735, 737f, 738, 925, 968, 1053f, 1111f, 1217, 1218f, 1264
fluxo gênico na cobra-d'água do lago Erie, 496, 497f
seleção de presas, 1155, 1156f
Serpentes peçonhentas, 738
Serpentes-negras-de-barriga-vermelha, 1217
Serviços ecossistêmicos, **1263**
Seta, **625**
Sexo
base cromossômica do, 298f, 299
impressão genômica e, 310f, 311
Sexo, 298
Sexta extinção em massa, 541f, 542
S-genes, 835
Shaffer, Mark, 1268
Shark Bay, 532f
Shewanella oneidensis, 1255f
Sífilis, 584f
Sildenafila, 224, 1001, 1026, 1082
Silenciamento, expressão gênica, 427
Silenciamento, transcrição, 374
Simbiontes, **587**
Simbiose, **587**, 1256f. *Ver também* Comensalismo; Mutualismo; Parasitismo
fungos, 662-663, 667f-669f
protistas, 614f
Simetria
corporal, 1059, 1060f, 1064f
corporal de animais, 679, 680f
flores, 644f, 649f
Simetria bilateral
animal, 679, 680f, 683
flores, 644f, 649f
formação de eixos e, 1059, 1060f
Simetria radial, 644f, 649, 679, 680f
Simplasto, **787**, 788f, 800f
Sinais animais, **1141**f-1143f
Sinais de morte, apoptose, 230, 231f. *Ver também* Apoptose
Sinais elétricos
neurônio, 880f, 1067-1068. *Ver também* Neurônios
simplásticos, floema e, 802
Sinais induzíveis, determinação do destino celular e formação de padrões, 1061, 1062f-1063f, 1064
Sinais químicos, 1068. *Ver também* Hormônios animais; Hormônios; Hormônios vegetais
Sinalização autócrina, 1000f, **1001**
Sinalização baseada em cílios, 114
Sinalização celular de longa distância, 215f, 216
Sinalização celular local, 215f, 216
Sinalização celular. *Ver também* Vias de transdução de sinais
cílios na, 114
evolução, 213f, 214, 233
fase de recepção, 217f-221f
fase de resposta, 226f-228f, 229
fase de transdução, 221, 222f-225f
local e de longa distância, 215f, 216
mecânica, 119
na apoptose, 229f-231f
na via endócrina simples, 1004, 1005f
na via neuroendócrina simples, 1005f
no sistema de controle do ciclo celular, 244, 245f-248f. *Ver também* Sistema de controle do ciclo celular
normal, câncer e interferência na, 389, 390f, 391

pelos sistemas nervoso e endócrino de animais, 880f
permeabilidade seletiva da membrana celular e, 130f
regulação por retroalimentação, 1005-1006
respostas de luta ou fuga na, 212f
simplasto, 801-802
sistema endócrino, 1000f-1004f
três estágios de, 216f, 217
vias de. *Ver* Sinalização endócrina; Sinalização neuroendócrina
Sinalização endócrina, 1000f. *Ver também* Sistemas endócrinos
na sinalização celular, 215, 216f
regulação por retroalimentação, 1005-1006
via simples de, 1004, 1005f
vias de cascata das, 1008, 1009f, 1010, 1014
vias de resposta celular para a, 1002f-1003f
Sinalização mecânica, 119
Sinalização neuroendócrina. *Ver também* Sistemas endócrinos; Sistemas nervoso
coordenação dos sistemas endócrino e nervoso na, 1000f, 1001, 1006f-1008f
de invertebrados, 1006f, 1007
de vertebrados, 1007f-1008f
glândulas endócrinas e hormônios na, 1004f
regulação por retroalimentação na, 1005-1006
via simples, 1005f
Sinalização parácrina, 215f, 1000f, 1001
Sinalização sináptica, 215f, 216, 1000f, 1001
Sinapse, **262**f
Sinapses, 1067-**1068**
elétricas e químicas, 1077, 1078f
geração de potenciais pós-sinápticos e, 1077-1078
modulação de sinais na, 1080
na memória e aprendizagem, 1099, 1100f-1101f
na regulação da contração muscular, 1128, 1129f, 1130
neurotransmissores e, 1077, 1078f, 1080f, 1081t, 1082
proteínas estruturais e, 228f, 229
somação dos potenciais pós-sinápticos e, 1078, 1079f
Sinapses elétricas, 1077. *Ver também* Sinapses
Sinapses químicas, 1077, 1078f. *Ver também* Sinapses
Sinapsídeos, 531f, **741**, 742f
Síndrome alcoólica fetal, 1036
Síndrome da angústia respiratória (SAR), 943, 944f
Síndrome de Cushing, 1018
Síndrome de Down, 256f, 289, 307, **308**f, 309, 432
Síndrome de Kartagener, 1064
Síndrome de Klinefelter, 309, 1040
Síndrome de Turner, 309
Síndrome de Wiskott-Aldrich (SWA), 229
Síndrome do colapso das colônias, 661
Síndromes, 308
Síntese abiótica, molécula orgânica, 57f, 58, 526f-527f
Síntese, ciclo lítico do fago, 402f
Síntese proteica. *Ver também* Expressão gênica
código genético na, 340f-342f
conceito de gene e, 361-362
evidências, no estudo de defeitos metabólicos, 336f-338f
mutações durante a, 357f-358f, 359
por ribossomos, 102, 103f, 104
resumo da, 356f
via transcrição, processamento do RNA e tradução, 337, 339f. *Ver também* Processamento do RNA; Transcrição; Tradução
Sintetases, 349f
Sistema da linha lateral, 725-**726**, 728f, **1116**f
Sistema de controle do ciclo celular, **245**. *Ver também* Ciclo celular
ciclinas e cinases dependentes de ciclinas, 245, 246f
interpretação de histogramas sobre, 250
no desenvolvimento do câncer, 248, 249f, 250, 388, 389f-393f, 394
pontos de verificação no, 245f
sinais citoplasmáticos na, 244, 245f
sinais internos e externos nos pontos de verificação, como sinais de parada e de continuação, 246, 247f-248f
Sistema de endomembranas, **104**
complexo de Golgi, 105, 106f, 107
lisossomos, 107f, 108
mecanismos de sinal para direcionamento de polipeptídeos, 354f

retículo endoplasmático do, 104, 105f
ribossomos ligados e, 354f
vacúolos, 108f
Sistema de notação gênica, 295
Sistema de plantio direto, **809**
Sistema de raiz pivotante, 759f, 760
Sistema de recompensa cerebral, 1103f
Sistema de tecido dérmico, plantas, 758, **762**, 763f
Sistema de tecido vascular, plantas, 758, **763**f, 765f
Sistema haplodiploide de determinação sexual, 298f
Sistema hídrico vascular, **713**, 714f
Sistema límbico, 1095f, 1096
Sistema nervoso autônomo, **1088**f-1089f
Sistema nervoso central (SNC), **1069**, **1086**. *Ver também* Encéfalos
estrutura e função nos vertebrados, 1087f-1088f
neurônios do, 1069
neurotransmissores e, 1080
nos sistemas sensoriais, 1108-1109
plasticidade neuronal do, **1100**
sistema nervoso periférico e, 1086, 1087f-1090f
Sistema nervoso periférico (SNP), **1069**, 1081, **1086**
estrutura e função nos vertebrados, 1088f-1089f
sistema nervoso central e, 1086, 1087f-1090f
Sistema renina-angiotensina-aldosterona (SRAA), **995**, 996f
Sistema X-O para determinação do sexo, 298f
Sistema X-Y para determinação do sexo, 298f, 313
Sistema Z-W para determinação do sexo, 298f
Sistemas
isolados vs. abertos, termodinâmica e, 145, 149f-150f
Sistemas abertos, 145, 150f
Sistemas cardiovasculares, **924**
adaptações dos, 947f-949f
circulação simples e dupla, 924f-926f
coordenação dos sistemas de trocas gasosas e. *Ver* Trocas gasosas
corações e vasos sanguíneos na circulação simples e dupla, 924f, 925
corações nos mamíferos, 926f-928f
doenças, 74, 937f, 938-939, 951
efeitos dos hormônios adrenais, 1012
função e composição do sangue nos, 934f-937f, 938-939
sistemas circulatórios fechados. *Ver* Sistemas circulatórios
sistemas linfáticos e, 933f
variação evolutiva na circulação dupla dos, 925
vasos sanguíneos nos, 929f-933f, 951
Sistemas circulatórios
abertos e fechados, 923f
adaptações termorreguladoras dos animais, 885, 886f
cavidades gastrovasculares como, 922f, 923
invertebrados, 699f, 702, 704f, 707
organização, nos vertebrados, 924f, 925. *Ver também* Sistemas cardiovasculares
sistemas cardiovasculares. *Ver* Sistemas cardiovasculares
sistemas de troca gasosa. *Ver* Trocas gasosas
superfícies de troca internas e, 875f
troca gasosa e, 921f-924f, 925, 947f. *Ver também* Trocas gasosas
Sistemas circulatórios abertos, 699f, **707**, **923**f
Sistemas circulatórios fechados, 702, 704f, **923**f. *Ver também* Sistemas cardiovasculares
Sistemas complemento, **957**, 966f
Sistemas da parte aérea, **759**f
Sistemas de acasalamento, 1150, 1151f
Sistemas de órgãos, **876**
de mamíferos, 876t
superfícies de troca interna, 875f
Sistemas de raízes, **759**f-760f
Sistemas de raízes fibrosas, 760
Sistemas digestórios
adaptações, 911f-914f
bactérias nos, 911-912, 913f-914f
canais alimentares, 905f, 912f
cavidade oral, faringe e esôfago, 905, 906f-908f
de invertebrados, 717
estômago, 907f-908f
intestino delgado, 908f-910f
intestino grosso, 910, 911f
regulação por retroalimentação, 915f
superfícies de troca internas e, 875f

Sistemas endócrinos, **880**, **1000**. *Ver também* Hormônios animais
   coordenação de sistemas nervosos e. *Ver* Sinalização neuroendócrina
   coordenação do sistema nervoso com o, 1000f, 1001, 1006f-1008f
   evolução da função hormonal nos, 1015f, 1016
   funções regulatórias das glândulas endócrinas nos, 1011f-1015f, 1016
   hormônios e sinalização celular nos, 880f
   humanos, glândulas e hormônios, 1003, 1004f
   moléculas sinalizadoras, receptores-alvo e vias de resposta nos, 1000f-1004f, 1018
   na regulação da pressão sanguínea, 931
   na regulação dos sistemas digestórios, 915f
   perturbação dos, 1015, 1276
   regulação por retroalimentação, 1005-1006
   via endócrina simples nos, 1004, 1005f
   via neuroendócrina simples nos, 1005f
   vias de cascatas hormonais nos, 1008, 1009f, 1010, 1014
Sistemas esqueléticos
   cartilagem, 723-726
   custo energético da locomoção pelos, 1136
   humanos, ossos e articulações dos, 1134f
   locomoção pela interação dos músculos e esqueletos nos, 1132f, 1135f, 1136
   origens de, 725
   tipos de, 1132, 1133f-1134f
Sistemas excretores, 983
   metanefrídios nos, 985f
   osmorregulação e, 977f-982f
   processamento do filtrado sanguíneo pelos néfrons nos, 987, 988f, 989
   processos dos, 984f
   protonefrídios nos, 984f, 985
   regulação hormonal dos, 994f-996f
   resíduos nitrogenados e, 977-978, 982f-983f
   rins nos mamíferos e humanos, 985, 986f-993f
   superfícies de troca internas e, 875f
   túbulos de Malpighi na, 985f
Sistemas imunes, **953**
   adaptações de patógenos para escapar dos, 957, 971-972, 973f, 973t, 974, 976
   apoptose nos, 233
   camuflagem dos trematódeos e, 696
   células-tronco e, 431
   defesa de imunidade adaptativa contra infecções nos, 963, 964f-969f, 970
   distúrbios dos, 970f-974f, 973t
   doenças dos, 229
   HIV/Aids e, 398f, 406. *Ver também* Aids; HIV
   imunidade inata, 952f-957f
   imunização e, 968f, 976
   leucócitos nos, 934f-935f
   nas plantas, 866
   prostaglandinas na, 1001
   reconhecimento célula-célula do carboidrato de membrana, 130f-131f
   reconhecimento do patógeno nos, 952f, 953, 957f-963f
   rejeição imune por, 969-970
   sistemas linfáticos e, 933f
   tolerância imune materna ao embrião e ao feto durante a gravidez, 1037
Sistemas isolados, 145, 149f
Sistemas linfáticos, 910, **933**f, 956f
Sistemas motores, **1088**
   contração do músculo esquelético, 1127f-1131f
   função dos músculos, 1125, 1126f-1131f, 1132
   músculos lisos e cardíaco, 1131-1132
   sistemas esqueléticos e locomoção nos, 1132f-1135f, 1136
   sistemas sensoriais e, 1107f-1108f. *Ver também* Sistemas sensoriais
Sistemas multiplicadores contracorrentes, **990**-991
Sistemas nervosos, **880**, **1000**. *Ver também* Sistema nervoso central; Sistema nervoso periférico
   cérebro de vertebrados, 1091f-1096f
   controle dos movimentos voluntários e das funções cognitivas pelo córtex cerebral, 1096, 1097f-1099f
   coordenação do sistema endócrino com os, 1000f, 1001, 1006f-1008f
   de vertebrados, 1087f-1090f
   distúrbios, 1102f-1104f
   doença de Huntington e, 287

falha na apoptose nas doenças de humanos, 231
genoma e, 1106
memória, aprendizagem e alterações nas conexões sinápticas nos, 1099, 1100f-1101f
métodos de pesquisa para o estudo de cérebros e, 1085f
neurônios e sinalização celular nos, 880f. *Ver também* Neurônios
organização, 1086f, 1087
regulação da contração do músculo esquelético, 1128, 1129f, 1130
regulação da digestão, 915
regulação da pressão sanguínea, 931
regulação da respiração humana, 946f
regulação do ritmo cardíaco, 928
sinalização celular de longa distância nos, 215f, 216
sinalização sináptica e neuroendócrina, 1000f, 1001. *Ver também* Sinalização neuroendócrina
Sistemas respiratórios. *Ver também* Trocas gasosas
   adaptações dos, 947f-949f
   efeitos dos hormônios adrenais, 1012
   pulmões e componentes dos, 942, 943f
   respiração para ventilar os pulmões, 944, 945f-946f
   síndrome da angústia respiratória, 944f
   superfícies de troca internas e, 875f
Sistemas secretórios, procariotos, 577
Sistemas sensoriais
   animais e vegetais, 894f
   artrópodes, 707f
   função muscular e, 1125, 1126f-1131f, 1132
   mecanorreceptores para audição e equilíbrio nos, 1112f-1116f
   receptores de paladar e olfato nos, 1123f-1125f
   receptores sensoriais nos, 1108f-1111f, 1112
   receptores visuais nos, 1117f-1122f, 1123
   serpentes, 738
   sistemas esqueléticos, locomoção e, 1132f-1135f, 1136
   sistemas motores e, 1107f-1108f. *Ver também* Sistemas motores
   tubarões, 727
Sistemas teciduais vegetais, **762**
   nas folhas, 770, 771f
   no crescimento primário das partes aéreas, 769f-771f
   no crescimento primário das raízes, 768f-769f
   tipos de, 762, 763f
Sistemas tegumentares, **885**
Sistemas traqueais, insetos, 707, 710f, **941**, 942f
Sistemas visuais, 1117f-1123
Sistemática, **554**, 682, 683f, 684. *Ver também* Cladística; Sistemática molecular; Taxonomia
Sistemática molecular, 563f, 583, 682, 683f, 684. *Ver também* Cladística; Sistemática; Taxonomia
Sístole, **927**f
Sítio A (sítio de ligação da aminoacil-tRNA), **350**f, 352f-353f
Sítio de início da transcrição, **343**f
Sítio E (sítio de saída), **350**f, 352f-353f
Sítio P (sítio de ligação ao peptidil-tRNA), **350**f, 352f-353f
Sítios ativos de enzimas, **155**f-156f
Sítios de restrição, **419**f
Situs inversus, 1064f
Skinner, B. F., 1144
Smithells, Richard, 902f
Snook, Rhonda, 1024f
Sobrecarga de ferro, 920
Sobrevivência
   adaptações, seleção natural e, 475f, 476
   aparência do lagarto e, 26
   evolução do comportamento animal e, 1148, 1149f-1154f
   histórias de vida e, 1200, 1201f-1202f
Sociedade
   biotecnologia de plantas e, 840
   estrutura etária da população e, 1208
Sociedade, ciência e, 19f, 23, 24f
Sociobiologia, 1159-1160
Sódio, 29t
Software, bioinformática, 444, 445f-448f
Soja, 211, 493, 815f-816f, 817, 1015
Solidago canadensis, 812
Solo
   agricultura sustentável e conservação do, 807f-809f
   antibióticos de bactérias no, 590
   aquisição de recursos vegetais no, 787

bactérias no, 584f, 586f, 814f-816f, 817
determinação da diversidade de bactérias no, 1223f
distribuições de espécies e, 1186
fósseis no, 529f
fungos no, 656f
nutrientes limitantes no, 1244
precipitação ácida e, 821
redução da lixiviação de nitrogênio no solo pelas briófitas, 627f
resposta vegetal ao excesso de sal no, 142, 865
textura e composição do, 806f-807f
Solo supressor de doença, 590
Solstício de dezembro, 1167f
Solstício de junho, 1167f
Soluções, 49f, 50
Soluções aquosas, **49**
   condições ácidas e básicas do, 51, 52f-53f, 54
   solventes, solutos e, 49f, 50
Soluções hiperosmóticas, 977-978, 991
Soluções hipertônicas, **134**f
Soluções hipo-osmóticas, 977-978
Soluções hipotônicas, **134**f
Soluções isosmóticas, 977-978
Soluções isotônicas, **134**f
Solutos, **49**
   difusão de, 132, 133f
   difusão de, através da parede de capilares, 932, 933f
   efeitos dos, no potencial hídrico, 789-790
   gradientes iônicos e transporte de, 993f
   gradientes, nos rins, 989, 990f, 991
   osmorregulação de, 977f-982f
   osmorregulação, nos animais, 981, 982f
   solventes e, 49f, 50
   transporte, das raízes à parte aérea via xilema, 792, 793f-795f, 796
   transporte, de fontes a drenos via floema, 799, 800f-801f
   transporte de curta distância, através das membranas plasmáticas vegetais, 788, 789f
Solventes, **49**f, 50
Som ultrassônico, 717
Somação espacial, 1079f
Somação temporal, 1079f
Sombra de chuva, 1169f
Somitos, 720, 1054f, **1055**
Sondas de ácidos nucleicos, **423**, 433
Sono, funções cerebrais e, 1094f
Sono, secreção de ACTH durante o, 1014
Sopros cardíacos, **928**
Sorédios, **668**, 669f
Soro, 934
Soros, **631**
Spartina patens, 1186
Speed, droga, 62
Spemann, Hans, 1060, 1061f-1062f
Spermophilus parryii, 893
Sphagnum, musgo, **627**f, 628
Sphenodon punctatus, 737f
Spilogale, espécies de, 508f
Spirobranchus giganteus, 703f
Spirodela oligorrhiza, 101f
Spliceossomos, **346**f
Splicing alternativo do RNA, **347**f, **378**f, 449
SRAA (sistema renina-angiotensina-aldosterona), **995**, 996f
Srb, Adrian, 337, 338f
SRY, gene, 298-299
Stahl, Franklin, 322f
Stanley, Wendell, 399
Staphylococcus aureus, 214f, 478f, 584f
Staphylococcus aureus resistente à meticilina (MRSA), 214, 478f, 574, 589f, 590
Steinbeck, John, 807f
Stents, 937f
Steward, F. C., 428
Strasburger, Eduard, 794
Strathdee, Steffanie, 872
Streptococcus, 575f, 584f, 691
Streptococcus pneumoniae, 315f, 579, 957
Streptococcus pyogenes, 404f
Striga, 855
Sturnella magna, 507f
Sturnella neglecta, 507f
Sturtevant, Alfred H., 305f-306f
Suberina, 774
Subnutrição, 902
Subsidência do solo, 808f

Substância branca, **1087**f
Substância cinzenta, **1087**f
Substância P, 1081t
Substâncias hidrofílicas, **49**-50, 127f
  aminoácidos como, 76, 77f
Substâncias hidrofóbicas, **49**-50, 127f
  aminoácidos como, 76, 77f
Substituições de pares de nucleotídeos, **357**, 358f
Substratos, **155**f, 156, 160f-161f
Sucessão ecológica, **1229**, 1230f-1231f
Sucessão primária, **1229**, 1230f-1231f
Sucessão secundária, 1230-**1231**
Sucesso de especiação diferencial, 548-549
Sucesso reprodutivo, 1024, 1042
Sucesso reprodutivo diferencial, 266, 267f
Suco vacuolar, 777
Sucos gástricos, **907**f, 908, 915f
Suécia, 1208
Sugadores, **904**f
Sulco de clivagem, 239f, **241**, 242f, 1048f
Sulcos faringianos, **720**f-721f
Sulfato de condroitina, 878f
Sulfeto de hidrogênio, gás, 540
Sulston, John, 1058-1059
Sumidouro de carbono, 1245
Sumner, Francis Bertody, 20
Supercontinente, 538, 539f
Superfície apical epitelial, 877f
Superfície basal epitelial, 877f
Superfícies de troca nos animais, 874, 875f, 876
Superfícies respiratórias, 940
Supergrupo TACK, 586
Supergrupos, protistas, 597f-599f
Supernutrição, 917-918
Superprodução, descendentes, 475f, 476
Surfactantes, **943**, 944f
Suspensor, células, 828f
Sustentabilidade, 1284
Sutherland, Earl W., 216f, 217, 223
Sutton, Walter S., 295
SWA (síndrome de Wiskott-Aldrich), 229
sym, genes, 660
Syndermata, 687f
Szent-Györgyi, Albert, 900
Szostak, Jack, 528

Tabaco, planta do, 342f
Tabagismo, doença cardiovascular e pulmonar e, 394, 951
Tabela periódica dos elementos, 34f
Tabelas de vida, populações, **1193**t
Tabelas nos Exercícios de habilidades científicas, 58, 89, 157, 179, 205, 264, 304, 318, 458, 493, 513, 570, 590, 595, 629, 639, 657, 678, 751, 762, 790, 834, 918, 938, 972, 981, 1014, 1030, 1049, 1082, 1186, 1217, 1247, 1279
Taboa (*Typha angustifolia*), 1186
Taiga, 1175f
TAL, proteína, 334
Tálamo, **1093**f, 1095f, 1097
Talidomida, 65
Tamanho
  corporal animal, taxa metabólica e, 891f
  custos do deslocamento e, 1136
  da população humana global, 1207f-1210f, 1211, 1213
  de células procarióticas, 573-574
  de células procarióticas vs. eucarióticas, 6f, 98
  de esqueletos, 1134
  de genomas, 448t, 449
  de *Homo floresiensis*, 754
  de hormônios, 216
  de insetos, 951
  de protistas, 593f
  do axônio, evolução, 1076f-1077f
  do ecossistema, 1239f
  do encéfalo, 756, 1091f
  dos animais, latitude e, 897
  dos poros de plasmodesmos, 802
  populacional, capacidade de suporte e, 1197, 1198f-1199f, 1198t, 1200
  populacional, equilíbrio de Hardy-Weinberg e, 492t
  populacional, mudança na, 1196
  populacional pequeno, risco de extinção em, 1266, 1267f-1268f, 1269
  populacional, uso do método de marcação e recaptura para determinação do, 1191f
  traços da história de vida e, 1200, 1201f-1202f
Tamanho corporal animal, taxa metabólica e, 891f
Tamanho populacional efetivo, **1268**
Tamoxifeno, 250, 393f
Tampões, **52**-53
Taninos, 1219
Tardígrados, 689f, 980f
Tartaruga-cabeçuda, 1194, 1195f
Tartaruga-de-peito-preto (*Geoemyda spengleri*), 736f
Tartarugas, 719f, 735, 736f, 737, 884f, 925, 1066, 1194, 1195f
Tartarugas-de-barriga-vermelha da Flórida (*Pseudemys nelsoni*), 884f
Tatum, Edward, 336f-338f
Taxa de alfabetização, Costa Rica, 1284
Taxa de aumento *per capita*, 1196-1198
Taxa de mortalidade *per capita*, 1196-1198
Taxa de nascimentos *per capita*, 1196-1198
Taxa intrínseca de aumento, **1197**
Taxa metabólica basal (TMB), **890**f-891f, 892
Taxa metabólica padrão (TMP), **891**-892
Taxas de crescimento anual da população humana, 1207f, 1208
Taxas de especiação, 520f-521f, 522
Taxas de mortalidade. *Ver* Mortes
Taxas de reprodução, 1194, 1195f, 1204f, 1208, 1213
Taxas metabólicas, **890**f-893f
Taxia, **576**
Taxol, 249
Táxon, 554, 555f-556f, 560
Táxon basal, 556f, **557**
Taxonomia. *Ver também* Cladística; Filogenias; Sistemática
  agrupamento de espécies na, 12f-13f
  árvore da vida, 15f-16f
  dez filos de plantas atuais, 622t
  esquemas iniciais de, 470
  filogenias e, 554, 555f-556f
  mamíferos, 745f
  possíveis reinos de plantas, 619f, 621
  sistema de três domínios da, 12f, 13, 568, 569f
Táxons-irmãos, **555**, **556**f
Teal, John, 1247
Tecas, foraminíferos, **608**
Tecido adiposo, **878**f, 915, 918
Tecido adiposo marrom, 178, 887f
Tecido conectivo dos animais, 76f, **878**f
Tecido conectivo fibroso, 878f
Tecido conectivo frouxo, 878f
Tecido e células ectópicas, **1033**
Tecido epitelial, **877**f
  como defesas de barreira, 954
  junções celulares no, 120f
  no intestino delgado, 909f
  transporte, 981, 982f, 988f, 989
Tecido esponjoso, 771f
Tecido muscular, **879**f
Tecido nervoso, **879**f
Tecido paliçádico, 771f
Tecido vascular, **622**, 785f
Tecido vascular secundário, 772f-774f
Tecidos, 5f, **674**, **759**, **876**
  animais, 673-674, 876, 877f-879f
  como nível de organização biológica, 5f
  concentrações de sal e água nos, 977f, 978
  do sistema endócrino humano, 1003, 1004f
  plano corporal dos animais e, 673-674, 680-681
  proteínas específicas dos, na diferenciação celular, 383
  renovação dos, como função da divisão celular, 235f
  substitutos de, 897
  transplantados, rejeição do sistema imune, 969-970
  vegetais, 759, 762, 763f
  vegetais, cultura de, 836f
Técnicas de amostragem populacional, 1191f
Técnicas de imagem, testes fetais, 289
Tecnologia, 23, 24f
  capacidade de suporte global e, 1211
  do DNA. *Ver* Biotecnologia; Tecnologia de DNA
  procariotos na pesquisa e, 589, 590f-591f
Tecnologia de arco cerebral, 1085f
Tecnologia de DNA, **416**
  amplificação do DNA por reação em cadeia da polimerase, 420, 421f, 422
  bioinformática e, 444, 445f-448f
  ciência, sociedade e, 23, 24f
  clonagem de DNA e clonagem de genes na, 418f, 419
  clonagem de organismos na, 428, 429f-432f
  código genético e transplante de genes na, 341, 342f
  criação de plasmídeos de DNA recombinante usando enzimas de restrição e eletroforese em gel, 419f-420f
  evolução e, 441
  na análise da função e expressão gênica, 423, 424f-428f
  na ecologia forense, 1265f
  na expressão de genes eucarióticos clonados, 422-423
  na regulação de genes eucarióticos, 371
  nas aplicações em biotecnologia, 416, 433, 434f-437f, 438-439. *Ver também* Biotecnologia
  no tratamento do câncer de mama, 250
  sequenciamento do DNA, 415f-417f
Tecnologia de DNA de alto rendimento, 9, 415f-417f, 443f, 444, 447
Tecnologias de reprodução, 1039f, 1040
Tegumento, **638**f, 826
Teia alimentar do estuário da Baía de Chesapeake, 1225f, 1237
Teia da vida, 570f
Teias alimentares, 614, 615f, **1224**f-1225f, 1237
Teixobactina, 478, 590
Telófase I, 260f, 263f
Telófase II, 261f
Telófase (mitose), **237**, 239f, 243f, 252, 263f
Telomerase, 329
Telômeros, **328**, 329f, 452
Temas da biologia, 3f-16f
Temperatura, **46**
  biomas aquáticos e, 1177, 1178f
  calor vs., 46
  catálise enzimática e, 157, 158f
  climográficos de, 1171f
  coeficientes no Exercício de habilidades científicas, 790
  corporal, regulação. *Ver* Termorregulação
  desnaturação de proteínas e, 82f, 83
  distribuições de espécies e, 1164, 1185f
  foliar, efeito da transpiração na, 798
  global, correlação de dióxido de carbono atmosférico e, 1278f, 1279, 1282, 1283f
  global, e taxas de extinção, 541f, 542
  moderação da, pela água, 46, 47f-48f
  produção primária nos biomas terrestres e, 1243f, 1244, 1244f, 1245
  proteínas de membrana e, 128f
  resposta vegetal ao estresse pelo, 865
  taxas de decomposição e, 1248f
Temperaturas globais, taxas de extinção e, 541f, 542
Tempestades, 1172, 1228
  mudança climática e, 11
Tempo
  comprimentos dos ramos da árvore filogenética e, 561, 562f
  necessário para a divisão celular humana, 237
Tempo da especiação, 520f-521f, 522
Tempo (meteorologia)
  flutuações populacionais e, 1205f. *Ver também* Clima
  mudança climática e, 11
Tendências evolutivas, 548, 549f
Tendões, **878**f, 1138
Tensão de transpiração, 794f-795f
Tensão superficial, **45**f, 46
Tentáculos, invertebrados, 691f, 701f, 702
Tentilhão-arborícola-grande, 519
Tentilhões, 15, 16f, 21, 473f, 486f-487f, 498, 519, 1217f
Tentilhões-zebra, 1152f
Teoria cromossômica da herança, **295**
Teoria dos jogos, **1154**f, 1159
Teoria endossimbionte, **109**, 110f, 189, 534, 535f
Teorias, **21**-22, 483-484
Terapia gênica, 426, **434**f, 1122f
Terapsídeos, 531f
Terminação, estágio de
  tradução, 352, 353f
  transcrição, 343f, 344
Terminação, neurotransmissão, 1080f
Terminadores, **342**, 343f

Terminais sinápticos, 1068f
Termoclina, **1177**, 1178f
Termodinâmica, leis da, 143, 145f, 146, 1239
Termófilos, 441, 585f, 586
Termófilos extremos, **585**f, 586
Termogênese, 887f-888f
Termogênese com tremor, 887, 888f
Termogênese sem tremor, 887f
Termorreceptores, **1111**f
Termorregulação, **884**
  aclimatação na, 883f, 888
  de pinguins, forma e função na, 873f
  equilíbrio de perda e ganho de calor na, 885f-888f
  exemplos não vivos de, 881-882f
  humana, ritmos circadianos na, 882, 883f
  nos animais ectotérmicos e endotérmicos, 884f
  regulação por retroalimentação nos animais aquáticos, 881f
  taxa metabólica mínima e, 890-891
  termostatos fisiológicos e febre na, 888, 889f
  variação nas temperaturas corporais animais e, 884-885
Termorregulação, termostato, 888, 889f
Termostatos fisiológicos, 888, 889f
Terópodes, **736**
Terpenoides, 868f
Terra. *Ver também* Biosfera; Ecologia global
  desenvolvimento da fotossíntese e do oxigênio atmosférico, 533, 534f
  extinções em massa da vida na, 540f-542f
  importância das plantas com sementes a ecossistemas da, 636f
  origens da vida na, 57f, 58, 526f-528f
  placas tectônicas, 538f-539f, 540
Terras diatomáceas, 602
Territorialidade, **1192**f, 1204f
Testagem de hipóteses, 17, 18f-19f
Teste de DNA, ciência forense, 436, 437f
Teste do qui-quadrado (x^2) no Exercício de habilidades científicas, 304
Teste em fetos, 288, 289f
Testes genéticos
  análise genômica pessoal, 433
  biotecnologia nos, 433-434
  fetais, 288, 289f, 1039-1040
  identificação de portadores, 288
  para predisposição ao câncer de mama, 394
  recém-nascidos, 289-290
Testículo, 257f, 258, 1004f, 1014, 1015f, **1025**f, 1031f
Testosterona, 62f, 397, 999f, **1014**, 1015f, **1030**, 1031f
Tétano, **1130**
Tetrahymena, 346
Tetraploides, 514
Tetraploidia, 307
Tetrápodes, **730**
  amniotas, 734f-735f
  anfíbios, 731, 732f-733f
  caracteres derivados dos, 730
  características homólogas dos, 480f
  como peixes de nadadeiras lobadas, 730
  e colonização por, 537
  evolução, 678
  origem dos, 530, 531f-533f
  origem e filogenia, 730f-731f
Tetraz-das-pradarias (*Tympanuchus cupido*), 495f, 496, 1267f
Tetraz-de-colar (*Bonasa umbellus*), 1271
Tetrodotoxina, 813f
Textura do solo, 806f
Thalassoma bifasciatum, 1020
Thaumarchaeota, clado, 586
Theobroma cacao, 667f, 668
Thermus aquaticus, 421, 441, 1263
Thiomargarita namibiensis, 574, 584f
Thlaspi caerulescens, 809
Thunnus albacares, 729f
Tigmomorfogênese, **861**, 862f
Tigmotropismo, **862**f
Tigres, 293, 1288
Tigre-siberiano (*Panthera tigris altaica*), 1288
Tiktaalik, descoberta, 730f, 731
Tilacoides, **110**, **189**
  como sítios de fotossíntese nos cloroplastos, 189f, 190
  nos cloroplastos, 110, 111f
  produção de ATP e, 211
  reações luminosas nos, 191f, 192

Timina, 84, 85f, 86, 317f, 318, 337, 340f
Timo, **958**
Tímpano, 1112, 1113f
Tinbergen, Niko, 1140, 1145f
Tiol, compostos, 63f
Tipos parentais, **302**
Tipos selvagem, **295**f
Tirosinas, 77f, 222, 1009, 1081
Tirosinase, 337
Tiroxina (T_4), 1001f, 1003, 1008, 1009f, 1010, 1015f
Tmesipteris, 632f, 633
Tomates, 645f, 849
Tomografia por emissão de pósitrons (PET), 31, 32f, 1096
Tonicidade, **134**f-135f
Tontura, 1116
Topoisomerases, **323**f, 327t
Toque, na corte da mosca-da-fruta, 1142f
Toque, resposta vegetal ao, 861, 862f
Toranja, 645f
Tórax de insetos, 710f
Torpor, **892**
Torres da Sagrada Família, 146f
Toupeira
Toupeira-dourada-africana, 558f, 559
Toupeira-nariz-de-estrela, 1107f-1108f
Toupeiras, 558f, 559, 1107f-1108f
Toupeiras australianas, 558f, 559
Toutingeras, 1156, 1157f
Tóxicos, resíduos. *Ver* Resíduo tóxico
Toxina Bt, 837, 838f, 839
Toxinas
  ambientais, 1275, 1276f-1277f
  botulínica, 1080
  catálise enzimática e, 158-159
  como adaptações de defesa, 1217-1220
  de dinoflagelados, 605f
  desintoxicação e, 104-105, 112
  do solo, 809, 812
  evolução de tolerância a, 30f
  fúngicas, 669f
Toxinas ambientais, 1275, 1276f-1277f
Toxinas industriais, 1275, 1276f
Trabalho celular, 150, 151f-153f
Trabalho de parto, humanos, 1036, 1037f. *Ver* Nascimentos, humanos
Trabalho de parto, nascimento e, 1036, 1037f
Trabalho de transporte, 150, 152f
Trabalho mecânico, 150, 152f
Trabalho químico, 150-151, 152f
Traço de patogenicidade, bactérias, 315f
Traço falciforme, 286
Traços, **270**. *Ver também* Alelos
  adquiridos, não hereditariedade de, 471f
  C. Darwin sobre seleção natural e, 14f-16f
  caracteres e, 270-271
  dominantes vs. recessivos, 271f, 272t, 285f
  derivados de plantas, 620f-621f
  herança, na evolução darwiniana, 475f, 476
  história da vida, 1200, 1201f-1202f
  plantas vasculares sem sementes, 628f-631f
  recessivos, herança de genes ligados ao X e, 299f, 300
Traços adquiridos, não herança de, 471f
Traços derivados, plantas, 620f-621f
Traços dominantes, 271f, 272t
Traços recessivos, 271f, 272t, 285f, 299f, 300
Tradução, **339**
  componentes moleculares na, 347f-350f
  conceito básico da, 347f
  construção de polipeptídeos na, 350f-353f
  escala de, 123f
  identificação de sítios de ligação ao ribossomo com logotipos de sequências na, 351
  modificação de proteínas pós-traducional nas respostas vegetais, 845
  na expressão gênica e síntese proteica, 335-337, 339f
  nas células eucarióticas, 356f
  regulação da iniciação eucariótica na, 378-379
  ribossomos na, 349, 350f
  RNA transportador na, 347f-350f
  síntese de múltiplos polipeptídeos com polirribossomos na, 355f
Tragopogon, espécies de, 514, 515f
Tragopogon miscellus, 514, 515f
trans, face do complexo de Golgi, 106f, 107

Transacetilase, 368f
Transcrição, **337**
  bacteriana, regulação, 366f-369f, 370
  componentes moleculares e estágios da, 342, 343f
  efeitos dos ncRNAs sobre a, 380-381
  escala da, 123f
  eucariótica, resumo, 356f
  expressão gênica como, 371
  fitas-molde na, 340f
  na expressão gênica e síntese proteica, 7f-8f, 335-336, 337, 339f
  processamento do RNA após, 345f-347f
  regulação da iniciação eucariótica da, 373f-378f, 379
  regulação gênica eucariótica após, 377, 378f, 379
  regulação, nas respostas vegetais, 845
  síntese do transcrito de RNA durante, 343f-344f
Transcriptase reversa, **406**, 407f, 425f
Transcrito de RNA, 343f-344f
Transcritos primários, **339**
Transdução de sinais, **1002**
  nas vias hormonais, 1002, 1003f
  proteínas de membrana e, 130f
Transdução genética, **579**f
Transdução sensorial, **1109**, 1114, 1115f, 1120f
Transdução, sinalização celular, **216**
  fosforilação e desfosforilação de proteínas na, 222f, 223
  nas vias de transdução de sinal vegetais, 844f, 845
  no acasalamento de células de levedura, 214
  pequenas moléculas e íons como segundos mensageiros na, 223f-225f
  vias de múltiplas etapas e amplificação do sinal na, 221
  vias de transdução de sinal e, 221-222
  visão geral da, 216f, 217
Transferência de elétrons, 37, 38f
Transferência gênica horizontal, 568, **569**f-570f, 579f-580f, 581, 583, 588, 689f
Transformação celular, câncer e, **249**f
Transformação de energia, 143f-146f, 147, 209f. *Ver também* Metabolismo
Transformação genética, **315**f, **579**, 776
Transfusões sanguíneas, 969-970
Transgênero, indivíduos, 299
Transgenes, **436**f, 776, **837**, 841
Transição demográfica, **1208**
Translocação, **799**
  estrutura cromossômica e, 307, 308f, 309f
  gene de câncer, 388, 389f
  na tradução, 352, 353f, 354-355
  transporte vegetal, 799, 800f-801f
Transmissão de doença, 1204f
Transmissão horizontal, viral, 412
Transmissão sensorial, 1109f
Transmissão vertical, viral, 412
Transpiração, **792**
  adaptações vegetais para reduzir a perda evaporativa de água por, 798, 799f
  efeitos na murcha e temperatura foliar, 798
  no ciclo da água, 1250f
  no transporte de água e minerais das raízes à parte aérea via xilema, 792, 793f-795f, 796
  regulação, por abertura e fechamento estomáticos, 796, 797f-799f
Transplante de microbiota fecal, 912
Transplante de núcleo, clonagem de animais e, 428, 429f-430f
Transplantes
  de espécies, 1184
  rejeição, pelo sistema imune, 969-970
Transporte ativo, 126, **136**
  ATP como energia para o, 137f
  cotransporte no, 138f, 139
  de solutos através de membranas plasmáticas vegetais, 788, 789f
  em células eucarióticas, 209f
  manutenção do potencial de membrana por bombas iônicas no, 137, 138f
  transporte passivo vs., 137f
Transporte em massa, 126
Transporte em plantas e animais, 895f. *Ver também* Sistemas circulatórios; Transporte nas plantas vasculares
Transporte, função das proteínas de membrana, 130f

Transporte nas plantas vasculares, 629-630. *Ver também* Plantas vasculares
   adaptações para aquisição de recursos e, 784*f*-786*f*, 787
   comunicação simplástica no, 801, 802*f*
   de água e minerais das raízes à parte aérea via xilema, 792, 793*f*-795*f*, 796
   mecanismos de curta e longa distância para, 787, 788*f*-791*f*
   regulação da taxa de transpiração por estômatos no, 796, 797*f*-799*f*
   transporte de açúcar de fontes para drenos via floema, 799, 800*f*-801*f*
   xilema e floema no, 765*f*
Transporte passivo, 126, **133**
   de água através das membranas plasmáticas vegetais, 788, 789*f*-791*f*
   difusão como, 132, 133*f*
   difusão facilitada como, 135*f*, 136
   em células vegetais, 209*f*
   equilíbrio hídrico e osmose como, 133*f*-135*f*
   facilitado, intepretação de gráficos de dispersão sobre captação da glicose, 136
   transporte ativo vs., 137*f*
Transporte polar, auxina, 848*f*, 849
Transporte vascular, 536, 629-630
Transposase, 451*f*
Transposição, processo de, 450*f*-451*f*, 452, 459
Transpósons, 380-381, 408, **451***f*
Transtirretina, proteína, 80*f*-81*f*
Transtorno bipolar, **1103**
Transtorno depressivo maior, **1102**
Transtorno do espectro autista, 1100
Traqueia, 906*f*, **942**, 943*f*
Traqueídes, **629**-630, **765***f*
Trastuzumabe, 220, 250, 393*f*
Tratos digestórios completos, 905*f*
Trematódeos, 696*f*
Trematódeos sanguíneos, 696*f*, 1220
Treonina, 77*f*, 222
Treponema pallidum, 584*f*
Triacilgliceróis, 72, 73*f*, 74
Trichechus manatus, 572, 1219*f*
Trichomonas vaginalis, 600*f*
Tricomas, **763***f*, 799*f*, 868*f*
Triglicerídeos, 72, 73*f*, 74, 910*f*
Trigo (*Triticum aestivum*), 514-515, 524, 595, 651, 1204*f*
Tri-iodotironina (T$_3$), 1008, 1009*f*, 1010
Trilobitas, 706*f*
Trimestres, gravidez humana, 1035*f*-1037*f*
Trinca, código de, **340***f*. *Ver também* Código genético
Trioses, 68*f*
Triploidia, 268, 307
Tripsina, 158*f*
Triptofano, 77*f*, 366*f*-367*f*, 1081
Triquinose, 705*f*, 706
Trissomia do 21, 308*f*, 309. *Ver também* Síndrome de Down
Trissomia do X, 309
Tristão da Cunha, 495
Triticum aestivum, 1204*f*
Triticum, espécies de, 514-515, *524*
tRNA carregado, 349*f*
Troca catiônica, **806**, 807*f*
Troca contracorrente, **886***f*, **941***f*
Trocas gasosas, **939**
   adaptações para, 947*f*-949*f*
   anfíbios, 732
   artrópodes, 707-708, 710*f*
   brânquias para, em animais aquáticos, 921*f*, 940*f*-941*f*
   coordenação de sistemas cardiovasculares e. *Ver* Sistemas cardiovasculares
   cordados, 720
   de insetos, 951
   em plantas e animais, 895*f*
   gradientes de pressão parcial nas, 939
   meios respiratórios nas, 939*f*, 940
   movimentos e gradientes iônicos e, 993*f*
   nos pulmões, 924*f*, 925, 942, 943*f*-946*f*
   peixes, 728
   respiração na, 925, 944, 945*f*-946*f*
   sistemas circulatórios e, 921*f*-924*f*, 925, 947*f*. *Ver também* Sistemas circulatórios
   sistemas respiratórios de mamíferos, 942, 943*f*-946*f*. *Ver também* Sistemas respiratórios
   sistemas traqueais para, em insetos, 941, 942*f*
   superfícies respiratórias na, 940
   tubarões, 726
Trocófora, 683*f*, **684**, 685, 694
Trofoblastos, **1035**, **1052**, 1053*f*
Trombina, 936*f*
Trombo, **937**, 939
Tronco encefálico, **1092***f*-1093*f*, 1094-1095
Troncos de árvore, 774*f*
Trópico de Câncer, 1166*f*
Trópico de Capricórnio, 1166*f*
Trópicos, 1166*f*, 1232
Tropidolaemus wagleri, 737*f*
Tropismos, **847**
Tropomiosina, **1128***f*-1129*f*
Troponina T, 378*f*
trp, operador, 367*f*
trp, óperon, 367*f*, 368-369
TRP (potencial transitório do receptor), proteínas, 1111, 1124
trp, repressor, 367*f*
Trufas, **663***f*, 670
Truta, 728*f*, 1265
Trypanosoma, 600, 601*f*, 713, 972
Tuataras (*Sphenodon punctatus*), 735, 737*f*
Tuba auditiva, **1113***f*
Tubarão-elefante (*Callorhinchus milii*), 442*f*
Tubarão-galha-preta (*Carcharhinus melanopterus*), 727*f*
Tubarão-martelo, 890*f*
Tubarões, 442*f*, 719*f*, 726, 727*f*, 890*f*, 979, 1091*f*
Tubérculos, 761*f*
Tuberculose, 584*f*, 589, 592, 957, 1204*f*
Tuberculose extensamente resistente a fármacos (XDR-TB), 589
Tubo crivado, 799, 800*f*-801*f*
Tubo crivado, elementos, 765*f*
Tubo polínico, 825*f*, **826**, 827*f*
Tubos neurais, 1054*f*, **1055**
Tubulina, 114, 240-241
Tubulinídeos, 612
Túbulo distal, **987***f*-988*f*, 989
Túbulo proximal, **987***f*-988*f*
Túbulos de Malpighi, 710*f*, **985***f*
Túbulos de secreção, aves marinhas, 982*f*
Túbulos seminíferos, **1025***f*
Túbulos transversos (T), **1128***f*-1129*f*
Tumores, 435
Tumores benignos, **249**
Tumores, câncer, 249*f*, 250
Tumores malignos, **249***f*
Tundra, **1176***f*, 1238*f*, 1244, 1256*f*-1257*f*
Tundra alpina, 1176*f*
Túnel de saída, ribossomos, 350*f*
Tunicados, 715, 719*f*, **721***f*, 722, 1058*f*
Turfa, **627***f*, 628, 633-634, 1249, 1259
Turfeiras ácidas, 529*f*
Turismo, unidades de conservação zoneadas e, 1273, 1273*f*
Turnover, **1178***f*
Turnover sazonal, lagos, 1178*f*
Tutu, Desmond, 463
Tympanuchus cupido, 495*f*, 496, 1267*f*
Typha angustifolia, 1186
Tyrannosaurus rex, 736, 874, 983

Ubiquinona (Q), 175
Ubiquitina, 379
Ubx, gene, 545*f*, 546, 706*f*
Úlceras, 584*f*, 912, 913*f*
Úlceras estomacais, 584*f*
Úlceras gástricas, 912, 913*f*
Ultrassom, imagem, 1039
Ultrassonografia fetal, 289
Ulva, 610*f*
Unger, Franz, 270
Ungulados, 481*f*-482*f*
ungulados com número par de dedos, 481*f*-482*f*
União Internacional para Conservação da Natureza e Recursos Naturais (IUCN), 1261
Unicontes, 599*f*, **611**, 612*f*-613*f*, 614
Unidade de massa atômica (uma), 31
Unidade de transcrição, **342**, 343*f*
Unidade motora, **1130***f*
Unidades de mapa, **305***f*
Uniformidade/unidade
   estruturas similares e, 125
   evolução e, 469, 473
   na biodiversidade, 13*f*-14*f*, 26
   na mesma espécie, 510
Uracila, 84, 85*f*, 86, 337, 340*f*-341*f*
Urânio
   biorremediação do, 1255*f*
   meia-vida do, 32
Urânio-238, 529, 530*f*
Ureia, 60, 979, 982*f*, **983**, 989, 990*f*, 991
Ureter, **986***f*
Uretra, **986***f*, **1025***f*
Urey, Harold, 57, 526
Urina
   concentração, 989, 990*f*, 991
   hiperosmótica, 991
   processamento do filtrado sanguíneo à, pelo néfron, 987, 988*f*, 989
Urocordados (tunicados), 719*f*, 721*f*, 722
Urodelos, 731, 732*f*
Ursos, 145*f*, 510*f*, 1268*f*, 1269
Ursos-cinzentos (*Ursus arctos*), 510*f*, 1268*f*, 1269, 1272-1273
Ursos-d'água, 689*f*
Ursos-pardos, 145*f*
Ursos-polares (*Ursus maritimus*), 11, 510*f*
Ursos polares-cinzentos, 510*f*
Ursus arctos, 510*f*, 1268*f*, 1269, 1272-1273
Ursus maritimus, 11, 510*f*
Útero, 100*f*, **1026**, 1027*f*
Utricularia gibba, 448*t*, 449
Utricularia gibba, 449*t*, 449
Utrículo, 1115*f*
Uvas, 851*f*
Uvas Thompson sem sementes, 851*f*

Vacinação, 968*f*, 976
Vacinas, **408**-409
   para anfíbios, 733
Vacúolos, 100*f*-101*f*, **108***f*
Vacúolos alimentares, 107*f*, **108**, 607*f*, 904
Vacúolos centrais, 101*f*, **108***f*
Vacúolos contráteis, **108**, 135*f*
Vagina, **1026**, 1027*f*, 1034
Valência, **36**, **59***f*
Valina, 77*f*
Valor adaptativo inclusivo, **1157**, 1158*f*-1159*f*
Valor adaptativo relativo, **497**
Valor comercial
   de fungos, 670, 671*f*
   de musgos, 627*f*
Válvula espiral, tubarões, 727
Válvulas atrioventriculares (AV), **927***f*
Válvulas semilunares, **927***f*
van Leeuwenhoek, Antoni, 94
van Niel, C. B., 190
Vantagem do heterozigoto, **500**, 501*f*-503*f*
Vara-de-ouro (*Solidago canadensis*), 812
Varanus komodoensis, 1042
Variabilidade, **255**
Variabilidade genética. *Ver* Variação genética
Variabilidade não hereditária, 488*f*
Variabilidade neutra, **489**
Variação antigênica, 972-973
Variação de energia livre, 149*f*-150*f*, 152*f*
Variação genética (variabilidade genética), **255**, **487**
   atividade de cromossomos e, 268
   comprimentos de ramos de árvores filogenéticas e, 561, 562*f*
   em populações pequenas, 1266, 1267*f*-1268*f*, 1269
   genética como estudo da, 255. *Ver também* Genética
   importância evolutiva, dentro de populações, 266, 267*f*
   microevolução de populações e fontes de, 487*f*-488*f*, 489
   na diversidade genética, 1261*f*. *Ver também* Diversidade genética
   na reprodução sexuada, 255
   na seleção de presas, 1155, 1156*f*
   nos padrões migratórios, 1156, 1157*f*
   por *crossing over* recombinação de cromossomos, 265, 266*f*
   por fertilização aleatória, 266
   por segregação independente de cromossomos, 265*f*
   preservação de, 500
   relógios moleculares e taxas de, 566, 567*f*

seleção natural e, por cromossomos recombinantes, 305
vórtice de extinção e perda de, 1266, 1267f
Variação genética molecular, 487, 488f
Variação hereditária, **255**. *Ver também* Variação genética
Variação normal, homeostase, 882
Variantes do número de cópias (CNVs), 461-462
Variáveis, **20**-21
 comparação de duas, 972
 dependente e independente, identificação, 513
Variáveis dependentes, **21**, 513
Variáveis independentes, **21**, 513
Variegação, 311f
Varíola, 408-409, 968
Vasectomia, 1038f, **1039**
Vaso deferente, **1025**f
Vasocongestão, 1034
Vasoconstrição, 885, **931**
Vasodilatação, 885, **931**, 1001, 1026
Vasopressina. *Ver* Hormônio antidiurético
Vasos, **765**f
Vasos linfáticos, 933f, 956f
Vasos retos, **987**f
Vasos sanguíneos
 estrutura e função, 929f, 930
 função dos capilares, 932f-933f
 pressão arterial nos, 930, 931f-932f, 951
 sildenafila e, 224
 sistemas linfáticos e, 933f
 velocidade do fluxo sanguíneo nos, 930f
Veado, 871, 1149, 1271
Veado-mula, 871, 1149
Vegetação, efeitos climáticos da, 1169f
Veias cavas, 926f, 930f
Veias porta, 1008f
Veias porta hepáticas, **910**
Veias sanguíneas, **924**f-926f, 929f-932f
Vela-da-pureza, 824f
Velocidade do fluxo sanguíneo, 930f
Venter, Craig, 443f
Ventilação, **941**. *Ver também* Respiração
 dos pulmões, 944, 945f-946f
Vento
 dispersão de frutos e sementes por, 832f
 dispersão de musgos e, 627
 dispersão de sementes por, 645f
 mudança climática e, 11
 padrões globais de, 1166f
 polinização das flores por, 824f
Ventrículo direito, 926f-927f
Ventrículo esquerdo, 926f-927f
Ventrículos cerebrais, 1087f
Ventrículos, coração, **924**f-927f
Vênulas, **924**, 929f-930f, 932f
Vênus-papa-mosca (*Dionaea muscipula*), 802, 819f, 862
Verme marinho, 940f
Verme-do-solo, organismo-modelo. *Ver Caenorhabditis elegans*
Vermelho-distante, resposta vegetal à luz, 857f
Vermes, 905f, 1133f
Vermes cilíndricos, 689f, 705f, 706, 1058f-1059f, 1133f
Vermes em cadeia, 694
Vermes planos
 características, 687f, 694, 695f-697f
 cavidades gastrovasculares dos, 922f, 923
 esqueletos hidrostáticos dos, 1133f
 protonefrídios dos, 984f, 985
 sistemas nervosos dos, 1086f
Vermes segmentados, 688f
Vernalização, **860**
Verossimilhança máxima, **563**
Vertebrados, **683**, **719**
 adaptações dos sistemas digestórios dos, 911f-914f. *Ver também* Sistemas digestórios
 amniotas e desenvolvimento de ovos adaptados ao ambiente terrestre, 734f-740f. *Ver também* Amniotas
 área de superfície do intestino delgado nos, 695f
 características derivadas dos, 722, 723f
 cérebros de, 1091f-1096f, 1099f. *Ver também* Sistemas nervosos
 como cordados, 689f, 715, 719f, 722, 723f-725f. *Ver também* Cordados
 evolução, 678
 evolução de coluna vertebral e diversidade vs. disparidade nos, 718f, 719

filogenia, 683f
formação dos membros nos, 1062, 1063f, 1064
fósseis e evolução inicial dos, 724f-725f
gnatostomados e desenvolvimento de mandíbulas nos, 725f-729f, 730
homíneos e humanos, 748f-754f
homologias anatômicas nos embriões de, 479f, 480
imunidade inata nos, 954f-956f, 957
mamíferos, 741f-747f
mecanorreceptores para audição e equilíbrio nos, 1112f-1116f. *Ver também* Sistemas sensoriais
organogênese nos, 1055f
origens de ossos e dentes nos, 725
produção e transporte de gametas nos, 1024
rins nos sistemas excretores dos, 985, 986f-987f, 991f-993f. *Ver também* Sistemas excretores; Rins
sinalização neuroendócrina nos, 1007f-1008f
sistema nervoso dos, 1086f-1090f. *Ver também* Sistemas nervosos
sistemas cardiovasculares dos. *Ver* Sistemas cardiovasculares
sistemas circulatórios dos, 924f, 925. *Ver também* Sistemas cardiovasculares
sistemas de trocas gasosas. *Ver* Trocas gasosas
sistemas visuais dos, 1118f-1122f, 1123
terrestres, orçamentos energéticos de, 892
tetrápodes e desenvolvimento de membros nos, 730f-733f
velocidade de condução do potencial de ação em, 1076
Vertebrados sem mandíbulas, 723f-725f
Vértebras, 718
Vesícula, **104**
 na citocinese, 241, 242f
 na exocitose e endocitose, 139, 140f
 no sistema de endomembranas, 104
 produzidas abioticamente, como protobiontes, 527, 528f
 RNA autorreplicante na, 528
 transporte, 105, 106f, 107, 109f
Vesículas biliares, **909**
Vesículas de transporte, **105**, 106f, 107, 109f, 139, 140f
Vesículas seminais, 1025f, **1026**
Vesículas sinápticas, 1077
Vespa de papel, 712f
Vespa-do-mar, 692f
Vespa-escavadora, 1145f
Vespa-jaqueta-amarela, 1218f, 1219
Vespas, 672, 712f, 822f, 869f, 1145f
Vespas parasitoides, 869f
Vestígios fósseis, 529f
Vetores de clonagem, **418**. *Ver também* DNA recombinante
Vetores de expressão, **422**
Vetores, doenças zoonóticas, **1234**, 1235f
Vetores retrovirais, terapia gênica usando, 434f
Via endócrina simples, 1004, 1005f
Via estimuladora do ciclo celular, 389, 390f
Via inibidora do ciclo celular, 389, 390f
Via neuroendócrina simples, 1005f
Via simplástica, 788f, 793f
Via transmembrana, 788f, 793f
Viabilidade do híbrido reduzida, 509f
Vias, do sistema nervoso, 880
Vias anabólicas, **144**, 183
Vias bioquímicas. *Ver* Vias metabólicas
Vias biossintéticas, 144, 183
Vias catabólicas, **144**, 165, 166f-168f, 182f-184
Vias de cascatas hormonais, 1008, 1009f, 1010, 1014
Vias de decomposição, 144
Vias de resposta hormonal, 1002f-1003f
Vias de resposta, sistema endócrino, 1000f-1004f
Vias de transdução de sinal, **216**
 controle coordenado das, 376
 evolução, 213
 expressão gênica diferencial e indução nas, 382f, 383
 ligação da recepção de sinal às respostas vegetais, 843f-844f, 845
 na amplificação sensorial, 1109-1110
 na sinalização celular, 212, 216f, 221-222, 233
 na transdução sensorial visual, 1120f
 neurotransmissores e, 1080
 no acasalamento de células de levedura, 214
 normais, interferência pelo câncer, 389f-390f, 391
 segundos mensageiros nas, 223f-225f

Vias metabólicas, **144**. *Ver também* Metabolismo
 bacterianas, regulação, 366f
 defeitos metabólicos nas, 336f-338f
 evolução, 163
Vias neurais, 1121f
Vias sensoriais, 1108f-1109f
Víbora-de-wagler (*Tropidolaemus wagleri*), 737f
Víboras, 737f, 1111f
Vibrio cholerae, 224, 584f, 588
Vida. *Ver também* Animais; Organismos; Plantas
 árvore da, 15f-16f. *Ver também* Árvore da vida
 baseada em silício, 65
 biologia como o estudo científico da, 3. *Ver também* Biologia; Ciência
 carbono nos compostos orgânicos da, 64
 células como unidades fundamentais da, 5f, 6f, 93f. *Ver também* Células; Células eucarióticas; Células procarióticas
 classificação da diversidade da, 12f-13f
 colonização do ambiente terrestre, 536, 537f
 como propriedade emergente, 125
 condições na Terra primitiva e origem da, 525f-528f
 diversidade da. *Ver* Biodiversidade
 divisão celular como elemento fundamental da, 235
 domínios da, 12f-13f
 efeitos de especiação e extinção na, 537f-543f, 544
 elementos essenciais e elementos-traço da, 29t
 evolução, como tema da biologia, 11. *Ver também* Evolução
 extensão da, 233
 filogenias com história evolutiva da, 554f-556f. *Ver também* Filogenias
 fotossíntese como um processo que alimenta a, 188f. *Ver também* Fotossíntese
 história da, como limitação da seleção natural, 504
 importância da água para a. *Ver* Água
 moléculas biológicas da, 66. *Ver também* Moléculas biológicas
 multicelular, origem, 533f, 535f-536f
 níveis de organização biológica da, 4f-5f
 ordem como propriedade da, 146f, 147
 possível evolução da vida em planetas com água, 50f
 propriedades da, 3f
 registro fóssil como história da, 529f. *Ver também* Registro fóssil
 registro geológico e, 532f-533f
 respiração celular e energia para a, 164f, 165. *Ver também* Respiração celular
 síntese abiótica de moléculas orgânicas como origem da, 57, 58
 teia da, 570f
 temas unificadores da biologia, 3f-11f
 unicelular, origem, 532f-535f
 uniformidade na diversidade da, 13f, 26, 469, 473
 vírus e características de, 398f, 399, 408
Vilosidades, 695f, **909**f, 910
Vinagre, 49-50
Vinca-rosa (*Catharanthus roseus*), 1263f
Vínculo, **1144**, 1145f, 1152f-1153f
Vínculo com o parceiro, 1144, 1155f
Vírus, **315**, **399**
 análise de árvores filogenéticas baseadas em sequências para entender a evolução de, 411
 anticorpos como ferramenta médica para a detecção de, 969f
 características dos ciclos replicativos dos, 401f, 402
 causador de câncer, 974f
 ciclos replicativos dos fagos como, 402f-404f
 como patógenos, 398f-400f, 401, 408, 409f-413f
 de animais, ciclos replicativos dos, 404, 405f, 406t, 407f
 de animais, classes de, 406t
 defesa de insetos contra, 954f
 descoberta, 399f
 emergentes, 409f-412f
 estrutura e função dos, 414
 estrutura, 399, 400f, 401
 evolução, 406, 408, 411
 hospedeiros, 401
 importância dos, 400
 infecção de células bacterianas por, 315f-316f, 317
 influenza. *Ver* Vírus influenza
 latência dos, 973f
 mudança climática e, 412
 mutações dos, 409, 414

no desenvolvimento do câncer, 394-395
proteínas de movimento viral, plantas, 802
reconhecimento pelo sistema imune, 952f
replicação, 398
reprodução rápida dos, como fonte de variabilidade genética, 489
variação antigênica no, 972-973
via de RNAi celular e, 380
Vírus chikungunya, 409f, 412
Vírus da encefalite equina, 401
Vírus da hepatite B, 409, 974
Vírus da imunodeficiência humana (HIV). Ver HIV
Vírus da panleucopenia felina, 409
Vírus de animais
ciclos replicativos, 404, 405f, 406t, 407f
classes de, 406t
como patógenos, 407f-413f
Vírus de DNA, 400f-407f, 406t
Vírus de DNA de fita dupla (dsDNA), 406t, 408
Vírus de DNA de fita simples (ssDNA), 406t
Vírus de resfriado, 401, 404-405
Vírus de RNA
ciclos replicativos dos, 401f, 402, 404, 405f
classes de, 406t
doença viral emergente e, 409-410
estrutura, 400f, 401
HIV como, 406, 407f. Ver também HIV
retrovírus como, 406t, 407f
Vírus de RNA de fita dupla (dsRNA), 406t
Vírus de RNA de fita simples (ssRNA), 405f, 406t
Vírus do mosaico do tabaco (TMV), 399f-400f, 412
Vírus do sarampo, 968f
Vírus ebola, 409f
Vírus envelopados, 401, 405f
Vírus Epstein-Barr, 394
Vírus H1N1, 410-411, 1234
Vírus H5N1, 410, 1234, 1235f
Vírus helicoidais, 400f
Vírus HTLV-1, 394
Vírus icosaédricos, 400f, 401, 408, 412
Vírus influenza
como vírus emergentes, 410
como zoonose, 1234, 1235f
estrutura, 400f
na regulação da população dependente de densidade, 1204f
oseltamivir para, 414
proteínas anticorpos e, 79f
reconhecimento e resposta pelo sistema imune ao, 952
variação antigênica, 973
Vírus tumorais, 394-395
Vírus zika, 409f
Visão de cores, 1117-1118, 1121, 1122f

Visão de longe, 1122f
Visão de perto, 1122f
Visão periférica, 1122f, 1123
Visco, 819f
Vitamina A, deficiências de, 838f
Vitamina D, 1003, 1011f
Vitaminas, 158, **900**
como hormônios lipossolúveis, 1003
deficiências de, 902f
necessidade de, 899f, 900t
paratormônio e, 1011f
suplementação de, para defeitos do tubo neural, 902f
Vitaminas hidrossolúveis, 900t
Vitaminas lipossolúveis, 900t
Vitelo, 91, **1048f**
Vitelogenina, 1003
Vocalização, gene *FOXP2* e, 461, 462f
Vogt, Walther, 1058
Volume, 99, 1114
Volume corrente, **945**
Volume residual, **945-946**
Volume sistólico, **927**
Volutidae, família, 538
Volvox, 599f, 610f
von Frisch, Karl, 1142
von Humboldt, Alexander, 1232
Voo, 710, 711f-712f, 736, 738f, 739, 1135-1136
Vórtice de extinção, **1266**, 1267f
Vulcanismo, 636f, 637
Vulcão Soufriere Hills, 551
Vulcões, 57-58, 526f, 527, 540, 551, 1282
Vulva, **1026**, 1027f

Wallace, Alfred Russel, 469f, 473, 1232
Warren, Robin, 912
Washington, Earl, 437f
Waterland, Robert, 372
Watson, James
descoberta da estrutura molecular do DNA por, 4, 23-24, 314f, 317, 318f-320f
modelo da replicação do DNA por, 320, 321f
Welwitschia, 642f
Wernicke, Karl, 1098
West Nile, virus, 401, 409
Westemeier, Ronald, 1267f
White, John, 24f
Wieschaus, Eric, 386
Wilkins, Maurice, 317-318, 320
Wilson, E. O., 1159, 1232, 1233f, 1262f, 1263
WNT4, gene, 299

Xanthomonas, 334
Xenarthra, 745f

Xeroderma pigmentoso (XP), 328
Xerófitas, **798**, 799f
Xilema, **629**, **763**, **785**
aquisição de recursos e, 785f
células condutoras de água do, 765f
crescimento primário e, 769f
nos sistemas teciduais vasculares, 763
planta vascular, 629-630
transporte de minerais das raízes ao, 792, 793f-795f, 796

Yamanaka, Shinya, 432f
Yellowstone, Parque Nacional de, 441, 1270
distúrbios por incêndios florestais, 1228, 1229f
polimerase Taq de uma bactéria no, 1263
população de ursos-cinzentos no, 1268f, 1269, 1272-1273
termófilos extremos no, 585f, 586
Young, Michael, 883

Zâmbia, caça de elefantes na, 1265f
Zâmbia, pirâmide de estrutura etária, 1209f
Zea mays (milho). Ver Milho
Zeatina, 850
Zigomicetos, 660
Zigosporângio, 662f, **663**
Zigotos, 257f, **258**, **1020**, 1034, 1035f
Zimbro, 643f
Zimbro-comum, 643f
Zona abissal, **1177**f
Zona afótica, **1177**f
Zona bentônica, **1177**f
Zona de alongamento, 768f
Zona de atividade polarizadora (ZAP), **1062**, 1063f
Zona de diferenciação, 768f
Zona de divisão celular, 768f
Zona eufótica, **1177**f
Zona limnética, **1179**f
Zona litorânea, **1179**f
Zona morta, 1242, 1275f
Zona nerítica, **1182**f
Zona pelágica, **1177**f
Zona pelágica oceânica, 1181f
Zona pelúcida, **1046**f
Zonação aquática, 1177f-1178f
Zonas bentônicas marinhas, **1182**f
Zonas de hibridação, **516**, 517f-519f, 520
Zonas entremarés, **1181**f
Zoopagomicetos, 660f, 662f, 663
Zooplâncton, nas pirâmides de biomassa, 1247f, 1248
Zoósporos, 603f, **661**f
zur Hausen, Harald, 974
Zygentoma, 712f
Zygnema, 619f

Sistema métrico

Prefixos métricos:				
10^{15} = peta (P)	10^{6} = mega (M)	10^{-2} = centi (c)	10^{-9} = nano (n)	
10^{12} = tera (T)	10^{3} = quilo (k)	10^{-3} = mili (m)	10^{-12} = pico (p)	
10^{9} = giga (G)	10^{-1} = deci (d)	10^{-6} = micro (μ)	10^{-15} = fento (f)	

Medida	Unidade e abreviação	Equivalente métrico	Fator de conversão do sistema métrico ao sistema imperial	Fator de conversão do sistema imperial ao sistema métrico
Comprimento	1 quilômetro (km)	= 1.000 (10^{3}) metros	1 km = 0,62 milha	1 milha = 1,61 km
	1 metro (m)	= 100 (10^{2}) centímetros = 1.000 milímetros	1 m = 1,09 jardas 1 m = 3,28 pés 1 m = 39,37 polegadas	1 jarda = 0,914 m 1 pé = 0,305 m
	1 centímetro (cm)	= 0,01 (10^{-2}) metro	1 cm = 0,394 polegada	1 pé = 30,5 cm 1 polegada = 2,54 cm
	1 milímetro (mm)	= 0,001 (10^{-3}) metro	1 mm = 0,039 polegada	
	1 micrômetro (μm) (antigo mícron, μ)	= 10^{-6} metro (10^{-3} mm)		
	1 nanômetro (nm) (antigo milimícron, mμ)	= 10^{-9} metro (10^{-3} μm)		
	1 ângstrom (Å)	= 10^{-10} metro (10^{-4} μm)		
Área	1 hectare (ha)	= 10.000 metros quadrados	1 ha = 2,47 acres	1 acre = 0,405 ha
	1 metro quadrado (m^{2})	= 10.000 centímetros quadrados	1 m^{2} = 1,196 jardas quadradas 1 m^{2} = 10,764 pés quadrados	1 jarda quadrada = 0,8361 m^{2} 1 pé quadrado = 0,0929 m^{2}
	1 centímetro quadrado (cm^{2})	= 100 milímetros quadrados	1 cm^{2} = 0,155 polegada quadrada	1 polegada quadrada = 6,4516 cm^{2}
Massa	1 tonelada métrica (t)	= 1.000 quilogramas	1 t = 1,103 toneladas	1 tonelada = 0,907 t
	1 quilograma (kg)	= 1.000 gramas	1 kg = 2,205 libras	1 libra = 0,4536 kg
	1 grama (g)	= 1.000 miligramas	1 g = 0,0353 onça 1 g = 15,432 grãos	1 onça = 28,35 g
	1 miligrama (mg)	= 10^{-3} grama	1 mg = aprox. 0,015 grão	
	1 micrograma (μg ou mcg)	= 10^{-6} grama		
Volume (sólidos)	1 metro cúbico (m^{3})	= 1.000.000 centímetros cúbicos	1 m^{3} = 1,308 jardas cúbicas 1 m^{3} = 35,315 pés cúbicos	1 jarda cúbica = 0,7646 m^{3} 1 pé cúbico = 0,0283 m^{3}
	1 centímetro cúbico (cm^{3} ou cc)	= 10^{-6} metro cúbico	1 cm^{3} = 0,061 polegada cúbica	1 polegada cúbica = 16,387 cm^{3}
	1 milímetro cúbico (mm^{3})	= 10^{-9} metro cúbico = 10^{-3} centímetro cúbico		
Volume (líquidos e gases)	1 quilolitro (kL ou kl)	= 1.000 litros	1 kL = 264,17 galões	
	1 litro (L ou l)	= 1.000 mililitros	1 L = 0,264 galão 1 L = 1,057 quartos	1 galão = 3,785 L 1 quarto = 0,946 L
	1 mililitro (mL ou ml)	= 10^{-3} litro = 1 centímetro cúbico (cc)	1 mL = 0,034 onça fluida 1 mL = aprox. ¼ colher de chá 1 mL = aprox. 15-16 gotas	1 quarto = 946 mL 1 pinta = 473 mL 1 onça fluida = 29,57 mL 1 colher de chá = aprox. 5 mL
	1 microlitro (μL ou μl)	= 10^{-6} litro (10^{-3} mililitro)		
Pressão	1 megapascal (Mpa)	= 1.000 quilopascais	1 MPa = 10 bares	1 bar = 0,1 MPa
	1 quilopascal (kPa)	= 1.000 pascais	1 kPa = 0,01 bar	1 bar = 100 kPa
	1 pascal (Pa)	= 1 newton/m^{2} (N/m^{2})	1 Pa = $1,0 \times 10^{-5}$ bares	1 bar = $1,0 \times 10^{5}$ Pa
Tempo	1 segundo (s)	= 1/60 minuto		
	1 milissegundo (ms)	= 10^{-3} segundo		
Temperatura	Graus Celsius (°C) (0 K [Kelvin] = −273,15 °C)		°F = 9/5 °C + 32	°C = 5/9 (°F − 32)

Tabela periódica dos elementos

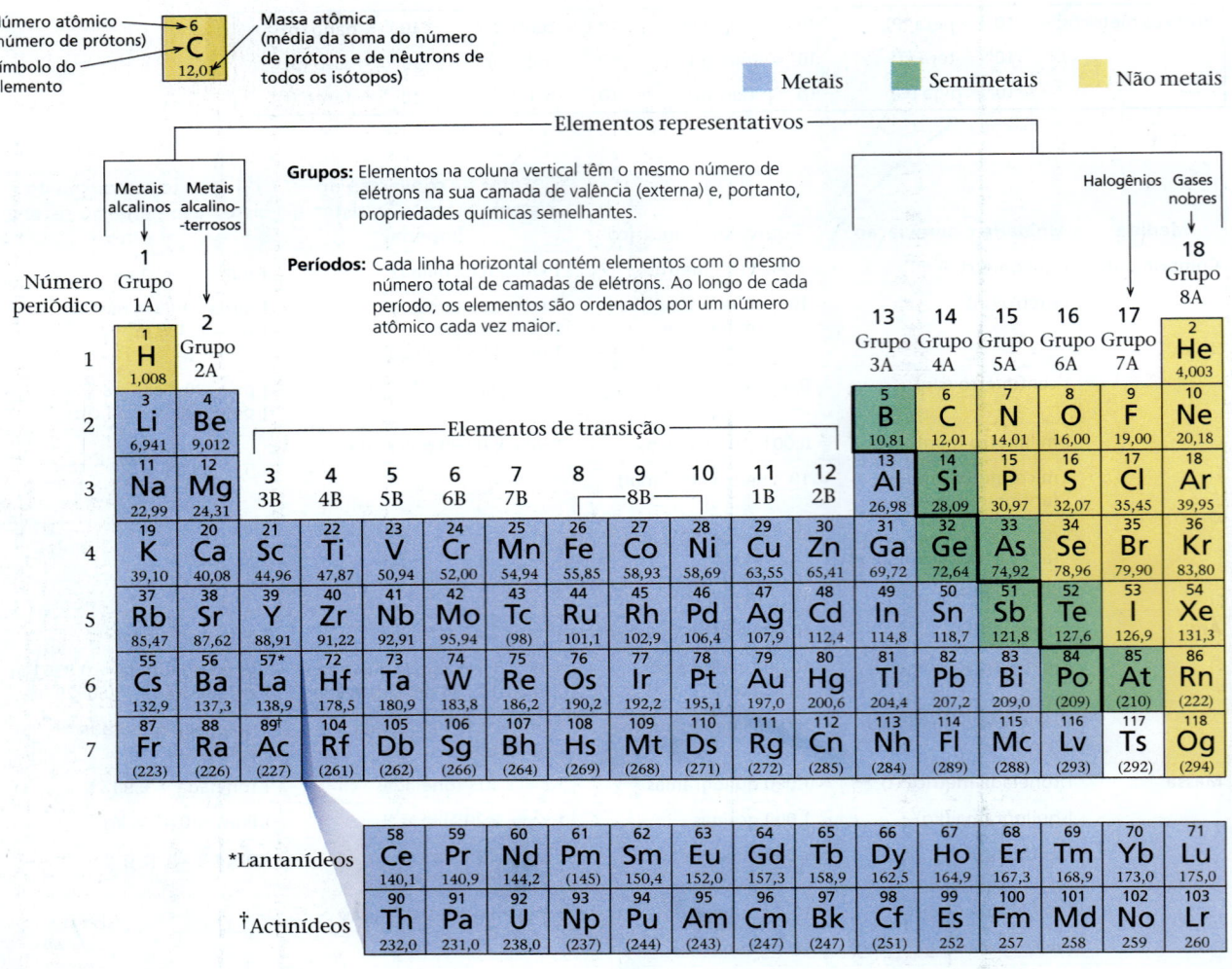

Nome (Símbolo)	Número Atômico	Nome (Símbolo)	Número Atômico	Nome (Símbolo)	Número Atômico	Nome (Símbolo)	Número Atômico	Nome (Símbolo)	Número Atômico
Actínio (Ac)	89	Cobre (Cu)	29	Ferro (Fe)	26	Ósmio (Os)	76	Silício (Si)	14
Alumínio (Al)	13	Cúrio (Cm)	96	Criptônio (Kr)	36	Oxigênio (O)	8	Prata (Ag)	47
Amerício (Am)	95	Darmstádtio (Ds)	110	Lantânio (La)	57	Paládio (Pd)	46	Sódio (Na)	11
Antimônio (Sb)	51	Dúbnio (Db)	105	Laurêncio (Lr)	103	Fósforo (P)	15	Estrôncio (Sr)	38
Argônio (Ar)	18	Disprósio (Dy)	66	Chumbo (Pb)	82	Platina (Pt)	78	Enxofre (S)	16
Arsênico (As)	33	Einstênio (Es)	99	Lítio (Li)	3	Plutônio (Pu)	94	Tântalo (Ta)	73
Astato (At)	85	Érbio (Er)	68	Livermório (Lv)	116	Polônio (Po)	84	Tecnécio (Tc)	43
Bário (Ba)	56	Európio (Eu)	63	Lutécio (Lu)	71	Potássio (K)	19	Telúrio (Te)	52
Berquélio (Bk)	97	Férmio (Fm)	100	Magnésio (Mg)	12	Praseodímio (Pr)	59	Tenesso (Ts)	117
Berílio (Be)	4	Fleróvio (Fl)	114	Manganês (Mn)	25	Promécio (Pm)	61	Térbio (Tb)	65
Bismuto (Bi)	83	Flúor (F)	9	Meitnério (Mt)	109	Protactínio (Pa)	91	Tálio (Tl)	81
Bório (Bh)	107	Frâncio (Fr)	87	Mendelévio (Md)	101	Rádio (Ra)	88	Tório (Th)	90
Boro (B)	5	Gadolínio (Gd)	64	Mercúrio (Hg)	80	Radônio (Rn)	86	Túlio (Tm)	69
Bromo (Br)	35	Gálio (Ga)	31	Molibdênio (Mo)	42	Rênio (Re)	75	Estanho (Sn)	50
Cádmio (Cd)	48	Germânio (Ge)	32	Moscóvio (Mc)	115	Ródio (Rh)	45	Titânio (Ti)	22
Cálcio (Ca)	20	Ouro (Au)	79	Neodímio (Nd)	60	Roentgênio (Rg)	111	Tungstênio (W)	74
Califórnio (Cf)	98	Háfnio (Hf)	72	Neônio (Ne)	10	Rubídio (Rb)	37	Urânio (U)	92
Carbono (C)	6	Hássio (Hs)	108	Netúnio (Np)	93	Rutênio (Ru)	44	Vanádio (V)	23
Cério (Ce)	58	Hélio (He)	2	Níquel (Ni)	28	Ruterfórdio (Rf)	104	Xenônio (Xe)	54
Césio (Cs)	55	Hólmio (Ho)	67	Niônio (Nh)	113	Samário (Sm)	62	Itérbio (Yb)	70
Cloro (Cl)	17	Hidrogênio (H)	1	Nióbio (Nb)	41	Escândio (Sc)	21	Ítrio (Y)	39
Cromo (Cr)	24	Índio (In)	49	Nitrogênio (N)	7	Seabórgio (Sg)	106	Zinco (Zn)	30
Cobalto (Co)	27	Iodo (I)	53	Nobélio (No)	102	Selênio (Se)	34	Zircônio (Zr)	40
Copernício (Cn)	112	Irídio (Ir)	77	Oganésson (Og)	118				